岩波
生物学辞典
第5版

巖佐　庸　倉谷　滋
斎藤成也　塚谷裕一
編集

岩波書店

第5版 序

　岩波書店創業100年を記念する2013年に，生物学の展開と変貌を取り込んだ『岩波生物学辞典 第5版』を出版できることは大きな喜びである．

　生物学の進歩は急速である．20世紀の前半が量子力学や相対性理論による物理学の革命的展開の時代だったとすれば，20世紀後半から21世紀にかけては生物学が急激に進展し，正統派の科学分野として本格的に認知された時代ということができる．
　とりわけ，遺伝子の実体が明らかとなり，分子生物学的手法によりその情報の読み取りやさまざまな操作的実験が可能になったことで，多くの生命現象の基本的機構が解明され，農業や医療へ応用されるようになった．一方で，人間活動による生態系の破壊や生物種の絶滅が問題として浮上し，生物多様性の語のもとに生物進化の本質が意識され，それらの現象を理解するための基礎分野として生態学があらためて注目を集めるようにもなった．このように，生物学は社会での重要性を格段に増し，生物学に基づいた知識が現代社会で生きる上で非常に重要になってきている．
　さらに，農学や医学・薬学といった従来からの生物学の応用分野だけでなく，物性物理学や化学など物質科学においても，生物学・生命科学に関連した研究が主要なテーマとなった．また，脳神経科学や進化生物学は，人間行動や人間社会を理解するための基盤として，社会科学や人文科学に受け入れられつつある．近代において互いの関連がつかめないほど拡散した幅広い諸学問分野を，生物学が核になって再度統一する機運さえあるといえよう．
　その結果，生物学の教育を受けてこなかった研究者や学生が生物学を学ぶ機会が増えている．生物学における基本的な知識を正確に説明した書物の重要性ははるかに増していると言って過言ではない．

　振り返ってみると，本書の初版は，編集に6年余りの歳月を費やして1960年3月に刊行された．それは，生物学全般にわたる基礎的用語を広く収録し，簡潔正確な記述を与える日本で最初の業績であった．その後，1977年7月に第2版，1983年3月に第3版，そして1996年3月に第4版，と三度の大幅な

改訂が行われ,『岩波生物学辞典』は,20世紀後半の日本において,生物学分野のスタンダードな辞典として,生物学の発展に一貫して大きな役割を果たしてきた.

　前回の改訂から17年間の生物学の進歩はあまりにも急速であり,生物学のどの分野においても,大学の学部レベルの教科書は大幅に書き換わっている.この状況は,数学や物理学・化学などにおいて,大学学部教育の内容が基本的には変わっていないことと極めて対照的である.この十数年間の展開は,呆然とするほどの変革と,関連概念の増加・多様化を生物学に生じさせたのである.

　第4版の改訂時の編者は八杉龍一,小関治男,古谷雅樹,日高敏隆の4名であったが,今回は全員が交代した.

　上に述べた生物学の進展を取り込むために,すべての項目を見直して必要な修正・加筆を行うとともに,新たに1000以上の項目を追加した.他方で,全体のページ数を抑え1冊の辞典に収めるためにさまざまな工夫をした.

　例えば,分子生物学が明らかにした非常に多くの主要な遺伝子の名を引けるようにすることが必要であるが,一つ一つを独立の項目にはせず,いくつかの重要なパスウェイを新項目として立て,多くの遺伝子をそこで互いに関連づけて説明することにした.

　また語義を説明するだけの短い項目は,関連する項目にまとめることで項目数を減らし,それらは和文索引での検索に委ねた.加えて複数の項目を統合することにも努めた.一方,現在研究を進める上ではほとんど使用されない語であっても,単純に削除することは避け,第4版の項目語は原則としてすべて索引から引けるようにした.

　本書の初版が,語義を説明することを中心とする小項目形式であったとすると,一連の改訂を経たこの第5版では,それぞれの項目をある程度の長さをもって説明するという中項目形式になっているといえよう.

　辞典によっては,それぞれの用語の正しい使用方法や本来の語義を考えて規範的な観点から記述する,いわば現在の語の使用の誤りを正すという編集方針を採用するものもあろう.しかし本改訂においては,我々はこの方針はとらなかった.「世直しを行わない」という原則である.それは,用語や概念は,時代によりその意味や用法が変化していくものだという考えに基づいている.

　また,使われなくなった古い用語や現在は否定され誤謬とされる古い概念な

どは，新しい辞典に採録する必要なし，との立場もあろうが，あらゆる時代の文献を読解するにあたっては，これらもまた無視はできない．現在の用法のみを適切に記した用語集は，各分野において常備されており，本書の機能はそこにはない．むしろ積極的に，広範囲にわたってさまざまな用語や概念の消長をあえて記しておき，生物学の俯瞰を可能にすることが，学問科学の次世代の担い手を育成することに繋がると我々は考えた．無論，不適切な用語は時間とともに消えて行くだろう．どの語が最も適切であるかは，編者が判断するのではなく，科学者コミュニティの中での語の長期の変化，すなわち「用語の自然淘汰」に任せるのが望ましい．ただ，採択するべきはどの語か，すでに定着しているのはどの語か，といった判断，あるいは処理の手際が適切かどうかに関しては，我々編者の責任である．読者の率直なご批判をいただきたい．

　第5版の改訂にあたっては，専門家の知恵を集め，現代の日本において最も信頼できる生物学の情報源を確立することを目指した．改訂作業は，非常に多くの執筆者，校閲者，さまざまなレベルの編集者の，膨大な努力が投入されて成し遂げられたものである．そしてその努力が，本書の情報の信頼性を保証し，確かなソースとしての価値を生み出すものと信じている．

　本版は旧来の版を基礎として成り立っている．初版以来の執筆者のお名前を別記して感謝の念をさしあげる．
　また項目の見直しや選定，記述内容の調整，あるいは改訂方針についてのご意見を伺うなど，多くの分野別編集者の方々にお世話になった．新版の完成は，執筆者ならびにこれら分野別編集者の方々の大きなご尽力の賜物である．お名前をあとにあげて感謝したい．

　この『岩波生物学辞典 第5版』が，旧版にも増して多くの人々に利用され，日本の生物学のさらなる発展に貢献できればと願う．

　2013年2月

巖佐　庸　　倉谷　滋
斎藤成也　塚谷裕一

第 1 版 序

　現代生物学の急速な進歩による成果は巨大な量に達し，その内容は複雑多岐にわたっている．しかも他方，生物学諸分科の相互の関連はますます深くなりつつある．生物学全般にわたる細密な知識の集成への要求が今日ほど切実なことは，かつてなかった．われわれは岩波書店の要請と相まって，生物学のこの現状に即した辞典の作成を企図し，多数の研究者の協力のもとに6年をこえる年月をついやし，ようやくここにその完成をみるにいたった．

　本辞典は，医学・農学を含めた生物諸科学，換言すれば生物学およびその境界ないし応用領域を広汎に包括している．そのため生物学の基礎的用語をあまねく収録したばかりでなく，生物学の全般にわたって最近の発展を遺漏なく反映するように配慮すると同時に，専門研究者にとって必要なかなり高度の専門用語まで収めた．すなわち生物諸科学の研究者・教育者・学生ばかりでなく，医師や農業技術者の座右におかれて有用であることを意図して編集したものである．

　辞典は多くの場合，簡明な説明を要求されるものであるから，可能なかぎりいわゆる小項目主義を保持した．なお本辞典の編集にかんする若干の細目を以下にかかげて，利用者の便に供することにしたい．

（1）　分類の項目は付録の分類表との重複をさけ，原則として門および綱を入れた．ただし微生物および古生物にかんしては，特殊性を考慮してはるかに低い階級まで採用した．同様の例外は，僅かではあるが，ほかの領域にもある．
（2）　現在ほとんど用いられない術語も，文献の調査のさいにとくに必要と思われるものは採録した．
（3）　人名については，最近および現代の学者に重点をおいている．
（4）　本来有機化学や物理学の基礎概念あるいは実験技術に属する術語の多くは，本辞典の姉妹編である"岩波理化学辞典"にゆずった．
（5）　重要かつ特殊の項目ではしばしば小項目主義の原則に従わず，十分な説明を付するようにしたもの，すなわち大項目とみらるべきものも少数ある（例:呼吸，酵素）．

（6） 術語はまず的確な定義をくだし，ついで適切な実例で具体的な説明を与えるように努めた．
（7） 説明は文章のみで完結することを本旨とし，図は補助の程度にとどめた．多くの教科書類に掲載され普及している図は，なるべく省略するようにした．
（8） 術語は，可能なかぎり各学会の制定用語に従った．それら制定用語の間に不統一があるときは，もっとも妥当と思われるものを採用した．採用しなかった制定用語は同意語としてかかげるようにした．
（9） 外国語は英語・ドイツ語を主体とし，重要なものにはさらにフランス語・ロシア語を，また器官の名称（主として脊椎動物）などではラテン語を付した．
（10） 付録は多くの研究者に頻繁に使用される便覧の意味で選んだ．植物および動物の分類体系は，本文と付録の分類表とで多少異なる場合がある．
（11） 索引には項目語のみでなく説明文中の重要語も収録した．人名およびロシア語は別にまとめた．

辞典編集の第一の基礎である項目選定は，編者のみで完全を期することが困難であるので，各分科の専門研究者に協力をもとめた．いわば辞典の骨格の形成となった最初の項目選定は，下記の分担でなされた．

〔生物学一般用語・動物発生学〕山田常雄；〔分類学一般用語・植物分類学・植物形態学・植物地理学〕前川文夫；〔動物分類学・無脊椎動物形態学〕岩佐正夫；〔脊椎動物形態学・動物組織学〕碓井益雄；〔植物生理学〕下郡山正巳；〔動物生理学・動物心理学〕柳田為正；〔生化学〕江上不二夫；〔動物生理化学〕石田寿老；〔微生物学〕森健志；〔遺伝学〕田中信徳；〔細胞学〕吹田信英・佐藤七郎；〔生態学〕宝月欣二；〔動物地理学〕北沢右三；〔古生物学〕高井冬二；〔人類学〕鈴木尚；〔進化学〕八杉龍一；〔医学一般・病理学〕三宅仁・榎本真；〔血清学〕岡本彰祐；〔ウィールス学〕福見秀雄；〔抗生物質学〕梅沢浜夫；〔性〕江上信雄；〔生長〕清水三雄；〔放射線生物学〕村地孝一；〔農学〕飯田俊武

編集の進行にともない，さらに細分化された領域の項目選定を，それぞれ専門研究者に依頼した場合がある．この基礎的な仕事のために多大の労をはらわ

れた編者以外の方々に対し，深い謝意を表する．

　項目選定担当者の大部分は同時に多数の項目の執筆者であるが，完成までに執筆に加わっていただいた方の総数は160名をこえた．なかには，とくに重要な項目のかけがえのない執筆者として1〜2項目の執筆をお願いした方もある．執筆者の各位(名簿は別にかかげる)に対し，編者の心からの感謝をささげる．

　本辞典の編集には，植物学関係では古谷雅樹，新関滋也の両氏，動物学関係では日高敏隆氏が終始協力し，編者と苦労をともにした．術語のフランス語およびロシア語については，日高氏に多大の労をわずらわした．

　編集の諸段階において，項目選定を担当された前記の方々および若林勲，高宮篤，門司正三，石本真，山本幸男の諸氏から種々の有益な助言を仰ぐことができた．図については岩佐正夫，碓井益雄，千葉節子の三氏にとくにお世話になった．そのほか編集上のいろいろの面で助力をえた伊藤嘉昭，金谷晴夫，高杉暹，森脇和郎，山上健次郎その他の諸氏にも厚くお礼を申上げる．

　本辞典は現代生物学の用語の大集成として外国にも例を見ないものと思う．しかし包括する領域が広く，収めた項目が多数であるため，なお欠けるところがあることを危惧している．広く利用者の教示をお願いしたい．

　1960年3月

　　　　　　　　　　　　　　山田常雄　　前川文夫
　　　　　　　　　　　　　　江上不二夫　八杉龍一

　　　生物学の著しい進歩に即応するため，第2刷以降，若干の項目および付録について，内容の一部に訂正を行なってきた．訂正に際しては，碓井益雄，佐藤七郎，田宮信雄，林雄次郎，日高敏隆，岡崎令治，山口武雄の諸氏に御協力をいただいた．記して御礼申し上げる．(1969年8月)

分野別編集者

赤坂甲治
石岡千加史
岡村康司
河野　茂
園池公毅
中野明彦
西川輝昭
長谷川寿一
平石　明
三浦正幸
米田悦啓

阿部郁朗
今市涼子
加藤憲二
小林武彦
田村宏治
中山潤一
西田　睦
長谷部光泰
福井次矢
柳　雄介
米本昌平

新井洋由
巖佐　庸
加藤雅啓
斉藤和季
塚谷裕一
中山　剛
西村幹夫
林　茂生
福田裕穂
山崎真巳
渡邊　武

荒木弘之
遠藤一佳
北　潔
斎藤成也
出川洋介
難波成任
丹羽太貫
林　哲
藤田一郎
山本一夫

飯島　洋
大杉　立
大倉　滋
佐藤正明
供田　洋
西川建治
沼田英芳
樋口広治
細矢　剛
横山　潤

執筆者

相羽惠介
阿形清和
新井洋由
飯野盛利
池村淑道
石川幸男
伊藤宏司
稲葉重樹
井口八郎
巖佐　庸
上田泰己
上村松児
内田龍一
江﨑洋哉
大黒俊夫
大西康行
岡野俊暢
奥脇

相本三郎
秋山弘之
荒木弘之
井垣達吏
石井浩二郎
泉井　桂
伊藤建夫
井ノ上逸朗
猪腰淳嗣
岩﨑博史
上塚芳郎
宇賀貴紀
生形貴男
榎木　勉
大澤五住
大原昌司
岡村展嗣
小野

青木一郎
朝川毅守
有村慎一
五十嵐和彦
石井俊輔
出江紳一
伊藤俊樹
井上邦夫
今市涼子
上田恵介
植野洋志
宇垣正志
梅澤俊明
海老原淳
大路樹生
大村嘉員
奥野敏均
尾之内均

青山裕彦
阿部郁朗
安西和紀
井口泰泉
石岡千加史
泉　裕士
伊藤信行
井上國世
今本尚子
上田貴志
植村和彦
牛木辰男
浦部美佐子
遠藤一佳
大杉　立
小笠原憲四郎
奥村宣明
改正恒康

赤坂甲治
安部　弘
飯島　洋
池内昌彦
石川文彦
伊勢優史
伊藤元己
井上悠輔
入江賢児
上田孝典
植村知博
臼井　崇
漆原秀子
遠藤剛久
大槻晴康
岡戸晴生
小椋康光
海部陽介

海保邦夫	柿嶌眞	垣塚彰	鍵和田聡	梶川正樹
柁原宏	片貝智哉	堅田利明	片山一道	桂勲
加藤和弘	加藤憲二	加藤淳二	加藤俊介	加藤真美
加藤雅啓	加藤泰浩	金保安則	金子信博	金子正美
加納純子	鎌田博	神里彩子	狩野賢司	川上新一
川崎寿幸	川島博人	川田伸一郎	川端潔	河村満
岸裕幸	岸野洋久	岸本健雄	北潔	北岡本光
北里洋	北村大介	吉川潮	木下武司	木下哲
木村文隆	日下部りえ	草刈秀紀	久城哲夫	工藤洋
國澤純	久保允人	倉谷滋	倉永英里奈	倉持利明
黒川量雄	小池文人	小泉俊三	小出剛	河野茂
甲能直樹	甲山隆司	五箇公一	小城勝相	小竹信宏
後藤弘爾	後藤聡	後藤慎介	後藤祐児	小西輝昭
小林悟	小林隆志	小林武彦	小林秀昭	小堀洋美
駒井智幸	小松浩典	小柳義夫	小薮大輔	小山純正
近藤真理子	西條康夫	齋藤慈子	斉藤和季	齊藤知恵子
斎藤成也	齋藤寛	酒井一彦	酒井邦嘉	坂口修一
佐方功幸	坂元君年	﨑山文夫	佐久間一郎	櫻井芳雄
佐々木猛智	佐々木雄彦	指田勝男	佐竹暁子	佐竹研一
佐藤一憲	佐藤健	佐藤健	佐藤孝哉	佐藤たまき
佐藤宏道	佐藤正明	佐藤ゆたか	更科功	澤斉
澤井元	志賀向子	滋野修一	信田聡	篠原現人
四宮一総	志波智生	柴尾晴信	柴田洋孝	柴田浩行
澁谷浩司	嶋田知生	島田裕子	島本功	嶋本伸雄
清水健太郎	白井滋	白井康仁	白須賢	新免輝男
杉浦麗子	鈴木健一朗	鈴木準一郎	鈴木詔子	鈴木匡
鈴木雄太郎	瀬戸口浩彰	芹川忠夫	園池公毅	田賀哲也
髙倉伸幸	高野敏行	髙野博嘉	高橋美樹子	髙濵洋介
高村典子	高山誠司	瀧伸介	滝澤温彦	田口英樹
田口博之	田代聡	田中歩	田中法生	田中宏喜
棚部一成	種子田春彦	田ノ上拓自	田村宏治	田村弘
千葉聡	對比地孝亘	塚越哲	塚谷裕一	辻誠一郎
筒井秀和	角田誠	出川洋介	出口竜作	寺島一郎
東城幸治	時田恵一郎	德富(宮尾)光恵	戸部博	富永基樹
供田洋	友安慶典	永井信	中尾嘉宏	中嶋正人

永田尚志　　　長谷あきら　　中西啓仁　　　中野明彦　　　永渕昭良一
永淵正法　　　中坊徹次　　　中村奈良武司　中村難波成任　中山潤雄
中山剛　　　　並河洋　　　　西川建　　　　西川輝昭　　　新家光文
西弘嗣　　　　西海功　　　　奈良武　　　　難波成　　　　西田治
西田睦　　　　西谷和彦　　　西川栄正　　　西廣淳　　　　西村いくこ
西村幹夫　　　西村泰治　　　西野栄　　　　丹羽太貫　　　丹羽仁史
沼田治　　　　沼田英治　　　西山幸　　　　野口博司　　　野﨑久義
野路征昭　　　野田泰一　　　野口航晴生　　野呂知加子　　長谷川寿一
長谷部光泰　　服部雅一　　　野田昌茂　　　林眞一　　　　林哲也
林文夫　　　　林誠　　　　　林原賢太　　　林原寿郎　　　原口德子
東山哲也　　　疋田正喜　　　樋口輝彦泰　　樋口広芳　　　樋口正信
日比正彦　　　平石明　　　　平岡泰　　　　平島正則　　　平田龍吾
平野茂樹　　　平野博之　　　平山廉穂　　　廣野喜幸　　　深川竜郎
深見泰夫　　　福井次矢生　　福田裕　　　　福原達人　　　藤井眞一郎
藤田一郎　　　藤田和　　　　藤田剛享　　　藤田敏彦　　　藤原徹朗
古市貞一　　　細矢剛　　　　保尊隆　　　　堀昌平　　　　堀口吾寛
本多大輔　　　前田晴良　　　升井伸治　　　増田直紀　　　舛本
町田龍一郎　　松井正文　　　松浦善治　　　松尾一郎　　　松木英敏
松島俊也　　　松田裕之　　　松田洋一　　　松野健治　　　松本淳洋
真鍋俊明　　　眞鍋昇　　　　真鍋真　　　　丸山茂徳　　　三位正作
三浦徹　　　　三浦知之　　　三浦正幸宏　　三木隆司　　　水野健究
水野猛　　　　三田村俊秀　　三中信　　　　湊長博　　　　南澤織
宮正樹　　　　三田村俊秀一　三宮崎泰可　　向井貴彦　　　武藤香修
村上哲明　　　宮入伸一　　　村上安則弘　　望月敦史　　　望月修
本川雅治　　　村上誠　　　　森下喜　　　　森田明広　　　八木澤仁
安井金也　　　百瀬浩　　　　矢野栄二　　　矢野聖二　　　山極壽一幸
山口信次郎　　柳雄介　　　　山崎晶　　　　山崎真弘　　　山次康章嗣
山田明義　　　山口良文志　　山田格　　　　山田敏行　　　山本章智之美
山本純之　　　山田健一夫　　山本興太朗　　山谷知通庸広　山家智久司
横山潤人　　　山本文　　　　吉岡孝志達夫　吉国本善知敏幸　吉田米倉浩洋
吉田丈　　　　吉井均学　　　吉信　　　　　善本敏幸　　　和田
米田悦啓三　　米本昌平　　　若山照彦　　　渡邊武　　　　渡辺正夫
和田正　　　　渡我部昭哉　　渡辺勝敏　　　
渡邊嘉典

第1版から第4版までの執筆者・編集協力者

會田勝美	饗場弘二	青木清	赤堀四郎	秋田康一
秋元信一	明峯英夫	浅島誠	浅野朗	浅野靖司
朝比奈英三	浅見敬三	朝山新一	阿部徹	雨宮昭南
荒井國三	蟻川謙太郎	安藤鋭郎	飯島衛	飯田滋
飯田俊武	飯野徹雄	飯野正光	池内達郎	池松正次郎
伊崎和夫	伊沢清吉	石井象二郎	石井信一	石居進
石井龍一	石浦章一	石川栄治	石川辰夫	石川春律
石川幸男	石坂丞二	石崎宏矩	石田寿老	石浜明
石本秋稔	石本真	井尻憲一	石和貞男	泉雅子
井関尚栄	磯晃二郎	磯貝彰	伊谷純一郎	市川真澄
市原明	市村俊英	井出宏之	伊藤多紀	伊藤恒敏
伊藤正男	伊藤嘉昭	稲毛稔彦	井上圭三	井上昌次郎
井上敏	井上康則	井上義郷	井口義夫	今島実
今関英雅	今福道夫	今堀和友	今本文男	岩井浩一
岩井保	巖俊一	岩佐正夫	巖佐庸	岩槻邦男
印東弘玄	宇井信生	宇井理生	上真一	上田一夫
上野俊一	植村慶一	鵜飼保雄	宇佐美正一郎	碓井益雄
臼田秀明	内田清一郎	内田紘臣	内田庸子	梅沢俊一
梅沢浜夫	梅園和彦	浦野明央	浦本昌紀	江上信雄
江上不二夫	江上生子	江口吾朗	江崎信芳	江崎保男
江角浩安	江副勉	衛藤義勝	榎並仁	榎本真
遠藤彰	遠藤玉夫	遠藤知二	遠藤泰久	及川武久
大川真澄	大串隆之	大久保明彦	大熊勝治	大倉信彦
大沢省三	大沢雅彦	大沢済	大島敏久	大島泰郎
大島靖美	大島康行	太田隆久	太田朋子	大滝研也
大滝哲也	大塚正徳	大坪栄一	大西俊一	大野茂男
大場建之	大村智	大和田紘一	岡小天	岡崎恒子
岡崎令治	岡田清孝	岡田節人	岡田典弘	岡田益吉
岡田善雄	岡田吉美	尾形学	岡野恒也	岡本彰祐
小川潔	小川英行	小木曾仁	沖野啓子	沖野外輝夫
奥田敏統	奥谷喬司	奥富清	奥野忠一	小倉安之
長田裕之	長舩哲齊	小関治男	小田鈞一郎	小野和

小野幹雄	小野文一郎	小野記彦	小野展嗣	小野高明
甲斐知恵子	尾張部克志	小幡邦彦	小畠郁生	小野勇一
葛西道生	笠井献一	懸田克躬	柿嶌眞	香川靖雄
柏原孝夫	柏谷博之	上代淑人	梶田昭彦	梶島孝雄
可知直毅	片山一道	堅田利明	片岡勝子	粕谷英一
加藤邦彦	桂義元	勝本謙	勝見允行	勝木保次
金谷晴夫	加藤正俊	加藤栄	加藤光次郎	加藤憲二
神谷律	上坪英治	金田安史	金子豊二	金保安則
川口昭彦	川喜田愛郎	川喜田正夫	柄崎脩一	茅根創
川出由己	河田雅圭	川島誠一郎	川島誠一	川島健治郎
菅野義信	神奈木玲児	河野重行	川西康博	川那部浩哉
岸野洋久	岸由二	菊池淑子	菊池泰二	蒲原春一
吉川秀男	北原武	北沢右三	北川尚史	岸本健雄
木村武二	木村大治	木全弘治	木下治雄	鬼頭勇次
木村陽二郎	木村雄吉	木村資生	木村允	木村正巳
工藤栄	楠見明弘	楠原征治	草野信男	草薙昭雄
倉谷滋	倉田悟	倉石晋	久米又三	久保田信
黒木登志夫	黒川正則	黒岩常祥	黒岩厚	栗原康
小池勲夫	桑原万寿太郎	黒田長久	黒田末寿	黒木宗尚
甲山隆司	香原志勢	甲野礼作	小泉博	小池正彦
後藤俊夫	後藤太一郎	後藤佐多良	小清水弘一	古賀洋介
小林茂樹	小林英司	小早川みどり	小西通夫	小西健二
駒形和男	小淵洋一	小林正彦	小林牧人	小林修平
西條八束	近藤壽人	近藤宗平	近雅博	駒嶺穆
坂上昭一	酒井文三	酒井文徳	佐伯敏郎	斎藤哲夫
阪本寧男	坂野好幸	阪田隆	坂岸良克	榊佳之
佐々木顕	桜井英博	佐倉統	崎山亮三	崎野滋樹
佐藤正	佐藤大七郎	佐藤七郎	佐々木本道	佐々木正夫
塩井祐三	沢田ノブ	佐守友博	鮫島正純	佐藤了
七田芳則	重定南奈子	重井陸夫	志賀向子	塩川光一郎
渋谷寿夫	柴田武彦	柴岡弘郎	柴岡孝雄	篠遠喜人
嶋田正和	島田和典	島津浩	嶋昭紘	渋谷直人
首藤紘一	下遠野邦忠	下郡山正巳	志村令郎	清水三雄
新家浪雄	新免輝男	代谷次夫弘	白山義久	白方隆晴
杉野幸夫	杉田陸海	杉浦昌	杉晴夫	吹田信英

xii

鈴木英雄　鈴木和夫　木威吾　馬研文仁　崎誠吾　橋克一　見伸仁　内敦壮治　部清子　沢到博　近謙仁　中信一徳　澤克行　宮信雄　野保春　塚常夫　木和日子　崎展巨兌　居祥明　山亨　谷哲夫　井玲男　込弥子　島孝夫　田俊武里　野為一　村禎介　雲仁　田栄光雄　村作　沼正

鈴木　関鈴木　高井敬　高浪満夫　高橋忠之　高畑尚之　竹市雅俊　竹内正幸　竹縄忠臣　田隅本生　田中亀代次　田谷口茂彦　玉置文一　団まりな　鎮西清治　都筑惇　鶴尾隆脩　土井幸彦　徳村雄治　殿島久真男　豊永井克孝　中桐昭道　長澤寛和宏　永田敬樹　中村克亨　中山良允　新津島恒弘三郎　西村羽貫

須沢徹之　鈴木尚　関太郎　左右田健次　高木康敬　高浪満夫　高橋忠之　高畑尚之　竹市雅俊　竹内正幸　竹縄忠　田隅本　田中亀代次　田谷口茂　玉置文　団まりな　鎮西清　都筑惇　鶴尾隆　土井脩　徳永幸彦　殿村雄治　豊島久真　永井克孝　中桐昭　長澤寛道　永田敬和　中村克昭　中山良　新津恒弘　西島正三　西丹羽允

椙山正雄　鈴木旺道博　高瀬野悍二美　高槻俊義一三　高田口隆正征久　竹中重夫明　竹脇潔　田代裕己　田中克忠　田辺原胖仁子　団原光令岳道　千土坪井正和　寺田富哲　徳外村富晶二裕　富山朔　永仲尾善雄　長沢洋　中嶋康裕彦　中野明子昭沢也　中村昭滋文　新西沢正知子　西野麻太貫　丹羽

多一純義男　鈴須田昭剛　澄谷康雄　高井杉遥治　高橋健甫　高滝本敦泉美　竹内彰弥太郎　竹村島弥太郎　田立栄茳　田中隆雄磨　田端英勝　団千葉節子　千土崎常男　円谷陽一郎　寺島一実利彦　時栃原比呂志　富山小太郎　内藤豊　長尾美奈子　中沢透　中島宏己　中西正孝　長濱嘉義一夫　中村詔輝昭誠　新川西田米八　西村

杉村　新朗昭　鈴木健一　鈴木義夫　関口睦二雄　高井冬春一弘　高島景信篤夫　高橋宮　竹内郁文啓康夫　武田沢部　舘鄰　田中晴雄之　田畑哲三郎　田村聡　千葉承一郎　月田承一郎　常脇恒一郎　寺川博典　東江昭夫　外崎昭　富田幸子　鳥居鎮夫　中尾真　長坂晋　中島秀明　中西孝雄　長野弘彦　中村俊敏夫　楢橋隆　西尾宏記　西田行進　西村

野口基子　野口泰一彦　服部明幸　浜口宏昭　林　宏襄　原　正彦　東　正彦　日野精一也　平野哲渡宏一雄　福見秀雄　福澤肇　藤澤德　藤本善德　Burström, H.　Pettersson, S.　穂下剛彦　堀　太郎　前川文夫　松井喜三洋　松澤　原謙一蔵　丸山圭彰　三浦義昭　水島潔二　溝渕　皆川貞一之　宮坂昌宏　向井元繁　村上松正三　村門司　耿桂　森本貞雄　森杉田昭一　矢

野口市勢善嗣司　夫野能秦野波部林原針日高敏隆　平野茂樹広瀬進福武勝博藤沢洌藤本大三郎　古木達郎古吉節夫星元紀穂積和夫前川久太郎町田泰則松香光夫松中昭一三丸茂隆三馬渡峻輔三島次郎水野秀夫水上茂樹三宅仁三輪史朗村上悟村野正昭桃木暁子森田明広森田明晴八木年晴安田峯生

野井春雄　野島徳吉　橋本隆　馬場昭次　浜田穣　速水格　原田宏　久田光彦　平田義正　広川勝昱　福田穣　藤井良三　藤巻道男　古河太郎　古谷雅樹　保坂康弘　堀田義弘　堀越増興　町田昌昭　松尾寿之　松田裕之　馬渕一誠　丸山正　御子柴克彦　水野信彦　三中信宏　箕浦久兵衛　宮田真人　村上枝彦　村地孝一雄　毛利秀夫　守田國雄　森下正明　八木達彦　安田國雄

沼田　真　野島庄七　羽倉明　花岡文雄　濱田　稔　林　良博　原田　馨　樋口隆一　平尾一郎　平本幸男　福田泰二　藤井　隆　藤田善彦　古川　清　古谷　研　宝月欣二　細川　孝　堀江正治　舛本　寛　松浦啓一　松島俊也　的場徳造　丸山毅夫　三川　隆　水野忠款　三井　旭　南川隆雄　宮地重遠　村上氏広　村田紀夫子　室伏靖子　森　健　森沢正昭　森脇大五郎　保田淑郎

沼田英治　野沢洽治　野々村禎昭　花岡炳雄　浜田隆士　林雄次郎　原田英司　樋口広芳　日比谷京　平野礼次郎　深谷昌次　福森義宏　藤田道也　布施慎一郎　古谷栄助　別府輝彦　細井輝彦　堀内忠郎　増田芳雄　松井正文　松島泰次郎　松宮義晴　丸山工作　三上俊衛　水野猛　道端齋　湊　長博　宮澤宏　村上彰　村上陽三　室伏擴　森主一　森川靖　森脇和郎　八杉龍一

正司嗣一
柳田為正延弘
山上健次郎
山口武孝
山下孝篤
山田正章
山本良正
山横山
山松良広
永俊宗
渡辺孝

柳彦直男
矢吹博和
山口克常則
山下幸英
山田悦啓四郎
山村雅道
山本横沢
吉米田
和田敬正
渡辺勝

柳島直博和
矢吹克常則
山口幸英男
山下正
山田常則
山村幸英夫
山本横沢
吉米田悦
和田敬正
渡辺勝

柳沢嘉一郎
矢原徹一
山口巌清
山里清
山田英智
山村研一
山本雅道
山由良隆
吉田精一
依田恭二
鷲谷いづみ
渡辺武

柳川弘一郎
矢原秀一夫
山岸崎誠之
山科郁和茂
山本和尚
大山湯
元吉昭
吉本谷久
義公綱子
渡辺洋

柳田友道
八巻敏雄
山口恒夫
山下真幸
山田晃弘
山本興太朗
遊磨正秀
吉川春寿
吉村克生
若林勲
和田文吾
渡部仁

谷田部元裕

凡　例

　本辞典では，項目語(見出し語)のほか，巻末の和文索引および欧文索引に多数の語を収録している．目的の語が項目名にみつからない場合には，索引を活用されることをお勧めする．

　また，巻末には上記の索引のほか，ウイルス分類表・生物分類表を所収する．これらについては，おのおのに凡例・説明を設けたので，そちらを参照されたい．

I．項目の配列

1. 五十音順に配列する．
2. 長音符号「ー」は無視して配列する．
3. 促音の「ッ」，拗音の「ャ」「ュ」「ョ」，小字の「ァ」「ィ」…は直音のあとに，濁音・半濁音は清音のあとに，それぞれ配列する．
4. アルファベットによる略記号を含む項目については，慣用的な読みがあるものはその読みに従って配列し，そうでないものはアルファベットを次項の表音のように読んで配列する．すなわち，AIDS は「エイズ」，DNA は「ディーエヌエー(配列上はディエヌエ)」と読む．なお，慣用読みがわからないときは，巻末の欧文索引から引くとよい．
5. ローマ字，ギリシア字の配列は次の表音による．

    ローマ字

A	a	エー	H	h	エイチ	O	o	オー	V	v	ヴィー
B	b	ビー	I	i	アイ	P	p	ピー	W	w	ダブリュー
C	c	シー	J	j	ジェー	Q	q	キュー	X	x	エックス
D	d	ディー	K	k	ケー	R	r	アール	Y	y	ワイ
E	e	イー	L	l	エル	S	s	エス	Z	z	ゼット
F	f	エフ	M	m	エム	T	t	ティー			
G	g	ジー	N	n	エヌ	U	u	ユー			

    ギリシア字

Α	α	アルファ	Η	η	イータ	Ν	ν	ニュー	Τ	τ	タウ
Β	β	ベータ	Θ	θ	シータ	Ξ	ξ	グザイ	Υ	υ	ウプシロン
Γ	γ	ガンマ	Ι	ι	イオタ	Ο	ο	オミクロン	Φ	φ	ファイ
Δ	δ	デルタ	Κ	κ	カッパ	Π	π	パイ	Χ	χ	カイ
Ε	ε	イプシロン	Λ	λ	ラムダ	Ρ	ρ	ロー	Ψ	ψ	プサイ
Ζ	ζ	ゼータ	Μ	μ	ミュー	Σ	σ	シグマ	Ω	ω	オメガ

6. カタカナ語の表記は，原則として，英語の 'f' 'ph' に相当する発音は，「ファ」「フィ」…と表記し，同様に 'v' は「ヴァ」「ヴィ」…，'di' 'ti' は「ディ」「ティ」とした．ただ

し，「ウイルス」のように慣用に従って表記する場合もある．また化学物質名については，日本化学会の「化合物名の字訳規準表」に従って 'fo' 'pho' を「ホ」，'va' 'vi' …を「バ」「ビ」…，'di' 'ti' を「ジ」「チ」と表記した．
7. 化学物質名において異性体を表すDとL，また結合の位置を示す α, β, γ, …や1, 2, …, N, O, …などは，配列上無視する．すなわち「α-ケトグルタル酸」「γ-アミノ酪酸」はそれぞれ「ケトグルタルサン」「アミノラクサン」の位置に，「D-グリセルアルデヒド-3-リン酸」は「グリセルアルデヒドリンサン」の位置に配列する．ただし，「α カテニン」「β 酸化」のようなものは，それぞれ「アルファカテニン」「ベタサンカ」の位置に配列する．
8. ビタミン A，ビタミン B_1，ビタミン C，…およびシトクロム a，シトクロム b，…のような項目名については，表音によらず，それぞれ，「ビタミン」および「シトクロム」のあとに続くアルファベットの順に従って配列する．

II．項目名の表記

1. 項目名には，必要に応じて（ ）内に小字で読みを示す．また，項目名を補足あるいは限定する語を，（ ）内に示すことがある．
     ICAM（アイカム）　　足（植物の）
2. 項目名に複数の表記がある場合はそれらを併記する．本辞典の説明文中では，このうち多くは最初の表記を使用する．
     大顎，大腮　　篩管，師管
3. 外国人名については，姓をカタカナで表記し，原則として続けて姓名を原綴あるいはローマ字化した表記で示す．ただし，ロシア人名については，ローマ字化した表記に続けて（ ）内にキリル文字で原綴を示す．

III．外国語欄および説明文

1. 項目名に続き，[ ]内に，項目名に対応する外国語（特に表記のない場合は英語）を示す．解剖学・分類学その他で，必要と思われるものについては，英語以外の言語も表記し，それぞれ冒頭に「ラ」（ラテン語），「独」（ドイツ語），「仏」（フランス語）と表示した．なお，説明文中の外国語表記もこれに準ずる．
2. 《同》は，そのあとにくる語が項目名と同義語あるいは同義語的に使われる語であることを示す．
3. 見出し語が同じであっても英語表記や内容の異なる複数の語義をもつ場合，【1】，【2】，…を用いて区別する．また，語義に共通性はみられるが，分野による使い分けがされる場合などには，[1]，[2]，…を用いてそれぞれ説明する．
4. 語頭に*のついた語は，その語が項目として収載されていることを示す．ただし*印は少数に留めた．
5. ⇀は，その次に示す項目中に事項の説明がゆだねられていることを示す．
6. ＝は，その次に示す項目と同義語であることを示す．

IV. 略記号

以下の略記号については，特にことわりなしに文中で用いることがある．

1. 物質名の略号

cDNA	相補 DNA
tRNA	トランスファー RNA
mRNA	メッセンジャー RNA
NAD	ニコチン(酸)アミドアデニンジヌクレオチド
NADP	ニコチン(酸)アミドアデニンジヌクレオチドリン酸
FAD	フラビンアデニンジヌクレオチド
ATP	アデノシン三リン酸
ADP	アデノシン二リン酸
GTP	グアノシン三リン酸
GDP	グアノシン二リン酸
CoA	コエンザイム A　など

2. 単位
3. 元素記号，簡単な化合物，官能基　など
4. 遺伝学関係の各種記号

    n　染色体数の半数

    P　親世代，F_1　雑種第一代，F_2　雑種第二代　　など

図版出典

アクチノトロカ・エキノスピラ・ゲッテ幼生・中空幼生・内幼生型変態・連接／カリプトピス・コペポディッド・三葉虫型幼生・フルシリア・メタノープリウス・卵ノープリウス…団勝磨ほか編：無脊椎動物の発生，上／下，培風館，1983／1988．
鱗…A. S. Romer & T. S. Persons: The Vertebrate Body (5th ed.), Sounders, 1977.
エピトーキー・オタマジャクシ形幼生・キプリス・ゾエア・ノープリウス・プロトニンフォン・ペラゴスフェラ・ミュラー幼生…R. C. & G. J. Brusca: Invertebrates, Sinauer, 1990.
オタマジャクシ…岡田節人編：脊椎動物の発生，上，培風館，1989．
核膜孔…B. J. Stevens & J. Andre: Handbook of Molecular Cytology, North-Holland Publishing Co., 1969.
環状腺…R. C. King et al.: Z. f. Zellforschung, vol. 73, 1966.
受精電位…L. Jaffe, S. Hagiwara, R. Kado: Dev. Biol., vol. 67, Academic Press, 1978.
心内膜床…B. M. Patten: Human Embryology (2nd ed.), McGraw-Hill Book Co., 1953.
スポロクラディア…C. J. Alexopoulous: Introductory Mycology (2nd ed.), John Wiley & Sons, Inc., 1962.
生産速度…A. Macfadyen: Grazing in Terrestrial and Marine Environments, Blackwell Scientific Publications, Ltd., 1964.
精子・精子完成…C. R. Austin: Fertilization, Prentice-Hall, Inc., 1965.
成長円錐…R. G. Harrison: Anatomical Record, vol. 1, 1907.
接合部襞…R. Birks, A. E. Huxley, B. Catz: J. Physiology, vol. 150, Cambridge University Press, 1960.
対向流理論…R. F. Pitts: Physiology of the Kidney and Body Fluids, Year Book Medical Pub., Inc., 1963.
担鰭骨…S. G. Gilbert: Pictorial Anatomy of the Dogfish, Univ. of Washington Press, 1973, 岩井保：水産脊椎動物Ⅱ，恒星社厚生閣，1985．
DNA複製…B. Stillman: Cell, vol. 78, 1994.
滴虫型幼生…H. Furuya, K. Tsuneki & Y. Yoshida: Zool. Sci., vol. 9, 1992.
パイオニアニューロン…P. Weiss: Nerve Patterns, The Mechanics of Nerve Growth, 1941.
パフ…W. Beermann: Chromosoma, vol. 5, Springer-Verlag, 1952.
びん型細胞…J. Holtfreter: J. Exptl. Zool., vol. 94, Wister Institute, Philadelphia, 1943.
流動モザイクモデル…S. J. Singer et al.: Science, vol. 175, 1972.
ウイルス分類表（図）…Andrew M. Q. King et al. eds.: Virus Taxonomy, Classification and Nomenclature of Viruses, Ninth Report of the International Committee on Taxonomy of Viruses, Academic Press, an imprint of Elsevier Ltd., 2012.

ア

a **亜-** [sub-] 生物分類のリンネ式階層分類体系において、綱や目などの*階級名に付加して、もとの階級の直下に位置することを表す接頭語。例えば亜目(sub-order)は、目の直下、下目の直上に位置する。(⇒下-)

b **IAP ファミリー** [inhibitor of apoptosis protein family, IAP family] 昆虫のバキュロウイルスから発見された、BIR (baculovirus IAP repeat) と呼ばれる蛋白質結合ドメインをもつ、一群のアポトーシス抑制蛋白質。ヒトでは、XIAP, cIAP1, cIAP2 が、C 末端にジンクフィンガードメインの一種である RING ドメインを介して結合した蛋白質に*ユビキチンを付加する、E3 リガーゼとして機能する。cIAP1, 2 の BIR1 ドメインは TNF (腫瘍壊死因子) 受容体関連因子 (TRAF)2 と結合し、その結合を介して TRAF3 または NIK (NF-κB 誘導キナーゼ)のユビキチン化および分解を誘導して、NF-κB の活性化を制御する。XIAP は、プロセッシングにより活性化された*カスパーゼ 3, 7 および 9 に結合して抑制する。BIR をもつが RING ドメインをもたない survivin, NIAP や BRUCE/apollon も、IAP ファミリーに含まれる。特に survivin は、細胞周期の G_2/M 期に発現し、細胞分裂の制御にも関与する。

c **アイオドプシン** [iodopsin] ⇒視物質

d **ICAM** (アイカム) intercellular adhesion molecule の略。*免疫グロブリンスーパーファミリーに属する膜貫通型糖蛋白質。ICAM-1, ICAM-2, ICAM-3 の 3 種類があり、白血球上の接着分子 LFA-1 のリガンドとして同定された。それぞれ、細胞外に免疫グロブリン様ループを 5 個、2 個、5 個もつ。ICAM-1 は、さまざまな刺激により血管内皮細胞や間質の細胞に広く誘導発現され、炎症反応において白血球の浸潤に関与する。ライノウイルスや *Plasmodium falciparum* の受容体としても知られる。ICAM-2, ICAM-3 はそれぞれ血管内皮細胞、白血球に構成的に発現される。

e **挨拶** [greeting] 集団生活する動物が、日常、配偶者を含む集団の他個体に示して攻撃を避け、友好的関係を維持するための行動。抱擁・*儀式化された給餌（鳥の嘴のふれあい、独 schnäbeln）のようにもともとは育児行動に由来するもの、サルのマウンティング(mounting)やコクマルガラスの雌がその配偶者に対してとる姿勢のように性的な提示（プレゼンテーション）の儀式化されたもの、あるいは多くの動物のあまえ姿勢や人間のおじぎのように*なだめ行動に由来するものが多い。

f **IGF シグナル** [IGF signal] 《同》インスリン様成長因子シグナル (insulin-like growth factor signal)。IGF (IGF1 と IGF2、⇒インスリン様成長因子) が受容体(IGF1 受容体と IGF2 受容体)に作用し、引き起こされる細胞内シグナル。IGF1 (ソマトメジン C somatomedin C) は成長ホルモン刺激により、種々の組織から合成・分泌されるが、血漿中の大部分は肝臓に由来。IGF は血漿中では IGF 結合蛋白質 (IGF binding protein, IGFBP) と結合し、不活性化されている。IGF 受容体は受容体型チロシンキナーゼであり、受容体自己リン酸化後、IRS (insulin receptor substrates), PI 3-kinase (phosphatidylinositol 3-kinase), *Akt の活性化を介し、さまざまな生理活性を示す。IGF1 は細胞成長・増殖を促進し、体の成長に寄与するほか、糖代謝制御、腫瘍増殖、老化や寿命に関与する。

g **愛情** [love] 一般に、特定の他個体に対する強い愛着をいう。愛着は、特定の他個体に対して近接状態を維持しようとし、それが損なわれた場合には、とり戻そうとする行動として現れる。動物を用いた愛情の研究としては、アカゲザルの子を生後直ちに母親から離して飼育したり(⇒経験剝奪)、針金製の固いものと布製の柔らかいものと、2 種の人工の「母親」を与えて、どちらを好むかを見て母親への愛着 (mother-love) を生じる要因を調べた H. F. Harlow (1958) のものがよく知られており、接触による快適さが感情的反応の発達に重要であることが示されている。

h **アイスアルジー** [ice algae, ice microalgae, sympagic algae] 氷の中または表面に生育する微細藻の総称。ときに氷を着色する。海氷のアイスアルジー(海氷藻 sea ice algae) は珪藻であることが多い。このような環境における生産者として重要な役割を担う。狭義には海氷に生育するものをいうが、氷河の裸氷域に生育する*雪氷藻をアイスアルジーと呼ぶこともある。同様に好冷性の雪氷藻と併せて好冷藻 (cryophilic algae, cryophyton) とも呼ばれる。

i **アイソザイム** [isozyme, isoenzyme] 《同》イソ酵素。同一の生物種に本質的に同一の触媒反応を行う酵素が 2 種以上あって、蛋白質の一次構造が相互に異なる場合、それらの酵素をいう。狭義には、互いに異なる遺伝子に由来するものを指す。代表的な例は、動物細胞におけるミトコンドリアのリンゴ酸脱水素酵素と細胞質のリンゴ酸脱水素酵素。また、ニワトリの乳酸脱水素酵素は電気泳動により 5 種のアイソザイムに分けられるが、これは、各々が異なる遺伝子に由来する 2 種の異なったポリペプチド鎖 (H と M のサブユニット) の組合せからできている四量体であり、H_4, H_3M, H_2M_2, HM_3, M_4 の 5 種類をつくるためである。同一の遺伝子の mRNA の選択的スプライシング (alternative splicing) に由来する酵素でその一次構造が異なるものもアイソザイムとされることもあるが、ヴァリアント (variant) ということもある。例えば、哺乳類のピルビン酸キナーゼでは、2 種類の遺伝子のそれぞれに 2 種類ずつヴァリアントが存在する。倍数体の生物では同一個体中の対立遺伝子に由来してアミノ酸配列がわずかに異なる酵素はアロザイム (allozyme) というがこれもアイソザイムに含められることがある。アイソザイム間では、電気泳動度の違いのみならず、酵素の速度論的性質や活性調節能の違い、発現の器官・組織・細胞内局在性および発生における発現時期の違いなどがあり、それぞれが重要な生理的役割を担う。ヒト血液中のアイソザイムの解析で、疾患の種類や部位が特定できるため、近年では多くのアイソザイムを標的とする診断法が開発されている。これまではアイソザイムの分析は等電点電気泳動や抗原抗体反応などによる蛋白質レベルでの解析が主流であった。しかし、

a **I帯** [I band, isotropic band] 《同》明帯 (light band). 横紋筋の筋原繊維の*サルコメアの明るい部域. 暗い*A帯と交互に並んで横紋を形成し, 中央部は*Z膜 (Z板・Z線) で仕切られている. A帯に比べて複屈折性が弱いこと (等方性 isotropism) から命名. I帯の中央部に N線 (N line) と呼ばれる 1～2本の暗線が観察されることもある. I帯の幅は弛緩しているときは大きいが, 収縮するにつれて小さくなる. それはI帯にあるアクチンフィラメントがA帯の*ミオシンフィラメントの間に滑りこむためである. (→滑り説, →筋原繊維)

遺伝子解析の手法の発達に伴い, PCRを用いた遺伝子マーカー解析が使われている.

b **会田龍雄**(あいだ たつお) 1872～1957 遺伝学者. 東京帝国大学理学部動物学教室にて飯島魁に師事. 京都高等工芸学校教授. メダカの体色の遺伝を研究.

c **アイヌ人** [Ainu] 《同》アイヌ民族. 北海道の一部に主として在住する日本列島系の先住民族. かつてはサハリン, 千島, 東北地方北部にも居住していた. 現在は和人 (本土＝日本列島人) と混血が進んでいるが, これらを含めてアイヌ系の人口は5万人前後と推定される. 他の言語との近縁性が確立していない独自の言語であるアイヌ語を有し, 「アイヌ」はアイヌ語で人間を意味する. 縄文時代の終わりころまでは, 沖縄から北海道まで縄文文化として一つのまとまりがあったが, 本土が弥生時代に入ると, 北海道は続縄文時代, 擦文時代として独自の道を歩み, 奈良～平安時代にオホーツク文化人の影響を受けて, 鎌倉時代以降にアイヌ文化が確立したと考えられている. 17世紀にはシャクシャインを中心として徳川幕府と対抗したが, 松前藩の支配下に入り, 明治時代以降は日本政府の支配を受けた. アイヌ人骨は縄文時代人骨と最も近縁であり, DNAから見ても"縄文人"のゲノムを最も色濃く残している人々である. この意味では, 小金井良精が明治時代に提唱したアイヌ説 (縄文人はアイヌだったという考え方) は部分的には正しい. また骨でもDNAでも沖縄人との共通性が示されており, 日本列島人の成立に縄文的要素と弥生的要素が両方存在したことへの傍証となっている.

d **iPS細胞** [iPS cell] iPSは induced pluripotent stem の略. 特定遺伝子の導入など限定的な操作によって体細胞を多能性幹細胞に変えたもの. 山中伸弥 (2006) がマウス胚および成体の繊維芽細胞に, Oct3/4, Sox2, c-Myc, Klf4を導入し, *胚性幹細胞 (ES細胞) 様の形質発現を見たのが始まり. ヒト成人の繊維芽細胞でも成功した (山中, 2007). ヒト疾患モデル, 創薬研究, 毒性試験などへの応用に加え, 再生医療では, 患者本人の細胞を使用できるため拒絶反応が回避でき, また, 胚性幹細胞を使用する場合のように初期胚を壊すことがないため倫理問題も解決できるという点で期待される. 臨床応用に向けがん化を抑制するため, 導入遺伝子のさらなる限定, ウイルスを用いない導入方法の開発, 特定の低分子物質の併用などが試みられている.

e **IPTG** isopropyl-1-thio-β-D-galactopyranoside の略. 大腸菌*ラクトースオペロンの酵素合成を誘導する強力な*誘導物質. この物質を培地に 10^{-4} M 程度加えると, 大腸菌の細胞膜に存在するガラクトシド透過酵素によって菌体内にとりこまれる. 誘導物質にはこの*オペロンの働きによって作られる*β-ガラクトシダーゼにより代謝利用されるものが多い. IPTGは分解されず, 特に*非代謝性誘導物質と呼ばれる. なお高濃度で用いると, ガラクトシド透過酵素のない細胞にも透過しうるため, *透過酵素を欠く菌株における誘導実験にも利用される.

f **アイヒラー** EICHLER, August Wilhelm 1839～1887 ドイツの植物学者. 花式図 (⇒花式) を大成し, その全植物の体系は H. G. A. Engler に引きつがれドイツ学派を成した. [主著] Blütendiagramme, 2巻, 1875, 1878.

g **アイマー** EIMER, Theodor 1843～1898 ドイツの動物学者. *自然淘汰説に反対して, 獲得形質が遺伝する立場をとり, さらにチョウの翅の色彩, 脊椎動物の骨格の変化などを例としてあげ, *定向進化を主張した. [主著] Die Entstehung der Arten auf Grund von Vererben erworbener Eigenschaften nach den Gesetzen organischen Wachsens, 2巻, 1888～1897.

h **アウストラロピテクス類** [Australopithecinae] 今から600万～100万年前, 東アフリカから南アフリカの一帯に生息していた初期人類の一群. 名称は, 1924年に南アフリカのタウングスで発見された子供の化石に R. A. Dart が命名した *Australopithecus africanus* に由来. 以来, R. Broom らが南アフリカで, Leakey 夫妻らがケニアやタンザニアで, さらには D. C. Johanson らがエチオピアでなどと, 多数の類似化石標本が発見されている. 初期猿人 (Orrorin など), アファール猿人 (*Australopithecus afarensis*), 骨細型猿人 (*A. africanus*), 骨太型猿人 (*A. robustus, A. boisei*) の4群に大別できる. これらの間の系譜関係, さらに*ホモ＝エレクトゥスなどとの関係については, 多くの仮説が提唱されているが, 大筋では, 東アフリカの周辺で鮮新世に多くの猿人種が生まれ, その中から初期原人 (*ホモ＝ハビリス *Homo habilis* や *H. ergaster* など) が進化したことなどの点で一致する. これらに加え, T. D. White, G. Suwa ら (1994) が440万年前のエチオピアの地層から発見したラミダス猿人 (*A. ramidus*) がある. これはアファール猿人よりさらに類人猿との類似点を多くもつ. ちなみに, ホモ＝ハビリス (ハビリス原人) については, 今も猿人類の一員とみなす研究者もいるが, R. Leakey のように, アウストラロピテクスとは別のグループで, むしろ*ホモ＝サピエンスの直接の祖先であると考える研究者や, Y. Coppens のように, ホモ＝エレクトゥスの先行型と考える研究者もいる. アウストラロピテクス類に共通な骨格特徴として, 直立姿勢を物語る骨盤や下肢骨の構造と大後頭孔の位置, 400～750 cm^3 という類人猿なみの小さな頭蓋容積, 強大な咀嚼器, 発達した眼窩上隆起, 小型化した犬歯と大きめな後歯などが挙げられる. また, 原初的な礫石器はハビリス原人の化石に共伴するまで見つかっていない.

i **あえぎ呼吸** [panting] 《同》浅速呼吸, パンティング. 汗腺の発達していない鳥類やイヌなどで発汗にかわって体温調節の目的で見られる浅く速い呼吸. このような呼吸によって口腔や気道からの蒸発が促進され, 多量の熱が失われる. しかし呼吸が浅いので, 肺胞換気量は少なくてすむ. しかし, 発汗に比べると, 換気によって水分蒸発が促進されることや, 塩分が失われないなどの利点がある反面, エネルギー消費量が大きく, 過度に

わたると CO_2 を放出しすぎ*アルカローシスを引き起こすことがある．

a **亜鉛** [zinc] Zn．原子量65.39，原子番号30の典型元素の一種．ヒトの体内には約2gの亜鉛が含まれており，鉄に次いで多い．その20%は皮膚に含まれ，前立腺，眼球組織などの細胞分裂の盛んな組織に多い．亜鉛はおよそ100種類の酵素や蛋白質の補欠分子族として重要な働きをしている．なかでも細胞分裂の盛んな組織に亜鉛が必須であることは，DNAの複製と転写に関与する*DNAポリメラーゼや*RNAポリメラーゼが亜鉛酵素であること，また，遺伝子発現を調節する蛋白質の*ジンクフィンガードメインに亜鉛が含まれることから説明できる．赤血球に含まれる亜鉛のほとんどが*炭酸脱水酵素の補欠分子族として働く．このほか，カルボキシペプチダーゼ，サーモライシン，ロイシンアミノペプチダーゼなどは亜鉛を含む金属*ペプチダーゼである．亜鉛が欠乏すると，発育不全や性機能障害が生ずる．種子植物では亜鉛が欠乏すると葉に病斑が現れ，その斑点は葉脈と葉脈のあいだを越えて二次の葉脈に及び，ついには主脈にも及ぶのがその特徴とされる．また菌類でも亜鉛が正常な発育に不可欠であるという例が多く見られる．

b **アオカビ類** [blue mould ラ Penicillium] 不完全菌類のペニシリウム属 (Penicillium) 菌類の俗称．基質上を這う菌糸から空中へ分生子柄が伸び，通常輪生状に分枝を繰り返してほうき状となり，枝から，または枝上に輪生する*メトレからフィアライドを形成，これを分生子頭（ペニシルス penicillus）といい，フィアライドから分生子を鎖生する．有性時代の知られている種は閉子嚢殻を形成し，また培養上で菌核を形成するものもある．ペニシリンは，初め P.notatum の代謝産物として発見されたが，現在では生産能の高い株が用いられ，P.notatum は，P.chrysogenum の異名（シノニム）となった．その他，抗生物質グリセオフルビンを生産する P.griseofulvum，チーズ生産に利用される P.camemberti，クエン酸や核酸関連物質の生産に利用される種など，多数の有用菌がある．一方，果実や球根などに青かび病を起こす植物病原菌や，*マイコトキシンを生産して黄変米の原因となる P.citrinum，P.islandicum など，また抵抗力の落ちた病人や老人の体内に増殖して日和見感染症を起こす種がある．

c **青立ち** [green stem syndrome, green stem disorder] ダイズにおいて，収穫期に莢実が熟しているにもかかわらず茎が緑の状態で枯れない現象．高温・乾燥などさまざまな原因により莢実数が減少した結果，シンクとソースのバランスが崩れて光合成産物が茎に蓄積する結果とされる（→ソース-シンク関係）．光合成産物が根系に多く分配されると，成熟期においても根系の養水分吸収能力が維持されることにより，葉のソース機能も維持され，茎が新たなシンクとなって光合成産物を蓄積すると考えられる．収穫期の遅れ，品質低下，収穫ロスなどが引き起こされるため，近年の温暖化による*高温障害の一例として問題視されている．ダイズには無限伸育型と有限伸育型があり，有限伸育型に多く見られる現象で，日本のダイズ品種は全て有限伸育型であるため，青立ちの程度の低い品種の開発が求められる．

d **アカクローバー中毒** [red clover poisoning] 《同》ムラサキツメクサ中毒．マメ科牧草のアカクローバーを食べることによって起こる家畜の中毒症．毒成分は未定であるが，フェノール成分としてプラトール(pratol)やプラテンゾール(pratensol)，*配糖体としてトリフォリイン(trifoliin)，イソトリフォリン(isotrifolin)，クェルセチン(quercetin)などを含む．ウマは嗜好性が高いかつ感受性が高いため，最も多く起こる．初期に歩様蹌踉を示し，その後，流涎，強迫運動，てんかん様発作などの顕著な神経症状を示す．初期症状を示した際に給餌をやめればしだいに回復する．神経症状を示したあとは，一般対症療法，胃腸内容物の排除，利尿剤などの投与を行う．ウシやヒツジでは，多食した場合にアレルギー性口内炎を起こしたり，多食後強い日光に暴露されたときに光線過敏性皮膚炎を起こすことがある．

e **アガシー** AGASSIZ, Jean Louis Rodolphe 1807～1873 スイス生まれのアメリカの地質学者，古生物学者，動物学者．G.L.Cuvier の感化を受けて比較解剖学に進む．1846年渡米ののち，ハーヴァード大学教授となり，同大学比較動物学博物館を創設．また1873年にアメリカで最初の臨海実習を行った．C.Darwinの進化論には反対の立場をとった．[主著] Recherches sur les poissons fossiles, 5巻, 1833～1843.

f **赤潮** [akashiwo, red tide, red water, brown tide, discoloured water] *プランクトンの大増殖に伴い，水が特に赤っぽく変色する現象．原因生物は珪藻と鞭毛藻類，特に渦鞭毛藻およびラフィド藻などの植物プランクトンである場合が多く，まれに繊毛虫などの動物プランクトンや細菌による．原因生物の違いによって赤色・褐色・黄褐色・緑色などさまざまに呈色する．三陸沖の珪藻による厄水（やくみず），水の華も本質的には同一現象．なお，青潮は赤潮と同義に使われることもあるが，一般には，内湾域で底層の貧酸素水塊が湧昇して水面付近が硫黄粒子のために青緑色から乳白色に変色する現象を指す．赤潮になるプランクトンの密度は原因生物によって異なるが，一般に 10^2～10^6 細胞/mL 程度である．日本では，都市および工業排水の増大による*富栄養化に伴い，内湾で春（春季大発生）から秋にかけてよく発生する．赤潮はときに水産生物に大被害を与えるが，その原因として，赤潮プランクトンが鰓を閉塞するなどの機械的障害，その死滅分解による急激な酸素消費による酸素不足（水産被害を与えることから苦潮（にがしお）と呼ぶ），赤潮生物の生産する体内・体外毒素による中毒死などがあげられる．毒素を生産するプランクトンによって，ホタテガイやアサリなどの食用貝類が毒化すると麻痺性あるいは下痢性の*食中毒の原因となる．日本で貝害の原因となる有毒プランクトン(toxic plankton, 貝害プランクトン shellfish poisoning plankton)には渦鞭毛藻の Alexandrium catenella, A. tamarense, Dinophysis fortii などがある．赤潮の発生機構としては，水の停滞，富栄養化，日射量の増大，水温の上昇などの要因の複合的な作用が考えられている．

g **赤の女王仮説** [Red Queen hypothesis] ある生物種をとりまく生物的環境は，その環境の構成に加わる他種の進化的変化などによって平均的に絶えず悪化しており，したがってその種も持続的に進化していなければ絶滅に至るという仮説．ある生物群を構成する分類群は，その分類群の出現後，一定の確率で絶滅しているとする絶滅率一定の法則(law of constant extinction)を説明する一つの仮説として，L.Van Valen (1973) が提唱．L.

Carrollの童話『鏡の国のアリス』に登場する赤の女王の「同じ場所に留まるためには，力の限り走らねばならぬ」という言葉にちなむ．分類群の絶滅様式の事実をめぐる論争の引き金となった．また仮に絶滅率一定の法則が経験則として成立しても，この仮説を検証することは難しいため，この仮説で生物の絶滅様式が説明されるかどうかは，不確定である．しかし，物理的な環境の変化がなくとも，多種系では生物間の相互作用を通じて持続的に進化が起こるという主張は，漸進論的な生物進化観の内容とされるものであり，その意味でこの仮説は現在でも注目されている．これに対し，生物進化には物理的環境の変化が先行しており，環境が安定するならば進化は停止するという対立仮説を，定常モデル (stationary model) と呼ぶ．また，最近では，無性生殖に比べ2倍のコストをもつにもかかわらず性が維持されるのは，有性生殖を通じて絶えず新しい遺伝子型がもたらされる点において一般に宿主よりも進化速度の速い寄生者などに対抗するうえで有利なためである，とする仮説を，赤の女王仮説と呼ぶことも多い．(→有性生殖)

a **アカパンカビ** [*Neurospora crassa*] 真正子嚢菌類フンタマカビ目に属する菌類の一種．菌糸は多核で，オレンジ色の分生子をつける．野生型はビオチンを加えた最少培地で増殖し，栄養要求性突然変異体を分離できる．ヘテロタリック(→ヘテロタリズム)で交雑は容易であり，有性生殖の結果，洋梨形の子嚢果(被子器)をつくり，8個の子嚢胞子を含む子嚢を多数生じる．子嚢胞子はラグビーボール状，黒色で，直線的に配列しており，四分子分析を行うことが容易である．B. O. Dodge により 1927 年以来生活環や胞子形成などが研究されていたが，C. C. Lindegren (1932) が交配型因子の分離の研究に用い，遺伝学研究の材料として注目されるようになった．その後 G. W. Beadle と E. L. Tatum (1941) がこの種で生化学的突然変異体を分離することに成功し，一遺伝子一酵素仮説の基礎となる研究を行った．以後，多数の生化学的・形態学的突然変異体が分離され，$n=7$ の染色体数に対応する連鎖地図が作られている．さらに，DNAによる形質転換法が開発され，遺伝子クローニングが可能になった．遺伝生化学・微生物遺伝学分野の研究にしばしば用いられ，特に突然変異機構・組換え機構・遺伝子微細地図・相補性などの研究において遺伝学上重要な発見がなされてきた．栄養要求株はビタミンB類などの生物学的定量に用いられる．

b **明るさ** [luminosity] 《同》明度．明暗感覚の強さをいう語．色の三属性(明度・色相・彩度，→色感覚)の一つ．無彩色(白・灰・黒)は三属性のうち明度だけをもつ．明るさの知覚に関する測光量としては，一般には輝度 (cd/m^2) を用いる．光の物理的な強さのほか，網膜の感受性や明暗対比などの生理的・心理的因子に依存する．網膜の感受性のうち視感度は，光の波長特性と視細胞の光順応度とによって大いに影響を受け，また網膜の部位，照射面積，刺激持続時間による差違も認められる．明るさの感覚自体は計測不可能な量で，単に刺激閾や識別閾を測定できるだけである．識別閾は，中等度の明るさの範囲では*ウェーバーの法則に従う(無彩色の光では，ヒトの識別閾/刺激強度=1/200〜1/100)．過度の光刺激では眩しさ (glare) の感じを引き起こす．(→視感度曲線)

c **アガルド** AGARDH, Carl Adolf 1785〜1859 スウェーデンの植物学者．ルンド大学の数学教授から転じて植物学の教授．植物群間の関係を地図のように平面に表し，藻類を緑・褐・紅の色で分類した．[主著] Synopsis algarum scandinaviae, 1817.

d **アカルボース** [acarbose] II 型糖尿病を治療するための経口血糖降下薬の一つ．食前に服用．放線菌 *Actinoplanes* によって生産される抗生物質であり，四糖から成る．炭水化物の消化に重要な小腸からの分泌酵素*α-グルコシダーゼや膵臓からの分泌酵素 α-*アミラーゼを阻害する．多糖を*グルコースなどの単糖へ分解するこれらの酵素の働きを阻害することで，消化管内におけるグルコース濃度の低下をきたし，その結果として体内へのグルコースの吸収量が減少．他に α-グルコシダーゼを阻害する経口血糖降下薬としては，単糖から成るボグリボースが知られる．

e **アガロースゲル電気泳動法** [agarose gel electrophoresis] AGE と略記．支持体(担体)にアガロースゲルを用い，主に DNA や RNA などの核酸の分離を行う*電気泳動法．アガロースは中性の高分子多糖で，寒天の主成分である．アガロースゲルは網目構造をもつため，分子量の大きい高分子ほど，網目構造に邪魔され，一定時間当たりの泳動距離が小さくなる(分子ふるい効果)．この泳動距離の違いを利用して，高分子を分離することができる．中性の泳動用緩衝液中では，DNA や RNA は分子内のリン酸基が負に荷電されるため，陽極に向かって泳動する．核酸は，ゲル中に加えた臭化エチジウムと結合し，蛍光性物質となるので，紫外線照射により検出できる．アガロースゲルはポリアクリルアミドゲル(→ポリアクリルアミドゲル電気泳動法)に比べてゲルの孔径が大きいため，*等電点電気泳動法の支持体として蛋白質や比較的大きな分子量の核酸の分離に使われる．しかし，通常，アガロースゲル電気泳動法という場合，核酸の分離法を指す．泳動方式は，ゲルを緩衝液中に浸漬して泳動する水平サブマリン型の泳動方式が一般的である．

f **アーキア** [archaea, *Archaea*] 《同》アーケア，アルケア，始原菌．原核生物を構成する二大ドメイン(超界)の一つ，およびその超界に含まれる原核生物の総称．英語の対訳は archaea (単数形 archaeon)，超界を意味する場合は *Archaea*．系統進化上，細菌(バクテリア)ではないという解釈の原核生物で，この点で同じ菌群を意味する従来の用語，*古細菌とは概念やその英訳 (archaebacteria) が異なる．細胞の大きさや形態による細菌との区別は困難だが，細胞構造学的・生理学的・生化学的に数多くの独特な性質をもつ．特徴の一つとして，細胞質膜の脂質がグリセロールとイソプレノイドアルコールのエーテル結合を基本とする骨格で形成される(細菌や真核生物のそれはグリセロールと脂肪酸のエステル結合)．そのほか，細胞壁がペプチドグリカンではなく，シュードムレインやSレイヤー，メタノコンドロイチンなどからできていること，多くの抗生物質に非感受性であること，リボソームの大きさが細菌と同じ70Sタイプでありながら，蛋白質生合成・核酸生合成の機構では真核生物と類似した数多くの性質をもつことが特徴．メタン生成はアーキアにのみ見られる生理学的性質で，超好熱菌のエネルギー代謝などにおいても独特の生化学機構が見られる．系統・分類学上，*クレンアーキオータ門，*ユーリアーキオータ門の2系統に分けられるほか，

純粋培養株が得られていないコルアーキオータ門(Korarchaeota)・ナノアーキオータ門(Nanoarchaeota)・タウマーキオータ門(Thaumarchaeota)が提唱されている. 従来は極限環境からの分離株が多く，生理学的には好熱菌(超好熱菌)・高度好酸性菌・*メタン生成菌・高度好塩菌に大別されたが，分離源は極限環境から通常の海洋，土壌などの自然界全般に広がる．メタン酸化やアンモニア酸化を行うアーキアもおり，細菌同様に自然界の物質循環に重要な役割を果たしていると考えられる．細菌には多種多様な病原菌が存在するが，アーキアにはこれまで病原性は知られていない.

a **アーキアドメイン** [Domain *Archaea*] 《同》アーキア超界. 16S rRNA に基づく分子系統樹によって示される生物界の三大系統群の一つ. 1990 年 C.R.Woese らによってバクテリアドメイン，真核生物ドメインとともに提唱．ドメインは，真核生物の最高次分類階級である*界よりも上の概念で，超界とも呼ばれている．アーキアドメインは原核生物から構成されるが，系統上は真核生物ドメインに近縁で，バクテリア(細菌)ではないという概念に基づいて定義される．

b **秋落ち** [akiochi] 夏季は異常なく生育した水稲が，生育後半に急激に生育がおとろえ，子実の収量が得られない現象. 二価鉄の欠乏している老朽化水田で発生しやすい．一般に水田では，施肥された肥料の硫酸基が湛水下で還元されて硫化水素が生成するが，健全水田では豊富に存在する鉄と結合し無害な硫化鉄沈澱物となる．しかし老朽化水田では硫化水素は遊離の形で存在し，水稲の根中に浸入して養水分の吸収を阻害し，生育後期に栄養障害を引き起こすとされている．硫酸を含まない肥料の施用，含鉄資材の添加などにより，現在日本では秋落ちもたらす老朽化水田はごくわずかとなっている．

c **アキネート** [akinete] 栄養細胞がそのまま厚壁化，貯蔵物質蓄積，代謝低下によって休眠状態となったもの．一部のシアノバクテリア(ネンジュモ目)や緑色藻，黄緑色藻などに見られる．一般に環境条件悪化

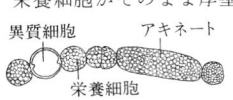
Anabaena circinalis のアキネート

(栄養分減少など)によって形成され，条件良化によって直接または胞子形成を介して栄養体に戻る．

d **亜極相** [subclimax] 野火・伐採・放牧や，洪水などの*攪乱のため，真の極相群落の直前の段階で遷移が止まり，しかも見かけ上安定な群落の状態をいう．シイ・カシ林が極相となる常緑広葉樹林域で定期的な伐採，下刈りなどのために落葉樹林になっている状態などがその例．亜極相の群落は*前極相と同一なのが普通であるが，起こる原因が違う．(⇒生物の極相)

e **諦め時間** [giving up time] GUT と略記．動物の採餌行動において，ある場所で一定時間内にまったく餌が獲得できなくなったときに諦めて別の場所に移動するまでの時間間隔．諦め時間の逆数がその場所でも諦め時点での採餌速度に等しいと考え，どの場所でも諦め時間が一定であることが最適採餌理論を検証するものと考えられた．しかし，どのような採餌戦略が最も効率的かは餌の分布状態で異なり，パッチ間に餌量の差が大きいときにはこのやり方が効果的だが，餌が均一に分布している場合には有利ではないことがより詳細な理論研究により明らかになっている．(⇒最適採餌戦略)

f **アクアポリン** [aquaporin] AQP と略記．《同》水チャネル(water channel). *細胞膜に存在し，細胞内外への水の移動を担う蛋白質．*脂質二重層からなる細胞膜は水溶性分子をほとんど透過させないが，アクアポリンの存在によって水溶性分子の細胞透過性が増す．細胞の*浸透調節，植物の根からの水の吸収や，動物の腎臓における水の*再吸収に役立っている．アクアポリンは大きく2種類に分けられ，選択的に水のみを透過させるものと，水やグリセロール，尿素，二酸化炭素などを透過させるアクアグリセロポリン(aquaglyceroporin)とがある．P.Agre はアクアポリンの発見により 2003 年ノーベル化学賞を受賞した．ヒトでは，アクアポリンの異常により腎臓での水の再吸収が低下し，尿崩症となる事例が報告されている．

g **悪液質** [cachexy] がん，結核，白血病などの末期にみられる高度の全身衰弱を指す．病気の本態を体液の変調におく体液病理学の考え方に基づいた名称で，原語は古く Hippocratēs や Galenos に由来．全身のさまざまな臓器の障害により生ずる一種の中毒状態とみられ，症状としては顕著な痩せ，貧血，脱力や皮膚の帯黄汚色がある．悪液質の原因として cachectin が同定されていたが，これは*マクロファージが産生する腫瘍壊死因子(tumor necrosis factor α, TNF-α)であることが明らかにされた．

h **アクセサリー遺伝子** [accessory gene] 培養細胞におけるウイルス複製には必須でない蛋白質をコードするウイルス遺伝子．ウイルス構造蛋白質やウイルス複製に必要な酵素や機能性蛋白質をコードする遺伝子以外に，生体内におけるウイルス感染ならびに病原性に関わる蛋白質をコードする．例えば HIV のアクセサリー遺伝子には，受容体である CD4 分子のダウンレギュレーションやウイルスの病原性に関わる Nef 蛋白質，ウイルス抑制性宿主因子である APOBEC 3G という脱アミノ酵素の活性を阻害する Vif 蛋白質，感染細胞の細胞周期を G_2/M 期で停止させるとともに*アポトーシスを誘導する Vpr/Vpx 蛋白質，細胞外へのウイルス粒子の遊離を抑制する tetherin の活性を阻害する Vpu 蛋白質(HIV-1 のみにある)などをコードするものがある．*ヘルペスウイルスや*パラミクソウイルスにも，培養細胞におけるウイルス複製に必須でないが，生体内におけるウイルスの増殖性や病原性の発現に関与する遺伝子が見つかっている．

i **アクセッション番号** [accession number] データベースの要素である各エントリー(entry)を入手(access)するために，それぞれのエントリーに一意的に付与される認識番号．DDBJ/EMBL/GenBank 国際塩基配列データベースを例にとると，1980 年代にはエントリー数がまだ少なかったため，アルファベット1文字のあとに5桁の数字を並べる(例:D12345)という方式が用いられていたが，その後データ量の急増により，アルファベット2文字に6桁の数字(例:AB123456)という方式に変わった．

j **アクセル** AXEL, Richard 1946〜 アメリカの神経科学者．コロンビア大学教授．1991 年に嗅覚受容体の巨大な遺伝子族を発見した功績により，L.Buck とともに 2004 年ノーベル生理学・医学賞受賞．

k **アクセルロッド** AXELROD, Julius 1912〜2004 アメリカの薬理学者．生体内のカテコールアミンの代謝を

研究し，特に神経末端における取込み・貯蔵・遊離の機構を明らかにした．1970年，B.Katz, U.S.von Eulerとともに神経末端における伝達物質の発見とその作用機序の研究によってノーベル生理学・医学賞受賞．

a　アグーチ関連ペプチド　[agouti-related peptide]
視床下部弓状核で*神経ペプチドYとともに分泌される，132アミノ酸残基，分子量1.4万の摂食を促進する神経ペプチド．摂食を阻害する効果をもつ*メラニン細胞刺激ホルモンの受容体への結合を抑制し，摂食を促進する．そのほか視床下部-下垂体-副腎皮質系に作用して*副腎皮質刺激ホルモン，*グルココルチコイド，*プロラクチンの産生を引き起こす．*レプチンによって分泌が抑制され，*グレリンによって促進する．

b　アクチノトロカ　[actinotrocha]　箒虫動物の浮遊幼生．全体はかかし状で，体前部に陣笠状の口前帽があり，その下に口，体の後端に肛門がある．体の側面に10〜40本の幼生触手(larval tentacle)が並ぶ．三体腔性である．口前帽の縁，幼生触手，肛門の周囲には繊毛がある．発生が進むと体の腹面の体壁の一部が袋状に陥入し，後体嚢となる．次いで幼生が定着場所を決めて変態が始まると，これが反転して外に飛び出す．後体嚢は急速に成長して長くなり，成体の胴となるが，このときに幼生の腸の一部がU字形に引き込まれ，成体の腸となる．やがて口前帽と幼生触手は吸収され，体の上端に新たに成体の触手が形成されて変態が完了する．

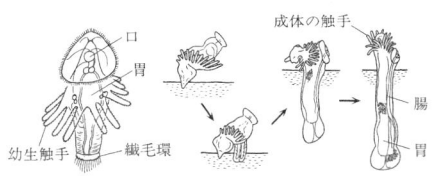

アクチノトロカの変態

c　アクチノバチルス　[actinobacillus]　アクチノバチルス属(Actinobacillus)に含まれる細菌の総称．アクチノバチルス症(actinobacillosis)と呼ばれる人獣共通感染症の原因菌．*プロテオバクテリア門ガンマプロテオバクテリア綱パスツレラ科(Pasteurellaceae)に属する．グラム陰性，通性嫌気性，芽胞非形成，非運動性の多型性小桿菌($0.3〜0.5×0.6〜1.4\,\mu m$)で，寒天培地上のコロニーは粘稠性に富む．ヒトを含む多種の健康な動物の気道，消化管および生殖器の粘膜表面に常在する．基準種のActinobacillus lignieresiiは，ウシ・ヒツジに放線菌症に似た慢性化膿性肉芽腫症を起こす．舌の病変は木舌として知られる．ヒトにおいてまれに心内膜炎，関節炎，敗血症も起こす．その他，ブタの胸膜肺炎やウシの敗血症を起こすA.pleuropneumoniae，ウマで産道感染などにより新生仔敗血症を起こすA.equuli，ブタの扁桃および上部気道に存在しブタアクチノバチルス症を起こすA.suisなどの菌種がある．

d　アクチノマイシンD　[actinomycin D]　放線菌Streptomyces antibioticus, S.chrysomallusが産生する抗がん抗生物質．小児がんの治療に用いられるほか，研究用試薬としてDNA依存性のRNA合成を阻害する目的で用いられている．すなわち鋳型DNA中のグアニン残基に結合して，RNAポリメラーゼによる転写を阻害する．

Sar：サルコシン
L-N-MeVal：L-N-メチルバリン

e　アクチノマイセス　[Actinomyces]　《同》アクチノミセス，アクチノミケス．*グラム陽性菌であるアクチノマイセス属(Actinomyces)細菌の総称．放線菌症(actinomycosis)の起因菌．アクチノバクテリア門放線菌目(Actinomycetales)放線菌科(Actinomycetaceae)に属する．絶対嫌気性で，菌糸状の生育を示す．細胞は断裂するが気菌糸は形成しない．基準種のActinomyces bovis(ウシ放線菌症の起因菌)のほか，A.israelii(口腔内・腸管常在菌，胸部・腹部の放線菌症)，A.naeslundii(口腔内・上気道常在菌，眼感染症・女性性器感染症・歯周病)，A.odontolyticus(虫歯・眼感染症)，A.pyogenes(化膿性感染症・急性咽頭炎・尿道炎)など，多くの菌種が存在．

f　アクチビン　[activin]　卵巣の顆粒膜細胞(=濾胞細胞)などから分泌され，下垂体前葉の*濾胞刺激ホルモン(FSH)の分泌を促進(activate)する蛋白質ホルモン．FSHの分泌を抑制(inhibit)する*インヒビンと関係が深い．脊椎動物の生殖腺，下垂体，*胎盤をはじめ多くの臓器でアクチビン生成が知られている．卵巣の顆粒膜細胞におけるFSH受容体の合成の促進，フレンド細胞や骨髄の赤芽球前駆細胞の増殖抑制と*ヘモグロビン合成の誘導，膵臓からの*インスリン分泌の促進，両生類胚における*中胚葉化因子とよく似た活性を示すなど，多くの生理活性をもつ．皮膚の損傷修復や腎臓などの内部構造の分岐に関与する．分子量2万5000．インヒビンβ鎖のサブユニットがS-S結合した二量体であり，アクチビンA($β_Aβ_A$)，アクチビンAB($β_Aβ_B$)，アクチビンB($β_Bβ_B$)の3種類が知られている．アクチビンAは赤芽球分化誘導因子(erythroblast differentiation factor, EDF)ともいう．インヒビンβ鎖が*形質転換成長因子TGF-βと約40％の相同性をもっており，また一次構造中のシステイン残基の位置がよく保存されているので，アクチビンをTGF-βファミリーに入れることもある．

g　アクチビン結合蛋白質　[activin binding protein]
*アクチビンに結合する蛋白質．代表的なものとしてフォリスタチン(follistatin, FSH抑制蛋白質 FSH-suppressor protein, FSP)，$α_2$-マクログロブリン($α_2$-macroglobulin)，*ビテロジェニンが知られている．フォリスタチンは下垂体の*濾胞刺激ホルモン(FSH)分泌を抑制する*インヒビン様の活性をもつ単量体の糖蛋白質で，非還元では分子量が3万2000，3万5000，3万9000の少なくとも3種のアイソフォームがある．*システイン含量が多いため，還元下と非還元下で*電気泳動法の移動度が大きく異なる．*表皮成長因子(EGF)やトリプシンインヒビターなどと低い相同性があり，繰返

し構造を含む．アクチビンとモル比1:1で結合する活性をもち，多くの in vitro 系でアクチビンの生理活性を抑制する．肝切除後の肝組織再生の促進にもかかわる．血清中の α_2-マクログロブリンや卵黄蛋白質であるビテロジェニンともアクチビンは結合するが，その結合力はフォリスタチンに比べ弱い．アクチビンと結合するアクチビン受容体は現在，大別するとタイプⅠとⅡが知られており，この膜貫通型受容体の細胞内ドメインにはセリン・トレオニンキナーゼ(⇌プロテインキナーゼ)部位が存在する．

a **アクチン** [actin] 筋肉の細いフィラメント(アクチンフィラメント)の主要構造蛋白質．ハンガリーのF. B. Straub (1942)が発見し，アメリカのM. Elzinga (1973)が一次構造を，W. Kabschら(1990)がDNアーゼⅠとの複合体の結晶の解析から三次構造を決定．アミノ酸残基375，分子量4万1872，通常ATP1分子とCa1原子を結合している．モノマーはGアクチン(G-actin, globular actin)と呼ばれ直径5.4 nmの球状．それが中性塩(0.1 M KCl, 5 mM $MgCl_2$ など)で重合しFアクチン(F-actin, filamentous actin)となる．Fアクチンは二重らせん構造で，36.5 nmの半ピッチ当たり13分子のGアクチンを含む．アクチン分子はそれぞれ2サブドメインからなる2ドメインによって形成されている．4サブドメインのうちフィラメントの最も外側に位置するサブドメインに，*ミオシンやさまざまなアクチン調節蛋白質が結合する部位が存在する．アクチンの三次構造は熱ショック蛋白質の一つHSP70とよく似ている．GアクチンのATPは重合の際加水分解されてADPになる．生体内ではFアクチンが*I帯のアクチンフィラメントの骨組みを構成する．Fアクチンは*トロポミオシンをらせんの溝に結合させ，さらに*トロポニンがその上に結合してアクチンフィラメントを形成する．脊椎動物の骨格筋ではアクチンフィラメントの長さは1 μmと一定しているが，ガラス器内で重合させたFアクチンの長さは指数分布を示す．Fアクチンには構造的に極性があり，Hメロミオシンと結合すると独特の矢じり構造を示す．矢じりのとがった側を矢じり端(P端 pointed end)，反対側を反矢じり端(B端 barbed end)と呼ぶ．GアクチンのFアクチンへの付加速度は，一般にB端の方が速く，B端を＋端，P端を－端とも呼ぶ．Fアクチンは筋原繊維の構造を形成するだけでなく，ミオシンと相互反応して筋収縮に直接関与する．すなわち，ミオシンの頭部(架橋)はアクチンと反応してはじめてATPアーゼ活性を示し，同時にアクチンフィラメントをミオシンフィラメントの中央方向にたぐり込む．これが滑り(sliding)で，筋収縮のしくみである(⇌滑り説)．アクチンフィラメントは*Z膜をはさんで極性が反対であり，滑りの方向性を決めていると考えられ，矢じり構造から知ることができる．ほとんどの真核細胞は，複数のアクチン遺伝子をもち，骨格筋では α アクチン，平滑筋では γ アクチン，一般の細胞では β, γ アクチンが発現している．

b **アクチンキャッピング蛋白質** [actin capping protein] 《同》アクチン繊維端結合蛋白質．アクチンフィラメントの一端に結合し，その端でのアクチンモノマーの付加・脱離を妨げる蛋白質の総称．アクチンフィラメントには反矢じり端(B端，＋端)と矢じり端(P端，－端)があり，B端にはビリン/ゲルゾリン/フラグミンスーパーファミリーやCapZ/β アクチニン，P端にはトロポモジュリンやARP複合体などが結合する．試験管内でアクチン溶液に加えると，B端キャッピングによりアクチン重合の臨界濃度がP端のそれに近づいたり，アクチン重合核を安定化するため重合が加速されたり，アクチンフィラメントが切断されたり，アクチンフィラメント同士の結合が阻害されるなどの影響をおよぼす．同様な蛋白質が出芽酵母やアメーバ，細胞性粘菌からも単離されている．

c **アクチン結合蛋白質** [actin-binding protein] 《同》アクチン調節蛋白質(actin-regulatory protein)．アクチンに結合し，その性質や形状を変化させる蛋白質の総称．アクチンの多様な修飾・調節を通して細胞の諸運動の制御に関与する．その作用から大きく10種類に分けられる．(1)重合核生成：フォルミン(formin)，ARP複合体など，(2)重合加速：プロフィリン(profilin)など，(3)重合阻害：チモシン(thymosin)など，(4)切断：ゲルゾリン(gelsolin)など，(5)脱重合促進：コフィリン(cofilin)など，(6)脱重合妨害：キャップ蛋白質など，(7)フィラメントの安定化：*トロポミオシンなど，(8)束化：フィンブリン(fimbrin)，ビリン(villin)，*α アクチニンなど，(9)架橋：フィラミン(filamin)など，(10)膜との相互作用：スペクトリン，*ビンキュリン，ERM蛋白質など．多くはアクチンフィラメントの側面に結合するが，アクチンの単量体に結合するもの(チモシン，プロフィリンなど)，アクチンフィラメントの末端に結合するもの(フォルミン，ARP複合体，ゲルゾリン，ビリン，キャップ蛋白質などの*アクチンキャッピング蛋白質)が存在する．キャップ蛋白質のように重合と脱重合の阻害など二つ以上の機能を果たすものもある．

d **アクトミオシン** [actomyosin] [1]《同》アクチン-ミオシン複合体(actin-myosin complex)，再生アクトミオシン(reconstituted actomyosin)．*アクチンと*ミオシンの混合物．ミオシン頭部は，ATPが存在しない場合にはアクチンと結合している．このATPアーゼは Ca^{2+} 非感受性．ATP濃度が高いと生理的条件下(イオン強度0.15以下，Mg^{2+} 存在下(1～5 mM $MgCl_2$)，中性pH，室温)で，溶解して透明になる(透明化現象 clearing response)．これはガラス器内における筋肉の弛緩現象とみなされている．ATP濃度が低くなるとミオシンフィラメントとアクチンフィラメントが滑りを起こすと同時に巨大な会合体をつくる(*超沈澱)．これはガラス器内における筋肉の収縮現象とみなされている．*アクチンと*トロポミオシンがFアクチンに結合しているときは，Ca^{2+} がないと透明化が起こり，Ca^{2+} があると超沈澱が起こる．これをカルシウム感受性(calcium sensitivity)という．[2] ＝ミオシンB

e **アクラシン** [acrasin] 細胞性粘菌が分泌する走化性誘引物質．増殖期アメーバが，飢餓を引き金として集合し，多細胞体(*偽変形体)を形成する際に細胞自身

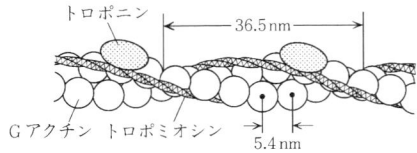

骨格筋のアクチンフィラメント

が分泌し細胞運動を誘導する．細胞による生成と分解の結果，アクラシン濃度の高い部分が波のように中心から外へ広がる．高濃度部分はらせん状のパターンを描き，時間的・空間的な変動をもたらす．加えて各細胞はアクラシン濃度の高い方へと移動することによって，広い範囲から細胞が中心へと集まる結果になる．細胞性粘菌が属するとみなされていた目(Acrasiales)の名から命名．アクラシンは種特異的で，*Dictyostelium discoideum* では cAMP，*Polysphondylium violaceum* ではグロリンと呼ばれるジペプチドである．cAMP に対する *D. discoideum* の応答は，ストレス応答，細胞内シグナル伝達，細胞運動，細胞間コミュニケーションと自己組織化などのメカニズムを解析するモデルシステムである．

a **アグリコン** [aglycon, aglycone]《同》アグルコン(aglucone)，ゲニン．*配糖体の非糖部分すなわち糖以外の構造部分をいい，フェノール類，テルペノイド類などその構造は多岐にわたる．色素配糖体*アントシアニンのアグリコンをアントシアニジンというように，一部の配糖体のアグリコンは特別の名称で呼ばれることがある．また*サポニンのアグリコンはその種を問わず*サポゲニンと呼ばれる．

b **アクリジン色素** [acridine dye] アクリジン核をもつ色素の総称．一般に弱塩基性で，強い蛍光を示す．DNA 塩基対間にインターカレート（⇌インターカレーション）し，光動力作用や*フレームシフト突然変異を起こす原因となる．アクリジンオレンジ，アクリジンイエロー，プロフラビン (proflavin)，ICR 170 などが知られる．この誘導体にはマラリアに対するキナクリン (quinacrine)，トリパノソーマに対するトリパフラビン (trypaflavin)，アクリフラビン)，殺菌剤リバノール (rivanol) などの化学療法剤があり，低濃度で微生物の発育を抑制する．なおアテブリンは黄色酵素の特異的阻害剤として知られ，トリパフラビンは酵母に作用させると呼吸欠損変異株を生じさせる．細菌ではアクリジン色素によってプラスミド(*F 因子など)の除去が起こる．(⇌化学的突然変異生成)

c **アグロインフィルトレーション** [agroinfiltration] 植物に根頭癌腫病を引き起こす土壌細菌*アグロバクテリウムを用いて植物細胞内で遺伝子を一過的に発現させる手法．発現させたい目的遺伝子を，T-DNA 領域をもつバイナリーベクターにクローニングし，これを導入したアグロバクテリウムを作製，その培養懸濁液を注射筒を用いて植物葉に注入すると，注入領域で目的遺伝子の発現が起こる．植物において簡便かつ大量に目的の蛋白質を発現させることができ，植物分子生物学の研究に広く用いられる．

d **アクロシン** [acrosin] *精子の*先体に特異的に含まれるトリプシン様セリンプロテアーゼ．L. J. D. Zaneveld ら(1972)によってウサギ精子から精製・命名され，その後ヒト・ブタ・ヒツジ・マウスなど，哺乳類精子の先体に普遍的に存在することが知られている．他の多くの蛋白質分解酵素と同様に，活性をもつアクロシンは不活性型のプロアクロシンが分解されることによって生じる．アクロシンは哺乳類での *in vitro* の実験において*透明帯(卵黄膜)を消化するため，受精の際に精子が透明帯を通過するために必須な酵素であると長年信じられてきたが，この遺伝子のノックアウトマウスの妊孕性がほぼ正常であることから，現在はこの考え方は否定されている．

e **アグロバクテリウム** [Agrobacterium] *根粒菌と極めて近縁あるいは同属の一群のグラム陰性土壌細菌．多くは植物病原細菌として単離・同定された．感染植物に不定形の細胞塊である*クラウンゴール(根頭癌腫)を誘導するものを根頭癌腫病菌 (*Agrobacterium tumefaciens* あるいは *Rhizobium radiobacter*)，根の形態のまま増殖する毛状根(hairy root)を誘導するものを毛根病菌 (*A. rhizogenes* あるいは *R. rhizogenes*)と呼ぶ．いずれも，植物細胞への感染により，菌体中に存在する巨大プラスミド(根頭癌腫病菌では Ti プラスミド Ti plasmid，毛根病菌では Ri プラスミド Ri plasmid)の一部(T-DNA)が切り出されて植物ゲノム DNA 中に組み込まれ，T-DNA 上の遺伝子群が転写・翻訳されて機能することで腫瘍が形成される．腫瘍中には腫瘍特異的な化合物である*オピンが見出され，その合成酵素遺伝子は T-DNA 上に，その分解酵素遺伝子は T-DNA の外側に存在する．このことから，アグロバクテリウム菌は，T-DNA を植物細胞内に挿入し，T-DNA が挿入された*形質転換植物細胞を異常増殖させてオピンを大量に合成・分泌させ，そのオピンをアグロバクテリウム菌が特異的に分解して自身の増殖のための炭素源や窒素源として利用していると考えられる．この現象は遺伝的植民地化 (genetic colonization)と呼ばれ，自然界で見られる遺伝子組換えの事例の一つである．アグロバクテリウム菌は T-DNA 領域の両末端(ボーダー領域)のみを認識して切出しと組込みをするので，T-DNA の内側を自由に改変して遺伝子導入ベクターに応用することができる．この性質を活用し，T-DNA を介して目的の外来遺伝子を植物細胞中に導入し，遺伝子組換え植物(遺伝子改変植物 genetically modified plant, GM plant, 形質転換植物 transgenic plant)を育成するアグロバクテリウム法 (Agrobacterium-mediated transformation method)が確立されており，多くの植物で広範に使われている．(⇌遺伝子導入，⇌形質転換)

f **亜群集** [subassociation] 群集の下位にある群落単位．チューリヒ-モンペリエ学派が提唱した．他の亜群集とは*識別種によって区別される．命名に際しては，最も重要な識別種の種名または属名の語尾に -etosum をつける(例：*Vaccinio-Pinetum pumilae cetrarietosum* コケモモ-ハイマツ群集マキバエイランタイ亜群集)．識別種を特にもたない群集部分は典型亜群集と呼ばれる．

g **アーケゾア類** [archezoans] 典型的なミトコンドリアを欠く真核生物の一群．細胞内共生によるミトコンドリア獲得前に分かれた生物であると考えられていた(アーケゾア仮説)．アーケゾア界(Archezoa)として微胞子虫や*ディプロモナス類などが含められていた．初期の分子系統学的解析からこれら生物が最も初期に分岐した真核生物であることが示されていたが，その後詳細な解析からこれらの生物はミトコンドリアをもつ生物に近縁であることが判明し(例：微胞子虫は菌類に近縁)，さらに退化したミトコンドリア(*マイトソーム)をもつことが明らかとなった．現在では少なくとも現生の真核生物は全てミトコンドリアをもった祖先を共有すると考えられ，アーケゾア界は否定されている．

h **顎** [jaw] [1] 脊椎動物の顎口類において，上顎(upper jaw)，下顎(lower jaw)からなり，咀嚼，摂食

に機能する部分(→内臓骨格).[2] 無脊椎動物において,脊椎動物の顎に機能の類似した器官の総称.その内容は動物群によってさまざまに異なる.軟体動物の頭足類ではオウムの嘴状をした背腹1対の角質構造(いわゆるカラストンビ),環形動物ではゴカイなどの多毛類の咽頭壁に左右1対の大形の顎歯があり,口腔壁に小形の多数の小歯(paragnath)がある.吸血性のヒル類には顎板が,肉食性のノドビル類には長いキチン質の輪形動物や顎口動物では咽頭に顎体がある.コケムシ類の鳥頭体には上下の顎があり,ウニ類の*アリストテレスの提灯には顎骨や歯があり,クモヒトデ類には顎歯がある.毛顎動物の口には顎節と顎毛がある.甲殻類の口器は*大顎・第一小顎・第二小顎などからなり,昆虫ではそれと相同の構造を大顎・小顎・下唇と呼ぶ.

a **亜高山帯** [subalpine zone] 山岳の垂直的な生活帯または植生帯の一つで,山地帯と高山帯との間,すなわち*山地帯の上限から*森林限界までの部分.日本ではダケカンバをまじえた常緑針葉樹林帯によって代表される.主な*優占種は本州でシラビソ・オオシラビソ・トウヒ・コメツガ,北海道でトドマツ・エゾマツ類.亜高山帯は北海道東北部では平地から,西南部では600〜1000 m,本州中部では1700〜2500 mの間にあり,だいたい年平均気温6.0〜11.5℃の等温線の間に含まれる.*暖かさの指数では15〜45℃・月の範囲になる.林相は単調である.湿潤で,林床にはコケ類が多く,種子植物としてはミヤマカタバミ,ゴゼンタチバナ,マイヅルソウ,カニコウモリ,ハリブキのような特有の植物が生育することが多い.動物は鳥類と哺乳類はかなり多いが,無脊椎動物の種類は少ない.亜高山帯以上だけに生活する生物を,通常,高山植物および高山動物と呼ぶ.本帯は水平分布における寒温帯に対比される.欧米ではsubalpineの語は森林限界の上部,高山帯との移行部の低木群落を指し,日本の亜高山帯針葉樹林の領域は北方山地帯(boreal montane zone)あるいは上部山地帯(upper montane zone)の語を用いる(→植生帯).モミ類(シラビソ,オオシラビソ)が優占する亜高山帯ではしばしば*縞枯れが見られる.

b **アゴニスト** [agonist] [1] ある生体作用物質の受容体(レセプター)に結合し,その物質のもつ作用と同じ(あるいは似た)作用を現す物質あるいは薬剤.β型のアドレナリン作動性受容体のアゴニストとしてはイソプロテレノール(isoproterenol)がよく知られた例(→アンタゴニスト).[2] 拮抗筋において,一方の筋肉をアゴニスト,他方をアンタゴニストという.

c **アコニチン** [aconitine] $C_{34}H_{47}NO_{11}$ キンポウゲ科トリカブト属(Aconitum)植物に含まれるジテルペンアルカロイド.猛毒で,心伝導障害,呼吸中枢麻痺,循環系麻痺,運動神経麻痺などの毒性作用を示す.その作用機序は,ナトリウムイオンチャネルに結合し,持続的に活性化させることで脱分極を引き起こすことによる.このアコニチンを含むカラトリカブト(Aconitum carmichaeli),またはオクトリカブト(A. japonicum)の塊根は,毒性が強いため高圧蒸気処理などの減毒加工を施した上で,附子(ぶし)として鎮痛,強心,興奮,新陳代謝の機能亢進などの目的で漢方処方用薬として使用される.

d **アコニット酸** [aconitic acid] HOOCCH=C(COOH)CH$_2$COOH トリカルボン酸の一つ.trans型は安定で,多くの植物に含まれる.cis型は比較的不安定で,*クエン酸回路を形成する物質(cis-アコニット酸)として生理的意義をもつ.

e **アコニット酸水添加酵素** [aconitate hydratase] 《同》アコニット酸ヒドラターゼ,アコニターゼ(aconitase).→クエン酸回路(図)

f **8-アザグアニン** [8-azaguanine] 《同》グアナゾロ(guanazolo). 5-amino-7-hydroxy-1H-v-triazolo(-d-)pyrimidine. 核酸塩基類縁体の一種で,グアニンの代謝阻害物質.細胞の発育阻害作用を示し,腫瘍抑制効果がある.6-チオグアニン(6-thioguanine)も同様の作用をもつ.阻害はグアニンあるいはグアノシンの投与で解除される.いったん核酸中に取り入れられて阻害作用を示すものと考えられるが,プリンヌクレオチド生合成のレベルでも阻害しているという.生体内ではグアニンデアミナーゼ(guanine deaminase)により8-アザキサンチンに分解される.ヒポキサンチン-グアニンホスホリボシルトランスフェラーゼ(hypoxanthine-guanine phosphoribosyltransferase, HGPRTあるいはHPRTと略記)欠損細胞は,8-アザグアニンに耐性を示す.

g **5-アザシチジン** [5-azacytidine] Streptoverticillium ladakanusが産生する抗生物質で,シチジン塩基の5位の炭素が窒素に置換した類縁体.グラム陰性菌,白血病細胞,エールリヒ腹水癌細胞に効力を示す.5-アザシチジンは,細胞内でリン酸化されシチジンの代わりにDNAに取り込まれるが,シチジンのように5位がメチル化されないのでDNA合成が阻害される.DNAのメチル化の研究によく用いられる.

h **アザラシ状奇形** [phocomelia] →短肢

i **足(植物の)** [foot] コケ植物・シダ植物において,胚の組織の一部で,*配偶体組織と密に接して発達している部位.胚の発育初期に,母体である配偶体から栄養を受ける.裸子植物では*前胚の一部,被子植物では*胚柄がこの足に当たる.

j **肢,脚,足** 本来は,動物の体に付属し,自由運動の可能な歩行に用いられる器官.次のような区別がある.(1) 肢(leg):器官全体,(2) 足(foot):肢のうち地につく部分,(3) 脚(leg):肢のうち足以外の部分.体制制をもつ動物の各体節に付属する肢や脊椎動物の肢は*付属肢と呼ばれ,腕,触角,顎などに機能分化することもある.脊椎動物の肢は*外肢とも呼ばれる.軟体動物では運動器官として足がよく発達したものが多く,その所在,形,機能などにより腹足類,頭足類,斧足類,掘足類などと呼ばれる.節足動物は*関節肢と呼ばれる特有の付属肢をもち,背側の外肢と腹側の内肢に分かれた二枝型が基本型とされる.棘皮動物の*管足も一種の運動器官であ

a **アシアロ糖蛋白質受容体** [asialoglycoprotein receptor] 哺乳類の肝細胞表面に存在し，血中のアシアロ糖蛋白質の特異的かつ速やかなクリアランスに関与する受容体．G. Ashwell らが動物細胞に見出した最初のレクチンとして知られる（⇨動物レクチン）．アシアロ糖蛋白質は，*シアル酸を含む血清糖蛋白質からシアル酸が除かれたもので，新たにガラクトースや N-アセチルガラクトサミンが露出する．アシアロ糖蛋白質は露出した糖残基を認識する肝細胞表面の受容体に結合し，*エンドサイトーシスによって細胞内に取り込まれ，*リソソーム内で分解される．構造的にも機能的にも類似の蛋白質が，*マクロファージ細胞表面にも存在することが知られている．

b **アジド** [azide] 《同》アジ化物．N_3^- の塩あるいは $-N_3$ 基をもつ化合物．生物学的研究にはナトリウムアジド（NaN_3）が代謝の阻害または促進をする物質としてよく用いられる．カタラーゼ，ペルオキシダーゼ，ラッカーゼ，シトクロム c 酸化酵素や重金属酵素に対する阻害剤であり，呼吸阻害の目的でよく用いられる．

c **アシドカルシソーム** [acidocalcisome, volutin granule] さまざまな生物がもつ小さな酸性細胞小器官．多くの膜輸送体をもつ膜で囲まれ，多量のカルシウムとポリリン酸を含む．おそらく浸透圧調節に機能する．トリパノソーマ類（*キネトプラスト類）や*アピコンプレクサ類などの寄生性原生生物から見つかったが，陸上植物や細胞性粘菌，ヒトの血小板，細菌などからも類似の構造が報告されている．

d **アシドーシス** [acidosis] 《同》酸血症．血液の pH が正常の範囲をこえて酸性に変化した状態，あるいは pH はほとんど変化しなくても酸に対する血液の正常な緩衝能が減じた場合に現れる症状．原因には，肺炎・中枢性呼吸障害などによる血液中の CO_2 の排出不全，また酸類や酸を生じる物質の多量摂取，糖尿病・腎炎などによる有機酸の生成の異常増加，腎不全による酸の排出不良などがある．全身の種々の機能に異常を招き，食欲不振・頭痛・不眠・悪心・嘔吐などの症状を呈する．（⇨酸塩基平衡）

e **アジドチミジン** [azidothymidine] AZT と略記．《同》ジドブジン（zidovudine）．チミジンの 3′位水酸基がアジド基に置換した類縁体．最初にアメリカ FDA に承認された抗 HIV 剤．ヒト免疫不全ウイルス（HIV）の逆転写酵素は，哺乳類の DNA ポリメラーゼαと比較して，ウイルス RNA から DNA への転写の際に誤ったヌクレオチドを取り込みやすい．AZT は細胞内で 5′位水酸基がホスホリル化され，アジドチミジン三リン酸となり，HIV の逆転写酵素によってウイルス DNA に取り込まれる．3′位に水酸基がないのでここで逆転写を止めてしまう．

f **足場蛋白質** [scaffold protein] 《同》スキャフォールド蛋白質．一連の細胞内シグナル伝達系において，順次活性化される一連の酵素群と同時に結合する蛋白質．これらの酵素群を微小環境に集結させることにより活性化カスケードの特異性を保証し，反応効率を上げる機能をもつ．主にセリン・トレオニンキナーゼが関与するシグナル伝達系で働く．初めて足場蛋白質としてみつかった出芽酵母の Ste5 は，フェロモン刺激により *MAP キナーゼ系の酵素 Ste11, Ste7, Fus3 と結合し，特異的なシグナル伝達複合体を形成する．哺乳類においてはさらに複雑な MAP キナーゼ系において上流の刺激に応じた選択性を維持し，非特異的なクロストークを防ぐ働きをする足場蛋白質が多数同定されている．

g **亜種** [subspecies] 生物分類のリンネ式階層生物分類体系において，種の直下におかれる*階級ないしその階級にあるタクソン．固有の特徴を共有し，特定の地域に分布する集団全体を指す．同種内の異なる亜種は，互いに重なり合わない分布域を占め，潜在的に交配可能（⇨地理的隔離）．日本列島に生息する大形哺乳類の多くはこの例で，大陸産の同種とは異なる亜種に分類される．しかし，どのような地域集団を亜種と見るかについては客観的な基準が存在せず，亜種の指定が恣意的に行われる結果となることに対する批判もある．国際動物命名規約では，亜種は種よりも下位の階級として唯一のもので，属名と種小名のあとに亜種小名を付した三語名で表す．亜種をもつ種を多型種（polytypic species）と呼び単型種（monotypic species）と対置させる．国際藻類・菌類・植物命名規約では，種よりも下位の階級として亜種のほか*変種や*品種などが認められている．このため，亜種名の前には subsp. を付して，階級を明示する．

h **アジュバント** [adjuvant] 《同》助剤．免疫機構を非特異的に刺激することによって，抗原に対する特異的免疫反応を増強する物質の総称．代表的なものとして水酸化アルミニウム（アラム Alum）や*フロイントのアジュバントがある．アジュバントの作用機序として，注射部位での抗原貯留期間の延長やマクロファージなどへの捕食先進化が挙げられる．このほか，アジュバントに含まれる成分が *Toll 様受容体などの自然免疫系細胞上に存在するレセプターを刺激することにより，樹状細胞やマクロファージ上に T リンパ球を刺激するための補助刺激分子を発現させ，これによりリンパ球による適応免疫系の免疫応答を増強することもある．

i **趾**（あしゆび）[toe] [1] 脊椎動物の*後肢の指（⇨指）．[2] 足端突起．（⇨輪形動物【1】）

j **亜硝酸還元酵素** [nitrite reductase] NiR と略記．亜硝酸イオンを還元する酵素．硝酸同化に関与する同化型の亜硝酸還元酵素はシロヘム（⇨亜硫酸還元酵素）を含み，アンモニアまでの 6 電子還元を行う．陸上植物や緑藻・藍色細菌の酵素は還元型*フェレドキシンを電子供与体とする．陸上植物では葉緑体あるいはプラスチドに局在する．ホウレンソウの葉の酵素は分子量 6 万で，シロヘムとともに鉄硫黄センターを含む．Neurospora crassa の酵素（分子量 29 万）や大腸菌の酵素（分子量 19 万，EC 1.6.6.4）は FAD や鉄硫黄センター，シロヘムを含み，NAD(P)H を電子供与体とする．異化型の酵素は有機基質の酸化に亜硝酸を用いる過程に関与するが，そのうち脱窒素細菌（⇨脱窒素作用）の酵素は NO を生成する．これはさらに他の還元酵素により，N_2O を経て N_2 に還元される．脱窒素細菌の亜硝酸還元酵素は 2 種知られている．一つは銅蛋白質で，*シトクロム c を電子供与体とする（EC 1.7.2.1, Alcaligenes faecalis）．もう一つはシトクロム c, d 自身で，酸素とも反応しシトクロム酸化酵素（cytochrome oxidase）の機能をもつ（Pseudomonas aeruginosa, A. faecalis）．なお，c 型の*ヘムを含み，シトクロムを電子供与体としてアンモニアを生成する亜硝酸還元酵素も Achromobacter fischeri 中に知られる．なお，亜硫酸還元酵素も多くは亜

a **亜硝酸酸化菌** [nitrite-oxidizing bacteria] *硝化菌のうち，亜硝酸を硝酸まで好気的に酸化する菌群の総称．一般に，*アンモニア酸化菌と生態学的に伴って生息．化学無機独立栄養菌(⇨独立栄養)であるが，光栄養細菌にも亜硝酸酸化能をもつものが存在する．これまで*バクテリアドメインにのみ知られている．分類学的には*プロテオバクテリア門アルファプロテオバクテリア綱の *Nitrobacter*，ガンマプロテオバクテリア綱の *Nitrococcus*，デルタプロテオバクテリア綱の *Nitrospina*，ニトロスピラ門(Nitrospira)の *Nitrospira* などの属がある．アンモニア酸化菌と同様に海洋，土壌などに広く分布し，自然界の窒素循環に重要な役割を担っているほか，廃水処理系における窒素除去プロセスにおいても必須の菌群である．

b **アショフ** Aschoff, Ludwig 1866～1942 ドイツの病理学者．マールブルク大学病理解剖学教授，フライブルク大学教授．脂質代謝の病理形態学などに寄与．特に心臓のいわゆるリウマチ結節の記載，洞房結節の発見(アショフ‐田原の結節)，細網内皮系学説の提唱が著名．門下が多く，日本にも田原淳・清野謙次らがいる．

c **アショフの法則** [Aschoff's rule] 《同》概日則(circadian rule)．動物の概日リズムが全明および全暗条件下で自由継続するとき(⇨自由継続リズム)，夜行性動物では全明条件下の自由継続周期(τ)が全暗条件下のものよりも長く，昼行性動物ではその逆になり，さらに全明条件において照度が高いほど夜行性動物ではτが長く，昼行性動物では逆に短いという経験則．J. Aschoff(1960)の提唱．この法則はさらに，概日周波数(1/τ)，毎日のサイクルにおける活動期(α)と休息期(ρ)の長さの比(α/ρ比)，全活動量の三つの値が，夜行性動物では照度と負の相関，昼行性動物では照度と正の相関を示すという概日則として一般化される．この法則は多くの動物にあてはまり，これをもとに夜行性，昼行性動物の活動リズムの機構について議論されてきた．しかし，節足動物などでは例外が見つかっている．

d **アシルアミノ酸アミダーゼ** [acylamino-acid amidase] 《同》アミノアシラーゼ(aminoacylase)，アシラーゼ(acylase)．N-アシル-L-アミノ酸を有機酸とアミノ酸に加水分解し，デヒドロペプチドの加水分解をも触媒する酵素．動物組織，菌類，細菌などに存在．ブタ腎臓の酵素はⅠ(狭義のアシルアミノ酸アミダーゼ，EC3.5.1.14)とⅡ(アシルアスパラギン酸アミダーゼ acyl-aspartate amidase, EC3.5.1.15)の2種が知られている．前者は広い特異性を示すが，特に長い脂肪族側鎖をもつアミノ酸誘導体を基質とする．後者は N-アシル-L-アスパラギン酸により選択的に作用する．この種の酵素はα-アミノ酸ラセミ体の分割に利用される．

e **アシル基運搬蛋白質** [acyl carrier protein] ACPと略記．《同》アシルキャリアー蛋白質，脂肪酸基運搬蛋白質．*脂肪酸生合成においてアシル基の担体として機能する蛋白質．*アセチル CoA，マロニル CoA からの *de novo* の脂肪酸生合成は多くの酵素を含む複合体によって行われるが，そのアシル基結合の段階ではアシル CoA が直接基質とはならず，いったん複合体のうちのアシル基運搬蛋白質に移されて反応する．この反応に関与する酵素として，アセチル CoA を ACP に転移する反応を触媒する ACP-アセチルトランスフェラーゼ(EC2.3.1.38)，同じくマロニル CoA を転移する ACP-マロニルトランスフェラーゼ(EC2.3.1.39)が知られている．ACP は動物や酵母では酵素複合体から解離し難いが大腸菌では分離され，分子量約1万でアミノ酸77残基からなる．パンテテイン-4′-リン酸は蛋白質部分のセリンとエステル結合を行っている(P. R. Vagelos, 1964)．ACP の生成は次のように CoA のパンテテイン-4′-リン酸が酵素反応でアポ ACP に移される．

$$\text{CoA} + \text{apo-ACP} \xrightarrow{\text{Mg}^{2+}(\text{Mn}^{2+})} \text{ACP} + 3',5'\text{-ADP}$$

ACP はまた脂肪酸合成だけでなく*メバロン酸の合成，脂肪酸の不飽和化反応にも関与する．

```
            セリン
ポリペプチド—NH—CH—CO—ポリペプチド
              |
              CH₂
              |
              O       パンテテイン-4′-リン酸
              |
         O=P—O—CH₂ ----------
              |
              O⁻
```

f **アシルグリセロール** [acylglycerol] 《同》中性脂肪，グリセリド(glyceride, 旧称)．*単純脂質の一種で*グリセロールの脂肪酸エステルの総称．IUPAC 命名法ではアシルグリセロールとしており，現在ではグリセリドは用いない．*脂肪酸が，グリセロール($CH_2OH \cdot CHOH \cdot CH_2OH$)の3個の OH にそれぞれ1, 2, 3分子結合するに従って，モノアシルグリセロール(monoacylglycerol)，ジアシルグリセロール(diacylglycerol)，トリアシルグリセロール(triacylglycerol)といい，含まれる脂肪酸の名称に接尾語として -in をつけて，トリパルミチン，パルミトジオレインなどと呼ぶ．モノアシルグリセロールでは，グリセロールの2位の脂肪酸は1位に転移しやすい．*リパーゼにより加水分解を受け脂肪酸を遊離する．生合成経路はグリセロールリン酸の*アシル CoA によるアシル化で始められる(⇨脂質生合成)．なお，動物の小腸粘膜ではモノアシルグリセロールのアシル化によるトリアシルグリセロール合成が活発に行われている．一般にトリアシルグリセロールは天然油脂の主成分で，動物では脂肪組織として皮下組織・肝・筋肉・内臓周辺および骨などに蓄積し，植物では主として種子・果実および穀類の胚芽に集中して見出され，蓄積脂肪(depot fat)と呼ばれる．また糸状菌にも含まれている．一般にエネルギーの貯蔵源であり，生体内で CO_2 と H_2O とに完全に燃焼されたときに放出されるエネルギー量ならびに水の量は，炭水化物や蛋白質の場合の約2倍に達する．したがって水の不足に当面した生物体，例えば砂漠のラクダや発生を開始したニワトリの胚などにおける脂肪酸化の意味も大きい．その他，皮下組織の蓄積脂肪(いわゆる皮下脂肪)は無意味なエネルギーの放出を阻止すると考えられ，また内臓諸器官や骨を包む蓄積脂肪については，機械的障害に対する保護が考えられる．蓄積脂肪は，生体のいろいろな状況に応じて，エネルギーの貯蔵源として移動し消費される(⇨脂肪組織)．古くから，脂質中の変動成分として，不動成分すなわち*複合脂質から区別されてきた．蓄積脂肪の性状が生物の種類によって異なるのは，その分子中の脂肪酸の違いに起因している．これは一つには，摂取する食物内の脂肪酸の種類の反映でもあり，また体内での脂肪酸合成能

力の特殊性にもよる．動物体内における脂肪の酸化は，リパーゼによるグリセロールと脂肪酸への分解に始まるが，後者は CoA の参与の下で*β 酸化の諸段階を経て*アセチル CoA に到達し，*クエン酸回路に入る．

a **アシル CoA**（アシルコエー）［acyl-CoA］ *脂肪酸と CoA（*コエンザイム A）のチオエステル（RCO–CoA）．すべての脂肪酸の合成および分解の活性型代謝中間体で加水分解されると脂肪酸と CoA になる．また脂肪酸と CoA から合成され，このとき ATP を消費する．この合成には脂肪酸の鎖長に関し特異性の異なる酵素，すなわち C_4～C_{11} に作用するアセチル CoA シンテターゼ（acetyl-CoA synthetase，アセチルチオキナーゼ，アセチル活性化酵素 acetyl-activating enzyme，EC6.2.1.1）およびブチリル CoA シンテターゼ（butyryl-CoA synthetase，酪酸–CoA リガーゼ，EC6.2.1.2）と，C_6～C_{20} に作用するアシル CoA シンテターゼ（acyl-CoA synthetase，アシル活性化酵素 acyl-activating enzyme，EC 6.2.1.3）が関与する．

b **アスコルビン酸**［ascorbic acid］《同》ビタミン C（vitamin C），セビタミン酸，ヘキスロン酸．$C_6H_8O_6$ 分子量 176.13．L-アスコルビン酸はかつて長途の航海をする船員がかかりやすかった壊血病（scurvy）を癒すビタミン（抗壊血病ビタミン antiscorbutic vitamin）として発見された．紫外吸収極大 265 nm（水溶液，pH7），酸化還元電位 $E°′=+0.06\ V$（30℃，pH7）．新鮮な果実（ミカン，レモン，ブドウ）や野菜（トマト，キャベツ）緑茶などに豊富に存在し，動物体内では副腎に特に多く，脳・肝臓・下垂体・黄体・胸腺などにも多く含まれる．種々の酸化剤や酸素（銅の存在下），ポリフェノール酸化酵素のほか，特異的にはアスコルビン酸酸化酵素などによって，容易に可逆的酸化を受け，アスコルビン酸のエンジオール構造が α-ジケトン構造に変換されたデヒドロアスコルビン酸（dehydroascorbic acid）となる．アスコルビン酸とデヒドロアスコルビン酸はそれぞれ電子供与体および電子受容体となるので，生体内では，水素運搬体として生物学的酸化還元の役割を演じていると推定されている．なお，デヒドロアスコルビン酸は，アスコルビン酸が水素原子を二つ失ったものであるが，水素原子を一つ失って不対電子をもつ分子はモノデヒドロアスコルビン酸（mono-dehydroascorbic acid）という．どちらもアスコルビン酸へ再生する還元酵素が存在する．一方で，デヒドロアスコルビン酸は加水分解を受ければ 2,3-ジケトグロン酸になり，さらに一部はシュウ酸にまで分解される．アスコルビン酸はコラーゲン生合成におけるプロリンとリジンの水酸化，チロシンの代謝やカテコールアミンの生合成，生体異物の解毒，ニトロソアミンの生成抑制，コレステロールの 7α-コレステロールへの水酸化，鉄の吸収，シトクロム c の還元，NADH レダクターゼの活性化，銅の代謝，免疫賦活化などに機能している．アスコルビン酸欠乏症（ビタミン欠乏症）は主にコラーゲン生合成の欠如に関係し，壊血病など出血傾向を主徴とする．ヒトでは，アスコルビン酸合成のための L-グロノ-γ-ラクトンオキシダーゼの遺伝子が偽遺伝子化しているため，アスコルビン酸の摂取が不足すると症状が現れるが，L-グロノ-γ-ラクトンオキシダーゼをもつ生物では体内で必要量が十分合成されている．その合成経路は D-グルコースから D-グルクロン酸，L-グロン酸を経て L-グロノ-γ-ラクトンを生成し，さらに L-グロノ-γ-ラクトンオキシダーゼが作用してアスコルビン酸を生成する．最終段階を触媒する L-グロノ-γ-ラクトンオキシダーゼの遺伝的な欠損のためにアスコルビン酸を生合成することができないのは，ヒトを含む狭鼻猿霊長類のほか，ゾウ，モルモット，フルーツコウモリ，メダカなどである．アスコルビン酸はビタミン類の中では最も多量に要求され，成人男性 1 日の推奨量は 100 mg である（厚生労働省 2010 年）．定量には特異性の低い比色法は用いられなくなり，高速液体クロマトグラフィー（HPLC）を用いる方法が一般的である．

c **アスコルビン酸減少法**［ascorbic acid depletion method］ ラットやマウスの内分泌腺や組織で，その分泌活動が盛んになると組織中に含まれているアスコルビン酸の含量が減少する現象を利用して，ホルモンを検定する方法．例えば，*黄体形成ホルモン（LH）が卵巣に，あるいは*副腎皮質刺激ホルモン（ACTH）が副腎に作用して，卵巣や副腎のホルモンが分泌されると，それぞれ卵巣や副腎のアスコルビン酸含量は減少する．下垂体を摘出したラットやマウス副腎皮質内のアスコルビン酸の減少度を測定して副腎皮質刺激ホルモンの量を算出するのが副腎アスコルビン酸減少法（AAAD 法 adrenal ascorbic acid depletion method）であり，卵巣のアスコルビン酸を測定して LH 量を算出するのが卵巣アスコルビン酸減少法（OAAD 法 ovarian ascorbic acid depletion method）である．一般的な生殖腺刺激ホルモンの生物検定法では LH と濾胞刺激ホルモン（FSH）の両者に反応するが，OAAD 法は LH に対する特異的な方法として広く用いられてきた．

d **アスコルビン酸酸化酵素**［ascorbate oxidase］《同》アスコルビン酸オキシダーゼ．L-アスコルビン酸を酸化してデヒドロアスコルビン酸にする反応を触媒する好気的酸化酵素．EC1.10.3.3．過酸化水素は生成されない．植物（例えばアブラナ科・キュウリ・カボチャ），副腎皮質などに見出される．精製標品は青緑色の蛋白質で分子量約 14 万，Cu を 0.46～0.52%（酵素 1 分子当たり 10～12 原子）含むといわれている．D-アラボアスコルビン酸，グルコアスコルビン酸にも作用する．ポリフェノール酸化酵素系によって生じた o-キノンを還元でき，植物の呼吸系の一環をなすとも考えられている．

e **アストベリー** ASTBURY, William Thomas 1898～1961 イギリスの生物物理学者．髪の毛・羊毛などの高分子の X 線回折による研究を行った．彼が命名した α-*ケラチン・β-ケラチンの構造は今日の*α ヘリックス・*β 構造の基礎となった．［主著］Fundamentals of fibre structure, 1933.

f **アスパラギナーゼ**［asparaginase］ *アミダーゼの一種で，L-アスパラギンを加水分解してアスパラギン酸とアンモニアを生ずる反応を触媒する酵素．EC 3.5.1.1．基質特異性は高いが，グルタミンに作用するものもある．酵母，細菌，カビ，植物，動物の肝臓・腎臓などに広く分布．*グルタミナーゼと同様に生体窒素代謝に関係するとされている．急性リンパ性白血病細胞などの腫瘍細胞は増殖に血中のアスパラギンを要求するので，白血病治療のために臨床的にアスパラギナーゼを静脈注射し，アスパラギンを分解することが行われる．

g **アスパラギン**［asparagine］ 略号 Asn または N

(一文字記記). α-アミノ酸の一つ. アスパラギン酸のβ-アミド. L-アスパラギンは蛋白質に含まれるほか, 遊離の形でも存在する. L. N. Vauquelin, P. J. Robiquet (1806) がアスパラガスから発見. 植物界に広く分布し, テンサイ根, 発芽したマメ類, ジャガイモなどに多い. D-アスパラギンは, カラスノエンドウから得られる. ヒトでは可欠アミノ酸. 生体内ではアスパラギン合成酵素 (asparagine synthetase) によりアスパラギン酸, アミノ基供与体, ATPから生成される. アスパラギン合成酵素には, アミノ基供与体としてグルタミンを主に用いるものと, アンモニアのみを用いるものがあり, 哺乳類などは前者のみ, 大腸菌などは両者をもつ. 分解はアスパラギナーゼ (asparaginase) によるアスパラギン酸とアンモニアへの分解による.

$$H_2N-C-CH_2-CH-COOH$$
$$\underset{O}{\|} \quad \underset{NH_2}{|}$$

a **アスパラギン酸** [aspartic acid] 略号 Asp または D (一文字表記). 酸性アミノ酸の一つ. J. Plisson (1827) がアスパラギンの加水分解物から発見. L-アスパラギン酸は多くの蛋白質中に数%含まれる. ヒトでは可欠アミノ酸. 生体内ではアスパラギン酸アミノ基転移酵素 (aspartate amino transferase, AST) による*アミノ基転移反応で主にグルタミン酸とアミノ酸を交換してオキサロ酢酸と可逆的に変換し, クエン酸回路と連結する. AST は肝臓に多く, 肝障害時に血中濃度が上昇するため, 臨床検査に用いられる. 以前は GOT (glutamic oxaloacetic transaminase) と呼ばれていたが, 現在は AST と呼ぶのが一般的である. アスパラギン酸は種々の物質の生合成に関与し, アルギニン合成経路ではシトルリンにアミノ基を供与してフマル酸となり, プリン, ピリミジン生合成でもアミノ基供与体となる. 細菌や植物ではトレオニン, メチオニン, リジンの前駆体となる. オキサロ酢酸との変換はミトコンドリア内外の NADH の輸送に関わる (リンゴ酸-アスパラギン酸シャトル).

HOOC–CH$_2$–CH–COOH
　　　　　　|
　　　　　NH$_2$

b **アスパラギン酸アミノ基転移酵素** [aspartate amino transferase] AST と略記. 《同》アスパラギン酸トランスアミナーゼ (aspartate transaminase), グルタミン酸-オキサロ酢酸トランスアミナーゼ (glutamic-oxaloacetate transaminase, GOT, 旧称). アスパラギン酸のアミノ基転移反応

アスパラギン酸+α-ケトグルタル酸
⇌ オキサロ酢酸+グルタミン酸

を可逆的に触媒する酵素. EC2.6.1.1. 生物に広く分布する. アミノ基転移酵素のなかで最も活性が高い. ピリドキサールリン酸を補酵素とし, グルタミン, α-ピロリドンカルボン酸には作用しない. SH 試薬, p-ベンゾキノン, p-フェニレンジアミンなどで阻害される. 生体内ではアミノ酸代謝のアミノ基供与の中心的機能をもつほか, 糖新生にも関与していると考えられる. 細胞質の可溶性画分とミトコンドリアに*アイソザイムがある. 臨床的にも血清中の濃度を検査して肝疾患の診断に用いる.

c **アスパラギン酸脱アンモニア酵素** [aspartate ammonia-lyase] 《同》アスパルターゼ (aspartase). L-アスパラギン酸が脱アミノされてフマル酸となる反応を可逆的に触媒する酵素. EC4.3.1.1. 細菌や酵母に広く存在し, 種子植物 (例えばマメの芽生えや葉など) には低濃度で含まれることがあるが, 動物には見出されていない. L-アスパラギン酸およびフマル酸だけに特異的で, D-アスパラギン酸および他のアミノ酸には作用しない. トルエンで阻害されないアスパルターゼⅠ, 阻害されるアスパルターゼⅡ (大腸菌など) の2型がある. 最適 pH 7〜7.5. 無機窒素からのアミノ酸生成に関与するとされる.

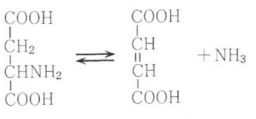

COOH　　　　COOH
|　　　　　　|
CH$_2$　　⇌　CH　　+NH$_3$
|　　　　　　‖
CHNH$_2$　　CH
|　　　　　　|
COOH　　　　COOH

L-アスパラギン酸　　フマル酸

d **アスパルテーム** [aspartame] アスパルチルフェニルアラニンメチルエステルの商品名 (日本ではパルスイート). 人工甘味料の一つ. 発がん性が問題となったチクロなどに代わり, 日本では 1983 年に食品添加物に指定された. 単独で砂糖の約 200 倍の甘味を示し, 味も砂糖に近い. 生体内でアスパラギン酸, フェニルアラニン, メタノールに分解され, 他のアミノ酸と同様に代謝される. 実用量ではカロリーの寄与がほとんどないので, 低カロリー甘味料として用いられる.

COOH
|
CH$_2$
|
H$_2$NCHCONHCHCOOCH$_3$

e **アスピリン** [aspirin] 《同》アセチルサリチル酸 (acetylsalicylic acid). 解熱鎮痛薬, 抗炎症薬, 抗リウマチ薬として頻用されるサリチル酸誘導体. 鎮痛効果は, 中枢性の視床下部の抑制や末梢部位における痛覚刺激によるインパルス発生の抑制や疼痛物質の活性抑制などによる. 間脳視床下部の体温調節中枢に働いて, 末梢血管の流血量を増すことにより熱放散を増大させて解熱する. また, シクロオキシゲナーゼを不可逆的にアセチル化することにより*プロスタグランジン合成を阻害し, 抗炎症, 鎮痛および解熱などの作用を示すともいわれる.

COOH
|
OCCH$_3$
‖
O

f **アスペルギルス=ニドゥランス** [Aspergillus nidulans] 真正子嚢菌類コウジカビ属の一種. 菌糸は多核で, 緑色, 単核の分生子をつける. 菌糸は容易に*ヘテロカリオンをつくる. 野生型は最少培地で増殖し, 栄養要求性突然変異体を分離できる. ホモタリックであるが, 栄養要求性の異なる2株を最少培地上で増殖させ交雑できる. 有性生殖の結果, 閉鎖子嚢殻と呼ばれる被子器を生じ, 8個の子嚢胞子を含む子嚢を多数つくる. 子嚢胞子は帽子状で赤褐色を呈する. 染色体数は $n=8$ で連鎖群の数と一致している. G. Pontecorvo ら (1956) はこの種を用いて擬似有性的生活環を見出し, 有性生殖が見られない種においても遺伝分析ができるようになった. アカパンカビについて遺伝学的研究が詳細に行われている糸状菌で, 特にこの種を用いて遺伝子微細地図, 遺伝的組換え, 遺伝子変換, 細胞質遺伝などの研究が発展した. DNA による形質転換法を利用して遺伝子クローニングが可能である.

g **アズール顆粒** [azurophile granule] アズールにより赤褐色に染色される, 細胞 (特に血球) の原形質内に存在する顆粒. アズール (azur) は血球および結合組織細胞の染色に用いる塩基性チアジン染料. 直径 600〜700

nm でペルオキシダーゼ反応は陽性．顆粒白血球の幼若形，単球，リンパ球，巨核球，血小板に存在．ゴルジ体凹面（核側）のゴルジ液胞の中に濃い物質が濃縮され，これが端からちぎれ，ちぎれた小液胞が融合して大きな顆粒となる．酸性ホスファターゼ，β-グルクロニダーゼ，ペルオキシダーゼなど種々の加水分解酵素をもち，一次リソソームに相当するものとされる．

a **亜成虫** [subimago] カゲロウ目昆虫に特有な一発生段階で，幼生期（若虫期）と成虫期にはさまれる．形は成虫に似て，翅も完成しているが，複眼や肢はいくぶん未完成．しかしすでに*気管鰓はなく，*気門呼吸を行う．幼生は水中や水面に浮かび，あるいは石などに這いのぼり脱皮し，亜成虫として空中に舞いあがる．亜成虫は数分から約 1 日後には脱皮して成虫となる．このときは翅も脱皮する．亜成虫期の長さは種により一定で，これの短いものでは成虫の生命も短い．シロイロカゲロウ科 (Polymitarcyidae) の雌のように，例外的に成虫に脱皮することなく亜成虫の状態のまま繁殖するカゲロウもいる．カゲロウ類における亜成虫期の存在は，原始昆虫類が成虫となってのちも脱皮を行ったことの痕跡をみるが，H. E. Hinton は完全変態昆虫の蛹も一種の亜成虫であると考えている．この変態の形式を前変態と呼ぶ．

b **N-アセチルガラクトサミン** [N-acetylgalactosamine] GalNAc と略記．《同》N-アセチルコンドロサミン (N-acetylchondrosamine)．$C_8H_{15}NO_6$ D 型は N-アセチル-D-グルコサミンの 4-エピマーに相当し，2-アセトアミド-2-デオキシ-D-ガラクトース (2-acetamido-2-deoxy-D-galactose)．主に動物結合組織のマトリックス成分であるコンドロイチン硫酸やデルマタン硫酸の主要構成糖として知られるほか，血液型 A 型および Cd 型抗原決定基の構成成分として糖脂質や糖蛋白質に存在．がん関連抗原であるシアリル Tn 抗原（シアリル α2→6N-アセチルガラクトサミン）など，ムチン型糖鎖の母核構造の構成糖としても重要である．N-アセチルガラクトサミンを強酸で加水分解すると脱アセチル化され D-ガラクトサミンが遊離される．多くの細胞には UDP-N-アセチルグルコサミン ⇌ UDP-N-アセチルガラクトサミンの反応を触媒するエピ化酵素が存在する．

N-アセチル-α-D-ガラクトサミン

c **アセチル基転移** [transacetylation] アセチル基 (CH_3CO-) が，ある物質から他の物質に移される反応の総称．アセチル基転移酵素（トランスアセチラーゼ transacetylase，アセチルトランスフェラーゼ acetyltransferase）により触媒される反応であり，アセチル基供与体はアセチル CoA で，アセチル基受容体に対する特異性の異なる種々の反応が知られている（図）．可逆的に進行する反応もある．生物学的に解毒，酸化的物質転化，脂肪酸代謝，神経興奮伝達などに関係する．（→コエンザイム A）

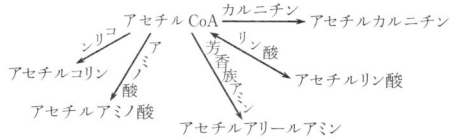

d **N-アセチルグルコサミン** [N-acetylglucosamine] GlcNAc と略記．$C_8H_{15}NO_6$ グルコサミンの N-アセチル体．D 型は 2-アセトアミド-2-デオキシ-D-グルコース (2-acetamido-2-deoxy-D-glucose)．細菌細胞壁の*ペプチドグリカン，節足動物および菌類細胞壁のキチン，動植物細胞の糖蛋白質・糖脂質・プロテオグリカン（グリコサミノグリカン）など細胞や組織の支持構造物質を中心に多糖および複合糖質の構成成分として広く分布．ポリペプチドへの N-アセチルグルコサミンの結合様式として，N 型糖鎖の還元末端としてアスパラギン残基に N-結合した場合と，ポリペプチド中のセリン残基に O-結合した場合が知られる．これら多糖を強酸で加水分解すると脱アセチル化されて D-グルコサミンとして遊離される．多糖鎖中の N-アセチルグルコサミン残基の生合成経路ではグルコサミン-6-リン酸がアセチル CoA によって N-アセチル化され，さらに N-アセチルグルコサミン-1-リン酸から UDP-N-アセチルグルコサミンへと変化し，この糖ヌクレオチドから種々の基質特異性の異なる糖転移酵素によって N-アセチルグルコサミンが多糖に組み込まれる．

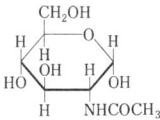

N-アセチル-α-D-グルコサミン

e **アセチル CoA**（アセチルコエー）[acetyl-CoA] 《同》アセチル補酵素 A．CoA のアセチル誘導体で，その SH 基とアセチル基とのチオエステル．$CH_3CO-S-CoA$（S を書かず，$CH_3CO-CoA$ と記すこともある）．この結合は高エネルギー結合 $\Delta G°'=-7.7$ kcal/mol で，生体内のアセチル化反応においてアセチル基供与体となる．F. Lynen (1951) によって酵母から分離され，活性酢酸 (active acetate) といわれていたものの本態であることが証明された．このアセチル基は種々のアセチル基転移酵素の作用によりさまざまな物質のアセチル化に用いられる（→アセチル基転移）．またチオエステルであるためアセチル基中のメチル基の反応性が高く，カルボニル C などと C-C 結合の生成を起こす酵素反応が多く知られている．例えばクエン酸生成酵素，アセチル CoA カルボキシラーゼ，チオラーゼ（アセチル CoA-アセチル基転移酵素）などがその例で，これらの酵素によりアセチル CoA はそれぞれクエン酸回路，脂肪酸生成，イソプレノイド生合成経路に導入されることから，出発物質と見なされる．また還元によりアセトアルデヒドを生じ，細菌によるアルコール発酵の中間体でもある．アセチル CoA はピルビン酸からピルビン酸脱水素酵素複合体の反応，脂肪酸の β 酸化，アセチル CoA シンテターゼ (acetyl-CoA synthetase, 酢酸-CoA リガーゼ acetate-CoA ligase, EC6.2.1.1) の関与する酢酸の活性化などで生成される．

f **アセチル CoA カルボキシラーゼ** [acetyl-CoA carboxylase] アセチル CoA+ATP+HCO_3^-→マロニル CoA+ADP+Pi の反応を触媒する*ビオチン酵素．この反応は*脂肪酸合成（→脂肪酸合成酵素[図]）の第一段階で，合成速度を規定する．本反応は，ATP を利用し CO_2 を酵素に結合したビオチンに固定する反応と，この CO_2 を*アセチル CoA に移す反応との 2 段階から成り立つ．生物界に広く存在．大腸菌や植物の酵素は，この二つの反応を触媒する蛋白質とビオチン結合蛋白質とに分けることができるが，動物や酵母の酵素は分割でき

ない．動物酵素はアロステリック酵素の一つでそのまま（プロトマー）では活性を示さないが，繊維状に重合したもの（ポリマー）は活性を示す．動物では栄養条件・内分泌条件によって脂肪酸合成速度が変動するが，この調節に本酵素が主役を演じる．すなわち一方では酵素量が変動し，他方では酵素1分子当たりの触媒能が*クエン酸などにより活性化され，長鎖脂肪酸CoAなどによって阻害される（プロトマー–ポリマーの転換）．

a **アセチルコリン** [acetylcholine] *コリンの酢酸エステルで潮解性の強い塩基性物質．植物では麦角に多量に含まれる．動物では副交感神経や運動神経の末端から刺激に応じて遊離され，シナプス部および終板で興奮性伝達物質として働く（⇒神経伝達物質）．その結果，血圧降下・心臓抑制・腸管収縮・骨格筋収縮などの生理作用を示す．生体内ではコリンとアセチルCoAとからコリンアセチル基転移酵素(choline acetylase)によって合成される．また，アセチルコリン受容体に結合したアセチルコリンは，アセチルコリンエステラーゼやブチルコリンエステラーゼによってコリンと酢酸に加水分解され，筋肉は弛緩する（⇒コリンエステラーゼ）．このアセチルコリンエステラーゼ（セリン系酵素）に対して有機リン系やN-メチルカルバメート系の農薬は不可逆的に結合し，筋肉を興奮状態にする．その際，有機リン系農薬と結合しやすいプラリドキシムやアセチルコリン受容体に対する親和性が強い*アトロピンが治療目的に用いられる．（⇒アセチルコリン受容体）

b **アセチルコリン受容体** [acetylcholine receptor] AChRと略記．コリン作動性ニューロンのシナプス後膜に存在し，*アセチルコリンと特異的に結合する高分子蛋白質．アセチルコリンと結合すると，シナプス膜は*膜電位を変え興奮を伝達する．次の二つに大別される．(1)ニコチン性アセチルコリン受容体:nAChRと略記．自律神経節，神経節接合部および中枢神経系ニューロンのシナプスに存在．アセチルコリンと結合するα（分子量4万）2分子と，β（5万），γ（6万），δ（6.5万）の五量体．ヘビ毒のαトキシンは強くこれと結合する．(2)ムスカリン性アセチルコリン受容体:mAChRと略記．副交感神経節および中枢神経系，平滑筋，分泌腺に存在．7回膜貫通型のポリペプチドで，G系蛋白質と共役する．5種類のサブタイプが存在するとされる．ホスホリパーゼの活性化，アデニル酸シクラーゼの抑制，カリウムチャネルを開くなどの機構に関与する．*アトロピンは拮抗薬である．

c **N-アセチルノイラミン酸** [N-acetylneuraminic acid] NeuAc, NANAと略記．$C_{11}H_{19}NO_9$ 分子量309.27．ノイラミン酸のN-アセチル体．シアル酸（N-アシルノイラミン酸）の中で最も広く自然界に見出され，主として動物細胞膜や分泌液の糖蛋白質・糖脂質，細菌細胞壁などの構成糖．糖蛋白質や糖脂質中では2位のケト基によるグリコシド結合で糖鎖の非還元末端に結合し，その陰電荷あるいは特有の化学構造によってさまざまな機能を発揮する．自然界にはウイルスから動物に至るまで非常に広くN-アセチルノイラミン酸を加水分解除去する酵素*ノイラミニダーゼ（シアリダーゼ）が分布し，この酵素処理によって生ずる生理活性の変化からこの末端酸性糖残基の役割が明らかにされている．例えば

インフルエンザウイルスが感染する際の標的分子，血漿糖蛋白質と肝細胞との相互認識，あるいはリンパ細胞の再循環にこの糖残基が主役を演じている．生合成経路は動物と細菌とで多少の違いがあるが，N-アセチルマンノサミンまたはその6-リン酸エステル経由で導かれ，特異的糖ヌクレオチドピロホスホリラーゼによってCTPと反応してシチジン–リン酸-N-アセチルノイラミン酸となったあと，糖転移反応で糖鎖に組み込まれる．

d **N-アセチルマンノサミン** [N-acetylmannosamine] ManNAcと略記．《同》2-アセトアミド-2-デオキシマンノース．$C_8H_{15}NO_6$ 分子量221.21．ヘキソサミン誘導体の一種で，N-アセチルグルコサミンの2-エピマーに相当する．動物細胞ではN-アセチル-D-グルコサミンまたはUDP-N-アセチルグルコサミンから，それぞれ特異的なエピ化酵素によって生成し，N-アセチルノイラミン酸の前駆体となる．すなわちN-アセチル-D-マンノサミン-6-リン酸を経てエノールピルビン酸リン酸と縮合しN-アセチルノイラミン酸-9-リン酸を与える．細菌にはN-アセチル-D-グルコサミン-6-リン酸を直接N-アセチル-D-マンノサミン-6-リン酸に変える酵素がある．

e **N-アセチルムラミン酸** [N-acetylmuramic acid] ムラミン酸のN-アセチル誘導体で，細菌細胞壁の構成成分．*ペプチドグリカン中でN-アセチル-β-D-グルコサミニル(1→4)-N-アセチル-β-D-ムラミル(1→4)という二糖繰返し単位を構成する．ムラミン酸のカルボキシル基にはD-アミノ酸を含む短いペプチドが結合し，丈夫なペプチドグリカン分子の基本骨格となっている．細菌細胞にはUDP-N-アセチルグルコサミンとホスホエノールピルビン酸の縮合を触媒する酵素があり，これによってUDP-N-アセチルムラミン酸が生合成される．次にATPを要求する一連のペプチド合成酵素系によってまずL-アラニン，つづいて他のアミノ酸が逐次結合する．N-アセチルム

ラミン酸のグリコシド結合は動物界に広く分布する*リゾチームによって特異的に切断される.

a アセチルリン酸 [acetyl phosphate] 乳酸菌などある種の細菌の産生する高エネルギーリン酸エステルの一つで,リン酸と酢酸の混成酸無水物.細菌による酢酸生成あるいは利用の中間代謝物質として重要.*アセチルCoAから*リン酸アセチル基転移酵素の作用により,また酢酸とATPから*酢酸キナーゼの作用により生成する.酢酸+ATP ⇌ アセチルリン酸+ADP.この後者の逆反応により,発酵による酢酸生成に伴ってATPが生成する.中性100℃,酸性あるいはアルカリ性室温で酢酸とリン酸に速やかに分解する.ヒドロキシルアミンと反応してヒドロキサム酸 $CH_3CONHOH$ をつくる.

b アセトイン [acetoin] 《同》アセチルメチルカルビノール(acetylmethylcarbinol). $CH_3CHOHCOCH_3$ 分子量88.11.最も簡単なケトール.酵母,カビ(*Aspergillus*, *Penicillium*),細菌(*Enterobacter*, *Klebsiella*, *Serratia*, *Bacillus*, *Clostridium*, *Staphylococcus*),動物組織(心,肝,腎,ハト胸筋),植物(麦芽)など広く生物界に見出されている.ピルビン酸がピルビン酸脱カルボキシラーゼ酵素により脱カルボキシル化を受けるとき,アセトアルデヒドが存在すると生成されるので,チアミンピロリン酸(TPP)-アセトアルデヒド複合体とアセトアルデヒドの作用で生成されると考えられている.また,細菌の場合はピルビン酸脱水素酵素などの作用で形成される同複合体がピルビン酸と反応してアセト乳酸が中間生成され,この脱カルボキシル反応で生成される(図).細菌によるアセトイン発酵において,さらに酸化されてジアセチル,あるいは還元されて2,3-ブタンジオールが生成される.

$CH_3COCOOH \xrightarrow{CO_2} [CH_3CHO-TPP] \xrightarrow{CH_3CHO} CH_3CHOHCOCH_3$

$\xrightarrow{COCH_3}_{CH_3COH\cdot COOH} \xrightarrow{CO_2}$

c アセビ中毒 [intoxication of *Pieris japonica*] 《同》アセボ中毒.アセビ(馬酔木 *Pieris japonica*)を食べることにより起こる中毒.アセビはやや乾燥した山野に自生するツツジ科の常緑低木で,四国や九州に多い.毒成分はアンドロメドトキシン(andromedotoxin)およびアセボトキシン(asebotoxin)で,葉および木質に含まれ,呼吸中枢麻痺を引き起こす.自然中毒例はウマ,ウシ,ヤギ,ヒツジである.採食後数時間から1日で発病し,流涎,嘔吐,疝痛症状,呼吸困難,全身痙攣,心機能障害などを起こす.ウマでは経過が急性で予後不良であり,他の動物でも呼吸麻痺により死亡することがある.治療は,一般に対症療法と強心剤,抗コリン剤,硫酸アトロピンの皮下注射などを行う.

d アゼライン酸 [azelaic acid] 《同》レパルギル酸(lepargylic acid),アンコイン酸(anchoic acid). $HOOC(CH_2)_7COOH$ 二塩基性飽和脂肪酸の一つ.腐敗した*オレイン酸などの中に生じる.P. E. Verkade (1933)らがイヌやヒトなどの生体に C_{11} 飽和脂肪酸のトリアシルグリセロールを投与し,その尿中から C_{11}, C_9(アゼライン酸),および C_7 の二塩基酸を見出したことから,C_8 以上の脂肪酸が生体中でまず ω 酸化を受け,次いで β 酸化が繰り返されうるという考えの端緒を開いた.

$CH_3(CH_2)_9COOH \xrightarrow{\omega 酸化} HOOC(CH_2)_9COOH \xrightarrow{\beta 酸化}$

$HOOC(CH_2)_7COOH \xrightarrow{\beta 酸化} HOOC(CH_2)_5COOH$

e アソシーズ [associes] 英米学派において,極相植物群落を指して用いられる群集(association)の語に対し,それに至る遷移の途中にある不安定な群落を指す語.群落を動的にとらえる意図に基づき造られた語であるが,使用にあたっての困難は少なくない.

f アゾトバクター [*Azotobacter*] アゾトバクター属(*Azotobacter*)に属する細菌の総称.*プロテオバクテリア門ガンマプロテオバクテリア綱シュードモナス科(Pseudomonadaceae)に属する.偏性好気性のグラム陰性桿菌または球桿菌(細胞径 2μm 前後),窒素固定性で特徴づけられる化学従属栄養細菌.条件により包嚢を形成する.運動性の有無,色素生産,利用する炭水化物の種類などにより *Azotobacter chroococcum*(基準種),*A.salinestris*, *A.vinelandii* などの種に分けられる.シュードモナス科には,別の窒素固定菌として *Azomonas* が存在するが,包嚢を形成しない,細胞の形が異なる,酸性側で生育できるなどの点でアゾトバクターと区別される.土壌が主な生息地であるが水界からも分離されることがあり,自由生活型の窒素固定菌として主要な生態学的役割を果たしている.

g 遊び [play] 《同》遊戯.平和的状況で見られる個体の行動および複数個体間の親和的行動のうち,個体の生存・繁殖・社会的関係調整と直結しない,反復して行われる傾向の強い行動.多くの鳥類・哺乳類で見られるが,必ずしも遊びを特定するサイン・行動のパターンを伴わず,定義が困難な行動レパートリーである.単独遊びと複数個体による社会的遊びに大別され,後者は哺乳類で発達.多くの哺乳類の遊びは,未成熟段階に見られる闘争的形態のものにほぼ限られる.しかし霊長類の未成熟個体はさまざまな遊びのパターンをもち,類人猿では成熟個体も遊ぶ.イルカ類もよく遊ぶことが知られており,遊びは知能の発達と一般に関連するとされる.遊びの機能については,成獣になったときに必要な行動の*学習と練習,*順位関係の低コストな形成,余剰エネルギーの消費,運動機能の増進といった説がある.ラットでは遊びが運動能力・環境認知能力・*社会行動の発達に不可欠であることが確かめられている.

h アゾール系抗真菌剤 [azole antifungal agent] 構造中にイミダゾール環またはトリアゾール環をもつ合成*抗真菌剤.真菌の細胞膜に含まれるラノステロールから*エルゴステロールが生成されるのを阻害する.その作用標的はエルゴステロール生合成経路の鍵酵素シトクロム P450 アイソザイムの一つであるラノステロール C14α 脱メチル酵素(lanosterol-C14α-demethylase, P450$_{14DM}$)で,これを阻害することで著しい細胞膜機能障害を引き起こし,抗真菌活性を示す.深在性真菌症の治療に対する抗真菌剤の中では最大のクラス.ミコナゾール,ケトコナゾール,フルコナゾール,イトラコナゾール,ボリコナゾールなどがある.

i 暖かさの指数 [warmth index] WI と略記.《同》温量指数.植物群系程度の大きさの植生型の地理分布と温度気候との関係を表す積算温度.川喜田二郎が発

案し吉良竜夫(1945)が実用化した．

$$WI = \sum_{}^{n}(t-5)$$

で与えられる指数(単位は°C・月)．t は各月の平均気温(°C)，n は1年のうち $t>5$ である月の数，5°C は経験的に定めた植物の生活活動の閾値．世界各地の植生の温度分布をよく説明する．暖かさの指数による気候・植生帯の区分は次の通り．WI=0:極氷雪帯，0<WI≦15:寒帯，ツンドラ帯．15<WI≦45:亜寒帯，北半球湿潤気候地では(以下同様)針葉樹林帯．45<WI≦85:冷温帯，落葉広葉樹林帯．85<WI≦180:暖温帯，常緑広葉樹林帯．180<WI≦240:亜熱帯，亜熱帯多雨林帯．240<WI:熱帯，熱帯多雨林帯．この指数は，多くの植物についてその種の分布の南限(下限)とよく対応しており，また冬季休眠する落葉樹などではその分布の北限(上限)ともよく対応することが知られているが，常緑広葉樹などではその分布の北限(上限)と必ずしも対応しない．なお，C. H. Merriam (1894) は，類似の指数 $t>6$°C を用い，北アメリカの生物分布帯・作物帯を区分した．(⇒寒さの指数，⇒有効積算温度)

a **アダプター蛋白質** [adaptor protein] [1] *輸送小胞へ積み荷を積み込む際，積み荷とコート蛋白質の双方と結合して積み荷を輸送小胞の形成部位に集合させる働きをもつ蛋白質．主にクラスリン*被覆小胞の形成に関わるものにこの用語が用いられる．クラスリン被覆小胞のアダプター蛋白質には，単量体で機能するGGA蛋白質のようなものと，大サブユニット二つ，中サブユニットと小サブユニットが各一つからなるヘテロ四量体で機能するアダプター蛋白質複合体(AP複合体)がある．AP複合体のサブユニットはアダプチンとも呼ばれる．AP複合体には，AP-1〜AP-4 の4種類が存在することがこれまでに知られており，それぞれが異なる輸送経路で機能することが分かっている．これらのAP複合体の構造は類似しているが，それら全てがクラスリン被覆と結合するかについては論争がある．[2] 二つ以上の蛋白質-蛋白質相互作用領域をもち，細胞内シグナル伝達に関わる複数の蛋白質と同時に結合し，物理的な橋渡しによりシグナル伝達を仲介する蛋白質．相互作用領域として SH2 ドメイン，PTB ドメイン，SH3 ドメインなどを含み，チロシンキナーゼが関与するシグナル伝達系で働くものが多い．代表的な例として Grb2，Crk，Nck などが知られる．これらの分子は三つ以上の相互作用領域を含み，単一の刺激の下流で複数のシグナル伝達経路を同時に起動させ，さまざまな細胞応答を引き起こす役割を果たしている．また IRS-1 のように，結合により自身のチロシン残基も続いてリン酸化を受け，別のアダプター蛋白質をさらにリクルートして反応を広げる機構も知られている．

b **アダプティブダイナミックス** [adaptive dynamics]《同》適応ダイナミクス．連続的な値をとる量的形質の進化を記述する数学的方法論の一つ．形質に関して単型な野生型集団を仮定し，形質値がわずかに異なる変異型が侵入できるか否かをもって進化の方向を記述する．例えば，一次元形質 x に関するアダプティブダイナミックスは次の微分方程式で記述される．

$$\frac{dx}{dt} = \frac{1}{2}\mu\sigma^2 N \frac{\partial W(x', x)}{\partial x'}\bigg|_{x'=x} \quad (1)$$

ただしここで関数 $W(x', x)$ は野生型 x の集団に変異型 x' が侵入した時の変異型の増殖率を表し，侵入適応度(invasion fitness)と呼ばれる．μ，σ^2，N はそれぞれ個体当たりの突然変異率，突然変異量の分散，および集団の総個体数である．(1)式の平衡点は，進化的安定性(evolutionary stability)や収束安定性(convergence stability)により分類される．特に(1)式に従って形質を変化させた集団が，ある点に来ると二分枝を起こして二つのピークをもつ集団となる場合は，進化的分枝(evolutionary branching)という．この点は収束安定であるが進化的に不安定である．以上の理論には，(1)突然変異がもとのものとごく近い形質をもつこと，および(2)集団サイズが十分大きくて遺伝的浮動による適応度の低い形質への進化が生じないこと，という制約がある．

c **頭** [head] 左右相称動物の位置運動に際してその前端となる部位．この部位には口，ならびに脳や諸種の感覚器が発達，集中化する傾向がある．動物の運動性は食物を得ることと関連して発達したと考えられ，それに応じて一般には口を前端として位置運動をする．体の前端部が上記のように特殊化する進化現象を*頭化という．左右相称の動物では頭化が起こるが，放射相称体制をもつ動物でも頭化は起こらない．無脊椎動物では，形態的類似もしくは運動の前端であることから頭とされることも多い．例えば扁形動物(例：プラナリア)では口は頭部になく，サナダムシの片節形成部位としての頭(scolex)や精子における頭部もこれに当たる．

d **アダンソン** ADANSON, Michel 1727〜1806 フランスの植物学者．博物学に興味をもち B. de Jussieu や R. A. F. de Réaumur の指導を受け，また J. T. Needham から顕微鏡をもらい微小動物を観察した．1749〜1754 年，アフリカ西岸セネガルに滞在して動植物を採集し，'Histoire naturelle du Sénégal'(1757) を出版した．'Les familles des plantes'(2巻，1763〜1764)では植物の科を設立した．

e **圧縮** [condensation]《同》急速発生(tachygenesis)．一つの生物系統の中で，子孫種の個体発生におけるある形質の発現時期が，祖先種よりも早められる現象．発生速度が速められる*促進による場合と，途中段階の形質が削除されることによって起こる場合とがある．また，反復が成立するためには，新形質の*終端付加に続く個体発生過程の圧縮が必要とされる．(⇒促進)

f **圧受容器** [baroceptor]【1】《同》バロセプター．圧受容性の*終末器官の総称で，体表や体内深部における圧力変化に応ずる受容器(baro は圧力あるいは気圧の意)．触受容器に含められることも多い．触受容器との区別は容易ではないが，一般に圧受容器は比較的体の深部に存在し，圧変化に対し持続的な感覚を起こさせる．すなわち，神経繊維に伝わる電気的応答から見れば刺激の持続に対しインパルスの発生が持続する神経放電の順応が「遅い」型に属する．皮膚の浅いところに見られるメルケル小体，深部のルッフィーニ小体はいずれも自由神経終末として存在する圧受容器である．特殊なものとしては，哺乳類の頸動脈球や血管壁には血流の圧変化に応ずる受容器があり，血圧反射，また*内臓感覚などによる自律反射に関与する．
【2】⇒音受容器

g **亜底節** [subcoxa, precoxa]《同》側板(pleuron)．節足動物の*脚基(底節)が2部分に分かれている場合，基部すなわち体壁に続く部分．一般に各体節の側板と癒

合して肢全体の支えをなすので側板(または pleuropodite)ともいう. ⇒関節肢

a **あて材** [reaction wood] 樹木の幹が偏心的肥大成長する場合において, 肥大成長の速い側に異常な組織構造をもった木材. 直立する樹木の幹が傾斜あるいは水平の位置におかれると, 幹の上側と下側とで*形成層の分裂活動に違いが生じる. 偏心肥大する側は被子植物では上側, 裸子植物では下側となり, 上側では幹の重さで引張り力が, 下側では圧縮力が加えられているので, それぞれ引張りあて材(tension wood)および圧縮あて材(compression wood)と呼ばれる. あて材は正常材とは物理的・化学的性質が異なり, 引張りあて材は正常材に比べて淡色で木質化度が低く, 圧縮あて材は逆に暗褐色で木質化度が高い. 幹内では, 引張りあて材では収縮力が, 圧縮あて材では伸張力が働いており, 傾斜した幹を直立した方向に向ける力となっているといわれる. あて材形成の原因として重力の方向が関係するとする考えと幹の重さによって生じた物理的力によるとする考えがあるが, 後者の説が多くの曲げの実験結果を説明できる. また, 植物ホルモンの不均一分布があて材形成の原因になっているともいわれている.

b **アデニル酸** [adenylic acid] AMPと略記. 《同》アデノシン一リン酸(adenosine monophosphate), アデニレート(adenylate). アデノシンのリン酸エステル. 2′-, 3′-, 5′-の三つの異性体がある. 5′-アデニル酸(アデノシン-5′-一リン酸)は, 広く生体に分布する. イノシン酸からアデニロコハク酸を経て生合成される. またアデノシンキナーゼによるアデノシンのリン酸化, ATP, ADP の加水分解によっても生成する. またホスホリラーゼ a, b などの酵素の調節因子として知られている. ⇒ヌクレオチド ⇒アデノシン三リン酸

c **アデニル酸キナーゼ** [adenylate kinase] 《同》ミオキナーゼ(myokinase). アデノシン三リン酸(ATP)により 5′-アデニル酸(AMP)をリン酸化してアデノシン二リン酸(ADP)にする反応(ATP+AMP⇌2ADP)を触媒する酵素. EC2.7.4.3. 可逆的に働き, 2 分子の ADP から ATP と AMP を生成. 生理的にはエネルギー消費の際の ATP を補う機能をもつ. S. P. Colowick と H. M. Kalckar(1943)が筋肉から発見し, ミオキナーゼと呼んだ. 肝臓・腎臓・微生物などに含まれ, ほとんどの生物に存在が知られている. デオキシアデニル酸も基質となる. 酵素としては例外的に安定であり, 0.1 N の HCl 中で 100°C に加熱しても, トリクロル酢酸で処理しても活性を容易に失わない. 酸化剤や*SH 試薬やペプシンによって阻害される. Mg^{2+} を必要とする.

d **アデニル酸脱アミノ酵素** [adenylate deaminase] 《同》AMP デアミナーゼ(AMP deaminase). 5′-*アデニル酸(AMP)の 6 位のアミノ基を加水分解的に脱アミノしてアンモニアとイノシン-5′-リン酸(*イノシン酸)を生ずる反応を触媒する酵素. EC3.5.4.6. 筋肉・心筋・脳・網膜・神経・赤血球などの動物組織に見出される. 赤血球の本酵素は血中遊離アンモニアの生成に関与すると考えられる. 最適 pH は 5.9~6.4 で, Ca^{2+}, Mg^{2+} によって活性化される. 工業的にはうま味成分であるイノシン酸の生成に用いられる. 先天性の AMP デアミナーゼ欠損症が知られている.

e **アデニン** [adenine] ⇒塩基

f **アデニン脱アミノ酵素** [adenine deaminase] 《同》アデナーゼ(adenase). アデニンを加水分解的に脱アミノして*ヒポキサンチンとアンモニアとを生ずる反応を触媒する酵素. EC3.5.4.2. 動物組織での分布はかなり偏っていて, ウシの筋肉・乳・血液, ザリガニの肝膵臓などに見出されるが, ヒトには見出されず, 一般に極めて弱い活性を示すにすぎない. 細菌や酵母にも一種のアデナーゼが含まれている.

g **アデノウイルス** [*Adenoviridae*] DNA ウイルスの一科. ヒトのアデノイド組織培養から初めて分離された(W. P. Rowe ら, 1953)ことからこの名が由来した. マストアデノウイルス(*Mastadenovirus*), トリに感染するアビアデノウイルス(*Aviadenovirus*)など 5 属ある. ウイルス粒子は主としてヘキソン・ペントン蛋白質から構成される直径約 70~90 nm の正二十面体で各頂点に突起をもつ(⇒正二十面体様対称性). *エンベロープをもたない. キャプソメア総数は 252. ゲノムは約 3 万 6000 塩基対の二本鎖 DNA. DNA の 5′ 末端には末端蛋白質(terminal protein, TP)が共有結合しており, ゲノム DNA 複製開始のプライマーとなる. 感染細胞の核内で増殖する. ヒト, ウシ, イヌ, マウス, ブタ, サル, トリなどから 100 種以上のアデノウイルスが見出されているが, それぞれ宿主特異性があり, 一般に他の動物には感染しない. ヒトアデノウイルスには 51 種の血清型があり, かぜ, 咽頭炎などの呼吸器疾患, 角結膜炎などの症状を起こす. 赤血球凝集能があり, ペントンがその活性を担う. 腫瘍原性をもつものがあり, 新生仔ハムスターやラットに腫瘍をつくるが, ヒトの悪性腫瘍との関連は否定されている. 初期蛋白質 E1A は転写因子として, ウイルス遺伝子だけでなく多くの細胞遺伝子の転写をも活性化する. ウイルス DNA ポリメラーゼは初期遺伝子 *E2B* の産物である. 感染後期に合成されるウイルス粒子蛋白質群の mRNA は, 単一の転写産物から複雑なスプライシングを経て合成されるので, RNA *スプライシングなど有核細胞遺伝子発現の分子機構解明の良いモデルとなった. (⇒付録:ウイルス分類表)

h **アデノシルコバラミン** [adenosylcobalamin] 《同》補酵素 B_{12}(coenzyme B_{12}), ビタミン B_{12} 補酵素, アデノシル B_{12}. コバルトの β 配位子としてアデノシル基が結合しているコバラミン(⇒コバラミン). ビタミン B_{12} の補酵素型の一つ. この補酵素型コバミドは H. A. Barker らが発見した(1958). 生体内ではコバラミンが一価コバルトの状態(cob(Ⅰ)alamin)にまで還元された のち, ATP:cob(Ⅰ)alamin アデノシルトランスフェラーゼ(ATP:cob(Ⅰ)alamin adenosyltransferase)の作用で ATP によりアデノシル化されて生成する. 分子内にコバルト-炭素シグマ結合をもつ有機コバルト化合物であり, 光に不安定で, 好気条件下ではアクアコバラミン(またはヒドロキソコバラミン), 嫌気条件下では二価コバルトを含むコバラミンを生成する. アデノシルコバラミンはヒト臓器や血液中では最も高い割合で存在するコバラミンである. この補酵素は, 動物や微生物に広く存在するメチルマロニル CoA などと, 次頁図の一般式で表される水素移動を伴う 9 種類の異性化, 脱離, 転位の各反応において, 水素運搬体として関与する. また, 細菌や原虫の産生するリボヌクレオチドレダクターゼにもこの補酵素が関与するものがある. アデノシルコバラミンのコバルト-炭素シグマ結合は酵素反応中に可逆的に開裂・再生を繰り返し, 生じるアデノシルラジカ

ルが活性種として働くことにより，酵素反応はラジカル機構で進行する．したがって，本分子はラジカル反応のための補酵素と考えられる．

$$\begin{array}{c} H \quad X \\ -\overset{|}{C_1}-\overset{|}{C_2}- \end{array} \longrightarrow \begin{array}{c} X \quad H \\ -\overset{|}{C_1}-\overset{|}{C_2}- \end{array}$$

a **S-アデノシルメチオニン** [S-adenosylmethionine] SAM と略記．《同》活性メチオニン (active methionine)．アデノシンとメチオニンがメチルスルホニウム結合した化合物．ATPとメチオニンからメチオニン活性化酵素の作用により生体内で合成される．メチルスルホニウム結合は高エネルギー結合であり，コリンやクレアチニンその他のメチル化合物の生成にあたってメチル基供与体として作用する（⇌メチル基転移反応）．またプロピルアミン部分はポリアミンにも入る．メチオ

——メチオニン—— ——アデノシン——

ニン分解もこの物質を経ると考えられる．炭素-硫黄結合の開裂によりアデノシルラジカルを発生させ，ラジカル反応を触媒する酵素は鉄硫黄クラスターをともない，ラジカル SAM と呼ばれる．

b **アデノシン** [adenosine] A と略記．⇌ヌクレオシド，⇌アデノシン三リン酸（図）

c **アデノシンキナーゼ** [adenosine kinase] *ヌクレオシドからヌクレオチドを形成するヌクレオシドキナーゼの一つで，アデノシンを ATP によってリン酸化して 5′-*アデニル酸と ADP を生ずる反応を触媒する酵素．EC2.7.1.20．肝臓・腎臓・酵母などに存在し，Mg^{2+} または Mn^{2+} を必要とする．動物の酵素は最適 pH5.0，酵母のものは最適 pH6.0．アデノシン以外のプリンヌクレオシドをはじめ，ピリミジンヌクレオシドやフラビン，ニコチン酸アミドリボシド，チアミンなどのヌクレオシドについても，ヌクレオチドを形成する同類の酵素（ヌクレオシドキナーゼ）が知られている．

d **アデノシン三リン酸** [adenosine triphosphate] ATP と略記．一般にはアデノシン-5′-三リン酸を指す．アデノシンのリボースの 5′位のヒドロキシル基にリン酸が 3 分子連続して結合した化合物（⇌ヌクレオシド-5′-三リン酸）．不安定なリン酸結合をもつヌクレオチドの一つとして最も古く発見され（1929），現在ではリン酸基などの授受を通じて解糖や発酵をはじめ，広く物質分解のエネルギーの保存と合成への利用に広く関与し，生体のエネルギーの「通貨」と見なされている．また，RNA 合成の直接の前駆体の一つでもある．広く生体に存在し，例えば哺乳類の骨格筋には静止状態で 100 g 当たり 0.35〜0.4 g 含まれる．2 個の高エネルギーリン酸結合をもち，

ATP+H_2O → ADP+Pi（正リン酸） ($\Delta G°=-7.3$ kcal)
ATP+H_2O → AMP+PPi（ピロリン酸）
($\Delta G°=-8.6$ kcal)

のようにリン酸基が離れることにより，通常のリン酸エステルの加水分解（$\Delta G°=-3$ kcal）に比べて多量のエネルギーを生じる．生細胞内では ATP の濃度が ADP の濃度より 10 倍程度高く，Pi の濃度も標準状態より大分低いので，$\Delta G°$ は -10〜-11 kcal 程度となる．したがって，各種のリン酸基転移酵素（キナーゼ）によって種々の物質をリン酸化することができる．直接間接に生じたリン酸化合物はホスホリラーゼの作用によりリン酸を遊離して他物質との間に新しい結合を生じ，大きな分子の合成を起こすことができる．つまり ATP 分解のエネルギーが分子の合成に使われることになる．最終的に合成反応につながる ATP からの基の転移は，図の (1) リン酸基のほかに，(2) ピロリン酸基（例：ホスホリボシルピロリン酸生成），(3) アデニリル基，(4) アデノシル基（例：アデノシルメチオニン生成）の転移反応が知られる．図上，おのおのの場合の切断箇所を示すが，(3) の反応では残された PPi がピロホスファターゼによりさらに加水分解されるので，一度に 2 個の高エネルギーリン酸結合が分解することになり，エネルギーの高いアデニル酸誘導体を生じることができる（例：アデニリル硫酸，ジヌクレオチド）．ほかに，ATP の関与する直接の合成反応としては，*合成酵素反応があり，ATP の ADP+Pi あるいは AMP+PPi への分解に伴って，新しい結合が生成する．また，ATP の加水分解反応に伴って蛋白質分子の立体構造が変化して，運動（例：筋収縮）や物質輸送などが起こることも知られている．ATP は ADP の*基質レベルのリン酸化，*酸化的リン酸化，*光リン酸化により合成される．このように ATP は生体のエネルギー変換の中で中心的な役割を演じ，同化と異化の反応を共役させている．

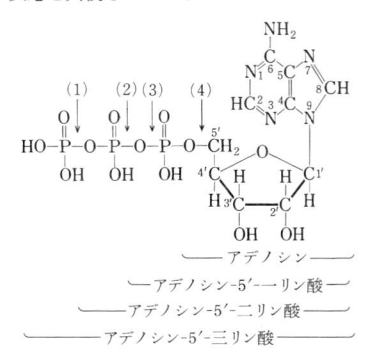

——アデノシン——
——アデノシン-5′-一リン酸——
——アデノシン-5′-二リン酸——
——アデノシン-5′-三リン酸——

e **アデノシン受容体** [adenosine receptor] 《同》プリン受容体 (purinergic receptor)．神経終末から放出される ATP の代謝産物であるアデノシン（⇌ヌクレオシド）に対する受容体．ATP は細胞内エネルギー代謝において中心的役割を担っているが，一方で中枢神経系では*グルタミン酸とともに，また交感神経や副交感神経において*カテコールアミンや*アセチルコリンなどの神経伝達物質とともに，伝達物質として細胞外に放出される．放出された ATP は速やかに代謝されてアデノシンに変換される．このアデノシンの生理作用としては，血管拡張・鎮静・血圧降下作用が知られている．また，アデノシンよりも ATP に親和性をもつ受容体も見出されており，アデノシンに親和的なものを P_1 型プリン受容体，ATP に親和的なものを P_2 型プリン受容体と呼ぶ場

a **アデノシン脱アミノ酵素** [adenosine deaminase] ADA と略記．アデノシンのアミノ基を加水分解的に脱アミノして*イノシンとアンモニアとを生ずる反応を触媒する酵素．EC3.5.4.4. 肝臓・筋肉をはじめ，広く動物器官に存在するほか，コウジカビにもある．前者由来の酵素は特異性が強く，アデノシンおよびデオキシアデノシン以外の核酸およびその分解物には作用しないが，後者(タカアミラーゼ)由来のものは非特異的で，5′-AMP, ADP, ATP, NAD などの脱アミノをも行う．ADA 欠損症ではアデノシンの蓄積から DNA 合成阻害が起こり，リンパ球の傷害に伴う免疫不全も起こる．

b **アデノシンニリン酸** [adenosine diphosphate] ADP と略記．一般にはアデノシン-5′-ニリン酸を指す．種々の生化学的反応で ATP から生成する．1個の高エネルギーリン酸結合をもち，アデニル酸キナーゼにより ATP と AMP に可逆的に変化する．(⇒アデノシン三リン酸)

c **アデノシンホスファターゼ** [adenosine triphosphatase] 《同》アデノシン三リン酸加水分解酵素，アデノシン三リン酸ホスファターゼ．ATP アーゼ (ATPase) と略記．アデノシン三リン酸 (ATP) の末端 (γ 位) の高エネルギー結合を加水分解する酵素群の総称 (EC3.6.1.3, および EC3.6.3 群, EC3.6.4 群)．Mg^{2+} または Ca^{2+} の存在下に ATP を加水分解して ADP とオルトリン酸を生成する反応を触媒．広く生物に見出され，特に筋肉・発電器官・細菌などにおける活性が強い．そもそも ATP アーゼは生体内では ATP と共役するエネルギー転換系の構成因子として機能している．例えば，*ミオシン ATP アーゼは筋収縮における力の発生，Na^+-K^+ ATP アーゼは細胞膜を介してこれらの一価カチオンの能動輸送を行う．*酸化的リン酸化や*光リン酸化における*ATP 合成酵素複合体を構成する F_1 サブユニットは単独では ATP アーゼ活性を示すが，複合体においては逆に ATP の合成に関与する．薬剤を細胞内外に能動輸送する一群の輸送体は ABC トランスポーターと呼ばれ特有の構造をもつ．近年は細胞小器官の移動，特定蛋白質の分解，膜融合など多様な機能をもつ ATP アーゼが見出され，それらは AAA (ATPases associated with diverse cellular activities) 蛋白質と呼ばれる．

d **後産**(あとざん) [afterbirth] 「こうざん」とも．胎生哺乳類の分娩に際して，胎児にやや遅れて臍帯と胎盤が排出されること．ヒトでは通常，胎児の分娩より 10～30 分後に後産が起こる．

e **アトピー** [atopy] 気管支喘息，枯草熱，アレルギー性鼻炎，アトピー性皮膚炎，食物アレルギーなど遺伝的要因の強い一群の過敏性(アレルギー性)疾患の総称．アトピーの遺伝的素因をもつ患者では，花粉，家塵(ハウスダスト)，食物などの*アレルゲンに対して特異的 IgE 抗体を産生しやすい．アトピーはこのような IgE 抗体をつくりやすい体質も指す．病態はアレルゲン特異的 IgE 抗体による I 型アレルギー反応に基づく過敏症反応である．現在アトピー性疾患の発症に強い関連をもつアトピー遺伝子がいくつか解明されている．

f **アドヘレンスジャンクション** [adherens junction] AJ と略記．《同》中間結合 (intermediate junction), 接着帯 (zonula adherens). 単層上皮細胞の自由表面(器官腔)に近い側面部などに見られる*細胞間接着装置の一つ．*タイトジャンクションと*デスモソームの中間にあるので中間結合，また細胞を帯状に取り巻くので接着帯とも呼ばれる．これら三つの接着装置を一緒にして接着装置複合体(接着複合体 junctional complex) と呼ぶ．アドヘレンスジャンクションでは，細胞膜が約 20 nm の間隔をおいて平行し，細胞間隙を電子密度のわずかに高い物質が満たす．細胞膜に接する細胞質の部分には α カテニン，β カテニンなどを中心とする細胞膜裏打ち蛋白質の蓄積が見られ，この裏打ち構造を介してアクチンフィラメントが密に結合している．機能としては，隣り合う細胞間の接着にあずかると考えられ，接着分子としては*カドヘリンが知られている．アドヘレンスジャンクションは，細胞表面を全周にわたって取り巻くため，ベルトデスモソーム (belt desmosome) と呼ばれることもあるが，いわゆるデスモソームとは全く異なる構造である．この構造が不連続に作られているものを接着野 (fascia adherens, スポット AJ) とも呼び，心筋細胞や繊維芽細胞などに見られる．(⇒デスモソーム，⇒タイトジャンクション)

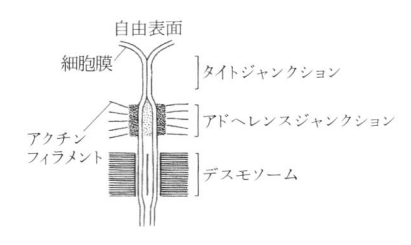

g **アトラクチロシド** [atractyloside] キク科 *Atractylis gummifera* の根茎に含まれる有毒成分で，糖部に2個のスルホン酸残基をもつノルカウラン型ジテルペン*配糖体．ADP/ATP トランスロカーゼ阻害作用があり，ミトコンドリア膜内外間のヌクレオチドの移動を妨げる．またミトコンドリアの*酸化的リン酸化を阻害し，*シトクロム c の放出を誘発する．

h **アトラジン** [atrazine] 2-chloro-4-ethylamino-6-isopropylamino-s-triazine. トリアジン系の，移行型非ホルモン性除草剤．この物質が*ヒル反応を阻害することから，主要な殺草機構は光合成阻害と考えられる．通常は土壌処理で用いる．トウモロコシ，ソルガム，サトウキビの生産のため広く世界(欧州連合を除く)で使われている．アトラジンに耐性のあるトウモロコシでは，アトラジンの2位の塩素を S-グルタチオンに置換し，不活性化する機構が認められる．

i **アドリアマイシン** [Adriamycin] 《同》ドキソルビシン (doxorubicin). 放線菌 *Streptomyces peucetius* の産生する*アントラサイクリン系抗生物質．抗菌性，抗ウイルス性，抗腫瘍性活性を示す．DNA 二本鎖にインターカレートして RNA ポリメラーゼ反応および DNA ポリメラーゼ反応を阻害する．また DNA トポイ

ソメラーゼⅡ活性も阻害する．リンパ腫，消化器癌，乳癌，肺癌など広範ながんの治療に用いられる．筋成分のミオシンやアクチンに作用することが心毒性（心筋障害）の原因となる．

a **アドレナリン** [adrenaline] 《同》4-[1-ヒドロキシ-2-（メチルアミノ）エチル]-1,2-ベンゼンジオール，エピネフリン（epinephrine），エピレナミン（epirenamin）．副腎髄質のアドレナリン細胞とアドレナリン作動性ニューロンで分泌されるホルモン（広義）．高峰譲吉（1901）が副腎から抽出・結晶化し，アドレナリン（当時特許名）と命名．同年 J. J. Abel および T. B. Aldrich がそれぞれ独立に結晶化し，F. Stolz（1904）が合成にも成功．融点212°C（分解）．天然のものはL型で，D型の15倍ほど生理作用が強い．*チロシンから*ドーパミン，*ノルアドレナリンを経て生合成されている．*神経伝達物質で内臓・皮膚・粘膜・腎臓・脳に分布する小動脈の平滑筋を収縮させるが，少量では骨格筋や心臓に分布する血管を拡張させる．心臓筋の収縮力や拍動力を増すので，血圧を亢進させる．気管支の平滑筋には拡張的に，虹彩拡張筋・膀胱括約筋・立毛筋に対しては収縮的に働く．さらにアドレナリンは肝臓および骨格筋内のグリコゲン分解を増進させて血糖量を上昇させる作用をもち，*インスリンと拮抗して血糖量の調節を担っている．ショック・驚愕・恐怖感などの際に起こる立毛・顔面蒼白・瞳孔散大などの一連の反応は，アドレナリンの大量分泌を示す．さらにこれらの場合，アドレナリンは下垂体からの副腎皮質刺激ホルモンの分泌を刺激し，ストレス状態を誘起するとされる．副腎からはアドレナリンとともに，ノルアドレナリンも分泌されているが，ヒトでは後者の分泌量は前者の1/10である．

HO-〈benzene ring with OH〉-CHOH-CH₂NHCH₃

b **アドレナリン作動性ニューロン** [adrenergic neuron] ニューロンの軸索末端において，主として*ノルアドレナリン（ノルエピネフリン）を神経伝達物質として分泌しているニューロン．その軸索（神経繊維）をアドレナリン作動性繊維（adrenergic fiber）もしくはアドレナリン作動性神経（adrenergic nerve）と呼ぶ．もとは自律神経系についての語であるが，中枢神経系でも用いられる．自律神経系では，アドレナリン作動性ニューロンに対してもう1種，アセチルコリンを分泌する*コリン作動性ニューロンがある．自律神経系のうち脳脊髄から出て神経節まで，すなわち*節前繊維はすべてコリン作動性，神経節から効果器（筋肉や腺）まですなわち節後繊維は，アドレナリン作動性とコリン作動性である．中枢神経系内では，アドレナリン作動性ニューロンは青斑核（locus coeruleus nucleus）に多く存在し，大脳新皮質，視床下部，小脳，脊髄など，脳の広い領域にその繊維を送っている．

c **アドレナリン受容体** [adrenaline receptor, adrenergic receptor] *アドレナリンと*ノルアドレナリンをリガンドとする*G 蛋白質共役型受容体．α 受容体（α receptor）（$α_1$, $α_2$）と β 受容体（β receptor）（$β_1$〜$β_3$）に分類される．中枢神経系，平滑筋，心筋などに広く存在し，α 受容体にはアドレナリン，ノルアドレナリン両者が，β 受容体には主にアドレナリンが作用する．$α_1$ は

G 蛋白質 G_q に共役し，血管や胃腸管括約筋の収縮を促進する．$α_2$ は G_i に共役し，神経のシナプス前終末で伝達物質の放出を抑制する．$β_1$〜$β_3$ は G_s に共役し，$β_1$ は心拍数，心収縮力増加，$β_2$ は血管拡張，気管支拡張，血糖上昇，$β_3$ は脂肪分解を促進する．β 阻害薬（高血圧），β 刺激薬（心不全），$β_2$ 刺激薬（気管支喘息）など医療に利用される．

d **アドレノドキシン** [adrenodoxin] 《同》アドレナルフェレドキシン（adrenal ferredoxin）．*副腎皮質のミトコンドリアに見出された*非ヘム鉄蛋白質で，副腎皮質における酸素分子によるステロイドの水酸化反応に関与する電子伝達体．鉄硫黄クラスターを含む点で*フェレドキシンと類似．分子量約2万2000．2原子の鉄と無機硫化物を含む鉄硫黄蛋白質．*酸化還元電位は−0.275 V．褐色で，415 nm，453 nm に吸収極大をもつ．NADPHおよび*フラビン酵素によって還元され，副腎皮質ミトコンドリアの*シトクロム P450 によって酸化される．

e **アトロピン** [atropine] 《同》dl-ヒオスシアミン，dl-ヒヨスチアミン（dl-hyoscyamine）．$C_{17}H_{23}O_3N$ のラセミ体が l 体とともに，ナス科植物，ことにベラドンナ（Atropa belladonna）やハシリドコロ，チョウセンアサガオ，ヒヨス（ロート）などの根や葉の中に含まれる，アルカロイドの一種．これらからの抽出，または合成（A. Ladenburg, 1879）で得られる．長斜方柱晶．融点 114〜116°C．冷水には微溶．熱水，アルコール，クロロホルム，エーテルなどに溶ける．感光受性が高く，毒性が強い．一般に硫酸塩（融点 190〜194°C）として使用される．中枢神経系には少量ではほとんど作用は見られないが，多量では大脳皮質，特に運動野の興奮を来す．また精神症状として発揚・幻覚・不穏・錯乱・狂躁状態を来し，昏睡に陥る．延髄も興奮し，呼吸促迫・血圧上昇を来すが，多量では呼吸麻痺をまねく．末梢作用には，コリン作動性節後繊維の効果器において副交感神経興奮をもたらす伝達物質である*アセチルコリンと受容体（ムスカリン性アセチルコリン受容体）を拮抗することにより（⇌エゼリン），その効果を遮断する副交感神経遮断作用を示し，その結果諸分泌腺の分泌を抑制し，瞳孔を散大させる．臨床的に瞳孔散大剤や涙腺，汗腺，消化管などの分泌腺の働きの抑制剤として使われている．アトロピンの誤用による中毒には，*ムスカリン様作用をもったコリンエステラーゼ阻害薬のプロスチグミン（ネオスチグミン）を投与する．なお，上記ナス科植物には，他にもヒヨスチアミン，スコポラミン（scopolamine）などのアルカロイドが含まれる．これらはいずれもトロパン骨格をもつトロパンアルカロイド（tropane alkaloid）に属し，ベラドンナアルカロイド（belladonna alkaloid）と総称され，薬理作用が生薬として利用される．

〈chemical structure: tropane ring with NCH₃, H₂C-CH-CH₂ framework, connected via CH-OCO-CH(CH₂OH)-phenyl〉

f **アナジー** [anergy] 《同》アネルギー．免疫系が抗原刺激に対して応答しない（不応答）状態をいう．また，T 細胞あるいは B 細胞が抗原刺激に対して反応しない場合も，アナジー状態にあるという．自己抗原に対する免疫寛容（*免疫トレランス）は中枢リンパ組織（*一次リンパ組織）や末梢リンパ組織（*二次リンパ組織）で多様な

メカニズムによって維持されているが，アナジーは末梢性自己免疫寛容の重要な機構の一つと考えられている．抗原によるナイーブT細胞の活性化には，*抗原提示細胞からの抗原刺激(第一シグナル)に加えCD28など多様な*補助刺激分子からのシグナル(第二シグナル)が同時に必要である．T細胞が第二シグナルを受けられない状態で抗原刺激を受けると，活性化が起こらないだけでなくその後至適条件で抗原刺激を受けても，その抗原に対して反応できないアナジー状態が誘導されるとされている．この機構により，万一末梢リンパ組織で自己反応性リンパ球が自己抗原に遭遇しても，容易に活性化されず，むしろ不応答に陥ることにより自己免疫寛容が維持されると考えられている．(→補助刺激分子，免疫トレランス)

a **アナフィラキシー** [anaphylaxis] 抗原特異的なIgEクラスの抗体を保有している生体に，その抗原が重ねて侵入した場合に起こる即時型過敏反応の一つ．I型過敏症反応に属し，モルモットではIgG1クラスの抗体も弱いながら同様の作用をもつ．組織内の*マスト細胞や血中の好塩基球は，親和性の高いIgEの*Fc受容体(FcεRI)を発現しており，産生されたIgEのほとんどは速やかにこの受容体を介してこれらの細胞表面に結合し，長期間にわたって細胞表面に存在する．この状態が感作状態であり，同じ抗原が再び侵入するとその細胞表面で抗原抗体反応が起こり，それが刺激となって細胞から種々の化学因子(chemical mediator)が放出される．この現象を細胞の脱顆粒(degranulation)と呼ぶ．これらの化学因子はヒスタミンやセロトニンなどで，その作用により血管透過性の亢進，平滑筋の強い収縮などが起きる．その結果，くしゃみ，下痢，嘔吐，発疹，呼吸困難，血圧低下などの全身症状を起こし，死に至ることもある．これを全身性アナフィラキシー(アナフィラキシーショック anaphylaxis shock)といい，*ペニシリン投与の際に見られるショックはこの例．また皮膚などで局所的に類似の反応が起こるが，その機構は同じである．(→受動皮膚アナフィラキシー反応)

b **アナボリックステロイド** [anabolic steroid] 蛋白質同化作用(myotropic action)をもつステロイドの総称．一般に，アンドロゲン作用をもつ．*アンドロゲンのアナボリック効果は去勢雄ラットの肛門挙筋の重量増加を指標とし，効力比(同化作用/アンドロゲン作用)で表す．臨床としては，いわゆるアンドロゲン作用が少なく，同化作用が比較的強い合成ステロイド剤が用いられる．アナボリックステロイドは短期間で劇的な筋肉増強をもたらすため(筋肉増強剤)，ドーピング薬物として知られ，使用する運動選手が跡を絶たない．しかし多くの副作用が知られ，血圧，コレステロールの上昇に伴う循環器系の疾患や肝障害など，重大な健康障害を引き起こす．近年ではスポーツ選手のみならず，一般層，特に若年層で，見栄えを良くしたい，きれいになりたいという目的での使用が見られ，社会問題となっている．

Norethandrolone(アナボリックステロイド剤の一種)

c **アナモックス** [anammox] anaerobic ammonium oxidation の略．微生物が嫌気的にアンモニアを酸化する反応．プランクトマイセス門(Planctomycetes)に属するある種の細菌が行う．この反応はアナモキソソーム(anammoxosome)と呼ばれる細胞質内の膜構造体で起こり，アンモニア酸化の電子受容体として亜硝酸が利用される．反応の中間体としてヒドラジンを生じ，最終生成物として窒素ガスが発生．アナモキソソームの膜脂質中にはペンタシクロアナモキシック酸というラダラン(ladderane)分子のメチルエステルが含まれ，有害なヒドラジンが細胞質中に排出しないようにする障壁と考えられる．アナモックスは自然界における窒素循環に重要な役割を担うほか，廃水処理系における窒素除去法の一つとしても利用される．

d **アニオン呼吸** [anion respiration] 《同》陰イオン呼吸．H. G. Lundegårdhによって提唱された，陰イオンの輸送に際して起こるとされる呼吸．Lundegårdhは，根から陰イオンが吸収される場合に，原形質は一般に負に帯電しているため，特別のエネルギーを必要とすると考えた．現在では，陰イオンの輸送に固有の呼吸があると議論することはない．

e **アニミズム** [animism] 《同》物活説，精霊崇拝．自然現象，動物や植物，あるいは無生物に，生命や欲求，意図といった心理学的属性を認めること．伝統的生活を営む民族や，発達の未熟な幼児に一般にみられる．

f **アニーリング(核酸の)** [annealing] 二本鎖の核酸を変性して一本鎖にしたもの(→DNAの変性)を，再び二本鎖に戻すこと．DNAを加熱やアルカリ処理で一本鎖に解離させた後，徐冷または中和すると再び二本鎖の状態に戻る．この性質を用いて核酸鎖間の塩基配列の相補性を調べることができる．アニーリングによって二本鎖の状態をとりうる場合は2本の核酸鎖は塩基配列において相補的であるが，とりえない場合は相補性がないと判定する．(→ヘテロ二本鎖DNA)

g **亜熱帯多雨林** [subtropical rain forest] 亜熱帯から暖温帯の多雨地方(年降雨量1300 mm以上)に発達する常緑広葉樹林．*熱帯多雨林の高緯度側に分布し，大陸東岸に成立し常緑広葉樹林(照葉樹林)とほぼ同じと考えてよい．メキシコ北部，フロリダ南部，ブラジル南部，ニュージーランド北部，中国東南部，台湾，沖縄，九州南端，小笠原諸島などに見られる．ビロウ，マテバシイ，ヒルギの類，ヘゴのような木性シダ，ソテツ，クリカシ(Castanopsis)，クス，ハイノキ類，ウラジロエノキなどがまじる．

h **アノイキス** [anoikis] 上皮細胞が細胞外基質から離れると，*ミトコンドリア細胞死経路によって*アポトーシスが誘導される現象．上皮細胞は*インテグリンを介して細胞外基質から生存シグナルを受け取る．上皮由来がん細胞が転移する際には上皮から間充織細胞への転換(epithelial mesenchymal transition, EMT)が起こるが，その際アノイキスに対する耐性を獲得するため，生体内を循環している間でもがん細胞は生存可能だと考えられている．

i **アノテーション** [annotation] 一般にはある文章に対する注釈をいうが，生物学ではあるデータの属性を記述することを指す．データとしては，塩基配列(ゲノムや*トランスクリプトーム)，アミノ酸配列，遺伝子，標本などさまざまなタイプがある．これらの付加情報を生物学的知識を駆使して作成する人をアノテータ(annotator)と呼ぶ．DNAや蛋白質などのデータベー

ス構築には必須の作業である．

a **アーノン** ARNON, Daniel Israel 1910〜1994 アメリカの生化学者．種子植物の栄養生理学を研究し，モリブデンおよびバナジウムが微量必須元素であることを発見．その後，単離葉緑体を用いた光合成の生化学的研究に転じ，*光リン酸化反応の発見，単離葉緑体での水を電子供与体とするNADP$^+$光還元反応の実証，*フェレドキシンの役割の発見，細菌での*還元的カルボン酸回路による炭素同化の発見などの業績をあげた．

b **アピコプラスト** [apicoplast] 多くの*アピコンプレクサ類がもつ光合成能を欠く色素体．四重膜に囲まれ，環状ゲノム（マラリア原虫では約35 kb）をもつ．機能は不明だが脂肪酸やヘム合成に関与すると考えられ，アピコンプレクサ類の生存に不可欠．これを利用した抗マラリア薬剤も開発されている．おそらく*紅色植物との二次共生に由来し，*渦鞭毛植物の多くがもつ葉緑体と同一起源．ただしグレガリナ類（*Cryptosporidium* を含む）はアピコプラストを二次的に失ったと考えられている．

c **アピコンプレクサ類** [apicomplexans] 《同》アピコンプレックス類．*アルベオラータに属する生物群の一つ．マラリア原虫（*Plasmodium*）やトキソプラズマを含む．宿主の細胞外または内に寄生する．少なくとも生活環の一時期に*頂端複合体をもつ．細胞膜直下に内膜複合体（inner membrane system）と呼ばれる薄い小胞をもつが，これは繊毛虫のアルベオールと相同であると思われる．一般に，無性生殖と有性生殖からなる複雑な生活環をもつ．(1)胞子から出たスポロゾイト（種虫 sporozoite）は宿主内で分裂増殖（メロゴニー merogony）してメロゾイト（merozoite）となる．その際，多分裂によって増殖する場合はシゾゴニー（schizogony）ともいう．(2)有性生殖期になると雌雄のガモント（gamont）へと分化し，ガモントは配偶子を形成する（ガモゴニー gamogony）．(3)接合子は減数分裂を経て多数のスポロゾイトを形成し，胞子（*オーシストなど）となる（スポロゴニー sporogony）．基本的にはこのように三つの増殖期をもつが，このうち一つまたは二つを欠く種もいる．アピコンプレクサ類の多くは*アピコプラストと呼ばれる色素体をもつ．ほとんどが後生動物に寄生し，宿主交代するものもいる（例：マラリア原虫はハマダラカとヒト）．初期分岐群の中には原生生物に寄生するものもいる．古くは原生動物・胞子虫類に分類されていたが，現在ではアピコンプレクサ門（Apicomplexa）にまとめられる．近年，アピコンプレクサにごく近縁な藻類であるクロメラ類（chromerids）が見つかっている．

d **亜ヒ酸塩** [arsenite] 亜ヒ酸 H_3AsO_3 の塩．種々の型の塩が存在するが，酵素反応の阻害剤として用いられるのはナトリウム塩（Na_3AsO_3）である．一般に SH 基と結合するので，SH 基が反応に関与した酵素反応を阻害する．代表的な例として，ピルビン酸からアセチル CoA が生成するピルビン酸デヒドロゲナーゼ複合体による酸化的脱炭酸反応に対する阻害剤として知られている．亜ヒ酸はまた海藻中でヒ酸の還元によって生成し，さらにメチル化されてアルセノ糖として蓄積する．（⇌ヒ酸）

e **アビジン** [avidin] 塩基性糖蛋白質（糖含量〜8%）で分子量が約6.8万の四量体．ビオチン（ビタミンH）と強く結合し（解離定数 10^{-15}），ビオチン酵素を阻害する．ビオチン–アビジンの強い結合は，分子標識に用いられている．avidin の語源は avid（貪欲）．

f **アピリミジン酸** [apyrimidinic acid] DNA をヒドラジンで処理して，そのピリミジン塩基を除去したもの．DNA をヒドラジンで処理するとピリミジン塩基がこわれてアピリミジン酸ヒドラジンとなり，これをベンズアルデヒドと反応させるとアピリミジン酸を生ずる．さらに加水分解するといろいろな大きさのプリンヌクレオチドの集団（一般式は Pu_nP_{n+1}）となり，大きさや組成に応じて分離することができる．DNA の塩基組成の測定に応用される．

g **アフィディコリン** [aphidicolin] *Cephalosporium aphidicola* の培養液から単離されたジテルペン．真核細胞 DNA 合成の特異的可逆的阻害剤で，RNA 合成や蛋白質合成を阻害しない．3種の真核細胞 DNA ポリメラーゼ α（複製酵素），β（修復酵素），γ（ミトコンドリア DNA 複製酵素）のうち，α だけを阻害する．（→DNA ポリメラーゼ）

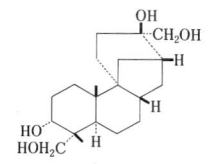

h **アフィニティークロマトグラフィー** [affinity chromatography] 互いに生物学的に特異的親和性をもつ物質の一方を，化学的に担体に結合させて固定相とし，これに混合物の試料溶液を通して，もう一方の試料物質を吸着させ，親和性のない他の物質と分離する*クロマトグラフィー．親和性をもつ組合せの例として，酵素と基質（あるいは阻害剤），抗原と抗体，ホルモンと受容体，レクチンと多糖類，核酸の塩基対などがある．

i **アフィニティーラベリング** [affinity labeling] 《同》親和性標識．特異的親和性をもつ物質に化学反応基を導入した試薬を用いて，生体高分子の対応する結合部位に存在する官能基を選択的に*化学修飾すること．この目的でデザインされた試薬（アフィニティーラベル試薬）は，対応する生体高分子，特に蛋白質に特異的親和性を示すので，試薬と生体高分子の特異的複合体が形成され，その結果，結合部位における試薬の濃度が非常に高くなり，結合部位に存在する官能基が能率よく修飾される．例えば，芳香族アミノ酸を特異的基質とするキモトリプシンに，基質アナログである TPCK（*N*-*p*-tosyl-L-phenylalanyl chloromethyl ketone トシルフェニルアラニルクロロメチルケトン）を作用させると，TPCK はフェニルアラニンの側鎖部分でキモトリプシンに特異的に結合し，クロロメチルケトン部分で反応し，活性部位に存在するヒスチジン残基だけを選択的にアルキル化する．酵素の活性部位やエフェクター結合部位，抗体の抗原（あるいはハプテン）結合部位，受容体のホルモンや神経伝達物質結合部位，レクチンの糖結合部位，リボソームの核酸結合部位などを特異的に標識するために，それぞれに対応した生体分子に化学反応基を導入した試薬がデザインされている．また，通常の化学試薬との反応性が低い残基からなる結合部位を特異的に標識する目的で，光照射によってはじめて高度な化学反応性を獲得する基を導入した生体分子アナログが用いられ，これを光アフィニティーラベリング（光親和性標識 photoaffinity labeling）と呼ぶ．

j **アブシジン酸** [abscisic acid] ABA と略記．《同》アブシシン酸，アブサイシン酸．*植物ホルモンの

一種. 落葉を促すものとしてワタの果実から単離され, 大熊和彦ら(1965)が構造を決定, 同年 J. Cornforth らが合成した. また, それまでドルミン(dormin)と呼ばれていた物質(シカモアカエデ Acer pseudoplatanus の夏季葉で生産され, 冬季短日条件で頂芽に蓄積されて, 休眠の形成に関与する. C. Eagles, P. F. Wareing, 1963)と同一物であることが確認された. 天然物は(S)型で, 維管束植物のほとんどの器官・組織に分布する. コケ植物・真菌類からも同定されている. 発見の発端となった器官離脱, 芽の休眠における直接的関与については, 否定的な報告が多いが, 気孔の閉鎖, ストレス応答, 種子休眠の誘導と維持に重要な役割を演じている. グルコース配糖体としても存在する. 維管束植物では, *カロテノイドを前駆体として合成される. 9-cis 型のネオキサンチンもしくはビオラキサンチンの酸化開裂反応によりキサントキシンが生成し, 細胞質内で ABA に変換される. 主に 8′ 位の水酸化反応により不活性化される. START ドメイン(StAR-related lipid transfer domain)をもつ可溶性蛋白質が ABA 受容体として働く. 受容体蛋白質は ABA との結合依存的にプロテインホスファターゼ 2C と会合し, それを不活性化する. これにより SnRK (SNF1-related protein kinase)プロテインキナーゼ, bZIP 型転写因子が続いて活性化され, ABA 応答配列 (ABRE)をプロモーター領域にもつ遺伝子の発現が誘導される.

a **アプタマー** [aptamer] 特定のリガンドに対して結合活性を示す生体高分子の総称. リガンド結合能を示す RNA 分子に対して 1990 年に J. Szostak が名づけたのが由来(fitting を意味するラテン語の aptus から). ランダムな配列の核酸, あるいはペプチドから, in vitro セレクション法(SELEX 法)によって, 特定のリガンドに対して高い親和性をもつアプタマーを人工的に選別する. 標的のリガンドとしては, 金属イオン, 低分子有機化合物, ペプチド, 酵素, ウイルス分子など多岐にわたり, 医薬品の候補物質のスクリーニングなど応用研究が進められている. 天然に存在し遺伝子発現の制御に関わる RNA アプタマーは, リボスイッチとも呼ばれる.
(→リボスイッチ)

b **アブデルハルデン** ABDERHALDEN, Emil 1877～1950 ドイツの生理化学者. 主に蛋白質の化学を研究し, アブデルハルデンの反応や防御酵素を発見した. 'Handbuch der biologischen Arbeitsmethoden'(9 巻, 1920～1939)を編集した.

c **アフラトキシン** [aflatoxin] Aspergillus に属する菌が生産する*マイコトキシン(カビ毒). 飼料のピーナツミールに繁殖した A. flavus の毒素により, 1960 年イギリスでシチメンチョウが大量死したのをきっかけに研究が進み, 毒素として下記の 8 種の類似体が発見された. 生産菌には上記のほかに A. parasiticus が知られている. 急性毒性は B_1 が最も強く, M_1, G_1, B_2, M_2, B_{2a} の順であり, 障害は主に肝細胞の壊死と胆管増生である. また, 強い発がん性と変異原性を有するが, これは 8,9 位がエポキシ化された後に, DNA のグアニンと結合して DNA との付加物(adduct)を生成するためと考えられている.

d **アブリン** 【1】[abrin] マメ科植物トウアズキ Abrus precatorius の種子に含まれる毒性*レクチン. 分子量 6 万 5000 の糖蛋白質. マウス腹腔内投与で LD_{50} 40 ng. 血球凝集作用はない. A 鎖(分子量 3 万, pI4.6, 糖含量 0)と B 鎖(分子量 3 万 5000, pI7.2, 糖含量 7.4%(重量比))とが S-S 結合したもので, 還元すると二つに分かれる. 蛋白質生合成阻害剤の一つで, その阻害機構は*リシンと同じ. A 鎖には真核細胞 60S リボソームサブユニットを失活させる働きがある. B 鎖はガラクトースと結合する. リシンと同様, 1 分子のアブリンは 1 個の細胞を失活させる.
【2】[abrine] トウアズキに含まれる N-メチルトリプトファン.

e **アプリン酸** [apurinic acid] DNA を酸性条件で穏やかに処理して, そのプリン塩基を除去したもの. さらに加水分解するといろいろな大きさのピリミジンヌクレオチドの集団(一般式は Py_nP_{n+1})となり, クロマトグラフィーでその大きさや組成に応じて分離することができる. この方法により DNA の塩基組成を測定することができる. アプリン酸は鋳型, プライマー, 酵素の基質として使用される.

f **アフレビア** [aphlebia] 《同》葉身体. 主に古生シダ類の葉柄上につく特殊の小葉片. 現生の Cyathea capensis などにもある. 古生シダ類の Stauropteris などではまだ葉になりきらない葉状枝の分枝部にすでに発達することから, 小葉に類似した器官と考えられる.

g **アベナ屈曲試験法** [Avena curvature test] 《同》標準アベナテスト, アベナテスト(Avena test). アベナ(カラスムギ)の幼*子葉鞘の成長を目安とする*オーキシン定量法. F. W. Went(1928)が創案し, そののち多くの研究者が改良を加えた. 測定は次のようにして行う. アベナ種子の苞穎を除き, 暗黒, 25°C で発芽させる. 発芽して根が 1～2 mm 伸びたときに湿したおが屑またはバーミキュライトに植え, 3 日間育てる. 次に子葉鞘の先端部 1 mm を切除し(截頭, 次頁図の B), 2～3 時間後に再び残部の先端 4 mm を切除し(D, E), 第一葉を静かに引き抜いて F の程度に止める. 次に試験物質を含む 3% 寒天ゲルの小片(2～10 mm²)を 2 回截頭した子葉鞘の片側に, 第一葉に寄りそわせてのせる(G). 90～110 分後に屈曲角 a を測る(H). 別にインドール酢酸などで標準になる濃度-屈曲角曲線をつくって比較す

る．これらの操作は一般に赤色光下で行う．また，アベナ芽生えを生育させるとき，はじめ1日間赤色光を当てると，中胚軸の成長が阻害され，直立した均一な長さの子葉鞘が得られる．

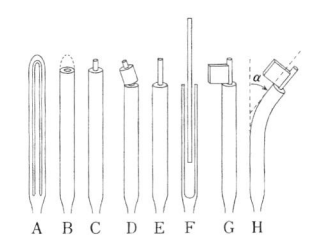

a **アーベル** ABEL, Othenio 1875～1946 オーストリアの古生物学者．脊椎動物，特にウマの進化について論じ，祖先系列と段階系列の概念を立て，進化と適応の関係についてラマルク説に近い立場で考察した．[主著] Die Stämme der Wirbeltiere, 1919.

b **アベルメクチン** [avermectin] 《同》エバーメクチン．放線菌 *Streptomyces avermitilis* によって生産される抗寄生虫抗生物質で，8種の類縁体が単離されている．細菌や真菌には活性を示さないが，鉤虫・回虫・肺虫・糸状虫などの線虫類，ダニやハエのウジなどの昆虫類に極めて少量で強い活性を示す．主にイベルメクチン（アイバメクチン ivermectin: 22, 23-dihydroavermectin B_{1a} が90%以上，B_{1b} が10%以下の製剤）が動物の寄生虫駆除に世界各国で用いられている．また，アフリカや中南米の風土病で，回旋糸状虫がブユに媒介されるオンコセルカ症（onchocerciasis，河川盲目症 river blindness）の撲滅作戦が，これを用いて WHO により展開されている．線虫や昆虫の神経・筋細胞のグルタミン酸作動性塩素イオンチャネルに高い親和性をもち塩素イオンの透過性を上昇させて細胞の過分極を起こすことにより，寄生虫を麻痺させ死にいたらしめる．哺乳類にも類似の塩素イオンチャネルが存在するが，脳内にしか存在せず，しかもアベルメクチンは血液脳関門を通過しにくいので選択毒性が現れる．

c **アヘンアルカロイド** [opium alkaloid] ケシ科植物ケシ（*Papaver somniferum*）の未熟果実から得られる乳液を乾燥させたアヘン（阿片 opium）に含まれるアルカロイドの総称．*モルフィン，*コデイン，テバイン（thebaine），パパベリン（papaverine）などのイソキノリン型アルカロイドが主成分である．強力な鎮痛，鎮静，鎮痙作用などの薬理活性を有する．

d **アポ酵素** [apoenzyme] 複合蛋白質からなる酵素のうち，特に透析その他の方法によってその低分子成分が可逆的に分離できるとき，その蛋白質部分をいう．その低分子部分は補酵素と呼び，両者の結合した触媒能をもつ複合蛋白質をホロ酵素（holoenzyme）という．また，金属酵素の場合は金属を除いた酵素をアポ酵素という．ただしその金属は補酵素とはいわない．

e **アポトーシス** [apoptosis] 《同》アポプトーシス．細胞膜や細胞小器官などが正常な形態を保ちながら，まず核内のクロマチンが凝集し，細胞全体が萎縮しつつ断片化してアポトーシス小体（apoptotic body）を形成し細胞死に至る場合をいう．元来は*細胞死の形態学的特徴を示す用語で，その後下記のような機構を含む生理的な細胞死を意味する語としても用いられるようになった．これに対し，まず細胞膜および細胞質の形態学的変化が起こり，核および核膜は正常な形態を保つような細胞死の形態が*壊死（ネクローシス）である．アポトーシスで死につつある細胞内では，DNAの断片化，すなわちヌクレオソーム間でDNAがランダムに切断される現象が起きることが特徴．一般に細胞のアポトーシスによる死は，同細胞内での新しい蛋白質生合成に依存しており，アポトーシスを誘導する遺伝子は自殺遺伝子（suicide gene, death gene）などとも呼ばれる．細胞がアポトーシスに至る過程は多様で，例えば，いわゆる Fas 抗原，腫瘍壊死因子（TNF）受容体などいくつかの細胞膜上レセプターは細胞のアポトーシスに至るシグナルを伝達することができる．個体発生における*形態形成の過程や成長した個体の組織の恒常性の維持などにおいて，細胞死が重要な役割を果たしている．このような細胞死は遺伝的に正確にプログラムされていると考えられており（プログラム細胞死 programmed cell death），多くの場合それはアポトーシスの形態を示す．また，胸腺組織においては，大半のリンパ球が胸腺組織内で死んでいき，これが自己反応性リンパ球の排除（⇌免疫トレランス）の重要な機構と考えられているが，この際の細胞死も主にアポトーシスによる．その他，副腎皮質ホルモンや放射線により，あるいは栄養因子の枯渇などにより誘導されるリンパ系細胞の死や，キラー細胞による標的細胞破壊も，アポトーシスによっている．

f **アポトソーム** [apoptosome] Apaf-1（apoptosis protease-activating factor-1），シトクロム c，dATP/ATP，*カスパーゼ-9からなる蛋白質複合体．内因性経路によるアポトーシスの際に形成される．哺乳類ではミトコンドリアから漏出したシトクロム c が dATP/ATP の存在下で Apaf-1 と結合し，これらとカスパーゼ-9 が七量体からなるアポトソームを形成する．カスパーゼ-9 はアポトソーム中で自己切断により活性化される．一方，ショウジョウバエでは Apaf-1 ホモログの Dark，カスパーゼ-9 ホモログの Dronc，dATP が八量体のアポトソームを形成し，シトクロム c は不要である．

イニシエーターカスパーゼを活性化する複合体として他に，カスパーゼ-8を活性化するDISC(⇌Fas)，カスパーゼ-2を活性化するPIDDosome，カスパーゼ-1を活性化する*インフラマソームがある．

アポマイオシス [apomeiosis] 染色体数の半減を伴わずに起こる配偶子形成．シダ類および種子植物に多数の例が知られている．この場合には*全数性の配偶子が形成され，*単為生殖によって全数性の栄養体をつくる．

アポミクシス [apomixis] *有性生殖が，*減数分裂や受精を介さない*無性生殖に置き換わっている場合の総称．具体的には，減数分裂をする予定の細胞(胞原細胞，胞子母細胞，胚嚢母細胞，卵母細胞など)や，なんらかの理由で減数分裂を経ないでできた配偶体細胞や配偶子が，受精を経ずに胚発生を起こして個体を形成すること．母親と同じ遺伝子型の子供ができる．陸上植物，紅色植物，後生動物などで見られる．アポミクシスは無性生殖に含まれる．無性生殖の中で，陸上植物の*挿木などのように，減数分裂や受精に関わらない細胞が多能性幹細胞を形成して新しい個体を形成する場合は，アポミクシスとは呼ばない．アポミクシスの中で，減数分裂を経ずにできた卵が受精経ずに発生して個体を形成する場合は，*単為生殖と呼ぶ．陸上植物などで見られる．胞子体から減数分裂を経ずに配偶体細胞ができる*無胞子生殖(apospory)，配偶体から受精を経ずに胚発生が起こり個体が形成される*無配生殖(apogamy)もアポミクシスに含まれる．アポミクシスにより成立した個体およびそのクローン群をアポミクト(apomict)という．

アポリシス [apolysis] 昆虫の*脱皮の際，最も早期段階に起こる現象の一つ．表皮細胞が分裂・増殖を始めると，おそらく表皮組織のクチクラ合成に張力が生じる結果としてクチクラが表皮組織と分離する．この現象をアポリシスといい，これに引き続いて新クチクラの形成と旧クチクラの分解が行われる．(⇌脱皮)

アマクリン細胞 [amacrine cell] 脊椎動物網膜の内網状層において，横の神経連絡をつかさどる無軸索細胞．S. Ramón y Cajalの発見，命名．核は内顆粒層の最内層に位置し，樹状突起はすべて内方に出たのち，横にひろがり，双極細胞，神経節細胞あるいは他のアマクリン細胞と複雑なシナプス結合をする．現在までに形態的に20以上のタイプが報告され，少なくとも8種の情報伝達物質が見出されている．その機能はまだ不明な点が多いが，水平細胞と同様に網膜の横の情報連絡，すなわち，周囲の双極細胞の情報を統合・集約・処理して神経節細胞に伝え，神経節細胞の示す複雑な受容野特性(特に中心-周辺拮抗型受容野)の形成に関与している．視細胞，双極細胞，水平細胞にはスパイク放電が見られないが，この細胞にいたって初めてスパイク放電が観察される．また鳥類ではこの細胞に遠心性線維がシナプスを作っていることが確認されている．(⇌網膜[図])

アマニチン [amanitin] タマゴテングタケ(Amanita phalloides)が生成する二環性オクタペプチド構造をもつ毒素．H. Wieland(1941)が抽出．動物に対する致死作用は，真核細胞の核内にあってmRNA合成を触媒するDNA依存性RNAポリメラーゼⅡ(RNAポリメラーゼB)と特異的に結合し，リン酸ジエステル結合の形成(RNA鎖合成の開始および伸長)を阻害することによる．真核細胞RNAポリメラーゼの識別やRNAポリメラーゼⅡの定量などに有用である．α-アマニチン，β-アマニチンなど類似の毒素が分離され，それらをまとめてアマトキシン(amatoxin)と総称する．(⇌ファロイジン)

α-アマニチンの構造

アミジン基転移 [transamidination] アルギニンのアミジン基をグリシンのアミノ基に転移してグリコシアミンを形成する反応．腎臓・膵臓に見られ，クレアチン合成に関係した反応であるが，アルギニンの代わりにカナバニンやホモアルギニン，グリシンの代わりにカナリン，β-アラニン，リジン，γ-アミノ酪酸も基質となる．

アルギニン + グリシン ⇌ オルニチン + グリコシアミン

アミダーゼ [amidase] 《同》アシルアミドアミドヒドロラーゼ(acylamide amido hydrolase)，アシルアミダーゼ(acylamidase)，アミドヒドロラーゼ(amido-hydrolase)，アシラーゼ(acylase)．ペプチド以外の酸アミド結合を加水分解してカルボン酸とアミンあるいはアンモニアを生じる酵素群(EC3.5.1)．基質特異性の異なる多数のアミダーゼがある．狭義にはEC3.5.1.4の長鎖または短鎖の脂肪酸アミドを基質とするアミダーゼを指す．反応の一般式はRCONHR′ + H$_2$O → RCOOH + NH$_2$R′で表され，R′=Hのときはアンモニアを指す．アスパラギナーゼ，グルタミナーゼ，ウレアーゼやペプチドグリカンアミドヒドロラーゼなどがこれに属する．トリプシン，パパインなど多くのプロテイナーゼもアミノ酸のアミドを加水分解する活性をもつ．

アミド植物 [amide plant] [1] 過剰に吸収・蓄積されたアンモニアの大部分を*アスパラギンのようなアミドに変えることによって，除毒をしていると考えられる植物．ただし*酸植物との区別は，それほどはっきりしない．[2] 共生的に窒素を固定する植物の中で，アミドを主要な窒素の転流形態とする植物．エンドウやソラマメなど．(⇌ウレイド植物)

α-アミノアジピン酸 [α-aminoadipic acid] トウモロコシの種子，ヒトやモルモットの尿などから見出されるアミノ酸の一つ．また，カビ・酵母・藻類のあるも

のでは，リジン生合成経路の一つの代謝中間体である．^{14}Cリジンをモルモット肝臓ホモジェネートにあたえた実験などから，リジン→ピペコリン酸→α-アミノアジピン酸→α-ケトアジピン酸→グルタリルCoAという分解経路が明らかにされている．

COOH
CHNH$_2$
CH$_2$CH$_2$CH$_2$COOH

a **アミノアシルアデニル酸** [aminoacyl-adenylate] ATPとアミノ酸のカルボキシル基が反応し，脱ピロリン酸により生成する．アミノ酸はアデニル酸とエネルギー含量の高いリン酸エステルを介して結合，活性化される．*アミノアシルtRNA合成酵素によってtRNAの3'末端にアミノ酸が結合する反応の中間体として形成される．

b **アミノアシルtRNA** [aminoacyl-tRNA] tRNAの3'末端（CCA末端）に存在するアデノシンの3'-（または2'-）水酸基に，対応するアミノ酸のアミノアシル基をエステル結合させて付加したもの．*蛋白質生合成において，mRNA上の遺伝暗号を解読してリボソーム上に結合し，さらにペプチド鎖のC末端へアミノ酸が転移される過程の中間体としての機能を果たしている．（⇒アミノアシルtRNA合成酵素）

c **アミノアシルtRNA合成酵素** [aminoacyl-tRNA synthetase] 〔同〕アミノアシルtRNAシンテターゼ，アミノアシルtRNAリガーゼ（aminoacyl-tRNA ligase），アミノ酸活性化酵素（amino acid activating enzyme）．基質とするアミノ酸（aa）の名を前につけてaaRSと略記（例：セリンを基質とするものはSerRS）．特定のアミノ酸を活性化して，対応するtRNAに正しく結合する酵素．蛋白質合成系には不可欠．一つのアミノ酸とそれに対応する複数のtRNAに対して，一つの特異的な酵素が存在する（大腸菌では例外としてLysRSだけ2種）．一般に，(1) ATP存在下でアミノ酸をアシル化するアミノ酸活性化反応と(2)活性化アミノ酸を対応するtRNAの3'末端アデノシンの3'-（または2'-）OH基に転移する転移反応の二つの反応を触媒する（下式）．これらの酵素はアミノ酸とtRNAをそれぞれ特異的に認識する．さらに，間違ったアミノアシルAMPが形成されるとそれを加水分解し，間違ったアミノアシルtRNAに対してはアミノ酸とtRNA間のエステル結合の加水分解を加速するという二重の校正機能をそなえている．アミノアシルtRNA合成酵素の生化学的性質は，アミノ酸の種類や生物種により極めて多様であるが，本酵素は構造上の特徴や，転移反応の反応機構の特徴に基づいて，クラスⅠ，クラスⅡの2種類に分けられる．

アミノ酸+ATP+aaRS $\xrightarrow{Mg^{2+}}$ アミノアシルAMP-aaRS+PPi　(1)

アミノアシルAMP-aaRS+tRNA ⟶ アミノアシルtRNA+AMP+aaRS　(2)

d **アミノ基転移** [transamination] アンモニアを経由することなしにアミノ基を一つの化合物から他の化合物に転移させる反応過程．A. E. BraunsteinとM. G. Kritzman (1937)が提唱．生体内では通常ピリドキサールリン酸を補酵素とする*アミノ基転移酵素により触媒され，この反応は一般に可逆的．反応中間体としてピリドキサミンリン酸ができる．通常はα-アミノ酸とα-ケト酸との間にα位のアミノ基転移が起こる．これは生体内でグルタミン酸やアスパラギン酸系を中心とする多くのアミノ酸生合成や，アミノ酸と糖あるいは脂質の中間代謝物との相互転化をになう重要な反応である．まずアミノ基転移酵素によって(Ⅰ)の反応が行われ，グルタミン酸を媒介して，*グルタミン酸脱水素酵素によって(Ⅱ)の反応でアンモニアを生成しアミノ酸の酸化的脱アミノ反応を行うと同時に，逆経路によってアミノ酸の生合成に関与する（図）．アラニンやグルタミン，アスパラギン（α-アミノ基）などをアミノ基供与体とするアミノ基転移酵素もある．オルニチン，γ-アミノ酪酸，β-アラニンなどのω-アミノ基がα-ケト酸へ転移される反応が動物の肝臓・微生物などに見られる．この逆反応ではアルデヒド類がアミノ基受容体となっている．特にオルニチンはグルタミン酸セミアルデヒドからこの方法で生合成される．これらの転移過程は動物から細菌にいたるまでのすべての生物に普遍的に存在するが，このほかいくつかの細菌はD-アミノ酸に特異的なアミノ基転移酵素をもつことが認められている．

α-アミノ酸　α-ケトグルタル酸　NH$_3$
　　　✕　　　　　　　✕
α-ケト酸　　L-グルタミン酸
　　　(Ⅰ)　　　　　　(Ⅱ)

e **アミノ基転移酵素** [transaminase, aminotransferase] 〔同〕トランスアミナーゼ（transaminase），アミノトランスフェラーゼ（aminotransferase）．α-アミノ酸のアミノ基をα-ケト酸に転移して別のケト酸とアミノ酸を生ずる反応を触媒する酵素の総称．EC2.6.1群．この可逆反応

RCH(NH$_2$)COOH+R'COCOOH
⇌RCOCOOH+R'CH(NH$_2$)COOH

をアミノ基転移（アミノ基転移反応）と呼ぶ．D. Needham (1927)がハトの胸筋でアミノ基転移の起こることを発見し，そののちA. E. Braunstein, M. G. Kritzmannらが酵素の性質を研究した．ほとんどすべての生物に見出され，アミノ酸の生合成や分解に関与する．グルタミン酸，アスパラギン酸などいろいろなアミノ酸に特異的なアミノ基転移酵素が知られているが，プロリン，ヒドロキシプロリン，リジン，トレオニンは基質とならない．*アスパラギン酸アミノ基転移酵素（aspartate amino transferase, AST, グルタミン酸-オキサロ酢酸トランスアミナーゼ，GOT, EC2.6.1.1)およびアラニンアミノ基転移酵素（グルタミン酸-ピルビン酸トランスアミナーゼ，GPT, EC2.6.1.2）は各臓器に広く見られ活性も高い．これらは疾病の際に血清中に流出が見られるため，臨床検査上の指標とされる．ピリドキサールリン酸を補酵素とする．これはアポ酵素と結合した形でピリドキサミンリン酸に変化してケト酸を生成し，他のケト酸と反応してアミノ酸に変え，ピリドキサールリン酸に戻る．肝臓にはグルタミン，アスパラギンのα-アミノ基をケト酸に転移するアミノ基転移酵素もあ

る。植物などにはグルタミンのγ位のアミノ基をα-ケトグルタル酸に転移する*グルタミン酸合成酵素(EC 1.4.7.1)もある。

a　アミノ酸 [amino acid]　アミノ基(-NH$_2$)とカルボキシル基(-COOH)の両者をもつ有機化合物。アミノ基の水素が分子内の他の部分と置換して二級アミンとなった環状化合物(イミノ酸 imino acid という)もアミノ酸に含める。20世紀の初め E. Fischer らが明らかにした。アミノ基とカルボキシル基が同じ炭素原子に結合しているものを α-アミノ酸といい、一般式は RCH(NH$_2$)COOH で示される。天然に得られるアミノ酸の大部分は α-アミノ酸(図)であり、これが互いに水分子を失って*ペプチド結合を形成したものが蛋白質やペプチドである。α から順次、隣の炭素原子にアミノ基が移るに従って β-,γ-アミノ酸(図)などと呼ぶが、これらは蛋白質に含まれることはない。生体にはこれらのアミノ酸はわずかに遊離状態や小ペプチドの形で存在している(例:β-アラニン,γ-アミノ酪酸)。

$$\underset{\alpha\text{-アミノ酸}}{\underset{\underset{NH_2}{|}}{R-CH-COOH}} \quad \underset{\beta\text{-アミノ酸}}{\underset{\underset{NH_2}{|}}{R-CH-CH_2-COOH}}$$

$$\underset{\gamma\text{-アミノ酸}}{\underset{\underset{NH_2}{|}}{R-CH-CH_2-CH_2-COOH}}$$

一般の蛋白質を構成するものは 20 種であり、立体構造はすべて L 型。これらアミノ酸の略号を表に示す。アミノ酸は、側鎖(R)の化学的性質によって、非極性アミノ酸と極性アミノ酸に大別される。(1)非極性アミノ酸:側鎖が、炭素原子(例外:グリシン)と水素原子のみから構成されるもの(グリシン、アラニン、ロイシン、イソロイシン、バリン、フェニルアラニン、プロリン)と、硫黄原子をもつもの(メチオニン)。いずれも中性アミノ酸で、これらのアミノ酸側鎖は水素結合の形成に関与せず、*疎水性アミノ酸に分類される。(2)極性アミノ酸:側鎖は、炭素原子と水素原子とともに、これら以外の原子(酸素原子、窒素原子あるいは硫黄原子)から構成され、水分子と水素結合を形成することができる。次の3種に分類される。(a)中性アミノ酸:セリン、トレオニン、チロシン、アスパラギン、グルタミン、トリプトファン、システイン、(b)酸性アミノ酸:アスパラギン酸、グルタミン酸、(c)塩基性アミノ酸:ヒスチジン、リジン、アルギニン。極性アミノ酸は一般に親水性アミノ酸に分類されるが、大きな疎水性基をもつチロシンとトリプトファンは、水に対する溶解度が低く、疎水性アミノ酸に分類される。側鎖の性質による分類は、蛋白質やペプチドの構造を考察するうえで重要な指標を与える。これら 20 種類のアミノ酸は遺伝暗号表によって核酸の塩基配列と対応づけられている(→遺伝暗号)。また、これら以外にも非蛋白質性アミノ酸として、生体内で遊離あるいは結合した状態で存在し、代謝上特殊な作用を果たす、次のようなアミノ酸がある。γ-アミノ酪酸(GABA)、ホモシステイン、オルニチン、5-ヒドロキシトリプトファン、3,4-ジヒドロキシフェニルアラニン(ドーパ)、トリヨードチロニン、チロキシンなど。

アミノ酸の略号表

i	アミノ酸	ii	i	アミノ酸	ii
Ala	アラニン	A	His	ヒスチジン	H
Arg	アルギニン	R	Ile	イソロイシン	I
Asn	アスパラギン	N	Leu	ロイシン	L
Asp	アスパラギン酸	D	Lys	リジン	K
Asx	Asn + Asp	B	Met	メチオニン	M
Cys	システイン	C	Phe	フェニルアラニン	F
(Cys)$_2$ Cys Cys	シスチン		Pro	プロリン	P
			Ser	セリン	S
Gln	グルタミン	Q	Thr	トレオニン	T
Glu	グルタミン酸	E	Trp	トリプトファン	W
Glx	Gln + Glu	Z	Tyr	チロシン	Y
Gly	グリシン	G	Val	バリン	V

i) 3 文字表記、ii) 1 文字表記。

b　アミノ酸酸化酵素 [amino-acid oxidase]　〘同〙アミノ酸オキシダーゼ。幅広いアミノ酸特異性をもち、特にセリン、トレオニン、ヒスチジン、グリシンやグルタミンを脱アミノ化する反応を触媒する酵素。肝臓、腎臓のペルオキシソームに存在する。FAD(FMN)を補酵素とする。FAD は還元されて FADH$_2$ となるが、O$_2$ 分子で酸化されて過酸化水素(H$_2$O$_2$)を生成する。基質となるアミノ酸には光学異性体が存在し、アミノ酸酸化酵素はアミノ酸の光学異性体ごとに区別できる。(1) L-アミノ酸酸化酵素(L-amino-acid oxidase):L-アミノ酸を直接に酸化する好気的脱水素酵素(EC1.4.3.2)。この酵素の触媒する反応を酸化的脱アミノ反応(oxidative deamination)と総称する。腎臓・肝臓・糸状菌・ヘビ毒・細菌などに存在。カタラーゼが同時に存在しないと、形成したケト酸は H$_2$O$_2$ で脱カルボキシル化される。補酵素は FMN または FAD。基質特異性は広くロイシン、メチオニンなどはよく酸化されるが、アスパラギン酸、グルタミン酸、グリシンなどには作用しない。ただし、トリ肝臓の酵素は塩基性アミノ酸に特異性をもつ。しかしその活性の低さから考えて、動物の酵素がアミノ酸代謝に生理的意義をもつか疑問で、むしろ L-α-ヒドロキシ酸の酸化の方が強いので、その方に意義があるとも考えられる。ヘビ毒の酵素は分子量約 13 万で 2 分子の FAD を含む。(2) D-アミノ酸酸化酵素(D-amino-acid oxidase):D-アミノ酸を同様に酸化してケト酸にする酵素(EC1.4.3.3)。FAD を補酵素とする。生物に広く存在。動物の腎臓・肝臓に見られるがその意義は不明。D-α-ヒドロキシ酸にもよく作用するのでこれが真の基質とも考えられる。D-プロリンに最もよく働くが他の多くの D-アミノ酸にも働く。ブタ腎臓由来の結晶酵素は 11 万 5000 の分子量で 2 分子の FAD を含む。

$$\underset{\text{L-アミノ酸}}{RCH(NH_2)COOH} + O_2 \xrightarrow{\text{L-アミノ酸酸化酵素}} \underset{\text{イミノ酸}}{RC(NH)COOH} + H_2O_2$$

$$\underset{}{RC(NH)COOH} + H_2O \xrightarrow{\text{非酵素的}} \underset{\text{ケト酸　アンモニア}}{RCOCOOH + NH_3}$$

a **アミノ酸生合成** [amino acid biosynthesis] 生体でのアミノ酸の合成．蛋白質を構成するアミノ酸の大部分のものはエムデン-マイエルホーフ経路と*クエン酸回路の中間物質を炭素骨格として生合成される．例外は芳香族アミノ酸とヒスチジンで，前者はペントースリン酸回路の中間体であるエリトロース-4-リン酸が生合成に関与(⇌芳香環生合成)，後者は ATP とリボース-5-リン酸-1-ピロリン酸から合成される．植物とある種の微生物はすべてのアミノ酸を体内で合成できるが，動物では一部のアミノ酸(必須アミノ酸)を体内で合成できない．必須アミノ酸は，概して解糖など炭水化物代謝の中間体から生合成される反応段階の多い(6段階以上)もので，可欠アミノ酸の合成に必要な酵素の数が約14であるのに対し，必須アミノ酸の合成にはさらに約60の酵素が必要であるといわれる．生合成されたアミノ酸は蛋白質生合成の素材となるほか，アルカロイド，リグニンなどの生合成に用いる．なお，多くのアミノ酸生合成経路は，その出発点あるいは分岐点に近い位置にある酵素がそのアミノ酸の存在によってリプレッションを受けたり，フィードバック阻害を受けることによって抑制を受ける．

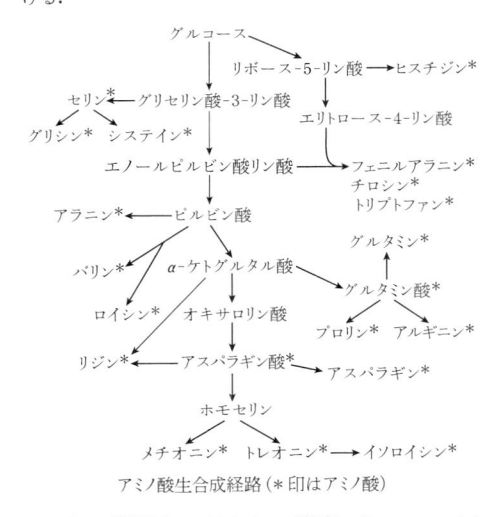

アミノ酸生合成経路 (＊印はアミノ酸)

b **アミノ酸脱カルボキシル酵素** [amino-acid decarboxylase] 《同》アミノ酸デカルボキシラーゼ，アミノ酸脱炭酸酵素，アミノ酸カルボキシリアーゼ．ある種のアミノ酸のカルボキシル基を離脱させて，対応するアミンを生ずる反応を触媒する脱離酵素の総称(EC4.1.1群)．脱炭酸されるカルボキシル基は α 位に位置するものとは限らず，アスパラギン酸やグルタミン酸の側鎖のカルボン酸を脱炭酸する酵素もある．RCH(NH$_2$)COOH→RCH$_2$NH$_2$+CO$_2$．主として酸性培地に発育した細菌に見出され，動物・植物にもわずかではあるが特定の組織に局在化していることが見出される．細菌ではリジン(対応するアミンはカダベリン，以下同様)，チロシン(チラミン)，アルギニン(アグマチン)，オルニチン(プトレッシン)，グルタミン酸(γ-アミノ酪酸)，ヒスチジン(ヒスタミン)などに対してそれぞれ特異的な脱カルボキシル酵素が知られ，これらはピリドキサールリン酸を補酵素とするが，一部ピルビン酸を触媒部位にもつものもある．動物組織ではグルタミン酸(γ-アミノ酪酸)，チロシン(チラミン)，ヒスチジン(ヒスタミン)，システイン酸(タウリン)，5-ヒドロキシトリプトファン(セロトニン)，ドーパ(ドーパミン)に対してそれぞれ特異的に作用する酵素がある．多くの場合ピリドキサールリン酸を補酵素とする．アミノ酸の脱カルボキシルにより生じたアミン類は，動物体内では生理的・薬理的に重要な働きをするものがある．これらのアミノ酸やアミンは神経系においては神経伝達物質の働きをもち，記憶・学習など多くの役割が明らかにされてきた．グルタミン酸脱カルボキシル酵素は塩味受容体を細胞表面にもつⅢ型味蕾細胞にも存在し，味覚の情報伝達に関与するとされる．細菌では発育する酸性培地を中和する役割を果たしている．

c **アミノ酸発酵** [amino acid fermentation] 微生物の生合成活性を利用して特定の遊離アミノ酸を生成，細胞外に蓄積させること．化学合成と比較して鏡像異性体のうちの一方を容易に生産できる利点がある．1956年に糖とアンモニアから直接 L-グルタミン酸を大量に生成・蓄積する細菌 Corynebacterium glutamicum が発見され，アミノ酸の発酵法による最初の工業生産が実現した．これを契機に種々のアミノ酸の発酵法による生産が行われるようになった．生産量が多いアミノ酸は，うま味調味料として使用される L-＊グルタミン酸，飼料として用いられる L-＊リジン，L-トレオニン，L-＊トリプトファンである．用途としては，他に甘味料や医薬品などがある．アミノ酸は蛋白質の構成成分として生体に必須の成分で，その生合成系は中間体や最終産物による抑制(＊リプレッション)，＊フィードバック阻害，あるいは＊転写減衰(アテニュエーション)などにより厳密に制御されているため，通常生育に必要な量しか生産されない．従って，微生物に特定のアミノ酸を過剰生産させるために，これらの制御が解除された変異株が用いられる．制御の解除以外に生合成分岐経路や目的アミノ酸の分解経路の遮断などの変異も併せて用いられる．このような代謝を人為的に制御することで成立する発酵を代謝制御発酵(fermentation by metabolic regulation)と呼ぶ．最近では，細胞内で生成されたアミノ酸の細胞外への排出系やその変異の解明も進んでいる．また従来の突然変異による育種ばかりでなく，遺伝子工学の技術を応用した育種も行われている．これ以外にも，化学合成品を微生物培養器に添加してアミノ酸に変換する方法，微生物の特定酵素を利用する方法も工業化されている．

d **1-アミノシクロプロパン-1-カルボン酸** [1-aminocyclopropane-1-carboxylic acid] ACC と略記．ナシ・リンゴ果汁中に含まれる非蛋白質性アミノ酸として発見された環状アミノ酸の一つ．植物ではメチオニンから生合成されるエチレンの直接の前駆物質であり，＊S-アデノシルメチオニンから酵素的に生合成される．多くの植物組織は ACC を酸素の存在下に開裂してエチレンを生成する活性をもつ．(⇌エチレン)

e **アミノ糖** [amino sugar] 糖の水酸基がアミノ基で置き換えられた構造をもつ化合物の総称．生体成分として多糖・グリコサミノグリカン・糖蛋白質・糖脂質などの構成成分として存在．アミノ基がアセチル化や硫酸化されたものもある．最も広く見出されているのはグルコサミンとガラクトサミン，つまりヘキソースの2位の水酸基がアミノ基にかわったものである(⇌ヘキソサミ

ン）．ノイラミン酸（＝N-アセチルノイラミン酸）は5位にアミノ基をもつ9炭素の糖であるが，1位から3位まではピルビン酸構造をもち，他は2位にアミノ基をもつマンノサミン構造に一致する．これらと違ってアミノ基が2位以外の水酸基に置換したアミノ糖も天然に存在するが，その多くは微生物が産生するリポ多糖・配糖体あるいは抗生物質の成分として見出される．一般にアミノ糖はそれぞれに特異的な生合成酵素により糖リン酸エステルまたは糖ヌクレオチドの段階でアンモニアまたはグルタミン酸からのアミノ基転移により形成される．

a　**アミノ配糖体抗生物質**　[aminoglycoside antibiotics]　《同》アミノグリコシド系抗生物質．アミノ糖またはアミノシクリトールを含む配糖体抗生物質の総称．マクロライド系・ヌクレオシド系およびアントラサイクリン系などは含まない．放線菌や細菌によって生産される塩基性・水溶性の抗生物質で，原核細胞の70Sリボソームの30Sや50Sサブユニットに結合することにより細菌の蛋白質合成を阻害し，グラム陽性菌および陰性菌に抗菌活性を示す．すでに150種以上の物質が発見されているが，これらのうち臨床に用いられているものとしては，抗結核作用がある*ストレプトマイシン・カナマイシン（kanamycin），抗緑膿菌作用があるゲンタマイシン（gentamycin）・トブラマイシン（tobramycin）・ジベカシン（dibekacin）・アミカシン・シソマイシン（sisomycin）・ネチルマイシン・イセパマイシン・ミクロノマイシン，緑膿菌以外の一般細菌感染症に用いられる*フラジオマイシン・ベカナマイシン・リボスタマイシン・アストロマイシン，*MRSAにも有効なアルベカシン，淋疾専用のスペクチノマイシン（spectinomycin）などがある．このほか農薬用としてカスガマイシン（kasugamycin）・バリダマイシン，動物の駆虫薬としてハイグロマイシンB（hygromycin B）などがある．一般に腸管から吸収されないので注射で用いられるが，フラジオマイシンは毒性が強いので経口投与と外用だけに用いられる．いずれも副作用として第八脳神経障害を示し，聴覚・平衡感覚に影響を与える．

b　**アミノヒドロラーゼ**　[aminohydrolase]　《同》アミノ基加水分解酵素．アミノ基を加水分解的に切断し，アンモニアを生ずる酵素の総称．アデニン，アデノシン，AMP，シチジンなどに対するそれぞれ特異的な酵素が存在し，対応するOH化合物または=O化合物を生ずる．

c　**アミノペプチダーゼ**　[aminopeptidase]　プロテアーゼの一種でエキソペプチダーゼに属し，ペプチド鎖のN末端（アミノ末端）側から順次1個ずつアミノ酸を遊離させる酵素群（EC3.4.11群）．生物界に広く分布し，多くはZn^{2+}をもつメタロプロテアーゼ．主に蛋白質の消化に関与し，オリゴペプチドから最終的に個々のアミノ酸を遊離させる働きをもつ．哺乳類組織のロイシルアミノペプチダーゼ（L-AP，EC3.4.11.1）は，N末端がロイシンや疎水性アミノ酸であるペプチドを最も良い基質とするが，プロリン以外の他のアミノ酸残基であるものにも広く作用する．N末端に酸性や塩基性アミノ酸残基をもつものを良い基質とするものを，それぞれAP-A（EC3.4.11.7など）およびAP-B（EC3.4.11.6など）と呼び，ほかに，プロリン残基をN末端，およびN末端から2番目にもペプチドに作用するAPも存在（EC3.4.11.5およびEC3.4.11.9）する．さらに，N末端にシステイン残基をもつものを基質とするAP（EC3.4.11.3）は，妊婦胎盤や血清に存在し，オキシトシンのN末端のシステイン残基の切除による分解を介してホルモン濃度の調節に関与する．

d　**アミノ末端分析**　[amino-terminal analysis]　《同》N末端分析（N-terminal analysis）．蛋白質の基本構造をなすポリペプチド鎖の一端であるアミノ末端（amino terminus）を占めるアミノ酸残基を同定・定量する目的の分析法．1-フルオロ-2,4-ジニトロベンゼンを用いるF. SangerのDNP法（DNP method）が歴史的に有名である．これを極微量化したダンシル法（dansyl method: 5-ジメチルアミノナフタレンスルホニルクロリドを用いる）も広く使われる．*エドマン分解法はアミノ末端からのアミノ酸配列順序を決定するうえで有力な分析法である．アミノペプチダーゼ分解も同じ目的である程度利用できる．（⇌カルボキシル末端分析）

e　**γ-アミノ酪酸**　[γ-aminobutyric acid]　GABA（ギャバ）と略記．$H_2NCH_2CH_2CH_2COOH$　動物の脳や植物に見出されるアミノ酸の一種．グリシンとともに抑制性*神経伝達物質として作用し，例えば小脳プルキニエ細胞の抑制作用はこの物質により仲介される．グルタミン酸の脱カルボキシル反応によって形成され，脳ではアミノ基転移酵素によりコハク酸セミアルデヒドとなり代謝される．脳でのグルタミン酸代謝に関連してGABA回路という代謝経路が考えられている．（⇌γ-グルタミン酸回路）

f　**γ-アミノ酪酸受容体**　[γ-aminobutyric acid receptor]　《同》GABA受容体．抑制性神経伝達物質である*γ-アミノ酪酸（GABA）が結合する受容体．イオンチャネル型$GABA_A$，$GABA_C$，*G蛋白質共役型$GABA_B$の3種類のサブタイプが知られている．$GABA_A$受容体はアミノ酸400〜500個のαおよびβの二つのサブユニットより構成されており，ベンゾジアゼピン，バルビツール酸の結合部位をもつ塩素イオンチャネルである．シナプスの後膜に高い分布を示す．GABAが$GABA_A$受容体に結合するとCl^-の透過性が亢進し，細胞の興奮性を低下させる．一方，$GABA_B$受容体はシナプスの終末に存在し，G蛋白質（特にG_i）を介して電位依存性カルシウムチャネルを抑制するため，Ca^{2+}の流入を減少させて化学伝達物質の遊離を抑制したり，カリウムチャネルを活性化したり，アデニル酸シクラーゼやイノシトール三リン酸合成系を抑制する．$GABA_C$受容体は網膜に存在し，$GABA_A$受容体と薬理学的性質が異なる．

g　**δ-アミノレブリン酸**　[δ-aminolevulinic acid]　ALAと略記．$NH_2CH_2CO(CH_2)_2COOH$　5-アミノプロパン-4-オン酸にあたる．各種生物に広く分布する．生合成には2経路が存在する．ミトコンドリアやαプロテオバクテリアでは，グリシンと*スクシニルCoAからδ-アミノレブリン酸合成酵素（δ-aminolevulinate synthase，EC2.3.1.37）によって合成される．植物の葉緑体や大部分の細菌ではグルタミン酸から3段階の酵素反応系を経て合成される．この経路はグルタミン酸の炭素骨格がそのままALAの炭素骨格となるので，C_5経路（C_5 cycle）と呼ばれる．次頁図の各段階の反応において，(1)はグルタミル-tRNA合成酵素（EC6.1.1.17），(2)はグルタミル-tRNA還元酵素（EC1.2.1.70），(3)はグルタミン酸-1-セミアルデヒド，アミノムターゼ（EC5.4.3.8）がそれぞれ触媒する．tRNA^{Glu}が必要なこ

とが特徴で，この tRNA^{Glu} は ALA と蛋白質合成の双方に機能する．ALA の生合成過程は*テトラピロール生合成経路の中で律速部位となっており，ヘムなどの産物によりフィードバック阻害を受ける．また，ALA は酸化的脱アミノ反応を受けて α-ケトグルタル酸セミアルデヒドになり，これが C$_1$ 単位を与えてコハク酸に戻る経路も知られている．

```
  COOH           COOH          COOH          COOH
   |              |             |             |
  CH₂   tRNA^Glu CH₂    NADPH  CH₂   PLP     CH₂
   |   ─────────→ |   ────────→ |   PAP      |
  CH₂   ATP, Mg²⁺ CH₂    (2)   CH₂  ───────→ CH₂
   |     (1)      |             |    (3)     |
  CHNH₂          CHNH₂         CHNH₂         CO
   |              |             |             |
  COOH           COO-P         CHO           CH₂NH₂

 グルタミン酸  グルタミン酸-  グルタミン酸-1-  δ-アミノレブリン酸
              1-リン酸      セミアルデヒド
```

PLP：ピリドキサール 5′-リン酸，PAP：ピリドキサミン 5′-リン酸

a **アミラーゼ** [amylase] 《同》澱粉加水分解酵素 (starch-hydrolyzing enzyme)．澱粉を加水分解する酵素の総称．歴史的にはジアスターゼ (diastase) と呼ばれたこともある．可溶性澱粉，アミロース，アミロペクチン，グリコーゲンなどの α(1→4) あるいは α(1→6) グルコシド結合の加水分解性から次の4種に大別される．(1) α-アミラーゼ：EC3.2.1.1．動物(唾液・膵液・血液・尿など)，植物，真菌類，細菌に広く分布．澱粉・グリコーゲンなどの α(1→4) 結合を不規則に加水分解するので，基質溶液の急激な粘度低下とヨウ素澱粉反応の青色の消失をもたらし，同時に，α-アノマーのオリゴ糖を生成するのが特徴．アミロペクチンやグリコーゲンを分解した場合，枝分れ部分の α(1→6) 結合の近くの α(1→4) 結合は分解されず，分枝構造をもつ α-*限界デキストリンが，主生成物のマルトオリゴ糖のほかに生成する．澱粉の液化，繊維の糊抜き，消化酵素などに利用される．(2) β-アミラーゼ：EC3.2.1.2．植物(オオムギ・コムギ・サツマイモ・ダイズなど)，細菌に見出される．澱粉やグリコーゲンの非還元性末端からマルトース単位で切断するのが特徴．アミロペクチンやグリコーゲンに作用させると，枝分かれの α(1→6) 結合の手前で酵素反応が停止するので，かなり大きい β-限界デキストリンが残る．(3) グルコアミラーゼ (glucoamylase)：EC3.2.1.3．カビ(コウジカビ・クロモンスカビなど)に広く分布．澱粉やグリコーゲンの非還元性末端からグルコース単位で切断し，理論的には基質を 100% D-グルコースにまで分解できる．(4) 枝切り酵素 (debranching enzyme, 枝切りアミラーゼ debranching amylase)：アミロペクチンやグリコーゲンの分枝構造の α(1→6) グルコシド結合を加水分解するイソアミラーゼ (isoamylase, EC3.2.1.68)，プルランの α(1→6) 結合をも加水分解するプルラナーゼ (pullulanase, EC3.2.1.41) などがある．なお，酵素の作用様式から，α-アミラーゼはエンド型アミラーゼ，β-アミラーゼとグルコアミラーゼはエキソ型アミラーゼともいわれている．

b **アミロイドーシス** [amyloidosis] 《同》アミロイド症．アミロイド(類澱粉体，アミロイド物質)と呼ばれる細繊維状蛋白質が，多量に細胞外間質組織に沈着する疾患．アミロイドは1種類のものではなく，異なる前駆ペプチドからなる多種多様な蛋白質である(⇌β-アミロイド蛋白質)．組織学的には，鮮やかなピンク色の均一硝子様物質として認識され，コンゴーレッド染色で橙黄色に染まり，偏光顕微鏡で観察すると複屈折により緑色(青リンゴ色)を呈するという共通した特徴を示す．チオフラビン T 染色，ダイロン染色，ダイレクトファーストスカーレット染色でも陽性となる．電子顕微鏡での観察では，直径 7～13 nm 大の直線的な細繊維状の網目構造が認められる．構造化学的には，非平行性の β プリーツシート (β-pleated sheet) と呼ばれる構造をとるという点で共通している．したがって，本症を β 繊維症 (β fibrillosis) と呼ぶ研究者もいる．現在，アミロイド蛋白質には，AA (アポ血清アミロイド A 蛋白質，アポ SAA)，AL (免疫グロブリン L 鎖)，AH (免疫グロブリン H 鎖)，ATTR (トランスサイレチン)，Aβ (β-アミロイド前駆体蛋白質)，APrP (プリオン蛋白質)，AANF (心房性ナトリウム利尿ペプチド) など，16 種類以上のものが明らかにされている．臨床的には，前駆蛋白質の蓄積をもたらす原因が明らかな続発性(二次性)アミロイドーシスと原因不明の原発性(一次性)アミロイドーシス，遺伝性である家族性アミロイドーシスに分けられる．また，多臓器を冒す全身性アミロイドーシス，単一臓器または組織のみを冒す限局性アミロイドーシスに分類することがある．特定の疾患と沈着するアミロイドの種類には一定の関係がある．全身性のものでは，形質細胞腫での免疫グロブリン L 鎖，慢性炎症および家族性地中海熱での血清アミロイド A 蛋白質(SAA)，家族性ニューロパチーでのトランスサイレチン，透析患者での β2-μ グロブリンなどがある．いずれも腎臓，肝臓，脾臓などに沈着しやすいが，透析によるものは手首などの関節が好発部位となる．限局性のものには，老人性心アミロイドーシスでのトランスサイレチン，髄様癌でのカルシトニン，膵アミロイドーシスでのアミリン，アルツハイマー病および大脳アンギオパチーでの β-アミロイド前駆体蛋白質などがある．アミロイドは，血管壁や基底膜に沈着しやすいために，沈着が亢進すると細胞外組織における拡散過程が阻害される．また，実質細胞が物理的に圧迫されるため，細胞の機能障害をきたし，障害臓器に特有の症状が出現する．

c **アミロース** [amylose] アミロペクチンと共に澱粉を構成する成分．D-グルコースが α-1,4 結合で数百～数千個連なった直鎖*グルカン．通常，澱粉の 20～25% を占めるが，モチ米などモチ種のものには含まれない(⇌アミロペクチン)．アミロース分子はグルコース残基 6～7 個で1巻きするらせん構造をとりヨウ素と青色の複合体を形成する．澱粉を温水(約 80℃)に溶かしたときの可溶画分に，ブタノール，イソプロパノールなどを加え，沈澱として得る．水に膨潤せずに溶けるが，熱水を加えても典型的な澱粉糊をつくれない．水溶液を放置するとアミロース分子鎖間の水素結合により徐々に沈澱する．これを老化 (retrogradation) という．β-アミラーゼにより*マルトース単位で分解され，α-アミラーゼによってはグルコースやオリゴ糖を生じる．アミロースにはわずかな α-1,6 分枝をもつものもある．

a **アミロプラスト** [amyloplast] *貯蔵澱粉の大きな粒を含む*プラスチド．胚乳・塊根・塊茎のような貯蔵組織や根冠細胞などにある．基本的には*プロプラスチドから直接分化する．アミロプラスト中の澱粉粒の存在様式によって，一つの澱粉粒を含む単粒型と複数の澱粉粒が集合している複粒型に区別される．多くの場合，アミロプラストの容積のほとんどが澱粉粒で占められており，*チラコイド膜は見られない．茎の内皮細胞と根冠の*コルメラ細胞に存在するアミロプラストは植物の重力感知における*平衡石として使われているという説が提唱されている．(→平衡石説)

b **アミロペクチン** [amylopectin] 澱粉を構成する主成分．D-グルコースがα-1,4結合で連なり，約24個当たり1個の割合でα-1,6結合で枝分かれした*グルカン．分子量は大きく100万程度に達する．澱粉の75〜80%を占め，モチ米などモチ種のものに含まれる．澱粉溶液からアミロースをブタノールなどとの複合体として沈澱させた上澄みから得られる．ヨウ素により赤褐色の呈色をする．水に膨潤し，熱水で澱粉糊を生ずる．アミロースと異なり老化しない．β-アミラーゼにより50〜60%分解されマルトースを生じ，残りはβ-*限界デキストリンとなる．一方，α-アミラーゼでは分枝した少糖類(α-限界デキストリン)を生ずる．プルラナーゼやイソアミラーゼなど枝切り酵素でα-1,6結合が切断される．

[構造式]

c **アミン** [amine] アンモニアの水素原子を炭化水素基で置換した化合物の総称で，アミノ化合物の一類．弱塩基性．生体内では種々のアミノ酸脱カルボキシル酵素の作用により，あるいはアンモニア・他のアミノ化合物・アミドと他の物質との化合によりアミンを生ずる．アミンは神経に作用する生理活性の強い物質が多く，*アドレナリン・*カテコールアミン・*セロトニンなどのホルモン，*コリン・*エタノールアミン，*アルカロイドなどはこの種の生理活性アミン(biogenic amine, 生体アミン)である．

d **アミン酸化酵素** [amine oxidase] 《同》アミンオキシダーゼ．アミンの酸化的脱アミノ反応を触媒し，アルデヒドと過酸化水素を生成する酵素の総称．反応は不可逆．

$$R-CH_2NH_2 + O_2 + H_2O \rightarrow R-CHO + NH_3 + H_2O_2$$

従来は，FADを補酵素とするものをモノアミン酸化酵素(monoamine oxidase (flavin-containing)，MAOと略記，EC1.4.3.4)，銅イオンと酵素分子内で非酵素的に形成されるトパキノン(2,4,5-トリヒドロキシフェニルアラニンキノンなど)を補欠分子族とするものをジアミン酸化酵素(diamine oxidase (copper-containing)，EC1.4.3.6)と呼んできた．後者はMAOとは異なってセミカルバジドによって阻害されるのでsemicarbazide-sensitive AOといわれSSAOと略記される．近年，後者の中にはモノアミンを基質とするものもあることが明らかとなったため，2008年にEC1.4.3.6は廃止されて，モノアミンを基質とするもの(EC1.4.3.21)とジアミンを基質とするもの(EC1.4.3.22)の二つに分類された．MAOは広く第一級脂肪族アミンと芳香族アミン化合物を基質とする．神経伝達物質であるセロトニン，ドーパミン，アドレナリンなどの生体アミンの酸化的分解に関与する一方真核生物の細胞内ではミトコンドリア外膜に存在し，不溶性．モノアミンを基質とするSSAOはアルキル基や芳香環をもつ第一級アミン化合物のみを基質とする．微生物においては，含窒素有機化合物であるアミンを分解して窒素源を獲得するための分解代謝に関与する．ジアミンを基質とするSSAOは，作用を受ける第一級アミンに加えてさらにアミン(第二級または第三級アミンでもよい)を分子内にもつ化合物を基質とし，第一級アミンのみに作用する．ジアミノプロパン，カダベリン，プトレッシン，スペルミジン，およびヒスタミンなどが良い基質となる．血管内皮の接着因子VAP-1そのものがジアミン酸化酵素であることも知られている．この酵素は膜を貫通する1本のペプチド鎖部分をもち二量体として細胞質膜表面に結合．単量体の分子量は約7万5000．アレルギー反応によって生じるヒスタミンの分解に関与するとされ，ヒスタミナーゼ(histaminase)と呼ばれることもある．

e **アメーバ** [amoeba, pl. amoebae] 狭義にはAmoeba(*アメーボゾア門ツブリネア綱)に属する生物のことだが，一般的にはより広い意味で慣用的に用いられる．最も広義には*仮足によって運動する生物(*肉質虫類)または細胞のこと．

f **アメーバ運動** [ameboid movement, amoeboid movement] 《同》仮足運動(pseudopodial movement)．原生生物のアメーバで最も典型的に示される細胞体の変形運動．*仮足と呼ばれる細胞質の突起を形成し，底質に付着させて細胞体の移動運動を起こす場合(例：アメーバ類，変形菌類の変形体，カイチュウの精子，脊椎動物の始原生殖細胞・リンパ球・白血球，無脊椎動物の排出遊走細胞，成長中の神経繊維など)と，遊離性の仮足を伸縮・屈曲させる局所運動で摂餌するだけの場合(例：有孔虫類・太陽虫類・放散虫類，脊椎動物の細網内皮系細胞・マクロファージなど)とがある．アメーバ運動の様式は細胞の種類，特に仮足の型ごとに広汎に変異する．葉状仮足をもつアメーバ類では，細胞膜に接して流動態の透明層質(外質)があり，その下の内質に当たる流動状の原形質ゾルがアメーバの移動方向に絶えず流れて，前端に仮足を形成していく．細胞膜の粘着性による仮足の底質への付着と，細胞後端における原形質ゲルから原形質ゾルへの不断の変化(*ゾル-ゲル転換)とが，アメーバ様移動運動の2要因とされる．*糸状仮足や有軸仮足では運動の様相が異なり，前者では純然たる*原形質流動の形，後者では典型的な収縮性の形をとるものがみられる．アメーバ運動を示す細胞性粘菌，白血球などからは，収縮性蛋白質としてアクチン，ミオシンをはじめ，多数のアクチン結合蛋白質が分離・精製されている．アメーバの運動は，ATPとこれらのアクチン-ミオシン系の収縮性蛋白質間の相互作用によって起こると考えられるが，ゾル-ゲル転換の詳細な機構に関しては不明の点が多い．太陽虫・放散虫類の針状の仮足には直径25nm程度の*微小管が発達し，仮足の構造やその収縮性

アラニン　33

a **アメーボゾア** [amoebozoans] 〚同〛アメーバ動物. 真核生物を構成する大系統群の一つ. アメーバ(*Amoeba*)やナベカムリ(*Arcella*), 赤痢アメーバ(*Entamoeba*), 真正粘菌, 細胞性粘菌などを含む. 多くは葉状仮足をもつ. 基本的に全て従属栄養性. ミトコンドリアクリステは管状で分枝するものが多いが, ミトコンドリアが退化して*マイトソームになっている種もいる. アメーバ生物界(Amoebobiota)アメーボゾア門(Amoebozoa)に分類される.

b **亜優占種** [subdominant species] ある群落において*優占種に次いで優占度の高い種のこと. 例えばサバンナはイネ科草本が優占種であるが, 点在する高木や低木などは亜優占種になりうる. また, 優占種が季節性を示す場合に季節的に優占する種類を指すこともある. 例えばイネ科のプレーリーにで季節的にヒメジョオンやアキノキリンソウなどが優占する場合の後者の種群.

c **アラインメント** [alignment] 〚同〛アライメント. 二つ以上の塩基配列もしくはアミノ酸配列を比較し, 違いをミスマッチとギャップで説明すること. ミスマッチは塩基置換・アミノ酸置換, ギャップは挿入・欠失が対応している. 最小進化の規準に照らし合わせ, ミスマッチ数とギャップ数の加重和を最小化させる. 相対的な重みが与えられると, 動的計画法により部分配列のアラインメントを拡充していくことにより, 全配列間のアラインメントが得られる. 相対的な重みは置換と挿入・欠失の起こりにくさと関係しており, これらを未知パラメータとして, 配列の間の系統関係とともに統計的に同時推定する方法も開発されている.

d **アラキドン酸** [arachidonic acid] 〚同〛全 *cis*-5, 8, 11, 14-エイコサテトラエン酸 (eicosatetraenoic acid). $CH_3(CH_2)_4(CH=CHCH_2)_4(CH_2)_2COOH$　4個の二重結合をもつ炭素数20の脂肪酸. *高度不飽和脂肪酸のなかで最もよく知られている. 動物界に広く分布し, 主に脂質中に見出される. コケ, シダ, 接合菌類, 海藻にも存在する. *リノール酸, リノレン酸とともに*必須脂肪酸(不可欠脂肪酸)と呼ばれる. *ロイコトリエン, *プロスタグランジン, プロスタサイクリンなどの前駆体として知られ, これらの生理活性物質が合成される一連の酵素反応系は*アラキドン酸カスケードと称される.

e **アラキドン酸カスケード** [arachidonate cascade] *アラキドン酸, *エイコサペンタエン酸などから, 一連の酵素反応によって*プロスタグランジンをはじめとする多数の生理活性物質を生合成する代謝系の総称. シクロオキシゲナーゼ反応を経てプロスタグランジン, トロンボキサンなどを生成する系と, リポキシゲナーゼ反応を経て*ロイコトリエンなどを生成する系の二つに大別できる. 代謝経路がアラキドン酸を水源として, 流れが多数の小滝(カスケード)に分かれて落ちるように見えることから名づけられた. 動物細胞に広く存在し, 生合成された生理活性物質は生体の恒常性の維持に重要な役割を果たしている. (図次段)

f **アラタ体** [corpus allatum, *pl.* corpora allata] 大部分の昆虫にみられる内分泌腺. *側心体と共に脳後方内分泌腺群を構成する. ハサミムシ類を除き無翅昆虫類にはない. 通常はアラタ体神経(nervus allatus)によって側心体から垂下した形で大動脈の左右に存在する1対のほぼ球形の器官であるが, 二次的な癒合によ

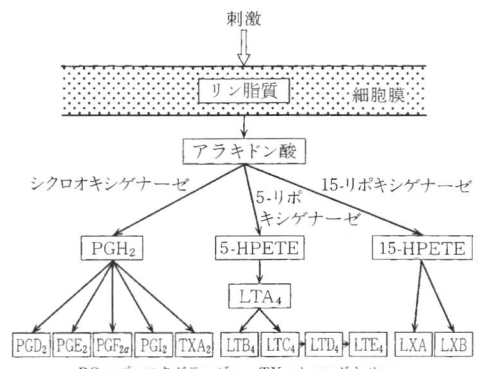

PG：プロスタグランジン, TX：トロンボキサン,
HPETE：ヒドロペルオキシエイコサテトラエン酸,
LT：ロイコトリエン, LX：リポキシン
アラキドン酸カスケード

り不対ともなり(カワゲラ類, 噛虫類, 半翅類), 側心体と合一したり(双翅類の一部), 環状腺として存在したり(双翅類の一部)する. 発生的には, 胚期の初めに大顎節・小顎節境界部で前部幕状骨と同一の外胚葉(場合によっては腹面中胚葉)からの陥入として生じ, 陥入末端より離れ, 大顎節側甲と頭側の体壁間に移動したものである. アラタ体の名もこれに由来する(allatus=運び来られた). ナナフシ類のように原始的昆虫では1層の円筒細胞で囲まれた囊状体を形成し, 胞状で表皮性の特徴をなお残しているが, 通常は中実で核の大きい細胞からなる腺組織であり, 幼若ホルモンを分泌する. アラタ体における幼若ホルモンの合成活性は脳でつくられるペプチドによって制御されていると考えられている. アラトトロピン(allatotropin, アラタ体刺激ホルモン)は合成活性を促進し, アラトスタチン(allatostatin, アラタ体抑制ホルモン), アラトヒビン allatohibin)は抑制する. 脳の神経分泌細胞の軸索末端はアラタ体に分布する場合が多く, アラタ体は脳ペプチドホルモンの貯蔵放出器官(neurohaemal organ)となっている. *前胸腺刺激ホルモン, *ボンビキシンがアラタ体から放出されることが確かめられている.

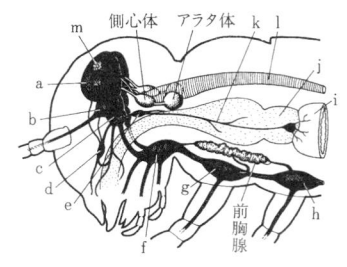

鱗翅類幼虫のアラタ体
a 前大脳　b 中大脳　c 後大脳　d 前頭神経節
e 脳下神経節　f 食道下神経節　g 前胸神経節
h 中胸神経節　i 中腸　j 前腸　k 回帰神経
l 大動脈　m 神経分泌細胞群

g **α-アラニン** [*α*-alanine] 略号 Ala または A (一文字表記). α-アミノ酸の一つ. A. A. Strecker (1875) が

合成. L-アラニンは蛋白質構成アミノ酸の一つ. D-アラニンは細菌の細胞壁のムコペプチドなどに存在する. 可欠アミノ酸で, 種々のアミノ酸からピルビン酸へのアミノ基転移反応やトリプトファンの分解経路で生成する. 哺乳類では*糖新生の主要な基質で, また窒素と炭水化物の臓器間輸送でも重要である (→グルタミン). 骨格筋でアミノ酸のアミノ基が解糖で生じたピルビン酸に転移してアラニンとなり, 肝臓で糖新生に利用されるしくみをグルコース-アラニン回路と呼ぶ.

$H_3C-CH-COOH$
$\quad\quad |$
$\quad\quad NH_2$

a **β-アラニン** [β-alanine] $H_2NCH_2CH_2COOH$
β-アミノ酸の一つ. 蛋白質加水分解物中には発見されないが, ヒスチジンなどと結合してカルノシン・アンセリンとして動物筋中に存在し, ウラシルの分解産物でもある. またパントテン酸・CoA などの成分をなし, 哺乳類はこれも食物から摂取して CoA の生合成に用いる. マメ科植物の根粒には遊離状態で存在し, 茶の葉, 哺乳類の脳の加水分解物中にも存在する. 細菌のアスパラギン酸脱カルボキシル酵素によりアスパラギン酸からβ-アラニンを生ずる.

b **アラビナン** [arabinan] 《同》アラバン (araban, 旧称). L-*アラビノースだけを構成単糖とする中性多糖. 植物組織から*ペクチン質に伴って熱水で抽出される. 70%エタノールに可溶. α-1,5 結合した L-アラビノフラノース鎖の C-3 に側鎖がついた分枝構造をもち, 重合度は比較的低い. カラシ・バラなどからは純粋なアラビナンが得られるが, 組織内では主にペクチン質の一部として他の細胞壁多糖と結合した状態で存在する.

c **アラビノガラクタン** [arabinogalactan] 主に L-アラビノースと D-ガラクトースからなる水溶性多糖. 針葉樹の木部, アカシアの樹液に多く含まれる. 植物の細胞壁の*中葉にも含まれ, 多くは少量(10%以下)の蛋白質と結合して存在. β-1,3 結合ガラクトース鎖の C-6 に β-1,6 結合のガラクトース側鎖がつく. 側鎖は, さらにアラビノース鎖が結合した分枝度の高い構造をとる. 微生物 *Mycobacterium* の細胞壁には D-アラビノースを含むアラビノガラクタンが存在する.

d **アラビノース** [arabinose] Ara と略記. $C_5H_{10}O_5$ L体が広く植物体のヘテロ多糖に含まれる*ペントースの一種. 植物ゴム, 細胞外基質の*ペクチン質・*ヘミセルロースに含まれる. マツやスギの心材には結合状態でも遊離状態でも存在する. L-アラビノースは D-キシロースとは 4-エピマーの関係にあり, 生体では α-D-グルコース-1-リン酸 → UDP-D-グルコース → UDP-D-グルクロン酸 → UDP-D-キシロースを経て特異的なエピ化酵素の反応により UDP-L-アラビノースとなる. この糖ヌクレオチドが多糖にアラビノース残基を導入する転移酵素の基質である. L-アラビノースは動物腸管壁からの吸収速度は非常に小さく, 栄養効果は乏しい. D-アラビノースは一部の植物配糖体, 微生物細胞壁に含まれる以外には天然には見出されない.

β-L-アラビノース
(ピラノース型)

e **アーランガー** ERLANGER, Joseph 1874〜1965 アメリカの生理学者. H. S. Gasser とともに陰極線オシログラフを用いて末梢神経の活動電位を測定, 神経束中での機能的分化を明らかにし, ともに 1944 年ノーベル生理学・医学賞受賞. 血圧研究などにも先駆的業績がある.

f **アリー** ALLEE, Warder Clyde 1885〜1955 アメリカの動物生態学者. 渓流性等脚類の分布や潮間帯群集などの研究を行い, 相互接触・集合が及ぼす影響を解析. 個体群の平均密度がごく低い場合には, むしろ密度が高いほど個体の生存率が改善されると主張した (→アリー効果). [主著] Principles of animal ecology (A. E. Emerson らと共著), 1949.

g **アリー効果** [Allee effect] 集合化し協調することによって個体当たりの生存率が高まること. W. C. Allee がその著書 (1931, 1949) の中で,「動物の集合」(animal aggregation) という表題のもと, 動物固有の性質の一つとして提唱した. *密度効果という語は, 通常は, 個体群の密度が増加することによって, 個体当たりの増殖率が減少することを指すことが多いため, 負の密度効果ともいわれるが, これと対比させて, アリー効果のことを正の密度効果と呼ぶこともある. ただし, あまり個体群が密集化しすぎると負の密度効果が働くので, 増殖率が最大となるような個体数が存在する. アリー効果を考慮した数理モデルには, さまざまなものが提案されているが, r を内的自然増加率, K を環境収容力とするとき, 最も単純なモデルとして次のようなものが考えられる.

$$\frac{dN}{dt}=rN\left(1-\frac{N}{K}\right)\left(\frac{N}{K}-\frac{A}{K}\right)$$

ここで, $A\leq 0$ の場合を弱いアリー効果, $A>0$ の場合を強いアリー効果と呼ぶことがある. 前者では個体当たりの増殖率は常に正であるが, 後者ではある閾値を境に負から正に転ずる. この境目の値 A をアリー閾値と呼ぶ. 強いアリー閾値がある場合, 密度が極めて小さいと, 個体群を維持できずに絶滅してしまう. また, 個体群の増殖にとって最適となる密度と, 個体の増殖にとって最適となる密度とは, 一般的に異なる.

h **蟻植物** [myrmecophyte, ant plant] 体の一部に特定のアリ類が共生している植物. 熱帯地方に多い. インドネシアのアリノトリデ (*Myrmecodia tuberosa*, アカネ科) は他の樹上に着生し, 茎が中に分岐する腔道を生じつつ発達し, この腔道を巣としてアリが生活する. 一方, 植物はアリにより他の動物から保護され, 共生関係にある. そのほか *Hydnophytum montanum* (アカネ科), *Cecropia adenopus*, *Triplaris americana* (タデ科), *Acacia spadicigera* (マメ科), *Cuviera angolensis* (アカネ科), *Barteria fistulosa* (トケイソウ科) など, またシダ植物にも例があり, 茎や芽などにアリが共生する. なお種子がアリによって伝播される現象 (独 Myrmekochorie という) がヤブケマン・スミレ・シクラメンの類に見られるのは, 種子のエライオソームに脂肪性物質があり, これをアリが好むためという. 花外蜜腺を植物が提供することにより, 動物やつる植物などの外敵を防いでいる例も報告されている.

i **アリストテレス** ARISTOTELĒS 前 384〜前 322 ギリシアの哲学者, 科学者. 実証的観察を創始し, 生物学, 特に動物学の祖ともいわれる. その生命論や発生論は後代の学者にまで影響を与えた. 主な著作に 'Historia animalium' (動物誌), 'De generatione animalium' (動物発生論), 'De partibus animalium' (動物部分論) がある.

j **アリストテレスの提灯** [Aristotle's lantern]

《同》アリストテレスのランタン．ウニ類（ブンブク類を除く）に見られる咀嚼器．ギリシアの哲学者 Aristotelēs が『動物誌』で記載し提灯に似ていると記述したとされたことからこのように呼ばれてきたが，実際に Aristotelēs が提灯に似ているとしたのは咀嚼器ではなく殻のことである．5 放射状に規則正しく並んだ小骨とそれらを結ぶ筋肉からなる複雑な構造をもつ．構成骨は 5 種 40 骨片，すなわち顎骨（pyramid），上生骨（epiphysis），歯（tooth），二叉骨（compass），中間骨（rotule）からなり，筋肉は 6 種 60 枚，すなわち顎骨間筋（comminator muscle），顎骨伸筋（protractor muscle），顎骨後引筋（retractor muscle），中間骨筋（rotular muscle），二叉骨上挙筋（elevator muscle of compass），二叉骨下制筋（depressor muscle of compass）からなる．

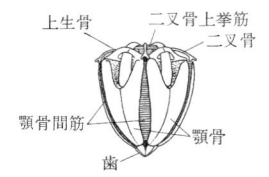

ムラサキウニのアリストテレスの提灯

a **アリチアミン** [allithiamine] 《同》チアミンアリルジスルフィド（thiamine allyl disulfide）．ニンニク中のアリイン（alliin）から酵素アリイナーゼの作用によって生じるアリシン（allicin）と，ビタミン B_1 との反応によって生成される非対称型の二硫化型ビタミン B_1（藤原元典・松川泰三）．脂溶性の性質により優れた腸管吸収性を示し，チアミナーゼにより分解されない利点をもつ．生体内でジスルフィド結合が還元されると，容易にチアミンに戻る．B_1 に結合したアリチアミンのアリル基を種々変えた，多くの易吸収性・持続性 B_1 製剤が開発されている．

b **蟻動物** [myrmecophile animal] アリの巣内または巣外に生活し，これと密接な関係をもつ動物．2000 種以上が記載され，昆虫を主とし，クモ類・ダニ類・甲殻類を含む．クロシジミ，オオルリシジミのようなチョウの幼虫とアリとの間には栄養交換による*栄養共生関係があって，アリは幼虫の分泌物を食い，幼虫はアリの体内から食物を与えられて生活する．アブラムシ，カイガラムシ，コナジラミ，キジラミなどはアリの巣外の栄養共生者で，アリはかれらが分泌するいわゆる「甘露」を食い，かれらを保護して新しい好適なすみかへ運ぶ．アブラムシの卵を冬季の間巣内に保護し，翌春孵化した幼虫を外の植物上に散布するものもある．これをアリの牧畜生活ということもある．

c **亜硫酸還元酵素** [sulfite reductase] SiR と略記．《同》亜硫酸レダクターゼ．亜硫酸塩を硫化水素に還元する酵素．植物・藻類・菌類・細菌の硫酸塩同化に関与する同化型と，硫酸還元菌に見られる硫酸呼吸および硫黄細菌に見られる逆反応の硫化物酸化に関与する異化型とに分けられる．両型とも独特のヘムを含み，多くは褐色である．このヘムは本酵素の略号 SiR をとってシロヘム（siroheme）と呼ばれるが，その鉄を除去した化合物シロヒドロクロリン（sirohydrochlorin）はビタミン B_{12} 生合成中間体で，ウロポルフィリノゲンから生成する．同化型の酵素のうち，*E. coli*, *Saccharomyces*, *Aspergillus* の酵素（EC1.8.1.2）は NADPH を電子供与体として用い，FAD，FMN，非ヘム鉄（硫化物），シロヘムを含み，この順序で分子内の電子伝達を行って H_2S を生成する．またシトクロム c の還元作用をもつ．ホウレンソウの酵素（EC1.8.7.1）は単量体分子量 13 万 6000，フェレドキシンを電子供与体とし，同様に硫化物を生成する．異化型の酵素は硫化物のほかにチオ硫酸やトリチオン酸 $S_3O_6^{2-}$ を生成する．硫酸還元菌 *Desulfovibrio* の酵素（EC1.8.99.1）は分子量 22 万，緑色でデスルホビリジン（desulfoviridin）と呼ばれ，シトクロム c_3 を電子供与体とする．

シロヘム

d **RIG-I 様受容体** [RIG-I-like receptor] RIG は retinoic acid inducible gene の略．ウイルス感染を感知する一群の細胞質内蛋白質．免疫担当細胞のみならず繊維芽細胞，上皮細胞などに広く発現．ヒト，マウス共に 3 種類の RIG-I 様受容体（RIG-I, MDA5, LGP2）が存在する．RIG-I, MDA5 は，N 末端側に，CARD (caspase recruitment domain) に類似したドメインを二つ，C 末端側に核酸のらせん構造をほどく活性をもつ RNA ヘリカーゼドメインを一つ有している．RNA ヘリカーゼドメインを介してウイルス由来二本鎖 RNA を認識し，CARD 類似ドメインによって I 型インターフェロン産生誘導に至るシグナル伝達経路の活性化を誘導する．RIG-I, MDA5 は，それぞれ異なる種類のウイルスを認識するほか，RIG-I は，ウイルスに特有の構造である，5′末端に三リン酸をもつ一本鎖 RNA も認識しうる．（⇒自然免疫，→Toll 様受容体）

e **R 因子** [R factor] 《同》薬剤耐性因子，多剤耐性因子（multiple drug resistance factor）．R は resistance に由来する．ストレプトマイシン，クロラムフェニコール，テトラサイクリンなどの抗生物質やスルファミンを母体とするサルファ剤，および重金属イオンに対して，宿主菌を抵抗性にする遺伝子群をもった環状二本鎖 DNA *プラスミド．*F 因子同様，*接合によって伝達されるものが多い．R 因子は機能的に異なる二つの領域から構成される．(1) 耐性伝達因子（resistance transfer factor, RTF）：R プラスミドの接合伝達を支配する遺伝子群をもち，それ自身でも自律的に複製できる．(2) r デターミナント（r-determinant）：薬剤に対する抵抗性を与える遺伝子．この因子を受けとった細菌は複数の薬剤に対する耐性を同時に獲得し，治療の際大きな障害

となる.1950年代後半に日本で発見されて以来,諸外国でも多数のR因子が分離され,現在では多種多様なものが知られている.(⇒トランスポゾン)

a **RAG** recombination-activating gene の略.*免疫グロブリンおよび*T細胞受容体の*遺伝子再編成に必須の因子で,可変領域遺伝子のV(D)J組換えの起点となるDNA切断酵素.B細胞・T細胞の前駆細胞にのみ選択的に発現される.抗原受容体遺伝子可変領域をコードするすべてのV・D・J遺伝子断片には,組換えシグナル配列(recombination signal sequence, RSS)と呼ばれる特徴的な塩基配列が存在する.RSSは,23または12塩基対(スペーサー)で隔てられた特徴的な7塩基対(ヘプタマー)と9塩基対(ノナマー)の配列から成り,二つの遺伝子断片間(DとJ,VとDJ,あるいはVとJ)の組換えは,必ず23塩基対のスペーサーを含むRSSと12塩基対のスペーサーを含むRSSとの間で起こる(12/23法則).RAG1・RAG2からなるヘテロ二量体は二つのRSSにそれぞれ結合してその対合を促し,各RSSと遺伝子断片との境界で二本鎖DNAを切断する.遺伝子断片側の二本鎖の切断端はつながってヘアピンループ構造をとり,そこにKu70, Ku80, XRCC4, DNA-PKcsなどのDNA修復関連酵素が結合する.次にArtemisとDNA-PKcsの複合体によりヘアピンループ構造が開かれ,その3'末端にTdT(terminal deoxynucleotidyl transferase)によってゲノム外の塩基がランダムに挿入付加される(N領域).その後二つの遺伝子断片の3'突出末端は互いに相補塩基対を介して結合,余分な3'塩基はエクソヌクレアーゼによって除去され,DNAポリメラーゼによりギャップが埋められ,最終的にDNAリガーゼIVにより遺伝子断片間の結合が完成する.この過程でV(D)J断片間の結合部位に高度の多様性が生み出される.BおよびT細胞を欠損する*重症複合免疫不全症の亜型でB細胞に強い障害が生じるOmenn症候群の多くにRAG1あるいはRAG2の遺伝子の変異が見つかっている.

b **RNA** ribonucleic acid の略.《同》リボ核酸.D-リボース(ペントース)を糖成分とする*核酸.最初,酵母から抽出され,それから精製されたものがこの核酸の代表として扱われたので酵母核酸とも呼ばれた.塩基成分としてはアデニン,グアニン,シトシン,ウラシルの4種が大部分を占めているが,チミンを始めいろいろな塩基のメチル誘導体も微量には見出される(⇌メチル化塩基,⇌微量塩基).一本鎖の分子からなるが,分子内で部分的に二本構造をとっている場合が多い(⇌DNA).主として細胞質に存在するが,細胞の核および細胞質で蛋白質と結合し(リボ核蛋白質),あるいは遊離の状態で存在する.ウイルスのなかにはRNAをゲノムとするものも多く,ウイルス粒子内に二本鎖RNAをもつものもある.生体から抽出・精製されるRNAの分子量は3万〜200万で,機能的にも一般に単一ではない.リボソームを構成する*リボソームRNA(rRNA),*メッセンジャーRNA(mRNA),*トランスファーRNA(tRNA)など翻訳反応をつかさどる機能RNA種などのほか,mRNAスプライシング反応に関わる*snRNA群,*RNAエディティング反応に関与するガイドRNA(gRNA),*RNA干渉に関与する短いRNA(miRNA,⇌低分子RNA)など,多くの機能RNA分子群が見出されている.mRNA以外の,蛋白質のアミノ酸配列情報を含まないこれらのRNAをまとめて*非コードRNAという.また,RNA分子自身が単独で酵素蛋白質同様の触媒機能をもつということが明らかになり(RNA触媒,⇌リボザイム),原始生命がRNA分子種を基本とするものであったと考える*RNAワールド起原説が議論されている.生体内のRNAは,一般にDNAを鋳型としその塩基配列を写しとって合成されるが(⇌転写),ウイルスRNAなどには自己増殖性(すなわちRNAを鋳型としRNAを合成)のものも知られている.また,RNAウイルスには*逆転写酵素をもつものもあり,RNAを鋳型としてDNAを合成する.

c **RNA依存性RNAポリメラーゼ** [RNA-dependent RNA polymerase] RdRpと略記.*RNAを鋳型とし,それに相補的なヌクレオチド配列をもつRNAを合成する酵素の総称.このうちウイルスRNA(感染性RNA)の複製に関与するものをRNA複製酵素(RNAレプリカーゼRNA replicase)あるいはRNA合成酵素(RNAシンテターゼRNA synthetase)と呼ぶ.RNA複製酵素は*鋳型特異性が高い.また,それを構成する蛋白質にはウイルス由来の蛋白質のほかに宿主蛋白質を含むものもある.例えば,大腸菌Qβファージ のRNA複製酵素は4種類のサブユニットから構成され,ファージ由来の蛋白質と大腸菌リボソーム蛋白質S1,*ポリペプチド鎖延長因子EF-TuおよびEF-Tsを各1個含むが,ファージRNA(+鎖)を鋳型としたRNA合成反応の開始にはさらにもう1種類の大腸菌蛋白質HF-I(Hfr1)が必要である.細胞由来のRNA依存性RNAポリメラーゼとしては,*RNA干渉(RNA interference)において一本鎖RNAから二本鎖RNAを合成する酵素が知られている.

d **RNA依存性DNAメチル化** [RNA-dependent DNA methylation] RdDMと略記.植物で見られる,二本鎖RNAを介して*DNAメチル化が誘導される現象.植物では,RNAウイルスや二本鎖RNAを産生するような逆方向反復配列の導入によって,相同の配列をもつ宿主側の遺伝子領域のシトシンが de novo (新た)にDNAメチル化され,ヒストン修飾の変化を伴いその遺伝子発現が抑制される.この現象は,植物のゲノム防御機構としての役割を果たし,反復配列に富む*ヘテロクロマチン領域や,*トランスポゾンなどの配列も,このRNA依存性DNAメチル化(RdDM)を介してDNAメチル化される.RdDMは,真核生物に広く保存されたRNAi経路を介してDNAメチル化を導入するが,植物では反復配列やトランスポゾンのsiRNA産生には,植物特異的な*RNAポリメラーゼIV/Vが必要.

e **RNAウイルス** [RNA virus] そのゲノムがRNAから構成されるウイルス.(⇌ウイルス)

f **RNAエディティング** [RNA editing] 転写後RNA修飾反応機構の一つ.真核生物やウイルスRNAのあるものは,転写中および転写後に修飾されることによって正常な翻訳が可能になることが知られている.RNAエディティングを受ける遺伝子は,この反応により,*読み枠の修正,開始コドン・終止コドンの生成が行われて初めて機能する遺伝子となる.RNAエディティングは,原虫トリパノソーマのミトコンドリア遺伝子で発見され,その後植物のミトコンドリアやパラミクソウイルス遺伝子などで見出されている.例えば,トリパノソーマ(Trypanosoma類)のキネトプラストDNAにコ

ードされるシトクロム c 酸化酵素の遺伝子の mRNA では，鋳型の DNA と比較して，158 カ所に 398 個の塩基 U の付加があり，9 カ所で 19 個の塩基 T の削除が報告されている．反応の種類としては，(1) mRNA 上の特定の位置に単数もしくは複数の塩基を挿入するもの，(2)特定の位置から単数もしくは複数の塩基を欠失するもの，(3)特定の位置の塩基を他の塩基に置換するもの，などが知られているが，RNA エディティングが存在する生物学的意義は未だ明確でない．トリパノソーマ類における RNA エディティング反応機構は，マキシサークル DNA(maxicircle DNA)およびミニサークル DNA(minicircle DNA)と呼ばれる環状ミトコンドリア DNA 分子にコードされる，多数の短い RNA 分子であるガイド RNA(guide RNA, gRNA)が前駆体 RNA と異なる位置にコードされており，その 5′ 末端側の配列が前駆体 RNA を識別して対合する．そして，前駆体 RNA の配列がガイド RNA の配列に従い塩基 U が挿入付加，あるいは削除されることにより校正される．また，哺乳類のアポリポ蛋白質 B は肝臓ではアミノ酸 4536 残基からなるが，腸においては 2153 残基目のグルタミンをコードするコドン(CAA)が器官特異的な C-U 変換の RNA エディティングにより終止コドン(UAA)に変更された結果，アミノ酸 2152 残基からなっている．塩基置換による RNA エディティングは，マウスのグルタミンレセプター遺伝子で報告されているほかに，植物のミトコンドリアや色素体遺伝子に多数見出されている．このほかに，真正粘菌のミトコンドリアにおいて塩基 C の挿入付加が，またパラミクソウイルスにおいて RNA から mRNA が転写される際の RNA ポリメラーゼの吃転写(stuttering)による塩基 G の挿入付加が報告されている．

a **RNA 干渉** [RNA interference] RNAi と略記．二本鎖 RNA によって配列特異的に mRNA が分解される，あるいは翻訳が抑制される結果，遺伝子発現が抑制される現象．1998 年に線虫で発見され，この発見により A.Z. Fire と C.C. Mello は 2006 年ノーベル生理学・医学賞を受賞．細胞に長鎖二本鎖 RNA が導入された場合，Dicer と呼ばれるリボヌクレアーゼの働きにより 21～23 塩基の短い siRNA (small interfering RNA)に切断される．二本鎖 siRNA は，Argonaute 蛋白質を含む RISC (RNA-induced silencing complex)複合体に取り込まれるとともに一本鎖化され，相補的な配列をもつ mRNA を認識，切断する際のガイド(鋳型)としての役割を果たす．線虫や植物では，これらの抑制シグナルが *RNA 依存性 RNA ポリメラーゼの働きにより増幅される．RNAi は真核生物に広く保存されたゲノム防御機構の一つと考えられ，同様な機構は，Piwi 蛋白質が関与する生殖細胞での*トランスポゾンの抑制や，酵母の*ヘテロクロマチン構造形成，繊毛虫類での*プログラム DNA 除去，植物やアカパンカビで見られる*共抑制にも関わる．また，RNAi は遺伝子発現を効率よく抑制する実験手法としても広く用いられ，遺伝子治療など臨床的な応用研究も進められている．

b **RNA ファージ** [RNA phage] 《同》RNA 型ファージ．遺伝物質(ゲノム)が RNA からなるファージの総称．1961 年 T. Loeb と N.D. Zinder が f2 ファージを発見して以来，数多くのものが分離されたが，その多くは大腸菌の F$^+$ 菌株を宿主とする(⇌F 因子)．代表的例は，f2, MS2, Qβ などで，直径約 25 nm の正二十面体構造をもち，*F 線毛に吸着する．粒子中に 1 本の一本鎖 RNA を含む．RNA ゲノムは 3500～4200 塩基程度であり，*外被蛋白質，A2 蛋白質 (maturation protein), RNA レプリカーゼに対応する遺伝子などを含んでいる．RNA は遺伝子として複製すると同時に，mRNA としてこれらの蛋白質を合成する直接の鋳型となるため，この系は蛋白質の生合成機構の解明に多くの重要な知見を提供した．このほか，二本鎖 RNA をもつもの(シュードモナスのファージ φ6 など)も存在する．

c **RNA ポリメラーゼ** [RNA polymerase] 《同》DNA 依存性 RNA ポリメラーゼ (DNA-dependent RNA polymerase), 転写酵素 (transcriptase). DNA を鋳型(template)とし，基質のリボヌクレオシド三リン酸をリン酸ジエステル結合で重合して RNA を合成する反応を触媒する酵素．細胞内で遺伝子 DNA のもつ遺伝情報を RNA に転写する段階に関与することから，転写酵素とも呼ばれる．反応は次の式で示される．

$$\begin{matrix}n_1\text{ATP}\\n_2\text{GTP}\\n_3\text{CTP}\\n_4\text{UTP}\end{matrix} \xrightarrow[\text{Mg}^{2+},\text{Mn}^{2+}]{\text{RNA ポリメラーゼ}} \begin{pmatrix}\text{AMP}n_1\\\text{GMP}n_2\\\text{CMP}n_3\\\text{UMP}n_4\end{pmatrix} + \text{PPi}$$

リボヌクレオシド三リン酸　　　　　　　RNA　　　ピロリン酸

$n_1～n_4$ はそれぞれ鋳型となる DNA 鎖のチミン，シトシン，グアニン，アデニンの塩基数を示す．特異的塩基対の形成により，鋳型 DNA 鎖に正確に相補的な塩基配列をもつ RNA を合成する．反応は，(1) DNA と酵素との結合，(2) RNA の 5′ 末端となる基質(通常 ATP または GTP)と 2 番目の基質との間のリン酸ジエステル結合の形成，(3) 5′ 側から 3′ 側への RNA 鎖伸長反応，(4) RNA 合成の停止，などの素反応からなる．酵素は一般に分子量数十万の巨大蛋白質で，複数のサブユニットからなる．大腸菌の酵素は α (分子量約 4 万)，β (分子量約 15 万 5000)，β′ (分子量約 16 万)，σ (分子量約 9 万，⇌σ 因子)のサブユニットをもつ．2 個の α と 1 個の β および β′ からなる $α_2ββ′$ をコア酵素 (core enzyme), $α_2ββ′σ$ をホロ酵素 (holoenzyme) という．RNA 合成の開始・伸長反応の活性中心は β サブユニットにあり，DNA との結合には β′ が関与する．σ サブユニットは DNA 上の正しい位置での開始反応に必要である．ある種のファージ (T7, T3 など)が宿主感染後に作る酵素のように，分子量約 11 万の単一ポリペプチドからなる場合もある．真核生物では大腸菌より複雑なサブユニット組成をもつ酵素が 3 種類(I, II, III型)核内に存在する．(⇌RNA ポリメラーゼ I, ⇌RNA ポリメラーゼ II, ⇌RNA ポリメラーゼ III)

d **RNA ポリメラーゼ I** [RNA polymerase I] 真核生物の核内に存在する*RNA ポリメラーゼのうち，28S, 5.8S と 18S *リボソーム RNA の転写を行う酵素．DEAE セファデックスカラムから最も低塩濃度で溶出される．その RNA 合成活性は α-*アマニチンにより阻害されない．核小体に局在する．14 種のサブユニットからなり，そのうち五つは RNA ポリメラーゼ I～III に共通で，二つは I と III に共通のサブユニットである．リボソーム RNA 遺伝子の正確な転写開始には，さらに

*転写因子である SL1 と UBF が必要である．SL1 は複数の蛋白質からなる複合体で，*プロモーター認識に関与し，UBF はプロモーターの使用頻度を調節する．

a **RNA ポリメラーゼ II** ［RNA polymerase II］ 真核生物の核内に存在する*RNA ポリメラーゼのうち，mRNA の転写を行う酵素．DEAE セファデックスカラムから*RNA ポリメラーゼ I の次に溶出される．低濃度の α-*アマニチンで阻害される．12 種のサブユニットからなり，そのうち五つは RNA ポリメラーゼ I～III に共通のサブユニットである．*プロモーターからの正確な転写開始には，さらに基本転写因子(general transcription factor)である TF II の A, B, D, E, F, H, I が必要である．これらのうち TF II D は TATA ボックス(⇌プロモーター)に，RNA ポリメラーゼ II は転写開始点付近に結合するが，その他の因子は直接 DNA には結合せず，蛋白質の間の相互作用を介して転写開始前複合体に参入する．

b **RNA ポリメラーゼ III** ［RNA polymerase III］ 真核生物の核内に存在する*RNA ポリメラーゼのうち，5S リボソーム RNA や tRNA の転写を行う酵素．DEAE セファデックスカラムから最も高塩濃度で溶出される．低濃度の α-*アマニチンには抵抗性だが，高濃度では阻害される．16 種類のサブユニットからなる．そのうち五つは RNA ポリメラーゼ I～III に共通で，二つは I と III に共通のサブユニットである．5S リボソーム RNA 遺伝子の正確な転写開始には，さらに基本転写因子(general transcription factor)である TF III A, B, C が，tRNA 遺伝子の場合には TF III B, C が必要である．TF III B は遺伝子のすぐ上流に結合するが，TF III A, C は遺伝子の内部に結合する．

c **RNA ポリメラーゼ IV/V** ［RNA polymerase IV/V］ RNA サイレンシングに関わる植物特異的な二つの RNA ポリメラーゼ．RNA ポリメラーゼ II から派生したと考えられている．植物には，全真核生物に保存された 3 種類の核内 RNA ポリメラーゼ(Pol I, Pol II, Pol III)に加え，RNA ポリメラーゼ IV/V が存在する．発見当初 RNA ポリメラーゼ IVa/IVb と呼ばれていたが，後に RNA ポリメラーゼ IV/V と区別された．最も大きな触媒サブユニットはそれぞれ特異的な遺伝子によりコードされるが，多くのサブユニットは共有される．両者とも*RNA 依存性 DNA メチル化の経路に関わり，前者は siRNA 前駆体の合成に寄与，後者は，siRNA の標的部位に de novo (新規) DNA メチル化を起こす際に必要な転写を担うと考えられる．

d **RNA リガーゼ** ［RNA ligase］ 《同》RNA 連結酵素．RNA の 3′-OH 末端と 5′-リン酸末端をリン酸ジエステル結合で連結する酵素．EC6.5.1.3．J. Hurwitz ら (1972) が T4 ファージ感染大腸菌から見出した酵素で，同ファージの尾部繊維の結合を促進する遺伝子 63 の蛋白質と同一物．出芽酵母・オオムギの胚からも精製されている．生体内では tRNA の*スプライシングにも働いている．反応機構として T4 ファージの RNA リガーゼの例では，まず酵素と ATP から酵素-AMP 複合体を形成し，この複合体から AMP が RNA の 5′-リン酸末端とピロリン酸結合し，これが RNA の 3′-OH 末端とリン酸ジエステル結合を形成して AMP を遊離する．一つの RNA 鎖の 5′ と 3′ 末端が結合すると環状分子が生成することになる．基質特異性は低く，DNA，オリゴヌクレオチドやヌクレオシド-5′, 3′-二リン酸も基質になる．[$5'^{32}P$]シチジン-5′, 3′-二リン酸を RNA の 3′-OH 末端に結合することができるので，RNA の末端標識や塩基配列の決定にも利用される．

e **RNA ワールド** ［RNA world］ 原始地球上で，複製と進化という生命の最も基本的な活動が，RNA だけによってなされていたと主張される時代のこと．従来生命の起原について蛋白質が先か核酸が先か，という問いがあり，両者が相互依存的であるため解答が見出せなかったが，T. R. Cech (1982) がテトラヒメナの rRNA のイントロンが*自己スプライシングを起こすことを発見し，さらに 1986 年に同じイントロンにポリ C ポリメラーゼ活性を導入できることを証明してから，RNA が RNA だけで酵素活性をもちうることが確立し，生命の起原としての RNA ワールドという考え方が提唱された．RNA の 3 構成要素のうち，核酸塩基はシアン化水素から，リボースはホルムアルデヒドから無生物的に合成可能である．RNA ワールドにおいて，蛋白質合成系が創出されてから RNP ワールド(RNP はリボ核蛋白質の略)が生じ，その後，逆転写酵素の働きで DNA ワールドが生成したと考えられている．(⇌DNA ワールド, ⇌リボザイム)

f **RF アミド** ［RF amide］ C 末端に RF アミド (Arg-Phe-NH$_2$) をもつ一群の生理活性ペプチド．最初に二枚貝の一種から心臓刺激作用を示すペプチドとして，Phe-Met-Arg-Phe-NH$_2$ (FMRF アミド) が単離された．トリの脳では Ser-Ile-Lys-Pro-Ser-Asp-Tyr-Leu-Pro-Leu-Arg-Phe-NH$_2$ が生殖腺刺激ホルモン放出抑制ホルモンとして機能する．RF アミドは，このほかにも多様な動物門に広く存在し，*神経伝達物質，神経修飾物質，*神経ホルモンとして機能する．

g **R$_f$ 値** ［R$_f$ value］ rate of flow の略．《同》R$_F$ 値．薄層クロマトグラフィーや濾紙クロマトグラフィーにおいて，溶媒が原点より距離 a だけ浸透したとき，原点にあった物質が原点より b だけ先に移動したとすれば，R$_f$=b/a (0.0～1.0)．担体・溶媒・温度などを一定にすれば，R$_f$ 値は各物質に特有な値を示すことから，物質の同定に役立つ定数である．

h **アルカプトン尿症** ［alcaptonuria, alkaptonuria］ 尿中に*ホモゲンチジン酸(アルカプトン)の排泄を主徴とする先天性代謝異常症．常染色体性の劣性遺伝である．チロシンやフェニルアラニンのような芳香族アミノ酸から生じたホモゲンチジン酸を酸化する酵素ホモゲンチジン酸-1,2-二酸素添加酵素 (homogentisate 1,2-dioxygenase, EC1.13.11.5) の欠損に起因する．患者の尿が採取後放置されアルカリ性になると，ホモゲンチジン酸が自動酸化をうけて黒色の色素を生じ，黒変するのが特徴．中年・老年の患者では結合組織や軟骨組織などにこのホモゲンチジン酸のポリマーによる色素沈着に起因する組織褐変症 (ochronosis) が現れる．またかなり早期に関節などに沈着し，関節炎症状を示す．

i **アルカリ栄養湖** ［alkalitrophic lake］ [1] カルシウム(石灰)含有量の特に多い湖．E. Naumann と A. F. Thienemann の定義．アフリカ中央地溝帯その他の大陸内部の乾燥地域に見られ，アルカリ性は Na$_2$CO$_3$ の解離による．生産力は大きいが非調和的．生物の種類は少なく，シアノバクテリア類(例えば *Arthrospira*)が水の華を形成し，動物プランクトンとして輪虫類，魚類

は Clarias および Tilapia が生息する．[2] pH が 9.0 以上のアルカリ性の湖．(→湖沼型)

アルカリ土壌 [alkali soil] 土壌反応が pH8.5 以上の強アルカリ性を示すが，コロイドに吸着された交換性ナトリウムが土壌の陽イオン交換容量の 15％以上含まれるか，または大部分の作物の生育が阻害されるほど多量のナトリウムを含む土壌．冷温帯から熱帯にわたる亜湿潤ないし乾燥地方に分布．排水が不良で，乾期にアルカリなどの塩類が上昇し，地表面に白い皮殻を作る白色アルカリ土（ソロンチャック solonchak）と，排水良好で炭酸ナトリウムが腐植を溶かし下層へ浸透させて土層が黒色を呈する黒色アルカリ土（ソロネッツ solonetz）に分けられる．この土壌にはアルカリ性および高濃度の塩類に耐える塩生植物や乾生植物が疎生するにすぎない．

アルカロイド [alkaloid] 《同》植物塩基．含窒素・塩基性の，その多くは比較的少量でヒトや動物に顕著な薬理作用を示す有機化合物由来の生物．[1] 一般には植物由来の植物アルカロイドをいう．ピリジン，キノリン，イソキノリン，ピロリジン，ピペリジン，インドール，トロパン，プリンなどの環状構造をもつものが多く，多くは無色結晶性固体で，植物の液胞内で酸と塩を形成している．現在までに約 1 万 2000 種のアルカロイドが単離されている．これらの塩基は塩化金，塩化水銀，リンモリブデン酸，タンニン酸，ピクリン酸などいわゆるアルカロイド試薬で沈澱する性質をもっている．裸子植物ではイチイにタキシンが知られ，またマオウ類に見出されるエフェドリンは化学構造から見てアルカロイドの原始型と見ることができる．被子植物では，単子葉類には少なく真正双子葉類で多様だがアブラナ科やバラ科には全くない．植物体内の合成の場と蓄積の場は必ずしも同じではない．タバコのニコチンは根で合成されるが，葉に転流されてそこに蓄積するが，ノルニコチンは葉においてニコチンから生成する．アルカロイドは一般に細胞伸長と液胞化の時期に細胞の液胞内に蓄積し，老化とともにやや減少の傾向を示す．その生理作用については窒素の老廃物，植物体の保護，解毒など種々の説が提唱されたが，現在では外敵や捕食者に対する化学防御作用が主な役割と考えられている．同一分類群に構造の近似したアルカロイドが出現することが多いが，かなりかけ離れた植物に分布する場合もある．一つの植物が複数種の塩基を含む場合はむしろ一般的で，例えばニチニチソウには約 100 種類のアルカロイド（*ビンカアルカロイド）が含まれる．[2] 動物アルカロイドといわれるものは大部分がアミン（ヒスタミン，ノルアドレナリン，スペルミンなど）であるが，サンショウウオの皮膚腺分泌物は植物アルカロイド類似の塩基を含んでいる．また，カエルの一種 Epipedobates tricolor の皮膚からはモルフィンの 200 倍の鎮痛効果をもつ新しいタイプのアルカロイドが見出され，エピバチジン（epibatidine, $C_{11}H_{13}N_2Cl$）と名付けられた．

アルカローシス [alkalosis] 《同》アルカリ血症．血液の pH が正常の範囲をこえてアルカリ性に変化した状態，あるいは pH はほとんど変化しなくても血液に対する正常な緩衝能が減じた場合に現れる症状．血液の緩衝能は炭酸水素塩に依存する点が大であるため，過度の呼吸運動による血液中の CO_2 量の異常な低下はアルカローシスをきたす．そのほか，過度の嘔吐による胃酸の放出や過度のアルカリ摂取によってもこの症状が起こる．アルカローシスに際しては，中枢神経系をはじめとする全身諸器官に多かれ少なかれ異常を生じる．(→酸塩基平衡)

アルギナーゼ 【1】 [alginase] アルギン酸（β-1, 4'-マンヌロノ-1, 4'-α-グルロノルリカン）を分解する酵素．β-D-マンヌロン酸を標的とするアルギナーゼ I（アルギン酸リアーゼ alginate lyase，ポリ（β-D-マンヌロン酸）リアーゼ，EC4.2.2.3）と α-L-グルロン酸を標的とするアルギナーゼ II（ポリグルロン酸特異的アルギン酸リアーゼ，ポリ-α-L-グルロン酸リアーゼ，EC4.2.2.11）がある．アルギン酸を含む海藻を食餌にしているアワビ，サザエ，アメフラシ，ブダイの消化液中や海生細菌などにある．反応産物はオリゴウロニド，マンヌロン酸，ジウロニド，トリウロニドである．

【2】 [arginase] 《同》アルギニンアミジナーゼ（arginine amidinase）．L-アルギニンを加水分解してオルニチンと尿素を生ずる反応を触媒する酵素．EC3.5.3.1. カナバニン，オクトピンなど遊離のグアニジン基とカルボキシル基をもつ物質にも作用する．Ag^+, Hg^{2+}, Zn^{2+} により阻害される．一般に尿素を産生する動物（哺乳類，板鰓類，両生類，カメ類）の肝臓，腎臓，精巣などに含まれ，*尿素回路の一員として働く．同一種では雄の臓器の方が雌より酵素活性が強い．肝細胞中では核に特に多く，分子量約 12 万．硬骨魚類，植物の種子，酵母，カビ類にも含まれる．ナタマメ中から発見された *カナバニンを分解する酵素カナバナーゼ（canavanase）はこれと同一．なお，この酵素の先天的な欠損症で血中のアンモニアとアルギニン濃度が上昇するアルギナーゼ欠損症（arginase deficiency）が知られている．

$$\underset{\text{L-アルギニン}}{\underset{NH}{\overset{NH_2}{|}}C-NH(CH_2)_3CHCOOH} \longrightarrow \underset{\text{尿素}}{\underset{NH_2}{\overset{NH_2}{|}}C=O} + \underset{\text{オルニチン}}{NH_2(CH_2)_3\underset{NH_2}{\overset{|}{C}}HCOOH}$$

アルギニノコハク酸尿 [argininosuccinic aciduria] 尿・血液・髄液にアルギニノコハク酸が増加する常染色体劣性遺伝病．知能障害，てんかん，運動失調，肝障害などのほか，毛髪が抜けやすい，爪がもろいなどの症状を伴う．

アルギニン [arginine] 略号 Arg または R（一文字表記）．

$$H_2N-\underset{NH}{\overset{\|}{C}}-NH-CH_2-CH_2-CH_2-\underset{NH_2}{\overset{|}{C}H}-COOH$$

塩基性アミノ酸の一つ．E. Schulze ら（1886）がモヤシから発見．L-アルギニンは蛋白質の常成分．特に核蛋白質のヒストンやプロタミン中に多く，クルペイン（ニシンのプロタミン）・サルミン（サケのプロタミン）に含まれる全窒素の 80％以上がアルギニンの窒素である．植物種子中には遊離状態で少量存在する．アルカリ性で α-ナフトールと次亜塩素酸を作用させると特有の赤色を呈する（坂口反応）．ヒトでは可欠アミノ酸であるが，条件付き不可欠アミノ酸とも呼ばれる（→不可欠アミノ酸）．哺乳類の主たる合成経路は，小腸でグルタミン，グルタミン酸，プロリンがオルニチンを経てシトルリンとなって血中に放出され，腎臓で吸収されてアルギニノコハク酸を経てアルギニンとなるものと考えられている．肝臓でもオルニチンからシトルリンなどを経てアルギニンが生成するが，強い *アルギナーゼ（arginase）活性のためアルギニン生合成には寄与せず，

アミノ酸の酸化によって生じたアンモニアを尿素に変換する役割を果たす(→尿素回路). 分解は主としてアルギナーゼによる尿素とオルニチンへの分解による. 一酸化窒素, ポリアミン, クレアチンなどの生合成の前駆体でもある. 微生物や植物では, グルタミン酸から N-アセチルグルタミン酸, オルニチンなどを経て生合成される. アルギニン脱炭酸酵素で脱炭酸されるとアグマチンとなる.

a **アルギニンリン酸** [arginine phosphate] 《同》ホスホアルギニン(phosphoarginine). 無脊椎動物の筋肉内に広く見出されるホスファゲン. O. Meyerhof と K. Lohmann (1928)が甲殻類の筋肉から発見. 高エネルギーのグアニジンリン酸結合(37℃における $\Delta G' \fallingdotseq -12$ kcal/mol)をもつ. 生体内ではアルギニンと ATP からアルギニンキナーゼの作用により生成される.

アルギニン+ATP ⇌ アルギニンリン酸+ADP

b **アルギン酸** [alginic acid] 褐藻類の細胞壁粘質多糖. ポリウロン酸の一種. β-1,4′結合の D-マンヌロン酸と α-1,4′結合の L-グルロン酸(L-guluronic acid)が連なった鎖状構造で, 褐藻の種類によって両構成糖の割合は変化する. 細菌 *Azotobacter vinelandii* などの菌体外にも生産される. その際, まず D-マンヌロン酸ポリマーが分泌され, 次いで 5-エピメラーゼの作用で一部が L-グルロン酸に変換する. 細菌の生産するアルギン酸リアーゼ(EC4.2.2.3)によって分解され不飽和結合のウロン酸を非還元末端とするオリゴ糖を生成する. アルギン酸およびその Ca 塩は水に溶けにくいが Na 塩はよく溶ける. 粘性を利用して食品添加剤, 培養基, 乳化剤などに利用される. 繊維として手術糸にも用いられる.

c **アルコール脱水素酵素** [alcohol dehydrogenase] 《同》アルコールデヒドロゲナーゼ. アルコールの脱水素によるアルデヒド(あるいはケトン)の形成を可逆的に触媒する酵素. EC1.1.1.1. *アルコール発酵に関与.

$CH_3CH_2OH + NAD^+ \rightleftharpoons CH_3CHO + NADH + H^+$

基質特異性は広く, 他のアルコールにも作用する. 酵母のほか, 植物(特に発芽時に強くなる), 動物肝臓, 細菌など生物界に広く存在. 酵母から得られた結晶は分子量約 15 万で 4 個のサブユニットからなり, 4 個の NAD^+ と亜鉛を結合する*SH 酵素. 肝臓の酵素は分子量約 7 万 3000. *Leuconostoc mesenteroides*・酵母および植物のなかには補酵素として NAD^+ のかわりに $NADP^+$ を使う酵素(EC1.1.1.2, EC1.1.1.71)も見出されている.

d **アルコール発酵** [alcohol fermentation] 糖または多糖からエタノールと二酸化炭素とを生成する発酵.

$C_6H_{12}O_6 \rightleftharpoons 2CH_3CH_2OH + 2CO_2$

*乳酸発酵と並んで発酵の代表的なもので, 微生物(特に野生性の著しいもの)および植物界に一般的である. 酒造はこの応用. これを特徴的に強力に営む生物は*酵母である. この反応を酵母の作用に帰したのは L. Pasteur (1857～1858)で, その後 1940 年ぐらいまでに, 反応経路(エムデン–マイエルホーフ経路)の全貌はほとんど明らかにされた. この反応の主要部分は解糖と共通であり(→解糖), 糖質がリン酸エステルとなり, 2 分子のトリオースリン酸に分かれ, その酸化と関連して 2 個の ATP を生成してピルビン酸ができる. これが二酸化炭素を放出してアセトアルデヒドとなり, 上の酸化を埋め合わせる還元でアルコールができて終結する. 上の反応式で放出される約 50 kcal の自由エネルギーで 4 個の ATP ができるが, そのうち 2 個は最初の糖のリン酸化に使われる. アルコール発酵は通常, 検圧計・*発酵管などによる放出二酸化炭素, または蒸気蒸溜で捕集したアルコールの定量によって測定される.

e **RGD 配列** [RGD sequence] 細胞接着性蛋白質の細胞接着活性部位のアミノ酸配列の一つである Arg-Gly-Asp 配列のこと. 一文字表記(→アミノ酸[表])による略号. 数種類ある活性配列中で最もよく知られる. *フィブロネクチンの細胞接着部位として, E. Ruoslahti (1984)が発見. その後, *ラミニン, *ビトロネクチン, *フィブリノゲン, フォンヴィルブランド因子, エンタクチン, I 型*コラーゲンなど, 多くの細胞接着性蛋白質にこの配列が見出された. 粘菌のディスコイディン I や大腸菌の λ 受容体蛋白質にも RGD 配列がある. 植物の細胞接着にも RGD 配列が関与しており, 生物界に普遍的な細胞接着配列と考えられる. ただし, RGD 配列があっても細胞接着活性を示さない蛋白質もある. 化学合成した RGD ペプチドを固相化すると細胞接着活性を示す. 溶液に加えた RGD ペプチドは, 逆に, 細胞接着性蛋白質の細胞接着活性を阻害する. このような実験系では, GRGDSP が RGD ペプチドとして頻用され, 活性のない対照ペプチドとして GRGESP が頻用される. RGD ペプチドは, 血小板凝集も阻害し, 黒色腫の実験的がん転移も阻害する. RGD 配列は, 細胞接着受容体である*インテグリンによって認識される.

f ***rII* 遺伝子座** [*rII* locus] T 偶数ファージ(→T 系ファージ)中に存在する, 早期溶菌(rapid lysis)に関係する遺伝子座位. この遺伝子座位の突然変異体は, 溶菌が速くなるため大きな*プラークをつくり, また λ ファージで溶原化された大腸菌では増殖できないため, 容易に多数の変異体が得られる. これを用いた研究から, 遺伝子微細地図, 突然変異誘発要因の作用特異性, 遺伝コードの性質などが解明された. また, この遺伝子微細地図や*相補性検定による相補性の解析から, ミュートン, リコン, シストロンという遺伝子内の小単位が定義され, 遺伝子と DNA 分子の構造を関連づける分子遺伝学の基礎的概念が確立された. この遺伝子座は, 互いに接する二つのシストロン *rIIA*, *rIIB* からなる.

g **アルツス現象** [Arthus' phenomenon] 1903 年に M. Arthus によって記載された皮膚局所の免疫現象. 皮内に抗原を複数回投与すると皮膚組織内で抗原と抗体(主として IgG クラス)とが結合して免疫複合体を形成する. 次いで免疫複合体の抗体 Fc を介して補体およびマクロファージなどの貪食細胞が活性化される. 活性化された貪食細胞による細胞傷害, 組織破壊に加えて, 補体の活性化により, C3a, C5a のアナフィラトキシンが産生され, 血管内皮の収縮, マスト細胞からのヒスタミンなどのケミカルメディエーターの放出(脱顆粒)による血管透過性の亢進, 末梢血管の拡張, さらに多核白血球(特に好中球)の局所への遊走と放出されるプロテアーゼによる組織傷害などが惹起され, 浮腫, 出血, 壊死反応を主とする炎症反応が引き起こされる. このような炎症反応は最後の抗原投与後から 3～8 時間でピークを迎えて生じる. 反応は 48 時間後には弱くなる. 典型的な III 型過敏症(*アレルギー)反応である. 反応が起こるために必要な抗原量は*アナフィラキシー(I 型過敏症反応)の場合の数百倍である. 薬物アレルギー, アレルギー性肺胞炎(農夫病), 外傷性自己免疫性精巣炎, 橋本病, *血

清病や糸球体腎炎(glomerulonephritis)はこの型の反応によって起こる.

a **アルツハイマー型認知症** [dementia of the Alzheimer type] アルツハイマー病とアルツハイマー型老年認知症の総称.アルツハイマー病(Alzheimer's disease)はドイツのA. Alzheimerが初めて症例報告した疾患で,初老期(65歳未満)に発症する.一方,アルツハイマー型老年認知症(senile dementia of the Alzheimer type)は,類似の疾患であるが,65歳以降に発症するものを指す.以前は発症年齢,経過などから区別していたが,症状も病理学的にも本質的な差はなく,両者を分ける根拠に乏しいため,最近はまとめてアルツハイマー型認知症として扱われる.物忘れ,記銘力低下が初期症状として起こり,しだいに時間的・空間的見当識障害,感情鈍麻,全体の認知症へと進み,やがて下肢に屈曲対麻痺を起こして合併症などで死亡することが多い.病理学的には,脳全体の萎縮およびアルツハイマー神経原繊維変化(neurofibrillary tangle)がみられ,変形した神経突起の集合体には,アミロイド蛋白質Aβ(Aβ40/Aβ42)の蓄積される老人斑(senile plaque)が認められる(⇒β-アミロイド蛋白質).神経細胞の変性・脱落に伴い,アセチルコリン系などの神経伝達系に機能障害が起こる.治療薬として,このアセチルコリン系を賦活する薬物が開発されている.

b **RT-PCR** reverse transcription polymerase chain reactionの略.《同》逆転写ポリメラーゼ連鎖反応.*PCRを利用して,RNAを増幅する手法.PCRではDNAの鋳型を必要とするために,RNAをそのまま増幅することはできない.そこで逆転写酵素を使ってRNAをcDNAに変換し,PCRで増幅する.RT-PCRの開発により,スプライシングなど転写後修飾を受けた転写産物の構造を高感度,簡便に調べることができるようになった.応用例として,*リアルタイムPCRを用いた転写産物の定量的解析法や,mRNAの5′,3′末端の構造を調べる*RACE法などがある.

c **アルデヒド酸化酵素** [aldehyde oxidase] 《同》アルデヒドオキシダーゼ.アルデヒド類を酸素により相当するカルボン酸に酸化する反応を触媒する酵素.EC1.2.3.1. RCHO+O_2+H_2O→RCOOH+H_2O_2. 肝臓・赤血球に見出される.メチレンブルー,シトクロムc,硝酸塩を電子受容体とし,シアン化物,亜ヒ酸で阻害され,Mo,非ヘム鉄,FADおよびユビキノンQ_{10}を含む金属*フラビン蛋白質である.これらの点ではキサンチン酸化酵素と似ているが,プリン類に作用しない点が違う.

d **アルテミシニン** [artemisinin] 《同》Quing Hau Sau, Qinghaosu. $C_{15}H_{22}O_5$ キク科ヨモギ属のクソニンジン(Artemisia annua)から単離されたセスキテルペンラクトン.抗マラリア活性をもち,伝統的なマラリア治療薬であるキニーネ系薬剤に対して耐性をもつ熱帯熱マラリア原虫にも効果があるため,多くのアルテミシニン誘導体や類縁体が抗マラリア薬として開発されている.

e **アルドステロン** [aldosterone] $C_{21}H_{28}O_5$ 11β,21-dihydroxy-3,20-dioxo-4-pregnen-18-al(11→18)-lact-ol(Ⅰ).*副腎皮質ホルモンの一種で,体内のナトリウムイオンと水分の保持とカリウムイオンの排出を促進する強い電解質代謝作用を示す*ミネラルコルチコイドの代表.肺魚類と両生類以上の脊椎動物にみられる.副腎皮質の球状層(zona glomerulosa)で生成され,その分泌はレニン-アンギオテンシン系によって制御される.ヘミアセタール型(Ⅰ)とアルデヒド型(Ⅱ)の二つの型が存在する.

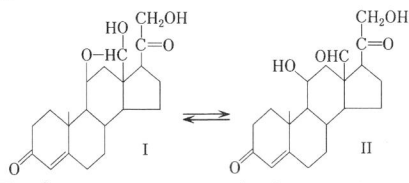

f **アルトマン** ALTMANN, Richard 1852～1900 ドイツの組織学者.特殊な染色技術を用いてすべての細胞の細胞質中に無数の顆粒が現れることを示し,この顆粒が原形質の基礎構造であるという粒状構造説を提唱した.彼の工夫した顆粒染色法の一部は,アルトマン法として今日でもミトコンドリアの染色の標準法となっている.

g **アルトマン** ALTMAN, Sidney 1939～ カナダ生まれのアメリカの分子生物学者.tRNA前駆体の5′末端切断に関与する大腸菌のエンドヌクレアーゼRNアーゼPがRNA成分を含むことを発見.このRNA成分がそれ自身で触媒機能を果たすことを検証(⇒リボザイム).この業績により1989年ノーベル化学賞受賞.

h **アルドラーゼ** [aldolase] 脱離酵素の一種で,狭義にはD-フルクトース-1,6-二リン酸を開裂し,*D-グリセルアルデヒド-3-リン酸とα-ジヒドロキシアセトンリン酸にする反応を触媒する酵素.すなわちフルクトース二リン酸アルドラーゼ.EC4.1.2.13.広義には同形式の反応を触媒する酵素の総称.この反応は可逆的なアルドール縮合である.$\Delta G°'$=5.73 kcal. ほとんどすべての生物に存在し*解糖系における重要な酵素の一つ.酵母・骨格筋から結晶化された.酵母からの標品はα,α′-ジピリジルやシステインなどで不活性化され,Fe^{2+}, Zn^{2+}, Co^{2+}, Cu^{2+}で活性化される一種の金属蛋白質であるが,筋肉や植物組織のものはジピリジルなどで阻害されない.骨格筋由来の酵素の分子量は約15万で4個の主なサブユニットからなる.蛋白質中のリジンのε-アミノ基がケトースのカルボニル基とシッフ塩基をつくって反応する.またアルドラーゼは上記の反応以外にジヒドロキシアセトンリン酸に対してアセトアルデヒドなどアルデヒドを縮合させる作用がある.

i **アルドロヴァンディ** ALDROVANDI, Ulisse (Ulissi) 1522～1605 イタリアの博物学者.ボローニャ大学で哲学,医用植物学,医学の教授.大学付属のものとして最初の植物園を創設.博物,特に動物についての百科全書の著作がある.

j **アルドン酸** [aldonic acid] アルドース(アルデヒド基をもった単糖)のアルデヒド基がカルボキシル基に代わった化合物の総称.グルコースを臭素や稀硝酸で酸

化して生成する*グルコン酸はその代表例．これらは非還元性であり，その点カルボキシル基以外に還元性のアルデヒド基またはケトン基をもっている*ウロン酸とは区別される．

a **アルバー** ARBER, Werner 1929〜 スイスの分子生物学者．大腸菌のファージ感染系における宿主支配の制限と修飾に関する研究を行い制限酵素を発見，また，修飾が特異的なメチラーゼによるヌクレオシドのメチル化によることを明らかにした．1978年，制限酵素の発見とその分子遺伝学への応用の業績でノーベル生理学・医学賞受賞．

b **アルハラクシス** ［独 Archallaxis］ 個体発生において，形態形成の初期段階に新形質の導入が起こること．A. N. Sewertzoff (1931) による用語．個体発生過程は，極めて短い期間である初期の形態形成期と，個体発生の大部分を占める成長期の2段階に分けられるとされる．形態形成期の終了とともに，成体器官のほとんどは，成体におけると同じ比率でできあがっており，成長期には大きさが増大するのみとされる．アルハラクシスが起こると，それ以後の個体発生過程には反復が成立しなくなる．同様に Sewertzoff によるアナボリー (anaboly) は，形態形成の終期に新形質の付加が起こる場合で，*終端付加の一変形．この場合には反復が成立する．W. Garstang (1922) は，個体発生の初期の変化を原因とする進化をネオゲネシス (neogenesis) と呼んだ．

c **アルビノ** ［albino］ 《同》白子（しらこ，しろこ）．[1] 動物で，遺伝的な要因でメラニン形成が行われないために，皮膚，毛髪，眼などに色素が生じない個体のこと．アルビノを生じることを白化 (albinism) と呼ぶ．ペットや実験動物であるカイウサギやラット，マウスなどには一般的で，これらの動物の眼の赤いのは虹彩に*メラニンがなく血液が透けて見えるからである．ヒトにもあり，劣性遺伝もしくは伴性遺伝するため，血族結婚の多い地方に多い．また天然記念物の白蛇はアオダイショウのアルビノ．原因の多くはチロシナーゼ (tyrosinase) の欠損を起こす変異遺伝子によるもので，チロシンからのメラニン形成が行われない．魚の白化は多くは完全でなく，眼は黒い．これはチロシナーゼが欠如しているのでなく，活性が著しく抑制されているためである．[2] 植物の場合は，クロロフィルが形成できないため白化した個体を指す．また花の色素合成に遺伝的要因から欠損が生じた白花系統を指すこともある．

d **αアクチニン** ［α-actinin］ Fアクチンと反応してゲル化を起こす，*アクチン結合蛋白質の一種．江橋節郎 (1965) の発見．分子量約9.5万の単量体が二量体を形成している．骨格筋の*Z膜，平滑筋の*デンスボディに顕著に存在するが，その他ほとんどすべての真核細胞に存在．実験条件下でアクチンの束を形成するが，生体内ではアクチンと膜蛋白質との結合に関与すると考えられる．骨格筋のαアクチニンは Ca^{2+} 非感受性で，繊維芽細胞のものは Ca^{2+} 感受性である．（⇒EFハンド）

e **αカテニン** ［α-catenin］ 細胞間接着分子*カドヘリンに*βカテニンを介して結合し，カドヘリンとアクチン系細胞骨格との橋渡しを行う細胞因子．*ビンキュリンと相同性をもち，分子量は10万2000前後．分子N末端領域でβカテニン，中央部でビンキュリンや*αアクチニン，C末端領域でZO-1と直接結合する．アクチン繊維との直接結合も報告されている．神経系にはαNカテニンというアイソフォームが存在する．スキルス胃癌細胞においてその発現の異常・喪失が高頻度でみられ，がん抑制遺伝子としての機能が示唆される．

f **アルファサテライト DNA** ［alpha satellite DNA］ 霊長類の*動原体部位 (*セントロメア) に分布する171塩基対を単位とする縦列型反復配列．その反復領域は巨大で数百万塩基対にも及ぶ．ヒトでは，反復配列単位が変異し，さらにその反復単位が高次に組織化した高次反復単位が繰り返し，巨大領域を形成する．この高次反復単位が染色体ごとに多様であるため染色体識別標識としても利用される．正常ヒト染色体では100種以上も同定されているセントロメア/キネトコア蛋白質群 (CENP蛋白質群，微小管モーター関連蛋白質群，分裂期チェックポイント関連蛋白質群，など) はこのアルファサテライトDNA領域に集合し，染色体移動，分配制御（染色分体接着制御）などの動原体 (セントロメア) としての機能を果たす．また，この領域には*ヘテロクロマチンも集合し，分裂中期の最後まで姉妹染色分体の接着が維持制御される．セントロメア蛋白質のCENP-Bは高次反復単位中に出現する17塩基対 (CENP-B box) に特異的に結合し，セントロメア形成活性と共にヘテロクロマチン形成活性を示す．単離したアルファサテライトDNAを培養細胞へ導入すると，CENP-B boxに依存してセントロメア機能とヘテロクロマチン構造を獲得したヒト人工染色体 (HAC) を新規形成させることが可能．

g **α繊維** ［α fiber］ *遠心性神経のうち骨格筋の運動支配を行うもの．J. Erlanger と H. S. Gasser は，多数の神経繊維の集合である坐骨神経の一端を刺激した時の興奮*伝導を観察し，興奮伝導の距離が長くなるにつれて興奮の峰別れができる現象を見出した．これは複数の伝導速度をもつ神経繊維の集合では伝導距離に応じて伝導速度による差異が各群ごとに峰として現れることによるが，これをもとに伝導速度の速いほうからA，B，C繊維と名付けて分類した．A繊維は速いほうからさらにα，β，γ，δと分類された．この最も速い伝導速度をもつ神経繊維がα繊維である．ミエリンをもつ有髄繊維であり，運動神経繊維，筋の感覚神経繊維（筋紡錘や腱紡錘からの求心性繊維）が含まれる．Erlanger らによると伝導速度は47.3 m/s (平均値) となっているが，筋の感覚神経繊維に分類される神経繊維の伝導速度はこれより速いものが多く，70〜120 m/sまでになるものもある．また，運動神経の中で，筋繊維（錘外筋繊維）を支配する神経は一般に伝導速度が速くα繊維に分類されるため，α運動神経 (α motoneuron) と呼ばれることが多い．

h **アルファ分類学** ［alpha taxonomy］ *分類学において，個々の種の境界設定と記載（新種の記載・命令を含む）を行う分野．生物多様性を理解するための最も基礎的な分野で，現代では形態だけでなく分子や生態などあらゆる情報を駆使して行われている．かつて E. W. Mayr (1969) はアルファ分類学を分類学発展の第一段階と位置付け，それはさらに，種およびそれらが高位のタクソンにおいて類縁関係の網羅的解明を行ってモノグラフを作成する第二段階 (ベータ分類学) から，種内変異の解析，さまざまな進化学的研究，そして生物多様性の原因究明を行う第三段階 (ガンマ分類学) に至るべきであるとした．

i **αヘリックス** ［α-helix］ 《同》αらせん構造，α構

造(α-structure). 蛋白質やポリペプチドのとる二次構造の一つ. アミノ酸残基3.6個で1回転する, 連続するらせん構造であり, 各C=O基は4残基あとのNH基と水素結合を形成し, らせん1回転あたり4個の水素結合ができる(図). αヘリックスはL.C.Pauling(1951)が, 二次構造(立体構造)モデルの一つとして提唱した. その後グルタミン酸エステルのポリマーや, ミオグロビンなどについて, その存在がX線結晶解析により証明された. αヘリックスは右巻きのものと左巻きのものとが存在しうるが, 天然のアミノ酸はL型であるため, 球状蛋白質に見出されているものはほとんどが右巻き. 右巻きのαヘリックスは, *円偏光二色性スペクトルにおいて222 nmと206 nmに負の山を, 190 nmに正の山をもつことから, これを利用して天然蛋白中におけるその存在の確認・定量が行われる. 主鎖原子間の水素結合がαヘリックスを安定に保つ主要な要因であるため, 原則的にどんなアミノ酸でもαヘリックスを形成することができるが, アラニン, ロイシン, グルタミン酸, グルタミン, メチオニンはαヘリックス構造をとりやすく, グリシン, プロリンはとりにくい傾向があることが立体構造データベースの統計解析からわかっている.

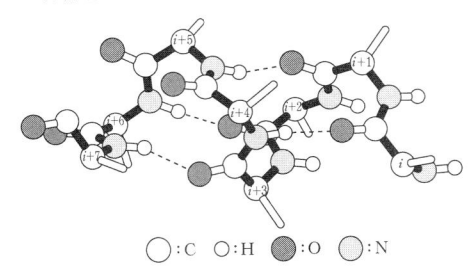

○:C ○:H ●:O ●:N

a **アルブミン** [albumin] 生体細胞や体液中に広く含まれる水に溶けやすい一群の単純蛋白質の総称. 水に溶けにくい*グロブリンとともに動植物界に広く分布する. 語源は卵白. 水, 稀酸, アルカリおよび中性アルカリ塩溶液に溶解する. 比較的高濃度の塩類溶液によって結晶しやすく, 分子量も蛋白質の中では低く数万程度のものが多い. 水素イオン濃度や塩類濃度の影響を受け, かつ熱(凝固温度60〜70℃)やアルコールなどにより凝固・変性するなど環境の変化に鋭敏である点から, 細胞の生活に極めて密接な関連をもつと考えられる. しかし, ヒトではアルブミン血症は生存に影響しない. 動物性アルブミンとして卵アルブミン, *血清アルブミン, 乳アルブミン(lactoalbumin), 筋アルブミン(ミオゲン)があり, 植物性アルブミンとしてロイコシン(コムギ, ライムギ, オオムギ), レグメリン(エンドウ, ソラマメ, カラスノエンドウ, ダイズ), *リシン(トウゴマ)が知られている. これらはいずれも等電点がpH5.0〜6.0. 動物性アルブミンは$(NH_4)_2SO_4$の飽和度0.64〜0.90ではじめて塩析されるが, 植物性アルブミンは$(NH_4)_2SO_4$の飽和度0.50でかなりの部分が沈澱する. 一般に未変性アルブミンはペプシンでは分解されるが, トリプシン, パパインには侵されにくい. 変性したものはいずれのプロテアーゼに対してもよい基質となる.

b **アルベオラータ** [alveolates] 真核生物の大系統群の一つ. *繊毛虫類, *アピコンプレクサ類, *渦鞭毛植物などを含む. ほとんどは単細胞性であり, 細胞膜直下にアルベオール(泡室 alveolus)と呼ばれる扁平な小胞(渦鞭毛植物のアンフィエスマ小胞, アピコンプレクサの内膜複合体)が並んでいる. ミトコンドリアクリステは通常, 管状. 渦鞭毛植物とアピコンプレクサの多くはおそらく共通起原(紅色植物の二次共生)の色素体をもつ. 分類学的には界レベルで独立またはクロミスタ界アルベオラータ下界(Alveolata)とされる.

c **アルベド** [albedo] 惑星など天体の光の反射率, すなわち入射する放射に対する反射する放射の割合. 反射の割合は波長によって異なるが, 入射する放射と反射する放射のそれぞれの波長での積算エネルギー量の割合をいう. いったん吸収されて熱放射として射出されるエネルギーは含まない. 地球への太陽からの放射のほとんどは0.2〜4μmの波長であり, 可視光が主である. 地球では, 太陽からの放射エネルギーの約30%を平均で反射, したがって地球の平均的なアルベドは0.3である. 実際には地球による反射には, 雲による反射, 大気による散乱, 地表面(海表面)による反射などがあり, それらの分布によって大きく変化する. 特に雲による反射率は大きい. また入射角のちがいなどでも異なってくる. (⇨熱収支)

d **アルベルトゥス=マグヌス** ALBERTUS MAGNUS 1193頃〜1280 ドイツのスコラ哲学者, 神学者, 自然科学者. 本名 Albert von Bollstädt. 博学の故に, Albertus Magnus(大アルベルトゥスの意), または「全科博士」(Doctor Universalis)と呼ばれた. [主著] De animalibus.

e **アルボウイルス** [arbovirus] 節足動物の体内で増殖し, 吸血活動を介して脊椎動物に伝播されるウイルス(arthropod-borne virus)の総称で, その頭文字をとって命名された. 現在の分類基準である*ウイルス粒子の形態や物理化学的性状に基づいて分類されたものではなく, 生態学的特性による命名で, *フラビウイルス, *ラブドウイルス, *レオウイルス, *トガウイルス, *ブニヤウイルスなどのウイルス科に分類されるウイルスがこれに含まれる. 媒介する節足動物の種類により3群に分かれる. (1) カによって媒介されるウイルス群(mosquito-borne virus). (2) ダニによって媒介されるウイルス群(tick-borne virus). (3) 媒介動物不明のもの. フラビウイルスやブニヤウイルスに属するものには重篤な症状を引き起こすものが多い. アルボウイルスの分布は媒介動物の生態や分布に依存するため, 温帯や寒帯では夏季に, 熱帯では通年流行するが, 地球温暖化により流行時期も変化しつつある.

f **アルミニウム** [aluminum] Al. 原子量26.98の金属元素. ほとんどの生物に見出されるが, *生元素ではないとされる. 哺乳類では消化管内において, *カルシウム・*鉄などの吸収に対して拮抗的に働く. またヒトの認知症, 血液透析を受けている患者に見られる神経疾患との関連が報告されている. 植物にとっては リン酸の吸収と拮抗的に働き, 栄養障害を起こすとされる. アルミニウムの含水ケイ酸塩であるアロフェン(allophane)を多量に含む火山灰土では, ながく草原状態を保ち, 森林植生が発達しにくい. 火山の硫化水素H_2Sなどの噴気の著しい場所にはコメススキ・ススキ・オオイタドリ・ノリウツギなどAlを集積する植物が知られ, これらはアルミニウム植物(aluminum plant)と呼ばれる.

g **Rループ** [R loop] DNA二本鎖の一部に相補性

をもつRNAが結合して生ずる核酸分子の輪状構造。DNAによる*Dループと対置される名称。RNA-DNAハイブリッド鎖はDNA二本鎖よりも安定しているので、DNA二本鎖が開き始めるよりやや高い温度でも、RNA分子は相補性のあるDNA部分と安定な二本鎖を形成する。すなわち図AのようにRNAが相同性のDNA部分におきかわりRループを形成する。遺伝子DNAがエクソン-イントロン構造(⇒イントロン)をもつ場合には、図BのようにイントロンのDNAだけが二本鎖ループとして残り、エクソンに対応する数のRループが生ずる。Rループの電子顕微鏡的解析は、*S1マッピングとならび、RNAが遺伝子DNAのどの部分に対応するかを決めるのに利用できる。

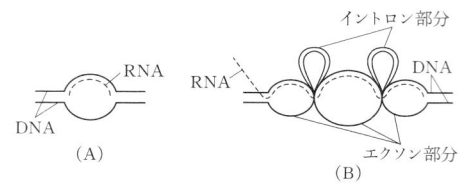

図: (A) RNA, DNA / (B) イントロン部分, エクソン部分

a **アレスチン** [arrestin] 《同》48 kDa蛋白質。網膜の視細胞や*松果体(上生体)に存在する水溶性の蛋白質で、受光受容体レベルで光情報伝達の遮断を担う。最初、モルモット網膜の水溶性画分から実験的自己免疫疾患惹起物質(S抗原)として発見され、のちに視細胞の光情報伝達を研究する過程で再発見された。分子量は約4万8000。ウシのアレスチンは434個のアミノ酸残基よりなり、βシート構造を多く含む。桿体視物質である*ロドプシンが光を受容すると、退色中間体(メタロドプシンII)となり、G蛋白質トランスデューシンを活性化するが、メタロドプシンIIはその後すみやかにリン酸化される。アレスチンは、リン酸化されたメタロドプシンIIと結合してトランスデューシンの活性化を阻害する。これによりトランスデューシンによるcGMP分解酵素(ホスホジエステラーゼ)の活性化が間接的に阻害される。

b **アレスト・フロント** [arrest front] 葉の発生過程において想定される細胞の増殖と分化の境界線。真正双子葉類では、葉の原基の基部で細胞増殖が、先端部では細胞伸長が見られる。その後シロイヌナズナの葉原基の場合、一定の期間、基部より一定の距離に保たれる。この境界面が乱れる変異体では、葉の平坦さが乱れることがある。そこで、葉の原基に細胞周期を停止させる前線として想定されたが、その分子的実体はまだ明らかではない。通常は、活発な板状分裂組織の活動が停止する前線をアレスト・フロントの位置と見なすが、その後にも残存する分散した細胞分裂に対する停止線をもう一つのアレスト・フロントと見なす意見もある。なお細胞周期を制御する因子を操作して葉の原基の細胞増殖を続けようとしても、一定期間の発生の後には、葉の原基は細胞周期を停止させる。この時、細胞は細胞周期から逸脱できないまま活動を停止するため、細胞伸長も不全に終わることから、アレスト・フロントは細胞分裂を停止させることができても、細胞周期から脱出させる機能まではもたないとされる。

c **荒地植物** [chersophyte] 乾燥の厳しい荒原に生える植物。例としてタイトゴメ、ヨモギ各種、サボテン類、ギョリュウ(タマリスク)。

d **アレナウイルス** [Arenaviridae] ウイルスの一科。arenaはラテン語で砂の意味で、ウイルス粒子内の砂状の顆粒(細胞由来の*リボソーム)を表す。ウイルス粒子は直径50〜300 nm(平均110〜130 nm)の多形性で、*エンベロープの内側にウイルスヌクレオ*キャプシドと直径20〜25 nmの細胞由来のリボソームを含む。ゲノムは2分節の一本鎖アンビセンスRNAからなる(ウイルス分類表では−鎖に分類されている)。齧歯類に持続感染しており、ヒトは齧歯類の尿で汚染された塵を吸い込むことにより感染する。本科に属するウイルスには、リンパ球性脈絡髄膜炎ウイルス(LCM virus)、タカリベウイルス(Tacaribe virus)、ラッサ熱ウイルス(Lassa virus)などがある。(⇒付録: ウイルス分類表)

e **アレニウスプロット** [Arrhenius plot] 反応速度と反応温度の関係を示す。アレニウスの式$k=A\exp(-\mu/RT)$における反応速度定数kの対数を絶対温度Tの逆数に対してプロットして得られる直線関係。μは活性化エネルギー、Rは気体定数、Aは頻度因子。この反応は酵素反応にも適用され、反応機構などの研究に用いられる。(⇒温度-反応速度関係)

f **アレリズム** [allelism] 《同》同座性、相補性(complementation)。複数の相同遺伝子が、単一遺伝子座上の異なる対立遺伝子(アレル)であること。相同であっても、過去の遺伝子重複で異なる遺伝子座となっている遺伝子どうしである場合もあり、これらは傍系相同(paralogous)であって、対立遺伝子ではない。以上は遺伝子系図から見た定義だが、古典的には表現型を調べてアレリズムを推定した。また多重遺伝子族の場合、遺伝子変換などのために、同一遺伝子座の対立遺伝子なのか、傍系相同遺伝子なのかの判別は必ずしもはっきりしない。対立・非対立遺伝子から2個の遺伝子を任意に選んだとき、それらが同座である率を同座性の割合(allelism rate)として示すことがある。なお、表現型として致死を示す遺伝子群を、特に致死同座性(lethal allelism)と呼ぶ。

g **アレルギー** [allergy] 広義には、抗原が抗体あるいは感作細胞と反応した結果生ずる、生体にとって有害な過敏反応のこと。過敏症と同義(⇒過敏症)。狭義には、I型アレルギー反応あるいは*アナフィラキシー反応を指し、*アレルゲンとアレルゲン特異的IgE抗体が関与した全身性、または局所性に急激に起こる即時型過敏反応である。

h **アレルゲン** [allergen] *アレルギー反応を誘導しうる物質の総称。実際には、喘息やじんましんなど、主に*アトピーの誘発原因抗原のことをいう。自然界でアレルゲンとなり得る物質は、花粉、粉塵(特に粉塵中に含まれるダニの死骸)、種々の食品や薬剤など多岐にわたり、Th2反応を誘発する*アジュバントとしての働きをもつ。最近では、アレルゲンの多くがシステインあるいはセリンを認識して蛋白質を分解する酵素(*プロテアーゼ)としての活性を保有することが分かってきている。ダニのアレルゲンDer p1は最もよく知られるプロテアーゼであり、肺上皮の表面蛋白質を壊すことにより、抗菌蛋白質を誘導するなどの自然免疫を誘導してアレルギー反応を惹起する。その結果、生体内でのIgE抗体の産生が飛躍的に増加することが、アレルギー反応の増幅に繋がるため、アレルゲンはアジュバント活性をもつと考えられている。

a **アレン-ドイジ試験** [Allen-Doisy test] 発情ホルモンの検定法の一つで，卵巣を摘出・除去した成熟ネズミに試験物質を投与して，*膣スミアテストで調べ，膣粘膜の完全な角質化を指標として，発情を惹起するかどうかを調べる方法．E. Allen および E. A. Doisy (1923)の開発．

b **アレンの規則** [Allen's rule] 恒温動物では一般に，同じ種の個体あるいは近縁の異種の間には，寒冷な地域に生活するものほど，耳，吻，首，肢，翼，尾などの突出部が短くなる傾向が見られること．J. A. Allen (1877)が明らかにした現象．体表面積を減少させ体熱の発散を防ぐのに役立ち，動物の体温保持に対する適応と説明される．(⇨ベルクマンの規則)

c **アロイオゲネシス** [alloiogenesis] 《同》混合生殖．*両性生殖と幼生生殖(⇨ネオテニー)とが交互に起こる*世代交代．寄生生活を送る動物(寄生虫)や一部の昆虫(双翅目タマカ科の仲間)に見られる．中でも扁形動物の吸虫類に属する二生類の生活環においては極めて普通に見られ，一つの受精卵から多数，時には無数の*セルカリアを生じ，それらが被嚢して*メタセルカリアとなり終宿主に摂取されると成虫になりうる．すなわち，受精卵に生じた*ミラジジウムは，中間宿主(主に巻貝類)に侵入し*スポロシストとなり，その体内に幼生生殖により多数の*レジアまたは娘スポロシストをつくる．これらはスポロシストを脱出すると再び幼生生殖により，娘レジアまたはセルカリアとなる．アロイオゲネシスに似たものに，両性生殖と*単為生殖が交互に繰り返される*ヘテロゴニーがあるが，幼生生殖も単為生殖の一形態である．

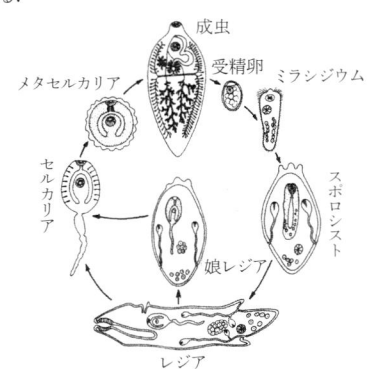

カンテツ(*Fasciola hepatica*)のアロイオゲネシス

d **アロキサン** [alloxan] メソシュウ酸のウレイド．膵臓のランゲルハンス島のβ細胞を特異的に破壊し，インスリンの分泌をとめることで動物に実験的に糖尿病(アロキサン糖尿 alloxan diabetes)を起こすことができる．これはアロキサンにより生じる活性酸素の作用であると考えられている．同様の作用は，グルコサミンのニトロ誘導体であるストレプトゾチシン(streptozotocin)によって起こすことができる．

e **アロサプレッサー** [allosuppressor] 《同》補抑制遺伝子，補抑圧遺伝子(allosuppressor gene)．単独では機能を発揮できない弱いサプレッサーと共存し，*サプレッションを起こさせる遺伝子．*サプレッサー遺伝子には働きの強弱があり，弱いサプレッサー単独ではサプレッションが起きないことがあるが，別の突然変異が共存すると働きの弱いサプレッサーでもサプレッションが起きる．厳密には，それ自体はサプレッサーとしては働きをもたない遺伝子もしくは変異のことをアロサプレッサーというべきであるが，現実には，アロサプレッサーとして同定された変異のほとんどは，弱いサプレッサーまたはその*対立遺伝子である．例えば，出芽酵母の細胞質因子 Ψ (psi) は，セリンを挿入する UAA サプレッサーに対するアロサプレッサーとして見出されたが，現在では弱い全能性のサプレッサーすなわちオムニポテントサプレッサー(omnipotent suppressor)であることがわかっている．また，同様の働きをもつ染色体上の遺伝子の突然変異もいくつか報告されている．

f **アロステリック効果** [allosteric effect] 酵素その他の蛋白質の一部において見られる活性調節機構の一つ．酵素がその基質とは立体構造が全く似ていない特定の代謝化合物によって可逆的に阻害あるいは活性化を受ける現象．J. L. Monod らはこのような酵素をアロステリック酵素(allosteric enzyme)と呼ぶことを提唱した(1963)．allo- はギリシア語で other を，steric は space を意味し，基質の結合部位とは別に活性調節物質との結合部位をもつ酵素という意味である．活性調節物質をアロステリックエフェクター(allosteric effector)といい，そのうち酵素を阻害するものをアロステリックインヒビター(allosteric inhibitor)，活性化するものをアロステリックアクチベーター(allosteric activator)という．酵素以外の蛋白質においても同様の現象は広く知られる．例えば，遺伝子発現の調節に関与する蛋白質である大腸菌のラクトースリプレッサーの場合，その DNA 結合能はアロステリックエフェクターである β-ガラクトシド化合物の結合によって抑制される．エフェクターは低分子物質とは限らず，異種蛋白質やその他の高分子物質である場合もある．現在では，エフェクターのアロステリック部位への結合に伴う蛋白質のコンフォメーション変化を介して，その蛋白質の本来の機能が調節される現象を広くアロステリック効果ということが多い．アロステリック効果を示す蛋白質を総称して，アロステリック蛋白質(allosteric protein)と呼ぶ．アロステリック蛋白質のもう一つの特徴は，多くの場合，基質やエフェクターの飽和曲線が，通常の直角双曲線を示さず，S 字型(またはシグモイド型)を示すことである．エフェクター非存在下に，反応速度(v)を基質の濃度に対してプロットすると，弱い S 字型(またはシグモイド型)を示す(図の b)．アロステリックインヒビターの存在下(+I)では v は低下し，強い S 字型を示し，基質の半飽和濃度は増大する(図の c)．一方，アロステリックアクチベーター存在下(+A)では v は増加し，S 字型はとんど消失する(図の a)．S 字型の飽和曲線はリガンド(基質またはエフェクター分子)の酵素に対する親和性が，自身の濃度の増加に伴って強くなることを意味するので，この現象をホモトロピック効果(homotropic effect)または協同性(cooperativity)という．これに対して，異種のリガンド間の相互作用による親和

性の変化をヘテロトロピック効果(heterotropic effect)という．基質とアロステリックアクチベーターのように互いに親和性を強め合い，協同性を低下させる効果を正の(positive)ヘテロトロピック効果，基質とインヒビターのように互いに逆の相互作用をするときには負の(negative)ヘテロトロピック効果という．古くから脊椎動物のヘモグロビンについてそのリガンドである酸素の飽和曲線がS字型になることが知られヘム-ヘム間相互作用(heme-heme interaction)と呼ばれてきたが，これは酸素の協同性として理解される．ヘモグロビンはアロステリック蛋白質である．(→アロステリック理論)

a **アロステリック蛋白質** ［allosteric protein］ →アロステリック効果

b **アロステリック理論** ［allosteric theory］ ＊アロステリック効果の発見の初期に，ヘテロトロピック効果とホモトロピック効果を定式化して統一的に説明するために提出された理論．モノー-ワイマン-シャンジュモデル(Monod-Wyman-Changeux model, MWCモデル, 1965)と，コーシュランド-ネメシー-フィルマーモデル(Koshland-Némethy-Filmer model, KNFモデル, 1966)がある．両モデルの特徴を捉えて，前者は協奏転移モデル(concerted transition model)(図a)，後者は逐次転移モデル(sequential transition model)(図b)ともいわれる．これらのモデルはアロステリック効果の分子機構のその後の研究に対して重要な指針を与えた．両モデルとも以下の2点を仮定する．(1)アロステリック蛋白質は，複数個(2〜8)の同一のプロトマー(protomer)の会合体である．プロトマーとはすべてのリガンド結合部位をもつ最小の機能単位と定義され，サブユニットと一致することが多い．(2)プロトマーは少なくとも活性型(○)と不活性型(□)の二つのコンフォメーション状態をとることができ，ヘテロトロピック効果は主としてプロトマー内のコンフォメーション(三次構造)変化を介して発現され，ホモトロピック効果はプロトマー間の相互作用の微細な変化あるいは大きな変化(四次構造の変化，すなわちプロトマーの会合構造の変化)を介して発現される．両モデルの相違点は，MWCモデルでは，会合体におけるプロトマー間の制約が強く，プロトマーのコンフォメーション変化(□⇄○)は一斉にすなわち協奏的にしか起こらないと仮定する．これに対してKNFモデルでは，会合体の内部でリガンド(S)と結合したプロトマーは単独でもコンフォメーション変化をすることができ，その変化がリガンドを結合していない隣接するプロトマーのコンフォメーション変化のしやすさに影響を及ぼすと仮定する．リガンドと結合したプロトマーのみが逐次的にもう一つのコンフォメーション状態に転移するのである．KNFモデルの数式は多くのパラメータからなり大変複雑であるのに対して，MWCモデルはパラメータが少なく単純である．数式的にはMWCモデルはKNFモデルに含まれ，その中の極端な場合であるともいえる．MWCモデルによく合致する例としては大腸菌のアスパラギン酸カルバモイル基転移酵素(EC2.1.3.2)が，KNFモデルによく合致する例としては，ヘム-ヘム相互作用を示すウマのヘモグロビンがある．現在ではX線結晶解析や部位特異的変異導入による解析などを組み合わせてアロステリック効果の分子機構が詳細に解明されたものも多く，基質とエフェクターがどちらにとっても必要な可動性のループをとりあったり，一方の

プロトマーのループ上のアミノ酸残基が隣接するプロトマー上でリガンドの結合部位を形成していたりする例もある．

(a) 協奏転移モデル

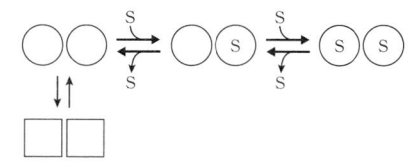

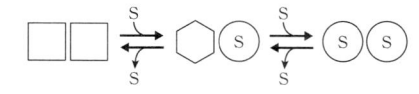

(b) 逐次転移モデル

c **アロ接合体** ［allozygote］ 二倍体生物の常染色体において，それぞれの相同染色体上のある特定の遺伝子座を考えたとき，ある個体のもつ2個の相同遺伝子が，それぞれ異なる祖先遺伝子から由来している状態．これに対して，これら2個が同じ祖先遺伝子から由来している状態をオート接合体(autozygote)と呼ぶ．ただし，遺伝子系図を遡れば，どの相同遺伝子も共通祖先をもち，すべてがオート接合体とみなされてしまうため，遡る世代を4代前までなどと限定した場合に用いられる．

d **アロタイプ** ［allotype］ 広義には種々の生体内物質にみられる同一種内での遺伝的多型性，一般的には＊免疫グロブリン分子について，同一種内の個体間に認められる遺伝的に異なった抗原性(同種抗原性)をいう．これに対し，免疫グロブリンの同種内全個体に共有される抗原性(種特異抗原)をアイソタイプ(イソタイプ isotype)，個々の免疫グロブリン分子の可変部領域に固有な抗原性をイディオタイプ(idiotype)と呼ぶ．アロタイプは，多くの場合免疫グロブリン分子の定常部領域のアミノ酸が，同種個体間で1個からせいぜい数個まで異なることに起因している．ヒトの場合，IgG1, IgG2, IgG3, IgA, IgMのH鎖およびκ型L鎖上のアロタイプはそれぞれ，G1m, G2m, G3m, A2m, MmおよびKmと表記される．各免疫グロブリンには複数個のアロタイプが存在することが知られているが，ヒトのIgD, IgE, λ型L鎖上にはアロタイプは同定されていない．アロタイプの解析から，個々の免疫グロブリン産生細胞においては，父型あるいは母型のいずれかの免疫グロブリン遺伝子だけが発現し，両方が同時に発現されることはないことが示され，この現象を対立遺伝子排除(allelic exclusion)と呼ぶ．

e **アロマターゼ** ［aromatase］《同》芳香化酵素．広義には，＊テストステロンからエストラジオールへの芳香化反応を触媒する酵素．この反応では，まずテストステロンの19位のメチル基が2段階にわたって水酸化され，ジヒドロキシ体になる．この段階はステロイド19-ヒドロキシラーゼによって触媒される．次に脱メチル化および芳香化が行われる(狭義のアロマターゼ)．これらのいずれの反応の際にも分子状の酸素とNADPHを必要とする．アロマターゼ活性は胎盤・卵巣・精巣に多い．アロマターゼ阻害剤は女性ホルモンである＊エストロゲンの生成を抑制するため，乳癌治療に用いられる．(→

シトクロム P450, ⇌エストラジオール-17β)

a **アロメトリー** [allometry] 相対成長に基づく非比例的成長関係を表す語．J. S. Huxley らにより用いられはじめた．アロメトリーを相対成長と訳す場合も多い（⇌相対成長率）．Huxley および G. Teissier は独立に，$y=bx^a$ の式が広く妥当することを提唱した．一般に y は成長中の部分(器官)の大きさ，x は他の部分，y の部分を除いた残り全部，または全体の大きさであるが，x と y が長さと重さを表す場合もある．b および a は定数で，b は初成長指数(initial growth index)，a は*平衡定数と呼ばれる．上式を両辺対数のグラフに描けば直線になる．また，両辺を t (時間)に関して微分すると，

$$\frac{1}{y}\frac{dy}{dt}=a\frac{1}{x}\frac{dx}{dt}$$

となり，比成長率の比が一定であることを表す．逆にアロメトリーの式は，この仮定から導くことができる．しかし，例えば全体と部分のアロメトリーの場合に，全体の中にはその部分が含まれるなど，アロメトリーの式の適用には種々の問題があり，一般に描かれるのが両辺対数のグラフであるためにその問題が表面化しないという指摘もある．ただアロメトリーの式が多くの場合，少なくとも近似的に妥当することは認められており，グラフにおける直線の屈折や不連続点は成長の様相に変化が生じていることを示す．甲殻類の十脚類における鋏と胴部の成長，ネズミの内臓重と全体重の関係などは，アロメトリーの式の適用される好例．アロメトリーの関係は，個体の成長の場合をこえて異なる個体間の大きさの比較に拡張され，特に古生物学的議論や進化の研究に適用されることも多く，このため個体内のアロメトリーを特に個体発生的アロメトリー (ontogenetic allometry, heterauxesis) と呼び，ほかを*アロモルフォシスと呼ぶ区別がなされる．

b **アロモルフォシス** 【1】 [allomorphosis] 異種類の生物の相対成長的関係で，広義の*アロメトリーの一部．進化系統上の種類間アロモルフォシス (lineage allomorphosis) に関しては，例えばウマの進化を示す化石資料について，顔面の長さと頭蓋の長さのアロメトリーを調べると *Hyracotherium* より *Miohippus* まではほぼ等しいアロメトリー関係を示し*平衡定数 $a≈1.8$ であるが，*Merychippus* からは初成長指数 b が増大し a が小となる傾向を示す．現生ウマの個体発生では，その初期において $a=1.5$ で *Hyracotherium* から *Miohippus* までの成体と大差ないが，b は後者より大であるらしい．このような研究は，進化にともなう体制変化の法則性を求めるのに役立つ．

【2】[aromorphosis] 進化において大きな系統(哺乳類や昆虫類，あるいはそれらに属する翼手類や甲虫類など)の発出，換言すれば新しい*体制(独 Bauplan)の形成が，多少とも飛躍的に，いずれにしても著しく速やかに行われてきたという考え．A. N. Sewertzoff (1931) の提唱で，彼はこうして生じた体制が諸種の生活環境に順次に適応し分岐していく過程を個別適応と呼んだ．なお以前に A. E. Parr (1926) はアロモルフォシスに相当する過程を「本来の系統発生」，個別適応に当たるものを適応生成 (独 Adaptiogenese) と名づけた．

c **アロモン** [allomone] 生物によって生産される物質で，自然界で他種の生物に行動的あるいは生理的な反応を引き起こし，その生産者に適応的によい結果をもたらすような化学的メッセンジャーとして働くもの．W. L. Brown ら (1970) が提唱した語．例えば花のにおいはアロモンの一種であり，昆虫を訪花させ，その結果，花には花粉媒介が行われる．動物の分泌する防御物質もこれに属する．警報フェロモンはアロモンとして作用することもある．（⇌カイロモン，⇌フェロモン）

d **暗域** [opaque area ラ area opaca] 鳥類の発生初期の胚盤葉の周域で，明域をとりかこみ，卵黄を多く含む細胞からなるために明域に比べて不透明に見える部域．この部分には胚は形成されない．（⇌胚体外域，⇌血管域）

e **暗回復** [dark repair, dark reactivation] 紫外線照射によって損傷を受けた細胞の DNA が，可視光を必要としない反応によって修復され，細胞の増殖能を回復する現象．これに対し，可視光を必要とする DNA 修復を光回復と呼ぶ．暗回復の機構としてはヌクレオチド*除去修復と*複製後修復がある．ヌクレオチド除去修復では，紫外線によって生じたピリミジン二量体などが一連の酵素の働きによって DNA から除去され，生じたギャップが修復合成によって埋められ，完全な DNA となる．複製後修復では，損傷を残したまま DNA 複製が進行したのちに修復される．暗回復の語は，通常は光回復と対比的に DNA の紫外線損傷に対して用いられるが，機構としては電離放射線や化学物質による DNA の損傷の修復にも関与する．

f **アンカー細胞** [anchor cell] 線虫の発生において，生殖巣と産卵口を結びつける細胞．アンカー細胞は産卵口組織を形成しうる 6 個の細胞の発生運命を決定する．すなわち，最も近い 1 個の細胞とその両側の計 3 個の細胞はアンカー細胞の*誘導によって 3 回分裂して産卵口を形成し，他の 3 個は 1 回分裂して皮下組織細胞となる．アンカー細胞を破壊するとこれら 6 個の細胞はいずれも 1 回分裂して皮下組織を形成する．アンカー細胞自身の*分化は *lin-12* 遺伝子の産物によって制御されていて，*lin-12* の優性変異体ではアンカー細胞の前駆体細胞は子宮前駆細胞に分化する．このようにアンカー細胞の分化と働きは，線虫における遺伝子発現による細胞分化の方向の決定と，細胞間相互作用の例をよく示している．

g **アンガラ大陸** [Angara land] *テチス海を隔てて*ゴンドワナ大陸と相対していた古生代後期の古大陸．現在のシベリアからチベット高原までがほぼこれに当たる．E. Suess の命名．この大陸を特徴づけるアンガラ植物群はゴンドワナ大陸の植物群と対置されるが，典型的にはアンガラ大陸の北半部に分布し，中国やヨーロッパ，北米には異なった植物群が知られる．

h **アンギオテンシン** [angiotensin] 肝臓で合成され血液中に分泌される糖蛋白質である前駆体アンギオテンシノゲン (angiotensinogen) が，血液中で種々の酵素の働きをうけて生成されるペプチドの総称．アンギオテンシノゲンは，腎臓の傍糸球体装置から分泌される*レ

ニンの作用によりアミノ酸10個からなるアンギオテンシンIとなる．そして血液中の変換酵素によってC末端の2個のアミノ酸が切断されてアンギオテンシンIIとなる．さらにアンギオテンシンIIのN末端のアミノ酸1個が切断されたアンギオテンシンIII, さらにN末端のアミノ酸1個分切断されたアンギオテンシンIVも存在する．これらの中で最も生理活性の高いのはアンギオテンシンIIで，これは血管の平滑筋を収縮させて血圧を上昇させるほか，水やナトリウムの摂取を促進する．また，腸からの水分とナトリウムイオンの吸収を促進し，直接尿細管に働いて水分やナトリウムイオンの再吸収を促進するほか，下垂体後葉からの抗利尿ホルモンの分泌と副腎皮質からの*ミネラルコルチコイドの分泌を促進することによって間接的に同様の結果をもたらす．このようにさまざまな効果が見られるが，体内に水と電解質を吸収し保持するように働くと理解される．

a **暗呼吸** [dark respiration] 光合成生物において，光合成が完全に停止する暗黒条件で測定される*呼吸．真核生物の場合の反応はミトコンドリア中で生じ，従属栄養生物の呼吸に相当．光合成生物の呼吸測定は，光照射下では光合成が働くため，従来から暗黒下で行われてきた．光照射下においては光合成組織で*光呼吸が働くために，呼吸総量は暗呼吸よりも大きい．

b **暗黒期** [eclipse period] ウイルスが宿主細胞に感染する際，*吸着後その核酸が細胞内に放出され，感染粒子としての機能と形態が失われる期間．これに続く一連の細胞内の反応によってウイルス粒子の構成成分が合成され，それが集合して感染粒子がふたたび細胞内に現れる．

c **アンサマイシン系抗生物質** [ansamycin antibiotics] 芳香環が炭素鎖によって架橋された構造を特徴とする抗生物質の総称．放線菌によって生産される芳香環ナフタレンを有するリファマイシンやベンゾキノン環を有するゲルダナマイシンなどが知られる．リファマイシンの半合成品であるリファンピシンは，結核やハンセン病の治療薬として臨床で使用される．細菌の*RNAポリメラーゼに直接作用しRNA合成の開始反応を阻害することで抗菌力を示す．一方，ゲルダナマイシンは，熱ショック蛋白質であり，シャペロンの機能をもつHsp90に作用する．ゲルダナマイシンは抗腫瘍性活性を示すことが知られ，Hsp90の創薬ターゲットとしての可能性が期待される．

ゲルダナマイシン

d **暗視野顕微鏡** [dark field microscope] 照明光を直接視野に入れずに散乱光だけで標本を観察するようにした光学顕微鏡．通常，専用の暗視野コンデンサーを用いてコンデンサーレンズの周辺部を通った光のみを利用して，標本を斜めから照明する．これにより，照明光が直接対物レンズに入らないようにして，標本に当たった反射光だけを観察する．暗黒視野の中に試料部分だけが輝いて見えるため高コントラストで微細な構造が認識しやすく，藻類や細菌の鞭毛の観察などに多用される．なお，暗視野顕微鏡のうち，通常の光学顕微鏡の分解能を超えた 0.2〜0.004 μm の微粒子の存在を観察する目的で使用する場合，限外顕微鏡(ultramicroscope)と呼ばれる．

e **暗順応** [dark adaptation] ⇒明暗順応

f **アンセリジオール** [antheridiol] ミズカビ類のワタカビの一種 *Achlya bisexualis* の雌性株から1967年に T. C. McMorris らが単離した性ホルモン．J. R. Raper によりホルモン A (hormone A) と命名されていた物質に相当し，雌性株の栄養菌糸から分泌され，雄性株に造精器の原基形成を誘導するような効果をもつ．構造はスチグマステロールの炭素骨格をもったステロイドの一種で，分子式は $C_{29}H_{42}O_5$, 分子量470，融点250〜255°C (G. P. Arsenault ら，1968)．

g **アンセロゾイド** [antherozoid] ツボカビ類のサヤミドロモドキ類の有性生殖法でみられる雄性の運動性配偶子(精子)．雄性配偶子嚢である造精器から放出されるアンセロゾイドは，水中を遊泳して雌性配偶子嚢である生卵器に達し，その中の卵と結合して細胞質融合を行い，厚壁の卵胞子となってから核融合が起こる．

h **アンタゴニスト** [antagonist] [1] ある生体作用物質(*アゴニスト)の受容体(レセプター)への結合に拮抗的に働き，それ自身はその受容体を介した生理作用を示さない物質．拮抗薬，遮断剤，阻害剤などと呼ばれるものの多くはこれに属し，例えばβ型の*アドレナリン作動性受容体を介するアドレナリンの作用に対するアンタゴニストとしては，プロプラノロール(propranolol)やジクロロイソプロテレノール(dichloroisoproterenol)がよく知られている(⇒拮抗作用)．[2] 拮抗関係にある骨格筋(拮抗筋)の一方．

i **アンチコドン** [anticodon] 遺伝暗号の*コドンと相補的な関係にある3塩基の配列．tRNA 分子のほぼ中央に位置し(⇒クローバー葉モデル)，*蛋白質生合成の過程でmRNA 上のコドンを介した生理作用することで，コドンとアミノ酸の間の特異的な対応づけが行われる．アンチコドン1字目とコドン3字目の対合にはゆらぎ(wobble)が存在する．(⇒ゆらぎ仮説)

j **アンチセンス RNA** [antisense RNA] 標的とするRNA(センスRNA，主にmRNA)に対して相補的な塩基配列をもち，塩基対合による分子間結合を介してRNA の機能発現に影響すると考えられるRNA の総称．細菌に見られる遺伝子発現制御機構として，ある特定のmRNA に対して相補的な RNA が遺伝子発現の制御因子として働いている例がいくつか知られている．これらの場合，アンチセンスRNA はmRNA上の翻訳開始領域付近と相補的配列を有しており，主として翻訳過程に影響するが，作用機構の詳細が明らかでないものも多い．また，真核生物でもアンチセンス RNA であると考えられる転写産物 RNA が多数知られるようになり，遺伝子機能の発現に関与する可能性が検討されている(⇒RNA干渉)．一方，アンチセンス RNA は任意の標的遺伝子

に対して人工的かつ容易に作製することができるので、アンチセンスDNAとともに人為的な遺伝子発現制御の一つの手法として多くの試みがなされており、いくつかの成功例も報告されている。

a **アンチマイシンA** [antimycin A] *Streptomyces*が生産する抗真菌性抗生物質。ジラクトン骨格をもつ類似した構造の化合物が10種以上報告されている。ミトコンドリアの電子伝達系(呼吸鎖)の複合体Ⅲに結合し、シトクロムbからシトクロムc_1への電子伝達を強く阻害する。

アンチマイシンA_1 : R=n-ヘキシル
アンチマイシンA_3 : R=n-ブチル

b **アントグラム** [anthogram] 《同》花状図。開花状態を示す図表。Rickett(1946)の創案。主に開花の開始・正開・凋萎・閉花の時間的関係を示し、相互の区別を容易にする意図で考案された。

c **アントシアニジン** [anthocyanidin] ⇌アントシアニン

d **アントシアニン** [anthocyanin] 《同》アントシアン(anthocyan, 旧称)。2-フェニルベンゾピリリウム構造をもつ*フラボノイド系植物*色素の総称で、花、果実、葉、茎、塊茎、種皮などの橙、赤、紫、青、黒色を示す物質。語源はL.C. Marquart(1835)の命名した青花素。天然の色素は全て配糖化されており、色素を加水分解して糖を除いた発色団部分(*アグリコン)をアントシアニジン(anthocyanidin)という。アントシアニジンの構造はA, B, C環部上のOH基やOMe基の位置と数の違いにより種々ある。代表的な6種類を右に示した。アントシアニンの構造は、アントシアニジンのOH基が種々の糖(グルコース、ガラクトース、キシロース、アラビノース、ラムノースその他やこれらからなるオリゴ糖など)で配糖化されたもので、さらに、糖のOH基に有機酸(酢酸、マロン酸、p-クマル酸、*コーヒー酸、p-ヒドロキシ安息香酸など)が1〜数残基結合する場合もあり多様である。植物組織においては、細胞質で生合成され液胞(vacuole)へ輸送され蓄積する。生合成に関しては、4,2′,4′,6′-テトラヒドロキシカルコン(→オーロン)からアントシアニジンまでの経路、およびアントシアニジンの3位、5位の配糖化に関与するほとんど全ての酵素と構造遺伝子が明らかになっている一方で、多数のアシル基の導入や液胞への輸送機構については不明な点が多い。アントシアニンの生合成は、光や温度、栄養状態、ストレスなどによって影響を受ける。同一植物体でも組織によって色素の構造は異なり、また、培養細胞(カルス)に誘導すると色素の構造が単純化するのが一般的である。アントシアニンは単体分子では酸性で赤色、中性で紫色、アルカリ性で青色を呈する。これはアントシアニジンの化学構造が液性で変化することによるが、強酸性のフラビリウムイオン型以外は水溶液中では退色する。植物における発色や安定性は、色素の化学構造、濃度、*液胞pH(水素イオン濃度)、共存する助色素(co-pigment)、金属イオンによって影響を受ける。通常の液胞pHはおおよそ3〜6.5とされるため紫から青色の発色には、数々の色変化と安定化のための因子が関与する。代表的なアントシアニンを挙げると、紫色キク花弁、ヤマザクラ花弁、クロダイズ種皮、紅葉には全て最も単純なアントシアニンの一つであるシアニジン3-グルコシド(クリサンテミン chrysanthemin)が含まれる。青色アサガオの色素はグルコースを6残基とコーヒー酸を3残基含むアントシアニンである。青色ヤグルマギクや青色ツユクサの花弁色素は6分子のアントシアニンが2原子の金属イオンの錯体となり、さらに6分子のフラボン分子が会合した分子量が8000を超える超分子色素のメタロアントシアニン(metalloanthocyanin)である。アントシアニンの生理機能には虫媒作用の他に紫外線防御能がある。動物に対する機能として他のポリフェノール類と同様に抗酸化作用を基とする抗動脈硬化や抗アレルギー、抗がん作用の報告がある。

R^1	R^2	
H	H	ペラルゴニジン
OH	H	シアニジン
OMe	H	ペオニジン
OH	OH	デルフィニジン
OMe	OH	ペチュニジン
OMe	OMe	マルビジン

代表的なアントシアニジンの種類と構造

シアニジン 3-グルコシド(クリサンテミン)

青色アサガオ色素

e **アントシアン** [anthocyan] ⇌アントシアニン

f **アントラキノン** [anthraquinone] 《同》9,10-アントラセンジオン(9,10-anthracenedion), 9,10-ジオキソアントラセン(9,10-dioxoanthracene)。$C_{14}H_8O_2$ 三つのベ

ンゼン環が平行に縮合したアントラセンの9,10キノン．誘導体はアカネ科，タデ科，クロウメモドキ科，マメ科の種子植物や菌類，昆虫に分布．中でもアカネ科セイヨウアカネ(Rubia tinctorum)に含まれるアリザリン(alizarin)は媒染染料として，カイガラムシ(エンジムシ Dactylopius coccus Costa)に含まれるカルミン酸(carminic acid)はコチニール色素として，ともに古くから天然着色料として広範囲に用いられる．前者は*ナフトキノン，後者は酢酸から生合成される．アントラキノン染料は一般に色調が鮮明で，耐光堅牢度が高く，化学的には単純な縮合多環式で，安定だが過敏症を引き起こす．有機半導体素材としても注目される．

a **アントラサイクリン系抗生物質** [anthracycline antibiotics] 主として放線菌によって生産される配糖体で，橙色ないし赤紫色を呈する抗生物質の一群．抗菌性・抗腫瘍性・抗ウイルス性活性を示すものが多い．アントラキノン誘導体である7,8,9,10-テトラヒドロ-5,12-テトラセノキノンを母核にもち，それに糖が結合した配糖体の形で得られる．糖が結合していない母核すなわちアグリコンをアントラサイクリノン(anthracyclinone)と呼ぶ．化合物の色は発色団であるアグリコンの構造によって決まり，C-10位に置換基をもたず，C-9位の側鎖にカルボニル基をもつダウノマイシン，C-10位に水酸基またはカルボメトキシ基をもち，C-9位の側鎖にカルボニル基を欠くロドマイシノン，ピロマイシノンなどのアグリコンが知られている．アントラサイクリン系抗生物質のうちダウノマイシン(daunomycin, WHOの一般名はダウノルビシン daunorubicin)，アドリアマイシン(adriamycin, ドキソルビシン doxorubicin)，アクラシノマイシン A (aclacinomycin A, アクラルビシン aclarubicin)などが白血病や各種の腫瘍に対して臨床的に用いられている．アントラサイクリン系抗生物質の主な作用機構は，DNAに結合(インターカレート)してDNAを鋳型とするRNAポリメラーゼおよびDNAポリメラーゼ反応を阻害することにある．条件によっては，キノン部分の酸化・還元を介して生じるフリーラジカルによりDNA鎖切断も生じる．

アントラサイクリノン
アドリアマイシン
アクラシノマイシンA

b **アントラニル酸** [anthranilic acid] o-アミノ安息香酸にあたる物質．生体内では，トリプトファン代謝の中間体として佐々木隆興(1923)によって見出された．インドールまたはキヌレニンを経て生成し，さらにカテコールまたはヒドロキシアントラニル酸に変化する．なお微生物では芳香環合成により，シキミ酸からアントラニル酸を経てトリプトファンが合成される．

c **アンドロゲン** [androgen] 《同》男性ホルモン，雄性ホルモン．雄性ホルモン作用をもつ*ステロイドホルモンの総称．炭素19個からなるアンドロスタン骨格をもつステロイドをすべて含めることもある．精巣のライディッヒ細胞で合成される*テストステロン，アンドロステンジオン(androstenedione)，デヒドロエピアンドロステロン(dehydroepiandrosterone, DHEA)，デヒドロアンドロステロン dehydroandrosterone)などが代表例で，副腎皮質の網状層でもアンドロステンジオン，デヒドロエピアンドロステロン，アドレノステロンなどが合成され血中に分泌されている(⇌副腎性性ホルモン)．また，ウズラでは小脳のプルキニエ細胞などでテストステロンが合成される．生体内における合成は，プロホルモンであるプレグネノロンより17αヒドロキシプレグネノロンを経てDHEAとなる．DHEAはさらに，多数の酵素の関与のもとでアンドロステンジオン，アンドロステロン(androsterone)，テストステロンなどに変換される．精巣で合成されるアンドロゲンは種特異性を示すものがあり，ブタのアンドロスタ-4,16-ジエン-3-オンのように*性ホルモンとして作用したり，11-オキソ(ケト)テストステロンのように魚類の重要なアンドロゲンとして強い生理作用をもつものもある．アンドロゲンは雄の胎生期において大量に合成され性分化に関わる(アンドロゲンシャワー)ほか，雄性生殖器官(輸精管，前立腺，精嚢，精巣上体，外部生殖器)の機能維持，二次性徴の発現，精子形成の促進，骨格筋などにおける蛋白質同化作用の促進などの作用をもつ．また，視床下部や下垂体に働いて負のフィードバック機構により*黄体形成ホルモンの分泌を抑制する．これらの標的器官のうち，前立腺や精嚢などで作用するアンドロゲンは*5α-ジヒドロテストステロンである．プレグネノロンからアンドロゲンを生合成する酵素系は滑面小胞体に局在するが，その生合成経路はΔ^4-経路とΔ^5-経路の2系統があり，動物種により異なる．雄性ホルモン作用は，未成熟または去勢ラットの精嚢腺，前立腺などの重量増加，孵化直後のニワトリのとさかの重量増加などを指標として検定される．

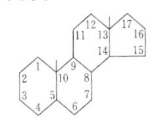

アンドロスタン骨格

d **暗発芽** [dark germination] 光の刺激なしに暗所で種子が発芽すること．*光発芽と対置．この性質を示す種子を暗発芽種子(dark germinater)と呼ぶ．クロタネソウやカボチャ，ケイトウなどに見られる．また，栽培品種では暗発芽するものが多い．光発芽と暗発芽の違いは遺伝的要素のみで決まるわけではなく，例えば長期保存，高温処理，*春化処理などにより，光発芽性をもった種子も暗発芽するようになる．シロイヌナズナの*フィトクロム分子種欠損変異株を用いた研究から，暗発芽性は休眠種子に既に存在する活性型(Pfr型)フィトクロムによって部分的に説明できることが分かった．

e **アンバー突然変異** [amber mutation] ⇌ナンセンス突然変異

f **暗反応** [dark reaction] *光生物学的反応のうち，光量子が生体色素に吸収されることによって引き起こされるごく短時間の明反応(light reaction)過程に引き続いて起こる，光を必要としない一連の反応過程．また，*光受容体において，光反応によって変化した色素もし

くは蛋白質の状態が，暗条件で回復もしくは安定状態に到達する反応も暗反応という．いずれの場合でも，暗反応が十分進行するまでは，次の明反応（光反応）は起こらないことが多い．古く，F. F. Blackman (1905) が*光合成を明反応と暗反応の二つの過程に分けたことに由来するが，その後「暗反応」とされた炭素同化の反応も暗所では進行しないことが明らかとなり，現在では光合成の具体的な反応機構を指す言葉としては使用しない．一方，「明反応」という言葉は，本来は光によって直接駆動される反応を指すべきだが，歴史的な経緯により，実際は*シトクロム b_6f 複合体の反応や，場合によってはATP合成の反応までも含める例がある．現在では，暗反応の場合と同様に具体的な反応機構・成分を示す言葉としての使用は避けられる．

a **アンビセンス RNA** [ambisense RNA] RNAウイルスのゲノムの一種で＋と－のモザイク構造をもつウイルス RNA．蛋白質合成の鋳型となる鎖性を＋，その相補鎖を－と定義したとき，＋鎖RNAゲノムをもつウイルス，－鎖RNAゲノムをもつウイルスが存在する．また，＋，－の両者からなるアンビセンス RNA をゲノムとしてもつウイルスを，アンビセンス RNA ウイルス（ambisense RNA virus）と呼ぶ．*ブニヤウイルス科（の一部），*アレナウイルス科の動物ウイルス，テヌイウイルス属の植物ウイルスに，その存在が知られている．

b **アンフィテシウム** [amphithecium, pl. amphithecia] 胞子や種子などの繁殖用の小体を入れる器官 (theca) をとりまく基質的な構造物の総称．[1] 子嚢地衣類の子嚢盤（裸子器）をとりまく菌体の部分．この菌体の中に藻類がある場合もある．[2] コケ植物の若い*蒴（*胞子嚢）の外層．これに対し，組織形成上内部のものをエンドテシウム (endothecium) という．蒴の発生において，頂端部の分裂により，横断面で内外2層（外層がアンフィテシウム，内層がエンドテシウム）が形成され，それぞれの垂層 (anticlinal) と並層 (periclinal) の分裂面による細胞分裂により蒴の各部が作られる．アンフィテシウムからは蒴壁細胞から胞子室外壁細胞までが，エンドテシウムからは胞原組織，胞子室内壁細胞，*軸柱が形成される．例外的に，ミズゴケ類とツノゴケ類では胞原組織はアンフィテシウムから分化する．多くの蘚類では，蒴上部のアンフィテシウムから*蒴歯が分化する．また，苔類では軸柱は分化しない．

c **アンフィボリック代謝経路** [amphibolic pathway] 合成的な役割と分解的な役割をあわせもつ代謝経路．代謝経路の中には解糖系のように主として分解的 (catabolic) なものと，アミノ酸やポルフィリンの合成系のように合成的 (anabolic) なものとがある．これらに対して，例えばクエン酸回路などはピルビン酸の分解といった分解的な役割と，α-ケトグルタル酸，オキサロ酢酸のようなアミノ酸合成，あるいはアセチル CoA のような脂肪酸合成のための前駆体を供給するといった合成的な役割との両面をもっている．このような代謝経路を，両方という意味をもつギリシア語の amphi を付して amphibolic 代謝経路と呼ぶ．

d **アンフィミクシス** [amphimixis]《同》両性混合．A. Weismann が，両性の*イディオプラスマが混合する意味に用いた語．*アポミクシスと対する概念．両性配偶子の合体による通常の*有性生殖をいう．

e **アンフィンゼン** ANFINSEN, Christian Boehmer 1916～1995 アメリカの生化学者．酵素蛋白質の構造と機能の関連に注目し，ヌクレアーゼのアミノ酸配列の決定などを行った．蛋白質構造の集団差を進化の観点から比較する研究の開拓者の一人．1972年，リボヌクレアーゼの研究でノーベル化学賞受賞．［主著］The molecular basis of evolution, 1959.

f **アンプル** [ampulla]《同》アンピュラ．一般に種々の動物体における膨張部で，瓶形の部位の総称．[1] 棘皮動物の瓶囊．[2] 多くの無脊椎動物体にある囊状の薄膜組織の総称．例えばサンゴモドキ類の骨格内で，生殖体を収める囊，ムカシゴカイ類の*触手の基部にある囊（tentacular ampulla）など．[3] 昆虫の補助拍動器官．[4] 脊椎動物の瓶器．（→半規管）

g **アンモナイト類** [ammonites ラ Ammonoidea]《同》菊石類．軟体動物門頭足綱の一目あるいは一亜綱で，*デボン紀より現れ，*中生代の末期に絶滅した化石動物．*オウムガイ類とその殻の構造が似ているので，それとともに四鰓類に編入されていたが，採餌器官である歯舌や胚殻の内部構造はオウムガイ類より現生イカ・タコ類（鞘形類）と類似することから，最近ではアンモナイト類と鞘形類を一括して新頭足類 (neocephalopoda) として，オウムガイ類と区別するものが多い．殻は通常，平面内で巻き，最大の種で長径2.5 m．殻の体制はオウムガイ類同様外殻性で多数の隔壁で仕切られた気房部と，それに続く軟体部主部を収容した住房部からなる．気房部の腹側を体管が走る．ただし原始的なクリメニア類では背側にある．隔壁と殻の縫合部を縫合線と呼び，時代が新しくなるにつれてとみに複雑になる傾向がある．すべて海生で自由遊泳性，浮遊性あるいは底生性の生態をもっていたと考えられている．各種の生存期間が限られていることと，汎存的に分布することで，地質時代の編年に有用である．形態が多様であり，かつ殻内部に幼体の殻を温存するため，殻形態の個体発達が調べられるので，それの比較と地層の上下関係から系統がたどられ，進化研究の良い資料とされる．アナルセステス類（デボン紀）・クリメニア類（デボン紀）・ゴニアタイト類（デボン紀～*ペルム紀）・プロレカニテス類（デボン紀～*三畳紀）・セラタイト類（ペルム紀末～三畳紀）・アンモナイト類（*ジュラ紀～*白亜紀）・フィロセラス類（三畳紀～白亜紀）・リトセラス類（ジュラ紀～白亜紀）の八つの部類（亜目あるいは目）が知られ，その大分類は縫合線のタイプによる．特にジュラ紀初期の爆発的な形態変化（*爆発的進化）が知られる．海退時に浅海性の多くの種類が絶滅したが，特にデボン紀末，ペルム紀末，三畳紀末，白亜紀末に著しかったことも，進化史上の顕著な事実である．約200科1500属1万種以上が知られている．

h **アンモニア酸化菌** [ammonia-oxidizing microbe, ammonia oxidizer] *硝化菌のうち，アンモニアを亜硝酸まで酸化する原核生物の総称．大部分は独立栄養性（→独立栄養）であるが，従属栄養性でアンモニア酸化を行う菌も存在する．*バクテリアドメイン，*アーキアドメインの双方に存在する．細菌においては，ベータプロテオバクテリア綱ニトロソモナス科 (Nitrosomonadaceae) に属する *Nitrosomonas*, *Nitrosolobus*, *Nitrosospira* の各属が知られているほか，ガンマプロテオバクテリア綱*クロマチウム科に *Nitrosococcus* が含まれる．アンモニア酸化の第一段階はアンモニア→ヒドロキシルアミンと考えられている．第二段階の酸化はヒド

ロキシルアミン→亜硝酸で，ヒドロキシルアミン酸化還元酵素により触媒される．ヒドロキシルアミン酸化の電子伝達系は*シトクロムc，*シトクロムc酸化酵素などからなり，一般に細胞内の内膜構造に局在する．海洋，土壌などに広く分布し，自然界の窒素循環に重要な役割を担っているほか，廃水処理系における窒素除去プロセスにおいても必須の菌群である．

a **アンモニア排出動物** [ammonotelic animal] 蛋白質代謝の最終産物として生じたアンモニアをそのまま体外に排出する(アンモニア排出 ammonotelism)動物．水生無脊椎動物は，すべてほとんど完全なアンモニア排出動物である．硬骨魚類は鰓から全窒素排出物の80〜90％を排出するが，その大部分はアンモニアで，尿素は淡水魚で全窒素の10〜20％，海水魚で20〜40％である．肺魚は水中生活のときアンモニア(65％)と尿素(35％)を排出するが，夏眠中はすべてを尿素として体内に蓄積し，夏眠がさめると一時に排出する．カエルは幼生時代にはアンモニア排出動物であるが，変態期以後は尿素排出動物となる．アンモニアは生体にとって毒性があるため，ただちに体外に放出する必要がある．水の少ない環境に生息する陸生動物では，適応的にアンモニアを毒性の少ない尿素や尿酸に変える能力が獲得されたと考えられる．(⇨尿素形成，⇨尿酸形成)

イ

a **胃** [stomach ラ ventriculus] [1] 脊椎動物の消化器で,消化管のうち,食道に続くふくらみ.前腸の一区分.ただし原始的な系統では胃をもたないものも少なくない.一般に食物は,ある期間胃に止まって消化される.腸との境界は幽門(pylorus 独 Pförtner)といい,食物が胃に止まるあいだ閉ざされる.食道との境界は噴門(cardia, cardiac orifice 独 Magenmund)といわれる.胃外面は漿膜で覆われ,胃間膜(mesogastrium)により体腔壁と連絡する.組織学的に胃は,一部または全部が食道と同じく重層扁平上皮に覆われてわずかな粘液腺をもつにすぎないこともあるが,一般には単層円柱上皮で構成され,むしろ腸に近い構造をもつ.哺乳類は後者で,粘液腺は上部から順次,噴門腺(cardiac gland),胃底腺(fundus gland),幽門腺(pyloric gland)に区別できることが多く,このうちの胃底腺が消化酵素や塩酸の分泌に関与し,このすべての腺が粘液を分泌しうる.胃は通常1室からなるが,鳥類では前胃と砂嚢の2室に,また哺乳類中反芻類に見られる複胃は4室(あるものでは3室)に分かれている.胃はもっぱら消化器官であり,吸収は行わない.[2] 無脊椎動物の消化器で,餌が一時的に貯蔵,滞留する膨大した嚢状部.無脊椎動物の消化器各部の名称の多くは,形態または機能上の類似で脊椎動物のものを流用しているが,胃の名があっても実際は動物群により指すものは異なる.発生学的にはすべて内胚葉起原の部分すなわち中腸.基本的には広義の腸管の一部.消化腺が開口する場合もあるが,消化・吸収はわずか.海綿動物には胃はないが海綿腔の壁面を胃層と呼ぶ.刺胞動物の鉢クラゲ類には*胃水管系があり,口と放射水管との間の拡大部を胃と呼ぶこともある.扁形動物では口→咽頭→食道→腸枝と続き胃と呼ぶべき部分はない.紐形動物の胃には前方に延びる1個の胃盲嚢を伴う.線形動物の胃の食道と腸との間の部分は*腺胃という.輪形動物の胃には巨大細胞からなる胃腺を伴う.環形動物では一般に胃の分化は見られず,貧毛類の砂嚢は筋胃とも呼ばれ,ヒル類の消化管の主部の proventriculus も胃と呼び 11 対の胃盲嚢がある.軟体動物のうち,二枚貝類の多数と巻貝類の一部には,胃または腸の始部に晶桿体,胃壁の肥厚部として胃楯(gastric shield)があり,アミラーゼによる消化に関係がある.フナクイムシ(*Teredo*)の巨大な胃盲嚢ではセルラーゼによる消化が行われる.節足動物の消化器の構造は綱によって著しく異なり,中腸または乳糜胃(chyle stomach)と呼ばれるもの,噴門部(cardiac portion)と幽門部(pyloric portion)とに分かれているもの(甲殻類),胃歯などの胃咀嚼器をそなえる*咀嚼胃または濾過胃(甲殻類),吸血性昆虫などの*吸胃のようなものがあり,クモ類では4対の胃盲嚢を伴う.毛顎動物の消化管は単純な細管で胃と呼ぶべき部分はない.棘皮動物のヒトデ類には肉食性と関連して巨大な胃が発達し,噴門部(cardiac stomach)と幽門部(pyloric stomach)とに分かれる.[3] 原生生物では,*食胞を仮性胃(temporary stomach)と呼ぶ.

b **EID₅₀** egg infectious dose の略.ウイルスの感染性の定量指標.ウイルスの等比級数的階段稀釈液をつくり,発育鶏卵に接種してウイルス増殖を示す陽性反応卵(死亡卵)をかぞえ,50%の発育卵が陽性となるウイルス稀釈倍数.オルトミクソウイルス科やパラミクソウイルス科に属するウイルス感染性を表すのによく使用される.初めて発育鶏卵をウイルスの定量に用いたのは,A. M. Woodruff と E. W. Goodpasture (1931)で,fowlpox virus による卵漿尿膜上のポック数を測定した(⇌ポックスウイルス).

c **ER ボディ** [ER body, endoplasmic reticulum body] 大量の*β-グルコシダーゼを貯蔵する細胞小器官.*小胞体(endoplasmic reticulum)から分化するため,ER ボディと名付けられた.fusiform body や dilated cisternae とも呼ばれる.植物の小胞体には,大量の蛋白質を貯蔵するための構造物を作り出す特徴がある.そのうち,プロテインボディや PAC 小胞は種子貯蔵蛋白質を,KDEL 小胞やリソソームは蛋白質分解酵素をそれぞれ蓄積するのに対して,ER ボディは β-グルコシダーゼを大量に蓄積する.直径 10 μm 程度,幅が 2 μm 程度の葉巻状の構造で,他の小胞体由来の細胞小器官と異なり,細長く大きいという特徴をもつ.はじめにその存在が発見されたシロイヌナズナでは,根や幼植物体の表皮に常在し,成植物の葉では傷や*ジャスモン酸,虫の食害により誘導される.ER ボディと思われる細胞小器官はシロイヌナズナ以外のアブラナ目の植物にも存在し,中に蓄積する β-グルコシダーゼにはチオグルコシダーゼ(ミロシナーゼ)活性があり,グルコシノレートを基質として,食害昆虫や病原菌に対する忌避物質を生産するとされる.

d **飯島魁**(いいじま いさお) 1861〜1921 動物学者.東京開成学校を経て,東京帝国大学理科大学(のち理学部)教授.日本における近代動物学の建設に尽力,カイメン類の研究をはじめ,鳥学・寄生虫学などに寄与した.[主著] 動物学提要, 1918.

e **飯塚啓**(いいづか あきら) 1868〜1938 動物比較発生学者,比較形態学者.東京帝国大学において箕作佳吉,飯島魁に学び,学習院教授を務めたのち,東京科学博物館勤務.ゴカイ類と分類と発生に関する研究を行った.[主著] 動物発生学, 1906;海産動物学, 1907.

f **囲咽溝** [peripharyngeal groove] *頭索動物,*尾索動物および脊椎動物ヤツメウナギ類のアンモシーテス幼生期(⇌無頭類)に見られる鰓孔列もしくは鰓孔群を前方から取り囲む細い繊毛性の溝.前縁は左右の第一鰓孔

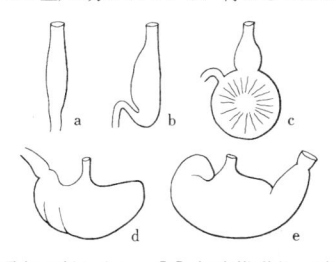

脊椎動物における各種の胃
a *Proteus*(有尾両生類)
b サメ
c 鳥類
d ウサギ
e ブタ

a **イウレフ** IVLEV, Victor Sergeevich（Ивлев, Виктор Сергеевич） 1907〜1964 ソ連の生態学者．個体群の物質代謝，エネルギー代謝を研究し，カロリメトリックな方法による生産生態学の基礎を確立．食物選択に関するイウレフの選択係数を提唱した．

b **胃液** [gastric juice] 動物の胃から分泌される消化液．99%まで水で，比重1.002〜1.006，消化酵素と約0.5%の塩酸とからなり，消化酵素（pH1.0〜1.5）．ほかにNaCl, KCl, リン酸塩，*ムチンなども少量含まれる．胃腺の主細胞はペプシン，*キモシンおよびリパーゼを，壁細胞は塩酸と*内因子を，表層上皮細胞と幽門腺・噴門腺の細胞は粘液を分泌する．このうち*ペプシンは先駆物質ペプシノゲンとして分泌される．リパーゼは分泌量も少なく，かつ酸性では作用力も弱い．胃液による消化は主として幽門部で行われる．ヒトでの分泌量は1日に2〜3 L．胃液の分泌は生理的機序から以下のように三つに区別される．(1)頭相：ヒトやイヌその他の哺乳類では，食物を摂ろうとするときに，見・嗅ぎ・味わうだけで条件反射的に分泌が始まるか，延髄の分泌中枢の刺激は迷走神経を介して胃に伝えられる．(2)胃相：胃に食物が入ると，胃中の食物による伸展刺激と消化産物の化学的刺激によって胃粘膜内にできた*ガストリンやガストリンを受容した腸クロム親和性細胞様細胞（enterochromaffin-like cell）から分泌される*ヒスタミンが，胃腺を刺激して分泌を促し，胃中に食物がある間継続する．また，前庭幽門部からエンテロガストロン（enterogastrone）が分泌されて胃液の分泌を抑制する．(3)腸相：十二指腸から*セクレチンが，上部小腸粘膜からエンテロガストロンが分泌され胃液の分泌を抑制する．胃液の分泌は精神状態に支配されることが多く，ストレスや強烈な感情はこれに抑制的に働く．また脂肪およびアルカリは分泌を抑制する．

c **ESS** evolutionarily stable strategy（進化的に安定な戦略）の略．生物の適応戦略（⇒最適戦略）を分析する一つの手段としてJ. Maynard SmithとG. Price（1973）が提案した，行動生態学・社会生物学の中心概念の一つ．遺伝子型に特異的な一群の戦略，$S_1, S_2, \cdots, S_n$ のセットが与えられたとき，仮に集団中のほとんどの個体が戦略 S_i を示すと他のどの戦略も淘汰上 S_i より有利になれないとすれば，S_i は他の戦略群に対して進化的に安定な戦略であるという．また，複数の戦略の個体がある割合で共存しているときに，その割合が少し変化すると増加した戦略の方の個体が淘汰上不利になるため，もとの割合が維持されるとき，これを進化的に安定な状態ということがある．ESSは，この進化的に安定な状態の特殊なケースとみることができる．ある戦略を示す個体の適応度が他の戦略を示す個体の頻度と無関係な場合には，ESSは単純な最大化によって決められる*最適戦略に等しくなるが，頻度依存性がある場合には*ゲームの理論に似た特殊な分析が必要である．ESSの概念は，従来*群淘汰の産物とみなされることの多かった*儀式的闘争行動をはじめとして，性比，*互恵的利他主義，雌雄の繁殖行動のパターン，分散行動などの進化性を考える際に盛んに利用されている．例えば理想的な自由交配集団（random mating population）中に，雌よりも雌を多く産む戦略（S_1），雌よりも雄を多く産む戦略（S_2），雌雄1:1で産む戦略（S_3）があるとすれば，一般に S_3 は S_1, S_2 に対してESSであると予想される（⇒性比，⇒戦略）．

d **ES細胞** [ES cell] ⇒胚性幹細胞

e **EST** expressed sequence tagの略．転写産物の一部分（多くの場合，5'末端）の塩基配列を決定し，その目印（tag）としたもの．1990年代以降，転写産物を大規模に解析するために，さまざまな生物でEST配列決定が行われたが，現在では*シークエンサー技術の向上で，*トランスクリプトーム解析に移りつつある．

f **EFハンド** [EF hand] カルシウム結合蛋白質において，カルシウム結合部位に存在するドメインの一つ．αヘリックス2本とそれらに挟まれたカルシウム結合ループから構成され，約30残基の長さをもつ．*カルモジュリン，*トロポニンC，*パルブアルブミンなど真核生物の蛋白質に多く，カルシウムシグナル伝達に関係し，イオンの結合・解離に従って蛋白質の構造が変化することが多い．名称は，パルブアルブミンの6本のヘリックスをABCDEFとしたとき，EとFがこのドメインに相当すること，2本のヘリックスが作るL字形が人差し指と親指を想起させることに由来する（図）．アスパラギン酸かグルタミン酸の側鎖カルボキシル基が4個密集し，そこに1個のカルシウムイオンが配位結合する．一次構造上二つのEFハンドが縦列し，ループどうしが近接する空間配置をとることが多い．

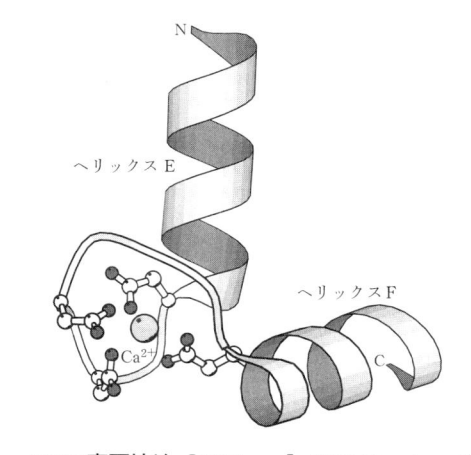

g **EMB寒天培地** [EMB agar] EMBはeosin methylene blue（エオシン−メチレンブルー）の略．ある糖が分解され酸を生成するかどうかをみるための培地の一種で，カゼイン水解物などのアミノ酸混合物，酵母エキス，適当な無機塩類，0.04%エオシンY，0.0065%メチレンブルー，および試験すべき糖を含む寒天培地．グラム陰性の腸内細菌の発酵能を識別することに用いる．この培地を使って平板培養をすると，糖が分解される場合には集落が濃紫色に染まり，分解されない場合には薄桃色になる．塩化ナトリウムを加えてファージ感受性試験にも用いられる．

h **ELSI** ethical, legal and social issues（もしくは

ethical, legal and social implications)の略．倫理的・法的・社会的課題群の総称．1990年に始まったアメリカのヒトゲノム計画が連邦議会で審議される過程で，ゲノム解読後の社会問題が多く指摘されたため，全研究予算の3～5%をELSIに割くことで実施がみとめられた．この予算措置によって，ゲノム解読については基礎研究の段階から，その応用時の社会問題を先行して研究し，教育を行う考え方が確立し広まった．これによって生命倫理研究がより充実し，これ以降，ELSIは生命科学研究を進める際の，基本的な考え方となっている．日本の第三期科学技術基本計画では「倫理的・法的・社会的課題への責任ある取組」が掲げられている．

a **硫黄** [sulfur] S．原子量32.07，原子番号16の，すべての生物に不可欠な多量元素(⇒微量元素)．動物では硫酸イオンまたは硫酸エステル(コンドロイチン硫酸など)の形で存在する．また蛋白質のアミノ酸の間をつなぐ*ジスルフィド結合(-S-S-)は，蛋白質分子の高次構造を安定化するのに役立っている．複素環化合物，例えばチアミン・ビオチン・インスリン・ペニシリンなどに，また特殊な植物のカラシ油中にもイソチオシアン化物として存在する．植物や微生物中では硫酸塩から体内で硫化水素H_2Sに還元され，アミノ酸のシスチン・システイン・メチオニン(含硫アミノ酸)の合成に用いられる．紅色硫黄細菌，緑色硫黄細菌はH_2Sを光合成における電子供与体として用いる．このときH_2SはSあるいは硫酸H_2SO_4に酸化される．無色硫黄細菌は合成のときにH_2SをSに，あるいはSをH_2SO_4に酸化する(⇒硫黄細菌)．逆に脱硫酸細菌はH_2SO_4を還元してH_2Sを生じる．土壌中に過剰の硫酸があると，偏乾性条件下では塩性化し，塩生植生をもたらす．過剰の硫化水素を伴う火山の荒原植物荒原では，*ポドゾル化とそれに伴って貧栄養植生(oligotrophic vegetation)を引き起こす．放射性同位体の^{35}Sが多くの実験に用いられ，特に^{35}S-標識ヌクレオチドは遺伝子解析に有用である．

b **硫黄細菌** [sulfur bacteria] 《同》硫黄酸化細菌．硫黄または無機硫黄化合物を酸化して得られるエネルギーで生育する細菌の総称．光栄養性と化学栄養性のものとに分けられ，前者は紅色硫黄細菌(purple sulfur bacteria)および緑色硫黄細菌(green sulfur bacteria)に分けられ，後者は無色硫黄細菌(colorless sulfur bacteria)と呼ばれている．光栄養性の硫黄細菌はいずれも硫化水素(硫化物)を還元力として利用し，CO_2を固定する光合成細菌である．無色硫黄細菌は化学無機独立栄養性あるいは化学無機混合栄養性の菌群で，*チオバチルス属(*Thiobacillus*)や*ベギアトア属(*Beggiatoa*)が代表的．酸化の基質として硫化水素(硫化物)・固体硫黄・亜硫酸塩・チオ硫酸塩・ポリチオン酸塩などが利用され，最終生成物として硫酸(塩)ができるが，菌の種類や培養条件により利用できない基質もある．酸化の際の末端電子受容体としては一般に酸素を用いるが，一部の菌種では硝酸塩・亜硝酸塩などを受容体とする脱窒能をもつ．

c **硫黄の循環** [sulfur cycle] 硫黄の地球システムにおける循環．硫黄システムとも呼ばれる．硫黄はアミノ酸の成分として蛋白質を構成する生命体の主要な6元素の一つで，大気圏，水圏，岩石圏にそれぞれ3.2×10^{13}，1.2×10^{21}，6×10^{22} gS存在すると見積もられる．岩石圏から大気圏へは，火山活動により年間29×10^{12} g，化石燃料の人間活動の消費により70×10^{12} gの硫黄が移動する．海水に含まれる多量の硫黄は，海水が大循環により酸化的であるため，硫酸塩(硫酸イオンSO_4^{2-})として存在する．これは海底の還元的な環境で従属栄養細菌によって電子受容体として異化的に用いられ，硫化水素(H_2S)に変換される(硫酸還元反応)．水圏から大気圏へのこのような微生物活動による放出は，42×10^{12} gS/年と推定される．一方，海塩粒子として大気中へ放出される硫黄は60×10^{12} gS/年と見積もられる．ほぼこれに見合った量の硫黄が，降下粒子として水圏や岩石圏へ戻る．量的な寄与は大きくないものの，地熱地帯に形成される*バイオマットでは二酸化炭素を固定する化学合成細菌の一種である硫黄酸化細菌が，地下から供給された熱水中の硫化水素を硫酸へと酸化する過程で，エネルギーを生産している．このような環境中にはしばしば，植物が水を電子供与体とするのとは異なり，水の代わりに硫化水素を用いる，より始原的な光合成細菌も分布する．

d **イオノフォア** [ionophore] 金属イオンなどの親水性陽イオンを，生体膜あるいは人工膜などの親油相を通して輸送する働きをもつ物質群．クラウンエーテルなどの人工イオノフォアも合成されている．抗菌性抗生物質として多数のイオノフォアが発見されている．作用機作から，金属イオンを分子内に取り込んで細胞膜を透過させる担体型イオノフォアと，細胞膜にチャネルを形成して金属イオンを透過させるチャネル形成イオノフォアに大別できる．さらに前者には，次の2種が知られており，化合物ごとに金属イオンの親和性(選択性)が異なる．(1)中性イオノフォア:環状ペプチドのバリノマイシンやマクロライド(⇒マクロライド系抗生物質)のノナクチンなど．分子の外側に多数の疎水基を配置し，分子内にイオンを包接する．(2)カルボキシイオノフォア:ナイジェリシンやモネンシンなど．末端にカルボン酸をもつ鎖状のポリエーテル化合物で，末端のカルボン酸と他端の水酸基とが水素結合して環状構造をとって金属イオンを内包する．カルシウムイオノフォアとして知られるA23187もこのタイプに入る．二価金属イオンへの親和性が強い($Mn^{2+}>Ca^{2+}≒Mg^{2+}>Sr^{2+}>Ba^{2+}$の順)．チャネル形成イオノフォアの*グラミシジン，アラメチシンは，他のイオノフォアと比べて分子量が約2000と大きなペプチドであり，細胞膜にチャネルを形成して金属イオンの膜透過を可能にする．これらは，担体型イオノフォアに比べるとイオンの選択性は低い．

e **イオン拮抗作用** [ion antagonism] 《同》イオン対抗作用．各種の生理現象に対し媒液中の異なった電解質イオンが拮抗的に作用すること．特定の生体に対して拮抗するイオン種のうち一方の相対的過量は，そのイオンに特異的な害作用を及ぼす．心臓，繊毛，鞭毛などの自動性運動の保持や，神経・筋肉などの興奮性の増減を主な対象として研究されてきた．一価陽イオンと二価陽イオンとの間，特にNa^+/Ca^{2+}，K^+/Ca^{2+}，または$(Na^++K^+)/Ca^{2+}$の拮抗関係が最も普遍的かつ重要であるが，Na^+/K^+やCa^{2+}/Mg^{2+}など同価のイオン間の拮抗の例も多く，さらに陰イオン間の拮抗作用も知られている．カエルの心臓は$NaCl$の等張溶液中では拍動を停止するが，$CaCl_2$をわずかに加えると拍動を再開し，さらにKClを加えるとほぼ正常に動き続ける．Ca^{2+}は神経筋接合部からのアセチルコリンの放出を促

進するが，Mg^{2+}はこれに拮抗して放出を抑制する．この立場から*生理的塩類溶液においては拮抗するイオン間に適した濃度比が保たれていることが必要である．

イオン強度 [ionic strength] 静電的な効果の重みをかけたイオンの総濃度の指標．電解質溶液に含まれるイオン種iのモル濃度をc_i，電荷をz_iとするとき，$(1/2)\sum c_i z_i^2$で表される値．稀薄電解質溶液の平均活量係数は，イオン強度の関数（デバイ-ヒュッケルの式）で表され，電解質の種類には関係しない．種々の塩溶液を溶媒として比較する場合，イオン強度を一定にすることが多い．

イオン交換 [ion-exchange] イオン性の物質や解離性官能基のイオンが水溶液中で他のイオンと可逆的に交換する現象．陽イオンどうしあるいは陰イオンどうしで交換される．このような性質を示す物質をイオン交換体(ion exchanger)といい，中でも水や溶媒に安定な合成樹脂を担体とするイオン交換体はイオン交換樹脂(ion exchange resin)と呼ばれ，水中の金属イオンの除去などに広く利用されている．代表的なイオン交換樹脂では，スチレンとp-ジビニルベンゼンの共重合体を担体としている．スチレンのベンゼン環に酸性の解離性官能基であるスルホン酸基($-SO_3H$)やカルボキシル基($-COOH$)を導入することで陽イオン交換樹脂ができ，塩基性の解離性官能基である第四級アンモニウム基（例えば$-N^+(CH_3)_3OH^-$）を導入することで陰イオン交換樹脂ができる．スルホン酸基をイオン交換基にもつ強酸性陽イオン交換樹脂では，$-SO_3^-$が負に荷電するため，結合している水素イオン(H^+)が他の陽イオンと交換する．イオン交換樹脂は，無機イオン以外に，アミノ酸やヌクレオチドのようなイオン性低分子化合物の分離・精製に利用される．他に，より親水性の高い担体を用いたイオン交換体もある．これらは，イオン交換樹脂を用いると不可逆的な吸着や変性を起こす可能性のある蛋白質や核酸のような生体高分子の分離・精製に利用される．セルロースを担体に用いたイオン交換セルロース(ion exchange cellulose)では，陰イオン交換基のジエチルアミノエチル基($-CH_2CH_2N(CH_2CH_3)_2$)，陽イオン交換基のカルボキシメチル基($-CH_2COOH$)やホスホ基($-PO_3H_2$)などが，セルロースの水酸基の水素と置換したエーテル結合で導入されている．それぞれDEAE-セルロース，CM-セルロース，P-セルロースと呼ぶ．また，架橋デキストランであるSephadexを担体とするSephadexイオン交換体は，セルロースを担体とするイオン交換体よりも取扱いが容易である．イオン交換樹脂やイオン交換セルロースなどのイオン交換体を充塡剤としてカラムに用いた液体クロマトグラフィーはイオン交換クロマトグラフィー(ion-exchange chromatography, ⇌クロマトグラフィー)といい，アミノ酸・蛋白質・ヌクレオチド・核酸など生体内に存在するイオン性の物質（中性糖はホウ酸錯体として）の分離に利用される．陽イオン交換樹脂をカラムに用いるアミノ酸分析計がその例で，等電点より酸性側で陽イオン，塩基性側では陰イオンになるアミノ酸の性質を利用し，異なるpHの緩衝液を数種類用意してpHの低い緩衝液から順に送液することで，等電点の小さなアミノ酸から分離していく分析機である．

イオン交換体 [ion exchanger] ⇌イオン交換

異温性 [heterothermy, heterothermism] *恒温動物において，体温が正常体温(normothermia)の範囲よりも変動する現象もしくは特性（時間的異温性）．ときには恒温動物以外の*内温性の動物についてもこの語を使う．また，体温が動物体の部位によって異なる現象を部位的異温性(regional heterothermy)という．恒温動物の体温は，個体の活動度やその他の生理状態に対応して正常体温の範囲内で変動するが，小形の鳥類や哺乳類，例えばハチドリ類，コウモリ類，ネズミ類では，休息時には体温が数℃も低下することがある．体温が正常より10℃以上も下がった低体温(hypothermia)では，個体はトーパー（鈍麻状態torpor）に陥る．種によっては，このような状態が日周期的に起こり，これをデイリートーパー(daily torpor)という．小動物にとっては恒温性を維持するための負担が極めて大きく，低体温はエネルギー節約の上で適応的であると考えられる．季節的トーパー(seasonal torpor)は小哺乳類に見られる*冬眠であって，寒冷と食物の欠乏に対する適応である．部位的異温性は寒冷環境において特に顕著に現れる．外温が低いほど，体心部と末端部の体温の差は大きくなる．体温38〜41℃のセグロカモメの足の温度が6℃という記録があり，このような温度差にもかかわらず，各部位の細胞はそれぞれの温度で正常な活動をしている．(⇌対向流熱交換)

イオン説 [ionic theory] 《同》ナトリウム説(sodium theory). 神経・筋など興奮性細胞における活動電位の発生機序を膜のイオン透過性の変化から説明する理論．興奮に対するNa$^+$の役割が重要視されるのでナトリウム説ともいう．この説は，(1) Na$^+$, K$^+$, Cl$^-$などのイオンの細胞内外の分布に大差のあること(⇌軸索形質)，(2) 外液のK$^+$濃度を増加させると静止電位が減少すること，(3) 外液のNa$^+$濃度を減ずると活動電位の振幅が減少し，Na$^+$濃度が1/10になると振幅が58 mV減少すること，などの事実に基づいて提案され，次いで，イカの巨大軸索に電位固定法を適用して行われた実験の結果，より精密な理論へと発展した(A. L. Hodgkin, A. F. Huxley, 1950〜1952). Hodgkinらの考える膜は図に示すようなもので，E_{Na}, E_KはNa$^+$, K$^+$の*平衡電位を起電力とする電池，R_{Na}, R_Kは膜のNa$^+$やK$^+$に対する抵抗，E_L, R_LはCl$^-$など受動的に分布するイオンに対するものを示す．この説の骨子は以下のように述べられる．(1) 静止膜はNa$^+$に対する透過性が低く，膜電位はほぼE_Kに近い値にあるが，活動時にはNa$^+$に対する透過性が高まる．(2) このNa$^+$に対する透過性増大は膜の脱分極をきっかけとして起こるが，ホジキンサイクル(Hodgkin cycle)と呼ばれる再生過程が働くためNa$^+$透過性は著しく亢進し，膜電位はE_{Na}に近づく．この再生過程により興奮が*全か無かの法則に従うことが説明される．(3) Na$^+$に対する透過性増大は一過性で維持されない(Na透過機構の不活性化)．それに加えK$^+$に対する透過性も増大するので，活動電位は下降する(*遅

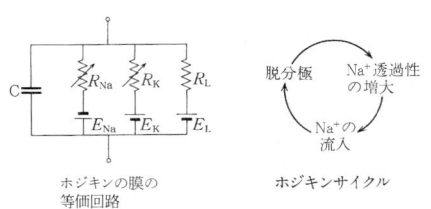

ホジキンの膜の等価回路　　ホジキンサイクル

延整流). (4)活動の結果少量の Na^+ が侵入し K^+ が遊出するが, 能動的なナトリウムポンプの働きで復旧される. (⇨ゴールドマンの式, ⇨ホジキン-ハクスリの式, ⇨ナトリウムポンプ, ⇨電位固定)

a **イオンチャネル** [ion channel, ionic channel] 生体膜を貫通した孔を形成してイオンを通過させる膜蛋白質分子. 生体膜にはイオンを能動的に輸送するポンプと呼ばれる蛋白質があり, その働きで生体膜を介して各種イオンの濃度差と電位差(電気化学ポテンシャル)が形成されている(⇨イオンポンプ). このエネルギーによりイオンはイオンチャネルで形成された孔を受動的に移動する. イオンの移動は, 膜電位の変化を生じ, 神経などにおける電気信号が生じる. また, Ca^{2+} のように, イオンチャネルの孔を通ったイオンそのものが信号を伝える場合もある. 腎臓や消化管の上皮細胞では, イオン吸収に働く. ミトコンドリアやリソソームなどの細胞内膜で機能するものや, 細胞間に形成されるものもある. Na^+ や K^+ などの陽イオンを通過させるイオンチャネルをカチオンチャネル(cation channel)と呼び, 塩素イオンなどを通過させるイオンチャネル(アニオンチャネル anion channel)と区別することがある. イオンチャネルは, ヤリイカの巨大軸索を用いて神経の電気信号に伴うイオンの移動を解析した A. L. Hodgkin と A. F. Huxley により, 神経の活動電位を説明する素子として最初に想定された. 彼らは, Na^+ または K^+ のみを選択的に透過させる2種類の孔(イオンチャネル)と, それぞれの孔の開閉を制御する*ゲートを仮定した. ナトリウムチャネルは, 電気ウナギの電気器官から cDNA がクローニングされて, 分子実体として実証された. そのほか, 薬理作用の研究や分子生物学の導入により, さまざまなイオンチャネル分子が同定されてきた. イオンチャネルと類似の分子として, *アクアポリンと呼ばれる, 水を選択的に透過させる水チャネルも存在し, 上皮での水の移動や眼のレンズの機能などに重要な役割を果たす. イオンチャネル分子は, ほとんどの場合, 複数の膜貫通領域をもつサブユニット同士が集合することで形成され, サブユニットが取り巻く形で孔が形成される. イオン選択性は, イオン選択性フィルターと呼ばれる構造により決定される. このイオン選択性の仕組みは, *カリウムチャネルの場合が最も詳細に研究されている. カリウムイオンがフィルター部分のアミノ酸の酸素原子と安定に結合できるようになっており, この結合でのカリウムイオンと酸素原子の距離は, 水溶液中で水和したカリウムイオンと水の酸素原子の距離とほぼ同じである. このためカリウムチャネルのフィルター内では水溶液中と同様な低いエネルギー状態になることで, K^+ の移動が円滑に起こる. 一方, カリウムチャネルのフィルター部での原子の配置は, Na^+ に対しては距離が大きすぎるため安定した結合ができず, Na^+ は通過できない. ゲートは, イオンチャネルの種類により, 異なる刺激で制御される. *電圧依存性チャネルでは, 孔を形成する領域に加えて, 四つの電位センサードメインをもち, この部分が膜電位変化を感知して, 孔を形成する領域の構造を制御する. シナプス伝達に関わる*アセチルコリン受容体チャネルや*グルタミン酸受容体チャネルなどの, リガンド作動性イオンチャネル(ligand-gated ion channel)では, 細胞外にリガンドを特異的に認識するドメインをもち, この部位の構造変化が孔を形成する領域に伝達されて, ゲートが制御される. カリウムチャネルなどの場合, イオン選択性フィルターより細胞内側に, 複数のサブユニットの膜貫通ヘリックスから形成されたカメラの絞りのような部分があり, ヘリックス間の角度や距離が変化することで, イオン透過が制御されている. 濃度勾配に逆ってイオンを輸送する分子をトランスポーターまたはポンプと呼ぶが, 塩素イオンとプロトンイオンを交換して輸送するトランスポーターは, 塩素イオンチャネルと類似した構造をもち, イオンチャネルとトランスポーターがわずかな構造の相違で説明される. (⇨ホジキン-ハクスリの式, ⇨活動電位)

b **イオン調節** [ionic regulation] 生物の体液浸透濃度を一定に保つ(*恒浸透性動物)ために水分平衡の調節とともに必要とされるイオン平衡の調節機能. 例えば淡水産動物のイオン調節は, 一方では体表からのイオン喪失を防ぎ, 他方では排出器官によるイオンの再吸収, 体表からのイオン摂取が重要である. *プロラクチンは淡水魚の鰓からのイオン喪失を減少させ, *副腎皮質ホルモンは尿細管および体表からの一価イオン吸収を促進する. 甲殻類では脳・神経節からの神経分泌物質が一価イオンの吸収を高める. ヌタウナギ類を除く海産脊椎動物は体液のイオン濃度が外界より低いので, イオンが体内に侵入する. そのほかに, 硬骨魚類は鰓における水の喪失, 鳥類は呼気にともなう水の喪失が著しく, これを補うために海水を飲み, 水を一価イオンとともに腸から吸収する. これらのイオン排出のため, 硬骨魚類は鰓の*塩類細胞, 軟骨魚類は*直腸腺, 爬虫類・鳥類は*塩類腺をそなえ, 海水よりも濃い NaCl 溶液を排出する. 副腎皮質ホルモンはこれらの機能を促進している. 海産哺乳類はヘンレ係蹄のよく発達した腎臓をもち, 血液より高浸透性の尿を排出する. (⇨浸透調節)

c **イオンポンプ** [ion pump] 生体膜に存在してイオンの*能動輸送をつかさどる機構. イオンが電気化学ポテンシャルの勾配に逆らって動くためには, エネルギーが供給されなければならない. このエネルギーを消費してイオンを汲み上げる機構がイオンポンプで, *ナトリウムポンプ, *カルシウムポンプ, *プロトンポンプ, 塩素イオンポンプなどが知られている. 動物細胞にあるナトリウムポンプは Na^+ を追い出し K^+ をとりこみ, 細胞内の K 濃度を体液よりも高く, Na 濃度を低く保っている. このポンプの実体は K^+, Na^+ によって活性化される ATP アーゼ(*アデノシンホスファターゼ)の一種である. 植物細胞でもこの ATP アーゼの特異的阻害剤である*ウワバインにより, K^+ の内向きの*フラックスと Na^+ の外向きのフラックスが阻害される. 緑色植物では光エネルギーを利用して K^+, Cl^- をとりこんだり, H^+ を放出するポンプが細胞膜あるいは液胞膜に存在している. イオンポンプが存在するかどうかは, 光合成あるいは呼吸を阻害するとフラックスが減少することによりわかる. また膜の両側に同一液をおき, さらに両側の電位差を 0 にしたときに電流が流れれば, 膜を介して能動的なイオンの流れがあったことになる. この電流を短絡電流(short-circuit current)という. カチオンがポンプでとりこまれて, 電気的中性を保つため, 受動的に別のカチオンが外へ出るかあるいはアニオンが同時にとりこまれなければならない. このため膜の内側は外側に対し正の電位をもつようになる. このように電位を発生するイオンポンプのことを特に起電性イ

オンポンプ (electrogenic ion pump) という．この電位は呼吸・光合成の阻害剤やウワバインによって抑えられる．イオンポンプは細胞内に外とは異なったイオン環境を作るのに不可欠で，特に植物細胞では液胞中にイオンを蓄積し，成長に必要な膨圧を与えている．(⇌イオンチャネル)

a **イオン輸送** [ion transport] 生体膜を介したイオンの輸送のこと．能動的(*能動輸送，⇌イオンポンプ)と受動的(*受動輸送)の二つの場合がある．受動的なイオンの動きは電気化学ポテンシャルの勾配に従って起こる．あるイオン種 j の電気化学ポテンシャル $\bar{\mu}_j$ は

$$\bar{\mu}_j = \mu^\circ_j + RT \ln C_j + z_j F \Psi$$

で与えられる．μ°_j は標準状態での化学ポテンシャルを，C_j，γ_j，z_j，Ψ はそれぞれイオン濃度，活動度係数，電荷，電位を，R は気体定数，T は絶対温度，F はファラデー定数を表す．細胞内外の電気化学ポテンシャルが等しいときには細胞膜を介してのイオンの正味の移動は起こらない．この平衡状態における細胞内外の電位差 $\Delta \Psi$ はイオンの平衡電位 (equilibrium potential) といい，細胞内外の γ_j が等しいときには $\Delta \Psi$ は細胞内外のイオン濃度 C^i_j，C°_j により次のように与えられる．

$$\Delta \Psi = (RT/z_j F) \ln (C^\circ_j / C^i_j)$$

これを*ネルンストの式という．j 種イオンに対し膜の直角方向(x 方向)に働く力は $-d\bar{\mu}_j/dx$ なので，イオンの移動度を u_j とすると正味のフラックス (net flux) M_j は

$$M_j = -u_j C_j (RT d\ln C_j/dx + z_j F d\Psi/dx)$$

すなわち 1 mol のイオンに働く力は $-RT d\ln C_j/dx$ の浸透力と $-z_j F d\Psi/dx$ の静電力との和からなる．M_j は内向きのフラックス (influx) $\bar{M}_j$ と外向きのフラックス (efflux) $\bar{M}_j$ との差であり，それぞれのフラックスは同位元素を用いて実測できる．もしイオンが受動輸送されているときは，両者の比は Ussing の判定式

$$\bar{M}_j / \bar{M}_j = (C^\circ_j / C^i_j) \exp(-z_j F \Psi_m / RT)$$

に従う．ただし Ψ_m は実測される膜電位である．イオンの膜透過性は透過係数 (permeability coefficient) P_j で表す．脊椎動物の神経や筋では細胞膜の静止時における 1 価のカチオンに対する透過性は $K^+ > Rb^+ > Cs^+ > Na^+ > Li^+$ の順になる．膜が興奮すると $Na^+ > Li^+ > K^+$, Rb^+, Cs^+ となる．事実，神経では静止時には $P_{Na}/P_K = 0.04$ であるが，活動電位のピーク時には 20 にも増加する．シャジクモ類でも静止時には Cl^- はほとんど透過しないが，興奮時には K^+ と同程度透過しやすくなると考えられている．イオンの透過性はその濃度と共に膜電位 Ψ_m を決定する．膜を介して電流が流れないときには，Ψ_m(単位 mV) は 20°C では

$$\Psi_m = 58 \log_{10} \frac{P_K K^i + P_{Na} Na^i + P_{Cl} Cl^i}{P_K K^i + P_{Na} Na^i + P_{Cl} Cl^\circ}$$

で表される(*ゴールドマンの式あるいはホジキン-カッツの式)．P_K が P_{Na}，P_{Cl} に比し圧倒的に大きいときには膜電位はカリウムイオンの平衡電位に近い値となり，P_{Na} が非常に大きくなる興奮時にはナトリウムイオンの平衡電位の近い値となる．

b **遺骸群集** [thanatocoenosis] 《同》遺骸群．現生生物の遺骸が堆積してできる遺骸の集団．生物の*群集と類比して E. Wasmund(1926) が命名．*プランクトンの遺骸が堆積してできた*軟泥や，沿岸に生息する貝類の死骸が運ばれてきて堆積した*貝殻帯のように，遺骸は*生息地とは異なったところに堆積することがあるので，遺骸群集はその場の生物群集とは異なったものとなることが多い．また，化石群集 (fossil coenosis) は，遺骸群集とも異なったものであることが多い．化石群集から過去の生物の群集を理解するには，これらの可能性を考慮しなければならない．(⇌古生態学)

c **医化学** 【1】[medical chemistry] 医学への応用に重点を置いた生化学ないしは医学の中での生化学的分野を指す．学問分野としては生化学の呼称が一般的となっているが，現在でも医学部内に設置された生化学部門の名称として用いられることがある．
【2】[iatrochemistry] 《同》医療化学．生命現象を主として化学的に解釈し，それに基づいて医療の体系をたてようとした 17 世紀の医学派の内容を指す．西欧近世(17世紀頃)には，中世の錬金術の伝統だけでなく発酵現象や動植物の生命現象への強い関心から，自然現象の緻密な観察に基づく自然科学が勃興し，医学の領域でも屍体解剖が盛んとなり血液循環理論が注目を集めるに至った．R. Descartes も純粋に哲学的な考察だけでなく生命現象を科学的に説明するための「動物精気」について多くの論考を残しているが，この時期，疾病の成因についても活発な論争が繰り広げられた．その主張は，化学的説明による医化学 (iatrochemistry) 派と物理学 (生理学) 的説明による医理学 (iatrophysics) 派に大別することができる．この時期の半ば観念的な議論は，時代が下がるとともに，より臨床的な観察に裏付けられた近代医学へと発展していくこととなった．

d **医学** [medicine] 人間の*病気について研究し，その予防や診断・治療および健康の保持と増進を目的とする学問．歴史的には，病苦を癒すことすなわち技術的もしくは応用的側面ともいえる医療 (medical care) が先行，重視されてきており，そこを主眼とする臨床医学(疾患の部位別に内科学・外科学・精神-神経科学・産婦人科学・小児科学・整形外科学・皮膚科学・眼科学・泌尿器科学・耳鼻咽喉科学・歯科学・放射線科学・看護学・診断学など)，基礎医学(解剖学・生化学・細菌学・病理学・薬理学・生理学・免疫学・痘学・衛生学・法医学・医動物学など)，ならびに社会的な観点にたって医療の普及・組織化などの問題をとり上げる公衆衛生学の各分野に分けられる．ただし医学は単に応用的科学ではなく，広く生物進化の過程の中に位置づけられるヒトを対象とした生物科学的認識に寄与し，そこから広く生物学の多くの重要な発見がなされてきた．

e **威嚇行動** [threat behavior] 敵を脅して追い払う行動．特に同種他個体に対する威嚇行動は一定のパターンになっており，一般に毛や羽毛を逆立て，肢を突っ張って背を高くし，魚では*鰓蓋を広げるなどして，体を大きく見せると同時に，歯や角のような武器をあらわにする．これは闘争の意図運動ともいえるが，通常は実際の闘争に至ることなく，その目的を達する．また，威嚇行動は逃走行動の要素も含んでおり，この行動パターンが攻撃と逃走という二つの衝動に裏づけられていることを示す．(⇌儀式的闘争，⇌転位行動)

f **威嚇色** [threatening coloration] 動物の被食者がもつ非常に奇妙な色彩や斑紋のこと．その異常さによって捕食者の攻撃を免れると考えられる．一種の*標識色であって，鱗翅類幼虫ほか多くの動物に見られる大きな眼状紋(⇌目玉模様)などはその例．体色や体の模様以外

イカンソク 59

にも，シャチホコガの幼虫に見られる奇異な形と行動もこれに属する．自身は毒をもたない点で，*警告色と区別される．しばしば*隠蔽色と共存する場合があり，そのときには突然に誇示されることにより威嚇効果を増す．

a **異化作用** [catabolism, dissimilation] 《同》異化．物質代謝において，化学的に複雑な物質をより簡単な物質に分解する反応．ただし化学的複雑性の定義は明確とは限らない．catabolism は化学的単純化，dissimilation は老廃物化の語感があるが，使い分けは人により異なる．一般には化学的複雑性の増加は自由エネルギーの増大と関連するから，便宜的に自由エネルギーの損失を伴う過程（⇨発エルゴン反応）を異化作用，その逆を同化作用とする．

b **鋳型** [template] *核酸の合成反応において，塩基の*相補性に基づいて，反応生成物に一定の塩基配列を与えるのに必要な核酸．例えば，*RNAポリメラーゼは二本鎖 DNA の一方の鎖（読みとられて意味のある鎖という意味でセンス鎖 sense strand という）を鋳型として，その塩基配列に相補的な配列をもった RNA を合成する（⇨転写）．*DNA 複製の際には両方の鎖が全長にわたって鋳型となる．（⇨半保存的複製）

c **錨状体**（いかりじょうたい）[anchor] ナマコ類の体壁にある錨形の骨片．楕円形の孔のあいた骨片（錨板）を伴う．イカリナマコ類（Synaptidae）だけに見られる．

d **胃癌** [gastric cancer] 胃に発生する癌腫．日本では最近減少傾向を示すが，いまだに全がん死亡数の中で男性では第 2 位，女性では第 3 位を占める．大部分は腺癌であるが，その組織像は管状構造をとる分化の良いものから，細胞内に粘膜を充満する印環細胞を含む分化の悪い印環細胞癌（signet ring cell carcinoma）まで多様．がん細胞浸潤が胃粘膜内か粘膜下層に限局するものは一般に早期癌と呼ばれており，良好な回復が期待できる．一般に胃癌の多くは肉眼的には潰瘍形成を伴うものが多く，リンパ行性転移を起こしやすい．また分化型腺癌は血行性に肝・肺・骨転移などを，未分化型腺癌や印環細胞癌は浸潤性に進展して腹膜転移をきたしやすいといわれている．発生の原因として*ピロリ菌感染のためといわれているが，胃癌罹患患者はピロリ菌感染者の一部であることから宿主要因などがリスクを高めていると考えられる．疫学的には喫煙や食塩および高塩分食品が胃癌のリスクを高めることが知られている．また世界的にみると塩漬けや燻製の魚を食べる国で胃癌の発生率が高いところがある．実験的には N-methyl-N'-nitro-N-nitrosoguanidine（MNNG）を飲料水に溶かして投与することにより，ラット，ハムスター，イヌなどにヒト胃癌に似た腺癌を発生させることができる．なお，食道に発生する食道癌（carcinoma of the esophagus）は高齢の男性に多く，扁平上皮癌が大部分で，経過が極めて悪い．

e **易感染性** [increased susceptibility to infection] 細菌やウイルス，真菌などの感染に対する防御力が低下した状態．AIDS などに代表される免疫不全疾患や免疫抑制剤の使用により免疫力が低下した易感染状態の宿主をコンプロマイズドホスト（compromised host）と呼び，日和見感染を起こす危険性が高い．

f **維管束** [vascular bundle, fibrovascular bundle] 《同》管束．シダ植物および種子植物の茎・葉・根などの各器官を貫いて分化した条束状の組織系．*木部と*篩部からなり，水分や体内物質移動の通路となる．木部と篩部

の配列様式により，*並立維管束（種子植物の茎），複並立維管束（ウリ科・ナス科の茎），*包囲維管束（シダ植物・単子葉類の茎），放射維管束（ヒカゲノカズラ類・種子植物の根，⇨放射中心柱）などに区別される．茎・根の*頂端分裂組織から分化する前形成層に由来する維管束を一次維管束組織という．これに対して，二次肥大成長を行う裸子植物や双子葉類では，木部と篩部の間に*形成層を生じその両側に新たに木部と篩部が作られ，これを二次維管束組織というが，多くの単子葉類およびシダ植物にはみられない．種子植物の茎と根における一次維管束組織の分化は，木部・篩部ともにシュート頂，根頂に向かって求頂的に起こる．これに対して葉の一次維管束組織は*葉原基の基部に分化した後，篩部は葉の頂端に向かって求頂的に分化するが，木部は頂端に向かう求頂的分化と，下方の茎に向かう求基的分化の両方を起こす．なお茎と根との移行部（*茎根遷移部）では両者の維管束の配列が異なるため，組織の配列変化が起こり，その遷移様式は種類によってさまざまである．（⇨中心柱，⇨中心束）

g **維管束間形成層** [interfascicular cambium] 二次肥大成長を行う植物の茎で，*維管束内形成層の発達と共に各維管束にはさまれる基本組織内の柔細胞の一部が再び細胞分裂の機能を回復し，分裂組織に戻って生じた*形成層．維管束内形成層とつながって環状の形成層が完成する．

h **維管束系** [vascular system] 主に維管束からなり体内物質の移動や体の機械的支持を行う部分．J. von Sachs（1868）による 3 組織系の一つ．表皮系および*基本組織系に対するもの．解剖学的に最も複雑な組織系．植物体の肥大成長はこの維管束系の増量による．（⇨組織系）

i **維管束鞘** [vascular bundle sheath] *維管束の周囲の一部あるいは全部を取り囲む 1 ないし多層の機械組織．草本植物，特に単子葉類の茎に発達，また被子植物の葉では葉脈の維管束に発達し（カシ科，リンゴ科，イネ科），かなり大形の薄壁あるいは厚壁柔細胞（thick-walled parenchyma cell）からなり，通常は*色素体をもち，通道だけでなく一時的な貯蔵も行うと考えられる．多くの場合，維管束鞘が葉の横断面でみて上下両表皮に向かい延長し，維管束鞘延長部（bundle sheath extension）を作る．葉脈の維管束鞘が上下，その外側のものの細胞壁が薄く，葉緑体を豊富にもつ場合これらは，葉緑鞘（chlorophyl sheath）とも呼ばれる．このような構造をもつ葉はサトウキビやトウモロコシ，ハマカザなど C_4 経路による光合成を行う植物に知られている．（⇨C_4 植物）

j **維管束植物** [vascular plants ラ Tracheophyta] 緑色植物の一群で，体中に維管束をもつ植物の総称．シャジクモ類から進化した分類群だけが維管束をもち，*シダ類および*種子植物を一括する際によく使用される．生活環は二環型．核相は $2n$ 相が発達し，n 相は極端に小さである．$2n$ 相は陸上に生活し，維管束をもち，地上部は茎から葉を分化させ，葉に胞子を生じる．より進化した群では胞子葉が一定の規格で集合して花などの発達した生殖器官を作る．生殖細胞は雌雄に分化し，雄は鞭毛を 2 ないし多数もつが，種子植物のほとんどではこれを喪失し，花粉管による直接の受精となる．

k **維管束内形成層** [intrafascicular cambium, fascicular cambium] *前形成層の組織の一部が一次成長を完了した後，なお木部と篩部との間に介在して分裂能力を保有している細胞群．真正中心柱をもつ草本双子葉類では各維管束は茎内に離ればなれに存在するため維管束内形成層は互いに連絡しないが，著しい二次成長を行うもの（樹木）では維管束間の柔組織に生じた*維管束間形成層と互いに連続して完全な*形成層を作る．

a **閾**（いき）[threshold]「しきい」とも．《同》限界．一般にある作用因が生体に反応を引き起こす，あるいは引き起こさないかの限界のこと．そのときの作用因の大きさ，つまり作用因の有効な最小値を，閾値（限界値 threshold value）という．[1] 生理学では，有効な作用量の最小値と無効な作用量の最大値をできるだけ精密に求め，両者の平均値を閾値とする．しかし前者を閾値に決める場合もある．致死作用のときは致死閾（lethal threshold），刺激作用のときは刺激閾，それぞれの感覚刺激については視覚閾（visual threshold），聴覚閾（auditory threshold），*識別閾などという．また，単純閾と識別閾，同時閾と継時閾などに区別する（⇒空間閾）．閾強度の刺激は，閾刺激（threshold stimulus）または最小刺激（極小刺激 minimal stimulus）と呼ばれ，これに対する*応答は最小応答といわれる．刺激閾あるいはその逆数は，興奮性を表す尺度として用いられる．これより弱い刺激は応答を生じないので，閾下刺激（subthreshold stimulus，最小以下の刺激 subliminal stimulus）と呼ばれる．刺激を強めるにつれて応答が増大し，一定値に達したとき，これを最大反応（maximal reaction）といい，そのときの刺激を最大刺激と呼ぶ．神経繊維や筋繊維では，刺激により膜の脱分極の大きさが一定値（閾脱分極）を超えると，*全か無かの法則による活動電位が発生する．このため，最小刺激と最大刺激は区別されない．[2] 特に海洋生態学において，生物個体が外界から栄養物質・餌をとりこむ際のとりこみの限界．栄養物質や餌の濃度（正確には供給速度）で表すことが多い．

b **遺棄**[desertion] 通常は子育てを行うはずの個体が，その完了以前に配偶相手や子を置き去りにして立ち去ること．現在育てている子に投資し続けるよりも，遺棄によって，さらなる配偶機会を得るなど将来の繁殖見込みを大きくする利益があると考えられる．（⇒親子の対立）

c **閾下応答**（いきかおうとう）[subthreshold response] 興奮性細胞に脱分極を起こすように通電したとき，活動電位が発生する閾値以下の電流強度において見られる能動的で局所的な電位変化．通電が細胞膜から外向きでは膜の*脱分極，内向きでは過分極を生じる．そのうち脱分極性通電の場合には，電流強度を増加してそれによる脱分極の大きさが閾を超えると*全か無かの法則による活動電位が生じるが，閾下の場合でも，同一強度の通電によってつくられる脱分極と過分極の大きさを比較すると脱分極の方が大で，その差が閾下応答である．すなわち過分極性通電では受動的な電気緊張性電位としての過分極が生じるにすぎないが，脱分極性通電の場合には電気緊張性電位に能動的成分としての閾下応答が加わる．閾下応答は脱分極が小さい間はあまり見られないが，閾に近づくと急に大きくなる．*イオン説によって，閾下応答も活動電位と同じく膜のNa^+に対する透過性の増大により起こるが，透過性増大の程度が小さくて再生的

反応に発展するまでにはいかない状態として説明される．（⇒活動電位）

d **閾素子**（いきそし）[threshold element] 神経細胞の性質を理想化した素子．刺激の大きさが一定の閾値より小さければ 0 あるいは -1 という状態（静止状態に対応する）をとるが，閾値以上になると 1 という状態（興奮状態に対応する）になる．刺激の大きさは，いくつかの入力の線形荷重和として表されることが多い．この場合，入力は別の神経細胞からくる信号に対応し，荷重係数はその神経細胞とのシナプスの伝達効率に対応する．荷重係数の正負は，そのシナプスがそれぞれ興奮性であるか抑制性であるかに対応する．閾素子回路網は，しばしば神経回路網のモデルとして用いられる．（⇒ニューロコンピューティング）

e **生きた化石**[living fossil]《同》遺存種（relict）．一般に長い地質学的時間にわたって古い形質を保ち続け，地質時代の祖先は繁栄したが，今日では何らかの意味で子孫またはその近縁種がほぼそれしか生きていない生物種．なかには一度は絶滅したと信じられていたのに生存が判明した種もある．腕足類のシャミセンガイ（*Lingula*）は，*古生代の*シルル紀（4億年前以降）に類縁のものが栄えた．鋏角類のカブトガニ（2億年前以降），爬虫類のスフェノドン（1億年以上前以降），哺乳類のオポッサム（7500万年前以降），魚類の*シーラカンス類，単殻類の *Neopilina*，頭足類の*オウムガイ類，植物のメタセコイア（アケボノスギ）などが好例．（⇒進化の停滞）

f **イグサ形花序**[anthela]《同》蘭状花序（いじょうかじょ）．複花序（⇒花序）の一つで，側枝が主軸よりもずっと高く立つもの．下位の側枝ほど長く伸長する．イグサやヒメジョオンなどに見られる．

g **イグザプテーション**[exaptation]《同》外適応．ある機能に対する過去の自然淘汰によって進化した形質が新たな機能をもつこと，あるいは自然淘汰の直接の作用を受けない形質が現在の機能をもつこと．*前適応は後者に相当する．

h **育児嚢**[brood pouch, pouch marsupial ラ marsupium] [1] 有袋類の多くの雌にある，腹部の皮膚の襞によって形成された嚢．内部には数個の乳頭があり，恥骨より前方に向かう袋骨（marsupial bone）で支えられる．胎児は発生のごく早期に産出されこうして育児嚢内へ移動し，その中で乳頭を口に含みつつ発育する．また，単孔類中ハリモグラでは生殖時期だけに一時的に育児嚢を生じ，乳嚢がその内部にあって，卵はその中で孵化し，幼児はそこで育てられる．ハリモグラの同様の袋，甲殻類クーマ目や卵胎生の腹足類の育児器官もこう呼ばれることがある．[2]《同》卵嚢．魚類のタツノオトシゴの雄の腹側にある嚢．受精卵をここに収め，孵化後に体外に排出する．（⇒育房）

i **育種**[breeding]《同》品種改良．有用生物の遺伝的性質を人間が希望するように改良すること．多くの場合は既存の品種の不都合な形質を改良していくため，品種改良とも呼ばれる．育種の操作は，遺伝的変異を含む集団を集めたり作り出したりする操作（変異の作出）と，その集団を希望する集団に移していくための操作（選抜）に区別され（⇒系統育種），さらにこのようにして得られた集団を良好な状態に維持管理していくための操作（原種の管理）も含まれる．遺伝的変異がどのようにして与

えられるかによって，育種法は分離育種，*交雑育種，倍数体育種，*突然変異育種などに区別される．現在では交雑育種が育種法の主体を占めている．最近は細胞選抜，細胞融合，DNA 組換えなどのバイオテクノロジー技術の育種への応用が盛んに試みられている．野生種から栽培種への変化や栽培種の改良は，人間の農耕文化が始まって以来絶えず行われてきたものと考えられる．しかし計画的な育種が行われるようになったのは 20 世紀になってからである．（→品種，→固定[2]）

a **イクティオステガ** [Ichthyostega] 両生綱の一属で，その祖型の代表とされる化石動物．グリーンランド東部の*デボン紀後期の地層から骨格が発見されている．頭長 15 cm で，前鰓蓋骨が退化し鰓蓋骨が消失するなど，魚類性の骨の退行が目立つ．頭骨の両眼より前にある部分が長く，後頭頂部は短く，頭骨後部の骨の大きさは減じるなど，総鰭類と比べて各構成骨の大きさの比率が変わっている．椎骨は総鰭類とあまり変わりなく，尾鰭の鰭条が残存する．肩帯と腰帯，ならびに肋骨はかなり堅固で，発達した四肢が関節で接していたが，指の数は 8 本に達していた．脊椎動物の淡水から陸上へ，鰭から足への移行が行われた道筋を示すものとされるが，アカントステガ (Acanthostega) など，イクティオステガより原始的なデボン紀の両生類が知られるようになった．なお，2010 年，ポーランドのデボン紀中期初め（約 3 億 9500 万年前）の地層から両生類の足跡化石が報告され，四足動物の起原は従来より 2000 万年近く遡るものと考えられるようになった．

b **育房**【1】[brood chamber]《同》育児嚢，育嚢 (marsupium). 一般に無脊椎動物において，受精卵がある程度発育するまで収容・保護する母体内または母体上の構造．なお育児嚢の語は，有袋類，魚類のタツノオトシゴのものを指す場合がある（→育児嚢）．母体の成熟後，特に卵が受精したのちに初めて形成される場合が多い．種によってその形態は多様．[1] ヒドロ虫類のウミシバ類の Sertularella では雌の生殖包の開口部に球形その他の形の小室が形成され，ここで受精卵は発生の初期を送る．[2] コケムシ類の群体では通常の*虫室の間の一定の位置に半球形の卵室があり，受精卵を収める．[3] 管住性多毛類のうち，ウズマキゴカイ (Spirorbis) には*棲管の口を閉鎖するための殻蓋 (operculum) があって，これは鰓糸の 1 本が変形したもので，受精卵はこの中で発生の初期を送り，のちに殻蓋の先端の蓋が開いて幼生が外界に孵化する．[4] 多毛性の遊在類のウロコムシ (Lepidonotus) 類は体の背面に 2 列に覆瓦状に重なってならぶ鱗片があり，その下面に卵を収める．[5] 甲殻類のうちのフクロエビ類，例えば等脚類のフナムシやダンゴムシなどの雌は生殖期には胸肢の基部から扁平葉状の*覆卵葉を生じ，これが重なりあって腹板との間に生じた空間すなわち育房中に受精卵を産み，卵は発育し母虫と同形の幼体となってから母体を去る．フジツボやカメノテなどの蔓脚類にも育房が形成される．【2】[cell] 社会性昆虫の巣において幼虫を収容する構造．

c **異形花** [heteromorphous flower, heteromorphic flower] 同一種の植物に生じる，形態の異なった花．ただし狭義には性の相違による雄花と雌花の場合は異形花と呼ばない．これに対し，同一形態の花を同形花 (homomorphous flower) という．例えばサクラソウ属には株によって，長い花柱と位置の低い雄ずいをもつ長花柱花と，短い花柱をもち高く位置する雄ずいをもつ短花柱花の 2 形がある．この場合は二形花 (dimorphic flower) で，花柱の形態の違いに注目して異花柱花 (heterostylous flower) ともいう．ミソハギやカタバミの一種 (Oxalis speciosa) では雄ずいの 2 輪と花柱の相対的な位置で 3 形をもった異形花がみられる．その他，レンプクソウでは花序の頂生花だけに形の異なる花がみられ，ガクアジサイやヤブデマリでは中央部の両性花に対して花序周辺に装飾花がみられ，スミレ属では開放花 (chasmogamous flower) に対して閉鎖花 (cleistogamous flower) があるが，これらも異形花といってよい．

d **異形核** [heteromorphic nucleus] 繊毛虫類がもつ 2 個以上の大小の区別がある核．鞭毛虫類の Giardia は 2 個に見られるように同形核が 2 個以上存在する場合を同形多核 (homomorphically multinucleate) というのに対しては，異形多核 (heteromorphically multinucleate) の語が用いられる．（→大核，→小核）

e **異系交配** [outbreeding, exogamy] 比較的類縁の遠い系統の間の交配．*同系交配の対語だが，両者の間に明確な境界はない．両親の系統があまりひどくかけ離れていない場合には，*雑種強勢の現象が現れ，実用上の価値が高い．（→系統，→交配様式）

f **異型細胞**【1】[idioblast]《同》異形細胞，異常細胞，巨細胞．[1] ある組織内にあって周囲の細胞と形・大きさ・構造・内容物などを異にする細胞．単独にあるいは群をなして存在し，異型組織を形成する場合もある．*タンニン細胞・*結晶細胞・ミロシン細胞などはその例．ミロシン細胞はアブラナ科植物の篩管に存在し，細胞が破壊されると辛味成分を生成するミロシナーゼを大量に貯蔵している．[2] 形・大きさ・肥厚の程度・壁孔の形などの点で特徴づけられる厚壁細胞の一種．多くの場合その細胞は死んでいて，各種の葉組織・維管束組織などに極めて広く分布．不規則に分枝して組織内に広がっている場合（ツバキ，ヤマグルマ，コウヤマキの葉），壁内に炭酸カルシウムの沈積を伴い，星状に分枝し細胞間隙に突出して星状異型組織 (astrosclereid) あるいは内毛を作り（ヤエヤマヒルギ，ハス，コウホネの葉柄），あるいはほとんど分枝なく伸長した場合（インゲンマメの種皮，ネギの鱗片や茎の表皮）などがある．またカリンやナシ，コケモモの果肉に見られる*石細胞もこの一種．

ヤマグルマの葉に見られる異型細胞

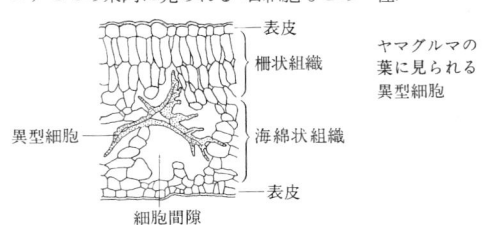

【2】[heterocyst] ＝異質細胞
【3】[atypical cell] 組織が通常をはなれた分化・増殖，すなわち異型的増殖 (atypical proliferation) を示す際に，その組織を構成する細胞．がんの細胞診断（細胞診）などにおいて注目される．

g **異形成** [dysplasia] [1] 個体発生において正常とは異なった異常増殖・異常発育を示す言葉．[2] 異型 (atypia) を伴った増殖性病変．このような異形成病変は

多段階発がん過程における*前がん病変と同義に考えられている.

異型性 【1】[atypia] 細胞形態ないし組織構造が正常に比べ異なっていること. 前者を細胞異型(cellular atypia), 後者を構造異型(structural atypia)という. 細胞異型は, 具体的には細胞や核の大小不同, 細胞質に対する核の占める割合, すなわち核-細胞質比の増大, 核小体の腫大と増加などがその指標となる. 一般には良性腫瘍では異型性が乏しく, 悪性腫瘍では異型性が著しい.
【2】[heterogametic sex] 遺伝子の量および大きさの異なる2型の性染色体があり, そのため性染色体に関して2種類の異なる配偶子を生じる生物の性. また, 性染色体の構成がXO型のように, 1本だけ性染色体をもつ性(例えば線虫の雄). (⇌同型性, ⇌性決定)

異形精子 [atypical spermatozoon, paraspermatozoon, paraspermatic cell] 《同》異染色質精子(heteropyrene spermatozoon). 正常状態として形態の異なる2種類の*精子(二形精子 dimorphic sperm)を生じる種において, 受精能をもたない方の精子. これに対し受精能をもつ方を正形精子(typical sperm)という. 異形精子は染色質の量を正形精子とは異にする場合が多く, 染色質を完全に失う無核精子(apyrene spermatozoon, カイコなど), 染色質の一部を欠く貧核精子(oligopyrene spermatozoon, タニシなど), そして過剰な染色質をもつ過剰核精子(hyperpyrene spermatozoon, カワニナなど)がある. これら異形精子に対して正形精子を常核精子(eupyrene spermatozoon)ともいう. 異形精子の機能については, 異形精子に接着した多数の正形精子の運搬(軟体動物の*Opalia*)と, 精嚢中の正形精子束の解離および成熟への関与(カイコ)が知られるだけで, 不明な点が多い.

異形染色体 【1】[heterochromosome] 《同》異質染色体(allosome). 一般には*性染色体と同義に扱われる語. 初めは, 真正染色体(euchromosome)の対語として用いられ, 常染色体とは大きさ・形または行動において異なる染色体に対して名づけられた(T. H. Montgomery, 1904).
【2】[heteromorphic chromosome] 《同》異形対染色体. *相同染色体でありながら, 互いに形態の異なる1対の染色体をいう. 減数第一分裂でこの両者は対合して, 異形二価染色体(heteromorphic bivalent chromosome)をつくる. 性染色体のXとYとはその例である. 種々の分染法によって異形染色体を同定することができる.

異形配偶子 [anisogamete, heterogamete] 《同》不等大配偶子, 異型配偶子. 合体する配偶子に形・大きさ・行動・性質などで何らかの差があるとき, 互いに異形配偶子であるという. *同形配偶子に対する語. 配偶子の異形は性の相違に当たるが, 必ずしも性が決定してはいない(褐藻のエクトカルプスではそのときの相対的な関係で決まる). 両者が同形・同大で, 核の大きさや構成だけが異なるような差異が軽度の場合から, 一方(大配偶子 macrogamete, female gamete)が卵のように, 他方(小配偶子 microgamete, male gamete)が精子状になっている場合まで種々の段階が見られる. 異形配偶子による合体を異形配偶(anisogamy)と呼び, その中で特に卵および精子状の大小両配偶子によるものを*オーガミーと称する. 軽度の異形配偶の例としては, クラミ

モナスなど多くの緑藻類, エクトカルプスなどの褐藻類, オルビジウムやシンキトリウムなどの藻菌類その他がある.

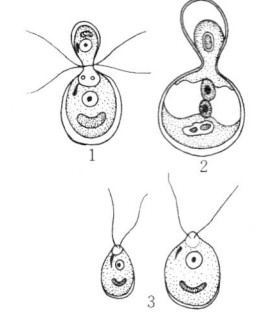

Chlamydomonas braunii の異形配偶子(1, 2)と大小配偶子(3)

異形胞子 [heterospore, anisospore] 同一の植物において形成される, 雌雄により大きさや形質に区別がある*胞子. 同形胞子と対置される(⇌胞子). 異型胞子をもつことを異形胞子性(heterospory)といい, シダ植物の一部(イワヒバ科・ミズニラ科・水生シダ類)で知られる. 大胞子(macrospore)からは造卵器をつける雌性配偶体が, 小胞子(microspore)からは造精器だけをつける雄性配偶体が生じる. コケ植物の一部(例: タチヒダゴケ科)では, 1胞子囊内で形成される胞子の大きさに大小があり, これらも異形胞子(anisospore)と呼ばれる.

異形葉 [heterophyll] その種の特徴として, つねに生じる2種以上の異なる形態の葉. 異形葉を生ずる現象を異形葉性(異葉性 heterophylly)という. 芽を構成している前出葉や鱗片葉(⇌低出葉)あるいは花芽をつくる苞葉や花葉(⇌高出葉)のようにシュート形成の発育の時期に応じて形成されるもの, ユーカリノキやイブキのように個体発生の初期とその後とで全く別の形の普通葉を生ずるもの, また浮水植物や抽水植物の水葉(水中葉 water leaf)と気中葉(気葉 aerial leaf)のように形も機能も別の方向へ分化した場合などがある. このうち気中葉は水葉に比べ葉身が細裂せず幅広く厚くなり, クチクラ層や維管束がよく発達する形態(陸生形 land form)をとる. 同一の節または近くの節に着く葉の形が著しく異なる現象は不等葉性と呼ぶが, 異形葉性との区別はときに不明瞭である.

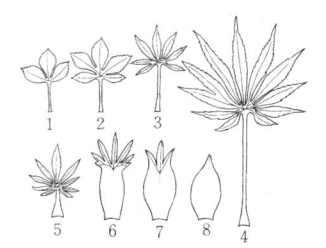

Helleborus foetidus
1～3 低出葉
4 普通葉
5～8 高出葉
2, 3, 5～7 遷移葉

胃-結腸反射 [gastrocolic reflex] 《同》胃-大腸反射. 空虚な胃に食物が入ったときに結腸に起こる大規模な蠕動運動. この蠕動運動を大蠕動(mass movement)という. 大蠕動は右結腸曲から始まり, S字結腸へと至る. S字結腸と直腸の間の平滑筋はやや弛緩し, 内容物は直腸へ送り込まれ, 直腸の排便反射にひきつがれる.

池野成一郎(いけの せいいちろう) 1866～1943 細胞

学者, 遺伝学者. 東京帝国大学理科大学植物学科を卒業 (1890), 同大学農科大学教授. ソテツの精子を発見し, 平瀬作五郎のイチョウの精子発見とともに, 種子植物とシダ植物の類縁を明確にした.

a **胃腔** [gastral cavity, paragastric cavity] [1] 胃の内腔の一般的な名称. [2] 海綿動物の海綿腔のこと. その見かけの形態と位置からこのように呼ぶこともあるが, 機能は排出腔に近い. (⇒水溝系)

b **移行型小胞体** [transitional endoplasmic reticulum, transitional ER] 《同》移行領域(transitional element), 小胞体出口部位 (endoplasmic reticulum exit site). *ゴルジ体近傍に見られる特異な*小胞体で, ゴルジ体に面した膜面が滑面となっているのに対して, その反対面にはリボソームが付着して粗面となっているもの. 移行型小胞体の滑面では, ゴルジ体へ向かう*輸送小胞および COP II 小胞が出芽により形成されているため, 小胞体出口部位とも呼ばれる. かつて G. E. Palade らによって移行領域と命名されたが, これが小胞体の一部であることが明らかにされた.

c **囲口節** [peristomium] 《同》口後節. 環形動物の*口前葉に続く 1〜2 環節 (peristomial ring). その腹面に口が開き, 口前葉とともに頭部を構成する部分 (presegmental region) であり, 胴部の体節あるいは剛毛節 (chaetigerous segment) とは区別される. ただし, 貧毛類では慣習的に囲口節を第一体節とするため, 環形動物の体制を論じる場合には注意を要する. トロコフォアでは口よりも後方の部分に相当するが, 発生学的にも胴部の体節とは異なる. 多毛類では感触糸 (触鬚・感触鬚 tentacular cirrus) を 1 ないし数対そなえることがある.

d **移行蛋白質** [movement protein] 植物ウイルスが感染細胞から隣接する他細胞へ移行する際に機能する蛋白質. 植物細胞は細胞壁に囲まれているので, 植物ウイルスの隣接の細胞への感染, すなわち細胞間移行 (cell-to-cell movement) には細胞壁を貫通している*プラスモデスマを通らなければならない. 植物ウイルスはそのゲノムに細胞間移行に機能する移行蛋白質をコードしている. 植物ウイルスの細胞間移行は核酸・蛋白質複合体もしくは粒子のどちらかの形態で行われると考えられており, 移行形態の違いによって移行蛋白質の機能が異なる. 前者ではゲノム核酸と結合し, 細胞骨格上を移動した後にプラスモデスマの径を広げてウイルスを移行させ, 後者ではプラスモデスマを貫通する管状構造を形成してウイルスを移行させると考えられているが, その詳細については不明. また, 細胞間移行に対して, 感染葉から非感染葉へのウイルスの広がりを長距離移行 (long-distance movement) という. この移動は維管束系を通って行われ, いくつかのウイルスでは*外被蛋白質がその機能を担っている.

e **囲口部** [peristome] [1] 《同》口囲, 口縁. *繊毛虫類において, 広義には*細胞口周辺部のこと (口域 oral region). 細胞におけるそれ以外の部分を体域 (somatic region) と呼ぶ. 特異な繊毛構造をもつことが多く, *Tetrahymena* などでは左側が小膜からなる周口小膜域で, 右側が*口縁膜で囲まれる. 狭義にはそれが明瞭な陥没部となっている場合をいい, 口腔 (buccal cavity, oral cavity), 口溝 (oral groove, peristomial groove), 前庭 (vestibulum) などに細分される. [2] 刺胞動物のポリプの口を囲む部分. [3] 巻貝類の殻口の縁. [4] ウニ類の周口部 (⇒棘皮動物).

f **囲鰓孔** (いさいこう) [atriopore] 《同》出水孔. *頭索動物の*囲鰓腔が外界へ開く部位. 体長の 3 分の 2 あたりで腹側後方に開口. 開閉は括約筋 (sphincter muscle) により制御される. 囲鰓孔近傍の囲鰓腔壁内面には腺が散在する. 口から入った海水が鰓裂から囲鰓腔に移行した後の排出口で, 同時に*篭足細胞をともなう腎管から排泄される老廃物も排出される. 配偶子が放出される孔でもある. ホヤ類の場合は, 出水管の開口部を出水孔と呼ぶ.

g **囲鰓腔** (いさいこう) [atrium, atrial cavity, peribranchial cavity] *頭索動物および*尾索動物ホヤ類の咽頭 (*鰓嚢) と咽頭を覆う体壁に囲まれた空所. 頭索動物では変態期に表面に露出している*鰓孔列の背側にできる腹襞が腹側に伸び, さらにその襞から内側に向かって伸びる襞が正中で癒合し囲まれた空所をいう. この襞が変態後には咽頭領域を覆って二次的な体壁になる. 囲鰓腔の背側内面に翼状筋 (pterygial muscle) が発達し, *囲鰓孔の括約筋 (sphincter muscle) と協調して口・咽頭・囲鰓腔内の水流を制御する. 尾索動物では変態期に幼生の背表面から左右 1 対の陥入を生じ, 体内で鰓嚢を囲むように広がった空所をいう. 筋膜と出水管の括約筋で頭索動物と同様の制御をする.

h **胃糸** [gastric filament, gastral filament] ⇒クラゲ, 水母

i **胃歯** [gastric teeth] [1] 《同》胃板 (stomachal plate). 軟体動物後鰓類のタツナミガイやアメフラシなどの胃中に見られるやや固い粒状体. 各種の消化酵素を含む. 胃壁上に十数個配列していて, 食物を粉砕しつつそれ自身も摩耗して消化液に酵素を供給する. 胃歯は, 他の軟体動物の胃楯に相同であるとされる. タツナミガイにはこのほかに退化した晶桿体嚢も見出される (⇒晶桿体). [2] 甲殻類 (十脚類) の胃の内面にあるキチン質の突起. 筋肉により動かされて食物の破砕に役立つ. (⇒咀嚼胃[図])

j **EGF 経路** [epidermal growth factor pathway] 分泌性シグナル分子 EGF (表皮成長因子 epidermal growth factor) を介した情報伝達経路. EGF は, S. Cohen (1962) によってマウス新生仔の眼瞼開裂と門歯露出を促進する作用のある物質として, 雄のハッカネズミ顎下腺から同定された. 53 個のアミノ酸残基からなり, 分子量は 6045 である. さらに, TGF-α や neuregulin などの EGF 様分子も同定され, EGF ファミリーを形成している. EGF は細胞表面に提示された EGF 受容体を介して細胞内にシグナルを伝える. EGF 受容体は, リガンド結合ドメイン, 膜貫通ドメイン, チロシンキナーゼドメインからなる. EGF 受容体は, ErbB 受容体ファミリーに属している. ErbB 受容体ファミリーのどの種類の受容体が用いられるかは, EGF ファミリーの分子種によって異なる. 一般的に, ErbB 受容体は EGF 様分子の結合によって二量体化し, 分子間自己リン酸化反応が引き起こされる. 受容体上のリン酸化されたチロシン残基に, さまざまな分子が結合し, それぞれに応じた下流のシグナル伝達経路が活性化される. 下流の主たるシグナル経路として, ERK/MAPK 経路, PI3K/Akt 経路などがある. EGF 経路は, 細胞増殖, 細胞維持, 細胞運動などさまざまな生理機能を有することが報告されている.

a **石川千代松**(いしかわ ちよまつ)　1861〜1935 動物学者．東京開成学校予科を経て，東京大学理学部動物学科卒業(1882)．同大学助教授となり(1883)，1886〜1889年ドイツに留学し，フライブルク大学で A. Weismann に師事し，無脊椎動物の生殖・発生などを研究．帝国大学理科大学助教授を経て，同農科大学(のち東京帝国大学農学部)教授(1890〜1924)．夜光虫・オオサンショウウオ・クジラなどの生殖・発生および細胞学的研究をなし，ホタルイカの発光，アユの養殖など多方面の研究がある．[主著]動物通解続編，1886．

b **意識**　[consciousness]　個体が自覚できる心的現象や主観的体験の総体をいう．他者の意識については，その行動から推測して判断するほかはない．内省および言語報告や行動により，意識の明瞭性の程度を区別することができる．通常の意識において最も明瞭度の高い状態は，*注意と呼ばれる．意識の保持に関係の深い脳部位についての学説は古くから多くあり，大脳皮質に求めるもの，*視床の汎性投射系に求めるもの(H. H. Jasper)，間脳・中脳の中央部で視床を中心とする系に求めるもの(W. Penfield)，*上行性網様体賦活系(H. W. Magoun)，*視床下部賦活系に求めるもの(E. Gellhorn)などがある．生物学的に考察すれば，生存のための適応的活動のうち，発達した中枢神経系により生ずる自覚的な調整機能が意識である，ということができる．ヒト以外の動物の意識については，その行動から推測する以外にはない．ただし行動とは，単に物理的にとらえられた反応(筋肉の運動・腺の活動など)ではなく，機能的意義をもつ反応の集合である．意識は今日では心理学のみならず，神経科学やコンピュータサイエンスの重要な研究対象となっている．

c **意思決定**　[decision making]　複数のとりうる行動の選択肢がある場面において，個々の動物がどの行動をとるかということ．「意思」の決定とはいっても当該個体が必ずしも意識的な判断を下しているとは想定されていない．むしろ*生得的な，あるいは*学習による単純な規則にしたがって行動を決めていることが多い．

d **維持呼吸**　[maintenance respiration]　*呼吸によって作られるエネルギーのうち，生命活動の維持に用いられるエネルギー量．動物の*基礎代謝などに相当する．植物では，異なる器官や種間のエネルギー利用効率の比較などで用いられる．

e **異時性**　[heterochrony]　《同》ヘテロクロニー．個体発生のある相，あるいは一器官の発生が，促進または遅滞すること．進化の一要因とされる．H. Schmidt(1925)はアンモナイト類についてこれを研究し，促進的異時性を Tachymorphie，遅滞的異時性を Bradymorphie と呼んだ．

f **異質形成**　[heteromorphosis]　《同》異形生，異形再生．一つの器官または組織が失われたあとに，それとは異なった器官または組織が再生される現象．*非正型再生をいう．これに対し，失われた器官・組織と同じものが生じる一般の再生を同質形成(homomorphosis)と呼ぶ．異質形成のうち極性の反転によって起こるものは，軸性異質形成(axial heteromorphosis)といわれる．例えばプラナリアの中間部の一片は本来の極性に従い，前方に向かって頭部を，後方に向かって尾部を生じることが多いが，場合により前方にも後方にも頭部を再生し両頭の奇形を生じる．軸性異質形成以外の例としては，節足動物の付属肢の再生で，異なった体節の付属肢が再生される場合がある．すなわち眼柄のあとに触角が，触角のあとに歩脚が生じる．これは特に*ホメオーシスあるいは新形成(neomorphosis)と呼ばれる．これらの場合には，異常な再生体は本来の再生個所より後方の体節に属することが多い．なお，遺伝的にホメオーシスを起こす突然変異は*ホメオティック突然変異と総称され，この変異でもより後方の体節へと転換する傾向がみられる．(⇨極性反転，⇨基部再生)

g **異質細胞**　[heterocyte, heterocyst]　《同》ヘテロシスト，異型細胞，一部の糸状性シアノバクテリア(ネンジュモ目)において，栄養細胞にまじって存在する*窒素固定に特化した特殊な細胞．通常，透明で厚い細胞壁をもち，しばしば隣接細胞との接続部にシアノフィシン顆粒が蓄積している(極節 polar nodule)．*光化学系Ⅱや Rubisco を欠き，酸素発生や二酸化炭素固定を行わない．隣接する細胞から糖やグルタミン酸を受け取り，後者に窒素を付加したグルタミンを転送する．種によって異質細胞ができる位置や間隔はほぼ一定であり，分類学的にも重要視される．これは異質細胞が分泌するペプチドによって制御されている．

h **異質誘導**　[heterogenetic induction]　《同》異発生誘導．発生における*誘導現象において，*誘導者の分化と，誘導されて分化する組織・原基が質的に異なる現象．例えば*眼杯によるレンズの誘導，脊髄の腹方部による軟骨の誘導など．正常発生における誘導現象の大部分はこの意味で異質誘導である．(⇨同質誘導)

i **異種寄生**　[heteroecism]　生活史の部分によって異なる種に*寄生して過ごす現象．例えばサビキン類のマツノコブビョウキン *Cronartium quercuum* は，柄胞子とさび胞子の2期をアカマツやクロマツなどの枝幹上で，夏胞子と冬胞子の2期をブナ科植物の葉上で経過し，またナシアカホシビョウキン *Gymnosporangium haraeanum* は，柄胞子とさび胞子の2期をナシやリンゴの葉上で送り，冬胞子の時期をビャクシン類の茎・葉上で経過し，夏胞子期を欠いている．(⇨同種寄生)

j **萎縮**【1】[atrophy]《同》衰退．正常の大きさに達した器官・組織の容積が減少すること．先天的な発育障害である*形成不全とは異なり，細胞に対する栄養の供給阻害，細胞自身に起因する同化作用の低下などの場合をいう．神経系の障害のほか，放射線照射，機械的圧迫，ホルモンの変調，血行障害なども萎縮の原因となる．萎縮は必ずしも病的な現象ではなく，例えば思春期以後の胸腺，更年期の卵巣・乳腺のように，一定の年齢に達するとその機能の減退とともに萎縮する器官がある．萎縮には，器官・組織を構成する細胞および細胞間物質の容積減少の場合と細胞数の減少の場合とがある．細胞は形態学的に小さくなる以外に著しい変化を示さないが，しばしば原形質中に消耗性色素(リポフスチン)が現れる．【2】=矮性

k **移出**　[emigration]　*個体群の一部または全部が元の生息地から他所に去っていくこと．*移入【2】の対語．原因はさまざまだが，個体群密度の上昇，食物不足，環境の悪化などの不適条件下では，移出者(emigrant)が多くなる．高密度における移出率の増加は，*密度調節の役割を果たす．*大発生のピークには，しばしば集団移出(mass emigration)がみられ，ワタリバッタやレミングはその有名な例．(⇨植民)

a **異種誘導者** [heterogenic inductor] ⇒誘導者

b **異常凝縮** [heteropycnosis, heteropyknosis] *染色体凝縮時に，染色体または染色体の部分(*ヘテロクロマチン)が他の染色体または染色体部分(*ユークロマチン)に比べて著しく濃染する(正の異常凝縮)現象．逆に，ヘテロクロマチン部分が淡染する場合を負の異常凝縮という．ある種の動物の性染色体は細胞周期を通して他の常染色体とは異周期的(allocyclic)に染色性が変わる．M期に異常凝縮を起こす染色体部分は間期においては染色中心を形成する．

c **異常フィブリノゲン** [abnormal fibrinogen] 分子構造，すなわち構成アミノ酸の配列に，異常あるいは一部欠損のあるフィブリノゲン．この異常は分子病の常染色体性優性遺伝を示す先天的な異常フィブリノゲン血症(dysfibrinogenemia)となって現れ，異常フィブリノゲンはその患者の発見された都市にちなんで命名されている．異常の存在部位により，(1)フィブリノペプチドの遊離(Fibrinogen Detroit, Baltimore)，(2)フィブリノモノマーの重合(Fibrinogen Cleveland I, Zürich I)，(3)フィブリンポリマーの架橋結合(Fibrinogen Oklahoma, Tokyo)が，それぞれ起こらなくなったり，遅くなったりするものが知られている(⇒フィブリン)．また，異常フィブリノゲン血症のなかに血中フィブリノゲンの量の異常，すなわち無フィブリノゲン血症，低フィブリノゲン血症まで含めることもある．

d **異所寄生** [heterotopic parasitism] 寄生虫が本来の寄生部位以外の部位に寄生して成熟する現象．固有宿主における寄生虫の寄生部位は，通常は寄生虫の種によって一定しているが，異所寄生を示すことがある．肺吸虫が肝臓に寄生し成熟したり，回虫が輸胆管や胆嚢に*迷入して寄生するのがこの例．

e **移植 【1】** [transplantation, grafting] ある個体からその一部を分離し，これを別の(場合により同一の)個体の一定部位に植え，多くの場合そこに癒着させて，新しい有機的環境においてその生活を持続させる操作．移植される部分をグラフト(graft, 移植体・移植片 transplant)と呼び，移植体を提供する個体を供与者(ドナーdonor)，移植体を受ける個体を宿主(ホスト)あるいは受容者(レシピエント recipient)という．移植は実用的には，植物における*接木などヒトなどにおける外科的治療の方法として行われ，実験発生学その他では，移植体の新しい環境においての生物学的行動や，それの宿主個体に対する影響を調べるための実験的方法としてひろく用いられる．動物の初期発生においては移植実験は胚域の決定，自立分化能の有無，誘導の関係などを調べるために行われ，また成体においては器官組織の機能，ホルモン作用，組織の造形能力などの研究のために用いられている．細胞核など細胞構成要素の移植も行われている(⇒核移植)．脊椎動物の場合には，個体間で*組織適合性抗原が異なると，*移植免疫による拒絶反応が起こることがある．
【2】 [transplantation] 植物を別の場所に移し植えること．実験分類学では同じ群あるいは株の一部を生態条件を異にする場所に移植して，その影響がその群の遺伝的組成内容にどう影響するかを調べ，形態上の相違から群の相互関係を決定する．また，農学分野において，養殖や栽培などの目的で優良な動植物を適地に移し，生育をはかることも移植という．例えば，水稲では苗床で種子から苗をつくり，それを作田に移植する栽培が行われている．種の保存の目的で，絶滅危惧種などを施設で保護的に培養・増殖させ，その株を移植して自生地での回復をはかることも行われる．

f **移植片培養** [explant culture] 《同》組織片培養(flagmented tissue culture)．生体から切り出した組織片を個々の細胞にまで解離することなくそのまま組織培養すること．組織片から増殖(outgrowth)し遊走した細胞を継代的に細胞培養することもできる．ごく微量の材料しか得られない場合には，移植片培養が有効である．(⇒組織培養)

g **移植免疫** [transplantation immunity] 同種異系(アロ)の個体間での臓器移植において生じる免疫反応のこと．移植片に発現するドナー由来のアロ抗原がレシピエントの免疫系によって認識され拒絶反応が発生する．この免疫反応には，*T細胞を中心とする*細胞性免疫および*免疫グロブリンによる液性免疫の両方が関与する．個体ならびにT細胞集団(T細胞レパトア)中には，アロのMHC分子を認識するものが0.1%以上の高頻度で存在するため，ドナーとレシピエントの間でMHCの不一致がある場合には，強力なT細胞反応が誘導され強い拒絶反応が生じる．移植片対宿主病(graft versus host disease, GVHD)は，骨髄移植などの造血幹細胞移植において，移植片に含まれる成熟T細胞がレシピエント由来のアロ抗原を認識し組織傷害を起こすもの．異種(ゼノ)移植の場合は，非蛋白質抗原を含め種間で差異のある，あらゆる組織構成成分が標的抗原となるため，非常に激烈な拒絶反応が発生する．

h **異所性** [allopatry] 《同》アロパトリー．二つの種あるいは集団が互いに異なる地理的領域を占めて生息している状態．近縁種間の異所的な(allopatric)分布パターンは地理的隔離に起因する種分化の結果(*異所的種分化)として，あるいは競争的排除による地理的置換の結果として現れる．後者の要因は，二つの種あるいは集団の分布域が，チェス盤型パターン(chessboard pattern)と呼ばれるようなモザイク状の配列をとる場合に示唆される．

i **異所的種分化** [allopatric speciation] 《同》地理的種分化(geographic speciation)．地理的隔離を契機として2集団間に生殖隔離をもたらすような遺伝的変化が起こる結果として達成される種分化．ほとんどの種分化はこの過程で生じると考えられている．

j **石渡腺** [Ishiwata's gland] カイコ幼虫雌の腹面に見られる，そこから生殖器官が分化発達する2対の小点．第一対(前腺)は第八腹節，第二対(後腺)は第九腹節に存し，いずれも不透明な円い点として認められる．発生的には内皮組織の凹陥により生ずる．壮蚕期に至れば明瞭に認められるが，毛蚕(けご)においても認められうる．前腺からは*交尾嚢，*受精嚢，*産卵管の前部が，後腺からは*粘結腺および産卵管の後部が発達する．雄における*ヘロルド腺とともに，カイコ幼虫の雌雄を識別するのに用いられる．

k **囲心器官** [pericardial organ] 甲殻類の囲心腔の内壁の大静脈開口付近に存在する顕著な神経叢で，神経血液器官．神経分泌細胞の細胞体は腹部神経節中にある．神経アミンの分泌を介し，血中塩濃度を調節することで浸透度を調節するのに重要な役割を果たすと考えられる．この部分の水抽出物はアドレナリンやノルアドレナリン

と同様に甲殻類の心臓運動を増強するといわれている.

a **囲心腔** [pericardial cavity] [1]《同》心嚢胞, 囲心洞. 脊椎動物の*囲心嚢により形成される体腔の一種 (cardiocoele ということもある). [2] 無脊椎動物では, *開放血管系をもつ節足動物では心臓を囲む体背方の境界不明瞭な空間をいう. 呼吸器官から(出鰓血管を経て)きた血液はこの囲心腔に入り, 翼状筋の収縮により心門から心臓に入る. 開放血管系でも軟体動物では出鰓血管は心耳を経て心室に入るから, 囲心腔は血流に直接の関係がない. 腎臓(ボヤヌス器官など)は囲心腔に腎口を開き, 排泄物を外套腔に出す(⇌囲心腺). 軟体動物のうち固有の生殖輸管のないものでは, 生殖物質(卵と精子)を囲心腔に排出したのち, 腎管を経て外界に出す. 昆虫では囲心腔を特に背腔(dorsal sinus)と呼ぶことがある.

b **囲心細胞** [pericardial cell] 《同》背面腎細胞(dorsal nephrocyte). 昆虫の*囲心腔すなわち背腔内に索状をなして存在する細胞. 心室内, 囲心腔周辺の結合組織, 心臓と背面体壁間の翼状筋上などに見られることもあり, シラミ類では脂肪体に連なっている. ナナフシ類では大動脈上に囲心腺として塊状をなす. 中胚葉起原の円形の細胞で, 1 ないし数個の核をもつ. 細胞膜が迷路のように細胞質中に陥入する. 異物を取り込む性質をもつことから, 排泄・防御機構に関係すると考えられている.

c **囲心腺** [pericardial gland] 《同》囲心腔腺. 軟体動物の囲心腔壁にある複雑な形態の褐色を帯びる腺. 腺状部は囲心腔壁の細胞が分化したもので, 老廃物を囲心腔に排出し, 腎管(ボヤヌス器官)を経て外界に捨てる. 二枚貝類にある*ケーベル器官はその一型.

d **異親対合** [allosyndesis, allosynapsis] 《同》異親和合, 異親接合. 異質倍数体の減数第一分裂において両親から受けた染色体の間に起きた対合. 例えばゲノム構成(⇌ゲノム)AABB をもつ異質倍数体の減数分裂において, A と B との対合のこと. 一方の親から受けついだ同相染色体間で対合する場合, 例えば A と A, B と B どうしの対合は*同親対合という. 種間雑種・属間雑種などの遠隔雑種における異種から受けた染色体の間に起きた対合に対しても用いる. 同親対合と共に*ゲノム分析に用いられる. 雑種植物の配偶子形成における異親対合により異種遺伝子が導入されることがあり, 進化の重要な要因となる.

e **囲心嚢** [pericardial membrane ラ pericardium]《同》心嚢. 心臓の外表を包む上皮すなわち心外膜(epicardium)が, 折れ返って心臓全体を包む膜性の袋. 発生上, 囲心腔は体壁葉(外側中胚葉)性の上皮と臓側中胚葉に由来する心筋(myocardium)に囲まれるが, 成体の心外膜は二次的に形成されたもの.

f **異数花** [heteromerous flower] 各花葉が輪生状に配列する場合, 各輪をなす花葉の数が異なる花をいう. これに対し, 同じ場合に同数花(homomerous flower)という. 例えば花式で示して $K_5C_5A_{5+5}G_5$ (マンネングサ)ならば同数花であるが, $K_5C_5A_5G_{[3]}$ (スミレ)は異数花といえる. 一般に心皮は萼片・花弁などよりも少数なので, 異数花である方が多い.

g **異数性** [heteroploidy] 《同》異倍数性. 個体または系統が, その種に固有の*基本数 x の整数倍より 1 個ないし数個多い, または少ない染色体数をもつ現象. そのような生物個体を異数体(heteroploid)という. なお heteroploidy (H. Winkler, 1916), aneuploidy (G. Täckholm, 1922), polysomy, aploidy (C. A. Jørgensen, 1928), anorthoploidy (Winkler), modified polyploidy はどれも異数性と訳し, ほぼ同じ意味に使っている. 基本数が増減した場合の異数性を dysploid (G. F. L. Tischler, 1937), その異数個体は dysploidion という. また polyploidy と heteroploidy をあわせて, 正規の染色体数以外の数をもつことを広く heteroploidy と呼ぶこともある. 一個体内の体細胞間に異数的変異があるときは, その個体を異数染色体性個体(aneusomaty)と呼ぶ. 染色体数が基本数の整数倍より 1 ないし数本多いときは高数性(高異数倍数性 hyperploidy), 少ないときは低数性(低異数倍数性 hypoploidy)といい, 前者に属するものを一般に多染色体個体(polysomics)という. 異数性の名称はその倍数性の前に, 重複した, あるいは欠失した染色体の数に基づいて零染色体性(nullisomy), 一染色体性(monosomy), 二染色体性(disomy), 三染色体性(trisomy)などという. 例えば x を基本数とすると $(2x-2)$ の染色体構成をもつ個体は零染色体的二倍体, $(3x-1)$ は二染色体的三倍体, $(4x+1)$ は五染色体的四倍体, $(2x+1+1)$ は二重三染色体的二倍体(double trisomic diploid)などという.

h **異数性配偶** [aneugamy] 染色体数が半数(⇌半数性)の正常な*生殖核(雄性前核・雌性前核)が, 受精によって, 染色体数が全数(⇌全数性)の生殖核と融合する現象. (⇌多卵核融合, ⇌多精核融合)

i **異数体マッピング** [aneuploid mapping] 異数体を用いて調査中の突然変異がどの染色体上に生じたかを解析する方法. 例えば 2 組の*相同染色体をもつ生物において, 試験の系統 S (*形質は変異型であるが染色体構成は正常の二倍体)と検定系統 T (形質は野生型であるが*三染色体性異数体)とを交雑する場合(次頁図 A の右), 雑種第一代(F_1)は, 問題の突然変異が異数性染色体の相同染色体に乗っているか否かで遺伝子型に違いが生じる(表現型では区別できない). そこで, F_1 を試験系統 S に*戻し交雑すると, 次代(F_2)では表現型で区別することができる. つまり, 正常に 2 本あった染色体上の遺伝子の突然変異であれば(図 A の左), どの F_1 から得られる F_2 も野生型:変異型=1:1 になるが, 異数性染色体上の遺伝子の突然変異であれば, F_1 によって F_2 が野生型:変異型=1:1 になる場合と野生型:変異型=5:1 になる場合とがある(異数性が生存率に影響する場合はこの比率からずれる). 染色体数が多い生物では解析が複雑になるが, 基本的にはこの考え方で問題の突然変異が乗っている染色体を明らかにすることができる. また, 検定株として*一染色体性異数体または*零染色体性異数体を使用する方法もある. いずれにしても, 染色体が同定されると, その染色体上の既知の遺伝子との*連鎖を調べることでより詳細な*染色体地図が描ける. 子嚢菌類では染色体地図作製に*四分子分析による異数体マッピングが汎用される. なお, 出芽酵母では, 出芽酵母の*2μ プラスミドの性質を利用する*遺伝子工学的手法を応用した異数体マッピングの方法すなわち 2μ プラスミド染色体消失法がある(図 B). これは, 特定の染色体の動原体近傍に 2μ プラスミドの一部(2μ プラスミド上の遺伝子の産物である部位特異的組換え酵素の標的部位)を組み込んだ一連の株(これらの株は 2μ プラスミド自体はもっていない)を検定株として使用する. 調べようとする突然変異をもつ株(2μ プラスミドをもっている)

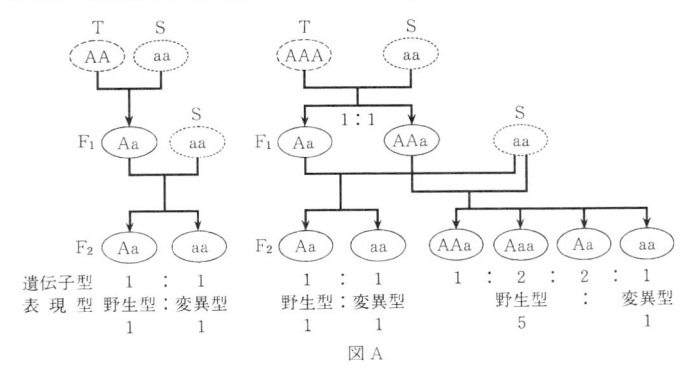

```
        T         S              T            S
      (AA)      (aa)           (AAA)         (aa)
        │         │              │            │
        │         │            1:1            │
        │         │          ┌───┴───┐        │
                             │       │        
   F₁ (Aa)      (aa)    F₁ (Aa)    (AAa)    (aa)
        │         │         │        │        │
        │         │         │        │        │
   F₂ (Aa)      (aa)      (Aa)     (aa)   (AAA)(Aaa)(Aa)(aa)
```

遺伝子型   1 : 1   1   : 1   1 : 2 : 2 : 1
表 現 型 野生型:変異型   野生型:変異型   野生型   :   変異型
          1   1   1   1   5   1

図 A

```
検定株                      試験株
 AB                         ab
  ┌─A─┐                    ┌──▲─a─┐
  │■  │                    │      │
  └─B─┘                    └──▲───┘
       \        接合        /
        \                  /
         ↓                ↓
       二倍体
       AaBb
     ┌──B──┐
     │    ▲│
     │a  A │
     │■   │
     └──   ┘
         │ 染色体
         │ の切断
         ↓
     ┌─────┐
     │ ... │
     └─────┘
         │ 染色体の
         │ 分解・消失
         ↓
      aBb
     ┌─────┐
     │  B  │
     │ a   │
     └─────┘
```

○:動原体
○:2μプラスミド
■:2μプラスミド上の遺伝子産物のエンドヌクレアーゼ切断部位
▲:2μプラスミドが産生するエンドヌクレアーゼ

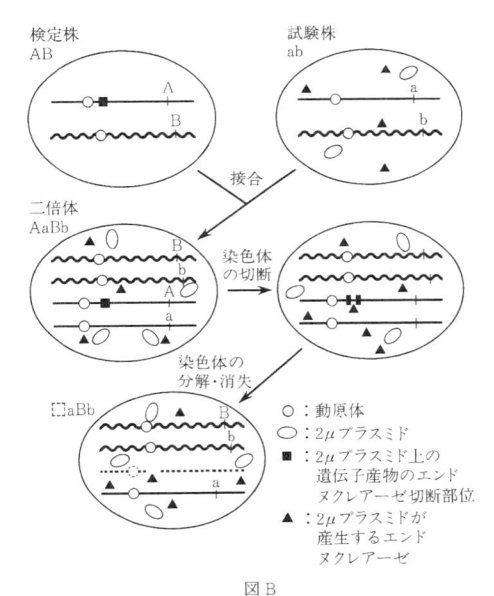

図 B

を一連の検定株と交雑し，それぞれ二倍体を得る．得られた二倍体を栄養培地で培養すると，2μ プラスミドが産生する部位特異的組換え酵素の働きで，2μ プラスミドが標的部位に組み込まれる．この染色体が複製されると，標的部位を介した姉妹染色体間組換えが起こり，二つの動原体をもつ染色体や動原体をもたない染色体が生じ，結果的にその染色体全体が消去される．したがって，問題の突然変異の野生型対立遺伝子が消去される染色体の相同染色体上にあれば変異型形質が現れるが，別の染色体上にあれば現れない．(→異数性)

a **イーストツーハイブリッドシステム** [yeast two-hybrid system] 《同》酵母ツーハイブリッド蛋白質複合体検出システム．出芽酵母の転写因子Gal4の *in vivo* 再構成を利用して蛋白質複合体形成を検出あるいは検索する実験系．出芽酵母の転写因子遺伝子 *GAL4* をDNA結合領域をコードする部分と転写活性化領域をコードする部分に分割し，前者にA蛋白質遺伝子，後者に核移行シグナルと共にB蛋白質遺伝子を連結した融合遺伝子をつくって別々のプラスミドに組み込む．Gal4蛋白質の活性を検出するために，Gal4蛋白質の認識配列をプロモーター領域に組み込んだ *lacZ* (β-ガラクトシダーゼ) を染色体中に挿入し，*レポーター遺伝子として用いる．レポーター遺伝子をもつ宿主に上述の二種のプラスミドを導入する．A蛋白質とB蛋白質との間で複合体が形成されると分割されていた転写因子Gal4が再構成され，レポーター遺伝子の転写を活性化する．A蛋白質とB蛋白質が複合体を形成しなければ活性のあるGal4蛋白質は再構成されず，レポーター遺伝子に発現しない．このようにレポーター遺伝子の発現の有無により蛋白質間の複合体形成を検出することができる．蛋白質Bに相当する部分にcDNAやゲノムDNA断片を連結したライブラリーを作製し，A蛋白質側のプラスミドをもつ宿主に導入してレポーター遺伝子の発現がポジティブになるクローンを検索すれば，A蛋白質と直接的に相互作用する蛋白質をコードする遺伝子が得られる．

b **異性化酵素** [isomerase] 《同》イソメラーゼ．酵素分類上の主群の一つで，異性体を生じる反応を触媒する酵素の総称(EC5群)．反応様式により以下のように分類される(以下の括弧内の数字は酵素番号の第2位)．(1)同一の炭素原子に結合する基の立体配置が転位する反応(ラセミ化酵素，エピ化酵素)，例:UDP-グルコースエピ化酵素(UDP-ガラクトース生成)．(2)シス-トランス異性化．(3)分子内酸化還元反応(ケトース-アルドース相互変化など)，例:グルコースリン酸異性化酵素(フルクトースリン酸生成)．(4)分子内基転移反応(ムターゼ)，例:グリセリン酸リン酸ムターゼ．(5)分子内開裂反応．このように様式はさまざまであり，種々の補酵素の関与も知られている．

c **胃石** [gastrolith] ザリガニやアカテガニなどの甲殻類において，胃(咀嚼胃)中に2個ある白色で球形または半球形の結石．アカテガニでは脱皮に先立ち甲皮中のCa分が胃に送られて胃石を形成する．脱皮が終わると，胃石中のCaはふたたび血液中Caとなり，新しく分泌された甲皮に運ばれてそれを硬化する．すなわち甲皮中のCaが全部捨てられるのを防ぐ機構と解されるが，脱皮と関係がないと思われる胃石もある．クロベンケイガニはその例．ザリガニの胃石はオクリカンクリ(oculi cancri, カニの眼の意)の名で古くから知られ，眼病などの薬とされた．

d **移籍** [transfer] 《同》移出入，転出入．*社会集団を形成する動物において，個体が所属集団を変更するこ

と．多くは，性成熟前後の個体が出自集団から他集団に移ることで，その結果*外婚となり，近親交配が効果的に避けられる．また，成熟した個体がいったん定着した集団からさらに移籍することもある．多くの種では移籍する個体は一方の性に偏る．移籍は，*近親交配の回避と他集団への遺伝子と行動型の*伝播の機能をもつ．また，個体にとって，移籍は疎遠な集団の成員と新たに関係を形成することなので，その過程で，その種の社会構造や行動特性，当事者の能力や個性が顕現しやすい．

a **胃腺** [gastric gland] 噴門腺や胃底腺(⇌傍細胞)など，胃に開口している腺の総称．

b **イソアレル** [isoallele] 《同》同類対立遺伝子．特殊な条件下や特別の検出法を用いたときにだけ，異なった*対立遺伝子であることが認められる，対立遺伝子の一種．通常は，機能が同一であるが同義置換(⇌置換)などにより塩基配列が少し異なる対立遺伝子を指す．

c **胃層** [gastral layer] アスコン型の海綿動物において，海綿腔の内壁をおおう，*襟細胞だけからなる細胞層．その他の型の海綿類においても，海綿腔壁面を胃層と呼ぶことがある．

d **位相応答曲線** [phase response curve] 周期振動するシステムの特性を理解するために，摂動に対するシステムの応答を示す曲線．体内時計(⇌生物時計)など周期的振動を示すシステムは外部から撹乱を受けると，振動の位相が変化する応答を示し，かつその位相変移は撹乱が与えられた時点でのシステムの位相に応じて異なる．位相応答曲線はこのような場合に，刺激が与えられた時点でのシステムの位相に対して，システムが示す位相変移を示す．例えば*概日リズムの研究において，位相応答曲線を定める解析がしばしばなされる．

e **位相差顕微鏡** [phase contrast microscope] 光線の位相差をコントラストに変換して，透明な標本を無染色・非侵襲的に観察できるようにした光学顕微鏡．物質に光線が通過するとき，厚さや屈折率の異なる物質を光が通過すると，直接光と回折光の波の位相にずれが生じる．この位相差を位相板というフィルターを用い，明暗の差に変えて，眼に見えるようにする．直接光の波長を遅らせたときにはブライトコントラスト(またはネガティブコントラスト)になり，回折光を遅らせたときにはダークコントラスト(ポジティブコントラスト)になる．オランダの物理学者 F. Zernike が 1935 年にこの方法を完成させた．これによって生きている細胞をそのまま観察しながら固定染色像に近い鮮明な像が得られ，核分裂過程における染色体の行動，受精の過程，ミトコンドリア・ゴルジ体の存在および鞭毛・繊毛の運動などが明らかにされた．

f **位相変位** [phase shift] 生物リズムにおいて，生体のもつ振動体が時間軸に沿ってその位相を不連続に変化させる現象．例えば概日リズムにおいて，位相のずれた*同調因子を与えたり，光や温度の信号による干渉したときに見られる．振動体と同調因子の位相関係や，光や温度などの信号を与える時間帯によって，位相前進(phase advance)したり位相後退(phase delay)したりする．典型的には，概日リズムにおいて暗期に光パルスを与えたときに見られる．信号を与える時間帯によって異なる位相変化が見られるという性質は，内因性のリズムが同調因子に対してどのように同調するかを探るための手段として，さまざまな研究で利用されてきた．

*自由継続リズムの状態にある振動体のさまざまな位相に，光や温度などの信号による干渉を1回だけ与えて位相変位を起こさせたときの位相の前進・後退の程度を示す曲線を位相反応曲線(phase response curve)という．

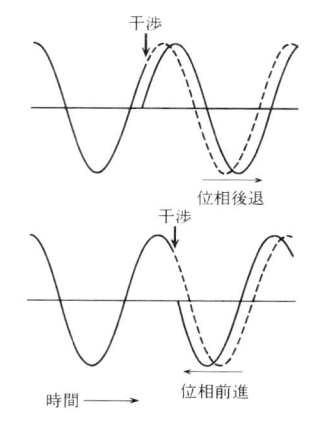

g **イソ吉草酸血症** [isovaleric acidemia] 《同》イソ吉草酸尿症(isovaleric aciduria)．*ロイシン代謝の先天性酵素異常．イソバレリル CoA 脱水素酵素の遺伝的欠損のため，血中のイソバレリン酸(イソ吉草酸，⇌吉草酸)量が増加し，また尿中にイソバレリルグリシン(イソバレリン酸グリシン抱合体)が大量に，かつ常時排出される(図)．症状は，激しい嘔吐，重篤なケトアシドーシス(ケトン体が蓄積することにより起こる*アシドーシス)とそれに伴う間欠性の嗜眠昏睡発作，またイソバレリン酸の蓄積による呼気・体表からの悪臭がある．*ヒポグリシン A 阻害(ジャマイカ嘔吐症)により実験的イソ吉草酸血症が起こる．急性型では，生後数日のうちに哺乳不良，嘔吐，呼吸窮迫で発症し，患児は著明な代謝性アシドーシス，低血糖，および高アンモニア血症を呈する．

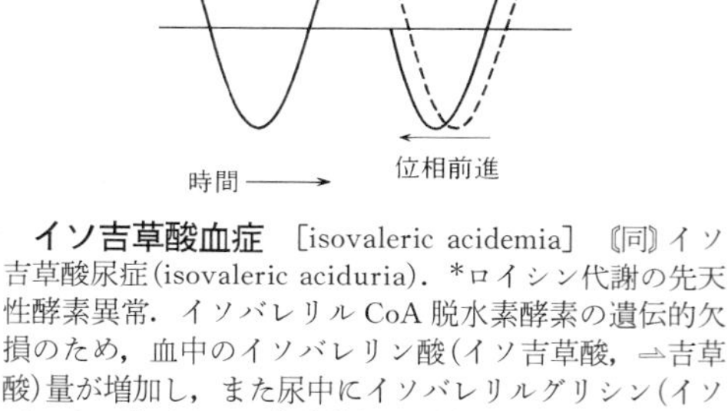

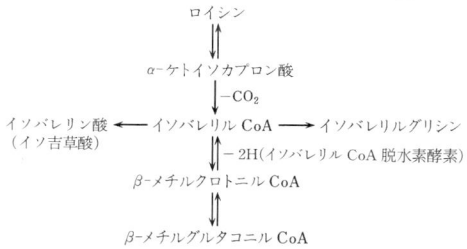

```
       ロイシン
         ⇅
    α-ケトイソカプロン酸
         ↓ －CO₂
イソバレリン酸 ← イソバレリル CoA → イソバレリルグリシン
(イソ吉草酸)
         ⇅ －2H(イソバレリル CoA 脱水素酵素)
    β-メチルクロトニル CoA
         ⇅
    β-メチルグルタコニル CoA
```

h **イソクエン酸** [isocitric acid] ⇌クエン酸回路(図)

i **イソクエン酸脱水素酵素** [isocitrate dehydrogenase] 《同》イソクエン酸デヒドロゲナーゼ．イソクエン酸の脱水素反応を触媒する酵素．NAD を補酵素として要求する型の酵素(EC1.1.1.41)と NADP を要求する酵素(EC1.1.1.42)との 2 型がある．両者とも同じ反応を触媒する．

イソクエン酸＋NAD(P)⁺
⇌α-ケトグルタル酸＋CO_2＋NAD(P)H＋H⁺

クエン酸回路の中で正常に働いているのは NAD を要求する方の酵素である．この酵素は ADP で活性化されるアロステリック酵素である．この酵素に結合する反応中

間体としてオキサロコハク酸(oxalosuccinic acid)が知られる.

a **イソバリン** [isovaline] α-アミノメチルエチル酢酸にあたるα-アミノ酸の一つ.天然には見出されず,A. Streckerのシアンヒドリン法によりメチルエチルケトンからDL体が合成される.DL体のクロロアセチル誘導体に25℃でブタの腎臓から得られるアシルアミノ酸アミダーゼを作用させるとL体だけの不斉加水分解が起こり,良好な収量でLおよびD体が得られる.

$$CH_3CH_2 \diagdown C-COOH \atop CH_3 \diagup NH_2$$

b **イソバルチン** [isovalthine] システインとイソ吉草酸の結合物.甲状腺機能低下症(myxoedema)の患者の尿中から大森晉輔と水原舜爾(1960)が発見.生体に見出されるのは,4種の異性体のうち両部分がL型のものである.しかしその合成経路は不明.ネコでは正常尿に見られる.

$$\substack{CH_3 \\ CH_3} CH-CH-S-CH_2-CH-COOH \atop \substack{COOH \qquad\qquad NH_2}$$

c **イソプレノイド** [isoprenoid] 《同》テルペン(terpene),テルペノイド(terpenoid).*イソプレンを構成単位とする,一群の天然有機化合物の総称.2個以上のイソプレン単位が鎖状または環状に重合したものとみなせる.$(C_5H_8)_n$の形の不飽和炭化水素以外にも,それらの酸化還元生成物や炭素の脱離したものが非常に多種類天然に見出される.炭素数によって,モノテルペン(C_{10}),セスキテルペン(C_{15}),ジテルペン(C_{20}),セスタテルペン(C_{25}),トリテルペン(C_{30}),テトラテルペン(C_{40})およびポリテルペンに分けられる.これには各種の*精油,*樹脂,*ステロイド,*カロテノイド,弾性ゴムなどがある.*アセチルCoAから*メバロン酸を経て生成するΔ^3-イソペンテニル二リン酸が活性イソプレンとして事実上の前駆物質となる.この物質に,これから異性化酵素によって生成するジメチルアリル二リン酸がつぎつぎと縮合し,さらに環形成や酸化還元反応などによって,各種のイソプレノイドが生合成される.(→コレステロール生合成[図])

d **イソプレン** [isoprene] 《同》2-メチル-1,3-ブタジエン(2-methyl-1,3-butadiene).$CH_2=C(CH_3)CH=CH_2$ 共役二重結合をもつ,無色,揮発性の炭化水素.天然ゴム(弾性ゴム)などの熱分解により得られる.天然ゴムの構造を参考として,イソプレンの立体規則性重合により合成ゴムが製造される.多くの植物に存在するテルペン類すなわち*イソプレノイドがイソプレン分子を単位(イソプレン単位 isoprene unit)として構成されるというイソプレン則(isoprene rule)は天然物の有機化学において最も有名な規則の一つであり,L. Ruzicka(1938)により幅広くイソプレノイド類一般に適用されるに至った.イソプレノイドの化学構造や生合成を論ずる場合に,この法則は大いに役立ってきた.

e **イソペプチド結合** [isopeptide bond] 蛋白質やペプチドにおいて,α-アミノ基とα-カルボキシル基間以外で形成される*ペプチド結合.アスパラギン酸残基あるいはグルタミン酸残基側鎖のβ-またはγ-カルボキシル基,リジン残基側鎖のε-アミノ基が関与して形成される.グルタチオンのグルタミン酸残基側鎖カルボキシル基とシステイン残基のα-アミノ基の形成する結合や*ユビキチンのC末端グリシン残基のカルボキシル基と基質蛋白質のリジン残基側鎖のアミノ基間の結合などが該当する.

f **イソペンテニルアデニン** [isopentenyladenine] iP, IPAと略記.《同》N^6-イソペンテニルアデニン.広く生物界に存在し,アデニンの6位のアミノ基にイソペンテニル残基のついたアデニン誘導体.tRNAにおける代表的な*微量塩基.また,植物ホルモンの*サイトカイニンの活性をもつことでも知られ,9位の窒素にリボースが結合したリボシド型や,リボースリン酸が結合したリボチド型も存在する.

g **磯焼け** [barren ground, coralline flat, denudation] 沿岸浅海域の海藻群落(藻場)が,周年にわたり著しく衰退あるいは消失した状態.一般に海藻の消失に伴い,サンゴモが海底表面を覆いつくす状態になる.磯焼けの原因として,水温上昇,栄養の不足,海水の透明度の低下,ウニや藻食性魚類などによる食害などが上げられるが単独あるいは複合的に働く.磯焼けが発生するとコンブやワカメの海藻だけでなく,藻場を生息場とするアワビ,サザエ,魚類などの沿岸水産資源の減少を招き,漁業に与える影響は大きい.藻場回復のために海藻の母藻や種苗の移植,着生基質の投入,ウニの駆除などが行われている.

h **イソロイシン** [isoleucine] 略号 Ile または I(一文字表記).分岐鎖α-アミノ酸の一つ.F. Ehrlich(1904)が単離.分子内に2個の不斉炭素

$$CH_3CH_2CH-CHCOOH \atop \qquad CH_3 \ NH_2$$

原子があるので4種の立体異性体がある.L-イソロイシンは種々の蛋白質中に存在.D-イソロイシンは抗生物質バシトラシンの構成成分.ヒトでは不可欠アミノ酸.分解はアミノ基転移反応,分岐鎖ケト酸脱水素酵素(branched-chain α-keto acid dehydrogenase)によるα-メチルブチリルCoAへの変換を経て,アセチルCoAとプロピオニルCoAとなり,後者はスクシニルCoAに代謝されクエン酸回路に入る.したがって,糖原性かつケト原性.哺乳類では主に筋肉で分解される.微生物や植物ではトレオニンから生じたα-ケト酪酸とピルビン酸の縮合などを経て合成される.

i **遺存** [relic] 《同》レリック.植物地理学において,かつて広い分布圏をもっていた植物が環境条件の変化などによって分布圏を移動縮小し,現在限られた狭い地域だけに生育する現象.例えば第四紀の氷期の寒冷期には,それ以前に極地付近にあった植物が分布圏を南下して日本列島のなかで分布を拡大させたが,後氷期の温暖化に伴って北方へ後退し,高山帯や冷たい湧水池だけに残存している場合がある.北アルプスや南アルプスにあるウルップソウやクモマグサのような周極要素植物は,その代表的なものである.また,日本固有種であるコウヤマキは,かつては北半球に広く分布していたものが,新第三紀末から第四紀初期にかけて各地で絶滅した結果として日本に遺存したものである.(→氷河植物群)

j **依存分化** [dependent differentiation] 初期発生において,ある胚域の分化がそれに接している他の胚域に依存しているような分化の様式.脊椎動物の予定外胚葉の分化は典型的な依存分化であり,外胚葉に接する*脊索中胚葉によって*神経板の形成が引き起される

(＊一次誘導)．同様に，＊誘導による分化のほとんどは依存分化と考えることができる．また，血中のホルモンなどに依存して分化する場合などがある．多くの場合，このような依存性は発生の一定の時期に現れ，まもなく失われる．例えば上記の神経板も，やがて脊索中胚葉と関係なく発生することができるようになる．(→自律分化)

a **イタイイタイ病** [itai-itai disease, ouch-ouch disease] 富山県神通川流域の住民に戦後多発した，全身性疼痛，骨折を主訴とする特異な疾患．経産婦に多くみられ，当初風土病とされていたが，大規模な調査が行われた結果，上流の鉱山から流出したカドミウムが飲料水や米などを介して体内に吸収されて起こる慢性中毒が原因とされた．腎尿細管変性による再吸収障害を主要機序とし，低蛋白質，低カルシウムなどの栄養障害や妊娠，授乳も関係して，骨粗鬆症，骨軟化症，異常歩行などをきたす．1968年厚生省により公害病第1号の認定が行われ，1971年特別措置法，1974年公害健康被害補償法が制定された．医療救済は続けられており，認定患者は100余名であるが潜在患者は多数に上ると考えられている．本病の予防対策の一つとして，米の成分規格にカドミウムの含有量の制限が制定された．

b **イタコン酸** [itaconic acid] CH$_2$=C(COOH)CH$_2$COOH ジカルボン酸の一つ．糸状菌，ことに梅酢の表面に発育するAspergillus itaconicusにより多量に生成される．cis-＊アコニット酸の脱カルボキシルによって作られる．

c **伊谷純一郎** (いたに じゅんいちろう) 1926～2001 日本の霊長類学者，生態人類学者．京都大学教授．今西錦司の指導のもとに，大分県高崎山のニホンザルを研究し，その後アフリカでチンパンジーやゴリラの研究を行った．1984年にトーマス・ハクスリ賞を受賞．その後，サルや類人猿の研究から人間を対象とした生態人類学の研究に移り，主にアフリカの牧畜民を研究した．

d **痛み** [pain] 〘同〙痛覚．物理的刺激または化学的刺激により生じる，不快な，時に耐えがたい苦しみを伴う感覚．痛みは，侵害刺激や傷の存在を知るのに役立ち，動物の生存にとり重要である．その一方，痛みを減弱させる機構もあり，繁殖や闘争では痛みに対して寛容になる．痛みは，侵害刺激の強度を知る感覚要素，不快感や苦しみの程度を反映する即時情動要素，慢性痛によって幸福感へ影響する長期情動要素の三つの側面をもつ．痛覚受容器において侵害刺激が受容されると，その情報は脊髄を上行し，＊視床を経て，大脳皮質の一次および二次体性感覚野へ送られ，痛みの感覚要素が処理される．さらに，島(とう)，前帯状回に至る経路が即時情動要素に，前頭前野に至る経路が長期情動要素に関与する．

e **一遺伝子一酵素仮説** [one gene-one enzyme hypothesis] 一つの遺伝子はただ一種の＊酵素の生成に関与し，その特異性を支配し，＊表現型に影響を及ぼすとする説．G.W.BeadleとE.L.Tatum(1941)はアカパンカビによるアミノ酸やビタミンの生合成反応の遺伝的制御に関する研究を発表し，さらに各種の生化学的突然変異体を用いた遺伝子作用の研究を発展させた．Beadle(1945)はこれらの結果をまとめて一遺伝子一酵素仮説と名づけた．その後，アカパンカビだけでなく細菌・酵母など各種生物で生化学的突然変異により特定の酵素が欠損し，特定の代謝反応が閉鎖されることが見出され，この仮説の正しいことが証明された．しかしその後，この仮説には次のような例外のあることがわかった．(1)二遺伝子一酵素:酵素が異種のサブユニットから構成されている．(2)一遺伝子多酵素:1本のポリペプチド鎖が複数の酵素活性をもつ．(3)一遺伝子二ポリペプチド:すなわち＊重なり遺伝子．(4)二遺伝子一ポリペプチド．このように酵素学・蛋白質化学が発展し遺伝学的方法が進歩するにしたがい，遺伝子と酵素の関係はDNAとポリペプチド鎖の関係により厳密に対応づけられることが明らかになってきた．この関係を示したのが＊一遺伝子一ポリペプチド鎖仮説である．

f **一遺伝子一ポリペプチド鎖仮説** [one gene-one polypeptide chain hypothesis] 一つの遺伝子はひとつづきのポリペプチド鎖の構造を決定する(コードする)とする仮説．＊一遺伝子一酵素仮説から発展したもので，酵素以外の蛋白質に対する構造遺伝子にもあてはまる．また複数のポリペプチド鎖からなる酵素など，一遺伝子一酵素仮説の例外をも含め，より普遍的に適用しうる仮説として遺伝子の理解に貢献した．

g **一遺伝子雑種** [monohybrid, monogenic hybrid] 〘同〙単性雑種，単因子雑種．1対の＊対立遺伝子についてのみ異なる(ホモの)両親間の＊雑種．対立遺伝子間の優劣関係が完全であるか不完全であるかにしたがって，雑種は＊優性形質あるいは中間形を示す．雑種第二代においては，完全優性のときは3:1，不完全優性のときは1:2:1の分離比を示す．

h **一塩基多型** [single nucleotide polymorphism] SNPと略記．ゲノム中のある特定の塩基位置において，遺伝的多型となっていること．どの塩基に置換しているかで，対立遺伝子には4種類の可能性があるが，突然変異率が低いので通常は2種類(祖先型と変異型)だけが見出されることが多い．ゲノム配列が決定されるようになって，特にヒト集団で大量のSNPが発見され＊連鎖解析に用いられているが，現象としては極めて一般的であり，生物種によらず存在する．

i **位置価** [positional value] ＊モルフォゲンの勾配など，適当な位置信号によって個々の細胞にその位置(系の中での照合点に対しての位置)を指定する価を与えたもの．発生における＊パターン形成に位置情報が組み込まれる仕組みの説明としてL.Wolpert(1971)により導入された用語．細胞は，与えられた位置価を自らのゲノムに照らし，適切な分化経路をたどる．位置価と細胞のもつゲノムとが働いて細胞の分化(molecular differentiation)が起こる過程を「細胞による位置情報の解釈」とみなす．(→極座標モデル)

j **位置覚** [sense of position] 空間内における身体の位置，ならびに身体部分の相対的位置を，視覚・触覚などの助けなしに感知・判別させる，あるいは姿勢反射を誘発する自己受容性感覚．感覚の質や局在はともに不明瞭で，むしろ認知の語がふさわしい．[1]ヒトや脊椎動物における位置覚は，特に四肢で明瞭だが，足指では不明瞭であり，また舌，喉頭，眼球などふだん眼に見えない部分についてはほとんどわからないし，意識もまったくえていない．同一姿勢を続けると感覚が不明瞭となり，運動により姿勢を変えてはじめて明らかになる場合もある．その感受装置として，関節部の皮膚感覚(圧覚)や深部感覚が関与する．抵抗覚や重量覚と呼ばれるものも，これに近縁の感覚である．[2]節足動物では関節部にみられる触毛すなわち位置毛が，特定の肢部姿勢に際し隣接体部位に

触れ，自己受容性の位置覚を生じさせる装置とされる．昆虫類の体壁や付属肢にしばしばそなわる*弦音器官にも，当該関節部の位置・運動を感知するものがある．鐘状感覚子は，荷重や運動による外骨格のひずみを受容し姿勢反射の解発に当たる自己受容器として，脊椎動物の腱器官に相当した力覚機能をもつらしい．平衡覚も体位置の感知に重要な役割を果たすが，直接には重力覚の性格をもつ．

a **I型糖尿病** [type 1 diabetes mellitus] 膵臓の*ランゲルハンス島のB細胞の破壊による，絶対的インスリン分泌低下に起因する糖尿病．自己免疫性と特発性(原因不明)に分類される．代謝異常によるII型糖尿病に比べ*ケトーシスをきたし易く，インスリンの補充が必須である．自己免疫性I型糖尿病では，抗GAD(glutamic acid decarboxylase)抗体，抗IA(insulinoma-associated antigen)-2抗体，抗B細胞抗体(islet cell antibody)，抗インスリン抗体など，多様なB細胞関連自己抗体が検出される．疾患動物モデルとして，非肥満性糖尿病(non-obese diabetic, NOD)マウスが有名であり，自己反応性T細胞により直接ランゲルハンス島B細胞の破壊が起こり，致死的糖尿病に至る．NODは多くの遺伝子素因の関与が明らかにされており，ヒトのI型糖尿病も同様に多因子性*自己免疫疾患と考えられている．インスリンによる厳格な血糖コントロールに加え，免疫抑制剤や膵臓・ランゲルハンス島移植などの新しい治療法の開発が試みられている．

b **位置クローニング** [positional cloning] 《同》ポジショナルクローニング．遺伝子の染色体上の座位に関する情報を利用してその遺伝子をクローニングする方法．動植物の遺伝子をクローニングするには，まず標準遺伝子マーカーやDNA多型(RFLP, VNTR, CAリピート)を利用し，巨大なゲノムDNAの中から目的とする遺伝子を染色体上にマッピングする(⇒染色体マッピング)．つぎに，目的遺伝子に異常をもつ複数の変異体(病因遺伝子の場合は同一疾病の多数の患者)について，目的遺伝子近傍のDNA構造に共通の変化が検出できるかどうか調査する．目的遺伝子を含む領域内に欠失や転座など染色体異常が発見されれば，目的遺伝子の同定は容易．DNA構造の変化が検出されないときは，目的遺伝子を挟む既知のDNAマーカー間の全遺伝子について一つずつ目的遺伝子であるかどうかを検討する．この手法により，シロイヌナズナ，メダカなどのモデル生物やヒトから数多くの遺伝子が同定されている．(⇒逆遺伝学)

c **位置効果** [position effect] 遺伝子が染色体上で占める位置によって，*表現型に変化が生ずること(A. H. Sturtevant, 1925)．位置効果には，安定型(S型, stable)と変異型(V型, variegated)とがある(E. B. Lewis, 1950)．S型は二つの突然変異遺伝子がシス型($ab/++$)とトランス型($a+/+b$)に配列したとき表現型に差が生じる．V型の位置効果は正常遺伝子が*ヘテロクロマチン(異質染色質)の近くに位置したとき，細胞によって正常形質を表したり突然変異形質を表したりするものである(斑入り位置効果 position effect variegation)．例えば，キイロショウジョウバエのX染色体上のw^+遺伝子が*逆位によって核小体形成体周辺のヘテロクロマチンに近い座位を占めると，複眼は正常と白眼のモザイクになる．キイロショウジョウバエでは，位置効果を抑制したり促進する*変更遺伝子が多数知られて
いる．位置効果は，形質転換した動植物で外来遺伝子を発現させる実験から再確認されることになった．ゲノム上のさまざまな位置に組み込まれた外来遺伝子は，その発現の量・特異性とも，組込み位置の大きな影響下にあるが，外来遺伝子がもとの遺伝子座の近傍のある領域をあわせもつと，位置効果を免れて，遺伝子自身にそなわった*調節領域のみによって自律的に調節されるようになる．この位置効果を抑制する領域は遺伝子座制御領域(locus controlling region, LCR)と呼ばれ，正常の遺伝子座における遺伝子発現の量と特異性とを保障する機構を担っていると考えられている．(⇒相補性検定)

d **一次狭窄** [primary constriction] 分裂期の中期染色体に見られるくびれ．染色体の動原体を含む部位であり，ここに*紡錘糸(紡錘体微小管)が付着する．一次狭窄の位置は染色体によって一定しており，染色体の重要な形態的特徴の一つとして*核型の分析に用いられる．一次狭窄からテロメアまでの距離の短い方を短腕(short arm, pで表記)，長い方を長腕(long arm, qで表記)と呼ぶ．

e **一次菌糸** [primary hypha] 《同》一核菌糸(monokaryotic hypha)，単相菌糸(haploid hypha)．担子菌類において，*担子胞子の発芽によって生じた単相(n)の菌糸．一次菌糸の分枝した集まりを一次菌糸体(primary mycelium)という．一般に子実体は形成しない．子実体をつくるべき*二次菌糸を生ずる前段階のもので，各細胞は単相1核を含み，単相菌糸，一核菌糸ともいわれる．菌糸のこういう状態またはこの段階を一核相(monokaryotic phase)または単相(haploid phase)といい，二次菌糸の二核相と対する．一次菌糸は互いに対応する性の菌糸である場合にだけ体細胞接合(この場合菌糸接合)を行って二次菌糸が発達する．また，二次菌糸と直接に接合し，一次菌糸が二次菌糸となることも知られている(⇒ブラー現象)．同型核をもつ二つの一次菌糸が接合に似た行動をとる場合は菌糸結合として区別され，二次菌糸は生じない．(⇒菌糸)

f **イチジク状花序** [hypanthodium] 《同》隠頭花序．*花序の多数の分枝が伸長せずに，多肉の*花床状の一つの軸となり，その上面に花をつけ，この花のついた面が周辺部の*介在成長によって包み込まれた形式となった*集錘花序の一変型(⇒花序[図])．クワ科のイチジク属に著しい．果実へと熟すとき外壁となっている花序軸の部分が著しく多肉となり，イチジク状果となる．西インド産のクワ科植物の*Dorstenia*では二出集散花序を原型とする花序が包み込まれていく推移が見られる．

g **一次細胞壁** [primary cell wall] 《同》一次壁．*細胞壁のうちで，細胞分裂が終了した後，*細胞伸長が停止するまでの間に形成される部分．*中葉を介して，隣接する細胞の一次壁に接する．被子植物では結晶性の*セルロース微繊維と*ヘミセルロース，*ペクチン質，構造蛋白質が主要成分である．ヘミセルロースやペクチン質の量比と構造は植物種や細胞型により異なる．分裂細胞や柔組織細胞では数層の*ラメラからなり，厚みは50～100 nm程度であるのに対して，厚角細胞や表皮細胞などでは多層のラメラ構造からなり数μmの厚さに達する．維管束植物では，管状要素や繊維細胞などの特定の細胞型では，細胞伸長終了後に一次壁の内側に厚い細胞層が構築される．これを二次細胞壁(二次壁 secondary cell wall)という．二次壁はラメラ構造内のセルロ

ース微繊維の密度が高く (40～50%)，ペクチン質を殆ど含まない．管状要素や繊維細胞の二次壁は*リグニンを含み力学的強度と疎水性が共に高い．*内皮細胞や*周皮細胞は疎水性の*スベリンを含み水溶液を通さない．一次壁が細胞伸長の制御の役割を担うのに対して，二次壁は組織の支持や通道組織の防水，病害や傷害応答などの役割を担う．

a 一次視覚野 [primary visual cortex] 《同》V1. 哺乳類後頭葉にある視覚の一次*感覚野．視床の*外側膝状体によって中継された視覚情報の大部分を受け，処理を加えた後に*視覚前野に出力する機能をもつ．形態学的にブロードマンの17野(⇒細胞構築学[図])あるいは有線野 (striate cortex) と区分されるが，霊長類においてはV1 (visual area 1) という呼び方が一般的．サル，ネコ，ネズミなどにおいて一次視覚野は後頭葉表面部に露出し，実験的にアクセスしやすく，定量的な視覚刺激操作に対する神経活動を調べることができるため，多くの生理学的，形態学的研究が行われている．一次視覚野は細胞構築学的に第1層～第6層の6層からなり，霊長類では第4層が4a, 4b, 4cα, 4cβの亜層に区分される．これらの層は機能的に分化し，外側膝状体から視放線を経る求心性繊維は主に第4c層に入力，第2, 3, 4b層からは視覚前野へ，第5層からは上丘に，第6層からは外側膝状体への投射がある．V1ニューロンの*受容野の配列には視野再現(⇒体部位再現)が明瞭で，網膜における視野の二次元的な連続性がV1においても保持される．中心視野情報を処理するニューロンの受容野は小さく，視野の単位面積当たりの情報をより多くのニューロンで処理し，高い解像力を実現している．V1ニューロンの受容野は単純型受容野および複雑型受容野に区別される．単純型受容野では，光照射に反応するオン領域と光消滅に反応するオフ領域が隣り合って並ぶため，光刺激の時空間構造の線形フィルタと見ることができる．対して複雑型受容野では，受容野全体でオン領域とオフ領域が広く重なり，刺激の時空間構造と反応の関係に非線形性を示し，立体視に必要な*両眼視差の検出に優れる．これらの受容野は特定の方向に伸びた構造であり，その向きに沿った傾きをもつ光の明暗の境界によく反応する(方位選択性)．V1ニューロンは優位眼，刺激の傾き(方位)，動きの方向，大きさ，空間周波数，時間周波数，波長(色)，両眼視差などさまざまの刺激特徴に対して選択的な応答を示す．この*特徴抽出性は，視野内の視覚刺激の要素的特徴を抽出処理し，その組合せ情報を視覚前野に出力するための性質と考えられる．各種特徴抽出性は各V1ニューロンにランダムに割り当てられる性質ではなく，近い場所にあるニューロン同士は共通の刺激特徴に選択性を示し，V1の第1層～第6層の柱状構造のニューロン集団が特定の刺激特徴を処理する機能的コラムが認められ，眼優位性コラム，方位コラム，ブロップ(色コラム)，空間周波数コラムなどの組合せとしてV1が構造化されているとされる．(⇒コラム構造)

b 一次篩部 [primary phloem] 維管束植物の*シュート頂や根端の前形成層から分化した*篩部．最初に分化してくる原生篩部 (protophloem) と，後に発達する後生篩部 (metaphloem) の別があるが，その境界は明確でない．原生篩部の篩要素(篩管要素・篩細胞)は極めて細く，機能を果たす期間も短く，間もなく周囲の組織により破壊されるが，後生篩部の篩要素は原生篩部のそれに比べて太くて長い．原生篩部には篩部繊維組織が形成されることが多いが，維管束周辺に*厚壁組織を発達させたもの(例：ウマノスズクサ，カボチャ)では発達しない．後生篩部に繊維組織が分化することは少なく，篩部柔組織が作られる．*伴細胞は原生篩部には見られず，後生篩部には生ずるのが普通．二次成長を行う植物では，後生篩部は二次篩部の形成とともに破壊される．

c 一次生産 [primary production] 《同》基礎生産 (key production). 独立栄養生物(無機栄養生物)による有機物生産．これに関与する生物を*生産者(一次生産者 primary producer) と呼ぶ．一般には光合成による有機物生産がその大部分を占めるが，硫化水素の存在するような還元環境などでは，*化学合成生物が一次生産を行う特殊な生態系も存在する．一次生産の語は有機物生産を示すのが一般的だが，この語を植物体生産の意味で用い，有機物生産を基礎生産と呼ぶこともある．なお，物質ではなくエネルギーに重点をおいて光合成によるエネルギー固定だけをいう立場もある．

d 一次遷移 [primary succession] これまで生物が存在したことのなかった基質上に新しく生物が侵入して起こる遷移．海洋中に出現した新島，火山の噴火，大規模な崩壊地，新しくできた湖沼などがその場所となる．最初は土壌がないので二次遷移に比べると遷移の進行が遅い．ここで次々に起こる遷移の系列を一次遷移系列(一次系列 prisere) という．(⇒二次遷移，⇒乾生遷移)

e 一次組織 [primary tissue] 維管束植物の*頂端分裂組織から，直接由来する組織．*表皮，*皮層，一次維管束組織(*一次木部，*一次篩部)などがこれに当たる．

f 一次頭蓋壁 [primary cranial wall] 《同》一次頭蓋底．脊椎動物の発生において，中枢神経の直ぐ外側にある間葉から形成される本来の*神経頭蓋．その形態は種により異なる．脊椎動物の神経頭蓋は派生的な系統のものにおけるほど，変化消失し，機能的に内臓頭蓋要素と置き換わる傾向にある．その結果，哺乳類においては，見かけ上の眼窩域の頭蓋底は本来の神経頭蓋ではなく，顎骨弓に発生する被蓋骨要素，翼蝶形骨となる．本来の神経頭蓋は鞍背，もしくは小脳テントのレベルに求めることができ，これを一次頭蓋壁と呼ぶ．哺乳類の小脳テントの形態に見られるように，一次頭蓋壁は眼窩域において脳褶曲に由来する強い彎曲をなし，その外側に頭蓋外の腔所を形成する．側頭翼 (ala temporalis, 爬虫類では上翼状骨) の内側で三叉神経節の収まるこの腔所を上翼状腔 (cavum epitericum) という．これは耳介の小さい魚類の頭蓋ではさらに後方の膝神経節をも包含し，三叉顔面腔 (trigemino-facial chamber) と呼ばれる．(⇒神経頭蓋)

g 一次胚葉 [primary germ layer] *原腸胚の外層・内層についてそれぞれ広義に*外胚葉・*内胚葉という場合の，外胚葉と内胚葉の両者を指す．これに対し，その後に両者の間に現れる中胚葉については，二次胚葉 (secondary germ layer) と呼ぶ．この意味での一次胚葉は原外胚葉(エピブラスト epiblast)・原内胚葉(ハイポブラスト hypoblast) と同義であり，これらは多くの羊膜類胚における胚盤葉上層・胚盤葉下層に相当する．また，進化的に最も起原が古いと思われ，刺胞動物にすでに存在する外胚葉と内胚葉を一次胚葉と呼び，それに続いて現れた新しい中胚葉を二次胚葉とする比較発生学的分類もあるが，中胚葉の起原には異説もある．

イチネンセ　73

a **一次分裂組織** [primary meristem] 維管束植物において，成体になっても，引き続き分裂機能を保持している組織．*二次分裂組織に対する語．茎と根の*頂端分裂組織全体を指す場合もあるが，より厳密には頂端分裂組織内の*前分裂組織から作られ，やや分化が進みながらも細胞分裂能力を保持する細胞群を指す．*前表皮，*前形成層，*基本分裂組織の三つが区別される．

b **一次木部** [primary xylem] 維管束植物のシュート頂や根端の*前形成層から分化した木部．最初に分化する原生木部(protoxylem)と，これに引き続き分化される後生木部(metaxylem)から構成される．原生木部の細胞は，後生木部に比べて直径が小さく，管状要素(仮道管や道管要素)の二次肥厚が作る模様は環紋およびらせん紋である．後生木部の管状要素は発達するにつれて階紋，網紋，孔紋をもつようになる．原生木部の後生木部に対する位置関係には，外原型(exarch)，中原型(mesarch)，内原型(endarch)の3型がある．外原型では原生木部が外側に位置し，内側(中心)に向かって後生木部が分化するので求心的木部(centripetal xylem)が形成され，内原型では原生木部が中心側に位置し，後生木部の分化は外側に向かって起こるので遠心的木部(centrifugal xylem)が作られる．中原型では先に分化した原生木部から，内側と外側の両方向へ後生木部が形成される．茎の*真正中心柱では外原型が，根の*放射中心柱では内原型が一般的．また根では，原生木部の数によって一原型，二原型，…，多原型が区別される．

c **一次遊走子** [primary zoospore] 1 生活環中に複数回の遊走子が生じる場合，初回に生じる遊走子．一つの生活環のうちに遊走子を生じて水中を遊泳する時期が何回も行われる場合，その回数によって一回遊泳性，二回遊泳性などと称する．最初に遊走子囊内に形成される遊走子を一次遊走子というが，二回遊泳性という場合は一般的に一次遊走子と二次遊走子(secondary zoospore)が形態的に異なる*二形性である場合を指す．ミズカビ類のミズカビ属(*Saprolegnia*)などでは，(1)一次遊走子は洋ナシ形で，前端に尾型と羽型の2鞭毛があって遊泳する．(2)次に細胞壁を生じて不動胞子の状態になる．(3)これは発芽すると1個の二次遊走子となる．それは腎臓形で，そのくぼんだ側面に2鞭毛があって遊泳する．(4)次に不動胞子の状態から発芽すると菌糸を生じる．4過程のうち，ワタカビ属(*Achlya*)などでは(1)がなく，アミワタカビ属(*Dictyuchus*)では(1)と(2)がない．(⇒遊走性)

d **一次誘導** [primary induction] 動物の初期発生において，予定脊索・体節域の中胚葉による外胚葉への働きかけによって，外胚葉に中枢神経系の構造が誘導されること．両生類胚の*原腸形成では，原口背唇部の細胞はそれ自身は脊索などに分化しながら，それが内面から裏打ちしている外胚葉の部分を肥厚させて，神経管の形成を誘導する．これによって，頭端から尾端にわたる部域性をそなえた中枢神経系や器官を形成するので，一次誘導は胚の主軸の形成と決定に直接結びついている．当初は一次誘導は胚の主軸の形成に関与するという意味のほかに，一番目の誘導という意味を含み使われていたが，現在，胚発生ではそれより初期に中胚葉誘導が起こることが知られており，最初の誘導というわけではない．一次誘導作用をもつものにはナメクジウオ・円口類・両生類などの原口背唇部のほかに，硬骨魚類の*胚盾，鳥類や哺乳類の原腸形成前の*ヘンゼン結節，哺乳類の原腸形成前の結節がある．一次誘導で生じた中枢器官からそれに接する未分化の組織に働きかけて，その分化を一定方向に誘導するような現象，例えば水晶体・鼻原基・耳胞などの器官の誘導的分化を*二次誘導という．

e **位置情報** [positional information] 発生中の多細胞系において，個々の細胞が受ける全体の中での位置的情報．それぞれの細胞がおのおのの位置に応じた挙動をすることにより調和ある形態が形成されるという理論の中心的な概念(L. Wolpert, 1968，⇔位置価)．したがって，この理論には細胞が位置を決める機構の存在，位置情報が細胞の挙動へと表現しなおされること，また形態形成一般における普遍妥当性などの仮定もひとまとめに含まれている．この理論は，イモリ，昆虫などの再生における多肢形成を的確に説明できる*極座標モデルやヒドラの再生パターンの説明などに用いられた*フランス国旗モデルの基礎となっている．位置情報を与える分子的基盤には，*モルフォゲンと総称される拡散性分子の濃度勾配などが挙げられる．(⇒パターン形成)

f **一次リンパ組織** [primary lymphoid tissue] 《同》中枢性リンパ組織．リンパ組織のうち，主にリンパ細胞の産生と分化を担う組織．Tリンパ球の分化・産生を行う胸腺と，Bリンパ球の分化・産生を行う骨髄が，それに相当する．鳥類でBリンパ球の産生を担う*ファブリキウス囊も一次リンパ組織(器官)である．これに対してリンパ節，脾臓などのリンパ球による免疫応答を司る組織(器官)を*二次リンパ組織(二次リンパ器官)という．

g **一染色体性** [monosomy] 《同》モノソミー．正常複相の染色体組から1本の染色体を欠き染色体数が$(2n-1)$となる現象．*異数性または低数性の一種．異質六倍体のパンコムギ$(2n=6x=42)$で21種類の染色体をそれぞれ1本ずつ欠く一染色体植物(monosomics)の系統が知られている．ショウジョウバエの第IV染色体の一染色体性個体であるハブロIV(haplo-IV)は，最小の1対の染色体を1個失ったもので，正常より体がやや小さく淡色である．稔性は低いが子孫を生じる．ヒトのX染色体モノソミーは*ターナー症候群と呼ばれ，その女性は低身長で二次性徴を欠き不妊となるが，マウスのX染色体モノソミーの雌は妊性がある．

h **一段増殖実験** [one step-growth experiment] ファージの生活環あるいは増殖を，感染菌の集団を用いて調べる方法．感染した細胞の懸濁液を高度に希釈し，一定時間ごとにその一部分を採り，直接あるいは人為的に*溶菌させたのち*感染中心を測定する．一定のファージと細菌を一定条件下で用いれば，*感染の多重度とは関係なくほとんど一定した*暗黒期，*潜伏期，*放出数の値が得られる．(⇒シングルバースト実験)

i **一動原体染色体** [monocentric chromosome] 局在型*動原体が一つある最も一般的な染色体．

j **一年生** [annual] 植物体の生活環の長さを表現する語で，1年以内に発芽・成長・開花・結実を迎え，体は枯死すること．多年生と対する．このような植物を一年生植物(annual, annual plant)という．このうち，冬を挟んだものを越年草(winter annual)という．また，夏を中心に生育するものを summer annual といい，C. Raunkiaer の生活形の一つ*夏生一年生植物がこれに当たる．種子植物以外にも使用し，その場合は胞子形成で

- a **一倍体** [monoploid] ⇒半数体
- b **1分子蛍光イメージング** [single-molecule fluorescence imaging] 蛍光分子を一個一個のレベルで検出して蛋白質などの生体分子の挙動を解析する方法．1995年に全反射照明蛍光顕微鏡で励起された蛍光1分子を超高感度のCCDカメラで捉えたのが最初の報告である．全反射照明とは通常の蛍光顕微鏡での落射照明と異なり，励起光(レーザー光)をスライドグラスと観察試料の境界面で全反射が起こる角度で入射することで，スライドグラスから100nm程度の厚みだけ蛍光分子を励起し，背景光を劇的に減らすことができる特殊な照明法のこと．この他にも*共焦点レーザー顕微鏡の光学系でできる微小観察領域で蛍光1分子を励起する方法なども使われる．観察試料として当初はミオシンやキネシンなどのモーター蛋白質の試験管内での研究に用いられていたが，徐々に他の生体高分子や細胞内での観察に応用範囲が拡がっている．
- c **胃緒** [funiculus] ⇒苔虫動物
- d **イチョウ類** [Ginkgopsida] 緑色植物種子植物類の一群．地史的にはペルム紀から中生代まで全世界的に繁茂したが，現在は中国原産で各地で栽培されるイチョウ(*Ginkgo biloba*)1種を残すだけとなった．葉に二又分枝の葉脈が発達，鞭毛のある精子を生ずる(平瀬作五郎，1896)など原始的な形質が見られる．日本では，鮮新世からイチョウの葉の化石が見出される．なお*Ginkgo*の綴字は，E. Kaempfer が 'Amoenitatum exoticarum'(諸国奇談，1712)中に図入りで記述した日本産の植物の記事中の銀杏の音読に基づいた綴りをC. von Linné が引き写したもの．
- e **一輪形幼生** [monotrochal larva] 口前繊毛環だけをそなえる環形動物多毛類の*トロコフォア．大多数の多毛類のトロコフォアはこの形をしている．(⇒トロコフォア[図])
- f **一回結実性** [monocarpy] 《同》一稔生，一回繁殖型．種子植物において，1世代にただ1回開花結実して枯死する性質．すべての一・二年生植物について見られるが，タケやリュウゼツランのような多年生植物においても見ることができる．タケでは開花は一斉に行われるが，その際同花しない部分も枯死する．
- g **一価染色体** [univalent chromosome] *減数分裂において対合しないで遊離している染色体．半数体あるいは雑種に多く見られ，相同染色体が存在しないために対合することができず一価染色体となる場合が一般的で，相同染色体があっても，対合できないため一価染色体となる特殊なビゲーラ型や，また不対合遺伝子によって対合が妨げられている場合もある．通常，一価染色体は*二価染色体より遅れて移動し，減数第一分裂中期に，赤道板から離れて位置する．また，減数第一分裂後期に縦裂しないで極に移動するもの，縦裂して両極に分配されるもの，遅滞染色体となるものなどがある．雑種において二価染色体と一価染色体とあるとき，すべての一価染色体が減数第一分裂で縦裂しないで任意にいずれかの極に分かれる場合をモウセンゴケ型といい，あるものは縦裂して二分し，他のものは任意に両極に分かれる場合をピロセラ型といい，すべての一価染色体が第一分裂中期に縦裂して両極に均等に分かれる場合をコムギ型と呼んでいる．この場合には第二分裂では縦裂が起こらず偶然的な分離が生ずる．このように一価染色体の減数分裂における行動，特にその減数が第一分裂で起こるか，第二分裂で生ずるかは，減数分裂の本質をうかがう重要な手掛りとなる．
- h **一酸化炭素細菌** [carboxydotrophic bacteria, carboxydobacteria] 一酸化炭素(CO)をエネルギー源および炭素源として利用する細菌の総称．C_1化合物であるCOを利用するが，一般にC_1資化性菌とは区別されて呼ばれる．*プロテオバクテリア門や*ファーミキューテス門に属する特定好気性菌種のほか，嫌気的に生育するある種の光合成非硫黄細菌，硫酸還元菌などが知られている．また，*アーキアドメインのある種の*メタン生成菌もCOを利用する．自然界や動物体内で発生しているCOを除去する生態学的役割をもつ．
- i **一酸化炭素ヘモグロビン** [carbonylhemoglobin] 《同》カルボニルヘモグロビン．*ヘモグロビンと一酸化炭素COとの結合物．酸素ヘモグロビンと同じく，Fe原子は2価で，CO，ポルフィリンの4個のN，グロビンのヒスチジン残基(イミダゾール)と共有結合して八面体構造をとる．COに対するヘモグロビンの親和力はO_2に対する親和力よりも大きいので，血液中にCOが侵入すれば酸素ヘモグロビンのO_2はCOによって置換され，赤血球は酸素運搬能力を失う．これが一酸化炭素中毒(carbon monoxide intoxication)である．一酸化炭素ヘモグロビンの吸収極大は570nmと542nmにあり，酸素ヘモグロビンよりも鮮やかな赤色を示す．他の*ヘム蛋白質もしばしばCOと結合して同様な化合物を作る．一酸化炭素ヘム蛋白質はすべて光によって解離するのが特徴である．
- j **一酸化窒素** [nitric oxide] NOと略記．《同》nitrogen monooxide．窒素と酸素が1原子ずつ結合した無機化合物(分子量30.01)．生体内ではL-アルギニンから一酸化窒素合成酵素(nitric oxide synthase, NOS)により合成される．血管平滑筋弛緩作用や血小板の凝集，免疫反応，神経伝達，シナプス可塑性などに広く作用する．このうち，平滑筋の弛緩はグアニル酸シクラーゼの活性化を介した環状GMP濃度の上昇による．一酸化窒素の血管平滑筋弛緩作用を利用した製剤として，心臓病の治療薬として使用される亜硝酸誘導体やED治療薬，発毛剤がある．⇒cGMPシグナル
- k **逸出突起** [dehiscence papilla] 遊走子嚢に生じる小さな乳頭状の突起(図)．遊走子嚢が成熟すると，突起の頂端が破れて，*遊走子が泳ぎ出す．ツボカビ類のカワリミズカビ属などの遊走子嚢によく見られる．頂端が蓋(operculum)となってはずれるものもある．逸出突起が特に長くなって短管状になったものは逸出管(exiting tube, dehiscent tube)といわれ，*ツボカビ類や*卵菌類のフハイカビ属(*Pythium*)などに見られる．
- l **一斉開花・結実** [masting] 多年生植物の個体群および群集において，開花あるいは結実が1年より長い時間間隔を空けた後に一斉に生じること．繁殖してから次の繁殖までの期間が1年以上であるという間欠性と，個体間で同調して開花・結実するという繁殖の同調性によって特徴づけられる．温帯でみられる一斉開花・

結実は，マスティングあるいは豊凶現象と呼ばれる．温帯ではブナ林が代表的であり，種子生産量が凶作，並作，豊作の年が非規則的に訪れるが，凶作の翌年が豊作になりやすい傾向も見られる．また，ミズナラのように開花量の年変動は小さいが，花から成熟種子になる過程に年変化があり，結果として種子量の著しい変動が生じる場合がある．一斉開花に引き続き一斉結実が生じることが多いが，ミズナラの挙動は一斉開花でなくとも一斉結実が見られる例である．季節のない熱帯でも，フタバガキ科に優占される東南アジア熱帯雨林では，数年に一度，広い分類群の種が同調して一斉に開花することが知られており，general flowering と呼ばれている．ブナやフタバガキは多回繁殖型の樹木であるが，一回繁殖型のタケやササにみられる数十年に一度の一斉開花・枯死現象もこれに当てはまる．開花量や結実量の変動や同調が生じるメカニズムについては，温度や乾燥などの外的環境要因に加え，個体内資源量も大きな影響を与える可能性が資源収支モデルを用いた理論的研究から指摘されている．温帯ブナ林では，春の低温や夏の高温と翌年の開花量に高い相関が見られ，熱帯フタバガキ林ではエルニーニョやラニーニャ現象に関連した低温や乾燥と開花量の相関が見られる．しかし，いずれも開花の引き金となる環境シグナルを受けても開花しない場合があるため，個体内資源量の関与が実測データからも推測されている．個体内資源量としては，光合成による同化産物や窒素やリンなどの栄養塩の関与が考えられているが，決定的な証拠はまだ得られていない．なぜ一斉開花・結実のような挙動が進化してきたのかについては，捕食者飽食仮説や風媒仮説が有力視されている．捕食者飽食仮説では，数年に一度，齧歯類や昆虫などの種子捕食者が食べきれないほどの大量の種子を一斉に同調して生産することで，被食圧が軽減されるため，毎年一定した種子生産よりも種子生存率が上昇すると考えられている．風媒仮説では，同調して開花することで受粉率が促進されるメリットが強調されている．また林床に実生が複数年生存しつづけ，*実生集団によってギャップ更新が行われることが，一斉開花・結実の進化に必要であるとの理論的結果もある．

a **逸脱合成**［escape synthesis］ *プロファージをもつ細菌（溶原菌）が*誘発されるとき，プロファージの近くに位置する宿主染色体上の遺伝子が，本来の調節遺伝子による制御から逃れて形質を発現する現象．例えば大腸菌 K12 株（λ プロファージをもつ）を誘発させ，培地に特定の誘導物質を与えなくてもガラクトース*オペロンの発現が見られる．この機構は二つ知られている．一つはプロファージ内部のプロモーターから始まった転写が正常な終結点で終わらず読み過ごされる場合で（⇒読み過ごし転写），他の一つはプロファージ DNA の複製が隣接する宿主のオペロンにまで及んだため，そのオペロンの発現を抑制していたリプレッサーの数が遺伝子コピーの数に比べて不足し，オペロンの発現が誘導される場合である．

b **一致指数**［consistency index］ CI と略記．《同》一致度係数．分岐分類学に基づく系統推定において，形質分布と系統仮説との整合性を測る一尺度．離散的状態をとるある形質の可能な最少進化回数を m，最多進化回数を g とする．ある系統仮説のもとで要求されるその形質の進化回数を s とするとき，CI は m/s と定義される．*ホモプラシーがまったくない形質の一致指数は 1 となるが，ホモプラシーが多くなるほどその値は最小値 m/g に近づく．

c **一致動物**［conformer］ 温度や浸透圧などの要因について，外部環境の変化に際して体内環境がこれと等しくなるように変化する動物．*調節動物と対する．温度に関しては，*外温性の動物，浸透圧に関しては，多くの海産無脊椎動物と円口類のヌタウナギ類がこれに当たる（⇒浸透順応型動物）．

d **一般化線形モデル**［generalized linear model］ GLM と略記．連続量で表される多数の*環境要因の影響によって，生物種が生育する場所であるかどうかを予測するモデル．従来は，環境要因を表す連続量の従属変数をもつ回帰分析は単回帰分析・重回帰分析，カウントデータの場合はポアソン回帰，2 値データの場合はロジスティック回帰・プロビット回帰と別々に扱われていた．これらを一般化し，統一的な枠組みでモデル表現したもの．より一般的には応答変数（従属変数）の分布形とリンク関数の組合せで規定される．応答変数（従属変数）の期待値をリンク関数により変換したものが，独立変数の線形関数で表されるとする．単回帰分析・重回帰分析は*正規分布と恒等変換，ポアソン回帰は*ポアソン分布と対数変換，ロジスティック回帰は*二項分布とロジット変換で表現される．*最尤法によりパラメータを推定する．野生生物は集中分布することから，ランダムに分布することを想定したポアソン分布よりも分散が大きくなることも多い．こうした過分散の効果も考慮に入れて標準誤差も評価できる．

e **一般参照体系**［general reference system］ 生物学においては，生物学のさまざまな分野で集積された多種多様な知見を総合的・包括的に参照するのに用いられる生物の分類体系のこと．W. Hennig (1950, 1966) は，これを構築することが系統分類学の目的であるとし，諸学派のなかで，自らの提唱した*分岐分類学に立脚した分類体系こそが一般参照体系として最もふさわしいと主張した．この主張は，その後の 1960〜1980 年代の系統分類学論争のきっかけとなった．

f **一般生理学**［general physiology］《同》細胞生理学 (cell physiology)．分類群や器官の種類によらず生物一般を通じて成り立つような基本的原理を探究する生理学の一分野もしくは立場．C. Bernard (1894) の提唱で，彼はこれを「生体に特有な法則によって基礎づけられる独立した科学」と呼んだ．これに対し M. Verworn は「生命の原理は，究極においては 1 個の細胞の生命現象にある」との見地から，諸種細胞に共通の機能を追究する細胞生理学をもって一般生理学とし，特に刺激・興奮の過程の本質の解明を中心課題とした．他方 J. Loeb は，原形質の物理化学的諸性質の究明を核心においた．一般生理学は，生物現象における一般性に着目するという点で，多様性に着目する*比較生理学と対置される．

g **一般的活動性法**［general activity method］ 動物の行動に影響を及ぼす要因を検討するために，動物の一般的活動性を測定する方法．一般的活動性とは，飼育ケージに入れた動物が示す，歩いたり，すわったりなど，さまざまな行動をいう．古くからネズミなどに用いられた装置に，一般的活動性の指標として回転輪を利用し輪の回転数を測るものがある．かつては光電管を利用して動物が赤外線を横切る回数を指標とするものも考えられたが，今では電子工学的な装置を用いて動物の動く軌跡

や活動量を自動的に測定・記録することができる．

a **一本鎖 DNA** [single-stranded DNA] 《同》単鎖 DNA．一本鎖の状態にある DNA．大部分の DNA は二重らせん構造(⇌ワトソン-クリックのモデル)をとっているが，熱あるいはアルカリで処理すると一本鎖の状態に変化する．一本鎖 DNA は分子の流体力学的性質，吸収スペクトル，塩基の反応性などで二本鎖 DNA と区別することができる．ある種のファージはその粒子内に一本鎖の環状 DNA を含んでいる．このようなファージの DNA も，細胞内で増殖するときには二本鎖の DNA となる．(⇌複製型分子)

b **一本鎖 DNA 結合蛋白質** [single-stranded DNA binding protein] 《同》SSB 蛋白質，RPA 蛋白質(replication protein A)，RFA 蛋白質(replication factor A)，らせん不安定化蛋白質(helix destabilizing protein)，DNA 巻き戻し蛋白質(DNA unwinding protein)．一本鎖 DNA に対して強い親和性をもち，*DNA 複製，*DNA 修復，*遺伝的組換えなど DNA 代謝に関わる蛋白質．DNA 結合蛋白質の一種．生物界に広く分布し，ファージ T4 の遺伝子 32 によって作られる蛋白質として，B. Alberts によって最初に見出され，その後，細菌・カビ・両生類・哺乳類などの細胞から単離されている．これらの蛋白質は，DNA の塩基配列に非特異的に結合する．また，ファージや大腸菌の一本鎖 DNA 結合蛋白質は，一本鎖 DNA に協同的(cooperative)に結合する．大腸菌 SSB (22 kDa) はホモ四量体，ファージ T4 の遺伝子 32 産物 (34 kDa) は単量体として DNA に結合する．一方，真核生物の一本鎖 DNA 結合蛋白質は，RPA または RFA と呼ばれ，三つの異なるサブユニット(ヒトでは 70 kDa，32 kDa，14 kDa)からなる．最も大きなサブユニットが主として DNA 結合能を担うが，他のサブユニットも強い結合能には必要である．これら一本鎖 DNA 結合蛋白質は DNA 複製，DNA 修復，遺伝的組換え，細胞周期の*チェックポイント制御に関わる蛋白質とも結合し，反応を促進する．

c **イディオソーム** [idiosome] 《同》透明質，異状体．動物の精母細胞の細胞質内に出現する球状のガラス様の小体．中心粒とそれをかこむアルコプラスマ (archoplasma) からなり，通常，オスミウム酸を還元しない．位相差顕微鏡でよく観察される．外囲は殻状のゴルジ体にかこまれる．イディオソームの内部には前先体顆粒群 (proacrosomic granules) が含まれている．減数第一分裂・第二分裂のたびにイディオソームは解体されて細胞質内に分散し，各分裂の終了後は同様な形に再構築される．精子細胞になるとこの顆粒は集まってアクロブラスト (acroblast) という小球形構造となり，次にイディオソームの周辺のゴルジ体と形態的に分離して前先体 (proacrosome) となり，精子の頭端に付着して*先体を形成する．

d **イディオタイプ** [idiotype] *免疫グロブリンおよび*T 細胞の抗原受容体の抗原結合部位に発現する抗原性．免疫グロブリンや T 細胞抗原受容体の抗原結合部位(可変部)は，抗原特異性が異なればアミノ酸配列も異なり，その結果，それぞれに特有の抗原性をもつ．イディオタイプの*抗原決定基のことをイディオトープ (idiotope) と呼ぶ．この抗原決定基は異種あるいは同種動物だけでなく，自己に対しても免疫原性を示す場合がある．自己のイディオタイプに対する反応は免疫応答の

調節に関与しているという考えがある．(⇌ネットワーク説)

e **イディオプラスマ** [idioplasm 独 Idioplasma] C. W. von Nägeli (1884) が，生殖細胞の素材として考えた二つの要素の一つで，雌雄両生殖細胞に等量に存在して遺伝の基本となるものを指した語．A. Weismann は核の*クロマチンをもってイディオプラスマとした．(⇌デターミナント)

f **遺伝** [heredity, inheritance] 古典的には親の*形質が子やそれ以後の世代に現れる現象であり，*遺伝子の伝受と発現に基づく．遺伝子の物質的本体が DNA (一部のウイルスでは RNA) だと知られている現在では，形質が発現するか否かにかかわらず，DNA が親から子に伝わる現象を遺伝と呼ぶ．基本的には個体の世代に関して用いられる言葉だが，細胞を単位として考えた場合には細胞の世代についても当てはめられる．

g **遺伝暗号** [genetic code] 《同》遺伝コード，アミノ酸暗号 (amino acid code)．蛋白質のアミノ酸配列に対する*遺伝情報を，核酸上にその塩基配列として記述するための暗号(コード code)．遺伝情報の担い手は*核酸であり，核酸の塩基配列をもとに蛋白質が以下のように合成される．(1) 3 塩基の並び(トリプレット暗号 triplet code)が各アミノ酸を規定している(⇌コドン)．遺伝暗号は mRNA 上の塩基配列で示される場合は，表のように表現され，遺伝暗号表(genetic code table)と呼ぶ．(2) 暗号の読みは，mRNA 上のある決まった塩基配列(⇌開始コドン)から 5′→3′ の方向に 3 塩基ずつ区切って読まれる．(3)*蛋白質生合成の終わりは，どのアミノ酸にも対応しないナンセンスコドンによって規定されている(⇌終止コドン)．(4) 3 塩基単位の読みは，塩基が重複することも，コドンとコドンの間に余分な塩基が存在することもない(⇌オープンリーディングフレーム)．(5) 大半のアミノ酸では，2 種類以上のコドンが対応する(⇌縮重)．(6) 遺伝暗号は全生物種の間で基本的には共通しており，表は標準遺伝暗号表(standard genetic code table)．ミトコンドリアゲノムや少数の生物種(例えばマイコプラズマや繊毛虫)の核ゲノムで若干

遺伝暗号表
第二文字(中央の塩基)

第一文字(5′末端側の塩基)		U	C	A	G	第三文字(3′末端側の塩基)
U		UUU }Phe UUC UUA }Leu UUG	UCU }Ser UCC UCA UCG	UAU }Tyr UAC UAA 終止(オーカー) UAG 終止(アンバー)	UGU }Cys UGC UGA 終止(オパール) UGG Trp	U C A G
C		CUU }Leu CUC CUA CUG	CCU }Pro CCC CCA CCG	CAU }His CAC CAA }Gln CAG	CGU }Arg CGC CGA CGG	U C A G
A		AUU }Ile AUC AUA AUG Met, 開始	ACU }Thr ACC ACA ACG	AAU }Asn AAC AAA }Lys AAG	AGU }Ser AGC AGA }Arg AGG	U C A G
G		GUU }Val GUC GUA GUG	GCU }Ala GCC GCA GCG	GAU }Asp GAC GAA }Glu GAG	GGU }Gly GGC GGA GGG	U C A G

U：ウラシル　C：シトシン　A：アデニン　G：グアニン

AUG 以外に，まれには GUG や UUG も開始コドンとして使用される．遺伝子やゲノム DNA の解読に伴い，遺伝暗号を DNA 型(U を T に変える)で表記する例も多い．

の変則的なコドンも見出されている．例えば動物のミトコンドリアでは，UGA（終止）が Trp, AUA (Ile) が Met になっている場合が多い．アミノ酸の一種である*セレノシステイン (selenocystein) は，UGA コドンとセレノシステイン挿入配列の組合せでコードされている．（⇨セレン蛋白質）

a **遺伝学** [genetics] 遺伝現象を研究する生物学の一分科．親の形質がどのような機構で子孫に伝えられるか，個体間の変異はいかにして生じるかという古くからの問いに対して科学的な解答を与えるために生まれたものである．遺伝学の語は英語の genetics に対応するが，後者は元来 W. Bateson (1906) が遺伝と変異とを研究する学問分野と定義したものである．しかし，その後の発展により，遺伝学の研究は生物学のほとんど全分野とかかわりをもつようになり，現在では遺伝物質の物理的・化学的性質や細胞における遺伝子の発現とその制御機構に関する研究も広い意味での遺伝学に含まれる．遺伝の研究は性の研究と関連して 17 世紀頃から徐々に行われてきたが，19 世紀中頃から，一方では園芸・畜産の発展，他方では進化論の確立となって注目されるようになった．遺伝の基本法則をはじめて明らかにしたのは G.J. Mendel (1865) であるが，遺伝学の目ざましい発展が開始されたのは H. de Vries, C.E. Correns および E. von S. Tschermak の，いわゆる*メンデルの法則の再発見 (1900) からである．その後 T.H. Morgan 一派によって遺伝子が染色体上に線状配列することが明らかにされ，遺伝の染色体説が確立された（⇨細胞遺伝学）．続いて，遺伝子の本体を明らかにするための努力が重ねられ，H.J. Muller (1927) が X 線により人為的に遺伝子突然変異を誘発できることを発見し，突然変異メカニズムの研究が開かれた．遺伝子の形質発現機構の研究は初め*生理遺伝学の形をとり，続いて*遺伝生化学として生化学的反応の過程と遺伝子の働きとの関連が研究され，G.W. Beadle と E.L. Tatum (1941) の*一遺伝子一酵素仮説へと発展した．一方，遺伝学はその誕生以来，進化機構の研究と密接な関係を維持してきたが，C. Darwin の自然淘汰説とメンデルの法則とが生物統計学の方法によって結び合わされて*集団遺伝学および量的遺伝学 (quantitative genetics) が生まれ，1930 年頃に至ってその基礎となる数学的理論が一応確立された．その方法はやがて育種学や進化学に取り見入れられ，それらの近代化に大きく貢献した．1940 年代には細菌や*バクテリオファージが遺伝実験の材料として開発され，これらを用い生化学的手法を大幅に取り入れた研究により，遺伝子の本体が DNA であることが明らかになった．J.D. Watson と F.H.C. Crick (1953) によって DNA の構造が解明され，遺伝物質の研究に一時期が画された．これを契機として，分子のレベルで遺伝子の構造，複製，転写，蛋白質への翻訳などを研究する*分子生物学と呼ばれる一大分野が開け，遺伝学だけでなく広く生命観にも大きな変革がもたらされた．現在，遺伝学の諸分野はその研究材料によって*人類遺伝学，*微生物遺伝学などに細分されるほかに，研究方法に基づいて，数理遺伝学，統計遺伝学，放射線遺伝学，分子遺伝学，細胞遺伝学などの専門分野の呼び名もあり，さらに取り扱う現象に注目して，行動遺伝学，生態遺伝学，進化遺伝学，発生遺伝学，心理遺伝学，薬理遺伝学，免疫遺伝学などにも分類される．こうした多種多様な分類法からも遺伝学が現代生物学全般に及ぼした影響の大きさをうかがうことができる．（⇨逆遺伝学）

b **遺伝獲得量** [genetic gain] 《同》遺伝的進歩 (genetic progress)．生物集団に人為選抜を行ったとき，問題としている形質（通常は量的形質）が選抜の前後で異なる平均的な差のこと．選抜の遺伝的効果を示すものであり，いま親集団における平均値と選抜を受けた後の集団の平均値との差すなわち選抜差（淘汰差 selection differential）を i，その*遺伝率を h^2 とすると，遺伝獲得量 ΔG は $\Delta G = ih^2$ として表される．すなわち遺伝獲得量は選抜差を一定とすれば遺伝率が大きいほど大きい．

c **遺伝距離** [genetic distance] 《同》遺伝的距離．[1] 集団間の遺伝的構成，もしくは遺伝子間の塩基レベルの相違を表す尺度．元来は前者を表す尺度として用いられたが，遺伝子間のアミノ酸配列や DNA 配列の相違にも流用される．ただしこの両者では，相違をもたらす進化的機構の相対的重要性が異なる．集団間の遺伝距離の場合には，集団の構成を表す*対立遺伝子の頻度が関係するので*遺伝的浮動や自然淘汰など集団レベルの進化機構が重要となる．一方，遺伝子の相違の原因には集団レベルの進化機構は間接的で，むしろ突然変異など分子レベルの進化機構が重要な寄与をする．遺伝距離を用いて，集団間や遺伝子間の分子系統樹 (molecular phylogeny) が作成される（⇨遺伝子系図学）．[2] 同一染色体上の 2 個の遺伝子座間の距離．組換え率に基づく場合と塩基数に基づく場合がある．

d **遺伝子** [gene] 《同》遺伝因子 (genetic factor)．遺伝形質を規定する因子．*メンデルの法則における基本概念として各遺伝形質（単位形質）に対応して想定され，G.J. Mendel はこれを因子と呼んだが，のちに W.L. Johannsen (1909) が遺伝子 (gene) と呼ぶことを提案し，この語が定着した．遺伝子は自己増殖し（⇨複製），細胞世代，個体世代を通じて親から子に継世的に正確に受けつがれ，形質発現に必要な*遺伝情報を伝達する．各々の遺伝子は互いに独立な単位であるが，物理的に独立して存在しているのではなく，染色体上にそれぞれ固有の位置を占め，一般には線状に配列して連鎖群を形成している（⇨染色体地図）．遺伝子は安定なものであるが*突然変異や*遺伝的組換えによって変化することがあり，以後の世代には変化した遺伝子が伝達されることになる．古典遺伝学的には，ある形質（*野生型）に対する突然変異型の存在によって，はじめてその形質に対する遺伝子が認識され染色体上の位置が決定される．二つの異なった突然変異型遺伝子が同一の遺伝子に由来するものかどうかは，シス-トランス位置効果を利用した*相補性検定によって判定される．この方法で検出されるのは機能的単位としての遺伝子であって，*シストロンと呼ばれる．遺伝的組換えの有無を判定の規準とすれば，シストロンはさらに小さな単位に細分される（⇨偽対立遺伝子）．遺伝子の本体は DNA（一部のウイルスでは RNA）であり，そのヌクレオチド配列によって個々の遺伝子が規定される．すなわち遺伝子とは核酸分子上のある長さをもった特定の領域（ドメイン domain）を指すことになる．原核生物の場合，例えば，ある蛋白質に対する遺伝子とはその蛋白質の一次構造（アミノ酸配列）に対応するヌクレオチド配列を指し，翻訳の際の開始点と終止点とにはさまれた部分をいう（⇨蛋白質生成）．その長さは，アミノ酸 1 個に，連続する 3 個のヌクレオチドが対応するた

め(⇒遺伝暗号),蛋白質の分子量に応じて通常数百〜数千ヌクレオチド程度のものである.これに対し真核生物の多くの遺伝子では,最終的に蛋白質として翻訳されるヌクレオチド配列が,翻訳されない配列(⇒イントロン)によって分断されており,それらの部分は転写されたRNAの段階で除去される(⇒スプライシング).したがってこれらの遺伝子では,蛋白質の分子量に対応する長さよりも,その分だけ長くなっていることになる.遺伝子には*リボソームRNA (rRNA),*トランスファーRNA (tRNA)などのように,転写産物(またはその一部)であるRNA自体が形質となるようなものもある.蛋白質やrRNA,tRNAなどの一次構造を規定している遺伝子を特に構造遺伝子(structural gene)と呼び,一般的に遺伝子というときには構造遺伝子を指す場合が多い.他方DNA(分子)を構成するヌクレオチド配列には,制御領域と呼ばれる特定の配列も存在する.例えば*プロモーターや*オペレーター,エンハンサーなどのように,転写や翻訳によって機能が発現されるのではなく,特定のヌクレオチド配列そのものが核酸上の特定の部位を指定しているものもあり,ある蛋白質と特異的に結合することなどによって,形質発現や複製などの制御,調節に重要な役割を果たすと考えられている.これらも広義の遺伝子に含めることができる.

a **遺伝子記号** [gene symbol] 個々の*遺伝子を表すために用いる記号.表記法は生物種により異なるため,生物種ごとに表記法を知る必要がある.通常はその遺伝子の呼び名をアルファベットで表し,斜体で書く.記号の最初の文字あるいは全体を,優性遺伝子では大文字,劣性遺伝子では小文字とすることが多い(例:*Pg*と*pg*).ただし,標準型(または野生型)の遺伝子は優劣に関係なく+記号で表すこともある(例:vg^+, $+^{vg}$または+).同じ遺伝子座に三つ以上の対立遺伝子がある場合には,基本的記号に文字あるいは数字を上付き文字にして区別する場合もある(例:I^O, I^A, I^Bなど).同じ表現型を示す遺伝子が二つ以上の遺伝子座にあるときは,基本的記号に文字または数字をハイフンをはさんで加え,区別することが多い(例:*ert-a*, *ert-b*).細菌などの微生物ではM. Demerecら(1966)が提唱した遺伝子記号が広く用いられている.大腸菌では,まず遺伝形質をアルファベットの3文字(小文字)を用いて略記し(例:アルギニン合成 *arg*,ガラクトース発酵 *gal*,紫外線傷害の修復 *uvr* など),その後にその形質に関与する各遺伝子を1文字(大文字)で示す(*argA*, *argB*, *galE*, *galK* など).各遺伝子の野生型は+,突然変異型は番号で示す(*argA*$^+$, *argA1*, *argA2* など).分裂酵母の遺伝子表記はほぼ大腸菌のそれに準ずるが,各種遺伝子を一つのアラビア数字で示す(例:*ura4*$^+$, *Leu1*$^+$ など).出芽酵母の遺伝子もアルファベット3文字とアラビア数字とで表記するが,ここでは優性遺伝子を大文字,劣性遺伝子を小文字で表す(例:*GAL1*, *gal1-1* など).線虫*C. elegans*では,遺伝子名を「アルファベット3または4文字,ハイフン,数字」で表記し,突然変異型はその後に( )に入った変異番号で示す(例:*unc-54(e170)*).

b **遺伝子機能救助** [function rescue by gene] 《同》レスキュー.遺伝子に変異があるために異常をきたしている細胞に,正常な機能をもった遺伝子を人為的に導入し,表現形質の回復をはかること.例えばチミジンキナーゼ遺伝子に欠陥のある(tk^-)マウスL細胞に,ヘルペスウイルスより単離したチミジンキナーゼ遺伝子を*トランスフェクションによってとりこませて,表現形質をtk^+に転換させる.この場合,一般に導入された遺伝子が細胞のゲノムに加算されるのであって,欠陥のある遺伝子を正常遺伝子で置換する組換えと区別される.(⇒遺伝子治療)

c **遺伝子給源** [gene pool] 《同》ジーンプール.各々の遺伝子座について,*メンデル集団を構成する個体が保有している遺伝子の総体.集団遺伝学のやや古い概念.(⇒集団遺伝学,⇒ハーディー・ワインベルクの法則)

d **遺伝子銀行** [gene bank] 《同》ジーンバンク.遺伝資源となる在来種・系統・品種・野生種・遺伝系統などを,組織的に収集・保存する機関.遺伝子銀行では,種子または栄養体の形で,あるいは試験管内培養または凍結により遺伝資源が保存され,依頼に応じて配布される.現在,世界的にシロイヌナズナ,コムギ,オオムギ,イネ,ダイズ,バレイショ,牧草,各種野菜などについて,それぞれ分担を決められた機関で合計200万点以上が保存されている(⇒遺伝子給源).なお,これとは別の意味で遺伝子ライブラリー(⇒遺伝子クローン)のことを遺伝子銀行(ジーンバンク)ということもある.

e **遺伝子組換え実験規制** [regulation for recombinant DNA experiment] 遺伝子組換え実験によって作製された生物が,生物の多様性の保全および持続可能な利用に悪影響を及ぼすことを防止するための規制.遺伝子組換え技術が確立された当初,技術開発者の一人であるスタンフォード大学のP. Bergが危険性を危惧し,実験規制の必要性を訴えた.これを受け,1975年に世界中から集まった科学者,法律家,ジャーナリストなどが実験規制に関して議論し(アシロマ会議),これをもとに各国で指針が作成された.科学者が自主的に実験規制に取り組んだ最初の例として歴史的意義をもつ.その後,未知の生物作出の危険性がないことが確認されると,組換え生物の生態系への悪影響の防止へと規制目的が変化した.(⇒遺伝子組換え植物)

f **遺伝子組換え植物** [genetically modified organisms, living modified organisms] GMと略記.《同》遺伝子組換え作物(genetically modified crops).組換えDNA技術を用いて遺伝子を導入した植物(作物)(⇒組換えDNA実験).遺伝子組換え技術としては,*アグロバクテリウムを利用した方法が一般的.これらの植物(作物)のうち,一般に栽培されている作物のみをいうことも多い.現在一般栽培されている遺伝子組換え作物の多くは,除草剤耐性遺伝子や害虫抵抗性遺伝子を導入したもので,トウモロコシ,ダイズ,ナタネ(カノーラ),ワタなどである.これらの遺伝子組換え作物は主に家畜の飼料用,油用および繊維用として利用されており,食用としての直接利用にはアメリカ合衆国での病害抵抗性パパイヤなどがある.周囲に生育する近縁野生種や非遺伝子組換え作物と交雑して導入遺伝子が自然界に拡散することを防ぐため,交雑防止用空き地を確保するなど各種の措置が講じられている.

g **遺伝子クローン** [gene clone] 単一の遺伝子を,組換えDNA実験などによって増殖させて得られる均一な遺伝子集団.なお,ある生物のゲノム全体を網羅するような多数の遺伝子クローンの集団を遺伝子ライブラリー(gene library)といい,ライブラリーから*プラーク

ハイブリッド法などの*スクリーニング法により，特定の遺伝子クローンが得られる．(⇒DNAクローニング，⇒ショットガン実験)

a **遺伝子型** [genotype] [1] 生物の遺伝的基礎をなし，その特性を遺伝子的に決定する遺伝子構成のこと(W.L. Johannsen, 1926). *表現型と対置される．環境との共同作用により表現型を決定する．ハプロイド(一倍体)の場合は対立遺伝子(ハプロタイプ)の種類と遺伝子型は一致するが，ディプロイド(二倍体)の場合には，両親から受けついだ2個の遺伝子の組合せが遺伝子型なので，ホモ接合(同一対立遺伝子2個からなる)，ヘテロ接合(異なる対立遺伝子2個からなる)が生じ，n種類の対立遺伝子に対して$n(n+1)/2$種類の遺伝子型が存在しうる．[2]「種のタイプ」の意味でgenos(種類)とtypos(タイプ)とを組み合わせたもの．アメリカの古生物学者C. Schuchert (1912)の造語．

b **遺伝子型-環境相互作用** [genotype-environment interaction] 遺伝子型と環境とが相互に及ぼす影響．複数の系統または品種(遺伝子型)を複数の環境条件で栽培または飼育したとき，各遺伝子型間の相対的差が環境により異なる現象として認められる．このような相互作用は，収量のような多数の遺伝子に支配される複合形質だけでなく，単一遺伝子による形質でも認められる．環境により差は変わっても順位が不変の場合を量的相互作用，順位まで変化する場合を質的相互作用という．遺伝子型-環境相互作用の解析には，*分散分析法，多変量解析法のほか，供試した全遺伝子型の平均値を各環境の指標として使う方法(K. W. Finlay と G. N. Wilkinson, 1963)などが用いられる．

c **遺伝子系図学** [gene genealogy] 集団遺伝学において，集団における遺伝子の祖先子孫の系統的関係を研究する一分野．祖先から子孫へと時間に沿って系統関係を考察する分枝過程を用いる場合と，子孫から祖先に時間をさかのぼって考察する合祖過程を用いる場合がある．後者では，例えば，日本人の集団から二つの遺伝子を同一遺伝子座から任意に選んだとき，これらの遺伝子がいつ共通の祖先遺伝子から初めて分かれたかを問う．この遺伝子の*分岐は，共通祖先遺伝子をもった個体が二人以上の子孫に同一の遺伝子を伝達したことにより生ずる．この分岐を時間的に逆向きにたどれば，現存の二つの遺伝子の由来を表す系図内の二つの「線」が一つに合祖(coalescence)すると見ることもできる．合祖に何世代が必要であるかは，*メンデル集団の有効な大きさ(N_e)に関係し，中立遺伝子では，平均して$2N_e$世代前のことが知られている．$N_e=10^4$ならば2万世代前，平均生殖年齢が20年ならばこれは40万年前ということになる．ただしこの場合，分散は非常に大きく，実際の合祖は1000年前であったり80万年前であったりする場合も十分あり得る．共通祖先遺伝子が初めて分岐したとき，二つの子孫遺伝子は同一のDNA配列からなっている．しかし，その後の分枝期間に新しく突然変異が子孫遺伝子に生じることもありうる．現存の二つの子孫遺伝子が状態の異なる対立遺伝子である確率(ヘテロ接合度)はN_eと突然変異率によって決まる．系図学が，集団遺伝学における重要な理論分野の一つとなった理由は，実験データがDNA配列として示されるようになり，その配列の違いから，遺伝子の祖先関係を探ることが可能になったことによる．(⇒遺伝距離，⇒分子時計)

d **遺伝資源** [genetic resource] 遺伝的変異に富む生物集団の総称．生物集団は進化の過程で生じた突然変異・移入・交雑などにより遺伝変異が拡大され，自然淘汰や*遺伝的浮動により変化を受け，高い遺伝的多様性を保ってきた．このような生物集団の変異は，生物の種の保存や品種改良にとり重要な資源となる．N. I. Vavilov (1920)による遺伝資源センター設立を最初として，遺伝資源の探索と導入が世界的規模で組織的に行われるようになった．遺伝資源が品種改良の貴重な材料となった例は多い．いわゆる緑の革命(green revolution)の主役となったメキシコのコムギ品種の半矮性と多収性は，日本の品種農林10号に由来する．

e **遺伝子工学** [gene engineering] 組換えDNA実験やDNAクローニングなどの遺伝子操作技術を研究する学問分野．1970年以降，分子遺伝学の発展，特に組換えDNA実験技術の開発を契機に，原核生物や動植物から多数の遺伝子が単離され，その構造や機能を詳細に解析する研究が盛んに行われるようになった．また，人工遺伝子の合成や単離した遺伝子DNAを人為的に改変する技術，DNAを細胞内に効率よく導入する技術，さらに特定の遺伝子産物を細菌や酵母で多量に生産させるための技術などが次々と開発されてきた．これらの技術は，DNA情報の解析を中心とした分子生物学だけでなく，細胞生物学・発生生物学・免疫学・ウイルス学などの多岐にわたる分野の基礎研究から，遺伝子産物の工業生産や生物育種などの実用と結びついた応用研究に至るまで広汎な範囲での画期的な進展をもたらすこととなった．(⇒組換えDNA実験，⇒DNAクローニング，⇒逆遺伝学)

f **遺伝子交流** [gene flow] 《同》遺伝子拡散，遺伝子流，遺伝子交換(gene exchange)．地域生物集団に属する個体の移住や配偶子の拡散によって生じる，異なる地域集団間に起こる遺伝子の交換のこと．その程度は生物の移動能力や自然淘汰の強度や様式に依存する．

g **遺伝子座** [locus, gene locus, *pl.* loci] 《同》座，ローカス．染色体上においてそれぞれの遺伝子が占める位置．その位置にある実体という意味で遺伝子を指す場合もある．(⇒アレリズム)

h **遺伝子再編成** [gene rearrangement] 《同》遺伝子再構成．体細胞の遺伝子間で組換え(⇒遺伝的組換え)が起こり，新たな遺伝として編成される現象．広義には*トランスポゾンなどの*転移因子の挿入も含まれる(⇒獲得免疫)

i **遺伝子削減** [gene elimination] 生物の発生において，特定の分化細胞の特定の遺伝子群が放棄されゲノム構成に変化が生ずる現象．T. Boveri (1887)がウマカイチュウの卵割期脱について，始原体細胞が染色体の一部を放棄し，始原生殖細胞にそれが生じないことを報告したのにはじまる．*染色質減少と同じだが，放棄された染色体の内容が，その細胞にとって不要な遺伝子群であると期待されたうえで，この用語が特異的に用いられる．削減による分化能力の限定化は多くの生物種で知られるものではなく，例外的機構にとどまると思われる．なお，抗体産生細胞における免疫グロブリン遺伝子の構造変化にも遺伝子削減が関与する．

j **遺伝子制御ネットワーク** [gene regulatory network] 遺伝子間の制御関係をグラフで表したときに形作られるネットワーク構造．生命現象に関わる遺伝子の

制御の解析が進んだ結果，多数種の遺伝子が互いに活性を制御しあい，その制御の経路が複雑なネットワークを構築していることが分かってきた．制御ネットワークに基づき作り出される遺伝子活性のダイナミックスが，生命機能の根源だと考えられている．遺伝子発現解析などさまざまな方法によって遺伝子活性を計測することができるが，ダイナミックスの解明にはさらなる時間解像度が必要であり，制御ネットワークの構造とダイナミックスとの関係を解明する理論的取組みが必要である．例えば，生物の遺伝子ネットワークにおいて，統計的に有意に高頻度に見られる制御の部分的構造を*ネットワークモチーフと呼ぶが，いくつかのネットワークモチーフについて，その構造に基づくダイナミックスの理論的研究がなされている．

a **遺伝子増幅** [gene amplification] 動物などの生活環において，またがん細胞や培養細胞において，ある特定の遺伝子の数が増加する現象．例えばアフリカツメガエル(*Xenopus laevis*)の体細胞には*リボソームRNA遺伝子が半数体の染色体当たり450個ほどあるが，卵母細胞にはその約1500倍(約68万個)存在する(⇒特異的遺伝子増幅)．このほか数種の両生類・イムシ類およびハマグリの卵母細胞でも，同様の rRNA の遺伝子の増加が知られる．がん細胞では *myc* などの*がん遺伝子を含む領域が遺伝子増幅を起こしている例が数多く知られており，増幅した領域は染色体の異常として顕微鏡でも観察できる場合がある．さらに，ある種の薬剤あるいは重金属の存在下で培養した細胞では，これらの化学物質に耐性を与える遺伝子が一時的に増幅することがある．

b **遺伝子ターゲティング** [gene targeting] 《同》相同性遺伝子組換え(homologous recombination)．改変した外来性遺伝子を用いた相同性遺伝子組換えを利用することにより，内在性の染色体遺伝子を人為的に改変し，その遺伝子機能の破壊，遺伝子の発現量を変更する技法．クローニングされている遺伝子を細胞内に導入したとき，その大部分は染色体のランダムな位置に取り込まれるが，ごく一部は染色体の相同な部分と組換えを起こす．その結果，外来性の遺伝子が染色体の相同な遺伝子に入り込んだり置き換わるという，相同性遺伝子組換えを応用している．酵母やヒメツリガネゴケでは高頻度で起きるので，目的とする変異の導入に広く用いられている．哺乳類細胞では，相同組換えの発生頻度は非相同組換えの1000分の1以下と低いが，現在では相同組換え体を効率よく選別する技術が確立されている．さらに，遺伝子ターゲティングをマウス胚盤胞の内部細胞塊由来の*胚性幹細胞(ES細胞)で行うことにより，一方の対立遺伝子が改変あるいは破壊されたES細胞が得られ，そのES細胞を胚盤胞に注入することにより効率よく*キメラマウスができる．キメラは生殖細胞の中でも起こり，したがって，キメラマウスどうしの交配により，ES細胞由来が改変あるいは破壊された対立遺伝子をもつマウス個体が得られる．また TALEN 法など人為的に特定部位での組換えを促すよう設計した酵素を発現させる手法の開発により，さらに応用範囲が広がっている．

c **遺伝子重複**(いでんしちょうふく) [gene duplication] 「いでんじゅうふく」とも．ゲノム内に同じ遺伝子が2個またはそれ以上存在すること．1本の染色体上で同一方向を向き隣接して重複する場合は，特に縦列重複(tandem duplication)という．古典的に有名な例はショウジョウバエの*バー遺伝子で，2個重複すると棒眼という狭い眼のハエとなり，3個重複すると二重棒眼というさらに狭い眼をもつハエになる(⇒バー)．脊椎動物では異なる染色体に相同な遺伝子がみられることがあるが，これらの多くは遺伝子重複の一種であるゲノム重複で生じたものである．また多くの生物の*リボソームRNA遺伝子は多数の繰返しによる反復構造をとっている．*トランスファーRNA遺伝子についても重複の例が多い．大腸菌でも，大多数の遺伝子は単一であるが，リボソームRNA遺伝子とトランスファーRNA遺伝子については重複がみられる．遺伝子重複は，遺伝子量の増加や，遺伝子の位置効果に起因する特異的影響などによって生物の適応値を高める場合もありうる．一方，重複部位ではしばしば不等交叉を起こすので，その結果例えば単数遺伝子をもつ子孫と三重複遺伝子をもつ子孫とを生じるなど，遺伝的にはかなり不安定な構造である．真核生物のリボソームRNA遺伝子のように極めて多数個の同一遺伝子をもつことを，特に gene redundancy と呼ぶこともある．(⇒反復配列，⇒多重遺伝子族)

d **遺伝子治療** [gene therapy] 《同》遺伝子療法，ジーンセラピー．遺伝子の傷害に起因する疾患を，患者に正常な DNA を導入することにより治癒しようとする方法．体細胞を対象とした遺伝子療法の効果は，その個体一代に限られる．造血幹細胞に対するものなど本法が試みられた症例も報告されているが，この療法の治療効果の評価はまだ定まっていない．生殖細胞の操作は種に対する操作につながる危険性もあって，当面は禁止されており，多くの倫理的な議論がある．

e **遺伝子導入** [gene transfer, transgenesis] 遺伝子あるいは遺伝子群を人為的に細胞に導入し，その遺伝子(群)を発現させ，もしくはその細胞の*ゲノムに付加する操作．その遺伝子導入細胞の子孫の細胞が，個体の一部もしくは全体をなす場合を個体への遺伝子導入という．自然界で生起する感染などの過程を利用した遺伝子導入に，バクテリオファージによる*形質導入(細菌)，Tiプラスミドを運ぶ*アグロバクテリウムを利用した遺伝子導入(植物)，組換え DNA ウイルス・組換えレトロウイルスを用いた遺伝子導入(動物)などがある．薬剤耐性などの獲得によって遺伝子導入体だけが生育可能な条件が設定され，導入体が選択される場合をポジティブ選択(positive selection)という．遺伝子DNAを直接用いて遺伝子導入を行う場合を特にDNAによる遺伝子導入(DNA-mediated gene transfer)という．DNA によって肺炎双球菌での*形質転換が成立することを示した O.T. Avery の実験がその一例．細菌や真核微生物に対してDNAによる遺伝子導入を行う場合，細胞の生理的条件あるいは細胞のカルシウム処理などによって細胞が細胞外の DNA を取り込むようになる．このような状態のものをコンピテント細胞(competent cell)という．動植物培養細胞に対しては，*トランスフェクションやマイクロインジェクション(顕微注入法，微量注入法 microinjection)が遺伝子導入に用いられる．マイクロインジェクション法では，核に微量の DNA 溶液を直接注入する場合と，細胞質に DNA を注入しその一部の核への移行を期待する場合とがある．受精卵の核への DNA のマイクロインジェクションは，トランスジェニックマウス

の作出に利用される (⇌トランスジェニック生物). 植物組織中の細胞に対してはDNAを吸着した微粒子を高速で打ち込む粒子銃 (パーティクルガン particle gun) 法も用いられている. 細菌・微生物・動植物細胞に至るまで高効率でDNAによる遺伝子導入を行える汎用性の高い方法が開発されており,*電気穿孔法やエアガン (airgun) を用いるものなどが普及している. 個々の遺伝子ではなく, 染色体を単位とした大規模な遺伝子導入を目指す場合には特に, 染色体による遺伝子導入 (chromosome-mediated gene transfer) という. 分裂中染色体を取り出し, DNAのトランスフェクションに用いるのと同じリン酸カルシウム共沈澱法 (calcium phosphate coprecipitate method) あるいは1本または数本の染色体だけを含む微小核 (micronucleus) と少量の細胞質からなる微小細胞 (microcell) と正常細胞との融合によって行う. (⇌染色体導入, ⇌遺伝子ターゲティング)

a **遺伝子破壊** [gene knockout] 《同》遺伝子ノックアウト, 遺伝子破壊法. 標的遺伝子のDNA配列を変化させることによりその機能を失わせること, あるいはその手法. 相同組換えを利用した薬剤耐性遺伝子と標的遺伝子の全体もしくはプロモーター領域を置換するのが一般的. 未知の遺伝子の機能を解明する主要な技術であるが生物種によりその効率は大変異なる. 出芽酵母, 大腸菌では容易に遺伝子破壊株を得ることができ, 動物細胞ではニワトリのDT40細胞, マウスES細胞, 植物細胞ではヒメツリガネゴケやゼニゴケで比較的容易に遺伝子破壊株の作製ができる. 他に*トランスポゾンを転移させたり外来DNA配列を挿入させて任意の遺伝子を破壊したライブラリーをつくり, その中から目的とする遺伝子破壊株を選び出す方法もある. (⇌遺伝子標識法)

b **遺伝子発現** [gene expression] 遺伝子からその遺伝子の産物 (蛋白質または機能性のRNA) が作られること. 遺伝子発現は*転写の段階で調節されることが多いので, 遺伝子DNAから転写によりmRNAが作られることを遺伝子発現ということもある. 遺伝子発現の結果, 細胞・個体などにおいて形質発現がもたらされる. (⇌形質発現)

c **遺伝子微細地図** [genetic fine map] ある特定の遺伝子やその近傍の領域について, 主として遺伝学的な手法を中心に解析して作成された詳細な連鎖地図. 現在では, 分子生物学と遺伝子工学の手法を用いた遺伝子の構造解析が容易であり, また細胞培養と分子生理学的な手法を併用して遺伝子の*調節領域すなわちシス作用エレメント (cis-acting element) などの遺伝子解析がDNA塩基配列のレベルで解析できる. したがって, 塩基配列上に遺伝子の情報が図示された*物理的遺伝子地図や制限酵素切断地図を指す場合が多い.

d **遺伝子標識法** [gene tagging] 《同》タギング. 野生型ゲノムの一部に既知のDNA断片を標識として挿入させ, ゲノムから目的とする遺伝子を同定もしくは単離する方法. 一定の既知のDNA断片をゲノム上の遺伝子内に挿入させてその遺伝子を不活性化させ, その結果として出現する表現型を指標として有用遺伝子の挿入突然変異体 (insertional mutant) を分離する. その変異体において挿入に用いたDNA断片を指標として挿入位置の遺伝子領域を含むDNAをクローン化することで, 目的とする遺伝子を同定・単離する. 既知DNAとしてはショウジョウバエの*P因子やトウモロコシのAc (Activa-tor) とDs (Dissociation) やSpm (Suppressor-mutator) さらにはMu (Mutator) などの*転移因子 (トランスポゾン) がよく用いられ, この場合は特にトランスポゾンタギング (transposon tagging) という. またシロイヌナズナなど形質転換の容易な植物の場合は, *アグロバクテリウムを利用すると, 細菌中のTiプラスミド上のT-DNAが植物ゲノム中に挿入されるので, これを利用したT-DNAタギング (T-DNA tagging) 法がよく利用されている. 適当な転移因子のない生物に対しては, 外来遺伝子として転移因子を導入したトランスジェニック生物中でのトランスポゾンタギングも行われている. (⇌転移因子, ⇌P因子, ⇌遺伝的組換え)

e **遺伝子頻度** [gene frequency] 《同》対立遺伝子頻度 (allele frequency). ある遺伝子座の対立遺伝子が集団中で占める相対的な頻度.

f **遺伝子変換** [gene conversion, genetic conversion] 遺伝的組換えによって対立遺伝子のように相同なDNA配列間の片方の一部がもう片方の相同部分に変換される現象. 例えば, ヘテロ接合体 (A/a) の生物から*減数分裂で生じる配偶子四分子では大多数がメンデル型遺伝則に従いA:a=2:2の分離となるが (⇌四分子分析), ある程度でこれ以外の分離 (例えばA:a=3:1など) が見られるのがこの例. 相同組換えは, 注目する遺伝的マーカーの両側で染色体の交叉を伴う場合と交叉を伴わない場合があるが (⇌交叉), 前者を交叉型組換え, 後者を単に遺伝子変換と呼ぶ場合もある (⇌遺伝的組換え). 遺伝子変換の機構として, 従来は, ホリデイモデルを中心に考えられていた. すなわち, 注目するマーカーが, ホリデイ構造内に生じるヘテロ二重鎖部位に位置した場合, その座位に生じる誤塩基対合 (ミスマッチ) が修正されることによって生じると考えられていた (⇌ホリデイモデル, ⇌ミスマッチ修復). しかし, 現在は, ホリデイ構造を反応中間体としない*DNA合成依存的単鎖アニーリングモデルに従う反応経路が, 主な遺伝子変換の生成機構であるとされている. また, 遺伝子変換の機構は, ウサギ・ヒツジ・ウシ・ニワトリなどの*免疫グロブリンの可変領域の多様性の生成にも深く関与していることが知られている.

g **遺伝情報** [genetic information] 生物が自己と同じものを複製するために, 親から子へ, あるいは各細胞分裂ごとに細胞から細胞へと*遺伝していく情報. 歴史的には, まずG. J. Mendel (1866) の研究により生物の種々の形質に対応する要素 (現在では*遺伝子) にこの情報が含まれているという概念が形成された. その後G. W. Beadleら (1941) により, 遺伝子は生物の構造や機能を規定する酵素や蛋白質と一対一 (⇌一遺伝子一酵素仮説) の対応をもつ遺伝単位であることが明らかにされた. 一方, 遺伝子の化学的性質については, O. T. Averyら (1944) による形質転換実験や, A. D. HersheyとM. Chase (1952) による大腸菌ファージDNAの増殖実験からDNAが遺伝情報の担い手であることが明らかにされた. DNAの構造研究の進展と相まって, 現在では「遺伝子のもつ情報はDNAの塩基配列として符号化されている」という概念が確立されている (⇌遺伝暗号). この情報が発現するときには, まずDNAの塩基配列が*メッセンジャーRNAの塩基配列に転写され, その配列により指定されたアミノ酸配列をもつ蛋白質が合成される (⇌蛋白質生合成). ウイルスなどのなかには, DNAの

代わりに RNA が遺伝情報の担い手になっているものもある．遺伝情報は，蛋白質のアミノ酸配列に対応する遺伝子の情報のみならず，情報解読に必要な情報，情報発現の制御に必要な情報など，生物が自己と同じ構造のものを複製するのに必要なすべての情報を含んでいる．

a **遺伝子量** [gene dosage] 1 核内に含まれる，ある遺伝子に対する対立遺伝子の数．常染色体上の遺伝子の遺伝子量は二倍体では通常 2 であるが，重複・欠失などにより遺伝子量の増減が起こり，それによって突然変異の表現が変化する場合が多い．例えばキイロショウジョウバエの突然変異ボブ（断髪遺伝子，*限雌性遺伝子）では遺伝子量の増加とともに野生型に近づく．*バーでは遺伝子量の増加により個眼の数が減少する．ただし，X 染色体上の遺伝子については，雌雄により遺伝子量が 2:1 になっているにもかかわらず，表現に著しい相違のない場合が少なくない．この現象を*遺伝子量補償という．

b **遺伝子量効果** [gene dosage effect] 遺伝子のコピー数の増減に比例して起こる遺伝子からの生成物の量の増減によって，細胞や個体にもたらされる効果．

c **遺伝子量補償** [gene dosage compensation] 遺伝子量にかかわらず表現効果が一定に調節される現象．例えばショウジョウバエの雄は XY 型，雌は XX 型で X 染色体上の遺伝子の量は雌では雄の 2 倍あるにもかかわらず，同一表現型を呈する．これは転写レベルにおける制御による．一方，哺乳類では雌において，1 個の X 染色体が不活性となり，この現象が起こる．これを発見者の名にちなんでライオニゼーション（⇨X 染色体不活性化）と呼ぶ．(⇨遺伝子量)

d **遺伝生化学** [genetic biochemistry] 《同》生化学的遺伝学（biochemical genetics）．遺伝子の化学的性質や作用様式を*生化学的に研究する*遺伝学の一分野．A. E. Garrod (1909) がヒトの先天的代謝異常について先駆的な研究を行ったが，G. W. Beadle と E. L. Tatum (1941) が「アカパンカビを用いての生化学反応の遺伝的制御」という論文を発表するに及び，遺伝生化学の研究が急速に発展しはじめた．Beadle らの研究の一つの結論として得られた*一遺伝子一酵素仮説はこの分野の研究の基本原理として重要な役割を果たし，遺伝子と各種生化学的反応の関係が明らかにされた．現在ではこの名称はあまり用いられない．

e **遺伝相関** [genetic correlation] *表現型の間の相関のうちで，遺伝子型に基づいて起こるものをいう．遺伝相関は遺伝的原因だけによって起こる相関であるから，例えば育種に当たって各種形質の結合の難易を示したり，また一つの形質だけについて選抜したとき，それと相関のあるほかの形質がどの程度に遺伝的に変化するかを示すことにもなる．遺伝相関を推定するには，*遺伝率を推定する場合と同様な方法が用いられる．

f **遺伝相談** [genetic counseling] 遺伝に関し不安や悩みを抱く人が，とるべき方針を自分で決定するために必要な資料や助言を求めること．相談の内容には，遺伝病の診断・治療・発症予防・予後判断や，将来生まれてくる子の*遺伝予後のほか，保因者の発見，出生前診断，結婚・妊娠・出産・育児の指導，近親婚の危険度，親子鑑定などがある．

g **遺伝的アルゴリズム** [genetic algorithm] GA と略記．生物集団の進化過程において適応的な性質を選ぶように働く*自然淘汰説を記号列の集合に適用し，*適応度の高い記号列が進化してくる状況をシミュレートする方法．アメリカの J. H. Holland (1975) が提唱．例えば記号の集合を {0, 1} とし，一定の長さの各記号列に対してその適応度が定義されているとする．ランダムに一定個数の記号列を選び最初の記号列集合とする．この記号列集合に対して次のような遺伝的操作を行う．(1) 適応度による淘汰：各記号列の適応度の高いものがより頻繁に選ばれるようにして次世代に残す記号列を選択する．(2) 突然変異：記号列中の記号を小さな確率で変化させる．(3) 交叉：二つの記号列をランダムに選び，それらを適当な位置で交叉させて新しい二つの記号列を得る．以上を 1 世代と考え，世代を繰り返すのが最も基本的な方法である．遺伝的アルゴリズムは，種々の組合せ最適化問題を解くためなどに使われている．

h **遺伝的荷重** [genetic load] 集団遺伝学において，*遺伝子型のレベルで働く自然淘汰の強さ．J. F. Crow (1958) の提起で，次のように表される．荷重＝（最適表現型の適応度−集団の平均適応度）/最適表現型の適応度．元来は，人類集団において，突然変異によって生じた有害遺伝子がそれをもつ個体に疾病や死をもたらし，負担となることを表した load of mutation (H. J. Muller, 1950) の考えから導かれた概念．J. B. S. Haldane (1937) の集団適応度に関する研究もこの概念の基礎になっている．荷重は，有害な遺伝子によってだけ生ずるとは限らず，その誘因により次のように分類される．(1) 突然変異荷重 (mutational load)：再起突然変異により有害遺伝子が毎世代生ずることによる集団の平均適応度の低下．この荷重はほぼ突然変異率だけに依存し，個々の遺伝子の有害さの程度には依存しないという，ホールデン−マラーの原理 (Haldane-Muller principle) がある．(2) 遺伝子置換に伴う荷重 (substitutional load, 進化の荷重 evolutionary load)：環境の変化によって，今までは淘汰に不利だった突然変異遺伝子が有利となり，それが集団中に広がり既存の遺伝子を置き換える過程で生じる荷重．環境の変わる前までは最適であったが環境変化によって適応度が低くなった対立遺伝子（旧正常遺伝子）は，置換の完了まで集団中に存在するので，集団の平均適応度はその分だけ低下し，これを荷重とみなすことができる．Haldane (1957) の自然淘汰のコスト (cost of natural selection) の概念に基づいて定義された荷重である．(3) 超優性荷重 (overdominance load, 分離の荷重 segregational load)：超優性によって，集団に 2 種以上の対立遺伝子が保有される場合，分離により適応度の低いホモ接合体が生じ，このため集団の平均適応度が最適のヘテロ接合体の適応度に比べて低下することによって起こる荷重．その他，分離の歪みによる荷重，不和合性による荷重などがある．

i **遺伝的組換え** [genetic recombination] 両親のそれぞれに由来する染色体間で遺伝情報の再編成が起こり，両親にはなかった組合せが形成される過程，またある細胞株（受容体 recipient）が他の細胞株に由来する DNA でその染色体の一部を置き換えられて，新しい遺伝形質をもつようになる過程や，新しい遺伝要素を染色体上に組み込む過程などをいう．単に組換えということもある．遺伝的組換えは，すべての生物種で観察される．真核生物の場合は 2 組またはそれ以上の相同染色体をもつ倍数体であるから，減数分裂によって生殖細胞を生じる際

の相同染色体どうしの交叉による組換えが一般的であるが，カビなどでは体細胞における組換えも知られている．ウイルスでは，遺伝形質の違う二つの株が宿主に同時感染したときに組換えが起こる．細菌や真核細胞の*形質転換や細菌の接合・形質導入などの過程では，受容者の染色体の部分が供与者の染色体の断片で置き換えられたり，その断片を組み込んだりすることによって組換え体が生じる．組換えは相同染色体間（形質転換や細菌の接合などの場合には染色体とその相同染色体の断片との間）で起こり，このようなDNA塩基配列の相同性を用いて生じる遺伝的組換えを相同組換え，または普遍的組換え(general recombination)という．この組換えでは，連鎖遺伝子間の距離と交叉の頻度とは一定の比例関係にあり，交雑による組換え体出現頻度を測定することにより，連鎖群における遺伝子の相互位置を推定することができる．つまり交雑による組換え頻度測定は遺伝分析の古典的な手段であり，このようにして染色体地図が作成された．さらにウイルスや細菌の場合には，相同組換え以外に，*溶原性ファージ(λファージなど)のゲノムが宿主細胞の染色体に組み込まれてプロファージになったり，それがまた切り出されて元通りのファージゲノムとなったりする組換え現象があり，これはゲノム上の特定の部位で起こるので部位特異的組換え(site specific recombination)と呼ばれている．また，ある染色体の一部が非相同染色体へ*転座したり，*トランスポゾンがいろいろな部位に挿入されたり，プロファージが異常に切り出されて特殊*形質導入ファージが生じたりする場合の遺伝子再編成過程は，相同な塩基配列を外観上用いていないので，非相同組換え(non-homologous recombination)，または，非正統的組換え(illegitimate recombination)と呼ばれている．相同組換えでは，相同染色体が対合し，遺伝的交換が起こり，その結果組換え体が生じるが，この反応機構については，最初にR. Holliday(1964)によって提唱されたホリデイモデルが有名である(⇒ホリデイモデル)．現在では，これを発展させた*DNA二重鎖切断修復モデル，*DNA合成依存的単鎖アニーリングモデルおよび*切断誘導型複製モデルが主要な生成機構とされる．相同組換えは，生物種内のゲノムの多様性の付与に働くばかりでなく，電離放射線などでDNAに二重鎖切断が導入された際の主要な修復機構として，また複製フォークの停止や崩壊の際には，複製の再開始における必須の反応機構として，ゲノムの安定維持機構にも重要な機能を果たしている．

a **遺伝的症候群** [genetic syndrome] 染色体の欠損や変異などにより，いくつかの症候がともに遺伝していく疾患．例えば，汎白血球減少症を示すファンコニー症候群(Fanconi syndrome)は劣性遺伝病の一つで，白血病誘発率の高い血液疾患としてよく知られているが，矮小症，小頭症，知能低下のほか，耳の奇形や難聴，橈骨や親指の骨の異常，皮膚の色素沈着や心奇形などの身体的異常をともなう．またマルファン症候群(Marfan syndrome，クモ指症)は，長身異常に長い手足の指の外，水晶体の位置異常など多くの症候を合併する．遺伝的症候群の大部分はそれぞれ単一の遺伝子の多面効果によるもので，同一個体にすべての症候が出現するとは限らず，浸透度(症候が発現する程度)は症候ごとに異なる．

b **遺伝的脆弱性** [genetic vulnerability] ある地域におけるある作物が，品種の画一化のため栽培環境の急変に耐えられず，栽培が成り立たなくなること．ある作物の栽培が一つまたは少数のごく近縁の品種に依存するようになると，それを冒す病虫害の発生，気象の急変などにより一斉に被害を受けやすくなる．近代育種の進展により遺伝的に多様な在来品種が少数の近代品種により駆逐され，生産性は高まっても条件変化に対して脆くなる危険が高くなる．アメリカ合衆国における雑種トウモロコシにその例がある．

c **遺伝的多型** [genetic polymorphism] 遺伝子の物質的本体であるDNAの同一遺伝子座内に，生物集団中において複数の型が存在すること．遺伝的単型(genetic monomorphism)の対語．かつてはDNAを直接調べることが困難だったため，蛋白質などの変異を調べて間接的に遺伝的多型を推定していたが，現在ではDNAを直接調べることが一般的になったので，DNA多型とほぼ同義である．DNAに生じる突然変異のタイプによって，塩基置換型の多型，塩基の挿入欠失型の多型，遺伝子コピー数の多型，*マイクロサテライトDNA多型などがある．*一塩基多型(SNP)は大部分が塩基置換型の多型だが，1塩基の挿入または欠失多型を含む場合もある．ある遺伝子座が多型であるか単型であるかについては明確な基準はなく，調べたサンプルによって変化する．遺伝的多型は，通常は単一種内の現象だが，研究者によっては異なる種間に見られるDNAの違いを「多型」と呼ぶことがある．

d **遺伝的伝達** [genetic transfer] 特に細菌において，遺伝物質が細胞間で伝えられる現象．その伝達様式には*形質転換，*形質導入，*接合などがある．接合の場合にだけ，まれに*供与菌の全ゲノムが*受容菌へ伝達されることがあるが，それ以外はいずれも供与菌のゲノムの一部だけが伝達されることから，*メロミキシスとも呼ばれる．また，しばしば伝達された遺伝子部分に関してだけ重複した部分接合体が形成されることも細菌の遺伝子伝達系の特徴である．

e **遺伝的同化** [genetic assimilation] 淘汰の条件や環境の変更により，本来遺伝的基礎をもたなかった特異な表現型が遺伝的に固定されうる現象．C. H. Waddington(1953)の命名．ショウジョウバエには翅の横脈を欠失させる突然変異遺伝子が数種あるが，同じ表現型は野生型の蛹に熱ショックを与えるとまれに出現する．これは環境変化により発生経路が変更されたためだが(⇒表型模写)，変更の程度は遺伝子型により異なる．Waddingtonは熱ショックで生じる横脈欠失個体を選択し続け，ついには熱ショックなしでも常に横脈欠失となる系統を確立した．発生経路の変更に関係する多数の遺伝子座において，特定の表現型への発生に有利な対立遺伝子の頻度が選択により増加したことによるとされる．遺伝的同化は表現型進化において中心的役割を果たすと考えられている．

f **遺伝的浮動** [random genetic drift, genetic drift] 《同》浮動(drift)．ある遺伝子座の対立遺伝子頻度が世代を経るにしたがって偶然上昇したり下降したりすること．生物集団の個体数は常に有限なので，親世代から子世代に遺伝子が伝わるときに，有限数の標本抽出が起こるために生ずる偶然の効果である．S. Wrightが詳細に解析したので，進化学の古い文献ではライト効果(Wright effect)と呼ぶこともある．遺伝的浮動は，現

代進化学の中核である中立進化論に理論的基礎を与えている．（⇒中立進化）

a 遺伝的平衡 ［genetic equilibrium］ 集団遺伝学の用語で，大集団で*ハーディ-ワインベルクの法則が成立している状態のこと．また，特定の*遺伝子頻度や遺伝子型頻度が世代とともに一定に保たれている状態を指すこともある．さらに一般的には，特定の遺伝子の頻度が変化しても，集団の遺伝的特性を示す量（例えばヘテロ接合体頻度）が一定に保たれることがあり，この場合にも平衡という言葉を用いる．

b 遺伝的変異 ［heritable variation, genetic variation］ 遺伝する*変異．遺伝子の*突然変異や，*転座・重複もしくは*欠失などの染色体の構造異常も含み，広義には*表現型に現れるものだけでなく*塩基配列のあらゆる違いを指す．DNAや*ヒストンの修飾状態の違いは遺伝子発現に影響し，数世代にわたって伝わることがあるが，この現象はエピジェネティック変異として遺伝的変異と区別される．（⇒非遺伝的変異，⇒環境変異，⇒エピジェネティクス）

c 遺伝的ゆらぎ ［genetic stochasticity］ 個体群中の遺伝子組成の変化が，*自然淘汰（natural selection）や個体の移出入（migration）では予測できず，*遺伝的浮動による偶然によって起こること．遺伝的ゆらぎが生じると，個体群の保持している遺伝的多様性が減少したり，劣性の有害遺伝子がホモ接合となり発現する可能性が大きくなるので，集団の適応度の低下が生じる場合がある．集団の遺伝的多様性が減少することで，将来の急激な環境変化へ応答できなくなる．同時に，劣性有害遺伝子の対立遺伝子頻度が高くなることで，ホモ接合になると個体の生存力や繁殖力も低下する可能性がある．絶滅危惧種のように集団の個体数が少ない場合，遺伝的ゆらぎによって個体群が絶滅する危険性が増大する．

d 遺伝病 ［hereditary disease］ 《同》遺伝の疾患．異常遺伝子型による疾患・異常．次のように分類される．(1) 単一遺伝子病：狭義の遺伝病で，単一遺伝子座における異常遺伝子で起こる．異常遺伝子が位置する染色体によって常染色体性と伴性性に分け（⇒伴性遺伝），遺伝様式により*優性，劣性，共優性，半優性（部分優性）などに分ける．常染色体性の優性遺伝病には短指・先天性白内障など，劣性遺伝病には白皮症・フェニルケトン尿症・先天性聾啞の大部分など，伴性遺伝のX連鎖劣性遺伝病には赤緑色盲・血友病などがある．遺伝子の一次産物である蛋白質の分子構造異常による*分子病や，遺伝性*先天性代謝異常も多くは単遺伝子病に属する．(2) 多因子遺伝病：二つ以上の遺伝子と環境要因によると考えられ，必ず遺伝するというわけではない．糖尿病，多くの奇形，統合失調症，てんかん，近視の大部分などがある．(3) *染色体異常：染色体の数の異常（一染色体性・三染色体性）と構造異常（欠失・転座・重複など）がある．

e 遺伝標識 ［genetic marker］ 《同》遺伝マーカー，標識遺伝子（マーカー遺伝子 marker gene）．遺伝学的解析で標識として用いられる遺伝子．組換え実験などで組換え型や両親型を検出するために用いられることが多い．標識遺伝子としてはその機能の詳細よりも突然変異形質が明確で検出が容易なものを用いる．薬剤耐性の遺伝子のほか微生物では栄養要求性などの遺伝子がよく用いられる．動植物ではかつては形態学的形質の遺伝子を用いることが多かったが，現在ではゲノム中に多数存在するSNPやマイクロサテライトDNA多型を用いる．微生物遺伝学では選択標識（または選択遺伝子）と非選択標識（非選択遺伝子）を区別して用いることがある．

f 遺伝分析 ［genetic analysis］ 《同》遺伝解析，遺伝子分析．古典遺伝学，細胞遺伝学，分子生物学の方法を使って，注目する遺伝形質に関わる遺伝子の解析を行うこと．古典遺伝学を使った解析では，*交雑または家系分析により，その遺伝形質に関する遺伝子の数，連鎖群，染色体上の位置（座），既知の遺伝子と同じかどうかなどを決定する．連鎖群と染色体上の位置の決定は，既知の標識遺伝子（marker gene）をもつ個体と交配し，F_2の表現型の割合から連鎖群および標識遺伝子からの距離を決める方法が用いられる．既知の二つの標識遺伝子からの距離を測定すれば，*三点試験により位置が決まる．また，近接した二つの標識遺伝子をもつ個体との交配による三因子交雑で，当該遺伝子が標識遺伝子のどちら側にあるかを決定するのに便利である．さらに，特定の遺伝子を欠失した多数の欠失変異体との相補性試験で，当該遺伝子が欠失の内部に位置するかを調べることもできる．最近では，系統間・個体間でのSNP（一ヌクレオチド多型，*一塩基多型）が多数知られておりこれを標識として位置決定することも多い．既知の遺伝子と同じかは，シス-トランス検定（*相補性検定）が基本となる．遺伝子の位置だけでなく，対立遺伝子の種類，すなわちハイパーモルフ（機能亢進型），ハイポモルフ（機能低下型），アモルフ（機能喪失型），アンチモルフ（機能阻害型），ネオモルフ（新機能獲得型）のいずれかを決定することも重要で，ホモ接合体の表現型を欠失変異とのヘテロ接合体の表現型と比較すると，これに関する情報が得られる．細胞遺伝学による解析としては，染色体の数と形を調べる核型分析や，遺伝子DNAまたはRNAを用いて顕微鏡下で染色体上の位置を決定するFISH法（*蛍光 *in situ* ハイブリダイゼーション法）などが主たる手法となる．分子生物学による解析では，*PCR，RT-PCR，DNA塩基配列決定，DNAマイクロアレイなどを用いて，遺伝子の塩基配列や発現に関する情報を集める．これはゲノム配列が既知の生物には特に有用である．

g 遺伝予後 ［genetic prognosis］ 《同》再現危険率（recurrence risk）．遺伝病患者の血縁者に同種の異常が発現する確率のこと．遺伝相談に不可欠の数値で，算出法は次の二つに大別する．(1) 理論的遺伝予後：遺伝法則にしたがって規則正しく遺伝する異常の場合は理論に基づいて予後の値を計算する．(2) 経験的遺伝予後：不規則遺伝の場合は患者の近親を実際に多数調べてそれらにおける罹患率を遺伝予後の値とする．

h 遺伝率 ［heritability］ 《同》遺伝力．遺伝子の関与するパターンが未知である表現型について，家系分析などから推定された，遺伝子の関与する割合のこと．一般には身長などの量的形質に適用される．与えられた集団中での*表現型分散（V_P）のうちで，相加的遺伝分散（V_g）または加算分散（遺伝子の平均効果による分散）が占める割合を狭義の遺伝率という．これに対し，遺伝子型分散（V_G）が表現型分散のうちで占める割合を，広義の遺伝率と呼ぶ．記号で表すと，狭義の遺伝率は $h^2 = V_g/V_P$，広義の遺伝率は $H^2 = V_G/V_P$ となる．なお，遺伝子型分散は相加的遺伝分散，優性分散（V_d）およびエピスタシス分散（V_i）に分割できる（$V_G = V_d + V_i$）．ま

た，遺伝子型と環境の間に非加法的な交互作用がなければ，表現型分散は遺伝子型分散と環境分散(V_E)の和に等しい($V_P=V_G+V_E$)．人為選抜を行って得られる遺伝獲得量 ΔG は選抜差 i に遺伝率 h^2 を掛けたものに等しい(⇒遺伝獲得量)．遺伝率の推定にはいろいろな仮定があるので，遺伝率が高く推定されても実際の遺伝子の寄与は低かったり，その逆の場合もあるので，注意が必要である．

a **移動** [migration] 生物の個体あるいは個体群が，ある場所から他の場所へ移ること．特に特定の生理状態と関わって一つの*生息地から他の生息地へ動くことをいう．移動はその方向によって，プランクトンの日周浅深移動のような垂直移動(鉛直移動 vertical migration)と，鳥の*渡りのような水平移動(horizontal migration)とに分けられる．移動は，食物や生息地条件の変化，過密，繁殖などに関連して行われる．移動のうち，おおよそもとの生息地へ戻ってくるものを回帰移動(recurrent migration, two-way migration, 水生生物では回遊)という．回帰移動には，環境の周期的変化に対応して起こる季節移動・潮汐移動・昼夜移動などのほか，サケの*母川回帰などのように*生活史の段階と関連している場合もある．昆虫類では回帰移動の例は少なく，昆虫自身が*定位して行う一方向への持続的な動きを移動，風などによる無方向的な動きを*分散として区別することがある．摂食や繁殖などの欲求が抑制され，移動に対する衝動の高まった特定の生理状態において起こる持続的な動きを移動と定義することもある．このような移動は一般に生活史上の特定のステージ(成虫では卵巣成熟前)にみられ，不連続に分布する生息地を利用しながら生活するための適応と考えられている．移動に際して動物がいかにして方角を知るかという航路決定(navigation)については，古くから問題とされており，*太陽コンパス，星座や地磁気の変化による定位など，さまざまな仮説が提出されている．

b **移動運動** [locomotion] 《同》位置運動．個体を外囲空間内で変位・移動させる*運動．[1] 動物界では固着性の個体や卵を除けばこの能力が大いに発達しており，各種の高度な移動装置(locomotor apparatus)が見られる．植物界には鞭毛や繊毛などによって遊走する運動(⇒遊走細胞)，滑走運動やアメーバ運動などが見られる．原生生物ではアメーバ運動，繊毛運動，鞭毛運動などが行われ，後生動物では渦虫類(繊毛上皮)・輪虫類(繊毛冠)や多くの幼生の繊毛運動のほかは，もっぱら筋肉運動に依存する．移動運動の主要な形式には遊泳，匍匐，歩行，走行，跳躍，飛行などがある．動物体形の左右相称化や*頭化は，移動運動への適応としての意味をもつ．移動運動は一般に全運動系の秩序あるリズム活動として現れるが，それを支配する運動中枢の機能が固定的であるか可塑性をもつかは，動物の種類によって異なる(⇒移動)．[2]《同》自由運動(free movement)．植物において，単細胞藻類などの個体または裸子植物に至るまでの配偶子に見られる．膨圧運動や成長運動などの局所的運動と対する(⇒運動)．なお種子植物などの受動的な移動を厳密な意味では運動ではないが，一般には受動運動(passive movement)といわれている．

c **伊藤圭介**(いとう けいすけ) 1803～1901 医師，本草学者，植物学者．長崎で P. F. von Siebold に学び，彼から贈られた C. P. Thunberg の『日本植物誌』をもとに『泰西本草名疏』を著し(1829)，植物の学名と C. von Linné の植物分類体系を日本に紹介，牛痘法の書も著し．1877年東京大学員外教授．のちに東北帝国大学講師．1888年矢田部良吉らとともに日本最初の理学博士となる．

d **伊東細胞** [Ito cell] 血中のビタミンAを取り込み，脂肪滴とともに貯蔵する機能をもつ細胞．伊東俊夫(1956)が肝臓のディッセ腔に存在するものを発見，脂肪摂取細胞(fat storing cell)と命名．肝臓だけでなく体内に広く存在することが知られる．

e **移動性筋芽細胞** [migrating muscle precursor cell] 《同》移動性軸下筋細胞(migrating hypoxial muscle precursor)．脊椎動物の発生において，体節から遊走して長距離を移動し，外肢や舌の筋肉，僧帽筋，横隔膜などとなる筋芽細胞．これらの筋芽細胞は体節の背外側にある皮筋節の腹側部(軸下筋板)の脱上皮化により生じる．軸下筋板のうち移動性筋芽細胞を生じるのは後頭部・頸部・外肢レベルに限られ，これらの軸下筋板には $Pax3$ や $Lbx1$ などの遺伝子が特異的に発現する．一方でこれらの遺伝子を発現しない軸下筋板は上皮構造を保ったまま伸長し，肋間筋や腹壁筋などに分化する．軸下筋板から生じた移動性筋芽細胞は*肝細胞増殖因子(HGF)受容体の c-met 蛋白質を発現しながらリガンドである HGF を発現している標的部位まで移動し，増殖後，筋肉へと分化する．

f **移動体** [slug] 《同》偽変形体(pseudoplasmodium)．細胞性粘菌類の無性的な生活環である*累積子実体の形成過程において，*粘菌アメーバが集合して形成されるナメクジ状の多細胞体．胞子から発芽した粘菌アメーバは二分裂で増殖し，餌がなくなると，一部の粘菌アメーバが分泌する cAMP(⇒cAMP シグナル)に対する走化性と新たに生じる細胞接着とによって集合し，移動体を形成する．これはさらに形態形成過程を経て累積子実体となる．マクロシストを形成する有性的な生活環もある．真正粘菌類の変形体とは異なり，移動体は多核体にはならない．10^3～10^5個の細胞が，厚さ 10～20 nm の鞘に包まれており，長さは 0.5～2 mm．$5×10^{-3}$

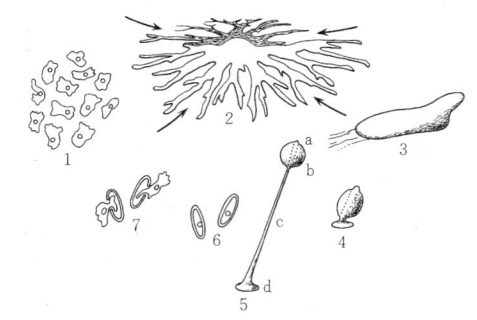

Dictyostelium discoideum の無性的な生活環．2～5が累積子実体形成過程

1 増殖を終えた集合前の粘菌アメーバ(直径約10μm)
2 集合運動により中心部に多細胞体が形成される
3 移動体 4 セルロース性の柄ができ始める初期形態形成過程
5 成熟した累積子実体(高さ約2 mm, a 乳状突起 b 胞子嚢群(胞子塊) c 柄 d 盤) 6 胞子 7 胞子の発芽

°C/mm 程度の温度勾配を感知する走熱性と，波長 425 nm を極大とする走光性を示す．移動体内部には形態的に組織化は見られないが，細胞選別により，前部約 1/5 には柄に分化する予定柄細胞が，残りの部分には胞子となる予定胞子細胞が分布する．予定柄細胞と予定胞子細胞とは抗胞子抗体を用いた染色により識別できる．それぞれの細胞のマーカー遺伝子として，細胞外マトリックス蛋白質をコードする ecmA と ecmB，あるいは胞子壁蛋白質遺伝子の cotB などが知られている．細胞を予定柄細胞へ分化させる誘導因子が存在する．DIF-1 などの化学シグナルを用いた負のフィードバックによって予定柄細胞と予定胞子細胞の比率が調整される．

a **移動澱粉** [transitory starch] 光合成(炭素同化)の同化器官と成長中の組織との間，あるいは同化器官と貯蔵器官(storage organ)との中途に，一時的に蓄積された小粒の澱粉粒．光合成によって葉の中に形成された炭水化物(澱粉の場合は特に*同化澱粉という)は多くはショ糖あるいは簡単な単糖となって転流し，成長中の組織で消費されたり，貯蔵器官で*貯蔵澱粉となって貯えられる．同化澱粉も葉緑体の中に一時的に蓄積されている澱粉なので，移動澱粉とみなすことができる．

b **意図運動** [intention movement] ある行動について，*生理的気分またはその*動機づけがまだ完全には高まっていないときに動物が見せる，その行動の軽度なものあるいはその初期的な動作．例えば，まもなく飛びたとうとする鳥は翼を広げて伸びあがる動作を繰り返す．このような意図運動は，同種他個体に対して自分がどのような生理的気分にあるかを知らせる上で重要な意味をもち，しばしば*儀式化されて求愛・威嚇・逃避などの行動パターンに組み込まれている．また共感的誘発の効果によって一種の*社会的促進を引き起こし，集団の行動の同期化にも役立つ．

c **イニシエーション**(発がんの) [initiation] 発がんの一過程で，DNA 修飾活性をもつ化学発がん物質を少量しかも短期間投与した後，細胞が少なくとも1回増殖することにより，がん関連遺伝子 DNA に不可逆的な変化が生じること．プロモーション(promotion)と共に P. Raus および T. G. Kidd(1941)により初めて使われた．ウサギの耳にタールを塗布し(イニシエート initiate)，その部位の一部にさらに傷をつける(プロモート promote)と，傷をつけた部位からだけ腫瘍が発生した．その後，主としてマウス皮膚発がんおよびラット肝癌のモデル系を使って化学発がんの過程が解析された．I. Berenblum と P. Shubik は，少量のベンツピレンまたは他の芳香族炭化水素化合物を1回投与し，そこに非発がん性物質のプロモーターであるクロトン油を繰り返し塗ると初めて腫瘍が誘発されることを示し，発がんの過程にイニシエーションとプロモーションの段階があることを明らかにした．イニシエーションは化学物質のほか，物理的因子(X線，紫外線など)，生物学的因子(腫瘍ウイルス，内因性活性酸素，脱アミノ反応，DNA 複製の誤り)によっても生じる．発がんには複数のがん遺伝子やがん抑制遺伝子の変化を必要とする．理論的には，これらのうち少なくともいずれか一つの遺伝子変異をもつ細胞をイニシエートされた細胞ということができる．イニシエーションに必要な遺伝子変異は細胞によって必ずしも同じではない．また，生殖細胞のがん関連遺伝子に突然変異が起これば，イニシエートした細胞という表現形質が遺伝する．ラット肝発がんでは，イニシエートされた細胞(推定)は多くの場合，胎盤型グルタチオン S-トランスフェラーゼ(GST-P)を発現している．この系は，しばしば発がん過程の解析に用いられる．(⇌プログレッション)

d **移入** 【1】[ingression] 《同》内殖(ingrowth). *胞胚の胞胚葉の細胞が増殖し，*胞胚腔に細胞を送りこんでそれを充たす*原腸形成過程の細胞移動の一様式．はじめの胞胚葉は外胚葉，胞胚腔を充たした細胞群は中胚葉・内胚葉となる．移入した組織に二次的に腔所を生じて原腸が形成され，原口も二次的に開く．移入が胞胚葉の植物極でのみ起こるときは単極移入(unipolar ingression)といい，刺胞動物のオベリアクラゲ，甲殻類のフナムシ，アミなどで見られる．また植物極に限らず数カ所から移入が起こるときは多極移入(multipolar ingression)または無極移入(apolar ingression)といい，Aeginopsis, Polyxenia などの刺胞動物で知られている．単極移入と陥入，多極移入と葉裂の間には必ずしも明確に区別しえない場合がある．

【2】[immigration] ある*生息地またはある*個体群に注目するとき，そこに個体が外部から入ってくること．*移出と対置される．ワタリバッタの群飛来のように，多数個体が同時に移入することは集団移入(irruption, mass immigration)という．(⇌植民)

e **移入交雑** [introgression, introgressive hybridization] 《同》遺伝子移入，遺伝子浸透，異種間浸透．生息場所や分布域を異にし*生殖的隔離がある程度発達した二つの種または*亜種の間で，生息場所や分布域の*二次的接触によって交雑が生じ，さらに両親の集団の少なくとも一方と*戻し交雑を繰り返すことによって一方の種(集団)を特徴づける遺伝子が他方の種(集団)へ取り込まれること．二次的接触で形成される*交雑帯では，一方の集団を定義する形質や遺伝子が交雑帯から遠く隔った他方の集団の分布域で見つかることが少なくないが，これも移入交雑の結果と考えられている．

f **移入組織** [transfusion tissue] 針葉樹類の針葉の維管束の周囲をとりまく，*内皮と*維管束の間に分化する特殊な組織．生きた柔細胞と壁が木化して壁孔を生じた*仮道管とが入り交じり，結果として仮道管が網目状に存在する．維管束をとりまく*柔組織が変形したとも，また仮道管が二次的に変形したとも考えられる．機能についても維管束を葉肉部に接近させるための補助的通道組織であるとか貯水組織であるとかの諸説がある．移入組織は化石シダのリンボク類・蘆木類などの小舌や葉の維管束の外側(背軸側)にも見られる．

g **イヌラーゼ** [inulase] 《同》イヌリナーゼ(inulinase). イヌリン(図次頁)に作用してその β-2,1-フルクトシド結合を加水分解し，主として D-フルクトースを生成する酵素．一種の β-2,1-フルクタナーゼ (β-2,1-fructanase). EC3.2.1.7. カタツムリ，キクイモ，酵母，Aspergillus niger などに見出される．キクイモの根茎から精製した酵素は*ショ糖や細菌レバンには作用せずイヌリンおよびそのオリゴ糖だけに作用する．この場合，生成物として D-フルクトース以外にショ糖が生成する．

h **イヌリン** [inulin] ⇌イヌラーゼ(図)，⇌フルクタン

i **イネ，稲** [rice, Oryza sativa] 単子葉類イネ科イ

イヌラーゼが作用するイヌリン

ネ属の植物で，栽培化された種の一つ．収穫された種を米と呼び，世界三大穀物の一つである．*japonica* と *indica* という 2 種類の亜種があり，*Oryza rufipogon* という野生種から数十万年前に分化したものがそれぞれ独立に栽培化されたとされている．日本列島にはおよそ3000 年前にはじまった弥生時代に稲作農耕が導入され，その後米は日本人の主食となっていった．イネゲノムはおよそ 4.7 億塩基の大きさであり，5 万前後の遺伝子が存在する．

a **イネ萎縮ウイルス** [rice dwarf virus] RDV と略記．*レオウイルス科ファイトレオウイルス属に属するイネ萎縮病の病原体．ウイルス粒子は直径約 70 nm の二十面体で，内殻と外殻の二重殻構造をとる．ゲノムは 12 本の二本鎖 RNA からなる．寄主となるイネやコムギ，スズメノテッポウなどのイネ科植物と，媒介虫であるツマグロヨコバイやイナズマヨコバイなどの虫体内の両方で増殖する．イネ萎縮病は日本の関東以南での稲作の主要病害の一つで，葉に不規則な白色の斑点が現れ，*分蘖（ぶんげつ）が多くなり株は矮化する．ツマグロヨコバイとイナズマヨコバイで経卵伝染（⇒垂直感染）する．

b **イネ科草原** [prairie, tall grass vegetation, duriherbosa, duriprata] 《同》禾本草原，乾草原．機械組織がよく発達した硬い葉をもつイネ科植物の草原（⇒草原）．一般に年降水量 1000 mm 以下の地に発達し，北アメリカの*プレーリー，ロシア中央部から中央アジア諸国にかけての*ステップ，ハンガリーの puszta，アルゼンチンの*パンパスなどがこれに属する．環境傾度上を乾燥側に向かうと乾荒原，湿潤側に向かうと木が侵入して森林サバンナ（⇒サバンナ）に移行する．

c **井上信也**（いのうえ しんや） 1921〜 アメリカ国籍の生物物理学者．ウッズホール海洋生物学研究所研究員．團勝磨に師事．*紡錘体が微小管からなる実体であることを証明し，細胞分裂の機構解明に多大な貢献をなした．細胞骨格研究(cytoskeleton dynamics)の父と呼ばれる．1940〜1950 年代にかけての偏光顕微鏡の開発でも知られる．

d **伊能嘉矩**（いのう かのり） 1867〜1925 人類学者，民俗学者．台湾先住民の研究で成果を残した．郷里岩手県遠野地方の歴史・民俗・方言の研究にも取り組み，遠野民俗学の先駆となった．

e **イノシトール** [inositol] 《同》イノシット（独 Inosit）．シクロヘキサンの六価アルコール $C_6H_6(OH)_6$ の総称．理論的には 9 種の異性体が可能であるが，天然に見られるものは 4 種で，それぞれ D-カイロイノシトール (*chiro*-inositol)，L-カイロイノシトール，ミオイノシトール (*myo*-inositol)，シロイノシトール (*scyllo*-inositol) と呼ばれる．このうち自然界で最も広く大量に見出されるのはミオイノシトールである．ミオイノシトールはメソイノシトール (*meso*-inositol) ともいい，最初筋肉で発見されたが，動物・植物や酵母などの微生物に広く存在．六リン酸エステルの*フィチン酸や他のリン酸エステル，リン脂質の*ホスファチジルイノシトールの成分であるが，遊離の形で筋肉，心臓，肺，肝臓に存在する．イノシトール-1-リン酸生成酵素 (*myo*-inositol-1-phosphate synthase, EC5.5.1.4) の作用で NAD^+ 存在下でグルコース-6-リン酸の異性化により生成し，酸素添加酵素 (EC1.13.99.1) により D-グルクロン酸に酸化される．ミオイノシトールは鳥類や哺乳類の必須栄養源で，その欠乏は例えばマウスの脱毛，ラットの眼の周辺の異常などを引き起こす．ヒトでは欠乏症は知られていないが，しばしばビタミン B 群の一員とされ，ビオス I の成分の一つに当たる．D-カイロイノシトールおよび L-カイロイノシトールは量は少ないが分布は広く，多くはメチルエーテルとなっている．

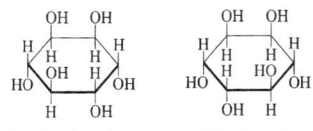

D-カイロイノシトール　L-カイロイノシトール

ミオイノシトール　シロイノシトール

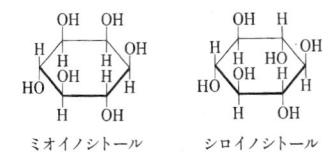

f **イノシトール三リン酸** [inositol 1,4,5-trisphosphate, D-*myo*-inositol 1,4,5-trisphosphate] 1,4,5-InsP₃, Ins(1,4,5)P₃, InsP₃, IP₃と略記．神経伝達物質，ホルモン，成長因子などの細胞外刺激に対する細胞応答で産生される*セカンドメッセンジャーの一つ．イノシトール環の 1,4,5 位にリン酸基が付加された構造をもつ．*イノシトールリン脂質代謝に共役する G 蛋白質共役型受容体や受容体型チロシンキナーゼが細胞外刺激で活性化されると，エフェクターである*ホスホリパーゼ C により細胞膜成分であるホスファチジルイノシトール 4,5-二リン酸が加水分解されて IP_3 とジアシルグリセロールが産生される．IP_3 は細胞内 Ca^{2+} 放出チャネルである IP_3 受容体のリガンドとして作用し，滑面小胞体から細胞質への Ca^{2+} 放出（動員）を誘導する．IP_3 誘導 Ca^{2+} 放出は細胞内 Ca^{2+} 濃度の局所的・一過的な上昇，Ca^{2+} 振動や Ca^{2+} 波などの動態に関係し，これらの Ca^{2+} 濃度の変動は受精，発生，筋収縮，分泌，

免疫，神経などの多くの生命現象において重要な細胞内シグナル伝達として働く．IP_3 はイノシトールポリリン酸 5-ホスファターゼによる脱リン酸化や IP_3 3-キナーゼによるリン酸化などにより代謝され Ca^{2+} 誘導作用を失う．

イノシトールリン脂質 [inositol phospholipid] 《同》ホスホイノシチド (phosphoinositide)．真核細胞に広く見出される D-*myo*-イノシトールを親水基とするリン脂質の総称．イノシトール環 3, 4, 5 位の水酸基へのリン酸化の有無により，動物細胞においては 8 種類が存在する．ホスファチジルイノシトール-4,5-二リン酸は細胞外刺激に応答して活性化した*ホスホリパーゼ C による加水分解を受け，*セカンドメッセンジャー作用を有するジアシルグリセロールとイノシトール-1,4,5-三リン酸へ変換される．また，PH ドメインや FYVE ドメインなどイノシトールリン脂質の各リン酸化体を特異的に認識する蛋白質構造が知られ，細胞膜やオルガネラ膜への局在化シグナルとして，細胞内小胞輸送や細胞増殖，細胞運動などさまざまな生命現象に関与する．

イノシン [inosine] I と略記．*ヒポキサンチンを塩基部分とするリボヌクレオシド．(⇨ヌクレオシド，⇨イノシン三リン酸[図])

イノシン酸 [inosinic acid, inosine monophosphate] IMP と略記．一般にはイノシン-5′-一リン酸 (inosine-5′-monophosphate) を指す．放置した筋肉に多く存在する．アデニル酸脱アミノ酵素により 5′-アデニル酸の脱アミノで生ずる．生体内ではプリンヌクレオチド合成の共通の前駆体として重要な役割を果たしている (⇨プリン生合成経路，⇨ヌクレオチド)．イノシン酸はうま味物質として知られている．

イノシン三リン酸 [inosine triphosphate] ITP と略記．一般にはイノシン-5′-三リン酸を指す (⇨ヌクレオシド-5′-三リン酸，⇨ヌクレオチド)．ある種の酵素に対しては GTP (*グアノシン三リン酸) の構造類似体として作用する．例えばスクシニル CoA の加水分解に伴うリン酸化反応やホスホエノールピルビン酸カルボキシル化酵素 (GTP リン酸化) の反応においては，ITP/IDP 系 (イノシン酸系) は GTP/GDP 系 (グアニル酸系) を代用しうる．脱アミノ酵素による ATP の脱アミノで生ずる．

―――― イノシン
―――― イノシン-5′-一リン酸
―――― イノシン-5′-二リン酸
―――― イノシン-5′-三リン酸

EB ウイルス [EB virus] Epstein-Barr virus の略．《同》ヒトヘルペスウイルス 4 (Human herpesvirus 4, HHV-4)．*ヘルペスウイルス科ガンマヘルペスウイルス亜科に属する DNA ウイルス．M. A. Epstein ら (1964) がバーキットリンパ腫から確立した株細胞中に見出した．ゲノムは，17 万 2282 塩基対の二本鎖 DNA．バーキットリンパ腫からとれた株細胞に見られること，分離されたウイルスで南米産のサル (マーモセット) にリンパ腫を起こすこと，ヒトの B 細胞培養細胞をトランスフォームさせることの 3 点から EB ウイルスがバーキットリンパ腫の病原体であると結論された．しかし，EB ウイルス感染者のごく一部だけが悪性腫瘍を起こすので環境因子の関与もあると考えられる．動物の類似腫瘍性疾患としては，カエルヘルペスウイルスにより起こるカエルの腎臓腫瘍，*マレック病ウイルスにより起こるニワトリのマレック病，リスザルから分離されたサルヘルペスウイルス (herpes saimiri virus) により起こるヨザルやマーモセットの悪性リンパ腫などがあげられる．EB ウイルスは伝染性単核症 (infectious mononucleosis) も起こす．ほかに上咽頭癌 (nasopharyngeal carcinoma) との関連が疑われている．

異分割 [paratomy] *分裂において，それにより失われるべき部分が分裂前に形成されている現象．扁形動物門多目のチョウヅメヒメウズムシや種々の原生生物がその例．分裂により失われた部分の再生が分裂後に起こる場合は原分割 (architomy) といい，その例は，プラナリア (*Dugesia japonica*) の無性生殖にみられる．

チョウヅメヒメウズムシ (*Microstomum lineare*) の 4 個体の連鎖体

易変遺伝子 [mutable gene, labile gene] 突然変異率が異常に高い遺伝子のこと．このような遺伝子が存在すると*斑入りや*モザイクを生ずる．易変遺伝子には，遺伝子自身が突然変異を起こすのではなく，単にその形質発現が不安定になっている場合 (例: V 型の*位置効果) や，染色体の欠失によって遺伝子座自身が高頻度に消失する場合 (例: トウモロコシのトランスポゾン系) なども含まれる．

疣足 (いぼあし) [parapodium] 環形動物多毛類の，各*体節の側面に突出する 1 対の器官．二枝型 (biramous) では，背足枝 (背側肢 notopodium) と腹足枝 (腹側肢 neuropodium) に分かれるが，単枝型 (uniramous) まで多様な中間形がある．匍匐などの運動器官であり，*足刺に支えられ，剛毛をそなえる．感覚器官として糸状や櫛状の突起 (cirrus, *pl.* cirri) をもつほか，血管が密に分布した重要な呼吸器官でもある．多くの種では，体の前部と後部で機能を異にするため，形態も大きく変わることがある．

異方性 [anisotropy, anisotropism] 物質や物体の物理的特性が方向によって異なる性質．これに対し，方向によって諸特性に差異の認められない性質を等方性 (isotropy, isotropism) と呼び，通常の気体や液体は等方性である．生体内にある分子の形やその並び方に方向性のある場合に，複屈折性 (光学的異方性) や方向による弾性の差異 (力学的異方性) がしばしば現れる．横紋筋の A 帯に見られる複屈折性はミオシンフィラメントおよびアクチンフィラメントの配向による．さらに高次の構造や物質の分布の違いなどによる機能的な方向性，例

えば動物卵に特定の卵軸が想定される性質などをも指す.

a **今西錦司** [いまにし きんじ] 1902～1992 生態学者, 人類学者, 日本の霊長類学の創始者. 京都帝国大学農学部卒業. 京都大学人文科学研究所員, 同教授, 岐阜大学長. 初期にはカゲロウの分類・生態の研究から, *すみわけの概念と「種社会」論を展開した. 1958年からはアフリカの類人猿の調査を通じ, 人間家族の起原を研究. 晩年には自然淘汰によらない独自の進化論(いわゆる「今西進化論」)を提唱した. 〔主著〕生物の世界, 1941.

b **イムヴィック試験** [IMViC tests] 細菌の鑑別性状である*インドール生成, *メチルレッド反応, *フォゲス-プロスカウエル反応, および*クエン酸酸化性を調べる試験法. 四つの試験法の英名の頭文字(I, M, V, C)に読みやすさのためのiを加えてこう呼ばれる. 特に腸内細菌科の大腸菌群菌種の簡易鑑別試験として多用されている. 例えば, *大腸菌(*Escherichia coli*)の典型的菌株はIMVC＝＋＋－－という性状を示す.

c **イムノクロマト法** [immunochromatographic assay] *抗原抗体反応を利用した定性的抗原検出法. 標識をつけた特異抗体を検体中の抗原と反応させ, これを検査紙上に固定した別の特異抗体と結合させることで標識物の集積を可視化し, 目的とする抗原を検出する方法. 特に感染症診断の領域では, 病原体特有の成分を抗原として検出することで, 血清診断法の一つとして応用されている. 簡易キット化されているものは, 特殊な検査機器や試薬, 煩雑な手技を必要とすることなく, 短時間で行うことができるため, 迅速診断に有用である. 具体的には, 肺炎球菌やレジオネラ感染症において尿中の抗原を検出できる尿中抗原検査や, インフルエンザ感染症において鼻咽頭ぬぐい液から抗原を検出できるインフルエンザ抗原検査などが市販されており, 臨床現場で頻用されている.

d **イムノブロッティング** [immunoblotting] 《同》免疫ブロット法, ウエスタンブロッティング(Western blotting). 特定の抗原分子を含む試料を, ナイロンやニトロセルロースなどの薄膜上に付着させて固相化し, 同膜上で特異抗体を反応させて対応抗原を検出する免疫化学的手法. 薄膜にDNA断片を固定し特定のDNA配列を同定する方法を, 開発者の名をとって*サザン法(サザンブロッティング)と呼び, 同じく, RNAを固定し特定のmRNA種を同定する方法を*ノーザン法(ノーザンブロッティング)と呼ぶのにちなんで, ウエスタンブロッティングとも呼ばれる. 具体的には, 細胞・組織抽出試料などを, ゲル電気泳動により展開したのち, そのゲルからニトロセルロースなどの薄膜上へと電気的に転写する. ついで同膜上で, アイソトープや酵素などで標識した抗体を反応させ, 洗浄後, オートラジオグラフィーや発色性酵素基質の添加によって, 抗体と特異的に結合した抗原のバンドを同定する. 免疫*沈降反応などにくらべ, 多くの検体を同時に扱えるなどの利点があり, 広く用いられている.

e **異名** [synonym] 《同》シノニム, 同物異名. 同一の*タクソンに与えられた, 複数の異なる学名. 以下のように分けられる. (1)古参異名(先行異名 senior synonym):異名のうち最も早く公表されたもの. (2)新参異名(後行異名 junior synonym):古参異名より遅く公表されたもの. (3)客観異名(objective synonym):複数の異名が同一の*担名タイプに基づく場合, それら異名のそれぞれ. (4)主観異名(subjective synonym):担名タイプを異にする複数のタクソンが一つに統合された結果生じた, 複数の異名のそれぞれ. 異名を整理列記したものを異名リスト(異名一覧 synonymy)という. 異名の中から唯一の学名, すなわち国際動物命名規約では*有効名, 国際藻類・菌類・植物命名規約と国際細菌命名規約では正名(correct name)を選定することによって, タクソンと学名の一対一対応が保証される. 選定の原則は, *先取権の原理である. (⇌同名)

f **芋, 薯, 藷** 地下の植物体の一部分が*肥大成長を行って養分を貯蔵するための器官. 次年の成長の基盤になる. 形態学的には, (1)*塊根, (2)*塊茎, (3)*球茎, (4)茎の片側だけが偏側成長したもの(例:ヤマノイモ), などを含む. ドイツ語のKnolleは上の(1)～(3)のほかに主根, あるいはさらに胚軸も含んで肥大した貯蔵根または胚軸芋(例:ダイコン, サトウダイコン)を含んでいるが, 英語のtuberは(2)だけを指していて食い違いがある. なお園芸でいう球根は(1)～(4)と鱗茎とを含む概念である.

g **胃盲嚢** [gastric caecum] 胃から膨出する盲嚢の総称. [1]刺胞動物の剛クラゲ類では傘の中央の胃腔から傘縁に向かう8個の盲嚢を胃嚢(gastral pocket)と呼ぶ. 鉢クラゲの胃は隔壁により中央胃腔と盲嚢状の放射胃に分かれる. [2]ヒル類の前胃には左右に対をなす一定数(チスイビルでは11対)の盲嚢があり, 吸血した血液その他の食物を貯え消化する. [3]二枚貝類のフナクイムシの胃には背盲嚢(dorsal caecum)と側盲嚢(lateral caecum)が各1個あるほかに, 胃の後端から後方に出る胃とほとんど同大の胃盲嚢があって, 第二胃(second stomach)とも呼ばれる. その腹縁から出る盲管が内腔に突出し, その背縁は左右に分かれ, 下方にらせん状に巻く. 内腔にはフナクイムシが生息する木材のけずり屑が充満し, セルラーゼにより加水分解が行われる. [4]節足動物では, 多くの昆虫類の胃すなわち中腸の主に前端に存在する盲嚢をいい, その数は種によって異なる. 甲殻類では中腸前端に1対の背盲嚢があるが, クモ類では中腸全体に多数の分枝した盲嚢がある. 盲嚢の上皮の細胞は中腸上皮とよく似ており, 中腸腺(肝膵臓)とは異なり, 吸収上皮の性質をもつ. [5]ヒトデ類の胃には発達した幽門盲嚢がある.

h **異目間移植** [xenoplastic transplantation, xenograft] 異なった目の間での組織移植. これに準じて, 異なった属, 種の間での組織移植をそれぞれ異属間移植, 異種間移植(heteroplastic transplantation, heterograft)という. この種の移植は目を異にする移植体と宿主との相互関係を研究する目的で行われるほかに, 異目間では細胞の形態学的差異(例えば無尾目と有尾目では核の大きさの違い)が著しく, 移植体の識別が容易であるため, 特に移植された細胞を厳密に区別する必要がある際に行われる. また, 異目間移植により引き起こされる*誘導を異目間誘導(xenoplastic induction)という. 例えばニワトリ羽毛真皮とアヒル羽毛表皮を組み合わせて組織培養したときに生じる羽毛は, 形態的にはニワトリ型であるが小羽枝のとげはアヒル型であるなど, 目が異なることで大きく異なる形態をもつことを利用し, 誘導現象の解析などに用いられる.

i **異目間誘導** [xenoplastic induction] ⇌異目間移植

a **いもち病** [blast] 糸状菌の一種で，*不完全菌類の Pyricularia に属する菌の寄生により起こる植物の病気．イネいもち病，トウモロコシいもち病，シコクビエいもち病などが知られる．イネいもち病はイネの最も重要な病気で，夏季の低温・多雨などの異常気象の際に大発生する．イネの生育の全期間に発生し，発病の部位により，苗いもち，葉いもち，節いもち，穂首いもち，穂いもちなどと呼ばれる．イネいもち病の病原菌は P. grisea (Cooke) Sacc. で，自然条件下では*分生子だけを形成し，長い間完全世代が不明であったが，人工培地上で本菌の完全世代が発見され，学名は Magnaporthe grisea (Hebert) Barr とされている．

b **イモ類** [root and tuber crops] 地下部の肥大した栄養器官に澱粉を主体とする炭水化物を蓄積する作物．ジャガイモ(バレイショ)，サツマイモ，キャッサバ，タロイモ，ヤムイモなどが含まれる．サトイモはタロイモの一種，自然薯，ナガイモはヤムイモの一種である．イモ類の貯蔵器官は形態学的には多様であり，塊根(サツマイモ，キャッサバ)，塊茎(ジャガイモ，タロイモ)，球茎(コンニャク)に分けられる．ヤムイモのイモは担根体と呼ばれることがあるが，イワヒバ類・ミズニラ類の担根体とは異なる．水分が多いため*穀類，*マメ類に比べて貯蔵性は乏しい．食用のほか，澱粉原料(ジャガイモ，サツマイモ，キャッサバ)，焼酎原料(サツマイモ)などに利用される．イモ類では，生育の比較的早い時期に地下部の肥大が始まり長期間にわたって肥大が続くため，高い生産性を示す．

c **囲蛹殻** [puparium] 双翅目環縫類(ハエ類)とネジレバネ目において，蛹化の際に最終齢幼虫の皮膚が脱ぎすてられることがなく，蛹の体表に密着してこれをおおったままタンニング硬化してできる一種の殻．これをもつ蛹を囲蛹 (coarctate pupa) と呼ぶ．囲蛹殻の形成は蛹化に伴う変化で，*バーソンではなくエクジステロイドにより引き起こされる．羽化が近づくと，蛹の皮膚は囲蛹殻から離れ，さらにその内部に成虫の皮膚が形成される．羽化の際には囲蛹殻の前端がまるく切れ(環縫類の名もこれにちなむ)，そこから成虫が出てくる．

d **医用工学** [medical engineering] ME と略記．《同》医工学，生体医工学．医療・保健に役立つ工学技術全般から，広く医学の問題を対象とした工学のこと．義歯・*人工臓器の製作を含む人体の一部の補修を対象とする補綴工学 (prosthetic engineering) や人間工学も含まれるが，治療・診断，医用計測やそのデータ処理，診療情報システムなどでは，医用電子工学 (medical electronics)，医用情報工学 (medical informatics engineering) が大きな部分を占める．低侵襲医療や医療用ロボットの開発，インターネットの普及などから，医用工学は機械・電気・化学・材料などのあらゆる工学の学問領域を包含する大きな分野としてその裾野を広げている．X線CTやMRIなど，電磁界や電磁波を診断に応用する医療機器に加え，ハイパーサーミアなど，電磁界や電磁波のエネルギーを治療に応用する機器も開発されており，これらの治療・診断機器を電磁気学的に解析し，その結果を応用することを目的とした学問領域を医用電磁工学，あるいは生体電磁工学 (biomedical electromagnetics) と呼ぶ．生体の構造や運動を力学的に探究したり，心臓や血管内の血流を流体力学的に研究する分野は*バイオメカニクスと呼ばれる．その結果は人工臓器の開発などに

も応用され，培養細胞から人工臓器を作ろうとする*ティッシュエンジニアリング，*再生医療工学などにつながる．工学の技術や考え方を生体の構造や機能の解明に適用し，医学・医療の発展に寄与するとともに，工学にフィードバックすることを目的とした学問分野は*生体工学と呼ばれ医用工学とは区別することが通例だが，広く同義としても扱われる．

e **医用マイクロマシン** [medical micro-machine] 《同》医用マイクロデバイス (medical micro-device)．医療に使用される μm から mm ($10^{-6} \sim 10^{-3}$ m) の寸法の微小機械．nm (10^{-9} m) から μm の加工分解能を有する半導体リソグラフィー・精密印刷技術から，光造形技術・電気鋳造などの微細加工技術を駆使して作製される機械構造物で，マイクロセンサー，マイクロアクチュエーター，情報処理用電子回路などが集積化されている．カテーテル先端に設置される小型半導体観血式血圧センサーやマイクロイオンセンサー，微細流路の中で生体液の分離分析を行うことで臨床化学分析の高速化と高感度化を実現する集積化化学分析システム μ-TAS (μ total analysis system)，内視鏡先端部に集積される光スキャナーや分光システム，カテーテルの能動的な動作を可能とする μ アクチュエーションシステムなどが例として挙げられる．

f **囲卵腔** [perivitelline space] 動物卵の表面と卵を直接とりかこむ*卵黄膜や*受精膜との間にある隙間．それを満たしている液を囲卵液 (perivitelline fluid, 囲卵腔液) という．キイロショウジョウバエでは囲卵腔は*母性効果遺伝子のシグナル伝達の場でもあり，囲卵腔を介した卵母細胞と*濾胞細胞間のシグナル伝達が*背腹軸形成に関わっている．

g **医理学** [iatrophysics] ⇒医化学【2】

h **入皮** (いりかわ) [bark pocket] 樹木の内部に入りこんだ樹皮のこと．樹木が外傷を受けその修復過程で生じる入皮，複数の幹や枝が合体する過程で生じる入皮，枯枝が巻き込まれる過程で生じる入皮，樹木の幹の凹凸部分が樹木成長に伴って接合する過程で生じる入皮の，主に四つの形成過程がある．形成過程にあって，やがて入皮になる樹皮は未成入皮 (bark pocket precursor) と呼ばれる．樹木の外側を覆う大気汚染物質を蓄積してい

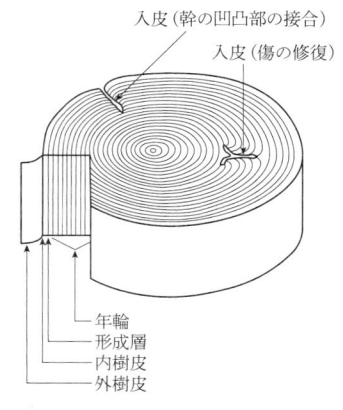

入皮(幹の凹凸部の接合)
入皮(傷の修復)
年輪
形成層
内樹皮
外樹皮

樹木を包む樹皮(外樹皮，内樹皮)と年輪に挟まれた入皮

た樹皮が年輪に挟まれて樹木に内蔵されると，汚染物質がよく保存され，しかも年輪の数が入皮の形成年代を示すため，環境汚染史解明に役立つ．

a **イリドウイルス** [*Iridoviridae*] 二本鎖DNAゲノムと*エンベロープをもつ大形動物ウイルスの一科．脊椎動物と昆虫などの無脊椎動物を宿主とするものがあり，前者の場合その宿主はカエルや魚類など，生涯水中生活を経験する動物である．初期のウイルスDNA複製は核内で起こるが，その後細胞質内で進行する．最終的な粒子の組立ても細胞質内で起こる．

b **医療情報学** [medical informatics] 医療の質の向上と効率化を目的として医療保健分野における患者診療情報や医学知識などの情報を取り扱う学問分野．医療情報学は，ゲノム情報に代表される分子レベル・細胞レベルの情報，医用画像情報に代表される臓器組織レベルの情報，患者の診断治療記録・検査データなどの臨床情報，疾患の罹患率などの公衆衛生情報，などの性質の異なる情報を取り扱う．またこのような医療情報は患者固有の情報と医学知識情報に分けられる．患者固有情報の例として病院内での患者管理履歴，病歴，検査結果，医事会計に代表される診療情報などが挙げられる．またこのような診療情報を複数の病院間で集積共有する地域健康管理システムも医療情報の質や量を高めるために構築されている．さらには，国際的な医療情報流通のための標準規約も制定される．医学知識情報としては薬剤情報，医学文献情報などがある．患者固有情報と医学知識情報を結合させて提供することにより医師・看護師の診療上の意思決定を支援するシステムも存在する．大量の患者固有情報を統計学や知識情報処理などの手法を活用して解析することにより新たな医学知識を得ようとする研究も進められている．

c **いれこ説** [emboitement theory, theory of encasement] 動物の卵巣の中に，次の世代の個体だけでなく，さらにそれ以後のすべての世代の子孫が順次「いれこ」となって含まれるという考え．前成論者による古くからの考え方で，A. von Haller や C. Bonnet らが明確な形で主張．(⇌卵子論者)

d **色感覚** [color sense] 《同》色覚．光の波長の違いにより区別される感覚．色は色相・明度・彩度（または飽和度）の三つの属性で表される．色相は，青・赤といった色の種類（波長分布の違い），明度は明暗の強さを，彩度は赤・ピンク・白という色のあざやかさの違いを表す．これらの色の三属性は，互いに独立な色の性質である．ヒトの可視域（visible range）は波長約400 nmから約760 nmまでで，その範囲内で約165の単色光の色調を区別できるといわれる．[1] 脊椎動物では色感覚は昼間視だけに認められ，*錐体が関与する（⇌二元説）．霊長類においては，色光感度は網膜の部位により差がある．ヒトでは，錐体の密度は網膜黄斑部の中心窩（fovea）あるいはさらにその中心部分（中心小窩 foveola）で最大となる．そのため昼間視の能力は周辺部よりも黄斑部で高い（⇌色視野）．しかし，中心小窩の中心付近 0.4°では青錐体がほとんど存在しないため，青色盲であり，必ずしも視野の中心が色弁別能が高いわけではない．色感覚機構に関しては古くから心理物理学的に調べられ，ヤング–ヘルムホルツの*三原色説と K. E. K. Hering の反対色説，およびこれらの対立した説の欠点を補う多くの改訂説がある．錐体のレベルでは，顕微測光法と微小電極法により三原色説的過程が働いていることが立証され，またヒトでは波長感度の異なる3種類の錐体視物質の一次構造が決定されている．一方，水平細胞や双極細胞，視神経節細胞および大脳皮質視覚野の細胞では反対色説的過程が存在することが確認されている．脊椎動物で色弁別能の存在が確認されているものは，霊長類，鳥類，トカゲ，カメ，硬骨魚類である．[2] 無脊椎動物では，昆虫類，甲殻類，頭足類の3群で色感覚の発達が知られている．ミツバチでは K. von Frisch (1914) 以来の研究があり，650～530 nm，510～480 nm，470～400 nm，400～300 nm の4色調を区別することが明らかにされた．一般に昆虫の可視域はヒトより短波長側にずれ，赤色に不感受性である代わりに紫外線を感受する．夜間活動性の昆虫には，ナナフシや *Troilus* のように色感覚能力を欠くとされるものもある．甲殻類のうち，ミジンコは二色系の色感覚をもち，青緑・青・菫および紫外線に対しては負の光走性を，赤・橙・黄および緑に対しては正の光走性を示す．また，ザリガニやある種のエビの複眼からは吸収極大の異なる2種類の視物質が抽出されている．ワレカラ（端脚類）などのように，有色背地への体色応答から色感覚が証明される場合もある．

e **色感受性ニューロン** [color-sensitive neuron] 視覚刺激の色の変化によって活動を変える神経細胞の総称．網膜*錐体細胞は，光の波長に対して反応を変化させるので，色感受性ニューロンの一つといえる．しかし，その反応は光の強度にも依存するため，単一の錐体細胞の活動から，色についての情報（色相，明るさ，飽和度）を得ることはできない．視覚情報処理が進むと，異なる波長範囲に反応する錐体細胞の出力を比較する色対立型ニューロン（color-opponent neuron）が現れ，その活動により色情報は伝えられる．色覚をもつ脊椎動物やハチに存在する．霊長類視覚系では，色対立型と青–黄対立型の2タイプがあり，前者は長波長錐体と中波長錐体の出力の差を伝え，後者は長波長錐体と中波長錐体の出力の和と短波長錐体の出力の間の差を伝える．外側膝状体や*一次視覚野では，色はこれら二つの情報と明るさの情報の3軸の情報として表現されている．高次視覚連合野においては，色対立型ニューロンからの入力を組み合わせて，知覚的な色カテゴリーに対応した反応（例えばピンク色にだけ反応する活動）をもつニューロンが存在する．

f **岩田久二雄**（いわた くにお）1906～1994 動物行動学者，生態学者，昆虫学者．京都大学農学部卒業，神戸大学教授．もっぱら，狩り蜂の行動の研究を行った．日本のファーブルの異称をもつ．［主著］蜂の生活，1940.

g **イワヒバ類** [Selaginellales] 緑色植物維管束植物のうち，*リコプシダの一群．*小葉をもち，それに*小舌がある．担根体があり，異形胞子をもつ．精子は尾型の鞭毛2本をそなえる．

h ***E1A* 遺伝子** [*E1A* gene] アデノウイルスゲノムのE1領域に属する初期遺伝子の一つ．ウイルスに感染した細胞のトランスフォーメーションに主要な役割を果たす．産物のE1A蛋白質は，ウイルス遺伝子の発現とゲノムDNA複製の調節因子で，ゲノムに隣接して位置する *E1B* 遺伝子の産物蛋白質によりその機能が制御される．細胞の転写調節因子，細胞周期制御蛋白質，がん抑制遺伝子産物などとの相互作用が示唆されている．*E1B* 遺伝子は同様にトランスフォーメーションに関与

し，E1B 蛋白質は E1A 蛋白質による細胞がん化を制御し，がん抑制遺伝子産物とも複合体を形成することが知られている．

a **E1B 遺伝子** [*E1B gene*] アデノウイルスの感染初期に発現する遺伝子の一つ．E1B は early region 1B (初期遺伝子領域 1B) の略．*E1A 遺伝子と協力して齧歯動物由来細胞株を形質転換する．E1B 遺伝子からは 22S と 13S の二つの mRNA が作られ，それぞれアミノ酸 495 残基 (55 kDa) および 175 残基 (19 kDa) の蛋白質が合成される．55 kDa は p53 がん抑制遺伝子産物を，19 kDa は Bnip3 などのアポトーシス誘導蛋白質を標的とする．19 kDa はトランスフォーメーションに必須の蛋白質である．E1B 遺伝子を人工的に欠いたアデノウイルスに強い抗腫瘍効果があることが示されている．

b ***in vitro*** (インヴィトロ)「ガラス容器 (vitrum) の中で」という意味のラテン語．生物学用語としては，種々の研究目的のために生体の一部分が「生体外に」摘出・遊離され実験容器中に置かれた状態を指す．近年，実験容器はガラスからプラスチックに多くが移行したが，慣用としてこの語が用いられている．これに対し，「生体内に」自然のまま置かれた状態は，「生体 (vivum) の中で」という意味の *in vivo* (インヴィヴォ) という．例えば，リンガー溶液中でカエルの摘出心臓の拍動を観察するのは *in vitro* の実験であり，摘出した組織や細胞を培養するのは *in vitro* の培養 (生体外培養 *in vitro* culture, 体外培養 culture *in vitro*) である．しかし，実験容器内の実験でも，生細胞を用い細胞内での事象を観察する場合は *in vivo*，対して細胞破砕液や酵素などを用いた場合や細胞内小器官を細胞外に取り出して観察実験する場合に *in vitro* の語を使う場合もある．(⇒*in situ*)

c **陰影反応** [shadow reaction, skioptic reaction] 多くの動物が光度の急激な減少に際して示す運動反応．運動の停止・退行を含む速度や方向の変化，体の収縮などの形をとり，大きな敵の接近から逃避する意味をもつと解され，管棲多毛類が管中へ身を引いたり，二枚貝類が貝殻を閉じる反応はその例とされる．明所に集まるヒドラの陰影反応は，光に対する低性の*クリノキネシスとみなされる．(⇒照射反応)

d **陰核** [clitoris] 《同》クリトリス，陰挺．哺乳類雌の*膣前庭前端中央にある小突起．発生学的には雄の*陰茎に相当して*生殖結節に由来．構造的には陰茎の背側部に類似して，陰核*海綿体からなり，包皮 (praeputium, prepuce, foreskin) に包まれる陰核亀頭 (glans clitoris) がある．

e **インカ骨** [ラ os incae] 《同》二分後頭骨 (bipartite occipital bone)．頭蓋の縫合に沿って現れる，いわゆる縫合骨 (sutural bones, ウォーム骨 Wormian bones) のうち，後頭骨にみられる特殊な形態的変異 (⇒形態小変異)．ペルーのインカ遺跡から発見される人骨に多いことからこの名がついた．ヒトの後頭骨は中央を横断する横後頭縫合 (sutura occipitalis transversa) によって上下に分割されることがあり，この縫合と人字縫合により囲まれる三角骨が独立して現れることが多い．まれに縦走する 1～3 本の小縫合によってさらに二～四分割されることもあり，形状により幾つかの型のインカ骨が区別される．このように後頭骨の中にインカ骨が独立し，さらに細分されるのは，発生上，独立の骨化点 (*骨化中心) が現れるためとされる．インカ骨の出現頻度は現代ヨーロッパ人で 1％，日本人で 2～3％，古代ペルー人で 5％ほど．また，インカ骨が発する後頭骨鱗状部には，他の哺乳類では間頭頂骨 (interparietal bone) が見られるため，ある型のインカ骨を間頭頂骨と見なすこともかつてはあったが，その妥当性は疑わしい．真の間頭頂骨は，哺乳類特異的な頭蓋冠の皮骨要素として広範に見られる一方，その進化的起原，他の動物群における相同物は不明．マウスを用いた遺伝学的手法により，もっぱら中胚葉に由来する頭蓋冠後方において，この間頭頂骨だけが特異的に*神経堤に由来することが示されている．

f **隠花植物，陰花植物** [cryptogamous plants, cryptogams ラ Cryptogamae, Cryptogamia] 植物を花の有無で二大別した場合に，花をもたない植物の総称．*顕花植物と対する．シダ植物以外は維管束のない簡単な体制をもつことに基づいて一括される．

g **因果性** [causality] 《同》因果関係，原因性．原因と結果との規則的なつながり．物理学においては因果性は原因と結果の必要十分条件としてとらえられるが，生物学においては原因が結果の必要かつ十分条件であるという関係はまれで，生物学における特有の因果性に関する議論がなされる．また，因果性の問題は生物学上に普遍的法則が存在するかどうかという問題とも関連する．また，原因と結果は時間的な前後関係があることから，時系列との関係で分析されたり，史的因果性などの問題がある．

h **インキュベーター** [incubator] 《同》孵卵器，定温器，恒温器．生物やその一部 (組織や細胞など) を一定の温度の下で飼育または培養するための箱型または戸棚型の器具．外壁と内壁の間の水を温めて保つウォータージャケット方式と庫内を直接ヒーターで暖めるエアジャケット方式がある．飼育や培養の目的に応じて，転卵用のドラムや旋回培養用の振盪器，細胞培養用の CO_2 濃度制御装置などをそなえているものもある．

i **陰具片** [gonapophysis] 広く昆虫の尾端の生殖肢 (gonopod) 基部にみられる 3 対の突起．直翅類 (バッタ類) を代表として，雌では第一は第八腹節腹板のすぐ上に位置する基板 (valvifer) から下後方に，第二，第三は第九腹節背板直下の基板からそれぞれ下後方，後方に伸びる．これら 3 対の突起 (valvula という) が相寄って (第一，第二は腹方から，第三は背方から) *産卵管を形成する．腹方のものは可動であって卵を送り出すのに役立つ．

j **陰茎** [penis] 動物の雄体から雌体に挿入され，精液を輸送するのに用いられる雄性外部生殖器官．[1] 無脊椎動物では，一般に筋肉質で伸張する突起物を指す．また交尾針 (spiculum)，交接突起 (cirrus, 独 Rute)，昆虫類の*挿入器も広義の陰茎に属する．扁形動物・線形動物・腹足類・貧毛類 (ミミズ) のほか，特に陸生動物・寄生動物の多くにこれをそなえるものが多い．[2] 脊椎動物では，哺乳類において一般的．内部は主に勃起組織としての*海綿体からなり，陰茎の先端部を亀頭 (陰茎亀頭 glans) といい，その基部をかこむ皮膚の襞としての包皮により一部または全部を覆われる．また後面正中線にそって尿道が走り，亀頭先端に開く．哺乳類の陰茎は発生的には雌の*陰核と小陰唇に相当し，*生殖結節と生殖褶に由来．鳥類や爬虫類にも陰茎をもつものがあり，これは多くは総排出泄壁より生じる 1 個または左右で対をなす突起で，しばしば精液を輸送するための溝をそ

a **陰茎骨** [penis bone ラ os priapi] ほとんどの哺乳類において，陰茎の先端にある棒状の軟骨性骨．霊長類のなかでヒトだけにないことはヒトの一特質とされる．スローロリスの一種 *Nycticebus borneanus* で長さ 16 mm (体重 0.7 kg)，*Macaca* の一種で 11 mm (7.2 kg)，ゴリラで 12 mm (142 kg) と，進化のうえで体重に比べての小化が顕著．

b **インゲンホウス** INGENHOUSZ, Jan 1730～1799 オランダの医師，植物生理学者．女帝 Maria Theresia の侍医．ヨーロッパの主要諸都市において医業と科学研究にいそしむ．緑色植物による「空気の浄化」に興味をもち，植物の炭素同化および呼吸を発見．また藻類の遊走子の発見者．[主著] Respiration of plants, 1786.

c **咽喉** 【1】＝喉（のど）
【2】[gula] 《同》のど，咽部．昆虫の頭部腹面の最後部．くびの腹面に当たる部分が硬化したもので，前方は顎節に連なる．

d **飲作用** [pinocytosis] 《同》ピノサイトーシス．生細胞が溶液状態の物質を，透過性によらずに外界から膜小胞によりとりこむ現象．ある種の細胞（例えばアメーバ）を蛋白質溶液または稀塩類溶液に入れると，移動運動を停止し，細胞の表面から多数の*仮足が形成される．ついでそれらの仮足の先端から，細い溝が細胞の内部に向かって形成され，溝の端がくびれ切られて，小胞（ピノソーム pinosome，飲作用胞ともいう）が作られる．この小胞は通常，*リソソームと合体して，内容物は消化された後，細胞質内にとりこまれる．飲作用は，*食作用と本質的に同一の機構による細胞の物質摂取の方法である（⇨エンドサイトーシス）．アメーバや動物培養細胞などの遊離細胞に顕著であるが，広く動植物の組織細胞で見られる．例えば，毛細管壁を構成する上皮細胞には，細胞の内腔側と基部側の細胞膜に接する部分と内部の細胞質中に直径約 60 nm の小胞が見出される．このことから，細胞の片側で飲作用によってできた小胞が他側の細胞膜と融合する（⇨エキソサイトーシス）ことによって，毛細管壁を通って血液と組織液の間に物質の輸送が行われていると考えられる．このような電子顕微鏡レベルでの飲作用を特に微飲作用（micropinocytosis）という．

e **インジゴ** [indigo] 《同》インディゴ，インジゴブルー，Δ2,2′(3H,3′H)-ビ[1H-インドール]-3,3′-ジオン (2,2′-Bis(2,3-dihydro-3-oxoindolyliden))，インジゴチン (indigotin)．$C_{16}H_{10}N_2O_2$ 暗青色の染料で最も古くから使われている天然色素．植物中に含まれるインドキシルの配糖体が加水分解を受け，酸化的に二量化したもの．マメ科のタイワンコマツナギ (*Indigofera tinctoria*)，アブラナ科のハマタイセイ (*Isatis tinctoria*) あるいはタデ科のアイ (*Polygonum tinctorum*) などから抽出する．現在は工業的にアニリンから合成もされる．インジゴは耐光性が高く，酸や塩基に対しても強い．動植物繊維いずれの染色にも向いた天然色素である．

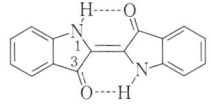

f ***in situ*** （インシトゥ）「インサイチュ」とも．「その位置(situs)において」という意味のラテン語で，生体の部分がその「原位置に」置かれたままである状態をいう．体外培養や他個体に移植された状態から区別する点で，*in vivo*（インヴィヴォ）よりさらに限定された意味をもつ．例えば組織内で特定の mRNA を発現している細胞や，染色体上の遺伝子の位置などを「原位置で」観察する手法に，*in situ* ハイブリダイゼーション法といった用語が使われている．（⇨*in vitro*）

g ***in situ* ハイブリダイゼーション**（インシトゥハイブリダイゼーション）[*in situ* hybridization] 「インサイチュハイブリダイゼーション」とも．スライドガラス上に展開した染色体標本あるいは細胞や組織標本に，標識したプローブを加えて特定の配列をもった核酸を検出する方法（⇨ハイブリダイゼーション）．スライドグラス上の染色体を熱処理あるいはアルカリ処理して DNA を変性させた後プローブを加える．プローブは光学顕微的な染色体の形態を維持したまま変性した DNA 中の相補鎖と結合しシグナルを発するので，染色体のどの位置にプローブと相補的な配列が存在するかがわかる．細胞あるいは組織内の RNA を検出する場合には試料をアルカリ変性させない．DNA の変性が起こらないのでプローブは RNA と雑種を形成する．試料中の核酸を抽出することなく雑種形成を行わせるので，目的の DNA あるいは RNA の局在を知ることができる．

h **因子分析** [factor analysis] 心理学の分野で発達した多変量解析の一手法．C. Spearman (1904) が創始．ある現象はそれに関与している変数の数より少ない潜在的な因子(factor)によって支配されていると考え，外的基準なしに観測データだけからその因子をさぐろうとする方法．広義には*主成分分析や*クラスター分析を含むこともある．相関行列を分解して，線形関数を導く点で，因子分析は主成分分析とよく似ているが，一種の誤差項といえる特殊因子を想定し，そのため相関行列の対角要素は 1.0 より小さくなる．その推定をめぐり数学的に問題が多く，主成分分析を用いる方が無難であるという見解がある．生態学，人体生理学，数量分類学，育種学の分野で用いられている．

i **陰樹** [shade tree] *陰生植物である樹種．幼時は強光の害をうけやすく，裸地には生育できないが，ある程度成長した後は，明るいほど成長が良いのが一般的．これに対し，*陽生植物である樹種を陽樹(sun tree)と呼ぶ．最少受光量および*補償点は陽樹に比べて小さく，光飽和点における光合成量は小さい．陽樹の林に陰樹が侵入すると，後者の幼植物ばかりが育ち，やがて後者の林となる．その意味で*遷移の*極相を作るのは陰樹の森林であり，原始林の*優占種もおおむね陰樹である．オオシラビソ，コメツガ，ブナ，スダジイなどが代表的．（⇨耐陰性）

実生が発育できる林床の明るさ（最少受光量に近い）
（群落外の光を100%とし，%で表す）

陽 樹		陰 樹	
アカマツ	28～37	ヒノキ	5～15
カラマツ	13～25	スギ	5～8
クリ	13～22	ツブラジイ	2.5～5
カンバの類	10～20	モミ	1.7～8
ヤマナラシの類*	11	ブナ*	1～2

*は最少受光量

a **インシュレーター** [insulator] *エンハンサーの作用範囲や遺伝子座を区分けする DNA 配列．複数のエンハンサーを有する遺伝子のエンハンサー間や，遺伝子の間などに存在する．インシュレーターに蛋白質(CTCFなど)が結合することにより時期・空間特異的にエンハンサーの作用を阻止したり，エンハンサー間の干渉を抑えたり，隣の遺伝子にエンハンサーが作用することを防ぐ．また，遺伝子領域の端に存在して遺伝子座がヘテロクロマチン化することを防ぎ，*クロマチン境界を形成する場合もある．遺伝子治療ベクターの両端に配置することにより，染色体挿入後のヘテロクロマチン化による不活性化を予防するといった応用も試みられている．

b **陰唇** [labium pudendi] ヒトその他の哺乳類の雌の，*膣前庭を両側より囲む 2 対の皮膚の襞．外側の大陰唇 (labium majus, labium majus pudendi)，内側の小陰唇 (labium minus, labium minus pudendi) がある．多くの場合大陰唇は形成されず，小陰唇だけがある．大陰唇は発生学的には雄の*陰嚢に相当して*生殖隆起に由来するもので左右が癒合することなく終わったもので，皮下脂肪に富み毛もある．小陰唇は発生学的に雄の*陰茎の包皮に相当し，生殖褶に由来し陰核の前後において左右のものが合して陰核包皮 (preputium clitoridis) を形成する．小陰唇は皮下脂肪や毛を欠く．

c **飲水中枢** [drinking center] 視床下部外側野の背側の領域で，飲水行動を促進する部位．飲水中枢の破壊で無飲，電気刺激で多飲が起こる．飲水は，血漿浸透圧と体液量によって調節されている．血漿浸透圧の上昇は，高濃度の塩分を摂取した時や，蒸発や発汗による脱水の際に起こり，前視床下部の*脳室周囲器官に存在する*浸透圧受容器によって検出され，飲水中枢に伝えられる．体液量は，血管内液量(循環血液量)に反映される．循環血液量の減少は，出血のほか，嘔吐や下痢によっても起こり，腎臓で感知される．腎臓からは*レニンが放出され，レニンは血中の*アンギオテンシンⅡの産生を促す．アンギオテンシンⅡは脳室周囲器官の終板脈管器官と脳弓下器官に作用し，その情報が飲水中枢に伝えられる．また，循環血液量の変化は，心房の*圧受容器でも検出され，延髄の神経核を介して飲水中枢に伝わる．

d **インスリン** [insulin] 《同》インシュリン．脊椎動物の膵臓ランゲルハンス島の B 細胞から分泌されるペプチドホルモン．F.G.Banting と C.H.Best が発見(1921)．その名は島 (insula) による．膵臓から酸性アルコールで抽出される．J.J.Abel が結晶状に分離した(1926)．結晶には亜鉛がわずかに含まれる．ヒトインスリンの単量体の分子量は約 5800．中性溶液中では会合しやすい．F.Sanger(1955) により蛋白質として最初にウシインスリンのアミノ酸配列順序が決められた．N 末端がグリシン，C 末端がアスパラギンの 21 個のアミノ酸残基を含む A 鎖と，N 末端がフェニルアラニン，C 末端がアラニンの 30 個のアミノ酸残基からなる B 鎖とが S-S 結合により 2 カ所で連結された構造をもち，A 鎖内には 1 個の鎖内 S-S 結合がある．動物種によって鎖中の特定個所の残基が異なり，魚類のものは哺乳類とかなり異なる．インスリンの構造は化学合成の成功により確かめられた．A，B 両鎖ともそれ自身は活性をもたないが，正しく S-S 結合で連結されると活性を示す．B 細胞の粗面小胞体でまずプレプロインスリンとして合成されるが，ただちに*シグナルペプチドが外されて安定な前駆体プロインスリン (proinsulin) に変換される．プロインスリンはアミノ酸残基 86 個(ヒトの場合．ウシでは 81 個)からなる一本鎖の蛋白質で，ゴルジ装置内でプロテアーゼの作用によりペプチド鎖の一部(C-ペプチド)が除かれてインスリン分子として完成し，血中に分泌される．プロインスリン自身のインスリン活性は極めて弱い．インスリンの分泌は血中のグルコース濃度に支配されている．血糖が上昇すると分泌量が増え，血糖が下がる．生理的には物質代謝の調節に重要な役割を果たす．組織でのグルコースの取込み・酸化やグリコゲン・脂肪への転換を促進し，血糖を低下させる．またアミノ酸の細胞への取込みを高め，蛋白質生合成を促進する．インスリンの作用は膜内にチロシンキナーゼ活性部位をもつ受容体との特異的結合を介して起こる(⇌インスリン受容体)．糖尿病の治療に用いられる．

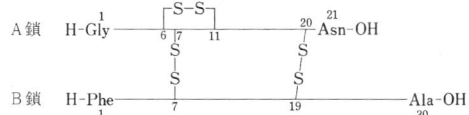

```
A鎖  H-Gly-¹----⁶-⁷--S-S--¹¹----²⁰-Asn-OH²¹
              |       |
              S       S
              |       |
              S       S
B鎖  H-Phe-¹----⁷--------¹⁹----Ala-OH³⁰
```

e **インスリンシグナル** [insulin signal] インスリンが標的細胞のインスリン受容体に作用することにより引き起こされる一連の細胞内シグナル伝達．インスリンは膵臓内ランゲルハンス島の B 細胞で合成されるペプチドホルモンで，血中のグルコース濃度(血糖値)の上昇などが刺激となり分泌され，糖代謝や脂肪代謝を調節するほか，標的細胞での蛋白質合成促進，細胞増殖，アポトーシス抑制などのさまざまな生理作用を発揮する．インスリン受容体は受容体型チロシンキナーゼであり，インスリンが結合すると細胞内チロシンキナーゼドメイン中のチロシン残基のリン酸化により活性化し，IRS-1～4 (insulin receptor substrate-1～4) や Shc などのインスリン受容体基質のチロシンリン酸化を引き起こす．これらのチロシンリン酸化残基への SH2 (src homology 2) ドメインを有する PI3K (phosphoinositide 3 kinase) の結合と活性化を介しセリン・トレオニンキナーゼ PDK1 (3-phosphoinositide dependent kinase 1) が活性化し，セリン・トレオニンキナーゼ*Akt (PKB) を活性化し，下流に位置するさまざまな Akt 基質をリン酸化，多彩な生物活性を発揮する．最も重要なインスリン作用である骨格筋細胞や脂肪細胞でのインスリン依存性グルコース取込みは，Akt の活性化を介しグルコース輸送担体 4 (glucose transporter 4, GLUT4) を細胞内から細胞膜へと移行させることにより発揮される．骨格筋ではグリコゲン合成酵素の活性化によるグリコゲン含量を増加させ，脂肪細胞ではホスホジエステラーゼ 3B (phosphodiesterase 3B, PDE3B) の活性化により脂肪分解を抑制する．肝臓では糖新生に関わる PEPCK (phosphoenolpyruvate carboxykinase) の遺伝子発現低下による糖新生抑制と，Akt によるグリコゲン合成酵素キナーゼ 3β (glycogen synthase kinase 3β, GSK3β) のリン酸化によるグリコゲン合成促進およびグリコゲン分解抑制が生じ，これら両者により糖産生が抑制される．また，PI3K/Akt 経路の活性化は p70 S6 kinase (70 kDa ribosomal protein S6 kinase, p70S6K) の活性化による蛋白質合成の促進や Shc 活性化を介した*MAP キナーゼ経路の活性化を介し，さまざまな細胞で細胞増殖作用を示

す．さらに PI3K/Akt 経路の活性化は，アポトーシス誘導因子 Bad (Bcl-2-antagonist of cell death) を不活性化し，結果としてアポトーシス抑制因子 Bcl-2 (B-cell lymphoma 2) が活性化され抗アポトーシス作用を発揮する．

a **インスリン受容体** [insulin receptor] インスリンと特異的に結合し細胞内に生理的変化をもたらす細胞膜上の受容体．体内の多様な細胞に存在する．インスリン結合部を含む α 鎖(719 残基)2 個と膜貫通部を含む β 鎖(620 残基)2 個がジスルフィド結合でつながれた四量体構造からなる．分子量約 30 万．インスリンが受容体に結合すると，β 鎖の細胞内ドメインにあるチロシンキナーゼ活性が上昇し，受容体チロシン残基のリン酸化が起こる．この自己リン酸化が他の蛋白質のリン酸化を引き起こす．

b **インスリン単位** [insulin unit] インスリンの効力(生理活性)を表す単位．(1) ウサギ単位：1923 年国際連盟保健機関により，24 時間絶食させた体重 2 kg のウサギに注射して，3 時間以内にその血糖値を引き起こしてレベルに低下させるインスリンの最低量を 1 インスリン単位とすると規定された．(2) 生理学的単位：(1) のウサギ単位においては，血糖値と痙攣の開始は必ずしも一致しないため，血糖値を 0.045% に低下させる量とされた．(3) 臨床単位：生理学的単位は臨床には大きすぎる値であったため，その 1/3 を臨床単位とした．(4) 国際単位：1925 年にはじめて国際単位として 8 単位/mg が規定された．その後精製技術の向上により，1986 年世界保健機関によってヒトインスリンは 26 単位/mg，ウシインスリンは 25.7 単位/mg，ブタインスリンは 26 単位/mg とされた．第十五改正日本薬局方ではウサギを用いた血糖値試験により，ヒトインスリン 1 mg には 26 単位以上のインスリンを含むとされる．

c **インスリン様成長因子** [insulin-like growth factor] IGF と略記．《同》ソマトメジン (somatomedin)，増殖刺激活性体 (multiplication-stimulating factor, MSF)，硫酸化因子．インスリンと構造の似た分子量約 7500 のポリペプチドからなる成長因子の一群．1978 年，血清内に存在しインスリン様作用をもつがインスリン抗体で抑制されない物質 (non-supressible insulin-like activity, NSILA) の，二つの物質が構造決定されIGF-I，IGF-II と命名された．両者とも A～B の 4 種類のポリペプチド鎖からなり，A，B 鎖はインスリンの構造と 45% の共通性をもつ．軟骨細胞の増殖や蛋白質生合成における成長ホルモンの作用を仲介するほか，インスリンと類似の生理作用を示す．血漿内に高濃度で存在するがそのほとんどは結合蛋白質と結合し，不活性化されている．IGF，結合蛋白質ともにその多くは肝臓で合成され，IGF の合成・分泌は成長ホルモンにより促進される．血漿内だけでなく，腎臓・膵臓・心臓・下垂体・骨格筋など多くの組織に分布する．歴史的には IGF，ソマトメジン，増殖刺激活性体は独立して発見されたが，今日では IGF-I はソマトメジン C と，IGF-II は増殖刺激活性体と同一物質であることがわかっている．

d **陰生植物** [shade plant] *耐陰性が強く，陰地に生育できる植物．*陽生植物と対置される．特に強光条件下では正常な生育が阻害され，もっぱら陰地を生息地とし，直射光下では生育不良な典型的なものを特にスキオファイト (skiophyte) と呼ぶ．これに対し，幼時には陰生植物の性質が強いが，成長後は，陽地ではよりいっそう旺盛な成育を示す条件陰生植物 (facultative shade plant) があり，木本の陰生植物すなわち*陰樹はこの例．日本で極相を形成するシイ・カシ類，ブナ，シラビソ，コメツガなどはこれに属する．(→耐陰性)

e **陰性波** [wave of negativity] 《同》拒絶波，拒否波．多くの動物卵の*受精において厳格に守られている*多精拒否の機構を説明するため，E. E. Just (1919) が提出した受精に際して起こる卵表面の仮定的な変化．古くから受精膜が余分な精子の侵入を防ぐという考えが唱えられていたが，Just は，受精膜が形成されるのには第一の精子が卵に接触してからかなり時間を要するので，第二の精子を拒否するためには他のもっと速い表層変化がなければならないと考え，陰性波と呼ぶべき変化が第一の精子接触点から卵表面全体に速やかに伝播して，第二の精子の侵入を防ぐのであろうと述べた．ウニでは，精子が結合した卵細胞膜に膜電位変化が生じ，これが多精拒否に働くという証拠を L. A. Jaffe (1976) が得ている．また，ヒトデ，ユムシ，ヒモムシ，カエルなどの動物でも，同様の電気的な多精拒否の機構があることが示されている．(→受精波)

f **インセスト回避** [incest avoidance] 血縁の近い個体との交配，すなわちインセスト (incest) を避けること．インセストによる悪影響は，短期的には悪性の劣性遺伝子がホモになって現れること，長期的には集団の遺伝的多様性が少なくなることが考えられる．霊長類をはじめ，哺乳類，鳥類の多くにはインセスト回避が存在することが知られる．その機構には子供が出自集団を離れるなどの社会的回避 (social avoidance) と，同じ集団に留まっている血縁者同士が交配を避ける心理的回避 (psychological avoidance) がある．心理的回避においては，純粋に生得的な機構が存在するのか，回避する相手に対する何らかの社会的認知が介在するのかについて，研究が進んでいる．種によってまた性によってインセスト回避の程度は異なる．人類において，社会的に制度化されている場合はインセストタブー (incest taboo) と呼ばれるが，そのメカニズムに他の霊長類と共通点の多いことが示されている．

g **インターカレーション** [intercalation] [1] 二本鎖 DNA と結合するある種の化合物が，DNA らせん構造が形成する重なりあった塩基対間に挿入された状態をいう．芳香環などを有する DNA 結合試薬が示す性質であり，代表的なものとして，*アクリジン色素，臭化エチジウム，アクチノマイシン D，クロロキンなどがあり，これらを挿入剤 (intercalating reagent) と総称する．これらの挿入剤が DNA 塩基対間に挿入されるとDNA 構造が変化してさまざまな現象を引き起こす．例えば，アクリジン色素は DNA 複製過程に影響を与え，強力な*フレームシフト突然変異誘起剤として作用する．アクチノマイシン D は抗菌性や抗がん作用をもち，作用機構としては RNA 合成阻害などが知られている．臭化エチジウムは DNA に挿入されると蛍光を放射するので，ゲル電気泳動時に DNA を検出するための染色試薬として用いられる．*環状 DNA などに挿入剤が作用すると DNA の超らせん構造に変化を与えるので，臭化エチジウムやクロロキンなどは DNA 超らせん構造の解析にも利用される．これらの試薬を利用して，異なったらせん密度をもった DNA 分子種をゲル電気泳動によって

分離・検出したり，人為的にらせんの巻数を変化させたりすることができる．[2] 発生において，胚の組織，細胞群の位置価が再編成され，欠失した位置価のギャップを補填するように新たな組織や発生コンパートメントが挿入されるように見える現象．したがって，位置価の大きく異なる細胞群を隣り合わせたのちの発生は，しばしば形態パターンの逆転した組織の付加による伸長や，構造の増加を伴う．このような現象は，プラナリアや，昆虫の幼虫における歩脚の移植実験についてよく知られる．

a **インターフェロン** [interferon] IFN と略記．ウイルス干渉をもつ*サイトカイン．伝染病研究所の長野泰一と小池保彦が「ウイルス干渉因子」として発見したが，その後同様の作用をもつ分子を A. Isaacs と J. Lindenmann がウイルス増殖を非特異的に抑制する因子として確認し，ウイルス干渉(interference)因子という意味でインターフェロン(interferon)と命名した．IFN はその構造的違いから I 型と II 型に分類されている．I 型には分子量 1 万 5000〜2 万 1000 の IFN-α, 分子量 2 万 2000 の IFN-β の他，IFN-ω, IFN-ε, IFN-κ が存在する．II 型には分子量 4 万〜5 万の IFN-γ が存在する．これら IFN 分子はそれぞれ全く異なる構造遺伝子に由来する．I 型 IFN はリンパ球，マクロファージ，樹状細胞，繊維芽細胞，血管内皮細胞などから産生される抗ウイルス応答を構成する重要なサイトカインであり，腫瘍細胞に対しても直接的に増殖抑制作用をもち，クラス I MHC に対して発現誘導活性をもつ．これら I 型 IFN の発現誘導はウイルスや二本鎖 RNA などによることが知られている．細胞は自然免疫系の受容体として機能する*Toll 様受容体(TLR)を使ってこれらのパターン認識をする．細胞外のウイルスは*エンドソームに存在する TLR3, TLR7, TLR9 で認識され，細胞内は RIG-I, MDA-5 で認識がなされ，これらが I 型 IFN の発現を制御する．また TLR によって活性化される IL-1, IL-12, TNF, CSF などのサイトカインは IFN 自身の産生を誘導する．一方，II 型 IFN である IFN-γ は T 細胞より産生され，免疫系と炎症反応に対して調節作用をもつ．IFN-γ にも抗ウイルス作用と抗腫瘍作用があるがその活性は弱く，I 型 IFN への増強作用が主な機能といえる．IFN-γ は Th1 細胞から分泌され，白血球を感染局所にリクルートして炎症を増強，マクロファージの貪食能を増強，クラス II MHC 誘導活性作用と抗原提示能の増強，アレルギー反応を制御する Th2 反応に対する抑制調節能をもつ．免疫応答の調節にも関わっており，過剰な産生は炎症病態を制御して，自己免疫疾患につながる可能性がある．I 型 IFN に対する受容体は，IFNAR(IFNAR1 と IFNAR2)という細胞表面の特異的な受容体複合体によって構成される．一方，IFN-γ は反対向きに結合した IFNGR1 と IFNGR2 の 1 個ずつからなるホモ二量体の受容体に結合する．

b **インテグラーゼ** [integrase] *溶原性ファージやウイルスが宿主に感染したときに示す，ゲノム DNA を宿主の染色体 DNA に組み込む反応(integration)を触媒する酵素．代表的なものに*λ ファージの Int 蛋白質(φ80, P1, P2, P4, P22, 186 などのファージの Int も同グループ)と*レトロウイルスの IN 蛋白質がある．Int 蛋白質は 40 kDa で，ファージの attP 部位(240 塩基対)と大腸菌の attB 部位(21 塩基対，これと同じ塩基配列が attP にもあり，コア領域と呼ぶ)の間の部位特異的な組換え(⇌組換え遺伝子)を行う．IN (30〜46 kDa)は*ポリプロテイン gag-pol の C 末端から由来し，*転移因子 IS3 の転移反応をつかさどる酵素トランスポザーゼとアミノ酸配列も似る．作用もトランスポザーゼと同様にウイルス DNA を宿主の DNA のランダムな場所に組み込ませる．Int の N 末端側は，attP のコア領域以外の Int 結合部位(C/AAGTCACTAT)に強く結合する．また C 末端側はコア領域(CAACTTNNT)の結合部位に比較的低い親和性で結合し，かつ type I の*DNA トポイソメラーゼと似た活性をもつ．組換え点はコア領域内の定点で，両鎖同じではなく 7 塩基対離れる．*プロファージ DNA が切り出されるときには，Int のほかに，ファージがコードする Xis 蛋白質(8.6 kDa)と宿主の FIS 蛋白質(11.2 kDa)が必要．また組込み，切出し両反応には，宿主菌の IHF 蛋白質(11.2 kDa の α サブユニットと 10.6 kDa の β サブユニットからなる)の助けが共通に必要である．IHF, Xis, FIS は DNA に結合して DNA を強く曲げ，Int の働きを助ける．

c **インテグラティブサプレッション** [integrative suppression] プラスミドなどの組込みによる DNA 複製開始欠損の*サプレッション．例えば，高温で複製が開始できない大腸菌変異株の染色体に，*F 因子のような他の自律性複製単位(レプリコン)が組み込まれると，宿主の複製開始機能の欠陥が見かけ上回復し，F 因子の複製につれて高温でも大腸菌染色体の複製が見られるようになる．この場合，単に F 因子が同一細胞内に独立に共存するだけでは，宿主染色体の複製はなく，F 因子が宿主染色体に組み込まれることが必要条件である．

d **インテグリン** [integrin] *細胞接着に関与する受容体の一群で，膜貫通糖蛋白質の一種．細胞表面に存在し，細胞が主に細胞外マトリックスに接着するときに機能する．血球系などでは細胞どうしの接着にも関与する．生物界に広範囲に存在するが，ヒトを中心とした一部の脊椎動物でよく解析されている．1980 年代に，*フィブロネクチンの受容体が最初に解析された．その蛋白質が細胞外のフィブロネクチンと細胞内の細胞骨格の両方に結合して細胞内外を連結統合(integrate)しているところから，R. O. Hynes がインテグリンと命名．その後，*ビトロネクチン，コラーゲンの受容体，血小板の IIb/IIIa, マクロファージの Mac-1, リンパ球の LFA-1, VLA-1〜6, ショウジョウバエの PSA などもフィブロネクチン受容体とよく似た蛋白質であることがわかり，これらをまとめてインテグリンと総称している．インテグリンは，分子量 13 万〜21 万の α 鎖と分子量 9.5 万〜13 万の β 鎖が，非共有結合で 1 対 1 に会合したヘテロ二量体で，表に示すように約 20 種知られている．α 鎖の細胞外ドメインに二価カチオン結合部位，β 鎖の細胞外ドメインにシステインに富む領域，β 鎖の細胞内ドメインにチロシンリン酸化部位がある．結合リガンド中の認識部位は*RGD 配列であることが多い．細胞内ドメインに，*α アクチニン，タリンなどと会合し，それらを介して間接的にアクチンフィラメントと結合する．(次表頁)

e **咽頭** [pharynx] 一般に，口腔と食道との間の膨大部．動物群によりその範囲は必ずしも同じではない．渦虫類の咽頭は著しい筋壁をもち，反転して口の外に出

イントルサ 97

インテグリン

ヘテロ二量体構成	別称	結合リガンド*	リガンド中の認識部位	存在
$\alpha_1\beta_1$	VLA-1	Coll, Lm	?	広範囲
$\alpha_2\beta_1$	VLA-2	Coll, Lm	DGEA	広範囲
$\alpha_3\beta_1$	VLA-3	Coll, Lm, FN, エピリグリン	RGD(?)	広範囲
$\alpha_4\beta_1$	VLA-4	FN, VCAM-1	EILDV	白血球, 癌細胞, 他
$\alpha_5\beta_1$	VLA-5	FN	RGD	広範囲
$\alpha_6\beta_1$	VLA-6	Lm	?	広範囲
$\alpha_7\beta_1$		Lm	?	筋肉, メラノーマ
$\alpha_8\beta_1$		?	?	脳, 上皮, 内皮
$\alpha_v\beta_1$		VN, FN(?)	RGD	繊維芽細胞, 癌細胞
$\alpha_L\beta_2$	LFA-1	ICAM-1, ICAM-2	?	白血球
$\alpha_M\beta_2$	Mac-1	ICAM-1, iC3b, Fbg, FX	?	顆粒球, 単球, リンパ球
$\alpha_X\beta_2$	p150/95	Fbg, iC3b	GPRP	顆粒球, 単球
$\alpha_v\beta_3$	VNR	VN, Fbg, vWF, FN, TSP 他	RGD	広範囲
$\alpha_{IIb}\beta_3$	gpIIb/IIIa	Fbg, FN, vWF	RGD, KQAGDV	血小板
$\alpha_6\beta_4$		Lm(?)	?	上皮, 神経, 他
$\alpha_v\beta_5$		VN	RGD	広範囲
$\alpha_v\beta_6$		FN	RGD	上皮, 癌細胞
$\alpha_4\beta_7$	LPAM-1	FN, VCAM-1	EILDV	活性型白血球
$\alpha_{HML}\beta_7$		?	?	上皮内リンパ球
$\alpha_v\beta_8$		?	?	胎盤, 腎, 脳, 卵巣, 子宮

*Coll：コラーゲン，Lm：ラミニン，FN：フィブロネクチン，VN：ビトロネクチン，iC3b：不活性型C3b，Fbg：フィブリノゲン，FX：血液凝固第X因子，vWF：フォンヴィルブランド因子，TSP：トロンボスポンジン

て食物を包んで摂食し，退縮したときは咽頭鞘に包まれる．吸虫類では口腔の後方，食道との間にある筋壁の球形膨大部を咽頭と呼び，食物を吸いこむポンプ(独 Saugpumpe)として働く．脊索動物では食道に連なる鰓腸の同義語として用いられる．終生鰓呼吸をする魚類では左右の咽頭側壁に鰓がある．羊膜類でも，発生の途中で咽頭両側壁に咽頭裂を生ずる．

a **咽頭歯** [pharyngeal tooth] 硬骨魚類の上下の咽頭骨(pharyngeal bone)上に生じる歯．上咽頭骨は第四，第五鰓弓の上半分が融合したものから，下咽頭骨は第五鰓弓の下半分から形成される．コイ科やベラ科などでよく発達する．

b **咽頭鞘** [pharyngeal sheath] ⇒渦虫類

c **咽頭咀嚼器** [trophi, pharyngeal apparatus] 《同》トロフィー，咀嚼器，咀嚼板．輪形動物において，キチン質の構造をもつ特有の口器．咽頭またはその下部の拡張した筋性の囊，すなわち咽頭咀嚼囊(咀嚼囊 mastax)に収まる．中央の1個の砧部(incus)とその左右に

ある2個の槌部(malleus)とからなり，筋運動により槌部を砧部に打ちつけて食物を破砕する．各属・種に固有の形態を示し(図)，分類上の重要な標徴とされる．

Brachionus　*Euchlanis*　Melicertidae　Bdelloida

Flosculariadae　*Asplanchna*　*Diglena*

d **咽頭胚期** [pharyngula, pharyngula stage] 脊椎動物の胚発生の一段階．胞胚(blastula)，原腸胚(gastrula)，神経胚(neurula)に続く発生段階として W. Ballard が命名．その名称は，咽頭嚢の発達により咽頭壁が分断され，前後に繰り返す咽頭弓がこの頃に現れることに由来．いわゆる器官形成期に相当し，脊椎動物の基本的*ボディプランが成立する段階とされる．この頃の脊椎動物胚は，どのグループのものを見ても互いによく似ており，K. E. von Baer(1828)が，脊椎動物の一般型の形態的具現と理解したのもこの段階とされる．その一方で，1990年代には形態的類似性が定量的に比較できないと指摘されたこともあった．進化発生学においては，動物群の基本的ボディプランを代表するファイロティピック段階(phylotypic stage)がこの時期であるとされる．咽頭胚期は，脊索，体節，背側の神経管，尾芽，咽頭弓など，脊索動物の進化以前に獲得された多くの祖先的形質に加え，神経管のふくらみとしての脳原基(脳胞)とその分節構造，神経堤細胞に由来する間葉や末梢神経原基，プラコードとその派生物に代表される，明瞭な頭部形態によっても特徴付けられる．ボディプランの成立に機能する重要な遺伝子発現もこの頃に集中して見られる．

e **インド−西太平洋区** [Indo-West Pacific region] 《同》インド−太平洋区(Indo-Pacific region)．インド洋から西太平洋熱帯部にかけての全沿岸域を包含する*海洋生物地理区．アフリカ東岸から紅海を含み，北は日本南部から南はオーストラリア北部に至り，東はイースター島までの熱帯(〜亜熱帯)海域からなる．いわゆる黒潮系生物相を有する日本の銚子以南はこの地理区に属する．世界中で最も生物相が豊富な沿岸海洋生物地理区で，造礁サンゴ(reef corals)類は大西洋熱帯諸島(西インド区)の26属35種前後に比し，ここでは80属90種以上が見られ，またシャコガイ類のようにここに限られるものも多い．その広大さにもかかわらず区域内では多少の地方色はあっても，ほぼ同質な生物相が見られ，全く同一の種類が全域に分布するものも少なくない．しかし，太平洋の東縁(アメリカ西岸)の熱帯海域には，分布障壁のいわゆる*東太平洋障壁に遮られて，これとは異質な沿岸生物相が見られるので，独立の東太平洋区(East Pacific region)とされる．

f **インドール−3−酢酸** [indole-3-acetic acid] IAA と略記．《同》ヘテロオーキシン(旧称)，インドール酢酸．植物界に最も広く分布する天然*オーキシン．植物体内

で方向性をもって移動する(→オーキシン極性移動). オーキシン受容体 TIR1 蛋白質と転写抑制因子 AUX/IAA 蛋白質を結合させる接着分子として働く. これにより転写抑制因子が分解され, オーキシン反応を引き起こす遺伝子が発現する. F. Kögl ら(1934)によりオーキシンとして人尿から単離された. 陸上植物では A. J. Haagen-Smit ら(1946)により初めてトウモロコシから単離された. コケ類以上の植物で植物ホルモンとして働く. 大腸菌など多数の細菌類, 酵母, トウモロコシ黒穂病菌などの真菌類, 緑色の鞭毛虫類や多くの藻類によってつくられる. 人尿にも含まれるが, これは主に腸内細菌の生産物と考えられる. 植物ではトリプトファンから複数の経路でつくられる. 土壌細菌アグロバクテリウム (*Agrobacterium tumefaciens*, 系統解析の結果正式な学名は *Rhizobium radiobacter* に変更)の感染により植物に形成される腫瘍(*クラウンゴール)ではトリプトファンからインドールアセトアミドを経由してつくられる. 植物にはアミノ酸やグルコースと結合した形でも存在する(結合型オーキシン). 種子植物に対する作用では細胞伸長の促進が顕著である. これに関連して細胞壁多糖の分解を促進する. 形成層細胞や植物培養細胞などの分裂も促進する. 挿木に用いる挿穂の基部の細胞分裂を促進し不定根形成を促す. 花粉の発芽, 花粉管の伸長促進, 側根や花芽の形成, カルスからの芽や根の形成, 木部分化にも必要であり, *単為結果および受精後の果実の発育を起こす. 離層形成を阻害し, 落果や落葉を抑える. エチレン生成を誘導する働きも示す.

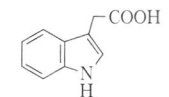

a **インドール酢酸酸化酵素** [indoleacetic acid oxidase] インドール-3-酢酸が植物組織の抽出液によって酸化的に分解される反応を触媒する酵素. その実体は十分に明らかにはされていない. この酵素反応は結晶カタラーゼやシアン化物, アジド, 重金属などで阻害される. 植物組織の抽出液におけるこの反応の補因子要求性とペルオキシダーゼによる酸化的反応の補因子要求性とがよく一致するので, *ペルオキシダーゼの一種とされている. 単離されたペルオキシダーゼもインドール酢酸を酸化的に分解できる. インドール酢酸酸化酵素によりインドール酢酸は生理的に不活性である 3-メチレンオキシインドールに変換される. この活性は植物組織の発育齢に対応して, つまり若い細胞から老いた細胞の方へ次第に強くなる.

b **インドール生成** [indol production, indol formation] 細菌の分類学的性状の一つで, トリプトファンを分解してインドールを生成する反応. 分解にはトリプトファナーゼが関与. 試験にはトリプトファンを豊富に含む培地(SIM 培地など)やペプトン水が用いられる. 培養物に *p*-ジメチルベンズアルデヒドを含む Ehrlich 試薬または Kovacs 試薬を添加し, インドールと反応してできる赤色のロスインドールを検出して判定. 特に腸内細菌科の菌種を中心とする鑑別性状として重要で, *イムヴィック試験の一つ.

c **イントロン** [intron] 《同》介在配列 (intervening sequence). 遺伝子またはその転写物の内部にあって, その遺伝子に含まれるが, 機能をもつ最終 RNA 産物に含まれない配列. 一般に真核生物やそのウイルスの遺伝子には, 最終的に RNA(mRNA, rRNA, tRNA など)として発現するヌクレオチド配列である*エクソンが, 発現しない特定のヌクレオチド配列の挿入によって, 一つの遺伝子内で分断されているものが多い. このような遺伝子は, 分断遺伝子(split gene, interrupted gene)と呼ばれる. 一つの遺伝子内に存在するイントロンの数, 存在部位および塩基配列は, エクソンのそれと同様に遺伝子ごとに決まっている. 遺伝子の発現過程では, 一般に一つの遺伝子を構成するイントロンとエクソンは連続した 1 本の RNA に転写され, RNA の段階で, *スプライシングによってイントロン部分が除去され, エクソン部分が再結合される(→R ループ). イントロンは, その構造などに基づいて*自己スプライシングを行うものを含むグループⅠイントロンおよびグループⅡイントロン, 真核生物の核の mRNA(蛋白質)遺伝子のイントロン, tRNA のイントロンなどに分類される.

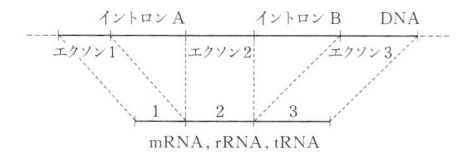

d **院内感染** [nosocomial infection, hospital-acquired infection] 病院や医療機関内で病原体に感染すること. *市中感染と対を成す用語. 一般的な市中環境と比べ, 病院内には種々の病原体および薬剤耐性病原体が多く存在する. 加えて, *易感染性の患者も多く, *感染経路も多岐にわたるため, 日和見感染や集団感染のリスクが高い. 特に, メチシリン耐性黄色ブドウ球菌(*MRSA)や多剤耐性緑膿菌(MDRP)に代表される薬剤耐性菌については, 日常的な感染発生動向調査や薬剤感受性パターンの動向把握, 新規耐性菌の早期発見を目的とした監視が重要である.

e **陰嚢** [scrotum] 大部分の哺乳類の雄で*陰茎の基部にあり, 内に*精巣および*精巣上体を蔵して体外に膨出する皮膚嚢. 発生的には雌の大陰唇と相同(→生殖結節). 精巣は発生の初めは腹腔中にあるが, *精巣下降して陰嚢中に入る. 陰嚢内腔は腹腔の続きで, 両者は鼠蹊管(inguinal canal)で連絡するが, それは精巣下降後しばしば閉ざされる. 陰嚢温(陰嚢皮膚の表面温度)は体温(直腸温)よりも 4〜5℃ 低いのが一般的.

f **インパルス** [impulse] 《同》神経インパルス(nerve impulse), スパイク. 神経の一局部を十分な強さで刺激したときに発生する*活動電位. 特にそれが神経の軸索を伝わる信号として取り扱われるときなどに用いる語. インパルスはそれが初発する部位の関係から, 遠心神経では中枢から末梢効果器へ, 求心神経においては末梢受容器から中枢へと一方向に伝わり(→シナプス), 中枢と末梢とを連絡する信号の役割を果たしている. インパルスの*伝導速度は神経繊維の有髄・無髄の別や太さなどによって異なる. 有髄神経の伝導速度は繊維直径に比例し, 哺乳類では繊維直径(μm)×4〜6 m/s で表され, 最高は 120 m/s に達するが, 無髄神経の伝導速度は直径の平方根に比例し, 通常 2〜3 m/s 以下である.

g **咽皮管** [pharyngeo-cutaneous duct] 《同》食道皮管(ductus oesophageo-cutaneus). ヌタウナギ類の左体側最後の鰓嚢の直後に見られる小管. 咽頭内の余分の水

を外に出すためのもの．鰓裂に由来はするが鰓囊を形成することなく，咽頭と体側外面との間の単純な小管をなす．この外鰓孔は他の外鰓孔よりはるかに大きくヤツメウナギ類ではこれを欠く．

a **インヒビン** [inhibin] *下垂体前葉からの*濾胞刺激ホルモン(FSH)の産生と性腺刺激ホルモン放出ホルモン(GnRH)分泌を抑制(inhibit)するペプチドホルモン．主要な分泌源は雄では精巣の*セルトリ細胞，雌では卵胞の顆粒膜細胞(⇌濾胞細胞)である．哺乳類の*発情周期においては血中のFSHレベルとインヒビンのレベルはほぼ逆の関係を示す．インヒビンはFSH分泌の調節ホルモンとしてだけでなく，生体では種々の組織において*アクチビンの生物作用に拮抗する因子として働いていると考えられる．例えば骨髄の赤芽球前駆細胞のアクチビンによる*赤血球への分化の抑制，*胸腺細胞の分裂促進などの作用が知られている．雄ラットを去勢したとき，FSHの過剰分泌により現れる*去勢細胞の出現を抑制する水溶性因子として発見された(1923)．分子量は約3万2000で，分子量1万9000のα鎖と，1万4000のβ鎖の2サブユニットがS-S結合して構成される．βサブユニットには，$β_A$と$β_B$の2種類あるので，それぞれインヒビンA($αβ_A$)，インヒビンB($αβ_B$)と呼ぶ．インヒビンのβサブユニットは*形質転換成長因子TGF-βおよび*ミュラー管抑制因子，骨形成因子(BMP，⇌BMPファミリー)と類似しており，共通の祖先遺伝子をもつと考えられている．

b **インフォームドコンセント** [informed consent] 研究内容や治療法について，研究者や医師から十分な説明を受け，被験者や患者が正しく理解し納得した上で同意すること．同意そのものより，同意までの過程が重視される．その出発点は，ナチス・ドイツによる人体実験を裁いたニュルンベルグ国際裁判の判決文の中で示された「ニュルンベルグ綱領」にある．ここでは被験者の自発的な同意が不可欠であること，強制がない状況で自由意思による選択であること，実験内容を十分に理解していること，が条件とされている．これを踏まえて，1964年の世界医師会総会において，臨床研究の倫理的な承諾手順として「ヘルシンキ宣言」が作成された．日本では，薬事法によって医薬品開発のための治験において，文書によるインフォームドコンセントが義務づけられているほか，ヒトゲノム・遺伝子解析研究，疫学研究，臨床研究，ヒト幹細胞研究などの各研究指針においても義務づけられている．診療におけるインフォームドコンセントは，1973年に全米病院協会が宣言した「患者の権利章典」がその起原であり，患者は治療開始前に必要な情報を医師から受け決定する権利が謳われている．患者が複数の選択肢のなかから決定する「インフォームドチョイス」あるいは「インフォームドディジョン」の概念も用いられる．

c **陰部神経小体** [genital end bulb, genital corpuscle ラ corpuscula nervorum genitalium] 触受容性の*終末器官の一つ．哺乳類の陰部や乳首(乳頭)の真皮に見られる．大きさは60〜400 μm．感覚神経繊維は小体の1極より内棍(inner bulb)に入って複雑に分枝し，この内棍の外を結合組織性の被膜が包む．

d **インフラマソーム** [inflammasome] *マクロファージなどにおいて，炎症性*サイトカインの産生が誘導される時に形成される蛋白質複合体．細胞質内の異物を，NOD様受容体と呼ばれる蛋白質により認識し，シグナル伝達分子ASC (apoptosis-associated speck-like protein containing a CARD)を介して，カスパーゼ1前駆体を活性型のカスパーゼ1へと活性化する．活性化されたカスパーゼ1はIL-1β前駆体やIL-18前駆体，IL-33前駆体を成熟型にプロセッシングし，炎症反応の誘導に重要な役割を果たす．インフラマソームの形成は，病原微生物成分だけでなく，ATPや核酸，尿酸結晶などの内因性の危険分子や，紫外線やカリウムイオンの流入などの細胞ストレスによっても誘導され，種々の炎症性疾患への関与が示されている．

e **インフルエンザウイルス** [influenza virus] *オルトミクソウイルス科に属するウイルス．上気道粘膜に侵入し，呼吸器を冒す．ウイルス粒子は*エンベロープをもち，直径80〜120 nmの球状であるが，フィラメント状粒子など多形性を示す．ゲノムは8(AおよびB型)または7分節(C型)の一鎖RNA．A型ウイルスのゲノムは，最長鎖長2341塩基から最短897塩基までの8分節からなり，合計すれば約1万3500塩基になる．ウイルス粒子はヌクレオ*キャプシド蛋白質NPとマトリックス蛋白質M1の抗原性の違いにより，A型，B型，C型の3型に分けられる．A型，B型は季節性インフルエンザを起こすが，C型は主に小児に感染し，その流行は局地的である．A型は，16種類の*赤血球凝集素(HA)および9種類の*ノイラミニダーゼ(NA)で規定される表面抗原をもち，これらの違いにより亜型(subtype)に分類される．突然変異(ドリフト)やゲノム分節交換(シフト)によって新しいHAまたはNAの変異株が出現すると流行が起こる．シフトにより新しい亜型のA型インフルエンザウイルスが出現すると，ヒト集団中にこれに対する抗体保有率が低いために，世界的大流行(パンデミック)を起こす．B型，C型は，HAとNAに亜型がないため世界的大流行を起こすことはない．分離株の命名は，型/自然宿主/分離地/分離番号/分離年(HAおよびNAの亜型)の順に記される．例えば1968年に香港で分離された流行株はA/human/Hong Kong/1/68 (H3N2)と記載する．年齢別の抗体分布をみると初感染株に対する抗体価が最も高く，これをダヴェンポート現象(Davenport's phenomenon, F. M. Davenportら, 1953)という．最初のインフルエンザ抗原刺激の免疫学的記憶が最も強く残ると考える抗原原罪説(original antigenic sin)がT. Francisら(1955)により提唱された．B型，C型はヒトにだけ感染するが，A型はヒト以外にもブタ，ウマ，カモなどの鳥からも分離される．実際，A型インフルエンザウイルスはカモが本来の宿主である．2種類のウイルスが同時に感染すると分節交換が起こりうる．ヒト，サル，モルモットなど各動物の赤血球を凝集する．培養は主に発育鶏卵および特別の培養細胞を用いる．(⇌オルトミクソウイルス)

f **隠蔽作用** [masking effect] 《同》隠蔽，隠蔽効果．強さあるいは振動数の異なる二つの純音が同時に存在するとき，強音あるいは低音が，弱音あるいは高音をおさえ，隠蔽する作用．聴覚における性質の一つ．これによって，耳には強音あるいは低音だけが聞こえて弱音あるいは高音が聞こえ難い現象が起きる．R. L. WagelとC. E. Lane(1924)が発見した．強い音ほど隠蔽作用が大きく，また高音側への作用は著しく，低音に対するそれは微弱である．被隠蔽音の振動数が隠蔽音の振動数または

その整数倍に近いときには唸りの現象が起こるが，その前後の振動数では特に強い隠蔽作用を受ける．このことは一つの合成音の中の純音相互間にも存在し，合成音の感覚に影響する．隠蔽作用は雑音にもみられ，最近は実用上の見地から，騒音による純音や言語音の隠蔽作用が広く研究されている．隠蔽作用は末梢で起こり，聴神経の神経繊維相互間の抑制作用によるものと解されている．高音に対する影響が低音に対するそれより強いのは，高音の情報を伝達する神経繊維数が，低音に関する繊維数よりはるかに少ないためと考えられている．

a **隠蔽色** [concealing coloration, cryptic coloration] 動物個体の存在を，背景の中に埋没させてしまう効果をもつ体色．捕者はこれにより獲物に警戒されずに近づける．一方，被食者は捕食者の眼を逃れやすくなると考えられるので，この場合を特に*保護色ともいう．捕食者の例では，ヒョウやトラの斑紋が森林内の陰影にまぎらわしいこと，また被食者については，緑葉上に生息する鱗翅類の幼虫やバッタなどの多くが緑色をしていることなどがよく知られる．緑葉中に静止している緑色のカマキリの体色には，獲物に気づかれず，また鳥などの捕食者にも見つかりにくいという双方の機能があると思われる．また，中層を泳ぐ魚の腹が白っぽく背中が暗いカウンターシェイディング(counter shading)や派手な色の組合せによって体の輪郭をぼかす分断色(disruptive coloration)なども隠蔽色の例である．*隠蔽的擬態も隠蔽色に含められる．シカやイノシシの幼獣の斑点や縞模様のように，特別な時期だけに隠蔽色の現れる動物もある．またアゲハチョウやモンシロチョウの蛹は付着場所に応じて緑色や褐色となる．さらに，両生類・爬虫類・魚類・昆虫類・甲殻類・頭足類には，周辺の色の変化に際し急速な体色変化を起こして相応する隠蔽色を現すものもある．しかし，隠蔽色は多くの場合，*標識色や*標識的擬態と組み合わさっており，単に他動物の目につきにくいというだけのものではない．(→威嚇色)

b **隠蔽的擬態** [mimesis] 《同》模倣 (mimesis). 動物の形や色彩や行動が，他の動物，特に捕食者の関心をひかない他の動植物体あるいは無生物体に似ているような擬態．これを隠蔽(→隠蔽色)あるいはカムフラージュ(camouflage)に含めることもあるが，M. Edmundsは，例えば，捕食者がそれを背景から識別できないような場合を隠蔽，識別してはいるが食べられないものと認知するような場合を隠蔽的擬態として区別した．アリの巣に社会寄生する昆虫の多くが大きさも形状もアリに似ているような例(隠蔽的動物擬態 zoomimesis), シャクトリガの幼虫やナナフシムシが小枝に似ていたり，ある種のタツノオトシゴが海藻にまぎらわしい扁平な長い突起をもつような例(隠蔽的植物擬態 phytomimesis), アゲハチョウの若い幼虫やある種のクモが鳥の糞に似た形状を示す例(隠蔽的異物擬態 allomimesis)などが著名．

c **インポーティン** [importin, karyopherin] importin β ファミリーに属する運搬体のうち，核内輸送に関わる分子群の総称．例えば出芽酵母では11種，ヒトでは14種が同定．共通の性質として，(1)分子量およそ10万，(2)ヌクレオポリンのFGリピート構造と結合して核膜孔複合体通過能をもつ，(3)低分子量GTPアーゼ Ran の GTP 型(RanGTP)に結合する，があげられる．それぞれの分子は異なる核移行シグナルに結合するが，いずれの場合も基質を運ぶ機構は基本的に同じ．すなわち，基質と結合したインポーティンは RanGTP に結合すると基質を解離するため，インポーティンは RanGTP 濃度の低い細胞質で基質と結合し，一方，核膜孔複合体を通過して RanGTP 濃度の高い核内に入ると，RanGTP がインポーティンに結合するため基質を解離する．結果，化学濃度勾配に逆らって基質が核内に集積する．ファミリーのプロトタイプの一つ importin β はリジンやアルギニンに富む塩基性核移行シグナルと直接結合する importin α (karyopherin α とも呼ぶ)をアダプター分子とする．open mitosis を呈する細胞では，インポーティンは核膜と核膜孔複合体が崩壊した細胞分裂期においても間期と同様に核移行シグナルをもつ基質と結合し，RanGTP に結合するとその基質を解離する．例えば，インポーティンは細胞分裂期で核移行シグナルをもつスピンドルアセンブリー因子(spindle assembly factor, SAF)に結合してその活性を抑制するが，RanGTP が高濃度に存在する分裂期染色体周辺で RanGTP に結合して SAF を解離して活性化する．この反応は紡錘体形成に必要である．同様の原理でインポーティンは，スピンドル形成の他にも染色体分配や核膜形成などの細胞分裂期イベントの制御に寄与する．

d **陰葉** [shade leaf] 植物の葉にみられる分化のうち，弱光下で形成される葉．陸上植物は，生育する環境の光条件に応じて形態的・生理的に異なった性質をもつ葉をつくることが多く，陰葉に対し，強光条件のもとで形成されるものを陽葉(sun leaf)と呼ぶ．種により，陰葉と陽葉の分化の程度は異なる．陰葉の形態的な特徴には，陽葉に比べて面積が大きいこと，厚さが薄いこと，柵状組織の発達が悪いことなどがある．また生理的には，クロロフィル a/b 比が小さいこと，光飽和時の葉面積当たりの光合成速度が小さいこと，葉面積当たりの呼吸速度が小さく，その結果として光補償点も低いこと，などの特徴がある．陰葉と陽葉のどちらが分化するかは，葉を新たにつくるシュート頂部ではなく，すでに成熟した葉に対する光環境で決まる．

ウ

a **ヴァイスマン** Weismann, August ワイスマンとも. 1834〜1914 ドイツの動物学者. 諸種の無脊椎動物の発生を研究したが, 眼疾のため主として理論家として遺伝・発生・進化などに関する理論を展開するに至った. 彼の考察には遺伝・発生の染色体学説を予見するものが多くある. 粒子説(デターミナント)的見解に基づいて生殖質の連続を主張し(⇒生殖質説, ⇒アンフィミクシス), 獲得形質の遺伝を否定. 進化に関して自然淘汰の理論をすすめ, *ネオダーウィニズムと命名した. [主著] Vorträge über Deszendenztheorie, 2巻, 1902.

b **ヴァヴィロフ** Vavilov, Nikolai Ivanovich (Вавилов, Николай Иванович) 1887〜1943 ソ連の植物育種学者, 遺伝学者. 主要な研究は, 植物の耐病性ならびに免疫に関するものと, 遺伝学の原理を農業および分類学に応用した栽培植物の起原の問題に関するもの. 野生および栽培植物の変異に関して, 相同系列の法則を立てた. [主著] Центры происхождения культурных растений, 1926.

c **ヴァーマス** Varmus, Harold Eliot 1939〜 アメリカのがん学者. がん遺伝子が普通の細胞に存在していることを初めて明らかにした. 1989年 J. M. Bishopとともにノーベル生理学・医学賞受賞.

d **ヴァロア** Vallois, Henri Victor 1889〜1981 フランスの人類学者. 化石人類に関する多くの業績があるほか, 人種の分類と分布を研究, その人種分類は長く用いられた. [主著] Les races humaines, 1944.

e **Vi抗原** [Vi antigen] サルモネラ属の病原性因子となる表在抗原. virulence(毒性)にちなんで Vi抗原と呼ばれる. グラム陰性菌の表在抗原は, 細胞外部の多糖質から成る莢膜(独 Kapsel)が関与する K抗原(K antigen), 細胞壁が関与する*O抗原, H抗原(鞭毛抗原 flagellar antigen)に大別される. Vi抗原はサルモネラ属の K抗原のこと. Vi抗原には非常に多くの血清型があり, O抗原とともにサルモネラ属細菌の分類に用いられる.

f **ウィグルズワース** Wigglesworth, Sir Vincent Brian 1899〜1994 イギリスの昆虫学者. サシガメの一種において, アラタ体の役割を明らかにし, 脳の神経分泌細胞がホルモンを分泌することを証明したほか, 広く昆虫生理学に貢献. DDTの残留毒性を初めて警告. [主著] Principles of insect physiology, 1939.

g **ヴィーシャウス** Wieschaus, Eric 1947〜 アメリカの発生生物学者. E. B. Lewisのホメオティック遺伝子による胚発生の支配説(1978)に刺激を受け, ショウジョウバエの突然変異株の分離に専念. 初期発生を支配するホメオティック遺伝子を発見した. Lewis, C. Nüsslein-Volhardとともに1995年ノーベル生理学・医学賞受賞.

h **ウィスコンシン一般検査装置** [Wisconsin general test apparatus] WGTAと略記. 提示トレイと可動式スクリーン(目隠し)からなるサル用の*弁別学習実験装置. 板に2〜3の凹みがあり, その上に弁別すべき刺激物体が置かれている. 正しい刺激物体でおおわれている凹みには報酬の干しブドウなどが入っており, これをサルの檻の前に押しやると, サルは手をのばして刺激物体を少し横にずらし, 報酬を取る. その後スクリーンを下げ, サルに見えないように刺激などの配置を実験者が変えることができる. 簡便であり, 広く使用されている.

i **ヴィスコンティ-デルブリュックの理論** [Visconti-Delbrück theory] ファージにおける遺伝的組換えを集団遺伝学的な問題として解析した理論. N. Visconti と M. Delbrück(1953)が提唱. ファージでの組換えはそれぞれ遺伝マーカーの異なる二つ以上の親ファージが同時感染したときに生じる. この組換えは宿主細胞中の増殖型ファージ遺伝物質プール内で相手とのランダムな交叉によって生じ, かつ, これは繰り返し起こると仮定した. この理論によって初めて, ファージの掛合せで観察される組換え頻度が, 物理的距離のように加算的な*染色体地図上の距離に対応づけられるようになった.

j **ヴィーゼル** Wiesel, Torsten Nils 1924〜 スウェーデンの大脳生理学者. D. H. Hubelと共同で, 網膜で取り込まれた視覚情報から, 視覚野細胞が物の輪郭を読み取ることを発見. さらに単純細胞と複雑細胞という階層構造, 神経回路の発達についても共同で研究した. Hubel, R. W. Sperryとともに1981年ノーベル生理学・医学賞受賞.

k **VIGS**(ヴィッグス) virus-induced gene silencingの略. 植物の内在性遺伝子を組み込んだ*ウイルスベクターを植物に感染させることにより, 当該遺伝子の発現を配列特異的に抑制する*逆遺伝学的手法. この手法は, 植物が本来ウイルスに対してもつ, ウイルスの複製中間体である二本鎖 RNAを認識し分解する RNAサイレンシング(⇒転写後抑制)による防御機構を利用している. 変異体の作出などによる従来からある逆遺伝学的手法とは異なり, サイレンシング効果を弱めに働かせれば*致死遺伝子の機能解析にも応用できるほか, 相同性が高い遺伝子がゲノム上に多数存在する*多重遺伝子族の機能解析にも利用できる. また植物への遺伝子導入が*カルスからの再生などを要しないことから, 組織培養の難しい植物にも使える利点がある. 短期間で多数の植物体について逆遺伝学的解析が可能.

l **ウィッティントン** Whittington, Harry Blackmore 1916〜2010 イギリスの古生物学者. ハーヴァード大学教授, のちにケンブリッジ大学教授. 本来は三葉虫の研究が専門. 1960年代, 当時学生であった D. Briggs, S. C. Morris らとともに, 以前 C. D. Walcottによって調査されたカナダ, ロッキー山脈のバージェス頁岩を*再調査, カンブリア紀の動物相についての再解釈を行い, *ボディプランの進化理解に影響を与えた.

m **ヴィノグラドスキー** Winogradsky, Sergei Nikolaevich (Виноградский, Сергей Николаевич) 1856〜1953 ロシア生まれ, フランスの微生物学者. Beggiatoa や Chromatium などの紅色細菌・鉄細菌・硝化細菌の研究とそれに関連したシリカゲル平板の利用のほか, 根粒細菌の研究, 窒素固定性 Clostridium の発見と分

離, *Azotobacter* やセルロース分解細菌として *Cytophaga* の研究などが著名. [主著] Microbiologie du sol: Oeuvres complètes, 1949.

a **VPg** viral protein genome-linked の略. 一本鎖 RNA ウイルスのゲノム RNA 5′末端に結合するウイルス蛋白質. 多くのウイルスではゲノム RNA の 5′末端に*キャップ構造が付加されているのに対し, *ピコルナウイルス様スーパーファミリーに含まれるウイルスでは, その 5′末端にこの蛋白質が付加されている. キャップ構造と同様に RNA を分解から守って安定化する働きや翻訳のエンハンサーとしての機能をもつ. *翻訳開始因子 eIF4E との結合を介して下流の翻訳を活性化すると考えられ, 植物ウイルスに対する劣性抵抗性(recessive resistance)の多くは VPg と eIF4E の結合の可否により引き起こされるとされる.

b **ヴィブリオ** [*Vibrio*, vibrios] 《同》ビブリオ. ヴィブリオ属(*Vibrio*)細菌の総称. *プロテオバクテリア門ガンマプロテオバクテリア綱ヴィブリオ科(Vibrionaceae)に属する. グラム陰性, 通性嫌気性, 発酵性の海洋細菌. 菌種によって細胞形態は異なるが, 多くはカーブ状, コンマ状の桿菌(0.5〜0.8×1.4〜2.6 μm)である. 細胞の一端に 1 本, 種によっては 2 本以上の極性鞭毛をもち, 活発に運動する. 好塩性を示し, 海水中に広く分布するほか, 海産魚類の皮膚, 腸管内にも常在する. 基準種 *Vibrio cholerae*(*コレラ菌)はコレラを起こす病原菌である. *V. parahaemolyticus*(*腸炎ヴィブリオ)は, 魚介類の摂取に伴う細菌性食中毒の原因菌として最も高率に分離される菌であり, 耐熱性溶血毒によって小腸炎を起こす.

c **ヴィーラント** WIELAND, Heinrich Otto 1877〜1957 ドイツの生化学者. アルカロイドや胆汁酸の有機化学的研究をし, 生体酸化が脱水素という形式で起こることを示した. 1927 年ノーベル化学賞受賞. [主著] On the mechanism of oxidation, 1932.

d **ウィリアムズ** WILLIAMS, Carroll Milton 1916〜1991 アメリカの生物学者. セクロピア蚕を用い, 前胸腺ホルモン分泌の脳ホルモン支配を解明して昆虫内分泌学のクラシカルスキームを完成. ほかにも, 幼若ホルモンの抽出など, 多くの業績がある.

e **ヴィリヤムス** Viliyams, Vasilii Robertovich(Вильямс, Василий Робертович) 1863〜1939 ソ連の土壌学者. V. V. Dokuchaev らの研究を発展させ, 土壌生成の機序は一つであって, 現在地球上にみられる土壌型のおのおのは土壌生成の歴史的な段階を示すという単一土壌生成論を提唱. 総合的な農耕法としての牧草式輪作法を提案した.

f **ウィルキンス** WILKINS, Maurice Hugh Frederick 1916〜2004 イギリスの生物物理学者. ロンドンのキングズカレッジで R. Franklin とともに X 線回折による DNA の構造を研究. その結果は F. H. C. Crick と J. D. Watson の二重らせん説の重要資料となり, 1962 年, 上記の両学者とともにノーベル生理学・医学賞受賞.

g **ヴィルシュテッター** WILLSTÄTTER, Richard 1872〜1942 ドイツの有機化学者. クロロフィルの構造決定と炭酸同化の研究により 1915 年ノーベル化学賞受賞. また吸着溶離法により多くの酵素を精製, 酵素の担体と活性基の概念を立てた. アルカロイド, カロテン, アントシアンの研究も著名. [主著] Untersuchungen über Enzyme, I, II, 1928.

h **ウイルス** [virus] 《同》濾過性病原体(filterable microorganism). DNA か RNA のどちらかをゲノムとしてもち, 細胞内だけで増殖する感染性の微小構造体. ラテン語で毒(virus)を意味し, 後に転じて病原体を意味するようになった. D. I. Ivanovski(1892)はタバコモザイク病が細菌濾過器を通した濾液で感染することを観察, F. Loeffler と P. Frosch(1898)は口蹄疫が同じく細菌濾過器を通過した濾液で感染することを見出し, これを ultramicroscopic filterable viruses と記載した. M. W. Beijerinck(1898)は, この濾過性病原体は微小な細菌ではなく, 未知の溶液状の物体であると主張し, これを Contagium vivum fluidum と呼んだ. これらの研究がウイルスの発見として位置づけられている. ウイルス粒子を確認する技術の発達, 例えば電子顕微鏡の進歩やウイルスの培養技法の確立以前には, ウイルスに因子(factor)という無生物的な呼称を用いたこともある(例: 乳因子). A. M. Lwoff ら(1957)は, 細胞内だけで増殖し, 潜在的に病原性をもつ感染性の実体のうち, 次のような属性をもつものをウイルスと定義した. (1)核酸として DNA か RNA のどちらか一方をもつ, (2)遺伝物質(核酸)だけから複製される, (3)二分裂で増殖しない, (4)エネルギー産生系を欠く, (5)宿主のリボソームを蛋白質合成に利用する. これらのことから一般に*生物とは別の扱いをされる. その起原については, 小型の*トランスポゾンが独立して細胞外に出られる機能をそなえるに至ったものとする説など, 諸説がある. ゲノムが RNA のものを RNA ウイルス(RNA virus), DNA のものを DNA ウイルス(DNA virus)と呼ぶ. RNA ゲノム, DNA ゲノムとも一本鎖, 二本鎖のものがあり, ゲノムの性質に応じて複製様式が異なる. 植物ウイルスはほとんどが RNA ウイルスである. ウイルスを研究する学問分野をウイルス学(virology)という. (⇨ウイロイド, ⇨ウイルスの分類, ⇨付録: ウイルス分類表)

i **ウイルス受容体** [viral receptor] 《同》ウイルスレセプター. *ウイルス粒子と特異的に結合し, 侵入および脱殻の反応を誘起する細胞成分(レセプター). この概念は, ウイルスの宿主域を説明するために, ウイルスと細胞表面との間に特異な相補関係を考えた F. M. Burnet(1929)のファージ(*バクテリオファージ)の研究に始まる. その後インフルエンザウイルスの受容体の部分構造がつきとめられたのを契機として, 他のウイルス系にも拡大され, さらに他の細胞外物質が細胞に作用する際の受容体の概念の形成に影響を及ぼした. ウイルス一般に共通する物質や構造があるわけではなく, 宿主で一定の役割を担う構造体がたまたまウイルス受容体として機能している. (⇨受容体)

j **ウイルス親和性** [viral tropism, tropism of virus] 《同》ウイルス向性, 向性, トロピズム. ウイルスの種類に応じて増殖可能な細胞の種類が決まっていること. 例えばインフルエンザウイルスはヒトやマウスの気道上皮細胞で増殖し, 大腸菌バクテリオファージは大腸菌のなかで増殖する. それぞれのウイルスが特にある内臓器官に親和性をもつことを*臓器親和性といい, どの臓器と親和性をもつかにより肺親和性(向肺性)とか神経親和性(向神経性 neurotropism)と呼ぶ. (⇨宿主域)

k **ウイルス抵抗性遺伝子** [virus resistance gene] *植物ウイルスへの抵抗性を与える植物由来の遺伝子.

多くの場合，引き起こされる抵抗性反応のウイルス特異性は高く，*エリシターと呼ばれるウイルス蛋白質と抵抗性遺伝子産物が，直接または間接的に相互作用することで誘導される．塩基配列が決定されている代表的なウイルス抵抗性遺伝子には，*タバコモザイクウイルスに対するN遺伝子（N gene, N因子），*ジャガイモXウイルスに対するRx遺伝子，トマトモザイクウイルスに対するTm-1遺伝子がある．それぞれの抵抗性遺伝子産物とウイルスとの組合せにより抵抗性の誘導される速さおよび強さは異なり，結果として1細胞レベルで感染が抑えられる場合（Rx遺伝子およびTm-1遺伝子）と，1細胞レベルでは感染が可能だが*過敏感反応と呼ばれる*細胞死を伴い，ウイルスの局在化が起こる場合（N遺伝子）がある．

a **ウイルス伝播** ［virus transmission］《同》ウイルス伝搬，ウイルス伝染，ウイルス伝達．ウイルスが保毒個体から未感染個体へ感染すること．動物ウイルスの場合，伝播経路は(1)飛沫，経口，接触，輸血による水平伝播，(2)経胎盤，授乳による垂直伝播（＝垂直感染），(3)節足動物の吸血による伝播などがある．植物ウイルスの場合，伝播様式は(1)感染汁液が植物の傷口から侵入する汁液感染（sap transmission），機械伝染（mechanical transmission），(2)*接木伝染，(3)花粉や胚を通して次世代に伝わる花粉伝染（pollen transmission），種子伝染（seed transmission），(4)媒介生物による伝染などがある（＝虫媒伝染）．土壌中の感染植物の残渣から感染する場合や，土壌中の線虫や菌類によって媒介される場合を，土壌伝染（＝土壌感染）ともいう．

b **ウイルスの分類** ［classification of viruses］ 生物の分類は形質のとり方によって変わる．動植物の場合には系統発生を基礎とした分類法が確立され，DNAの塩基配列の相同性を指標とした分子進化の立場からもその正当性は支持されている．ウイルスの場合にはその起源に諸説があり，系統発生的な階層性の推定は困難である．1950年以前にはウイルスの病原性以外のことはあまり知られていなかったため，病気を起こす宿主に基づいて，動物ウイルス（animal virus），植物ウイルス（plant virus），昆虫ウイルス（insect virus）などの症候学的分類が一般的に用いられていた．F. C. Bowden (1941)は，ウイルスの分類は，粒子の性状を基礎としてなされるべきことを提案，C. H. Andrewsの提案を受け，ウイルス粒子の形状に応じた名称を与え，ミクソウイルス，ポックスウイルス，ヘルペスウイルスなどの群別が記載されるようになった．一方，これと並行して，感染の伝播法を基礎とした，呼吸器ウイルス，消化器ウイルス，節足動物媒介ウイルス（アルボウイルス）などの群別も行われ，これは疫学的な有効性から現在でも使用されている．現在の一般的分類体系の基礎は，A. M. Lwoff (1957)らに始まる，自然宿主とウイルス粒子の諸性状から分類しようとする立場によっている．モスクワで開かれた第9回国際微生物学会議（1966）で国際ウイルス命名委員会（ICNV，現在の名称は国際ウイルス分類委員会（ICTV））が発足し，粒子の物理化学的性状をもとにした分類法が採用された．これを基礎として，ウイルス国際会議ごとに開催されるICTVでの修正が加えられ，現在にいたっている．最近では，ウイルス各科の代表種や，ヒトの病原体ウイルスについては多数種について，ゲノムの一次構造が決定され，ゲノム構造を基盤にウイルス相互の類縁関係が推定できるようになった．その結果，いまでは，動物，植物，細菌ウイルスなど，見かけの宿主の違いによる分類を越えた，統一的な分類に移行している．（＝付録：ウイルス分類表）

c **ウイルスベクター** ［viral vector］ 外来遺伝子を標的細胞に導入する目的で，遺伝子工学的にゲノムを改変したウイルス．*トランスフェクションによる*遺伝子導入に比べ，*ウイルス粒子を利用するため細胞への導入効率が高く再現性も良い．ウイルスがもつ特性を利用した多様なベクターが開発されており，研究に用いるだけでなく，さまざまな遺伝性疾患，神経疾患，悪性腫瘍などの難病に対する臨床応用に向けて改良され，多数の臨床試験が進行中．遺伝子治療用ベクターとしては，ウイルスゲノムが宿主DNAに安定に組み込まれる性質を利用した，*レトロウイルスベクター，アデノ随伴ウイルス（AAV）ベクターがよく用いられる．レトロウイルスの中でも*レンチウイルスは組込みに細胞分裂を必要とせず，神経細胞などの休止期にある細胞への遺伝子導入に利用可能．AAVはゲノムサイズが小さく分子量の小さな蛋白質の遺伝子しか搭載できないが，病原性がなく免疫原性も弱い．レトロウイルスベクターはX連鎖性重症複合免疫不全症（X-SCID）に対する遺伝子治療に用いられ有用だが，かなりの率で急性白血病が発症し，安全性は疑問視される．*アデノウイルスベクターは高力価のものが比較的容易に調製できるので遺伝子導入用ベクターとして実験によく用いられる．搭載遺伝子の発現に用いられる*プロモーターは目的を考えて選択する必要があり，高レベルの発現にはヒトサイトメガロウイルス前初期遺伝子や伸長因子EF-1αのプロモーターがよく用いられる．バキュロウイルスベクター（baculovirus vector）は大量に蛋白質を調製するためにしばしば利用される．大量生産には培養昆虫細胞だけでなくカイコ個体も使用される．植物ウイルスベクターは，短期間で多量の組換え蛋白質を発現することが可能であり，植物における医療用蛋白質生産への応用が見込まれている．さらに，virus-induced gene silencing（*VIGS）による植物の逆遺伝学的解析にも利用されている．

d **ウイルス粒子** ［virion, viral particle］《同》ビリオン．感染性粒子としての形態的条件をそなえているウイルス粒子．ゲノム核酸と蛋白質だけから構成される粒子である場合と，脂質エンベロープに被われる場合がある．R. W. HorneとS. Brenner (1958)がネガティブ染色法を開発して以来，電子顕微鏡によるウイルス粒子の微細構造の統一した命名法が必要とされ，D. L. D. Caspar, A. Klugら(1962) 7名のウイルス学者が，ビリオン，*キャプシド，キャプソメア，ヌクレオキャプシド，*エンベロープなどの新語とその定義を提唱し，承認されてきた．

e **ウィルソン** WILSON, Edmund Beecher 1856〜1939 アメリカの動物学者，細胞学者．海産動物の卵割研究から細胞学に進み，細胞を発生および遺伝と関連させた実験発生学の初期の代表者の一人．T. H. Morganにも影響を与えた．主業績は動物初期胚の細胞系譜，モザイク卵と調節卵の解釈，分裂時の染色像と非染色像が独立の過程として分離できるという発見，雌雄における性染色体の確認，成熟分裂時の染色体の挙動，核以外の細胞質構造の遺伝的意義の否定など．［主著］The cell in development and heredity（初版ではinheritance），18

96, 3版 1925.

a **ウィルソン** **WILSON**, Edward Osborne 1929〜 アメリカの昆虫学者，社会生物学者．社会性昆虫の総合的な研究を進める一方，集団生物学および社会生物学を推進．また，人間社会にも社会生物学の観点を取り入れるべきだという主張は進化心理学の基礎となった．[主著] Sociobiology: the new synthesis, 1975; On human nature, 1978.

b **ヴィルタネン** **VIRTANEN**, Artturi Ilmari 1895〜1973 フィンランドの生化学者．氏名のイニシャルをとって AIV 法といわれるまぐさ貯蔵法を発見．またマメ科植物の根における窒素固定の化学的機構を解明するなど窒素代謝に関する研究を行い，1945年ノーベル化学賞受賞．

c **ウィルムス腫瘍** [Wilms tumor] 《同》腎芽細胞腫(腎芽腫 nephroblastoma)．ほとんどが4歳以下の幼児に発生する腎臓の悪性腫瘍．組織像は多彩で糸球体に似た後腎芽組織を含み，未熟な間質細胞ならびに上皮細胞からなる．ウィルムス腫瘍は網膜芽細胞と同様，遺伝性と非遺伝性があり，遺伝性はしばしば両側性に発生する．ウィルムス腫瘍では，染色体11番短腕の欠失がたびたび観察されることから，この部にがん抑制遺伝子の存在が予想され，その予想通り *WT* 遺伝子が発見された．現在では化学療法，放射線療法ならびに手術療法の進歩により90%以上の症例が長期生存できる．

d **ヴィルレントファージ** [virulent phage] 《同》毒性ファージ．細菌細胞への感染と増殖の過程で，宿主細胞の溶菌のみが生じるファージの総称．*溶原化する能力をもたないため，透明な*プラークを形成する．大腸菌を宿主とする T1 から T7 の7種のいわゆる*T系ファージはその代表例．溶原性ファージにおいて，オペレーターに突然変異が生じてリプレッサーが結合できなくなった場合などには，溶原化する能力が失われるが，このような変異体をヴィルレント突然変異株(virulent mutant)と呼ぶ．また RNA ファージは溶原化の能力をもたないが，通常，ヴィルレントファージには含めない．

e **ウイロイド** [viroid] 《同》バイロイド，ビロイド．蛋白質遺伝子をコードしない短い環状一本鎖 RNA をゲノムとする植物病原体．ウイルスと異なりゲノムが外被蛋白質に保護されていない．ゲノム RNA は 250〜400 塩基からなり，相補的な配列に富み大部分の領域が二本鎖構造をとる．汁液伝染により感染を拡げる．約30種が報告されており，ポスピウイロイド科，アブサンウイロイド科の2科に分類される．前者は植物細胞の核において，後者は葉緑体で，植物にコードされる DNA 依存性*RNA ポリメラーゼによってローリングサークル様式(⇌ローリングサークルモデル)で複製される．複製過程でゲノム RNA が複数コピーつながった多量体が生じ，そこからゲノム RNA 単量体が切り出されるが，その過程は，ポスピウイロイド科では宿主因子の働きにより，アブサンウイロイド科ではゲノム内に有するハンマーヘッド型*リボザイムの自己切断活性による．

f **ヴィンクラー** **WINKLER**, Hans 1877〜1945 ドイツの植物学者．遺伝学者．はじめ単為生殖に関する研究，ついでナス科植物で接木雑種の研究に専念．トマトとイヌホオズキとの接木実験は特に著名．人為倍数体の創作者で，*キメラ，*ゲノム，ポリプロイド(倍数体，⇌倍数性)，*ブルドーなどは彼の造語．

g **ウィングレス** [wingless] [1] 《同》無翅奇形，無翅．ニワトリにみられる，翼の発達が阻害される突然変異の一つ．その起原や表現形質の差から3種類のものが知られる．(1)常染色体上の劣性致死遺伝子(*wg*)によるもので，翼や後肢の発達が抑えられ，さらに肺・気嚢・後腎の発達も抑えられるもの．N.F. Waters と J.H. Bywaters(1943)が報告．(2)肺や気嚢の発達は抑えられないもの．(3)伴性遺伝子(*ws*)によるもので，翼の発達は抑えられるが，内臓諸器官の発達は抑えられず，致死ではないもの．いずれも，その発生途上で生ずる翼原基(翼芽)がその後成長せず，むしろ退化するが，この翼原基では，その形態形成に重要な役割をもつ外胚葉性頂堤が形成後すぐに退化し，頂堤下の間充織が壊死することが知られている．なお後肢における同様の発達阻害をクリーパー(creeper)と呼んで区別することもある．[2] 《同》無翅．ショウジョウバエにみられる突然変異体．原因遺伝子も *Wingless*(*Wg*)と呼ばれ，Wnt ファミリー(⇌Wnt シグナル(カノニカル経路))に属する分泌性蛋白質をコードする．

h **ヴィンダウス** **WINDAUS**, Adolf 1876〜1959 ドイツの有機化学者．ステロール類，ジギタリス，サポニンなどの化学に貢献し，エルゴステロールに紫外線を当てるとビタミン D_2 になることを発見してビタミン化学の急速な発展の端緒をつくった．1928年ノーベル化学賞受賞．

i **Wnt シグナル**(カノニカル経路) [canonical Wnt signaling pathway] 《同》古典的 Wnt 経路，Wnt β カテニン経路．細胞外シグナル分子 Wnt(ウィント)によって活性化されるシグナル伝達経路のうち*β カテニンを介する経路．β カテニンはカドヘリンと結合することで*細胞接着の制御に関与するが，この経路では細胞内シグナル因子として機能．この経路が活性化されていない細胞では，カドヘリンに結合していない β カテニンは Axin，APC，GSK3β キナーゼを含む複合体によってリン酸化され，ユビキチン化経路によって分解される．Wnt が 7 回膜貫通型の Frizzled(フリズルド)受容体および 1 回膜貫通型の LRP5/6(低比重リポプロテイン受容体関連蛋白質 5/6)共同受容体によって受容されると，Dvl(ショウジョウバエなどでは Dishevelled と呼ばれる)蛋白質および LRP5/6 が細胞膜近傍でリン酸化され，Axin 蛋白質がリン酸化された LRP5/6 に結合することで，β カテニンの分解に働く Axin の量が低下し，その結果 β カテニンが安定化するとされる．安定化された β カテニンは核に移行し，LEF/TCF ファミリーの転写因子とともに，細胞ごとにさまざまな標的遺伝子の転写を活性化する．カノニカル経路は動物の発生において*幹細胞分裂や分化を誘導することが知られる．例えばショウジョウバエやカエルでは体全体の前後方向のパターン形成に重要な働きをする．またこの経路の異常はさまざまな疾患の原因となる．例えば，β カテニンの分解に働く *APC* 遺伝子は*がん抑制遺伝子として知られ，その変異によってカノニカル経路が活性化することが大腸癌の主な原因．

j **Wnt シグナル**(非カノニカル経路) [noncanonical Wnt signaling pathway] 《同》非古典的 Wnt 経路．*β カテニンを介さない Wnt シグナル経路の総称．PCP (*平面内細胞極性)経路，カルシウム経路などを含むが，特に PCP 経路のみを非カノニカル経路と呼ぶ場合もあ

る．PCP経路はショウジョウバエにおいて上皮細胞の平面内に発達する極性を制御するシグナル経路として発見された．この経路にはFrizzled受容体, Dishevelled, Van Gogh, Prickle, Flamingoなどが関与し，これらの蛋白質群が細胞内で非対称に局在することで細胞の極性を制御している．脊椎動物においてもこれらの相同蛋白質が，原腸陥入時の収斂伸長運動を行う細胞や内耳の有毛細胞の極性を制御している．これらの蛋白質の下流でRhoやRacなどの低分子量GTPアーゼを介したアクチン細胞骨格の制御が起こると考えられている．カルシウム経路においては，WntによってFrizzled受容体が活性化されると細胞内カルシウム濃度が上昇し，カルモジュリンキナーゼⅡなどが活性化する．しかしカルシウム経路の生体内での働きには不明な点が多い．これらの経路に加えてFrizzledとは異なるWnt受容体であるRorやDerailedを介した経路も非カノニカル経路と考えられているが詳細な機構は不明である．また，線虫においてはβカテニンが非対称細胞分裂を制御しているが，βカテニンの分解制御は関与しないため，この経路(Wntβカテニン非対称経路)は非カノニカル経路に分類する．

a **ウヴァロフ** UVAROV, Boris Petrovich 1889～1970 ロシア生まれ，イギリスの昆虫学者．バッタ類の基礎的また防除の研究の国際的指導者として活躍．ワタリバッタ類の大発生に関する相説(phase theory)を提唱(⇨相変異【1】)，バッタ類の生理学・生態学や防除の研究に影響を与えたばかりでなく，昆虫の生理学・行動学や個体群動態論に新分野を開いた．

b **ヴェイン** VANE, John Robert 1927～2004 イギリスの生化学者．アスピリンがプロスタグランジンの生成を抑制することを発見，さらに血小板の凝集を抑制し，動脈を弛緩させるプロスタサイクリン(プロスタグランジンI₂)を発見した．S. Bergström, B. I. Samuelssonとともに1982年ノーベル生理学・医学賞受賞．

c **ヴェサリウス** VESALIUS, Andreas 1514～1564 ベルギー，ブリュッセル生まれの医学者．Galenos以来の解剖学の研究や教育法を改革した．現代解剖学の創始者．[主著] De humani corporis fabrica, 1543.

d **ウエストナイルウイルス** [West Nile virus] 《同》西ナイルウイルス．*フラビウイルス科フラビウイルス属のウイルスで，ウエストナイル熱(西ナイル熱)を起こす．ウイルス粒子は直径50 nmの球形で*エンベロープをもつ．約1万塩基からなる1本の+鎖RNAをゲノムとしてもつ．感染した鳥の血液を吸血したカがヒトを吸血する際にウイルスを伝播する．ヒトの間での感染は通常起こらない．抗原的には*日本脳炎ウイルスに近縁．従来はアフリカ，ヨーロッパ，中近東，中央・西アジアに分布していたが，1999年にニューヨークで発症患者が報告されて以来，毎年アメリカで感染者が報告されている．感染者の20％が発症し，39℃以上の突然の発熱，頭痛，筋痛および脳炎などの意識障害を起こす．日本でも，2005年にアメリカからの帰国者の感染例が確認され，今後流行が懸念されるウイルス感染症の一つとされる．

e **ウェットシュタイン** WETTSTEIN, Richard von 1863～1931 オーストリアの植物学者．コゴメグサ属の分類学的研究で知られ，植物地理学的に環境適応について考察し，植物分類体系の提案をした．[主著] Handbuch der systematischen Botanik, 2巻, 1902～1908, 4版1933～1935.

f **ヴェデンスキーの抑制** [Wedensky's inhibition] 神経筋標本において神経の一部を麻酔したり非脱分極性筋弛緩剤を作用させた条件下で見られる抑制現象．ロシアの生理学者N. I. Wedensky (1885)の発見．低頻度の反復神経刺激では筋収縮が起こるにもかかわらず，高頻度ではかえって筋収縮が抑制される．

g **ウェーバー** WEBER, Hans Hermann 1896～1974 ドイツの生理学者．筋収縮機作に関し多くの業績があり，細胞のすべての運動がアデノシン三リン酸と収縮性蛋白質の相互反応を基盤としていることを明らかにした．

h **ウェーバー器官** [Weberian apparatus] 硬骨魚類のうち，ネズミギス目と骨鰾上目(コイ目，ナマズ目，デンキウナギ目)に見られ，*鰾(うきぶくろ)と内耳を連絡する4小骨片からなる機械受容(聴覚)器官．これらは椎骨と肋骨に由来し，四肢動物の耳小骨とは異なる．鰾が受けた圧力波は，鰾に接続するウェーバー器官の三脚骨(tripus), 挿入骨(intercalarium), 舟状骨(scaphium), 結骨(claustrum)に伝わり，さらにリンパ液に満たされた無対管，横行管を通って左右の内耳の小嚢に伝えられる．これによって小嚢内の耳石が振動し，小嚢斑が刺激され，鰾が受けた圧力波が知覚される．

i **ウェーバー線** [Weber's line] チモール島東方からブル島の西を通りモルッカ海峡を北へ抜ける生物分布境界線．M. Weber(1888)がセレベス島近辺の淡水魚類の分布から注目し，P. Pelseneer(1904)が命名．当初は*ウォレス線と対峙させる意味合いが強かったが，現在では，ウォレス線のなかにあって東洋亜区(旧熱帯区)系とオーストラリア区系の生物の出現がほぼ相半ばする線と解されている．金平亮三(1931)は，ミクロネシアの植物調査から西カロリン諸島とフィリピン群島との間に分布境界線すなわち金平線(Kanehira's line)を設定，これをウェーバー線の北方延長とした．

j **ウェーバーの法則** [Weber's law] 刺激の強さをI, これに対する感覚の*識別閾を±ΔIとするとき，$\Delta I/I=$const. (一定)であるという法則．E. H. Weberが掌にのせた重量の増減について見出したが，その他の感覚についても広く当てはまることがわかり，ながく感覚の基本的な法則として用いられてきた．人体実験ではほとんどすべての*モダリティー，すべての*質の感覚において中等程度の刺激の一定範囲内で当てはまることが知られ(光感覚では$\Delta I/I=1/100$, 音感覚では1/7), また各種生物における刺激反応の現象にも適用される．比$\Delta I/I$は，その生体の分差感度(differential sensitivity)の尺度とみることができる．(⇨ウェーバー-フェヒナーの法則，⇨分差反応)

k **ウェーバー-フェヒナーの法則** [Weber-Fechner's law] 感覚の強さSは刺激の大きさ(I_0を単位として表したもの)の対数に比例する量として表されるという法則．いいかえると感覚の強さを等差級数的に増すためには，刺激の大きさを等比級数的に増さなければならない．感覚は本来，主観的な内容をもつから，その強度を数量的に測定することは不可能であるが，感覚閾や*識別閾を数量的に測定することは可能である．これについてE. H. Weberが法則を立てた(⇨ウェーバーの法則)が，物理学者G. T. Fechnerはウェーバーの式から出発し$S=k \ln I/I_0$ (Sは感覚の強さ，kは定数，Iは刺

激の大きさ, I_0 は閾刺激)を導いた. Fechner はこれを 'Psychophysics'(1860) という著書で公にした. この法則は W. M. Wundt の心理学にも取り入れられ, *心理物理学の法則として有名であるが, 基本的な仮定や数学的取扱いに疑問がもたれる点もある. S. S. Stevens (1961) は対数法則に対立するものとして*べき法則を提唱し, 受け入れられている.

a **ヴェーラー** WÖHLER, Friedrich 1800〜1882 ドイツの化学者. J. von Liebig (1803〜1873) とならび有機化学を基礎づけた. 1828 年, シアン酸アンモニウムが加熱で尿素に変わることを発見, 有機化合物が無機化合物から生じうることを示して, 生命力の観念に衝撃を与えた. しかしこのシアン酸アンモニウムは生体内の物質から誘導されたものであるため, 真に無機物から有機物を最初に合成したのは A. W. H. Kolbe (1818〜1884) による酢酸の完全合成とされる.

b **ヴェリジャー** [veliger] 《同》被面子幼生. 軟体動物(二枚貝, 掘足類, 腹足類)の*トロコフォアにつづく幼生. トロコフォアの口前繊毛環に由来する. 面盤(ヴェーラム velum)と呼ばれる翼状部と, 体の背面に貝殻をもつことが特徴. 面盤の表面には繊毛があり, この運動によって遊泳, 摂餌する. 成長とともに面盤は退化し, 幼生は水底に沈んで変態し成体となる.

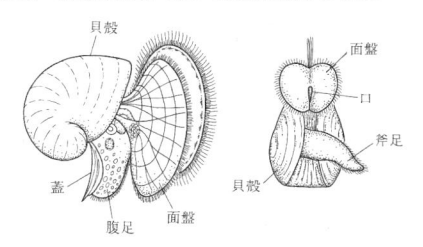

c **ウェルシュ菌** [Clostridium perfringens, Welch bacillus] 《同》ウェルチ菌. *クロストリディウム属細菌の一種 Clostridium perfringens の和名. 種形容名は発見者である W. H. Welch ら (1892) に由来する. 偏性嫌気性, 非運動性のグラム陽性桿菌 (0.9〜1.3×3〜9 μm). 環境条件により細胞の末端近くに卵形の芽胞を形成するが, 通常の培地上では見られない. ガス壊疽を起こす主要な病原菌であり, 食中毒の原因となる場合もある. 正常なヒトの腸内にも少数ながら存在し, 時に異常な増殖で自家中毒症の原因となる. 組織侵入性で, 顕著なヒアルロニダーゼを生産して膿瘍を拡大する. 酪酸発酵を行うほか, 蛋白質を分解してアミノ酸から非酸化的に脱アミノ反応を行い, NH_3, H_2, CO_2 を盛んに生成する. また, ヒスチジンを顕著に脱カルボキシルしてヒスタミンをつくる.

d **ウェント** WENT, Frits Warmolt 1903〜1990 オランダ生まれのアメリカの植物生理学者. 黄化マカラスムギ先端部からゼラチン片に拡散した成長ホルモン(⇒オーキシン)が子葉鞘の屈曲を引き起こすことを発見. これによりアベナ屈曲試験法が確立された. その後も植物成長のホルモンによる制御機構の研究を続け, 数多くの業績をあげた. [主著] The experimental control of plant growth, 1957.

e **WOX遺伝子族**(ウォックスいでんしぞく) [WOX gene family] 植物に特有のホメオドメイン(⇒ホメオボックス)をもつ蛋白質をコードする遺伝子の一群. シロイヌナズナの遺伝子 WUSCHEL(WUS) に類似した WUSCHEL HOMEOBOX-LIKE 遺伝子の総称. WUS 遺伝子は, *シュート頂分裂組織(メリステム)の中央領域で発現し, *幹細胞に未知のシグナルを送ることにより, 幹細胞のアイデンティティーを正に制御する. シロイヌナズナの WOX5 やイネの QHB は, *静止中心で発現し, *根端分裂組織の維持に関与する. WOX には, C 末端側に WUS ドメインや EAR ドメインをもつものがあり, これらのドメインの有無により, 転写活性化因子あるいは転写抑制因子として機能する.

f **ウォディントン** WADDINGTON, Conrad Hal 1905〜1975 イギリスの動物学者. 鳥類の初期胚に関する化学発生学的研究を行い, またショウジョウバエの突然変異を用いて形態形成の分析, 環境要因による集団の遺伝構成の変化などを研究した. また生物学の理論的考察, 社会的意義の検討にもすぐれた業績を残した. [主著] The principles of embryology, 1956.

g **ウォートン軟肉** [Wharton's jelly] ヒト胎児に見られる膠様組織. グリコサミノグリカン類に富む大量の基質をもつ結合組織で, 細く不規則に蛇行する*膠原繊維も豊富に存在. 臍帯中にその典型が見られる.

h **ウォーラーの変性** [Wallerian degeneration] 神経繊維を切断したときに神経細胞と連絡を失った側(末梢側)の神経繊維に数日にして生じる変性. イギリスの生理学者 A. V. Waller (1816〜1870) の記載. 細胞の側にある繊維部分には多くは変化がない. 以上のことをウォーラーの法則あるいはウォーラーの変性法則と呼ぶ. 変性は末梢側神経繊維の全長にわたり同時に生起し, 神経繊維鞘の肥大と髄鞘の離断に始まって軸索の崩壊・消失に至る. 末梢神経切断の場合には変性はつねに下行性(descending)で, これに対し, 脊髄の後根を脊髄神経節より近心位で切断する場合などには上行性(ascending)となる. 人為的切断や病的変化によるウォーラーの変性の跡づけは, 中枢・末梢両神経系内の伝導路の研究法として有用で, これを変性法(degeneration method)という. 他方, 繊維を切断された神経細胞にも, しばしばニッスル小体の溶解その他を伴う変性がみられ, これを逆行性変性(retrograde degeneration)と呼ぶ. ときには神経細胞の萎縮消失, ひいては繊維の消失までも起こるが, ひとたび神経細胞が回復すれば, 繊維切断端から消失部分の再生が開始され, 数カ月でその機能を回復しうる.

i **ウォルコット** WALCOTT, Charles Doolittle 1850〜1927 アメリカの古生物学者. 20世紀初頭, スミソニアン協会の会長であった折, バージェス頁岩にカンブリア紀の化石を発見した. 特に三葉虫の研究で知られる. ワシントンのカーネギー研究所創設者の一人.

j **ヴォルテラ** VOLTERRA, Vito 1860〜1940 イタリアの数学者. 生物間相互作用による個体群動態を研究. アメリカの数理生物学者 A. J. Lotka と独立に提出した被食者-捕食者の関係の微分方程式(⇒ロトカ-ヴォルテラ式), および近縁種間の競争のモデル(ヴォルテラの競争モデル)は, 生態学の基本となった.

k **ウォールド** WALD, George 1906〜1997 アメリカの生化学者. 視覚の生化学を研究し, 網膜にビタミン A が存在することを発見. ついでレチナールとオプシンが結合してロドプシンとなることを明らかにした.

1967年，R.A.Granit，H.K.Hartlineとともにノーベル生理学・医学賞受賞．

a **ウォルバキア** [Wolbachia] アルファプロテオバクテリア綱に属する*Wolbachia*の細菌類．昆虫類や，ダニ類，クモ類，甲殻類，線虫類を宿主とし，細胞内に感染する．自然環境での昆虫種の数十％が保有する．卵巣感染によって次世代に伝わり母性遺伝し，雄を通じては子孫に伝わらない．ウォルバキアの感染によって，(1)有性生殖を行っていた宿主が，雌だけを単為生殖で生むようになる雌性産単為生殖(thelytoky)，(2)遺伝的には雄である個体が，生殖可能な雌になる雌化(feminization)，(3)感染宿主と非感染宿主の間での交配が不和合になる細胞質不和合(cytoplasmic incompatibility)，(4)雄の胚が初期発生の段階で死ぬために，孵化する幼虫がすべて雌となる雄殺し(male killing)，が生じる．これらはウォルバキアが宿主の適応度を犠牲にして自らの次世代への伝達確率を改善する生殖操作である．

b **ウォルフ** WOLFF, Caspar Friedrich 1733〜1794 ドイツの博物学者．後成説的見解を述べたが，当時は前成説が有力で，彼の説は一般に認められなかった．ロシア政府の招きでペテルブルグ学士院会員となり，終生その地位にとどまる．ニワトリの発生において，腸が平らなものからくびれて生じることを見たことなどが後成説の根拠である．[主著] Theoria generationis, 1759.

c **ウォルフ** WOLFF, Étienne 1904〜1996 フランスの実験発生学者．主として鳥類胚の実験発生学に従事，放射線または化学物質による奇形創出，実験的性転換と間性の創出，形態形成における誘導を研究，さらに脊椎動物および無脊椎動物の*in vitro*での再生，動物およびヒトがんの器官培養などの研究を自ら開発した器官培養法(WolffとHaffenの法)により行った．[主著] Les chemins de la vie, 1963.

d **ウォレス** WALLACE, Alfred Russel 1823〜1913 イギリスの博物学者．昆虫学者H.W.Batesと南アメリカに同行し博物採集をした．ついでマレー群島の各地を旅行，生物相の比較研究をし，バリ島とロンボク島の間にオーストラリア区と東洋亜区の境界線(→ウォレス線)を指摘した．同群島滞在中，自然淘汰説の論文をC.Darwinに送り，それがダーウィン説発表の契機となって，両者の論文は同一表題を冠する joint paper としてリンネ学会で発表された．晩年は心霊研究に熱中した．[主著] The Malay Archipelago, 2巻, 1869.

e **ウォレス線** [Wallace's line] スンダ列島のバリ・ロンボク両島間の狭い海峡から北上し，ボルネオ・セレベス間のマカッサル海峡を経て，ミンダナオ島の南を東に引かれた*生物分布境界線．A.R.Wallace(1863年以降)の提唱．彼は，この線より西はマレー半島に続く一大陸棚上に位置して各地に共通した東洋亜区(*旧熱帯区)の生物が生じているが，線より東はオーストラリア区に属するとし，ことにバリ-ロンボク間の狭い海峡が2大陸の生物区系の境界になる点で有名となった．ただし，この線の北方延長に関しては当初から異論があり，T.H.Huxley(1868)はフィリピン群島の西を北上してバシー海峡を東へ抜けるとした．その後E.D.Merrill(1923)がフィリピン群島の被子植物を調査し，これらの島々の植物が全般的にオーストラリア系であることを確認，さらにフィリピンに自生する被子植物1308属中660属が台湾になく，中でも50種を数えるフタバガキ科の樹木がバシー海峡のバブヤン諸島に自生しながら台湾に1種もないことを決め手として(1923)，Huxleyの説を復活させた．この部分を新ウォレス線(neo-Wallace's line)，またはハクスリ線(Huxley's line)あるいはメリル線(Merrill's line)という．さらに鹿野忠雄(1931)はコクゾウ類の分布から，台湾東南の紅頭嶼(Botel-Tobago)の生物相が，貧弱ながら，近い台湾本島よりも遠いフィリピンに類縁が深いことを見出し，新ウォレス線はこの島と台湾本島の間を通過すると主張した．金平亮三(1935)も紅頭嶼とフィリピンとに共通で台湾にない樹木の属13，同じく種20を数えて，明らかにこの境界線を認めたが，新ウォレス線と結ぶことには疑問を残した．別にチモールの東方からセーラム，モルッカの西をS字形に彎曲して太平洋に出る分布境界線を*ウェーバー線といい，この線以東はほぼ完全なオーストラリア系，西には旧熱帯系の混入がある．したがってウォレス-ウェーバー2線間の地域(セレベス，チモールなどを含む)をウォレシア(Wallacea)と呼び，旧熱帯区とオーストラリア区との間の推移帯(transition zone)とみる説もある(R.E.Dickerson, 1928)．なおウェーバー線の少し東方(モルッカおよびカイ諸島とニューギニアとの間)に設けられているライデッカー線(Lydekker's line)を重視し，これこそウォレシアの東縁とみなす考えが現在ではむしろ優勢である．

f **羽化** [eclosion, emergence, imaginal molt] 昆虫において，繁殖を行う成虫になる際の脱皮を指す．完全変態昆虫では，蛹を経て成虫になるため，蛹から成虫が出てくることを羽化と呼ぶ．*不完全変態昆虫は終齢幼虫が脱皮をする成虫になる際に，完全長の翅が形成されるため，成虫脱皮(imaginal molt)を羽化と呼ぶことが多い．カゲロウ目の場合，幼虫→亜成虫→成虫というように発生が進むため，翅が形成される幼虫から亜成虫への脱皮を羽化と呼び，その後の亜成虫から成虫への脱皮(成虫脱皮)と区別される．どの昆虫でも，前のステージの*クチクラに存在していた翅芽の中に，翅が折り畳まれた状態で形成されている．羽化の際に，気管から空気を吸い込んで内圧を高め，翅脈を通じて体液を送り込むことにより，翅の伸展が起こる．翅の伸展の後，翅が完全に乾燥するまでに時間がかかり，その後，機能的な翅となる．

g **羽化ホルモン** [eclosion hormone] 昆虫の幼虫，蛹，成虫への脱皮行動を引き起こすペプチドホルモン．J.W.TrumanとL.M.Riddiford(1970)がガの脳から発見．カイコとタバコスズメガの羽化ホルモンはいずれも62個のアミノ酸からなり，分子内に3対のジスルフィド結合をもつ．ガ以外にもさまざまな昆虫でその部分配列が同定されており，羽化ホルモンは昆虫に広く存在すると考えられる．脳内の腹側中央部の2対の神経分泌細胞で合成され，腹部縦連合内の軸索を通って神経節内に，また，腹部末端神経節やアラタ体から血中に放出される．神経節内にも分泌される．epitracheal organより分泌される脱皮開始ホルモン(ecdysis-triggering hormone)によって放出され，胸部・腹部神経節内のcrustacean cardioactive peptideニューロンを介して，一連の脱皮行動を引き起こす．

h **羽冠** [crest] 《同》冠羽，冠毛．種々の鳥類の頭頂に突出する，総状・扇状などの*羽毛の束からなる*鳥冠．とさかと同様，*性徴であることが多い．

a **浮島**（うきしま）［floating island］「ふとう」とも．湖沼において，主に植物体あるいはその遺骸などからなり底に固定せず浮動する島．*高層湿原の腐植栄養的な池沼や，平地の老衰期にある浅い*富栄養湖に見られる．山形県浮島大沼，尾瀬ヶ原の池塘，鹿児島県藺牟田池などに見られる．抽水植物の根あるいは水底の泥炭の塊が内部に溜まったガスのために浮上したもの，岸の一部が離れて生じたものなどがある．

b **鰾**（うきぶくろ）［air bladder, swim bladder, gas bladder］多くの硬骨魚類の，消化管の背側，消化管と腎臓（中腎）との間にあり，気体をみたした無対の膜状器官．二次的にこれを欠くものもある．祖先的硬骨魚類に獲得された肺に由来し，発生上，*鰓裂後方部の消化管の膨出として生ずる．形は管状，円錐形，卵形など種々で，いろいろな部位から盲嚢を出すものもある．また隔壁によって2〜3室に仕切られる場合もある．通常，扁平，または円柱上皮と平滑筋を主とする内層と，膠原繊維および弾性繊維の多い外層とで構成され，一般に比重調節を行うが，発音器官，聴覚器官，補助的な呼吸器官として使われる種もある．チョウザメ，サケ，アユ，コイ，メダカなどでは鰾と消化管が鰾気管（pneumatic duct）と呼ばれる細管で生涯連絡するが，通常，発生早期にこの連絡は失われる．鰾気管をもつものを開鰾類または喉鰾類（physostomi），もたないものを閉鰾類（physoclisti）という．鰾に分布する血管はしばしば1カ所ないし数カ所で赤斑（red spot, red body）と呼ばれる毛細血管の網目を形成し，閉鰾類では赤斑は鰾内表面の表皮の特化した組織であるガス腺（gas gland）と連絡し，両者を合わせて赤腺（red gland）と呼ぶ．鰾の後背壁には毛細血管に富む卵円腺（ovoid gland）がある．閉鰾類では赤腺から血液中の二酸化炭素や酸素が分泌する一方，卵円腺でガスの吸収を行い，鰾内のガス量を変化させ比重を調節し，開鰾類では鰾気管を通じて空気を出入りさせ，鰾内のガス量を調節することができる．（⇒肺）

c **ウサイ** HOUSSAY, Bernardo Alberto　1887〜1971　アルゼンチンの内分泌学者．内分泌・動物毒などを研究し，下垂体前葉ホルモンの糖代謝における役割の研究で，C.F.Cori，G.T.Cori夫妻とともに1947年ノーベル生理学・医学賞受賞．

d **蛆**（うじ）［maggot］昆虫の無肢型幼虫，特に半頭型幼虫・無頭型幼虫をいう．

e **失われた環**［missing link］《同》失われた鎖，欠けた環，ミッシングリンク．生物の系図の連なりを鎖にたとえ，その間に認められる間隙をいう．全生物の系統的関係は，現生の生物を並べただけでは完成されず，化石系列によっても完全とはならず，主要なグループの間には大きい間隙，また小さなグループの間にも大なり小なりの間隙がある．この間隙は，化石記録が不完全であることに加えて，形態進化の速度が不均一であることによってもたらされる．ミッシングリンクに相当する化石の発見は，進化学上あるいは分類学上重要な意義をもつ．*ジュラ紀の地層から見つかる*始祖鳥はその好例である．

f **ウスニン酸**［usnic acid］$C_{18}H_{16}O_7$　最も広く分布する地衣酸の一つ．*地衣類サルオガセ科の *Usnea diffracta* などからとれる黄色の結晶．

g **渦鞭毛植物**（うずべんもうしょくぶつ）［dinophytes］《同》渦鞭毛虫（dinoflagellates），ディノゾア類（dinozoans）．*アルベオラータに属する一群．多くは単細胞自由遊泳性で細胞を取り巻く横溝（cingulum）とそこから後方へ伸びる縦溝（sulcus）をもち，溝の交点から各溝にそって伸びる鞭毛をもつ．横溝を境に上錐（epicone），下錐（hypocone）と呼ぶ．溝を欠くものは帯鞭毛藻（Desmophyceae）として分けたこともあるが現在では認められていない．細胞膜直下にアルベオール（アンフィエスマ小胞）をもち，その中に多糖性の板（鎧板 thecal plate）が存在する有殻渦鞭毛藻（armored dinoflagellates）と鎧板を欠く無殻渦鞭毛藻（unarmored dinoflagellates）がある．ヒストンとヌクレオソームを欠き染色体が常時凝集している特異な核（渦鞭毛藻核 dinokaryon）をもつ．約半数の種は紅色植物との二次共生に由来する三重包膜の葉緑体をもち，クロロフィル a, c_2, ペリディニン（peridinin）を含む．一部の種は緑色植物との二次共生，珪藻やハプト植物との三次共生に由来する葉緑体をもち，また一時的な葉緑体（盗葉緑体）をもつものもいる．さらに残りの種は光合成能を欠く従属栄養性であり，他の生物を捕食するか他種に寄生する．混合栄養性の種も多い．ヤコウチュウのように生物発光するものもある．ときに*シストを形成し，化石記録も豊富．水域に広く生育し，赤潮の形成や貝毒を生成するのも多い．渦鞭毛植物門（Dinophyta）またはディノゾア門（Dinozoa）にまとめられ，多くは渦鞭毛藻綱（Dinophyceae）に属するが，ほかにオキシリス綱，パーキンサス綱などがある．dino（渦を巻く）を di（二つ）と取り違えて双鞭毛藻と誤訳されたことがある．

h **渦虫類**（うずむしるい）［turbellarians］伝統的な扁形動物門の分類体系において条虫綱および吸虫綱（場合によっては吸虫綱から独立した単生綱）と並んで渦虫綱（Turbellaria）と呼ばれる分類群を構成した，主に自由生活性の左右相称動物．約4500種が知られる．20世紀中頃までにこの群の中に主に「目」として含まれていたものの，後年に別の動物門に移された分類群として顎口動物，珍渦虫類，無腸類，皮中神経類が挙げられる．扁形動物門が小鎖状類と有棒状体類の二つのクレード（完系）からなることと，条虫類・吸虫類・単生類からなる寄生性の新皮類は有棒状体類に含まれるサブクレードであることは形態と分子のデータから疑いなく，「渦虫類」は側系統群とみなされるのが一般的．多くは雌雄同体で複雑な生殖器官をもち，一般に相互の交尾によって体内で他家受精が起き，単一卵（多食類や多岐腸類）あるいは複合卵（棒腸類・原卵黄類・三岐腸類）が形成される．らせん卵割で，多くの場合直接発生するが，多岐腸類の一部は*ミュラー幼生や*ゲッテ幼生と呼ばれる浮遊幼生期間を経る．消化器系は口・咽頭・腸からなり，肛門はない．咽頭には，小鎖状類や多食類に見られる単咽頭（simple pharynx）と，その他の分類群に見られる複咽頭（composite pharynx）の大きく二つの型が認められる．複咽頭は咽頭鞘（pharyngeal sheath）と呼ばれる繊毛を欠いた扁平上皮で覆われた構造によって保護されており，摂食時には伸長して口から外に突出する．複咽頭はさらに2型に分けられる．すなわち棒腸類（樽咽頭類・無吻類・陰吻類・截頭類）に見られる球形咽頭（bulbous pharynx）と，多岐腸類・三岐腸類・原順列類に見られる褶咽頭（plicate pharynx）である．排出器官として原腎管をもつものが多い．感覚毛のほか，しばしば眼点や平衡胞をもつ．海水，淡水，湿地に生息．

a **宇田川榕庵**（うだがわ ようあん）　1798～1846　本草学者．1822年に著した『菩多尼訶経』は，西欧の植物学を簡明に解説した日本で最初の植物学書．P. F. von Siebold とも親しく交わった．［主著］植学啓原，1834．

b **歌制御システム**　[song control system]　《同》ソングパスウェイ(song pathway)，ソングシステム(song system)．歌(*さえずり，ソング)を支える脳内の神経回路．一部の鳥類は幼少期に歌を聞き覚え，成長とともに自ら発声することを通して歌い方を学ぶ．この学習行動は，スズメ目，オウム目，ハチドリ亜目でそれぞれ独立に進化した，どのグループの鳥も同様の神経回路をそなえている．歌は繁殖成功に結びついており，雄間の競争（なわばりの維持）および雌による選り好み(*性淘汰)の二つの要因によって進化した．神経回路は明確な性的二型性を示し，主に雄の脳において発達している．幼鳥は社会的相互作用をもった成鳥からその歌を学ぶため，歌の系譜は必ずしも遺伝的系譜とは一致しない．しかし，どの個体の歌もその種を特定する明瞭な音響的特徴をそなえることから，神経回路の発達は遺伝的に強く拘束されていると考えられている．歌の学習は，幼鳥期に歌の鋳型を形成する感覚学習と，鋳型に合わせて歌を修正し固定化する感覚運動学習に分かれ，いずれの学習にも感受性期(*臨界期)がある．歌制御システムでは，感覚運動学習にあずかる前大脳経路(anterior forebrain pathway)と，発声運動の生成にあずかる発声運動経路(vocal motor pathway)の二つの経路が特定されている．幼鳥期に前大脳経路を損傷すると歌の発達が損なわれるが，成鳥で損傷しても歌はすぐに損なわれることはない．他方，発声運動経路を成鳥で損傷すると，歌の発声は著しく損なわれる．感覚学習の座は大脳聴覚野であると考えられているが，聴覚野は歌学習を行わない鳥にもそなわっているため，歌制御系の一部とはみなされない．前大脳経路は哺乳類の皮質・線条体・視床ループと相同である．ヒトの言動も同様の感覚運動学習によって獲得されるため，鳥の歌制御システムの研究は言語の理解にとっても重要である．

c **内先型**（うちさきがた）　[anadromy]　葉脈・葉身などの分岐において，主軸から分岐した部分が再分岐する際に，もとの主軸の基部から遠い側が先に発出する様式．主にシダの葉の小羽片の出方の記述に用いる．カナワラビ属・オシダ属のナンタイシダ類がこの型．その逆を外先型(catadromy．例：オシダ属のほとんど)という．両型は最下前側および最下後側と表すこともある．また羽片の発達に関し，求頂的方向の葉肉・葉脈・小羽片などが求基的にでたものよりも成長発達のよい場合をアナトニー(anatony)，その逆をカタトニー(katatony)という．ナライシダやウサギシダなどは後者に属し，羽状複葉もそのため五角形の輪郭を示し，オリヅルシダやカナワラビは最下羽片を除き前者の型を示す．

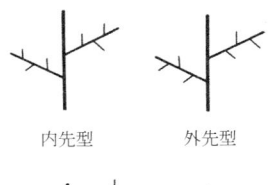

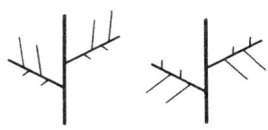

d **内田亨**（うちだ とおる）　1897～1981　動物分類学者．東京帝国大学理学部動物学科卒業．北海道帝国大学理学部教授．主な研究対象は腔腸動物．動物分類学会を創設．［主著］動物系統分類学，10巻，1961～1999(監修)．

e **宇宙生物学**　[astrobiology]　地球以外に存在すると考えられる生物を主として対象とする科学．地球上の生物の最も基本的な性格として，細胞構造をもつ，遺伝情報は核酸がつかさどる，代謝は蛋白質がつかさどる，などがあげられる．しかし他の天体に生物が存在した場合にそれにあてはまるとは限らず，たとえその生物が地球の生命体と同じ機能をもつとしても，機能物質が地球のそれと同じであるとは限らない．そのようなことから宇宙生物学の分野が成立する．研究対象として次のようなものがあげられる．(1)地球上の生物の歴史性の理解，すなわち地球環境における物質および生命の起原の研究．(2)地球外の生物の探査・分析．(3)地球生物の地球外環境(宇宙環境)への適応のしくみや基本原理の理解，および地球の過去の環境や他天体の環境(地球からみれば異常環境)の想定と，そのような環境下に生息の可能な生物についての推定．(4)宇宙環境から得た知識・技術の人類の生活への利用．

f **鬱血**（うっけつ）　[congestion]　血流の障害により静脈内に血液がたまった病的状態．局部は静脈圧が上がり，低酸素によりデオキシ型ヘモグロビン濃度が上昇することにより暗紫色または暗青赤色を呈し(*チアノーゼ)，温度が下がり，静脈および毛細血管は血液の充満により膨張する．局所的に起こる場合とやや全身的に幹部静脈およびその付近に起こる場合とがあり，時間の経過とともに血液の液体成分は血管外に濾出して水腫を起こす．鬱血の成因は，局所的には血管の圧迫，血管内の塞栓・血栓などにより，全身的には心不全によることが多い．

g **ウッジャー**　WOODGER, Joseph Henry　1894～1981　イギリスの生物学者．主として原生生物の形態学的・生理学的研究を行い，当時台頭した全体論(J. S. Haldane ら)に対し，生命は化学物質が編成されることに依存するとした理論を展開した．方法論について論じ，記号論理学の生物学への適用に関しても先鞭をつけた．［主著］Biological principles, 1929．

h **ウッド-ワークマン反応**　[Wood-Werkman reaction]　見かけ上ピルビン酸に二酸化炭素が固定されてオキサロ酢酸を生ずる反応．
$$CH_3COCOOH + CO_2 \rightleftharpoons HOOCCH_2COCOOH$$
H. G. Wood と C. H. Werkman (1938)がプロピオン酸菌(*Propionibacterium*)で発見して以来，光合成を行わない従属栄養的な動物・原生生物・微生物，さらに植物のクロロフィルを含まない組織でもこの形式の炭素同化(炭酸暗固定 dark fixation of carbon dioxide)が起こることが知られている．この反応はその後の研究により，主としてピルビン酸カルボキシル化酵素反応
$$ピルビン酸 + CO_2 + ATP \rightleftharpoons オキサロ酢酸 + ADP + Pi$$
が主体であって，ほかにリンゴ酸酵素(EC1.1.1.40)による反応

$$ピルビン酸 + CO_2 + NADPH + H^+$$
$$\rightleftharpoons \text{L-リンゴ酸} + NADP^+$$
も寄与すると考えられている．

a **うつ病** [depression] 抑うつ感を主とする気分変調と，集中困難，活動性低下などの思考と意欲の障害を特徴とする*気分障害．双極性障害と並んで気分障害の中核を成す．日本ではうつ病の生涯有病率は 6.5% と，欧米のそれ (9〜15%) に比べるとかなり低いが，その原因は不明．有病者の約半数が 20 歳代以降 40 歳までに発症する．女性の有病率は男性の約 2 倍．うつ病の原因は明らかではないが，その発症には遺伝的要素と環境的要素が関与するとされる．双極性障害では遺伝的要素の関与が大きいが，うつ病では養育体験と発症前ストレスが占める比重が大きい．病因・病態の仮説としては，視床下部や扁桃体で副腎皮質刺激ホルモン放出ホルモンが多量に流出され，海馬の機能の低下も加わり，糖質コルチコイドが過剰に分泌されるという視床下部–下垂体–副腎系仮説，神経細胞におけるモノアミン (セロトニンやノルアドレナリン) が不足しているというモノアミン仮説，海馬での神経細胞の新生が減弱しているという神経細胞新生仮説などが知られる．うつ病の症状は，抑うつ気分，興味や関心，喜びの欠如などの精神症状のほか，食欲低下，睡眠障害，体重減少など．再発を繰り返しやすいため，再発予防が重要．抗うつ薬の服用，休養，精神療法，環境調整が治療の柱で，うつ病患者の 7 割はこれらに反応するが，3 割は難治性．

b **腕** [arm ラ brachium] もともとヒトとサル類の前肢をいい，解剖学では arm は上腕，forearm が前腕を指す．広義には脊椎動物の前脚．先端の指は物をつかむように発達している．さらに，物を把握する働きの点から転化して，無脊椎動物の諸体部，例えば，刺胞動物ヒドラの触手 (捕腕)，鉢クラゲのエフィラの口腕，頭足類の 8 または 10 本の腕，腕足類の触手を支持する構造，ヒトデ類・クモヒトデ類の放射状に伸長する部分など．そのほか染色体の腕などの語もある．

c **うどんこ病** [powdery mildew] 子嚢菌類に属するウドンコ菌科 (Erysiphaceae) の菌の寄生によって起こる，植物体上にうどん粉をまき散らしたような特有の病徴を示す植物の病気．本科は形成される子嚢の数および子嚢殻の外部に見られる付属糸の形により Erysiphe, Leveillula, Microsphaera, Podosphaera, Sphaerotheca, Uncinula などの各属に分類され，属による宿主植物の種が異なる．宿主植物体上に見られる白い粉状物は，病原菌の*菌糸および*分生子である．うどんこ病菌は人工培養ができず，生きている植物から養分をとる純活物寄生菌で，宿主植物の細胞内に*吸器を入れて養分を吸収する．

d **ウニ原基** [echinus rudiment] ウニ類において，*プルテウス幼生の体の左側にある水腔とそれに接するように外胚葉から形成される*羊膜腔と呼ばれる腔所とを合わせた部分．後に変態が進むと，この部分が成体の口とその周囲の主要器官を形成する中心となる．

e **ウニ類** [echinoids, sea urchins ラ Echinoidea]《同》海胆類．棘皮動物門の一綱．体が規則正しい五放射相称で肛門が上面 (反口面) の中央にある正形ウニ類 (regular sea urchins) と，左右相称性が加わり肛門が下面 (口面) の中央からずれた位置にある不正形ウニ類 (irregular sea urchins, heart urchins, sand dollars) に区別される．体は殻 (test) に囲まれる．殻板と呼ばれる骨板が規則正しく配列し，たがいに縫合して多くの種で堅固な殻となる．殻の外側には，多数の可動の棘がある．殻板には歩帯板と間歩帯板があり，歩帯板には管足孔が開き，放射水管から枝分かれする袋状の瓶嚢からつながる*管足がこの孔から突出する．多くの管足は先端が吸盤状になる．殻表の棘の間には活発に動くさまざまな形状の*叉棘がある．殻表の歩帯部には中実の球と多孔質の柄がつながった電球形の球棘 (sphaeridium) があり，平衡器官と考えられているものの，機能は明らかではない．口は下面の中央にあり，長い消化管は体腔内を迂曲する．多くの種は管状の胃の外壁に沿って平行に送水管 (siphon) と呼ばれる細管が走り，食道から小腸へのバイパスとなり水分を送る．口部には*アリストテレスの提灯と呼ばれる複雑な口器があり，歯で海藻や動物などをかみくだく．ほとんどが雌雄異体で，生殖巣は正形ウニ類では 5 個あるが，不正形ウニ類の多くは 4 個で，2〜3 個のみの種もある．生殖孔の開く生殖板は，殻の頂上部にある．多くの種は間接発生で，浮遊幼生は*エキノプルテウスと呼ばれるが，直接発生や保育習性を有する種もある．無性生殖は未知．約 1000 の現生種が知られる．

f **羽片** [pinna] 複葉，特にシダ類の葉で，葉面が 2 以上の小部分に分かれるときの，第一次の分裂片．シダでは羽状に分かれていない場合にも使用する．二次，三次と分かれている場合はその割れ目を含めた全輪郭をもって羽片の形と見なす．この場合には最終次の裂片を小羽片 (pinnule) と呼ぶ．

g **ウマ伝染性貧血** [equine infectious anemia] 「伝貧」と略記．ウマ，ロバ，ラバなどウマ類のみに見られる，熱発作の回帰と赤血球の減少を特徴とする伝染病．臨床症状により，高熱が数日持続し死亡する急性型，発熱の繰返しにより死亡する亜急性型，繰り返される発熱が徐々に軽度になり健康馬と見分けがつかなくなる慢性型に分類される．病原ウイルスはレトロウイルス科*レンチウイルス属に分類される．宿主体内でめまぐるしく抗原変異を起こし宿主の免疫反応から免れるため，ワクチンはいまだ開発されていない．このため患畜を殺処分することが唯一の感染拡大を阻止する予防法である．ヨーロッパでは古くから知られ，アメリカでは沼熱 (swamp fever) とも呼ばれ，日本でもかつて全土に広く浸潤していた．現在ではほとんど死亡しない．ウイルスの所在状態は各型で差異があるが，その一部は血行を介して腎臓から排出され，尿中にウイルスが存在する．病理学的には肝脾腫，リンパ節腫大が見られ，網内系細胞の活性化，肝臓の割面に濃淡の紋理形成が認められるニクズク肝に特徴がある．吸血昆虫，特にアブやサシバエにより媒介される．また胎盤感染や乳汁を介しての垂直感染や，病馬に用いた注射器による医原性感染もある．自然感染における潜伏期は 7〜21 日と推定される．家畜法定伝染病に指定されている．

h **うま味** [umami] *味質の一つ．昆布やしいたけ，かつお節に含まれるグルタミン酸ナトリウム (⇌グルタミン酸)，5′-イノシン酸 (⇌イノシン酸)，5′-グアニル酸，コハク酸などの物質が呈する味．これらの物質をうま味物質と呼ぶ．1908 年，池田菊苗により昆布のうま味成分がグルタミン酸ナトリウムであることが示された．舌咽神経中にうま味物質にのみ応答する神経が存在する．

また，味受容細胞にG蛋白質結合型のグルタミン酸ナトリウム受容体分子が発見され，これまでに知られている四つの基本味質(甘味・酸味・鹹味・苦味)とは独立した味質であることがわかった．

a **ウマ類** [horses] 哺乳綱奇蹄目の一上科(Equoidea)，またはその一科(Equidae)．現生ウマは*Equus*の1属のみで四肢が長く，第三趾が第二趾および第四趾に比べてよく発達し，1趾のように見え，歯牙は高歯冠性(hypsodont)．対し化石ウマは一般に小型で，第二・第三・第四の3趾が働き，まれに第五趾がこれに加わり，歯牙は低歯冠性(brachyodont)．ウマ類の進化における高歯冠化は当時拡大しつつあった草原への進出と対応していると考えられている．始新世初期の*Hyracotherium*(=*Eohippus*)から始新世中頃の*Orohippus*，ついで*Epihippus*，漸新世初期の*Mesohippus*，ついで*Miohippus*，*Parahippus*，ついで中新世末期の*Merychippus*を経て，更新世の*Equus*に至るが，このほかに*Mesohippus*より*Hypohippus*などの傍枝があり，このような進化は主として北アメリカに起り．*Hyracotherium*の系統は旧大陸でPalaeotheriidaeを生み出し始新世初期まで栄えたが，その後中新世中期から後期にかけての*Anchitherium*，鮮新世の*Hipparion*をはじめとし，更新世の*Equus*に至るまで，旧大陸で記録されたウマ類はすべて，北アメリカからの移住またはその直系の子孫系統のみ．一方，アメリカ大陸では更新世末に*Equus*が亡び，現存する*Equus*は新大陸発見後にヨーロッパから移入．このように，以前はウマの進化的変遷はほとんど欠けることなくたどられるものとされ，しばしば定向進化の好例とされたが，これは厳密に直接的な祖先・子孫関係ではないので注意が必要．またG.G.Simpsonは環境の変化との対応に基づいた詳細な研究でこれを否定している．

b **ウミグモ類，海蜘蛛類** [pycnogonids ラ Pycnogonida] 《同》皆脚類(Pantopoda)．節足動物門鋏角亜門の一綱．体長1〜90 mm．頭部は極めて小さく，前端は*吻(proboscis)として突出し，顎はない．背面の眼丘(ocular tubercle)上に4個の単眼がある．胸部は4体節に分かれ，腹部は極めて短く，分節しない．*付属肢は，鋏肢(鋏角)，触肢のほか，雄だけにある担卵肢，および4対の長い歩肢(歩脚)である．腸の盲嚢が各脚の中に進入し，生殖腺は雌では各歩肢の第二節に開口し，雄では第四歩肢の第二節に開く．心臓はあるが，呼吸器官はない．すべて海産で多くは底生．ユメムシ科など数科約2000種が知られ日本沿岸に約160種を産する．化石は古生代カンブリア紀まで遡る．

c **海ツボミ類** [blastoids ラ Blastoidea] 棘皮動物の化石動物．T. Say(1825)の命名．球形・卵形・蕾形の萼があり，それに続く短柄(石灰質環状小節からなる)があるが，ときに無柄で，他物に固着．萼は五放射状に規則正しく配列する通常30の萼板に包まれる．萼口からも5本の歩帯溝が放射状に伸び，口と歩帯溝は小形の可動性の板に覆われる．歩帯溝縁に羽状の付属肢(腕brachiole)がある．*オルドビス紀から*ペルム紀末まで存続したが，*石炭紀初期に多い．*Pentremites*が代表属．

d **ウミヒナギク類** [sea daisies ラ Peripodia] 《同》周足類．棘皮動物門ヒトデ綱の一目．ニュージーランド沖の水深約1000〜1200 mの深海底の沈木から発見されたウミヒナギク(*Xyloplax medusiformis*)に基づいて，A. N. Baker, F. W. E. Rowe, H. E. S. Clark (1986)が新しくシャリンヒトデ綱(同心環綱Concentricycloidea)を創設したが，現在ではヒトデ綱の1分類群とされている．これまでに1属3種が知られる．体は直径約1 cm以下の薄い円盤状で，突出した腕部を全くもたない．反口面(上面)は互いに重なりあう骨板におおわれ，盤の周囲は小さな棘に囲まれる．口面(下面)の中央に口が開き痕跡的な消化管をもつ種と，口面が薄い膜でおおわれ消化管を全く欠く種がある．肛門はない．水管系は二重の環状構造をとり，水孔は反口面に開く．管足は口面周縁部に1列に環状に配列．雌雄異体で生殖巣は5対，この構造に顕著な性的二型が認められ雌の方が体が大きく，交尾による体内受精が推測される．

e **ウミユリ類** [crinoids ラ Crinoidea] 棘皮動物門の一綱．有柄ウミユリ類とウミシダ類(feather stars)とに大別される．体は，有柄ウミユリ類では柄(または茎)の上に体の本体である冠部(crown, corona)がのり，柄から出る巻枝などによって海底に固着し，ウミシダ類では柄がなく冠部の反口面から出る巻枝によって海底の岩や他の生物につかまるが容易に移動できる．冠部では，内臓をおさめた萼(calyx, theca)の上面(口面)に口が開き，口を囲んで腕が広がる．肛門も口面に開口する．腕は5本あるいは分岐して，10本ないしそれ以上となる．腕にはさらに羽枝と呼ばれる短い枝が列生し網状に広げ，それに沿って口から伸びる歩帯溝(食溝)の両側には管足が生じ，これらを用いて海水中のデトリタスなどを餌としてとらえる．多孔体を欠く．雌雄異体で，生殖巣は細胞ѕ化して，一部の羽枝の中に形成される．体外受精で間接発生が通例だが，直接発生で保育習性をもつ種もある．*ドリオラリア浮遊幼生期のあと着底して*ペンタクリノイド幼生となる．現生種は約650種．多くの化石種が知られ，地質時代に大繁栄した．

f **海リンゴ類** [cystoids ラ Cystoidea] 棘皮動物の化石動物．L. von Buch(1844)の命名．現在Rhombiferaとa Diploporitaの二綱に分けられている．萼部は球形・卵形または半球形で，多少不規則に配列した石灰板におおわれる．口は萼板間または萼板上，あるいは萼部の腕板にあり，歩帯溝(食溝)は不完全なものから完全に近いものまであり，その数は2, 3, 5またはそれ以上．肛門も萼部にあり，腕部は発達不良で，ときに欠如する．有柄が一般的でその末端で海底や他の生物に固着するが，まれに無柄．*カンブリア紀に出現し，*オルドビス紀・*シルル紀に全盛を極め，*石炭紀の初期に絶滅した．

g **羽毛** [feather] 《同》羽．鳥類ならびに一部の恐竜に特有の表皮の*角質形成物．羽幹(scapus, scape)から羽枝(ramus, barb)が分岐する点で哺乳類の毛と異なる．体のほとんどに密生，保温と同時に，外傷を防ぎ，色彩・模様をもたらす．羽毛原基，すなわち羽芽(feather bud, feather germ)は真皮の肥厚による表皮の突起，羽乳頭(feather papilla)に始まる(図次頁)．羽乳頭は成長してその先端が後方へ向かう．真皮の肥厚はその軸すなわち羽髄(feather pulp)となり，血管が入り，表皮がそれを覆う．羽髄の基部を取り囲む表皮は陥入し，羽囊(羽包 feather follicle)をつくる．羽髄を覆う表皮は増殖し柱状体を形成，角質化して羽幹となり，先端が分岐して刷毛状に羽枝を生じる．羽幹基部は真皮深層において羽根を形成する．

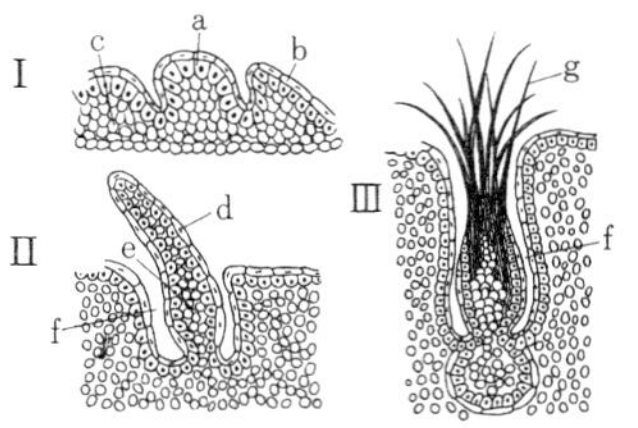

ウラシル

羽毛の発生（I〜IIIの順）
a 羽乳頭
b 表皮
c 真皮
d 羽芽
e 羽軸
f 羽嚢
g 羽枝

羽毛にはおおばね(正羽 contour feather)，綿羽(down feather)，毛状羽(hair feather)の3種がある．おおばねは長大で，羽板(羽弁，翻(こう)web, vane)を形成し，中央に軸，すなわち羽幹をもち，その基部は管状の羽柄(翻(かく)quill)となる．羽柄の上下には臍(umbilicus)という孔があり，それにより羽柄の内腔は外通する．羽柄より先端は中実で羽軸(rhachis, shaft)という．羽軸両側には密に列生する羽枝が分枝し，全体として羽板を形成する．ただし走鳥類の羽枝は羽板をなさない．羽枝にはさらに小形の小羽枝(barbella, radius)が列生し，小羽枝には多数の小鉤があって，他の小羽枝のそれとひっかかりあう．羽柄の上端にはしばしば別の羽毛がつき，これを後羽(副翻 after-shaft)といい，形も小さく痕跡的だが，ヒクイドリやエミューなどでは，後羽が主羽とほぼ同大で，あたかも1本の羽柄から2本のおおばねを生じたように見える．

おおばねは体表に一様に分布するのではなく，その分布域を羽域(羽区 pteryla, feather tract)，それのない部域を無羽域(無羽区，裸域 apteria)という．無羽域にはわずかに細い羽軸だけで羽枝をもたない毛状羽が生じる．羽毛の総称を羽衣(plumage)という．ヒナの羽衣は主として綿羽(あるいは「ぜん」)からなり，その羽枝は羽幹から直接房

おおばねの構造

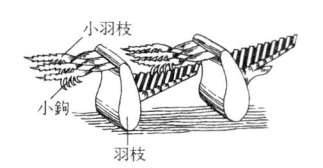

おおばねの細部構造

状に生じ，羽板を形成しない．この羽枝には小鉤がなく互いにばらばらで，綿塊状に見える．これを新羽(neoptile, nestling down)ともいい，対して成体の羽衣を完羽(teleoptile)という．羽衣は通常1年に1回ないし2回*換羽によって更新される．換羽期を俗に「とき」といい，甲状腺ホルモンが関与する．春の「とき」以後の羽衣を夏羽(summer plumage)，秋の「とき」以後のものを冬羽(winter plumage)と呼ぶ．夏羽と冬羽は色彩を異にすることがある．生殖時期に現れる特殊な色彩を婚羽(婚衣，生殖羽 nuptial plumage)といい(⇒婚姻色)，それ以外の時期のものより目立ち，羽毛の変化だけでなく，嘴の色が変わったり，特別な角質物を生じたり，顔面の裸出部が幅広くなり色彩が鮮美になったりもする．これらの特徴は雌雄間の信号として機能し，繁殖期がすむと婚羽は再び換羽により地味な羽毛に変わる．この現象は一般に雄において著しく，甲状腺や下垂体前葉ホルモンの支配下にあると考えられる．夏羽と冬羽の区別がある鳥では，夏羽が婚羽に相当するが，この変化を示す種の中には，換羽によらずに，羽毛の先端がすり切れることによって夏羽になるものもいる．

a **ウラシル** [uracil] ⇒塩基

b **ウリジル酸** [uridylic acid] UMPと略記．《同》ウリジン一リン酸(uridine monophosphate)，ウリジレート(uridylate)．⇒ヌクレオチド(表)

c **ウリジン** [uridine] Uと略記．⇒ヌクレオシド，⇒糖ヌクレオチド

ウリジン三リン酸 [uridine triphosphate] UTPと略記．一般にはウリジン-5′-三リン酸を指す(⇒ヌクレオシド-5′-三リン酸)．RNA合成の直接の前駆体．糖類の代謝に関係が深くUTPとグルコース-1-リン酸から酵素的にUDP-グルコースとピロリン酸を生成する．その他，UDP-ガラクトース，UDP-ガラクトサミン，UDP-グルクロン酸なども生成する．

e **ウリジン二リン酸グルコース-4-エピ化酵素**
[uridine diphosphate glucose 4-epimerase] 《同》ウリジン二リン酸-4-エピメラーゼ．グルコースとガラクトースの相互変換に重要な役割を果たす酵素．EC5.1.3.2．広く微生物から動物まで分布．

$$UDP\text{-}D\text{-}グルコース \rightleftarrows UDP\text{-}D\text{-}ガラクトース$$

この4位の立体配置が逆転する機構は明らかでないが，酵素にNAD^+が結合していることから，ケト化合物への酸化と水酸基への再還元によって起こるとされる．

f **ウルトラミクロトーム** [ultramicrotome] 《同》超ミクロトーム．透過型電子顕微鏡用の*超薄切片をつくるための*ミクロトーム．樹脂などの各種の*包埋剤に包埋された試料をガラスナイフまたはダイヤモンドナイフで100 nm以下の超薄切片とする．氷に包埋した試料の超薄切片を作製するために特化したものは，凍結ウルトラミクロトーム(cryo-ultramicrotome)と呼ぶ．機械的送り方式と金属の熱膨張を利用する方式とがある．

g **ウレアーゼ** [urease] *アミダーゼの一種で，尿素の加水分解を触媒する酵素．EC3.5.1.5．
$$CO(NH_2)_2 + H_2O \rightarrow 2NH_3 + CO_2$$
J. B. Sumner(1926)がナタマメから抽出し，酵素としてはじめて結晶化に成功．分子量約48万3000，等電点はpH5.0．最適pH8.0．細菌，糸状菌，植物(ことにマメ科)，無脊椎動物や，哺乳類の胃粘膜・赤血球などに見出される．赤血球のものは血清中にある物質や，重金属，フッ化物，ハロゲン，ホウ酸塩，キノン，H_2O_2，SH試薬で阻害される．還元試薬，青酸，蛋白質，親水コロイドは保護作用がある．

h **ウレイド植物** [ureide plant] ウレイド，特にアラントインやアラントイン酸を窒素転流の主形態とする植物．ムラサキ科・スズカケノキ科は主としてアラントインを含み，カエデ科・トチノキ科はアラントイン酸を主として含む．サトウカエデの出液中の窒素の大部分はウレイドである．共生により窒素を固定する植物のうち，エンドウやソラマメが該当する．ウレイドはプリンの酸化分解によって生じる．(⇒アミド植物)

ウロンサン 113

a **ウロカニン酸** [urocanic acid] 《同》β-イミダゾールアクリル酸. 哺乳類の肝臓や細菌におけるヒスチジンからグルタミン酸への代謝経路の中間体として, ヒスチジン脱アンモニア酵素の作用で無酸素的に分子内脱アミノが行われて生成する物質. 通常はウロカニン酸が肝臓の酵素(ウロカニン酸ヒドラターゼ)でさらに分解されてグルタミン酸へと変化する. 大量のヒスチジンを与えたイヌの尿から得られ, またヒスチジンに細菌が作用しても生ずる.

b **ウロクロム** [urochrome] ウロビリンとともに, 正常な尿の色素成分をなす高分子化合物. 蛋白質の代謝に由来. 暗黄色～褐色の非結晶性粉末. 新鮮な尿中には無色の色素原ウロクロモゲン(urochromogen)として含まれるが, 空気中に放置され, 光や熱または酸化剤の作用を受けると漸次黄色のウロクロムとなる. エールリヒ反応陰性(ウロクロモゲンは陽性), ビウレット反応も陰性. 正常尿中排出量は1日当たり 400～700 mg.

```
S-CH2-ペプチド鎖-インドキシルグルクロン酸
S-CH2-ペプチド鎖-インドキシルグルクロン酸
```

c **鱗** [scale] 体表の大部分または一部を覆う, 多少とも硬質の小薄片状形成物. 形態学的に多様で, (1)爬虫類の体表や鳥類の脚, ある種の哺乳類の肢や尾, センザンコウの体表に見られる鱗は表皮性の角質鱗であり, 特にトカゲやヘビのものは*角鱗, ワニやカメのものは角板(horny scute)と呼ばれる. (2)魚類の鱗は真皮に起生する皮骨(外骨格)で, 楯鱗, 硬鱗, 骨鱗に区別される. (i)楯鱗は皮歯(dermal tooth, dermal denticle)ともいい, 板鰓類の真皮に形成され, 骨性の基底板から突起が体表に突出する. 突起内部には髄腔があり, 血管や神経が入り, これを象牙質が囲み, さらに外表面は表皮由来のエナメロイド(enameloid)が覆う(⇌エナメル質). 歯と同一の構造で, 発生も歯と同様. サメ類では全身に密生していわゆるサメ肌を形成するが, エイでは退化的で体表各所に点在, 特にシビレエイはこれを欠く. (ii)硬鱗はガー, チョウザメなどに見られるガノイン鱗(ganoid scale, 図上)のことで, 真皮内の骨板中に血管の細管が走り, その表面は表皮と真皮とに由来するガノイン(硬鱗質 ganoin)で覆われ, これにより真珠光沢が与えられる. 菱形板状(そのため rhomboid scale ともいう)で大形. 蝶番様構造で互いに連結する. 硬鱗は広義にはコズミン鱗(cosmoid scale, 図下)を含み, 後者は骨性の基底板の上に脈管系を伴ったコズミン(cosmin)という象牙質層ができ, その表面を薄いエナメロイドが覆ったもの. *デボン紀の魚類では一般的で, 現生魚類ではラティメリアだけがもつ. (iii)骨鱗は硬骨魚類に見られる骨性の円形の薄板で, 真皮に由来. 硬い骨質の上層と膠原繊維よりなる下層からなり, 通常は皮膚の薄層がその表面を覆うが, 裸出して前端だけが真皮中にある場合も多い. 前方の鱗が後方のものを覆い, 屋根瓦状に配列する. 同心円状および放射状の線条があり, 前者は魚の年齢により変化する. 自由面に多数の棘をもつものを櫛鱗(ctenoid scale), 棘をもたないものを円鱗(cycloid scale)という.

d **ウロビリン** [urobilin] 《同》I-ウロビリン. $C_{33}H_{42}O_6N_4$ メソビレン(mesobilene)に属する胆汁素の一つ. 褐色を呈する. 無色の色素原ウロビリノゲン(urobilinogen, メソビリルビノゲン mesobilirubinogen, I-ウロビリノゲン I-urobilinogen)の酸化により生成. ウロビリノゲンは肝臓でD-グルクロン酸抱合されたビリルビンジグルクロニドが腸内細菌の β-グルクロニダーゼによって加水分解された後に, 還元され生成する. 胆汁とともに腸に入り一部は糞尿中に排出される(ヒトで, 1日の糞中 100～250 mg, 尿中 0.5～2 mg)が, 他の一部は肝臓に還りそこで分解される. またウロビリノゲンは正常尿中にも非常に少量ではあるが見出され, 肝臓機能障害やその他各種の疾病の際に増量し, 検診などの際の指標とされる. 空気中の酸素および日光を含む光線によって急速にウロビリンに酸化される. 尿を放置すると褐色に着色するのは, ウロビリン生成による. これに亜鉛塩を加えると強い緑色蛍光を発する. (⇌ステルコビリン)

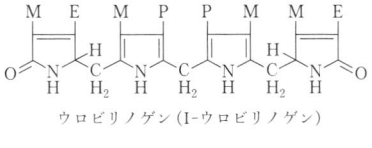

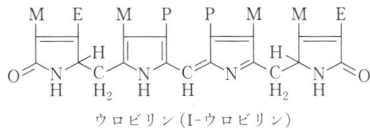

ウロビリノゲン(I-ウロビリノゲン)

ウロビリン(I-ウロビリン)

M：CH_3, E：C_2H_5, P：CH_2CH_2COOH

e **ウロポルフィリン** [uroporphyrin] $C_{40}H_{38}O_{16}N_4$ ポルフィリン生合成における中間体ウロポルフィリノゲン(uroporphyrinogen)の酸化物. 骨髄の幼若赤血球や肝臓で行われるヘム合成の中間代謝産物でもある. 自然界ではI, III型が存在. I型はポルフィリン-1,3,5,7-テトラ酢酸-2,4,6,8-テトラプロピオン酸(図次頁), III型は正常中間体であるウロポルフィリノゲンIIIの酸化物 1,3,5,8-テトラ酢酸-2,4,6,7-テトラプロピオン酸. I型は, 先天性骨髄性ポルフィリン症や晩発性皮膚ポルフィリン症で尿中に多量に排出され, 発熱, 肝疾患, 飲酒, 鉄欠乏の際にも増加が認められる. 健康人でも微量が排出される.

f **ウロン酸** [uronic acid] 還元性カルボニル基とカルボキシル基とをもつ, 糖の誘導体の総称. 天然に存在

ガノイン層
血管腔
基底板

エナメロイド
コズミン層

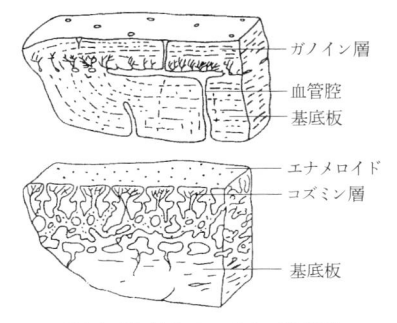

基底板

ガノイン鱗(上)とコズミン鱗(下)
(A.S.Romer & T.S.Persons (1977)による)

ウロボルフィリノーゲンI → (−6H) → ウロボルフィリンI

A: CH₂COOH P: CH₂CH₂COOH

ウロボルフィリンIの生成

するウロン酸としてはD-グルクロン酸,L-イズロン酸(L-iduronic acid),D-ガラクツロン酸,D-マンヌロン酸(D-mannuronic acid)などがあり,またアグリコンと結合したウロニド(uronide)の形やポリウロン酸の形で,*グリコサミノグリカン,ゴム質・ペクチン・ヘミセルロース・アルギン酸・細菌多糖などの細胞壁や粘液物質の主成分になっている.D-グルクロン酸は動物の体内で毒物と抱合(*グルクロン酸抱合)して排出する役目をもち,またヘパリン,コンドロイチン硫酸,ヒアルロン酸など生物活性を有する物質の成分になる.このようにウロン酸は遊離単糖としてでなく配糖体あるいは多糖の形で生体に存在するが,その生合成はUDP-グルコースの酵素的酸化反応で生成するUDP-グルクロン酸が前駆体となり,特異的転移酵素の触媒下にD-グルクロン酸残基がアグリコンや他の糖の非還元末端に転移してウロニド結合をつくることによって進む.D-ガラクツロン酸は糖ヌクレオチドの段階で,あるいはL-イズロン酸多糖鎖の段階でエピ化酵素反応により形成される.一方,生体にはウロニド結合を特異的に加水分解する酵素(β-グルクロニダーゼ)も広く分布する.(⇌グルクロン酸,⇌ガラクツロン酸)

a **ウロン酸含有糖脂質** [uronic acid-containing glycolipid] *ウロン酸を含む酸性糖脂質の総称.ウロン酸成分としては,*グルクロン酸およびそのメチル化・硫酸化誘導体が知られている.グリセロ型とスフィンゴ型の両型がある.前者は主として細菌の *Pseudomonas*,*Alteromonas*,*Bacillus* などに,後者は細菌の *Flavobacterium*,植物(種子,タバコの葉),貝類(淡水生二枚貝精子),昆虫類(幼虫・蛹),哺乳類(ヒト末梢神経)に

GlcA-Cer （細菌）

GlcNAcα1-4GlcAα1
                  ⁶₃Inositol-O-P(=O)(OH)-O-Cer （植物）
Manα1

GlcA4Meβ1
           ⁴Fucα1-4GlcNAcβ1-
GalNAc3Meα1
   2Manα1
           ³₂Manβ1-4Glc1-1Cer （貝類）
       Xylβ1

見出され,ウロン酸を除いた糖鎖構造は極めて多様.貝類精子に存在するメチル化グルクロン酸を含むものは,受精の初期段階での配偶子の相互認識に関与していることが推定されている.また,哺乳類末梢神経に存在する硫酸化グルクロン酸を含むものは,神経の*自己免疫疾患の抗原と考えられている.

b **ウワバイン** [ouabain] 《同》g-ストロファンチン (g-strophanthin). カルデノリド型*強心配糖体の一種.その*アグリコンをウワバゲニンまたは g-ストロファンチジンという.水溶性に富み,強心利尿薬として静脈注射剤に利用される.アフリカ西部原産のキョウチクトウ科 *Strophanthus gratus* の種子や,東アフリカアビシニア地方原産の同科 *Acokanthera ouabaio* ほか同属各種の木部・根部に含まれる.*S.kombé* は,ストロファンチジンをアグリコンとするk-ストロファンチン,k-ストロファントシドを含み,いずれも強心作用を示すが,治療薬には利用されない.

c **ウンガー** UNGER, Franz 1800〜1870 オーストリアの植物学者.植物の解剖学と分類学に従事し,水藻で遊走子を発見.1852年に著作 'Versuch einer Geschichte der Pflanzenwelt' で陸上植物が淡水産あるいは海産の藻類から生じたとの説を立て,進化論の先駆者の一人とされる.

d **運動** [movement, motion] 生物体が能動的に起こす各種の動きの総称.重力,水流,風などによる他動的なものは運動とはいわない.運動性(motility)は生命の重要な識別的特徴であり,特に動物界において高度に発達しているが,植物でも単細胞の藻類ではかなりの運動性をもち,また維管束植物では*膨圧運動と成長運動とが区別される.いずれもその基礎は生物界に普遍的な細

GlcAβ1-3Galβ1-3GalNAcα1-4GalNAcβ1-4GlcNAcβ1-3Manβ1-4Glcβ1-1Cer （昆虫類）

H₂SO₃→3GlcAβ1-3Galβ1-4GlcNAcβ1-3Galβ1-4Glcβ1-1Cer （哺乳類）

Cer:セラミド Fuc:フコース Gal:ガラクトース GalNAc:N-アセチルガラクトサミン GalNAc3Me: 3-O-メチル-N-アセチルガラクトサミン Glc:グルコース GlcA:グルクロン酸 GlcA4Me:4-O-メチルグルクロン酸 GlcNAc:N-アセチルグルコサミン H₂SO₄→3GlcA:3-硫酸化グルクロン酸 Man:マンノース Xyl:キシロース

ウロン酸含有糖脂質(スフィンゴ型)

胞運動に求められる．運動は，個体内の局部的運動 (partial movement) と，個体全体の*移動運動とに大別される．後生動物では両運動とも筋肉または繊毛・鞭毛が原動力となることが多く，特に比較的大型の動物の移動運動はもっぱら筋肉を用いて行われるが，局部的運動にはアメーバ運動なども加わっている．運動器官 (motile organ) は，これらの運動性構造(組織，細胞，細胞小器官)そのもの，あるいはそれをそなえる可動性体部のことであるが，足や翼や鰭など移動運動器官 (locomotor organ) を，特にこの名で呼ぶことが多い．

a **運動覚** [sense of movement] 通例は，自己の身体部分や全身の受動的・能動的運動に対する自己受容性感覚．空間内におけるほかの物あるいは自分自身の運動の感覚の総称とすることもあり，その場合には視覚，触覚，流動覚などの機能をも包括する．脊椎動物では肢体の運動覚は*位置覚とともに，特に四肢の骨格運動において鋭敏であり，ごく小さな運動の場合でも，大きさや方向の判別は欠けるが，運動の事実だけは感じられる．これに反し咽頭や眼球には運動覚が乏しいかまたは全くない．能動的の運動の場合には，*力覚が加わるので閾値がさらにいくらか低下する．このような運動覚と，位置覚(あるいはさらに抵抗覚や重量覚)を合わせて広義の運動覚 (kinesthesia) と呼ぶこともある．感覚としては感覚の*質も局在も不明瞭だが，固有反射や姿勢反射の解発をきたす．受容機構は複雑であるが，一般に，(1)関節部の皮膚感覚，特に圧覚，(2)深部感覚(筋紡錘，腱紡錘，筋膜，関節囊)，(3)筋収縮の神経支配そのものの感知の3要素の協同が認められる．局所麻酔や寒冷により皮膚覚を麻痺させれば，運動覚は大いに減退し，深部感覚に基づく鋭敏でない感受性は行われる．筋肉の受動的な伸長に際しては筋紡錘・腱紡錘の両自己受容器が，能動的な筋収縮時には後者だけが興奮を起こし，これら興奮と休止の空間的・時間的配置が位置・運動・抵抗などの深部感覚を決定する．平衡覚もまさに体運動やその加速度の感受に関係するが，独立・明瞭な感覚種であるところから通例は別個に扱われる．

b **運動学習** [motor learning] 訓練により個々の反応がまとまりのある運動の系列に統合され，課題や状況に適した協調的な運動が形成される過程．技能学習 (skill learning) の基礎である．日常的な例は多く，歩行，走行，食器の使用，スポーツ，楽器演奏，機械操作，車の運転などが挙げられる．運動学習には手続き記憶 (⇒記憶) の形成も一部関わっている．運動学習の効率については，まとめて集中的に行う集中法と少しずつ繰り返し行う分散法のどちらが効率的かという議論が古くから続いているが，学習する課題の違いで異なることが分かっている．

c **運動記録器** [kymograph] 《同》カイモグラフ，キモグラフ．運動を曲線として描記する装置の総称．得られた記録が運動記録図であって，筋収縮，心臓拍動，内臓の運動，血圧の変化，呼吸運動など広く応用される．C. F. W. Ludwig (1864) が血圧曲線の描記用に創案した装置が広く常用されてきた．その主要部は定速で回転する円筒で，被検体または器官の運動は，軽いテコ状のペンを介して，この円筒に巻きつけた煤紙に記録される．筋肉の単収縮のように特に速やかな運動の記録装置は*筋動記録器と呼ばれる．一般に，運動を各種の変換器(ストレインゲージ，圧電素子など)を介して電気的信号に変換し，これを増幅して記録する．

d **運動肢** [locomotory appendage] 《同》移動肢．節足動物の胸部の*歩脚と腹部の遊泳脚を合わせた付属肢．原則として移動運動に使用される．これに対し，頭部付属肢中の大顎や小顎などが食物の摂取・咀嚼のための口器を構成し，これを*口肢という．

e **運動視** [motion vision] 物体の動きを識別する視覚機能．運動物体からの光線の時間的変化を受容ないしは認知するもので，若干個の光受容器ないし網膜単位をそなえ，移動する光線がそれらを継時的に刺激できれば，単純な向視覚でも可能である．網膜の受容器数が多くなるに従い，運動視能力は増大し，外界の動きを敏感に伝える機能として，多くの動物の生活に重要な役割を演じる．甲殻類・昆虫類・両生類・爬虫類などの多くは，もっぱらまたはほとんど動く物体(獲物，敵，他個体)に視覚応答を示す．霊長類では物の形に関する情報(*形態視)と物の動きに関する情報(運動視)はすでに網膜レベルで分かれていて，並列的に処理されていく．運動視に関する情報は，大脳皮質の*一次視覚野を介し，MT野，MST野および頭頂連合野で処理される．ヒトの場合，物体の運動に伴う網膜上の光像の移動は，毎秒視角1'～400°の速度範囲内では直接に運動感覚を生じ，運動刺激消失後にもしばしば残効として視野上の同一部位に反対方向の運動が感じられる．光点の不連続・飛躍的な移動も運動感覚を生じる(仮現運動)．これはストロボスコープや映画の主要な原理である．網膜像の動きは，外界が静止して眼球や身体が運動する場合にも起こりうるが，その運動が能動的・正常である場合，外界は不動に感じられ，空間内での方向認識が保たれる．(⇒視運動反応)

f **運動視差** [motion parallax] 自身の動きによって生じる物体の網膜像の動きを利用して奥行きを識別するための視覚手がかり．観察者が動くと外界で静止している物体は網膜上で動くが，動きの方向や速さは注視位置に対する相対的な奥行きで異なる．例えば，観察者が右に動いたとき，注視位置よりも手前にある物体は網膜像では左に動き，奥にある物体は右に動く．逆に観測者の動きと網膜像の動きとがわかれば，これらの信号を統合することで奥行きを計算できる．例えば，カマキリやある種のフクロウなどでは，頭部を左右に大きく振ることで，獲物までの距離を測っている．霊長類の大脳皮質MT野では網膜像の動きの方向が表現されているが，頭部を動かす方向によって網膜像の最適運動方向が変わる．観測者の動きの信号源には平衡感覚などがあるが，MT野での網膜像の動きの方向表現の頭部運動による変調には目で物体を追う時に使う眼球運動信号が関わっていることが知られている．

g **運動失調** [ataxia] 麻痺や不随意運動がないにもかかわらず，*協調運動に生じる障害．協調運動は筋肉・関節などからの深部感覚や，小脳・大脳・眼・前庭器官の作用によって調節されるが，その中のいずれかが冒されると本症状が現れ，歩行の際，特に顕著になる．障害部位により，脊髄性失調症，小脳性失調症，大脳性失調症，迷路(前庭)性失調症に分ける．

h **運動準備電位** [独 Bereitschaftspotential, readiness potential] BPと略記．《同》運動前電位 (premotor potential)．外からの刺激によらず，内発的・自発的に生じる随意運動の開始に先立って，ヒトの大脳皮

質の補足運動野を中心に生起する集合電位．事象関連電位として，多数回の試行で得られる脳波を加算平均することで陰性電位成分として検出されるが，1回の試行ごとに検出することも可能である．運動開始の1～2秒前から始まる成分 BP1 と数百 ms 前から現れる成分 BP2 からなる．H. H. Kornhuber と L. Deecke により 1965 年に報告され，自由意志の神経表象とみなされた．その後 B. Libet により BP1 電位の立上がりは被験者が運動意図を意識する時点より先立っていることが報告され，ヒトが本当に自由意志をもつかに関して議論を巻き起こした．ブレイン−マシン・インターフェース（脳をコンピュータなどの情報機器と直接接続する技術）への応用でも注目される．

a **運動神経** [motor nerve ラ nervus motorius] 筋肉を支配し，制御する末梢神経．*感覚神経の対．脊椎動物では，*脳脊髄神経系に属して身体運動をつかさどるもののほかに，*自律神経系の末梢神経も多く運動神経の性格をもつ（例：血管運動神経）．同じく自律神経系に属する分泌神経を合わせて広義の運動神経とすることもある．純運動性・純感覚性の神経は現実にはまれで，多くは混合性神経なので，運動神経繊維（運動繊維 motor fiber），運動ニューロンなどの呼称が適切である．

b **運動単位** [motor unit] 1個の*運動ニューロンから発する1本の運動神経繊維，およびそれに支配される多くの筋繊維の総体．運動ニューロンが興奮すれば，その支配下の筋繊維はほとんど同期的に興奮・収縮する．このように運動神経細胞，その繊維および支配下の筋繊維全部は単位としてまとまった機能的全一体とみなすことができる．その筋繊維数/神経繊維数の比を支配比といい，脊椎動物では脊髄前角の運動ニューロンの場合，その値は 3～150．筋肉に発生する力の大小は動員される運動単位の数の多少によるほか，運動神経繊維を介して筋肉に送られるインパルスの頻度にもよる．インパルスの頻度が少ないときでも筋肉の運動が平滑に行われるのは，多数の運動単位の活動が多少の時間のずれをもって行われるからである．なお，1本の感覚神経が分岐して皮膚などの一定領域を支配するものに対しては，感覚単位（sensory unit）の語がある．無脊椎動物では，甲殻類などの筋支配は哺乳類の場合と異なり，単一の軸索が多数に分枝して1個の筋肉全体の繊維につながる．このような神経では神経刺激の反復によって神経筋接合部で伝達の起こるものが増加し，しだいに多数の筋繊維が活動するようになるいわゆる*促通の現象があり，刺激の頻度によって促通の程度が異なるから，発生する張力が加減される．動物によってこの両型式の中間をとるものもある．

c **運動ニューロン** [motoneuron, motor neuron] 軸索が*運動神経となり，骨格筋を支配し収縮を起こさせるニューロン．細胞体は脳神経の運動核および脊髄の前角にあり，後者の場合，脊髄前角細胞（ventral-horn cell）ともいう．一般の筋繊維（錘外筋繊維）を支配する α 運動ニューロンと錘紡錘内の錘内繊維を支配する γ 運動ニューロン，また速筋を支配する相動性運動ニューロン（phasic motoneuron）と遅筋を支配する緊張性運動ニューロン（tonic motoneuron）などの区別がある．広義では，大脳皮質の運動関連領野（運動野，運動連合野）にあって，運動指令を発する，または伝えるニューロンを上位運動ニューロンあるいは一次運動ニューロンと呼び，これに対して，その指令を受け取り，脳幹や脊髄で筋を支配する（狭義の）運動ニューロンを下位運動ニューロンあるいは二次運動ニューロンと呼ぶ．（⇒運動単位）

d **運動野** [motor area] 運動の発現に関係する大脳皮質領域．ヒトをはじめ種々の動物の脳について，刺激あるいは切除の方法によってその領域が決定されている．ヒトの脳では，前頭葉の中心前回（ブロードマンの脳地図の 4 野）およびその前方の領域（6 野）がその主要な部分である（⇒細胞構築学[図]）．4 野は一次運動野（primary motor area）と呼ばれており，ここから皮質脊髄路（錐体路）が発する．この部位を刺激すると反対側の身体の各部に運動を起こす．4 野の中にも機能の局在性がある（⇒体部位再現）．図はヒトの中心前回における機能局在を模式的に示したもので，敏捷な運動を行うことができる部位ほど広い範囲を占めている．6 野は運動前野（premotor area）と呼ばれ，熟練した運動に関係するといわれる．この部位を刺激すると身体の種々の部位の筋群を収縮させ，粗大運動（gross movement）を起こさせる．機能局在もあるが，4 野ほどはっきりしていない．6 野の大脳半球の背内側に廻り込んだ領域は補足運動野（supplementary motor area）と呼ばれ，ここを電気刺激すると同様に筋の収縮が起こる．補足運動野は随意運動の準備状態に関係するといわれる．このほか，8 野は前頭眼運動野（frontal eye field）と呼ばれており，刺激によって外眼筋・眼瞼の筋肉・瞳孔の筋肉に運動を起こす．これらの運動野のほかに，サルで刺激によって同側の顔面運動を起こす二次運動野（secondary motor area，上側頭回・中側頭回・側頭極部），ヒトで 4 野の内前側にも補足運動野の存在が主張されている．これらの運動野からは錐体路および錐体外路系の繊維がでており，特に錐体路系繊維は 4 野にある大きな錐体細胞（ベッツ細胞 Betz cell）およびその他の運動野にある小さい錐体細胞からでている．

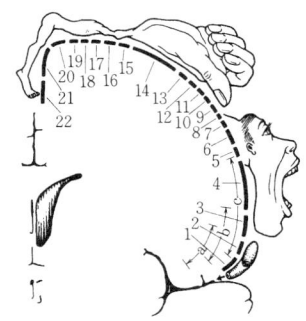

運動野の模式図
a 咀嚼　b 唾液分泌　c 発声
1 嚥下　2 舌　3 顎　4 唇　5 顔　6 眼瞼と眼球　7 額　8 頸　9 拇指　10 食指　11 中指　12 薬指　13 小指　14 手掌　15 手根　16 肘　17 肩　18 躯幹　19 腰　20 膝　21 足根　22 足趾

e **雲霧林** [cloud forest] 不断に雲や霧のかかる場所に発達し，高い湿度のためにコケ類や着生維管束植物が厚く着生した森林．降水量は少なくても霧による水平降雨（horizontal precipitation）が多く通常の降雨の 158% に達することもある．湿潤熱帯の高山，山岳海洋島の山頂付近，貿易風地帯の山地などに，それぞれは小面積であるが広く分布する．東南アジアの山地，ハワイ，カリブ海の山岳島，カナリア諸島などは代表的．日本では奄美大島の湯湾岳，御蔵島などに見られ，九州屋久島の 700～1500 m のスギを主とした針広混交林は亜熱帯ないし暖温帯型の雲霧林である．熱帯山地林では保全上，乾燥亜熱帯地域では水源林などとして，重要である．

エ

a **AIRE**（エアー）《同》自己免疫調節遺伝子（autoimmune regulator gene）．アジソン病や副甲状腺機能低下症など多臓器にわたる臓器特異的*自己免疫疾患および皮膚粘膜カンジダ症を主徴とする，自己免疫性多腺性内分泌不全症・カンジダ症・外胚葉性ジストロフィー（APECED, autoimmune polyendocrinopathy-candidiasis-ectodermal dystrophy，またはⅠ型多腺性内分泌自己免疫症候群 APS-Ⅰ）と名付けられた疾患の原因遺伝子．ヒト 21 番染色体 q22.3 に位置し，545 アミノ酸残基からなる核内蛋白質 AIRE をコードする．AIRE は胸腺髄質上皮細胞の一部に発現し，同上皮細胞におけるインスリンをはじめとする多くの組織特異的抗原の発現を誘導し，これらに対する自己反応性 T 細胞の除去（負の選択 negative selection）による自己免疫寛容の維持に関与すると考えられている．

b **AIC** Akaike's information criterion（赤池情報量基準）の略．*最尤法の枠組みで統計モデルの予測誤差を評価する規準．AIC＝−2（最大対数尤度）＋2（モデルのパラメータ数）で定義される．これにより，さまざまな統計モデルを，予測誤差という統一された規準で比較することが可能となる．予測の対象となるデータは，解析の対象となるデータと同じ確率構造をしていることが想定されるが，最尤推定量を予測データの対数尤度に代入すると，最大対数尤度よりも平均的に小さな値となる．この差を理論的に評価することにより，AIC の第二項が得られた．定義式における二つの「2」は尤度比検定において対数尤度比を 2 倍していることと関係している．

c **AID** activation-induced cytidine deaminase の略．シチジン脱アミノ化酵素の一種で，胚中心 B 細胞に特異的に発現誘導され，*免疫グロブリン遺伝子の*体細胞高頻度突然変異，*遺伝子変換，および*クラススイッチ組換えに必須の役割を担う酵素で活性化 B 細胞でのみ発現する．RNA および DNA のシトシン（C）を脱アミノ化しウラシル（U）に変換する．中央部に酵素活性部位を有し，N 末端側には AID の核内移行と体細胞高頻度突然変異に必要な領域，C 末端側には核外移行とクラススイッチ組換えに必要な領域を有する．作用機構としては，AID が近縁分子の APOBEC-1 と同様に何らかの標的 mRNA に作用して変異を誘導しその翻訳蛋白質の機能的活性化を介して作用するとする RNA 説と，免疫グロブリン遺伝子の V 領域やスイッチ領域の DNA に作用し，直接的には塩基除去修復（base excision repair, BER）や不適正塩基対修復（mismatch repair, MMR）機構を介して二次的に遺伝子変異導入や DNA 二本鎖切断を誘導するとする DNA 説が提唱されている．ヒト原発性免疫不全症の一種でクラススイッチの障害による高 IgM 血症（hyper IgM syndrome, HIGM）を示す患者の一部に AID 遺伝子の変異が知られている．

d **穎果**（えいか）[caryopsis, grain] 果皮が成熟後，乾燥して種子に密着する広義の*痩果の一種．イネ科の果実はこの例．イネ科の果実は外側を籾殻（husk）に包まれるが，籾殻は花の時期に小花を包んでいる外穎と内穎であって，生理的には他の植物の*苞葉に相当するが形態学的には異なる．穎果では種皮と果皮は密着していてあたかも種皮のごとく見えるが，果皮のはげやすいものもある（ネズミノオ）．

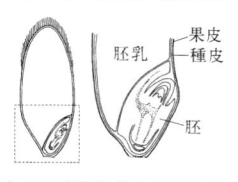

e **永久花** [everlasting flower, permanent flower] 花部が乾燥枯死しても変形・脱落・光沢喪失などが起こらない花．表皮細胞に*クチクラが発達し，開花時の前後に細胞質を失っている．キク科のムギワラギクおよびロダンテ（*Rhodanthe*），イソマツ科のスターチス（*Limonium*）がよく知られていて，ドライフラワーとして装飾に利用される．

f **永久腎** [permanent kidney] 脊椎動物の腎臓の個体発生において，最後に出現する成体の腎．腎臓は前腎，中腎，後腎の順に発生し，後のものが順次前のものに代わって機能する．そこで胚期に一時的に機能する腎との区別でいい，したがって羊膜類では後腎，無羊膜類では中腎を指すが，狭義に前者だけを永久腎ということが多い．

g **永久胞胚** [permanent blastula] *胞胚期で発生を停止した胚．例えば卵割期に分離したウニ胚の*動物極側の半分（動物半球）は胞胚までは発生するが，それ以上に発生が進まない．これは正常の胞胚の頂毛に当たる長い繊毛でその表面の大部分が覆われており，動物極的な性質が強く現れていることを示す．事実，動物半球に小割球を移植するかまたはリチウム処理によって*植物極化の影響を与えると，正常に近い幼生（プルテウス）に発生する．したがって手術によらずに永久胞胚を作るには，いわゆる*動物極化を起こす薬品で全胚を処理すればよい．以前はロダン酸が用いられたが近年では 125〜250 μM の $ZnSO_4$ が推奨されている．

h **影響種** [influent species, influent] 《同》優越種．群集の構成員の中で，相互作用によって他の群集構成員の量や活動に影響を与えるが，その存否を決定するわけではないような動物の種類．緑色植物に用いられる*優占種に対応して，動物側に F. E. Clements と V. E. Shelford（1939）が設けた．生物群系の区分にも用いられ，例えば北アメリカの大草原の*バイオームは，優占種 *Stipa* と影響種であるカモシカの一種の名を冠して *Stipa-Antilocapra* 群集と名づけられた．

i **エイクマン** Eijkman, Christiaan 1858〜1930 オランダの生理学者で，近代栄養学の先駆者．アムステルダム大学で細菌学を学んでのち，1886 年ふたたびバタヴィアに行き，地方病のベリベリ（脚気）の病因を調べ，これが米糠に含まれる微量の栄養物の不足によることを明らかにし，ビタミン研究の端緒をなした．1929 年に F. G. Hopkins とともにノーベル生理学・医学賞受賞．

j **エイコサペンタエン酸** [eicosapentaenoic acid] EPA と略記．《同》イコサペンタエン酸（icosapentaenoic acid）．$CH_3CH_2(CH=CHCH_2)_5(CH_2)_2COOH$ 5 個の二重結合（全 *cis*-5, 8, 11, 14, 17）をもつ炭素数 20 の直鎖*高度不飽和脂肪酸．生理活性物質の*プロスタグ

ランジンI$_3$(PGI$_3$)やトロンボキサンA$_3$(TXA$_3$)の前駆体といわれ、ドコサヘキサエン酸(docosahexaenoic acid, DHA)と共に、イワシ油・タラ油・ニシン油などの魚油や鯨油中に*アシルグリセロールとして存在し、動物ではα-*リノレン酸から生成される(図)．血小板凝集抑制、血中脂質低下作用が認められている．

C18:3(9,12,15)	α-リノレン酸
↓	
C18:4(6,9,12,15)	オクタデカテトラエン酸
↓	
C20:4(8,11,14,17)	エイコサテトラエン酸
↓	
C20:5(5,8,11,14,17)	エイコサペンタエン酸(EPA)
↓	
C22:5(7,10,13,16,19)	ドコサペンタエン酸
↓	
C22:6(4,7,10,13,16,19)	ドコサヘキサエン酸(DHA)

動物におけるα-リノレン酸からエイコサペンタエン酸(EPA)，ドコサヘキサエン酸(DHA)の生成経路

a **エイジグループ** [age group] 《同》同齢集団．動物の集団の中で、同齢の個体だけで構成されている部分．齢は、日齢や月齢のこともあるので必ずしも年齢だけではない．特に若齢期に、このような集団をつくる例が多い．哺乳類では、年齢集団は*遊び(play)によって保持されていることがある．厳密に年齢によって分ける場合には、齢層(age class)あるいは同時出生集団(cohort)を用いる．(→齢構成)

b **エイジング** [aging] 《同》加齢．時間経過とともに生物の状態が徐々に変化していく現象．発生を終えた生物個体の成長・成熟・衰退の全過程についていい、衰退過程だけを示す*老化とは本来は明確に区別されるべきだが、老化の語のもつ暗い語感を避けるために老化と同じ意味で使用されることも少なくない．生体を構成する核酸、蛋白質、脂質、糖質などの物質レベルでは、架橋、脱アミノ、糖転移、酸化などの反応により、分子は経時的に変質する．例えばネズミでは、尾の組織のコラーゲン繊維の架橋度が経時的に増大するため、ネズミの年齢鑑定のよい指標とされる．生物は細胞や個体の維持・生存に関わるDNAなど分子の損傷・変質を修復または更新する能力をもつが、一般にその能力は加齢とともに減少するため、変質が蓄積し、これが老化の一因と考えられている．一方でエイジング過程の多くは遺伝的にプログラムされており、この過程では、性的成熟におけるホルモンの作用など、各種ホルモンが重要な働きをしている．線虫やショウジョウバエ、ネズミなどにおいて、インスリンシグナル経路の阻害は寿命を延長させるが、これらの動物では寿命の延長と引換えに生殖能力の低下がみられることが多い．この傾向は他の動物でもみられ、性的成熟と老化という二つのエイジングの過程は逆の相関関係にあることが推測される．細胞レベルでは、エイジングは体細胞の分裂能力の低下・喪失という現象にみられ、これを分裂寿命(replicative senescence)あるいは細胞老化という(→老化)．植物においては、一回結実性の植物個体ではエイジングの全過程が遺伝的にプログラムされていると考えられる．一方、多回結実性の植物個体では、葉や果実など個々の器官のエイジングは遺伝的に起こるが、個体の死は偶発的である．果実のエイジングである加熟は、植物ホルモンの一つ*エチレンにより促進される．

c **AIDS**(エイズ) acquired immunodeficiency syndrome(後天性免疫不全症候群)の略．レトロウイルス科レンチウイルス属のヒト免疫不全ウイルス(human immunodeficiency virus, HIV)の感染後、数年(平均8年)の潜伏期を経て発症する免疫不全疾患．ニューモシスティス肺炎、カポジ肉腫(Kaposi's sarcoma, 皮膚の多発性色素性肉腫)などの症候群を示すが、これはHIVがCD4を受容体としてT細胞に感染増殖し、極度にCD4陽性T細胞が減少し、細胞性免疫不全になることに起因する．感染は接触や母子感染によるが、輸血、血液製剤の投与による医原性感染も判明している．

d **衛星細胞** [satellite cell] 《同》サテライト細胞．一般に主な細胞の表面に密着し、それを囲むように存在する細胞．次の2種がある．(1)筋衛星細胞(myosatellite cell):骨格筋細胞とその基底膜の間に挟まれて存在する細長い細胞．ときに有糸分裂像を示す．筋に損傷が起きたときに代償的に筋芽細胞に分化し、筋の再生に寄与する．(2)神経節衛星細胞(外套細胞 amphicyte, capsule cell):脳・脊髄神経節や自律神経節の神経細胞体を囲む細胞．シュワン細胞と一連の神経膠細胞すなわち支持細胞の一種で、神経細胞の支持、栄養の補給、物質代謝に関与する．

e **永続型伝搬** [persistent transmission] 《同》永続的伝搬．植物ウイルスの*虫媒伝染様式の一タイプ．この型では媒介虫が病植物を吸汁してウイルスを獲得してもすぐには伝搬能力をもたないが、数時間から数日かけて虫体内でウイルスが循環あるいは増殖した後(この期間を虫体内潜伏期間という)、長期にわたって虫体内にウイルスを保有し、伝搬能力を保持する(この時間を保毒時間という)．増殖型では、昆虫の次世代にも保持する場合がある(経卵伝染)．反対に、潜伏期間なしで直ちに伝搬するが、虫体内保有時間は数分〜数時間しかない非永続型伝搬(non-persistent transmission)がある．非永続型伝搬では、昆虫を数時間絶食させると伝搬率が高まる絶食効果が見られる．

f **HIVプロテアーゼ** [HIV protease] ヒト免疫不全ウイルス(HIV)のもつプロテアーゼ．HIVには1型と2型があり、これらが産生するプロテアーゼをそれぞれHIV-1プロテアーゼ(HIV-1レトロペプシン HIV-1 retropepsin)、HIV-2プロテアーゼ(HIV-2レトロペプシン)と呼ぶ．これらは類似性の高いアスパラギン酸プロテイナーゼで、それぞれEC3.4.23.16および3.4.23.47に分類される．ほとんどのレトロウイルスでは、ウイルスのコア蛋白質は*gag*遺伝子にコードされ、一方、複製に必要な酵素である逆転写酵素、インテグラーゼ、プロテアーゼは*pol*遺伝子にコードされ、Gag-Pol融合ポリ蛋白質(160 kDa)として産生される．これらの蛋白質はHIVプロテアーゼによるプロセッシングを受けてはじめて機能をもつ蛋白質に変換される．HIV-1プロテアーゼは、11 kDaの均等なサブユニット2個から構成される二量体酵素である．それぞれのサブユニットにはX-X-Asp-Thr-Gly(ここでXは疎水性アミノ酸残基)配列が存在し、これらにより提供される2個のアスパラギン酸残基によりペプシン様の活性部位が形成されている．本酵素の基質特異性は特徴的であり、ポリペプチド鎖にあるX-X'(X, X'はともに疎水性残基)あるいはY-Pro(Yは芳香族アミノ酸残基)ペプチド結合を

加水分解する．この活性はアスパラギン酸プロテアーゼ阻害剤であるペプスタチンにより強く阻害される．HIVプロテアーゼが失活すればHIVウイルスの増殖は止まるので、エイズ治療に向けて本酵素の活性部位やサブユニット会合面を標的とした阻害剤が開発されている．

a **HIVプロテアーゼ阻害剤** [HIV protease inhibitor] ヒト免疫不全ウイルス(HIV)がもつ*プロテアーゼを選択的に阻害する物質の総称．HIVプロテアーゼはアスパラギン酸を活性中心にもつホモ二量体酵素で、HIVが成熟化する過程で、前駆体蛋白質からウイルス酵素(プロテアーゼ、*逆転写酵素など)や構造蛋白質などが生成するときに働く．HIVプロテアーゼ阻害剤はこの過程を阻害することで感染性ウイルスの形成を阻害する．インジナビルやサキナビル、ネルフィナビル、アンプレナビル、フォスアンプレナビルはプロテアーゼの活性中心で基質蛋白質と拮抗して阻害活性を示す．一方、リトナビルやロピナビル、アタザナビルはHIVプロテアーゼが二量体構造をとり活性中心を形成する過程を阻害する．

b **hnRNA** heterogeneous nuclear RNA の略．《同》ヘテロ核RNA．真核生物の細胞核中に存在し、代謝的に不安定で不均一な大きさの一群の高分子RNAの総称．分子量約$10^5 \sim 2 \times 10^7$、沈降係数約30〜100S．細胞の全RNAの数％を占め、核内では主に*核小体(仁)の外側に存在する．hnRNAの多くはmRNAの前駆体と考えられ、各種遺伝子の転写産物およびそれらがmRNAとなるまでの種々の中間段階の分子を含み、5′末端に*キャップ構造、3′末端に*ポリA配列が付加された分子も多い(➝プロセッシング)．これらのhnRNAはプロセッシングを受けた後、細胞質へ移行してmRNAとして機能する．大部分のhnRNAは、核内で種々の特異的な蛋白質と複合体を形成して存在している．

c **Hfr菌株** [Hfr strain] 細菌の*接合の際、雌菌(F⁻菌)へ高頻度で染色体を伝達し、組換え体を形成するようになった雄菌．High frequency of recombinationの頭文字．F⁺菌株から得られ、遺伝学的解析に広く利用されている．Hfrでは*F因子が宿主染色体に組み込まれた状態にあり、F因子の挿入された位置と方向によって、それぞれのHfr菌株ごとに染色体伝達の起点と方向とが決まっている．

d **HMG蛋白質** [HMG protein, high-mobility-group protein] 酸可溶性の*非ヒストン蛋白質のうち、電気泳動において高移動度を示す一群．HMG1(分子量2.7万)、HMG2(2.6万)、HMG14(1万)、HMG17(0.9万)などからなる．種々の生物の種々の組織に存在し、ヒストンの数％に相当する量の多い非ヒストン蛋白質である．HMG1とHMG2の一次構造は類似し、ほぼ同じ大きさの3ドメインからなる．C末端ドメインは酸性アミノ酸の連なった高酸性部分である．N末端部分と中央部分は相同性の高い繰返し領域であり、HMGボックス(HMG box, HMGドメイン HMG domain)と呼ばれる．HMGボックス構造は多くのDNA結合蛋白質にも存在し、これらもHMGファミリーに属する．2本のDNA鎖が交差している部分に結合する特性があるので、そこでDNAの構造を変化させていると考えられている．

e **HLA抗原** [HLA antigen, human histocompatibility leukocyte antigen] ヒトの*主要組織適合遺伝子複合体(MHC)のこと．古典的なHLAクラスI分子としてHLA-A, B, C、クラスII分子としてHLA-DR, DP, DQがあり、その遺伝子は第六染色体短腕上の約4 Mbに及ぶ*HLA*遺伝子領域に散在．*HLA-A, B, C*領域には、HLAクラスIのα鎖(重鎖)の構造遺伝子が存在し、それらの産物は第十五染色体上に存在する遺伝子の産物であるβ₂ミクログロブリンと会合する．一方、*HLA-DR, DP, DQ*領域には、それぞれにα鎖とβ鎖の構造遺伝子座が存在し、同一領域内に連鎖するα鎖とβ鎖遺伝子の産物どうしが会合してDR, DP, DQ分子を形成する．HLA-DRα鎖以外の*HLA*の各遺伝子座には、数十〜数百種類の対立遺伝子が存在し、極めて高度の多型性を示す．この他に、非古典的なHLAクラスI分子としてHLA-E, F, G, Hが、クラスII分子としてHLA-DO, DMが存在し、いずれも遺伝的多型性を示す．

f **H帯** [H band] 《同》H盤(H-disk)．横紋筋の筋節(*サルコメア)の*A帯の中央部のやや明るい部域．V. A. C. Hensen (1868)が観察したことによる命名．中央に濃い*M線があり、その両側のやや明るい部分を偽H域(pseudo-H zone)という．H帯はA帯のうち*ミオシンフィラメントにアクチンフィラメントが重なっていない部分で、収縮時には狭く、弛緩時には広くなる．

g **H-2抗原** [H-2 antigen] マウス第十七染色体上に存在する*主要組織適合遺伝子複合体(MHC)のこと．H-2のクラスI分子には、H-2K, D, Lの3種類があり、*H-2*遺伝子領域内に存在する遺伝子によってコードされるα鎖(重鎖)と、第二染色体上に存在する遺伝子によってコードされるβ₂ミクログロブリンとが会合して細胞膜上に発現する．H-2のクラスII分子はIa抗原とも呼ばれ、I-AとI-Eの2種類が存在し、α鎖とβ鎖の2分子が会合して形成される．α鎖、β鎖の蛋白質は、いずれも*H-2*遺伝子領域内に存在する*Aα, Aβ, Eα, Eβ*遺伝子によりコードされる．*H-2*遺伝子もヒトのMHCである*HLA*遺伝子と同様に、顕著な遺伝的多型性を示す．

h **HD-ZIP III遺伝子族**(エイチディージップスリーいでんしぞく) [HD-ZIP III gene family] ホメオドメイン(HD、➝ホメオボックス)と*ロイシンジッパーモチーフを隣接してもつ*転写因子(HD-ZIP)をコードする遺伝子群の一つのサブクラス．蘚苔類より上の進化段階の植物に存在する．シロイヌナズナでは、*PHABULOSA (PHB), PHAVOLUTA (PHV), REVOLUTA (REV), ATHB8* および *ATHB15* の5種類の遺伝子がこのクラスに属す．*PHB, PHV* と *REV* は葉の*向軸側の細胞の運命決定に冗長的に作用し、*ATHB8*は維管束形成に関わる．これらの遺伝子のmRNAは、マイクロRNA (miRNA165/166)との相補的な配列をもち、これらの低分子RNAによって、その作用が負に制御される．*PHB, PHV* と *REV* は、機能の冗長性のため単一の劣性変異では向背軸極性に異常が現れない．しかしmiRNA165/166の結合部位に変異が起こると、優性形質として葉全体が向軸化する．

i **HP1** heterochromatin protein 1 の略．*ヘテロクロマチン形成に関わる蛋白質．真核生物のゲノムDNAは、146塩基対ごとに*ヒストン蛋白質八量体に2回ずつ巻き取られ*ヌクレオソーム構造を形成し、このヌクレオソームが連なる*クロマチンとして細胞核内に存在

する．このクロマチン構造は細胞分裂期にはさらに幾重にも折り畳まれ分裂期染色体を形成する．染色体上にはクロマチン構造が凝集して遺伝子の転写活性が抑制された領域（ヘテロクロマチン）と，クロマチン構造が緩んで活発に転写を受ける領域（*ユークロマチン）とがある．染色体末端のテロメアやセントロメア付近は反復 DNA 配列に富み，ヘテロクロマチンを形成する．HP1 には HP1α, β, γ のアイソフォームがあり，ヒストン H3 の 9 番目のリジン残基のメチル化修飾を標的にアミノ末端側で結合し，カルボキシ末端側ではヒストンメチル化修飾酵素複合体を蛋白質間相互作用によりこの領域へ呼び込むことでヘテロクロマチンが形成され，維持される．HP1 にはこのほかにも H1, H4, DNA メチル化酵素，メチル CpG 結合蛋白質などとの相互作用があることが示され，広く核内クロマチン構造形成・維持に関わる因子である．

a **エイムズ試験** [Ames test] 《同》サルモネラ変異原テスト．*Salmonella typhimurium* を用いて，ヒスチジン要求性の*復帰突然変異の誘発を簡便にプレート法で試験することにより変異原物質を検索する方法．B. N. Ames が開発．この方法で数多くの発がん物質が変異原性を示し，発がん物質の一次スクリーニング法として広く用いられている．多くの発がん物質は哺乳類体内で代謝活性化されて作用するので，薬物代謝酵素系の誘導処理をした動物の肝臓ホモジェネートの 9000 g, 10 分遠沈上清（S9）に補酵素類を加えた S9mix を発がん物質の代謝活性化系としてプレートに添加することが必要である．塩基対置換型変異原を検索する場合は TA1535 または TA100 テスト菌株を，フレームシフト型変異原を検索する場合は TA1537 と TA1538 または TA98 を組み合わせて用いる．

b **栄養** [nutrition] 生体が外界から物質を摂取すること，およびそれによって体の機能を維持し高めること．生体はそれにより体の構成成分をつくり，また体内でエネルギーを発生して生活する．摂取する物質の個々のものを*栄養素といい，動物では通常，食物に含まれる．（⇒栄養形式）

c **栄養塩類** [nutritive salt, mineral nutrient] 生物が正常な生活を営むのに必要な塩類のこと．一般の植物では体を構成する主な元素 C, H, O, N, S, P, K, Ca, Mg のうち，C, H, O 以外のものは周囲の水に溶けている塩類として摂取され，多量元素と呼ばれる．イネ科植物や珪藻類はこのほかに Si を必要とする．そのほかに*微量元素として Fe, B, Zn, Cu, Mn, Mo などの塩類も必要である．これらの大部分は動物でも必要であるが，動物はこのほかに Na, Cl を多量にとる．水中の植物は体表面から，陸上植物では主として根から，塩類を吸収する．動物では主として食物としてとられる．体内にあっては，体の構成に関与するもの（蛋白質として原形質に含まれる N, S, P や骨格に含まれる Ca, P など），浸透圧を与えたり拮抗的に働いて体内の水分条件や生理的状態を一定に維持するのに役立つもの（例えば K, Ca, Mg, Na, Cl など），種々の酵素あるいはクロロフィルやヘモグロビンなどの色素の形成に用いられるもの（Fe, Cu, Mg, N など），微量ながら体内での化学反応に触媒として必要なもの（Fe, Mn, Zn など）などが区別される．耕作地では N, K, P が不足することが多く，これらの施肥を必要とする．植物プランクトンでは，水に溶けた栄養塩類が生育において重要な要素となっているため，水の富栄養化は，*水の華の発生と密接な関係がある．

d **栄養塩類の循環** [nutrient cycling] 特に栄養塩類に注目した*物質循環．生態系において，栄養塩類は植物による無機栄養塩類の吸収と光合成活動による有機物生産，動物による*食物連鎖，さらに分解者による有機物の無機化作用により循環している．循環の様式は，森林生態系－河川生態系－海洋生態系の間で起こる生態系間の循環，個々の生態系での生産者・消費者・分解者による生態系の内部循環，さらに樹木個体で葉から幹への養分転流などの生理的循環の 3 循環に区別される．生態系における栄養塩類の循環は，栄養塩類の循環速度と系内の栄養塩類の蓄積量により特徴づけられる．生態系間での栄養塩類の循環は，降水による栄養塩類の加入量と生態系外への流失量の収支，すなわち栄養塩類収支（nutrient budget）から研究されている．生態系での内部循環は，*生産者・*消費者・*分解者間での有機物の流れから研究されている．特に，陸域生態系では，栄養塩類の植物体と土壌に蓄積されている量は，分解者の働きにより無機化されている循環量に比べて多い．森林や草原などの生態系では，土壌の栄養塩類の蓄積量と毎年土壌に供給される栄養塩類の量の割合から，栄養塩類滞在時間（residence time of nutrients），回転速度（turnover time）を測定することで，各種生態系での栄養塩類の循環の特徴が明らかにされている．

e **栄養核** [vegetative nucleus, trophonucleus] [1] 通常の代謝に関連した核．生殖に関連する核（生殖核など）に対する．特に繊毛虫では*大核のこと．[2] ＝花粉管核

f **栄養芽層** [trophoblast] 《同》トロフォブラスト，栄養胞．哺乳類の*胚胚の*胞胚腔と内細胞塊を包む 1 層の細胞性の膜．この細胞は後に栄養膜合胞体細胞（syncytiotrophoblast）と栄養膜細胞（cytotrophoblast）に分かれる．共に絨毛膜の形成に関与し，母体からの胎児の栄養摂取に重要な役割をするのでこの名称がある．内胚葉・中胚葉が分化した後はこれは外胚葉に当たるが，胚体形成部の胎児外胚葉と区別して栄養外胚葉（trophectoderm）と呼ぶことがある．また栄養外胚葉はやがて胚体外体壁中胚葉で裏打ちされるが，両層の合したもの（広義の体壁葉）を栄養膜（trophoblast）という（ただし栄養芽層と栄養膜は必ずしも明確に区別されずに用いられる）．栄養膜は卵生羊膜類の*漿膜に当たるもので，やはり漿膜とも呼ばれる．栄養膜合胞体細胞は*着床の際に部域的に肥厚・増殖して子宮壁の組織内に侵入し，著しい海綿状構造を造り，着床した胚の周辺を取り囲むのでこれを海綿栄養芽層（spongiotrophoblast）ともいう．これに対し，栄養膜細胞は胚に直接しており細胞栄養芽層とも呼ばれ，発達した胎盤の中でラングハンス細胞（Langhans cell）となる．

g **栄養期シュート頂** [vegetative shoot apex, vegetative shoot tip] 《同》栄養シュート頂，栄養期茎頂，栄養茎頂．栄養成長期にある茎の先端およびその近傍部を漠然と指す語．茎の*成長点に対する．*生殖期シュート頂に対する．その境界は必ずしも明瞭でない．*シュート頂分裂組織とそれに由来する組織とで構成される．栄養期シュート頂は胚発生から個体発生のあいだ，軸にそって茎を，側生的に葉を発生する能力を原則として無限

a **栄養共生** 【1】[syntrophism] 2種類以上の微生物が一つの培地中に共存する場合，1種単独では成長が困難であったものが成長可能となる現象，または成長速度が増大する現象をいう．これは，互いに他の微生物の成長にとって必要な栄養物質を培地中に分泌するために可能になる．
【2】[syntrophism, cross-feeding] 相補的な*栄養要求性突然変異体を対にして最少培地上に共存させたとき，代謝産物を供給しあい増殖すること．生化学反応系のうち，最終産物生成に近い段階において遺伝的に閉鎖されている突然変異体は，それより前の反応が研閉鎖されている突然変異体の栄養要求性をみたすような中間代謝産物を蓄積する．したがって，栄養共生関係を調べることにより，生化学反応の順序を決定したり，新しい中間代謝産物を見出したり，同定したりすることができる．

b **栄養形式** [nutritional type] 生物が外界から物質を摂取する形式(→栄養)．エネルギー獲得系によって，*独立栄養と*従属栄養とに二大別，あるいは両者を合わせて行う混合栄養(mixotrophism)を加えて三大別されることが多い．必要によっては，さらに細かく，あるいは特殊の形式を区別する(→完全動物性栄養)．独立栄養には，緑色植物と光合成細菌，化学合成細菌が，従属栄養には動物と菌類や細菌の多くが含まれる．また，混合栄養には光合成を営みながらも他の顕花植物に寄生して，それから水分・無機塩類・有機栄養分の一部あるいは全部をとる顕花植物(ヤドリギ，ゴゴメグサ，ママコナなど)や*食虫植物が含まれる．

c **栄養系選抜** [clonal selection] 《同》クローン選抜，分枝系淘汰．クローン(栄養系)における突然変異を選抜すること．育種に用いられる選抜法の一つ．*芽条突然変異(枝変わり)などが利用される．(→栄養系分離)

d **栄養系分離** [clonal separation] 《同》分枝系分離．植物の1個体から栄養生殖によって生じた個体を分離すること．こうして分離された各個体は原則的に遺伝的同質である．実際には株分けや挿木・接木・取木などの*栄養繁殖による操作である．栄養系選抜の目的で行われることが多く，ジャガイモやダリアの塊茎などでなされている．なお，植物ウイルスに侵された植物体から無毒植物株(ウイルスフリー株)を作り出す目的で行われる*茎頂培養もこれに含まれる．

e **栄養元素** [nutrient element] *生元素のうち，特に植物の正常な生育に不可欠な元素としてつけられた便宜上の名称．ただし，水と二酸化炭素から得られるC, O, Hは除く．液耕(水栽培)実験などから追究されてきた．植物にとって大量に必要であるCa, Mg, N, P, K, Sなどは多量栄養元素(macronutrient element)といい，細胞の主要構造を形成する．少量で足りるB, Cl, Co, Cu, I, Fe, Mn, Mo, Znなどは微量栄養元素(micronutrient element, trace element)と呼ぶ．Se, Si, Naはどちらに分類することがむずかしい．ただし，両者の区別は実用的なものであり，生理学的意味はない．土壌中にごく一般的に存在するAlは成長阻害のにのみ働く．栄養元素の概念は動物の場合にも適用であるが，動物の栄養のほとんどは植物の一次生産に依存するところからその意味あいが異なってくる．(→生元素)

f **栄養交換** [trophallaxis] 社会性ハチ類で見られる，成虫が幼虫に食物を与え，その代わり幼虫は下唇腺からの分泌物を成虫に与える行動．アリ類でも同様な食物の口移し現象がみられる．この行動はただ食物の相互交換だけでなく，社会構成員の結合や情報の伝達にも役立っている．

g **栄養個虫** [gastrozooid] 《同》栄養ポリプ(nutritive polyp)，摂食ポリプ，摂食管，管体(siphon)．ヒドロ虫類の多型性群体を構成する個虫の一型で，口・触手・胃腔をそなえ，さかんに摂食し栄養をつかさどる個虫．繁殖時期に生殖体が形成される場合もあり，生殖個虫となる．このとき，生殖体の発達につれて栄養個虫の形態に変化が起こるものもある．管クラゲの栄養個虫はポリプ形の構造を示し，口は大きく，その下方は壁が厚く刺胞に富む．それに続いて壁が薄く，消化液を分泌する腺細胞に富んだ内胚葉細胞(肝線条 独 Leberstreifen)の多い胃腔があって，柄部で幹部に連なる．柄部付近から1本の触手が出ており，これは多数の側枝(tentilla)すなわち沈糸(独 Senkfaden)を出し，その末端は大きくふくれ，無数の刺胞が並んでいて，刺胞叢(battery of nematocyst)を形成する．刺胞叢は刺胞頭(nettlehead)とも呼ばれる．アナサンゴモドキ類やサンゴモドキ類の栄養個虫は，栄養個虫孔(大孔 gastropore)と呼ばれ，炭酸カルシウム性の外骨格表面に見られる孔に収容されている．周囲には指状個虫を収容する指状個虫孔(小孔 dactylopore)が放射状に配列する．栄養個虫孔は指状個虫孔に比べて著しく大きい．サンゴモドキ類では，両孔が融合するので星印状に見える．なおアナサンゴモドキ類およびサンゴモドキ類において，生殖体の形成される円い小室をアンブルと呼ぶ．

h **栄養細胞** 【1】[nutritive cell] 動物の生殖細胞の栄養補給に関係する細胞の総称．次のような異なった用法がある．卵母細胞に関係するものとして，(1)*哺育細胞と*濾胞細胞の総称，(2)哺育細胞と同義，(3)ある種の海綿動物で見られるような，哺育細胞に捕らえられて卵黄細胞に栄養としてあたえられる細胞(trophocyte)．なお精子に対して栄養を補給すると考えられるものには，哺乳類の細精管壁の*セルトリ細胞や，ある種の昆虫の精巣の各シスト中に1個ずつある大形のヴェルソン細胞(Verson's cell)などが知られている．
【2】[vegetative cell] [1] 藻類・菌類・細菌などで活発に代謝を行っている体細胞や増殖中の細胞．胞子やシストなどの休眠型細胞と対する．[2] 被子植物の花粉形成において，小胞子が不均等に分裂して雄原細胞を形成するとき，その大きい方の細胞．

i **栄養雑種** [vegetative hybrid] *栄養繁殖によって生じた*雑種．植物では主に*接木がその手段とされ，接木雑種(graft hybrid)ともいえる．19世紀中頃マメ科の Cytisus purpureus と Laburnum vulgare との接木で生じた*キメラとされるアダムエニシダがその例．

j **栄養神経** [trophic nerve] 組織の栄養の調節・維持に関係する神経．栄養神経として特別のものがあるわけではなく，現在この語は用いられていない．

k **栄養素** [nutrient] 《同》養素．栄養のために摂取される物質．ただし，一般には呼吸のための酸素，全生物にとっての水，緑色植物にとってのCO₂などは含めず，より特殊性のある物質が注目される．独立栄養を営む植物においては，摂取される物質は無機化合物で，そ

こに含まれる，微量ではあるが不可欠の元素は微量元素として注目される(→栄養塩類). 従属栄養の生物では，有機化合物の種類が重視される. 例えば，ヒトの栄養素は次のように分類される. (1) 有機栄養素:炭水化物，脂肪，蛋白質(以上を三大栄養素という)，ビタミン. 炭水化物，脂肪，蛋白質のいずれも，分解が可能でエネルギー源として役立つかどうかのほかに，その質が問題になり，例えば蛋白質ではそれを構成するアミノ酸の種類が注目される. (2) 無機栄養素:無機塩類すなわち俗にミネラルともいわれるもので，食塩，カリウム塩，カルシウム塩，マグネシウム塩，リン酸塩などを主とし，元素として鉄やヨウ素も必要. 動植物のいずれにおいても，栄養素の不足で起こる生活機能の障害を欠乏症(deficiency:例えばビタミン欠乏症)と総称する.

栄養組織 [vegetative tissue] 植物において，生殖に直接関係しない組織の総称. すなわち根・茎・葉のような栄養器官(vegetative organ)を構成する全組織と，花のような生殖器官のうち胚嚢や花粉などの生殖細胞をつくる組織以外の組織を指す.

栄養段階 [trophic level] *生態系における*栄養動態の理解のためになされる生物の役割の類型的分類. R. L. Lindemann(1942)の提唱. 無機化合物から有機物を合成する*生産者(一次生産者)，これを直接に捕食する一次*消費者(二次生産者)，それを捕食する二次消費者，以下順次に三次，…，n次消費者，およびこれらの死体や排出物を分解する*分解者のような段階に分ける. 生産者から数えて同じ数の段階を経て食物を得ている生物は，同じ栄養段階に属しているという. しかし，*群集ないし生態系内の*食物連鎖関係は複雑で，一つの生物が二つ以上の栄養段階に属していることが多い. また年齢や条件によって変化することもある. 例えばオイカワは水生昆虫と藻類をともに食い，アユは成長に伴って二次消費者から一次消費者に移る.

栄養的刺激 [nutritive stimulus] 生物体またはその部分に主として持続的に作用して，その細胞・組織・器官の成長・増殖・肥大を誘起するような*刺激. R. Virchow(1858)の『細胞病理学』において提唱され，M. Verworn(1898)の分類に採用された3種の刺激の一つで，諸種のホルモンが例として挙げられる. これに対し，機能的刺激(functional stimulus)とは生体に興奮を引きこすような刺激，すなわち現在一般に刺激と呼ばれるもの，また栄養的刺激による増殖反応が質的変化の段階にまで進んだものが形成的刺激であると解釈される. 興奮の解発を条件とする刺激の概念からは除外される.

栄養動態 [trophic dynamics] *生態系における物質ないしエネルギーの動きをめぐる諸問題を分析・研究する分野. 元来は*食物連鎖で連なる*群集内の関係をこれらの動きによって捉え，*遷移その他の群集の動態を解析しようとして，G. E. Hutchinson と R. L. Lindeman(1942)が導入した. (→栄養段階)

栄養嚢 [trophocyst] 接合菌類のうちケカビ類のミズタマカビ属(*Pilobolus*)の菌糸に生じる膨大部. カロテンを含んで黄色に着色し，水滴が現われる. ここから胞子嚢柄が光に向かって伸長し，夜間になるとさらにその頂部が太くなって胞子嚢柄膨大部(sub-sporangial swelling, subsporangial vesicle)となり，その先に胞子嚢が生じる. (→胞子嚢柄)

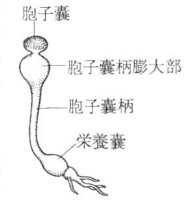

栄養繁殖 [vegetative reproduction, vegetative propagation] 〘同〙栄養生殖，クローン成長(clonal growth). 特に植物において受精卵を経由せずに栄養器官(根, 茎, 葉)から新しい個体をつくること. 栄養繁殖によって作られた同一の遺伝子型をもつ個体をラミート(ramet)，ラミート全体の集まりをジェネット(genet)という. ラミートどうしが地下茎などを介して生理的にも結び付いている場合は，栄養繁殖といわずクローン成長ということもある. 植物の栄養繁殖の例としては，枝の先端が特殊な冬芽を作る(例:タヌキモ，ムジナモ，エビモ，ミヤマチドメ)，地下茎や葉から苗ができる(例:キクイモ，オリヅルシダ)，腋芽が多肉化して子株となる(例:ウワバミソウ，オニユリ)，花がむかご化する(例:コモチタカネイチゴツナギ，イヌタマラソウ)，花序中の芽が一部葉茎に変わる(例:コアニチドリ，*Arabis gemmifera*)などがある. 後二者のように花序から生じるものを pseudovivipary という. 栄養繁殖をなす群はしばしば有性の近似種から急速に広がり(例:ヨーロッパに入ったカナダモ)，また有性生殖をする種類の分布できない地方にまで広がることがある.

栄養要求性突然変異体 [nutritional mutant, auxotrophic mutant] 微生物などにおいて*最少培地中で増殖できず，最少培地に1種またはそれ以上の栄養素を加えたときだけ増殖できるような栄養素依存性の*突然変異体. 各種のアミノ酸・ビタミン・核酸塩基を要求する突然変異体が多数知られている. G. W. Beadle と E. L. Tatum(1941)によってアカパンカビで遺伝学的に研究され，多くの場合代謝反応に関与する酵素活性の欠損によることが明らかになった.

栄養要求体 [auxotroph] 無機塩類と炭素源だけからなる*合成培地では増殖できず，増殖に有機栄養を要求する微生物の変異株. 例えばチミン要求体のように表現する. またこのような性質を栄養要求性(auxotrophy)という. *原栄養体(prototroph)の対語.

癭瘤(えいりゅう) [gall, cecidium] 他生物の寄生，まれに共生によって，植物体に異常発育あるいは異常形成を起こした部分. 主に寄生生物の代謝物質による宿主の細胞の異常成長(分裂・肥大・分化)により，ときには局部組織の崩壊も加わる. 癭瘤は古く昆虫によるもの(*虫癭)だけが注目されたが，F. A. W. Thomas(1873)が定義を拡大. タールなどの発がん物質による植物腫瘍(plant tumor)や細菌寄生による炎症と区別困難の場合があるが，一般に癭瘤組織の生存期間が長く，組織本来の寿命と大差ないので区別は可能である. 寄生生物としては，動物では昆虫のほか線虫やダニ類があり，微生物では細菌類のほか菌類も多い(→菌癭). 根粒菌の共生によるマメ科の根粒もこれに属する. (→クラウンゴール)

会陰 [perineum] 狭義には，単孔類以外の哺乳類における，外部生殖器と肛門の間の部位. 哺乳類でも発生初期には*総排泄腔が形成されるが，それを分かつ隔壁(尿直腸隔壁，尿直腸中隔 urorectal septum)によって会陰が形成され，これにより背方の直腸と腹方の尿生殖洞に分かれ，それぞれ肛門と尿生殖洞口から別々に体外に開口するようになる. 雌より雄の方が長く，外部生殖器の未分化の時期にも雌雄鑑別の手がかりとなる. 会陰の皮膚には，正中線上に会陰縫線(raphe perinei)

が見られる．広義には，骨盤下口をふさぐ軟部の総称．

a **エウスターキョ** Eustachio (Eustacchi), Bartolommeo 1520頃〜1574 イタリアの解剖学者．ローマ大学教授．口腔と中耳を結ぶ管(エウスターキョ管)の再発見(古くは前500年頃のAlkmaionが記載)，そのほか発音器官や筋肉への神経分布などを研究した．比較解剖学の創始者の一人．[主著] Tabulae anatomicae Bartholommeo Eustachii, 1714.

b **エウステノプテロン** [*Eusthenopteron*] *デボン紀後期に生息していた肉鰭亜綱のオステオレピス属に近縁の一属．体長約50 cmの細長い肉食性の魚で，その頭骨は初期両生類へつながる特徴を示す．エウステノプテロンの脊索を取り巻く環状骨，その背側後方へと突出する棘，隣接する環状骨の間の小骨が，初期両生類における間椎心，棘神経，椎体とそれぞれ相同であるといわれる．脊椎はまっすぐに伸び，尾は背腹対称，対鰭はその内部に関節で肩帯に連なった1個の基部骨の先に，それと関節で接した骨が2個あり，それより先端にほかの骨が放射状に並ぶ．これら鰭内部の骨の配列から陸生動物の四肢骨が導かれたと考えられているが，前肢の動きは非常に制限されており，陸上で体重を支えて動くことはできなかった．植物の密生した水深の浅い淡水中を，この頑丈な対鰭を動かすことで移動できたのではないかと考えられる．内鼻孔は頭骨の鋤骨と口蓋骨の間に発達し，鼻道は外鼻孔から内鼻孔を経て口腔または咽頭に通じていた．歯を切断して顕微鏡で調べるとエナメル質の迷路状の構造が見られる．これらの点も初期陸生両生類と共通する．近年，エウステノプテロンより1000万年ほど古い地層から両生類の残したものと思われる足跡が見つかっており，エウステノプテロンが両生類の直接の祖先である可能性はなくなっている．(⇌イクティオステガ)

c **エーヴリー** Avery, Oswald Theodore エベリーとも．1877〜1955 アメリカの細菌学者．カナダの生まれ．肺炎連鎖菌の莢膜物質と病原性との関連の追究を進めるうち，この菌の病原性が，遺伝的な菌体因子の変異で転換することを発見．C. M. MacLeod, M. McCartyとともに，この因子がDNAであることを明らかにした．遺伝子の実体を示した最初の発見として評価される．

d **エオゾオン＝カナデンセ** [*Eozoon canadense*] 1858年にカナダの先カンブリア時代層の石灰岩から発見され，有孔虫化石と考えられたもの．現在では生物起原ではないとされる．

e **江上不二夫**（えがみ ふじお） 1910〜1982 生化学者．東京帝国大学理学部化学科で左右田徳郎に師事．名古屋大学理学部教授，東京大学教授，三菱化成生命科学研究所所長．生物の硝酸塩還元機構を研究し，硝酸呼吸の概念を確立．核酸分解の研究から核酸構造研究の道を開いた．[主著] Microbial ribonucleases, 1969.

f **液果** [fleshy fruit] 肉質で水分含量の高い果皮をもつ果実．一般に受精後，子房壁が肥大して果皮となり，成熟後も乾燥しないで柔らかな果皮を維持する．*乾果に対する語．*漿果，*石果，ナシ状果，ウリ状果，*ミカン状果はいずれも液果の一種で，心皮の構成や果皮の分化の違いで区別される．

g **腋芽** [axillary bud] *側芽の一種で，特に*葉腋から形成されるもの．種子植物の*普通葉ではごく一般的に見られる．*シュート頂から*葉原基が新しく出現して

しばらく経つと，その若い葉原基の腋芽の原基が分化してくる．通常，腋芽は各葉腋に一つ形成されるが，二つ以上生ずる種類もある(⇌副芽)．原則的には，母軸上における腋芽の配列はその植物の*葉序と一致する．

h **疫学** [epidemiology] 古典的には疫病すなわち伝染性疾患の伝播の条件などを対象とする医学の一分野．今日では集団病理学とも定義され，広くヒト集団内での疾病全般を研究する生態学といえる．

i **液間電位** [liquid junction potential] 《同》液界電位．二つの濃度あるいは組成を異にする電解質溶液を接触させたときに生じる両液間の電位差(E_L)．比較的取扱いの簡単なのは濃度(c)を異にする同一の1価の電解質溶液，あるいは同一濃度でかつ共通イオンをもつ異種の電解質溶液の場合で，液間電位の大きさが液界の混合の状態には関係なしに規定される．*拡散電位と同義．

j **液晶** [liquid crystal] 分子集合の配列に，ある程度の秩序と流動性をもつ状態(液晶相 liquid crystalline phase)．液晶相を示す物質を液晶と呼ぶこともある．結晶状態の分子集合では，分子の位置(重心)と向き(配向)が三次元的に規則的に配列している．液体状態の分子集合では，重心にも配向にも秩序をもたない．液晶はその中間の状態である．分子の配向にのみ秩序がみられる，つまり分子の長軸が一方向に規則的に並ぶ場合をネマチック(nematic)相，分子の長軸が一方向に並びながらさらに重心の位置が揃った(つまり層状に重なる)場合をスメクチック(smectic)相という．例えば脂肪酸ナトリウム(石鹸)の臨界ミセル濃度以上の濃度の水溶液で形成される*ミセルはスメクチック相を示す．石鹸よりも水に対する溶解度が低い生体膜の成分であるリン脂質や糖脂質の場合は，種々の形態の分子集合体を形成し微妙な相変化を示すが，ある条件では液晶相を示す．生体膜系の重要な機能には脂質分子の状態変化と密接に関連しているものが多く，液晶を含めて脂質の相変化は注目されている(⇌脂質二重層)．コレステロールの脂肪酸エステルの液晶は血流および血管壁中にも見出されることがある(⇌ラメラ構造)．液晶は光学的に*異方性であるため複屈折率を示す．液晶の相変化が溶媒中での濃度を形成変数とする場合，リオトロピック液晶(lyotropic liquid crystal)といい，脂肪酸ナトリウムや生体膜はその例である．低温では結晶，高温では液体であるが，中間温度では液晶状態である場合，サーモトロピック液晶(thermotropic liquid crystal)という．今日実用されている液晶ディスプレイには主としてネマチック相を示すサーモトロピック液晶性物質が採用されている．

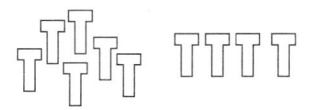

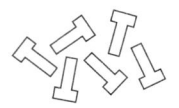

　　ネマチック相　　スメクチック相　　液体

k **エキスポーティン** [exportin, karyopherin] importin βファミリーに属する核外輸送運搬体分子群の総称．例えば出芽酵母では5種，ヒトでは8種ある．共通の性質は*インポーティンと同様，(1)分子量およそ10万，(2)ヌクレオポリンのFGリピート構造と結合して核膜孔複合体通過能をもつ，(3)低分子量GTPアーゼRanのGTP型(RanGTP)に結合する，が挙げ

られるが，インポーティンに比べてRanGTPの結合定数は2桁程度低い．一般に，エキスポーティンは運搬する基質やRanGTPのそれぞれ単独とは安定に結合せず，三者が会合してはじめて安定な複合体となる．そのため，RanGTP濃度が高い核内でエキスポーティンは基質とRanGTPに結合し，核膜孔複合体を通過した後に，細胞質でRanGTPがRanGDPに加水分解されると基質を解離する．結果，核内に存在していた基質が化学濃度勾配に逆らって細胞質に集積する．蛋白質の他，snRNA, tRNA, miRNAなどの各種RNAやリボソーム大サブユニットを核内から細胞質に運ぶ．この中で，tRNAやmiRNAは特定のRNAモチーフが運搬体と直接結合する．mRNAやリボソーム小サブユニットの核外輸送には別の運搬体分子が機能し，エキスポーティンは直接には寄与しない．open mitosisを呈する細胞では，核膜と核膜孔複合体が崩壊した細胞分裂期においてキネトコアに存在し，紡錘体機能に寄与する．

a **液性相関** [humoral correlation] 《同》化学相関 (chemical correlation). 動物の体内において，ある組織の活動の結果生産された化学物質が体液を介して他の組織に達し，その機能を量的・質的に変更するような相関関係．＊神経相関と対する．体内各部の組織から血液中に排出されたCO_2が呼吸中枢に作用するのもその一例だが，最も顕著なのはホルモン(→内分泌相関)によるもの．

b **エキソサイトーシス** [exocytosis] 《同》開口放出，開口分泌．＊サイトーシスの一方式で，粗面小胞体で合成された内腔蛋白質や膜蛋白質を，シスゴルジ網(CGN)，＊ゴルジ体シス槽，中間槽，トランス槽，＊トランスゴルジ網(TGN)で修飾，選別した後，細胞膜と融合して分泌あるいは膜へ組み込む方式(図)．分泌経路ともいう．＊エンドサイトーシスの対語．細胞外への分泌には＊構成性分泌と＊調節性分泌とがあり，前者は細胞の自発的な経路である．後者はまず＊分泌顆粒に貯えられ，外部刺激により分泌される．

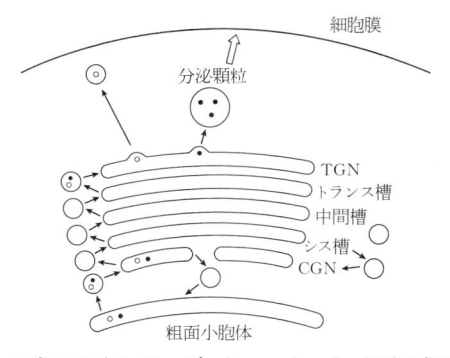

c **エキソヌクレアーゼ** [exonuclease] 核酸分解酵素のうち，分子鎖の末端から＊リン酸ジエステル結合を順次加水分解して，モノヌクレオチドを生ずる作用様式をもつ酵素群．＊エンドヌクレアーゼと対する．(1)リン酸ジエステル結合の3′側を加水分解して5′-モノヌクレオチドを生成する酵素，(2)5′側を加水分解して3′-モノヌクレオチドを生成する酵素，および(3)両方の活性をもつ酵素に分類される．(1)には＊ヘビ毒ホスホジエステラーゼ，大腸菌エキソヌクレアーゼⅠ，Ⅱ，Ⅲな

ど，(2)には脾リン酸ジエステラーゼ(spleen phosphodiesterase), *Lactobacillus acidophilus* ヌクレアーゼがある．(3)には大腸菌エキソヌクレアーゼⅦがある．酵素によって基質はそれぞれ異なり，一本鎖および二本鎖DNA, RNA, およびDNA-RNAハイブリッドのいずれかを特異的に認識，切断する．これらの酵素による分解様式の違いが核酸の構造解析に利用される．

d **エキソペプチダーゼ** [exopeptidase] プロテアーゼのうち，ポリペプチド鎖の末端から作用しアミノ酸を1個ずつ遊離させる酵素．まれに2個ずつジペプチドを遊離する酵素もある．＊エンドペプチダーゼと対する．N末端(アミノ末端)側から作用するものを＊アミノペプチダーゼ(aminopeptidase), C末端(カルボキシル末端)側から作用するものを＊カルボキシペプチダーゼ(carboxypeptidase)という．

e **液体シンチレーション計数器** [liquid scintillation counter] 放射線(荷電粒子)が蛍光物質(シンチレーター)を発光させて生じた光子数を計数する装置．PPO(2,5-diphenyloxazole, DPOともいう)とPOPOP (1,4-bis(5-phenyl-2-oxazolyl)benzene)などの蛍光物質をp-キシレンなどの溶媒に溶かしたシンチレーションカクテルは，^3Hや^{14}C, ^{35}Sなどが発する比較的低エネルギーのβ^-粒子により寿命の短いパルス蛍光を発するので，そのパルス数から単位時間あたりの崩壊数を算出することができる．液体シンチレーション法では，試料をシンチレーションカクテルに溶解，あるいは懸濁するので，試料が発する全方向のβ^-粒子が測定対象になる．蛍光は複数の光電子増倍管で行い，同時に測定された発光のみを計数することにより，熱雑音による計数を除去する．また，化学発光を避けるため，検出器は低温に保つ．測定する試料もシンチレーションカクテルに溶かした後は冷暗状態に保つことが重要である．液体シンチレーション法では，β^-粒子から蛍光物質へのエネルギー移行を妨害する物質(化学クエンチャー)や蛍光を吸収してしまう物質(色クエンチャー)などによる計数効率の低下に注意しなくてはならない．アルデヒド，ケトン，フェノール，ニトロ化合物などの試料への混入は可能な限り避ける．クエンチングの影響は試料ごとに異なるので，試料ごとに計数効率を求めて補正を行う必要がある．市販の多くの液体シンチレーション計数器では，外部線源を用いて計数効率の補正を行う機能がそなわっている．液体シンチレーション計数器は，^{32}Pが発する高エネルギーのβ^-粒子が水を通過するときに発するチェレンコフ光を測定することもできる．この場合，シンチレーションカクテルは不要である．

f **液体培地** [liquid culture medium] 微生物や動植物培養細胞の液状の培地．＊固形培地と対する．培地が流動性をもつという特徴から，次のような方法がとられる．(1)静置培養(static culture):細胞を移植後，培地を撹拌しない培養．細胞の性質により，例えばカビや好気性細菌では表面に菌叢や皮膜を形成し(→表面培養)，運動性のある単細胞生物や血球細胞，腹水がん細胞など，生体内で組織から遊離して増殖する細胞は，液内で浮遊した状態で生育する．この状態を液内培養(液中培養, submerged culture, deep culture)という．また，動物の組織細胞は，一般にその増殖が足場依存性なので，器底に付着して増殖する．(2)＊懸濁培養:培地を撹拌しながら行う培養．その方法によって振盪培養，培地液体に

空気を送りこむ通気培養などに分けられる．撹拌によって個々の細胞の生育条件が平均化され酸素の供給を増すので，細胞の生育が非常によくなり収量を増す．通気培養は培養規模を大きくできるので，ジャーファーメンター (jar fermenter) や*タンク培養に応用され工業的にも用いられる．

a **Aキナーゼ** [A-kinase] 〚同〛プロテインキナーゼA (protein kinase A)，環状AMP依存性蛋白質リン酸化酵素 (cAMP-dependent protein kinase)．*プロテインキナーゼの一種で，ATPのγ-リン酸基を蛋白質に存在するある特定のセリンまたはトレオニンの水酸基に転移させる反応を触媒する酵素．EC2.7.1.37．cAMPにより活性化されて，細胞内の種々の機能蛋白質・酵素などをリン酸化する．その結果，基質蛋白質の活性が変化し，細胞外からの刺激に対する生理応答が発現される．この酵素は触媒サブユニットC (catalytic subunit, 分子量約4万1000) と調節サブユニットR (regulatory subunit, 分子量約4万3000または4万5000) からなるR_2C_2四量体で，cAMPがRに結合するとCが遊離して活性を現す．

$$R_2C_2 + 4cAMP \rightleftharpoons 2C + cAMP_4 \cdot R_2$$

真核細胞に広く分布し (Rの違いからⅠ型とⅡ型のアイソザイムが存在)，ホスホリラーゼbキナーゼ，グリコゲン生成酵素など細胞内の多くの蛋白質を基質とする．(⇄cAMPシグナル，⇄Gキナーゼ)

b **エキノスピラ** [echinospira larva] 軟体動物腹足類のベッコウタマガイやタカラガイなどの幼生．*ヴェリジャーの一種．最初に分泌された殻の周縁に大きく透明な副殻をもつところが，一般のヴェリジャーと異なっている．

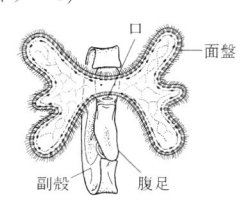

c **エキノプルテウス** [echinopluteus] 棘皮動物ウニ類の*プリズム幼生に続く幼生．成体が放射相称であるのに対して，左右相称の体制を示す．左右に対になった一定数の突起 (腕という) をもち，その縁には長い1本の連続する繊毛の帯が発達する．腕の数は種によって異なり，対にならない腕をもつものもある．腕の中軸に炭酸カルシウムの幼生骨格 (larval skeleton) をもつ．体の正中面にある消化管はV字形に曲がる．成体の原基は幼生の左側に形成され，変態が完了すると腕などの残りの幼生部分は吸収される．クモヒトデ類のオフィオプルテウス (ophiopluteus) も同様の体制となるが，オフィオブルテウスでは後側突起が最長で側方に伸びるのに対し，エキノプルテウスでは口後突起や後背突起が最長で腹側または背側に伸びることや，幼生骨格の形態が異なる．

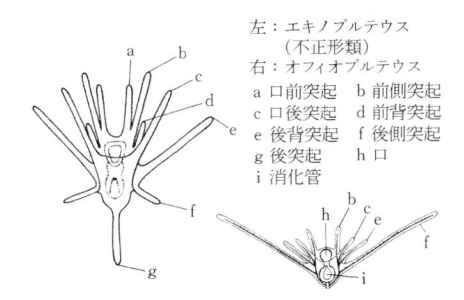

d **疫病** (植物の) [phytophthora rot, phytophthora blight] 卵菌類 *Phytophthora* に属する菌により起こる植物の病気．多くの植物の葉，茎，幹，果実，根などに発生するが，その発生部位と病徴は植物と病原菌の種類で異なる．日本では，本属の病原菌として60種以上が報告されている．*Phytophthora infestans* (Montagne) de Bary の感染により起こるジャガイモの疫病の場合，葉に生じた褐色の病斑が多湿条件下で急速に株全体に拡大，暗褐色・水浸状となり，腐敗枯死する．激発すると数日で圃場全体の葉が枯れ上がる．1845〜1846年，アイルランドに大発生したジャガイモの疫病により数十万の人々が餓死し，その結果アイルランドからアメリカへ多くの人々が移民したことは，歴史上有名な事件である．

e **液胞** [vacuole] 細胞内で周囲の*原形質から明確に区画され，一重の単位膜 (液胞膜) で仕切られた細胞小器官．特に植物細胞や酵母でよく発達する．未分化な植物細胞では液胞は未発達であるが，細胞の成熟に伴い液胞化 (vacuolation, vacuolization) が起こり，巨大な中央液胞が形成される．中央液胞は膨圧を発生させ，植物体に力学的強度を与える．液胞の内部は，液胞膜に存在する液胞型H^+-ATPアーゼの働きによって酸性 (pH5〜6付近) に保たれている．液胞を満たしている*細胞液は，無機イオン，有機酸，糖，蛋白質，アミノ酸のほかに，色素，配糖体，アルカロイドなどの二次代謝産物を含むことがある．さまざまな*加水分解酵素を含み細胞内消化を担うことから，動物細胞の*リソソームと対比される．植物では，液胞内の各種分解酵素が，病原体の感染による過敏感細胞死や発生過程の細胞死において，細胞内構造物や成分の分解を担う．各種抗菌物質も蓄積しており，生体防御の役割も担っている．このような栄養組織の液胞を，種子などの貯蔵組織で貯蔵蛋白質を大量に集積する蛋白質蓄積型液胞 (protein storage vacuole) と区別して，分解型液胞 (lytic vacuole) と呼ぶこともある．一方，動物細胞では，脊索など特殊な組織では正常な分化の際に液胞化が見られる．病理的現象としての細胞の退化時や物理的・化学的刺激によっても液胞化が起こる．液胞をニュートラルレッドなどの塩基性色素で染めたとき，色素に染まった物質が滴状に分離してくることがあり，この現象を滴状分離という．

f **液胞膜** [tonoplast] 〚同〛空胞膜．*液胞 (空胞) を取り囲む生体膜．植物細胞の液胞膜はトノプラスト (tonoplast) とも呼ばれる．液胞膜には物質輸送に関わるさまざまな膜輸送体 (チャネルやトランスポーターなど) が存在する．植物の液胞膜には液胞型H^+ATPアーゼとH^+ピロホスファターゼが存在し，H^+を取り込み液胞内部を酸性化する．このとき形成されるプロトン原動力を用いてH^+との対向輸送によりNa^+，Ca^{2+}，糖などを液胞内に蓄積する．液胞膜の水透過性は細胞膜に比べ非常に高い．これは液胞膜に多く存在する*アクアポリンの働きによる．液胞膜を介しての電位は，液胞は細胞質に対し正の値をもつものが多い．シャジクモ類やヤコウチュウの液胞膜は活動電位を発生する．特に後者では液胞膜の興奮が生物発光の引き金となる．

a **エクオリン** [aequorin] 刺胞動物オワンクラゲ属 (*Aequorea*) の発光器から分離抽出された発光蛋白質. Ca^{2+} の濃度に依存する青色の発光 (極大波長 465 nm, 量子効率 0.29) がみられる. この性質を利用して, 低濃度の Ca^{2+} を定量・測定することができる. クラゲの生体内ではエクオリンにより生じた光エネルギーは, 蛍光共鳴エネルギー移動 (FRET, fluorescence resonance energy transfer) によって, *GFP (green fluorescent protein 緑色蛍光蛋白質) に転移し, 励起状態になった GFP から緑色の蛍光が発せられる. エクオリンは, ルシフェラーゼの一種で分子量約2万1000のアポエクオリン (apoaequorin) と, ルシフェリンの一種セレンテラジン (coelenterazine) と O_2 が結合したもので, O_2 を安定な過酸化物の形で結合している. エクオリンは Ca^{2+} を与えると発光する (エクオリン+Ca^{2+} → アポエクオリン+セレンテラミド+光). アポエクオリンは三つの Ca^{2+} 結合部位をもち, その一次構造はカルモジュリンと類似する.

b **エクサイマー** [excimer] 《同》励起二量体, エキシマ. それぞれ基底状態と励起状態にある二つの同種分子が会合したとき, 一方から他方へ励起エネルギーと電荷が移動することによって系全体が安定化し形成される. 励起状態でだけ安定に存在しうる二量体. また, これと同じ機構で二つの異種分子の間に二量体が形成される場合には, エクサイプレックス (exciplex, ヘテロエクサイマー hetero-excimer) と呼ぶ. いずれの場合にも, 二量体は基底状態で解離しているので, 二量体としての吸収スペクトルは観測できないが, しばしば特有の蛍光が見られる. ピレンやナフタレンなどのエクサイマー, ピレンやペリレンのような芳香族炭化水素の励起状態と芳香族アミンとの間に形成されるエクサイプレックスがよく知られている.

c **エクジソン** [ecdysone] 《同》エクダイソン. 昆虫や甲殻類などの*脱皮・*変態を誘導するホルモン. 昆虫では前胸腺, 甲殻類ではY器官から分泌される. 脱皮の一定時間前に分泌され, 事前に*幼若ホルモンが働いていると, 幼虫期には幼虫脱皮を起こすが, 幼若ホルモンの作用がないと, 蛹へ, またさらに成虫へと変態をともなう脱皮を誘導する. A. F. J. Butenandt, P. Karlson によりカイコの蛹から結晶体として初めて分離され, 脱皮 (ecdysis) にちなんで, この名がつけられた. C_{27} のステロイドで, 前胸腺からエクジソンが分泌され, 脂肪体やその他の組織で酸化されて20-ヒドロキシエクジソン (20-hydroxyecdysone) が生じる. これらの類似物質を総称してエクジステロイド (ecdysteroid) という. 前胸腺は*前胸腺刺激ホルモン (PTTH) の支配を受けて, コレステロールからエクジソンを生成・分泌する. 20-ヒドロキシエクジソンは標的細胞の中で, 核の中に入り, *エクジソン受容体と結合し遺伝子の転写レベルでの調節に関与する. また脱皮・変態の誘導以外に, ハエやカでは, 成虫期にエクジステロイドが卵巣で合成され, 卵の発達に重要な役割を果たす. カイコ, カ, バッタなど多くの昆虫の卵巣や初期胚にかなり多量のエクジソンやその類縁体が, 遊離型および*リン酸エステル抱合型として発見されており, 胚の形態形成に関係している. このほか植物体からも, 高いホルモン活性をもつエクジステロイドが多数発見され, 植物エクジソン (phytoecdysone) の総称をもつ. これらはいずれも 2, 3, 14-hydroxy-7-en-6-one の構造をもつステロイドである.

エクジソン (ecdysone)

20-ヒドロキシエクジソン (20-hydroxyecdysone)

d **エクジソン受容体** [ecdysone receptor] EcR と略記. 節足動物の脱皮や変態にかかわるエクジステロイド (20-ヒドロキシエクジソン) などをリガンドとする核内受容体. ウルトラスピラクル (USP) あるいはそのオーソログであるレチノイドX受容体 (RXR) とヘテロダイマー (ヘテロ二量体) を形成し, DNA に結合することにより脱皮や変態のための転写調節を行う. そのため, EcR/USP-RXR を機能的エクジソン受容体と呼ぶ. ハエの幼虫では, 特定の発育段階において, 唾腺の細胞に見られる多糸染色体のパフが生じる領域に EcR と USP が共存し, 20-ヒドロキシエクジソンの作用によりパフが起こる. すなわち, EcR と USP がパフ領域にある DNA の転写調節を行っていると考えられる. EcR の発現は発達段階によって異なるが, エクジステロイド濃度のピークに同期することが多い.

e **エクスカバータ** [excavates] 真核生物の大きな一群. *ユーグレノゾア類, オキシモナス類, *副基体類, *ディプロモナス類などが含まれる. 元来は細胞腹面に大きな細胞口をもち, 特徴的な細胞骨格系をもつ鞭毛虫類に対して命名されたが, その後分子系統解析によってそれと近縁性が示唆された生物群も含む. 多くは鞭毛虫であるが, 鞭毛をもたないアメーバ様生物も含まれる. ミトコンドリアクリステは盤状, ときに管状や板状であり, ゲノムやクリステを失って*ハイドロゲノソームや*マイトソームになったものも多い. 真核生物における一大系統群 (界レベル) に位置づけられることが多いが, その単系統性は必ずしも明確ではなく, 真核生物の初期に分かれた側系統群とする意見もある.

f **エクスパンシン** [expansin] 弱酸性 (pH4.5) 条件下で細胞壁のゆるみ (⇌細胞伸長) を引き起こす作用をもつ細胞壁因子として, キュウリより単離・同定された, 分泌性の蛋白質ファミリー. 分子量約 2.5 万〜2.7 万. 多糖類結合ドメインや EG45 グルカナーゼに類似の構造のドメインをもち, ある種の*ヘミセルロースと接着し, セルロース微繊維とヘミセルロースの間の架橋の再編に関わるとされるが, その標的分子と作用点は未同定. 被子植物では 30 前後のメンバーからなる蛋白質ファミリーを形成. 蛋白質構造に基づき, α-エクスパンシンと β-エクスパンシンに分類される. 前者は被子植物で細胞壁にゆるみを誘導し, 細胞伸長や*シュート頂分裂組織 (メリステム) の分化の制御などに関わる. 一方, 後者は単子葉植物の花粉で高い発現を示し, 花粉管が柱頭

や花柱の中を伸長する際に，周辺の細胞壁をゆるめる役割を担うとされる．各メンバーは発現組織や発現時期の特異性をもちながらも機能重複があるため，個別のメンバーの機能は明確でない．

a **エクソン** [exon] 《同》エキソン．遺伝子から転写された前駆体 mRNA が*スプライシングされた後に，成熟 mRNA に残る配列に相当する DNA 領域．蛋白質に翻訳されるコード領域に相当する．逆にスプライシングによって取り除かれる部分に相当する領域をイントロンと呼ぶ．*選択的スプライシングにより一つの遺伝子から複数の蛋白質が作られる場合もある．（→イントロン）

b **エクトデスマ** [ectodesma] 葉の表皮細胞の細胞壁に認められる細胞壁繊維が粗になった個所．かつては，原形質の連絡がある部位としてプラスモデスム（*原形質連絡）の特殊形と考えられ，このように命名された．teichode ともいう．細胞壁外部のクチクラ層と内部の原形質とを連絡する通路があり，ここには還元性物質が存在するため，塩化水銀（Ⅱ）を含む試薬で染色される．葉の表面からの物質の吸収にはこの通路が関与しているとされる．

c **エクトロメリアウイルス** [Ectromelia virus] *ポックスウイルス科コルドポックスウイルス亜科オルトポックスウイルス属に属するウイルス．マウス皮膚に病巣を作るとともに血行を介して内臓にも感染し，特に腸管および肝臓を侵襲して死亡させる．皮膚および腸管の病巣の細胞内には A 型（マーシャル小体）および B 型の 2 種類の*封入体が見られる．伝染性は強い．ヒトには病原性を示さない．

d **エクルズ** Eccles, Sir John Carew 1903〜1997 オーストラリアの神経生理学者．神経伝達における興奮抑制の機序を研究，抑制性繊維末端から抑制性伝達物質が放出されて，これを受けたニューロンが過分極状態になって興奮しにくくなるという抑制性シナプス後電位 (IPSP) の現象を発見．これらにより，A. L. Hodgkin, A. F. Huxley とともに 1963 年ノーベル生理学・医学賞受賞．心身二元論者としても知られる．［主著］Neurophysiological basis of mind, 1953.

e **Akt** 《同》プロテインキナーゼ B (protein kinase B, PKB). T 細胞リンパ腫を引き起こすレトロウイルス AKT8 の原がん遺伝子 v-Akt の細胞性ホモログとして，またプロテインキナーゼ A (PKA)，プロテインキナーゼ C (PKC) の類似キナーゼとして発見されたセリン・トレオニンプロテインキナーゼ．N 末端側から PH ドメイン，キナーゼドメイン，疎水性モチーフを含む C 末端領域をもつ．Akt は，PI3K の活性化により細胞膜へ移行し，細胞膜上に存在するプロテインキナーゼ PDK1 によって，キナーゼドメイン内の活性化ループ中に存在するトレオニン残基がリン酸化され活性化し，多くの場合，疎水性モチーフ部位も同時にリン酸化を受ける．Akt によってリン酸化される蛋白質は多岐にわたり，生存，細胞増殖や細胞サイズの制御，細胞運動，代謝制御，個体の寿命などさまざまな現象に関与する．

f **エケード** [ecad] 《同》生態表現型 (ecophenotype). ある環境に適応した形態が遺伝的形質でなく，単に外部の環境の影響によって変化した形態であることが明らかなもの．形質の評価に関する概念．F. E. Clements の定義．G. W. Turesson は同じ概念を示すのにエコフェーン (ecophene) の語を使った．

g **エコーウイルス** [Echo virus] エコー (Echo) は enteric cytopathogenic human orphan の略．*ピコルナウイルス科エンテロウイルス属に属する，ヒトの腸管内で増殖しているウイルス．ウイルス粒子は直径 20〜30 nm の正二十面体．ゲノムは約 7500 塩基長の＋鎖 RNA. 健康人の糞便中にもしばしば発見される．サルの腎臓など培養細胞に感染し，細胞変性効果を示す．免疫血清学的に 28 の型に分類されており，あるものは，ヒトで無菌性髄膜炎，麻痺性疾患，発疹性熱性疾患などとの関係が報告されている．

h ***Ecogpt* 遺伝子** (エコジーピーティーいでんし) [*Ecogpt* gene] 大腸菌のプリンヌクレオチド生合成系において，キサンチン (X) をキサントシン-5′—リン酸 (キサンチル酸，XMP) に変換する*サルヴェージ経路の酵素である．キサンチン-グアニン-ホスホリボシルトランスフェラーゼ (XGPRT) をコードしている遺伝子．XMP からは，グアニン酸 (GMP) がつくられる．大腸菌と異なり，動物細胞は *Ecogpt* およびその産物である XGPRT をもたず，類似の酵素ヒポキサンチン-グアニン-ホスホリボシルトランスフェラーゼ (HGPRT) をもつが，これは X をほとんど基質としない．そのため，動物細胞は，5′-イノシン酸 (IMP) を IMP デヒドロゲナーゼによって XMP に変換することで，最終的に GMP を得ている．したがって，IMP デヒドロゲナーゼの阻害剤マイコフェノール酸 (MPA) を培地中に加えると，動物細胞は X の存在下でも GMP を合成できずに死滅する．しかし，*Ecogpt* を細胞に導入して発現させると生育可能となる．この性質を利用して，動物細胞に形質導入する際に，目的遺伝子とともにベクターに挿入され，形質転換体を選択する目印として用いられる．

i **エコツーリズム** [ecotourism] 自然環境や歴史・文化を体験しながら学び，対象地域の自然や歴史・文化の保全にも責任をもつ観光のあり方．1980 年以降，世界的な環境政策の進展や国際観光の拡大によりほぼ同時的に取組みが開始されたため，多様な定義や概念が混在している．日本では 2008 年に「エコツーリズム推進法」が施行され，エコツーリズムの概念を定め，自然環境の保全，観光振興，地域振興，環境教育の場の活用を四つの基本理念にしている．エコツアー業者，旅行者，自治体，地元住民がそれぞれの役割を果たすことで，環境保全や地域振興に相乗的な効果を生むことが期待されている．

j **エコトーン** [ecotone, transition zone] 《同》移行帯，推移帯．二つの生物群集が接する部分．一般に隣接する群集構成種が相互に混じり合ったり，競争関係にあってエコトーンが形成される．もともと F. E. Clements (1905) が用いた語．特に植物群系の境界部において視覚的にもわかりやすい．海と陸，森林限界で森林と草原が接する領域のように，環境条件の急激な変化があるときはエコトーンは狭くなる．エコトーンでは生物の種類が豊富で，特有な変異型にも富むことがしばしばあり，あるものでは高い個体群密度を示し，動物の往来も頻繁であるように，このような現象が生ずることを*周縁効果という．一つの群が他に侵入しつつあるときは，この帯は時間とともに動く．

k **江崎悌三** (えさき ていぞう) 1899〜1957 昆虫学者．東京帝国大学に学び，ヨーロッパ留学を経て，九州大学

教授. 半翅目昆虫を専門とし, 世界各地を放浪するように巡り研究に邁進. おびただしい著述で知られ, 日本のアマチュア昆虫学者のレベルを大きく引き上げた. [主著] (共編) 日本昆蟲図鑑, 1932.

a **餌乞い** [food begging] 動物の子が親に餌をねだる行動. 鳥のヒナが大きく口を開けたり (gaping), 翼をふるわせたり, 特定の声で鳴いたりするように, 種によってパターンはそれぞれ異なるが, いずれも親の攻撃行動を抑え, 給餌行動を解発する*リリーサーとなっており, しばしば子が餌乞いをしないと親は給餌できない. 多くの動物では, 餌乞い行動は*儀式化して求愛行動の中に繰り入れられている.

b **壊死** [necrosis] 《同》ネクローシス, ネクローゼ. 生体の一部 (特に器官・組織) の死. [1] 細胞または組織が不可逆的な損傷を受け死に至った状態. 病理学的細胞死ともいう. これに対して, 胎生期の未分化細胞が完全な器官に分化するために一部の細胞が死に至る細胞自己死 (programmed cell death) や一旦分化した臓器や組織で細胞数を調節する上で細胞消滅を起こさせる自殺プログラムとしての細胞死の過程は*アポトーシス (枯死) と呼ばれ, 生理学的細胞死と捉えられ, 病理学的細胞死である壊死とは区別される. ただ, 病理学的細胞死がアポトーシスによって起こることもある. また, 個体全体の死は壊死と呼ばない. 壊死は, 光学顕微鏡的所見から凝固壊死 (coagulation necrosis), 乾酪壊死 (caseation necrosis), 融解壊死 (liquefaction necrosis) に分けることができる. 細胞の死に際して, 核や細胞質にさまざまな崩壊過程を生じる. 細胞崩壊に伴い放出された加水分解酵素や蛋白質分解酵素の働きにより, 周囲の細胞や間質組織にも壊死や変性をきたしてくる. 組織や細胞に含まれる蛋白質や脂肪の量により, その形態が異なるとされる. 凝固壊死では, 細胞死の後, 短期間は細胞の輪郭が維持される. 核には凝縮 (pyknosis), 崩壊 (karyorrhexis), 融解 (karyolysis) などの変化が見られ, 細胞質は通常よりも好酸性となる. 乾酪壊死では, 細胞の輪郭は残さないが, 後述する融解壊死のように溶解して消失したり, 液状になることはなく, 無構造の好酸性顆粒状の物質として残る. 肉眼的にチーズ様となるため, 乾酪の名称が与えられている. 融解壊死は, 細胞融解の速度が修復の速度を上回る場合になりやすいとされている. 急性炎症で見られる中球が大量の加水分解酵素を放出した時や脂質膜に富む脳組織の壊死時に見られることが多い. 脂肪壊死や類線維素性壊死, ゴム腫性壊死, 出血性壊死などの用語は, 独特な顕微鏡所見を呈するためにそう呼ばれているに過ぎない. [2] 植物では, 各種の損傷をうけると, 植物体のその部分が壊死を起こす. 例えば, 糸状菌・細菌・ウイルスなどの病原体が宿主植物に侵入した際, 宿主の細胞が急激な*過敏感反応を起こし, その結果として壊死が起こる. 病原菌侵入の場合には, 菌もろとも一部の組織が速やかに壊死することにより, 菌糸の蔓延を防ぎ, 植物体全体は保護される結果となる. 壊死の結果, 白化などを起こした植物体は病原菌の種類や宿主の組織などにより特有の模様 (病斑) を現すことがあり, 病気の診断に役立つことが多い.

c **エシェリキア** [Escherichia] 《同》エスケリキア. エシェリキア属 (大腸菌属 Escherichia) に分類される細菌の総称. *プロテオバクテリア門ガンマプロテオバクテリア綱*腸内細菌科に属する. グラム陰性, 通性嫌気性, 発酵性, 非芽胞形成, 周鞭毛による運動性桿菌 ($1.1 \sim 1.5 \times 2 \sim 6\ \mu m$). 基準種の Escherichia coli (*大腸菌) は, ラクトースを発酵して酸とガスを産生する*大腸菌群の仲間だが, E. hermannii, E. fergusonii などの本属他菌種はラクトース発酵性が弱いかその能力を欠く. E. hermannii を除いて KCN 感受性であり, 大部分は硫化水素を産生しない. 主に恒温動物の腸管内が生息地であるため, 糞便や臨床材料から分離される菌種が多いが, E. blattae のように昆虫の消化管から分離されたものもある.

d **Ac グロブリン** [Ac-globulin, accelerator globulin] 《同》第 V 因子 (blood coagulation factor V), 不安定因子 (labile factor), プロアクセリリン (proaccelerin). *血液凝固に際して, プロトロンビナーゼ複合体 (protrombinase complex: 活性化第 X 因子・血小板リン脂質・Ca^{2+}・プロトロンビン・活性化第 V 因子からなる) を形成し, 第 X 因子の補酵素として機能し, トロンビン形成を促進する血漿中のグロブリン. 代表的な血液凝固性グロブリン. ヒトでは 2224 アミノ酸残基からなり分子量約 35 万の糖蛋白質. 1 分子当たり 1 原子の Ca^{2+} を含む. 第 V 因子はトロンビンによって限定分解され活性化第 V 因子となり, 活性化第 V 因子は活性化プロテイン C により分解され失活する. 第 V 因子の先天的欠損症はパラ血友病と呼ばれる.

e **SIRS** systemic inflammatory response syndrome (全身性炎症反応症候群) の略. 感染症や外傷, その他の急性炎症性疾患により生体防御反応が亢進した状態を指す. セプシス (sepsis) は, 感染が原因で起こる SIRS である. 体温, 心拍数, 呼吸数 (または PaCO$_2$), 末梢血白血球数 (または幼若白血球の割合) を指標に診断される. 重篤な臓器障害の併発, またはその前段階であることが多く, 早急な原疾患の治療と全身管理が求められる状態である.

f **S-R 変異** [S-to-R variation] 細菌の集落型が平滑 (smooth) でみずみずしく膨らんだものから, ざらざら (rough) で皺の寄ったものに変異すること. 前者を S 型 (S-type, S-form: スムーズ型), 後者を R 型 (R-type, R-form: ラフ型) という. ほとんどすべての寄生性細菌について, 動物体から離れて人工培地, 特に液体培地に継代培養すると, 類似の変化が生ずることが見出されている. この変化は他の種々の重要な変化と密接な関連をもつ. 例えば, 細菌細胞の表面の物質的構成が変化して互いに接着し, 液中では著しく凝集沈澱しやすくなる. 腸内細菌では細胞壁リボ多糖の O 抗原側鎖が消失し, R コアーを露出した場合に R 型となる. したがって R コアー合成に関与する遺伝子群のいずれに変異が起こっても R 型菌となる. また, 多糖性莢膜の明瞭なもの (例えば肺炎双球菌) では, その消失が伴う. もちろん同時にそれによる特異的抗原も消失する. 細胞表面が他の物質でできており, 例えば蛋白質性の抗原の顕著である場合には, それぞれ対応する異なった変異が見られる (例: Streptococcus). 鞭毛の変化にもよく見られ, 運動が不活発になるみの変化も停止している. 病原性はしばしば著しく低下し, 生化学的な反応も変化する. これらの変化は, 種々の外的要因で強く現れる. 例えば Li$^+$・フェノール・S 抗血清・S 特異的ファージなどの存在, 代謝産物 (特にアミノ酸類) の蓄積による増殖阻害である. R→S の逆変換は非常にまれであるが, 一般に動物体通過, あるい

は動物体中に近い培養条件で R 特異抗血清を与えると検出できる.

a **S-R 理論** [S-R theory] 《同》刺激-反応理論. 学習は，ある刺激(S:stimulus)に対してある反応(R:response)が結合することであるとする学習理論. 主唱者は C. L. Hull で，その理論体系は 'Principles of Behavior'(1943) によってまとめられた. その流れはイギリスの連合主義心理学にさかのぼり，1898 年に E. L. Thorndike の唱えた*効果の法則によって，はじめて学習が刺激と反応の結合であることが主張された. 行動主義心理学を唱えた J. B. Watson はこの Thorndike と I. P. Pavlov の古典的条件反射学をとり入れて行動の単位を基本的な S-R 結合と考えた. Hull はその流れの中心にあって，例えば「空腹」のような要求の状態にある動物が，ある反応をして問題を解くのに成功し，報酬としての食物が与えられると，要求を満たそうとする*動因も低減する. それによって次に同じような刺激場面におかれたとき，その特定の反応が生起する傾向が強められる. すなわち特定の S-R 結合が強められるわけで，こうしてできた反応傾向は習慣として蓄積される. 学習とはこのような習慣の獲得であって，それに必要な条件は動因の低減である*強化である. Hull の理論の特徴がその基本的な原理である公準(postulate)とそこから演繹される系(corollary)とから体系的に組みたてられている点と，それらをできるだけ数学的に記述し，また量的に関数関係を表現しようとしたところにある. 一般に S-R 理論といえば Hull の S-R 強化説を意味することが多いが，同じ S-R 理論の中にも，E. R. Guthrie のように必ずしも強化が学習の必須の条件であるとは考えない立場のものもある. (→場の理論)

b **SV40** Simian virus 40 の略. 《同》vacuolating agent. *ポリオーマウイルス科ポリオーマウイルス属に属する DNA ウイルスの一種. B. H. Sweet と M. Hilleman(1960) がアカゲザルから分離した. ウイルス粒子は直径約 45 nm, 正二十面体を呈し，エーテルおよびクロロホルムに耐性, 熱にも安定. ゲノムは, 5243 塩基対の二本鎖環状 DNA. アフリカミドリザルの腎臓初代培養細胞(AGMK)や CV-1 などの株細胞の核内でよく増殖し，プラークの形成も容易である. 感染初期に合成される 2 種類の*T 抗原(large T および small T)は，ゲノム DNA の複製に必須である. DNA 複製後にウイルス粒子構成蛋白質の VP-1, VP-2, VP-3 が合成される. 複製開始点(ori 領域)からの DNA 複製は，真核生物の DNA 複製モデルとして，単離蛋白質を用いた再構成系が成立している. ハムスター，ヒト，マウス，ウサギ，サルなど広範囲の細胞に*トランスフォーメーションを起こす. 自然宿主のサルに無症候性に持続感染する. 実験的に新生ハムスターに皮下接種すると肉腫を形成し，ハムスター成体に脳内接種したり，ある種のラットに皮下接種すると脳室上皮腫を形成する. そのため発がん機構の研究によく用いられてきた. ゲノムは真核細胞への遺伝子導入のベクター(SV40 ベクター)としてよく用いられた. 例えば ori, エンハンサー，プロモーターを含む約 350 塩基対の DNA 断片と，SV40T 抗原の RNA スプライシングおよびポリ(A)付加のシグナル配列を含む断片とを，大腸菌プラスミド pBR322 に連結したものは，動物細胞と大腸菌の双方で増殖できる. 外来の遺伝子を SV40 の発現シグナル支配下で発現させるのに広く利用される.

c **SH 基** [SH-group] 《同》スルフヒドリル基(sulfhydryl group)，メルカプト基(mercapto group)，チオール基(thiol group)，水硫基. -SH と表記. 硫黄と水素からなる官能基. コエンザイム A(CoA)，パンテテイン，ジヒドロリポ酸(dihydrolipoic acid)，還元型グルタチオン，システインなど生理的に重要な物質に含まれ，酵素やホルモン類でもこれを不可欠とするものが多い. この基は極めて反応性に富み，特異的な試薬(*SH 試薬)や呈色反応で容易に検出できる. 蛋白質に含まれる SH 基はその存在状態によって反応性が異なり，蛋白質が変性してはじめて検出される SH 基もある. SH 基を不可欠原子団とする酵素を*SH 酵素という. SH 試薬でこの基をふさげば酵素作用はなくなるが，還元型グルタチオン，システイン，ジチオトレイトールなどによって再活性化されたり，保護されたりする. SH 基は容易に酸化して -S-S-型となり，その逆もまた起こる(→ジスルフィド結合). ただし -S-S-型は極めて反応性に乏しく熱力学的にかたよった可逆的酸化還元系をなし，*グルタチオン(G)の生理的機能はこのような点に意義があるともいわれる.

$$2GSH \underset{-2e^-}{\overset{+2e^-}{\rightleftharpoons}} GS-SG + 2H$$

CoA ではその分子の端に位置する SH 基が高い反応性をもち，代謝過程においてその -SH の H がアセチル基あるいはスクシニル基と置換し，アセチル CoA あるいはスクシニル CoA となる. 硫化水素(SH_2)は重金属と反応してその硫化物をつくるが，重金属の関与する酵素の金属部分にも結合するので，生体にとって毒物である. 同様に SH 基の機能も重金属と密接な関係があると考えられている.

d **SH 酵素** [SH-enzyme] SH 基すなわちシステイン残基を蛋白質内に含み，触媒作用に SH 基を必要とする酵素. SH 基は活性中心として，基質，中間体，補酵素あるいは金属イオンとの結合に関与するとされる. 酸化還元酵素，転移酵素，加水分解酵素など極めて多種類の多数の酵素がこれに属する. 以前はヨード酢酸，p-クロロメルクリ安息香酸などの SH 基と特異的に反応する試薬によって不活化されることを SH 酵素の指標としたが必ずしも正しくない. SH 基が触媒機能に直接関与していなくても，SH 基に導入された試薬が触媒部位を物理的に遮蔽したり，立体構造をわずかに変化させて不活化することもあるからである. 現在では，遺伝子操作によって特定のシステイン残基を他のアミノ酸残基に置換した変異型酵素をもちいてより厳密に検討できる.

e **SH 試薬** [SH-reagent] 《同》スルフヒドリル試薬 (sulfhydryl reagent). SH 基と反応して，その機能を抑制するように働く試薬. 作用型式から次のように区別される. (1) 酸化剤: o-ヨードソ安息香酸 (o-iodosobenzoic acid), (2) ジスルフィド形成剤: 5,5'-ジチオビス(2-ニトロ安息香酸. DTNB と略記, Ellman 試薬ともいう), 4,4'-ジチオピリジン, シスチン, 酸化型グルタチオン, テトラチオン酸 (tetrathionic acid), デヒドロアスコルビン酸, 2,6-ジクロロフェノールインドフェノール (2,6-dichlorophenolindophenol) など, (3) メルカプチド形成剤: p-クロロメルクリ安息香酸 (p-chloromercuribenzoate, PCMB), Hg^{2+}, Ag^+, As^{3+}

など，(4) アルキル化剤：ヨード酢酸(iodoacetic acid)，ヨードアセトアミド(iodoacetamide)，N-エチルマレイミド(NEM)，エチレンイミン，アクリロニトリルなど．蛋白質に含まれるSH基の場合は，その存在状態ひいてはその反応性がまちまちであり，また上記の諸試薬が蛋白質中に存在するSH基以外の官能基と反応する可能性もある．(1)，(2)および(3)の分類に属する多くの試薬のSH基との反応は，2-メルカプトエタノール，ジチオトレイトール，システインなどのようなチオール化合物の作用によって逆行し，もとのSH基が復元される．この処理により，阻害されていた活性が再生されたならば，不可欠SH基の存在を示す証拠は有力な支持を得たことになる．

a **SH 蛋白質** [SH-protein] 生理機能の発現にSH基を必須とする蛋白質の総称．広義にはSH基をもつ蛋白質の総称．(⇌SH酵素)

b **snRNA** small nuclear RNA の略．《同》核内低分子RNA．真核生物の細胞核中に広く存在し，代謝的に安定な一群の*低分子RNAの総称．一般に蛋白質との複合体(snRNP)として存在する．分子種によっては，細胞質の中にも見出されるものもある．数百に及ぶ分子種のものが分離・同定されている．*核小体に存在するもの(U3, U8, U14, U15, U22, MRP, E2 など)と核内の核小体以外に存在するもの(U1, U2, U4～7, U11, U12, RNアーゼP など)に大別され，核小体に存在するものを特にsnoRNA(*核小体低分子RNA)という．大きさは約60～300ヌクレオチド程度．細胞当たり約10^4～10^6分子が存在すると算定されているものが多い．修飾塩基を含む分子種もある．5'末端に三リン酸をもつもの(MRPなど)，2,2,7-トリメチルグアノシンを含むキャップ構造をもつもの(U1～U5, U7, U8, U11, U12, RNアーゼP など)，モノメチルキャップをもつもの(U6など)などがある．機能については，mRNA前駆体の*スプライシング(U1, U2, U4～U6, U11, U12 など)，rRNAのプロセッシングと修飾(U3, U8, U14, U15, U22, MRP, E2 など)，ヒストンmRNAの3'末端形成(U7 など)，*リボザイム活性中心(RNアーゼPなど)などが示されている．

c **SOS 応答** [SOS response] *DNA損傷に対応して細菌細胞が行う各種の反応で，DNA損傷を細胞の発する信号とみなして，国際遭難信号のSOSになぞらえてこう呼ぶ．生理的意義は，真核生物のDNA損傷チェックポイントに相当する(⇌チェックポイント制御)．*DNA修復(SOS修復 SOS repair)，突然変異や溶原性ファージの誘発，細胞分裂の阻害などSOS応答に関与する各種の機能すなわちSOS機能(SOS function)が知られている．これらはいずれもRecA蛋白質(⇌RecAファミリーリコンビナーゼ)により正の制御を受けている．大腸菌では，DNAに障害が起きると20以上の遺伝子が一斉に発現して修復を行う．応答する遺伝子の上流には，コンセンサス塩基配列 <u>CTGTATATATATACAG</u>(これをSOSボックス(SOS box)といい，両端下線部が特に良く保存されている)があり，SOS信号のないときにはそこにLexA蛋白質が結合してリプレッサーとして遺伝子の発現を抑えている．DNAに損傷が起き，そこに一本鎖部分ができたり，複製装置の故障などで一本鎖部分が生じると，そこへRecA蛋白質が協調的に結合してフィラメント構造をつくる．それがアンチリプレッサーとしての活性型RecAで，LexA蛋白質と相互作用するとLexAはほぼ中央のAla84とGly85の間で切断されSOSボックスへの結合能を失う．その結果SOSボックス下流の遺伝子が一斉に発現する．その後修復が完了して一本鎖部分が消失すると，LexAの濃度も回復し遺伝子の発現は抑えられ通常に戻る．LexAの切断反応において，プロテアーゼの活性中心はLexA自身のC末端側のSer119にあり，Lys156がコントロールしている．活性型RecAはこのLys156を介して切断活性を促進させることから，コプロテアーゼ(co-protease)と呼ばれる．溶原性ファージ，λやP22などのリプレッサーも，まったく同じしくみで切断活性を不活化しファージの誘導を引き起こす．φ80ファージのリプレッサーはAla-Gly配列をもたず，Cys-Glyで切断する．その際，φ80リプレッサーのC末端にdGGあるいはdAGが相互作用して切断効率を大幅に増加させる．また，TLS DNA ポリメラーゼ(⇌複製後修復)の一種であるDNA pol Vの遺伝子発現は転写レベルでSOSの調節を受ける．その小サブユニットUmuDは，翻訳後，活性型RecAによってN末端側Cys-Glyで切断を受け活性化される．

d **S 期** [S phase] 《同》合成期(synthetic phase)．真核生物の*細胞周期の間期において，核内の染色体DNAが複製されてDNA量が倍になる時期(⇌DNA複製)．G_1期とG_2期に挟まれる．この時期に中心体も複製される．S期の決定には，^{3}Hチミジンによる*オートラジオグラフ法やブロモデオキシウリジン(BrdU)取込みの抗BrdU抗体による免疫染色法が広く利用されている．DNA合成は染色体上に多数ある複製起点から始まるが，各染色体(または部分)によってS期のなかで遅速がある．一般に異常凝縮型の*ヘテロクロマチンはS期の後半に複製されることが多い．これらが組み合わされて，すべての染色体について1回限りのDNA複製が完了する．典型的には，DNA複製開始の引き金はG_1/Sサイクリン-CDKが引き(⇌CDK，⇌サイクリン)，全染色体DNAの複製を細胞周期当たり1回に限るためには再複製阻止機構が働き(⇌複製ライセンス化)，染色体DNAの複製が完了するまでM期への移行を阻止するための監視機構としてG_2チェックポイントが働く(⇌チェックポイント制御)．

e **ESCRT 複合体** (エスコートふくごうたい) [ESCRT complex] エンドソームの多胞化を担う蛋白質複合体．*エンドサイトーシスにより取り込まれた上皮増殖因子受容体などは，さらに*エンドソームの内側にくびれ込むように形成される小胞(内腔小胞)へと選択的に積み込まれ，*多胞体内に隔離される．ESCRT複合体は，この内腔小胞への積み荷の選択的な積込みと，内腔小胞の形成を行う．ESCRT複合体はESCRT-0からESCRT-Ⅲまでの四つのサブ複合体からなる．内腔小胞への選別に機能するシグナルとして最も解析が進んでいるのは*ユビキチンで，ESCRT-0, -Ⅰ, -Ⅱにはユビキチンに結合するサブユニットが含まれ，内腔小胞への積み荷の認識と濃縮を担うと考えられる．一方，ESCRT-Ⅲは積み荷からのユビキチンの除去と内腔小胞の形成に関わるとされる．ESCRT複合体の構成因子は，細胞質分裂の最終段階やウイルスの*出芽などにも関わる．

f **SDS-ポリアクリルアミドゲル電気泳動法**

[SDS-polyacrylamide gel electrophoresis] SDS-PAGEと略記．ドデシル硫酸ナトリウム(sodium dodecyl sulfate, SDS)を含むポリアクリルアミドゲルを支持体(⇨キャリアー)に用い，SDSで変性させた蛋白質を分子量の大きさの順に分離するゾーン電気泳動法(⇨電気泳動)．Laemmli法(Laemmli's method)ともいう．2-メルカプトエタノールでS–S結合を切断され，変性した蛋白質の多くは，SDSと質量比1:1.4で複合体を形成する．これは，アミノ酸2～3残基にSDS 1分子が結合している計算になり，SDSの負の電荷により，蛋白質は本来の荷電状態ではなく，負に荷電した複合体に変化する．この複合体は，荷電状態や太さが蛋白質の種類にかかわりなく一定で，長さが蛋白質の分子量に比例するといわれている．そのため，複合体の泳動距離はポリアクリルアミドゲルの分子ふるい効果のみによって決まり，分子量の小さい蛋白質ほど移動度が大きくなる．分子量既知の標準蛋白質と一緒に泳動させ，標準蛋白質の相対移動度をそれぞれの分子量の対数に対してプロットした直線から試料蛋白質の分子量を求めることができる．検出には*クーマシーブリリアントブルーを用いたクーマシー染色が汎用されるが，高感度な検出には*銀染色が用いられる．

a **エステラーゼ** [esterase] エステルの加水分解(エステル+H_2O⟶酸+OH化合物)を触媒する酵素の総称．EC3.1群に属する．作用する基質の種類に従って分類される(以下の括弧内の数字は酵素番号の第3位)．(1)カルボン酸エステル(例:リパーゼ，コリンエステラーゼ)．(2)チオエステル．(3)リン酸モノエステル，リン酸モノエステラーゼ(例:アルカリ性ホスファターゼ)．(4)リン酸ジエステル，ホスホジエステラーゼ(例:ヌクレアーゼ，ホスホリパーゼ)．(5)トリリン酸エステル(例:デオキシグアノシントリホスファターゼ)．(6)硫酸エステル，スルファターゼ(例:コンドロイチンスルファターゼ)．EC3.1.1群の中で，リパーゼは高級脂肪酸とグリセリンからなるトリグリセリドのエステル結合の分解(または合成)に関与する酵素を指す(膵臓リパーゼやヒマ種子リパーゼなど)．これに対し，筋肉リパーゼや肝臓リパーゼなどのように，主として低級脂肪酸と1価のアルコールからなるエステルに作用する酵素もリパーゼと呼ばれているが，狭義には，これをリパーゼに対してエステラーゼと呼ぶこともある．プロテアーゼがアミノ酸などのエステルの加水分解反応を触媒するとき，エステラーゼ活性をもつという．条件によって反応の逆行も行われるが，生理的には分解の方向に行われる．なお，基転移反応を行うものもあって，必ずしも*転移酵素との区別はつけがたい．

b **S電位** [S-potential] 脊椎動物網膜の*水平細胞の光に対する電位変化．発見者G. Svaetichin (1953)の名に因む呼称．水平細胞中に微小電極を刺入すると，20～40 mVの静止電位が観察され，白色光刺激を網膜に与えると電位はさらに過分極し，光を照射しているあいだ持続する．光を切るともとの静止電位のレベルに戻る．S電位は大別して2種類あり，光の波長とは無関係に常に過分極の光応答を示すL型(luminosity type, 図a)と，波長により極性が反転するC型(chromaticity type)とがある．C型はさらに2相性のもの(図b)と3相性のもの(図c)に細別される．図の各S電位のスペクトル応答曲線は，L. M. HurvichとD. Jameson (1957)が段階説の立場から求めたヒトの相対視反応曲線と似ている．網膜内では視細胞での三原色説的過程がシナプス機構により水平細胞の反対色説的過程に変換されている．現在多くの脊椎動物の網膜からS電位が記録されている．

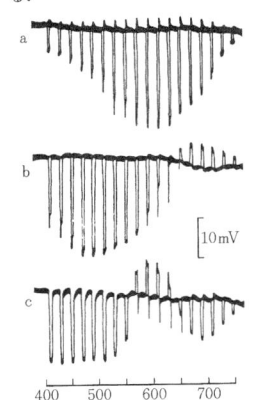

コイの網膜の水平細胞から記録されたS電位の3型．下部のスケールは単色光の波長(単位はnm)

c **エストラジオール-17β** [estradiol-17β, oestradiol-17β] 《同》estra-1, 3, 5(10)-triene-3, 17-βdiol. $C_{18}H_{24}O_2$ E_2とも呼ばれる最も強力なエストロゲン．卵巣や胎盤において*テストステロンから芳香化酵素(⇨アロマターゼ)とNADPHの働きにより合成される．ヒト，ラット，ある種の魚類の卵巣では，エストラジオール-17βは生殖腺刺激ホルモンの働きのもと，卵胞を構成する莢膜細胞と顆粒膜細胞の協同作用により合成される．哺乳類では卵巣や乳腺の発育を促進し，付属性腺に働いて二次性徴を促す．また，視床下部の弓状核に作用して，*黄体形成ホルモン(LH)に対し負のフィードバックを誘導するが，視索前野においては正に作用して*生殖腺刺激ホルモン放出ホルモン(GnRH)を分泌させ，また下垂体のGnRHに対する感受性を高めて，排卵前の*LHサージを起こす．鳥類では，輸卵管において卵白蛋白質の合成・分泌を促進する．卵生脊椎動物においては，エストラジオール-17βは肝臓に作用して卵黄蛋白質前駆体の*ビテロジェニンの生合成を促進する．ビテロジェニンは血流により卵巣に運ばれ，卵に取り込まれて卵黄蛋白質となる．これらの標的器官においてエストラジオール-17βは，細胞質に存在する受容体と結合後，核内へ移行し，特定の遺伝子の転写を促進し，それにより新しい蛋白質が合成される．この性質を用いて，植物では特定の遺伝子の発現誘導系にも用いられる．

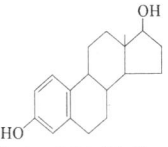

d **エストリオール** [estriol, oestriol] ⇨エストロゲン

e **エストロゲン** [estrogen] 《同》発情ホルモン，女性ホルモン，雌性ホルモン，卵胞ホルモン．脊椎動物において主として卵巣から分泌され，雌の生殖腺付属器官を発育させてその機能を営ませる*性ホルモンの総称．*エストラジオール-17β，尿中に多くみられるエストロン(estrone)，エストリオール(estriol)が主なもの．最も強力なものはエストラジオール-17βである．ウマなどでは，ヒトにはないエストロゲンとしてエキリン

(equilin)やエキレニン(equilenin)が知られている．エストロゲンは脊椎動物全般において，雌の生殖に必須の役割を果たすステロイドである．哺乳類では発情状態を誘起する．胎盤からも分泌され，そのほか副腎皮質や精巣あるいは脳内においても少量分泌される．卵生脊椎動物では，肝臓における卵黄前駆物質である*ビテロジェニン生合成の促進を介し，卵への卵黄の蓄積に寄与する．胎生の哺乳類では卵巣だけでなく子宮・腟・外陰部・乳腺の発育を促進する．エストロゲンの分泌には下垂体前葉の*濾胞刺激ホルモン(FSH)と*黄体形成ホルモン(LH)の両者が必要である．一方，エストロゲンは視床下部の性中枢および下垂体にフィードバックし，雌動物においては微量だと正の作用を示し，大量だと負の作用をおよぼす．ラットやヒトでは，エストロゲンの増加が排卵の引き金であるLHの一過性分泌(*LHサージ)を誘発する．エストロゲンはほかの性ホルモンと同じく肝臓で不活性化される．エストロゲンの一部はそのまま，残りは種々の代謝産物として尿中に排出される．標的細胞でエストロゲンは，まず細胞質の受容体と特異的に結合し，受容体分子と共に細胞核に入る．そこでクロマチンの特定部位と結合し，特定の遺伝子が活性化されることによりエストロゲン依存性蛋白質の生合成が促進される．エストロゲンをはじめ，グルココルチコイドなどのステロイド化合物をリガンドとする受容体は，*核内受容体と呼ばれ，リガンドが受容体と結合することによって受容体が核へ移行する性質をもつ．この性質を利用する実験系として，核内受容体に別のDNA結合性の転写活性化因子などを融合した分子を細胞や個体に発現させ，リガンドの投与によって特定の遺伝子の発現を制御することが広く行われている．

a **エストロン** [estrone, oestrone] ⇌エストロゲン

b **SPF動物** [SPF animals]　SPFはspecific pathogen freeの略．指定された病原微生物や寄生虫をもっていない動物．当該動物に感染して病気を起こす特定のウイルス，細菌，寄生虫などに感染していないことが証明されている動物で，動物実験などには有用．無菌動物とは異なり，指定されていない微生物はもっていてもよい．帝王切開で得られる無菌動物(germ-free animals)に非病原性の指定された常在細菌叢を定着させ(⇌ノトバイオート)，これをその後清浄な環境(バリヤーシステム)下で維持，生産することによって作製する．定期的に指定病原微生物の検査(微生物モニタリング)を行うことによってSPF状態を維持し，品質を保証することが大切である．マウス，ラットなどの多くの実験動物がSPF動物として市販されている．またブタでも畜産用として作製されている．

c **Sp1蛋白質** [Sp1 protein]　*SV40ウイルスの*プロモーターに6カ所存在するGGGCGGモチーフに結合するヒトの転写因子．c-fos, TGF-β1プロモーターに存在するRCE(pRBの制御エレメント)CGGTGGGにも結合するなど，多数の遺伝子のG-リッチ配列に結合する一般的な転写因子で，HeLa細胞には細胞当たり5000～1万分子存在することが推定されている．cDNAの構造解析から分子量は8万と算定されたが，実際は糖鎖が付加されているため9万～10万である．C末端側に三つの*ジンクフィンガーモチーフがあり，この領域でDNAに結合する．N末端側に2カ所存在するグルタミンに富んだ領域とジンクフィンガーの両側の配列はSp1による転写活性化に重要である．セリン，トレオニンに富んだ領域はDNA結合，転写活性化の双方に直接は関与しないが，これらのアミノ酸のリン酸化によりその機能を修飾すると推定される．

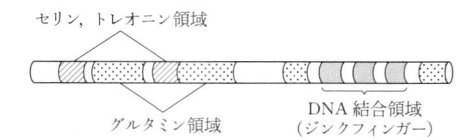

d **S1マッピング** [S1 mapping] 《同》S1プロテクションアッセイ(S1 protection assay)．S1ヌクレアーゼ(⇌エンドヌクレアーゼ)の一本鎖特異性を利用し，転写開始点，転写終結点，エクソンとイントロンの境界などを調べる手法．解析したい領域を含む遺伝子断片の5′もしくは3′末端をアイソトープ標識し，mRNAと*ハイブリダイゼーションさせた後，S1ヌクレアーゼ処理すると，mRNAと対合する部分のみが分解から保護される．その長さを調べることで，転写前の遺伝子と，転写後*プロセッシングを受けた転写産物の構造の違いがわかる．

e **エゼリン** [eserine] 《同》フィゾスチグミン(physostigmine)．$C_{15}H_{21}O_2N_3$　西部アフリカ産のカラバル(calabar, *Physostigma venenosum*)の種子に含まれるアルカロイドの一種．天然品は*l*型．融点105～107℃．強毒性，光感受性が強い．アセチルコリンエステラーゼ(⇌コリンエステラーゼ)を可逆的に阻害し，副交感神経を興奮させるので，副交感神経遮断薬である*アトロピンの作用に拮抗する．組織に対する*アセチルコリンの作用を調べる際，前もって組織中に存在すると想定されるアセチルコリンエステラーゼの作用を阻害させておく目的でエゼリンを使うことが多い．このように処理した組織はeserinized tissueという．

f **A₀層** [A₀ horizon] 《同》O層(O horizon)．*土壌断面において，鉱質性土壌層位(上からA層，B層，C層)の上に形成される有機物層．新鮮なあるいは部分的に分解された有機物が多量に存在している．森林土壌学では，最近落下した葉・枝・樹皮などがほとんど未分解のまま堆積しているL層(*落葉落枝層)，植物遺体が半ば分解されているが，なおもとの植物組織が識別できる状態にあるF層(F horizon: FはfermentationIの略)，植物遺体の分解変質が進み，植物組織が識別できない状態にあるH層(H horizon: Hはhumusの略)に分けている．アメリカの土壌学では，ほとんどの植物組織の原形が基本的に肉眼でみえるA₀₁層(L層とF層の上部に相当する)と，ほとんどの植物組織と動物体の原形が肉眼では識別できないA₀₂層(F層の下部とH層に相当する)に分けている．A₀層の厚さは植物遺体供給量とその分解量の差で決まり，安定群落では両者がほぼ等しいので厚さの変化がほとんど起こらない．高温多湿の熱帯多雨林では分解が旺盛でほとんど発達しないが，低温や過湿のところでは良く発達する．

g **壊疽**(えそ) [gangrene] 《同》脱疽．*壊死に陥った

a **エソー** Esau, Katherine 1898〜1997 ロシア出身,アメリカの植物形態学者.篩管の比較形態学などに大きな貢献をした.主著の'Plant anatomy'(1953)および'Anatomy of seed plants'(1960)は世界的な植物形態学の古典的教科書とされる.

b **A層** [A horizon] 土壌断面において,鉱物質土壌層の最上部を占める層位.気候・植物被・耕作などの自然的・人為的影響,すなわち土壌生成要因の影響を最も強く受ける.植物遺体などの有機物が分解変質して生成した*土壌腐植の混入する程度が大きく,そのため*B層および*C層に比べて暗色味が強い.ケイ酸塩鉱物の風化によって塩基および鉄・アルミニウムが易動態化し,雨水の浸透に伴いこれらが水とともに下層へ移動することが多い.一般に A 層は腐植の集積する層位であるとともに粘土,鉄,アルミニウムが*溶脱しやすい層位であるので,溶脱層と呼ばれることもある.A 層は以下のように細分されることがある.(1) A_1：地表面近くで生成した有機物の集積層.(2) A_2：粘土,鉄あるいはアルミニウムを失った層.(3) A_3：A_1 あるいは A_2 の性質を保持してはいるが,B層の性質が現れている層.(4) A_p：耕作により攪乱された層.(⇨土壌断面)

c **エソグラム** [ethogram] 一つの種の動物の全行動パターンをくわしく記載したもの.動物の行動を研究するうえで最も基本的な記録で,エソグラムを作ることにより,行動の種間比較や行動連鎖の解析が可能となる.観察に基づくプロトコルだけでなく,ビデオや録音などによる記録も含まれる.

d **枝** [branch] ⇨分枝

e **A帯** [A band] 《同》暗帯(dark band).横紋筋(骨格筋や心筋)の筋原繊維の*サルコメアの中央部にある暗い部分.強い複屈折性を示すこと(異方性 anisotropism)からA帯と呼ばれる.暗く見えるので暗帯ともいう.A帯の中央部には*H帯と呼ばれるやや明るい部分があり,その中央に*M線の濃い仕切りがある.A帯はミオシンの会合体である*ミオシンフィラメントと,H帯の両側まで入りこんでいるアクチンフィラメントからできている.したがってH帯の幅は収縮の程度によって変わるが,A帯そのものの長さは一定で,脊椎動物では約 $1.5\mu m$.電子顕微鏡像ではA帯の両端部に 43 nm の周期で各側に約 7 本の縞模様が見えることがあるが,その大部分は*C蛋白質の存在による.(⇨筋原繊維)

f **エタップ** [etap] V. V. Vasnetsov (1946) が提唱した魚類の発育段階のこと.各エタップ内では成長・発育は起こるが形態・機能に質的変化はなく,形態は全体として生活によく適合しており,次のエタップへの移行期に,ほとんどすべての器官系に質的変化が生じるときであるとされる.一般に魚類は同一条件下では一定の体長に達して次のエタップへの移行が始まるので,体長がエタップ区分の目安とされる.このような観点から魚類の発育を理解しようとする考えをエタップ理論という.(⇨発育段階)

g **エタノール** [ethanol] 《同》エチルアルコール(ethylalcohol),アルコール(alcohol),酒精.C_2H_5OH 分子量 46.07.沸点 78.3°C.半致死量 LD_{50} は 13.7 g/kg(ラット経口投与).飲料としては*アルコール発酵法により,工業用としてはエチレンより生産される.無色透明の揮発性液体.水に易溶.飲用したエタノールは胃・小腸から吸収され,体内で,アセトアルデヒドを経て,最終的に二酸化炭素に酸化される.分解されずに体内をめぐる血中エタノールは,中枢神経抑制作用を示す.多量に飲用した場合,尿中にも検出される.いわゆるアルコール中毒(alcoholism)は,急性のものは血中アルコール濃度が一定量を超えたときに現れ,軽度の酩酊から人事不省に至る.慢性のものには,肝炎などの器質障害のほか,アルコール依存症など精神的障害がある.

h **エタノールアミン** [ethanolamine] 《同》コラミン(colamine,旧称),2-アミノエタノール.無色吸湿性の液体で,水を吸って粘性に富む液体となる.強塩基性.水およびアルコールに可溶,ベンゼンやエーテルに難溶,生体内ではセリンの脱カルボキシルによって生成し,リン脂質の中で*ホスファチジルエタノールアミンの構成成分として存在する.

CH_2OH
CH_2NH_2

i **エタノールアミンリン酸** [ethanolamine phosphate] 《同》ホスホエタノールアミン(phosphoethanolamine),ホスホリルエタノールアミン(phosphoryl ethanolamine),2-アミノエタノールアミンリン酸.*ホスファチジルエタノールアミン生合成の前駆体.エタノールアミンキナーゼ(ethanolamine kinase, EC2.7.1.82)により,*エタノールアミンと ATP からエタノールアミンリン酸と ADP が生成する.CTP とともに,エタノールアミンリン酸シチジル基転移酵素(ethanolamine phosphate cytidylyltransferase, EC2.7.7.14)により CDP エタノールアミンを生ずる.*スフィンゴシンの分解,*ホスホリパーゼCによるホスファチジルエタノールアミンおよびセラミドホスホエタノールアミンの分解でも生ずる.

$HO-P-O-CH_2CH_2\overset{+}{N}H_3$
(with =O double bond on P)

j **エダヒゲムシ類** [pauropods ラ Pauropoda] 《同》少脚類,ヤスデモドキ類.節足動物門多足亜門の一綱.体長 2 mm 以下の微小な小動物で,枯葉や石の下などの陰湿地を好む.体は白色または淡黄褐色で,軟らかい.11 の胴節と尾節があり,9〜11 対の*歩脚を有する.*触角は特異な形状を示し,2〜3 本の鞭状毛および球状体または forked organ を有する.口器は大顎と 1 対の小顎とからなり顎肢はなく,小顎の構造はヤスデ類の顎唇に似る.現生約 650 種.

k **エチオプラスト** [etioplast] 暗所で発芽させた芽生えの葉(黄化葉)の細胞に見出される黄色の*プラスチド.ストロマには少数の*チラコイド膜と結晶状の構造体である*プロラメラボディをもつ.またしばしば澱粉粒とプラストグロビュル(⇨プラスチド)を含む.黄化葉を光で照射すると,エチオプラスト内のプロラメラボディの構造が崩れるとともに,クロロフィルとチラコイドの形成が生じ,*葉緑体へと分化する.これは被子植物

ではクロロフィル合成の1ステップに光依存型プロトクロロフィリド還元酵素が関わっているためで，エチオプラストは，プロプラスチドから葉緑体への正常な発達が暗条件下で一時的に抑えられた時に形成されるものと考えられる．

a **エチレン** [ethylene] CH₂=CH₂ *植物ホルモンの一つ．果実の成熟を促進する成熟ホルモン (ripening hormone) として知られる．他の作用として，葉や果実の器官脱離の促進，茎の伸長の抑制と肥大の促進，水生植物の伸長成長の促進，パイナップル類の花成誘導などがあげられる．種子植物においては，メチオニンから生合成され，その第三，第四炭素原子が切断されることによりエチレンに変換される．メチオニンはまず S-アデノシルメチオニンへと活性化され，次いで一種の ω 脱離反応によって生じた C₄ 部分が閉環し，1-アミノシクロプロパン-1-カルボン酸 (ACC) に変換される．ACC は ACC 酸化酵素の働きで開裂し，エチレンが生成する．成熟した果実では特に多量のエチレンが生成されるが，栄養組織に*オーキシンや傷害ストレスを与えた場合にもエチレン生成量は大きく増大する．一部の菌類もエチレンを生産するが，その生合成経路は植物と異なっている．アオカビの一種 (*Penicillium digitatum*) は 2-オキソグルタル酸を前駆体としてエチレンを生成する．エチレン受容体は，エチレン非感受性のシロイヌナズナ優性変異体である *ethylene resistant 1 (etr1)* の原因遺伝子 *ETR1* がコードする蛋白質として同定された．エチレン受容体は，三つあるいは四つの膜貫通領域，およびヒスチジンキナーゼ様領域，レシーバー領域をもち，原核細胞で多くみられる二成分制御情報伝達系の構成メンバーと類似している．セリン・トレオニンプロテインキナーゼである CONSTITUTIVE TRIPLE RESPONSE 1 (CTR1) は，エチレン応答の負の制御因子であり，受容体と結合して複合体を形成する．エチレン非存在下では，CTR1 はキナーゼ活性をもち下流のエチレン応答シグナルを抑制しているが，受容体がエチレンと結合するとCTR1 はキナーゼ活性を失い，シグナルが下流に伝達される．

b **エチレンジアミン四酢酸** [ethylenediaminetetraacetic acid] EDTA と略記．(HOOCCH₂)₂N-(CH₂)₂-N(CH₂COOH)₂ 白色粉末で水に難溶だが，Na などの塩は易溶．2価および3価の金属イオンとキレート化合物を作る．生物学的分析では金属，特に Ca^{2+} と Mg^{2+} のキレート滴定に利用する．また酵素反応の際，反応系中の混在微量金属を除くために頻用されるが，各種金属の弁別力は強くなく，また酸性側では効力が弱い．

c **X器官** [X organ] 甲殻類の眼柄にみられる2種の器官．[1]複眼基部付近に開く感覚孔 (sensory pore) に連なる上皮性細胞からなる器官で，感覚孔X器官 (sensory pore X organ, SPX) とも呼ばれる．この中に脳ならびに下記の終髄神経節性X器官 (medulla terminalis ganglionic X organ, MTGX) からくる神経末端を含むタマネギ体 (onion body) が散在する．[2]脳視葉の基部 (終髄 medulla terminalis) 腹面に位置する器官で，終髄神経節性X器官とも呼ばれる．神経鞘に覆われ数十個の大型神経分泌細胞からなる．軸索の束は二つに分かれ，一つは*サイナス腺に結合して分泌物を運び，他の一つは感覚孔X器官のタマネギ体につながる．感覚孔X器官と終髄神経節性X器官を合わせてハンストレーム器官と呼ぶこともある．終髄神経節性X器官は*X器官-サイナス腺系を形成し，脱皮抑制や卵巣成熟抑制，体色調整や*概日リズムの調整に関わることが指摘されている (ただし脱皮促進作用については感覚孔X器官の関与も示唆されている)．

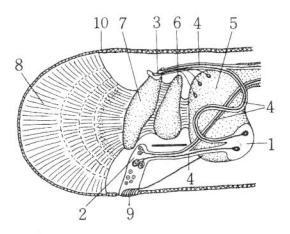

1 MTGX
2 SPX
3 サイナス腺
4 神経軸索の束
5-7 脳の視葉
5 medulla terminalis
6 medulla interna
7 medulla externa
8 複眼
9 感覚孔
10 上皮

エビの一種の眼柄模式図
(右が基部)

d **X器官-サイナス腺系** [X organ-sinus gland system] 甲殻類の*眼柄または頭部に存在する顕著な神経分泌系．色素胞ホルモン，*脱皮抑制ホルモン，卵巣成熟抑制ホルモン，水・炭水化物・Caや P などの代謝を調節するホルモンなどがX器官の神経分泌細胞で生産され，X器官-サイナス腺連絡の神経繊維を経由してサイナス腺から血洞に放出されるといわれている．すなわちサイナス腺は機能的にはX器官の神経分泌細胞の末端貯蔵放出器官としての意味をもつが，形態的にもそれはX器官に発する神経繊維の膨大末端を含み，神経分泌物の貯蔵と放出に当たることが観察されている．ただしサイナス腺にはX器官からくる神経繊維ばかりでなく，脳や食道抱接神経節または胸神経節などの神経分泌細胞から起こる軸索も終わっているから，この組織の含む神経分泌性ホルモンにはそれら遠来のものも混じる．

e **Xクロマチン** [X-chromatin] 分裂間期のヒト女性の上皮細胞などの核を塩基性色素で染めたときに観察される核膜に接する長円形の小体 (長径約 1 μm)．従来*性染色質またはバー小体と呼ばれていたが，*Yクロマチンの発見に伴い混同を避けるため，Xクロマチンと称することになった (第4回国際人類染色体会議，1971，パリ)．女性の2個の*X染色体のうち1個が不活性化して，異常凝縮することにより生ずる．倍数体の場合も含めて，Xクロマチンの数 (B) は $B=X-A^m$ の一般式で表される．ここでは X はX染色体の数，A^m は母親由来の常染色体のセット数．(⇌X染色体不活性化)

f **X線顕微鏡** [X-ray microscope] X線を用いて試料が見えるように設計された顕微鏡の総称．X線には，波長が可視光よりも短い，試料透過性が高い，元素に特有の吸収端をもつ，などの特徴があることから，これらの特徴をいかした種々のX線顕微鏡が考案されてきている．特に生物試料の研究に応用されるものに，(1) X

線ホログラフィー，(2)コンタクト型X線顕微鏡，(3)ミクロX線CT，(4)投影型X線顕微鏡がある．さらに結晶分子の観察にはX線回折法（X-ray diffraction）が用いられている．

a **X線構造解析** [X-ray structure analysis] 結晶または繊維試料に単色X線を入射させたときに生じる回折現象を利用して分子の立体構造を解明する方法．分子構造とX線の回折図形との間は数学的にフーリエ変換の関係にある．したがって得られた回折図形をフーリエ変換すれば分子構造を知ることができる．このフーリエ変換の計算には振幅と位相が必要である．振幅は回折斑点の強度（黒化度）から容易に得られる．位相を得るためにはいろいろな方法がある．蛋白質のように単結晶がつくられる場合には重原子同型置換法（⇒重原子同型置換体）などが用いられる．単結晶のX線解析では分子の形は電子密度分布図として直接的に表現されるので，立体構造について最も詳細で確実な情報が得られる．一方DNAやコラーゲンなどのように単結晶をつくることが困難な場合には，繊維試料としてX線回折にかける（⇒繊維回折）．この場合には分子構造を電子密度分布図として直接表現することが困難であるのであいまいさを残さず構造決定することは容易でない．（⇒分解能）

b **X染色体** [X-chromosome] 雌がホモ型の*性染色体構成をもつとき，その性染色体をいう．この場合の*性決定は，ショウジョウバエではXXが雌，XY（またはXO）が雄，ヒトではX染色体の数に関係なくY染色体が存在すれば男性，Y染色体がなければ女性となる．歴史的には，H. Henking (1891)がホシカメムシの一次精母細胞の核の中に他の染色体とは異なる特別小さい染色体を観察し，正体不明の意味でX染色体と名づけた．またC. E. McClung (1901)はバッタの一種の精巣細胞の観察からこの染色体をアクセサリー染色体（accessory chromosome）と名づけ，雌がこの染色体を2本もつのに対し雄が1本しかもたないことから，性の決定にかかわる染色体であることを示した．XX/XY型の性決定機構をもつ哺乳類では，雌雄間でX染色体に連鎖する遺伝子量に2倍の差が生じることから，遺伝子量の差を補正するために雌では1本のX染色体が不活性化される．この現象は，発見者のM. F. Lyon (1961)の名にちなんでライオニゼーション（lyonization）とも呼ばれ，不活性化したX染色体は間期核においてバー小体（Barr body）として観察される．胚盤胞においては，まず胚体外組織となる栄養外胚葉で父方X染色体が選択的に不活性化され母方X染色体が活性のままである．これに対して，内部細胞塊に由来する胚体組織系列では，細胞分化にともなって，由来にかかわらずランダムにX染色体が不活性化される．その結果，半数の細胞では母方X染色体が，他の半数の細胞では父方X染色体が活性である．いったん不活性化したX染色体はその後の細胞分裂を通して安定に維持されるが，生殖系列では再活性化される．X染色体上の不活性化中心（Xic, X inactivation center）に存在する非コード遺伝子である*Xist*（*X inactive-specific transcripts*）遺伝子が，将来不活性化するX染色体から発現し，その転写産物である*Xist* RNAがX染色体全体を覆うようにシスに結合することによって不活性化が引き起こされる．*Xist*遺伝子座には，その転写単位を完全に含むアンチセンス遺伝子*Tsix*が存在し，*Xist*遺伝子座のプロモーター領域のクロマチン構造の構築に深くかかわり，*Xist*の発現が転写レベルで，シスに負の制御を受けることが知られている．不活性化したX染色体は，*Xist* RNAの結合だけではなく，*ヘテロクロマチン化と晩期複製，CpGアイランドの高度なメチル化，ヒストンH3, H4のアセチル化の低下，不活性化X染色体特異的に結合する蛋白質の存在など，活性X染色体とは異なるさまざまな特徴を示す．

c **X染色体不活性化** [X inactivation] 〖同〗ライオニゼーション（lyonization）．哺乳類の雌におけるX染色体の遺伝的不活性化現象をいう．体細胞内の2本のX染色体のうち一方は高度に凝縮し（⇒性染色質），遺伝子発現が抑制される．機能的なX染色体は雌雄とも1本だけであるという説を提唱したM. F. Lyon (1961)にちなみ，ライオニゼーションとも呼ばれる．大野乾もほぼ同時期に独立してこの現象を発見している．受精後すぐの細胞分裂の時期に，まず父親由来のX染色体の不活性化が始まる．胎盤を形成する細胞ではこの不活性化が維持されるが，胚を形成する細胞ではこれがリセットされ，その後の発生過程で2本のX染色体の一方が個々の細胞でランダムに選ばれ不活性化される．ランダムな不活性化は，哺乳類が獲得した形質と考えられ，有袋類では父親由来のX染色体が選択的に不活性化される．不活性化の確立は，X染色体上から排他的に転写される*Xist/Tsix*と呼ばれる2種類のRNAによって制御され，*Xist* RNAの転写によって不活性化が引き起こされる．

d **X層** [X zone] マウス処女雌と幼弱な雄において，*副腎皮質網状帯と髄質の境界に見られる特殊な細胞層．雄では*春機発動期までに消失するが，雌では強者刺激するを投与するとこの層が発達しつづける．雄性ホルモンはこの層を萎縮させ，副腎皮質刺激ホルモンは肥大させる．この層の生理的な役割は不明．

e **越年卵** [hibernating egg] 卵で越年する昆虫において，越冬する卵すなわち休眠卵．カイコでは一般に灰黒色に着色するが，特殊の突然変異体には赤卵・白卵・褐卵などがある．その着色は，卵の*漿膜にトリプトファン系の色素が存在することによる．そのため黒種（くろだね）とも呼ばれる．なお，本来なら越年卵となる卵でも，人工孵化処理を施して年内に孵化するようにしたものを人工非越年卵という．（⇒化性，耐久卵）

f **エディアカラ生物群** [Ediacara biota] *先カンブリア時代後期（約5.7億〜5.4億年前）に生存したとして確認された生物群．1947年にオーストラリア南部のエディアカラ丘の砂岩からクラゲに似た丸い印象化石が発見されたのを契機として研究が進められた．典型的な*カンブリア紀初期の化石層準より下位に産出し，約1500個の印象化石が採集された．またロシア北部，カナダのニューファンドランド，ナミビアなどの同時代の地層からも同様な化石が発見され，当時世界的に同様な生物群が分布していたことが分かっている．多毛類に似た*Spriggina*や*Dickinsonia*，ウミエラに似た*Charniodiscus*，円形で3本の腕状構造をもつ*Tribrachidium*など，多様な形態の化石が報告されている．このようにエディアカラ生物群には，明らかに多くの多細胞生物の化石が含まれる．しかし，カンブリア紀以後に爆発的に放散した動物の門とは直接関連がないように見える動物も少なくない．

g **ATP合成酵素** [ATP synthase] F_0F_1と略記．

《同》ATPシンターゼ，F型ATPアーゼ．＊アデノシンホスファターゼの一つで，ATPを合成する生体膜の酵素．生物のエネルギー源であるATPは呼吸や光のエネルギーによりそれぞれ＊酸化的リン酸化と＊光リン酸化で合成されるが，その最終段階でADP＋Pi（無機リン酸）→ ATP＋H$_2$Oの反応を担う酵素．この酵素を直接駆動するのはミトコンドリア内膜・葉緑体・細菌細胞膜に形成された電気化学ポテンシャル差である．これによってATP合成酵素を通過するイオンは一般にH$^+$であるが，海洋細菌ではNa$^+$であることもある．その構成は触媒部であるF$_1$とイオン透過部であるF$_0$から形成されるためF$_0$F$_1$と略記される．F$_1$は$\alpha_3\beta_3\gamma\delta\varepsilon$のサブユニット構成をもち，F$_0$部は，a, b, cの3サブユニットは全生物界に相同性が認められるが，哺乳類ミトコンドリアではこのほかOSCP, F$_6$, A$_6$U, d, eのサブユニットも含む．$\alpha_3\beta_3\gamma$部はイギリスで，$\alpha_3\beta_3$部は日本で，いずれもX線解析で詳細な三次元構造が決定されている．ヒトでは$\alpha, \beta, \gamma, \delta, \varepsilon$のアミノ酸残基数はそれぞれ510, 482, 272, 146, 50で，F$_1$の分子量は37万．その遺伝子構造も，ヒトをはじめ多くの生物で決定されている．典型的な構成の酵素であって，基本構造は類似しF$_1$はすべて核DNAでコードされている．F$_0$は2〜数個のサブユニットがミトコンドリアDNA（⇌ミトコンドリアゲノム）にコードされ，その数は生物種で異なり，F$_0$の残りのサブユニットは核DNAでコードされている．また葉緑体のATP合成酵素はF$_1$もF$_0$もその一部が葉緑体DNA（⇌プラスチドゲノム）でコードされている．ATP合成には酵素の回転運動が関与している．F$_0$部は回転するローター部と固定部から構成され，両者の間にH$^+$輸送路がある．H$^+$輸送に共役してF$_0$とF$_1$を結ぶストークが回転し，回転しないF$_0$との間に生ずるエネルギーがF$_1$におけるATP合成に用いられる．ATP合成酵素は，その逆反応として機能的にはH$^+$輸送性ATPアーゼの活性をもつ．このため生理的機能がH$^+$輸送である細胞膜やリソソームのH$^+$輸送性ATPアーゼと混同されやすい．そこでATP合成酵素をF型ATPアーゼ，細胞膜のものをP型ATPアーゼ（plasma membrane ATPase），リソソームや液胞のものをV型ATPアーゼ（vesicular ATPase）として区別される．F型との基本的相違は，V型とP型ではATPの分解の過程でアスパラギン酸残基にアシルリン酸を形成する点にある．F型ではADPとPiが直接に反応するのでリン酸化された中間状態が形成されない．ATP合成酵素を人工膜に再構成し，ATPの分解に伴うH$^+$の輸送を実測できる．

a　**ADPリボシル化**　[ADP-ribosylation]　NAD（＊ニコチン（酸）アミドアデニンジヌクレオチド）のADPリボース部分が，さまざまな蛋白質に転移される修飾反応をいう．ADPリボシル化には，転移されるADPリボシル基が1残基（モノマー）にとどまるモノADPリボシル化（mono (ADP-ribosyl) ation）と，ADPリボシル基が重合してポリマー（＊ポリADPリボース）を生成するポリADPリボシル化（poly (ADP-ribosyl) ation）とがある．モノADPリボシル化反応は，多くの場合いわゆるA-B構造をとる細菌毒素のA成分がもつ酵素であるADPリボシルトランスフェラーゼ（ADP-ribosyltransferase, EC2.4.2.31）によって触媒される．ジフテリア毒素による＊ポリペプチド鎖延長因子であるEF-2蛋白質や，コレラ毒素や百日咳毒素による＊G蛋白質αサブユニット，ボツリヌス菌のC$_2$毒素によるアクチンやボツリヌスADPトランスフェラーゼC$_3$によるがん遺伝子rho産物のGTP結合蛋白質（⇌ボツリヌス毒素），大腸菌RNAポリメラーゼなどでモノADPリボシル化が知られており，基質となる蛋白質の機能はそれによってさまざまに修飾される．モノADPリボシル化の多くは，ADPリボースが塩基性アミノ酸（アルギニンまたはヒスチジンが修飾されたジフタミド diphthamide）とN-グリコシド結合，あるいはシステインとS-グリコシド結合している．対して，ポリADPリボシル化は，染色体に存在する塩基性蛋白質ヒストン，非ヒストン蛋白質やポリADPリボース合成酵素などに見出されており，その結合は，酸性アミノ酸（またはカルボキシル末端のアミノ酸）のカルボキシル基とのO-グリコシド結合による．

b　**エーデルマン**　EDELMAN, Gerald Maurice　1929〜　アメリカの分子生物学者．骨髄腫患者の尿中のベンス-ジョーンズ蛋白質が抗体分子のL鎖であることを実証，その一次構造を決定した．そののちH鎖のアミノ酸配列も決定し，抗体の特異性がアミノ酸配列の違いによること，また抗体にはアミノ酸配列が共通している不変部と特異性によって異なる可変部のあることを見出した．これらの研究によりR. R. Porterとともに1972年ノーベル生理学・医学賞受賞．

c　**エドマン分解法**　[Edman degradation method]　《同》フェニルイソチオシアネート法（phenylisothyocyanate method, PTC method），フェニルチオヒダントイン法（phenylthiohydantoin method, PTH method）．弱塩基性の条件下でフェニルイソチオシアネート（PTC）を反応させた後，酸処理してポリペプチド鎖からアミノ末端残基だけをアミノ酸のフェニルチオヒダントイン（PTH）誘導体として遊離させ，これを分析する方法．蛋白質やペプチドの＊アミノ末端分析法の一つ．P. Edmanの開発．最初のアミノ末端残基を遊離させた後，残りのポリペプチド鎖にまた同じ反応を適用すれば，今度は次の位置にあった残基が遊離される．この操作の繰返しにより，この末端からのアミノ酸配列順序の決定が可能となる．これらの操作をすべて自動化したアミノ酸配列分析装置（amino acid sequence analyzer）も市販され，1 nmol以下の微量の試料で数十残基の配列の決定ができるが，近年では＊質量分析法による蛋白質の同定が主流である．

d　**エードリアン**　ADRIAN, Edgar Douglas　1889〜1977　イギリスの神経生理学者．単一の神経繊維・筋繊維・受容器から導いた活動電位の計測技術を確立し，電気生理学的研究を前進させた．「全か無かの法則」の証明と適応現象（エードリアンの法則）を発見．C. S. Sherringtonとともに1932年ノーベル生理学・医学賞受賞．[主著] The physical basis of perception, 1947.

e　**エードリアンの法則**　[Adrian's law]　＊感覚神経に活動が引き起こされる場合，加えられる感覚刺激が強くなるに従い感覚神経に現れるインパルスの放電頻度が増加するという法則．E. D. Adrianの提唱．感覚情報は各個の神経繊維中を全か無かの法則に従うインパルスとして伝えられ，刺激の強さIと，感覚神経（神経繊維）に現れる神経インパルスの頻度（放電頻度）fとの間に

$$f = k \ln I \quad (k は定数)$$

という関係が成り立つ．彼は1920年代に行ったカエルの筋紡錘その他の感受器からの求心発射の研究においてこれを証明し，信号が感覚神経繊維中を伝えられていく様式が，それより少し以前に判明していた運動神経の場合と本質的に何ら相違するものでないことを明らかにした．Adrianは同時に感覚神経の活動における順応現象の重要性についてもくわしく述べた．

a **n** *基本数とは無関係に染色体数を示す場合において，半数体の染色体数（haploid number）を表す記号．有性生殖を行う生物の生活環においては，*単相の染色体数を n，複相の染色体数を $2n$ で表す．（⇒半数体）

b **N因子** [N gene] ⇌ウイルス抵抗性遺伝子

c **NSF** 【1】NEM sensitive fusion protein の略．《同》NEM感受性融合蛋白質．*小胞輸送における*膜融合に広く関与する76 kDaの蛋白質．ホモ六量体を形成，分子内に2個のATP結合領域をもち，ATPアーゼ活性を示す．ゴルジ体層板内輸送の無細胞系を用いた研究において，チオール基をアルキル化する試薬 N-エチルマレイミド（N-ethylmaleimide, NEM, $C_6H_7NO_2$）感受性の，蛋白質輸送に必須の因子として見出された．SNAP（可溶性NSF付着蛋白質，soluble NSF attachment protein）とともに，輸送小胞と標的膜の融合後に，SNARE複合体を解離することで，SNAREを再活性化すると考えられている．（⇌膜融合，⇌SNARE仮説）
【2】National Science Foundation の略．アメリカの科学研究費を支出する政府機関の名称．

d **N/S比** [N-S quotient] 気候の湿潤度を示す量で，$N/S=$降水量(mm)／(飽和水蒸気張力ー実際の水蒸気張力)(mmHp)．A. Meyer (1926)の提唱．通常，年間の量を対象とし，分母は実際にはその地の平均気温に対する飽和水蒸気張力に空気の関係飽差(100から平均相対湿度を引き，これを100で除した数)を掛けて求める．表のように，植物群落や土壌型の分布とかなりよく一致する．

N-S比と土壌型，群落との関係

土壌型	N-S比 全年	結霜期間を除く	群落
砂漠・砂漠草原土・アルカリ土壌	0～100	0～50	乾荒原
栗色土	100～275	50～100	乾燥草原
黒色土壌	125～350	80～200	ステップ
褐色森林土および灰色森林土	275～500	180～300	夏緑樹林と針葉樹林
ポドゾル	375～1200	200～850	針葉樹林とハイデ
ツンドラ	500～600	200以上	寒地荒原
高山土壌	1000～4000	400～3500	高山草原

e **NADH-シトクロム c 還元酵素系** [NADH-cytochrome c reductase system] 《同》NADHデヒドロゲナーゼ，NADH-シトクロム c レダクターゼ．NADHを酸化して酵素分子以外の*シトクロム c を含む電子受容体を還元する酵素系．ミトコンドリアおよび細菌の*電子伝達系の一部を構成する．調製法によってはシトクロム c 還元活性をもつ物質として抽出されるので，かつてはシトクロム還元酵素（cytochrome reductase）と呼ばれたが，これは単一の酵素蛋白質ではなく，複雑な電子伝達鎖の蛋白質複合体の一部を，その機能を重視して呼称したものである（⇌呼吸鎖，⇌電子伝達）．ミトコンドリアの場合，*呼吸鎖の電子伝達系は，NADH-ユビキノン還元酵素（複合体Ⅰ），コハク酸-ユビキノン還元酵素（複合体Ⅱ），ユビキノン-シトクロム c 還元酵素（複合体Ⅲ），*シトクロム c 酸化酵素（複合体Ⅳ）の四つからなる．このうちシトクロム c を直接還元するのは複合体Ⅲで，複合体Ⅰあるいは複合体Ⅱを通ってきた電子を受け取り，これをシトクロム c に渡す．複合体Ⅲは，*シトクロム c_1，標準還元電位の異なる2種のシトクロム b_{562} とシトクロム b_{566}，および鉄硫黄蛋白質を含む，少なくとも8種類のポリペプチドからなる．それが二量体となりミトコンドリア内膜を貫通して存在していると考えられている．

f **NAD$^+$ ヌクレオシダーゼ** [NAD$^+$ nucleosidase] 《同》NADアーゼ（NADase）．NAD$^+$ のニコチン酸アミドとリボースとのグリコシド結合を加水分解し，ニコチン酸アミドとADPリボースを生じる反応を触媒する酵素．EC3.2.2.5．動物の脳および脾臓・アカパンカビ・細菌の酵素はNADP$^+$，デアミノNAD$^+$ にも作用するが，赤血球の酵素はNAD$^+$ だけに作用する．酵素によってはニコチン酸アミドによって阻害される．

g **N型糖鎖** [N-glycan] 《同》N-結合型糖鎖（N-linked glycan），アスパラギン結合型糖鎖（Asn-linked glycan）．Asn-X-Ser/Thrのアミノ酸配列上のAsn残基の側鎖に，アミド結合で修飾された糖鎖．Asn残基に結合する還元末端側に共通のコア構造をもち，その先に枝分かれした側鎖が伸長している．非還元末端側の側鎖の違いにより，*高マンノース型糖鎖，*複合型糖鎖，混成型糖鎖（hybrid-type glycan）に分類される．*O型糖鎖とともに，最も一般的な蛋白質の修飾糖鎖である．N型糖鎖の修飾反応では，ドリコールリン酸などの上に合成された14糖（脂質中間体という）が，小胞体内腔のオリゴ糖転移酵素の作用によって，翻訳途中あるいは直後のペプチド鎖に転移される．その後，小胞体内では，ペプチド鎖の折畳み，折畳み不全の蛋白質の分解，正しく折り畳まれた蛋白質の輸送・選別といった蛋白質の品質管理（⇌小胞体品質管理）がなされるが，N 型糖鎖はそのタグとして機能している．小胞体内における N 型糖鎖のプロセッシングは，酵母などから植物・動物に至るまで保存されている．一方，ゴルジ体での N 型糖鎖のプロセッシングは，種によって多様である．

h **NCAM**（エヌカム） neural cell adhesion molecule の略．主に神経組織で発現する*免疫グロブリンスーパーファミリーに属する膜糖蛋白質．NCAMの遺伝子は一つだが，mRNAの*選択的スプライシングにより，分子量の異なるアイソフォーム（180，140，120 kDa など）が存在する．いずれのアイソフォームもアミノ末端側の細胞外部分は共通で5個の*免疫グロブリンC2ドメインと2個の*フィブロネクチンタイプⅢドメインをもち，180 kDa，140 kDa分子は細胞内ドメインと膜貫通ドメインを含むが，120 kDa分子はそれらを含まず直接細胞膜にグリコシルホスファチジルイノシトール（GPI）を介して結合するGPIアンカー分子である（⇌GPIアンカリング膜結合蛋白質）．NCAMはホモフィリックな様

式(⇒カドヘリン)により細胞を接着させ，その接着活性は細胞外のアミノ末端部分に存在する．胎生期には，細胞外の膜近傍の糖鎖に多量のシアル酸がα-2,8結合で結合した接着性の弱い胎生型NCAMが存在する．成体型はシアル酸含量が相対的に少なく，より強い接着性を示す．胎生型から成体型への変換は*細胞接着などの調節を行うと考えられている．NCAMは神経細胞のほか，グリア細胞，筋・皮膚の細胞などでも発現している．神経軸索で発現がみられるラットTag1，アクソニン1 (axonin) 1，ニワトリF11，マウスF3はいずれも類似の基本構造をもつ蛋白質群である．

a **NKT細胞** [natural killer T cells, NKT cells] NK(*ナチュラルキラー)細胞のマーカーと，インバリアント鎖と呼ばれる可変性のない*T細胞受容体α鎖(ヒトではVα24，マウスではVα14)を発現する，特殊なTリンパ球亜集．NKT細胞は，この特徴的なT細胞受容体によって抗原提示細胞上の非古典的主要組織適合抗原の一つであるCD1d分子上に提示された糖脂質を特異的に認識する．CD1d分子は*遺伝的多型を示さず，そのCDR3領域の抗原結合ポケットに微生物由来の糖脂質やα-ガラクトシルセラミド(α-GalCer)などの合成糖脂質を効率的に結合し，NKT細胞に提示する．活性化されたNKT細胞はパーフォリンやグランザイムを発現し，NK細胞と類似性の強い細胞傷害活性を示す．さらに活性化の際の条件によって，Th1，Th2，Th17タイプの多様な*サイトカインを産生しうる．これらの多彩な機能によってNKT細胞は，がんや微生物に対する初期生体防御のみならず，アレルギー反応，自己免疫応答，臓器移植反応などに関わる免疫応答制御に重要な役割を果たしている．(⇒キラー細胞)

b **n-π*遷移** (エヌパイスターせんい) [n-π* transition] 孤立電子対からπ電子系の励起状態への電子遷移．N=N，C=O，C=S，NO₂，NOなどの基を含む化合物やピリジンなどの複素環式化合物について，この遷移による吸収スペクトルが観測されている．一般に，n-π*スペクトルは強度が弱く，溶媒の誘電率を増加させると短波長側にシフトする．これに対して，π-π*遷移による吸収スペクトルは強度が強く，溶媒の誘電率の増加とともに長波長側にシフトするので，両者は容易に区別される．(⇒π-π*遷移)

c **エネルギー供給反応** [energy-supplying reaction, energy-yielding reaction] 自力で進行しえない*吸エルゴン反応に共役して，これを推進しうる*発エルゴン反応．ATPの加水分解は典型的なエネルギー供給反応であるが，吸エルゴン反応X→Yと共役してATP+X→ADP+Y(+無機リン酸)の反応が進行する．X→Yは糖のリン酸化，筋収縮，細胞膜でのイオン能動輸送，発光など，さまざまなものでありうる．

d **エネルギー植物** [energy plants] 広くエネルギー資源として用いられる植物の総称．はじめM. Calvinらによって，ホルトソウやアオサンゴなど，炭化水素を主成分とするラテックス(乳液)を生産することが明らかにされ，石油に代替しうる植物，すなわち石油植物(petroleum plants)として注目されるようになった．その後，針葉樹など樹脂を生産する樹脂植物(resin plants)，あるいは精油を生産する精油植物(essential oil plants)なども含めてエネルギー植物といわれるようになった．さらに，バイオマス生産速度の高いキャッサバ，ジャガイモなどのイモ類，トウモロコシ，サトウキビ，ネピアグラスなどのC₄植物も，エタノールを生産してガソリンと混合して利用することから，エネルギー植物といわれている．

e **エネルギーチャージ** [energy charge] 《同》エネルギー充足率．細胞の生化学的エネルギーのバランスを示す指標．D. E. Atkinson(1967)の提唱．アデニンヌクレオチド系では次式によって与えられる．[ ]は濃度．

アデニンヌクレオチドエネルギーチャージ
$$= \frac{[ATP]+1/2[ADP]}{[ATP]+[ADP]+[AMP]}$$

活発な代謝活動を行っている細胞では，細胞の種類や増殖速度に関係なくエネルギーチャージは0.85程度以上に保たれている．栄養の欠乏などが起こるとエネルギーチャージは低下するが，細胞の生理機能が正常であれば，栄養物質の再添加によって元の値に回復する．

f **エネルギド** [energid] [1] 形態学的ならびに生理学的に生物の最小単位をなすとされた純理論的な古典的概念．J. von Sachs(1895)が管藻類・変形菌類のような多核体植物に関して提唱した．生きている多核体の中で，1個の核およびその核の作用範囲内にある細胞質の部分がそれで，これらの植物は細胞構造をもたない多エネルギド体であるとされた．[2] 原生生物の核の構成に関する仮説．M. HartmannがSachsのエネルギド概念を借りて核の構成を説明した．Hartmannによると，原生生物の核には後生動物の細胞核に相同な単エネルギド核(独 Monoenergidkern)と，それの複合体とみなされる多エネルギド核(独 Polyenergidkern)とがある．後者は有孔虫や放散虫の核で，配偶子形成に際して多数核分裂をする．[3] 昆虫卵の割裂に当たって，分裂核とそれを取り巻く原形質の小塊とを合わせたもの．卵割に際し，分裂核は卵表面の原形質にまで移動し，その際，核は卵黄の間隙に存在する少量の原形質に覆われた状態すなわちエネルギドとなって移動する．

g **エネルギー流** [energy flow (in ecosystem)] 《同》エネルギー転流．*生態系における，生物要素間および生物・非生物要素間のエネルギーの移行．太陽から送られてくる光エネルギーの一部は，*生産者により化学エネルギーに変えられ，そのあと生食連鎖・腐食連鎖(⇒食物連鎖)の*栄養段階を通って流れていく．そのエネルギー量はこの各段階を通過するごとに，非同化エネルギー・生物の生活のエネルギー(呼吸)などとして減耗し，一部は*生物体量として貯蔵され，残りが上位の段階に送られる(⇒生産速度)．これら諸量へのエネルギーの分配は，非生物的環境や各栄養段階を構成する*群集の特質に応じて，さまざまな値をとる．(⇒物質循環)

h **エノサイト** [oenocyte, cerodecyte, wine cell] 《同》扁桃細胞．大多数の昆虫の胸・腹部にある外胚葉起原の大型細胞．通常60〜100μmであるが，タマバチの幼虫では150μmに達し体長の約5分の1を占める．表皮中にある場合もあるが，多くは体腔内の気門付近に体節的に群をなして配列し，個々に脂肪体中に散在する．機能については長く謎であったが，ショウジョウバエにおいて脂質代謝に重要な役割を果たしていることが示された．哺乳類の肝細胞に類似した機能をもつと考えられ，老廃物の蓄積，細胞崩壊を引き起こす酵素の分泌，リポ蛋白質の合成，蠟の貯蔵と分泌，20-ヒドロキシエクジソンの生合成に関与するなどの説がある．

a **エノシトイド** [oenocytoid] 主に鱗翅目昆虫に見られる*血球の一種．大型の細胞で好塩基性．細胞質内に細管状構造や顆粒が多く，蛋白質の生産が盛んに行われていると考えられる．*エノサイトに形態が似ているのでこの名があるが，まったく別のものである．

b **エノラーゼ** [enolase] ⇒解糖

c **エピカリダ去勢** [epicaridization] ⇒寄生去勢

d **エピジェネティクス** [epigenetics] DNAの塩基配列に変化を起こすことなく，DNA複製・細胞分裂を経て伝達される遺伝子機能の変化，ならびにその制御機構を探究する学問分野を指す．1943年にイギリスの発生生物学者C. H. Waddingtonにより，epigenesisとgeneticsを合わせた造語として提唱．17～18世紀頃には，配偶子や受精卵にあらかじめ成体の原型が存在するというpreformation theory(前成説)と，単純な構造から，発生の過程で新たに複雑な構造が形成されるというepigenesis theory(後成説)の間に論争があったが，次第に後成説が支持された．Waddingtonは，後成説の概念に遺伝子の概念を加味し，全能性をもった受精卵からさまざまな機能をもった細胞へ分化する過程において，細胞がおかれた環境と遺伝子の働きがどのように発生運命を決定するか，epigenetic landscapeと呼ばれる概念図を用いて説明した．後に発生機構や形質の変化の多くがDNA塩基配列に起因することが明らかにされた．一方で，DNAの塩基配列情報以外にも後天的に*DNAメチル化や*ヒストン修飾などのクロマチンへの修飾を介した遺伝子発現制御により，遺伝情報が細胞分裂や，時には世代を越えて伝えられることが知られ，これらDNA塩基配列以外の遺伝情報をエピジェネティクスと限定的に呼ぶ慣例ができた．近年の研究から，*X染色体不活性化，ゲノムインプリンティング，体細胞クローン，細胞分化，胚発生，神経機能，老化などのさまざまな生命現象において，DNAメチル化，ヒストン修飾，クロマチンリモデリング，*低分子RNA(small RNA)などのエピジェネティックな遺伝子発現調節機構の解明が進んでいる．

e **ABCモデル**(花の発生における) [ABC model (of flower development)] 花の形態形成を発生遺伝学的に説明するモデル．*花成によってシュート頂から花の原基が分化し，さらに萼片，花弁，雄ずい，心皮(雌ずい)という花の各器官が発生する．花の原基にはwhorlと呼ばれる四つの同心円領域が想定され，外側から内側に向かい，各whorlに萼片－花弁－雄ずい－心皮が形成される．突然変異体を用いた研究により，A，B，C 3種の活性をもったホメオティック遺伝子が，どのwhorlにどの器官が発生するかを決めていることが明らかとなった．すなわち，Aクラス遺伝子(A活性をもった遺伝子．複数存在する)は，whorl 1と2で発現し，萼片と花弁の発生を決定し，Bクラス遺伝子はwhorl 2と3で発現し，花弁と雄ずいの発生を決定し，Cクラス遺伝子はwhorl 3と4で発現し，雄ずいと心皮の発生を決定する．つまり，萼片はA活性単独，花弁はA+B活性，雄ずいはB+C活性，心皮はC活性単独の働きで形成される．また，Aクラス遺伝子は，whorl 1と2でCクラス遺伝子の働きを抑制し，Cクラス遺伝子は，whorl 3と4でAクラス遺伝子の働きを抑制する．例えば八重咲きの花には，Cクラス遺伝子の突然変異体として説明することができるものがある．A，B，Cの各活性をもった遺伝子は，シロイヌナズナやキンギョソウ，ペチュニアをはじめ，イネ科を含む単子葉植物からも単離されている．その発現領域は，ABCモデルから期待される通りのwhorlで発現している．またチューリップのように，萼片が花弁化している花では，Bクラス遺伝子が一番外側のwhorlでも発現していることが明らかになっている．さらに，これらの遺伝子のほとんどが，MADSボックス(MADSドメイン)と呼ばれるDNA結合ドメインをコードする共通配列をもっており，花で発現するMADSボックス遺伝子にある胚珠の発生を決める遺伝子は，Dクラス遺伝子と呼ばれている．また，葉と花器官の違いを決定する遺伝子としてEクラス遺伝子も発見された(葉と花器官は進化的には相同ないし等質の側生器官である)．Eクラス遺伝子をA，B，C遺伝子と適切に組み合わせることで，葉を花器官に変えうることが示されている．以上のように，D，Eクラス遺伝子も重要な働きをもつことから，ABCモデルを改訂した，ABCDEモデルが提唱されている(図)．A，B，C，E各クラスの遺伝子群は，その遺伝子産物である蛋白質がABCモデルから期待される組合せで複合体を形成し，それぞれの花器官に特異的なターゲット遺伝子の転写を調節することで花器官の発生を制御していると考えられる．

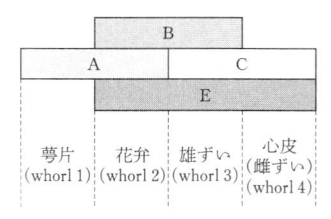

	B		
A		C	
		E	
萼片 (whorl 1)	花弁 (whorl 2)	雄ずい (whorl 3)	心皮 (雌ずい) (whorl 4)

ABCDEモデル(D遺伝子は省略)

f **エピスタシス** [epistasis] [1]古典遺伝学において，ある遺伝子座の*対立遺伝子による表現型の違いが，別の座にある対立遺伝子によって隠されること．いま，B遺伝子座にある対立遺伝子bの存在下ではA遺伝子座にある対立遺伝子Aとaの表現型を区別できないとすると，bはAやaに上位(epistatic)，Aやaはbに下位(hypostatic)であるという．例えば，マウスのG遺伝子による灰色毛色は，B遺伝子による黒毛色に対して上位であるため，GGBB遺伝子型個体は，黒色ではなく灰色毛色である．[2]集団遺伝学や量的遺伝学において，異なる遺伝子座にある遺伝子間の非相加的相互作用．

g **エピソーム** [episome] 細胞質内で宿主染色体とは独立に増殖する自律的状態と，宿主染色体中に挿入されてその一部として複製を行う状態の双方を取りうる遺伝因子の総称．F. JacobとE. L. Wollman(1958)が提案．大腸菌の*性因子，ある種の*コリシン因子，*溶原性ファージなどがその例．D. H. Thompson(1931)はショウジョウバエのある種の変異を説明するために，染色体についたり離れたりする性質をもつ，遺伝子の仮想上の構成因子としてこの名前を使ったことがあるが，現在はその意味には使わない．

h **エピトーキー** [epitoky] 《同》生殖変形．環形動物の多毛類(ゴカイなど)において，繁殖期の個体の全部または一部の体節群が切り離されて，生殖型個体(epitoke)となる現象. 生殖腺の成熟のために膨れ上がって変形した体節では, それまで歩行に適していた*疣足にうちわ状の突起が生じ, 剛毛の形も変わって遊泳に適するようになる. 生殖型個体は底を離れ水面へと上がり*生殖群泳を行い, やがてそれらの体壁が破れて配偶子が放出され, 受精が行われる. 残された未成熟部分は, 再生により完全な個体に戻る.

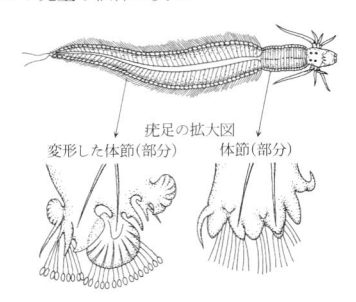

a **エピブラスト** [epiblast] [1] イネ科の過半数の属にみられる胚的器官の一つ. コムギでは胚盤と反対側に*小舌状の構造物として存在する. イネではよく発達し, その組織は根鞘と続いており, 境界はあいまいである. トウモロコシやハトムギにはみられない. 退化した第二の子葉とされることもあるが, 前胚から胚が形成された際の残存部とみるなどさまざまな解釈がある.

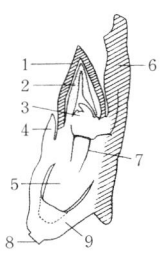

[2] = 胚盤葉上層 [3] 哺乳類の胚盤胞の側壁をなす*栄養芽層(trophoblast)の旧称. 現在この意味で用いられることはほとんどない.

b **APUD系** [APUD system] APUDはamine-precursor uptake and decarboxylationの略. L-dopaのようなアミンの前駆物質を取り込み, 脱炭酸してアミン(ドーパミンなど)を産出する機能をもつ細胞群の総称. A. G. E. Pearse (1969)の提唱した概念で, ペプチドホルモンを分泌する内分泌細胞のほとんどがこれに含まれる.

c **エフィラ** [ephyra] 《同》エフィルラ(ephyrula). 刺胞動物鉢クラゲ類中のエフィラ類, すなわち冠クラゲ類・旗口クラゲ類・根口クラゲ類の有性世代であるクラゲの幼若個体. *スキフラから無性的に形成される. スキフラがクラゲ形成期に入ると, 触手列の下方に横のくびれが生じ, 触手は退化する. 代わりにくびれの上方に8対の縁弁, 各縁弁対の間に平衡器(縁弁器官)が形成されて扁平盤状の構造が生じる. くびれの完了によってスキフラから離れて泳ぎだすものがエフィラであり, くびり切れる現象を横分体形成(strobilation)と呼ぶ. エフィラは遊泳生活中に胃水管系・触手・寒天層, さらに生殖巣などを発達させて, いわゆるクラゲに成長する. クラゲの形となる直前の時期をメテフィラ(metephyra)という. スキフラ上に同時に多数の横溝を生じて次々にエフィラを分離する場合を polydiscal strobilation と呼び, エフィラが分離するたびに横溝を一つずつ生じる形式は monodiscal strobilation と呼ぶ.

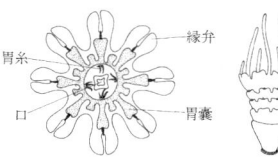

d **F因子** [F factor] 《同》性因子, 稔性因子. 大腸菌の性決定因子. 細菌の*接合に関する機能を支配する遺伝子群をもつ自律的増殖因子で, プラスミドやエピソームの代表的な例. 大腸菌K12株の接合現象の研究から発見された. Fは稔性(fertility)の頭文字をとったもの. その実体は約94.5 kbの環状二本鎖DNA分子である. F因子をもつ菌株はF^+菌株(F^+strain, 雄菌)といい, もたない株であるF^-菌株(F^-strain, 雌菌)と接合することにより, F因子やF因子と結合した宿主染色体を雌菌へ伝達する. (⇒Hfr菌株, ⇒F線毛)

e **エフェクター** [effector] [1] *誘導性酵素合成の際に*リプレッサーに結合してその抑制活性を失わせる*誘導物質や, *抑制性酵素合成の際に不活性のアポリプレッサーに結合して活性のあるリプレッサーを形成させるコリプレッサーのような, 低分子の物質の総称. いま, Rをリプレッサーまたはアポリプレッサーとし, Fをエフェクターとすれば, その相互の結合はR+F⇌RFのような式で表される. 誘導性酵素合成の場合はRが活性, RFが不活性であり, 抑制性酵素の場合はRFが活性, Rが不活性である. アロステリック蛋白質には制御部位と触媒部位が存在し, その制御部位に阻害物質や活性化物質が結合することにより, 触媒部位における触媒活性が変化する. この制御部位に作用して触媒活性を変化させる低分子を, 一般にアロステリックエフェクターと呼ぶ. リプレッサーやアポリプレッサーはアロステリック蛋白質の一種であり, 上記のエフェクターはアロステリックエフェクターでもある. [2] 病原体が分泌する, 病原性に関与する蛋白質. グラム陰性病原性細菌の場合には主にタイプIII型分泌装置を用いて, 植物の細胞内にエフェクターを注入する. エフェクターの多くは宿主植物の防御応答シグナルに関連する蛋白質に直接結合し, その機能を阻害することによって, 病原性を発揮する. しかしながら, 一部のエフェクターは植物の抵抗性蛋白質に認識され防御応答を誘導する. このようなタイプのエフェクターは非病原性(avirulence)遺伝子によってコードされる. [3] = 効果器

f **Fst** 有性生殖をする二倍体生物の集団間における遺伝的分化の程度を量的に示す指数の一つ. *ハーディーワインベルクの法則により予測される値からの*遺伝子頻度のずれを, S. Wrightが固定指数(fixation index)と呼んだことにちなむ略称である. ある生物集団が多数の分集団から構成されている時, それぞれの分集団内では任意交配が行われていても, 集団構造がない場合に比べ

て，ヘテロ接合体の総数が減少する（*ワーランドの原理）．これに着目すると，多数の集団が単一の祖先集団から同時に分化して個体数 N の分集団構造が t 世代経過したとき，Fst は $1-e^{-t/2N}$ となり，$t=0$ のとき 0，$t=\infty$ のとき 1 となる．その後根井正利が，遺伝子頻度の変動から有限集団に対する集団分化指数を提唱し，*Gst と命名した．

a **エフェドリン** [ephedrine] $C_{10}H_{15}ON \cdot H_2O$ マオウ（*Ephedra*）中に含まれるアルカロイド．生薬として古代中国医学の『神農本草経』の中ですでに治療に用いられていたが，長井長義（1887）により結晶単離された．融点 34～40°C．強毒性．アドレナリンより効力は弱いが，神経末端でノルアドレナリンを放出することによって中枢神経系を興奮させ，覚醒作用すなわち精神興奮や多幸感をもたらし，作用は長く持続する．また習慣性がある．慢性中毒として幻覚，妄想，人格欠損を生じる．急性中毒としてめまい，ふるえ，不眠，錯乱を引き起こす．アドレナリンの生成機作の類推から，チロシンとアラニンから生成されると推測されている．喘息の発作を止めたり（気管支拡張），百日咳の鎮咳剤，点眼薬などに用いられる（血管収縮作用）．側鎖の OH 基を取り除くとメタンフェタミンに変換され，アンフェタミンとともに覚醒薬である．

b **FMRF アミド** [FMRF amide] 主に神経系に含まれ，心臓拍動の促進活性をもつ神経伝達物質で，四つのアミノ酸からなるペプチド．D. A. Price と M. J. Greenberg（1977）が軟体動物の一種から純化し，構造を決定した．名称はその構造式 Phe-Met-Arg-Phe-NH$_2$ のアミノ酸一文字表記に由来．上記の作用以外に各種内臓筋および牽引筋の収縮や弛緩，神経細胞の過分極や脱分極などの作用を示す．アメフラシでは感覚ニューロンの終末に作用し，カルシウムチャネルを開く．これと類似のアミノ酸配列をもつペプチドが多数見出されている．それらは FMRF 族（FMRF family），あるいは FMRF アミド関連ペプチド（FMRF amide-related peptide，FaRP）と呼ばれ，FMRF アミドあるいは FLRF アミドの N 末端側にペプチドが延長した構造をもつものが多い．さまざまな動物から単離されており，その生理作用は多岐にわたる．なかでも内臓筋・骨格筋・腺・神経の活動を修飾するものが多く見出されている．

FMRF アミド関連ペプチド

軟体動物	FMRF-NH$_2$	
	FLRF-NH$_2$	
	SPFLRF-NH$_2$	
	XDPFLRF-NH$_2$	
昆虫	DPKQDFMRF-NH$_2$	*Drosophila* FMRF amide
	EQFEDYGHMRF-NH$_2$	Leucosulfakinin I
	pQSDDYGHMRF-NH$_2$	Leucosulfakinin II
	pQDVDHVFLRF-NH$_2$	Leucomyosupressin
	PDVDHVFLRF-NH$_2$	Schisto FLRF amide
甲殻類	SDRNFLRF-NH$_2$	Lobster FL 14
	TNRNFLRF-NH$_2$	Lobster FL 13

c **FGF 経路** [FGF pathway] FGF（繊維芽細胞増殖因子，繊維芽細胞成長因子 fibroblast growth factor）を介したシグナル伝達経路．組織形成，代謝調節，神経機能などで多様な役割をもつ．FGF は 150～250 アミノ酸残基からなる蛋白質で，構造上類似したコア領域（約 120 アミノ酸残基）をもつ．FGF 遺伝子群は進化的に同一の起原をもち，FGF 遺伝子ファミリーとして分類．FGF は通常，標的細胞表面の FGF 受容体を介して作用．本来脳や下垂体から繊維芽細胞に対する細胞増殖活性を指標に FGF1 と FGF2 が単離され構造上の類似性を示すさまざまな蛋白質あるいはそれらをコードする遺伝子が同定された．無脊椎動物の FGF は 2～6 種類，脊椎動物で FGF1～FGF23 が同定されている．FGF15 と FGF19 は同一のもの．FGF はその作用機構により，paracrine FGF（canonical FGF），endocrine FGF（hormone-like FGF），intracrine FGF（intracellular FGF）に分類．paracrine FGF（FGF1～FGF10，FGF16～FGF18，FGF20，FGF22）は分泌蛋白質で，ヘパリン結合部位をもち，近傍の標的細胞のみに作用．FGF19（FGF15），FGF21，FGF23 などの endocrine FGF はヘパリン結合部位をもたず，血中に放出され，産生細胞から遠く離れた標的細胞に作用する．intracrine FGF として，FGF11～FGF14 があり，脳で特異的に発現し，神経機能で役割を果たす．intracrine FGF は N 末端に分泌シグナル配列がないため細胞外に分泌されず，FGF 受容体非依存的に産生細胞内で作用する．intracrine FGF の標的分子として，ナトリウムチャネルの細胞内ドメインや神経特異的な細胞内プロテインキナーゼなどがある．FGF 受容体は膜貫通型受容体で，細胞外に三つの免疫グロブリン様ドメイン，細胞内に二つのチロシンキナーゼドメインをもつ．細胞外ドメインに FGF が結合する．その結合には硫酸化多糖が補助因子として必要である．脊椎動物には 4 種類の（*FGFR1*～*FGFR4*），無脊椎動物には 1～2 種類の FGF 受容体遺伝子が存在する．脊椎動物の FGF 受容体遺伝子は進化的に同一の起原をもち，選択的スプライシングにより 7 種類の受容体蛋白質（FGFR1b，FGFR1c，FGFR2b，FGFR2c，FGFR3b，FGFR3c，FGFR4）が生成する．各リガンドの受容体への結合には補助因子が必要とされる場合がある（FGF19（FGF15）と FGFR4 の結合に対する膜蛋白質 βKlotho，FGF23-FGFR1c に対する αKlotho など）．FGF が結合した受容体は二量体形成，リン酸化を経て，その細胞内チロシンキナーゼが活性化され，さまざまな細胞内シグナル経路を刺激する．シグナル経路として，RAS-RAF-MAPK 経路，PI3K-AKT 経路，STAT 経路，PLCγ 経路などがある．paracrine FGF は胎生期で，脳，肺，四肢などのさまざまな組織の形成過程で重要な役割を果たしている．*FGF3*，*FGF8*，*FGF10* 遺伝子異常や *FGFR1*，*FGFR2*，*FGFR3* 遺伝子異常に起因するヒト遺伝病がある．

d **Fc 受容体** [Fc receptor] FcR と略記．《同》Fc レセプター．種々の細胞上に存在する，免疫グロブリンの Fc 部分に対する特異的受容体（レセプター）．IgG，IgM，IgE，IgA の各クラスの免疫グロブリンに特異的な Fc 受容体が存在し，FcγRI，FcγRII，FcγRIII，FcεRI，FcαRI，Fcα/μR などと略記される．免疫グロブリンスーパーファミリーに分類される．機能の異なる免疫細胞上には異なる Fc 受容体を発現しているので抗体のアイソタイプによってどのタイプの細胞が反応に関わるかが決定される（図1）．ほとんどの Fc 受容体はポリペプチド複合体の一部である α 鎖上の認識ドメイン

を介して，一つまたは複数の類似した重鎖アイソタイプFc部を認識する．このα鎖に一つまたは複数のペプチド鎖（γ鎖，ζ鎖，β鎖など）が会合している．FcγRI，FcγRIII，FcαRI，およびFcεRI（高親和性IgE受容体）ではα鎖に非共有結合しているγ鎖によってシグナル伝達が行われ細胞の活性化を誘導する．ただし，FcγRIIは，同一分子に免疫グロブリン定常部相同ドメイン2〜3個からなる細胞外部分とアミノ酸数十個の細胞内部分をもち，細胞内領域にはITAMまたはITIMモチーフを有しており，Fc受容体に会合する抗体分子のFc領域を介して標的細胞内にそれぞれ正または負のシグナルを伝達する．(1) FcγRは，ヒトでは少なくとも3種類存在する．最も親和性の高いFcγRIは主にマクロファージで発現し，親和性の低いFcγRII-AやFcγRIIIはマクロファージのほか，マスト細胞（肥満細胞），好中球，好酸球やナチュラルキラー細胞（NK細胞）などでも発現する．活性化型Fc受容体ではFc領域が結合すると，Fc受容体の細胞内ドメインにあるITAMあるいはFc受容体に会合しているγ鎖のITAMモチーフがLynなどのSrcファミリーチロシンキナーゼによりリン酸化され，Sykキナーゼの動員，細胞内カルシウムの上昇，Rasの活性化などが惹起される．これらのFc受容体は，微生物に結合した抗体分子に結合して，その貪食を促進したり，がん細胞や異種細胞表面に結合した抗体分子に結合して，抗体依存性細胞傷害活性（ADCC）の発現（⇌キラー細胞）を媒介したりする．一方，FcγRII-Bからは抑制性シグナルが伝達される．ITIMモチーフを細胞内領域にもつFcγRII-Bが免疫複合体のFcにより架橋されるとITIMモチーフがチロシンリン酸化を受け，そこにイノシトールホスファターゼSHIPが動員されてきて，FcγRII-Bを発現しているB細胞，マスト細胞，マクロファージ，好中球などの活性化が抑制的に制御される．(2) FcεRは基本的に他のFc受容体とは異なった分子構成をもつ．高親和性FcεRIは，分子量4万5000のα鎖，分子量3万3000のβ鎖，分子量9000のγ鎖二つの，計四つのポリペプチドからなり，全体として細胞膜を7回貫通する複合体分子で（図2），マスト細胞と好塩基球などで発現している．これらの細胞上のFcεRIにIgEが結合し，さらにそれに抗原が結合して架橋されると，FcεRIを介して脱顆粒

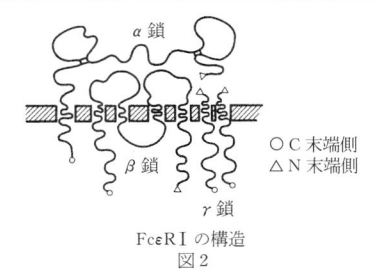

FcεRIの構造
図2

○C末端側
△N末端側

のシグナルが入り，IgE抗体による即時型過敏反応が引き起こされる．低親和性のFcεRII（CD23）は，分子量4万5000のレクチンドメインをもつ分子で，主にB細胞上に発現する．FcεRIIは，IgEの他にCD21や*補体受容体とも結合する．(3) Fc受容体にはさらにIgAに結合するFcαRI，IgMとIgAに結合するFcα/μR，新たに見出されたIgMに結合するFcμRなどがある．また，妊娠母体において，母体のIgGクラス免疫グロブリンを胎児側へ搬送する際にも胎盤のFc受容体が関与していると考えられておりFcRn（neonatal）と名づけられている．このようにFc受容体は抗体分子の特異性をさまざまな細胞機能発現へと橋渡しする重要な役割を担っている．さらに最近，これらの古典的な免疫グロブリン結合受容体に加えて主としてゲノム解析から新しいFc受容体関連遺伝子が同定され，FCRL（Fc receptor-like）受容体と呼ばれる．ヒトでは少なくとも8種類がリンパ球において同定されており，リンパ球の活性化あるいは抑制に働いていると考えられている．さらにFCRLにはMHCクラスIIに結合するものも報告されている．

a **F線毛** [F pilus] *性線毛の一種で，*F因子（Fプラスミド）をもつ細菌の表面に形成される特異的な線毛．その形成はF因子自体によって支配されており，F⁻菌にはF線毛がない．蛋白質サブユニットが重合した管状繊維蛋白質で，通常，菌体当たり1〜4本生じる．直径約8.5 nm，内径約2 nm，長さ平均1 μm，最大20 μmに及ぶ．細菌の*接合に不可欠で，F線毛を介してだけ*受容菌との接合が成立し，F因子や染色体のDNAが伝達される．F線毛はまた，雄菌特異的ファージ（male specific phage）の吸着部位でもあり，球状の

Fc受容体	FcγRI (CD64)	FcγRII-A (CD32)	FcγRII-B1 (CD32)	FcγRII-B2 (CD32)	FcγRIII (CD16)	FcεRI	FcεRII (CD23)	FcαRI (CD89)	Fcα/μR	FcμR	FcRn
結合Fc (ヒト)	IgG1/3 (G1=G3>4>2) (high)	IgG1 (G1>G3=4>2) (low)	IgG1 (G1=G3>4>2) (low)	IgG1 (G1=G3>4>2) (low)	IgG1 (G1=G3>4>2) (low)	IgE (high)	IgE (low)	IgA	IgA IgM	IgM	IgG
発現細胞	マクロファージ 単球 好中球 好酸球 樹状細胞	マクロファージ 単球 好中球 好酸球 血小板 ランゲルハンス細胞	B細胞 マクロファージ マスト細胞	マクロファージ 単球 好中球 好酸球	マスト細胞 NK細胞 好酸球 好中球 マスト細胞	マスト細胞 好酸球 好塩基球	B細胞 マクロファージ 単球 好酸球 樹状細胞 好酸球 T細胞 S細胞	マクロファージ 好中球 好酸球	B細胞	B細胞 T細胞	胎盤 小腸
分子ファミリー	免疫グロブリン	免疫グロブリン	免疫グロブリン	免疫グロブリン	免疫グロブリン	C型レクチン	免疫グロブリン	免疫グロブリン	免疫グロブリン	免疫グロブリン	MHCクラスI

図1

RNAファージはF線毛の側面に沿って多数吸着し，繊維状のDNAファージはF線毛の先端部に吸着する．

a **FDP** fibrinogen and fibrin degradation products (フィブリノゲン-フィブリン分解産物)の略．フィブリノゲンおよびフィブリンがプラスミンによって*繊維素溶解現象を起こした結果生じる分解産物．分子量の大きい順にX(分子量約26万)，Y(約15万)，D(8〜10万)，E(5万)の4画分からなる．フィブリノゲンの分解速度はフィブリンに比べて遅いので血液中に存在するFDPはほとんどフィブリンの分解産物である．FDPのうちY画分はトロンビンに対して強い阻害活性を示す．

b **F導入** [F-duction] 《同》伴性導入 (sex-duction)．細菌染色体の一部が*F因子に組み込まれてできた複合体(*F'因子)が*接合によって他の細菌に伝達される現象．F因子によって行われる*形質導入という意味でこの語が用いられ，部分二倍体(merodiploid)をつくる一つの方法として利用されている．

c **F'因子** (エフプライムいんし) [F' factor] *F因子に細菌染色体の一部が付加してできた複合体．Hfr菌のF因子が染色体から離脱する際，F因子に隣接した染色体部分がF因子とともに切り出されて生じる．F'因子の染色体部分の遺伝子はつねにF因子と行動をともにする．すなわち，F因子が接合により雌菌(F⁻菌)へ伝達されると，その染色体部分に関して安定な部分二倍体(merodiploid)が得られる．またアクリジン色素によってF因子が除去されるとき，それらの遺伝子もともに除去される．F'因子もF因子と同様に染色体に組み込まれることがあるが，F因子の場合と異なりF'因子上にある染色体部分と相同の位置に*相同的組換えによって組み込まれる．F'因子が他の雌菌に伝達されてできる二次的なF'菌株では，F⁺とHfr菌両方の性質を示す．すなわち，F因子の伝達性があると同時に，F'因子上の染色体部分と相同な宿主染色体部分の間で組換えが起こりやすく，F'因子はしばしば宿主染色体に組み込まれてHfr菌になるため，高頻度で染色体伝達ができるようになる．この現象を特に染色体の起動(mobilization)と呼ぶ．(→Hfr菌株)

d **エフリュッシ** EPHRUSSI, Boris 1901〜1979 フランスの遺伝学者．酵母の形質転換現象(プチ突然変異体)が細胞質遺伝的なものであることを明らかにし，また異種の細胞の融合実験など核と細胞質との遺伝における役割を生化学的な方面から追究した．[主著] Nucleocytoplasmic relationships in microorganisms, 1952.

e **エフリン** [ephrin] 受容体型チロシンキナーゼフ ァミリーの一つであるEph受容体群(Eph receptors)のリガンド分子群の総称．1994年にEph受容体のリガンド分子であることが明らかにされたが，さまざまな名称を統一して1997年に'Eph family receptor interacting proteins'からエフリン(ephrin)と命名．哺乳類では8種類のエフリンが存在し，構造上の違いからエフリンA1〜A5より構成されるA型エフリン (class A ephrins)と，エフリンB1〜B3より構成されるB型エフリン(class B ephrins)に分類．A型エフリンはグリコシルホスファチジルイノシトール(glycosylphosphatidylinositol)を介して細胞膜に結合する．B型エフリンは膜貫通型蛋白質である．エフリンの受容体であるEph受容体も構造上，A型とB型に分類され，一般にA型エフリンはA型のEph受容体に，B型エフリンはB型のEph受容体に広く結合する．ただし，エフリンA5はB型Eph受容体であるEphB2にも結合し，エフリンB1〜B3はA型Eph受容体であるEphA4にも結合するという例外が知られる．また，B型Eph受容体であるEphB4のリガンド分子はエフリンB2のみである．エフリンがEph受容体に結合すると，Eph受容体は二量体化し，互いに相手の細胞内領域の特定のチロシン残基をリン酸化することにより活性化する．エフリンは細胞膜に結合した状態でのみリガンド分子としての活性を有し，遊離したエフリンはEph受容体には結合するがその活性化を誘導しない．Eph受容体はエフリンに対して逆にリガンド分子としても働き，エフリンを発現する細胞とEph受容体を発現する細胞が接触することにより，両者の細胞において双方向性の情報伝達が生じる．この場合のEph受容体を発現する細胞内へのシグナルを順行性シグナル(forward signal)と呼び，エフリンを発現する細胞内へのシグナルを逆行性シグナル(reverse signal)と呼ぶ．逆行性シグナルの伝達にはSrcファミリーキナーゼの活性化が関与している．エフリンを発現する細胞とEph受容体を発現する細胞が接触すると一般に反発反応が生じ両細胞は解離する．この反応は両細胞内における細胞骨格系，特にアクチン骨格系の再構築により生じ，また，その際にはエフリンとEph受容体の複合体がプロテアーゼによる分解やエンドサイトーシスによって接触面から除去されることが必要であるとされる．発生過程においてエフリンとEph受容体は生体内においてしばしば異なる領域の細胞群に発現し，両細胞群の接触によるエフリンとEph受容体の相互作用が細胞移動や体節のパターニング，神経軸索ガイダンス，シナプス形成，血管のパターニングなどにおいて必須な役割を果たし，成体においてもシナプス可塑性，免疫応答，インスリン分泌などに機能する．さらに，がん細胞の増殖，浸潤，転移，並びにがんによって誘導される血管新生において，エフリンとEph受容体によるシグナル伝達の関与が示唆される．

f **F₁** *雑種第一代を表す記号．Fはfilial(英語で「子供の」を意味する)の略．

g **エマーソン** EMERSON, Robert 1903〜1959 アメリカの植物生理学者．微細藻類の光合成作用スペクトルの解析からクロロフィルa吸収波長域での量子収率の低下(red drop)を発見し，さらにこれに基づきエマーソン効果を発見，二光反応モデルのもとを築いた．また，閃光照射下での酸素発生解析は光合成単位の概念を生むきっかけとなった．

h **エマーソン** EMERSON, Rollins Adams 1873〜1947 アメリカの遺伝学者，育種学者．1902年にインゲンマメでの研究で，メンデルの法則を確認．のち主にトウモロコシの遺伝を研究．G. W. Beadle, B. McClintockは彼の弟子．

i **エマーソン効果** [Emerson effect, Emerson enhancement] 《同》光合成の増進効果(enhancement effect)．クロロフィルaの赤色部の吸収極大より長波長側では緑色植物や藻類の光合成の*量子収量が著しく低下するが(red drop)，この長波長域の光と同時により短い波長の光を照射すると，それぞれ単独に光を照射した場合の光合成速度の和よりも高い光合成速度が得られる現象．R. Emerson(1956)の発見．この現象から2種の波長の光で別々の光化学反応が駆動され，その協同作用

によって光合成が進むことが示唆され，光化学系Ⅰと光化学系Ⅱの存在が明らかにされる糸口となった．つまり，red drop 現象は光化学系Ⅰのクロロフィル a の吸収が光化学系Ⅱのクロロフィル a のそれよりも長波長側にシフトしているため生じたもので，より短波長の光を補うことで，二つの光化学系がより均等に励起されると解釈される．一方，単一の光化学系で駆動される*細菌型光合成ではこの現象は見られない．

a　**MRI**　magnetic resonance imaging の略．《同》核磁気共鳴画像法（nuclear magnetic resonance imaging）．主に水素原子核（プロトン）が示す*核磁気共鳴現象を利用して，脳をはじめとする臓器など，生体の構造を画像化する手法．生体の70％は水でできており，水分子はプロトンを含む．プロトンは核スピンの性質をもち，歳差運動するごく微小な磁石とみなすことができる．歳差運動とは，コマのように自ら回転するとともに軸頭が輪を描くような回転運動を指し，その回転周期（ラーモア周波数）が周囲の磁場の強さに比例する．無数のプロトンの歳差運動の回転軸の向きは通常，ばらばらであり，外から静磁場を与えると，磁化の方向がそろう．この状態で，静磁場とは直行する方向に共鳴周波数をもつラジオ波（RF パルス radio frequency pulse）を与えると，歳差運動の回転軸の傾斜角が増大するとともに，プロトン間の位相に同期が起きる（核磁気共鳴現象）．RF パルスを止めると，励起されたプロトンは元の状態に徐々に戻る（緩和）が，その緩和時間はプロトンを含む組織やその周辺の磁場環境に依存する．核磁気共鳴現象は，磁場と垂直な方向に磁気モーメントの周期的な変動をうみだすが，生体の周囲に置いた受信用コイルでそのようすの変化を観測することができる．これが核磁気共鳴（MR）信号である．MR 信号は，プロトンの周りにどのような分子があるかにより変化し，体内では水や脂肪などの分子が大きな影響を与える．すなわち，体内の各位置から来た MR 信号をくまなく解析し，それらの発生源と緩和時間を調べることで，水や脂肪など生体組織の分布を知ることができる．MR 信号の発生位置を知るためには，上述した静磁場とは別に，時間・空間的に強度が変化する傾斜磁場をかける．傾斜磁場によって，位置の異なる部位からの MR 信号の位相や周波数が変わるため，信号のフーリエ解析を行うことで位置情報を得ることができる．こうして得た画像は水や脂肪の分布に基づいて体の構造を示し，この手法は構造 MRI と呼ばれる．さらに，血中の脱酸素化ヘモグロビンの増減が組織の緩和時間に影響する（BOLD 効果）ことから，脳の活動部位を血流量の変化として検出することができる．この手法は，機能的 MRI（functional MRI, fMRI）と呼ばれる．

b　**MRSA**　Methicillin-resistant *Staphylococcus aureus*（メチシリン耐性黄色ブドウ球菌）の略．マーサとも呼ばれる．*ファーミキューテス門細菌である黄色ブドウ球菌のうち，抗生物質メチシリンに抵抗性を示す一群．実際は，同時にアミノグリコシド系，β-ラクタム系，マクロライド系の抗生物質に抵抗性を示す多剤耐性菌である．ペニシリンをはじめとする β-ラクタム系抗生物質の作用は，細菌の細胞壁を構成するペプチドグリカンの合成を阻害することであるが，これに対してペニシリン分解酵素を産生するペニシリン耐性ブドウ球菌が出現した．そこでこれらの薬剤耐性菌に対しても有効な抗生物質（ペニシリン分解酵素によって分解されない薬剤）であるメチシリンが開発され，ペニシリン耐性菌の治療に効力を発揮した．ところが MRSA は，β-ラクタム剤が結合できないペプチドグリカン合成酵素（ペニシリン結合蛋白質，PBP2′）を作ることで β-ラクタム剤の作用から逃れるメチシリン耐性を獲得した．この PBP2′ という蛋白質は，染色体上に外来遺伝子 *mecA* が挿入されることで獲得される．メチシリン感受性菌には *mecA* は存在しない．MRSA は健康な人の鼻腔，咽頭，皮膚などから検出される常在菌の一つであり，通常，健康者には無害である．しかし，術後患者など免疫力の低下している人には感染症を起こしやすく，*院内感染や日和見感染の原因として大きな問題となっている．

c　**MED**　minimum effective dose の略．《同》最小有効量．薬剤などの効果を発現させるのに必要な最少量．

d　**MS222**　《同》トリカイン，メタカイン．水生動物の麻酔剤の一つ．$C_{10}H_{15}NO_5S$　分子量261.3の白色針状結晶．水に対する溶解度は 1.25 g/mL（20 ℃）．従来はウレタン，硫酸マグネシウムなどが多用されていたが，それに代わって広く使用されている．種によって異なるが，およそ 1/2000〜1/3000 の濃度に溶かした淡水または海水中に動物を入れ麻酔する．

e　**M 期**　[M phase]《同》分裂期（mitotic phase）．真核生物の*細胞周期において，核分裂・細胞質分裂が起こる時期で，これにより S 期に複製・倍加した染色体が娘細胞に均等に分配される．核分裂における染色体の形態的な違いと分裂装置上での動きから，前期・前中期・中期・後期・終期の5段階に分け，終期には細胞質分裂も起こる．多細胞生物の細胞の M 期には，染色体凝縮，核膜崩壊，紡錘体（分裂装置）形成，染色体の分配と細胞質分裂などにみられる顕著な細胞内構造の再編成が起こる．これらを統御しているのは*サイクリン B-CDK1（Cdc2 キナーゼ）で，その活性化は M 期を開始させ，その後の不活性化は M 期を終結させる．M 期の諸イベントの実現には，ポロ様キナーゼ（Plk1）やオーロラ（Aurora）などの*分裂期キナーゼ（mitotic kinases）も重要な役割を担う．実際には，G_2 期から M 期への移行は，G_2 チェックポイント（→チェックポイント制御）が厳格に制御している．その後の M 期の開始と進行には，サイクリン B-CDK1 の作用に拮抗するホスファターゼの抑制も必要である．染色体分配の開始（中期から後期への移行）のタイミングは*紡錘体チェックポイントが決定し，これがサイクリン B の蛋白質分解を可能にする．その結果，サイクリン B-CDK1 は不活性化するとともに拮抗するホスファターゼが再活性化し，M 期が終結する．（→有糸分裂，→M 期促進因子，→コヒーシン，→コンデンシン）

f　**M 期促進因子**　[M-phase promoting factor] MPF と略記．《同》有糸分裂促進因子（mitosis-promoting factor）．真核細胞の細胞周期に普遍的な M 期誘起因子，すなわち染色体凝縮，核膜崩壊，分裂装置形成などの M 期の事象すべてを直接的あるいは間接的に引き起こす因子．元来はカエルやヒトデの卵母細胞において，*卵成熟誘起ホルモン処理によって細胞質中に出現し，それを未処理の卵母細胞に移植した際に卵成熟を誘起す（減数第一分裂を再開させる）卵細胞質性の活性として

見出され，卵成熟促進因子の名称が与えられた．その後この活性は，単に卵成熟時（減数第一分裂期）に限らず，酵母から哺乳類に至る体細胞型細胞周期においてもM期には普遍的に存在すると判明し，略称は同じままで，M期促進因子の名称のもとに全真核細胞に一般化されるようになった．現在ではMPFは卵減数分裂，体細胞分裂にかかわらずM期を誘起する因子を指し，その活性の主な分子的実体は，*サイクリンB-CDK1（サイクリンB-Cdc2キナーゼ，Cdc2キナーゼともいう）である．この複合体の活性調節は，(1)まずサイクリンBが蛋白質合成され，CDK1と結合して不活性型複合体（前駆体）を形成する，(2)次に複合体中のCDK1がCdc25によって脱リン酸化されて活性型となる，(3)最後にサイクリンBがAPC/Cを介してユビキチン依存的に蛋白質分解されて，複合体は不活性化される．こうしたサイクリンB-CDK1の活性化とその後の不活性化は，それぞれ，M期の開始と終結に不可欠である．（⇒卵成熟，⇒M期，⇒細胞周期，⇒CDK，⇒サイクリン）

a **MCM複合体** [MCM complex] 《同》Mcm2-7．酵母からヒトまで高度に保存された6種類のMcmファミリー蛋白質（Mcm2-7）からなる複合体．真核細胞の染色体DNA複製においてDNA二本鎖を巻き戻すヘリカーゼとして働く．Mcmファミリー蛋白質は，出芽酵母のミニ染色体の維持に欠損を示す変異体（minichromosome maintenance mutants, mcm mutantsと略記）の解析により同定された．古細菌においても相同蛋白質が同定され，真核生物の祖先型と推測される．AAA⁺ ATPアーゼ共通のドメインをもち，溶液中では六量体ヘキサマーのリング状構造をとり，DNAに結合した状態では，二重鎖DNAがリングを通り，二つのリングが対称的に配置されたダブルヘキサマー構造をとるとされる．MCM複合体のDNAへの結合は，M期の終わりからG₁期にかけて起こり，複製開始点に結合するORC（origin recognition complex）とCdc6, Cdt1に依存して染色体に結合する．複製開始点上に形成されたMCM複合体を含む*複製前複合体は，S期導入時にS期CDKとCdc7キナーゼの働きにより複製開始前複合体へ変換され，MCM複合体は複製ヘリカーゼとして複製フォークの進行とともに複製起点から移動する．

b **M線** [M line] 《同》M帯（M band）．横紋筋の筋原繊維の*A帯の中央部にある幅40〜80 nmの仕切り．縦断面では濃い線に見えるが，詳細には中央に3本の太線と，両側に1本ずつの細線からなる．互いに六角形の各頂点を占めるように並んでいる*ミオシンフィラメントをつなぐ細い橋状構造（M橋 M bridge）とそれらをミオシンと平行な方向に連結するMフィラメント（M filament）からなっている．そこでミオシンフィラメントが相互に固定され，さらに筋形質膜へと連絡されて位置ぎめされる．M橋は*M蛋白質，MフィラメントはミオメシンI（myomesin I, 1685アミノ酸残基，分子量19万）からなる．どちらの蛋白質も*ミオシン（特にS2）と*コネクチンとの連結に機能する．その他M線には*クレアチンキナーゼや，細胞骨格の中間径フィラメントとミオシンを連結すると考えられているスケルミン（skelemin, 1667アミノ酸残基，分子量18.5万）が存在する．

c **M蛋白質** [M-protein] 《同》ミオメシンII（myomesin II）．筋肉の調節蛋白質．分子量約16万5000．

ミオシンを*A帯の中心で支える*M線を構成する．筋原繊維蛋白質の0.5％を占める．

d **MPF** ⇌M期促進因子，卵成熟促進因子

e **鰓** [gill] 水中生活をする動物に最も一般的に見られ，一部は排出および浸透調節の機能も示す呼吸器官．[1]脊椎動物では魚類に，また両生類の幼生および一部の成体に存在する．脊椎動物では咽頭の左右の側壁は前後に並ぶ数対の*鰓裂によって外界に通じるが，鰓は鰓裂の前後の壁に，背腹の方向に並ぶ水平な粘膜の襞として生ずる．この粘膜の扁平な襞を鰓弁（gill lamella, branchial lamella）といい，血管がよく発達する．鰓裂の一側すなわち前壁か後壁の鰓弁列を総称して片鰓（半鰓hemibranchia, hemibranch）という．鰓弁と鰓裂の隔壁を鰓間隔壁（interbranchial septum）といい，その内部の咽頭寄りに存在する鰓弓により支持される．サメ・エイ類ではこの鰓間隔壁がよく発達し，その前後の壁に生じる各片鰓は完全に隔てられる．対して硬骨魚類ではこの隔壁は退縮して鰓弓の周囲の部分だけが残り，このためその前後の片鰓は隔壁から突出する2列の櫛の歯のようになって直接相対し，合して全鰓（完全鰓 holobranch）といわれる（⇒鰓蓋）．鰓動脈から来る血液は毛細血管を通って鰓上動脈から流れ去る．両生類のうち有尾類では，4対の*外鰓が鰓弓表面に生ずる．その外部は外胚葉が覆い，内部は間葉と血管からなる．無尾類では幼生初期に外鰓が機能し，後に間鰓が働く．変態に際し鰓は消失し，その前よりすでに形成されている肺が，皮膚とともに呼吸に関与．

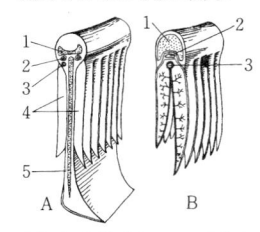

A サメの鰓．鰓間隔壁の前後に片鰓がある
B 硬骨魚類の全鰓
1 鰓弓
2 静脈
3 動脈
4 片鰓
5 鰓間隔壁

[2]無脊椎動物では形態などが著しく多様で，以下のものがあげられる．(1)ホヤ類やナメクジウオ類の*鰓嚢，直接外界に開かず，水は咽頭を取りかこむ*囲鰓腔から排出孔を経て排出．(2)ギボシムシ類の鰓嚢．(3)十脚類などの甲殻類には羽状があり，位置により脚鰓（*肢鰓），*側鰓，*関節鰓の別あり．(4)甲殻類の葉状の腹肢は遊泳用のほかに呼吸器官として働く場合があり，口脚類（シャコ）および深海底産の等脚類のオオグソクムシ（Bathynomus）の腹肢の基部にある総状の鰓はその特殊化したもの．(5)カブトガニ類の*書鰓．(6)昆虫の水生幼虫の*気管鰓，*直腸気管鰓，*尾鰓など．(7)軟体動物の本鰓（羽状鰓，*櫛鰓），その変形である糸鰓・弁鰓，および本鰓の消失後に外套膜の突出物として生じる*二次鰓（ウミウシ類・イソアワモチの背鰓や外套鰓）．(8)環形動物では，貧毛類（エラミミズ Branchiura）の体後方の各節や多毛類（ミズヒキゴカイ Cirriformia やチグサミズヒキ Cirratulus）の体側面にある糸状の鰓糸（branchial filament），クロムシ（Arenicola）の特定の体節（branchioferous segment という）にある樹状の鰓のほか，管住多毛類（エラコ，Potamilla，ケヤリムシ）の頭端に多数列生するいわゆる触手もまた鰓としての機能を営む．ヒル類ではエラビル（Ozobran-

chus) が体側に 7〜10 対の総状の鰓をもつ.

ELISA 法 (エライザほう) enzyme-linked immunosorbent assay の略. 抗原ないし抗体に酵素を共有結合させたものをプローブとし, 抗体ないし抗原の存在を酵素活性を利用して検出・定量する方法. *ラジオイムノアッセイの放射性同位元素による標識を酵素に置き換えた方法. 放射性物質を使わない点で安全である. 例えば, プラスチック製のマイクロタイタープレートに抗原を固相化し, これに検体中の抗原特異的抗体を反応させる. 次に酵素標識した抗免疫グロブリン抗体(二次抗体)を作用させ, 結合した二次抗体あるいは抗原の量を酵素反応を用いた基質の発色反応を用いて測定する. あるいは, マイクロタイタープレートに抗免疫グロブリン抗体を固相化し, これに検体中の抗体を反応させる. 次に酵素標識した抗原を加え, 抗原特異的抗体に作用させ, 結合した抗原の量を酵素反応を用いて測定する. 検出法により間接法, サンドイッチ法, 競合法などがある.

エラーカタストロフ [error catastroph] 自己複製子(replicator)の複製時の誤り確率が, ある一定の閾値を超えた時, その集団が絶滅する現象. 自己を正確に複製する効率が自然分解率(自然死亡率)を下回るために起きる. ゲノムの複製時に誤りが起きる確率は, 一塩基あたりの突然変異率とゲノム全長の塩基数との積で決まるため, 長いゲノムをもつ生物ほど, 一塩基あたりの突然変異率は低くする必要があると予測される. 生物間比較によりその傾向が観測されている.

鰓呼吸 [branchial respiration] 鰓を用いて水中でガス交換する外呼吸. 呼吸媒質(水)は鰓の表面を流れる. さらに魚では, 呼吸水の流れの方向は鰓の二次鰓弁(secondary lamellae)の毛細血管を流れる血液の流れと反対である. したがって二次鰓弁を流れる血液と水との間には常に一定の酸素分圧の勾配が維持され, 血液は水によって常に効果的な酸素飽和の仕事がなされる. (⇌対向流理論, ⇌水呼吸, ⇌呼吸運動, ⇌酸素利用率)

鰓呼吸型循環系 [gill-plan of circulatory system] 鰓呼吸をする脊椎動物すなわち円口類や魚類ならびに両生類の幼生に見られる血管系. 体の腹面前方にある心臓から出た血液は前進して 4 対またはそれ以上のほぼ左右対称な枝に分かれ, その血液を鰓を通過したのち動脈血となる. これはさらに背側体動脈へ入り, 体の各部に分散. 静脈血は体壁系・消化管系・腎門脈系のものに大別され, これが集められ静脈洞へと戻る経路にはいくつかの型がある. キュヴィエ管は本来体壁系の主静脈血を集め, 消化管系の静脈血は肝静脈へと注ぐ. 系統発生的には肺魚から下大静脈が出現する. (⇌主静脈)

鰓心臓 [branchial heart] 頭足類の*入鰓血管の基部にあって, 律動的に収縮する膨大部. 入鰓血管中に静脈血を送り込む. 本鰓の数に応じて二鰓類では左右合計 2 個ある. 壁は腺様組織からなり, さらに別に腺様の付属体がある. 後者が他の軟体動物の囲心腺と相同のもの. イカ類では鰓心臓とその付属腺はともに体腔内にあり, タコ類では付属腺だけが体腔中にある. (図次段)

エラスターゼ [elastase] 不溶性のエラスチン繊維から可溶性のペプチドを遊離する*エンドペプチダーゼの総称. エラスチンが典型的な基質であるが, これ以外の蛋白質も良い基質となる. 電荷のない非芳香族の疎水性アミノ酸(アラニン, ロイシン, イソロイシン, バリンなど)残基のカルボキシル側のペプチド結合を特異

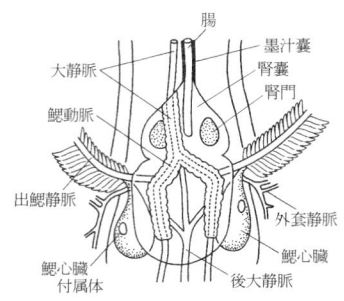

スルメイカの内臓(腹面)

的に加水分解する. 膵臓エラスターゼ(EC3.4.21.36)と白血球エラスターゼ(EC3.4.21.37)が知られる. セリン残基を活性中心にもつ脊椎動物の*セリンプロテアーゼの一つ. 他のセリンプロテアーゼであるトリプシンやキモトリプシンと, 基質特異性は異なるが反応機構は同じで, 立体構造もよく似る. 膵臓エラスターゼに関しては, ブタおよびウシ膵臓には酵素前駆体であるプロエラスターゼ(pro-elastase, 分子量 2.6 万)が認められ, トリプシンにより N 末端ペプチドが切断され, 活性化されて成熟酵素(分子量 2 万 5900)となる.

エラスチン [elastin] 脊椎動物の結合組織・腱・大動脈外皮・頸索(ligamentum nuchae), 爬虫類の卵殻などを構成する, 弾力に富む硬蛋白質の一種. 熱水・稀酸または稀アルカリに不溶で, ペプシン, トリプシンによってゆるやかに分解される. この蛋白質を構成しているアミノ酸はアラニン, グリシン, ヒドロキシプロリン, バリンに偏っており, この 4 種だけで全体の約 80% を占める. プロリンの多くはヒドロキシプロリンに修飾される. また, リジン残基を介してペプチド鎖間に多数の架橋が形成され, これが弾性をもたらす.

鰓曳動物 (えらひきどうぶつ) [priapulids, priapulans ラ Priapulida, Priapula] 〔同〕鰓曳虫類, プリアプルス類, 吻虫類. 後生動物の一門で, 左右相称, 擬体腔をもつ旧口動物. 体は円筒形で, 体長数 mm 以下のものから 20 cm 程度のものまである. 胴と, その前方にあって出し入れ自在な陥入吻よりなる. 一部の属では肛門の後ろに尾部付属器をもつが, その形態や機能は多様である. 口は陥入吻の前端, 肛門は胴の後端にそれぞれ開き, 消化管は直走する. 体表および咽頭上皮はクチクラ化し, 棘や咽頭歯が分化する. 体表に多数の横皺がある. 体腔は広い一つの腔所で, かつては真体腔とみなされた. その後, 上皮を欠くことが判明し, 擬体腔と認められるようになったが, 異論もある. 神経索が腹正中を縦走し, 泌尿系(有管細胞をもつ原腎管)および生殖系は左右対となる. 循環系はない. 雌雄異体で, 放射卵割の結果, 中空胞胚が形成される. 発生には不明な点が多いが, ロリケイト幼生と呼ばれる幼生になる. その胴の表面は 8〜20 本の縦すじで細長く区分される. 成長過程で脱皮を行う. かつては*袋形動物門の一員とされたが, 動吻類や腹毛線形類などと一門(頭吻動物門 Cephalorhyncha)を構成させる新見解も現れた. また, 動吻類や胴甲類と合わせて有棘動物(Scalidophora)とすることもある. なお, ロリケイト幼生は, *胴甲動物の成体と類似しているとの指摘もある. 世界各地の潮間帯

から超深海までの海底砂泥中(間隙性を含む)に生息する．現生は20種足らずである．

a **襟** [collar] 生物体の，広く細胞から器官にわたって存在する襟状の構造の総称．[1] 繊毛虫における襟状の構造であり，種によって異なる部分を示す．例えば有鐘類では*ロリカの開口部を縁どる襟状または鍔状の部分，漏斗類では細胞頸部の襟状突出部．また少毛類では周口小膜域を細胞の前端を縁どっている部分とそこから細胞口までの部分とに分け，前者を襟(カラー collar)，後者を立襟(ラベル lapel)と呼んで区別する．[2] *襟鞭毛虫類や*海綿動物の*襟細胞における襟状構造．アクチン繊維で支持された多数の微絨毛からなり，鞭毛の基部をとりかこむ．鞭毛打による水流で運ばれた餌粒子を捕獲する．[3] 軟体動物腹足類の殻口部(peristome)の内面を裏付ける外套膜の周縁の肥厚部．殻口部を分泌して貝殻を成長させ，また陸産有肺類では，休眠期に殻口をふさぐ膜状のエピフラム(epiphragm)を分泌する．[4] 軟体動物二枚貝類のフナクイムシの2本の水管の基部を包む外套膜の襞．この部分の内面から，この動物に特有の尾栓を分泌する(→尾栓)．[5] 棲管を分泌するカンザシゴカイ類などの*胸口節に広がったもの．表面から棲管を分泌し，後方は胴体体節より生じた胸膜に続く．[6] 鰓曳動物の胴の前端にあり，吻と胴とを分ける部位．[7] 苔虫動物の櫛口目に属するものの虫室口(前庭部)から突出する縦条のある環状の膜構造．*触手冠が虫室内に引き込まれると，襞にそって全体が閉じる仕組みになっていて，虫室内の保護に役立つとされる．[8] 半索動物ギボシムシ類の吻と胴(体幹)の間にある帯状部分．前端は被膜状となって背側では吻の基部を覆い，腹側では開いて口となる．後端はややくびれるか，あるいは襟状となって襟の最前端をわずかに被うものもある．吻との結合は堅固で，吻骨格の後方部分が二又となって前部に組み込まれている．胴部との境には隔壁があって，襟体腔(collar coelom)が生じ，襟管(collar canal)を通じて胴部前端第一鰓裂に襟孔として開口する．[9] 棘皮動物ウニ類のオウサマウニ・アスナロウニ類の棘の基部にある縦条がなく平滑な部位．[10] 植物に見られる小さな襟状の構造．カラーともいう．イチョウの胚珠の基部にある環状の小さな突起で，胞子葉の痕跡と考えられたこともあったが，今日では否定されている．またコムギの小穂軸が花序軸につく部分にある小さな隆起をいい，小穂を生じる苞葉の痕跡と考えられている．ハラタケなどの子実体の傘が成長するとき，傘が柄と分離したときに，柄に残ったつばのことをこう呼ぶ場合がある．

b **襟細胞** [choanocyte, collar cell] 1本の鞭毛とその下半部を囲む襟(collar)とをもつ細胞．襟は細胞表面から突出して輪生する約20本の微絨毛列からなる．微絨毛どうしの間隔は約0.1〜0.2μmである．鞭毛運動により生じた水流は襟の外側から内側へと流れ，細菌や有機物粒が襟部分の微絨毛と粘液のネットによって濾しとられ，細胞内消化される．かつては*海綿動物に特有の細胞とされていたが，他の動物の有繊毛細胞との類似性も指摘されている．海綿動物の襟細胞と，後生動物の姉妹群とされる襟鞭毛虫類との形態的類似性は，海綿動物が最も祖先的な後生動物であるとされる根拠の一つとなっている．また海綿動物においては，複数の襟細胞が基部で連結して1層の襟細胞層(choanoderm)を形成する点で，独自のものがある．また，襟細胞層が鞭毛の先端を中心に配置するようなぼんだものが，襟細胞室(choanocyte chamber)となる．襟細胞室内の襟細胞の鞭毛が連動することによって，摂食や呼吸などに必要な水流を引き起こす．

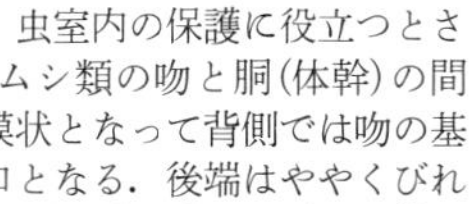

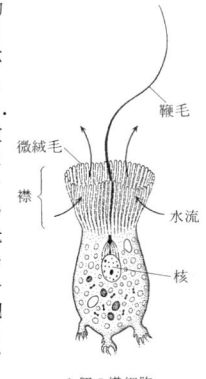

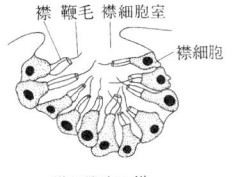

1個の襟細胞

c **エリシター** [elicitor] 植物の*フィトアレキシン生産などの防御応答を誘導する病原菌由来の物質．植物には，病原菌の感染を受けた場合，抗菌性低分子物質フィトアレキシンを生産し，病原菌から自己を防衛する機構がそなわる．フィトアレキシンの合成は，病原菌の細胞壁物質や断片化した細胞壁物質により誘導される．これらのエリシターは宿主植物の細胞膜上にある受容体と結合し，信号伝達系を介してフィトアレキシン合成に必要な酵素の合成を誘導すると考えられる．

d **エリスポット法** [ELISPOT assay, enzyme-linked immunospot assay] *抗体や*サイトカインを分泌する細胞を単一細胞レベルで検出する方法．抗免疫グロブリン抗体を被覆した培養皿小穴中で抗体分泌細胞を含む細胞集団を培養すると，1個の細胞から分泌された抗体は拡散し，細胞周囲の抗免疫グロブリン抗体に結合する．これに酵素標識抗免疫グロブリン抗体細胞を反応させることによって，1個の細胞から分泌され捕捉された抗体は細胞周囲に円形のスポットとして検出される．培養皿小穴に抗原を被覆することによって，抗原特異的抗体分泌細胞を検出することも可能である．同様に，抗サイトカイン抗体と酵素標識抗サイトカイン抗体を用いることにより，サイトカイン分泌細胞を単一細胞レベルで検出できる．

e **エリスロマイシン** [erythromycin] 放線菌 *Saccharopolyspora erythreus* によって生産されるマクロライド系の代表的な抗生物質．主としてグラム陽性菌に対して抗菌性がある．*LD$_{50}$は200〜400 mg/kg．作用機作は細菌の70Sリボソームの50Sサブユニットに結合

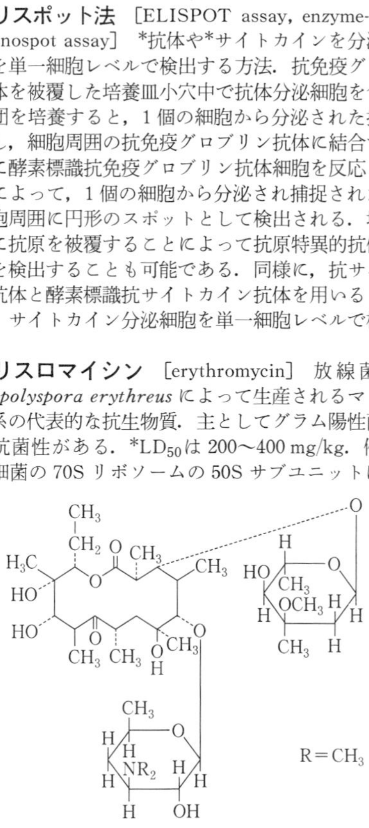

a **襟体腔** [collar coelom, collar cavity] 半索動物において,襟の内部を占める左右1体の体腔.正中面にある隔膜により左右2室に分かれ,翼鰓類(pterobranchs)では触手内に伸びる.吻内にある無対の吻体腔と胴内にある左右1対の胴体腔との連絡はない.左右の襟体腔には各1個の襟孔が開き,ギボシムシ類では繊毛の生えた細管により第一鰓嚢および第一鰓裂を経て外界と連絡,翼鰓類では1対しかない鰓孔の直前に開口する.これら3種の体腔は,三体腔動物仮説の中体腔(mesocoel)・前体腔(procoel),原体腔protocoel)・後体腔(metacoel)にそれぞれ相当すると考えられる.*ディブリュールラ幼生の体制が成体に反映されている例とみなす.脊索動物の体腔進化を理解するうえで重要な体腔パターンである.

b **エリトロクルオリン** [erythrocruorin] 主としてプロトヘムを配合分子団とする複合蛋白質.無脊椎動物の血液に含まれている血色素で,ヘモグロビンの一種に含める場合もある.酸素運搬の機能をもち,等電点は一般にpH4.5~6.0.赤血球および血漿中(細胞外)に溶存する.血球中のものと血漿中のもの(単量体~四量体)の2種に区別される.他のヘモグロビンに比較してヒスチジン含量が低い.チロリ類,ナマコ類,アカガイ,カワヤツメ,ユスリカなどの赤血球中のものは分子量1万6700~5万6500であるが,ゴカイ類やイトミミズなどの血漿中のものは巨大分子(分子量35万~280万)で,大きさは30×20 nm,透過型電子顕微鏡で見ると中空洞部をもつ六角柱状を呈する.

c **エリトロース-4-リン酸** [erythrose-4-phosphate] *ペントースリン酸回路および*還元的ペントースリン酸回路の中間生成物.芳香族アミノ酸生合成(*芳香環生合成)の出発物質でもあり,ホスホエノールピルビン酸と縮合して*シキミ酸経路に入る.

d **エリトロポエチン** [erythropoietin] 《同》エリスロポイエチン.造血細胞の増殖分化を制御する因子(コロニー刺激因子 colony-stimulating factor, CSF)の一つ.骨髄中の赤芽球コロニー形成細胞(erythroid colony-forming cell)に作用し,赤血球の生成を促進する.また巨核球コロニー形成細胞(megakaryocyte colony-forming cell)に作用し血小板の生成を促進する.腎臓の近位尿細管に接する毛細血管周辺の間質細胞と肝臓の肝細胞で合成され血中に放出される193アミノ酸残基,分子量5.1万の糖蛋白質で,受容体は508アミノ酸残基,分子量5.5万の1回膜貫通型で,エリトロポエチンの結合により二量体化し,JAK-STATシグナルカスケードを開始し,赤芽球コロニー形成細胞の増殖分化を制御する.血液中の酸素濃度が低下すると,腎臓・肝臓からのエリトロポエチンの分泌が高まり,赤血球数が増える.

e **襟鞭毛虫類** [choanoflagellates] 《同》立襟鞭毛虫類.*オピストコンタに属する鞭毛虫の一群.一般に単細胞性であるが,*群体を形成するものもいる.細胞後端から生じる1本の鞭毛をもち,それを取り囲むようにアクチン繊維で支持された微絨毛からなる襟をもつ.有機質やケイ酸質の細胞外被をもつ種が多い.水域に普遍的な細菌捕食者.後生動物の姉妹群であると考えられている.

f **LEA蛋白質** [LEA protein, late embryogenesis abundant protein] 「リア蛋白質」とも.植物種子の胚発生後期に大量に蓄積する蛋白質の一つ.高度に親水性で,その分子構造からいくつかのグループに分けられる.乾燥,塩,および低温ストレスによって発現が誘導される.植物のみならず,細菌,真菌,動物(線虫,ワムシ,昆虫)にも存在し,同様にストレスによって発現が誘導される.ストレス耐性の獲得に重要で,ストレス条件下での蛋白質の保護に役立つと考えられる.

g **エルウィニア** [Erwinia] エルウィニア属(Erwinia)細菌の総称.グラム陰性,通性嫌気性,周鞭毛による運動性桿菌(0.5~1.0×1.0~3.0 μm)で,植物病原菌.*プロテオバクテリア門ガンマプロテオバクテリア綱*腸内細菌科に属する.属名はアメリカの植物病理学者 Erwin F. Smith(1917)の記載にちなむ.植物の腐敗病の原因菌であるが,ペクチナーゼは産生しない.基準種 Erwinia amylovora のほか,E.carotovora, E.herbicola, E.papayae などの菌種があり,植物病原性を示さない E.tasmaniensis なども含まれる.

h **LHサージ** [LH surge] 黄体形成ホルモン(LH)の分泌の急激な変動.性周期をもつ動物の非妊娠状態にあっては排卵が周期的に繰り返されるが,血中のLHレベルも周期的に著しい変動を示す.とりわけ,排卵の8~12時間前には急激に増加(基底値の5~20倍)した後,短時間の後に再び急激に減少する.このようなLHの分泌の様子を,押し寄せてはまた引く波(surge)にたとえて,LHサージと呼んでいる.ウサギなど交尾刺激で排卵する動物では交尾後にLHサージが起こる.

i **LSD** lysergic acid diethylamide(リゼルグ酸ジエチルアミド)の略.リゼルグ酸の誘導体から合成される幻覚薬.元来は,中枢性および呼吸性興奮剤のニケタミド類似の化合物を合成する過程で得られた.急性毒性は低く,LD$_{50}$は静注でウサギ0.3 mg/kg,マウス46 mg/kg.10 μg の経口摂取で,45~60分で鮮明な視覚に基づく幻覚が生じ,2~3時間で最高潮に達し,8~12時間ほど持続する.心理的効果のほか,瞳孔の拡張,腱深部反射の亢進,心拍・血圧・体温の上昇,食欲減退,不眠をきたす.LSDによる感覚や感情の乱れは,その構造中に脳内神経伝達物質であるセロトニンに似た部分(図の破線部)があり,その受容体(5-HT2)と結合して神経伝達を撹乱するためと考えられている.(⇨リゼルグ酸)

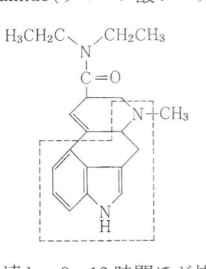

j **L型菌** [L-form bacteria] 自然にあるいは化学処理によって細胞壁を欠失した細菌の変異株.細菌が細胞壁をもたないで生存・増殖しうることの証拠として重要.形態的に似ているが,細菌に由来したものである点で*マイコプラズマとは異なり,分裂能をもつ点でスフェロプラストとは区別される.(⇨細菌)

k **エルゴステロール** [ergosterol] 《同》プロビタミンD$_2$(provitamin D$_2$),エルゴスタ-5,7,22-トリエン-3β-オール,24S-メチルコレスタ-5,7,22-トリエン-3β-オール.C$_{28}$H$_{44}$O 酵母や麦角,シイタケなどに含ま

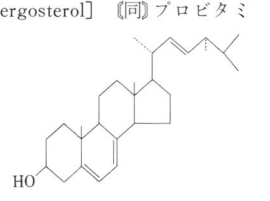

れる*ステロール．プロビタミン D_2 であり，5,7-ジエンステロールの骨格をもつ．紫外線によって 9, 10 位間での開環が起こってプレビタミン D_2 となり，熱で異性化されてエルゴカルシフェロール（ergocalciferol，ビタミン D_2）になるが，それ自身にビタミン D 活性はない．熱アルコール，エーテル，クロロホルムによく溶け，ジギトニンと分子化合物をつくる．

a **L細胞** ［L cell］ ⇒樹立細胞株

b **Lシステム** ［L system］《同》リンデンマイヤーシステム（Lindenmayer's system）．記号の置換によって記号列を生成する規則の体系．生成文法の一種．記号の集合，初期状態の記号，置換規則の集合（a→ab や b→c などと記述される）によって定義される．各記号に対し置換規則を適用する過程を，初期状態から順次繰り返すことで，記号列を得る．各記号を細胞や組織などの生物の構造とみなし，置換を時間発展とみなすことで，発生や形態形成を記述できるとして，1968 年に A. Lindenmayer により提唱された．置換規則の中に例えば a→ab などが含まれると，この規則が再帰的に適用され，反復配列や自己相似的な配列を作り出すことが特徴である．これにより自己相似的（フラクタル）な構造をもつ植物の形態形成や発生を簡単に説明できるとされる．樹木の形態形成を状態遷移規則によって記述する数理モデルが，L システムとは独立に本多久夫によって提唱された．このモデルにおいては，枝や葉などを基本単位として，時間にともなう分岐の繰返しにより，樹形を再現する．三次元空間における分岐角度をさまざまに設定することで，針葉樹から広葉樹まで多様な樹形パターンを再現できる．

c **エルシニア** ［*Yersinia*］ エルシニア属（*Yersinia*）細菌の総称．グラム陰性，通性嫌気性，および動物寄生性．*プロテオバクテリア門ガンマプロテオバクテリア綱腸内細菌科に属する．恒温動物に出血性敗血症を起こす．多くは卵形の小桿菌（0.5～0.8×1～3 μm）で両端が塩基性色素でよく染まる．培養した菌では運動性が見られるが，宿主中では非運動性である．通性嫌気性であるものの炭水化物発酵能力は概して弱く，ダーラム管で目視できる程度の気体状産物を発生しない．基準種 *Yersinia pestis*（ペスト菌 plague bacillus）はペスト症（pestilence）の病原体であり，北里柴三郎および A. E. J. Yersin によってそれぞれ独立に発見された（ともに 1894 年）．通常は腺ペスト（bubonic plague）の形式をとるが，肺ペスト（pulmonary plague）もある．ペスト菌の病原性は，F1 抗原，V 抗原と呼ばれる二つの抗食細胞性抗原によっており，二つとも病原性の発現に重要な役割を担っている．ペスト菌は約 4.6 Mb のゲノムをもち，エルシニア感染症を引き起こす *Y. enterocolitica*，仮性結核菌である *Y. pseudotuberculosis* などと同様にプラスミド pCD1 を保有する．さらに，他のエルシニア属細菌にもたない二つのプラスミド pPCP1 と pMT1 を余分にもっており，これらのプラスミドがペスト菌特有の病原性の発現に関係している．ペストは元来，ネズミ類の流行病であるが，ノミを介してヒトに感染する．またバクテリオファージに極めて高い感受性をもち溶菌する．*Y. enterocolitica* は動物界に広く分布し，これらを介してヒトに感染すると食中毒を起こす．

d **LD₅₀, LD-50** lethal dose 50% の略．それぞれの動物個体数の 50% を殺す毒物の量または電離放射線の放射線量．各個体の感受性の差が著しい場合などには，最小致死量（MLD）より便利な場合が多い．

e **エルドレジ** ELDREDGE, Niles 1943～ アメリカの古生物学者．三葉虫がある時期に爆発的に種分化を起こし，その後に永く安定の期間を経過するという観察が動機となり，S. J. Gould と共同で進化に関する*断続平衡説の樹立に到達した．

f **エルトン** ELTON, Charles Sutherland 1900～1991 イギリスの動物生態学者．動物個体群の周期変動と動物の群集について大きな業績をあげ，食物連鎖・生態的地位・個体群動態を基礎に，現代生態学を出発させた．［主著］Animal Ecology, 1927.

g **エールリヒ** EHRLICH, Paul 1854～1915 ドイツの医学者，免疫学者．生物学および医学に化学を適用した．巧みな染色法の考案に基づいて血球の形態学に業績をあげる一方，薬理作用の研究から化学療法を構想，その創始者とされる．トリパノソーマ症およびトレポネーマ症の療法（⇒梅毒），治療血清の抗毒力検定法などが重要．また，抗原抗体反応に対して化学反応の量論的な考えを導入，側鎖説を立て，免疫が自己の抗原に対して成立しないことへの着目などで，免疫学の理論的基礎をも築いた．1908 年 É. Metchnikoff とともに免疫研究でノーベル生理学・医学賞受賞．日本人では志賀潔，秦佐八郎が彼に師事．

h **エールリヒ反応** ［Ehrlich reaction］ インドール化合物を検出するための呈色反応．塩酸存在下でエールリヒ試薬（Ehrlich's reagent: *p*-ジメチルアミノベンズアルデヒドのアルコール溶液）を作用させる．糖蛋白質・糖脂質のシアル酸，蛋白質の*トリプトファンなどに対して用いられる．呈色は亜硝酸ナトリウムを加えるとさらに安定する．種々のインドール化合物によって呈する色が異なる．なお，エールリヒ試薬は複合糖質を加水分解後，遊離したアミノ糖の定量（エルソン-モルガン反応 Elson-Morgan reaction），遊離 *N*-アセチルヘキソサミンの定量（モルガン-エルソン反応 Morgan-Elson reaction）にも用いられる．（⇒サルコフスキー反応）

化合物	呈色	化合物	呈色
インドール	赤紫	トリプトフォール	紫
インドール酢酸	赤紫	インドールピルビン酸	紫
インドールアセトニトリル	黄	トリプトファン	黄
インドールアルデヒド	紫	インドール	青
トリプトアミン	青緑	アセチルアスパルテート	青

i **L1** 【1】《同》NILE (nerve growth factor-induced large external glycoprotein)．*免疫グロブリンスーパーファミリーに属する高分子膜糖蛋白質．細胞外に 6 個の*免疫グロブリンドメインと 5 個の*フィブロネクチンタイプⅢドメイン，膜貫通ドメイン，細胞内ドメインをそれぞれ 1 個含む．210 kDa のほか 180, 140, 80 kDa の分子種が見られるが，それらは同一分子の蛋白質分解によって生じる．細胞内ドメインに 4 アミノ酸が欠如したアイソフォームは非神経細胞のシュワン細胞などに見出される．L1 は発育期の神経細胞の軸索，*成長円錐で特に強く発現される．マウス・ラット・ヒトの L1 のアミノ酸配列は相互の相同性が高く，特に細胞内ドメインは完全に一致し，保存性の高い蛋白質である．NgCAM, ニューログリアン（neuroglian）はそれぞれニワトリ，ショウジョウバエの L1 類似蛋白質であるが，

アミノ酸配列の一致率は50%程度である．L1のcDNAを*L細胞へ導入，発現させる解析により，L1分子のホモフィリック反応による*細胞集合，L1発現細胞への神経細胞の選択的接着，L1発現細胞上での神経細胞突起伸展の促進などが示されている．L1蛋白質は神経細胞移動障害によって嗅覚と生殖機能に障害の生じるカルマン症候群の原因蛋白質とフィブロネクチンタイプIIIドメインにおいて部分的な類似性を示し，この部位が細胞移動に関与する可能性が示されている．*L1*遺伝子は染色体上にはXq28にマップされ，*L1*遺伝子の変異による遺伝性水頭症など，いくつかの神経疾患の発症例が示されている．
【2】散在反復配列(LINE)のひとつで，約6000 bp．ヒトなど霊長類のゲノムに多数コピーが存在する．

a **エーレンベルク** EHRENBERG, Christian Gottfried 1795〜1876 ドイツの動物学者．エジプトや中近東を広く旅行．また1929年にはA. von Humboldtとウラル・アルタイ地方を探検．莫大な動植物の標本を蒐集し分類した．特記される業績は顕微鏡の改良による微小生物の研究で，細菌学と原生動物学を整備し，滴虫類(Infusoria)の語は彼のInfusionsthierchenに由来する．自然発生説の否定者．［主著］Die Infusionsthierchen als vollkommene Organismen, 1838.

b **沿岸域** [littoral region, coastal zone] 海洋，湖沼，河川において，最も浅い水面から比較的浅い部分のこと．*海洋生態系では沿岸域は，陸棚の縁までの海域で，水深は概ね200 mまでである．海洋では，沿岸域を潮間帯(⇒潮間帯生物)，潮下帯(⇒潮下帯生物)，潮周帯(⇒潮周帯生物)に分け，潮下帯に潮周帯を含める場合も，潮間帯に潮下帯を含める場合もある．水深150〜200 mまでの真光層(⇒海洋生態系)の水層域では植物*プランクトン，海底では底生藻類による*光合成が活発に行われる．植物プランクトンの*一次生産は，陸からの栄養塩類供給により，平均的には外洋域の2倍以上大きく，特に湧昇流の発達するところでは外洋域の5倍以上に達する．またここに出現する植物プランクトンの中には，溶存栄養塩類の増加に並行して増殖率を高める種があり，この水域で赤潮が多発する一因とされる．一方，動物には，定期性プランクトンが多く見られるのが特徴．海洋のネクトンでは，特に環境条件に季節的変化の大きい温帯水域において，大規模な南北回遊(⇒移動)を行う浮魚が卓越し，これらは沿岸漁業の最も重要な対象となっている．湖沼の場合は水深約3〜20 mの光合成植物の生育限界に至る部分を沿岸帯と呼び，ここでは光は水底まで到達し，溶存酸素量は大で有機物も多いが，水の動揺，昼夜や季節による環境の変化はこの部分で最も激しい．静水域では岸から順にヨシ・マコモ・コウホネなどの*抽水植物，ヒツジグサ・ジュンサイ・ヒシなどの*浮葉植物，クロモ・エビモ・シャジクモなどの*沈水植物の各群落が帯状に配列し，岩石質底には珪藻や糸状の藻類が付着する．動物では多くの腹足類のほか，トビケラやカゲロウの幼虫，甲殻類などが多く，泥質の所にはユスリカやフサカの幼虫，貧毛類が多い．肉食動物としてはワカサギ・カワムツなどの魚類，トンボ幼虫，タガメ，コオイムシ，ゲンゴロウなどがいる．魚類の産卵・稚魚の発育は主にこの部分で行われる(⇒湖沼の群集)．coastal zone も沿岸域と訳され，littoral region と同じ意味で使われることもあれば，ごく浅い水域とそれに隣接する陸域を指すこともある．

c **沿岸性群集** [neritic community] *沿岸域の水層域(⇒海洋生態系)，すなわち陸棚上の自由水層にみられるペラゴスの*群集．

d **沿岸帯群集** [littoral community] 湖沼における沿岸帯の*ベントスの群集．海の場合は浅層生物，*潮周帯生物を合わせたものに同じ．(⇒沿岸域)

e **塩基**(核酸の) [base] *核酸，*ヌクレオチドおよび*ヌクレオシドのプリン核あるいはピリミジン核をもった通常は塩基性である部分．プリン塩基とピリミジン塩基に大別され，前者にはアデニン(adenine)，グアニン(guanine)，後者にはシトシン(cytosine)，ウラシル(uracil)，チミン(thymine)がある．遊離の状態では生体内にごく少量しか認められず，大部分は核酸，ヌクレオチドおよびヌクレオシドの状態で存在する．グアニン，シトシン，チミンおよびウラシルでは，図の上段・中段に示したラクタム型のほかに，下段のようなラクチム型の互変異性体があるが，ほとんどはラクタム型で存在する．

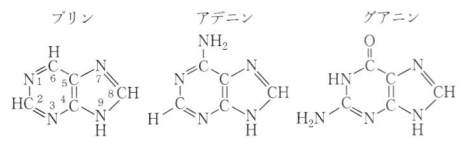

プリン　アデニン　グアニン
ピリミジン　シトシン　チミン　ウラシル
プリン塩基(ラクタム型)
ピリミジン塩基(ラクタム型)
ラクタム型　ラクチム型
ウラシルの互変異性体

f **塩基性色素** [basic dye] 発色団にアミノ基やイミノ基などをもち，溶液中では水素イオンと結合してプラスに帯電する*色素．塩酸や硫酸などと塩をつくり，溶液は酸性を呈する．マイナスの電荷をもつ好塩基性の細胞構成要素，例えば核，染色体などと親和性がある．

g **塩基性蛋白質** [basic protein] 等電点を塩基性領域にもつ蛋白質の総称．核酸に親和性をもつ*ヒストン，*リボソーム蛋白質や，その他シトクロム c，*リゾチーム，サルミンなど．

h **塩基多様度** [nucleotide diversity] 集団のDNAレベルでの多様性を1塩基あたりで示した尺度．あるDNA領域に着目したとき，塩基多様度は集団から任意に2本の塩基配列を取り出した時に期待される1塩基あたりの差である．根井正利とW. H. Li(1979)が提唱し，現在広く使われている．二倍体生物の場合には，1塩基あたりのヘテロ接合度と見なすことができる．例えば，ヒトという生物種全体の塩基多様度はおよそ0.1%

と推定されている．ギリシア文字πで表されることが一般的である．

a **塩基対合則** [base-pairing rule] 原則として核酸の塩基が，アデニンとチミン（RNAではウラシル），グアニンとシトシンの間で水素結合により特異的な対合をすること．このような対合関係を塩基の相補性(base complementarity)という．アデニンとチミンの間の水素結合は二つ，グアニンとシトシンとの間の水素結合は三つで，後者の方がより安定である．DNAの複製，DNAからRNAへの情報転写，tRNAによる遺伝暗号の解読などは，いずれもこのような特異的な塩基の対合によって，正確に行われている．（⇒ワトソン-クリックのモデル，⇒ゆらぎ仮説）

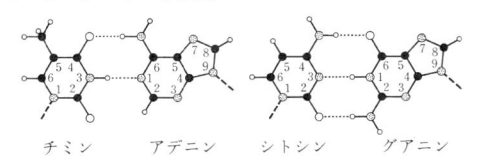

チミン　アデニン　シトシン　グアニン
●は炭素，○は窒素，◦は水素，◯は酸素を表す
------ は糖との結合を表す

b **塩基対置換** [base pair substitution] DNAのある塩基対が別の塩基対によって置き換わること．塩基対置換によって生じる塩基対置換突然変異(base substitution mutation)は，置換の仕方によって，*トランジションと*トランスバージョンに分類される．SNP(一塩基多型)はこの置換によって生じる．（⇒突然変異，⇒化学的突然変異生成）

c **遠近調節** [accommodation] 《同》調節，順応．カメラ眼において眼の屈折状態を反射的に調節し，注視物体が正しく網膜上に結像するようにする作用．大別して，(1)カメラのようにレンズと網膜の距離を変えて調節するもの：軟体動物の頭足類と脊椎動物の無羊膜類（円口類，魚類，両生類）にみられる，(2)レンズの曲率を変えるもの：羊膜類（ヘビを除く）にみられる，の2型がある．それらの調節は，少数の例外を除き眼球内の調節筋の収縮による．魚類の場合，調節筋であるレンズ牽引筋が弛緩していると眼の焦点は近距離に合っているが，この筋が収縮するとレンズは後方へ移動し，遠距離の物体に焦点を合わせる．これを遠調節といい，遠距離視のあまり役に立たない水中生活にとって合理的である．これに対しレンズの曲率を変えて調節をする動物の大部分は陸上生活をし，その眼は調節なしの状態では無限遠に焦点が合っている．近距離に調節する場合は，調節筋である毛様体筋が収縮して小帯繊維を弛緩させ，レンズは自己の弾力により曲率（特にその前面の）を増す（⇒毛様体，⇒プルキニエ-サンソン像）．これを近調節または水晶体調節という．毛様体筋が弛緩している状態で，網膜上に結像する外界物点の位置が遠点(far point)である．遠点は，正視眼では眼の前方無限遠に，近視眼では眼前有限距離に実在するが，遠視眼では眼前に実在しない．焦点が眼の後方有限距離にある．逆に，毛様体筋を収縮させ，最大限の調節を行ったときに焦点が合う点が近点(near point)である．したがって，対象物が遠点と近点の中間にあれば，眼球の調節によって対象物の像を網膜上に結ぶことができる．毛様体筋は副交感神経（動眼神経）の支配下にある．この調節に伴って起こる瞳孔の近

距離反射（⇒瞳孔反射）により縮瞳が起こることは，眼の焦点深度を増し，視力の上昇に役立つ．また水中視と気中視を合わせて行う水生カメ類，水禽類，アザラシなどでは調節域が非常に広く，ウ（鵜）のそれは40 diopterを超えるという（⇒屈折異常）．カメや水禽類は瞳孔括約筋が発達しているうえにレンズが柔軟であり，水中視の場合，瞳孔括約筋の働きでレンズ前面をしぼり出すように突出させて屈折力を増加させる．

d **エングラー** ENGLER, Heinrich Gustav Adolf 1844～1930 ドイツの植物分類学者．A. W. Eichlerの植物分類体系を発展させ，いわゆるエングラー体系を確立し，広く世界の学者に用いられた．[主著] Das Pflanzenreich, 1900～1953．

e **エングラム** [engram] 神経回路に形成されると仮定される記憶の痕跡．物質的には神経細胞やシナプスに起こる化学変化のようなものと考えられるが，その実体の詳細はまだ不明である．1930年代にK. Lashleyは，迷路を記憶させたラットの大脳皮質を外科的に破壊し記憶障害を起こすことで，エングラムの部位を探そうとしたが見つからなかったため，エングラムは大脳皮質に広く分散していると結論づけた．しかし現在では，記憶の種類により，部位的にエングラムが形成されることもあり得ることが分かっている．

f **園芸学** [horticultural science, horticulture] 園芸作物を対象とした，育種・栽培・流通・加工などに関連する植物科学，および工学・経済学を包括する学問分野．広義には造園(gardening)も含む．園芸の概念は中世欧州に起原する．日本には明治時代に福羽逸人によって導入された．彼は，園芸は趣味家の対象としてではなく，人々の生活を豊かにする産業であり，その基礎として園芸学が重要であることを説いた．園芸作物には美意識を満足させるという共通点があり，形状・色・味・香・肉質などに関して多様な種類や形質の分化を示す．食用となる果実・野菜については，さまざまな種類が摂取されることにより，ビタミン・無機成分・可消化繊維など健康維持に必要な多様な既知成分および未知の有効成分の偏りの少ない供給源となっている．園芸作物は，植物学的特性のほか，栽培や利用上の特徴によって分類されるが，一般に果樹(fruit tree)は果実を生産する木本性植物，野菜(vegetables)は果実・葉・根などを生産する一年生および二年生植物で，花卉や観葉植物などの観賞植物(ornamental plants)は木本・草本の両者を含む．なお，イチゴは，日本の園芸学では一般に栽培的な特徴から野菜として扱われるが，永年性植物であるという特徴などから欧米では果樹として扱われる．

g **嚥下運動**（えんげうんどう） [deglutition, swallowing] 《同》嚥下．食物を口腔から食道を通って胃またはそれに相当する部分へ送りこむ運動．哺乳類の嚥下運動は，次の3相に分けられる．(1)第一相（口腔相）：食塊を咽頭へ押しこむ随意運動によって開始される反射運動で舌と口腔底の挙上が起こる．(2)第二相（咽頭相）：食塊の口峡部粘膜への刺激によって開始される咽頭の諸筋の不随意的（反射的）収縮で，口腔・鼻咽頭腔への通路の閉鎖により口腔・鼻腔への逆流が防がれ，咽頭から気管への通路の閉鎖により食塊の肺への誤入が防がれる．(3)第三相（食道相）：食道の蠕動により食塊を胃へ送りこむ運動．咽頭収縮筋による圧搾様蠕動波によって開始される．第二相以下の嚥下運動は舌根や咽頭後壁の感覚受容器か

ら三叉・舌咽・迷走神経を経て延髄にある嚥下中枢(swallowing center)に伝えられる．ついでこの中枢から橋延髄の神経核に順序よく興奮が伝えられ，舌咽・迷走神経を通って咽頭筋や食道筋が順序よく収縮する．

a **エンケファリン** [enkephalin]　⇒モルヒネ様ペプチド

b **エンゲリガルト** ENGELGARDT, Vladimir Aleksandrovich (Энгельгардт, Владимир Александрович) 1894～1984 ソ連の生化学者．解糖作用，呼吸過程におけるリン酸代謝を研究し，酸化的リン酸化反応をはじめて示した．また妻 M. N. Lyubimova とともに，精製した筋肉蛋白質ミオシンが ATP アーゼ作用をもつことを証明．

c **円口類** [cyclostomes ラ Cyclostomata] [1] 古くは*無顎類と同義とされたこともある．[2] 無顎類のうち，現生のヤツメウナギ目およびヌタウナギ目だけを指す．

d **遠視** [hyperopia, hypermetropia, long-sightedness, farsightedness, presbytia]　⇒屈折異常

e **沿軸中胚葉** [paraxial mesoderm] 《同》傍軸中胚葉．脊椎動物の胚の中胚葉は，背側正中にある神経管および脊索などの中軸器官をはさんで両体側に背方から腹方に向かって，上分節(epimere)，中分節(mesomere)，下分節(hypomere)に分かれるが，その上分節をいう．のちに脊椎骨などの中軸骨格，骨格筋，真皮などに分化する．上分節は頭部を除き頭尾方向に分節して*体節となり（⇒ソミトメア），脊椎動物の分節的な*ボディプランのもととなっている．中分節も特に前方部で分節構造をとるがこれは腎節(nephrotome)と呼ばれる．下分節は頭尾方向には分節せず，*側板となる．これらは上・中・下 3 分節が，鳥類など胚盤を形成するものでは発生初期に中軸器官をはさんで両側にほぼ一平面に配列するため，その位置関係から上分節を沿軸中胚葉または背部中胚葉(dorsal mesoderm)，中分節を*中間中胚葉，下分節を側部中胚葉(lateral mesoderm)という．また分節前あるいは分節しない各分節の板状の形態から，上分節を体節板(segmental plate)，中分節を腎節板(nephrotomic plate)または間板(middle plate)，下分節を側板という．

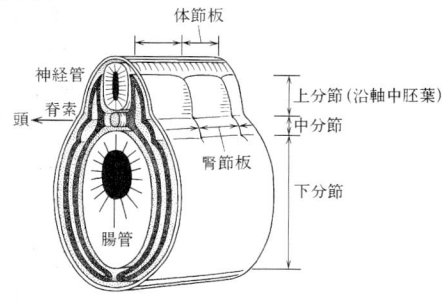

f **塩湿地植生** [salt marsh] 海の入江や河口の付近に発達する*沼沢植物の群落．草本植物(多くは多年生)からなる草原と，*マングローブその他の木本植物の侵入した低木林あるいは高木林とが区別される．前者は温帯に分布し，ヨシ・スゲ，アッケシソウ・マツナの類が見られ，後者は熱帯・亜熱帯に分布する．J. E. B. Warmingら(1925)の提唱による．

g **炎症** [inflammation] 損傷に対する生体組織の防御修復反応．炎症を惹起する損傷には，化学的・物理的・生物学的要因があげられる．炎症はその持続時間によって急性炎症と慢性炎症に区別される．病理学的に急性炎症は血管の浸出反応が特徴であり，浸出物の種類によって漿液性炎，繊維素性炎，化膿性炎，出血性炎，壊死性炎，壊疽性炎などに細分される．一方，慢性炎症は組織の増殖反応を伴うことが特徴であり，慢性増殖炎と肉芽腫性炎に分類される．急性炎症は，発赤・熱感・腫脹・疼痛を特徴とし，「炎症の 4 兆候」という．炎症反応は血管系の発達した臓器組織に特徴的に出現し，血管内または血管外の炎症部位に炎症を惹起する各種メディエーターおよび細胞(血液系の血小板・好中球・好塩基球・マスト細胞・好酸球・マクロファージ・リンパ球，組織間系細胞の内皮細胞・繊維芽細胞)によって誘導され，進展していく．炎症を惹起するメディエーターとして以下のものがあげられる．(1) 血管作動性アミン：マスト細胞や好塩基球に由来するヒスタミンやセロトニンなどで，炎症惹起開始 5 分程度をピークとする即時性血管透過亢進に主に関与する．(2) *アラキドン酸代謝物：急性炎症に認められる細動脈の一過性収縮(数秒～数分間)は，ロイコトリエン C および D(LTC, LTD)が関与する．続いてプロスタグランジン E_2(PGE$_2$)や一酸化窒素の作用によって毛細血管の拡張がみられ，血流量が増加する結果，充血や熱感をきたす．(3) *サイトカイン・*ケモカイン・*細胞接着分子：炎症細胞が産生する炎症性サイトカイン(IL-1, TNF)は血管内皮の血管内腔側に接着分子であるE-*セレクチンの発現を誘導する．セレクチンに対するリガンドを発現する白血球は，E-セレクチンと低親和性に次々と結合する結果，血管内皮にそって血管内をローリングする(ローリング)．さらに，IL-1 と TNF は血管内皮細胞上のインテグリンリガンド発現を誘導する．また，ケモカイン(IL-8)は白血球に作用してインテグリンの構造変化を起こす(インテグリンの活性化)．その結果，白血球は血管内皮細胞上の接着分子 ICAM-1 と強固に接着する(強固な接着)．内皮細胞と接着した白血球は内皮細胞間をすり抜け，炎症局所に白血球は遊走し，集積する(遊走)．これらの過程を経て炎症部位に到達した白血球は，外来異物などの起炎物質を貪食・殺滅する．

h **焔色植物門** (えんしょくしょくぶつもん) [Pyrrhophyta] 《同》黄褐色植物門．A. Pascher (1914) が設立した藻類の一分類群．現在では*渦鞭毛植物と*クリプト植物に二分されている．

i **猿人** 人類進化を 4 段階に分けた時の，最古のグループのこと(他は原人，旧人，新人)．アルディピテクス属(570 万～440 万年前)，アウストラロピテクス属(370 万～200 万年前)，パラントロプス属(270 万～140 万年前)などを含み，各属内に少なくとも 1～3 種が認識されている．身体サイズは 100～150 cm と小型で，長い腕に短い脚，小さな脳など原始的な特徴を示す一方，初期の段階から二足直立歩行していたことが知られている．猿人はアフリカ大陸内で進化して，ユーラシアへ広がった証拠はない．アウストラロピテクス属のあるグループから，240 万年前頃にホモ属の人類が進化したと考えられている．

j **遠心顕微鏡** [centrifuge microscope] 遠心加速度場における生物試料の動態を連続的に観察するための顕微鏡．検鏡下に試料を遠心し，比重の差を利用して試料

またはその一部分に任意の力を加える．そのため試料の挙動や変形，重力応答，試料の部分の力学的性質や状態の変化などが量的にとらえられる．ゾウリムシの細胞質の粘度，ウニ卵の表層の硬さなどの測定あるいは植物でのアシロプラストによる重力感知のしくみの解明に利用されている．

a **遠心性神経** [efferent nerve, centrifugal nerve] 神経中枢に生じた興奮を神経インパルスの形で*終末器官まで伝える神経．*求心性神経と対置される．遠心性・求心性は単一神経幹中でも神経繊維ごとに異なるので，遠心性神経繊維 (efferent fiber) または遠心性ニューロン (efferent neuron) の呼称が適切である．1個または2個以上の遠心性ニューロンが直列に連なって，それぞれの遠心性経路 (efferent pathway) をつくる．脊椎動物の体性神経系では遠心性神経繊維はもっぱら運動神経繊維として筋肉に分布するので，しばしば運動神経を遠心性神経の別名として用いる．一方，自律神経はその機能上ほとんどすべてが遠心性で，これには本来の運動神経（例：血管運動神経）のほか，分泌神経，いわゆる栄養神経，体内感神経など，多様な機能のものが包含される．

b **延髄** [medulla oblongata] 脊椎動物の*菱脳の後半部すなわち脳の最下部に位置し，脊髄に続く部分．多くの脊椎動物では，脳の他の部分に比べ細く小さいが，コイ目などの真骨魚類では，顔面葉，迷走葉などの領域がよく発達する．延髄の内部には，呼吸中枢や血流量調節など生命維持に直結する神経中枢，嚥下やせきなど各種反射中枢が存在する．脊髄よりも膨れて太くなっており，腹側面にはオリーブ (oliva)，哺乳類では錐体交叉 (decussatio pyramidum) があり，背側には小脳への連絡路である下小脳脚 (pedunculus cerebellaris inferior，動物により，索状体 corpus restiforme，髄小脳脚 crus medullocerebellare ともいう) がある．その内側方は脈絡叢が存在して，脳脊髄液を脳室に分泌する．脳室は橋とともに第四脳室と呼ぶ菱形の部分を形成する．延髄の内部には舌咽神経・迷走神経・副神経・舌下神経 (後二者は爬虫類以上) など種々の神経の起始核や終止核があるほか，オリーブ核 (nucleus olivae)・後索核などの*灰白質や，錐体路・下小脳脚・孤束・内側縦束・内側毛帯などの*白質がある．（⇒菱脳）

c **円錐花序** [panicle] 花序の主軸からの側枝が下位の枝にそとも，広げて花をつけることで，全体の外観が円錐形となる複合花序（例：ヌルデやムクロジ，⇒花序）．主軸や側軸が有限花序の場合と無限花序の場合がある．厳密な定義による区分には至っていない．おおまかには*総状花序の側花が下位ほど大きな花序に置き換わった形式をとり，終点となる花序には穂状 (キビやササ)・散形 (ヤツデやウド)・総状 (ソバナ)・頭状 (ヨブスマソウやセイタカアワダチソウ) などがある．

d **塩生植物** [halophyte, halophilous plant] 塩分に富む地に生える植物の総称．特に海浜，海岸砂丘，内陸の塩地などに生える陸上維管束植物を指すことが多い．土地の水分により湿塩生植物と乾塩生植物とが区別される．前者の例にはマングローブ・アッケシソウ・ハママツナがあり，後者の例にはアカザ科の *Atriplex littoralis*, *Kochia prostrata*, ハマサジに近い *Statice gmelinii* がある．塩生植物は細胞液中に高濃度の塩分を含み，しばしば体表面に塩分の白斑を見るほどで，水ポテンシャルの低い土壌溶液からも吸水できる．この性質は特に乾地のものに著しい．一般に多肉性のものが多く，葉は無毛で，気孔のへこみが少なく，いわゆる乾生形態は必ずしも見られない．単位葉面積当たりの蒸散も少ないとは限らない．

e **塩生草原** [salt steppe] 大陸性気候で夏季に乾燥する地方にあり*塩生植物からなる草原．マツナやハマアカザなどの類が生える．ハンガリー，ウクライナ，北東アジア，北アメリカ，アルゼンチンなどに見られる．乾燥が特にひどく塩類の集積が著しいところは塩生荒原 (salt-desert) になる．

f **塩析** [salting-out] 塩類を加えて溶液中に溶けている物質を析出させる操作．高濃度の塩の存在によって高分子電解質の溶解度が減少するために起こる現象を利用する．蛋白質の分画・精製のための古典的手法で，現在も精製の一過程としてしばしば利用される．蛋白質の溶解度 S と塩のイオン強度 μ との間には次の関係が成立する．

$$\log S = \beta - \mu K_S$$

β は蛋白質の種類に固有の定数，K_S は塩の種類によって異なる塩析定数．塩析剤は硫酸アンモニウムが最も代表的で，それを用いた蛋白質の分画を硫安分画 (ammonium sulfate fractionation) と呼ぶ．

g **円石藻** [coccolithophorids, coccolithophores] 細胞表面に円石をもつ*ハプト植物の一群 (イソクリシス目およびコッコリサス目の大部分)．円石 (コッコリス coccolith) は炭酸カルシウムで構成された鱗片であり，細胞外で形成され微小な結晶の集合体からなるホロコッコリス (holococcolith) と細胞内で形成され大きく複雑に成長した結晶からなるヘテロコッコリス (heterococcolith) がある．世代交代が知られているものでは，前者をつけるものが単相世代 (円石を欠くこともある)，後者をつけるものが複相世代．円石の形態は極めて多様．円石の集合からなる球体をコッコスフェア (coccosphere) と呼ぶ．プランクトンとして海に広く生育し，ときに大規模な赤潮 (その色調からときに白潮) を形成する．また海の表層でつくられた円石が海底に蓄積 (コッコリス軟泥) することで地球上の炭素循環に大きく影響する (⇒生物ポンプ)．円石は中生代以降の微化石 (ときに石灰質ナノプランクトンと呼ばれる) として大量に存在し (英仏海峡の白い崖など)，*示準化石や*示相化石とされる．

h **塩素** [chlorine] Cl．原子量 35.45．塩化物 (chloride) の形で広く自然界に存在するハロゲン元素．Cl_2 は有毒．有機化合物としてはほとんど生体には見出されていないが，クロラムフェニコールなどはその珍しい例である．動物の体液中には多量の塩化物が含まれており，ヒトの血液中には塩素量として 355～390 mg/100 mL が含有されている．塩素イオン Cl^- は体液のほかにも，胃液・胆液・膵液・筋肉・肺・腎臓・心臓・脾臓・膵臓・精巣および脳などにひろく分布している．哺乳類の幼体は成体よりも塩化物の量が多い．同様のことは魚類の卵でも特に著しく，発生の初期に卵内の陽イオン量はほとんど変化しないが，Cl^- はしだいに失われ，HCO_3^-, PO_4^{3-} および蛋白質などがこれに代わって増してくる．海産魚類の鰓上皮には，*塩類細胞という特殊な細胞があって，HCO_3^- と交換に体内の過剰な Cl^- を排出し，浸透圧調節を行うことが知られている．同様の交換は赤血球膜にあるバンド3蛋白質を介しても行われており，酸素運搬機構の一部となっている．塩素はすべての植物に存在

するが，緑色植物にのみ必須の微量元素で，光合成における酸素発生に関係している．高濃度の塩素は海岸や塩湖の*塩生植物の形態形成に影響を与え，これらの植物の多肉構造は高塩素含量に帰すことができる．塩生植物はNaClを気中に生育している部分に運ばないか，あるいは葉から塩を分泌することによって，その塩素含量を調節する．(⇌イオン調節)

a **塩素量** [chlorinity] 海水1kg中に含まれる塩素，臭素，ヨウ素の全量を，それと当量の塩素の量として，グラム数で表した値．記号 Cl, 千分比 (パーミル，‰) で表す．通常の海水は Cl19.00‰前後である．塩素量の測定は海洋学では最も基礎的な操作の一つであるため，国際的に Mohr の銀滴定法による標準海水を使用した検定法が定められている．生物の環境としての海水濃度を示すのに，塩素量を用いることもあるが，通常の海水の含有塩類組成はほぼ一定していてその総量と塩素量との間には一定の比例関係があるので，塩素量から算定した*塩分で表されていた．海水の電気伝導度(導電率)を測定して塩分を算定する方法が普及してから，この電気的に測定された値を塩分とすることに国際的な規定が変更され，塩分は無単位の値として扱われになった．

b **塩耐性** [salt tolerance] 《同》耐塩性．高濃度の塩環境に耐えて生存できる性質．*塩生植物と非塩生植物とでは塩耐性に違いがあり，塩生植物の生育にとって最適な NaCl 濃度は数 mM から数百 mM であるが，非塩生植物ではこれより低い．塩生植物の生育に高い塩濃度は不可欠ではなく，非塩生植物と同様の低塩環境下でも十分に生育しうる．塩耐性の主な機構は外からイオンを吸収し外液より低い*水ポテンシャルを形成し，高い*膨圧を維持することにある．しかし高濃度のイオンが細胞質に存在すると種々の障害が起こる．それを避けるため大部分のイオンは液胞に蓄積される．一方，液胞と浸透平衡を保つため，植物はベタイン，プロリン，ショ糖などの適合溶質を合成し細胞質中に蓄える．高塩環境に対する適応として，ある種の植物における，*塩類腺によるイオン排出機構などが挙げられる．

c **エンダース** ENDERS, John Franklin 1897〜1985 アメリカの微生物学者．ポリオウイルスを初めて培養細胞で増殖させ，細胞病原性(cytopathic effect)を見出し，近代ウイルス学発展の緒を作るとともに，有効なポリオウイルスワクチン開発の契機ともなった．麻疹ウイルスの分離にも成功．1954年 T. H. Weller, F. C. Robbins とともにポリオウイルスの試験管内培養などの業績でノーベル生理学・医学賞受賞．

d **円柱細胞誘導** [palisade induction] 《同》柵状誘導．脊椎動物，特に両生類の胚を用いた誘導実験において，外胚葉が実験的誘導者に対して弱い反応を示すときにしばしば見られる，神経組織は生じないが円柱上皮様の形態をとるような型の誘導．

e **延長された表現型** [extended phenotype] 遺伝子の発現効果が，その遺伝子をもつ生物個体を超えて同種や生態系へも影響を及ぼすとき，それらをもとの遺伝子の表現型としてとらえたもの．R. Dawkins (1978) が*利己的遺伝子の考えを徹底させたものとして唱え，さらに1982年の同題の著作によって広めた．*寄主-寄生者相互作用にみられる，寄生者遺伝子による寄主の*操作がその典型例．

f **沿腸中胚葉** [gastral mesoderm] 主として脊索動物の初期発生で(神経胚期ごろ)原腸の背方に現れてくる中胚葉．最も典型的な形式はナメクジウオやヤツメウナギの胚で前方の体節が形成される様式に見られる．沿腸中胚葉を後方にたどると周口中胚葉へ連続する．(⇌中胚葉マント)

g **エンテレヒー** [entelechy] *調和等能系に属する胚域の発生運命の決定に必要と考えられた，目的をあらかじめ自らの中に含んでいる働きとしての自律的因子．Aristotelēs が用いたギリシア語の enteleicheia の語を，H. Driesch が実験発生学的研究から到達した新*生気論の中心概念に転用した．エンテレヒーは空間中に存在するものではなく，空間に向かって働きかけるものとされる．自然科学の概念としては実証可能な境界から逸脱している一方，形而上学的概念としても内容空虚であるとの批判が多い．

h **エンテロガストロン** [enterogastrone] 腸の上部粘膜から分泌され，胃液分泌を阻害する消化管ホルモン．エンテロガストロンという特定の物質は存在せず，胃抑制ペプチド(gastric inhibitory polypeptide, GIP)や*セクレチンが相当すると考えられていたが GIP の生理作用は別と分かり，現在では，*ペプチド YY(PYY)とセクレチンが相当すると考えられる．ガストリンの促進作用と相反的に働いて，胃液分泌を調節する．

i **エンテロキナーゼ** [enterokinase] 《同》エンテロペプチダーゼ(enteropeptidase)．脊椎動物の十二指腸の粘膜中に存在し，トリプシノゲンの6番目のリジンと7番目のイソロイシン間を加水分解して，トリプシンとするエンドペプチダーゼ．EC3.4.21.9. セリンプロテアーゼの典型．分子量13万4000と6万2000の二本鎖からなる膜結合型の糖結合型糖蛋白質．この反応はトリプシンの自己触媒による活性化よりも数十倍速い．

j **エンテログラフ法** [enterography] 《同》腸運動記録法．消化管の運動，特に胃や腸の運動を記録する技法．その装置をエンテログラフ(enterograph)，エンテログラフ法で記録された曲線をエンテログラム(enterogram)という．生体中にあるままで記録するものと，切り出したものの運動を記録するものとに大別される．BiやBaの化合物などX線を透過しない物質を飲み込ませて，X線照射を行う方法は W. B. Cannon が考案した．

k **エンテロバクター** [*Enterobacter*] エンテロバクター属(*Enterobacter*)細菌の総称．*プロテオバクテリア門ガンマプロテオバクテリア綱*腸内細菌科に属する．基準種は *Enterobacter cloacae*. グラム陰性，通性嫌気性，発酵性，非芽胞形成，周鞭毛による運動性桿菌 ($0.6〜1.0×1.2〜3.0\mu m$)で，*フォゲス-プロスカウエル反応陽性，*メチルレッド反応陰性，*クエン酸資化性で特徴づけられる．ラクトースを発酵して酸とガスを産生するため，衛生学的指標細菌である*大腸菌群に含まれる．恒温動物の消化管を主な生息環境とする種が多く，糞便や臨床材料から分離されることが多いが，淡水や土壌からも広く検出される．植物の成長の促進作用をもつ種(*E. arachidis*)や根圏から分離される窒素固定菌(*E. oryzae*)も存在．

l **遠点** [far point] ⇒遠近調節

m **エンド型キシログルカン転移酵素/加水分解酵素** [xyloglucan endotransglucosylase/hydrolase] XTH と略記．植物細胞壁中のキシログルカン架橋の構

築・再編・切断を触媒する細胞壁再編酵素．アズキのアポプラスト液より最初に単離された．GH16 グルコシル加水分解酵素ファミリーに属す．有胚植物では 30 前後のメンバーからなる蛋白質ファミリーを形成するため，陸上植物の細胞壁進化の過程で多様化したと考えられる．キシログルカン分子の主鎖を切断し，還元末端を他のキシログルカン分子の非還元末端に結合する活性（XET 活性）のみをもつものと，キシログルカン分子主鎖をエンド型の様式で加水分解する活性（XEH 活性）のみをもつもの，双方の活性をもつものの 3 種が知られ，エンド型キシログルカン転移酵素/加水分解酵素と命名された．XET 活性と XEH 活性を組み合わせることにより，セルロース微繊維/キシログルカン網状構造（⇌細胞壁）の構築・再編・分解などのほぼ全ての過程を触媒できるため，細胞壁の構築・伸展・分解などの過程において主導的な役割を担う基幹酵素とされる．各メンバーは組織や発生段階に応じて特異性の高い発現パターンを示し，それぞれの分担が明確である一方，同一細胞内で類似の酵素機能をもつメンバーが複数種発現することも多く，複数のメンバーが協調的に働いて特定の役割を担うとも考えられる．

a **エンドゲノート** ［endogenote］ 部分二倍体（⇌部分的接合体）の細菌において，重複する染色体部分のうち*受容菌に由来する方．また供与菌に由来する方をエキソゲノート（exogenote）と呼ぶ．

b **エンドサイトーシス** ［endocytosis］ *サイトーシスの一方式で，外界からの物質を細胞膜の小胞化と融合により内部に取り込む方式．*エキソサイトーシスの対語．従来，光学顕微鏡的観察に基づいて固形物の取込みに対しては*食作用，液体の取込みに対しては*飲作用という別々の呼び方がなされていたが，両者は形態的・生理的にも共通の機構をもつ現象であることが明らかにされるに及んで，A. B. Novikoff（1961），C. R. M. J. de Duve（1963）が両者を包括する用語としてこの語を導入した．*受容体介与エンドサイトーシスでは，まず外部物質（リガンド）が細胞膜の*クラスリン被覆ピットの受容体に吸着し，それが細胞内部に陥入して*被覆小胞を形成する（図）．被覆小胞からクラスリンが取り除かれた*エンドソームは，*リソソームや細胞膜と融合するが，*リガンドや受容体の種類により次のように分類される．(1) リガンドはリソソームへ，受容体は細胞膜へ（低密度リポ蛋白質，アシアロ糖蛋白質など）：エンドソームの酸性環境下でリガンドは受容体から解離する．リガンドはリソソームへと運ばれ加水分解酵素の働きを受ける．受容体は細胞膜へと戻され再利用される．リサイクリングの時間は十数分である．(2) リガンドも受容体も細胞膜へ（トランスフェリンなど）：トランスフェリンの場合は酸性環境下で Fe^{3+} を放出し，アポトランスフェリンが細胞膜に戻る．極性細胞では，リガンドは細胞膜のある側面（例えば側底 basolateral 側）で取り込まれ，別の側面（例えば頂端 apical 側）に輸送されることがある．これを*トランスサイトーシスという．(3) リガンドも受容体もリソソームへ（表皮成長因子やインスリンなど）．以上のようにエンドサイトーシスは細胞に必要な物質の取込みを行う．しかし同時にインフルエンザウイルスやジフテリア毒素などの異物も取り込まれ，エンドソームの酸性条件下で細胞質に侵入させる働きももつ．

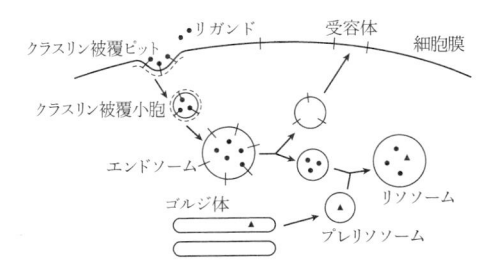

c **エンドセリン** ［endothelin］ ET と略記．血管内皮細胞由来の 21 アミノ酸残基からなる血管収縮ペプチド．分子内に 2 個の S–S 結合をもつ．多くの哺乳類において 3 種類のイソペプチド（ET-1, ET-2, ET-3）が存在し，ET 変換酵素でそれぞれの ET 前駆体がプロセッシングされることにより産生される．ET-1 は血管内皮・血管平滑筋・心筋・神経で，ET-2, 3 は腸管・腎臓・神経で産生される．いずれも分泌顆粒に貯蔵されず，ペプチドの合成後すぐに分泌される．ET は一過性の血管拡張とそれに引き続く持続的な血管収縮を引き起こす．ET 受容体には 2 種類のサブタイプが知られており，いずれも 7 回膜貫通の G 蛋白質共役型で，そのうち ET_A は ET-1, 2 に対して高親和性で，血管平滑筋にあり血管収縮作用に関与し，ET_B は ET 非選択性で，血管内皮細胞にあり血管拡張作用に関与する．

d **エンドソーム** ［endosome］ *エンドサイトーシスで*被覆小胞から*クラスリンが取り除かれ，融合および成熟することにより形成される細胞小器官．エンドサイトーシスによって取り込まれた物質の最初に到達するエンドソームを初期エンドソーム，後期に到達するものを後期エンドソームと呼ぶ．受容体など，細胞膜へとリサイクリングされる物質が通過するエンドソームを再循環エンドソームと呼ぶ．被覆小胞やエンドソームの膜には液胞型 ATP アーゼが存在し，内部を酸性化しているが，その pH は初期エンドソームで約 6，後期エンドソームで約 5 である．この酸性化のために，エンドソーム内で*リガンドを受容体から解離させ，*トランスフェリンのようなリガンドでは Fe^{3+} を解離させる．エンドサイトーシスで取り込まれたジフテリア毒素の A 断片はエンドソームから細胞質に移行し，インフルエンザウイルスなどではエンドソーム膜と融合してそのゲノムを細胞質に侵入させる．アンモニアやクロロキンのような弱塩基性物質は，エンドソーム内に入って中性化の方向に働き，エンドサイトーシスの後期応答を阻害する．これらの物質を酸性指向試薬（向酸性試薬 acidotropic reagent）と呼ぶ．（⇌エンドサイトーシス）

e **エンドトキシン** ［endotoxin］《同》内毒素．細菌の菌体成分中にある毒性物質の総称．エンドトキシンは菌が死ぬことによって遊離してくる．成分はリポ多糖（lipopolysaccharide, LPS）で，耐熱性である．現在では，大腸菌・赤痢菌・サルモネラ菌などのグラム陰性菌の LPS の同義語として用いられることがある．LPS は，菌体外膜の外側から，O 側鎖（O 抗原），コアオリゴ糖，複数の脂肪酸が外膜に入り込んだ構造をもつ*リピド A からなる．LPS は，細胞膜表面に発現する*Toll 様受容体 TLR-4 を介して生理作用を発現することが知られている．O 側鎖は，3〜5 種類の糖からなる基本構造が繰り返された構造をもち菌種に特有の抗原性を担ってい

る．一方，コアオリゴ糖は複数の異なる糖から構成されており，構成成分や基本構造の違いは比較的少ない．リピドAは，リン酸化されたグルコサミン2分子に複数の脂肪酸が結合した共通の構造をもちLPSが内毒素活性を発現するために最も重要な働きをしていると考えられている．LPSは，*マクロファージ，*樹状細胞，Bリンパ球などの免疫細胞を活性化することが知られているが，これらの中でも特にマクロファージが活性化された場合にはTNFやIL1に代表される炎症性*サイトカインがマクロファージから多量に産生され激しい炎症反応を惹起することが知られている．そのためLPSがヒトや動物の体内に入り込むと発熱が起こり，ある種のグラム陰性菌が多量に感染した場合には，発熱に加えて急速な血圧降下，末梢循環不全を伴うショック症状（エンドトキシンショック）を引き起こすことがある．

a **エントナー-ドゥドロフの経路** [Entner-Doudoroff pathway] 細菌に見られる*解糖の代謝経路．N. EntnerとM. Doudoroff (1952) が *Pseudomonas saccharophila* について見出した．2-ケト-3-デオキシグルコン酸-6-リン酸が中間生成して，*ピルビン酸とグリセルアルデヒド-3-リン酸に開裂するのが特徴で，後者もエムデン-マイエルホフ経路を通って，結局2分子のピルビン酸が生じる（図）．それまでの経路で生じた2分子のNADHを酸化するため，ピルビン酸はさらに乳酸かエタノール＋CO_2まで還元され，生成物は通常の解糖や*アルコール発酵と変わらないが，同位体で特定の位置をラベルしたグルコースからの生成物のラベル位置で見分けられる．解糖と比べて，ATP生成は少なくグルコース1分子当たり1分子である．嫌気的発酵を行わない *Pseudomonas*, *Rhizobium* などの各属の好気性細菌のほか，嫌気性のアルコール発酵細菌 *Zymomonas* にも見出される．

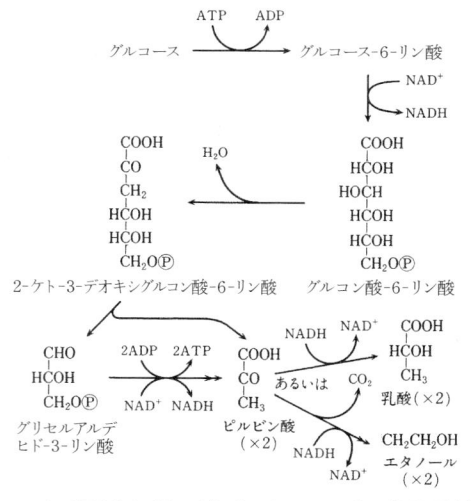

b **エンドヌクレアーゼ** [endonuclease] 高分子核酸の糖リン酸鎖（主鎖）の内部のリン酸ジエステル結合を加水分解して主鎖の切断を起こす酵素．主鎖の末端から順に切断を行う*エキソヌクレアーゼと対置する．DNアーゼI，制限エンドヌクレアーゼのようにDNAだけを切断する酵素，RNアーゼT_1のようにRNAだけを切断する酵素，S1ヌクレアーゼ（S1 nuclease）のようにDNA, RNAのいずれをも切断する酵素がある．また，制限エンドヌクレアーゼのように二本鎖高分子核酸に特異的に働く酵素，S1ヌクレアーゼのように一本鎖高分子核酸に特異的に働く酵素のほか，いずれにも働く酵素もある．あるいは，DNアーゼIのように塩基配列に対して特異性がないかまたは極めて低い酵素から，制限エンドヌクレアーゼのように一定の塩基配列を示す特定の部位だけで主鎖切断を行う酵素，さらにRNアーゼPのようにtRNA前駆体から5′末端となるべき部位を識別して切断する酵素（部位特異的エンドヌクレアーゼ）までいろいろある．このほか，塩基が脱離したDNAに働くAPエンドヌクレアーゼ（AP endonuclease），ピリミジン二量体をもつなど種々の損傷DNAに特異的に働くuvrABCエクシヌクレアーゼ，組換え中間体であるホリデイ中間体（⇒ホリデイモデル）を二つに分離するT4ファージのエンドヌクレアーゼⅦ，大腸菌のRuvABC蛋白質などもある．また，RNアーゼPのRNA成分は触媒機能をもち，定まった構造のRNAに特異的に作用するエンドヌクレアーゼとして働く．（⇒リボザイム）

c **エンドペプチダーゼ** [endopeptidase] ポリペプチド鎖内部のペプチド結合を加水分解し，オリゴペプチドを生産するプロテアーゼ．*エキソペプチダーゼと対する．基質特異性をもつものが多い．高分子の基質ばかりでなく，アミノ基を保護した特定のアミノ酸のエステルあるいはアミドを加水分解する能力をもつことが多い．全生物界に多種類存在する．*ペプシン，*パパイン，スブチリシン（subtilicin），またオキシトシン，バソプレシン，サブスタンスPなどのプロリンペプチドに作用するプロリルエンドペプチダーゼ（prolyl endopeptidase），ポストプロリン分解酵素 post-proline cleaving enzyme）などがこれに属する．

d **エンドミクシス** [endomixis] 《同》内混，単独混合．繊毛虫類の一部に見られる*オートガミーの一型で，2個体の間に行われるべき接合が1個体の中で行われて*大核の改造がなされる現象．例えばゾウリムシの一種 *Paramecium caudatum* では1個体の大核が崩壊・消失し，*小核は2回の分裂により4個となり，そのうち3個は消失して残りの1個（減数分裂を終わったものと解される）が接合完了体における*合核と同様の行動をとる．すなわち3回分裂して8個となり，これが4大核と4小核となり，2回の体分裂により4個体を生ずる．小核（生殖核）の融合による遺伝子の交換・混合は起こりえないが，個体の表現型には大核が関係するので意義のある現象と考えられている．

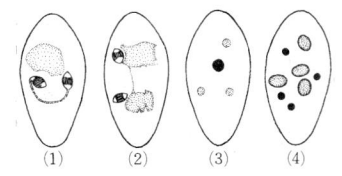

ゾウリムシのエンドミクシス
(1)と(2) 大核の崩壊，小核の分裂 (3) 4小核のうち3個が消失 (4) 8小核から4大核，4小核の分化

e **エントリッヒャー** ENDLICHER, Stephan Ladislaus 1804～1849 オーストリアの植物分類学者．分類

a **エンドルフィン** [endorphin] ⇌モルヒネ様ペプチド

b **エントロピー** [entropy] ある物理的な閉鎖系で，とりうる微視的状態(乱雑さ)の数を W とするとき，$k \ln W$ をその状態のエントロピーという(k はボルツマン定数)．W が大きければ，微視的にみて系の乱雑さの度合が大きい．逆に $k \ln(1/W) = -k \ln W$，すなわち負のエントロピーをもって，微視的状態の秩序の度合を表す．エントロピーの古典的概念は非平衡状態に対しては意味をもたないが，拡張された理論も展開されていて，本来非平衡状態にある生物についてエントロピーを考える場合には，このような場合がむしろ重要となる．生物は秩序の維持や見かけ上の秩序の増大を重要な特色とするから(⇌開放系)，E. Schrödinger (1949) は寓意的に，「生物は負のエントロピーを食べて生きている」と述べた．(⇌熱力学第二法則)

c **エンハンサー** [enhancer] 隣接する遺伝子の転写を促進する DNA 上の*調節領域(シス作用エレメント)で，それ自身の方向性，*プロモーターからの距離や位置(上流にあるか，下流にあるか)によってあまり大きな影響を受けないものをいう(⇌上流転写活性化配列)．主に真核生物に見出され，遺伝子発現の時期や組織特異性を決めたり，刺激による誘導などに関与する．特異的な塩基配列を認識して DNA に結合する転写活性化因子(transcriptional activator)の結合部位がクラスターをなして存在する場合が多く，各結合部位単独ではエンハンサーの機能を果たせない．エンハンサーと同様に方向性や位置にあまり影響されずに近傍遺伝子の転写を抑制する調節領域をサイレンサー(silencer)と呼ぶ．

d **エンハンサートラップ法** [enhancer trap method] *レポーター遺伝子を用いて個体に挿入変異を起こし，近傍の*エンハンサーを検索する方法．W. Gehring ら(1987)が，P トランスポザーゼ遺伝子のプロモーターに大腸菌の β-ガラクトシダーゼ遺伝子 lacZ を連結して，ショウジョウバエに導入した結果，組織特異的に発現することを発見したことに始まる．弱いプロモーターの制御下に大腸菌の lacZ をレポーター遺伝子としてトランスポゾン*ベクターに連結し，個体に導入して挿入変異を起こさせる．挿入点の近傍のエンハンサーがレポーター遺伝子に作用すると，β-ガラクトシダーゼが発現する．この酵素の作用で基質 X-gal は青色に沈着するので，エンハンサーの作用による発現パターンを染色パターンとして観察してエンハンサーを検索できる．形態形成の変異体から，その原因遺伝子をクローニングする方法に比べ，トランスポゾンベクターや薬剤耐性遺伝子をマーカーにしてエンハンサーの支配下にある遺伝子のクローニングが容易になる利点がある．また，エンハンサーとプロモーターをもたない lacZ を染色体に挿入し，染色体内のプロモーターからの転写・翻訳の読み通し(read through)で β-ガラクトシダーゼと融合蛋白質との活性で遺伝子を検索する方法もある．これを遺伝子トラップ法(gene trap method)という．現在では線虫やマウスなどの哺乳類，植物の遺伝子に広く適用される．

e **塩分** [salinity] 〚同〛塩度．水溶液，特に海水中に含まれる塩類の全量を重量比で表した値．記号 S，千分比(パーミル，‰)で表す．生物の環境としての海水は，一種の稀薄な電解質溶液で，その主なものは少量の弱酸の塩類を除けば，強酸・強塩基の塩類であり，海水中ではほとんど完全にイオンに解離している．これらイオンの総量は，海水 1 kg 中に約 35 g である．平均海水の主な構成イオン濃度は Na^+ 480 mM，K^+ 10 mM，Ca^{2+} 10 mM，Mg^{2+} 55 mM，Cl^- 560 mM，SO_4^{2-} 30 mM．

f **塩分泌** [salt excretion] *塩類腺の働きによる*シュート(主として葉の表面)への塩類輸送．この分泌は*能動輸送によって行われ，代謝阻害剤によって阻害される．他の能動輸送過程と同様に塩類腺による分泌には選択性がある．多くの塩類腺は主として塩湿地や塩砂漠など，土壌の塩濃度が過剰な環境に生育する植物で観察され，体内のイオン濃度を保つために高濃度で取り込んだ塩類(主に NaCl)を排出する．

g **塩分要因** [salt factor] 生物の環境としての主に水に含まれる塩分．塩分の主なものは NaCl，$MgCl_2$，$MgSO_4$，$CaSO_4$，K_2SO_4，$CaCO_3$，$MgBr_2$ など．その濃度(塩分 salinity)の大小によって海水，淡海水(汽水)，淡水に区別され，そのおのおのを媒質として海産生物，淡海水生物，淡水生物が生活する．淡水は約 0.5‰，海水は約 35‰の塩分を含む．日本沿岸では 30‰以下であるが，蒸発の盛んな地中海東部や紅海ではそれぞれ 37 および 40‰を示す．海水の浸透ポテンシャルは −23 atm 前後で，一般に淡水生物は海水中に，海産のものは淡水中に生活できない．海水をかぶる海浜では土壌中の NaCl が多く，塩生植物やマングローブが生える．生物は塩分要因に関して広塩度性と狭塩度性とに分けられる．一般に海産無脊椎動物は海水に比し等張の体液を，海産魚類は低張の体液をもつ．(⇌浸透調節)

h **エンベロープ**(ウイルスの) [envelope] 〚同〛ウイルス膜(viral membrane)．ある群のウイルスに見られ，ヌクレオキャプシド(⇌キャプシド)をとり巻く*脂質二重層を基本とする膜構造．細胞から出芽によって成熟するウイルスに見られる．通常，ウイルス遺伝子によりコードされた糖蛋白質と宿主由来の脂質とからなる．ウイルス糖蛋白質は電子顕微鏡で小突起構造として観察されるのでスパイク(spike)と呼ばれる．また，形態学的単位を形成するように見えるのでペプロマー(peplomer)と呼ばれることもある．脂質は一般に出芽の行われる宿主細胞膜の脂質構成を反映する．(⇌ウイルス粒子)

i **縁弁器官** [marginal lobe organ, velar organ] 鉢クラゲ類の縁弁間の凹みにある感覚器官．*眼点，*嗅窩，*平衡胞などをあわせもつほか，この部分からインパルスが出され，内傘面を走る*神経集網を経て内傘面の筋肉に達し，クラゲの傘の律動的な収縮を支配する．

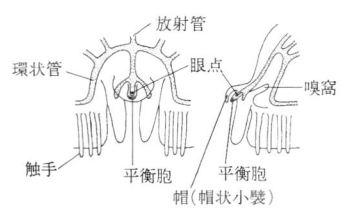

ミズクラゲ Aurelia aurita の縁弁器官
(左は反口図，右は側面図)

a **円偏光二色性** [circular dichroism] CD と略記. 《同》円二色性. ある化合物のもつ吸収帯において, 右円偏光・左円偏光のモル吸光係数をそれぞれ ε_r, ε_l とするとき, $\varepsilon_r \neq \varepsilon_l$ であれば, この化合物は円偏光二色性を示すという. 円偏光の大きさと符号は, $\Delta\varepsilon = (\varepsilon_l - \varepsilon_r)$ で定義される $\Delta\varepsilon$, または $[\theta] = 3300\Delta\varepsilon$ で定義されるモル楕円率 $[\theta]$ を用いて表される. 円偏光二色性を示す化合物は, 分子内に不斉炭素を含むか, もしくは分子の全体または一部が右巻きまたは左巻きのらせん構造をとっている. したがって, 逆に円偏光の大きさから, 蛋白質中の *αヘリックス, βシート, *ランダムコイルの各構造の存在や含有率を求めることができる. 中でも α ヘリックスが最も円偏光二色性への寄与が大きく, 220, 206, 190 nm に特有の円偏光二色性吸収帯をもち, その符号は右巻きヘリックスでは負, 負, 正になり, 左巻きヘリックスでは正, 正, 負になる. 特に 220 nm の吸収帯は, 右巻きヘリックスにつき $[\theta] = -40000$ という値が得られているから, ある蛋白質の $[\theta]_{220}$ の絶対値を 40000 で割った値が, その蛋白質中のおよその α ヘリックス含有率になる. (⇌旋光性)

b **塩類細胞** [chloride cell] 《同》塩類分泌細胞(chloride secretory cell). 硬骨魚類の主として二次鰓弁の上皮組織に見られる大形の好酸性分泌細胞. ミトコンドリアと滑面小胞体に富み, Na^+ と Cl^- を能動的に排出(⇌能動輸送). 海水魚ではこの細胞の基底部は血管に接し, 他端はピットを形成して外界に接する. 基底部や側面の細胞膜から入りこんだ滑面小胞体が, 網目状にミトコンドリアを取り巻きながら端部に向かう. 海水魚の鰓に多く, 淡水魚に少ない. ニジマスやウナギなどの広塩魚を淡水から海水に移すと, この細胞は急激に数と大きさを増し, ミトコンドリアも増加する. ナトリウム-カリウム ATP アーゼ活性が高く, これが排出の原動力とされる. コルチゾルや ACTH は塩類細胞とこの酵素活性を増加させる. ホウネンエビモドキ(*Artemia salina*, brine shrimp)の鰓にも類似の細胞は豊富に見られる.

c **塩類腺** [salt gland] [1] 海産の軟骨魚類, 爬虫類, 鳥類にある NaCl 分泌腺. NaCl を海水よりも濃い溶液として排出する. 軟骨魚類では直腸に開口する直腸腺, 鳥類では鼻腔に開口する鼻腺がこれにあたる. 海産爬虫類では種により異なり, カメ・トカゲ類では眼窩に開口する涙腺が変形して塩類腺となり, ウミヘビでは前上顎骨に由来する分泌腺により, 口腔中に塩が分泌される. イグアナでは鳥類と同じく鼻腺が働く. また硬骨魚類に属するシーラカンスも直腸腺をもつ. 分泌細胞はミトコンドリアに富み, 哺乳類の尿細管細胞の構造に似る. ナトリウム-カリウム ATP アーゼ活性が高い(⇌鼻腺). [2] 《同》石灰腺. 植物においてシュート(主として葉の表面)へ塩類を分泌する構造. 例えばイソマツ科や Frankeniaceae に属する植物のように高塩濃度にさらされている種に一般的によく見られる. 構造は種によって異なるが, 通常葉の表面にある二つもしくはそれ以上の細胞からなる. これらの細胞は周囲の葉の細胞から塩を吸収し, それを塩を分泌する他の腺細胞に輸送したり, 自分自身分泌したりする.

d **塩類輸送** [salt transport] 植物体内におけるイオン輸送. 次の 2 種類がある. (1) 短距離輸送: 隣接する細胞間で見られる, 細胞壁自由相内での拡散, *原形質連絡を通っての細胞間輸送(⇌シンプラスト). (2) 長距離輸送: 器官の間, 例えば根とシュートの間で見られる, 木部の仮道管あるいは道管中での*蒸散流として水と共に移動する方法.

オ

a **尾**　[tail ラ cauda]　《同》尾部．前後軸をもち積極的に位置運動をする動物において，比較的単純でしばしば細長い形態をとる体の後半部．体の前端部には，一般に口を中心に感覚器や脳が発達し複雑化した頭と対比される．ただし水中や空中での運動には尾が運動器官となり，それに応じた構造が発達することがある．哺乳類では尾は運動器の役割から離れ，さまざまな用途をもち，ヒトでは外形的には退化．なお原生生物や精子，さらにバクテリオファージなどでも，動物体における尾との類似からその鞭毛などを尾部(caudal portion)と呼ぶ．

b **追星**（おいぼし）[pearl organ]《同》真珠器．コイ科，カトストムス科，アユ，若干のスズキ目魚類で生殖期に鰓蓋・鰭条など体の諸部位に現れる真珠様の白色の小体．種により構造的相違を示し，コイ科のものは表皮細胞が肥厚・突出，その外面を角質化した細胞層が覆い，狭義にはこれだけを真珠器という．河口域にすむメダカ類 (*Fundulus*) のものは接触器(contact organ)といい，角質層はなく内部に石灰化した硬部をそなえる．アユのものは婚姻器(nuptial organ)と呼ばれ，角質層も石灰化した硬部もない．雄性ホルモンの支配下にある二次性徴であり，生殖腺を除去した雄では現れない．雌に出現する種もあるが，雄のようには発達しない．頭部追星は，繁殖期の雄の闘争の際武器として使われる．

c **オイラー**　Euler, Ulf Svante von フォン=オイラーとも．1905～1983 スウェーデンの生理学者．カテコールアミン，特にノルアドレナリンの生理作用を研究し，ノルアドレナリンが交感神経の伝達物質であることを確定．この研究によって，B. Katz, J. Axelrod とともに 1970年ノーベル生理学・医学賞受賞．[主著] Noradrenaline, 1956.

d **オイラー-ケルピン**　Euler-Chelpin, Hans Karl August Simon von　1873～1964 スウェーデンの生化学者．ドイツに生まれ，物理化学を研究，のち次第に生化学の分野に移り，発酵の研究でコチマーゼの概念を立て，1929年 A. Harden とともにノーベル化学賞受賞．コチマーゼがピリジンアデニンジヌクレオチドであること，カタラーゼ中に鉄が存在することを証明したほか，インベルターゼ反応の研究やヘキソキナーゼやジアホラーゼの発見，さらにカロテンのビタミン A 効果などビタミンに関する業績も著名．[主著] Chemie der Enzyme, 1910～1934.

e **オイルボディ**　[oil body]　植物細胞の細胞質中に認められる，脂肪染色色素でよく染まる直径 0.5～1.0 μm の球状の顆粒．種子や果実など脂質を貯蔵する器官の細胞に多い．リン脂質からなる1層の膜によって囲まれた細胞小器官で，内部にトリアシルグリセロールを蓄積する．この膜にはオレオシンという膜蛋白質が存在する．本来この顆粒は J. Hanstein (1880) によって *ミクロソームと呼ばれたが，その後肝細胞から単離された細胞分画の一つがミクロソーム分画と称されたため用語に混乱が生じ，改名された．他にスフェロソーム，リピッドボディ，オレオソームなどと呼ばれることもある．胚発生の後期に小胞体から形成されると考えられている．幼植物が発芽・成長を始めるとトリアシルグリセロールの分解に伴って消失していく．

f **黄化**　[etiolation]　一般的に緑色植物を暗所で発育させたときに生じる諸現象．暗所では茎は伸長成長を続けるが葉は発達せず，また，色素体は葉緑体に発達できず，*エチオプラストの段階に留まる．カロテノイドの黄色が目立つときは黄化，あまり目立たないときは*白化と呼ばれることもある．なお *DET* や *COP* などの蛋白質遺伝子が機能を失うと，暗所でも明所で育った場合に近い形態形成を示すようになる．フィトクロムおよび近紫外－青色光吸収色素による*光形態形成反応に属する多くの現象が黄化に直接関与するほか，光合成も間接的な影響をもつ．

g **横隔膜**　[diaphragm]　[1] 哺乳類の*腹腔と*胸腔を境する膜状の筋肉．頸部の鰓下筋系から分化したものと考えられ，頸髄から発する横隔神経により支配される．発生に際しては腹側から*横中隔，背外側からは1対の背側胸膜(diaphragma pleurale)が生じ，これらが腹膜管(pleuroperitoneal canal)を閉じる．これと並行して筋原基がこれらの隔膜中に入りこみ，横隔膜となる．ときとして，ヒトなどでも隔膜の癒合が不完全となる場合があり，横隔膜ヘルニアと呼ばれる．横隔膜中央部では比較的広い範囲に筋を欠く部位があり，腱膜によって構成される．また，横隔膜には大動脈と胸管の貫く大動脈裂孔，上大静脈の大静脈孔，食道と迷走神経の通る食道孔がみられる．組織学的には筋性組織に対して，腹腔の面には腹膜が，胸腔の面には胸膜が密着した形をとる．呼吸運動の際に働くほか，排便や嘔吐などに際して腹圧を上げる．しゃっくりは横隔膜を主とする強直性痙攣収縮．[2] ⇒隔膜【3】, 【4】

h **黄金色藻**（おうごんしょくそう）[golden-brown algae, golden algae, chrysophytes]《同》黄色鞭毛藻．*オクロ植物に属する一群．多くは単細胞性であり，自由遊泳性，アメーバ状，*コッコイド．遊泳性またはパルメラ状の群体を形成するものもいる．多くは裸だが，有機質の殻(ロリカ)やケイ酸質の鱗片をもつものもいる．葉緑体はクロロフィル a, c_1, c_2, *フコキサンチンを含み黄褐色を呈するが，光合成能を失って白色となったものもいる．光合成とともに捕食も行う混合栄養性のものもいる．貯蔵多糖は水溶性 β-1,3 グルカンのクリソラミナリン(chrysolaminarin, chrysolaminaran)であり，小胞中に貯蔵される．生活環において*スタト胞子を形成する．一般に淡水域に生育するが，従属栄養性のものは海にも多い．黄金色藻綱(Chrysophyceae)にまとめられるが，ケイ酸質の鱗をもつシヌラ類はシヌラ藻綱(Synurophyceae)として分けることもある．また別綱に分けられたものとしてペラゴ藻綱，ディクティオカ藻綱，ファエオタムニオン藻綱，クリソメリス藻綱などがある．古くは珪藻や黄緑色藻とともに黄金色植物門(Chrysophyta)をなすとされたが，現在では褐藻などとともにオクロ植物門(不等毛植物門)にまとめられる．

i **黄細胞**（おうさいぼう）[chloragen cell, chloragogen

cell〕《同》肝細胞（hepatic cell）．貧毛類の腸の背面に見られる黄色または白色の細胞の集団．消化管の表面を包む内臓上覆（splanchnopleure）すなわち漿膜の細胞の変形したもの．黄色色素粒を含む．体腔の排出物を集め，腎管により排出する機能をもつとされるが，貯蔵組織とも考えられ，肝細胞の名もある．多毛類のクロムシ（Arenicola）にも同様のものがある．（→腸背壁溝）

a **黄色植物** 〔Chromophyta, Chromophyte〕 ⇄ オクロ植物

b **黄色土** 〔yellow soil〕 赤色土と同様の脱ケイ酸作用を受けているが、水分が多いためリモナイト（$Fe_2O_3 \cdot nH_2O$）などの含水酸化鉄が残積し、黄色から褐色を呈する土壌．亜熱帯の湿潤な地方、褐色森林土よりも赤道寄りの部分および赤色土地帯に局所的に分布．植物群落としては森林が多いので黄褐色森林土（yellow brown forest soil）とも呼ばれる．黄色のシルト質の風成堆積物である黄土（loess）とは別のもの．

c **黄色三日月環** 〔yellow crescent〕《同》黄色新月環．単体ボヤのシロボヤ属（Styela）などにおいて、未受精卵の表層の原形質に一様にあった黄色顆粒が、受精に伴う卵質の移動によって卵表の一部に集まって三日月状をなしたもの．一般にホヤ類の卵は著しい*モザイク卵で、この部位は後に中胚葉となり筋肉や間充織に分化する．なお受精卵では以上の部位のほかにいくつか色を異にした区域が区別され、かつそれぞれが将来何に分化するか決定している．そこでこの卵について詳細な研究を行った E. G. Conklin は器官形成物質の存在を考え、それぞれの部域が何を形成するかに応じて、その細胞質中に外胚葉形成質（ectoplasm），筋形成質（myoplasm），間充織形成質（chymoplasm），内胚葉形成質（entoplasm），脊索形成質（chordoplasm），神経形成質（neuroplasm）という*デターミナントの存在を仮定した．遠心処理によりこれら細胞質の配置を乱すと、それに応じて各種器官の配置にも乱れが生じる．

d **黄青色盲**（おうせいしきもう）〔yellow-blue blindness〕 ⇄ 色覚異常

e **黄体** 〔corpus luteum〕 脊椎動物の卵巣において、*排卵の後に卵胞壁から形成される特殊な組織塊．一過性の内分泌組織．排卵では、卵胞の壁が破れて卵が放出され、排卵を終えたばかりの卵胞の殻は不規則に収縮し、損傷を受けた毛細血管から出た多少の血液をため、赤体（red body）と呼ばれる．やがて壁の細胞が変化して黄体が形成される．哺乳類では、排卵後、卵胞上皮（顆粒膜）細胞は下垂体から分泌された黄体形成ホルモンの働きにより黄体細胞に変化し、卵胞膜の細胞も黄体細胞になる．その際これらの細胞はほとんど分裂・増殖しないが、肥大して脂質やカロテノイド系色素（黄色のルテイン）を含むようになる．黄体の名もこれによる．哺乳類の黄体は、妊娠が起こらなければ、次の排卵までに退化するのが一般的で、これを偽黄体（月経黄体）という．妊娠が成立すれば黄体は妊娠黄体（真黄体 corpus luteum graviditatis）として発達し、維持される期間も長くなる．黄体が退化したあとには、黄体に含まれていた結合組織の塊からなる*白体ができる．排卵しない卵胞、未成熟または退化しかけた卵胞が黄体化したものを閉鎖黄体（corpus luteum atreticum, atretic corpus luteum）と呼ばれる．ネズミの発情周期につれて周期的に形成される黄体のような作用を表さない黄体もある．*黄体ホルモンを分泌するのが一般的．ネズミの黄体がホルモン分泌を営むには、下垂体前葉の分泌するプロラクチンにより活性化する必要がある．妊娠していないにもかかわらず機能を維持しつづける黄体を永久黄体（permanent corpus luteum）といい、乳牛など家畜にしばしば認められる．なお、昆虫でも排卵後に卵巣小管に残った*濾胞細胞の退化した塊を corpus luteum と呼ぶことがあるが、これは脊椎動物黄体のような排卵後の発達を示すことはない．

f **黄体形成ホルモン** 〔luteinizing hormone〕 LH と略記．《同》ルトロピン（lutropin），間質細胞刺激ホルモン（interstitial cell-stimulating hormone, ICSH）．下垂体前葉の好塩基性細胞から分泌される糖蛋白質．分子量約2万〜5万．α と β の二つのサブユニットからなり、α サブユニットは*濾胞刺激ホルモン（FSH）の α サブユニットと共通である．糖含量は15〜20％．精巣の間質細胞に働いて*アンドロゲンの産生・分泌を促進するとともに、精細管での精子形成を誘起する．卵胞に対しては、排卵の誘起、黄体形成、さらに卵胞と黄体におけるステロイド（それぞれ*エストロゲンおよび*プロゲステロン）の産生・分泌を促進することが主な作用である．卵胞におけるエストロゲンの産生は、FSH との協同作用で起こる．LH の分泌は、視床下部ホルモンの*生殖腺刺激ホルモン放出ホルモンおよび血中の性ホルモン量に調節される．生物検定法としては、卵巣*アスコルビン酸減少法、血中量の測定にはラジオイムノアッセイ法、ラット黄体や間質細胞を用いたラジオレセプターアッセイなどが使用される．

g **黄体ホルモン** 〔corpus luteum hormone〕 主として卵巣の黄体から分泌され、受精卵の*着床・妊娠の維持などの作用をもつ雌性ホルモン（⇒ゲスターゲン）．哺乳類以外の脊椎動物の黄体や血液にも存在する．C_{21} ステロイドで、天然には*プロゲステロンだけが知られている．黄体刺激ホルモンの作用を受けた黄体から分泌され、エストロゲンと協同的に働いて、子宮内膜の肥厚と子宮腺の分枝を起こすことにより、受精卵の着床を促す．さらにエストロゲンと拮抗的に作用して発情を抑え、妊娠を継続させる．黄体ホルモンは哺乳類黄体からも分泌され、またヒト、ウマ、モルモットなどでは、妊娠中に胎盤から多量に分泌される．黄体ホルモンはエストロゲンと協同的に下垂体前葉に作用して黄体形成ホルモンの分泌を抑えるため、黄体の活動中は排卵が起こらない．黄体ホルモンはまた、精巣や副腎皮質でも合成され、雄性ホルモン、副腎皮質ホルモンと似た作用をもつ．尿中には還元型であるプレグナンジオールやそのグルクロニドの形で排出される．尿中プレグナンジオールの測定は黄体ホルモンの分泌状態を知る指標となる．

h **横中隔** 〔transverse septum ラ septum transversum〕 脊椎動物の胚発生において、外側中胚葉に囲まれた体腔が折れ曲がり、まず心膜腔と腹膜腔に分断される際、腹側から背側へ向かって形成される壁．この際、腹膜腔と心膜腔をつないでいるのが腹膜管であり、ある種の脊椎動物では終生これが残る．横中隔内の間葉の中には肝臓および静脈洞が後に発生する．哺乳類に特有な横隔膜（筋）は、頸部の体節筋が二次的に横中隔へと移動してきたもの．

i **嘔吐** 〔vomiting〕 胃の内容物が逆行して口腔へ吐き出される現象．一種の防御反応で、初め悪心（いわゆ

る吐き気)と唾液分泌が，ついで深い吸息が起こり，声門および鼻腔と咽頭との通路は閉鎖され、横隔膜と腹筋の強い同時的収縮によって，胃内容物は一気に食道を通じて口から外へ吐出される．このとき胃幽門部が強く収縮し，胃体部，噴門，食道は弛緩している．延髄網様体の外側部にある嘔吐中枢が，上部消化管や迷路（乗物酔い）への異常刺激や脳圧亢進，間脳・辺縁系（情動）からの求心性刺激によって起こる反射であるが，特異の物質（例：アポモルフィン）や，内耳刺激が脳室周囲器官の最後野にある化学受容引き金帯(chemoreceptor trigger zone, CTZ)を直接刺激することによって二次的に起こされる．カエルでは胃粘膜を反転させて，胃ごと胃内容を口外へ出す．草食動物（ウマ，ウサギ）は嘔吐を起こさず，嘔吐中枢が無いといわれている．なお，嘔吐を引き起こす薬剤を吐剤(emetics)と呼び，ブラジル産アカネ科植物の根である吐根が著名．逆に嘔吐中枢に作用して嘔吐を抑制するものには，セロトニン受容体拮抗薬やドーパミン受容体拮抗薬などが知られている．

a **応答** [response] 《同》反応．一般に*刺激に対する生体の*反応，特に興奮系の反応．生理学から比較心理学，行動学，さらに免疫応答など，細胞・組織あるいは器官の段階でも適用される．

b **応答能** [competence] [1]《同》反応資格，反応能，適格性．発生学において，形態形成作用をもつ刺激に対して反応系となる細胞群が応答して一定の形態形成反応を行うことができるかどうかの能力．そのような反応を行うようになる場合，その細胞群は応答能（反応能），あるいは反応資格をもつようになる(competent)，というように表現する．一般に一つの発生系で一定の応答能が現れるのは発生の一定の時期に限られる．例えば両生類の予定外胚葉は原腸胚初期から中期にかけての期間のみ*形成体の誘導作用に対し反応し，神経構造をつくることができる．同じことは二次誘導・三次誘導の例についてもいえる．この概念は J. Needham や C. H. Waddington らによって発生学に導入されたが，この理論そのものはその後の実験結果によって十分な支持が与えられたとはいえず，一般にあまりかえりみられなかった．しかし，今日では形成作用に対する反応の物質的な側面が判明し，応答能を特異的な遺伝子産物の生成というかたちで比較的明確に捉えられるようになってきている．例えばアフリカツメガエルの予定表皮域を胞胚期に切りとって培養し，これに FGF や TGF-β などの中胚葉誘導因子を作用させた場合，中胚葉性の筋肉組織が形成されるのを待たずに，α アクチン遺伝子産物の合成を調べて応答能の有無を決定するといった研究が活発になされている．このような場合，特定の期待される遺伝子の発現がうながされれば，それだけで，用いた予定表皮域は応答能をもっていたと結論される．[2] 免疫生物学において，細胞が免疫応答を起こしうる状態にあること．（⇒免疫担当細胞）

c **黄熱ウイルス** [yellow fever virus] *フラビウイルス科フラビウイルス属に属する．ネッタイシマカなどによって媒介される黄熱の病原ウイルス．ウイルス粒子は直径約 35 nm の球状．ゲノムは，1万862塩基長の+鎖 RNA．黄熱は主として中南米およびアフリカの熱帯地域に流行するウイルス性の伝染病で，発病者は肝臓を侵されて出血と黄疸をきたし，致命率が高い．サル以外ではマウスの脳内接種でも感染を起こす．マウスの脳内で継代接種を繰り返すとサルに対する病原性がしだいに減弱し，いわゆる固定ウイルスができる．それをさらにニワトリ胚組織で培養を繰り返すことにより，M. Theiler は生ワクチン(17D株)をつくった．感染をうけて変性を起こしたヒトまたはサルの肝臓の実質細胞には，特有の核封入体がみられ，病気の診断に役立つ．野口英世はアフリカで黄熱ウイルスの研究中に感染して1928年に死亡した．

d **横分体** [strobila] 《同》ストロビラ．[1] 刺胞動物鉢虫類において*スキフラに横溝を生じ*エフィラができたもの．一般には特にスキフラの体が1個ないし複数個のエフィラの原基の連続となり，皿を重ねた形となったものを指し，この過程を横分体形成(strobilation, 横分法)という．刺胞動物のうち，鉢虫綱の特徴の一つ（⇒エフィラ[図]）．[2]《同》片節連体．真正条虫類（多節条虫類）において，片節が連続した部分を指す．頸部から新しい片節が形成され，全片節は未熟のものから老熟したものまで，多数が1列に連なっている．

e **横分裂** [transverse division, transverse fission] 動物体が体軸に直角な方向に分裂する現象．*縦分裂の対語．原生生物では繊毛虫類は一般に横分裂であるが，例外として定着性の漏斗類は縦分裂．定着生活の刺胞動物は一般に縦分裂であるが，Gonactinia では横分裂がまれに見られる．

f **オウムガイ類** [nautiloids ラ Nautiloidea] 頭足綱の一目または一亜綱．先祖は*カンブリア紀後期に現れ，*古生代前半に著しく発展したが，しだいに衰え，現生は熱帯太平洋西部に知られる2属(Nautilus と Allonautilus) 4種（ないし6種）だけである．化石オウムガイ類は約75科300属3500種が知られる．現生種は2対の鰓と約90の小腕をもつが，腕には吸盤も鉤もなく，墨汁嚢もない．平面上に巻いた石灰質・陶質・真珠質の3層からなる殻をもつ．化石動物では，殻の形は全く巻いてない円錐状から種々の程度に巻いたものまで多様で，その内部は主に真珠質の隔壁により多くの気房に分かれ，隔壁の中央または殻内縁に沿って体管が走る．動物体はその最外側の住房に収容される．古生代のものは体管内に複雑な石灰質の沈澱物をもつ．現生種は雌雄異体で漏斗から水を噴出して移動し，気房に海水を出入させ浮力を調節して浮上・沈降する．古生代のものには匍匐性のものも多い．古生代前半の編年に極めて有用である．

g **オウム病病原体** [Chlamydia psittaci, psittacosis germ] クラミディア属細菌の一種 Chlamydia psittaci を表す和名．オウム病を引き起こすことに由来する．オウム病は1930年ごろ，南アメリカのアマゾン地帯から世界各地に輸送されたオウム類の鳥が原因で起きた一種の肺炎．その病原体としてクラミディアが確認された．マウスの腹腔内注射でよく感染増殖し，また各種の鳥類に感染する．自然界ではオウム類以外にハト，ニワトリ，アヒル，カモメ，カナリアなどがヒトへの伝染源として知られている．（⇒クラミディア）

h **横紋筋** [striated muscle, cross-striated muscle] 顕微鏡観察で横紋(cross striation)の認められる筋繊維，すなわち横紋筋繊維からなる筋（筋肉）．脊椎動物ではすべての*骨格筋と心筋とがこれに属し，*平滑筋と対する．原則的には，各繊維が一つの筋肉の全長を走るが，例外として腱に斜めに付着する羽状筋がある．組織像に見ら

れる横紋筋の特徴はその力学的性質と関係があり，無脊椎動物でも，心筋，クラゲの環状筋，ヤムシの体節，節足動物の外骨格につく骨格筋に，特に迅速な運動を担当する筋肉は横紋筋である．横紋筋繊維は1個の細胞であるが一般に長大で，脊椎動物の骨格筋には長さ50 cm，幅150μmに達するものがある．骨格筋は多数の核を細胞内にもち，*シンシチウムである．甲殻類の脚筋や脊椎動物の心筋では単核ではあるが，繊維の分岐も見られ，特に後者では細胞の末端同士が介在板により結合され，心筋全体が単一シンシチウムのような性格を獲得している．筋形質内に平行に縦走する多数の筋原繊維のいずれにおいても，その全長にわたって明帯(light band, *I 帯)と暗帯(dark band, *A 帯)とが規則正しく交互し，かつ各帯が隣接筋原繊維間で正しく同一準位にある．横紋はこのために生じる．心筋では隣接筋原繊維間で明暗帯が単位を保つため連続した横紋をなす．横紋筋では収縮-弛緩に伴い明帯の幅が短縮-伸長する(⇒滑り説)．弛緩状態での紋の間隔(サルコメアの長さ)は脊椎動物の骨格筋・心筋では2～3μmが一般的で，昆虫では脚筋で4～6μm，飛翔筋で2μm，遅い大顎筋では6μm．脊椎動物の骨格筋の中でも赤筋と白筋，あるいは遅筋と速筋の間で，紋の微細な構造が少しずつ異なる．横紋筋と平滑筋とは，あらゆる中間段階をもち，連続的な関係を示す．無脊椎動物には無紋・横紋の両繊維で混成されている筋も多く，ホヤ類の心臓やカエルの胚では，1本の繊維で片側が有紋，片側が無紋の例さえある．なお，環形動物・軟体動物・ホヤ類などでらせん状の条紋をもつ*斜紋筋が知られており，横紋筋と合わせて有紋筋(striated muscle)と呼ぶことがある．

a **応用生理学**［applied physiology］ 実際的問題への適用を意図する*生理学．環境(高度，気候，重力などの)変化に対応してヒトが健康を維持するしくみ，運動による適応現象(トレーニングの効果)を研究する学問分野を指すことが多い．

b **黄緑色藻**(おうりょくしょくそう)［yellow-green algae, xanthophytes］《同》黄緑藻．*オクロ植物に属する一群．単細胞，糸状または多核嚢状性．通常，セルロース性の細胞壁(二つのパーツからなることがある)をもつ．葉緑体はクロロフィルcをもつが極めて少なく，また多くは*フコキサンチンを欠くため黄緑色を呈する．ほとんどは淡水止水域または陸上に生育する．黄緑色藻綱(Xanthophyceae)にまとめられる．多核嚢状性の体と卵式生殖，特異な多核多鞭毛性の集合遊走子(synzoospore)をもつフシナシミドロ(*Vaucheria*)はかつて独立の門(ボーケリア植物門 Vaucheriophyta)とされたことがある．また色素組成や微細構造学的特徴に基づいて一部の種は真正眼点藻綱(Eustigmatophyceae)に移された．古くは不等毛類(Heterokontae)と呼ばれたが，この名は現在ではオクロ植物や*ストラメノパイルと同義で用いられることがあるので注意．

c **横連合**(おうれんごう)［commissure］《同》横連神経，横行連合，神経結合系．左右に対在する神経節を横に連絡する神経結線維系．*縦連合と対する．環形動物の各体節ごとにある1対の腹神経節を横に連絡する短い線維(⇒腹神経索)などがある．軟体動物の足神経節，内臓神経節などは左右1対あり，これを横に連絡するものをそれぞれ足神経節横連合(pedal commissure)，内臓神経節横連合(visceral commissure)と呼ぶ．脊椎動物の脳には前交連，後交連などがみられ，真獣類では脳梁が出現する．

d **オーエン** Owen, Richard 1804～1892 イギリスの比較解剖学者，古生物学者．王立医科大学解剖学教授を経て，大英博物館自然史館館長．G. L. Cuvierの影響を受け，比較解剖学の研究に幾多の業績を残し，相同と相似の概念を導入した．始祖鳥やニュージーランドの*Moa*の化石の研究は著名．C. Darwinの進化論に痛烈に反対した．［主著］On the anatomy of vertebrates, 1866～1868．

e **大顎，大腮**(おおあご)［mandible］「だいがく」，「たいさい」とも．《同》上腮．節足動物の*口肢の第一対．*口器の重要な構成要素．ただ1節だけからなる場合が多いが，1ないし数節からなる大顎触鬚(mandibular palp)をもつものもある．主部(corpus mandibulae)は第一節が硬化したもので頭部と可動的に関節し，臼歯部(pars molaris)と切歯部(pars incisiva)で左右のものが相対向して食物を咀嚼する(咀嚼型)．昆虫ではその食性に応じた適応が著しく，刺し-吸い型口器では鋭く尖った鎌状または剣状で，口器の他の部分とともに吸収管を形成している．舐め型口器では大顎は退化あるいは消失している．シミ科を除く無翅昆虫の大顎は比較的細長く頭蓋と一つの*関節丘で，シミ科と有翅昆虫では二つの関節丘でそれぞれ関節する．(⇒顎片)

f **大顎腺**［mandibular gland］ 昆虫口器の大顎基部に開口する，分泌組織と貯蔵嚢からなる分泌腺．アリでは警報フェロモンの分泌器官として知られ，citral, citronellal, neralなどがその*フェロモンとして同定されている．ミツバチでは大顎腺から2-heptanoneを分泌し，これも警報フェロモンとして作用している．ミツバチの女王では大顎腺から*女王物質を分泌する．

g **大井次三郎**(おおい じさぶろう) 1905～1977 植物分類学者．国立科学博物館に勤務，日本ならびに東アジアの植物フロラ解明に貢献した．［主著］日本植物誌，1953．

h **大賀一郎**(おおが いちろう) 1883～1965 植物学者．1951年，2000年前の地層から得られたハスを発芽，開花させた．

i **大野乾**(おおの すすむ) 1928～2000 日本およびアメリカの生物学者．哺乳類の雌でX染色体が不活化することをM. Lyonとほぼ同時に発見．また脊椎動物の祖先で2回のゲノム重複があったという仮説や*がらくたDNA概念を提唱した．［主著］Evolution by gene duplication, 1970．

j **丘浅次郎**(おか あさじろう) 1868～1944 動物学者．東京高等師範学校教授，東京文理科大学講師．ヒル・ホヤ・コケムシなどに関する研究が知られ，多数の著作で進化論を普及．［主著］進化論講話，1904．

k **岡崎フラグメント**［Okazaki fragment, Okazaki piece］ 二本鎖DNAが半保存的に複製されるとき(⇒半保存的複製)，複製点の近くで親のDNA鎖と相補的に新しく合成される短いDNA断片．岡崎令治ら(1966)が初めて見出した．大腸菌で約1000～2000ヌクレオチド，酵母やヒトなどの真核細胞で約100～200ヌクレオチドの長さをもつ．DNAポリメラーゼはデオキシリボヌクレオチドを5'→3'方向に重合するものしか知られておらず，一方，半保存的複製には5'→3'方向への重合とともに，3'→5'方向への重合が不可欠で

a **岡崎令治**(おかざき れいじ) 1930～1975 分子生物学者．名古屋大学理学部教授．DNA 複製の初期反応についての研究をもとに，DNA 合成における不連続複製モデルを提唱．（⇨岡崎フラグメント）

あると考えられていた．この矛盾が岡崎フラグメントの検出と，それに基づく不連続複製モデルによって説明された．（⇨不連続複製）

b **オカダ酸** [okadaic acid] クロイソカイメン (*Halichondria okadai*) から分離された炭素数 38 の脂肪酸のポリエーテル化合物(分子量 804)．海産鞭毛藻類で生合成され，カイメン類や貝類の体内に二次的に蓄積される．セリン・トレオニンホスファターゼ(1 型，2A 型)の強力な阻害剤であり，1 型および 2A 型に対してそれぞれ μM および nM 程度の濃度で阻害する．強力な発がんプロモーターでもあるが，その作用機構は，C キナーゼを活性化する*ホルボルエステルの 12-*O*-tetradecanoylphorbol-13-acetate (TPA) とは異なり，プロテインホスファターゼの阻害を介する細胞内蛋白質リン酸化の亢進による．

c **O 型糖鎖** [*O*-glycan]《同》*O*-結合型糖鎖 (*O*-linked glycan)，セリン・トレオニン結合型糖鎖 (Ser/Thr-linked glycan)．セリン，トレオニン残基の側鎖の水酸基に付加された糖類．酵母などの例外はあるが，この糖鎖修飾は，ゴルジ体内腔でのみ起こる反応であり，糖残基が一つずつ付加して伸長する反応過程をとる点で，*N 型糖鎖と対照的である．ペプチド鎖の折畳みが完了した後の蛋白質に*糖転移酵素が作用して起こることから，糖鎖の付加されるアミノ酸残基はその立体構造に依存し，特にコンセンサス配列はない．大部分の O 型糖鎖は*N-アセチルガラクトサミンがセリン・トレオニンに結合して伸長が始まるが，EGF リピート配列上ではフコースがセリンに結合した *O*-フコース型糖鎖 (*O*-fucosyl glycan) や，脳や筋細胞の蛋白質の一部ではマンノースがトレオニンに結合した *O*-マンノース型糖鎖 (*O*-mannosyl glycan) も知られている．また，細胞質内で起こる唯一の糖鎖修飾として，*N-アセチルグルコサミン (GlcNAc) がセリン・トレオニンに結合した *O*-GlcNAc 糖鎖 (*O*-*N*-acetylglucosamine-linked glycan) も知られている．これら 3 種類のまれな糖類は特殊な機能を担っているため，いわゆる O 型糖鎖と明確に区別して呼ぶことが多い．

d **岡田節人**(おかだ ときんど) 1927～ 発生生物学者．京都大学を卒業，エディンバラ大学へ留学，京都大学理学部教授．いったん分化した細胞が別の細胞型へと分化を変更する，細胞の分化転換に関する研究で知られる．[主著] 試験管のなかの生命，1976；発生における分化，1985．

e **岡田要**(おかだ よう) 1891～1973 動物学者．東京帝国大学教授．のち，国立科学博物館館長．海産動物の発生，両生類胚の誘導，脊椎・無脊椎動物における再生と神経との関係などを研究し，原生生物の融合実験および内分泌学的な立場からの性分化と性転換の実験を行う．

f **オーカー突然変異** [ochre mutation] ⇨ナンセンス突然変異

g **岡彦一**(おか ひこいち) 1916～1996 育種学者．国立遺伝学研究所育種遺伝部長．栽培イネの起原についての一連の研究を行った．[主著] Origin of cultivated rice, 1988．

h **丘英通**(おか ひでみち) 1902～1982 実験動物学者，実験発生学者．丘浅次郎の子．東京帝国大学を卒業ののち，ドイツのカイザー・ウィルヘルム研究所で実験発生学研究に携わり，東京文理科大学動物学教授．両生類における誘導肢の側性のほか，カブトガニ・ホヤ・コケムシなどの実験発生学的研究に従事．生命論的議論の先覚者の一人で，有機体論の紹介者．[主著] 生物学概論，1931．

i **オーガミー** [oogamy]《同》卵子生殖，卵接合．原生生物および菌類における異形配偶の極端な場合(藻類のサヤミドロやコンブ，菌類のサヤミドロモドキなど)を指す(⇨異形配偶子)．すべての動植物を通じ卵と精子による*受精と同義に用いられる場合もある．

j **岡村金太郎**(おかむら きんたろう) 1867～1935 海藻学者．水産講習所所長．日本の海藻学を確立し，水産界に貢献した．[主著] 日本海藻図説，1 巻 6 冊，1900～1902．

k **オキサロコハク酸** [oxalosuccinic acid] ⇨イソクエン酸脱水素酵素

l **オキサロ酢酸** [oxaloacetic acid] ⇨クエン酸回路

m **オキシゲナーゼ** [oxygenase]《同》酸素添加酵素，酸素化酵素．酸化還元酵素の一つで，分子状酸素の酸素原子を基質に取り込ませる酸化反応を触媒する酵素の総称(EC1.13 群および EC1.14 群に属する)．早石修ら (1955) および H.S. Mason (1955) が，$^{18}O_2$ を用いての酸化生成物への ^{18}O の取込みによって発見．次の 2 種がある．(1) 二酸素添加酵素 (dioxygenase)：酸素分子の両原子の O が基質と結合する酵素．芳香環の開裂に伴うものが多く，例えばカテコール-1,2-二酸素添加酵素 (catechol 1,2-dioxygenase, 別名ピロカテカーゼ pyrocatechase, EC1.13.11.1) は図に示す反応を触媒する．これは鉄を含む SH 酵素であるが，他の酵素も 2 価または 3 価の鉄イオンやグルタチオンを必要とするものが多い．(2) 一酸素添加酵素 (monooxygenase, 混合機能酸素添加酵素 mixed-function oxygenase，*水酸化酵素)：1 原子の O だけが基質に，もう 1 原子の O に対する水素供与体 (NADPH など) を必要とする酵素．1964 年に発見された，このグループに属するシトクロム P450 はヘム鉄を補欠因子とし，その種類が非常に多いことから酸素添加酵素の代表的なものとして知られる．

$$\text{カテコール} + O_2^* \longrightarrow \textit{cis-cis-}\text{ムコン酸}$$

n **オキシダティブバースト** [oxidative burst] 病原体の感染初期に，防御反応として，植物細胞が活性酸素種を急激に生産すること．主に細胞膜に存在する NADPH オキシダーゼの活性化により生産されると考えられている．発生した活性酸素種は防御遺伝子の活性化にかかわるシグナルとして働くほか，直接的な殺菌作用や，細胞壁蛋白質の酸化的架橋の促進などに関与する．

a **オキシトシン** [oxytocin, ocytocin] OT あるいは OXT と略記.《同》子宮収縮ホルモン(子宮筋収縮ホルモン oxytocic hormone). 子宮の筋層に働いて子宮の収縮を起こさせ(子宮収縮作用・子宮筋収縮作用 oxytocic activity), 乳腺の筋肉性上皮を収縮させて乳汁の射出を促す神経性下垂体ホルモンの一つ. ただし前者の作用は黄体ホルモンが多量に存在する状態では起こらない. 受容体は G 蛋白質共役型でホスホリパーゼ C を活性化する. ウシまたはブタの下垂体から抽出・精製, 構造決定が行われ, さらに化学合成もなされた(V. du Vigneaud ら, 1953). 9個のアミノ酸残基からなる環状部を含むペプチドで,*バソプレシンに似た構造をもつ. 哺乳類以外では, メソトシン, イソトシン, グルミトシンなどアミノ酸残基の一部が異なる類似物質が見出されている. オキシトシンはバソプレシンと同じ視床下部の視索上核・室傍核(両者の産生細胞は異なる)で合成され神経の軸索内を流れて神経葉に貯えられる. 乳汁の射出の際には乳頭に加えられた刺激が神経を通って視床下部に伝えられ, 神経内分泌反射によってオキシトシンが分泌される. プロホルモンから共に切り出される蛋白質ニューロフィジン(neurophysin)はオキシトシンの運搬および貯蔵に関与すると考えられている. オキシトシンは, 分娩誘発, 微弱陣痛の治療に用いられている. また, プロスタグランジンには同様の子宮筋収縮作用を示すもの($PGF_{2\alpha}$, PGE_2)がある.

H—Cys—Tyr—Ile—Gln—Asn—Cys—Pro—Leu—Gly—NH_2

b **オーキシン** [auxin] 最初に発見された*植物ホルモン. *インドール-3-酢酸と同じ生理作用を引き起こす物質の総称. F. Kögl(1931)が植物の成長を促す物質に対して名づけたことに始まる. 植物体内で生合成されてオーキシン作用を示す天然オーキシン(natural auxin), 植物体内では生合成されないがオーキシン作用を示す合成オーキシン(synthetic auxin)と区別する(⇌ナフタレン酢酸, ⇌2,4-ジクロロフェノキシ酢酸). 天然オーキシンのインドール-3-酢酸はトリプトファンから合成される(⇌インドール-3-酢酸). オーキシンによる植物細胞の吸水成長は, オーキシンによって引き起こされる細胞壁のゆるみによって起こる. また細胞壁のゆるみは細胞壁多糖の分解によるが, この分解がオーキシンによって引き起こされる細胞内から細胞外への水素イオンの放出によるとする説がある(酸成長). オーキシンは細胞分裂の促進, 腋芽成長抑制, 不定根形成促進, 花芽形成促進などを引き起こす. 一般的にオーキシンは低濃度で促進的な, 高濃度で阻害的な効果をもたらす. しかし植物の種類や器官または組織によってオーキシンの作用が異なるほか, 生理的齢によっても相違がある. 高濃度のオーキシンによる阻害の一部は, 高濃度のオーキシンによって誘導されるエチレン生成による効果である. オーキシンの定量法としては古くから*アベナ屈曲試験法などの生物検定法が広く用いられてきたが, 現在ではガスクロマトグラフィー質量分析(GC-MS)法や液体クロマトグラフィータンデム質量分析(LC-MS/MS)法による定量法が主流を占めている. 2005年, シロイヌナズナの F-box 蛋白質である transport inhibitor response 1 (TIR1)がオーキシン受容体と同定された. TIR1 蛋白質と転写抑制因子 AUX/IAA 蛋白質はオーキシンを接着分子として結合し, これが SCF ユビキチンリガーゼ複合体によって認識されると, AUX/IAA 蛋白質がユビキチン化を受け,*プロテアソーム系により分解される. AUX/IAA 蛋白質の分解により, オーキシン応答遺伝子の発現抑制が解除され, さまざまなオーキシンの生理反応が引き起こされる. 天然オーキシンのインドール-3-酢酸, 合成オーキシンの*ナフタレン酢酸と*2,4-ジクロロフェノキシ酢酸は TIR1 蛋白質と AUX/IAA 蛋白質の結合を形成することが示されている. オーキシンは, ACC 合成酵素の遺伝子発現を活性化することにより, エチレン合成を誘導する.

c **オーキシン極性移動** [polar auxin transport]《同》オーキシン極性輸送. 植物における方向性をもった*オーキシンの移動. *インドール-3-酢酸は茎の中をシュート頂から基部方向へ移動し, 腋芽の成長を抑えたり(*頂芽優性), 維管束の連続的形成を促進するなど, さまざまな働きをする. オーキシン極性移動は細胞膜に存在するオーキシン取込み輸送体と排出輸送体により行われる. オーキシン取込み輸送体として AUX1 蛋白質が, 排出輸送体として PIN 蛋白質と ABC 輸送体が知られる.

d **オーキネート** [ookinete, vermicule] 原生生物の*有性生殖の際に*配偶子の合体によって生じた, みずから移動する能力をもつ*接合子. 例えばマラリア病原虫 *Plasmodium* のオーキネートは, みずからの移動力によってハマダラカの胃壁中に侵入し, 胃壁外層の弾性被膜下にとどまり, ここで分裂を繰り返して多数の*種虫を形成する.

e **オクトパミン** [octopamine]《同》1-(p-hydroxyphenyl)-2-aminoethanol, ノルシネフリン (norsynephrine), β-ヒドロキシチラミン (β-hydroxytyramine). $C_8H_{11}NO_2$ 生理活性アミンの一つ. 構造が決められたときタコから抽出されたことが名の由来. 分子量 153.18. 節足動物や哺乳類でも見出されている. 無脊椎動物では神経伝達物質, 哺乳類ではノルアドレナリンなどと共に少量分泌され, 主な伝達物質の働きを修飾すると考えられている.

f **小倉謙**(おぐら ゆずる) 1895〜1981 植物形態学者. 東京帝国大学理学部教授. 植物形態学・解剖学に業績を残した. [主著] 植物形態学, 1934.

g **オクロ植物** [ochrophytes]《同》不等毛植物 (heterokontophytes), 黄色植物. *ストラメノパイルに属する植物群の一つ. 珪藻, 褐藻, 黄緑色藻, 黄金色藻, ラフィド藻などを含む. 紅色植物との二次共生に起因する色素体は四重膜で囲まれ, 外側2枚は色素体 ER として通常, 核膜につながる. 多くはクロロフィル a に加えて c_1, c_2 をもち, 主要カロテノイドとして*フコキサンチンを含むため黄褐色を呈するが, フコキサンチンを欠き緑色の種もいる. 三重チラコイドで通常, 他を囲む周縁ラメラ(girdle lamella)をもつ. 貯蔵多糖は通常, 小胞中に存在する水溶性の β-1,3 グルカン(クリソラミナリンなど). 多くは光合成を行い, 水域の主要な生産者であるが, 光合成能を二次的に失った従属栄養種も少なくない. オクロ植物門(Ochrophyta)あるいは不等毛植物門(Heterokontophyta)に分類される. 黄色植物門(Chromophyta)もほぼ同義に使われることがあるが, 元来はハプト植物など系統的に異なる藻類を含む.

h **オーケン** OKEN, Lorenz: 本名 Ockenfuss 1779 〜1851 ドイツの哲学者, 生物学者. 当時の自然哲学の

代表者．J. W. von Goethe と独立に頭蓋椎骨説を唱えた．また生物の生活は原始的粘液として海中にはじまったとする説や，動物体の構成について細胞説に類似のことも述べているが，種々奇異な神秘的な説もある．「ドイツ自然科学者医学者学会」で現代的な学会の形式を創始し，また雑誌 'Isis' を創刊(20世紀の G. Sarton による同名雑誌とは別)．[主著] Lehrbuch der Naturphilosophie，3巻，1809〜1811．

a **O抗原** [O-antigen] 《同》菌体抗原(somatic antigen)．変形菌で鞭毛(H抗原)を欠く菌が限局性の集落(独 ohne Hauchbildung)を形成することから名づけられたグラム陰性菌の表面抗原．化学的には*リポ多糖の一部をなす多糖部分で，疎水性の*リピドAと共有結合で結ばれたオリゴ糖からなるRコアから伸長するオリゴ糖の繰返し単位で構成される．この繰返し単位はそれぞれの菌に特有で，一般化できる法則性はなく多くの構造が報告されている．構成糖として，アベコース・コリトース・チベロース・パラトース・アスカリロースなどの3,6-ジデオキシヘキソースを含むものもあり，これらは抗原決定基の一部となっている．ファージ受容体の一部として吸着特異性を担うものが多い．

b **小沢儀明** (おざわ よしあき) 1899〜1929 地史学者，古生物学者．東京帝国大学地質学科助教授．古生代の有孔虫目紡錘虫科の系統分類を生層序学的研究に応用し，西南日本の諸地で古生代後期以来の地殻変動を明らかにした．

c **オーシスト** [oocyst] 《同》接合子嚢，接合子嚢子．*アピコンプレクサ類において接合子がシスト化したもの．グレガリナ類では通常内部原形質が直接分裂してスポロゾイトを形成するが，コクシジウム類では通常スポロントが複数のスポロブラスト(sporoblast)に分かれ，それぞれがシスト化してスポロシスト(sporocyst)となり，その中でスポロゾイトが形成される．ヘマトゾア類では接合子はシスト化せずに*オーキネートを経てスポロゾイトを形成する．いずれにしても基本的にこれらスポロゴニー(sporogony)時に減数分裂が起こる．

d **雄** [male] 雌雄異体の生物種において*精巣をもつ動物個体，植物(または分化の程度の低い動物)では小配偶子をつくる個体．しかし，場合によっては雄性を比較的多くもつ個体を指す．雄個体を示すのにローマ神話の軍神 Mars の符号♂を用い，ヒトの家系図などでは男を□で表す．(⇌雌，⇌性的両価性)

e **オスチオール** [ostiole] 《同》孔口，巣口．藻類や菌類において，胞子などの生殖細胞が放出される構造の開口部．藻類の*生殖器巣，菌類の*子嚢殻や分生子殻などに見られる．

f **オーストラリア区** [Australian region] *南界に属する*動物地理区の一つで，オーストラリアとニューギニアおよびその付属島嶼を含む区域．この2地方はそれぞれ特徴ある動物相をもつので，オーストラリア亜区(Australian subregion)およびパプア亜区(Papuan subregion)を形成する．本区には，ハリモグラやカモノハシなどの単孔類が現存し，フクロモグラ科やフクロウサギ科，カンガルー科などの有袋類が分化している．鳥類ではエミュー科やコトドリ科，両生類ではカメガエル科(Myobatrachidae)が有名で，淡水魚では肺魚類(Dipneusti, Dipnoi)のネオセラトダス属(*Neoceratodus*)がいる一方，コイ科魚類を欠く．パプア亜区ではゴクラクチョウ科，ツカツクリ科，カンムリバト，ヒクイドリなどの鳥類が特徴的で，森林生活者が発達している．他の諸大陸とは中生代の後半から新生代を通じて隔離されていたため，極めて多数の固有種をもつ．

g **オーストラリア先住民** [Indigenous Australians] 《同》アボリジニ，オーストラリア原住民．オーストラリア大陸に居住する先住民．かつての人種分類ではオーストラロイドに含まれる．現在の人口は33万人と推定されているが，欧州系オーストラリア人との混血が進んでいる．氷河期だった約5万年前，当時東南アジア全体をおおっていたスンダランドから，ウォーレス海を通って，現在のパプアニューギニア島，オーストラリア大陸，タスマニア島がつながっていたサフールランドに到達した人々の直接の子孫だと考えられている．実際に，パプアニューギニア高地人やメラネシア人とは遺伝的に近縁である．よく発達した眉上弓，大きな歯，幅広い鼻，長い四肢といった特徴をもつ．最近まで*採集狩猟民だったが，政府の政策により定住化しつつある．

h **オストローム** OSTROM, John Harold 1928〜2005 アメリカの古生物学者．エール大学名誉教授．T. H. Huxley の鳥類恐竜起源説を，化石証拠により証明．1960年代の「恐竜ルネサンス」における中心的人物．

i **オズボーン** OSBORN, Henry Fairfield 1857〜1935 アメリカの古生物学者．渡英し，F. M. Balfour および T. H. Huxley に師事．コロンビア大学動物学教授となり，アメリカ自然史博物館の館長を兼ねた．脊椎動物の古生物学的研究を進め，進化の現象に関し適応放散，平行進化などの概念を立てた．[主著] Age of mammals, 1910.

j **オスモル濃度** [osmolality, osmolarity] ある溶液の*浸透圧を表現するのに用いる．これと等しい浸透圧を示す理想非電解質溶液のモル濃度(⇌浸透濃度)．オスモル(osmole, 単位記号 Osm)またはミリオスモル(mOsm)で表す．理想非電解質の1 mol/kg 溶液の氷点降下度(Δ)は 1.858°C に相当するので，ある溶液の氷点降下度を測定し，これから換算してそのオスモル濃度を求めることができる．例えば1%食塩水(173 mmol/kg)は氷点降下度 0.595°C で，320 mOsm に当たる．オスモル濃度は，正確にはモル濃度(molarity)および質量モル濃度(molality)に対応して，容量オスモル濃度(osmolarity, Osm/L)と質量オスモル濃度(osmolality, Osm/kg)が区別される．

k **小関治男** (おぜき はるお) 1925〜2009 日本での分子遺伝学の草分けの一人．京都大学教授．大腸菌の tRNA 遺伝子の研究をし，ゼニゴケの葉緑体ゲノム(⇌プラスチドゲノム)の全塩基配列を決定した．岩波生物学辞典の編者をつとめた．

l **オゾンホール** [ozone hole] 地球上空 15〜20 km の成層圏内の比較的下部にあるオゾン濃度の高いオゾン層(ozone layer, ozonosphere)において，オゾン濃度が相対的に周囲よりも極端に低くなっている領域．イギリスの J. Farman (1985) の命名．このようなオゾン層破壊は高緯度地域では1995年頃までは急速に進行していた．特に春季の南極大陸上空で顕著であった．オゾンホールは南極昭和基地での観測が発見のきっかけとなり，その後，アメリカ航空宇宙局(NASA)の人工衛星による南極上空のオゾン濃度測定で存在が確認された．1995年以降は，南極のオゾンホールの面積の拡大は横ばい状態であ

るが，北極圏や低緯度地方でもオゾン濃度の低下が認められている．オゾン層中でのオゾン破壊の進行はフロン（クロロフルオロカーボン）ガスの使用と密接な関係をもち，フロンガスから生じる塩素化合物による分解反応が主要因とされる．オゾン層破壊は地表に到達する紫外線量，なかでも生物に悪影響を及ぼしやすい UV-B（光波長 280～320 nm）の増加を招くことが問題視され，フロンやその他数種のオゾン層破壊に関連する化学物質の規制と全廃に関する国際条約が結ばれている．

a **オータコイド** [autacoid] 《同》局所ホルモン (local hormone)．傍分泌的に産生・放出される生体内の情報伝達物質．典型的なホルモンや神経伝達物質もこれに含まれることがあるが，提唱者の W.W. Douglas は*ヒスタミン，*セロトニン，*アンギオテンシン，*ブラジキニン，*プロスタグランジンを考えた．傍分泌 (paracrine) すなわち局所的に産生・放出され，その近辺の狭い範囲（神経伝達物質の作用範囲である 20 nm 前後よりは広い）で作用し，局所的に分解されるか取り込まれる．循環系に入っても微量なので速やかに分解されてしまい作用は全身に及ばない．この点がホルモンと異なっている．

b **おたふくかぜウイルス** [mumps virus] 《同》ムンプスウイルス，流行性耳下腺炎ウイルス．*パラミクソウイルス科パラミクソウイルス亜科ルブラウイルス属に属する，いわゆるおたふくかぜの病原ウイルス．ウイルス粒子は直径 150～300 nm の球状．ゲノムは1万 5000 塩基長の－鎖 RNA．流行性耳下腺炎 (epidemic parotitis, mumps) は俗におたふくかぜと呼ばれ，耳下腺炎のほか，膵炎，また髄膜炎症状を呈することもある．思春期以降に罹患すると睾丸炎を起こす頻度が高く，不妊症の原因となることがある．各種の動物の赤血球を凝集し，また溶血能や細胞融合能をもつ．ある種のサル (Macaca mulatta, M. nemestrina, M. maura など) に感染する．また約7日孵化鶏卵羊膜内接種するとよく増殖する．HeLa 細胞やサルの腎臓由来の株細胞で継代可能．持続感染系も成立する．

c **オタマジャクシ** [tadpole larva] 脊椎動物両生類の遊泳幼生．孵化直後から前・後肢を生じて上陸するまでの時期をいう．イモリ（有尾類）では鰓が突出し，前肢が後肢より先に形成される．カエル（無尾類）では鰓が*鰓蓋におおわれ，後肢が前肢より先に形成される．変態に際し，イモリでは鰓と背腹のひれが消失し，カエルでは幼生口器，鰓および尾の全体が消失する．

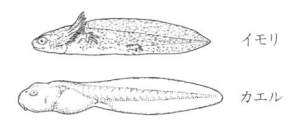

d **オタマジャクシ形幼生** [tadpole larva, ascidian tadpole] 脊索動物ホヤ類（尾索類）の浮遊幼生．全形はカエルの*オタマジャクシに類似する．前端に3個の付着突起，前背部に口とそれに続く消化管があり，咽頭には鰓裂がある．長い尾の全長にわたって*脊索が走り，その背側に沿って神経管が走る．神経管の前端は膨れて感覚胞となり，眼と平衡胞とをそなえる．浮遊生活の後，付着突起で岩石などに着き，尾を失い，体を約 90°回転させて成体となる．

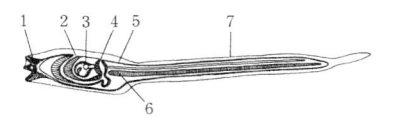

1 付着突起 2 口 3 感覚胞 4 肛門
5 神経管 6 脊索 7 尾

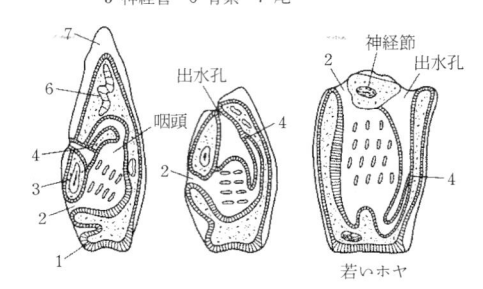

オタマジャクシ形幼生の変態

e **オダム** ODUM, Eugene Pleasants 1913～2002 アメリカの生態学者．生態系生態学の概念をたて，多くの研究によって生産生態学の隆盛に寄与した．［主著］Fundamentals of ecology, 3版 1971.

f **オチョア** OCHOA, Severo 1905～1993 スペイン生まれのアメリカの生化学者．酢酸菌からポリヌクレオチドホスホリラーゼを発見，また大腸菌ファージRNAの複製機構を解明．特に mRNA による遺伝情報の解読の業績は著名．1959 年，A. Kornberg とともに RNA 合成の業績でノーベル生理学・医学賞受賞．

g **オッペル** OPPEL, Albert 1831～1865 ドイツの生層位学者，古生物学者．近代生層位学の基礎となる化石帯の概念を確立し，ヨーロッパのジュラ系の分帯を行った．

h **オーディオメトリー** [audiometry] 可聴範囲を音の周波数 (frequency) および強さ (intensity) の閾値について測定する聴力測定法．ヒトの正常の可聴範囲は年齢にもよるが，周波数については 16 Hz～20 kHz で，このうち 1～2 kHz の音に対して最も感度がよい．この閾値は平均圧力で 2×10^{-4} dyn/cm^2，パワーにして 10^{-16} W/cm^2 に当たる．これを単位 (E_1) とし，任意の音の強さ (E_2) を $N = 10 \log_{10} E_2/E_1$ の形で表し，N dB（デシベル）と呼ぶ．最小閾値は 0 dB となる．連続的に変化する周波数について調べることも可能であるが，通常はオクターブ間隔で定まった周波数について可聴閾値を測る．平均可聴閾値より上昇した閾値を記してその欠損の度合を示すのが一般的である．

i **オーデュボン** AUDUBON, John James 1785～1851 アメリカの鳥類学者．北アメリカ大陸の各地を踏査し，鳥類の生活を観察・写生した．アメリカの鳥獣保護協会は彼の名を冠して 'Audubon Society' と称する．［主著］The birds of America, 7巻, 1840～1844.

j **頤** (おとがい) [chin] 《同》頤隆起 (protuberantia mentalis)．現生人類で認められる，下顎骨前端（いわゆる結合部）下部の少し前方に突出した部分．頤は類人猿においてはもちろん，猿人類・原人類・旧人類の各化石人類段階においても存在しない．新人では歯槽部の退縮が著しい一方，下顎底は退縮からとり残されるため，その

前部が隆起して残ったと考えられている．現生人類の中でも，歯の縮小の顕著なヨーロッパ人などでは頤の突出が目立つが，一方で*オーストラリア先住民（アボリジニ）などでは，ほとんど認めがたい人もいる．なおスフール人やアムッド人などネアンデルタール人の終わり頃の標本では，かすかに頤隆起がみられるものもある．

a　オートガミー　[autogamy]　《同》自家生殖，オートミクシス（automixis, 自測）．原生生物にみられる生殖法の一つで，同一核から由来した2核（同一個体のものでも異なる個体のものでもよい）がふたたび合一して*合核を形成する現象．雌雄同体動物体内での*自家受精と混同しない注意が必要．ゾウリムシにみられる*エンドミクシスや太陽虫類の *Actinophrys* の*ペドガミーは，いずれもオートガミーで，エンドミクシスでは2核が同一個体のものであり，ペドガミーでは異なる個体のものである．自家生殖の語があるが，適訳ではない．

b　オートファジック細胞死　[autophagic cell death]　*アポトーシスに特徴的なクロマチンの凝縮を伴わず，*自食作用（オートファジー）による多くの小胞がみられる細胞死の一形態．透過型電子顕微鏡観察によって明らかにされた．オートファジーは細胞が栄養飢餓状態におちいったときの細胞応答であり，直接に細胞死に関わるかは不明．しかしショウジョウバエ変態時の中腸細胞死は，*カスパーゼ非依存的で，オートファジーに必要な *Atg* 遺伝子に依存した細胞死であること，幼虫唾液腺の細胞死はカスパーゼと *Atg* 遺伝子の両方に依存したものであることが示されている．

c　オートマトン　[automaton]　入力と出力，内部状態を考えた単純な数学モデル．時間は離散的（$t=0, 1, 2, \cdots$）とし，各時刻において有限個の内部状態のうちのいずれかをとる機会を考える．各時刻に有限個の入力のいずれかが与えられる．つぎの時刻の内部状態や入力は，現在の入力と現在の内部状態とによって決まる．各時刻の出力は，その時刻の内部状態だけによって決まる．このようなオートマトンの例としては，*マッカロ-ピッツの神経モデルを並べた神経回路網モデル，デジタル計算機などがある．特に，同じ状態遷移関数をもつオートマトンを規則的に配置し，局所的な結合のパターン（近傍型と呼ばれる）も同じになっているオートマトン系を*セルオートマトンと呼ぶ．

d　オートラジオグラフ法　[autoradiography]　X線写真フィルムあるいは乾板を使って，放射性物質（*トレーサー）の取込みを調べる方法．最近ではX線写真フィルムの代わりに輝尽性蛍光体の塗布されたイメージングプレート（IP）を露光させ，専用のイメージングアナライザーで読み取る方法も利用される．特定の放射性物質を取り込ませた標本に，暗室内でX線写真フィルムを密着させ放置する．生体内に取り込まれた放射性物質から発する放射線によって感光したフィルムの部位には現像によって黒い現像銀粒子が現れる．観察するレベルの違いから，マクロオートラジオグラフ法（可視光オートラジオグラフ法），ミクロオートラジオグラフ法（光顕オートラジオグラフ法），ウルトラミクロオートラジオグラフ法（電顕オートラジオグラフ法）に分けられる．利用は多岐にわたり，生体内における放射性物質の取込みを観察し，生体内物質の分布・移動・代謝を細胞化学的・組織化学的に調べたり，薄層クロマトグラフィーや電気泳動における微量物質の同定に応用する．また，*イムノブロッティングや*サザン法，*ノーザン法などでの目的分子に対する放射標識したプローブの結合を検出するためにも応用される．放射性核種として，マクロオートラジオグラフ法には $^{125}I \cdot ^{32}P \cdot ^{35}S \cdot ^{90}Sr \cdot ^{59}Fe \cdot ^{45}Ca \cdot ^{14}C$ を，ミクロおよびウルトラミクロオートラジオグラフ法には ^{14}C と ^{3}H を主に使用する．（⇒同位体トレーサー法）

e　小野蘭山　（おの らんざん）　1729〜1810　本草学者．彼の講義を孫職孝らがまとめた『本草綱目啓蒙』（1803）は日本の本草学の集大成とされる．

f　おばあさん細胞仮説　[grandmother cell hypothesis]　《同》認識細胞仮説（gnostic cell hypothesis）．個々の認識対象に対して反応する神経細胞が少数ずつ脳内に存在し，その活動により認識が成立するという仮説．提案者である J. Y. Lettvin はお母さんにだけ反応する細胞というたとえを使ったが，その後，おばあさん細胞仮説として知られるようになった．ヒトの側頭葉には，特定の人物の写真，似顔絵，名前だけに反応し，おばあさん細胞のようにふるまう神経細胞が存在するという報告があるが，一般物体に対してそのような細胞は見つかっていない．対立仮説である細胞集団仮説では，個々の細胞は認識対象やその特徴を明示的に特定できず，多数の細胞の活動の時間的・空間的な分布パターンが認識対象を表現すると考える．

g　尾羽　[rectrix, tail-quill]　《同》舵羽．鳥類で，尾椎の末端から通常扇状に生ずる一群のおおばね．飛ぶときに舵の機能をもつので舵羽ともいわれる．尾羽の基部の上下には，それを覆う一群のおおばね，すなわち尾筒（tail-covert）がある．鳥類で尾といわれるのはこの尾羽と尾筒とを合したもので，一般に尾筒は小型だがクジャクなどのように長大なものもある．

h　オパーリン　ОПАРИН, Aleksandr Ivanovich（ОПАРИН, Александр Иванович）　1894〜1980　ソ連の生化学者．生命の起原に関する化学的学説を提唱し，生細胞中における酵素系の作用について研究の道をひらき，また茶・ブドウ酒・砂糖・パンの生産の生化学的研究をした．[主著] Возникновение жизни на земле（生命の起原），1936，3版1957．

i　オパールガラス法　[opal glass method]　光散乱の多い細菌浮遊液などの吸収スペクトルを鋭くする技術の一つ．柴田和雄（1954）の考案．試料の入ったキュベットの後ろに乳白色（オパール）のガラスを置くと，浮遊液中で散乱された光と散乱されずに透過した光が同程度の散乱を受けることになるため，オパールガラスのない場合には散乱されない光によって基線が高くなるのを修正して，鮮明で鋭い吸収スペクトルが得られる．透過度が低下するので，吸光度の高い試料には適用しにくい．

j　オパール突然変異　[opal mutation]　⇒ナンセンス突然変異

k　オバルブミン　[ovalbumin]　卵白蛋白質の主成分で，N末端がアセチル化された糖蛋白質．分子量4.5万，等電点pH4.7．糖鎖はAsn292に結合する．Ser68 と 344 の両方または片方がリン酸化された型と，非リン酸化型の3成分が共存する．輸卵管の膨大部で合成され，卵母細胞に運ばれる．アンチトロンビンと同族に属す．胚の栄養と卵の物理的保護に関与する．ズブチリシン（枯草菌プロテアーゼ）で処理するとN末端ペプチドが脱離し，結晶性のプラクアルブミン（plakalbumin）が生じる．卵アルブミン（egg albumin）は卵白中のアルブミ

168　オヒオイト

ン区分に属する蛋白質の総称だが，通常オバルブミンのことを指す．

a　オピオイド　[opioid]　《同》オピエート(opiate)，アヘン．ケシの未成熟果実から抽出される鎮痛作用のある薬物．モルヒネ(*モルフィン)などのアヘンアルカロイドを含み，古くから麻酔剤・鎮痛剤として用いられてきた．脳内には同様の作用を示すエンドルフィンなどの内因性ペプチドが存在し，それらは*モルヒネ様ペプチド(オピオイドペプチド)と総称される．

b　帯状胎盤(おびじょうたいばん)　[placenta zonaria]　「たいじょうたいばん」とも．《同》環状胎盤．胎児側の絨毛膜絨毛が絨毛嚢の赤道面に帯状に1周発生し，これが子宮内膜に付着し形成している*胎盤の一様式．イヌやネコなど食肉類はこの様式の胎盤をもち，帯状胎盤類と呼ばれる．

c　オピストコンタ　[opisthokonts]　《同》後方鞭毛生物．真核生物を構成する大系統群の一つ．後生動物や菌類，襟鞭毛虫類などを含む．単細胞性のものから複雑な多細胞体を形成するものまで含まれ，基本的に全て従属栄養性．基本形として遊泳細胞(精子など)の後端から1本の鞭毛が後方へ伸びていることが特徴であり，名前の由来ともなっている．ミトコンドリアクリステは通常，板状．分子系統学的研究からオピストコンタの単系統性は強く支持されている．

d　尾鰭(おびれ)　[caudal fin　ラ pinna caudalis]　「びき」とも．魚類の尾端にあり，脊柱の後端部で支持される鰭．*正中鰭の一種．支持する骨格との関係からいくつかに分けられる．円口類などに見られる原始的な型では，脊柱が末端までまっすぐで，鰭はその背腹において相称となる(原正尾 diphycercal tail)．軟骨魚類などでは脊柱の尾端が背方に曲がり，それに応じて尾鰭の上葉は縮小し下葉は発達して，背腹で不相称になる(異尾 heterocercal tail)．次いで硬骨魚類では上葉はいっそう縮小し，下葉はさらに発達してふたたび外形的に相称形となる(正尾 homocercal tail)．なおウナギや肺魚などで見られるように，二次的に原正尾に近い型になったものを橋尾(gephyrocercal tail)という．いずれも発生的には原正尾に近い形態を経過する．尾鰭は外形から円形(rounded)，楔形(wedge-shaped)，截形(truncate)，湾入形(emarginate)，二叉形(forked)，三日月形(lunate)などに分けられるが，これらの形は生態との関係が深いとされる．両生類の幼生や哺乳類のクジラなどの水生脊椎動物の尾端にある鰭状構造も尾鰭と呼ばれるが，それらは支持する骨格をもたず，クジラの尾鰭(尾羽)は水平の向きについている．

e　オピン　[opine]　植物の腫瘍*クラウンゴールの組織で特異的に生産される一群の化合物の総称．構造的あるいは生合成的に次の四つに分別される．(1)アミノ酸と*ピルビン酸の縮合体：オクトピン(octopine)，オクトピン酸(octopinic acid)，リソピン(lysopine)，ヒストピン(histopine)．オクトピンは最も早く同定されたオピンであるが，化合物としては海産軟体動物のタコの筋肉から先に得られた．(2)アミノ酸と α-ケトグルタル酸の縮合体：ノパリン(nopaline)，ノパリン酸(nopalinic acid)，ロイシノピン(leucinopine)，グルタミノピン(glutaminopine)，スクシナモピン(succinamopine)．(3)アミノ酸と*マンノースの縮合体またはそれより派生したもの：アグロピン(agropine)，アグロピン酸(agropinic acid)，マンノピン(mannopine)，マンノピン酸(mannopinic acid)．(4)リン酸化糖：アグロシノビン A-D (agrocinopines A-D)．このようにオピンはまったく異なる型の化合物を含むが，腫瘍組織がどのオピンを生産するかは，病原細菌*アグロバクテリウムのもつ腫瘍化因子 Ti プラスミドの種類により決まる．オクトピンとノパリンについては，腫瘍組織から NADPH を補酵素とする生合成酵素が単離されており，それぞれアルギニンとピルビン酸または α-ケトグルタル酸の還元的縮合を触媒する．一方オピンは対応するプラスミドをもつ病原細菌によって適応的に分解され，炭素および窒素源として利用される．

$$\begin{array}{c} NH_2 \\ C-NH-CH_2CH_2CH-COOH \\ NH \qquad NH \\ HOOC-CH_2CH-COOH \end{array}$$
ノパリン

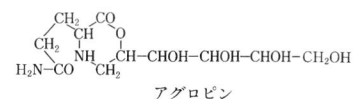

$$\begin{array}{c} CH_2\ CO \\ CH \\ H_2N-CO\ NH\ CH_2 \end{array} CH-CHOH-CHOH-CH_2OH$$
アグロピン

f　オーファン受容体　[orphan receptor]　《同》孤児受容体．リガンドの決定されていない受容体．ゲノム解析などによって遺伝子(あるいは cDNA 配列)が決定されており，既知の受容体蛋白質との構造上の類似性および分子進化学的解析から，なんらかの分子の受容体として機能するものと予測されているが，その分子(リガンド)が未同定であるような蛋白質．核内受容体ファミリーに属する分子や細胞膜に結合して存在する G 蛋白質共役型受容体(⇄ロドプシンファミリー)などがある．のちにリガンドが同定されたもの(adopted orphan receptor)も多い．

g　オプシン　[opsin]　視細胞に含まれる光受容蛋白質(*視物質)の蛋白質部分，および，それらと一次構造上の相同性を示す光受容蛋白質の蛋白質部分．発色団である 11-*cis* 型の*レチナール(あるいはその誘導体)と結合して光受容蛋白質となる．ウシ網膜に含まれる視物質(*ロドプシン)のオプシンは，348個のアミノ酸残基からなり，桿体外節の膜性円板を7回貫通する α ヘリックス構造をもっている．アミノ末端(N 末端)から296番目のリジン残基に発色団である 11-*cis*-レチナールが結合する．また，N 末端から2番目と15番目のアスパラギンに糖鎖が結合し，322番目と323番目のシステイン残基にパルミチン酸が結合している．視物質には吸収特性(色)の異なる多くの種類があるが，発色団の種類は最大4種類である．したがって，視物質の色は多くの場合オプシンの一次構造によって決定されている．桿体に含まれる視物質のオプシンと錐体に含まれるものを区別する場合，前者をスコトプシン(scotopsin)，後者をフォトプシン(photopsin)という．オプシンとレチナールからなる視物質以外の光受容蛋白質には，松果体に発現するピノプシン(pinopsin)や網膜神経節細胞の*メラノプシンなどがある．

h　オプソニン　[opsonin]　抗原と結合することにより，マクロファージあるいは*顆粒白血球(主に好中球)による食作用を助長することのできる物質の総称．主な実体は抗体，特に IgG および補体第三成分(C3b)であ

る．そのほか，α および β-グロブリン，C 反応性蛋白質（⇒補体）などもオプソニンとして作用することがある．（⇒Fc 受容体，⇒補体受容体）

a **オフ反応**　[off-response]《同》オフ応答．生体にある期間加えられた刺激が除かれるときにニューロンに起こる反応．例えば，視覚系のニューロンの中には，受容野への光照射（on）のあいだはインパルス放電が抑制されてしまうタイプ（off 型）があるが，このタイプでは遮光（off）直後に著明なインパルス放電（オフ反応）を示す．なお，感覚ニューロンにおいて，その受容野への刺激提示時にインパルス応答するときはオン反応（on-response），刺激提示と提示終了時の両方に反応するときはオン-オフ反応（on/off-response）と呼ばれる．大脳皮質視覚野のニューロンについても同様で，網膜上の特定部位の刺激によってオン反応，オフ反応，あるいはオン-オフ反応が起こる．

b **オープンリーディングフレーム**　[open reading frame] ORF と略記．《同》翻訳可能領域．DNA の塩基配列上に任意の*読み枠（reading frame）を設定し，各コドンに対応するアミノ酸を順次当てはめていった場合，終止コドンが出現するまでにアミノ酸コドンが長く続くような「開けた」読み枠があれば，その配列を ORF という．DNA の塩基配列を決定した場合，そこに遺伝子があるかどうかを調べるために，まず ORF を検索するのが一つの常套的な手法である．原核生物では遺伝子にイントロンがないため，開始コドンから始まる ORF があれば，それ自体が一つの遺伝子である可能性が示唆される．これらは，例えば ORF39，ORF65 などというように，それぞれがコードするアミノ酸鎖長を付けて記載し，仮の遺伝子として取り扱う場合が多い．真核生物ではイントロンで分断されている遺伝子の場合には，ゲノム DNA 上で遺伝子の全域が一つの ORF として検出されることはない．逆に，アミノ酸配列をコードしていないゲノム領域でも，偶然にある程度の長さの ORF が見出されることがある．一方，mRNA 上，したがってそれを逆転写した cDNA 上では，遺伝子のコーディング領域が一つの連続した ORF を形成している．真核生物の mRNA は，一般に遺伝子ごとにつくられるものであり，遺伝子として意味のある ORF は各 mRNA 当たり一つということになる．ORF が決まれば，遺伝暗号表を適用することにより，その遺伝子産物である蛋白質のアミノ酸配列も決定されることになる．さらにそのアミノ酸配列を，例えば DNA データバンクで検索し，既知遺伝子のデータとアミノ酸配列のレベルで照合して，部分的にでも有意な相同性を示すものが検出されれば，その ORF の機能までが推定できることになる．このほか ORF にコードされたアミノ酸配列は，そのなかから適当な一部を選んで人工的なペプチドを合成し，それに対する抗体を作製して遺伝子産物の探索にあてるなど，実験的にも広く利用されている．なお，未同定の ORF を特に URF（unidentified reading frame）と呼んで区別することもある．実際にアミノ酸配列をコードしている ORF 中の塩基に欠失や挿入が起こると読み枠がずれることにより*フレームシフト突然変異が起こる．（⇒uORF）

c **オペラント条件づけ**　[operant conditioning]　ある環境刺激の下で，個体が自発（emit）した随意的反応が，反応の結果生じた環境刺激の変化によって，その出現頻度や強度を変化させる連合学習の一型，またはその手続き．その反応出現のための必要条件を構成する環境刺激を弁別刺激（discriminative stimulus），自発された反応をオペラント（operant），反応に影響を及ぼした後続刺激を強化刺激（reinforcing stimulus）と呼ぶ．個体が随意的に制御可能な行動はオペラント行動と呼ばれ，環境刺激によって誘発（elicit）されるレスポンデント（respondent）行動，あるいは*反射行動から区別される（B. F. Skinner, 1938）．弁別刺激とオペラント反応と強化刺激の三者の組合せは三項目随伴性（three-term contingency）と呼ばれ，オペラント行動の単位である．発達した中枢神経系をもつ動物の行動の多くはオペラント行動である．オペラント行動の特徴は，その出現頻度が反応の結果に依存して変化することにある．個体がオペラントを自発した結果，個体にとって望ましい結果が得られた場合にはオペラント反応は強められ，望ましくない結果が得られた場合には弱められる．前者は強化，後者は罰と呼ばれる．個体は環境から良い結果を得るために，反応を道具的に用いているという見方ができるので，オペラント条件づけは道具的条件づけ（instrumental conditioning）とも呼ばれる．（⇒強化スケジュール）

d **オペレーター**　[operator]　遺伝子の*調節領域の一種で，特定の*リプレッサーとの相互作用により隣接する構造遺伝子（群）の mRNA 合成（mRNA synthesis）を制御する染色体上の部位．この領域に変異が起こると，負の制御物質であるリプレッサーが結合できなくなるため，そのオペレーターの支配下にある*オペロンの転写が起こり，オペロン内の酵素は構成的に合成されるようになる．このような変異をオペレーター構成性変異といい，構成性変異型オペレーター（o^c）は野生型オペレーター（o^+）に対して優性である．一般にオペレーターの変異は，その変異を起こした染色体上のオペロンにのみ効果を示すことから，特にシス優性という．オペレーター部分のヌクレオチド配列には，2 回転対称性がみられる場合が多い．

e **オペロン**　[operon]　もともとは，原核生物の遺伝子発現と調節の単位を指すが，現在では広く転写単位（⇒転写因子）と同義語的に用いる場合が多い．原核生物において，同一オペロンに属する遺伝子群は機能的に互いに関連しているものが多い．例えば，大腸菌のラクトース分解系のオペロン（*ラクトースオペロン）は，*β-ガラクトシダーゼ，ガラクトシド透過酵素，ガラクトシドアセチル基転移酵素のそれぞれの構造遺伝子 *lacZ*，*lacY*，*lacA*（慣用的にそれぞれ *z*，*y*，*a* と書かれる）からなり，*z* 遺伝子に隣接して*オペレーター（*o*）と*プロモーター（*p*）が存在している（図次頁）．調節遺伝子（*lacI*，*i*）の産物である*リプレッサーはこのオペレーター部分に特異的に結合することにより，ラクトースオペロンに対応する mRNA の合成を抑制する．そのため，上記の 3 酵素は一挙に生成しなくなる．次に特定の誘導物質（図の I）を与え，それがリプレッサーに結合するとリプレッサーは不活性化されオペレーターを離れるので，これらの 3 酵素は同調的に生成される（⇒誘導）．一方，物質の生合成に関与する酵素群の合成も，多くの場合オペロン単位で調節されている．例えば，大腸菌のトリプトファン合成系の五つの遺伝子はオペロンを形成し，これによってコリスミン酸からトリプトファンに至る 5 段階の反応に必要な酵素の合成量がトリプトファ

ンリプレッサーの作用によって同調的に調節されている.ただし,この場合はラクトースオペロンの場合と異なり,特定の物質(トリプトファン)を培地に加えることにより,アポリプレッサーとして存在していたトリプトファンリプレッサーが活性化されてオペレーターに結合することにより,酵素合成は*抑制される.遺伝子の形質発現は必ずしもオペレーターとリプレッサーによる負の制御ばかりではなく,アラビノースオペロン(arabinose operon)のようにプロモーターと正の制御物質によって調節される場合もある.(→オペロン説)

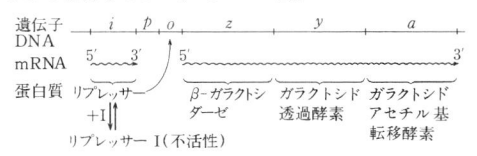

大腸菌のラクトースオペロンの調節.調節遺伝子(*i*)はこの場合構造遺伝子群に隣接しているが,一般には隣接しないことが多い

a **オペロン説** [operon theory] 《同》ジャコブ-モノのモデル(Jacob-Monod model).構造遺伝子が寿命の短い mRNA に転写されたのちにポリペプチドに翻訳されることを前提とする,原核生物における遺伝子発現調節のモデル.F. Jacob と J.L. Monod (1961) が提唱.このモデルによれば,一つの代謝経路に属する酵素群の構造遺伝子は,近接した遺伝子集団をつくることが多いが,それらは一つの*オペロンをなし,一続きの mRNA 上に一度に転写される.その mRNA の合成は,転写開始に関与する*オペレーター領域とそれと相互作用する*リプレッサーによって制御され,*同調的酵素合成が転写のレベルで制御される.このオペロン説は,その後の遺伝子発現制御の研究の礎となった.(→オペロン,→リプレッサー)

b **オミクス解析** [omics analysis] *ゲノム,*トランスクリプトーム,*プロテオームのように,生命現象をある共通の分子群からとらえ,それらすべてを枚挙的に調べる研究手法.

c **ω 酸化** [ω-oxidation] *脂肪酸がカルボキシル基とは反対側の末端,すなわち ω の位置でまず酸化されてジカルボン酸になってから,順次両端より β 酸化をうける酸化形式.C_8〜C_{12} の脂肪酸を動物に与えるとジカルボン酸が排出されることから示された.この酸化形式は肝臓*ミクロソームや細菌にもみられ,NADPH と分子状酸素を必要とし*シトクロム P450 および*非ヘム鉄硫黄蛋白質が反応に関与する.この反応は脂肪酸酸化の主な経路ではないが,部分的に起こることは認められる.(→β 酸化)

$$CH_3-CH_2-\cdots-CH_2-COOH$$
$$\downarrow \omega 酸化$$
$$HOOC-CH_2-\cdots-CH_2-COOH$$
$$\downarrow \beta 酸化$$
$$HOOC-CH_2-CO-\cdots-CO-CH_2-COOH$$

d **オモクロム** [ommochrome] トリプトファン代謝における最終産物.低分子でアルカリに弱いオマチン(ommatine)と高分子でアルカリに強いオミン(ommine)に大別され,前者ではキサントマチン(xanthommatine),ロドマチン(rhodommatine),オマチン D (ommatine D)が,後者ではオミン A ほか 4 種のものが分離されている.これらのうち,3-オキシキヌレニンの酸化によってキサントマチンが合成されフェノキサゾン誘導体と決定され,つづいてオマチン D はキサントマチンの硫酸塩であることがわかった.クラゲの眼,イムシの卵,昆虫類・甲殻類・頭足類の眼・皮膚・翅などに見出される.その名前は,主たる存在場所である個眼(ommatidium)に由来する.個眼においては感覚細胞を囲む色素細胞に含まれ,遮蔽色素(screening pigment)として入射光量の調節に働くとされる.キサントマチンは光によって還元され,またロドマチンは乳酸脱水素酵素の存在下で NAD^+ を還元するが,これらの酸化還元反応の生理学的意義は不明.この色素の形成過程はコナマダラメイガなどにおいて遺伝生化学的にかなり明らかにされている.

キサントマチンの酸化型(左)と還元型(右)

e **親子鑑定** [parentage diagnosis] 子供と,父または母とのあいだに生物学的な親子関係があるか否かを判別すること.ヒトにおいてしばしば起こるのは,母が既知で,父だけを鑑定する場合で,鑑定には主として遺伝学の原理を利用する.一般に親子鑑定は否定だけが確実である.方法としては,以前から血液型(ABO 式・MN 式・Rh など)が使われてきたが,現在では DNA 鑑定と呼ばれる,マイクロサテライト DNA 多型や SNP などを用いた解析が広く用いられている.ヒトに限らず,動物行動学でも DNA を用いた親子鑑定を行う研究が増えている.

f **親子の対立** [parent-offspring conflict] 動物の親子の間で利害が対立し,争いが起こること.R. Trivers (1974)の提唱した概念.特に子育て期間の終了期に顕著で,激しい攻撃行動が見られることもある.親は現在の*子の世話をすることによってその子の生存率を高めることができるが,同時に将来の子に対する投資能力は減少する.子育て期間が長引いて子がしだいに独立していくにつれて,子の受ける利益は減少するので,親は投資を減らしたり停止したりしようとする.このとき子は弟妹が受ける利益よりも自分が受ける利益を大きく評価するので,現在の子とその弟妹を同じように評価する親とは異なり,自分に対する投資をさらに継続させようとするため対立が生じる.

g **親による操作** [parental manipulation] 動物の親が,子の将来に関して一方的に影響を与えること.通常,親の*適応度を上げ,子の適応度を下げる場合を指す.子の産み方,子の性決定,養育期間の長さ,その間の投資量など,さまざまな方法で親は子を操作していると考えられる.

h **オーラ-エンゼン** O<small>RLA</small>-J<small>ENSEN</small>, Sigurd 1870〜1949 オランダの細菌学者,生理化学者.コペンハーゲンの王立工科大学の教授.生理的性質に基づく細菌の「自然」分類を提唱し,系統発生を重視した新命名法を細

菌の分類学に導入した．[主著] The lactic acid bacteria, 1919.

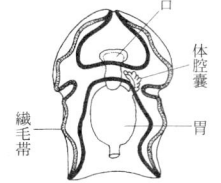

a **オーリクラリア** [auricularia] 《同》アウリクラリア．[1] 棘皮動物ナマコ類の浮遊幼生．体はヒトデ類の*ビピンナリアに似ているが，繊毛帯は1本の連続したもので，ほとんど突起状に突き出ていないこと，また後期には幼生骨片をもつことなどが異なる．発生が進むと，繊毛帯は複雑に離合して，5本の繊毛環をもつ樽形の*ドリオラリアとなる．つぎに5本の触手をもつ*ペンタクツラを経て変態を完了する．[2] 棘皮動物の有柄ウミユリ類（トリノアシなど）の幼生．非摂食型で，体の前後に2本の繊毛帯をもつ点でビピンナリアに似る．発生が進むとドリオラリアとなる．

b **オリゴ糖** [oligosaccharide] 《同》少糖．2個以上10個くらいまでの*単糖がグリコシド結合で結ばれた構造をもつ物質の総称．*多糖と対比されるが，単糖が20個前後結合されたものまでを指すこともあり，多糖との境界はあいまいである．単糖の数によって二糖（disaccharide）・三糖（trisaccharide）・四糖（tetrasaccharide）・五糖（pentasaccharide）・六糖（hexasaccharide）などに分類される．二糖については，一方の単糖の還元基と他方の糖のアルコール基とが結合した場合は，還元性の基に反応し，糖の検出に用いられる試薬であるフェーリング液（Fehling's solution）の還元や，変旋光，オゾン形成など単糖と共通した化学的性質を示すが（例：*マルトース，*ラクトース），単糖が還元基同士で結合した場合はそのような性質は示さない（例：*ショ糖，*トレハロース）．遊離状態で天然に存在する二糖としては，哺乳類のラクトース，菌類・昆虫体液などのトレハロース，植物のショ糖が代表的．これらは各生体のエネルギー源として，あるいは生体構成物質の合成素材として必要な糖質を貯蔵運搬するという重要な役目を担う．それぞれ特異的な糖転移酵素によって対応する糖ヌクレオチドから生合成される一方，やはり特異性の高い分解酵素によって加水分解や加リン酸分解を受けることが知られる．セロビオース（cellobiose）やマルトースもよく知られた二糖だが，これらはそれぞれセルロース，澱粉の酵素分解産物として得られる．遊離の三糖としては，リンドウ属（*Gentiana*）の根から見出されたゲンチアノース（gentianose），サトウキビをはじめ植物界に広く分布するラフィノース（raffinose），針葉樹類から分泌されるメレジトース（melezitose），オオバコ属（*Plantago*）の種子から単離されたプランテオース（planteose），人乳中のシアリルラクトース（sialyllactose）などがある．このほか，多糖の部分加水分解物としての三糖，例えばマルトトリオース（maltotriose）なども知られる．遊離の四糖としてはダイズ種子などに存在するスタキオース（stachyose）がある．上記のオリゴ糖はいずれも遊離上で存在し，それぞれ独特の機能を果たす．一方，天然のオリゴ糖の大部分は植物の*配糖体，動物の*糖蛋白質や*糖脂質など，より複雑な構造をもつ生体成分の構成因子として存在し，分子認識や細胞認識などの多様な機能に関与する．これら生体成分の分解過程に関与する異化

酵素は，それ自身重要な生理的意味をもつだけでなく，その高い特異性を利用して配糖体や多糖および複合糖質を部分分解するので，その生成物であるオリゴ糖の構造決定によって生体成分の構造と機能の関係を知るのに役立つ．

c **オリゴヌクレオチド** [oligonucleotide] 数十個程度までの少数の*ヌクレオチドがリン酸ジエステル結合で重合した化合物．核酸の酵素的分解の過程で中間的に形成される．化学的に合成したオリゴデオキシリボヌクレオチドは DNA 塩基配列の決定や*PCR 反応のプライマー，また特定塩基配列の検出のプローブとして利用される．

d **オリゴマイシン** [oligomycin] *Streptomyces* によって生産される抗生物質．A から F の6成分が報告されている．酸化的リン酸化のエネルギー転移阻害剤．*プロトンポンプ（H$^+$ATP アーゼ）の F_0 部分（H$^+$ を透過させる膜内部分）に結合して特異的に H$^+$ の輸送を阻害することにより ATP の合成・分解を阻害する．細菌の酸化的リン酸化は阻害されない．

オリゴマイシンA

e **オリーブ蝸牛束** [olivo-cochlear bundle] 脊椎動物の*内耳において，*有毛細胞の感受性を調節する遠心性神経繊維束．延髄上オリーブ核から同側性および交叉性に内耳神経中を逆走して内耳に至り，前庭・蝸牛の有毛細胞底部に遠心性シナプスを形成する．内耳の外有毛細胞は，この繊維束から直接神経支配を受け，基底膜の進行波による振動を増幅させて*蝸牛の感受性を調節するとされる．また，内有毛細胞とは直接シナプスをつくらないが，求心性神経繊維の軸索終末と抑制性シナプス結合をする．伝達物質はアセチルコリンである．*迷路前庭に対する同様の効果も見られる．これらの抑制作用は，末梢受容器における入門機構（gating mechanism）とも，また自己制御機構としての同様の機構とも考えられている．類似の遠心性抑制機構は魚類の*側線器官やアフリカツメガエルなどにも見られ，この場合も同様の機構と考えられており，シナプスは一般にアセチルコリン作動性といわれる．

f **オリンツス** 【1】[Olynthus] 海綿動物の最も単純な体制を示す仮定的な属名として E. H. Haeckel が 1870 年頃に提唱した名称．現在では用いられない．その*水溝系はアスコン型に相当．幼生が岩石などに定着した時期には，外側の皮層と内側の胃層との2層があるが，体壁に小孔を生じ胃層細胞の鞭毛が機能的になると，水流により幼生の頂端に大孔を生じ海綿の原型ができる．【2】[olynthus] 石灰海綿の個体発生の一段階．胞胚が着底後，大孔を開き，アスコン型の水溝系をそなえ摂餌を始めた微小な幼若体に進んだもの．

g **オルガニズマル説** [organismal theory] 器官の

a **オルシノール反応** ［orcinol reaction］ ペントースに対する Bial 反応を RNA の定量に応用したもの．代表的な Mejbaum 法 (Mejbaum method) では RNA に Mejbaum 試薬 (0.1% FeCl$_3$・6H$_2$O, 0.1% オルシノールを含む濃塩酸) を混合し，沸騰水中で加熱，急冷後生じた青緑色を 670 nm の吸収から定量する．この方法は RNA 中のプリン塩基と結合しているリボース部分に基づく呈色反応であるが，ピリミジン塩基を Br 化または Na アマルガムによる還元を行えば定量することができる．

b **オルドビス紀** ［Ordovician period］ *カンブリア紀に次ぐ約 4.8 億年前から 4.4 億年前に当たる*古生代の一紀．C. Lapworth (1879) の命名．前紀に引き続いて三葉虫が広く分布しているが，そのほかオウムガイ類が全盛期に入り，この分布によって当時の古地理区が論じられている．また黒色頁岩が広く発達するようになり，その中に含まれる*筆石類が重要な*示準化石として利用される．この紀の生物界で最も重大な出来事は，サンゴや層孔虫による礁性石灰岩の出現である．これは中期～後期オルドビス紀には，特にカナダ北部でよく発達している．この紀の最末期には南半球の*ゴンドワナ大陸に氷床が発達したことにより，汎世界的な寒冷化が引き起こされ，海洋生物への大きな絶滅事変が起きた．日本の最古の化石はこの時代を示す*コノドントである．

c **オルトミクソウイルス** ［Orthomyxoviridae］ 《同》オルソミクソウイルス．ウイルスの一科．*インフルエンザウイルスが含まれる．宿主細胞のムコ蛋白質を受容体として認識するために myxo (粘液，ムコの意) ウイルスと命名．後に*パラミクソウイルスと区別して，オルト (straight の意) ミクソと呼ばれる．ウイルス粒子は一般に直径 80～120 nm の球形で，ときにフィラメント形もある．*エンベロープ中にらせん状のヌクレオ*キャプシドが含まれる．ゲノムは，一鎖の一本鎖 RNA で，属により異なる数 (6～8 本) の分節からなる．RNA ポリメラーゼをもつ．インフルエンザウイルスは内部抗原 (NP 蛋白質と M1 蛋白質) の抗原性により，A, B, C の 3 型に分けられる．これらはそれぞれ別の属に分類される．エンベロープ蛋白質である*赤血球凝集素 (HA) と*ノイラミニダーゼ (NA) の変異がインフルエンザ流行の原因となる．他に，トゴトウイルス属とイサウイルス属が含まれる．

d **オルニチン** ［ornithine］ H$_2$NCH$_2$CH$_2$CH$_2$CH(NH$_2$)COOH 塩基性アミノ酸の一つ．蛋白質中には認められていないが，チロシジンやグラミシジン S などの抗菌性ペプチド中に存在し，またミヤマキケマンの根から δ-N-アセチルオルニチンが見出されている．アルギニンをアルカリあるいはアルギナーゼによって分解すると生ずる．*尿素回路の一員として尿素産生に関係し，代謝上重要な役割をもつ．生体内でアルギニンやグルタミン酸，プロリンと相互に変わりうるし，α-ケト酸やグリオキサル酸とアミノ基転移をする．オルニチン脱カルボキシル酵素によってアミン (プトレッシン) を生ずる．このアミンはさらにポリアミンにまで合成される．鳥類では安息香酸やフェニル酢酸などのそれぞれ 2 分子と抱合してオルニツール酸の形で解毒作用を示す．

e **オルニツール酸** ［ornithuric acid］ ⇒オルニチン

f **オルファクトメーター** ［olfactometer］ 嗅覚測定器のこと．Zwaardemaker 式といわれる装置が有名．これは図のような二重のガラス管で，外側管の内側に匂い物質が塗られてあり，内管の右端の折れ曲がったところを鼻孔に挿す．空気は左端から入る．内管を引き抜くにつれて，匂い物質の空気と触れる面が広くなる．イヌの嗅覚学習や，昆虫のフェロモンの測定のためなどに工夫された，空気の流量計をたくさん使った精密なものもある．しかしながら流出する空気中の匂い物質濃度を精密に調節してみても，吹出し管と受容部位との距離によって匂い物質濃度は変わるし，また空気の流速が嗅覚の場合問題になるので，刺激の精密な調節は極めて困難である．なお，Y 字形をした管を本体として，2 先端にそれぞれ異なる匂い物質 (食物) を置き，他端に昆虫などを入れ，その食物選好性を調べる装置もオルファクトメーターと呼ばれる．

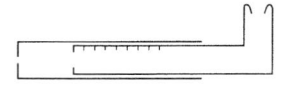

Zwaardemaker 式

g **オレイン酸** ［oleic acid］ 《同》cis-9-オクタデセン酸 (octadecenoic acid)．CH$_3$(CH$_2$)$_7$CH=CH(CH$_2$)$_7$COOH 炭素数 18 のモノエン直鎖状脂肪酸．自然界での分布は極めて広く，動植物油脂中に存在し，主要な*脂肪酸成分である．特にオリーブ油，サザンカ油，ツバキ油などに多く (80%) 含まれる．アルコール，アセトン，エーテル，ヘキサンに可溶，水に不溶．亜硝酸の作用で幾何異性体のエライジン酸 (elaidic acid, trans-9-オクタデセン酸) となる．動植物では*ステアリン酸の不飽和化によってオレイン酸が生成される．

h **オレキシン** ［orexin］ 《同》ヒポクレチン (hypocretin)．脳内において睡眠，覚醒，摂食などに関わるペプチド．ヒトの場合，33 アミノ酸からなるオレキシン A および 28 アミノ酸からなるオレキシン B の 2 種類が存在し，両者は同一の前駆体蛋白質 (プレプロオレキシン) から生じる．受容体は細胞膜上に存在する G 蛋白質共役型受容体 (⇌ロドプシンファミリー) であり，上記の 2 種類のオレキシンに対する親和性の異なる二つのサブタイプが存在する．視床下部外側野の一部の神経細胞 (オレキシンニューロン) において産生され，このニューロンは弓状核や腹内側核をはじめ脳内に広く投射している．オレキシンの脳内投与は摂食量を増加させ，オレキシンあるいはその受容体のノックアウトマウスでは，睡眠障害であるナルコレプシー様症状を呈する．また，ナルコレプシー患者の多くにおいてオレキシン量の低下やオレキシンニューロンの変性がみられる．

i **オーロン** ［aurone］ 《同》ベンザルクマラノン (benzalcoumaranon).*フラボノイド系植物*色素で五員環へ閉環したベンゾフラン型構造をもつ分子の総称.キク科,オオバコ科,カタバミ科などの花に含まれる色素で黄色を呈し,*液胞に存在する.古くは,アルカリや酸を用いた定性反応で規定された黄色色素群をアントクロール(anthochlor)と呼んでいたが,現在これはオーロン類とカルコン類であることがわかっている.1分子の p-クマロイル CoA と3分子のマロニル CoA からカルコン合成酵素により生合成される 4,2′,4′,6′-テトラヒドロキシカルコンがオーロン合成酵素により酸化および環化されてオーロンとなる.キンギョソウ(*Antirrhinum majus*)の花弁色素はオーレウシジンである.オーレウシジン合成酵素はポリフェノール酸化酵素(polyphenol oxidase, PPO)のホモログで,液胞内に存在することから,環化は液胞内で起きるものと考えられる.一方,キバナコスモス(*Cosmos sulphureus*)にはオーロン化合物であるスルフレインとカルコン化合物であるコレオプシンの両方が含まれる.

オーロン　　カルコン

オーレウシジン：R=H　　テトラヒドロキシカルコン：R_1=R_2=H
スルフレイン：R=Glc　　コレオプシン：R_1=OH, R_2=Glc

a **音響散乱層** [scattering layer] 音響測深器や魚群探知器など音響発生器により海洋に検出される反射層.物体や生物の群れ,密度の異なる水塊などが音波を反射する.このうち深層に検出される反射層を特に深層音響散乱層(deep scattering layer, DSL)と呼び,ハダカイワシ類やオキアミ類,遊泳性エビ類などの*マイクロネクトンで構成される.それらが*日周垂直移動を行い,昼は深層,夜は表層に分布する.したがって DSL の深さ,反射の強さは日周期的に変動する.

b **音源定位** [sound localization] 動物が聴覚に基づいて周囲の物体の位置と距離を推定する能力.自らが音を発声して生じる反響音(こだま)を利用する反響定位を含むが,一般的には受動的な音の知覚に基づいて音源(小動物などの餌)を定位すること.最も深く研究されている事例がメンフクロウの音源定位である.周波数帯域の広い音を発した物に対して頸部を旋回させて定位するが,持続時間が 50 ms 程度と短い音にも正確な定位を行う.この場合,音が鳴り終わった後で定位反応が開始することから,メンフクロウは音源の位置に関する作業記憶を脳内に形成していると考えられる.メンフクロウは水平方向・垂直方向いずれの方位にも正確に定位できるが,水平・垂直では用いる手がかりが異なる.水平方向の定位では左右の耳に届くわずかな両耳間時差が利用され,垂直方向では両耳の受け取る音の強度差が利用される.両耳間時差による定位は,メンフクロウに限らず多くの動物で行われている.他方,垂直方向の定位は,耳の位置が左右で異なるというメンフクロウに特有の構造による.ヒトを含む多くの動物では両耳の耳介の形態差や,積極的に頭を動かすことを利用して垂直方向の定位を行っている.両耳がとらえた音の信号は,聴覚経路で方位の情報へと統合され,最終的に中脳下丘の聴空間マップの上に表現される.

c **温室** [greenhouse] 寒期に露地では低温死を起こしたり,成長を停止したりする植物に成長を続けさせるため,あるいは花や蔬菜類の促成栽培するために,人工的に高い温度を与えられるように作った建物.ガラス張りで自然光を採り入れるものが多く,また,夏の温度上昇を防ぐために冷房装置の付いたものもある.(⇨バイオトロン)

d **温-湿度関係** [temperature-humidity relation] 気候の湿潤さを表す関係の一つ.湿度は蒸発あるいは蒸散に直接関係するため,生物の水関係にとっては降雨量そのものよりも重要である.横軸に湿度,縦軸に温度をとり,図で示したものを温湿図(temperature-humidity graph,クライモグラフ climograph)という.(⇨水関係)

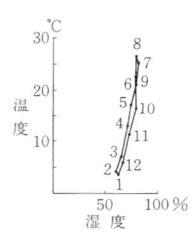

東京の温湿図

e **音受容** [phonoreception] 一般には聴覚に同じで,広義には振動覚すなわち振動受容(oscilloreception)も含める.

f **音受容器** [phonoreceptor] 《同》音受容器官,聴覚器(聴覚器官 auditory organ, auditory apparatus),聴受容器(auditory receptor).音受容の器官.広義の機械受容器に属するが,音受容機作の上から主として媒質粒子の振動運動に直接反応する*機械受容器と,上記運動の結果としての圧変化(音圧)を受容する*圧受容器との2型が区別される.[1] 脊椎動物の音受容器は,両生類以上では*内耳で,鼓膜を介した圧受容型である.その上方部は平衡器官である卵形嚢と半規管に,下方部は聴覚に関係した*球形嚢と*つぼに分化する.両生類以上では球形嚢の一部が音受容器として発達し,さらに鳥類や哺乳類ではこれらが一段と伸長かつ屈曲して*蝸牛を形成し,音の強さだけでなく調子の弁別をも伴い,聴覚の最高階段に到達する.音圧による鼓膜の振動は,中耳の耳小骨(鳥類以下では耳小柱)を介し前庭窓に伝えられ,内耳の外リンパ,ひいては内リンパや基底膜の振動に転化し,次いで有毛細胞の運動となる(⇨コルティ器官).外耳や耳介は羊膜類以上において気中生活と関連して発達するもので,聴力や音源への定位(方向弁別)能力を増大させる.一部の硬骨魚類では水と体物質の密度差の少ないことから,水中の音振動は直接に頭蓋の側壁から球形嚢へ(⇨骨伝導),また骨鰾類の場合には,*鰾(うきぶくろ)からウェーバー器官を経て球形嚢に伝達されるため,外耳・中耳を必要としない.水生動物に見られる側線器は内耳の原器とみなされ,低周波音に対して応答が見られる.[2] 無脊椎動物では,節足動物一般の触毛(聴毛ともいう.例:ゴキブリの尾葉上の毛)のほか,昆虫類の*弦音器官(例:フサカ幼虫の腹部)や*ジョンストン器官(例:ヤブカの触角)などがある.これらは運動受容型とされ,実際に音刺激への反応が証明されるが,しばしば極度の低周波振動や気流をも感受し,単な

る触覚ないし振動覚器官とのちがいは不明瞭である．これに対し圧受容型は，可聴域の音に特有な感覚興奮をもたらす真正音受容器とみなされるもので，一般に構造も比較的複雑である．昆虫類の*鼓膜器官はこれに属し，音圧によって振動する鼓膜の介在をその特徴とする．バッタやセミでは，鼓膜の振動は直接これに連絡した一次感覚細胞を刺激し，コオロギやキリギリスの鼓膜器官(脛節器官 tibial organ ともいう)では，いったん気嚢内の空気に伝達されたうえで感覚細胞に達する．鼓膜器官の位置が脊椎動物の耳とは異なり腹部(バッタ)や前肢(キリギリス)などつねに頭部以外の諸体部であることは，それらが弦音器官から由来することと関係があると思われる．

a **温泉生物** [hot-spring organism] 温泉(一般的には水温50℃以上)に生息する生物．原核生物と原生生物がほとんどで，87.5℃の場所にも生息する *Phormidium laminosum* や85℃のユレモの一種などの*藍色細菌は典型例であり，根足虫類や繊毛虫類などにも50〜55℃の水中に生息するものがある．多細胞動物は少ないが，輪虫類，甲殻類，双翅類，貝類などに，比較的高温水中に生息するものがある．(⇌熱死)

b **温帯** [temperate zone] *気候帯の一つで，*熱帯と*寒帯の中間の地域．寒帯との境界は*森林限界なので相観的にも明確で，また気候条件も年平均気温0℃，最暖月平均気温10℃などの指標で明確になっている．一方熱帯との移行部は，連続した森林であったり，乾燥気候に接しているため境界をどこに設定するかについては問題が多い．特に湿潤東アジアでは，森林帯の区分と関連するので諸説がある．また，気候条件についても年較差の小さい熱帯から大きい温帯への区分をどこに設定するか，議論が分かれる．年平均気温を使った区分でみると 20℃，18℃以下など，最寒月平均気温では 20℃，18℃，13℃以下などの考え方がある．日本付近では年平均気温で18〜0℃までを温帯とするのが異論が少ない．ケッペンの気候区(⇌気候区)では暖温帯多雨気候(7 の一部)と寒冷北方林気候(8 の一部)に対応する．日本でよく用いられる*暖かさの指数(℃・月)では180〜45までを温帯とし，中間の85で南の暖温帯(warm-temperate zone)と北の冷温帯(cool-temperate zone, nemoral zone)に二分している．北は亜寒帯(subarctic zone)としている．しかし，日本で亜寒帯といっているのは，世界的には，寒温帯(cold-temperate zone)ないし北方帯(boreal zone)と呼ぶものに相当し，温帯の最も北側の部分とされる．そうなると温量指数 15 までが温帯になる．以上をまとめると温帯域は三つに細分され，年平均気温21〜13℃(暖かさの指数180〜85)は暖温帯で常緑広葉樹林，13〜6℃(同85〜45)は冷温帯で落葉樹林，6〜0℃(同45〜15)は寒温帯(北方帯)で針葉樹林となる．

c **温度覚** [temperature sense] 温度刺激の受容によって起こる感覚．一般に皮膚感覚の一種として存在する．温度受容器が未詳の動物種も多い．変温動物では温度走性を介して最適温度(選好温度)の場所へ移動させ，恒温動物では体温調節機構において重要な役割を担う．昆虫においては走性の解発に気温や地面の温度よりも放射熱を有効とするもの(ハナアブムシやコオロギ)が多いが，反対に気温を第一とするもの(ケジラミ)もある．温度覚にはしばしば*ウェーバー–フェヒナーの法則が適用されず，刺激効果または感覚の量が直接に刺激温度に依存する．例えば脊髄ガエルの熱刺激に対する防御反射は順応温度に無関係に常に45℃で解発されるが，その理由はまだわかっていない．温度受容能力は一般に動物の全体表に分布するが，部位により粗密の程度が異なる場合がある．ヒトの温度覚は，口腔，鼻腔，咽喉，食道，胃，肛門などの粘膜にもそなわる．一般に脊椎動物では，温刺激に対する温覚(sense of warmth)と冷刺激に対する冷覚(sense of cold)とが分化しており，感覚点すなわち温度点が温点(warm spot)と冷点(cold spot)とに区別されるが，一定温度以上では冷点までも興奮する現象が知られている．(⇌矛盾冷感)．冷点は温点に比べて数が多い(皮膚面1 cm² 当たり冷点6〜23，温点0〜3．⇌温度受容器)．身体の孔口部付近の皮膚や粘膜，乳頭，眼などは温度覚が特に鋭敏で，指は(触覚と反対に)鈍い．結膜，角膜縁，陰茎亀頭にはほとんど冷覚だけが発達する．温度覚においては，通常，皮膚温度との±(0.2〜0.3)℃の差が刺激閾(正ならば温感閾，負ならば冷感閾)となる．温度変化の速度も一定以上であることを要する．ヒトの温冷感覚は順応が著しく，16〜40℃の範囲内の刺激温度では約3秒で無感となる．ただし感覚神経(温繊維や冷繊維)の応答は完全には消失することなく，皮膚の温度値に相応した頻度準位に落ち着き，このようにして体温調節反射を常時保持する．マムシ亜科のヘビは顔面に*赤外線受容器をもち，赤外線(赤熱線)に敏感に反応する．

d **温度感受性突然変異体** [temperature-sensitive mutant] ある限られた温度範囲内だけで野生型と異なる表現型を示す変異体．これらの中には，ある温度以上で野生型と異なる表現型を示す高温感受性突然変異体と，ある温度以下で野生型と異なる表現型を示す低温感受性突然変異体(cold-sensitive mutant)とがある．一般に高温感受性突然変異体の場合，変異した遺伝子の産物である特定の蛋白質または RNA がある温度以上で不安定となり，本来の機能を失う結果，その表現型が高温感受性となる．またその変異を起こした遺伝子が生育・増殖などに不可欠である場合には，*条件致死突然変異体となる．低温感受性突然変異体は，条件致死突然変異体として分離されることが多く，その場合，中温〜高温では正常に増殖するが，低温では増殖できない．ウイルス，細菌，カビ，酵母や培養細胞などで研究が進められており，実験的には，これらの変異体は培養温度のみを変えることにより野生型から変異型への表現型の変化を経時的に調べることができ，生体内での遺伝子の機能解析に有効である．

e **温度係数** [temperature coefficient] 生物学的過程に関する反応の速度定数を k とするとき，$(\Delta k/\Delta T)/k$ をいう．Δk はわずかな温度上昇 ΔT にともなう k の増加量．10℃の温度上昇にともなう k の値の変化を*Q_{10} というが，この Q_{10} を温度係数と呼ぶことがある．より一般的には k と絶対温度 T との間に

$$k = A \exp(-\mu/RT)$$

あるいは

$$\frac{d \ln k}{dT} = \frac{\mu}{RT^2}$$

の関係，すなわちアレニウスの式が成立することがしばしば見られる．A は頻度因子，μ は活性化エネルギー(activation energy)，R は気体定数．その場合，*アレ

ニウスプロット(横軸:$1/T$, 縦軸:$\ln k$)をとると一次の回帰直線が得られる．(→温度-反応速度関係)

a **温度受容器** [thermal receptor, thermoreceptor] 温度刺激受容性の終末装置の一つ．温度覚をなかだちする．主として皮膚受容器として存在するとみられる．[1] 脊椎動物では一般に皮膚内の自由神経終末であるとみなされる．ヒトではルッフィーニ小体(Ruffini's body)が温受容器(warmth receptor, 温度官 独 Wärmeorgan), *クラウゼの終末棍状体が冷受容器(cold receptor, 冷度官 独 Kälteorgan)と推定されている．前者は大形で樹枝状の自由神経終末で，皮膚の比較的深部($300\,\mu m$ 余)に位置し，後者は終末棍状の構造で，より表在性である．それぞれ温点・冷点の位置に相当する．冷覚の極めて鋭敏な乳房部位にはクラウゼの終末棍状体が特に豊富である．魚類の側線器は温度刺激にも感じることが知られており，アブラハヤやナマズなどでの学習実験は，温・冷の両受容器が全体表面に分布して存在することを示す．カエルでも全体表面に温点・冷点が分布するが，特に頭部に稠密である．*赤外線受容器としてよく研究されたものにマムシ亜科ならびにボア科のヘビがもつ孔器があり，これらは三叉神経によって支配され，温度情報は独自の中継核群によって*視蓋へと伝えられる．[2] 節足動物ではクチクラの細孔中へ突起を伸ばした一次感覚細胞とされる．一般に付属肢が温度刺激に鋭敏であり，ここに温度受容器が特に多く存在するか，もしくは特に敏感なものが存在すると推定される．バッタのように全身一様に温度受容性を示す例もあるが，シラミ，ナンキンムシ，ナナフシなどでは触角が，コオロギでは前肢や口器が，温度覚の器官である．これらは主として高温を感ずる．昆虫以外の無脊椎動物では温度受容能のこのような局在の例はほとんどない．

b **温度順化** [temperature acclimation, thermal acclimation] 〔同〕温度順応．環境温度が変わったとき，生物の諸特性が新しい環境温度のもとでの生存・繁殖に適するようにしだいに変化する現象で，生物個体の一生のあいだに生じる非遺伝的な変異．温度順化は現象面から，極端な高・低温に対する抵抗性が変わる抵抗性適応(resistance adaptation)と，通常の生存温度域において種々の生理過程や反応の速さの温度依存性が変化する能力適応(capacity adaptation)とに分けることができる．動物の環境温度が変わると，その熱抵抗および冷抵抗性は徐々に変化し，新しい環境温度に相当する水準に達する．キンギョでは水温を3℃ 高めて飼育すると致死高温は1℃，致死低温は2℃ 上昇する．変化ははじめ急で，しだいにゆるやかになる時間的経過をたどる．新しい水準に達する，すなわち順化が完了するために要する時間は数日ないし数十日で，種により，また順化温度その他の条件によって差がある．変温動物の能力適応は基本的には*代謝-温度曲線の移動としてとらえられる．低温に順化させるとこの曲線は低温の方に移動するのが一般的である．同時に種々の生理過程や反応の速さの温度曲線も低温側に移動し，その結果，外温の降下による活動性の低下に対する補償(compensation)がなされる．温度順化は個体レベルだけでなく，細胞，酵素や脂質など分子レベルにも見られる．恒温動物の温度順化は本質的に体温調節能力の変化によって示される．低温に順化した動物は*産熱，特に*非ふるえ産熱の能力が増し，より低い外温においても体温を保つことができる．植物においても種々の遺伝子発現の変化を伴う順化メカニズムが知られている．

c **温度耐性** [temperature tolerance, temperature resistance] 生物が高温や低温など，成育に適した温度とは異なる温度に耐える性質．高温に耐える性質を耐熱性(高温耐性 heat tolerance, heat resistance)という．低温に耐える性質を耐寒性(低温耐性 cold tolerance, cold resistance)という．また，適応温度域が狭く，わずかな温度変化でも障害を受ける性質を狭温性(stenothermal)，適応温度域が広い性質を広温性(eurythermal)という．耐えられる臨界温度は種によって大きく異なる(→凍死，→熱死)．一般に暑熱地に生息する生物は寒冷地に生息するものに比べて高い耐熱性を示す．単細胞の藻類には70℃ 以上の温泉に見出されるものがあり(→温泉生物)，好熱性細菌には100℃ 以上の高温に耐えるものまである．動物の致死温度はほとんどの場合50℃ を超えないが，例外もあり，*クリプトビオシスに入った生物には100℃ 以上の高温に耐えられるものがある．生物は一般に乾熱に強く湿熱に弱いが，昆虫など陸生の無脊椎動物では，逆に乾熱による脱水が致死的な場合が多い．氷点下の極地の海に住む硬骨魚類には高温致死温度が10℃ 以下のものもある．恒温動物は，高温環境下では*発汗や*あえぎ呼吸といった水の蒸発を利用した放熱に依存している．したがって湿度が高いほど体温の調節が困難になる．一方，一般に寒冷地に生息する生物は暑熱地に生息する生物に比べて高い耐寒性を示す．外温生物における低温耐性は通常，低温を氷点以上と以下とに分けて研究する．それは生物の受ける障害の機構が両者で異なるためであり，後者はさらに*耐凍性と*凍結回避(あるいは非耐凍性)とに分ける．高温耐性と同様に，クリプトビオシスに入った生物は液体窒素中での保存にも耐えられるような驚異的な低温耐性を示す場合がある．恒温動物では，冬眠状態を除き，産熱が熱発散に追いつかなくなると体温低下が起こり，体温が一定以下になると生理的障害が生じ凍死する．また，夏は高温に強く低温に弱い，冬は高温に弱く低温に強いといった，温度耐性の季節変化が見られることも多い．(→温度順化)

d **温度-反応速度関係** [temperature-reaction rate relation] 生物反応における速度と温度の関係．一般に，低温部では温度とともに反応速度の上昇がしだいに急になるが，高温になるとやがて上昇の度合が鈍り，ついには逆に下降しはじめるというかたちをとる．このような反応速度の温度依存性(temperature dependence)を関数関係によって記述しようという試みが古くからなされてきた．反応速度が上昇する温度領域については，速度を温度の指数関数とみなすことが行われていた(P. E. M. Berthelot)が，S. A. Arrhenius (1889) は，$k=A\exp(-\mu/RT)$ が成立する場合が多いことを見出した．k は絶対温度 T における反応速度，A は頻度因子，μ は*活性化エネルギー，R は気体定数．この関係を，アレニウスの式(Arrhenius equation)あるいは μ の法則(law of μ)と呼ぶ．10℃ の温度差に対する反応速度の比率を*Q_{10} と呼び，温度依存性の指標とすることがある．Q_{10} の値は測定温度範囲によって変化するので厳密な指標とはいえないが，簡便であるので同じ温度範囲について比較する場合などに広く使われている．生体の複合過程では全体を律速する段階の性質によって全体としての温度依存性が変化する．化学的な反応を含む生物学的過程で

は Q_{10} の値は2〜3であることが多い．一方，物理的過程や光化学反応を含む生物学的過程の中には光合成や視覚の初期過程など温度依存性が小さい（Q_{10} 値1〜2）ことがある．ある温度を境にして律速段階が変化することがあると，それにともなって活性化エネルギーが変化し，アレニウスプロット（⇨活性化エネルギー）に折曲りがみられるようになる．高温領域で反応速度が下降しはじめる原因は，多くの場合，酵素やその他の機能性生体高分子の高次構造変化にともなう失活であると考えられる．

a **温度要因** [temperature factor, thermal factor] 生物の生命活動のそれぞれにかかわる熱要因の総称で，特に環境を構成する気候要因の一つとしての温度．温度と共に時間的要素も密接なかかわりがある．一般の化学反応と同様に生体内の化学反応の速度は温度の上昇に伴って増大（呼吸作用では Q_{10}=2〜3，光合成では Q_{10}=1〜2）するが，原形質や酵素の蛋白質は温度の上昇で変性し，極端な温度では低温死（凍死）および高温死（熱死）が起こるなど，それぞれ至適温度（optimal temperature）がある．温度要因は気候帯（熱帯・温帯・寒帯）・分布帯・生活形・生物生産・現存量を決定する重要因であり，冬眠・落葉・鳥の渡りなどの原因となり，産卵・発生・開花・結実などにも影響が大きい．（⇨有効積算温度）

カ

a **下-** [infra-] 生物分類のリンネ式階層分類体系において，綱や目などの*階級名に付加して，もとの階級より下位に位置することを表す接頭語．動物にのみ適用される．*上-と対置される．ただし，もとの階級に*亜-のついた階級が設けられているなら，下-のついた階級はさらにその下に位置づけられる．例えば下目(infra-order)は亜目(suborder)の下位置となる．

b **科** [family ラ familia] [1] 生物分類のリンネ式階層分類体系の基本階級(⇒階級)のなかで，目と属の間におかれる階級，もしくはその階級にある*タクソン．学名は大文字で始まる一語名で表記し，タイプ属(⇒担名タイプ)の学名の語幹に動物では-idae を，植物や原核生物では-aceae を付して示すことが*命名規約で定められている．[2] 植物生態学においては，family は族を表す．(⇒ファミリー)

c **界** [kingdom ラ regnum] 生物分類のリンネ式階層分類体系の基本階級(⇒階級)において，最高位におかれる階級，もしくはその階級にある*タクソン．なお，原核生物の現行命名規約では，界という名称はドメイン(下記参照)に置き換えられている．学名は大文字で始まる一語名で表記する．C. von Linné は，地球上の全生物を動物界(Animale) と植物界(Vegitabile) に分けた(生物二界説)．その後，単細胞生物と多細胞生物，あるいは原核生物と真核生物が区別されるにしたがって，界に分類されるタクソンの数は増加し，1970 年代以降は，R. H. Whittaker と L. Margulis の提唱する生物五界説が広く支持され普及した．五界とは，モネラ界(Monera)，原生生物界(Protista)，植物界(Plantae)，菌界(Fungi)，動物界(Animalia) である．現在では，分子系統学的解析に基づいて，界の上位にドメイン(domain) という補助的階級を設けて生物を 3 大別し，その下に 10 以上の界を認める体系が受け入れられつつある．(⇒付録：生物分類表)

d **カイアニエロの方程式** [Caianiello's equation] 脳の基本的な働きを記述する，二変数の方程式．E. R. Caianiello(1961) の提唱．(1) 神経方程式：*マッカロ-ピッツの神経モデルを変更したもの．(2) 記憶方程式：シナプスの伝達効率の変化に基づく神経網の自己組織の過程を表すもの．前者は比較的短い時間内に生起する現象を記述するのに対して，後者は比較的ゆっくりした変化を記述するものなので，この二つは一応分離して考えることができる．

e **外衣-内体説** [tunica-corpus theory] 《同》トゥニカ-コルプス説．シュート頂の*分裂組織は外衣(tunica，または鞘層)と内体(corpus) との二つの部分から構成されるという説．A. Schmidt(1924) が被子植物のシュート頂を組織学的に研究して提唱した．外衣は*シュート頂分裂組織の外側をおおう 1 ないし数層の細胞層からなり，垂層分裂を繰り返して表面の増大を行う部分．内体は外衣におおわれたシュート頂分裂組織の内部を構成し，並層分裂・垂層分裂・斜分裂など各方向の面で細胞分裂が行われる部分．この両部分が葉や茎の発生に演ずる役割の様式は植物によってかなり相違がある．双子葉類では，外衣第一層は常に垂層分裂だけを示すが，第二層以下は葉の原基が現れる位置では並層分裂も行う．外衣・内体という二つの部分の区分は植物体内に分化するいろいろの器官・組織の由来関係を全く含んでいない．外衣層を 1〜2 層もつ植物が最も多く，3〜4 層のものは比較的少ない．以前は，*原組織説がシュート頂分裂組織構造の研究に用いられてきたが，その固定的な見方に無理があったため，この説の方が多くの解剖学者から強く支持された．その後の研究によって外衣と内体との間に多少独立性を否定するような事実が認められてきているが，シュート頂分裂組織の構造や成長形の記載に有益であるため，この説は今日なお，多くの解剖学者によって支持されている．

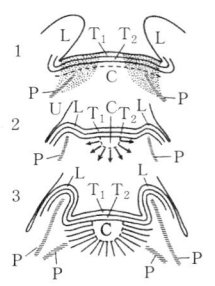

ホルトソウシュート頂の縦断面模式図(1,2,3 は発生過程の順) T₁ 外衣第一層 T₂ 外衣第二層 C 内体 P 前形成層 L 葉原基 [矢印は，内体の成長方向を示す]

f **外因性リズム** [exogenous rhythm] ⇒生物リズム

g **外温性** [ectothermy] 動物の体温がもっぱら環境から得る熱エネルギーによって決定される状態もしくは特性．*内温性と対する．このような状態をとる動物を外温動物(ectotherm) という．動物の体温は体内での*産熱と，個体と環境との間の熱の出入との平衡の上に成立するが，*変温動物のうち，産熱量が小さく，体が比較的小さい上に体殻部の熱伝導率の大きい種では，代謝によって体内に生じた熱は速やかに外界に放出されるためにその体温は外界より吸収する熱と水の蒸発によって体外に失われる熱によって定まる．一般に小形で活動性の低い動物は外温性の状態にあると考えられる．特に水生の小動物の体温は，常に水温に等しいとみなすことができる．

h **蓋果** [pyxis, pyxidium] 果実が成熟すると果皮の横腹に水平に切れ目を生じ，帽子状に上部が離れて裂開する*蒴果の一種．スベリヒユ，ゴキヅル，ルリハコベ，オオバコなどにみられる．

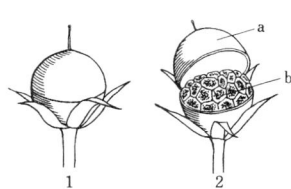

1 完成したスベリヒユの蓋果
2 a は脱落した上部 b は種子

i **貝殻** [shell] [1] 軟体動物において，軟体を包み

保護する無機質の分泌形成物. 二枚貝類では左右2枚, 巻貝類ではらせん形管状のもの1個, 掘足(ほりあし)類では上端に開口のある角笛形. 無機塩類95%(大部分が炭酸カルシウムで, リン酸カルシウム1～2%, 炭酸マグネシウム0.5%以下)と蛋白質性のコンキオリンからなる. 最外部は薄い殻皮層(shell epidermis, 殻皮, 外殻層)に覆われ, 次に殻質層(ostracum, 稜柱層 prismatic layer, 角柱層)があり, 最内部すなわち*外套の膜表面に接して殻下層(hypostracum, 真珠層 mother of pearl layer, nacreous layer)がある. 外套膜の端にある肥厚部が殻皮層を, その内方の部分が殻質層を分泌し, 殻下層は外套膜の全表面から作られる. [2] ＝殻

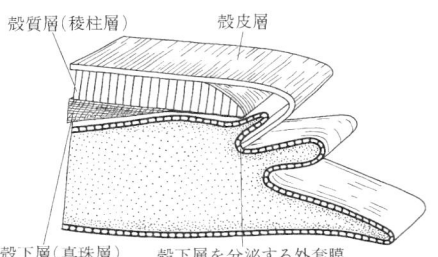

a **貝殻腺** [shell gland] 〚同〛殻腺. 軟体動物の*トロコフォア幼生において, *貝殻を分泌する部分. 多くの場合背部外胚葉が陥入した後再び扁平化して形成され, 体表を覆う貝殻を分泌する. ただし, 頭足類ではトロコフォア幼生を通らないため, 胚に貝殻嚢(shell sac)が生じ, それに包まれたかたちで貝殻が形成される.

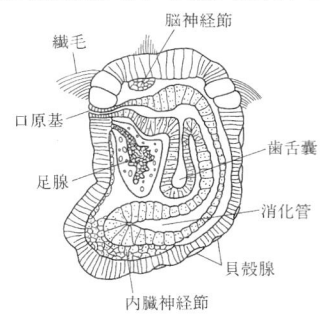

b **貝殻帯** [shell zone] 湖沼の亜沿岸帯(沿岸帯と深底帯との推移帯)の下部で, 貝類の死骸やその破片が多量に堆積している場所のこと. ヨーロッパや北アメリカの湖沼ではよく発達するが, 日本の湖沼には顕著なものがない. 海でも潮流の速い海峡部周辺に, これに相当する貝殻堆積帯の見られることがある. (⇒エコトーン, ⇒遺骸群集)

c **海果類** [Carpoids] *カンブリア紀中期から*デボン紀初期に生存した棘皮動物に属する化石動物. E.H. Haeckelの命名. 萼は不規則な多くの多角板におおわれ, 前端近くに口と肛門がある. 柄の上部は中空で伸縮する. 小さな歩帯溝のあるものもあるが, 指枝はない. 棘皮動物ではなく原始的な脊索動物とする説もある. (⇒石灰索類)

d **海岸荒原** [coastal desert ラ littoral deserta] 海の近くの砂丘などで, 土壌の移動, 土壌有効水分の不足や塩風の影響で特殊な植物だけがまばらに生えている荒原. 地下水および土壌水分中のCl含量は意外に少ない場合が多い. コウボウムギ・コウボウシバ・ハマニガナ・ハマヒルガオ・ハマエンドウ・ハマボウフウなど地下部のよく発達している植物や, メヒシバ・ビロードテンツキ・オニシバのような根の浅い植物などの*乾生植物が生えている.

e **外眼神経群** [ocular muscle nerves] 脊椎動物の脳神経のうち, 眼に付随した外眼筋(extrinsic ocular muscles)を支配する三つの神経, 動眼神経(第三脳神経 oculomotor nerve), 滑車神経(第四脳神経 trochlear nerve), 外転神経(第六脳神経 abducent nerve)を指す. 体性運動性の神経として脊髄神経の腹根に似る. 動眼神経の起始核は中脳の腹側部にあり大脳脚の内側から脳を出る. 体性運動繊維と内臓性運動繊維とを含む混合神経で, 前者は眼球の上直筋, 内側直筋, 下直筋, 下斜筋および上眼瞼挙筋を支配し, 後者は眼窩内にある毛様体神経節(ganglion ciliare)を経由して毛様体と虹彩の平滑筋を支配する. 滑車神経の起始核は後脳にあり, 体性運動繊維だけからなる. 眼球の上斜筋を支配し, その神経根は脳幹内を背側に向かい, 中脳後方の菱形縫で交叉する点が他の神経と異なる. 外転神経の起始核は延髄前部の正中線付近にあり, 眼球を外転させる外側直筋と眼球牽引筋とを支配する.

f **海岸林** [maritime forest] 海岸に発達する砂生・岩生あるいは塩生の木本植物の群落を指す一般的な語. 主な構成種はアジア東南部やオーストラリアでは *Barringtonia, Hibiscus, Casuarina, Pandanus* など, インド西部では *Coccoloba uvifera*, 日本ではクロマツ, アカマツ, トベラ, シャリンバイなどである. クロマツは暖温帯の海岸に多く, 特に防潮林として植栽される. アカマツは温帯の海岸に育つが直接潮風を受けるところには生育できない.

g **回帰神経** [recurrent nerve ラ nervus recurrens] 昆虫類の脳下面にある不対の神経. 脳前方の前額神経節に発し, 食道背面に沿って後方へ走り, 脳の下後方にある脳下神経節(hypocerebral ganglion)に至る. ここからは内臓神経となって, 消化管や大動脈に分布し, いわゆる交感神経系を形成する. また脳下神経節においては*側心体との連絡がある. 口器その他, 運動器官への分布もある.

h **回帰性** [homing ability] 〚同〛帰巣性. 動物がその生息地や産卵・育児のための巣などから遠く離れても, それらの位置を知って戻ってくる能力. ミツバチ・アリなどの*社会性昆虫, デンショバトやツバメのような*渡り鳥, サケ・マスなど産卵のために孵化発育した河川に戻る魚類にその典型が見られる. 帰巣の能力が何に基づくかは, はっきりわかっていない場合も多いが, 太陽の位置などに対する生得的な, 経験を必要としない反応(帰巣本能といわれることもある)や, 視覚などを通しての記憶を利用した空間定位がその原因の一部である. 例えばデンショバトは, 訓練されるに従い自分の巣のまわりの目印を*学習し, 未知の場所で放たれると上空に飛び上がり旋回運動をしつつしだいにその半径を拡大し, そのうち既知の目印を見つけて定位し, その方をめざしてまっしぐらに飛ぶ. また, 地磁気の伏角成分を南北方向の認知に利用するとも考えられている. 飼イヌや飼ネ

コが100 kmもの遠方から帰るといわれるのは，おそらく偶然的な例だけが報告されていると考えられる．またサケ属の魚の場合は川で生まれ海に下り，十分に成熟すると再び川を遡って中流ないし上流の川床で産卵する．この場合，個体は自分の生まれた川の匂い（化学物質の組成）を覚えていて，大部分のものが自分の生まれた川へ帰ってくる（*母川回帰）．なお，生体組織間の細胞の循環的な移動についていう場合もある．(⇒ホーミング)

a **階級** [rank, category]《同》分類階級．生物分類のリンネ式階層分類における*タクソンの階層的位置．タクソンはそれぞれ相応の階級に位置づけられ，下位の階級のタクソンは上位のタクソンに順次包含される．例えば科という階級のヒト科というタクソンは，目という階級の霊長目（サル目）というタクソンに含まれる．各階級にはそれぞれ固有の名称が与えられており，下位から上位に向かって，種，属，科，目，綱，門，界の7基本階級（国際藻類・菌類・植物命名規約では一次ランクという）が用いられる．これでは足りない場合，必要に応じて階級を補助的に増やすことができ，例えば，動物では，綱と目の間のコホート（区），科と属の間の族，植物では科と属の間の連，属と種の間の節や列，種よりも下位の変種や品種がそれである（植物ではこれら補助的階級を二次ランクという）．さらに，動物ではそれぞれの階級名に上-，下-，亜-，また植物では亜-という接頭語を付けて階層を細分する．(⇒タクソン，⇒カテゴリー，⇒付録:分類階級表)

b **外群比較** [outgroup comparison] 系統推定における，対象生物群（内群 ingroup）に対して最も近縁であると仮定される種または種群（外群 outgroup）との比較に基づいた形質極性（*極性[2]）の決定法．外群を解析に含めることにより，内群根（内群系統樹全体の共通祖先）の位置を決めることができる．*分岐学の初期の理論では，まず初めに外群のもつ*形質状態に基づいて内群の形質状態の極性すなわち原始的形質状態と派生的形質状態の判定を行う．次に，あらかじめ判定された形質の極性に基づいて，派生的形質状態を共有する種を単系統群としてまとめる（⇒単系統，⇒共有原始形質，⇒共有派生形質）．外群比較の論理的根拠は*最節約原理と呼ばれるもので，内群根に連なる枝での仮想的形質状態（内群での極性判別の規準）を外群の形質分布から最節約的に推定しているからである．W. P. Maddison, M. J. Donoghue & D. R. Maddison (1984) と D. L. Swofford & W. P. Maddison (1987) は，外群比較に基づく内群の系統推定が，内群と外群をあわせた群に対する極性判定を行わない最節約的な系統推定と論理的に等価であることを証明した．したがって，特に*制限酵素の切断部位や核酸の塩基配列など極性判定が困難な分子データからも分岐分類学に基づく最節約系統推定が可能になった．なお，それがある内群に対する外群であるかどうかは，さらに高次の系統の中で検証すればよいから，外群を前提とする系統推定は論理循環（トートロジー）ではない．(⇒分岐分類学)

c **塊茎** [tuber] 一部分が肥大成長し，かつそこに多量の貯蔵物質（ジャガイモでは澱粉，キクイモではイヌリン）を蓄積した特殊な*地下茎．地上部が毎年枯れる多年生草本植物の越夂休眠器官の一つで，*栄養繁殖器官ともなっている．走出根茎の先に形成されることが多く，葉序の配列どおりに定芽あるいは*鱗片葉が見られることや維管束の配列から，根と明らかに区別できる．塊茎を幾つかの小片に切っても，芽があればそれぞれ完全な個体に発育する．

d **貝形虫類** [Ostracoda]《同》オストラコーダ，介形虫類，貝虫類，カイミジンコ．節足動物・甲殻類の一分類群．二枚貝のように体全体を覆う左右に分かれた背甲で特徴づけられる．背甲は脱皮ごとに更新され，付加的に残されることはない．特に海生種では，背甲に炭酸カルシウムを多く含む分類群が多く，これが化石として多産する．最も古い化石記録は*オルドビス紀（約4.8億年前）まで遡る．*カンブリア紀にも貝形虫類とされる化石が報告されているが，議論が分かれている．体サイズは成体で0.2 mm程度から30 mm程度までと幅広いが，多くの種の体サイズは概ね1 mm以下．現生種は約8000種，未記載種を含めると2万種を超えるとされ，化石種をも含めると，3万3000種程度と見積もられる．現生種についてはMyodocopaとPodocopaに大別され，各々に二つ(Myodocopida, Halocyprida)と三つ(Platycopida, Podocopida, Palaeocopida)の下位分類群をおく分類体系が一般的に受け入れられている．化石の場合は，さらにLeperditiocopida（亜綱はLeperditiocopa）を含めて三大分類群とする場合が多い．貝形虫類は背甲にも性差が現れるが，*シルル紀の地層(4億2500万年前)からは，交尾器の形態までもが保存された化石が発見され，明確に雄であるとみなされるため，これは動物界の雄化石として最古のものとなっている．また，動物界でも最長クラスの巨大精子（最大で体長の10倍に及ぶ）をもつ種も知られている．発光生物として知られるウミホタルも貝形虫類(Myodocopida)に含められる．

e **外原腸胚** [exogastrula] *陥入による*原腸形成を行う動物胚において，種々の実験的条件下で陥入の障害を起こし，原腸が裏返って外方に膨出した胚．その形成過程を外原腸形成 (exogastrulation) という．ウニ卵ではリチウムその他の処理で*植物極化に伴って起こる．しかしウニ卵をカルシウムの低濃度海水で処理して得られる外原腸胚は植物極化を起こしていない．つまり外原腸形成と植物極化は別のものとして考えるべきである．両生類でも，高い塩濃度，または単に卵黄膜除去などによって著しい外原腸胚が得られる．この場合にも植物極化の徴候は全く認められない．両生類の場合，極端な外原腸胚では予定外胚葉は独立した集団をつくって不整形表皮に分化し，神経分化を全く示さず，他方，予定内胚葉は予定中胚葉を覆い，脊索，体節，前腎その他の組織を分化する．(⇒内胚葉胚)

f **外向**【1】[adj. exoscopic] 維管束植物の胚発生において，胚の頂端が*造卵器の頸部(neck)に向かって成長すること．胚の成長軸の向きを示す語．F. O. Bower (1923)の提唱．蘚苔類とシダ植物のトクサ類・マツバラン類・ハナヤスリ類の一部は外向を示し，このような胚を外向胚(exoscopic embryo)という．この逆が内向(endoscopic)で，シダ植物のミズニラ類・リュウビンタン類・ハナヤスリ類の一部にみられ，内向胚(endoscopic embryo)という．外向胚では*シュートは造卵器の頸側に形成されるので，幼植物は最初配偶体下面に向かって成長するがやがてその成長軸を横へ変える．これに対して内向胚ではシュートが造卵器の基部側に作られるので幼植物は配偶体内方へ成長し，最終的に配偶体組織を突き破って外に伸張する．リュウビンタン類・ハナヤスリ

類・小葉類の内向胚では受精卵の分裂により造卵器の頸側に*胚柄を作るものが多い．一方薄嚢シダ類ではシュートと根を作る部分は造卵器の長軸に沿って左右に並ぶので，シュートは造卵器の頸部に向かって成長し，内向胚のように配偶体組織を突き破ることはない．種子植物では珠孔側に胚柄ができ，胚は内方へ伸びるから内向として扱う．

【2】[extrorse] 雄ずいの半葯(anther)が背軸側(外側)に向き，裂開が外方に起こること．向軸側(内側)に向いている場合は内向(introrse)という．

a **塊根** [tuberous root, root tuber] 根が異常肥大成長により塊状になったもので，根本来の働きを失い器官として澱粉などを貯える(例:ヒメリュウキンカ)．*栄養繁殖器官でもある場合が多い．これに対して根の働きを失わず貯蔵能力をもつ根を貯蔵根(storage root)という(例:サツマイモ，ダリア，ダイコン)．

b **外婚** [exogamy] 日常生活を共にしている集団外の個体との交配．これに対し，集団内の個体同士が交配することは内婚(endogamy)と呼ばれる．人類学・霊長類学の分野でよく用いられる．内婚の繰返しは遺伝子の多様性を減少させるとともに，*近交弱勢をもたらすことがある．多くの種では，成熟した個体は親に集団から追い出されたり自分で出て他集団へ*移籍し，外婚を行う．このような遺伝学的な理由に加えて，別の集団と親族関係を結ぶことによって政治的・軍事的に安定化する効果がある．(→移籍)

c **外鰓**(がいさい) [external gill] 多くの両生類の幼生，一部魚類の幼生(例:硬骨魚類の *Polypterus*，肺魚類の *Lepidosiren*，軟骨魚類の後期胚)において，鰓域から体外に突出する総状・羽状などの*鰓．支持骨を欠く．対して通常の魚類の鰓のように*鰓裂内に生じ，体外に露出しない鰓を内鰓(entobranchia, internal gill)という．無尾両生類では，はじめ外鰓をもつが，*鰓蓋形成にともなって鰓腔内に包みこまれて，やがて退化し，新たに内鰓を生じる．

d **介在成長** [intercalary growth] 《同》部間成長．細胞が伸長するとき，その表面成長が全体で均等に起こらずに，特定の部分が成長帯となり，これによって起こる成長．ケカビ科の菌類の胞子嚢柄やサヤミドロ属の藻類の細胞などで知られている．もしくはすでに分化した組織・器官の部分間に生じた*介在分裂組織によって起こる成長．植物体では葉柄や茎の間節において上下の方向への介在成長が一般的にみられる(→節間成長)し，また葉面が形成されるときにはもっと複雑な方向に起こる．(→葉身，→葉原基)

e **介在ニューロン** [interneuron, internuncial neuron] 《同》インターニューロン，局所回路ニューロン(local circuit neuron)．中枢神経系において，あるニューロンと他のニューロンとの間にあって興奮伝導の仲介調節をするニューロン．脊髄にあるものは*レンショー細胞と呼ばれる．感覚器からの求心性ニューロンと，効果器への遠心性ニューロンと一部の求心性ニューロンとともに*反射弓を形成する．介在ニューロンは，相手のニューロンに対して興奮性，抑圧性のシナプス後電位を発生させる2種類がある．一般に介在ニューロン上には多数の神経繊維が収束し，また複数個のニューロンに発散する．中枢神経系はこのように介在ニューロンにより局所回路を形成し，全体として複雑な*神経回路網を構成する．これらのうち，多くの脊椎動物において終脳背側の*外套領域にみられるGABA作動性介在ニューロンは，終脳腹側部(ganglionic eminence)で発生し，接線方向へ移動することにより最終的に終脳背側に分布するようになる．

f **介在分裂組織** [intercalary meristem] *頂端分裂組織とは独立に，すでに分裂能力を失った永久組織に挟まれた状態で存在しながら，分裂能力を保持したままの分裂組織．イネ科の茎の節間基部に存在する節間分裂組織や葉の基部に存在する分裂組織がその例で，*介在成長をもたらす．シダ植物トクサ綱の節間にもみられる．

外肢 【1】[appendage, limb] 《同》体肢．脊椎動物において，運動器官として体外への突出物をなす*付属肢．次のように二大別される．(1) 正中肢(median appendage)または無対肢(unpaired appendage):正中線にそい，したがって対をなさない．(2) 有対肢(paired appendage):両体側にあって対をなす．正中肢は実際はすべて鰭(*正中鰭)であるが，有対肢には魚類における*対鰭すなわち鰭形肢(ichthyopterygium)と，その他の脊椎動物における脚すなわち手形肢(chiropterygium)の別がある．手形肢は四肢と呼ばれ，鰭形肢に由来する．また，前後の各1対を区別して，それぞれ前肢，後肢と呼ぶ．有対肢の骨格には*肢帯と*自由肢の別があり，自由肢は肢帯によって胴体に連絡する．

【2】[exopodite] 《同》外枝．→関節肢

外耳 [external ear] 鳥類と哺乳類の耳の最も外側の部位．外耳道(外聴道 external auditory meatus)および哺乳類の耳介からなる．ミミズク，キジの雄などで耳介のように見えるのは耳羽(ear-covert)であって耳介とは異なる．外耳道は頭部側面に開口し，耳内の鼓膜に至る道をいい，哺乳類では2部分に分かれ，外方は軟骨壁すなわち耳道軟骨(cartilago meatus acustici)をもち，内方部は鼓骨(tympanicum)に囲まれる．耳介は外耳道の開口部を囲み，耳介軟骨(cartilago auriculae)を包む特有な形をした皮膚の襞．耳介軟骨は耳道軟骨とともに組織学的には弾性軟骨(elastic cartilage)であるため，耳介はある程度の弾力性をもつ．耳介の形態は種類によって多様で，同種でも気候などによる変異が見られる．ヒトやチンパンジーなどでは，最外周をとり巻く耳輪(helix)，下方に懸吊する耳垂(lobulus auriculae)などのほか，耳珠(tragus)，対耳輪(anthelix)，対珠(antitragus)，耳甲介艇(cymba conchae)，舟状窩(fossa navicularis)，三角窩(fossa triangularis)，ダーウィン結節(Darwin's point, 耳介結節 tuberculum auriculae)などの諸部分が見られる．ダーウィン結節は他の哺乳類における長い耳介の先端，すなわち耳先(独 Ohrspitz)が内下方に屈曲した痕跡とされる．耳介にはまた動耳筋が付属し，哺乳類では自由に動かせるが，ヒトでは痕跡器官となる．

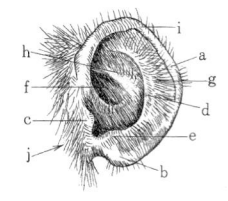

チンパンジーの耳介

a 耳輪
b 耳垂
c 耳珠
d 対耳輪
e 対珠
f 耳甲介艇
g 舟状窩
h 三角窩
i ダーウィン結節
j 外聴口(外耳道の入口)

a **開始コドン** [initiation codon]　mRNA が蛋白質に*翻訳されるとき，蛋白質生合成の開始点となるコドン．一般には AUG が開始コドンであるが，GUG や UUG などほかのコドンが開始コドンとして使われている例も知られている（⇒遺伝暗号［表］）．AUG はメチオニンのコドンとしても用いられているので，特定の AUG を開始コドンとして決める機構が存在しなければならない．原核生物では，mRNA 上の特定の配列であるシャイン–ダルガーノ配列（Shine-Dalgarno sequence）が翻訳開始のシグナルとして働いている．真核生物においては，M. Kozak のコンセンサス PyPyPuPyPy-AUGG（Py はピリミジン塩基，Pu はプリン塩基）に近い配列中の AUG が開始コドンとして使われるか，mRNA の 5′ 末端に近い AUG が開始コドンとして優先的に使われることの二つの機構によって開始コドンが決まる．したがって開始コドンが一義的でないとも多い．（⇒開始 tRNA，⇒蛋白質生合成）

b **χ 自乗検定** [χ square test]　観察度数と理論的に計算した度数とがどの程度あっているかを検定する方法の一つ．一般的に χ 自乗統計量は $\chi^2 = \sum\{(観察数－理論数)^2/理論数\}$ で求められる．遺伝実験の分離比が期待比と一致しているかどうか，2 種類の形質が互いに無関係かどうかを調べるときなどに用いられる．エンドウの黄×緑の交配から得た F_2 分離比の検定の例を次に示す．χ^2 分布表の対応する自由度（比較する階級の数から 1 を引く）より，この偏差が偶然で起こる確率を読む．下例では自由度 = 2－1 で確率 = 0.5～0.95 となり，3:1 の期待比に適合していると結論できる．χ 自乗検定は，理論数が 5 より小さい階級には不適であることが知られているので，階級をまとめるような工夫が必要であるとともに自由度の変化に注意する．

豆の色	観察数	理論数 (3:1)	(観察数－理論数)²/理論数
黄	6022	6017	0.00415
緑	2001	2006	0.01246
計	8023	8023	$\chi^2 = 0.01661$

c **外質** [ectoplasm, exoplasm]　《同》透明質（hyaloplasm），皮層細胞質（表層細胞質 cortical cytoplasm），皮質原形質（cortical protoplasm）．細胞膜のすぐ内側に接する*細胞質の部分．細胞学で表層（cortex）といえばこの部分を指す．光学顕微鏡による観察では，この部分は通常，顆粒をともなわず透明・均質にみえ，ゲルの状態にあり（*原形質ゲル），その内側にあって顆粒に富む粘性の低いゾル状の*内質とは区別される．アメーバや粘菌の*変形体ではゲルは容易にゾルに転換する（⇒ゾル–ゲル転換）．電子顕微鏡による観察では，この部分に小胞体・リボソーム・微小管・微小繊維構造などの有形成分が存在するが，内質との間には細胞質基質に関して明確な境界は存在しない．原生生物では外肉（ectosarc）とも呼ばれ，最外層は硬い外皮に分化することが多い．外肉には繊毛・鞭毛などのほか，食物摂取・排出などに関連する細胞小器官が分化している．機能的な面では，内質とは明らかに異なる役割（受精の際の活性化，細胞分裂の際の原動力の発生など）も知られている．

d **概日リズム** [circadian rhythm]　《同》サーカディアンリズム．環境の変化を排除した恒常条件のもとにおいて，概ね（circa）1 日の（-dian）周期で変動する生物現象．1 日を周期とする生物活動の変化である日周期性（daily periodicity）の多くは，概日リズムの環境サイクルへの*同調の結果である．日周期性には，その活動時刻から昼行性（diurnal），夜行性（nocturnal），薄明薄暮性（crepuscular）などがある．概日リズムは自律性（self-sustainability）と 24 時間に近い自由継続周期（free-running period，記号 τ）に加え環境周期に対する同調性（entrainability）と自由継続周期の温度補償性（temperature compensation）を要件とすることもある．概日リズムの代表的な*同調因子は明暗のサイクルであり，暗期の短時間の光中断により，位相は進んだり遅れたりする（⇒位相変位）．概日リズムは藍色細菌からヒトに至るまで生物界で見られる．概日リズムを発生する*生物時計の機構を概日時計と呼び，ゴキブリやコオロギでは視葉，アメフラシでは網膜，哺乳類では視交叉上核の神経細胞の活動によることがわかっている．概日時計の蛋白質・遺伝子レベルの機構は，キイロショウジョウバエ，マウス，アカパンカビ，シアノバクテリアなど多くの生物で明らかになっている．（⇒時計遺伝子）

e **開始 tRNA** [initiation tRNA]　mRNA 上の開始コドンを特異的に認識して，*蛋白質生合成を開始させる tRNA．細胞中に 2 種類あるメチオニル tRNA 分子種のうちの一つがその役割をもつ．大腸菌では，メチオニンを受容した tRNA$_f^{Met}$ がホルミル化されたのち，30S リボソームサブユニットに mRNA と共に結合して蛋白質生合成を開始する（⇒蛋白質生合成）．哺乳類をはじめとする真核細胞においてもこの開始の機構に本質的な差異はないが，真核細胞にはホルミル化酵素が欠如しているため，ホルミル化されていないメチオニル tRNA$_i^{Met}$ が開始 tRNA となる．

f **ガイジュセク** GAJDUSEK, Daniel Carleton　1923〜2008　アメリカのウイルス学者．東部ニューギニア高地の Fore 族の間でクールー（kuru）と呼ばれる神経病を発見，死者の脳乳剤をチンパンジーに脳内接種し，動物にクールーを再現，伝播可能であることを示した．さらにヒトのクロイツフェルト・ヤコブ病，ヒツジのスクレイピー，ミンクの脳症など類似の病理組織学的変化を示す神経病を霊長類に伝播させ，同類の病気であることを証明した．このような潜伏期の長い進行性の病気をスローウイルス感染症（遅発性ウイルス感染症）と呼び，その研究により 1976 年ノーベル生理学・医学賞受賞．

g **外植** [explantation]　《同》体外培養（culture *in vitro*）．個体からその一部分を分離し，これを単独にまた他の部分と組み合わせ，体外において培養すること．外植された細胞群・組織片は外植体（外植片 explant）と呼ぶ．二つ以上の外植体を組み合わせたものを複合外植体と呼ぶ．一般には外植は特に胚域独自の発生能力（自律分化能）の研究に，また複合外植は胚域相互関係の分析に活用される．なお，化学的物質の細胞組織に対する影響，あるいは組織の各種栄養物質の利用度を調べるためにも活用される（⇒動物極キャップ）．組織培養も外植の一方法と考えてよい．

h **灰色植物** [glaucophytes]　《同》灰色藻，青緑植物，灰白植物．植物界に属する小さな一群．単細胞または群体性，淡水域に生育する．シアノバクテリアに類似した青緑色の葉緑体（シアネルとも呼ばれる）をもつ．以前はさまざまな生物にシアノバクテリアが独立に

共生したものであると考えられたこともある．現在ではこの葉緑体は他の葉緑体と同一の起原をもつことが明らかとなっているが，葉緑体膜の間にペプチドグリカン層が存在するなどシアノバクテリア的な特徴を多く残している．光合成色素はクロロフィル a とフィコビリン蛋白質 (*フィコビリソームを形成)．澱粉を細胞質基質に貯蔵する．灰色植物門 (Glaucocystophyta)，灰色藻綱 (Glaucocystophyceae) に分類される．

a **外生** [adj. exogenous] 体の表層から生じること．被子植物の腋芽や，シダ類の側芽形成は外生の典型例であり，腋芽や側芽の成長によって起こる単軸分枝(側方分枝)を外生分枝(exogenous branching)という．頂端分裂組織が二つに分裂する二又分枝も外生分枝である．これに対して，表層から奥深くもぐった所から生じることを内生 (adj. endogenous) といい，維管束植物の側根形成が典型例であり，側根を出す根は内生分枝(endogenous branching)を行うとされる．紅藻類・褐藻類の分枝も内方に原基が形成されることがあり内生である．

b **外生菌根** [ectomycorrhiza, ectotrophic mycorrhiza] ⇒菌根

c **外生胞子** [exospore, exogenous spore] 植物体の外部に分離された小細胞で，胞子の性質・機能をそなえているもの．胞子嚢内に形成される一般の胞子(内生胞子 endospore)に対していう．菌類にみられる*分生子や*担子胞子はこの例．

d **回旋** [winding] 茎が支柱などに巻きつきながら伸びていく現象．*巻きつき植物(回旋植物)にみられる．

e **回旋運動** [circumnutation] 《同》回旋転頭運動．植物の*自律運動の一つで，茎や根の屈曲方向が連続的に変化することにより，その先端部が円あるいは楕円に近い軌跡を描く運動．多くは*成長運動である．運動は自律的であるが，重力刺激の関与も論じられている．植物の茎が行う回旋運動は支柱をさぐるための運動といえるが，茎で広く観察される回旋運動の適応戦略上の役割は必ずしも明確ではない．根の先端部で一般的に観察される回旋運動は，根の土中での成長に適していると考えられる．

f **海草** [seagrass] 海中に沈水して生育する種子植物の総称．藻類と区別するために「草」の字をあてる．世界の亜寒帯～熱帯の潮間帯～潮下帯に生育し，しばしば海草藻場(⇒藻場)といわれる群落を形成する．オモダカ目のトチカガミ科，ポシドニア科，シオニラ科，アマモ科に 12 属約 50 種が知られる．過去に淡水生の水生植物から 2～3 回の海水進出が起こったと考えられている．光量が海水面の 10% 以下になると生育不能とされ，透明度が高い海域では 40 m 以深にも見られるが，通常，数 m の深度に限られる．岩礁に生育する *Phyllospadix* を除き，砂や泥の底質に根茎と根で固着する．花は特殊化し*水媒(水中媒または水面媒)送粉を行う．アマモ科は花粉が糸状，*Thalassia* では球形の花粉が粘着物で糸状に連なる．*Enhalus*, *Thalassia* は大潮干潮時に開花する．種子，果皮，花序などが浮力をもち海流などで種子散布される．多年生で，根茎の伸長による栄養繁殖が盛んに行われる．海草群落には豊富な動物が生育し，熱帯では熱帯多雨林，温帯では温帯森林に相当する高い生産速度をもつため，沿岸の生物群集の維持に大きく貢献する．また複雑な根系によって海底を安定させる作用も大きい．

g **階層クレード分析** [nested clade phylogeographic analysis, nested clade analysis] NCPA または NCA と略記．分子系統樹の*地理的分布パターンを解析し，種内の地理的集団構造の成因を推論するための一連の分析手法．A. R. Templeton を中心に 1990 年代に確立された．まずミトコンドリア DNA など種内変異がある遺伝子領域の分子系統樹(ネットワーク)を準備し，合祖理論(⇒遺伝子系図学)に基づく階層(ネスティングルール)によりクレードの入れ子図を作成する．そして各クレードの構成個体や内包されるサブクレードの地理的分布を定量化し，無作為化検定を利用して地理的なパターンを見出した後，「推論」の鍵とよばれる一連の基準を用いて*生物系統地理学的推論を行う．現在の遺伝子流動の制限，および過去の事象(分断，分布域拡大，長距離移住)が集団構造の成因として区別される．本分析はシミュレーション研究などによる批判も受けているが，包括的な系統地理的な推論手続きとしてこれに替わる方法がなく，また経験的に妥当性が支持されるとして，広く利用されている．

h **階層的制御機構** [hierarchical control mechanism] 《同》階層的機構．ある生理機構が上位の生理機構によって支配され，この生理機構がさらに上位の生理機構によって支配されるような階層的な構造をもつ制御機構．例えば恒温動物の場合，細胞の代謝速度は血中の*甲状腺ホルモン濃度に依存しているが，このホルモンの分泌は下垂体前葉の*甲状腺刺激ホルモン(TSH)によって促進される．さらに TSH の分泌は，間脳の視床下部にある神経分泌細胞に由来する*甲状腺刺激ホルモン放出ホルモン(TRH)によって刺激される．TRH の分泌は中枢神経系の支配下にあり，外界からの刺激(例えば寒冷)がそれを介して伝えられる．また下垂体前葉や視床下部には甲状腺ホルモンの受容機能があり，血中のホルモン濃度がそこにフィードバックされて TSH や TRH の分泌が調節される．このような重層の制御機構は特に*視床下部-下垂体神経分泌系に特徴的であるが，神経系における行動解発の機構その他，生体内の制御機構は階層的構成をもっていることが多い．

i **階層論** [hierarchical theory] 生物界やさまざまな現象を，二つ以上のレベルからなる統合され秩序だったシステム，すなわち階層構造としてとらえ，各レベルには下位レベルに還元できないレベル特有の現象があり，さらに下位レベルが上位レベルの現象を決定するだけでなく，上位レベルもある程度下位レベルの現象をコントロールするとみなす理論あるいは思想．例えば，進化生物学においては，分子・細胞・生物個体・集団・種・群集・生態系(あるいは単系統群)といった階層構造があり，それぞれのレベルに自然淘汰が働くとする淘汰の階層論がある．また，生態学においては，スケールによって観察される現象は異なり，小さなスケールから大きなスケールまで連続的な階層をなし，それぞれのレベルの現象は下位レベルと上位レベルの両方から影響(制約)を受けるとみなす．(⇒淘汰の単位)

j **外側嗅索** (がいそくきゅうさく) [lateral olfactory tract] 脊椎動物における嗅神経路の一部で，嗅覚における主要伝導系の一つ．嗅粘膜に発した神経路は*嗅球に達するが，この部にある僧帽細胞の軸索のすべて，またはその大部分がこの外側嗅索を形成する．哺乳類ではこの神経路は嗅結節の縁に沿って走り，*扁桃体・梨状葉

の領域に至って扇状に広がる．これらの繊維は，嗅結節，梨状葉，扁桃体皮質核，内嗅領などに終わっている．進化的には円口類では終脳の広い領域に広がるが，顎口類ではその投射領域が制限されてくる．

a **外側膝状体**（がいそくしつじょうたい）［lateral geniculate body ラ corpus geniculatum laterale］ 視覚にかかわる中継核．間脳の視床に属し，左右1対ある．霊長類では6層の細胞層がみられ，2, 3, 5層は同側の網膜からの，1, 4, 6層は対側の網膜からの入力を受ける．原始的な体制の脊椎動物では層構造が明確ではない．視神経繊維はここでシナプスを作り，シナプス後繊維，すなわち膝状体皮質路は視放線（radiatio optica）を形成しながら，後頭葉の鳥距溝にある視覚中枢（線条野）に至る．外側膝状体の神経ユニットの受容領野の構造は比較的簡単であって，同心円形である．また，聴覚神経系では内側膝状体（corpus geniculatum mediale, medial geniculate body）が中継核となり，聴放線を形成しながら大脳皮質の聴覚野に至る．

b **外中胚葉**［ectomesoderm, mesectoderm］《同》外胚葉系中胚葉．脊椎動物の初期神経胚において，将来*神経堤に分化する細胞群．この細胞群は当然*外胚葉に属するが，脳神経節の一部や脊髄神経節だけでなく，かつてはすべて中胚葉性と信じられていた結合組織・軟骨・色素細胞などへも分化することが明らかにされ，このような名称が与えられた．無脊椎動物では中胚葉組織のうちで一次中胚葉細胞に由来せず，外胚葉から分生するものを外中胚葉と呼ぶ．例えば軟体動物や環形動物では幼生の咽喉筋肉は外胚葉から分離遊走してくる細胞に由来し，そのため外中胚葉とも呼ばれる．外中胚葉に対して，原口を経て胚内に移動した材料に由来する本来の中胚葉を内中胚葉（endomesoderm, mesendoderm）または内胚葉系中胚葉と呼んで区別する．

c **回腸**［intestinum ileum, ileum］ ⇌小腸

d **海底堆積物**［marine sediment］ 海水によって運搬され，海底に堆積した物質の総称．海浜から大陸棚まで（沿岸域）に分布する浅海性堆積物（近海性堆積物 neritic sediment）には，主に河川によって陸上から運ばれた砂や泥などからなる陸源堆積物（terrigenous sediment）と，石灰質のサンゴや軟体動物などの主にベントスの遺骸からなる生物源堆積物（biogenic sediment）とが多い．陸地から離れた外洋域の深海底に分布する遠洋性堆積物（pelagic sediment，深海堆積物 abyssal sediment）は，風によって運搬された細粒物質が沈積して酸化した遠洋性粘土と，石灰質やケイ質の主にプランクトンの遺骸が堆積した*軟泥とからなる．堆積速度は浅海で1 cm～数 m/1000年，深海で1～20 mm/1000年．海底に供給される有機物量は，表層での光合成産物量に対し，外洋域ではおよそ0.02％，陸棚域では2％程度といわれ，遠洋性堆積物中の有機物含量は通常1％以下．堆積した有機物は，ベントスの重要な栄養源となるが（⇌水中群集），それらベントスによって堆積物は生物擾乱（bioturbation）を受ける．

e **回転対称全割**［rotationally symmetric holoblastic cleavage］ *卵割の様式のうち，回転対称性を示す*全割をいう．哺乳類卵のほとんどがこれに属する．回転対称になるのは，第一卵割が経割であるのに対し，第二卵割では一方の割球が経割，他方が緯割（水平割）になるためであり，このような卵割を回転卵割（rotational cleavage）という．

f **回転率**［turnover rate］ ある個体群・群集・生態系において，現存量（個体数あるいは生物量）が安定しているとき，一定時間内に流出（あるいは流入）する量の現存量に対する比率．単位時間当たりの回転率の逆数を，回転時間（turnover time）あるいは滞留時間という．個体群生態学では一般に世代の交代の意味で用いられる．いっぽう生産生態学ではP/B比（P-B ratio，生産-生物体量比 production-biomass ratio）のことをいう．また森林動態論では単位時間に形成されたギャップ面積（gap area）の比率の意味にも用いる．（⇌生産速度）

g **開度**［divergence］ 茎上につく葉の位置を茎に直角な平面に投影した場合に，引きつづいて発生してきた2枚の葉（第n葉目と第$n+1$番目の葉）が茎軸を中心として挟む角度．通常は*互生葉序に関してだけ問題にされる．開度は種によってほぼ一定のことが多い．ある節間を挟む2葉の間の開度を厳密に測定することは困難で，通常はいくつかの節間にまたがる平均開度が求められる．最大値は二列互生葉序の180°である．*らせん葉序の場合，同一方向につくとみなされる2葉を選んで，その間の節間数を分母とし基礎らせんの周回数を分子とする分数で平均開度を表現することが多く，これに360°を乗ずれば角度となる．らせん葉序の開度の実際の値は円周360°を黄金分割した値である137.5077°に近似することが多く，この角度は極限開度と呼ばれる．その決定機構には，シュート頂におけるオーキシンの極性輸送が重要な因子として働いているとされる．開度を表す分数に関しては*シンパー-ブラウンの法則がある．

h **解糖**［glycolysis］ *グルコース（あるいは*グリコゲン）を嫌気的に*乳酸に分解する代謝過程．グルコース1分子から乳酸2分子を生じるが，それに伴って2分子の*アデノシン二リン酸（ADP）とオルトリン酸（Pi）から2分子の*アデノシン三リン酸（ATP）が生成する．嫌気的条件下における生体のエネルギー獲得反応の最も主要なもので，例えば動物の筋肉の主要エネルギー源である．この過程はエムデン-マイエルホフ経路（Embden-Meyerhof pathway）により，図（次頁）に示す11段階の酵素反応，すなわちリン酸基転移・異性化・開裂・酸化還元反応などからなるが，このうち(1), (3), (10)の3段階の反応は不可逆的で，*糖新生には利用できない．脱水素(6)で生じた NADH はまた経路内で還元(11)に使われ，系外との酸化還元はなく，したがって嫌気的に進行する．ATPは2段階のリン酸化(1)(3)で2分子消費するが，このリン酸基は(10)によってATPに回収されるほか，反応(6)によって生じた高エネルギーリン酸が(7)でATPに貯えられる．開裂(4)後は2分子ずつで進行するので，ATPはグルコース1分子当たり2分子生成することになる．グルコースの乳酸2分子への全過程は$\Delta G°'=-47$ kcalであるので，ATP生成のエネルギーを7.3 kcalとすれば，エネルギー収率31％ということになる．なお広義には，解糖は極めて多くの生物による同経路による分解，すなわち嫌気性微生物による種々の発酵や好気的な糖分解の*ピルビン酸生成までの部分を含む．後者ではピルビン酸は脱水素されて*アセチル CoA になり，*クエン酸回路に入ることによって二酸化炭素まで酸化されるが，このとき解糖で生じたものも含めて，*呼吸鎖によって酸化されることになる．解糖系酵素は通常，細胞質に存

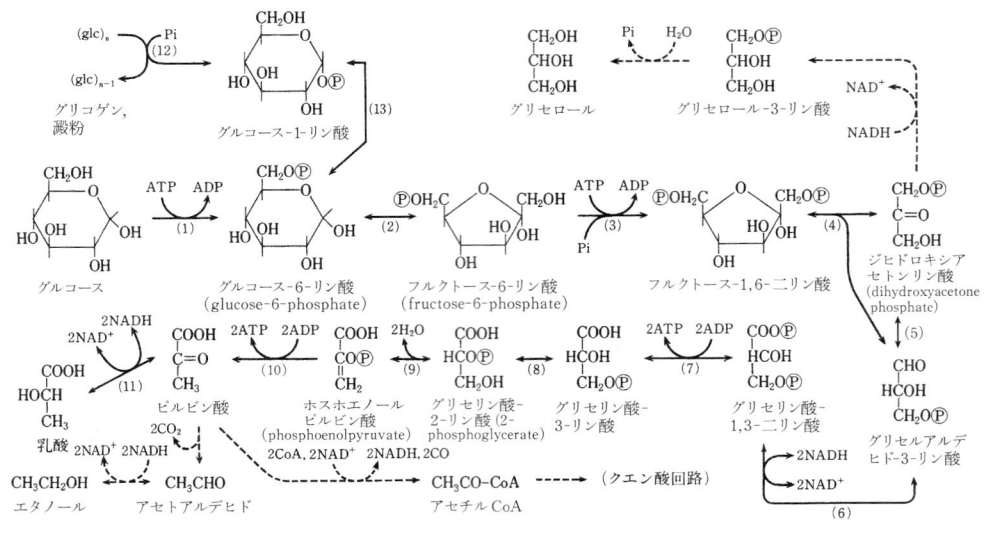

(1) ヘキソキナーゼ (hexokinase EC2.7.1.1)　(2) グルコースリン酸異性化酵素 (glucosephosphate isomerase 5.3.1.9)　(3) フルクトース-6-リン酸-1-キナーゼ (6-phosphofructo-1-kinase, 2.7.1.11)　(4) アルドラーゼ (aldolase 4.1.2.13)　(5) トリオースリン酸異性化酵素 (triosephosphate isomerase 5.3.1.1)　(6) グリセルアルデヒド-3-リン酸脱水素酵素 (glyceraldehyde-3-phosphate dehydrogenase 1.2.1.12)　(7) グリセリン酸リン酸キナーゼ (phosphoglycerate kinase 2.7.2.3)　(8) グリセリン酸リン酸ムターゼ (phosphoglyceromutase 5.4.2.1)　(9) エノラーゼ (enolase 4.2.1.11)　(10) ピルビン酸キナーゼ (pyruvate kinase 2.7.1.40)　(11) 乳酸脱水素酵素 (lactate dehydrogenase 1.1.1.27)　(12) グリコゲンホスホリラーゼ (glycogen phosphorylase 2.4.1.1)　(13) グルコースリン酸ムターゼ (phosphoglucomutase 2.7.5.1)

解 糖 (エムデン-マイエルホフ経路)

し，そこで解糖が行われる．トリパノソーマなど，グリコソームと呼ばれるオルガネラに局在する例もある．(⇒糖新生)

a **外套** 【1】[mantle] 《同》外套膜．[1] 軟体動物において，*内臓嚢を背側から覆う筋肉質の膜．貝殻を分泌する．内臓嚢との間に生じる腔所を外套腔 (mantle cavity, pallial cavity) といい，ここに排出孔が開口し，また*櫛鰓や肺があるのが一般的．[2] 腕足類の殻の内面を覆う背腹2枚の膜状構造．石灰質の背腹2枚の殻を分泌する．(⇒腕足動物[図])
【2】[pallium] 脊椎動物の終脳の主として背側の領域 (⇒大脳半球)．外套より腹側下部を外套下部と呼ぶ．外套と外套下部の境界は，発生期での $Pax6$ と Dlx の発現界に対応している．外套は内側外套 (medial pallium)，背側外套 (dorsal pallium)，外側外套 (lateral pallium)，腹側外套 (ventral pallium) に分けられ，内側外套は主に海馬などを含み，背側外套は哺乳類の新皮質 (neocortex)，鳥類のウルスト (wulst)，爬虫類の背側皮質 (dorsal cortex) を含む．外側外套と腹側外套に関しては意見の一致をみないが，鳥類や爬虫類の背側脳室隆起 (dorsal ventricular ridge, DVR) ならびに，嗅覚系を構成する神経核の多くはこれらの領域に含まれるとされる．外套のパターニングには Pax6, Emx1/2, Otx をはじめとするさまざまな転写調節因子が関わる．

b **外套眼** [pallial eye, mantle eye] 《同》眼点．二枚貝類の外套縁に多数ある*光受容器．杯状構造の中にレンズをそなえ，短い柄をもって外套に接続する．シャコガイ科やイタヤガイ科など表生性の種では特によく発達．(⇒背眼)

c **外套腔** [mantle cavity, pallial cavity] [1] 軟体動物において，外套膜と内臓嚢との間の腔所．水中生活する種では櫛鰓・嗅検器・鰓下腺・排出器・生殖器 (腹足類を除く)・消化管などが開くが，これら器官を総称して pallial complex という．有肺類では外套腔壁の一部に血管が密に分布していて肺となる．水生のものでは一般に外套腔の表面すなわち外套膜の内面に繊毛を密生して水流を起こす．[2] 腕足動物において，殻内面に密着した外套膜と触手冠との間の腔所．[3] 尾索動物の*囲鰓腔に対する旧称．

d **外套彎入** [pallial sinus] 《同》彎入，水管痕 (siphonal scar)．二枚貝類の外套筋痕がその後端において前方へ彎入した形態を示す現象．入水管および出水管を退縮させるための水管筋 (siphonal muscle) の付着痕で，水管の発達しない種類 (Integripalliata という) では存在せず，水管のよく発達した種類 (Sinupalliata という) において著しい．サラガイ科では左右の殻の外套彎入の形態が異なるものがある．

e **貝毒** [shellfish poison] 貝類に蓄積され，喫食により食中毒を起こす毒の総称．いずれも微小な藻類 (有毒プランクトン) が産生し，それが食物連鎖により主に貝類の中腸腺などに蓄積，毒化する．次の各種がある．
(1) 麻痺性貝毒 (paralytic shellfish poison, PSP)：渦鞭毛藻類の *Alexandrium, Pyrodinium* の各種，*Gymnodinium catenatum* などが産生する．フグ毒と同様の強い神経毒．この毒素はまた，有毒プランクトンとは異なる経路でオウギガニ科のウモレオウギガニ・スベスベ

マンジュウガニなども毒化する．(2) 下痢性貝毒 (diarrhetic shellfish poison, DSP)：*Dinophysis* などが産生．よくムラサキイガイ（ムール貝）の汚染が問題となる．多くは一過性で致命的ではない．(3) 神経性貝毒 (neurotoxic shellfish poison, NSP)：ブレベトキシン (brevetoxin) とも．*Karenia brevis* (*Gymnodium breve*) が産生する神経毒．口腔・舌・咽頭・口辺部がひりひり痛み，無感覚となり，ほかにめまいや筋肉痛，胃腸障害などを起こす．北米などで知られている．魚類に対しては致命的．(4) 記憶喪失性貝毒 (amnesic shellfish poison, ASP)：ドウモイ酸 (domoic acid) とも．中枢神経系でグルタミン酸塩のアナロジストとして機能する興奮性アミノ酸．日本で戦前戦後に駆虫剤として使用されたことがあり，紅藻類の *Chondria armata* などに高濃度に含まれる．1987年カナダで養殖ムラサキイガイによる食中毒が発生した際，特異的な記憶喪失症状が見られたことにより命名された．

a **外毒素** [exotoxin] 《同》エキソトキシン，細菌外毒素．細菌が生産する毒素の一種の総称．分泌などの機構によって菌体外に容易に遊出するので，菌体構成成分そのものが毒性を示す内毒素 (*エンドトキシン) と対する．主成分は蛋白質．グラム陽性菌が生産する*破傷風毒素・*ボツリヌス毒素・*ジフテリア毒素，グラム陰性菌が生産する*コレラ毒素，緑膿菌のエキソトキシンA，腸炎ヴィブリオの耐熱性溶血毒などがある．それぞれの毒性は動物種，ないしは器官によって異なり，特異性が高い．これらの特異性は外毒素の分子構造と細胞膜の特異構成成分によって決まる．種々の試薬で処理することにより，毒性を失うが抗原性は残存するトキソイドを作ることができる．

b **カイニン酸** [kainic acid] 《同》ジゲニン酸（旧称）．$C_{10}H_{15}NO_4$ 分子量213.23．カイニンソウから駆虫有効成分として単離されたグルタミン酸類似化合物．回虫駆除薬として用いられていた．カイニン酸は，イオンチャネル型*グルタミン酸受容体のAMPA受容体，カイニン酸受容体に結合し，1価のカチオンの細胞膜透過性を亢進してニューロンの興奮作用を示す．アンタゴニストとしては 6-cyano-7-nitroquinoxaline-2,3-dione(CNQX) や 6,7-dinitroquinoxaline-2,3-dione(DNQX)，ジョロウグモ毒素が知られている．

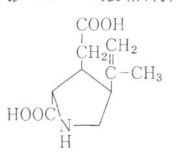

c **カイネチン** [kinetin] 《同》キネチン．植物ホルモンであるサイトカイニンの一種．F. Skoog ら (1955) が古くなったDNAの中から発見し，C. O. Miller らが構造を決定した．DNA 水溶液 (pH4.3) を加圧・加熱分解すると生成する．一般には，6-クロロプリンとフルフリルアミンとを縮合させ化学合成し，合成サイトカイニンとして利用する．(⇒サイトカイニン)

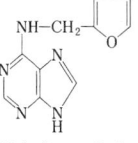

d **概年リズム** [circannual rhythm] 生物現象の示す年周期性が，約1年の周期をもつ内因的なリズムによって支配されているとき，このような内因性の生物リズムを概年リズムという．これまでにヒメマルカツオブシムシ (*Anthrenus verbasci*) の蛹化，キンイロジリス (*Spermophilus lateralis*) の冬眠・体重・摂食量の変化，キタヤナギムシクイ (*Phylloscopus trochilus*) の換羽な

どの例が知られている．一般に生物の示す周期性が内因性のものであることを示すためには，恒常条件下でその周期性が継続する (*自由継続リズムを示す) ことが必要であるが，概年リズムの場合には，一定温度，一定の明暗サイクル (12L:12D など) の下で周期性が示される場合にも，環境から約1年周期の信号がないので内因性の証拠とされる．概年リズムの*同調因子としては，日長の変化が知られている．いくつかの動物で，日長変化に対する位相反応曲線 (⇒位相変位) が得られていることから概年リズムをもたらす約1年周期の振動体，概年時計 (circannual clock) が存在すると考えられる．

e **海馬** [hippocampus] 《同》アンモン角 (Ammon's horn)．大脳の側脳室下角の底面に突出する，大脳皮質の一部．原皮質に属す．視床下部と密な神経連絡がある．海馬および海馬采 (fimbria hippocampi)，歯状回，海馬支脚 (海馬足 pes hippocampi) の4部位 (これらを海馬体 hippocampal formation と総称) が一連のロール状の構造をとり，断面は極めて特徴的な像を示す．名称はタツノオトシゴに，あるいは海神の乗馬である想像上の動物に由来するとの説がある．また古代エジプトの主神アモンの角に似ているとして，よくアンモン角とも呼ばれる．比較形態学では内側*外套に含む．海馬体の細胞構築は新皮質と比べ単純で，神経回路網や神経細胞の機能の研究に多用される．この部位を破壊すると記憶の保持が悪くなることから，古くから海馬の機能は記憶に関係するとされ，また電気生理学的実験からは，この部位に高頻度刺激を加えると*長期増強が生ずることが明らかになっている．記憶の記銘・想起にはNMDA型グルタミン酸受容体が重要な役割を果たすとされる．

f **外胚葉** [ectoderm] 後生動物の発生途上において，胚の外表面または上面に現れる*胚葉．一般に*原腸形成の際に胚の表面に残り，胚内で移動する*内胚葉および*中胚葉と分離する．外胚葉は卵細胞の動物極付近の細胞質に由来し，胚葉のうちで卵黄の濃度が最も少なく，したがって多くの場合細胞の大きさが一番小さな胚葉である．主として*表皮や*神経系を形成するが，脊椎動物の*神経堤のように軟骨や色素細胞などに分化するもの (⇒外中胚葉)，あるいは羊膜類の羊膜や漿膜など胚体外組織に分化するものもある．脊椎動物においては，外胚葉に起こる最初の分化は*脊索中胚葉からの影響のもとに行われる神経板の形成である (⇒一次誘導)．また，脊椎動物の予定外胚葉は実験条件下で広い発生可能性をもち，中胚葉や内胚葉に由来する組織を分化することができる．(⇒中胚葉誘導)

g **外胚葉性頂堤** [apical ectodermal ridge] AER と略記．脊椎動物の*肢芽においてみられる上皮の肥厚構造．肢芽は*側板中胚葉由来の間葉とそれを覆う外胚葉性の上皮からなるが，肢芽の背腹境界の上皮は前後方向に堤状に隆起しており，これを外胚葉性頂堤という．外胚葉性頂堤は肢芽形成の最も初期に肢芽間葉により誘導される．体肢骨格の*パターン形成が起こる時期の肢芽において，外胚葉性頂堤は肢芽間葉の伸長・生存・未分化性の維持などに作用しており，その作用は主に外胚葉性頂堤が産生する繊維芽細胞成長因子 (FGF) によって担われている．また逆に肢芽間葉は外胚葉性頂堤の構造および機能の維持に働いており，両者による*上皮間充織相互作用には正の*フィードバックが存在する．魚類では，*正中鰭と*対鰭どちらの原基においてもはじめは

肢芽と同様に外胚葉性頂堤が形成されるが，やがてそれは上皮が襞状に折り畳まれた apical fold (AF) と呼ばれる構造へと変化する．

χ配列 [χ-sequence, chi-sequence] 相同組換えが高頻度で起こる細菌の DNA 塩基配列．crossover hot-spot instigator を略したもの (chi) を，交叉を表す chiasm に掛けて名づけられた．大腸菌やサルモネラのχ配列は 5'-GCTGGTGG-3'．組換え初期反応に関与する RecBCD ヘリカーゼ-ヌクレアーゼ複合体は二重鎖 DNA の末端から入り，一本鎖を切り進みχ配列でヌクレアーゼ活性が変化して反応が停止する．3' 末端が突出した単鎖 DNA には RecA リコンビナーゼ (RecA 蛋白質) が作用して DNA 鎖交換反応が開始される (⇒RecA ファミリーリコンビナーゼ)．χ配列による組換え活性化には極性があり，RecBCD が 3' 側から接近したときには機能するが，5' 側から接近したときには働かない．χ配列は*大腸菌 K12 株 (MG1655 株の場合) ゲノム上に 1009 カ所存在するが，その約 75% が複製の進行方向と同じ向きで存在する．このような方向性の偏りは，崩壊した複製フォークの再開始機構に相同組換えが関与するためと考えられている．(⇒遺伝的組換え)

灰白質 [grey matter ラ substantia grisea] 中枢神経系において神経細胞が密集する部分．*白質に対する．脊髄では H 字状の横断像を呈し，白質に囲まれている．脳では大脳や小脳の皮質 (substantia corticalis) として外表面に位置して白質をとり囲むほか，白質の間に多数の塊状の灰白質すなわち核 (nucleus) を形成する．

貝原益軒 (かいばら えきけん) 1630～1714 儒者，教育家，本草学者．名は篤信．著書『大和本草』(1709) では，日本の植物を中国の『本草綱目』にあてはめることにあきたらず，実物を記述した．ほかに『花譜』(1698)，『菜譜 (諸菜譜)』(1714) があり，宮崎安貞の『農業全書』に力を貸した．

蓋板 [operculum] [1] 巻貝などに見られる蓋状の貝殻．[2] カブトガニの左右の第一腹肢が合一して第二～第六腹肢を覆う横長の厚い長方形の板．後面の左右に 1 対の生殖門がある．

外皮，外被【1】 [integument] 《同》総被．後生動物の体の外表面を覆う皮膚と，その形成物 (付属物・変形物) である皮膚腺・角質器・皮骨，また種々の感覚器を合わせたものの総称．広義に皮膚ということがある．外皮は動物体と外界との境界をなし，機械的・物理的 (熱・光など) 傷害から体を保護するほか，呼吸 (皮膚呼吸) にもあずかり，また陸生の動物では体の水分が蒸散して失われることをふせぐ．恒温動物では体温調節にも重要な役割をする．

【2】 [pellicle] 《同》ペリクル，薄皮，薄膜．原生生物において，細胞の生きている部分を構成する最外層．その外側が分泌された非生活物質で覆われる場合もある．その表面は平滑とは限らず，細胞膜の下にある多様な構造に由来する隆起やしわ，溝などの立体的模様が認められる．外皮の主要な構成要素は細胞膜とその直下にある小胞 (pellicular alveolus) で，その下にはエピプラズム (epiplasm) や微小管をはじめとするさまざまな細胞膜裏打ち構造 (細胞骨格系) が存在する．ときに拡大解釈され表層 (cortex) と同義として扱われることがあるが，表層はより幅広い意味をもち，外皮と繊毛および繊毛下構造 (infraciliature)，例えば，基底小体およびそれに付随する微小管や微小繊維系なども含めて考えられる場合が多い．

【3】 [exodermis, exoderm] 広義には植物器官の，内部の細胞に対してなんらかの分化をしている外表面の細胞，狭義には維管束植物の茎または根の表皮系の下にある皮層の最外層として分化した細胞層．内皮の対語．ランの気根の根被下やトクサの根の表皮下にある壁の厚い木化した細胞層がその例．カスパリー線の見られることがある．

回避訓練 [avoidance training] 随意的反応の自発により，嫌悪刺激の開始が取り消されるあるいは延期される手続きによる訓練．すなわち，負の*強化による自発反応の条件づけの一種．例えば，電気ショックを与える前に天井の電灯をつけるなどすると，それが次に来る電気ショックの信号となり，実験動物は前もって隣の部屋に逃れたりして電気ショックを避けることを学習するようになる．このような訓練を回避訓練という．これに対して，嫌悪刺激の存在下でそれから逃げる訓練は，*逃避訓練と呼ばれる．

外被蛋白質 [coat protein] 《同》キャプシド．ウイルスやファージのゲノムを包むキャプシド蛋白質．外被蛋白質は基本的には正二十面体構造 (正二十面体様対称性) やらせん構造の集合体を形作っている．植物ウイルスでは，外被蛋白質は単にゲノムの保護だけではなく，宿主に対する病徴発現やウイルスの長距離移行に関与することが明らかにされている．(⇒キャプシド)

外皮膜 [universal veil, outer veil] 《同》蓋膜．担子菌類のハラタケ目や腹菌類において，若い子実体の最外層の袋状の部分．子実体の成長に伴い破れ，下部は柄の基部に残り「つぼ」となる場合 (テングタケ属やスッポンタケ属) がある．上部は傘の表面に破片状に残り「いぼ」や鱗片となる場合 (テングタケ属) がある．(⇒内皮膜)

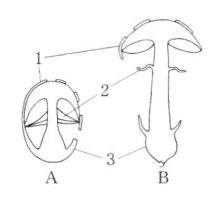

A 若い子実体．外皮膜が次第にさけるところ
B 成長した子実体．テングタケなどでは外皮膜質がもろいので傘の表面にいぼとなって残る
1 外皮膜
2 鍔
3 壺

海浜域 [shore region] *海洋生態系において，陸に接した海域のこと．海底面・水層域を通じて陽光性植物による*一次生産が活発に行われていることで特徴づけられる．海岸地形学でいう海浜とは，海岸線に磯波の影響が及ぶ限界にあたる，平均低潮線または砕波線のやや沖までを指すが，生態的区分における海浜域は，海岸線から陽光性植物の生育限界である水深 20～60 m までの海域 (真光層) をいい，潮上帯から潮下帯までを含む．底質条件・水理条件の変化に富み，複雑な微地形も発達し，豊富な生物相や多彩な*群集が見られる．陸水の注入によって栄養塩類の補給を直接受け，また波浪や潮流による堆積物の撹拌作用も海水の肥沃化をもたらすので，一次生産は極めて旺盛．また*生産者の中では，底生植物の占める比率が*沿岸域に比べて大きい．特に内湾・河口域や岩礁地における藻場の発達は著しい特徴である．(⇒潮上帯生物，⇒潮間帯生物，⇒沿岸性群集)

外部共生 [ectosymbiosis] *共生関係にある 2 種類の生物のそれぞれの個体が外部に近接しながら共生関

係にある場合をいう．これに対して，1種類がもう一方の生物の内部，特にその細胞・組織の内部に存在する場合を内部共生(endosymbiosis)という．ある種の植物にみられる外生菌根など．動物では小魚がイソギンチャクの触手の間をすみかにしたり(一方は防御，一方は食物を得る)するのも外部共生の例．

a **外分泌** [external secretion] 動物の腺細胞ないし腺組織による体表や消化管すなわち体の内外表面への*分泌．*内分泌と対する．脊椎動物での外分泌として著明なのは汗，皮脂，涙，乳汁，消化液など，無脊椎動物では多くの昆虫類での繭(カイコの絹糸)やミツバチの蠟，そのほか各種の殻など，特殊な外分泌がある．また動物界を通じて毒液や粘液，フェロモンなどの外分泌がある．老廃物の排出も外分泌の一種とされることがある．(⇒外分泌腺)

b **外分泌腺** [exocrine gland] 《同》導管腺(duct gland)．外分泌を行う*腺．一般には腺上皮(glandular epithelium)によって囲まれた腺体と分泌物の排出のための導管すなわち排出管(excretory duct, excreting duct)とで構成され，導管腺とも呼ばれる．次のように種々の観点から分類される．(1) 構成する腺細胞数による．*単細胞腺と*多細胞腺．(2) 分泌様式による．(i) 全分泌腺(holocrine gland)：腺細胞自体が崩壊し分泌物となる(例：皮脂腺)，(ii) 部分分泌腺(merocrine gland)：生成した分泌物を排出しても細胞は引き続き生存し，分泌物の生成・排出を繰り返すもので，これにはさらに次の2種がある，(a) 漏出分泌腺(エクリン腺 eccrine gland)：生成した分泌物だけを排出(例：唾液腺)，(b) 離出分泌腺(アポクリン腺 apocrine gland)：これは全分泌腺と漏出分泌腺の中間型にあたり，分泌物を含んだ細胞質の一部が残りの部分から離れて排出される(例：乳腺)．ただし，これらは明確に区別しがたい．(3) 細胞内の分泌物またはその前段階物質の染色性による．(i) 塩基好性腺(basophil gland)：塩基性色素で染色するもの，(ii) 酸好性腺(acidophil gland)：酸性色素で染色するもの．なお(4)生理的機能により消化腺や生殖腺など，また分泌物の種類により汗腺，粘液腺，絹糸腺など種々の名称が付される．

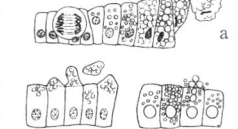

腺細胞の分泌物生成様式
a 全分泌腺　b 離出分泌腺　c 漏出分泌腺

c **外壁** [exosporium, exospore, extine, exine] 《同》外膜，外皮，エキシン．内外2層以上からなる花粉や胞子の壁の外側の層．成熟した花粉粒は一般に，内壁(インティン intine)の外側に，化学的に丈夫で分解されにくいスポロポレニン(sporopollenin)を主成分とする外壁をもつ．シダ植物の胞子では外壁のさらに外側に*周皮と呼ばれる構造が存在することが多い．外壁ならびに周皮は突起をもったり，隆起が網状や畦状になったりを種々の模様を描くため，植物種の同定に役立つ．また被子植物では外壁の隆起の隙間にはポレンキット(pollenkitt)，ポレンコート(pollen coat)，またはトリフィン(tryphine)と呼ばれる脂質性の物質が沈着する．スポロポレニンやポレンキットは基本的に*タペータムで合成され胞子や花粉に供給・付加される．外壁は内部の保護，浸透圧の調節などの機能をもつとされる．発芽孔の部分は外壁を欠く．

d **解剖学** [anatomy] ヒトや動植物の体制の記載をする*形態学の一分野．古くは人体および動物成体を解剖し，外部形態とともに内部構造を観察記述する学を意味した．対象とする生物種によって人体解剖学(human anatomy, anthropotomy)，動物解剖学(animal anatomy, zootomy)，植物解剖学(plant anatomy, phytotomy)などに分ける．(⇒植物形態学)

e **開放系** [open system] 外界とエネルギーまたは物質を交換する系．これに対し，その系内で完結かつ，外界と交流のない系を閉鎖系(closed system)と呼ぶ．生物は開放系であり，生物の基本特性のいくつかは開放系の特性を基礎としている．例えば(1)外界の状態が変化しても生体は恒常性を維持する(ホメオスタシス)．外界の状態変化が永続すればそれに適応する．(2)生体だけをとればエントロピーは増大しない(秩序の維持)，また減少する(発生・分化)．(3)初期状態が異なっても最後に同一の状態に達する(等結果性 独 Äquifinalität)．(4)運動の自律性(例：心臓の拍動)や自発的能動性(動物行動における*遊び・探険)がみられる．(⇒熱力学第二法則，⇒動的平衡)

f **開放血管系** [open blood-vascular system] 《同》開放循環系(open circulatory system)，隙窩循環系(lacunar circulatory system)．心臓から出た血リンパが組織間に存在する不規則な空隙(血体腔，発生学的には原体腔)を流れたのち，呼吸器を経て出鰓血管により囲心腔から心臓へ，または直接に心臓へかえる循環系．閉鎖血管系に対する．節足動物，軟体動物，被嚢類はすべてこの型に属する．

g **外膜** [outer membrane] 二重膜構造の外側の膜を一般に外膜という．ミトコンドリアや葉緑体の最外膜や，グラム陰性菌の最表層のことを指すこともある．(⇒細菌外膜)
【2】 [tunica adventitia] 動物において，体腔中に露出することなく隣接の器官・組織と密着した状態にある管状器官の3層の壁構造の最外層．緻密な結合組織からなり，血管や気管，食道などにその例を見る．
【3】 [exosporium, exospore, extine, exine] ⇒外壁

h **蓋膜** 【1】 [tectorial membrane ラ membrana tectoria] 《同》被蓋膜．*蝸牛の*コルティ器官の*有毛細胞群を覆う繊維構造をもつ透明な膜．基底膜が振動するとその上の有毛細胞に，蓋膜との間のずれによる剪断力が働く．外有毛細胞の毛はこの膜の中に入り込むが，内有毛細胞の毛は接触していないとする見解もある．
【2】 =外皮膜

i **界面活性剤** [surfactant, surface active agent] 《同》表面活性剤．液体に溶けて表面張力(表面自由エネルギー)を著しく低下させる作用をもつ物質．分子内に親水性部分と疎水性部分とが分かれて存在し，このため界面に吸着しやすく，また一定の濃度(*臨界ミセル濃度)以上では*ミセルと呼ばれる分子集合体を形成する．親水性・疎水性両部分の比は界面活性剤の性質を決める重要な因子で，これを親水性−疎水性バランス(hydrophilic lipophilic balance, HLB)として数量的に表す．水溶液中での解離状況に従って，陰イオン性・陽イオン性・両性・非イオン性の四つの界面活性剤に分けられる．界面活性剤は洗剤など広い用途をもつが，水に溶けにくい非極性物質を溶解する作用(可溶化能)をもつため生体

膜の研究に重要な役割を果たしている．膜蛋白質を穏やかに可溶化する目的に使われるのは主としてコール酸やデオキシコール酸などの陰イオン性界面活性剤およびTriton X-100などの非イオン性界面活性剤で，後者についてはHLB値の異なる種々の市販品が利用できる．ドデシル硫酸ナトリウム(SDS)などの陰イオン性界面活性剤，セチルトリメチルアンモニウムブロミドなどの陽イオン性界面活性剤は一般に強い可溶化能をもつが，蛋白質に対する変性作用も強い．SDSと蛋白質との複合体を利用するポリアクリルアミドゲル電気泳動は，蛋白質の分子量を簡便に推定する方法として広く用いられている．(⇒SDS-ポリアクリルアミドゲル電気泳動法)

a **海綿骨質** [spongy bone, trabecular bone, cancellous bone] 緻密骨質とともに，骨組織の二様態の一つで，典型的には海綿状に不規則な形の骨髄腔をもつ骨組織．緻密骨質も，はじめ海綿骨質として形成され，後に*骨芽細胞と*破骨細胞により再構成されることが多い．骨化が完成した後も長骨骨端部の内腔や扁平骨の内部は海綿骨質の状態に終わるが，その場合の骨組織の配列はその骨に加わる力線に一致し，機械的な歪みによく耐える．海綿骨質はその外を緻密質に包まれるが，例外的に上顎骨や下顎骨の歯に接する部分(歯槽部 pars alveolaris)のように露出することもある．

b **海綿質繊維** [spongin fiber] 海綿動物の骨格を形成する蛋白質性の繊維．海綿繊維形成細胞(spongocyte)から作られる．モクヨクカイメンなどでは骨格は海綿質繊維のみからなり，ワタトリカイメンやムラサキカイメンなどでは骨片同士の先端を海綿質繊維が結ぶ．また，多くの多骨海綿類，単骨海綿類，中軸海綿類，アグラス海綿などでは骨片の束や集塊を海綿質繊維が固く包む構造をとる．海綿質繊維を構成する物質は海綿質(spongin)と呼ばれるコラーゲン類似の糖蛋白質で，臭素やヨウ素を含み，高い弾力性をもつ．海綿質繊維は，海綿繊維形成細胞が多数連続して直線上に並び，各細胞で独立して分泌された短いコラーゲン繊維が1本に接続し，長い繊維として形成される．尋常海綿類には，この他にもコラーゲン繊維を分泌する細胞として間充織性細胞(collencyte)と大型の箒状細胞(lophocyte)がある．

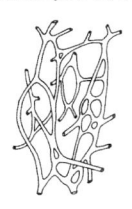

1 モクヨクカイメン：海綿質繊維のネットワークからなる骨格

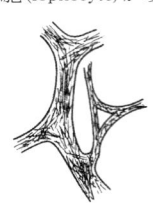

2 ワタトリカイメン：太い海綿質繊維に多数の主大骨片が含まれる

c **海綿状組織** 【1】[spongy tissue] 一般に，海綿状の構造をもった多孔質の組織．動物では海綿質繊維や海綿体がこれに相当．
【2】[spongy parenchyma] 一般に，葉肉の下部(背軸側)を構成する組織の一つ．これに対し上部(向軸側)は*柵状組織からなる．細胞間隙に富み，特に気孔の直下では大きな呼吸腔となっている．しかし，海綿状組織の間隙が少なく柵状組織と明らかに区別できない場合(イネ科)もある．細胞は葉緑体を含み*同化組織として働く

が，柵状組織に接していることから柵状組織内の光合成産物が葉脈に至る通路ともなり，また豊富な細胞間隙は，気孔により外界と通じ光合成に伴うガス交換の通路ともなる．(⇒葉[図]，⇒異型細胞[図])

d **海綿体** [cavernous body ラ corpus cavernosum, corpus spongiosum] 哺乳類の*陰茎や*陰核の主体をなす，海綿状構造をもつ組織．繊維性結合組織に囲まれた不規則な形の血管腔が連続して，内部に血液を充たして膨大し，それにより陰茎・陰核に勃起(erection)を起こす．陰茎には，縦走する左右2個の陰茎海綿体(corpus cavernosum penis)と，その尾方に沿い尿道を含む尿道海綿体(corpus spongiosum penis)，尿道海綿体の先端のふくらみとしての亀頭(glans)がある．陰核は陰茎海綿体に相当する陰核海綿体(corpus cavernosum clitoridis)だけからなる．

e **界面動電位** [electrokinetic potential] 《同》ζ電位．液体中にある固体の表面にイオンの吸着によって形成される電気二重層が，電場の作用で，固体面に付着している部分と液と一緒に泳動できる部分とに分かれるときの，滑り面における電位と液全体の電位との差．ζ電位は元来吸着イオンによるものであるから，液体中のイオンの電荷やpHによって，0(等電点)を挟んで+にも-にもなりうる．小さい粒子が懸濁しているときに電場によって粒子が動くのが*電気泳動，電場によって動かない膜ないし網目を通して液の方が動くのが電気浸透(electroendosmosis)，また，膜ないし網目を通して無理に液体を動かして生ずる電位が流動電位(streaming potential)，粒子を沈澱によって速く動かして上下に生ずる電位が沈澱電位(precipitation potentialまたはドルン効果Dorn effect)である．これら四つを総称して運動電位といい，四つの現象を界面動電現象(electrokinetic phenomenon)という．いずれもζ電位による．ζ電位が高いほどコロイド溶液は安定であるが，電解質を加えるとζ電位が急激に低下して凝析しやすくなる．

f **海綿動物** [sponges, poriferans ラ Porifera] 後生動物の一門で，最も祖先的な後生動物といわれており，神経系，消化器系，循環器系，筋肉系の組織や器官がほとんど分化しない．現生は*石灰海綿類，*六放海綿類，*尋常海綿類，同骨海綿類の4綱からなり，これらに加えて異針海綿類(Heteractinida)とカンブリア紀初期に繁栄した古杯類(Archaeocyatha)の2化石綱が含まれる．世界中から約8000種が記録されており，実際には，この倍以上いると推測されている．体の形はさまざまで，高さあるいは直径が2mに達する種もある．多くは海産だが，一部は淡水にも生息する．熱帯から極域，潮間帯から水深8840mとおよそあらゆる海域から見つかっている．底生生物であり，体の下端で付着するか，もしくは骨片繊維の束を泥底に伸長させることによって体を支持する．体外表面および内表面は，1層の扁平細胞(pinacocyte)からなる扁平細胞層(pinacoderm)に覆われ，内表面の一部は1層の襟細胞からなる襟細胞層(choanoderm)もしくは襟細胞室(choanocyte chamber)に覆われている．両細胞層の間は寒天質の間充ゲル(中膠)で満たされており，10タイプほどのさまざまな細胞が活発に動いている．これらは，カルシウム性またはケイ質の*骨片を分泌する骨片母細胞，*海綿質繊維を分泌する海綿繊維形成細胞などである．分化全能性を示す細胞は分類群によって異なり，尋常海綿類と六放海綿類で

は原始細胞が，石灰海綿類では襟細胞が，同骨海綿類では扁平細胞が，それぞれこの役目を果たしている．襟細胞は生殖細胞にも分化することができる．また，他の後生動物には見られない*水溝系が発達している．襟細胞の連動した鞭毛運動によって水流を引き起こして循環させることで，水中の有機物を濾過摂食する．ただし，尋常海綿類のエダネカイメン科などでは，濾過摂食様式を二次的に失い，動物プランクトンを捕食する種が報告されている．

a **階紋道管** [scalariform vessel] *壁孔が横に細長く伸び，上下に必ず多数平行して重なり，階段状に見える*道管の一種．ブドウ属・スイカズラ属・イヌビワ属などに見られ，シダ類やワラビ属の*仮道管も同様の模様をつくる．(→環紋道管[図])

b **回遊性魚類** [migratory fish] 《同》回遊魚．*生活史において大きく異なる生息地の間で*移動を行い，再びおおよそもとの生息地に戻って来る魚類．回遊(migration)には，海水中でのみ行われる海洋回遊(oceanic migration)や淡水中だけ(例えば湖と川)での淡水回遊もあるが，海と淡水の双方を生活史の段階に応じて規則的に利用するものも多い．このような魚を通し回遊魚(diadromous fish)という．通し回遊魚は産卵を海水中で行う降河回遊魚(catadromous fish)と，産卵を淡水で行う遡河回遊魚(anadromous fish)にと大きく二分される．ウナギは前者の典型例で，一生の大部分を淡水で過ごし，産卵のために海へ下る．これに対しサケなどは後者の典型例で，一生の大部分を海で過ごし，産卵のために淡水を遡上する(→母川回帰)．これらの魚類では，回遊に伴って外界の*浸透圧が大きく変化するが，それに対応した複雑な内分泌調節がみられる．また，アユや多くの淡水産ハゼ類のように，河川で産卵し，海と河川で成長するような場合を両側回遊魚(amphidromous fish)と呼ぶ．なお，汽水域や河口周辺を往復する魚類をも通し回遊魚に含める考えもある．また遡河および両側回遊魚には，しばしば*陸封の現象がみられる．

c **潰瘍** [ulcer] 皮膚や粘膜などの表面が部分的に欠損し，皮下組織や粘膜下組織が露出した状態．欠損の浅いときは糜爛(erosio)という．その発生機転は局所に*壊死を生じ，それが脱落することによる．潰瘍が治癒すると上皮は再生し，欠損部は再び覆われる．上皮下結合組織に瘢痕が形成されることがある．

d **外洋域** [oceanic region] *海洋生態系において，*沿岸域の沖側の海洋中央部を占める海域．沿岸域との境界は一般に陸棚外縁とされる．外洋域は海洋の全面積の90％，全水域空間の99％を占める．光合成は水域表層の真光層だけに限られる．真光層における*一次生産は沿岸域よりも一般に小さく，特に周年安定な*水温躍層の発達している熱帯海域では，低濃度の栄養塩が制限因子となり小さい．真光層下方の薄光層と*無光層への有機物の供給は，特に動物プランクトンの鉛直移動が大きな役割を果たしており(→生物ポンプ)，加えて死骸や糞粒の沈降がある．薄光層と無光層における*二次生産には，これらの他に濃縮・粒状化された有機物塊も寄与している．(→深海底生生物)

e **海洋細菌** [marine bacterium] 海洋に生息する微生物のうち，細菌類の総称．海洋細菌と非好塩性の他の細菌群とを明確に区別できる生理学的あるいは形態学的特性は，必ずしも明らかになっていない．C. E. Zobellらは海洋細菌を「最初の分離の際に，海水培地を用いて海水試料から分離された細菌」と定義している．大多数は従属栄養細菌で，海水中の溶存態・懸濁態の有機物の分解無機化に貢献し，生産された菌体は他の生物の餌料としても重要．海水中の細菌ではグラム陰性の桿菌の*シュードモナス，*ヴィブリオ，Alteromonas，Flavobacterium などの属が主要で，海底堆積物においては上記の属のほかに Bacillus などグラム陽性菌も多数出現する．近年の遺伝子解析による研究からアルファプロテオバクテリアに属する SAR11 クレードの細菌がさまざまな海域で多数分布し，その従属栄養細菌の重要性が指摘されるようになった．沿岸河口域の有機物に富んだ底泥には嫌気性の硫酸還元菌が増殖し黒色の硫化物を生成する．独立栄養細菌のアンモニア酸化細菌や亜硝酸酸化細菌などの硝化細菌は窒素の循環において重要．また近年，古細菌がアンモニア酸化を行うことが知られるようになった．多くの海洋細菌のもつ生理学的性質としては生息環境を反映して中温菌(mesophile)が多く，場所により低温菌(psychrophile)が出現する．有機物濃度は外洋においては 0.5 mg/L 以下であるため，従来の培地には増殖できない低栄養細菌(oligotroph)がかなり多いことも明らかになりつつある．海水の塩濃度を反映して好塩性(2.5～3.0％)の細菌が大部分であるが，特に Na^+ 要求性も特徴としてあげられる．最近の研究で Na^+ は海洋細菌の能動輸送系・呼吸系やエネルギー獲得に関与しているといわれる．

f **海洋生態系** [marine ecosystem] 海洋における生物群集とそれらをとりまく環境との有機的物質循環系．海洋は地球表面積の約3/4を占め，その最大水深は1万900 m，平均水深は 3800 m である．水は空気に比べると比重・比熱・粘性が高く，空気よりも生物が浮遊しやすく，光を通しにくい．光合成に十分な光が届く水深範囲は真光層(euphotic zone)と呼ばれ，最大でも約 200 m までである．真光層よりも深く，光合成には不十分であっても，生物が感知できる光が到達する水深範囲が薄光層(disphotic zone，真光層と薄光層を合わせて有光層 photic zone と呼ぶ)，さらに深く光が到達しない水深範囲が無光層(aphotic zone)である(図次頁)．真光層よりも深い部分では，化学合成が活発に行われている海底熱水鉱床(→熱水生物群集)以外では*一次生産がほとんどない．外洋で真光層に留まるために浮遊し(→浮力の調節)，栄養塩類を効率よく利用して増殖するために，植物はサイズの小さな*プランクトンへと進化したと解釈される．沿岸域では大型藻類や造礁*サンゴに共生する褐虫藻の一次生産が大きいことがあるが，海洋全体を考えると一次生産のほとんどは植物プランクトンに依存している．これらの多くは植食性の動物プランクトンに摂餌され，さらにそれらは肉食性動物に捕食されて，有機物は上位の*栄養段階生物に利用される．また一部の植物プランクトンは枯死して*デトリタスや溶存有機物となって，バクテリアに利用される．バクテリアは有機物を無機物に分解する役割を果たす．このように海洋の中で物質は生産者，消費者，分解者の間で循環している．海洋生態系は空間的に，次のように区分される．(1)水平的区分：陸から外洋に向けて，*海浜域，沿岸域(littoral zone)，外洋域(oceanic zone)．沿岸域と外洋域の境界は一般には大陸棚縁辺部(深さ約 200 m)である．(2)垂直的区分：浅い方から表層域(epipelagic zone)，中

深層域 (mesopelagic zone), 漸深層域 (bathypelagic zone), 深海域 (abyssopelagic zone), 超深層域 (hadopelagic zone). また海底域によって区分する場合もある (図). 動物は表層域ばかりでなく超深層域にまで生息しているので, どのように有機物が中深層域以深の動物に運ばれるかが重要である. 主要な経路として動物の*日周垂直移動による場合と, 大形沈降物による場合があげられる. 前者は, 異なる深さで日周垂直移動をしている動物どうしの生息深度が重なる場合に, 上層の動物が下層の動物に捕食され, それが順次下層の動物に捕食されることにより有機物が中深層域以深に運ばれるとの考えがある. これは提唱者の名をとり Vinogradov のはしご説 (ladder theory) と呼ばれている (⇒生物ポンプ). 後者は, 大形沈降粒子として動物の死骸や糞粒, 大形のデトリタスなどが中深層域以深に運ばれる経路である. なお, 海洋のプランクトンに注目して浮遊生態系 (planktonic ecosystem, これに*ネクトンも含めて漂泳生態系 pelagic ecosystem と呼ぶ) を区別することもある. またサンゴ礁生態系やマングローブ生態系など, 生息地を作り出す生物で区分することもある.

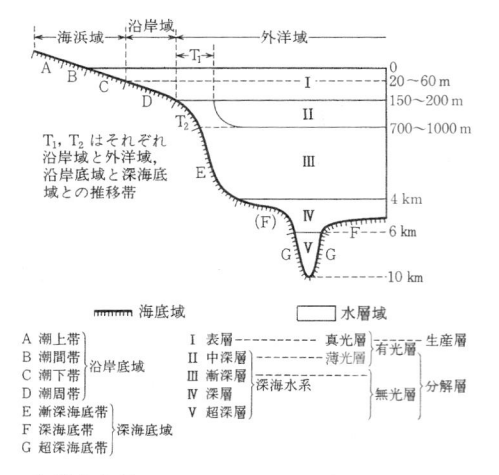

うる場所となっている点で, 空中が永住空間とはなりえず本質的に二次元的な生息地である陸上とは異なっている. 加えて, 気候条件のほか, 特異な水塊と海流系の発達, 陸塊からの距離, そして大深度における巨大な水圧・暗闇などの諸条件が関与するために, 海洋群集の空間的ありかたは単純ではなく, そのような点が考察・分析に考慮される. 生態地理学・区系地理学・歴史地理学それぞれの研究が可能な点は, 陸上の場合と変わらない. ただ, 陸上の場合には植物 (特に陸上植物) を対象とした植物地理学と動物を対象とした動物地理学とに分けられ, それぞれが独自の分科として研究されることが多いのに対し, 植物 (主として藻類) よりも動物のほうが圧倒的に比重の高い海洋の場合には, むしろ生態群 (例えば*ペラゴス, *ベントス) ごと, あるいは空間の生態的区分 (沿岸域, 外洋域など) ごとにとりあげて論じられるのが一般的である. (⇒海洋生態系, ⇒海洋生物地理区)

c **海洋生物地理区** [marine biogeographic region] *生物相の特徴に基づいて識別された海洋の地理的区域. 生息地としての特異性 (⇒海洋生物地理学) から, 海洋における生物地理区の設定には陸上の場合 (⇒植物区系, ⇒動物地理区) とはやや異なる視座が要求される. すなわち, 陸塊の影響が濃厚な沿岸域と稀薄な外洋域とに水平的に区分し, 後者をさらに垂直的に少なくとも2層 (海洋における対流圏に当たる表層〜中深層, および成層圏に当たる漸深層〜超深層, ⇒海洋生態系) に分別して, それぞれについて地理区を設定せねばならない. 海洋, 特に沿岸域の生物地理区分については S. Ekman (1935) によってほぼ基礎が定められ, 外洋域表層については, K. V. Beklemishev (1969), 同じく漸深層〜深層には N. G. Vinogradova (1959), F. J. Madsen (1961) ら, 超深層には G. M. Belyaev (1966) らの業績がある. 海洋において地域による生物相の差違が最も顕著なのは沿岸域で, そこでは熱帯から寒帯に至る各*気候帯ごと, かつ各大陸・島嶼ごとの分化が明瞭で, これに注目して地理区が設定される. 例えば, 熱帯系の沿岸域地理区として*インド–西太平洋区・東太平洋区 (パナマ区)・西インド区・西アフリカ区, 温帯系のそれとして東亜・オレゴン–カリフォルニア区・南オーストラリア–ニュージーランド区・ペルー–チリ区など, 同じく亜寒帯系のそれには北太平洋区・北大西洋区など, そして寒帯系のそれには北極区・南極区といった具合に, およそ20あるいはそれ以上の地理区に区分されるのが一般的である. さらに亜区・地方に細分されることもしばしばある. 陸上に比べ, 区分が細かいため, 界 (realm) の設定の問題を含め, それらの整理・統合の必要性を説く立場がある. 沿岸域に対し, 外洋域は地域による生物相の分化が著しくない. 表層〜中深層では熱帯区・温帯区 (あるいは推移帯)・北亜寒帯区・南亜寒帯区の数区に分けられ, 大洋ごとの分化は弱い. また, 漸深層〜超深層ではインド–西太平洋–大西洋区・東太平洋区・南大洋区の3区に分けられる. さらに, そこに離散的に存在する超深海環境, すなわち海溝・超深海盆は, おのおのがかなり独自性の高い生物相を分化させているため, それぞれをその区内の独立した地方 (province) と認めるべきであるとされる.

海底域 / 水層域
A 潮上帯 I 表層 — 真光層 — 有光層 — 生産層
B 潮間帯 沿岸底域 II 中深層 — 薄光層
C 潮下帯 III 漸深層 — 深海水系 — 無光層 — 分解層
D 潮周帯 IV 深海層
E 漸深海底帯 深海底域 V 超深層
F 深海底帯
G 超深海底帯

T_1, T_2 はそれぞれ沿岸域と外洋域, 沿岸底域と深海底域との推移帯

a **海洋生物学** [marine biology] 海に生活する生物および生物が関与する現象を研究する科学. 海洋学 (oceanography) の一分科として, 海洋生物を海洋の関与する現象を中心として研究する分野, すなわち生物海洋学 (biological oceanography) をいう場合がある. このときには, 海洋の物理・化学構造との関連で微生物・プランクトン・海藻・魚類などの分布, あるいは有機物生産や物質循環などを生態学的に研究する立場が中心となる. 沿岸帯の生産力が高いために, 海岸での生物の生態研究が特に盛んである. なお, 海洋の生物は, 海岸に生息する種においても, プランクトン生活をする幼生をもつために, 広い範囲の個体群が交流しあい, 海流の影響を強く受けることが特徴である.

b **海洋生物地理学** [marine biogeography] 海洋における生物の地理的分布を研究する*生物地理学の一分野. J. D. Dana (1853) に始まり, E. Forbes (1856, 1859), A. Oltmann (1896) らをへて, S. Ekman (1935) によって大成された. 生息地として見た場合, 海洋は巨大な三次元空間の, どこをとってもなんらかの生物が常時生活し

d **海洋微生物** [marine microorganism] 海洋に生息する*微生物. 深海では細菌と古細菌が主体をなすが, 浅海ではそのほかに, ウイルス, 真菌, 微細藻類, 原生生物など多様なものが含まれ, 全海洋における生物体量

のほとんどを占めている．海洋微生物には，光合成や化学合成を行う独立栄養生物，従属栄養生物のいずれもが含まれているが，光合成を行うものの中にも，条件によって従属栄養を行うものもある．(⇒海洋細菌)

a **外来種** [alien species, exotic species, non-native species] 《同》外来生物(alien organism, exotic organism)，移入種，帰化種，帰化動物(naturalized animal)，帰化植物(naturalized plant)．過去あるいは現在の自然分布域外に，意図的あるいは非意図的に導入(introduction)された種，亜種，あるいはそれ以下の分類群．外来種はその起原によって，国外外来種と国内外来種に分けられる．新しい生育・生息地で，有性繁殖や無性的な増殖が可能になる過程を定着(establishment)という．定着と同義で帰化(naturalization)という語が用いられるが，近年，保全生物学や保全の現場においては使用が避けられている．外来種の中には，競争，捕食，病害，交雑を通して在来種(native species, indigenous species)の存続を脅かしたり，栄養塩動態や生物間相互作用などの生態系過程(ecosystem process)を大きく改変したりするものがあり，侵略的外来種(invasive alien species)と呼ばれる．侵略的外来種は地域固有種(endemic species)の絶滅を招き，地球規模での生物多様性の喪失の主要因の一つとなっている．なお，帰化植物のうち，古代に人間がいろいろの方法で移動した際に生じたものを史前帰化植物(prehistoric-naturalized plant)という．

b **快楽説** [hedonism] 人間の行動は，快楽を求め，苦痛を避けるという欲求によって生じるとする説．そのもとは古く Epikuros にある．人間は未来のより大きな快楽のために，現在の苦痛にたえることができるとする．S. Freud によれば，嬰児は快楽説に従って行動するが，成長につれて社会の存在に気づき，現実原理の修正をうけて，快楽の追求をあきらめるという．なお*学習理論においては，快をもたらす行動は生起しやすくなり，不快をもたらす行動は抑制されるという，いわゆる*効果の法則が E. L. Thorndike によって唱えられた．

c **解離** 【1】[maceration, dissociation] 細胞や組織間の結合を，機械的に，あるいは超音波・酸・アルカリ・キレート剤などで，またはペクチナーゼ・トリプシンなどの酵素で，処理し分離しやすくしたうえで，機械的に振動させたり針でほぐして，個々の細胞または組織を分離する処理．特に発生生物学・細胞生物学では*細胞解離の意味で用いる．植物組織では細胞壁の中間層にあるペクチン質を溶解するために，酸による加水分解，あるいはペクチナーゼのような酵母など菌類のもつ酵素による処理が行われる．単離とも呼ばれる．英語では植物材料の場合に maceration が，動物材料の場合に dissociation が主に用いられる．
【2】[dissociation] 酸，塩，酵素-基質複合体などの生体高分子やウイルスなどを，通常は可逆的に，ある構成単位に分けること．(⇒解離定数)

d **解離曲線** [dissociation curve] 弱電解質，蛋白質とリガンドなどの解離平衡系において，解離度または結合度とリガンド濃度との関係を示す曲線．アロステリック蛋白質である*ヘモグロビンと酸素の可逆的結合反応はこの代表例で，

$$Hb_n + nO_2 \overset{K}{\rightleftarrows} Hb_n(O_2)_n$$

のように，ヘモグロビンは酸素の分圧の高い所では酸素を結合してオキシ型となり，分圧の低い所ではデオキシ型となる．解離定数を K とすれば酸素結合度 y と酸素分圧 p(mmHg)との関係は

$$y = \frac{Kp^n}{1+Kp^n}$$

で表される．これをヒルの式(Hill equation)という．n はヒル係数(Hill coefficient)で，*ヘム間相互作用の強さを表す．ミオグロビンのようにヘムが1個の単量体では，$n=1$ となり解離曲線は双曲線型となるが，哺乳類ヘモグロビンのような四量体ではヘム間相互作用のため $n=2.8\sim3.0$ で曲線は S 字状となる(⇒酸素解離曲線)．このためヘモグロビンは肺のような高酸素分圧下で酸素を結合するだけでなく，組織のような低酸素分圧下で酸素を放しやすく，酸素運搬体として機能する．ヘモグロビンの酸素解離はヘム間相互作用のようにリガンド自身により影響される(homotropic interaction)だけでなく，CO_2 や水素イオンのようなリガンド以外の分子によっても影響される(heterotropic interaction)．酸素結合度 0.5 のときの O_2 分圧 $p_{1/2}$(酸素親和性の逆数)が pH によって変動する現象は*ボーア効果と呼ばれる．$p_{1/2}$ はまたリン酸塩(グリセリン酸-2,3-二リン酸や ATP など)その他の陰イオンによっても顕著な影響を受ける．

e **解離定数** [dissociation constant] A と B からなる複合体 AB が，AB $\rightleftarrows$ A+B のような解離平衡にあるとき，それぞれの濃度を[A]，[B]，[AB]として，

$$K = \frac{[A][B]}{[AB]}$$

で定義される平衡定数 K のこと．溶液内反応においては，K は主として温度の関数になる．A が酵素，B が基質の場合には，解離定数は K_s と表されるし，AB が酸，B が H^+ の場合には K_a と表される．いずれの場合でも，$-RT \ln K$ は，この解離反応における標準自由エネルギー変化量 $\Delta G°$ に等しい．上の場合のように，複合体が二つの分子種に解離する場合には，[A]=[AB]，すなわち A の分子種の半分が B と結合している場合の B の濃度が，解離定数に等しくなる．酸の解離の場合には，$pK_a = -\log_{10} K_a$ で定義される pK_a がよく用いられる．これは酸の分子の半数が解離している場合の pH に等しくなる．A 分子上に B の結合部位が複数個ある場合には解離は複数段階起こるが，その各段階の解離定数に固有解離定数と統計的解離定数とが存在する．いま A に N 個の結合部位があり，そのうち J 個に B が結合している場合には，

$$K_J^S = \frac{[AB_{J-1}][B]}{[AB_J]}$$

で定義される K_J^S は統計的解離定数，

$$K_J^I = \frac{(N-J+1)[AB_{J-1}][B]}{J[AB_J]}$$

で定義される K_J^I は固有解離定数である．したがって，$AB_J \rightleftarrows JB+A$ の解離平衡の統計的解離定数および固有解離定数 K_{0J}^S および K_{0J}^I は，

$$K_{0J}^S = \frac{[A][B]^J}{[AB_J]}, \quad K_{0J}^I = \frac{N!}{J!(N-J)!} \times \frac{[A][B]^J}{[AB_J]}$$

となる．

f **回廊** [corridor] 《同》コリドー，生態的回廊．地形図上で，線または帯状の形状をもつ景観構成要素．生態学において，空間的な構造や配置に注目するとき，

「相互に影響を及ぼしあっている生態系の集合により構成される，不均一な土地の広がり」を景観(landscape)という(R.T.T. Forman & M. Godron, 1986)．ここでの生態系は，内部が概ね均質と認められる単位的な空間を指し，景観構成要素(landscape element)とも呼ばれる．景観構成要素は，地形図上での形状により，点または斑状のパッチ(patch)，線または帯状のコリドー，そしてパッチやコリドーを包含しつつ面的に広がるマトリックス(matrix)に大別される．例えば日本の農村景観では，一面に広がる水田はマトリックス，点在する溜め池や林などはパッチ，水路や道路，あるいはこれらに沿って延びる細長い植栽地はコリドーである．コリドーは，生物の生息地や移動路(movement corridor)として機能することもあれば，移動の障壁となる場合もある．例えば，林が帯状に伐採されてできた細長い草地は，草地性の生物の生息地や移動路であると同時に，森林性の生物にとっては移動の障壁である．生息地間で生物の移動が円滑に起こることから，個体数が少数であることで生じる確率性(demographic stochasticity)の克服，*近交弱勢の回避，より多くの資源を利用する種への生息地の提供などが生じる．特に初めの二つは，メタ個体群の持続可能性を改善する．加えて，季節によって異なる生息地を利用する種の生息には，生息地間の移動が不可欠である．地域の生物多様性の保全を目指して，残存する生息地間での生物の移動可能性を高めるために，生態的回廊が保全・整備されることが多い．

a **カイロモン** [kairomone] 生物により生産され，他種の生物に接したとき，その生産者よりも後者に適応的な利益をもたらす化学的メッセンジャーとして働く物質．例えば植物に含まれる生体誘引物質や摂食刺激物質，捕食者の摂食行動を誘起する物質などである．W. L. Brown ら(1970)が提唱した語．(⇒アロモン)

b **会話** [conversation, talking, speech] ヒトに特有の，通常は対面的状況において発話を交換することによってなされる，音声コミュニケーションの形態．会話に関する研究には，現象学的社会学を基礎とし，会話の状況の綿密な記載から出発する会話分析(conversation analysis)，言語学的な関心から出発し，発話の間に文法的な構造を見出すことをめざす談話分析(discourse analysis)などがあり，発話交代(turn-talking)のシステム，会話の基本的単位としての隣接対(adjacent pairs)構造などが明らかになっている．発話から認知される「関連性」やコミュニケーションシステムの安定性を支える「冗長性」を重視する分析もある．また，霊長類のコミュニケーションにおいて発声が規則的に交代したり，状況や相手に応じて柔軟に音声の質を変化させていることが明らかになり，概念の伝達としての会話の成立以前に発話(発声)交代システムが成立していた可能性が示唆されている．

c **下咽頭** [hypopharynx] 《同》刺舌，側舌突起，舌状体．昆虫の頭部顎域の腹壁中央部に膨出した大きな膜質の舌状突起．これと頭楯の基部との間に口が，さらにこれと下唇の基部との間の腔域に唾液腺がそれぞれ開口する．

d **ガウゼ** GAUSE, Georgii Frantsevich (Гаузе, Георгий Францевич) 1910〜1986 ソ連の生態学者・微生物学者．原生生物と昆虫を材料として，個体群増加の制御機構，種間競争，被食者-捕食者相互作用について多くの研究をした．ロトカ-ヴォルテラ式を発展させつつ，その実験的検証を行うことにより，個体群生態学の基礎を固めた．「同じ生態的地位を占める2種は同一場所に共存できない」という競争的排除則はガウゼの法則(原理)とも呼ばれる．[主著] The struggle for existence, 1934.

e **ガウプ** GAUPP, Ernst Wilhelm Theodor 1865〜1916 ドイツの比較解剖学者，比較発生学者．羊膜類の頭蓋の進化形態学的研究，とりわけ哺乳類頭蓋における蝶形骨や中耳の形態進化に関する一連の研究で知られる．

f **カウレン** [kaurene] 四環性のジテルペン．対掌体の ent-カウレンは*ジベレリンの前駆物質であり，ent-コパリル二リン酸合成酵素と ent-カウレン合成酵素の働きで trans-ゲラニルゲラニル二リン酸が順次閉環して生合成される．矮性トウモロコシの dwarf5, 矮性イネの短銀状主は ent-カウレンの生合成欠損変異体である．

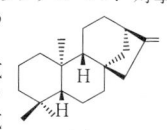

ent-カウレン

g **過栄養** [hypereutrophy] ⇒富栄養化

h **顔** [face] 脊椎動物では通常，頭部の正面，額から下顎に至る両耳の間の部分．解剖学的には，脳を包む神経頭蓋の一部に加え，上下の顎骨や鼻骨・頬骨など，顔面を構成する諸骨からなる複合体が，顔面頭蓋(独 Gesichtsschädel)と呼ばれる．動物種により各骨要素の形態は非常に変化に富む．顔面には眼裂・外鼻・口裂・耳殻があり，視覚・嗅覚・呼吸・消化・聴覚器の開口部となる．また哺乳類では第二咽頭弓に由来する種々の表情筋が発達し，いわゆる表情をつくる．ヒトを含めた多くの霊長類ではこの部分の毛が少なく，表情をいっそう顕著に表すことができる．人種差は顔の各部分に著明に見られる．なお昆虫その他の無脊椎動物でも，眼・口などの集合している頭部の部分があれば，その部分を顔と呼ぶことがある．

i **顔細胞** [face neuron] 視覚刺激として呈示された顔または顔画像に対して，選択的に*活動電位の発射頻度を変化させる神経細胞．霊長類では，このような細胞は下側頭葉皮質，前頭葉皮質，*扁桃体に存在する．顔(画像)に対する選択性の程度は神経細胞により異なる．特定の個体に対して活動する細胞，顔(画像)であれば活動する細胞，線画で描かれた顔画像に対しても活動する細胞などがあり，これらの細胞は顔の向きに対する選択性をもつ．扁桃体には，特定の表情に選択的に活動する細胞が存在する．顔細胞はヒツジの側頭葉にも存在するが，視覚実験のモデル動物の一つであるネコでは確認されていない．

j **カオス** [chaos] 決定論的法則に従ったシステムが示す全く予測不可能な挙動．この予測不可能性は外的なノイズによるものではなく，システムがもつ非線形性に起因する．カオスの数学的な定義には未だ統一的な見解はないが，一般にはリアプノフ指数が正であることで判断される．システムの状態変化は決定論に従うため，状態変化の短期的な予測は可能である一方，リアプノフ指数が正であるために初期状態のわずかな差異が時間とともに指数的に広がり，状態変化の長期予測を不可能とする．カオス的挙動をするシステムが一部の変数を介して相互作用したシステムはカオス結合系と呼ばれる．特に格子状に並んで隣同士で相互作用し合うカオス離散写

像は結合写像格子と呼ばれ，システム間の同期現象や非同期現象を非周期的に繰り返すカオス的遍歴など，複雑な挙動を示すことが知られる．神経細胞のネットワークや生態系などの大自由度システムが示す複雑な挙動を理解するためのモデルとして用いられる．

a **顔認識** [face recognition] 視覚的に提示された顔または顔画像が，誰の顔であるか認識すること．社会性動物において同種の他個体を認識することは，生存・繁殖において重要で，ヒトでは，顔に含まれる豊富な視覚信号を利用して，対象とする顔が誰のであるのかを認識する．社会性昆虫のスズメバチでも，顔の視覚的特徴を利用して他の個体を認識する．このように顔が誰の顔であるかを知ることに加え，顔を顔であると理解すること，顔から年齢，性別，表情，感情を推定することを含める場合もある．ヒトにおいて顔認識に特異的な障害が起こる相貌失認(prosopagnosia)には，顔を顔であると認識できない統覚型と，顔と名前を結びつけることができない連合型がある．(⇒視覚性失認)

b **花芽**(かが) [flower bud] 「はなめ」とも．展開すれば花または*花序となる芽．一般に花芽は*葉芽に比べて太く丸いので，外見で葉芽と区別できる場合が多いが，芽が相当に若いときには芽を解剖して雄ずい・雌ずいの原基の分化を確かめなければ分からない．花芽の分裂組織は通常，葉芽と形態を異にし，その分化や形態形成の機構も葉芽と異なる．(⇒花芽形成，⇒生殖期シュート頂)

c **科階級群** [family group] 国際動物命名規約において，上科，科，亜科，族，さらには上科以下で属より上の*階級にあって，必要に応じて作られるその他の補助的な階級(例えば亜族)のどれかに位置づけられる*タクソン．なお，属ないし亜属に階級づけられるタクソンを属階級群(genus group)，種と亜種の階級にあるタクソンを種階級群(species group)と呼ぶ．国際動物命名規約は，いくつかの条項を除きこれら3階級群だけに適用される．(⇒命名規約)

d **化学栄養** [chemotophy] 生物の栄養摂取に伴うエネルギー獲得系(energy acquisition system)の分類において，細胞内での化学的暗反応による基質(栄養物質)の酸化によってエネルギーを得る様式．光栄養と対比して使われる．利用される基質が無機物である場合は化学無機栄養(chemolithotrophy)，有機物である場合は化学有機栄養(chemoorganotrophy)という．化学無機栄養のうち，炭素源が無機物の場合は化学無機独立栄養(chemolithoautotrophy)といい，有機物の場合は化学無機従属栄養(chemolithoheterotrophy)と呼ぶ．また，炭素源としてCO_2と有機物を併用して利用する場合には化学混合栄養(chemomixotrophy)という．(⇒化学合成)

e **化学感覚** [chemical sense] 化学物質が刺激(化学刺激という)となって生じる感覚の総称．動物の摂食や生殖，敵からの逃避などに重要な意味をもち，光感覚よりも普遍的で，原始的な動物でもよく発達している．原生生物でも，各種の化学刺激に明瞭な分差反応を示す．後生動物では，特別な感覚細胞(⇒化学受容器)が分化し，刺激物質の化学的種別に対する弁別あるいは感覚の質の分化へと発達する．食物に対する化学走性反応は動物界に普遍的で，プラナリア，ミミズ，ナメクジ，カタツムリ，バイ，タコ，エビ，カニ，昆虫などで多くの例があるが，チスイビルやウオジラミ(チョウ)のように，対象への接触を待ってはじめて化学的弁別の行われる場合もある．前者は遠覚，後者は近覚である(⇒化学受容)．節足動物のエビ・カニや昆虫になると，触角や付属肢にある感覚毛によって種々の化学刺激を受容し，複雑な反応を示すようになる．ヒトについては化学感覚は*モダリティーの異なる嗅覚・味覚に大別される(⇒味覚，⇒嗅覚)．味覚・嗅覚の分類は陸生の脊椎動物には大体あてはめられ，嗅覚は遠覚，味覚は近覚と規定される．魚類や両生類のような水生動物になると，機能的な対応は困難になる．しかし味覚器と嗅覚器とは受容器も感覚中枢もそれぞれ陸生脊椎動物のそれと対応するものが存在するので，異なる感覚種として味覚・嗅覚を対応させるのが一般的．陸生の昆虫になると，多くは触角に匂い受容細胞をもった感覚毛があり，ミツバチなどでは，学習実験によりヒトとほぼ同程度の鋭敏さと弁別能をもって花の香を識別することがわかる．しかし接触化学受容器は，口器，肢の附節，産卵管などにあり，それぞれ行動解発とのかかわりは異なるので，味覚として一括するのは意味がない．(⇒接触化学感覚)．水生の無脊椎動物では，味覚・嗅覚の区別は困難であるが，行動学的には，機能的に遠覚の意味をもつか近覚の意味をもつかによって，便宜的に味覚・嗅覚の語が使われることもある．化学感覚には，味覚・嗅覚とは別に例えば濃度の高いホルマリン蒸気や，いわゆる催涙ガスなどが眼の粘膜の神経末端受容器を刺激して起こす「眼にしみる」などの*共通化学感覚がある．

f **化学合成** 【1】[chemosynthesis] 光エネルギーを利用して*炭素同化を行う*光合成に対し，化学反応(主に酸化還元反応)で得られたエネルギーで炭素同化を行う栄養形式．化学合成を行う生物を*化学合成生物と呼ぶ．【2】[chemical synthesis] 《同》合成．生体の行う*生合成と対置する．

g **化学合成生態系** [chemolithotrophic ecosystem] 陸上の地熱地帯あるいは海底の熱水噴出孔や冷湧水など，電子供与体となる硫化水素やメタンなどの還元物質が地下から供給される環境で，これを用いて化学合成細菌が一次生産を行う生態系．化学合成細菌は環境中に存在，あるいは動物の体内に共生し，電子受容体としては低濃度の酸素を主として用いる．温泉地帯では，硫化水素を酸化してエネルギー生産する硫黄細菌が白い*バイオマットをつくり，そこに従属栄養の細菌などが共存する．熱水噴出孔では，有機物を消化する機能を消失したチューブワームなどの体内に，化学合成細菌が共生した生態系をつくる．地表の生態系が太陽エネルギーによって駆動するのに対し，これは地下圏から供給される還元力に依存するので，前者は太陽を食べる生態系，後者は地球を食べる生態系と呼ぶこともできる．

h **化学合成生物** [chemosynthetic organism] 《同》化学合成無機栄養生物．生物のエネルギー獲得系(energy acquisition system)の分類において，基質(無機物)の細胞内での化学的暗反応から得られる酸化エネルギーに依存する生物．*光合成生物の対語．硫化水素などの硫黄化合物を硫酸に酸化する*硫黄細菌，アンモニアを亜硝酸に酸化する*アンモニア酸化菌，亜硝酸を硝酸に酸化する*亜硝酸酸化菌，水素ガスを水に酸化する*水素細菌，二価鉄を三価鉄に酸化する*鉄酸化細菌，水素ガスを二酸化炭素で酸化してメタンを生成する*メタン生成菌がある．無機物の酸化はそれぞれの細菌に特有の反

応機構で行われるが,多くの場合炭素同化は*還元的ペントースリン酸回路で行われる.一部の水素細菌とメタン生成菌は*還元的カルボン酸回路あるいは還元的アセチルCoA経路で炭素同化を行う.広義には,炭素固定の有無に関わらず,物質の化学的暗反応による酸化エネルギーを細胞合成に利用する生物を指すが,この意味ではむしろ化学栄養生物(chemotrophic organism)という呼称が相応しい.(⇨化学栄養)

a **化学修飾** [chemical modification] 生体分子中に存在する各種官能基(functional group)に化学試薬を反応させること.主に蛋白質や核酸を対象とする.例えば,化学修飾試薬としてアミノ酸側鎖に特異的に反応する試薬を用いて,蛋白質の機能発現に不可欠なアミノ酸残基を同定する目的で用いられる.また,高次構造におけるアミノ酸残基の存在状態,すなわち分子表面に位置しているか,分子内部に埋もれているかを識別したり,あるいは周囲の環境を鋭敏に反映する蛍光基や特別の吸収帯をもつ原子団を化学修飾によって特定の部位に導入し,それらの情報基(リポーター基)の分光学的変化の測定から特定のミクロ環境を解析する目的で用いられる.さらに最近では,生物学的な特異的親和性を利用した*アフィニティーラベリングが開発され,またリボソームやウイルスなどの高次構造体の構成蛋白質間の空間的配置を解析するために,二価性試薬(bifunctional reagent)による化学修飾反応,架橋反応(⇨架橋試薬)が用いられている.免疫化学的応用として,蛍光標識した抗体を用いる*蛍光抗体法や,酵素を架橋反応で結合した抗体を用いる酵素免疫測定法(enzyme immunoassay)がある.(⇨ELISA法)

b **化学受容** [chemoreception] 化学物質の分子またはイオンなどを適当刺激として受容すること.(⇨化学感覚)

c **化学受容器** [chemoreceptor] 化学刺激を適当刺激として受容し,求心性神経インパルスの発生のきっかけとなる受容器.*味受容器,*嗅受容器などがあるが,味覚・嗅覚に対応させることの困難な場合も多い.刺胞動物などでは体表の全面に散在する(多くは有毛性の)一次感覚細胞が相当するが,個々には同定しがたい.扁形動物や環形動物では,化学的受容器が寄り集まって感覚芽を形成する.体前端にみられる1対の繊毛溝もこの段階のものとみられる.カタツムリ・ナメクジ類の触角や,水生腹足類の本鰓近傍にみられる外套肥厚部(嗅検器)には,化学受容器が密に分布し,遠覚性の化学受容に相当するという.甲殻類では,触角にある感覚毛やキチン質円錐体など化学受容器に含まれるものがあるが,ほかに口器や口腔にも化学受容器がみられる.クモ類は,獲物をまず附節器官で触れ,次に鋭角で調べ,最後に嚙みついて口腔内の受容器で検査するが,ダニ類では,前脚脛節にあるハラー器官(Haller's organ)が唯一の化学受容の場とされている.棘皮動物の棘(特に叉棘)は化学刺激に感受性を示すが,受容器は未詳である.昆虫類(⇨毛状感覚子)ならびに脊椎動物では,嗅覚・味覚の分化に伴って,両種の感覚器の構造は一段の発達をとげている.なお特殊化程度の低い化学受容器として共通化学受容器があり,脊椎動物でもかなり重要な役割を演じている.

d **化学進化** [chemical evolution] 広義には化学物質の宇宙における進化,すなわち化学物質が組織化されることにより新しい質または機能を獲得する過程.宇宙の開闢(ビッグバン)により水素とヘリウムが誕生し,次いで星の内部における核融合反応などにより多くの重元素が生成した(元素の進化).それらの元素は互いに結合することによりはじめて分子,すなわち化学物質を生成した.星間空間に発見された分子の生成や太陽系生成時における原始太陽系星雲中の化学反応のあとを残している炭素質隕石は,いずれも宇宙における化学進化の過程を示している.狭義の化学進化は,原始地球上における生命の発生に至るまでの物質,特に炭素化合物の組織化の過程をいう.それはまず簡単な化学物質から,(1)アミノ酸・糖・ヌクレオチドなどの低分子生物有機化合物の生成,(2)蛋白質・核酸のような高分子生物有機化合物の生成,(3)これらの高分子物質から構成された多分子系の生成,および(4)化学進化の最終段階として,蛋白質および核酸合成系をもち,遺伝機構を獲得した原始生命の誕生,の諸段階であると一般的に考えられている.1950年代以降,生命の起原に関連して種々の化学進化に関連する分析およびモデル実験が行われている.(⇨ミラーの放電実験,⇨生命の起原)

e **化学浸透圧説** [chemiosmotic theory] *酸化的リン酸化反応および*光リン酸化反応におけるATP生成は電気化学ポテンシャル差が駆動するエネルギーによるとする説.P. Mitchell(1961)が提唱.ミトコンドリア・チラコイド・クロマトフォアなどの膜面では電子伝達の酸化還元反応と共役して,H$^+$が膜内外へと異方的(anisotropic)に輸送され,その結果膜内外にH$^+$の濃度勾配による電気化学ポテンシャル差が生じる.これを駆動力として,H$^+$が膜面に異方的に存在するH$^+$-ATPアーゼを通って流れるときに得られる自由エネルギーを使ってATPが合成されると考える.チラコイド膜内外のpH勾配を人為的に作るとADPとPiからATPが生成される(A. T. Jagendorf, 1967).また紫膜の*バクテリオロドプシンとH$^+$-ATPアーゼを組み込んだリポソームでは,バクテリオロドプシンによって輸送されるH$^+$により,電子伝達反応を伴わずにATP合成が起こる.これらの実験を通じ,現在では化学浸透圧説は基本的に正しいと考えられている.以前は,電子伝達体間の酸化還元反応に共役して高エネルギー結合をもつ中間体が形成され,それからATPの高エネルギーリン酸結合が作られるとする,化学共役説(chemical coupling hypothesis)も提唱された.(⇨酸・塩基リン酸化)

f **化学生態学** [chemical ecology] 生化学的な信号物質,すなわちインフォケミカル(infochemical)を介した同種あるいは異種の生物間相互作用についての研究分野.微量化学物質の定量化についての技術的進歩により近年大きく発展した.生物間相互作用に介在する生化学物質は,その働きにより次の2種に大別される.(1) *フェロモン:同種他個体に対して特定の行動的変化を引き起こす物質.性フェロモン・警戒フェロモン・集合フェロモンなどがあり,性フェロモンを利用した害虫防除の手段も試みられている.(2) アレロケミカル(allelochemical):異種の個体に対し特定の行動的変化を引き起こす物質.さらに,自らにとってはプラス,相手にとってはマイナスの効果を与えるアロモン(allomone),自らにとってはマイナス,相手にとってはプラスの効果を与えるカイロモン(kairomone),両者にとってプラスの効果があるシノモン(synomone)に分けられる.例えば,

昆虫や植物の防御物質はアロモンに，摂食刺激物質や産卵刺激物質はカイロモンに，送粉者を引きつけるための花の香はシノモンにそれぞれ相当する．これらの化学物質の作用は関与する生物によって変わり，同一の化学物質であっても異なるカテゴリーに分類されることがある．(⇒植物-動物間相互作用)

a **化学的環境** [chemical environment] ⇒物理的環境

b **化学的酸素要求量** [chemical oxygen demand]
COD と略記．一定容積の水中にある物質を酸化するのに要する酸素の量を ppm または mg/L で示した値．自然水の中の被酸化物質は主に有機物であるため，*生物化学的酸素要求量(BOD)とともに水の有機物汚染の指標とされる．COD の値が大きいほど水中の有機物量は多い．COD は湖沼や海域の環境基準および排水基準としても用いられる．測定には，酸化剤として $KMnO_4$, $K_2Cr_2O_7$ などを用いる．COD は BOD に比べて短時間で測定ができるため，COD を BOD の代替指標として用いることもあるが，COD は有機物と無機物の酸化に必要な酸素量であるのに対し，BOD は生物分解性有機物のみの酸化に必要な酸素量である点が異なる．有害な金属イオンなどを含むために BOD を求めることのできない場合にも測定できる利点があるが，化学的酸化によるために，2価の鉄，2価のマンガン，硫化物などの無機物の酸化もその値に含まれること，酸化剤によって酸化の内容にかなりの相違があり，$KMnO_4$ では有機酸やセルロースなどは酸化されがたいというような点に留意すべきである．

c **化学的伝達** [chemical transmission] 《同》化学伝達．神経の電気的情報(インパルス)を化学情報におきかえ，次の細胞で再び電気的情報におきかえるような*伝達の方式．*シナプスの伝達はほとんどこの方式による．すなわちシナプスや神経筋接合部などにおいて神経終末から特定の化学物質が分泌され隣接ニューロンまたは効果器細胞に作用することによって信号の伝達が行われ，これに関与する化学物質は*神経伝達物質，神経修飾物質(neuromodulator)と呼ばれる．前者は，受容体が*イオンチャネルになっているが，後者ではそれが*セカンドメッセンジャー系と共役している．これに対し，神経伝達物質を介しない伝達を電気的伝達(electrical transmission)と呼ぶ(⇒電気シナプス)．シナプス伝達は電気的伝達と比べて，伝達速度は遅いが*可塑性に富む．(⇒化学的伝達説)

d **化学的伝達説** [chemical theory of synaptic transmission] 《同》化学伝達説，液性説(humoral theory)．神経間のシナプスや神経と効果器との接合部における伝達の機序に関する学説で，一方から特定の物質すなわち化学伝達物質が遊離されてそれが他方に作用することによって伝達が行われるとする説．これに対し，一方の活動電流が直接，他方に作用するものを電気的伝達説(electrical transmission theory)という．両説の可能性はすでに E. H. du Bois-Reymond(1877)によっても指摘されたが，その頃から*ムスカリンが迷走神経刺激に，また副腎抽出液が交感神経刺激に類似した作用をもつことが見出されて物質の作用と神経機能の関連が注目されるようになり，T. R. Elliot(1904)は交感神経は刺激されると末端からアドレナリンを放出し，これが効果器に作用するのであろうと述べた．これは化学的伝達の概念を初めて明確に述べたものである．O. Loewi(1921)はカエル心臓の灌流実験を行い，迷走神経を刺激すると末端から心臓を抑制する物質が放出されることを発見，これが化学的伝達の最初の証明である．この物質は迷走神経物質と呼ばれ，のちに*アセチルコリンと同定された．運動神経の化学伝達物質もアセチルコリンであることが H. H. Dale ら(1936)によって最終的に証明された．交感神経伝達物質に関しては混乱があったが，U. S. von Euler(1946)の分析によりアドレナリンではなく*ノルアドレナリンであることが判明した．一方，中枢神経系においては化学的伝達説は一般的には受け入れられず，電気的伝達説との間に長い論争が続いたが，J. C. Eccles(1952)らが細胞内微小電極法を初めてネコ脊髄運動ニューロンに適用し，そのシナプス後電位はシナプス前繊維の活動電位が受動的に波及したものではなく，運動ニューロン膜に新たに能動的に発生したものであることを示して以来，中枢神経系でも化学的伝達が一般的であることが認められた(⇒神経伝達物質)．なお，特定のシナプス(*電気シナプス)では電気的伝達が行われていることが示されている．

e **化学的突然変異原** [chemical mutagen] 突然変異を誘起する化学物質．よく知られているものに，アルキル化剤，塩基類縁体，ヒドロキシルアミン(hydroxylamine)，*アクリジン色素などがある．(⇒化学的突然変異生成，⇒放射線類似作用化学物質)

f **化学的突然変異生成** [chemical mutagenesis]
化学物質による突然変異の生成．突然変異原の違いにより，引き起こされる突然変異の種類も異なる(表)．DNA 塩基のアナログ(塩基類縁体)，例えば 5-ブロモウラシル(5-BU)はチミン(T)の代わりに DNA に取り込まれ，その後の複製のとき A:BU → G:BU(A はアデニン，G はグアニン)のように対合の相手に誤ってグアニンをとるため，高い確率で AT → GC(C はシトシン)の*トランジション突然変異を引き起こす(対合誤りモデル mispairing model)．または誤ってシトシンの代わりに BU が取り込まれ，G:BU となり，次の複製のときの対合には A:BU を生じ，GC → AT のトランジションを起こす(取込み誤りモデル misincorporation model)．ヒドロキシルアミン(HA)は，シトシン(または 5-ヒドロキシメチルシトシン)に作用して，その化学構造を変化させ，アデニンと対合しやすいものにするので，GC → AT の一方向のトランジション変異を高率に起こす．ただしこれは，ファージや形質転換 DNA を in vitro で処理したときの場合で，細菌以外の真核生物になると HA のこのような特異性はなくなる．N-メチル-N'-ニ

突然変異原	主に生じる突然変異の種類
BU[(1)], AP[(2)]	AT ⇄ GC のトランジション
HA[(3)]	GC → AT のトランジション
NG[(4)], EMS[(5)], HA, 紫外線, MMS[(6)]	塩基対置換，欠失
アクリジン誘導体	フレームシフト

(1) 5-ブロモウラシル (2) 2-アミノプリン (3) ヒドロキシルアミン (4) N-メチル-N'-ニトロ-N-ニトロソグアニジン (5) メタンスルホン酸エチル (6) メチルメタンスルフォネート

トロ-N-ニトロソグアニジン(NG)は，最も強力な突然変異原でしかもがん原性も強いが，in vitro の DNA や多くの植物にはあまり突然変異原性は強くない．アクリジン誘導体は，DNA 塩基の層状積重ねの間に割り込むため(*インターカレーション)，*フレームシフト突然変異を起こし，植物にも効果が高い．アルキル化剤(表の EMS, MMS など)は，主にグアニンのアルキル化によって突然変異が生じるといわれている．これらの塩基損傷に加え，化学物質が遊離基(free radical)を生じさせて過酸化物の生成を引き起こし，その作用による間接的化学的突然変異も生じる．この場合の塩基損傷の代表例は 8-ヒドロキシグアニンである．損傷の修復(DNA 修復)の際の誤り，それに誘発された組換えの誤り，または複製誤りの増加などの複雑な細胞的過程が，突然変異の確立に関与している．(⇒突然変異確立，⇒放射線突然変異生成)

a **化学的発生学** [chemical embryology] 発生学の諸問題を主として化学的方法を用いて研究する分野．1930 年代から盛んになった．主要な課題としては，*誘導現象の化学的性質の解明，勾配の代謝との関係，発生における核酸の重要性などがあげられる．言葉としては J. Needham (1931) や J. Brachet (1947) の同名の著書以来用いられるようになったが，その萌芽は 19 世紀末から 20 世紀初頭にかけて C. A. Herbst, R. S. Lillie, J. Loeb, A. Herlitzka らの研究に認められる．

b **化学伝達物質** [chemical transmitter] 《同》シナプス伝達物質(synaptic transmitter)．一般に化学的伝達に関与する物質，特に*神経伝達物質をいう．広義には各種の細胞間相互作用にかかわる情報伝達物質(シグナル物質，信号物質)を含めることもある．

c **化学発がん** [chemical carcinogenesis] 自然界の物質，合成物質を通じ，化学物質が原因とされる発がん．その研究は*タールがんから始まった．タールは，古くから煙突掃除の職業に好発するがん(職業がん)の原因物質として注目され，疫学的研究により，発がんに関わっていることが明らかにされた．I. Berenblum らは，発がんには，完全な発がん作用をもつが，通常長期にわたって投与しなければならないような物質，すなわちイニシエーター(initiator)とがん形質発現の促進に働く物質，すなわちプロモーター(promoter，がんプロモーター tumor promoter)が順次関与して起こるとする二段階説を提唱した．プロモーターはそれ自身発がん性はないが，イニシエーターの少量 1 回投与で，潜在的に発がん性をそなえた細胞の存在する(⇒イニシエーション)状態のところにこれを投与すると発がんする(プロモーション promotion)．プロモーターを先行投与してから，イニシエーターを投与しても，このような作用は起こらない．イニシエーターとしては従来から知られているほとんどの*発がん物質があげられる．プロモーターとしてはクロトン油の活性物質 TPA(12-O-tetradecanoyl-phorbol-13-acetate)に代表される*ホルボールエステルのほか，肝癌に対するフェノバルビタールや殺虫剤の DDT, 膀胱癌に関連したサッカリンなど，全く構造の異なったプロモーターが知られている．イニシエーターは従来の動物実験のほか，*エイムズ試験を中心とした変異原性検出試験や培養細胞を用いた試験で調べられている．

d **化学発光** [chemiluminescence] 《同》ケミルミネセンス．化学反応に伴う発光．化学反応によって，基底状態にあった分子がエネルギーを吸収し高エネルギー状態の励起状態に遷移し，光をエネルギーとして放出して基底状態に戻る現象．化学発光における化学反応の多くは酸化反応である．ルミノールのように分子そのものが発光体となる系，過シュウ酸エステル化学発光のように反応系に共存する蛍光物質が発光する系がある．蛍光法(⇒免疫蛍光法)では，照射された励起光のエネルギーを吸収した分子が発する励起光よりも波長の長い光(蛍光)を検出する．したがって蛍光物質の量が少ない場合，蛍光に重なってくる励起光により測定にはノイズが生じる．これに対して化学発光では，蛍光物質だけが自ら発光するため，ノイズの低い高感度な定量・検出が可能である．*高速液体クロマトグラフィー，イムノアッセイ，ウエスタンブロッティング(⇒イムノブロッティング)の高感度な検出法として広く用いられる．特に，ウエスタンブロッティングにおいて，セイヨウワサビペルオキシダーゼ標識抗体を介して化学発光により蛋白質を検出する系は，RI(放射性同位体 radioisotope)を用いない高感度な検出法として用いられる．

e **化学分化** [chemodifferentiation] ある器官原基の分化の初期において，原基細胞に起こっていると考えられる，可視的・形態的に他の胚域の細胞とは区別できない何らかの特異的な化学的変化．J. S. Huxley (1924) の命名．現在では特異的遺伝子発現としてとらえることが多い．

f **化学分類** [chemotaxonomy] 細胞の構成成分や特殊な代謝産物を指標とした生物の分類法．広義には，細菌などの分類に生化学的・血清学的・免疫学的特徴を利用することも含まれるが，通常は植物や菌類において化学構造を詳細に比較できる二次代謝産物を対象としている．例えば，アルカロイド，フラボノイド，ステロイド，テルペノイド，各種の配糖体，キノン類，菌類ではさらに細胞壁の構成成分が分析対象となるが，化学分類をより確かなものにするには最終産物の比較だけでなくその生合成経路の検討が重要とされる．なお，近年，生物間の系統類縁関係の推定や生殖隔離の有無の判定を蛋白質のアミノ酸配列や DNA の塩基配列の比較によって行う方法が急速に普及し，分子分類学，分子集団遺伝学，あるいは分子系統学として発展している．(⇒分子進化学)

g **下顎隆起** [mandibular torus ラ torus mandibularis] 《同》下顎骨舌側歯槽隆起．下顎骨の内面で歯槽縁に沿って現れる，瘤のような骨の隆起．通常は犬歯から大臼歯のあたりに認められる．一般に西ユーラシア人やアフリカ人にはほとんどなく，東ユーラシア人，特にエスキモーに多い．縄文人にもしばしばこれを認めるが，現代日本人では非常にまれである．北京原人では頻度が高く，また著しく発達したものを見る．エスキモー，ラップおよび古代人のように歯牙を酷使する人々にこれが頻発するので，咀嚼圧による機械的影響を要因と考える学者も多いが，遺伝体質によるとする説もある．(⇒形態小変異)

h **化学療法** [chemotherapy] 病気の原因，ことに病原微生物・がん細胞などに対し抑制的に作用する化学物質を用いて行う療法．この目的で用いられる化学物質を薬物(薬 drug)という．これに対し，物理的作用，例えば温熱，光線などの電磁波，マッサージなどの機械的圧迫を治療に用いる療法を物理療法(physiotherapy)という．化学療法の根底には選択毒性によって微生物や腫瘍

細胞の増殖を選択的に抑制するという考え方がある．薬草などの天然物の利用，マラリアに対するキニーネや梅毒に対する水銀剤は古くから使われていたが，科学的な研究は P. Ehrlich が有機ヒ素化合物を系統的に調べてサルバルサンを合成(1910)したのに始まる．その後アメーバ赤痢に対するエメチン，睡眠病に対するトリパルサミドなど原虫病に対する化学療法薬，さらに 1935 年に G. Domagk によってスルファミン剤が発見され，梅毒に対するマファルゼン，結核に対するパラアミノサリチル酸（パス，PAS）やイソニコチン酸ヒドラジド（INAH）などが創製されている．一方，1940 年ごろから A. Fleming の発見による*ペニシリンが実用化されたのに引き続き，多くの抗生物質が発見され，広く使用されている．化学療法薬の多くは微生物の対数増殖期に静菌的に働くが，酵素反応を直接阻害する例も知られ，代謝拮抗物質の意味をもつものが多い．したがってまたその見方から新しい薬が追求され，がんやウイルス病に対する化学療法も行われている．化学療法薬の普及につれて，細菌の抵抗性獲得，腸内細菌の抑制，体内の微生物的平衡が破れることによる真菌症などの悪影響や，*ストレプトマイシンの聴神経障害やアナフィラキシーをはじめとするさまざまな副作用，催奇性などの副作用も問題になっている．なお薬剤に対する宿主の最大耐量と，病原菌に対する薬剤の最小有効濃度の比を化学療法係数 (chemotherapeutic coefficient) といい，この値が大きいほどすぐれた化学療法剤とされる．上記の逆数をとる場合もある．

a **花芽形成** [flower-bud formation, flower initiation] 種子植物の個体発生において，栄養成長 (vegetative growth) を行ってきた*シュート頂分裂組織が，生殖成長 (reproductive phase) を行うシュート頂分裂組織に分化する過程をいい，花または花序の原基を生ずる現象．これに続いて萼片，雌ずい・雄ずいの分化，生殖細胞の形成すなわち*花成が起こる．花または花序の頂生するもの（例：イネ科）では栄養と生殖の両期が比較的判然と分かれるが，花の腋生するものでは成長と花成とが同時に進行する．花芽形成の制御系としては一年草のシロイヌナズナの場合，環境要因によらない自律性経路に加え，*光周性と概日時計のモニター下にある光周性経路，低温条件による春化処理経路，*ジベレリンの影響をうけるジベレリン経路などがあり，これらの諸経路の総合により，植物は花芽形成のタイミングを決めている．また多年生草本や木本のように多回開花性で必ずしも全てのシュート頂分裂組織を花芽に変換しないものの場合は，エピジェネティックな制御も加わっていると考えられている (⇒エピジェネティクス)．この花成刺激は，葉から発してシュート頂に達することが接木による伝達実験から知られており，このことから*花成ホルモン（フロリゲン）の存在が推定された．

b **花冠** [corolla] 花被が 2 種に分化した異花被花 (⇒花被) において，内側の花被である花弁の集合．外側の萼がたいてい緑色で，花芽（ときに果実）の保護に対して，花冠は，特に動物媒花では，鮮やかな色や大きな形，においの分泌などで受粉者に誘因として働く．ただしユリ科やアヤメ科，ラン科などの単子葉類の異花被花では，外花被が萼状で内花被が花冠状になっていても，花冠の語は用いず，内花被と呼ぶのが一般的である．またユリ科の多くにみられるように，内外の花被が同じ形態をもつ同花被花の場合には両者とも花冠状をしているが，それぞれ外花被，内花被と呼び，やはり花冠の語を使わないのが一般的である．花冠には，構成する花弁が独立している離弁花冠と花弁が相互に合着している合弁花冠とがあり，合弁花冠は花弁の上部に当たる花冠裂片と合着部の花冠筒部からなる．また花冠は目立つ器官であることが多いことから*放射相称花と*左右相称花の区別も主に花冠の形を反映している．さらに花冠は受粉者に対応して多様な外部形態をもつので，その形の特徴を示した名称で分類され，主要なものにバラ形花冠，十字形花冠，蝶形花冠，壺形花冠，漏斗形花冠，有距花冠，唇形花冠，舌状花冠，ラン形花冠などがある．左右相称花の花冠には特殊な形のものも多く，シソ科に一般的な唇形花冠のように花冠裂片が上下に分かれた形では*上唇と*下唇に区分したり，マメ科に一般的な蝶形花冠の花弁やラン形花冠の内花被片は特別な名称をもつ．さらに左右相称形の花冠をもつ花は一般に横向きに咲くが，蕾から開花に至る間に小花柄が 180° ねじれて上下が逆になる場合があり，これを反転といい，多くのキツネノマゴ科やツリフネソウ科に，またほとんどのラン科（ねじれは下位子房で起こる）でみられた．

c **垣内史朗**（かきうち しろう） 1929〜1984 生化学者．大阪大学医学部高次神経研究施設教授．*カルモジュリンを発見，その作用にカルシウムイオンが関与することを実証．また，カルモジュリン結合蛋白質カルデスモンを発見．平滑筋収縮のカルシウム制御（アクチン側制御）にあずかることを示した．

d **鉤形形成**（かぎがたけいせい）[hook formation, crozier formation] 《同》鉤具形成（旧称）．子嚢菌類の Pyronema や Trichophaea などにおいて*造嚢糸から子嚢が形成されるときに見られる，先端が反転して鉤形に曲がる現象．造精器から受精毛を通って造嚢器に入った核は造嚢器中の核と対になり，造嚢器から生じた造嚢糸に入る．このような対核を多数含む造嚢糸はしばらくして隔壁で仕切られ，造嚢器に近い部分では 1 細胞中 2〜8 対の核を含むが，先端では 1 対だけになる．この対核を含む細胞が横に小突起を出すと，対核は離れながらこの突起の中に移動する．突起はひざを屈めたように「鉤形」に曲がる．これを鉤形構造 (crozier) という．その屈曲部でこの 2 核は同時に突起の長軸の方向に分裂して娘核の間に隔壁をつくるので，鉤形の頂端細胞には 2 核，鉤の先端の細胞と根もとの細胞とは各 1 核を含むことになる．この 2 核の頂端細胞を子嚢母細胞 (ascus mother cell) と呼び，この細胞内で対核の合体が行われて子嚢が形成される．鉤形形成によらないで造嚢糸が子嚢を形成するものもある (⇒子嚢【1】)．(⇒かすがい連結)

1　2　3　4
鉤形構造　共役核分裂　子嚢母細胞　若い子嚢

e **鍵刺激** [key stimulus] 《同》サイン刺激，信号刺激，合図刺激 (sign stimulus, signal stimulus)．動物の*生得的行動を解発する，対象の示す特徴に含まれる特殊な要素となる刺激．例えばなわばり内にいる繁殖期のトゲウオ（イトヨ）の雄に対して，*婚姻色をもった同種

198　カキセイ

の雄がなわばりの境界付近に現れると,闘争が解発されるが,この場合,その*リリーサーである雄の赤い腹部すべてが必要なのではなく,本質的には赤い色が鍵刺激になっている.E.S.Russell(1943)によって初めて用いられた.

- a **過寄生** [superparasitism] 1寄主に同一種の寄生者(*捕食寄生者)が寄生する場合,寄生個体数が多すぎるため,その一部または全部が完全な発育をとげることができない場合をいう.

- b **鉤爪** [claw] [1]脊椎動物の鉤爪については,⇒爪.[2]無脊椎動物において,肢端にある鉤状の小突起.体表の*クチクラが特に肥厚・伸長したもの.種により,1個,1対,あるいは3個(クモ類)存在し,移動に際して他物にこれを引っかけ,または攻撃・防御の器官となる.クモの脚の爪は出糸突起から出された糸をあむのに利用され,スイクチムシ(*Myzostoma*)類やダニ類などの寄生虫では宿主の体に鉤着する固着器としての機能をもつ.

- c **蝸牛** [cochlea] 《同》うずまき管(spiral duct).鳥類や哺乳類の*内耳の*膜迷路において,*球形嚢が分化したカタツムリの殻状の彎曲部.蝸牛の管は円錐状の骨性軸である蝸牛軸のまわりを巻き,蝸牛軸は蝸牛神経節(らせん神経節)と蝸牛神経を含む.蝸牛の腔内には外リンパを満たし,*基底膜および鼓室階壁を介して上下の2階,すなわち上階である前庭階(scala vestibuli)と下階をなす鼓室階(scala tympani)に分けられ,両階は蝸牛の先端の基底膜の延長の部分にある蝸牛孔により連絡している.さらに基底膜を底として前庭膜(前庭階壁)で隔てられた蝸牛管が管の中の管として存在する.鼓室の振動は耳小骨を通して楕円窓(卵円窓・前庭窓)から前庭階に入り,蝸牛管,基底膜,鼓室階を通って正円窓(蝸牛窓・鼓室窓)から抜ける.

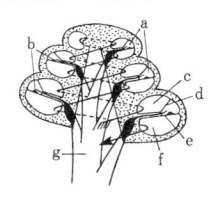

a 蝸牛管
b コルティ器官
c 前庭階
d 前庭膜
e 基底膜
f 鼓室階
g 蝸牛神経

(矢印は音波の伝わる方向を示す)

- d **芽球** [gemmule] 淡水海綿および四軸海綿の一部のもの(イソカイメンおよび*Cliona*など)に見られる,内部*出芽のための球状の構造.海綿体内に卵黄細胞(statocyte,遊走細胞に特に多量の栄養を蓄積したもの)が多数集合して球状塊をつくり,その外側を被覆柱状細胞(columnar epithelial cell)が1層におおって,その細胞底からキチン質の内膜を分泌する.ただし卵黄細胞塊の一端には膜は形成されず,芽球口(gemmule aperture)として残り,ここに栄養細胞(trophocyte)が移動してきて,卵黄細胞にさらに栄養を与える.被覆柱状細胞のあいだには,骨片母細胞が入りこんで,放射状に1層に配列する両盤体または針状のケイ質骨片を分泌し,この骨片層の外側に第二のキチン膜(外膜)が分泌されて芽球が完成する.芽球は内外両膜間に空気を含んで浮漂性をもち,他方,キチン膜と骨片に保護され,冬季(または乾季)に海綿の母体が崩壊死滅すると水中に遊離し,凍結・乾燥に耐え,翌春(または雨季)に芽球口から内部の卵黄細胞塊がアメーバ様に這い出して新海綿体を構成する.淡水コケムシの休止芽やミジンコの包埋葉と同様に,水鳥・魚その他の水生動物の体表に付着して受動的に他の水域に運ばれ,淡水海綿が汎存的分布を示す要因となる.芽球がつくられることを芽球形成(gemmation)という.

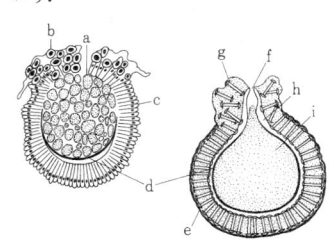

a 卵黄細胞
b 栄養細胞
c 被覆柱状細胞
d 内膜
e 外膜
f 芽球口
g 両盤体
h 空気層
i 卵黄細胞塊

左:芽球形成(淡水海綿)　右:完成した芽球

- e **蝸牛管** [cochlear duct, cochlear canal ラ ductus cochlearis] 《同》うずまき細管(spiral canal).*内耳の*膜迷路における細管で,聴覚をつかさどる部分.*球形嚢の基礎部(pars basilaris, 基底乳頭 papillae basilaris)が分化したもの.爬虫類以上では伸長した盲管状となり,ワニ類以上では次第に彎曲し蝸牛管を形成する.哺乳類では最も発達しており,蝸牛の中軸をめぐって3〜5回の旋回をなすらせん構造で,蝸牛の上階(前庭階)と下階(鼓室階)の中間にあるところから中央階(scala media)とも呼ばれる.このらせんの回数は動物の種により異なるがそれほど大きい意味はなく,むしろ基底膜の長さが重要で可聴範囲の大小を示している.その切断面はほぼ三角形をなし内リンパを満たし,前庭に近い部分で繊細な結合管(canalis reuniens)により球形嚢に通じる.蝸牛管の上部は前庭膜(vestibular membrane, ライスナー膜 Reissner's membrane, 前庭階壁)によって前庭階に面し,外側は血管条により骨迷路に接し,下方は基底膜によって鼓室階に面する(⇒蝸牛).前庭膜は内皮と単層の扁平上皮とに裏付けられた結合組織性の薄膜で,血管条には血管に富む結合組織があり,内リンパの分泌に関与する.内リンパと外リンパのイオン成分は羊膜類では差が大きいが,この血管条で能動輸送が行われこの部分が蝸牛内電位の源といわれている.(⇒コルティ器官)

- f **蝸牛マイクロフォン作用** [aural microphonics] 《同》蝸牛効果(cochlear effect),マイクロフォン効果(microphonic effect),ウィーヴァー-ブレイの効果(Wever-Bray's effect).音刺激時に内耳の蝸牛から,刺激音と振動数や波形のよく一致した電位変化が導き出される現象,すなわち蝸牛が示すマイクロフォンのような作用.音刺激に対する応答は正円窓の部位に電極をおくと比較的容易に証明され,その大きさは1mVに及ぶ.蝸牛回転の中に小電極をさしこみこの応答を導いて音閾値測定をすると(田崎一二,1952),殻頂に至るほど低音に,底部に近いほど高音に敏感で,音の高低,すなわち振動周期の長短を聴覚器のそれぞれ別の場で受容するという場所説の要請によく一致する(⇒共鳴説).蝸牛マイクロフォン作用の発生機構は音刺激に伴う基底膜の振動により,その上に配列している有毛細胞が被蓋膜に接触する際,細胞のひずみにより生じる電気的現象と解さ

れている．本作用は他の動物の可聴振動数の決定にも利用されている．魚類の*球形嚢や*側線器官からも蝸牛マイクロフォン作用に相当する電位変動が証明されている(Y. Zotterman, 1943)．有毛細胞の毛には1本の運動毛と数十本の不動毛とがあり，運動毛の運動方向と膜電位との間には一定の関係があって，一方向には脱分極，他の方向には過分極を示す．この膜電位の変化により，有毛細胞底部にあるシナプス部では伝達物質が神経終末に対し放出され，神経終末では後シナプス電位の発生した後に放電が開始される．この膜電位の変化はマイクロフォン作用のように化するので，この電位変化を蝸牛マイクロフォン作用と呼んでいる．

a **架橋** 【1】[crosslink] 蛋白質と蛋白質の間，蛋白質と核酸の間，あるいはDNAの二本鎖の間などで共有結合が起こること．分子内架橋と分子間架橋とがある．いずれも構造安定に寄与する．蛋白質ではジスルフィド結合(S–S結合)が一般的であるが，コラーゲン，エラスチンなどの細胞間質を構成する蛋白質鎖間の架橋(ピリジノリン，ヒスチジノアラニン，デスモシン，イソデスモシン)や，トランスグルタミナーゼによるリジン側鎖とグルタミン側鎖間の架橋，蛋白質アミノ基のユビキチン化などのイソペプチド結合が知られる．また非酵素的なものとして蛋白質の糖化産物や遊離基の反応物に架橋がみられるが，その実体は不明．架橋はまた蛋白質複合体における各蛋白質間の相互関係などの解析にも広く利用されており，目的に応じて種々の*架橋試薬が開発されている．DNA二本鎖間の架橋は，作用基を2個もつ化学物質(マイトマイシンC，マスタードガスなど)が両鎖上の塩基と共有結合をつくることによって生じる．このような鎖間架橋(interstrand crosslink)は，著しいDNA複製阻害効果をもつ原因となる．大量の放射線照射も鎖間架橋の原因となり，同一鎖内にも結合が起こる．また*ソラレンを加えて光照射(360 nm)すると効率よく鎖間架橋が形成され，架橋は核酸の高次構造やクロマチン構造などの解析手段としても広く利用されている．【2】[cross-bridge] 《同》連結橋．筋肉のミオシンフィラメントから側方へ出て，アクチンフィラメント上の活性部分と結合する突起．ミオシン分子のS1部分，場合によってはヘビーメロミオシン部分に相当しATPアーゼ活性を示す．ミオシンフィラメントとアクチンフィラメントとの間に発生する張力や滑り運動は，この架橋がアクチンフィラメントから解離し，再結合した後にミオシン頭部が屈曲して，滑り運動が起きると考えられている．1回の解離・再結合・屈曲によりサルコメアが10 nm短縮する．(→滑り説)

b **架橋試薬** [crosslinking reagent] 蛋白質分子内または分子間，蛋白質と核酸の間，あるいはDNAの二本鎖の間などを共有結合で*架橋する試薬(→化学修飾)．蛋白質の架橋試薬としては，チロシン残基間の架橋にテトラニトロメタン(単独または紫外線照射と併用)，アミノ基とカルボキシル基間の架橋にカルボジイミド類，アミノ基間の架橋にホルムアルデヒド，グルタルアルデヒド，イミドエステル類(ジメチルズベリミデートなど)などが用いられる．なお，アミノ基間には各種の炭素数やS–S結合を含む架橋を導入することができ，放射標識したり，あとでS–S結合を切断したり，架橋を除去したりすることもできる．また，マレイミド基などのチオール基と反応する官能基とアミノ基と反応する活性エス

テル基を同一分子内にもつ二官能性基の架橋試薬も開発されている．蛋白質とDNAを架橋するには紫外線を単独で用いる場合もあるが，試薬としてはホルムアルデヒド，グルタルアルデヒド，ナイトロジェンマスタードなどがある．グルタルアルデヒドは細胞の固定液としても使われる．DNAのプリン塩基をジメチル硫酸でメチル化して容易に脱プリンを起こさせ，生じた糖残基のアルデヒド基をリジン残基のε-アミノ基と反応させることによってDNAとヒストンを架橋する反応がある．DNAの二本鎖間の架橋剤としては*マイトマイシンC，*マスタードガス，*ソラレンなどがある．

c **家禽** [fowl] 家畜のうち鳥類に属するものの総称．ニワトリ(*Gallus domesticus*)・シチメンチョウ(*Meleagris gallopavo*)・ホロホロチョウ(*Numida meleagris*)・ハト(*Columba livia*)などの陸禽と，アヒル(*Anas platyrhynchos* var. *domestica*)・ガチョウ(*Anser cygnoides*)などの水禽とがある．通常は卵，肉，羽毛などの生産を目的とするが，愛玩用としても飼育される．ニワトリは中国南部，インドシナ，マレー地方などに現存する赤色野鶏(*Gallus gallus*)から家畜化されたと考えられているが，正確な起源は不明である．東洋では4000年前，西欧では3000年前ごろには飼育されていたらしい．シチメンチョウはアメリカ原産の野生種を起源とし，比較的近年に馴致して家禽としたもので，現在も中・南米アメリカに野生種がある．アヒルの原種はマガモ(*Anas boschas* L.)，ガチョウの原種はガン(*Anser albifrons*)である．

d **核** [nucleus, *pl*. nuclei] 《同》細胞核(cell nucleus)．*真核生物の細胞内に存在する，2層の脂質膜である*核膜で包容された構造．原核生物ではこれに対応するものとして，主にDNA繊維からなる脂質膜のない小体を核様構造または*核様体という．核はすでに18世紀に魚類の赤血球・卵巣・上皮の細胞で観察され記載されたが，R. Brown (1831)がその重要性を指摘して核と命名．その後E. Strasburger (1875)が核分裂を報告し，さらに原生生物細胞切断の実験から細胞内に核を含有することが細胞の再生と生存に不可欠であることが明らかにされた．20世紀に入って，細胞遺伝学や分子生物学の発達につれて，核や核様体は遺伝情報の担い手であるDNAを保持し，転写や複製の場としても重要視されるに至った．核は多核細胞(哺乳類の筋肉細胞など)や脱核細胞(哺乳類の赤血球など)を除いて1細胞当たり1核存在する．核の構造と機能は*細胞周期の各時期や分化・老化などの細胞状態によって著しく変化する．核の大きさはゲノムサイズに相関するだけでなく，同じゲノムサイズをもつものでも細胞周期や細胞状態によって変化する．脊椎動物では通常，直径が3～10 μm，菌類では1 μm以下である．核は一般に球形または楕円体形であるが，分化した細胞では異形の核が見られる．核内にはDNAを主成分とするクロマチン構造のほかに，電子密度の高い1～数個の*核小体(仁)，*カハール小体(Cajal body)，パラスペックル(paraspeckle)，*核スペックル(nuclear speckle)，ヒストン遺伝子座スペックル(histone locus speckle)などの核内小体(nuclear body)が核質に存在している．核内小体は脂質膜に囲まれていないが，それぞれが特有のRNA(リボソームRNA，プロセッシングを受けていないメッセンジャーRNA，ノンコーディングRNA)をもち，特有の機能をもつ．こ

れら核内小体の数と形状は細胞周期の時期や細胞状態で変化する．核質と間期染色体との屈折率の差が小さいので，明視野光学顕微鏡では核小体以外ほとんど均一に見えることが多い．それぞれの核内小体に局在する蛋白質やRNAを染色すると蛍光光学顕微鏡ではさまざまな核内小体を可視化できる．またDNAの凝集度や転写活性によって，DNAに結合する塩基性蛋白質ヒストンは異なる翻訳後修飾を受けている．そのためヒストン修飾を蛍光抗体法で検出することで凝集したクロマチンや活性化したDNA領域を検出することができる．核は細胞内の他の顆粒にくらべて比重が大きいので，二価イオンを含む0.25 Mの等張ショ糖液(または目的によってより高濃度のショ糖液や有機溶媒)で比較的弱い短時間の遠心分離によって細胞ホモジェネートから単離することが可能である．さらに核小体などの核内小体，核膜やクロマチンなどの画分をつくることもできる．核内 DNA は，細胞周期の S 期で倍加する．RNA は核小体などの核内小体にも見られ，その機能は多様である．

a **萼**(がく) [calyx] 裸花葉(→花葉【1】)の一種で萼片の集まり．花の最も下方(外方)に発生する*花葉の集まりをいい，構成葉のそれぞれを萼片(sepal)という．萼片は下部で*合着したり，ときには先端まで合着して合片萼をなすことも多く，それに対して，個々の萼片が離生していれば離片萼という．萼片は花葉のなかでは*普通葉に最も近い形質をもつ．多くは緑色で，3葉跡からつながる3主脈をもつことが多い．若いつぼみのときは他の花葉は萼によって包まれている．非常に変わった形のものにキク科の*冠毛などがある．(→花冠)

b **核アクセプター** [nuclear acceptor] ステロイドホルモンと*ステロイドホルモン受容体の複合体のように，核内に移行して結合する DNA 上の受容体複合体の特定部位．この結合によって特定の遺伝子を活性化する．

c **核異型** [nuclear atypia] がん細胞の悪性度を評価する際に使われる核形態の異常．正常の細胞と比較することにより，その異常度を判定．判定に用いられるパラメータは，細胞質に対する核の割合の上昇，核型(染色体数)の異常，核小体の数や大きさの増加，核の位置異常，染色された核の染まり具合などである．この異常度が高いほど悪性度が高い．

d **核移行シグナル** [nuclear localization signal, nuclear transport signal] NLSと略記．《同》核局在化シグナル，核内輸送シグナル．細胞核の中で働く蛋白質(核蛋白質 nuclear protein)が細胞質のリボソーム上で合成された後，核内にまで能動的かつ選択的に輸送されるために必要な数個ないし十数個のアミノ酸からなる配列．蛋白質のより大きな領域でつくる立体構造が核移行シグナルとして働くこともある．それぞれの核蛋白質がその分子内にもつ．核蛋白質が核内に輸送されるためのシグナルの役目を果たすと考えられることから命名された．生化学的には核内輸送運搬体と結合するためのアミノ酸配列または立体構造．現在までに同定されているすべての核移行シグナルに共通のアミノ酸配列は存在せず，蛋白質の一次構造上の位置にも法則性は見られないが，最も良く解析されている核移行シグナルはリジンやアルギニンといった塩基性アミノ酸が多く含まれており，塩基性 NLS と呼ばれる．核移行シグナルは DNA 結合領域に含まれるなど，核蛋白質の機能上重要な役割を果たしていることが多い．

e **核移植** [nuclear transplantation] ある細胞から核を取り出し，他の細胞(多くはあらかじめ無核としたあるいは紫外線で核を不活性化した細胞)に移す操作．*核-細胞質相互作用を調べる方法として，また家畜などの*クローン動物の作製に用いられる．J. Hämmerlingは緑藻類のカサノリで核移植を行い，細胞の形態形成における核の役割を調べ，形態形成物質の生産を核が支配していることを明らかにした．動物では除核した受精卵への移植によってクローン動物を作製できるが，移植する核に他の受精卵(16〜32細胞期の割球)から取り出した核を用いたものを受精卵クローン，皮膚や乳腺などの分化した体細胞の核を用いたものを体細胞クローンという．体細胞の核は分化に応じてクロマチンの修飾を受けているため，受精卵の核と状態が異なっている．そのため体細胞クローンの作製にはより高度な技術が必要とされる．受精卵クローンは R. Briggs ら(1952)によって，体細胞クローンは J. B. Gurdon(1958)によって，それぞれカエルを用いて初めて報告された．哺乳類では1980年代に複数の研究グループによって受精卵クローンが作製され，クローン家畜の作製に利用されている．1996年には体細胞クローン羊「ドリー」が I. Wilmut らによって作製された．精子や精子細胞の卵への移植も核移植に含まれ，これは生殖医療などに利用されている．(→再構成細胞)

f **核外輸送シグナル** [nuclear export signal] NESと略記．核内から細胞質への選択的核外輸送に必要な数個もしくは数十個からなるアミノ酸配列．蛋白質のより大きな領域がつくる立体構造が核外輸送シグナルとして働くこともある．それぞれの蛋白質がその分子内にもつ．生化学的には核外輸送運搬体と結合するためのアミノ酸配列または立体構造．最も良く解析されている蛋白質の核外輸送シグナルはロイシン，イソロイシン，バリンなどの疎水性アミノ酸に富み，疎水性 NES と呼ばれている．他にも核外輸送シグナルとして働く配列や構造があると考えられるが，同定されているものは少ない．

g **角化細胞** [keratinocyte] 《同》ケラチノサイト．表皮細胞のうち，*角質化能力をもつ細胞．表皮細胞の大部分を占める．表皮の基底層(胚芽層)で分裂し，細胞は表層へと移動する．有棘層では隣接する細胞がデスモソームにより結合し，細胞質内にサイトケラチン(cytokeratins)からなる*中間径フィラメント(intermediate filaments)が多く見られる．顆粒層では細胞質内にケラトヒアリン顆粒が蓄積する．淡明層では核とケラトヒアリン顆粒は消失し，細胞質内のケラチン繊維は表皮表面に平行に配列するようになる．最後の角質層はケラチンを多量に含んだ扁平な細胞の死骸が集積したもので，絶えず表面から脱落していく．(→表皮)

h **核型** [karyotype] 生物の種・個体・細胞に固有の染色体構成．核型はその特性を染色体の数および形態で表す．通常，体細胞分裂中期の染色体を用いて表すが，前中期の染色体や生殖細胞の第一減数分裂のパキテン期の染色体によっても表せる．全染色体についてそれぞれの長さ，*動原体の位置(→狭窄)，2次狭窄や*付随体および2次狭窄の有無・数・位置，凝縮部の異なる部分および*ヘテロクロマチン部位・*ユークロマチン部位，染色小粒・末端小粒(テロメア)の形・大きさ・分布，各種の分染法によって生じた帯状模様(band)の形・数・位置などを基準にして決定する．核型の表し方には種々の方法が提案されて

いる．核型を図式化したものがイディオグラム(idiogram)であり，核型の比較研究によく用いられる．一般に，半数(n)の染色体組で示される．ヒトでは核型の表記法が国際的に統一されており，まずはじめに染色体の総数を記載し，次に性染色体の構成を記す．男性では46,XY，女性では46,XXと表す．染色体異常をもつ細胞では，異常染色体の番号と異常の種類を記号によって付記する(パリ会議，1971)．分染法を用いた詳細な核型異常の表記法は，国際人類染色体会議で決められた命名規約に定められている．(⇒ヒト染色体命名法)

a **殻眼** [shell-eye] ヒザラガイ類において，殻板上にある*光受容器．このほかに，殻板を貫通して神経が表面に出ている多数の感覚器(aesthete)があり，光受容器，*化学受容器あるいは触感器と考えられる．大感器(megalaesthete)と小感器(micraesthete)の2種があり，前者の一部に角膜，レンズ，網膜および色素層をそなえた殻眼がある．(⇒背眼)

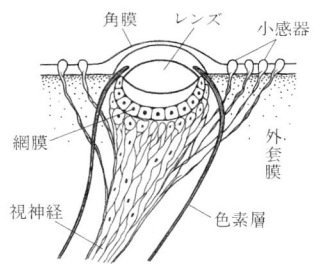

b **顎基** [gnathobase] 鋏角類や甲殻類において，特に食物の運搬・破砕に役立つように発達している．口部周辺の付属肢の原節(protopodite)の内縁に突出する内葉(endite)．その表面や縁辺に多くの棘や突起を生じたり，切込みによって葉状片に分かれたり，ときには分節するなど多くの形態分化を示す．甲殻類の*大顎は，この顎基が特に発達し強化されて歯列縁をもつ膨出物となり，肢の他の部分は縮小・退化している．化石種の三葉虫類では，顎基状の形態が触角(第一付属肢)を除くすべての付属肢に，剣尾類ではすべての歩脚に，カシラエビ類ではほとんどすべての胴肢に，鰓脚類でも多くの胴肢に見られるが，十脚類など多くの軟甲類では大顎で発達するだけである．(⇒関節肢)

c **核凝縮** [pycnosis, pyknosis] 細胞の死滅過程に生ずる変性の一つで，核が凝縮し内部の細かい構造が失われ，好塩基性が高まる現象．X線，高温，脱水，麻酔剤(抱水クロラール)，発がん物質(ベンツピレン，マスタードガス)などで起こる．代表的な生理現象として，アポトーシスで見られる．アポトーシスではDNAが断片化し，核膜の裏打ち構造がカスパーゼなどの酵素により切断されて核が断片化・凝縮して消失する．

d **顎口類** [jawed vertebrates ラ Gnathostomata]《同》有顎類．脊椎動物亜門の一上綱．現生は軟骨魚類・硬骨魚類・両生類・爬虫類・鳥類・哺乳類の6綱からなる．円口類の姉妹群としての顎口類は，その基幹グループに多くの化石無顎類を含む．慣用的には無顎類と対する．顎口類の冠グループは，主に内臓弓に由来する顎をそなえ，口腔骨格上には一般に歯を生じるが，二次的にこれを失ったものも多い．骨格をもつ通常2対の対鰭あるいは肢があり，またこれを脊柱につなぐ肩帯および腰帯が発達．顎口類の鰓弁はすべて鰓弓の外側から体の外側へ向かって並び，円口類とは逆．

e **核細胞質雑種** [nucleo-cytoplasm hybrid] 異種あるいは異系統由来の核と*細胞質をもつ*雑種．2系統の生物で，*プラズモンと*ゲノムの構成が αAA と βBB であるとすると，両者の核細胞質雑種は αBB または βAA と表される．このような核細胞質雑種は形質発現に対する核と細胞質との相互作用の研究などに利用されている．(⇒核置換，⇒核移植，⇒細胞質雄性不稔)

f **核-細胞質相互作用** [nucleo-cytoplasmic interaction] 一細胞内における，核と細胞質の間に見られる相互作用．細胞の諸形質，すなわち形態・代謝活性・生理活動などの発現や様式などは，核に含まれている遺伝子によって，酵素を含む各種蛋白質の合成を通じて支配されている．この核の活性は同時に，その環境である細胞質によって支えられる．原生生物・卵・変形菌類・藻類などを用いて1個の細胞を有核片と無核片に分離する実験や，原生生物・多細胞動物卵などを用いた核移植あるいは細胞質移植実験，また細胞融合によって作られた雑種細胞間での実験などにより，核が細胞質に及ぼす影響，逆に細胞質が核の生理活動や形態に及ぼす影響が確かめられた．細胞周期のM期誘起においては，細胞質の活性が核の状態に優先するのが典型例(⇒M期促進因子)．細胞質に存在するミトコンドリアや小胞体などのオルガネラと核の相互作用や，細胞内の物質輸送などに関する各種の知見から多くの考察が行われている(⇒細胞内輸送)．核と細胞質の相互作用は，*核膜孔を通した可溶性因子の輸送(核輸送)によって主に担われる．それに加え，核膜に存在する蛋白質が核内クロマチンと細胞質骨格の両方に結合することが明らかにされており，そのような核膜を介した核内クロマチンと細胞骨格の物理的繋がりも核と細胞質の相互作用に重要であると考えられる．

g **核-細胞質比** [nuclear-cytoplasmic ratio, karyoplasmic ratio] N/C比(N-C ratio)と略記．一つの細胞の核の量(容積)と細胞質の量(容積)の比．一般に核の倍数体を作ると，細胞質の量が倍数性に応じて大きくなる．細胞が成長してこの比がある程度以下になると，細胞の分裂が起こるといわれている．カエル胚では，この比が小さいときはG期を欠いた初期胚型細胞周期を示すが，初期胚期にこの比が閾値を超えるとG期をもった体細胞型細胞周期に転換すると考えられている．また，この比は細胞の*異型性の指標の一つでもあり，がん細胞では一般にこの比が大きい．

h **拡散**(発生の) [divergence] 動物の初期発生に起きる*形態形成運動の一様式で，細胞層が表面積を増し，内部にある胚体・細胞塊または卵黄塊を包んでいく運動．多くの場合層の厚さの減少を伴う．包むということを特に強調する場合には*被包という．拡散にはすべての方向に向かい一様に行われる場合と，一定方向，例えば腹方から背方に向かう場合(このとき背方では*収斂が起こる)とがある．脊椎動物では原腸形成に伴い外胚葉(特に予定表皮域)と中胚葉の一部で著しい．

i **核酸** [nucleic acid] プリン塩基あるいはピリミジン塩基，ペントース，リン酸からなる長い鎖状の高分子物質(⇒ヌクレオチド)．発見者のF. Miescher(1869)は細胞核からの新物質としてヌクレイン(nuclein)と命名．のちに核に多く存在する酸性物質という意味で核酸と名づけられた．隣接するヌクレオシドの糖の5'位と3'位

の間でリン酸ジエステル結合を形成しており，ポリヌクレオチド鎖の一端が 5′ 末端なら，他端は 3′ 末端となる（図）．すなわち，核酸分子には 5′→3′ という方向性（極性 polarity）があり，これは核酸の構造や機能に関連した重要な特性の一つである．糖部分がデオキシリボースであるデオキシリボ核酸（*DNA），リボースであるリボ核酸（*RNA）に大別される．DNA 鎖はアルカリに対して比較的安定であるが，RNA はアルカリによってモノヌクレオチドまたは*オリゴヌクレオチドまで分解される．この差は糖の 2′ 位の水酸基の有無によるが，これを利用して両者の分別定量が行われる．核酸の定量法にはリン酸の測定，糖の呈色反応，塩基部分の紫外線吸収などによるものがある．組織切片の DNA の特異的検出にはフォイルゲン反応が用いられる．DNA は遺伝子の本体であり，塩基配列としての*遺伝情報は，DNA の*複製によって原則的には誤りなく次代へ伝えられる（⇨半保存的複製）とともに，一方では，DNA の塩基の配列にしたがって mRNA が合成され，それに基づいて蛋白質がつくられる（⇨蛋白質生合成）．すなわち，生物の遺伝的連続性は，一般には DNA → DNA という情報の伝達として保たれ，形質の発現は DNA → RNA → 蛋白質という遺伝情報の流れによって支配されている（⇨セントラルドグマ）．このほか，ある種の RNA ウイルスには逆転写酵素が存在し，その場合には RNA → DNA の逆経路も可能となる．逆転写は遺伝子工学などで mRNA から cDNA を作製するのにも広く利用されている．（⇨核酸生合成）

液側へ浸透してくる原因として考えられた圧力．B. S. Meyer（1945）が溶液の水の拡散圧が純水の拡散圧より低いから起こると考えて命名．これらの用語は 1960 年代以降は水の化学ポテンシャルから導かれた圧力の単位をもつ*水ポテンシャルによって置きかえられた．

b **拡散共進化** [diffusive coevolution] 一対一の関係ではなく，一対多または多対多の関係にある*共進化．植物が多数の植食昆虫に対し毒性を進化させ，各昆虫が解毒作用を進化させる場合などがこれに当たり，特に，熱帯多雨林など物理環境は安定しているが種間相互作用（interspecific interaction）が複雑と考えられる群集では，成員のほとんどが形質の進化しやすい有性生殖種であり，これは各々の種が絶えず進化し続け，他種の進化に遅れたものは絶滅してしまうためと考えられている．（⇨赤の女王仮説）

c **核酸生合成** [biosynthesis of nucleic acid] 生体内での*核酸の合成．核酸のうち，RNA は 4 種類のリボヌクレオシド三リン酸，DNA は 4 種類のデオキシリボヌクレオシド三リン酸を基質として合成され，合成された核酸の塩基配列はいずれの場合も鋳型となる DNA または RNA の塩基配列と相補的である（塩基の相補性）．大別して，(1) DNA 依存性の DNA 合成（*DNA 複製），(2) DNA 依存性の RNA 合成（*転写），(3) RNA 依存性の RNA 合成（RNA ウイルスのゲノム複製），(4) RNA 依存性の DNA 合成（逆転写，⇨逆転写酵素），の 4 種類に分類される．

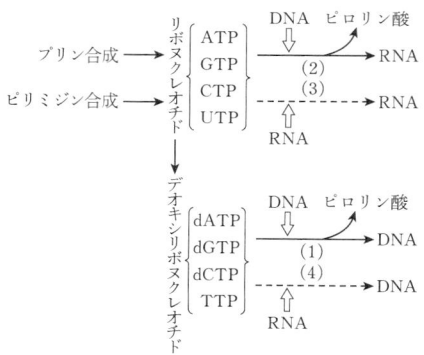

核酸の鎖状構造（DNA）．ペントース内の原子位置は塩基内のそれと混同せぬよう ′ をつける．

a **拡散圧差** [diffusion pressure deficit] DPD と略記．ある溶液が半透膜を介して水と接したとき，水が溶

d **拡散電位** [diffusion potential] 電解質の塩が溶液中を濃度の高い方から低い方へと拡散する際，その塩を構成する陰陽両イオンの間に移動度の差が存在する場合に，移動度の高いイオンが先行し，それの低いイオンは遅れるという関係になって溶液中に発生する電位差．例えば NaCl では Cl^- の方が Na^+ より移動度が大であるため，濃度の大きい部の電位が小さい部に対し正となる．拡散電位の大きさは次式で表される．

$$E = \frac{RT}{F} \frac{u^+ - u^-}{u^+ + u^-} \ln \frac{c_1}{c_2}$$

u^+，u^- は陽および陰イオンの移動度，c_1，c_2 は塩の濃度，F はファラデー定数，R は気体定数，T は絶対温度を表す．2 液が膜で隔てられ，膜が陽イオンだけしか

通さない場合には $u^-=0$ とおくことができるから

$$E=\frac{RT}{F}\ln\frac{c_1}{c_2}≒58\log_{10}\frac{c_1}{c_2} \quad (\text{mV}, 20°\text{C})$$

つまり*ネルンストの式になる．KCl は K$^+$ と Cl$^-$ の両イオンの移動度が等しいので，拡散電位を生じない．したがって，二つの組成や濃度を異にする電解質の溶液を電気的に接続するとき，両者を飽和塩化カリウム液で作製した寒天橋を使って連結すると拡散電位を生じない．(⇒液間電位)

a **核酸発酵** [nucleic acid fermentation, nucleotide fermentation] 微生物の生合成活性を利用して特定の*核酸関連化合物を生成，細胞外に蓄積させること．核酸関連化合物とは一般に核酸*塩基，*ヌクレオシド，*ヌクレオチドを指すが，補酵素や糖ヌクレオチドなどを含める場合もある．核酸は生体に必須の成分で，その生合成系は厳密に制御されているため，通常生育に必要な量しか生産されない．従って，微生物に特定の核酸関連化合物を過剰生産させるために，これらの制御が解除された変異株が用いられる．制御の解除以外に生合成分岐経路や目的核酸関連化合物の分解経路の遮断などの変異もあわせて用いられる．このように代謝を人為的に制御することで成立する発酵を代謝制御発酵 (fermentation by metabolic regulation) と呼ぶ．生産量が多い核酸関連化合物は核酸系調味料として使用される 5′-イノシン酸 (5′-IMP, 鰹節のうま味成分)，5′-グアニル酸 (5′-GMP, 干し椎茸のうま味成分) であるが，それら以外にアデノシン，イノシン，グアノシン，ウリジン，シチジン，オロチン酸，ATP，CDP-コリン，FAD，NAD，補酵素 A，リボフラビンなどがある．5′-IMP や 5′-GMP の当初の製造法は，酵母の菌体 RNA をアオカビの酵素で加水分解するもの (5′-IMP は，得られた 5′-AMP をデアミナーゼにより変換) であった．5′-IMP の現在の製造法は，*Corynebacterium ammoniagenes* を用いた直接発酵法，*Corynebacterium ammoniagenes* またはバチルス属細菌を用いて生産したイノシンを酵素的にリン酸化する方法が主要なものである．5′-GMP については，*Corynebacterium ammoniagenes* を用いて生産した 5′-キサンチル酸を GMP 合成酵素を用いて変換する方法，バチルス属細菌を用いて生産したグアノシンを酵素的にリン酸化する方法が主要なものである．

b **核糸** [spireme, chromatin thread] クロマチンが凝縮して太い糸状構造に見えるもの．体細胞分裂 (mitosis) や減数分裂 (meiosis) の細胞周期の間期から分裂前期に入った際に，それまで核内に見えていた*染色糸が縮んでやや太い糸状構造となる．核糸はしだいにらせん化し，さらに凝縮して太く短くなり，分裂中期染色体となる．

c **核磁気共鳴** [nuclear magnetic resonance] NMR と略記．原子核スピンをもつ物質を磁場の中に入れると，スピンのエネルギー準位が分裂するが，このエネルギー差に等しい周波数をもつ電磁波を照射すると，そのエネルギーを吸収して準位間の遷移が引き起こされる現象．スピンをもつ核種には ^{1}H, ^{2}H, ^{13}C, ^{14}N, ^{17}O, ^{23}Na, ^{31}P, ^{35}Cl などがある．NMR の生じる条件は核種によって異なり，例えばプロトン (H$^+$) の場合，電磁波の周波数が 100 MHz のとき磁場の大きさは 2.3487 テスラである．分子や原子には電子が存在するので，その影響で核の共鳴磁場の大きさがわずかにずれる．これを化学シフト (chemical shift) という．その大きさは分子種や分子中の位置により異なる．例えばヒスチジンの C$_2$ 位のプロトンのシフトは，他のアミノ酸に比べて大きい (磁場が高い) ので，蛋白質の NMR を測定してヒスチジン残基の情報を得ることが可能になる．NMR の緩和は分子の回転や並進などの運動に依存するので，緩和の測定により分子の動的性状を知ることができる．超伝導磁石の導入により安定で均一な高い磁場が得られ，高い周波数での NMR の測定が普及している．1980 年代以降，電磁波のパルスを照射し，得られる信号をフーリエ変換する測定方法 (FT-NMR) が広く普及し，分解能・感度の向上，測定時間の短縮などが達成され，生体関連低分子化合物をはじめ，蛋白質，核酸，生体膜 (リン脂質) などが盛んに研究されている．さらに，組織内や個体におけるリン酸基や水の分布を図示する核磁気共鳴画像法 (*MRI, magnetic resonance imaging) も実用化されている．

d **殻軸** [columella, axis] 《同》軸柱 (独 Schalenspindel)．腹足類の殻の中軸．貝殻はこのまわりにらせん形に巻く．

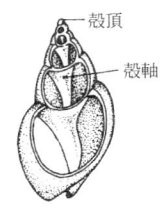

バイ (*Babylonia japonica*) の貝殻の縦断面

e **殻軸筋** [columellar muscle] 《同》軸柱筋．腹足類において，貝殻の殻軸に軟体部を接着させている筋肉．これの収縮により頭部および足部が貝殻内に収められる．貝殻が耳型のアワビ類では楕円型で大形であるが，笠型のカサガイ類では馬蹄型の筋肉になっている．

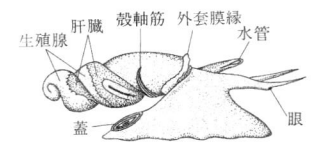

f **核質** [karyoplasm, nucleoplasm] 《同》核原形質．核膜内に包含される原形質の総称．細胞質の対語として用いられる．細胞質に顆粒・膜状構造と透明質があるように，核質は染色体 (染色質)・核小体・核ボディ (*カハール小体や*PML ボディなど) などと核液から構成される．「核の基質」という意味で核ボディを含む核液とほぼ同義に使うこともある．

g **角質化** [cornification, keratinization] 《同》角化．脊椎動物において，表皮表層の細胞に角質 (*ケラチン) が生成・沈着する現象．角質化に伴って細胞は死に，核は消失する．表皮では絶えず角質化が起こり，哺乳類のあるものの膣においては発情期に内壁細胞の角質化が見られる．(⇒角質形成物)

h **角質形成物** [horny structure] 脊椎動物の皮膚器官のうち，表皮角質層の形成物．すなわち角鱗，羽毛，毛，爪，角，角歯などを指す．一般に魚類や両生類など水生ないしはそれに近いものにはあまり発達していないが，円口類の口器には角質歯が発達する．

角質歯 [horny tooth] 《同》角歯．円口類の口腔およびその周辺や舌，また無尾両生類のオタマジャクシの口の上下にある歯状物．表皮の*角質形成物で，脊椎動物の象牙質をもつ*歯(真歯)とは異なる．円口類のものは円錐形をなし，消耗すると更新される．オタマジャクシのものは変態に際して，同じく角質形成物のいわゆる「顎」とともに脱落する．

学習 [learning] 経験による比較的永続的な*行動の変容のこと．動物はその進化の過程で，環境に対する適応的な行動を身につけてきた．それが遺伝的に決められた，種に固有な行動の形をとる場合には，生得的行動(innate behavior)あるいは本能的行動(instinctive behavior)という．学習は，二つの意味で動物にとって必須の機能である．第一に，環境情報の中には遺伝的に組み込めないものがある．生まれた土地の地形，採餌場所，個体差のある仲間の容姿などは学習するしかない情報の例である．第二に，環境は常に変化するので，それに柔軟に適応する上でも学習は不可欠の機能である．学習はいろいろな形態を取る．単純なものでは，刺激の単独提示によってそれに対する反射的行動の強度が弱まる馴化あるいは*慣れ，逆に強度が強まる鋭敏化あるいは*感作などがある．これらは一括して，非連合学習(non-associative learning)と呼ばれる．それに対し，刺激や反応を組み合わせることによって生じる学習は連合学習(associative learning)と呼ばれ，*古典的条件づけや*オペラント条件づけが挙げられる．*刷り込みや食物嫌悪学習(food aversion learning)などもその例である．ヒトでは，社会的生活に関わる多くの行動が生後の環境の中で経験によって学習され，社会心理学・臨床心理学などでも，その基礎としての学習理論が重要視されている．心理学における学習の体系的な研究は，E. L. Thorndikeの'Animal intelligence'(1898)に始まる．彼は，問題箱(⇨問題法)によるネコの学習実験によって，学習現象を数量的に表し，*効果の法則を提唱した．少し遅れてI. P. Pavlovの条件反射の研究が始まり，この二者を背景として，J. B. Watson(1912)により行動主義心理学が提唱され，以後30～40年，アメリカ実験心理学は動物を用いた学習理論の実験的研究を進めた．他方，ドイツのゲシュタルト心理学の創設者たちが1930年前後にアメリカへ逃れ，行動主義心理学に影響を及ぼし，学習理論として*場の理論が生まれ，行動主義の伝統的な学習理論である*S-R理論との間に争論が繰り返された．学習の生理学的なメカニズムについては分子レベルでの解明も進められている．またB. F. Skinnerらに代表されるオペラント条件づけ理論は，教育場面におけるティーチングマシンや臨床場面における行動療法という形で応用されている．1980年代に入り*行動生態学の発展とともに学習に対するとらえ方が大きく変わった．環境条件の変化，例えば餌の質や量，捕食の危険，競争者の存在など変化する環境の中で，動物が経験に基づき，最適な行動を選択する*意思決定の過程を学習としてとらえるようになり，行動主義心理学で発見された学習規則を，最適採餌理論(optimal foraging theory, ⇨最適採餌戦略)として把握し直す研究が進められた．他方，神経回路網の数理モデルの研究から，経験に基づいて機能を獲得する機械の研究が進められ，*ニューロコンピューティングとして工学に大きな影響を与えている．

学習曲線 [learning curve] 横軸に繰返しの回数，すなわち試行数やセッション数をとり，縦軸に種々の学習測度をとって*学習の過程を示す曲線．学習測度として，誤り数，所要時間，反応潜時などを用いた場合は負に加速された下降曲線を，正反応数や正反応率などを用いた場合はS字形あるいは傾きが次第に小さくなる上昇曲線を描く．学習完成までに要した試行数が異なる複数の個体のデータを，試行ごとに単純に平均化して示した場合は，その学習過程の特徴が失われ，誤った結論を導く．そこで，学習の開始期と終了期を揃えて，つまり各個体の横軸を伸縮して曲線を合成する方法が種々考案され，得られた平均曲線はヴィンセント曲線(Vincent curve)と呼ばれた．しかし現在ではほとんど用いられず，むしろ個体ごとの学習曲線データが重んじられる．

学習する機械 [learning machine] ある入力とそれに応ずる出力とを繰り返し教えることによって，その入力に対してその出力を出すようにさせることができる機械．この機械はその入出力関係を学習したとみなされる．シナプスの伝達効率を変化させる，すなわち，上記の入力-出力関係によって機械の構造の一部を変化させることにより，機械に学習機能をもたせることができる．*パーセプトロンは学習する機械の代表例．上のような学習は教師付き学習と呼ばれる．一方，パターン分類や位相関係を保つ写像を「教師なし」で自己組織的に学習する機械もある．

学習法 [learning method] 狭義には，動物の感覚や動因の強さなどの研究に用いられる手法．動物の行動の研究で，ある動物に二つの色の区別が可能かどうかを調べようとするとき，この2色を刺激として，常にどちらか一方にだけ反応するように*弁別学習の訓練を施してみるような例をいう．しかし，もちろん学習過程そのものの解明のためにも極めて多くの学習実験が行われており，弁別学習法はその重要な方法でもある．また古くから*迷路学習・問題箱法(⇨問題法)が利用され，のち*スキナー箱によるてこ押しの装置や，電気ショックからの逃避・回避訓練装置も開発され，一般に*オペラント条件づけといわれる方法が広く利用される．

顎舟葉 [scaphognathite] 十脚類の第二小顎につく長い扁平な舟状の突起．*鰓室内で前後運動し，そこに前方に向かう水流を起こす機能をもつ．

核小体 [nucleolus] 《同》仁．核分裂の前中期から後期を除くすべての真核生物の細胞核内に存在し，rRNA遺伝子を含む染色体領域(核小体形成体)を中心として蛋白質とRNAが集合した小球体．被膜はない．F. Fontana(1781)がウナギの上皮細胞で発見．ゾウリムシの小核，ある種の動物の初期発生胚細胞，有核赤血球，動物精子核，核小体形成体欠失変異体などの一部の例外を除いて，ほとんどすべての核で観察される．核小体の数は核小体形成体の数によって決まり，通常生物種によって一定であるが，融合が起こるため核小体形成体より少ない場合が多い．核小体の主な機能はリボソームの合成である．リボソーム合成は，前駆体rRNAの転写，修飾・切断，リボソーム蛋白質の集合といった多段階反応であり，それぞれの反応ステップは不明な点も多い．近年，核小体はテロメラーゼなどのRNA-蛋白質複合体の形成，細胞周期調節，細胞老化，細胞のストレスセンサーなどの機能も併せもつことが明らかになってきた．一般的に増殖の活発な細胞では多くのリボソームが必要とされるため，リボソーム合成能が高く，核

小体の大きさも大きい．ピロニンやアズールBなどの色素でよく染まる．電子顕微鏡で観察すると，過マンガン酸カリウム固定では均一に見えるが，グルタルアルデヒド-四酸化オスミウムによる二重固定では，核小体の部位によって，(1)周辺部の微小顆粒構造域（granular component, GC），(2)中央部の繊維構造域（fibrillar center, FC），(3)GCとFCの境界領域である高密度繊維構造域（dense fibrillar component, DFC）などの区別が可能になる．前駆体rRNAの転写はFCあるいはDFCで，前駆体rRNAの2-O'-リボースメチル化，偽ウリジン化などの修飾と前駆体rRNAの切断はDFCで，リボソーム前駆体の集合はGCで行われる．核小体形成体は，rRNA遺伝子配列の繰返し領域で，1単位のrRNA遺伝子には18S, 5.8S, 28SのrRNAがひとつながりになった前駆体rRNA遺伝子がコードされている．定量的には，ヒトの細胞の一つの核小体形成体には数十〜100コピー程度のrRNAシストロンが含まれると考えられる．核小体は卵母細胞・肝臓や植物組織から多量に単離されている．また，培養細胞からの精製法も確立しており，精製核小体を用いたプロテオミクス解析も行われており，4500種類を超える蛋白質が核小体中に同定されている．

a **核小体形成体** [nucleolar organizer] 《同》仁形成体．核小体に必要な核小体染色体領域．一般に*SAT染色体の二次狭窄がこれに相当する．ヒトの細胞の場合は，13, 14, 15, 21, 22番染色体の二次狭窄部分である．核小体形成体はrRNA遺伝子をコードする染色体領域で，活発にrRNAを合成している．rRNAは18S, 5.8S, 28S rRNAがひとつながりとなった前駆体としてRNAポリメラーゼIによって転写され，段階的に3種類の成熟rRNAが形成される．多細胞生物の細胞では5S rRNA遺伝子は核小体形成体には含まれないが，出芽酵母では5S rRNA遺伝子は35S rRNA遺伝子と隣り合っており，核小体形成体に含まれる．5S rRNA遺伝子はRNAポリメラーゼIIIで転写され，他のrRNAとは異なる転写ユニットである．また，昆虫や両生類の卵細胞のように，極めて多量のrRNAを合成している細胞では，減数分裂のパキテン期に，核小体形成部の核小体形成体が選択的に多量に増幅・合成され，多いものでは核全体のDNA量の70%に達している．

b **核小体欠如突然変異体** [anucleolate mutant] 《同》仁欠如突然変異体．両生類の一種アフリカツメガエルで見出された突然変異体．T. R. Elsdaleら（1958）が報告．正常野生種では，体細胞核に2個の核小体がある（2-nu）が，この突然変異体では，核小体が全く欠如している．これは，rRNA遺伝子のリピートからなる核小体形成体が遺伝的に欠如しているためで，この欠損形質は通常のメンデル遺伝をする．遺伝子型は，核小体が全く欠如しているもの（0-nu）はホモ，1個だけのもの（1-nu）はヘテロである．0-nuの個体発生は筋収縮期以後，正常種と比べて遅れ始め，幼生期に死亡するが，1-nuの生存率・成長速度・性比・生殖能力は正常のものと変わらない．両生類では，発生初期にはrRNAの合成がほとんど起こらず，尾芽期以降活発になるが，この突然変異体では，尾芽期以後も合成されないので，rRNA合成が核小体で起こることの証明の有名な例となった．遺伝的に核小体形成が欠損している例は，このほかにキイロショウジョウバエでも知られている．また，出芽酵母においては，核小体形成体を人為的に欠失させた変異体が作製されている．この出芽酵母株は，1コピーのrRNA遺伝子を供給することで，生存が可能になる．

c **核小体前駆体** [prenucleolar body] PNBと略記．細胞分裂後の核に形成される核小体RNAと蛋白質の集合体．核小体形成体（nucleolar organizer）の場所とは別に形成され，DNAは含まない．核小体に比べ数は多く，サイズは小さい．細胞分裂後，リボソーム合成にかかわる多くのRNAや蛋白質は核小体前駆体に一度集合した後，核小体形成体に運ばれ核小体が形成される．核小体が成長すると核小体前駆体は消失する．前駆体rRNA（pre-rRNA），pre-rRNAの修飾や切断因子，*核小体低分子RNA，リボソーム前駆体集合にかかわる因子などが含まれる．核小体前駆体は，分裂期に拡散した核小体因子の規則正しい輸送にかかわる可能性が示唆される．

d **核小体染色体** [nucleolar chromosome] 《同》仁染色体．核小体に含まれる染色体領域を指す．核小体の主な機能はリボソーム合成であり，rRNA遺伝子を含む染色体領域を中心に形成される．ヒトでは13, 14, 15, 21, 22番染色体の二次狭窄部位に相当する．核小体染色体では，rRNA遺伝子単位が数十回タンデムに並んでいる．核分裂の終期に核小体が形成されるとき，核小体は核小体染色体を中心として形成される．核内における核小体の数はその核内に含まれる核小体染色体の数に等しいが，形成された核小体が互いに融合して少なくなっている場合もある．最近の研究では，rRNA遺伝子領域以外の反復配列を含むDNAも核小体に含まれる可能性が示唆されている．

e **核小体低分子RNA** [small nucleolar RNA] snoRNAと略記．真核生物の核内低分子RNAのうち，*核小体に局在する一群の低分子RNAの総称．保存された配列の特徴によって，ボックスC/D型，ボックスH/ACA型に大別され，それぞれ固有の核小体蛋白質とともに核小体低分子リボ核蛋白質複合体（snoRNP）を形成する．これらのsnoRNPは新生前駆体rRNAに作用し，ボックスC/D型snoRNPはrRNAのリボースの2'-O-メチル化を，またボックスH/ACA型snoRNPは*プソイドウリジン化を触媒する．その際それぞれのsnoRNAは，rRNAとの塩基配列の相補性を利用したガイドとしての役割を果たし，修飾部位の特異性を決定する．

f **核小体優勢** [nucleolar dominance] 種間雑種の細胞において，一方の親種由来の*核小体形成体（nucleolar organizer）が他方の核小体形成体に対して優先的に働き，rRNAの合成を行う現象．植物で最初に発見されたが，同様の現象はショウジョウバエ，アフリカツメガエルの雑種やヒト-マウス間の雑種細胞でも観察される．これは，細胞内に数百〜数千コピー存在するrDNA（*リボソームRNA遺伝子）のうち，細胞増殖に必要な数のrDNAのみ機能させるという，量的補正に関わると考えられる．どちらの種由来の核小体形成体を優先するか，その選択のメカニズムについては不明である．一方の核小体形成体を抑制する際には，*低分子RNA，*DNAメチル化，クロマチン構造変換の関与が報告されている．

g **核スペックル** [nuclear speckle] 《同》SC35ドメイン（SC35 domain），スプライシング因子領域（splicing factor compartment）．核蛋白質SC35が集積して

形成される不均一な斑状の細胞核内高次構造体．ほぼすべての哺乳類の細胞に20〜50個程度認められる．中心にある直径20〜25 nmの電子密度が高いクロマチン間顆粒群(interchromatin granule cluster, IGC)，およびIGCとクロマチンの間に存在する繊維状構造体であるクロマチン周辺繊維(perichromatin fibril)からなる．IGCは，RNAポリメラーゼIIを含めた基本転写因子群，さまざまな転写因子，RNA成熟や核外輸送に関わる因子などで構成されるため，核スペックルはRNA代謝の調節に重要な役割を果たすと考えられる．核スペックルに局在する蛋白質のうち特徴的なものは，mRNAのスプライシングの調節に関わりセリンとアルギニンの反復配列から構成されるRSドメインをもつSR蛋白質群である．

a **隔世遺伝** [atavism] *先祖返りまたはその一種で，通常，子供が祖父または祖母に似ること．F_2における劣性形質の*分離はその例である．

b **殻腺** [shell gland] [1] 甲殻類の小顎腺(→触角腺)．[2] 軟体動物の貝殻腺．[3] 吸虫類のメーリス腺．

c **画線培養** [streak culture] 《同》画線平板 (streak plate)．寒天平板培地を用い，微生物を画線状に培養すること．画線培養したものを画線平板という．白金耳を用いて前培養物を平板培地に接種する際に，白金耳を左右にスライドさせながら，画線状に塗り付けていく．さらに，上下方向にもスライドさせて格子状にする場合もある．画線の軌跡の末端になるほど，接種物の菌濃度が薄くなり，一つの細胞から派生したコロニー(集落)が孤立してできやすい．微生物の純粋分離(コロニー分離)や菌株のコンタミネーションの確認などの目的で使われる．

d **核相交代** [alteration of nuclear phases] 《同》核相交番．*生活環において，有性生殖に関連して染色体数の*単相と*複相とが交互に現れる現象．単相化は減数分裂によって，複相化は接合によって起こる．*世代交代と同時にみられることが多く，しばしば世代交代と混同されるが，同時に起こらない場合もある．*単為生殖では核相が同じままで世代が移行し，また*単相植物や*複相植物，多くの後生動物では核相交代はみられるが，世代交代はみられない．

e **核蛋白質** [nucleoprotein] 核酸と蛋白質の複合体の総称．DNA-蛋白質(deoxyribonucleoprotein, DNP)とRNA-蛋白質(ribonucleoprotein, RNP)に大別される．複合体の構成は，DNPはDNA，*ヒストン，*非ヒストン蛋白質(中性または酸性)の三者複合体，RNPはRNAとリボソーム(真核細胞は80S，原核細胞は70S)の二者複合体である．SV40ウイルスはDNAとヒストンH1, H2A, H2B, H3, H4との結合体で，タバコモザイクウイルスは一本鎖RNAに約2100個のサブユニット蛋白質が結合する柱状複合体である．

f **核置換** [nucleus substitution] *核細胞質雑種を育成するために，ある生物の核を別種または別系統の核で置換すること．方法には*核移植または連続*戻し交雑を用いる．核移植法は*核-細胞質相互作用の研究のほか，絶滅危惧動物の核を近縁種の卵に移植して核置換することで種の保全に利用できるとの考えもあるが，倫理面での課題が大きい．連続戻し交雑法は主に植物や動物の品種改良に利用されている．これはまず細胞質提供親(♀)×核提供親(♂)の交配を行い，このF_1および後代の雑種を毎代，核提供親と交配する方法で，最初の交配でF_1にもち込まれた細胞質提供親の核遺伝子は確率的には戻し交雑を1回重ねるごとに半減することになり，10回戻し交雑を行えば核遺伝子が99.95％が核提供親のものとなる．細胞質提供親がもつ特定の遺伝形質を引き継いだ子孫を繰り返し戻し交雑することで，核提供親の品種にその遺伝形質を取り込むことができる．(→細胞質置換)

g **殻頂** [umbo, apex] [1] 一般には，軟体動物の二枚貝(umbo)および巻貝(apex)の殻の頂端部．貝殻の発生の最も初期の部分で，*胎殻が認められる．二枚貝では蝶番線よりも背方に突出しているものが多い．内巻き型(involute)の貝殻をもつ巻貝(タカラガイなど)の場合，殻頂は殻体中に埋没して外から見えない場合もある．[2] 腕足動物では，腹殻は背殻よりも大きく，基端は嘴状に突出していてここを嘴部(beak)または殻頂と呼ぶ．有関節類(ホウズキガイなど)ではここに孔があり，柄が貫通して岩石などに付着する．

h **殻斗** (かくと) [cupule, cupula] *総苞を構成する多数の苞が集合し，その軸とともに*合着して形成する椀状の器官．通常1〜数個の果実を抱く．ブナ，アベマキ，カシワなどでは多数の苞が癒着し木化した殻斗の外部表面に，殻斗を構成する苞の先がささくれて現れるが，アカガシ，シラカシなどでは殻斗に苞の癒合による環がある．クリの「いが」(bur 独 Klette)も殻斗で，これらの殻斗をもつ果実を殻斗果(acorn)という．

i **獲得形質** [acquired character] 《同》後天性形質．個体がその一生の間に外界の影響，または個体において出生後に生じた体細胞突然変異などの変化によって獲得する*形質．一般に，獲得形質の遺伝といえば体細胞に生じた変化が遺伝的となる場合を指し，古くはJ. B. Lamarckの*用不用説によって代表され，C. Darwin, E. H. Haeckelもこれを認めた．A. Weismannは生殖質説を唱えて獲得形質の遺伝を絶対的に否定し，遺伝論者(例えばH. Spencer)と論争した．19世紀末から1920年代にかけても，この問題をめぐって論争がさかんになったが，獲得形質の遺伝の実証とされるものは，実験の誤りであるかあるいは他の説明が可能であることが一般的に承認されるに至った．獲得形質の遺伝の証明実験とされた有名なものには，モルモットの神経系統の人為的障害によるてんかんなどの症状の遺伝(C. E. Brown-Séquard, 1875)，温度の影響による体形変化の遺伝(F. B. Sumner, 1910〜1915)，背景の色彩を変えてのサンショウウオの色彩・斑紋の変化の遺伝(P. Kammerer, 1913その他)，ウサギの眼のレンズを抗体とした血清の注射(世代ごとに反復)によるレンズ白濁・小眼球・眼球欠如などの障害の遺伝(M. F. Guyer, E. A. Smith, 1918〜1920)，マウスの学習能力の遺伝(世代ごとに学習の必要回数が減ること，I. P. Pavlov, 1923)，などがある．T. D. Lysenkoは1930年代なかばよりコムギの播性を人為的に変化させ遺伝的に固定させるというルイセンコ説を唱え，新たな獲得形質の遺伝説がみなされたが，現在では誤りとされている．その後，分子遺伝学の発達により遺伝情報が遺伝子から蛋白質の方向には流れるが逆向きには流れないことが判明し，この面からも獲得形質の遺伝は否定された．ただし，最近になって特に植物において*エピジェネティクスにより獲得形質が遺伝する可能性が明らかになった．すなわち，外界の影

響でDNAのメチル化状態が変化し，これが子孫に伝わるとともに個体の形質を変える可能性がある．

a **獲得免疫**　[acquired immunity]　《同》後天性免疫．生体に生まれながらに(innate)そなわっている免疫である*自然免疫の対概念．脊椎動物だけに存在する，TおよびB細胞が主体となる*免疫のこと．一般に免疫という場合には獲得免疫を指すことが多い．自然免疫が胚系列(germ line)にコードされている*Toll様受容体などによって特定の構造的特徴(病原体関連分子パターン pathogen-associated molecular pattern, PAMP)を有する異物を認識するのに対して，TおよびBリンパ球の抗原受容体は遺伝子断片として胚系列に存在しており，生後V(D)J組換えによってリンパ球クローンごとに異なる特異性をもつ機能的抗原受容体が作り上げられるので，個体としては膨大な種類の抗原を認識することができる．獲得免疫応答では抗原に特異的な抗原受容体をもつクローンが激しく増殖し(クローン増殖)，その後，より特異的で親和性が高い抗原受容体をもつクローンが選択されるため，時間の経過とともに抗原に対する特異性が上昇する．このような高い特異性は長命で高い反応性をもつ免疫記憶細胞(メモリー細胞)によって保持され，同じ抗原に再度遭遇した際には1度目に比較して迅速で強い応答(*二次応答)が見られる．このような抗原特異的免疫記憶は獲得免疫の特徴である．獲得免疫は抗原の生物学的活性(病原性など)には無関係に反応するため，自然免疫系が生体に対する危険性を認識して，獲得免疫系に対して応答すべきか否かを指示する必要があると考えられている．胎児が母体から得る抗体によって獲得する免疫は*受動免疫と呼ばれ区別される．

b **核内受容体**　[nuclear receptor]　低分子の*リガンドに結合することで活性化される転写因子の総称．リガンドに結合して活性化すると，核内の標的遺伝子のDNAシスエレメントに結合して機能する．多くの種類のリガンドに結合する多種類の分子があり，大きなファミリーを形成する．リガンドには，甲状腺ホルモン(thyroid hormone)，レチノイン酸(retinoic acid)，ビタミンD(vitamin D)，ステロイドホルモン(steroid hormone)がある．例えば，ステロイドホルモンに結合する核内受容体には，エストロゲン受容体(estrogen receptor)，アンドロゲン受容体(androgen receptor)，プロゲステロン受容体(progesterone receptor)，グルココルチコイド受容体(glucocorticoid receptor)などがある．この他，すでに同定されている核内受容体と一次構造上に高い相同性をもつ分子が数多くあり，核内受容体候補とされる．核内受容体は誘導性の転写活性を制御し，分化発生，再生，恒常性の維持など，多彩な生物現象を制御する．

c **核内倍数性**　[endopolyploidy]　《同》核内多倍数性．*核内有糸分裂によって染色体数が倍加的に増加する現象．核分裂および細胞分裂を行わずにDNA複製が繰り返されることによって生じる．個体内の特定の細胞または組織にみられる．2回の複製が連続して起こり，4本の染色分体が動原体領域で付着して平行に並んだ場合は複糸染色体(diplochromosome, M. J. D. White, 1935)となる．動物の培養細胞でよくみられる．また，DNA合成だけが繰り返し起こると*多糸染色体が形成される．*唾腺染色体はこの一例．(⇒核内有糸分裂)

d **核内封入体**　[nuclear inclusion body]　さまざまな物質が核内の限局した領域に集積して形成される．正常では核内に存在しない高次構造体．ウイルス感染，重金属中毒，神経変性疾患などで認められる．

e **核内有糸分裂**　[endomitosis, intranuclear mitosis, endoreduplication, endocycle]　*核分裂を伴わず染色体が倍加する現象．細胞周期の一変形で，M期をバイパスしたり分裂期のスピンドル形成，分裂後期の染色体分配あるいは細胞分裂が何らかの機構で阻害されたときに起こる．肝細胞，気管上皮細胞，脂肪細胞などの組織に散在する巨大細胞は，この分裂の繰返しの結果生じる．草本性の植物の体細胞でも広くみられる．昆虫の*唾腺染色体も，この機構によって形成される．

f **確認法**　[method of ascertainment]　人類遺伝学において，家系資料を集め，形質の分離比(⇒分離)を推定する方法．問題とするある形質について両親の遺伝子型が既知の場合を完全確認(complete selection)といい，親の遺伝子型の組合せごとに子の表現型分布を集計すれば分離比が推定できる．各家系に問題とする形質発現の発端者が一人ずつの場合を単独確認(single selection)，発現者全員が発端者の場合を切捨確認(truncate selection)というが，一般には両者の中間の複合確認(compound selection)が多い．完全確認以外の場合に，形質発現者を出した同胞群の表現型分布を集計すると形質発現者の割合は真の分離比よりも大きくなるので，必ず補正を要し，補正法は確認法ごとに異なる．

g **隔年結果**　[alternate bearing, alternate year bearing]　《同》隔年結実．果樹類において，果実の稔りが多い成り年(当たり年on year, bearing year)と，結実の極めて少ない不成り年(off year)とが隔年に交替する現象．個体ごとに変動するだけでなく広い範囲で同調をすることが多い．その程度は果樹の種類・品種によって異なる．リンゴ，カキ，クリ，柑橘類は一般に隔年結果が現れやすく，ナシやモモなどにはほとんど見られない．この現象を示す果樹では，新たな花芽分化がその年の果実の発育中に起こるので，結果が多い場合は養分がその発育に消費されるため花芽数が減少したり花器発達が不完全になり，翌年の結果が悪くなる．翌年はこれに反して，同化養分が枝に多く蓄積され花芽の分化が良く，次の年にまた成り年となるというのが一般的な説である．一方，成り年には枝の*C/N比が花芽の分化発育に著しく不適当な状態となり，翌年は結果不良を招くという説もある．全般的な肥培管理と適当な剪定または摘蕾・摘花・摘果を行い，樹勢に応じて結果数を調節することによりこの程度を小さくできる．

h **顎板**　[jaw, jaw-plate]　[1] 《同》顎歯．環形動物ヒル類の顎蛭類(チスイビルなど)の口腔壁に対在する3枚のキチン質の半円板．その縁には鋭い歯がならぶ．顎板を載せるクッションに付属する筋肉の収縮により顎板は回転運動をし，吸着した動物の皮膚を切り裂いてY字型の切り口を作り，吸血が行われる．イシビルやマネビルなど咽蛭類ではこのような顎板はなく，そのかわりに牙(unarmed chitinous plate 独 stilettförmiger Zahn)があり，食餌動物を刺殺する．吻蛭類にはこの種の武器は全くない．[2] 軟体動物の*口球中に見られるクチクラ質の板状物．歯舌前端に対面する口腔の背面にある．食物を噛み切るとともに，上顎部が歯舌で傷つくのを防ぐともいわれる．多くは1対の板で表面に繊細な彫刻をもつが，有肺類ではただ1個．頭足類では俗

に「からすとんび」と呼ばれる先端が尖った嘴状物に発達している. [3] 棘皮動物クモヒトデ類において, 歯に隣接する顎器(jaw)を構成する骨板.

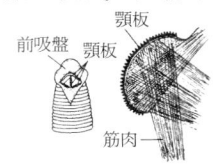

前吸盤 顎板
筋肉
右：医用ヒル (*Hirudo medicinalis*) の顎板
左：口腔壁にある3枚の顎板

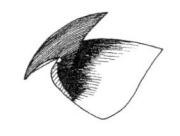

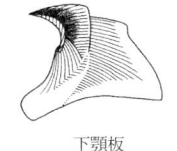

上顎板　下顎板
スルメイカの顎板

a **萼部** [calyx, theca, cup] 《同》萼. [1] *内肛動物において, 走根上に立つ柄部の上にあるコップ状部分. 体の主部で, その内部に全ての内臓が収められ, 上縁に触手の環状列がある. [2] ウミユリ類において中に内臓が収まる半球形の部分. 3種の骨板が環状に配列し重なってカップ状となり, その上を口と肛門がある口盤が被う. 上部の側面から放射状に腕が出る. 有柄ウミユリ類では, 萼部の下端に柄部(茎)が続き, ウミシダ類では, 萼部の下側に放射状に配列した巻枝(cirrium, cirrus)がある. [3] 十文字クラゲ類において, 他物に付着する柄部に続く末広がりのコップ状の部位. この類は遊泳性のクラゲということがない. 柄部はクラゲ形の柱状部に, 萼部はクラゲ形の傘に相当し, ポリプとクラゲとが一体に結合したものとの解釈がある.

b **核分裂** [nuclear division, karyokinesis, mitosis] 《同》有糸分裂(mitosis). 真核生物における細胞核の分裂のこと. *細胞分裂は, 通常, 核分裂が起こり, その後細胞質分裂により完了する. 核分裂には, 体細胞分裂(somatic nuclear division)と減数分裂(meiotic nuclear division)の二つの形式がある.

c **殻壁** [peridium] 《同》外皮(腹菌類, 子嚢菌類, 変形菌類などの), 外被, 殻皮(腹菌類の), 護膜(サビ菌類の), 皮殻. 菌類の子実体の外壁を構成する部分. 子嚢菌類では, 核菌類の子嚢果の外壁を指し, 担子菌類では, チャダイゴケ属(*Cyathus*)やコチャダイゴケ属(*Nidula*)の子実体の椀状の外壁を指し, 変形菌類ではいろいろの形をした子実体の外壁を指す. (⇒小皮子)

d **額片** [clypeus] 《同》頭楯, 唇基部, 額板. 昆虫の頭部前面にあって, 額あるいは前額間(frons)と*下唇(labium)の間の域. 通常, 額とは前口線あるいは前額溝(epistomal suture)で区画され, 口腔(cibarium)を開く筋肉が付着している. ときに二つの部分, 前額片(anteclypeus)と後額片(postclypeus)とに分かれる.

e **顎片** 【1】[paragnath] 《同》小顎, 片, 小歯. ゴカイ科多毛類などの翻出した*吻の外面(引きこまれた場合の口腔内面)に散在するキチン質の小さな歯状突起. 微細な餌をかき集めること, あるいは他物を削ることに役立つ. その数および配列は属や種により一定で, 分類に用いられる. 吻の前端には対になった大形キチン質の突起があり, *顎と呼び, 餌生物の捕捉に用いる. 肉食性のゴカイ科多毛類では一般に顎が良く発達し, 顎片は少ない傾向がある.
【2】[radular tooth] ⇒歯舌

f **核膜** [nuclear membrane, nuclear envelope] 真核生物の核と細胞質の界面にある二重膜構造(2枚の脂質二重層膜からなる構造). 細胞質に面した膜を外膜, 核質に面した膜を内膜と呼ぶ. 外膜と内膜の2枚の薄膜はそれぞれ厚さ6~8 nmで, 幅15 nmほどの電子密度の低い空間をはさんでほぼ平行に並ぶ. 膜には物質の移動に関係した多くの*核膜孔があり, 核膜の外膜と内膜はこの部分で連絡している. 多くの場合, 外膜は小胞体の一部と連続している. 核膜のこの基本構造は真核生物に共通である. この基本構造に加えて, 多細胞動物細胞の核には, 核膜の内側に核ラミナと呼ばれる裏打ち構造がある. 膜に存在する蛋白質としては, 哺乳類細胞では, 内膜と外膜を合わせて約80種類もの膜蛋白質が存在することが知られている. 核膜や核ラミナを構成する蛋白質の欠失や変異は, エメリードライフェス型筋ジストロフィー症やプロジェリア(*早老症), リポジストロフィー症など, 核膜病と呼ばれるさまざまな遺伝病の原因となる. 細胞分裂周期での核膜の構造変化は, 生物種によって異なる. 動物や植物など, 多細胞性の真核生物では, 有糸分裂前期になると, 核膜は小胞や小胞体と区別できないようないくつかの断片になるが, 分裂終期には, 娘染色体群表面に再構成され, 娘核の核膜となる. 核膜が崩壊・再形成される分裂様式は open mitosis と呼ばれる. 一方, 酵母など, 単細胞性の真核生物の多くの種では, 分裂期を通じ, 核膜は消失せずに存在することが知られている. 核膜崩壊を伴わない分裂様式は closed mitosis と呼ばれる.

g **隔膜** 《同》隔壁. 一般に生物体において, ある構造の内部を仕切る膜状物. その起源は多様だが, そのうち特定の名をもたぬもので重要なものとして, 例えば次のものがあげられる. 【1】[septum] 遊走子嚢・造卵器などの生殖器官と菌糸との間, または菌糸相互の間を区切る細胞膜. これに対して藻類や子嚢菌類の菌糸内では核分裂が起こっても細胞質の分割とその間の細胞膜の形成が行われないことがあり, こういう状態を無隔膜(aseptate)という. ミズカビ目・ピチウム目などの糸状藻類では菌糸が終生隔膜を欠き, 生殖器官を作る直前になって初めて隔膜が形成されて生殖器と菌糸の間を仕切る. 隔膜には中央におのおの1個の小さい隔膜孔(septal pore)があり, これを通して原形質の連絡や物質の移動が行われる. なお, 菌糸細胞内に液胞が発達して原形質の膜が一見隔膜状になったものなどは偽隔膜(pseudoseptum)という. また維管束植物の篩管や道管の境をなす細胞膜の部分をも隔膜と呼んでいる.
【2】[septum] 細菌の細胞が分裂する際に見られる二つの娘細胞の間に生ずる膜. まず細胞の中央付近の周辺部から内膜が陥入して細胞質を二つに分けていき, 次いで細胞外膜の合成を伴いながら分裂が完了する.
【3】[diaphragm] 《同》横隔膜. イワヒバ属の大胞子の発芽時に見られる, 前葉体と無細胞部を仕切る細胞層. 発芽にあたり分裂した核は, 大胞子の上部に集中して下部に無細胞部分を生ずるが, この部分と上部の前葉体部分を隔膜が分ける.
【4】[nodal diaphragm] 《同》横隔膜. トクサ類やイネ科における中空の節間をもつ茎の節部に見られる仕切り.

この膜は髄の組織に由来するもので，節間の中空部すなわち髄腔(pith cavity)は髄が退化したものと考えられる．したがって隔膜のある部分の中心柱の型が，これらの植物の中心柱の基礎型であると考えられる．

【5】[mesentery, septum] 花ポリプおよび鉢ポリプの体壁から胃腔内に向かい放射状に出ている縦(足盤には垂直)の膜．これにより胃腔は中央胃腔と周辺部の放射腔とに分けられる．花ポリプにおいて隔膜により放射状に仕切られた各小室を隔膜間腔(intermesenteric chamber)と呼ぶ．体壁から口道壁まで達している隔膜を完全隔膜，口道に達しないで内端が遊離しているものを不完全隔膜という．花虫類の八放サンゴ類では8枚ですべて完全隔膜，六放サンゴ類では6枚またはその倍数の場合が多く，完全隔膜と不完全隔膜の両者がある．隔膜内には横走筋のほかによく発達した縦走筋の束があり，その形から筋旗の名がある．イソギンチャク類では隔膜縁に刺胞の密集した細長い槍糸がある．これらの花ポリプでは，隔膜に生殖巣が形成される．鉢ポリプでは隔膜は常に4枚で，不完全隔膜．冠クラゲ類ではポリプの隔膜に生殖巣が形成されることがある．(→骨隔壁)

【6】[septum] ＝体節間膜

a **隔膜形成体** [phragmoplast] 《同》フラグモプラスト．有胚植物(コケ植物と維管束植物)およびシャジクモ類に固有の細胞質分裂装置．微小管と膜構造からなる．シャジクモ類以外の藻類や動物の細胞質分裂では，アクチンフィラメントを含む収縮環が細胞分裂面で原形質膜を絞り込みながら細胞をくびり切るのに対して，有胚植物とシャジクモ類では隔膜形成体により赤道面に細胞板を形成して娘細胞間を仕切る．隔膜形成体は，分裂後期の中頃，姉妹染色体が両極に移動する途中に赤道面上に現れる．まず，微小管が赤道面に垂直に，互いに＋端を向けて並び合う．微小管に沿って両娘細胞側よりゴルジ体由来の小胞が赤道面に向かって輸送される．この小胞には細胞板形成に必要な多糖類や蛋白質が含まれる．小胞は融合して，まずダンベル形の膜構造となり，さらに融合して扁平な円盤状の膜構造になり，遠心的に広がり，細胞板に成長していく．細胞板は赤道面の中心領域から形成され，その領域では微小管が脱重合していくため，形成初期には樽形の構造をしていた隔膜形成体は，次第にドーナツ形に変わる．最終的には，*前期前微小管束が形成された位置で細胞板が細胞膜と融合し，両細胞を隔てる細胞壁となる．小胞体由来の膜系が，形成途上の細胞板の網状の間隙に両娘細胞間をまたぐように残留することで，一次原形質連絡ができる．

b **核膜孔** [nuclear pore] 《同》核礼, 細孔(pore), 環, 環紋(annulus). 真核細胞の核膜の外膜と内膜が融合する部位に存在する直径70〜150 nmの孔．核と細胞質を往来する全ての物質がこの孔を通過する．酵母と増殖哺乳類体細胞の核膜表面における核膜孔の密度に大きな違いはなく，どちらも分裂間期で倍加する．一般に，核膜孔の密度は増殖細胞で高く，増殖能をもたない分化細胞で低い．しかし，増殖能をもたない卵母細胞や老化細胞でも密度が高い．当初は形態的な観察からporeと名付けられたが，実際には単純な孔ではなく，巨大な超分子複合体(*核膜孔複合体)から構成されており，選択的な物質透過の場となっている．イオンや分子量2万〜3万程度の小さな分子はこの孔を自由拡散で通過するが，それよりも大きな蛋白質やRNAは，一般に，核

膜孔複合体通過能をもつ運搬体分子に結合して運ばれる．蛋白質やRNAの他にも，リボソームやウイルス粒子などの大きな構造物も選択的に核膜孔を通過する．一つの核膜孔当たり，1秒間に1000個以上の運搬体分子を通過させると報告されており，その物質透過能は極めて大きい．

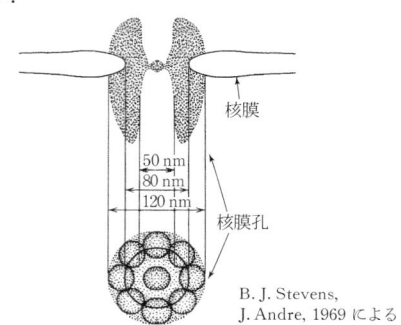

B. J. Stevens, J. Andre, 1969 による

c **核膜孔複合体** [nuclear pore complex] 核膜孔を構成する巨大な蛋白質複合体．酵母や脊椎動物ではおよそ30種類のヌクレオポリンと呼ばれる蛋白質から構成される．細胞質側から核質側にかけての横断面は八角対称構造．このため，個々のヌクレオポリンは核膜孔複合体中に，8の倍数個存在し，全体で500〜1000個となる．核膜孔複合体は土台となる中央本体部，選択物質輸送の場となる透過性バリア(permeability barrier)，細胞質側と核質側の繊維状構造からなる．八つのブロックがリング状に並んだ3構造があり，細胞質側から核質側にかけて細胞質リング(cytoplasmic ring)，中央リング(central ring)，核質リング(nuclear ring)と呼ぶ．リングは核膜にアンカーされ，中央本体部の土台となる．リングの内側は，FGリピートと呼ばれる疎水性アミノ酸で満たされ，分子量2万〜3万以上の分子を自由拡散で通さない透過性バリアとなると考えられている．細胞質リングと核質リングのそれぞれからは8本の繊維状構造が細胞質側(細胞質繊維cytoplasmic fibril)と核質側(核質繊維nuclear basket)に伸びる．間期における主要な機能は核と細胞質の間の選択的物質流通で，それとは別に転写制御にも直接寄与する．

d **隔膜糸** [mesenterial filament] →クラゲ，水母

e **隔膜質** [diastema] 細胞分裂に際して，新しい細胞境界が生ずべき細胞質の部分に生じる構造．例えば軟体動物アワブネの卵では胞状構造をしていて，薄く染色する．植物細胞ではしばしば*隔膜形成体が並び，この部分から細胞壁が形成される．

f **角膜乳頭突起** [corneal nipple] 夜行性昆虫およびある種のチョウの複眼の角膜表面に見られる，高さ・幅ともに0.2 μm程度の微細な凹凸．この突起は，光が空気中から屈折率の極度に異なる角膜を透過する際に，一種のインピーダンス整合装置として機能し，突起の配列周期・形状によって角膜表面からの光の反射を防いでいる．このほか，多くの双翅類の角膜では，屈折率の異なる層状構造(corneal layering)が見られる．これは一種の干渉フィルターとしての機能をもち，像のコントラスト増大に役立つという考え方がある．

g **核膜病** [nuclear envelopathy, nuclear laminopathy] 核膜および核ラミナを構成する分子の遺伝子

が変異あるいは欠失することによって起こる病気の総称．Aタイプラミンをコードする*LMNA*遺伝子に起こるさまざまな変異や欠失により，エメリー・ドライフス筋ジストロフィー症(Emery-Dreifuss muscular dystrophy)，プロジェリア(*早老症 progeria)，リポジストロフィー症(Dunningan-type familial partial lipodystrophy)，拡張型心筋症(dilated cardiomyopathy)，チャーコット・マリー歯病(Charcot-Marie-Tooth disease type B1)など，組織特異的な症状を示す10以上の病気が起こることが知られる．BタイプラミンB1とB2をコードする*LMNB1*と*LMNB2*遺伝子の変異により，それぞれ白血球ジストロフィー症(leukodystrophy)とリポジストロフィー症(partial acquired lipodystrophyであるBarraquer-Simons syndrome)が起こる．核膜内膜に存在し核ラミナと相互作用する膜蛋白質のうち，エメリンの遺伝子の変異・欠失によりエメリー・ドライフス筋ジストロフィー症が，またラミンB受容体の遺伝子の変異・欠失によってグリーンバーグ骨格異形成(Greenberg skeletal dysplasia)やペルジャー・ヒュット奇形(Pelger-Huët anomaly)，レイノルズ症候群(Reynolds syndrome)などの病気が起こることが知られている．

a **核マトリックス** [nuclear matrix] 《同》核骨格．単離核をDNアーゼ処理と高濃度の塩処理をして，DNAや可溶性蛋白質を除いた後に残る，不溶性の核蛋白質群．生化学的な手法で得られた核蛋白質に対する名称であり，実際に，これらの蛋白質が核内に繊維状の骨格構造を形成しているというわけではない．分画の調整方法によって異なるが，多くの場合，*ラミンをはじめとした核膜蛋白質や*DNAトポイソメラーゼなどが含まれる．非クロマチン領域を構成している核内構造を，概念としてこの名前で呼ぶ場合もある．核マトリックスは，DNA複製，組換え，転写，RNAのプロセッシングなど，さまざまな核機能に関与すると考えられ，核構造の維持にも必要であると考えられている．

b **学名** [scientific name ラ nomen] 学術的な目的で世界共通に用いられる生物の名称で，*命名規約に基づいていろいろな*階級のタクサ(*タクソン)に付けられる．ローマ字で表記され，すべてラテン語，もしくはラテン語化して扱われる．種よりも上位のタクソンの学名は1単語からなる一語名(uninominal name, uninomen)だが，種は2単語からなる二語名(binominal name, binomen)で表記される．なお動物では亜種は3単語からなる三語名(trinominal name, trinomen)．植物と原核生物では，種よりも下位のタクソンについてはそれぞれに階級名の省略形(例えば亜種なら亜種形容語の前にsubsp.)を付して表記する．学名以外の名称，例えば，各言語域において日常生活ないし学問上で使われる生物名(*和名を含む)を通俗名(俗称 vernacular name)という．(⇒種名，⇒判別文)

c **核輸送** [nucleocytoplasmic transport, nuclear transport] 核膜で仕切られた細胞質と核の間の選択的物質輸送．蛋白質やRNAの他に，リボソームやウイルス粒子が輸送の基質となる．細胞内で発現する蛋白質のおよそ30％の分子種が核と細胞質を往来するとされる．細胞質から核への輸送(核内輸送)や核から細胞質への輸送(核外輸送)があり，いずれも，核膜に存在する核膜孔複合体を通して行われる．核膜孔複合体はイオンや分子量2万〜3万以下の小さな分子を自由拡散で通すが，それよりも大きな分子は一般に，核膜孔複合体通過能をもつ運搬体分子に結合して運ばれる．運搬体分子は一方のコンパートメントで輸送基質を結合し，運び込む側のコンパートメントでその基質を解離するので，濃度勾配に逆らった物質輸送が実現する．核内輸送では，運搬体は基質と細胞質内で結合し，核膜孔複合体を通過した後，核内で基質を解離する．逆に，核外輸送では運搬体と基質は核内で結合し，核膜孔複合体を通過した後に細胞質内で解離する．ATPやGTPの加水分解は，こうした運搬体と基質の結合・解離の制御に使われ，核膜孔複合体を通過する上では必要ない．蛋白質の核内輸送には，リボソーム上で合成された分子が構成的に核に入る輸送と，リボソーム上で合成された後に細胞質や細胞膜に留まっていた転写因子やキナーゼなどの分子が，増殖因子などの刺激に呼応して核に輸送される制御された輸送がある．また，各種RNAの核外輸送は，それぞれのRNAプロセッシングとカップルしているため，正しく機能するRNAだけが核から細胞質に輸送される仕組みになっており，RNAの品質管理と密接に関係する．

d **核様体** [nucleoid, karyoid] 《同》原核，前核，核．細菌・藍色細菌などの原核生物の細胞に認められるDNA・RNA・蛋白質の複合体で，真核生物の核に相当する構造体．細菌をリゾチーム処理して得られる*プロトプラストを，穏やかに溶菌することで単離できる．真核生物の核と異なり，核膜はなく，*ヒストンもない．RNAの多くは転写途中であり，蛋白質の大部分は*RNAポリメラーゼであるが，転写調節因子も含まれる．DNAには，スペルミン，スペルミジンのような*ポリアミンも結合している．真核生物の*ミトコンドリアや*プラスチドに存在するDNA–蛋白質複合体も，核様体と呼ばれる．

e **核ラミナ** [nuclear lamina] ⇒ラミン

f **撹乱，攪乱** [disturbance] 既存の生態系やその一部を破壊するような外部的な要因．例えば火山の噴火，地震，火事，洪水，外来種の侵入，植物の病気や害虫の発生，捕食者や人間活動による破壊などさまざまのものがある．いずれの場合も，一度生産された生物体を物理的に破壊してしまうという点に特色があり，ストレス要因などの物質生産の生理的過程を阻害する要因とは区別する．陸上植物では，撹乱の強い環境には一年草が多く，一時的な好適な環境条件の間に素早く繁殖に入り，相対成長率や繁殖効率が高いという特徴をもつとされ，これを撹乱耐性型(ruderal)と呼ぶ．より高次のレベルから見ると，撹乱は必ずしも外的な要因ではなく，それぞれの系に固有の属性をもったものであり，しかもその系の維持にとっても重要である．例えば，ある程度の頻度で起こる野火や台風などによる森林破壊は，固有の森林を発達させることがある．撹乱が広い面積にわたって同期して生じる場合と，小面積で生じる場合とでは，その効果に大きな違いのあることが知られている．また，群集における種の多様度を，中間的な程度の撹乱を受ける場合に最大になるとする考え(中規模撹乱説)がある．

g **隔離** [isolation] 集団間の遺伝子交流が何らかの要因により多かれ少なかれ妨げられること．隔離をもたらす要因としては，地理的あるいは地形的障壁などの外的(extrinsic)なもの，すなわち*地理的隔離と，集団間の遺伝的な差異に起因する内的(intrinsic)なもの，すなわち*生殖的隔離とがある(⇒隔離機構)．ただし後者の

内的な要因は，通常は集団が地理的隔離を受けることにより複数の集団に分割され，相互の遺伝子交流が途絶えることを契機として，付随的に発達すると考えられる．

a **隔離機構** [isolating mechanism] 交雑に対する遺伝的障壁をもたらす生物学的特性．T. Dobzhansky(1937)の提唱．それが働くフェーズによりいくつかの様式が区別されるが，よく引用される E. W. Mayr(1942, 1963)の分類では，これを交配前(premating)隔離機構と交配後(postmating)隔離機構に二大別している．交配前隔離機構には，(1)季節的な出現時期や生息場所が異なることから潜在的な交配相手に出会わない(季節的隔離 seasonal isolation, 時間的隔離 temporal isolation, あるいは生息場所隔離)，(2)潜在的な交配相手に出会うが配偶行動が異なるために交配が起こらない(性的隔離 sexual isolation あるいは行動的隔離 ethological isolation), または虫媒花においては花粉媒介者が異なるために交配が起こらない，(3)交配は起こるが交尾器の形態に差があることなどで精子や花粉の移送が起こらない(機械的隔離 mechanical isolation)といった様式が含まれる．(1)(2)の隔離機構はあわせて生態的隔離 ecological isolation とも呼ばれる．また交配後隔離機構には(4)精子の移送は起こるが卵の受精までにいたらない(配偶子の死亡)，(5)卵が受精されるが，接合子が死亡，(6)接合子は F_1 雑種として発育するが生存率が低く接合子形成にいたらない，(7) F_1 雑種の接合子は完全に発育するが，少なくとも部分的に不妊(植物では不稔, ⇒雑種不稔性)であるか配偶行動の異常のため交配にいたらない，(8) F_2 あるいは戻し交配の個体で生存力や妊性が低下する(雑種崩壊 hybrid breakdown), といった様式が含まれる．これらは接合子形成の有無を基準に，接合前(prezygotic)と接合後(postzygotic)の隔離機構に二大別されることも多い(G. L. Stebbins, 1966)．また，この場合は上記のうち(4)は接合前隔離機構に含まれる．隔離機構の概念に*地理的隔離は含まれない．なお，Dobzhansky は，隔離機構が生物が交雑を防ぐ目的で特別に進化させたしくみであると考えたが，生殖的隔離は通常そのようなやり方では進化せず，単に集団間の遺伝子交流が途絶えることの副次的効果として自然淘汰を経ずに発達することが多いとの考えもある．(⇒強化説)

b **隔離飼育** [isolation, isolated rearing] 動物を1個体だけで飼育すること．*経験剥奪の一つである．長期にわたる隔離飼育は，事後の行動に大きな弊害をもたらすことも多い．(⇒感覚遮断)

c **隔離説** [isolation theory] [1] *隔離機構に関する諸説．[2] 特に進化要因論として隔離を論じたもの．C. Darwin(1859)はガラパゴス諸島の生物相などの説明に*地理的隔離の要因を導入したが，それ以後，進化の説明のために種々の隔離もしくは分離(segregation)が考えられて，自然淘汰の副因とされたばかりでなく，独自の進化要因論にも発達した．M. F. Wagner(1868, 1870)の隔離説(独 Separationstheorie)はそれである．彼は，各地に生物を探検した結果，種を分化させるものはまず地理的隔離であると考えた．最初は，これなくしては自然淘汰はないという主張であったが，後には新しい地域への移住・隔離により変異性を増し，個体数が少ないため淘汰の作用がなくてそれらの変異体が多く生存すると考えに至り，むしろ自然淘汰説から離れた．これを移住説(独 Migrationstheorie)ともいう．自然淘汰説の立場での隔離については，J. T. Gülick(1872)がハワイ群島の巻貝が島ごとに，あるいは谷ごとに変異があり，極めて局限された分布を示すことから，地理的隔離が種の分岐に極めて重要であることを説いた．ついで G. J. Romanes(1885)は生理的隔離を主張し，生殖器官の構造や生殖時期の相違，性的本能の変化などが，種の分岐の大きな原因となることを論じた．

d **確率過程** [stochastic process] 時間とともに変化する確率変数のこと．ランダムに時間変化する現象を記述する際に用いられる．各時刻 t に対し確率変数 X_t が対応し，離散時間確率過程では t は整数値をとり，連続時間確率過程では t は実数値をとる．マルコフ過程とは，将来の値が現在の値のみに依存し過去の履歴には依らないような確率過程である．とり得る値が離散的なマルコフ過程は特にマルコフ連鎖(Markov chain)と呼ばれ，例えばオンとオフの二つの状態をある遷移確率で行き来するような遺伝子スイッチは，これによりモデル化される．出生死亡過程(birth-death process)とは個体数の増減を記述する際に用いられる確率過程で，その値は非負整数値をとり，各時刻において値の増減幅が最大でも1であるようなマルコフ過程のことである．分枝過程では，各個体が互いに独立に出生や死亡をする状況を記述する確率過程で，バクテリアの増殖モデルなどに応用される．分枝過程の一例であるゴルトン–ワトソン過程(Galton-Watson process)では，各個体の能力は均一で，世代ごとに全個体が一斉に出生と死亡を行うため，次世代の総個体数の分布は個体の出生数分布関数のたたみ込みで与えられる．拡散過程(diffusion process)とは*確率微分方程式の解として与えられる連続時間確率過程のことであり，ゆらぎを含む系の振舞いを記述する際に用いられる．例として粒子のブラウン運動(Brownian motion)や遺伝子頻度の*遺伝的浮動への応用が挙げられる．

e **確率的モデル** [stochastic model] 《同》確率論的モデル．ある時点の状態からそれ以降の状態が一意的に決まらず，確率的に予測できるモデル．特に，未来の状態が，過去の履歴と無関係に現在の状態だけに左右される場合をマルコフ過程(Markov process)という．個体数が少ない場合，増殖率は確率的にゆらぐので(人口学的確率性 demographic stochasticity), 稀少種の絶滅を確率論的にも計算する必要がある．集団の個体数が少ないとき，遺伝子頻度の世代変化は各表現型の適応度のほかに偶然性にも左右される(⇒遺伝的浮動)．また，草本や魚類で，種子や稚魚の生存率が環境の確率的ゆらぎ(environmental stochasticity)により年ごとに大きく変動する場合，親が死なずに毎年繁殖を繰り返す方が子孫を残すうえで有利であり，*両賭け戦略と呼ばれる．

f **確率微分方程式** [stochastic differential equation] 《同》ランジュバン方程式．ある*確率過程に従う確率変数の微小時間における変化を記述する方程式．数学的には拡散過程と同等である．例えばある変量 X_t が時間とともに連続的に変動し，その将来の変化が現在の状態にのみ依存するときはこのように表される．野外の生物集団の個体数変動や神経細胞の興奮，細胞内の蛋白質量の変動，遺伝的浮動など，ランダムな変動を含むがジャンプを含まない場合に使用される．積分形と微分形があり，積分形では

$$X_t - X_0 = \int_0^t \mu(X_s, s)ds + \int_0^t \sigma(X_s, s)dW_s \quad (1)$$

また微分形では
$$dX_t = \mu(X_t, t)dt + \sigma(X_t, t)dW_t \quad (2)$$
と書かれる．ここで W_t は一次元ブラウン運動(Brownian motion)を表す標準ウィーナー過程であり，(1)式の右辺第2項は通常の積分ではなく確率積分である．μ および σ はそれぞれドリフト項，拡散項と呼ばれ，前者は X_t の方向性をもった増減を，後者は X_t のランダムな散らばり具合を表す．

a **核リプログラミング** [nuclear reprogramming] 遺伝子発現パターンなどの細胞核の情報が，受精，遺伝子導入，核移植，細胞融合などにより変換されること．未分化な受精卵や全能性をもつ*幹細胞，あるいは別の系統に分化した細胞と同じ細胞核の状態になる．*iPS細胞の作製も遺伝子導入による核リプログラミングの一つによると考えられている．

b **隔離分布** [disjunct distribution] 《同》不連続分布(discontinuous distribution)．一つの分類群の分布域が，相互の移住や遺伝子交流が事実上不可能なほど十分に隔たった複数の地域に分かれていること．これは偶発的な長距離分散に由来する場合もあるが(特に一年生の自家受精の可能な草本)，多くは，以前の連続的な分布域が，地形や気候の変化で分断されることで生じたものとみなされる．この場合，複数の分類群間で共通の隔離分布パターンが認められる．例えば，南半球の3大陸にまたがって隔離分布する例は，ヤマモガシ科・肺魚類・走鳥類など極めて多いが，これらは中生代におけるゴンドワナ大陸の分離に起因すると考えられている．また，東アジアと北米東部の隔離分布もよく知られる(ナツツバキ属，ユリノキ属，ワニ，オオサンショウウオ科など)．これらは第三紀に北極圏周辺を中心に連続分布していたものが，その後の寒冷化により，気候の似た両地域に遺存的に残ったもの，すなわち遺存種とされることが多い．このパターンでは長期間の隔離で，両地域の集団は別種か別亜に分化しているのが一般的だが，ザゼンソウやミツバ，あるいはザトウムシ類の数種のように形態的な差異が乏しく，事実上同種として扱われている例もいくつかある．

c **角鱗** [horny scale] 陸生脊椎動物に見られる表皮の*角質形成物，すなわち*鱗．爬虫類で特によく発達し，鳥類では脚にある．哺乳類のうちアルマジロやセンザンコウでは体表の大部分にわたり，またネズミの尾などにも見られる．真皮が襞をなし，その外面で表皮角質層が肥厚して形成されるもので，各角鱗の境界部では表皮は比較的薄い．

d **かくれが** [shelter] 動物が寒暑・風雪・雨露・害敵など活動に不適な環境条件を避けて，休眠や避難につかう場所．通常は動物の*なわばりや行動圏には，その動物に必要なかくれがが含まれているが，採餌なわばりにはかくれがのないものもある．

e **隠れマルコフモデル** [Hidden Markov model] HMM と略記．マルコフ過程(→確率過程)に従う系を間接的に観測して得られたデータを表現する統計モデル．推移確率を通じて状態間の親和性，各状態の持続時間長が表現される．音声認識のために開発されたが，生物学においても，配列の*アラインメント，遺伝子発見，蛋白質二次構造予測など，多様な問題に適用されている．例えば二次構造予測では，*αヘリックス，βシート(*β構造)，ループの3状態を渡り歩く系を考える．系の状態の尤度とその状態を所与としたデータの条件確率の積を，可能な状態にわたり足し合わせることによりデータの尤度が得られる．動的計画法により，パラメータと系の状態を効率よく推定するアルゴリズムが開発されている．

f **芽茎** [stolon] 浮遊性*尾索動物のウミタルやサルパ類の*無性生殖のための出芽部．背芽茎と腹芽茎とがあり，腹芽茎上に生じた新芽体は担胞(phorocyte)により運ばれ，背芽茎上に移動して育体および食体になる．一部の群体性刺胞動物やホヤ類が基質に沿って伸ばす*走根も芽茎と呼ぶ．

g **家系育種法** [family method of breeding] 《同》家族育種法．個体よりもその家系全体の平均能力に重点をおいて，家畜の遺伝的能力を向上させる育種方法の一つ．H. D. Goodale (1938) の創始．例えば体重については次の3段階からなる．(1)毎世代，全体的に最も完全かつ最大の雌雄を選び，1頭の雄に5頭の雌を交配する．また体重が二流に位しても，その兄弟姉妹が揃って優秀なときはこれを採用し，老齢より若齢のものを選んで交配に供する．(2)交配した雄はそのまま隔離し，その子が離乳のとき肉眼的に大形ならばふたたび雌雄を交配する．(3)生後1カ月の子の体重が顕著でないときは父を保存し，子の最大成長のとき，体重の平均が一般平均より重いか，あるいは特に重い個体が出現するならば，その父を繁殖用に供し，そうでなければ除去する．母も同様に評価して次回の交配の可否を決める．

h **化茎現象** [hectocotylization] →交接腕

i **家系図** [pedigree, genealogy] 《同》系図．有性生殖をする生物において，交配や個体間の血縁関係を表した図．人類遺伝学では男性を正方形(民族学では三角形)，女性を円形で表し，性別不明の場合には菱形を用いる．生物学的な交配関係は横線で，生物学的な親子関係は縦線で表す．また表現型の違いを白黒など図形の色やパターンで表すことが多い．図は典型的な家系図の例である．

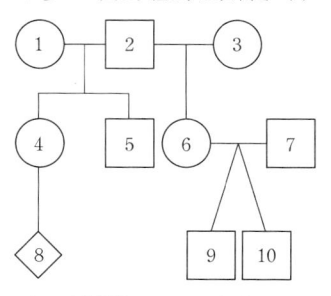

4と5は全同胞，4と6および5と6は半同胞，9と10は双子．

j **過形成** 【1】 [hypermorphosis] 子孫の個体発生が祖先の個体発生の終端を越えて延長されること．G. R. de Beer の挙げる進化形式の一つ．祖先の成体段階が子孫の個体発生の中間段階となるため反覆が生じ，体の大形化や器官の複雑化につながることが多い．(→異時性，→幼形進化)

【2】 [hyperplasia] ＝増生

k **家系選抜** [family selection] 種々の程度の同系交配によって生ずる家系を別々に養成し，家系間で選抜を行う方法．育種に用いられる選抜法の一つ．集団からと

りだされた1個体の*自殖に由来する後代，2個体の*交雑に由来する後代，1個体を共通親とする後代(母親はわかっているが父親はわからない)などであり，動物および他殖性植物に用いられる．トウモロコシで考えられた一穂一列法(ear-to-row method)はその例．

a **可欠アミノ酸** [non-essential amino acid, dispensable amino acid] 〖同〗非必須アミノ酸．動物体内で合成され，栄養源として外部から補給する必要のないアミノ酸．*不可欠アミノ酸と対する．ヒトではグリシン，アラニン，セリン，アスパラギン，アスパラギン，グルタミン酸，グルタミン，プロリン，アルギニン，チロシン，システインである．これらのアミノ酸は炭水化物，脂質の代謝中間体や不可欠アミノ酸から生合成される．一般に植物・微生物では，必要なアミノ酸をすべて自ら合成するので不可欠アミノ酸が存在しないため，可欠アミノ酸という名称は用いない．

b **籠足細胞** [cyrtopodocyte, podosolenocyte] 〖同〗有管細胞(solenocyte)．*頭索動物の排泄器を構成する極度に特殊化した細胞．細胞の一方に円周状に並んだ10本の細長い細胞突起が繊維状の構造で連結して籠状突起が伸び，その中心に鞭毛が伸びる．籠状突起の先端は腎管に食い込み，鞭毛は腎管内をさらに伸びる．細胞の他方からは糸球体のタコ足細胞に似た足突起(foot process)を伸ばし，基底膜からなる血体腔(hemocoel)に密着する．細胞体は咽頭を囲鰓腔壁に固定する歯状靱帯(denticulate ligament)の壁に位置する．以前は10本の細胞突起が独立しないで管状に伸びていると考えられたことから，有管細胞と呼ばれた．血体腔に密着した足突起から老廃物を吸収して，鞭毛運動で腎管に送り*囲鰓腔に排出される．縁膜直前の左側にだけあるハチェック(Hatschek)の腎管にも籠足細胞が認められるが，この細胞では籠状突起の各突起が不完全な膜で繋がっているところが咽頭の籠足細胞と異なる．籠足細胞が発見された当時は，扁形動物・軟体動物・環形動物の焰細胞(flame cell)と同種であると考えられたが，現在は細胞学的に異なるとされる．

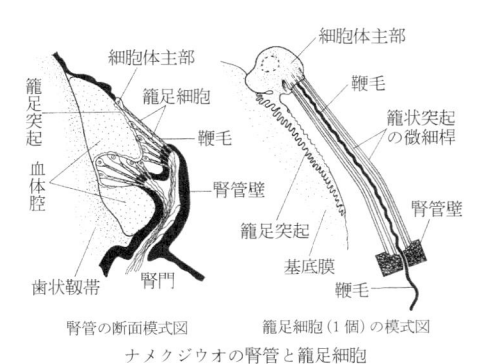

図：ナメクジウオの腎管と籠足細胞（腎管の断面模式図，籠足細胞(1個)の模式図）

c **花後現象** [postfloration] 花が受粉・受精してから以後，果実の形成までの間に起こる現象．胚や胚乳の発達にともなって子房以外の部分あるいは花に近接した部分にも特殊な活動が見られるのが一般的．一般に花弁や雄ずいの脱落が起こり，果梗およびその付近の葉柄ではかえって離層の形成が阻止される．特異な現象として，ナンキンマメの果梗の著しい伸長，萼の発育，特にホオズキの宿存萼の発達，イチゴの果托の発育などがある．(⇒花前現象，⇒花後増大)

d **籠細胞** [basket cell] 【1】抑制性ニューロンの一種．大脳皮質，小脳皮質に広く分布する．いずれも，軸索末端が細かく分枝して，投射先のシナプス後細胞の細胞体を籠状に取り囲む形のシナプスを形成するためにこの名がある．大脳皮質では全層にわたって観察され，大型(large basket cell)と小型(small basket cell)に分類されることもある．機能的には*フィードフォワードおよび*フィードバック制御に関わる．海馬では錐体細胞の軸索側枝からシナプス入力を受け，錐体細胞上にシナプスを形成し，同様にフィードフォワードおよびフィードバック抑制を形成する．小脳皮質では主として平行繊維からシナプス入力を受け，軸索はプルキンエ細胞に終わり，フィードフォワード抑制を形成する．【2】〖同〗筋上皮細胞(myoepithelial cell)．汗腺・唾液腺・涙腺・乳腺の終末部にある平滑筋細胞．収縮することで分泌物の排出を促進する．腺と同じ上皮に由来する．

e **花後増大** [post-flowering development] 花が成長・分化を終えた後になって新たに器官が二次的に発達すること．例として開花後脱落または凋萎するはずの苞葉(サワグルミ)・萼(ホオズキ・タンポポの冠毛)・花冠(ドクウツギ)・雄ずい(ミズの果実は仮雄ずいの発達で飛ぶ)の発達があげられる．

f **過去の競争** [competition in past] *群集理論が主張する自然群集における種間競争の普遍性に対して，J. H. Connellらが提出した批判の一つ．もし自然界で種Aと種Bが競争しているのなら，一方の種を除去したとき，他方は今まで競争相手が占めていた*生態的地位(ニッチ)を利用し始めるはずである．ところが，多くの野外実験において，競争相手を除去しても残った種のニッチの拡張は見られなかった．この結果の解釈として，群集理論の支持者は，過去には厳しい競争があってニッチが分化し，今ではそのニッチに適応しきっているので，競争相手を除去しても，もはやすぐにはニッチを拡大できないのだと説明したことがあった．これに対しConnell(1978)は「過去の競争の幽霊をもち出す議論は，証明のしようがないので不適切である」と反論した．これは自然群集で種間競争を正しく検出することの難しさを示している．

g **仮根** [rhizoid] 維管束植物の根に類し，付着・吸収などを営むが複雑な分化のない構造の総称．多くは1細胞または1細胞列．[1] 藻類では時に分枝し(フウセンモ)，またしばしば偽組織をなし，肉眼的にも大型になるが維管束を生じない．褐藻類の仮根は偽組織を作り，外見は種子植物の根に似ている．[2] コケ植物の苔類では配偶体の表皮細胞から発生し，単細胞で分枝しない．ゼニゴケ目では太くて表面に肥厚がない平滑型と細くて肥厚がある有紋型の2型があるが，他ではすべて平滑型である．蘚類の場合は1列の多細胞で茎の表皮細胞から生じ，時に分枝することもある．[3] 菌類では菌糸の特に根状に見えるものをいい，主に固着に役立つが，壺状菌類では吸収の作用もあるという．[4] 地衣類では裏面の外皮(皮層)に菌糸からなる仮根を生ずる．これを外皮・髄層の菌糸と区別して仮根菌糸(rhizine 独 Rhizoidhyphe)ともいう．また仮根菌糸は多数が合して偽組織状をなすことがあり，これを仮根体(rhizine 独

Rhizine)という．[5]シダ植物では前葉体の裏面下半分に，表面から単細胞または2〜3個の糸状細胞からなる仮根を生ずる．

仮根状菌糸体 [rhizomycelium] ツボカビ類において複数の遊走子嚢が分枝した菌糸状の構造(仮根)に発達している場合(多心性)，この仮根の系を仮根状菌糸体という．

傘 【1】[pileus, cap]《同》菌傘，菌蓋，菌帽．マツタケ，シイタケ，ハラタケなど帽菌類において，*子実体上部の傘状の部分．裏面にある襞の表面または孔の内壁に子実層があり，担子器を生ずる．傘の表面からこ状やいぼ状(テングタケ属)の鱗被(scale)は*蓋膜のろ残存．傘が十分に開いたときの形，放射方向の裂け目の有無，傘の中央が突出するかくぼむか，柄から離れやすいかなどが，分類上の標徴とされる．なお傘の縁が特に若いとき内側に巻き込んでいる場合は，内旋(内巻きinvolute)という．

【2】[umbrella] 刺胞動物において，クラゲの主部をなす伏せた椀状の部分．凸面をなす外面を外傘面または上傘面，凹面の内面を内傘面または下傘面と呼び，ともに外胚葉性の表皮層で覆われる．内傘面の中央から口柄が下垂し，その下端に一般に開く口から胃水管系が始まり傘の内部を巡る．胃水管系の壁は内胚葉からなり，外胚葉層との間に厚い寒天質の*間充ゲル(中膠)がある．外傘上には*刺胞が規則的に配列することも多い．また，根口クラゲ類のタコクラゲでは，外傘面の表皮層の下に軟骨細胞様の細胞集塊がある．傘縁(umbrella margin)は，ヒドロクラゲでは縁膜で，立方クラゲでは擬縁膜で縁取られる．鉢クラゲにはこのような膜がなく，傘縁は一定数の縁弁に分かれる．内傘面には上皮筋細胞と神経網が外傘面におけるよりも密に分布し，前者の収縮により傘腔内の水を排出し，その反動を利用し傘頂を先端にして移動する．

芽細胞 [blast] *筋芽細胞，*エナメル芽細胞など一般に未分化の細胞をいう．血球の場合は*芽球という．また繊維芽細胞などのように，分化して*膠原繊維を合成・分泌している細胞にもこの名称が付せられることがある．

下索 [hypochorda]《同》脊索下索，脊索下体(hypochordal rod)．脊椎動物の胚で，脊索と消化管の間を縦走する内胚葉起原の細胞索．後に退化し消滅する．その形態的・機能的意義は不明．アフリカツメガエルではVEGFの発現が見られ，肺動脈形成への関与も示唆されている．魚類や両生類では頭部から尾部にわたり存在するが，爬虫類や鳥類では体前方に痕跡的に出現するだけであり，さらに哺乳類ではその存否が確定していない．

重なり遺伝子 [overlapping gene, nested gene]《同》オーバーラップ遺伝子，重複遺伝子．同一のDNA領域を共有する2個またはそれ以上の遺伝子をいう．B. G. Barnellらが，*φX174ファージのゲノムで，初めて発見した．φX174では，図のようにA遺伝子領域の一部からB遺伝子が，D遺伝子領域の一部からE遺伝子がそれぞれ読み枠を変えてコードされている．最近では真核生物の遺伝子の*イントロンの中に別の遺伝子が重なって存在している例がしばしば見出されている．なお，重複遺伝子の語は，duplicated geneの意味で用いられることが一般的である(⇒遺伝子重複)．

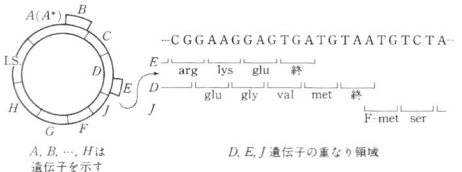

過酸化脂質 [peroxide lipid, peroxylipid]《同》脂質過酸化物．脂肪酸部分にペルオキシ構造(-O-O-)をもつ脂質．*高度不飽和脂肪酸を基質にして，*リポキシゲナーゼ酵素的に産生されるものと活性酸素などにより非酵素的に産生されるものとがある．*アラキドン酸から酵素的に産生される*プロスタグランジンなどの生理活性物質の代謝中間体は過酸化脂肪酸である．また，不安定な過酸化脂質はラジカル開裂を起こしてラジカル反応の連鎖を引き起こし，組織障害の原因となると考えられている．

火山性土 [volcanic soil] 火山噴出物を母材として生成した土壌の総称．噴出物の種類によって，火山礫土，火山砂土(volcanic sand soil)，火山灰土(volcanic ash soil)，火山泥流土などに区分される．日本でこの中で火山灰土が重要な位置を占め，北海道から九州にわたる火山山麓，台地，丘陵地に広く分布し，関東のローム(loam)が有名．火山灰土は，表層の腐植含有率が極めて高くまたその腐植化も著しく進んでいること，土壌の容積重(野外の土壌1mLの乾燥重(g))が小さく0.7前後で軽いこと，塩基が*溶脱していること，粘土鉱物の主成分が非晶質のAl含量の高いアロフェンであるため酸性化するAl^{3+}が活性化しやすく，したがってリン酸吸収力が極めて高いことなどの特徴をもつ．この腐植の給源はススキやチガヤなどの草本であるとされており，腐植は土壌中のAlと結合して集積すると考えられる．

仮死 [apparent death, asphyxia] 外観上，生体の機能が停止しているが，ふたたび生き返ることのできる状態．通常さらに広義に，臨床的に呼吸および心臓の機能停止を目印とする死に対して，冬眠状態のように呼吸も心臓拍動もともに微弱に保たれていながら意識を失っている状態を含めている．なお，asphyxiaの語はギリシア語で脈(sphyxis)の消失を意味するが，狭義に窒息状態に対して使われることが多い．例えば分娩時の胎児仮死がそれである．

花式 [floral formula] *花葉の種類ならびに数を表して花の構成を示す式．A. H. R. Grisebach(1854)が導入したので，一般にはドイツ式にしたがい，萼をK，花冠をC，花被をP，雄ずい群をA，雌ずい群をGで表す．例えばスミレを↓K$_5$C$_5$A$_5$G$_{[3]}$，チューリップを☆P$_{3+3}$A$_{3+3}$G$_{[3]}$，キキョウを☆K$_5$C$_5$A$_5$G$_{[5]}$，サクラソウを☆K$_{[5]}$[C$_{[5]}$A$_5$]G$_{[5]}$のように表す．なお☆は放射相称花，↓は左右相称花，Gは子房上位，$\bar{G}$は子房下位を，[ ]は合着を表す．また，放射相称花を⊕，左右相称花を↓で表すこともある．R. J. Pool(1929)花式では，キンポウゲはCa^{5}Co^{5}S$^∞$P$^∞$のように萼をCa，花冠をCo，雄ずいをS，雌ずいをPとしている．∞は数多く不定数を表す．花式では花式図と違い花葉の配列は示されない．花式図(floral diagram)では，各花葉の種類と数および相互の位置関係を平面図(図次頁)で示す．P. J. F. Turpin(1819)がはじめ，A. P. de Candolleらが用い，A. W. Eichler(1875〜1878)が大成した．萼片は

斜線をほどこした広幅の弧で，花弁は黒く塗った弧で，雄ずいは葯の断面で，雌ずいは子房の断面で表すのが一般的．また腋生の花の場合は，花序軸を上にした位置で軸(茎)も添えて示す．

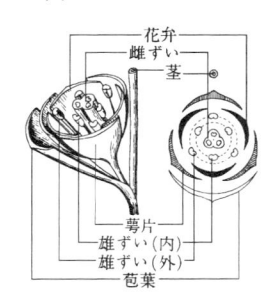

a **花軸** [floral axis, rachis] ある程度の長さが認められる*花床．花床はたいてい半球形で小さいが，比較的多くの花葉をもつ花では，軸状(茎状)で花軸と呼べる形態をもつ．また特に，イネ科のよく分枝した花序の中心の軸を，花軸または穂軸(rachis)ということがある．(⇒花)

b **仮軸分枝** [sympodial branching] ある枝が特によく発達し，その枝が主軸であるかのようになる分枝法．*二又分枝の一つの枝がよく発達する場合は二又性仮軸分枝といい，*単軸分枝の一つの枝がよく発達する場合は単軸性仮軸分枝という．(⇒分枝)

c **かしこいハンス** [clever Hans] 1900年ごろドイツのベルリン郊外に住むvon Ostenという老教師が，調教して数学の問題を解けるようにさせたと主張したウマをいう．このニュースはヨーロッパ中に広まり，ついにKaiser Wilhelm IIもこれを見に行くというさわぎになった．ハンスは平方根の計算までもできると宣伝された．ハンスは出された問題の答えの数だけ足で床を打つのであるが，後に学者の調査により，まわりの人間が意図せず出してしまう手がかり(微妙な身体の動きなど)をもとに答えるように訓練されているに過ぎないことが明らかにされた．まわりの人間が答えを知らない時には，ハンスは正しく答えることができなかったのである．

d **火事生態学** [fire ecology] 生態学的要因としての火事について研究する分野．火事はさまざまな生態系で大きな影響をもつ．湿っている熱帯多雨林地域でも火事は焼畑，雷など人為的・自然的要因で起こることが知られているが，乾燥した熱帯・亜熱帯では重要な環境要因の一つで，とりわけ火事の頻度が高い生態系はfire-prone ecosystemと呼ばれる．自然に発生する火災を防止すると植生が変わってしまう現象が知られる．生態系や種は火事に対しさまざまな適応を示す．サバンナの多くの樹種のように樹皮が厚く，耐火性を示したり，幹の基部に休眠芽をもって再生しやすい樹木などが知られている．草本でも，叢生して株の周囲が焼けても成長点を保護するといった適応形態が見られる．火事によって地上部が除去されたときに，地下部にある貯蔵器官によってすばやく回復するような適応を示すものも多い．また，焼けて高温にならないと種子が果実から散布されないとか，発芽しないといった場合も見られるが，これは火事という*攪乱によってそれまで優占していた競争者が除去されることで，種子定着率が高まることへの適応である．火事と植生の構造や動態が，しばしば密接に結びついている場合もよく見られる．

e **果実** [fruit] [1] 広義には種子植物の花部が発達して生ずる器官の外見的な形態に対する一般的名称で，実(み)ともいう．この場合，果実を構成している花部器官の発生的由来は問わない．したがって*真果と*偽果の総称．[2] 狭義には被子植物の子房が発達した器官，すなわち真果のこと．一般に開花・受精の後に花冠・雄ずい・萼などは枯れて落ちるか，しおれたまま残るが，*雌ずいの子房は発達して果実となる．受精が行われず単為結実によってできる果実(バナナやブドウ，スイカなどの種なし果実)を除いて，果実内には受精後に胚珠が発達して種子を形成する．子房の外壁を構成する子房壁は果皮(pericarp)に発達する．果皮の性質によって果実をいくつかの型にわける人為的な分類が最も広く行われている．果皮が堅く，乾燥すれば*乾果，多肉になれば*液果という．乾果のうち熟したとき果皮の裂けるものを*裂開果，裂けないものを*閉果または非裂開果という．裂開果のほとんどは乾果．また1個の子房からできたものを単果といい，果実はこの真果の性質によってさらに分類される．一方，1個の花の複数の子房に由来する複数の単果がまとまって1個の果実のように見えるものを*集合果(etario, aggregate)，複数の花に由来する複数の単果がまとまって1個の果実のように見えるものを*複合果という．ウメ・モモなどの液果の果皮はよく発達して，薄くて強い外果皮(epicarp, exocarp)，多肉質で水分の多い中果皮(mesocarp)，堅い殻状の内果皮(endocarp)からなる．イネ科の果実(⇒穎果)は穎に包まれていて，果皮と種皮の発達は悪く，互いに癒合する．これらに対し，子房以外の器官，例えば花床などから発達した組織を含む果実を偽果といい，狭義の果実と区別する．(⇒結実)

f **加重** [summation] 2個以上の刺激により単独の刺激の効果よりも大きな効果が現れる現象，すなわち刺激効果の合成の現象．個々の刺激が閾値以下であるのに，重ねあわせると有効となり，反応を生じる場合は特に潜伏加重(latent summation)と呼ばれ，神経・筋肉をはじめ，原生生物や植物細胞にいたるまでの各種反応に普遍的な事象である．この現象は，神経接合部における終板電位やシナプス後電位が重なりあって大きくなり，活動電位の発生を導くと解釈される．この場合，適当な時間間隔で同一の刺激を加えたときに起こる時間的加重(temporal summation)と，異なる部位の刺激による空間的加重(spatial summation)が存在する．空間的加重は網膜上の近接する2点間など，受容器の刺激についても知られている．このように，終板電位，シナプス後電位や受容器の緩電位のような段階的応答(graded response)で加重がみられるが，活動電位は加重でさらに大きくなることはない．反復刺激による筋肉の*強縮も加重の一例で，これは*興奮収縮連関における現象である．

g **過熟**(卵の) [overripeness] 動物卵が排卵後正常の期間内に*受精しないで，長時間を経過した状態．一般にこのような状態にある卵(過熟卵)が受精する場合，種々の発生生理的障害が起こる．受精率が悪くなる場合(ヒトデ)，多精を起こす場合(ウニ)，または重複*陥入や各種の奇形を起こす場合(カエル)などが知られている．

h **花熟期** [ripeness-to-flower] ⇒花成

a **仮種皮**［aril］《同》種衣．種子の付属物で，珠柄や珠柄と近接する珠皮の一部，あるいはその両方の組織が張りだして形成されたもの(→胚珠)．狭義にとる場合は珠柄由来のもののみを仮種皮として他を偽仮種皮(arillode)と呼び，種縫(しゅほう，→種子)由来のものを strophiole，胚珠の珠孔付近の珠皮表面が張りだして形成されたものをカルンクラ(種阜(しゅふ)caruncle))と区別する．ただし，仮種皮状の構造には，珠孔と種縫，珠孔付近と珠柄のように複合した由来をもつもの(例：ケシ科 *Dendromecon*)もある．一方，広義にとる場合は，strophiole とカルンクラともに仮種皮に含める．仮種皮の多くは肉質で，平面的に広がって種子の一部または全部を覆う(例：ニクズク，マサキ)か，突起状あるいは歯状の付属体となる場合(例：クサノオウ)がある．前者は朱色など鮮やかな色をもち，鳥や哺乳類による種子散布に，後者は白からクリーム色でエライオソーム(elaiosome)としてアリによる散布に貢献することが多い．カヤ，イヌガヤ，イチイなどの裸子植物では，仮種皮に包まれた種子を仮種皮果(arillocarpium)と呼ぶことがある．

b **花序**［inflorescence］植物体の*シュート系のうち，次々と花をつける生殖シュート系．花の形成にともない，小型の葉である*苞葉を形成したり，花をつける枝をたくさんつけたりすることから，栄養シュート系から区別される．しかし，なかには，普通葉から苞葉への移行が明瞭で，花序の範囲が明らかなものもあれば，普通葉に近い葉が続くために，その側枝に由来する小規模の花の集団が個々に花序として扱われる場合もある．植物体で花のつく位置や花序は分類学や系統学上の重要な形質だが，花序の種類は複雑で明確な区分には至っていない．重要な花序の区分には大きく分けて，(1)無限花序(indefinite inflorescence)をもつ*総穂花序と(2)有限花序(definite inflorescence)をもつ*集散花序，および(a)単花序と(b)複花序(複合花序 compound inflorescence)とがある．(1)の総穂花序の特徴である無限花序とは，主軸の*シュート頂が花序シュート頂に分化して，苞葉の形成とその*葉腋での側花形成を続ける，*単軸分岐を基本とする形式で，最後にはシュート頂の活動が衰えて花形成を終える．花は主軸を中心につくことから求心花序ともいう．総穂花序は花序軸の形，側花の花柄の長さなどの違いによって，*総状花序，*穂状花序，*肉穂花序，*散房花序，*散形花序，*頭状花序などに区分される．なお，総状花序のみを指して総穂花序という場合もある．一方，(2)の集散花序の特徴である有限花序は，花序の主軸のシュート頂の成長が頂花の形成で終わり，その下にある苞葉の葉腋からの側枝が先端に花を形成することを続ける，*仮軸分岐を基本とするもので，分枝によって頂花以降の花が主軸から遠ざかっていくことから遠心花序ともいう．集散花序は頂花の下位での分枝数により，単出集散花序，二出集散花序，多出集散花序に分けられる．単出集散花序には，扇形花序，かま形花序，サソリ形花序，カタツムリ形花序などがある．集散花序の特殊なものとして，集散花序の多数の花が壺形に変形した花序軸の内面に分布する*イチジク状花序や，雄ずいまたは雌ずいだけに退化した花があたかも一つの花の雄ずいと雌ずいのように集合した偽花をつくる*杯状花序がある．花序を(a)単花序と(b)複花序とに分けるものも一般的で，単花序は花序軸が側花を形成するのみでさらに拡張するような分枝を行わない花序をいい，複花序は花序軸から1回またはそれ以上分枝した枝が副花序を形成し，全体としてより大型の花序を形成するものである．単花序の側花が同じ単花序に置き換わった形式のものには複総状花序，複散形花序，複頭状花序，輪散花序(輪状集散花序)などがあり，異なる花序が組み合わさった形式のものには，頭状総状花序，頭状散房花序，密錐花序などがある．このうち，大がかりな分枝系から構成され，花序全体が円錐形をなすものを*円錐花序という．しかし，実際には花序型は非常に多様で複雑であることから，分枝の規則性を基本にして，(i)主軸も側軸も無限花序からなる形式，(ii)両方とも有限花序からなる形式，の二つに大別した，より普遍的な分類法も提案されている．

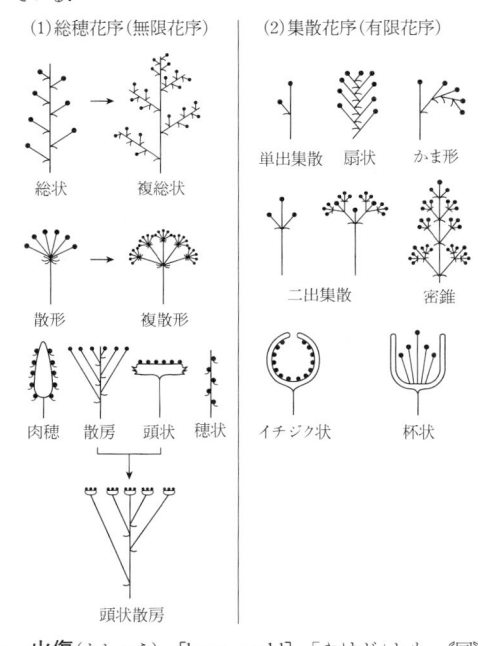

(1)総穂花序(無限花序)　(2)集散花序(有限花序)

総状　複総状　単出集散　扇状　かま形
散形　複散形　二出集散　密錐
肉穂　散房　頭状　穂状　イチジク状　杯状
頭状散房

c **火傷**(かしょう)［burn, scald］「やけど」とも．《同》熱傷．生体が高温物体に直接触れたり，強い熱放射を受けることによって生じた傷害．火傷の程度は温度とその作用時間によって異なるが，局所に生ずる変化は次の4段階に分けられる．(1)第1度：血管麻痺による充血，(2)第2度：血清の充満した火傷水疱の形成，(3)第3度：組織の壊死，(4)第4度：組織の炭化．また，火傷による傷害の深さは次の3段階に分けられている．(a)第Ⅰ度：表皮まで．発赤し，軽度の膨張と疼痛を示す．水疱形成なし．2～3日で治癒．(b)第Ⅱ度：(i)真皮浅層まで．強い疼痛と膨張を示す．水疱形成を伴う．1～2週間で治癒．瘢痕形成を伴う．(ii)真皮深層まで．知覚鈍麻を伴う．3～4週間で治癒．感染症を併発すると第Ⅲ度へ移行．(c)第Ⅲ度：皮下組織まで．疼痛もない．白く乾燥・炭化する．治癒に1カ月以上かかる．植皮の必要もある．火傷の重症度は傷害された体表面積による．成人では9の法則，幼少児では5の法則を利用し計算することが多い．成人では頭頸部，1上肢半面，軀幹上部半面，軀幹下部半面，1下肢半面をそれぞれ9%，外陰部を1%

として計算する．幼少児では頭頸部 15%，上肢 1 側 10%，軀幹前面 20%，軀幹後面 15%，下肢 1 側 15% で計算．一般に，火傷が全体表面積の 15% 以上で全身症状が現れ，40% 以上に及ぶと生命に危険があるという．火傷に際しては，血液中の乳酸量増加，動静脈血管の pH 値低下がみられ，組織毛細血管機能の障害と相まって無酸素血症 (anoxemia) が進行する．

a **花床** [receptacle] 《同》花托．＊花柄の一端で，＊花葉の付着する一般には極めて短い茎的な部分．花は花床と花葉で構成される．(⇒花軸)

b **窩状感覚子** [ラ sensillum coeloconicum] 昆虫の体表にある，クチクラの小突起が体表の浅い陥没部にできた感覚子．嗅受容器または湿度受容器として働く．膜翅類の感覚子には，窩状感覚子よりもさらに深い体表の陥没部に突起があるものが知られており，これは壺状感覚子 (sensillum ampullaceum) と呼ばれている．

c **過常期** [supernormal phase] 神経に単一刺激を与えて興奮させたとき，それに続く短時間の＊不応期の次に見られる，一過性に興奮性が正常以上に高まる期間．哺乳類の運動神経 (A 繊維) では刺激後 10〜20 ms (ミリ秒) の間にわたってみとめられ，次常期 (subnormal phase) に移行する．活動電位のうえではほぼ陰性後電位の時期に一致する．自律神経の節前繊維 (B 繊維) は過常期を欠くが，節後繊維 (C 繊維) では 50〜100 ms にわたってみとめられる．

d **過剰染色体** [supernumerary chromosome, extra chromosome] 生物種が共通にもつ 1 組の基本染色体以外に余分に含まれる染色体または染色体断片．基本染色体である A 染色体 (A-chromosome) に対し，B 染色体 (B-chromosome) と呼ばれる．多くの植物，動物で報告されている．B 染色体がもつ特徴として，(1) 形態や大きさは多様であるが，一般に A 染色体より小さく，異質染色性で端部着糸型であることが多い，(2) 遺伝的な効果は小さく，B 染色体を保有する個体の表現型に及ぼす影響はほとんどないが，その数が多くなると稔性が低下する場合が見られる．また，性比に偏りをもたらすこともある，(3) その数は変化に富み，個体間でだけでなく組織・細胞間でもその数が異なることがある，(4) 減数分裂では A 染色体とは相同的に対合せず，また B 染色体どうしの対合も弱い，などが知られている．

e **芽条突然変異** [bud mutation] 《同》枝変わり．自然に，または突然変異処理により，植物体の一部の細胞の遺伝子突然変異が生じて，他の部分と形質の異なる部を生ずること．体細胞突然変異の一つ．斑入りの葉や色変わりの花などがこの方法で生ずることが多いが，特に果樹類では芽条変異した枝を接穂として殖やし，実用的価値の高い品種として確立される例が多い．ナシの二十世紀，ミカンの早生温州などはその例．(⇒栄養系選抜)

f **過剰排卵** [superovulation] 哺乳類の雌に薬剤やホルモンを体外から与えた場合に，正常な生理状態における平均の排卵数よりもはなはだしく多数の卵が排出される現象．過剰排卵の誘因としては，排卵誘発剤であるクロミフェンの単独投与，下垂体の生殖腺刺激ホルモン (黄体形成ホルモンおよび濾胞刺激ホルモン)，あるいはヒト絨毛性生殖腺刺激ホルモン (HCG) と妊馬血清性生殖腺刺激ホルモン (PMSG) の組合せ投与が挙げられる．過剰排卵による卵も受精能力をもち，胚盤胞の段階までは正常に発達するが，それ以後さまざまな異常が現れ，産仔数は一般に排卵数より少ない．その主な原因に，(1) 卵巣からのホルモンの過剰分泌による着床過程の阻害，あるいは，(2) 着床成立後，子宮内の過密による胎児死亡または未熟，などがあげられる．ヒト女性不妊に対して妊娠の成立を目的として行われる排卵誘発療法の結果として，過剰排卵が起こる．(⇒多生児)

g **花色** [flower color] 一般には，花を構成する各部分のなかで色彩の最も目立つ花びら (花弁，花冠，花被) の色を漠然と指す．ただし，花序全体の色についていうこともあり，花序に舌状花と管状花とがあるときには舌状花の花びらの色だけを指すこともある (コスモス，ダリア，ヒマワリ)．花色の原因になっている色素のうち，青・紫・赤系のものは水溶性で細胞液中に溶存するアントシアン類やベタシアニン類のことが多く，黄・橙・赤系は水に不溶性で有色体に含まれる＊カロテノイド類に原因することが圧倒的に多い．黄色系のなかでキバナコスモスやダリアの黄色花などの色素は水溶性のアントクロール類を主体としていて，アルカリ (アンモニア，タバコの煙) で赤変することからカロテノイド類と区別できる．アントシアンを含む赤色花はアルカリ処理で青変するが，カロテノイドのものは変化しない (メキシコヒマワリ)．白色花にはアンモニアで黄変するフラボン類 (アントキサンチン類) を含むものが多いが，フラボン類の黄色が肉眼的に認められることはない．花びらに生成する色素が葉その他にほとんど現れないことも多いが，同一のあるいは同系統の色素が含まれることもある (ダリアの赤葉)．カロテノイドの場合にはその植物の葉緑体中のカロテノイドと比較して，質的に非常に違っていることがむしろ一般的である．

h **下唇** [1] [labium] [1] 節足動物の口器を構成する一要素．[1] 昆虫では＊小顎の後方にある．頭部付属肢の最後方のもので，本来は左右 1 対のものが中央線で合一して 1 個となっている．頭部と直接関係する後基板 (postmentum，分かれて亜基板 submentum および基板 mentum になるものがある) と下唇の本体をなす前基板 (prementum) とからなり，後者にはさらに副舌 (paraglossa)，中舌 (glossa)，下唇鬚がある．[2] 甲殻類の下唇は上唇に対立して口の前後の壁をなすもので，頭部腹面の皮膚の突起にすぎず，頭部付属肢ではない．
【2】[lower lip] ヤツメウナギの幼生，アンモシーテスの口器の腹側縁をなす襞状の構造．(⇒上唇)
【3】[hypochile, lower lip] シソ科などの花冠やラン科などの花の唇弁の一部．(⇒上唇【1】【2】，⇒唇弁【2】)

i **下唇鬚** (かしんしゅ) [labial palp] 昆虫の＊下唇から生ずる小突起．基節は担鬚節 (palpifer) と呼ばれ，原形は 3 節 (直翅類など) であるが，分節が退化している場合も多い．吸い型口器では長く伸びて吻の形成に参加．嗅覚器官としての機能もある．

j **下垂体** [pituitary body, pituitary gland, hypophysis] 《同》脳下垂体 (hypophysis cerebri)，下生体．脊椎動物の間脳底から下垂する，小さな，丸みをおびた内分泌器官．哺乳類では蝶形骨の凹み (トルコ鞍) 内におさまり，脳とともに脳硬膜で覆われる．下垂体の構造，各部分の名称や位置関係は動物の種により極めて多様であるが，基本的には次の 2 部分に分けられる．(1) 神経下垂体 (神経性脳下垂体 neurohypophysis)：正中隆起 (正中

隆起部 median eminence)と神経葉(神経部 pars nervosa, neural lobe)．(2)腺下垂体(腺性脳下垂体 adenohypophysis)：中葉(中間部 pars intermediate, intermediate lobe)と隆起葉(隆起部 pars tuberalis, 結節部)と主葉(主部 pars distalis, distal lobe)．なお神経葉と中葉をあわせて後葉(posterior lobe)といい，慣用的に後葉を神経葉と同義に，また，隆起葉と主葉をあわせて前葉(anterior lobe)といい，前葉を主葉と同義に使うことも多い．しかし，前・中・後という部位での分け方は比較解剖学的にそぐわないとする見解，さらに正中隆起を下垂体に加えないとする見解もある．発生学的には，間脳底部が下方に突出した原基である*漏斗と口蓋の外胚葉と内胚葉の境が背方に陥入した原基である*ラートケ嚢とが合一して形成される．前者の原基から神経下垂体が，後者から腺下垂体が生じる．マウスでは間脳底部に Bmp4, Fgf8, Wnt5 などの遺伝子が発現し，ラートケ嚢の形成と分化に関わる．また，間脳の漏斗原基側からのFGFと，ラートケ嚢基底部から分泌されるBMP2の時空間的な濃度勾配により，種々の腺下垂体ホルモン産生細胞の分化に関わる転写調節因子群の特異的発現が誘導され，各ホルモンの生合成が開始される．両生類や硬骨魚類ではラートケ嚢は形成されず，吻方から実質性の細胞塊が移動し，腺下垂体の原基となる．系統発生学的にはホヤ類の神経腺やナメクジウオのハチェック小窩(Hatschek's pit)がその起原という．鳥類では中葉がなく腺下垂体は頭部と尾部に分けられる．魚類では前葉が吻部と基部に二分され，隆起葉はない．板鰓類では腹葉が下方に発達する．真骨魚類では，かつては腺下垂体に入り込む神経部分全体を神経葉と呼んだが，現在はこのうちの前方部を正中隆起の相同部とし後方部を神経葉とする．円口類のヤツメウナギでは脳底の前方部が正中隆起，後方部が神経葉に相当すると考えられている．腺下垂体は分泌活動を行い，そこで産生されるホルモンには，成長ホルモン，プロラクチン，生殖腺刺激ホルモン(濾胞刺激ホルモンと黄体形成ホルモン)，甲状腺刺激ホルモン，副腎皮質刺激ホルモン，メラニン細胞刺激ホルモン，リポトロピン，エンドルフィン，魚類のソマトラクチンなどがある．隆起葉は内分泌系の中継部位と考えられているが詳しい役割は不明．神経下垂体(⇨視床下部-下垂体神経分泌系)は正中隆起と神経葉に分けられるが，視床下部の細胞体由来の神経軸索，脳上衣細胞の突起および神経膠細胞からなり，軸索の末端は血管壁周辺に終わる．神経葉の軸索は視床下部の視索上核および室傍核(両生類以下では視索前核だけ)に由来する．神経葉ホルモン(neural lobe hormone)は上記の核の細胞体内で合成され，軸索内を通り神経葉の軸索末端内に貯蔵され，必要に応じ血管内に放出される．正中隆起の神経軸索が視床下部のどの神経核に由来するかは，ホルモンの種類，動物種により異なる．正中隆起では腺下垂体ホルモンの放出・抑制を行う視床下部ホルモンが放出される．血管系は次の2系統に大別される．(1)神経葉を主体として分布するもの：神経葉ホルモンは主としてこの血管系により，腺下垂体を経ずに一般循環へと送られる．(2)正中隆起を主体として分布する下垂体門脈系：頸動脈からの分岐が正中隆起の表層に至って細かく枝分かれし，第一次毛細血管叢と呼ばれる網目状の構造を形成するが，その毛細血管は再び合一しやや太い静脈，すなわち門脈となって腺下垂体へ入り，ここで再び毛細血管となる．

腺下垂体ホルモンの放出ホルモンや抑制ホルモンはこの血管系により正中隆起から腺下垂体の細胞へと運ばれる．真骨魚類では下垂体門脈系がなく，神経軸索が直接下垂体前葉へ入り込む．

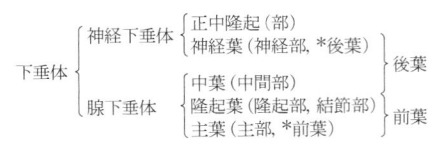

下垂体 ｛ 神経下垂体 ｛ 正中隆起(部)
　　　　　　　　　　　神経葉(神経部,*後葉) ｝後葉
　　　　腺下垂体 ｛ 中葉(中間部)
　　　　　　　　　　隆起葉(隆起部,結節部)
　　　　　　　　　　主葉(主部,*前葉) ｝前葉

＊ 厳密には同義ではないが同義語として使われることが多い

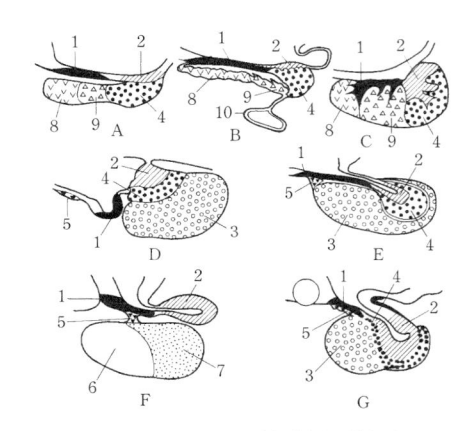

脊椎動物の下垂体の比較（断面の模式図）
A ヤツメウナギ類　B 板鰓類　C 真骨魚類　D 両生類
E 爬虫類　F 鳥類　G 哺乳類
1 正中隆起(A,Cではその相当部) 2 神経葉(Aではその相当部) 3 主葉 4 中葉 5 隆起葉 6 頭部 7 尾部
8 吻部 9 基部 10 腹葉

a **下垂体腹葉**　[ventral lobe of hypophysis]　板鰓類だけにみられる．腺下垂体の後部が下方に細長く突出し，その先端が嚢状の構造をなして広がった部分．四肢動物の*下垂体隆起部と相同であるといわれる．機能はよく分かっていない．全頭類には類似の構造として，腺下垂体主葉の前方に独立した口蓋葉(独 Rachendachhypophyse)がある．(⇨下垂体)

b **下垂体隆起部**　[ラ pars tuberalis hypophysis]　《同》下垂体隆起葉，脳下垂体結節部．四肢動物の*下垂体の柄部(後葉の一部と*漏斗)を取り囲んで存在する腺下垂体の一部．*ラートケ嚢の一部が脳に向かって突出し，間脳の灰白結節に達して発達したもの．結節部の名もこれに由来．この部位が間脳の下面に広くひろがる動物も多い．通常の方法で下垂体を摘出した場合，隆起部の大部分は体内に残る．ヘビ類ではこれを欠き，両生類では1対となって下垂体主葉から前方に遊離し，脳に付着する．色素嫌性の細胞からなり，これらは往々にして濾胞状の集団をなす．性質の異なる細胞が少数混入することもある．板鰓類の腹葉は隆起部と相同であるとされる．

c **加水分解**　[hydrolysis]　《同》水解．ある1分子またはイオンが，水の介入によって，二つ(あるいはそれ

以上)の分子またはイオンに分解する反応,および環状化合物が水の介入によって開裂する反応.生体内の加水分解反応の一部のものは触媒なしでも進行するが,多くのものはそれぞれに特異的な触媒の存在を必要とする.生物学的に特に重要なのは種々のエステル,グリコシド,ペプチド,ヌクレオチドなどの加水分解反応であり,それぞれエステラーゼ,グリコシダーゼ,プロテアーゼ,ヌクレアーゼ,ホスファターゼ,スルファターゼ,リン酸アミダーゼ,脱アミノ酵素その他の加水分解酵素によって触媒される.これらの加水分解反応の多くはその平衡が著しく分解の側にずれており,その逆方向への反応(すなわち合成反応)は熱力学的に非自発的である場合が多い.単純な加水分解反応のエネルギーが直接に生体の化学反応に利用される場合はないといってよく,多くは問題の基質が高エネルギー化合物でありその加水分解が他の適当な反応系と共役している場合にだけそのエネルギーが化学的に利用されている(⇒発エルゴン反応).物質代謝の上では加水分解反応は,ある化合物をその成分に分解することによって代謝経路の上にのせる,あるいはそこから排除する為に極めて微妙な役割をしている場合が多い(例:種子アミラーゼによる貯蔵澱粉の加水分解・溶出,消化酵素類による食品成分の消化).特殊な生理作用に関係する物質の加水分解が生体の調節的機構に重要な役割をしている場合もある(例:コリンエステラーゼによるアセチルコリンの水解).

a **加水分解酵素** [hydrolase, hydrolytic enzyme] 《同》ヒドロラーゼ,水解酵素.酵素分類の主群の一つ(EC3群)で,加水分解反応を触媒する酵素の総称.反応形式はA–B+H$_2$O ⟶ AOH+BH.分解される結合や化合物の種類によって分類される(数字は酵素番号の第2位).(1) エステル結合(エステラーゼ).(2) グリコシル化合物(アミラーゼ,ヌクレオシダーゼなどのグリコシド加水分解酵素).(3) エーテル結合とチオエーテル結合(アデノシルホモシステイナーゼ,ロイコトリエンA$_4$ヒドロラーゼなど).(4) ペプチド結合(ペプチダーゼ,プロテイナーゼなど).(5) ペプチド結合以外のC–N結合(アミダーゼ,アスパラギナーゼ,ウレアーゼなど).(6) 酸無水物(ATPアーゼ,ピロホスファターゼなど).(7) C–C結合.(8) ハロゲン化物.(9) P–N結合.(10) N–S結合.(11) C–P結合.加水分解酵素は補酵素を通常含まない.反応は条件により逆行可能であるが,合成は他の経路によって行われることが多い.また転移反応を触媒することもあり,必ずしも転移酵素との区別は明瞭ではない.生物にとって高分子物質の加水分解は栄養物の吸収に重要であり,細胞外酵素として放出されることも多い.ATPアーゼにより触媒されるATPのADPとリン酸への加水分解に伴い発生するエネルギーは生体内反応に利用される.EC3.3.2群にはロイコトリエンA$_4$ヒドロラーゼや肝小胞体エポキシドヒドロラーゼなどのように,芳香族炭化水素や多不飽和脂肪酸のモノオキシゲナーゼ反応で生じるエポキシドを加水分解する酵素が含まれる.EC3群に属す酵素は酵素表の28%を占める.

b **かすがい連結** [clamp connection] 《同》クランプ,クランプコネクション.担子菌類の*二次菌糸において,対する核が同時に分裂する(共役核分裂 conjugate nuclear division)際に,細胞の側面に形成される突起(図).かすがい連結は担子菌の二次菌糸のみに観察される構造であるが,かすがい連結を形成しない担子菌類も多い.かすがい連結は子嚢菌類における*鉤形(かぎがた)形成に相当するものと考えられている.

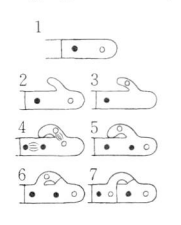

1. 頂端成長をする二次菌糸
2. 菌糸端の細胞は分裂しようとするとき,2核の中央部から側方にかすがいを出す
3. 一方の核はこの小突起中に移動していくが,他方の核は小突起のつけ根のところに留まる
4. 2核は同時に,それぞれ分裂する.この際できる紡錘糸の向きは,一つは突起の向きに一致し,他方は菌糸の長軸の向きと一致する
5. 4娘核ができると,突起内の娘核の一つは突起内に留まり,その対核は菌糸の先端の方向に移動する.菌糸細胞内の2娘核は先端部と基部へ分離する
6. 突起のつけ根のところに仕切りができる.突起は後方にまがって,その先端が基底細胞と癒着する
7. 突起内の核は基底細胞内に移動し,基底細胞内の1娘核と対核をなす.代謝系の二つの娘核も対核をなし,2組の対核の間を仕切る細胞膜が形成されて,細胞分裂が終わる

c **ガスクロマトグラフィー** [gas chromatography] GCと略記.移動相に気体を用い,気体試料または気化できる試料を,固定相に対する親和性の差で分離する*クロマトグラフィー.移動相用の気体をキャリアーガス(carrier gas)といい,窒素,ヘリウムなどが用いられる.固定相には,シリカゲル,活性炭,アルミナなどの吸着型充填剤や,担体の表面にポリエチレングリコールなどの液体を薄い膜にして保持させた分配型充填剤が用いられ,分離の成否は固定相の性質に大きく依存する.固定相との親和性が大きい物質ほど保持時間が長くなる.装置は,通例,キャリアーガス導入部および流量制御装置,試料導入装置,カラム,カラム恒温槽,検出器および記録装置からなる.広範囲の気化温度をもつ試料には,昇温装置により温度を一定速度で上昇させて分離する(昇温プログラム).検出器には,有機物,無機物を問わず広く検出できる熱伝導度検出器(thermal conductivity detector, TCD),C–H結合をもつ化合物を検出する水素炎イオン化検出器(hydrogen flame ionization detector, FID),有機ハロゲン化合物を検出する電子捕獲検出器(electron capture detector, ECD),硫黄およびリン化合物の高感度の検出が可能な炎光光度検出器(flame photometric detector, FPD),含窒素,含リン化合物に選択的なアルカリ熱イオン化検出器(flame thermionic detector, FTID)などがあり,試料の性質に応じて選択される.近年では,質量分析計を直接連結したガスクロマトグラフィー–質量分析法(GC-MS)が微量成分の分析に利用されている.

d **カスケード反応** [cascade reaction] ホルモン,生理活性物質などの微小な外部からのシグナル(生体情報)が引き金となって,順次各種の調節物質の連鎖的・段階的活性化によってシグナル信号を増幅する形式をとる情報伝達反応.分かれ滝(cascade)のような形で反応が拡大していくことにちなむ命名.このようなしくみによる生体反応の制御を,カスケード制御(cascade control)という.最初の微弱な信号が短時間に大幅に増幅される点が特徴であり,多くは酵素系が関与する.血糖調節系・血圧調節系・血液凝固繊溶系・補体結合反応系などはカスケード制御系の典型的な例.不活性型酵素から

活性型酵素への変換は，プロテインキナーゼによるリン酸化やプロテアーゼによる限定分解によって行われる場合が多い．

a **カスト制** [caste system] 《同》カースト制．同一の性内に多型現象がみられ，生殖機能や集団存続に必要な労働の分担に関して特殊化が起こっていること．*社会性昆虫においては，ハチ類・アリ類では雌雄の一方，シロアリ類・トビケラ類では双方に，生殖カスト(reproductives)と非生殖カスト，すなわちワーカーもしくはソルジャーが分化している．シロアリと一部のアリ類では，体のサイズのちがいにより，後者の中にさらに，大形で防衛に専念するメジャー(兵蟻)と，小形のマイナー(一般の働き蟻)というサブカスト(subcaste)が生じている(=分業)．このような分化は，多くは幼虫期の栄養(trophogenic)あるいはある種の*フェロモンによって決定されるが，卵期に決まるもの(blastogenic)，さらには遺伝子の関与が推定されているもの(例：オオハリナシハナバチ，一部のアリ類とシロアリ類)もあり，分化の程度が複雑でない類では逆に成虫期になって決定されるものもある．昆虫以外の例としては，東アフリカにすむハダカデバネズミ(モグラネズミ)は不妊カストをもつ真社会性の哺乳類である．また吸虫の仲間においても，不妊のカストがあることが発見され，真社会性の扁形動物と考えられる．

b **ガストリン** [gastrin] 胃の幽門部粘膜に存在するG細胞(gastrin containing cell, G cell)から分泌され，血中に入って再び胃に働き，胃液分泌を促す消化管ホルモンの一種．主に腸クロム親和性細胞様細胞(enterochromaffin-like cell, ECL)に作用してヒスタミンを放出させるが，一部は直接壁細胞に作用して胃酸を分泌させる．また，膵液，胆液，インスリンの分泌なども促進するが，これらの作用はそれほど強くない．そのほかに，胃粘膜や腸粘膜の成長促進作用をもつ．胃の前庭幽門部が食物などにより機械的に刺激されたり，幽門部のpHがアルカリ性に傾くとガストリンの分泌が起こる．その結果，胃液の分泌(胃酸分泌)が盛んになり胃内部のpHが下がると塩酸およびガストリンの分泌はとまる．ガストリンの分泌調節は胃の前庭幽門部への食塊による機械的刺激や幽門部のpHの上昇，迷走神経から分泌されるガストリン放出ペプチド(gastrin releasing peptide, GRP)による分泌の促進，ソマトスタチンや*セクレチンによる抑制が知られている．ガストリンにはさまざまな長さのポリペプチドが存在するが，34，17，14アミノ酸残基からなるものが主で，G-34，G-17，G-14ガストリンと呼ばれる．C末端部分α(Gly-Trp-Met-Asp-Phe-NH$_2$)だけでも弱いガストリン活性を示し，この配列は*コレシストキニンのC末端近く，およびセルレイン(caerulein)のC末端に共通に存在するためにこれらのペプチドをガストリン様ペプチドと呼ぶ．セルレインはガストリンとコレシストキニン両者の作用をもつ．(⇒ガストリンCCK族)

c **ガストリンCCK族** [gastrin-CCK family] C末端に*コレシストキニン(CCK)と*ガストリンの共通5残基(-Gly-Trp-Met-Asp-Phe-NH$_2$)をもつ脳・腸管ペプチドの一群．コレシストキニン，ガストリンのほかにカエルの皮膚から単離されたセルレイン(caerulein)も含まれ，これらは共通して消化管ホルモンとしての生理活性を示すほか，脳内，特に大脳皮質に高濃度に存在する．ガストリン・セルレインのN末端のグルタミン酸側鎖のカルボキシル基は，アミノ基と反応して環化し，ピログルタミン酸となっている．
(ガストリンCCK族)
ガストリン　　　pyroEGPWLEEEEEAYGWMDF-NH$_2$
コレシストキニン(CCK8)　　　DYMGWMDF-NH$_2$
セルレイン　　　pyroEQDYTGWMDF-NH$_2$

d **ガストレア起原説** [gastraea theory] 後生動物全体の最も新しい共通祖先を，仮想の動物ガストレア(ガスツレア・腸祖動物 gastraea)であるとする説．E. H. Haeckel(1872など)の提唱．体系的な後生動物起原論の最初であり，現在まで強い影響力をもち続けている．彼は，知られる限りの後生動物各種において個体発生の初期過程がよく似るとのA. O. Kowalevsky(1864)の発見に注目，その各発生段階を順におおよそ次のように命名した．すなわち，モネルラ(monerula, 核が未発達)，キトゥラ(cytula, 未分割卵)，モルラ(morula, 桑実胚)，ブラストゥラ(blastula, 胞胚)そしてガストルラ(gastrula, 原腸胚, 嚢胚)である．ヘッケルは自らの*生物発生原則を適用し，これらに対応する系統発生上の仮想動物をモネラ(monera, 無核単細胞体)，キテア(cytaea, 有核単細胞体)，モレア(moraea, 単細胞生物の中実群体)，ブラステア(blastaea, 胞祖動物：繊毛の生えた単層の細胞で囲まれた中空の球状体)，そしてガストレア(内，外2胚葉が区別され，腸と口をもつ嚢状体)と命名し，多細胞化の過程を単細胞生物(鞭毛虫類)の集合・群体化として復元した．ブラステア以前に対応する現生動物は見当たらないが，ガストレアの直系の子孫は*腔腸動物や海綿動物といった二胚葉的な動物であり，*三胚葉動物はここから進化したから，後生動物の起原を鞭毛虫類の群体化に求める説を群体起原説(colonial theory)と総称するが，これにはその先駆けであるガストレア起原説以外にも*プラヌラ起原説などいくつかの説がある．(⇒後生動物, ⇒繊毛虫起原説)

e **カスパーゼ** [caspase] cysteine-aspartic acid proteaseの略．*アポトーシスの実行や，*サイトカイン産生を誘導するシグナル伝達経路に含まれる一群の*システインプロテアーゼ．システインプロテアーゼは活性部位にシステイン残基をもつ蛋白質分解酵素で，カスパーゼは基質となる蛋白質のアスパラギン酸残基のC末端側を切断する．カスパーゼは活性が無い前駆体として合成され，プロセッシングを受けて活性化される．カスパーゼの構造は切断される部位を境としてN末端から，プロドメイン，p20，p10領域の三つのドメインに分けられる．プロドメインは，他の蛋白質と相互作用する領域である．p20とp10領域は活性中心を形成し，切断後ヘテロ四量体として会合し活性型となる．p20領域のC末端よりに，活性中心であるシステイン残基が含まれる．カスパーゼは，他のカスパーゼを切断し活性化するという段階的なカスケード反応を経て機能する．カスパーゼカスケードには，カスケードの上流にあるイニシエーターカスパーゼとその下流にある細胞死実行型カスパーゼの2種類が存在する．カスパーゼ2，-8，-9，-10がイニシエーターカスパーゼにあたる．カスパーゼ3，-6，-7は細胞死実行型カスパーゼであり，細胞内の基質を切断してアポトーシスを誘導する．カスパーゼ1，-5，-11は主にサイトカイン産生を誘導して炎症反応に関与する．ヒトではカスパーゼ1からカスパ

ーゼ 10，-12，-14 の 12 種類が見つかっている．

a **カスパー・ハウザー動物** [Kaspar Hauser animal] 長期にわたって同種他個体から隔離するなど，さまざまな刺激を剥奪された状態で飼育され，その結果行動の正常な発達が妨げられた動物．行動に現れる障害は剥奪された経験の種類や程度によって異なるが，多くの場合，同種他個体との関係に最も強く影響が現れる．1828年ニュルンベルクで発見された Kaspar Hauser という名の捨て子に因む．彼は誕生後から十数年ずっと洞窟内の部屋の中で育てられたといわれている．

b **カスパリー線** [Casparian strip] 《同》カスパリー点（Casparian dot, Casparian point）．植物の根の成熟領域で，内皮細胞の上下面と放射面の中央域を一周し，その両側のアポプラスト空間（⇨シンプラスト）を区画化する働きをもつ帯状の細胞壁領域（⇨吸水［図］）．根の横断面では内皮の細胞壁の放射面に点状に観察されることからカスパリー点ともいわれた．カスパリー線は疎水性の*スベリンを多量に含むため水溶液を透過しない．根の表皮と皮層のアポプラストは根周辺の土壌に繋がる開放空間である．カスパリー線はアポプラスト空間を内皮の外側の開放空間と，内側の維管束領域内の閉鎖空間に区画化する役割を担う．根で吸収された水溶液が維管束の道管アポプラストに入るには，内皮の外側のアポプラストから膜輸送を経て*シンプラストに入り，原形質内を経て内皮細胞列を通過して維管束内のシンプラストに達し，そこで再び膜輸送によりアポプラストに移ることになる．また，いったん維管束内のアポプラスト空間に入った溶質や水は，膜輸送を経なければ内皮の外に出ることはできない．この仕組により，根のアポプラスト内に*根圧が生じ，それが維持される．

c **カスペルソーン** CASPERSSON, Torbjörn Oskar 1910～1997 スウェーデンの生化学者，細胞学者．顕微分光測光法を開発して核酸の細胞内分布を調べ，核酸と蛋白質合成の関連を指摘し，また仁染色体とリボ核酸の関係について考察した．[主著] Cell growth and cell function, 1950．

d **ガス胞** [gas vesicle, gas vacuole] 《同》偽空胞（pseudovacuole）．一部のシアノバクテリア，紅色硫黄細菌（⇨紅色光合成細菌），*緑色硫黄細菌，高度好塩菌に存在する浮力調節用の細胞内構造．両端が尖った細長い円筒形の小胞であり，多数が密集して光学顕微鏡下でも確認できることがある（個々を gas vesicle，集合体を gas vacuole とすることがある）．その膜は蛋白質（GVP, gas vesicle protein）からなり水が侵入しないため比重を軽くして細胞を浮遊させる．細胞内の浸透圧が上昇すると崩壊し，細胞は沈降する．

e **化生** [metaplasia, metaplasy] 《同》変質形成．特定の性質をもった組織・細胞が質的に異なる別の組織・細胞に変化すること．[1] 動物では，再生や種々の病理的変化などで観察される．すでに分化した細胞またはその子孫が別のタイプの細胞に分化することを特に*分化転換という．生体内で分化転換が実際に起こったといえる現象はごくまれであるが，両生類の虹彩組織から水晶体が再生される「ウォルフの再生」はこれにあたる（⇨レンズの再生）．哺乳類の腸上皮化生では，加齢に伴い胃上皮が腸上皮に変化するが，これは胃上皮の体性幹細胞が分化の方向を腸上皮に変更した可能性が高い．このような体性幹細胞の分化方向の変化は，化生には含まれ

が分化転換には含まれない．昆虫にみられる*決定転換の現象も広義には化生の例とみなしてよいと考えられる．[2] 植物では，広義には二次コルク形成層や癒傷組織など，また一般には病変的な形態変化をいう．例えば菌癭などでの細胞内の色素体および後含質の変化，あるいは組織の変化（モチ病の芽の皮走条形成，赤星病にかかったナシの葉でいったん分化した海綿状組織が柵状組織に変化することなど）を指す．（⇨形成不全）

f **化性** [voltinism] 昆虫が1年間に繰り返す世代の数のこと．一般には1年で1世代経過するものを一化性（univoltine）といい，2世代を二化性（bivoltine）あるいはそれ以上を多化性（multivoltine）という．飼育昆虫のカイコはその例．ただしその発現は，環境など外部要因によっても変化する．一方で，セミ類に代表されるように1世代に複数年を要する昆虫もおり，例えば2年を要する場合には二年化（semivoltine）という．また，1年の最初の世代でつくられた個体のうち一部が2世代目をすごし，他は休眠して翌年の最初の世代となるというものを，部分二化と呼ぶ．一化性のカイコはヨーロッパ種の全部，日本種・中国種の一部を含み，二化性のものは中国種・日本種にあり，多化性は中国南部および南方諸国に分布する．化性は，季節的環境に対する生活史の適応の例と考えられ，理論的研究がなされている．

g **花成** [floral formation, anthogenesis] 《同》花芽形成（flower-bud formation）．種子植物が生殖器官である花の原基を生ずること．*シュート頂分裂組織の分化段階が切り替わったもので，花成誘導を受けたシュート頂分裂組織では，花芽への分化と花形態形成が起こる．植物の*生活環における栄養成長期から生殖成長期への移行を意味する．花成のタイミングは遺伝的プログラムと環境によって決まり，齢に達すると自律的に花成を行う植物と，環境条件が満たされた時に行う植物とがある．樹木などでは，一定の齢（花熟期）に達した後で適切な環境になって初めて花成が起こる場合もある．花成を誘導する環境要因として最も重要なのは*光周性である．光周性の受容は葉で行われるので，日長に応じて葉で合成された物質（*花成ホルモン，フロリゲン）がシュート頂に輸送されて花成を誘導するものと考えられてきた．フロリゲンの実体は FT/Hd3a 蛋白質であることが21世紀に入って報告された．花成は低温によっても誘導され，これを春化（バーナリゼーション）と呼ぶ（⇨春化処理）．

h **夏生一年生植物** [therophyte] 《同》一年生植物（annual plant），一年草，夏型一年草．良好な環境にある生育期間中にその生活環を終わり，生活に不良な冬季あるいは乾季を種子で越す植物．C.Raunkiaer の種子植物における*生活形の一つ．アカザ，オナモミ，カヤツリグサ，イヌビエなどがその例．冬季が十分に暖かいときには枯れることなく越冬するものもかなりあり，イネその他の例がある．J.Braun-Blanquet らは種子植物以外にも胞子で生活不良時を越す植物もこれに含めた．

i **花成ホルモン** [flowering hormone] 《同》開花ホルモン，フロリゲン（florigen）．花芽の分化を誘起すると考えられる仮想的な植物ホルモン．*光周性反応を示す植物において，葉のみに適当な光周期を与えると芽で花芽の分化が引き起こされる．このことから，葉で花成ホルモンが合成され，これが芽に運ばれて花芽分化を誘導するものと考えられる．M.H.Chailakhyan (1937) は

この物質をフロリゲンと命名した．フロリゲンの条件は，(1)花芽形成を誘導する日長依存的に葉で合成され，(2)師管を通ってシュート頂に輸送され，(3)シュート頂で花芽形成を引き起こす物質であり，(4)他の植物ホルモンのように植物種を超えて共通であり，(5)接ぎ木面を介して移動できる，とされる．2005年，シロイヌナズナの FLOWERING LOCUS T (FT) 遺伝子の産物が，フロリゲンの実体であることが提唱され，2007年には，イネにおける FT 相同蛋白質である Heading date 3a(Hd3a)が葉からシュート頂へ輸送されることが示された．FT 蛋白質は，170〜180 アミノ酸からなる水溶性蛋白質であり，フロリゲンの実体であると考えられている．

a **カゼイン** [casein] 等電点 4.6 付近で沈殿する，乳蛋白質の主成分．ウシ乳蛋白質の約 78% を占める．カゼインは明確な立体構造をもたない蛋白質の代表例の一つ．乳状態では，分子量 2 万前後の 4 種の蛋白質，$\alpha s1$-カゼイン(含有量 31%)，$\alpha s2$-カゼイン(8%)，β-カゼイン(28%)，κ-カゼイン(18%)が会合して球状(直径 150〜300 nm)のミセルを形成し白濁する．ミセルは $\alpha s1$-体や β-体を欠いても生成する．ウシ乳 $\alpha s1$-，β-カゼインでは 5〜12 個のセリンがリン酸化され，大量の Ca^{2+} を結合する．ミセル表層を覆う κ-カゼインは 6 個の糖結合サイト(Thr)をもち，50% 前後に達する糖含量は，ミセル構造の安定化に寄与する．乳汁 Ca^{2+} の 2/3，リン酸の 1/2 を保持するカゼインミセルは，Ca^{2+} の結合と $Ca_3(PO_4)_2$ の吸着と供給を効率よく行う構造体である．$\alpha s1$-体は乳アレルゲンの一つであるが，$\alpha s2$-体のフィブリル生成を防ぐ．乳汁や κ-カゼイン溶液は，新生児の胃が分泌するキモシンにより特異的に切断されて凝乳し，未熟な消化吸収能をもつ乳児の負担を軽減する．凝乳現象はチーズ製造にも利用されている(疎水性 N 末側由来のパラカゼイン paracasein が凝固)．$\alpha s1$-，$\alpha s2$-，β-体は共通の，κ-体は独自の祖先から進化したと推定されている．

b **カゼインキナーゼ** [casein kinase] 真核細胞に広く存在するセリン・トレオニンプロテインキナーゼの一種．精製に際してカゼインなどの酸性アミノ酸に富む蛋白質が基質として用いられたことから命名された．2 種の全く異なった酵素が存在する．(1)カゼインキナーゼI：分子量 37×10^3 のモノマー．リン酸化部位の特異性，阻害剤などがカゼインキナーゼIIとは異なる．(2)カゼインキナーゼII：分子量約 42×10^3 の触媒サブユニット(α)と 24×10^3 の β サブユニットが 2 個ずつ会合した四量体．リン酸化部位は 2 個の連続した酸性アミノ酸残基(リン酸化セリンも含む)の N 末端側のセリン，あるいはトレオニンである．ATP と GTP をリン酸供与体とする．ヘパリンにより阻害される．両酵素とも多くの細胞内蛋白質を基質とするが，概日時計，生殖細胞における還元分裂，細胞周期における DNA 損傷の情報伝達などへの関与が明らかにされつつある．

c **化石** [fossil] 地層中に残された過去の生物の遺骸および生活の痕跡．前者を生痕，後者を生痕と呼ぶ．つまり古生物を認識するための具体的な対象物．一般に硬い部分が残り，そのうえ石化(⇒化石化作用)することが多いので，通常には化石という言葉が使われている．しかし石化は必要条件ではない．化石としては，(1)古生物の硬い部分が変化されずに残る場合もあり，(2)鉱質によってその一部あるいは全部が置換されたものもあり，(3)古生物の実体は残らず，その印象だけが残る印象化石(impression fossil)もあり，(4)ツンドラの凍土中に冷蔵されたマンモスゾウや*琥珀中の花や昆虫のように軟らかい部分までも完全に保存されたものもある．通常，約 1 万年前以後の完新世のものは半化石(subsossil)として区別するが，化石と現生生物の遺骸・遺物との境界は明確でない．ときに化石らしいが明瞭でないものが発見され，擬石(problematicum)と呼ばれる．また，一見化石のようだが，その成因が生物と関係のないものを偽化石(pseudofossil)といい，植物の葉状の鉱物結晶などがこれに当たる．化石は，それが生活していた場所に保存されたか否かによって，原地性化石(autochthonous fossil)と異地性化石(allochthonous fossil)とに区別される．生痕や直立樹幹などのほかに，造礁サンゴ，海綿，ウミユリなどのように固着生活を営むものは前者である場合が多い．(⇒示準化石，⇒示相化石，⇒化石年代決定)

d **化石化作用** [fossilization] 生物の死後，その遺骸や痕跡の全部または一部が化石として保存される過程．一般に化石の保存は硬組織に限られるが，死後速やかに細菌の活動によってリン酸塩や黄鉄鉱による鉱化作用が起これば，筋肉や皮膚，眼が保たれた劇的な軟体部保存の化石を生む(⇒化石鉱脈)．また，ヤドカリの活動や水流・波浪・重力流などにより，生息地からの遺骸の運搬や混合が起こる．埋没後に起こる鉱物の交代作用や，炭酸塩やオパールの濃集による堆積物の固結は遺骸を保存する方向に働く．一方，堆積物の自重による物理的な遺骸の押しつぶし(圧密)や，堆積物中の間隙水の影響で殻や骨を溶かす化学的溶解は，遺骸を破壊する方向に働く．化石は破壊と保存の両作用を被るため，当初の生態情報にバイアスがかかっている点に注意を要する．

e **化石現生人類** [fossil modern humans] 〚同〛新人類(anatomically-modern Homo sapiens)．後期更新世の地層から化石として発見される Homo sapiens sapiens．これにはネアンデルタール人などの旧人類は含まれない(⇒ホモ＝サピエンス)．ヨーロッパの*クロマニョン人・シャンスラード人・グリマルディ人，アジアの*山頂洞人(上洞人)・ワジャク人・ニアー人・タボン人・柳江人・*港川人，アフリカのボスコップ人・ボドー人，オーストラリアのレイク＝マンゴー人などである．基本的には，各地方に住む現在の人間グループに系譜関係をもつものと考えられている．例えば，ワジャク人などが*オーストラリア先住民の祖型であり，山頂洞人が中国大陸の人々の祖先であるなどである．(⇒化石人類)

f **化石鉱脈** 〚独 fossil Lagerstätte, pl. fossil Lagerstätten〛 軟体部の組織や生態情報が残されるなど，非常に価値の高い古生物学的情報を含む化石層．経済的に稼行価値の高い鉱脈(独 Lagerstätte)になぞらえた呼称．化石密集層など，遺骸の集積する産状に重要な情報が含まれるものを密集的化石鉱脈，軟体部保存など保存様式が特異な化石を保存的化石鉱脈と呼ぶ．単に化石鉱脈という場合は後者を指すことが多い．化石鉱脈を生むには，貧酸素環境(黒色頁岩)や有毒水塊，生埋めなどの急速埋没，琥珀やタール中へのトラップなど，生物の死後に遺骸が腐肉食者や分解者の手の届かないところに隔離される必要がある．また，細菌による速やかな遺骸の鉱化作用や，粘土鉱物が鋳型となって遺骸のレプリカ形成

を促進するなど特殊な堆積条件が化石鉱脈を生む要因となる．したがって，化石保存の特徴から逆に化石生物の死因や堆積条件を推定できる．化石鉱脈は，その情報量の多さから，生物の進化史を復元する際の証拠として最重視される．例えば，カナダ西部の*カンブリア紀中期の化石鉱脈である*バージェス頁岩(Burgess Shale)では，多様な生物が海底地すべりに巻き込まれ，無酸素の海底に運ばれてさまざまな姿勢で埋没し，その遺骸が粘土鉱物に覆われて保存された．鰓曳動物や有爪動物のような軟体部しかもたない生物も化石として記録されているため，カンブリア紀当時の海生生物群を垣間見ることのできる「進化の窓」として評価される．バージェス頁岩やその類似の化石群は限られた地点からしか見つかっていないが，このような化石鉱脈から得られた情報が，生物多様性における汎世界的な「カンブリア紀の爆発」(Cambrian explosion)の最大の論拠となっている．

a **化石シダ** [fossil ferns, fossil pteridophytes] 現生のシダと関連性のある原始的な形をもち，化石として産出するシダ．*シダ植物は最初の*陸上植物で，化石としてシルル紀以後，デボン紀・石炭紀の古生代の地層から多く産出する．系統学的あるいは示準化石として重要な意義をもつ．中生代の三畳紀には石炭紀と現生のシダとの中間型のようなものが，さらにジュラ紀，白亜紀に入ると，現生のシダに非常に近い形態のものが出現する(ウラジロに近い *Gleichenitis*，タチシノブに近い *Onichiopsis*，ヤブレガサウラボシに近い *Dictyophyllum*)．第三紀から出る化石は現生のシダと全く同じ(ハナヤスリ，ゼンマイ，コウヤワラビ，サンショウモ)か，あるいはほとんど変わりない型のものである．主要な化石シダとしては，現存の維管束植物の原型とみなされている*古生マツバラン類をはじめ，*リンボク類，*ミズニラ類に近いプレウロメイア類，トクサに近い蘆木類・楔葉類・ネオカラミテス，大葉をつくるコエノプテリス類(Coenopteridales)などがある．日本には中生代以降の化石は多いが，古生代のシダ類化石はほとんど発見されていない．

b **化石人類** [fossil humans] 化石人骨(人類化石)の発見によって存在を知られる過去の人類．化石人類には，現生人類と著しく異なる形態をしたものから，ほとんど変わらないものまでの各種段階がある．見つかった化石を人類のものとみなす要件は直立二足歩行をしていたかどうかである．各段階の詳細な差異は頭骨の形態によって決められることが多い．実際に全身骨がそろった化石はまれで，多くは歯牙・頭蓋冠・下顎骨など，比較的保存されやすい部分だけの場合が多い．注意すべきは，脳頭蓋と顔面頭蓋の比率，*眼窩上隆起，*頤(おとがい)，突顎状態，前頭骨，乳様突起，大後頭孔，側頭線，歯列弓(⇔歯)，歯の形態と大きさ，顎関節，下顎枝，下顎底などである．化石人類は次のように分けられる．(1)猿人類(*Australopithecus* など*アウストラロピテクス類)．(2)原人類(*ホモ=エレクトゥス)．(3)旧人類(*ネアンデルタール人など)．(4)新人類(anatomically-modern *Homo sapiens*，=化石現生人類)．(→人類の進化)

c **化石帯** [fossil zone] 《同》生帯(biozone)，バイオゾーン，生層序帯．比較的進化速度が速い特定の古生物の属や種の地層中での，上下の変化や特徴から規定された地層の単位．単一の属・種の特徴あるいは複数の属・種の集まりの特徴で区分される場合がある．化石帯を設定することを分帯(zoning, zonation)，特徴ある化石の集合体をもとに地層を区分する場合を集合化石帯(assemblage zone)という．特定の化石群がはじめて地層の中に現れる層準を初出現(first appearance)の層準，産出しなくなる直前の層準を最終出現(last appearance)の層準と呼び，初出現と最終出現の層準で規定された化石帯が生存帯(生存期間帯 range zone)，化石群の中で，属・種の産出が最も顕著・最大である場合，その示す期間をアクメ帯(acme zone)と呼ぶ．ある化石群の中で，一つの進化系列が知られ，進化段階が地層中で限定される場合，これによって規定される化石帯を系統化石帯(系列化石帯 lineage zone)と呼ぶ．複数の化石群で，地層中に初出現・最終出現の層準が認定でき，該当する化石が産出しない場合でも化石帯を設定できるが，このような化石帯を間隙帯(interval zone)と呼ぶ．

d **化石年代決定** [dating of fossils] 化石の年代を決定する操作，技術．地質学や古生物学，古人類学の領域における編年(chronology，地質学的編年 geological chronology)すなわち化石などをもとに地質時代区分を決定すること・対比の基礎資料として重要である．基本的には地層年代決定と同じような手法が用いられ，カリウム–アルゴン法(potassium-argon dating，火山性堆積物の中に存するカリウム同位体(^{40}K)は一定の率で崩壊し，一部は ^{40}Ar になることの応用)などがあるが，特に化石に適用されて実用に供されている主な方法に次のものがある．(1)放射性炭素(^{14}C)法(radiocarbon dating)：自然界には ^{14}C はごく微量(^{12}C の $1/10^{12}$)に存在し，二酸化炭素の形で大気に混入している．生物の体の炭素は大気中の CO_2 に由来するが，その生物が死亡すると CO_2 の補給は止まる．一方，^{14}C は一定の速さで崩壊し ^{14}N にかわる．その半減期は5730年である．遺物である炭や骨・牙などの ^{14}C 量を測定することによって，その生物の死後経過した年月を知ることができる．しかし，この方法は5万年前までしか使えず，特に信頼性の高いのは3万年前までである．(2)フッ素法(fluorine dating)：生きている動物の骨にはフッ素(F)はほとんどないが，地下水中には微量ながら F イオンが存在する．土中に骨があれば F イオンは骨のリン灰石の水酸化物イオンと置換し結晶内に取り込まれる．その量は時間とともに徐々に増加している．地質・気候条件を同じくする場所から出土したいくつかの骨の F 量の分析により，それらの相対年代の推定は可能である．ピルトダウン人が贋造物であることをまず明らかにしたのはこの方法である．以上の年代決定法以外にも，骨中アミノ酸ラセミ化年代測定法，電子スピン共鳴法(ESR 法)その他がある．

e **カセットモデル** [cassette model] 《同》制御因子モデル(controlling element model)．酵母(*Saccharomyces cerevisiae*)の接合型(*交配型)の相互変換機構を説明するために提唱されたモデル．*転座によって置換可能な一続きの DNA 配列をカセットと呼ぶ．このモデルによると，*ホモタリズム株の酵母(*HO* 遺伝子をもつ)は，a 接合型と α 接合型両方の遺伝子をそれぞれ異なる不活性状態でもち，そのいずれかが交互に特定の座位(MAT 座)にカセットとして複写されて発現し，a または α 接合型を示す．この複写は，*HO* 遺伝子がコードする部位特異的エンドヌクレアーゼが MAT 座の特定部位に二本鎖切れ目を入れることによって引き起こさ

れる*遺伝子変換である．同じ機構による接合型変換は，分裂酵母でも起こる．細胞分化における遺伝子発現制御の一様式として考えられている．

a **花前現象** [prefloration] 花芽が完全に形成されてから開花に至るまでの過程でみられる現象．つぼみの各部分の発達とそれに原因する一種の成長運動が主体である．(→花後現象)

b **河川の群集** [stream community, lotic community] 河川にすむ生物の*群集．他の*水中群集に比べ，流れに抵抗することのできるものなど，水の流れに対応した形態や生活様式をもつ生物が多い．また基底の群集が卓越し，淵の大きさが著しく大きい場合以外には，プランクトンは多くない．流速や基底の状態による*河川の生態的区分上の特質に従い，瀬は瀬，淵は淵でそれぞれ類似の構成をもつ群集が成立し，それらは流程に沿って交互に，あるいは地形的条件によってモザイク状に出現する．栄養動態の観点から見ると，小地域で完結する*物質循環は顕著でなく，水の動きによる物質の移出入，陸上動物による水生生物の捕食，あるいは水生昆虫の羽化による陸上部への移出，さらには生物の流下・溯上行動など，移出入の割合が大きい．なお，光合成速度と全生物の呼吸速度の比は(→生産速度)，上流では1より大きく，下流では1より小さい場合が多い．

c **河川の生態的区分** [ecological division of the river] 生息している生物の生活様式・生理的特性・種類組成や環境条件を総合して識別された河川の区分．魚類を指標とし流程に従って川を trout 域，grayling 域，barbel 域，bream 域に区別することは，古くから欧米諸国で行われた．日本ではアマゴ域，オイカワ域，コイ域の区分がある．泉の出口付近(crenon)，月平均水温の年較差が20℃以下で石礫底の流れの速い渓流(rhitron)，年較差が20℃以上(あるいは最高月平均水温25℃以上)で砂泥底の流れのゆるい川(potamon)などを，分割する方法も提唱されている(J. Illies, 1961)．流水性が卓越し底質が岩石からなる瀬(rapid)と，止水性が強く砂泥の堆積する淵(riverpool)とを大別するものもある．可児藤吉(1944)は，瀬と淵のかたちと分布に基づき，上流では，1蛇行区間に多くの瀬と淵があり(A型)，瀬は淵へ滝状に落ちこむ(a型)が，中流では，1蛇行区間に瀬と淵が一つずつとなり(B型)，瀬は淵へ波立って流れこむ(b型)こと，下流では，B型のでかつ瀬は波立たず淵との区別もつき難い(c型)ことを示した．河川の横断面では，流れの中心である流心部と川岸に近い沿岸部といった区分が可能で，特に沿岸部は川岸の地形や植生に従い多様な形態を示す．陸上部との境界に位置する沿岸部は物質循環や生物の生活史の観点から，河川の生態的区分としての重要性が見直されている．

d **画像解析**(電子顕微鏡の) [image analysis] ノイズの高い電子顕微鏡像から目的とする像を抽出し，再構成する方法の総称．電子顕微鏡写真の中には，いわゆるバックグラウンドが高く肉眼観察では目的とする物質の像を判定できない場合がある．らせん対称をもつ生体高分子や結晶など，像が規則的に配列している場合，電子顕微鏡像を光回折計にかけると像の並進的周期性を容易に観測できる．さらに回折像上の周期性をもつ回折斑点だけを残し，他の部分にマスクをかけて再び光回折を行えば(光濾過法)，ノイズの低い鮮明な像を得ることができる．画像とその回折像は数学的にフーリエ変換の関係にある．したがって電子顕微鏡像を光度計で走査して各点の濃淡を数値化し，それをフーリエ変換すれば回折像(回折斑点の強度すなわち振幅の2乗とその位相)を求めることができる．その位相と実際に電子線回折やX線回折の強度から得られる振幅とを組み合わせてフーリエ逆変換を行うと，一層鮮明な像が得られる．この方法は生体膜の一種である*紫膜のように二次元結晶からなる試料に特に適しており，実際に紫膜中の蛋白質*バクテリオロドプシンの構造が7Åの分解能で明らかにされた．

e **画像診断工学** [image diagnostic engineering] 医用画像計測機器による医療診断を支える技術を取り扱う工学．X線投影法，X線CT(X-ray computed tomography)，MRI(magnetic resonance imaging:核磁気共鳴画像法)，超音波画像，PET(positron emission tomography)，SPECT(single photon emission computed tomography)，内視鏡などがその機器例である．研究対象としては，画像計測法，患部造影法，信号処理・画像処理法，診断支援のための知的画像情報処理法，画像情報提示法などを含む．

f **仮足** [pseudopod, pseudopodium] 《同》偽足，虚足．*アメーバ運動に関与する細胞小器官で，一時的に形成される原形質体の突起の総称．細胞の移動運動に使われるほか，食作用による餌や異物の細胞内への取込みにも用いられる．仮足内にはアクチン繊維が支持骨格として存在し，その重合・脱重合が仮足運動を制御している．*葉状仮足，*糸状仮足，有軸仮足などがある．

g **家族** [family] [1] 母子のつながりに母の配偶者または兄弟，およびその近親が安定した経済的・社会的関係を結ぶことによって構成されている，ヒト社会を構成する最小の単位．性的，経済的，生殖的，教育的な機能を普遍的にもつとされる．人類の親族構造は多様であり，ヒト社会における家族の普遍性を疑問視する考えもあるが，ほとんどの民族では上記のような集団を見出すことができる．他の動物にも特定の雌雄とその子供からなる持続的な結びつきが見られ，それを家族と呼ぶことがあるが，ヒトの家族のもつ特徴，すなわち雌雄の分業，インセスト回避，*外婚の単位の存在，上位の地域集団の存在の一部を欠き，ヒト家族と同等に扱うことはできない．現生霊長類の社会構造から人類の家族の起原を明らかにしようという試みからは，チンパンジーのような複雄複雌の父系の集団の下位に析出したとする説，ゴリラのような単雄複雌の集団における雄の「父親」的性格が重要な役割を果たしたとする説が提出されている．近年発掘されたラミダス猿人の雌雄差が小さいことから，人類が古い時代からペア結合を発達させていたとする説もある．[2] 親子が一定期間共存し，その間に密接な相互作用の存在する動物の集団．*社会性昆虫のコロニーなどが典型．なお雌雄のつくる性的連合(mating association, pair-bond)は家族とはいわないが，それが親子の養育関係に連続するものは，その時期を家族と呼ぶことがある．

h **家族性高コレステロール血症** [familial hypercholesterolemia] *低密度リポ蛋白質(LDL)が増し，*コレステロールが血中に増加する先天代謝異常症．優性遺伝的に起こる高リポ蛋白質血症の一つ．LDL受容体の遺伝子変異による常染色体優性遺伝疾患．症状として皮膚に黄色の結節が生ずる黄色腫(キサントーマ

xanthoma)や動脈硬化が現れる.

a **家族性腫瘍** [cancer prone heredity disease] 高頻度でがんが発生する遺伝性疾患．したがって血縁・家族に高頻度に発病が見られることも多い．以下に大別できる．(1) DNA 修復に関連する遺伝子異常による疾患群：強い光線過敏症状を示す*色素性乾皮症，奇形や血球の減少を示すファンコニー症候群(Fanconi syndrome, ファンコニー貧血症 Fanconi anemia)，血管拡張性失調症(ataxia telangiectasia，ルイス-バー症候群 Louis-Bar syndrome)，ブルーム症候群(Bloom syndrome)，リンチ症候群(Lynch syndrome)などがある．いずれも DNA 修復に関連する遺伝子変異により DNA 修復能力に欠損があり，そのために発がんに結びつくと考えられている．(2) 細胞増殖に関連する遺伝子異常による疾患群：網膜芽細胞腫(retinoblastoma)，家族性大腸ポリポーシス(familial adenomatous polyposis)，ウィルムス腫瘍(Wilms tumor)，基底細胞母斑症候群(basal cell nevus syndrome)，神経繊維腫症(neurofibroma)，多発性内分泌腺腫症候群(multiple endocrine neoplasia，1 型と 2 型がある)，リー-フラウメニ症候群(Li-Fraumeni syndrome)などがある．その多くは細胞分裂を制限ないし抑制する*がん抑制遺伝子の欠失ならびに変異，すなわち機能が失われることによって発がんに至ることが明らかとなった．網膜芽細胞腫から *RB1* 遺伝子，家族性大腸ポリポーシスから *APC* 遺伝子，ウィルムス腫瘍から *WT* 遺伝子など，すべての疾患の原因となるがん抑制遺伝子が単離され変異が発見されている．

b **可塑性** [plasticity] 一般に生体が外からの何らかの信号に対応し，正常状態を保持するのに示される本質的な性質．脳・神経科学においては，中枢，および末梢神経を構成する神経回路において，何らかの原因によりシナプス部での伝達効率に変化が起こる性質．伝達効率が上昇する現象を増強(シナプス増強 synaptic potentiation)，逆に減弱する現象を抑圧(シナプス抑圧 synaptic depression)という．また，その持続時間の違いから短期的可塑性と長期的可塑性に分けることがある．両者を分ける明確な時間は定量的には定まっていないが，一般的には秒から数分の範囲で持続するものは短期的可塑性 (short-term plasticity)，数十分から時間，日の範囲では長期的可塑性 (long-term plasticity)とされる．メカニズムとして，シナプス前部，または後部での機能的，あるいは構造的な変化が知られている．個体が環境や経験に依存して，行動や刺激に対する反応を変化させるための基礎的な過程として，神経系の示す重要な性質の一つである．学習，記憶もこの性質の延長上に位置づけられている．（⇨表現型可塑性）

c **可塑性緊張** [plastic tonus] 《同》可塑性緊張，形成性緊張．一般には平滑筋の自己原性緊張をいう．平滑筋の神経除去標品でしらべると，張力の変化を伴わずに他動的・能動的伸縮を行うことができ，一定張力下に広範囲にわたる任意の筋長をとることができる．膀胱や胃の内圧が体積にかかわらず不変に保たれるのも，一部は平滑筋のこの性質に基づいている．可塑性緊張は，筋繊維の実質として粘性媒質とその中に配列する収縮性要素とからなる構造を仮定することによって一応の説明がつけられ，粘性様緊張(viscous tonus)とも呼ばれている．一方，脊椎動物などの横紋筋が示す神経原性緊張は，各種の緊張性反射が協働して筋緊張度をたえず調節する結果，各個の筋系としてはやはり一種の「可塑性」を現すことになる．

d **カーソン** **CARSON**, Rachel Louise 1907～1964 アメリカの生物学者，環境問題研究家．アメリカ政府水産局などに勤務後，フリーの述作家となる．海の生物に関する著述を出版した後，1962 年，莫大な文献をもとに有機塩素系殺虫剤の環境中への残留とそれによる生命の脅威の実態を描いた著書 'Silent spring'(沈黙の春)を発表，工業的毒物質による自然と人命の危機について世界に警告を与えた．本書は各国での農薬規制の端緒をひらき，またいわゆる公害反対運動の理論的支柱ともなった．

e **型**【1】[type] [1] ＝原型．特に J.W. von Goethe の用語．[2] 生物の*体制(独 Bauplan)を類型学(typology 独 Typenlehre)的に分類した場合のおのおのを指す．さらに広くは，機能の分類についても用いる．[3] 生物のそれぞれの*界の中で最上位を示すものとしてかつて用いられた*階級．現行の*命名規約では言及されていない．G.L. Cuvier (1812)は動物界を脊椎動物・関節動物・軟体動物・放射動物の 4 大部門(仏 embranchement)に分類し，H.M.D. de Blainville はこれを型と呼び換えた．後にこれは門(phylum)の概念に発展した．
【2】[form ラ forma] [1] 種内あるいは集団内の識別しうる違いをもつ一群．幼虫・成虫，雄・雌，春型・夏型などはこの例．[2] 動物の分類で亜種よりも下位の階級ないしタクソンを表すためにかつて用いられた用語．現在使用されていない．（⇨品種）

f **芽体** [blastema] 実験発生学の分野では，一般に他の胚域または体部から区別できる細胞集団で，特定の発生傾向をもつが，なお未分化の状態にあるもの．上記の定義のうちで他の胚域から区別されるという条件をつけず，母層胚葉から明確に形態的に区分されていない細胞集団でも，付近の細胞集団から分化能力が明らかに区別されるならば，これを芽体と呼ぶことも多い．（⇨再生芽）

g **カタストロフィ** [catastrophe] ある種の要因が若干変わると，質的変化ともいえるような著しい変化をとげるような現象．生物についていえば，発生・分化・形態形成の過程にしばしばみられるとも解釈できる．この種の問題を統一的に説明するための数学理論として R. Thom がカタストロフィ理論を提唱した．一般に，種々の現象を記述する力学系の微分方程式は，*構造安定性をもっている．しかしその現象のある要因を変えていくと，構造不安定な力学系を経由して，再び構造安定な力学系になることがある．この経過に伴い系の性質が質的に変化するので，これをカタストロフィと呼ぶ．いかに複雑な力学系であっても，可能なカタストロフィの形式は要因の数だけによって決まってしまうことが数学的にわかっている．例えば，現象が現実の時空間で起こり，要因の数が時空間の自由度 4 に等しいならば，これに応ずるカタストロフィの形式は 7 個しかありえない．形態形成などにおける変化の形式を観察して，それがどの形式のカタストロフィに対応するかがわかれば，それから逆にこの過程を支配する力学系の性質を知り，そのモデルを作ることができるとした．（⇨形態形成の数学理論）

h **型の一致** [unity of type] 生物(特に動物)のいろいろの型が同一であるという自然哲学的学説．É. Geoffroy Saint-Hilaire が主唱し，1830 年にパリのアカデミーで G. L. Cuvier との論争を引き起こした．Saint-Hilaire の思想は進化論に近接していたが，議論そのものには飛躍があった．しかし，形態学的相同性の論拠を初めて示した学説と捉える向きもある．

a **カタボライトリプレッション** [catabolite repression] 《同》異化代謝産物抑制．グルコースなどの炭素源が存在するとき，いくつかの酵素の合成が抑制される現象．大腸菌がグルコースの存在下で成長すると特定の酵素の活性が低下すること，また大腸菌がグルコースとその他の糖を含む培地に生育する場合に，まずグルコースが消費されてから他の糖が使われることなどの事実は，1940 年代から知られていた．酵素誘導についての研究が進むにつれ，多くの細菌や酵母などで多種類の*誘導性酵素蛋白質の合成がグルコースにより抑制されることが明らかになり，グルコースによる酵素合成の阻害は*グルコース効果と呼ばれるようになった．その後，このような酵素合成の阻害はグルコースに限らずグルクロン酸，グリセロールなどでも観察されること，合成阻害を受ける酵素は，一般にその反応生成物（例えばトリプトファン開裂酵素の場合のビルビン酸）がグルコースなどからの異化生成物（分解生成物）と一致することから，これら酵素の生成抑制 (repression) は異化代謝産物 (catabolite) を過剰に作らないための調節作用であると考えられるとの見地から，B. Magasanik はグルコース効果の代わりにカタボライトリプレッションと呼ぶことを提案し，広く用いられるようになった．この抑制が環状 AMP (cAMP) により解除されることが見出され，ついで cAMP と cAMP 受容蛋白質の複合体が誘導性酵素に対するメッセンジャー RNA 生成を促進すること，グルコースを与えると細胞内の cAMP 濃度が低下することなどが明らかにされている．

b **カタラーゼ** [catalase] 過酸化水素を分解する反応を触媒する酵素：$2H_2O_2 \rightarrow 2H_2O + O_2$．EC1.11.1.6．また H_2O_2，CH_3OOH，C_2H_5OOH の存在で C_2H_5OH，CH_3OH，CH_3COOH，$HCOOH$，HNO_2 などを酸化する．したがって H_2O_2 分解反応においても，一方の H_2O_2 分子は電子供与体として，他方の H_2O_2 分子が電子受容体として反応すると考えられるので A. H. Theorell はカタラーゼおよび*ペルオキシダーゼ（過酸化酵素）に対してヒドロペルオキシダーゼ (hydroperoxidase) という共通の名を与えている．動物・植物・微生物を問わず好気的細胞にはすべて存在し，動物では肝臓・腎臓・赤血球に特に多い．ウシの肝臓のカタラーゼは分子量約 23 万で，酵素 1 分子に作用基として 4 個のプロトヘマチンが含まれている．カタラーゼの吸収スペクトルは 629，540，500，405 nm に吸収極大がある．H_2O_2 または CH_3OOH を添加することにより，カタラーゼの吸収スペクトルに変化が見られるが，これはこれらの物質がプロトヘマチンの三価鉄に結合し酵素-基質結合物を形成するためと考えられる．

c **カタル** [catarrh] 粘膜において，組織の破壊を引き起こさないような炎症．(→炎症)

d **家畜** [domestic animal, farm animal, livestock] 人間が飼って繁殖させて利用し，農業生産に役立つ動物．広義には愛玩動物，さらに哺乳類以外の動物（*家禽，爬虫類，ミツバチなど）の総称．ただし，実験だけに用いる動物や愛玩用の小鳥類などは家畜といわないが，domestic animal には含まれる．主要な家畜はいずれも有史以前に野生の動物を飼い馴らしたものとされるが，その起原や経過は不明なものが多い．家畜化はイヌが最も古く，旧石器時代（紀元前 1 万年頃）であり，新石器時代には他の家畜も飼養された形跡がある．その頃の湖棲民族の遺跡から遺骨が見出され，泥炭ウシや泥炭ヒツジなどと呼んでいる．のち青銅器時代（紀元前 4000 年頃）にはウマが家畜化されたらしい．有史以後に家畜化した例はシチメンチョウなどである．家畜と，その先祖と考えられる*原種 (original breed) との関係は，骨（特に頭骨）などの形態学的特徴，染色体の数・形，遺伝子の類似性などにより調べられている．以前は家畜の多数の品種間に存する著しい多様性を説明するには多元説が必要とされたが，近年では，野生動物の種にもかなりの変異を示す事実が見出され，多元説の固執は必須でなくなった．しかしブタなどのように多元の家畜もあると考えられている．

e **家畜化** [domestication] 動物を人間の管理のもとに育種して家畜とすること．domestication は野外の植物を作物とすることにも用いる（→栽培化）．1 万年ほど前のいわゆる新石器革命 (neolithic revolution) 期から行われたとされ，その過程については，狩猟民が動物の群れの遊動に追随することによって群れごと家畜化したとする説，農耕民が栽培植物を食べにきた動物と接触したり，幼獣を飼育するなどして動物を馴化したとする説がある．ヒツジとヤギは西南アジアで，イヌとブタは中国と西南アジアで，ウシはインドと西南アジアで最初に家畜化されたことがわかっている．家畜は，繁殖に人為淘汰圧が加わることから変異の幅が増し，肢の短縮，体色の白化，脳重の減少，染色体数の増加，性的活動の増大，攻撃性の減少，育児行動の退化の特徴すなわち家畜化形質 (domestication characteristics) が現れる．

f **カーチス** CURTIS, William 1746〜1799 イギリスの園芸家．薬学の専攻から植物学に転じ，ランベスに自身で植物園をつくり，植物の図を集めた 'Flora Londinensis' (1777〜1787) の出版をはじめたが，経費に詰まり財産を失う．1787 年以来，生植物からの色彩図 'Botanical Magazine' を出版した．のちに Hooker 父子があとを継いで出版し，'Curtis' Botanical Magazine' として，今日に至る．

g **花柱** [style] ＝雌ずい，雌蕊

h **可聴範囲** [audible range] 《同》可聴閾．音として感じうる振動数の範囲．ヒトでは 20 Hz〜20 kHz で，この上限は加齢とともに低下する．多くの哺乳類では上限はヒトを上回り，ネズミ 80，ネコ 50，イヌ 80，小形コウモリ約 100 kHz．発音能力との関連も認められ，コウモリは飛翔中に発する超音波の鳴き声の反響を自ら聴いて障害物を避ける（*反響定位）．水生哺乳類では外耳・中耳が退化するが，*骨伝導によって敏感な聴覚を保持し，特にイルカ類の聴覚はコウモリと似た働きをもつ．鳥類の可聴範囲はほぼ 10 kHz．反響する音波を利用しているものも知られている．爬虫類のうちトカゲ類，ワニ類，カメ類は両生類と同様，一般に低音や雑音の感受に適した聴覚を示すが，中耳の退化したヘビ類は聴覚を欠き，地表を伝わる音振動にだけ敏感である．魚類は鼓膜，中耳，蝸牛のいずれも欠くが，*球形嚢・*つぼを受容器として，しばしばヒトに近い聴能（聴野，音高識別閾など）を示す（アブラハヤなど）．鼓膜器官による昆

虫類の可聴範囲は，一般にヒトより高音側にずれ，バッタでは 300 Hz～90 kHz，コオロギで 300 Hz～8 kHz，キリギリス 800 Hz～45 kHz などである．より低音の受容は振動受容器による．昆虫においては音波分析装置がほとんどなく，雄の鳴き音に対して敏感であるような聴覚器官をもち，音の強弱に対してよく反応するので，発音のリズムとパターンが大切であることが，神経情報の分析から確かめられる．

a **額角** [rostrum] 甲殻類の十脚類(特に長尾類)において，頭胸甲背皮の前端から，前方に向かって突出する1個の剣状突起．ほぼ三角形で，背腹ともに左右に平らで，多くは外縁に鋭い鋸歯をそなえる．種によっては極めて長い．この機能は不明．

b **顎下腺ムチン** [submaxillary gland mucin] 顎下腺(⇒唾液腺)から分泌される糖蛋白質の一種．ヒトでは全唾液中の 70％ を占める．ヒツジ顎下腺ムチン(ovine submaxillary gland mucin, OSM)の主成分は蛋白質のセリンおよびトレオニンの水酸基に N-アセチルノイラミン酸(非還元末端)と N-アセチルガラクトサミンの α(2→6)結合からなる二糖側鎖が多数結合したもので，この二つの糖だけで全乾燥量の 52％ を占める．上記の糖のほかに少量の D-ガラクトースと L-フコースを含むやや複雑なオリゴ糖側鎖をもつ別の微量成分も知られている．特に，糖鎖還元末端の N-アセチルガラクトサミンと蛋白質のセリンまたはトレオニン水酸基の間の O-グリコシド結合をもつものをムチン型糖蛋白質(mucin-type glycoprotein) という．

c **顎脚** [maxilliped, gnathopod] 《同》顎肢，腮脚，腮肢．甲殻類の胸肢のうち，口器の構成に加わった最前方の 1 ないし数対．*歩脚から区別してこう呼ぶ．端脚類では第一対の胸肢は口器の一部となり，maxilliped と呼ばれ，また第二胸肢は把握用で雌雄異形となり，gnathopod と呼ばれる．(⇒肢鰓)

d **割球** [blastomere] 《同》分割球 (blastomere)，卵割球．受精卵の*卵割によって生じる主に二細胞期より*胞胚期にいたる間の形態的に未分化の細胞．割球は，その大きさ，含有する顆粒や色素などが，それぞれの割球の胚内に占める位置によってしばしば規則的差異を示す．不等卵割をするものでは，割球の大きさにかなりの差があるときは，その大きさにより適宜大割球，中割球，小割球などと呼ぶ．一般に*卵黄を含む割球は，それを含まないものに比べて大形で，それぞれ大割球と小割球をなす．その場合，多くは小割球は動物極側に形成され，後に外胚葉を形成する．しかしウニの 16 細胞期におけるように，卵黄と無関係に植物極端に小割球の形成されるようなものもある．(⇒卵割型)

e **割腔** [blastocoel, blastocoele, segmentation cavity] 《同》分割腔，卵割腔．多細胞動物の発生初期において，*卵割の進行につれて生じる，*割球に囲まれた一つの腔所．割腔は卵割が進むにつれて発達し，胞胚期には*胞胚腔と呼ばれるが，時には分割腔と呼ぶこともある．両生類胚では，第三卵割終了の八細胞期に，すでに割腔が認められる．電子顕微鏡による観察では，第一卵割の卵割溝(*分裂溝)の先端が特殊化して空胞化し，そこに細胞からの分泌物が蓄積して発達することが明らかである．卵黄の少ない胚では割腔は比較的大きくて胚の中央部にあり，卵黄が多いものほど動物極に偏り，比較的狭くかつ扁平になる．心黄卵では割腔は生じない．

f **顎口動物** [gnathostomulids, jaw worms ラ Gnathostomulida] 後生動物の一門で，左右相称で無体腔の旧口動物．体は細長く，数 mm 程度．表皮細胞はそれぞれ 1 本の繊毛をもつ．前方腹面の口に続く咽頭は高度に分化し，1 対のクチクラ性の顎をもつ．多くの種ではさらに不対の基板がそなわる．腸管は盲嚢で，まれに痕跡的な肛門孔をもつ．柔組織の発達は悪い．循環・呼吸器系を欠く．雌雄同体．卵割はらせん型．海産の自由生活性で，砂粒の間に住む間隙動物として現生約 80 種が知られる．世界的に分布し，硫化水素に富む海底からも見出される．発見当初は扁形動物渦虫類と見なされた．旧口動物を二大別したうちの冠輪動物に属するが，その中での系統的位置は不明．表皮細胞が 1 本の繊毛をもつことから腹毛動物との近縁性が示唆されているほか，クチクラ性の顎をもつことから担顎類 (Gnathifera) として共皮類 (Syndermata: 側系統群としての輪形動物とそこから派生した鉤頭動物とあわせた群)や*微顎動物と共にまとめられることがある．

g **ガッサー** Gasser, Herbert Spencer 1888～1963 アメリカの生理学者．J. Erlanger との共同研究で陰極線オシログラフを用いて末梢神経の活動電位を測定する方法を考案して神経生理学を発展させ，ともに 1944 年ノーベル生理学・医学賞受賞．

h **カッシュマン** Cushman, Joseph Augustine 1881～1949 アメリカの古生物学者．1923 年に私費で有孔虫類研究所を開設．生涯を通じて微古生物学の発展に貢献．後年は微古生物学を石油資源開発に利用し，応用古生物学の研究を推進した．[主著] An outline of a reclassification of the Foraminifera, 1927; Foraminifera, their classification and economic use, 1928.

i **褐色管** [brown tube] 環形動物のホシムシ類やイムシ類の体内に見られる褐色ないし白褐色の細管．外界と体腔内に別々に開口．機能的には生殖輸管であり，ホシムシ類では腎管をも兼ねる．

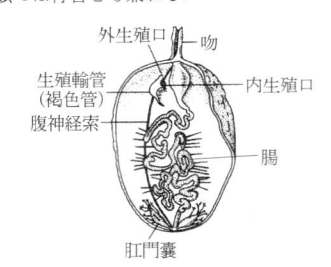

ボネリムシ (*Bonellia viridis*)

j **褐色脂肪組織** [brown adipose tissue] 《同》褐色脂肪 (brown fat)，冬眠腺 (hibernating gland)．ヒトの幼児や哺乳類の頸部・肩甲部にある特殊な褐色の脂肪組織．一般の貯蔵脂肪である白色脂肪組織 (white adipose tissue) と区別．球形のミトコンドリアと脂肪滴の充満した細胞からなり，交感神経繊維に富む．代謝活性，特に脂肪分解と脂肪酸酸化の能力が大きく，体温調節のための産熱器官とみなされる．出生直後の動物に多く，ウサギでは体重の 4.3％ におよぶ．体温調節機能の発達につれて徐々に退化するのが一般的であるが，成体にかなりの量が見出される場合も多く(ネズミなど)，低温順応に伴い増加．冬眠動物ではこの組織の発達が顕著で，古

くは冬眠腺と呼ばれた．その量は年周変化を示し，秋に増え，冬眠に入る直前が最大で，春の交尾期に最も減少する．冬眠からさめるときには，この組織がまず活性化し，心臓が温められて血流によって熱が各部に送られ，体温は急速に上昇する．褐色脂肪組織は交感神経刺激あるいは副腎皮質からのノルアドレナリンの作用のもとに，速やかに多量の熱を産生する特性をもっているが，脂肪酸の酸化過程では P/O 比は低く，ATP 生産を抑制する機構が働く．(→ミトコンドリア脱共役蛋白質)

a **褐色森林土** [brown forest soil] 《同》ラマンの褐色土 (Ramann's brown earth)，ブラウンアース．粘土と土壌腐植の複合体を形成する*A 層の下に酸化鉄の存在により褐色を呈する*B 層が存在する土壌．温帯湿潤気候下の*落葉広葉樹林（夏緑樹林）地帯に発達．中性ないし微酸性を呈する．風化が進み A 層は粘土が生成集積するとともに，ミミズなどの土壌動物により*土壌腐植がそれとよく混合して複合体を形成するため暗色を呈する．*ポドゾルのような A 層から B 層への鉄，アルミニウムあるいは腐植の移行集積はほとんどみられない．日本では，本州中部以北から北海道にかけての低山地帯や四国・九州の山岳丘陵地帯に広く分布する．国外例に比べ腐植含量が高く，酸性が強い場合が多い．水分環境の相違に基づいて，乾燥型・適湿型・湿性型などに細分される．

b **褐色土** [brown soil] *栗色土に接して分布し，栗色土に比べて腐植量 (2〜3%) が少なく，塩類に富み，暗褐色〜褐色の*A 層をもつ土壌．温帯乾燥気候（年降雨量 200〜300 mm）下の草原地帯に発達．全層にわたって炭酸石灰の含量が高く，また粘土がナトリウムで飽和されているためアルカリ性反応を示す．広い意味では温帯湿潤気候下の森林地帯に発達する*褐色森林土を含む．

c **活性** [activity] 《同》活動性．生物学では，物質がその作用を発現する程度，もしくはその性質から，個体の高次の生活系や生理機構の機能的活動までを含む多義的な語．元来単に働きや作用 (action) をいう語に発する．例えば休止 (resting) 状態ないし不活性（不活動性 inactivity) に対置して単に定性的な意味でこの語を用いる場合と，特に活動の強度を測る尺度として定義される場合とがある．活性の付与または除去をいう場合には，それぞれ*活性化または賦活 (activation)，不活性化や*不活化または失活 (inactivation) などの語が，各場面で普遍的に用いられる．生理学では興奮性膜の反応性 (reactivity) につき，単なる受動的な脱分極に止まらず一定の構造的・機能的転換を伴うとみられる能動的 (active) な反応を表記の名で呼ぶ．(→興奮[1])

d **活性汚泥** [activated sludge] AS と略記．有機性廃液の好気的な生物処理において，有機物の酸化に働く微生物および懸濁粒子の凝集体．生物処理には好気的処理と嫌気的処理があり，好気的処理は空気または酸素の存在下で好気性生物が有機物を酸化分解する過程である．これに最も特徴的な生物群を活性汚泥生物と呼ぶ．その構成は汚水の性質により一定しないが，一般に，はじめに好気性非発酵性グラム陰性細菌（特にベータプロテオバクテリア）や一部の好気性グラム陽性菌を中心とした従属栄養細菌が働き，続いて増殖した菌体やフロックを繊毛虫類で代表される原生生物が捕食することによって沈降し，上清の浄化が進行するとされる．活性汚泥は，排水・汚れの浄化手法として，下水処理，し尿処理，浄化槽などで広く利用されている．

e **活性汚泥生物** [activated sludge organisms] 活性汚泥中にみられる生物群．細菌から原生生物，エラミミズなどの環形動物，輪虫類，線形動物，ヒメモノアラガイなどの軟体動物，昆虫類（ハナアブ幼虫）を含むが，活性汚泥の機能的な面からみれば細菌の Zoogloea が主体であり，Vorticella や Epistilis のような有柄原生生物の発生する汚泥は活性が高い．

f **活性化** [activation] 《同》賦活，付活．一般に生体物質や組織・細胞などがその機能を発揮するようになること．[1] 卵に関していうときは，例えば動物卵は一般に受精によって細胞質の Ca^{2+} 濃度の一過的上昇，表層変化，極体の放出，*卵割など著しい変化を起こし，続いて発生へと進むが，このような変化の始動を未受精卵に与えることを活性化という (→人為単為生殖)．[2] 酵素の場合には酵素反応が何らかの要因によって高められることを指し，酵素の反応速度論的なパラメータで表現すると，最大速度 (V) の増大またはミカエリス定数 (K_m) の減少（酵素の基質に対する見かけの親和性の増大）である．アロステリック酵素の場合はさらに S 字型の程度が減少し双曲線型に近づくこと，すなわち基質協同性が減少することも活性化に含まれる (→ミカエリス-メンテンの式，→アロステリック効果)．プロテインキナーゼによるリン酸化など共有結合的修飾によって活性化される酵素もある．また酵素前駆体の活性化については，→酵素前駆体．

g **活性化エネルギー** [activation energy] 《同》アレニウスの活性化エネルギー (Arrhenius activation energy)．化学反応の速度定数 k と絶対温度 T との間に成立する式 $d(\ln k)/dT = \mu/RT^2$ において，μ の示す値．この式を積分すれば，$\ln k = \ln A - (\mu/RT)$ となるから，種々の温度で k を求め，$\ln k$ を $1/T$ に対してプロットすると (*アレニウスプロット) 直線が得られる．その勾配は $-(\mu/R)$ になるので，μ の値が求められる．活性化エネルギーの物理的意味は次のように考えられる．反応原系から生成物が生じる中間段階として一つの遷移状態が存在するが，この遷移状態と原系のエネルギー差が活性化エネルギー μ であり，したがって熱のエネルギー RT が μ と同程度以上にならないかぎり，反応は進行できない．すなわち，原系と生成系の間にはエネルギー障壁があり，その高さが活性化エネルギーに相当するのである．その後 H. Eyring は，遷移状態（これを活性錯体という）と原系との間に近似的な平衡が成立すると考え，速度定数 k について，$k = \kappa (KT/h) \exp(-\Delta G^*/RT) = \kappa (KT/h) \exp(\Delta S^*/R) \cdot \exp(-\Delta H^*/RT)$ の関係を導いた．κ は透過係数，K はボルツマン定数，h はプランク定数，ΔG^*，ΔS^*，ΔH^* はそれぞれ活性化自由エネルギー，活性化エントロピー，活性化エンタルピーである．したがって，活性化エネルギーは，活性化エンタルピーにほぼ等しいことになる．酵素が反応を促進するのは，主として活性化自由エネルギーを低下させることによるものである．(→温度-反応速度関係)

h **褐藻** [brown algae] *オクロ植物に属する一群．全て多細胞性であり，複雑なものは付着器，茎状部，葉状部，気胞などに器官分化し，長さ数十 m に達するものもある (Macrocystis)．組織分化も見られ，偽柔組織または柔組織性．原形質連絡をもち，一部の種は篩管様の構造（ラッパ細胞 trumpet hyphae）をもつ．成長様式

は多様であり，特定の分裂組織をもたないもの(分散成長 diffuse growth)から，先端成長，介在成長，頂端の毛の基部に分裂組織をもつ頂毛成長(trichothallic growth)などがある．有性生殖を行うものでは基本的に，複子囊で配偶子を形成する単相の配偶体と単子囊で減数分裂によって遊走子を形成する胞子体の間で世代交代を行うが，例外も多い．同形世代交代，異形世代交代，複相世代のみのものがある．生殖法も同形配偶から異形配偶，卵生殖が見られ，多くで性フェロモンが知られている．細胞壁はセルロース，アルギン酸，ときにフコイダン(fucoidan)を含む．葉緑体の形態は多様，クロロフィル a, c_1, c_2, フコキサンチンを含む．貯蔵多糖は水溶性 β-1,3 グルカンであるラミナリン(laminarin, laminaran)．多くは沿岸域に生育し，大規模な*藻場(海中林やガラモ場)を形成するものもある．食用(コンブ，ワカメ)やアルギン酸原料として利用される．褐藻綱(Phaeophyceae)にまとめられ，多数の目に分けられている．

a **滑走運動** [gliding movement] ある種の細菌・藍色細菌類・珪藻類・原生生物に見られる，細胞が水底の物体の上を滑るように動く運動．この運動は生物体の形の変化をともなわず，また*繊毛・*鞭毛・*仮足などの特殊な運動器官によるものでもない．細胞膜直下のアクチンフィラメントの関与が示唆されている．

b **滑走細菌** [gliding bacteria] 《同》滑走運動細菌，匍匐運動性細菌．固形物の表面を滑走する運動形式あるいは液相内での遊泳性の滑走運動を特徴とする細菌の総称．*プロテオバクテリア門デルタプロテオバクテリア綱粘液細菌目(Myxobacterales)に属する粘液細菌が代表的で，滑走運動により固形物表面上で菌体が集合し，子実体を形成する．遊泳性のものとしては，ガンマプロテオバクテリア綱に属する*ベギアトア属，*バクテロイデス門の*シトファーガ属，ある種の*藍色細菌(ユレモ)などがある．これらは特殊な運動機構で滑るように前進するが，運動機構の詳細は不明である．

c **合体** [copulation] 《同》融合．原生生物では一般的には2個の生殖細胞(個体)が合一すること．*接合と対する．原生生物における接合では一度接着した2個体が分離して元通りの2個体となるが，合体では接着した両個体(配偶子)が核も細胞質も完全に融合して1個体(接合子)となる．なお合体と接合の間にはツリガネムシ(Vorticella)に見られる異型接合，Stylonychia に見られる全接合などの中間型があって，必ずしも明確には区別し難い．2個体の細胞質だけが融合して核の融合を伴わない現象すなわち*プラスモガミーに対して，特に*カリオガミーをいうこともある．なお copulation の語は，後生動物では受精現象や交尾を意味する．

d **合着**(がっちゃく) [fusion, coalescence] 「ごうちゃく」とも．[1] 植物の器官どうしが癒合する現象．細胞の場合は生殖細胞の合着，すなわち*接合または*受精が著しい例である．同質の器官のあいだの合着を同類合着(cohesion, connation)といい，合片萼・合弁花冠・単体あるいは集薬雄ずい・子房の成立が重要な例．集合果(アメリカヤマボウシ)もある．葉にも擬似単子葉(キタダケソウ，シラネアオイ)・貫生葉(ツキヌキホトトギス，ツキヌキニンドウ)，楕形葉(ハスノハイチゴ，サンカヨウ)・らせん葉(オオバコの園芸品種，サザエオオバコ)などがある．また，異質の器官のあいだの合着を異類合着(adnation)といい，下位子房の形成のほか，花弁と雄ずい(サクラソウ科)，主軸と側枝(ムラサキ科)，葉と腋生した枝(ハナイカダ)などがある．なお，同類合着だけを合着と呼び，異類合着を着生と呼ぶ立場もあった．[2] 植物の生殖細胞の合着は，接合または受精という．(⇨離生)

e **甲冑魚類**(かっちゅうぎょるい) [armored fishes] 《同》カブトウオ類．外骨格をもつ魚形の化石脊椎動物の総称．*カンブリア紀の最末期から*デボン紀末期に栄えた．顎がない*無顎類と，顎をそなえる*板皮類を含んだ便宜的な群．体表の全部または一部，特に頭部がさまざまな硬い骨質板で覆われる．こうした装甲は当時の海洋で主要な捕食者であったウミサソリ類(広翼類)に対する防御の役割を果たしたと考えられている．淡水域に繁栄することも多く，一般に微細な有機物を摂取していた．甲皮類(ostracoderms, Ostracodermi)なる語は，甲冑魚の全体の同義語として，あるいはそのうちの無顎類に属する化石種だけについて用いられたこともあるが，現在はほとんど使用されない．なおカブトウオ類というときは，現生のキンメダイ目カブトウオ科魚類を指す場合もある．

f **カッツ** KATZ, Bernard 1911〜2003 オーストリア生まれのイギリスの生理学者．J. C. Eccles らと神経筋接合部の生理学的研究を行った(〜1942)．神経末端から遊離されるアセチルコリンが終板部の Na^+, K^+ の透過性を増大させ，その結果筋繊維を興奮させることを明らかにした．この研究により，J. Axelrod, U. S. von Euler とともに 1970 年ノーベル生理学・医学賞受賞．[主著] Nerve, muscle and synapse, 1966.

g **葛藤行動** [conflict behavior] 二つの両立しない衝動が，同時にかつ同じ程度に生じて，どちらかが優越するに至らない場合に起こる行動．2個体の動物が相対して求愛あるいは攻撃しようとするとき，攻撃と逃避というような衝動が生じる場合がその例．両方の衝動に基づく行動の要素が現れる*両面行動，片方の行動パターンが別の対象に向けられる*転嫁行動，あるいはまったく関係のない行動パターンが現れる*転位行動の形をとる．この葛藤行動のパターンが儀式化されて，求愛行動や威嚇の意味をもつようになっていることも多い．例えば有名なトゲウオのジグザグダンスは，攻撃と逃避の両面行動が儀式化されたものと考えられる．

h **活動状態**(筋肉の) [active state] 広義には筋肉が活動している状態を指し，静止状態(resting state)に対応する語(⇨興奮)．狭義には筋肉の収縮要素(contractile element)が等尺性条件(⇨等尺性収縮)におかれたとき発生すべき張力の経過．A. V. Hill は筋肉を収縮要素と直列弾性要素からなる二要素モデル(two-component model)として考え，骨格筋の等尺性単収縮時に記録される張力は収縮要素が短縮し，直列弾性要素が引き伸ば

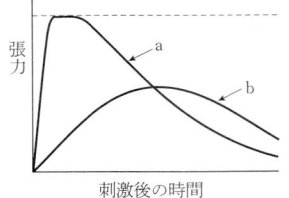

活動状態の張力(a)および等尺性単収縮の張力(b)の時間経過．破線は等尺性強縮張力を示す

a **活動代謝** [activity metabolism] 動物の活動中の代謝およびその量．これに対し休止時のものを休止代謝(安静代謝 resting metabolism)といい，より基本的なものが*基礎代謝である．活動は主に筋肉によるもので，ヒトでは種々の運動や作業に要する代謝率が測定されており，その値と基礎代謝率の比をエネルギー代謝率(relative metabolic rate, RMR)という．一般に，運動時には代謝量が休止時の数倍から数十倍に増加する．例えばヒトでは，歩くことによって3〜5倍，走ると10〜200倍，昆虫では，飛ぶときは50〜100倍となる．地上を走る場合には代謝量は速度とともにほぼ直線的に増加するが，鳥類の飛行では代謝量が最小になる経済速度がある．移動運動は遊泳，走行，飛行に大別されるが，一定距離を移動するのに要する単位体重当たりのエネルギー経費は，一般に遊泳，飛行，走行の順に大きい．

b **活動電位** [action potential] 神経や筋などの興奮性細胞で，一過的に*膜電位が*脱分極し，それが生体膜を減衰せずに伝搬する現象をいう．ホヤ・ユムシなど海産無脊椎動物の卵細胞や，原生生物の細胞膜，オジギソウ・シャジクモなどの植物などにも見られる．神経細胞の軸索を減衰せずに伝達する活動電位は，細胞外からも記録され，*インパルスと呼ばれることもある．活動電位を生じる機構については，イカの巨大軸索を用いて細胞内から膜電位の記録を行ったA. L. HodgkinとA. F. Huxleyにより明らかにされた．神経細胞をはじめとしてほとんどの細胞では，静止時には，K$^+$に対する透過性が最も顕著であるため，膜電位は，負の値をとっている(*静止電位)．活動電位は，生体膜に存在するイオンチャネルが膜電位変化によって活性化され，一時的にNa$^+$やCa^{2+}を透過させることによって，正の方向へ膜電位が変位することで生じる(図a)(⇌イオン説)．神経の場合は，Na$^+$とCa^{2+}をそれぞれ特異的に透過させる*イオンチャネルの働きによって脱分極が生じるので，活動電位のピークの値は，これらのイオンの*平衡電位に近い，正の値になる．活動電位がゼロレベルを超えて，負から正の値へ変化することをオーバーシュート(overshoot)と呼ぶ．これらのイオンチャネルは不活性化(inactivation)と呼ばれる特性をもち，孔は脱分極が続くと閉じてしまう．そのため脱分極は通常一時的にしか起こらない．また，ナトリウムチャネルやカルシウムチャネルの活性化に遅れて，遅延整流性カリウムチャネルと呼ばれる電圧依存性カリウムチャネルが活性化するため(⇌遅延整流，⇌電圧依存性チャネル)，膜電位は，すばやく負に戻る(過分極)．この負への戻りは，最初の静止状態での膜電位よりもさらに負のレベルへ生じる場合があり，過分極性後電位(後過分極 after hyperpolarization)と呼ぶ．活動電位のイオンチャネルは，その働きによって膜電位を変化させるとともに，膜電位の脱分極によってイオンチャネルが活性化されるため，興奮は再起的に生じ(この再起的な過程はホジキンサイクル Hodgkin cycleと呼ばれる)，生体膜を減衰せずに興奮が伝搬する．活動電位は，こうしたイオンチャネルのイオン選択性と膜電位依存性に規定されるため，一定の膜

電位を超えたところで生じ，この電位を閾値，あるいは発射レベル(firing level)と呼ぶ．活動電位の経過が速い哺乳類の運動神経繊維(A繊維)では，活動電位は1ms(ミリ秒)程度で起こるが，筋繊維などでは持続時間は数msになる．活動電位が生じた直後は，イオンチャネルが不活性化しているのと，カリウムチャネルの機能が亢進しているため，刺激がはいっても活動電位を生じることができない．この興奮が起きない時期のことを*不応期と呼ぶ．この特性により，通常は，活動電位は一方向にしか伝達されない．また空間的な広がりのある組織(心筋など)での電気的興奮が，無秩序に伝搬しないようになっている．活動電位は細胞外からの記録でも記録できる．図bに示すように，神経または筋の無傷の2点から記録をすれば，興奮が2点を通過する際に，生じる電流の向きが逆転するため，二相性の変化を示す．無傷の点と繊維断端とから導けば，後の点では興奮が起こらないから単相性の電位変化が得られる．(⇌ホジキン-ハクスリの式，⇌イオン説，⇌カルシウムチャネル)

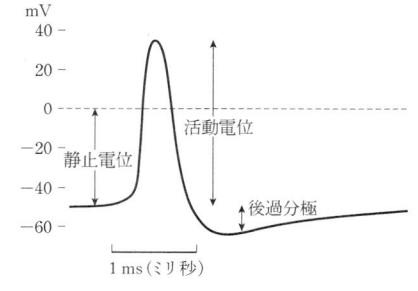

図a 細胞内電極で記録された活動電位の模式図

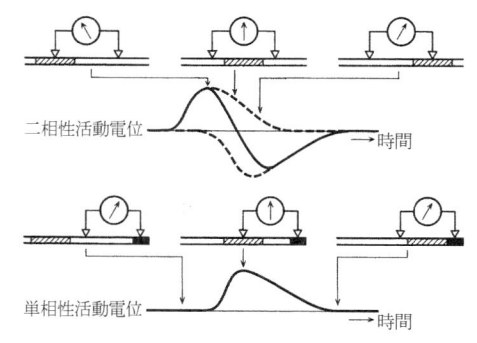

図b 細胞外電極で記録された活動電位，黒い部分は損傷部位，斜線の部分は興奮部位

c **活動電流** [action current] 神経や筋などの興奮性細胞において*活動電位が生ずる結果流れる電流．C. MatteucciおよびE. H. du Bois-Reymondが1842年に独立に発見．経過が速く(神経ではミリ秒のレベル)，細胞の外側では静止部から興奮部へ，内側では興奮部から静止部へ向かう．すなわち細胞外で記録される活動電流は興奮部が非興奮部に対し負になるという方向に現れる．このような向きに活動電流が流れる理由は，興奮部では膜は内部が正の方向に分極し，非興奮部ではそれが負の方向に分極していることによるもので(⇌脱分極)，膜を極性をもった電池と考えるとわかりやすい．(⇌局所回

a **ガットパージ** [gut purge] 昆虫の後胚発生において，脱皮直前に消化管内の液性残存物を排出すること．特に完全変態昆虫において，幼虫から蛹への変態直前に起こる．終齢幼虫の摂餌完了後，蛹に移る際に内容物をもち込まないための生理的な準備と考えられる．行動の発現はホルモンにより制御され，これは蛹変態を誘導する内分泌現象と同一である．*前胸腺から分泌される*エクジソンだけが作用するとガットパージを引き起こすが，エクジソン分泌前に*幼若ホルモンを投与するとガットパージの時期は遅れる．個体群レベルで*概日リズムをもち，一定の明暗周期下では，特定の短い時間帯に集中する．これは，前胸腺を刺激する脳のペプチドホルモンの分泌期が概日時計によって制御されていることと，前胸腺自身にも概日時計があってエクジソンの分泌時期を支配していることに起因する．

b **κ粒子** [kappa particle, κ particle] ゾウリムシの*キラー系統の細胞質中にあって自己増殖を行う寄生性の細菌様の粒子．アルファプロテオバクテリアあるいはガンマプロテオバクテリアに属するものなどに類似．直径は0.2～0.5μm，長さは0.5～5μm．強い作用を示すキラー系統では1細胞中に400～1600個のκ粒子をもち，この粒子はその培養液中にも放出され，これを摂取した感受性のあるゾウリムシを殺す．類似の粒子にλ, σ, γ, δなどがある．

c **滑膜細胞** [synovial cell, intimal cell] 関節腔の内面をおおう滑膜の細胞．腔をおおうが上皮性ではなく，結合組織性の細胞で次の2型に大別される．(1) A型細胞：*マクロファージ様で食作用をもち，表面に多くの糸状仮足を出す．細胞質内には大きなゴルジ装置と多くのリソソームをもち，粗面小胞体は少ない．(2) B型細胞：繊維芽細胞様で，細胞表面は比較的平滑であり，細胞質内には粗面小胞体が多い．滑液の成分であるムチンを分泌するとされる．(→関節)

d **活力度** [vitality] 群落内でそれぞれの種がどれほど正常に生活環(発芽・成長・開花・結実の過程)を経過できるかを示す定性的な群落測度．分布の中心から離れるにつれて弱まるのが一般的で，適合度の高い種は活力度も強い．活力(vigor)とは異なる．活力度は一般に，J. Braun-Blanquetによる次の基準および記号が用いられる．(●, 1) 規則的に生活環を閉じることのできるよく繁茂した植物．(◉, 2) あまりよく繁茂しないが繁殖できる植物，またはよく繁茂するが生活環を完結できない植物．(○, 3) 生活環を完結できない，成長速度は遅いが繁殖はする植物．(○○, 4) 偶然に発芽し，繁殖力がない植物．

e **カテキン** [catechin] ポリヒドロキシフラバン-3-オールの総称で，特に(+)-カテキンをいう．植物界に広く分布するが，特に*Acacia catechu*やガンビール(gambir)の樹皮にタンニンとともに多く存在．茶にも多く含まれる．タンニン作用は極めて弱いが，加熱・酸などにより容易に重合してタンニンを形成する．2, 3位に不斉炭素原子を含むのでジアステレオマー(エピカテキン)がある．

f **カテゴリー** [category] リンネ式階層分類体系において，ある*階級を与えられた分類群の集合(class)．例えば，種という階級に位置づけられた*タクソン(種タクソン species taxon)の集合が種カテゴリー(species category)である．タクソンとカテゴリーは峻別しなければならない．種タクソンは存在論上の個物(individual)であり(M. T. Ghiselin, 1966)，個々の形態的特徴などによって具体的に定義できる．一方，種カテゴリーは種タクソンを要素とする集合であるが，その定義には，例えば生物学的種概念(E. W. Mayr)がある．(→種)

g **カテコールアミン** [catecholamine] *アドレナリン，*ノルアドレナリン，*ドーパミン，*セロトニンなど，芳香族アミノ酸から生成されるアミン類の総称．チロシンから，チロシン3-モノオキシゲナーゼ，芳香族アミノ酸デカルボキシラーゼ，ドーパミンβ-モノオキシゲナーゼ，フェニルエタノールアミンN-メチルトランスフェラーゼの4酵素の作用を受けて生合成される．副腎髄質や脳・神経などから分泌され，*ホルモンや神経伝達物質など細胞間情報物質として作用する．

h **カテネーション** [catenation] 二つ以上の*環状DNAが絡み合う反応およびその状態をいう．そのような状態のものをカテナン(catenane)という．絡み合った状態を解消することはデカテネーション(decatenation)と呼ぶ．II型の*DNAトポイソメラーゼは環状二本鎖DNAをカテネーションしたり，デカテネーションする．またI型のトポイソメラーゼは一本鎖切断をもつ環状二本鎖DNA，環状一本鎖DNAのカテネーション，デカテネーションを行う．細胞内においては環状二本鎖DNAが複製を完了した直後，また，環状二本鎖DNAの上にある同じ向きの配列の間で組換え反応が起きた直後にカテネーションした状態になる．染色体骨格に複数の点で固定されている直鎖状DNAの場合も同様である．トリパノソーマのキネトプラストDNAには多数の小環状分子がカテネーションした状態にあるものが存在する．(→コンカテマー，→キネトプラスト)

i **カテプシン** [cathepsin] 動物細胞の*リソソームに存在する一群の*プロテアーゼ(蛋白質分解酵素)の総称．R. Willstätter (1929)が，ギリシア語の「消化」に因んでカテプシンと命名した．一部のカテプシンはリソソーム以外にも存在していることが知られている．以下に主なものをあげる．(1) カテプシンA(セリンカルボキシペプチダーゼA serine carboxypeptidase A)：セリンプロテアーゼの一つで，Clan SC Family S10に属する．最適pHは約5.5 (3～6)．(2) カテプシンB：システインプロテアーゼの一つで，Clan CA Family C1に属する．最適pHは5～6．細胞外にも存在する．パパインのように，植物にも類似した*エンドペプチダーゼが存在する．(3) カテプシンC(ジペプチジルペプチダーゼI)：システインプロテアーゼの一つで，Clan CA Family C1に属する．(4) カテプシンD：アスパラギン酸プロテアーゼ(aspartic protease, 酸性プロテアーゼ)の一つで，Clan AA Family A1に属する．最適pHは2.5～4.0．(5) カテプシンG：セリンプロテアーゼの一つで，Clan PA Family S1に属する．最適pHは7.5と高い．細胞外にも存在する．

a **ガドウ** G\ADOW, Hans Friedrich 1855〜1928 ドイツの動物学者, 解剖学者, 鳥類学者. 脊椎動物の椎骨の比較発生学で知られ, ドローの法則と同様, 進化的変化の不可逆性を主張. [主著] The evolution of the vertebral column: a contribution to the study of vertebrate phylogeny, 1933.

b **仮道管, 仮導管** [tracheid] 維管束植物の木部に広く分布する, 通水および支持機能をもつ細胞. 集まって仮道管組織を作る. 特にシダ植物・裸子植物では木部の主要素となっている. 横断面が多角形の細長い細胞で, 壁は通常, 二次壁を発達させ木化する. 成熟すれば原形質を失い, 水分の通路となり, 体を支持する機械組織の一種でもある. 被子植物では*道管の補助としてしばしば存在し, 系統発生的には道管あるいは繊維に分化しない段階といえる. 道管との区別は*穿孔が存在しない点にある. 2型あって, 裸子植物・被子植物にみられる先端が尖った紡錘形の仮道管と, シダ植物にみられる隣接する細胞が斜交した隔壁で相接する道管状仮道管 (vesselform tracheid) が区別される. 前者は繊維と類似し繊維仮道管 (fiber tracheid) と呼ばれる中間形も存在し, 被子植物では非常に小さい. 管壁には道管と同じく壁肥厚による種々の模様をつくり, それにより環紋仮道管 (annual tracheid), らせん紋仮道管 (spiral tracheid), 階紋仮道管 (scalariform tracheid), 孔紋仮道管 (pitted tracheid) などに区別される. らせん紋仮道管および環紋仮道管は各植物の原生木部に広く分布し, 階紋仮道管はシダ植物の木部の主要素である, 孔紋仮道管は裸子植物・被子植物に広く存在する. 孔紋の場合, 管壁に壁孔があり, 壁孔以外の部分の二次壁が厚くなる. 針葉樹の孔紋仮道管では各壁孔の間にヘマトキシリンで染色されるサニオ線 (Sanio's bar) がみられる. 壁孔は規則的な配列をなすことが多く, 針葉樹では通常 1 列で, 多列の場合は隣接する列の壁孔と交互に並ぶ場合 (ソテツ属, ナンヨウスギ属) や, 水平に並ぶ場合 (マツ属) などがある. 一般に*放射組織や柔細胞と接する部分には半有縁壁孔対 (⇔有縁壁孔) がみられる.

c **過渡応答** [transient response] 定常状態にある系において, 入力の急激な変化を受けたとき, つぎの定常状態に達するまでに起こるさまざまな経時的な応答. 過渡応答は入力の形によって分類されるが, 以下は代表的な例. (1) インパルス応答 (impulse response): 入力がインパルス信号 (パルス信号の極限形で, ある時点でのみ大きさが無限大となり, その他の時点では 0 となる信号) の場合の応答. つぎのステップ応答を微分しても得られる. (2) ステップ応答 (step response): 入力がステップ信号 (ある時刻までは 0 で, その時刻から後は他の一定値をとる信号) の場合の応答. 実験的に簡単なので, よく用いられる. (3) ランプ応答 (lump response): 入力がランプ信号 (ある時刻までは 0 で, その時刻から後は一定速度で変化しつづける信号) の場合の応答. 線形システムの場合にはステップ応答を積分しても得られる.

d **カドヘリン** [cadherin] *アドヘレンスジャンクションの接着分子. Ca^{2+} 依存的に細胞間の強固な接着を担う. 1回膜貫通蛋白質で細胞外領域には 5 回の反復配列 (カドヘリンリピート) が存在し, 細胞質領域では *β カテニン (またはプラコグロビン), *α カテニンを介してアクチン系細胞骨格と相互作用する. 細胞骨格との相互作用はカドヘリンが完全な機能を発揮するために必須である. 主に上皮で発現する E カドヘリン, 神経系で発現する N カドヘリンなど 20 種類近くのアイソフォームが存在する. 細胞質領域の配列の特徴により I 型と II 型に分けられる. 基本的には同じアイソフォームの細胞外領域が細胞外で相互作用すること (ホモフィリック相互作用) により細胞を接着させるため, *細胞選別において機能する. 細胞外のカドヘリンドメインをもつ分子をすべて含むカドヘリンスーパーファミリーと区別するため, 明瞭な細胞接着性を示すものとしてクラシックカドヘリンとも呼ばれる.

e **カドミウム** [cadmium] Cd. 原子量 112.41, 原子番号 48 の重金属元素. 亜鉛と同族元素で原子構造と化学的性質はよく似ている. カドミウムは SH 基と結合しやすく, 肝臓にある諸酵素の活性を阻害して解毒作用を妨げるほか, 腎臓や精巣に対する毒性も強い. また, 骨軟化症を引き起こす毒性元素としても知られる. カドミウムを生体に投与すると, メタロチオネインが発現誘導され, カドミウムの毒性緩和に働くことが知られており, 金属元素自身が遺伝子の転写を促すという点で特異な現象である.

f **カートリッジ** (視覚の) [optic cartridge] 《同》神経個眼 (neurommatidium). 複眼の視細胞軸索が視葉の第一神経節である神経細胞層 (lamina ganglionaris) において第二次神経とシナプス結合する部位. ほぼ個眼に対応して新しく形成される構造単位および機能単位でもあるので神経個眼とも呼ばれる. 例えば, 感桿分離型の複眼ではハエのカートリッジでは, 隣接している 6 個の個眼から 1 本ずつ, 合計 6 本の視細胞軸索が一緒になって第二次神経とシナプス結合している.

g **ガードン** G\URDON, John Bertrand 1933〜 イギリスの発生生物学者. 両生類を用いて核移植法による広汎な研究を行い, 発生における核・細胞質の相互作用の解明に著しい貢献をした. 分化した腸の細胞の核を除核卵に移植して成体のクローンガエルを得た. 2012 年, 山中伸弥とともにノーベル生理学・医学賞を受賞. [主著] Nuclear transplantation in Amphibia and the importance of stable nuclear changes in promoting cellular differentiation, 1963.

h **芽内形態** [vernation] 種子植物において, 芽が開かないうちに, 構成分子としての各葉がその内部で示す形および相互関係. 通常その断面の模式図で表す. 花芽もまた形態学的には芽の一種であり, 特に*萼および*花冠について同じ見方を適用するが, 花芽内形態 (aestivation) の名で区別することが多い. 葉の中の葉 (広義) の形は次の 3 要素からなる. すなわち, (1) 重なり (disposition, 芽中苞覆, 芽層): 葉の相互の姿勢関係で, 両者が内外の関係なく接するのを扉状 (valvate) または敷石状, 一方の一部が他方の一部をおおうのを覆瓦状 (瓦状 imbricate) という. (2) 折畳み (ptyxis, 芽中姿勢, 芽襞, 葉畳み, 幼葉重畳法): 各葉単独の姿勢で, 縦軸に関したわらび巻き (渦巻き状 circinate, 図 a), 横軸に関した外巻き (revolute, 図 b)・内巻き (involute, 図 c)・片巻き (convolute, 図 d)・二つ折り (conduplicate, 図 e)・扇畳み (plicate, 図 f), 両軸に関してしわより (corrugate, 図 g) などが区別できる. (3) *葉序: 葉の茎軸に対

する関係で，芽内形態は属間または属内の区分に有効に使われる（バラ科ナシ亜科）．

扉状　a　b　c
瓦状　d　e　f　g

a **KANADI遺伝子族**（カナディーいでんしぞく）[KANADI gene family]　MYB（⇒MYB遺伝子族）様のDNA結合ドメインであるGARPドメインをもつ転写因子をコードする遺伝子の一群．植物に固有．種子植物では葉原基の背軸側で特異的に発現し，背軸側細胞の運命決定に関与する．シロイヌナズナでは，四つのKANADI(KAN)遺伝子が存在し重複した機能をもつ．これら遺伝子の多重変異株（三重，四重）では，葉が*向軸化する．単子葉類では，トウモロコシの MILKWEED POD1(MWP1) 遺伝子やイネの SHALLOT-LIKE1(SLL1) がこの遺伝子族に含まれ，背軸側の特性の制御に関わる．

b **カナバニン**[canavanine]　ナタマメ（*Canavalia ensiformis*）から分離されたアルギニン類似構造のアミノ酸．アルギナーゼによりカナリン（canaline, $NH_2OCH_2CH_2CH(NH_2)COOH$）と尿素に分解．またアミジン基転移酵素により*ホモセリンとヒドロキシグアニジン（$NH_2C(=NH)NHOH$）にもなる．

$$NH_2-C-NH-O-CH_2CH_2CH-COOH$$
$$NHNH_2$$

c **カナマイシン**[kanamycin]　放線菌（*Streptomyces kanamyceticus*）によって生産されるアミノ配糖体抗生物質．梅沢浜夫ら（1957）が分離した．グラム陽性菌，グラム陰性菌，結核菌に抗菌活性がある．細菌の30Sおよび50Sリボソームに結合してmRNAの誤読およびペプチド鎖伸長過程の転座反応を阻害し，蛋白質生合成の最初の段階で阻害的に作用する．

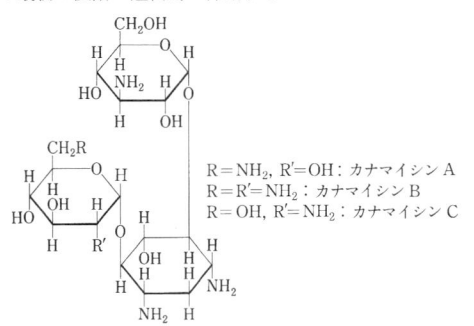

R = NH_2, R' = OH: カナマイシンA
R = R' = NH_2: カナマイシンB
R = OH, R' = NH_2: カナマイシンC

d **加入**[recruitment]　《同》リクルートメント．ある*個体群に，新メンバーが付け加わること．ただし一般には，一定の*発育段階に達したものについていう．以下のような場合がある．(1)個体数リクルートメント，加入量:元来は水産資源学の用語で，例えば漁獲の対象となる個体群に，それまで対象とならなかった個体が成長して付け加わること，といった意味に用いられる(E. S. Russell, 1931, W. E. Ricker, 1954)．また昆虫のように変態を行う生物では，成長によって前の発育段階から次の発育段階に移行するものについても適用される．したがって加入量とは，この場合，産卵数にそれまでの生存率を乗じた個体数，あるいはその*生物体量を表し，しばしば補充資源量あるいは添加量と訳される．(2)動員:アリが餌を見つけた場合，いったん巣に戻り複数の個体を餌がある場所に導く現象．(3)ある地域に群れとして*移入してくる現象そのものに用いられることもある．

e **カニューレ**[cannula]　《同》挿管．一般に動物体の一部分，あるいはその切り口または傷口，特に血管や気管など管状の部分に挿入する細管．実験や治療にともなう液の注入や抽出に用いる．（⇒灌流）

f **カバーグラス**[cover glass, cover slip]　スライドグラスの上の顕微鏡試料を被覆するために用いる薄いガラス板（⇒封入剤）．厚さはほぼ一定で種々のサイズがある．近年の顕微鏡の対物レンズではカバーグラスの厚さによる色収差・球面収差を補正するように設計されており，標準の厚さが0.1～0.2 mmと定められている．しかし開口数0.65以上の乾燥系高倍率の場合には特に厚さの影響が大きくなるので，対物レンズの中には，カバーグラスの厚さの違いを補正できる機能をそなえるものがある．

g **カバット**　Kabat, Elvin Abraham　1914～2000　アメリカの免疫学者．免疫化学の研究にたずさわり，特に多糖質の抗原性の構造と抗原の反応結合部位とを解明した．また，抗体分子の抗原結合部位（可変部）における分子間変異と結合特異性とを関連づけた研究は重要な功績．[主著] Structural concepts in immunology and immunochemistry, 1967.

h **カハール小体**[Cajal body]　《同》アクセサリーボディ（accessory body），コイルドボディ（coiled body）．1903年にS. Ramón y Cajalにより発見された，神経細胞の核小体に近接する直径0.3～1.0 μmの球状の核内高次構造体．酵母，植物，動物細胞に存在し，大きさや数（1～10個程度）は細胞の種類，細胞周期や環境により異なる．p80/coilinが集積して形成する．カハール小体には，snRNPなどのスプライシング関連因子や，RNAポリメラーゼなどが集積し，RNA代謝の調節に関わるとされる．

i **芽盤**[germinal disk]　*苔類の胞子が発芽後，*葉状体を形成する以前に形成する盤小形の配偶体．胞子は発芽すると長い*発芽管を生じ，その先端が分裂して，小形で細胞質に富んだ頂端細胞と，大形で細胞質の少ない基部細胞とに分化する．基部細胞はそれ以後分裂せず，胞子膜に残っている部分から仮根を生じる．頂端細胞は

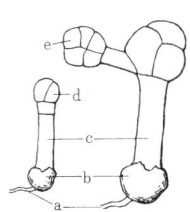

芽盤の発生
a 仮根
b 胞子膜
c 基部細胞
d 頂端細胞
e 芽盤

縦・横の方向に分裂する．先端の4個の細胞は分裂をつづけ，残りの細胞群と直角方向に盤状の細胞塊すなわち芽盤を形成する．この芽盤を基にして苔類の葉状体が形成されている．発芽管は*原糸体の退化したものとも考えられている．

a **下皮** [hypodermis] 内側の基本組織(⇒基本組織系)と区別されるときの*表皮のすぐ内側の1ないし数細胞層．しばしば基本組織の多層表皮の内側の層と見かけ上混同されやすいが，下皮は基本組織の皮層に由来するので発生学的には全く異なる．ある種の根で，下皮がスベリン化やリグニン化したものを，特に*外被ということがある．

b **花被** [perianth] [1] [floral envelop] 花を構成する器官のうち裸花葉(⇒花葉)の総称．花被はごく一部にはないものがあるが，雄ずいや雌ずいの実花葉の周囲にあり，被子植物の花を特徴づける大きな構成要素である．花被を構成する個々の花葉を花被片(perianth segment, perianth part)という．花被は内外で異なっていることが一般的で，外側のものを*萼(がく)，内側のものを*花冠といい，それぞれの花被片を萼片(sepal)，*花弁と呼ぶ．萼と花冠の区別のある花を異花被花(heterochlamydeous flower)といい，チューリップやヤマユリのように内外でほとんど区別のない花を同花被花(homochlamydeous flower)という．同花被花の内外の花被を内花被，外花被という．同花被花のように同じような形の花被花から構成される花被を花蓋(perigone)，その花被片を花蓋片(tepal)という．花蓋片には花弁状や緑色の萼片状の場合などがある．異花被花も同花被花も内外に花被片が区別されるので両花被花(dichlamydeous flower)である．ニリンソウのように1種類の花被片をつけた花は単花被花(monochlamydeous flower)で，花被片がたとえ花弁状であっても萼片と呼んでいる．センリョウのように花被がない花は無花被花(achlamydeous flower)である．[2] コケ植物苔類のウロコゴケ目において，コケ本体の配偶体上の造卵器内に胞子体が成熟するのを包むように保護する筒状の構造．2枚の側葉と1枚の腹葉を起原とし，それらが合着している．分類上のよい標徴とされる．

c **痂皮** (かひ) [crust, scab] 創面，糜爛面，潰瘍面上の浸出液や血液，濃汁が乾燥凝固したもの．"かさぶた"と俗称．特に血液の凝固したものは血痂(bloodclot)と呼ぶ．痂皮の下では上皮および結合組織の新生が進行し(⇒肉芽組織)，結局それの脱落とともに治癒する．

d **かび** [mold] 《同》糸状菌(filamentous fungi)．生物学上の厳密な呼称ではなく，本来は有機質を含んだものの表面に生える微生物やその集落のこと．転じて主に菌類の*菌糸が錯綜したもの．また，菌糸体制を基本とし，胞子で増殖する菌類のこと．大まかな分類形態学的概念として多く使う．なお，ばいきん(黴菌)という場合は本来の文字の意味はかび・きのこであるが通俗的には広く細菌をも含む．

e **過敏感反応** [hypersensitive reaction] 病原体が非親和性植物に侵入したとき，感染細胞が速やかに死ぬ反応．病原体に対する植物の最も重要な防御反応の一つ．この反応により，死んだ細胞群(組織)は壊死・褐変し，局部病斑(local lesion)を形成する．菌類・細菌の場合，侵入した病原体は局部病斑の壊死した細胞によって隔離されるため，急速に死に，病変は拡大しない．ウイルスの場合は，侵入したウイルスは局部病斑の中でかなりの期間生存しているが，菌類の場合と同様に局部病斑を越えて周辺の細胞へ侵入することはない．

f **過敏症** [hypersensitivity] 特定の抗原に対して免疫(*感作)されている個体において，同一抗原の再刺激に対する反応によって何らかの病的症候を示す状態．*アレルギーともいう．一般的には次の四つの型に分類される．I型反応：即時型過敏反応(immediate hypersensitivity)あるいは*アナフィラキシー反応と同義．抗原刺激後，数秒～数分以内に起こる即時型過敏反応と呼ばれ，花粉症，喘息，蕁麻疹などのアレルギー反応(*アトピー)がこの反応に分類されている．IgE抗体によって感作された*マスト細胞が抗原によって活性化されることによって起こるアレルギー反応．II型反応：標的となる細胞上の抗原に抗体と補体が結合することによって標的細胞が直接傷害される反応．例えば，Rh不適合によって起こる*新生児溶血症．III型反応：アルサス型反応．免疫された個体が同一抗原に反復暴露されると，大量の抗原抗体複合体(免疫複合体 immune complex)が形成され組織に沈着して，補体の活性化により好中球などの炎症細胞の浸潤をともなう炎症反応が起こる．N. M. Arthusにより発見された*アルサス現象はこの型の反応である．ヒトの病気では，*血清病や*全身性エリテマトーデス(SLE)における糸球体腎炎などがこの型の反応に起因する．IV型反応：免疫的に感作されたヒトあるいは動物に局所的に抗原を与えた後反応が認められるまでに長い時間(16～48時間)を要する過敏性反応．遅延型過敏反応(delayed hypersensitivity)と呼ばれる．抗原特異的な反応性をもったT細胞が抗原と反応することによって惹起される反応で，抗体は関与しない．BCG接種後のツベルクリン皮内反応(*ツベルクリン反応)が代表的で，即時型過敏反応に続いて24～48時間後に発赤硬結が認められ，組織学的にはリンパ球，単球，マクロファージの浸潤を特徴とする．アレルギー性接触皮膚炎もこの型の過敏症である．IV型の過敏症は遷延するとマクロファージの類上皮化をともなう肉芽腫の形成にいたることがある(結核性肉芽腫など)．

g **株** 【1】[strain] 微生物，動・植物細胞などを分離して純粋培養し，植え継いで継代培養するとき，その系統を株という．
【2】[plant] 農学において，培養・栽培に供される根つきの植物個体あるいは数個体からなる植物塊．

h **カブウェ人** [Kabwe human] 《同》ローデシア人．南アフリカ北部のザンビア(旧ローデシア)にあるブロークンヒル鉱山から1921年に発見された頭蓋骨化石で代表されるアフリカの旧人．その化石の発見や共伴物には不明の点が多く，時代についても異論があり，伴出したと称する化石動物は現在の種類と相違がない．同頭骨は下顎を伴わないが，非常によく保存されている．眼窩上隆起が特によく発達し，頭高は低いが，脳容積は1400 cm^3 程度ある．虫歯の存在が知られる．

カフェイン [caffeine] 《同》茶素，テイン(theine)，ガラニン(guaranine)．$C_8H_{10}O_2N_4 \cdot H_2O$ コーヒーの種子，コーラの果実，カカオの種子，チャの葉などに存在するアルカロイドの一種．融点238℃，178℃で昇華．水に溶けて苦味を呈する．プリン誘導体に共通なム

レキシド反応を呈する．カフェインはキサンチンの誘導体(1,3,7-トリメチルキサンチン)で，植物では7-メチルキサントシンからメチルキサンチン，テオブロミン(theobromin, 3,7-ジメチルキサンチン)を経て生合成される．中枢神経系に対する興奮作用，利尿などの作用を生ずる．また心筋に対する興奮作用(強心)や，迷走神経興奮による徐脈をさそう．呼吸刺激による平滑筋，特に気管支・冠状血管に対する抑制作用(弛緩作用)もある．環状 AMP を加水分解する環状ホスホジエステラーゼの阻害価用，また細胞内膜系にあるカルシウムチャネルを活性化して細胞内 Ca^{2+} 濃度を上昇させる作用をもつと考えられている．動物では肝ミクロソーム酵素で脱メチルおよび酸化されて，尿中に排出される．カフェインは脳内抑制物質であるアデノシンと構造が似ており，その受容体との結合を競合して抑制する作用を，アデノシン受容体遮断作用と呼ぶ．カフェインの LD_{50} は静注でマウス 101 mg/kg．中毒症では中枢神経系が刺激され，筋痙攣を起こし，呼吸不全で死亡する．*テオフィリン，テオブロミンはカフェイン類似の作用をもつが，中枢神経系に対する作用はカフェインより弱い．

a **カブトガニ類** [horseshoe crab ラ Xiphosura] 《同》剣尾類．節足動物門鋏角亜門の一綱．現生はカブトガニ目のみ．体は背腹に扁平，前体部(頭胸部)と後体部(腹部)に分かれ，後端に長い剣尾が付き，全長 60 cm に達する．前体部の背面は頭胸甲で覆われ，頭部の中央に 1 対の単眼，やや後方左右に複眼がある．前体部の腹側には 7 対の付属肢があり，最後の小さく退化的な 1 対を除いていずれも鋏脚となる．胸肢第一対は鋏角(chelicerae)と呼ばれ短小で 3 ないし 4 節，続く 5 対は 6 節に分かれ，第二対は触肢(pedipalp)，第三～六対は歩脚，触肢と続く 3 対の歩肢の基節は内側に突出して餌を噛み砕くのに役立つ顎基(gnathobase)を形成する．後体部の腹側には薄く平たくなった 6 対の腹肢があり，その第一対は蓋板と呼ばれ左右が癒合しており，他の 5 対は遊泳脚であるとともに書鰓を形成して鰓脚となる．口は前体部腹面の鋏角基部後方にあり，そこから消化管はいったん前方に向かい背側へ折れ曲がって後方に伸びて，肛門は後体部末端腹側に開口する．神経系はよく中枢化して前体部の神経節が融合した脳-囲心神経系を形成する．排出器は前体部内の歩脚基節にある 4 対の赤色腺で，各側で体腔に由来する排泄嚢があり，それに連なる複雑に屈曲した生殖輸管が第五胸肢の基節に開口する．循環系は開放系で，心門をもつ管状の心臓が後体部前部背側の囲心腔の中にある．雌雄異体で，生殖巣は前体部内にあり，生殖孔は第一腹肢である蓋板に開口する．化石のウミサソリ類と合わせた*節口類を綱とすることがある．現生 3 属 4 種，すべて海産で沿岸の泥砂底に生息する．

b **カプリル酸** [caprylic acid] 《同》オクタン酸(octanoic acid)，オクチル酸(octyl acid)．$CH_3(CH_2)_6COOH$ 炭素数 8 の飽和直鎖状脂肪酸．バター・ヤシ油・羊毛脂などのトリアシルグリセロール(トリグリセリド，⇌アシルグリセロール)の構成成分として存在するほかブドウ酒中にはエステルとして見出される．アルコール，エーテル，クロロホルムに易溶，水にはわずかに溶ける．エステルおよびアルデヒドは香料の原料とされる．カプリル酸は，Clostridium kluyveri では*アセチル CoA から CoA を転移しカプリリル CoA を生成する．またウ

シ肝ミトコンドリア(低級脂肪酸活性化酵素)とブタ肝ミトコンドリア(高級脂肪酸活性化酵素)のいずれによっても活性化されてカプリリル CoA になり，*β 酸化される．

c **カプリン酸** [capric acid] 《同》デカン酸(decanoic acid)，デシル酸(decyl acid)．$CH_3(CH_2)_8COOH$ 炭素数 10 の飽和直鎖状*脂肪酸．*アシルグリセロール(グリセリド)として広く天然に見出され，植物界では葉の精油(例えばドクダミやナツミカン)および種子油(クスノキ，クロモジ，ヤシ，アブラヤシ)の中に存在．ニレ種子油ではその構成脂肪酸の 50％を，カリフォルニア月桂樹の種子油では 37％を占める．動物界ではバターなどに見出される．そのほかラノリン(羊毛脂 lanolin)の脂肪酸類の一成分として，またフーゼル油やブドウ酒中にアミルエステルとしても存在する．エステルは果実臭があり，香料として用いる．水に極めて難溶，アルコール，ベンゼン，エーテルに易溶．ウシ肝ミトコンドリアの活性化酵素によって，ATP の存在のもとに，CoA と結びついてカプリル CoA になり，*β 酸化される．細胞膜に取り込まれると細胞周期の進行を止めることが知られている．

d **カプロン酸** [caproic acid] 《同》ヘキサン酸(hexanoic acid)，ヘキシル酸(hexyl acid)．$CH_3(CH_2)_4COOH$ 炭素数 6 の飽和直鎖状脂肪酸．ヤシ油やバターなどにトリアシルグリセロール(トリグリセリド，⇌アシルグリセロール)として見出され，砂糖の*酪酸発酵や蛋白質の酸化の際にも副生する．エステルは香料として使用される．E. R. Stadtman, H. A. Barker らは細菌 Clostridium kluyveri の抽出酵素液を用い，酪酸とエタノールを縮合させてカプロン酸を合成した．エタノールおよびエーテル易溶，水にはわずかに溶ける．ウシ肝ミトコンドリアなどで見出された脂肪酸活性化酵素によりカプロニル CoA になり，*β 酸化される．

e **花粉** [pollen] 種子植物の*雄ずいの*葯から出る粒状の雄性の*配偶体．虫媒，風媒，水媒などによって被子植物の柱頭または裸子植物の胚珠まで運ばれると，発芽して*花粉管をつくる．個々の粒子を指すときは花粉粒(pollen grain)という．形や大きさは多様であり，直径は数十 μm 程度のものが多い．複数の花粉粒が互いに接着して集団をなして送粉されるものを花粉塊(pollinium)という．花粉を対象とする学問は花粉学(palynology)と呼ばれる．花粉の表層構造は極めて古い化石として保存されやすいので，堆積物の花粉を分析することによって植物や古環境が推定できる(花粉分析 pollen analysis)．また，蜂蜜の蜜源の推定や犯罪捜査にも利用される．スギ・ヒノキ・ブタクサ・イネ科などの花粉は*花粉症の原因となることが知られている．典型的な被子植物の花粉の発生は以下の通り．葯の小胞子嚢にある小胞子母細胞(microspore mother cell，花粉母細胞 pollen mother cell ともいう．)が減数分裂を行って 4 個の小胞子(microspore)となる．この過程を小胞子形成(microsporogenesis)という．4 個の細胞をまとめて花粉四分子(pollen tetrad)と呼び，その配列により四面体型(tetrahedral)，双同側型(isobilateral)，十字対生型(decussate)，T 字型(T-shaped)，線型(linear)に分けられる．小胞子は体細胞分裂により，*花粉管核(栄養核)をもつ*栄養細胞と，*雄原核(生殖核)をもつ雄原細胞(generative cell，生殖細胞 reproductive cell)に分かれる．雄原細胞は小型であり，やがて小胞子の壁から離

れて栄養細胞の内部に遊離し，細胞の中に細胞が入った形になる．この段階で葯から放出される場合は二細胞性花粉(bicellular pollen, あるいは二核性花粉 binucleate pollen, dinucleate pollen)と呼ばれ，花粉管が発芽してから雄原細胞がさらにもう一度体細胞分裂を行って二つの精細胞(sperm cell)をつくる．三細胞性花粉(tricellular pollen)では，花粉放出前に雄原細胞が分裂する．小胞子の細胞壁には一時的に*カロースが形成された後，スポロポレニンに富んだ*外壁とセルロースに富んだ内壁が形成される．花粉表面には脂質を主成分とする膠質層(pollen coat, トリフィン tryphine ともいう)が沈着する．裸子植物の花粉の発生も多様であるが，一般に初期の分裂によって前葉体細胞(prothalial cell)と大型の細胞がつくられ，大型の細胞は分裂して花粉管細胞と雄原細胞になり，精原細胞はさらに分裂して柄細胞(stalk cell)と精原細胞(spermatogenous cell)となり，精原細胞が分裂して二つの精細胞(イチョウ目とソテツ目では*精子)になる．

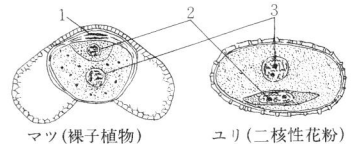

1,2)が走化性シグナル(花粉管誘引物質)として機能している．花粉管ガイダンスの経路は種によって多様であり，胚珠に到達した後には，珠孔を通って胚嚢に達する珠孔受精(*頂端受精)が多いが*合点付近から侵入する合点受精やそれ以外の場所から入る中点受精もみられる．胚嚢の助細胞に到達した花粉管は，二つの精細胞を放出して重複受精をもたらす．裸子植物のうちソテツ門およびイチョウ門の植物では，花粉管は珠心組織内で伸長して養分を吸収する機能をもつと考えられ，精子が花粉管から放出された後に，泳いで雌性配偶体に到達する．

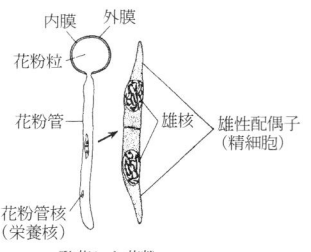

花粉の構造

マツ(裸子植物)　ユリ(二核性花粉)

1 退化した前葉体細胞
2 生殖核
3 花粉管核

発芽した花粉

内膜　外膜
花粉粒
花粉管
雄核
雄性配偶子(精細胞)
花粉管核(栄養核)

a **花粉籠** [pollen basket] ミツバチのワーカー(働き蜂)の後肢脛節の外面が深く凹み，そのまわりを内側へ彎曲した1列の長い剛毛が取り巻いた籠状の構造．ワーカーは体に付着した花粉を前〜後脚の花粉ブラシ(pollen brush)でかき集める．そのうち後肢のものは第一附節がとりわけ大きく長方形に広がり，内面に10列ほどの剛毛が列生してブラシ状を呈する．集められた花粉は口で唾液とねりあわされて小球となり，後肢脛節末端の花粉櫛(pollen comb, 強い剛毛が列生し櫛状を呈する)を経由して，脛節と第一附節の間接部にできた花粉プレス(pollen press)に送られ圧縮されたのち，花粉籠に押し込まれる．

b **花粉管** [pollen tube] 種子植物において，花粉が発芽してつくる細管状構造．典型的な被子植物の花粉管は，柱頭で吸水して発芽し，花柱の中を伸長して胚嚢まで二つの精細胞を運搬する．核は大型であり，*花粉管核と呼ばれる．閉花受粉をする種では*葯の中で発芽する．花粉管の伸長様式は，*先端成長と呼ばれ，細胞骨格や小胞輸送の局在によって細胞の一端が管状に伸び続けると考えられている．花粉管の成長速度は種によって異なるが，毎分数μm程度伸長し，トウモロコシでは最終的に50cmにまで伸びる．花粉管の伸長にともない，カロース栓(callose plug)と呼ばれる隔壁が繰り返しつくられ，原形質が花粉管側へ逆流するのを防ぐと考えられている．大部分の*自家不和合性反応では，花粉管の伸長が阻害される．人工培地上で花粉管を伸長させることができるが，その際にはホウ素やショ糖が伸長に必須である．花粉管が遠く離れた胚嚢にまで到達するには，雌ずいの多くの細胞との多段階の細胞間相互作用が必要であり，この過程を花粉管ガイダンス(pollen tube guidance)と呼ぶ．トレニア(Torenia fournieri)では，助細胞から分泌されるシステインに富んだ蛋白質(LURE

c **花粉管核** [pollen-tube nucleus] 花粉内の受精に使われない核．減数分裂によってできた花粉四分子(→花粉)はそれぞれ1核であるが，小胞子が成熟花粉になるまでの過程で有糸分裂を行い，娘核が生殖核(*雄核)と栄養核とに分化する．その後種類によって栄養核は退化することもあるが，多くは花粉管核に移行する．花粉管核は大きく不定形で，生殖核はやや小さく楕円形．ニレ属，サワギク属，オニタビラコ属では栄養核が花粉管の中へ流出する前に退化する．花粉管核が異常に細長くなる例も多く，ニオイスミレでは幅と長さの比が1:4に，セキショウモでは1:27になる．シソ属，タバコ属のあるものでは核が糸状になる．結局，花粉管核は痕跡的構造であって，花粉管の成長に重要な役割をしていない．

d **花粉櫛** [pollen comb] →花粉籠

e **花粉室** [pollen chamber] ソテツ類などの*胚珠において，珠心の頂端付近にあるいくつかの細胞の崩壊によって作られる小隙．成熟胚珠では珠孔から外部に受粉液が出ているが，後にこの液とともに付着した花粉を花粉室内に引きこみ，上方が閉じられて花粉は花粉室内で発芽する．

f **花粉症** [pollinosis] 花粉を抗原(*アレルゲン)としたⅠ型アレルギー反応による，くしゃみ，鼻汁過多，鼻閉，目のかゆみ，流涙などを主症状とする*アレルギー．アレルゲンとしては，日本では2〜4月に飛散するスギ花粉(Japanese cedar pollen)が有名，アメリカでは8〜9月に飛散するブタクサ(Ragweed)がよく知られているが，種々の植物の花粉で引き起こされる．花粉症患者の血液中には，花粉抗原に対する特異的IgE抗体が検出される．IgEは皮膚や粘膜組織の*マスト細胞表面のIgE Fc受容体に結合して数週間保持される(感作)．外界からアレルゲンが入ってくると，感作されたマスト細胞上のIgE抗体に結合し，マスト細胞を活性化させ，細胞内に貯蔵されている化学伝達物質(メディエーター)の放出をもたらす．*ヒスタミンは代表的な化学伝達物質の一つで，血管の透過性を亢進さ

カマトク 237

せて鼻汁や涙の過剰分泌をもたらすほか,三叉神経を刺激することにより花粉症特有のくしゃみ,目のかゆみなどを引き起こす.

a **花粉伝染** [pollen transmission] ⇒ウイルス伝播

b **花粉培養** [pollen culture] 葯からとり出した*花粉を無菌的に培養すること.花粉培養の主な目的は半数体植物またはその染色体倍加による純系植物を作り育種へ利用することにある.しかし,単離した花粉だけを培養してカルスや不定胚を誘導することは難しく,タバコやナズナなど,ごく一部の植物で可能になっているに過ぎない.従って実際には花粉の入った葯のまま培養する葯培養(anther culture)によって,花粉から半数体植物が作られている.ただし葯培養もイネ科やナス科,アブラナ科など一部の種以外には,まだほとんど適用できないのが現状である.

c **花粉ブラシ** [pollen brush] ⇒花粉籠

d **花粉分析** [pollen analysis] 地層中に含まれる花粉を解析することで,地層堆積当時の植物相と環境を推定する手法.湿原の泥炭層や池底堆積物層では花粉が分解されにくいため,堆積当時に生育した植物の花粉が保存されることが多い.花粉の形態は種あるいは属によりそれぞれ特徴があるので,種々の深さの層について調べると,堆積した当時の植物相とその生育環境の遷移をある程度知ることができる.

e **花柄** [peduncle] 花房の中の複数の花か,または単生花をつける柄のような茎の部分.

f **カペッキ** CAPECCHI, Mario 1937～ イタリア生まれのアメリカの遺伝学者.J. D. Watson に師事し,mRNA 翻訳経路を解析.ユタ大学教授.哺乳動物細胞における相同遺伝子組換えによりゲノム上の遺伝子を改変するための操作技術を開発,ノックアウトマウス作製への道を開いた.2007 年に M. Evans, O. Smithies とともにノーベル生理学・医学賞受賞.

g **花弁** [petal] *花冠を構成している裸花葉(⇒花葉).花弁は萼片と異なり一般には基部が細まって,爪(claw)と呼ばれる部分をなしている.爪以外の部分を舷部(limb)という.細胞間隙が多くて白色か,またはさまざまな色のものがあり,大きくて目立つものは動物媒介授粉にかかわる.一般に普通葉に比べて組織の分化は簡単で,維管束も細く分岐も少なく主脈が明瞭でないことが多い.またクロロフィルはみられず代謝の活性は低いのが一般的である.

h **カーペンター** CARPENTER, Clarence Ray 1905～1975 アメリカの霊長類学者.ホエザルの生態と社会についての野外調査を行い,この研究分野の草分けとして知られる.テナガザルの調査も行った.正確な観察と記載に基づく野外調査によってこの研究領域の方法論的な基盤を築いた.

i **可変的決定** [labile determination, reversible determination] ⇒決定

j **果胞子** [carpospore] 紅藻類の*果胞子体に形成される胞子.原則として複相であり果胞子嚢(carposporangium)内に単生する.鞭毛を欠くがしばしば基質上を運動する.通常,発芽して*胞子体(真正紅藻では四分胞子体)となる.ウシケノリ類では果胞子体を経ずに受精した*造果器(接合子)が直接分裂して 4～32 個の胞子を形成する.この胞子も果胞子と呼ばれることがあるが,*接合胞子と呼んで区別することもある.

k **果胞子体** [carposporophyte] 真正紅藻類において,配偶体から胞子体(四分胞子体)への移行過程に生じる特異な複相世代.受精した*造果器から直接または間接的に伸びた複相の細胞糸である造胞糸(gonimoblast)から構成されるため,配偶体に付着した状態で生じ,栄養的にはこれに依存している.造胞糸の全体または先端が果胞子嚢となり*果胞子を形成する.果胞子体の形成過程には以下のような多様性があり,重要な分類形質とされる.(1)ウミゾウメン型:造果器から直接造胞糸が生じる.(2)テングサ型:造果器から生じた造胞糸が特別な栄養細胞糸(栄養助細胞)と融合しながら伸長する.(3)サンゴモ型:受精核が支持細胞に移され,さらに隣接する多数の支持細胞も融合して大きな*融合細胞を形成し,その一部に造胞糸をつくる.(4)受精核が連絡糸を通じて*助細胞へ移され,そこから造胞糸が形成される(ヒビロード型,イギス型など).また果胞子体を取り囲むように配偶体由来の周壁組織(果皮 pericarp)が発達している場合,果胞子体と併せて嚢果(cystocarp)と呼ぶ.

l **カポジ肉腫** [Kaposi's sarcoma] 《同》特発性多発性色素沈着肉腫.皮膚に血管拡張や出血などを伴う血管肉腫の一種.M. Kaposi (1872) が記載.1980 年代に入り後天性免疫不全症候群すなわち*AIDS(エイズ)の患者に多発することが知られ,注目されるようになった.現在,下肢にできる古典型,中央アフリカの男性に多い結節となるアフリカ型,移植患者に見られる免疫抑制薬使用患者発生型,AIDS 型の 4 型に分類されている.その組織像は未熟な紡錘形の血管内皮細胞の増殖からなり,未熟な毛細血管網も見られる.古典型では 10 年以上の経過をたどるが,AIDS 型では急速な経過で死亡する例が多い.現在,免疫力の極度に低下したヒトの血管内皮細胞にヒトヘルペスウイルス 8 (Human herpesvirus 8, HHV-8) が日和見感染し,発がんさせることによって発症すると考えられている.

m **カボット環** [Cabot's ring] 赤血球内にギムザ染色で赤紫色の環状物または 8 字形の線として染色される小体.悪性貧血,急性白血病,鉛中毒などでまれに出現.*紡錘糸の遺残物とされる.

n **鎌状赤血球貧血** [sickle cell anemia] *ヘモグロビンの構造異常を伴う遺伝的疾患の一つ.低酸素圧下で赤血球が鎌状(三日月状)に変形し,そのために溶血しやすく貧血となる.この患者の赤血球は正常なヘモグロビン A だけでなくヘモグロビン S を含むことが知られ(L. C. Pauling ら,1949),その後ヘモグロビン S は β 鎖 6 番目のグルタミン酸がバリンに置換されていることが V. M. Ingram によって明らかにされた.Pauling らはこのような疾患を*分子病と名づけることを提唱した.ヘモグロビン S の溶解度は,還元型の状態でヘモグロビン A の約 1/50 に低下していて,そのために血球内で不溶性の集合体(直径約 17 nm の長い繊維)を形成する.このために赤血球が変形し,鎌状となり,溶血による貧血・黄疸・脾腫や血管閉塞による疼痛発作などの症状を呈する.ヘモグロビン S をもつヘテロ接合体の個体は,*マラリアに抵抗性をもつので,東アフリカの人口の 40%,アメリカの黒人の 10% にヘモグロビン S の保因者が見出されている.(⇒ヘモグロビン異常,⇒分子病)

o **ガマ毒** [toad poison] ヒキガエル(*Bufo vulgaris*)の毒腺が分泌する,粘性のある白色の毒液.毒成分

はブトキシン(bufotoxin)で, 漢薬蟾酥(せんそ, Chan Su)の成分であり, 慢性心臓障害に対する強心剤として用いられてきた. H. O. Wieland や小竹無二雄が化学構造を解明. ブトキシンはステロイドであるブフォゲニン(bufogenine)とスベリルアルギニンなどの種々の抱合体である. 主なブフォゲニンは, ブフォタリン(bufotalin), ブファリン(bufalin), シノブファギン(cinobufagin), ガマブフォタリン(gamabufotalin)などである. カエルの産生する他の毒素としては, ココイガエルなどのアルカロイド性の猛毒バトラコトキシン(batrachotoxin)が知られている.

a **咬み型口器** [biting mouthpart] 《同》咀嚼型口器, 大腮型口器(mandibular mouthpart). 葉や動物体を咬みとって食うのに適した形態をもつ昆虫の口器の一型. 大顎の発達が著しく, トンボ目・直翅目・等翅目・脈翅目の幼虫・成虫, 膜翅目の成虫, カゲロウ目・カワゲラ目・毛翅目・鱗翅目の幼虫, 鞘翅目の成虫・幼虫(一部)などに見られる. 口器の各成分は独立してみな多少とも発達しており, 他の型のものに比べて原始的な形態を保つ. 大顎の内転・外転両筋はよく発達する. この型の口器をもつ肉食昆虫には, ハンミョウ(成虫・幼虫)やウスバカゲロウ(幼虫)のように, 大顎が鋭くて大きな牙状になったものもあり, また大きな大顎で餌動物を捕えておいてその体液を吸うもの, ミツバチ類のように舐め型口器の構造もそなえるものなどがある.

b **花蜜** [nectar] 花の*蜜腺から分泌される糖液. 詳しく分析されてはいないが, 糖が主体で微量のゴム様物質, 蛋白質, 芳香性物質, 有機酸などを含む. 糖の含量はクロユリ属の花の分泌液の数%からポインセチアの一種の70%まで多様. 糖の種類はグルコース, フルクトース, ショ糖が圧倒的に多い. ミツバチが集めた蜂蜜では平均して転化糖(≒ショ糖)が70〜80%, ショ糖が0〜5%とされるが, ショ糖の割合が少ないのはハチの唾液中のβ-D-フルクトフラノシダーゼが働くためである. ポインセチアの花の蜜腺を種々の糖液に浮かべて行った実験から, この分泌組織にはショ糖を分解する酵素, グルコースあるいはフルクトースからショ糖を合成する酵素系などがあると考えられている. 蜂蜜から三糖のメレジトースが見出されることがあるが, これはモミやマツ類などを吸汁するアブラムシやカイガラムシが排出する糖液(甘露 honey dew)に含まれ, 花蜜の代わりに, ミツバチがこれを集めて作った蜂蜜に特異的に含まれる.

c **夏眠** [aestivation] 生物が暑熱乾燥の季節を休眠して過ごすこと. 冬眠と対する. 熱帯で激しい乾季のある乾燥型の生態系(雨緑樹林, サバンナ, 砂漠)に一般的であるが温帯でもよくみられる. [1]動物の代表例は, 水分蒸発を防ぐ能力の低いカタツムリやカエルで, 湿度の高い地中の穴やすきまにもぐり, しばしば低代謝で夏眠集団をつくる. カタツムリでは数年間休眠して再び活動をはじめた記録もあり, 温帯地方でも夏眠することが知られている. そのほか陸生のプラナリア, ヒル, 等脚類, 種々の昆虫, ワニ, カメ, ヘビには例が多く, 哺乳類にも見られる. さらに肺魚類は, 乾季で水が干上がった池沼中にもぐりこみ, およそ3カ月間にわたって夏眠し, その間は主に血管に富む肺によって呼吸する. [2]植物ではヒガンバナやニリンソウなどが代表例で, 地上部は夏に枯れ, 地下部が夏眠する. このほか, 乾燥地帯に自生する多肉植物では, 高温期に生理活動を著しく低下させるものがある.

d **CAM型光合成**(カムがたこうごうせい) [CAM photosynthesis] CAM は crassulacean acid metabolism(ベンケイソウ型酸代謝)の略. ベンケイソウ科の多肉植物で初めてみつかった光合成の炭素同化様式. 夜間気孔を開いてCO_2を取り込み, *ホスホエノールピルビン酸カルボキシラーゼによりオキサロ酢酸に固定し, 主にリンゴ酸として液胞に蓄える. 昼間は気孔を閉じ, NADP 型リンゴ酸酵素あるいはホスホエノールピルビン酸カルボキシキナーゼ(phosphoenolpyruvate carboxykinase)でリンゴ酸を脱炭酸し, 発生したCO_2を*還元的ペントースリン酸回路により再固定する. 相対湿度の低い昼間に気孔を閉じたまま光合成を行うため, 蒸散による水分の消失を低く抑えることができる. CAM 型光合成を行う植物を CAM 植物(CAM plant)と呼ぶ. ベンケイソウ科以外にも, サボテン科, ラン科, パイナップル科, スベリヒユ科などの被子植物や, シダ, 裸子植物など45科に分布しており, ラン科での推定種数7000を含め約1万6000種に達する. CAM 植物は水利用効率が高く, 砂漠など降雨量がわずかで強光にさらされるような環境に適応しているものが多い. 多くの場合C_3植物に比べ光合成速度はかなり低い. 常に CAM 型光合成を行うものを偏性 CAM 植物(obligate CAM plant), 水分条件, 塩ストレス, 日長などの環境要因によりC_3型から CAM 型に切り替わるものを通性 CAM 植物(facultative CAM plant)と呼ぶ.

e **CAM植物**(カムしょくぶつ) [CAM plant] ⇌CAM型光合成

f **ガメトゴニー** [gametogony] 原生生物の*配偶子母細胞から配偶子が形成される過程. 動物の精子形成および卵形成に相当する. 1個体がそのまま配偶子として行動するホロガメート(≒ホロガミー)の場合では減数分裂が行われるにすぎないが, 1個体が分裂して多数の配偶子すなわちメロガメート(≒メロガミー)を形成する場合には, 増員と成熟の両過程が含まれる.

g **ガメトフォア** [gametophore] コケ植物の*配偶体の本体. *原糸体上に発達し, *茎葉体となり, 造卵器, 造精器を生じる.

h **カメラリウス** CAMERARIUS, Rudolph Jakob 1665〜1721 ドイツの医師, 植物学者. 哲学と医学を学び, 1688年にテュービンゲン大学の植物園園長, 翌年に物理学教授, 1695年に医学教授となる. 雌雄異株では, 株を隔離すれば, また普通の花でも葯をとりされば, 種子ができないことを実験によって示した. 葯が雄性器官で, 子房が雌性器官であり, 花粉がどのようにして雌の器官に入るかを確かめるべきだとした. [主著] Epistola de sexu plantarum, 1694.

i **カメラルシダ** [camera lucida, drawing prism] 《同》顕微鏡描画装置. 顕微鏡の接眼鏡の上に直接プリズムをセットして*プレパラートを描写する簡単な装置.

j **仮面** [mask] トンボ類の若虫(やご)に見られる特異な形の下唇. 非常に大きくて口器の他の部分を覆うのでこの名がある. 3節(基部の方から後基板, 前基板, 中葉片(median lobe)という)からなるが中葉片だけが左右1対に分かれ, その先に強い鉤のついた丈夫な*下唇をつけている. ふだんは後基板と前基板の間で折れ曲がり, 後方へ退いているが, 餌動物が近づくと, 急速に伸

a **下面酵母** [bottom yeast] 〖同〗下層酵母，底面発酵酵母(bottom fermenting yeast). ビール製造などにおいて，糖液中でアルコール発酵を行う際にほとんど沈んだままか，あるいは初期の旺盛な発酵が終わると速やかに器底に凝集，沈降する酵母. 多くは，*Saccharomyces pastorianus* に属する. *上面酵母と対する. 下面酵母は細胞が連結状のものが少なく，胞子形成が非常に少ない. 生理学的にはメリビオースを分解でき，グリコゲン含量が少なく，発酵は比較的緩慢である. 細胞の含む*チマーゼ系は弱くないが呼吸が弱い. また，*シトクロム系は典型的な好気性型ではなく，大腸菌のような通性嫌気性細菌に近い様相を示す. 上面酵母との発酵形式の相違は主として細胞表面の物質の構成によるとされ，下面酵母は粘質性の細胞壁をもち均一に懸濁しにくいと同時に，二酸化炭素の気泡を付着する力が弱いと考えられる. いわゆるラガー系の発酵に用い，ピルスナー系ビールの酵母，チェコの Saaz 型酵母などがその例. なお下面酵母は上面酵母に変型し，その逆もまれに起こるといわれる. (⇌ビール酵母)

b **ガモデーム** [gamodeme] 〖同〗地域的相互交配集団(local interbreeding population). 有性生殖により繁殖する植物集団内の最も基本的な構造単位で，他の個体群から交配の上で明瞭に区別される一群. J. S. L. Gilmour と W. K. Gregory，および Gilmour と J. Heslop-Harrison (1954) の提唱. また，ガモデームを1ないし多数含む上位の構造単位をエコジェノデーム(ecogenodeme)と呼び，G. W. Turesson の*生態型に対応させた. また相互交配によって遺伝子交換を自由になしうるすべてのガモデームの総称をホロガモデーム(hologamodeme)と呼び，さらに少なくとも相互交配の可能なすべてのホロガモデームをセノガモデーム(coenogamodeme)と呼ぶ. 前者は Turesson のいう生態種，後者は集団種に対応する. このように交配の仕組み，形，度合，生殖質合体の能・不能，遺伝的和合性などを集団または集団間の関係を位置づける基準として導入した.

c **ガモント** [gamont] 〖同〗ガメートサイト(gametocyte)，生殖母体. *配偶子母細胞のこと. 有性生殖期にできる細胞で，これから配偶子(ガメート gamete)ができる. マクロガモント(雌性配偶子母細胞)とミクロガモント(雄性配偶子母細胞)の2種類がある. ヒトでは，マクロガモントは一次卵母細胞に当たり，減数分裂を経て1個の卵と極体を形成する. ミクロガモントは一次精母細胞に当たり，減数分裂を経て4個の精子を形成する.

d **仮葉** 【1】[phylloid] 褐藻類や蘚類などに見られ，外見上は葉に似ているが維管束を欠き，真の葉ではないもの.
【2】=偽葉

e **花葉** 【1】[floral leaf] 花における葉的器官の総称. 萼片(⇌萼)，*花弁，*雄ずい，心皮がある. このうち直接生殖器官を分化しない萼片と花弁を裸花葉(sterile floral leaf)，これに対して生殖器官を分化する雄ずいと心皮を実花葉(fertile floral leaf)と呼んで区別する. 花床上の花葉の配列により，輪生花と非輪生花とに花が区別される. 輪生花(cyclic flower)は，花葉が輪状に配列する花で，これに対し，花葉がらせん状に配列する花を非輪生花(acyclic flower)，一部輪生の花を半輪生花 (hemicyclic flower)という. ここでの輪生・非輪生の区別は，*葉序におけるほど厳密ではない. 特に萼片や花弁が輪生状の配列であっても，節間が極度につまっているためであることが多い. しかし，蕾のときの萼片や花弁の重なり方がらせん状の発生順序を示してくれる例は多い. そのように厳密にみれば純粋の輪生花は少ない. 非輪生花には，例えばモクレンがあり，特にその雄ずい・雌ずいの配列にらせん状配列がよくみられる. しかし花弁を輪生とみれば半輪生花といえる.
【2】[perichaetium] 蘚類の生殖器官を保護する変形葉. 茎の頂部に密集して生え，下部に生ずる普通葉と形態を異にし，両者の分類の標徴となる. 造卵器を囲むものを雌花葉(perichaetial leaf)，造精器を囲むものを雄花葉(perigonial leaf)という. 雌花葉は後に胞子体の足を包み保護する.

f **可溶性フィブリンモノマー複合体** [soluble fibrin monomer complex] SFMCと略記. フィブリンモノマーと，*FDP のうちの X, Y 分画，あるいはフィブリノゲンまたはフィブロネクチンや β-グロブリンとが会合したもの，および流血中の血液凝固の際に見られるゾル状の重合体. 血液凝固の過程は通常固相(例えば粘着・凝集した血小板表面のリン脂質上)で進行するが，流血中でトロンビンが生じた場合にもフィブリノゲンが分解されてフィブリンモノマーを生じる. 流血中ではフィブリンモノマーの重合が不完全なためゾル状となる. 中性付近(pH7.4)で凝塊を形成しない. このうちフィブリンモノマーとフィブリノゲンが会合したものはトロンビン凝固性をもつが，フィブリンモノマーと FDP が会合したものはトロンビン非凝固性であり，硫酸プロタミンの添加によってはじめて沈澱物を形成する. (⇌パラコアグュレーション)

g **過ヨウ素酸塩** [periodate] 過ヨウ素酸 HIO_4 の塩. 温和な条件で特異的な物質に作用する酸化剤として生物学の領域でも広く利用される. 中性または弱酸性水溶液中，室温，暗所で過ヨウ素酸(通常 HIO_4 または $NaIO_4$ の形で使用)の稀薄溶液(0.01 M 以下)を作用させると，1,2-グリコール(例:グリセロール)，2-アミノアルコール(例:グルコサミニトール)，α-ヒドロキシケトン(例:フルクトース)，α-ヒドロキシアルデヒド(例:グルコース)，α-アミノアルデヒド(例:グルコサミン)，つまり水酸基，アミノ基，ケト基，アルデヒド基のどれかが隣接して置換している C-C 結合が特異的に酸化開裂するような反応を行う. これらの反応は定量的に進行するので，消費された IO_4^- のモル数の測定および生成物としての蟻酸・ホルムアルデヒドなどの定量は，酸化をうけた物質のもとの構造を推定するにあたって有意義な情報を与える.

h **殻** 【1】[test] [1] 外被・被殻・貝殻などの一般的名称. 尾索動物では test に被嚢の訳語が当てられている. [2] ウニ類に特有の全体が半球形，あるいは円盤状の石灰質の骨格. その内部に内臓諸器官が収まる. 棘皮動物に特徴的な皮下骨板の多数のものが互いに接着して，全体として1個の骨格となったもので，フクロウニ類では例外的に殻が柔らかく変形する. (図次頁)
【2】[shell] 腕足類の外殻. 背腹2枚で，背殻は扁平，腹殻はこれより大きくかつ凹形である. 断面構造は軟体動物の貝殻と全く異なり，微細な無数の細管が殻表に直角にある. (⇌殻頂)

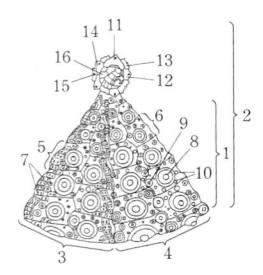

ムラサキウニ *Anthocidaris crassispina* の裸殻上面

1 殻板系　2 頂上系と囲肛系　3 歩帯　4 間歩帯
5 歩帯板　6 間歩帯板　7 歩帯孔(孔対)　8 大疣
9 中疣　10 小疣　11 多孔板　12 生殖板　13 終板
14 生殖孔　15 終板孔　16 囲肛板

a **カラー** KARRER, Paul 1889〜1971 スイスの有機化学者．多糖類の構造単位，アントシアン，カロテノイド，ステロールなどを研究．ビタミンAの構造を決定し，ビタミンB_2を合成した．またビタミンと酵素の関係を研究し，ビタミンC, E, Kの構造決定にも寄与した．1937年，ビタミンの諸研究によりノーベル化学賞受賞．

b **がらくたDNA** [junk DNA] 《同》ジャンクDNA．真核生物のゲノム中で機能をもたないと考えられるDNAを広く指す言葉．大野乾が1972年に命名した．がらくたDNAには，*偽遺伝子，遺伝子間領域，*トランスポゾン，*イントロンなどさまざまな種類が存在するが，それらのごく一部には広い系統で進化的に保存されて機能を有する非コード領域も存在する．がらくたDNAの進化速度は中立進化理論の予言によれば，*中立突然変異率と同じである．したがって，あるDNA領域がRNAに転写されていても，*進化速度が低下していなければ自然淘汰を受けていないので，機能のないがらくたDNAとされる．

c **ガラクタン** [galactan] *ガラクトースを構成単糖とする多糖の総称．ハウチワマメの種子から得た*ペクチン質中のガラクタンはβ-1,4結合で約100分子のD-ガラクトースが結合したもの．紅藻類のガラクタン(*寒天，*カラゲナン)はD-ガラクトースと3,6-アンヒドロガラクトースが1:1で直鎖状に連なっており，一部の水酸基が硫酸エステル化されている．緑藻類 *Prototheca* ではピラノース型とフラノース型のD-ガラクトースからなる．カタツムリの卵および蛋白膜のガラクタンはD-ガラクトースおよびL-ガラクトースが6:1の比で重合したコロイド状粘体でガラクトゲン(galactogen)ともいわれる．ウシ肺には分枝構造のガラクタンが存在する．

d **ガラクツロン酸** [galacturonic acid] ガラクトースの6位のアルコール基がカルボキシル基に代わった単糖．*ウロン酸の一種．ペクチンの主成分．植物では，ガラクツロン酸の重合したポリガラクツロン酸(polygalacturonic acid)がペクチン性多糖の主鎖となっている(→ペクチン質)．植物粘液，ゴム質，細菌多糖中に存在し，多くはメチルエステル化されている．D-ガラクツロン酸は1分子の結晶水をもつ．比旋光度$[\alpha]_D^{20}$(水)=+97.9°(α)→+50.9°(平衡混合物)．β型は結晶水がなくα型のアルコール脱水で得られる．オルシン反応やナフトレゾルシン反応により検出され，フクシン亜硫酸により赤紫色となる．

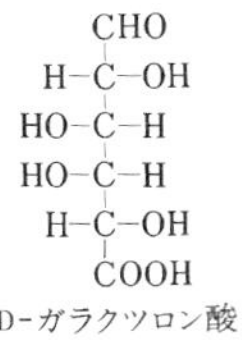

D-ガラクツロン酸
CHO
H-C-OH
HO-C-H
HO-C-H
COOH

e **ガラクトサミン** [galactosamine] 《同》コンドロサミン (chondrosamine)．$C_6H_{13}NO_5$ 分子量179.17．アミノ糖であるヘキソサミンの一種で，2-アミノ-2-デオキシ-D-ガラクトース (2-amino-2-deoxy-D-galactose)．D-ガラクトサミンはD-グルコサミンとは4-エピマーの関係にある．自然界には動物細胞や組織の支持物質となっている*コンドロイチン硫酸やデルマタン硫酸の構成糖(*N-アセチルガラクトサミンの形で)として広く見出される．

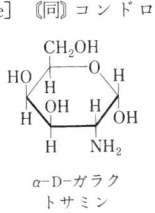

α-D-ガラクトサミン

f **β-ガラクトシダーゼ** [β-galactosidase] 《同》ラクターゼ (lactase)．*ラクトースをはじめとするβ-D-ガラクトシドのグリコシド結合を加水分解する酵素．EC3.2.1.23．大腸菌のガラクトシダーゼは分子量約54万で四量体である．古くから*誘導性酵素の典型とされてきた．その構造遺伝子は*lacZ*(z)といわれ，*lacY*(ガラクトシド透過酵素の構造遺伝子)，*lacA*(ガラクトシドアセチル基転移酵素の構造遺伝子)と共に，*ラクトースオペロンを形成し，特異的なラクトース系の*リプレッサーと*オペレーターおよび*プロモーターとによってその合成が支配されている．培地中に誘導物質がないときは1細胞当たり数分子も存在しないが，誘導されると数千分子/世代にもおよぶ量が合成される．*lacZ*は，クローニングベクター(→ベクター)や真核生物細胞・個体への遺伝子導入のためのマーカー(→遺伝標識)として広く使われている．その際，基質として加水分解されると青く発色するX-gal (5-bromo-4-chloro-3-indolyl-β-D-galactopyranoside)が，また酵素の定量には，黄色く発色する*o-ニトロフェニル-β-D-ガラクトピラノシドが用いられる．

g **ガラクトース** [galactose] Galと略記．《同》セレブロース (cerebrose)．$C_6H_{12}O_6$ グルコースの4-エピマーに相当するアルドヘキソース．自然界には遊離の状態ではほとんど存在しない．D-ガラクトースはラクトース・メリビオース・ラフィノース型のオリゴ糖の構成糖として動植物界に分布する一方，細菌細胞膜のリポ多糖・莢膜多糖，植物粘質物・ペクチン質，紅藻の細胞膜，動物の糖蛋白質・糖脂質・グリコサミノグリカンなどオリゴ糖・多糖の構成糖として幅広い存在を示す．ヒトにおいては糖蛋白質や糖脂質に含まれる血液型物質を構成するほか，肝細胞のガラクトース受容体を介して血清糖蛋白質のクリアランスに関わる．ガラクトース残基はUDP-グルコースからUDP-グルコース-4-エピ化酵素によって導かれるUDP-ガラクトースを前駆体とし，それぞれ特異的なガラクトース転移酵素によって導入される．一方，栄養源として生体にガラクトースを与えた場合には，通常，ガラクトース-1-リン酸を経てヘキソース-1-リン酸ウリジリル基転移酵素(hexose-1-phosphate uridylyltransferase, EC2.7.7.12)の触媒下UDP-グルコースと反応してUDP-ガラクトースとグルコース-1-リン酸に変化しグルコース代謝経路に合流す

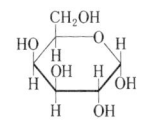

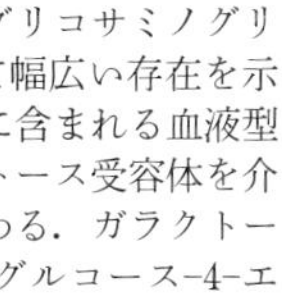

α-D-ガラクトース
(ピラノース型)

る．ガラクトース-1-リン酸と UTP から UDP-ガラクトースができる別経路をもつ細胞もある．動物腸管壁からの吸収はグルコースよりむしろ速い．定性定量反応としては市販の D-ガラクトース酸化酵素(EC1.1.3.9)を用いて特異的に生成する H_2O_2 を比色する方法が普及している．L-ガラクトースの自然界での分布は限られており，寒天，植物粘液，カタツムリの卵などの構成糖として見出されているにすぎない．

a **ガラクトースキナーゼ** [galactokinase] 《同》ガラクトキナーゼ．*ガラクトース+ATP → ガラクトース-1-リン酸+ADP の反応を触媒する酵素．EC2.7.1.6. Mg^{2+}(または Mn^{2+})により活性化される．ガラクトースに適応した酵母や細菌，動物組織(肝臓，腸，脳など)に存在．

b **ガラクトース血症** [galactosemia] 《同》先天性ガラクトース血症．*ガラクトース代謝に重要な酵素の欠損または活性低下により，グルコースへの転換が障害されたガラクトース中毒性の先天性代謝異常症の総称．常染色体性劣性遺伝形式をとる．ガラクトースを含む食餌(ミルク)の摂取により血中・尿中のガラクトース濃度の上昇を示し，ミルクを主な栄養源とする新生児や乳児に発症する．次の3型がある．(1) ガラクトース-1-リン酸ウリジルトランスフェラーゼ欠損症：脳・腎・肝・副腎・赤血球・レンズに蓄積したガラクトース-1-リン酸の細胞毒性により全身性の重篤な症状を示す．哺乳開始後に発症し，吐乳・下痢・黄疸・肝腫・溶血性貧血・*アシドーシス・尿細管機能障害・白内障・知能障害などを引き起こす．(2) ガラクトキナーゼ欠損症：血中および組織中にガラクトースとそれから産生したガラクチトールの蓄積がみられ，臨床的には白内障だけで発育障害や知能障害は認められない．(3) ウリジン二リン酸ガラクトース-4-エピメラーゼ欠損症：酵素の欠損は赤血球だけに限られており，臨床症状は全く認められない．しかし，近年みつかった肝臓にも欠損のある例では，知能障害を伴い全身性の症状を示した．これらはいずれも，赤血球での酵素活性低下により診断される．早期診断により，ガラクトース制限食を与えれば症状は改善される．現在は新生児マススクリーニングによる早期診断が行われている．

c **ガラクトース-1-リン酸** [galactose-1-phosphate] *ガラクトース代謝の出発点を構成する代謝中間体．一般に，栄養素として生体細胞に入ったガラクトースはガラクトースキナーゼの作用で ATP と反応し，α-D-ガラクトース-1-リン酸となり，ヘキソース-1-リン酸ウリジリル基転移酵素(EC2.7.7.12)の作用でウリジン二リン酸ガラクトースを経てグルコース-1-リン酸へと変換されて，グルコース代謝系に合流する．

α-D-ガラクトース-1-リン酸

d **ガラクトセレブロシド** [galactocerebroside] 《同》ガラクトシルセラミド (galactosylceramide)，セラミドガラクトシド (ceramide galactoside)．*セラミドに1分子の*ガラクトースがグリコシド結合した物質．*グルコセレブロシドとともに*セレブロシドの一員をなす．脳神経組織(特に白質)，*ミエリン鞘に多量に，また，脳以外では腎臓にもかなり存在する．セレブロシド硫酸エステル(≒硫脂質)生合成の前駆体．ケラシン(cera-sin，リグノセリン酸含有)・フレノシン(phrenosin，セレブロン cerebron ともいう，セレブロン酸含有)・ネルボン(nervon，ネルボン酸含有)・ヒドロキシネルボン(hydroxynervon，ヒドロキシネルボン酸含有)の4種が古くから脳で知られている．水に不溶の白色粉末として得られる．ガラクトセレブロシドはガラクトセレブロシダーゼ(galactocerebrosidase)によってセラミドとガラクトースに分解されるが，この酵素が遺伝的に欠損している先天性疾患であるクラッベ病(Krabbe disease)では，脳白質に出現するグロボイド細胞(globoid cell)にガラクトセレブロシドの蓄積がみられる．

e **カラゲナン** [carrageenan] 《同》カラギーナン．紅藻類に含まれる高分子量の硫酸化多糖．ガラクトース4-硫酸と3,6-アンヒドロガラクトースの2糖の繰返し構造からなる(図)．高温の水に溶解し冷やすとゲル化する性質をもつが，ゲル化の程度により3種類に分類されており，固いゲルを作る κ(kappa)，柔らかい ι(iota)，ゲル化しない λ(lambda)がある．3,6-アンヒドロガラクトースがゲル化に必須である．ゲル化しない λ-カラゲナンは，アンヒドロガラクトースを含まず，A ユニットの2位の水酸基および B ユニットの2位および6位の水酸基が，それぞれ硫酸化されている．食品の安定化剤や増粘剤，薬のカプセル剤などとして用いられる．

ガラクトース 4-硫酸　3,6-アンヒドロガラクトース
R=-H : κ カラゲナン
 $-SO_3^-$: ι カラゲナン

f **カラザ** [chalaza] 鳥類の卵黄塊のほぼ赤道の相対する2カ所から反対方向に生じている2本の高密度の*卵白からなる索状体．鳥卵の卵白は，卵黄塊を取り囲む卵黄膜に直接した部分では稠密卵白の層となっているが，カラザで特に著しい．横たえた卵ではカラザはその長軸の方向に沿う．この配置とカラザの復元力により，卵(殻)をどのように転がしても，胚盤は常に上方に保持される．2本のカラザは反対方向にねじれているが，これは卵全体が*輸卵管内を回転しつつ下降するとき卵白は回転するが，卵黄塊は回転をともにしないためといわれる．

g **ガラス化【1】** [vitrification, glass transition] 液体が結晶構造をとらずに硬質化すること．ガラス化の状態では，固体とは異なり液体のように分子が乱雑な状態にあるが，分子運動はほぼ完全に抑えられた準安定状態である．*トレハロースが高濃度になるとガラス化し

すくなり，細胞内の蛋白質や細胞膜といった生体成分を包み込み，分子運動を抑えることで生体成分を物理的な変化から保護する．アンヒドロビオシス(*クリプトビオシスの一つ)の状態の生物はガラス化によって乾燥やその他のストレスに耐えられると考えられる．また，細胞の凍結保存の一法として，ガラス化を引き起こす溶液を細胞内に導入して水と置き換え，極低温下でガラス化を誘導することも行われている．
【2】[vitrification, glassiness, hyperhydricity] 《同》ビトリフィケーション．植物の組織培養において，植物体や組織が膨潤化し，水浸状になる現象．表皮系の発達が不十分で，葉肉細胞が肥大化したり，気孔の形成が不十分であるなどの形態的な異常を示し，正常な組織や器官としての機能を欠いている．培地からの過剰な水分吸収や，与える植物ホルモン，培養器内に集積するエチレンなどの影響などで形態形成が異常になった状態と考えられている．従来はガラス化を意味する vitrification (ビトリフィケーション)と呼ばれていたが，同じ用語が【1】の意味で使われるようになったため，現在は混同を避け，過剰吸水(水ぶくれ)を意味する hyperhydricity (ハイパーハイドリシティー)と呼ばれることが多い．

a **夏卵** [summer egg] 《同》急発卵 (subitaneous egg). *渦虫類のうち，無吻類の *Mesostoma*, *Typhloplana* などの一部の種で，春から夏にかけて若い個体が自家受精を行うことで生じる，卵殻が薄く卵黄細胞が少ない卵．柔組織内や子宮内にあり，急速に発生する．発生した個体は親の体を破って脱出する．このような急速な発生と繁殖を繰り返すが，秋には成熟した個体が交接し，卵殻が厚く卵黄細胞も多い卵を産出する．この卵は低温，乾燥に耐えて越冬し，翌春に孵化するので *耐久卵(冬卵)または休止卵 (latent egg) と呼ばれる．ワムシ類などの卵の甲殻類に見られる*雌卵によく似ている．

b **カリウム** [potassium] K. 原子量 39.10 のアルカリ金属元素で，全ての生物に必要な多量元素(⇌微量元素)．植物には窒素，リンとならぶ三大栄養素の一つとして大量に必要とされ，肥料でもこれを三要素という．生体内では細胞内電解質の主な成分であり，1価の陽イオン K^+ として存在する．細胞内では浸透圧の調節や膜電位の形成を担っており，ホメオスタシスの維持や神経伝達，植物では気孔の開閉調節に重要である．細胞内濃度は細胞外濃度の30倍ほど高く，例えば哺乳類では約 140 mM である．細胞膜には Na^+ との能動的な交換輸送を行う *ナトリウムポンプが存在するほか，K^+/H^+ 交換輸送体や複数のカリウムチャネルの存在が知られている．脊椎動物では鉱質コルチコイドによって Na^+ が腎臓の尿細管から再吸収される際に K^+ は交換的に排出される．

c **カリウム植物** [potassium plant] *カリウムを多量に貯えている植物．カリウムは全植物を通じて不可欠な元素であるが，種によっては特に多量にこれを含む．ジャガイモやサトウダイコンはその好例．

d **カリウムチャネル** [potassium channel] K^+ を主に通す*イオンチャネル．K^+ の平衡電位が負であるので，開くことにより電気的興奮を抑える働きがある．細菌を含めて全ての生物に見られる．非常に多くの種類が確認されている．ホジキン-ハクスリの神経興奮モデルを説明するために導入された遅延整流性カリウムチャネル(外向き整流性カリウムチャネル)などの電圧依存性カリウムチャネルが代表的である．その他過分極により活性化する内向き整流性カリウムチャネル，細胞内 Ca^{2+} に反応するカルシウム活性化カリウムチャネル，ATP で閉じるチャネルや静止膜電位付近の電位で持続的に開くリークカリウムチャネルなどがある．また，細胞内情報伝達系の*G蛋白質によって開閉が制御されるものもある．(⇌遅延整流，⇌電圧依存性チャネル)

e **カリエス** [caries] [1] 骨の栄養障害で，慢性の炎症などが原因となり骨組織の崩壊をきたした状態．化膿することが多く，結核性のものが顕著．[2] 歯科で，齲蝕(うしょく)，つまり虫歯のことをいう．

f **カリオガミー** [karyogamy] 《同》核融合．細胞核の合一．これに対し，細胞質だけ融合して核が合一しないものを*プラスモガミーという．後生動物の受精に相当する．(⇌合体)

g **カリオソーム** [karyosome] 分裂期以外の細胞核に見られるクロマチンの凝集塊．原生生物の核に見られる大形単一の両性核小体様の小球体．染色質・核小体質(仁質 plastin)をともに含み，また中心小体を含む例もよくある．

h **ガリグ** [garigue] 冬雨夏乾燥の地中海地方のうちでも最も高温で乾燥する地域に成立する 50 cm 以下の高さの丈の低い疎生の低木群集．露岩，砂地，石礫地などをまじえ，放牧などの強度の人為的影響によって生じる．家畜の好まない棘をもつもの，特殊な匂いを放つもの，または乳液を分泌する植物が優占している．凹地には丈の低い低木や半低木のほか，多くの鱗茎や塊根をもった*地中植物が生育している．調理によく用いられるタイム，セージ，ニンニクや園芸植物のチューリップ，クロッカスなど多くの球根植物の原産地でもある．南フランスで典型的にみられ，ガリグの名称で呼ばれるが，スペインで tomillares，ギリシアで phrygana，パレスチナで batha などと呼ばれる群系と同一である．

i **カリクレイン** [kallikrein] 《同》キニノゲニン (kininogenin). 血漿および組織に広く存在するキニン生成に関与するプロテアーゼ．次の2型がある．(1) 血漿カリクレイン (plasma kallikrein)：EC3.4.21.34. 分子量10万〜12万の一本鎖糖蛋白質であるプレカリクレインが血液中で第XII因子(⇌血液凝固因子)の作用により分子量3.5万と5.2万の二本鎖に切断されて生成される．血液中の高分子キニノゲンに作用して*ブラジキニンを遊離し，*アナフィラキシーに関与するが，不活性型の第XII因子を活性化し内因系血液凝固を誘発する．(2) 組織カリクレイン (tissue kallikrein，腺性カリクレイン glandular kallikrein)：EC3.4.21.35. 分子量3万〜5万の糖蛋白質．高分子・低分子キニノゲンに作用して，ブラジキニンやリジルブラジキニンを遊離する．*キニンは毛細血管の透過性亢進・平滑筋収縮などの作用をもつ．キニン-カリクレイン系(カリクレイン-キニン系 kinin-kallikrein system)としてレニン-アンギオテンシン系と対比される．(⇌レニン)

j **カリシウイルス** [Caliciviridae] ヒトに急性胃腸炎(食中毒)を起こすウイルスの一科．5属があり，ヒトに病原性をもつのは，ノロウイルス(*Norovirus*)とサポウイルス(*Sapovirus*)．ゲノムは7500〜7700塩基長の＋鎖の一本鎖 RNA である．ノロウイルスは，1968年にアメリカ，オハイオ州ノーウォークで発生した集団胃腸炎から，ノーウォークウイルスが分離されたのが最初

で，その後，抗原性の異なる亜型が世界各地で分離されている．感染後，1～2日の潜伏期を経，下痢，嘔吐，腹痛を起こし，時に発熱を伴う．多くの場合数日で症状はおさまり，ウイルスに対する免疫は短期間で消失するため，生涯を通じて何度も罹患する可能性があり，ワクチンはない．感染の多くは生ガキの摂取であるため，十分な加熱調理が感染の予防になる．

a **カリプトピス** [calyptopis] 節足動物甲殻亜門オキアミ類の*ゾエア前期の幼生．甲皮が広く前背方に伸び，複眼が背方から覆われている．第二触角は顕著な内外両枝をもつ．胸部の顎脚は1対のみで，腹部は未分節，肢は最後の1対のみが出現する．

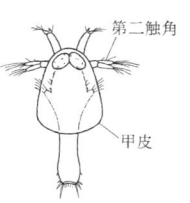

b **カリプトラ** [calyptra, pl. calyptrae] コケ植物において，受精後に造卵器壁など配偶体の一部が未成熟の胞子体を保護するために二次的に筒状に発達した組織．[1]蘚類では蘚帽と呼び，蒴柄の伸長により基部で上下に裂け，胞子体上部を帽子状に覆い，蒴の分化後または胞子成熟後に胞子体から外れる．残った基部を鞘と呼ぶ．[2]苔類では胞子が成熟するまで胞子体を包んで保護し，胞子成熟後に蒴柄の伸長により先端近くが突き破られる．

c **カリフラワーモザイクウイルス** [cauliflower mosaic virus] CaMVと略記．カリモウイルス科カリモウイルス属のタイプ種である植物ウイルス．約8 kbの環状二本鎖DNAをゲノムとし，球形の粒子を形成する．アブラムシに媒介されアブラナ科植物などに感染する．カリモDNAの複製は，植物細胞内で，まずゲノムDNAから中間体であるプレゲノムRNAへ転写され，さらに，細胞質に形成される*封入体においてプレゲノムRNAからゲノムDNAへ逆転写されることによる．プレゲノムRNAはまた，封入体蛋白質，*逆転写酵素など6種類の蛋白質をコードするmRNAとしても機能する．プレゲノムRNAを転写するゲノム上の*プロモーター（35Sプロモーター）は種子植物で広くほぼ構成的に強い発現を誘導できるので，植物遺伝子工学にひろく用いられる．

d **顆粒細胞** [granulocyte, granular cell] [1]顆粒を多く含んだ血球細胞の一般的名称．[2]昆虫の血球の一種．多くの昆虫で全血球の30%以上を占めるといわれている．好酸性の小形顆粒が細胞質内に多い．基底膜や外皮を生産するともいわれる．顕著な異物の捕食作用および被覆作用をもち，異物の認識能力が強いものと考えられる．

e **顆粒層** [granular layer ラ stratum granulosum] 哺乳類の表皮（角質化した重層扁平上皮）に存在する層の一つ．有棘層と透明層の間にあり，*ケラトヒアリン顆粒を含むのでこう呼ばれる．また小型の細胞が密集して層をなす場合も組織標本上で細胞核が顆粒状に見えるので，しばしば顆粒層と呼ぶ．

f **顆粒白血球** [granulocyte] （同）顆粒球，多核白血球，多核白血球（polymorphonuclear leukocyte）．細胞質内に顆粒を多く含み，核が分葉性を示す*白血球の総称．顆粒のメチレンブルー・エオシン色素に対する染色性から，好中性の*好中球，好酸性の*好酸球，好塩基性の*好塩基球に区分される．好中球が最も多いので，顆粒球と好中球が同義語として用いられることもある．ほとんどすべての細胞は細胞質内に顆粒を含有しているが，顆粒白血球の名称はこの3者に限って使用される．(⇒血球新生)

g **加リン酸分解** [phosphorolysis] 分子(R-R′)にオルトリン酸が加わって分解する反応，すなわち R-R′ + H_3PO_4 ⇌ $ROPO_3H_2$ + R′H．この反応を触媒する酵素を*ホスホリラーゼと総称する（EC2.4.1群および2.4.2群の一部）．ホスホリラーゼは狭義にはグリコーゲンホスホリラーゼ（あるいは澱粉ホスホリラーゼ EC2.4.1.1）を指し，グリコーゲンの非還元末端から1個ずつグルコース残基をグルコース1-リン酸として解離させる反応を触媒する．生体物質の加水分解では平衡が分解の側に偏っているのに対し，加リン酸分解では一般に平衡の偏りが少なく，分解を受ける化学結合のエネルギーは大部分リン酸結合として保存される．クエン酸サイクルを構成するスクシニルCoAシンテターゼ(EC6.2.1.4)の場合は，第一の部分反応として，スクシニルCoAを加リン酸分解してスクシニルリン酸を生成し，それに続く部分反応によって，この高エネルギーリン酸基がGDPに転移されてGTPを生成する．反応平衡の偏りは少なく可逆的である．

h **ガル** GALL, Franz Joseph 1758～1828 ドイツ（のちフランス）の解剖学者．ウィーン大学で医学を修め，精神医学と脳解剖学の研究を始めた．1796～1801年，ウィーン大学で頭蓋学（唯物論として禁止されていた）を講義．人間の才能・性格は頭蓋骨の形状と密接な関係をもち精神的性質は脳に局在すると説き，骨相学を創始．宗教界などから反対をうけ，ウィーンを去って諸国で講演旅行などをし，1807年以後はパリで医者として暮らした．[主著] Anatomie et physiologie du système nerveux en général, et du cerveau en particulier, 1810～1819.

i **ガルヴァーニ** GALVANI, Luigi 1737～1798 イタリアの医学者．ボローニャ大学で医学を学び，同大学の解剖学教授となる．1780年，起電器の側にあったカエルの足が痙攣するのを観察，この現象を筋肉中の動物電気のためと考え，金属間の電位差によると主張するA. Voltaとの間に論争が起こった．Galvaniは誤っていたが，生体の電気現象の研究や直流電気学の発展に貢献した．[主著] De viribus electricitatis in motu musculari commentarius, 1791.

j **カルヴィン** CALVIN, Melvin カルビンとも．1911～1997 アメリカの物理化学者，生化学者．光合成の暗反応において放射性二酸化炭素を与えその行方を追究して，カルヴィン回路（還元的ペントースリン酸回路）として知られる二酸化炭素固定の反応経路を解明，これによって1961年ノーベル化学賞受賞．また生命の起原に関して有機化学の立場（化学進化）から論じた．[主著] The photosynthesis of carbon compounds (J. A. Bassham と共著), 1962.

k **カルコン** [chalcone, chalkone] ⇒フラボノイド

l **カルコン生成酵素** [chalcone synthase] p-クマロイルCoAと3分子のマロニルCoAを縮合してカルコンを生成する反応を触媒する酵素．EC2.3.1.74．フェノール化合物生合成経路において，フェニルプロパノイド生合成系からフィトアレキシンやアントシアニンを合

成するフラボノイド生合成系に分岐させる反応に関与し，この反応がフラボノイド生合成系の律速段階となっている．本酵素の活性は組織特異的に決まっているばかりでなく，外的要因によっても大きく左右され，植物体の傷害，病原菌の感染，光照射などによって上昇する．本酵素の遺伝子は多くの場合，多重遺伝子族を形成しており，さまざまな内的・外的要因に応じて誘導される遺伝子はそれぞれ決まっている．

a **カルシウム** [calcium] Ca. 原子量 40.08, 原子番号 20 の金属元素で，生体成分として重要な元素の一つ．体液や原形質に溶存する 2 価の陽イオン Ca^{2+} として，K^+, Na^+ などの 1 価のイオンと拮抗し（=イオン拮抗作用），一般に原形質コロイドを安定化させたり，細胞膜の構造や透過性を調節したりする．細胞質中の低い Ca^{2+} 濃度 ($10^{-6} \sim 10^{-7}$ M) は，小胞体膜および細胞膜にあるカルシウムポンプの働きによる．非常に低い細胞内 Ca^{2+} 濃度は，わずかな Ca^{2+} 濃度変化によって生理機能が調節されるのに都合がよい．Ca^{2+} の細胞内伝達物質としての作用は，動植物を問わず Ca^{2+} 受容蛋白質と結合することによって行われる．筋収縮における*トロポニン C はその典型例でいろいろな細胞に広く存在し，原生生物の仮足形成をはじめ筋収縮や繊毛運動などの細胞運動，興奮伝導の機能を調節する（=カルシウム結合蛋白質）．各種細胞の興奮性に対しても正負各様の効果がある．また動物の多細胞構造の成立において，*細胞接着に必要な要因の一つとなっている．元素としての生体内含有量は，動物において著しく，特に骨格成分として重要で，脊椎動物では 99% 以上は骨格中にある．また*クチクラそのほか外被の成分としても重要である．石灰海綿・刺胞動物・環形動物・甲殻類・軟体動物などの骨格は $CaCO_3$ を主成分とするが，脊椎動物の骨格は無機カルシウム塩の錯化合物 $CaCO_3 \cdot nCa_3(PO_4)_2$（または $[Ca(OH) \cdot Ca_4(PO_4)_3]_2$ ともいわれる）である．このような骨成分の代謝には，リン酸モノエステラーゼおよび炭酸脱水酵素などが関与する．ヒトでは細胞内の含有量は 20 mg/100 g，血漿内には 9〜11 mg/mL．生体内で機能する蛋白質で，Ca^{2+} が必須なものは極めて多い．食物中のカルシウムは通常，不溶性化合物を形成するが，pH，ビタミン D，ラクトースなどの作用で溶解性が変わる．植物でも*栄養元素の一つ．電解質イオンとしては細胞膜の透過性，特に他の金属の透過性を減少させるので，過剰な栄養素や有毒金属に対して一種の解毒剤として働く．植物の細胞壁中にペクチンと結合して存在するほか，しばしばシュウ酸カルシウムの結晶やまれには炭酸カルシウムとして植物体内に不活性な形でたくわえられ（=結晶細胞），再利用されることはない．土壌中の炭酸カルシウムの含量は生態学的に重要で，石灰に富むアルカリ性土壌に住む植物を*好石灰植物，酸性のカルシウムの少ない土壌に生息する植物を*嫌石灰植物という．嫌石灰植物を石灰土壌におくと活性化鉄の欠乏によって白化（石灰誘導白化 lime induced chlorosis）を引き起こす．

b **カルシウム結合蛋白質** [calcium binding protein] 細胞内でカルシウムイオン (Ca^{2+}) を特異的に強く結合する蛋白質の総称．細胞質蛋白質が多い．*EF ハンドには複数の酸性アミノ酸を含む Ca^{2+} 結合部位が 2〜3 カ所あり，Ca^{2+} と強く結合する（結合定数は約 10^6）．Ca^{2+} が結合すると蛋白質の高次構造が大きく変化し，相手分子との相互作用に影響が及ぶ．相互作用の相手は，*カルモジュリン，筋肉*トロポニン C，*パルブアルブミン，*カルパイン，*カルシニューリン B，*ホスホリパーゼ C，シナプトタグミンなどである．各々の蛋白質は独自の応答により高次構造を変化させ，細胞内 Ca^{2+} 濃度を制御して必要な生理作用を円滑に進行させる．EF ハンドが多いが，異なる Ca^{2+} 結合機構（C2 領域のカルシウム結合領域）をもつ蛋白質も存在する（プロテインキナーゼ C）．広義には Ca^{2+} で活性化される酵素類も含む．

c **カルシウム振動** [calcium oscillation] 細胞内の小器官からカルシウムイオンが放出されることで，細胞内カルシウムイオン濃度が規則的に変動し，これにより信号伝達を起こす現象．動物，植物に幅広く見られる．*セカンドメッセンジャーとしてのカルシウムイオンの濃度の変動が，*活動電位の場合のように再起的に起こり，空間的に伝搬していく．細胞質では，カルシウムイオンは通常 nM レベルと細胞外の数万分の 1 以下の低濃度であり，さまざまな結合蛋白質が緩衝剤として働いたり，*カルシウムポンプなどで細胞質のカルシウムイオンが汲みだされるため，カルシウムイオンの濃度の上昇は，空間的にも時間的にも限定される．また，細胞外から流入したカルシウムイオンは細胞の深部には拡散できない．カルシウム振動は，カルシウムイオンの濃度を細胞全体で上げる有効な仕組みである．卵細胞のように大きな細胞や細胞同士が*ギャップ結合を介して連絡した組織などでは，細胞内または細胞間で空間的にカルシウムイオンの濃度変化が伝搬する現象をカルシウム波（calcium wave）と呼ぶことがある．動物細胞の場合，細胞内膜に*イノシトール三リン酸 (IP_3) 受容体が存在し，IP_3 はカルシウムイオンにより活性化され，細胞内膜側から細胞質へカルシウムイオンを放出する．IP_3 受容体の*カルシウムチャネル活性は，IP_3 存在下でカルシウムイオンにより増強されるが，この IP_3 受容体のカルシウムイオン濃度感受性は，再起的なカルシウムイオン濃度の振動を形成する上で重要である．IP_3 受容体と似た細胞内膜のカルシウムチャネルとして*リアノジン受容体（植物由来のアルカロイド物質であるリアノジンと結合することによる命名）がある．カルシウム振動は，受精における卵や，ホルモン分泌細胞，平滑筋細胞，未熟な神経系細胞などで報告されており，遺伝子の転写制御，細胞の形態変化や分泌など，多様な現象に関わる．カルシウム振動の振動数によりその効果が異なる．植物の気孔の細胞では，カルシウム振動により気孔の開口状態を変えると考えられている．

d **カルシウムチャネル** [calcium channel] Ca^{2+} を主に通す*イオンチャネル．チャネルを通して流入した Ca^{2+} が*セカンドメッセンジャーとして筋収縮や伝達物質の放出などを制御する．電圧依存性カルシウムチャネルは単一チャネルのコンダクタンス，電流の電圧依存性，Ca 拮抗薬や毒物などの作用から，T (transient) 型，L (long-lasting) 型，N/P/Q/R 型の 3 種に大別されるが，他のものもある．T 型は低い電圧で活性化され，速やかに不活性化する．L 型は Ca 拮抗薬ジヒドロピリジン (dihydropyridine, DHP) によりブロックされ，不活性化が遅く大きな電流が流れる．骨格筋の T 管膜に多量に存在するが神経細胞にも多い．N/P/Q/R 型は神経細胞に多い．狭義には電圧依存性カルシウムチャネルを指

し（⇨電圧依存性チャネル），上記の種類が該当するが，Ca^{2+} イオンを通すイオンチャネル全体を総称する場合もある．その場合は，グルタミン酸受容体チャネルのある種のもの，細胞内にある IP_3 受容体やリアノジン受容体，血管平滑筋の収縮や昆虫の視覚に関わる TRP チャネル，細胞質の Ca^{2+} 濃度の低下により活性化される容量性カルシウムチャネルなどが含まれる．リガンド作動性のものもある．

a **カルシウム電流** [calcium current] Ca^{2+} によって運ばれる膜電流．細胞内の Ca^{2+} 濃度は通常極めて低いから，膜が Ca^{2+} に対し透過性を増加した場合に流れるカルシウム電流は内向きで，膜の脱分極を引き起こす．主に電圧依存性カルシウムチャネルを通る電流を指す．脊椎動物の神経や骨格筋での活動電位の発生は通常ナトリウム依存性であるが，甲殻類の筋肉の活動電位は外液中の Ca^{2+} に依存したいわゆるカルシウムスパイクを発する．脊椎動物の平滑筋の活動電位もカルシウム依存性である．しかし，イカの巨大軸索などで知られているようにナトリウムチャネルをわずかに通るカルシウム電流を指すこともある．また，グルタミン酸受容体チャネルのある種のものは，Ca^{2+} の透過性を示し，神経細胞死などの原因になる．そのカルシウム電流は Na^+ と同一通路を通る．（⇨カルシウムチャネル）

b **カルシウムポンプ** [calcium pump] 生体膜に存在するカルシウムイオンの*能動輸送の機構．細胞膜や筋小胞体膜に存在するカルシウム-マグネシウム ATP アーゼ（カルシウム ATP アーゼ）がその本体で，この酵素による ATP の加水分解反応に共役して Ca^{2+} の能動輸送が行われ，その詳細な構造が知られている．筋細胞では，カルシウムポンプの働きにより細胞質の Ca^{2+} 濃度が低く保たれ，これによりある程度の高い頻度で収縮が繰り返される．（⇨イオンポンプ，⇨興奮収縮連関）

c **カルジオリピン** [cardiolipin] ジホスファチジルグリセロール（diphosphatidylglycerol）に当たる*グリセロリン脂質の一種．M. C. Pangborn（1947）により，ウシの新鮮な心筋から単離され，梅毒患者血清診断の特異抗原物質であることが示された（⇨ワッセルマン反応）．動植物および微生物界に広く存在する．動物組織では，主として*ミトコンドリアの内膜に局在し，特に心筋には全リン脂質の 15% も存在し，ウシ心筋のカルジオリピンでは*脂肪酸（構造式中 R_1, R_2, R_3, R_4 で示した）残基の 80～90% が*リノール酸である．また，細菌の *Mycobacterium* ではカルジオリピン含量が全リン脂質の 50% におよぶ例もある．動物細胞では，CDP ジアシルグリセロールと*ホスファチジルグリセロールから生合成される（⇨脂質生合成）．微生物では 2 分子のホスファチジルグリセロールから 1 分子のカルジオリピンが生合成されることが M. R. J. Salton ら（1971）により示された．アドリアマイシンおよびその類縁の抗生物質はカルジオリピンに結合して，*シトクロム c 酸化酵素などの活性を阻害することが報告されている．

$$\begin{array}{ccc} & O^- & \\ CH_2OCOR_1 & CH_2-O-P-O-CH_2 & \\ R_2OCOCH & O & HCOH & HCOCOR_3 \\ CH_2-O-P-O-CH_2 & & H_2COCOR_4 \\ & O^- & \end{array}$$

d **カルシトニン** [calcitonin] 哺乳類以外の脊椎動物の鰓後腺（ultimobranchial gland）や哺乳類の甲状腺の傍濾胞細胞（C 細胞）から分泌されるホルモン．32 個のアミノ酸からなるポリペプチド．哺乳類ではチロカルシトニン（thyrocalcitonin）と呼ぶことがある．カルシトニンは骨に対して作用し，骨からのカルシウムとリン酸イオンの再吸収を抑制し，血中のカルシウムとリン酸イオンの濃度を低下させるという．副甲状腺ホルモンやビタミン D と拮抗する作用をもつ．この結果カルシトニンは成長期の骨格の発達に関与し，妊娠期に母親の骨からカルシウムが過剰に喪失することを防ぐと考えられている．カルシトニンの分泌は血中のカルシウム濃度の上昇によって促進される．これまでにわかったカルシトニンのアミノ酸残基の配列は，動物によりかなり異なっている．哺乳類の甲状腺ではカルシトニン遺伝子からカルシトニンの mRNA が作られるが，脳ではカルシトニン遺伝子関連ペプチド（CGRP）の mRNA が作られる．

e **カルシニューリン** [calcineurin] 《同》プロテインホスファターゼ 2B（protein phosphatase 2B, PP2B）．Ca^{2+}/カルモジュリン依存性に活性化されるセリン・トレオニンプロテインホスファターゼ．触媒サブユニット（PP2B）と*カルシウム結合蛋白質である制御サブユニットから形成されるヘテロ二量体として，酵母から動植物まで真核生物に普遍的に存在．T 細胞においては転写因子 NF-AT（nuclear factor of activated T-cells）の脱リン酸化により IL-2（⇨サイトカイン）などのサイトカインの発現を誘導し，心筋細胞では NF-AT の脱リン酸化により心筋肥大に関わる．免疫抑制薬として臓器移植に用いられるタクロリムス（FK506）やシクロスポリン A は，それぞれ FK506 結合蛋白質 12（FKBP12）とシクロフィリンとの複合体としてカルシニューリンの酵素活性を抑制する．RCAN（regulator of calcineurin）をはじめとするカルシニューリン内因性阻害因子が同定されている．

f **カルス** [callus] 元来は植物体を傷つけたとき傷の周囲にできる癒傷組織を意味し，現在では，植物体の一部を切りとり，*オーキシンや*サイトカイニンなどの植物ホルモンを含む培地上で培養したときに形成される無定形の細胞塊を指す．多くの植物では適当な培地を用いることによって植物体のさまざまな部分からカルスを形成させることができ，増殖したカルスを一定の日数ごとに植え継ぐと無限にカルスの状態で成長を続ける．しかしカルスをある条件下に移すと，組織分化や*不定芽・*不定根・不定胚の分化を起こすことができる（⇨全能性）．不定胚分化能をもったカルスは，特にエンブリオジェニックカルスと呼ばれる．一般に分化能はカルスの継代とともに低下し，失われる．

g **カールス** CARUS, Carl Gustav 1789～1869 ドイツの生理学者，画家，動物学，昆虫学，比較解剖学，進化生物学，医学に業績を残す．J. W. von Goethe の友人にして，とりわけその頭蓋椎骨説における後継者．

h **カルセクエストリン** [calsequestrin] 《同》カルセケストリン．筋小胞体や小脳プルキニエ細胞の滑面小胞体に存在する酸性のカルシウム結合蛋白質の一種．分子量 4.2 万で全アミノ酸残基 367 のうち，約 37% がグルタミン酸とアスパラギン酸で，塩基性アミノ酸は 9% 以下．筋小胞体膜の周辺蛋白質（peripheral protein）として，内腔の終末槽に顕著に見られる．Ca^{2+} 結合性は低親和性・大容量を示し，1 分子当たり 43 個，1 mg 当

たり970 nmolのCa^{2+}を結合，筋小胞体のCa^{2+}保持機能を担うとされる．

a **カールゾン** KARLSON, Peter 1918〜2001 ドイツの生化学者．A. F. J. Butenandt のもとでカイコの蛹より脱皮ホルモン（エクジソン）の単離に成功(1954)．その後，ステロイドホルモンが転写レベルで作用するという仮説を提唱し，エクジソンがハエの囲蛹殻形成時に，クチクラのキノン形成に関与するドーパ脱カルボキシル酵素のmRNAの転写を促進することを明らかにした．また Butenandt, M. Lüscher とともにフェロモンの語を作り，その使用を提唱した．[主著] Kurzes Lehrbuch der Biochemie, 1960.

b **カルチノイド** [carcinoid] 《同》癌様腫．癌腫様の生物学的反応様相と病像を示し，ときに悪性化をみる境界領域の神経内分泌腫瘍で，腸クロム親和性細胞，いわゆる Kulchitsky 細胞に由来する腫瘍．メラノーマ，褐色細胞腫，甲状腺髄様癌，膵内分泌腫瘍と細胞化学的特徴を共有し，多発性内分泌腫瘍(MEN)1型と併発することがある．一様な核と細胞質を有する小円形細胞の単調な組織像で，核分裂像は稀である．病理組織像から悪性の診断は困難で，浸潤や遠隔転移をもって悪性の診断に至る．多くは虫垂，回腸，直腸など消化管から発生し，ついで肺，胸腺，卵巣など．発生学的に前腸，中腸，後腸が発生する部位によって腫瘍の性格が異なる．前腸，中腸由来の腫瘍の多くは*機能性腫瘍であり，さまざまな活性アミン，ポリペプチドを産生し，例えば*セロトニンなどの過剰分泌によって顔面紅潮・下痢などのカルチノイド症候群(carcinoid syndrome)を起こす．

c **カルデスモン** [caldesmon] アクチンを介して平滑筋や非筋細胞の収縮の制御を行う蛋白質．選択的スプライシングにより分子量8.9万のh型と分子量7万のl型が知られており，h型は平滑筋細胞の収縮に，l型は非筋細胞の運動に関わっている．Ca^{2+}非存在下では，アクチン12〜13分子に1分子の割合でアクチンフィラメントに結合し，収縮を阻害する．Ca^{2+}存在下では，Ca^{2+}を結合した*カルモジュリンがカルデスモンに結合することによって，カルデスモンはアクチンフィラメントから解離する．その結果，阻害が解除され筋収縮が起こると考えられる．しかし平滑筋の収縮制御はミオシンL鎖のリン酸化にも依存することが知られており，骨格筋におけるような単純な経路では説明できない．

d **カルニチン** [carnitine] 《同》γ-トリメチルアンモ

$$(CH_3)_3\overset{+}{N}-CH_2-\underset{OH}{CH}-CH_2-COOH$$

ニウム-β-ヒドロキシ酪酸．筋肉中の塩基性成分として広く存在し，通常，ブタや子ウシ，ウマなどの肉から抽出される．コメゴミムシダマシ(*Tenebrio molitor*)の発育因子(mealworm factor)は，ビタミンB_Tと名づけられていたが，この構造はカルニチンと決定された．これの欠乏した幼虫は変態前に死ぬ．この物質を必要とする動物はこれまでにコメゴミムシダマシのほか3種しか知られず，鳥類や哺乳類ではγ-アミノ酪酸から生合成される．上記の栄養素としての要求性から重要な生理機能をもつ物質と推定されている．現在では，長鎖脂肪酸がミトコンドリアの膜を透過する際にアシルカルニチンとして運搬されることが明らかにされている．すなわち，長鎖脂肪酸はミトコンドリア膜に存在する酵素(カルニチンアシルトランスフェラーゼ fatty acyl CoA:carnitine fatty acid transferase)の作用によって*アシル CoA からカルニチンに転移し，アシルカルニチンを生成する．アシルカルニチンはミトコンドリアの内部で再び CoA に転移され，アシル CoA となり*β酸化をうける．したがって，カルニチンはミトコンドリアによる長鎖脂肪酸の酸化を促進する．

$$カルニチン + R-CO-SCoA$$
$$\underset{転移酵素}{\rightleftarrows} (CH_3)_3\overset{+}{N}-CH_2-\underset{\underset{R}{\underset{|}{C=O}}}{\underset{|}{\underset{|}{CH}}}-CH_2-COOH + CoA-SH$$

e **カルネキシン** [calnexin] 《同》IP90, p88, p90. 小胞体内腔において，モノグルコース型の糖鎖プロセッシング中間体を認識して新生糖蛋白質に結合し，折畳みを助けるシャペロン蛋白質．分子量約9万のI型膜蛋白質で，N末端ドメインはL型レクチンと相同性をもつ．細胞質領域に*小胞体局在化シグナルをもつ．大容量のCa^{2+}結合活性を示し，Ca^{2+}貯蔵庫としての小胞体の機能にも密接に関連する．カルネキシンに結合した基質は，同じくカルネキシンに結合した小胞体内腔の*蛋白質ジスルフィドイソメラーゼである ERp57 によってジスルフィド結合の異性化が行われる．

f **カルノシン** [carnosine] β-アラニル-L-ヒスチジンに当たるジペプチド．W. S. Gulewitsch (1900) が肉エキス中より発見．哺乳類，鳥類，爬虫類，両生類などの骨格筋中に少量存在．カルノシナーゼ(carnosinase)によって加水分解され，β-アラニンとヒスチジンを生成する．この酵素の欠損による先天性代謝異常で，痙攣や知能障害を主徴とするカルノシン血症(carnosinemia)が知られている．

$$\underset{HC\diagdown_N\diagup CH}{HN-C-CH_2CHCOOH} \quad NHCOCH_2CH_2NH_2$$

g **カルパイン** [calpain] 真核生物とバクテリアの一部に存在するカルシウム依存性システインプロテアーゼ．EC 3.4.22.17. 主に細胞質に存在し，基質蛋白質の限定分解を通じてさまざまな生命現象に関与する．ヒトゲノムにはカルパインプロテアーゼドメイン(CysPc)を共通にもつ15遺伝子座(CAPN1〜3，5〜16)が存在し，9個のクラシカルカルパインと6個の非クラシカルカルパインに大別される．それぞれの分子はカルシウムやその他のさまざまな刺激によって CysPc ドメインのコンフォメーション変化により活性化されると考えられている．CAPN3 は骨格筋の恒常性維持に関わり，その変異は筋ジストロフィーの一種 LGMD2A を引き起こす．

h **カルバコール** [carbachol] 《同》カルバミルコリン(carbamylcholine). アセチルコリンの誘導体．通常は塩酸塩として使用される．融点210℃(分解)．毒性，刺激性が強い．作用もアセチルコリンに似て自律神経節におけるニコチン様作用を示すが，コリンエステラーゼでは分解されない．緑内障治療などに用いる．アセチル

$$CH_3-\overset{\overset{CH_3}{|}}{\underset{\underset{CH_3}{|}}{N}}{}^+-CH_2-CH_2-O-CO-NH_2$$

コリン受容体のアフィニティークロマトグラフィーでの溶出剤としても用いられている.

a **カルバミノヘモグロビン** [carbaminohemoglobin] *ヘモグロビンのアミノ基と二酸化炭素が反応してできる化合物. ヒトでは組織から肺へ二酸化炭素が運搬される際に, 約90％が炭酸水素イオンとして, 約6％がカルバミノヘモグロビンの形で, 残りは物理的に溶解して運搬される. 酸素を結合しないヘモグロビンは酸素ヘモグロビンよりもカルバミノヘモグロビンをつくりやすく, したがって静脈血は動脈血よりも多くの二酸化炭素を含むことができるため, 二酸化炭素の運搬にとって都合がよい. (⇌ホールデン効果)

$$CO_2 + R-N\begin{matrix}H\\H\end{matrix} \rightleftharpoons R-N\begin{matrix}H\\COOH\end{matrix}$$

b **カルバミン酸キナーゼ** [carbamate kinase] カルバミン酸とATPからカルバモイルリン酸を生成する反応を触媒する酵素. EC2.7.2.2. 大腸菌, 酵母, アカパンカビ, マメなどに見出され, この反応で生成するカルバモイルリン酸はアルギニンやカルバモイルアスパラギン酸の合成に用いられる. 可逆的なのでアルギニン代謝によるATPの産生も見られる.

c **カルバモイルリン酸** [carbamoyl phosphate]
*高エネルギーリン酸化合物の一つ. カルバモイル基転移 (transcarbamoylation) 反応においてカルバモイル基 (-C(=O)-NH_2) の供与体となる. 生合成はカルバモイルリン酸合成酵素 (carbamoyl phosphate synthetase) により触媒され, この酵素には2種類ある. (1) NH_3 と CO_2 と2分子のATPから不可逆的にカルバモイルリン酸を合成するカルバモイルリン酸合成酵素 I (EC6.3.4.16). ミトコンドリアに局在し酵素の活性化に N-アセチルグルタミン酸を必要とする. 生成したカルバモイルリン酸は*尿素回路においてオルニチンを受容体とするカルバモイル基転移反応によりシトルリンを形成する. (2) NH_3 の代わりにグルタミンのアミド基を加水分解してカルバモイルリン酸を合成するカルバモイルリン酸合成酵素 II (EC6.3.5.5). 細胞質に局在し動物ではアスパラギン酸カルバモイル基転移酵素およびジヒドロオロターゼと複合体をつくり, ピリミジンの生合成に関与する.

$$NH_2-C-O-P-OH$$ (構造式: OH, O)

d **γ-カルボキシグルタミン酸** [γ-carboxyglutamic acid] Glaと略記. 《同》4-カルボキシグルタミン酸. γ-位の炭素にカルボキシル基が付加したグルタミン酸. *ビタミンK依存性カルボキシラーゼによる翻訳後修飾により蛋白質中の特定のGluにカルボキシル基が付加して生成する. 含有蛋白質としては, *血液凝固因子 (プロトロンビン, VII, IX, Xなど), プロテインC, S, Zやオステオカルシン, マトリックスGla蛋白質などがあり, いずれも細胞外蛋白質である. Glaを含む多くの蛋白質の機能の発現のためにはGlaの存在は必須である. 血液凝固因子中のGlaは, Ca^{2+} やリン脂質, 血液凝固制御因子などと相互作用するために必要であるほか, マトリックスGla蛋白質ではGlaのカルボキシル基が Ca^{2+} の結合部位であることが示されている.

(構造式: COOH, HCCOOH, -HNCHCO-)

e **カルボキシペプチダーゼ** [carboxypeptidase] プロテアーゼの一つで, ポリペプチド鎖のカルボキシル末端側に働くエキソペプチダーゼ. カルボキシペプチダーゼのうちC末端からアミノ酸残基を1個ずつ切り出すものはEC3.4.16および3.4.17群に分類. C末端からジペプチドを切り出す酵素をペプチジルジペプチダーゼ (peptidyl-dipeptidase) と呼ぶ (EC3.4.15群に分類). 蛋白質やポリペプチドのカルボキシル末端分析の目的に使用される. この種の酵素は動物から微生物にわたって広く分布しているが, 活性発現に不可欠な因子としての金属イオン (Zn^{2+}) を含むグループと不可欠セリン残基をもつと見なされるグループとに大別される. 前者にはカルボキシペプチダーゼAとBがある. それぞれCPA (EC3.4.17.1), CPB (EC3.4.17.2) と略記. いずれも膵臓中で不活性な酵素前駆体プロカルボキシペプチダーゼ (procarboxypeptidase) として生産され, 十二指腸に分泌されるとトリプシンの作用で前駆体1分子から活性な酵素1分子が生まれる. CPAの基質特異性は比較的広く, 芳香族アミノ酸がカルボキシル末端位を占めるものに特によく作用する. しかし, アルギニン, リジン, プロリンをこの位置にもつ基質には作用しない. これに対し, CPBはL-アルギニン, L-リジンなどの塩基性アミノ酸をカルボキシル末端残基とする合成基質や蛋白質だけに作用し, これらのアミノ酸だけを遊離する. ブタ膵臓由来のものの性質が最もよく知られており, 最適pHは約8, 分子量3万4300. CPA, CPBの活性はいずれも o-フェナントロリン (o-phenanthroline) のような金属キレート剤の作用で阻害され, メタロカルボキシペプチダーゼ (metallocarboxypeptidase) と呼ばれる. これ以外に, リジンを選択的に切り出すリジンカルボキシペプチダーゼ (カルボキシペプチダーゼN, EC3.4.17.3) が動物肝臓から単離され, ブラジキニンやカリジンの活性を失わせる. ムラモイルペプチドのC末端のD-Alaを切り出す酵素 (EC3.4.17.8, 3.4.17.13) が細菌から単離されており, 細胞壁の生合成への関与が示唆されている. また植物の種子, 果実 (ミカン類) の表皮, 酵母, 糸状菌に第二のグループに属するカルボキシペプチダーゼの存在が知られる. これらはいずれも o-フェナントロリンの阻害作用を受けず, フルオロリン酸ジイソプロピル (DFP) により失活するなどの性質から, セリンプロテアーゼの一種とされる. これらはセリンカルボキシペプチダーゼ (serine carboxypeptidase) と呼ばれ, EC3.4.16群に分類される. 基質特異性は極めて広い. 代表的なものとしてカルボキシペプチダーゼC (CPCと略記, 別名カルボキシペプチダーゼY, EC3.4.16.5) がある. これは, 植物や酵母の液胞, 動物細胞のリソソームに存在する. セリンペプチダーゼであり, 活性部位にSer, His, Asp残基よりなるいわゆる三つ組構造 (catalytic triad) をもつが, SH阻害剤でも阻害され, 活性部位に活性に必須のCysが存在する.

f **カルボキシラーゼ** [carboxylase] 《同》カルボキシル化酵素, 炭酸固定酵素. 二酸化炭素 (CO_2) または重炭酸イオン (HCO_3^-) を基質に付加してカルボキシル基を導入する酵素の総称. 重要な生理的役割をもつものが多い. 古くは CO_2 を脱離する酵素もカルボキシラーゼと呼称されたが現在これらはデカルボキシラーゼ (脱炭酸酵素) として区別される. カルボキシラーゼは, 補酵素としてビオチンをもつものともたないものに大別される. 前者の例としては, ピルビン酸カルボキシラーゼ

(EC6.4.1.1)およびアセチル CoA からマロニル CoA を生成するアセチル CoA カルボキシラーゼ(EC6.4.1.2)などがあり，ATP のもつ高エネルギーによって HCO_3^- が活性化され，ビオチンを経て固定される．後者の例としては，ホスホエノールピルビン酸カルボキシラーゼ(EC4.1.1.31)，リブロース-1,5-ビスリン酸カルボキシラーゼ/オキシゲナーゼ(EC4.1.1.39)およびカルバモイルリン酸合成酵素(EC6.3.5.5)など．特殊な例として，ビタミン K 依存性の γ-グルタミルカルボキシラーゼ(EC4.1.1.90)は蛋白質中の特定のグルタミン酸残基に CO_2 を付加して，4-カルボキシグルタミル基を生成する酵素である．

a **カルボキシル末端分析** [carboxyl-terminal analysis] 《同》C 末端分析(C-terminal analysis)．ポリペプチド鎖のカルボキシル末端位を占めるアミノ酸残基の分析．このための化学的方法としてはヒドラジン分解(hydrazinolysis)法やトリチウム標識法が有用．カルボキシペプチダーゼを作用させると，ポリペプチド鎖を構成するアミノ酸残基をある程度この末端から順次遊離アミノ酸として切り離すことが可能なので，アミノ酸配列を知ることができる．しかし*エドマン分解法に代表されるアミノ末端分析に比べて一般性は低い．(→アミノ末端分析)

b **カルポニン** [calponin] 脊椎動物平滑筋の主要な*アクチン結合蛋白質．高橋克仁(1986)の発見．平滑筋アクチンフィラメントに*トロポミオシンと 1:1 のモル比で存在している．カルポニンはアクチン，*カルモジュリン，*トロポニン C，トロポミオシンと結合でき，カルポニンとアクチンの結合がアクトミオシンの ATP アーゼの活性を低下させ，平滑筋の弛緩過程に関与している．多種の生物から cDNA がクローニングされ，その塩基配列とアミノ酸一次構造が明らかにされており，ヒトではアミノ酸残基数が 297，309，329 のカルポニン-1，-2，-3 が知られている．カルポニンは長軸が 16.2 nm(電子顕微鏡では〜19 nm)，短軸が 2.6 nm の桿状分子で，ニワトリカルポニンでは，*α ヘリックス含量は 13% である．なお，カルポニン遺伝子の発現は*α アクチンよりも鋭敏に平滑筋の分化状態を反映し，動脈硬化症において，平滑筋細胞の増殖と，合成型への脱分化に伴って発現が低下することから，カルポニン遺伝子の発現低下が動脈硬化の発症と進展に関連しているものと推定されている．

c **カルボリガーゼ** [carboligase] α-ケト酸が酵素的に脱カルボキシルしてアルデヒドを生ずるとき，2 分子縮合して α-ケトール(*アセトインなど)を副生する反応:2RCOCOOH ⟶ RCOCHOHR+2CO₂ を特異的な単一酵素によると考えて，カルボリガーゼと名づけた．現在はピルビン酸脱カルボキシル化酵素の別の作用(酵母)，あるいは中間生成した α-アセチル乳酸の脱カルボキシル反応(細菌)によって行われるとされる．

d **カルモジュリン** [calmodulin] 真核細胞に広く分布する Ca^{2+} 受容蛋白質(→カルシウム結合蛋白質)．分子量約 1 万 6000，筋肉のトロポニン C と類似のアミノ酸配列をもち，生物種間で極めて保守的な構造をもつ．熱に安定で，等電点は 4.0．1 分子当たり 4 分子の Ca^{2+} を結合し，その解離定数は約 10^{-6} M である．cAMP リン酸ジエステラーゼの活性化蛋白質として垣内史朗ら(1970)が発見，その後さらにアデニル酸シクラーゼ，ホスホリラーゼ b キナーゼ，赤血球膜 $Ca^{2+}-Mg^{2+}$-ATP アーゼ，NAD キナーゼ，ミオシン L 鎖キナーゼなどの酵素を Ca^{2+} 存在下で活性化することが知られた．この活性化は，Ca^{2+} を結合したカルモジュリンが不活性型酵素に結合してこれを活性型に変えるためである．また，酵素の活性化だけでなく，カルモジュリン結合蛋白質(calmodulin-binding protein)のうちカルデスモンなどの細胞骨格関連カルモジュリン結合蛋白質(サイトカルビン cytocalbin)を通じ，*微小管の重合を調節することも知られる．(→微小管結合蛋白質)

e **カルモジュリンキナーゼ** [calmodulin kinase] 《同》Ca^{2+}/カルモジュリン依存性プロテインキナーゼ(Ca^{2+}/calmodulin-dependent protein kinase)，CaM キナーゼ．*プロテインキナーゼの一種で，ATP の γ-リン酸基を蛋白質に存在するある特定のセリンまたはトレオニンの水酸基に転移させる反応を触媒する酵素．EC2.7.1.37．Ca^{2+} と結合した*カルモジュリンによって活性化される．脳組織に多く見出されている CaM キナーゼ II は，分子量約 5 万の α サブユニットと約 6 万の β サブユニットからなる多量体(分子量約 56 万)蛋白質で，酵素分子が分子内で自己リン酸化されると活性化されて，Ca^{2+} やカルモジュリンがなくても活性化状態を維持する．チロシン水酸化酵素(DOPA 合成酵素)やシナプス小胞に存在するシナプシンなど多くの細胞内蛋白質を基質とし，シナプス応答の長期増強やシナプスの再編成と可塑性に関与すると考えられている．

f **カルレティキュリン** [calreticulin] 《同》CRP55．小胞体内腔に存在する主要なカルシウム結合蛋白質．55 kDa で低親和性(解離定数は〜250 μM)，高容量のカルシウム結合を示し，1 分子当たり約 25 個のカルシウムと結合する．*小胞体局在化シグナルの KDEL モチーフをもつ．

g **過冷却** [supercooling] 体液がその凝固点以下に冷却されても凍結しないで保たれている準安定の状態．純粋な水は，氷形成に必要な*氷核が存在しない状態では $-38°C$ まで過冷却され，この温度以下では氷核なしに一様に凍結する．生物の耐寒性は，過冷却によって凍結が回避されるか(→凍結回避)，あるいは耐凍性をもつかのいずれかによる．生細胞では，氷核となる物質がないか，植物では蕾における花の原基のように，他の凍結組織からの体液の成長を防止するしくみによって過冷却を実現する．今まで観測された過冷却の最低温度は木部柔細胞の $-47°C$．越冬昆虫などでは，体液の氷点より非常に低い $-20°C$ まで過冷却できるものが少なくない．一般に過冷却が切れ，細胞内凍結が起こると細胞は破壊される．しかし，南極の線虫のように細胞内凍結に耐えるものもある．細胞内凍結は細胞外凍結より低い温度で起こり，示差熱分析によれば，細胞外凍結に基づく発熱のあとに細胞内凍結に基づく発熱が見られる．小形の生物体の過冷却度を知るには，その*凍結曲線が利用される．(→細胞内凍結，→細胞外凍結)

h **ガレノス** GALENOS 129(または 130)〜199(または 200) ギリシアの医学者．小アジアのペルガモンに生まれ，アレキサンドリアその他で医学を修めた．のちに Marcus Aurelius 帝に重用されて，ローマに定住(169)．解剖学者・生理学者として古代医学最後の代表者．サルなどの解剖に基づいて人体の構造を類推した．動脈に血液が含まれている事実を初めて明らかにしたほか，神経

系の働きを調べ,臨床的には,脈拍を診断に用いた.'Scripta minora'(3 巻,1884～93)ほかの集成本がある.

a **カレル** CARREL, Alexis 1873～1944 フランス出身の外科医・生理学者.組織培養法の確立に貢献し,ニワトリ胚の繊維芽細胞の長期培養に成功.また血管縫合術ならびに臓器移植法について研究し,その創案により,1912 年ノーベル生理学・医学賞受賞.飛行家 C. A. Lindbergh と親交を結んで,その協力下に「人工心臓」装置を発明し,「臓器培養」法の完成を目ざした.'The transplantation of veins and organs'(1905),'Surgery of the thoracic aorta and the heart'(1910),その他の専門的著述のほかに,'L'homme, cet inconnu' (Man, the unknown) (1935)を著し,在来の微視的医学の無能と総合的人間認識,特に精神的側面の重視の必要を力説した.

b **カロース** [callose] β-1,3 結合によるグルコース重合体.L. Mangin (1892) によって篩板の肉状体 (閉塞体,カルス板 callus) で顕微化学的に発見.肉状体は篩板の片側あるいは両側にカロースが蓄積しレンズ形になったもので中を*篩孔が貫いている.カロースは最初篩孔の内面に薄い層として存在するが,最終的には篩孔を閉塞し,篩管の機能を停止させる.大本双子葉類(特にブドウ)および単子葉類の茎および根では,肉状体の発達は夏から秋にかけて起こり冬に篩孔を完全に閉塞するが,翌春にはカロースがとけて再び孔があく.他の種類では篩管の機能がおとろえるにつれて形成され,再びとけることなく残存する.また,組織に障害が与えられると極めて急速に*篩域および細胞壁に沈積したり,病原微生物に感染すると壊死細胞周辺の細胞の壁にも沈積するなど,宿主細胞の病害抵抗反応に関与することも知られている.顕微鏡観察においては,アニリンブルー染色で可視化できる.

c **カロテノイド** [carotenoid] 《同》カロチノイド.8 個の*イソプレノイド単位が直鎖状に結合した $C_{40}H_{56}$ を基本骨格とする一群の物質.動植物やバクテリアに広く分布し水に不溶性.窒素を含まない.共役二重結合の数や β 末端基の違いにより,黄・橙・赤ないし紫色を呈する.炭化水素のみのものをカロテン(カロチン),また水酸基,カルボニル基,エポキシ基,メトキシ基などの形で酸素原子を含むものを*キサントフィルと区別する.750 種以上の天然カロテノイドが知られ,その中で約 60 種のカロテンが知られる.カロテンには,ポリエン鎖の両端に存在するイオノン環または基の種類によって α, β, γ, δ, ε など多くの異性体があり β,ε-カロテン,β,β-カロテン,β,ψ-カロテン,ε,ψ-カロテン,ε,ε-カロテンとも呼ばれる.なお赤色のトマトの果実に存在するリコピン (lycopene) もカロテンの異性体.β-カロテンはカロテン中で最も広く分布し,量も多い.緑葉中には*クロロフィルと共存し,またニンジンの根などに多い.吸収極大は 497, 466 nm (クロロホルム中).水に不溶,アルコール類に難溶.α-カロテンは緑葉やニンジンの根にも β-カロテンとともに存在するがその量は一般に少ない.吸収極大は 485, 454 nm (クロロホルム中).γ-カロテンの生体内分布は限られる.吸収極大は 508.5, 475, 466 nm (クロロホルム中).分子中に酸素原子を含むキサントフィルの種類は非常に多く,フコキサンチン (fucoxanthin),ルテイン (lutein),ビオラキサンチン (violaxanthin),ネオキサンチン (neoxanthin) などは多量に存在する.カロテノイドの多くは不安定で酸化されやすい.β-カロテン,α-カロテンなどは動物体内でレチノール (*ビタミン A) および*レチナール (ビタミン A アルデヒド) に変わり光受容に関与する.緑色植物や光合成細菌に含まれる β-カロテンは,集光複合体 (アンテナ複合体) における補助色素として働き,β-カロテンを吸収した光エネルギーはクロロフィルを経由して反応中心へ伝えられ,光化学的過程を進めるのに使われる.また,カロテノイドは O_2 の一重項励起状態の失活剤として有効であり,生物の光失活・光破壊を防ぐ機能をもつ.細菌のカロテノイド (bacterial carotenoid) としては,リコピン,β-カロテン,γ-カロテンやゼアキサンチン (zeaxanthin) などの他,光合成能をもつ紅色細菌から得られたスピリロキサンチン (spirilloxanthin)・スフェロイデノン (spheroidenone)・オケノン (okenone),緑色硫黄細菌に含まれるクロロバクテン (chlorobactene) などがある.動物に見出されるカロテノイドの多くは摂取された植物由来の二次的なもので,エビやカニの甲羅の色であるアスタキサンチン (astaxanthin)・カンタキサンチン (canthaxanthin) は動物体内でさらにカルボニル基が添加されたもの.

フコキサンチン

リコピン

d **カロテン** [carotene] ⇌カロテノイド

e **川村多実二** (かわむら たみじ) 1883～1964 動物生態学者,陸水生物学者.京都帝国大学理学部動物学教授.日本の淡水生物学を創成.生きた生物の観察の重要性を説いた.[主著] 日本淡水生物学, 1918.

f **癌** [cancer] 狭義には上皮組織由来の悪性腫瘍.一般に平仮名で表記する「がん」は,癌のみならず肉腫や血液がんなどを含めた悪性腫瘍の総称として用いられる.

g **がん遺伝子** [oncogene] 《同》オンコジーン.そのコードする蛋白質により正常な細胞を*形質転換し,個体にがんを引き起こす一群の遺伝子.遺伝子異常により活性化される (gain of function).機能喪失 (loss of function) が発がんに関与する*がん抑制遺伝子とはこの点で大きく異なる.今日までに 200 種類以上のがん遺伝子が知られている.一般的には細胞増殖や細胞分裂の制御などを司る遺伝子が遺伝子変異や遺伝子増殖などの遺伝子異常により活性化したものが多い.遺伝子異常が起きる前の正常な状態の遺伝子をプロトオンコジーン (proto-oncogene) と呼ぶ.がん遺伝子の発見は,1910 年 F. P. Rous によるニワトリに腫瘍を引き起こすラウス肉腫ウイルス (RSV) にさかのぼる.その後,RSV による形質転換は *src* (*v-src*) 遺伝子によって引き起こされることが判明した.正常細胞にも *src* (*c-src*, プロトオンコジーン) が存在することが判明し,*v-src* は *c-src* が変

異したものと考えられた．しかし，多くのヒトのがんでは，それを引き起こす腫瘍ウイルスは見つからず，発がんは発がん物質などによる遺伝子変異によって引き起こされると考えられた．マウスの繊維芽細胞 NIH3T3 細胞に遺伝子導入し，フォーカス形成，足場非依存性増殖，そしてマウスに移植した細胞の造腫瘍性の有無といった形質転換を指標にしたアッセイにより，ある遺伝子ががん遺伝子としての機能を有するかを判定することができる．こうして発がん物質によって形質転換を起こしたがん細胞のDNAから多くのがん遺伝子が同定されている．この場合でも，正常なプロトオンコジーンが正常細胞に存在することが確認されている．また，実際のヒトの膀胱がん細胞から抽出したDNAをNIH3T3細胞に遺伝子導入して生じた形質転換体から HRAS 遺伝子が同定

主ながん遺伝子とその産物の性質

がん遺伝子	遺伝子産物の性質・機能*	ヒトがんにおける異常
1. 細胞増殖因子		
sis	PDGFβ 鎖	髄芽腫，繊維肉腫
FGF ファミリー		
int2/FGF3		⎫ 乳癌，食道癌，頭頸部癌などで 20〜50% の頻度
hst1/K-fgf/FGF4		⎬ で遺伝子増幅
hst2/FGF6		胃癌
2. 増殖因子受容体　蛋白質チロシンキナーゼ活性をもつ		
erbB1/EGFR	EGF, TGF-α, amphiregulin などが結合する	脳腫瘍，乳癌などで 15〜40% の頻度で遺伝子増幅
erbB2/neu(HER2, NGL)	特定のリガンドをもたない	乳癌，胃癌，腎癌，卵巣癌などで 10〜40% の頻度で遺伝子増幅
met	HGF 受容体	胃癌の 50% で遺伝子再編成
trk(A, B, C)		大腸癌，甲状腺癌
ret	GDNF/NTT/ART/PSP 受容体	多発性内分泌腺腫症 II (MEN2A・MEN2B)，家族性髄様癌 (FMTC) 原因遺伝子
fms	CSF1 受容体	肉腫
kit	Stem cell factor (SCF) or steel factor	GIST (88%) で点突然変異（活性型変異）を有する
PDGFRα		GIST (4.7%) で点突然変異
PDGFRβ	PDGFβ 鎖受容体	
VEGFR-1(flt1)	VEGF, VPF 受容体	腫瘍血管新生
VEGFR-2(flk1/kdr)		
VEGFR-3(flt-4)		リンパ節転移
FGFR ファミリー	FGF 受容体	
FGFR2/K-sam/bek	bFGF, aFGF, KGF ならびに K-fgf/hst1 遺伝子産物と高い親和性	胃癌
FGFR1/N-sam/flg/Cek1/bFGFR	bFGF, aFGF, K-fgf/hst1 遺伝子産物と高い親和性	乳癌の 10% で遺伝子増幅
3. 非受容体蛋白質チロシンキナーゼ		
abl	SH3/SH2 ドメインを介したシグナル伝達	再編成：ALL, CML (bcr-abl)
src ファミリー	SH3/SH2 ドメインを介したシグナル伝達	
src		大腸癌
yes		肉腫
fgr		
lck	CD4・CD8 からのシグナル伝達	
csk		
fes		肉腫
4. キナーゼ活性をもたない受容体		
mas	アンジオテンシン受容体	
5. 細胞膜に結合した G 蛋白質　GTP アーゼ活性をもつ GDP/GTP 結合蛋白質		
gsp	$G_sα$ の変異型	甲状腺癌
gip	$G_iα$ の変異型	卵巣癌，副腎癌
ras ファミリー	Raf 蛋白質をエフェクターとし，受容体からのシグナルをセリンリン酸化カスケードに伝達	コドン 12, 13, 61 でのアミノ酸置換をもたらす変異でがん遺伝子
H-ras		甲状腺癌 (40〜85%)，子宮頸部癌 (10〜45%) で点突然変異が顕著
K-ras		胆管癌 (70〜100%)，肺非小細胞腺癌 (15〜50%)，膵癌 (58〜95%)，大腸癌 (40〜50%)，甲状腺癌 (30%)，子宮癌 (50%)，横紋筋肉腫 (38%) で点突然変異が顕著
N-ras		肺小細胞癌 (8〜22%)，神経芽細胞腫 (13%)，甲状腺癌 (10〜30%)，セミノーマ (40%) で点突然変異が存在
6. セリン・トレオニンキナーゼ活性をもつ細胞質蛋白質		
mos	MPF を活性化する細胞増殖抑制因子	
B-raf	Ras 蛋白質のエフェクターでの MAPKKK	悪性黒色腫 (90%)，大腸癌 (10%)
Pim-1		T 細胞リンパ腫

され，この遺伝子に点突然変異が見出された．がん遺伝子の活性化のメカニズムは大きく分けて二つ存在する．一つはがん遺伝子の発現制御機構の異常であり，もう一つはがん遺伝子産物の構造の異常である．遺伝子発現制御機構の異常の代表としてMYCがん遺伝子があげられる．その活性化メカニズムとして，プロウイルスの感染，遺伝子増幅，染色体転座などが知られている．遺伝子増幅は染色体DNAの一部が過剰に複製されて生ずる．顕微鏡観察でも遺伝子増幅は核内のHSRs (homogeneously staining regions) や染色体外のDM (double minutes) に認められる．このような遺伝子増幅により遺伝子の過剰発現が引き起こされることがある．また，*バーキットリンパ腫の場合ではMYCは，本来の正常なプロモーター領域の存在する8番染色体から14番染色体上の免疫グロブリン遺伝子のプロモーター領域に転座し，過剰発現を引き起こしている．がん遺伝子産物の構造異常の代表としては，RASがん遺伝子に代表される点突然変異がある．その結果，遺伝子産物の機能異常が起きる場合がある．RAS遺伝子の場合は点変異のホットスポット（コドン12, 13, 61）があり，それらはGTPアーゼ活性の増強を引き起こす．また，表皮成長因子受容体 (epidermal growth factor receptor, EGFR) などの多くの成長因子受容体は点突然変異によってリン酸化酵素としての活性が増強する．さらに転座により活性が増強されたキメラ蛋白質が新たにできることもある．この例としては慢性骨髄性白血病におけるBCR-ABLがある．9番染色体と22番染色体の相互転座によって生ずる代表的なキメラがん遺伝子産物である．(→フィラデルフィア染色体)

a **がん遺伝子産物** [oncoprotein] *がん遺伝子がコードしている蛋白質．それらを機能的に分類するとEGFのような細胞成長因子，EGFRのようなその受容体，ras (p21) のようなシグナル伝達分子，mycのような転写調節因子，cyclinD1などの細胞周期調節因子，Bcl2のような抗アポトーシス蛋白質などに大別される．また，その存在部位は細胞膜，細胞質，核内など細胞内の全域にわたるほか，細胞外に分泌されるがん遺伝子産物もある．がん細胞では，がん遺伝子産物の機能が活性化 (gain of function) するような変異がさまざまな活性化様式によって起きている．

b **換羽** [molting] 《同》羽換わり．鳥類の周期的な羽の生え換わり，あるいはその時期．換羽は皮膚にある中

がん遺伝子	遺伝子産物の性質・機能*	ヒトがんにおける異常
7. 核蛋白質転写因子		
rel	転写因子NF-κB複合体のDNA結合成分	リンパ性白血病
ski/sno		さまざまの癌
mycファミリー	塩基性アミノ酸/ヘリックス/ループ/ヘリックス (bHLH) 構造をもつDNA結合蛋白質	
myc	Max蛋白質との複合体としてDNAに結合	子宮頸部癌 (54〜90%), 脳腫瘍 (57%), 乳癌 (4〜56%), 肺非小細胞癌 (7〜25%), 肺小細胞癌 (10〜30%) で遺伝子増幅
N-myc	Max蛋白質との複合体としてDNAに結合	神経芽細胞腫 (13〜64%), 肺小細胞癌 (10〜30%) で増幅
L-myc		肺小細胞癌 (10〜30%) で増幅
myb		骨髄増殖性疾患
fos		骨肉腫
junファミリー	Fos蛋白質との複合体が転写因子AP1を構成し，DNAのAP1位置に結合	
junB		
junD		
etsファミリー	85アミノ酸配列のetsドメインを共有し，転写制御領域でDNAに結合	
ets1		赤芽球症
ets2		赤芽球症
8. その他		
cyclin D1/bcl1/PRAD1	細胞周期調節因子	乳癌 (17%), 頭頸部癌 (35%), 肺非小細胞癌 (13%) で遺伝子増幅
bcl2	アポトーシスを抑制するミトコンドリア膜結合蛋白質	B細胞リンパ腫
bcr	GTPアーゼ活性化蛋白質, bcr-abl融合遺伝子を形成	CMLのt(9;22)転座位置で遺伝子再編成
pml	pml-RARα融合遺伝子を形成	APLのt(15;17)転座位置で遺伝子再編成
pbx1/prf	ホメオボックスを含む遺伝子でE2A-pbx1融合遺伝子を形成	pre-B-ALLのt(1;19)転座位置で遺伝子再編成
all1/mll		ALLのt(4;11)転座位置で遺伝子再編成
aml1	aml1-myg8またはaml1-eto融合遺伝子を形成	AMLのt(8;21)転座位置で遺伝子再編成
dec	dec-can融合遺伝子を形成	AMLのt(6;9)転座位置で遺伝子再編成
ews	fli1-ews, erg-ews融合遺伝子を形成	Ewing肉腫のt(11;22), t(21;22)で遺伝子再編成
tls/fus	tls/fus融合遺伝子を形成	骨髄性白血病のt(16;21)転座位置で遺伝子再編成
tel	ets類似遺伝子, tel-PDGFRb融合遺伝子を形成	CMMoLのt(5;12)転座位置で遺伝子再編成

*CSF: コロニー刺激因子, EGF: 表皮成長因子, FGF: 繊維芽細胞成長因子, MPF: 卵成熟促進因子, MAPKKK: MAPキナーゼキナーゼキナーゼ, PDGF: 血小板由来成長因子, VEGF: 血管内皮増殖因子, VPF: 血管浸透性因子

胚葉起原の羽乳頭細胞(feather papilla cell)が刺激されることにより周囲を取り巻く外胚葉起原の細胞群，すなわちカラー細胞(collar cell)に作用し，この細胞による新羽を誘導する(⇒羽毛)．換羽は，飛翔能力の維持，体温保持能力の調節，羽の防水機能を保つため，あるいは外観を変えるために，ほとんどの種で少なくとも年1回は見られる．例えば，多くの鳥は繁殖期前に換羽を行い，美しい生殖羽を生じる．しかし，これは通常部分的な生え換わりで，羽全体の生え換わりは繁殖期の後に特徴的である．換羽の時期は繁殖期の到来と同様，日長によって決められていることが多いが(⇒光周性)，繁殖と換羽は必ずしも切り離せないわけではない．例えば，繁殖期に捕らえたイエスズメやマガモを長日条件に保ち続けると，その後見られるはずの換羽が抑制される．また*概年リズムを示す鳥の生殖と換羽に関する*自由継続リズムの周期が異なる例も知られている．鳥にとって換羽に要する蛋白質の負担は大きいので，従来換羽は繁殖と同時には起こらないとされてきたが，熱帯に生息する種などでこれらが同時に起こることも報告されている．換羽をもたらす内分泌機構は種によって異なるが，*甲状腺ホルモンの分泌上昇，*性ホルモンの分泌低下，あるいはその両者の相互作用による．

a **肝炎ウイルス** [hepatitis virus] 肝炎を引き起こすウイルスの総称．現在のところA，B，C，D，Eの各型に大別される．かつてウイルス性肝炎の病原ウイルスのうち，A型にもB型にも分類されないものを非A非B型肝炎ウイルス(non A, non B hepatitis virus)と呼んでいたが，現在では，ゲノムの解析からこれはC，D，Eの各型に分類されている．(1) A型肝炎ウイルス：*ピコルナウイルス科へパトウイルス属のRNAウイルス．ヒトでは経口による感染が主な経路で，不顕性感染も多い．持続感染は知られていない．実験的にはチンパンジーやマーモセットが用いられる．(2) B型肝炎ウイルス：ヘパドナウイルス科オルトヘパドナウイルス属に属し，環状二本鎖DNA(その1本は不完全)をゲノムとしてもつ．コア部分はヌクレオ*キャプシドを形成し，HBc抗原(HBc antigen)を含む．ウイルス粒子にDNAポリメラーゼがある．*エンベロープには，表面蛋白質HBs抗原(HBs antigen，かつてはオーストラリア抗原Australia antigen，Au抗原とも呼ばれた)をもつ．HBs抗原にはサブタイプがあり，その分布には地域性が認められる．HBe抗原(HBe antigen)は，ウイルス増殖の盛んな感染細胞が産出する可溶性蛋白質である．完全ウイルス粒子をデーン粒子(Dane particle)と呼ぶ．血清肝炎の主要な原因で，輸血による感染がよく知られているが，他の水平感染もある．急性感染症の場合は，肝炎を伴う一過性の感染で，免疫状態となって回復する．慢性の感染も多く，長い年月を経て発症する．無症状の持続感染もある．新生児期までの感染は持続感染になりやすい．実験動物としては，チンパンジーあるいはテナガザル．(3) C型肝炎ウイルス：*フラビウイルス科ヘパシウイルス属に分類され，1本の+鎖RNAをゲノムにもつ．六つの遺伝子型といくつかの亜型に分けられるが，日本を含めたアジア地域では1b型が主で，欧米諸国では1a型が多い．いったん感染すると高率に慢性化し，20～30年の持続感染を経て，肝硬変，肝細胞癌を発症する．主要な感染経路は，輸血や血液製剤の投与であったが，高感度のスクリーニング系の確立により，新規の感染者は激減した．抗ウイルス療法の進歩により約半数の患者でウイルスを排除できるようになった．近年，治療効果の予測因子として，IL-28Bの遺伝子多型が同定された．培養細胞で増殖可能な実験室株が作製されたが，未だ患者血清からウイルスを分離することはできない．チンパンジー以外に感受性を示す実験動物はいない．(4) D型肝炎ウイルス：デルタウイルス属に分類され，外殻はB型肝炎ウイルスのエンベロープで覆われている．1本の環状一鎖RNAをもちゲノムRNAはリボザイム活性を有する．単独では増殖できず，B型肝炎ウイルスを*ヘルパーウイルスとして増殖する．B型肝炎ウイルスの単独感染よりも肝炎の劇症化率は10倍高くなる．(5) E型肝炎ウイルス：ヘペウイルス科ヘペウイルス属に分類され，1本の+鎖RNAをゲノムにもつ．ウイルスに汚染された飲料水や感染したブタやイノシシの生肉の摂取により経口感染し一過性の黄疸を伴う急性肝炎を発症するが，慢性化することはない．ウイルスは肝細胞で増殖して胆汁中に分泌され，糞便とともに排泄される．日本でもイノシシの肝臓の生食による劇症E型肝炎による死亡例が報告されており，注意が必要なウイルス感染症の一つである．

b **感温期間** [temperature-sensitive period] ⇒臨界期

c **乾果** [dry fruit] 果皮が成熟すると乾燥する果実の総称．*液果と対する．*豆果・*節果・*節豆果・*蒴果・長角果・短角果・*蓋果などはいずれも乾果の一種である．乾燥した果皮が裂けて開くかどうかによって，*裂開果と閉果に分けられる．

d **感覚** [sensation, sense] 動物が体の各受容器(感覚器)で受け取った刺激に関する信号が求心性神経により中枢に伝えられるとき，そこに生じた刺激の対応を感覚の末梢機能に対しては，特に受容の語が用いられる．感覚は通常，感覚刺激(光源，音源，接触など)による信号が末梢受容体から中枢に*投射(局在)されて空間認知(空間覚)の形成に関与する．また，感覚に生じる時間的持続や分離の属性は，時間の表象(時間覚)を成立させる．感覚刺激の持続や消失に伴う感覚の*増し行き(増強)・順応・*消え行き(消失)などは，二つの感覚間の干渉効果として現れる感覚に特有な現象である．感覚は，*受容器の種別や*適当刺激の種類などに従って分類される(⇒モダリティー)．視覚・聴覚・嗅覚・味覚・触覚(冷覚や温覚など皮膚感覚を含む)の五感は，感覚刺激を身体外にもつ外受容性感覚(外感覚 exteroceptive sense)であって，外界の認知をなかだちする．これらはさらに，刺激源の距離から，遠覚(視，聴，嗅)と近覚(味，触)に分けられる．一方，身体内の刺激源に起因して，自己の状態を意識するような感覚は，内受容性感覚(内感覚 interoceptive sense)と総称されるが，前者と異なって感覚の種の区別や局在が多少とも不明確で，受容器や伝導経路の不明なものが少なくない．深部感覚と呼ばれるものはその一つで，筋肉覚，平衡覚(迷路覚)をはじめ位置覚，運動覚などを含む，いずれも各体部位自身の状態や変化を直接に感覚刺激として受容するものであり，自己受容性感覚(proprioceptive sense)という．なお，適当刺激の物理的・化学的種別だけに基づく感覚の分類も可能で，味覚や嗅覚は化学的感覚として物理的諸感覚から区別され，後者はさらに機械的受容(振動受容，音受容，平衡受容，自己受容などを含む)，温度受容，光受

容などに分けられる．(⇒知覚)

a **感覚器官** [sense organ, sensory organ] 《同》感覚器．内外の環境変化，すなわち刺激を受け入れるように発達した器官．生体に作用する多様な刺激を受容するため形態も多様である．脊椎動物の感覚器官は，各々の刺激に対応した受容体や受容器，求心性神経，さらに種々の付属器官を含む．例えば視覚の感覚器は，受容細胞をもつ網膜だけでなく，レンズや瞳孔などを含む「眼」である．このほかに嗅覚器官・味覚器官・聴覚器官・触覚器官，さらに平衡器官・側線器など，無脊椎動物では触角や各種感覚子がある．

b **感覚圏** [sensation circle] 《同》ウェーバーの圏域 (Weber's compass circle)．刺激部位を中心として*感覚が生じる一定の空間的広がり．感覚は一般に，刺激部位を中心とする一定の空間的広がりに投射される．この現象を感覚の放散(irradiation)と呼び，感覚圏は，こうして生じる感覚の投射面積である．例えば触覚に関しては，2点と感じることができる最小の間隔を空間閾あるいは二点閾(two-point threshold)と呼び，二点閾によって形づくられる大小の円や楕円が感覚圏と呼ばれる．二点閾の値は触圧の与え方や指示の仕方により異なるが，指・口唇・舌などで小さく，脚や背中で大きい．感覚圏が実際の刺激面よりも大きいのは，受容器の不精密や，単一感覚神経繊維の分布範囲の広がり，また感覚中枢における興奮の広がりによる．二つの感覚圏が相接するかまたは重なりあえば，両感覚は空間上の融合(fusion)をきたし，刺激位置の差が識別できない．

c **感覚細胞** [sensory cell, sense cell] 《同》知覚細胞，受容器細胞(receptor cell)．一定の種類の刺激(適当刺激)に対して一定の被刺激性をもち，これを対応する信号に変換する細胞の総称．その細胞が受容する適当刺激の種類によって，*視細胞，*味細胞などに分けられる．一般に神経繊維により中枢神経系ないし神経網と連絡する(⇒感覚神経)．単独に体表や内部器官に散在するものと，感覚器内に集まるものとがある．無脊椎動物では，それ自体双極性ニューロンであり，その樹状突起の末端が受容部位を形成する場合(一次感覚細胞)が多く，脊椎動物では嗅細胞のような一次感覚細胞のほか味細胞のように上皮細胞から転化する場合(二次感覚細胞)もある．また一次感覚細胞の場合，細胞体が体表から離れて深部に位置し，刺激受容面に向かって長い突起(神経繊維)を出し，これが上皮内に受容性突起ないし自由神経終末として終わる型のものも存在する．皮膚覚(触覚や温度覚)に関係するものにこれが多く，その細胞体は脊椎動物では，受容面からはるかに後退して脊髄神経節内に位置する場合まである．感覚細胞への適当刺激は，細胞内信号伝達機構を経て細胞の膜の一部に脱分極を起こす場合が多い．これを*受容器電位という．

d **感覚子** [sensillum, pl. sensilla] 無脊椎動物体表などに見られる，化学受容，機械受容，温度受容，湿度受容などにかかわる微小感覚器の総称．それぞれの刺激受容に適したクチクラ装置と，これに付着した1個以上の受容細胞と数個の付属細胞からなる．クチクラ装置には毛状またはその変形したものが多く，*毛状感覚子，*錐状感覚子または感覚毛と呼ばれる．昆虫では感覚子の受容細胞はすべて双極性でクチクラ装置の方へ樹状突起を伸ばし，その先端からさらに繊毛の変形した突起が伸びてクチクラ装置に着く．化学受容の場合は毛の先端または側壁に微小な孔をもち，毛内に入り込んだ受容細胞の突起はその孔を通して刺激を受容する．機械受容器では毛状クチクラ装置の基部にソケット状の弾力に富んだ環状構造があり，体表に対して可動，受容細胞の突起は基部の内側に付着していて，毛状部の動きを受容する．このほか，*窩状感覚子，*鐘状感覚子，*楯状感覚子などクチクラ装置の異なるものが知られている．特別なクチクラ装置をもたないものに弦音感覚子(⇒弦音器官)がある．

e **感覚遮断** [sensory deprivation] 外部からの感覚刺激を全く与えないような条件をつくり出すこと．カナダのマギル大学で行われた人間の実験では，被験者は視・聴・触覚的な刺激を全く与えられない状態でベッドに寝かされた．このように感覚が遮断された状況で何日か過ごすと，人間は苦痛を感じ，何か刺激を求める欲求が生じて，ついには正常な思考活動もできなくなり，幻覚のような異常な体験が生じることがわかった．

f **感覚順応** [sensory adaptation] 《同》順応，適応．持続する同一刺激に対する被刺激性形態，特に受容器の順応，いいかえれば，受容器の感受性(感覚刺激の閾値)がしだいに変化して，その刺激に相応した値に落ち着くこと．感覚機能の「慣れ」とか「疲労」の現象であって，刺激準位を高めた場合には感受性の減少，刺激準位低下の際には感受性増大の形をとる．順応の速度や程度は受容器の種類により大きく異なり，骨格筋の筋紡錘はほとんど非順応性であるのに対し，哺乳類の毛根の機械受容器は最も速やかで著明な順応(感受性が完全消失)を起こすなど，それぞれ生活によく適合している．皮膚の圧覚・温度覚や光覚(すなわち明暗順応)などにおける順応は上記の筋紡錘と機械受容器の中間に位する．順応の速やかな受容器では，漸増性または持続性の作用因は刺激効果をもたないことになる．この性質は神経繊維でも適応(accomodation)の名で知られており，神経繊維は順応の極度に速やかな被刺激性形態とみなしてよい．感覚神経上には，感覚順応はスパイク頻度の漸減として現れる(⇒エードリアンの法則)．順応はある場合(例えば明暗順応など)には明らかに受容器内の過程であるが，受容器自体は無順応で感覚神経繊維の側に順応機構がある例，および両者共にある場合もある．

g **感覚上皮** [sensory epithelium] 感覚細胞(一次性・二次性)を含み，刺激を受容し，さらに刺激を神経系に伝える機能をもつ上皮．上皮の機能的類別の一つで，脊椎動物における網膜の感覚上皮や嗅上皮，聴覚での*コルティ器官の上皮はその代表例．

h **感覚神経** [sensory nerve] 《同》知覚神経．受容器に生じた神経インパルスを求心的に中枢神経系にまで伝達する末梢神経(⇒求心性神経)．*運動神経と対する．感覚の生起はこの神経の媒介による．脊椎動物における嗅神経，聴神経，側線神経のようにその神経全体が感覚性とされるものもあるが，一般には運動性すなわち遠心性の神経繊維と混合して1束の末梢神経を構成するから感覚性神経繊維あるいは感覚性ニューロンの呼称が適切である．脊椎動物の感覚神経は，脊髄神経節をはじめ一般に中枢神経系外の感覚性神経節中に存在する感覚神経細胞(sensory nerve cell, 双極神経細胞や偽単極神経細胞)からの軸索突起であるが，この末梢側の終末すなわち自由神経終末が直接に受容機構をなすもの(痛覚)や，特別な*終末器官や受容器が刺激を感覚神経に受け

渡すもの（聴覚，味覚，皮膚感覚）など，感覚器官の種類によりその様相が異なる．感覚性ニューロンの近位側の軸索から脳・脊髄に入った感覚インパルスは，哺乳類では数次のシナプス（一次・二次などの中枢や感覚神経核）を経て大脳皮質の感覚野に入り，さらに大脳の諸他領野との連絡・統合によってここに初めて知覚または認知が成立する．例外は視覚で，網膜には感覚神経核に相当するものまでその内部にあるので，視神経は除外される．また大脳に入る前に下位の諸中枢で遠心性に転じる神経経路もあって，これが感覚の意識をまたずに反射を引き起こす．他方，もっぱらこのような反射弓の求心性経路をなすだけの感覚神経も知られている．後者を反射神経(reflex nerve)と呼んで前者すなわち狭義の感覚神経から区別することもある．

a **感覚単位** [sensory unit] 《同》受容単位(receptive unit)．単一の感覚神経繊維とそれに入力する感覚受容表面(受容野)の全領域をあわせていう．効果器系における運動単位と対する．感覚単位は感覚の末梢活動を構成する最終単位を表し，活動する感覚単位数に応じて感覚の強さが変化すると考えられるが，個々の単位も感覚刺激の強さに依存して反復興奮の頻度が増減する(*エードリアンの法則)．皮膚感覚や視覚では，感覚の隣接受容域は相互に重なりあううえに，個々の受容器と感覚単位とが必ずしも１対１の対応をもたない(⇒感覚圏)．例えば，脊椎動物の網膜では，多数かつ多種類の視細胞に連絡する単一感覚単位すなわち網膜単位(retinal unit)が存在する．各感覚単位は，高次中枢に到達する前には，他の単位から，直接または介在ニューロンを経て，興奮性あるいは抑制性の複雑な影響を受ける．

b **感覚点** [sense spot] ヒトの皮膚表層において，皮膚感覚，すなわち触覚(圧覚)，冷覚，温覚および痛覚の４感覚種を発するそれぞれ異なった不連続な点状の部位．それぞれを触点(圧点)，冷点，温点，*痛点と呼び，いずれも特有の*終末器官(皮膚受容器)からなる．各終末器官は所属の神経繊維によって感覚中枢に接続するが，その刺激により生じる感覚は，各感覚点の周囲の一定面積(*感覚圏)に投射される．４種の感覚点の分布密度は平等ではなく，しかも体の部位によって異なる．ほとんどの部位で痛点が最も多く平均100〜200／cm²，次いで触点(圧点)25／cm²，冷点6〜23／cm²，温点0〜3／cm²の順序となる．角膜の中央は痛点だけ．眼球結膜および角膜縁は圧点と温点を欠き，また頬粘膜の一部には痛点を欠くところがある．ヒト以外の動物類にも種々の感覚点が存在するが，詳細な研究は少ない．

c **感覚毛** [sensory hair] 基部に特殊な*神経終末をもち，特に機械刺激の受容に関与する毛の総称．[1]動物では，哺乳類のものは*血洞毛と呼ばれる．昆虫類では*毛状感覚子などを構成している毛で，主として味覚，嗅覚，触覚，振動覚の受容器．[2]植物では，ハエジゴクやムジナモなどの食虫植物の葉の上面にある棒状あるいは分枝した毛が同様の機能をもち，昆虫などの接触刺激を受容する．

d **感覚野** [sensory area] 《同》感覚皮質(sensory cortex)．視覚や聴覚など特定の感覚情報を処理する大脳皮質の領域．感覚野は，皮質下からの感覚求心性繊維が終止する一次感覚野(primary sensory area)と，一次感覚野からの密な入力を受ける二次感覚野(secondary sensory area)あるいは高次感覚野(higher order sensory area)に分けられる．一次感覚野は，細胞構築学的に顆粒細胞が著明な第四層(内顆粒層)がよく発達しており顆粒皮質(granular cortex)と呼ばれる．一次視覚野は後頭葉(ブロードマンの17野，⇒細胞構築学[図])，一次聴覚野は側頭葉(41, 42野)，一次体性感覚野は中心後回(1, 2, 3野)，一次味覚野は前頭弁蓋の内側皮質(43野)および島皮質，嗅覚野は梨状皮質および嗅内皮質(28野)にある．感覚野では，視覚野の視野再現，聴覚野の周波再現，体性感覚野の*体部位再現などニューロンが各感覚空間において*受容野の連続性を保つように配列している．二次感覚野は一次感覚野に隣接しており，一次感覚野からの要素的情報を統合処理して*連合野に出力する．(⇒体部位再現)

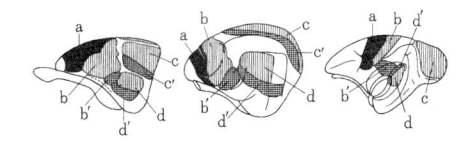

動物の一次・二次感覚野
大脳皮質の感覚野(左：ウサギ　中：ネコ　右：サル)
a 運動野　b 一次体性感覚野　c 一次視覚野　d 一次聴覚野　b' 二次体性感覚野　c' 二次視覚野　d' 二次聴覚野

e **眼窩上隆起** [supraorbital ridge ラ torus supraorbitalis] 《同》眉上隆起．眉間より左右の眼窩上縁に沿って連続的に走る前頭骨の隆起．初期人類の顔面上部を特徴づける．現代人でも，*オーストラリア先住民(アボリジニ)などでは，古人類ほどではないが，比較的よく発達した人が認められる．この隆起は前頭洞(sinus frontalis)の拡大によるのではなく，洞の前壁の異常な肥厚で，咀嚼器官の強力な圧力を前頭骨で吸収する装置とみなす学者が多い．

f **肝癌** [cancer of the liver] 《同》肝臓癌．肝臓に発生する癌腫．原発性肝癌と転移性肝癌に分類される．原発性肝癌はさらに組織型により*肝細胞癌，胆管癌(cholangiocarcinoma)，両者の混合型，肝芽腫(hepatoblastoma)などに分類されるが，大部分は肝細胞癌である．欧米よりも熱帯・亜熱帯域に高率に発生する．α-フェトプロテインの分泌が特徴的で，診断的価値が高い．発生には*肝炎ウイルス(特にB型とC型．日本ではC型が多い)による慢性肝炎および肝硬変(liver cirrhosis)が密接に関連し，これらは前癌病変と考えられる．ヒトのB型肝炎ウイルスによる肝癌発生の動物モデルとして，ウッドチャック肝炎ウイルスがあり，そのほかにもリスやアヒルの肝炎ウイルスが知られている．

g **換気** [air ventilation] 空気呼吸における*呼吸運動によって，呼吸器官内の空気が新鮮な空気と置換される現象もしくは運動．肺呼吸の場合の換気量すなわち肺換気量(pulmonary ventilation)は，呼吸の深さと呼吸数(respiratory frequency, ventilation frequency)によって決まり，ヒトの正常値は約6L／min(1回の換気量500 mL×毎分の呼吸数約12回)とされる．なお，*あえぎ呼吸の際の換気は，熱放散の機能を兼ねる．(⇒肺容量)

h **間期** [interphase] 《同》分裂間期，代謝期(metabolic stage)．真核生物の細胞周期において，M期を除く時期．間期はさらにG₁期，S期，G₂期とに分ける．これらの時期の核を間期核という．G₁期では，増殖サ

イクルを進めるか G_0 期に入るかを決定し，DNA 複製の準備をする．S 期には染色体 DNA と中心体を複製する．G_2 期には M 期に入る準備を行う．間期における細胞周期の進行は，サイクリン依存性キナーゼ(*CDK)とチェックポイントによって，精妙に制御されている．顕微鏡下では，M 期には動的な変化が観察されるのに対し，間期では細胞の成長が見られるだけである．しかし実際には，間期では細胞分裂の準備が巧妙に進められるとともに転写などの細胞機能の活動も盛んであり，G_0 期と区別するためにも，間期を休止期あるいは静止期と表現するのは避けるべきである．なお，interkinesis は減数分裂の第一分裂と第二分裂との間の時期を指し，interphase とは区別すべきである．(→細胞周期，→チェックポイント制御，→サイクリン)

a **間期核** [interphase nucleus] 《同》代謝核 (metabolic nucleus)．細胞周期の間期にある*核のこと．単に核といえば間期核を指す．光学顕微鏡下では，間期核は一般に球形で，染色体が M 期核のような動的な形態変化を示さないため，古典細胞学ではこの核を静止核あるいは休止核 (resting nucleus) と呼んだ．しかし間期核は，細胞増殖に必要な DNA 複製や，転写に伴う RNA 合成など活発な代謝活動をしているので，休止核・静止核という表現は適切でない．

b **含気骨** [pneumatic bone] 鳥類において，延長した*気嚢が一部の骨の内部にまで入り，骨髄のかわりにそこに気腫性窩 (pneumatic cavity) を形成するような骨．骨盤，上腕骨，胸骨，肋骨などはしばしば含気性である．哺乳類においても，顔面を形成する骨に鼻腔と通じる腔所をもつものがあり，腔壁は鼻腔と同じ上皮によって覆われる．広義には，これも含気骨である．

c **喚起作用** [evocation] 主として脊椎動物胚の*形成体の外胚葉に対する*誘導作用において，誘導を，特殊性のない神経組織を作らせる働きと，神経組織に部域的特殊性 (例えば眼，後脳，脊髄など) を与える働きとに分けうると考えた場合の前者をいう．後者は個性化 (individuation) という．C. H. Waddington や J. Needhamが提唱した概念．喚起作用を引き起こすものを喚起因子 (evocator) と呼ぶ．現在では，形成体の誘導作用にこの概念をそのまま適用することはできないと考えられる．

d **感丘** [neuromast, sense hillock] 《同》ニューロマスト．水生動物体表の*側線器官の末梢器官．体表に散在するものを遊離感丘，さらにそれが孔状にあるものを孔器，皮下に埋没して 1 本または数本の管状となってその中に存在するものを管器 (canal organ) と呼ぶ．構造は同一で，数個の有毛細胞 (stereocilium) を中心としそれと支持細胞からなり，神経は有毛細胞にシナプス構造を形成して接続する．有毛細胞には 1 本の運動毛 (kinocilium) と数十本の不動毛とがある．運動毛は繊毛構造を示し，運動方向と神経の興奮とに一定の関係があることが明らかとなっている．遊離感丘の場合は必ずしもそうはなっていないが，孔器や管器では 2 個の有毛細胞が運動毛の局在に対して対をなし，1 本の神経繊維により支配されている．運動毛の周期的運動により膜電位も同様に周期的に変化していわゆる*マイクロフォン電位を発生する．2 個の細胞が同一繊維により支配されることからマイクロフォン電位は刺激の 1/2 の周期をもつことになり，2 倍の周波数をもつ神経放電を生ずることがある．このような関係はある種の哺乳類の内耳に見られる電気現象と同様である．幼生の動物には一定の規則にしたがった位置に遊離感丘が現れ，成長後には一部のものだけが体表に残り，他は孔器または管器として一定の配列をもつ．これらはすべて前側線神経，後側線神経により支配され，脊髄神経によるものはない．一方，上記のシナプスには求心性・遠心性の 2 種があり，後者は求心性情報に抑制的な作用をする．

e **眼球運動** [eye movement] 対象物への視線の移動，対象物の追跡，網膜像の安定化，*両眼視などのために，意識的にあるいは無意識的に起こる眼球のさまざまな動きの総称．動物界に広く存在するが，さまざまな運動を含む．霊長類においては，サッケード (衝動性眼球運動 saccade)，滑動性眼球運動 (smooth pursuit)，前庭動眼反射 (vestibulo-ocular reflex)，視運動性眼球運動 (視運動性眼振 optokinesis)，輻輳開散運動 (vergence eye movement) などがある．サッケードは，中心窩 (→網膜) で視覚対象をとらえるために注視点を変える時に起こる，急速な運動である．*レム睡眠時にも起こる．滑動性眼球運動は，ゆっくりと動く対象物を目で追う時に起こる．前庭動眼反射は，頭が回転した時に起こり，逆方向に眼球が滑らかに回転し，網膜像のブレを防ぐ．一方，視運動性眼球運動は，体が移動する際に起こり，視野全体が動くことで生じる網膜像のブレを防ぐ．輻輳開散運動は近くの物体や遠くの物体に注目する際に起こる．最初の四つの運動はいずれも両眼が同じ方向に動くが，輻輳開散運動においては，近づく視覚対象に対して左右眼球は互いに内転し，遠ざかる時は外転する．

f **眼球外光受容器** [extraocular photoreceptor] 《同》眼外光受容器．光受容器あるいは光感受性神経細胞のうち，いわゆる眼以外の部位に存在するもの．光受容部位が体表に分布するものと中枢神経系内部に局在するものとに大別する．体表に分布する光感覚を皮膚光感覚と呼ぶこともある．無脊椎動物では多くの動物群で存在が示唆されているが，光受容細胞の構造，反応特性，生物学的機能までが統一的に明らかにされている例は少ない．アゲハチョウでは外部生殖器上に紫外線に感度のある 2 対のファオソーム型光受容細胞 (尾端光受容器 tail photoreceptor, genital photoreceptor) が存在している．この細胞は腹部神経系内で外部生殖器の運動系と連絡しており，交尾行動の調節に重要な機能をもつ．軟体動物のイソアワモチでは，背部の体表に背眼と皮膚光感覚器の，腹部神経節内に A-P-1 細胞と呼ばれる光受容細胞が存在する．中枢神経系内の光受容細胞は，ミミズ神経節，クモ脳，アゲハチョウ腹部最終神経節，ザリガニ脳および腹部第六神経節などで確認されている．甲虫類などいくつかの昆虫に見られる視葉内光受容細胞は，幼虫期の側単眼に由来する．哺乳類を除く脊椎動物では，*松果体 (上生体)，松果体複合体，あるいは脳深部に光受容細胞が存在する．松果体の光受容系は，松果体自身に存在するメラトニン産生および，その概日性を支配する概日時計に入力しており，サーカディアンリズム (→概日リズム) の調節に働いている．脳深部の光受容は，鳥類において光周性のための日長測定に働くと考えられている．

g **眼球電図** [electro-oculogram] EOG と略記．《同》電気眼球図．眼球運動を電気的に記録した図．網膜をはさんで角膜側が正，強膜側が負になるような静止電位が発生しており，そこに大きさ一定の電気双極子が存在す

るとみなすことができる．眼球の水平運動の検出のためには目頭と目尻に，また垂直運動には眼瞼の上下にそれぞれ1対の電極をおき，電位差を記録する．眼球が正面を向いているときには電位差はないが，回転すると，角膜が移動した側の電極が他に比べてより正になる．この電位差を増幅し記録すると眼球運動の指標となる．まばたきで大きな電位変動が入ったり，純粋に水平運動だけをしても上下方向に誘導電位が現れるなど，技術的にさまざまな難しい問題がある．なお，*嗅覚電図(electro-olfactogram)も同じくEOGと略記するので注意．

a **環境** [environment] ある主体に対するその周囲を，その主体の環境(独 Umgebung)という．主体に受けとられ認識される環境像を主体的環境(subjective environment)といい，その把握は生物の反応を通してなされる．それに対して周囲の環境条件を物理化学的に把握した環境像は客体的環境(objective environment)という．生物の環境という場合，主体に相当するのは個体ないしは集団である．また，個々の細胞や組織片などを主体としてとりあげることもある．生物の個体あるいは集団の環境は，諸種の構成要素や状態量が認められ，これらは環境要因といわれる．環境要因は通常，非生物的環境要因と*生物的環境要因とに大別される．非生物的環境要因(無機的環境)を物理的と化学的，あるいは気候的(climatic)と土壌的(edaphic)などに区別することもある．こうした諸種の環境要因の生物に対する働きは，たがいに関連しあっている場合が多い．環境は環境要因の単なる寄せ集めではなく，それらの総体として考える見解もある．また，同じ環境要因の同じ条件に対しても，すべての生物が同じように反応するとは限らない．環境と生物とは対立する存在として位置づけられるというが，それに対して，共に生態系という一つの系の構成要素として，融合的にとらえる立場もある．環境が生物に影響を及ぼし，生物はそれに規制され従属する一方で，生物が環境の中で最適の条件を選び*適応して生活し続け，ときには生物が環境を改変する．ヒトは，このような生態学的な取扱いでは，他の生物やヒトにとっての生物的環境に入れられる．人間社会での環境問題というときの環境についても，その場合の主体が何であるかを特定することが不可欠となる．環境問題では，主体が何であるにせよ，その環境のある状態をもたらすのに人間自身の活動が大きく関与している．自らの選択に委ねられている人間の活動そのものが重要な対象となっているため，環境問題を扱うには，生物学や自然科学の枠内にとどまることでは不十分である．なお，C. Bernard (1865)は生物個体を囲む外部環境(仏 milieu extérieur)に対して，組織細胞を囲んでいる体液(細胞外液)のことを*内部環境(仏 milieu intérieur)と呼んだ．(⇨生息地)

b **環境アセスメント** [environmental impact assessment] 《同》環境影響評価．環境に悪影響を与えるおそれのある事業を計画する際に，環境への影響についてあらかじめ調査，予測または評価を行うこと．環境アセスメントは1969年，アメリカにおいて国家環境政策法(national environmental policy act, NEPA)により制度化され，その後，世界各国で制度化が進められた．日本では1972年，本格的な環境アセスメントに関する取組みが始まった．環境アセスメントが成功するためには，事業の実施に伴う環境への影響を低減させるための方法に関する自然科学的な研究だけでなく，関係者が環境保全に協力的になれる社会的な仕組みや行政措置，環境アセスメントの法制化の整備なども重要である．

c **環境エンリッチメント** [environmental enrichment] 動物の種にふさわしい行動と能力を引き出し，動物福祉を向上させるために，飼育環境を整備すること．環境エンリッチメントの概念は1980年アメリカの動物園において体系化された．動物が行動する上での動物への動機付けを重視する．飼育状態を改善するために，動物の日常的な行為に関する研究と体系化を行う．具体的には，餌，遊び道具，動物行動への誘導，動物の利用空間の増大，音と匂い，社会生活的な側面に注目する．

d **環境教育** [environmental education] 《同》環境学習(environmental study)．広義には，持続可能な社会の実現のための人づくりの教育・研究活動，実践活動の総称．狭義の環境教育は，環境や環境問題に対する関心を高め，必要な知識・技能を獲得し，望ましい態度・評価能力・参加意欲を獲得するための教育活動と定義される．環境教育の範囲・内容・対象者は多岐にわたっており，環境教育の範囲や内容については日本のみならず，国際的にも歴史的な変遷が見られる．日本では1950年代から，自然を観察することによって生態学的な自然の見方や自然と人間とのつながりを考える自然保護教育が開始された．1960年代には公害が深刻化したのに伴い，これらの事実を伝え，問題の所在を明らかにする公害教育が行われた．世界的には1970年代初頭のアメリカ合衆国環境教育法や1972年のストックホルム国連人間環境会議により，環境問題の深刻化に対する教育の重要性が提唱され，環境教育の名称が用いられた．21世紀に入ると各国は，環境問題の背後にある環境破壊・経済活動のあり方・貧困・人権・平和など多様な問題を含めた，持続可能な社会を実現するために行動できる人材を育成する「持続可能な社会形成のための教育」(現在では「持続可能な開発のための教育 education for sustainable development, ESD」の名称が一般的)の必要性が認識されるようになった．日本においても1999年には，中央環境審議会答申の「これからの環境教育・環境学習—持続可能な社会をめざして」において，環境教育・環境学習は持続可能な社会の実現のための教育・学習にまで広げて捉えるべきとし，その対象には環境のみならず，社会・経済を含む幅広い分野・内容を包含すべきと指摘された．2003年には環境教育推進法が制定され，持続可能な社会を構築するために，環境保全の意欲の増進とそのための教育の推進が法律で定められた．持続可能な開発のための教育は，生涯教育でもあるため学校外教育としても重要であり，地域社会におけるさまざまな活動が国内外で推進されている．

e **環境経済学** [environmental economics] 人間活動の環境への影響と経済にとっての環境の重要性を認識し，環境保全型社会の形成をはかることを目指す経済学の一分野．生態系サービス機能のもつ貨幣価値の算定や，環境破壊がもたらす影響に伴う経済的損失の評価を行うこともその研究テーマ．また，これまでの市場経済の問題点を見直し，環境保全型社会の形成に資する具体的な方策を提案することも研究されている．例えば地球温暖化の防止策として，経済性・有効性の観点から，排出権取引制度や環境税の導入などについても研究される．

f **環境傾度分析** [gradient analysis] ある地域の植生の特性を環境要因と関連づけて調べる解析法の一つ．

環境要因，種個体群，群落属性を環境傾度に沿う連続的変量ととらえて相互の関係を解析する．R. H. Whittaker (1956) が一つの手法として整理した．直接環境傾度分析 (direct gradient analysis) と間接環境傾度分析 (indirect gradient analysis) に分けられる．前者は標高，乾湿傾度などを用いた環境傾度を直接，軸として，種個体群の分布，群落属性の変化などを解析する．後者は傾度に沿って各々の種の量がどのように変動しているかを統計モデルに当てはめ，種の量的分布に基づく仮想的な環境変数の軸を設定し，分析する．この間接環境傾度分析は主成分分析などの*序列法の手法に相当する．

a **環境収容力** [carrying capacity, environmental capacity] ある地域 (空間) で，特定の種が維持できる最高の*個体群レベルをいう．個体群増殖のロジスティック理論では上限値 K を指すが (⇌個体群成長)，より一般的には，平均的な気候条件，*生息地の構造，食物供給量などによって規定される維持可能な最大個体数を意味する．この後者の場合には，天敵や競争種 (⇌種間競争) など異種間の相互作用は環境収容力を規定するものとは見ず，むしろそれ以下に個体数を制限する要因と見るのが一般的である．

b **環境性決定** [environmental sex determination] 個体の*性決定が遺伝的になされるのではなく，発生途上の環境によってなされること．一部の爬虫類では卵発生中の温度によって子の性が決まる．また幼生が定着した近くに他個体がいないと雌になり，近くに雌がいると雄になる海生底生動物の例も多い．成長期間や生息地の栄養条件などの差により，成熟サイズに個体差が大きい場合，卵生産に有利な大型個体が雌になり，小型個体が雄になる種が知られている．

c **環境変異** [environmental variation] 《同》彷徨変異 (fluctuation)．生育環境の差や発育の途上で起こる偶然的要因などの影響により，遺伝的に均一な集団内の個体間に生ずる量的変異．*遺伝的変異と対する．一般に，変異の大きさはある値を中心に連続的に分布し，この変異は遺伝しない．

d **環境要因** [environmental factor] 《同》環境因子．環境を構成する諸要素 (または状態量) をいう．生物的なもの (生物間の相互作用や食物要因 food factor など) も含む．⇌生物的環境) と物理的なものとに大別される．後者には*光環境，*温度要因，*水分要因，*酸素要因，*二酸化炭素要因，*土壌要因，*塩分要因などがある．環境要因は，形態・生理・行動などの形質発現状態を変化させることにより生物に影響する．複数の環境要因が相互に関係しあっており，また各要因の影響は生物によって必ずしも同一ではない．(⇌環境，⇌気候要因，⇌制限因子)

e **環境倫理** [environmental ethics] さまざまな環境問題の解決に向け，新たな発想や思想的指針を明確にし，合意形成をはかる知的営みおよび実践．旧来，それ自体守られるべき内在的価値をもつのは，現に存在している個々の人間の生命・身体・精神・財産だと考えられてきた．しかし，生態系自体が内在的価値をもつとする A. Leopold (1887～1948) の「土地倫理」を先駆とする脱人間中心主義的思想が，1970年頃から「動物の権利」「未来の世代の権利」などの諸概念へと展開されてきた．一方で，ヒト以外の内在的価値を他の一切に優先させる考えも現れ，旧来の価値とヒト以外がもつ価値をどう調整

していくかが課題となっている．

f **桿菌** [rod] 棒状あるいは円筒形の細菌の形態的通称．細菌に最も一般的な形状．形態上，桿菌に対するものとして球菌・らせん菌などに分けられる．細長いものを長桿菌，短くて球菌に近いものを短桿菌という．両端面のはっきりとしたものや丸いもの，しばしば端で連なって鎖状になるもの，側面で柵状に連なるものなど，いろいろな形状があり，種によってほぼ一定である．枯草菌群の細菌，大腸菌，結核菌などはこの例．

g **ガングリオシド** [ganglioside] 《同》シアル酸含有糖脂質，シアロ脂質．シアル酸を含有する*スフィンゴ糖脂質の総称．E. Klenk (1935) が Tay-Sachs 病 (⇌ガングリオシド蓄積症) の小児脳で蓄積する物質 (Tay-Sachs ganglioside) をみたのが最初で，脳灰白質に多いことからガングリオシドと命名された．糖鎖部分は通常，*ヘキソース，ガラクトサミン (*グルコサミン) および*シアル酸から構成される．ガングリオシドを特徴づけているシアル酸の中で，最も多いものは N-アセチル体 (NeuNAc と略記) で，次いで N-グリコリル体 (NeuNGc) である．また，9-O, N-ジアセチル体も見出されている．シアル酸を除いた中性骨格糖鎖の多様性 (ガラクトース系，ガングリオテトラオース系およびラクト-N-ネオテトラオース系) とシアル酸の数，結合位置の組合せによって，現在 100 種類におよぶガングリオシドが知られている．それらのガングリオシドは G_{M1}, G_{M2}, G_{M3}, G_{M4}, G_{D1a}, G_{D1b}, G_{T1b}, G_{T1c} などと略記される．M, D, T はモノ，ジ，トリシアロを，また a, b, c は還元末端にある Gal に結合しているシアル酸の数を示す．ガングリオシドは主として脳組織・神経系組織に存在しているが，非神経系組織にも含まれる．後者の主なものは，山川民夫 (1951) がウマ赤血球膜に見出したヘマトシド (hematoside) があり，構造は NeuNAcα2 → 3Galβ1 → 4Glcβ1 → 1Cer である．これまでにガングリオシドが見出されている最も原始的な動物は棘皮動物である．一般に，シアル酸は糖鎖の非還元末端側に結合しているが，ヒトデ類では糖鎖の中間にシアル酸が位置している．また，分類学上では旧口動物に属する動物種や，植物界には，現在のところガングリオシドは見出されていない．ガングリオシドは細胞膜の表面に存在し，細胞表面に陰性電荷を与えるとともに，糖鎖部分によるさまざまな生理機能をもつ*糖質分子として膜機能との関連で注目されている．*外毒素のコレラ毒素 (G_{M1}) や破傷風毒素 (G_T)，およびボツリヌス毒素 (G_{T1b}) は，特定のガングリオシド分子と特異的に結合する．水および有機溶媒に可溶．水中では数百万の分子が集合した*ミセル状態で存在する．

$$Gal\beta 1 \to 3GalNAc\beta 1 \to 4Gal\beta 1 \to 4Glc\beta 1 \to 1Cer$$
$$\uparrow$$
$$3$$
$$NeuNAc\alpha 2$$
$$G_{M1}\text{ガングリオシド}$$

$$GalNAc\beta 1 \to 4Gal\beta 1 \to 4Glc\beta 1 \to 1Cer$$
$$\uparrow$$
$$3$$
$$NeuNAc\alpha 2$$
$$G_{M2}\text{ガングリオシド}$$

Gal: ガラクトース　GalNAc: N-アセチルガラクトサミン
Glc: グルコース　NeuNAc: N-アセチルノイラミン酸
Cer: セラミド

a **ガングリオシド蓄積症** [gangliosidosis] シアル酸を含有する糖脂質である*ガングリオシドが全身組織，特に中枢神経組織に蓄積する先天性脂質代謝異常症．蓄積するガングリオシドの違いにより，G_{M2} ガングリオシドーシス（G_{M2}-gangliosidosis, Tay-Sachs 病，Sandhoff 病），G_{M1} ガングリオシドーシスが挙げられる．前者は G_{M2} を G_{M3} に分解する N-アセチル-β-ヘキソサミニダーゼ（N-acetyl-β-hexosaminidase）の酵素欠損，また後者は G_{M1}-β-ガラクトシダーゼ（G_{M1}-β-galactosidase）の欠損により発症する．(⇒リピドーシス)

b **顔型** [facial form] 人類学において重要視されるヒトの顔の形態に関わる類型．通常は顔の幅（頬骨弓幅）と顔の高さの百分率，つまり（顔の高さ／顔の幅）×100 として求め，これを顔示数（facial index）という（⇒人類学的示数）．生体では顔の高さの決定に当たり，その上端の点として頭髪の前頭部生際（trichion）または鼻前頭縫合中点（nasion）が用いられ，下端の点にはともに下顎中央下端（gnathion）が選ばれる．上端として前者を選ぶのを相貌学顔示数，後者を選ぶのを形態学顔示数という．一般には後者が多く用いられている．頭骨における顔型には，形態学顔示数に相当する Kollmann の顔示数が用いられる．顔型は上記顔示数の数値によって表のように分類され，これを顔型分類（facial form classification）という．生体と頭骨とで分類の基準が相違するのは軟部の影響によるものである．なお計測でなく観察による分類方法もある．（⇒生体計測，⇒頭骨計測）

顔　　型	形態学顔示数	Kollmann の顔示数
過広顔型（hypereuryprosop）	〜78.9	〜79.9
広　顔　型（euryprosop）	79.0〜83.9	80.0〜84.9
中　顔　型（mesoprosop）	84.0〜87.9	85.0〜89.9
狭　顔　型（leptoprosop）	88.0〜92.9	90.0〜94.9
過狭顔型（hyperleptoprosop）	93.0〜	95.0〜

c **完系統** [holophyly] 《同》クレード（clade）．系統分類学において，ある共通祖先に由来するすべての子孫種からなる群．P. D. Ashlock (1971) の提唱．分岐分類学の理論でいう単系統と同じ意味．一方，進化分類学では必ずしもすべての子孫種を含まない群も同じく単系統と呼んでいたので両者を区別するために，分岐分類学での単系統の意に完系統の語が提唱された．（⇒分岐分類学）

d **環形動物** [annelids ラ Annelida, Annulata] 後生動物の一門で，左右相称，裂体腔性の真体腔をもつ旧口動物．慣習的に多毛類（ゴカイ類）・貧毛類（ミミズ類）・ヒル類の 3 綱とされたが，分子系統学上は*有鬚動物（ヒゲムシ・ハオリムシ類），*星口動物（ホシムシ類），*ユムシ動物とともにすべて多毛類の中に含まれる（⇒付録：生物分類表）．体は左右相称で前後に長く多数の同規的体節からなる．体外面の体節区画に対応して体内の真体腔は体節ごとの隔膜で仕切られる．同規的体節（等体節）が体の部域に応じて分化し，頭・胴（胸と腹）・尾の区別を生じるものがある．体表のクチクラは薄く，多毛類，貧毛類および一部のヒル類は剛毛（chaeta）をそなえるが，これは表皮の陥入した囊中に分泌されたもので，節足動物の剛毛（seta）とは構造が異なる．皮下の筋層は外側に輪筋があり，内側の縦走筋は線形動物・毛顎動物と同様に 4 束をなす．消化管は直走し肛門は体の後端に開く．肛門が開く体節を尾節（pygidium）と呼ぶが，この前端には成長域（growth zone）があり，新しい剛毛節が生じる．梯子型神経系をもち，閉鎖血管系である．呼吸色素としてクロロクルオリン，ヘモグロビンまたはエリトロクルオリンをもつ．排出器官は各体節にある腎管すなわち*体節器である．雌雄同体のものと異体のものがあり，生殖腺は各体節の体腔壁に生じ，腎管が生殖輸管を兼ね，または成熟期に体壁が破れて放卵・放精が行われる．卵割はらせん型で，*トロコフォアを生じる種（⇒変態）と直接発生のものがある．現生約 1 万 5000 種．

e **環形動物型循環系** [annelid-plan of circulatory system] 紐形動物と環形動物を中心に見られる閉鎖型の循環系で，無脊椎動物の血管系の基本型の一つ．紐形動物では，体の背面正中線上を前方に走る背行血管が体の前端で二分して 2 本の側行血管として後方に走り，体の後端で合して背行血管に連なる．これらの血管は多数の横の環状血管により連絡される．心臓は未分化であるが，血管壁にある弁細胞（独 Klappenzelle）が血管の内腔に向かって律動的に伸出する．環形動物では背腹 2 本の主管が各体節ごとの環状血管により連なり，そのうち体の前方にある数本は，血管壁が収縮性をもつので心臓と呼ぶ．これらの血管系の最大の特徴は，血液が体の背面を前進し，腹面または側面を後進することで，脊索動物型循環系，すなわちナメクジウオ型循環系・鰓呼吸型循環系・肺呼吸型循環系がすべて腹面を前進し背面を後進するのとまったく逆．節足動物は開放血管系であるが，環形動物型の変形として考えられることもある．

f **岩隙植物** [chasmophyte] 岩石の割れ目，堆積のすき間などに溜まった土砂や腐植質の上に生育する植物．山岳地方に多く見られる．根の比較的少ない多肉植物（例：イワレンゲやキリンソウ）や，イワヒゲ，ダイモンジソウ，シコタンソウなど．（⇒岩生植物）

g **間隙動物群** [interstitial fauna] 水底や砂浜の砂粒，深層の土壌，割れ目の多い岩などの微細な間隙に生息する動物の総称．狭義の間隙動物群は，河川・湖沼・海洋の岸や底に堆積した砂粒の間隙に生息する水生動物を指し，中形*底生動物に相当し，砂間動物（mesopsammon）とも呼ばれる．これに対し，陸生の間隙動物は地中性動物群（endogean fauna 仏 faune endogée）と呼ばれることが多い．陸生でも地下水中で生活するものもあり，水生と陸生の間隙動物の区別は必ずしも明瞭ではない．一般に，小形で，色素・眼・呼吸器官・付属肢などの退化変形，特異な生殖法，産卵数の減少，成長の遅滞などの特殊化が見られる．しかし，土壌の下の岩の間隙などに生息するもののうちには，付属肢の細長く発達した種もあり，*洞窟動物への移行型を示す．砂間動物には原生生物繊毛虫類から脊索動物にいたる多くの動物門の種が知られているが，線虫類に典型的に見られるように，砂粒間隙での生活に*適応していずれも体形が細長く小形化している．体表に繊毛上皮が発達し，間隙を滑行して移動するものがある．

h **眼瞼**（がんけん）[eyelid ラ palpebra] 《同》まぶた．脊椎動物の眼に付随する襞．眼球の外部にあって角膜を保護し，涙液を結膜および角膜の前面に行きわたらせ，外面は皮膚，内面は結膜で包まれ，横紋筋層が発達する．ヘビ類，完口蓋類およびある種の爬虫類では上下の眼瞼が合して透明な膜となる．サメ類や両生類には運動性の眼瞼があり，主に下眼瞼（palpebra inferior）の運動によ

り閉鎖．鳥類でも下眼瞼がよく動くが，フクロウでは上下とも動く．爬虫類や鳥類では第三の眼瞼すなわち*瞬膜(第三眼瞼)も発達する．哺乳類では瞬膜は退化するが，上下の眼瞼はよく発達し，閉眼には眼輪筋(musculus orbicularis oculi)，開眼には上眼瞼挙筋(musculus levator palpebrae superioris)が働く．また眼瞼内には緻密な繊維性結合組織板の瞼板(tarsal plate)があり，眼瞼の遊離縁すなわち眼瞼縁にはまつ毛(eyelash)および皮脂腺の*マイボーム腺の開口がある．ダチョウにも顕著なまつ毛がある．

a **還元主義** [reductionism] 《同》還元論．あるレベルの体系がその成分部分に分解され，それらの性質や行動，配置によって説明される，もしくは生物学の理論や法則が，一般的にはその基礎となる他の科学(特に化学，物理学)の事実・法則に帰着させられるとする立場．前者の場合，例えば，種や群集レベルの現象には，そのレベルに特有の法則があるとする立場に対して，遺伝子や個体レベルの行動や法則によって説明できるとする立場である．(→機械論)

b **還元的カルボン酸回路** [reductive carboxylic acid cycle] 《同》還元的クエン酸回路(reductive citric acid cycle)，還元的TCA回路(reductive TCA cycle)．基本的に*クエン酸回路を逆行する細菌の*炭素同化回路．嫌気性の*緑色硫黄細菌 Chlorobium limicola の光合成炭素同化回路として提唱された．その後，一部の*紅色光合成細菌，好熱性古細菌 Thermoproteus，好気性の好熱性水素細菌 Hydrogenobacter などにも分布することがわかり，最も起原が古い炭素同化回路とされている．解糖系の一部(図の左側)と逆行クエン酸回路(reverse citric acid cycle)とから成る回路で，還元的ペントースリン酸回路と異なり，二酸化炭素の還元にNAD(P)Hに加えてより酸化還元電位の低い還元型フェレドキシン(Fd_{red})が使われる．還元型フェレドキシンを用いて，クエン酸回路とは逆に，スクシニルCoAから2-オキソグルタル酸を(図の反応(1))，*アセチルCoAからピルビン酸を合成する(図の反応(2))．クエン酸からオキサロ酢酸が生じる回路(図の内側の回路)を一巡すると2分子の二酸化炭素が取り込まれオキサロ酢酸1分子が再生する．クエン酸からアセチルCoAを経て生成したホスホエノールピルビン酸は糖新生に使われる．反応によっては，生物種で関与する酵素が異なることが知られる(例: 2-オキソグルタル酸からイソクエン酸の生成)．

c **還元的分裂** [reductional division] *相同染色体が2核に分配される分裂で，*姉妹染色分体が2核に分配される*均等的分裂と区別される．減数分裂の第一分裂で見られるこの分裂は，相同染色体間の組換えを伴うため，厳密には，組換え部位を挟んで相同染色体の動原体から遠い部分は均等的な分配となる．体細胞で見られる均等的分裂に比べて以下の3点が異なると考えられている．(1)分裂に先立つ相同染色体間の組換えにより*キアズマが形成され，この相同染色体間の連結により，相同染色体がスピンドルの反対方向から捕らえられることを保証する．(2)このとき姉妹染色分体の動原体がスピンドルの同一極から捕らえられるように特殊な構造をとる．(3)分裂後期には，セントロメアの接着は維持されたまま染色体の腕の接着のみが解除されて，キアズマによってつながっていた相同染色体の結合が解除される．

d **還元的ペントースリン酸回路** [reductive pentose phosphate cycle] 《同》光合成的炭素還元回路(photosynthetic carbon reduction cycle, PCR cycle)．植物，藻類，一部の光合成細菌の光合成炭素同化回路(二酸化炭素固定回路)．発見者にちなんでカルビン-ベンソン回路(Calvin-Benson cycle)，カルビン回路(Calvin cycle)とも呼ぶ．最初の炭素同化産物が炭素数3の3-ホスホグリセリン酸(3-PGA)であることからC_3光合成回路とも呼ばれる．真核光合成生物では葉緑体ストロマで起こる．反応は，(1)二酸化炭素(CO_2)受容体であるリブロース-1,5-ビスリン酸(リブロース-1,5-ニリン酸 ribulose-1, 5-bisphosphate, RuBP, 炭素数5)への炭素原子の取込み(CO_2固定反応)，(2)炭素同化産物である3-PGAの還元過程，(3)RuBPの再生過程の三つに大別される．CO_2固定反応は*リブロース-1,5-ビスリン酸カルボキシラーゼ/オキシゲナーゼ(Rubisco)で触媒され，CO_2とRuBPから2分子の3-PGAが生成する．次の還元過程ではグリセルアルデヒド-3-リン酸(GAP)が生成し，一部はジヒドロキシアセトンリン酸(DHAP)に変換される．RuBP再生過程では，炭素数3, 4, 6, 7の糖の間で一連の縮合・転移反応が行われ

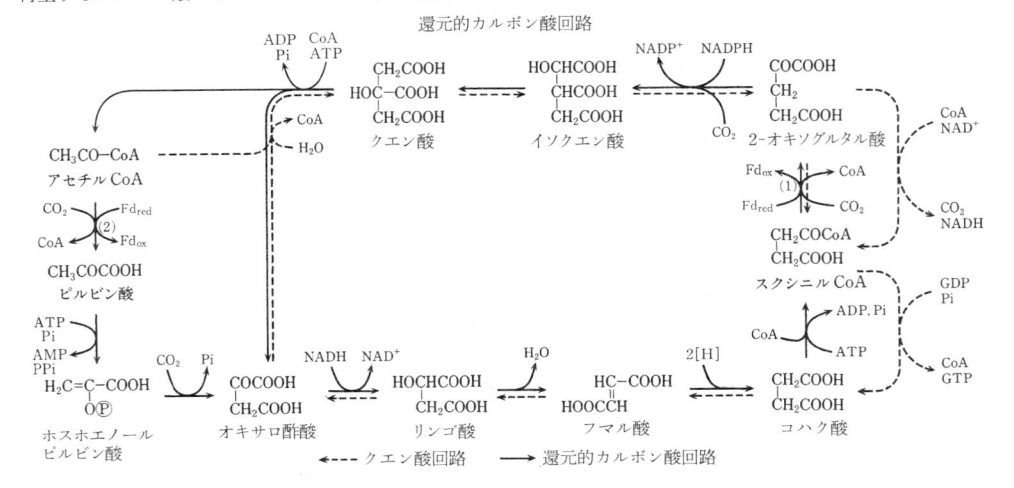

還元的カルボン酸回路

RuBPを再生する．還元過程とRuBP再生過程は，みかけ上解糖経路の一部分の逆反応とペントースリン酸回路の部分反応で構成されている．回路全体では，9分子のATPと6分子のNADPHを消費し，3分子のCO_2から炭素数3の糖リン酸(GAPまたはDHAP)1分子を生成する．植物ではDHAPは細胞質に輸送されショ糖合成に，フルクトース-6-リン酸は葉緑体内で澱粉合成に使われる．回路を構成する酵素のうち四つ(GAPDH, FBPアーゼ, SBPアーゼ, PRK)は，植物ではフェレドキシン-チオレドキシンを介した酸化還元反応で活性が調節され，Rubisco同様，明所でのみ働く．原核生物はSBPアーゼをもたず，FBPアーゼのアイソザイムの一つがSBPアーゼとしても働く．

還元的ペントースリン酸回路

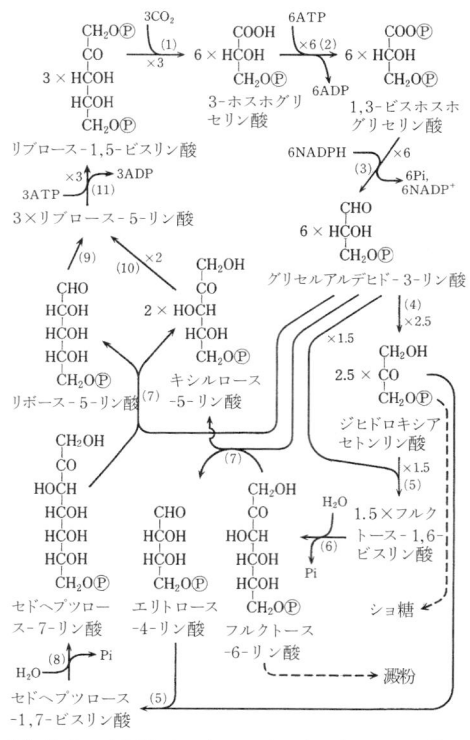

(1) ribulose-1,5-bisphosphate carboxylase/oxygenase (Rubisco, EC4.1.1.39) (2) phosphoglycerate kinase (PGK, 2.7.2.3) (3) glyceraldehyde-3-phosphate dehydrogenase (GAPDH, 1.2.1.13) (4) triosephosphate isomerase (TPI, 5.3.1.1) (5) fructose-1,6-bisphosphate/sedoheptulose-1,7-bisphophatase aldolase (4.12.1.3) (6) fructose-1,6-bisphosphatase (FBPase, 3.1.3.11) (7) transketolase (TKL, 2.2.1.1) (8) sedoheptulose-1,7-bisphosphatase (SBPase, 3.1.3.37) (9) ribose-5-phosphate isomerase (RPI, 5.3.1.6) (10) ribulose-5-phosphate 3-epimerase (RPE, 5.1.3.1) (11) phosphoribulokinase (PRK, 2.7.1.19)

a **管孔** [tube] ヒダナシタケ目(Aphyllophorales)やイグチ目(Boletales)の菌類で見られる子実層面の形態．内部が比較的深い場合をいい，浅い場合は孔(pore)ということもあるが，区別は明らかではない．管孔の大きさと形は，種の特徴とされる．

b **鉗合** [interdigitation] 《同》指状鉗合．細胞相互の接着に意義をもつと考えられる構造の一つで，隣接細胞が相互に相手側細胞中に細胞質の突起を伸ばし，からみあったような状態．その部分の細胞膜構造および細胞膜間距離は正常なものと変わりがない．指を組み合わせたように見える．

c **がん抗原** [tumor antigen] 《同》がん特異抗原(tumor specific antigen)．正常細胞ががん化に伴って，新たに発現するようになる抗原分子の総称．その実体は極めて多様であるが，以下のように分類される．(1)がん特異移植抗原(tumor specific transplantation antigen, TSTA)：特に動物実験において，同系のがん細胞に対して特異的免疫応答が成立し，その結果がん細胞が拒絶されうる場合に，その標的抗原となるもの．遺伝子突然変異により，がん細胞内に変異蛋白質がつくられると，それは他の細胞内正常蛋白質と同様に，ペプチド断片として細胞内で*主要組織適合遺伝子複合体(MHC)の分子と会合しがん細胞表面に発現されうる．もし，MHC分子と会合した変異蛋白質由来のペプチドが十分に抗原性を示すならば，それは移植抗原として機能しうると考えられる．動物実験では実際に，正常蛋白質のアミノ酸が1個変異しただけのがん細胞内蛋白質が有効な免疫応答を引き起こしてがん組織を排除する，すなわちがん拒絶抗原として機能する例が知られている．したがって原理的には，細胞内のすべての蛋白質は，突然変異によってTSTAとなりうるポテンシャルをもつといえる．(2)がんウイルス由来抗原：有名なものにアデノウイルス，ポリオーマウイルス，SV40などのDNA型腫瘍ウイルスに由来する*T抗原がある．ヒトやマウスのRNA型腫瘍ウイルスでは，ウイルスのエンベロープ蛋白質(外被蛋白質)が細胞表面に発現される．(3)がん関連抗原(tumor associated antigen, TAA)：がん細胞に必ずしも特異的でないが，がん化に伴って特徴的な発現を示す抗原．例えば，肝癌におけるα-フェトプロテインや腸癌などにおける胎児性癌抗原(carcinoembryonic antigen, CEA)などは，元来は正常の胎児だけに存在する蛋白質で成人の組織には認められないものであるが，がん化に伴って再発現を示すので癌胎児抗原(oncofetal antigen)と呼ばれる．また正常組織では，特定の分化段階のごく少数の細胞にわずかにしか発現されない分化抗原が，細胞のがん化に伴って著明な発現をみるため，一見がん抗原としての様相を呈する場合もある．急性リンパ性白血病におけるCALLA (common acute lymphocytic leukemia antigen)などがこれに当たる．なお蛋白質以外にも，細胞表面の糖鎖構造ががん化に伴い変化し，がん抗原として検出されることも知られる．

d **環孔材** [ring-porous wood] 横断面で年輪の初めに大きな*道管が環状に配列するような材．木本性の広葉樹材には，*早材の最初に特に大形の道管があり，晩材に進むに従い道管はしだいに細くなって晩材では最小となるものがある．このように早材と晩材との差が顕著な材では環孔材を形成

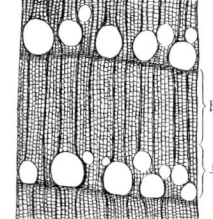

する．ミズナラ，クリ，ケヤキ，ハリギリなどがその例．

a **感作** [sensitization] 広義には，生体にある処理を行った結果，何らかの反応性が増大することをいう．免疫反応の場合，*抗原抗体反応で用いられ，ある抗原に対して敏感な状態にすることを指す．生体に特定の抗原を前置置して，同じ抗原の再刺激に強く反応する状態（*二次応答）を誘導したり，即時型アレルギーでは，*アナフィラキシー反応が起こりやすい状態にすることを指す．また抗原と抗体の特異的な結合にも感作という言葉を使う．さらに，生体に抗原を投与することと同義語に使われる．この逆の処置あるいは操作を脱感作と呼ぶ．

b **肝細胞** [hepatic cell] [1] 肝小葉（⇒肝臓）を構成する細胞．[2] ⇒黄細胞

c **間細胞** [interstitial cell] 《同》間挿細胞，間在細胞，間質細胞，あいだ細胞．一般に，それぞれの組織において，その組織に固有の細胞にまじって存在する，比較的未分化の細胞．[1] 刺胞動物の内外両胚葉層において，刺細胞，腺細胞，神経細胞，感覚細胞，支持細胞などの基部に散在し，これらの細胞に比べてはるかに小形で，一般に球形を呈する未分化の細胞．その分裂により生じた新細胞が分化して上記の各種の細胞となる．[2] 《同》ライディヒ細胞（Leydig cell）．脊椎動物において精巣の間質中にある腺性の細胞．雄性ホルモンの分泌細胞．間細胞の発達程度は動物の種類によって異なり，鳥類などの中にはそれを欠くものもある．また同じ動物でも季節その他の条件で，その発達程度に消長のあることも少なくない．よく発達した間細胞はミトコンドリアに富み，脂肪様顆粒や結晶様体などを含む．[3] 脊椎動物の卵巣の中で卵胞閉鎖の際に退化せず，卵巣の間質中に残存している内卵胞膜細胞．エストロゲンを分泌するといわれている．[4] 脊椎動物の松果体（pineal gland）の中で pinealocytes に介在する細胞．

d **幹細胞** [stem cell] 動植物の多細胞生物において，多分化能（⇒分化能，⇒多能性）を維持したまま自己複製することのできる細胞．幹細胞が分化するときには，短期間で活発に増殖する未分化細胞（TA細胞，transient または transit amplifying cell）を経る．[1] [progenitor cell] 後生動物の組織分化において，分化した組織細胞の形質をいまだそなえていない少数の細胞，その増殖によって特定の組織細胞に分化した細胞だけを生み出す場合，その多能性の未分化の細胞の幹細胞という．多層表皮の基底層の細胞はその一例である．[2] 後生動物の発生途上において，将来始原生殖細胞を形成すべき細胞系譜，またはそれに属する細胞．ウマカイチュウやケンミジンコでは2細胞期にすでに幹細胞が区別される．前者の場合では幹細胞は体細胞系列に見られる染色質削減を起こさず，細胞分裂に際し完全な染色質を核内に保つことによって区別される．[3] 造血組織・腸上皮組織などの細胞新生系において，細胞生産のもとになる細胞．特に血液形成の過程について詳細に研究され，造血幹細胞（hematopoietic stem cell）と呼ばれている．この幹細胞は，自己を維持するとともに，すべての血液系細胞に分化することができる（⇒血球新生）．造血幹細胞では，増殖性の造血前駆細胞を経ることで，十分な数の血液系細胞を生み出す．長期にみた場合の分裂回数については，TA細胞より幹細胞の方が多い．幹細胞の維持には成長因子や細胞外マトリックスなど多くのシグナルが必要で，これらを与える生体内の微小環境を幹細胞ニッチ（stem cell niche）という．造血幹細胞のニッチは骨髄中の骨芽細胞などによって構築される．[4] 種子植物において，*頂端分裂組織と*形成層にあって，多分化能を維持し自己複製する細胞群．シュート頂においてその維持は CLE-WOX 系の制御下にある．（⇒CLE 遺伝子族，⇒WOX 遺伝子族）

e **がん細胞** [cancer cell] 《同》腫瘍細胞（tumor cell），悪性細胞（malignant cell, neoplastic cell）．生体のもつホメオスタシスに支配されず，自律性をもって増殖する，がんの本質をになう細胞．正常組織の細胞は，組織の一員として生体のホメオスタシスを保つよう増殖し，本来の機能を発揮できるように分化する．しかしがん細胞は，そのような宿主のホメオスタシスに支配されず自律性をもって増殖する．そのため，組織を破壊し遠くの臓器に転移し，宿主を死にいたらせる．がん細胞のこのような性質は，細胞の正常性を維持するための遺伝子に突然変異を生じたためと考えられる．がん細胞の成因となる遺伝子としては*がん遺伝子，*がん抑制遺伝子が同定されている．がん細胞を生体外に移し，培養した場合，一般に次の三つの特性を示す．(1)細胞寿命を越えた無制限増殖能：正常細胞は培養に移したとき，一定期間増殖した後死滅するが，がん細胞は永遠の増殖能をもつ．(2) *接触阻止現象の喪失：正常細胞は細胞どうしの接触によって細胞運動や増殖が抑制されるが，がん細胞は抑制されず，重なりあって増殖する．(3)足場非依存性増殖：正常細胞は付着すべき足場がないと増殖できないが，がん細胞は足場のない条件，例えば軟らかい寒天内に浮遊した条件でも増殖できる（⇒軟寒天培養）．これらのがん細胞の性質は無制限に増殖し，浸潤し，転移するというがん細胞の自律性増殖をよく説明している．

f **肝細胞癌** [hepatocellular carcinoma, hepatocarcinoma, liver cell carcinoma] HCC と略記．《同》ヘパトーム．肝細胞に似た細胞から成る*癌腫．背景肝病変として80%以上に肝硬変あるいは慢性C型肝炎を有する．そのほとんどがB型・C型肝炎ウイルスによるものである．特に日本ではC型肝炎が多く70%がHCV抗体陽性者である．典型例では，膨脹性発育，被膜形成，隔壁形成，結節内結節像などが認められる．血管内浸潤が特徴的で，特に門脈腫瘍栓は経過予測に重要．進展形式として，肝内転移と多中心性発生がほとんどである．男性に多く60歳代の発症が多い．肝細胞癌自体による症状は，かなり進行するまで認められず，慢性肝炎や肝硬変の症状が主体となる．治療としては，外科的切除，経皮的エタノール注入，経カテーテル肝動脈塞栓療法，マイクロ波凝固療法，経皮的ラジオ波焼灼療法などの局所療法が中心である．肝移植が考慮される場合もある．

g **肝細胞増殖因子** [hepatocyte growth factor] HGF と略記．《同》scatter factor．成熟肝細胞に対する増殖促進因子として発見されたシグナル分子の一種．ヒトでは一本鎖不活性型ポリペプチドとして分泌され，セリンプロテアーゼで69 kDa の α 鎖と 34 kDa の β 鎖に切断される．両鎖の間はジスルフィド結合で繋がれ，活性型ヘテロ二量体となる．α 鎖にはヘアピンドメインと四つのクリングルドメインが存在する一方，β 鎖には酵素活性を有さないセリンプロテアーゼ様ドメインが存在．*選択的スプライシングによって複数のアイソフォームが存在する．膜貫通型チロシンキナーゼである c-Met 受容体の活性化を介して，細胞増殖・細胞運動・形態形

成・血管新生・組織再生などに作用.

a **間質** [interstitial tissue] 《同》間質組織. ⇒支質

b **乾湿運動** [hygroscopic movement] 植物の組織を構成する死細胞の*細胞壁が, 空気の乾湿に応じて収縮・膨潤するために起こる物理的運動. 収縮・膨潤は細胞壁ミセルの配列と直角の方向に強く起こり, 組織の屈曲・ねじれ・らせん状化など, およびそれらの逆反応として現れる. 果実の裂開(*はじきだし運動が起こる場合が多い), 果実の芒刺のらせん状運動(テンジクアオイ属やエロディウム属の植物), 蘚類の縁歯や蘚類のツチグリの子実体の運動がある.

c **岩質荒原** [ラ petrideserta] 岩石が地表に露出する地や砂礫地に見られる群落. 水分や栄養塩類が不足したり土壌の一部が常に動いたりするために植物は疎生する. 高山帯にかなり多くの例を見る. 岩石地では岩の隙間にいろいろの植物が点々と小さな集団を作り, 群落全体として優占種もはっきりしない.

d **癌腫** [carcinoma] 《同》癌. 上皮性の悪性腫瘍. 皮膚・粘膜の上皮や各種腺上皮など, あらゆる種類の上皮から発生しうる. 通常は発生臓器別に, 舌癌・喉頭癌・*肺癌・食道癌・*胃癌・*大腸癌などと呼ばれ, ヒト悪性腫瘍の大部分を占める. 癌腫の肉眼像は臓器によってさまざまであるが, 肉腫に比べて壊死巣を伴うことが多い. また癌腫の発育進展もさまざまであるが, 一般的には, まず周囲組織に浸潤性に進展し, 次にリンパ行性転移, さらに血行性転移を起こす. *甲状腺癌や*前立腺癌など病変が発見されてから数年から数十年と比較的長い経過を取るものもある. 組織学的には, 上皮性の腫瘍細胞が集まり, その周囲を間質が取り囲む胞巣(alveolar)構造がその特徴とされる. 極度に間質の多い硬い癌を硬癌(scirrhous cancer)と呼ぶ. 通常の癌腫の組織像は発生した臓器の細胞ならびに組織構築に類似しており, 大別すると扁平上皮組織に似た扁平上皮癌(squamous cell carcinoma)と腺細胞に似た腺癌(adenocarcinoma)に分類される. しかし, 異型性が強くなると, 細胞や組織との類似性が認められず, 未分化癌(undifferentiated carcinoma)と呼ばれ, より悪性であることが多い. 臓器別の発生頻度は集団によってかなり異なるが, それは単に遺伝的差異よりはむしろ, 生活環境, 栄養, 習慣などの因果関係が考えられる. (⇒腫瘍, ⇒がん細胞, ⇒発がん)

e **間充ゲル** [mesogloea] 《同》中膠. (1)海綿動物の皮層と胃層の間にある無構造, すなわち細胞で構成されていないゲル様物質の層. 遊走細胞(変形細胞), 骨片母細胞, 原生細胞などがその中に散在はするが, これらは皮層または胃層から移入したもの. (2)刺胞動物の表皮と胃水管系との間のゲル様物質の層. ポリプでは薄くて支持膜と呼ばれるが, クラゲでは極めて厚く, いわゆる寒天(jelly)を形成し, マミズクラゲでは含水量 99.7%. 中に星形の遊離細胞が少数散在し, 粗い網状に連なり, 他の多くの後生動物の膠様結合組織に類似する. 立方クラゲ類の触手, 十字クラゲ類の柄部, およびイソギンチャク類の口盤縁では, 間充ゲル中に中膠筋(mesogloeal muscle)と呼ぶ筋細胞を含む. 間充ゲル層を一種の中胚葉と見ることがある.

f **間充織胞胚** [mesenchyme blastula] ウニの発生過程における, 孵化胞胚期と初期原腸胚期の間の第一次間充織細胞が形成される時期. それまで主として卵形成時に蓄積された雌親由来のメッセンジャー RNA の翻訳に依存して発生してきた胚が, 胚自身の遺伝子発現に, 大規模な切換えを行う時期とされ, 転写を抑制した条件下で飼育された胚は, この時期で発生を停止し永久胞胚になる. 第一次間充織細胞は 16 細胞期の小割球に由来し, 幼生の骨格を形成する.

g **干渉** [interference] [1]染色体の 1 カ所で*交叉が起こると, その近傍で起こる交叉の頻度が影響を受ける現象. 併発指数の下がる場合を正の干渉, 上がる場合を負の干渉という(⇒二交叉). [2] *競争のうち, 体の直接的なぶつかり合いや生息地の撹乱などによって生じるもの. これに対して餌などの資源を消耗することによる負の影響を消費型競争という(⇒競争). [3]《同》ウイルス干渉(viral interference). 2 種のウイルスが一つの細胞に感染したとき, 一方または両方の増殖が抑制される現象. 異種ウイルス間干渉(heterologous interference)の場合には, *インターフェロンの作用によることが多い. また同一種のウイルスでも高濃度で感染を繰り返すと増殖が阻害される場合があり, 自己干渉(autointerference)と呼ばれる. P. von Magnus (1951) が A 型インフルエンザウイルスで初めて発見し, フォン=マグナス現象(von Magnus phenomenon)とも呼ばれる. *干渉性欠損粒子によって起こる. さらに, 共通の受容体を使うウイルス間で干渉が起こることもある.

h **感情** [feeling] 喜び, 悲しみ, 恐れ, 怒り, 驚きといった心の状態. 感情は, その個体にしか分からない主観的な側面が多いが. 行動や表情, 自律神経系の変化として外部から観察可能な感情の客観的側面を*情動という.

i **環状 AMP** [cyclic AMP] ⇒cAMP シグナル

j **環状 AMP 受容蛋白質** [cyclic AMP receptor protein] CRP と略記. 《同》カタボライト遺伝子活性化蛋白質(catabolite gene activator protein, CAP). 環状 AMP (cAMP) と結合して複合体をつくり, これが多くの*誘導性酵素オペロンのプロモーター部位に結合することにより, *RNA ポリメラーゼの mRNA 転写活性を高める, 正の制御物質の一種として重要な蛋白質. カタボライト遺伝子とは, ラクトース, ガラクトース, アラビノースなどの糖を分解する酵素(誘導性酵素)の構造遺伝子を指す. 大腸菌の CRP は分子量 4 万 4600. 二つの同一のサブユニットからなる二量体で, 1 分子に 1 個の cAMP を結合する(結合定数は 1.1×10^5/M). 結合は可逆的で, cGMP はこの結合を阻害する. cAMP とこの CRP の複合体は特異的に誘導性酵素オペロンのプロモーターの一部に結合し, RNA ポリメラーゼのプロモーターへの結合を促進する. cAMP の細胞内レベルが低下すると, cAMP が複合体から離れるため, CRP はプロモーターからはずれ, mRNA 合成の促進効果は減少する. *グルコース効果とか*カタボライトリプレッションといわれていた炭素源の分解産物による誘導性酵素合成の低下は, 細胞内の cAMP の低下によるオペロンの mRNA 合成促進効果の減少によるものである.

k **緩衝液** [buffer solution, buffer] pH の変化を小さくする*緩衝作用をもつ溶液. 細胞や組織などを取り扱う生物実験で媒質として用いられることが多い. リン酸緩衝液, トリス緩衝液, 酢酸緩衝液, クエン酸緩衝液などが用いられる. 中性 pH 領域に pK_a(酸解離定数)をもつ種々のアミン化合物の緩衝液は, 考案者の名をとっ

て特にグッドの緩衝液(Good's buffer)と呼ばれ，トリス緩衝液やヘペス緩衝液などが含まれる．緩衝液には，トリス緩衝液のように pH 値が温度によって変化するもの，リン酸緩衝液のように pH 値がイオン強度に大きく影響を受けるものもある．目的 pH 付近で緩衝作用を有するものを選択するが，それ以外の要素(酵素の至適pH，他成分との沈殿形成など)にも注意する必要がある．

a **環状筋** [circular muscle] 《同》輪走筋．環形動物の体壁，脊椎動物の腸管壁などにあり，その筋繊維が内腔を環状に取り囲む筋肉層．これに対して，一般に筋繊維が壁を縦走する縦走筋(longitudinal muscle)の層が，その内側または外側にある．両筋の協調的な収縮により蠕動運動が起こる．器官の一定位置で発達して括約筋として機能する場合がある．

b **緩衝系** [buffer system] *緩衝作用をもつ系．弱酸 HA とその塩 MA との混合溶液の pH を考えてみると，まず弱酸 HA では次の平衡が成立する．

$$HA \rightleftarrows H^+ + A^-, \quad \frac{[H^+][A^-]}{[HA]} = K \quad (1)$$

[ ]はそれぞれの濃度を，K は弱酸の解離定数を表す．いま弱酸 HA の濃度を C_h，塩 MA の濃度を C_m とすると，解離していない部分の酸の濃度 $[HA]=C_h-[H^+]$，また酸の解離型全濃度 $[A^-]=C_m+[H^+]$ で，(1)式から

$$[H^+] = \frac{C_h-[H^+]}{C_m+[H^+]} K \quad (2)$$

となる．弱酸とその塩とが溶液中に共存しているときには $[H^+]$ は極めて小で，右辺のそれは無視できる．したがって(2)式は

$$[H^+] = \frac{C_h}{C_m} K$$

それゆえ，この溶液の pH は酸とその塩との濃度の比を変えることによって適当に決められる．この溶液に強塩基 BOH を加えると液中の弱酸 HA との間に $HA+B^++OH^- \rightarrow H_2O+B^++A^-$ のように中和反応が行われて，その OH^- はなくなる．また強酸 Ha を加えた場合には，塩 MA と反応し，$M^++A^-+H^++a^- \rightarrow HA+M^++a^-$ となって H^+ がなくなる．このように，弱酸とその塩との混合溶液は，加えられた H^+ および OH^- イオンを共に消滅させることになる．同じことは弱塩基とその塩との混合溶液についてもいえる．生体の原形質や血漿などは，このような性質をそなえた一種の緩衝液であって，常に一定の pH を保持する傾向を示す(→ホメオスタシス)．生体内の緩衝系をなす無機塩や塩類は，炭酸と炭酸水素塩(炭酸緩衝系)，第一リン酸塩と第二リン酸塩(リン酸緩衝系)で，血液では前者，組織細胞では後者が主要な働きをしているが，両性イオンとなる蛋白質(血液ではヘモグロビンと血漿蛋白質)やアミノ酸の作用も大きい．

c **干渉顕微鏡** [interference microscope] 試料を通過した光に生じた位相のずれを可視化する点で*位相差顕微鏡と同じ原理であるが，試料に焦点を合わせた像視野とほかの視野の光を干渉させて生ずる位相の差を可視化する顕微鏡．像視野と参照視野の偏光光束をつくるためにいろいろな構造が考案されている．*微分干渉顕微鏡はこの一つ．

d **干渉効果** [cross protection] 《同》獲得抵抗性(acquired resistance)．ウイルスの*干渉によって植物にも

たらされる抵抗性．植物には動物のような*獲得免疫系がないため，これを利用したウイルス病の防除法が広く用いられている．

e **緩衝作用** [buffering, buffer action] ある溶液が示す，酸または塩基の添加による pH の変化を弱める作用．いいかえればその際の pH 変化が純水の場合よりも小さいような作用．この作用をもつ系を*緩衝系という．いま被検液 1000 mL 中に dB グラム当量の強酸または強塩基を添加したとき，その pH が dpH だけ変化したとすれば，緩衝作用の大小は，この比

$$\beta = \frac{dB}{dpH}$$

で示される．この β を緩衝価(緩衝係数)という．dpH の価は，溶液が塩基性変化をするときには正となり，酸性変化のときには負となるから，β を常に正数とするためには dB の価を，塩基性添加のときには正にとり，酸性添加のときには負とする．弱酸あるいは強塩基と，その塩(強電解質)の混合溶液にこの作用が強く，これを*緩衝液と呼ぶ．

f **環状順列** [circular permutation] T 偶数ファージ(→T 系ファージ)などに見られるような DNA 分子上の遺伝子の環状の配列．ファージのゲノムを $a, b, c, \cdots, x, y, z$ で表すと，直線状の DNA 分子の端の遺伝子は一定しておらず，図(1)のように配列している．従ってその遺伝子地図は図(2)に示すように環状になる．このことは，遺伝学的方法以外に物理学的方法によっても証明されている．

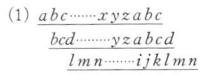

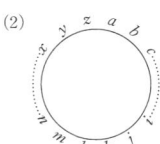

(1) abc……xyzabc
  bcd……yzabcd
  lmn……ijklmn

(2) [環状図 yzabc...ijklmn]

g **環状水管** [water ring, ring canal] 《同》水管環(water ring)，周口水管(circumoral ring canal)，歩環管(ambulacral ring canal)．*棘皮動物の咽頭(食道)を環状に囲む水管．水管系の一つ．各輻(歩帯)に放射状に*放射水管が伸び，体軸方向に石管が伸びる．付属器官としては，間輻部(間歩帯)の位置に，ヒトデ・クモヒトデ・ナマコ類では袋状に膨出するポーリ嚢(polian vesicle)，ヒトデ類では小嚢状のティーデマン小体(Tiedemann's body)，ウニ類ではスポンジ体(spongy body)をもつ．ナマコ類では特に大形のポーリ嚢が付属し，体液を貯蔵した水圧調整の機能をもつとされる．

h **干渉性欠損粒子** [defective interfering particle] 《同》不完全粒子(incomplete particle)，フォン=マグナス粒子(von Magnus particle)．主として動物ウイルスにおいて，形態的には完全粒子とよく似ているが，ゲノムに一部欠損があり単独では増殖不能のウイルス粒子で，完全粒子と同時感染すると増殖し，かつ完全粒子の増殖を抑制する作用を示すもの(→干渉)．類縁ウイルスの増殖も抑制する．インフルエンザウイルスで P. von Magnus(1951)が発見．一般に*感染の多重度を上げて感染を続けると，動物ウイルス主要群のほとんどに見出される．

i **環状腺** [ring gland] 《同》ワイスマンの環(Weismann's ring)．双翅類昆虫のうち，*囲蛹殻を作るハエやヒラタアブなどの環縫類に特有な内分泌腺複合体．脳

の後方にあって，大動脈と食道とを囲んで多少前方に傾いた環状をなす．組織学的には3種の細胞塊からなる．小さい腺性の細胞を含む前上方部は左右の*アラタ体に相当し，側部を通る1対のアラタ体神経によって下方の*側心体部と連絡している．両側面部は大きな腺性の細胞からなり，これは*前胸腺に当る．後下方部は大きい神経膠性の細胞からなり，前胸腺部を貫いて走る1対の側心体神経によって脳と，アラタ体神経によってアラタ体と，それぞれ連絡している．個々の成員細胞の分離移植の結果，各部の機能はそれぞれ他の昆虫における相当の腺と同じで，環状腺を摘出するとハエの幼虫は，脱皮も早期蛹化も不可能となる．成虫になると前胸腺部は退化し，アラタ体神経は露出して，環状構造は失われる．

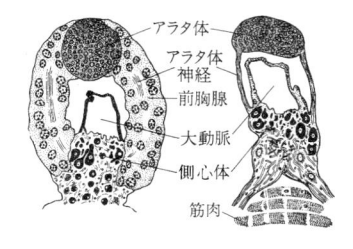

左：蛹の環状腺
右：成虫（前胸腺部の退化が見られる）
アラタ体
アラタ体神経
前胸腺
大動脈
側心体
筋肉

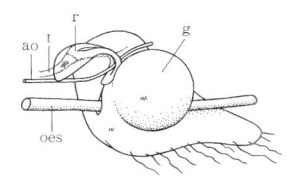

g 脳-腹面神経節
r 環状腺
oes 食道
ao 大動脈
t 気管

R. C. King ら (1966)

a **環状染色体** [ring chromosome] [1] 原核生物，例えば大腸菌などの染色体が環状のDNAになっているものをいう．環状DNAのものには，ϕX174, M13 などの一本鎖DNAファージ，F因子，ColE1因子などのプラスミドがある．またλファージなどの溶原性ファージは感染増殖時には環状構造をとる．[2] 真核生物における異常染色体の一つで，末端部のない環状の染色体．自然にも生ずるが，放射線・化学物質など突然変異原によっても生ずる．二つの染色体に生じた二つの染色体切断末端やテロメアDNA末端の間の融合が原因となっている．[3] 通常の*二価染色体の形を表すときに用いられることがある．減数第一分裂のディアキネシス期から中期に現れる動原体を中央付近にもち，キアズマを両端部にもつ．一般に，環状二価染色体，環状多価染色体のように使われる．

b **管状中心柱** [siphonostele, solenostele] 中央に髄をもち木部が管状になった*中心柱．シダ類に一般的．siphonostele は E. C. Jeffrey (1897) の命名で，同義の solenostele は G. Brebner (1902) による語．木部の外と内を篩部が覆う両篩型 (amphiphloic siphonostele) が多いが，時に内側の篩部と内皮の一方あるいは両者を欠く外篩型 (ectophloic siphonostele) となる．横断面で輪をなすが，葉跡が離れる時に欠所 (*葉隙) を生じる．欠所が多数になって網目状の筒になったものは*網状中心柱として区別することがあるが，本質的な違いではない．さらに二重以上の維管束環が形成されるものがあり，そ

の環の数 ($n=2, 3, 4, 5, \cdots$, 多) により，n 環中心柱 (n-cyclic stele) と呼ぶ．リュウビンタイ科に多く，最大は化石シダ植物 Psaronius infarctus の十環状である．

c **環状DNA** [circular DNA] ポリヌクレオチド鎖の5′末端と3′末端が共有結合により連結したDNA分子を指す．二本鎖DNAの場合，両鎖とも共有結合により連結したものを閉環状DNA (closed circular DNA) と呼ぶ．閉環状DNAの一方の鎖に切れ目が入ると開環状DNA (open circular DNA) になる．二本鎖DNAがらせんのピッチが変化した状態で連結すると，分子全体がよじれた高次構造をとり，超らせんDNA (superhelical DNA)，スーパーコイルDNA (supercoiled DNA) が形成される．原核生物の染色体DNAや，プラスミド，ミトコンドリア，葉緑体などのDNAは一般に環状であり，ウイルスのDNAも環状であることが多い．大腸菌の染色体DNAは464万塩基対からなる巨大な環状DNAである．

d **環状剥皮** [girdling] 二次*肥大成長をしている植物体において，木部を残して形成層から外側を環状に剥ぎ取り*篩管輸送を選択的に阻害する処理のこと．広義には茎に高温の蒸気を吹きかける処理 (heat girdling)，局部的な低温処理 (cold girdling) を含む．古くは植物体における水輸送が木部を通して行われていることを示すために S. Hales (1727) が行った．この方法は篩管輸送による影響を調べる場合に行われ，園芸の分野では果樹などにおいて葉で形成された光合成産物の下部への移行を止め，結実性などを向上させる処理として行われる．

e **桿状胞** [rod organ, ingestion rod] ユーグレナ植物の Entosiphon や Urceolus などの消化道付近にある細胞小器官．通常2個並んで存在し，細胞口の下から消化道底の貯蔵部にある細胞の下端から消化道に平行に伸びている．それぞれは直径約26 nmの小繊維が約100本平行に並んでできた束状構造を示す．*細胞口が固い食物を取り入れて膨れたときの助力器官で，毛胞に当たるものと考えられている．(→放出体)

f **肝静脈** [hepatic vein ラ vena hepatica] 脊椎動物の肝臓において，肝門脈から入って分岐した毛細血管網が再び集まって静脈管へ向かう，本来1対の静脈．(→肝門脈系)

g **冠静脈** [coronary vein ラ vena coronaria] 《同》冠状静脈．哺乳類の心臓壁に存在する静脈．血液をこの部分から右心房に導く．原始的な脊椎動物に見られるキュヴィエ管の痕跡．

h **管状要素** [tracheary element] *道管を構成する細胞 (道管要素) と*仮道管の総称．また篩管要素と篩細胞を合わせて，篩要素 (sieve element) と呼ぶ．

i **間腎** [interrenal body, interrenal tissue] 《同》間腎腺 (interrenal gland)，腎間腺，間腎組織．魚類において，哺乳類の*副腎皮質に相当する器官，あるいは組織．哺乳類では副腎は髄質と皮質に分かれるが，硬骨魚類では両者にはっきりとした区別がなく，それぞれの組織塊が散在してみられる．軟骨魚類では両者は分離しているが，間腎は腎臓の中にみられる．硬骨魚類では，糖質代謝やミネラルの調節，蛋白質代謝などに関与する*コルチゾルを，軟骨魚類では主として1α-ヒドロキシコルチコステロンを産生する．

j **完新世** [Holocene] 《同》現世 (Recent)．紀元2000年から遡って1万1700年前から現在までの第四紀最後

の時代.後氷期とも呼ばれるが,実際には氷河時代の中の1間氷期と見ることもできる.最終氷期が終わった後の沖積世(Alluvium)の語は現在使われない.(⇨第四紀)

a **ガンス** Gans, Carl 1923〜2009 アメリカの爬虫両生類学者,進化生理学者,生物力学(バイオメカニクス)者.ミシガン大学教授.'Journal of morphology'の編集長を25年間務める.[主著] Biology of the Reptilia(共編),全23巻,1969〜2009.

b **換水** [water ventilation] 水呼吸において,呼吸器官の表面に新しい水が送りこまれる現象,またその運動.水は空気にくらべて比重と粘性が高く,さらに酸素含有量が低いので,換水のための呼吸運動の仕事の量は空気中よりもはるかに大きい.すなわちヒトでは休息時の酸素摂取量の1〜2%が呼吸運動に使用されるが,魚類ではこれが10〜25%に及ぶ.

c **肝膵臓** [hepatopancreas] 《同》中腸腺.節足動物の*中腸に開口する,複胞状の消化腺様組織.脊椎動物の肝臓・膵臓の機能をもつ.いわゆる「蟹味噌」.種により機能・構造は多様.フナムシでは3〜4対の長管状,ザリガニでは空胞細胞(独 Blasenzelle),繊維細胞(独 Fibrillenzelle),脂肪を多く含む吸収細胞(独 Resorptionszelle)からなり,リパーゼやアミラーゼなどを分泌.

d **貫生** [proliferation, prolification] 植物において,何らかの刺激により頂端に潜在した分裂組織が活性化されあるいは不定芽を生じることで,通常ならそれより先端部には生じない器官などを生ずる奇形的な現象.[1] 種子植物では,一般には,花(果実)および多くの花序は茎の先端の成長が停止した有限の構造をもつが,そこから再び茎が伸び,花序または花を反復してつけるかあるいは栄養枝にもどる場合,貫生という.先端貫生(diaphysis),腋生貫生(ecblastesis)の別がある.パイナップルの花序の先の葉叢もこれの例.シロイヌナズナの花の*ABCモデルのC機能が失われた agamous 変異では,花分裂組織の幹細胞の機能が失われないため,萼片と花弁のセットからなる花を繰り返し貫生でつくりつづける結果,*八重咲となる.[2] 菌類では,ミズカビ目やツユカビ目で,遊走子が逸出して空になった遊走子嚢内に新しい遊走子嚢が重なって形成されること.また,不完全菌類の分生子柄で,分生子が離脱したのち,分生子形成細胞の内部にその基部から新しい分生子柄・分生子形成細胞が伸び出て形成されることをいう.(⇨重生遊走子嚢)

e **間性** [intersex] 雌雄異体の種のある個体において,性形質が完全な雌型または雄型でなく,中間的な異常を示すこと,またはその性質.ただし*雌雄モザイク現象とは異なり,体を構成する細胞の遺伝子構成は性形質に関して一様である.間性は一次性徴・二次性徴・三次性徴(⇨性徴)のいずれにも起こり,その程度も多様である.雌の形質を強く現すものを雌間性(female intersex),雄の形質を強く現すものを雄間性(male intersex)と呼ぶ.動植物にわたり広く例がみられるが,生成の機構は必ずしも一様ではない.R.B.Goldschmidt はマイマイガの地方的品種の間の交雑によって生じた間性を説明するのに,雄性決定因子(M)を染色体上に,雌性決定因子(F)を細胞質中に仮定し,これら因子の強さが品種間で量的に異なるため組合せの如何によっては発生の途上で性転換を起こすと仮定し,性転換の起こる時期の遅速によって間性の程度が決まるとした.これを量的学説(quantitative theory)という.キイロショウジョウバエでは*X染色体の*不分離の結果,*常染色体の数とX染色体の数とのいろいろの組合せが生ずるが,その比(性指数)が正常の雌および雄の中間のとき間性となり,比が著しく大または小のときには*超雌または超雄となる.C.B. Bridges はこのことから X染色体には雌性遺伝子が,常染色体には雄性遺伝子があると考えて遺伝子平衡説をたてた.同様な例は植物のスイバでも知られている.Solenobia その他の鱗翅目やシラミでも交雑により間性が生じ,上例のいずれかに近似のものといわれる.そのほかに染色体異常はなくても単一もしくは少数の間性遺伝子の存在を仮定して説明できるような分離を示す間性の例がある.脊椎動物では両生類と鳥類について特によく研究され,性ホルモンとの関係が明らかにされている.哺乳類の間性の研究も進み,ヒトについては性染色体異常によるものと,それ以外の原因によるものの存在が明らかにされた.特に性染色体は正常女性でXX,正常男性は XY であるのに,XO をもつターナー症候群,XXY をもつクラインフェルター症候群,およびそれらの亜型の存在が明らかになった.これらの*染色体異常からヒトの性染色体の機能が明らかになってきた.

f **乾生植物** [xerophyte] 大気の乾燥,土壌水分の不足,塩分の過多などのために吸水困難な場所に生育し,形態的・機能的に*乾燥耐性に富む植物.エアプランツ(Tillandsia usneoides ほか),モクマオウ,クレオソートブッシュ(Larrea tridentata)が例.以下のような乾生形態(xeromorphy, xeromorphism)を示す.葉は小さく葉脈が発達し,機械組織に富み,厚いクチクラ層や蠟,あるいは密な白毛に覆われ,陥没した気孔をもつ,根茎は地下深くに達する,など.浸透ポテンシャルは低く,−5 MPa あるいはそれ以下となる例も報告されている.浸透ポテンシャルの高い多肉植物は,乾燥に耐えるというよりはそれを回避しているので,真の乾生植物には入れない場合もある(H. Walter, E. Stadelmann, 1974).なおこのような場所にすむ動物は乾生動物(xerocoles)と呼ばれる.

g **岩生植物** [lithophyte] 《同》岩石植物.岩石の表面に直接に,あるいはこれを覆う薄い土壌層に生育する植物.水分欠乏に耐える性質が強い.前者の例はチズゴケなどの固着地衣やイシクラゲなどのシアノバクテリア類,後者の例はチョウノスケソウ,イワレンゲ,ミヤマウスユキソウの類など.(⇨岩隙植物)

h **乾生遷移** [xerarch succession] 新しい火山島・火山の溶岩流や砂地基岩の裸出などのような岩石やこれの風化した基質から始まる遷移.遷移の初期には基質の水分保持力が極度に悪い場合が多い.植物の侵入によって土砂の固定,土壌形成が促進され,腐植物の堆積によって土壌の保水力や栄養塩類が増加することが,初期の遷移の進行の原因となる.この遷移にみられる植物群落の移行の系列を乾生系列(乾生遷移系列 xerosere)といい,固着→葉状地衣期→蘚類期→草本期→低木期→森林期(陽樹)→極相森林(陰樹)がその模式的変化であるが,最初から共生菌をもった樹木が侵入する場合も多くみられるなど,いろいろ変化が多い.一次遷移の場合,岩石上のものを岩石系列(岩石遷移系列 lithosere),砂丘上のものを砂地系列(砂地遷移系列 psammosere)と呼ぶ.(⇨湿生遷移)

a **関節** [articulation, joint ラ articulatio] 広義には骨相互間のすべての結合，狭義にはそのうち可動結合をなすものを指し，不動結合あるいは不動関節(不動性関節)と区別する．不動結合(synarthrosis, immovable joint)は可動結合より系統発生的には古い様式とされ，相互に他方の骨に対して不動の結合関係(不動関節)にあるような骨の連結様式の一種．両骨を結合する組織の種類により，繊維性結合組織による靱帯結合(syndesmosis)や縫合，軟骨による軟骨結合(synchondrosis)，骨による骨結合(synostosis)などに区別．対して可動結合(diarthrosis)は一方の骨が他方に対して可動的結合関係にあるような骨の連結様式で，この連結部が関節(可動関節あるいは可動性関節)．脊椎動物では，骨化とともに本格的な可動関節が形成される．関節する両骨の相対する面にはガラス軟骨の薄層があり，関節軟骨(articular cartilage)と呼ばれる．関節の周囲は骨膜の継続としての結合組織性の膜で囲まれ，これを関節嚢(関節包 articular capsule)といい，その内腔を関節腔(joint cavity)という．関節嚢の内面には滑膜(synovial membrane)という薄膜があって，絶えず少量の滑液(synovia)を関節腔内に分泌，運動を滑らかにする．関節の運動様式は関節を構成する骨端の形状により決定されるとともに，その関節に伴う靱帯と筋の位置，付着部位などによっても限定される．関節運動(articular movement)は，関節部を支点とし，筋肉(*骨格筋)の付着部を力点とする「てこ」の運動とみることができる．この際，筋肉は単一関節を横切って張り渡されるもの(一関節性)が一般的だが，相次ぐ2関節(またはそれ以上)にまたがる多関節性もある(例：大腿二頭筋の長頭)．また，2骨間の関節を単関節(articulatio simplex)，3寸以上が関与するものを複関節(articulatio composita)という．節足動物の外骨格にも，脊椎動物骨格の関節に相似した構造が発達する．可動関節はここでは，体節間または付属肢の肢間におけるクチクラの非硬化部位である節間膜に代表され，ときにはさらに隣接部の硬化クチクラが蝶番の構造をつくり，一平面内の関節運動を確実にする．筋は直接もしくはクチクラの内突起(apodeme)を介し，内面から外骨格に付着，その可動片を動かす．二枚貝の*蝶番も一種の可動関節．

b **関節丘** [condyle] 《同》関節頭．[1] 一般的に脊椎動物の*関節において，凹所すなわち関節陥または関節窩(acetabulum, cavity)にはまりこんだ形で関節している球状の突出部分．大腿骨などに顕著．[2] 昆虫において，主に大顎基部にあって頭部と関節する突出物．シミ科と有翅昆虫の*大顎は，通常2点，すなわち前方は蝶番(ginglymus, hinge)で額片の突起と，後方は狭い意味の関節丘(condyle, ball)で後頬(postgena)あるいは頬の下角にある関節陥と，それぞれ関節している．このグループを双関節丘類(dicondylar)と呼ぶ．これに対し一つの関節丘だけで頭部と大顎とが関節しているグループを単関節丘類(monocondylar)という．

c **間接効果** [indirect effect] 【1】《同》間接的相互作用(indirect interaction)．生態学において，異種生物間の相互作用において，捕食・寄生・共生など直接的な働きかけに対し，第三者(他の生物)を介して影響しあう現象．最も明瞭な例は，直接には作用しあわない2種の生物間において，第三の種が存在する場合に互いに影響が生じる場合であるが，直接的な相互作用をもつ2種でも，第三の種の存在が相互作用に変化を生む場合は，やはりこの第三の種を介する間接効果が働いていることになる．*群集の種構成を変えながら系に撹乱を与え観測する操作実験でこのような相互作用の変化から間接効果を検出する実証的研究や，複雑な相互作用ネットワーク中の生物間を結ぶさまざまな経路を間接効果が伝播する様相を解明する理論も出されている．間接効果の重要なカテゴリーとして，媒介する種(第三者)の*個体群密度の変化を介するものと，行動の変化を介するものがあげられる．例として，A，C2種の捕食者がともに被食者Bを捕食するときを考える．A-C間の間接的相互作用は，まずB種の個体群密度の変化を介する効果は，互いに餌であるB種の個体群密度を減らしあう*競争関係である．これに対し，B種の行動の変化を介する間接効果は，もし一方の捕食者の存在が被食者Bの行動に変化をもたらし，それによって他方の捕食者に捕えられやすくなるならば，A-C間で互いに利益をもたらしあう間接的相利共生(indirect mutualism)関係になる．間接効果は，種間関係を可変性・可塑性に富んだ，より入り組んだものにする．【2】放射線生物学において，水の放射線分解の結果生じた遊離基と標的分子との相互作用の結果生じる効果．電離放射線が細胞内の水分子に作用し遊離基(·H，·OHなど，水和電子など)を発生させ，それらが標的分子に到達し化学的に作用することを示す．通常，低LET放射線(=線エネルギー付与)と呼ばれるX線，γ線，電子線では*直接効果の役割は一部にすぎない．

d **間接互恵性** [indirect reciprocity] 多数の個体間で，評判などの社会的情報を介して協力が維持される仕組み．協力した個体からその直接の受益者からではなく，第三者からその協力のお返しを受ける．以前に他人に協力したプレイヤーには高い評判がつき，その高い評判をもつとその後別の人から協力を受けやすくなるといった機構が研究されている．間接互恵性は，社会規範，道徳，倫理などを単純化した概念である．明確な形ではR.D. Alexander (1979, 1987)が初めて提唱した．互恵性(reciprocity)の一つで，受益者自身が協力をし返す直接互恵性(direct reciprocity)，もしくは*互恵的利他主義 reciprocal altruism)とともに，*協力の進化機構として重要．

e **関節鰓** [joint-gill, arthrobranch] 《同》胸鰓．十脚類の*鰓室中において，胸肢が胸部と関節する部分にある鰓．*肢鰓の上方，*側鰓の下方にある．1本の肢に前関節鰓と後関節鰓と2個が並んでつくものもある．

f **関節肢** [jointed appendage] 一定数の肢節からなり，各肢節は*関節を形成し，屈伸することができる節足動物特有の脚の型．甲殻類の関節肢を例にとれば，体節の側板に関節する*脚基と脚端部とからなり，脚基を構成する肢節は*底節と呼ばれ，ときにこれが二分し，側板に融合して板状に広がる亜底節，ならびに底節の本体になる．底節からは肢の本体を構成する脚端部のほか，体の外側方に向かって*副肢が出ることがあり，*鰓その他の器官を付属する．脚端部は6節からなり，基部から末端に向かって*基節，*坐節，*長節，*腕節，*前節，*指節と呼ぶ．基節の末端から外方に付属物が出る場合にはこれを外枝(外肢)といい，これに対して肢の本体である坐節〜指節を合わせて*内枝(内肢)と呼ぶ．派生的な節足動物では外枝は退化しているのが一般的だが，エ

ビ類の腹部遊泳肢(pleopod)その他のように両枝をそなえ，さらに両枝の形態が近似の*二枝型付属肢がある．各肢節から内方(体の正中線の方向)に出る突起を内突起(endite)，外方に出るものを外突起(exite)と呼び，大顎や小顎などの歯状突起は内突起の例である．昆虫類の脚の各肢節は甲殻類と名称が異なり，末端に向かって順次に基節，第一および第二*転節，*腿節，*脛節，*跗節，先跗節と呼ばれる．

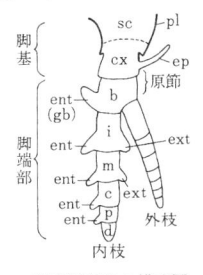

```
脚基 { sc — pl     sc 亜底節
       cx — ep     cx 底節
       ent — b     b 基節
       (gb) — i    i 坐節
脚端部 { ent — ext  m 長節
       m — ext     c 腕節
       ent — c     p 前節
       ent — ext   d 指節
       ent — p     ep 副肢
                   ent 内突起
                   ext 外突起
                   gb 顎基(gnathobase)
                   pl 体の側板
```

二枝型付属肢の模式図

a **間接光回復** [indirect photoreactivation] *光回復酵素の関与なしに紫外線の効果が低減される現象．かつて生体に紫外線を照射した後に300〜500 nmの光を照射したときにみられるとされた．後に発見された(6-4)光回復酵素による作用などが含まれており，現在ではほとんど使われていない用語．

b **関節リウマチ** [rheumatoid arthritis] 主に関節を侵す疾患．血管炎や間質性肺炎など多彩な関節外症状を合併することがあり，全身性自己免疫疾患に分類される．病気が長期化すると最終的には関節破壊に至り，重篤な機能障害を残す．全人口の有病率は1%前後，うち60〜70%が女性．原因は不明であるが，一卵性双生児における関節リウマチ発症率は15〜34%と高いことから，遺伝的要因の関与が考えられる．特にHLA-DRB1* 0401と高い相関を示し，PADI4, TNF-α, C5などほかのいくつかの遺伝子との有意な相関も認められている．さらに喫煙，感染症などの環境要因の関与も疑われている代表的な多因子疾患である．リウマチ因子，抗シトルリン化環状ペプチド抗体などの自己抗体が高頻度に検出され，特に後者は関節リウマチに特異的であるが，シトルリン化している抗原蛋白質の実体はまだ不明である．初期病変は関節滑膜への炎症細胞浸潤と滑膜細胞増殖であり，炎症性サイトカイン産生の悪循環ループが形成されて軟骨および骨吸収が進行し，最終的には関節破壊に至る．炎症性サイトカインとして特に重要なのはTNF-αとIL-6であり，抗TNF-α，抗IL-6中和抗体，およびそれらのレセプターに対する阻害抗体は関節リウマチの治療に広く用いられている．

c **感染** [infection] 病原体が生体内に侵入し増殖の足がかりを確立すること．感染による発症は宿主生体の諸種の抵抗力と微生物の状態や毒性などの複雑な相互関係に依存する．感染によって宿主には生理的な障害が生ずる場合が多いが，そうした相互関係により，現象的には感染が局所にとどまる局所感染(local infection)，全身にひろがる全身感染(systemic infection)，さらに感染は成立しても顕著な発症・病変をともなわない不顕性感染(潜伏感染 latent infection)などの区別がある．また，通常は病原性を示さない微生物などが，宿主の抵抗力の低下により病原性を示すようになる日和見感染(opportunistic infection)もある．なお，細菌に対するバクテリオファージの寄生なども感染という．

d **眼閃** [phosphene] 《同》眼内閃光，閃光現象．眼の網膜に光以外の物理的な不適当刺激が作用する際に瞬間的に生じる光感覚．不適当刺激としては，弱い電流や圧力などがある．眼球の強膜部を指で圧迫すると刺激部位の対角方向に光の輪が見えるのは周知の例で，圧迫眼閃(pressure phosphene)という．ほかに，暗中で眼球を急激に動かしたり，前後に圧迫したり，急に調節を行ったりする際や，くしゃみや眼球打撲の際にも眼閃を生じることがあるが，網膜感光層が直接機械的に刺激されるのではなく，網膜の機械的伸展や血液循環の変化による二次的過程として刺激が作用するものと説明される場合が多い．なお，脳血管の収縮・拡大などにともなって起こる片頭痛(偏頭痛 migraine)の発作の前徴として，眼閃が起こることが知られている．(⇌電流眼閃)

e **完全花** [perfect flower] 少なくとも，雄ずいと雌ずいの両方をそなえた花をいう，*両性花である．さらに萼片と花弁が加わり，4種類の花器官を全てそろえるものを完備花(complete flower)という．これに対し，雄ずいか雌ずいのどちらか一方を欠く花は不完全花(imperfect flower)といい，雄花あるいは雌花の*単性花となる．4種類のどれかが欠けているものは非完備花(incomplete flower)と呼ぶ．

f **感染経路** [route of infection] 病原体が生体内に侵入し増殖の足がかりを確立する際の経路．感染経路の主な分類には，経口，経気道，経皮，経膣，血液感染などのように体のどこから感染するかを表現した分類と病原体の侵入過程による分類(例えば，接触感染，飛沫感染，空気感染，媒介動物(vector)を介した感染など)がある．皮膚や粘膜の接触による接触感染(直接感染)には伝染性膿痂疹や疥癬，流行性角結膜炎など，患者の咳やくしゃみによって飛散した体液の飛沫による飛沫感染には風疹やインフルエンザ，飛沫から水分が蒸発して飛沫核となり空気中で浮遊している病原体を吸い込むことによる空気感染(飛沫核感染)には麻疹や結核などがあり，これらの分類は感染管理の上で重要である．媒介動物を介した感染はベクター感染とも呼ばれ，カによる日本脳炎やマラリア，シラミによる発疹チフス，ダニによるツツガムシ病などがその代表例である．その他，水平感染，*垂直感染(母子感染)，自己感染のように分類される場合もある．自己感染(自家感染 autoinfection)とは，宿主体内に既存の寄生虫やその他の病原体が，宿主体内で増殖してそのまま同一宿主に寄生すること(例：小型条虫)．

g **感染症** [infectious disease] 伝染性病原微生物(細菌，スピロヘータ，リケッチア，ウイルス，真菌，寄生虫など)の感染によって生じる病気．感染症のなかでヒトからヒトへ，または動物から動物へ伝染するものを伝染病という．敗血症や破傷風のように患者から直接に伝染しないものは感染症ではあるが伝染病とはいわない．公衆衛生上重要なものは，感染症法により届け出が義務づけられている．

h **感染症動態** [dynamics of infectious diseases] 感染症の侵入や拡大に対する時間的変化．感染個数の増減の様子により記述することが多い．感染症動態の数理モデルは，D. Bernoulli(1766)が天然痘による死亡率を

下げるための予防接種の有効性を論じたことが最初で，近代的な感染症モデルの基盤は，W. O. Kermack & A. G. McKendrick (1927) による．後者は，インドのボンベイ(現ムンバイ)でのペスト流行時の感染症動態に対して，例えば死亡者数の時間的変化を求めるために，常微分方程式の数理モデルを用いて説明することに成功した．そのモデルは，各個体を，感受性個体(未感染個体 Susceptible)，感染個体(Infectious, Infected)，免疫獲得個体(Recovered, Removed)のいずれかに属するものと考えるため，SIR モデルと呼ばれる．

$$\begin{cases} \dfrac{dS}{dt} = -\kappa SI \\ \dfrac{dI}{dt} = -\kappa SI - lI \\ \dfrac{dR}{dt} = lI \end{cases}$$

ここで，κ は感染個体当たりの感染率を，l は感染個体当たりの治癒率を表す．より単純なモデルとして，感受性個体から感染個体への変化だけを考えた SI モデル(あるいは，感染個体がまた感受性個体に戻ることを考えた SIS モデル)がある．逆に，感染が顕在化しない期間を考慮して，潜伏期にある個体(Exposed)も入れた SEIR モデルもある．感染症には，インフルエンザのように一時的に流行するもの(エピデミック)と，マラリアのように特有の一部の地域だけに恒常的に広がっているもの(エンデミック)がある．宿主が複数の病原体に感染する場合に，互いの毒性に影響を与える重複感染と，影響を与えない同時感染は区別される．宿主の世代を経て感染する*垂直感染(母子感染)と，同世代の宿主間での水平感染のように，感染経路の違いから感染症を捉えることも重要である．これらの要素を組み込んださまざまな数理モデルが解析されている．一方，個体内における免疫細胞数やウイルス数の時間的変化を数理モデルによって扱うことも盛んになっている．医学生理学的な詳細なデータとの整合性を調べることによって，感染患者の病状を軽減したり治癒するための処方箋を提供することが期待されている．

a **感染症法** 《同》感染症予防法，感染症新法．「感染症の予防及び感染症の患者に対する医療に関する法律」の通称・略称．1998 年 10 月 2 日に公布，1999 年 4 月 1 日に施行され，その後も適宜，改正が行われている．2012 年現在，本法が定めている「感染症」は，感染力や疾患の重篤度に基づいて，危険性が高い順に一類から五類に分類され，その他，新型インフルエンザ等感染症，政令で定める指定感染症，新たに発生した感染症で人から人に伝染すると認められた疾病を新感染症と区分している．疾患発生の届け出や病原体の取扱いについても記載されている．

b **感染性核酸** [infectious nucleic acid] *ウイルス粒子(または感染細胞)から単離された，感染性を示す核酸．*タバコモザイクウイルス RNA について A. Gierer, G. Schramm，また H. Fraenkel-Conrat (1956) が発見，核酸が遺伝物質であることを証明した．つづいて各種の RNA ウイルスおよび DNA ウイルスからも取り出された．一鎖 RNA ウイルスのように核酸単独では感染性を示さないウイルスもある．現在では，遺伝子工学的な手法を用いて，多くのウイルスの感染性核酸が試験管内で合成されている．例えば，+鎖 RNA ウイルスのゲノムから感染性 cDNA (infectious cDNA) を合成し，それを利用して遺伝子操作が行われる．

c **感染制御** [infection control] 《同》感染管理，感染対策．一般的には，医療機関における感染の予防と流行の防止を目的として多くの職種が協力して取り組む活動．感染管理または感染対策とも呼ばれる．日常的な感染発生動向調査，手洗いなどの標準予防策，保護具の着用や予防接種，廃棄物の適切な処理，施設内の設備や医療器具は必要に応じて洗浄・消毒・滅菌などを行う．感染拡大を防ぐ目的で，病原体の感染経路に応じた隔離予防策がとられる場合もある．医療施設の規模に応じて，感染制御チームや感染制御委員会などが設置されている．

d **感染中心** [infective center, infectious center] 一つの*プラークをつくる実体．一つのファージ粒子も感染菌の 1 細胞もそれぞれ一つのプラークをつくるため，ともに感染中心となりうる．

e **完全動物性栄養** [holozoic nutrition] 固形の有機物質を食物とする典型的な動物的栄養様式をいう．無機の栄養素だけに依存する完全植物性栄養(holophytic nutrition．独立栄養(無機栄養)と同義語)の対語．なおこれらのほか，従属栄養(有機栄養)であるが溶解しやすい分解状態にあって消化の必要のない有機栄養素を体表などから摂取(吸収)する腐生動物性栄養(多くの内部寄生虫や菌類)と，腐生動物性栄養を営む一方で同時に光合成または化学合成を行う腐生植物性栄養とがある．以上の諸語は，もともと原生生物間での栄養様式の分類に用いられ，完全動物性栄養には多くの肉質類・繊毛虫類，腐生動物性栄養には胞子虫類や多くの動物鞭毛虫類，腐生植物性栄養には若干の植物鞭毛虫類，完全植物性栄養には多くの植物鞭毛虫類が属する．

f **感染の多重度** [multiplicity of infection] moi, MOI と略記．培養液中の細菌にファージを感染させる際のファージの数と細菌数との比．平均 m の多重度のときファージの吸着がランダムに起こるとすると，r 個のファージが吸着した菌の割合は $m^r \cdot e^{-m}/r!$ で与えられる．

g **完全培地** [complete medium] 細胞培養に際し，その生物の最高度の成長・増殖が得られるような条件をそなえ，各種の*栄養要求性突然変異体が要求すると考えられる栄養素を含む培地．組成は生物種によりまた目的により異なるが，一般に酵母エキス，麦芽エキス，肉エキス，ペプトン，トリプトン，カザミノ酸(casamino acid)などの中からいくつかを組み合わせて用いる．無性的に多量の細胞を短時間に増殖させる場合や，栄養要求性突然変異体の分離や増殖などに用いる．(⇒最少培地)

h **完全変態** [holometaboly, complete metamorphosis] ⇒昆虫の変態

i **完全変態類** [Holometabola] 完全変態をする昆虫の総称．*内翅類に該当する．不完全変態類(Hemimetabola, 外翅類に相当)と対置されるが，これらは系統を反映する分類群ではない．(⇒昆虫の変態)

j **完全雄性** [holandry] [1] 2 個以上の精巣をもつ動物において，それが全部そろっていること．[2] 環形動物貧毛類で，第十・十一体節に各 1 対の計 2 対の精巣をもつこと．

k **肝臓** [liver] [1] 脊椎動物において，消化管に付随する体中最大の腺性器官．*輸胆管(総胆管)をもって

腸に連絡する．発生的には，十二指腸部からの膨出として生じる．この膨出は発生に際しては，繰り返し分枝し，分枝の末端部が腺となった複管状腺で，始部は輸胆管となる．内部構造の構成単位は円柱状の肝小葉(lobulus hepatis, hepatic lobule)で，無数の肝小葉は小葉間結合組織(interlobular septa)により互いにへだてられる．肝小葉は，さらに肝細胞が索状に配列した肝細胞索(hepatic cell cord)の集合からなる．ナメクジウオの肝臓は中空の岐腸(diverticulum)で消化酵素を分泌し，栄養吸収を行うだけで，栄養代謝の機能はない．脊椎動物の肝臓の主な機能には，(1)栄養に関係の深い中間代謝(グリコゲンの合成・貯蔵・分解，アミノ酸の代謝，魚類での脂肪合成など)，(2)胆液の生産，(3)血液成分の生成・変換(胚期には赤血球の生成，成体では赤血球を破壊し胆汁色素を作る．フィブリノゲン・プロトロンビンの生産)，(4)解毒と異物除去，(5)発熱．そのほか血液の貯蔵による循環量の調節がある．[2]無脊椎動物で肝臓と俗称されたものは，現在は*中腸腺・*肝膵臓と呼ばれる．

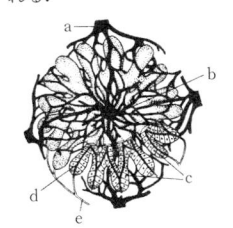

肝小葉模式図
a 小葉間静脈(または動脈)
b 中心静脈(中心の黒い部分)
c 肝細胞索
d 胆細管
e 小葉間胆管

a **乾燥耐性** [drought tolerance] 《同》耐乾性，耐乾燥性．乾燥に耐えて生存できる性質．被膜の形成，水を通しての外皮の分泌などのほか，種々の生理学的機構や行動がこれに関与する．動物ではラクダにおける血液濃縮に耐える能力や，*クリプトビオシスに入ったクマムシが含水量の著しい低下に耐えられることなどがあげられる．植物の乾燥耐性は，構造的適応と生理的耐性に分けられる．構造的適応は，サボテンのように乾燥地で生育する植物(*乾生植物)で見られ，葉の肥厚や形態変化(とげ化)，クチクラ層の発達，貯水組織の形成，*根系の発達などを特徴とする．これらは，長い進化の過程で乾生植物が乾燥地に適応し獲得してきた性質である．生理的耐性は，一般的な植物でも見られ，気孔の閉鎖による水分蒸散の抑制と細胞内浸透圧の上昇による吸水能力の増加，各種ストレス耐性遺伝子の発現上昇を主な機構とする．気孔閉鎖は，乾燥ストレスによって*アブシジン酸の合成が誘導された結果もたらされる．なお気孔の閉鎖による光合成の阻害を解決する方法として，乾生植物の一部は，夜間に気孔を開いて炭素同化をするベンケイソウ型有機酸代謝(⇒CAM型光合成)を行っている．細胞内浸透圧の上昇は，液胞への糖やイオン類の蓄積と細胞質への適合溶質の蓄積によってもたらされる．

b **管足** [tube-foot, ambulacral foot] 棘皮動物の水管系の一種で，体表にあり伸縮する細管．ほとんどの管足は，*放射水管の左右に縦列する．体の移動，摂食，呼吸，感覚など，多くの目的に用いられる．特に，体の移動に使われない管足は*触手とも呼ばれる．ヒトデ類の一部とウニ類やナマコ類では，先端に吸盤をそなえる．その基部は体内にある袋状の瓶嚢(ampulla)につながる．瓶嚢壁の筋肉が収縮すれば，水管系内の体液が管足腔内

に流入して管足が伸長する．ヒトデ類では腕の先端の管足は末端触手(terminal tentacle)と呼ばれ，先端に吸盤がなく，感覚器として働く．ウニ類の頂上系の終板管足にも吸盤がない．ナマコ類では，通常の管足の他に口触手，疣足などさまざまなものが分化している．

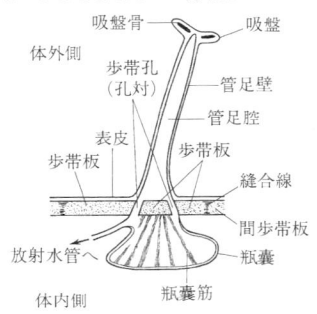

ウニ(正形類)の管足とその周辺部の断面模式図

c **桿体** [rod] 《同》桿状体，杆体，桿状細胞，桿細胞，棒細胞(rod cell)．錐体と共に脊椎動物の網膜を構成する視細胞の一型．錐体と同様に内節と外節(これだけを桿体とし，全体を桿体視細胞と呼び分けることもある)に分かれ(⇒錐体[図])，視物質を含む外節が桿状をしているのが名称の由来．夜行性のコウモリ，ネズミ，フクロウなどの鳥類，ヤモリ，深海魚の網膜は，視細胞のほとんどあるいはすべてが桿体からなる桿体網膜(rod retina)であり，桿体は*薄明視に関与し，錐体と視覚機能を分担する(⇒二元説)．外節には細胞膜と分離した*膜性円板があり，円板膜には視物質が結合し，表面あるいは細胞質中に光情報の伝達過程に関与する種々の蛋白質が存在する．桿体の視物質はたいていロドプシンである．しかし，夜行性ヤモリなど一部の動物の視細胞は，形態的には桿体であるが錐体型のオプシンを含み，昼行性ヤモリの錐体が行動様式の変化に伴って桿体に進化したと考えられている．(⇒錐体，⇒光情報伝達)

d **寒帯** [arctic zone, frigid zone] 《同》極帯(polar zone)．*気候帯の一つで，*高木限界，7月平均気温10°C線などを低緯度側の*温帯との境界とする地域．*寒帯と温帯の間には森林ツンドラ，疎生した*タイガからなる移行部が見られるが，この部分は亜寒帯(subarctic zone)と呼ぶ．寒帯域はその植生景観によって，7月の平均気温6°Cの線で低緯度側の*ツンドラと極側の*寒地荒原とに二分される．寒帯荒原の北限は最暖月平均気温が0°C以下の氷雪気候で，これには南極大陸とグリーンランドの内陸部などが入るが，これも寒帯に含める．日本の*亜高山帯や北海道の一部の針葉樹林を亜寒帯林や寒帯林と呼んだこともあるが，亜寒帯は上述のように寒帯と温帯の移行部の疎林状の地域を指す語であるから正しくない．寒帯林は林学上の語であるとしても混乱を招く．日本の針葉樹林は北方林(boreal forest)に相当し，気候帯としては冷温帯(cold-temperate zone)と呼ぶのがよい．(⇒植生帯，⇒気候帯，⇒極地植物)

e **環帯** 【1】[clitellum, girdle] 環形動物の体の前方の一定節において，体を取り巻いて存在する膨れ上がった帯状の部位．体の他の部分とは色彩を異にし，一般に背方から鞍状に体を囲むが，完全な輪となっている場

合も多い．チスイビル(*Hirudo*)では第十一～第十三体節に相当し，その腹面の前方には雄性生殖孔が，後方には雌性生殖孔が開口する．環帯には3種の腺細胞があり，それぞれ卵に与えられる粘液・蛋白質および卵包を作る物質を分泌する．フツウミミズ(*Pheretima*)では3体節を占め，したがって各体節の境界の背面にある背孔が環帯上に2個認められる．相互交接の際に2個体がこの部位で一時的に結合し，また受精卵の卵殻を分泌する．

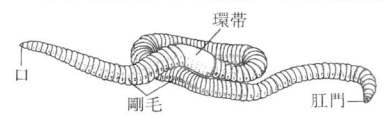

ツリミミズ類の外部形態

【2】[annulus] シダ類において，胞子嚢の本体に分化した厚壁の1列の細胞．薄嚢シダ類では乾燥すると反りかえり，反対側にある薄い細胞壁をもった口辺細胞(stomium)の部分が裂け，胞子を放出する(⇌凝集力運動)．環帯の位置・方向・発達の程度が薄嚢シダ類に属する科の標徴とされる．リュウビンタイ科では環帯はごく微小で痕跡的であり，ゼンマイ科・カニクサ科では少数の厚壁細胞が胞子嚢の1ヵ所に集まっており，他のものでは1列に連なって見られる．ウラジロ科・タカワラビ科・キジノオシダ科・スジヒトツバ科・コケシノブ科などでは環帯は完全に1環となり，完全環帯(perfect annulus)という．ウラボシ科では環帯は胞子嚢柄の部位で切れて不完全環帯(imperfect annulus)となる．

a **環帯類** [Clitellata]《同》有帯類．環形動物門の貧毛類とヒル類の2亜綱を併せた一群．体節は体の内外ともに明瞭で，比較的短い体節数状になる(いぼまり)．一般に触手・触鬚・鰓などの付属物がない(エラミミズ・ヒルミミズ・エラビルなどには鰓がある)．雌雄同体．体の前方における一定の位置の数体節の表皮が腺性となって，*環帯を形成する．

b **寒地荒原** [arctic desert ラ frigorideserta]《同》極荒原，極地荒原．高緯度あるいは亜恒雪帯付近に発達し，低温のために成立する荒原．多年生草本植物が多く，まれに木質性茎をもつものもある．匍匐性，ロゼット性，団塊性のものが多い．生育期は盛夏に限られ砂礫の間に草本が点在している．

c **寒地植物** [psychrophyte] 寒帯地方に分布する*極地植物や高山に多く生育する植物．例としてイワベンケイ，ジンヨウスイバ，コマクサ，チョウノスケソウ，エゾノヒモカズラ．耐寒性が強く，光合成あるいは生育の最適温度が低い．一般に小形で多年生のものが多い．長日植物が多く，多種類が一斉に開花して，短い生育期間で結実にまで至る．低緯度地方の*高山植物には低温の地質時代に分布し，残存種となった寒地植物が多い．

d **カンディダ** [*Candida*]《同》カンジダ．酵母に類似する不完全菌類の一属．生育条件によって酵母形式となり，また比較的短い菌糸状になる(偽菌糸)．醸造場など糖類の多い場所に混入菌として発見され，カンディダ症(candidiasis, candidosis)の原因として注目される．胞子は単細胞で出芽によって増殖．加水分解酵素に富み澱粉など多糖から複雑や単純な配糖体まで強力に分解するほか，アルコール発酵を行い，また酢酸などを炭素源としてよく用い，蛋白質の分解も行う．培養コロニーには特有の発酵臭がある．

e **カンデル** KANDEL, Eric 1929～ アメリカの生理学者．アメフラシを用いて学習と記憶を司る分子レベルでのメカニズムを研究した．その結果，神経伝達物質であるセロトニンとcAMP依存性蛋白質キナーゼが関与して，短期記憶の発生によりcAMPが神経節で生成されることが分かった．これらの業績により，2000年にA. Carlsson, P. Greengardとともにノーベル生理学・医学賞受賞．

f **寒天** [agar, agar-agar] 紅藻類の細胞壁に含まれる*ガラクトースおよびそのガラクトース誘導体から構成される粘質性多糖．海藻多糖の一種．テングサ属，例えばマクサ・オオブサ・ヒラクサなどのほか，オゴノリ属やイギス属などから得られる．冷水には溶けず，熱水には溶けて粘着液となり，その1%溶液を冷やすと固いゲルとなる．このゲルは80℃以上でなければ融けない．寒天は均一な物質ではなくアガロース(約70%)とアガロペクチン(約30%)からなる．アガロースはC-3結合のβ-D-ガラクトースとC-4結合の3,6-アンヒドロ-α-L-ガラクトースが交互に連なった直鎖構造をもつ．アガロペクチンも基本構造は同じだが硫酸基，グルクロン酸，ピルビン酸が結合している．食品・工業用のほか，細菌培養などに常用される．

アガロースの構造

g **眼点** [stigma, *pl.* stigmata, eye-spot] 原生生物や無脊椎動物における小形で構造の簡単な光受容器の総称．単眼の同義語として用いられる場合もあるが，一般には単眼と通称されるものより構造の単純なものを指す．なお，眼点と呼ばれてきたもののなかには感光性をもたないものもある．[1] 原生生物，特に鞭毛虫類に多く見られる赤色の小点．球形・卵形・桿状などで，種によって細胞質内での存在場所が異なり，カロテノイドを含み，感光性があると考えられて眼点と呼ばれた．しかし，ミドリムシでは真の感光部は鞭毛の基部近くで2本の鞭毛が接する部分の鞭毛肥厚部(thickening on flagellum)が光受容機能をもつ感光点(sensory spot)である．いわゆる眼点はその方向からくる光線が感光点に到達するのを妨げるもので，色素楯板(pigment shield)の名がある．これと感光点とによって方向視眼としての機能が生じる．渦鞭毛虫類やクリプトモナス類の幾つかの種では眼点にレンズがある．[2] ヒドロクラゲ(Anthomedusae)では触手基部の触手瘤の外面あるいは内面に，鉢クラゲでは縁弁器官内にある，黒・赤・緑などの小点．外胚葉の陥入部にレンズがあり，これを放射状に囲んで色素細胞と感覚細胞とが交互にある．感覚細胞は神経細胞や内傘面の環状筋などに連絡する方向視眼である．立方クラゲには縁弁器官はないが，眼点を含む傘縁の感覚器は鉢クラゲ同様よく発達している．[3] 二枚貝類の外套眼．[4] ヒトデ類の腕の先端にある光受容部(optic cushion)．その表皮には光受容組織(pigment-cup ocellus)が観察される．[5] 種々の動物の幼生形，例えばエフィラ，ミュラー幼生，ミラキディウムなどにも類似の構造がある．

a **冠動脈** [coronary artery ラ arteria coronaria] 《同》冠状動脈．大動脈弁の基部から分岐し，心筋に分布する動脈．脊椎動物の心臓は全身の血液が通過はするが，それは心臓そのものには十分な栄養補給をしない．心臓への栄養補給は通常冠動脈により行われる．冠動脈の神経支配は一般動脈のそれとは反対で，迷走神経が収縮，交感神経が拡張をつかさどる．

b **感度分析** [sensitivity analysis] 数理モデルから得られる結果について，パラメータに微小な変化を与えたときの影響の程度を調べること．行列モデルに対して用いられることが多い．例えば，状態ベクトルとして年齢別に分けられた個体数を並べたものとするとき，行列モデルはレスリー行列と呼ばれる（$A=(a_{ij})$ とする）．いま，A の最大固有値 l に属する左固有ベクトルを v，右固有ベクトルを u とする．このとき，l は十分に時間が経過した後の個体群成長率を表し，感度は，個体群成長率に対する，レスリー行列の各要素からの影響の程度 $\partial l/\partial a_{ij}$ を表す．上記の記号を用いれば，$v^t u/^t vu$ が感度行列であり，その要素が感度である．しかし，行列の各要素からの影響を考える場合には，絶対的な変化の値よりも，むしろ相対的な変化の値を用いる方が適切である場合が多い．この相対的な変化 $(\partial l/\partial a_{ij})/(l/a_{ij})$ は弾力性と呼ばれ，これを調べる手法は，弾力性分析（elasticity analysis）と呼ばれる．細胞内の生化学反応過程を非線形力学系として表した場合にも，例えば振動周期や反応の大きさなどがそれぞれのパラメータに対してどのように依存するかについて，感度分析が行われる．

c **眼内圧** [intraocular pressure] 眼球内にある眼内液の圧力．実験動物などでは直接にマノメーターを使って測定できるが，ヒトでは，この方法は用いられないから，眼球外から眼球壁の張りの度合（眼圧 ocular tension）を測る．眼圧は眼内圧および眼球壁の硬さ，表面の状態などに左右されるから，本来眼圧を眼内圧と同義に用いるのは誤りであるが，たびたび混用される．ヒトの眼圧は大気圧より 10～22 mmHg くらい高く，動物でマノメーターを使って眼内圧を測っても相当高い．このことにより，角膜屈折面の光学的特性，その他眼球の光学的定数が保持されていると考えられる．眼内圧は血圧と呼吸に伴う微かな変動を示すが，比較的一定の範囲内に調整される．眼の前房および後房は水様液（房水 aqueous humor）と呼ばれる透明なリンパ液により満たされ，この液は血圧と眼内圧の相互関係に応じて毛様体で分泌拡散され，他方前房のシュレム管（canal of Schlemm）から排出されて眼内圧が調節される．緑内障では眼圧の異常な上昇をみる．

d **陥入** [invagination, emboly] 一般に上皮的に配列している細胞層の一部が内方へ向かって落ち込み，場合により深く彎入すること．形態形成の一形式．多くの場合，表面の上皮から内部に向かって新しい層または胞状体を形成する過程で，特に動物初期発生での*原腸形成の最も基本的形式を意味する．この意味での陥入の典型的な例はナメクジウオで見られ，植物極域の細胞層がまず扁平となり，そのまま落ち込み，動物半球の内面に接するまで嵌入する．両生類の原腸形成ではまず原口背唇（のちに腹唇も）の細胞が変形してびん型細胞（bottle cells）となり，背唇部の細胞群が陥入する．ただし，びん型細胞自身が陥入の原動力となっているのではないことが，実験的に明らかにされている．その後は巻込み（involution）と呼ばれる陥入の一形式をとる．すなわち表面の層は原口唇へ向かって集中し，唇を通して内部へ陥入した後その方向を180°回転して，表層の下面に接しながら表層の移動方向と逆方向に進んでいく．魚類では外側の細胞が内側に*移入することで，原腸陥入が進行すると考えられている．この巻込み・移入に類似した運動形式は羊膜類の原条を通過して陥入する中胚葉や胚体内胚葉の材料によっても行われる．陥入は脊椎動物の初期発生の際の形態形成運動における重要な一要素である．

e **陥入吻** [introvert] 多くの無脊椎動物において，体の内外に出入しうる構造をそなえた吻すなわち動物体の前端の口を囲む部分．その伸長は体壁筋の収縮によるか，または外界の水を体腔内に入れて体腔の内圧を高めることにより行われ，退縮は吻収縮筋（吻牽引筋 retractor muscle）の収縮による．（⇒吻）

f **観念形態学** [transcendental morphology] 進化論以前の形態学（比較形態学）の存在形態．18世紀末 J. W. von Goethe や L. Oken により創始された形態学は，理想型を志向する傾向にあり，頭蓋骨椎骨説に代表される原型論として結実した．このような，プラトン的イデアを求める純粋認識論的形態学は，相同性という形態学の基本命題を生み出し，それはさらに個別的に機能的多様性と進化的保守性という形態の二面性を明らかにした．しかし他方で R. Owen の「原動物」に代表されるように比較形態学の閉塞をも招いた．最終的に相同性は C. Darwin 以降の進化系統的枠組みにおいて，E. R. Lankester その他により進化的に共有されたパターンとして読み替えられることとなり，原型の祖先形質としての意義が問われ，進化的背景をもたない形態学は意味をなさなくなった．（⇒原型）

g **間脳** [interbrain, diencephalon] 脊椎動物の脳幹の一部で*前脳に属する部分．胚発生期には Pax6 や Six3 の発現境界や，基本的神経回路（early neuronal scaffold）の走行に対応したいくつかの領域に分化する．これらの領域はプロソメアと呼ばれる（⇒神経分節）．成体の間脳は視床，視床上部（epithalamus），視床後部（metathalamus），*視床下部の4部に分けられ，感覚情報を受容し*大脳皮質へ伝える働きをする．したがって，大脳皮質の発達にともなって大きくなり，ヒトで最も高度の発達を示す．多数の核に分類されるが，必ずしも一定していない（⇒視床）．視床上部には手綱核や松果体（上生体）などが存在する．手綱核（habenular nucleus）は嗅覚系繊維が終末しており，嗅球の発達した哺乳類および魚類，両生類，爬虫類ではよく発達している．松果体は哺乳類や爬虫類では第三脳室の上壁に位置している．両生類や爬虫類では松果体に加え，光を受容する*頭頂眼をもつものがある．さらに，ヤツメウナギには松果体と副松果体が前後に並んでおり，脊椎動物の祖先ではこれらが1対の光受容器であった可能性も考えられている．視床後部には視覚や聴覚の中継所をなす*外側膝状体と内側膝状体が存在する．視床下部は錐体外路系および自律神経系の中枢の存在する部位で，個体の生命維持機能に直結する場所である．

h **眼杯，眼盃** [optic cup, ocular cup] 《同》二次眼胞（secondary optic vesicle）．脊椎動物の眼の発生において，*眼胞に続く段階で，眼胞の先端すなわち頭部側方の表皮に面した層が内方へ落ち込み，眼胞基部の*眼

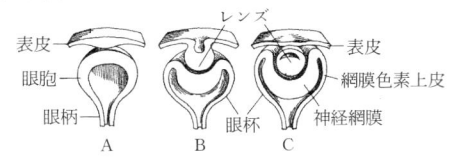

柄とともに柄つきの杯形になった部位. 先端の杯状部は2層の壁からなるが, その内壁すなわち表皮に近い層は次第に厚くなり, 将来神経網膜に, また外壁すなわち脳に近い層は薄く将来網膜色素上皮に分化する. 眼杯の網膜原基に接した表皮に肥厚が生じ, それが後にレンズに分化する. レンズの原基となる表皮は, 発生初期に接触した神経板や中胚葉によってレンズ分化への方向づけがなされ, ついで眼胞または眼杯からの誘導的作用のもとで形成される. 眼杯の柄の部分(眼柄)はそののち次第に細まり視神経を形成する. なお眼杯壁の腹縁には眼柄付着部に達する背腹方向の裂け目があってそれを眼裂(choroid fissure)というが, 多くの場合後に消失する. (⇒網膜)

脊椎動物における眼の発生順序模式図(A→C)

a **間伐** [thinning] 森林の*林冠が鬱閉してから後に立木密度を調節する目的で行う伐採. 個体間の競争を人為的に調整して経営目的に沿った林木の量ならびに質を生産し, 同時に, 森林の保護・保全上個々の立木に対して環境抵抗性を与えるために行う. これに対し, 収穫の時期に達した成熟木の伐採を主伐(regeneration cutting)という.

b **環ヒトデ類** [Auluroidea] オルドビス紀〜石炭紀前期に生存した棘皮動物の一綱に属する化石動物. クモヒトデ類に似る. F. Schöndorf の命名. 体は星形をなし, 中央盤は比較的明瞭で, 腕は太く短い. 下縁板は強大で間輻域の縁に沿って並ぶが, 腕の末端までは達しない. 歩帯は花紋状で, 歩帯板は互生し長靴形. 管足には吸盤があったと推測される. 側歩帯板があり, 歩帯溝は露出する. 多孔体は腹面の1間輻にあり, 体腔は腕の中には進入していなかったと考えられる.

c **カンピロバクター** [Campylobacter] グラム陰性, 微好気性, らせん状桿菌で特徴づけられるカンピロバクター属(Campylobacter)細菌の総称. *プロテオバクテリア門イプシロンプロテオバクテリア綱カンピロバクター科(Campylobacteraceae)に属する. S字状の細胞の一端または両端に極鞭毛をもち, コルク栓抜き様の運動をする. ウシ, ヒツジ, 家禽類などの動物の腸管のほか, 流水, 池水などにも生息する. 基準種 Campylobacter fetus は家畜の流産の原因になるほか, 抵抗性の弱ったヒトへの日和見感染を起こし, しばしば重症になることが知られている. C.jejuni や C.coli は, ヒトの急性腸炎ないし感染型食中毒の原因菌として知られ, 特に汚染された食肉などを通じて感染する. 1970年以前にはほとんど報告されていなかったが, 1980年以降から感染例が増加し, 現在では最も高頻度に分離されるようになった食中毒菌の一つである. エリスロマイシン・アミノ配糖体に感受性であるが, β-ラクタム系抗生物質には耐性である.

d **カンプトテシン** [camptothecin] 中国原産のヌマミズキ科カンレンボク(喜樹, Camptotheca acuminata)の樹幹から最初に単離された抗腫瘍性アルカロイド. 後に, クロタキカズラ科クサミズキ(Nothapodytes foetidus)や同科 Merrilliodendron, アカネ科イナモリソウ属(Ophiorrhiza), キョウチクトウ科 Ervatamia など, 分類学的に類縁性のない植物からも得られた. キノリン環をもつ5環性化合物でキノリンアルカロイドと一般に称されるが, トリプトファンおよびセコロガニンを前駆体としてストリクトシジンを経て生合成されるモノテルペンインドールアルカロイドの一種であり, キノリン環はトリプトファン由来のインドール環が開裂, 再閉環して生成する. 本物質の抗腫瘍性は, トポイソメラーゼI–DNA 複合体に結合し DNA の再結合を阻害して, *アポトーシスを誘導することによる. A 環から D 環にいたる部分は平面構造をなし, この平面性が活性発現の上で重要であると考えられる. カンプトテシンとトポイソメラーゼ I の結合において重要な部位は, E 環 α-ピリドン部ならびに D 環ピリドン部である. E 環の 20 位 OH がヒトのトポイソメラーゼ I の 533 番目のアスパラギン酸側鎖と, D 環の 17 位カルボニル酸素が水分子を介して 722 番目のアスパラギン側鎖とそれぞれ水素結合を形成する. これらの結合により安定な DNA-トポイソメラーゼ I-カンプトテシン複合体が形成される結果, 強い抗腫瘍活性を示すと考えられる. カンプトテシンの E 環を開環したり, 20 位 OH の立体構造を変化させたりすると活性は失われる. また, トポイソメラーゼ I の 722 番目のアスパラギン側鎖がセリンに変異した細胞は, カンプトテシン耐性になる. おもしろいことにカンプトテシンを生産するカンレンボクや Ophiorrhiza に属する植物では 722 番目のアスパラギン側鎖に相当する側鎖がセリンで, 自身の生産するカンプトテシンに耐性である. カンプトテシンは水に難溶でしかも強い副作用があり, これらを克服するため多くの誘導体が作られた. 12・14 位への置換基の導入は活性を喪失させる一方, 7・9・10・11 位への導入は活性と物性の向上をもたらすことが示され, 大半の誘導体は A・B 環を対象とした修飾体である. 一部に A 環にメチレンジオキシ基などを付加して 6 環性とした誘導体も作製されている. このうち, トポテカン(topotecan, ノギテカン nogitecan)とイリノテカン(irinotecan, トポテシン topotecin)が, 胃癌, 肺癌, 大腸癌, 子宮頸癌, 卵巣癌, 悪性リンパ腫などの治療によく採用されるが, 活性が強力な反面, 副作用も強いので単独投与は少ない.

R1=R2=R3=H カンプトテシン
R1=CH2CH3 R2=H R3= イリノテカン
R1=H R2=CH2N(CH3)2 R3=OH トポテカン

e **カンブリア紀** [Cambrian period] 約 5.4 億年前から 4.9 億年前と推定される*古生代の最も古い時代. A. Sedgwick(1835)の命名. 生物は三葉虫類の全盛期で, これによって地層が細分されている. 三葉虫以外の生物

もすでに多数出現していて，この紀の終わりまでに現生動物のほとんどすべての門が出そろった．カナダのロッキー山脈(⇨バージェス頁岩)や中国の澄江(チェンジャン)ではこの時代の地層中には軟体部の状態まで印された極めて保存のよい化石群が知られ，所属不明の種も多いが，当時の豊富な海生動物相を表している．これらの化石の産出は「カンブリア紀爆発」として知られている．アジアでは，中国大陸，中国東北部，朝鮮半島にこの時代の地層が分布している．

a **ガンフリント植物群** [Gunflint flora] スペリオル湖岸の堆積岩の中部に分布するガンフリントチャート(約19億年前)から1954年に発見された微生物化石．壁状部をもつ薄い糸状体で現生の繊維状細菌やシアノバクテリアに似たもの，現生の細菌・単細胞のシアノバクテリア・シアノバクテリアの生殖胞子に似たもののほか，現生生物のどれにも似ないものを含む多起原の球状体，類縁生物の不明な星状体，類縁生物不明の傘型またはパラシュート型のものを含むのが特徴的．検出された化石8属12種のうち最も一般的なものは4属5種を含むフィラメント状構造の藻類である．ガンフリント植物群は南アフリカのフィグツリー層(約32億年前)のものに比べずっと種類が多く，その有機物中にはクロロフィル a の分解物であるプリスタンとフィタンがあるほか，その形態が光合成シアノバクテリアに類似する点，光合成シアノバクテリアの分泌作用で作られるドーム状構造をもつ点，$^{12}C/^{13}C$ 比が光合成植物のように小さい点からみると，この時代に生物が光合成を営みうるレベルに達しており，すでに従属栄養から独立栄養へ移行していたと推定される．

b **眼柄** [eyestalk, optic stalk] [1] 甲殻類のうち十脚類・口脚類などにおいて，頭部側面と複眼とを連結する棒状の部位．眼柄によって複眼を頭部に対して自由に動かすことができる(⇨有柄眼)．内部に複眼の基部に接して*サイナス腺・*X器官など重要な神経分泌構造がある．イセエビの切断された眼柄に触角が再生(異質形成)すること，シャコの眼柄の付く部位と残りの頭部との間に明瞭な関節があることなどを根拠に，眼柄が触角などと同様に頭部付属肢の一つであり，したがってその所属する体節すなわち眼体節(ocular segment)があるとする説がある．[2] 軟体動物腹足類の柄眼類(例：カタツムリ)の後触角．この類では，眼は2対ある触角のうちの後方のもの，すなわち後触角の頂上にある．[3] 脊椎動物胚の*眼胞・眼杯の基部．

c **眼柄ホルモン** [eyestalk hormone] 《同》サイナス腺ホルモン(sinus gland hormone)．甲殻類の眼柄から分泌されるホルモンの総称．脱皮抑制，体色変化，卵黄形成抑制，血糖調節などに関与する種々のホルモンを含む．これらはX器官と呼ばれる種々の分泌細胞によって生産された後，眼柄内のサイナス腺にいったん貯えられ，ここから体液中に放出される．眼柄ホルモンのうち赤色色素凝集ホルモン(red pigment concentrating hormone, RPCH)は PCA-Leu-Asn-Phe-Ser-Pro-Gly-Trp-NH$_2$ の構造をもち，昆虫の*脂質動員ホルモンと類似している．*血糖上昇ホルモン，*脱皮抑制ホルモン，卵黄形成抑制ホルモンはいずれも72～78アミノ酸残基からなり，互いにアミノ酸配列が類似している．

d **眼胞** [optic vesicle, ocular vesicle] 脊椎動物の胚において，*前脳のうち将来の間脳になる部域の左右から側方へ向かった膨出として生ずる1対の胞嚢体．将来眼の主要部(網膜および網膜色素細胞層)を形成するもので，その壁は神経芽細胞を主体とした高い円柱上皮からなる．前脳と連続する眼胞の基部は細くなって*眼柄と呼ばれる．眼胞の内腔は眼柄中を走る細い孔を経て神経管内腔の脳室原基と連絡する．眼胞は次第に側方に突出して表皮の層に近づくが，その間に表皮に面した側の中心部域はレンズを誘導しつつ落ち込んで全体として杯状になり，*眼杯となる．

e **緩歩動物** [bear-animalcules, water bears ラ Tardigrada] 《同》クマムシ類，緩歩類．後生動物の一門で，左右相称，真体腔をもつ原口動物．体長1 mm以下の小動物で，頭と4胴節だけからなる．胴部に短い疣足様の4対の付属肢があり，肢端に一般に4個の鉤または粘着葉がある．体表は薄いクチクラで被われ成長に伴い脱皮を行う．消化管は直走，口には錐状の突起すなわち歯針(oral stylet)があって，植物などに穿孔しその液汁を吸う．咽頭部に放射状の筋肉が発達し，1対の唾液腺がある．神経系は梯子型で，食道上・食道下神経節と4個の腹神経節からなる．循環器官・呼吸器官はない．2本のマルピーギ管がある．動作は緩慢で筋肉はすべて平滑筋．生殖腺は1個もしくは左右1対で，雌が受精嚢をもつものもある．陸産種には，乾燥して長時間仮死に陥ったものでも雨にあえば再び蘇生(anabiosis)し，活動を始め，低温や放射線などに対しても強い抵抗性をもつものがある．有爪類・舌形類と共に*側節足動物とされたこともあるが，現在では節足動物に近縁な独立の門とされる．異クマムシ類，中クマムシ類，真クマムシ類の3綱に分けられる．海産，淡水産または湿地産，あるいは陸上の コケ類の表面などに産する．現生約1200種．

f **γ遠心性繊維** [γ efferent, γ efferent fiber] 脊髄神経で，四肢に行く神経繊維の30%を占める細径繊維をいう．L. Leksell (1945) の命名．哺乳類ではこの繊維群は*筋紡錘の*錘内繊維に達するが，そのうちやや太い $γ_1$ は核袋繊維の両端部に終板として終わり，$γ_2$ は核鎖繊維の中心部から両端部にかけて広く網状に終わっている．$γ_1$ はダイナミックγ運動ニューロン(dynamic γ motoneuron)，$γ_2$ はスタティックγ運動ニューロン(static γ motoneuron) とも呼ばれ，共に脊髄前柱から発する．筋紡錘の求心性繊維には，通常，不規則な自発放電が見られるが，筋の収縮によりその放電は止む．これは錘内繊維の張力が受動的に減少するからで，同時にγ繊維を刺激すると，筋紡錘は張力を増し，筋収縮時においても筋紡錘から持続性の放電を発する．生体内ではα運動ニューロンとγ運動ニューロンの活動が並行して起こるが，この活動は一部は筋紡錘や皮膚の求心性繊維から反射性の影響を受け，また上位中枢からも制御されている．筋運動の円滑な実施はγ系の制御によると考えられている．

g **緩慢発生** [bradygenesis] 《同》ブラディジェネシス．個体発生の初期の段階の発生速度が遅くなり，祖先型よりも遅くまで初期の段階の特徴を残す現象．急速発生(tachygenesis)と対する．遅滞の一型とされる．(⇨圧縮)

h **カンメラー** KAMMERER, Paul 1880～1926 オーストリアの発生生物学者．サンバガエルなど多数の生物を用いた実験により，獲得形質が遺伝すると主張したが，実験結果捏造の嫌疑を指摘され，自殺した．今日では，

彼は*エピジェネティクス的効果を見出したのではないかと考えられている.

a **がん免疫** [anti-cancer immunity, anti-tumor immunity] 《同》腫瘍免疫. がん細胞あるいは, がん組織に対する免疫応答. 細胞のがん化に伴って変異が生じた蛋白質, がん組織において正常組織よりも高発現する蛋白質, または, がん細胞には発現するが, 正常細胞には胎児組織や免疫系から隔離された精巣などの組織にのみ発現する蛋白質などが, がん免疫の標的抗原になりうる. がんに対する免疫療法としては, IL-2や*インターフェロンによる*サイトカイン療法, がん細胞表面に存在する抗原に特異的な抗体を投与する抗体療法, あるいは, がん抗原蛋白質やペプチドを*アジュバントと混和して, あるいは樹状細胞に負荷して投与することによりT細胞を活性化する能動免疫療法などがある. さらにNK細胞やNKT細胞を活性化する免疫療法もある. (➡がん抗原, ➡キラー細胞, ➡ナチュラルキラー細胞)

b **顔面腺** [facial gland] 《同》顔腺. 哺乳類の顔面に存在する特殊な皮脂腺. 眼窩近辺にあるものを眼窩腺 (orbital gland) と総称する. カモシカの一種では眼窩の上方にあって, 眼上腺 (supraorbital gland) と呼ばれるが, ゾウではもっと離れてこめかみ部にあるので, こめかみ腺 (temporal gland) という. 最も一般的なのは, 眼の内眼角の直下にある場合で, 腺上皮をもつ皮膚が襞状ないし嚢状となって, 涙骨のくぼみの中へ陥入している. この型のものはシカ類, カモシカ類, ヤギ類, ヒツジ類の多くにみられ, 眼下腺 (suborbital gland) と呼ばれ, 分泌のさかんなときには涙を出しているようにみえる. これよりも口寄りの上顎部にこの腺をもつ動物 (カモシカのある種, コウモリ類) もあり, このときは上顎腺という. これらの動物は顔面腺分泌物をコミュニケーションに利用すると考えられている. 例えばある種のカモシカの雄は, 顔を木の枝にこすりつけて眼下腺の分泌物を付着させ, 自分のなわばりを明示する. (➡なわばり)

c **顔面重複奇形** [diprosopus] ➡重複奇形

d **冠毛** [pappus] *痩果の上端に生ずる毛状の突起. キク科やオミナエシ科などに見られる. 一般に萼の変形で, 通常1〜3輪をなし, さらに毛状の突起の分岐をもつもの (アザミ属), 太く骨状の突起となるもの (センダングサ属) など変化に富み, 属の分類に重要な標徴とされる. 一般に細胞質を失った死細胞からなり, 乾燥とともに強く開き, 風を受けて果実の散布に働く.

e **換毛** [replacement of hair, molting] 毛の更新現象, すなわちある期間ののちに脱落して新たに別の毛を生ずる脱け換わり. ヒトや一部の家畜では至るところでたえず起こるが, 野生の哺乳類では1年の一定の時期に毛衣全体の更新が行われる. 一般に冬衣の毛 (冬毛) は夏衣の毛 (夏毛) より長く, また毛髄質が発達していて寒さに適応している. 冬衣と夏衣はしばしば色彩を異にする. 換毛の時期は, 換羽と同様に生殖時期とも関係がある. 毛の脱落は毛母基における細胞分裂の停止により, やがて毛嚢から押し出される. 脱落する毛は毛根基部が膨らんでいて棍毛 (club hair) といわれる. 新毛は旧毛乳頭の部位から生ずるといわれる. なおヒトの毛の寿命は, 頭髪3〜4年, 体毛・眉毛・まつ毛3〜4カ月. あごひげは最も長いとされる.

f **環紋道管** [annular vessel] 原生木部で作られる, 環状の肥厚をもつ道管. 作られた後, 茎の成長とともに引き延ばされて細くなり, 最終的には細胞自体が押しつぶされるかあるいは崩壊して*破生細胞間隙となることが多い. イネ科では管状の肥厚部だけが残ることが多い. 維管束植物では木部の発生初期に必ず存在するが, 後生木部の発達とともにらせん紋道管や階紋道管が作られるようになり, 以後作られなくなる. しかしホウセンカやトウでは, 発生後期に作られる後生木部にも環紋道管が見られる.

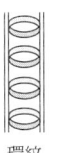

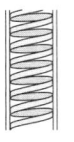

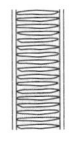

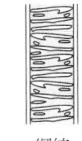

環紋　らせん紋　階紋　網紋　孔紋

管状要素にみられるさまざまな肥厚

g **肝門脈系** [hepatic portal system] *脊椎動物で, 腹部内臓である胃, 腸, 膵臓, 脾臓, 胆嚢から来る栄養に富んだ血液を運ぶ静脈が集まって1本の門脈 (portal vein) になり, 肝臓内で多数の洞様毛細血管 (sinusoid) に分かれて肝細胞との間で物質移送を行った後, 再び左右2本もしくは1本の肝静脈 (hepatic veins) に集まり心臓に向かう血管系. 発生学的には左右1対の卵黄嚢静脈 (vitelline veins) が変形して肝門脈系を形成する. 胎盤をもつ哺乳類では臍静脈 (umbilical veins) が加わる. また, ヌタウナギ類や真骨魚類の一部は尾部からの血管も参加する. *頭索動物では血管系のパターンが脊椎動物に似ることから, 肝憩室 (hepatic diverticulum) の基部にある消化管から続く血管とそれから肝憩室壁に広がる血管系, それらを集める血管からなる血体腔 (hemocoel) を肝門脈系と呼ぶことがある.

h **間葉** [mesenchyme] 《同》間充織, 間充組織. 多細胞動物の発生各期に認められる, 上皮組織間の間隙を埋める星状または不規則な突起をもつ遊離細胞の集団と, それに伴う細胞間質によって形成される組織. あるいは, 上皮に対して, ばらばらの状態の細胞集団をいうことも. ウニ胚では原腸期にすでに生じてプルテウス幼生の骨格の形成に参加する. 脊椎動物では尾芽期以降に体節や側板などの中胚葉あるいは, 外胚葉より分化した神経堤などから生じ, 骨格系や結合組織の分化に関与する. 神経堤に由来する間葉は特に外中胚葉系間葉, 外胚葉性間葉, また外胚葉系間充織 (ectomesenchyme) などと呼びならわされる. (➡上皮間充織相互作用)

i **がん抑制遺伝子** [tumor suppressor gene] その機能が失われることががん化に関与する遺伝子の総称. イギリスのH. Harrisら (1969) による細胞融合を用いた実験で, がん細胞における細胞増殖の表現型が正常細胞の細胞増殖に対して細胞遺伝学的に劣性となることが示されたことから, がん細胞の表現型に対して優性に細胞増殖を抑制する遺伝子が正常細胞に存在することが示唆された. さらに, アメリカのA. G. Knudson, Jr. (1971) が網膜芽細胞腫 (retinoblastoma, RB) の疫学的研究をもとに考案したツーヒット説 (two-hit theory) によって, がん抑制遺伝子の概念が発展した. この説は, 家族性の網膜芽細胞腫の場合は生殖細胞系列から網膜芽細胞腫遺伝子 (RB遺伝子) の変異遺伝子が受け継がれているため, RB遺伝子の1回の体細胞変異 (one hit) でがん抑制機能

が失われて細胞ががん化するが,散発性の場合は*RB*遺伝子の2回の体細胞変異(two hits)ががん化に必要であるとするものである.これにより,遺伝性網膜芽細胞腫の両側性,早期発症およびメンデルの常染色体性遺伝形式をうまく説明することができるようになった.その後,遺伝家系の連鎖解析により想定された*RB*遺伝子座と腫瘍における対立遺伝子の欠失および残存遺伝子における変異の同定により,アメリカのR. Weinbergらのグループが最初のがん抑制遺伝子*RB1*遺伝子をクローニングした(1986).*RB1*遺伝子の同定に当たって,染色体上の近傍領域においてヘテロ接合体の対立遺伝子の一方が失われて*RB*遺伝子座がホモ接合体になる,ヘテロ接合性の消失(loss of heterozygosity, LOH)が遺伝的に生じていることが明らかになった.LOHが生じるメカニズムは,対立遺伝子座の*欠失の他にも有糸分裂組換え(mitotic recombination),*遺伝子変換,染色体不分離(nondysjunction)などさまざまであることが後に判明している.その後,対立遺伝子のヘテロ接合性を区別できるマイクロサテライト配列や一塩基多型を利用した制限酵素断片長多型によるLOH解析により,多くの家族性腫瘍の原因遺伝子としてがん抑制遺伝子が*位置クローニングされた(表).代表的なものとして,家族性大腸ポリポーシスの*APC*遺伝子,神経繊維症1型の*NF1*遺伝子などがある.これまで検出されたがん抑制遺伝子の生殖細胞系列変異の多くは遺伝子内の*フレームシフト突然変異であり,一部は*ミスセンス突然変異である.*APC*遺伝子では変異のほぼ100％がフレームシフト突然変異だが,*TP53*変異の場合は約75％が

ミスセンス変異であり,遺伝子によって不活性化のメカニズムが異なりフレームシフト変異とミスセンス変異の割合に違いが出るものと考えられる.当初,がん抑制遺伝子の定義は,遺伝子が腫瘍細胞のゲノム上でLOHが生じてホモ接合性となり残存対立遺伝子の明らかな生殖細胞系列変異が証明されることであったが,散発性のがんにおいては,同じがん抑制遺伝子の不活性化がプロモーター領域のCpGメチル化による転写抑制によって生じていることが半分以上のがん抑制遺伝子で明らかになり,現在,がん抑制遺伝子の定義には曖昧さが生じている.例えば,リンチ症候群における家族性大腸がんでは*MLH1*遺伝子の生殖細胞系列変異が原因の一つであるが,15％の散発性大腸がんでは*MLH1*遺伝子のプロモーター領域のCpGメチル化が不活性化の原因になっている.がん抑制遺伝子産物の機能は多様であるが,多くの遺伝子は細胞増殖,細胞分化や細胞死に直接関わりゲートキーパー(gatekeepers)と呼ばれる.一方,*BRCA1*遺伝子,*BRCA2*遺伝子,*MLH1*遺伝子や*MSH2*遺伝子のようにDNA修復に関わり(表),DNAの変異導入を抑制しゲノム安定性に寄与するケアテイカー(caretakers)と呼ばれる遺伝子がある.

a **環らせん終末** [annulo-spiral endings] *散形終末と共に*筋紡錘の*錘内繊維に終わる張受容性の神経終末.環らせん終末をつくる神経繊維は散形終末のそれより著しく太く,錘内繊維のうち太い径の核袋繊維において収縮の大きな両端部に分布している.終末は被嚢で覆われ,中はリンパ液で満たされている.動物の種により,終末の形の差が著しいものとあまり差のないものとがあ

代表的ながん抑制遺伝子と家族性腫瘍

遺伝子	染色体位置	家族性腫瘍	遺伝子産物機能
APC	5p21	家族性大腸ポリポーシス	βカテニンの分解, Wnt経路
BRCA1	17q21	家族性乳癌・卵巣癌	相同組換え修復
BRCA2	13q12.3	家族性乳癌・卵巣癌	相同組換え修復
BWS/CDKN1C	11q15.5	ベックウィズ-ウィーデマン症候群	p57^{KIP2}CDK阻害, 細胞周期
CDH1	16q22.1	家族性胃癌	細胞間接着
CDKN2/INK4A	9q21	家族性メラノーマ	CDK阻害, 細胞周期
DPC4	18q21.1	若年性ポリポーシス	TGF-β転写因子
FH	1q42.3	家族性平滑筋腫症	フマル酸ヒドラターゼ
LKB1/STK11	19p13.3	ポイツ-イェーガー症候群	セリン・トレオニンキナーゼ
MEN1	11p13	多発性内分泌腫瘍I型	ヒストン修飾, 転写抑制因子
MLH1	3p21.3	リンチ症候群	DNAミスマッチ修復
MSH2	2p22-23	リンチ症候群	DNAミスマッチ修復
NF1	17q11.2	神経繊維腫症1型	Ras-GAP
NF2	22q11.2	神経繊維腫症2型	細胞骨格と膜の連結
PTC	9q22.3	母斑性基底細胞がん症候群	ヘッジホッグ増殖因子の受容体
PTEN	10q23.3	カウデン病	ホスファチジルイノシトール三リン酸の脱リン酸化
RB1	13q14	遺伝性網膜芽細胞腫	E2F群の制御による転写抑制, 細胞周期
TP53	17p13.1	リー-フラウメニ症候群	転写因子, アポトーシス
TSC1	9q34	結節性硬化症	mTOR阻害
TSC2	16p13	結節性硬化症	mTOR阻害
VHL	3p25	フォン・ヒッペル-リンドウ症候群	低酸素誘導因子HIFのユビキチン化
WT1	11p13	ウィルムス腫瘍	転写因子

Robert A. Weinberg, 'The biology of cancer' (Garland Science, 2007) 表7.1を改変

る．環らせん終末は錘内繊維の中央に終わり，散形終末は錘内繊維のうち，核鎖繊維の両端部に終わる．収縮性のある両端部には*γ遠心性繊維が終わり，この遠心性繊維は錘内繊維の長さを調節して筋紡錘の筋の収縮に対する感度を調節している．

a **灌流** [perfusion] [1] 動物の組織・器官を生体から摘出し，あるいは生体内においたままで外部に露出して研究するとき，長く生きた状態に保つため適当な灌流液(perfusate)を絶えず注いだり，あるいはそれを血管と連結した細管(*カニューレ)を通して血管内に絶えず流す操作．灌流液は血液の代用となりうるものでなければならない．このため主要イオン Na^+，K^+，Ca^{2+} の組成が当該動物の血液のものに近く，似たpHをもつ*生理的塩類溶液を用いる．生理的塩類溶液は微量の物質の作用をみるための溶媒としても重要である．一般に脊椎動物では適当な処方の*リンガー液を使用する．海産無脊椎動物では海水をそのまま用いてもよいが，それぞれの実験対象に適したいろいろの灌流液が作成されている．[2] 細胞の内部に細管をさし込み，液を流して原形質を人工液で置換する操作．イカの巨大神経繊維などで行われ，神経細胞の機作について多くの実験が行われた．

b **寒冷血管拡張反応** [cold-induced vasodilatation] CIVDと略記．《同》寒冷血管反応，ハンティング反応 (hunting reaction)．哺乳類の皮膚の一部を冷やすと，その部分の血管が収縮して血流量が著しく減少するために皮膚温が極度に下がるが，しばらくすると血管は拡張して皮膚温が上昇する現象．T. Lewis (1930) がヒトについて初めて記載し，ハンティング反応と命名．この拡張反応は長くは持続せず，再び皮膚温が下がるというように血管収縮・拡張が周期的に起こる．その結果，この部分が過度に冷えることが防げるので，凍傷に対する防衛の意味があると解されている．寒冷刺激によって生じたヒスタミン様物質が，軸索反射により平滑筋に作用して血管を拡げる．この血管拡張によって血流量の増加が起こり，皮膚温は上昇する．血流量の増加によってヒスタミン様物質が流されるため，再び血管は収縮し，血流量の減少，皮膚温の低下が起こる．またヒスタミンは内皮細胞とは無関係に軸索反射を引き起こすが，ブラジキニン(血液凝固の際，キニノゲンから生成する)やVIP, P物質は内皮細胞に作用してNO(*一酸化窒素：以前は内皮細胞性弛緩因子 endothelium-derived relaxing factor, EDRFと呼ばれていた)を遊離させ，血管を拡張させる．

キ

a **キアズマ** [chiasma, pl. chiasmata] 減数分裂のディプロテン期から第一減数分裂中期にかけて, 対合している*相同染色体において見られる構造(図). 4本の染色分体のうち相同な2本の間でDNA組換えによる遺伝学的な*交叉が起こる. その結果として, 組換え部位の一部にキアズマが形成される. 第一減数分裂において相同染色体の還元分配に必要な構造とされる.

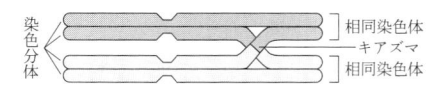

```
染色分体 ]相同染色体
        キアズマ
        ]相同染色体
```

b **キアズマ型説** [chiasmatype theory] 細胞学的に観察される*キアズマが遺伝学的な*交叉の結果であると主張する説. この説は元来 F. A. Janssens (1909) によって提唱されたもので, T. H. Morgan の染色体地図作成に大きな影響を与えたといわれる. Janssens の説は後に C. D. Darlington (1929) が新キアズマ型説(neo-chiasmatype theory)として発展させた.

c **キアズマ頻度** [chiasma frequency] 染色体組または特定の染色体に形成される*キアズマの数の平均値. キアズマ頻度は染色体の長さにおおよそ比例する. キアズマは, 4本の染色分体のうち2本につなぎかえの起こることを意味するから, キアズマ1個をもつ染色体部分では50%の交又率を推定することができ, したがってキアズマ頻度が1である染色体は, 連鎖地図における50単位の距離に相当する.

d **偽遺伝子, 擬遺伝子** [pseudogene] 既知の機能遺伝子と塩基配列の上で高度の類似性があり, それとの相同性がはっきり認められるにもかかわらず, 遺伝子としての機能を失っているDNAの領域. 多くは遺伝子重複の結果生ずるが, 遺伝子自体の必要性がなくなり, 偽遺伝子化することもある. 真核生物のDNAでしばしば見出され, 原核生物にもときおり見出される. 最初の例は, アフリカツメガエル(Xenopus laevis)の5S rRNAの遺伝子族で見出された. その後, ヘモグロビン遺伝子でいくつかの実例が発見され, 構造が解明された. 例えばマウスでは$\alpha 3$および$\alpha 4$と名づけられた偽αグロビン遺伝子があり, 特に$\alpha 3$では*イントロンが二つとも欠如しており, 機能を有するαグロビン遺伝子($\alpha 1$)と比べるとDNA塩基の*欠失・重複を多数含んでいる. また$\alpha 4$もプロモーターその他機能的に重要なDNA領域に構造異常を伴い, *形質発現の能力がない. ヒトでも偽αグロビン遺伝子が見出されている($\Rightarrow$グロビン遺伝子). 一般に*多重遺伝子族では, 機能的制約が弱いため突然変異が蓄積されやすく, そのうちの一部が偽遺伝子となる場合が多いと考えられる. また, 上記の$\alpha 3$グロビン偽遺伝子の場合のように, イントロンが欠失している偽遺伝子は, mRNAが逆転写されて生じたcDNAが染色体DNAに組み込まれて生ずる可能性が高いとされ, プロセス型偽遺伝子(processed pseudogene)と呼ばれる.

e **消え行き** [waning, falling] 《同》漸消, 漸減, 消失. 刺激の消失に際して感覚が即座には消滅せず, 漸次的に減退していく現象.「増し行き」と対する. 本来は音の感覚についての用語で, のちに他の感覚にまで一般化された. 音の場合には鳴止み, 後鳴り, 余韻などの語も用いられる. 一般に受容機構における刺激の後効果や, 感覚神経繊維の反復興奮(後発射)に関連した感覚事象とみられ, 刺激の終止後における感覚の残留, すなわち残感覚ないしは残像を生じる. 十分に高い頻度で断続または交代する感覚刺激の間に成立する感覚の融合も, この基因し, 通常は音源自体の鳴止みがあるので, 現実の後鳴りはさらに長く, 毎秒4～5回以上の交代で音の融合が生じる. 感覚の消え行きの完了に要する時間は消え行き時間または漸消時間(waning time)と呼ばれ, 感覚のモダリティーにより著しい差異がある. 光感覚では特に著明で, 残像の周期的交代の現象のほかに, 色感覚の変化・交代を伴う「色彩的漸消」の現象もある. 音の感覚の消え行き時間は, 普通の人では音階の大部分の範囲で30 ms, 高および低音の極端部で40 msといわれるが, 特別の素質をもった人では数秒にも達する. 以上の一次残像(primary after-image)がいったん消失してから再び現れて, かつ数回反復生起する二次残像(secondary after-image)は, より普遍的な現象である.

f **ギエルモン** GUILLERMOND, Marie-Antoine-Alexandre 1876～1945 フランスの植物学者, 細胞学者. 菌類・細菌類の細胞学・発生学・分類学, のち植物の細胞質内の諸構造を研究し, 特に細胞質顆粒・色素体・液胞系について独自の説を立てた. コンドリオソーム(ミトコンドリア)が物質代謝に主要な役割を演ずることを予見した. 1936年雑誌 'Revue de cytologie et de cytophysiologie végétales' を創刊.

g **偽円錐眼** [pseudocone eye] [1] 昆虫の複眼における個眼の一型で, 円錐体細胞が真の円錐晶体を含まず, かわりに透明な半流動体で満たされ, 核は内側に位置するもの. 双翅類の短角類にみられる. [2] 外円錐眼を指すこともある.

h **偽横分裂, 擬横分裂** [pseudo-transverse division] *縦分裂の特殊型と見られる分裂の形式で結果的には横分裂が行われたかのように見えるもの. 次の2種がある. (1)緑藻類 Chlamydomonas などでは, 分裂に先立って細胞内容物が移動し, 結果として原形質が90°回転した後に分裂するので, 母細胞壁に対して横分裂しているように見えるものをいう. (2)維管束植物では, 形成層の紡錘形原始細胞が形成層細胞を増加するときに行うことのある, 斜めの細胞壁をつくる分裂を指す.

i **記憶** [memory] 情報をある時間*保持する脳の機能. 次の3過程に分けられる. (1)記銘(encoding, memorization): 新しい情報のとりいれ, (2)保持(retention): 情報の貯蔵, (3)再生(recall)と再認(recognition): 貯蔵情報の意識化. 再生, 再認されるためには, 保持されている情報が必要に応じて探索される過程があり, これを検索(retrieval)と呼ぶ. 記憶にはいくつかの種類がある. 保持時間で分類した場合は次の3種類となる. (1)感覚記憶(sensory memory): 1秒以内に消える記憶. (2)短期記憶(short-term memory): 約1～2分間持続するといわれる記憶. 初めて電話番号を覚えるとき, 特別の努力,

例えば繰返しや意味づけなどをしなければすぐ忘れてしまうことはよく知られている事実である．(3)長期記憶(long-term memory)：意味づけた言語や，繰り返し覚えた言語などの記憶のように，数時間以上，あるいはほとんど半永久的に続くもの．また，記憶内容で分類した場合，次の2種類がある．(1)宣言的記憶(declarative memory)：陳述的記憶とも呼ばれる．記憶した内容を意識的に想起することが可能で，さらに言葉や行動によって説明することができるもの．人の名前や本の内容を覚える記憶が典型．(2)手続き記憶(procedural memory)：非陳述的記憶とも呼ばれる．記憶した内容を意識したり説明することが不可能で，行動としてはじめてわかるもの．スポーツや技能が典型であり，いわゆる「身体で覚える」記憶である．さらに，特徴的な機能をもった記憶として作業記憶(working memory)がある．これは，特定の作業を行うため一時的に保存され，同時に情報処理もされる記憶のことをいい，その作業が終わると消去される．一般に動物の行動が条件づけられるのは記憶によると考えることができる．したがって動物の学習はすべて記憶に関係づけられる．記憶は神経系の中になんらかの持続的変化が残るためと考えられる．その生理機構はまだ明らかにされていないが，短期記憶については，シナプスでの伝達効率の変化など，先行した活動によって生じる機能上の*可塑性などが役立っているとみられる．*刷り込みや，長期記憶の形成と保持には，より永続的な構造面での可塑的変化，すなわち神経回路網において新たな接続の形成や，既存の接続の除去などが関係しているとされる．

a 記憶障害 [memory disorder] *記憶が冒される現象．外傷・内出血・腫瘍・脳炎などの脳の器質的障害，あるいは心因性の障害によって起こる．記憶における記銘，保持，再生の3過程のいずれが冒されても記憶障害が起こり，記銘障害，保持障害となるが，再生過程が最も冒されやすい．再生障害には記憶増進(hypermnesia)と減退があり，一定時間内における記憶減退を健忘(amnesia)と呼ぶ．発症後の新しい情報を記憶できなくなる場合を順向性健忘，発症前に遡って記憶を失う場合を逆向性健忘という．逆向性健忘においても古い記憶はなかなか冒されない．

b 帰化 [naturalization] ⇒外来種

c 飢餓 [inanition, starvation, hunger] 食物も水もとり入れない状態がつづき，生体に必要な栄養分や水分が欠乏に陥りつつある状態．一般には動物個体が水はとっても固形質をとらない状態の続くことを飢餓と呼ぶことが多い．飢餓のとき最も早く消耗されるのはグリコゲンで，これが消費しつくされると脂肪，蛋白質とつづく．器官や組織のうちで最初に萎縮するのは脂肪組織で，ついで腺組織，肝臓，筋肉などが萎縮する．これを飢餓萎縮(栄養障害萎縮 atrophy due to inanition)という．一般に肉食性の動物は草食性のものに比較して飢餓に対する抵抗が強い．飢餓の際には，炭水化物が欠乏しているのでエネルギー源として脂肪酸の利用が促進され，ケトン体が生成し，アシドーシスになる．尿中の窒素は，飢餓前期には蛋白質代謝の低下のため減少するが，飢餓死の直前には蛋白質分解が異常に亢進するため増加する．

d 偽花 [pseudanthium] 形態学上は花の集団である*花序でありながら，小さくかつまとまった1個の花に似た形態を示すもの．キク科の*頭状花序，トウダイグサ科の*杯状花序などがその例．一方，被子植物の花の起原に関して偽花からの進化を考える偽花説(pseudanthium theory)では，花はシュートと相同とする一般的な見解とは異なり，花粉嚢(小胞子嚢)や*胚珠をそれぞれ枝先につける分枝系が縮小して雄ずいや心皮を生じながら1個の花に進化したとする．

e 偽果 [pseudocarp, false fruit, accessory fruit] 子房以外の組織を構成単位に含む果実の総称．*真果に対する．子房の発達にともなって，心皮以外の構成物である花床・萼・花軸・苞なども発達した上に，全体として1個の果実のように見える状態になったものをいい，次のようなものが含まれる．オランダイチゴでは，花床が肥大して多肉の果実状になり，この場合真果は種子のように花床の上に散在している*痩果である(図)．ナシやリンゴ，ビワでは，芯の部分にある真果をとりまくように花床が発達して全体が果実状になる．このほか，花軸が壺状となり1個の果実のようにみえるもの(イチジク状果)や，バラ，ハス，パイナップル，クワなど多くの例がある．

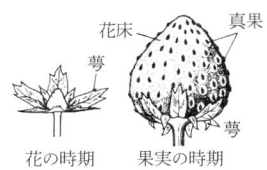

オランダイチゴ

f 機械刺激受容 [mechanoreception] 《同》機械的受容．生体の内外における各種の機械刺激を受容する現象．物理刺激としての温度受容も含めることがあり，一般に*化学受容と対する(⇒温度受容器)．体表における圧変化に対し持続的なものは圧覚として，一過性のものは触覚として感じられる．前者の受容器は比較的深部に存在し，後者のそれは表在性で，皮膚では点状の感覚点として分布する．有毛部では触点は毛根部にあり，体の部位によって分布の密度が異なり，一般に露出部に密である．両者の区別は神経放電の順応の速いか遅いかによっている．体の内部にも同様な受容器があり，関節嚢や筋膜あるいは各種内臓臓器にも機械的受容が見出されている．筋の伸展に関する*筋紡錘などもこの種のもので，その多くは無意識的・反射的に働いている．特殊感覚として聴覚および*平衡覚もこれに属し，振動のうち周波数のごく低いものは振動覚として皮膚や骨を通して感じられるが，周波数が高くなると，ヒトでは20 Hz〜20 kHzの振動は音として内耳蝸牛により感じられる．個体の運動や重力に対する姿勢などは内耳前庭・半規管によって感じられる．各種の機械刺激はそれぞれ異なる受容器によって受容されており，各受容器にはそれぞれ適当刺激がある．刺激受容は末梢受容器で行われるが，知覚自体は大脳皮質で行われ，投射・判別・弁別などの現象が起こる．(⇒機械受容器)

期外収縮 [extrasystole, premature beat, premature contraction] 心臓が正常な収縮(⇒心臓拍動)以外に起こす収縮の総称．心臓筋は不応期が長く，収縮期の全期間および弛緩期のはじめ約1/3にも達するので，この間に与えた刺激は無効となるが，その後の刺激は収縮を引き起こす．この性質に基づいて人為的に期外収縮を起こさせることができる．この際，次いで生ずべき正規

の収縮が脱落し，さらに次の正常収縮まで異常に長い休息期が介在する．これを代償性休止(補償性休止compensatory)という．これは，自動性の中枢からくる正常な興奮が期外収縮の不応期に陥って無効になるためと解釈されてきたが，心室の期外収縮による興奮が刺激伝導系を逆行し途中で正常興奮と衝突してこれを打ち消すため，正常興奮が脱落する場合もありうる．代償性休止の直後に起こる収縮は正常のものより大きくなり，期外収縮後機能亢進(post-extra systolic potentiation)と呼ばれる．

a **機械受容器** [mechanoreceptor] 機械刺激を適当刺激として受容し，究極的な求心性インパルスの発生を引き起こす受容器の総称．触覚，圧覚，張力覚，振動覚，聴覚，重力覚，平衡覚などに関する．原始的な体制の無脊椎動物の触細胞のように，体表に独立して存在するものから，哺乳類の蝸牛の中の*有毛細胞のように，複雑な聴覚のための器官の中に集合して存在するものまで，動物の種類や機能に応じて種々の型がある．どの場合も受容器細胞の機械的歪みの結果受容器電位が発生し，それが直接，求心性神経軸索に伝導性インパルスを発生させる(一次感覚細胞の場合)か，シナプスを経たのち求心性神経軸索にインパルスを発生させる(二次感覚細胞の場合)．触受容器には，原始的な無脊椎動物の体表にある触細胞，節足動物の*毛状感覚子など，また脊椎動物では各種の*終末器官がある．圧覚と触覚の区別は神経放電の順応の遅速で区別するが厳密には難しい(→圧受容器)．振動覚は圧覚の一変形で上記の触受容器で振動に反応するものも多いが，振動覚のため特に発達した受容器もあり，節足動物の*鐘状感覚子や魚類・両生類の*側線器官の受容器などはその例である．振動が液体または気体を伝わる縦振動で振動数の比較的高い場合は，特に音として分類されるが，その受容器は昆虫や脊椎動物において特に発達している．張受容器としては甲殻類のもの，脊椎動物の*筋紡錘や*腱紡錘の中の感覚神経終末がある(→自己受容器)．重力覚や平衡覚などの加速度の感覚に関係した受容器としては無脊椎動物の*平衡胞，脊椎動物の*迷路前庭のものがある．

b **機械組織** [mechanical tissue] 植物体を強固に保つ役割を果たす組織．支持組織(supporting tissue)とも呼ばれる．*厚角組織や*厚壁組織などの集合からなり，ときには道管・仮道管組織も含まれる．これらの組織はなるべく少量で十分に支持の目的を果たすように合理的な配置にある．茎では屈曲抵抗のため表皮近くの周辺部に環状に連続または不連続に配列する(オドリコソウ，ホウセンカ，タケ)．根では一般に機械組織は中心部に集合して，牽引抵抗の役を果たす．イトランやニュウサイラン(リュウゼツラン科)などの葉では葉肉を貫いて機械組織(主に厚壁組織)が存在する．多くの葉では，その全縁あるいは鋸歯や裂片の彎入部に発達しており，破裂に抗する役割を担っている(バラ科，ユキノシタ科，ナツメヤシ)．

c **機械論** [mechanistic view, mechanistic view of life, mechanism] 生命論・生物学方法論などにおいて，無機的自然について知られている因子およびその組合せを重く見る論．機械論はいろいろ異なった意味に用いられるが，生命論として一般には*生気論と対立するものとされる．歴史的には次の3種類の考え方がある．(1) 古典物理学での力学の原理による生命現象の説明．生物を複雑な機械とみなす説で，17世紀のR. Descartes はその創始者あるいは代表者とされる．(2) 生命現象は物理学的・化学的に説明しつくされるという解釈．いわゆる*還元主義(reductionism)の立場で，19世紀以降有力になった．しかし機械論的見解が生物学固有の概念・方法・法則を最終的には不要のものとみなすかどうかについては，意見の対立があった．(3) 20世紀の情報論的生物学の発展にともない，生物現象を自動制御の機構として理解する考え方．これは(1)と(2)を総合してその上に立つ新たな機械論とみることができる．なお，機械論的立場は一般に次のようなものとして考えることもある．(4) 生物体に起こる現象は，生物体を構成する物質的要素それぞれの単独の性質の加算として理解できるとする方法論的立場．*有機体論的立場に対立する．(5) 因果的あるいは決定論的説明．目的論的あるいは非決定論的説明に対立する．(6) 超越原理を含まない説明．これは厳密な意味で生気論に対立する．

d **飢餓状態**(細菌の) [starvation status] 細菌にとって増殖に必須の基質や栄養塩の欠乏により，肥大成長や増殖ができない状態．*ハウスキーピング遺伝子は保持しているため，環境条件の好転により再び増殖能を発揮することができると考えられる．飢餓状態による生残(starvation survival)は，自然環境下での細菌の生理活性状態を理解する上で重要である．例えば海洋のように低栄養の環境では多くの細菌がこの状態にあると考えられる．胞子形成能をもたない細菌について言及したものであるため，生きているが培養できない(viable but non-culturable)細菌の一部もこれに含まれる．

e **偽花説** [pseudanthium theory] 被子植物の花の起原に関する仮説の一つで，花弁をもたないか，貧弱な花弁しかもたない単性花が苞葉にかかえられてついているような花序が，短縮して各花が接在し，苞葉が集合して花被となり，雄花は雄ずい，雌花は雌ずいとなる，とする説．R. von Wettstein (1907) がマオウの花を基本にして論じた．G. Karsten (1918) を経て，F. Fagerlind (1947)，E. Janchen (1950) が改めて推進している．単性花が先在するとする点で*真花説と対する．

f **偽花被** [pseudoperianth] (同)外被膜．コケ植物苔類のフタマタゴケ目およびゼニゴケ目において，内被膜(→カリプトラ)と共に子嚢柄をおおっている筒状の保護膜．受精卵が胞子嚢形成をはじめると同時に造卵器をとりかこんだ組織が二次的に発達して膜状の隆起を生じ，ついには胞子嚢を包むように偽花被を完成する．この位置は包膜のすぐ内側で，内花被の外側にあたる．苔類の分類上のよい標徴とされる．

g **気管** [trachea] [1] 空気呼吸の脊椎動物(両生類以上)において，気道の主要部を形成する無対の管．咽頭に続き，その前端は特殊化して喉頭といわれ，後端は二分して左右両肺にいたる*気管支になる．発生学的には，肺とともに咽頭腹壁の膨出として生じ，その先端部

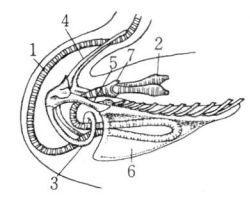

オオハクチョウの気管
1 気管
2 気管支
3 鎖骨
4 肩胛骨
5 烏啄骨
6 竜骨突起
7 鳴管

が肺に分化し，基部が気管を形成する．気管は頸の長短や胸部における肺の位置などにより長短がある．無尾両生類では非常に短く，喉頭がただちに肺に続くが，鳥類では一般に長く，場合によっては途中で屈曲し，輪をなすこともある．気管壁は，それが閉ざされないように，C字形の気管軟骨 (tracheal cartilage) からなる軟骨環が連続して重なっている．また管腔の粘膜は繊毛上皮で，繊毛運動は喉頭に向かい，異物の排出などに役立つ．（⇒鳴管）[2] 節足動物有気管類の呼吸器官（⇒気管系）．体表の表皮が樹枝状に分かれた細管として体内に進入したもの．したがってその壁は表皮と同じで，内面にはキチン層の気管内膜 (tracheal intima) があり，これは細いらせん状隆起 (taenidium という) を伴う．外面は真皮の細胞層がある．気管は*気管小枝へと分枝し，枝の終末部分は細長い上皮細胞である気管終端細胞 (tracheal end-cell) だけからなり，キチン質の内膜を欠き，ガス交換の場となる．気管の外界への開口が*気門で，昆虫では中胸・後胸および腹部の前方の8節に，各体節に1対ずつあり，気門の内方の気門室 (atrium) を経て背部気管（背板筋内と心臓に分布）・内臓気管（消化管壁へ）・腹部気管（腹板筋と腹髄へ）の3枝に分かれ，さらに前後の各体節のものは縦走気管軸（背面・側面・腹面・内臓縦走気管軸で，合計5対）により連絡し，気門からの分枝が頭部と前胸には中胸・後胸からの分枝が分布する．気管小枝は体内の組織細胞の表面に終わるが，飛翔筋など多量の酸素を必要とする細胞では，細胞膜を伴い，深く陥入する．気管小枝は通常，網状連絡はしないが，昆虫ではある筋肉でそれが見られる．呼吸運動により空気は気門を経て入り，気管小枝の壁を通してガス交換が行われる．気体の排出は気管壁のらせん状隆起の弾性による．飛翔性の著しい双翅類や膜翅類では気管の一定部分が拡張して*気嚢となり，体重軽減に役立つ．クモ類では気管の変形物として*書肺，陸生甲殻類では白体（偽気管）がある．カギムシでは総状の気管が各体節に1対以上あり，それらは前後の連絡をもたない．

a **器官** [organ] 生物個体の特定の*機能が個体内の特定の部分に局在して営まれ，かつその部分が形態的に半ば独立性を示す構造体．一般に多細胞生物では器官は特定の空間的配置をもついくつかの*組織からなり，組織は多数の細胞からなる．器官の正常な機能は他の器官の機能との密接な関連の下に営まれ保持されるが，器官は同時に一定度の機能的独立性をもち，場合によっては個体から外科的に分離されても，その本来の機能を一定の限界内で遂行できる．機能的・解剖学的に共通性をもち協同して働く一連の器官を器官系 (organ system) と呼ぶ．[1] 多くの多細胞動物に共通な器官系として一般に神経系，感覚系，筋肉系，骨格系，消化系，呼吸系，循環系，排出系，生殖系，内分泌系，外皮系が認められる．便宜上，*動物性機能にかかわる神経系・感覚系・筋肉系に属する器官を動物性器官 (animal organ)，*植物性機能にかかわる栄養・排出・生殖に関係する器官を植物性器官 (vegetative organ) と呼んで区別することがある．[2] 維管束植物では*根，*茎，*葉，*花などの器官が区別される．

b **気管鰓** [tracheal gill] 水生昆虫の幼虫または蛹，まれに成虫にみられる呼吸器官．表皮の突出物で，糸状・葉状・嚢状をなし，内に気管小枝が分布していて，その末端から表皮を通じて水中の酸素をとりこむ．気管鰓のある昆虫では*気門は退化している．積翅類，カゲロウ類，脈翅類，毛翅類などの水生幼虫では主として腹部付属肢の変形したものが気管鰓となる．イトトンボ類の幼虫では尾端の paraproct や epiproct が気管鰓となり，特に*尾鰓と呼ばれる．トンボ類の幼虫では直腸内面に気管鰓が生じており，これは直腸鰓と呼ばれる．

c **器官外凍結** [extraorgan freezing] 器官の外側に氷晶が成長すること．植物の凍結様式の一つ．針葉樹の冬芽（葉芽）やツツジ科など被子植物の花芽で認められる．器官内部の水を器官外へ脱水し，該当する器官の中には氷晶が全くできない．脱水された水は鱗片や葉芽の基部などで凍結し，大きな氷塊を形成する．細胞の外部に氷晶を形成する点において細胞外凍結と類似するが，細胞のすぐ外側ではなく器官を形成する細胞群の外側に形成する点において異なる．器官外凍結は，細胞内凍結と異なり，相当低い温度においても致命的とならない場合が多く，植物が示す多様な越冬戦略の一つとされる．（⇒細胞外凍結，⇒細胞内凍結）

d **器官学** [organography, organology] 器官の構造と相互関係を研究対象とする学．*形態学の一分科．A. P. de Candolle の造語(1827)．

e **器官感覚** [organ sense, organic sense] 《同》器官覚，臓器感覚，有機感覚，肉体感覚，一般感覚 (general sense, general sensation, common sensation, coenesthesia)，全身感覚 (systemic sense)．飢餓または食欲，渇き，はきけ，便意，尿意，性欲ないし性感，飽満，疲労感，悪寒，めまいなど，局在(*投射)の不明確な内的感覚の総称．特殊感覚や体性感覚とは違って，これは内受容性感覚であり，特定器官または全身の活動が要求されるときや現に興奮・活動しているとき，あるいは身体的異常のあるときなどに起こる．満足不満足，快・不快などの強い感情を伴って，自身の情況を知らせ，その行動を導き，また反射的に運動や分泌を促進あるいは抑制する機能をもつ．悪寒や熱感も，皮膚の温度覚とは独立に，体温調節の破綻によって直接誘起される．器官感覚の受容器として，自由神経終末，パチーニ小体，血管壁や内臓壁の圧受容器，頸動脈球その他の化学受容器などが挙げられるが，不明の場合も多い．感覚の質や局在部位が不明で，一般的・全身的であることから，一般感覚の名もあり，ときには一般感情の語も同義に用いられる．逆に情緒がこれらの感覚に影響する事実も日常経験される．*内臓感覚は器官感覚の単純で基本的な形態とみてよいもので，局在性も比較的明瞭である．飢餓や渇きは，消化管の収縮の機械的刺激や体液成分の化学的刺激（または浸透的刺激）による求心性興奮によって起こり，これらの変化が平常に戻るとともに消失する．なお食欲，尿意，便意，性欲などの諸感覚は，特に意欲感覚として区別することもある．

f **器官筋** [organ muscle] 内臓諸器官の運動に関する筋．内臓筋とほぼ同義であるが，特に無脊椎動物において*皮筋および*背腹筋に対立する語として用いることが多い．

g **気管系** [tracheal system] 節足動物の有気管類（原気管類（カギムシ類），クモ類，倍脚類，唇脚類，昆虫類）における，気管およびその変形物(*気管鰓，*書肺など）と*気門からなる呼吸器官の系統．

h **器官形成** [organogenesis] 《同》器官発生．個体発生において器官が予定材料から*原基の状態を経てそ

の構造機能が完成されるまでの全過程．形態形成運動，細胞増殖，成長，組織分化，細胞死などの過程が一定の秩序で起こる．器官によって個体発生過程における器官形成期はさまざまであり，個体発生のごく初期に起こるものや，出生・変態後に起こる場合もある．特に植物では種子発芽後に大部分の器官を形成する．器官は多くの場合，複数の組織からなり，器官形成においてはしばしば組織間相互作用や位置情報が重要である．

a **気管支** [bronchus] 空気呼吸の脊椎動物で，二分した*気管の後端部(気管分岐部 bifurcatio tracheae)と*肺の間を結ぶ管のすべて．発生学的には，原始咽頭の腹側壁の管状の膨出が分岐を繰り返して肺胞壁までが形成されるが，狭義では気管支はその第一回の分岐部だけをいう．構造は気管と同様．気管支軟骨(bronchial cartilage)によって気道が保持される．両生類など単なる嚢状の肺をもつものでは，気管支は肺との連絡部で終わる．しかし肺内部が壁の形成により複雑になった哺乳類の肺では，気管支は肺内部で主気管支→葉気管支→区気管支→気管支枝と分枝を重ね細気管支(bronchiolus)となり，全体として気管支樹(bronchial tree)をなす．粘膜は鼻腔などと同じく繊毛をもつ上皮で覆われ，多くの杯細胞をもつ．粘膜下組織には気管腺と気管支腺があり，この分泌物と繊毛の運動で異物を痰として排除する．(⇒鳴管)

b **気管小枝** [tracheole] 《同》毛細気管，微小気管．昆虫において，体の奥深く分布する*気管の末端に近い部位．径 $1\,\mu m$ 以下であるが，通常の太い気管との厳密な区別は難しい．しかし，一般に気管小枝は外胚葉性の気管芽細胞(tracheoblast)内に形成され，脱皮の際もその内面を覆う*クチクラを更新しないという点で通常の気管と区別される．気管小枝の発生は，太い気管が枝分かれした形で行われるが，その際，気管上皮細胞に接する気管芽細胞の細胞質が著しく分岐し，その分枝の中に薄いクチクラ層が形成される．このクチクラ層は気管内面のそれと連絡する．気管小枝は体のすみずみまで分布し，他の組織内に深く侵入しているが，必ず気管芽細胞の細胞質に覆われており，露出することはない．

c **器官脱離** [abscission] 葉・花・果実などの器官が，それらの基部に*離層を分化して脱離すること．通常，器官が一定の生理的齢に達したときに，離層細胞壁中層が酵素的に分解されて細胞間の分離あるいは離層細胞壁の分解が生じ，細胞が崩壊することによって起こる．離層分化の起こらない場合もまれにあり，この場合はコルク組織が発達して器官と茎との通道を断ち，器官の枯死脱落をまねく．離層およびその周辺細胞におけるオーキシン，エチレン，アブシジン酸により制御されている．(⇒落葉, ⇒落花, ⇒生理的落果)

d **ギガントピテクス** [*Gigantopithecus*] 《同》巨猿化石．G. H. R. von Koenigswald が香港の中国人薬種商から買い求めた3個の第三大臼歯化石に基づき，命名された霊長類種．華南で更新世の地層から発掘されたものらしい．これらの歯は最大のゴリラのものより大きく，発見者は類人猿の歯と考えたが，従来知られた化石類人猿のいずれにも比定できず，標記の属名(「巨猿」の意)を設定した．これは後に F. Weidenreich の*巨人説の論拠とされた．今日では，巨人説は認められておらず，これをオランウータンに近い大型類人猿と位置づける意見が大勢である．

e **機関内倫理委員会** [institutional review board] IRB と略記．ヒトを対象とした医学や心理学研究の計画やその実施の倫理的・科学的妥当性を審査するため，各研究施設に設置された委員会．被験者の人権や福祉を保護することを目的とし，被験者の募集方法や被験者への説明内容などについても審査する．個々の医学研究を委員会が審査するというシステムは，1974年にアメリカで制定された国家研究法(National Research Act)において確立され，1975年にヘルシンキ宣言に組み入れられたことにより世界的に普及した．ヨーロッパ諸国では，一般的に地域を単位として委員会が設置されており，研究倫理委員会(research ethics committee, REC)と呼ばれている．

f **器官培養** [organ culture] 生体の一部を分離して行う，広義の組織培養の様式の一つで，培養された器官・組織片が培養基質の上にシートとなって広がる(単層培養)のを防ぐことによって，できるだけ三次元的な立体的構造を保持させたまま，増殖・分化を行わせる培養法．[1] 動物では，血漿と胚抽出液(H. B. Fell ら, 1929)あるいは胚抽出液を含む寒天培地(É. Wolff ら, 1952)上に直接器官を置く方法や，血清や合成培養液を含む液体培地を用いて器官をレンズペーパー上で培養する方法(O. A. Trowell, 1954)などが先駆的である．現在ではそれらの改良法ならびに完全合成培地も用いられる．以上のようなガラス器内(*in vitro*)の器官培養法のほかに，生体内に組織片を移植して培養する方法がある．例えばニワトリ胚漿尿膜内移植，ニワトリ胚体腔内移植，マウス・ラット前眼房内移植，マウス・ラット腎被膜下移植，ヌードマウス腹腔内移植など．[2] 植物では W. J. Robbins (1922) と W. Kotte (1922) が独立に根端の培養に成功したことに始まり，現在までにシュート頂・胚軸(茎)・葉・胚(⇒胚培養)・子房・花・果実などさまざまな器官の培養が行われている．培養基(培地)や培養方法は一般に組織培養と大差ないが，葉緑体を含む器官は，光の下では独立栄養を行うので，簡単な無機塩だけの培養基で育ちうる．しかし暗培養では呼吸基質やビタミン類その他の有機物をあたえなければ成長しない．植物の培養組織は動物のそれに比べて著しく器官形成能が大きく，多くの組織培養で培養期間が長くなると器官培養へ移行する場合が多いため，厳密な区別は難しく，両者を総括して広義の組織培養ということもある．さらに，植物器官は個体を再生する力が大きく，例えばシュート頂の成長点だけを分離培養しても分裂組織の大きな塊をつくるのは困難で，小片に切って植え継がないかぎり分化が起こる．不定根形成はたいていの器官で知られているが，根の培養からは特殊な物質で処理しないかぎり根しか形成されない．

g **鰭脚** (ききゃく) [clasper ラ pterygopodium] サメ・エイ類の雄の交尾器官．腹鰭の内縁の変化したもので，鰭骨格に由来する軟骨で強化されている．精液輸送のための溝をそなえ，交尾の際，これを雌の*総排泄腔に挿入する．

h **偽菌糸** [pseudomycelium] 一見菌糸のように分枝しながら細胞が鎖状に連結した構造．出芽によって増殖する単細胞の菌類は広い意味で酵母と呼ばれ，多くの場合出芽した細胞は母細胞との間に隔壁が形成されて，母細胞から遊離する．しかし，娘細胞が出芽後にも母細胞から離れずに残る場合があり，出芽によって形成される

a **基群集** [sociation] 《同》分群集，基群叢．G. E. du Rietz (1928〜1930) を中心としたウプサラ学派 (北欧の植物社会学派の一つ) が提唱した基本的植物単位．多層群落の各階層の優占種の組合せによる群落類型概念で，例えば関東地方のアカマツ林はアカマツ-コナラ-アズマネザサ基群集，東北地方のものはアカマツ-コナラ-チゴユリ基群集である．基群集は植物社会学 (狭義) 的群落単位の*ファシースのランクに相応するものといわれ，上位の単位は*コンソシエーション，下位単位はソシオン (⇌シネシア) である．

b **奇形，奇型** [malformation, monster, terata] 《同》形態異常，形成異常．主として個体発生における異常に基づいて生ずる，正常な変異の範囲を逸脱した異常形態，またはそれを示す個体．奇形の原因には遺伝的要因と環境的要因があり，これらの要因により発生期の胚の形態形成機構が異常となり，過剰形成，正常な形成の一部抑圧または欠如，配列変更，およびそれらの組合せなどによって，奇形生成 (teratogenesis, 奇形形成，催奇，催奇形) が起こる．過剰形成の一種である*重複奇形は，特に動物でさまざまな型のものが知られる．また，無脳や無肢 (⇌短肢) など器官や体の一部分がまったく欠如した状態を欠如症 (aplasia) という．奇形生成の環境的要因は催奇形因子 (teratogen) と呼ばれ，ウイルス感染，ビタミン欠乏，放射線の被曝，化学物質への曝露などがある．奇形の起こる器官・部位には，催奇形因子に対する感受性が高い期間が存在し，異なる遺伝的要因あるいは催奇形因子がしばしば同一の形態異常を引き起こす傾向がある．植物では奇形は胚発生期に限らず発芽後の環境要因によっても起こり，昆虫の幼虫や菌類の寄生による*虫癭や*菌癭はその一例である．また，ウイルス感染も葉や花の変形や斑入り模様などの奇形の要因となる．動物でも植物でも，ある種の奇形は必ずしも他の種においては奇形とは限らない．例えば哺乳類のクジラ目では後肢欠損が正常型であるし，被子植物のヤハズアジサイの二裂葉もこの種では正常型である．

c **奇形学** [teratology] 奇形を研究する生物学の一分科．特に人類・家畜その他の脊椎動物の奇形は医学的・農学的見地から，また生物学的にも古くから学者の注意をひいた．É. Geoffroy Saint-Hilaire が近世奇形学の祖とされ，tératologie も彼の造語 (1822) というが，その子 Isidore によって研究はさらに発展した．解剖学者による記載的・分類的研究について，遺伝学者や発生学者による分析的研究が行われるようになり，奇形生成の原因やその作用機構が漸次明らかとなりつつある．W. Landauer らはニワトリの奇形生成の分析で，遺伝学・実験発生学・生化学の分析法を総合して著しい貢献を行った．植物に関する奇形学は比較的遅れて出発したが，19世紀後半から20世紀初頭にかけてさかんになった．

d **奇形腫** [teratoma] 《同》テラトーマ．発生学的に内胚葉・中胚葉・外胚葉由来の成分が混合して見られる*胚細胞性腫瘍の一種．次の2型がある．(1) 成熟型奇形腫 (mature teratoma)：正常生体の臓器にまで成熟した組織を含んだ奇形腫で，しばしば見られるのは卵巣の皮様嚢腫 (dermoid cyst) で，中に毛髪や皮脂腺などの皮膚成分のほか，骨組織や歯などを含むことが多い．(2) 未熟型奇形腫 (immature teratoma)：分化の不十分な胎児期組織に類似した組織胚様体 (embryoid body) を含む奇形腫で，組織学的に2〜3カ月の胎生組織に類似性が認められることが多く，さらに他の胚細胞性腫瘍との共存がまれではない．B. Mintz ら (1975) はマウスの奇形腫細胞をマウスの初期胚に移植し，正常のキメラマウスを作ることに成功した．これにより奇形腫細胞が正常組織・器官に分化しうることが明らかになった．また L. C. Stevens ら (1954) によりマウスで生殖巣に奇形腫を多発する近交系が開発され，このマウスで生殖母細胞から奇形腫が形成されること，初期胚の腎臓や精巣への移植，*胚性幹細胞の皮下などへの移植により実験的に奇形腫が形成できることがつきとめられた．なお奇形腫のうち悪性のものを特に奇形癌腫 (悪性奇形腫 teratocarcinoma) と呼んで区別する．これは未分化で増殖能が高い幹細胞的な，初期胚の細胞に似た細胞の見られる*胚性癌腫細胞 (奇形癌腫細胞) を含む．

e **起原の中心** [center of origin] 個々の高次分類群が最初に出現したと推定される，地球上の特定の地域．その推定の基準としては，(1) その分類群に属する種が最も多様化している地域，(2) 最も派生的な種の生息域，(3) 逆に，最も祖先的な種の生息地 (W. Hennig の前進則 progression rule) など，さまざまなものがある．しかし，いずれの基準も高い信頼性に欠け，現生種の情報だけによる推定はしばしば危険である．例えば，化石記録からウマ科は北米で最初に生じ，そこで分化したことが明らかだが，現在はその野生種は旧大陸にしか見られない．他方，化石が得られていない場合でも，近縁のグループを含めた系統関係が明確ならば，起原の中心をかなり確実に特定できる場合もある．

f **気孔** [stoma] 維管束植物の表皮に特有な構造で，狭義には*孔辺細胞の間に生ずるレンズ状の小隙．孔辺細胞に隣接して2〜4個の*副細胞を伴う場合もある．これら諸細胞をも含めて気孔装置 (stomatal apparatus) という．気孔の直下には広い細胞間隙 (呼吸腔 stomatal chamber) がある．気孔は炭酸同化・呼吸・蒸散作用などのガス代謝に当たって空気や水蒸気の通路となるが，その通過量は孔辺細胞の開閉作用により調節される．気孔は通常，植物体の地上部，特に葉の表皮に多く存在し，若い茎や萼片などにも見られるが，多くの沈水植物には見られない．一般に葉の裏面に多いが，表面だけにある場合 (スイレン) や両面にほぼ同様に分布する場合 (*Populus deltoides, Typha latifolia, Avena sativa*) もある．通常，葉面に均等に散在し，その開閉線の方向も不定である．多くの平行脈をもつ単子葉類では方向が規則的であり，ユキノシタ属・シュウカイドウ属などのように局部的に集合している場合もある．多くの場合，気孔は他の表皮細胞とほぼ同じ面に位置するが，ときには表皮面より突出する場合 (シソ科・サクラソウ科・その他多くの湿地植物) や，逆に陥入する場合 (針葉樹類・トクサ科・サボテン科・キョウチクトウ) などがあり，いずれも生態学的な意義がある．気孔形成には2型あり，表皮細胞の発生において*メリステモイドに由来する気孔母細胞 (stomatal mother cell) がまず横に三分し，うち中央の細胞が再び二分して孔辺細胞となり，左右の2個は副細胞となる形式 (syndetocheilic type) と，母細胞が二分して孔辺細胞のみ生じる形式 (haplocheilic type) とがあり，後者を原始型とみなしている．この2形式は裸子植物の系統分類上重要視され，後者はソテツシダ類・ソテツ類・コルダボク類・イチョウ類・針葉樹類・マオウ類

(狭義)に，前者はベネティテス類・ウェルウィチア類・グネツム類に見出される．またコケ植物の中ではツノゴケ類だけが開閉能力のある孔辺細胞をもつ．気孔と同じ構造をもつことは，ツノゴケ類の維管束植物への近縁性を示唆する形質の一つとされている．

a **気候区** [climatic province] 《同》気候区分(climate classification)．地球上の気候をその特徴によって区分したもの．ドイツの気候学者 W. Köppen (1931) が分類したものはケッペンの気候区(独 Köppensche Klimaprovinz)といわれ，生物の生活によく合致しているので，広く用いられる．*植物群系の分布を基礎とし，最暖月および最寒月の平均気温，年降水量およびその季節的変化とによって，地球上の気候を以下の11種の主要気候(独 Hauptklima)に分ける．
(1) 熱帯多雨林気候　(2) サバンナ気候
(3) ステップ気候　(4) 砂漠気候
(5) 温暖冬季寡雨気候　(6) 温暖夏季寡雨気候
(7) 湿潤温帯気候　(8) 冬季寡雨寒冷気候
(9) 冬季湿潤寒冷気候　(10) ツンドラ気候
(11) 永久凍結気候

b **気孔コンダクタンス** [stomatal conductance] 葉の気孔を通した，気体(特に水蒸気とCO_2)に対する拡散係数．逆数は気孔抵抗(stomatal resistance)と呼ぶ．気孔の開度によって支配され，葉肉細胞表面と葉の表面の気体の濃度差を拡散速度で割ったもので表される．多くの場合*ポロメーターによって測定された蒸散速度を大気と葉内の水蒸気圧の差である飽差(vapor pressure difference)で割った値によって示される．単位は $mmol/m^2 \cdot S$ や cm/S が用いられる．CO_2 に対する気孔コンダクタンスは，CO_2 が水蒸気より重いために，水蒸気に対するコンダクタンスの0.6程度になる．気孔コンダクタンスは，種や環境によって異なる．また，大気の乾燥度合や葉の水ポテンシャル，光強度，光の質，CO_2 濃度といった環境要因によっても気孔の開閉を通じて変化する．気孔コンダクタンスは，クチクラ層を通してのクチクラコンダクタンスと区別することがある．葉全体のコンダクタンスを考える際には，気孔からの水の移動経路とクチクラ層からの水の移動経路が並列である*抵抗モデルを仮定して計算する．

c **気候帯** [climatic zone] 地球を等質な気候地域に分けた区分．ほぼ緯度にそって，高緯度から順に*寒帯，*温帯，*熱帯と大別する．このうち寒帯は狭義の寒帯と亜寒帯，温帯は寒温帯・冷温帯・暖温帯，熱帯は亜熱帯と狭義の熱帯に細分する．暖温帯と亜熱帯はときに相同とされ，C. Troll のように暖温帯・亜熱帯と表現することもある．湿潤な東アジアでは熱帯から寒温帯までは森林となり，亜寒帯は森林ツンドラ(森林と*ツンドラとの移行部)と低木が混じるツンドラになる．寒帯はツンドラである．*生活型は気候帯に対応する生物分布帯である．(⇒植生帯)

d **気候的極相** [climatic climax] 気候要因を最も強く反映した*極相，いいかえればその地域の気候に最も適した安定な群落．群系に相当し，生活帯・*バイオームなど最大の地理的単位を構成する．気候的極相への遷移で経過する群落の系列を気候的系列(気候的遷移系列 clisere)と呼ぶ．(⇒単極相説)

e **気孔の開閉** [stomatal opening and closing, stomatal movement] *孔辺細胞の体積と*膨圧が増減することにより*気孔が開閉する運動．維管束植物は主に葉の表皮に存在する気孔を開閉して，光合成で固定する CO_2 の取込みと植物体からの水の*蒸散を調節している．多くの植物は昼に気孔を開き，夜に閉じる．*CAM 型光合成を行う植物は，これとは逆に，昼に気孔を閉じ，夜に開く．気孔を昼に開く植物も，水分が不足して乾燥ストレスを受けると昼でも気孔を閉じる．昼に気孔が開くのは，葉肉細胞の光合成によって CO_2 濃度が減少することをシグナルとする反応，および青色光による*フォトトロピンを光受容体とする光シグナル伝達機構が関与することによる．また，孔辺細胞の葉緑体における電子伝達系と*光リン酸化も，光による開孔反応に関与していると考えられている．乾燥ストレスで気孔が閉じるのは，それに応答して葉組織の*アブシジン酸含量が増加し，このアブシジン酸が孔辺細胞に作用することによる．孔辺細胞の膨圧は，孔辺細胞内の浸透物質濃度の増減とそれに応答した水の流入・流出によって調節される．この膨圧調節に働く主な浸透物質は，K^+ と陰イオンである．K^+ 濃度は細胞膜に存在する内向き整流性と外向き整流性の二種類のカリウムイオンチャネルを介した取込みと放出により，また，陰イオン濃度は陰イオンチャネルなどを介した無機陰イオン(主に Cl^-)の取込みと放出，および細胞内における有機酸(*リンゴ酸など)の生成と代謝により調節されている．フォトトロピンによる開孔反応では，この光受容体により細胞膜に存在する起電性*プロトンポンプが活性化され，それによって細胞膜が過分極して，カリウムイオンチャネルを介した K^+ の取込みが起こる．一方，アブシジン酸による開孔反応では，アブシジン酸の作用で陰イオンチャネルが活性化され，併せて，フォトトロピンによるプロトンポンプの活性化が阻害されて，陰イオンと K^+ の放出が起こる．アブシジン酸による陰イオンチャネルの活性化には，細胞質における Ca^{2+} 濃度の増加が関与している．

f **気候要因** [climatic factor] 生物の環境を形成する気候的諸要素．温度要因(絶対値，変化の型と幅)，水分要因(降水量，降雨型，湿度)，光要因(照度，日照時間)，大気要因(酸素および二酸化炭素の濃度，風)などからなる．地球上の緯度による気候帯，あるいは高度による同様の区分は，いずれも気候に関係している．さらに海陸の影響による海洋性気候および大陸性気候のような*大気候，もっと小さい限られた地域を支配する局地気候(local climate)，群落の内部とかギャップなどのような小さい場所の*微気象の区別もある．地球上の群系の分布などは大気候に，*フェノロジーその他は局地気候に，群落や作物の生産は微気象に，主に対応させられる．

g **気根** [aerial root] 空気中にある根の総称．地上の茎から出る*不定根と，地中から上向きに伸びて地上に出る根がある．機能は種類により必ずしも同じでない．支持を主とするものを特に支持根(prop root, 支柱気根 prop aerial root)ということがあり，トマトやトウモロコシなどの茎の下方から出るものはこれ．熱帯植物のタコノキ(Pandanus)，ベンガルボダイジュ(Ficus bengalensis)，多くのマングローブ植物などのものは，体の支持，気体の出入りおよび移動(⇒呼吸根)，地中に入っては吸収根としての機能をもつ．ノウゼンカズラ，キヅタ，モンステラなどでは他物によじのぼるのに役立つ．これらの不定根はよじのぼり根(攀縁根・付着根 climba **記載**(分類学の) [description] 標本または*タクソンの分類形質を言葉で記述したもの。「種を記載する(describe)」というように動詞でも使われる。タクソン(特に種タクソン)を記載した論文が記載論文である。*判別文とは異なり、そのタクソンの境界を定めたり、あるいは他のタクサとの区別を強調したものではない。(⇌判別文)

b **偽鰓**(ぎさい) [pseudobranchia] サメ・エイ類の*呼吸鰓ないしは硬骨魚類におけるそれに相当する部位、すなわち顎骨弓と舌骨弓の間の第一咽頭裂に当たる部位に発達する*鰓と系列相同の構造。サメ・エイ類では呼吸孔鰓(spiracular gill)ともいうが、それを通過する血液は動脈血で、形状は同じでも機能は同等ではない。硬骨魚類では、鰓の外観を保持するものもあるが、筋肉や結合組織でおおわれ、血液を充たし腺状を呈することもある。強力な二酸化炭素排出能力をもつという。なお硬骨魚類の*鰓蓋鰓を偽鰓と呼ぶのは誤り。

c **記載生物学** [descriptive biology] 生物体の形態・機能に関し観察・計測の結果を整理・記載し、それらを基礎に法則を抽出する学。*実験生物学の対語。概して個別の記載から比較的方法(⇌比較生物学)の樹立に進み、その成果として進化の認識に到達した。

d **偽細毛体** [pseudocapillitium] 変形菌類の子実体の一種である*着合子嚢体が作られる場合に、外皮に接して胞子嚢内部に深く入り込んだ腔道ができ、これに分泌物が入って太い*細毛体のようにみえる網状の構造体。マメホコリ属(Lycogala)、ドロホコリ属(Reticularia)などに見られる。胞子嚢原形質からの分泌物が関与して形成されるという点で細毛体と似ているが、形成の起点は異なっている。

e **蟻酸** [formic acid] HCOOH 沸点101°Cの液体。最初、アリ(Formica)を蒸溜して得られたのでこの名がつけられた(S. Fischer, 1670)。植物界には遊離酸としてイラクサなどにあり、エステルの形では広く植物の精油成分となっている。糖質代謝の終末産物の一つとして、例えば大腸菌などの細菌による発酵では*ピルビン酸のいわゆるリン酸開裂反応で生成し、多量に蓄積する。蟻酸脱水素酵素によって二酸化炭素に酸化されるが(植物や細菌)、奪われた水素は*呼吸鎖で酸化されるか、またさらにヒドロゲナーゼによって水素を生成する(細菌)。またセリン、プリン誘導体、ピルビン酸などへの同化も確認されている。セリン、プリン合成にはATP存在下で*テトラヒドロ葉酸と結合し、ホルミルテトラヒドロ葉酸として用いられる。

f **蟻酸脱水素酵素** [formate dehydrogenase] 《同》蟻酸デヒドロゲナーゼ。蟻酸を脱水素して二酸化炭素を生じる反応を触媒する酵素。植物の酵素(EC1.2.1.2)はNAD^+を電子受容体とする。$HCOOH+NAD^+\rightarrow CO_2+NADH+H^+$。シアン化物やアジドによって阻害される。大腸菌など細菌の酵素(EC1.2.2.1)はシトクロムb_1、または*ユビキノン(UQ_8)を電子受容体とし、粒子画分に含まれる不溶性の酵素。シアン化物などによって阻害される。モリブデン蛋白質であり、さらに*セレンをセレノシステインの形で含む。ヒドロゲナーゼと共役して水素と二酸化炭素への分解に関与することもある。

g **キサンチル酸** [xanthylic acid] XMPと略記。《同》キサントシン一リン酸(xanthosine monophosphate)。*イノシン酸のNAD(*ニコチン(酸)アミドアデニンジヌクレオチド)による脱水素により酵素的に生成するほか、細菌の*サルヴェージ経路において*キサンチンより合成される。ATP、グルタミンと反応してグアニル酸一リン酸を生ずる。ヌクレオチダーゼで脱リン酸されてキサントシン(xanthosine)になる。

h **キサンチン** [xanthine] プリン塩基の一種。動物の血液・尿に含まれ、茶葉中にも存在。*ヒポキサンチンの酸化により生じ、さらに酸化されて尿酸となる。リボース、リン酸と結合した*キサンチル酸(5′異性体)はイノシン酸からグアニル酸が生成する際の中間体である。

i **キサンチン酸化酵素** [xanthine oxidase] *ヒポキサンチンを酸化して*キサンチンを生じ、さらに尿酸に酸化する反応(キサンチン+$H_2O+O_2\rightarrow$尿酸+H_2O_2)を触媒する酵素。EC1.1.3.22。*フラビン酵素の一種で、モリブデン、非ヘム鉄、無機硫化物、FADを含む。動物、特に鳥類の肝臓と腎臓のほか、牛乳や昆虫、細菌に存在する。分子量特異性は低く、基質特異性は低く、プリン誘導体のほか、プテリジン誘導体、アルデヒド(カルボン酸生成)、NADHも酸化する。本酵素欠損では、過剰のキサンチンが尿に析出し、キサンチン尿症を引き起こす。

j **キサンツレン酸** [xanthurenic acid] 4,8-ジヒドロキシキノリン-2-カルボン酸で、8-ヒドロキシキヌレン酸に当たる。8-ヒドロキシキノリン構造をもつので金属イオンと着色キレートを形成し、ことに第二鉄塩で深緑色を呈する。トリプトファンを与えたネズミの尿中から単離され(L. Musajo, 1935)、その後ビタミンB_6の欠乏によりこの物質が排出されることが見出された(S. Lepkovskyら, 1943)。生体内では*キヌレニンからの*キヌレン酸の生成と同様に、アミノ基転移酵素によって3-ヒドロキシキヌレニンから生成される。マラリア原虫の配偶子形成を誘導する。

k **キサントキシン** [xanthoxin] 《同》ザントキシン。ビオラキサンチンの光分解産物中に発見された植物成長抑制物質。種子植物では9-cis型のネオキサンチンもしくはビオラキサンチンの酵素的酸化開裂反応により生成され、アブシジン酸の前駆物質となる。キサントキシンは*アルコール脱水素酵素の反応によりアブシジンアルデヒドに変換され、続いてアルデヒド酸化酵素により*アブシジン酸に変換される。

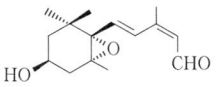

l **キサントフィル** [xanthophyll] *カロテノイドのなかで、水酸基、カルボニル基、エポキシ基、メトキシ基、カルボキシル基などの形で酸素原子を含む一群の色素の総称。生物界に広く分布。生体内では、カロテンから水酸化酵素やケト化酵素などによって生合成される。ルテイン(lutein)、フコキサンチン(fucoxanthin)、ゼアキサンチン(zeaxanthin)など光合成の*光化学系に存在するキサントフィルは、光エネルギーを捕捉し光合成に利用し、また光傷害の保護機能をもつ。体表面や羽毛

の色，婚姻色としてみられ，抗酸化作用やラジカル消去などに関与する．二枚貝やホヤにみられる輝赤色はペクテノキサンチン(pectenoxanthin, アロキサンチン alloxanthin)．

a **キサントフィルサイクル** [xanthophyll cycle] 3種の*キサントフィル(ビオラキサンチン，ゼアキサンチン，アンテラキサンチン)の相互変換による光合成系の光傷害回避機構．ビオラキサンチンは強光下で脱エポキシ化され，モノエポキシドのアンテラキサンチンを介してゼアキサンチンに変換される．ゼアキサンチンは弱光下でエポキシ化され，アンテラキサンチンを介してビオラキサンチンに戻る．ゼアキサンチンは，光合成によって捕捉された過剰な光エネルギーを熱として放散する機能をもつため，キサントフィルサイクルは，光合成の光傷害の回避に重要な役割を担う．キサントフィルサイクルは，*チラコイド膜内腔のpHによって制御されるため，光強度の変化に素早く対応できる．

b **擬死** [death mimicry, freezing, thanatosis] 動物が，急激な刺激にあって，あたかも死んだように動かない姿勢をとること．哺乳類をはじめ多くの無脊椎動物に至るまでみられ，特に昆虫には成虫にも幼虫にも例が多い．甲虫には，草葉上にとまっているとき風が強く吹くと擬死反応を示して地上に落下し，風がやむと，再び草に登ってくるものもある．擬死の現象は，一部の動物を除いては，単なる刺激に対する反射作用であって，刺激により筋肉の反射性緊張が急に変わる結果として現れる．運動の制止が全身に伝播し，感覚が低下する点などで催眠状態と似ており，生理的には接触走性(⇒走性)に近い現象である．視覚的に捕食者は被食者の動きに敏感に反応するので，擬死は多くの場合，被食者にとって*防衛，保護的な役割を果たす．

c **儀式化** [ritualization] 進化の過程において，*リリーサーの機能をもつ行動パターンが，さらにその機能の強さ・明確さ・精密さを増すように特殊化していくこと．J. S. Huxley(1914)がカンムリカイツブリの求愛行動の観察から提出．儀式化の進行に伴って，行動の特徴はより顕著になり，単純化され，本質的な部分が繰り返されたり，一部の要素が強調されていき，極めて型にはまったものとなる．また反応が典型的強度(typical intensity)をもつことも多い．このようになった行動を儀式(ritual, rite)といい，特に求愛や*儀式的闘争においてよくみられる．ある機能をもっていた行動が，*転位行動としてまったく別の型の行動に借り入れられ，儀式化され，後者の重要なリリーサーになっていることも多い．求愛にみられる行動パターンは，ガン・カモ類では整羽行動から，多くの動物では育児行動から，それぞれ儀式化されたものであり，また*威嚇行動は闘争の意図運動が儀式化されたものである場合が多い．行動の儀式化に伴い，それに関与する体の構造や模様なども特殊化していくことが多い．

d **儀式的闘争** [conventional fighting] 《同》試合闘争(独 Turnierkampf)．動物の同種個体間における闘争で，一定の「ルール」に従って行われているかに見えるもの．多くは最後には弱いほうが*服従行動をとって相手のそれ以上の攻撃を抑制するか，逃げ去るかして，一方または双方が傷ついたり死んだりすることなく終わる．攻撃はそのために発達したと考えられる器官(有蹄類の角など)によって，相手の体の特定の部位(有蹄類では相手の角，トゲウオでは強固な皮膚をもつ顎，オオカミでは歯など)だけに向けられ，致命傷を与える可能性のある部位(例えば脇腹)には向けられない．集団内の*順位の決定や*なわばりの獲得などは，通常このような闘争形態によって行われるが，ときにはエスカレートして血を見る闘い(damaging fight)にいたることもある．儀式的闘争は，スポーツの試合に似た性格をもつ．かつてK. Z. Lorenzはこのような闘争様式の利点を種全体にとっての利益や倫理の観点から解釈しようとしたが，現在では*ゲーム理論に基づいて個体の利益の観点から説明する．(⇒ESS)

e **擬似交接** [pseudo-copulation] ラン科で発達した，花を昆虫の雌に似せて行う虫媒の一種(⇒動物媒)．西地中海沿岸の Ophrys speculum，オーストラリアの Cryptostylis leptochila などの*唇弁は，ハチなど特定の種類の昆虫の雌の形態に酷似する．それらの昆虫の雄は花を雌と見誤って近づき，そのときに受粉を媒介する．花の形態だけでなく，フェロモン様の物質によって化学的に昆虫の雄を誘引する場合もある．

f **擬似産卵** [pseudospawning] 主に魚類で見られる，実際に卵を放出することのない産卵行動．スズメダイやカワスズメなどで見られるが，繁殖期以外にも観察されたり，雄どうしのペアでも行われる．繁殖とは直接関係なく個体間での社会的関係の調整機能などを果たしている可能性も考えられるが，その適応的意味はほとんどわかっていない．

g **気室** [1] [air space] コケ植物蘚類スギゴケ目の*蒴の内部に分化する胞子室(spore sac)をとりまく細胞間隙．*アンフィテシウムが分裂して内外2層となり，外層の子囊壁が多層になると，蒴が大きくなるにつれて，細胞は垂直方向にも側方にも広げられるが，放射方向には圧縮され，胞子室外壁との間に細胞間隙ができる．軸柱と胞子室外壁との間は張糸(extension filament, 海綿状柔組織の糸)で連結されている．[2] [air chamber] コケ植物苔類ゼニゴケ目の葉状体と生殖床の表皮下に見られる空隙．葉状体を表面から見るとほぼ六角形の区画として見られる．横断面では，表皮下組織の所々から生じた1～3列の細胞柱が表皮細胞に接して気室を作る．成長点細胞の少し後方で，組織の一部が上方への成長を中止し，その隣接部は著しく上方に成長するので，空隙が生ずる．その後に葉緑体を含む細胞が気室の底から生じる．ゼニゴケ属の気室は変形して*杯状体となることがある．

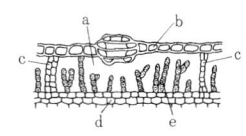

a 気室
b 表皮細胞層
c 壁をつくる細胞柱
d 底部組織
e 葉緑体を含む糸状細胞列

苔類の気室

[3] ⇒卵殻膜【1】

基質【1】[substrate] [1] 酵素の触媒作用を受けて反応を起こす物質．例えばアミラーゼの基質は澱粉，ヘキソキナーゼの基質はグルコースなどのヘキソースとATPである．酵素反応が可逆的なときは，生成物も逆反応の基質である．また補酵素が酵素の基質の一つであることも多い．基質は天然の化合物とは限らず，化学合成によって作られた人工基質もある．例えばパラニトロフェニル-β-ガラクトシドはβ-ガラクトシダーゼの基質となり，加水分解によって発色するので活性測定に利用される．[2] 代謝の出発物質．例えばある微生物の呼吸基質・発酵基質など．また，栄養となる物質を栄養基質ともいう．
【2】[matrix, ground substance] 細胞内において，細胞質から細胞小器官を除いた特に構造をもたない部分を指し，細胞質基質ということがある．また多細胞生物においては細胞外にあって細胞間の接着や構造の維持に関与する物質の総称で，細胞間基質または細胞外マトリックスともいう．その構成物質は多様であり，例えば動物ではフィブロネクチンやコラーゲン，植物ではセルロースなど．

器質化 [organization] 《同》機化．炎症や破壊などによって生じた組織内の異物，あるいは侵入した異物を*肉芽組織に置き換えようとする生体反応．融解・吸収などによって排除できない場合に起こる．肉芽組織とは，毛細血管と繊維芽細胞からなる結合組織で，周囲の正常組織から作られる．初期には好中球や組織球を含み，異物の摂取と，酵素の遊離による異物の融解・吸収がなされ，肉芽組織の瘢痕化とともに治癒する．異物が残存した場合には，それを取り囲む厚い繊維組織を形成して終わる．この現象を被食化と呼ぶ．排除できない場合は包み込んで封じ込めておくことになる．

気室孔 [air pore] コケ植物苔類ゼニゴケ目葉状体において，気室の表皮上に見られる開口部．種子植物の気孔と異なり，開閉しない．表面から見ると気室の六角形の区画のほぼ中央部に1カ所開口している．気室孔の横断面は細胞の配列により樽状あるいはアーチ状になり，分類上の良い特徴とされる．

基質レベルのリン酸化 [substrate level phosphorylation] 酵素反応によって行われるATPなどの高エネルギーリン酸化合物の生成．*酸化的リン酸化や*光リン酸化とは異なるATP生産系である．広く生体内で行われ，膜系の参加を必要としない．光・酸素の存在を要せず，嫌気的条件下での生活の主要なエネルギー源となっている．解糖によるATP生成はその例で，アルデヒドの脱水素によるアシルリン酸の生成とADPへのリン酸基転移がその機構である．そのほか，アシルCoAの分解に伴うGTP，ATPの生成などが知られている．

偽子嚢殻 [pseudothecium] 《同》偽被子器．子嚢菌類の小房子嚢菌類の子実体である*子嚢座のうち，子嚢室が一つのもの．外見は子嚢殻に似ているが，発達過程が子嚢殻とは異なり，子座の組織とはっきり区別できる壁は見られず，*偽側糸を内に形成するものもあり，二重壁子嚢を生じる．

稀釈法 [dilution method] 細胞数の推定や細菌の増殖速度の推定，あるいは細胞のクローニングにも用いられる手法．現場細菌数の推定に用いられる培養法としてmost probable number (MPN)法があり，この方法では試水あるいは土壌懸濁液などの試料を順次10倍に稀釈し，目的にあった培地を用いて培養，稀釈段階ごとの増殖の有無から，試料中の細菌密度を統計的に推定する．また，現場に近似した環境中での細菌の増殖速度を推定するには，濾過により捕食者を除いた条件下で培養する(細菌のトップダウン制御 top down controlを見る)方法と並び，細菌に十分な基質と栄養塩を含む空間を与えて増殖速度を推定する(ボトムアップ制御 bottom up controlを見る)方法がある．後者では，例えば1Lの現場海水を，$0.2\mu m$のフィルターで濾過し，原生生物はもちろん細菌もほとんど含まない濾過海水1Lで稀釈して，培養する．こうすると細菌が増殖するために必要な有機物基質と栄養塩の制限が少ない状態で，細菌の増殖速度を見積もることができる．

寄主 [host] 《同》宿主．寄生生物の寄生対象となる生物．*寄生虫学など医学分野では*宿主ともいう．なお植食性昆虫の食草に対しても寄主植物(host plant)という語が慣用される．寄生者には，ときに数十種に及ぶ広い宿主範囲をもつものがあるが，一般には特定の1ないし数種に限られ，これを宿主特異性(host-specificity)または宿主-寄生体相互関係(host-parasite relationship)という．(→寄生)

擬種 [quasi-species] 複製の正確さの低い自己複製子(replicator)がつくる，非常に多様な遺伝子型を含む集団．生命の起原において複製能は獲得したものの複製が不正確である(突然変異率が高い)高分子の集団を想定し，またRNAウイルスを念頭において，M. EigenとP. Schusterが造語した．通常は個体数が非常に大きく，遺伝的浮動が無視できて突然変異・自然淘汰平衡の状態を考える．複製の正確さがある程度以上，つまり突然変異率が比較的低い場合には，適応度の高い遺伝子型の周りに，適応度の低いタイプが集まった擬種をなして存在できる．ところが突然変異率が大きくなりすぎると，自然淘汰による不適応な遺伝子型の排除が効率よく働かず，このような安定した集団がつくれずに自己複製子は消失してしまい，*エラーカタストロフが生じる．

擬似有性的生活環 [parasexual cycle] 《同》擬似有性生活環．*生活環において，減数分裂以外の過程によって遺伝的組換えが起こる一連の現象の総称．遺伝的変異の組合せを増加させることによっては通常の*有性生殖と同じ効果をもっている．コウジカビ属の*アスペルギルス=ニドゥランスの*ヘテロカリオンにおいて，異なる単相核が融合により*複相化し，*体細胞組換えを起こし，さらに複相核が単相化(haploidization)する一連の過程について，G. Pontecorvo(1956)によって，命名された．

偽柔組織 [pseudoparenchyma] 藻類や菌類において，細胞糸が寄り集まって密着することでできた組織．これらの生物群では細胞が2方向以上に分裂してできた組織を柔組織(parenchyma)と呼んで対比する．紅藻や褐藻の一部，菌類の子実体などに見られる．

偽雌雄同体現象，擬雌雄同体現象
[pseudohermaphroditism] 《同》異常雌雄同体現象(abnormal hermaphroditism)，偶発的雌雄同体現象(accidental hermaphroditism)．正常には雌雄異体である動物のある個体に先天的または後天的な原因によって現れる*雌雄同体現象(W. P. Plate, 1933)．*間性および*雌雄モザイク現象がこれに属する．

擬充尾虫 [plerocercoid] 《同》擬尾虫，プレロセ

ルコイド，プレロケルコイド．扁形動物新皮目真正条虫類に属する，*条虫類の一幼生期．第二中間宿主である魚類や両生類，爬虫類などの筋肉内や皮下に見られる．虫卵から*コラシジウムが遊出し，第一中間宿主に摂取されると*前擬充尾虫となり，これが第二中間宿主に取り込まれると擬充尾虫となる．擬充尾虫は前擬充尾虫よりもさらに細長く，尾胞や*六鉤幼虫由来の鉤は消失し，固着器官である吸溝を分化させるものもある．擬充尾虫が捕食などにより終宿主に取り込まれると，消化管内に固着して片節を生じて成虫となる．孤虫(sparganum)とはヒトの組織内に迷入した種不明の擬充尾虫に対する名称であるが，一方では，食肉類を終宿主とするマンソン裂頭条虫(Spirometra erinaceieuropaei)の擬充尾虫がヒトから得られた時に，マンソン孤虫と呼んだりもする．

a **寄主-寄生者相互作用** [host-parasite interaction] 寄主すなわち養分を搾取される種と，寄生者すなわち搾取する種の間の相互作用．被食者-捕食者相互作用と同様であるが，一般に搾取される種の方が大きく，搾取する種がその体表面や体内でしばらく生活することになる点で，両者が遭遇したら被食者がすぐ死に至る捕食作用とは異なる作用を及ぼすことになる．特に，寄主の体内で共に生育するタイプの寄生者の場合には，強すぎる寄主殺傷力を示すことはかえって不利になりかねない．そのため，寄主殺傷力はあまり強すぎない方へと自然淘汰による進化が進むという理論的予測があり(R.M. May & R. M. Anderson, 1983)，いくつかの病原体で知られている病毒性の低下現象(死亡率の低下)がその例とされる．また，寄生には，さまざまな生体防御反応も発達する．寄生者が寄主を早晩必ず食い殺して成体になる場合には，捕食寄生者(parasitoid)と呼び，共に生活しながら搾取する関係を長く続ける寄生虫などの寄生者と区別する．捕食寄生する種はハチやハエなどの昆虫に多く見られ，これらは天敵導入による害虫防除や，被食者-捕食者の個体群動態を研究する際の対象として，広く用いられる．ブナの種子(ドングリ)に産卵するブナゾウムシは，捕食寄生者であるが通常，種子捕食者(seed predator)という．

b **偽受精** [false fertilization] 卵に精子が侵入するにもかかわらず，精核が卵核と合一するにいたらないまま退化し，しかも以後の発生が卵核だけの関与によって進行する現象．*雌性発生を受精の面から見た術語．ただし*中心体は精子に由来し，それが機能をもつと考えられる．天然には線虫のRhabditisの類で知られている．また魚類でもいくつかの例が知られており，例えば日本全土に分布するギンブナにおいて，特に関東地方などでは雄がまったく見られず，全個体が雌のところがある．これはキンブナあるいはニゴロブナなどの近縁種の精子によって，ギンブナの卵が雌性発生するためである．実験的には，ウニの卵を軟体動物の精子で受精させるなどの異類間受精，あるいはウニやカエルであらかじめX線やラジウムによる照射や低温処理などをした精子による受精なども偽受精という．

c **偽受精生殖** [pseudomixis] *配偶子以外の細胞の核同士が融合して倍数染色体をもつ核となり，その細胞が分裂して胞子植物体を生ずること．シダ類のLastrea pseudomas var. polydactylaでまれに見られる．

d **基準培養菌株** [type culture strain] 《同》基準株(type strain)．ある細菌が学名や分類上の位置づけを伴って記載・発表された場合，その有効性と分類上の基準とするために保存された菌株．動植物分類の場合の*タイプ標本に相当．細菌などの分類・同定に際しては，生理学的・生化学的特性が重視されるが，これらの特性を知るには純粋分離された菌細胞が必要である．したがって分類の基準となる菌株も，純粋分離され，生きた(分裂可能な)状態で保存されていなければならない．基準培養菌株のうち原記載者(author)が実際に分離し，または用いた菌株から栄養増殖により得られ，保存されたものを正基準(holotype)の培養菌株と呼ぶ．また原記載者が複数の菌株を用いており，後の研究者がその中の一つを最も適正なものとして選択した場合には選定基準(lectotype)，原記載者が用いた菌株が消失してしまったときに，後の研究者が新たな菌株につき検討・記載して国際的に正基準に代わるものとして認められたものを新基準(neotype)の培養菌株と呼ぶ．最も多用される保存方法は凍結乾燥法である．基準培養菌株は菌株保存機関(culture collection)で保存される．

e **鰭条**(きじょう) [fin ray] 魚類の*鰭の支持物として，担鰭骨から鰭の外縁に向かって放射状ないし平行に走る細線状の構造．軟骨魚類では角質からなり分節がない(角質鰭条 ceratotrichia)．硬骨魚類では骨質からなり細かく分節する(鱗状鰭条 lepidotrichia)．鱗状鰭条は軟条(soft ray)と棘(spine)に分けられ，軟条は分節のある左右1対の鰭条が癒合した状態にあり，多くの場合先端は癒合しないまま2条に分岐している．棘は軟条よりもいっそう骨化が進んだもので，左右の接合分節が認められない．鰭条の数は魚類の分類に際して重要な指標であり，記載には鰭式が用いられる．

f **擬傷** [broken wing ruse] 多くの，特に地上に営巣する鳥に見られる，傷ついたようなしぐさを見せる行動．行為者自身に害が及ぶことは少なく，捕食者を操作していると考えられる．はぐらかし行動(distraction 独Verleiten)の一種．巣がキツネなどの地上性捕食者に襲われると，親鳥は巣から出，あたかも傷ついたようなしぐさで巣から遠ざかっていく．捕食者はこの行動に注意をひきつけられ，親鳥を追う．捕食者が十分遠くまでおびき出されると，親鳥は突如として舞い上がり，巣へ戻る．

g **稀少種** [rare species] 野生状態での生息個体数が特に少ない生物種．稀少の内容としては，生息地が限られる場合(特定の島にしか生息しないなど)，生息環境が限られる場合(蛇紋岩地帯だけに生息するなど)，生息地での個体密度が小さい場合，およびこれらの組合せがある．本来の自然状態でも個体数が少ない種のほか，人為による生息環境の改変や狩猟・採集，*外来種の侵入などによって稀少となってしまった種も多い．また，生息個体数が著しく減少しており，近い将来に絶滅が危惧される種を特に*絶滅危惧種と呼ぶ．

h **奇静脈** [azygos vein ラ vena azygos] 哺乳類の静脈系の発生において，上主静脈と下主静脈の残存(吻方部)に由来する静脈の総称．上主静脈は，発生途上で後主静脈系の機能が下主静脈に由来する後大静脈へ移行する際，後主静脈の消失にともない，一時的に形成されるもの．ヒトの奇静脈は，通常その右側のものをいい，退化の著しい左側の半奇静脈(vena hemiazygos)と区別する．

a **キシラナーゼ** [xylanase] ペントサンの一種である*キシランを加水分解して*キシロースおよびそのオリゴ糖を生成する反応を触媒する酵素．EC3.2.1.32．分解は完全には行われない．バイオマス資化性を示すカビ，キノコ，細菌などの培養液から，セルラーゼとともに単離される．キシランは植物細胞壁に存在するヘミセルロースの主要成分であり，キシラナーゼはセルラーゼとともにバイオマス分解に重要な酵素である．

b **キシラン** [xylan] *キシロースを主要構成糖とする多糖の総称．イネ科植物および広葉樹中に*ヘミセルロースとして存在．これらの多くはβ-1,4結合のD-キシロピラノース残基の鎖を主成分とする．しかし，β-1,3結合を含むもの(紅藻類 Rhodymenia palmata のキシラン)や，L-アラビノース残基，4-O-メチル-D-グルクロン酸残基を側鎖として結合しているものもある．

c **キシルロース** [xylulose] ケトペントースの一種．L-キシルロースはペントース尿症の尿中に排出される．生体内ではL型とD型のキシルロースとはキシリトールへの還元とそれにつづく再酸化によって相互変換する．D-キシルロースはATPと反応してD-キシルロース-5-リン酸となり*ペントースリン酸回路に入る．またグルコースからはグルコン酸-6-リン酸→D-リブロース-5-リン酸を経てD-キシルロース-5-リン酸が生成され，したがって解糖の別経路であるペントースリン酸回路の重要な代謝中間体となっている．

```
CH₂OH
C=O
H-C-H
HO-C-H
CH₂OH
L-キシルロース
```

d **キシログルカン** [xyloglucan] *セルロースと同一のβ-1,4結合したグルコース残基からなる主鎖の一部に*キシロースがα-1,6結合した基本構造をもつ多糖．キシロースの一部には*ガラクトースが結合し，さらにその先に*フコースが結合した三糖の側鎖も存在する．真正双子葉類植物の一次細胞壁の主要な*ヘミセルロース多糖で，単子葉植物にも存在するが，後者は量的にも少なくフコースを含む側鎖をもたないなどの差異がある．水素結合によりセルロースと強固に結合し，その一部はセルロース-ミクロフィブリル間を架橋する．*オーキシンによる伸長成長が起こる際に，キシログルカンの部分的な分解が起こって細胞壁の力学的性質が変化するといわれ，キシログルカンに特異的なエンドβ-1,4-グルカナーゼやキシログルカン鎖のつなぎ換えを触媒する酵素が見出される．キシログルカンの特定の断片は，オーキシン様の伸長促進効果や逆にオーキシン阻害作用などの活性を示すことが報告されている．

e **キシロース** [xylose] Xyl と略記．$C_5H_{10}O_5$ *ペントースの一種．D-キシロースは多糖成分として，植物界を中心に広く分布．トウモロコシの穂軸・藁・綿実の外皮にも含まれる．動物結合組織の*プロテオグリカンでは，D-キシロースがポリペプチドのセリン残基と結合して，多糖と蛋白質との架橋構造を形成している．細菌の中にはD-キシロースを炭素源として利用できるものがある．動物ではヒツジがほとんど完全にこの糖を利用できるが，一方，ブタは70%程度しか利用できない．ラットに与えると白内障を起こす．腸管壁からの吸収速度はD-グルコースと比べてかなり遅い．グルコースからD-グルコース-6-リン酸→D-グル

α-D-キシロース
(ピラノース型)

コース-1-リン酸→UDP-D-グルコース→UDP-D-グルクロン酸→UDP-D-キシロースの経路で生合成され，この糖ヌクレオチドを基質として，多糖にキシロース残基が転移導入される．

f **キシロース異性化酵素** [xylose isomerase] D-*キシロース(アルドペントース)とD-*キシルロース(ケトペントース)の相互変換を触媒する酵素．EC5.3.1.5．主としてキシロース添加培地で生育した微生物(例: Lactobacillus brevis, Candida utilis)から見出されている．D-キシロース以外にD-グルコースにも作用しD-フルクトースを与える．この反応を利用して，異性化糖(high-fructose corn syrup, HFCS)が甘味料として工業的に生産されている．

g **擬人主義** [anthropomorphism] 動物に多かれ少なかれ人間と同質的な心的活動のあることを仮定して，人間の心的活動からの類推によって動物の活動を理解・説明しようとする立場．逸話主義なども一種の擬人主義といえる．動物行動の研究にあたって，進化的な理解の不足から擬人主義的な解釈が生まれることが多い．しかし，霊長類などヒトに近い動物の行動研究においては，かれらを人間とは全く異質なものとみなすことはむしろ不自然である．

h **キース** KEITH, Arthur 1866～1955 イギリスの人類学者．アバディーンおよびロンドン，ライプツィヒの各大学で医学を修めた．化石人類の研究に功がありダーウィニストとして知られるが，ピルトダウン化石をC. Dawson とともに捏造した張本人だと見られている．競争観のいきすぎや人種観の不安定性を指摘されるなど，批判を招く見解もあった．［主著］ The antiquity of man, 1915, 2版 1925.

i **傷上皮** [wound epidermis] *創傷後，傷口を覆う上皮．魚類や両生類など器官再生能の高い脊椎動物では，創傷後速やかに傷周辺の上皮細胞が遊走して傷口を覆う．両生類では真皮の裏打ちがない．器官再生過程では傷上皮は傷口を覆うと増殖を開始し，肥厚・多層化して*再生芽の形成と維持に作用する apical epidermal cap (AEC)と呼ばれる特別な機能をもった構造に分化する．一方，器官再生能の低い哺乳類では創傷後まずは*肉芽組織が形成され，上皮はその後に傷口を完全に覆うが，AECも形成されない．傷上皮は扁平動物や節足動物などの旧口動物も含め動物界で広く観察され，創傷治癒や器官再生の過程で機能すると考えられる．

j **傷物質** [wound substance] 《同》創傷物質．アベナ*子葉鞘を切頭するときに生ずるとされた成長抑制物質．P. Stark (1921) の命名．無傷の対照に比較してその成長は非常に低下し，約40%にすぎない．また子葉鞘の一側面だけに傷をつけると傷をつけた側に屈曲する傷屈性(屈傷性 traumatotropism)を示す．しかし，実際には傷屈性の原因は先端から分泌される成長促進物質が切頭したときに取り除かれることにあることが，数年後 N. Cholodny と F. W. Went によって明らかにされた．

k **キスペプチン** [kisspeptin] 《同》メタスチン(metastin)．ヒトの胎盤から発見されたペプチドで，54アミノ酸からなる．受容体は G 蛋白質共役型(⇒ロドプシンファミリー)のGPR54．キスペプチンの投与によって*黄体形成ホルモン(LH)および*濾胞刺激ホルモンの分泌が強く促進される．キスペプチンあるいはGPR54のノックアウトマウスでは性成熟が起こらないことと，

GPR54 が*GnRH ニューロンに発現することから，GnRH 分泌の上流に位置すると考えられる．さらに，GnRH の分泌制御に関わる視床下部弓状核 (ARC, arcuate nucleus) と前腹側室周囲核 (AVPV) にキスペプチンが発現していること，GnRH ニューロンの活動によってもたらされる*LH サージには卵巣エストロゲンの脳へのフィードバックが必要であることなどから，キスペプチンは卵巣における*エストロゲン合成量を GnRH ニューロンへフィードバックする経路の一部を構成すると考えられている．

a **傷ホルモン** [wound hormone] 《同》癒傷ホルモン，傷害ホルモン，創傷ホルモン，トラウマチン(植物の場合). [1] 植物および動物において，一群の細胞を破壊するときに分泌されて他の細胞の成長や増殖をうながすと考えられるホルモン性の物質．死んだ細胞に由来して他の細胞に有糸分裂を誘起すると考えられる物質を一般にネクロホルモン (necrohormone) と呼ぶが，傷ホルモンはその範疇に含まれる．植物における傷ホルモンの存在は J. Wiesner (1892) が提唱し，のちに拡散性の物質であることが証明された．組織に傷を与えて生ずる，細胞分裂を支配する物質には2種類あり，組織の傷口からくる傷ホルモンと，主として篩部組織から移動してくるレプトホルモン (lepto-hormone) がそれであるという．現在では傷ホルモンはどの植物組織の場合でも決して単一の化学物質ではなく，傷害反応の結果，*オーキシン，*ジベレリンや*エチレンなどの植物ホルモンの合成が盛んになったり，死あるいは傷害による既存の物質の分解などで，傷ホルモン的な作用をもつ多種類の物質が生じるものと考えられている．これまでインゲン果実からトラウマチン酸が傷ホルモンとして単離されたが，その生理作用には疑問がもたれている．植物体の一部に傷をつけたときに無傷の他の部分にも速やかにプロテアーゼインヒビターが合成される．トマトなどのナス科植物においては，この全身的な(システミックな)傷害反応の情報伝達には，ペプチド性シグナルであるシステミンとその下流で働く*ジャスモン酸類が関与することが示されている．[2] 動物で，眼のレンズ上皮細胞に傷をつけるとその周辺の無傷の細胞で DNA 合成が誘起されたり，組織培養に際して一定時間後に増殖がとまったときに培養片に繰り返し傷をつけると再び成長を始める現象にみられ，それを制御していると考えられているホルモン様の物質をいう．

b **寄生** [parasitism] 一般にはそれによって寄生者が利益を受ける*片利共生の一形態．*操作や*間接効果を含め*寄主-寄生者相互作用の観点から生態学的な研究が行われるほか，古くから寄生虫学や植物病理学など応用的な研究の対象とされる．主として栄養的な面の利害が注目されるが，寄生者が寄主の体内または体表を*生息地とするという，空間的関係に重点を置いて定義されることも少なくない．また，昆虫に寄生する寄生バチや寄生バエのように，一定の発育を終えた後，寄主を食いつくして то死にいたらせるタイプの寄生者もあり，このようなタイプの寄生者は，特に捕食寄生者 (parasitoid) または擬寄生者として区別し，*被食者-捕食者相互作用の観点から論じられる．寄生は植物間，動物間，動植物相互間のいずれにもみられ，寄生部位から，寄主体内に侵入して生活する内部寄生 (endoparasitism) と，寄主体表に付着して生活する外部寄生 (ectoparasitism) とに大別される．消化管内部は厳密には体内ではないが，ここに寄生するものも慣例的に内部寄生とする．また，寄生の起こるステージにおいて，寄主を離れて生活することが全く不可能な場合を*絶対寄生，寄生生活・自由生活のいずれも可能な場合を*条件的寄生という．全*生活史を寄生生活でおくるもののうち，同一寄主に寄生する場合を定留寄生 (stationary parasitism, adj. monoxenous, autoecism, adj. autoxenous)，発育途中で2種以上の寄主を必要とするものを異種寄生 (heteroecism, adj. heteroxenous) といい，後者の場合寄主をかえる場合を寄主転換(宿主転換・宿主変更 host alternation) という．また生活史のある時期だけに寄生生活をおくる一時的寄生 (temporary parasitism) については，幼期だけ寄生するもの (xenosite)，成体期だけ寄生するもの (notosite)，寄生期の不定なもの (planosite) などに類別する．また種子植物における寄生では，栄養などを完全に寄主に依存する場合を全寄生 (holoparasitism)，葉緑素をもちながら寄生する場合を半寄生 (hemiparasitism) と呼んで区別することもある．なお寄生は，生きている生物間の関係であるが，*腐生を死物寄生の名で呼ぶ場合もあり，この場合は寄生を特に活物寄生という．

c **寄生去勢** [parasitic castration] 寄生によって宿主の性形質に変化が生じること．A. M. Giard (1866～1888) の命名．特にフクロムシ (Sacculina) の寄生を受けた各種の雄のカニで，二次性徴ばかりでなく生殖腺までも雌性化する事実が顕著で古くから注目された．カニやヤドカリなどに蔓脚類のフクロムシ類が寄生したときにみられるサックリナ去勢 (sacculinization)，カニやヤドカリなどに等脚類のヤドリムシ類が寄生したときにみられるエピカリダ去勢 (epicaridization)，ハチなどにネジレバネ類が寄生したときにみられるスチロプス去勢 (stylopization) などが知られている．寄生虫が宿主の生殖腺を害し去勢状態をつくり出すため性徴に変化が生ずるとの考えからこの名がつけられたが，その後必ずしも生殖腺が侵されているわけではないことがわかった．最近では寄生によって甲殻類の雄にある造雄腺の発達が抑えられ，造雄腺ホルモンの分泌障害が起こり，それが原因となって雌化の起こることが説明できるようになった．なお昆虫類でも寄生虫によって性徴変化の起こる例が知られ，これらを広く寄生去勢と呼ぶこともある．(→性転換)

d **寄生根** [parasitic root] 《同》吸根．寄生植物に見られる，宿主から栄養を得る特殊な根．宿主の組織内に穿入して，木部や篩部など通道組織に接続する．ヤドリギやギンリョウソウでは主根自身が寄生根となるが，ネナシカズラでは種子発芽後まもなく主根が萎縮・消滅してしまい，茎から*不定根を生じて宿主へ穿入させる．ヤドリギの寄生根のように根冠を分化しないものもある．

e **寄生植物** [parasitic plant] 寄生生活を営む植物の総称で，特に寄生生活に適応した特別な分化のみられる維管束植物．広義には*菌根や*菌癭などを形成する微生物をも含むことがある．栄養摂取の様式や器官退化の程度は種によって多様であるが，次のように大別できる．(1) 半寄生 (hemiparasitism, 緑色半寄生)：クロロフィルをもち光合成を行うが寄生的栄養摂取をも行う場合で，一般に自らの根はあまり発達しないので寄生しないときは成長が著しく悪い．ツクバネ(他の木の根)，カナビキソウ(他の草の根)，ママコナ(ハシバミの根)，コゴメグ

サ(イネ科の根),ヤドリギ(エノキ,クリ,サクラ,ブナなどの枝)など. (2)全寄生(holoparasitism):クロロフィルを形成せず,栄養などを完全に依存する寄生を行うもの.芽生えのときに根を失い葉を全く出さず蔓状の茎から呼吸根を出して宿主の篩部から栄養をとるネナシカズラや,吸着根と花茎だけに退化したハマウツボ(カワラヨモギの根),ツチトリモチ(ハイノキの根),ヤッコソウ(シイノキの根),ナンバンギセル(ススキやミョウガの根)など.寄生の度合が進んだスマトラ産のラフレシア(*Rafflesia arnoldii*)の栄養体は,宿主の組織内に存在する僅かな細胞群にすぎないが,直径が1mに及ぶ巨大な花を咲かせる.なお菌従属栄養植物は,以前は死物寄生をしていると誤認されてきたが,現在は菌寄生生活をしていることが判明している(⇌腐生).寄生植物は,宿主特異性が強いことが多い.(⇌寄生)

a **寄生虫** [parasite] 寄生動物のうち,特にヒトや有用動物を寄主とし何らかの被害を与えるものの総称.原生生物,線形動物,扁形動物,節足動物に属するものが多く,寄生虫学では慣習的に原生生物を原虫類,線形動物と扁形動物(いわゆる吸虫・条虫)を蠕虫類と呼び,内部寄生虫にはこれらに重要種が多く含まれる.また外部寄生虫にはいわゆる吸血動物が多く,寄生虫学では一時的に動物の体表にとまって吸血するカやブユ,ダニなども便宜的にこれに含めている.寄生虫には種によって固有の生活環があり,生活環の時相により寄生する宿主や寄生部位が異なる.幼生と成体で宿主が異なる場合,幼生の宿主を中間宿主(intermediate host),成体の宿主を終宿主(final host)という.終宿主と末端宿主(terminal host)は別名であり,末端宿主は感染経路の末端に位置し,感染源とはならない宿主のことをいう.ヒトは中間宿主にも終宿主にもなり得る.人体内での寄生部位は寄生虫種ごとにある程度決まっており,寄生虫が人体に摂取されると複雑なコースをたどり特定の寄生部位に移行する.これを体内移行(migration)という.寄生部位に定着している成体と比較して,幼虫の活動性は高いことがあり,これは病原性にも関連する.例えば,ヒトを中間宿主とするエキノコックス条虫類の幼虫が,ヒトの内臓器官に移行すると*包虫と呼ばれる嚢胞を形成し,包虫症(hydatid disease,エキノコックス症)を起こす.特に,多包虫による包虫症は,臓器内での発育が早く浸潤も顕著であるため悪性度が高い.また,フィラリア類に属する線虫の成虫は,循環器系に寄生しほとんど移動しないが,孵化直後の幼虫すなわち*ミクロフィラリアは活発な運動力をもち,しばしば末梢血から検出される.バンクロフト糸状虫は,毎日夜間に末梢血に出現し,日中はあまり検出されないという特徴をもつ.このようにミクロフィラリアが宿主体において,毎日一定時刻に限り末梢血中に移動する現象を定期出現性(turnus)という.ヒトを固有宿主としない寄生蠕虫類の卵や幼虫が,たまたまヒトに侵入した場合,固有宿主の場合とは異なる移行経路で,長期にわたって移行あるいは迷入することがある.これを幼虫移行現象と呼び,それによって起こる諸症状を一括して幼虫移行症(larva migrans)という.

b **寄生虫学** [parasitology] 寄生動物およびその宿主との関係を対象とする科学.人体寄生虫学・家畜寄生虫学などに分けられる.宿主の病態を主な対象とする場合には,寄生虫病学といわれる.なお,医動物学(medical zoology)の語は,医学領域における広義の寄生虫学と同義に用いられてきた.また,純生物学的に寄生現象の解明を目的として発達した寄生生物学もある.(⇌寄生虫)

c **寄生虫除去動物** [defaunated animal] 寄生または共生している小動物だけを薬物投与など人為的な手段によって除去し,これらの動物のいない状態にした動物体.バクテリアやカビなどの微生物は共存してもよい.また,隔離などによって寄生動物(共生動物)の侵入・感染を防いで作られた動物体は無寄生動物(unfaunated animal)と呼んで区別する.なお,指定された病原微生物や寄生虫を子宮切断術や胚移植術などによって除去することをSPF(specific pathogen free)化という(⇌SPF動物).

d **寄生動物** [animal parasite, zooparasite] *寄生生活を送る動物の総称.その寄生部位によって内部寄生者(endoparasite)と外部寄生者(ectoparasite)に分けられる.内部寄生動物には,原生生物,扁形動物,線形動物などに属するものが多い.一般に寄生性の動物は,宿主に固着するための鉤や吸器などをそなえる一方,運動器官や感覚器官は退化し,消化器官が単純化あるいは消失している.生殖器官は極めてよく発達し,体内の大きな部分を占め,多産である.また発育の途中でいくつかの宿主(中間宿主)を必要とするものでは,それぞれの体内で著しい変態や幼生生殖が営まれる.原生生物では,一般にその体構造は単純であるが増殖力は大きい.寄生性原生生物にみられる特殊な現象に嚢子(シスト cyst)の形成がある.これは,体の周囲に比較的丈夫な膜をかぶり,宿主体外に排出されても比較的長く生存できる.この状態になったものは抵抗型または感染型とも呼ばれるが,これがひとたび宿主体内に入り好環境に恵まれると,栄養型(trophozoite)となって再び増殖を続ける.外部寄生動物には,節足動物が多く含まれる.(⇌寄生虫,⇌寄生-寄生者相互作用)

e **寄生雄** [parasitic male] 同一種の雌の体表または体内に寄生する雄.それらは一般に*矮雄である.環形動物コムシ類のボネリムシでは雌は体長20mmであるのに,雄はわずかに1mm位で,消化管は退化し,雌の食道内に寄生する.蔓脚類は一般に雌雄同体であるが,ケハダエボシは例外的に雌雄異体で,雌は体長約15mm,雄は2mm以下で,雄の外套膜の底部に寄生する.寄生性のカイアシ類(ホタテエラカザリなど)および等脚類(ヤドリムシ類)にも同様な例が見られる.魚類にも例があり,ビワアンコウの雌は体長1.2mに達するが,雄はわずかに10cm程度で,自由遊泳期を経て雌の体表に吸着して寄生生活に入り,その後雌の体に完全に融着する.この雄は呼吸・消化器系が退化し,精巣だけが発達していて,雌の体とのあいだには血管の連絡がある.淡水藻のサヤミドロでみられる雌性個体に付着する小型雄性個体も寄生雄と呼べる.(⇌補助雄)

f **基節** [basipodite] [1] 一般には節足動物の*関節肢の第二肢節.*底節に続く.二枝型付属肢の場合には末端に内枝と外枝または内枝だけを関節させる.底節と合わせて原節と呼ぶ(⇌脚基). [2] 《同》底節(coxa, coxopodite).昆虫の関節肢の第一肢節すなわち底節.また,甲殻類などの基節に相当する昆虫の肢節は第一転節と呼ばれ,坐節の変じた第二転節とともに*転節を形成する.

a **季節移動** [seasonal migration] 季節の推移に伴って毎年繰り返される*移動. *生息地条件の不適化や, 生息地に対する要求の変化と関連して起こる. 鳥類の*渡りのような同一個体による季節的な回帰移動, アブラムシ類(aphids)のような異なる世代で2種類の生息環境間を往復する移動などのほか, 特定の季節に一方向への移動がみられるにすぎないものもある. 鳥類の渡りや昆虫の越冬・越夏のための移動の場合には, 日長などの信号刺激に反応してあらかじめ個体の生理状態が変化し, その後に移動が起こることが知られる.

b **季節変異** [seasonal variation] 生物の形態や色彩, 個体群密度が, 季節に応じて示す変異. 例えば, サカハチチョウやナミアゲハのように, 春と夏に出現する成虫の間には, 翅の色彩・模様・大きさなどに関して明確な差が見られ, そのように表現型の異なるものを季節型(seasonal form)と呼ぶ. このような表現型の差を作り出す至近要因として, 休眠に深く関与する幼虫期の日長や温度などが知られている. 個体群密度の変異はプランクトンや底生生物でみられる.

c **偽絶滅** [pseudoextinction] 化石資料において, 種を形態によって区別するために生じる, 見かけ上の絶滅. 化石記録に認められる絶滅は, 必ずしもある進化系列の真の絶滅を意味するとは限らない. 例えばある集団が進化の過程で異なる時種として区別される段階まで形態を変化させたとき, 古生物学的には一つの種が生まれ一つの種が滅んだことになる. しかしこの場合, 集団が絶滅したわけではなく, その形態を別の形態へと移行させたにすぎない.

d **キセニア** [xenia] 母系の組織である*胚乳に, ただちに雄親(花粉)の形質が現れる現象. 元来は種子や果実の形質に花粉の影響が現れる現象に対して W.O. Focke(1881)が命名したが, 今日では胚乳以外の母系の組織に現れる場合は, *メタキセニアとして区別される. トウモロコシの黄色胚乳系(YY)の花粉を白色胚乳系(yy)の雌ずいに与えると, 生ずる種子の胚乳が黄色となるのはこの典型例. 発見当時は不可解な現象とされていたが, S.G. Nawaschin(1898)が*重複受精を発見し, 解明された. すなわち胚の遺伝子型は Yy, 胚乳は Yyy となり, 黄色が現れる.

e **偽繊毛** [pseudocilium] 《同》偽鞭毛 (pseudoflagellum). 不動性の細胞がもつ非運動性の鞭毛. 一般に中心微小管対を欠き, 細胞本体と共に細胞外被で覆われることもある. *灰色植物の *Gloeochaete*, *緑色藻の *Tetraspora*, *Chaetosphaeridium* などに見られる.

f **季相** [aspect, seasonal aspect] 《同》季節相, 季節遷移 (seasonal succession). 季節による植物群落の組成変化や, これに伴う相観の変化. 例えばオギを主とする低地草原では, 早春の主な植物相はサクラソウやノウルシであるが, 夏にはオギにかわり, ときには, 夏から秋にかけてつる植物でオギが覆われる. このような変遷はプランクトンにも見られ, 一般に早春には珪藻類が多いが, 初夏には緑藻類あるいはシアノバクテリア類が増加をはじめて夏に*優占種となる. 秋になるとこれらは減少し, ふたたび珪藻類の増加を見る. この変化は, 光・温度・塩類条件の季節的変化による. 遷移が進行的にせよ退行的にせよ不可逆的な変化であるのに対し, 季相は年々繰り返される. しかし, このように繰り返しながら, 不可逆的な遷移が同時に進む.

g **偽側糸** [pseudoparaphysis] 子嚢菌類のうち小房子嚢菌類の子嚢室 (ascoloculē) において子嚢間にある菌糸の一種. 側糸とは構造も起源も異なり, 子嚢子座組織の菌糸が子嚢室上部から下方へ伸びて腔室の底部に達し, やや太くて分枝し, ときに粘質化して融合することがある. またときには子嚢が成熟すると不明瞭になることもある.

h **基礎体温** [basal body temperature] BBT と略記. ヒトにおける基礎代謝下の体温. 通常はその近似値として早朝起床前の安静状態下の口腔内温度をこれにあてる. 女性では月経周期に伴って基礎体温は変動し, 生理的量の*黄体ホルモンが分泌されている状態では平均 0.3°C 高い. したがって, 基礎体温を継続的に測定することにより排卵期を知ることができる.

i **基礎代謝** [basal metabolism] BM と略記. 生体が生命を維持するのに要する最小のエネルギー消費量. 筋肉運動, 精神活動, 消化, 体温調節などに基因する余分のエネルギー消費 (機能性消費) を除外するため, 絶対安静を保たせた被検個体で, 絶食下 (ヒトでは摂食後 12〜18 時間), 体温調節のためにエネルギーを消費しない温度において, その1日当たりのエネルギー消費量を基礎代謝率 (basal metabolic rate, BMR) とする. 成人の基礎代謝率は, 日本人 1200〜1400 kcal/day, 欧米人 1500〜2000 kcal/day とされているが, これらは日常の生活様式その他が関係し, 絶対的なものではない. 基礎代謝率には, 心臓や呼吸筋, 消化管や血管の平滑筋などの力学的仕事や, 肝臓や腎臓などの分泌活動に基づく機能性消費が不可避的に含まれ, 個々の細胞の生活過程による真の基本消費は, その 3/4 程度とされる. 同一環境下の同一種恒温動物では基礎代謝率は体表面積に比例するといわれる (→体表面積の法則). ヒトの体表面積 $S(cm^2)$ は体重 $W(kg)$ と身長 $H(cm)$ とから各種の実験式を用いて算定され, Dubois(1915) の式: $S=W^{0.425} \times H^{0.725} \times 71.84$ が最も広く採用される. 日本人では係数を ♀ 72.46, ♂ 74.49 とするのが適当だという. もちろんこの単位体表面積当たりの基礎代謝率も, 年齢, 性, 1日のうちの時刻, 季節, 栄養, 体質, 薬剤投与, 病的状態などにより変動を示す. ヒトでは誕生時に最小で, ただちに急増して5歳で最大値に達し, 以後は漸減して 20〜40 歳はだいたい定常値 (上記) を保つ. そのあとは老化に伴いわたかに緩やかな下降をたどる. 成人女子の値は男子に比べ5〜7%低く, これは体内の脂肪組織の比率が高いためとされる. 基礎代謝率は実測値と標準値 (年齢や性に応じた) の差の標準値に対する百分率値 (+:代謝上昇, -:代謝低下) で示し, 甲状腺機能の検査などの臨床で利用されることが多い.

j **擬態** [mimicry, mimesis] 動物の体やその一部の色彩あるいは形態が他のものに似ること. これには, 互いに逆の効果をもつ二つの場合が考えられる. (1) *隠蔽的擬態(模倣): シャクトリムシが小枝に似るなどのように目立たなくなる場合. (2) *標識的擬態(狭義の擬態): 無害なアブがハチに似た目立つ色彩をもつなどのように捕食者などをあざむくと考えられる場合. 似せようとする側を擬態者(mimic), 似せる対象をモデル(model)という. モデルは他種の動植物や無生物体のことが多いが, 同種の場合には種内擬態(intraspecific mimicry), 自分の体の他の部分の場合には自己擬態(automimicry)という. 種内擬態の例としては魚などが知ら

れている．口内哺育する魚の中には，雄の腹鰭に自種の卵とそっくりの模様をもつものがあり，雄はそれを波打たせることで雌の産卵を促す．この場合は自種の卵をモデルとして体の一部でそれを擬態し，信号受信者である雌をだましている．また他の魚では，なわばりをもてない雄が雌と似た姿をもつことによって他の雄のなわばりに潜り，繁殖に加わろうとする行動が知られる（⇨サテライト）が，この場合には特に雌擬態（female mimicry）という．自己擬態の例としては，自分の外部生殖器とその周辺に極めてよく似た顔をもつマンドリルが知られ，その顔を他個体に示すことによって，外部生殖器を示したのと同じ威嚇効果を得ている．

a **擬体腔** [pseudocoel]《同》偽体腔．割腔（胞胚腔）がそのまま残存し，動物の表皮と消化管上皮との間に形成される空所．表皮は中胚葉層で裏打ちされるが，消化管側ではこれを欠くため消化管上皮の基底膜が直に擬体腔と接するのが通例．（⇨擬体腔動物，⇨真体腔）

b **擬体腔動物** [pseudocoelomates ラ Pseudocoelomata, Pseudocoela]《同》偽体腔動物．擬体腔をもつ後生動物の総称．広義の線形動物・輪形動物をはじめ，かつて袋形動物としてまとめられた群をほぼ含む．分子系統解析の結果，擬体腔動物は単系統群をなさないことが判明している．

c **期待効用理論** [expected utility theory] 不確実性が存在する状況下での意思決定を記述する理論．意思決定理論（decision making theory）の一つ．もとは経済学などの社会科学で成立し心理学で用いられたが，動物行動学でも実証的研究をともなって重要な概念となっている．起こりうる結果 A に対し，行動主体が考える結果 A の好ましさを数値的に表現したものを効用（utility）と呼び，$u(A)$ などと書く．合理的（rational）な意思決定はこの効用を最大化すべく行われるが，くじ引きのように複数の結果が確率的に生じる場合には，くじ自体をどう評価するかという問題が残る．そこで期待効用理論では，「n 通りの異なる結果 A_1 から A_n がそれぞれ確率 p_1 から p_n で起こるような不確実な選択肢」の効用は

$$p_1 u(A_1) + \cdots + p_n u(A_n)$$

であると考え，不確実性下での合理的な意思決定とは，上の式で与えられるような期待効用の最大化であると考える．例えば，確実に 5 万円がもらえる選択肢と，コイン投げで表が出たら 10 万円がもらえるが裏が出たら何ももらえない選択肢を比較する．前者の期待効用は $u(5)$ であり，後者の期待効用は $\{u(10) + u(0)\}/2$ であるから，どちらが合理的な選択であるかは関数 u の凹凸に依存する．手に入る餌の量が不確実で変動するものよりも，平均的に低下しても確実に手に入るものを選択する傾向はリスク回避と呼ばれ，逆に餌の収量の変動の大きい方を好む傾向はリスク愛好と呼ばれる．これらは $u(A)$ の関数の凹凸によって表現できる．これらが同じホシムクドリを用いた実験でも空腹の度合によってリスク回避とリスク愛好が切り替わることが知られている．期待効用理論を修正した理論の一つにプロスペクト理論（prospect theory）がある．

d **偽対立遺伝子** [pseudoalleles] よく似た作用をもち，しかも隣接した遺伝子座を占める非対立遺伝子．密接に*連鎖しているために交叉が起こりにくく，通常の規模の遺伝子の対立性の検定（allelism test）では*対立遺伝子と見誤られたため，この名が与えられた．偽対立遺伝子と呼ばれているものでも，シス-トランス位置効果による*相補性検定などで機能的に同一の遺伝子であることが判明した場合には，突然変異部位の異なる対立遺伝子と呼ぶべきである．

e **北里柴三郎**（きたさとしばさぶろう）1853～1931 細菌学者．R. Koch に師事し，帰国後，伝染病研究所を創立して所長となった．のちに北里研究所を設立．慶應義塾大学医学部，日本医師会の創立にもかかわった．破傷風菌の発見（1889）に次いで，E. A. von Behring と共同でジフテリアおよび破傷風抗毒素血清を発見（1890）．血清学（今日の免疫化学）の誕生をもたらした．門下に志賀潔らがいる．

f **キチナーゼ** [chitinase] キチン（β-1,4-ポリ-N-アセチルグルコサミン）を加水分解して N-アセチルグルコサミン（GlcNAc）とオリゴ糖を生成する反応を触媒する酵素．EC3.2.1.14．P. Karrer, A. Hofmann (1929) がカタツムリ（*Helix pomatia*）の中腸腺分泌液から発見．節足動物，軟体動物，植物，真菌，細菌から見出されている．節足動物では脱皮液に含まれ古いクチクラの消化に，植物では真菌や細菌に対する感染防御に用いられている．細菌には本酵素によりキチンを炭素源とするものがある．

g **気中菌糸** [aerial hypha]《同》気生菌糸，気菌糸．基質から空気中に伸びて出た菌糸．菌類の菌糸は多くは基質上を這うか，基質内に潜入して伸長するが，胞子形成などの際に気中菌糸を生じる．水生の菌類でも条件によっては見られることがある．

h **偽柱軸** [pseudocolumella]《同》擬軸柱．[1] 変形菌類モジホコリ科（Physaraceae）の胞子嚢中央にある柱軸状の石灰質の結節で，*石灰節が寄り集まって外観的に柱状となったもの．同じモジホコリ属（*Physarum*）でも *Physarum penetrale* には真正の*柱軸があるが，*P. nucleatum* は偽柱軸をもつ．[2] 担子菌類のヒメツチグリ属（*Geastrum*）の子実体基部の不稔部分．子実体基部の外皮と内皮の間に生じ，グレバと内皮をもち上げる．

i **気中微生物** [airborn microorganism, bioaerosol]《同》バイオエアロゾル．空気中に浮遊して存在する微生物の総称．比較的乾燥や紫外線に抵抗性がある種類が多い．例えば，塵などに付着して地上から舞い上がったグラム陽性好気性球菌（ミクロコックスやスタフィロコックス属など），芽胞形成性好気性桿菌（*バチルス属細菌），*Torula* などの野生酵母，アオカビなどの糸状菌の胞子などが見出され，藻類もおそらく存在すると考えられる．空気の殺菌には紫外線照射や消毒液の噴霧，あるいは細菌を通過させないような小穴をもつフィルターによる濾過が有効である．

j **キチン** [chitin] 節足動物や軟体動物の外殻物質，菌類や細菌の細胞壁物質として存在する*グリコサミノグリカンの一種．構造はポリ-β-1,4-N-アセチルグルコサミン．精製すると白色の粉末として得られるが，水，有機溶媒，弱酸，弱アルカリに不溶．濃塩酸，硝酸，硫酸に溶ける．強アルカリによってキトサン（chitosan，ポリ-β-1,4-グルコサミン）と酢酸に分解し，キトサン

はさらに濃塩酸により*グルコサミンと酢酸に加水分解される．なお，キトサンは各種誘導体の出発物質として，またイオン交換体，重金属や核酸などの除去剤などとして用いられる．

a **拮抗筋と共力筋** [antagonists and synergists] ある筋肉または筋群 (muscle group) に対して，相反する運動ないし張力効果をもち，それと力学的に対抗しあう，他の筋肉または筋群あるいは両者のセットを拮抗筋といい，対して，生体内における配置上から互いに協力する運動ないし張力関係をもつ，他の筋肉または筋群を共力筋という．例えば，脊椎動物の (1) 伸筋 (extensor) と屈筋 (flexor)，(2) 外転筋 (abductor) と内転筋 (adductor)，(3) 環状筋 (circular muscle) と縦走筋 (longitudinal muscle) などは拮抗筋の例である．(1) 伸筋はその収縮によって骨格を伸展 (extension) させ，屈曲 (flexion) を起こす屈筋と拮抗する．哺乳類の肘関節では，上腕二頭筋・烏啄腕筋 (烏口腕筋)・上腕筋の三者が屈筋で，互いに共力筋であり，他方，拮抗筋である伸筋は上腕三頭筋と肘筋である．なお，伸張・屈曲以外では，筋の付着位置と関節・体軸との関係などにより，次の内転・外転や内旋・外旋などに筋は類別されるが，付着点が 2 関節以上をまたぐ場合は類別が困難となる．(2) 外転筋は下顎や付属肢などを体軸から離し，その拮抗筋を内転筋という（なお，節足動物の付属肢の各関節における伸展・屈曲も外転筋・内転筋と呼ぶ）．同様に，肢または体幹をその長軸を軸として回転（捻れ）させる機能をもつ筋は，回転筋（回旋筋 rotator）と呼び，特に上肢については，その動きの方向により回内筋 (pronator) と回外筋 (supinator) が区別される．(3) 環状筋のうち，その収縮により環状ないし管状の器官を閉鎖する機能をもつものを括約筋 (sphincter) といい，これに散大筋（開張筋 dilator）という拮抗筋が伴うこともある．なお，瞳孔括約筋および瞳孔散大筋，幽門括約筋（胃の幽門部の環状筋の特に発達したもの），肛門括約筋のうち内肛門括約筋などは平滑筋，外肛門括約筋は横紋筋である．これらの拮抗しあう筋群間には一般的に相互神経支配の機作が存在し，一方の活動が常に他方の抑制（弛緩）を伴うことにより，円滑な運動がなされる．チスイビルは，移動運動の型の変化に応じて拮抗関係が環状筋と縦走筋（尺とり運動）から背側縦走筋と腹側縦走筋（遊泳運動）へ，またその逆にも自由に変化しうるまれな場合で，通常の必須性拮抗（独 obligatorischer Antagonismus）に対して可変性拮抗（独 wechselbarer Antagonismus）と呼ばれる．二枚貝類の閉殻筋やクラゲ類の下傘筋には拮抗筋がなく，前者では殻の靱帯の，後者では間充ゲルの寒天質の弾性がこれに代置される．なお，上記のように相互神経支配をもつ場合を真性拮抗（独 echter Antagonismus）と呼び，これに対してクモヒトデの腕やウニの棘を動かす筋で見られる拮抗関係は，ユクスキュルの法則などで説明される見かけの拮抗（独 Scheinantagonismus）として区別される．

b **拮抗作用** [antagonism] 《同》拮抗現象，対抗作用，対抗現象．ある現象に関して二つの要因が同時に働いたとき，互いにその効果を打ち消しあう場合に，この両要因の間に働く作用．両要因は相互に拮抗因 (antagonist) と呼ぶ（⇒アンタゴニスト）．要因としては，体内で生成される物質，外から与えられる物質・薬剤，器官の作用，神経の作用などがあげられる．$Na^+(K^+)$ と Ca^{2+} など

細胞の活動に対する異種のイオン間にみられるイオン拮抗作用は有名であり，また心臓拍動に対する交感神経（促進的に働く）と副交感神経（抑制的），血糖量に関する膵臓（血糖を低下させる）と下垂体ならびに副腎（上昇させる），細菌の増殖に関する p-アミノ安息香酸（促進）とスルホンアミド剤（抑制），二次性徴に対する種々のステロイドホルモン相互の間など，さまざまな拮抗作用が知られている．同じ概念・用語は，ウイルス感染における干渉や拮抗筋間の力学的関係にも適用される．

c **吉草酸** [valeric acid, valerianic acid] 《同》バレリン酸，バレリアン酸．$C_5H_{10}O_2$ ペンタン酸にあたる物質．纈草（けっそう，カノコソウの漢名）に由来する名．以下の (1)～(4) の 4 種の異性体があるが，(2) のイソ吉草酸のことを特に通称，吉草酸と呼ぶことがある．(1) n-吉草酸: $CH_3(CH_2)_3COOH$ 植物，ことに葉に含まれる精油の一成分をなし，また遊離しても存在する．酪酸様の臭気をもつ液体．肝臓・心筋のミトコンドリアは吉草酸を β 酸化して，プロピオン酸を生成する．(2) イソ吉草酸 (isovaleric acid): $(CH_3)_2CHCH_2COOH$ イソバレリン酸ともいう．天然にはエステルとなり精油中に含まれ，カノコソウ，ハッカ，バナナなどにある．腐敗チーズ臭をもつ液体．ウシ肝やネズミ肝の活性化酵素により容易にイソバレリル CoA になる．M. J. Coon ら (1956) はネズミ肝とハト心筋においてイソバレリル CoA が β-メチルクロトニル CoA，β-ヒドロキシイソバレリル CoA，β-ヒドロキシメチル CoA を経て，アセト酢酸とアセチル CoA に分解する代謝経路を見出した．(3) メチルエチル酢酸: $CH_3(C_2H_5)CHCOOH$ 天然における分布はたはだ狭く，アンゲリカ (Archangelica officinalis) の根中にエステルとなって含まれる．また，アサガオの種子に含まれる樹脂配糖体ファルビチン (pharbitin) の分解産物の一つをなしている．(4) トリメチル酢酸: $(CH_3)_3CCOOH$ ピバリン酸 (pivalic acid) とも呼ばれ，天然にはまだ知られていない．

d **基底顆粒細胞** [basal granular cell] 《同》胃腸内分泌細胞 (enteroendocrine cell)．消化管粘膜上皮（腺を含む）中にあり，細胞の基底部に分泌顆粒を多くもつ細胞．分泌顆粒にはペプチドホルモンやアミン類が含まれる．セロトニンを分泌する腸クロム親和性細胞（EC 細胞），ガストリンを分泌する G 細胞，ソマトスタチンを分泌する D 細胞，セクレチンを分泌する S 細胞，コレシストキニンを分泌する I 細胞などがこの例．(⇒消化管ホルモン)

e **基底小体** [basal body] 《同》基部体，基底体，基粒体．真核生物の*鞭毛・*繊毛の基部に存在する，短い 3 連（トリプレット）の*微小管 9 本が直径 $0.2\mu m$，長さ $0.4\mu m$ 程度の円筒状に並んだ構造．A. Lwoff は繊毛虫類の繊毛基底小体をキネトソーム (kinetosome) と呼んだ．鞭毛・繊毛本体とは異なり，ダイニン腕や中心小管，スポークをもたない．三連微小管は断面が円形の A 小管と円弧状の B および C 小管からなる．基底小体の横断面では三連微小管は円筒の周囲に対して約 $45°$ 傾いており，A 小管が内側に存在する．鞭毛・繊毛軸糸の周辺微小管（ダブレット）は基底小体の A および B 小管に連続する．多くの場合，基底小体下部には横紋のある繊維束 (rootlet) が結合し，基底小体を機械的に保持する．基底小体は*中心小体と同じ構造をもち，両者は同一起原と考えられる．中心小体は鞭毛・繊毛をもたない動物

細胞にも*中心体の中心部構造として広く存在し，細胞分裂において*紡錘体の両極を形成する役割を果たす．クラミドモナスなどでは細胞分裂時には鞭毛が消失し，基底小体は核の両端に移行して中心小体として紡錘体形成に関わる．中心小体は通常，既存の中心小体の側面から発芽形式で複製される．この複製機構は不明．

a **基底層** [basal layer ラ stratum basale] 一般に，生物体の器官・組織などを構成する要素の基底の部分．
[1]《同》胚芽層(stratum germinativum, germinal layer)．哺乳類の上皮の構成要素で，重層上皮の最深部にあり，*基底膜に接している1層の細胞層．(⇒有棘層)
[2] 子宮内膜の最深層．すなわち機能層の下にある層．

b **基底膜【1】**[basement membrane, basal lamina]《同》境界膜(独 Grenzmembran)．*上皮とその下にある*結合組織との間にある膜構造．コラーゲン，ラミニン，ヘパラン硫酸プロテオグリカンなどを含む多糖からなり，40〜50 nm の厚さをもつ．かつて光学顕微鏡によっても見ることのできる厚さのものを基底膜(basement membrane)と呼んだが，現在ではこれを本来の基底膜に結合組織の基質や繊維の加わった構造と考え，これと区別するために本来の基底膜を basal lamina(基底板)という．
【2】[basement membrane] 細胞膜の外側をおおっている膜．lamina propria または connective tissue sheath の語が使用されることもある．昆虫細胞や倍数性巨大細胞では発達が顕著．
【3】[basilar membrane ラ membrana basilaris] 蝸牛の内部を鼓室階層と共に仕切る比較的強固な膜．この膜上に，聴受容細胞である有毛細胞をもつ*コルティ器官が存在する．

c **基電流** [rheobase] ニューロンや筋肉など興奮性細胞を直流で刺激するとき，刺激として有効な最も弱い電流．L. Lapicque (1909) が命名．刺激の最小値を刺激電圧で表すときは基電圧と呼ぶ．基電流は電気刺激の強さ要素を表し，時間要素を表す時値とともにそれぞれの細胞の興奮性の特性を示すものといえる．さらにこれらは同一細胞でも環境によって異なり，温度や薬物の影響も受ける．一般に pH の低下，低浸圧，高温，アルカリイオンがある濃度存在するとき，または長時間通電時の陰極下では，基電流は大となって単一興奮に傾き，反対の環境下では小となって反復興奮をきたす．これらを通じ刺激の時間要素とは反対方向に変化する．(⇒強さ-期間曲線)

d **気道** [respiratory tract, airway, air duct] [1] 空気呼吸の脊椎動物において，実際にガス交換を行う肺胞に至るまでの呼気および吸気の通路の総称．咽頭につづく部分は*気管で，多くのものではそれが後方で二分して*気管支となる．気管の咽頭への開口を声門といい，それに次ぐ部位は特殊化して*喉頭といわれる．外界より気管に至る呼吸気の通路としての鼻孔をへて鼻腔から咽頭に至るまでを上気道(upper respiratory tract)，上記気管以下を下気道(lower respiratory tract) とし，両者を合して，広義に気道ということもある．ただし*二次口蓋をもたない両生類ではこの区別はない．[2] 一部の硬骨魚類の鰾気管 (pneumatic duct)．

e **起動電位** [generator potential]《同》発動器電位．受容器細胞や感覚神経終末において，感覚刺激に応じて生じる受容器電位の電位変化から求心性インパルスが発生する場合をいう．筋紡錘やパチーニ小体の神経終末，甲殻類の伸張受容器細胞では機械的刺激の大きさに応じた脱分極性の電位変化が生じ，これが活動電位の初発部位で閾値を超えると活動電位が発生し，中枢へ伝導される．(⇒受容器電位)

f **キナ酸** [quinic acid] キナの樹皮，コーヒーの種子，リンゴ・モモなどの果実などに多く含まれる維管束植物に特有の脂環族有機酸．維管束植物に普遍的に分布しており，しばしば*シキミ酸と共存．また，クロロゲン酸などのデプシドの構成成分としても多くの植物組織中に見出される．植物体内ではシキミ酸と同様に芳香族アミノ酸生合成の前駆物質として関与しているが，代謝的な役割については必ずしも明らかでない．土壌細菌やカビはキナ酸を炭素源として利用している．ヒトの体内では馬尿酸に変換される．

g **キナーゼ** [kinase]《同》ホスホトランスフェラーゼ (phosphotransferase)，カイネース，リン酸化酵素．元来は活性化酵素の意味であるが，通常は ATP などのヌクレオシド三リン酸をリン酸供与体とするリン酸基転移酵素の総称．
$$ATP + XH \rightarrow ADP + X\text{-}PO_3H_2$$
リン酸受容体 XH はアルコール，カルボン酸，グアニジン誘導体など．例えば，単糖の水酸基に作用するヘキソキナーゼ (EC2.7.1.1)，酢酸のカルボキシル基に作用する酢酸キナーゼ (EC2.7.2.1)，クレアチンのグアニジル基に作用するクレアチンキナーゼ (EC2.7.3.2) などがあり，細胞内の物質代謝において重要な役割を果たす．高分子化合物の蛋白質や核酸を受容体とするものもある．反応には Mg^{2+} を必要とし，Mn^{2+} でも代用できる．蛋白質中の特定のセリン残基，トレオニン残基，またはチロシン残基の水酸基をリン酸化する酵素は*プロテインキナーゼと総称され，細胞内および細胞間のシグナル伝達において重要な役割を果たす．なお，*エンテロキナーゼと呼称される酵素はリン酸化酵素ではなく，腸内のプロテアーゼの前駆体に作用して活性型に変換するペプチダーゼであり注意を要する．

h **擬軟体動物** [Molluscoidea] 苔虫類と被嚢類とをまとめて，軟体動物のなかに設けられた一群．H. Milne-Edwards (1843) の命名．後にはこれに腕足類が加えられたり，苔虫類・腕足類・箒虫類を一群とした触手動物(触手冠動物) と同義に用いられたりした．駒井卓 (1960) はさらに曲形動物(⇒内肛動物) と*有鬚動物をこれに含めている．含められた群の類縁性に根拠が乏しく，今日では系統を反映する分類群とは認められていない．(⇒触手冠動物)

i **キニナーゼ** [kininase]《同》キニン分解酵素．*キニンを分解して不活性化する酵素．キニナーゼ I (アルギニンカルボキシペプチダーゼ，EC3.4.17.3) とキニナーゼ II (ジペプチジルカルボキシペプチダーゼ，EC 3.4.15.1) がある．キニナーゼ I は血漿中に存在する分子量約 28 万のヘテロ四量体．平滑筋の収縮作用と血圧降下作用をもつ*ブラジキニンやリジルブラジキニンの C 末端のアルギニンを遊離させ，活性を消失させる．キニナーゼ II は肺に多く存在する分子量 14 万の糖蛋白質．アンギオテンシン変換酵素 (angiotensin converting enzyme, ACE) と同一のものであり，キニナーゼ II によって生成した*アンギオテンシン II が，血管平滑筋の収縮

および尿細管における水やNa$^+$の吸収を促進することによって血圧を上昇させる.

a **奇乳** [witch's milk] 《同》魔乳. 出生直後の乳児が短期間少量の乳汁を分泌する現象およびその乳汁. 乳腺は胎児期に一応の形態形成を完了し, ホルモンに対する感受性をもつ状態にまで発達する. 胎児の乳腺が母体のホルモンに刺激されることによって起こる.

b **キニン 【1】** [kinin] 脊椎動物の血液中や臓器中に存在し, 平滑筋に作用して血圧や血管壁の透過性を変えたりする効果をもつ生理活性ペプチドの一群. アミノ酸残基9個ないし十数個からなる1本の直鎖ペプチドで, *ブラジキニン, Lys-Arg-Pro-Pro-Gly-Phe-Ser-Pro-Phe-Arg の構造をもつリジルブラジキニン (lysyl-bradykinin, kallidin, キニン 10), methionyl-lysyl-bradykinin, フィロキニン (phyllokinin), polistes kinin などが動物体内から知られている. キニノゲン (kininogen) が前駆体として存在し, 単一遺伝子から選択的スプライシングによって生成する高分子キニノゲン (分子量8万〜12万) と低分子キニノゲン (分子量5万〜6万) から*カリクレインにより, リジルブラジキニンとブラジキニンが生成する. 両キニノゲンにはキニン遊離後もシステインプロテアーゼ阻害活性がある.
【2】 [quinine] 《同》キニーネ. $C_{20}H_{24}O_2N_2 \cdot 3H_2O$ 生薬のキナ皮の主成分であるアルカロイド. キナ皮はアカネ科の植物であるアカキナ (*Cinchona succirubra*) やキイロキナ (*C. ledgeriana*) の樹皮を乾燥したもので24種以上のキナアルカロイドを含むが, キニンはその約20〜40%を占める. 融点57°C (無水物:177°C 一部分解). 毒性, 刺激性が強く, 特有の光学活性は有機合成の中間体生成に用いられる. 水に難溶の白色結晶で苦味あり. ヒドロキシ酸に溶け, 青い蛍光を放つ. *マラリアの特効薬で, 病原虫 (*Plasmodium*) のメロゾイト (赤血球内型繁殖体) だけに作用し, ピルビン酸の好気的酸化を阻害する. 解熱剤としても用いられるが, 中枢性に作用するものではなく, 主として物質代謝の抑制・筋活動の抑制のために末梢において熱の産生を抑制するものといわれている.

c **偽妊娠** [pseudopregnancy] 排卵にひきつづいて妊娠が起こらなかったときに, 黄体が妊娠状態に準じた様式でホルモン分泌を営んでいる状態. その黄体を偽妊娠黄体と呼ぶ. 排卵後にできた黄体は, 多くの哺乳類では黄体ホルモンを分泌して, 妊娠の早期にみられる変化すなわち偽妊娠状態を生殖器官にもたらす. 偽妊娠の期間は有袋類のフクロネコ (*Dasyurus*) では妊娠期間と同じ長さで, ヒトやサルでは月経周期の後半がこれにあたる. ヒトでは心理的な要因によってこの期間が延長して妊娠の徴候と症状がみられることがあり, 想像妊娠 (pseudocyesis) と呼ばれる. フクロネコでは偽妊娠期間に黄体は妊娠黄体と同じ大きさになり, 子宮や乳腺などにも妊娠のときと区別のできない変化を引き起こす. しかし多くの種類では, 偽妊娠黄体は妊娠黄体ほどには大きくならず, ホルモンを分泌する期間も短い. したがって生殖器官にも妊娠のごく初期のものに類する変化を起こすだけである. しかしヒトやサルの場合には子宮壁の変化は大きく, 偽妊娠黄体の退化に伴って崩れ, 出血すなわち*月経を引き起こす. ネズミでも発情期に交尾をしてしかも妊娠が起こらなかった場合や実験的に発情期に子宮頸を刺激したときには, 発情期の排卵でできた黄体が黄体ホルモンを分泌するようになり, 偽妊娠が誘起される. 子宮頸に加えられた刺激が下垂体前葉からプロラクチンを分泌させ, 黄体を活性化するためである.

d **キヌレニナーゼ** [kynureninase] L-キヌレニンを加水分解して*アントラニル酸とアラニンを生ずる反応を触媒する酵素. EC3.7.1.3. 肝臓・腎臓, シュードモナスなどの細菌および菌類 (*Neurospora crassa*) などに見出される. 細菌の酵素は適応酵素であるが肝臓のものは適応的でない. ピリドキサールリン酸を補酵素とし, 透析によって失活し補酵素の付加で活性化. また Mg^{2+} によって促進される. 最適pHは動物のものは8.0, 細菌のものでは8.5. HCN, ヒドロキシルアミン, セミカルバジドなどで阻害される. 肝臓酵素はキヌレニンよりも3-ヒドロキシキヌレニンをよく分解するが, 細菌の酵素はキヌレニンを最もよく分解し, 5-および3-ヒドロキシキヌレニンの分解活性は低い. また肝臓の酵素はL-キヌレニンだけに作用し, D型には働かない.

e **キヌレニン** [kynurenine] 3-アントラニロイルアラニンにあたる. トリプトファンを投与したウサギの尿中にL型が発見され (古武弥四郎・岩尾次郎, 1931), トリプトファンの代謝中間体として明らかになった. 360 nm に特有の吸収がある. 動物体内で*キヌレン酸に変化し, また3-ヒドロキシキヌレニンを経てキサンツレン酸やニコチン酸などに変化する. またアセチルCoAを経て完全に分解する. ショウジョウバエやカイコなどの昆虫の眼および卵の色素発現作用物質 (v^+物質, A.F.J.Butenandt, 吉川秀男ら) はキヌレニンと同一物質.

f **キヌレン酸** [kynurenic acid] 《同》犬尿酸. 4-ヒドロキシキノリン-2-カルボン酸にあたる, トリプトファン代謝の側路終末産物. *キヌレニンのアミノ基転移が形成され尿中に出る. 細菌はさらにキヌレン酸をキナルジン酸 (quinaldic acid) にする. イヌの尿, あるいはトリプトファンを投与したウサギやヒトの尿に見出される.

g **キネシス** [kinesis] **【1】**《同》無定位運動性. 自由運動をする生物が刺激に対する反応として起こす移動のうち, 刺激の方向と直接相関する体軸の定位なしに行われるもの. 狭義の*走性と区別されるが, 多くの場合は広義の走性に包含される. 運動の方向転換 (逆転も含む) の頻度や度合が変化する*クリノキネシスと, 運動の速さだけが変化するオルトキネシスとに分けられる. 刺激の方向や勾配を認知できる受容器官をもたない生物の走性は, すべてキネシスに基づく. 運動性が増す場合を高性, 減る場合を低性という. **【2】**《同》頭蓋キネシス (cranial kinesis). 脊椎動物顎口類の頭蓋に見られる可動性. 狭義には, 神経頭蓋と上顎が相対的に動いて頭蓋が多様に変形することをいい, 硬骨魚や爬虫類, 鳥類に顕著. 咀嚼機能に役立つ. 一般的にはこれのみをキネシスとす

ることが多い．哺乳類においては二次口蓋が発達し，頭蓋が堅牢で，上のような意味での頭蓋キネシスは見られないが，広義には魚類の鰓弓骨格や咀嚼に関わる顎関節の運動，哺乳類の耳小骨間に見る可動性をもキネシスと呼ぶことがある．とりわけ，砧骨・鐙骨間の可動性と同じものは，ある種の板鰓類における舌顎骨・方形骨間の関節に見ることができる．また，特異なものとしてはシーラカンスの頭蓋底の関節が知られる．神経頭蓋の可動性としては，(1)メタキネシス(metakinesis)：皮骨頭蓋冠・後頭骨間の可動性，(2)メソキネシス(mesokinesis)：前頭骨・頭頂骨間など，より前方の神経頭蓋内での可動性，(3)プロキネシス(prokinesis)：鼻骨内，あるいは鼻骨・前頭骨間の可動性，を分類することがあったが，機能形態学的にはむしろ，鰓弓骨格・筋肉系の多様な協調的作用に注目することが多い．例えば，爬虫類や鳥類の頭蓋では，顎関節要素と軟帯の協調，ならびに口蓋骨と神経頭蓋(傍蝶形骨)の間の可動性により，下顎の下制にともない方形骨が前方にスイングするとともに上顎を押し上げる機構があり，これを一般にプロキネシスと呼ぶ．プロキネシスの一種の変形で，リンコキネシス(rhynchokinesis)と呼ぶ運動が一部の鳥類に見られ，上顎先端のみをもち上げることができる．

a **キネシン** [kinesin] *軸索内輸送において，輸送速度の速い成分のうち順行性のものの輸送を担う微小管依存性のモーター蛋白質．最初，神経軸索および脳中に発見された．神経細胞のシナプスが機能するために必要な物質は，細胞体で合成された後，膜小胞に取り込まれた形で軸索末端へと輸送される．この現象は順行性軸索内輸送と呼ばれ，キネシンはこれに関与する．ATPアーゼ活性をもち，ATP分解のエネルギーを利用して，微小管に沿った膜顆粒の輸送を行う．輸送は，微小管の一端(重合・脱重合が不活発な端)から+端(重合・脱重合が活発な端)へ向かって行われる．キネシンは，分子量約12万のH鎖2本と分子量6万～7万のL鎖2本とからなる，長さ約80nmの棒状分子で，棒の一端はミオシンに類似した双頭構造をとり，この部分で微小管と相互作用し，また，棒の他端で膜小胞と結合する．キネシンは脳以外の細胞にも広く分布し，細胞内物質輸送に関与する．なお，キネシン頭部と類似した部分構造をもち，キネシンと同様，微小管に沿った細胞内物質輸送に関わると考えられる蛋白質が種々の細胞で見出されており，それらをキネシンスーパーファミリー(kinesin superfamily)と総称する．この中にはキネシンとは逆向きに進むもの，モーター活性を失い微小管の動的不安定性を増大させるものなどが含まれる．

b **キネトプラスト** [kinetoplast] トリパノソーマ類(*Trypanosoma*など8属)に見られる，キネトプラストDNA(kDNA)を含む特殊化したミトコンドリア．kDNAを含む部位だけを呼ぶことが多い．鞭毛の基底部の近傍にある．kDNAには2種の環状DNAがあり，0.5～2.8 kbpからなる小型環状DNA(ミニサークルminicircle)と20～39kbpからなる大型環状DNA(マキシサークルmaxicircle)とから構築されている．前者が約5000～1万の分子と後者の約20～50の分子が連環(catenate)状に連なっており，細胞の全DNAの約7%に相当する．大型環状DNAが通常のミトコンドリアDNA(⇌ミトコンドリアゲノム)に相当する機能を果たしている．キネトプラストのmRNAは大幅な*RNAエディティングを受ける．エディティング部位の指定には50～80ヌクレオチドのガイドRNA(guide RNA, gRNA)が必要となる．gRNAは大型環状DNAと小型環状DNA両方にコードされており，多数の小型環状DNAの役割は，エディティングの際に必要とされる多種多様なgRNAの供給にあるとされる．

c **偽年輪** [false annual ring] 1年間に，通常のもの以外に形成される年輪状の構造．風害や虫害などによって樹木が葉を大半失った場合，規則的な材の形成が撹乱され晩材に相当する部分が作られ，さらに新葉の発達と共に再び*早材に相当する組織を作ることにより偽年輪が形成される．通常*年輪と異なり晩材とその外側の早材との境界は不明瞭．

d **気嚢** [air-sac] [1]鳥類の肺に付随し，内部に空気をみたしている薄膜からなる大型の嚢．内臓や筋肉の間にわりこみ，さらに骨格の中にまで入りこみ(⇌含気骨)，鳥体を大きさの割に軽くし，飛ぶ目的にかなう．次の5対を区別する．頸気嚢(cervical air-sac)，鎖骨間気嚢(interclavicular air-sac)，前胸気嚢(anterior thoracic air-sac, praethoracal air-sac)，後胸気嚢(posterior thoracic air-sac, postthoracal air-sac)，腹気嚢(abdominal air-sac)．気嚢は肺の膨出として生じ，肺内部の気管支の分枝に連なり，飛行中に呼気を一時ためておくのにも役立つ．なお爬虫類のカメレオンの肺には，鳥類の気嚢と起原を同じくすると覚しき数個の盲嚢が付随．[2]《同》気管嚢(tracheal air-sac)．昆虫の気管の主幹が拡大して形成された大型の嚢状器官．気管と異なりその内壁にはキチン質の輪(taenidium)がない．空気を貯え，また体重を軽くする機能をもつとされる．

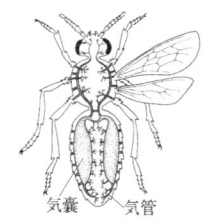

気嚢　気管

e **機能** [function] 生物の形態または構造と対立させられる概念で，作用ないし「はたらき」に，役目・職能などの目的も含意された意味．例えばある器官の機能という場合，全体としての生体においてその器官が分担する役目を含んでいることが多い．そのため*適応度(fitness)を増大させるように貢献し，自然淘汰によって進化し維持されてきたと考えられる．生体の機能を研究する学は主に*生理学で，対象や方法に応じて諸分科が成立している．(⇌動物性機能，⇌植物性機能)

f **偽脳奇形，擬脳奇形** [pseudencephaly] 《同》反転性脳脱．主として脊椎動物の羊膜類に認められる頭部の奇形の一種で，発生初期に神経板前方の閉鎖が起こらず，前脳・中脳・後脳などが開いたままで残り，裏返った脳組織が頭部におおいかぶさるもの．神経管の上衣細胞(ependymal cell)の著しい過剰形成と脳を包む中胚葉組織の不足が認められることが多い．特定の遺伝的系統で，致死性と結びついて現れるが，正常の系統でも発生初期の発生抑圧的処理(X線，トリパンブルーなど)によって引き起こされる．K. Bonnevie(1934)がLittle-Bag系統のマウスにより発見した，劣性遺伝子によって本奇形が発現する一系統は有名．

g **機能局在** [functional localization] 脳において，そのつかさどる機能が特定部位(領野)に局限して存在する現象．ヒトの大脳皮質では，中心溝の前の領野は運動を発現する部位すなわち*運動野であり，中心溝の後の

領域は*体性感覚を知覚する部位(⇒感覚野)である．その他の感覚野として視覚・聴覚・味覚の部位もそれぞれ確定されている．これらの部位以外の広い領野は*連合野と呼ばれる．また，運動野や体性感覚野の中にも機能の局在性がみられ，個々の領野は身体のそれぞれ異なる部位の運動や感覚に関係している．なお機能の局在性は大脳皮質だけでなく，小脳・中脳・間脳などのすべての個所にみられる．(⇒細胞構築学)

a **機能形態学** [functional morphology] 生物体の形態と機能の関係を考究する学問．形態と機能の関係は古くから注目され，19世紀前半のÉ. Geoffroy Saint-HilaireとG.L.Cuvierのアカデミー論争の主題になった．今日，機能形態学的研究は，医学・薬学から*生体工学や進化生物学まで幅広い分野で見られるが，分野によってこの用語のニュアンスは異なり，器官や組織の生理的作用を重視する生理形態学的研究や，生物の適応に主眼をおく進化形態学的研究など，さまざまな趣の研究分野がこの語で汎称される．個々の研究においては，器官の働きそのものの追究に加え，ある機能に対して形態がどれだけ適しているかを問う場合もある．

b **機能性腫瘍** [functioning tumor] ホルモン産生やその他の分泌機能を営む腫瘍．以下の3種に大別できる．(1)腫瘍発生部位の正常組織が示す機能を腫瘍化後ももち続けるもの：例えば膵島腫瘍のインスリンやグルカゴン，*カルチノイドのセロトニン，*絨毛性腫瘍のゴナドトロピン，多発性骨髄腫におけるミエローマ蛋白質の産生など．(2)胎児期に示していた機能を再発現するもの：例えば肝細胞癌の*α-フェトプロテイン産生や大腸癌の癌胎児性抗原(carcinoembryonic antigen)産生など．(3)元来の組織にない分泌機能をもつようになった腫瘍：異所性ホルモン産生腫瘍などがその代表であり，しばしばホルモン分泌過剰などの症状を認めることがある．

c **機能的雌雄同体現象** [functional hermaphroditism] 《同》同時的雌雄同体現象(simultaneous hermaphroditism)．雌雄同体が正常である個体において，雄性生殖器官と雌性生殖器官とが同時にその機能を現す現象．扁形動物，軟体動物の腹足類，等脚動物，多毛類を除く環形動物，腕足動物，毛顎動物，尾索類などに多くの例を見出すことができる．これに対し，隣接的雌雄同体現象(consecutive hermaphroditism)は，雌雄同体の動物で精巣の機能的な時期(雄相 male phase)と，卵巣の機能的な時期(雌相 female phase)とが相前後して現れる現象，すなわち*雄性先熟または*雌性先熟の性転換，および両方向性転換を指すもので，熱帯性の魚類に多く見られる．また同時的雌雄同体現象を同義語とせずに，同時的雌雄同体現象と隣接的雌雄同体現象とを合わせたものを機能的雌雄同体現象とし，*痕跡的雌雄同体現象(非機能的雌雄同体現象)に対する用語とすることもある．

d **機能的反応**(捕食者の) [functional response] 餌となる種の個体群密度に対する捕食者の捕食効率の反応．捕食者の捕食数(餌の数)を，被食者(餌)の密度，捕食に従事している時間，餌1個体の処理時間，採餌の能率の関係で表す．餌密度によらず一定となるI型，餌密度に対して飽和型曲線の効率を示すII型，餌が低密度では捕食効率が下に凸の曲線となり高密度になるにつれて上に凸の飽和曲線となるIII型がある．機能的反応は被食者-捕食者の個体群動態に密接に関連するので，多くの実験や理論的研究がなされている．

e **機能転換** [change of function] 器官の機能や体制の変化．A. Dohrn(1875)は，無用または有害になった器官が他の機能をもつようになる場合があるというC. Darwinの考えから出発し，機能の変化による器官の形態や体制の変化を進化の有力な要因とした(機能転換の原理)．これは相同の概念にも通じるが，機能転換そのものは実際に起こりうることで，例えば3個の耳小骨は魚類では支持構造であり，内臓弓も同様の例としてあげられる．

f **擬嚢尾虫** [cysticercoid] 《同》シスチセルコイド，キスチケルコイド．扁形動物真正条虫類に属する円葉類の幼生，すなわち嚢虫の一型．テニア科条虫の幼生が嚢尾虫であるのに対して，テニア科以外の幼虫はこの擬嚢尾虫であり，中間宿主である昆虫類やダニ類などの体内に見出される．嚢尾虫のような液を満たした嚢状ではなく，*六鉤幼虫の外が広がって包嚢状の体部となり，前端は包嚢の中に陥入して，4個の吸盤と種によっては鉤をそなえた原頭節を形成する．従って，原頭節は裏返しではない．尾部のびて六鉤幼虫の鉤がしばらく残る．原頭節の数は1個から多数に及び，いずれも終宿主に摂取されると頭節となり，片節を生じて成虫となる．

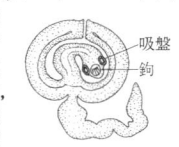

g **機能分化** [functional differentiation] [1] 《同》機能発生，機能発現．個体発生において組織・器官がそれぞれの機能を営むようになること．機能分化が起こるまでの期間を前機能期(prefunctional stage)，それ以後を機能期という．呼吸器官，消化器官，排出器官などでは，はじめ胚全体で行っていた呼吸，消化，排出などの機能が，機能分化の過程でそれぞれ各器官に限定されることになる．また，機能分化の語は系統発生的な文脈にも用いられ，この場合，単一の機能をもっていた遺伝子，組織，器官などが，進化の過程で複数の機能をもつ状態に分化(多様化)することをいう．[2] 機能によって誘発された形態的分化．例えば筋芽細胞や繊維芽細胞は，張力の影響によりその方向に伸長する．

h **きのこ体** [mushroom body] 《同》有柄体(corpora pedunculata, stalked body)．環形動物および節足動物などの*大脳背側にみられる特化した高次の中枢．主に嗅覚に関する学習と記憶の座として知られるが，多数の感覚入力における統合の場として機能すると考えられている．両側に1～数対あり，背面にある円形のかさ状の部位に小型の細胞体が集積している．密な神経繊維の集合である柄部が腹側に伸びる．有爪動物，扁形動物，紐形動物，軟体動物などにも類似した構造がみられ，それらは一般に小型球形細胞塊(globuli cell cluster)もしくは知性珠(intelligent sphere)と呼ばれる．

i **キノプロテイン** [quinoprotein] 《同》キノン蛋白質．ピロロキノリンキノン(PQQ)，トパキノン(TPQ)，トリプトファントリプトフィルキノン(TTQ)などのキノン化合物を補酵素として含む一群の酸化還元酵素の総称．PQQを含むキノプロテインとして，メタノールデヒドロゲナーゼやグルコースデヒドロゲナーゼなど細菌由来の酵素だけが知られているが，TPQを含有するアミン酸化酵素(銅イオンを補欠金属として含むグループ)は，動植物・微生物に広く分布している．一方，TTQ

は，*Methylobacterium extorquens* AM1，*Thiobacillus versutus*，*Paracoccus denitrificans* などのメチルアミンデヒドロゲナーゼ，および *Alcaligenes faecalis* の芳香族アミンデヒドロゲナーゼに含まれている．

a **キノロン系抗菌剤** [quinolones] 《同》ピリドンカルボン酸系抗菌薬 (pyridone carboxylic acid antibacterials)，キノロンカルボン酸系抗菌薬．キノロンカルボン酸または類似の構造を母核とする合成抗菌薬の総称．この系の最初の薬剤である*ナリジクス酸は，ナフチリジンを母核とし，主にグラム陰性菌(緑膿菌を除く)に有効で尿路感染症などに用いられてきた．次いでピリドピリミジンを母核とするピペミド酸やピロミド酸が開発された．さらに6位にフッ素を導入することにより，緑膿菌を含むグラム陰性菌だけでなくブドウ球菌や連鎖球菌を含むグラム陽性菌にも強い抗菌活性を示すことが明らかとなり，多くの誘導体(ノルフロキサシン，エノキサシン，オフロキサシン，シプロフロキサシン，ロメフロキサシン，トスフロキサシン，フレロキサシン，スパルフロキサシン，ナジフロキサシン，レボフロキサシンなど)が開発された．これらはいずれも DNA ジャイレースのAサブユニットに作用し，DNA の複製を阻害することにより抗菌活性を示す．

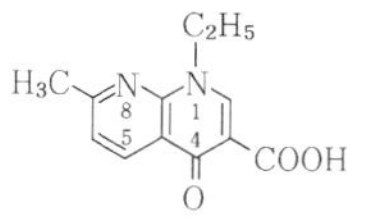

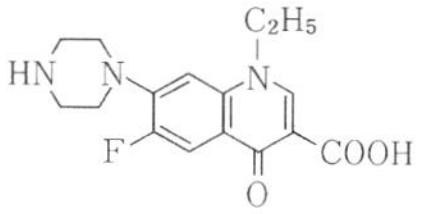

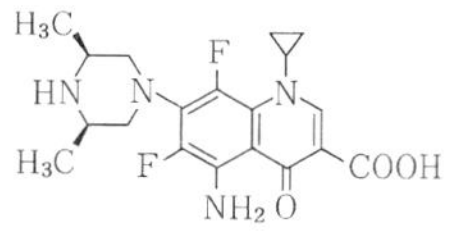

b **キノン回路** [quinone cycle] *化学浸透圧説を支える，細胞内オルガネラにおける H^+ の効率的輸送メカニズム．P. Mitchell が提唱した．*呼吸鎖のシトクロム bc_1 複合体や光合成のシトクロム $b_6 f$ 複合体では，膜を貫通するシトクロム b サブユニットに，2カ所のキノン結合部位がある．H^+ 放出側の部位 (Q_p もしくは Q_o) には還元型キノン(キノール)が結合し，H^+ 2個を放出するとともに，電子1個をリスケ型鉄硫黄クラスターに，他の1個をシトクロム b_L に渡す．H^+ 取りこみ側の部位 (Q_n もしくは Q_i) には酸化型キノンが結合し，シトクロム $b_L \to b_H$ を経由して電子を順次受容し，計2個の電子の受容とともに2個の H^+ を取りこむ．結果として，2個の還元型キノンから4個の電子が渡され，4個の H^+ が膜を隔てて輸送されることになるが，うち2個の電子はリスケ型鉄硫黄クラスターを経由して光化学系 I またはシトクロム酸化酵素複合体へと伝達され，残り2個の電子は $b_L \to b_H$ を経由して1個のキノンを還元し，H^+ 取りこみ側において2個の H^+ を取りこむ．この二つの電子経路は共役し，一方を止める阻害剤は他方の電子の流れも止める．通常，キノンは2個の電子の授受で2個の H^+ を輸送できるが，キノン回路では直線的に伝達される電子2個当たり4個の H^+ を輸送できる．化学浸透(化学浸透圧説)の根幹的なしくみである．

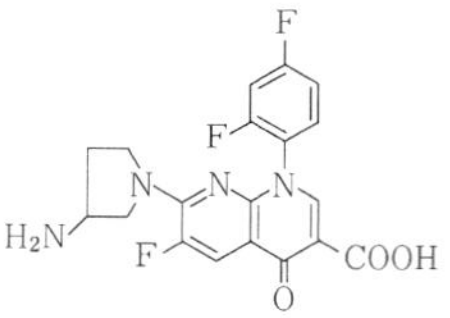

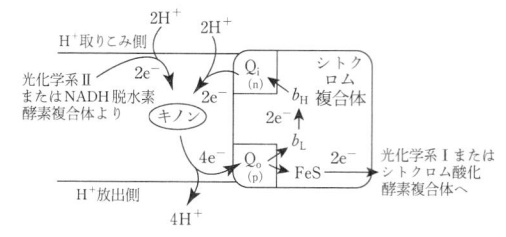

c **キノン硬化** [quinone-tanning] キノンおよびその類似物質によって蛋白質が架橋され，硬化(tanning, sclerotization)する現象．節足動物のクチクラやイガイなどの足糸の硬化は，これによる．モノフェノール一酸素添加酵素の作用によってチロシンから生ずるドーパキノンが，キノン硬化作用をもつと考えられている．これに対し，ドーパキノンメサイドがクチクラ蛋白質を架橋硬化させる現象を β-sclerotization と呼ぶ．従来，節足動物の体壁のクチクラは硬く，その構成物質について，キチン質(chitinous substance)，または「キチン化されている」(chitinized) という語が使われていたが，実際にはキチンの含量は多くなく，クチクラの硬さは主としてこのキノン硬化によることが明らかになった．(⇒脱皮)

d **キノン補酵素** [quinone coenzyme] ある種の酸化還元酵素に含まれ，分子内にオルト(またはパラ)ジキノン構造をもつ*補酵素グループの総称．*ピロロキノリンキノン(PQQ)，*トパキノン(TPQ)，*トリプトファントリプトフィルキノン(TTQ) の3種類が知られる．PQQ は酵素蛋白質と非共有結合しているが，TPQ および TTQ はポリペプチド鎖中にアミノ酸残基として結合している．補酵素作用の発現機構の詳細は不明な点が多いが，基質によりキノン部位が還元される過程が共通して存在する．なお，*ユビキノンなど生体内で電子伝達体として機能するキノン化合物はキノン補酵素には含めない．

e **木原均** (きはら ひとし) 1893～1986 生物学者．京都大学教授．国立遺伝学研究所所長，農林省植物ウイルス研究所所長．ゲノムの概念を確立，パンコムギの祖先の発見，種なしスイカの育成など，遺伝学の発展に尽力．木原生物学研究所を設立．[主著]小麦の祖先，1947．

f **キフォノーテス** [cyphonautes] 《同》キフォナウテス，サイフォノーテス．コケムシ類の裸喉類の浮遊幼生に対する一般的名称．はじめ輪虫類の一種と誤認され，C. G. Ehrenberg により *Cyphonautes compressus* と命名されたのが名の由来．体は左右に扁平な編笠状で，クチクラでできた三角形の殻を2枚もつ．その頂点に頂板(頂盤)を，下端の開口縁に繊毛冠(corona)をもち，この繊毛冠内に逆V字形の消化管が開口する．浮遊生活の後，内嚢と呼ばれる特殊な付着器官を翻出させて岩石・海藻などの表面に定着する．変

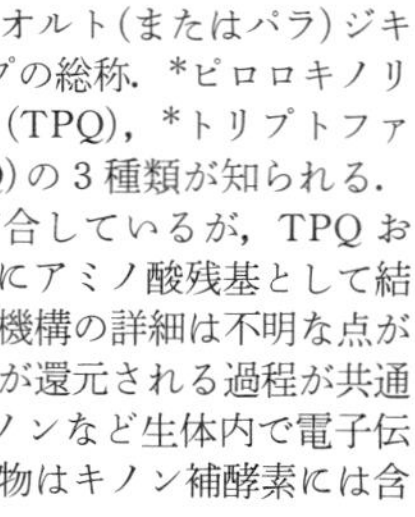

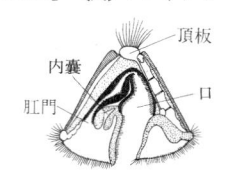

態が始まると幼生体の大部分は崩壊，吸収され，成体は頂板が体内に陥入して作るポリプ体原基から新たに形成され初虫（ancestrula）となる．

a **基部再生** [proximal regeneration] 体から突出する器官（例えば脊椎動物の付属肢など）を切断し，切り落とされた先端部を逆向き移植することなどによって生活を続行させ，かつその本来の基部方向の傷面を露出させておくとき，そこから起こる再生．そこに生じる再生体は基部再生体という．両生類の肢についての実験では，基部再生体では傷面より基部に近い位部が形成されるのではなく，極性が逆転して，傷面より先端の準位に相当する部分が形成される．これは無脊椎動物における極性逆転による*異質形成に似る．

b **基部成長** [basal growth] ある器官の基部において特に著しい成長が起こること．イネ科の葉の成長は典型的な例．

c **基部体** [basal body] [1] 《同》細菌鞭毛基部体．原核細胞（細菌）の鞭毛の根元にあり，鞭毛の回転運動発生機構の一部として機能すると考えられる直径20〜30 nm，長さ30〜50 nmの構造．大腸菌などグラム陰性菌ではL, P, S, Mと名付けられた4枚のリングが中心部の棒状構造（ロッド）でつながった構造をもつ．ロッドの先端には鉤状のフック構造が結合し，その先に鞭毛繊維が伸びる．グラム陰性菌ではLは外膜，Pはペプチドグリカン層，SとMは細胞内膜に接する．枯草菌など細胞壁のないグラム陽性菌ではLとPがなく，全体で2枚のリングしかない．最内部にあるMリングは，運動の発生に重要であり，鞭毛の回転方向の制御に関連した蛋白質群と相互作用するともいわれる．基部体には7種類程度の蛋白質が確認されている．[2] 原生生物の鞭毛軸系の形成基部として働く基底小体の別称．

d **キプリス** [cypris] 節足動物甲殻亜門蔓脚類の*ゾエア期幼生．ノープリウス-キプリス脱皮によってそれまでの三角形の甲皮を捨て，二枚貝の殻のような甲皮を作る．脱皮と同時に6対の胸肢を生じ，これを利用して泳ぐ．第一触角は前方で殻外に伸びて肢のように変形し，歩行や探索の機能をもつようになるが，やがてここで基底に付着する．その後，幼生はキプリス-成体脱皮により，体を直立させて稚個体となる．胸肢は成体の蔓脚になる．

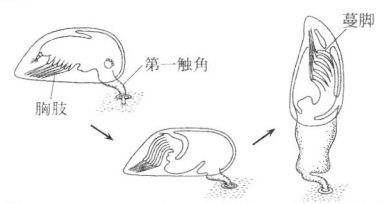

胸肢　第一触角　蔓脚

e **擬糞** [pseudofeces] 《同》偽糞．二枚貝類などの濾過食者（filter feeder, 懸濁物食者）が，水中から濾過収集した物質のうち，食物として利用できないものをまとめて排出した塊．糞とは異なり，消化管内に取り込む以前に排出されるもので，糞のように圧縮・固化されておらず，形態も内容も不定．濾過食二枚貝では，海水の取込みや排水をときどき停止し，入水孔から海水とともに擬糞を排出する．擬糞は，水中に懸濁する無機粒子，大型の有機物粒子など消化管に取り込めないもので形成されるが，餌となる水中懸濁粒子が高濃度である場合には，

餌粒子も多く含まれるようになる．擬糞の生成速度は水中に懸濁する粒子の濃度によって変化し，濃度が高くなるにつれて増加する．餌濃度の極めて高い状態では，擬糞の生産量が糞の生産量を超えるほどになる．

f **気分障害** [mood disorder] 抑うつあるいは異常な高揚などの気分の変調を一定期間以上示す精神疾患の一群．従来，感情障害と呼ばれた．*うつ病，双極性障害（躁うつ病），薬物誘発性気分障害などを含む．19世紀末にE. Kraepelinが早発性痴呆（現在の*統合失調症）と分離して，躁うつ病の概念を提唱．高揚した気分や易刺激性がみられる躁病相と，気分のおちこみや抑うつ状態になるうつ病相が繰り返される（双極性障害）．一方，うつ病相のみの単極型（⇒うつ病）や，稀には単極躁病も認められる．感情の障害に加えて，思考や行動にも障害が生じる．病因はまだ明らかでないが，遺伝素因も関与する脳機能の脆弱性や，精神的・身体的ストレスなどの複合的要因から発症するとされる．治療には，抗うつ薬投与，精神療法，電気療法，高照度光療法などの身体療法や環境調整が行われている．

g **偽柄** [pseudopodium, pl. pseudopodia] コケ植物蘚類ミズゴケ属において，胞子体を支える柄部．多くのコケ植物では蒴は胞子体の蒴柄によりもち上げられるが，ミズゴケ属では胞子体全体が，配偶体に属する造卵器の脚部が二次的に伸長することによりもち上げられ，機能は同じでも由来する世代を異にする．

h **偽変形体** [pseudoplasmodium] 細胞性粘菌類の生活体の示す体機構の一つで胞子から生じた粘菌アメーバが*累積子実体形成前に集合して変形体状になったもの．この集合に際して一部の粘菌アメーバでは*アクラシンと呼ばれる，粘菌アメーバに正の化学走性を起こさせる物質が出される．真正の*変形体とは異なり，偽変形体を構成する各細胞は接触することはあっても融合することはなく，それぞれの細胞構造は最後まで保たれている点が特殊である．アメーバ型生活相の細胞による群体というべきもので，しかも全体として体制がまとまっているのは，群体と組織との中間型とされる．累積子実体として定着するまでに全体として移動する場合には*移動体とも呼ばれる．

i **基本感覚** [fundamental sensation] 《同》原感覚（primary sensation）．同一の*モダリティーの感覚のあいだに区別される*質の中で，特に基本的意味をもつと考えられる質を指す．色感覚における三原色や四原色，味覚における四味質，嗅覚における4〜9種の基本嗅質はその例．

j **基本形態学** [独 Generelle Morphologie] 《同》一般形態学．生物の形態を立体幾何学の諸概念および諸原則，特に対称性によって分類しようとする学問としてE. H. Haeckelにより提唱された生物学の一分科．例えば彼は生物の基本型（独 Grundform）として無軸型・同軸型・単軸型に分け，単軸型をさらに多対称型・放射型・左右放射同型・左右対称型に分類した（⇒有軸型）．基本形態学の語は普及しなかったが，Haeckelの立てた多くの形態学的概念は今日の生物学でも使われる．

k **基本再生産数** [basic reproduction number] 《同》基本再生産比（basic reproduction ratio）．感染症の数理モデルで，一次感染した個体が二次感染を引き起こす個体数のこと．R_0と表現される．この値が1より大きいことが感染症の侵入可能性に対する判定基準であり，

感染症流行の基本的な量と考えられる(閾値定理).しかし,例えば感染率を大きくしていくときに $R_0=1$ を境にして感染症がない状態が安定から不安定へと変化する(地域的な流行(エンデミックな)状態が安定になる)場合でも,逆に,感染率を小さくしていくと, $R_0<1$ においてもエンデミックな状態になっていることがある(後退分岐).このような場合には,感染率を下げるだけでは感染症を根絶することはできない.

a **基本数**(染色体の) [basic number, base number] *倍数性をなす一連の生物群の染色体においてその基本となる最小の一倍体染色体数. x で表す.ゲノム分析または核型分析によっても推定される.基本数を構成する染色体が形態的あるいは機能的にみてさらに小群に分けられるとき,各小群の染色体数を原始基本数(basis)と呼び, b で示す.基本数と原始基本数とは多くの生物では一致するが,真正シダ類の $x=21〜41$,裸子植物の $x=12$,モクレン科の $x=19$,ラン科の $x=19$ などのように高い基本数をもつ植物や,フタマタタンポポ属(Crepis)の $x=3,4,5$,ハプロパップス属(Haplopappus)の $x=2,4$ のように基本数が多様化している植物では一致しないことがある.

b **基本組織系** [fundamental tissue system] 維管束植物の組織系の一つで,*表皮系および*維管束系を除いた残りのすべての部分の総称.J. von Sachsの提唱.したがって生理的にも形態的にも各種の異なる組織を含む.発生学的には*基本分裂組織に由来する.茎では通常,維管束が環状に配列するため,基本組織系はその内部の髄と外部の皮層に分かれ,放射状に並んだ基本組織により両者が連絡する場合が多い.葉では葉肉を構成する.形態学的には柔組織・厚壁組織・厚角組織などからなり,生理的には同化組織・貯蔵組織・貯水組織・機械組織・分泌組織・通気組織などを含む.(⇨組織系)

c **基本分裂組織** [ground meristem] *一次分裂組織を構成し,将来*基本組織系に分化する組織.これから,*皮層と*髄が作られる.

d **ギムザ染色法** [Giemsa staining method] ギムザ液(アズール色素,メチレンブルーの混合液)による染色法.ドイツの細菌学者G. Giemsaの考案.血液塗抹プレパラートの血球やマラリア病原体,リケッチア,骨髄細胞,染色体などの染色に最も広く用いられる.特に染色体をプロテアーゼなどで前処理してギムザ液で染色し,染色体上に濃淡の横縞模様を染め分ける方法はGバンド染色として知られている.(⇨染色体分染法)

e **木村資生**(きむら もとお) 1924〜1994 集団遺伝学者.分子進化学の草分けの一人.国立遺伝学研究所教授.遺伝的浮動に関して拡散過程に基づく理論を展開した.また分子遺伝学的データに応用することにより,1968年に分子進化の中立論を提唱,進化生物学に大きな影響を与えた.1988年国際生物学賞を受賞.[主著] The neutral theory of molecular evolution, 1983; 生物進化を考える, 1988.

f **キメラ** [chimaera, chimera] 二つ以上の異なった遺伝子型の細胞,あるいは異なった種の細胞から作られた1個の生物個体.また,二つ以上の異なる分子(別種由来や異なるサブタイプなどの蛋白質,DNAなど)を組み合わせた分子(⇨融合蛋白質,⇨キメラ抗体).キメラとはギリシア神話に出てくるライオンの頭,ヤギの胴,ヘビの尾をもった怪物のことである.*モザイクという語も同じ場合を指すのに使われるが,モザイク個体では親は1対であるが,キメラは親が2対以上あった場合をいう点で両者は区別される.植物では接木によって異なった種間のキメラも容易に作れる(⇨栄養雑種).それには,台木と接穂が癒着してから癒着部を切断すればよ

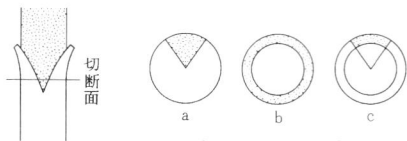

図1 癒着部の切断

図2 キメラの種類
a 区分キメラ b 周縁キメラ
c 周縁区分キメラ

いので(図1),切断面から作られてきた新しい芽の中には,台木由来の細胞と接穂由来の細胞が混在してキメラとなっている.接木によって作られたキメラの古典的な例として,アダムエニシダ(Cytisus Adami)があり,キバナフジの内部組織をベニバナエニシダが取り囲んだキメラになっている(図2のb).現在では*Cre-loxPシステムなどのDNA組換え反応を誘導して,特定の遺伝子の発現の有無について細胞集団ごとに異なるキメラ状態の植物を作出することが,実験的に多く用いられる.一方,脊椎動物では*移植免疫のせいで,親の体でキメラを作ることはできない.発生中の胚を用いた移植実験はキメラを作出するが,多くの場合,免疫の発達とともに移植組織は拒絶され,キメラ状態を成体まで保つことはできない.1970年代になってマウスなど哺乳類の胚を用いてキメラを作出する技術が確立され(図3.⇨キ

図3 遺伝的有色系マウス胚と無色系マウス胚を集めて作ったキメラマウス

ラマウス),現在ではさまざまな研究に利用されている.二つの異なった遺伝子型の細胞を集めて実験的にキメラを作出する場合を,↔という記号で表す.キメラを用いて細胞系譜や細胞間相互作用などを調べることをキメラ解析(chimeric analysis)と呼ぶ.

g **キメラ抗体** [chimeric antibody] マウスなどの抗体の可変部領域をヒト抗体の定常部領域に結合させた抗体.ヒトの病気の治療を目的として,がん抗原や*サイトカインおよびその受容体などに対する*モノクローナ

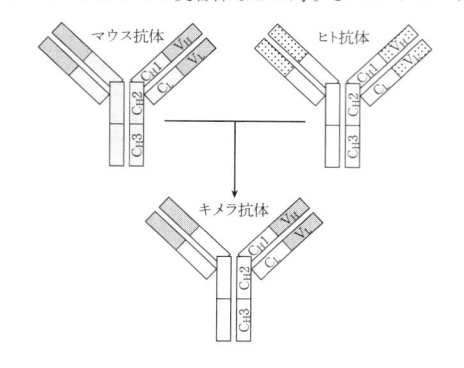

ル抗体への応用が期待される(抗体医薬). モノクローナル抗体は多くの場合, マウスの細胞を用いた*ハイブリドーマ法により作製されるので, そのままヒトに投与しても異種蛋白質として排除され効果的ではない. そこで抗原結合に関わる可変部領域はそのままにして, 抗原性の強い定常部領域をヒト免疫グロブリンの定常部領域で置換した抗体(キメラ抗体)が治療に用いられる. さらに, 抗原結合性にあずかる相補性決定領域(CDR1, 2, 3)のみをヒト免疫グロブリンに移植置換した抗体(*ヒト化抗体)も作製されている. 抗体医薬で用いられるキメラ抗体名の語尾には-ximab(キシマブ)が付加され, ヒト化抗体では-zumab(ズマブ)が付加される. 近年では, 直接ヒトのリンパ球に由来する抗体(完全ヒト抗体)医薬の開発も進められている.

a **キメラマウス** [chimeric mouse] 遺伝形質の異なる2種の接合体に由来する細胞を体の構成成分として併せもつマウス個体. キメラマウスには, いくつかの異なった側面と利用目的がある. (1) A. Tarkofsky(1961)が発表したものが最初の実験例である. 透明帯を除去した2個の八細胞期マウス胚を接着させると融合して大きな胚となり, 体外で培養すると大きな胚盤胞にまで成長する. それを偽妊娠マウスの子宮内に移植すると着床して発生し, 正常な大きさの個体が出生し, またその個体には2胚に由来する遺伝形質がいずれも発現されている. Tarkofsky は, 融合胚中でそのもととなった個々の胚に由来する細胞が混在することを示した. その後 B. Mintz などによって, 毛色やイソ酵素などの遺伝形質を用いて2胚由来の細胞の分布が分析され, その成果によって, キメラマウスが個体発生における細胞系譜の解析や細胞相互作用の解析に有効な手段を与えることが示された. 胚盤胞の内部細胞塊の細胞を他の胚盤胞内に移植しても同様の結果が得られる. (2) R. L. Brinster(1973)は種々の悪性腫瘍を胚盤胞内に移植しその後の胚発生に対する関与の有無を調べた結果, 奇形癌腫(→奇形腫)が正常な体細胞に分化して個体の一部になりうることを示した. この現象は, 同一の細胞ががん状態から正常な状態へ復帰可能であることを示すものとして注目され, Mintz などによって詳細な検討がなされた. 奇形腫によっては, 体細胞だけでなく生殖細胞にまで分化し(生殖系列キメラ), その生殖細胞から生まれた子孫個体にはがんが生ずることはない. (3) M. Evans と M. H. Kauffman(1981)は, 胚盤胞の内部細胞塊から直接的に樹立した細胞株である*胚性幹細胞(ES細胞)が奇形癌腫と似た性質を示すことを示した. 胚性幹細胞を移植された胚盤胞を発生させるとキメラマウスを生じ, またその子孫には胚性幹細胞の遺伝形質が高頻度で伝わる. この胚性幹細胞の性質を利用して, M. R. Capecchi(1987)は, 胚性幹細胞において*遺伝子ターゲティングを行い, 特定の遺伝子に突然変異を導入することが可能であること, またその突然変異胚性幹細胞を用いて作製したキメラマウスの子孫マウスには同一の突然変異が伝わることを示した. クローン化された遺伝子については, 胚性幹細胞によるキメラマウスを経て, その遺伝子に突然変異をもつマウスを作ることができることになり(マウスにおける*逆遺伝学), マウスの遺伝学に大きな変革をもたらした. (4) 免疫学で用いられる骨髄移植マウス(*骨髄キメラマウス)などもキメラマウスの一種である.

b **奇網** [mirabile net ラ rete mirabile] 《同》奇驚網, 怪網. 血管が一度に多数に分枝して形成された血管網. それが再び単一の血管に合流する場合は双極奇網(bipolar mirabile net), それに対して合流しない場合を単極奇網(unipolar mirabile net)という. 狭義には奇網は双極奇網を意味する. また動脈か静脈の一方だけからなる場合を単性奇網(rete mirabile simplex), 両者からなるときは複合奇網(rete mirabile duplex)という. 脊椎動物においては腎糸球体をはじめ, 鰾(うきぶくろ)の赤斑, 偽鰓などで, 無脊椎動物ではナマコ類の腸間膜などで見られる.

c **キモグラフ** [kymograph] [1] →運動記録器 [2] *バイオイメージングにおいて, 細胞小器官や蛋白質などの挙動を画像として表示する技術. 細胞小器官などの経時変化の可視化に有効.

d **キモシン** [chymosin] 《同》レンニン(rennin), キモゲン(chymogen), ラーブ, レムナーゼ(remnase). 若い反芻類の胃液中に存在するアスパラギン酸プロテアーゼの一つ. EC3.4.23.4. ペプシンと同様の作用をもつが, むしろ凝乳作用(すなわちカゼイン→パラカゼインへの変換作用)がはるかに強く, 特にウシの胃から抽出した凝乳酵素剤はレンネット(rennet)と呼ばれ, 古くからチーズ製造に用いられた. 動物の成長に伴い胃中のキモシンは減少し, ペプシンに置き換わる. 胃中には酵素前駆体のプロキモシン(prochymosin:ウシの第四胃から精製したものは分子量約4万)として分泌され, 酸性条件下における自己触媒的作用によりアミノ末端側から42残基のペプチド鎖が切り取られて活性キモシン(分子量約3万6000)となる.

e **キモトリプシン** [chymotrypsin] 脊椎動物の主要な消化酵素で, プロテアーゼの一種. EC3.4.21.1. 膵臓で酵素前駆体キモトリプシノゲン(chymotrypsinogen:ウシでは245アミノ酸残基, 分子量2万5000)として生合成され, 膵液に含まれて分泌される. 小腸でトリプシンおよびキモトリプシンにより限定分解を受けキモトリプシンとなる. エンドペプチダーゼであり, 主としてポリペプチド鎖中の芳香族アミノ酸残基のカルボキシル側を切断する. 57番ヒスチジン, 102番アスパラギン酸, 195番セリンの3残基が触媒活性中心で, 16番イソロイシンも触媒作用に関わると考えられているセリンプロテアーゼ(serine protease)である. 同じく膵臓で生合成されるトリプシンと, 構造および触媒機構の点で非常に関連が深いが, 基質特異性は全く異なる. フェニルメタンスルホニルフルオリド, ジイソプロピルフルオロリン酸(DFP, 195番セリンと反応), トシルフェニルアラニルクロロメチルケトン(TPCK, 57番ヒスチジンと反応), キモスタチンにより阻害される.

f **気門** [stigma, spiracle] 昆虫そのほか気管呼吸をする無脊椎動物の体表における呼吸門. 有爪類(原気管類)のカギムシのものやクモ類の*書肺の開口部などは, 単に表皮の陥入によって生じた開口にすぎないが, 昆虫では複雑な構造となる. 原始的な昆虫を除き多くの昆虫では, 開口部の周辺は突出して覆い(peritreme)となり, これに表皮の陥入により生じた腔所すなわち前房(気門室 atrium 独 Vorhof)が続き, 気管は前房に開く. 前房内面にはクチクラ性の毛や小突起をもつことが多い. さらに前房の入口または気管開口部にはヘラ状の突起からなる開閉装置があり, 閉口筋または開口・閉口両筋の働

きにより，気門の開閉を行う．気門の数やその活動状態は発生の段階によっても異なる（例えばカでは，幼虫のときには体の後端の1対が機能を営み，蛹化すると閉じて中胸の1対がこれにかわり，成虫になると体側の気門が開く）．基本的には胸部の側域に2対（中胸・後胸），腹部の側域に8対の計10対ある．なお，中胸のものは前胸側板の後縁部に，後胸のものは中胸にそれぞれ移動していると考えられているが，これには諸説がある．気門の数と配置によって次の諸型に分ける．(1)完気門(holopneustic)型：上記の10対の気門を完全にそなえるもの（例：直翅類，等翅類，鞘翅類，鱗翅類，および半翅類の一部）．(2)過気門(hyperpneustic)型：中胸には2対，以下の体節には1対ずつの気門をもつもの（例：総尾類の *Japyx*）．(3)側気門(周縁気門 peripneustic)型：第二または第二・第三気門，および後端の1，2体節の気門などが種々の組合せで欠如するもの（例：完全変態をする陸生昆虫幼虫）．(4)双気門(amphipneustic)型：第一気門と後端の1〜3体節だけに気門を有するもの（例：寄生性および水生の双翅類幼虫）．(5)前気門(propneustic)型：第一気門だけのもの（例：水生双翅類の蛹）．(6)後気門(metapneustic)型：第十気門だけ存在するもの（例：水生甲虫，カ科およびガガンボ科幼虫）．(7)鰓気門(branchiopneustic)型：気門は閉鎖または退化し気管鰓があるもの（例：カゲロウ類・トンボ類・積翅類・毛翅類・脈翅類・鱗翅類・鞘翅類の水生幼虫）．(8)無気門(apneustic)型：気門も気管鰓もなく，気管そのものもないもの（例：内部寄生の膜翅類幼虫，水生双翅類の幼虫）．鰓気門を無気門の一つとして分類する場合もある．

カイコの気門

a **逆位** 【1】[inversion] 遺伝子の配列順序が部分的に逆転した突然変異．逆位を起こした部分が染色体の末端を含むか含まないかにより，末端型逆位と介在型逆位とに分けられるが，多くは介在型である．動原体を含んで逆位の起こった場合を挟動原体逆位(pericentric inversion)，含まない場合を偏動原体逆位(paracentric inversion)という．挟動原体逆位で，両腕の逆位部分の長さが大きく異なるときには染色体の形に変化が起こる．逆位ヘテロ接合体(inversion heterozygote)は減数分裂や唾腺染色体で対合が個々の相同の部分どうしの間で起こり，逆位の部分にループを形成する．減数分裂のとき逆位の部分に交叉が起こると，挟動原体逆位の場合は一

方は重複，一方は欠失をもった1組の染色分体が作られ，偏動原体逆位の場合は二動原体染色分体と無動原染色分体とを生ずる（図）．いずれの場合にも，逆位を起こした部分に交叉が起こると正常な配偶子を作ることができない．したがって，遺伝子が子孫に伝わる場合，逆位を起こした部分に含まれる遺伝子の間では交叉が起こらないことになる．これが逆位による交叉抑制(crossing-over suppression)と呼ばれる現象である．(⇒交叉抑制因子)

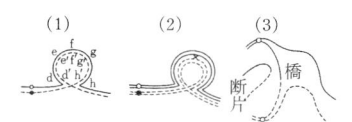

偏動原体逆位のヘテロ接合体の減数分裂における染色体の行動．逆位の部分の対合がループ状をなす（図1）．もしこの部分で交叉が一つ起こると（図2），二動原体染色体と動原体のない断片とができるから，後期（図3）に染色分体橋と断片が出現する．

【2】[situs inversus] ⇒鏡像，⇒内臓位

b **逆遺伝学** [reverse genetics] 《同》逆方向遺伝学．従来と逆の手順を用いた解析に基づく遺伝学．従来の手法は，注目する変異体の表現型から発して遺伝子にコードされているアミノ酸配列などの機能の解析に到達するのに対し，逆遺伝学はある蛋白質（あるいは遺伝子）に注目し，それがいかなる機能をもつかを解明する．例えば，次のような手順で行われる．(1)興味ある蛋白質のアミノ酸配列の解析，(2)その配列に対応する遺伝子のクローニング，(3)その遺伝子を利用した，染色体DNA上への変異（例えば欠失あるいは過剰発現コンストラクト）の導入，変異体の表現型の調査(⇒遺伝子ターゲティング)，(4)その産物蛋白質の細胞における機能の研究．これに対して，昔ながらの「順遺伝学」では，例えば，(1)変異株の単離，(2)表現型の調査，(3)変異を相補する遺伝子のクローニングと遺伝子の解析，(4)産物蛋白質の機能の研究，という手順が一般的である．

c **脚基** [sympodite, limb basis] 節足動物の*関節肢の最基部の肢節．これに対し，脚基より末端の部分を脚端部(telopodite)と呼ぶ．肢節の*底節に相当．これがさらに二分して，体壁の*側板に癒合する板状の部分と，脚端部を関節させる柄状の部分とに区別できる場合には，前者を*亜底節，後者を狭義の底節と呼ぶ．特に二枝型付属肢では脚基（底節）と第二肢節（基節）とを合わせて*原節という．

d **脚鬚** [pedipalp] 《同》腮鬚(maxillipalp)，鬚(palp)．鋏角類の第二対の頭部付属肢．一般の節足動物の第一小顎に相当すると考えられてきたが，Hox遺伝子発現の相同性から甲殻類の第二触角に相当するとの説も提唱されている．脚鬚の基部は咀嚼突起または下唇様突起となり，端部は数個の関節に分かれ，末端は爪状または鋏状をなし，それぞれ爪鬚(独 Klauentaster)・鋏鬚(独 Scherentaster)と呼ばれる．(⇒前腹部[図])

e **逆数式** [reciprocal factor] 植物の成長と，それに関与するさまざまな外的要因との関係を平均個体重の逆数の形で表した式．次の2種に大別される．[1]単一成長要因の場合．篠崎吉郎と穂積和夫は，外的要因をその作用関数に応じて次の3種形で作用するものに分類した．平均個体重をw，要因の供給レベルをfとし，他の成長要因の供給が一様であるとしたとき，
(1) 線形要因：$1/w=(A/f)+B$,
(2) 逆数要因：$1/w=(A'f)+B$,
(3) 両性要因：$1/w=(A/f)+(A'f)+B$.
A，Bなどは時間tごとに決まる係数である．これらの式は平均個体重の逆数が右辺の各項の和で表されているので，単一成長要因の作用に関する逆数式と総称され，wの成長が一般化*ロジスティック曲線で近似でき，*最終収量一定の法則が成り立つという仮定から導かれ

る．栽植実験の結果では，個体占有面積・土の深さ・光の強さ・CO_2濃度などの要因は(1)に，個体密度・土壌水分張力・多くの毒物質などは(2)に，各種肥料成分・土壌の有効水分などは(3)に相当する．(3)の場合，要因の供給量には最適点が存在する．Bは成長率(→成長解析)に関係した係数で時間の進行に従い指数関数的に減少するため，(1)式で$t \to \infty$とするとwの上限値Wとfとの関係は$W/f = 1/A$で一定となる．これは最終収量一定の法則が密度だけでなく一般に要因fに対しても成り立つことを示す．[2] 多要因の場合．二つの線形要因が同時に作用する場合，wと要因量f_1，f_2との関係は

(4) $1/w = (A_1/f_1) + (A_{12}/f_1f_2) + (A_2/f_2) + B$

の形の式で，また線形要因(f_1)と逆数要因(f_2)が同時に作用する場合は，wとf_1，f_2との関係は

(5) $1/w = (A_1/f_1) + (A_{12}f_2/f_1) + (A_2f_2) + B$

の形の式で与えられる．2線形要因の場合，(4)式の相互作用項A_{12}/f_1f_2の大きさは2要因の代換性の大きさを示す．(1)式でfがごく小さいときはwはfに比例するが，(4)，(5)のf_1でも同様に，これはJ. von Liebigの*最少量の法則を表す．一方，(1)式でfが十分大きいとwは$1/B$に近づくが，これは収量漸減の法則(*報酬漸減の法則)を表す．三つ以上の要因が同時に作用する場合にも同様に逆数式を拡張することができる．

a **逆染色法** [negative staining] 《同》ネガティブ染色．電子顕微鏡観察において，*電子密度の高い物質で生物試料の隙間を埋め，生じたコントラストによって試料の微細構造を見やすくする方法．リンタングステン酸ナトリウムや酢酸ウラニルなどが染色剤として用いられる．本来の意味での物質の染色ではないが，通常の電子顕微鏡観察で得られる染色像に対する陰画の形で物が見えるところから名づけられたものであり，解像限界は0.5 nm 以下に達する．S. Brenner および R. W. Horne (1959)によってはじめて*ウイルス粒子の観察に利用され，以後ウイルス・細菌・膜・リボソーム・筋フィラメントなど，生体高分子の観察に広く利用されている．

b **逆相クロマトグラフィー** [reverse-phase chromatography, reversed-phase chromatography] RPCと略記．固定相に極性が小さい充填剤，移動相に極性が大きい溶媒を用いる分配クロマトグラフィー(⇌クロマトグラフィー)．*高速液体クロマトグラフィーに汎用される分離手段の一つである．例えば，シリカゲルのシラノール基(-SiOH)にオクタデシルシリル基(ODS基，C_{18}基，オクタデシルは18の意)を化学的に結合させたODS-シリカゲルは，ODS基が疎水性であるため，極性が小さい固定相となる．これにメタノールを加えた水溶液(メタノール/水)やアセトニトリル/水など，極性の大きい溶媒を移動相に用いて分離を行う．物質は固定相と移動相との間で分配を繰り返しながらカラム内を移動し，極性の大きい順に溶出する．移動相のメタノールやアセトニトリルの組成比を高くすると，固定相に親和性の大きい物質が早く溶出する．一方，固定相に極性が大きい充填剤，移動相に極性が小さい溶媒を用いる分配クロマトグラフィーを順相クロマトグラフィー(normal-phase chromatography)という．この場合には，例えば，固定相にシリカゲル，移動相にヘキサン/アセトンなどが用いられる．

c **逆転写酵素** [reverse transcriptase] 《同》RNA依存性DNAポリメラーゼ(RNA-dependent DNA polymerase)．RNAに依存してDNAを合成する酵素．各種の*レトロウイルスの粒子中に含まれている酵素で，一本鎖RNAを鋳型としてこれと相補的なヌクレオチド配列をもつDNAを合成する．1970年にH. M. Temin ら，および D. Baltimore が独立に発見．この酵素によって，ウイルスRNAからまずRNA-DNAハイブリッドが合成され，このハイブリッドから，さらに二本鎖DNAが合成される(⇌レトロウイルス)．RNA-DNAハイブリッドのRNA部分だけを分解する*リボヌクレアーゼH活性もこの酵素に付随している．本酵素は初めレトロウイルスにだけ存在すると考えられていたが，その後ウイルス感染のない細胞や正常組織からも同様な酵素が分離され，さらに，真核生物の広範囲散在反復配列(LINE)やAluファミリーなどの反復配列，*トランスポゾン，*イントロンの一部にもこの酵素の遺伝子がコードされている例が数多く見出されている．本酵素の発見はDNA→RNA→蛋白質という従来の遺伝情報の発現様式に加えて，RNAからDNAへの遺伝情報の伝達もあることを明らかにした点で重要である．またレトロウイルスの増殖機構の問題を解決したばかりでなく，RNAウイルスのがん化機構をDNAがんウイルスと同列に論ずることを可能にした意義は大きい．また逆転写酵素は，DNA→RNA→DNA という経路を経て行われる転移を仲介する．このような型の転移を行うトランスポゾンが*レトロポゾンである．*偽遺伝子の成立も逆転写酵素が介在する．本酵素は，mRNAのpoly(A)部分にoligo dTを結合させたものを鋳型として，そのmRNAに対応する遺伝子DNA(*cDNA)を合成することができ，真核生物の遺伝子のクローニングに欠かせない．

d **キャッスル**，William Ernest CASTLE 1867～1962 アメリカの遺伝学者．メンデリズム再発見当時から研究に従事し，毛皮の色など哺乳類を材料とした遺伝に関する業績で知られる．[主著] Mammalian genetics, 1940．

e **キャッチ機構** [catch mechanism] 《同》歯止め機構，止め金機構(ratchet mechanism)．軟体動物の平滑筋や哺乳類の内臓平滑筋などにおいて，わずかなエネルギー消費により長時間持続的収縮を行う機構．このような持続的収縮をキャッチ状態(catch condition)，その状態を起こす筋肉を*制動筋という．キャッチ状態においては，筋は活動状態にはなく，伸長に対しては大きな張力を発生するが，ゆるめたときには能動的な張力の再上昇はみられない．歯車の歯止め機構(catch mechanism)を思わせるのでこの名がある．制動筋のミオシンは濃度が低下した後も，アクチンから解離せずATPの消費も起こらない．この状態をキャッチ状態という．キャッチ状態から弛緩するには，低Ca^{2+}濃度と環状AMP濃度の増加が必要である．

f **キャッチ結合組織** [catch connective tissue] 《同》可変性膠原組織 (mutable collagenous tissue)．棘皮動物において，硬さを変化させることのできる*結合組織．神経系の制御によって硬化し，その後はエネルギー消費なしに硬化した状態を維持できる．軟体動物に見られるキャッチ筋(*制動筋)との類似から名付けられた．ナマコでは，外からの刺激によってキャッチ結合組織の硬さを変えることが，外敵からの防御に役立つ．キャッチ結合組織には，可逆的に硬化と軟化(compliant)が起こるのみのもの(A型)，硬化と軟化は可逆的に起

こるが，軟化から不可逆的に自体損傷を伴う不安定化（destabilization）を示すもの（B型），硬化から不可逆的に不安定化を示すもの（C型）の3種類が存在する．A型・B型には筋細胞を含むものがあり，キャッチ結合組織に張力を発生させていると考えられている．

a　**キャッピング**（細胞の）［capping］《同》キャップ形成．多価の*リガンドが細胞膜上の複数の受容体蛋白質分子と結合し，それらが細胞の一端にキャップ状に集まること．例えばリンパ球に蛍光色素でラベルした抗体を与えると，細胞膜上に一様に存在していた抗原と抗体が結合し，この結合物が集まって塊（patch）をつくり，やがてそれが1ヵ所に集まってキャップ（cap）を形成する．その後結合物は*エンドサイトーシスにより細胞内に取り入れられる．細胞膜内における受容体蛋白質の移動は，膜の流動性（→流動モザイクモデル）に依存するので，低温により阻害される．

b　**ギャップ**［gap］［1］*染色分体に生ずる狭い非染色性の部分．光学顕微鏡下では，染色分体はこの部分で切れているように見えるが，必ずしもDNAレベルでの不連続を意味するものではない．染色分体の一方にだけギャップが生じた場合を染色分体ギャップ（chromatid gap）といい，染色分体の両方の同位置に生じた場合を同位染色分体ギャップ（isochromatid gap）あるいは染色体ギャップ（chromosome gap）と呼ぶ．放射線や化学物質によって誘発される．［2］塩基配列やアミノ酸配列の整列（alignment）において，片方の配列に存在しない塩基やアミノ酸の並び．図のようにハイフン(-)で表すことが多い．

配列1：AAGTCTGAC
配列2：A--TCTGAC

c　**GAP**　GTPase-activating protein（GTPアーゼ活性化蛋白質）の略．GTPを結合している低分子量GTPアーゼ（低分子量GTP結合蛋白質，低分子量G蛋白質）に作用し，そのGTPアーゼ活性を促進する蛋白質．この作用により，低分子量GTPアーゼはGTPを結合した活性化状態から，GDPを結合した不活性化状態に変換される．低分子量GTPアーゼ単独のGTPアーゼ活性は極めて弱く，GAPが作用することによりその活性が発揮される．GAPの作用は他の蛋白質や脂質などとの相互作用や翻訳後修飾により調節される．Ras, Rho, Rab, Sar/Arfの各低分子量GTPアーゼファミリーに対してさまざまなGAPが存在する．Rasに作用するGAPにはp120GAPやNF1などがある．三量体G蛋白質のαサブユニットに対しては，regulator of G protein signaling（RGS）がGAP活性を示す．

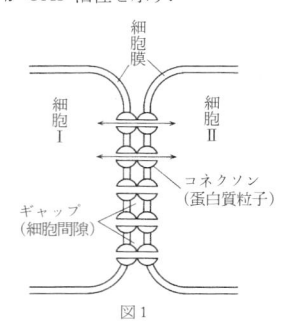

d　**ギャップ結合**
［gap junction］
《同》ギャップジャンクション．細胞接着部の微小構造上の特殊分化形態の一つで，*細胞間連絡の場となる部位の結合様式．細胞間連絡は隣接する細胞の2枚の細胞膜を貫く小孔（細胞間チャネル）を通して行われる．この

図1

チャネルはそれぞれの細胞膜に埋め込まれたコネクソン（connexon）と呼ばれるチャネル蛋白質粒子が互いに結合して形成される．主に斑状に集合・配列した膜中のコネクソンどうしが2枚の細胞膜の間に2nm以上の細胞間隙をあけて結合している所見から，ギャップ結合の名称が定着した（図1）．ギャップ結合は興奮性細胞では心筋や平滑筋の細胞間で見出されたが，その後，各種の動物の同種細胞間に広く分布することがわかった．電気シナプスやエファプス（細胞間連絡）などの例外を除き，神経細胞，成熟骨格筋細胞，血球細胞（マクロファージの接合状態を除く）には存在しない．卵の初期発生時には，ギャップ結合は形成されたり消失したりして，細胞の増殖・分化に大きな影響を与える．コネクソンの直径は7～8nmで構成蛋白質によって多少の大小がある．*フリーズフラクチャー法で見ると，コネクソンの配列は大部分は六角型に密集しているが，中には花模様を呈するものや輪状配列する非定型ギャップ結合などもある（図

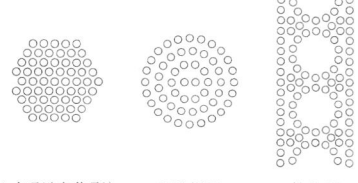

図2　六角型（密集型）　花模様型　輪状型

2）．コネクソンはサブユニット蛋白質であるコネキシン（connexin）6個からなる．コネクソンを分離精製して解析すると，ラット肝臓からは26～29 kDaと21 kDaの2種，心筋からは44～47 kDaの蛋白質が得られる．cDNAから推定される分子量から，それぞれCx32（connexin32），Cx26，Cx43と呼ぶ．組織によっては，これ以上の分子量のものも分離されている．これらは一次構造の相同性からコネキシンファミリー（connexin family）を構成する．全アミノ酸配列は，ラット肝臓のCx32では283個，Cx26では226個，心筋のCx43では328個である．組織差に比し動物種差は僅少で，ラットとマウスのCx32のアミノ酸配列は，ヒトでも4個異なるだけである．一次構造のCとNの両末端とも細胞質内にあり，細胞膜を4回貫通する．したがって細胞外ループが二つ，細胞内ループが一つとなり，分子量の差は主に細胞内C末端の大きさによる．唾液腺ほか外分泌腺や粘膜上皮のコネキシンは肝臓型で，水晶体ではヒジで約2倍の二量体の大型のものと見られている．ギャップ結合による細胞間連絡の制御は受容体を介する細胞内情報伝達系に付随し，または独立に細胞内環状AMPの濃度上昇により亢進し，同じく細胞内カルシウム濃度上昇により閉鎖する．細胞内カルシウム濃度上昇は細胞内貯蔵所からの放出と，それに続く細胞外からの流入によるが，細胞の大小や貯蔵量により一定濃度への上昇時間は異なる．網膜の水平細胞のみ例外的に，環状AMPの濃度上昇で細胞間連絡が低下する．多くの発がんプロモーターはごく微量で，受容体を介し細胞内情報伝達系を経て細胞間連絡を低下させる．また，ストレスなどが細胞間連絡の低下を生ずる例もあり，ギャップ結合は組織や器官の変化を通して，生体に微妙な，

またときに大きな変化を引き起こす．(⇌細胞間連絡)

a **キャップ構造**(mRNA の)［cap structure (of mRNA)］真核生物の多くの mRNA の 5′ 末端にある修飾構造．三浦謹一郎らが発見した．5′-5′ のピロリン酸結合があり，また塩基やリボースがメチル基で修飾されている．必ずしも構造上の画一性はないが，5′ 末端は必ず 7-メチルグアノシンであり，その 5′ 部位と次のヌクレオシドの 5′ 部位が，三リン酸を介して結合している．典型的な構造として，cap1 の $^{7Me}G(5')ppp(5')A^{2'OMe}_{(N_6Me)}$ を図に示す．キャップ構造はメチル化の様式で

以下の三つのグループに分類されている．(1) cap0: ^{7Me}GpppPu (Pu はプリンヌクレオシド)．7-メチルグアノシンにしかメチル基が存在しないもので，酵母や粘菌などに多い．(2) cap1: ^{7Me}GpppX^{Me}．2 番目のヌクレオシド(X)もメチル化されているもので，最も一般的なキャップ構造(図)．2 番目のヌクレオシドとしては，アデノシンが最も多いが，グアノシンやピリミジンのヌクレオシドも見出されている．これらのヌクレオシドのメチル化は，必ず 2′-リボースの位置に起こるが，アデノシンの場合は，アデニンの 6 の位置にもメチル化が起こり，ジメチル(2′-O,N^6)アデノシンを形成することもある．(3) cap2: ^{7Me}GpppX^{Me}pY^{Me}．7-メチルグアノシンと 2 番目のヌクレオシド(X)のメチル化に加えて，3 番目のヌクレオシドもそのリボース(2′-O)がメチル化されている．この構造は動物細胞に微量に存在する．キャップ構造は，mRNA の 5′ 末端と GTP とがグアニル酸転移酵素の作用で 5′-5′ のピロリン酸結合をつくり，それに 7-メチル基転移酵素などが作用して合成される．これらの反応は，動物細胞の場合，核内で行われる．キャップ構造は mRNA が 5′ 末端から分解されるのを保護し，また mRNA 翻訳の開始機構に重要な役割をもつ．mRNA のキャップ構造とやや異なるものとして，snRNA の 2,2,7-トリメチルグアノシンを含むキャップ(U1, U2 など)，モノメチルキャップ(U6)がある(⇌snRNA)．

b **ギャップ修復**［gap-repair］二本鎖 DNA 上に局所的に生じる一本鎖部分(ギャップ)を鋳型にして DNA を合成し，ギャップを解消させる修復反応．[1] *除去修復時に生じるギャップを埋める反応(⇌修復合成)．[2] 遺伝子組換え技術で用いる手法．クローン化した酵母遺伝子の内部の配列を一部取り除いた線状 DNA を酵母細胞に導入すると，末端部分が高頻度で宿主 DNA の相同部分に侵入しギャップをもつ DNA が生じる(図 a)．DNA 末端をプライマーに，宿主染色体 DNA を鋳型にして DNA 合成が行われて欠失部分が修復される(b)．修復後の DNA 鎖の切断によって外来の DNA が染色体に取り込まれ，遺伝子の重複が生じるか，あるいは外来遺伝子は染色体に挿入されずに環状 DNA になるかのいずれかになる(c, d)．ギャップの修復は染色体遺伝子を鋳型として行われることから，この反応を利用して染色体中の対立遺伝子をプラスミドに移すことができる．例えば，変異 DNA など注目する DNA 配列を調べるために，その DNA 周辺領域を含むプラスミドを作り，その部分を欠失させ細胞に導入する．染色体 DNA をコピーしてギャップ修復させたあとプラスミドを回収し，DNA を解析するといったことが行われる．クローン化した野生型遺伝子をもとに染色体上の突然変異型遺伝子のクローニングに利用される．

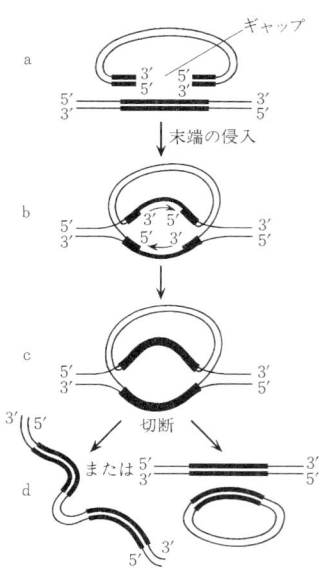

c **ギャップ動態**［gap dynamics］森林群落において，林冠に生じた空隙とその再生にかかわる動的な過程．森林群落には，倒木，高木の立ち枯れ，幹折れなどさまざまな*攪乱によって生じる林冠の穴，すなわちギャップ(gap)が見られる．このギャップは光が射し込み，明るいので，新たな実生が発生・成長する場となる．これをギャップ再生(gap regeneration)と呼ぶ．よく発達した森林にはこうしたギャップに始まる群落内のパッチ(相)がモザイク状に複合している．したがって，このギャップ動態をより一般的にパッチダイナミックスということもある．A. S. Watt (1947) は，極相林の内部はこのような相を異にするパッチ複合体であり，それぞれのパッチはギャップ相から始まり，パイオニア相，建設相，成熟相，退行相へと連続的に変化し，再びギャップ相に戻るような循環的な変化を示すとして，これを循環遷移(cyclic succession)と呼んだ．このような森林の動的過程は熱帯から北方林まで広く見られ，森林の一般的な変遷過程と考えられる．ギャップは樹冠投影図を描き，一定の樹高の樹冠が欠落する部分として定義されるが，便宜的には，例えば森林を 5 m 四方の格子に区切り，それぞれの格子における樹高によってパッチを定義し，パ

ッチ間の変化は行列モデルによって決められ予測されるといった手法もとられる．このとき，連続した林冠の中でよりもすでに生じたギャップに隣接するサイトで倒木などが生じやすく，ギャップが時間とともに拡大する傾向もある．いったん林冠木として定着した樹木は，長年にわたってそのサイトを占有するため，生じたギャップなどの樹種が埋めるかという再生の過程(regeneration process)が，森林の種組成や多様性などを決定する．またギャップのサイズ，微気候や種子の散布距離，林冠木が倒れるのを林床で稚樹として待っている実生バンク(seedling bank)の存在などがこの過程を決定する．

a **ギャップ分析** [gap analysis] 生物多様性の保全を目的として，生物種の分布情報，土地被覆，土地の所有・管理状況の3要素についての地理情報を，GIS(地理情報システム)上で重ね合わせることによって，生物の生息分布と既存の保護ネットワークとのギャップを見つけ出す手法．種の生存が危険に晒されてから手を打つ方法(reactive approach)ではなく，種が危険に晒される前に保護策を実施する方法(proactive approach)で，資源管理者や資源計画者，政策決定者などに生物多様性に関する地理情報を提供することにより，保全計画の推進に役立てることができる．アメリカでは，1989年から，全米ギャップ分析計画(The National Gap Analysis Program, GAP)が，州や連邦機関，大学機関などの協力関係のもとに進められている．

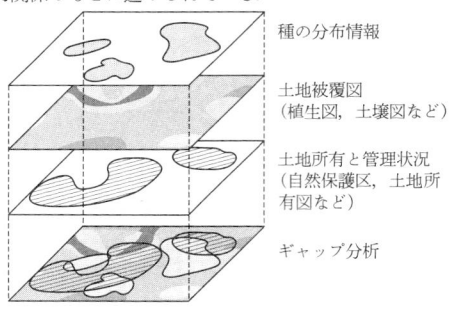

ギャップ分析の考え方

b **キャナリゼーション** [canalization] [1]《同》道づけ．発生の進行に撹乱を与えるようなさまざまな環境条件のもとでも，あるいは潜在的に多様な遺伝的背景のもとにおいても，発生の進行を一定の方向へと導く後成的な安定化機構．表現型の変異性を小さくする要因の一つ．形質には，変異性の大きいものと小さいものが見られるが，変異の小さい形質にはキャナリゼーションが強く働いていると想定される．しかし，一見変異の見られない形質においても，潜在的にかなりの量の遺伝分散が存在しうる．選択のもとで遺伝的背景が大きく変わったり，外的撹乱があまりに強くかかったりすると，キャナリゼーションの様式が変更され，これまでとは異なる方向へ発生が進行し，表現型に多様なパターンが現れたりすることがある．(⇒予定運命) [2] 植物においては，オーキシンの流れに関して用いられる．特に，維管束パターンの決定にオーキシンのキャナリゼーションが関与すると考えられている．オーキシンは極性輸送されるため，オーキシンの流れている場所はますますオーキシンを流しやすくなり，その流量が閾値を超えたとき，その場所が維管束へと分化すると考える．このオーキシンの流れのフィードバックは，オーキシン依存的に発現するMONOPTEROS転写因子，MONOPTEROSに誘導されるオーキシン排出キャリアー，さらにはオーキシン排出キャリアーの細胞内での偏りを支配する因子などにより構成されると考えられている．

c **キャノン** CANNON, Walter Bradford 1871〜1945 アメリカの生理学者．X線を，造影剤を用いて胃や腸の運動の観察に応用した．寒冷，創傷，恐怖などの緊張状態のときに，交感神経-副腎髄質系が活性化されてこれに対処するという*救急説を提唱した．ホメオスタシスの概念は，その研究からの思想的所産であるとともに，C. Bernardの内部環境の固定性という意想の継承であり，後のH. Selyeのストレス説の足場ともなった．［主著］Bodily changes in pain, hunger, fear and rage, 1915.

d **キャビテーション** [cavitation]《同》腔所形成．哺乳類胚において，*桑実胚(およそ32細胞期)以後，*栄養芽層の細胞が液体を分泌して*胞胚腔を生じる過程．その結果内部細胞塊は胚全体の一方の側に押しやられ，*胚盤胞となる．

e **キャピラリー電気泳動法** [capillary electrophoresis] CEと略記．分離用毛細管(キャピラリーcapillary)を用いる電気泳動法(⇒電気泳動)．分離用毛細管には溶融シリカ製のものが用いられ，内部を緩衝液で満たして電場に置くと，電気浸透流が発生し，緩衝液は陽極側から陰極側に向かって流れる．荷電物質は電気浸透流と同じ方向に移動するが，分子の大きさと電荷量により電気浸透流内での移動速度に差が生じて分離され，陰極側に取り付けた検出器により検出される．毛細管内に支持体を含まない緩衝液だけを充填して行うキャピラリーゾーン電気泳動法，ポリアクリルアミドゲル(⇒ポリアクリルアミドゲル電気泳動法)のように分子の大きさで分離するゲルを充填して行うキャピラリーゲル電気泳動法，ポリアミノカルボン酸のような両性電解質を充填し，pH勾配を形成させて行うキャピラリー等電点電気泳動法(⇒等電点電気泳動法)，緩衝液中に添加された界面活性剤により形成したミセルと試料物質との疎水性相互作用により分離を行うミセル動電クロマトグラフィーがある．アミノ酸，ペプチド，蛋白質，核酸などの分離に有効である．

f **キャプシド** [capsid]《同》カプシド，コート(coat)．ウイルスのゲノム核酸を包む蛋白質の外殻．単一あるいは複数の異なるポリペプチド鎖からなる．電子顕微鏡では，キャプソメア(キャプソマーcapsomere)と呼ばれる規則的に配列する多数の単位構造から構築されていることが観察できる．しかし，キャプソメアは必ずしも構造上の基本単位とは一致しない．キャプシドの基本的形態は，キャプソメアのらせん状配列によってできる円柱状のもの(*タバコモザイクウイルスなど)と，等方性配列によってできる正二十面体様のもの(*アデノウイルスなど)が主である．ゲノム核酸を内蔵したキャプシドが，ビリオン内で明確な構造として観察できる場合，ヌクレオキャプシド(nucleocapsid)と呼ぶ．

g **キャリアー** [carrier] [1]《同》担体．広義には生物体内においてある活性物質が他の物質に結合して存在する場合，後者をそのキャリアーという．特に生体膜を介しての物質の移動である*キャリアー輸送をになう蛋

白質の総称．[2]《同》担体，支持体．不溶性ゲルに酵素を人為的に結合させた固定化酵素(不溶性酵素)のゲル，アフィニティークロマトグラフィーやゲル電気泳動に用いられるゲル，またガスクロマトグラフィーのキャリアーガスなどをいう．[3]《同》保因者．劣性遺伝病の遺伝子座で，ホモ接合になると病気を発現する対立遺伝子と正常型の対立遺伝子のヘテロ接合となっている個体．人類遺伝学の用語．

a **キャリアー輸送** [carrier-mediated transport] 《同》担体輸送，仲介輸送．生体膜において，単に拡散によるのでなく，被輸送物質 S と特異的に結合するキャリアー C が考えられる物質輸送．結合物 CS がエネルギー供給系と共役するか否かにより，*能動輸送・*受動輸送のいずれの場合もある．受動輸送の場合には，CS の速度論的特性により，*促進拡散・*交換拡散などの形式をとる．キャリアーの実体は膜貫通蛋白質である．能動輸送のキャリアーには，輸送体(トランスポーター transporter)とポンプとがある．輸送体は，膜の電気化学勾配(化学ポテンシャル)を利用して物質を能動輸送する．ポンプは，ATP の加水分解のエネルギーを直接利用して，物質を能動輸送する．例えば，ナトリウム－カリウム ATP アーゼは，Na^+ と K^+ の輸送を行うポンプであり，ATP を利用して能動輸送を行う．(⇌イオンポンプ)

b **キャンベルのモデル** [Campbell model] *λファージ DNA の宿主染色体への*挿入(組込み)および*切出しの機構を説明するモデル．λファージゲノムの遺伝子地図を，大腸菌染色体上に挿入された*プロファージと比較した A. M. Campbell (1962) が提唱したもので，以下の四つのプロセスからなる．(1) ファージ粒子内の DNA は線状であるが，感染後，*付着端の特殊な構造によって両端が連結した環状分子となる．(2) ファージ DNA 上の*付着部位と宿主染色体上の付着部位との間で組換えが起こる．(3) その結果，ファージ DNA は宿主染色体の付着部位に線状に組み込まれる(挿入)．したがって，組み込まれた DNA 上の遺伝子群の順列は，ファージ DNA 上の順列(例えば $abc\cdots xyz$)に比べるとファージの付着部位を先頭とした順列(例えば $lmn\cdots xyzabc\cdots ijk$)となる．(4) ファージ DNA の切出しは挿入の逆反応として起こる．このモデルは 2 種の DNA 分子が，少なくとも一方が環状であれば，1 カ所の組換えによって両分子の全体が互いに結合して 1 本の DNA 分子となりうることを示しており，基本的には広く一般化できる重要なものである．(⇌付着部位，⇌挿入，⇌切出し)

c **Q-R 関係** [Q-R relation] [1] *因子分析において，Q 技法と R 技法によってどちらからも得られた結果が証明されること．因子分析において，変数が被験者で，被験者間相互の相関行列(correlation matrix)を作成する場合を Q 技法(Q-technique)といい，一方，テストを変数として，テスト間の相関行列を作る場合を R 技法(R-technique)と呼んで，心理学の分野では区別している．これは結局データ行列(data matrix)における行と列の入替えの問題である．[2] 数量分類学では OTU (*操作的分類単位)間の相関をとるのを Q 技法，形質間の相関をとるのを R 技法と呼んでいる．Q-R 関係は因子分析や主成分分析の理論からは十分に解明されていない点もあるが，どちらの技法からも同じ結果が得られることが証明されている．R 技法では形質に重みづけをすることになり，多変量形質解析(multivariate character analysis)の一手法となる．生態学では Q 技法は調査区相互の相関，R 技法は種間の相関となる．

d **求愛** [courtship] *交尾や産卵に先立って雌雄間に起こる予備行動全体．求愛の過程でみられる行動を求愛行動(courtship behavior)というが，求愛行動の果たす生物学的役割は，雌雄が互いに同種の異性であることを認知(雌雄の認知)して，種間交雑を回避すること，雌雄の攻撃や逃走などの行動を抑制すること，両者の配偶のタイミングを調整すること，そして複数の異性個体の中から最も好ましい相手を選ぶための判断材料を提供すること，すなわち*配偶者選択であるとされる．視覚的な求愛行動のほかに，音や振動，匂い信号による求愛も多く，*求愛給餌などが行われることもある．

e **求愛給餌** [courtship feeding] 《同》婚姻贈呈(nuptial gift)．求愛または交尾中に，雄が雌に食物を与える行動．雄が雌に提供する食物は，捕らえた獲物のほかに，雄の分泌物などの場合もある．ガガンボモドキの一種では，雄が提供した餌の大きさによって交尾時間を変えており，大きな餌を提供した雄とは長く交尾し，多くの精子を受け取る．また，コオロギなどでは，雄から提供された食物の栄養によって，雌のつくる子の数が増加することなどが知られている．アジサシなどの鳥類では，雄の求愛給餌によって雌の産子数が増えるだけでなく，雌は子育て時の雄の給餌能力を評価していると考えられている．

f **吸胃** [sucking stomach] 吸汁性の節足動物(蛛形類や昆虫類)に見られる前腸の変形．蛛形類では，咽頭・食道に続く部分で，体壁から伸びる拡張筋によるポンプ器官．低張性の液什から水分を除去し，クチクラ上皮をもたない中腸へ送る前処理をするとされる．昆虫類の一部では，嗉嚢の突出部を吸胃と呼ぶことがあるが，ポンプ器官としての機能はもたない．拡張筋をもつ咽頭部がポンプとして働く．

g **キュヴィエ** CUVIER, Georges Léopold Chrétien Frédéric Dagobert 1769〜1832 フランスの動物学者．シュトゥットガルトの Karlsschule に学び K. F. Kielmeyer の影響で比較解剖学に興味を抱いた．1788〜1794 年，ノルマンディーで貴族の家庭教師をしながら，海産動物を研究．É. Geoffroy Saint-Hilaire に認められ，創立直後のパリの自然史博物館の館員となり，まもなく比較解剖学教授となる．またコレージュ=ド=フランスの教授．Napoléon に重用され，視学官として教育行政にも参与．実証主義的傾向を代表する学者で，その影響は長くのちの学界に及んだ．比較解剖学との結合により動物分類を秩序立て，動物界を体制により 4 群に分けた．さらに化石を研究し，古生物学を独立の科学として基礎づけた．J. B. Lamarck の進化論を否定し，天変地異説を立てた．また，同一個体を構成する諸器官の間には相関的な変化がみられるとするキュヴィエの原則(Cuvierian principle)を提唱した．[主著] Règne animal distribué d'après son organisation, 1817.

h **キュヴィエ器官** [Cuvier's organ, Cuvierian organ, Cuvierian tubules] ナマコ類の *Holothuria* や *Actinopyga* などの体腔内に見られる著しく粘着性のある多数の細管．*呼吸樹の根本付近の幹から伸長する．刺激に応じて反転し肛門を経て外界に射出(内臓放出)さ

れる一種の防御器官.（⇨自切）

a **吸エルゴン反応** [endergonic reaction]　ギブズエネルギーの増加（$\Delta G>0$）を伴う反応（⇨平衡定数【2】）．*発エルゴン反応（$\Delta G<0$）に対する．生体における多くの合成的な反応や，いわゆる化学的仕事または浸透圧に逆らって行われる物質の能動的移動，筋収縮に典型例をみる形態的変化など，それ自身単独では熱力学的に非自発的な変化はみなこれに属する．発エルゴン反応により得られたエネルギーが吸エルゴン反応を進めるために用いられることを*共役という．

b **球果** [cone]　マツ類の松傘（まつぼっくり）のように，種子をつけて木化した鱗片が集まって球形あるいは楕円体となった生殖構造．裸子植物のマツ科・スギ科・ヒノキ科・ビャクシン科などに見られる．この鱗片は*種鱗と苞鱗とからなる複合体で（*種鱗），向軸面の基部に2個ないし数個の種子をつける．ヒノキ科の肉質のものを特に肉質球果（galbulus）という．受粉期の若い時期のものを球花（strobilus）と呼び，シダ植物で胞子葉の集まった構造は胞子嚢穂という．

c **嗅窩** [olfactory pit, nasal sac]　《同》鼻窩（fovea nasalis, nasal pit）．鼻ブラコードの陥入の結果生じた小孔．後にその一部は嗅上皮を形成する．円口類では無対の嗅窩が正中部に存在する（⇨嗅嚢）．魚類においては，有対の嗅窩がサメ類・エイ類・肺魚類では腹側に，チョウザメ・真骨類では背側にある．内鼻孔類では嗅窩は口陥（stomadeum）の天蓋に接し，口鼻膜（oronasal membrane）を形成し，それが開通することにより内鼻孔が生ずる．（⇨鼻）

d **休芽** [statoblast]　《同》越年芽，休眠芽，休止芽．被子綱淡水産コケムシ類の，*無性生殖のための特殊構造．直径1mm以下で，円盤，楕円形，四角板または鞍状．外表はかたい*キチン質の殻に包まれ，内部には細胞塊を含む．温帯では秋の終わり，熱帯では乾期の初めに，母虫の体内の胃縁上に多数作られ，冬期または乾期に母体が崩壊すると外界に出る．定着性のものは母虫の付着していた水草や岩などに着き，浮遊性のものはその空気室の浮力によって水面に浮漂し，ともにかたい殻によって凍結や乾燥に耐え，翌春または雨期が訪れると内部の細胞塊から新個体が形成される．越冬および耐乾のための繁殖体であるが，浮遊性のものは水鳥や魚などの体に付着してほかの水域に運ばれるものがある．そのため，淡水コケムシ類には汎世界的分布を示すものが多い．櫛口目の汽水・淡水産コケムシ類もまた冬芽（hibernaculum, pl. hibernacula）と呼ばれる越冬のための特殊構造を生ずる．休芽同様，他の動物群の芽球，包嚢，卵殻膜，耐久卵と同じ生態学的意義をもつ．

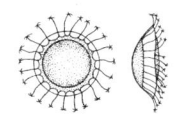

アユミコケムシ（*Cristatella mucedo*）の休芽

e **嗅覚** [sense of smell, olfactory sense]　匂い（smell, odor）に対する，比較的遠隔性の化学感覚．嗅覚を起こす物質の多くは，揮発性であり，匂い分子として媒質（空気や水）中を拡散し*嗅受容器に到達するもので，一般にその刺激閾は味覚より極度に低い．嗅覚は動物の遠隔感覚としては原始的位置にあるが，視覚・聴覚とともに外環境の認知に重要な役割を演じる（⇨嗅覚動物）．刺激の持続に際し順応（嗅覚疲労）が著明で速やかに閾値が上昇するが，一つの*臭質への疲労は他の諸臭質への感受性を損なわない．この事実は個々の臭質に特異的な受容器の存在を示唆する．他方，嗅覚物質の混合による感覚の相殺（compensation）の現象（悪臭の緩和，芳香の発揮）も知られている．個々の嗅細胞がどんな匂い物質に応答するかは，その細胞に発現している匂い物質受容体の種類で決まる．受容体分子はたがいによく似た同族分子群に属し，ヒトや齧歯類では約1000種類ある．これらはG蛋白質と共役し，二次メッセンジャーを介してイオンチャネルの開口を変化させる．1個の嗅細胞は1種類の受容体をもち，限られた種類の分子にしか応答しない．

f **嗅覚器官** [olfactory organ]　*嗅受容器が集合し，嗅受容を容易にする構造を伴った器官．脊椎動物では嗅上皮がそれに当たる．無脊椎動物のうち，昆虫類では主に触角がそれに当たる．軟体動物の頭足類では*漏斗の近傍に嗅覚器が存在する．

g **嗅覚電図** [electro-olfactogram]　EOGと略記．《同》嗅粘膜電図．嗅上皮が匂い刺激を受けたとき発生する電位（嗅電位）を記録した図．主として匂いの分子によって嗅受容器に引き起こされた*受容器電位に由来するものと考えられる．切り出されたイヌの嗅粘膜において外面を負，内面を正とする数mVの電位差があり，匂い刺激を与えるとゆるやかに変動し，変化の大きさが匂いの種類によって異なることが，細谷雄二ら（1937）により明らかにされた．その後両生類のカエルやイモリを使って詳しく研究された．EOGは匂い刺激の開始時（on-EOG）のほか，強い刺激の終了したあと（off-EOG）にも発生する．なお，*眼球電図（electro-oculogram）も同じくEOGと略記することがある．

h **嗅覚動物** [macrosmatic animals]　食物・異性・害敵の発見や認知が主として嗅覚（化学受容）に依存し，行動における嗅覚の重要性が他の遠隔感覚，特に視覚をしのぐとみられる動物．各種の嗅物質に対する刺激閾が低いという性質をもつ．

i **嗅覚突起** [rhinophore]　《同》嗅角，臭覚突起．腹足綱後鰓類，頭足綱オウムガイ類において，頭触角のうちの一部．長軸に直角に平行して走る多数の襞があり，*化学受容器の一つとされる．

j **吸器** [haustorium]　[1] 寄生菌が宿主から養分などを吸収する機能をもつ，菌糸上に分化した特殊な構造．エキビョウキン類，ツユカビ類，シロサビキン類，サビキン類などの寄生菌の菌糸は宿主植物の組織中の細胞間隙に侵入した後，宿主細胞との接触部からその細胞壁を貫通して菌糸の小突起が侵入する．またウドンコカビ類，メリオラ類，アステリナ類，エングレラ類などでは，表生菌糸から角皮を貫通して表皮細胞内に小突起として挿入される．球形，円筒形，扇形，指状，樹枝状，らせん状など種により形はさまざまである．宿主の細胞膜に包まれ，侵入部の宿主細胞壁は肥厚して襟状の鞘となる．1個の宿主細胞内に1個入る場合も，数個入る場合もある．また，ネナシカズラの寄生根などのように，寄生植物から宿主

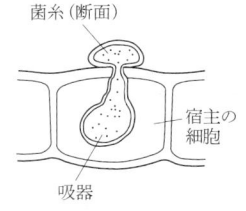

に侵入して養分を吸収する機能をもつ器官を一般にこの語で呼ぶ．[2]維管束植物の胚乳形成時に形成される吸収器官．胚乳の発達の悪い植物では胚の方に形成されることがある．

a **嗅球** [olfactory bulb ラ bulbus olfactorius] *終脳の前端に位置し，球状に突出した構造．円口類から哺乳類にいたるほぼ全ての脊椎動物に存在するが鳥類では退縮し，歯鯨類では失われる．嗅覚神経系の一次中枢で，その内部は層構造を示す．また，両生類以上の脊椎動物の嗅球には主嗅球および副嗅球があり，それぞれに化学感覚受容器である嗅神経と鋤鼻神経が終止する．二次ニューロンである僧帽細胞(mitral cell)および*房飾細胞は，嗅索を経由してより高次の中枢に神経情報を送る．ただし房飾細胞が見出されているのは哺乳類のみである．深層に無軸索細胞である顆粒細胞が存在し，嗅情報処理に重要な役割を演ずる．

b **救急説** [emergency theory] 動物が緊急事態におかれると，交感神経系に刺激が加わり，副腎髄質からアドレナリンが大量に分泌され，事態に対応するという説．W. B. Cannon (1928)の提唱．そのために瞳孔は拡大し，眼球は突出し，毛は逆立ち，心臓は激しく打つ．ついで，筋肉の血液は増し，糖は動員され，胃腸運動は抑制され，気管支は拡張し，赤血球は増加する．これは動物が外傷，闘争，感情的興奮，温度変化などに出会ったときに都合のよい反応である．しかし Cannon はストレス時の副腎皮質ホルモンの作用と厳密に区別してはいなかった．(⇌ストレス)

c **球棘** [sphaeridium] ⇌ウニ類

d **究極要因** [ultimate factor] ある生物現象が成立するための要因群のうち，直接その現象を生起させるものと，その現象の生存確率，すなわち自然淘汰のうえで有利であることに関連しているものとの二つを区別する場合，その後者をいう．これに対し，前者を近接要因(至近要因 proximate factor)という．ともに J. R. Baker (1938)の定義とされるが，D. L. Lack (1954)によって広く紹介された．例えば，小鳥が初夏に繁殖期を迎えるのに，生殖巣の発育を促す要因である日長や温度は近接要因であり，その時期だけにヒナを育てるに十分な食物の存在することは究極要因である．

e **球菌** [coccus, pl. cocci] 球形の細菌の形態的通称．桿菌・らせん菌などと対置される．球体が孤立して存在する単球菌(micrococcus)，分裂に際して娘細胞が二つ結合して離れない*双球菌，一方向だけに分裂して離れ難い*連鎖球菌，球体が多数塊状に集合体をつくる*ブドウ球菌，分裂が互いに垂直な方向に行われて娘細胞が規則正しい六面体状の集合体になる八連球菌(Sarcina)などがある．条件によりこれらの形状は大きく変化する．

f **球茎** [corm, solid bulb] 主軸をなす茎の基部が肥大して球状となり，貯蔵物質を蓄積した*地下茎．地上部が毎冬枯死する多年生草本の越冬休眠器官になっているもの(例:グラジオラス)が多い．新しい地上部を発育させたのち球茎は腐ってなくなってしまうもの(例:コンニャク)と，2年以上生きるもの(例:シラン)とがある．一見，*鱗茎と似るものも少なくないが，鱗茎は葉が多肉化したもので，解剖すればすぐ区別できる．

g **球形嚢** [saccule] 《同》球嚢，小嚢(sacculus)．脊椎動物*内耳の膜迷路の一部で，*平衡受容器．同じ機能をもち，構造的にもよく似た卵形嚢(utricle, 通嚢 utriculus)と並んで存在する．円口類のヌタウナギ類では卵形嚢と球形嚢は分離しておらず，ヤツメウナギでは両者に分化する．受容細胞は，卵形嚢では水平面に位置し，球形嚢は垂直の面上に並ぶ．水平面上の運動には卵形嚢が，垂直の運動に対しては主として球形嚢が働く．*有毛細胞の大部分は有毛細胞を支持する細胞から分泌された平衡石膜(平衡砂膜)で覆われ，この平衡石膜に対する重力が常に刺激となっている．静止時にあっても刺激が加わっているから姿勢を保つため重要な役割を果たしている(⇌平衡覚)．魚類のこの平衡石は，矢(sagitta)と呼ばれる．球形嚢の基礎部は進化が進むと分化し，哺乳類では聴覚受容器としての*蝸牛にまで発展する．

h **吸血動物** [blood-sucking animal] 脊椎動物を宿主とし，体の外側からその血液を吸って自分の栄養にする動物．病原体の媒介動物である例も多い．ヤマビルやチスイコウモリのように，獲物の皮膚に傷をつけて流れ出る血液をなめるものも含めることがある．ジストマ・ジュウニシチョウチュウなどの内部寄生虫は通常含めない．節足動物ではノミ・シラミ・トコジラミ・カ・アブなどの吸血昆虫やマダニ，硬骨魚類に寄生する甲殻類のチョウ・イカリムシなど，環形動物のチスイビルなどが吸血動物として知られている．このうち完全変態昆虫の幼虫はすべて非吸血性で，カの場合雌成虫だけが吸血する．多くのカは吸血しなければ卵成熟がみられない．このような種では，吸血刺激によって，脳から卵成熟神経分泌ホルモン(egg development neurosecretory hormone, EDNH)が分泌され卵成熟の引き金となっている．脊椎動物は*血液凝固の機構をそなえているが，吸血動物は一般にその唾液の中に*抗凝血物質を含んでおり，血液凝固が吸血の妨げとなるのを防いでいる．そのほか，宿主の呼気中の CO_2 に対する化学走性，余分な水分を排出する*利尿ホルモン，ノミ類のように頭部の筋肉がポンプ様に発達したものなど，吸血寄生に都合のよい形質が知られる．

i **嗅検器** [osphradium] 《同》臭検器．水生の腹足類の外套膜の入口近く，本鰓(櫛鰓)の外側にある*化学受容器．本鰓を2個もつものでは2個，本鰓1個のものでは1個ある．*感覚上皮の襞または凹みであって，前鰓類の多数のものでは中央の稜状の軸の左右に並列する多数の葉状部があり本鰓の構造に似ているので，parabranchiaともいう．

j **吸口** [suctorial mouth] ⇌鉢虫類

k **吸光度** [absorbance, absorbancy] 《同》光学密度(optical density, OD)．強度 I_0 の単色光が均一な物質層を通過し，その強度が I になった場合，$\log_{10}(I_0/I)$ の値．物質層を通過する前後の光の強さ(エネルギー)の比 I/I_0 を透過度(transmittance)という．吸光度と均一な物質層の厚さ d との間には，ランバートの法則(Lambert's law)すなわち $\log_{10}(I_0/I) = \mu d$ が成り立つ．μ は d によらない定数で，吸光係数(absorption coefficient)と呼ばれる．気体や溶液中の物質の場合，光吸収に関与する分子の濃度を c として $\mu = \varepsilon c$ と表せば，ε は c によらない定数となる．これをベールの法則(Beer's law)という．一般に，物質の濃度が低い領域ではベールの法則が成り立つ．ランバートの法則とベールの法則が同時に成り立つときは，吸光度は物質層中に含まれる分子の個数によって決まり，その希釈度によらない．これをラン

バート-ベールの法則(Lambert-Beer's law)という. 一般に, ε は物質と単色光の波長だけによって決まる量で, c を mol/L(M)の単位で表した場合の ε の値をモル吸光係数(molar absorption coefficient)または分子吸光係数と呼ぶ. ランバート-ベールの法則が成立する場合には ε と d がわかっていれば吸光度の測定値から濃度 c を求めることができる. モル吸光係数は吸収スペクトルに基づいて分子構造を考察する際の手がかりとなる基本的な量である.

a **旧口動物** [protostomes ラ Protostomia] 《同》原口動物, 先口動物, 前口動物. *左右相称動物を二大別する時の一つで, *新口動物と対する. 初期胚に形成された原口がそのまま成体の口となり, 肛門は原腸の末端に新たに形成される動物の総称と定義されるが例外も多い. 扁形動物, 紐形動物, 内肛動物, 線形動物, 輪形動物, 環形動物, 節足動物, 軟体動物, 触手動物などがこれにあたる. 近年の分子系統学的解析によれば, 旧口動物と新口動物はそれぞれ単系統をなすとされる. また, 旧口動物は初期に冠輪動物と脱皮動物に分かれ, 体節性の獲得はそれぞれ独立して起きたと考えられている. (⇒体腔動物, ⇒袋形動物)

b **嗅索** [olfactory tract] *嗅球から出て上向する神経繊維の束. 外側嗅索(lateral olfactory tract), 中間嗅索(intermediate olfactory tract), 内側嗅索(medial olfactory tract)の三つの経路がある. 哺乳類ではこれらのうち内側嗅索がみられない. 嗅上皮から出た*嗅神経は主嗅球に入力する(⇒嗅受容器). 主嗅球からの二次嗅細胞繊維の多くは外側嗅索となって主に大脳の嗅内皮質と梨状皮質(梨状葉)に投射する(⇒嗅脳). 一方, 中間嗅索・内側嗅索は主として前交連前肢を形成する. また, 両生類以上の動物には副嗅球から鋤鼻扁桃体にいたる副嗅索(accessory olfactory tract)が出現する.

c **休止時間** [relaxation time] 《同》休止時, 緩和時間. 刺激の後作用(⇒興奮)が消失するまでの時間. 刺激閾時間以下の持続時間の短い刺激を, ある程度以下の短い間隔をおいて間欠的に与えると, 各刺激の効果が残留・加重して, 刺激時間の総和が連続刺激の閾時間に達すれば応答を生じる. 固着性の植物の重力屈性や光屈性で認められ, さらに視覚生理学の分野でも同様な法則性が*トールボットの法則として知られている. このような効果を得るのに必要な最大限の刺激間隔が休止時間であり, 視覚においては消え行き時間に相当する. 休止時間/刺激時間の比を休止指数(独 Relaxationsindex)と呼び, 生体や反応の種類ごとに一定である(各種の植物の芽生えの重力屈性については約 1/12 である).

d **吸収** [absorption] [1] 生物学では, 一般に細胞膜その他の膜状物を通して物質を生体系の内部に取り入れること. その際に無機質の膜とは異なった現象がみられる. [2] 消化管壁からの栄養素の取入れ. ヒトでは, 胃および小腸で消化された栄養素は, 小腸粘膜から吸収される. 小腸の内壁には絨毛があり, 絨毛は周期的に運動して吸収を促進する. 吸収された栄養素はほとんどの脂質以外は門脈を経て肝臓に運ばれる. 糖質は, 必ず単糖になって吸収される. 糖は, 小腸上皮細胞の細胞膜に存在する*グルコーストランスポーターを介して, 管腔から上皮細胞を経て間質液へと輸送され, 毛細血管へ入る. 脂肪酸の吸収は, 胆汁酸により著しく促進される. また脂質や脂肪酸は 0.5 μm くらいの粒子になって直接細胞膜を通過する. 炭素数 10～12 以下の脂肪酸は遊離脂肪酸として門脈血中へ直接入る. 一方, 炭素数 10～12 以上のものは細胞内でトリグリセリドに再合成され, 蛋白質やコレステロール, リン脂質でコートされて*キロミクロンとなりリンパ管へ入る. リンパ管は胸管を経て左鎖骨下静脈へと連絡している. 蛋白質は加水分解されてトリペプチド, ジペプチド, アミノ酸となり, 小腸から吸収される. トリペプチド, ジペプチドは水素イオン依存的に小腸上皮細胞内へ輸送され, 細胞内でアミノ酸に加水分解される. アミノ酸は Na^+ 依存的あるいは非依存的に上皮細胞を経て間質液へと輸送され, 毛細血管へ入る. Na^+, Cl^- は能動的に吸収され, そのうち細胞膜を通る Na^+ は電位を生じ, 膜を通して Cl^- をひきつける. 水は浸透圧の差で吸収される. [3] ⇒選択吸収, ⇒吸水

e **吸収上皮** [absorptive epithelium, resorptive epithelium] 腸の粘膜など吸収を主な機能とする細胞からなる上皮. 通常, 単層円柱上皮または単層立方上皮であり, 上皮細胞は自由面に*微絨毛をもち吸収面積を増していることが多い.

f **吸収スペクトル** [absorption spectrum] *吸光度あるいは吸光係数と, 吸収された単色光の波長または振動数との関係を示したもの. Born-Oppenheimer の近似によると, 分子の内部エネルギー E は, 電子の運動状態によるエネルギー E^e, 核の運動状態による E^v および分子全体としての回転状態による E^r との和で与えられる. これらのエネルギーはいずれも量子化されており, 系に固有の離散的な値をとる. 一般に, 離散的なエネルギー状態をエネルギー準位(energy level)といい, そのうち最も低いものを基底状態(ground state), その他を励起状態(excited state)と呼ぶ. 光の吸収は, 系が光子からエネルギーを受けて, あるエネルギー準位 E_1 からより高い E_2 へ遷移することによる. 波長 λ の光子はエネルギー hc/λ (h はプランク定数, c は光の速さ)をもつことから, そのとき吸収される光の波長は $\lambda = hc/(E_2 - E_1)$ で与えられる. E_1 と E_2 がともに E^r に属する場合には, 非常に長波長の赤外線領域からマイクロ波領域にわたって, 回転スペクトルが観測される. また, E^r と E^v が変わる遷移の場合には赤外部に振動回転スペクトルが見られ, E^e までが変わる場合には可視部や紫外部に電子スペクトルが現れる. 一般に, 分子の電子スペクトルは幾つかの吸収帯からなり, その幅(width of absorption band)の原因は次の 3 種に大別できる. (1)振動・回転状態による微細構造が測定条件(例えば分光器の分解能や温度)に制約されて分離できず, それが吸収される光の波長の幅として現れる. (2)遷移前後の各励起状態が有限の寿命(life time) τ をもつために, 量子力学の不確定性原理により, そのエネルギー E に $\Delta E = h/\tau$ の不確定がある. (3)系の内部や外部の状況が一定でないために, エネルギー状態に統計的分布が生ずる. (⇒振動子強度)

g **吸収組織** [absorptive tissue] 外界から物質を生体内に摂取する作用をもつ組織の総称. [1] 維管束植物では, 単細胞性の場合は吸収細胞(absorptive cell)あるいは吸収毛(absorptive hair)と呼び, *根毛はその代表例. 気中の水分を吸収する作用のあるものは特に吸水毛(water absorptive hair)と呼ばれ, 単細胞性(カラクサハタザオ属, キダチルリソウ属)から多細胞性(ヤグル

マソウ属)まで形はさまざまだが，それぞれクチクラに覆われない部分をもち，そこから吸収する．着生植物であるパイナップル科のチランジア(エアープランツ)の茎や葉では体表全体を多細胞性の吸水鱗片(absorptive scale)が覆い尽くす．また熱帯性着生ランがもつ*根被は特殊な分化を起こした吸水組織と考えられる．藻類や菌類では体の全表面から直接吸収を行うが，これは通常，吸収組織とは呼ばない．しかし菌類の呼吸やゼニゴケの仮根のように吸収にかかわる構造については吸収組織とすることもある．[2] 動物では吸収上皮などをいう．

a **嗅受容器** [olfactory receptor, smell receptor] 嗅物質の化学刺激を受容して，これを*嗅細胞のインパルス情報に転換する細胞(⇒嗅覚電図)．同じ*化学受容器であるが味受容器と異なり，主として遠隔受容器として働く．その分化がはっきりしているのは，嗅覚と味覚が分離している脊椎動物と昆虫類とである．[1] 脊椎動物の嗅受容器である嗅細胞(smell cell, olfactory cell)は，鼻腔の奥に感覚上皮すなわち嗅上皮(olfactory epithelium)または感覚芽(魚類の場合)すなわち嗅蕾(olfactory bud)として存在する有毛性の一次感覚細胞で，その毛は嗅毛(filum olfactorium)と呼ばれる．嗅細胞の興奮は嗅細胞自身の軸索である嗅神経により前脳の主嗅球に運ばれ，さらに大脳の嗅覚中枢に伝えられる(⇒嗅索)．この点で味受容器とははっきり異なる．また，哺乳類の嗅細胞は30日ごとに誕生と細胞死を繰り返し，そのたびに嗅神経を嗅球の特定の糸球体へと正確に投射する．魚類の鼻腔は口腔との交通がなく外鼻孔をもつだけで，この外鼻孔が流入口・流出口に二分されて外界の水を流通させる．これを閉鎖すると食物への化学走性が消失する．肺魚類と四足類では，内鼻孔で口腔と連絡し，呼吸道の一部となると同時に嗅覚器官としての鼻が発達する．歯鯨類では嗅覚が欠如し，鼻腔の嗅神経の分布も欠けている．なお，両生類以上の多くの脊椎動物で見られる鋤鼻器官(ヤコブソン器官)は，フェロモン受容機能をもつとされ，その軸索である鋤鼻神経は副嗅球に投射する．[2] 昆虫類では一般に，体表のクチクラ層とごく薄いクチクラ膜で連なり，表面に突出する毛状の，あるいはクチクラ層の下に沈没している感覚子がある．それ自体も薄いクチクラ層でおおわれ，内部に，数本から数十本の嗅受容細胞(感覚毛の基部の深部に存在する双極性ニューロン)の樹状突起が突入しており，感覚毛の先端，あるいは側壁などにある微小な孔に達し，外気と接触する．感覚子は形態的にはいろいろの種類があるが，すべて触毛と同様に*毛状感覚子の変形とみてよい．口器や下唇鬚を含めた種々の体部位にみられ，特に触角上に(一般に先端ほど密)触毛に混じって分布し，嗅覚のすぐれた種類では触角そのものが大きいのが一般的である．ミツバチにおける嗅受容器の座位は，嗅板の多数(約6000個)分布した触角の遠位寄り8節である．一般に昆虫の触角は遠嗅覚の受容器官として定位運動に関係し，口器や下唇鬚は近嗅覚の受容器官として味受容器に協力するものとされる．

b **球状蛋白質** [globular protein] 球状または回転楕円体に近い分子形をもつ蛋白質の総称．*繊維状蛋白質の対語．ポリペプチド鎖のフォールディングによって形成される立体構造で，球とはかなり異なる形状でも球状蛋白質と呼ぶ．通常の単純蛋白質(アルブミンやグロブリンなど)や多くの複合蛋白質がこの例．一般的に，疎水性アミノ酸を内部に，親水性アミノ酸を表面にもち，立体構造を維持するとともに可溶性を保っている．繊維状蛋白質に比べると，溶液の粘度は低く流動複屈折が弱い．(⇒蛋白質の三次構造)

c **吸触手** [suctorial tentacle, sucking tentacle] 繊毛虫門吸管虫類に特徴的な伸縮能のある細長い管状突出構造．餌の捕獲と取込みに働く．膨らんでいる先端部に存在するハプトシスト(haptocyst)によって餌細胞を固着させ，吸触手内に取り込んで食胞を形成する．内部は特徴的な配列をした多数の微小管で支持されており，吸触手の伸縮や食胞の輸送に関与する．吸触手をもつ吸管虫類の成体は固着性で繊毛を欠くが，出芽によって繊毛をもつ自由遊泳性の幼体を生じる．

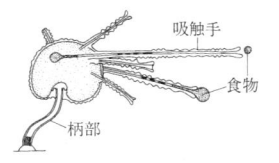

*Choanophrya*とその吸触手

d **嗅神経** [olfactory nerve ラ nervus olfactorius] 《同》第一脳神経，嗅覚神経．嗅覚を伝える感覚性の末梢神経．嗅粘膜に分布する嗅細胞の神経突起で，*嗅球に終止する(⇒嗅受容器)．頭索類では，嗅域の線毛小窩と脳とを連絡する嗅神経の存在は疑問視されている．脊椎動物から存在が認められ，円口類では嗅窩が不対にもかかわらず，嗅神経は1対存在し，無尾類では2対，有尾類以上では1対の嗅神経が存在する．嗅神経は末端に至ると束状に分かれ，それを嗅糸(filum olfactorium)という．板鰓類や硬骨魚類では嗅粘膜とその直下の嗅球との間で嗅糸となり，哺乳類では嗅糸は篩骨の数多くの小孔を貫いて頭蓋腔に入る．哺乳類の嗅神経の軸索は同じ受容体分子を発現するものが主嗅球で単一の糸球体に入力する．また，糸球体層には「匂い地図」と呼ばれる分子感覚地図が形成されるらしい．

e **求心性神経** [afferent nerve] 神経系の末梢から中枢へ向けて神経インパルスを伝える神経．*遠心性神経の対．すべての*感覚神経はこれに当たる．求心性神経よりも求心性神経繊維(afferent fibers)または求心性ニューロン(afferent neurons)の呼称が適切である．何個もの求心性ニューロンの直列結合からなる全道程は，求心性経路(afferent pathway)と呼ばれる．自律神経は大部分が遠心性神経に属するが，大動脈神経，頸動脈洞神経，迷走神経肺分枝など，若干のものは求心性である．

f **求心的** [*adj.* centripetal] 生物，特に植物で，成長・形態分化・成熟過程・運動などの進行が体の軸または中心に向かって遠い方から近づくような方向および形式で行われるときに使用する語．原則として*求頂的に一致する．例えば求心的雄ずい群(centripetal androecium)とは一つの花の多数の雄ずいが外側から花の中心部へ次第に熟していくものをいう(例：モクレン)．遠心的(centrifugal)はその逆．遠心的雄ずい群(centrifugal androecium)は*合着した雄ずい群をもつ花によく見られる(例：オトギリソウ).

g **吸水** [water absorption] 生物体が生理的に必要とする水を体内に取り入れること．水生の単細胞生物や維管束植物では，水と生物体が接する部分からほとんど

一様に行われる．陸生の維管束植物では地下部の根で吸水が起こり，地上部からの吸水は一般的ではない．ただし，着生植物では根が退化して固着に役立つだけとなり，吸水が葉によって行われるもの(レキシノブ)，あるいは気根が発達して雨水や水蒸気を摂取するもの(サトイモ科・ラン科の着生植物)もある．すべての吸水は*水ポテンシャルの下り勾配に従って進行する．土壌からの吸水は，葉で蒸散によってできた水ポテンシャル勾配に従い，湿った土壌の-0.01 MPa 程度から，根の表皮細胞の$-0.2\sim-0.3$ MPa 程度へと移動し，さらに$-1.0\sim-1.5$ MPa 程度の葉へと移動する．着生植物の中には葉の表面で結露した水(0 MPa 程度)を気孔から葉の内部($-1.0\sim-1.5$ MPa 程度)へと取り込むことができる種もある．根からの吸水では，根毛または根の表皮細胞から根の内部へ水が移動する．根の表皮から*中心柱までの水の移動では，細胞内に吸収され*原形質連絡(プラスモデスマ)を通して細胞間を移動する経路(symplastic pathway)，細胞壁などのアポプラスト(apoplast: 植物体の細胞膜外の総称)の領域を通して移動する経路(apoplastic pathway)，細胞膜や液胞膜を介して移動する経路(transcellular pathway)の三つに分けられる．細胞膜を介した経路は三つの経路のうち最も水が通りにくいが，根の内皮では，*カスパリー線の存在によって必ず細胞膜を介した経路によって細胞内へと水が移動する．このため，盛んに蒸散している植物の根では，細胞膜や液胞膜で水チャネルである*アクアポリンの活性を高めて吸水を促進する．細胞が成長するときには吸水によって体積を増やすが，*ジベレリンによる伸長成長は細胞内浸透圧を高める(水ポテンシャルを低下させる)ことによる受動的なものと考えられている．一方*オーキシンは細胞膜の*プロトンポンプの活性を高めることによって細胞内浸透圧を高め，伸張促進に寄与し，また細胞壁の性質も変化させる．

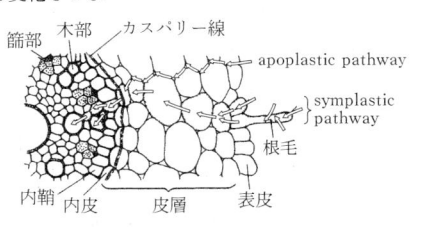

図：篩部，木部，カスパリー線，apoplastic pathway，symplastic pathway，根毛，内鞘，内皮，皮層，表皮
⇐は水分の移動の方向を示す

a **吸水計** [potometer, potetometer] 植物の芽生えあるいは切り枝の吸水速度を測る装置．図のように，U字管の一方に植物体を差し，他方には直径を測定した毛細管を接続し，種々の条件下における水の吸収速度を毛細管内の水の移動から求める．

b **吸水力** [suction force] 植物細胞を水に浸したとき，細胞が*吸水するための原動力．植物細胞の吸水力 S_z は細胞液の*浸透圧 Π_i から*膨圧 P を引いた値．$S_z=\Pi_i-P$ で表せる．細胞が吸水を始めると，植物細胞では細胞壁があるため内圧，すなわち膨圧 P が増加し，細胞の水を外液へと押し出そうとする．そこで細胞液そのものがもつ吸水力は P だけ減少させられる．P が Π_i に等しくなるまで増加すると，S_z は 0 となり吸水は止む．吸水力という概念は経験的なものであり，植物生理学の分野で古くから使われてきたが，現在は熱力学的考察から導かれた*水ポテンシャルの概念におきかえられた．

c **偽優性** [pseudodominance, mock-dominance] ヘテロ接合体において，*野生型(正常型)遺伝子が欠如したため，劣性形質があたかも*優性であるかのように*表現型に現れてくる現象．C. B. Bridges (1921) による．(⇒ホモ接合体)

d **急速低温耐性強化** [rapid cold hardening] RCH と略記．《同》急速低温耐性．外温動物が短い時間穏やかな低温にさらされることにより，耐寒性(⇒温度耐性)が著しく高められる現象．通常，野外で見られる季節性の低温順化は，数日から数週間かけて起こるが(⇒温度順化)，急速低温耐性強化は数分～数時間の低温暴露によって起こる．例えばシリアカニクバエ(*Sarcophaga crassipalpis*)の幼虫は，$-10°C$，2時間という低温に耐えられず死亡するが，低温処理前に $0°C$，30分の前処理を行うとほとんどすべての個体が生存できるようになる．*抗凍結物質の合成，膜脂質の質的変化など複数のメカニズムが関わっていると考えられる．

e **吸着**(ウイルスの) [attachment, adsorption] ウイルス粒子が細胞表面の受容体(レセプター)に特異的に結合すること．この過程は，感染性粒子を回収できる可逆的吸着段階と，感染性粒子を回収できない不可逆的吸着段階の二つの段階に区別される．(⇒ウイルス受容体)

f **吸着説** [adsorption theory] 《同》付着圧説(独 Haftdrucktheorie)．20世紀初頭に考えられた，物質の原形質の*透過性を，透過しようとする物質の原形質に対する吸着によって説明しようとする説．J. Traube は表面活性の強い物質ほど透過速度が大きいことを示し，これはそれら物質が他相との界面に集まる性質があるためであると説いた．表面活性が強いということは，溶質が溶媒に引き留められる力，すなわち付着圧(独 Haftdruck)が弱いことを意味し，この説は付着圧説とも呼ばれた．O. H. Warburg は麻酔剤の作用について，麻酔剤は原形質粒子の表面に吸着され，粒子間の間隙を狭めて他物質の透過を妨害し，あるいはすでに吸着されている他物質に代わって吸着されて，優先的に透過するためであると唱えた．

g **吸虫類** [trematods, flukes ラ Trematoda] 扁形動物門新皮目の一群．繊毛のない表皮はシンシチウムで，分節のない体に吸盤，鉤など固着器官を発達させる．口，咽頭，食道，それに，2本(まれに1本)の腸管をもつ．例外的に肛門孔をもつものがある．ほとんどが雌雄同体だが住血吸虫は例外的に雌雄異体で，血管内に寄生して線虫様の細長い体をもち，雄は雌よりも太く，抱雌管(gynaecophoral canal)と呼ばれる腹面の溝の中に常に雌を抱きこんでいる．吸虫類の生殖器官は一般に極めて複雑で，1個の卵巣と卵黄腺が常に分離する．*複合卵を産み，直接または間接発生を示し，複雑な世代交代(*アロイオゲネシス)や宿主転換を行う．二つの下位分類群があり，楯吸虫類は軟体動物・魚類・カメ類の内部寄生虫，二生類は脊椎動物のすべての群の内部寄生虫．

h **求頂的** [adj. acropetal] 軸(主として茎)の上での付属器官(葉や花など)の形成，成熟，内部での分化や物質の分布濃度差あるいは移動などについて，先端に向か

って進行するようにみえる場合．植物に特有な軸の方向を指示する語．軸が幅をもつ立体，または平板状となる場合は周辺から中央に向かう*求心的と一致する．求基的(adj.basipetal)はその正反対のもので，基とは幼植物のときに存在した胚軸と幼根との遷移部を指す．したがって根は茎とは重力の方向では逆になる．総穂花序の咲き方は一般に求頂的であるがワレモコウやカライトソウは求基的で上から咲き下ろす．

a **旧熱帯区** [Palaeotropical region] 陸上における*動物地理区の一つで，熱帯東南アジア・サハラ砂漠以南のアフリカ，マダガスカル島の諸地域を含む区域．*全北区と合わせて*北界を構成する．東洋亜区(Oriental subregion)，エチオピア亜区(Ethiopian subregion)，マラガシー亜区(Malagasy subregion)の3亜区に区分される．A. R. Wallace (1876)は，東洋亜区とエチオピア亜区を区として識別したが，両者の間には，多くの哺乳類と鳥類に共通性が強いことがわかってきたので，おのおのを同一の区の亜区とする方が適切であるとされる．本区と全北区の*動物相にも相当の共通点があり，これは第四紀更新世に寒冷化したユーラシア大陸からの生物の南下があったためであるとされる．

b **嗅脳** [rhinencephalon]《同》嗅野(nasal field, olfactory field)．大脳底部の嗅覚にかかわる領野．大脳皮質の*古皮質に属する．比較形態学では嗅脳を腹側外套と外側外套の一部に含める場合が多い(→外套)．嗅脳は*嗅球，嗅結節(olfactory tubercle)，梨状葉(pyriform)などを含む．哺乳類や爬虫類では嗅裂(rhinal fissure)によって，より背側の脳領域と区別される．円口類では大脳のほとんどを，魚類や両生類では大脳のかなりの部分を占めるが，爬虫類・鳥類・哺乳類になると他の領域が相対的に大きくなる．(→終脳，→大脳皮質)

c **嗅嚢** [olfactory sac] 円口類の*嗅受容器．円口類では鼻孔(nostril)は1個で頭部の正中線上に開き，そこでは1本の鼻管が鼻嚢(nasal capsule)という軟骨性の包被を作っている．ヤツメウナギ類では，この鼻嚢が体前端部の背側にある鼻孔に開口し，先端は脳の下側付近で盲端に終わり，下垂体道(独 Hypophysengang)となる．鼻嚢の中間には背側に1対の小嚢が開口し，嗅嚢と呼ばれ，その後方壁には嗅神経が分布する．ヌタウナギ類にも同様な嗅嚢が見られるが，ただ鼻嚢の開口部すなわち鼻孔は体の前端にあり，下垂体道は食道の前端，前腸に通じている．

d **吸盤** [sucker, sucking disc]《同》吸着器．生物が他物，他の動物(宿主など)，同種の異性個体あるいは基質に吸着するための盤状構造．[1]内部寄生の吸虫類の吸盤．次の2種類がある．(1)口吸盤(oral sucker)：体の前端にあってその中央に開口する．(2)腹吸盤(ventral sucker, acetabulum)：体のほぼ中央の腹面正中線上にある．特に双口吸虫では腹吸盤が体後端にあり後吸盤(posterior sucker)という．[2]外部寄生の単生類吸虫の*固着器官の一種で，体の前端に1ないし2個の吸盤をもつもの，後端に大型のもの1個，あるいは後部固着帯に6個の吸盤をもつものなどがある．[3]紐形動物ヒモビルは二枚貝の外套腔内に寄生し，吸盤でヒルのように動く．[4]環形動物ヒル類の体の前後両端に各1個ある吸盤．前吸盤(anterior sucker)よりも後吸盤の方がよく発達．[5]頭足類において，腕・触腕の口側に一定に配列(一般に4縦列)をする吸盤．イカ類では柄部をもって腕に着くことと，カップの内部にキチン質の輪をもつ点でタコ類と異なる．[6]昆虫類において，ゲンゴロウなど鞘翅目の一部の雄の前脚跗節に多数ある吸盤．交尾のときの雌の保持，採餌に使われる．また，流水で生活する一部の双翅目幼虫では，腹脚の変化した吸盤が見られる．[7]脊椎動物では，魚類のコバンザメ(Echeneis)の頭部背面の小判形の吸盤や爬虫類のヤモリなどの指の掌面などに見られ，これらは横に多数の襞があってその間の空間をひろげて負圧にするようになっている．なお，無尾両生類幼生の頭部腹面にある付着器官はしばしば吸着器と呼ばれるが，粘着器の呼称が妥当．[8]植物においてはツタがシュートで巻きひげを形成する際，その分枝した先端に形成する構造．基質に触れると発達し，蔓全体の固着に寄与する．

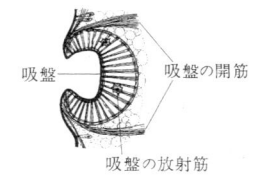

カンテツ(*Fasciola hepatica*)の腹吸盤の縦断面

e **休眠**【1】[dormancy] 一般に，生物の発生過程に起こる成長や活動が一時的に停止する現象．[1]多くの動物での*冬眠や*夏眠，線虫類や原生生物では被嚢胞子，ミジンコやワムシの耐久卵，淡水コケムシの休止芽，淡水カイメンの芽球などの例がある．ある種の休眠においては成長や運動はほとんど停止し，水分含量は減り，物質代謝も著しく低下する．クマムシ類の休眠(乾眠)はほとんど仮死に近い極端なものとなる．そのために生物は環境条件に対する高い抵抗性を示し，休眠の適応的意義が示唆される．温度は休眠誘導における主要な要因で，温帯から寒帯地方では冬の低温，暑い地方では夏の高温や乾燥の際，多くの動物が休眠に入る．これらがそれぞれ冬眠，夏眠である．ヒキガエルなどは春の産卵後に春眠を行う．休眠状態における反応性は種によって異なる．大部分の動物では低温や乾燥など休眠を誘導している成長や運動に不都合な環境条件が取り除かれれば急速に活動が再開される．このような休眠を動物学では休止(quiescence)という．一方，昆虫などでは狭義の休眠(本項目【2】参照)が見られる．[2]植物の芽，種子，胞子などは，形成後の一定期間，水分や温度などの環境条件が適していても発芽しない．これを自発休眠(innate dormancy)または一次休眠(primary dormancy)という．特に胚の未熟さが原因で起こる種子の自発休眠は，後熟(after-ripening)と呼ばれる(→種子休眠)．自発休眠の期間は，植物の種・変種・栽培種や個体ごとに大きく異なることが多い．また，環境条件によって発芽可能な状態から休眠状態に入る場合を誘導休眠(induced dormancy)または二次休眠(secondary dormancy)という．レタスの多くの栽培種の種子は25℃以上の高温では発芽しないが，これは温度休眠(thermodormancy)のためである．芽・種子の休眠は，アブシジン酸などの発芽抑制因子の蓄積によってもたらされる．カエデの一種 *Acer pseudoplatanus* で

は，短日条件下において葉で合成されたアブシジン酸が芽に移行して休眠冬芽を形成する（⇌休眠芽）．休眠の終了は，休眠期間中に発芽抑制因子が減少するため，これと拮抗して発芽を促す*ジベレリンや*サイトカイニンが増加するために起こる．芽・種子などの休眠期間は，乾燥，一時的な高温または低温処理，適当な植物ホルモンの投与，あるいは芽の部分的傷害によって著しく短縮できることがあり，これを休眠打破（dormancy break）という（⇌発芽，⇌催芽）．多くの野生植物の種子や胞子では，光照射によって休眠が打破される（⇌光発芽）．以上の休眠に対して，水分や温度などの環境条件が器官の成長に適さないことに起因する一時的な発芽の休止を強制休眠（enforced dormancy）または環境休眠（environmental dormancy）という．この場合は，環境条件の制限がなくなればすぐに発芽できるので，本来の休眠とは異なる．

【2】[diapause] 狭義の休眠で，低温など特殊な環境条件下あるいは一定期間を経過しないと活動が再開されない型の休眠．したがって成長や運動に好適な環境条件下におかれても休眠は中止されない．昆虫においては，種によって休眠に入る発育段階が決まっており，卵休眠（胚休眠），幼虫休眠，蛹休眠，成虫休眠などと呼ばれ，それぞれ内分泌系の関与が明らかにされている．例えばカイコの卵休眠では，食道下神経節からの休眠ホルモンの分泌により，休眠卵の産下が誘導される．幼虫休眠では高濃度の幼若ホルモンによる前胸腺刺激ホルモン分泌の抑制，蛹休眠においては脳の前胸腺刺激ホルモン分泌活性の停止，成虫休眠はアラタ体の幼若ホルモン分泌の不活性によるとされている．多くの昆虫の冬休眠の誘導においては，やがて来るべき冬の信号として秋の短日が意義をもっている（⇌光周性）．休眠に入った生物は，形態形成を停止し，生理学的にも不活発な状態にあるように見えるが，実際はこの発達段階を経過するために経過しなければならない生理学的な変化を行っている動的な状態にある．H. G. Andrewartha（1952）は，この過程を発育の一つの様式と見て休眠発育（diapause development）と命名した．生理学的には休眠発育が完了した段階で休眠が終了したことになるが，温度などの環境条件が回復してから形態形成や活動が再開されるのが一般的である．その間の状態を休眠終了後の休止（postdiapause quiescence）と呼ぶ．休眠発育は，休眠でない時期の成長や発育とは異なる環境条件の下で進行することが多い．例えばカイコの休眠卵は一定期間低温にさらされなければ孵化しない．すなわち，カイコの休眠発育は低温条件下でだけ進行する．この場合，低温条件下で一定期間が経過すると，ある種の酵素が活性をもつようになるので，それが休眠発育の本態である可能性が指摘されている．幼虫，蛹，成虫など，より進んだ発達段階で休眠する昆虫では，休眠中に中枢神経系内部に何らかの変化が起こると考えられているが，その実体は不明．また，休眠の意義としては，成長や活動に不都合な季節を乗り切るという以外に，発育段階や繁殖の時期を揃えるという働きがあることも指摘されている．

a **休眠芽** [dormant bud, resting bud]《同》休芽．休眠している状態の芽．*頂芽がさかんに成長しているときには，その軸上にある*側芽は休眠芽となりやすいが，頂芽を除去すれば成長を始めることが多い（⇌頂芽優性）．樹木や多年生草本では夏から秋にかけて*鱗片葉や幼葉で冬芽をつくり越冬し，冬芽をつくらない熱帯植物も乾期には休眠芽をつくることが多い．冬芽には蠟物質（クチナシ）や樹脂（トチノキ）に覆われたり，毛が密生する（モクレン）．さらに芽が成長するまでその存在が外部から分からないほど休眠状態が長く続いた休眠芽は潜伏芽（latent bud）といい，著しい場合には茎の二次肥大成長の結果，材の中に埋まってしまうことがある．このような潜伏芽でも何年かの後に成長を再開することがあり，あたかも不定芽のように見える（リギダマツ）．カカオやドリアンなどの熱帯植物は幹に花が直接つく幹生花（cauliflory）を生するものが多く（ドリアン説，⇌コーナー），これも潜伏芽に由来する．いわゆる夏の土用のころ急に伸び出す休眠芽を土用芽（Lammas shoot）と呼ぶ．休眠芽が再び成長を開始する条件あるいは刺激は個々の場合によって違い，副芽などでは永久に休眠する芽も少なくない．

b **休眠胞子** [hypnospore, resting spore] 栄養体の細胞質中に自由細胞形成を行って厚い細胞壁を形成し，耐寒性・耐乾性が強く不良環境を過ごす胞子．形成の際に細胞膜および若干の細胞質が放棄されるので，最初よりも小型になるのが一般的である．卵胞子のように有性生殖の結果形成されるものや，数週または数カ月後に発芽するもの，冬胞子のように越冬後に発芽するものもある．主に菌糸，ときに分生子の先端または中間の細胞に貯蔵物質が集積して，形が大きくしかも細胞壁が厚くなり，多くは壁が二重化した耐久性の無性胞子は厚膜胞子（chlamydospore）と呼ばれる．これらは脱落しないので散布の機能はなく，生殖細胞的意味の胞子ではないが，個体に多数生じる場合には増殖にも役立つ．*Fusarium*, *Trichoderma*, *Absidia* などの土壌菌類によく見られるが，*Claviceps* など陸生の菌類でも形成される．水生菌は中に遊走子を生じることもあるが多くは発芽して菌糸となる．担子菌類のマンネンタケ属（*Ganoderma*）では，特にガステロ胞子（gasterospore, gasteroconidium）と呼ばれる．

c **休眠ホルモン** [diapause hormone]《同》休眠因子（diapause factor）．カイコの食道下神経節にある神経分泌細胞から蛹期に分泌され，産まれるべき卵を休眠卵（胚発生の初期で休眠に入る）に決定づける物質．1951年，福田宗一と長谷川金作が独立に発見．1991〜1992年，カイコの食道下神経節から純化され，24個のアミノ酸からなる以下の構造をもつことがわかった．
Thr-Asp-Met-Lys-Asp-Glu-Ser-Asp-Arg-Gly-Ala-His-Ser-Glu-Arg-Gly-Ala-Leu-Trp-Phe-Gly-Pro-Arg-Leu-NH$_2$
休眠ホルモンの休眠誘導の機構は不明であるが，直接卵巣に作用してトレハラーゼ活性を高め，昆虫の血糖である*トレハロースをグルコースに分解して卵母細胞にとり込ませる．その結果グリコゲンの蓄積した休眠卵を生じ，このグリコゲンが休眠期に多価アルコールのもととなり，利用される．また，休眠卵の色素の前駆物質である 3-ヒドロキシキヌレニンの卵巣への透過蓄積を促す作用などがある．（⇌休眠【2】）

d **嗅毛** [olfactory hair, olfactory seta]《同》嗅感覚子，嗅覚毛．[1] 脊椎動物の嗅受容細胞の突起上の繊毛．匂いの分子はこの繊毛に吸着する．[2] 無脊椎動物の嗅受容器の*感覚毛．1本の嗅毛の中には感覚細胞が1〜数個入っている．嗅毛表面には，孔がいくつもあいていて，匂いの分子はここを通過し，受容細胞の突起

a **キュウリモザイクウイルス** [cucumber mosaic virus] CMV と略記．ブロモウイルス科ククモウイルス属に属する*多粒子性ウイルス．3種類のウイルス粒子はすべて球状の多面体で直径約 29 nm．ゲノムは 3 本の一本鎖 RNA からなる．世界各地に広く分布し，キュウリやトマトをはじめ多数の作物のウイルス病の主要な病原体である．寄主範囲は極めて広く，多くの雑草からも検出される．アブラムシにより媒介される．サテライト RNA(satellite RNA)をもつものもある．

b **丘陵帯** [basal zone, hilly zone]《同》山麓帯，低地帯，亜山地帯．山岳の垂直的な生活帯の一つで，平地から山麓に続く部分．日本本州中部では照葉樹林帯に相当して，その上限は海抜約 800 m で，だいたい 1～2 月の平均気温 0°C の等温線に一致し，*暖かさの指数では 85～180°C・月の範囲になる．*水平分布では，日本の南西部では亜熱帯または暖温帯，東北日本では冷温帯になる．本州以南では開発が進み農耕地，集落，都市域などが卓越する．

c **キュエノ** C**UÉNOT**, Lucien Claude Jules Marie 1866～1951 フランスの動物学者．早くからのメンデル遺伝学者で，マウスを用い，交雑により体色などの遺伝の研究をした．また進化について論じ，前適応の概念を提唱．[主著] L'adaptation, 1925.

d **Q**$_{O_2}$ 酸素消費度の略号．酸素呼吸の活性，すなわち一定量の材料が一定時間に消費する酸素の量．乾燥量 1 mg の生体が 1 時間に消費する O_2 量(μL，乾燥量 1 g を基準にしたときは mL)で示し，Q_{O_2} の略号を用いる．同様に二酸化炭素消費度を Q_{CO_2} で表す．Q_{O_2} 値は，一般に温度による変動が大きい．植物組織では 1～2 のことが多く，呼吸のさかんな発芽種子で 3～5 程度であり，カビ・酵母・動物組織では 10～50，細菌類中，特に呼吸の著しいものの Q_{O_2} 値は 100 以上になっている．動物の個体全体について測られた Q_{O_2} 値は，イソギンチャク 0.013，ミミズ 0.06，タコ 0.09，カエル 0.15，スズメ 6.7，マウス静止時 2.5，同疾走時 20，チョウ静止時 0.6，同飛翔時 100 など．

e **キューケンタール** K**ÜKENTHAL**, Willy 1861～1922 ドイツの動物学者．海産哺乳類と刺胞動物を研究．また動物界全般にわたる知識の集大成ともいうべき大部の 'Handbuch der Zoologie' を編集刊行した．

f **Q**$_{10}$ 生体反応の温度依存性に関する指標の一つで，温度 t°C における反応速度 v_t と温度 $t+10$°C での反応速度 v_{t+10} との比，すなわち v_{t+10}/v_t (⇒温度-反応速度関係)．光反応のように温度依存性のない反応では Q_{10} の値は 1 である．常温付近では熱化学反応の Q_{10} 値は 2～4．

g **キュスター** K**ÜSTER**, Ernst 1874～1953 ドイツの細胞学者．生きた植物細胞の諸構造の変化を詳細に研究，細胞病理形態学と呼ばれる独自の学風をつくり，形態学的原形質研究に大きな影響を与えた．[主著] Die Pflanzenzelle, 1935.

h **キューネ** K**ÜHNE**, Wilhelm 1837～1900 ドイツの生理学者．17 歳でゲッティンゲン大学の F. Wöhler の実験室に，次いでベルリンの E. H. du Bois-Reymond のもとで学ぶ．筋肉生理学を研究し，縫工筋の直接刺激による被刺激性の証明，神経の両方向伝導の証明(キューネの実験)，終板の発見などの成果を挙げた．業績は他に収縮性の筋形質(ミオシン)の発見，酵素概念の樹立，トリプシンの命名，網膜像の可視化(オプトグラム)などがある．ドイツ生理化学の創始者の一人．[主著] Lehrbuch der physiologischen Chemie, 1866～1868.

i **キューン** K**ÜHN**, Alfred 1885～1968 ドイツの実験動物学者．無脊椎動物の感覚生理学の樹立者として知られ，色感覚や走性に関しての研究は，'Die Orientierung der Tiere im Raum'(1919)にまとめられている．生涯の研究分野は遺伝学・細胞学・発生学など動物学のほとんど全領域にわたる．[主著] Die Orientierung der Tiere im Raum, 1919; Grundriss der allgemeinen Zoologie, 1922.

j **距** [spur] [1] 鳥類や昆虫の*距(けづめ)のこと．[2] 萼または花冠の一部分が袋状ないし管状に後方へ突出した構造．内部に*蜜腺をもち，虫媒に関係する．スミレ科，ラン科，ツリフネソウ科などにみられ，距の長さに応じた長さの吻をもつ昆虫が花粉を媒介する．

k **橋** [annular protuberance, pons] 脊椎動物の*中脳に続き*後脳の前半腹側の部分で，*延髄とともに第四脳室の底をなす部位．哺乳類では左右の小脳半球と連絡する中小脳脚(pedunculus cerebellaris medius, 橋脚 brachium pontis)の存在のため，橋のように見える．橋の内景は背腹の 2 部に分かれ，哺乳類では腹側部に橋核(nucleus pontis)と呼ぶ灰白質があり，*錐体路がその中を貫いている．橋核からは中小脳脚を通って小脳に入る繊維が出ている．背側部は橋被蓋(tegmentum pontis)と呼ばれ，ヒト脳では三叉・外転・顔面・内耳の諸神経の核が存在する．そのほか内側・外側の毛帯・梯形体・内側縦束・中心被蓋束などの白質がみられる．発生学的には，*菱脳背側部の菱脳唇(rhombic lip)で発生したニューロンが腹側に移動することにより形成される．

l **偽葉** [phyllode, phyllodium]《同》仮葉．元来，*葉柄と*葉身とが明瞭に区別される葉において，個体発生上，葉柄に相当する部分が葉身と類似した形態と生理機能を有するとみられる構造．葉身の一部が変形したとみる解釈もある(Acacia の諸種).

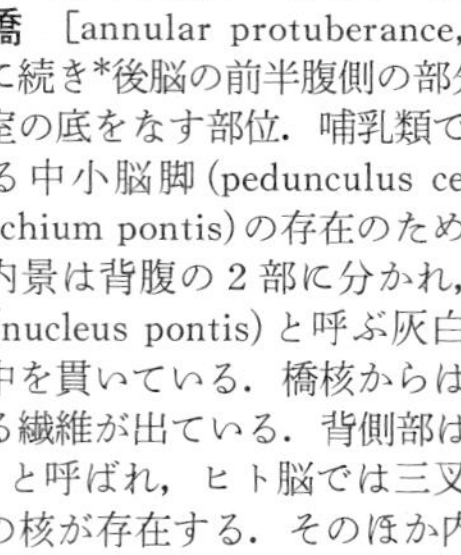

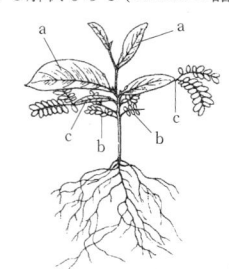

アカシアの若い個体
a 偽葉
b 葉身と葉柄のある葉 (羽状複葉)
c 基部が偽葉で上部が葉身になった葉

m **偽葉縁** [flange] シダ類のシシガシラ属の見かけ上の葉縁(⇒葉身)で，彎曲した葉縁の側部から外方に向けて新たに生じた突起．F. O. Bower (1926) の造語．高山性で葉を強く巻くツガザクラなどにも類似の構造がみられる．

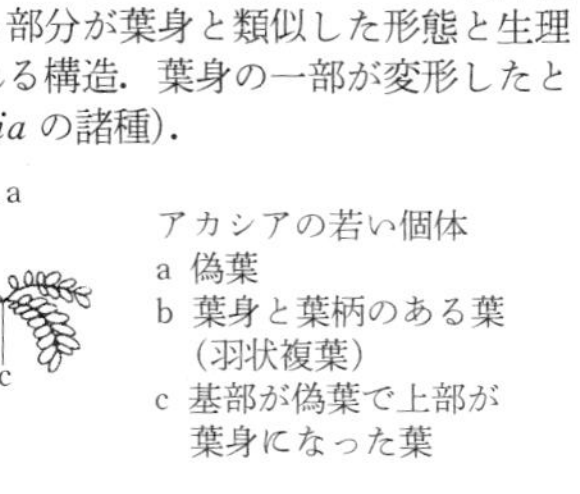

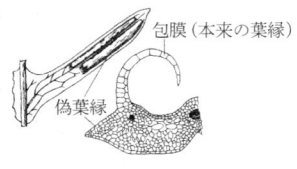

シシガシラの羽片
包膜(本来の葉縁)
偽葉縁

n **強化** [reinforcement] [1] *古典的条件づけない

し*条件反射の形成において，条件刺激に伴って無条件刺激を提示する手続き．[2] *オペラント条件づけないし道具的条件づけにおいて，行動に引き続いて生じた環境変化により，その反応の強度や生起率が高まること，あるいはそのような環境変化を提示する手続き．反応に随伴させる環境変化として，刺激を提示するあるいは刺激を除去するかの2種類の操作が可能である．刺激の出現が反応の生起率を高める場合は正の強化(positive reinforcement)，その刺激は正の強化刺激(positive reinforcing stimulus)あるいは正の強化子(positive reinforcer)と呼ばれるのに対して，刺激の消失が反応生起率を高める場合は負の強化(negative reinforcement)，その刺激は負の強化刺激または負の強化子と呼ぶ．正の強化刺激は食物，社会的行動の相手や新奇刺激など，その個体にとって好ましい刺激であり，賞または報酬(reward)としての役割を演じる．負の強化刺激は，耳障りな雑音，電気ショック，外敵など嫌悪刺激であり，もしこれらの刺激が反応に後続して与えられる場合は罰(punishment)として働き，その反応の強度が低下したり出現頻度が減少したりする．[3] *S-R理論において，報酬を与えたり嫌悪刺激を除くことによって，生体内に動因の低減が生じ，その結果，刺激と反応の結合が強められること．この理論では強化は反応生起率の増加を記述する概念としてではなくて，その事実を説明する概念として用いられた．[4] 進化生物学において，異所的に進化してきた2集団が接触したときに，それらの雑種の適応度が低い場合には，配偶者選択が生じて異なる集団の間の交配を避けるように進化すること．

a **境界層** [boundary layer] 〔同〕層流境界層．生体表面をおおう，10 mm以下の薄い空気層．この層では，物質や熱が分子拡散だけで表面の垂直方向に移動するため，厚い境界層は物質や熱の移動を抑制する．拡散の速度は濃度差に比例し，比例係数は拡散係数，その逆数は拡散抵抗または境界層抵抗と呼ぶ．この拡散抵抗はぬれた濾紙の蒸発から測定される．葉面の場合には特に葉面境界層と呼び，葉面境界層の厚さは葉の幅に比例し風速に反比例する．葉内と大気との間でやりとりされる熱や物質の移動速度は，気孔抵抗と境界層抵抗によって決まる．境界層抵抗は葉面境界層の厚さに比例するため，小さな葉や風速が大きい環境では境界層抵抗の寄与は無視できるが，風速が小さいまたは面積の大きな葉では重要になる．また，地面と平行な風の地上との摩擦によって風速が落ちるとみなせる領域を乱流境界層といい，層の厚さは数mのオーダーになる．乱流境界層は，熱帯などの面積の広い森林や草原における水循環を考える上で重要になる．

b **胸郭** [thorax] 爬虫類以上の脊椎動物において，胸部内臓を囲む骨格．よく発達した肋骨と，胸椎(⇒脊柱)や胸骨から形成される．胸郭の内腔を胸腔という．

c **鋏角** [chelicera] 鋏角類の第一対の頭部*付属肢．解剖学的な解析では節足動物の*大顎に相当すると考えられてきたが，近年のHox遺伝子発現解析の結果ではむしろ*触角(甲殻類の第一触角)に相当する可能性が指摘されている．2〜3節からなり，捕獲に適した鋏状をなすものが多く，先端の鉤の先端内面に毒腺が開口する場合もある．(→前腹部[図])

d **鋏角類** [ラ Chelicerata] 節足動物門の一亜門．ウミグモ類，カブトガニ類，ウミサソリ類(絶滅群)，クモ類の4綱からなる．体は基本的には6体節からなる前体と12体節からなる後体に分かれ，後体部の末端に尾をもつ．前体には通常6対の付属肢があり，第一対は鋏角，第二対は触肢となり，触角を欠き，口器は単純で大顎はない．クモ綱では後体の体節が癒合し尾が退化する傾向があり，ダニ類では体節が完全に消失する．ウミグモ類では後体が著しく退化し，特殊な担卵肢を有する．クモ類は陸生，それ以外の3綱は海産で，書鰓，書肺または気管で呼吸し，呼吸器を欠くものもある．中腸の一部は分岐腸(盲嚢 diverticula)を形成する．化石はカンブリア紀から知られ，現生の節足動物の中では最も早く分化したものと考えられる．

e **強化スケジュール** [reinforcement schedule] *オペラント条件づけないし道具的条件づけにおいて，反応がどのように出現したとき強化されるかに関する規則．ある反応の出現率を増大あるいは維持するためには，反応が自発するたびに毎回連続*強化される必要はない．時々強化する操作を，間欠強化(intermittent reinforcement)あるいは部分強化(partial reinforcement)と呼ぶ．この規則は基本的に二つの型に大別され，ある反応が1回強化されるためには，何度かの反応が必要である(比率スケジュール ratio schedule)か，あるいはある程度の時間を経過しなければならない(間隔スケジュール interval schedule)かである．前者は要求された反応数に達するまでの経過時間とは無関係であるから，個体が得る強化数はその反応速度に依存するが，後者では一定時間後に少なくとも1回反応すればよく，それ以上の反応数とは無関係である．この二つの規準，必要反応数の大きさあるいは時間間隔の長さが一定であるかまたはランダムに変化させるかにより，各基本スケジュールにはそれぞれ独特の反応遂行，一定の反応率および反応率の規則的な変化がみられる．これらの基本スケジュールによって示される反応パターンの規則性は，ヒト・サル・ネズミ・ハトなど種を越えてある程度一般化されることも知られている．また，個体のもつ動因・欲求・期待など*動機づけの変数が，これら強化スケジュールによる反応出現の規則性に敏感に反映するといわれる．

f **強化説**(学習の) [reinforcement theory] *学習の成立にとって*強化が必要な条件であるとする学習理論．強化を必要としない認知的な*場の理論と対比して用いる．このうちには，強化を学習成立の要因として説明するC.L.Hullの*S-R理論と，強化を学習行動の記述概念として用いるB.F.Skinnerの*オペラント条件づけの立場が含まれる．

g **強化説**(生殖的隔離の) [reinforcement hypothesis] 生殖的隔離の強化が種分化の重要な一過程であるとする説．T. Dobzhansky(1937)の提唱．地理的隔離を受けて遺伝的分化を起こした2集団が，隔離要因の消失によって再び分布を接するようになったとき，相互の生殖的隔離が十分に確立していなければ交雑して適応度の低い雑種個体を産出すると考えられる．このような状態では配偶者の識別を行い同類交配を促進するような突然変異は適応度が高いので集団中に広まり，この過程で交配前隔離の強化(reinforcement)が起こる可能性がある．これが種分化に大きく関与することから，この仮説から導かれる一予測である，生殖的隔離に役立つ形質の近縁2種間の差が異所的な集団間でよりも同所的な集団間で大きいという生殖的形質置換(reproductive character displacement)は，これまでごくわずかな例しか知られていない．

a **胸管** [thoracic duct] 爬虫類以上の脊椎動物，特に哺乳類において，尾部・下肢・腹部のリンパ管を集めて左鎖骨下静脈に注ぐリンパ管の主幹．両生類にもこれに似た1条のリンパ主幹があるが，これは静脈に入る前にふたたび左右に分かれ，左右の鎖骨下静脈に注ぐ．爬虫類および鳥類の胸管は原則として2条(爬虫類ではときに1条)で，哺乳類では多くの場合に1条(ときに2条)．右側の上半身を除いて，すべてのリンパは胸管に流入する．

b **共寄生** [multiple parasitism, multiparasitism] 《同》多重寄生．同一寄主体内に同時に2種以上の一次寄生者(primary parasite. ⇒高次寄生)が存在する場合をいう．この場合，2種以上の寄生者がともに発育を完了できる場合と，寄主体内で寄生者相互の種間競争が起こり，いずれか1種だけが生き残る場合とがある．

c **狂犬病ウイルス** [Rabies virus] 《同》恐水病ウイルス(hydrophobia virus). ラブドウイルス科リッサウイルス属に属する，狂犬病の病原ウイルス．ウイルス粒子は75～80×150～180 nmの弾丸状．ゲノムは約1万2000塩基長の一鎖RNA. 罹患獣(主にイヌ)に咬まれることによりヒトも感染を受ける．イヌに感染すると脳，特に海馬角(Ammon's horn)の神経節細胞を変性させ，その細胞質の中に特有の*封入体であるネグリ小体Negri bodyを作る．ウイルスは唾液中に出て，咬傷から人体に侵入し，神経繊維を通って中枢に達し，痙攣および麻痺を起こして死に至らしめる．キツネやオオカミにも伝播し，南アメリカおよびメキシコの一部では吸血性のコウモリが狂犬病ウイルスに不顕性に感染し，その吸血によって主としてウシ，ときにはヒトも感染を受ける．日本・イギリス・オーストラリアでは野生ウイルス，すなわち街上毒はない．このウイルスをウサギの脊髄に接種し継代して得た弱毒固定株ウイルス，すなわち*固定毒を処理してワクチンとする方法は，L. Pasteurにより発見された．

d **胸腔**(きょうこう) [thoracic cavity ラ cavum thoracis]「きょうくう」とも．哺乳類における胸郭の内腔．後方では横隔膜により閉鎖され腹腔と区別される．左右2個の胸膜腔，および囲心腔，縦隔腔の3種の漿膜腔に分かれる．気管，肺，心臓，食道，胸腺などを収める．

e **胸高断面積** [basal area] 樹木を胸高(一般には地上高1.3 m)で切ったときの幹の断面積．一般には直径の測定から求める．胸高断面積の総和は林冠のもつ広がり(*被度)とだいたい比例するので，森林群落の調査に用いられる．単位土地面積当たりの胸高断面積合計はその森林の現存量や混みかたの尺度となる．

f **胸骨** [breast bone ラ sternum] 脊椎動物の四肢動物において，胸部腹壁にある内骨格要素．肩帯(⇒肢帯)と密接な結合を示す．発生的には，肋骨の腹側端が頭尾方向につながった形の*側板由来の軟骨性原基が1対でき，のちに左右のものが合する．ただし両生類では肋骨が二次的に萎縮して，胸骨との結合が失われる．羊膜類では若干の肋骨が胸骨と結合し，全体として胸郭を構成する．胸骨は両生類および爬虫類では多くの場合軟骨組織のまま終わり，一部が骨化するにすぎない．またヘビ類では胸骨は形成されない．(⇒竜骨)

g **狭窄**(染色体の) [constriction] 分裂期の前期から後期の染色体に現れるくびれ．クロマチンの凝縮が弱い部分．*一次狭窄・二次狭窄の区別がある．一次狭窄は中期に最も明瞭に見え，中央狭窄とも呼ばれ，局在型動原体が位置する部位である．一次狭窄の位置は染色体によって一定しており，一つの重要な染色体の形態的特徴として*核型の分析に用いられる．二次狭窄とは一次狭窄以外の狭窄のことをいい，一般に長い不染色部分からなる．二次狭窄のうち核小体に付着するものは核小体形成狭窄(nucleolar constriction)と呼び，核小体の形成に関与する．(⇒核小体形成体，⇒SAT染色体)

h **胸肢** [thoracopod, thoracic appendage, thoracic leg]《同》胸部付属肢，胸脚．節足動物の胸部を構成する体節に所属する*付属肢．頭部付属肢と*腹脚(腹部付属肢)とに対立するもので，一般に*歩脚(歩行脚)であるが，そのうち前方の1ないし数対は口器の構成に加わり特に顎脚と呼ばれる場合も多い．

i **教示的誘導** [instructive induction]《同》指令的誘導．反応系の発生運命が誘導系によって決定される組織間の*誘導現象．H. Holtzer(1968)は誘導現象を教示的誘導と許容的誘導(permissive induction)の二つに分類した．N. Wessells(1977)は教示的誘導の基準として，(1)組織Aの存在下で組織Bはある発生運命をたどる，(2) Aが存在しないとBはその発生運命をたどらない，(3) Aの代わりに組織Cが存在すると，Bはその発生運命をたどらない，という原則を挙げている．教示的誘導では，誘導系の組織は正常発生では違う発生運命をたどる反応系の組織に対して，その発生運命を特定の方向に変えることができる(ただし，反応系の組織に反応能がある場合に限られる)．一方，許容的誘導では，反応系の組織の発生運命はすでに指定されており，誘導系はその発生運命を実現させるために必要とされるが，反応系の発生運命を変える能力はもたない．鳥類胚を例にとると，鱗を形成する後肢の上皮は単独培養では鱗も羽毛も形成しないが，背中の間葉と組み合わせて培養すると，背中の上皮と同じ羽毛を形成する．これは誘導系である間葉によって反応系である上皮の発生運命が鱗から羽毛へと変わったことから教示的誘導である．一方，消化管の前胃の上皮は単独培養では胃腺を形成しないが，砂嚢の間葉と組み合わせて培養すると，砂嚢の上皮構造ではなく前胃特異的な胃腺を形成する．この場合，反応系の前胃の上皮の発生運命は間葉によって変えられないことから，これは許容的誘導である．

j **凝集素** [agglutinin] [1] 赤血球など粒子状抗原を凝集する抗体(⇒凝集反応)．[2] =細胞凝集素

k **凝集反応** [agglutination] 粒子状構造体が，その表面分子に結合する物質によって架橋され肉眼的に確認できる集塊を形成する現象．植物・微生物，動物由来の*レクチンなど赤血球膜上の糖鎖と結合する物質，抗体，種々のウイルスなどが凝集作用をもち，凝集素(アグルチニンagglutinin)と総称される．凝集素および凝集される構造体はともに複数の結合部位をもつ(多価である)．IgGクラスの抗体には抗Ig抗体を追加して反応を促進させる場合がある(間接凝集反応)．血液型判定のための赤血球凝集試験や抗赤血球抗体検出のための*クームスのテストのほか，ラテックスビーズなどに可溶性抗原もしくは抗体を吸着させ，それぞれ対応する抗体や抗原(ウイルス，細菌，アレルゲンなど)の存在を検出・定量するラテックス凝集試験(latex agglutination test)など

a **凝集力運動** [cohesion movement] 水の凝集力，および水と細胞壁の付着力の存在により，水量の減少が運動となって現れる物理的現象．受動的に水を失って起こる例は，*胞子嚢や葯の裂開にみられる．ウラボシ科の胞子嚢の*環帯は内側と側壁が厚く，外側が薄い細胞壁をもつ1列の細胞群であるが，成熟とともに細胞の水が減少して，凝集力と付着力によって細胞は外側が狭くなるように変形し，環帯は外方に大きく反転する．ついで細胞内に気泡ができ急激に復元し，このとき胞子の散布が起こる．タヌキモ属（*Utricularia*）の捕虫嚢は2層の細胞層からなる袋で，能動的に水を排出することで凝集力と付着力により凹状にへこみ，約-200 hPa もの陰圧による凝集力運動をする．捕虫活動も機械的で，小動物が嚢のとびらを開けると瞬間的にそこから水が流れ込み，同時に小動物はのみ込まれ，とびらは直ちに閉じる．排水は絶えず起こっているので，この運動は繰り返し行われる．

b **凝集力説** [cohesion theory] 植物の根から枝葉への水分上昇の機構に関する説．H. H. Dixon および J. Joly（1894）の提唱．植物体内の水の移動は，植物の蒸発面が水を引き上げる力によって駆動される．この際，植物体内から引き上げられる水には強い負圧がかかるが，水分子が凝集力によって互いに強くつながることで分断されずに水流が維持されるとした．一方で，水は -0.1 MPa の負圧がかかった状態（真空下）で液体から気体へ相変化を起こすので，通水組織内の水に過度の負圧がかかれば気泡が生じ，水分子の凝集力が断ち切られて，水流が止まる危険を常にはらむことになる．このため，強い負圧を必要とするこの説は，常に議論の的になってきた．これに対して，純水の凝集力は 30 MPa にも達することや，プレッシャーチェンバー法（pressure chamber method. P. F. Scholander, 1965）やプレッシャープローブ法（pressure probe method. C. Wei, M. T. Tyree, E. Steudle, 1999）によって，通水組織内の水に -0.5 MPa～-1.0 MPa（極端な場合には -8 MPa）という強い負圧のかかっていることが確認されたことから，現在では，最も信用できる説として支持されている．通水組織内に気泡が入り水流を止める現象としてエンボリズム（xylem embolism）が知られているが，これは負圧を受けた水が水蒸気に相変化して通水組織内に気泡が入るのではなく，通水組織の外部から気体を引き込むことで生じる．

c **強縮** [tetanus, tetanic contraction] 《同》強縮性収縮，強直，テタヌス．筋肉に適当な頻度の反復刺激すなわち強縮性刺激（tetanic stimulation）を与えたときに，相次ぐ*単収縮に加重が起こって大きな持続性収縮を生じた状態．刺激頻度が低いと鋸歯状の収縮曲線を示す不完全強縮に留まり，頻度を高めると収縮高が増すとともに曲線は滑らかとなり完全強縮になる．しかしある限度以上に高頻度にしても，そのうちのある刺激は先行刺激により生じた不応期に陥って無効になり，その効果は現れない．効果が限度に達したときの強縮を最大強縮（maximum tetanus）という．完全強縮は骨格筋では通常毎秒10～30回以上の反復刺激によって起こるが，応答速度の小さい平滑筋では毎秒6回以下でも起こる．心臓筋は不応期が長いため強縮を生じえない．他方，セミの発音筋は単収縮の経過が極めて速やかで，毎秒100回の刺激でも加重を来さない．等尺性収縮の際にはヒトの骨格筋で最大 11 kgwt/cm² の張力が発生する．強縮は反復興奮であるので，刺激頻度に相当する活動電位が現れ，その点で拘縮や硬直と区別される．生体の随意運動や反射運動の多くは，運動神経からの反復衝撃に基づいて生じた強縮である．

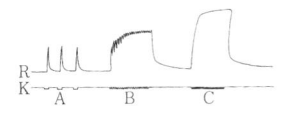

R 収縮曲線
K 刺激示標
A 各個の単収縮
B 不完全強縮
C 完全強縮

d **共焦点レーザー顕微鏡** [confocal laser scanning microscopy] 光学顕微鏡の一種．蛍光顕微鏡と同様に蛍光標識された試料の観察に用いるが，光源にレーザーを用い，そのレーザーをレンズで収束させながら試料面を走査する点が大きく異なる．収束させたレーザーはその焦点面の蛍光物質を強く励起するが，焦点から外れた部分は比較的励起が弱くなる．そのため，このレーザーを試料の xy 平面上で走査し，励起光を集めることで，試料中のレーザー焦点面の蛍光情報のみを画像化することが可能となり，厚い切片において断層像を取得することができる．通常の光学顕微鏡の蛍光観察よりシャープな像になることが多く，蛍光の退色も少ない．また焦点面を変えることで，一枚の厚い切片から深さの異なる断層像を複数枚取得し，その三次元構築像を得ることも可能である．

e **共進化** [coevolution] 複数の種が，互いに生存や繁殖に影響を及ぼしあいながら進化する現象．植物および植食性昆虫両者の進化，すなわち植物の防御物質（毒）の生成と植物食動物の解毒機構の進化について推定した P. R. Ehrlich と P. H. Raven（1964）が命名．捕食者と被食者，寄生者と宿主，競争者どうしの共進化においては，一方の種の適応的な進化が他方の種の対抗的な進化を引き起こす．また共生者どうしの共進化においては，一方の種の適応的進化が他方の協調的な進化を引き起こす．動物媒植物の花の形態と動物の口器の形態の相互適応的な進化はその一例（→拡散共進化）．また，餌生物は隠蔽色や毒素で被食を逃れようとし，捕食者は高度な視力や解毒能力を進化させる．これを軍拡競走（arms race，競争 competition と区別するため競走と表すことが多い）という（R. Dawkins & J. R. Krebs, 1979）．これらの能力が他の能力を犠牲にして進化するなら，軍拡競走は途中で止まるか，あるいはどちらかが絶滅するまで続くことになる．有蹄類と肉食獣の新生代の脚の化石から，始新世の頃に速く走る能力が同時に進化し，その後は現在まで両者ともにさらなる改良ができなかったことが示唆されている（R. T. Bakker, 1983）．

f **暁新世**（ぎょうしんせい）[Palaeocene epoch] 6550万年前から5600万年前までの約1000万年にわたる古第三紀の最古の地質時代．古くは次の始新世に入れられていたが，W. P. Schimper（1874）により植物化石の特徴から独立の世とされた．暁新世の初め頃には，ウニ類の *Micraster* など中生代型のものも多少残ってはいるが，しかしすでに生物界の大部分が新生代型に変わっていて，白亜紀まで全盛であったアンモナイト類などは全く見られず，陸上では哺乳類の著しい大形化や放散が始まっている．植物化石によれば，当時は温暖な気候が支配的であったことがうかがわれるが，次の始新世の熱帯

的な状態に比べると温度が低い．(→古第三紀)

a **強心配糖体** [cardiac glycoside] 心筋に直接作用して強心作用を呈する植物成分で，一般的構造はカルデノライド (cardenolide) やブファジエノライド (bufadienolide) を基本骨格とするステロイドの非糖部（アグリコンまたはゲニン）と糖部からなる物質．代表的なものはゴマノハグサ（玄参）科の *Digitalis* (例: ジギトキシン digitoxin, ジゴキシン digoxin) やキョウチクトウ科の *Strophanthus* (例: g-ストロファンチン g-strophanthin) から得られる．その他フクジュソウ，ヘレボルス，スズラン，カイソウ（海葱），オモトなどからも得られる．心筋への作用は次の4点に要約される．(1) 収縮力を強め，(2) 刺激伝導系における興奮の伝達を遅くし，不応期を延長し，(3) 拍動数を減少させ，徐脈を来し，(4) 心室筋の自働性を亢進させる．強心配糖体は極めてすぐれた薬物ではあるが，同時に毒性も強く，副作用としては食思不振・悪心・嘔吐などの消化器症状だけでなく，徐脈・不整脈（二段脈），ついには心室細動を来し心停止に到ることがある．

b **共生** [symbiosis, association] 異種の生物が一緒に生活している (living together) 現象．この場合，互いに行動的あるいは生理的に緊密な結びつきを定常的に持っていることを意味するのが一般的である．したがって，*生息地が同じ (co-existence, co-habitation) だけでは，この概念には入らない．共生者 (symbiont, symbiote) にとっての生活上の意味・必須性，関係の持続性，共生者の空間的な位置関係などによって，共生はいろいろに類別・区分されている．一般的には，共生者の生活上の利益・不利益の有無に基準をおいて，共生を*相利共生，*片利共生，*寄生の三つに大きく区分する（ただしこの3用語を，共生者の空間的な位置関係や食物的・生理的な結びつきに重点をおいて定義する意見もある）．なお，symbiosis の語はしばしば相利共生 (mutualism) の意に限って用いられ（特にイギリス系の研究者で），さらに相利共生のうちでも，共生者の体組織が互いに入り組み合って生理的な結びつきが成立している場合に限定することもある．なお相互に直接的な接触のない共生的関係をパラシンビオシス (parasymbiosis) ともいうが，この語は中立作用(→生物間相互作用)を指すのにも用いられている．

c **強制交尾** [forced copulation, coercive copulation] *交尾を受け入れない雌に対し，雄が強引に交尾する行動．性の対立 (sexual conflict) の一つ．例えば，シリアゲムシの雄が婚姻贈呈(→求愛給餌)を省略して把握器で雌を捕らえて交尾するなど，通常の求愛過程を経ない場合や，交尾拒否姿勢をとるなど明らかに交尾を回避しようとしている雌に対して交尾が行われる場合がある．

d **共生藻** [symbiotic algae, endozoic algae] 他の生物と共生する藻類の総称．シアノバクテリア，紅藻，緑色藻，渦鞭毛藻，珪藻，ハプト藻などが共生藻となり，宿主はさまざまな原生生物（繊毛虫，放散虫，有孔虫など），陸上植物，菌類（地衣類），後生動物（サンゴ，ヒドラ，シャコガイなど）など極めて多様．後生動物や原生生物の共生藻のうち，黄褐色のものは褐虫藻 (zooxanthella)，緑色のものはズークロレラ (zoochlorella) と総称されることがある．褐虫藻は多くの場合渦鞭毛藻の *Symbiodinium*．また地衣類の共生藻は特にフィコビオント (phycobiont) とも呼ばれる．地衣類のように細胞外共生するものとサンゴのように細胞内共生する例がある．多くの場合共生藻は宿主に光合成産物を供給し，造礁サンゴの例ではその石灰化にも寄与するとされる．光合成生物（アカウキクサなど）に共生するシアノバクテリアは宿主に窒素固定産物を供給する．類似する特異な現象として細胞内に取り込んだ藻類（通常その一部）を一時的に保持して光合成産物を利用するが（盗葉緑体 kleptochloroplast），これを恒常的に維持できず最終的に消化してしまう盗色素体化 (kleptoplastidy) があり，一部の原生生物やウミウシで見られる．

e **共生発芽** [symbiotic germination] ラン科植物において，根から分離した菌根菌との共生によるランの種子の発芽．古くは菌との共生が発芽の必須条件と考えられていたが，人工合成培地上での無菌的な非共生発芽 (non-symbiotic germination, asymbiotic germination) が成功して以来，ランの種子発芽には不可欠なものではないことが明らかにされた．

f **胸腺** [thymus] 脊椎動物において*T細胞（Tリンパ球）を作り出すリンパ系器官で，咽頭派生器官の一種．その上皮性原基は*鰓嚢の内胚葉上皮に，結合組織は神経堤に由来．何個の，第何番目の鰓嚢に由来するかは動物の種類によって異なる．また，形状・位置も動物の種類によって異なり，魚類などでは元々の鰓嚢背方の位置を保持し，両生類では顎角の上後方，爬虫類では頸動脈に密接，鳥類では頸に沿って延び，哺乳類では胸腔の前端に位置する．哺乳類でもヒツジのように胸腺の一部が頸部に存在するものもある．ヒトの胸腺は第三咽頭嚢由来で，加齢により大きな変化を示す．出生時約15 g，10歳前後で最大30 g以上になり，その後は退縮する．胸腺が免疫機能発生の中枢であることを J. F. A. P. Miller ら (1961) が明らかにした．胸腺リンパ球は，血流により移入してきた造血幹細胞由来のリンパ球系前駆細胞が胸腺原基の環境内で分化増殖して形成されたものであり，細胞表面上に発現する CD4（ヘルパーT細胞の表面分子）と CD8（キラーT細胞の表面分子）によって $CD4^-CD8^-$，$CD4^+CD8^+$，$CD4^+CD8^-$，$CD4^-CD8^+$ の4群に大別される．T細胞が抗原を認識するための受容体（T細胞受容体，TCR）は $CD4^+CD8^+$ 細胞期から発現する．この段階で自己体の*主要組織適合遺伝子複合体 (MHC) のクラスIまたはクラスII分子に提示された自己ペプチド・MHC複合体と反応性をもつ細胞だけが生残できる正の選択 (positive selection) を受け，引き続き自己体の蛋白質抗原（実際には抗原由来のペプチド）と反応するものが死滅する負の選択 (clonal deletion, negative selection) を受ける．この2段階の選択を受けたものが $CD4^+CD8^-$ または $CD4^-CD8^+$ の成熟T細胞となり，末梢へ移行する．抗原受容体 (TCR) には α鎖と β鎖によって作られるものと γ鎖と δ鎖によって作られるものがあるが，胸腺で作られるT細胞の大多数は αβT細胞である．γδT細胞の一部は胸腺外で作られる．胸腺は，主に幼若な $CD4^-CD8^-$ 細胞と $CD4^+CD8^+$ 細胞が局在する皮質と，主に成熟した $CD4^+CD8^-$ 細胞と $CD4^-CD8^+$ 細胞が局在する髄質から成る．皮質を構築する胸腺皮質上皮細胞には固有の*プロテアソーム（胸腺プロテアソーム thymoproteasome）が発現される．胸腺プロテアソームは，胸腺皮質上皮細胞に固有の自己ペプチド産生を介して有用T細胞の正の選択をもたらすと考えられている．一方，髄質

に局在する胸腺髄質上皮細胞は，無差別遺伝子発現(promiscuous gene expression)によって組織特異的自己抗原を含むあらゆる遺伝子由来の自己ペプチドを産生することで自己反応性有害T細胞の排除や抑制に寄与する．胸腺髄質上皮細胞に発現される核内蛋白質Aire (autoimmune regulator)は，無差別遺伝子発現を含む胸腺髄質上皮細胞の成熟を統御していると考えられている．Aireの不全は，ヒトやマウスで自己免疫疾患をもたらす．

a **胸腺依存域** [thymus-dependent area] リンパ節の副皮質(paracortical area)の後毛細管静脈(postcapillary venule)周辺，*脾臓白髄の中心動脈周囲(周動脈リンパ球鞘)など，*T細胞が二次リンパ系組織中で分布する部域．この部域にあるリンパ球は再び循環系に入るので，この部域では細胞の交代がはげしい．新生児胸腺摘出，先天性胸腺欠損症(Di George症候群，マウスでは*ヌードマウス)では，この部域だけにリンパ球の分布が著しく少ない．

b **共線性** [colinearity] 多細胞動物の胚発生過程で，同一染色体上にクラスターを形成して存在する各遺伝子が，染色体の並びに並んでいる順番通りに発現する現象．遺伝子の並びが胚における発現分布の並びと一致することを空間的共線性(spatial colinearity)，発現を開始する時間の並びと一致することを時間的共線性(temporal colinearity)という．特にHox遺伝子群(⇒ホメオティック遺伝子)の頭尾軸に沿った発現でみられる空間的および時間的共線性は，後生動物で広く保存されており，Hox遺伝子群による頭尾軸特異化機構がその発現制御機構も含めて進化的に共通の起源に由来することを示唆する．

c **胸腺ホルモン** [thymic hormone] *胸腺上皮細胞でつくられ，胸腺リンパ球，*T細胞の増殖・分化に関与すると考えられている因子の総称．胸腺を内分泌臓器とする考えからホルモン様因子が分泌されると考えられた．*サイトカイン，*ケモカインは胸腺ホルモンには含まれない．主なものは次のとおりであるが，その作用，生物学的意義は明確ではない．(1)チモシン(サイモシン thymosin)：ウシ胸腺から抽出された低分子ペプチド．多種類のペプチドの集合体．そのうち28個のアミノ酸からなるチモシンα1はT細胞の免疫活性化作用をもつとされる．(2)THF(thymic humoral factor)：分子量3220の子ウシ胸腺抽出物として報告された．主成分は8個のアミノ酸からなる物質とされTHFγ2と命名された．末梢T細胞でのIL-2産生を亢進させるとされる．(3)チモポエチン(サイモポエチン thymopoietin)：in vivoで神経筋接合を阻害する物質としてウシ胸腺から単離された．チミン(サイミン thymin)と命名され，Tリンパ球の増殖・分化促進作用をもつとされる．後にヒト由来のものが精製され，48個のアミノ酸からなるペプチドと同定された．その生物活性はArg-Lys-Asp-Val-Tyrのペンタペプチドにあることが判明，チモペンティン(サイモペンティン thymopentin, TP-5)と命名された．(4)チミュリン(サイミュリン thymulin)：ブタ血清から精製され，はじめFTS(仏 facteur thymique serique)と命名された．9個のアミノ酸(MW847)からなる．このペプチドにZnのついたものがチミュリンと呼ばれる．T細胞，特にCD8キラーT細胞の活性化作用があるとされる．

d **競争** [competition] 同種または異種の複数個体が，食物や空間，配偶相手など生存や繁殖に必要な資源(resource, requisite)に関して共通の要求をもち，自分が資源を専有あるいは消費することで相手の*適応度に対して負の影響を与えるような相互作用．競争の機構は，一般に干渉(interference)と消費(exploitation)に大別される．干渉とは，直接的な行動や忌避物質などの間接的作用によって競争者が資源を利用することを妨げることを指し，消費とは資源を減少させることによって他個体の利用できる資源量に影響を与えることをいう．しかし，実際には両者が同時に働いている場合が多い．競争は同種個体間の*種内競争と異種個体間の*種間競争に分けられる．二つの種が共通に利用している資源を通じて互いにマイナスの影響を与えるものが消費型競争であるのに対して，2種ともを攻撃する共通の捕食者や寄生者がいるときにも，一方の存在が捕食者や寄生者を増やすことにより他方にマイナスの影響がある．これを見かけの競争(apparent competition)という．

e **鏡像** [mirror image] ある形態に対して，それが鏡に映った像に相当する形態．両形態がそのような関係にあることを鏡像関係(mirroring)をなすという．実験発生学的にそのような形態パターンが誘導されたとき(例：ニワトリ肢芽に極性の重複が引き起こされ，鏡像の指が発生する場合)には，鏡像対称に重複(mirror image duplication)したという．生物の形態については主として平面鏡についての鏡像をいい，例えばヒトの右手は左手の鏡像である．ある種類の生物の形態が正常に一定の不相称を示すとき，例外的にそれと鏡像をなすような形態を生じることがあり，それを逆位(situs inversus)という．二つの個体または器官が相接して，相互に鏡像関係にあるときそれを左右形(enantiomorph)といい，例えば両生類における卵の結紮実験により生じた重複双児(右個体に内臓逆位が起こる)や，移植肢の重複により生じた重複肢などに見られる．(⇒モルフォゲン，⇒側性)

f **競争的阻害** [competitive inhibition] 《同》拮抗的阻害．酵素反応の阻害物質による可逆的な阻害様式の一つ．触媒部位に基質と競合して結合することによって酵素反応を阻害する物質を，競争阻害剤(competitive inhibitor)といい，一般に類似した化学構造をもつ．基質の濃度が低いときには阻害作用が強く，基質濃度が高くなるとともに阻害作用が弱められる．酵素E，基質S，阻害剤Iの間の反応はE+S⇌ES⇌E+生成物，E+I⇌EI，それぞれの解離定数をK_m, K_iとし，EはSかIのいずれか一方としか結合できないものとすれば，阻害剤を含む系の反応速度vと基質濃度[S]の関係はLineweaver-Burkの表現に従って

$$\frac{1}{v} = \frac{K_m}{V}\left(1 + \frac{[I]}{K_i}\right)\frac{1}{[S]} + \frac{1}{V} \quad (Vは最大速度)$$

で表され，$1/v$を$1/[S]$に対しプロットすると直線が得られる(⇒ミカエリス-メンテンの式)．この関係を阻害剤を含まない系における場合の同様な直線([I]=0)と比較すると，両直線はともに縦軸を$1/V$で切り，阻害剤の存在は直線の勾配を増加させる．すなわち基質の見かけのK_m値を増加させるがVは変化しない(図a)．例えば，コハク酸脱水素酵素(EC1.3.5.1)に対してマロン酸は競争阻害剤である．なお，アロステリック効果によってアロステリックインヒビターが酵素の基質結合部位

以外の調節部位に結合することによって，速度論的には競争的阻害をする場合もあるので注意を要する．これに対して，非競争的阻害(noncompetitive inhibition)すなわち I が E にも ES にも結合して酵素反応を阻害する場合には，[I]の増加とともに，V は低下するが見かけの K_m 値は変化しない(図b)．この場合，阻害剤は触媒部位以外の部位に結合して酵素のコンフォメーションを変化させると考えられる．また，不競争的阻害(uncompetitive inhibition)すなわち I が ES のみと結合して阻害する場合には，[I]の存在下での $1/v$–$1/[S]$ プロットは[I]の非存在下での直線と平行となる．2種類以上の基質を反応させる酵素について，その反応機構に関する手掛かりは，反応生成物による阻害の形式を反応速度論的に解析することによって得ることができる．

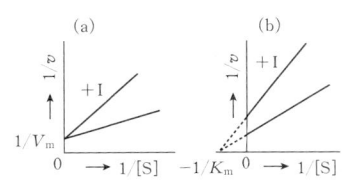

(a) (b) のグラフ: $1/v$ 対 $1/[S]$，$1/V_m$，$-1/K_m$，$+I$ の表示．

a　競争排除則 [competitive exclusion principle] 食物や生息地などの生活要求(資源)の類似した種は，*競争の結果として，同じ場所に共存を続けることはできないという考え．*生態的地位の等しい種は共存できないとか，完全な競争者(complete competitors)は共存しえないとも表現される．この考えは C. Darwin(1859)にもうかがえるが，最初に明確に表明したのは J. Grinnell(1904)といわれる．A. J. Lotka(1925)と V. Volterra(1926)はロトカ-ヴォルテラの競争式を導き，いずれか一方の種が絶滅する場合と，2種が安定な平衡を示す場合があることを示唆した．G. F. Gause(1932,1934)は，酵母や原生生物を用いて実験的研究を行い，種間競争が個体数増加を抑制し，しばしば一方の種を絶滅させることを明らかにした．これらの先駆的な研究にちなんで，上記の考えはガウゼの法則(ガウゼの仮説)，ロトカ-ヴォルテラの法則，グリンネルの原理など種々の名で呼ばれてきたが，G. Hardin(1960)は混乱を避けるため，競争排除則と呼ぶことを提案した．G. E. Hutchinson(1957)が超容積ニッチを提唱することで，ニッチの類似度が定量的に測定可能となり，どのくらいの類似性があれば競争種は共存できないかという「ニッチの類似限界説」の考え方に改良されていった(R. H. MacArthur & R. Levins, 1967)．このニッチの類似限界説が基礎となって，*ニッチ分化による群集構成種の共存を強調した*群集理論が1970年代に形成された．なお，*種間競争による淘汰圧がニッチ分化をもたらした証拠としては，分布域が一部重複する近縁種において，同所的に生息する地帯で形態的差異が大きくなるという形質置換(character displacement)の現象がある．1980年代になると群集構成種の共存に関する*非平衡説が台頭し，中程度の*攪乱や天敵による捕食のために，個体群密度が*環境収容力のレベルからかなり低く抑えられれば，競争排除によるニッチ分化への淘汰圧がそれほど強く作用せず，ニッチ分化なしで種が共存できるとの説も出された．(→生態的地位，→ニッチ分化，→種間競争)

b　きょうだい殺し [siblicide] 自分のきょうだいを殺す行動．通常は同じ年に生まれたきょうだい(一巣卵または一腹仔)間の争いの結果として起こる．イヌワシなどの猛禽類では一度に2卵が産まれても通常1羽しか巣立たない．これはたいていの場合，最初に生まれたヒナが後で孵化した弟妹を激しく攻撃して殺してしまうためである．鳥類ではアマサギ類などでもよく研究されている．基本的には，ヒナは親鳥から得る餌を巡って争うが，親鳥からすれば，その年の餌条件に合わせて育雛する結果になるので，子の争いには干渉しないことが多い．また，多くのサンショウウオ類のように母体の輸卵管内で共食いが起こる場合もきょうだい殺しとみなすことができる．

c　協調 [coordination] 一般には，生体を構成する対等な諸部分(例えば同一名称の器官)が，機能の上で相互に調整的関係を保ち(→相関【2】)，調和ある活動をなすこと．全体への部分の統合すなわち生物の全体性・有機体性の成立を原因づけるものとして，上位の制御機構への従属(subordination)を縦の関係とすれば，これは横の関係にあたる．細胞から細胞への伝達に基づくとみられる繊毛上皮活動の協調は，その典型的な例とみられる．脊椎動物では神経系・内分泌系の発達に伴い機能間の協調が一段と進み，特に神経系のなかだちによる筋活動の協調運動が著明かつ普遍的である．

d　共通化学感覚 [common chemical sense, general chemical sense] [1] いわゆる刺激性物質の接触で動物の体表面一般に生じる感覚．G. H. Parker(1912)の提唱．この場合には化学刺激が*侵害刺激の性格をもち，侵害受容反射を解発するのが一般的で，酸や塩基の皮膚刺激が脊髄ガエルに起こさせる払いのけ反射はその例．角質化した皮膚をもつ脊椎動物では，この感覚の受容器は粘膜露出部に限られ，第五脳神経を経て延髄への興奮伝導によって生じる反応は，刺激性物質の種類により異なる．胡椒(ピペリン)やしょうが(ジンゲロン)などいわゆる辛い味をもつものは，口腔のほかに鼻腔の粘膜を刺激して粘液分泌やせき・くしゃみのような一種の払いのけ反射とみられる反応を引き起こす．アンモニアのような刺激性のさらに強い物質は，涙の分泌を促すので催涙性物質と呼ばれ，クロルアセトン(ブロムアセトン)，エチルヨウ素酢酸，ブロムベンジルシアンなど，多数の催涙性毒ガスも同じ範疇に属する．くしゃみを起こさせるジフェニルクロルアルシン，アダムサイトなどの毒ガスや，気管に働く塩素，ホスゲン，クロルピクリンなどの窒息性ガスも，共通化学感覚の刺激剤である．ナマズの味蕾や側線器に分布する第七・十脳神経分枝の切断後には，味覚への反応は消失するが，酸・塩基の刺激への反応は正常のままに残ることから，後者が脊髄神経の自由神経終末に発する独特な感覚種によることが知られる．触覚や痛覚とも別なものであることは，サメやカエルで皮膚のコカイン麻酔時に，触覚がまず消失し，共通化学感覚が残る事実で示される．[2] 侵害刺激的な性格はないが質の弁別，嗅覚・味覚に類する感覚とは明らかに別の化学感覚．昆虫では高濃度の不快な物質に対して生じ，回避反応を起こす．嗅覚や味覚の感覚子を除去してもこの反応が起こることから，他の感覚ニューロンの非特異的な反応であると考えられる．

e　共同繁殖 [communal breeding] 自分のではない子の世話をする個体がいるような繁殖様式．雌ライオンが自分の産んだ子だけでなく，ほぼ同時期に産まれた他

個体の子に対しても授乳を行うように，繁殖中の個体どうしが協力しあう場合と，鳥の*ヘルパーのように，繁殖していない個体が繁殖中の個体を助ける場合とがある．後者を cooperative breeding と呼んで区別することもある．

a **驚動反応** [phobic response] 自由運動をする生物，特に単細胞生物が刺激に対して示す，一般に急激な運動反応．光や温度，化学物質などの環境要因が変化したとき，一時的に運動様式が変化して，前進が阻害される．この反応は，生物が刺激強度の時間的変化を感じることによって誘導される．刺激強度が減少するときに起こる反応を下降刺激驚動反応(step-down phobic response)，逆の場合を上昇刺激驚動反応(step-up phobic response)と呼ぶ．驚動反応を走性とみるときには，驚動走性(phobotaxis)と呼ばれる．刺激源から遠ざかるときに下降刺激驚動反応が起こると，前進運動が妨げられるために正の走性が起こり，上昇刺激驚動反応によっては負の走性が起こる．

b **凝乳酵素** [milk-clotting enzyme] チーズの製造において，ウシその他の哺乳類の乳を凝固させるために用いられるプロテアーゼの総称．乳に含まれる蛋白質の80％はカゼインであるが，凝乳酵素によって，κ-カゼインのペプチドが特定の箇所(ウシのκ-カゼインの場合，Phe(105)-Met(106)の結合)で加水分解されパラカゼインに変換されると凝乳が起こる．古来，子ウシの第四胃の胃液が用いられてきたが，その本体はキモシン(chymosin，またはレンニン rennin，EC3.4.23.4)と呼ばれる分子量約3万5000のアスパラギン酸プロテアーゼである．キモシンの代用酵素として微生物からも種々の凝乳酵素が見出され，特にケカビ(*Mucor pusillus*)由来のものは，今日チーズ製造に広く利用されている．

c **強皮症** [systemic scleroderma] SScと略記．《同》全身性強皮症．皮膚のみならず肺や消化管壁など内臓諸臓器の繊維化と閉塞性血管病変を特徴とする慢性疾患．正確には全身性強皮症という．女性に多い．皮膚硬化は末梢から進行する場合が多く，手足の遠位部に限局する比較的軽症な限局型と，全身に及びより重篤な瀰漫(びまん)型に分類され，閉塞性血管病変は四肢末端にレイノー現象と呼ばれる乏血現象を起こし，それが持続・高度になると壊死に至ることもあり難治性である．限局型強皮症では抗セントロメア抗体，瀰漫型強皮症では抗トポイソメラーゼI抗体が高頻度に検出される．高率に自己抗体を有するため*自己免疫疾患に分類されているが，詳細な病態発症機構は不明である．

d **共尾虫** [coenurus] 《同》コエヌルス．扁形動物真正条虫類に属する円葉類の幼生，すなわち*嚢尾虫の一型．中間宿主である脊椎動物，特に哺乳類の体内に見出される．単尾虫(⇒嚢尾虫)では，*虫に形成される原頭節は一つであるが，この共尾虫では複数，時には多数の原頭節が裏返しになって懸垂する．すなわち，中間宿主に摂取された一つの六鉤幼虫から複数の原頭節が生じ，

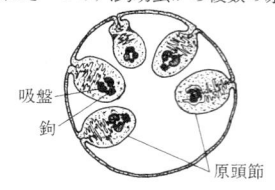

これが終宿主に摂取されるとそれぞれが成虫に発育する(⇒アロイオゲネシス)．包虫は，共尾虫や単尾虫と共に嚢尾虫の一型である．

e **共表形相関係数** [cophenetic correlation coefficient] 数量表形分類学において，データである類似度行列(similarity matrix)の成分と，それから導かれた樹形図(デンドログラム)の上で計測される*操作的分類単位(OTU)間の共表形行列(cophenetic matrix)の成分との行列相関係数(R. R. Sokal & F. J. Rohlf, 1962)．この係数は，与えられた類似度行列に対する系統樹の適合度の尺度とみなされる．共表形相関係数の数学的性質はJ. S. Farris(1969)によって調べられた．

f **胸部腺** [thoracic gland] 《同》前胸腺．ゴキブリ類・跳躍直翅類・半翅類の一部における*頭部腹面腺．これらの類の幼虫(若虫)では頭部腹面腺は*前胸内に移動している．

g **莢膜**(きょうまく) 【1】[capsule] 細菌細胞の外側に存在する粘性・膠状の厚い層．付着機能を果たすこともある．莢膜をもつ菌は，莢膜をもたない菌に比べ生体の食細胞に貪食されにくく，病原性と深い関係がある場合が多い．主な成分は多糖で，莢膜多糖(capsular polysaccharide)といい，例えば連鎖球菌ではヒアルロン酸である．ほかにグルタミン酸のホモポリマーからなるものも知られる．また莢膜の多糖は同一菌種でも型により免疫学的特異性が異なるため，莢膜抗原(capsular antigen)として菌の分類に重要な役割を果たす．
【2】[thecal membrane, theca] 卵巣の濾胞(卵胞)の外層をつくっている結合組織からなる構造．莢膜細胞(thecal cell)とその分泌した繊維状構造とからなる．外莢膜と内莢膜に分けられ，前者より後者の方がより構造が密で細胞が大きく血管に富むが，動物種によっては両者の区別が難しい．内莢膜はその内側にある顆粒膜細胞と共に黄体の形成に参画する．内莢膜細胞は発情ホルモンを分泌する．

h **胸膜** [pleura] 《同》肋膜．*横隔膜によって胸膜腔と腹腔が分離されている哺乳類において，胸膜腔の内壁と肺の表面を覆う*漿膜．前者を胸膜体壁葉(壁葉，壁側胸膜 pleura parietalis)，後者を胸膜内臓葉(臓葉，臓側胸膜 pleura visceralis，肺胸膜 pleura pulmonalis)という．(⇒胸膜腔)

i **胸膜腔**(きょうまくこう) [pleural cavity ラ cavum pleurae]「きょうまくくう」とも．肺表面を包む胸膜内臓葉と胸郭内面を覆う胸膜体壁葉とによって囲まれた腔．中に少量の漿液をいれる．哺乳類では，胸膜腔は横隔膜により*腹膜腔より隔てられるが，原始的脊椎動物では未分化な胸膜腔と腹膜腔とを合わせ，単に体腔(coelom)，総腹膜腔(general splanchnic coelom)と呼ぶことがある．

j **共鳴説** [resonance theory] 《同》共鳴器説．聴覚において，耳には種々の固有振動数をもつ共鳴器が配列しており，そのおのおのが相当する音振動に共鳴し，それぞれ別の神経繊維を刺激して種々の高さの音の感覚を生ずるとする説．H. von Helmholtz(1868)の提唱．彼の最終的見解では，この共鳴器は蝸牛の基底膜を構成する横繊維であり，この繊維は蝸牛底では短いが蝸牛頂に近づくにつれて長くなり，種々の固有振動数を示すと解釈した．一方，1930年には蝸牛マイクロフォン電位が記録され，1940年代に至りハンガリーのG. von Békésy はストロボスコープを用いて蝸牛内基底膜の音波による運動を直接観察することに成功し,かつ基底膜の張力も測定して特定の一方向における強い張力が存在しないことから,共鳴説を否定し,音刺激による基底膜の進行波説を述べた.この説では,共鳴ではないが音周波数に対し進行波が最大振幅を示す位置が蝸牛頂より基底に向かってしだいに高くなることになり,基底膜における共鳴は否定される.(→蝸牛マイクロフォン作用)

a **共役** [coupling] 一つの化学反応が起こるとき他の反応がそれに伴って化学量論的な関係で起こる現象.主に次の二つの場合がある.(1) 酸化と還元の共役:電子供与体 AH_2 が A に酸化されるとき電子受容体 B が BH_2 に還元されなければならないが,そのときこの二つの反応が共役するという.例えばアルコール発酵においてはグリセルアルデヒド-3-リン酸の脱水素とアセトアルデヒドの還元が NAD を仲介にして二つの脱水素酵素の作用により共役している.(2) 酸化還元反応あるいは分解反応とリン酸化反応との共役:生体内酵素反応において,*発エルゴン反応の進行と ADP とオルトリン酸からの ATP の生成(*吸エルゴン反応)が組み合わされていることが見られる.これは1個の酵素によって直接に,あるいは2個以上の酵素によって中間体の生成を経由して行われる.このような共役は,反応の自由エネルギーを高エネルギーリン酸結合の形に直して貯えるために重要であり,また逆反応の共役としては,ATP の分解と共役して吸エルゴン的な合成や酸化還元反応,また筋収縮・能動輸送などが行われることになる.

b **共役因子** [coupling factor] ミトコンドリアにおいて酸化的リン酸化反応のエネルギー共役に必要な蛋白質性因子.ミトコンドリアから機械的処理またはキレート,尿素などによる処理で可溶化される.脱共役された亜ミトコンドリア粒子に加えると,P/O 比(→酸化的リン酸化)が回復する.機能に注目しての命名であり,物質としては ATPアーゼ活性をもつ F_1-ATP アーゼ(分子量約38万),オリゴマイシン感受性賦与因子(OSCP,F_0 分子量約1万6000)など,数種が精製されている.また,ホウレンソウの葉緑体,酵母,細菌類からもミトコンドリアの F_1 と類似の ATPアーゼ活性をもつ共役因子が精製されている.(→ATP 合成酵素)

c **共役運動** [conjugate movement, version] 《同》共役眼球運動(conjugate eye movement),共同運動.ヒトの両眼視において,一眼を動かそうとしたとき他眼もかならずといっていいほど伴って同一方向に動くというように,二つの眼が単一の器官のように緊密な連繋を示す正常な運動.両眼球の運動の間にある高度な協調の現れで,各体側の動眼筋を支配する動眼神経(動眼中枢,哺乳類では中脳にある)が相互に連絡することに基づく.共役運動には衝動性運動(断続性運動 saccadic movement),滑動性運動(smooth pursuit movement),前庭性運動(vestibular movement),視機性運動(optokinetic movement)の4種がある.前二者は視覚対象を網膜中心窩で捕らえるための機序で,後二者は頭が動いたときに像が網膜上でぶれるのを防ぐものである.斜視(strabism, squint, heterotopia)は,両眼視線が左右または上下に発散(または交叉)して,同時には固視点に向かわない状態のことである.共役運動に対して,視標が顔面に垂直な方向,すなわち遠近方向に運動する場合には,左右の眼が相互に逆の方向に動く.これを輻輳運動または離反

運動(disjunctive movement, vergence)と呼ぶ.

d **共有原始形質** [symplesiomorphy] 《同》原始形質共有,共有祖先形質,祖先形質共有.*外群比較などを用いて*極性の推定をした結果,原始的と判定された*形質状態(原始的形質状態)を複数の種が共有すること,またはその形質状態のこと.*共有派生形質と対する.W. Hennig(1949, 1950)の造語.*分岐分類学では,共有派生形質とは異なり,この共有原始形質にはそこから系統関係を推定できる情報はないとみなされている.もっとも,原始性,派生性という区別は相対的なものであり,原始的と判定された共有形質状態も,より高次の系統では派生的状態と認識されるから,そのレベルでは系統的情報をもっている.

e **共優性** [codominance] 《同》不完全優性.ある遺伝子座に複数の対立遺伝子が存在するとき,それらのヘテロ接合体が各対立遺伝子のホモ接合体の表現型を兼ねそなえている状態を指す.蛋白質の産生を表現型と考えた時には,ほとんどの場合共優性を示す.

f **共有派生形質** [synapomorphy] 《同》派生形質共有,共有子孫形質,子孫形質共有.*外群比較などを用いて*極性の推定をした結果,派生的と判定された*形質状態(派生的形質状態)を複数の種が共有すること,またはその形質状態のこと.*共有原始形質と対する.W. Hennig(1949, 1950)の造語.分岐分類学では共有派生形質だけが系統関係を推定する情報を与えると主張される.推定された派生形質を共有する種群を生んだ直接共通祖先を仮定できるからである.したがって,共有派生形質は単系統群(正確には完系統群)を構築する手掛かりとなる.ここで,もしも形質分布に不整合が生じたときには,いくつかの形質の派生的形質状態は,ある共通祖先からではなく別々の枝で進化した*ホモプラシーであると考えなければならない.共有派生形質という仮説の妥当性は,最節約原理に基づいて選択された系統仮説,すなわち*分岐図との整合性によって検証される.

g **供与菌** [donor, donor bacteria] 細菌の*遺伝的伝達において,遺伝物質を供与する側の細菌.逆に受け取る側を*受容菌という.*形質転換実験では用いる DNA を抽出する細菌,*形質導入では導入ファージを生ずる細菌,*接合では性因子や染色体を雌菌に伝達する雄菌をいう.

h **共抑制** [cosuppression] 《同》コサプレッション.外来遺伝子の導入やウイルス感染によって,それらがもつ DNA と相同な配列を有する内在遺伝子の発現が抑制される現象.ペチュニアで,紫色の色素(アントシアニン)産生遺伝子を多コピー導入した結果,逆に色素の産生が抑えられ,多くの花で斑入りや白色になることでみつかった.外来遺伝子,内在遺伝子ともに発現が抑制されることから共抑制と呼ばれる.植物で見出された現象であるが,さまざまな生物種でも同様の現象が確認されている(アカパンカビの*クェリング).導入した外来遺伝子から産生される*低分子 RNA (siRNA)を介して,遺伝子の転写後に発現が抑制される転写後遺伝子サイレンシング(post-transcriptional gene silencing, PTGS)によって引き起こされる現象である.

i **恐竜類** [dinosaurs ラ Dinosauria] 《同》ダイノサウルス類.爬虫綱双弓亜綱主竜形下綱の竜盤目と鳥盤目からなる化石動物群.R. Owen(1842)がイグアノドン *Iguanodon* など当時知られていた大型爬虫類のために

造語. かつては，これらを総合した一つの目の学名として用いられたが，現在は上目のランクとして扱われている. 恐竜類の共有派生形質として，骨盤の寛骨臼に孔が開くこと，また仙椎が3個以上あることが挙げられる. 竜盤目と鳥盤目は骨盤の構造のちがいなどによって識別できる. 竜盤目では恥骨が腸骨の下側で前下方へ伸び坐骨が下方へ伸びて，側面から見れば三方に放射した形を示す. 肉食二足歩行の獣脚類と，植物食四足歩行でとりわけ大型になった竜脚形類を含む. 鳥盤目では恥骨が坐骨と平行の位置を占め，前恥骨が発達するため典型的には四方に放射した形を示す. 二足ときに四足歩行の鳥脚類，四足歩行の装盾類(剣竜類と曲竜類)，および周飾頭類(角竜類とパキケファロサウルス類)など多様な植物食の恐竜を含む. 竜盤目の獣脚類や竜脚形類では，骨が中空になるなど軽量化が進んでいる. 恐竜は*三畳紀後期初め(約2億3000万年前)に現れ，陸上の生態系で主要な大型動物として繁栄を続けた. *白亜紀末(約6550万年前)に絶滅したが，羽毛の発達した獣脚類から進化した鳥類をその末裔として残した. 鳥類に近縁な羽毛恐竜が恒温動物であった可能性は高いが，恐竜全般がそうであったというのは疑問視されている. 分布は南極や北極も含めた全大陸にまたがり，陸上のさまざまな環境に適応した. 骨格以外にも，足跡や卵，皮膚の印象，さらに糞の化石なども多く知られており，恐竜の生態を考察する際の大きな手がかりとなっている. *ジュラ紀以降には竜脚形類に特に巨大なものが現れ，南米の白亜紀に生存した *Argentinosaurus* は体長30 m以上，体重は少なくとも約50 tに達したと推定される. ティラノサウルス(*Tyrannosaurus*)，ブラキオサウルス(*Brachiosaurus*:以上竜盤目)，イグアノドン，ステゴサウルス(*Stegosaurus*, ⇨剣竜類)，アンキロサウルス(*Ankylosaurus*, ⇨曲竜類)，トリケラトプス(*Triceratops*:以上鳥盤目)などが主な属である. これまで全世界から報告された恐竜は1000種を超えるが，全身骨格が知られるのは100種類ほどにすぎない. 1980年代までは，戦前に樺太から見つかったハドロサウルス類(カモノハシリュウ)のニッポノサウルス(*Nipponosaurus*)が唯一の日本産の恐竜化石であった. その後は国内各地で恐竜が報告されるようになり，北海道から鹿児島県に至るまで17都道府県に恐竜化石産地(大半が白亜紀の時代)が確認されている. 断片的な資料が大半であるため，これまで正式に学名が付けられた日本産の恐竜は，フクイサウルス(*Fukuisaurus*)やフクイラプトル(*Fukuiraptor*:以上福井県)，アルバロフォサウルス(*Albalophosaurus*:石川県)など5種類にすぎない. (⇨主竜類)

a **協力の進化機構** [mechanisms for evolution of cooperation] 他個体への協力的行動を進化させる仕組みのこと. 利他行動の進化機構を指すことが多い. 利他行動には繁殖や生存上のコストが伴うため，協力者がいかにしてそのコストを上回る利益を得るかをもって説明される. 利益のもたらされ方により，協力者自らが事後に利益を受ける互恵性(*互恵的利他性，*間接互恵性)と，協力者の血縁者が利益を受ける*血縁淘汰の二つに大別される. 前者の典型例としては霊長類における長期的な協調関係やヒトでの評判を用いた協力が，後者の典型例としては社会性昆虫の不妊ワーカーが挙げられる.

b **魚介毒** [marine toxin] 生きている魚介類がもっている自然毒の総称. 次の各種に分けられる. (1)刺咬毒:一般に不安定な高分子蛋白質で，性状不明なものが多い. 魚類ではゴンズイやカサゴ類，貝類ではイモガイ類のアンボイナなど200種以上に知られる. 毒腺から分泌され，腫脹，痛み，痙攣，呼吸困難などを起こし，ときに致命的な場合もある. (2)皮膚毒:多くはペプチドを含む分子量数千の物質で，ヌノサラシ，アゴハタ，コバンハゼ，ミナミウシノシタ，ハコフグなどで，表皮の毒分泌細胞や，この細胞が真皮に落ち込んでできた毒腺に貯蔵される. 他個体を殺し，防御の効果をもつ. (3)食中毒を起こす毒素:*フグ毒，*貝毒が有名だが，このほかにシガテラ毒(ciguatera toxin)がある. 前二者と同様に，有毒プランクトンで産生され食物連鎖により魚類に蓄積される物質で，熱帯・亜熱帯産のバラハタ・ドクカマス・ドクウツボなどの内臓や筋肉に存在. 下痢や嘔吐，ドライアイスセンセーション(dry-ice sensation)と呼ばれる特異な温度違和感，関節痛，倦怠感を起こさせる.

c **巨核球** [megakaryocyte] 《同》巨核細胞. 赤色骨髄内に骨端細胞・血球と混在する細胞. C. Robin (1849)の発見. 径35〜150 μm. 造血幹細胞起原で，巨核芽球(megakaryoblast)から生じる際，核分裂は起こるが核が分離せずに巨大な分葉核を形成する. 核は高倍数性. 細胞質に形成された分画膜(demarcation membrane)により細胞質が崩壊して放出され，それらの多数の断片は血小板となる. 骨髄のほか脾臓の赤髄や胚期の肝臓などにもある.

d **蟻浴** [anting] いくつかの鳥類にみられる，アリの巣の上に坐ってアリを羽毛の間に入りこませたり，アリを嘴でつまみ体にこすりつけたりする行動. 砂浴・水浴などとともに慰安行動(comfort behavior)の一つに分類される. 蟻酸を羽毛にぬりつけて外部寄生者を防ぐためともいわれる.

e **極核** [polar nucleus, pole nucleus] 被子植物の*胚嚢の中央に位置する核. 胚嚢形成様式は多様であるが，最も多く見られる型では上極核と下極核の2核がある. 胚嚢細胞の核の分裂によって生ずる8核のうち，珠孔側の4個中の1個と合点側の4個中の1個とが極核の位置を占め，前者の方が一般にやや大きい. 花粉管が胚嚢に入る前，または入りつつあるときにこの2核は合体する. 合体した核を中心核と呼ぶこともある. この核は卵細胞の直下に移動し，卵装置との間には原形質連絡がみられる. 反足細胞との間には大きな液胞がある. 2極核の合体により2nとなり，*重複受精の結果，雄核(n)が加わって3nの核となる. 3n核は分裂を繰り返して多細胞の内乳母細胞(endosperm mother cell, 内乳始原細胞 endosperm anlage)と呼ばれる細胞群となり，さらに内乳となる. 胚嚢の形成様式によって極核の数が異なる.

f **極管** [polar tube] *微胞子虫類の胞子内に存在するコイル状に折り畳まれた蛋白質性管状構造. 射出されると宿主細胞に刺さり，これを通って細胞(胞子原形質 sporoplasm)が宿主細胞内に侵入する. 古くは*粘液胞子虫類の極糸(polar filament)と混同されていたが(これをもとに微胞子虫と粘液胞子虫を併せて極嚢胞子虫とされていた)，全く異なる構造である.

g **極環** [polar ring] *紅色植物(紅藻)の核分裂において，極に存在する電子密度の高い構造. おそらく*中心体と同様に*紡錘体形成に関わるが，*中心小体は存在

しない．一般にリング状であるため極環と呼ばれるが，盤状や粒状のこともあり，併せて NAO (nuclear associated organelle) とも呼ばれる．*アピコンプレクサ類の*頂端複合体の構成要素である極輪 (polar ring) と混同しないように注意．

a **棘魚類** [spiny sharks ラ Acanthodii]《同》棘鮫類．脊椎動物亜門の一綱．尾鰭を除く各鰭の前端に大きい棘をもつ化石動物．頭骨はよく骨化する．椎骨の神経棘・血管棘は骨化しているが椎体は骨化せず，したがって脊索は非分節である．尾鰭は異尾で，方形の小鱗が体表を覆い，鰓蓋状構造が発達している．体は左右に扁平であり，中層または表層を遊泳していたと推定される．*顎口類中最も初期から化石の認められるもので，*シルル紀後期から*ペルム紀前期まで繁栄した．従来は*板皮類や*軟骨魚類に含める人もあったが，独自のグループとされることが多い．

b **極区** [polar field]《同》極板 (polar plate)．*有櫛動物の感覚極（反口極）において，*咽頭面の方向に拡がる帯状の高まり．繊毛の密生した*感覚上皮からなり，一般の体表よりも感覚，特に化学感覚が鋭敏である．この中心に*感覚毛や*平衡石を含む．

c **極限環境微生物** [extremophile] 温泉や深海底の熱水噴出孔の 60°C を超える高温環境や，4000〜6000 m 以深の高圧条件下にある深海，強度の酸性またはアルカリ性環境，あるいは高 NaCl 濃度中などに生息する微生物．100°C を超える環境中で増殖する超好熱菌や，ほとんどの好塩菌はアーキア．炭酸湖や深海底などの環境では，生息に必要な異なった極限的な特性，例えば好アルカリ性と好塩性，あるいは好熱性と好圧性 (balophilic) などを共にそなえる原核生物が存在する．これらの生物は細胞膜の構造が特殊化しており，膜透過や代謝上の特別な蛋白質を保有する．超好熱菌は，高温環境下で機能する酵素や熱安定性の高分子を生成する．多くの工業的なプロセスは高温で効率よく反応が進むため，超好熱菌が生産する極限酵素 (extremozyme) が有用である．還元的で高温な環境は，生命が地球上に誕生した時の環境に近似するとされるため，このような環境下にある原核生物は，生命生存の限界を探る上でも，始原生物についての理解を深める上でも重要である．

d **極原形質** [pole plasm, polar plasm]《同》極細胞質．環形動物や軟体動物の腹足類・斧足類などの卵において，動物極および植物極に分布する比較的透明な卵細胞質．*卵細胞質分離によりミトコンドリアなどの細胞小器官が両極に集積し，卵黄を多く含む卵内部の細胞質との区別が顕著となる．イトミミズでは，これら極原形質は四細胞期の D 割球に取り込まれ，そのうち動物極のものは外胚葉の*端細胞を生じる 2d 割球に入り，植物極のものは中胚葉の端細胞を生じる 4d 割球に入る．なお，昆虫卵の後極に分布する*極細胞質とは別のものである．

e **極興奮の法則** [law of polar excitation]《同》極性興奮の法則．神経や筋肉などの興奮性組織が，十分な強さの直流刺激で興奮する場合に，電流を通じた瞬間には陰極直下の組織から，電流を切った瞬間には陽極直下から興奮が起こること．後者の，陽極側で起こる興奮を陽極開放興奮 (anode break excitation) という．E. F. W. Pflüger (1859) の提唱．電気刺激に関する根本的な法則の一つ．通電による膜電位の変化およびそれによるイオンの透過性の変化として説明される．(⇒イオン説，⇒電気緊張)

f **極細胞** [polar cell, pole cell, calotte cell] [1] 二胚動物において，体前端の極帽を構成する 8〜9 個の体皮細胞のこと．これに対し，他の扁平で大形の体皮細胞は胴細胞 (trunk cell) と呼ばれる．極細胞は短い繊毛が密生し，細胞体が小さく多面体である点で胴細胞から区別される．極細胞は 2 環列に並び，第一環列の 4 個を前極細胞 (propolar cell)，第二環列の 4〜5 個を後極細胞 (metapolar cell) と呼ぶ．両環列の細胞は左右相称あるいは放射相称的に重なり，大部分の種で極帽 (polar cap, calotte) と呼ばれる頭部を形成する．極帽は宿主（タコ・イカ類）の腎嚢壁に付着，あるいはそこを穿孔する機能をもつ．ちなみに，無性生殖虫では後極細胞に続く 2 個の胴細胞が極細胞と他の胴細胞の中間的な大きさの場合，側極細胞 (parapolar cell) とも呼ばれる．また，尾端の 2 個の細胞は顆粒を密に含み，特に尾極細胞 (uropolar cell) とも呼ばれる．(⇒体皮細胞) [2] 昆虫類において，胞胚形成に先立ち，卵後極からふくれ出すようにして形成された細胞．生殖巣に移動して生殖細胞となる*始原生殖細胞．細胞質内にニュアージュ (⇒生殖細胞決定因子) の一種である極顆粒 (polar granule) と核内に核顆粒 (nuclear body) を有する点で形態的に他の細胞と区別される．ショウジョウバエでは，極細胞の形成や分化には*極細胞質に局在する分子の働きが必須であることが明らかとなっている．極細胞は潜在的に多能性を有しているが，極細胞質に局在する*母性メッセンジャー RNA の一つである nanos (ナノス) の蛋白質産物の働きにより，生殖細胞以外の体細胞に分化する能力が抑制される．(⇒極細胞質)

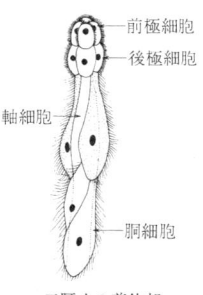

g **極細胞質** [polar plasm, öosome, germ plasm] 双翅目・膜翅目・鞘翅目などに属する多くの昆虫において未受精卵の後極 (⇒D 極) に局在する，形態的・機能的に他の部域とは異なった細胞質．この部分には RNA を含む直径 0.1〜0.2 µm の極顆粒 (polar granule) が多数存在している．卵内部から表層へ向かって移動してきた核が極細胞質に入ると，細胞膜がその核と極細胞質とを包み込み，*極細胞が形成される．極細胞質を人為的に卵の後極以外の場所に移植すると，その場所に極細胞が形成され，この極細胞は生殖細胞に分化する能力をもっていることから，極細胞質は生殖細胞系列 (germ line) の細胞を決定する働きをもつとされている．ショウジョウバエにおいては，Vasa 蛋白質が極顆粒中に極存し，生殖細胞系列の決定に重要な役割を果たす．タマバエでは胞胚形成直前の第 5 回目の核分裂の際に*染色体削減が起こるが，極細胞質に入った核では起こらず，したがって生殖細胞系列の細胞は元のままの染色体数が維持される．ところが極細胞質をあらかじめ紫外線照射などにより破壊しておくと，ここに到達した核も体細胞系列の細胞と同様に染色体削減を起こす．

h **極座標モデル** [polar coordinate model] *付加再生における調節機構を説明するためのモデル．V.

二胚虫の前体部
（前極細胞／後極細胞／軸細胞／胴細胞）

French ら(1976)が提案し，S. V. Bryant ら(1981)が改訂した．ショウジョウバエの*成虫原基，ゴキブリやイモリの肢などの部分切除・移植などによって起こる再生や重複，過剰肢形成などのパターン調節を，細胞と細胞の接触による相互作用によって説明している．成虫原基の中央あるいは肢の先端を中心とし，成虫原基の周縁あるいは肢のつけ根を外周とする極座標を考え，細胞はその座標の値で表される*位置価を与えられるとする．成虫原基や肢の一部を切除したとき，傷口の治癒の過程で本来は隣り合わないはずの位置価をもつ細胞が相接するようになる．互いに位置価の隔たりを認識すると，それに応じた細胞増殖が起こり，娘細胞は位置価の不連続をなくすように新しい位置価を獲得する．この場合経線の

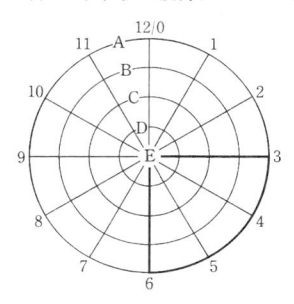

値(図の 0 から 12)に関しては以下の最短間挿則(shortest intercalation rule)が，緯線の値(図の A から E)に関しては先端化則(distalization rule)が常に成り立つとする．極座標系の一部を扇形状に切除した場合，例えば図の 3 から 6 への弧を含む扇形を切除したとすると創傷治癒の結果経線の値 3 をもつ細胞と 6 をもつ細胞とが相対峙することになり，細胞増殖により生じた細胞に，両者の中間の位置価が新生される．その際，隔たりの小さい方，この場合 3(4,5)6 の( )の中が新生され，決して 3(2,1,12/0,11,10,9,8,7)6 のようには新生されない．これを最短間挿則といい，特にこの法則に着目したモデルをインターカレーションモデルともいう．その結果失われた部分が再生される．一方切り取られた小さい扇形状の断片でも最短間挿則が成り立ち，4,5 の位置価が新生されるので，こちらは重複が起こる．付属肢の先端側あるいは基部側の半分を切除することは，極座標系では，ある緯線より内側あるいは外側を切除することを意味する．この場合にはまず傷口が収縮して，同一緯線上の細胞の間で接触が起こり，位置価の異なる細胞どうしが接触した場合には最短間挿則に従って位置価の新生が起こる．こうして生じた細胞は経線の値に関して，最初の切断面より先端(極座標の中心)に近い位置価をとるので，これを先端化則と名付ける．以下この過程を繰り返すことにより切断面より先端側の構造が形成される．これは切株にとっては再生であり，切り落された肢にとっては重複を意味する．切株側，切除した肢などを軸を回転させてから移植した場合などにも，同様の原理を適用することにより，過剰肢形成を矛盾なく説明できる．

a **局所回路説** [local circuit theory] 神経あるいは筋繊維において，興奮部で発生する*活動電流が興奮部の近傍の局所回路を通って流れ，興奮の伝導を媒介しているという考え．興奮の伝導は，活動電流が隣接未興奮部を刺激しそこに新たな興奮を引き起こすという過程により次々と伝導されるが，電線を伝わって電気が流れる場合とは異なり，興奮部のごく近傍の局所回路を通って流れる．この電流を局所電流という．すなわち電流は興奮部の膜を通って繊維内に流入，次いで繊維内を伝わってその両隣接部に吹き出し，今度はその部の膜を通って繊維外に出，次いで組織液中を伝わって興奮部にもどる．電流はこのような閉回路を通って流れるが，非興奮部の膜を通って外向きに流れる際にその部の膜の脱分極を引き起こす．(⇒活動電位)

b **局所生体染色** [localized vital staining] 主として発生しつつある動物の胚に起こる著しい*形態形成運動を分析し，また器官の*予定域を調べるため，胚の一定個所に*生体染色による標識を施す方法．W. Vogt(1922〜1929)が技術的に完成した．最も広く用いられている方法は，ニュートラルレッド，ナイルブルー，ビスマルクブラウンなどの生体染色用色素を染み込ませた寒天の微小片を卵黄膜の上から胚表面に接着させ，その部位の細胞を生体染色によって標識する．適当な条件下では染色は組織分化の起こるまで保たれ，両生類胚では染色部位の色素による他の胚域の二次染色は起こらない．なお発生学で，上記と同様な目的の標識として，炭末やカオリン，放射性元素なども用いられることがあったが，いずれも拡散性の問題や細胞分裂による稀釈の問題がある．現在では拡散しにくく，検出感度のよい*ホースラディッシュペルオキシダーゼ，蛍光色素であるルシファーイエロー，細胞膜に親和性をもつ蛍光カルボシアニン色素(DiI, DiO)など優れた細胞標識物質(トレーサー)が開発され，1個の細胞の発生予定運命を知ることができる．(⇒予定運命図)

c **局所的資源競争** [local resource competition] LRC と略記．雌雄いずれか一方の血縁個体間に起こる，限られた場所の資源を巡る競争．はじめ，娘が母親のなわばりを引き継ぎ息子は分散して親元を離れる霊長類における，最適*性比を求める前提条件として，A. Clark(1978)が定義．この場合の理論的な安定性比は，競争のより少ない性を多くするようになる．こうした一方の性だけが分散する配偶様式をもつ生物は脊椎動物に限らず，昆虫や，植物では果樹などさまざまなものが含まれる．(⇒競争)

d **局所的配偶競争** [local mate competition] LMC と略記．配偶が限られた地域内で起こるために，きょうだい間で生じる配偶相手を巡る競争．パッチ島状(島状)になった個体群構造において，配偶が各パッチ内だけで起き，その後雌(母親)が分散して子を生むような状況下での最適*性比を考えた W. D. Hamilton の用語に由来．このモデルは何世代か繁殖を繰り返した後に分散が起こると仮定した干し草山モデル(haystack model)の特殊形とみなすこともできる．またフジツボなど，雄としての繁殖成功に上限がある雌雄同体生物における雌雄機能への最適資源分配を求めたモデルも，このモデルとほぼ同じ形になる．

e **局所反応** [local response] [1] 刺激部位に限局して生じる反応．[2] ＝閾下応答

f **極性** [polarity] [1] 発生生物において，ある特定の分子的基盤を背景とし，細胞・細胞集団・組織または個体のレベルで一つの方向に沿って，その各部分相互の相対的位置関係に関連して，形態的または生理的特性の差異を示すこと．(1)形態的には，例えば腺上皮の細胞

で核は基部に近く中心体は表面に近く位置するように細胞内に方向性があるとき、また，両生類の成熟卵において核が動物極に近く，表面色素層が動物半球に分布しているような状態，さらに，卵黄粒の大きさが動物半球では小さく植物半球では大きく，またその分布が植物半球に偏る状態などを，極性を示すと表現する．(2)生理的・細胞化学的には，卵の細胞質内における酸化還元能や酸素消費，SH 基，RNA（特に母性の mRNA）の濃度の勾配などに明確な方向性がある場合に極性があると表現する．(3)形態形成においては，より動的・解剖学的な意味で方向性が認められる場合に用いられる．例えばプラナリアの切片が再生するときに前方の切断面からは頭部，後方からは尾部が生じる現象を説明する要因として，極性という語が用いられた．卵の極性は後に形成される胚の体軸の方向と密接な関係がある（⇒卵軸）．ある場合には細胞の極性が細胞の内的または外的環境によっても左右される．例えば *Fucus*（褐藻類）の卵ではその極性が pH および温度の勾配・光の投射などで左右される．[2] ある形質の形態状態間の遷移順序の進化方向．したがって，極性は遷移順序（order）のモデルに依存する．形態状態の遷移順序は，系統推定に用いる形質データの形質を反映する．質的な形態形質では直線状または分岐状の遷移順序を仮定できることもまれではない．一方，核酸塩基配列や制限酵素切断サイトなどの分子データの多くは，形質状態の間に順序付けができない無順序的（unordered）な形質である．分岐分類学や*進化分類学では，系統解析に先立って形質進化の極性推定を要求している．極性を推定する規準としては，*外群比較あるいは化石記録や個体発生の情報などが利用されるが，最も広く用いられているのは外群比較である．

a **極性化活性帯** [zone of polarizing activity] ZPA と略記．脊椎動物の*外肢の前後軸を決定する作用をもつ*肢芽後端の間葉領域を構成する細胞群．ニワトリ胚において別の肢芽の前端部に移植すると前後に鏡像対称の重複肢を形成する領域として発見された．この領域特異的に発現する *sonic hedgehog*（*shh*）遺伝子がその作用を担っている．極性化活性帯が産生する因子（ZPA 因子）は濃度依存的に受容細胞の位置情報（指のアイデンティティー）を定める*モルフォゲンと考えられてきたが，実際には指のアイデンティティーは Shh 蛋白質の濃度のみで決まるのではなく，Shh シグナルの下流にある転写因子 Gli3 の活性との関連や，Shh 蛋白質にさらされる時間などの要因もその決定に関わっていると考えられる．

b **極性突然変異** [polar mutation] ある1個の遺伝子に起こった突然変異が，その*オペロン内の*プロモーターから遠い側の遺伝子の発現を抑えること．*ナンセンス突然変異は極性効果を示すことが多いが，一般にその変異のシストロン内での位置がプロモーターに近いほど，オペロンの後部遺伝子に対する極性効果が強い．

c **極性反転** [reversal of polarity] 《同》極性転換．*形態形成に関与した*極性が一定の実験的条件下で反転する現象．例えば2匹のヒドラの上端を切り落とし，切口を向かい合わせて一直線になるように結合し，次いで結合面の近くで一方のヒドラの大部分を切り落とし再生を起こさせると，後者は極性を反転させて本来の基部へ向かって触手を再生する．またプラナリアの体を頭端近くで切断すると，本来の極性に反して頭を再生する．このような現象も極性反転という．これらに似た現象はミミズやオタマジャクシの再生などで認められる．ヒドラやプラナリアにおける極性反転は，前後軸極性の形成に関わる Wnt や Hedgehog のシグナル経路を活性化または抑制して再生させても起こることから，前後軸極性の乱れがこれらの極性反転を引き起こすと考えられる．また*極座標モデルによっても極性反転を説明することができる．再生の場合に限らず，両生類卵の結紮による双生児の1個体などで起きる内臓逆位も左右方向の極性の反転によるものである．

d **極相** [climax] 《同》クライマックス，極盛相．*遷移によって群集組成がしだいに変化し，その地域の環境条件で長期間安定を続ける状態のときにその群集をいう．特に植物群落に注目していう場合が多い．極相に達した植生を極相植生（climax vegetation）という．同一の気候的条件と土壌的条件であれば同一の極相群落に収斂すると考えられている．日本のように適湿・適温であれば通常，極相群落は森林（*高木林）になる．低温・乾燥により森林が成立できないとき，また海岸の群落や高層湿原などでは荒野や草原が極相になる．以上のほか，土壌的あるいは生物的条件（人為をも含む）によってその地域に卓越する極相とは違った群落が安定的に持続することがあり，それらは*前極相，*後極相，妨害極相，*亜極相などに区分される．極相は人為的な撹乱ばかりでなく，自然の破壊力により絶えず大小の*撹乱を受けているから，その修復過程も進行し，二次遷移途中相が極相の中に常にパッチ状に存在するのがむしろ自然の姿である．そのことによって，耐陰性の低い，寿命の短い種でさえも，一見極相にみえる森林の一部に存続しうる．極相林中の小部分が破壊され，そのために生じたギャップ（gap）における再生過程は A. S. Watt（1947）によりギャップ動態理論（gap dynamics theory）としてまとめられた．（⇒単極相説，⇒多極相説）

e **極相パターン説** [climax pattern theory] 植生連続の考え（⇒植生連続説）に基づいた説．R. H. Whittaker が提唱．極相は傾度的に変化する生育地とそこに成立する群落のパターンとして認められるもので，明確な単位群落のモザイクではないとした．（⇒環境傾度分析）

f **極地植物** [polar plant, arctic plant, antarctic plant] 《同》寒帯植物（cold zone flora, frigid zone flora）．気候帯として寒地の*森林限界線より高緯度の地（寒帯）に生育する植物をいう．このような地域では生育期間が短く，比較的低温のために成長は遅く，丈の低い草本植物や低木がコケ類・地衣類とともに生える．一般に葉が小さく，高緯度になるほど一年生植物が減り多年生のものが増す．多くは地表付近，または地中に越冬芽をもつ．北極では北半球の亜寒帯（冷温帯）や高山の植物と共通で，低木にはコケモモ・キョクチヤナギ・チョウノスケソウなど，草本にはスゲ類・イネ科のほか，イチゲ・イチゴ・クモマナズナの各属が多い．南極には，北半球冷温帯のものとは別の *Acaena adscendens*（バラ科），*Azorella selago*（セリ科），ケルグレンキャベツ（*Pringlea*，アブラナ科），*Lyallia*（ナデシコ科）などがある．（⇒寒地植物）

g **棘皮動物** [echinoderms ラ Echinodermata] 後生動物の一門で，腸体腔性ないし裂体腔性の真体腔をもつ新口動物．ウミユリ類・ヒトデ類・クモヒトデ類・ウニ類・ナマコ類の現生5綱のほか，約15の化石綱を含む．

成体は一般に数 cm〜数十 cm の大きさで，基本的に五放射相称の体制をとる．五放射相称の体のうち，管足や腕がある部分を歩帯(ambulacrum)または幅部(radial area)と呼び，二つの歩帯(幅部)の間を間歩帯(interambulacrum)または間幅部(interradial area)と呼ぶ．ナマコ類では体軸方向が長く伸びて左右相称体制を併せもった体となり，多くは下面(腹面)が3幅部よりなり三幅面(三歩帯区 trivium)と，上面(背面)が2幅部よりなり二幅面(二歩帯区 bivium)と呼ばれることがある．中胚葉組織が分泌する多数の骨板が結合して薄い表皮の直下に内骨格を構成し，ナマコ類ではこれが微小な骨片となって散在する．骨板は炭酸カルシウム(高マグネシウム方解石)の単結晶でできており多孔質．ヒトデ類では歩帯の口側の正中線に沿って歩帯板(ambulacral plate)がV字形に対をなって並び，歩帯溝(ambulacral groove)が形成され，そこに管足が並ぶ．ウニ類では歩帯板に歩帯孔(ambulacral pore)が開き，孔から管足が出る．口の周囲は周口部(peristome)と，肛門の周囲は囲肛部(periproct)と呼ばれ，ウニ類では殻板がなく膜状となっている．口と肛門とは消化管でつながるが，その形状は各綱によって異なり，肛門を欠くこともある．成体の真体腔は，内臓の周囲や水管系内腔に見られる．*水管系，*血洞系および神経系は互いにほぼ並走し，口を環状にとり囲むとともに，そこから放射状に拡がる．ウミユリ類には神経節があるが，一般的に神経中枢は不明瞭．感覚器官の発達も悪い．呼吸は*管足のほか，上蓋にある水孔(ウミユリ類)，皮鰓(ヒトデ類)，体壁や呼吸樹(ナマコ類)あるいは生殖嚢(クモヒトデ類)などでも行われる．排出器官は分化しない．雌雄異体で体外受精が通例．卵割は全等割・放射型が基本だが，卵黄が多い場合は乱れる．通常は間接発生で，幼生は各綱特有の形態を示すが，幼生の基本的な体制は左右相称の*ディプリュールラ型で，三体腔性を示す．体腔はほとんどの場合腸体腔だが，種によりまた部位により裂体腔の場合もある．直接発生を行う種や，幼生や幼若個体を保育する種もある．無性生殖も知られるが，群体は作らない．かつて刺胞動物などと共に*放射相称動物に分類されたが，J. Klein(1734)が命名，R. Leukart(1848)が門として独立させた．現生5綱では，ウミユリ類が最も祖先的であり，ウニ類とナマコ類とが姉妹群をなし最も派生的であると考えられている．ヒトデ類とクモヒトデ類との系統関係は定説に至っていない．伝統的には，ウミユリ綱を有柄類，他の4綱を遊在類とする2亜門に分類されてきたが，化石を含めた系統を考える場合は，この分類はあまり採用されていない．すべて海産で，深海を含むあらゆる海底に生息し，主に底在．化石種約3万，現生6000種以上．

a **局部病斑** [local lesion] *植物ウイルスを抵抗性植物に接種したとき，抵抗反応の一種である*過敏感反応として接種葉に出現する病斑．*タバコモザイクウイルスと *Nicotiana glutinosa*，*キュウリモザイクウイルスとササゲなどの組合せで見られる．病斑数はウイルス濃度に比例するので，ウイルスの生物的定量法として利用される(局部病斑法)．特に，一葉のうち主脈を境として半葉にそれぞれ既知および未知の濃度のウイルス試料を接種して局部病斑数を比較する方法を半葉法(half leaf method)，同様に，ササゲの初生葉などの相対する葉に接種して比較する方法を対葉法(opposite leaf method)という．

b **極帽** [polar cap, pole cap] 中心小体をもたない維管束植物で，有糸分裂の前期の終わりから前中期の時期に，核膜がこわれる寸前の核の両極周辺にできる，短い紡錘糸の集合体からなる一種の透明帯．円錐形で輪郭不明瞭．この時期を特に極帽期(polar cap stage)という．その後，短い紡錘糸は次第に発達して紡錘体の紡錘糸になる．

c **棘毛** [cirrus, *pl*. cirri] 繊毛虫門旋毛綱の下毛類や棘毛類に存在する繊毛の複合体．数本〜数百本の繊毛が束状にまとまり，先端が尖るか筆穂状になる．通常，繊毛を束ねる構造はないが基部では繊維系などで結合されている．単体として運動し，匍匐や捕食に用いられる．種によって一定の位置に配列し，その位置に従って額棘毛(frontal cirri)，腹棘毛(ventral cirri)，肛棘毛(transverse cirri)，周縁棘毛(marginal cirri)，尾棘毛(caudal cirri)などと呼ばれる．

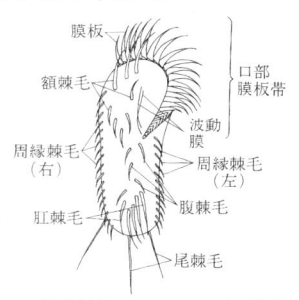

繊毛虫類(*Stylonychia lemnae*)の腹面

d **極葉** [polar lobe] ある種の環形動物および軟体動物の卵が最初の1〜3回の卵割に際して植物極につくる，球形ないし半球形の細胞質の突出．卵割終了と同時に特定の割球に吸収され，その割球は他より大型になる．数種の軟体動物の第一卵割では，両割球と極葉はほぼ等大で特徴的な三葉期(trefoil stage)を通る．極葉や割球の除去実験などにより，極葉の細胞質中には，中胚葉や内胚葉への分化や背腹軸の決定に関わる*デターミナント，さらに一部の外胚葉への分化を非自律的に誘導する能力がそなわっていることが示されている．なお精子形成の過程などで，細胞分裂に際し分裂極に生ずる突出を極葉と呼ぶことがあるが，上記の極葉とはまったく別のものである．

e **曲竜類** [ankylosaurs ラ Ankylosauria] 《同》アンキロサウルス類，鎧竜類．爬虫綱双弓亜綱鳥盤目中の下目を構成する恐竜類．剣竜類と共に装盾亜目を形成する．*ジュラ紀から*白亜紀にかけて生存．学名は肋骨が著しく曲がっていること，和名は発達した鎧をもつことに由来する．北アメリカの白亜紀後期の地層から見つかる *Ankylosaurus* や *Nodosaurus* などが代表属である．最大で体長9m，体重は推定5tに達した．歯は著しく小さく，柔らかい食物を餌にしていたと思われるが，詳しいことは不明．胴体が大きく左右に拡がっていること，消化管が非常に長かったことを示唆する．最も有名な *Ankylosaurus* は，丈の低い四足歩行の動物で，体幅が広く(2m)，四肢は重厚で，かつ後肢が前肢より大で，動きは鈍重であった．頭骨の表面には融合した平らな骨板が堅い装甲をつくり，目と鼻は隆起した骨で守られて

いる．首・胴・尾の背側と側面に鱗状の多数の骨板からなる装甲が発達しており，尾端には防御用と思われる大きな骨の塊あるいは瘤をもつ．日本においては，北海道などの白亜紀の地層から曲竜類の化石が見つかっている．(⇨恐竜類)

a 魚形類 【1】[ラ Pisciformes] 伝統的分類体系における脊椎動物亜門顎口上綱の1グループ．現生の動物では*軟骨魚類・*硬骨魚類の2綱からなる．魚形類は多系統群で，系統上の分類群ではなく，単なる総称．一般に背鰭・臀鰭・尾鰭の不対鰭と，胸鰭・腹鰭の対鰭をもつ．呼吸は一般に鰓によって行われ，心臓は1心房1心室．側線器官が発達する．(⇨魚類)
【2】[ichthyopsids ラ Ichthyopsida] 脊椎動物のうち無顎類・魚類・両生類の総称．*無羊膜類，*有鰓類に同じ．蜥形(せきけい)類および哺乳類と対置．T.H. Huxley の造語．体はいわゆる魚形．卵は多黄卵で水中に産出され，少なくとも幼期は鰓で呼吸し，無羊膜．

b 巨細胞 [giant cell] 《同》巨大細胞．細胞自体が大きく，通常多数の核を含んだ巨大な細胞．生理的にも存在するほか，種々の疾患に際して出現するものもある．組織培養においてもしばしば観察される．多核の場合は，核だけが分裂して原形質の分裂が伴わない場合と，細胞の融合による場合との2種の発生様式が考えられている．前者には骨髄中の*巨核球，胎盤の*シンシチウム細胞，各種の腫瘍中に出現する巨細胞など，後者には異物巨細胞，結核性肉芽組織中のラングハンス巨細胞(Langhans' giant cell)，梅毒およびハンセン病などの肉芽組織中に見られる巨細胞，破骨細胞などが知られている．

c 鋸歯 [serration, teeth] 《同》刻み．鋸の歯状に見える葉縁の細かな切込み(⇨葉身[図])．鋸歯の先端部には水孔をもつことが多いが，鋸歯の生理的な機能は明らかになっていない．しかし古生物学および現生種についてのデータから，被子植物の木本広葉樹において，切込みや鋸歯をもたない全縁の歯をもつ種の割合が，年平均気温が上がるにつれて増加することが報告されており，気温と鋸歯形成との間に関係がある可能性が指摘されている．

d 巨人説 [theory of giant ancestors] 《同》ギガントピテクス説(*Gigantopithecus* theory)．F. Weidenreich (1945)が提出した，人類の祖先は巨人であったという仮説．この説はジャワ島および中国南部から発見された人類と大型類人猿の化石に基づいてたてられた．ジャワ島では，トリニール原人・ロブストス原人・メガントロプス原人の順で，すこしずつ時代を遡るとともに下顎骨と歯牙が大きくなること，さらに*ギガントピテクスの大臼歯が，ロブストス原人の2倍にも達すること，しかも一般に巨大性と原始性とはほぼ並行するので，Weidenreich は，人類進化は巨人に始まり，しだいに形が小さくなり，ジャワ原人を経て現生人類に進化したと推論した．しかし，ギガントピテクスが絶滅した大型オランウータンの化石であることが明らかになり，またアフリカで*アウストラロピテクス類の解明が進むに至って，歯だけで全身の大きさを論ずることが不合理であることがわかり，この説は消滅した．

e 去勢 [castration] 雄から精巣をとることをいう．雌における卵巣除去(spaying, ovariectomy)を含めていうこともある．両者を合わせて生殖腺除去(gonadectomy)という．外科的に生殖腺を摘出するほか，局所的に放射線照射・化学的処理を行って去勢することもできる．脊椎動物では外科的に去勢すると，性ホルモンの分泌源が失われるため，その支配下にある生殖付属器官や二次性徴，三次性徴(⇨性徴)が退化することがある．

f 去勢細胞 [castration cell] 生殖腺を除いた動物の下垂体前葉に多数現れる*B細胞(β細胞)が肥大して空胞化した特異な細胞．卵巣を摘出した雌ネズミと正常な雌とを並体結合(*パラビオーシス)すると，正常な雌の卵巣が数週間後には大きな卵胞ばかりの塊となることから，去勢によって下垂体前葉のホルモン分泌に変化が生じ，大量の*濾胞刺激ホルモン(FSH)が分泌されるものと考えられ，さらにそれと並行してB細胞が去勢細胞に変化することから，FSHの分泌源はB細胞とされる．

g 巨大神経繊維 [giant nerve fiber] 《同》巨大軸索(giant axon)．ある種の無脊椎動物に見られる極端に太い神経繊維．すべて無髄神経に属し，一般にシンシチウムと見なされる．直径は数十ないし数百 μm に達し，頭足類の外套神経ヤリイカ，ミミズ，甲殻類(*Homarus*, *Carcinus*)，昆虫類(ゴキブリ)などの腹髄中に見出される．速やかな信号伝達の能力があるので，それらの動物の逃避反応に役立っているものと見られる．A.L. Hodgkin らや K.S. Cole らが，ヤリイカ(*Loligo*)の巨大繊維(径約500 μm)にガラス毛細管電極を挿入して静止電位や活動電位を直接測定してから，神経生理学のすぐれた材料として広く用いられるようになった．

h 巨大染色体 [giant chromosome] 通常の染色体にくらべて著しく巨大な染色体の総称．双翅目昆虫の唾液腺，食道・小腸の表皮，マルピーギ管，神経細胞などに見られる*多糸染色体や，ある種の動物の卵母細胞とショウジョウバエ類の精母細胞内に見られるいわゆる*ランプブラシ染色体などがその例．古くは染色体が遺伝子のキャリアーであるという実証のために使われ，近年では遺伝情報の発現調節機構を解明するための最も好適な材料の一つとして広く使われている．

i 巨大繊毛 [giant cilium] 《同》反前面繊毛(abfrontal cilium)．斧足類(特にイガイ，アカガイなど)の鰓糸(branchial filament)の内側面に，ごくまばらに配列する大型(長さ約50 μm)の*繊毛．その大きさと繊毛打数の例外的な少なさ(1/3～1/2 回/s)のために，J. Gray (1930)以来，繊毛拍動の様相の顕微鏡映画による解析や，原動力の坐位に対する顕微解剖的探索のためのよい実験材料とされてきた．

j 魚毒性 [toxicity to fish] 水に溶解または懸濁した農薬などの薬物が，魚介類など水生動物に障害を与える性質，またはその程度．水中の毒物は直ちに生物を死亡させる場合もあるが，多くの場合致死量以下の濃度で生物体内に蓄積する．毒性の強さはある一定時間(例えばコイでは48時間，ミジンコでは3時間)後の半数致死濃度で表すことが多い．

k 許容的誘導 [permissive induction] ⇨教示的誘導

l 距離行列法 [distance matrix method] 生物や遺伝子の系統樹を作成する方法のうちで，*進化距離を用いる方法の総称．N種類の生物を比較すると総当たりで $N(N-1)/2$ 個の距離が必要であり，それらを行列の形で表した場合，距離行列と呼ぶ．よく用いられる距離行列法には，*近隣結合法，*UPGMA，最小進化法，

a **距離法** [distance method] 《同》間隔法 (spacing method). 空間内における個体の*分布様式の解析, あるいは*個体数推定を行うための一方法. 主として連続平面上に分布する植物や固着性動物に対して用いられる. 調査域内に任意に(あるいは一定間隔で)設定した地点(標本点)から近接個体までの距離, あるいはその頻度分布を用いて計算する. 前者には最短距離法(shortest distance method, closest individual method)や分角法(angle method)などがあり, また後者には隣接個体法(nearest-neighbor method)やランダムペア法(random pairs method)などがある. いずれの方法も実測された平均間隔やその分散値を, 機会分布に基づく期待値と比較することにより, 分布の集中度を判定するものである. 個体数推定も, 機会分布を仮定して計算する場合が多いが, 森下正明(1957)は分角法を用い, 各分角内における i 番目($i≧3$)の個体までの距離を測定することによって, 非機会分布にも適用できる密度推定法を提出した. 間隔法は, 枠(コドラート, ⇒区画法)を設定せずサンプリングを行うという意味で, plotless sampling とも呼ばれる.

b **魚竜類** [Ichthyosauria] 《同》イクチオサウルス類. 爬虫綱に属する海生動物で, 双弓類(亜綱)を構成する一群. かつて独自のグループ(魚竜亜綱)に入れられたこともあった. *三畳紀初期に出現し, *白亜紀後期に絶滅. イルカなど現在の鯨類と同様な生活をしたと類推される. 北米の三畳紀の地層からは体長 21 m に達するショニサウルス(*Shonisaurus*)が知られており, 海生爬虫類として最大であった. 迷歯類や*杯竜類と同様, 迷歯をもつ. ドイツの*ジュラ紀産の魚竜では骨格の周囲に体の外形が保存され, 尾鰭や背鰭をもつ流線形の体型が判明している. 四肢は鰭脚となっている. 尾鰭と肉質の背鰭が各 1 枚あったが, 歌津魚竜(*Utatsusaurus*)など初期のものでは発達が弱かった. 遊泳様式は魚類と同様で, 進化したものは非常に速く泳げたと想像される. 椎体は平たい円盤状の骨で, 脊柱は尾部で下側へ曲がり, 肉質の尾鰭の下葉の軸をなす. 四肢骨は短縮し, 扁平な骨の集合からなる. 眼窩が異常に大きく, 行動は優れた視覚に頼っていたと考えられ, また深海への潜水も得意であったらしい. 発育途中の幼体をもつ成体の化石がしばしば見つかっており, 胎生の繁殖様式を発達させていたと考えられる. 消化管内に約 200 個にも及ぶベレムナイト類の殻を含んだ化石が発見されている. 宮城県の三畳紀前期の地層から化石が多産する歌津魚竜は世界最古の魚竜の一種である.

c **魚鱗症** [ichthyosis] 魚鱗癬とも称され, 魚の鱗のようにヒトの皮膚の表面が硬くなり剝がれ落ちる疾患. 尋常性魚鱗癬(ichthyosis vulgaris)は優性遺伝によるもので, 乳幼児期から四肢伸側を中心に冬の乾燥する時期に症状が目立つ. 伴性遺伝性魚鱗癬(x-linked ichthyosis)は生後まもなく症状が出現し, 腋窩や肘の屈側など湿る部位まで症状がみられる. 後天性魚鱗癬は成人になって, 悪性リンパ腫などに伴って現れるものである.

d **魚類** [fishes ラ Pisces] [1] 伝統的分類体系において脊椎動物のうち, *円口類, それ以外の無顎類, 板皮類, 軟骨魚類, 棘魚類, 硬骨魚類の 6 群の総称. 魚綱とされたこともある. 円口類の異質性が強調されるにともない, 最近では使用されない. [2] 魚形類【1】に同じ. 通常, *板皮類, *軟骨魚類, *棘魚類, *硬骨魚類の 4 綱を含む.

e **キラー** [killer] ゾウリムシおよび酵母の遺伝形質の一つ. ある系統はトキシンを放出して, 同じ培養基中で増殖中の他の系統を殺す性質があり, 殺す方をキラー, 殺される系統をセンシティブ(sensitive)という. キラー形質は細胞質遺伝をする. ゾウリムシでは細胞質中の自己増殖的な*κ 粒子とこれを保持する核遺伝子 *K* がキラー形質の発現に必要である. κ 粒子には二つの形態があり, 増殖型の N 粒子(non bright particle)は感染能をもつ. 細胞中の N 粒子の一部は定常的に殺害作用の本体である R 体(refractile body)を含む B 粒子(bright particle)へと転換する. ゾウリムシには, また, *接合によってある系統が他の系統を殺す遺伝形質もある(⇒メイトキラー). 酵母のキラー株は細胞内にウイルス様粒子に包まれている 2 種の二本鎖 RNA(dsRNA), 毒素産生に関わる M-dsRNA(分子量約 $1.6×10^6$)とウイルス様粒子の外被の遺伝子である L-dsRNA(分子量約 $3.0×10^6$)とをもっている. センシティブ株には L-dsRNA は存在するが, M-dsRNA は存在しない. M-dsRNA を含む粒子の増殖・複製, キラー形質の発現と毒素への抵抗性の獲得には 30 近い核遺伝子が関与している.

f **キラー細胞** [killer cell] 標的細胞を認識してそれに結合し, 傷害, 破壊する免疫担当細胞の総称. ウイルス感染細胞の排除やがん細胞監視機構, 移植片拒絶反応(⇒移植免疫)に重要である. 狭義にはキラー T 細胞(細胞傷害性 T 細胞 cytotoxic T lymphocytes, CTL)と*ナチュラルキラー細胞(NK 細胞)を指すが, CD4 陽性 T 細胞, *NKT 細胞, *好中球, *マクロファージ, *好酸球なども細胞傷害性を示す場合があり, キラー細胞に含まれることがある. CTL は免疫応答にともなって CD8 陽性 T 細胞から分化し, 標的細胞上に*主要組織適合遺伝子複合体(MHC)クラス I 分子によって提示されている抗原ペプチドを T 細胞受容体(TCR)によって認識し標的細胞を傷害する. 一方, NK 細胞は TCR をもたず, MHC 分子の関与なしに NKp44, NKp46, NKG2D などの NK 細胞受容体を介して, がん化やウイルス感染によってストレスを受けた細胞を認識して傷害し排除する. CTL とは異なり NK 細胞は定常状態でも細胞傷害活性をもつが, 自己の正常細胞に対しては細胞傷害性を示さない. NK 細胞上のキラー抑制性受容体(killer inhibitory receptor)が自己 MHC クラス I 分子を認識することによって NK 細胞の活性化を抑制しているためである. キラー細胞が TCR もしくは NK 細胞受容体によって標的細胞を認識すると, 細胞質内の分泌顆粒中に単量体として蓄積されている分子量 6.7 万の糖蛋白質パーフォリン(perforin, pore-forming protein, pfp)が放出され, 標的細胞の細胞膜上で重合することによって直径およそ $1.6μm$ の孔を形成する. キラー細胞はこの孔を介してセリンプロテアーゼであるグランザイム(granzyme, Gzm)を標的細胞の細胞質内に送り込み*アポトーシスを誘導する. 細胞傷害機構にはこの他に, 標的細胞上の Fas 分子

(CD95)に結合してアポトーシスを誘導するFasリガンド(CD178)によるものや，標的細胞に結合した抗体，特にIgG1とIgG3のFc部分にⅢ型Fcγ受容体(FcγⅢ)を介して結合し，CTLと同様にpfp，Gzmによって標的細胞を傷害する抗体依存性細胞傷害活性(antibody dependent cellular cytotoxicity, ADCC)によるものがある．Fasリガンドによる細胞傷害は主に活性化されたT細胞によって，ADCCは主にNK細胞によって担われている．ADCCは，抗体によるがん治療における重要な機構の一つである．

a **切り出し**(プロファージの) [excision] 細菌の染色体上に*挿入された*プロファージが細菌細胞のSOS機構(⇒SOS応答)の活性化などで，切り出されて増殖型ファージと同じ環状二本鎖DNAが出現する現象．このときプロファージ状態の維持に働いていたリプレッサーも同時に不活化すれば，ファージは増殖して菌体を破壊する．リプレッサーが働き続ける状況に保てば，切り出されたファージゲノムは増加するが，宿主はプロファージを失って生存を続け，非溶原菌となる．このように溶原菌の中にプロファージを失った子孫が出現する現象をプロファージの除去(curing)という．

b **偽竜類** [Nothosauria] 《同》ノトサウルス類．爬虫綱の海生化石生物で，双弓亜綱鰭竜下綱の一目．*三畳紀に繁栄．長い首をもち，肩帯や腰帯の腹側の骨は頑丈で，足は短い鰭脚に変化し，頭骨は小型で平たく，外鼻孔は後退し，長い顎骨に鋭い歯を多数もつ．水中を胴体をくねらせて泳ぎながら，長い首の届く範囲の魚を食べることができたと思われる．中国では，魚竜と同様に幼体を体内にもつ成体の化石が見つかっており，胎生であったと考えられるようになった．宮城県の三畳紀前期の地層から1939年に報告されたイナイリュウ(*Metanothosaurus nipponicus*)は，全長約1.3 mと推定され，偽竜類として報告された．同じ地層からは，その後，歌津魚竜の化石が多く見つかっており，イナイリュウも実際には魚竜であった可能性がある．

c **ギルド** [guild] 同一の*栄養段階に属し，ある共通の資源を利用している複数の種または個体群．R.B. Root(1967)が生物学に導入．本来は，栄養段階としてまとめるよりはこまかく，またそれぞれの種個体群に分けるよりは大まかに見ることによって，*群集構造を明白にしようとする立場での用語であるが，より狭い範囲で，一つのギルド内の複数種を比較し，またはそれら個体群間の競争関係などを調べる場合の単位としても用いられる．同じ資源を利用するギルド種は，それゆえ，極めて類似した*生態的地位をもつ．生息地ギルド・餌ギルドなどのように共通の資源として何を扱うかは任意であり，したがってギルドの構成員はさまざまに規定できる．なお J.E. Cohen(1978)は，同一の餌生物を利用するすべての種類をkindの名で呼び，この方が具体的であるとする．(⇒生態的地位，生活型)

d **キルトピア** [cyrtopia] 節足動物甲殻亜門オキアミ類の*メガロパ期の幼生．(⇒フルシリア)

e **ギルバート** GILBERT, Walter 1932〜 アメリカの分子生物学者．仮定的な概念であったオペロン説のリプレッサー-オペレーター相互作用を実証．その後オペレーター領域の塩基配列を決定することにも成功したほか，プロモーターの構造や RNA ポリメラーゼとプロモーターの相互作用，A. Maxamと共同で発表したDNA塩基配列の迅速決定法(⇒DNA塩基配列決定法)などの業績がある．分子進化の研究も行い，イントロン前生説を提唱した．1980年，F. Sanger, P. Bergとともにノーベル化学賞受賞．

f **ギルマン** GILMAN, Alfred Goodman 1941〜 アメリカの生化学者，薬理学者．1970年代 cAMP 放出系の研究に参入し，G 蛋白質の精製を完成させた．R.M. Rodbellとともに1994年ノーベル生理学・医学賞受賞．父親を後継して'The pharmacological basis of therapeutics'の編者となった．

g **ギルマン** GUILLEMIN, Roger Charles Louis 1924〜 アメリカの医学者，内分泌学者．フランス生まれ．1950年代から視床下部の神経分泌ホルモンについて研究，副腎皮質刺激ホルモン放出因子(CRF)の存在の証明に成功．1969年には甲状腺刺激ホルモン放出ホルモン(TRH)の構造を決定，1971年には黄体形成ホルモン放出ホルモン(LHRH)をウシの視床下部から単離してその構造式を決定．A. Schally, R.S. Yalowとともに1977年ノーベル生理学・医学賞受賞．

h **キロミクロン** [chylomicron] 《同》カイロミクロン，乳糜脂粒．小腸を流れるリンパ系で形成される直径 $0.3 \sim 1.5 \mu m$ の血漿リポ蛋白質粒子．トリグリセリドやコレステロールエステルを中心とし，そのまわりを蛋白質，コレステロール，リン脂質がとりまいたもの．腸から吸収された脂肪のうち炭素数の大きいものの輸送形態で，小腸基底膜のあたりで形成されると考えられている．その後リンパ管に入り，左鎖骨下静脈から血管に入る．食後の血液中に増加し，脂肪組織のリポ蛋白質リパーゼの作用により加水分解され消失していく．

近位的 [adj. proximal] ある器官において，その付着点に近い側(位置)を指す用語．例えば葉では茎に近い基部が近位的で葉先が遠位的(distal)となる．

j **筋運動** [muscular movement] 筋肉の収縮運動，またはそれに基づく特定体部の運動．後生動物ではほとんどすべての運動がこれに属し，次の3主要形式に大別される．(1)筋実質組織運動：縦横に錯綜した筋繊維からなる筋組織すなわち筋実質組織が起こす運動で，屈曲・伸縮・扁平化など，自在に体形を変えうるもの．扁形動物の体，軟体動物の足，哺乳類の舌など．(2)管状筋運動：中空の配列をとる筋肉組織すなわち管状筋による運動．心臓拍動やクラゲ・イカの遊泳運動でみられるように，速やかな収縮と弛緩によりポンプ作用を生じる．棘皮動物の管足の運動も同様である．(3)骨格筋による運動：外骨格の内面または内骨格の上面に，可動性の関節を横切って張り渡された筋肉の働きによる運動．体幹や付属肢の動きに基づき，さまざまな局部運動や移動運動を可能にする．

k **筋運動記録器** [myograph] 《同》マイオグラフ，ミオグラフ．筋肉の*単収縮のような迅速・短時間の運動の描記を行うための記録器．従来は機械的方法，最近では電気的方法による装置が主に用いられる．(⇒運動記録器)

l **菌癭**(きんえい) [fungus-gall, mycocecidium] 《同》菌こぶ．細菌や菌類の寄生によって植物体の一部が変化・肥大した異状器官あるいは異状組織．*癭瘤の一種で，寄生者の分泌する代謝物質による刺激，あるいは必要物質の選択吸収による栄養不均衡が原因と考えられる．組織変化には単組織性の場合と複組織性の場合とがある．

単組織性のもの(サザンカの餅病やモモの縮葉病など)では細胞の肥大が顕著で組織分化は健全なものとあまり異ならない．複組織性のもの(ツバキの餅病)では健全なものより組織の分化が著しい．また*一次組織に由来する場合(ツバキ，サザンカ，サツキなどの新芽の餅病)と*二次組織から生ずる場合(マツのこぶ)とがある．(⇒クラウンゴール)

a **菌蓋** [surface pad of fungus, mycelial mat] カビまたは放線菌が液体培地の表面に形成する柔らかい菌糸体がからみあってできた層．静置培養でしばしば見られる．

b **菌核** [sclerotium] [1] 菌糸体が柔組織状に堅く結合して，ときには宿主の組織の一部や土壌などをその中に包含して形成する著しく硬い塊．厚壁細胞からなり硬くて多くの場合暗色の皮層(rind)と，薄壁細胞からなり淡色の髄の2層に分化し，ときには中間層があって3層となる．内部には胞子や子実体を生じない．環境条件の変化に耐え休眠状態を長い期間維持できる．環境条件が良好となれば発芽して，菌糸あるいは小さな子実体や子嚢果，担子器果などの子実体を生じて活動を再開する．[2] 粘菌類の大型の変形体が，乾燥・寒冷などの不適当な外界の条件下で，角質の被膜を有する休眠体となったものも菌核(皮体)といい，発芽すると粘菌アメーバを出す．(⇒菌糸組織)

c **菌学** [mycology] 《同》菌類学．菌類を材料とする生物学の一部門．肉眼的な子実体すなわち「きのこ」を生ずるものについては，最も古くから形態からの鑑別を主とする博物学的な研究がなされたが，微小なかび類や酵母や細菌類についての研究は，顕微鏡の発達と相まって進歩したもので，19世紀の中頃以降急速な発展を見せている．今日では菌類を材料とした分類・生態・生理・遺伝・形態学といった基礎的分野ばかりでなく，二次代謝物質や酵素などの利用，人畜・植物(農作物を含む)の有害菌についての研究を含む広範な分野となっている．

d **筋芽細胞** [myoblast] 《同》筋原細胞．筋形成の途上にあって，細胞分裂を停止し，未分化の状態にある細胞．骨格筋・心筋・平滑筋のものもともにこのように呼ばれ，筋芽細胞段階では大きな差はないが以下のような特徴がある．(1)骨格筋：融合を始める段階にある単核の細胞をいい，融合した多核のものを筋管細胞(myotube)と呼ぶ．筋管細胞が成熟して筋細胞，すなわち筋繊維となる．筋芽細胞期に*筋原繊維が形成され，ついで横紋も見られ，収縮機能もこの筋原繊維形成期あるいはその直前に始まる．筋鞘の出現や神経筋接合部(neuromuscular junction)の形成は，筋細胞の分化の最後期に起こる．(2)心筋：筋芽細胞が境界の細胞膜を失うことなく介在板(intercalated disc)で結合し，収縮・調節蛋白質の合成開始後も細胞分裂が繰り返される．(3)平滑筋：最初，その突起によって相互に網状の連絡をもつ未分化の間葉細胞として現れるが，やがて若干のものが伸長を開始し，同時に細胞質内に筋原繊維が出現し，しだいに数を増す．血管壁の平滑筋繊維の場合は，血管内皮の外周に散在する球形・運動性の間葉細胞が伸長・増殖するかたわら，細胞内に筋原繊維を分化させて筋芽細胞となり，これらが相互に辺縁で接触して連続的な平滑筋層を形成する．(⇒筋形成)

e **菌株** [strain, microbial strain] 微生物において，単一の細胞に由来し，同一の性質をもつ集団を形成する培養物の系統．菌株番号，記号等で識別される．例えば，大腸菌という種(*菌種)の中に，K-12株やB株といった菌株がある．菌株の培養物をカルチャーという．自然界から微生物を分離する過程において，寒天平板上に稀釈試料を塗布し，単一コロニーの分離の繰返しなどによって樹立した菌株を分離株(isolate, isolated strain)という．世界各地の微生物株保存機関から入手した場合には，取得した機関の略称，番号で表示する(例：*Escherichia coli* NBRC 3972株)．

f **菌環** [fairy ring] 《同》仙女の環，菌輪．同種のきのこが地上に環状に配列して発生する現象．一般に菌糸は胞子の落ちたところから放射状に成長していって，その新しい部分に子実体を生じるので，きのこ(子実体)は輪になって並び，菌環は年々ひろがる．コロラド地方において，*Agaricus praerimosus* は年々平均 12 cm ひろがることが知られ，その直径は 60 m 以上にも及ぶものがあるので，菌環の年齢は 500 年を超すと推定されている．シバフタケ(一名ワダケ)は代表的．マツタケも菌環をつくるが，土地条件が平等でないため環の一部分として並んで発生する場合が多い．

g **筋形成** [myogenesis] 《同》筋発生．動物発生において，未分化細胞から筋組織が確立されること．未分化細胞が筋細胞に分化するように拘束され，筋形成細胞(precursor myogenic cell)となることから始まる．多くの筋は中胚葉由来だが一部例外もあり，脊椎動物では，瞳孔括約・散大筋，立毛筋外分泌腺の括約筋などの平滑筋は外胚葉性上皮に由来し(⇒筋上皮)，顔面の骨格筋や血管の平滑筋などの一部は神経堤細胞から分化する．四肢の骨格筋は，体幹の筋と同様体節に由来する(⇒移動性筋芽細胞)．頭部鰓筋は鰓弓の中胚葉性間葉，外眼筋は頭部中胚葉に由来する．筋形成細胞は分裂・増殖して二極性・紡錘形の予定筋芽細胞(presumptive myoblast)となり，分裂ののち*筋芽細胞に分化して収縮・調節蛋白質の合成を開始する．その後骨格筋の筋芽細胞は隣接する同種の細胞と融合し，筋管細胞(myotube)と呼ばれる多核のシンシチウムに変わる．筋管細胞は筋原繊維を形成して筋繊維に分化する．筋原繊維の形成やその配向には細胞膜，小胞体，微小管の関与が重要である．筋の肥大成長は筋芽細胞の付加と筋原繊維の増加により，長さ方向の成長はサルコメアの追加による．成熟した筋中の筋繊維数は基本的には一定であるが，筋が損傷を受けた場合，筋内の衛星細胞(satellite cell)が組織幹細胞として増殖し，筋芽細胞に分化し，筋の成長と肥大を担う．収縮・調節蛋白質にはアイソフォームがあり，発生過程で交代し，最終的に成体型へと分化する．例えばニワトリ胸筋ミオシンは発生の途上で，胚型→心筋型→遅筋型→速筋型と交代する．なお，無脊椎動物の筋の発生様式は一般に脊椎動物の平滑筋の場合に準じるが，外胚葉由来の筋細胞も知られている．(⇒外中胚葉)

h **銀化**(ぎんげ，ぎんか) [silvering] 《同》銀毛．サケ類やウナギ類の幼魚が，降海に先立ち銀色になる体色変化．グアニン，ウナギ類ではグアニンのほかにメラニンが皮膚に沈着することによるもので，この体色変化は海中で*隠蔽色の機能をもつと推定される．サケ類では甲状腺ホルモン投与により引き起こされる．海水適応能力の発達は主に成長ホルモンによる．サケ科魚類では特にスモルト化(smoltification)ともいい，銀化した個体をスモルト(smolt)と呼ぶ．

a **筋原性** [myogenicity] 組織や器官の*自動性の起原が筋自体にあること．この立場をとる説を筋原説 (myogenic theory) という．*神経原性と対する．組織や器官によって筋原性のものと神経原性のものとがある．[1] 脊椎動物の心臓には神経節細胞があるが，拍動の筋原性は，下記の実験や事実などに基づき，現在ほぼ定説として認められ，哺乳類では洞結節がそのペースメーカーとなっている．(1) カエルの心臓に分布する心臓神経には 3 個の神経節があるが，これらを除去しても拍動が続く．(2) これらの神経節をニコチンで麻痺させても影響がない．(3) ペースメーカーの部位からは特徴的なペースメーカー電位が誘導される．[2] 無脊椎動物の心臓で筋原性のものは，軟体動物では腹足類・斧足類・頭足類，また節足動物では鰓脚類などである．剣尾類や十脚類の心臓は胚期には筋原性であるが，心臓神経節の発達後には神経原性となる．また昆虫類の幼虫などの心臓は筋原性であるとされる．

b **筋原繊維** [myofibril, muscle fibril] 《同》筋細繊維．筋繊維(筋細胞)内に多数縦走する直径 1μm 内外の円筒状の微細構造．筋収縮に直接関与し，各筋原繊維の両端は筋鞘 (sarcolemma) に付着し収縮力を伝える．横紋筋の筋原繊維の単位は*サルコメアで，*Z 膜によって仕切られ，その中央に*A 帯(暗帯)，両側に*I 帯(明帯)がある．I 帯は細い筋フィラメント(主にアクチン)，A 帯は太い筋フィラメント(主にミオシン)と細い筋フィラメントの先の部分からなっている．A 帯の中央には*H 帯があり，さらにこの H 帯の中央に*M 線が走っている．収縮に際しては，アクチンフィラメントがミオシンフィラメント間を M 線の位置まで滑り込むため，I 帯の幅の縮小と H 帯の消失が起こる(⇒滑り説)．運動神経からの刺激は筋細胞膜から*T 管(横行小管)を通じて筋原繊維を網状に取り巻いている*筋小胞体へと伝達される(⇒興奮収縮連関)．筋原繊維間にはミトコンドリアやグリコゲン顆粒などがあり，筋収縮のためのエネルギー供給を行っている．筋原繊維は筋繊維の容積の 40%，蛋白質の 50% を占める．動物によっては，特別な構造の筋原繊維がある(⇒斜紋筋，⇒繊維状飛行筋)．筋の成長はフィラメントの追加に基づく筋原繊維の肥大によるが，肥大がある程度まで進行すると，縦裂して独立すると考えられている．

c **近交系** [inbred line] 有性生殖をする生物において，同胞交配などの近親交配を多世代繰り返すことにより，その生物のゲノム中のほぼすべての遺伝子座がホモ接合となっている系統．理想的な近交系は*純系であり，その子孫はすべての遺伝形質について均一なので，精密な交配実験が可能になる．*自殖する植物では自然でも近交系が実現しており，シロイヌナズナなどのモデル種の系統は全て近交系である．動物ではショウジョウバエ，マウス，メダカなどの近交系がこれまでに実験的に作り出されている．

d **近交係数** [inbreeding coefficient, coefficient of inbreeding] 二倍体の生物において，*近親交配の結果，*任意交配と比べてどれだけ個体のホモ接合度が高くなるかを示した尺度．個体ごとに示す場合と，集団全体の個体の平均を示す場合がある．前者の場合，血縁関係にない個体間の遺伝子は暗黙のうちにすべて異なると仮定する．例えば図のように，ある遺伝子座について父親は対立遺伝子 A と B を，母親は対立遺伝子 C と D をもつとする．この両親から生じた雄と雌が同胞交配をした結果生まれた個体では，祖父のもっていた同一対立遺伝子 A の*ホモ接合体である確率は $(1/2)^4$ である．同じ可能性が 4 種類の対立遺伝子すべてに存在するので，同胞交配で生じた個体の近交係数は，$(1/2)^4 \times 4 = 1/4$ となる．しかし，遺伝子を子から親，その親とたどってゆく遺伝子系図を考えれば，血縁関係にないように見える個体間でも必ず共通祖先遺伝子にたどりつくことは明らかである．したがって程度の多少はあるが，集団中のすべての交配は近親交配だとみなすことができるので，図で示した A〜D の遺伝子はある確率で同一である可能性がある．集団が*純系である極端な場合には，すべての遺伝子座ですべての個体がホモ接合体なので，近親交配をしても個体のホモ接合度は高くすることができない．一方，集団全体の個体の平均近交係数を示す場合には，任意交配の結果期待される集団のホモ接合度からどれだけ高くなるかによって示す．集団に分集団構造がある場合には，ワーランドの原理により，集団全体としては任意交配をしていないことが示されるので，平均近交係数は分集団構造に対応する値を示す．(⇒遺伝子系図学，⇒近親交配，⇒ワーランドの原理)

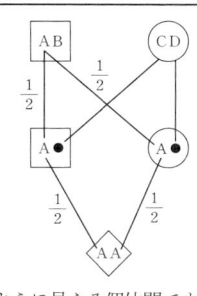

e **近交系マウス** [inbred mouse] 20 世代以上連続して兄妹交配することで樹立されたマウス系統．遺伝的にほぼ均質とみなすことができ，さまざまな遺伝形質の特徴をもつ系統が樹立されているので，実験動物として有用．頻用されている近交系マウスには C57BL/6，BALB/c，DBA/2，C3H/He，SJL などがある．

f **近交弱勢** [inbreeding depression] *近親交配を長く続けることにより，大きさ・耐性・多産性など，一般に生活力が低下する現象．しばしば*雑種強勢と対照的な現象とみなされる．近交弱勢は，ホモ接合の遺伝子座が増加し，劣性有害遺伝子の影響や雑種強勢に関わる遺伝子の喪失が原因となる．動物や，他家受精植物において特に顕著であるが，弱勢の程度は種類や系統によってかなり違う．作物の収量などの選抜を小集団で長期にわたって行うと，集団内の遺伝子頻度が高まっても選抜効果は近交弱勢により相殺される．

g **菌交代現象** [microbial substitution] 《同》菌交代症．化学療法，特に抗菌薬療法の途上で，病巣または菌叢内において菌の淘汰が行われ抵抗菌が増殖して優位となる現象．この結果，異常に増殖した菌によって新たな感染症が起こった場合を菌交代症という．この例として，敗血症や肺炎などを起こす耐性ブドウ球菌や緑膿菌などがある．また通常は病原性のないカンジダ属が真菌症を起こしたりする．

h **均衡的成長** [balanced growth] 細菌などの単細胞生物が分裂成長を行う場合，細胞構成物質がバランスよく合成され成長が起こる状態．栄養供給や温度その他の条件が良好で安定であれば分裂周期は一定となり，細胞を構成している各種蛋白質，細胞壁物質，RNA，DNA なども同一周期で倍増・半減を繰り返す．(⇒不均衡的成長)

i **菌根** [mycorrhiza, mycorrhizae, mykorrhiza] 陸

上植物の根に真菌類が侵入・定着して形成される構造.ほとんどの植物の根で普遍的に認められる共生関係.菌根を形成する菌種を菌根菌と呼ぶ.進化的見地から,陸上植物の出現に際し菌根共生が不可欠だったことを裏づける化石証拠や系統解析結果が近年数多く提示されており,現存する植物分類群の大多数も菌根を形成する.従って,陸上植物の種分化や植生遷移に関しても,菌根共生が重要な要因と考えられる.菌根は根細胞に対する菌糸の侵入様式,菌鞘形成の有無,菌根菌の分類群をもとに,次の七つの形態に分類される.(1)アーバスキュラー菌根(arbuscular mycorrhiza, VA 菌根 VA mycorrhiza, vesicular-arbuscule mycorrhiza):極めて広範囲にわたる分類群の植物とグロムス門(Glomeromycota)菌類との間で形成.根の皮層細胞内に侵入した菌糸は,樹枝状体(arbuscule)と呼ばれる養分授受構造を細胞膜外(アポプラスト領域)に形成するのに加え,しばしば嚢状体(vesicle)と呼ばれる養分貯蔵構造を皮層細胞間隙などに形成する.進化的には最も初期に出現し,現在の地球上で最も普遍的に観察される菌根である.(2)外生菌根(ectomycorrhiza):マツ科,ブナ科,カバノキ科,フタバガキ科,フトモモ科などと多様な担子菌類・子嚢菌類の間で形成.細胞を菌糸体が鞘状に包み込んで組織化(菌鞘形成)するとともに,根の皮層または表皮の細胞間隙に侵入した菌糸が薄層状に分岐発達したハルティヒ・ネット(Hartig net)を形成.ハルティヒ・ネットと隣接する根細胞の間で養分授受がなされる.(3)内外生菌根(ectendomycorrhiza):通常は外生菌根を形成するマツ科樹木と一部の子嚢菌類の間で形成.外生菌根の特徴に加え,皮層細胞内に毛玉状の菌糸塊を形成する.(4)ラン型菌根(orchid mycorrhiza):ラン科植物と担子菌類のリゾクトニア属(*Rhizoctonia*)菌などとの間で形成.菌は根毛などから根に侵入し,細胞壁を貫通し細胞内にコイル状の菌糸塊を形成する.これはやがて植物側に消化されて消滅する(菌球消化).なお,ランの種子はほとんど胚乳を含まないため,菌根菌から代謝エネルギーとなる炭素源が供与される共生発芽(symbiotic germination)が不可欠である.(5)シャクジョウソウ型菌根(モノトロポイド型菌根 monotropoid mycorrhiza):無葉緑のシャクジョウソウ属やギンリョウソウ属の植物と一部の外生菌根菌(担子菌類)の間で形成.外生菌根の特徴に加え,菌糸が表皮細胞内へ突起状に貫入した菌糸ペグを形成する.(6)イチヤクソウ型菌根(アーブトイド型菌根 arbutoid mycorrhiza):イチヤクソウ属やウメガサソウ属などの旧イチヤクソウ科植物と一部の外生菌根菌との間で形成.外生菌根の特徴に加え,菌糸が細胞内へ侵入し毛玉状を呈することで特徴づけられる.シャクジョウソウ型菌根もイチヤクソウ型菌根も,ラン型菌根と同様の片利共生か,あるいは外生菌根と同様の相利共生なのか,まだ詳しくは解明されていない.(7)ツツジ型菌根(エリコイド型菌根 ericoid mycorrhiza):イチヤクソウ属などの旧イチヤクソウ科を除く多くのツツジ目植物と一部の子嚢菌との間で形成.菌糸が表皮細胞内へ侵入し糸玉状を呈することで特徴づけられる.菌糸の侵入様式はラン型菌根と類似するが,ツツジ目植物の根は非常に細く単純な構造をしていること,菌根菌の分類群が大きく異なることなどから,特有の菌根と考えられている.しかし,腐生性をもつ菌種が少なからず含まれることから,ラン型菌根と同様の片利共生の可能性もある.生態的には,特に酸性土壌で発達するヒースランド植生のもとで重要な役割を果たしていると考えられており,植物の耐酸性ならびに耐重金属毒性への菌根菌の関与が重要視される.アーバスキュラー菌根や外生菌根の場合,植物からは光合成産物(糖),菌からは無機塩類(リン,窒素)が相手に供給される相利共生関係である.菌根共生下において,光合成産物の2割程度が菌根菌に供給されることを示す実験データもあり,植物側のリンや窒素(菌根菌がアミノ酸合成後に供与)の吸収では,無菌根植物に比べて著しく増大することが多い.このため,菌根形成の有無や菌根菌種の違いなどにより,植物体の成長量や結実量(すなわち進化的適応度),土壌病原菌に対する抵抗性などにも大きな差異を生じうる.ただしラン型菌根の場合は菌から炭水化物が流れ,パートナー植物が菌類に寄生しているかのような関係となっていて,菌根を形成する植物・菌類の関係は絶対的なものではなく,

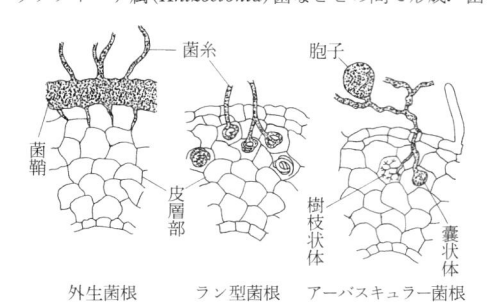

外生菌根　　ラン型菌根　　アーバスキュラー菌根

菌根の類型化に関する主な相違点の一覧

	アーバスキュラー菌根	外生菌根	内外生菌根	ラン型菌根	シャクジョウソウ型菌根	イチヤクソウ型菌根	ツツジ型菌根
菌糸の細胞内侵入	＋	－	＋	＋	＋	＋	＋
菌根菌の高次分類群*	G	B, A	A	B	B	B	A
菌鞘形成	－	＋	＋ or －	－	＋	＋ or －	－
無葉緑植物との関係	＋	＋	＋	＋	＋	－(＋)	＋
植物の高次分類群	維管束植物門	被子植物綱球果植物綱	マツ科	ラン科	ツツジ科	ツツジ科	ツツジ目

*G:グロムス門, B:担子菌門, A:子嚢菌門

a **菌細胞**【1】[bacterial cell] 細菌の細胞をいう．【2】[mycetocyte] 昆虫の体内に共生し，しばしば細胞内共生を行うような微生物を宿す細胞をいう．共生微生物は必ずしも細菌だけでなく，ウイルス，リケッチア，クラミディア，酵母類にそれぞれ類似の微生物などさまざまなものがある．菌細胞は脂肪体や中腸その他の組織内に散在する場合（ゴキブリなど）と，一定の大きな塊状組織として存在する場合とがある．後者のうち特にシラミなどでは，中腸と連絡してその背面に，多くの同翅類では生殖巣の近くに存在し，これをマイセトーム（菌細胞塊 mycetome）という．微生物は生殖細胞を通じて次代に伝えられるものが多いが，その生理的意義は多くの場合，水溶性ビタミンと不可欠アミノ酸の補給といわれる．

b **筋細胞** [muscle cell] 《同》筋肉細胞．動物体内において，筋組織を構成する細胞，広義には能動的に収縮性を示す細胞の総称．筋組織を構成する場合には，各個の筋細胞は一般に紡錘状ないし繊維状の外形をとり，特に構造単位として筋繊維（muscle fiber）と呼ばれる．その細胞質すなわち筋形質（筋漿 sarcoplasm）内には繊維の縦方向すなわち収縮性の方向に平行に走る多数のより細い繊維状構造（*筋原繊維）がある．収縮のメカニズムは，*横紋筋と*平滑筋とでは細部で異なるが，基本的には同じで，アクチンとミオシンを主体とする．この収縮機構は植物を含め広く一般の非筋細胞にも見られ，細胞運動，細胞分裂，*アメーバ運動などに機能する．非筋細胞，平滑筋細胞，横紋筋細胞では上記の収縮蛋白質のアイソフォームが異なる上，その順に相対的な含有量が多くなる．筋細胞は海綿動物以外のほぼすべての動物，すなわち後生動物に見出される．海綿動物にも筋細胞の萌芽的細胞が見られる．(⇒筋形成, ⇒筋肉)

c **近視** [myopia, short-sightedness, near-sightedness] ⇒屈折異常

d **菌糸** [hypha] 糸状菌類の栄養体を構成する基本構造で，通常，細長い糸状の細胞列．一般に子嚢菌類，担子菌類，不完全菌類では隔壁を生じて多細胞となり，ツボカビ類，卵菌類，接合菌類などでは無隔壁の多核体（coenocyte）である．菌糸は胞子の発芽管や菌核，厚壁胞子のような繁殖体から発達し，先端成長によって伸長する（⇒先端小胞）．分枝した菌糸の集団を菌糸体（mycelium）と呼ぶ．菌糸には培地や宿主の表面または内部に入って伸長する基底菌糸（基生菌糸 substrate hypha）と空中に伸び出す*気中菌糸（気菌糸）の区別がある．菌糸は環境条件によって盛んに分枝と菌糸結合を繰り返し，菌糸細胞は変形して種々の菌糸組織をつくって，種によって定まった形の菌核や子実体，また吸器や付着器などを形成する．担子菌類では対応する接合型の菌糸間で体細胞接合が起こり，その前後で一次と二次の菌糸体が区別され，子実体は二次菌糸から発達する（⇒一次菌糸，⇒二次菌糸）．また，複数の菌糸が束状に集合して，菌糸束（mycelial strand, hyphal cord）や*根状菌糸束を形成し，栄養の輸送を強力に進めることもある．隔壁形成は細胞膜の内側への陥入によって始まり，その求心的な伸長とともに細胞壁も内側に伸びて隔壁となる．細胞分裂が完了した後も隔壁孔によって細胞間の連絡が保たれている．子嚢菌類では単純孔隔壁（simple-pore septum）と呼ばれる簡単な構造であるが，担子菌類ではより複雑で，たる形の肥厚部に囲まれた狭い孔からなるたる形孔（dolipore）となっている（図）．しかし，クロボキン類やサビキン類ではこの形の隔壁孔は見られない．菌糸壁の主成分はキチン，キトサン，セルロース，グルカン，マンナンなどの種々の炭水化物であるが菌の種類によって成分の組合せが異なる．細胞壁組成は菌糸の部位によっても変化し，菌糸の先端部の新しくできた一次細胞壁の上に細胞の成熟とともに二次細胞壁が重なり，厚さを増すとともに弾力性を失っていく．菌糸の先端部と基部に近い方では細胞構造も生理活性も大きな違いがあり，先端部では細胞壁形成に必要な多糖類と，蛋白質や核酸その他細胞膜成分などの合成活性が高く，それから離れるに従って液胞が発達し，酵素の分布にも相違が認められる．担子菌類のヒダナシタケ類では，子実体の菌糸の種類と構成は菌糸組織系と呼ばれ，科や属の分類に重要．(⇒菌糸分析)

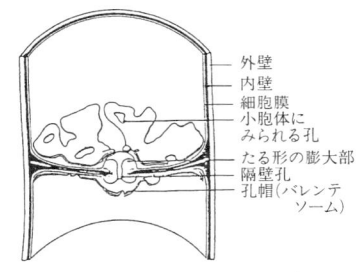

たる形孔隔壁（*Rhizoctonia solani*）

e **近紫外-青色光反応** [near ultraviolet-blue light reaction] *作用スペクトルの極大は 370〜380 nm 付近の近紫外域と 440〜480 nm 付近の青色域にもち，約 500 nm より長い波長の光では起こらない*光形態形成反応および光代謝制御．この反応に関与する光受容体としては，フラビン，カロテン，プテリンなどを発色団とする複数の色素蛋白質が存在する．緑色植物では主に*クリプトクロムと*フォトトロピンが光受容体として知られる．藻菌類の胞子嚢柄・アベナ子葉鞘・茎の*光屈性，シダ胞子の発芽抑制，同調細胞分裂の誘導，子嚢殻の形成，花芽分化の制御，緑藻や陸上植物の炭素代謝制御，クロロフィル合成制御など，菌類から維管束植物にわたって広く見出される．また，この反応系と*フィトクロム系が組み合わさって一つの現象を調節している場合も

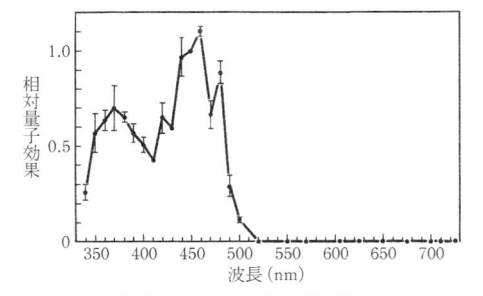

子嚢菌（*Gelasinospora*）の子嚢殻形成の作用スペクトル（Y. Inoue and M. Furuya, 1975）

a **禁止クローン** [forbidden clone] 免疫に関するF. M. Burnetの*クローン選択説において提唱された概念.自己体の構成物質に対して免疫反応を行う可能性のあるリンパ系細胞群を(抗原で活性化されてはいけないクローンという意味で)「禁止クローン」と名づけた.禁止クローンは自己への*免疫トレランスによって活動が禁止されているが,その抑制機構が破綻すると,自己に対して免疫反応を起こし,*自己免疫疾患が起こると想定される.(→クローン排除,→クローン選択説)

b **筋ジストロフィー** [muscular dystrophy] 骨格筋の進行性筋萎縮と筋力低下が左右対称に見られることを特徴とする遺伝性筋疾患の総称.現在臨床的にデュシャンヌ型進行性筋ジストロフィー,肢帯型,顔面肩甲上腕型,先天性筋ジストロフィー,筋緊張性ジストロフィーなどに分類されており,発症年齢はタイプにより異なる.病因に関しては不明であるが,筋由来の酵素系(特に血清クレアチンホスホキナーゼ,アルドラーゼ,乳酸脱水素酵素)が高い値を示すことが,診断上重要である.デュシャンヌ型筋ジストロフィーは伴性劣性遺伝型式をとり,X染色体上の*DMD*遺伝子の発現異常によるため,ほとんど男子だけに発症するが,他のタイプには常染色体劣性遺伝型式をとり男女ともに発症する.

c **菌糸組織** [plectenchyma] 菌糸が分枝と菌糸結合を繰り返してからみあった組織.菌類では維管束植物にみられるような複雑な組織の分化は起こらない.しかし,子嚢菌類や担子菌類の*子実体,菌糸束,*菌核などを形成している菌糸には分化がみられる.大別すると繊維菌糸組織(prosoplectenchyma,あるいは紡錘組織)と偽柔組織(pseudoparenchyma)がある.前者では構成細胞は菌糸の状態を保っているが,後者では,細胞は多角形または類球形に変化している.

d **菌糸分析** [hyphal analysis] 担子菌類ヒダナシタケ目における,担子器果の菌糸型の構造と種類の分析.ヒダナシタケ目の硬質きのこでは各種の菌糸型が見られ,科や属の分類基準の一つとして重視される.担子器果を構成する菌糸には,薄壁で分枝し,隔壁があり,無色,ほかのタイプの菌糸の起源となる原菌糸(生殖菌糸 generative hyphae),厚壁無分枝かほとんど分枝せず,無隔壁の骨格菌糸(skeletal hyphae),厚壁でよく分枝し,無隔壁,細く,樹枝状の結合菌糸(binding hyphae, ligative hyphae)の3型がある.担子器果組織のこれらの菌糸の種類と構成は菌糸組織型(hyphal system, mitic system)と呼ばれ,原菌糸だけからなる一菌糸型(monomitic),原菌糸と,骨格菌糸または結合菌糸の一方とからなる二菌糸型(dimitic),3種類の菌糸型をもつ三菌糸型(trimitic)がある.ハラタケ目やホウキタケ科などの軟質きのこでは,一般に一菌糸型である.

e **菌種** [microbial species] 《同》種(species).学名の基本単位である*種の,微生物学における用語.原核生物などで有性生殖がないなめ,菌株間の染色体DNAの*ハイブリダイゼーションが同一株同士の反応に比べ70%以上を示すものを同種とするルールが基本.交雑反応は相対値なので,最近ではそれに加え16S rRNA遺伝子の塩基配列の類似度を指標とし,98.7〜99.0%を閾値としてそれ以下ならば別種とするというルールも一般的になっており,新種を提案する際の比較の対象の絞込みに活用される.

f **筋収縮** [muscular contraction] 筋肉が刺激に反応して収縮する現象で,狭義には脊椎動物*骨格筋にみられるような伝播性*活動電位に基づく収縮.単一の活動電位による*単収縮と反復活動電位による*強縮とがある.活動電位を介さない筋収縮は多くの場合非伝播性の*脱分極によって起こり,脱分極が筋の局部に限られかつ一過性の場合には局所収縮といい,脱分極が筋の全長にわたりかつ持続的である場合には*拘縮と呼ばれる.平滑筋などにみられる持続的収縮を一般に緊張(トーヌス)というが,やはり反復活動電位または持続性脱分極を伴う場合が多い.ただし二枚貝の閉殻筋などにみられる持続的収縮には電気的変化がみられず,この収縮は*キャッチ機構による.筋収縮の記録は,筋を一定の荷重のもとに短縮させて長さの変化を記録する等張力性収縮を見る場合と,筋の長さを一定に保って発生張力を記録する等尺性収縮を見る場合とに大別される.長さの変化と張力の発生は*滑り説によって説明される.(→滑り説,→収縮性蛋白質)

g **菌従属栄養植物** [mycoheterotrophic plant, mycoheterotroph] 《同》菌寄生植物(mycoparasitic plant, epiparasitic plant),腐生植物(saprophyte).陸上植物のうち,自身では光合成を行わず,必要な炭素源を菌根菌(→菌根)からの供給に頼って生活する植物.周辺の光合成を行う植物と菌根菌を共有することで,菌根菌を介して周辺植物から炭素源を獲得する様式と,一般的には腐生菌として存在している菌類を菌根菌とすることで,周辺の腐植から炭素源を得る様式の二つが知られている.これらの植物は,以前は腐生植物と呼ばれ,土壌中の腐植を植物自身が分解して生育していると考えられていたが,現在この考え方は否定されている.*苔類,*裸子植物,*被子植物に見られる.緑葉をもち,自身も光合成を行う一方,部分的に菌根菌からの炭素源供給に依存している混合栄養植物(mixotrophic plant, mixotroph)も知られている.

h **緊縮調節** [stringent control] 《同》ストリンジェントコントロール.培地の環境の変化に対応して一時的に細胞の増殖を抑制し,新しい環境に対する適応を促進するための調節機能.最初はアミノ酸要求株の培養液から要求アミノ酸を除去したときに観察されるRNA合成の負の制御に対して用いられた.その後,この調節はRNA合成に限らず,脂質合成やヌクレオチド合成,その他多くの代謝系に及ぶことが明らかにされた.RNA合成の調節の場合には,主にrRNA,tRNAなどの代謝的に安定なRNA(stable RNA)の合成が抑制される.また,リボソーム蛋白質に対するmRNAの合成も抑制される.アミノ酸の除去以外にも炭素源・窒素源の除去の際に同様の調節機構が作動することが観察されている.リボソームのA部位での無負荷tRNAの存在が引き金となり,*グアノシン四リン酸(ppGpp)がこの調節の際に重要な働きをすると考えられている.アミノ酸の除去の際にこの調節能を失った変異株が存在し,その遺伝子は古くは*RC*遺伝子(*RC* gene: *RC* は RNA controlの略)と呼ばれ,*RC* stringent型と*RC* relaxed型の対立遺伝子が区別されていた.現在では,前者を*rel*+(relaxedの略)型,後者を*rel*−型と呼ぶ.この遺伝子の生産物である緊縮因子(stringent factor)はppGppの生成に関与する.

i **筋上皮** [myoepithelium] [1] 外分泌腺終末部や

a **筋小胞体** [sarcoplasmic reticulum] 筋繊維内に見られる，滑面*小胞体が収縮刺激伝達系として特殊化した細胞小器官．Ca^{2+} の貯蔵を担う．サルコメアとほぼ同様の単位で筋原繊維を網状に取り巻き，脊椎動物の骨格筋では繊維全体の容積の約13％を占める．筋原繊維のサルコメアの一定の部域(魚類の多くや両生類ではZ膜のレベル，爬虫類以上では一部の例外を除きA帯とI帯の境界レベル)にみとめられる三つ組構造は，筋小胞体の終末槽(terminal cisternae)と呼ばれる膨大部が両側から筋細胞膜の陥凹である*T管をはさんでいるもの．終末槽とT管の間は10〜12μmの間隔を保ち，この間を架橋する足(foot)が両者の膜から突出して連絡している．両端の終末槽間は網目状構造の縦走小管が連絡している．T管は筋細胞膜の興奮をリアノジン結合性カルシウムチャネルを通して筋小胞体に伝え，筋小胞体は貯蔵している Ca^{2+} を筋原繊維に放出し，収縮を起こさせる(⇌滑り説，⇌興奮収縮連関)．T管からの刺激が止むと，筋小胞体は膜表面にある筋小胞体 Ca^{2+}-ATPアーゼ(SERCA)の作用で能動的に Ca^{2+} を筋小胞体内腔に汲み入れる(*カルシウムポンプ)．Ca^{2+} 濃度が低下すると，筋原繊維は弛緩する．筋小胞体内腔にはカルシウム結合蛋白質であるカルセクエストリン(calsequestrin)があって，Ca^{2+} を蓄積する．三つ組はしばしば変形し，一つの終末槽しか参加しない，あるいは心筋では終末槽と細胞膜が構成する二つ組(dyad)が見られる．心筋繊維では終末槽があまり発達しておらず，また心筋細胞膜が興奮すると細胞外 Ca^{2+} が流入し，それにより筋小胞体からも Ca^{2+} が放出され，収縮を引き起こす．またサルコメア構造をもたない平滑筋細胞にも筋小胞体は存在し，膜表面にリアノジン受容体やカルシウムポンプ(SERCA)が存在する．平滑筋の筋小胞体は細胞膜上の小窩であるカベオラ(caveola)に接し，Ca^{2+} 作動性カリウムチャネルを介した興奮伝達を担う．筋小胞体は電子顕微鏡の観察からH.S.BennetとK.R.Porter(1953)が最初に記載した．

b **近親交配** [inbreeding] 狭義には，有性生殖をする生物において，親子・同胞など明確な近親のあいだでの交配を指す．植物の*自殖はその極端な場合であるが，植物では近親交配ではなく，*同系交配の語を用いる．集団遺伝学での広義の概念としては，祖先個体の一部を共有する個体間の交配を指す．生物集団の個体数は常に有限なので，遺伝子系図の概念から，同一遺伝子座におけるすべての遺伝子は1個の共通祖先遺伝子にゆきつく．このため，集団内のすべての交配は多かれ少なかれ近親交配である．(⇌遺伝子系図学，⇌近交係数)

c **近親婚** [consanguineous marriage] (同) 血族結婚，近親結婚．血縁者どうしの婚姻．両性が共通の遺伝子をもつ確率が高いから，子には両親には潜在していた劣性の有害遺伝子がホモ接合となって発現する可能性が多い．その結果生存率の低下がみられる(近交弱勢)．日本では三等親(例えば叔父-姪間)以内の者どうしの結婚は禁止されている．ほとんどの社会では近親婚はインセストタブーとして忌避されているが，ヒト以外の霊長類でも親子や血縁の近い異性の間では交尾が起きにくい傾向がある(⇌インセスト回避)．一定の親族集団に属するものどうしが結婚してはいけない*外婚制をもつ社会も多い．ただ外婚制の成立には，近親婚による近交弱勢の現れを防ぐ効果に加えて，ヒト集団どうしが姻族関係を通じて団結し闘争を避けるという効果もある．

d **菌生菌類** [fungicolous fungi] ほかの菌類に寄生して生活する菌類の総称．1000種以上の報告がある．菌核病菌など多くの菌類に寄生する *Trichoderma* や *Gliocladium* は，生物学的防除に利用する研究が行われている．そのほか，ミズカビ類などの菌糸に寄生するフクロカビモドキ(*Olpidiopsis*)，ウドンコカビ類に寄生する *Ampelomyces quisqualis*，サビキン類に寄生する *Tuberculina*，すす病菌に寄生する *Spiropes*，多犯性の *Syspastospora parasitica* など顕微鏡的な種から，ハラタケ目に寄生する接合菌類のタケハリカビ・フタマタカビや，クロハツの子実体上に群生するヤグラタケ，ニセショウロに寄生するタマノリイグチ，ツチダンゴ類に寄生するタンポタケ類などがある．イグチ類に *Hypomyces* に属する菌が寄生して宿主の成育がとまると全体が奇異な形を呈して人目につき，タケリタケと命名(牧野富太郎)された．マッシュルームやシイタケの栽培では有害な菌生菌が知られている．他の生物の寄生菌類にさらに寄生する菌類を特に重複寄生菌類(hyperparasitic fungi)という．

e **筋節** [myomere, myotome] *頭索動物および脊椎動物の魚類や両生類幼生，有尾類成体の体幹に前後軸に沿って分節的に並ぶ筋．一般に，前方に折れた「く」の字かWの字形になる．脊椎動物を特徴づける主要な形質の一つ．筋節間は筋節中膜(myoseptum)と呼ばれる結合組織で区切られ，その位置に椎骨が位置するように並ぶ．1個の筋節には1本の脊髄神経が対応するように配置する．*体節内に分化する筋板から発生して，体節の位置関係を維持するように並ぶことから，脊椎動物頭部の分節性を知る手がかりになるとされたこともある(⇌頭腔)．頭索動物の筋節は左右でほぼ半節ずれ，筋繊維は単核細胞である．頭索動物の各筋繊維(myotomeと呼ぶ場合がある)は，筋節を単位にして筋尾(muscle tail)と呼ばれる細胞突起を中枢に伸ばし，神経管表面で中枢神経内にある体運動神経と神経筋結合を形成する．尾索動物の幼生やオタマボヤ類の尾部にある筋細胞は筋節を形成しない．英語の myomere と myotome には使用の混乱が見られ同義語として用いられるが，厳密な使い分けが望ましい．

f **近接場光学顕微鏡** [near field optical microscopy] 近接場光を用いることで光の回折限界を超えた nm オーダーの分解能を達成する光学顕微鏡．光の波長よりも微少な物質に光を当てると，反射光や散乱光は物質から遠方へ伝搬していくが，同時に，物質の周囲にとどまる，物質の寸法程度の近接場光(エバネッセント光 evanescent light)が発生する．同様の効果により，光を波長以下の微細な穴に通した場合にも，近接場光が発生する．近接場光学顕微鏡には，nmオーダーの試料に直接光を当てて近接場光を発生させ，それを検出して試料の光物性を調べる方式や，nmオーダーの物質や微細な

穴で発生させた近接場光で試料を照らし，試料から生じる散乱光で試料の光物性を調べる方式があり，nmオーダーの空間分解能が得られる．

a **筋繊維鞘** [sarcolemma] 骨格筋の筋繊維(⇌筋細胞)を覆う膜状の構造で，*基底膜と細胞膜を合わせたもの．基底膜はラミニン，コラーゲン，プロテオグリカンからなり，このうちラミニンが*ジストロフィンの複合体を介して細胞膜と結合している．*脱鞘筋繊維は骨格筋からこの部分を取り除いたもの．

b **銀染色** [silver impregnation] 《同》鍍銀染色，ゴルジ法．組織切片に硝酸銀あるいは酸化銀を浸透させて，銀の塩化物，リン酸塩，尿酸塩などの沈澱を作らせ，水洗後，ホルマリンや写真現像剤(ヒドロキノン)あるいは日光によって銀を還元して，析出した金属銀により黒色の染色像を得る方法．C. Golgi(1873)が神経の染色に用い，以来特に神経組織の形態的観察に有力な手段である．銀染色にはゴルジ法のほかに数種の方法が知られているが，M. Bielschowskyの方法の変法は細網繊維の染色に用いられている．広義には銀親和性反応を含むこともあるが，銀塩の還元は細胞外から加えた還元剤あるいは日光によって行われ，細胞由来の還元性物質が関与しない点で銀親和性反応と区別されるべきである．

c **菌足** [hyphopodium] 植物体に表生する寄生菌類の一部で見られる，菌糸の短い付属細胞．子嚢菌類メリオラ目(Meliolales)，アステリナ目(Asterinales)，エングレルラ科(Englerulaceae)や，不完全菌類のClasterosporiumなどで表生菌糸に側生，またはまれに間生する．円頭でやや大型の頭状菌足(capitate hyphopodia)は，付着に役立つほか宿主菌糸内に吸器を挿入し栄養を吸収する機能をもつ．また小型でフラスコ状の微突形菌足(mucronate hyphopodia)から小さい単細胞のフィアロ型分生子を生じるといわれる．

d **金属酵素** [metal enzyme] 金属イオンをコファクターとして必要とする酵素の総称．(1)酵素との結合が比較的弱く，補酵素のように酵素への結合と解離をたえず繰り返しながら触媒機能に関与している場合と，(2)補欠分子団として酵素蛋白質に強固に結合して，触媒機能に直接関与するか，または酵素の構造の維持に寄与する場合がある．(1)に属する酵素は極めて種類が多く，例えばリン酸基の転移酵素のほとんどすべては Mg^{2+} を必要とする．しかし，金属酵素といえば(2)に属する酵素を指すことが多い．補欠分子団として取り込まれる金属イオンとしてはCa，Zn，Mn，Fe，Cu，Co，Se，Ni，Mo，Cd，V，Wなどが知られ，それらが蛋白質分子内のアミノ酸残基と直接イオン結合や配位結合によって保持される場合，ヘムなどの有機化合物に配位した状態で蛋白質分子に結合する場合などがある．特殊な例として，鉄原子が硫黄原子とクラスターを形成して蛋白質分子に取り込まれることもある．遷移元素の金属イオンは多くの場合，触媒部位において基質との電子の授受を介して酸化・還元反応に関与する．また，Znはメタロプロテアーゼにおいては，OH基を配位して強い塩基として触媒機能に関与し，アルコール脱水素酵素(EC 1.1.1.1)においては，触媒機能に関与するものと構造の維持と安定化に寄与するものの2原子が存在する．また，2種類の金属イオンを含むものもある(例：ニトロゲナーゼ(EC1.19.6.1)ではFeとMo，ある種のスーパーオキシドジスムターゼ(EC1.15.1.1)ではCuとZn)．酵素蛋白質に弱くまたは強固に結合し触媒機能に不可欠な金属イオンの例を表に示す．

金属イオン	このイオンをコファクターとする酵素の例
マグネシウム	ピルビン酸キナーゼ [EC2.7.1.40]，デオキシリボヌクレアーゼ I [EC3.1.21.1]，RNAポリメラーゼ [EC2.7.7.6]
マンガン	アルギナーゼ [EC3.5.3.1]
鉄	カタラーゼ [EC1.11.1.6]，アコニターゼ [EC4.2.1.3]
コバルト	メチオニン合成酵素 [EC2.1.1.13]
ニッケル	ウレアーゼ [EC3.5.1.5]
銅	アミンオキシダーゼ [EC1.4.3.6]
亜鉛	アルコールデヒドロゲナーゼ [EC1.1.1.1]
セレン	グルタチオンペルオキシダーゼ [EC1.11.1.9]
モリブデン	硝酸還元酵素 [EC1.7.99.4]
タングステン	アルデヒドフェレドキシンオキシドレダクターゼ [EC1.2.7.5]

e **金属プロテアーゼ** [metalloprotease] 《同》メタロプロテアーゼ．プロテアーゼの中で，亜鉛(Zn^{2+})などの2価の金属イオンを活性発現に必須のコファクターとするプロテアーゼの総称．全プロテアーゼのうち最大のグループを構成し，3分の1はこの分類群に属する．金属イオンは本酵素蛋白質に強く結合しているので，補欠因子とみなすことができる．亜鉛を1個含むものが大部分であり(代表例：カルボキシペプチダーゼ EC 3.4.17.1)，2個含むものもある．亜鉛以外の金属イオンとしては，コバルトやマンガンで置換しても高い活性を示すものもある．金属イオンは触媒部位近傍の三つのアミノ酸残基(ヒスチジン，グルタミン酸，アスパラギン酸，リジン，アルギニンなど)と配位結合して触媒部位に固定される．残る四つめの配位子で水分子と結合してこれを活性化し，基質のペプチド結合のカルボニル基に作用させてこれを切断するとされる．亜鉛との結合に関与する部位のアミノ酸配列は一般にHis–Glu–X–X–His (HEXXHモチーフ：Xは任意のアミノ酸残基)の配列を特徴的にもち二つのHisは亜鉛との結合に関与する．酵素は金属イオンのキレート剤であるEDTA(エチレンジアミン四酢酸)や1,10-フェナントロリンなどによって阻害される．生理的役割は蛋白質の消化にとどまらず，細胞内における種々の蛋白質のプロセッシングや高次の生体機能に関与するものも多い．例えば，ATP-依存性メタロプロテアーゼや，*マトリックスメタロプロテアーゼ(MMP)およびこれに近縁のADAM(a disintegrin and metalloproteinase)と呼ばれる酵素群などがある．これらの金属プロテアーゼの異常は，蛋白質のプロセッシングや分泌，オルガネラの分裂，個体発生などにも異常をきたし，関節炎，がん，心臓血管疾患，中枢神経障害，繊維症，感染症などの原因となる．

f **菌体脂肪酸** [cellular fatty acids, whole-cell fatty acids] 微生物の全菌体から抽出して得られる脂肪酸の組成．化学分類の重要な指標として用いられる．主に細胞膜と外膜(グラム陰性細菌の場合)を含む細胞壁の構成成分に由来する．通常は凍結乾燥した菌体を塩酸・メタノールにより加温・抽出しながらメチルエステル化し，

その抽出物をガスクロマトグラフィーで分析する．非極性型，極性型(3-OH, 2-OH)，不飽和型，飽和型，分岐型などのさまざまな構造・長さの脂肪酸分子種が得られ，そのパターンに基づいて菌種の分類・識別が行われる．

a **禁断症状** [abstinence symptom] 《同》離脱現象(withdrawal symptom)．長期にわたって薬物や嗜好品を服用・摂取していて，習慣性の薬物中毒すなわち身体依存(physical dependence)が成立している場合に，その薬物の投与を突然禁じた際に生ずる種々の興奮ないし失調状態．エタノール(飲酒)，バルビツレート，ニコチン(喫煙)，*モルフィン(麻薬中毒)などで顕著に，激しい場合は虚脱状態に陥る．自律神経，特に交感神経優位の症状，肉体的・精神的症状(自律神経嵐)が現れた場合，これを禁断精神病(abstinence psychosis)と呼ぶ場合がある．この症状は薬物を断って1～2週間内に消失する．

b **緊張**(筋肉の) [tonus, tone] 《同》緊張性収縮(tonic contraction)，筋緊張，トーヌス．筋肉の狭義の収縮(*単収縮や*強縮)に対して，中等度の張力または短縮の持続という別種の機械的活動．動物がさまざまな姿勢をとり，内臓の諸器官がつねに適度の張力状態を保てるのは緊張に負う．緊張発生の機作から次のように大別される．(1)神経原性緊張(neurogenic tonus, *反射緊張)：神経系を介しての反射性のもの．脊椎動物や節足動物で姿勢を保持させている横紋筋の緊張．(2)自己原性緊張(autogenic tonus)：筋肉自体による末梢性のもの．脊椎動物(内臓壁など)および無脊椎動物の平滑筋の緊張．ただし両者の境界は明瞭ではない．平滑筋の緊張にも神経的制御があることは，血管運動神経の働きでもわかるが，それとともに自己原性緊張があることは，神経刺激を取り去っても長時間任意の短縮度または張力を保持する(*可塑性緊張および*キャッチ機構)ことで認められる．筋肉や神経の活動に関して，中等度の活動の持続を緊張性(tonic)という．これに対し，一過性かつ高振幅の活動を位相性(相性 phasic)ということもある．

c **緊張性受容器** [tonic receptor] 求心性神経繊維において，放電を記録したとき刺激の続くかぎり長く持続する放電を行う受容器．これに対し，刺激が続いても放電の持続が短い受容器を相動性受容器(相性受容器 phasic receptor)という．前者では放電の順応が遅く，後者では速いともいう．一般に神経繊維の径が太い場合は相動性で細い場合は緊張性であるが，必ずしもそう定まったわけではない．体の姿勢や痛みに関する受容器の放電は緊張性で，運動に関するものは相動性であることはよく目的にかなっている．このような差は S.W. Kuffler ら(1955)によると受容細胞の起動電位の経過が持続性か否かに基因するというが，中島重広らはテトロドトキシンでスパイク放電を抑えて記録した起動電位の経過に差が見られないことから，細胞体に続く軸索部のスパイク発生部位の膜の性質に基づくとしている．刺激受容器に相動性と緊張性の2種が区別されることは受容器の基本の型である．

d **近点** [near point] ⇒遠近調節

e **筋電図** [electromyogram] 筋肉の*活動電位を記録した図(⇒電気記録図)．実用的には，人体皮膚の表面に電極を貼付して電位を導く表面導出法と，針状電極を筋肉に刺入して筋内1局所の活動電位を導出し運動単位の活動を検出する針電極法とがあり，後者によれば筋肉の活動電位が毎回分離して記録され，それが毎秒数回から20～30回まで筋肉活動の程度によって頻度を異にすることが知られる．筋電図で運動機能の異常の原因を診断できることもある．針電極としては，注射針の中心に細い針状電極を絶縁固定し，注射針自身を他の1極とする同心電極を一般に使用する．

筋随意収縮(指の屈曲運動)における活動電位．下は1/5sの刻み．

f **均等的分裂** [equational division] *姉妹染色分体が，2核に分配される分裂．体細胞の分裂で，複製したゲノムのコピーを娘細胞に均等に分配するときに見られる．減数分裂では，第一分裂が*還元的分裂で，第二分裂が均等的分裂である．

g **筋肉** [muscle] 《同》筋．主にミオシンとアクチンから構成される収縮の機能をもつ動物の組織，もしくはその機能を担う運動器官．筋に見出されるアクチン・ミオシン蛋白質は非筋細胞のものとはアイソフォームが異なり，その量も非筋細胞に比べて極めて多い．原生生物・海綿動物を除くすべての動物に存在．構造から*横紋筋や*斜紋筋などの有紋筋(striated muscle)と*平滑筋とに大別される．横紋筋は，骨格筋と心筋を構成する．骨格筋は骨格に連結し収縮することで運動をもたらす筋肉であり，多くの*筋芽細胞が融合してできた*シンシチウムからなる．心筋は心臓の拍動をもたらす筋肉であり，単核細胞が分岐し，網状に連なって形成される．脊椎動物の骨格筋は，収縮の速度から*速筋と*遅筋に，運動性からは伸筋と屈筋に，代謝特性から*赤筋と白筋などのように分けられる．脊椎動物は筋の量が多く，蛋白質成分が多いので多くの種が「肉」として食用にされる．平滑筋は紡錘形の細長い細胞(単核)が互いに接着してできており，内臓筋として他の組織とともに内臓の諸器官を形成して，それらの運動をつかさどる．このほか，特殊なものに*筋上皮がある．(⇒筋収縮，⇒筋形成)

h **筋肉覚** [muscular sense, muscle sense] 《同》筋覚．筋肉(特に骨格筋)に発する求心性神経衝撃に基因する感覚．ただし現在では，筋肉の実質にはその機能は存在せず，*筋紡錘や*腱紡錘などの共存構造がそれに相当する受容器であることが知られている．また，筋膜や腱膜などの自由神経終末や*パチーニ小体による受容までも筋肉覚に加え，この語を広義の運動感覚の同義語にまで拡張したり，深部圧覚までを包括する場合がある．

i **筋肉蛋白質** [muscle protein] 《同》筋蛋白質．筋に見出される蛋白質の総称で，ミオグロビンや一般細胞にも見られる解糖・TCA回路系の酵素も含むが，特に収縮に関連する蛋白質．筋原繊維構成蛋白質として*ミオシン・*アクチンが，収縮・調節蛋白質として*トロポミオシン・*トロポニンが，構造蛋白質として*C蛋白質・*M蛋白質・*クレアチンキナーゼ・*コネクチン・*αアクチニン・*デスミン・*ビメンチン・*ネブリンなどがある．平滑筋にはトロポニンの代わりに*カルモジュリン，ゲルゾリン様蛋白質，フィラミンなどがある．二枚貝類のキャッチ筋にある*パラミオシンは，太い筋フィラメントの芯を形成する．(⇒アクチン結合蛋白質，⇒モータ－蛋白質，⇒滑り説)

j **筋肉モデル** [muscle model] 《同》筋収縮モデル．

筋収縮や収縮の制御の仕組みを調べるために，筋肉の構成要素のいくつかを除いた形で収縮を再現させた系．次の2種がある．(1)完全な筋肉から収縮に直接関係のない部分を除いて作ったもの．例：*脱鞘筋繊維（スキンドファイバー），*グリセリン筋，筋原繊維標品など．(2)精製した蛋白質から再構成したもの．例：*アクトミオシン懸濁液，アクトミオシンの糸モデル，ミオシンをコートしたスライドグラスの上にアクチンフィラメントを走らせるもの，ミオシンでコートしたビーズをシャジクモのアクチン束上を走らせるものなど．⇨細胞モデル

a **近傍** [neighborhood] 理論的に*任意交配が行われている単位．子が親から分散したとき，その分散距離のバリアンスを σ^2 とすると，半径 2σ で囲まれるエリアを近傍エリアと呼ぶ．このエリアの中心に個体がいたとき，その親がそのエリア内に入る確率は86.5%になる．この面積が $A=4\pi\sigma^2$ で，Ad（d は個体数密度）が集団の有効サイズになるとみなされる．

b **筋紡錘** [muscle spindle] 《同》筋紡錘体．*横紋筋の*張受容器で，骨格筋中に横紋筋繊維に平行して存在する紡錘形の顕微鏡的構造物．*腱紡錘とともに自己反射の感覚器として動物の姿勢保持や協調運動に重要な役割を演じる．その結合組織性の嚢の長軸を貫通する数本の特殊な筋繊維（*錘内繊維）があり，その一部に先端部が無髄になった感覚神経終末器官，すなわち*環らせん終末と*散形終末が付着する．錘内繊維のこの部分（網様部）は末端部とちがって筋原繊維に乏しく，横紋が見られず，多数の核が並ぶ．筋肉が引き伸ばされると，神経終末は網様部の変形にほぼ比例して脱分極され，受容器電位を発生する（B. Katz ははじめこの電位変化を紡錘電位（spindle potential）と名づけた）．この受容器電位が感覚神経に伝播性の放電を起こさせると考えられる．感覚神経の応答には筋の伸長度に関係した静的応答と，筋の長さおよび伸長速度に関係した動的応答とがあり，ネコの筋紡錘では前者は核鎖繊維（細い方の錘内繊維）が，後者は核袋繊維（太い方の錘内繊維）が担当するといわれている．筋肉自身が収縮するとき，筋紡錘は張力を減じ求心性インパルスは減少する．生体内での α 運動ニューロンや γ 運動ニューロン（⇨γ 遠心性繊維）の活動は筋紡錘からの求心性繊維から反射性影響を受けている．まださらに高次の中枢からも制御されている．

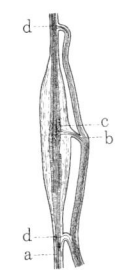

a 錘内繊維
b 神経
c 感覚神経終末
d 運動神経終末

c **筋無力症** [myasthenia] 《同》重症筋無力症（myasthenia gravis）．神経筋接合部位でのアセチルコリン受容体に抗アセチルコリンが結合することで，*アセチルコリンによる神経筋伝達が阻害され，筋肉の易疲労性や脱力を引き起こす*自己免疫疾患．抗 Musk 抗体が出現する症例や抗体が陰性の症例もある．小児期に発症するタイプと成人期に発症するタイプとがある．症状としては，眼瞼下垂，眼球運動のみが障害されるタイプや，頸筋や四肢筋および嚥下・発声障害などの球麻痺症状を呈するタイプがあり，重症例では，呼吸筋障害を呈し死亡する場合もある．また，筋無力症の母親から生まれた新生児は一過性の筋無力症状を示すことがある．診断はテンシロンテスト，抗アセチルコリン受容体抗体の検出，および筋電計を用いた低頻度の反復神経刺激試験において漸減現象（waning）を見ることで行う．治療は抗コリンエステラーゼ剤の投与や血液浄化療法，γ-グロブリン大量静注（静脈注射）療法などの対症療法に加えて，拡大胸腺摘出術や，ステロイドやタクロリムスなどの免疫抑制剤を用いた治療が行われる．

d **近隣結合法** [neighbor-joining method] 進化距離行列から*系統樹を作成する*距離行列法の一つ．斎藤成也と根井正利が1987年に発表した．計算に長い時間がかかる他の方法と遜色ない結果を短時間で求めることができるので，現在でも広く使われている．N 種類の遺伝子（あるいは生物種，蛋白質など）に対して，2個と $N-2$ 個に分ける $N(N-1)/2$ 種類のすべての可能な分割に対して考えられる系統樹について，与えられた距離

遺伝子1〜8について，近隣が段階的に見出されていくようす．XとYは系統樹の内部節を表す．最初に1と3が近隣に選ばれ，それらが結合されて7遺伝子の系統関係を調べることになる．続いて6と7，5と結合された1と3，というように，5段階で完全な樹形が決定される．

行列をもとに枝の長さの総和を求め，その最小な分割を採用する．このとき選ばれた2個を「近隣」と呼ぶ．それらを結合し，残った $N-1$ 個について同じ手順で近隣を発見してゆき，$N-3$ 回の繰返しですべての近隣を発見する．それぞれの段階で系統樹の枝の長さも推定されていくので，最後に残った3個のグループに伸びる枝の長さを推定して，系統樹が確定する．

a **菌類** [fungi] 通俗的には「菌」がつく生物の総称．しかしこれは単系統の生物群ではない．厳密には，以下のような特徴をもつ生物群である．(1)真核生物である．(2)分解と吸収栄養を行う従属栄養生物である(偽菌類の一部も)．(3)細胞壁にキチンを含む．(4)菌糸構造を基本とする(ただし，酵母は例外)．(5)運動性のない胞子で増殖する(ただし，遊走子を形成するものもあり，その場合，後方に1本のむち型鞭毛をもつ)．(6)ミトコンドリアのクリステは盤状である．(7)貯蔵物質はグリコゲン．(8)リジン合成経路は γ-アミノアジピン酸(AAA)経路．(9)生活史の大部分を単相で過ごすものが多く，一部に重相の時代も認められる．しかし，複相となる時代は極めて限られている．(10)生活環は単純なものから複雑なものまで．有性サイクルまたは無性サイクル，あるいは両サイクルで構成される．これらは，いわゆるかび・きのこ・酵母類の総称であり，真菌類(Eumycota, Eumycetes)としてまとめられる．従来菌類に分類された変形菌類や細胞性粘菌はいずれもアメーバ状のステージをライフサイクルの中にもつことを特徴としているが，今日では原生生物として扱うことが妥当との考えから，菌類から除外された．また，従来真菌類に分類されていた卵菌類とサカゲツボカビ類も，クロミスタ生物群に属することが明らかになり，真菌類からは除外された．ここで除外された菌群や変形菌類などは，偽菌類(pseudofungi)あるいは菌類様生物と呼ばれることがある．ただし，偽菌類という用語は，卵菌類とサカゲツボカビ類のみに対して使用されることもある．真菌類は，生態系においては分解者として，物質の循環に大変重要な役割を担い，その働きがなければ落葉などをはじめとする動植物遺体の分解は不可能であるともいわれる．また，腐生的な分解のほかに，動植物の病原体となるものや，他の生物と共生生活しているものも数多く知られる．その結果，動植物の病害，食品の腐敗，木材の腐朽，製品の劣化などの害作用をもたらすことも多い．一方，きのこなどのように食用とされたり，食品や有用物質の生産に利用されたりして人間の生活にとって有益なものもある．また，研究材料として利用され遺伝学，生理学，バイオテクノロジーなどの発展に大きく貢献したものもある．

b **菌類ウイルス** [mycovirus, fungal virus] 《同》真菌ウイルス．*ツボカビ類，*接合菌類，*子嚢菌類，*担子菌類などの菌類に見出されるウイルスまたはウイルス様粒子の総称．核酸成分はこれまでに知られている多くが二本鎖 RNA であるが，一本鎖 RNA，二本鎖 DNA をもつ種類もある．多くのウイルスは菌類に影響を与えないが，生育などに影響を与える例もある．伝染方法は，胞子への*垂直感染，菌糸同士の融合による水平感染が知られている．(→付録:ウイルス分類表)

c **菌類動物** [mycetocole animals] 《同》菌棲動物．菌体を主なすみかとし，これを食べて生活する動物．多孔菌類によくつくオオキノコムシ科・コキノコムシ科をはじめ，エンマムシ科・ハネカクシ科・ゾウムシ科の甲虫類，アザミウマ，ガ，ハエ類の幼虫，トビムシ類，ナメクジ類などがある．

ク

a **グアニジン** [guanidine]《同》イミノ尿素(imminourea)，カルバミジン(carbamidin)．$HN=C(NH_2)_2$ グアニンの分解産物．水・アルコールに易溶で，水溶液は強い一酸塩基として作用する．カラスノエンドウ(*Vicia sativa*)の苗，サトウダイコンの汁液に少量存在する．人尿中にも少量見出され，尿毒症の際は数倍に増量する．尿毒症の症状の一因と考えられ，投与すると尿毒症様の中毒症状を呈する．一種の筋肉毒で，神経終末を興奮させ，またカルシウムイオン拮抗剤としても働く．塩酸塩は尿素に似た作用をもつ蛋白質変性剤．また，熱帯熱の一次的赤血球外型繁殖体の治療薬として用いられる．

b **グアニリン** [guanylin] 回腸・結腸から分泌され，体液の移動を調節する15アミノ酸残基からなるペプチド．小腸上皮細胞のグアニル酸シクラーゼであるグアニリン受容体を活性化することによってcGMP(環状GMP)濃度を上昇させ，腸管内へのCl⁻分泌を引き起こす．大腸菌の分泌する熱に安定な毒素エンテロトキシンはグアニリン受容体を活性化することによって，下痢を誘発する(→大腸菌)．この受容体は腎臓や肝臓でも見出されている．(→cGMPシグナル)

c **グアニル酸** [guanylic acid] GMPと略記．《同》グアノシン一リン酸(guanosine monophosphate), グアニレート(guanylate)．→ヌクレオチド

d **グアニン** [guanine] →塩基

e **グアニン脱アミノ酵素** [guanine deaminase]《同》グアナーゼ(guanase)．グアニンを加水分解的に脱アミノして*キサンチンとアンモニアを生ずる反応を触媒する酵素．EC3.5.4.3．肝臓・脾臓・腎臓・胸腺などの動物組織に広く分布する．肝障害の指標酵素として用いられる．

f **グアノ** [guano]《同》鳥糞石，鳥尿石．鳥類などの動物の排出物を主成分とする堆積物．典型的なものは，乾燥気候であるペルーの海岸や島嶼の，海鳥の群生する地域にみられ，グアノの堆積が著しい．リン酸塩と窒素化合物に富み，肥料として用いられる．なお洞穴内のコウモリの糞の堆積物(コウモリグアノ)も，これに含められる．

g **グアノシン** [guanosine] Gと略記．→ヌクレオシド

h **グアノシン三リン酸** [guanosine triphosphate] GTPと略記．一般にはグアノシン-5′-三リン酸を指す(→ヌクレオシド-5′-三リン酸)．RNA合成の直接の前駆体．種々のGTP結合蛋白質とともに蛋白質生合成の開始，ペプチド鎖伸長，細胞膜受容体を介するシグナル伝達，微小管の形成などに関与．このほかGDP-マンノースなどの糖ヌクレオチド中間体の合成に用いられ，スクシニルCoA合成酵素，ホスホエノールピルビン酸キナーゼの反応においてはリン酸供与体として働くなど多様な生理機能を果たしている．

i **グアノシン四リン酸** [guanosine tetraphosphate] グアノシン-5′-二リン酸-3′-二リン酸(ppGpp)．大腸菌や枯草菌，ネズミチフス菌や *Rhodospirillum rubrum* などにその存在が認められているが，動物組織には存在しない．アミノ酸・炭素源・窒素源などの除去に際して顕著に増量する．無細胞系では，リボソーム，mRNAおよび脱アシル化(deacylated) tRNAの存在下にATPとGDPから合成され，この反応を緊縮因子(stringent factor)が触媒する．細胞内では*緊縮調節の際に重要な機能をもつと考えられており，グアノシン五リン酸(pppGpp)を経てつくられる．発見当時，ppGppはMS I，pppGppはMS II (MSはmagic spotの略)と呼ばれていた．

j **食いわけ** [food segregation, interactive food segregation] 相似た食性を示す2種以上の動物のそれぞれの*個体群が，種自身の要求からいえば同じものを食べられるのに，他種がいる場合*競争の結果食物を分けあっている現象．ドジョウ科やハゼ科の川魚の多くは通常，水生昆虫を食べるが，コイ科の底魚と共存すると水生昆虫を食べずに付着藻類をもっぱら食べるようになる．また水槽に数種の餌を入れ，第一位に選択する餌が同一であるような2種の魚を投入すると，どちらかが次位に選好する餌を主に食べるように変化することがある．食いわけと*すみわけは互いに相補的なこともあり，条件に応じて，すみわけずに食いわけたり，食いわけずにすみわけたりする．(→ニッチ分化，→競争排除則)

k **クイーン** [queen]《同》女王．社会性昆虫のコロニー内の繁殖雌個体，あるいはカスト．アリ・シロアリでは女王蟻といい，ハチ類では女王蜂という(→カスト制)．ミツバチでは1群中に通常ただ1匹存在し，産卵を独占する．社会性カリバチでは1コロニー中に多くの女王をもつ多女王制をとるものがある．女王蜂だけで巣を開始するものでは，ワーカー(働き蜂)出現前の女王蜂を創設雌(foundress 独 Nestgründerin)と呼ぶ．女王蜂が産む受精卵から発生した個体はみな雌で，働き蜂または女王蜂となる．無精卵から発生した個体は雄蜂になる．ミツバチなどでは，女王蜂は常時*女王物質を分泌して働き蜂の卵巣発育を抑制しており，女王蜂がいなくなると働き蜂が産卵を開始する．

l **空間閾** [spatial threshold] 空間上の異なる位置に感覚刺激が与えられる場合，感覚の局在位置の差を識別できる刺激位置の差の最小値．刺激位置の方向の差を識別する場合を方向閾，奥行すなわち深さの差を識別する場合を深径閾，また単に2刺激の空間上の分離を識別する場合を重複閾(double-point threshold，二点閾 two-point threshold)として区別し，これらのうち，二つの刺激が同時に与えられる場合は同時閾(simultaneous threshold)，相続いて与えられる場合は継時閾(接次閾 successive threshold)と呼ぶ．触覚の同時閾は舌端で1.1 mm，拇指球7.0 mm，手背32.0 mm，上腕および背中部68.0 mmとされ，閾値の小さい皮膚部位ほど触神経の分布が密で上記の間隔内に約10個の触点が存在する．同じ部位でも継時閾は同時閾よりはるかに小さいが，これは各刺激によって生じた感覚閾の干渉が少ないからである．視覚においては，二つの視方向線が方向閾以上離れていれば，分離した光点として認知でき，方

向閾の逆数が視力(方向視力)の表示となる．そのほかに奥行認知が，眼の遠近調節や両眼視により行われ，眼からの距離に依存した一定の奥行視力が決定される．

a **空間覚** [spatial sense] 感覚の空間的局在(⇌投射)に基づいて，刺激源たる外界物体の空間的配置を知り，空間の表象を構成する生体の能力つまり空間認知．諸種の特殊感覚の協同からなるが，視覚(視空間)と触覚(触空間)と聴覚とが最も重要な要素をなし，それらの感覚器官の能動的運動性の助けによって，方向・遠近・体部位を識別し，物体の三次元的位置・配置を認知する．夜行性動物や穿孔性動物では触空間が特に重要である．ヒトの空間認知能力は視覚においてすぐれ，物体の空間上の配置を判断する能力は，個人の経験を基礎として発達する．大きさと距離の判断はたがいに関連し，大きさが既知の対象はその見かけの大きさ，つまり網膜像から距離を判定し，また距離が既知の場合には網膜像の大きさから実際の大きさを判断する．聴覚や自己受容感覚としての位置覚・運動覚も空間認知に参加し，特に半規管が脊椎動物における行動空間の三次元性を直接基礎づける．両側感覚器官への同時的刺激から生じる単一感覚は，空間認知に特に有効で，奥行は*両眼視により，音の方向は両耳聴により，物の厚みは両手・両指により，はじめてよく検知される．物体の形状の認知すなわち形状覚，および立体性の認知は，空間覚の主要な部分であり，部位覚による体部位の判別も，特に触空間に関して重要である．(⇌定位)

b **空間生態学** [spatial ecology] 個体群や群集の成立や維持について，空間的構造の影響を調べる研究分野．生物集団が生息する空間は，連続的に一様に広がったものから，パッチ状に点在する離散的なものまでさまざまである．数理モデルも，対象に見合った空間構造の設定が重要であり，偏微分方程式(特に反応拡散方程式)や*格子モデルによる研究が行われている．例えば，R. Levinsのメタ個体群モデルや感染症のSISモデルでは，通常，影響を受ける局所個体群や個体に制限を設けない(どの局所個体群からも入植が可能であるし，どの感染個体からも感染しうる)．しかし，地理的に近いものからの影響が大きいと考えた方が自然な場合も多い．そこで，相互作用が及ぶ範囲を制限したり，距離に応じて相互作用の大きさを決めることによる影響を考慮することになる．しかし，空間的構造を入れることによって，数理モデルの解析は一般的には困難になる．そこで，さまざまな解析方法が工夫されている．例えば，格子モデルに対してはペア近似が，連続空間モデルに対してはモーメントクロージャ法が多用される．

c **空気呼吸** [aerial respiration] 空気中からO_2をとり入れCO_2を放出する外呼吸．水呼吸と対する．空気中の酸素量は209 mL/Lであるが，哺乳類の肺呼吸において直接ガス交換される肺胞気は130 mL/Lの酸素しか含んでいない．しかし水中の溶存酸素量にくらべてはるかに多い(⇌水呼吸)．また空気は水にくらべて比重・粘性が低く，酸素の拡散速度が高い．そのため空気呼吸は水呼吸にくらべ容易である．空気呼吸の場合も，肺の呼吸性上皮の表面には薄い水の被膜があり酸素はこれを通って拡散しているので，厳密には水を通しての呼吸といえる．しかし，この水の膜は薄いので拡散速度にはあまり影響を与えない．液体中の酸素分圧を増し，その動物の需要に応じることができるように拡散勾配を大にすると，哺乳類でもそのような液体(breathable liquid)を呼吸して生存できる．魚類では皮膚，鰓，鰓腔，胃，腸，鰾(うきぶくろ)，肺などによる空気呼吸が知られていて(⇌皮膚呼吸，⇌腸呼吸)，トビハゼは鰓腔に空気をとり入れ，そこにある水に溶解して利用するが，この際突出している眼球を約1分間の間隔で規則的にひっこめる運動をして空気と水の撹拌を行う．いずれの場合も，これらの副呼吸器(accessory respiratory organ)には高度に毛細血管の分布がみられ，ガス交換が行われるようになっている．無脊椎動物では気管(昆虫など)やその変形物である書肺(蛛形類)による空気呼吸がある．(⇌呼吸運動)

d **空気伝導** [air conduction] 広義には，聴覚において音波が外耳道を経て伝えられる過程．*骨伝導と対する．正常に音を聞くとき，音波はさらに鼓膜と耳小骨とを介して内耳に伝えられ，これを耳小骨伝導(ossicular conduction)という．音波が直接内耳の蝸牛窓を閉鎖している第二鼓膜の振動も起こすことがある．この過程を狭義の空気伝導というが，正常の聴覚では重要でない．

e **偶生種** [accidental species] 本来，その群落に結びついていない植物種が，偶然の機会に侵入し生育しているもの．通常は永続せず枯死する．(⇌外来種)

f **空中プランクトン** [air-plankton, aeroplankton] 《同》エアプランクトン，空中浮遊生物．大気中(森林などの植被がある場合には通常その上空)に，浮遊あるいは飛翔している微小な生物の総称．花粉，種子，細菌胞子，輪虫類休眠卵，昆虫類などがある．水中のプランクトンになぞらえて造られた用語である．なお，空中プランクトンは偏西風などにのって地球上の広範囲に分散が可能である．

g **空腸** [intestinum jejunum] →小腸

h **空転サイクル** [futile cycle] 《同》基質サイクル(substrate cycle)．ある物質の生合成および分解にそれぞれ関与する酵素が共存して形成され，エネルギーの浪費を起こすような回路．図のような酵素反応はその一例．

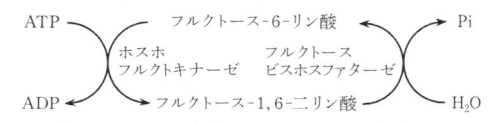

ATP　　　フルクトース-6-リン酸　　　Pi
　　　ホスホ　　　　　フルクトース
　　　フルクトキナーゼ　ビスホスファターゼ
ADP　　　フルクトース-1,6-二リン酸　　H₂O

生体内ではこれらの酵素はアロステリック制御系の支配下にあり，通常は両者が同時に活性化されることはない．しかし，昆虫の*繊維状飛行筋(飛翔筋)にはAMPによるアロステリック阻害を受けないフルクトースビスホスファターゼがあるために空転サイクルの反応が起こり，筋肉の保温に必要な熱を発生させているといわれている．また一般に，空転サイクルA⇌Bを形成する酵素の活性が僅かに変動すると，A→B(または逆方向)への正味の物質の流れの大きさには大きな変化が生じるので，空転サイクルは代謝制御シグナルの増幅に寄与している場合もあると考えられている．

i **空腹動因** [hunger drive] 《同》飢餓衝動．空腹のため食物を求める欲求の背後に仮定された動因．非常に強力で，これを低減することは強い報酬となる場合が多い．*学習にあたって食物を利用する場合が多いのはこのためである．

j **クェリング** [quelling] アカパンカビにおいて，

外からの遺伝子導入によって，相同な配列を有する内在遺伝子の発現が抑制される現象．植物で見出された*共抑制や，動物細胞での*RNA 干渉 (RNAi) に類似．*RIP や MSUD (meiotic silencing of unpaired DNA) とともに，ウイルスや*トランスポゾンに対するアカパンカビのゲノム防御機構の一つと考えられる (→共抑制)．導入遺伝子から産生された*低分子 RNA (siRNA) を介して，転写後遺伝子サイレンシング (PTGS) によって発現抑制が引き起こされる．

a **クエン酸** [citric acid] 《同》枸櫞酸．トリカルボン酸の一つ．*クエン酸回路を形成する一員として好気的代謝に重要な役割を果たしており，生物界に広く分布．また細菌・糸状菌の発酵生成物として多量に形成される．Caイオンの捕捉剤であって，そのNa塩であるクエン酸ナトリウム (sodium citrate) は血液凝固阻止剤として使用される．レモン (枸櫞)・シトロン・ミカンその他酸味のある果実中に遊離して存在する．ミトコンドリア膜にはクエン酸輸送系がある．クエン酸はまたエフェクターとしてフルクトース-6-リン酸キナーゼに対して阻害的に，*アセチル CoA カルボキシラーゼに対して促進的に働く．

$\begin{array}{l} H_2C-COOH \\ HOC-COOH \\ H_2C-COOH \end{array}$

b **クエン酸回路** [citric acid cycle] 《同》トリカルボン酸回路 (tricarboxylic acid cycle, TCA 回路 TCA cycle)，クレブズ回路 (Krebs cycle)．*解糖およびその他の異化作用によって生じた*アセチル CoA を完全に水と二酸化炭素に分解する酸化的過程．H. A. Krebs (1937) の発見．この回路で生じる NADH，FAD 還元型は*呼吸鎖によって分子状酸素で酸化され，糖・アミノ酸・脂肪酸の完全な分解と最大のエネルギーの引き出しが可能になる．呼吸鎖と共役してアセチル CoA がこの回路で完全酸化をうける ($\Delta G°'=-212$ kcal) と，12分子の ATP が生じる ($\Delta G°'=+87.6$ kcal)．エネルギー回収率約40％．クエン酸回路の他の生理的役割は生体構成物質の合成に原料を供給することで，α-ケトグルタル酸 (α-ketoglutaric acid) はグルタミン酸，*スクシニル CoA はポルフィリン，オキサロ酢酸 (oxaloacetic acid) はアスパラギン酸やヘキソース，などの合成の出発物質となっている．この回路の回転の強さはその含まれる物質の量に依存するので，合成諸経路への物質の引き上げ分だけは補給する必要がある．これには*ピルビン酸カルボキシル化酵素あるいは*グリオキシル酸回路などが関与する．クエン酸回路は内膜に局在するコハク酸脱水素酵素以外は*ミトコンドリア内の可溶性部分 (ミトコンドリアマトリックス) に局在するが，好気性細菌では細胞質に存在する．回路は図のように9段階からなり，1回転するとアセチル基1個が完全酸化される．

c **クエン酸資化性** [citrate assimilation] 微生物が炭素源としてクエン酸を利用する性質で，分類学的鑑別試験の一つとして用いられる．一般にはクエン酸塩を唯一の炭素源として含む合成培地中における生育で判定されるが，*腸内細菌科の菌種においては J. S. Simmons のクエン酸寒天培地を用いて試験されることが多い．この培地には pH 指示薬としてブロモチモールブルーが添加されており，試験菌が生育した場合には培地が深青色となる．Simmons のクエン酸資化性は*イムヴィック試験の一つ．

d **クエン酸生成酵素** [citrate synthase] 《同》クエン酸シンターゼ，縮合酵素．*解糖やその他の異化反応に由来する*アセチル CoA と*オキサロ酢酸を縮合して*クエン酸を合成する反応を触媒する酵素．EC4.1.3.7．*クエン酸回路の酵素の一つ．*ミトコンドリアマトリックス (mitochondrial matrix) に存在．アセチル CoA か

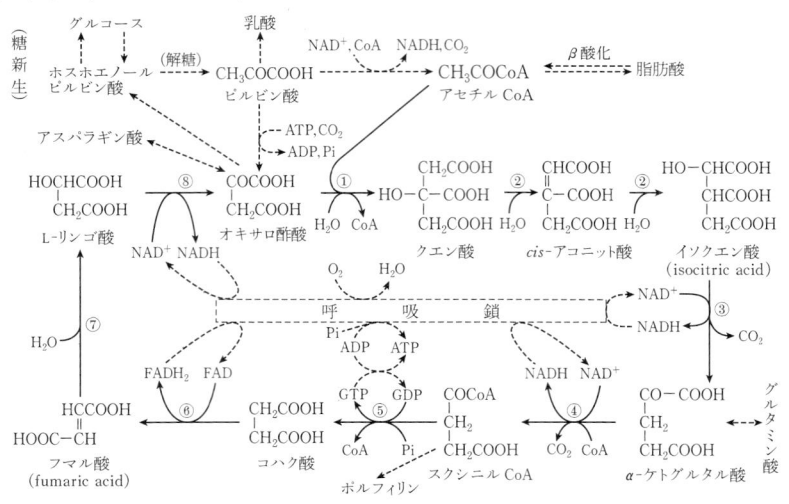

①クエン酸生成酵素 (クエン酸シンターゼ citrate synthase : EC4.1.3.7)　②アコニット酸水添加酵素 (アコニット酸ヒドラターゼ aconitate hydratase, アコニターゼ aconitase : EC4.2.1.3)　③イソクエン酸脱水素酵素 (イソクエン酸デヒドロゲナーゼ isocitrate dehydrogenase : EC1.1.1.41)　④α-ケトグルタル酸脱水素酵素 (α-ketoglutarate dehydrogenase : EC1.2.4.2)　⑤スクシニル CoA 合成酵素 (succinyl-CoA synthetase : EC6.2.1.4)　⑥コハク酸脱水素酵素 (コハク酸デヒドロゲナーゼ succinate dehydrogenase : EC1.3.99.1)　⑦フマル酸水添加酵素 (フマル酸ヒドラターゼ fumarate hydratase, フマラーゼ fumarase : EC4.2.1.2)　⑧リンゴ酸脱水素酵素 (リンゴ酸デヒドロゲナーゼ malate dehydrogenase : EC1.1.1.37)

らCoAが遊離するので発エルゴン反応（$\Delta G°' = -7.7$ kcal）であり，平衡はクエン酸生成の方向に傾いている．本酵素はアロステリック酵素で，通常ATPで阻害され，肝臓その他の組織でクエン酸回路の律速段階となっている．

a **クエン酸発酵** [citric acid fermentation] 糖や炭化水素から微生物の酸化的代謝によって*クエン酸が生成，細胞外に蓄積すること．いわゆる*酸化発酵の一つで，好気的有機酸発酵の代表例である．糖質からのクエン酸発酵菌には糸状菌が多く，*Aspergillus* や *Penicillium* に強力な生産菌が存在する．工業生産株には *Aspergillus niger* が用いられている．炭化水素からのクエン酸発酵としては *Yarrowia lipolytica* が代表的なものとして知られている．糖質を炭素源とした場合は，解糖系を経て生成したピルビン酸の一部がアセチルCoAに，他の一部が二酸化炭素固定によりオキサロ酢酸に変換され，生成したアセチルCoAとオキサロ酢酸とからクエン酸生成酵素（アセチルCoA:オキサロ酢酸 C-アセチルトランスフェラーゼ）の作用によりクエン酸が生成する．炭化水素を炭素源とした場合は，脂肪酸を経てβ酸化により生成したアセチルCoAを利用してクエン酸が生成する．生産には固体培養法と液体培養法があり，後者には表面培養法と液内培養法（通気攪拌法）がある．

b **クオラム・センシング** [quorum sensing] QSと略記．細菌が自身の菌体数と菌体密度の変動を検知するため，特定のシグナル分子を産生・放出・検知し，細胞数を一定数に保つ仕組み．議会の定足数（quorum）に由来．細胞間の対話による情報伝達システムであり，群として行動する社会性の原型とされる．シグナルとなる分子はオートインデューサー（autoinducer）とも呼ばれ，細胞膜上または細胞質内の受容体と結合して転写調節に関与．N-アシルホモセリンラクトン（AHL），ペプチド類のほか，フラノイルホウ酸エステル（AI-2），メチルドデカン酸（DSF）などがある．緑膿菌の*バイオフィルム形成や発光細菌群による発光現象はQSにより起きる．

c **区画**（発生の）[compartment] 多細胞動物の発生において*細胞系譜を追ったとき，その境界を越えて細胞が混じり合わない区域の単位．そこに含まれる細胞はすべて同時に同じ決定を受けた細胞集団の子孫（*クローン）であることから，区画はポリクローン（polyclone）であると定義される（F. H. C. Crick & P. A. Lawrence, 1975）．区画が形成されることを区画化（compartmentalization）という．区画は初めショウジョウバエの翅原基を前後二つに分けるものとして発見されたが，その境界は初期胚の擬体節（parasegment）の境界と一致し，擬体節の前側で発現する *engrailed* 遺伝子が翅原基の後側を区画化する．翅原基の前・後の各区画は背側における *apterous* 遺伝子の発現によってさらに背・腹の区画に分かれる．以後さらに区画は細分化され，その都度，区画を単位とした決定が行われる．このとき *engrailed* や *apterous* のように区画の決定に働く遺伝子を*選択遺伝子という．二つの区画の境界は翅脈などの解剖学的境界と必ずしも一致しない．区画が異なる細胞は人為的に混合しても*細胞選別により分離する．

d **区画化** [compartmentalization] ⇒区画

e **区画法** [quadrat method] 〔同〕枠法，コドラート法．一定面積の枠などの区画を設置してその中の個体数

や*生物体量，種数などを調査する方法．動植物の*個体群密度や*分布様式，あるいは*群集の種類構成を調査するために広く用いられる．元来は正方形枠（quadrat）を用いる方法を意味したが，土壌動物や底生生物の調査における一定体積の基質をコアで採取する方法，浮遊生物調査におけるプランクトンネットによる定量採集，昆虫類の調査によく用いられる植物の株・枝・葉のような生物的抽出単位を使用する方法なども，原理的には同じなので，これらも広く含めて区画法と呼ぶことが多い．*個体数推定のためには，対象生物の密度や分布様式により，また必要とする調査精度に応じて，抽出すべき区画数を定め，無作為抽出（random sampling）を行うのが一般的であるが，一定間隔ごとに区画をおくなどの系統抽出（systematic sampling）法をとることもある．また，状況に応じて，多段抽出（multi-stage sampling）や，層別抽出（stratified sampling）などの方法も使用される．植物群落の種類構成の調査では，*種数-面積曲線から決定される最小面積をもって，区画の大きさとすることが多く，その面積は，草原などでは1 m²前後であるが，森林では100 m²以上に及ぶ場合もある．また，同じ場所に区画を長期間設置する場合，それを特に permanent quadrat という．

f **茎** [stem] 維管束植物（種子植物とシダ植物）において，胞子体を構成する主要栄養器官の一つ．一般に極性のある軸状構造を示し，主軸や側枝が側生的に葉・芽・生殖器官をつけ，根とともに維管束植物の体制の基礎となる．木本植物の木質化した主軸は幹（trunk）と呼ぶ．藻類やコケ類にはまだ茎といえるほど進んだ軸性構造の分化が認められず，茎の系統学的起源は古く化石シダ植物の中に求めることができる．*シュート頂は一般的に，茎の先端にあって活発な分裂組織からなり，主軸にそって先へ先へと細胞を外生的に増殖して新しい茎と葉を形成する．シュート頂から隔たるにつれて若い茎の部分に組織分化が進み，*表皮系・（髄や皮層を構成する）*基本組織系・*維管束系が確立し，物質通道・個体の増大・体支持など完成した茎としての機能を果たすようになる．特殊な水草では茎軸の中心に簡単な維管束が通るにすぎないが，多くの種では基本組織系に囲まれた維管束系が明瞭で，それぞれの植物に特有な*中心柱をつくる．茎の維管束系は葉および根のそれと接続するので，葉のつく部位すなわち*節にはそれ以外の茎の部分すなわち*節間にはみられない構造が生じ，また通常，根とは維管束配列を異にするため，その接続部には木部や篩部の配列の遷移がみられる（⇒茎根遷移部）．若い茎では葉がつぎつぎ接近して茎につくが，まもなく*節間成長によって軸方向の伸長が起こる．しかし，バショウやハマオモトなどの短縮茎，針葉樹の短枝，ロゼット状の草本では節間の伸長は起こらない．茎の太さの著しい増大は二次肥大成長を行う木本だけに起こり（⇒年輪），草本では一定の径に達すると成長はとまる．トクサ類・裸子植物・被子植物の維管束は通常，髄をかこんで一つの環をなして配列し，節部が内方に，節部が外方に生ずるが，コショウ科，スイレン科，キンポウゲ科の一部やほとんどすべての単子葉類では，維管束は散らばって分布し特に定まった一つの環に集中しない．後者では髄と皮層の区別が困難になる．若い茎の表皮には気孔や毛などがみられ，葉の表皮と本質的には相違しないが，樹皮には*皮目を生ずる．茎の成長方位は図のように呼ぶ．また，貯蔵器官・越冬

器官・無性生殖器官などとして*地下茎となることもある．茎は腋芽または不定芽の発育によって新しい茎軸を形成し*分枝する．多くは単軸分枝あるいは仮軸分枝で，稀に原始的な二又分枝がみられる．生理的には根から吸った水や無機塩などを葉へ送り，葉で形成された同化物質を茎や根の成長点へ送るなど物質の通道が主要な役割であり，比較的に物質代謝がさかんな部位はシュート頂と*形成層である．

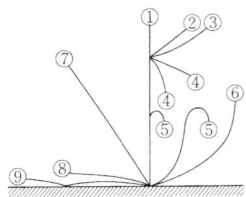

①直立(erect)
②側出(lateral)
③開出(divaricate, patent)
④垂下(pendulous, cernuous)
⑤点頭(nutant, nodding)
⑥傾上(ascendent)
⑦斜立(plagiotropic)
⑧傾伏(decumbent)
⑨平伏(procumbent)

a **櫛板**（くしいた）[comb plate]「しつばん」とも．《同》櫛状板．[1] *有櫛動物に特有の運動器官で，クラゲの外面に並ぶ，横長のクサビ状に配列した細胞の繊毛が癒合してできた三角板．この櫛板が8縦列に並んで櫛板帯(comb row, costa, rib, 肋)を構成する．各櫛板帯上の櫛板は継時的に，口極から感覚極に向かって水を打ち，したがってクシクラゲは口を先にして移動する．これは広義の繊毛運動の一種で，クシクラゲは繊毛運動で移動する最大の動物である．*刺胞動物のクラゲは筋運動により移動するので，クシクラゲとはこの点でも明らかに異なる．[2] サソリ類の後体の第二節腹面の生殖口蓋の後方に左右1対ある櫛形の構造．海産の祖先の鰓書の変形物と考えられ，感覚器官とみなされるが，機能はよくわかっていない．

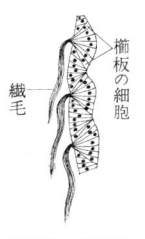

b **櫛鰓**（くしえら）[comb gill ラ ctenidium]「しっさい」とも．《同》本鰓．軟体動物の*鰓の基本型で，中央の鰓軸(ctenidial axis)の中に入鰓血管と出鰓血管があり，鰓軸の片面または両面に板状（ときに糸状）の鰓葉が櫛歯状に平行して並ぶもの．鰓葉の内腔には血管が分布し，鰓葉層の繊毛上皮を通じてガス交換が行われる．櫛鰓は本来，肛門の後方に左右1対あるが，腹足類の前鰓類では内臓嚢の捩れに応じて体の前方に移り，しかも左または右側に1個だけとなる．またヒザラガイ類では分かれて多数の対となり，外套膜と足との間の外套溝中に前後に並ぶ．二枚貝類では扁平葉状であり，頭足類では鞘形類（イカやタコ）は1対，オウムガイ類は2対もつ．

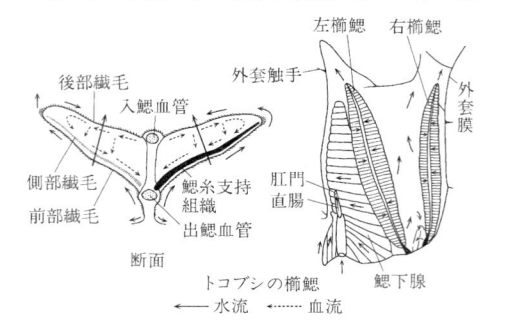

c **クシクラゲ起原説** [ctenophore theory] 扁形動物が有櫛動物（クシクラゲ類）に由来するという説．A. Lang(1881〜1884)の提唱．有櫛動物門有触手綱クシラムシ類と扁形動物門多岐腸類とがよく似ることを根拠として，有櫛動物を*放射相称動物と*左右相称動物との中間形と見なしたもの．多岐腸類を扁形動物のなかで最も原始的と位置づけている．(→プラヌラ起原説，→繊毛虫起原説)

d **くじ引きモデル** [lottery model] 《同》ロッタリーモデル．環境攪乱(environmental disturbance)により生物が同所的に共存することを説明する理論の一つで，種のそれぞれの定着成功率は，変動環境下ではくじ引きの当たり外れのように，偶然に左右されるとするもの．P. F. Sale(1977)の提唱．岩礁性潮間帯群集では幼生が移動性で，成体を固着生活で過ごす多くの種が共存する．占拠していた生物が死んでギャップ(gap)ができたときの各種の定着成功率はこのモデルに従い，海中に常にそれぞれの種の幼体の予備群が多数いれば，どの種が定着できるかは優劣なく偶然に決まるので，その結果多種が共存する (P. L. Chesson & R. R. Warner, 1981)．珊瑚礁の魚類にも適用できるほか，熱帯多雨林にも多くの*埋土種子があり，それによって局所的なギャップを埋める過程が，多様共存を説明する有力な鍵になる．(→ギャップ動態)

e **口** [mouth ラ os, pl. ores] 動物体における食物の取入れ場所，すなわち消化管の入口．[1] 原生生物では細胞口と呼ばれる．[2] 無脊椎動物において，海綿動物では小孔で，これが排出口すなわち口（これを口ともよぶ）よりも小さい．刺胞動物と有櫛動物では胃水管系の入口と出口とを兼ね，ポリプでは口円錐上に，クラゲでは口柄の末端にある．扁形動物の渦虫類の口は体の前端ではなく腹面中央部にあり，大多数の吸虫類では体前端中央に開く．条虫類では消化管自体がないので口もない．紐形動物では体前端近くに位置し，吻の開口すなわち吻孔(proboscis pore, proboscidial opening)は口とは別にその前にあるか，または口腔の前庭(vestibulum)へ開く．線形動物では唇部（カイチュウなど）や歯状突起（鉤虫など）をそなえるものがあり，鉤頭虫類と類線形動物（成体）では口がない．軟体動物の二枚貝類以外は口内に歯舌を，頭足類は顎器（いわゆるカラストンビ）を，二枚貝類は唇弁をそなえ，節足動物では各綱固有の，主として付属肢の変形として分化した口器をもつ．棘皮動物のウニの口には咀嚼用の「アリストテレスの提灯」，ナマコ類には管足の変形した樹枝状・楯状などの触手がある．ウミユリ類では食物を内方に送る食溝が口に集まり，口と肛門とが同一面（上面）にある．触手冠動物のうち，ホウキムシ類・コケムシ類中の被口類（掩喉類），および腕足類では，口背上方に口上突起がある．[3] 半索動物のギボシムシの口は吻（頭部）と襟との境界腹面に開く．脊索動物ではホヤの口は入水管であり，左右非対称の頭部をもつナメクジウオの口は体の前端下面に外鬚(cirri)の並んだ膜状物(oral hoodという)に囲まれ，その内腔すなわち前庭(vestibule)には内鬚(velar tentacle)と縁膜(velum)がある．この口は左側第二腸体腔が左側に開口したもので，第一腸体腔の左側

のものもそれに先立ち原腸から完全に独立，左側に開口することにより後の口器をなす．[4] 脊椎動物胚の正中無対の口は，まず咽頭へ向けて外胚葉が陥入し（口窩 stomodeum），口咽頭膜（oropharyngeal membrane）として形成され，その後，口咽頭膜が破れることにより口が開き，口窩は咽頭に開く．

a **クチクラ** [cuticle] 《同》角皮，キューティクル．生物体の細胞（多くは動物では上皮細胞，植物では表皮細胞）の自由面に分泌される，一般に比較的硬質の膜様の構造の総称．クチクラが形成されることをクチクラ化（cuticularization）という．クチクラは生物体の機械的保護に役立つだけでなく，内部からの水の発散を防ぎ，外部からの物質の透入を調節する．[1] 植物や菌類では，クチクラは体の表面を覆っている蠟，あるいは脂肪酸物質の*クチンの膜層である．カビ（例えば二毛菌類）などでは構造も簡単で，細胞壁にしっかり接着していない弾性の小さい薄膜であるが，陸上植物では，特に陽地や乾地の植物に発達しており，構造が複雑で，クチンの骨組の間には小さく平たい蠟の小板が埋まり，最外層には小さい棒状の蠟物質がたくさん押し出され，葉面などでは1〜10 nm ぐらいの小突起からなる粗面をなしている．これらの物質は表皮細胞あるいはその内側の組織で生成されたのち，細胞壁を形成しているセルロースやその上のペクチンの層に浸潤し，さらに表皮の外側に分泌蓄積されたものである．クチクラはシュート頂の分裂組織の表面を含めて茎や葉の全表面に認められ，成熟した器官ほど発達して厚くなる．このように体表面を覆う外部クチクラ（external cuticle）のほか，葉肉や表皮の組織のうち空気と接触する細胞の壁面には蠟やクチンの薄膜が見出され，これを内部クチクラ（internal cuticle）という．両層は気孔の細胞表面を経て連続している．[2] 動物ではクチクラは体表や器官の内面を覆う．節足動物ではよく発達し，硬い外骨格を作る．昆虫では，クチクラは体表面全部と，口陥や肛門陥や気管のような皮膚外層の陥入器官の内面を覆っている．従来キチン質からなるとされていたが，実際上の主成分は硬蛋白質であり，構造も複雑で，外表から順に，上クチクラ（エピクチクラ epicuticle），外クチクラ（exocuticle），内クチクラ（endocuticle，内・外未分化時は原クチクラ procuticle）の3層が区別される．昆虫ではさらに内方に下クチクラ（subcuticle）が見られるものもある．上クチクラは蠟のほかポリフェノール・*クチクリンなどからなり，極めて薄いが，水分発散や物質侵入の調節作用は主にこの層による．外クチクラはクチクラの厚さの大部分を占め，平行に並ぶ鎖状のキチン分子のすきまを蛋白質が埋めている．クチクラの強靱性はこの層によるもので（⇒キノン硬化），甲殻類ではさらにカルシウムが沈着して，硬い甲皮となる．内クチクラには上皮細胞の分泌の痕を示す垂直な細管が無数にある（⇒孔管）．下クチクラは薄い強靱な膜状で，物質組成は明らかでない．節足動物では，分化・発達した外クチクラの部分ができ，硬い板状の硬皮板となる．硬皮板の間は残った膜状部すなわち関節膜（arthrodial membrane）で繋がれ，この部分が折れ曲がって関節部ができたり，体環節を構成したりする．また体内に陥入して内骨格を形成する（⇒幕状骨）．クチクラが厚く硬くなった動物では，成長に伴って一定時期にクチクラ全部が脱落して，新しい，より表面積の広いクチクラと入れかわる．これが脱皮である．条虫類の体表のクチクラには小さい栄養孔があり，また線虫類の腸壁のクチクラは*刷子縁をもち，ともに栄養分の吸収が可能になっている．脊椎動物でも爬虫類の鱗・鳥類の羽毛・哺乳類の毛のそれぞれ表面はクチクラとみなされる．軟体動物のウミウシ類やイソアワモチなど無殻のものにもかなり厚いクチクラがあり，脱皮も見られる．原生生物ではクチクラと同じ性質の皮膜が細胞の表面を覆っており，特にペリクラ（pellicle）と呼ばれる．

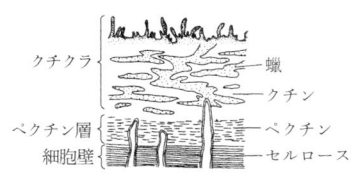

植物のクチクラ

b **クチクラ縁** [cuticular border] 上皮組織の外面を覆うその分泌により形成された*クチクラ層．断面は細胞外面の帯状構造をなす．クチクラ縁は細胞との境界が明瞭で，また通常は均一で特別な構造は見られない．脊椎動物で，かつてクチクラ縁と見られていたものは，その後の電子顕微鏡での観察により*微絨毛の層であることが明らかにされた．（⇒刷子縁）

c **クチクラ上皮** [cuticulated epithelium] 外表にクチクラをもつ上皮．節足動物の体壁や気管，前腸，後腸の上皮は代表的なものであり，クチクラと一体になって皮膚としての機能を営み，そのため表皮と呼ばれることがある．多くは*基底膜で裏打ちされており，一般の上皮と同じく付属腺の細胞をそなえている．クチクラ上皮は内部の保護を主要な役割とし，繊毛をもたないが，ある場合にはクチクラが繊毛状の刷子縁の形をとり，吸収の機能を果たすこともある．また，半翅目 *Rhodnius* の幼虫では，吸血をはじめると，中胸部神経の活動により腹部のクチクラが伸展性を増す．これは細胞外の構造が神経支配を受ける例である．

d **クチクリン** [cuticulin] 昆虫の上クチクラを形成するリポ蛋白質の一種．上クチクラの微細構造は種によって異なるが，基本的には薄い蠟-セメント層（wax and cement layer）とクチクリン層（cuticulin layer）とからなる．外表皮の蠟は長鎖炭化水素と脂肪酸とアルコールおよび，脂肪酸，アルコールのエステルとからなっている．クチクリン層の外面ではその強い結合能力の結果，蠟分子が配位され，水分保持機能をもつ．

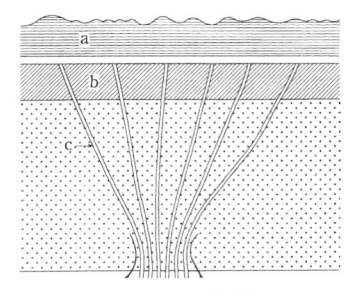

上クチクラの模式図
a：蠟-セメント層　b：クチクリン層　c：蠟管

a **嘴**（くちばし）[beak, bill] 主に鳥類，カモノハシに見られる，上下の顎が，角質のさや（角質鞘 horny sheath）でおおわれて突出している器官．現存の鳥類には歯がなく，嘴が歯と唇の作用をしている．また前肢が翼となっているため，他の動物の前肢の諸作用をも代行するのでよく発達し，習性に応じて種々の形態をとる．特に採食習性との対応が著しい．これに類似した動物の口器，例えば頭足類の口器を嘴ということもある．

b **唇** [lip ラ labium oris] 《同》口唇．[1] 哺乳類に発達し，歯列の前面をおおう口縁をなす吸乳器官としての肉質の襞．上唇（labium superius）と下唇（labium inferius）からなる．これらにより，唇・頰と歯列により囲まれる口腔前庭（vestibulum oris）が成立する．口腔前庭に開く口唇腺（labial gland）や口輪筋（orbicularis oris muscle）をもつ．いわゆる紅唇（口唇紅部，赤色唇縁，独 roter Lippensaum）をもつのはヒトだけで，これは本来内面にあるべき部分が外にめくれたもの．この部分では真皮の乳頭が高く，乳頭内の毛細血管が発達し，かつ表皮が比較的透明であるため赤味を帯びる．[2] ヤツメウナギのアンモシーテス幼生の口の上下にある襞状構造を上下唇というほか，軟骨魚類の上下顎に付随する襞も 'lip' の名で呼ばれる．[3] 真線虫類に唇をもつものがある．

c **クチン** [cutin] 《同》角皮素．植物の*クチクラ層の主成分で不飽和度のかなり高い脂肪類質（ヒドロキシ C_{18} 脂肪酸）の重合物質．クチクラ層はクチンが厚く重合し，さらに脂質や非水溶性脂肪酸エステルであるワックス（*蠟）が浸透して形成されている．クチンは単一な物質ではなく，植物によってかなり構成物質にちがいがある．また，葉中の水分の蒸発や病原菌の侵入を妨げているとされる．地上部の茎や葉の表面には層とみとめられるほか，組織内でも空気と触れあう葉肉細胞などの自由表面にはいつも見出される．クチンをもたない植物は見つかっていない．クチン単量体は小胞体で脂肪酸アシル CoA から合成され細胞壁へと分泌されるが，クチンの生合成に関わる酵素や遺伝子は明らかにされていない．

d **クチン化** [cutinization] 《同》角皮化．植物の細胞壁中に*クチンが蓄積し，水溶液や気体を透過しなくなる現象．狭義には，細胞壁外層に*クチクラ層を形成するクチクラ化（K. Esau, 1953）と区別する．含める場合もある．植物のクチクラは主にクチン（角皮素）からなるので，角皮化ということもある．（⇒クチン）

e **屈曲運動** [curvature movement] 主に植物の運動に対して用いられ，運動が屈曲として現れるもの．*屈性，*傾性，*回旋運動，*就眠運動が含まれる．*成長運動である場合と*膨圧運動である場合がある．

f **屈曲子嚢体** [plasmodiocarp] 《同》蟠曲子嚢体．変形菌類の子実体の一つで，分枝して網状に広がった変形体が，その形態のまま無柄の胞子嚢に移行したもの．ヌカホコリ属（Hemitrichia）などに見るように，網状の変形体からはほぼ均一の太さの胞子嚢が断

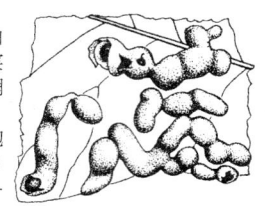

変形菌類モジホコリ属（Physarum）の屈曲子嚢体

続して網状に配置するようになる．（⇌着合子嚢体，⇌胞子嚢）

g **屈曲反射** [flexion reflex] 《同》屈筋反射（flexor reflex）．侵害刺激（放置すれば皮膚などに損傷を起こす刺激で痛みを伴う）により引き起こされる反射．脊椎動物で普遍的に見られる*脊髄反射の一つ．後肢および足の皮膚刺激（機械的・電気的・化学的など）に応じて同側の後肢を屈曲させる反射がこの例．除脳した脊髄ガエルでも容易に実験できる．くるぶしや膝，股などの関節の屈筋群が応答するものて，侵害刺激への防御反応の意味をもつ．刺激の強さが増すとともに，他の 3 肢にも屈曲の広がりが起こる．例えば対側の後肢が伸展して体重を支える交叉伸展反射が起こる．ネコでの実験では反射の潜時が 4 ms 内外であり，脊髄内で 3 個以上のシナプスを経るものと見られる．

h **屈性** [tropism] 陸上植物や菌類が外的刺激に応答して示す*屈曲運動のうち，運動の方向が刺激要因のもつ方向性に依存するもの．多くは*成長運動だが，*膨圧運動もある．屈性は刺激の種類によって区別される．重力に応答した (1) *重力屈性と光に応答した (2) *光屈性のほかに，一方向からの物理的接触による接触屈性，水分・湿度勾配による水分屈性，酸素濃度の勾配による酸素屈性，温度勾配による温度屈性がある．(3) 接触屈性（thigmotropism）は，真菌類の菌糸，被子植物の花粉管や根，一部のつる性植物の巻きひげで観察される．(4) 水分屈性（hydrotropism）は被子植物の根で，(5) 酸素屈性（aerotropism）は真菌類の菌糸や被子植物の根で，(6) 温度屈性（thermaltropism）はヒゲカビの胞子嚢柄で観察される．また，これらの他に (7) 化学物質の濃度勾配に応答した屈性は総称的に化学屈性（chemotropism）と呼ばれ，多くの菌類の菌糸，発芽管，または接合管がこれを示す．ミズカビ科真菌の菌糸では屈性の原因物質としてアミノ酸が関与するが，ほとんどの場合，原因物質は明らかにされていない．一方，花粉管の卵細胞へ向けての伸長成長に関与する化学屈性の原因物質としては，植物種特異的なポリペプチドが同定された．水流に応答した屈性は水流屈性（rheotropism）と呼ばれ，ダイコンの根などで観察されるが，反応には水に無機塩類が含まれる必要があるため，化学屈性の一種であると考えられる．さらに (8) 特殊な屈性に，直流電圧をかけるなどして起こる電気屈性（electrotropism）や強い磁場に置くことによって起こる磁気屈性（magnetotropism）がある．これらは自然界で起こる屈性とは考えられていないが，重力屈性や光屈性の機構との関係から研究されてきた．屈性は屈曲反応の方向によっても区別され，器官や細胞（多くが円柱状）が刺激源（あるいは刺激要因の高濃度側）の方に屈曲する場合を正の屈性（positive tropism），その反対方向に屈曲する場合を負の屈性（negative tropism）と呼ぶ．特に種子植物の重力屈性で観察されるように，屈性によって達成される最終的な器官長軸の方向が必ずしも刺激の方向と平行ではないため，両者が平行になる場合を正常屈性（orthotropism）とし，ある角度を保つ場合を傾斜屈性（plagiotropism），垂直になる場合を側面屈性（diatropism）とする用語が導入された．刺激の種類に基づく分類用語と屈曲反応の方向に基づく分類用語は，例えば「正常光屈性」「正の傾斜重力屈性」のように合成され，屈性はさらに細かく分類される．重力屈性以外の屈性では，重力屈性が同時に関与するため，正常

屈性か傾斜屈性かの判別が困難な場合が多い．また，重力による正・負の正常屈性も単に正・負の重力屈性とすることが多い．

屈折異常 [refractive error, refraction error] 正常な視力を損なう原因となる，眼球の前後軸（眼軸）の長さの異常，もしくは角膜やレンズの屈折力の異常．眼軸が主として先天性素因で長すぎる場合，あるいは眼球の全屈折力が過大である場合には，眼の光軸に平行な投射光線の焦点が無調節時に網膜よりも前方に結び，近視 (myopia, short-sightedness, near-sightedness) となる．眼軸が主として先天的に短すぎる場合，または角膜やレンズの屈折力が減弱した場合には，眼の光軸に平行に投射した光線の焦点が休止眼の網膜より後方となり，遠視 (hyperopia, hypermetropia, long-sightedness, far-sightedness, presbytia) となる．角膜やレンズの曲率に方向性の差がある場合や，角膜表面に不規則な凹凸がある場合には，光点からの光は一つの焦点に集まらずに，乱視 (astigmatismus, astigmatism) となる．

グッドリッチ GOODRICH, Edwin Stephen 1868～1946 イギリスの動物学者，比較解剖学者．脊椎動物頭部分節論を比較発生学的に研究し，20世紀初頭，この分野の集大成的結論を導いた．その研究は頭索類や環形動物にも及んだ．[主著] Studies on the structure and development of vertebrates, 1930.

クッパー細胞 [Kupffer's cell, stellate macrophage] 《同》クッパー星細胞．肝細胞間の洞様血管 (sinusoid) の壁にあり，細胞体および核が一般の内皮細胞より大きく，しかも食作用をもつ特殊化したマクロファージ．かつてはリチウムカーミンやトリパンブルーなどの生体染色用色素，また胆汁などの微粒を細胞内に取り込むことにより明確に識別できる内皮細胞の一つとされた．

グドール GOODALL, Jane 1934～ イギリスの霊長類学者．ゴンベ・ストリーム研究センター所長．タンガニーカ湖北東岸のゴンベ国立公園で，30年間に及ぶ野生チンパンジーの調査により，その行動・社会・生態の詳細を明らかにした．人類のみに固有と考えられてきた行動や能力が，チンパンジーの社会にも見出しうることを実証した．1990年，京都賞基礎科学部門受賞．

クニープ KNIEP, Hans 1881～1930 ドイツの植物生理学者．初めは刺激生理学を研究，ついで代謝生理学と生殖学に移り，晩年には菌類や藻類の発生と生殖の研究を行った．また担子菌類の多極生殖についての有名な研究がある．[主著] Die Sexualität der niederen Pflanzen, 1928.

グネツム植物 [Gnetophytes, Gnetophyta] 種子植物の中の小さな分類群で，胚珠が心皮に包まれない裸子植物の一つ．グネツム植物にはグネツム科，マオウ科，ウィルウィッチア科の3科が含まれ，それぞれの科は一つの属で構成されている．グネツム科は蔓性で被子植物によく似た広い葉をもつ．マオウ科は小さな鱗片葉をもつ灌木である．ウィルウィッチア科は，幹の先端の2枚しかない帯状の葉が生涯伸び続ける特性をもつ．グネツム植物に共通する特徴として，道管をもつこと，小胞子嚢穂と大胞子嚢穂がともに複合的で多数の生殖構造が集まってできていること，珠皮の先端が管状に細長く伸びて珠孔管を形成すること，胚珠が小苞と呼ばれる膜状の器官に包まれること，および対生葉序があげられる．これらの形質の一部が被子植物と共通することや，マオウ科で重複受精に似た現象が見られること，さらにグネツム科の葉の形態が被子植物の葉によく似ることなどから，グネツム植物は被子植物に最も近い裸子植物であると考えられていたが，分子系統解析では，グネツム植物は針葉樹類と単系統群を形成する．

頸 [neck] 《同》頸部．[1] 動物の体制あるいは器官において，頭部とそれ以下の部域（胴，尾部，後体，体柄など）とを隔てる部分．[2] 脊椎動物の体で，頭部と上肢の間に見られる領域の便宜的名称．もっぱら羊膜類で発達する．頸部の腹面が喉である．頸の外形は一般にややくびれているので区別できるが，なかにはくびれが全くないものもある．頸部が区別される場合，その椎骨を頸椎 (cervical vertebra) という．多くの哺乳類においては，頸椎の数はキリンのように頸の長いものでも，また鯨類のように頸の短い動物でも7個であるが，爬虫類と鳥類では種によりその数は著しく変化する．頸板 (neck-plate) はカメ類の背甲のうち最前方にあり，対をなしていない1個の正中板．また，発生学的に頸部を，頭部後端から肩帯前面に至る，僧帽筋群と舌骨下筋群が分布する，頭部神経堤間葉分布領域の最後方部と定義することも提唱される．[3] 昆虫の頭部に自由な運動を与えるための膜状部．おそらく下唇節の後部と前胸節の前部に由来するとされる．頸には連なった2～3個の頸節片 (cervical sclerite) があり，前の片は後頭突起 (occipital condyle) で頭と，後の片は前胸の前側板で胸とそれぞれ関節する．この節片には後頭部と前胸前縁とから起こった筋肉が付着し，頭を引っ込めたり，左右へ曲げたりする運動を助ける．[4] 多節条虫類において，頭節と片節との間の未分化部分．新たな片節をつくるための幹細胞を含み，広節裂頭条虫 (*Diphyllobothrium latum*) ではこの部分から1日に30片節以上を新生．なお，頸部を欠く *Moniezia* では，頭部後位に幹細胞を含む．[5] 胴甲動物において，頭部と胸部の間にある細まった部分．

首長竜類 [plesiosaurs ラ Plesiosauria] 《同》プレシオサウルス類，長頸竜類，蛇頸竜類．爬虫綱の化石動物で双弓亜綱鰭竜下綱の一目．＊ジュラ紀初めから＊白亜紀末にかけて生存．魚竜類と同様に水中生活によく適応した大型の海生爬虫類．淡水の地層から化石が見つかることもあり，川や湖で暮らすものもいたという．頭は割合に小さく，体は幅広く扁平で，体長は最大13 mに達する．白亜紀には，首の長さが体長の半分を占め，頸椎の総数が70個を超えるものも知られている．尾は比較的短く，四肢は櫂状に変形．プレシオサウルス類の体内からは，胃石がよく見つかるが，バラストとして役立っていたらしい．三畳紀のピストサウルス類 (Pistosauria) は，プレシオサウルス類の祖先形であった．近年の系統解析の結果，プレシオサウルス類には，頭が大きく，首の短いプリオサウルス型の種類も含められるようになった．いわき市の上部白亜系双葉層群から見つかったフタバスズキリュウ (*Futabasaurus*) は，2006年に正式に記載された．

熊沢正夫 (くまざわ まさお) 1904～1982 日本の植物形態学者．名古屋大学教授．キンポウゲ科やトウモロコシの維管束配向に関する研究，ユリ属などの核型分析の研究などを進めた．[主著] 植物器官学, 1979.

クーマシーブリリアントブルー [Coomassie

Brilliant Blue] 鮮やかな青色を呈するトリフェニルメタン染料の一種．ポリアクリルアミドゲル電気泳動(⇨ポリアクリルアミドゲル電気泳動法)やセルロースアセテート膜電気泳動(⇨電気泳動)などで，分離した蛋白質を検出・定量するための染色用色素として広く利用される(CBB 染色)．検出感度が高く，また蛋白質-色素複合体の吸光度と濃度とが比例する範囲が比較的広い利点があり，蛋白質溶液の濃度測定にも利用されている．通常使用されるのはクーマシーブリリアントブルー R250 で，ほかに G250 が用いられることもある．

a **クマリン**［coumarin］＊シキミ酸経路により生合成されるオルトクマル酸が環化してラクトンとなったもの．シソ科ラベンダー(*Lavendura vera*)の精油などに含まれる特有の香気成分で香料として利用される．天然にはこの骨格に水酸基やメトキシル基などが置換したものがセリ科・ミカン科・マメ科・キク科を中心に広く分布し，一部は*配糖体として存在する．クマリンはこれらを総称する名でもある．ウンベリフェロン・エスクレチン・スコポレチンなど簡単な型のクマリンは広く分布するが，フロクマリンやピラノクマリンのような*イソプレノイドに由来する環を有する複雑な構造のものはセリ科やミカン科などに局在する傾向がある．クマリンのほとんどは 7 位に酸素官能基を有し，紫外線を照射すると青白色から青紫色の蛍光を発する性質がある．フロクマリンは特に顕著で光増感作用があり，セリ科 *Ammi majus* の果実に含まれるアモイジン(メトキサレン)は局所色素形成薬として尋常白斑病の治療に用いる．

b **クマリン植物**［coumarin plant］＊クマリンまたはオルトクマル酸の*配糖体を含む植物．トンカマメやセイヨウエビラハギ，クルマバソウ，サクラ，ハルガヤなどがその例．これらの植物体にはオルトクマル酸が香気のない配糖体の形(例：メリロトサイド)で存在するが，乾燥・磨砕などでグルコシダーゼと接触するか，あるいは酸の作用により，加水分解され，同時に閉環してクマリンを生成し，芳香を放つようになる．なおクマリンは，種子発芽の抑制などの*他感作用物質としても知られる．

c **組合せ能力**［combining ability］ある系統が*交雑された場合，系統がその雑種に望ましい形質を与える能力．雑種強勢を育種に利用する場合には，両親の組合せ能力が高いことを必要とする．系統が多くの交雑組合せにおいて示す平均の組合せ能力すなわち一般組合せ能力(general combining ability)と，特定の交雑組合せにおいて特に高くあるいは低く示される特定組合せ能力(specific combining ability)とに区別される．トウモロコシでは，通常はまず前者の検定を*トップ交雑によって行い，つぎに後者の検定を単交雑によって行う．組合せ能力は遺伝的形質であって，育種によってそれを高めることができる．そのために*循環選抜(recurrent selection)や収束育種(convergence breeding)など各種の方法が考案されている．

d **組合せ理論**［combinatorics］離散的な対象(集合やグラフなど)に関する数学．現在では，組合せ理論も含めて離散数学(discrete mathematics)と総称される．生物学の領域でも離散数学の応用範囲は広い．例えば，生態学での食物連鎖網はグラフ問題として分類される．また，系統樹の推定問題も，ある条件(全長や尤度)を満足するグラフを構築する最適化問題と位置づけられるので，やはり組合せ理論の範疇に属する．

e **組換え遺伝子**［recombination gene］＊遺伝的組換え(相同組換え，部位特異的組換え，非正当的組換え)に関与する遺伝子．相同組換えにおける中心的反応は，相同な DNA 分子の対合と DNA 鎖の交換反応であり，これは*RecA ファミリーリコンビナーゼによって促進される．この蛋白質をコードする遺伝子には，大腸菌の *recA*，真核生物の *RAD51* や *DMC1*，T4 ファージの *uvsX* がある．*RAD51* 遺伝子は，体細胞分裂および減数分裂時の両方の相同組換えや組換え修復に働く．一方，*DMC1* は，減数分裂時に特異的に発現し，減数分裂組換えのみに働く．RecA ファミリーリコンビナーゼは DNA 鎖に協調的に結合し，右巻きのらせん構造をしたフィラメントを形成する．それが相同 DNA 鎖の検索と DNA 鎖の交換反応を行い，＊D ループが形成される．その後，真核生物では，いずれかの組換え経路によって(⇨遺伝的組換え，⇨DNA 二重鎖切断修復モデル，⇨DNA 合成依存的単鎖アニーリングモデル)，組換え体が形成される．一方，大腸菌では，D ループ形成後にホリデイ構造(⇨ホリデイモデル)が作られると考えられている．生じたホリデイ構造体は，RuvA-RuvB 蛋白質複合体によって分岐移動が促進され，RuvC によって分岐点にニック(切れ目)が入り，線状の組換え体分子が完成する．また T7 ファージ gene3(エンドヌクレアーゼI)，T4 ファージ gene49(エンドヌクレアーゼVII)も RuvC と同じ働きをする．ヒトの Gen1 や出芽酵母の Yen1 も RuvC と同様な活性が示されているが，ホリデイ構造が含まれる DNA 二重鎖切断修復経路で働くという明確な証拠はまだない．DNA 鎖の交換反応は，一本鎖結合蛋白質である SSB(大腸菌)，RPA(真核生物)，Rad54(真核生物)などが反応を促進している．RecA ファミリーリコンビナーゼが働く前には，3′突出型単鎖 DNA が形成される必要がある．大腸菌の場合，*recBCD* 遺伝子(エキソヌクレアーゼV)が働くと考えられている．真核生物の場合は，Mre11-Rad50-Nbs1 複合体が，3′突出型単鎖 DNA の作出に関与する．RecA ファミリーリコンビナーゼに非依存的な組換え経路として，単鎖アニーリング経路(single-strand annealing, SSA)がある．これには，大腸菌の RecET や，λ ファージ Redαβ が知られている．RecE と Redα は 5′→3′ エキソヌクレアーゼ活性を，RecT と Redβ がアニーリング活性を有し，両者の協調作用によって，分子間に部分的なヘテロ二重鎖構造をもつ組換え中間体を形成させる．真核生物の Rad52 蛋白質もアニーリング活性をもち，単鎖アニーリング経路に働くことが示されている．「部位特異的な組換え」の主役は，部位特異的組換え酵素(リコンビナーゼ)遺伝子である．この酵素は，決まった部位に結合して，対合した特定の塩基配列(多くは約 30 塩基対以下)の部位で DNA 鎖を切断し，切断末端を交換して再結合する．これにはλファージ *int* 遺伝子のグループと，＊転移因子のリゾルベースや逆位を起こすインベルターゼのグループがある．前者には，P1 ファージの lox 部位間に働く *cre* 遺伝子や，酵母の 2μm プラ

スミドの FRT (599 塩基の逆方向*反復配列) 間の組換えを行う FLP が入る. これらの酵素は, 3′ 末端が 6～8 塩基引っ込んだ形の二重鎖切断を行い, その 3′ 末端と保存されているチロシンとがリン酸ジエステル結合をした中間体を作る. 後者には転移因子 Tn3 が TnpA の働きで融合構造体 (cointegrate) を作った後, res 部位間の組換えをして, 転移を完了させる TnpR が代表的で, その他逆位を起こし二つの遺伝子の交互の発現を可能にする, Hin, Gin, Cin, Pin がある. これらの酵素は 5′ 末端が 2 塩基引っ込んだ切断を行い, その 5′ 末端と酵素のセリンとがリン酸ジエステル結合をした中間体を作る. このほか*免疫グロブリン遺伝子の多様性を生む V(D)J 組換えには, *RAG1*, *RAG2* 遺伝子と, DNA 二本鎖切断の修復に関与する DNA 依存性プロテインキナーゼの遺伝子, *KU70*, *KU80* と *scid* 遺伝子 (p350 をコードする) が関与している. 最後の*非相同組換えの代表例として, 転移因子が転移部位に入り込む過程があり, トランスポザーゼ (transposase) 遺伝子が関与する. μ ファージの MuA は, MuDNA の両末端および内部活性化部位 (IAS) に結合し, MuDNA 末端に切れ目を入れる. 次に MuB の結合した標的 DNA を切断して, MuDNA の 3′ 末端に結合する. レトロウイルスの*インテグラーゼ (IN) も組換え酵素の一つである. 特殊形質導入ファージゲノムの形成には*DNA ジャイレースが関与している.

a **組換えウイルス** [recombinant virus] 《同》組換え体ウイルス, レコンビナントウイルス. DNA 組換え技術でゲノムを改変したウイルスの総称. RNA ウイルスの場合は, ゲノム RNA を逆転写して DNA に変えた後, DNA で改変し, 組換え体 DNA を再び RNA に転写して, 改変 RNA を作製する. 組換え体ゲノムをウイルス粒子に構築するにはさまざまな方法があるが, 組換え体自体で自己増殖できないときには, *ヘルパーウイルスを重複感染するか, 増殖に必要なウイルス蛋白質を発現している細胞を用いることが必要となる.

b **組換え価** [recombination value] 《同》組換え率. 全数性 (diploid) の生物の場合, 子がつくる配偶子のうち, 両親から受け取った配偶子とは遺伝子型の違うものの割合. 例えば二つの配偶子 *AB* と *ab* の受精から生じた個体 *AaBb* は, 両遺伝子に関して 4 種類の配偶子 *AB*, *Ab*, *aB*, *ab* をつくることが考えられる. このうち, *AB* と *ab* を親型配偶子, *Ab* と *aB* を組換え型配偶子と呼ぶ. この場合, 組換え価は

$$\frac{組換え型配偶子数}{全配偶子数} \times 100$$

で表される. 半数性 (haploid) の生物の場合も, 受精と減数分裂, またはそれらに準ずる過程を経て半数性の次代を生ずるとき, 同じようにして組換え価を表す. 子嚢胞子の四分子分析によって組換え価を計算する場合には

$$\frac{テトラ型子嚢数+6\times 非両親型子嚢数}{2\times 全子嚢数} \times 100$$

を用いる (D. D. Perkins, 1949). ただし, 交叉は 2 回までしか起こらないと仮定する (例: 酵母, コウジカビ, アカパンカビ). *A*, *a* と *B*, *b* 遺伝子が別の染色体対に乗っている場合には, 非相同染色体の独立組合せによって組換え価は 50% になる. 両遺伝子対が 1 対の相同染色体に乗っている場合, 両者の間で起こる交叉の頻度によって組換え価は異なるが, 通常 50% を超えることはない. (→四分子分析)

c **組換え修復** [recombinational repair] 二本鎖 DNA 上の片方の鎖上に傷があるままで DNA 複製が進行したとき, その傷の所で複製が停止し, DNA の二重鎖切断が起こり, その切断末端が切れていない方の姉妹染色分体と組換えを起こし, 新たに複製を再開して傷を修復する現象. あるいは切断された DNA が姉妹染色分体などの相同な配列と組換えを起こすことにより切断で生じたギャップを埋めてつなぎなおす現象. 無傷の子孫 DNA をつくりだす修復現象で, *DNA 修復機構の一つ. 最初大腸菌で修復性と接合の際の遺伝子的組換え能を欠くこのような修復現象が発見され, その株 recA⁻ で切断片が修復されないことから組換えよる修復がモデルとして提案された. 後に切断片が予測通り *recA* 遺伝子の機能による相同組換えによって修復されることが実験的に示された.

d **組換え体蛋白質** [recombinant protein] DNA 組換え技術によって, 宿主とする細胞または個体において人為的に合成させた蛋白質. 目的とする蛋白質をコードする DNA 断片を発現ベクターの所定の位置に組み込み, 宿主に導入することにより, 発現させる. 任意の生物において発現させることが原則として可能. 同義語コドンの使用頻度は生物間で異なる場合があり, 宿主における使用頻度に合わせた DNA を合成することにより発現量を増加させることができる. また, 真核生物の遺伝子を原核生物において発現させるときには, スプライシング機能が原核生物にはないのでその遺伝子の翻訳領域の cDNA を用いる必要がある. 宿主は, 目的とする組換え体の発現目的によって適宜選択されるが, 大量調製を目的とする場合には, 原核生物では大腸菌や枯草菌, 真核生物の個体では酵母, 昆虫 (カイコ), 植物 (タバコ, イネ) など, 培養細胞ではカイコ, タバコ, ヒト (HeLa 細胞など) などが使用される. 組換え体蛋白質が翻訳後の修飾を受けてはじめて実用化できる場合には宿主は限定される. 例えば, 医療用のヒトのインターフェロンの場合には, ペプチド鎖に付加される糖鎖の構造もヒト型である必要があるため, ヒトの培養細胞が用いられる. 組換え体蛋白質は宿主においてペプチド鎖が合成されても必ずしも天然型の立体構造をとれるとは限らず, なかには封入体 (inclusion body) といわれる不溶性の集合体を形成する場合もある. 組換え体蛋白質や組換え体酵素は医療や工業に幅広く応用されい, さらに, 特定のアミノ酸残基を任意の残基に置換できる (部位特異的突然変異の導入) ので, 注目する残基の機能を解明したり, 機能を向上させた蛋白質を作製することも可能. 全く新規な蛋白質を大量に調製できるため, その作製は研究機関などの承認を得なければならないことが法的に定められている.

e **組換え DNA 実験** [recombinant DNA experiment] 《同》遺伝子組換え. 生物から抽出した DNA 分子の断片や人工的に合成した DNA を, 試験管内で酵素などを用いてプラスミドやウイルスなどの自己増殖性 DNA (→ベクター【1】) に人為的に結合し, 細胞内に導入して増殖させる実験, およびそのようにして得られた組換え DNA 分子を用いて行う実験. 1970 年代に入って急速に発展し始めた技術で, 従来の生体における遺伝的組換えを利用した雑種実験などと区別し, 特に組換え DNA 実験と呼ばれるようになった. ベクターと結合さ

せる DNA を供与体 DNA，供与体 DNA の抽出に用いる生物を供与体生物，また組換え DNA の導入を受ける細胞を宿主と呼ぶ(⇒宿主-ベクター系[1])．この技術の開発により，真核生物の特定の遺伝子を例えば大腸菌内で選択的に増幅することも可能となり(*DNA クローニングという)，同じ頃に開発された*DNA 塩基配列決定法と相まって，遺伝子構造の詳細が解析されるようになった．また，自然界では起こらないような異種生物間の遺伝子を組み合わせた組換え体を作製することも可能となり，生物学の基礎および応用の両面の研究に飛躍的な進展をもたらすこととなった(⇒遺伝子工学)．なお組換え DNA 実験には，特に開発当初には未知の面が多く，*物理的封じ込めと*生物的封じ込めにそれぞれ段階を設け，それらの組合せによって組換え DNA 実験指針が提示された．

a **クームスのテスト** [Coombs' test] 《同》抗グロブリンテスト(anti-globulin test)．血球凝集反応において，抗体だけでは凝集が起こらないかあるいは弱い場合に，その抗体どうしを結合しうる抗免疫グロブリン抗体を加えて架橋することにより凝集反応を増幅させて観察する抗体検出方法．通常の血液凝集反応は，赤血球抗原-抗体-赤血球抗原という連結で起こるが，クームスのテストでは，赤血球抗原-抗体-抗グロブリン抗体-抗体-赤血球抗原の連結で凝集させる．以前は Rh 式血液型抗原の検出に用いられた．また，新生児溶血症や自己免疫性溶血性貧血の血球の場合は，すでに抗体を結合しているので，抗グロブリン抗体を加えるだけで凝集を生じさせることができる．抗赤血球自己抗体の診断に用いられている．

b **久米又三**(くめ またぞう) 1899～1976 動物発生学者．東京女子高等師範学校教授．ニワトリの発生学研究で知られる他，多くの教科書を執筆し，生物学の啓蒙に努めた．[主著] 無脊椎動物発生学(團勝磨と共著)，1957; 脊椎動物発生学，1966．

c **グメリン** GMELIN, Johann Georg 1709～1755 ドイツの旅行家，植物分類学者．1733～1743 年，ロシアの科学調査団に加わり，V. Bering らとシベリア・ウラル・カムチャッカを探検．[主著] Flora Sibirica, 4 巻，1747～1770．

d **クモヒトデ類** [brittle stars ラ Ophiuroidea] 《同》蛇尾類．棘皮動物門の一綱．体は，扁平で円形の盤と，盤から放射状に出る 5～6 本の細長い腕とからなる．小さな骨片が体を覆い，その上に薄い表皮がかぶさる．テヅルモヅル類(basket stars)など，ツルクモヒトデ類の一部の種は，腕が分岐する．腕の内部には腕骨(arm vertebrae)が並びお互いに関節しており，腕を屈曲することができる．口は盤下面(口面)の中央に開き，それを囲む骨板の一つである口楯のうちの 1 枚が多孔板となっているのが通例．管足は口周辺と腕の下面から対になって出るが，先端に吸盤はなく，感覚，呼吸および摂食などに使われる．広い食性をもつが，デトリタスを餌とすることが多い．消化管は盤内だけに拡がる袋状の胃だけで，肛門はない．腕の基部は盤に進入し，腕骨は顎の骨と接する．各腕の基部に 1 対の生殖裂口が開き，それぞれ生殖嚢(bursa)とつながっている．ほとんどの種では生殖巣は盤内だけにあり数は変異するが，いずれも生殖嚢に開口．生殖嚢は配偶子の体外への通路となり，また保育性の種では保育の場となる．生殖嚢は呼吸にも関与する．一般に雌雄異体だが，雌雄同体もまれでない．体外受精して浮遊幼生期を経る場合，オフィオプルテウス(⇒エキノプルテウス)を生じるのが一般的だが，扁平の樽形のビテラリア(vitellaria)を生じる種もある．盤の分裂により 2 個体が生じる無性生殖も知られる．漸深海底では優占的に高密度で生息することで有名．約 2300 の現生種が知られる．

e **クモ類** [arachnids ラ Arachnida] 《同》蛛形類(しゅけいるい)．節足動物門鋏角亜門の一綱．サソリ類，クモ類，ダニ類など 11 の現生の目よりなる．前体部に 6 対の付属肢をそなえる．付属肢の第一対は鋏角，第二対は触肢，第三～六対は歩脚となる．触肢，歩脚に感覚器や交尾器などをそなえるものがある．ダニ類は体が小さく，前体と後体が合一して体節が消失している．呼吸器は基本的には*書肺または気管で，両者を兼備するものや呼吸器を退化，消失させたものがある．心臓は後体にあり，循環系は開放型である．食物は液状にして吸引し，中腸には分岐した盲嚢をもつ．老廃物は基節腺(coxal gland)およびマルピーギ管を通じて排出される．中枢神経系は前体に集中し，脳および食道下神経球からなる．単眼や感覚毛のほか種々の化学受容器を体表や付属肢上にもつ．生殖腺は後体にあり，腹面の前方に開口する．受精に際しては，精包の授受を行うものが多いが，雄が補助器官として触肢(クモ類)，鋏角(ヒヨケムシ類，一部のダニ類)あるいは第三歩脚(クツコムシ類)を使用するものや，交尾器をもつもの(ザトウムシ類や，一部のダニ類)がある．大部分が陸生で，多くは肉食性である．現生約 7 万種．なお，クモ類を対象とした学問分野をクモ学(arachnology)，ダニ類を対象とした学問分野をダニ学(acarology)と呼ぶ．

f **グライ土** [gley soil] 地下水位の影響をうけて発達したグライ層をもった土壌．グライ層(gley horizon, G 層 G horizon)は嫌気的条件のもとで，土壌中の鉄化合物が還元されて 2 価の化合物となるため，青灰色あるいは緑青色を呈するようになる．また，地下水位の高い低湿地や水田，凹地など，地下水位が昇降を繰り返す土層中では，部分的に鉄が酸化されて黄褐色ないし赤褐色の斑点状物質すなわち斑紋(mottling)を生じることが多い．

g **クライマクテリック** [climacteric] ある種の果実において，果実肥大量が最大に達したあと新鮮重当たりの呼吸量の増加を示す時期．F. Kidd, C. West (1930) が導入した語．リンゴ，トマト，バナナなどに見られ，これらをクライマクテリック型果実といい，またこの呼吸上昇現象をクライマクテリック上昇(climacteric rise)と呼ぶ．果実の呼吸量はその成長・肥大と共に減少し，肥大量が最大に達する頃には極めて低くなるが，その後クライマクテリックに入る．果実の生成する*エチレン量が自己触媒的に急増することが呼吸のクライマクテリック上昇の引き金となる．この時期は老化過程(senescence)への転換期で，成熟(ripening)の始まりと一致し，クロロフィルの分解，澱粉の加水分解，有機酸の減少，香気成分の合成，果肉の軟化などが起こり，食用に適するようになる(⇒結実，⇒成熟)．この現象は一般に，果実が樹上にあっても収穫後でも起こる．柑橘類の果実など非クライマクテリック型果実では見られない．それらにエチレンを作用させると一時的な呼吸上昇が見られるが，エチレンを除くと呼吸は元に戻る．

a **グライムの三角形** [Grime's triangle] 《同》C-S-R 三角形(C-S-R triangle). 植物種の生活史戦略を，3 類型に分類し，競争，ストレス，撹乱の程度を 3 辺とする三角形のグラフ中に位置づけられるとする 3 戦略説. イギリスの生態学者 J. P. Grime が提唱. 3 戦略説では，弱光・貧栄養など物質生産を抑制する環境ストレスと，個体重を減らす撹乱を植物の淘汰圧とする. 撹乱とストレスがともに著しいと植物は生育できない. 撹乱が稀でストレスの低い環境では競争能力の高い C 戦略種(competitive)が，撹乱が稀でストレスの高い環境では繁殖や成長への投資が少なくストレス耐性の高い S 戦略種(stress-tolerant)が，撹乱が著しく，ストレスの低い環境では，繁殖力が高く撹乱耐性を示す R 戦略種(ruderal)が，それぞれ有利とされる.

b **クライン** [cline] ある種の分布域内に設定した横断線に沿って生じる，形質値あるいは対立遺伝子頻度の漸進的，連続的な変化. J. S. Huxley(1938)が分類学的形質の評価に関する概念として提唱. 例えば多くの恒温動物では，緯度に沿って体の大きさに漸進的で方向性の変異が見られる(⇒ベルクマンの規則). クラインには次のような場合がある. (1)横断線に沿った環境条件の変化に対応して自然淘汰によって作り出される場合. 生態的な条件に応じた形の傾斜(勾配)が見られるときは*生態勾配という. (2)異所的に分布していた 2 集団が二次的に接触した結果生じる場合. *地理的分布にしたがって形質の傾斜が見られるときトポクライン(topocline)という. 形質の傾斜は，なだらかなことも急なこともあるが，傾斜の違いは，遺伝子流動の程度や自然淘汰の強さによって決まる. 傾斜の急なクラインが存在し，さらに選択交配に関わる遺伝子座に十分強い淘汰が働くと，側所的に種分化が起こるというモデルが提唱されている. (⇒側所的種分化，勾配)

c **クラインシュミット法** [Kleinschmidt method] 《同》蛋白質単分子膜法，界面展開法(surface-spreading method). DNA 鎖などの高分子を，よく伸展した状態で電子顕微鏡のもとで観察する方法. A. K. Kleinschmidt と R. K. Zahn(1959)が考案. シトクロム c などの塩基性蛋白質，DNA 分子および酢酸アンモニウムの混合液(展開液)を水表面上に展開すると，空気と水の界面にシトクロム c・DNA の単分子膜が瞬間的に形成される. この界面膜を電子顕微鏡用メッシュですくい上げ，シャドウイングあるいは電子染色をして，コントラストを高めて検鏡する. 浸透圧ショックおよび臨界点乾燥法と併用して DNA 分子の微細構造，染色体の三次元的な全体像などの研究にも応用される.

d **クラインフェルター症候群** [Klinefelter's syndrome] 外見的には男性であるが，睾丸の発育不全，細精管の硝子化変性，精子無形成，尿中ゴナドトロピンの高排出値，乳房肥大などの一連の症状を示す症候群. H. F. Klinefelter, Jr. ら(1942)が初めて記載した. P. A. Jacobs と J. A. Strong(1959)により，本症候群患者の染色体数が 47 で，性染色体構成は XXY であることが明らかにされた. 親の一方の配偶子形成過程における X 染色体の*不分離に基づくもので，発生頻度は新生男児 500～1000 人に対して 1 人ぐらいの割合である. 手足の長い細身の体形になることが多く，顕著ではないが，知能低下をともなっている場合もある. 本症候群は 47, XXY を基本型として，48, XXXY, 48, XXYY などが知られている. 一般に X 染色体の数の増加とともに知能低下の度合も強くなる. 治療としては男性ホルモン補充療法などが行われる. (⇒染色体異常症候群)

e **クラウゼの終末棍状体** [Krause's end-bulb] 《同》クラウゼ小体(Krause's corpuscles), 球状小体(corpuscula bulboidea). 温度受容性の*神経終末装置の一つ(⇒温度受容器). W. J. F. Krause に因む. 少数の分枝した神経繊維を結合組織が被膜のように取り巻いて冷覚をつかさどるといわれる. すでに魚類に出現するが，哺乳類では結膜・舌粘膜・直腸・外陰部の*結合組織に存在する.

f **クラウセン** CLAUSEN, Jens 1891～1969 デンマーク生まれの植物分類学者. コペンハーゲン大学卒業後，スミレ類の細胞遺伝学的研究を行った. 1931 年アメリカに渡り，カーネギー研究所で D. Keck, W. Hiesey と共同で実験分類学の研究を行う. [主著] Stages in the evolution of plant species, 1951.

g **クラウンゴール** [crown gall] 《同》植物癭瘤, 根頭癌腫. 土壌細菌 *Rhizobium radiobacter* および *Agrobacterium tumefaciens* の感染によって，多くの双子葉植物と裸子植物およびごく少数の単子葉植物に生ずる植物腫瘍. 根と茎との境界部(クラウン)にできるのでこの名称がある. 病原菌は寄主範囲が広く，数百種の植物を侵す. 人為的接種により茎や葉などの器官にもつくることができる. 病原細菌は植物体の傷口から侵入し細胞間隙で増殖するが，細胞内には入らず，また一度腫瘍が誘導されると，その成長には菌の存在を必要としない. 一方，植物側では傷口に形成される癒傷組織の細胞分裂が腫瘍化に必要であるらしい. 腫瘍の形状は植物の種類と病原菌の系統により決まる. 単なる瘤状であることが多いが，根を生じたり茎葉を分化する場合もある. 腫瘍組織は摘出して合成培地上で無限に継代培養することができるが，この際通常の*カルスと異なり，*オーキシンや*サイトカイニンの添加を必要としない. 病原菌のもつ Ti プラスミドが宿主植物の細胞に侵入すると，その細胞核 DNA に Ti プラスミドの T-DNA 領域が組み込まれ，形質転換が起こる(⇒アグロバクテリウム). すなわち，その領域に含まれるオーキシン・サイトカイニン合成酵素遺伝子が発現，自らオーキシンとサイトカイニンを生成し，組織の増殖が起こる.

h **クラゲ, 水母** [medusa] 刺胞動物における体制の基本形の一つで，浮遊生活を営む際の形態. *ポリプと対置される. ポリプ形を倒立させ，上下の方向に扁平化し，間充ゲルと胃水管系を発達させると構造的にクラゲ形に変形される. ヒドロ虫綱，箱虫綱，鉢虫綱に見られ，それぞれヒドロクラゲ(hydromedusa), 立方クラゲ(cubomedusa), 鉢クラゲ(scyphomedusa)と呼ばれる. 一般にクラゲには生殖巣が発達し，有性生殖により受精卵が発生してプラヌラ幼生となり，変態してポリプとなる. ポリプが後に無性生殖(ヒドロクラゲ, 鉢クラゲ)あるいは直接の変態(立方クラゲ)によりクラゲを生じて，真正世代交代が行われる. クラゲの主部は傘と呼ばれ，傘縁からは触手が，内傘面の中央からは口柄(manubrium)が下垂する. 口柄の基部には胃腔があり下端には口が開き，口の四隅は延びて口唇(oral lip)となるか，または口柄下端付近の外面に一定数の口触手(oral tentacle)がつく. ヒドロクラゲのオオカラカサクラゲなどでは，よく発達した口柄支持柄(擬口柄 peduncle)をもつので，口柄は傘縁を越えてはるか下方に位置する．剛クラゲ類には口柄支持柄はなく，しかも口柄が短く，下傘の頂部にある胃腔は直接外界に開くように見える(例：ツヅミクラゲ)．鉢クラゲでは口柄の部分は口腕(oral arm)や腕盤(brachial disc)などの特殊構造となる．口腕は，口の四隅(正対称面に相当する)が長く延びた腕状の構造で，ミズクラゲなどの旗口クラゲ類では4本，タコクラゲなどの根口クラゲ類では8本ある．旗口クラゲ類の口腕の横断面は「ヘ」形で，内面(口に向かった側)の凹んだ底部は腕溝(brachial groove)と呼ばれ，繊毛が密生していて水流を起こし，食物を口の方向に送る．根口クラゲ類では，旗口クラゲ類に見られるような独立した口腕とはならず，互いにその基部で癒合して一塊の腕盤となり口が閉鎖される．タコクラゲなどでは下傘面にある4個の生殖巣下腔(性巣下腔 subgenital pit)が広がり腕盤と下傘面との間をへだてると同時に4本の口柱(oral pillar)と呼ばれる柱状構造によって腕盤は下傘面に着く．食物は腕盤の表面に散在する無数の吸口から入り，腕盤内の腕管(brachial canal)や口柱内の口柱管(柱管 pillar canal)を経て胃腔に達する．腕管が胃腔を中心として口腕内で植物の根のように分かれているところから根口クラゲ類の名がある．口柄から傘縁に向かい，口→胃腔→放射管(radial canal)→環状管(環状水管・環水管 ring canal, circular canal)と巡る胃水管系が構成される．放射管は胃腔から4本，ときに6本，8本または多数派出する．クラゲの種類によっては放射管は分裂し，分岐は根口クラゲ類で最も著しい．分岐した管は環状管に達するものとそうでないものとがある．ヒドロクラゲ類，淡水クラゲ類などでは環状管から傘頂方向に延びる求心管(centripetal canal)という盲管があり，剛クラゲ類では環状管は傘縁の一定の位置(縁弁部)で傘頂に向かって迂回する．傘の内外表面は1層の外胚葉細胞により，胃水管系の壁は内胚葉細胞(胃層)により覆われる．両層の間にはよく発達した間充ゲル(中膠)があって，いわゆる寒天(jelly)を形成し，これがクラゲを jellyfish と総称する所以である．胃水管系以外の体部の内胚葉層を内胚葉板(endodermal plate, endodermal lamella)という．この部位では，間充ゲルの発達のため，上下または左右の2枚の層が合着して1枚の板となっている．一般にヒドロクラゲは構造が最も単純で小さく，皿形または釣鐘形．直径数 mm 程度のものが多い(例外：オワンクラゲは直径 20 cm に達する)．生殖巣は口柄上または放射管に沿って下傘面に生じ(例外：剛クラゲ)，外胚葉起源とされる．ヒドロクラゲの感覚器としては傘縁に平衡胞(縁膜胞，触手胞)を，または触手の基部に眼点をもつことがある．傘縁には触手が一定の規則に従って配列する．傘口に環状の薄膜すなわち縁膜(ふちまく)をもつ点が他のクラゲと特に異なる．ゆえに縁膜クラゲ(craspedote medusa)とも呼ばれる．縁膜中には筋繊維が環状に配置し，この筋肉の収縮・弛緩により傘口の直径の縮小・拡大を行い，内傘面の環状筋の収縮により傘腔内の水を排出する反動で移動するときの移動速度を調節する．立方クラゲは，箱形で，縁膜に類似する擬縁膜を傘口にもつ．構造的には鉢クラゲに近い．生殖巣は内胚葉由来とされ，傘の間軸部に葉状に形成される．触手基部には葉状体(pedalium)と呼ばれる葉状に広がった扁平な部分がある．葉状体に類似の構造は，冠クラゲ類(鉢虫綱)にも見られる．鉢クラゲは，ヒドロクラゲよりはるかに大きく，構造も複雑で，傘の形は皿形または釣鐘形．ユウレイクラゲでは直径2mに達し，間充ゲルも極めて厚い．鉢クラゲは縁膜をもたないため無縁膜クラゲ(acraspedote medusa)とも呼ばれる．傘縁は一定数(一般に8またはその倍数)の凹み(縁弁)で規則的に仕切られる．縁弁(marginal lappet, marginal lobe)は，発生上はエフィラ弁(ephyral lappet)に由来．縁弁間の凹みには1個の縁弁器官あるいは1本の触手がある．ミズクラゲでは，縁弁の周囲に多数の短い糸状の触手が垂れるが，ほかの鉢クラゲにはない．胃水管系はヒドロクラゲよりずっと複雑で，胃腔に花ポリプの隔膜糸(mesenterial filament)と同様のもので糸状に隔膜から群をなして出ている胃糸(gastric filament, gastral filament)をそなえ，胃腔壁にある隔膜により中央胃腔と少なくとも8個の放射腔とに分かれる．生殖巣は胃腔壁に生じ，内胚葉性．その下方にあたる下傘面が上方に陥入し生殖巣下腔を形成する．これは鉢ポリプの漏斗に相当する．クラゲ形はポリプ形に比べて，一般的に構造が複雑である．

a **クラススイッチ** [class switch] 〘同〙アイソタイプ・スイッチ(isotype switch)．あるB細胞クローンが発現する抗原受容体および*抗体(免疫グロブリン)のクラス(アイソタイプ)が変化すること．免疫グロブリンの五つのクラス(IgM, IgD, IgG, IgA, IgE)およびIgGのサブクラスはそれぞれのH鎖の定常領域($C\mu$, $C\delta$, $C\gamma$, $C\alpha$, $C\varepsilon$)により決定される．クラススイッチにより，抗原特異性を維持して生物活性の異なる抗体が作られる．骨髄で産生されたB細胞ははじめIgMとIgDを発現しているが，抗原およびヘルパーT細胞からの刺激を受けて，DNA組換えにより$C\mu$遺伝子が$C\gamma$，$C\alpha$あるいは$C\varepsilon$遺伝子に置き換わることによりクラススイッチが起こる．このクラススイッチ組換えにはAID(activation-induced cytidine deaminase)というシチジン脱アミノ化酵素が必須であるが，その作用機序は未だ十分には確定されていない．

b **クラスター分析** [cluster analysis] ある集団の要素を，外的基準や群の数の指定なしに，多次元空間における要素の分布から，類似したものを集めて群(cluster)にまとめること．群集生態学，数量分類学，発現解析などに広く用いられている．階層クラスター分析では，樹状図で表現される構造を推定する．適当な類似度(あるいは距離)による要素間の係数表を作り，この中で最も類似度の高いものを融合して核とし，この新しい群と残りの群の類似度を計算しなおす．そしてまた最も近いものを加える，という手順を反復して，段階的に群を形成していく．これに対して，k平均法に代表される非階層クラスター分析は，樹状構造体を想定することなく，クラスターに分解する．全体を重心のまわりに分布するクラスターの集まりとして表現し，級内分散に比し級間分散を最大化させる．

c **クラスリン** [clathrin] ある種の*被覆小胞において，被覆(コート)を構成する蛋白質．分子量約18万のH鎖と分子量約3万〜4万のL鎖とがあり，それぞれ3分子ずつでトリスケリオン構造(triskelion structure)を形成する．トリスケリオンは自己会合してバスケット状のコート構造を形成する．トリスケリオン中で3分子のH鎖はそれぞれのC末端部分で結合し，3本足構造の骨格を形成する．また，H鎖だけでも多面体構造が

できるので，構造形成がH鎖の機能と考えられる．一方，L鎖はトリスケリオンの中心に結合し，*カルモジュリンやCa^{2+}との結合部位，カゼインキナーゼによりリン酸化される部位をもつので，L鎖はクラスリンの解離・会合においてなんらかの調節機能を果たすと考えられる．(⇌クラスリン被覆ピット，⇌コート蛋白質)

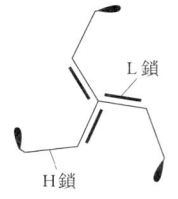

トリスケリオン構造 (L鎖, H鎖)

a **クラスリン被覆ピット** [clathrin-coated pit] 籠状のクラスリン被覆により取り囲まれた，*サイトーシスの小胞形成に関係する細胞膜の一部分．*エンドサイトーシスでは，細胞膜の細胞質側を籠状に取り囲んだ*クラスリンによる被覆ピットが見られる．クラスリンはH鎖とL鎖それぞれの三量体を単位とした六角形網状の構造をつくる．例えば繊維芽細胞では，クラスリン被覆ピットの直径は単位当たり0.2μm前後で，60個前後の六角形よりなる．クラスリン被覆ピット全体の面積は細胞膜のわずか2％しか占めないが，例えば低密度リポ蛋白質の受容体はその69％がクラスリン被覆ピットに集められている．この集合に*アダプター蛋白質複合体(AP-2)が関係する．エンドサイトーシスの効率の良さは，このような受容体の集合による．クラスリン被覆ピットが細胞内へ陥入してクラスリン被覆小胞を形成するが，それは一部のクラスリン六角形が五角形に変換するためと考えられている．エキソサイトーシスでも，クラスリン被覆ピットが*トランスゴルジ網(TGN)で見られる．これはリソソームへのサイトーシスに関係する．(⇌被覆小胞)

b **クラーチ** KLAATSCH, Hermann 1863～1916 ドイツの解剖学者，人類学者．はじめ進化論を基にして比較解剖学を専攻したが，のちに人類学に転じ，ヒトは原始的な霊長類より由来したと説き，またG. Schwalbeとともにネアンデルタール人類を正しく評価した．ル=ムースティエ，オーリニャックなどの更新世遺跡を自ら発掘し研究した．[主著] Der Werdegang der Menschheit und die Entstehung der Kultur, 1920.

c **グラッシ** GRASSI, Giovanni Battista 1854～1925 イタリアの動物学者．従来Leptocephalusとされた小魚がウナギの幼魚であることを発見(1896)．また寄生原虫類を研究し，マラリア原虫のハマダラカ体内での生活史を明らかにした(1899)．シロアリの社会生活の研究などもある．[主著] Studi di uno zoologe sulla malaria, 1900.

d **クラッチ** [clutch] 《同》一巣卵，一かえしの卵，一腹卵．1回の営巣で巣の中に産み込まれた卵全体のこと．元来は鳥類についての語．一つの巣には1羽の雌が産卵することが一般的なので一腹卵の意に用いられることもあり，この場合は胎生の動物の一腹仔(litter)に相当する．同一雌が一繁殖期に，営巣の失敗に対するやり直しとしてではなく，2回目営巣するときにはクラッチ数が2であるとし，最初のものを第一クラッチ，2番目のものを第二クラッチと呼ぶ．クラッチサイズ(clutch size)の語はクラッチを構成する卵数を意味するが，通常は1羽の雌が1回の営巣で産み込む卵数を意味し，したがって一腹卵数と訳す．クラッチサイズは，同一個体群内でも個体，季節などにより必ずしも一定ではない．しかし，ある個体群において最も普遍的に見出されるクラッチサイズは，一つのクラッチから生き残る子(ヒナ)の数を最大にする，つまり最も生産的なサイズになっている傾向があるといわれている．(⇌産卵数)

e **グラニット** GRANIT, Ragnar Arthur 1900～1991 スウェーデンの生理学者．網膜の神経生理の研究を行い，微小電極法をはじめて導入して単一神経線維の色光に対する応答を多くの脊椎動物について解明した(1939)．色感覚に関するドミネーター－モデュレーター説(dominator-modulator theory)を提唱(1943)．1967年，G. Wald, H. K. Hartlineとともにノーベル生理学・医学賞受賞．[主著] Sensory mechanisms of the retina, 1947.

f **CLV遺伝子群**(クラバータいでんしぐん) [CLV genes] シロイヌナズナの遺伝子CLAVATA1(CLV1), CLV2およびCLV3の総称．CLV1遺伝子は，膜結合型LRR型受容体キナーゼを，CLV2遺伝子はキナーゼドメインを欠失したLRR型蛋白質をコードする．CLV3は*CLE遺伝子族に属し，分泌性の小さな蛋白質をコードし，その一部がペプチド性の受容体シグナル分子(CLV3ペプチド)として働く．CLV1蛋白質はホモダイマーとして，CLV2はCORYNE蛋白質と受容体複合体を形成して，CLV3ペプチドのシグナルを受容する．これらの遺伝子の突然変異体では，*シュート頂分裂組織が肥大し，茎の*帯化や花器官数の増大が起こる．すなわち，CLVシグナル伝達系は植物メリステムにおける幹細胞増殖の負の制御系であり，正の制御因子であるWUSCHEL(WUS)と協調して，幹細胞を維持する．WUSは幹細胞の増殖を促進するとともに，CLV3の発現を誘導する．CLV3はCLV1受容体などを経由してWUSの発現を負に制御する．このWUS-CLVの負のフィードバック制御系により，幹細胞の数がほぼ一定に保たれ，分裂組織のサイズの恒常性が保たれる．

g **クラピナ人骨** [Krapina bone] *ネアンデルタール人に属する人骨化石．北部クロアチアのザグレブに近いクラピナにある岩陰遺跡から発見された．老若男女合わせて20体分以上の化石骨からなるが，これらはすべて細かく破損した状態で見つかった．食人の結果と考える研究者もいたが，それは現在では否定されている．

h **グラーフ** GRAAF, Reinier de 1641～1673 オランダの医師，解剖学者．ライデン，アンジェール(フランス)で医学を修め，デルフトで医師を開業しつつ，哺乳類の卵巣中に卵胞(グラーフ卵胞)を発見したが，それを卵そのものであると考えた．そのほか膵液の研究，標本の血管への色素注入法の改良などを行った．[主著] Disputatio medica de natura et usu succi pancreatici, 1663; Tractatus novus de mulierum organis generationi inservientibus, 1672.

i **クラブトリー効果** [Crabtree effect] グルコースの添加により細胞の呼吸が抑制される現象．H. G. Crabtree(1929)の発見で，*パストゥール効果(呼吸による解糖の抑制)と対照的な現象として注目された．がん組織に特異的と考えられたこともあるが例外も多く，現在ではその関連性は否定されている．一般的に，解糖系が盛んな組織では，多量の糖の添加の際に呼吸系とのあいだでリン酸やADPなどの基質の競合が起こり，呼吸が抑制されると説明されている．

j **グラーフ卵胞** [Graafian follicle] 《同》グラーフ

濾胞, 胞状濾胞, 胞状卵胞(folliculus ovaricus vesiculosus, vesicular follicle). 哺乳類卵巣中で原始卵胞が成熟した結果, *卵胞液がたまり, 卵胞が拡大して形成された直径 1〜1.5 cm の半透明の嚢状体. オランダの医師・解剖学者 R. de Graaf の観察から命名. グラーフ卵胞の中にある卵母細胞もこの一部として扱う. 多くの場合, 卵母細胞は卵胞壁の一部に偏在し, 放射状に配列された細胞層(*放射冠)によって包囲されている(⇒透明帯). 卵胞の内部中央に近く大きな腔があり, その周囲を卵胞細胞が囲む. この腔は卵胞液によって満たされる. 若い卵胞は卵巣内部にあり, 下垂体前葉から分泌される *濾胞刺激ホルモン(FSH)の作用で成長. 排卵に際してグラーフ卵胞はこわれ, 卵細胞は放射冠を伴ったまま卵巣を離れる.

a **グラミシジン** [gramicidin] [1] 細菌 *Bacillus brevis* から単離された, ポリペプチド系抗生物質. 15 アミノ酸残基からなる鎖状ペプチドで, グラム陽性菌に有効. 菌体の酵素系グラミシジンシンテターゼ(gramicidin synthetase)の触媒作用によって生合成される. この際ペプチド鎖はリボソームによらず, この酵素のSH 基の配列に依存することが知られる. このような機構をチオテンプレート機構と呼び, バシトラシンなどの生合成でも認められる. グラミシジン A, B, C, D の成分が単離されており, A, B, C の各成分には, 最初のアミノ酸がバリンまたはイソロイシンである 2 成分が存在し, それぞれバリングラミシジン A (同じく B, C) とイソロイシングラミシジン A (同じく B, C) と呼ばれる. グラミシジンは, 細胞膜中で円筒状のスパイラル構造をとって, イオンチャネルを形成する*イオノフォアの一種である. [2] グラミシジン S(gramicidin S). 上記生産菌とは別系統の *B.brevis* から単離された抗菌性環状ペプチドでチロシジンの同族体. 上記グラミシジンとは構造も作用も異なるまったく別の抗生物質. 界面活性物質様の作用により, 細菌の細胞質膜の機能を阻害する. 真核細胞のミトコンドリアに対しては電子伝達系と酸化的リン酸化の共役を断ち切る*脱共役剤(アンカップラー)の作用をもつ.

$$HCO-L\text{-}Val \rightarrow Gly \rightarrow L\text{-}Ala \rightarrow D\text{-}Leu \rightarrow L\text{-}Ala$$
$$D\text{-}Leu \leftarrow L\text{-}Trp \leftarrow D\text{-}Val \leftarrow L\text{-}Val \leftarrow D\text{-}Val$$
$$L\text{-}Trp \rightarrow D\text{-}Leu \rightarrow L\text{-}Trp \rightarrow D\text{-}Leu \rightarrow L\text{-}Trp$$
$$NH(CH_2)_2OH$$

バリングラミシジン A

b **クラミディア** [chlamydia, *pl.* chlamydiae] トラコーマ病原体に代表される偏性動物寄生性の細菌群. クラミディア門(Chlamydiae)クラミディア綱(Chlamydiae)クラミディア科(Chlamidyaceae)に属する細菌の総称. 狭義にはクラミディア属(*Chlamydia*)細菌を指す. クラミディア属の基準種 *Chlamydia trachomati* は, 当初, 宮川米次ら(1935)によって, 日本では梅毒, 淋病, 軟性下疳に次ぐ第四性病である鼠蹊リンパ肉芽腫の患者の染色標本から宮川小体(Miyagawa body)として観察され, ミヤガワネラ属 *Miyagawanella* と名づけられた(E. Brumpt, 1983)が, 現在はクラミディア属細菌の一種 *Chlamydia trachomatis* のうち, 血清型 L1, L2, L3 の菌がこれに該当する. その後, リケッチアの近縁種として *Rickettsiaformis*, *Neorickettsia* など, またウイルスとしてオウム病-鼠蹊リンパ肉芽腫ウイルスなどと呼ばれ, 分類学的混乱がはなはだしかった. しかし, 16S rRNA に基づく系統解析などにより, リケッチアとは全く異なる独自の系統群を形成することが判明し, クラミディア門の菌属として分類された. さらに, クラミディア属菌種の大部分は新属としてのクラミドフィラ属(*Chlamydophila*)に移行され, これら両属から構成されるクラミディア科細菌を一般にクラミディアと呼ぶ. ヒトの場合, *Chlamydia trachomati* はトラコーマ, 性器クラミディア感染症, 鼠蹊リンパ肉芽腫, *Chlamydophila psittaci* はオウム病, *Chlamydophila pneumoniae* はクラミディア肺炎, 気管支炎の原因となる. 感染性粒子としての菌体は非常に小さく, 径 0.3 μm の球状細胞である. 菌体は食作用によって液胞内に入り, 網様構造体(reticular body)と呼ばれる粒子に転換する. 網様構造体は分裂により数を殖やし, 感染後期に感染性粒子に成熟する. クラミディアの細胞壁にはペプチドグリカンがないため, ペニシリン系・セフェム系の β-ラクタム系抗生物質は無効であり, 治療にはマクロライド系・テトラサイクリン系・ニューキノロン系などの抗菌剤が用いられる.

c **グラム陰性菌** [Gram-negative microbes] *グラム染色法でクリスタルバイオレット(またはゲンチアナバイオレット)による染色がエタノール脱色されるために, 後染色(サフラニン)の色調を示す細菌の総称. 典型的なグラム陰性菌はプロテオバクテリア門細菌で, 細胞壁を構成するペプチドグリカン層が薄く(約 2 nm), その外側にリポ多糖から成る厚さ約 8 nm の外膜をもつ. このため, この層を EDTA(エチレンジアミン四酢酸)などで損傷させないかぎり, リゾチームには非感受性である. 一方, このような外膜をもたないグラム染色陰性の細菌もほかの系統群に多数存在する. したがって, 厳密な意味では, グラム陰性菌とグラム染色陰性菌は細菌構造上必ずしも一致するものではない. (⇒グラム陽性菌).

d **グラム染色法** [Gram staining method] 細胞壁構造の差異により細菌をグラム陽性菌(ブドウ球菌, 肺炎連鎖菌, 連鎖球菌, 結核菌など)とグラム陰性菌(大腸菌, 赤痢菌, スピロヘータなど)に二分する染色法. C. Gram(1884)により完成. 熱固定した細菌をまず塩基性の色素で染めた後, I_2-KI 混合溶液で処理し, アセトンまたはアルコールで脱色し, 別の色素で後染色する. 最初に染めた色素で染まるものをグラム陽性といい, 後染色の色素で染まるものをグラム陰性という. グラム陽性菌の細胞壁は色素-I_2 複合体を通過させないため, 脱色操作で色素が溶出しないことが原理とされる. グラム陽性および陰性はその染色性の差だけでなく, 細菌の示す他の属性, 例えば抗生物質に対する感受性の相違とも対応することが多い.

e **グラム陽性菌** [Gram-positive microbes] *グラム染色法でクリスタルバイオレット(またはゲンチアナバイオレット)による染色(青紫色)がエタノール脱色されない細菌の総称. 細胞壁は比較的厚いペプチドグリカン層(10〜100 nm)から構成され, 典型的なグラム陰性菌に見られる外膜を欠き, リゾチームに非常に感受性が高い. 系統的にはアクチノバクテリア門, *ファーミキューテス門およびデイノコックス綱(Deinococci)に属する細菌が該当する. しかし, これらの系統に属する菌

種でもグラム染色陰性のものが存在する．また，*アーキアドメインに属する*メタン生成菌の多くの種はシュードムレインあるいはメタノコンドロイチンから成る細胞壁をもち，グラム染色陽性を示す．したがって，グラム陽性菌とグラム染色陽性菌は厳密な意味では異なる定義である．（⇌グラム陰性菌）

a **クラーレ** [curare] 南アメリカ産のツヅラフジ科の植物 *Chondrodendron* の浸出液から調製される矢毒で，有効成分は d-ツボクラリン（d-tubocurarine）と呼ぶ一種のアルカロイド．脊椎動物の*神経筋接合部をブロックして骨格筋を弛緩させる作用があるが，この場合，筋肉自体は影響を受けていない．d-ツボクラリンがアセチルコリンと拮抗してニコチン性アセチルコリン受容体に結合し，その興奮伝達作用を阻止する結果とされる（W. D. M. Paton, E. J. Zaimis, 1952）．動物体の中毒死は，呼吸筋の麻痺に基因する．しかし，呼吸中枢は抑制されないから人工呼吸を行えば救うことができる．昆虫などの無脊椎動物の神経節や神経筋接合部には無効である．クラーレは消化管からの吸収が少ないので，経口的に投与してもほとんど作用しない．

b **クラン** [clan] 〖同〗氏族．単系（父系，母系のどちらか一方）の出自をたどって，伝説上の共通の祖先をもつと認識されている人間集団．名称・儀礼・物品などクラン統一のシンボルが存在し，同じクランの者同士が結婚してはならない*外婚制がみられる場合が多い．共通祖先までの具体的な系譜がたどれないという点で*リネージと区別される．

c **グラント** GRANT, Robert Edmond 1793〜1874 イギリスの解剖学者，進化動物学者．ユニバーシティーカレッジロンドン（UCL）最初の比較解剖学教授，王立研究所生理学教授，UCL医学部長，大英博物館地質学講師．主として海産無脊椎動物を研究．C. Darwin に与えた影響で有名．É. Geoffroy Saint-Hilaire の支持者として知られる．

d **グラント夫妻** GRANT, Peter (Raymond). GRANT, (Barbara) Rosemary ともに 1936〜 ともにイギリスの進化生物学者．プリンストン大学教授．南太平洋のガラパゴス諸島において，数十年間にわたりダーウィンフィンチ類の調査を続け，環境変化に応じて自然淘汰が野外において短い時間で生じることを実証した．2009年，京都賞基礎科学部門受賞.

e **グランドリ触小体** [Grandry's corpuscle] 鳥類の皮膚や舌にある神経終末装置で，*機械受容器．哺乳類の*マイスナー触小体を簡単にした構造と見なされる．大きさは 50 μm 以内で，2〜3 の触覚細胞が結合組織性のまばらな被膜に包まれる．神経の軸索は，1極から触覚細胞間の触覚盤に進入して終わる.

f **クリアランス** [clearance] 〖同〗血漿クリアランス（plasma clearance），清掃率，浄化値．ヒトをはじめ糸球体腎をもつ動物で，尿の中の特定成分の1分間の排出量がどれだけの血漿量に由来するかを示す値．$C = V \times U/P$ （V は毎分排出尿量（mL），U は当該物質の尿中濃度，P は同じく血漿中濃度．さらにこれに，動物の体表面積にかかわる補正値を乗ずる場合もある）で与えられ，それぞれの成分物質につき，糸球体における濾過と尿細管における再吸収の度合を表す．尿素については

ヒトで $C ≒ 70$（mL）．尿細管内での再吸収や分泌の皆無な物質のクリアランスは，1分間の糸球体濾過量（glomerular filtration rate, GFR）に相当することになる．このような物質であるイヌリンでの値（イヌリンクリアランス inulin clearance）は，平均 $C = 120$（ヒト）．通常のヒト尿成分中，クレアチニンがイヌリンに近い値を示す（$C = 175$）．他方，ダイオドラスト（diodrast：ピリジンから誘導したヨウ素化合物）や*パラアミノ馬尿酸のように，腎臓を流れる血漿中から濾過と分泌とによりほとんど全量（ヒトで87%）が排出されるような物質のクリアランス（PAH clearance, $C ≒ 500$）は，腎臓の毎分血漿流量を与えることになる．

g **栗色土** [chestnut soil] *チェルノーゼムと*褐色土の中間に分布し，チェルノーゼムに比べて*A層は薄く腐植量（3〜5%）が少なく栗色を呈する土壌．ヨーロッパ大陸から中央アジアにかけて，温帯の亜乾燥草原（年降雨量 250〜350 mm）の短草植生下に発達．比較的浅い位置に炭酸カルシウムの集積があり，塩基の流亡が少なく，灌漑を行えば良好なコムギの栽培地となる.

h **グリオキシル酸** [glyoxylic acid] 〖同〗グリオキサル酸（glyoxalic acid）．CHOCOOH アルデヒドカルボン酸の一つ．*グリコール酸が肝臓や緑葉で見出されているグリコール酸酸化酵素，あるいは緑葉のグリコール酸脱水素酵素（NAD$^+$ 使用）で酸化され生成する．肝臓や腎臓では*グリシンおよびサルコシン（モノメチルグリシン）がグリシン酸化酵素で酸化されても生ずる．また，プリン代謝の中間生成物としてアラントイン酸が加水分解酵素によって分解されるとき尿素とともに生ずる．*グリオキシル酸回路の中間物質で，イソクエン酸から開裂酵素の作用によってコハク酸とともに生じ，*アセチル CoA と縮合して*リンゴ酸をつくる．グリコール酸代謝の中間物質では *Micrococcus* ではグリシンと結合しヒドロキシアスパラギン酸を経てオキサロ酢酸に，*Pseudomonas* や大腸菌では2分子縮合してタルトロン酸セミアルデヒドを経てグリセリン酸に変わる．グリオキシル酸脱カルボキシル酵素で酸化的に脱カルボキシルされれば*蟻酸となり，糸状菌ではグリオキシル酸の酸化によって*シュウ酸ができる.

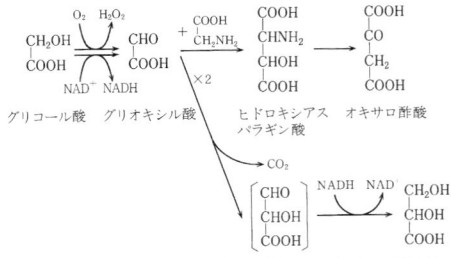

i **グリオキシル酸回路** [glyoxylate cycle] 微生物および植物や線虫などに存在し，酢酸を炭素源とし，かつエネルギー源として利用する場合に用いられる代謝経路．また種子が貯蔵脂肪に依存して発芽する際などに脂肪酸を*アセチル CoA に分解してこの回路で代謝を行う．主要な特色として，イソクエン酸がコハク酸と*グリオキシル酸に分解され，グリオキシル酸がアセチル CoA と縮合して*リンゴ酸を生ずる．さらに*クエン酸

回路の一部と結びつくと(図),酸化により2分子のアセチルCoAから1分子のコハク酸が合成されたことになり,クエン酸回路の構成物質を補って酢酸の酸化を促す働きをもつ.植物ではこの回路の酵素は細胞内小顆粒グリオキシソーム(*ペルオキシソーム)に局在している.

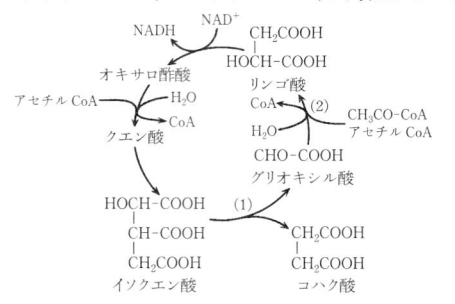

(1) イソクエン酸開裂酵素(isocitrate lyase: EC 4.1.3.1) (2) リンゴ酸合成酵素(malate synthase: 4.1.3.2)

a **グリコゲン** [glycogen] 《同》糖原.D-グルコースが α-1,4-グルコシド結合でポリマーを形成し,さらにこれの8〜10グルコース残基当たり一つの α-1,6-グルコシド結合による枝分かれをもつ多分枝網状構造の多糖.動物の貯蔵多糖で,α-グルカンの一種.グリコゲン類似の物質は菌類・酵母・細菌類にも見出され,また植物でもトウモロコシの種子中などに見出される.動物ではほとんどあらゆる細胞に顆粒状態すなわちグリコゲン顆粒(glycogen granule)として存在するが,筋肉中では直径10〜40 nmの球状の β 顆粒として存在し,肝臓では多数の β 顆粒が会合した α 顆粒として存在している.各 β 顆粒は約6万のグルコース残基からなるグリコゲンからなるが,グリコゲン生合成の開始に必要なグリコゲニン,グリコゲン生合成を行うグリコゲン生成酵素と分枝酵素,分解を行うホスホリラーゼと脱分枝酵素,生合成と分解を調節するホスホリラーゼキナーゼやプロテインホスファターゼをも含んでいる.顆粒成分は細胞ホモジェネートから遠心分離される.グリコゲンは酸によって分解されD-グルコースを生ずるが,アルカリには安定である.澱粉に比べ3倍ほど枝分かれが多い.α-アミラーゼ,β-アミラーゼ,グリコゲンホスホリラーゼによって*限界デキストリンを生ずる.筋グリコゲンは筋収縮のエネルギー源であり,肝臓グリコゲンは空腹時の血糖維持のために使われる.したがってその性質の差異もこれらの機能に対応しており,前者は100万〜200万,後者は500万〜600万ぐらいの分子量をもっており,ときに2000万にも達する.(→糖新生,⇌グリコゲン生合成,⇌グリコゲン分解)

b **グリコゲン生合成** [glycogenesis] 《同》糖原生合成.生物体内でグルコースなどの単糖から*グリコゲンが生合成される過程.*グリコゲン分解の反対の過程.動物では主として肝臓や筋肉で行われ,エネルギー源貯蔵の主要な一現象で,体液のグルコース濃度調節に関係する.摂食後,小腸から血液中に取り込まれたグルコースは肝臓に運ばれ,グリコゲン生合成に使われる.また筋肉では血中のグルコースを使ってグリコゲン生合成が行われる.このとき血糖濃度の上昇によりインスリンが分泌され,インスリン依存性蛋白質リン酸化酵素(プロテインキナーゼ)が活性化され,これによりプロテインホスファターゼがリン酸化されて活性化される.その結果グリコゲン生成酵素(glycogen synthase)の脱リン酸が起こり,この酵素は活性型に転換されグリコゲン生合成が進行する.なおグリコゲン生成酵素キナーゼ(glycogen synthase kinase)によりリン酸化されると,グリコゲン生成酵素は不活性型に戻る.活性型のグリコゲン生成酵素はUDP-グルコースのグルコース残基を合成途中のグリコゲンの非還元末端に移し α-1,4-グルコシド結合により糖鎖の延長を行う.試験管内でこの酵素反応を行わせるにはプライマーとしてグリコゲンあるいは多糖類を加えなければならないが,生体内ではグリコゲニン(glycogenin)という蛋白質が自身の特定のチロシン残基のOH基にグルコース鎖を結合させ,これがプライマーとして作用する.α-1,4-グルコシド結合により糖鎖の延長が行われると,分枝酵素によって約7個のグルコース残基からなる糖鎖が他のグルコース残基の6位に移され,α-1,6-グルコシド結合を形成し,枝分かれが生じる.この種の反応は酵母などの微生物でも行われ,植物の澱粉貯蔵,細菌の多糖形成なども,ADPグルコースを用いる類似のものである.

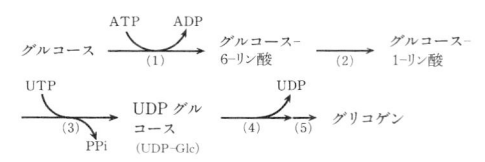

(1) hexokinase (EC 2.7.1.1) (2) phosphoglucomutase (2.7.5.5) (3) glucose-1-phosphate uridylyltransferase (2.7.7.9) (4) glycogen synthase (2.4.1.11) (5) branching enzyme (2.4.1.18)

c **グリコゲン分解** [glycogenolysis] 《同》糖原分解.*グリコゲンが*ホスホリラーゼの作用で加リン酸分解を受けて α-グルコース-1-リン酸になること.肝臓ではグルカゴン分泌による環状AMPレベルの上昇やアドレナリンによる α 受容体を介した細胞内 Ca^{2+} レベルの上昇により*ホスホリラーゼキナーゼが活性化され,この酵素によってホスホリラーゼ b がリン酸化されて活性化型のホスホリラーゼ a に転換される.その結果グリコゲンの分解が起こり,α-グルコース-1-リン酸を経てグルコース-6-リン酸が生じる.グルコース-6-リン酸は肝小胞体に存在するグルコース-6-リン酸ホスファターゼで分解されグルコースとなって血液中に放出され,血糖の低下を防ぐ.筋肉ではアドレナリンによる β 受容体を介した環状AMPレベルの上昇や神経刺激による筋収縮の際の細胞内 Ca^{2+} レベルの上昇によりホスホリラーゼキナーゼが活性化され,これによって肝臓の場合と同様にホスホリラーゼが活性化されグリコゲンの分解が起こる.筋肉にはグルコース-6-リン酸ホスファターゼが存在しないので生じたグルコース-6-リン酸は解糖系で代謝され,エネルギー源として利用される.グリコゲン分解が起こっているときは,蛋白質リン酸化酵素(プロテインキナーゼ)の作用でグリコゲン生成酵素がリン酸化されて不活性型になっている.一方,摂食によりインスリンが分泌されるとインスリン依存性蛋白質リン酸化酵素の作用で蛋白質脱リン酸酵素が活性化され,その結果ホスホリラーゼ a は脱リン酸をうけて不活性型に転換する.グリコゲンのホスホリラーゼによる分解はホスホリラーゼ限界デキストリン(ϕ-LD)を残して停止

する. φ-LD は，グリコーゲンデブランチング酵素(glycogen debranching enzyme)とホスホリラーゼの共同作用により完全に分解される. グリコーゲン蓄積症Ⅲ型(type Ⅲ glycogen storage disease)は，グリコーゲンデブランチング酵素の欠失が原因である.

a **グリコサミノグリカン** [glycosaminoglycan] GAG と略記.《同》ムコ多糖(mucopolysaccharide). へキソサミンを主成分とする多糖の総称. *ヒアルロン酸，*コンドロイチン硫酸，*デルマタン硫酸，*ケラタン硫酸，*ヘパラン硫酸，*ヘパリンの6種が典型例だが，明確な分類が難しい場合もある(例えば一部にコンドロイチン硫酸構造，一部にデルマタン硫酸構造をもったものがある). ヒアルロン酸は Streptococcus (Group A) によっても合成分泌されるが，これを除けばすべてのグリコサミノグリカンは動物細胞，主に結合組織系の細胞によってつくられる*プロテオグリカンの側鎖成分である. コア蛋白質部分を酵素分解するか，あるいは蛋白質中のセリンまたはトレオニンとグリコサミノグリカン鎖の結合がエステル型の場合は，アルカリ処理で蛋白質とグリコサミノグリカン鎖の結合を切断することによって得られる. 陰性荷電をもち，多数の水分子を含む. 動物細胞が合成するグリコサミノグリカン鎖の特性は直接プロテオグリカンの機能に関連する. 古くはムコ多糖と呼ばれたが，定義が明確でなくムコという接頭語は厳密さを欠くため，この名称は用いられなくなった.

b **グリコシアミン** [glycocyamine]《同》グアニド酢酸(guanidoacetic acid)，グアニジノ酢酸(guanidinoacetic acid). クレアチン合成の中間体. 生体内ではアルギニンのアミジン基とグリシンによって生成し，さらにメチル基転移をうけてクレアチンになる. 稀塩酸と長く煮沸するか，または濃硫酸と加温すれば定量的にグリコシアミジン(glycocyamidine)になる.

$$\text{HN}=\text{C}\begin{smallmatrix}\text{NH}-\text{CH}_2\\\text{NH}_2\ \text{COOH}\end{smallmatrix} \longrightarrow \text{HN}=\text{C}\begin{smallmatrix}\text{NH}-\text{CH}_2\\\text{NH}-\text{CO}\end{smallmatrix} + \text{H}_2\text{O}$$

グリコシアミン　　　グリコシアミジン

c **グリコシダーゼ** [glycosidase]《同》グリコシドヒドロラーゼ(glycoside hydrolase). 各種の配糖体やオリゴ糖・多糖に作用してグリコシド結合を加水分解する酵素の総称. これらの酵素はさまざまな基質特異性をもち，その特異的分解作用を利用して配糖体・オリゴ糖・多糖の研究になくてはならない試薬となっている. またこれら酵素の分布・存在様式・基質特異性・活性化機構・遺伝的欠損の研究は，生物の正常代謝に果たすこれら酵素の役割を具体的に明らかにしてきた. グリコシダーゼは一般に糖残基に比べるとアグリコンに対する特異性が低い. 現在は糖残基の性質(グリコシド結合の性質を含む)に基づいて命名分類されるが(例: α-グルコシダーゼ，β-ガラクトシダーゼ)，最初に見出されたときの基質にちなんでつけられた慣用名を使う場合もある(例: スクラーゼ＝β-フルクトシダーゼ，マルターゼ＝α-グルコシダーゼ). グリコシダーゼには水以外の受容体にグリコシル基転移をする反応も触媒する例が多い. これは必ずしも生理的に意味のある反応ではないが，特異性が高いので，糖鎖合成に利用される例もある.

d **グリコシル基転移** [transglycosylation]《同》グリコシル転移，グリコシド転移(transglycosidation). 一般にグリコシル基(G)とアグリコン(R)とからなる配糖体 RG が別の物質(A)にグリコシル基を転移して AG をつくる反応: RG+A→R+AG. 生体内で最もよく見られる例としては，ショ糖・ラクトースなどのオリゴ糖生合成や，アミロース・グリコーゲン・ヒアルロン酸などの多糖鎖生合成がある. これらの場合，グリコシル基供与体となるのはすべて*糖ヌクレオチド，つまりアグリコンとして UDP，GDP，dTDP，CDP，CMP などのヌクレオシドー リン酸または二リン酸をもった各種配糖体である. これらの反応はすべて特異的な*糖転移酵素と総称される酵素で触媒され，これらの酵素のほとんどが細胞内膜系に組み込まれて存在する. 別の型のグリコシル基転移として α-1,4 結合から α-1,6 分枝をつくる*分枝酵素(Q 酵素)，ショ糖をグルコース供与体としてデキストランをつくる酵素，ショ糖をフルクトース供与体としてレバンをつくる酵素などが触媒する反応が知られている.

e **グリコペプチド系抗生物質** [glycopeptide antibiotics] 糖化修飾をうけた環状ペプチド構造をもつ抗生物質の総称(⇒ペプチド系生物質). 放線菌から生産される抗生物質として，バンコマイシンやその類縁物質テイコプラニンが知られる. バンコマイシンは，細胞壁中の*ペプチドグリカン合成の前駆物質となるリピドⅡの DAla-DAla 部分と結合，最終的にペプチドグリカンの重合反応と架橋が阻害され抗菌力が発揮される(⇒細胞壁合成阻害剤). 院内感染の原因菌の一つであるメチシリン耐性黄色ブドウ球菌(*MRSA)の治療薬として使用されてきたが，近年では各国で薬剤耐性菌の出現が問題となっている. テイコプラニンは，作用機序や抗菌力はバンコマイシンに類似するが，血中半減期が長いため少ない投与回数で用いることが可能.

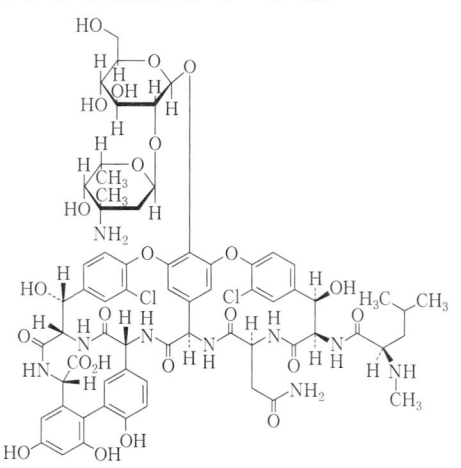

バンコマイシン

f **グリコール酸** [glycolic acid] 細菌のペントース発酵や植物の*光呼吸(*グリコール酸経路)における代謝中間体. *グリオキシル酸の酵素的還元によっても生成する. 植物に広く存在するグリコール酸化酵素で酸化されてグリオキシル酸になる. これはさらにシュウ酸に酸化される場合もある. グリコール酸の代謝能力の低い藻類では，グリコール酸の一部は細胞外へ排出される.

CH$_2$OH
COOH

a　グリコール酸経路　[glycolate pathway]

*リブロース-1,5-ビスリン酸カルボキシラーゼ/オキシゲナーゼ(Rubisco)の酸素添加反応(図の(1))によって生じたホスホグリコール酸が脱リン酸化されて生じる*グリコール酸が代謝される経路. N. E. Tolbert (1963) により提唱された*光呼吸経路(C_2炭素酸化経路)である. Rubisco(1)と葉緑体内のホスファターゼ(図の(2))により生成されたグリコール酸はペルオキシソームに移行する. グリコール酸はグリコール酸オキシダーゼ(図の(3))の働きでグリオキシル酸になる. この酸化反応において, グリコール酸1分子当たり$1/2$分子のO_2が取り込まれる. 次にグリオキシル酸はアミノ基転移酵素によりグリシンに変わる. この過程では二つの反応(図の(4), (7))が並行して行われる. 生じたグリシンはミトコンドリアに移り, グリシンデカルボキシラーゼ複合体(図の(5)), セリンヒドロキシメチルトランスフェラーゼ(図の(6))の働きにより2分子のグリシンから1分子のセリンが生じる. この過程で, セリン1分子当たりCO_2とNH_4^+が1分子ずつ生成する. したがって, グリコール酸1分子当たり$1/2$分子のCO_2が発生することになる. セリンはふたたびペルオキシソームに移り, ヒドロキシピルビン酸を経てグリセリン酸となる. グリセリン酸は葉緑体に戻り3-ホスホグリセリン酸(PGA)となり*還元的ペントースリン酸回路(カルビン回路)にふたたび取り込まれる. ミトコンドリアで生じたNH_4^+は葉緑体においてグルタミン酸に取り込まれる. 光呼吸におけるO_2吸収とCO_2発生はそれぞれ主に図の反応(1)と(3)および反応(5)と(6)による.

b　グリシン　[glycine]

略号 Gly または G (一文字表記). 《同》グリココル(glycocoll). H_2NCH_2COOH　最も簡単な, しかも不斉炭素原子をもたず, したがってDL体(光学異性体)をもたない唯一のアミノ酸. 多くの動物性蛋白質, 特に絹フィブロイン, ゼラチン, エラスチンなどに多量に含まれる. ヒトでは可欠アミノ酸で, 生体内では種々の代謝経路での前駆体あるいは最終産物となる. グリシンを合成する反応には, (1) セリンヒドロキシメチル基転移酵素(serine hydroxymetyltransferase)によるセリンからの変換, (2) グリシンシンターゼ(glycine synthase)によるCO_2, NH_4^+, N^5,N^{10}-メチレンテトラヒドロ葉酸からの合成, (3) アラニン, グルタミン酸などからグリオキシル酸へのアミノ基転移反応, (4) コリンからベタイン, サルコシンなどを経てグリシンに至る経路などがある. 分解はヒトでは主として(2)の逆反応(グリシン開裂)によると考えられるが, 異化経路としては他に(1), (3)の逆反応, グルタチオン, クレアチン, ポルフィリン, プリンの生合成, 胆汁酸や芳香族カルボン酸(例えば安息香酸)との抱合体の形成などがある. また, (1)の反応, ならびにグリシン開裂はテトラヒドロ葉酸にC_1単位を導入する反応としても重要で, プリン, ヒスチジンの炭素骨格に入るほか, メチオニンやチミンのメチル基となる.

c　クリスタリン　[crystallin]

脊椎動物の水晶体の主要成分である可溶性の構造蛋白質の総称. 水晶体の透明性と高い屈折率を維持するとされる. 羊膜類のクリスタリンは$α$, $β$, $γ$, $δ$の4クラスに大別され, $γ$は哺乳類に, $δ$は鳥類と爬虫類に固有. 各クラスのクリスタリンはサブクラスからなり, 同一クラス内でオリゴマーを形成する. 分子量は$α$-クリスタリンが1万8000(A)と2万(B), $β$が1万9000から3万5000, $γ$が約2万, $δ$が4万8000. うち, $α$B-クリスタリンは, 水晶体以外の組織では*ストレス蛋白質としての発現制御を受け, また脳のアストロサイトにおける蓄積と脳組織の変性を

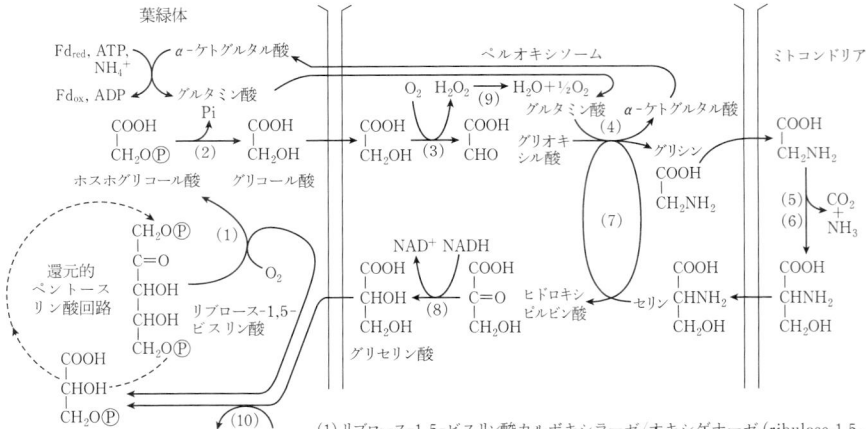

(1) リブロース-1,5-ビスリン酸カルボキシラーゼ/オキシゲナーゼ(ribulose-1,5-bisphosphate carboxylase/oxygenase, EC 4.1.1.39)　(2) ホスホグリコール酸ホスファターゼ(phosphoglycolate phosphatase, 3.1.3.18)　(3) グリコール酸オキシダーゼ(glycolate oxidase, 1.1.3.1)　(4) グルタミン酸：グリオキシル酸アミノトランスフェラーゼ(glutamate:glyoxylate aminotransferase, 2.6.1.4)　(5) グリシンデカルボキシラーゼ複合体(glycine decarboxylase complex, 1.4.4.2, 1.8.1.4, 2.1.2.10)　(6) セリンヒドロキシメチルトランスフェラーゼ(serine hydroxymethyltransferase, 2.1.2.1)　(7) セリン-グリオキシル酸トランスアミナーゼ(serine-glyoxylate transaminase, 2.6.1.45)　(8) ヒドロキシピルビン酸リダクターゼ(hydroxypyruvate reductase, 1.1.1.81)　(9) カタラーゼ(catalase, 1.11.1.6)　(10) グリセリン酸キナーゼ(glycerate kinase, 2.7.1.31)

生じる遺伝性疾患アレクサンダー病（Alexander disease）との関連が指摘されている．γ-クリスタリンは，β-クリスタリンと似た構造をもち，β-クリスタリンから派生したとされる．δ-クリスタリンは，*尿素回路の酵素であるアルギニノコハク酸リアーゼの遺伝子が遺伝子重複を起こした後，その片方の遺伝子が酵素活性をもたない蛋白質をコードするようになったものとされる．動物種特異的なクリスタリンの多くは，何らかの遺伝的変異によって酵素蛋白質が大量に合成されるようになったもので，アヒルのε-クリスタリンは乳酸脱水素酵素，一部のカエルがもつρ-クリスタリンはプロスタグランジン合成酵素．クリスタリンは水晶体特異的，もしくは水晶体で特に大量に合成されるため，その遺伝子発現が水晶体分化の指標となる．δ-クリスタリンは鳥類の水晶体分化において最初に合成が開始され，最も大量に合成されることから，first important soluble crystallin（FISC）と呼ばれた．次いでα-クリスタリンの合成が開始，遅れて合成されるβ-クリスタリンおよびγ-クリスタリンは水晶体繊維特異的である．ひとたび合成されたクリスタリンは安定で，その個体の一生にわたり保持される．その間クリスタリンの一部が不溶性になることが*白内障の一因になるとされる．

a **CRISPR**（クリスプアール） clustered regularly interspaced short palindromic repeats の略．ファージやプラスミドなどの外来性遺伝因子に対する細菌の防御機構の一種にかかわる染色体領域．30 塩基対前後の繰返し配列がスペーサー（spacer）と呼ばれる配列を挟んで，規則正しく数回から数十回繰り返されており，近傍に Cas 蛋白質（CRISPR-associated protein）群をコードする領域が存在する．スペーサーの長さも 30 塩基対前後であるが，配列はスペーサーごとに異なる．また菌株が違えばスペーサーも異なる．スペーサー配列は細菌に侵入してきた外来性 DNA などに由来すると考えられ，ファージ DNA などと相同性を示す．CRISPR 領域からの転写産物は Cas 蛋白質によりスペーサー配列と前後の繰返し配列の一部からなる短い RNA 分子に切断される．侵入してくる外来性遺伝因子がこの RNA 分子と相同性を示す場合，RNA 分子と Cas 蛋白質の複合体が外来性遺伝因子の DNA あるいは mRNA に結合して遺伝子発現を抑制したり分解することで，その侵入を防ぐ．CRISPR による外来性遺伝因子に対する防御機構は，ファージなどに対する細菌の免疫機構と見なすことができる．

b **グリーゼバハ** G<small>RISEBACH</small>, August Heinrich Rudolf 1814〜1879 ドイツの植物生態学者．ルメリア地方（バルカン南部）・ノルウェー・カルパティア山脈・ビレネー山脈に研究旅行．新しい生活形を提唱し，群落の相観を用い，植物群系による群系学に基礎を与えた．植物生態地理学の基礎の確立に貢献した．[主著] Die Vegetation der Erde nach ihrer klimatischen Anordnung, 2 巻, 1872.

c **グリセリン筋** ［glycerol-extracted muscle, glycerinated muscle］《同》グリセリン浸漬筋，グリセリンモデル（glycerol model）．筋肉細胞の束を静止の長さを保って棒などに結びつけ，50% のグリセリンに浸し，−20°C で 1 カ月以上保存した*筋肉モデル．A. von Szent-Györgyi（1949）の開発．細胞膜の構造がこわれ，水溶性の蛋白質のかなりの部分が抽出される．電気刺激には応じないが，MgATP で収縮する．筋原繊維の構造は保たれているので，H. E. Huxley ら（1953〜1957）によって電子顕微鏡的微細構造変化が研究され，*滑り説の有力な手がかりとなった．（⇒細胞モデル）

d **グリセリン酸-1,3-二リン酸**
［1,3-diphosphoglycerate］《同》1,3-ジホスホグリセリン酸，ネーゲレインエステル（Negelein ester, 旧称）．⇒解糖（図）

$$\begin{array}{l}COO-PO_3H_2\\H-C-OH\\CH_2O-PO_3H_2\end{array}$$

e **グリセリン酸-2,3-二リン酸** ［2,3-diphosphoglycerate］《同》2,3-ジホスホグリセリン酸，グリーンワルドエステル（Greenwald ester）．グリセリン酸のリン酸エステル．特に赤血球に高濃度（約 4 mM）に存在する．*グリセリン酸-1,3-二リン酸＋グリセリン酸-3-リン酸 ⇌ グリセリン酸-3-リン酸＋グリセリン酸-2,3-二リン酸の反応で生成．グリセリン酸二リン酸ムターゼ（ジホスホグリセロムターゼ diphosphoglyceromutase）がこの反応を触媒する．また，解糖系の酵素であるグリセリン酸ムターゼもこの反応を触媒する．この酵素の本来の機能はグリセリン酸-3-リン酸 ⇌ グリセリン酸-2-リン酸の反応を触媒することであり，このときはグリセリン酸-2,3-二リン酸が補助因子として機能する．やはり解糖系酵素であるグルコースリン酸ムターゼと似た反応機構が考えられている．なお，グリセリン酸-2,3-二リン酸はデオキシ型*ヘモグロビンと 1:1 の分子比で結合し，その酸素親和性を下げる効果がある．これは低酸素環境や貧血のときに末梢での酸素の放出を容易にする．高地トレーニングによって赤血球中の本物質の濃度は上昇する．

$$\begin{array}{l}COOH\\H-C-O-PO_3H_2\\CH_2O-PO_3H_2\end{array}$$

f **グリセルアルデヒド** ［glyceraldehyde］ *グリセロールを酸化して得られる*トリオースの一つ．不斉炭素原子 1 個をもち，糖の立体異性の基準とされる．*ヘミアセタールをつくっていないのでアルデヒドとして還元力が強い．

$$\begin{array}{l}^1CHO\\H-^2C-OH\\^3CH_2OH\end{array}$$

D-グリセルアルデヒド

g **D-グリセルアルデヒド-3-リン酸** ［D-glyceraldehyde-3-phosphate］ *解糖・*発酵・*糖新生，また*ペントースリン酸回路・*還元的ペントースリン酸回路など糖の代謝の重要な中間体．グリセルアルデヒド-3-リン酸脱水素酵素の作用をうけて，NAD$^+$ に水素を与え，同時にオルトリン酸と結合して*グリセリン酸-1,3-二リン酸となる．また*アルドラーゼの作用で，ジヒドロキシアセトンリン酸と可逆的にアルドール縮合して，*フルクトース-1,6-二リン酸を生成する．

$$\begin{array}{l}CHO\\HCOH\\CH_2OPO_3H_2\end{array}$$

h **グリセロ糖脂質** ［glyceroglycolipid］《同》グリセログリコリピド．*グリセロールを共通の構成成分とし，sn-1,2-ジアシルグリセロールの 3 位に，直接またはリン酸基を介して，糖が結合した構造をもつ糖脂質の総称．*スフィンゴ糖脂質と並んで糖脂質を二大別する．スフィンゴ糖脂質が動物界の主要糖脂質であるのに対し，植物界・細菌界に広く存在，黄緑体などでは脂質の約 90% を占める．中性糖だけを含む中性糖脂質としては，葉緑体膜に存在するモノおよびガラクトシルジアシルグリセロール（galactosyldiacylglycerol），結核菌のホスファチジルイノシトールオリゴマンノシドは有名．ガラクトシルジアシルグリセロールは少量であるが脳などに

も存在する．また，糖鎖が30個にもおよぶマクログリセロ糖脂質もグラム陽性菌に見出されている．一方，ウロン酸や，リン酸基・硫酸基を含む酸性グリセロ糖脂質も存在し，例えば葉緑体膜・ウニ卵・精子などには6-スルホキノボシルジアシルグリセロールが，哺乳類巣には硫酸基を含むセミノリピド（3-スルホガラクトシルアルキルアシルグリセロール）が知られている．

$$\left.\begin{array}{l} H_2C-O-\overset{O}{\overset{\|}{C}}-R_1 \\ HC-O-\overset{O}{\overset{\|}{C}}-R_2 \\ H_2C-O-糖 \end{array}\right\}脂肪酸残基$$

H₂C-O-糖（あるいは，リン酸-イノシトール-糖など）

a グリセロリン脂質 [glycerophospholipid] グリセロールリン酸を骨格としてもつ*リン脂質の総称．*ホスファチジン酸，*ホスファチジルグリセロール，*カルジオリピン，*ホスファチジルコリン，*ホスファチジルエタノールアミン，*ホスファチジルセリン，*ホスファチジルイノシトールなどが知られている．また，非極性部分の疎水性基の種類により，(1) ジアシル型リン脂質のグリセロールの sn-1位と2位にアシルエステルをもつジアシル型，(2) エーテル型リン脂質の1位にアルキルエーテル，2位にアシルエステルをもつアルキルアシル型，(3) 1位にアルケニルエーテル（ビニルエーテル），2位にアシルエステルをもつアルケニルアシル型に分類される．アルケニルアシル型は*プラスマローゲンとも呼ばれる．グリセロリン脂質は*生体膜の主要構成成分であると共に，細胞外からの刺激に対して速やかに代謝され，細胞内情報伝達機構に重要な役割を担っていることが明らかにされている．グリセロリン脂質の生合成経路については，⇒脂質生合成．

b グリセロール [glycerol] 《同》グリセリン(glycerin). 3価のアルコールの一つ．無色，粘稠，甘味のある吸湿性の液体．*糖脂質，*リン脂質，*中性脂肪などの成分として多量に存在し，*アルコール発酵の生成物としても得られる．この過程においてはジヒドロキシアセトンリン酸のNADHによる還元で生じた*L-グリセロール-3-リン酸が加水分解して生成される．グリセロールの代謝は

$$\begin{array}{l} グリセロール+ATP \\ \rightleftarrows L-グリセロール-3-リン酸+ADP \qquad (1) \\ L-グリセロール-3-リン酸+NAD^+ \\ \rightleftarrows ジヒドロキシアセトンリン酸+NADH \qquad (2) \end{array}$$

$$\begin{array}{l} CH_2OH \\ CHOH \\ CH_2OH \end{array}$$

により，(1)はグリセロールキナーゼ(glycerol kinase, EC2.7.1.30), (2)はL-グリセロール-3-リン酸脱水素酵素(EC1.1.1.8)によって触媒される．別にNADを必要とせずにこの反応を行うグリセロール-3-リン酸脱水素酵素(EC1.1.99.5)がある．（⇒グリセロール-3-リン酸脱水素酵素）

c グリセロール発酵 [glycerol fermentation] *アルコール発酵の条件を変更することで発酵転換し，*グリセロールが生成，蓄積すること．通常のアルコール発酵におけるグルコース代謝では，エムデン-マイエルホーフ経路で生成したNADH（グリセルアルデヒド-3-リン酸から1,3-ビスホスホグリセリン酸を生成する過程）はアセトアルデヒドからエタノールを生成する過程でNAD⁺に再酸化される．しかし，例えばアセトアルデヒドを亜硫酸塩などの添加で捕捉すると，アセトアルデヒドからエタノールを生成する過程でのNADHの再酸化が行われなくなる．そのため，エムデン-マイエルホーフ経路で生成したジヒドロキシアセトンリン酸からグリセロールリン酸を生成する過程でNADHの再酸化が行われるようになる．生成したグリセロールリン酸からグリセロールが生成する．

d L-グリセロール-3-リン酸 [L-glycerol-3-phosphate] 《同》αグリセロリン酸, D-グリセロール-1-リン酸, sn-グリセロール-3-リン酸．*グリセロールのリン酸誘導体の一つ．*リン脂質の生合成母体の一つで，解糖系の一員であるジヒドロキシアセトンリン酸から*グリセロール-3-リン酸脱水素酵素によって生成する．また逆反応によりジヒドロキシアセトンリン酸になり解糖系に入りうる．L-グリセロール-3-リン酸は*グリセロールリン酸往復輸送系で細胞質-ミトコンドリア間の還元当量のキャリアーとなっている．

$$\begin{array}{l} CH_2OH \\ HO-\overset{|}{C}-H \\ CH_2O-PO_3H_2 \end{array}$$

e グリセロールリン酸往復輸送系 [glycerol phosphate shuttle] 《同》グリセロールリン酸シャトル．ミトコンドリアにおいて細胞質のNADHを酸化する経路．本来ミトコンドリア膜を透過できないNADHは，まず細胞質の*グリセロール-3-リン酸脱水素酵素(EC 1.1.1.8)でジヒドロキシアセトンリン酸を還元してL-グリセロール-3-リン酸とする．L-グリセロール-3-リン酸はミトコンドリア内に入り，そこで別のグリセロール-3-リン酸脱水素酵素(EC1.1.99.5, フラビン蛋白質)で酸化されジヒドロキシアセトンリン酸になり，細胞質に戻る．還元された酵素フラビン蛋白質は電子を電子伝達鎖に与える．このようにして細胞質のNADHが*呼吸鎖によって酸化される．

f グリセロール-3-リン酸脱水素酵素 [glycerol-3-phosphate dehydrogenase] 《同》グリセロール-3-リン酸デヒドロゲナーゼ．次の2種がある．(1) ミトコンドリア外の細胞質にあって，NADHを用いて解糖系の一員であるジヒドロキシアセトンリン酸を還元して*L-グリセロール-3-リン酸をつくる酵素．EC1.1.1.8. (2) ミトコンドリア内にある，フラビンを補欠分子団とする酵素．EC1.1.99.5. グリセロール-3-リン酸はミトコンドリア外の代謝前駆体としても利用されるが，一部はミトコンドリア内に透過して，ミトコンドリア内の脱水素酵素で再酸化されフラビン補欠分子団を還元する．（⇒グリセロールリン酸往復輸送系）

g グリソン GLISSON, Francis 1597～1677 イギリスの医学者，生理学者．W. Harvey, T. Willisらとともに Elizabeth朝下の実験主義的傾向を代表する．1636年ケンブリッジ大学の物理学欽定講座担任教授となり，終生在職．その著書'Anatomia hepatis'(1654)は，顕微鏡以前の時代に肝臓の構造を細密に追求した労作で，グリソン嚢（肝臓の繊維性鞘）に彼の名が留められている．くる病の別名のグリソン病も，彼の最初の記載(1650)に由来する．'Tractatus de natura substantiae energetica'(1672)では，筋繊維の能動的収縮性を発見し，その重要性を強調した．

h クリック CRICK, Francis Harry Compton 1916～2004 イギリスの分子生物学者．ロンドン大学を卒業後，ケンブリッジ大学で物理学を学ぶ．第二次大戦中は

レーダーの開発にたずさわる．キャヴェンディッシュ研究所で W. L. Bragg 教授のもとでらせん状蛋白質構造を研究中，アメリカから留学してきた J. D. Watson と共同して DNA の二重らせんモデルを提出．この研究で Watson，M. H. F. Wilkins とともに 1962 年ノーベル生理学・医学賞受賞．遺伝情報の単位が三連子であることを予言．後に脳神経系の研究を行った．[主著] The astonishing hypothesis, 1994.

a **クリノキネシス** [klinokinesis] 単細胞生物および動物が前進運動中に行う方向転換において，その頻度または程度が刺激の強さに依存して起こるような*キネシス．運動方向の逆転となって現れる場合もあり，ゾウリムシが物体に衝突して後戻りするのはその例（広義には負の接触*走性に属する）．そのほか光・温度・湿度・化学物質などが刺激となる．古くは驚動運動と呼ばれ，また J. Loeb は刺激の強さよりもその時間的変化が主因をなすと考えて分差反応の語を用いた．A. Kühn はこれを驚動走性 (phobotaxis) と名づけて走性の列に加え，さらに D. L. Gunn はキネシスと呼んで指向走性 (topotaxis, ⇨走性) から区別した．現在ではオルトキネシスもキネシスのうちに加えられている．H. S. Jennings はクリノキネシスに心理学的解釈を与えたが，一般に単純な生理学的応答とされている．刺激の強さの増加とともにクリノキネシスが低性から高性に転換する型があり，このようなものでは刺激強度の不関帯 (indifferent zone) または至適帯 (optimum zone) への集合が起こる．

b **クリノスタット** [clinostat] 《同》植物回転器．植物などの試料を連続的に回転させて重力の方向をランダム化する実験装置．重力方向と直角の軸のまわりに回転させる装置が長年使用されてきたが，直交する二つの回転軸をもつ三次元クリノスタットも開発された．回転速度は重力受容に要する時間と回転によって生ずる遠心力のかねあいによって決まり，植物では 1 回転/min 程度が用いられる．重力の方向に依存する*重力屈性などの解析には有効であるが，重力の大きさに対する反応である抗重力反応を起こさせなくすることはできない．

c **クリプティックプロファージ** [cryptic prophage] 《同》陰性プロファージ．増殖に必要な機能を失ったプロファージ，あるいは，リプレッサー合成に欠陥があり*免疫性を示さないプロファージ．細菌中のプロファージの存在は，ファージ産生や免疫性によって示されるのが一般的であり，この二つの性質を欠いている細菌は一見非溶原菌のようにみえるが，このようなプロファージをもつ場合がある．

d **クリプトクロム** [cryptochrome] 植物においては光形態形成や概日時計の光調節などに，動物においては概日時計の光調節，発振および磁気受容に関与する近紫外-青色光吸収色素．クリプトは「隠れた」，クロムは「色素」の意で，長年その化学的性質が不明であったために，この未知の色素に対して 1970 年代に便宜上つけられた呼称．しかし M. Ahmad と A. R. Cashmore (1993) は，この色素を欠くシロイヌナズナ hy4 変異種を利用して HY4 遺伝子をクローニングし，この色素蛋白質の一次構造を決定した．この蛋白質は 681 アミノ酸分子からなり，細菌の DNA フォトリアーゼ (DNA photolyase) に似たドメインと C 末端側のシグナル伝達ドメインよりなる．その後，類似の分子が動物にも多数存在することが分かった．*フラビンアデニンジヌクレオチド (FAD) と*プテリンを 1 分子ずつ発色団として含む．発色団が光を受容し，光エネルギーによって生じるラジカルあるいは電子移動による分子内酸化還元反応が最終的に分子構造の変化を引き起こすと考えられている．磁気の受容には，光で生じるラジカル対の安定性や反応性に磁場効果があるためと考えられているが詳細は不明である．Cry1, Cry2 などの分子種が存在する．（⇨近紫外-青色光応）

e **クリプト植物** [cryptophytes, cryptomonads] 真核生物における系統群の一つ．基本的に単細胞性で 2 本の不等運動性鞭毛をもつ．鞭毛は 2 部構造の管状小毛をもち片羽型または両羽型．細胞膜直下（ときに外にも）に薄い板状構造が存在し，細胞膜とあわせてペリプラスト (periplast) と呼ばれる．射出体 (ejectisome) をもつ．紅色植物との二次共生に由来する葉緑体はクロロフィル a, c_2, アロキサンチン，フィコエリスリン（またはフィコシアニン）を含み，核膜につながる色素体 ER を含む四重膜で囲まれる．フィコビリン蛋白質は 1 種で*フィコビリソームを形成せずチラコイド内腔に存在する．二重チラコイドをもつ．光合成能を欠くものもいる．多くは色素体周辺区画（色素体膜の 2, 3 枚目の間）に*ヌクレオモルフをもち，ここに澱粉を貯蔵する．クリプト植物門 (Cryptophyta) に分類され，一般に色素体をもつクリプト藻綱 (Cryptophyceae) とこれを欠くゴニオモナス綱 (Goniomonadea) に分けられる．

f **クリプトビオシス** [cryptobiosis] 乾燥や低温といった環境条件によって誘導され，代謝がほぼ完全に停止する状態．クマムシの乾眠が有名であるが，ほかにも菌類の胞子，植物の種子，ワムシ，ミジンコ，昆虫ではネムリユスリカ (Polypedilum vanderplanki) の幼虫で見られる．乾燥によって水分が奪われた場合に起こるアンハイドロビオシス (anhydrobiosis)，高浸透圧の外液によって水分が奪われて起こるオズモビオシス (osmobiosis)，生物が氷結したときに起こるクリオビオシス (cryobiosis)，高温あるいは低温によって起こるサーモビオシス (thermobiosis)，外界の酸素濃度が低くなり代謝を維持するレベル以下になった際に起こるアノキシビオシス (anoxybiosis) に分類されることもある．クリプトビオシスに入った生物は驚異的なストレス耐性を示す場合が多い．例えば，乾眠したクマムシは，$-273 \sim 151°C$ の温度，真空，7.5 GPa の高圧，100% エタノール，5700 Gy の放射線照射にも耐えることができる．

g **グルー** Grew, Nehemiah 1641～1712 イギリスの医師，植物解剖学者．ケンブリッジ大学およびライデン大学で医学を学び，生地コヴェントリ，のちにロンドンで開業医となり，他方，植物解剖学の研究を進めた．1677 年，ロンドン王立協会の幹事となる．植物のあらゆる部分の精密な図を描き，顕微鏡学者としても知られた．また脊椎動物の消化管の比較解剖学的研究をし，動物学上はじめて「比較解剖学」の語を用いた．[主著] Anatomy of plants, 4 巻, 1682.

h **グルヴィチ** Gurvich, Alexandr Gavrilovich (Гурвич, Александр Гаврилович) 1874～1954 ソ連の生物学者．組織学を専攻，細胞分裂を誘起するミトゲン線を発見したと主張した (1929)．また場の概念を発生学に導入したことで知られている．[主著] Das Problem der Zellteilung physiologisch betrachtet, 1926.

i **グルカゴン** [glucagon] 《同》グリカゴン (glycagon），抗インスリン（anti-insulin），インスリンB（insulin B）．インスリンに伴って脊椎動物の膵臓にあるランゲルハンス島のA細胞から分泌されるペプチドホルモンの一つ．インスリンとは反対に，血糖量を増加させる作用がある．J.R. Murlinら(1923)が記載，分別沈澱により結晶化(1953)された．N末端ヒスチジンに始まりC末端トレオニンに終わる29個のアミノ酸残基からなる一本鎖ペプチドで，分子量約3500(図)．37アミノ酸残基からなる前駆体プログルカゴン（proglucagon）からA細胞で合成される．

H-His-Ser-Gln-Gly-Thr-Phe-Thr-Ser-Asp-Tyr-
Ser-Lys-Tyr-Leu-Asp-Ser-Arg-Arg-Ala-Gln-Asp-
Phe-Val-Gln-Trp-Leu-Met-Asn-Thr-OH

哺乳類のグルカゴン

a **グルカン**　[glucan]　*グルコースを構成糖とする多糖の総称．D-グルコースどうしの結合様式によっていろいろな種類があり，不斉炭素原子（C-1）の配置により大きくα-グルカンとβ-グルカンに分かれる（⇌配糖体）．微生物・植物・動物界に広く分布する．α-グルカンにはアミロース（α-1,4結合），アミロペクチン（α-1,4とα-1,6結合），グリコゲン（同前），細菌のデキストラン（α-1,6結合）などが含まれる．β-グルカンの代表的なものにはセルロース（β-1,4結合），褐藻類のラミナラン（β-1,3結合），地衣類のリケナン（β-1,3とβ-1,4結合）などがある．

b **グルカン合成酵素**　[glucan synthase]　ヌクレオシド二リン酸グルコースを基質として，プライマーへの*グリコシル基転移によって*グルカンを合成する酵素．澱粉合成酵素（α-1,4-グルカン合成酵素，EC 2.4.1.21）もグルカン合成酵素の一種ではあるが，通常は細胞壁合成に関係するβ-1,4-グルカン合成酵素，β-1,3-グルカン合成酵素(EC 2.4.1.34)などを指す．酢酸菌では，ウリジン二リン酸グルコース（UDP-Glc）からセルロースを合成する*セルロース合成酵素（EC 2.4.1.12）が知られている．植物でも，同様の活性をもち膜に結合した酵素標品が得られている．（⇌セルロース合成酵素）

c **クルーグ**　KLUG, Aaron 1926～　イギリスの分子生物学者．20年以上をかけてタバコモザイクウイルスの三次元構造を解明，その分子模型を作った．その間ウイルス構造の基本原理（準同一モデル）を発表，さらに光回折法などを考案してファージ尾部の三次元構造像を発表した．研究グループのリーダーとしてtRNAの三次元構造，ヌクレオソームの構造解明に貢献した．結晶学的電子分光法の開発と核酸-蛋白質複合体の立体構造の解明により1982年ノーベル化学賞受賞．

d **クルクミン**　[curcumin]　《同》1,7-ビス（4-ヒドロキシ-3-メトキシフェニル）-1,6-ヘプタジエン-3,5-ジオン，1,7-bis (4-hydroxy-3-methoxyphenyl)-1,6-heptadiene-3,5-dione）．ジフェルロイルメタン（diferuloylmethane）．$C_{21}H_{20}O_6$　ショウガ科の植物ウコン（Curcuma longa）の根茎から抽出される黄色色素，橙色の結晶．アルカリで赤褐色を示す．黄色染料，香辛料，生薬として古くから使用されるウコン根茎の主たるポリフェノール．ウコンは抗炎症，抗酸化，抗腫瘍，抗アミロイドなど多彩な生理作用で知られ，健康食品として汎用されるが，摂取量には注意が必要．クルクミンはフラボノイドと同様にシキミ酸酢酸複合経路に由来し，Ⅲ型ポリケタイド合成酵素によってその骨格が生成する．

e **β-グルクロニダーゼ**　[β-glucuronidase]　D-*グルクロン酸のβ型配糖体に作用してそのグルクロニド結合を加水分解する酵素の総称．EC 3.2.1.31．実験室では測定の便宜上，フェノールフタレインなど遊離したあと比色定量しやすい*アグリコンをもつグルクロニドが基質として使われるが，本酵素の基質特異性は広く，アルコール，*ステロイド，カルボン酸などのβ-D-グルクロニドにも作用する．酵素起原によってかなりの相違があり，真の基質（天然基質）が何であるかは必ずしも明らかでない場合がある．微生物・植物・動物に存在する．動物では全組織に分布するといってよく，特に血漿など体液に常時検出されるほか，脾臓・肝臓・腎臓には高い活性がみられる．これら細胞内ではリソソーム分画・ミクロソーム分画に分布している．ラット陰核・カタツムリ・カサガイなども強い活性をもつので酵素調製の材料としてよく使われる．哺乳類などではステロイドホルモンがグルクロニドの形で標的細胞に運ばれ，β-グルクロニダーゼで遊離ステロイドになることによってホルモンとしての機能を発現する機構が考えられている．また*グリコサミノグリカンの代謝的分解過程にこの酵素が関与し，オリゴ糖断片の非還元末端からグルクロン酸残基を遊離させるといわれる．多くの植物細胞内ではこの酵素の活性がほとんど認められないので，大腸菌由来のβ-グルクロニダーゼ遺伝子（GUS）はしばしば植物細胞を用いた遺伝子操作技術における*レポーター遺伝子として用いられる．

f **グルクロン酸**　[glucuronic acid]　GlcU, GluUAと略記．《同》β-D-グルコピラノシルウロン酸（β-D-glucopyranosyl uronic acid）．グルコースの6位のアルコール残基がカルボキシル基に置換された，代表的ウロン酸．D-グルクロン酸は尿中にフェノール類・ステロイド類の配糖体（D-グルクロニド）の形で見出されるほか，動物ではグリコサミノグリカンの構成糖，植物ではアラビアゴム・ヘミセルロース・サポニンなどの構成糖．細菌の分泌する莢膜多糖にも見出される．細胞内ではUDP-グルコースからNAD⁺要求性の特異的な脱水素酵素によってUDP-グルクロン酸が生じ，配糖体や多糖のグルクロン酸残基供与体となる．一方，グルクロン酸の関係するグリコシド結合を加水分解する酵素*β-グルクロニダーゼも広く分布する．細胞内ではグルコース-6-リン酸からミオイノシトールを経由して遊離のグルクロン酸ができる経路がある．多くの植物や動物（霊長類などを除く）には，遊離のD-グルクロン酸を還元してL-グロン酸にする酵素があり，これがビタミンC（L-アスコルビン酸）の合成経路となっている．L-グロン酸はさらにキシルロース，キシルロース-5-リン酸からペントースリン酸回路を経てUDP-グルコースとなり，再

びグルクロン酸が合成される．この回路をグルクロン酸経路(glucuronate pathway，ウロン酸回路)と呼ぶ．

a **グルクロン酸抱合** [glucuronide formation] 動物の体内で行われるグルクロン酸配糖体生成による*解毒反応の一種(抱合解毒)．UDP-グルコースの脱水素反応で生じた UDP-グルクロン酸からフェノールなどの水酸基へグルクロン酸残基が転移酵素により転移しグルクロニドをつくり，この形で尿中に排出される．なお，ステロイドホルモンや胆汁色素もグルクロニドの形になる．

b **グルココルチコイド** [glucocorticoid] 《同》糖質コルチコイド．*副腎皮質ホルモンのうち，糖質代謝に関係する*ステロイドホルモンの総称．肝における*糖新生と*グリコーゲンの貯蔵，血糖値の上昇などを介して糖質代謝を促進する．また，抗炎症作用もある．その生成は下垂体から分泌される*副腎皮質刺激ホルモン(ACTH)による調節をうけるが，自らも下垂体に作用して ACTH 分泌を抑える．魚類や両生類の中には*ミネラルコルチコイドの分泌がなく，グルココルチコイドだけを分泌する種もある．デキサメタゾンなどの化学合成物質もグルココルチコイドと同様の作用をもつ．グルココルチコイドの代表例は以下の通り．(1)*コルチゾル(ヒドロコルチゾンとも呼ばれる)：*ステロイド 17α 水酸化酵素のないネズミなどを除く哺乳類の副腎皮質から分泌され，グルココルチコイドとして最も強い作用を示す．(2) コルチコステロン(corticosterone)：*プロゲステロンから*ステロイド 21 水酸化酵素の作用により 11-デオキシコルチコステロン (11-deoxycorticosterone)が作られ，これがステロイド 11β 水酸化酵素によってコルチコステロンとなる．副腎にステロイド 17α 水酸化酵素がないネズミなどには，このホルモンがグルココルチコイドの代表的なものである．酢酸エステルは臨床的に使用される．(3) コルチゾン(cortisone)：コルチゾルから 11β-ヒドロキシステロイド脱水素酵素によって生成される．リウマチ性関節炎その他の炎症に抗炎症剤として，また抗アレルギー剤として使用される．

c **グルコサミン** [glucosamine] GlcN と略記．《同》2-アミノ-2-デオキシ-D-グルコース (2-amino-2-deoxy-D-glucose)，キトサミン (chitosamine)．C$_6$H$_{13}$NO$_5$ ヘキソサミンの一種で，代表的なアミノ糖．自然界には D 型が，主として*N-アセチルグルコサミンの形でキチン・プロテオグリカン(グリコサミノグリカン)・糖蛋白質・糖脂質・細菌細胞壁ペプチドグリカン・リポ多糖などに含まれ，複合多糖の構成糖としては最も分布の広いものといってよい．ヘパリンには N-硫酸化-D-グルコサミンが，ストレプトマイシンには N-メチル-L-グルコサミンが含まれる．また，膜蛋白質の存在様式の一つとして知られるグリコシルホスファチジルイノシトール(GPI)アンカーのグリカン部分の構成糖として α-D-グルコサミンが存在する．D-グルコースから D-フルクトース-6-リン酸を経てグルタミンからのアミノ基転移反応により D-グルコサミン-6-リン酸が生合成される．この転移反応は抗生物質 2-ジアゾ-5-オキソノルロイシン(DON)によって阻害される．多くの細胞には基質特異性の低いヘキソキナーゼが存在しており，細胞外から与えられた D-グルコサミンは細胞内に入ってこの酵素の働きで ATP と反応し D-グルコサミン-6-リン酸となり正常な同化経路に入る．

α-D-グルコサミン

d **α-グルコシダーゼ** [α-glucosidase] 《同》マルターゼ(maltase)．アグリコンとして各種アルキル基，アリール基，グリコシル基をもつ α-D-グルコシドを加水分解する酵素の総称で，狭義にはマルトース，アミロースとそのオリゴ糖を分解するがイソマルトースなどには作用しない酵素．EC3.2.1.20．ほとんどすべての生物，特に酵母では豊富に存在．由来によって基質特異性に差が見られる．酵母から精製した酵素は基質特異性が低く，マルトース，マルトトリオース，ショ糖，ツラノースやアリールおよびアルキル-α-グルコシドに広く作用する．一方，ウマ血清の酵素はマルトース，グリコーゲンに作用するがショ糖やメチル-α-グルコシドには作用しない．ヒト腸粘膜からは 5 種類の α-グルコシダーゼが分離されている．すべてマルトースに作用するが，Ⅲ，Ⅳ型はショ糖，Ⅴ型はイソマルトース，つまりグルコース 2 個が α-1,6 結合したものやパラチノース，つまりグルコースとフルクトースが α-1,6 結合したものにも作用する点で残る二つ(Ⅰ，Ⅱ型)と相異する．これら腸粘膜の酵素は腸管における二糖の消化吸収に関与する酵素と思われる．Ⅲ，Ⅳ型はショ糖をグルコースとフルクトースに分解する点で一見 β-フルクトシダーゼと同じ反応を行うことになる．

e **β-グルコシダーゼ** [β-glucosidase] 《同》β-D-グルコシドグルコヒドロラーゼ，アミグダラーゼ，セロビアーゼ，ゲンチオビアーゼ．各種アルキル基，アリール基，グリコシル基をアグリコンとする β-D-グルコシドを加水分解する酵素の総称．EC3.2.1.21．微生物，維管束植物，動物の肝臓・腎臓・小腸粘膜，カタツムリ消化液などに広く分布．アグリコンに対する特異性は酵素の由来によって異なり，例えばアンズや *Aspergillus niger* の酵素はアリールおよびアルキル-β-D-グルコシドのほかセロビオースやゲンチオビオースにも作用する．通例これらは 1 種の酵素の特異性によるが，特に特異性の異なる数種の酵素も存在する．脾臓肥大を病徴とするゴーシェ病(Gaucher disease)はリソソームの β-グルコシダーゼの先天性欠損症である．

f **グルコシド** [glucoside] *配糖体のうち，糖部分が*グルコースであるもの，すなわちグルコースの還元末端に各種の*アグリコンが結合した構造をもつ化合物の総称．代表的なものとして，バラ科ヤマザクラなどの樹皮に含まれるサクラニンやツツジ科クマコケモモのアルブチンなどがある．配糖体一般を指すグリコシド(glycoside)と紛らわしいので注意を要する．ユキノシタ科アマチャの配糖体は固有名をもたないが，フィロズルシン-8-O-グルコシドのように，固有名をもつアグリコン名に附与して呼ばれる．

a **グルコース** [glucose] 《同》デキストロース (dextrose), ブドウ糖 (grape sugar). 代表的なアルドヘキソース. 遊離の状態では甘い果実の中に多量に存在し, また動物では血液・脳脊髄液・リンパ液中に少量含まれている(糖尿病患者の尿中には多量に存在する). マルトース・ショ糖・ラクトースなどの二糖を構成し, 澱粉・グリコゲン・セルロースなどの*多糖や*配糖体の単位としても多量に産出される. これらはアミロ-1,6-グルコシダーゼ, アミラーゼ, グルコシダーゼ, セルラーゼなどの酵素あるいは酸で分解されるとグルコースを遊離し, ホスホリラーゼで分解されればグルコース-1-リン酸を作る. 単量体として光合成の主要最終産物であり, 大多数の生物の最もよいエネルギー源で, *解糖経路などにより分解され, 発酵・呼吸に使用される. 25°Cの水溶液では38%がα-ピラノース型, 62%がβ-ピラノース型, 0.02%がアルデヒド型で存在している. 還元性をもちオサゾン, グルコシドなどの特有な誘導体を作る. また糖脂質, 人乳オリゴ糖やアスパラギン N-結合型糖鎖生合成のオリゴ糖-リピド中間体の構成成分として存在する. その他, 植物の生体防御系を誘導する*エリシターとしてオリゴサッカリンが知られている.

D-グルコース (アルデヒド型)　　α-D-グルコピラノース

b **グルコース依存インスリン分泌刺激ペプチド** [glucose-dependent insulinotropic polypeptide] GIPと略記. 《同》胃抑制ペプチド (gastric inhibitory peptide). 十二指腸や空腸の*キラー細胞から分泌される42アミノ酸残基からなるペプチド. グルカゴンファミリーに属する. 膵臓からのインスリン分泌を引き起こす. 大量投与により胃液分泌と胃運動の抑制効果をもつことから胃抑制ペプチドと名付けられたが, 生理的な濃度では胃抑制は起こらない. GIPのほかにガストリン, コレシストキニン, セクレチン, グルカゴンおよびグルカゴン誘導体(GLP-1)にインスリン分泌促進効果が見られるが, 生理的に機能しているのはGIPとGLP-1である.

c **グルコキナーゼ** [glucokinase] 《同》グルコキナーゼ. Mg^{2+}, ATPを用いて*グルコースの6位をリン酸化する酵素. EC2.7.1.2. ヘキソキナーゼとは別の酵素で, 特に基質としてD-グルコースだけに特異的に作用する. *SH酵素の一つ. ただし, D-グルコースに対する親和性はヘキソキナーゼのそれより約3桁小さい. 本酵素はグルコース濃度が非常に高いときに初めて意味をもつと思われる.

d **グルコース効果** [glucose effect] グルコースの存在する培地中で生育した細菌において, 特定の酵素の合成が低下すること (→カタボライトリプレッション). J. MonodやH. M. R. Epps, E. F. Gale (1942) が報告. グルコースの代謝産物により細胞中の環状AMP (cAMP) 量が減少して, 酵素合成系の正の制御物質であるcAMP受容蛋白質とcAMPとの複合体からcAMPが離れて, これが不活性になるため, 酵素合成率が低下するものと解釈されている. (→誘導性酵素, →環状AMP受容蛋白質)

e **グルコース酸化酵素** [glucose oxidase] 《同》グルコースオキシダーゼ. D-グルコース $+ O_2 \rightleftarrows$ D-*グルコン酸 (の δ-ラクトン) $+ H_2O_2$ の反応を触媒する酵素. EC1.1.3.4. *Penicillium notatum* などのカビや蜂蜜から見出された. *P. notatum* の酵素は抗菌性を示すことから注目され, ノタチン (notatin) と呼ばれたこともあるが, この抗菌性は反応によって生ずる H_2O_2 の毒作用による. 精製酵素は2分子のFADを含み, 電子受容体として O_2 のほか 2,6-ジクロロフェノールインドフェノールとも反応する. この酵素は D-グルコースに特異的でミカエリス定数 K_m (→ミカエリス-メンテンの式) も低く (10^{-3} M程度), 定量的に H_2O_2 を生成するので, D-グルコース定量試薬として広く生化学領域や臨床検査で利用されている.

f **グルコース脱水素酵素** [glucose dehydrogenase] 《同》グルコースデヒドロゲナーゼ. 哺乳類 (ウシ, ヒツジ, イヌ, ネコなど) の肝臓および細菌 (*Acetobacter suboxydans* など) に見出される酵素.
D-グルコース $+$ NAD(P) $\rightleftarrows$ D-*グルコン酸 (の δ-ラクトン) $+$ NAD(P)H
という反応を触媒する. 動物起原の酵素 (EC1.1.1.47) は NAD^+ も $NADP^+$ もともに利用し, D-*キシロースに対しても約25%の活性を示すが, それ以外の天然ヘキソース・ペントースにはほとんど作用しない (動物). *Acetobacter* の酵素 (EC1.1.1.119) はNADPに特異的で, D-マンノースにも作用する.

g **グルコーストランスポーター** [glucose transporter] グルコースを, 細胞膜を通過して輸送するための膜蛋白質. グルコース濃度勾配に応じて促進拡散させるものと, Na^+ 輸送と共役するものに大別される. 前者はGLUT (ヒトではSLC2A) ファミリーに属する. GLUTファミリーには12回膜貫通型の分子量5万程度の蛋白質が12同定されており, このうちGLUT1～4とGLUT7はグルコースを輸送することが明らかになっている. GLUT2はグルコース以外にフルクトースも輸送し, GLUT5はGLUTファミリーに属するがグルコースは輸送せずフルクトースの輸送体である. 後者の Na^+ 輸送と共役するものはSGLT (ヒトではSLC5A) ファミリーに属する. SGLTファミリーにも12の輸送体が同定されており, このうちSGLT1～6がグルコースの輸送体である. 小腸上皮においては管腔側がSGLT1, 間質液側がGLUT2で, 腎臓近位尿細管では管腔側がSGLT2, 間質液側がGLUT2である. 植物のGLUTファミリーに属する輸送体としては, ヘキソーストランスポーターがあり, 葉緑体で合成されたヘキソースの細胞質への輸送に関与している.

h **グルコース-6-リン酸脱水素酵素** [glucose-6-phosphate dehydrogenase] 《同》グルコース-6-リン酸デヒドロゲナーゼ. *ペントースリン酸回路など*解糖経路以外のグルコース分解経路の第一番目の酵素. EC 1.1.1.49. 以前 Zwischenferment と呼ばれた. グルコース-6-リン酸の脱水素を触媒しグルコン酸ラクトン-6-リン酸をつくる. *SH試薬によって阻害される. NADPを電子受容体とする. 反応全体としての平衡はNADPH生成の方に傾いており, 後者は脂肪酸合成などの還元的生合成反応に用いられる. 本酵素は細胞の可

溶性分画に局在するが胎児期では不溶性分画に存在. 植物由来の酵素活性は光照射によって減少する. マラリアの治療で溶血性貧血を起こすプリマキン症はこの酵素の先天性欠損症である.

a　グルコース-6-リン酸ホスファターゼ [glucose-6-phosphatase]《同》グルコース-6-ホスファターゼ. グルコース-6-リン酸を加水分解して, グルコースとリン酸を生じさせる反応を触媒する酵素. EC3.1.3.9. クエン酸によって阻害される. 細胞内では小胞体膜に局在するとされてきたが, 核膜やミトコンドリア膜などにもある. その生理的機能は, 特に肝細胞の場合血中にグルコースを送り出すことにある. 肝臓と腎臓にグリコーゲンのたまる糖原病の一つ, フォン=ギールケ病(von Gierke's disease)はこの酵素の先天性欠損症である.

b　グルコースリン酸ムターゼ [phosphoglucomutase]《同》ホスホグルコムターゼ. グルコース-1-リン酸とグルコース-6-リン酸の相互転換を触媒する酵素. EC2.7.5.1. 筋肉・脳・腎臓・酵母など動植物・微生物に広く見出され, 筋肉から結晶化されている. グルコース-1,6-二リン酸を補酵素とし, 基質は補酵素によってリン酸化されて補酵素を再生すると同時に補酵素が反応生成物になる. 酵素活性部位にあるセリン残基 OH 基の可逆的なリン酸化が関係する. リボース-1-リン酸, マンノース-1-リン酸にも同様に作用するが活性は低い.

c　グルコセレブロシド [glucocerebroside]《同》グルコシルセラミド(glucosylceramide), セラミドグルコシド(ceramide glucoside). *セラミドに 1 分子の*グルコースがグリコシド結合した物質. *ガラクトセレブロシドとともに*セレブロシドの一員をなす. 最初*リピドーシスの一種で家族的に出現する傾向のある脾・肝腫大を主徴とするゴーシェ病(Gaucher disease)の脾臓に蓄積することで知られた(1934). 各臓器には多くはないが広く存在する. ガラクトセレブロシドおよびセレブロシド硫酸エステルを除く主要*スフィンゴ糖脂質の生合成系で前駆体として重要な位置を占める. 植物界でもコムギなどにはかなりの量のグルコセレブロシドが存在する. グルコセレブロシドはグルコセレブロシダーゼ(glucocerebrosidase)により分解されるが, ゴーシェ病ではこの酵素が遺伝的に欠損している.

d　グルコン酸 [gluconic acid] グルコースの 1 位のアルデヒド基がカルボキシル基に置き換わった形のアルドン酸. D 型は糸状菌(Aspergillus niger)などや酢酸菌(Acetobacter xylinum, Gluconobacter)などのグルコン酸発酵で多量に生ずる. アオカビ(Penicillium notatum)から得られるグルコース酸化酵素は β-D-グルコースを酸化して δ-グルコノラクトンを与える. また哺乳類にはグルコース-6-リン酸を 6-ホスホグルコノ-δ-ラクトン(6-phosphoglucono-δ-lactone)に変える脱水素酵素(EC1.1.1.49)があり, こうしてできるグルコン酸リン酸が一連の脱水素酵素・エピ化酵素・異性化酵素・ケトール転移酵素・アルドール開裂転移酵素などの酵素によって構成されるグルコン酸リン酸酸化経路(*ペントースリン酸回路)に入る. この経路は細胞が必要とする NADPH やペントースの供給源となる.

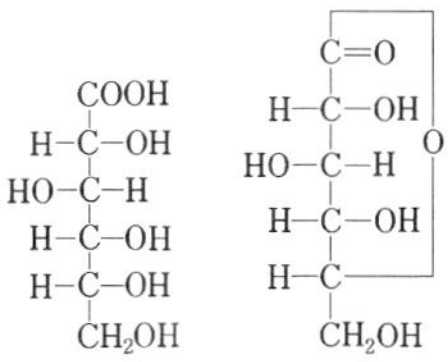

e　グルコン酸キナーゼ [gluconokinase]《同》ATP:D-グルコン酸-6-ホスホトランスフェラーゼ. ATP の末端リン酸基をグルコン酸に転移してグルコン酸-6-リン酸を生成する酵素. EC2.7.1.12. Mg^{2+} を必要とする典型的なリン酸転移酵素で, 生じたグルコン酸-6-リン酸は*ペントースリン酸回路などで代謝される. 大腸菌, 酵母, ブタの腎臓などから精製されている.

f　グルコン酸発酵 [gluconic acid fermentation] 微生物の作用によりグルコースが酸化され*グルコン酸が生成, 細胞外に蓄積すること. いわゆる酸化発酵の一種. グルコン酸発酵を行う微生物としては, Acetobacter, Gluconobacter などの*酢酸菌や Pseudomonas などの細菌, Aspergillus や Penicillium などの糸状菌が知られている. 工業生産には Aspergillus niger が主として用いられている. グルコースをグルコン酸に変換する酵素として, グルコース酸化酵素(EC1.1.3.4)やグルコース脱水素酵素(EC1.1.1.47, EC1.1.5.2, EC1.1.99.10)などが知られている.

g　グルタチオン [glutathione] GSH と略記.《同》γ-L-グルタミル-L-システイニルグリシン. $C_{10}H_{17}N_3SO_6$ 分子量 307.33. グルタチオン(図の(1))は (2) に示されるような形で生体内の酸化還元の機能に関与する. したがってカテプシン, パパイン, コハク酸脱水素酵素のような SH 酵素の SH 基を保護するために役立つ. 広く動植物の組織, 特に酵母に多く含まれる. なおメチルグリオキサールから乳酸をつくるラクトイルグルタチオンリアーゼ(ラクトイルグルタチオン開裂酵素 lactoylglutathione lyase, グリオキサラーゼ I glyoxalase I, EC4.4.1.5)に対しては, その不可欠な補助基質として働く. 解毒作用で生成するメルカプチル酸はまず有毒物質がグルタチオンに結合してグルタミン酸とグリシン部分が切れると考えられる. (⇒解毒, ⇒蛋白質ジスルフィドイソメラーゼ)

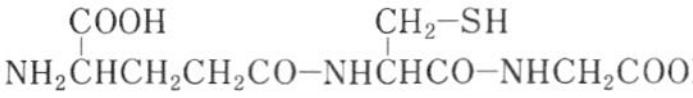

$$\text{COOH} \qquad \text{CH}_2\text{-SH}$$
$$\text{NH}_2\text{CHCH}_2\text{CH}_2\text{CO-NHCHCO-NHCH}_2\text{COOH} \qquad (1)$$

$$2\text{HS-} \underset{H_2}{\overset{O}{\square}} \text{-S-S-} \qquad (2)$$

h　グルタチオン S-トランスフェラーゼ [glutathione S-transferase] GST と略記.《同》グルタチオン S-アルキルトランスフェラーゼ (glutathione S-alkyltransferase), S-ヒドロキシアルキルグルタチオンリアーゼ (S-(hydroxyalkyl)-glutathionelyase), RX:グルタチオン R-トランスフェラーゼ(RX:glutathione R-transferase). アルキル・芳香族ハロゲン化合物, エポキシ化合物, キノン化合物など多くの疎水性求電子化合物への還元型*グルタチオンによる求核反応を触媒し, チオエーテル結合を介したグルタチオン抱合体を形成する酵素の総称. EC2.5.1.18. 脂質, 核酸過酸化物を基質とした過酸化酵素活性, Δ^5-3-ケトステロイドの異性化触媒活性をもつものも含まれる. 細菌から哺乳類まで普遍的に存在し, ヒトでは, 可溶性 GST は, アミノ酸配列の相同性の程度の違いから α, μ, π, θ の 4 種類に分類されている. 細胞内では, これらのポリペプチドのホモあるいはヘテロ二量体として存在. これらと相同性をもたないが, 小胞体膜結合型酵素, ロイコトリエン C_4 合成酵素(leukotriene C_4 synthase)も GST に属してい

図(1)

COOH	C=O
H-C-OH	HO-C-H
HO-C-H	H-C-OH
H-C-OH	H-C-OH
H-C-OH	H-C
CH₂OH	CH₂OH
D-グルコン酸	D-グルコノ-δ-ラクトン

る．アミノ酸配列上，相同性を示す蛋白質としては，大腸菌緊縮飢餓蛋白質，*Methylobacterium* 脱ハロゲン化酵素，イカ・タコなど頭足類の眼の水晶体構成蛋白質 S-クリスタリン（S-crystallin）がある．生体内では，さまざまな細胞毒性物質の無毒化作用や酸化的傷害からの細胞防御，あるいは*脂質・*ビリルビン・*ヘム・*ステロイド・胆汁塩類など広範囲の疎水性・両親媒性物質の運搬に関わるとされる．各種がん細胞あるいは薬剤耐性細胞などにおいて高発現されており，化学療法における標的分子，あるいは腫瘍マーカー（がんマーカー cancer marker）分子としても知られ，診断などに応用されている．昆虫類においては，殺虫剤抵抗性の獲得に関与するとされる．住血吸虫においては主要抗原でもあり，この寄生虫に対するワクチン開発の対象蛋白質にもなっている．また住血吸虫由来の蛋白質は，融合蛋白質パートナーとしてリコンビナント蛋白質生産に利用される．

a **グルタチオン還元酵素** ［glutathione reductase］《同》グルタチオンレダクターゼ．還元型 NAD(P) により酸化型*グルタチオン（GS-SG）を還元型（GSH）にする反応を触媒する酵素．EC1.6.4.2．動植物組織・微生物・酵母などに見出される．反応は非可逆的で，透析すると失活し，Mg^{2+} または Mn^{2+} 添加などによって活性化される．ネズミ肝臓の酵素などほとんどのものが NADPH だけを基質とするが，ヒト赤血球の酵素では NADH も使用する．*シスチンやホモシスチンには作用しない．ヒトや酵母からは結晶が得られている．植物組織では脱水素酵素と酸化酵素とを結びつける役割を果たす．大腸菌酵素はフラビンを含む．

b **グルタミナーゼ** ［glutaminase］*アミダーゼの一種で，L-グルタミンを加水分解して L-グルタミン酸とアンモニアを生ずる反応を触媒する酵素．EC3.5.1.2．ある種の細菌，植物の根などにも含まれるが，脊椎動物のものが強力である．動物では腎臓および肝臓のものは最適 pH=8.0，脳皮質や網膜のものは最適 pH=8〜9 で性質が異なる．大腸菌からのものは pH=4.7〜5.1 である．グルタミン酸で阻害され，リン酸塩で活性化されるものとされないものとの2種がある．生体内では末梢組織から運ばれてきたグルタミンからアンモニアを生成し，体内の予備アルカリの調節（腎臓）や尿素合成（肝臓）の役割をもつ．

c **γ-グルタミルペプチド転移酵素** ［γ-glutamyl transpeptidase］γ-GTP と略記．《同》γ-グルタミルトランスフェラーゼ（γ-glutamyltransferase）．γ-グルタミルペプチド＋アミノ酸 → γ-グルタミルアミノ酸＋ペプチド の反応を触媒する酵素．EC2.3.2.2．*グルタチオンを基質としてよく利用する．動物では腎臓に多く見出される．アザセリンによって阻害される．植物ではインゲンマメ由来のものがあり，分子量18万の単純蛋白質．肝炎などの際に血清中の値が上昇するので，臨床検査上の指標とされる．（⇒γ-グルタミン酸回路）

d **グルタミン** ［glutamine］略号 Gln または Q（一文字表記）．中性 α-アミノ酸の一つ．グルタミン酸の

$$H_2N-C-CH_2-CH_2-CH-COOH$$
$$\quad\quad\| \quad\quad\quad\quad\quad\quad |$$
$$\quad\quad O \quad\quad\quad\quad\quad\quad NH_2$$

γ-アミド．E. Schulzeb（1883）がテンサイ汁の中から発見．L-グルタミンは蛋白質に含まれるほか，遊離の形でも存在する．生物界に比較的多量に見出される．特にヒトの細胞外液中のアミノ酸のうち最も濃度が高く，生体内における窒素代謝において重要な役割をもつ．ヒトでは可欠アミノ酸であるが，条件付き不可欠アミノ酸とも表現される（⇌不可欠アミノ酸）．生体内ではグルタミン酸とアンモニアからグルタミン合成酵素（glutamine synthetase）によって合成され，グルタミナーゼ（glutaminase）によりグルタミン酸とアンモニアに分解される．哺乳類ではアミノ酸と窒素の臓器間輸送の主要なキャリアーの一つで，筋肉で蛋白質の分解が起こると，多くのアミノ酸のアミノ基はピルビン酸に転移してアラニンを生成し血中に放出されるか，または α-ケトグルタル酸（α-KG）に転移してグルタミン酸を生成し，さらにアンモニアと結合しグルタミンとなって血中に放出される．放出されたグルタミンは肝臓，腎臓などで α-KG を経てエネルギー産生，アラニンの産生，糖新生などに利用される．それらの過程で生成するアンモニアは主に肝臓で尿素に変換されて腎臓から尿に排泄され，一部はアンモニアのまま腎臓から尿へ排泄される．グルタミンのアミド基は種々の生合成経路におけるアミノ基供与体としても重要で，グルタミン酸（植物，微生物），ヒスチジン，グルコサミン，プリン，ピリミジン，ニコチン酸アミドなどに入る．

e **グルタミン合成酵素** ［glutamine synthetase］GS と略記．アンモニアを ATP の存在下でグルタミン酸に結合しグルタミンを合成する酵素．EC6.3.1.2．

L-グルタミン酸＋アンモニア＋ATP
⇌ L-グルタミン＋ADP＋Pi

反応機構は複雑で，酵素蛋白質と結合した γ-グルタミルリン酸を中間体として経由するとされている．グルタミン合成反応とは別に γ-グルタミル基を適当な受容体，例えばヒドロキシルアミンに転移する γ-グルタミル基転移酵素活性ももつ．微生物，動植物に広く分布し，グルタミンの供給のほかに*グルタミン酸合成酵素との共役によって α-アミノ酸へのアミノ基の供給に中心的役割を果たすと考えられている．大腸菌，枯草菌の酵素は分子量5万の単一種のサブユニット12個，動植物では分子量4万2000〜4万4000のサブユニット8個からなる．大腸菌酵素の調節的性質は複雑で，2価の陽イオン（Mg^{2+} および Mn^{2+}）の濃度による配座変化に基づく活性化と不活性化，グルタミン代謝系の多くの終産物（ヒスチジン，トリプトファン，カルバモイルリン酸など）や AMP などによるフィードバック阻害，および ATP によるアデニル化と脱アデニルによる活性変化を受ける．

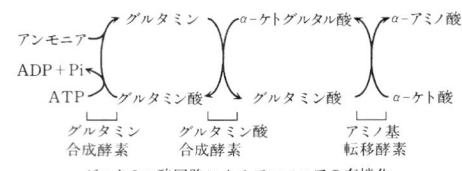

グルタミン酸回路によるアンモニアの有機化

アデニル化された酵素ではグルタミン合成活性が極度に低下するが，γ-グルタミル基転移酵素活性は低下しない．アデニル化は特異的なアデニル化酵素の作用によるが，この酵素は CTP によるシチジル化により活性変化を受けることが示されている．枯草菌や動植物の酵素はアデニル化による活性調節を受けない．

a **グルタミン酸** ［glutamic acid］ 略号 Glu または

HOOC−CH$_2$−CH$_2$−CH−COOH
                        |
                        NH$_2$

E（一文字表記）．酸性 α-アミノ酸の一つ．H. Ritthausen (1866) がグルテンから発見．L-グルタミン酸は一般蛋白質中に広く分布し，特に穀類の蛋白質には多量に（コムギのグリアジンには 43.7％）含まれる．コブのだし汁の美味はこれのモノナトリウム塩に起因．可欠アミノ酸．生合成は，(1) グルタミン酸脱水素酵素 (glutamate dehydrogenase) による α-ケトグルタル酸 (α-KG) へのアンモニアの結合（動物，微生物），(2) グルタミン酸合成酵素 (glutamate synthase) による α-KG とグルタミンからの 2 分子のグルタミン酸の生成（植物，微生物），(3) 多くのアミノ酸から α-KG へのアミノ基転移反応，の 3 経路がある．分解は (1) (3) の逆反応による．これらの反応により，アンモニアをアミノ酸に取り込む役割とともに，窒素代謝の中心的役割を果たす．哺乳類の肝臓では，種々のアミノ酸のアミノ基の α-KG への転移，およびグルタミンのグルタミナーゼによる分解によってグルタミン酸が生じ，さらにグルタミン酸脱水素酵素によってアンモニアが遊離し，尿素回路で尿素へと代謝される．グルタミン酸はプロリン，オルニチン，アルギニン，グルタチオンの前駆体ともなる．哺乳類の脳では主要な興奮性神経伝達物質であり，抑制性神経伝達物質 GABA の前駆体ともなる．また，N-アセチルグルタミン酸はカルバモイルリン酸合成酵素 I（carbamoyl phosphate synthetase I）の促進物質として尿素回路を促進する．

b **γ-グルタミン酸回路** ［γ-glutamyl cycle］ 動物細胞においてアミノ酸吸収に関与するペプチド転移・変化の回路．脳，腎臓，腸管などで働いていると考えられる．細胞膜結合性の*γ-グルタミルペプチド転移酵素によって，細胞内に 5 mM の濃度で存在するグルタチオンからγ-グルタミル基が細胞外のα-アミノ酸のアミノ基に転移し，γ-グルタミルアミノ酸を生成するとともにこれを細胞内に吸収する．これは分解してα-アミノ酸を細胞内に蓄積するが，グルタミル基およびシステイニルグリシンは遊離アミノ酸を経て再びグルタチオンに合成され，再利用される．結局 ATP の分解によってアミノ酸を細胞内へ吸収することになる．本回路はプロリンを除く多くのアミノ酸に有効で，細胞のアミノ酸吸収機作の一つと考えられる．

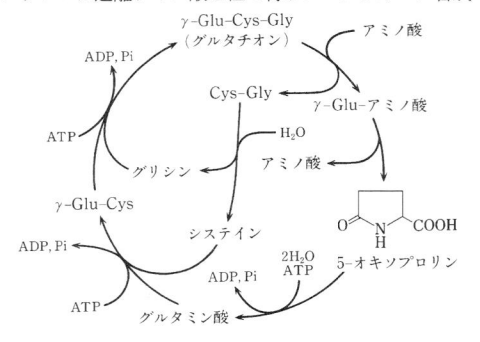

c **グルタミン酸合成酵素** ［glutamate synthase］
《同》グルタミン酸生成酵素，グルタミン酸シンターゼ，グルタミン-2-オキソグルタル酸アミノ基転移酵素 (glutamine-2-oxoglutarate aminotransferase, GOGAT)，グルタミン-α-ケトグルタル酸アミノ基転移酵素 (glutamine-α-ketoglutarate aminotransferase)．グルタミンのアミド基を NAD(P)H あるいは還元型フェレドキシンの存在下に α-ケトグルタル酸に還元的に転移して 2 分子のグルタミン酸を合成する酵素．

L-グルタミン＋α-ケトグルタル酸＋[2H]
   ⟶ 2L-グルタミン酸

グルタミンのアミド基をアミノ供与体として α-ケトグルタル酸をグルタミン酸に還元する酵素ともいえる．次の 3 種がある．(1) グルタミン酸合成酵素 (NADPH)：EC1.4.1.13．NADPH 連関酵素は原核生物，酵母，植物の非緑色組織に見出され，動物では知られていない．分子量約 80 万，5.3 万のサブユニット 4 個，13.5 万のサブユニット 4 個からなる八量体．生成物のグルタミン・NADP によって阻害される．(2) グルタミン酸合成酵素 (NADH)：EC1.4.1.14．植物に見出される．分子量 23.5 万の一本鎖ポリペプチドとされる．(3) グルタミン酸合成酵素 (フェレドキシン)：EC1.4.7.1．葉緑体中にあり，鉄・硫黄を含むフラビン酵素．分子量 14.5 万．これらはグルタミン合成酵素，アミノ基転移酵素と共役して α-アミノ酸の生合成に関与する．NH$_4^+$ からアミノ酸を生じる生合成経路は主にグルタミン酸を経由するが，本経路は植物や多くの細菌でグルタミン酸を合成する主要な経路である．細菌の場合，アンモニアの濃度が高いと本酵素は抑制を受け，グルタミン酸脱水素酵素がグルタミン酸合成に関与する．（⇌グルタミン合成酵素）

d **グルタミン酸受容体** ［glutamic acid receptor］ GluR と略記．興奮性の神経伝達物質である*グルタミン酸と結合する受容体蛋白質．無脊椎動物の神経筋接合部に存在が確認されている．抑制性の GABA 受容体（*γ-アミノ酪酸受容体）と対置され，運動や感覚など興奮性の神経活動のほか，記憶や学習など長期間にわたる神経回路網の*可塑性に関与する．また虚血時の細胞死やてんかんへの関与も示唆されている．次の 2 種に分けられる．(1) イオンチャネル結合型受容体：分子量約 10 万の膜蛋白質で，四量体で機能する．主にナトリウムイオンを透過させるが，分子種によってはカルシウムイオンを透過させるものもある．薬剤反応性のちがいからさらに N-メチル-D-アスパラギン型 (NMDA 型)，カイニン酸型，AMPA 型のサブタイプに分けられる．(2) *G 蛋白質結合型受容体 (代謝型)：7 回膜貫通型ペプチドで，やはりいくつかのサブタイプが知られている．特に NMDA 型は，Mg^{2+} 阻害による膜電位依存性と高い Ca^{2+} 透過性により，カルシウムイオンの流入を引き起こし，*長期増強すなわちニューロンに短時間高頻度の刺激を与えるとそのシナプス後電位が著しく長時間増強される現象を有し，記憶や学習に関与しているとされる．

e **グルタミン酸脱カルボキシル酵素** ［glutamate decarboxylase］《同》グルタミン酸デカルボキシラーゼ，

L-グルタミン酸が脱カルボキシルされてγ-アミノ酪酸になる反応を触媒する酵素．EC4.1.1.15．多くの植物中に存在し特にカボチャやニンジンなどに多く含まれる．細菌では大腸菌，プロテウス属(*Proteus vulgaris, P. morganii*)，クロストリディウム属などに見出される．動物では脳組織に活性が認められ，脳の活動に関与している（⇌γ-アミノ酪酸）．大腸菌のそれは分子量30万で2分子のピリドキサールリン酸をもつ．反応は本質的には非可逆的でL-グルタミン酸だけに特異的である．ピリドキサールリン酸を補酵素としヒドロキシルアミンやセミカルバジト(アルデヒド試薬)などで阻害される．

$$HOOCCH_2CH_2CHNH_2COOH \xrightarrow{\text{L-グルタミン酸}} HOOCCH_2CH_2CH_2NH_2 + CO_2$$
γ-アミノ酪酸

a **グルタミン酸脱水素酵素** ［glutamate dehydrogenase］《同》グルタミン酸デヒドロゲナーゼ．アンモニアをα-ケトグルタル酸に還元的に固定しグルタミン酸を生成する反応を触媒する酵素．EC1.4.1.3(NAD(P))，1.4.1.4(NADP)．

α-ケトグルタル酸＋NH_3＋NADH＋H^+
⇌ グルタミン酸＋NAD^+

生物に広く分布し，動物ではミトコンドリアに存在．反応は可逆的であるが平衡はグルタミン酸合成に傾いている．種によって補酵素の特異性は異なり，植物ではNAD，酵母はNADP，動物ではどちらでも作用するがNADの方が数倍活性が高い．反応はADP，GDPで促進され，ATP，GTPなどで阻害される．ウシ肝臓の酵素は分子量約33万6000，6個のサブユニットからなる．さらに重合してポリマーを形成することもある．この酵素は動物で窒素代謝の中心的役割を演じており，アンモニアを固定してグルタミン酸を作り，そのアミノ基が多くの他のアミノ酸合成に用いられる．基質特異性は必ずしも高くない．

b **グルテリン** ［glutelin］ 単純蛋白質の一つで，穀類中に含まれ，純水・中性塩類溶液およびアルコールには溶けず，稀酸・稀アルカリには溶ける蛋白質の総称．水と混和すると麩質を作り，麩の製造のもとになる．コムギの麩素(グルテン gluten)中のグルテニン(glutenin)が代表例．グルテリンはコムギやオオムギの種子には同様な蛋白質*プロラミンとともにかなり多く含まれるが，トウモロコシやエンバクの種子にはグルテリンが少なくプロラミンが多い．イネの種子にはプロラミンが少なく，グルテリン(これを特にオリゼニン oryzenin という)が大部分を占める．

c **グールド** Gould, Stephen Jay 1941～2002 アメリカの古生物学者，科学史家，エッセイスト．バーミューダの陸生巻貝類の変異や進化について研究し，それらが環境の諸要因に対し独立を示すことなどを観察した．それらのことから出発し，N.Eldredge と共同で進化の断続平衡説を樹立．生物界の現象の階層的関係など，その理論的考察は多方面にわたる．[主著] Ever since Darwin, 1977; Ontogeny and phylogeny, 1977; Wonderful life, 1989.

d **グループ効果** ［group effect］ 少数個体(2個体でもよい)が集まることによって生じる*こみあい効果．主として個体間の感覚的相互刺激を介して，個体の行動・生理・形態に変化が生じる．P.P.Grassé と R.Chauvin

(1944)の提唱した概念で，社会化という観点から，特に成長の促進や寿命の延長など，集まることによって個体や*個体群にとって有利な効果をもたらす点が重視される．これに対してマス効果(mass effect)は，主として*環境の*生物的条件づけを介して起こるとされ，特に*個体群密度が高くなりすぎたときに生じる過密の効果など，半病理的なニュアンスが強調される．この両効果の間には多くの中間的なものが存在し，この二つはその両極端として区別されるものである．

e **グルーミング** ［grooming, social grooming］ ある動物個体が同種他個体の(特に自分では触りにくい個所の)皮膚・毛・羽毛をつくろい，清掃してやる行動．哺乳類については「毛づくろい」，鳥については「羽づくろい」と訳すこともある．本来，ごみや寄生虫(ニホンザルではシラミ)をとりのぞき，小さな傷やできものの手当をするための行動で，自己に対するこのような行動は慰安行動(comfort behavior)またはセルフグルーミング(self grooming)と呼ばれる．特に鳥類では，飛翔能力を低下させる羽毛の乱れを整えるため，また脂肪をぬりつけることで羽を防水するために欠かせない行動である．また，社会的な意味もあり，つがいや群れの仲間どうしの連帯を強め，個体間の社会的関係の確認などのうえで，特に霊長類で重要な役割を果たしている．

f **クレアチニン** ［creatinine］ ⇌ クレアチン
g **クレアチン** ［creatine］《同》メチルグリコシアミン．

A
NH_2
|
C=NH
|
CH_3NCH_2COOH

B
H
|
N—CO
|
HN=C
|
N—CH_2
|
CH_3

$C_4H_9O_2N_3$(図A) 脊椎動物の主に筋肉組織中に遊離またはクレアチンリン酸の形で存在する．生体内ではグリコシアミンのS-アデノシルメチオニンによるメチル化により合成され，ATPにより酵素的にリン酸化されてクレアチンリン酸となる(⇌クレアチンキナーゼ)．クレアチンは腎尿細管で再吸収されるので成人男子尿中にはほとんど排出されない．筋肉疾患，甲状腺疾患(機能亢進)で血清中クレアチンは増加する．クレアチンの脱水物で環状の構造をとるものがクレアチニン(creatinine $C_4H_7ON_3$，図B)であり，筋肉や神経ではクレアチンリン酸から直接生成される．血中から腎糸球体で濾過され，再吸収されることなく尿中に排出される．ヒト尿中の量は一定しており，クレアチニン総量は筋肉量に比例している．糸球体での濾過の程度を測定するクレアチニンクリアランスは，腎機能評価の一指標として用いられる．

h **クレアチンキナーゼ** ［creatine kinase］《同》ATP：クレアチンリン酸基転移酵素(ATP：creatine transphosphorylase)，クレアチンホスホキナーゼ．クレアチンリン酸から高エネルギーリン酸基をADPに転移する反応を触媒する酵素．EC2.7.3.2．

クレアチンリン酸＋ADP ⇌ クレアチン＋ATP
$\Delta G° = -3.0$ kcal/mol

K.Lohmann (1934)の発見で，ローマン酵素，上記の反応はローマン反応(Lohmann's reaction)と呼ばれた．生体内エネルギー系において，エネルギー大量消費時にクレアチンリン酸を消費してATPを供給するのに働いていると考えられる酵素で，生体内各組織にあるが，特

に筋肉に大量に含まれる．筋型(M型)，脳型(B型)の2サブユニットからなる二量体で，3種のイソ酵素がある．エネルギー消費時にATPを供給する生理的機能を担う．無脊椎動物の多くではアルギニンキナーゼが代わりにある．

a **クレアチンリン酸** [creatine phosphate] 《同》ホスホクレアチン (phosphocreatine)．脊椎動物の筋肉に広く見出されるホスファゲン．P. Eggleton と G. P. Eggleton (1927) がネコ筋肉より発見．高エネルギーのグアニジンリン酸結合 ($\Delta G°'=-10.3$ kcal) をもち，酸性ではクレアチンとオルトリン酸に分解しやすい．中性溶液では比較的安定．生体内ではクレアチンと ATP から*クレアチンキナーゼの作用により生成される．脊椎動物骨格の筋収縮においては，高エネルギーリン酸結合が蓄積する筋静止状態ではクレアチンリン酸は増加して，ATP濃度の4〜5倍に達する．逆に高エネルギーリン酸結合が消費される筋運動状態ではクレアチンリン酸は分解される．このようにクレアチンリン酸は，筋のような急激に多量のエネルギーを消費する細胞で高エネルギーリン酸結合の貯蔵の役割を果たす．

b **グレイ** GRAY, Asa 1810〜1888 アメリカの植物学者．植物学者 J. Torrey と共同研究をし，共著で 'Flora of North America' (1838〜1840) を出版した．ミシガン大学植物学教授を経てハーヴァード大学教授 (1842〜1873)．標本および図書を拡充し，アメリカ第一の腊葉室 (Gray Herbarium) とした．アメリカ東部と日本の植物の関係が深いことに注目した論文 (1858) でも知られる．C. Darwin の進化論を支持，ハーヴァード大学内で J. L. R. Agassiz と論争した．

c **グレイ** GRAY, Henry 1825 (あるいは 1827)〜1861 イギリスの外科医，解剖学者．友人の H. V. Carter の助力を得，現在でも版を重ねる解剖学書 'Gray's Anatomy' (1858) を著したことで知られる．

d **グレイ** GRAY, Louis Harold 1905〜1965 イギリスの放射線生物学者，物理学者．1929年γ線に関する最初の論文は，空洞電離box による放射線線量測定の原理となった．物理学上の業績にもかかわらず，諸般の事情でマウントヴァーノン病院の職員となり，放射線生物・医学的研究の分野で学際的研究の国際的中心人物となる．がんの放射線治療に中性子照射や酸素効果を利用することを提唱し，がん治療法の進歩に寄与し，また放射線線量の単位と測定の国際的取決めに指導的役割を果たした．放射線の吸収線量の単位グレイ (Gy, 1 Gy = 100 rad) はその名に由来する．

e **CLE遺伝子族** (クレいでんしぞく) [CLE gene family] CLE ドメインをもつ小さな分泌性の蛋白質 (*クレペプチド) をコードする遺伝子群．CLE という総称は，シロイヌナズナの *CLAVATA3* (*CLV3*) 遺伝子 (⇒CLV遺伝子群) とトウモロコシの *Embryo-surrounding region protein* (*Esr*) 遺伝子から命名された．シロイヌナズナの CLE 遺伝子には，*シュート頂分裂組織の幹細胞維持に関わる *CLV3* 遺伝子や維管束形成に関わる *TDIF* 遺伝子などがある．CLV3 ペプチドの場合は，プロリンの水酸化や糖鎖の付加が起こり，この化学修飾を受けた CLV3 ペプチドが，CLV1 受容体のリガンドとなる．*CLE* 遺伝子は，進化的にはコケ植物以上の植物に存在する．植物に寄生するセンチュウの一種 (ネコブセンチュウなど) も *CLE* 遺伝子をもつことが知られ

ているが，これは水平伝播したものだと考えられている．

f **グレゴリ** GREGORY, William King 1876〜1970 アメリカの古生物学者．脊椎動物，特に魚類化石に詳しく，また哺乳類が食虫性かつ樹上性の動物に起原することを，1910年ごろに他の数名の学者とともに唱えた．進化における習性と遺伝の関係についても早くから論じた．

g **グレージング** [grazing] 【1】《同》喫食，草食，採食．草食動物による摂食活動．狭義には草食動物が草本性の植物を「むしり喰い」することを意味し，木本性植物の葉・茎・若芽などを選択的にかじり喰い (browsing) する場合と区別する．なおグレージングは陸上の草食性動物に限らず水生動物が海草などを摂食する場合にも用いられる．
【2】《同》放牧．一定地域の植生における草食家畜の開放的な飼育．被食植物に対して加えられる動物の摂食 (量) を放牧圧 (grazing intensity, grazing level) という．具体的には，放牧後の植物の地上部現存量などで表す．被食植物の再生能力を超えてしまうほどの強度の放牧圧が継続的に加えられ，植生が著しくダメージを受けた状態を過放牧 (overgrazing) という．グレージングは群落レベルでは，動物が嗜好性の高い (好んで食う) 植物種の優占を阻害し，一方で非嗜好性の植物の優占を促す結果，植物群落の構造や種組成，多様性，植生遷移などに影響を与える．また植物群落全体の生産性や多様性を高めるという報告もある．グレージングによって植物の地上部が損傷を受けた場合，葉の残存部での光合成活性が高まったり，代謝経路への化学的な刺激の結果新たなシュートの成長が促進されたりする．さらにグレージング後，動物に対して忌避作用をもつ二次代謝産物の生成が促進されることも知られている (⇒植物-動物間相互作用，⇒誘導防御)．

h **グレバ** [gleba] 《同》基本体．担子菌類の腹菌類および子嚢菌類の塊菌類において，外皮 (皮殻 peridium) におおわれた子実体の内部で胞子を生ずる組織．腹菌類では全体一様に担子器を形成することもあり，また基層板 (tramal plate) によって仕切られた多数の空室をつくり，その内面に子実層を形成するものもある．成熟後，全体が残存菌糸を含む胞子塊となる場合にもグレバということもある．

i **クレブス** KREBS, Edwin Gerhard 1918〜2009 アメリカの生化学者．1950年代に E. H. Fischer とともにホスホリラーゼの可逆的リン酸化による活性調節機構を明らかにした．その後，上皮増殖因子の効果も蛋白質中に含まれるチロシンのリン酸化によることを見出した．共同研究者の Fischer とともに 1992 年ノーベル生理学・医学賞受賞．

j **クレブズ** KREBS, Sir Hans Adolf 1900〜1981 ドイツ生まれのイギリスの生化学者．動物の尿素生成がアルギニン-オルニチン-シトルリンの回路によって行われることを示し，ついで D-アミノ酸酸化酵素の発見やグルタミン代謝の研究で業績を挙げた．1940年にはピルビン酸とオキサロ酢酸が縮合してクエン酸を生ずることを示し，ジカルボン酸説を発展させて，クエン酸回路 (クレブズ回路) の考えの基礎をつくった．1953年，F. A. Lipmann とともに細胞の物質代謝の研究でノーベル生理学・医学賞受賞．

k **クレブズ回路** [Krebs cycle] 【1】＝クエン酸回

路 [2] Krebs-Henseleit の*尿素回路.

a **クレペプチド** [CLE peptide] 《同》CLE ペプチド．植物の分泌型生理活性ペプチドのファミリーの一つ．*CLE 遺伝子族にコードされる．C 末端側の CLE ドメイン以外は，オーソログ間，パラログ間でほとんど保存性はない．蛋白質プロセッシングにより生じた CLE ドメイン由来の 12 または 13 アミノ酸のペプチドが，細胞間情報伝達のためのシグナル分子として機能する．シロイヌナズナの CLV3 は，96 アミノ酸からなるポリペプチドで，その成熟型(活性型)は，二つのプロリンが水酸化され，そのうち一つの水酸化プロリン残基に 3 分子の L-アラビノースが付加した 13 アミノ酸糖ペプチドで，シュート頂のサイズの維持に働く．TDIF (tracheary element differentiation inhibitory factor) もクレペプチドの一種で，成熟型は 12 アミノ酸からなり，二つのプロリンは水酸化されるが，糖鎖の付加はない．TDIF は前形成層細胞の分裂を促進し，木部への分化を阻害する．CLV3，TDIF ともに，ロイシンリッチリピート配列をもつ膜貫通型受容体キナーゼが受容体として働く．

Arg-Thr-Val-Hyp-Ser-Gly-Hyp-Asp-Pro-Leu-His-His-His
　　　　　　　　　｜
　　　　　　　　[L-Ara]₃

Hyp はヒドロキシプロリン，L-Ara は L-アラビノースを示す

CLV3 のアミノ酸配列

b **クレメンツ** CLEMENTS, Frederic Edward 1874〜1945 アメリカの植物生態学者．群落と環境との関係を生理学的基礎に立って動的にとらえる生態学を目ざし，環境作用，環境形成作用，相互作用という群落ー環境システムの作用モデルを提起した．コドラート法をはじめとして定量的な植生調査法を確立し，指標植物，植物の競争などについても体系的研究を行った．[主著] Plant indicators, 1920.

c **グレリン** [ghrelin] エネルギー代謝に関係するアミノ酸 28 残基からなる脳腸ペプチド．第三番セリンがオクタン酸によってアシル化されている．主に空腹時に胃体から分泌され，間脳視床下部の弓状核に作用して*アグーチ関連ペプチドを分泌させ，摂食を促進する．グレリンは，成長ホルモン分泌促進因子(GRH)受容体に結合する内因性のリガンドで，下垂体前葉に作用して*成長ホルモン分泌を促進する．脳内では間脳視床下部の弓状核を含む第三脳室周辺の神経核に見出され，弓状核のアグーチ関連ペプチドおよびプロオピオメラノコルチンを分泌するそれぞれのニューロンへ投射しており，レプチンに拮抗してエネルギーホメオスタシスを調節している．

d **Cre-loxP システム** (クレロックスピーシステム) [Cre-loxP system] 遺伝子の*条件付きノックアウトあるいは誘導系(→誘導[3])で頻用される部位特異的組換えシステムの一つ．バクテリオファージ P1 由来の Cre リコンビナーゼを目的の時期や領域特異的に発現する遺伝子組換え生物と，欠損させたい目的遺伝子を Cre リコンビナーゼが特異的に認識する loxP 配列で挟んだ(flox(=flanked by loxP)と略称)遺伝子組換え生物を作製し掛け合わせることで，Cre リコンビナーゼが発現する目的の時期や領域だけで loxP 配列特異的な組換え反応が起こる．このことを利用して目的遺伝子の機能を欠損させたり逆に機能を復活させたりするのに用いる．

e **クレンアーキオータ門** [phylum Crenarchaeota] *アーキアドメインを構成する門(phylum)の一つ．16S rRNA の相同性に基づいて C. R. Woese ら(1990)によって*ユーリアーキオータ門と共に定義された．祖先的な形質を残しているという解釈に基づき，ギリシア語の crene (源泉の意味) に由来した命名．ユーリアーキオータ門と比べると包括する記載種は少ない．好熱菌(超好熱菌)を中心とした多くの菌種を含むが，常温菌種も記載されている．また，海洋や土壌から本系統群に属すると思われる多数の遺伝子クローンが得られている．
(→メタゲノミクス，→付録:生物分類表)

f **クロー** CROW, James Franklin 1916〜2012 アメリカの遺伝学者．H. J. Muller が唱えた遺伝的多型に関する「古典説」を継承した．集団遺伝学の理論的研究，特に遺伝的荷重の理論や，有性生殖の進化，放射線その他の環境変異原の人類集団に対する遺伝的害作用の推定などについて研究した．[主著] An introduction to population genetics theory (木村資生と共著), 1970.

g **クロイツァート** CROIZAT, Leon クロワザとも．1894〜1982 イタリア生まれの生物地理学者．動物地理学と植物地理学を統合する汎生物地理学 (panbiogeography) の理論体系を確立，E. Mayr, G. G. Simpson, C. D. Darlington ら総合説の学者たちと対立した．とりわけ，分断現象 (vicariance event) を分散移動による地理的分布と対置させた分断生物地理学 (vicariance biogeography) は，歴史生物地理学の理論発展に大きな影響を及ぼした．[主著] Panbiogeography, 3 巻, 1958.

h **グロキディウム** [glochidium] 《同》有鉤子．軟体動物淡水産二枚貝のイシガイ類の幼生．左右 2 枚の貝殻の腹縁に大小数個の鉤をそなえる．面盤(ヴェーラム)，足および口を欠く．運動性が乏しく，母貝の出水管から放出された幼生は水底に横たわっているが，魚が近付くと閉殻筋を利用して躍り上がり，殻の鉤で魚の皮膚・うろこ・鰓などに付着し，寄生する．変態を終えれば魚体を離れて底生生活に入る．

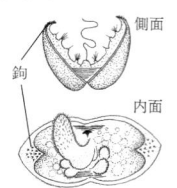

i **クローグ** KROGH, Schack August Steenberg 1874〜1949 デンマークの動物生理学者．血流中の気体張力を測定する微小圧力計を考案し，肺における ガス交換の実相(分圧差説)を明らかにした．毛細血管の運動調節に関する研究で 1920 年ノーベル生理学・医学賞受賞．細胞膜の透過性の研究などもある．

j **グローコテ** [glaucothoe] 《同》グラウコトエ．節足動物甲殻亜門十脚目ヤドカリ類の*メガローパ期の幼生．すでに成体の特徴を示すが，まだ左右相称的で第一〜第五腹肢も左右等しく発達している．海底に沈下すると右側の腹肢は消失し，中腸腺と生殖巣が腹部に移って成体の体制に入る．

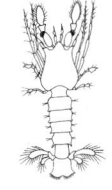

k **グロージャーの規則** [Gloger's rule] 鳥類や哺乳類において，一般に同じないし近縁の種において，乾燥・冷涼な気候下で生活するものは，湿潤・温暖な気候下で生活するものよりも，メラニン色素が少なく明るい色彩を呈すること．様相に若干の差はあるが，昆虫類にも

a **クロストリジウム** [*Clostridium*, clostridia] グラム陽性，偏性嫌気性，芽胞形成桿菌で特徴づけられるクロストリジウム属（*Clostridium*）細菌の総称．*ファーミキューテス門クロストリディア綱（Clostridia）クロストリジウム科（Clostridiaceae）に属する．多くは周鞭毛による運動性を有する．芽胞の形状と位置は菌種によって異なる．一般にヘミン体を欠き，シトクロムを含まず，発酵により増殖する．糖を分解してアセトン・ブタノール・酪酸・二酸化炭素・水素などを生ずるもの，糖分解の主要生成物が酢酸であるもの，セルロースの分解が可能であるもの，炭水化物を利用せず窒素化合物や脂肪酸を利用するものなど発酵様式は多様である．また，窒素固定を行うものもある．基準種である*Clostridium butyricum*（酪酸菌）のほか，*破傷風菌（*C. tetani*），ガス壊疽菌（*C. novyi*, *C. septicum* など），*ボツリヌス菌（*C. botulinum*），*ウェルシュ菌（*C. perfringens*），ディフィシレ菌（*C. difficile*）などがある．土壌，水界底土，水田，食品，動物消化管などの嫌気環境に広く分布する．

b **クロスプレゼンテーション** [cross presentation] 細胞外から取り込んだ蛋白質に由来するペプチドを，MHC クラス I 分子上に提示すること．MHC クラス I 分子は，通常，細胞内で産生された蛋白質に由来するペプチドを提示するが，樹状細胞などのプロフェッショナル*抗原提示細胞には，クロスプレゼンテーションの経路が存在する．ウイルスあるいは，*がん抗原に対する CD8 陽性細胞傷害性 T 細胞の反応の誘導には，プロフェッショナル抗原提示細胞である樹状細胞がウイルス感染細胞やがん細胞，あるいはそれらの細胞の残骸を貪食し，それらに由来する抗原ペプチドをクロスプレゼンテーションによって自らの MHC クラス I 分子により提示することが必須である．これを認識した抗原特異的なナイーブ CD8 陽性 T 細胞は活性化され，エフェクターあるいはメモリー細胞傷害性 T 細胞になる．（⇌ 主要組織適合遺伝子複合体）

c **クローディン** [claudin] オクルーディン，トリセルリンと共に密着結合（*タイトジャンクション）を構成する 4 回膜貫通蛋白質．N 末端および C 末端領域は細胞質側にあり，細胞外に二つのループが存在する．C 末端領域では ZO-1, -2, -3, MUPP-1 などの細胞質因子を介し，アクチン細胞骨格系と相互作用する．多くの組織で発現するクローディン 1，肺と肝臓に発現するクローディン 3，血管内皮に発現するクローディン 5 など 20 種類以上のアイソフォームが存在．クローディンの種類により細胞間隙におけるイオンなどの*選択透過性が異なる．クローディン 1, 14, 16 はそれぞれ，魚鱗癬，難聴，低マグネシウム血症のヒト疾患原因遺伝子である．

d **クロード** Claude, Albert 1899〜1983 ベルギー生まれのアメリカの細胞生物学者．マウス肉腫から RNA をふくむ小粒子を分離し，それが正常なマウスの肝臓にも存在することを認めてミクロソームと名づけ，G. E. Palade らと協力して，ミクロソームが細胞内膜構造であることを示し，小胞体と呼んだ．また，つぶした細胞からミトコンドリアを分離し，電子顕微鏡による細胞の微細構造の解明に努力．これらの業績により，Palade, C. R. M. J. de Duve とともに 1974 年ノーベル生理学・医学賞受賞．

e **クローナル植物** [clonal plant] 《同》クローン植物．栄養成長（clonal growth）によって，遺伝的に同一なラメット（ramet，⇌栄養繁殖）を匍匐枝，地下茎，根茎などを介して生産する植物．多年生植物に多い．各々のラメットは，根，茎，葉をもち，成長し開花や結実など生活史の全段階を単独で成し遂げる能力をもつ．ラメットとそれを生産したラメットとのつながりは，一定期間以上維持され，水，栄養塩，光合成産物，ホルモンなどが転流し，新たに形成されたラメットの生残率を高める．この転流がみられる状態を生理的統合（physiological integration）と呼ぶ．この形態的・生理的特性のため，クローナル植物の個体群動態は，栄養成長をしない植物とは異なる．生理的統合を比較的短期で打ち切る種と長期に維持する種がある．

f **クローヌス** [clonus] 《同》間代（かんだい），搐搦（ちくでき）．急激に外力を加えて骨格筋を伸展させるとき，外力の加わっている間ずっと，伸張反射が律動的に現れ，そのためにその骨格筋が収縮を反復する現象．*錐体路に障害があって反射中枢への抑制が取り除かれたり，中枢の興奮性が異常に高まっていたりするときに現れる．医学的には膝クローヌス（knee clonus）と足クローヌス（ankle clonus）とがよく知られており，前者は例えば，下肢を水平に保ち，拇指と示指とで膝蓋骨を足の方に向かって急に押し，大腿部の筋肉を持続的に引っぱると，膝蓋骨が律動的に上に向かって動く現象である．*錐体外路に障害があって生じる自発的な骨格筋の収縮を起こすミオクローヌスとは異なる．

g **クローバー葉モデル** [cloverleaf model] *トランスファー RNA（tRNA）の二次構造のモデル．R. W. Holley ら（1965）が，酵母のアラニン tRNA の一次構造に基づいて提唱．塩基対の数が最大になるように折り曲げた構造で，形がクローバーの葉に似ていることから，この名がつけられた．このモデルは，これまでに一次構造が決定された tRNA のすべてに当てはまるうえに，多くの物理学的および化学的な実験結果によっても支持されている．塩基対を形成する部分（ステム stem）と形成しない部分（ループ loop）とがあり，いずれも四つの領域に分けられる．5′末端から数えて第一のループとそれに隣接するステムとからなるジヒドロウリジン領域（D 領域）は，tRNA に頻繁に存在する修飾塩基ジヒドロウリジンがこのループに存在することから名づけられた．第二は 7 ヌクレオチドからなるループと 5 塩基対からなるステムとで構成される*アンチコドン領域である．このループの中央の三つの塩基がアンチコドンである．第三は tRNA の種類によって長さの異なる可変領域（エキストラループ）である．第四の TΨC 領域のループは GTΨC の配列からなり，これは真核生物の開始 tRNA など少数の例を除いて，大部分の tRNA に共通した構造である．この領域は tRNA がリボソームに結合するのに関与している．5′末端と 3′末端が形成するステム部分は，アミノ酸アーム（CCA ステムまたはアミノ酸受容ステム）と呼ばれ，その 3′末端の CCA のアデノシンにアミノ酸が結合する．クローバー葉モデルに従

った二次構造がさらに折り畳まれて，L 型三次元構造が形成される．(⇌トランスファーRNA)

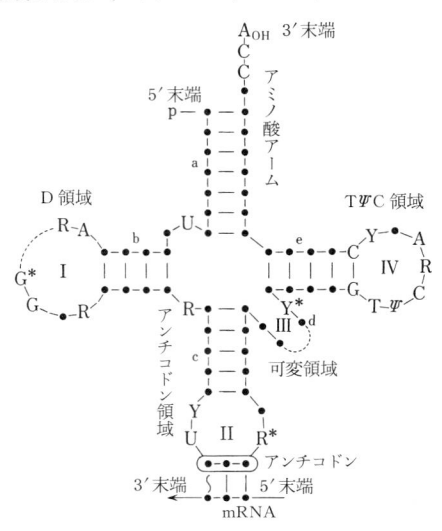

子族)が行われている証拠がある．

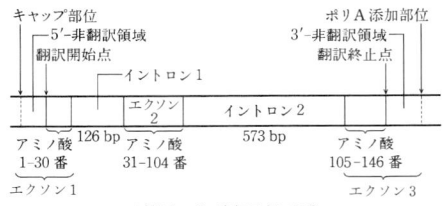

β 鎖グロビン遺伝子(ウサギ)

[ヌクレオチド] R : A, G Y : U, C
T：リボシルチミジン，Ψ：プソイドウリジン，
＊：修飾をうけている場合が多いヌクレオチド
[領域の別名] a：CCA ステム，b：ジヒドロウリジン(D)ステム，c：アンチコドンステム，d：可変領域ステム，e：TΨC ステム，
I：D ループ，II：アンチコドンループ，III：可変領域ループ，IV：TΨC ループ

a **グロビン** [globin] ＊ヘモグロビンなどで，ヘムを除いた蛋白質部分のこと．哺乳類ではヘモグロビンやミオグロビン，無脊椎動物ではエリトロクルオリンあるいはクロロクルオリンとして存在．ヘモグロビン水溶液を低温で，稀塩酸の存在でアセトン-エーテル処理し，後に中和して得られる．中性溶液でヘムと混ぜれば，ヘモグロビンを再構成することができる．ヘムとの結合基はヒスチジンのイミダゾール基で，ヘム鉄の 6 配位の一つを占める．等電点は弱酸性付近．(⇌アポ酵素)

b **グロビン遺伝子** [globin gene] 血色素ヘモグロビンを構成する α 鎖 2 本と β 鎖 2 本をコードする遺伝子．それぞれ α 鎖グロビン遺伝子および β 鎖グロビン遺伝子と呼ばれる．哺乳類では両者は似た構造で，ともに二つの介在配列(＊イントロン)によって三つのエクソン部分にわけられる．グロビン遺伝子は，哺乳類では数個が重複した構造で一種の＊多重遺伝子族をなす．例えばヒトの β 鎖様グロビン遺伝子(β-like globin genes)では 5′ 末端から ψβ2, ε, ᴳγ, ᴬγ, ψβ1, δ, β の 7 個の遺伝子が，全体でおよそ 6 万 5000 塩基対程度の長さの領域に，この順序に連鎖して存在する．このうち ε は胚の時期，γ は胎児期に発現し，β と δ は成人で発現するが，δ は量的にずっと少ない．また ψβ2 と ψβ1 は＊偽遺伝子であり発現されない．同様にヒトの α 鎖様グロビン遺伝子(α-like globin genes)では ζ2, ζ1, ψα1, α2, α1 がこの順序に存在し，ζ2 と ζ1 は胎児期，α1 と α2 は成人で発現される．また ψα1 は偽遺伝子である．これら重複構造をなす遺伝子間では協調進化(⇌多重遺伝

子族)が行われている証拠がある．

c **グロブリン** [globulin] 元来は，水に溶けにくい一群の血清蛋白質の総称．水によく溶ける＊アルブミンとともに動植物界に広く分布する．かつては蒸溜水に不溶で 33% 飽和の硫酸アンモニウムで塩析されるものを真性グロブリン(euglobulin)，蒸溜水にも可溶のものを偽性グロブリン(pseudoglobulin)と呼んだが，それぞれの分画の機能が明らかになったので，この分類は現在では使わない．動物性グロブリンとしては血漿中にある血清グロブリン，＊フィブリノゲン，牛乳中の β-ラクトグロブリン，卵白のオボグロブリン，水晶体中にある＊クリスタリンなどがよく知られている．血清グロブリンの γ 分画(γ-グロブリン)と一部の β 分画は抗体を含み，免疫機構と関係する(⇌免疫グロブリン)．植物性グロブリンとしては，アサのエデスチン，ダイズのグリシニン，インゲンマメのファセオリンなど種子中のものがよく研究されている．

d **クロボキン類** [smut fungi, smuts] 担子菌類の一群(または一グループ)で，多くの被子植物に寄生，寄主植物の根・茎・葉・花器に胞子堆を発達させ，その内部に＊クロボ胞子を形成する．約 1000 種が知られる．黒穂病の病原菌で，特にイネ科植物の花器感染により穂に胞子堆を発達させ，成熟すると多量の黒色のクロボ胞子をつけるのが名の由来．菌糸体は一般に 2 核をもち，寄主植物の細胞間隙に存在し，吸器を形成するものもある．胞子堆は寄主植物の一部に菌糸体が集合して発達し，そこで菌糸体は厚膜化してクロボ胞子を形成する．クロボ胞子内で一般に核は合体して 1 核となる．クロボ胞子は発芽すると 1〜4 室の担子器を形成し，担子胞子を側生または頂生する．また，直接菌糸として伸長する種もある．担子胞子は一般に 1 核であり，人工培地上で出芽増殖し，酵母状のコロニーを形成するものが多い．寄主植物への感染は一般に担子胞子が接合した 2 核菌糸により起こる．まれに 1 核のままで感染能力をもつもの(solopathogen)もある．寄主植物への感染方法には，感染部位により花器感染(flower infection)，子苗感染(seedling infection)および局部感染(local infection)があることが知られている．クロボキン類は，かつては，分類学的に単一のグループとされていたが，最近の分子系統解析では，極めて多様であることが分かり，いくつかの目(Urocystales, Ustilaginales, Doassansiales, Entylomatales, Tilletiales など)に分割されている．また，一部は，サビキン類と近縁なグループとして位置づけられている(Microbotryales)．なお，植物に寄生性をもたず腐生的で，クロボ胞子と同様な胞子を形成する担子菌系酵母類(Sporidiobolales, Leucosporidiales)も，かつてはクロボキン類とされたが，これらは，Microbotryales とともに，サビキン類と近縁なグループであるこ

とが明らかとなった.

a **クロポトキン** K ROPOTKIN, Peter Alexeyevich (Кропоткин, Пётр Алексеевич) 1842〜1921 ロシアの地理学者. シベリア・中国北東部などでの動物の生活の観察に基づき, また同じロシアの K. F. Kessler の先駆的論文(1879)の影響を受け, 進化の要因として相互扶助を提唱した. 無政府主義者として知られる. 〔主著〕Mutual aid: a factor of evolution, 1902.

b **クロボ胞子** [smut spore, ustilospore, teleutospore] 《同》黒穂胞子, 焦胞子. 担子菌類のクロボキン類で見られる細胞壁の厚い胞子. 一般的には球形で黒色・褐色で粉状の塊となる. 黒系の菌系の細胞壁が厚壁化して形成され, 成熟するとばらばらになるが, 数個〜多数の胞子が胞子団(spore ball)といわれる集団をつくっているものもある. また, クロボ胞子は宿主の花器(穂など)に形成される場合が多いが, 茎や葉, 根に形成されるものもある. 成熟すると宿主の表面に露出されるが, ときに葉などの内部に埋まっているものもある. 単相の2核を有し, 後に核合体し発芽に際して減数分裂が起こり, 生じた担子器(前菌糸体)から単相の1核を有する*担子胞子(小生子)を4個〜多数形成する. なお, 担子器には単室のものと多室(通常4室)のものがあり, 高次の分類において重要な標徴とされている. さらに2個の担子胞子の間, または担子胞子と担子器の間, または担子器の間で接合が起こり, 2核を有する菌糸体ができそれからクロボ胞子を生ずる. サビキンの冬胞子と外形上類似していたため冬胞子といわれたことがある.

c **黒膜** [black lipid film, black lipid membrane] 人工脂質二重膜の一種で, 水中に浸したテフロンなどの壁にあけた穴に作られる二分子膜. *リン脂質を含む脂質を適当な溶媒(通常 n-デカンなど)に溶かし, 水中に浸したテフロン壁の穴にぬりつけると, 脂質分子はその配列が熱力学的に, より安定な相に変わり, 最終的に穴に二分子膜が生じる. 厚さは約8nm, 光の波長に比して厚さが十分小さいため光の反射や干渉縞が認められず, 膜は暗くみえる. このため黒膜と呼ばれる. この薄膜の両側の水層中にあらかじめ電極を用意して, 電気抵抗・電気容量を測定することによりイオンの膜透過性などの検討ができる. 黒膜の物理化学的性質を生体膜と比較すると, 厚さ, 電気容量, 破壊電圧, 膜表面張力, 水透過性などは両者でほぼ同じだが, 電気抵抗は黒膜で 10^6〜$10^9\,\Omega cm^2$, 生体膜で 1〜$10^5\,\Omega cm^2$ とかなり異なる. この差は, 生体膜がイオンをよく通過させる蛋白質(チャネル)をもつのに対し, 黒膜はイオンを通過させにくいことによる. 他の人工膜である脂質単分子膜あるいは*リポソームとともに生体膜のモデルとされる.

d **クロマチウム** [Chromatium] クロマチウム属(Chromatium)として分類される紅色硫黄光合成細菌の総称. *プロテオバクテリア門ガンマプロテオバクテリア綱クロマチア科(Chromatiaceae)に属する. 基準種は Chromatium okenii. グラム陰性の運動性桿菌(細胞径 $3\,\mu m$ 内外)で, ベジクル型の光合成内膜を形成し, バクテリオクロロフィル a とカロテノイドを含む. 光エネルギーおよび電子供与体として硫化水素を利用して炭素同化を行う. また, 酢酸などの有機物も炭素源として利用する. 同じクロマチア科に分類される Allochromatium, Halochromatium, Isochromatium, Lam- probacter, Marichromatium, Thiocapsa, Thiocystis などの紅色硫黄光合成細菌と同様, 硫化物の酸化に伴い細胞内に硫黄粒子を形成. 湖沼, 沿岸のタイドプール, 廃水処理系などの水環境に生息する. 比較的大型の細胞を有するため, 旺盛に増殖すると赤色のブルームとして見られる. (→光合成細菌, →光栄養細菌)

e **クロマチン** [chromatin] 《同》染色質. 真核生物の核内に存在する好塩基性物質で, DNA と塩基性核蛋白質(ヒストン)の複合体を主成分とし非ヒストン蛋白質および少量の RNA を含む集合体. 染色質は, 塩基性色素に好染する物質という意味から名付けられた形態学的用語. DNA 合成の時期などに注目した意味あいでクロマチンの語が多用される. クロマチンは*細胞周期の各期, 遺伝子の活性状態でその構造は著しく変わる. M期では, 高次構造体としての染色体となり, 間期では分散している. 電子顕微鏡下で電子密度の高い部分は機能が低下し電子密度の低い部分は機能的には活性が高い. クロマチンは*ユークロマチンと*ヘテロクロマチンに分類される. (→30 nm クロマチン繊維, →ヌクレオソーム, →ヌクレオヒストン)

f **クロマチン境界** [chromatin border, chromatin boundary] クロマチン上の機能的あるいは構造的な違いを分ける境界. 間期クロマチンは*ユークロマチンと*ヘテロクロマチンとに大きく分けられる. 一般的にユークロマチンでは遺伝子転写が起こりやすく, ヘテロクロマチンでは起きにくいことから, この境界が形成される機構は遺伝子発現調節と密接に関連すると考えられる. ヘテロクロマチンは周辺領域に広がる性質をもっており, クロマチン境界がこの侵攻を抑える. ヒストンのアセチル化と脱アセチル化などが拮抗することにより見かけ上の境界ができるとする説と, DNA 配列に依存してリモデリング因子などが動員され境界をつくるとする説が提唱されている.

g **クロマチン再構築因子** [chromatin remodeling factor] 《同》クロマチンリモデリング因子. ヒストン-DNA 相互作用を変えることによりクロマチン構造を変換させる因子. ATP 加水分解酵素を含む複数のサブユニットからなり, ATP 加水分解酵素の種類によりいくつかのファミリーに分類される. 特に SWI/SNF ファミリーと ISWI ファミリーがよく解析されている. ATP を加水分解して得られるエネルギーを用いてヒストン-DNA 相互作用を変える. DNA とヒストンの結合がゆるみ DNA が露出される反応, ヌクレオソームを DNA 上でずらす反応, ヌクレオソーム構造を解消し DNA を遊離させる反応などを行う.

h **クロマチンサイレンシング** [chromatin silencing] クロマチン構造レベルで遺伝子が不活性化され, 発現が抑えられること. ヒストンの化学修飾(ヒストン H3 のリジン9のメチル化やヒストン H4 の脱アセチル化など), ヒストン H2A の*ユビキチン化, DNA のシトシンのメチル化などによりクロマチン構造が凝集し*ヘテロクロマチン様構造となり, 転写因子などの結合が阻害され, 遺伝子転写が抑制される. 一連の反応に*ポリコーム遺伝子産物が関わることが知られる.

i **クロマチン免疫沈降法** [chromatin immunoprecipitation] ChIP 法と略記. DNA 結合蛋白質の染色体上の結合 DNA 領域や結合量を同定する方法. 染色体を架橋剤により固定し超音波などで小さく断片化した後,

調べたい転写因子などの DNA 結合蛋白質に対する抗体 (通常はタグ抗体) を用いて DNA-蛋白質複合体を沈降させ, その中に含まれる DNA を qPCR 法 (*リアルタイム PCR) などで検出, 定量する. 現在では, ゲノムワイドに結合部位を同定する方法として, 沈降してきた DNA の検出に DNA チップとの*ハイブリダイゼーションを用いる ChIP on chip 法, あるいは次世代シークエンサーにより直接配列決定を行う ChIP-seq 法がよく用いられる.

a **クロマチンリモデリング** [chromatin remodeling] 《同》クロマチン再構築. ヒストン-DNA 相互作用の変化によるクロマチン構造の改変や再構築の反応. ATP 依存性酵素を含むクロマチン再構築因子により触媒される. ATP のエネルギーを使って*ヌクレオソームをずらす, ヒストンを取り除く, ヒストンを入れ換える, ヒストンと DNA の結合をほどく, などの反応が行われる. 転写因子などさまざまな蛋白質に対する DNA のアクセスを制御, 遺伝子発現の調節に関わる.

b **クロマトグラフィー** [chromatography] 混合物試料中の各成分を, 固定相 (stationary phase) と移動相 (mobile phase) という互いに性質の異なる二つの相の間で繰り返し相互作用させ, それぞれの相に対する親和性の違いによって分離する方法. 試料成分は, 固定相と移動相との間を往復 (酔歩 random walk, ⇌ランダムウォークモデル) しながら移動相と共に移動するが, 固定相に対する親和性の高い成分ほど移動速度は遅くなるため, その差によって分離が達成される. 親和性の違いは, 吸着, 分配, イオン交換, アフィニティー, 分子ふるいなどの機構に基づくため, それぞれ吸着クロマトグラフィー, 分配クロマトグラフィー, イオン交換クロマトグラフィー (⇌イオン交換), *アフィニティークロマトグラフィー, ゲルクロマトグラフィー (サイズ排除クロマトグラフィー, ⇌ゲル濾過) と呼ばれる. しかし, 分離には必ずしも一つの機構だけではなく複数の機構が同時に作用していることが多い. また, 移動相の種類により, 液体クロマトグラフィー (liquid chromatography, LC), *ガスクロマトグラフィー (gas chromatography, GC), 超臨界流体クロマトグラフィー (supercritical fruid chromatography, SFC) に分類され, さらに, LC は, 固定相の種類により濾紙クロマトグラフィー (paper chromatography, PC), 薄層クロマトグラフィー (thin-layer chromatography, TLC), カラムクロマトグラフィー (column chromatography) などに分類される. PC は, 濾紙を支持体とし, 濾紙繊維中の吸着水を固定相とする分配クロマトグラフィーである. TLC は, シリカゲル, アルミナなどの吸着剤を薄層にして固定相に用いるもので, 試料を薄層板上に並列してスポットできるため, 多検体を同時に分析できる利点がある. PC や TLC では, 移動相に対する試料成分の移動距離を移動率として*R_f 値で示す. R_f 値は, 移動相が同じ場合には物質により一定となるので, 同定に用いられる. 移動した物質が直接目視できない場合には紫外線照射や呈色試薬の噴霧により検出する. カラムクロマトグラフィーは, 固体充填剤 (固定相基材) をガラスあるいはステンレス管に詰めたカラムを固定相に用いるもので, 中でもカラムに圧力を加えて高速で移動相を送液するカラムクロマトグラフィーは, *高速液体クロマトグラフィー (HPLC) と呼ばれ, 現在, 最も汎用される分離分析用機器の一つとなっている. HPLC は, 短時間で物質を分離できる上, 高感度な検出器との接続により超微量物質の分析が可能である.

c **クロマトフォア** (細菌の) [chromatophore] *光合成細菌の細胞を破壊してとり出した光合成に特化した膜小胞. 生細胞では小胞状もしくはラメラ状の膜構造体として存在し, 細胞内膜 (intracellular membrance) とも呼ばれる. この膜は光合成能が誘導されるとき, 細胞膜の陥入によってつくられ, 集光蛋白質や反応中心複合体, シトクロム bc_1 複合体が集積している.

d **クロマニョン人** [Cro-Magnon humans] 《同》後期旧石器時代人 (upper palaeolithic people). フランスのドルドーニュ県のレゼリーに近いクロマニョン洞窟から発見された化石人類. オーリニャク (Aurignacian) 文化期の遺物を伴出した. これと同類の人骨は, シャンスラード人 (Chancelade humans), グリマルディ人 (Grimaldi humans) などヨーロッパ各地から後期旧石器文化を伴って多数出土している. この化石人類は現生人類と同様, 新人類に属し, 身長は高く, 大きな頭で, *頤 (おとがい) が形成され, 眼窩上隆起は発達していない. 現代人に比べると四肢は頑丈である. 同時代人には, 東アジアでは*山頂洞人や柳江人 (Liujiang), 東南アジアではワジャク人 (Wadjak), オーストラリアではレイク=マンゴー人 (Lake Mungo), アフリカではボスコップ人 (Boskop) など, クロマニョン人とは若干異なる化石人骨が発見されているが, ヴュルム氷期の後半には世界の各地で現生人類は多様化していたことを物語っている.

e **クロミスタ界** [Chromista] 真核生物における界の一つ. T. Cavalier-Smith (1981) によって提唱された当初はクロロフィル a, c をもち, 四重膜で囲まれた色素体をもつ生物 (*オクロ植物, *ハプト植物, *クリプト植物) と, それに近縁な従属栄養生物 (ラビリンチュラ, 卵菌など) を含んでいた. この分類は, これらのもつ色素体が紅色植物との共通の二次共生に由来するとの仮説に基づいている. その後, *アルベオラータ (*渦鞭毛植物や*アピコンプレクサ類) の色素体も同一の共生起原との仮説にたって範囲が拡張され, クロムアルベオラータ (Chromalveolata) と呼ばれるようになった. いくつかの分子系統学的証拠から二次共生の共通性については一定の支持を得ているが, 核遺伝子の系統解析からはクロムアルベオラータの単系統性は支持されない. そこで Cavalier-Smith (2009) はクロミスタ界の範囲を拡張し, アルベオラータや*リザリア, *太陽虫類などを含むものに変更したが, この場合もその単系統性は確実ではない. またこれらの仮説に基づいた場合, 繊毛虫やリザリアなどさまざまな系統での色素体の独立の欠失を想定しなければならない.

f **クロム** [chromium] Cr. 原子量 52.00, 原子番号 24 の金属元素で, *微量元素. 欠乏によりグルコース代謝障害などが起こる. 六価クロムの化合物は有毒で, 急性の尿細管壊死, 慢性的には肺癌の発生との関連が報告されている. また皮膚にアレルギー反応を引き起こす.

g **クロム親和細胞** [chromaffin cell] *クロム親和性反応を示す細胞. 脊椎動物において, 副腎の髄質またはそれに相当する上腎をはじめ, 傍神経節にその集団が見られる. 副腎髄質のクロム親和細胞はクロム親和性顆粒 (クロマフィン顆粒 chromaffin granule) を分泌する. アセチルコリンにより顆粒膜と細胞膜が融合し, エキソ

サイトーシスにより，カテコールアミン，カルシウム，ドーパミン β-モノオキシゲナーゼなどの内容物の放出が起こる．クロム親和細胞をもつ器官や組織を総称してクロム親和系という．

a **クロム親和性反応** [chromaffin reaction] 細胞に含まれるポリフェノール，すなわちアドレナリン，ノルアドレナリン，セロトニンなど，生体アミン分泌細胞に特有のものを検出する反応．重クロム酸カリウム $K_2Cr_2O_7$ を含有する液で固定すると細胞内に褐色の顆粒が識別される．この反応で生じる褐色の沈殿物はキンヒドロンである．$K_2Cr_2O_7$ を酸化剤として使用する場合，その還元産物として黄褐色の二酸化クロムもできるが，これはキンヒドロンと重なるだけである．強い酸化剤を作用させるとキンヒドロンがキノンとなるので退色する．したがってこの反応にはあまり強くない酸化剤（$K_2Cr_2O_7$，アルカリ土類金属類のヨウ素酸塩の中性溶液など）を用いる．

b **グロムス門** [Glomeromycota] アーバスキュラー*菌根を形成する絶対的共生菌．繁殖体として厚壁胞子のみを生じ，有性生殖は知られていない．従来，エンドゴン目（現在，ケカビ亜門）に含められてきたうち，これらの性質をもつものが，分子系統解析により単系統群と判明，二核菌亜界の姉妹群に位置する新たな独立門として提唱された．厚壁胞子の形成様式，胞子の細胞壁の構造，宿主との関わり方（樹状体・嚢状体の有無）などの形態的・生態的形質により分類されてきたが，分子系統解析に基づく門内の分類体系は大幅に再編成され，現在，4目11科17属約200種を含む．多くは陸上維管束植物にアーバスキュラー菌根を形成するが，コケ植物の内生菌としても知られ，化石や分子時計の情報から，4億年以上前に出現し植物の陸上化を促進させた菌群と考えられている．*藍色細菌を細胞内に共生させる *Geosiphon*（1種）も本門に含まれる．本門のいずれの種も絶対共生性で，純粋培養は困難．

c **クロモマイシンA_3** [chromomycin A_3] 放線菌 *Streptomyces griseus* No.7の産生する抗がん抗生物質．作用機作は RNA ポリメラーゼの阻害であって，鋳型 DNA のグアニル基に抗生物質が結合する点はアクチノマイシンと同様である．DNAとの結合には Mg^{2+} が関与する．DNA結合性蛍光色素としてフローサイトメトリーに利用される．

d **クロラムフェニコール** [chloramphenicol] 放線菌 *Streptomyces venezuelae* の培養液から単離された代表的な広域抗菌スペクトル抗生物質．現在は化学合成によって製造される．クロロマイセチンとして市販．グラム陽性菌・陰性菌のほか，リケッチアやクラミディアにも有効．副作用として再生不良性貧血があるので，臨床的な適応は腸チフス，パラチフス，リケッチア感染症，鼠蹊リンパ肉芽腫などに限られる．類似体であるチアンフェニコール（thiamphenicol）は尿中に高濃度に排泄されるので，尿路疾患に用いられる．作用機作は蛋白質生合成の選択的阻害であり，原核生物の70Sリボソームの50Sサブユニットに結合し，ペプチジル転移反応を阻害してペプチド鎖の伸長を停止させることによる．

クロラムフェニコール　$R=NO_2$
チアンフェニコール　$R=SO_2CH_3$

e **クロララクニオン藻** [chlorarachnids, chlorarachniophytes] ケルコゾア門に属する生物群の一つ．単細胞性で糸状仮足または網状仮足をもったアメーバ状，*コッコイドまたは自由遊泳性．遊泳細胞は後方へ伸びる鞭毛を1本もつ．緑色植物との二次共生に由来する四重膜で囲まれた葉緑体はクロロフィルa, bを含む．色素体周辺区画に*ヌクレオモルフをもつ．β-1,3 グルカンを小胞中に貯蔵する．海産で特に熱帯域に多い．以前は独自のクロララクニオン植物門（Chlorarachniophyta）に分類されたが，現在ではケルコゾア門のクロララクニオン藻綱（Chlorarachniophyceae, Chlorarachnea）とされる．

f **クロレラ** [*Chlorella*] 緑藻植物門トレボウクシア藻綱に属する単細胞不動性の緑色藻．ピレノイドを含む椀状の葉緑体を1個もつ．自生胞子形成によって無性生殖を行う．淡水に自由生活またはミドリゾウリムシやヒドラなどに共生する．ときに光合成研究などの材料とされ，また健康食品として市販されている（ただし後述の理由で現在この属ではないものも含む）．古くは上述の特徴をもつ緑色藻を全てクロレラ属に分類していたが多系統であることが判明し，現在では多くの属に分けられ，異なる綱に移されたものもある．

g **2-クロロエチルホスホン酸** [2-chloroethyl phosphonic acid] CEPA と略記．《同》エテフォン（ethephon）．商品名はエスレル（Ethrel）．水溶液として果樹などに散布すると，植物体内でエチレンを発生する植物調節物質の一つ．花数の増加，熟期の促進などに効果がある．畑など開放環境において*エチレン処理を行う場合，エチレンガスの代わりに用いられる．

h **クロロクルオリン** [chlorocruorin] クロロクルオロヘムを配合分子団とする，酸素運搬の機能をもつ*血色素の一種．環形動物の一種ケヤリ類やカンザシゴカイ類の血漿から M. Fox (1933) が結晶状に抽出．その後，多くの無脊椎動物の血液に含まれる緑色素が，この物質と判明．二色性で，透過光では緑色，反射光では赤色を呈する．分子量は約300万．Fe 1原子当たり酸

素1分子を結合するが, 酸素に対する親和性はヘモグロビンの場合よりずっと低い. COとも結合物をつくる. 結晶性蛋白質のFe含量は1.2%. 等電点はpH4.3. ヘモグロビンに比べてヒスチジン含量が低い.

a **クロロソーム** [chlorosome] *緑色硫黄細菌および*緑色糸状性細菌に存在する光合成集光装置. 主要部分が蛋白質以外の色素などにより構成される. 細胞膜の内側に付着した50〜100 nmの長径をもつ脂質一重層膜に覆われた楕円体状構造の内部に*バクテリオクロロフィル c, d または e を多量に含み, 微弱光の捕捉に適する. 内部にはバクテリオクロロフィルの自己会合体と考えられる直径5〜10 nmのロッド状構造物が複数ある. 色素以外に, モノガラクトシルジグリセロールなどの糖脂質や, カロテン類, キノン類が含まれる.

b **クロロフィラーゼ** [chlorophyllase] 葉緑体中に存在し*クロロフィルを加水分解してクロロフィリド a, b と*フィトールに分解する酵素. 系統名はクロロフィル=クロロフィリド-ヒドロラーゼ (chlorophyll chlorophyllido-hydrolase). EC3.1.1.14. アルコールの転移反応も触媒する. 分子量は3万6000〜4万1000. リパーゼモチーフが保存されている. ジヒドロポルフィリン型クロロフィルとテトラヒドロポルフィリン型クロロフィルを基質とするが, プロトポルフィリン型クロロフィルは基質としない. (⇒ポルフィリン)

c **クロロフィル** [chlorophyll] 《同》葉緑素. 植物の葉緑体やシアノバクテリアに存在する*光合成色素の一種. クロロフィル a, b, c, d があり, *バクテリオクロロフィル類を含めることもある. クロロフィル a

と b は, テトラピロール環の中央にMg原子1個をもつジヒドロポルフィン(クロリン)の誘導体に*フィトールがエステル結合したもので, 弱い酸で処理するとMgが水素と置換され, それぞれフェオフィチン a, b となる. また*クロロフィラーゼによって加水分解されてクロロフィリド(chlorophyllide) a, b を生じる. クロロフィル類は生物の系統・類縁に応じて特徴的な分布をしている. クロロフィル a は酸素発生をするすべての光合成生物に分布している. クロロフィル b は緑色植物や緑藻のほかに特殊なシアノバクテリアである *Prochloron* などにも含まれる. クロロフィル c はポルフィリン型構造をもち, c_1, c_2, c_3 の3種が知られている. 珪藻, 褐藻, 黄金色藻, 渦鞭毛藻などに分布しているが, 藻類の種類によって c_1, c_2, c_3 の分布が異なる. 通常クロロフィル c 類は長鎖アルコールの結合していないクロロフィリド型であるが, 渦鞭毛藻(プリムネシオ藻)の一種にはフィトールと結合しているものもある. クロロフィル a の3位のビニル基がホルミル基に置換されたクロロフィル d はシアノバクテリアのアカリオクロリスに存在する. 8位のエチル基がビニル基に置換されたジビニルクロロフィルは原核緑藻のプロクロロコッカスに存在する. 光合成細菌にはバクテリオクロロフィル a, b, c, d, e, g が分布する(⇒バクテリオクロロフィル). クロロフィル a と b の溶液はそれぞれ緑青色・緑色で, 赤色部と青から紫色の領域に顕著な吸収を示す. またクロロフィルは有機溶媒中で強い赤色の蛍光を発する. クロロフィル a, b, c_1, d のジエチルエーテル溶液中の赤部とソーレー帯(青紫色部)の吸収極大(nm)は, それぞれ 662/430, 644/455, 628/444, 688/447 である. 生細胞中では, これらの吸収帯は溶媒中におけるよりも10〜50 nm長波長側にシフトしている. チラコイド膜では蛋白質と複合体(⇒クロロフィル蛋白質複合体)を作って存在し, その結合状態の違いによりエネルギー準位や酸化還元電位が異なる. このためクロロフィルは分光特性の異なるいくつかの存在状態(クロロフィルフォーム)をとる. クロロフィル分子の大部分は集光性色素で, 光合成過程で光エネルギーを吸収し, それを反応中心クロロフィルへ伝える. また一部のクロロフィル分子は光合成反応中心-蛋白質複合体中で, 反応中心クロロフィル(reaction center chlorophyll)や電子受容体として光合成の初発電荷分離や電子伝達をつかさどる.

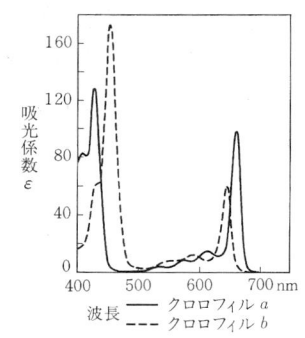

d **クロロフィル蛋白質複合体** [chlorophyll-protein complex] クロロフィルと結合している蛋白質の総称. *クロロソーム以外の全てのクロロフィルは, 蛋白質と複合体を形成している. この複合体には*カロテノイドも必ず存在している. 光エネルギーの捕捉, 励起エネルギー移動, 過剰なエネルギーの散逸, 電荷分離, 電子移動などの機能を担う. 主に光エネルギーを捕捉伝達する機能を担うものを集光性クロロフィル蛋白質複合体, 電荷分離・電子移動を担うものを反応中心クロロフィル蛋白質複合体と呼ぶ. 集光性クロロフィル蛋白質複合体で捕捉された光エネルギーは反応中心クロロフィル蛋白質複合体へ渡される. 反応中心クロロフィル蛋白質複合体は, 全ての光合成生物において共通した構造をもっているが, 集光性クロロフィル蛋白質複合体は生物種によって異なる. 酸素発生型光合成の光化学系IIのクロロフィル蛋白質複合体では, D1/D2サブユニットが反応中心の場として電荷分離と電子伝達に特化しているのに対し, 光化学系IのP700-クロロフィル a-蛋白質複合体には, クロロフィルが多く存在し, 電荷分離や電子

伝達以外に集光機能ももっている. 集光性クロロフィル蛋白質複合体としては, 光化学系Ⅱに特異的なCP43/CP47や光化学系ⅠとⅡに存在するLHCスーパーファミリーに属する複合体がある. LHCファミリーには, クロロフィルbやcを結合しているものもある. 光合成細菌では, 集光性バクテリオクロロフィル-蛋白質複合体(LH1)がある.

a **クロロフレクサス門** [phylum *Chloroflexi*] *バクテリアドメインに属する門(phylum)の一つで, クロロフレクサス目(Chloroflexales)を基準目とする好気性および嫌気性細菌の系統群. クロロフレクサス属(*Chloroflexus*)は好熱性の酸素非発生型光合成細菌で, 糸状性の細胞を有し, 滑走運動をすることから, 糸状性緑色光栄養細菌(filamentous green phototrophic bacteria)あるいは滑走性緑色光栄養細菌(gliding green phototrophic bacteria)とも呼ばれる. 本門はクロロフレクサス綱(Chloroflexi)を含む複数の綱から構成される. 多くが化学栄養性の*好熱菌で, 温泉などの高温環境に生息するほか, 水環境, 廃水処理系などに生息する常温菌種も存在. 加えて, *Dehalogenimonas*などの*脱ハロ呼吸細菌が綱レベルの菌群を形成する. (⇒付録:生物分類表)

b **クローン** [clone] 《同》栄養系, 分枝系. 無性的な生殖によって生じた遺伝子型を同じくする生物集団. ギリシア語のκλών に由来し, 本来は植物の小枝の集まりを意味する. H. J. Webber(1903)が生物学用語とした. *栄養繁殖によるという意味で栄養系, またもとの語源の意味を含めて分枝系などの訳語が与えられてきた. 個体を指す場合, 細胞を指す場合, 遺伝子ないしDNAを指す場合(⇒遺伝子クローン)の三つにわたって使われているが, いずれも同じ1個の起原のコピーであるような均一の生物的集団を意味する. (1)個体の場合は, 無性的な生殖で増えた個体群はすべてクローンである. 植物では自然界において一般にクローン繁殖がみられるほか, 人工的に体細胞を培養し, 試験管内で増殖・分化させたものから完全な植物体を再生させることができる. この方法によって, 1個の植物個体からそれと同じ遺伝子型をもった植物体を多数作ることができ, それらはクローンである. 動物ではクローンは8細胞期までの初期胚から割球を単離したものを個別に発生させたり*核移植によって作ることができる. 前者はウシなどの家畜で行われている. カエル, ヒツジ, マウスの単一胚の細胞から複数の核を除去し, これを予め本来の核を除いた卵に一つずつ移植して発生させることによって, クローンを作りうる. (2)細胞については, 1個の細胞の分裂から生じてきた子孫の細胞集団をいう. 細胞培養で作られたクローンは, 体細胞遺伝や細胞分化の研究に重要な材料を提供している. また, 個体発生において単一細胞由来のクローンの範囲を調べることによって発生における*細胞系譜の研究が飛躍的に発展した. (3)遺伝子ないしDNAについては, 組換えDNA技術の開発により, 特定の遺伝子DNAを*ベクターに結合し細菌や酵母で増殖させてクローン化することが可能となり, 遺伝子構造の解析その他多方面の研究に広く利用されている(⇒DNAクローニング). なお, 各レベルでの人工的なクローン作りやそれらの併用は, 有用生物, 有用細胞(例えば*モノクローナル抗体を産生する細胞), 有用物質(インスリン, ホルモンなど)の生産など, 各種の生物学的実験に用いられる.

c **クローン解析** [clonal analysis] [1]《同》低密度培養解析. 非常に低密度の細胞培養によって単一細胞由来のクローンによるコロニーを形成させ, 細胞の増殖や分化形質発現の活性度を定量的に調べる方法. 単位cm^2当たり数個といった, 極めて低い細胞密度培養条件下で, 最初に植え込まれた細胞の何%がコロニーを形成したかをコロニー形成率として算定する. また, 形成されたコロニーの何%が分化形質を発現したかを分化率として算出する. このコロニー形成率や分化率の計測から, その細胞種の増殖活性や分化能などを定量的に調査できる. さらに培養条件を変えれば, コロニー形成率や分化率が変化することを利用して, サイトカインなどさまざまな生理活性物質や薬剤などの作用を解析することもでき, 細胞研究, 発生研究あるいはがん研究などの領域で広く活用されている. [2]《同》キメラ解析. ⇒キメラ

d **グロン酸** [gulonic acid] L型はL-グロース(L-gulose)の1位のアルデヒド基がカルボキシル基に置き換わった*アルドン酸の一種. あるいはD-グルクロン酸の1位のアルデヒド基がアルコール基になったもの. 多くの動植物ではL-グロン酸からγ-グロノラクトン(γ-gulonolactone, L-グロノ-γ-ラクトン)ができ, これが特異的な酸化酵素による脱水素反応をうけてビタミンC(L-アスコルビン酸)になる. ヒト, サル, モルモットはこの酵素をもたないので, 体外からビタミンCを摂取しなければならない. 一方, L-グロン酸→3-ケト-L-グロン酸→L-キシルロース→L-キシリトール→D-キシルロースのような代謝経路があり, 代謝異常のペントース尿症ではこの中間体L-キシルロースが尿中に排泄される.

```
   COOH
HO-C-H
HO-C-H
  H-C-OH
HO-C-H
   CH₂OH
   L-グロン酸
```

```
   C=O
HO-C-H
HO-C-H
  H-C
HO-C-H
   CH₂OH
 L-グロノ-γ-ラクトン
```

e **クローン選択説** [clonal selection theory] F. M. Burnetによって提唱された*免疫理論. これに先行するN. K. Jerneの自然選択説(natural selection theory)では, 動物個体は, その動物が形成しうる抗体のすべてを抗原との遭遇以前にすでに常に微量に合成していることを前提とした. Burnetのクローン選択説では, 個体が抗原と遭遇する以前に, (抗体ではなく)膨大な種類の抗原の数に見合うだけの多数種の抗体産生細胞クローン(clone)が動物個体の体内にあらかじめすべて準備されていて, それぞれのクローンは特異性の異なる抗体を産生, 分泌するとともに, その抗体を細胞表面に抗原受容体として発現しており, それを介して各々のクローンはそれぞれ1種類の抗原だけを特異的に認識し, 結合する. さらに抗原と結合するとその細胞(クローン)は活性化されて細胞増殖して多数の同一の細胞を産み出す(クローン増殖 clonal expansion). こうして産み出されたクローンは, もとの親細胞と同じ抗原受容体を発現するとともに同じ抗原特異性の抗体を産生する. 胎児期や新生児期の免疫細胞が未熟な段階では, それらのクローンは抗原を認識しても, 活性化やクローン増殖反応を示さず, 逆にその抗原に対する反応性を失い消滅する. 胎生期や新生児期に遭遇する抗原は自己自身の構成成分のみなので, 自己抗原に反応するクローンは消滅し(自己

(self)反応性クローンの消滅，*禁止クローンの排除），自己抗原には免疫反応が生じなくなる（自己に対する免疫寛容の誘導）．この禁止クローンの排除機構に破綻が生じると*自己免疫疾患を発症する．一方，成熟した免疫系を構成する免疫細胞（クローン）はすべて外来異物抗原(non-self)とだけ反応する．すなわち，抗原に遭遇する以前にあらかじめ体内には，あらゆる抗原に対応した膨大な数のクローンが準備されているが，抗原によって自己抗原に反応しないクローンのみが選択されて生き残り，外来抗原に反応できるクローンのみによって免疫系が構築される．さらに抗原特異的な受容体を介して抗原により選択されたクローンのみが活性化され抗原特異的免疫反応が引き起こされる．以上がBurnetの提唱したクローン選択説の概要である．この説が契機となって免疫学研究は細胞生物学，分子生物学の発展とも相まって急速に進歩し，その正しさが証明された．驚くべきことにはBurnetがこの現代免疫学の基礎となるクローン選択説を提唱した時点では，抗体の構造もリンパ球の働きについても，当然のことながら抗原受容体のことも一切まだ不明だったことである．現在では，自己反応性のクローンは多くは「禁止クローン」として骨髄，胸腺などの中枢免疫学で消滅し，排除されるが，排除されなかった自己反応性クローンは，末梢において抗原と出合ってアポトーシスにより除去されるか(clonal deletion)，抗原に出合っても応答しない状態（アナジー）になっているか，B細胞の場合のように抗原レセプターの再編集(receptor editing)により自己反応性を回避して生存するか，さらには制御性T細胞による抑制機能により自己反応性が抑えられているか，などの多様な機構を経て自己抗原に対する免疫トレランス（免疫寛容）が獲得され維持されていると考えられている．(⇒禁止クローン，⇒免疫理論，⇌自己免疫疾患)

a **クローン動物**［clone animal］配偶子による受精を介さずに誕生した，遺伝的に同一の動物個体．「クローン」という語は，「細胞クローン」や「遺伝子クローン」のように，遺伝的に同一なものの集まりを指しても用いられる．その場合，動物において発生初期の二細胞期および四細胞期の胚などを単に分割してそのまま発生させた遺伝的に同一の一卵性多胎子（卵割クローンとも呼ばれる）を指しても用いられる．しかし，「クローン動物」の語は，個体の一部から無性生殖によって作られた遺伝的に同一の個体集団に限って用いるべきであるとする考え方もある．植物においては*挿木や組織の一部の細胞の培養によって完全な個体を作ることができる．動物でこれに該当するものには，プラナリアやヒトデの*再生があり，種によっては切断した小片から完全な個体を作ることができる．そのような再生により得られるクローン動物以外には，受精卵クローンと体細胞クローンがある．受精卵クローンは，発生初期胚の一部の細胞核を，除核した未受精卵に導入することで作製する．この方法では，ヒョウガエルの胞胚(blastula)の細胞核を除核した未受精卵に移植してオタマジャクシへ発生させるのに成功した(R. Briggs & T. J. King, 1952)．哺乳類ではヒツジの八細胞期胚の核を除核した未受精卵に移植し完全な個体を得ることに成功している(S. M. Willadsen, 1986)．自然な状態で受精卵が卵割後に独立した個体に育つ一卵性双生児の場合も，遺伝的同一性に着目してクローンと考える場合がある．体細胞クローンは，動物個体の体細胞の核を取り出し，これを除核した未受精卵に導入して作製する．1962年にアフリカツメガエルのオタマジャクシの小腸細胞に由来する核を移植し完全な個体が作製された(J. B. Gurdon)．1996年には成体ヒツジの乳腺細胞を培養し，細胞周期を調節したのちに除核した未受精卵に導入することでヒツジ個体（ドリー）の誕生に成功した(I. Wilmutら)．クローン作製は，その後，ウシやマウスなどさまざまな哺乳類で成功している．クローン動物は遺伝的に同一であるため，研究や産業上有用な個体や特定の遺伝子導入個体などを大量に作製するために応用できると考えられるが，染色体の末端（テロメア）領域の短縮や後天的修飾（エピゲノム修飾，⇌エピジェネティクス）異常のため，誕生したクローン動物には，致死や予期できぬ機能異常が高い頻度でみられることが問題となっている．

b **クローン排除**［clonal deletion, clonal elimination, clonal abortion］免疫反応に関与するリンパ球のクローン集合体から，自己反応性クローンが排除される現象．*B細胞と*T細胞は，免疫反応に関与するにあたって数多くの抗原特異性の異なるクローン集合体を形成する．その集合体のうち，自己の身体を構成する分子に反応性をもつクローン(*禁止クローン)は，これらの細胞の生成過程においてクローン排除によって除去もしくは不活化される．クローン排除はF. M. Burnetの*クローン選択説において，抗体産生細胞(B細胞)に関して概念的に提唱された仮説であったが，現在ではB，Tいずれの細胞においても実証されている．T細胞では，それが胸腺中で生成される時期(CD4/CD8ダブルポジティブ細胞からCD4あるいはCD8シングルポジティブ細胞に至る過程での「負の選択」)において，B細胞では骨髄における未熟B細胞から成熟B細胞に至る過程において，自己抗原反応性クローンの排除が起こることが明らかにされている．しかし，このBurnetの仮説は現在では多くの修正が必要とされている．例えば，T細胞の抗原認識に際しては自己MHCを認識（反応）できる抗原受容体を発現しているクローンのみが選択的に選ばれて生き残り，逆に（非自己のMHCには結合するが）自己MHCに反応出来ない抗原受容体をもつクローンは生存出来ずに消滅する（胸腺における「正の選択」）．ついで自己MHCに結合する自己由来のペプチド抗原に結合する受容体をもつT細胞は「負の選択」機構により排除される（自己反応性クローンの排除）．また，未熟B細胞においても自己抗原に反応する抗原受容体をもつクローンは自己抗原に暴露されるとアポトーシスにより死ぬが，一部の自己反応性クローンでは受容体遺伝子での再編集(receptor editing)が生じ，自己抗原反応性を変化させることで生き残ることが知られている．(⇌クローン選択説)

c **クローン培養**［clonal cell culture］《同》クローン増殖．特に動物において，細胞を1個だけ培養して無性的に増殖させ，クローン細胞集団を得る方法．低密度培養法，限界稀釈法，軟寒天培地やメチルセルロース培地を用いたゲル内培養法などを細胞の性質に応じて使い分ける．多細胞動物の細胞は一定量の培地当たりの細胞密度が低いと，維持・増殖が困難な場合が多いのでさまざまな栄養因子や*コンディションドメディウムあるいはフィーダー細胞が用いられる．クローン培養の方法は，体細胞遺伝学的研究には必須であり，また，細胞分化の

研究に重要である．植物ではクローン培養は*カルスの培養などかなり一般的に行われる．(⇒単細胞培養)

a **クローン病** [Crohn's disease] 消化管に起こる原因不明の慢性炎症性疾患．主として10代後半から20代の若年者に発症．回腸末端を侵すことが多いが消化管のどの部位にも起こりうる．病理学的には潰瘍や繊維化を伴う肉芽腫性炎症性病変である．腹痛や下痢を主訴とし，発熱，栄養障害，貧血や関節炎，虹彩炎，肝障害などの全身的な合併症を伴うこともある．病因は遺伝的因子の他に，多彩な環境因子(ウイルスや細菌などの微生物感染，腸内細菌叢の変化，食餌性抗原など)に対する免疫系の異常反応が関与していると考えられる．特徴的な自己抗体は認められない．治療には長年副腎皮質ホルモン剤が用いられているが，近年抗 TNF-α 抗体製剤の有効性が示され臨床応用されている．

b **クローンライブラリー** [clone library] ある生物のゲノム DNA の断片や転写産物の cDNA をなんらかの*ベクター(*プラスミドや*BAC など)に組み込み，それらを大腸菌などの別の生物の細胞に入れて*クローン化したものを大量に，あたかも図書館(library)のようにそろえたもの．大腸菌を増殖させるとその中に入ったベクター内の外来由来 DNA も一緒に増幅されるので，そこから DNA を精製して*PCR 法などを用いて取り出したい DNA を選び出すことができる．

c **桑田義備**(くわだ よしなり) 1882〜1981 細胞学者．京都帝国大学教授．染色体の内部構造に関してらせん糸構造説を提唱．後年は，核分裂の起源と進化，生命の起原について論じた．[主著]染色体の構造，1937．

d **クーン**，Carl 1852〜1914 ドイツの動物学者．インド洋・大西洋におけるバルディビア号深海探検(1898〜1899)の指導者．クシクラゲ・頭足類などの分類，浮遊生物や深海生物の研究などがある．[主著] Aus den Tiefen der Weltmeere, 1900．

e **群帰属形質** [group membership character] ある生物群の成員として認められる規準となる形質．系統分類における群の地位を表す*単系統，*側系統，*多系統の各語はその定義に関する議論が絶えなかった．*分岐分類学では，単系統群はある共通祖先から派生するすべての子孫種からなる群と定義される(完系統群 holophyletic group ともいう)．単系統群は，*共有派生形質によって認識される．*分岐図上ではある内部分岐点を根とする部分木にあたる．一方，非単系統群である側系統群と多系統群は，分岐図の樹形によっては定義されず，形質だけによって定義可能である(J. S. Farris, 1991)．側系統という概念を最初に提唱した W. Hennig は，*共有原始形質が側系統群を，収斂形質(convergence, ⇒収斂)が多系統群をそれぞれ定義すると考えたが，完全な定義ではなかった．Farris(1974)は，ある群Gの成員には1，Gに属さない成員には0という群帰属形質状態を与え，分岐図の上でこの群帰属形質を形質状態変化の総数が最小になるような種の最適化した．最適化された群帰属形質の群Gにおける形質状態変化が，(1)一意的で逆転無しならば，単系統群，(2)一意的だが逆転があるならば，側系統群，(3)一意的に派生しないならば，多系統群，というアルゴリズム的判断規準を提唱した．

f **群集**【1】[community] 自然界にまじりあって生活している異種の生物の集まり．したがって人間社会における community，共同体および「群集」とは，全く別の意味である．生物の群集については，数多くの定義があるが，大別すると四つの考え方になる．(1)群集有機体ないし統一体的概念(organismic concept)：ある*生息地に生息する生物全体を，*環境に規定された有機的集合体と考え，独自の境界と発達様式をもっているものと想定し，これを解析する立場をとるもの(F. E. Clements, 1916, V. E. Shelford, 1926, Clements & Shelford, 1939, A. F. Thienemann, 1939 ら)．同じ群集とは，環境がほぼ同じで相観が一定であるものをいう(K. Möbius, 1877, International Botanical Congress, 1910)．群集を，生態系の生物的部分として定義する人もある(W. C. Allee ら, 1949, E. P. Odum, 1953)．(2)群集構成種の個別概念(individualistic concept)：群集はそれぞれの種の分布が重複して構成されたものであり，明確な境界は存在せず，したがって各群集の種類構成は，ある程度統計的であることを強調するもの(H. A. Gleason, 1926, 今西錦司, 1936, 1949, F. S. Bodenheimer, 1958, R. H. Whittaker, 1957 ら)．(3)相互作用する種間関係の総体：C. S. Elton もこの立場をとり，戦前は*食物連鎖を中心とする解析を(1927, 1933, 1942)，戦後は*相互的散在を中心とする群集様式の解析を(1949, 1954, 1966)行った．(4)特定の生活様式をもつ種の総体：例えば魚類群集，鳥類群集と呼ぶ．特に植物，なかでも緑色有胚植物については，これだけを取り出して植物群落あるいは単に群落と呼ぶことが多い．また，例えばニホンフサゴカイの作る孔が並んでいるとき，それらに入っている動物だけを考えて隠孔生物群集などと呼ぶこともある．最近では，群集を構成する多数の種が，どのような機構で共存が維持・促進されているのかという問題が注目を集め，*ニッチ分化を基礎とする*群集理論と，中程度の*撹乱や天敵の作用を強調する*非平衡説とが対立している．かつては community を共同体と訳したこともあるが，今では使われない．(⇒ギルド)

【2】[association] 《同》アソシエーション．種組成に基づく植物群落分類の基本単位で，一般に一定の種組成，一様な相観および一様な立地条件をもつもの．しかし後者の二つは群集の必要条件ではない．厳密には，植物群落学(植生学)の各学派によって群集の意味は多少異なる．最も広く採用されているチューリヒ-モンペリエ学派の群集は，同じ特徴的な種群(標徴種群)をもち，かつ一定のランクにある植分群とされ，それぞれの群集は類型として帰納的に見出されるものである．群集は具体的には次のような手順によって抽出される．(1)各植分の調査によって種のリストを中心とした植生調査資料を得る．(2)各植分の種組成を比較し，結びつきの強い種群を見出す．(3)それらの種群によって植分の類型的グルーピングを行う．(4)グルーピングされた植分群(すなわち群落)のランクづけを行って群集を決定する．抽出された群集は，その特徴的あるいは代表的な1〜2の植物の属名を用いて命名され，語尾に -etum をつける(例：*Quercetum myrsinaefoliae* シラカシ群集, *Illicio-Abietum firmae* モミ-シキミ群集など)．群集の上位単位には群団・オーダー・クラスがあり(⇒群団)，下位単位には*亜群集・変群集・ファシースがある．なお，チューリヒ-モンペリエ学派以外の諸学派の群集の識別においては，G. E. du Rietz を中心としたウプサラ学派では階層構造が，F. E. Clements を主としたアメリカ学派では群落の安定性が，また A. G. Tansley を中心としたイギ

リス学派では種の優占性がそれぞれ重視されている.

a　群集生態学　[synecology, community ecology, biocoenology]〘同〙群生態学. *群集を対象とする生態学の一分野. 個生態学に対応する用語で, C. Schröter と O. Kirchner (1902) の造語である. 主に群集を構成している種数やそれぞれの種の個体数・多様性・安定性という群集の属性の抽出, 生物種間の相互作用の解析による群集構造の決定要因の解明を目指す. さらに, 各個体群の侵入と絶滅という群集構造の時間的な動態の側面も扱う. なお, 植生の組成・構造・分布・動態について研究する生態学の一分野を群落生態学(vegetation ecology, plant community ecology)という. D. Müller-Dombois, H. Ellenberg (1974) によって, ヨーロッパの植生学 (vegetation science) と英米の植物群生態学 (plant synecology) を結びつけたものとして vegetation ecology の用語が初めて用いられた.

b　群集の安定性　[community stability]　ある*群集内の各*個体群が, その個体数や*生物体量などを比較的一定に保っていること, またはその度合. この状態がかなり長い時間にわたって保たれているとき, その群集は安定性が高いという. 非生物的環境(→生物的環境)は通常その期間中一定ではないし, またその期間中にはいろいろの種がその外周から*侵入するから, 群集の安定性が高いということは, そのようないわば外乱が存在しても各種の生物体量があまり変化せず, あるいは変化が若干生じたとしても復元することにほかならない. したがって群集の安定性を, 外乱に対して復元力(resilience)をもつことで定義する人もある. 群集の安定性に関連しているとされる機構については, およそ以下の三つが挙げられている. (1) 構成する個体群がそれ自身として*環境のかなり広い幅の変動に対して耐える能力をもっており, 例えば餌生物の選択においてもかなりの幅があり, また種内の*密度依存性などによって*密度調節が行われ, 生物体量が一定のレベルに保たれる傾向が存在する. (2) 個体群間の複雑な種間関係が存在するため, 各種の*大発生などが幾重にもチェックされる傾向が知られている. (3) 生物の環境形成作用によって環境そのものが変化し, 多様化ないし不均一化することにより, あるいは外界の変化を緩和することによって, 群集内の各個体群に変動を起こり難くさせる働きが存在する. (2) の機構に関して種の数が増加して群集の多様度が増すと, *食物連鎖関係や*種間競争が複雑化して, 安定性が高まると考えられた (C. S. Elton, 1958). しかし数理モデルで種間相互作用をランダムに組み合わせて, 群集の安定性を解析したところ, 種数を増し種間関係を複雑にするにつれて群集の安定性は逆に低下した. このことから, 自然界では種間関係はランダムな組合せではなく, 特定の構造をとっていると推定される (R. May, 1973).

c　群集の中立モデル　[neutral model of community]　個体レベルの中立仮説に基づき生態系の多様性, 種個体数分布および種数面積関係などを理論的に説明する生態学モデル. S. Hubbell が提案. 熱帯多雨林の植物などのように, 同所的に生活し, 空きパッチなどの同一もしくは類似の資源をめぐって競争する単一機能群を対象とする. 群集中のすべての種のすべての個体の1個体当たりの出生率, 死亡率, 移動率, 種分化率が個体レベルで同じとみなし, さらに, 総個体数一定の条件(「ゼロサム性」)や「生態学的浮動(ecological drift)」なども仮定する. そのことで種の個体数(もしくはバイオマス)と順位との関係や孤立した島状の生息地での種数の減少過程など, 群集の構造に関するさまざまな関係をうまく説明できる. 最近では, 集団遺伝学における中立理論や物理学の方法により厳密な数学的解析も発展し, 現実の群集データを用いた中立仮説の検証も活発に行われている.

d　群集理論　[community theory]　生物群集の構成に関する理論で, 似たような餌や生息地を利用して競争関係にある同一栄養段階の種群を対象に, 種ごとの*ニッチ分化による群集の構成パターンと共存関係を論じるもの. アメリカの R. H. MacArther が提唱した. この理論によれば, 自然群集で餌や生息地はほとんど余剰が生じないほどに使い尽くされ, 個体群密度はほぼ平衡状態にあると考える. そのため*種間競争が厳しく, おのおのの種はそれぞれの資源を分け合うこと, すなわちニッチ分化をする以外に共存できない. アメリカザリガニやマルハナバチ, 淡水性の巻貝などでこの説に合う事例が報告された. 1970年代後半, J. H. Connell らの*非平衡説などによって批判された. 後者の考え方は, 自然群集で各種の個体群は, 撹乱や天敵による捕食・寄生作用を受けて比較的低い密度に抑えられているので競争は緩和され, その結果, 競争排除が妨げられて各種がニッチ分化なしに共存できると説く. 1980年代に両者間ではげしい論争があり, 多元論的な考え方に落ちついた. *栄養段階の高位にある種ほど資源をめぐる競争が厳しくなるので, 群集理論に合う例が見られる傾向がある.

e　群体　[colony]　分裂または出芽など, 無性生殖によって生じた個体(母個体に対して娘個体と呼ぶ)が互いに体の一部分, または体から外方に分泌した構造(例えば殻)により連結されている場合, この個体の集合. 原生生物からホヤ類に至るまで多くの例がある. 群体を形成する現象を群体形成(colony formation)と呼ぶ. これに対し, 1個体が単独で生活する場合を単独生活的(monozoic)という. 群体を構成する各個体(*個虫)が原形質により連絡する場合は, 全個体の間に栄養摂取, 刺激に対する反応などについて有機的な関連があり, 真の群体と呼ばれ, そのような関連がなく, 殻などの非生活物質により接着・集合しているにすぎない場合は偽群体(pseudocolony, 例: 植物性鞭毛虫類のサヤツナギ)と呼ばれる. 群体は外形に従って線状群体・樹状群体・球状群体・叢状群体などが区別される. 線状群体(catenoid colony)は, 個虫が互いに一直線に連なる形式の群体. 1個体が横分裂により2個の娘個体となり, 両者が離れないでそのままさらに横分裂を繰り返すなどの方法により形成される. 繊毛虫類, 鞭毛虫類, 渦虫類などで見られる. 原生生物の場合は線状連結生活体(catenoid coenobium)ともいう. 樹状群体(arboroid colony)は, 出芽によって母個体の側面に生じたいくつかの娘個体が母個体から分離せず, 次々と新個体を生じて全体が樹枝状に連なる形式の群体. 原生生物, ヒドロ虫類, 花虫類, 苔虫類に見られる. 球状群体(spheroid colony, sphaeroid colony)は, 1個体の分裂によって生じた多数の娘個体が集まって構成する球形の群体. オオヒゲマワリ(volvox)類が典型例. 原生生物の場合は球状連結生活体(sphaeroid coenobium)とも呼ぶ. 叢状群体(gregaroid colony)は, 1個体の分裂または出芽によって生じた多数の個体がその底部をもって互いに連絡して構成する叢

状または芝草状の群体。ヒドロ虫類，苔虫類で多数見られる。管クラゲ類では，1個の群体がさらにほぼ同様な個体の小群の連結体であり，この小群を特に幹群と呼ぶ．苔虫類の群体には zoarium または coenoecium，原生生物の群体には*定足群体の名称がある．群体を構成する各個体は，その群体から離れても多少とも独立生活の能力があり，体節などとは異なっている．一つの群体を構成する個虫の間に，形態的・機能的に分化が認められるものを*多型性群体と呼び，ヒドロ虫類や苔虫類などにその例が多い．

a **群団** [alliance] 群集の上位にある植物社会学上の群落単位．類似の複数の群集が群団標徴種によってまとめられたものであるが，相対的な比較によって群集一つだけの群団を認めることもある．例えば日本のススキ草原のメガルカヤ-ススキ群集，ホクチアザミ-ススキ群集，ヒメスゲ-ススキ群集，スズラン-ススキ群集などはトダシバ，シラヤマギク，アキノキリンソウ，オミナエシ，ツリガネニンジンなどを群団標徴種としてトダシバ-ススキ群団にまとめられる．群団名は Arundinello-Miscanthion sinensis のように語尾に -ion をつける．群団の上には順に群目（オーダー order)，群綱（クラス class）などの群落単位がある．

b **群度** [sociability] 植物社会学で用いられる定性的な群落測度の一つで，個々の種が孤立して生えるか，かたまって生えるかなど集合の状態を示す．一般に J. Braun-Blanquet による次の表し方が用いられる．1:単独，2:群状または株状，3:斑状（小斑またはクッション），4:小さなコロニー，5:大群．

c **群淘汰** [group selection] 《同》群選択，集団選択，集団淘汰．集団を単位とする*自然淘汰．歴史的に次の二つの意味で使われる．[1] 自然淘汰の単位は集団であり，種の存続に役立つ性質が進化するという考え方．V. C. Wynne-Edwards (1962) による．この考えによれば，大きくなり過ぎてしまった集団の個体が個体数調整のために自殺する行動は，集団に利益をもたらすので進化するとされる．しかしながら後に G. C. Williams ら (1966) によって，自然淘汰の単位は集団ではなく個体であると批判を受けた．クローン集団はこの意味の群淘汰が働く好例である．[2] 個体に働く自然淘汰は，その個体自身の影響に加えて，その個体の属する集団からの影響も含まれるので，さまざまな階層に働く自然淘汰の重ね合わせとみなせるという考え方．上記の群淘汰と区別するために，複数レベル淘汰（複数レベル選択 multilevel selection）と呼ばれることもある．例えば集団がいくつかの分集団（*デーム）に分かれているとき，自らの生存率や出生率を犠牲にして分集団の絶滅率を低下させるような利他的形質の頻度は，分集団内では減少するものの，集団全体として見たときには増加することがあり得る．そのためには分集団間の絶滅率の違いが大きく，また分集団間の移住率や突然変異率が小さいことが必要である．また，有性生殖種が多い理由として，無性生殖種は有害突然遺伝子を蓄積しやすく多数の世代ののちには適応度が低下することや，環境変動や素早く進化する病原体への適応能力が低いことなどによって，長期的にみて無性生殖種が絶滅しやすいためであるとする説明があるが，有性生殖集団に適応度を同じくする無性生殖突然変異が現れる率が極めて小さい場合には，これは種を単位とする群淘汰による説明と考えられる．群淘汰が働く条件が整っている場合，同じ集団に属する個体同士は高い血縁をもっているため，群淘汰を*血縁淘汰の一様式と捉える考え方もある．

d **群飛** [swarming] 動物が多数群れをなして飛ぶこと．昆虫についていう場合が多く，多くは一種の性行動である．シロアリの雌雄は生殖時期に翅を生じて群飛し交尾するが，これは交尾群飛 (mating swarming) と呼ばれる．蚊柱もその例であり，海鳥でも見られる．ミツバチの*分封も swarming という．大発生したワタリバッタが行うものは移動群飛 (migratory swarming) あるいは*飛蝗と呼ばれる．なお，群飛を*顕示行動の一種とする見解もある．

e **群落集団** [community complex] 《同》群落複合体．植物社会学的な群落単位が種（あるいは分類群）の結び付きによって区分されるのに対し，群落の結び付きによって区分される地縁的な群落の複合体．その基本的単位を総和群集 (sigma-association, synassociation) という．J. Braun-Blanquet と J. Pavillard (1928) が提唱した概念で，R. Tüxen (1973) が，今日の*潜在自然植生が均一な調査区内の群落のリストをもって調査単位とする具体的調査手法を提唱．しかし自然植生域での適用に問題があり，任意の*植分に隣接するすべての群落を枚挙したものを調査単位とする方法などが提案されている．植生帯など，広域の植生地理単位の体系化に有効な概念と考えられる．生態学的な景観に相当する．

f **群落測度** [measure of community, measure of vegetation] 植物群落の構造的性質を測る尺度．主として群落内における個々の種類の性質を測るためのもので，定量的測度と定性的測度に分けられる．前者は*頻度・*常在度・個体数（密度・*数度）・*被度（植被率）を主要測度とし，高さ（植物高・植生高）・樹幹直径・現存量などもこれに入る．後者には*群度や*活力度などがある．群落の構造解析，群落の分類や記載などの目的に応じた測度が用いられる．

g **群落分類群** [syntaxon] 群落分類において区分された任意の単位．群集，群団などの群落分類階級にとらわれずに群落を扱う場合に用いる．種による分類群すなわち*タクソン（種分類群）に対応する．

ケ

a **毛** [hair] 【1】哺乳類の皮膚の大部分にわたって生じる糸状の角質器．通常，軟毛(わた毛 独 Wollhaar)と粗毛(独 Grannenhaar)の別がある．毛の総体を毛衣(pelage)といい，それは粗毛からなる上毛(over-hair)と軟毛からなる下毛(fur)で構成され，後者は前者に覆われて表面からは見えない．また，上毛を長さによってさらに狭義の上毛(over-hair)と中毛(middle hair)とに分けることもある．毛衣には種々の色彩・模様などがあり，野獣では一定の時期に全身にわたる換毛が行われ，夏毛・冬毛などに更新される．両者は色彩・構造・粗密にしばしば差を示す．ヒト・クジラ・ゾウなどでは毛衣の退化が見られるが，イッカクなど少数の例外のほかは，胎児時代にわずかでも毛を生じる．毛は表皮の陥入によって生じた毛嚢(毛包 hair follicle)の底部より外方に向かって生じ，毛嚢中の部分を毛根(hair root)，外部に現れた部分を毛幹(hair shaft)，細くなった先端部を毛尖という．表皮の陥入に基づく毛嚢を表皮性毛嚢(epidermic hair follicle)，その外を包む結合組織由来のものを真皮性毛嚢(dermic hair follicle)といい，両者間には基底膜に相当するガラス膜(glassy membrane, hyaline layer)がある．表皮性毛嚢は表皮自体の各層に相当するものとして，毛根鞘(root sheath, epidermal sheath)，すなわち外方から外毛根鞘(external root sheath)，ヘンレ層(Henle's layer)・ハクスリ層(Huxley's layer)の内毛根鞘(inner root sheath)，根鞘小皮(cuticle of root sheath)とに分けられる．根鞘小皮には角質化が見られる．結合組織性毛嚢(connective tissue hair follicle, 毛嚢鞘 follicle sheath)の底部は毛乳頭(hair papilla)を形成し，毛根基部はそれを包み通常はややふくらみ毛球(hair bulb)をなす．毛の毛乳頭との接触部位が毛母基(hair matrix)で，ここで細胞分裂が起こって毛の伸長がもたらされる．毛の中心に毛髄質(medulla)，それを覆う毛皮質(cortex)があり，さらにその外側は角質化した毛小皮(hair cuticle)に覆われる．毛髄質には気室がある．これは細胞が中空となったもので，隔壁で仕切られている．毛は通常皮膚面に対して傾斜し，毛根が皮膚面と鈍角をなす側には皮脂腺(毛囊腺)が開口し，その側に平滑筋性の*立毛筋が付く．毛は発生的には表皮胚芽層の肥厚としての毛芽(hair germ)を生じ，それが真皮中に延び，その中心部は毛に，周辺部は毛嚢に分化する．胎児に生じた毛，またはそれに類する繊細な毛をうぶ毛(lanugo, prenatal hair)という．毛には太く固く特殊化した剛毛(seta, bristle chaeto 例：ブタ)や，棘毛(棘 spine 独 Stachel 例：ハリネズミやヤマアラシ)などもある．ヒトでは毛の人種差が顕著であり，モンゴロイドでは黒く直毛で横断面は太く円形，コーカソイドではブロンド・褐色・黒色などで直毛または波状毛，横断面は細く楕円形をなし，ニグロイドでは縮毛で，断面は平たいかまたは腎臓形である．ヒトの体毛は大部分うぶ毛のままに終わるが，体表各部での密度にはほとんど差はなく，また全身が毛で覆われる獣類とも密度の点では差はない．なお無脊椎動物で毛と外観的に類似の諸構造を，鞭毛，繊毛，剛毛，絨毛などと呼び，多毛類の付属肢(疣足)に生ずるもの，貧毛類の各体節にあるもの，昆虫の腹部に見られるものなどがある．(⇌換毛，⇌触毛，⇌血洞毛)

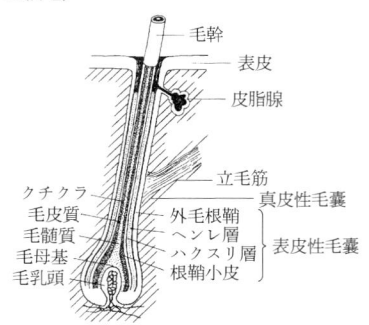

【2】維管束植物の表皮がつくる*毛状突起の一つ．単細胞性と多細胞性に分けられる．前者には分岐するものと無分岐のものがある．後者には一列の細胞列の場合と多数の細胞列から構成される場合があり，さらにそれが分岐することもある．形によって，*刺毛・鉤状毛・星状毛(stellate hair)・鱗毛(scaly hair)などが区別される．刺毛は先が鋭い構造をもつ(例：カナムグラ，イラクサ，⇌刺毛)．星状毛は多細胞性で，同一平面に何本かの細胞が広がって並び，星状になったものを指す．星状毛では，広がる細胞の数は種によって異なり，わずか2本で磁針毛(T-shaped hair)と呼ばれるもの(ミズキ)から，柄をもち多数が傘のように並ぶものまである(楯状毛 peltate hair 例：グミ，オリーブ)．鱗毛は魚鱗状で平らな構造をもち，一般に短い柄がある．形や大きさはさまざまで，シダ類には特異な形をした大形の鱗毛が知られており分類形質として利用される．また，毛は生え方によって絨毛・綿毛・逆毛と分けることがあり，その性質や機能の特徴によって触毛・感覚毛・散布毛・浮遊毛などに分けられる．これらの毛はいずれも表皮細胞の特殊な伸長成長，あるいはそれに引き続く何回かの細胞分裂に由来し，通常その表面はクチクラで覆われ，また炭酸カルシウムやケイ酸塩が沈積することもある．綿の繊維はワタの種子表面から形成された単細胞性の毛である．厳密には毛は，物質の分泌・吸収にあずかる*腺毛・消化毛・吸収毛とは別物とされることが多いが，これら全てを毛として一つにまとめることもある．

b **景観生態学** [landscape ecology] 自然生態系に大きな影響を及ぼしている人間の存在をも系に取り込んだより高次の系を景観ととらえ，その構造・機能・動態を研究しようとする生態学の一分野．自然生態系を対象とするその他の一般的な生態学においては系の均質さが求められがちであったのに対して，景観生態学ではさまざまな自然的・人為的撹乱を重要な景観形成要因と考えることによって，より高次の地理的空間やそこに展開する種個体群の維持や動態をも生態学的に扱うことが可能になった．第二次大戦以後，特にヨーロッパで地域生態系の評価・管理・利用計画・保全・復元などのための科学的基礎

を考える分野として，しだいに学問領域として確立してきた．人為の影響がほとんど及んでいない自然景観域から農林業景観域，さらに極端に人為的影響が強い都市景観域まで生態学の対象を拡げた．景観(landscape)の語は，造園学的な意味での景観と紛らわしいので景域と呼ぶことや，景観の総合的な視点を強調して景相と呼ぶこともある．一方で基礎生態学として見たときは，生態系における空間的な配置やパターンを重視する生態学とも定義される．この場合には空間構造の影響に焦点をあてて研究する生態学を空間生態学(spatial ecology)という．地図上にさまざまなサブシステムや生態プロセスを記入することによりそれらを総合的に把握しようとしたり，格子モデルや島モデルといった空間構造に関する数理モデルの研究もさかん．

a **頸器官** [nuchal organ] 《同》頸溝 (nuchal groove). 環形動物の頭部にある化学受容器の総称．ムカシゴカイ (*Polygordius*) や *Protodrilus* の口前部の側面にある卵円形の*繊毛溝ないし繊毛凹 (ciliated pit)，あるいはギボシイソメ類 (*Augeneria*) などにある出入自在の繊毛凹.

イトゴカイ科の頭部

b **経験剥奪** [deprivation of experience] 特定の刺激との相互作用の機会をなくした状態で動物を飼育すること．1個体のみを分離して飼育する*隔離飼育はその一例である．これによって，例えばリスの貯食行動のような行動の生得性が示されてきた．また，特に母親を含む他個体からの遮断を社会的剥奪(social deprivation)といい，とりわけサルなどのヒトに近い動物の心理や行動の発達の研究の中でその影響が調べられてきた．H. F. Harlow (1958) は，母親から隔離して育てられたアカゲザルの幼児が異常行動(⇒定型行動)を現すことや，人工的な代理の母親としては肌ざわりの柔らかい布製の母を好むことを示し，この種の研究に道を開いた．(⇒カスパー・ハウザー動物)

c **蛍光** [fluorescence] 物質に光を照射したときに減衰時間の短い光が放出される現象．ある化合物に光を照射すると，Frank-Condonの原理にしたがって，原子間距離を変更することなく，励起電子状態に遷移する(図の上向きの矢印)．この場合，振動エネルギー準位の高い所へ遷移することが多い．励起状態の寿命が短いとこのエネルギーは散逸され，基底状態にそのまま戻るが，寿命が長いと振動のエネルギーを周囲の媒質に与えて，低い振動準位に移り，その後基底状態に戻るとともに，そのエネルギーを発光の形で放出する(図の下向きの矢印)．そのため，発光帯の波長は，吸収帯の波長より長波長側に現れることになる．このように蛍光は吸収とは別の波長に現れるため，検出感度が非常に高く，応用範囲も広い．例えばある物質を蛍光性色素でラベルすることにより，トレーサーとして使用することができる．特定の物質との結合や周辺の環境により蛍光の特性が大きく変化することを利用した蛍光プローブが数多く開発され，膜電位や疎水領域の検出や同定，Ca^{2+} などの定量に用いられている．光合成系ではクロロフィルの蛍光により励起エネルギー移動の過程が詳しく調べられている．

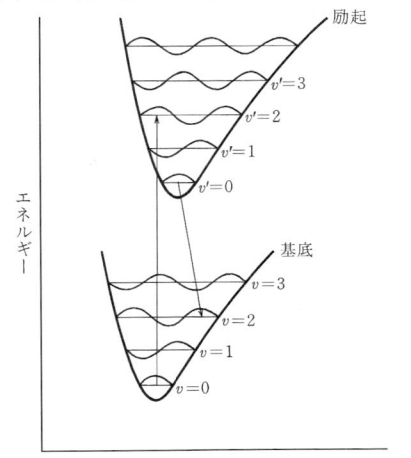

d **蛍光イメージング計量法** [fluorescence imaging measurement method] 細胞内の高分子を蛍光標識し，その蛍光の強度変化を測定することにより，その高分子の細胞内での動態や相互作用などを測定する手法．代表的なものに FRAP (fluorescence recovery after photobleaching, 光退色後蛍光回復)，FLIP (fluorescence loss in photobleaching, 光退色蛍光減衰)，FRET (fluorescence resonance energy transfer, 蛍光共鳴エネルギー転移) がある．(1) FRAP は，細胞膜や細胞の中での蛋白質分子や脂質分子などの高分子の動態を測定する方法．目的とする分子を蛍光標識して細胞膜や細胞内に導入し，細胞の微小領域にレーザー光を照射して，標識分子の蛍光を退色させ，周囲からの拡散による蛍光の回復を測定する．その回復曲線を解析することで拡散定数や結合・解離定数などを求めることができる．(2) FLIP は，FRAP と類似の方法で細胞内での高分子の流動性を測定する方法．FRAP と同様に目的とする分子を蛍光標識して細胞内に導入するが，その分子が局在する領域を直接退色させるのではなく，細胞内の別の領域に繰り返しレーザー光を照射する．直接照射していない局在領域で蛍光強度が減少するならば，標識分子が局在する領域とレーザーを照射した領域の間で標識分子の行き来があることを示している．もし標識分子が局在領域にとどまっていれば，レーザー照射を繰り返しても局在領域での蛍光強度は減少しない．この方法は，細胞内コンパートメントの間での流動性を計測するときに有効である．(3) FRET は，細胞内での目的の高分子間の相互作用や，目的の高分子の構造変化を二つの蛍光の強度変化から測定する方法．二つの蛍光分子がある条件を満たして近接するときに，一方の蛍光分子(供与分子：ドナー)を励起するエネルギーが，他方の蛍光分子(受容分子：アクセプター)に無放射遷移して他方の蛍光分子が蛍光を発する現象を利用する．相互作用を調べたい二つの蛋白質にそれぞれ別の蛍光分子を結合させて相互作用を調べたり(2分子 FRET)，構造変化を調べたい蛋白質のN末端とC末端にそれぞれ別の蛍光分子を結合させて構造変化を調べたりする(1分子 FRET)ことができる．FRET の効率は，二つの蛍光分子の距離と角度によって決まることから，FRET が起こるときには，2分子 FRET では二つの分子が近接している，1分子

FRETでは構造が変化して標識した蛍光分子どうしが近接していると結論付けることができる．ドナーとアクセプターには，低分子蛍光色素ではフルオレセインとローダミン，蛍光蛋白質ではCFPとYFPやGFPとRFPの組合せがよく利用されている．蛍光蛋白質を用いた場合，FRETが起きるのは，ドナーとアクセプターの蛍光蛋白質がほぼ完全に接したときである．

a **蛍光 in situ ハイブリダイゼーション法**
[fluorescence in situ hybridization] FISH法と略記．蛍光物質で標識したDNAやオリゴヌクレオチドプローブを，固定した組織や細胞のDNAあるいはRNAとスライドグラス上で*ハイブリダイゼーションさせ蛍光顕微鏡で検出する手法．遺伝子のマッピングや，がん細胞で見られる転座などの染色体異常の検出，細胞種の同定などに用いる．また微生物学分野では，菌体内のrRNAを標的としたFISH法を菌種の同定に用いる．プローブの標識にラジオアイソトープを用いて，染色体上の反復配列の検出などに用いられた染色体 in situ ハイブリダイゼーション(ISH法)を技術改良した手法．

b **蛍光顕微鏡** [fluorescence microscope] 細胞・組織内の蛍光性物質に紫外線などの励起光を当てて発する蛍光を観察する顕微鏡．励起光の照射方式から透過型と落射型の二つが区別されるが，後者が一般的である．天然の蛍光性物質を含んだクロロフィルや脂質，ビタミンなど(自家蛍光)のほか，アクリジンオレンジやキナクリンなどを添加したときの二次蛍光の検出，さらに蛍光抗体法による標識蛍光色素の検出に広く用いられている．これにより，試料中における特定物質の存在場所あるいは存在状態を知ることができる．また最近では緑色蛍光蛋白質(*GFP)などの蛍光蛋白質の遺伝子を遺伝子組換えにより細胞内に導入して，その発現を観察する方法にも用いられる．

c **蛍光抗体法** [fluorescent antibody technique] 抗原の検出に，その抗原に対する抗体を蛍光色素で標識したもの(蛍光抗体)を用いる方法．A.H.Coonsら(1941)の開発．抗原を蛍光色素で標識して抗体を検出する方法を含めて*免疫蛍光法という．

d **蛍光相関分光法** [fluorescence correlation spectroscopy] FCSと略記．溶液中での蛍光分子のブラウン運動を自己相関関数で定量化することで，その分子の拡散定数や数を解析する方法．装置としては*共焦点レーザー顕微鏡の光学系を用いて極微小な観察領域を作り，そこを通過する蛍光分子の強度のゆらぎを測定することによって自己相関関数を得て解析する．拡散定数のちがいは分子の大きさに依存するために蛋白質間相互作用解析などに用いられることが多い．非侵襲性の測定法であるため細胞内の蛍光蛋白質の解析なども行うことができる．近年では自己相関ではなく，2種類の蛍光分子の挙動に相関があるかどうかを調べる蛍光相互相関分光法(fluorescence cross correlation spectroscopy, FCCS)も実用化されており，試験管内や細胞内での蛋白質相互作用解析に使われている．

e **経口避妊薬** [oral contraceptive drug] 経口的に与えることによって妊娠を避ける薬で，通常，女性に投与して避妊の目的を果たすステロイド性の排卵抑制剤をいう．従来，*黄体ホルモン物質と*エストロゲンを同時に与える方法が用いられてきたが，近年一定期間エストロゲンを単独投与した後に両者を同時に与える方法も開発された．これらの方法では，本来のホルモンであるプロゲステロンやエストラジオールそのものではなく，経口投与によっても強力な生理作用を示す合成の誘導体が用いられる．黄体ホルモン物質としては19-ノルテストステロン，3-デオキシ-19-ノルテストステロン，17-アセトキシプロゲステロンの誘導体，エストロゲンとしてはエチニルエストラジオール，メストラノールが使用される．これらの物質は，いずれも視床下部-下垂体系に作用し，黄体ホルモン物質は，排卵をもたらす黄体形成ホルモンの大量分泌(⇌LHサージ)を抑制するかその時期をずらし，エストロゲンは，卵胞の成熟を促進する*濾胞刺激ホルモンの分泌を抑制することによって排卵を抑制する．経口避妊薬による避妊は効果が高い反面，悪心や嘔吐など多くの副作用が報告されており，なかでも血栓症の発生頻度が上昇することが問題視されている．また，性交後に上記ホルモン剤を服用し，排卵を遅らせる，あるいは受精後の着床を阻害することによって妊娠を避ける薬(アフターピル)も実用化されているが，排卵を抑制する方法に比べ避妊効果は低い．一方，男性においてもステロイドの投与により人為的に無精子症を起こさせることは可能であるが，実用段階には至っていない．

f **警告色** [warning coloration, aposematic coloration] 《同》警戒色．捕食者に警告を与えるような被食者の体色．ある動物は，周囲の色彩からはっきりと目立つ赤や黄などの色彩や，鮮やかな模様をもつが，これらの中には，有毒な針や牙，不快な味や臭気をもつものが多く，一度これを食った捕食者はふたたび同様な色彩の個体を食うことを避けるものと考えられる．毒ヘビ，ハチ，ある種の鱗翅類などの例がよく知られる．ある動物の警告色はしばしば他の無害な動物によって擬態され，また有毒な動物の警告色が互いによく似ている現象も見られる．(⇌標識的擬態)

g **茎根遷移部** [transition region between shoot and root] 植物の根から茎への移行部にあたり，維管束遷移(vascular transition)がみられる部分．通常，茎と根とでは維管束組織の配列が違うので，その境界となる部分では，両者の維管束系が連絡するために木部・篩部の配列様式の変化(維管束遷移)がみられる．シダでは茎の中心柱の型式によらず，維管束の配列は胚軸で*原生中心柱となり，根に入るとさらに木部が星状に配列しその間に*篩部ができて，*放射中心柱となる．被子植物や裸子植物では子葉節から根にわたって遷移が起こり，子葉

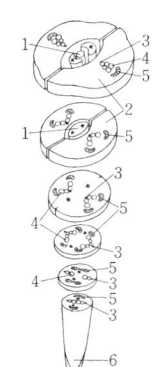

サトウダイコンの茎根遷移部における維管束組織の配列変化
1 上胚軸
2 子葉
3 原生木部
4 後生木部
5 篩部
6 根端
7 根冠

の葉跡が根の維管束系へ配列を変えながら直接つづく場合が多い．ただし単子葉類では多くの場合，根の維管束系は一部が子葉へ，残りが上胚軸を経て第一葉へ入り，どちらも配列遷移を起こす．

a **ケイ酸植物，珪酸植物** [silicicolous plant] 砂土や泥炭地のようにケイ酸を多く含み，カルシウム含有量の非常に少ない土壌に生える植物をいう．はっきりした性格をもつものではない．(⇒好石灰植物)

b **計算生物学** [computational biology] 計算機シミュレーションや計算機を用いた大量のデータ解析により生命現象を理解しようとする学問分野．実験生物学が明らかにした複雑な制御ネットワークに対し，そのまま数理モデルを構築すると，多くの変数を含んだ大自由度の力学モデルとなり，これを数理解析により理解することは困難だとされる．対して，数値計算を駆使することにより複雑なシステムの動態を理解しようとする立場を計算生物学と呼ぶ．厳密な結論を導くには，システムに含まれるパラメータや初期状態をさまざまに変えた数値解析を大規模に展開することが必要である．広義にはバイオインフォマティクスや*理論生物学，*数理生物学とほぼ同じ意味合いで用いられる．狭義にはこれらの分野と対比し，より計算機シミュレーションの比重が大きい研究を指す．

c **継時性** [metachronism] 《同》後時性．整列した多くの相同な運動性の器官または細胞小器官において，同じ周期の繰返し運動をするとき，隣り合った器官の間に一定の位相差を保って運動する性質．斉時性(synchronism)と対する．繊毛，多毛類の疣足(いぼあし)，多足類の歩脚などの例がある．継時性をもつ器官の運動は生体表面を波(継時波 metachronal wave)が伝わるような様相を示す．これにより物体の運搬や移動の機能が生ずる．(⇒繊毛運動)

d **形質** [character] [1]《同》特徴，標徴．生物の分類の指標となる形態的要素．いかなる形質に基づいて分類するかの原則問題が，過去における人為分類より自然分類への過渡の重要な契機となった．分類群の認識・識別の手がかりとされる形質を特に指標形質(taxonomic character)と呼ぶ．[2] 生物のもつさまざまな性質のこと．形，色，大きさのように目に見えるものから，栄養要求性(⇒栄養要求体)や薬剤耐性のように目に見えないものまで，さらには蛋白質の立体構造までさまざまなものが含まれる．遺伝子で決まる遺伝的形質と外界の影響または器官の用不用で獲得される*獲得形質に分かれる．遺伝的形質で，単一の遺伝子の変化により変わるものは，その遺伝子の*表現型と呼ばれる．

e **形質細胞** [plasma cell] 《同》プラズマ細胞，抗体産生細胞(antibody-forming cell)．*抗体を産生し分泌する細胞．細胞質はリボソーム，小胞体，RNA に富むため強い好塩基性染色を示し，小リンパ球より大きい．脾臓やリンパ節などで抗原により増殖・活性化した B 細胞の一部は形質芽細胞(plasmablast)を経て完全に増殖を停止した形質細胞へと分化し，その抗原受容体と同じ可変領域をもつ抗体を大量に分泌する．最初に産生されるのは IgM クラスの抗体が主だが，一部の活性化 B 細胞は*クラススイッチにより，IgG など他のクラスの抗体を産生する形質細胞となる．T 細胞の関与を必要としない一部の細菌性抗原に対する免疫応答や T 細胞依存性の蛋白質性抗原に対する初期の応答では生存期間の短い形質細胞が産生され，初期の抗体産生を担う．他方，T 細胞依存性抗原に対して胚中心反応を経て免疫応答後期に産生される形質細胞は主に骨髄に移動し，長期生存形質細胞(long-lived plasma cells)として抗原親和性の高い IgG クラスの抗体を長期に産生し続ける．腸管粘膜や唾液腺などでは IgA を産生する形質細胞が特に多く存在する．形質芽細胞や形質細胞は CD138 (Syndecan-1)という細胞表面マーカー分子により容易に特定される．また，形質細胞では細胞表面の抗原受容体やその活性化に関与する CD45R (B220)，CD19，CD20 などの膜蛋白質の発現は消失する．活性化 B 細胞から形質細胞への分化および抗体産生には Blimp-1 と呼ばれる転写因子が必須である．Blimp-1 は B 細胞の形質維持に重要な転写因子 Pax-5 や胚中心形成に必須の転写因子 Bcl-6 の発現を抑制する一方で，分泌型 IgH 鎖 mRNA の発現や蛋白質分泌経路の活性化に重要な転写因子 Xbp-1 の発現に関与する．形質細胞が腫瘍化したものは骨髄腫(ミエローマ)と呼ばれ，単一クローン由来の免疫グロブリンである骨髄腫蛋白質(ミエローマ蛋白質)を大量に分泌する．

f **形質状態** [character state] 生物の属性や特徴の単位要素である*形質のとりえる状態．通常は，体長や形態，行動など表現型で表される．しかし DNA 塩基配列の各位置を形質とみなすならば，その位置を占める核酸塩基 A, G, C, T は形質状態と解釈される．塩基配列やアミノ酸配列および多くの質的形態形質では形質状態は離散的である．一方，遺伝子座の遺伝子頻度や形態測定学的形質などは連続的な実数値で表される形質状態をとる．

g **形質転換** [transformation] 《同》型変換，トランスフォーメーション．[1] ある株(供与体 donor)の遺伝形質の一部を他株(受容体 recipient)へ移し入れるという遺伝交雑の一つで，供与体から抽出した DNA を直接受容体にとり込ませ，その細胞中で組み換えさせる場合をいう．細菌における*メロミキシスの一形態として認識されたが，現在では，プラスミドやそれに結合した遺伝子などをも含めて，DNA 分子を直接細胞に導入する場合を指し，遺伝子工学の基本技術の一つに位置づけられる．F. Griffith (1928)が肺炎双球菌で最初に観察し，さらに O. T. Avery ら(1944)が，形質転換物質(transforming substance)が DNA であることを初めてつきとめ，遺伝子が DNA であることを証明するさきがけとなった．その後ヘモフィルス菌や枯草菌でもこの現象が認められ，現在では大腸菌をはじめ多くの細菌類や酵母・カビ類・動植物の培養細胞などで形質転換が可能である．2 個あるいはそれ以上の形質が DNA の濃度にかかわりなく同時に形質転換することがあり，その連鎖の程度を測定して遺伝子地図を作製するなど，その応用範囲は広い．[2] 腫瘍ウイルスにより起こる細胞の変性．(⇒トランスフォーメーション)

h **形質転換成長因子** [transforming growth factor] TGF と略記．《同》トランスフォーミング成長因子，腫瘍化成長因子．正常な繊維芽細胞である NRK 細胞の形質転換を引き起こし，軟寒天培地での増殖を促進する成長因子．TGF-α と TGF-β の二つの因子がある．TGF-α は表皮成長因子(EGF)とは約 40% の相同性があり，EGF/TGF-α 受容体に結合する(⇒EGF 経路)．TGF-β は分子量 1 万 2500 のポリペプチドの二量体として存在

し，細胞の増殖と抑制，細胞分化の調節作用，細胞外マトリックスの蓄積，免疫能の抑制，単球の遊走促進などに働く．(⇒TGF-β 経路)

a **形質導入** [transduction] 《同》トランスダクション．宿主細菌細胞の形質(例えば栄養要求性・糖発酵能・薬剤抵抗性・抗原特異性など)の遺伝形質が*バクテリオファージの仲介で，一つの細胞から他の細胞へ移行する現象．N. Zinder と J. Lederberg(1952)によって発見された．*溶原性ファージが宿主細菌体内で増殖するとき，その一部の粒子が細菌の染色体の断片(DNA)を取り込んで他の細菌に感染させるために起こる．λファージや φ80 ファージなど宿主染色体上の特定の位置に挿入される溶原性ファージが*誘発を受けて増殖する際に，ファージゲノムの一部としてその近傍の宿主遺伝子を組み込んだファージが生じる(⇒形質導入ファージ)．このようにして運ぶことのできる形質は*プロファージ近傍のものに限定されているので，特殊形質導入(specialized transduction)と呼ぶ．これに対し，P1 や P22 ファージなどでは，ファージが増殖する際にさまざまの宿主遺伝子を取り込み，それらを導入することができる．普遍形質導入あるいは一般形質導入(generalized transduction)と呼ぶ．いずれの場合でも，形質導入により新しい遺伝形質を獲得した株を形質導入体(transductant)と呼ぶ．ウイルスによる発癌は特殊形質導入と同じ仕組みによるものが多い．

b **形質導入ファージ** [transducing phage] *形質導入，すなわち宿主染色体の断片をウイルス粒子内に取り込み，それを感染によって受容菌に伝達する能力をもったファージ．特殊形質導入の場合には，染色体断片がファージゲノムの一部として取り込まれるが，その代償としてファージ増殖に必須の遺伝子を欠くものを欠損型形質導入ファージ(defective transducing phage)，欠かないものを活性型形質導入ファージ(plaque-forming transducing phage)と呼ぶ．λファージの場合，前者を λdg(ガラクトース発酵遺伝子群を伝達)，λdbio(ビオチン合成遺伝子群を伝達)，また後者を λpdg，λpdbio などと呼ぶ．正常ファージと形質導入ファージを*プロファージとしてもつような菌，例えば，λdg の感染によってガラクトース発酵能を獲得した大腸菌を誘発すると，溶菌液には正常ファージと形質導入ファージが 1:1 に近い割合で含まれる．このように，高頻度で形質導入を行うことができる溶菌液を，高頻度形質導入型溶菌液(HFT 溶菌液 high frequency transducing lysate)という．これは，共存する正常ファージが欠損型形質導入ファージに欠けている機能を補うためである．これに対し，形質導入ファージが低い割合でしか含まれない溶菌液を低頻度形質導入型溶菌液(LFT 溶菌液 low frequency transducing lysate)という．

c **形質の重みづけ** [character weighting] 系統解析や生物分類体系の構築を行ううえで，慎重に選択された形質に何らかの判断上の「重み」をつけること．分類学の実践上不可欠の操作であるが，その方法論が明文化されることはほとんどなかった．定量的な重みづけの方法は，系統解析する前に外部規準によって重みづけする事前法(a priori weighting)と系統解析の後に得られた*系統樹を利用して重みづけし直す事後法(a posteriori weighting)に整理できる．事前法では，例えばある形質の変異の程度を別の証拠によって推定しておき，変異の大きな形質ほど小さな重みをつける．蛋白質をコードする DNA 塩基配列を用いた分子系統学の例では，コドンの各位置における塩基置換の頻度と*トランジション-*トランスバージョンの頻度を事前推定し，それらの値の逆数によって重みをつけるという方法がとられることもある．事後法としては，例えば得られた系統樹のもとでの*一致指数の逆数によって各形質の値を重みづけしたうえで系統推定を行い，樹形と重みが収束するまでこの作業を反復するという逐次重みづけ法(J. S. Farris, 1969)が挙げられる．DNA 塩基配列を用いた最近の分子系統解析では，DNA 進化モデルと*最尤法などの統計手法を用いて，これらに相当する操作が行われるようになっている．

d **形質の分岐** [divergence of characters] 《同》分岐原理(principle of divergence)．種内の変異が生態的な多様化をもたらし，その結果複数の新種が生じるという説．C. Darwin の自然淘汰説の形成(1844〜1859)において最も重要な役割を果たした概念．彼は，当時の分類体系に見られた分類群間の分岐的関係を説明するために，この分岐の原理に基づいて，ある地域で変異の大きな種ほど新種をより多く生むと考えた．この概念ではさらに，同一地域内でも種内部での競争による多様化が起こり，それはその地域での種の勢力を増大させるのに有効であることが強調される．分岐の原理は，集団の地理的隔離ではなく生態的隔離(分化)を重視する点で，同所的種分化の研究では重要視されている．

e **形質発現** [phenotypic expression] 遺伝子型によって決定される*形質が*表現型として現れてくること．例えば蛋白質をコードする遺伝子では，それが mRNA に転写されさらに蛋白質へと翻訳される条件が満たされると，合成された蛋白質が，酵素として生体反応を触媒したり，あるいは構造体を形成したりして特定の表現型を現すことになる．G. J. Mendel が遺伝の法則を発見するきっかけとなったエンドウの種皮のしわは，澱粉分子の分岐に必要な酵素の一つの遺伝子が活性を失った結果発現される形質である．このような遺伝学的な表現型に対して用いられる場合とともに，細胞分化によって細胞が固有の特性を現すことを指す場合もある．(⇒転写，⇒遺伝子発現)

f **鯨鬚** [baleen, whalebone] 「くじらひげ」とも．ヒゲクジラ類(Mystacoceti)の口器で，口蓋の横の襞から左右に列をなして前後にならぶ多数の三角形の角質の板．胎児期にいったん*歯を生じるが，成体では退化し，それにかわって鯨鬚を生じる．組織学的にはおのおの 3〜4 層の角質の細管の束を，表裏から緻密な角質の層板で挟んだ形で，鯨鬚の先端の摩耗にしたがって細管が露出し房状となる．海水とともに口中に入ったオキアミなどの浮遊生物をこれで濾しとって食べる．(⇒濾過摂食)

g **茎針** [stem spine, stem thorn] 《同》茎刺，枝針．茎の一部あるいは先が堅く鋭い突起に発達(変態)したもの．針状のものにウメ，刺状のものにサイカチがある．これらと*葉針および*根針とは相似にすぎず，厳密に区別すべきものである．

h **傾性** [nasty] 陸上植物や藻類が外的刺激に応答して示す*屈曲運動のうち，*屈性とは異なり，運動の方向が器官の構造(多くの場合，その*背腹性)によって決まっているもの．主に維管束植物が行う．広義には，屈曲

運動ではない刺激応答性の運動も含む．*成長運動によるものと*膨圧運動によるものがあり，刺激の種類により，光傾性，温度傾性，接触傾性，振動傾性，化学傾性，電気傾性などに分けられる．(1) 光傾性(photonasty)は，強度の変化(あるいは暗順応させた植物の光照射)により，光の入射方向とは関係なく葉を上下させる運動が典型的である．これには，葉柄の上面と下面の間の成長差で葉を上下させるものと，マメ科やカタバミ科の植物に見られるように，*葉枕における膨圧運動で葉を上下させるものがある．光刺激により葉を上げるか下げるかは植物種により異なる．タンポポの花は光傾性を示し，明るくなると開き，暗くなると閉じる．この運動は*花被の表側と裏側の間の成長差によりもたらされる．光傾性を示す葉や花は，生物時計の制御を受ける*就眠運動を行うことが多く，両運動の制御機構も密接に関係するとされる．(2) 温度傾性(thermonasty)はチューリップやクロッカスの花被に示される．これらの植物の花被は僅かな(1°C 以内の)温度上昇により開き，下降により閉じる．開く運動は基部内側の成長速度の上昇により，閉じる運動は基部外側の成長速度を上げることによりもたらされる．(3) 接触傾性(thigmonasty)は接触刺激により起こる傾性で，成長運動によるものと膨圧運動によるものがある．つる性植物の巻きひげが支柱に巻きつく運動は，多くは成長運動による接触傾性．モウセンゴケ属(Drosera)植物の捕虫葉触毛が接触刺激により上方に屈曲する反応も成長運動による傾性である．オジギソウの葉(小葉および葉全体)が接触により閉じる運動，ハエトリグサやムジナモの葉の捕虫運動などは膨圧運動による接触傾性で，これらは運動細胞や受容細胞が関与する敏速な反応である．ツリホオズキ，トレニアなどでは，雌ずいの柱頭(2裂)が接触傾性により閉じる．また，メギなど，雄ずいの花糸が接触傾性を示す植物もある．柱頭や花糸に見られる傾性も比較的速い反応で，膨圧運動によると考えられる．(4) 振動傾性(seismonasty)は植物体を振動することにより起こる敏速な傾性で，オジギソウの葉がこれを示す．膨圧運動による敏速な接触傾性を振動傾性に含めて論じる場合もある．(5) 化学傾性(chemonasty)は化学物質の刺激によって起こる傾性で，モウセンゴケ捕虫葉の触毛が蛋白質・アミノ酸などの窒素化合物，あるいはリン酸アンモニウムなどの無機塩を含む水滴の投与で屈曲することが含まれる．(6) 電気傾性(electronasty)は電気刺激により起こる傾性で，オジギソウの葉やモウセンゴケの捕虫葉の触毛がこれを示す．

a **形成層**【1】[cambium]《同》維管束形成層(vascular cambium)．茎および根の木部と篩部との間にある分裂細胞の列．接線分裂(*並層分裂)を行い，内外にそれぞれ*二次木部および*二次篩部を形成する．*前形成層の一部に由来する*維管束内形成層と，維管束間の柔組織に由来する*維管束間形成層から成り，両者は互いに連絡して管状となる．根では，形成層はまず木部と篩部との間に斜めに現れ，次いで木部の内側を連ねた形となり，以後は茎と同様な様式で発達する．二次肥大成長を行う裸子植物，および木本の被子植物に顕著な組織で，化石シダ類(*Lepidodendron*, *Calamaria*, *Sphenophyllum*)では著しく発達しているものがある．草本の被子植物では発達が悪く，また単子葉類・シダ類では一般にこれを欠く．ただし，二次肥大成長を行う単子葉類(例：イトラン，センネンボク)では形成層とは別の二次肥大分裂組織が働く．ハナワラビでは退化した形で残っている．形成層は放射組織始原細胞(ray initial)と紡錘形始原細胞(fusiform initial)の2要素からなり，前者は放射組織を作り，後者は紡錘細胞様の形を呈し長さ5 mmに達するものもあり，内外に分裂して放射組織以外の部分(道管要素，*仮道管，繊維細胞など)を作る．形成層は著しい組織形成能をもつので組織培養や再生の実験によく用いられる．形成層は原理的には1層の細胞層からなるが，多くの場合，新しい木部や篩部の部分と区別がはっきりしないので，形成層付近の数層の部分を形成層帯(cambial zone)と呼ぶことが多い．
【2】[cambium layer] ⇒骨膜

b **形成体** [organizer]《同》編制体，オーガナイザー．広義には接触している他の胚域に働きかけてその発生に誘導的(細胞非自律的)影響をあたえていると考えられる胚域を呼ぶ．本来の意味においては，脊椎動物の初期発生で予定外胚葉に働きかけて，中枢神経系の形成を引き起こすとともに，それ自身は頭部中胚葉，脊索，体節に分化し，胚の形成の中心として機能する部分．両生類や円口類では原口背唇および*原腸蓋，硬骨魚類では*胚盾(胚楯)，鳥類や哺乳類では*ヘンゼン結節および*原条前方域がこれに当たる．この胚域は正常発生において最も著しく収斂・伸長・*陥入・*移入などの造形運動を行い，原腸形成の動的中心として働くことが，*局所生体染色による研究で明らかにされている．H. Spemann および H. Mangold (1924)がイモリの初期原腸胚の原口背唇(予定脊索・予定体節)を切り出し，他の同期胚の腹方へ移植したところ，移植体は正常発生と同様に陥入し，原腸を作り，脊索や体節を分化した．そして移植体に裏打ちされた宿主の外胚葉(予定表皮)は神経板を形成し，後に多少不完全ではあるが中枢神経系と耳その他の感覚器官を分化することが認められた．すなわち宿主胚が形成した一次胚の腹方に，移植体およびそれによって引き起こされた神経系からなる二次胚が生じたことになる．Spemannはこのように二次胚の形成を引き起こすことのできる移植体を形成体と呼び，形成体としての働きをもっている胚域全体には*形成中心という名称を与えた．しかし形成中心をも形成体と呼ぶ場合が多い．上記の移植実験でこの胚域が腹方外胚葉に働きかけて神経的分化を引き起こしたことは明らかである．形成体の外胚葉に対するこのような働きは*誘導(一次誘導)と呼ばれた．形成体そのものの形成は背側*中胚葉誘導の結果として説明されており，背方帯域が内胚葉の誘導によって形成体としての誘導能を獲得するとされる．形成体(脊索中胚葉)による外胚葉の神経誘導に関しては，形成体から産生される液性因子である Chordin, Noggin, Follistatin が bone morphogenic proteins (BMPs) と結合し，そのシグナルを阻害することが重要であることが明らかとなっている．(⇒頭部形成体，⇒胴部形成体)

c **形成中心** [organization center]《同》編制中心，シュペーマン中心．正常な動物胚の中で，*形成体作用をもつ胚域．主として脊椎動物の胚についていい，だいたい予定脊索，予定前脊索板，予定体節などを含んだ部域である．原腸胚期以前に胚を縛るかまたは切断してこの部分を二分すると，後に2匹の完全な胚が形成され，しかもその一方(通常右個体)がしばしば*逆位を示して，両個体で鏡像関係をなすことが多い．

d **形成不全** [hypoplasia, hypoplasy]《同》減形成，

減生，低形成，発育不全．[1] 全身または個々の器官が十分な発育をせず，異常に小さな奇形となること．ヒトでは，遺伝的素因あるいは子宮内発育の異常などによって，内外生殖器官，内分泌腺，脳，腎臓，肺，心臓などに起こる(⇒増生)．[2] 上記と関連するが，細胞または組織が予期された分化の状態にまで達せずに終わる現象．動物の例が多いが，植物の例では，暗所発芽の葉あるいはツバキのモチ病葉では柵状・海綿状両組織の分化が停止する．

a **脛節** [tibia] 昆虫の脚の第四節で，*腿節に続く細長い肢節．節足動物の*関節肢の原型の腕節に相当する．腿節とは二つの関節丘で関節し，しかも多くの昆虫では基部の方が少し曲がっているので，腿節の方へうまく折り曲げることができる．

b **ケイ素** [silicon] Si. 原子量28.09．ケイ酸塩として主に生物体の構造保持・保護への関与が知られる．珪藻類の細胞壁，トクサ目などのシダ類の植物，イネ科・カヤツリグサ科には大量に蓄積されている(⇒ケイ酸植物)．放散虫類やガラス海綿類はケイ酸質の骨格を有する．リン酸カルシウムからなる脊椎動物の骨格の形成には，ケイ酸が必要であることが明らかにされている．

c **形走類** [Plasmodroma] *原生動物の古い分類体系における一亜門．*鞭毛虫類，*肉質虫類，*胞子虫類を含み繊毛虫類とほぼ同義の有毛亜門(有毛類 ciliophora, ciliophorans)と対峙させていた．明らかに非単系統群であり，現在では用いられない．

d **珪藻類** [diatoms] *オクロ植物の一群であり，ケイ酸質の*被殻をもつ微細藻．単細胞または群体，糸状体性．クロロフィル a, c_1, c_2 (ときに c_3) および*フコキサンチンを含む黄褐色の葉緑体をもつ．栄養細胞は鞭毛をもたないが，粘液質の分泌によって滑走運動を行うものもいる．二分裂によって無性生殖を行い，通常，有性生殖によって増大胞子を形成する．プランクトン性または底生性．淡水から海水まで水域に極めて多く，地球上の総生産の約1/4をまかなっているとの試算もある．中生代に出現し，新生代に優占するようになった．珪藻綱(Bacillariophyceae)にまとめられる．殻が放射相称で卵生殖を行う中心目(Centrales)と左右相称で同形配偶を行う羽状目(Pennales)に分けられることが多かったが，前者は明らかに側系統群である．また羽状類は殻に縦溝(raphe)をもたない無縦溝類ともつ縦溝類に分けられていたが，前者は側系統群．

e **継続変異** [dauermodification] 《同》永続変異．ある処理を行うと，その条件を除いたのに，その処理によって生じた変化が世代を越えて継続する現象．このような変化が処理を停止しても数代続く現象は，有殻アメーバ(Arcella)，Gonium などの原生生物や，菌類・細菌に多いが，ショウジョウバエやマウス，シロイヌナズナなどでも報告がある．

f **ケイソン病** [caisson disease] 《同》潜函病，潜水夫病，減圧症(decompression sickness)．高気圧下に滞在中に血中に溶解した窒素が，急激な減圧により体内で気泡化し，血管閉塞や諸組織の圧迫をきたす疾患．潜水夫，潜函(ケイソン)工法や圧気シールド工法など加圧下での作業者に見られる．初期症状として嘔吐，関節痛が見られ，後に知覚・運動障害を起こす．大血管の栓塞によって重篤な中枢神経障害を残したり死亡することもある．予防として，減圧の適切なコントロールが極めて重要．治療は，加圧室で再加圧を行い，気泡を血中に再溶解させ，徐々に減圧していく高気圧療法を行う．

g **形態学** [morphology] 生物の形態の記述とその法則性の探究を目的とする生物学の基本的な一分科．一般に*解剖学と*発生学をあわせ形態学と呼ぶことも多い．方法論的には器官の機能との関係を重視する生理形態学，比較研究に重点を置く*比較形態学ないし系統形態学，*実験形態学または因果形態学(causal morphology)とにわけられる．形態学(独 Morphologie)は J. W. von Goethe(1795)が形態の形成(独 Bildung)および転成(独 Umbildung)の学として提唱した．植物学での形態学は，18世紀後半においてC. F. Wolffによる葉と花の相同論によって基礎づけられ，1827年には A. P. de Candolle が器官学を創始した．1851年に W. Hofmeister が生殖器官および世代交代からシダ類と裸子植物とを比較形態学的に位置づけてのち，形態学の業績はいっそう多くなり，19世紀後半には H. A. de Bary による組織学(維管束植物の内部組織の探究)，P. E. L. van Tieghem による系統組織学(中心柱説の提唱と論議)，K. E. Goebel による器官学(植物全体を通じての組織および器官の比較研究)が一応の大成をみた．20世紀に入ってからは，藻類・菌類の形態の記述，ことに生殖過程や生活環が明らかにされるものが多く，また実験操作による形態形成メカニズムの解析が重視されるようになった．動物学の分野では，18世紀後半から19世紀初頭にかけて G. L. Cuvier の生理(機能的)形態学と É. Geoffroy Saint-Hilaire らの純形態学(独 reine Morphologie)とが対立した．後者は比較形態学と関係深く，19世紀には発生学をふくめた比較形態学の著しい発展があり，その成果は進化論の基礎として貢献した．19世紀末にはそれまで記載的または進化論的であった形態学に実験的方法を導入する努力が始められ，実験形態学が誕生し，それは20世紀に入って急速に発展した．

h **形態形成** [morphogenesis] [1] 多細胞生物の発生において，特定の構造をもつ形態が生じる過程．形態形成は高次の複合的過程であり，構成細胞の増殖・変形・移動・死，細胞同士の接着，細胞外マトリックスの生成などの細胞行動の変化の結果として起こる．形態形成は細胞・組織の分化，成長などと並び，発生生物学研究の主要な命題の一つである(⇒器官形成)．[2] ウイルス粒子や鞭毛のような蛋白質集合体において，生体高分子の*自己集合によって，高次の構造体が形成される過程．

i **形態形成運動** [morphogenetic movement] 《同》造形運動(formative movement)．一般に*形態形成に関連して起こる細胞群の運動．広義には，例えば変形菌類の Dictyostelium のアメーバ体の集団形成(*偽変形体を作る)や子実体形成に際して起こる著しい運動や，脊椎動物の後胚発生期に起こる神経繊維の遊離先端の前進による神経の分布模様の出現なども含めていうが，狭義には動物の初期発生において，胚葉形成，原腸形成，原基の発現初期に起こる細胞集団が行う運動を指していう．これは胚域の*分化を必ずしも伴わず，分化現象とは別個に考えられる．胚域の位置関係すなわち位相を規定する造形過程を指して位相形成(topogenesis)の語も用いられる．狭義の形態形成運動については，特にW. Vogtが*局所生体染色法を考案して研究し，この概念を確立した．形態形成運動は運動様式によって，*陥入，巻込み，*移入，*葉裂，*拡散あるいは*被包，挿入，

*収斂伸長などに区別される．これらの運動はそれぞれ特定の部域に特定の時期に細胞集団の働きとして起こり，それらの総合的効果として胚の複雑な形態変化が起こる．形態形成運動と成長とは概念的に明確に区別しなければならないが，ある現象ではこの二者は結びついて起こっているとされる．

a　形態形成の数学理論　[mathematical theories of morphogenesis]　生物の形態形成を数学モデルに基づいて解析する理論．A.M. Turing は 1952 年に，拡散型非線形偏微分方程式によるモデルを提案した．何種類かの（最も簡単な場合には 2 種類の）拡散性の化学物質を想定し，それらは互いに反応して生成や分解を促すものとする．このとき拡散定数と反応構造を適切に選ぶと，各物質は拡散するにもかかわらず濃度の高い部位と低い部位とが混在した空間的に非一様な状態が安定となる．動物の体表に見られる縞や斑点などの周期構造生成メカニズムは Turing のモデルによって説明可能だと考えられている．また，R. Thom は，その著『構造安定性と形態形成』(1972)において，カタストロフィの理論の応用として，形態形成の数学的な理論を展開している．この理論が現象の解析にどこまで有効でありうるかは十分に検討されていない．近年では，分子生物学や計測技術の急速な進展によって，形態形成に関与する多くの遺伝子や遺伝子間制御関係，組織の変形や内部に働く力に関する情報が蓄積されるようになり，そうした複数の情報を統合したシステム的解析が行われつつある．

b　形態形成のポテンシャル　[morphogenetic potential]　動物の初期発生において，胚域の形態形成運動，分化，誘導能などの重要な発生現象を規定する，胚内で空間的勾配をもつ量．A. Dalcq および J. Pasteels (1937)が提唱した．一定の閾値以上のポテンシャルをもつ胚域が特定の発生過程を示すと考え，単一のポテンシャルの量的変化によって各種の質的に異なった発生過程の発現を説明しようと試みた．一方彼らは誘導現象を説明するために細胞から細胞へ移動するオルガニジン (organisin) という仮想的物質を考えたが，ある場合には，オルガニジンの濃度によってポテンシャルが定まるとした．さらに彼らによると形態形成のポテンシャルは発生開始時に卵の表層に存在する C という因子の場と卵の内部に存在する V という因子の勾配との間に起こる反応によって規定される（ダルクーパステールス説 theory of Dalcq-Pasteels）．山田常雄 (1949) は質的に異なったポテンシャルの組合せ効果として発生の部域的差異を考えることを提唱した．すなわち頭尾軸に関して頭尾ポテンシャル (Pcc)，背腹軸に関して背腹ポテンシャル (Pdv) の勾配を想定する重複ポテンシャル論 (double potential theory) を提唱し，それによって胚各域の発生的行動を統一的に理解しようとした．彼によれば*形成体といわれるものは多くの場合背腹ポテンシャルの値を変えて背方化をもたらすものと考えられている．一方，頭尾ポテンシャルに対しては形態形成運動が重要な関係をもつと考えられたが，両者の概念は分子的実体が明らかではなかったが，現在では例えばショウジョウバエの極性を決定する遺伝子産物は卵内で勾配をなすことが知られているなど，ポテンシャル仮説に適合する事実も示されている．ただし，単一物質の勾配のみでポテンシャルを定義することは困難で，多くの遺伝子産物を想定することがなされている．また，ポテンシャルの決定には何段階もの遺伝子発現の制御機構が存在すると考えられている．

c　形態視　[form vision]　物体の形を認識するための視覚機能．ヒトを含む昼行性霊長類において高度に発達する．霊長類では，網膜ミジェット細胞，*外側膝状体小細胞層を経由して，*一次視覚野 (V1 野)，V2 野，V4 野，下側頭葉皮質に至る経路において担われる（⇒視覚路）．一次視覚野において，対象の輪郭抽出または空間フィルター処理が行われる．その後の過程で，一次視覚野出力の非線形な組合せ処理が行われ，形の認識が完成する．形態視は，魚類，鳥類など他の脊椎動物においても観察される．昆虫，頭足類においても発達した形態視が観察される．

d　形態小変異（頭蓋骨の）　[cranial nonmetric variants]　ヒトの頭蓋骨において出現する，一群の非計測的な形態変異．多くは神経孔や血管孔，特別な縫合，縫合骨に関係した多型形質で，前頭縫合 (metopism) の残存，眼窩上孔 (supraorbital foramina)，*インカ骨などが著名．従来の人類学研究で常用されてきた各種の計測形質 (metric variables, ⇒人体計測点) と違って，形態小変異についてはある特徴の有無で記録し，集団での出現率で比較する．遺伝性が強いために，系統を同じくする集団間の近遠関係を比較して，人類集団の移動を推測するなどの形質人類学的研究に有効とされる．

e　形態測定学　[morphometrics]　生物の形状情報（大きさと形）に関する定量的解析のための方法論の総称．比較形態学においては 20 世紀前半に D.W. Thompson のデカルト変換格子理論による数学的な形態変形の記述や J.S. Huxley による相対成長理論に基づく統計学的な形態比較の試みがなされた．近年の形態測定学の理論は比較形態学・変換幾何学・多変量統計学の学際領域において構築されている．例えば，生物形態のもつ幾何学的情報に関する幾何学的形態測定学は，形態上の座標データに基づく形状の変異と変形を定量化する．また，フーリエ解析法は生物形態の輪郭曲線データをフーリエ級数によって近似しその特性抽出を行う．形態測定学の厳密な数学的基礎はリーマン多様体論にあり，その統計学的基礎は球面統計学にある．実際の応用例では必要に応じて線形近似することにより形状解析の計算が行われる．

f　形態的傾斜　[morphocline]　《同》形態的勾配．個体群間の*勾配（地理的勾配・生態的勾配）を含む形態学的形質の変化傾向．T.P. Maslin (1952) の提唱．現在の系統分類学では，むしろ，形態形質の変換系列 (transformation series) すなわち形質進化における形質状態間の遷移順序 (order) を指す言葉として用いられている．

g　形態的突然変異体　[morphological mutant]　⇒突然変異体

h　継代培養　[subculture]　培養細胞を培養容器から取り出し，その一部または全部を新しい培養容器に移し，ふたたび培養する操作，すなわち継代 (transfer, subcultivation) を繰り返し重ねる培養．

i　形態輪廻　[cyclomorphosis]　《同》形態循環．ワムシやミジンコなどで，外形が環境条件の変化に従って著しい変異を示す現象．四季の水温・O_2 溶存量・pH の変動と共に 1 年（稀に 1 年数回）を周期とする形態変化を示す．淡水産ワムシ，例えばカメノコウワムシの一種 *Keratella cochlearis* の被甲の亀甲模様，ツボワムシ (*Brachionus calyciflorus*) の被甲の前縁および後側縁の突起の変化などはその好例であり，池沼のミジンコもま

た頭頂部の突起の延長や尾棘の伸長などに明瞭な変化を示す．そのため，これらの諸型が別個の種，あるいは同一種内の異なる亜種とされたこともある．

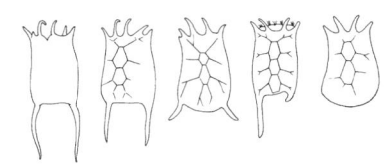

aculeata　aculeata　aculeata　aculeata　aculeata
typica　　brevispina　vulga　curvicornis

カメノコウワムシの一種 *Keratella aculeata* の形態輪廻

a **茎頂** [shoot apex] ⇒シュート頂

b **茎頂培養** [shoot tip culture, shoot apex culture] シュート頂分裂組織あるいはこれを含むシュート頂部を分離して無菌的に培養すること．腋芽の*成長点培養も実際には茎頂培養である．植物組織培養のなかでも古くから研究された方法で，*シュートの生育，花成などの形態形成の研究のほか，植物体再生が容易なことからウイルスフリー植物の育成，ランなどの園芸植物の栄養繁殖などにも応用されている．また，この方法を用いて栄養繁殖させた個体のことをメリクロン (mericlone) と呼ぶことがある．

c **系統** 【1】[lineage, phyletic lineage, line] 生物における世代の連鎖，ひいては生物各種(群)の進化の経路 (⇒系統発生)，さらにはそれによって示される生物諸種(群)間の類縁関係．この連鎖の根幹は親から子への遺伝情報の伝達であり，それに基づいて生物や遺伝子の進化的関係を究明することは，分子進化学の大きな目標の一つである．(⇒系統学，⇒樹状図)

【2】[strain, variety accession] 《同》系．祖先を共通とし，遺伝的に均質な個体からなる個体群．本来は*純系や*同質遺伝子系統の意味．栄養繁殖による*クローンは同じ系統に属するが，有性生殖をする生物で系統を確立するには，通常*近親交配を用いる．しかし実際には(特に農学では)その系統の特徴として許される範囲内での変異の多型は含まれており，*自殖を続けることにより差の著しい集団の生じたときには，これを分離して他の系統とする．微生物の場合は特に*菌株または*株という．

d **系統育種** [pedigree breeding] 雑種の初期世代から個体選抜を行い，その次代を系統として養成し数世代にわたって検定を行う育種．自殖性植物に用いられる*交雑育種の一つ．F_2 では個体選抜を，F_3 では系統選抜と個体選抜とを，F_4 では F_3 系統の次代をひとまとめにした系統群の選抜と系統選抜および個体選抜を行い，F_5 以降には F_4 と同様な操作を続ける．系統育種は育種の目標とする形質に関与する遺伝子の数が少なく，またその形質の遺伝的な価値の判定が容易なときには極めて効果的で，速やかに育種効果をあげることができる．多数の遺伝子が関与する形質については，優良個体を捨てる危険がある．日本ではイネやムギ類の育種にもっぱら系統育種が用いられてきた．

e **系統学** [phylogeny, phylogenetics, genealogy] 生物のもつ形質を分析することで，生物間の系統関係を明らかにしようとする学問分野．C. Darwin 以来，生物進化が学問的に認められるようになって生じた．進化の結果として存在する生物の比較研究にはそれらの系統関係に関する知見が不可欠で，系統学はこの知見を提供する学問分野である．通常，形質の系統関係が推定され，それに基づいて生物の系統関係が推定される．形質比較から系統を推定する過程を客観化するために，徹底した数量化(⇒数量分類学)などの試みが積み重ねられたが，*分岐分類学の出現によって系統解析における論理の洗練が進んだ．従来，系統分析に主に活用されてきたのは解剖学的形質，発生学的形質，生化学的形質などの表現型形質であったが，20世紀後半の分子生物学的な知見と研究手法の発展により，*情報高分子，特に遺伝情報の担い手そのものである DNA が急速に主要な分析対象となった．その後，コンピュータの発展によって膨大な計算を必要とする数値解析が本格的に駆使できるようになり，*最尤法や*ベイズ推定の導入など統計学的な面からの方法論の精緻化も進んでいる．これが必然的な発展方向であることは，*系統が遺伝情報を受け渡す親子の関係を基礎とする世代間の連鎖であること，また表現型はそれを支配する遺伝情報の差異を単純には反映しないことを踏まえれば，明白である(⇒分子系統学)．いまでは，DNA 塩基配列など分子データに基づく系統推定の信頼性が，表現型形質に基づくものより圧倒的に高いことが広く認められている．ただし，化石において分析できるのは主として解剖学的形質であるため，系統学が分子系統学に収束してしまうというわけではない．以前は，系統推定は分類学者が分類体系を構築するために行うことが多かったが，近年では，特に分子系統学の出現以降，系統学は分類学から独立した独自の学問分野として発展している．

f **系統形態学** [phylogenetic morphology] 生物の系統を追究することを目標として主として形態学的な特質を追究する学問．異なった動植物の形態的な相違の相互関係を系統関係から理解しようとする場合が多い．単に肉眼的なレベルの形態だけでなく，光学顕微鏡や電子顕微鏡による細胞内微細構造についての知見も含めることがある．

g **系統樹** [phylogenetic tree] 生命の特徴である自己複製によって親子関係をつぎつぎに生じてゆく関係を表した図．あたかも樹が茂っているようにみえるので，このように呼ぶ(図次頁)．系統樹の基本は DNA の自己複製で生じる遺伝子の系統であり，これを遺伝子系統樹と呼ぶ．また，生物種も集団を単位として枝分かれして行くので，これを表す図は種系統樹(集団系統樹)と呼ぶ．組換えや遺伝子変換などが生じると，遺伝子は枝分かれしてゆくだけの系統樹ではなくなり，網状になる．種や集団でも遺伝的交流が生じるとやはり網状の関係になる(⇒網状進化)．

h **系統的制約** [phylogenetic constraint] 《同》系統的慣性(phylogenetic inertia)．ある生物が淘汰圧を受け適応的に進化する過程で，系統的に近縁の生物と共有する性質によって受ける制約．進化の過程で複数の形質が相関して変化したかどうか，あるいは，ある形質状態がある特定の環境条件と対応して進化したかどうかを，種間の比較によって明らかにしようとする場合には，系統的制約の処理が大きな問題となる．近縁の種は最近まで同じ形質をもっていたという制約があるので必然的に形質が近いためである．

i **系統発生** [phylogeny, phylogenesis, genealogy]

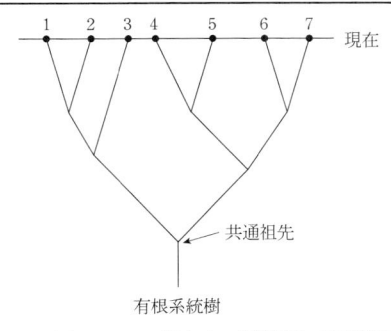

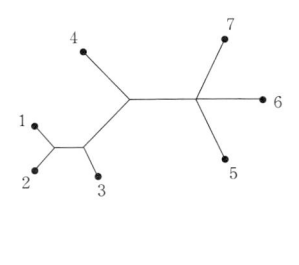

ともに1〜7の種あるいは遺伝子の系統関係を表したものであるが、左は共通祖先の位置が明示されている有根系統樹であり、右は共通祖先の位置が不明の無根系統樹である。また左の系統樹は完全二分岐だが、右は遺伝子5, 6, 7が同一点から出ているので多分岐である。

系統樹

それぞれの生物種族が祖先生物から分岐して絶滅までにたどってきた進化的変化，換言すればその種族の歴史，およびその基礎としての*類縁関係．*個体発生とともにE. H. Haeckel (1866) が提唱．また Phylogenie (独語，英語では phylogeny) の語はそれに関する研究 (系統学) をもいう．系統発生の研究は，現生生物学では比較解剖学や比較発生学，比較生化学，さらに最近では分子系統学を基礎として行われ，古生物学では時代ごとに生物の遺骸すなわち化石を追跡することによってなされる．なお，特定の形質に着目して，形質進化 (character phylogeny) と呼んだこともあったが，今では使われない．(⇌ 系統学)

a **系統分類学** [systematics, phylogenetic systematics] ⇌ 分類学

b **頸動脈** [carotid artery ラ arteria carotis, aorta carotis] 脊椎動物の頸部に存在する動脈．外頸動脈 (carotis externa, external carotid artery) と内頸動脈 (carotis interna, internal carotid artery) からなる．前者は頭蓋表面および顔部に，後者は頭蓋内に入って脳や眼窩に分布．発生に際し，咽頭弓のうち顎骨弓には大動脈から導入血管・導出血管が派出されず，腹側大動脈から前方に外頸動脈が出る．内頸動脈は第三咽頭弓を走る血管の延長として生ずるが，この血管はある種の魚類・有尾両生類・爬虫類の大動脈根にも多少血液を送る．羊膜類では，大動脈根は第三・第四動脈弓の間で消失し，第三動脈弓が純粋の頸動脈となる．この第三・第四動脈弓の間にあたる腹側大動脈の部分を総頸動脈幹 (common carotid trunk) と呼び，羊膜類においてはこれから左右の総頸動脈 (common carotid artery) が分かれ，さらにそれぞれが外頸動脈と内頸動脈に分岐する．

c **頸動脈小体** [carotid gland, carotid body ラ glandula carotis] 《同》頸動脈球，頸動脈腺．両生類や哺乳類で，頸動脈の基部近くに付随する海綿状構造をもつ小体．第一咽頭嚢に由来し，咽頭派生体の一種．クロム親和系に属するとされたが，アドレナリンは検出されず，むしろ血中の CO_2 分圧の知覚器として機能するとされる．

d **頸部** [neck] [1]《同》頸 (くび)．頭部ないしそれになぞらえられる部分と他の部分との間にある多少とも細まった部分．個体に対しても，器官に対しても用いられる．[2] 脊椎動物のうち，頭蓋の後頭骨 (⇌ 神経頭蓋) と肩帯の間に比較的明瞭な「くびれ」が見られるとき，これを解剖学的に頸部という．哺乳類のうち鯨類にあっては二次的にこの領域が不明瞭となるが，この動物群にも哺乳類に典型的な7つの頸椎が残存するため，頸部が存在することが分かる．この領域の体節に由来する骨格筋は大きく変形し，舌筋，並びに舌骨化筋群をもたらすほか，由来の不明瞭な僧帽筋群が背部を覆い，頭部型の神経堤細胞群がこれらに付随した結合組織をなす．このような頸部の特徴は，頭部と対幹の間の移行的な性質を示すと解され，形態的に頸部の不明瞭な無羊膜類の身体にも頸部を同定することを可能とする．[3] 多節条虫類において，頭部と片節の未分化部分．新たな片節をつくるための幹細胞を含み，広節裂頭条虫 (*Diphyllobothrium latum*) ではこの部分から1日に30片節以上を新生．なお，頸部を欠く *Moniezia* では，頭部の後位に幹細胞を含む．

e **兄妹検定** (けいまいけんてい) [sib test]「きょうだいけんてい」とも．個体の育種能力の素質をその兄弟姉妹の能力で検定する方法．多数の同義遺伝子に支配される形質について遺伝子型淘汰を行う場合によく用いる．例えば，家畜や家禽で産仔性や産卵性に対する雄の遺伝能力のように，雌でなければ発現しないのでそれ自身からは直接知ることのできない場合，その兄弟姉妹の成績により間接にその個体の能力が判定できる．産卵能力がほとんど同一の異なる母鶏から生まれた雄鶏において，それらの血統も大差ない場合，姉妹の産卵成績を調査して，優れた姉妹を多くもつ雄が優れていると判断する．

f **茎葉植物** [cormophytes ラ Cormophyta] ⇌ 陸上植物

g **茎葉体** [cormus, leafy plant] 茎と葉の区別のある植物体．*葉状体と対する．S. L. Endlicher (1836) の概念としての cormus は広くコケ植物と維管束植物に適用されたが，現在ではコケ植物の配偶体で，外見上茎と葉の区別のある体を指す用語 (leafy plant) として用いられている．

h **渓流沿い植物** [rheophyte]《同》渓流植物．流れの速い川床や，豪雨時に氾濫しやすい川の増水したとき水没する川岸に生育する植物．葉や小葉が狭くなったり，枝の角度が小さくなったりする，いわゆる流線型の形状をとることが多い．ボルネオ，スマトラ島など熱帯アジアに多く，C. G. G. J. van Steenis (1981) によって，カ

ワゴケソウ科（約250種）を別にして，世界に約400種が記録されたが，実際にはもっと多いと推定される．熱帯以外では珍しいが，日本には例が多く，カワゴケソウやカワゴロモのほか，ヤシャゼンマイ，アワモリショウマ，サツキ，キシツツジ，ドロニガナ，トサノシモツケ，ネコヤナギなどがこの範疇に入る．海浜植物とか好石灰植物などと同様，特殊な環境で種分化を行った例．

a **繋留蛋白質** [tether protein] 〚同〛繋留複合体 (tether complex). *輸送小胞とオルガネラ，またはオルガネラ同士の融合に先立ち，双方の膜同士をつなぎ止める働きをもつ一群の蛋白質．長いコイルドコイル構造をとる蛋白質のグループ（p115, EEA1, Golginなどを含む）と，複数のサブユニットからなる繋留複合体（exocyst, HOPS, COGなどを含む．⇒Rab/Ypt GTPアーゼ）に大別される．いずれのグループの繋留蛋白質についても，多くのものがRab/Ypt GTPアーゼによりその局在や集合状態が調節されている．繋留蛋白質による繋留の状態を経た後，SNARE複合体による膜の融合が進行する（⇒SNARE仮説）．

b **痙攣** [convulsion, cramp, spasm] 全身の多数の骨格筋あるいは数個の骨格筋群が，不随意・非協調的・無秩序に，いっせいに収縮する現象．収縮の現れ方の相違によって強縮性痙攣（tetanic convulsion）と持続性痙攣（tonic convulsion）とクローヌス性痙攣（clonic convulsion）とが区別される．強縮性痙攣は多くの骨格筋が同時に強縮的に収縮するもので，このときには伸筋の張力が屈筋の張力より大きく，四肢を伸ばし，頭や背をうしろにそらせた姿勢をとる．クローヌス性痙攣では拮抗筋同士がしばらくの間交互に収縮を繰り返す．いずれの痙攣も癲癇（てんかん）・ヒステリー・脳腫瘍などの中枢神経系の異常，細菌毒素を含む中毒，尿毒症などの痙攣性疾患（convulsive diseases）に見られる．ストリキニン中毒や破傷風毒素の作用では強縮性痙攣が現れる．これらの毒素は中枢神経系の興奮性を高めることから，わずかな刺激でも反射の広がり（irradiation）が起き，広範囲にわたって骨格筋が強縮的に収縮する．石炭酸中毒では各部の筋群が交互に収縮してクローヌス性痙攣を起こす．癲癇では強縮性とクローヌス性とが組み合わさって現れることもある．強縮性痙攣が起こるときには主として感覚ニューロンの興奮性が高まり，クローヌス性痙攣のときには運動ニューロンの興奮性が高まっているという．

c **ケイロン** [chalone] 動物の組織から分泌されるとかつて想定されていた，組織特異的な細胞分裂抑制物質．W.S.Bullough (1962) の提唱．ある器官（組織）で負傷などによりこの物質が減り抑制がとれると，傷の付近で細胞分裂が盛んになると考えられた．

d **ゲーゲンバウル** GEGENBAUR, Karl 1826～1903 ドイツの比較解剖学者．はじめは主として無脊椎動物，のちには脊椎動物を研究．進化論的形態学の発展に努力し，E.H.Haeckelと親交があった．動物の卵が1個の細胞であることを示し，また腕骨と跗骨，四肢の起原，板鰓魚類の頭骨などに関し多数の比較解剖学的業績がある．［主著］Vergleichende Anatomie der Wirbeltiere, 2巻, 1898.

e **ケージド化合物** [caged compounds] 生理活性物質などの濃度を光照射によって急速に変化させるために用いられる，化合物の総称．次の3群に大別される．(1)生理活性物質の活性に関与する残基をニトロベンジル基などによってマスクし，光照射によって修飾基を解離させることで活性を出現させることができるもの．ATP, GTPなどの酵素反応基質，イノシトール三リン酸，サイクリックAMPなどの細胞内セカンドメッセンジャー，カルバコール，グルタミン酸などの*神経伝達物質について合成され用いられている．(2)光照射によって2価のイオンに対する結合定数が大きく変化するキレート剤．これによって例えばCa^{2+}イオン濃度を急速に変化させることができる．(3)光照射によって蛍光を発生するようになるフルオレセイン誘導体など．これによってラベルした蛋白質の細胞内移動の解析などに用いられる．実験に際しては，光分解反応速度と量子収率が重要になるが，これは化合物の種類，溶液条件などに依存する．例えばケージドATP（caged ATP）では，数ミリ秒の時定数でATPが遊離され，量子収率は0.6程度．光分解には300～360 nmの近紫外光が用いられ，光源としてレーザー光あるいはキセノンランプが用いられる．

ケージドATP

⇓光

f **ゲシュタルト心理学** [gestalt psychology] 心理過程は分析されうる要素の総和として現れるのではなく，本来は力学的な場の構造として与えられ，それは場の力学的平衡の方向に向かって動くものとする理論に基づく心理学の一分野．M.Wertheimer (1912) に始まり，W.Köhler, K.Koffka, K.Lewinらにより拡張され組織立てられた．要素主義的心理学と対する立場．最初は感覚の問題から出発し，行動・学習・思考など，心理学のすべての領域にその力動観・全体観が浸透した．（⇒場の理論）

g **ゲスターゲン** [gestagen] 〚同〛ゲストーゲン（gestogen），プロゲスチン，プロゲストーゲン．哺乳類において受精卵の着床・妊娠維持作用などの*プロゲステロン様作用をもつ化合物の総称．生体で産生される主なゲスターゲンは*黄体ホルモンであるプロゲステロンなので一般的にはこれを指すが，20β-ジヒドロキシプロゲステロン，プレグナンジオールなど上記のような活性をもたないプロゲステロン類似ステロイドもこれに含める．黄体形成ホルモンの作用を受けた黄体から分泌され，*エストロゲンと協働的に働いて，子宮内膜の肥厚と子宮腺の分岐を起こすことにより，受精卵の着床を促し，同時に下垂体前葉における黄体形成ホルモンの分泌を抑えて排卵を抑制する．また，エストロゲンと拮抗的に作用して発情を抑え，妊娠を継続させる．ゲスターゲンの生物学的検定にアレン法（Allen's method）や，フッカー-フォーブス法（Hooker-Forbes' method）が使われる．

h **ゲスナー** GESSNER, Conrad von 1516～1565 スイスの博物学者，医師．チューリヒ，バーゼル，パリ，モンペリエなどで学び，博物学・医学のみならず，諸古代

語にも精通し，多方面にわたる業績を残した．大著'Historia animalium'(動物誌，5巻，1551～1558)で当時の知識を集大成したが，動物群をアルファベット順に配列しており，分類の体系は立っていない．すぐれた図多数を含み，動物書に理解用の挿図を導入した最初のものといわれる．植物の分類においては，葉より生殖器官が重要であるとした．

a **血圧** [blood pressure] 血管系の回路において，心臓拍動のポンプ作用によって拍出された血液が血管壁(特に動脈)に生じる側圧．心臓から血液が拍出されるとき，やや弾力性をもつ血管壁が少し伸展され，同時に血液は血管壁に対して血圧を生じる．血圧の高さは血管系の場所によって異なり，一般に心臓の動脈口より遠ざかるに従って圧を減じ，心臓付近の静脈などでは陰圧にもなる．このため*閉鎖血管系をもつ動物では動脈血圧・毛細管血圧・静脈血圧などと呼んで区別する．血圧は心臓拍動との時間的関係によって周期的変動を示す．これが脈拍である．心臓の収縮に対応する血圧は最も高く，収縮期血圧 (systolic blood pressure，最高血圧 maximal blood pressure) という．心臓の弛緩に対応する血圧は最も低く，弛緩期血圧(拡張期血圧 diastolic blood pressure，最低血圧 minimal blood pressure) といい，前者との差を脈圧 (pulse pressure) と呼ぶ．動物の血圧は種によって異なるが，一般に閉鎖血管系をもつ動物は開放血管系をもつ動物よりも高く，また恒温動物は変温脊椎動物より高い．安静時のヒトの血圧は，20～25歳前後では最大血圧約120 mmHg，最小血圧約70 mmHgであるが，年齢とともに動脈壁の弾力性が減少し最高血圧は増加する．臨床的には，一定に決められた以上の血圧を示す場合に高血圧 (hypertension) と呼ばれ，一般に最低血圧が90 mmHgを超す場合が問題とされる．以上は動脈血圧であるが，毛細血管の血圧は，ヒトの場合6～32 mmHg，大静脈では-5～2 mmHgである．毛細管の血圧は管壁の透過性に重要な影響をもつ．なお生体の動脈血圧は，心臓からの拍出量，*末梢抵抗，血液の粘性などの因子によって規定されている．これらの因子は心臓反射や血管反射などの神経機構によって調節され，それに副腎髄質などの関係する液性相場も調節に関与する．正常時の血圧がほぼ一定に保たれるのはそのためである．筋運動などに際しては，前記の調節機構によって血圧が上昇し，エネルギー代謝亢進に対応して血流の増加をきたす．交感神経刺激およびアドレナリン処理は，小動脈壁の平滑筋を収縮させ血管をせばめる結果として血圧を高め，下垂体後葉のバソプレシンも直接に平滑筋に働いて同じ結果をもたらす．脂質が血管に沈着すると動脈は硬化し，弾性を失うために血圧が上昇する．これが動脈硬化(動脈硬化症 arteriosclerosis)で，循環障害として重大視される．血圧の勾配によって生じる血液の流れを血流 (blood flow) と呼び，血管内の単位時間当たりの血流の容量はその圧勾配に比例，血管の径の4乗に比例し，血流の速度は径の2乗に比例する(=ハーゲン-ポアズイユの式)．血流量は，直接的には血管内に挿入された血流計により，間接的には血液中に吸収されるガスの移行量などから決定する．血流量は通常は1分間に流れた血液の容量で表し，これを分容量という．血流量は，心臓の収縮力，心室の充盈度(=スターリングの法則)，心拍数，血管系の抵抗(=末梢抵抗)，血液の粘性，血液量など種々の要因や性差，体姿勢，外温度，

体の運動などの血管系以外からの要因によっても影響される．(=ベルヌーイの原理)

b **血圧上昇作用** [vasopressor activity] 《同》昇圧作用．血圧を上昇させる化学物質の作用．*バソプレシンのもつ活性に代表される．アルギニンバソプレシンに比べて，リジンバソプレシンは約60〜70%の活性しかもたない．日本薬局方標準物質の単位で活性を表し，純粋なアルギニンバソプレシンの活性は300単位/mgである．なお，アドレナリンはα_1受容体を介して血圧を上昇させる．また，アンギオテンシンも血圧上昇作用をもつ．これらの化学物質の血圧上昇作用は，*ホスホリパーゼCに始まる細胞内情報伝達系を介して，血管平滑筋を収縮(血管収縮)させることによっている．

c **血液** [blood] 狭義には，脊椎動物の循環系のうち，血管系を循環する赤色の体液．広義には，動物の体内を循環する体液全体を指す(=循環系)．脊椎動物ではリンパ液が血液のほかに分化しており，常に*組織液と交流がある．脊椎動物の血液は，*赤血球・*白血球・*血小板と，これらを浮遊させている液体成分である*血漿とからなる．血液は体を構成する細胞の生活に不可欠な媒質であり，その性状はほとんど恒常に保たれている．C. Bernardは，血液を生体の内部環境と呼んだ(=ホメオスタシス)．血液の作用は，(1)呼吸器を流れて外界から酸素を摂取し，組織細胞にこれを与え，そこで生じた二酸化炭素を外界に放出する，(2)消化管から吸収された栄養素を組織に運搬して与え，代謝産物を処理臓器に運ぶ，(3)*内分泌腺から分泌されるホルモンを標的臓器に運ぶ，(4)細菌や毒素，またその他の抗原に対する抗体を含み，*抗原抗体反応の場となる，(5)*血液凝固因子および血小板を含み，血管の損傷，出血に際し血小板血栓や凝固血栓を形成して止血し生体を防衛する，(6)各組織・臓器間を流れて体内の温度を一定に保っている，などである．なお脊椎動物における血液中の水分量は，哺乳類や鳥類では79〜80%，爬虫類では84%，両生類・魚類・円口類では86%ぐらいであるが，同一種でも条件によって変動する．また，動物体中にある血液総量の体重に対する割合は，ヒトでは7.7%，ニワトリ10.0%，イヌ7.7%，ネコ5.5%，ウサギ5.4%，ネズミ5.0%で，これも測定条件や方法により差異がある．無脊椎動物の血液には，脊椎動物の赤血球に相当するものは含まれない場合が多いが，一般に白血球のように*食作用をいとなむ細胞は含まれる．無脊椎動物の血液は，その含む呼吸色素の種類により，色はさまざまである．(=血液循環，=血液凝固)

d **血液鰓**(けつえきえら) [blood gill] 水生昆虫において，体表の皮膚または直腸の壁が薄壁の細管あるいは襞として突出してできた呼吸器官．ある種のカワゲラ類幼虫の腸やカの幼虫の尾端にみられ，気管系による呼吸の補助として役立つ．

e **血液学** [hematology, haematology] *血液細胞(白血球，赤血球，血小板など)および造血器官(胎児肝(仔肝)・骨髄・脾臓・リンパ節など)に関する学問．血液細胞の発生・分化・形態・生理・生化学・機能などの正常および病的状態についての研究，血液細胞の疾患・病理・治療の研究，造血器官の発生・分化・機能などの正常および病的状態についての研究，血小板，血液凝固・止血・血栓などに関する研究，白血病，リンパ腫などの造血系腫瘍に関する研究などを含む．さらに免疫血液学・血清学も一

部含まれる.

a **血液型** [blood group] 同種他個体の血液を混合した際の, 赤血球凝集の有無を示標とする血液の分類群. 血液を混合すると, 一方の個体の赤血球表面抗原と, 他方の個体の血清抗体との作用によって, 凝集をはじめとする抗原抗体反応が起こることがある. 例えば ABO 式血液型 (ABO system of blood group) において, 赤血球の A 型, B 型, AB 型あるいは O 型は, 赤血球膜上の糖鎖の末端構造が, 遺伝的に少しずつ異なることによって決まる. 血清中の抗体には抗 A と抗 B の 2 種類があり, A 型のヒトは抗 B, B 型のヒトは抗 A, O 型のヒトは抗 A と抗 B を保有している. それぞれの血液型は抗体との反応性の相違などから, さらに亜型に分類されることもある. 例えば, ABO 式血液型の A 型は A_1, A_2, A_3, A_x などと分類される. Rh 式血液型 (Rh system of blood group) は, アカゲザルの赤血球で免疫したウサギの抗血清と反応性がある赤血球をもつヒトと, 反応性がない赤血球をもつヒトが存在することから発見され, 現在では複雑な遺伝機構によって支配されている抗原群であることが知られている. Rh 式血液型抗原 CcDEe のうち, 医学上特に重要なものは, D 抗原 (D antigen) である. D 抗原陰性の女性が妊娠して胎児が D 抗原陽性の場合, 母親が抗 D 抗体を作り, その抗体が胎盤を経由して胎児に移行する結果, 胎児の赤血球が傷害を受け, 新生児溶血症になることがある. このような妊娠を不適合妊娠と呼び, 血液型不適合 (blood group incompatibility) により生ずる疾患の一つである. 同様の現象は ABO 式血液型をはじめ多くの血液型でも生じうる. なお血液型の合致しない輸血を不適合輸血 (incompatible blood transfusion) といい, ショックによる重大な傷害を起こす. 赤血球の抗原型は, ABO 式, Rh 式の他に数十通りの分類方式が知られる. 主なものは, ルイス式 (Lewis system, Le^a, Le^b), I 式 (Ii), MN 式 (MNSs), P 式 (P_1, P, P^k, p), Lutheran 式 (Lu^a, Lu^b), Kell 式 (K, Kp^a, Js^a), Duffy 式 (Fy^a, Fy^b), Kidd 式 (Jk^a, Jk^b), Diego 式 (Di^a, Di^b) などの血液型である. また血液型の中にはごく少数の特定の家系においてのみ抗原が欠如している (したがって他のほとんどすべてのヒトの赤血球と反応する抗体をもっている) ために発見された抗原がある. このような場合は, 99%以上のヒトが同一血液型になるため, 高頻度血液型 (high frequency blood group) と呼ばれる. (⇄血液型物質)

b **血液型物質** [blood group substance] 《同》血液型抗原 (blood group antigen). 赤血球表面に存在し, 血液型特異性を担っている物質. 赤血球の血液型物質のうちには, 赤血球に特有で赤血球以外の組織や臓器にはほとんど存在しないものもあれば, また赤血球以外の組織にも広汎に存在するものもある. 後者のようなものを, 組織-血液型抗原 (histo-blood group antigen) とも呼ぶ. 抗原の生化学的本体は, 糖鎖であるもの (ABO 式, ルイス式, I 式, P 式血液型の抗原など) と, 蛋白質であるもの (Rh 式血液型抗原など) である. また, MN 式血液型抗原のように, 基本的には蛋白質であるが, 抗原性に糖鎖が一部関与するものもある. ABO 式血液型は赤血球表面の糖鎖末端の単糖の種類とその結合様式によって決まる. ABH 血液型物質 (血液型物質については O の代わりに H と記す) は, 基本的には, 細胞膜の糖脂質 (⇄スフィンゴ糖脂質) あるいは糖蛋白質の糖鎖部分に存在する. ほとんどのヒト (たいへん稀なボンベイ型以外のヒト) に存在する H 遺伝子産物フコース転移酵素は, 糖鎖の末端の β-ガラクトースに α-フコースを 1→2 結合で付加する. これが H 型物質 (O 型物質) であり, ABO 遺伝子座が OO のホモのヒトはこの物質を変化させない. A 型物質は H 型物質の末端の β-ガラクトースにさらに α-N-アセチルガラクトサミンが結合する. すなわち A 遺伝子は α-N-アセチルガラクトサミン転移酵素をコードし, この酵素の働きにより上記の変化が生ずる. 同様に B 遺伝子は α-ガラクトース転移酵素をコードし, H 型物質の末端の β-ガラクトースにさらに 1→3 結合で α-ガラクトースを付加する. 糖鎖性の血液型物質については, ABO 式血液型, ルイス式血液型をはじめとして合成に関与する糖転移酵素遺伝子のクローニングが進展し, 対立遺伝子間の塩基配列の差異が判明している. それらを血液型亜型と呼んで区別することがある. 例えば, O 型では塩基が一つ欠失するためにコドンのフレームシフトが生じ, 酵素活性のない短い蛋白質が産生される. また, A 型と B 型とでは塩基の変異のため, 4 個のアミノ酸が相違しており, これが基質特異性の異なる原因となっている. 蛋白質性の血液型物質についても, 赤血球膜を 13 回貫通する約 30 kDa の糖蛋白質の遺伝子が Rh 式血液型物質として分離され, それと密接に関連して遺伝する C 物質や E 物質については, スプライシングの違いが異なる抗原性をもたらす原因と考えられている. (⇄血液型)

c **血液凝固** [blood coagulation] 《同》凝血. 血球が凝集し, 血液が固まる現象. 典型的には, 脊椎動物における出血の際にみられ, 止血 (hemostasis) の効果を現す. 血液凝固は, 各種の特異的プロテアーゼによる活性化のカスケードであり, 以下の 4 相に分けられる. (1) 第一相: 血液凝固が始まり活性化第 X 因子 (Xa, 凝固因子が活性化されたときには, 番号の後に a をつけて表す) が形成される過程. 内因系および外因系の 2 経路がある. (i) 内因系経路: 血流減退領域や傷害とは異なる原因による血管壁の異常で生じる. この経路は接触相, すなわち第 XII 因子, 第 XI 因子, プレカリクレイン, 高分子キニノゲン (⇄キニン) が血管壁の露出したコラーゲン上に集合することから始まる. そしてプレカリクレインから生じた活性化された*カリクレインによって Ca^{2+} 存在下で第 XII 因子が活性化され, XIIa となる. XIIa は第 XI 因子を XIa にするとともに, 高分子キニノゲンに作用して強力な血管拡張作用をもつ*ブラジキニンを遊離させる. XIa は Ca^{2+} の存在下で第 IX 因子を IXa にする. その IXa が, 第 X 因子に作用して Xa を生成する. この反応は, 活性化された血小板の表面に, 血小板第三因子 (⇄血小板), Ca^{2+}, 第 VIII 因子, 第 IX 因子, 第 X 因子が集まったテナーゼ複合体の形成を必要とする. 第 VIII 因子はプロテアーゼ前駆体ではなく, 血小板表面での第 IX 因子・第 X 因子の受容体として作用する補助因子である. (ii) 外因系経路: 組織因子 (第 III 因子, 組織トロンボプラスチン, ⇄トロンボプラスチン), 第 VII 因子, 第 X 因子, Ca^{2+} が含まれ, Xa が生成される. 組織傷害場所での組織因子の遊離によって開始される. VIIa は第 X 因子に作用し Xa を生成するが, 組織因子はこの反応の補助因子として作用する. Xa は, 内因系・外因系両経路が合流した共通経路の最初の段階に位置している. (2) 第二相: 内因

系および外因系経路で生じたXaが，*プロトロンビン（第Ⅱ因子）を活性化して*トロンビン（Ⅱa）を生成する過程．プロトロンビンの活性化は，第X因子の活性化と同様に活性化された血小板の表面で行われ，プロトロンビナーゼ複合体(prothrombinase complex．血小板第三因子，Ca^{2+}，Va，Xaおよびプロトロンビンの集合）の形成を必要とする．第Ⅴ因子（*Acグロブリン）は，第一相の第Ⅷ因子と同様の補助因子である．(3)第三相：トロンビンによって*フィブリノゲンが*フィブリンになり，凝血塊を形成する過程．トロンビンがフィブリノゲン分子を加水分解することによって，フィブリンモノマーが生じる．これが重合してフィブリンポリマーとなるが，これはフィブリン分子が非共有結合によって会合しているにすぎないので，結合は弱い．トロンビンはフィブリノゲンをフィブリンにするほか，Ca^{2+}の存在下で第ⅩⅢ因子を ⅩⅢaにする．ⅩⅢaはトランスグルタミナーゼで，フィブリン分子間でグルタミン残基のカルボキシル基とリジン残基のアミノ基の間にペプチド結合を形成し，強固なフィブリン塊を形成する．第三相において，血餅(blood clot, blood cake）が形成される．血餅はフィブリン網のなかに赤血球，白血球，血小板などを包含した状態である（フィブリンクロット fibrin-clot）．初期の血餅は血清を分離しておらず，やわらかい．したがって外傷の際などの止血作用としては不十分であるが，やがて血小板からの*トロンボステニンの作用によって，血餅の収縮と血清の分離が起こる（血餅収縮 clot retraction）．

一般に血液凝固といえばこの第三相までを指すが，生体内においては次の第四相を含めて一連の反応として進行している．(4)第四相：*プラスミンによる*繊維素溶解の過程．フィブリンとフィブリノゲンを分解する主役はプラスミンだが，血流中では不活性な前駆体プラスミノゲンとして存在する．プラスミノゲンはフィブリノゲンにもフィブリンにも結合し，フィブリン網ができる際に，その中に一緒に取り込まれる．このために血流中に存在する*抗プラスミンの作用から逃れ，活性を保っている．プラスミノゲンは，プラスミノゲンアクチベーターによりプラスミンに変換される．このプラスミンがフィブリンを分解して可溶性分解物すなわち*FDPをつくるので，フィブリン網は溶解する．*抗凝血物質にはヘパリン・ヒルジンなどがあるが，シュウ酸塩，クエン酸ナトリウム，EDTAを血液に加えると凝固しないのは，Ca^{2+}が除かれるためである．正常な血管内で血液が凝固しないのは，接触因子の活性化が起こらないことと，抗凝血物質の存在のためとされる．無脊椎動物の血液は，まったく凝固しないものから，単なる血球の凝集を示すもの，脊椎動物同様の固い凝血に至るものまでさまざまである．

a **血液凝固因子** [blood coagulation factor]《同》凝血因子，血漿凝固因子．血液凝固の機序に直接に関与するさまざまな因子の総称．表に示したものが選定されている．このほかに，接触相で作用する因子としてプレカリクレイン（prekallikrein, ⇌カリクレイン），高分子キニノゲン（high molecular weight kininogen, ⇌キニン），テナーゼ複合体やプロトロンビナーゼ複合体を形成する血小板第三因子，凝固阻止因子として抗トロンビンⅢ(antithrombin Ⅲ)，α_2-マクログロブリン（α_2- mac-

血液凝固因子番号と同義語

因子番号	主な同義語
第Ⅰ因子	フィブリノゲン
第Ⅱ因子	プロトロンビン
第Ⅲ因子	組織トロンボプラスチン，組織因子
第Ⅳ因子	Ca^{2+}
第Ⅴ因子	不安定因子(labile factor)，プロアクセレリン(proaccelerin)，Acグロブリン，plasma accelerator globulin
第Ⅵ因子	欠番
第Ⅶ因子	安定因子(stable factor)，プロコンバーチン(proconvertin)，血清プロトロンビン転化促進因子(serum prothrombin conversion accelerator, SPCA)
第Ⅷ因子	抗血友病性グロブリン(antihemophilic globulin, AHG)，抗血友病性因子(antihemophilic factor A, AHF-A)
第Ⅸ因子	plasma thromboplastin component(PTC)，クリスマス因子(Christmas factor)，AHF-B
第Ⅹ因子	Stuart-Prower factor
第Ⅺ因子	plasma thromboplastin antecedent(PTA)
第Ⅻ因子	ハーゲマン因子(Hageman factor, HF)
第ⅩⅢ因子	フィブリン安定化因子(fibrin stabilizing factor, FSF)，フィブリナーゼ(fibrinase)

第Ⅺ因子および第Ⅻ因子は接触因子(contact factor)とも呼ばれる

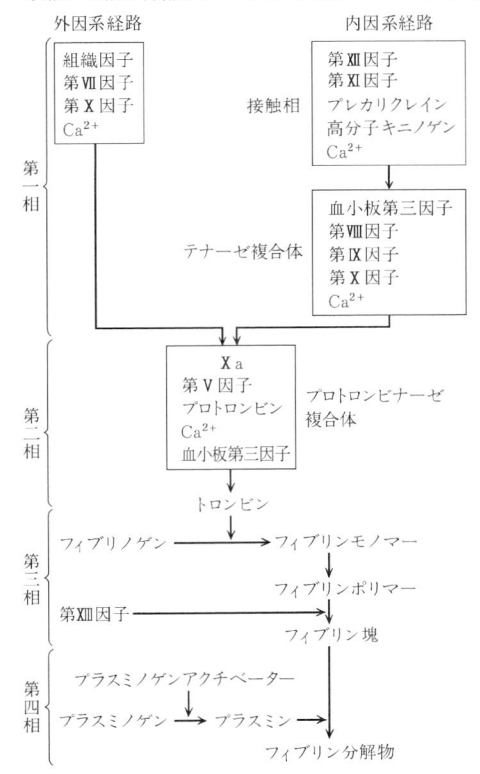

ヒトの血液凝固過程の模式図

roglobulin)，凝固制御蛋白質としてプロテインC，プロテインS(protein C, protein S, ⇌抗凝血物質)などがある．

a 血液循環 [blood circulation] 動物体内を血液が循環すること(⇌循環系)．動物には*開放血管系のものと*閉鎖血管系のものとがある．開放血管系では動脈を流れた血液は動脈末端から組織中に流出する．組織中の血液は体の部分的運動などによって血圧が変動し，圧の高い部分から低い部分に流れる．体液の満ちた組織系はときに液圧による剛性をもち，流体静力学的骨格の働きをする．昆虫などでは補助拍動器官が血液循環を助ける場合もある．閉鎖血管系では血液は一定方向に循環する．脊椎動物は閉鎖血管系に属し，*鰓呼吸型循環系と*肺呼吸型循環系が区別される．肺呼吸型循環系では，肺循環(小循環)と体循環(大循環)との2経路がある．循環の駆動力は心臓の収縮によってもたらされるが，*骨格筋ポンプの作用に加え，脊椎動物の肺呼吸型循環系では吸息時の胸腔内の陰圧効果も加わる．ある動物には心臓の駆動力があまり強くないことに関連して，末梢血管の血液輸送を助ける補助モーター装置として補助心臓(accessory heart)がある．また静脈が能動的に拍動して血液駆動力の一部分をなしている動物もある(タコやコウモリ)．血圧は心臓の駆動力と血管壁の弾力などによって定まるが，血圧に応じて循環を調節する機構も知られている(⇌心臓反射)．血液循環の役目は，酸素および二酸化炭素，栄養分および老廃物，ホルモンなどの運搬を主とし，特に恒温動物では体温の平等化もこれに加えられる．血液それ自身としては生体防御の機能(⇌免疫)をもつほか，物質や熱(体温)の移動にかかわる．(⇌リンパ系)

b 血液精巣関門 [blood-testis barrier] 哺乳類の精巣で，血液(組織液)と*精細管内部との間に存在する関門．精細管の*セルトリ細胞同士の密着結合によって形成されている．密着結合を境に，精細管は周縁部の精原細胞(精祖細胞)を含む基底側コンパートメントと，精細管内腔側の，精母細胞から精子に至る生殖細胞を含む内腔側コンパートメントに分かれる．血液精巣関門は，血中に入った有害物質から精子を保護すると同時に，精子の抗原が血中に漏出して自己免疫反応を起こすことを防いでいる．

c 血液蛋白質 [blood protein] 血液に含まれる蛋白質の総称．血液成分は血漿と血球で構成され，ヒトでは血漿が血液のほぼ半分を占める．血漿の乾燥重量の約7%は*血漿蛋白質で，アルブミン(4%)，グロブリン(2.6%)，フィブリノゲン(0.4%)を含む．プロテオーム解析により約200種の蛋白質が同定されている．赤血球の主蛋白質は*ヘモグロビンで，含有量(乾燥蛋白質g%)は，ヒト，イヌ，ハリネズミでは90%前後，ガチョウは63%，ヘビ47%程度である．白血球は，*エラスターゼ，*インテグリン，アルカリホスファターゼ，血小板は第四因子，フォンヒルブラント因子などを含む．

d 血液脳関門 [blood-brain barrier] BBBと略記．《同》脳関門．血行と脳の間に存在し，物質の通過に対して特異性をもつ機能的障壁．P. Ehrlich(1885)は，アニリン色素を動物に注射すると一般の臓器は強く染色されるが，脳だけは染まらないことを発見，その存在が推察された．形態的には血管内皮細胞の周囲を星状膠細胞(アストロサイト)の突起(終足)が囲んでグリア境界膜を

つくることによって，脳は血液と完全に遮断されることになる(⇌神経膠)．同様なものに血液脳脊髄液関門(blood-cerebrospinal fluid barrier)や脳脊髄液脳関門(cerebrospinal fluid-brain barrier，*上衣細胞によって形成される)がある．これらの脳関門系は脳がその複雑な機能を遂行するために必要なホメオスタシスを厳密に保つために働いていると考えられる．ブドウ糖，アルコール，酸素は血液脳関門を通過しやすく，また脂溶性物質や小さい分子は，脂肪に溶けにくい物質や大きい分子に比し通過しやすい傾向があるが，個々の物質，イオンによって異なり，その機構は統一的に説明できない．

e 血液保存液 [anticoagulant for storage of whole blood] 輸血に供される血液を，ある期間保存するため，適当な抗凝血物質(抗凝固剤)を加えて，保存中に起きる変質をできるだけ防ぐのに用いる液．糖分の消失による活力の低下を防ぐため，ブドウ糖が加えられている．ACD液(ACD solution, acid-citrate-dextrose solution, クエン酸三ナトリウム，クエン酸，ブドウ糖を含む)が一般的に血液銀行などで用いられる．ACD液加血液は4～6℃に保存し，3週間保存可能．またクエン酸塩の過剰を防ぐためリン酸ナトリウムを加えたCPD液(CPD solution)も用いられている．さらに，乳酸ナトリウムを加えたACDL液(ACDL solution)なども考案されている．また，グリセロールなどの凍害防止剤を加えると赤血球を長期間冷凍保存することができる．

f 血液量 [blood volume] 《同》全血量(total blood volume)．体内の血液の全量．成人で体重の6～8%であるが，かなりの変動がある．血液量は，直接的には動物を出血させて，間接的には血管内に注入した色素などの稀釈された濃度から計算して測定される．単位体重当たりの血液量は成人になると減少するが，これは体の脂肪の増加に関係する．また，それは体の大きい哺乳類ほど少なくなる傾向があるが，種類による差異が著しく，ウサギ・イヌ・ウマなど活発な運動をする動物では多い．血液量は体重と関係するとともに，活発な代謝をする体部分と直接的に関係するためであるといわれる．血液量の調節は毛細血管壁を通しての水分移動と体の全水分量の均衡に関係する．筋運動による血流の増加は毛細血管の内圧を増すから，多量の水分を組織液に流入させることになり，その結果血液量の減少を起こす．栄養失調は蛋白質の不足から電解質や水の均衡を変化させ，その結果血液量の減少を起こすとされる．

g 血縁識別 [kin recognition] 《同》血縁認識，血縁判別．動物が自分と他個体との*血縁度の遠近を識別し，その結果にしたがって行動を変えること．W. D. Hamiltonの血縁淘汰理論によれば，各個体は相手と自分との血縁度によって行動を変えることが必要とされ，そのため相手との血縁度の識別がなされなければならない(⇌血縁淘汰)．実際に多くの動物がそれを行っていると推定されているが，その具体的な機構は十分解明されていない場合が多い．例えばリス科のベルディングジリス(Spermophilus beldingi)では「同じ巣穴で育った」という経験に基づく要素と「自分との何らかの表現型の類似」という生得的な要素とが共に用いられるとされる．

h 血縁集団 [descent group, kin group] 血縁によって結ばれた個体が互いに依存しあって保たれている集団．動物集団の一つの形態．動物界に最も普遍的に見られるのは，母と子，あるいは母と雌の子供のまとまりで，

これがより複雑な構造をもった*動物の社会，特に*単位集団の一部を構成している場合もある．同様に，同性の個体によって構成された集団を性集団 (sexual assemblage) と呼ぶことがある．(→血縁淘汰)

a **血縁度** [degree of relatedness, coefficient of relationship, coefficient of kinship, coefficient of consanguinity] 《同》近縁度．[1] 集団遺伝学においては，二倍体生物の2個体間の遺伝的な近縁度を量的に示す尺度．具体的な定義としては (1) 同祖的 (identical by descent) な遺伝子を考慮する場合と，(2) 塩基配列として同一 (identical by state) な遺伝子を考慮する場合がある．(1) には次の2種類がある．(a) 2個体間の遺伝的相関として定義した場合 (R. A. Fisher, 1918; S. Wright, 1922)．(b) 2個体からそれぞれ同一遺伝子座の二つの遺伝子のうちの一つを任意に抽出した時，これらが同一である確率として定義した場合 (G. Malecot, 1948)．この値は，2個体が交配したら生じる個体の近交係数と同一である．(a) の場合の近縁度を C_a，(b) の場合の近縁度を C_b とすると，$C_a=2C_b/\sqrt{(1+f_X)(1+f_Y)}$ となる．ただし，f_X と f_Y は個体 X と Y の近交係数である．2個体の祖先がまったく近親交配を経験していないという仮想的な場合 ($f_X=f_Y=0$) には，C_a の値は親子間および完全同胞 (full sib) 間で 1/2，おじめい，おばおい，半同胞 (half sib) 間で 1/4，いとこ (first cousin) 間で 1/8 となる．(2) の場合には，同一対立遺伝子を共有する割合として血縁度を定義するので，ゲノム全体における塩基多様度の値に依存する．特殊な場合として，人間の作り上げた*近交系生物では塩基多様度が事実上ゼロなので，どの遺伝子座でも同一対立遺伝子がホモ接合となっており，ここでは血縁度はどのような個体間でも1になる．自然集団でも，例えばヒトの場合は塩基多様度はおよそ 0.001 なので，あかの他人であっても，血縁度は 99% 以上になる．ただしこれらは各塩基を単位とした場合であり，仮に1万塩基を一つの単位とすれば，ほぼどこかで塩基が異なっているので，(1) の同祖的遺伝子を考慮した場合の値に近づく．[2] 進化生態学においては，血縁度は回帰係数に基づいて定義する．ある行為の確率や程度に影響する遺伝子については，その行為をする個体の遺伝値 X と行為の影響を受ける個体の遺伝値 Y との間での血縁度は，X に対する Y の回帰係数 $r=\text{Cov}(X,Y)/\text{Var}(X)$ とする．この定義を用いると，血縁のある他個体への影響が遺伝子の自然淘汰に及ぼす効果を考慮するために，包括適応度を用いることができる．淘汰の強さが弱く，また通常の二倍数生物ではこの定義は [1] にある定義と一致するが，半倍数生物の場合などでは回帰係数に基づいた計算が必要である．淘汰が強い場合にどのように拡張するかについては，いまだに議論がある．

b **血縁淘汰** [kin selection] 《同》血縁選択．近縁個体間に適応度上の相互作用をもたらす遺伝形質が*包括適応度の差を介して適応的に進化する過程．近縁者に対する*利他行動や抑制的な攻撃行動あるいは子の保護は，この過程によって進化したと考えられている (→子の世話)．ただし厳密な定義は論者の差によってやや異なる．少し狭く解釈する場合には包括適応度に基づく子の保護や利他行動の進化過程だけをいい，元来この意味の用語として，W. D. Hamilton (1963, 1964) の研究に基づき J. Maynard-Smith (1964) が提案．また個体の適応度だけを高める方向に作用する淘汰を特に個体淘汰 (individual selection) と呼んで血縁淘汰と区別することもある．この区分に従えば，通常の子育てや子の保護は個体淘汰の産物であって血縁淘汰の産物ではないことになる．血縁淘汰は血縁集団 (kin group) を単位とした*群淘汰の一種と考える立場もある．

c **結核** [tuberculosis] 結核菌群の感染によって起こる疾患．1882年に R. Koch によって，ヒト型結核菌 (*Mycobacterium tuberculosis*) が発見された．主に経気道的に感染するため肺結核が最も多いが，リンパ節や中枢神経，骨 (カリエス)，脾臓，腸，腎臓，副腎，泌尿生殖器，皮膚など全身のどの臓器にも病変を生じうる．空気感染するため，感染の予防・管理が重要である．日本では，従来の結核予防法は廃止され，現在は*感染症法の適用を受けている．喀痰の*塗抹検査 (チール・ニールセン染色) により排菌量をガフキー号数で表示するが，生菌・死菌の判別や非結核性抗酸菌との判別はできない．結核菌の PCR 検査は迅速性と感度・特異度に優れるが，死菌でも陽性となる．*培養検査は結核菌は増殖が遅いため時間を要するが，生菌の存在や菌種の同定，*薬剤感受性試験に必要である．ツベルクリン反応は，*M. tuberculosis* の感染以外に，*M. bovis* (ウシ型菌) の弱毒生菌ワクチンである BCG の接種でも陽性化する．結核菌特異的 T 細胞から放出されたインターフェロンを測定するクオンティフェロン検査は，BCG の影響を受けず結核菌感染の診断に有用であるが，既感染者でも陽性となる．病理学的には，乾酪壊死を伴う類上皮細胞性肉芽腫がみられる．治療の原則は，抗結核薬の併用療法であり，状況に応じて外科的治療も選択される．近年，世界的に複数の抗結核薬に耐性を示す多剤耐性結核が問題となっている．

d **血管** [blood vessel ラ vasa sanguinis] 血液を体内各部に流通させる管．[1] 脊椎動物では血管を分けて動脈・静脈および毛細血管とする．動脈は心臓から発し血液を体内諸部の各種の器官・組織に導きつつ，しだいに細い管に分岐していき，毛細血管に分かれる．この毛細血管はやがて相合して静脈の末梢となり，順次に太い静脈となって血液を心臓に送り返す．こうして血液は体内を循環する．血管内面を覆う上皮を血管内皮といい，中胚葉由来の1層の内皮細胞からなる．毛細血管のような微細な血管はこの内皮だけからなるが，太い血管は平滑筋および結合組織によって包まれ，強固．動脈および静脈の壁は内膜，中膜，外膜に区別される．内膜は内皮とそれを裏打ちするわずかの結合組織，中膜は平滑筋・弾性繊維・膠原繊維，外膜は被膜状の疎性結合組織からなる．静脈は動脈に比べ著しく壁が薄く特に中膜の発達が悪い．動脈は，中膜の弾性繊維に富む弾性型動脈 (elastic type artery) と平滑筋の多い筋型動脈 (muscular type artery) に大別される．[2] 無脊椎動物においては，閉鎖血管系の環形動物では内皮細胞を伴う発達した血管系をもち，背側血管の周囲の結合組織には平滑筋も見られる．開放血管系の節足動物でも，心臓から血液を送り出す管を動脈，戻ってくる管を静脈としばしば呼ぶ．軟体動物では広い静脈洞をもつ間隙血管系 (lacunar circulatory system) であり，一般に内皮を欠く．

e **血管域** [area vasculosa] 《同》血管野．鳥類の*胚盤葉の*暗域の中で中胚葉が進入している部分．胚の両側および後方に当たる．この部域に*血島が形成され，のちに血球および血管が分化する．

a 血管運動神経 [vasomotor, vasomotor nerve]

《同》血管神経(vascular nerve). 脊椎動物の末梢血管, なかでも特に細動脈の管壁筋(環状筋や平滑筋)を支配してその緊張を増減し, 血管の収縮・拡張をもたらす*遠心性神経. 延髄に反射中枢をもつ血管運動反射の遠心路をなす. *交感神経系に属する血管収縮神経(vasoconstrictor nerve)と, 主として*副交感神経系に属する血管拡張神経(vasodilator nerve)とからなり, 両者間の拮抗作用によって血圧や局所的な血流を制御する. 血管収縮神経は, 血管収縮(vasoconstriction)作用をもつ神経. その節後繊維は脊髄神経に合流し, または独立に末梢へ動脈に沿って走り, ほとんど全身の末梢血管に分布. 腹部内臓には内臓神経を経てこの神経が特に多数分布するが, 骨格筋の血管では収縮神経作用が軽微で, さらに心臓, 肺, 脳などの重要器官ではその作用が認めがたい. 血管拡張神経は, 興奮により血管壁筋の緊張を下げ, 血管拡張(vasodilation)を起こす神経. 分布が複雑で, その作用にはまだ不明の点が多い. 唾液腺を支配する頭部副交感神経が血管拡張繊維を含むことは C. Bernard (1858) が発見したが, 脊髄仙部の副交感神経(骨盤神経)中には性器の血管拡張繊維が含まれている. 他方, 頸部交感神経の刺激による口部の血管拡張や, 心臓の冠動脈に対する交感神経の拡張作用が知られている. 内臓や筋肉の血管拡張作用も交感神経によるものとみられる. なお, 脊髄の背根を通って出る脊髄副交感神経(spinal parasympathetic nerve)があって, これが体幹や四肢への血管拡張神経であるともいわれ, また皮膚からの感覚神経繊維が軸索反射で血管拡張の現象を起こすことも知られている.

b 血管運動中枢 [vasomotor center]

《同》血管運動領野(vasomotor area). *血管運動神経の活動, あるいは血管壁の緊張を適度に維持する自動中枢. 同時に*血管運動反射の中枢でもある. 主中枢は延髄の菱形窩の中にあり, 特にそれだけを指すことが多い. 延髄中のこの中枢には, 血管収縮中枢(vasoconstrictor center)と, これと拮抗的に働く血管拡張中枢(vasodilator center)とが区別されるが, 血管収縮中枢が自発的インパルスを発生して, 全身の緊張性の神経支配を行っており, 後者は骨格筋の抵抗血管や心臓, 肺, 腎臓, 子宮の血管を支配する. この部分またはそれ以下の個所を傷つけると, 体の血管が拡張し, 血圧が下がるが, やがて脊髄中にある二次中枢, 脊髄血管運動中枢(spinal vasomotor center)が自動性を獲得して, 数日後には血管の緊張と血圧とをほぼ正常に回復しうる. 主中枢の緊張は, 血液中のCO_2蓄積やO_2不足, あるいは中枢部の血液不足(脳貧血)などの直接作用により増加して血圧を上昇させるが, これにより特に腹部内臓の貯蔵血液が駆出・動員され, 同時に起こる呼吸運動の促進と相まってガス代謝障害を除く効果をもつ. 血管運動反射の中枢としては, 各種の求心性刺激や大脳皮質や間脳などの高位中枢, 体温調節中枢, 呼吸中枢からの影響も受ける.

c 血管運動反射 [vasomotor reflex]

《同》血管反射. 脊椎動物において各種の求心性刺激により*血管運動中枢の緊張が変じて反射的に末梢血管の収縮・拡張を起こし, その結果として血管の増減をきたす過程. 痛覚や寒冷刺激などによる増圧反射(pressor reflex)と, 血管系の特定部位に存在する圧受容体の興奮に基づく減圧反射(depressor reflex)とがある. 特に後者は血管収縮中枢の自動的活動と拮抗して血圧の調節を行い, 血圧調節反射とも呼ばれる. 大動脈弓壁の血管壁内および頸動脈洞(carotid sinus)の壁内にある圧受容体から発する反射であって, 迷走神経と洞神経とをその求心性経路とし, 正常には心臓反射と並行して作用する. 頸動脈洞には血液のO_2欠乏・CO_2増加で刺激される化学受容器もあり, こちらは呼吸運動の反射的促進とともに増圧反射を誘発する. なお, 血液中のアドレナリンは末梢血管に直接に作用してこれを収縮させる. 精神激動時やCO_2上昇時にはその分泌が反射的に増加して, 増圧反射の効果を補強する.

d 血管芽細胞 [hemangioblast]

血管および血球のもとになる中胚葉由来の細胞. 1900 年に W. His により初めて想定. 初めは孤立的な細胞集団をなし, *血島と呼ばれる. その周辺部のものは扁平となり内皮細胞に, 中心部にある細胞は造血幹細胞となり, これから種々の血球が分化する. 血島はやがて癒合して連続した血管となる.

e 血管系 [blood circulatory system]

心臓と血管からなり, 中を血液が流通する管系. 脊椎動物ではリンパ系とともに*循環系を構成. 無脊椎動物では循環系と同義に用いられることが多い. 動物により*閉鎖血管系のものと*開放血管系のものとがある. (⇒血液循環)

f 血管作用性小腸ペプチド [vasoactive intestinal peptide]

VIP と略記. 小腸の粘膜から抽出された生理活性ペプチド. 脳-腸管ペプチドの一つ. 28 個のアミノ酸残基からなる直鎖のペプチドで, 分子量 3381. その配列は一部グルカゴンやセクレチンと共通でこれらは総称してグルカゴン関連ペプチドと呼ばれる. VIP は中枢および末梢神経で合成され血管を拡張させその結果血圧を下げる作用をもつ. そのほかに胃液の分泌抑制や消化管の平滑筋の収縮抑制作用など, また小腸からの電解質と水の分泌促進作用などがある. 大脳皮質のコリン作動性ニューロン内や唾液腺・膵外分泌腺・陰茎の副交感神経性血管拡張繊維でアセチルコリン(ACh)と共存し, ACh とともに放出され, ACh の働きを修飾する.

g 血管新生 [angiogenesis]

既存の血管から新しい血管が形成される現象. 胚発生や組織の成長, 創傷治癒, 妊娠などの生理的過程でみられるほか, がんの増殖や転移などの病理的過程でもみられる. 血管内皮細胞に血管新生刺激が加えられると, 基底膜の分解, 内皮細胞の増殖と移動が起こり, 新しい毛細血管が形成される. その後, 周皮細胞や平滑筋細胞が新しい毛細血管を覆って血管壁を形成し, 血管を安定化する. なお, 発生初期に未分化な前駆細胞から最初の血管が形成される現象は*脈管新生(vasculogenesis)と呼ばれ, 血管新生とは区別される.

h 血管内皮細胞 [blood vessel endothelial cell, vascular endothelial cell]

血管の内表面を覆う扁平で薄い上皮細胞. 動脈, 毛細血管, 静脈ならびに心臓を含む循環系の内腔面はすべて一層の内皮細胞に覆われ, 血液を円滑に流す役割を担う. 隣接する内皮細胞どうしは*タイトジャンクションやアドヘレンスジャンクションなどの接着装置により結合し, 物質通過の関門として働く. 毛細血管や細静脈ではこの結合が比較的弱く, *血漿成分は内皮細胞の間隙を通して組織に移動, 栄養分や老廃物が輸送され, ガス交換は内皮細胞越しに拡散により行われる. 血管内皮細胞はヘパラン硫酸を介したアン

チトロンビンIIIの活性化や，プロスタグランジン I_2 (PGI$_2$)，トロンボモジュリンの産生などにより血小板凝集・*血液凝固を抑えているが，内皮細胞が傷害され*基底膜や組織間質が露出すると凝固反応が進行する．内皮細胞はさまざまな刺激に応答してエンドセリンを産生し，血管平滑筋細胞の収縮を誘導する一方で，一酸化窒素合成酵素(NOS)により生成された一酸化窒素(NO)の作用で平滑筋細胞の弛緩を促し組織の血流調節を行っている．感染や炎症時には，血流中を循環する白血球がその組織近傍の血管内皮細胞に多数接着し，血管壁を越えて遊走し，局所的な炎症反応を惹起する．この過程には活性化された内皮細胞が産生する種々の接着分子や*ケモカインなどの遊走因子が関与する．特に*二次リンパ組織の*高内皮静脈にみられる特殊な内皮細胞はリンパ球を効率よく接着する能力を有し，循環リンパ球の恒常的なリンパ組織への移行を司っている．組織再生・修復，がん組織などにおいては，さまざまな細胞が産生する血管内皮細胞増殖因子によって内皮細胞の増殖と血管新生が誘導される．

a **血管内皮細胞増殖因子** [vascular endothelial growth factor] VEGFと略記．脈管発生・新生に関与する一群の増殖因子．ヒトではVEGF-AからVEGF-EとPlGF(胎盤増殖因子 placental growth factor)をまとめてVEGFファミリーと呼ぶ．分子量約1万7000〜4万7000．ホモ，ヘテロ二量体として産生される．選択的スプライシングで複数のアイソフォームが存在し，一部はヘパリンと強い親和性をもつ．VEGF受容体の細胞内ドメインはチロシンキナーゼ活性部位をもつ．単にVEGFと呼ぶ場合は，VEGF-Aを指すことが多い．VEGF-Aは血管内皮細胞に対する強い増殖活性をもつ因子として単離(1989)されたが，VPF(血管透過性因子 vascular permeability factor)として発見(1983)されたものと同一．

b **欠陥ファージ** [defective phage] 《同》欠損ファージ，不完全ファージ．遺伝子に欠失または変異をもつために単独で宿主細胞に感染してもみずからは増殖できない*バクテリオファージ．しかし，完全なファージのゲノム，すなわち介助ファージ(helper phage)が細胞内に共存することによって，その機能の助けを借りて増殖できることがある．欠陥ファージが*プロファージとして溶原化している菌が，ファージ増殖を誘発しても感染性のあるファージを産生する能力はないが，一部のファージ遺伝子の発現が起こるため，しばしば致死的損傷を受ける．このような溶原菌を欠陥溶原菌(defective lysogen)という．

c **血球** [blood cell] 《同》血液細胞．全身に存在する血液細胞の総称．脊椎動物においては造血幹細胞から分化し，*白血球，*赤血球，*血小板に大別され，白血球は*単球，*マクロファージ，*好中球，*好酸球，*好塩基球からなる骨髄球系細胞と，*T細胞，*B細胞，*リンパ球からなるリンパ球系細胞に区別される．一般的に血球という場合は，白血球や赤血球，血小板に分化する以前の幼若細胞である骨髄芽球，リンパ芽球，赤芽球，巨核球，さらに未分化な造血前駆細胞や造血幹細胞も含む．脊椎動物では酸素は赤血球により運搬されるが，無脊椎動物には赤血球がなく，酸素運搬する血色素が血液中を流れる．昆虫では，脊椎動物における白血球に相当し貪食機能を有するヘモサイト(hemocyte)と呼ばれる

細胞が主な血球成分である．

d **血球計数器** [hema cytometer, hematocytometer] 血球数またはその他の粒子数を測定する計器．従来は血球計算板(counting chamber)が多く用いられ，Thoma, Bürker-Türk, New-Neubauer などの種類がある．自動血球計数器(blood cell counter)も用いられる．(⇨フローサイトメトリー)

e **血球新生** [hematopoiesis] 《同》造血．動物における血球形成の過程．[1]脊椎動物では，その様式が綱によって異なるばかりでなく，個体発生の時期によっても変化する．胚発生の過程で血球は*血島において血管との共通の前駆細胞である*血管芽細胞から最初につくられるが，このとき形成されるのは胚型の*赤血球であり，この過程を一次造血(primitive hematopoiesis)という．その後まもなく主な血球新生部位はAGM領域(背側大動脈-生殖器-中腎領域 aorta-gonad-mesonephros region)に移り，さらに血流にのって移動した造血幹細胞(hematopoietic stem cell, 血球芽細胞 hemocytoblast)は肝臓や脾臓などの組織に定着し，最終的には魚類と両生類の幼生では主として腎臓で，一部の両生類の成体と羊膜類では骨髄で血球新生が行われる．この過程を二次造血(definitive hematopoiesis)という．血球はそれぞれの造血器官に存在する*多能性の造血幹細胞から生じる．赤血球は血小板と共通の前駆細胞から好塩基性赤芽球(basophilic erythroblast)，多染性赤芽球(polychromatic erythroblast)，常赤芽球(normoblast)を経て，哺乳類では核が放出され，形成される．血小板

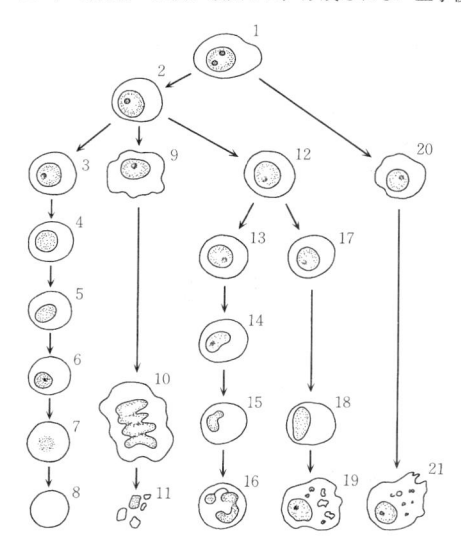

1, 2 造血幹細胞(多能幹細胞) 3 前赤芽球 4 好塩基性赤芽球 5 多染性赤芽球 6 常赤芽球 7 網状赤血球 8 赤血球 9 巨核芽球 10 巨核球 11 血小板 12 骨髄芽球 13 前骨髄球 14 骨髄球 15 後骨髄球 16 顆粒白血球(多形核白血球) 17 単球 18 マクロファージ 20 リンパ芽球 21 リンパ球(B細胞・T細胞・プラズマ細胞)

3, 9, 12, 20 前駆細胞(単能幹細胞) 18, 19, 21 無顆粒白血球(単核白血球)

は巨核芽球(megakaryoblast)から核の倍数化によって生じた巨核球(megakaryocyte)の細胞質の分断によって作られる．*顆粒白血球は骨髄芽球(myeloblast)と呼ばれる前駆細胞に好中性(neutrophil), *好酸性, *好塩基性の顆粒がそれぞれ出現し，核の変形とともに前骨髄球(promyelocyte), 骨髄球(myelocyte), 後骨髄球(metamyelocyte)と呼ばれる段階を経て多形核(polymorphonucleus)を完成し，形成される．造血幹細胞からはほかに*単球, *リンパ球が形成される．(⇨白血球) [2] 無脊椎動物の血液中の遊離細胞は，動物により異なる組織に由来する．例えばショウジョウバエの血球は主にプラズマ細胞, クリスタル細胞の2種類から成るが，これらはリンパ腺と呼ばれる組織に存在する共通の前駆細胞から生じる．(⇨血球)

a **月経** [menstruation] 霊長類の雌において，*発情周期にともなう排卵後に受精卵の着床がないとき，子宮内膜の一部が剥離し出血とともに体外に排出される現象．ヒトでは9〜15歳ごろの初潮から50歳ごろの閉経期(月経閉止 menopause)までの間みられる．月経をともなう発情周期を月経周期(menstrual cycle)と呼ぶ．平均28日とされるが，個人差があり，また月の公転周期とは関係がない．チンパンジーで36日, *Macaca* で28日という．排卵の前には卵胞(グラーフ濾胞)が発育し，発情ホルモンの分泌が盛んになっていて，子宮内膜が肥厚し子宮腺が発達している．排卵が起こると，濾胞は黄体に変わり，黄体ホルモンが分泌され，子宮内膜はその作用をうけて粘液を盛んに分泌する．受精卵の着床がない場合は，発情・黄体の両ホルモンともに減少し，子宮内膜の維持が不可能となり，剥離して出血を起こす．ヒトでは月経血の量は平均30 mLでその大部分が動脈血であり，フィブリン溶解酵素を含んでいるため通常凝血していない．妊娠中および授乳中は月経が起こらないのが一般的である．(⇨子宮内膜)

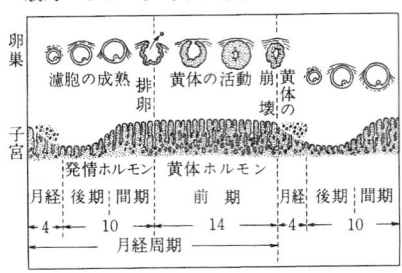

ヒトの月経周期

b **結合型オーキシン** [conjugated auxin] 天然オーキシン(⇨オーキシン)とアミノ酸やグルコースが結合した物質の総称．過剰な天然オーキシンの解毒のため細胞内で生成すると考えられる．*インドール-3-酢酸がアスパラギン酸と結合したインドールアセチルアスパルテート(indoleacetylaspartate), グルコースと結合したインドールアセチルグルコース(indoleacetylglucose)などがある．インドール-3-酢酸と各種アミノ酸の結合は，GH3蛋白質によるアデニル化を経る．

c **結合型ジベレリン** [bound gibberellin, gibberellin conjugate] 《同》複合型ジベレリン(conjugated gibberellin). 他の分子と結合した型で存在するジベレリン. グルコース配糖体(例えば, 3-*O*-β-グルコシル GA₃)やグルコシルエステル(例えば GA₄ グルコシルエステル)が植物から単離同定されている．弱酸性物質である遊離型ジベレリン(free gibberellin)は，抽出時に酢酸エチル可溶酸性画分に得られるが，グルコース配糖体は極性の高い水溶性で，*n*-ブタノールで抽出される. グルコシルエステルは高極性の中性ジベレリンである. 植物体内では，結合型と遊離型の相互変換が起こるものと推定されるが，それに関わる配糖化酵素や*加水分解酵素は特定されておらず，結合型ジベレリンの生理的役割は明確ではない．

3-*O*-β-グルコシル GA₃

GA₄ グルコシルエステル

d **結合水** [bound water] 物質に相互作用し物質の一部であるかのように見える水分子や水分．広い分野で使用されている用語．例えば，蛋白質の主鎖や側鎖と水素結合を形成し，その蛋白質の立体構造の一部となって蛋白質の機能に関与している水分子がある．また可溶性蛋白質は分子表面に多くの親水性の官能基をもっているので，その分子表面に接触する水分子は蛋白質分子との相互作用のため引きつけられているから溶媒としての水よりも自由度が低い．前者は結晶水，後者は水和水に匹敵する．親水コロイドのような粒子の周囲にある水分子もコロイド粒子に相互作用して結合し，溶媒として存在する水とは異なる性質をもつ．このような水分子は，物質との相互作用により単なる溶媒としての水とは挙動が異なる水として認識され，結合水と呼ばれる．生体では，このような水は，耐寒性, 耐乾燥性, 老化現象などに関与している．一方，溶媒としての水，あるいは物質との相互作用が小さい水は自由水と称する．結合水と自由水という概念は生物学分野以外にも広くあてはまり，分野により異なる意味合いがある．例えば，乾燥という作業は, 澱粉, 砂糖, 木材, 水産加工品, 洗剤, 肥料, 粘土, 無機塩類などの生産に重要であるが，乾燥操作により除くことができる水には，結晶水, 水和水, 吸着水などさまざまな結合水が関与している．一般に通常の蛋白質を凍結乾燥しても，その重量の10%程度は水分であるといわれている．

e **結合組織** [connective tissue ラ tela connectiva] [1] 《同》結合織, 結締織. 動物体において，広い細胞間隙をもち，そこを各種の*細胞間質・繊維で埋めている

組織の総称．その機能面から，*支持組織とも呼ばれる．[2]＝繊維性結合組織

a **結合帯** [zone of junction] 鳥類の卵で*胚盤葉を囲む周縁質の，卵黄と直接接続する部分．胚盤周縁の周縁質は卵割の進行につれ分裂核が進入して多核質となり，その内縁は胚壁（germ wall, embryonic wall）をなす．他方そこから外周に向かっても細胞を送り出し，その結果胚盤葉周辺部は卵黄表面に棚のように拡がって，その部位は過長縁（margin of overgrowth）と呼ばれる．しかし胚壁と過長縁の中間部はなお多核質のままで残っていて，その下のほうは直接卵黄と接続している．この部位が結合帯である．

b **結合問題** [binding problem] 同一物体から生じる信号が脳内で分散して処理されている場合，その情報が同一物体から発せられたかを決定する問題．例えば，赤い車が右に動いている時，色と動きは異なる視覚経路で伝達されるため，赤と右への動きとは異なる領野で分析される．空間上の同一位置から異なる種類の信号が発せられる場合，受容野を手がかりに結合問題を解ける可能性がある．しかし，同じ物体の異なる位置からの信号を結合する時，遮蔽などにより物体からの信号が連続していないこともあるため，問題は深刻である．異なる領野間でのγ帯域の脳波の同期現象で同一物体への属性情報が運ばれるという説があるが証明されていない．また，多感覚種の信号は異なる受容器から発するため，同様の問題に直面する．

c **結紮実験**（けっさつじっけん）[ligation experiment, ligature experiment, constriction experiment] 生物体の一部分を毛や糸などでしばって，その両側の間で物質移動などの相互の影響を抑圧する実験．実験発生学の古典的な分離法の一つで，すでに19世紀末から行われた（O. Hertwig, 1893）．実験形態学の分野，特に体液性因子の関与する現象では，結紮によって体液の交流を断ち，その因子の分泌源・臨界期を知り，あるいは分泌液と切り離された遊離体部への当該因子の供給によって，その作用を調べ，また生物学的定量を行うことができる．

d **血色素** [blood pigment]《同》血液色素．血液循環に際し，酸素運搬のための特殊な媒介物として機能する血液中の色素の総称．狭義には特にヘモグロビンを指すこともある．ただし，体制の単純な動物には酸素の物理的溶解だけで生存できるものもある．昆虫の血液細胞には呼吸血色素がない．血色素はすべて金属を含む蛋白質で，酸素の分圧の高いところ（肺や鰓）では酸素と結合し，分圧の低い組織内では酸素を放出する．*ヘモグロビン，*エリトロクルオリン，*クロロクルオリン，*ヘムエリトリン，*ヘモシアニンがある．以上のほか一部のホヤ類にはバナジウムを含むヘモバナジン（⇒バナジウム色素原）が，二枚貝のPinna squamosaにはマンガンを含むピンナグロビン（pinnaglobin）が見出される．

e **欠失** [deletion] *突然変異の一つで，染色体の塩基配列の一部が欠落すること．欠失が起きた部位が染色体の末端を含むか含まないかによって，末端欠失と介在欠失に分けられる．欠失部分が大きい場合，欠失についてヘテロの個体では，減数分裂や唾液腺細胞で相同染色体が対合する際に異常が起こる．介在欠失の場合には標準染色体のその部分だけ対合の相手がなく，はみ出してループを作る．末端欠失の場合には標準染色体の方

が長くはみ出す．欠失した部分の大きさや，その部分に座を占める遺伝子の生理的な重要性によって欠失の影響は一様ではない．多型性DNAを指標にして接合性を調べると，欠失部位に対応してヘテロ接合性の消失が見られる．染色体上の欠失の位置がわかり，同時に遺伝学的にその部分に座位する遺伝子を知ることができれば，遺伝子の染色体上における実際的な位置を知ることができる．短い塩基の欠失は，特に非コード領域ではよく見られ，一般に長さが短いほど頻度が高い．（⇒欠失マッピング）

f **結実** [fructification]《同》結果．果実を形成すること．受粉により一般には子房が肥大して果実となり，一方身株により胚珠が発育して果実の内部で種子となる．受精によって花粉から少量の*オーキシンが供給されると，これが刺激となって胚乳でのオーキシンおよび*ジベレリン生産が高まり，胚の発達とともに*サイトカイニンも生産される．これら植物ホルモンは果実の発育を調節する．果実が一定の大きさになると，子房組織内に*エチレンが発生し，果実の成熟・落果が促進される．（⇒単為結果）

g **欠失マッピング** [deletion mapping] [1] 遺伝子連鎖地図の細部の決定に用いる遺伝子解析の一方法で，欠失突然変異体との交配によって近接して連鎖しているいくつかの遺伝子座や遺伝子内部の変異座の配列順序を決定する方法．一組の欠失変異体を用意し，それらと掛け合わせて相補性や遺伝的組換えによる野生型出現の有無を調べる．欠失領域に突然変異があれば野生型は生じないが，その突然変異が欠失領域の外にあれば野生型を生じる．複数の欠失突然変異との組合せによって，検定の対象である突然変異（点突然変異）が一定の領域内に位置づけられることになる．[2] 遺伝子近傍の領域を欠失させ，遺伝子の転写に必要な*調節領域（シス作用エレメント）を同定する分子生物学的手法．例えば，プラスミドにクローンされた遺伝子DNA標品を，試験管内で制限酵素やエクソヌクレアーゼでDNAの一部を欠失させた後，*レポーター遺伝子に連結して転写活性を解析し，*エンハンサーやプロモーターエレメントなどの転写活性に必要なシス作用エレメントを決定する．[3] 染色体欠失個体もしくは細胞において，欠失部分と表現型との相関を調べることにより，その表現型を規定する未知の遺伝子と，染色体の特定のバンドまたは領域との対応を決定すること．欠失の識別には*染色体分染法やDNA標識法が用いられる．

h **月周期性** [lunar periodicity]《同》月周期，太陰周期性．月の公転周期29.5日に対応する生物活動の周期性．海岸ではその半分の14.8日周期の大潮小潮の繰返しがみられるが，それに対応した周期性を*半月周期性と呼ぶ．月周期性は海の沿岸帯の動物の産卵・放精に特に著明なものがある．古くから有名なものに太平洋（サモア，フィジー）産多毛類のパロロ（Eunice viridis）がある．この種は年に1回10〜12月の下弦の月のころ，真夜中または明け方の干潮時に，体の後半部が切れて群泳し産卵・放精を行う（⇒エピトーキー）．このような周期性が恒常条件下で継続するとき，概日リズム（circalunar rhythm）と呼ばれ，多毛類のTyposyllis proliferaではその*同調因子が月光であることがわかっている．一方，陸上動物の活動についても月周期性が知られている．例えば，マラヤイネクロカメムシ（Scotinophora coarctata)の成虫は満月の夜に，極めて大量に灯火に飛来する．一方，ヒトの月経周期を引き起こす内分泌の変動の周期は通常約28日で，月の公転周期に近いが，その関連性は否定されている．

a **血漿** [blood plasma] 血液中の液性成分．全血から*赤血球，*白血球および*血小板などの有形成分を除いた部分に相当する．*ヘパリンなどの血液凝固阻止剤を加えた注射筒を用いて採血した後，遠心操作により有形成分を分離することにより淡黄色の上清を得る．血漿から*フィブリンを除去したものが，*血清に相当する．血漿は約90％が水であり，残りの内訳は，7％が*血漿蛋白質，0.9％が無機塩，残りが蛋白質以外の有機物(*尿素，尿酸，クレアチン，*グルコース，*乳酸，*ビルビン酸，*中性脂肪，*コレステロールなど)である．

b **結晶細胞** [crystal cell, crystalliferous cell] *液胞の内部に各種の結晶を含む細胞の総称．*異型細胞の一つ．通常，周囲の細胞とやや形が異なる．多くの植物種に見られ，結晶を構成する物質が植食性動物に対する防御物質として機能し，食害を防ぐ働きがあると考えられている．正方晶系あるいは単斜晶系の大きなシュウ酸カルシウムの結晶であったり，ときには小型の結晶が多数群集して結晶砂となったり，針状結晶が多数平行に並んで結晶束となる．炭酸カルシウムの結晶は表皮細胞内に突出した棒状の部分に集結し鐘乳体(cystolith)を作り(キツネノマゴ属・イヌビワ属)，また木本植物(ニレ属・フウ属・ミズキ属)の髄や放射組織などに存在する．酒石酸カルシウム(ブドウ，図)，硫酸カルシウム(接合藻類)，ケイ酸塩の結晶(ラン科・モクレン科)なども知られている．

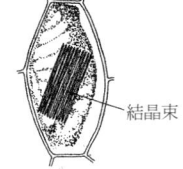

結晶束

*Vitis vinifera*の葉

c **血漿蛋白質** [plasma protein] 《同》プラズマ蛋白質．血液中に存在する蛋白質のうち血球に含まれているもの以外の蛋白質．これに対し，血液からあらかじめ*フィブリノゲン，*プロトロンビン，V因子，VIII因子を除去して調整した蛋白質は血清蛋白質(serum protein)と呼ばれる．血漿重量の7～8％を占め，血漿は濃厚な蛋白質溶液である．電気泳動法により，アルブミン，$α_1$，$α_2$，$β_1$，$β_2$，$γ$-グロブリン，フィブリノゲンに分けられるが，これら各画分にはさまざまな機能をもつ60種以上の蛋白質が含まれる．機能面からつぎのように分類される．(1)物質運搬に関与する蛋白質:*血清アルブミンをはじめ，*リポ蛋白質(脂質などの運搬)，ハプトグロビン(ヘモグロビンの運搬)，*トランスフェリン(鉄の運搬)，セルロプラスミン(銅の運搬)，レチノール結合蛋白質，チロキシン結合蛋白質など，(2)免疫系・補体系に関与する蛋白質:免疫グロブリン，各種補体(⇒免疫グロブリン，⇒補体)，(3)血液凝固系・血栓溶解系に関与する蛋白質:フィブリノゲン，プロトロンビン，プラスミノゲンなど(⇒血液凝固，⇒繊維素溶解)，(4)炎症に関与する蛋白質:キニノゲン，ブレカリクレイン，フィブロネクチン，$α_2$-HS-糖蛋白質など，(5)ホメオスタシスに関与する蛋白質:アンギオテンシノゲン，ホルモンなど血液中に一時的に存在するパッセンジャー蛋白質(passenger protein)．(2)～(5)に属するものの多くは，酵素または機能蛋白質の前駆体，酵素の阻害物質であり，複雑にからみあって生体の機能を調節・維持する．また血漿蛋白質全体として，浸透圧やpHの維持，栄養源としての役割もある．(⇒血漿糖蛋白質)

d **血漿糖蛋白質** [plasma glycoprotein] 血漿に含まれる糖蛋白質．血漿蛋白質の大部分はガラクトース，マンノース，N-アセチルグルコサミン，N-アセチルガラクトサミン，シアル酸，硫酸フコースのいろいろな組合せからなるアスパラギンN-結合糖鎖をもつ糖蛋白質．その機能は組織への栄養運搬，血液凝固因子，ホルモンのような細胞活性制御因子，酵素，細胞からの排出物，免疫抗体などさまざま．リポ蛋白質，ハプトグロブリン(haptoglobulin)，トランスフェリン，セルロプラスミン(ceruloplasmin)，フェチュイン(fetuin)，$α_1$酸性糖蛋白質，$α_1$アンチトリプシン，$α_2$-HS-糖蛋白質，$α_2$マクログロブリン，フィブリノゲン，プロトロンビン，プラスミノゲン，免疫グロブリン，黄体ホルモン，コリンエステラーゼ，$β$-ヘキソサミニダーゼAおよびBなどがあげられる．変温動物の血漿には耐凍性をもつため耐凍蛋白質があり，この蛋白質の一部は抗凍結蛋白質(antifreeze glycoprotein)と呼ばれる．(⇒血液蛋白質)

e **血小板** [platelet, thrombocyte] Pltと略記．《同》栓球，血栓細胞．造血幹細胞より分化した*巨核球から，細胞質がちぎれて生成する血液細胞の一種で，*アズール顆粒をもつ無核の円形あるいは楕円形の直径2～4 $μm$の細胞．骨髄の静脈洞の有窓性血管内皮細胞の小孔より血流にそって，巨核球から遊離して血流に入る．寿命は7～10日と短命で，脾臓により捕捉破壊される．核以外のすべての細胞小器官を含み，細胞膜には，主に血管壁に発現する*コラーゲン，*フィブリノゲン，von Willebrand因子，*ビトロネクチンに対する受容体が発現，活性化されるとこれらの粘着性因子により血小板が凝集し，止血血栓の形成が誘導される．病的な血栓形成が起こると，血管内腔の閉塞により動脈硬化へと進展する．ADP，アドレナリン，トロンボキサンA_2，セロトニンなどにより活性化されると，血小板内に存在する顆粒からPDGF，TGF-$β$，EGFなどが放出され炎症反応を誘導するほか，がん細胞との細胞間相互作用によりがんの転移形成に関与することもわかっている．

f **血小板活性化因子** [platelet activating factor] PAFと略記．1-アルキル-2-アセチルグリセロ-3-ホスホコリン．*リン脂質の一種．*白血球，*マクロファージ，*マスト細胞，血管内皮細胞などにおいて，主として1-アルキル-2-アシルホスホリルコリンからホスホリパーゼA_2(≒ホスホリパーゼA)の作用で産生される．血小板に作用して凝集，放出作用を示すほか，平滑筋細胞(収縮反応)，白血球(活性化)をはじめ多くの細胞に作用して，多彩な生理活性を示す．*アナフィラキシー症状や*アレルギー疾患，炎症などに関与している．

$$CH_2O-(CH_2)_{15}-CH_3$$
$$CH_3COOCH \quad O$$
$$CH_2OPO-(CH_2)_2-N^+(CH_3)_3$$

g **血小板由来成長因子** [platelet-derived growth factor] PDGFと略記．血小板の$α$顆粒内に含まれる血管平滑筋の成長因子．A，B2種類の組合せの二量体として同定され，その後C，Dのアイソフォームが見出された．増殖効果の他に細胞遊走，血管新生などの効果をもつ．PDGF受容体は膜貫通型チロシンキナーゼで

ある α 鎖, β 鎖のホモ, ヘテロ二量体からなる. サル肉腫ウイルスのがん遺伝子 v-sis は PDGF-B 鎖と高い相同性を示す.

a **欠如症** [aplasia] ⇨奇形

b **血清** [serum, blood serum] *血液から*赤血球, *白血球および*血小板などの有形成分と*フィブリンからなる凝固成分を取り除いた部分. 新鮮な血液を放置すると*血液凝固が起こり, 血液とフィブリンが塊状に収縮し, 少し黄色味がかった透明な血清を遊離する. その成分は, 血漿から*フィブリノゲンを除いたものにほぼ相当するが, 血液凝固に関わる*プロトロンビンやそれに続く凝固因子や抗凝固因子が消費されているため, 成分が若干変化している. 新鮮な血清には*補体が含まれているが, 56°C, 30 分間の加熱によりその活性を失う. 補体活性が失われた血清を非働化血清という.

c **血清アルブミン** [serum albumin] 血清中に含まれるアルブミン. 血漿蛋白質中に最も多量に含まれ (100 mL 当たり 6〜8 g), 全蛋白質の 60% を占める. 溶解性は最も高い. 選択的スプライシングにより 609 アミノ酸残基分子量 6.9 万のものと, 417 アミノ酸残基分子量 4.7 万のものがある. 等電点 pH4.7. その役割は, 血液の浸透圧の維持, さまざまな物質(イオン, 色素, 一部の水溶性ビタミン, 薬剤など)を結合し運搬すること, 組織へのアミノ酸の供給源となることなどである. 肝臓で合成される.

d **血清学的分類** [serological classification, serodiagnosis]《同》免疫学的分類(immunological classification). 抗血清を使った生物の分類法. 広義には生体内の蛋白質, 血液型物質の分類も含まれるが, 微生物の分類にこの語を用いることが多い. 微生物の分類は, 基本的には形態, 栄養要求性, 宿主特異性などによって行われるが, このようにして決められた種の中には血清抗原性の異なる多くの株(strain)が存在し, 血清型(serotype)として分類される. なお, サルモネラ属菌のように, まず血清型(1000 以上存在)で分類され, そのうち少数のものだけに種名を与えられているものもある. 動物の場合, 抗原性の差異を種の識別に応用することは困難であるが, 系統推定に有効とされている. これは G. H. F. Nuttal (1904) がヒト血清をウサギに注射してできた抗血清を用いて各種の哺乳類の血清との*沈降反応を観察し, そこに有意の差を見出したのが最初とされる. なお, 同様な手法が植物の分類に応用されたこともある(特に C. Mez の学派, 1924〜1926).

e **血清阻止力** [serum-blocking power] SBP と略記. ファージの尾部蛋白質のあるものに存在する活性で, その蛋白質が抗ファージ血清中の抗体と反応し, 血清のファージ中和力価を減少させる能力. あるファージ抗原の SBP は, その抗原を加えたときの中和力価の減少と, 既知の数のファージ粒子で処理したときの中和力価の減少とを比較して定量的に測定される. SBP の 1 ファージ単位はその血清を 1 ファージ粒子で処理したときの中和力価の減少に相当する.

f **血清病** [serum sickness] 動物の抗血清をヒトに注射した場合に, 体内で動物*免疫グロブリンをはじめとする血清蛋白質に対する抗体が作られ, 複数回注射すると体内に残存する動物由来血清蛋白質と抗体により抗原抗体複合物が形成されて生じる種々の障害. *モノクローナル抗体が使用される以前では, 治療目的で動物の抗血清をヒトに注射する場合があった. 現在は動物の抗血清を直接に投与することは蛇咬症などの治療を除いてはごく稀である. 異種抗原を再注射した場合に見られる即時型*アナフィラキシーショックとは区別される. 主に, 血管壁において, 抗原抗体複合物によるアルツス型反応すなわち過敏症の III 型反応が起こることに起因している. 近年, がんなどの治療においてマウス由来のモノクローナル抗体あるいは抗原結合部位のみがマウス由来で定常領域はヒト型に変換したキメラ型モノクローナル抗体などがしばしば用いられるが, それらもまた, 大なり小なり異物として認識され体内で抗体が作られて軽度の抗原抗体複合体病が引き起こされる可能性はある. これに対抗するべく抗体蛋白質構造の全てをヒト型にしたモノクローナル抗体が作られて治療に用いられている. (⇨アルツス現象)

g **血栓症** [thrombosis] 生体の心臓・血管内において血液が凝固する病的現象. 血栓(thrombus)の形成には, 血管壁の性状の変化・血流の緩徐化・血漿成分の変化などが関与するものと考えられている. 血栓はその構成成分である血小板・白血球・赤血球・*フィブリンの混在状態によって, 血小板血栓(白色血栓)・凝固血栓(赤色血栓)あるいは混合した像を示す. 血栓症では外傷や化学的物質による血管の損傷, 動脈瘤炎, 動脈硬化症, 薬物中毒, 溶血による血液凝固因子の活性化, 手術や悪性腫瘍による組織*トロンボプラスチンの血管内への流入, また心疾患や加齢・安静などに伴う血流緩徐化によって発症する. 血栓によって血管腔は狭窄または閉塞をきたすために, その血管支配下の組織は循環障害を受けて壊死または浮腫を起こす(⇨梗塞). また血栓が広範囲の血管に起こるような場合(汎発性血管内血液凝固 disseminated intravascular coagulation, DIC)には, 血栓形成の過程において血液凝固因子, 特に*フィブリノゲン, 第 II 因子, 第 V 因子, 第 VIII 因子, 血小板などが消費されて減少し, 凝固障害が起こる(消費性凝固障害 consumption coagulopathy). 多くの場合, 生じた微小血栓を溶解するため, 二次的に繊維素溶解現象の亢進が起こり, *FDP を生じ, フィブリンモノマーの重合阻止・血小板の粘着・凝集能の障害などをきたし, 出血傾向が助長される.

h **血体腔** [hemocoel]《同》血洞. 節足動物および軟体動物の体内の組織・器官の間に見られる不規則な間隙(原体腔). これらの動物は*開放血管系をもち, 血液はいわゆる血リンパとしてこの組織間隙を流れるために血体腔と呼ばれる. 甲殻類では胸部腹面の sternal cavity などが有名であり, 昆虫では水平方向の 2 枚の横隔膜により背腔(囲心腔), 囲臓腔(perivisceral sinus), 腹腔(囲神経腔 perineural sinus)に不完全に三分される.

i **血体腔媒精** [traumatic insemination, hemocoelic insemination] トコジラミ科(Cimicidae), ハナカメムシ科(Anthocoridae), マキバサシガメ科(Nabidae)やネジレバネ目(Strepsiptera)の昆虫において, しばしば雄の精子が交尾に際して直接または間接的に雌の*血体腔内に送り込まれ, 血リンパを経て卵巣に運ばれて受精が起こる現象. その機構は比較的簡単なものから複雑なものまで多岐にわたる. 例えばトコジラミ科の *Primicimex* では, 雄の交尾器先端が雌の腹部に穴をあけ, 体腔内に放出された精子は血リンパ中を通って卵巣に到達する. この途上で大多数の精子は雌の血球により捕捉さ

れてしまう．他のいくつかの種類では雌の体に交尾器以外の精子受容器官が特別に発達しており，これを通じて複雑な血体腔媒精が行われる．

a **結腸** [colon] ⇒大腸

b **結腸紐** [colic tenia ラ taenia coli] 哺乳類の結腸の縦走筋層．全周にわたって一様な厚さではなく，前壁の2ヵ所と後壁の1ヵ所で紐状に特によく発達し，これら全体をいう．これらの収縮により，結腸は短縮し連珠状のふくらみ(結腸膨起 haustra coli)をつくる．

c **ゲッテ** GOETTE, Alexander Wilhelm 1840～1922 ドイツの動物発生学者．ロシアの生まれ．発生学者としてK.E. von Baerの影響を受けた．19世紀後半の発生学に支配的だった個体発生を系統発生の関連において理解しようとする立場に対して，発生過程を直接的に因果的に説明しようと試み，W. His らとともに発生機構学創始の気運をもたらした．W. Roux は彼の弟子．[主著] Die Entwickelungsgeschichte der Unke, 1875.

d **決定**(発生における) [determination] 発生において，細胞または細胞集団の発生運命が不可逆的に決まること．胚発生における発生運命の限定(*拘束)には，可逆的に限定された指定(specification)の段階と，不可逆的に限定された決定の段階があり，多くの場合は指定の段階を経て決定が起こる．指定後の細胞は正常発生もしくは中立的な環境では限定された発生運命に従い分化するが，適当な実験的条件下では他の発生運命をとる能力を保持している．このような状態は可変的決定(reversible determination)または不安定な決定(labile determination)とも呼ばれる．発生運命が決定すると，細胞は外植や移植などで環境条件が変わっても発生運命に従って分化する．一般に発生運命の決定は，例えば外胚葉の一部が表皮になり，その一部が爪あるいは毛になるというように，大まかな決定が先に起こり，発生の進行につれて細胞が決定する．

e **決定因** [factor of determination] 《同》決定原因 (cause of determination)．W. Roux の発生機構学の基本概念の一つ．発生過程の因子には決定因および実現因の2種類があるとした．前者は発生過程の種類，大きさ，位置および時間的経過などを規定するが，それだけでは発生過程は起こらない．それが起こるのには実現因を必要とする．

f **決定中心**(昆虫卵の) [activation center] 《同》造形中心(独 Bildungszentrum)．グンバイトンボ (Platycnemis)のような昆虫卵の初期発生において，分裂核が到達することによって活性化され，胚の発生・分化を引き起こす中心となる，卵の後端にある細胞質(F. Seidel, 1924)．すなわち，未受精卵後端の細胞質にはすでに胚の各部分を決定できるような能力がそなわっているが，その機能の発現には核が参加することが必要となる．決定中心からは何らかの物質が卵内に拡散し，胚体形成の中心(分化中心 differentiation center)を形成させる．同様な決定中心は膜翅類，鞘翅類，半翅類その他の昆虫でも存在する．ヨコバイの一種 Euscelis では，胚の前後極に二つの決定中心があり，そこを中心とした何らかの物質の濃度勾配により，胚の前後軸に沿った決定が起こる．

g **決定的卵割** [determinate cleavage] 動物の胚発生において，それぞれ発生運命の定まった割球を生じるような卵割．ホヤのような*モザイク卵では極めて初期の卵割がそれにあたるが，ウニでは第三卵割から第六卵割にかけて各割球の発生運命が決定される．決定的卵割において，各割球の発生運命を決定する遺伝子の存在がホヤや線虫で知られている．発生運命がいまだ定まらず，したがって相互に発生能に差異のない割球を生じるような卵割(例：*調節卵)を非決定的卵割(indeterminate cleavage)という．

h **決定転換** [transdetermination] 発生運命が確定している細胞が他の発生運命をたどるように変化すること．ショウジョウバエの*成虫原基の移植により，その*決定に変化が生じる現象を，1960年代に E. Hadornが発見．成虫原基は，発生運命は決定されているが未分化のままである．これを成虫の体内に移植すると，未分化のまま増殖を続ける．長期間増殖させた後に幼虫の体内に移植し戻すと，本来とは異なる発生運命にしたがって分化する．成虫原基の発生運命の変化には規則性があり，例えば生殖器の細胞は，増殖の回数が増すにつれて，肢，触角を経て翅，胸へと転換する．(⇒化生)

i **決定論的モデル** [deterministic model] 自然現象を模倣する理論モデルの一種で，ある時点の状態からそれ以降の状態がすべて一意的に決まるモデル．18世紀の P. S. Laplace の決定論的自然観に通ずるもので，数学的には，微分方程式や差分方程式あるいは*オートマトンモデルなどによって表される．このモデルは，生体内の物質濃度変化，発生過程，個体の空間分布，*個体群動態論，対立遺伝子の頻度変化，量的形質の世代変化などに広く応用されている．(⇒確率的モデル)

j **ゲッテ幼生** [Goette's larva] 渦虫類の一部で見られる浮遊性の幼生の一つ．イイジマヒラムシ(Stylochus ijimai)など Stylochus(多岐腸目無吸盤類)に見られる．*ミュラー幼生によく似るが，葉状突起の数が4個であることで区別される．

k **血洞**(けっとう) [hematocoel, blood sinus] 血管系において，その一部が拡大した腔所．静脈洞はその一種．胎盤には母体性の血洞(絨毛間腔 lacunar space, intervillous space)がある．*血体腔の語と混用されることもある(特に hematocoel の語)．

l **血島** [blood island] 脊椎動物の発生において，卵黄嚢の内胚葉壁に接した胚外中胚葉中に最初に現れる赤芽球および赤血球を形成する細胞の集団．赤芽球が存在するため赤い小斑として見えるのでこの名前がある．鳥類では暗域に多数の小塊として外胚葉と内胚葉との中間に現れる．暗域のこの部分を血管域(area vasculosa)という．両生類では胚の胴部腹方正中に前後に走る Y 字形の単一集団として，やはり外胚葉と内胚葉との中間に形成される．初め球状の卵黄粒の多い細胞の集団で後に卵黄粒を徐々に失い紡錘状となりヘモグロビンを蓄積する．

m **血統** [pedigree] 人間や家畜において，ある個体より以前の血縁的連なりを表すもの．一般に父母より祖先累代にわたる繁殖関係の記録すなわち系譜によって示される．家畜の改良のためには血統を明確にすることが極めて重要であり，今日では各家畜の品種別に，公共的な血統登録(pedigree registration)が行われている．これが初めて計画的・合理的に行われ，成果を挙げたのは，イギリスで1791年にサラブレッドで開始された例である．

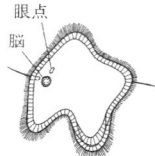

日本では昔から産牛地方では血統を「つる」と称え，尊重してきており，これが和牛登録制度に連なることから，これらのペプチドはCHH族ペプチドと総称されている．

a **血糖** [blood sugar] 血液中に含まれる糖のこと．[1] 脊椎動物ではグルコースで，ヒトでは一般に80〜100 mg/100 mL の濃度で，飢餓時に低下，食後には 120〜130 mg/100 mL に上昇する．反芻動物では 40〜60 mg/100 mL である．血糖濃度は，食物摂取量，筋肉その他の組織が血液からグルコースを吸収する量，肝臓がグルコースからグリコーゲンを合成したりアミノ酸からグルコースを生成したりする量に影響されるが，食物摂取量以外の要因はさまざまなホルモン(*インスリン，*グルカゴン，*グルココルチコイド)による調節を受けており，上記の範囲に保たれる．腎臓の尿細管では糸球体濾液中のグルコースを再吸収するが，血糖値が高く糸球体濾液中のグルコース濃度が再吸収能力(350 mg/min)を超えると尿中に糖が排出される．(⇨高血糖，⇨低血糖) [2] 昆虫では血リンパ中の主要な糖は*トレハロースである．

b **血洞系** [hemal system, blood-sinus system, lacunar system] 《同》血系．棘皮動物に特有の生殖巣や卵巣などへ栄養物質を運ぶ血細管 (hemal sinus) からなる系．薄膜で囲まれた囲血細管腔 (perihemal coelom) がその周りを取り囲む．主要部は水管系に似た分布を示し，咽頭を囲む血洞環(hemal ring, circumoral hemal ring, ring sinus)，輻部(歩帯)に放射状に走る放射血洞(radial hemal sinus, radial sinus)，体軸方向に伸びる軸器官 (axial organ) などからなる．軸器官または軸腺 (axial gland) は，ヒトデやクモヒトデ類では石管に沿い石管とともに軸洞 (axial sinus) と呼ばれる管状腔に囲まれており，ウニ類では石管に沿った軸洞と体腔の間にあり，ナマコ類では発達しない．ウミユリ類の軸器官はこれらと構造が異なり，発達した海綿体をもつ．

c **血糖上昇ホルモン** [hyperglycemic hormone] [1] 《同》トレハロース上昇ホルモン (hypertrehalosemic hormone)．昆虫の*側心体から分泌され，その血糖のレベルを上昇させる作用をもつホルモン．昆虫の血糖の主成分である*トレハロースのレベルを上昇させる．哺乳類のアドレナリンが肝臓のホスホリラーゼを活性化し，血糖(グルコース)レベルを上昇させるのと同様に，このホルモンは昆虫の脂肪体のホスホリラーゼを活性化し，脂肪体でのトレハロースの合成を促し，血中のトレハロースレベルを上昇させると考えられている．N 末端にピログルタミンをもち C 末端がアミド化された 8〜10 個のアミノ酸からなるポリペプチド．脂質動員ホルモン/赤色色素凝集ホルモン族(AKH/RPCH family)に属する．ゴキブリではこのホルモン作用は顕著であるが，それ以外の昆虫では血糖上昇作用はあまり顕著ではない．例えば，バッタでは血糖レベルが降下している場合にのみ若干有効であり，鱗翅類ではほとんど無効といわれている． [2] [crustacean hyperglycemic hormone] CHH と略記．甲殻類の眼柄内の X 器官で生産された後サイナス腺から分泌され，血糖であるグルコースのレベルを上昇させる作用をもつホルモン．分子内に 3 対のジスルフィド結合をもつ 72 アミノ酸残基からなるペプチドで，そのアミノ酸配列はこれまでに知られている脊椎動物由来のどのペプチドとも相同性がない．同じくサイナス腺から分泌される脱皮抑制ホルモン・卵黄形成抑制ホルモンはこの血糖上昇ホルモンと構造が類似してい

d **血洞毛** [sinus hair] 《同》触毛(tactile hair), 感覚毛．哺乳類の主として顔面に分布し，毛嚢鞘中に血脈洞があって血を満たし，一般の毛と異なって毛嚢鞘の内部にまで感覚神経の末端が入りこんでいる剛毛．一種の触覚器をなしている．上顎のひげ(震毛 vibrissa, whisker 独 Schnurrhaar)や眼の上にある毛がこの例．モグラ類では足に，コウモリ類では飛膜にもある．

e **血餅** [blood clot, blood cake] ⇨血液凝固

f **結膜** [conjunctiva, tunica conjunctiva] 眼瞼の裏面と眼球の前面を被う透明な粘膜．重層扁平上皮層と知覚神経と毛細血管に富む粘膜下結締組織からなる．「くろめ」の角膜上皮も結膜の上皮層の続きである．結膜は眼瞼の裏面を被い，表面の皮膚に続く眼瞼結膜 (tunica conjunctiva palpebrarum) と眼球の前面を被う眼球結膜 (tunica conjunctiva bulbi) に分けられる．眼を閉じたときに両者の間にできる間隙を結膜嚢，両者の上・下の移行部を結膜円蓋という．結膜の上皮は皮膚と同様に重層扁平上皮であるが，皮膚と異なり角質層をもたない．その表面は涙液により潤され，眼球の「しろめ」と「くろめ」が眼瞼の裏面と摩擦を起こしたり，乾燥することのないよう保護されている．ヒトの内眼角には鳥類などの*瞬膜に相当する結膜半月襞，その下にある涙丘の頂には涙点があり，結膜嚢の外側上方から内側下方に流れる涙液を吸い込む．(⇨眼，⇨眼瞼)

g **距** (けづめ) [spur] 《同》距状突起．[1] ニワトリやキジなどの性成熟に達した雄に見られる，肢の後面に生じる跗蹠骨の突起が角質のさやでおおわれた先端の尖った突起．攻撃に用いる．*爪とは関係ない．[2] 昆虫の*脛節に見られる突起．脛節は細長く，末端に向かって太くなり，ここに 1〜2 対の不動性または可動性の距(けづめ，きょ)がある．

h **血友病** [hemophilia] 血液凝固に必要な血漿成分の先天的欠如のため出血の止まりにくい諸疾患のうち，抗血友病因子(第Ⅷ因子)を欠く血友病 A (古典的血友病，真性血友病)と血漿トロンボプラスチン因子(PTC，第Ⅸ因子)を欠く血友病 B (クリスマス病)との総称．多くは幼児期に症状が現れ，外傷や外科的手術によって大出血を起こしやすく，特に原因がなくともしばしば自然に関節内，筋肉内，皮下，消化管内，鼻，頭蓋内の出血や血尿を起こす．出血と血液凝固時間の延長を特徴とする．両者はそれぞれ X 染色体上の独立の座位による劣性遺伝子に支配される．患者はほとんどすべて男子で，出生時頻度は血友病 A が男1万人中約1人，Bはその約1/5．ごくまれにホモ接合の女性患者も見られる．遺伝子は通常，女性保因者(ヘテロ接合)から男児に伝わって発病させるが，新しい突然変異による患者もあり，突然変異率は 1.3×10^{-5} と推定されている．第XI因子(PTA)欠乏症をかつて血友病 C と呼んだが，これは常染色体不完

血友病(A または B)の系図

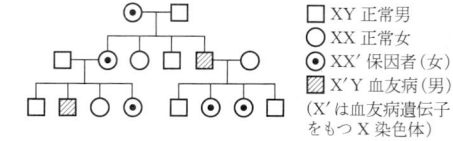

□ XY 正常男
○ XX 正常女
⊙ XX′ 保因者(女)
▨ X′Y 血友病(男)
(X′は血友病遺伝子をもつ X 染色体)

a **血流** [blood flow] ⇒血圧

b **血リンパ** [hemolymph, haemolymph] 開放血管系をもつ節足動物・軟体動物などの血液(体液). これらの動物では動脈中の血液は直接に体組織の間隙(*血体腔)の中を流れ, 静脈・呼吸器官を経て心臓にもどる. すなわち血液(体液)は脊椎動物における血液・リンパ液および組織液の作用を兼ね, これを血リンパという. 機能は血液と類似しているが, 血リンパに含有される有機成分は少なく, 血球に相当する細胞も少数. 広義には無脊椎動物全般にみられる体液を血リンパということもある.

c **血リンパ節** [nodus haemolymphaticus, hemolymph node] 《同》赤色リンパ節(red lymph node). 多くの哺乳類において, 胸部大動脈に沿って見られる暗赤色の小体. リンパ管に代わって血管をもち, 赤血球の破壊や白血球の形成など*脾臓に似た機能をもつ. 脾臓の低形成や無形成, また摘出後など脾臓の機能不全の状態の際にも見られる.

d **ゲーテ** GOETHE, Johann Wolfgang von 1749〜1832 ドイツの文学者, 哲学者, 科学者, 政治家, 法律家. 生物学上では比較解剖学的研究が著名. ヒトと他の哺乳類の頭蓋骨を比較し, ヒトにも間顎骨があることを発見した. 植物のすべての器官は葉の変型であり, 頭蓋骨は脊椎骨の変型であるとし, 「型」または「原型」の概念をたてた(⇒原型, ⇒原植物). [主著] Versuch, die Metamorphose der Pflanzen zu erklären, 1790.

e **ゲート** [gate] [1] ある生物現象が, *生物時計の特定の位相にだけ起こりうるとき, その位相のことをいう. 個体の一生に一度あるいは数回しか起きない現象の集団レベルでの周期性を考えるうえで必要な概念. C.S. Pittendrigh(1966)がウスグロショウジョウバエ(*Drosophila pseudoobscura*)の羽化について最初にこの語を使用. この場合, 羽化をもたらすホルモンの分泌のタイミングが概日リズムの支配下にあることによる. ある日のゲートまでに成虫の形態形成が完了していた個体は羽化ホルモンを分泌して当日のゲート内に羽化できるが, そうでないものは翌日のゲートまで待たねばならない. [2] 中枢神経における神経接続, または概念的な神経接続の一つ. ある神経回路が, 特定の感覚入力や運動指令のみを通過, あるいは阻止すること. 例えば電気魚の電気受容器からのインパルスが, 自己放電周期にそったある期間にだけ, 中枢内へ送られる. 同様に, 動物がある行動を起こす運動性情報も, その運動と直接に関係のない感覚情報の有無や, 別の運動を行っているか否かによって, それが伝達されるかどうかが決まることがあり, その結果, その行動が発現したりしなかったりする. ゲートを作り出す機構としては, 異なったシナプスの同時作動による促通(heterosynaptic facilitation)や*抑制性シナプスの作用の解除などによると考えられている. [3] 生体膜を貫通してイオンなどの小分子の通路として働く蛋白質, イオンチャネルにおいて, 開閉を制御するしくみのことをいう. 特に膜電位により制御されるものを電位ゲートと呼ぶ.

f **β-ケトアジピン酸** [β-ketoadipic acid] フェノール, ベンゼンなど芳香族化合物が微生物により分解される場合に生じる中間代謝産物. ベンゼン環の開裂が起こる場合は, カテコール経由, またはプロトカテキュ酸経由のいずれかの経路を通るのが一般的であるが, どちらの場合でもβ-ケトアジピン酸を生じる. これはさらにCoAと結合した後, コハク酸とアセチルCoAに分解し, クエン酸回路を通って酸化される.

COCH₂COOH
CH₂CH₂COOH

g **K淘汰** [K-selection] 《同》K選択. 集団が常に*環境収容力に近い高密度で維持されている場合に作用すると考えられる淘汰. 集団遺伝学において通常考えられている淘汰は, 集団が環境収容力より低い密度にあり, 適応度が密度の影響を受けない条件下で作用すると仮定されている. この仮定では, 適応度の示標としてマルサス係数(内的自然増加率)rが用いられる(⇒増殖率). R.H. MacArthurとE.O. Wilson(1967)は, このような従来の概念による淘汰をr淘汰(r-selection)と呼び, これに対し, 常に環境収容力Kに近い密度で維持されている集団では, 適応度の示標としてrではなくKを用いるべきだと考え, この淘汰概念をK淘汰と呼んだ(⇒ロジスティック曲線). 彼らの問題提起は, 理論的にはJ. Roughgardenら(1979)によって, より一般的な密度依存淘汰のモデルへと発展させられた. 一方, E.R. Pianka(1970)などは, r淘汰のもとでは多産・早熟・短い世代時間・小さな体(サイズ)などの性質が, K淘汰のもとでは少産・晩熟・長い世代時間・大きな体などの性質が進化するという類型的な予測を行い, 前者のような性質をr戦略(r-strategy), そのような生物をr戦略者(r-strategist), 同様に, 後者のような性質をK戦略(K-strategy), そのような生物をK戦略者(K-strategist)と呼んだ. この類型化は野生生物の生活史の研究に大きな影響を与えた. (⇒最適戦略)

h **解毒** [detoxication] 生体内で有毒物質を無毒物質または毒性の低い物質に変化させ, 最終的には, 尿などで体外に排出すること. 無毒化の過程は正常の生理現象と密接な関係があり, それと同様の過程が無毒化以外に見られる. 解毒に重要な器官は肝臓で, 解毒物質の合成などは主にここで行われ, 小胞体に存在する*シトクロムP450がその役割を担う. 主に生体内で行われる解毒の化学変化は次のように大別される. (1)酸化:$C_6H_5CHO \rightarrow C_6H_5COOH$, $C_6H_5CH_2NH_2 \rightarrow C_6H_5COOH + NH_3$, $C_6H_5NH_2 \rightarrow HOC_6H_4NH_2$. 鎖式アミンはアルデヒドを経て酸になる. (2)還元:ニトロベンゼンは肝臓でp-アミノフェノールになる($C_6H_5NO_2 \rightarrow HOC_6H_4NH_2$). (3)グリシン, グルタミン, オルニチン, システインなどとの結合. (4)アセチル化:スルホンアミドのような薬物はアミノ基がアセチル化されて解毒されるが, アセチル化には肝臓のCoAおよびATPが協力する. (5)メチル化. (6)ロダン化:青酸は肝臓で酵素ロダナーゼの作用でHCN→HCNSという反応をするが, 実際には酵素反応の速度が遅いので, 多くの場合に個体が死ぬほうが早い. (7)抱合(conjugation):これはさらに以下の2種に分類される. (i)エーテル硫酸抱合:芳香族OH基は肝臓で硫酸とエステルをつくり, エーテル硫酸(etherial sulfate)と呼ばれる. 草食動物の尿中にあるフェノール硫酸(phenol sulfuric acid), インドールやインドキシルを経てつくられるインドキシル硫酸(インジカン), またエストロゲンもエーテル硫酸をつくり尿中に排出される. (ii)*グルクロン酸抱合:グ

ルクロン酸の肝臓における解毒作用すなわち抱合解毒は特に注目されている．グルクロン酸は結合の相手が酸のときはエステル結合が，アルコールの場合はエーテル型結合（グルコシド結合）ができるので，解毒の範囲が広い．これらの中で，(1)～(6)を解毒の第一相，(7)を第二相と呼ぶ．以上のほか，アンモニアの解毒はむしろ常時の生理機能（*尿素形成）としての意味をもち，その様式は比較生化学の観点から注目される．なお解毒は，生体にとって有効な作用という語感があるが，シトクロムP450によって毒性が増加したり，有毒物質の脂溶性の増加が見られる場合もあり，生体にとっては必ずしも有効でない場合もある．

a **α-ケトグルタル酸** [α-ketoglutaric acid] ⇌クエン酸回路

b **α-ケトグルタル酸脱水素酵素系** [α-ketoglutarate dehydrogenase complex] α-ケトグルタル酸脱水素酵素（α-ketoglutarate dehydrogenase）のこと．(⇌クエン酸回路［図］)

c **ケトーシス** [ketosis] 《同》ケトン症．ケトン体（アセト酢酸，D-3-ヒドロキシ酪酸，アセトン）が血中に増加し，尿中に証明されるようになった状態．糖分の摂取不足や糖の消費が激しいとき，かわってケトン体の燃焼が追いつかないときに起こる．ケトン体のうち，アセト酢酸とD-3-ヒドロキシ酪酸は酸性であるので，血液のpHは酸性に傾く．

d **17-ケトステロイド** [17-ketosteroid] 17KSと略記．《同》17-オキソステロイド（17-oxo-steroid）．ステロイド骨格の17位の炭素にケトンを有するステロイドの総称．精巣や副腎で，炭素数21個のプレグネノロン，*プロゲステロンや*副腎皮質ホルモンに対してステロイド17α-ヒドロキシラーゼとステロイドC17-C20リアーゼが作用して生合成される．尿中には，副腎皮質由来のデヒドロエピアンドロステロンやその硫酸エステル，*テストステロンの代謝物であるアンドロステロンやエピアンドロステロンなどがあり，弱い*アンドロゲン作用やアナボリック作用をもつ*エストロゲンである．エストロンも17-ケトステロイドの一つである．正常のヒト男性・女性の尿中にも検出されるが，副腎皮質や卵巣の腫瘍患者の場合は異常に高い尿中排出量を示すので，臨床診断の指標とされている．アルカリ性m-ジニトロベンゼン溶液によって紫色を呈するで，定量することができる．

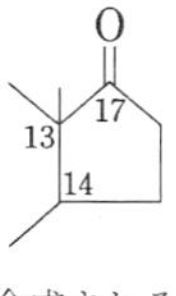

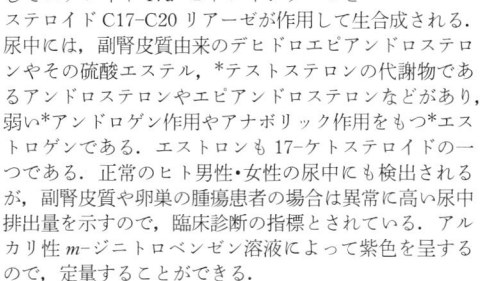

e **ケトール転移酵素** [transketolase] 《同》トランスケトラーゼ．*ペントースリン酸回路および光合成における*還元的ペントースリン酸回路で重要な働きをする酵素．EC2.2.1.1．細菌，酵母，ホウレンソウ，肝臓などに広く存在，結晶化されている．補助因子としては*チアミン二リン酸およびMg^{2+}を必要とする．この酵素は下式に従ってケトースリン酸のケトール（ketol）基をアルドースリン酸へ転移させる働きをもつ．ケトール基供与体として生化学的に重要な物質は，キシルロース-5-リン酸，*セドヘプツロース-7-リン酸，フルクトース-6-リン酸である．糖類はすべて3位および4位の水酸基が図示したような配置を必要とする．ほかにもキシルロース，エリトルロース，ヒドロキシピルビン酸などもケトール基供与体となりうるが，上記リン酸化合物より反応性が低い．ケトール基受容体としては*D-

グリセルアルデヒド-3-リン酸，*エリトロース-4-リン酸，*リボース-5-リン酸，グリコールアルデヒドなどである．これらの反応はヒドロキシピルビン酸を基質とする場合のほかは一般に可逆的である．

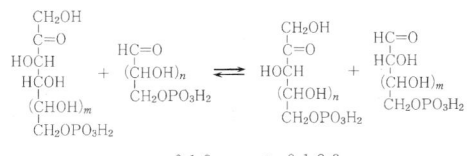

$$\begin{array}{c}CH_2OH\\C=O\\HOCH\\HCOH\\(CHOH)_m\\CH_2OPO_3H_2\end{array} + \begin{array}{c}HC=O\\(CHOH)_n\\CH_2OPO_3H_2\end{array} \rightleftharpoons \begin{array}{c}CH_2OH\\C=O\\HOCH\\(CHOH)_n\\CH_2OPO_3H_2\end{array} + \begin{array}{c}HC=O\\HCOH\\(CHOH)_m\\CH_2OPO_3H_2\end{array}$$

$m=0,1,2 \qquad n=0,1,2,3$

f **ケトレ** QUÉTELET, Lambert Adolphe Jacques 1796～1874 ベルギーの統計学者，天文学者．身体計測や人口など人類学の分野に統計学を導入し，それは一般的に生物統計学を基礎づけるものとなった．能力を数的に表現して，いわゆる平均人（仏 l'homme moyen）の概念を展開した．［主著］L'anthropométrie ou mesure des différentes facultés de l'homme, 1871.

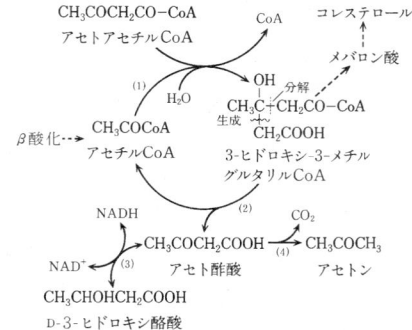

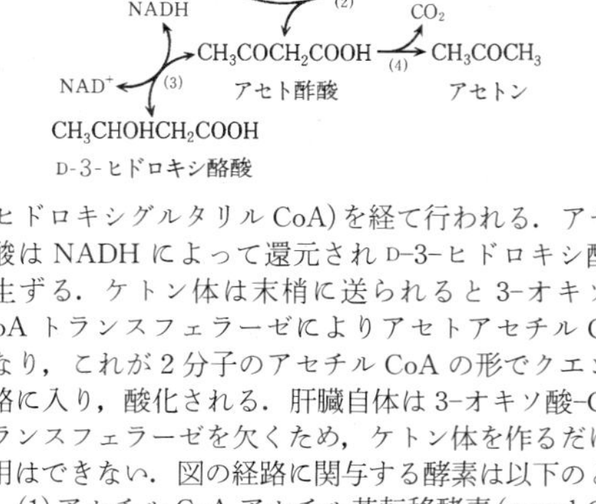

g **ケトン体** [ketone body] 《同》アセトン体（acetone body）．アセト酢酸（acetoacetic acid, 3-オキソ酪酸 3-oxobutyric acid, β-ケト酪酸），D-3-ヒドロキシ酪酸（D-3-hydroxybutyrate, β-ヒドロキシ酪酸），およびアセト酢酸が脱炭酸して生じたアセトンの三者の総称．肝臓のミトコンドリアは脂肪酸あるいはピルビン酸のβ酸化によって生成した過剰のアセチルCoAをアセト酢酸やD-3-ヒドロキシ酪酸にかえて血液中に送りだす．これらのケトン体は末梢組織でクエン酸回路を経て代謝されエネルギー源として利用される．正常の場合には血中のケトン体の濃度は低く，アセトンに換算して1mg/100 mLを超えない．尿中への排出量はヒトでは1mg/dayである．飢餓あるいは糖尿病では糖の供給あるいは利用が減少し，多量のケトン体が作られ，血中濃度と尿中排出量の増加が認められる．この状態を*ケトーシスと呼ぶ．肝臓におけるアセト酢酸の生成は図のように，3-ヒドロキシ-3-メチルグルタリルCoA（β-メチル-β-ヒドロキシグルタリルCoA）を経て行われる．アセト酢酸はNADHによって還元されD-3-ヒドロキシ酪酸を生ずる．ケトン体は末梢に送られると3-オキソ酸-CoAトランスフェラーゼによりアセトアセチルCoAとなり，これが2分子のアセチルCoAの形でクエン酸回路に入り，酸化される．肝臓自体は3-オキソ酸-CoAトランスフェラーゼを欠くため，ケトン体を作るだけで利用はできない．図の経路に関与する酵素は以下のとおり．(1)アセチルCoAアセチル基転移酵素（acetyl-CoA acetyltransferase, チオラーゼ thiolase, EC2.3.1.9)，(2) ヒドロキシメチルグルタリル CoA リアーゼ (hydroxymethylglutaryl-CoA lyase, HMG-CoA リアーゼ, EC4.1.3.4), (3) 3-ヒドロキシ酪酸脱水素酵素 (3-hydroxybutyrate dehydrogenase, EC1.1.1.30), (4) アセト酢酸デカルボキシラーゼ (acetoacetate decarboxylase, EC4.1.1.4).

a **ケーニヒスワルト** KOENIGSWALD, Gustav Heinrich Ralph von　1902〜1982　ドイツ生まれのオランダの古人類学者．オランダ政府の招きでジャワ島において化石人類の発掘に従事し，戦後ユトレヒト大学教授(1948)．ジャワのサンギランにおいて *Pithecanthropus erectus*（ジャワ原人）の第二頭骨・第三頭骨標本とメガントロプスの下顎骨を発見し，また香港においてギガントピテクスの大臼歯を発見した．[主著] Neue Pithecanthropus-Funde, 1936〜1938.

b **ゲニン** [genin] *サポニンの*アグリコンすなわち*サポゲニンの別名．まれにそのほかの*配糖体のアグリコンを指すこともある．

c **ケノデオキシコール酸** [chenodeoxycholic acid]　《同》$3\alpha,7\alpha$-ジヒドロキシ-5β-コラン酸．$C_{24}H_{40}O_4$　肝臓で*コレステロールから生成する一次*胆汁酸の一つ．哺乳類・鳥類・魚類などの胆汁に*グリシンまたは*タウリンと抱合したグリコケノデオキシコール酸 (glycochenodeoxycholic acid) またはタウロケノデオキシコール酸 (taurochenodeoxycholic acid) として含まれる．腸内細菌により二次胆汁酸の*リトコール酸を生ずる．

d **ゲノミックライブラリー** [genomic library]　《同》ゲノミック DNA ライブラリー，DNA ライブラリー，ゲノムライブラリー．ある生物のゲノム DNA を*制限酵素などで断片化し，*ベクター（ファージあるいはプラスミド）にクローニングした集合物．*イントロンを含む遺伝子やその周辺の機能配列のスクリーニングなどに用いる．なお mRNA から*逆転写酵素により DNA (cDNA) を作製し，それらをライブラリー化したものを cDNA ライブラリーという．cDNA ライブラリーは発現している遺伝子の*エクソン領域（あるいはその一部）のみを含む．

e **ゲノム** [genome, genom]　生物のもつ全染色体あるいはそこに含まれる全遺伝情報．古くは配偶子に含まれる染色体あるいは遺伝子の全体を呼称する語として使われた．H. Winkler (1920) は半数性の染色体の一組に対してゲノムという表現を用いることを提唱し，この一組はそれに属する原型となる形質と共に分類学上の単位となるべき基礎を与えるものであるとした．木原均 (1930) は機能的な内容をこの概念に付与し，それぞれの生物の生活機能の調和を保つのに欠くことのできない染色体の一組をゲノムとした．一つのゲノムを A で表すと二倍性の生物の体細胞と生殖細胞のゲノム構成はそれぞれ AA と A になる．一つのゲノムだけでその生物が生存できることは半数体の出現によって証明できる．二つ のゲノムがそれに含まれるすべての染色体について互いに相同のものを有していれば，この両者を相同ゲノム (isogenome) といい，逆にすべての染色体について非相同であれば異種ゲノムという．この中間の場合は部分相同ゲノムである．原核生物のゲノムは，それぞれ単一の DNA の巨大分子であり，遺伝情報はすべてその中におさめられている．例えば，大腸菌のゲノムは約 4.7×10^6 塩基対の環状二本鎖 DNA であり遺伝子連鎖群という意味で大腸菌染色体と呼ばれる．細胞小器官（ミトコンドリア・葉緑体など）やウイルス，プラスミドなどのゲノムもそれぞれ 1 本の核酸分子であり，多くは環状二本鎖 DNA であるが線状の場合もあり，またウイルスでは一本鎖の DNA や RNA をゲノムとするものもある．これらはそれぞれ*ミトコンドリアゲノム，葉緑体ゲノム (*プラスチドゲノム)，ウイルスゲノムなどと呼ばれる．ヒトゲノム (ユークロマチンのみ) は 2003 年に解読された．(→染色体，→ゲノム分析，→ゲノム計画)

f **ゲノムインプリンティング** [genomic imprinting]　遺伝子発現が，親の由来によって異なる調節を受ける現象．染色体が親から子へ受け継がれる際，ある遺伝子領域 ($H19/Igf2$ 座など) では親の由来が異なると発現パターンが変わる．これは，卵と精子が形成される過程であらかじめ目印がつけられ，受精後異なる機能をもつようにプログラムされていることによる．このプログラムは遺伝情報を本質的に変えるものではなく，世代ごとにリセットされるものであり，親の由来を染色体に「刷り込む」という意味でこのように呼ばれる．この現象は植物から哺乳類に至るまで広く見られ，その破綻はプラダー・ウィリー症候群 (Prader-Willi syndrome, PWS) やアンジェルマン症候群 (Angelman syndrome, AS) などの疾患の原因にもなる．その分子機構の一部として，*DNA メチル化や*非コード RNA の関与が示唆されている．

g **ゲノム計画** [genome project]　ゲノムの全塩基配列を決定し，その全遺伝子情報の解読を目的とした国際的協同プロジェクト．1970 年代に確立した組換え DNA 実験や DNA 塩基配列決定の手法を用いて，特にヒトゲノムについて全情報の解読を決定しようとするヒトゲノムプロジェクト (human genome project) が 1980 年代後半に計画，立案され，1990 年に入り各国の機関で実際に進められた．ゲノムプロジェクトは，まずゲノム地図を作製し，種々の形質をマッピングしての塩基配列を決定・解析し，それらの大量の情報をデータベースで処理し利用していく．2000 年にはヒトゲノムの概要配列が決定され，2003 年には当時の技術で決定することができるすべてのヒトゲノムの部分の塩基配列が決定された．それに先立ち 1996 年に出芽酵母，1998 年に線虫，2000 年にシロイヌナズナのゲノム塩基配列が決定され，現在はウイルス，バクテリア，真核生物を含むあらゆる分類群の生物について，多数のゲノム配列が決定されている．

h **ゲノム重複** [genome duplication]　《同》倍数体化．ある生物のゲノム全体が重複すること．DNA 複製が生じたあと，なんらかの理由で細胞分裂が完了しなければ，ゲノム重複が生じる．原核生物では知られていないが，真核生物ではいろいろな系統で過去にゲノム重複の生じたことがわかっている．植物で*倍数性として以前からよく知られた現象であり，パンコムギは六倍体，マカ

ロニコムギは四倍体である．菌類では，パン酵母ゲノムの解析から数千万年前に一度ゲノム重複が生じたと推定されている．動物では脊椎動物の共通祖先で2回のゲノム重複が生じており，その後は硬骨魚類と両生類でのみ複数回のゲノム重複が生じている．ゲノム重複が起こるとすべての遺伝子が倍増するが，同一コピーの片方は*偽遺伝子化したり欠失するなどして分化してゆくため，重複時期が古い場合にはその痕跡を現在のゲノム配列からは見出すことが困難になる．

a **ゲノムデータベース** [genome database] 1970年代にはじめてファージゲノムが解読され，1995年にはじめてバクテリアゲノムが解読された．2000年代になるとヒトゲノムも解読され，現在ではシークエンシングの技術革新に伴い，ゲノム解読に要する時間と費用は急速に低下している．こうしたデータは成果発表とともにデータベースに登録され，公開される．随時更新されるデータベースは，生物学の研究の進展を速めるのに大きく寄与している．現在では，配列情報のみならず，それから生成される蛋白質の構造，発現，相互作用，表現型と遺伝子型，遺伝子ネットワークなど，さまざまなデータベースが整備され，生命活動の源泉を統一的に捉えるための基盤情報を提供している．代表的なものとしては，欧州のEnsembl，アメリカのNCBIおよびUCSCのデータベースがある．

b **ゲノム内闘争** [intragenomic conflict] 《同》ゲノム対立．同じゲノムに含まれる遺伝子の間で*利害の対立があること．同じ細胞にある遺伝子でも，後の世代への伝わり方に違いがあると，片方だけに有利でゲノム内の他の遺伝子にとっては不利になるような挙動をとる突然変異が広がってしまう．このとき不利を被る側の遺伝子を回復する突然変異が生じる．その進化の様相は，利害の異なるプレイヤーがそれぞれに自らに有利に現状を変えようとするゲームとして解釈できる．例えば，(1)陸上植物においてミトコンドリアの突然変異が引き起こす細胞質雄性不稔(cytoplasmic male sterility, CMS)と核にある稔性回復遺伝子(restorer gene)，(2)昆虫に寄生して生殖操作をする*ウォルバキア，(3)哺乳類における父親由来と母親由来のうち片方だけが発現する*ゲノムインプリンティング，などがゲノム内闘争の結果と考えられている．

c **ゲノムの複雑度** [genome complexity] 《同》ゲノムコンプレキシティー．配列の複雑度(sequence complexity)．塩基配列がそれぞれ反復性をもたない単一コピーで存在するとしたとき，塩基配列の全合計をヌクレオチド数で表したもの．すなわち，それぞれの頻度クラスの配列の複雑度の総和として与えられる(→DNA-RNAハイブリダイゼーション)．ウイルスや細菌のゲノムのように*反復配列のほとんどないものではゲノムの複雑度は*C値(またはゲノムの大きさ)と等しいが，反復配列のあるゲノムではC値より低い．ある分化細胞で発現されている遺伝子の総体を表現するものを，間接的mRNA複雑度(indirect mRNA complexity)と呼ぶことができる．これは，列挙できる全種類のmRNAのヌクレオチド数の合計を指す．

d **ゲノム不安定性** [genomic instability] ゲノムの複製と分配における間違いの頻度が高くなる結果，突然変異や細胞死の頻度が高くなった状態．DNAは常にさまざまな外的・内的要因による損傷を受けており，また複製過程も完全ではない．ゲノムDNAの複製と分配における間違いの頻度を低く保つために，*DNA複製，*DNA修復，細胞周期チェックポイント(→細胞周期)など，ゲノム安定性維持にかかわる遺伝子群の働きが重要である．これらの遺伝子に異常が生じるとゲノム不安定性が引き起こされる．分裂時に2細胞への染色体の分配に異常が生じる染色体不安定(chromosome instability)もその一つ．さらに細胞にDNA損傷が与えられた場合にも，一過性あるいは長期にわたりゲノム不安定性が誘導される．ゲノム不安定性は，がんの発生あるいは悪性化と密接に関連している．例えば，高発がんの遺伝病として知られている家族性大腸がんの家系では，DNA複製に伴うDNAミスマッチ修復系の異常が見つかっている．細胞周期チェックポイントに重要なp53遺伝子は，多くのがんにおいて突然変異がみられる．またDNA複製に伴って生じる染色体末端の*テロメア構造の短縮とそれに伴うDNA二本鎖切断の生成，さらには染色体の不安定性は，多くのがんにおいて認められる．放射線などにより修復しにくいDNA二本鎖切断が生じた細胞では，長期にわたってゲノム不安定性が続く現象も観察されている．(→染色体切断症候群)

e **ゲノム分析** [genome-analysis] 生物の*ゲノムの構成を明らかにすること．特に染色体対合を利用してゲノム間の相同性を調べ，ゲノムの変遷・種の由来などを分析する場合を指すことが多い．この方法は木原均(1930)によって，コムギ3群の群内および群間雑種の細胞学的研究のなかから命名・確立された．まずゲノム組成の明らかになった基本的な種をできるだけ多く集め，それらと被分析種の間でF_1をつくり，F_1の減数分裂における染色体の対合状態を調べて，両親が相同ゲノムをもつか，あるいは異質性のゲノムをもつかなどを判定する．

f **GEF**(ゲフ) guanine nucleotide exchange factorの略．《同》グアニンヌクレオチド交換因子．細胞内で，GDPを結合している低分子量GTPアーゼ(低分子量GTP結合蛋白質，低分子量G蛋白質)に作用し，GDPを解離させGTPを結合させる交換反応を担う酵素．この交換反応により，低分子量GTPアーゼは不活性化状態から活性化状態に変換する．細胞内ではGTPの濃度がGDPの濃度よりも約10倍高いため，この交換反応が起こる．GEFは細胞内のシグナル伝達などにより活性化され，低分子量GTPアーゼに作用する．Ras, Rho, Rab, Sar/Arfの各低分子量G蛋白質ファミリーに対して多数のGEFが存在するが，Ranに作用するGEFはRCC1のみが知られている．Rasファミリーに作用するGEFは，触媒部位としてCDC25相同ドメインをもつ．Rhoファミリーに作用するGEFには，触媒部位にDbl相同(DH)ドメインをもつものと，DOCK蛋白質群とがある．

g **ケーブル説** [cable theory] 電気緊張性伝播の機構を考えるにあたって，神経の構造を模式化し，それを比較的電気伝導率の小さい膜からできた管状の構造とし，その内部には比較的電気をよく伝える液を満たし，それら全体が電解質の液に浸ったものとして取り扱う際に適用される理論．神経線維の1点に加えられた膜電位の変化は線維に沿ってその近傍にひろがっていく．このような電気緊張性伝播は活動電位の伝導に対しても重要な役割を果たしている．海底電線(ケーブル)の理論(Lord Kelvin)が準用されることによる呼称．この場合，神経

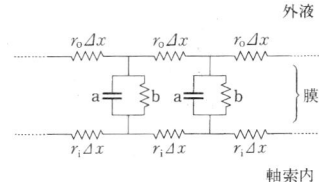

繊維は電気等価回路上, 図のように表される (c_m, r_m, r_0, r_i はそれぞれ単位長さ当たりの膜容量, 膜抵抗, 細胞外液の抵抗, 軸索内の抵抗). このような回路に流れる電流と電圧の関係をオームの法則やキルヒホフの法則を適用して解析すると, 膜電流 i_m は膜電位 V_m の二次微分に比例するという関係が得られる. すなわち,

$$\frac{\partial^2 V_m}{\partial x^2} = i_m(r_0+r_i)$$

さらに膜電流は抵抗分を通るものと容量分を通るものの和であるので,

$$i_m = i_r + i_c = \frac{V_m}{r_m} + c_m \frac{\partial V_m}{\partial t}$$

となり, これを前式に代入すると次の式になる.

$$-\lambda^2 \frac{\partial^2 V_m}{\partial x^2} + \tau \frac{\partial V_m}{\partial t} + V_m = 0$$

$\tau = r_m c_m$ は膜の時定数, $\lambda = \sqrt{r_m/(r_0+r_i)}$ は*長さ定数. 上式の解は一般的には複雑であるが, 特定の条件の場合については比較的簡単な形をとる.

a **ゲーベル** GOEBEL, Karl Eberhard 1855～1932 ドイツの植物形態学者. 植物形態学および生理学の研究において形態が機能に依存することを強調し, 形態の実験的研究の礎石をおき, 同時に植物器官学を大成した. [主著] Organographie der Pflanzen, 2 巻, 1898～1901, 3 版 3 巻 1928～1933.

b **ケーベル器官** [Keber's organ] 《同》赤褐器 (red-brown organ). 二枚貝類に見られる囲心腺の特殊型. 囲心腺の腺状部が細枝状に分岐したもので, 赤褐色を呈する場合が多い. (→囲心腺)

c **ケミカルコントロール** [chemical control] 化学物質による有害生物 (雑草, 病原菌, 害虫など) の防除. また, 化学物質によって植物, 特に作物の茎の伸長抑制, 花芽分化, 成熟促進, 単為結果などを制御し, その経済的価値を高める技術および操作. ブドウの花房をジベレリン水に浸して種なしブドウを作るなどは後者の例. このような効果をもつ化学物質を植物成長調節物質 (plant growth-control agent) と呼ぶ.

d **毛虫** [hairly caterpillar, wooly caterpillar] 体が長く体表に毛の密生する鱗翅目の幼虫の俗称.

e **ゲーム理論** [game theory] 利害の必ずしも一致しない複数の意思決定主体が存在するとき, それぞれの主体がいかに行動するようになるかを分析する数学的理論. このとき, それぞれの主体をプレイヤー (player), プレイヤーが選択できる挙動を戦略 (strategy), 戦略の良さの尺度を利得関数 (payoff function) という. その出発点は経済学の新しいパラダイムをめざした, J. von Neumann と O. Morgenstern の共著 'Theory of games and economic behavior' (1944) で, J. Maynard-Smith と G. R. Price (1973) はそれを動物の闘争行動の解析に応用した. 従来, 動物の行動は種の繁栄に役立つようなものが進化すると漠然と考えられてきたが, 個体の利益を重視するゲーム理論を応用することによって, C. Darwin の自然淘汰説と整合性のある行動生態学が発展した. 特に, 動物の闘争行動や親による子の世話, 性比などの問題に応用されて大きな成功をおさめた. ここで, 他のプレイヤーのとる戦略が変わらぬかぎり, それぞれのプレイヤーが自らの戦略だけを変化させても利得関数が改善されないという条件をみたす戦略の組 (セット) を, Nash 均衡解 (Nash equilibrium) もしくは非協力平衡解 (noncooperative equilibrium) という. 少数の突然変異型の侵入に対して頑健な Nash 均衡解は, 進化的に安定な戦略すなわち *ESS であり, 自然淘汰の結果, 実現すると考えられる.

f **ケーメン** KAMEN, Martin David 1913～2002 アメリカの生化学者. シカゴ大学で学び, 物理化学の研究で学位を得たが, 同位元素の応用に関心をもち, その領域の開拓者の一人となった. 光合成で発生する O_2 は CO_2 でなく H_2O に由来することを明らかにした (S. Ruben らと共同研究, 1941). ^{15}N を用いて細菌での窒素固定経路も研究した. [主著] Isotopic tracers in biology, 1961.

g **ケモカイン** [chemokine] 《同》ケモタクティクサイトカイン (chemotactic cytokines). 白血球遊走・活性化作用を有するヘパリン結合性の蛋白質. 8～12 kDa で主に塩基性. ケモタクティクサイトカインからの造語である. 1987 年に好中球遊走因子 IL-8, 1989 年に CC ケモカインの MCP-1 が発見され, 両者の構造比較から, これらは機能不明のいくつかの分泌蛋白質とともにファミリーを形成することが明らかとなり, 新しいケモカインが次々と発見された. 現在, ヒトでは約 50 種類のケモカインが知られている. 分子の N 末端にジスルフィド結合に関与するよく保存された四つのシステイン残基をもつ. このシステイン残基 Cys の位置から CXC ケモカイン (N 末端から最初の二つのシステインの間に任意のアミノ酸 X が一つ入る), CC ケモカイン (最初の二つのシステインが隣合せに並ぶ), C ケモカイン (一つのシステインのみで構成) と CX_3C ケモカイン (最初の二つのシステインの間に任意のアミノ酸 X が三つ入る) の 4 サブファミリーに分類される. サブファミリー名の後にリガンド (L) を付けて CXCL, CCL, CL, CX_3CL とし, さらに個々のケモカインを表示するため末尾に番号を付けて呼ばれる. 例えば, IL-8 は CXCL8, MCP-1 は CCL2 と表記する. ケモカインは微生物や異物の侵入部位に好中球・好酸球・好塩基球・マスト細胞などの白血球を呼び寄せる因子 (遊走因子) として作用し, 局所に急性および慢性の炎症反応を惹起する. このようなケモカインは炎症性ケモカインと呼ばれる. 特に, 好酸球・好塩基球・マスト細胞の遊走を起こすケモカインは, アレルギー性炎症の病態形成に重要である. 一方, リンパ球や樹状細胞の遊走を制御するケモカインも存在し, リンパ球の多様なサブセット (Th1 細胞, Th2 細胞や抑制性 T 細胞など) や樹状細胞などの生理的ホーミングや免疫応答での組織内移動と細胞間相互作用を制御することによって, 免疫系組織の形成, 恒常性維持および免疫応答に重要な役割を果たす. これらは恒常性ケモカインと呼ばれる. ケモカインは, 発生・分化, ウイルス感染 (特に HIV 感染), がん (特に血管新生や転移), 自然免疫など多くの生体反応でも重要な役割を果たしている.

a **ケモカイン受容体** [chemokine receptor] 白血球やリンパ球の細胞遊走因子*ケモカインに対する受容体. 三量体 G 蛋白質共役型受容体(G-protein-coupled receptor, GPCR)に属する. GPCR は, N 末端を細胞外にもち, 細胞膜を 7 回貫通し, 細胞内 C 末端で三量体 G 蛋白質(α, β, γ の三つのサブユニットから構成される)に結合して細胞内にシグナルを伝達する. 現在, 特定のケモカインに反応してシグナル伝達することが証明された機能的ケモカイン受容体は 18 種類同定され, ケモカインのサブファミリー(CXC, CC, CX_3C)に受容体を示す R をつけ, さらに機能が同定された順に末尾に番号を付ける命名法が確立している. ケモカインとケモカイン受容体は, 一つのケモカイン受容体には複数のケモカインが作用し, 逆に一つのケモカインは複数のケモカイン受容体にまたがって結合するという複雑な関係がある. 例えば, CCR1 には CCL3, CCL5 (RANTES), CCL7, CCL14, CCL16 と CCL23 が作用し, 逆にCCL5(RANTES)は CCR1 以外に CCR3 と CCR5 にも結合する. CXCR4 と CCR5 は T 細胞上の CD4 分子とともにヒト免疫不全ウイルス(HIV)の受容体として機能することがわかっている.

b **ケモスタット** [chemostat] *連続培養を行う栄養制限型の装置の一種. 連続培養装置は次の 2 型に分けられる. (1)細胞外調節型(栄養制限型):細菌の増殖速度を適当な制限栄養物質の濃度や, それを加える速度によって操作者が調節する方法. ケモスタットはこの型に属し, L. Szilard と A. Novick の考案. ケモスタットの名は, 現在では広く栄養制限型の連続培養装置に用いられている. 制限栄養物質としては糖や有機酸などの炭素源, アンモニウムやリン酸塩, アミノ酸(アミノ酸要求菌の場合)が用いられる. 変異や酵素合成機構などの研究に活用されている. フィードバック阻害の現象はこの装置を用いて見出された. このほかに J. L. Monod の考案したバクトジェン(bactogen)もある. (2)細胞内調節型(濁度調節型):培養された菌の濁度を一定に保ってゆく方式. その培地における菌の最大成長にあわせて, 流入する培地の速度を変えて, 菌による培地の濁度すなわち個体数密度を調節する. タービドスタット(turbidostat)などがこれに属する.

c **ケーラー** Köhler, Georges Jean Franz 1946〜1995 ドイツの免疫学者. ケンブリッジ大学 MRC 分子生物学研究所で C. Milstein と共同研究し, がん細胞と抗体細胞を融合させて抗体を産生する, モノクローナル抗体の作製法(ハイブリドーマ法)を発表. N. K. Jerne, Milstein とともに 1984 年ノーベル生理学・医学賞受賞.

d **ケーラー** Köhler, Wolfgang 1887〜1967 ドイツの心理学者. ゲシュタルト心理学の創始者の一人. チンパンジーを研究し, 'Intelligenzprüfungen an Menschenaffen'(類人猿の知恵試験, 1917)はその成果で, のちの実験心理学, 霊長類の行動研究の先駆けをなした.

e **ケラタン硫酸** [keratan sulfate] 《同》ケラト硫酸(keratosulfate) 哺乳類の眼の角膜・椎間板・軟骨などにプロテオグリカンの形で存在するグリコサミノグリカンの一種. 軟骨のプロテオグリカン(アグリカン)はコンドロイチン硫酸とケラタン硫酸の両方をもつが, 胎児期にはケラタン硫酸含量は少なく, 加齢とともに増量する. ケラタン硫酸は D-ガラクトースと N-アセチルグルコサミン-6-硫酸からなる二糖を主な繰返し単位とするが, ガラクトースの一部はその 6 位が硫酸化されている. さらに少量ながらフコースとシアル酸を含み, それら微細な不均一構造は組織に特異的である. 蛋白質との結合様式についても, 角膜のケラタン硫酸は N-アセチルグルコサミンがアスパラギンと N-グリコシル結合しているのに対し, 軟骨など骨格系のケラタン硫酸は N-アセチルガラクトサミンを介してセリンおよびトレオニンと O-グリコシド結合をしている点で異なる.

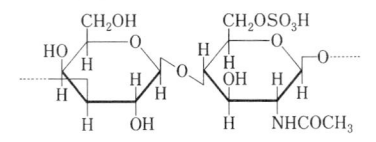

ケラタン硫酸の主要繰返し単位
(β-D-ガラクトシル-(1→4)-N-アセチルグルコサミン-6-硫酸)

f **ケラチン** [keratin, ceratin] 陸上脊椎動物の皮膚細胞の最外側で形成される毛髪・羊毛・羽毛・角・爪・蹄などの主成分をなし, 動物体の保護の役をする構造蛋白質. 中間径フィラメントを構成する蛋白質の一つでもある. ヒトのゲノムには 50 種類以上のケラチン蛋白質がコードされており, 配列の類似性から, 酸性の I 型と塩基性の II 型に分類される. アミノ酸組成はシスチン含量が高く, 特に角・爪のような硬い材質の成分ほどその割合が大きい. ペプチド鎖は多くの S-S 結合で網状につながり, 水に極めて難溶(ある程度は膨潤する), すべての中性溶媒に不溶. プロテアーゼの作用を受けにくい. しかし, 例えば脱毛剤として用いられる硫化ソーダなどの還元剤, チオグリコール酸(コールドパーマネントウェーブ剤), 過酸化水素などの酸化剤, アルカリなど S-S 結合を切断するような試薬には弱い. 毛髪や羊毛を構成するケラチン分子の自然の状態のものを α-ケラチン, 張力をかけて繊維を十分引き伸ばしたときのものを β-ケラチンと呼ぶ. α-ケラチンは α ヘリックスが組み合わさったコイルドコイル構造, β-ケラチンは β 構造を形成している. α-ケラチンでは, I 型と II 型のケラチンがヘテロ二量体を形成し, さらにその二量体が二つ会合し四量体となる. この四量体構造が多数集合して中間径フィラメントを形成する. ケラチンの α-β 転移は可逆的で, β-ケラチンは張力を取り去ると自然に収縮して α-ケラチンに戻る. 羊毛がかなりの弾性を示すのはこのためとされる. しかし熱水, 水蒸気, アルカリその他の化学試剤で処理すると, 繊維は一時的にまたは永久に β 型にセットされて収縮できなくなる(毛髪のいわゆるパーマネント). また羊毛(α- または β-ケラチン)をアルカリ, 銅アンモニア錯塩, 水蒸気などで処理すると, もとの長さよりも短くなる超収縮の現象が起こ

g **ケラトヒアリン顆粒** [keratohyalin granule] 哺乳類の表皮の顆粒層の細胞中に見られる, 不規則な外形をもった大小不同の顆粒. 一般に 1〜5 μm 程度の大きさで強い好塩基性を示す. 電子顕微鏡でも電子密度の高い不規則な外形を示すが, これから繊維状構造が突出している像も得られている. プロフィラグリン(profilaggrin)を多量に含む. プロフィラグリンは表皮の角質化に伴って分解されフィラグリン(filaggrin)となる. フィラグリンは*ケラチン繊維を凝集させ, ケラチンパ

a **ゲラニオール** [geraniol] $C_{10}H_{18}O$ 炭素数10の鎖状モノテルペンアルコール. 2個の*イソプレン単位（ジメチルアリル二リン酸とイソペンテニル二リン酸）の縮合により生成する. シトロネラ油やレモングラス油などの精油に含まれるバラ様香気をもつ液状物質で, 重要な香料の一つ. この二リン酸エステルはそのままモノテルペン生合成の前駆体となる. さらにイソプレン単位が縮合し*ファルネシル二リン酸となり, 種々のテルペノイドへと代謝される（→イソプレノイド）. ゲラニオールのアリルアルコール部の幾何異性体（シス体）はネロール（nerol）と呼ばれ, 同じく香料とされる.

b **ゲラニルゲラニル二リン酸** [geranylgeranyl diphosphate] 《同》ゲラニルゲラニルピロリン酸（geranylgeranyl pyrophosphate）. $C_{20}H_{36}O_7P_2$ 分子量450.44. イソプレノイドの生合成における中間産物の一つで, 葉緑素のフィチル基の前駆体. メバロン酸代謝経路の中間産物であるファルネシル二リン酸とイソペンテニル二リン酸からゲラニルゲラニル二リン酸合成酵素（EC 2.5.1.29）により合成される. 動物においてはカロテノイドへ, 植物および微生物においてはカロテノイドやジテルペンへ代謝される. G蛋白質を構成するγサブユニットは, 翻訳後修飾によりそのC末端側のシステイン残基がチオエーテル結合でゲラニルゲラニル化されている. このゲラニルゲラニル基はゲラニルゲラニル二リン酸に由来しており, G蛋白質の細胞膜への結合性を高めている. なお, ゲラニオール（geraniol, $C_{10}H_{18}O$）はバラ精油の主成分である芳香物質.

c **ゲランガム** [gellan gum] グラム陰性細菌である *Pseudomonas elodea* が菌体外に産出する多糖類を精製したもの. 植物の組織培養などにおいて使用される培地の固化（ゲル化）剤の一種として使用される. 通常の組織培養用培地に含まれるCa^{2+}などの2価のカチオンによって固化する. 寒天に比べて, 植物組織が外部へ分泌する褐変物質などの成長阻害物質を拡散しやすく, 組織の周囲に集積しにくいために, 組織自体が自家中毒的な害作用を受けにくいなどの利点がある. また寒天より透明度の高いゲルを形成するので培地内の観察が容易なうえ, カチオンにより固化する性質から, 熱に弱い試料, 例えば*プロトプラストを包埋培養するのにも利点をもつ.

d **ケリカー** KÖLLIKER, Rudolf Albert von 1817～1905 スイスの動物学者. 発生学・組織学などに特に多くの寄与をした. 精子が寄生虫でないこと, 卵割が1個の細胞としての卵の細胞分裂であることを明らかにし, 神経繊維と神経細胞の関係を調べた. C. Darwinの進化論に対して, 新種は生物に内在する原因による突然の変化によって生ずるという異質発生（独 heterogene Zeugung）の説を立てた. 1848年 K. T. E. von Sieboldとともに雑誌 'Zeitschrift für wissenschaftliche Zoologie'を創刊した. [主著] Entwicklungsgeschichte des Menschen und der höheren Thiere, 1861.

e **ゲーリング** GEHRING, Walter Jakob 1939～ スイスの分子遺伝学者. バーゼル大学教授. キイロショウジョウバエを用いた分子発生学的研究において, 熱ショック遺伝子, *トランスポゾン, *ホメオティック遺伝子について重要な業績をなした. とりわけホメオボックスの発見は有名. 眼の発生におけるマスターコントロール遺伝子*Pax6*の機能から, 全動物の眼が単一の進化的起原をもつと主張した. 2000年, 京都賞基礎科学部門受賞.

f **ケルコゾア類** [cercozoans] *リザリアに属する原生生物の一群. 分子系統学的解析によって初めて認識されるようになった生物群であり, 形態的に定義するのは困難. 多くは糸状仮足をもち, *鞭毛虫類や*肉質虫類の形をとる. ミトコンドリアクリステは通常, 管状. 多くは従属栄養性であるが緑色植物を二次共生させた*クロララクニオン藻や葉緑体とは異なる一次共生によってシアノバクテリアを取り込んだ *Paulinella chromatophora* は光合成を行う. 分類学的にケルコゾア門（Cercozoa）とした場合, *ネコブカビ類やアセトスポラ類を含むことが多いが, これら生物の系統的位置は必ずしも明らかではない.

g **ゲルシフト法** [electrophoresis mobility shift assay] EMSAと略記. 《同》ゲル移動度シフト法. 特定のDNA配列と蛋白質との結合の有無を調べる方法. DNA-蛋白質の複合体がDNAのみの場合に比べて電気泳動でゆっくり流れることを利用する. 通常, 調べたいDNA断片（数十から数百塩基対）の末端を放射性同位体で標識し, 精製した蛋白質あるいは細胞抽出液と混合し, *ポリアクリルアミドゲル電気泳動法によりDNA断片の泳動速度の変化を調べる. DNアーゼ*フットプリント法と併用することで蛋白質が結合する配列を同定できる.

h **ゲルトナー** GÄRTNER, Joseph 1732～1791 ドイツの植物学者. 果実・種子の解剖学で分類の自然体系をめざした（'De fructibus et seminibus plantarum', 2巻, 1788, 1791）. 息子のKarl Friedrich Gärtner（1772～1850）も植物学者で, 交雑実験で多数の雑種を作り, C. Darwinによりしばしば引用されている.

i **ゲル内拡散法** [gel diffusion method] 寒天などのゲル内で, 抗原と抗体による*沈降反応を起こさせることにより, 抗原あるいは抗体の濃度や組成を調べる方法. 沈降反応が起こり沈降線ができる原理は, 液状で行う沈降反応と同じである. 抗原側と抗体側から拡散してきた両物質の濃度比が, 沈降物形成に最適（最適比）の位置に沈降線ができる. 実際の手技としては, 抗体を混和したゲル内に抗原を拡散させる単純拡散法（single diffusion test）と, 通常のゲル内に抗原と抗体をそれぞれ別の部位から拡散させる二重拡散法（double diffusion test）とがある. 二重拡散法には, 試験管で行う一次元法と, 平板上で行う二次元法, すなわちオクテロニーのテスト（Ouchterlony's test）があり, 後者がよく用いられる. 二次元法は, 平板上で寒天などのゲルの中に, いくつかの穴をあけ, それぞれに抗血清あるいは抗原液を入れると, 両方から拡散してきて, 濃度比が適当な（最適比）ところで沈降線ができる. 抗原液に, いくつかの種類の抗原が存在し, 抗血清にもそれぞれに対応する抗体が存在すると, それぞれの抗原抗体反応の最適比が得られる場所が異なる結果, 抗原の種類の数だけの沈降線

ができる．免疫電気泳動(immunoelectrophoresis)はこの方法と電気泳動法を組み合わせたもので，主に血清蛋白質の組成の分析に用いられてきたが，現在ではほとんど実施されることはない．

a **ケールロイター** KOELREUTER, Joseph Gottlieb 1733～1806 ドイツの植物学者．花の構造を研究し，1761年，'Vorläufige Nachricht von einigen das Geschlecht der Pflanzen betreffenden Versuchen und Beobachtungen'で，植物には雌雄の性があり，植物が生ずるためには受精が必要と唱えた．また，雑種の性質について考察した点で，G. J. Mendel の先駆者と考えられている．

b **ゲル濾過** [gel filtration] 《同》ゲルクロマトグラフィー(gel chromatography)，分子ふるいクロマトグラフィー(molecular sieve chromatography)，サイズ排除クロマトグラフィー(size exclusion chromatography)．分子ふるい効果により，分子を物理的な大きさによって分離する操作．分離には多孔性の非イオン性ゲルが用いられ，ゲルの三次元的網目構造内に入ることができない大きな分子は速く溶出し，網目に入ることのできる分子は小さいものほど遅れて溶出(分子ふるい効果)する．デキストラン(商品名 Sephadex)やアガロース(Sepharose)などの多糖，ポリアクリルアミド(Bio-Gel)，アクリルアミドを*架橋試薬としたアリルデキストラン(Sephacryl)などの合成ポリマーを基材としたゲルが市販されている．架橋度の違いにより網目の大きさが異なるので，分子の大きさに応じて分画範囲が適当なゲルを選択する．蛋白質や酵素，核酸，多糖類などの生体高分子の分離精製や脱塩，緩衝液の交換などに利用される．ゲルクロマトグラフィーは，ゲル濾過クロマトグラフィー(gel filtration chromatography, GFC)とゲル浸透クロマトグラフィー(gel permeation chromatography, GPC)に分けられ，GFC が水溶性物質を水系溶媒で分離するのに対し，GPC は非水溶性物質を有機溶媒で分離する．

c **腱** [tendon ラ tendo] 脊椎動物の筋端にしばしば付随し，それを骨格その他に結びつける索状の強靱な密性結合組織．扁平なものは腱膜(aponeurosis)という(⇒舌腱膜)．白色で特異の光沢をもつ腱組織(tendinous tissue)からなる．腱組織は，張力の方向に平行に走る多数の腱繊維(tendon fiber)すなわち*膠原繊維からなり，腱繊維は密に集束して多数の腱束(tendon bundle)をなし，各腱束は少量の疎性結合組織(内腱周膜 peritenonium internum)で隔てられ，さらに全体を外部から包む疎性結合組織があって外腱周膜(peritenonium externum)という．腱はしばしば筋の表面を覆って広がり，その内面に筋束が付く．腱細胞は繊維芽細胞にほかならないが，腱繊維にそって縦列し，不定形の扁平板状の突起を生じ翼細胞(独 Flügelzelle)ともいわれる．血管や神経は腱周膜中を通過する．

d **舷** [limbidium] 《同》縁部．コケ植物蘚類の，葉の縁辺をふちどっている特殊細胞群．細長い形，葉緑体が少ないことなどにより，葉身の細胞と区別できる．2～3細胞層からなることが多く，ときに外縁の細胞により*鋸歯を生じる．

e **検圧法** [manometry] 各種検圧計を用いて，呼吸や発酵，光合成など酸素や二酸化炭素などの気体の出入を伴う物質代謝，酵素反応などを測定する方法．代表的な検圧計であるワールブルク検圧計は J. Barcroft および J. S. Haldane(1902)の血液ガス検圧計に O. H. Warburg が改良を施したもの．気体の吸収・発生が検圧計閉塞液面の上昇・下降として直接見られるので，反応の進行状態を容易に知ることができる．

f **嫌雨植物** [ombrophobe, ombrophobous plant, rain-hating plant] 短い降雨時間でも雨によって害を受ける(気孔が閉じたり病菌に冒されたりする)植物．*好雨植物と対置される(J. Wiesner, 1894)．乾生植物の大半はこれに属すという．

g **原栄養体** [prototroph] 《同》プロトトロフ．*最少培地上で増殖できる栄養的に独立した細胞・個体，または系統．栄養要求体に対して通常の非変異株をいう．一般には野生型と同じ意味で使われる．*栄養要求性突然変異体に*復帰突然変異やサプレッサー突然変異が起こったときや，組換えが起こったときなどに，野生型と全く同じではないが，最少培地に増殖できるものについても使われることがある．(⇒突然変異体)

h **弦音器官** [chordotonal organ, scolophorous organ] 《同》弦響器，弦響器官，弦音感覚子(chordotonal sensilla)，有桿感覚子・弦音感覚子(sensillum scolophore)．昆虫類に特有な機械受容器で，体壁のクチクラ膜の間に弦状に張り渡された1個の一次感覚細胞．*鐘状感覚子の一部が長く伸びて体内深く陥入したものとされる．その遠位側では1本の樹状突起の遠位端からさらに繊毛の変形した突起が伸び有桿細胞(scolopale cell)に包まれて付着細胞(attachment cell)によりクチクラ壁に連なる．弦音器官は昆虫の体表に広く分布し，幼虫の体環節，呼吸管，翅あるいは平均棍の基部などに見られる．この感覚器は，外圧あるいは環節の動きや筋肉の収縮による皮膚のひずみを感受する一種の*自己受容器であり，翅の運動の受容にも当たるとされるが，脛節の「膝」関節近くに見られる特殊な型の弦音器官(*膝下器官)は振動刺激への外受容器とされる．なお弦音器官の特別な一形態として*ジョンストン器官がある．(⇒鼓膜器官)

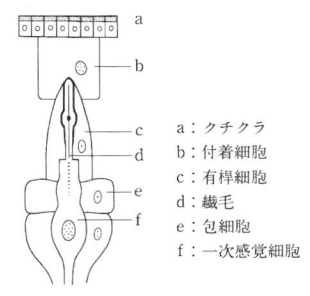

弦音器官の一型

a：クチクラ
b：付着細胞
c：有桿細胞
d：繊毛
e：包細胞
f：一次感覚細胞

i **堅果** [nut, glans] 乾燥して果皮が堅く，裂開せず，通常は1個の種子を含み2個以上の心皮からなる果実．カシやクリ，ハシバミの果実がその例．*殻斗を伴うものは殻斗果という．特に小形のものを小堅果(nutlet, nucule)という(例：タデ，スゲ，シンジュガヤ，シラカンバ)．外観上は堅果に似るが堅い部分が子房以外の部分からなるものを偽堅果(spurious nut)という．例えばオシロイバナでは萼筒の下部が堅くなる．

j **限界暗期** [critical dark period] ⇒光周反応曲線

k **限界稀釈培養法** [limiting dilution-culture method〕 細菌の懸濁液を，限界近くにまで稀釈し，その1滴を培地に加えて培養する方法．J. Lister (1878) の案出．幾種類かの細菌が混在しているときにある株を分離して純粋培養を得ようとする場合，あるいは特定の培地を使って発育の有無を調べ，その結果を統計処理して生菌数を算出する場合に用いる．ただし純粋培養を得るときは，慎重なチェックが必要である．また生菌数の算出にも誤差が大きいので，特別な場合にしか使われない．プラーク形成法を適用できないウイルスのクローン化および培養細胞のクローン化にはしばしば用いられている．

a **限界値定理** [marginal value theorem] 《同》臨界値定理．生物がある形質や行動に投資するとき，その行動の累積利益でなく，単位投資あたりの利益の増分が，ある基準を上回る限り投資するという定理．E. L. Charnov (1976) の提唱．例えば，ある餌場（パッチ patch）に飛来した昆虫は，初めそこにある豊かな餌資源を利用できるが，しだいに餌が枯渇し，いずれその餌場を離れて他の餌場を探しに行く．その時期は，その餌場で食べた総摂餌量でなく，摂餌速度（摂餌量の時間微分，限界とは増分を意味する）が，他の餌場を探して食べる間の平均摂餌速度より低くなるときである．ホシムクドリの実験では，この理論通り，巣と餌場の距離が遠いほど一度に多くの餌をもち帰ろうとすることが知られる (A. Kacelnik, 1984)．

b **限界デキストリン** [limit dextrin] 澱粉またはグリコゲンのアミラーゼあるいはホスホリラーゼ非分解残物．これらの酵素は $α-1,4$-グルコシド結合だけに作用し，基質中に多数存在する分枝点（$α-1,6$-グルコシド結合）および近接する $α-1,4$ 結合を分解できないために生ずる．澱粉に $β$-アミラーゼを作用させると逐次マルトース単位で分解し，最初の分枝点の手前2〜3個のグルコースを残して反応が止まり高分子の $β$-限界デキストリンを生ずる．$α$-アミラーゼでは分枝をもつオリゴ糖（$α$-限界デキストリン）を生ずる．ホスホリラーゼでは逐次グルコース-1-リン酸を遊離してある程度まで分解が進むと非分解残物（ホスホリラーゼ限界デキストリン，$φ$-デキストリン）を生ずる．これらの限界デキストリンはプルラナーゼ，イソアミラーゼなどの枝切り酵素と $β$-アミラーゼ，ホスホリラーゼなどを共に作用させると完全にグルコースまで分解される．

c **限界電流** [demarcation current] 《同》分手電流．神経や筋肉の正常部と損傷部との間，または異常な塩溶液に接する部と正常部との間を流れる電流．古く L. Hermann (1867) が，正常部と変質部との間に，後者が陰性になるような電位差すなわち限界電位（demarcation potential）が現れることに注目して，この名称を用いた．変質部が損傷部の場合には損傷電流となるため，限界電流の語はしばしば損傷電流と同義に使用される．

d **限外濾過** [ultrafiltration] 細孔を多数もつ膜を用い，細孔を通る物質と通らない物質を物理的に分離する操作．分離に使用する膜を限外濾過膜といい，その細孔径が排除限界となる．限外濾過により通過する分子の大きさは 2 nm〜1 μm とされているが，市販の限外濾過膜では，その膜が物質通過を阻止できる分子量の目安を分画分子量として表している．実用的な膜の材質は，当初，酢酸セルロース系であったが，その後，耐熱性・耐薬品性など用途に応じた性質をもつ合成高分子が開発された．限外濾過膜には，中空糸膜，平膜などの種類があり，通常，圧力や遠心力を加えることにより使用する．分子量 1000〜100 万程度の分子の分画が可能で，蛋白質やポリマー，コロイドなどの高分子の分画や濃縮，酵素の精製，細菌やウイルスの除去，脱塩などに利用されている．

e **原核細胞** [prokaryotic cell, procaryotic cell] 《同》前核細胞．核膜をもたず，核様体を構成する染色体は1個で有糸分裂を行わない細胞．真核細胞より小型で多くの場合，細胞の大きさは数 μm 以下である．原核細胞は*イントロンをもたず，転写された mRNA をそのまま細胞質で翻訳されるため，転写・翻訳がほぼ同時に起こる．*原形質流動は起こらず，アメーバ様運動は見られない．原核細胞の*鞭毛はフラジェリンという蛋白質が重合して形成されたもので，真核細胞の鞭毛とは別物である．光合成・酸化的リン酸化は膜で行われ，クロロプラストやミトコンドリアなどの細胞小器官の分化はない．このような細胞からなる生物を*原核生物といい，すべての細菌と*古細菌を含む．

f **幻覚性菌類** [hallucinogenic fungi] 担子菌類ハラタケ目のきのこで，食べると神経系統に作用して，幻覚症状，感覚麻痺，異常興奮などを起こす成分を含む種類．*有毒菌類の一つで，幻覚症状を起こす成分，プシロシビンやプシロシンを含むシビレタケ属やヒトヨタケ属その他のきのこ類が知られる．メキシコ先住民の間では神事に用いられる．

g **原核生物** [prokaryotes ラ Prokaryota] 《同》前核生物，裸核生物．個体が原核細胞で構成される生物で，多くは単細胞性（⇒単細胞生物）．*真核生物と対置される．生物五界説（⇒界）におけるモネラ界がこれにあたる．伝統的に*細菌と藍色細菌とに二分されていたが，C. R. Woese らは細菌の中の特殊な一群を*古細菌として区別した．さらに彼らは，主に分子系統学的研究により，全生物を真正細菌 (Eubacteria ないし Bacteria：原核生物から古細菌を除いたもの），古細菌 (Archaebacteria ないし Archaea) および真核生物 (Eukarya) に三大別する体系（三ドメイン説）を提唱し，現在では広く受け入れられている．

h **原核緑色植物** [Prochlorophyte ラ Prochlorophyta] 植物分類で原核緑色植物門に分類される藻類．R. Lewin (1977) により創設された．光合成色素としてクロロフィル a, b をもつが，フィコビリンを欠く．従来は藻類としての概念があったが，原核生物であるため，現在は細菌分類体系において藍色細菌門（シアノバクテリア門 Phylum Cyanobacteria）に分類されている．（⇒藍色細菌）

i **顕花植物** [phanerogams, flowering plants ラ Phanerogamae] 植物を花の有無で二大別したとき，花を形成する植物，すなわち*裸子植物と*被子植物との総称名．*隠花植物と対する．この語は A. T. Brongniart (1843) 以来，広く用いられてきた．現在では顕花植物というかわりに*種子植物ということが多く，逆に flowering plants の語は被子植物に限定して用いることが多い．

j **原芽体** [proembryo] *シャジクモ類の幼体．受精卵（*卵胞子）は減数分裂で4核2細胞となるが1核1細胞が残り，これが二分裂して仮根と原糸体になる．原糸体の節部に新たな藻体が側生的に形成される．

k **減感作** [hyposensitization] 《同》脱感作．花粉症，

アレルギー性鼻炎，アトピー，喘息などの即時型過敏症状をやわらげる療法の一つ．*アレルギー反応の原因となっていると思われる抗原(*アレルゲン)を患者に少量ずつ増量しながら繰り返し注射していく療法．その作用機作は未だ明確でないが，特定のアレルゲン特異的なIgGクラスの抗体を体内に作らせることにより，その抗体によってアレルゲンとマスト細胞上のアレルゲン特異的IgE抗体との結合が妨げられる，あるいはそのIgG抗体が何らかの免疫抑制を誘導することにより，IgE抗体によって引き起こされるアレルギー反応が抑えられている．アレルギーの発症が防止あるいは緩和されると考えられている．臨床的には一定の効果は得られるものの必ずしも常に有効な結果が得られるものではない，という意見もある．

a **原基** [primordium, rudiment] 〘同〙器官原基．個体発生において，ある器官が形成されるとき，それが形態的・機能的に成熟する以前の予定材料あるいはその段階．[1] 動物では，その器官の予定材料が*胚葉から形態的に区別されるようになり，しかも組織分化がまだ進んでいない状態にあるとき，原基と呼ばれる．例えば神経板は後方部位を除いて中枢神経の原基であり，肢芽は肢の原基である．一般に原基の時期においては調節の能力が高く，手術的に原基の一部を分離しても完全な器官が形成され，また二つの原基を癒合すればそれから単一の器官が形成されることがある．[2] 植物においては，ある器官が*分裂組織から分化の途中で，未完成の状態のものを原基と呼ぶ．*葉原基，花芽原基 (floral primordium)，側根原基などがその典型例．葉原基はシュート頂の頂端からは分化せず，いくらか頂端から遠ざかったシュート頂の側面から外生的に発生する．一方，側根原基は必ず内生的に発生する．

b **嫌気性菌** [anaerobe, anaerobic microorganism, anaerobic microbe] 無酸素条件下で生育する(嫌気生活 anaerobiosis を送る)微生物(菌)．*好気性菌と対置して呼ばれる．多くが原核生物である．このうち，酸素の存在下では生育できないものは偏性嫌気性菌 (strict anaerobe) あるいは絶対嫌気性菌 (obligate anaerobe) と呼ばれ，*クロストリジウム属細菌，*硫酸塩還元菌，*メタン生成菌などがその例である．これに対し，酸素が存在する条件下でも生育可能な嫌気性菌は，通性嫌気性菌 (任意嫌気性菌・条件的嫌気性菌 facultative anaerobe) と呼ばれ，大腸菌や酵母などに代表される．偏性嫌気性菌のエネルギーの獲得様式は，発酵・光合成によるもののほかに，硝酸塩・硫酸塩のような無機の酸化物を末端電子受容体として利用する嫌気呼吸によるものがある．偏性嫌気性菌のうち，発酵によりエネルギーを獲得するものは一般にシトクロムやカタラーゼなどを欠く．酸素が生育に有害であるのは，フラビン系酸化酵素の働きによって生じた有害な過酸化物や過酸化水素が分解・除去されないことによるといわれる．土壌中などで好気性菌と共存するときには，空気が浸透するような場所にも嫌気性菌の存在を認めることが代表される．通性嫌気性菌の中には，大腸菌や出芽酵母のように酸素が存在するときは酸素呼吸で，存在しないときは発酵でエネルギーを獲得するものが多い．通性嫌気性菌には，酸素の存在下でよく生育するものから，無酸素条件の下で著しく生育するものまで，さまざまな程度のものがある．

c **嫌気的酸化反応** [anaerobic oxidation] 酸素のない状態で細菌が行う酸化反応．海底泥の嫌気的環境下でメタンの酸化反応が進行することが見出され，この概念が確立した．地球化学研究から，嫌気環境下でメタンの酸化が進行していることは早くから指摘されてきた．一方，海底下からメタンが供給される海底堆積物中で硫酸還元活性が高いことがわかり，遺伝子による識別法を用いて，現場の微生物集合体を顕微鏡観察すると，外部を 200 細胞ほどの硫酸還元菌が囲み，内部には，メタン生成の生化学反応を逆に進めることでメタンの酸化を担うと考えられる古細菌が 100 細胞程度存在するという*微生物コンソーシアムが確認された．これらのことから，硫酸塩を電子受容体とするメタン酸化は，海底泥中で進行することが指摘された．炭素の安定同位体比も，メタン酸化が硫酸還元と共役していることを示唆した．硫酸還元の代わりに脱窒(硝酸還元)によっても，メタン酸化が嫌気環境下で進行することが淡水環境で見出されている．また亜硝酸を電子供与体としてアンモニアが窒素ガスへと酸化される現象(*アナモックス)も，海洋や湖で見つかっている．

d **嫌気的代謝** [anaerobic metabolism] 〘同〙無酸素的代謝，無気的代謝．分子状酸素の消費をともなわないエネルギー代謝．酸化還元反応も含まれるが，酸素を最終電子受容体として使わないので，代わりに有機中間体を還元していわゆる発酵産物をつくり，CO_2 への完全酸化は行われない．代表的なものは解糖および各種の発酵過程である．この際，炭水化物などの分解過程で生成される高エネルギーリン酸化合物から ATP が生産されるが，*好気的代謝よりはるかに効率が悪い．

e **嫌気培養** [anaerobic culture] 微生物を分子状酸素に触れないようにして行う培養法．偏性嫌気性細菌はこのような状態でないと生育できない．通性嫌気性細菌をこの方法で培養することがある．方法は，以下のように大別できる．(1) 空気との接触を断ち，または接触をなるべく少なくする方法：細首の容器の首の所まで液体培地を入れ，煮沸により溶解している空気を追い出した後，直ちに冷却して植菌をする．あるいは普通の試験管に 10 cm くらいの高さまで寒天培地を入れて穿刺培養をする，または液体培地や固形斜面培地に植菌後流動パラフィンや鉱油を重層する，などの方法でも空気との接触が妨げられる．(2) 空気を除去する方法：耐圧性の容器に入れ，真空のまま培養する，あるいは二酸化炭素・水素ガス・窒素ガス・アルゴンなどで内部をみたす．これらのガスはあらかじめ混入している微量の酸素を除去しておくか，水素の場合には，置換後火花を飛ばすなどの方法で残存酸素を消費させる．(3) 酸素を取り去る方法：アルカリ性ピロガロール・黄リン・金属クロムと稀硫酸などを使って化学的に酸素を除去する．あるいは好気性細菌・発芽中の種子などを使って呼吸により酸素を消費させる．(4) 培地に還元剤(例えば 0.1% のチオグリコール酸ソーダ，0.01% の硫化ソーダなど)を加える．以上の各方法を適宜組み合わせれば，さらに嫌気性は確実なものとなる．嫌気的になっていることを確かめるためには，アルカリ性でグルコースを加え加熱して作った還元型メチレンブルー溶液を一緒に入れておく．これが脱色されたままであれば良い．

f **研究倫理** [research ethics] 科学研究の計画，実施，報告において守らなければならない倫理規範．研究結果の捏造や改ざん，他者の研究成果などの盗用，複数

の掲載媒体への重複投稿などの不正行為をしてはならないことは、科学研究全般に共通した倫理規範である．ヒトを対象とした研究に関しては，被験者の生命・健康，尊厳，自律，個人情報などの保護が倫理規範として挙げられる．一方，20世紀末以降，倫理的是非を容易に判断できない研究が登場している．例えば，ヒト胚を用いた研究やクローン技術を用いた研究などである．また，脳科学研究の急速な発展に伴い，ブレイン－マシン・インターフェース(BMI)をはじめとする脳科学研究についての倫理的問題(ニューロエシックス neuroethics)も近年浮上している．

a **原型** [archetype] 比較形態学・系統分類学の概念で，比較を通じて推定された仮説的な祖先型のもつパターンのこと．もともとは，すべての植物あるいは動物に対してその本質となる抽象化されたモデルとして認識された観念(イデア)を意味した．自然哲学的生物学を基盤として成立した概念とみられ，はじめ J.W. von Goethe により型(独 Typus)の概念として提唱された．自然哲学における絶対者の思想に通じ，具象化され差別を生じて現実の存在となる根源的なものである．T.H. Huxley が試みたように，これをそれぞれの類群の祖先型とみなせば進化論の体裁をなすことから，自然哲学的生物学と進化論の関係が問題にされるが，原型の概念はもともと観念的なもの．Urbild, Plan などの語も，ほぼ同じ内容である．

b **原形質** [protoplasm] 細胞のうち*細胞膜以外の，*核と*細胞質とからなる部分．元来は，細胞の生きている部分を構成している物質として定義され，細胞が比較的均質な物質から構成されているとの認識をふまえて用いられた語．原形質の微細構造に関して，19世紀後半から20世紀前半にかけて網状説・繊維説・粒状説・泡沫説など多くの原形質構造説が提唱されたこともある．その後細胞が種々の細胞小器官や構造を含む高度に組織化された系であることが判明するにつれ，この語の示す物質的な意味は薄れた．植物の*原形質流動，原形質連絡などの用語に名残を留める．細胞の無構造的な物質は，*細胞質基質と呼ばれ，原形質の物理的特性は，これによって代表される．(→細胞質, →核)

c **原形質運動** [protoplasmic movement] 植物細胞や原生生物細胞などの*原形質流動，変形菌の変形体の律動的流動，*繊毛運動，*鞭毛運動など，細胞内運動の総称．(→原形質運動)

d **原形質ゲル** [plasma gel] ゲルの状態にある*原形質．一般に細胞の周辺部の細胞質(*外質)は，粘性の高い原形質ゲルで構成されている．原形質ゲルは容易に原形質ゾルに転換される(→ゾル－ゲル転換)．運動(*アメーバ運動・原形質流動)のはげしい細胞の原形質ゲルには，*アクトミオシン系の繊維構造が観察され，細胞の運動や*エンドサイトーシスに重要な働きをしていると考えられている．

e **原形質測定法** [plasmometry] *原形質分離における*プロトプラストの体積変化から，細胞の*浸透価および物質の*透過性を求める方法．円柱状細胞がきれいに凸形原形質分離したときには原形質体の体積は正確に測定できる．限界原形質分離の細胞の体積を V_z，浸透価を O_z とし，0 より高い浸透価 O の外液と浸透平衡に達したプロトプラストの体積を V とすると，$O_z=O(V/V_z)=O_g$．g は原形質分離度．外液から溶質が透入して時間 Δt の間に g は Δg，O_z は ΔO_z だけ変化したとすると，$\Delta O_z = O\Delta g$ である．単位時間における物質の透過量は $O\Delta g/\Delta t$ で求められる．

f **原形質ゾル** [plasma sol] ゾルの状態にある*原形質．一般に細胞の内部の原形質(*内質)は，周縁部に比べ粘性の低い原形質ゾルで構成されている．原形質ゾルの粘性は，水の数十倍から数百倍に当たる．一般に長い粒子を分散相とするゾルでは，みかけの粘性が歪力の増加と共に減少する傾向をもつ．このような流体は非ニュートン性流体(non-Newtonian fluid, 異常流体 anomalous fluid)と呼ばれ，原形質ゾルは非ニュートン性流体としての行動を示す．(→ゾル－ゲル転換)

g **原形質復帰** [deplasmolysis] *原形質分離した*プロトプラストが元の状態にもどり，細胞の緊張状態が回復すること．原形質分離を起こしている細胞を低張液または水に移した場合のほか，比較的透過しやすい物質の溶液で原形質分離を起こした場合，分離によって透過性が増大し，また半透性が減じた場合，分離後に増長が起こった場合などに，この現象がみられる．原形質復帰を利用して*透過性を測定するときには，原形質分離透過性に注意する必要がある．

h **原形質分離** [plasmolysis] 植物細胞が*浸透圧の高い液(高張液)に浸された時，*プロトプラストが収縮して細胞壁から離れる現象．細胞膜が半透性の性質をもつため，浸透圧の低い液に浸された植物細胞では，浸透によって水が細胞内に入る．その結果，*膨圧が発生し，細胞は緊張(turgescence)の状態になる．細胞内浸透圧と等張の細胞外液に浸した場合，膨圧は 0 となり，このような状態は限界原形質分離(limit plasmolysis)という．細胞よりも高張の溶液中では，限界原形質分離の状態を経過した後，細胞膜が細胞壁に移動し，プロトプラストが収縮し，やがて細胞膜が細胞壁から離れて原形質分離が起こる．プロトプラストの浸透圧が細胞外液と等張になった段階で，プロトプラストの収縮は終わる．*液胞膜も半透性をもつため，原形質分離が起こる時に液胞も同時に収縮する．原形質分離を起こすために外液に加える溶質を原形質分離剤(plasmolyticum)という．原形質分離剤としては，細胞膜がその溶質に対して半透性をもっていることが必要で，糖や溶解度の高い中性塩(例えば，マンニトールや $CaCl_2$) などが用いられる．一般に原形質分離剤溶液に浸すと，細胞は初め凹形分離を示し，時間と共に原形質分離全体が凸形分離を示すようになる．この時までに要する時間を原形質分離時(plasmolysis time)という．原形質分離した時のプロトプラスト体積の，限界原形質分離時の細胞の体積に対する割合を原形質分離度(degree of plasmolysis)という．原形質分離をした細胞において，細胞壁とプロトプラストの間に非常に細い糸が見られることがある．この糸は1912年に K. Hecht によって発見されたので，ヘヒトの糸(独 Hechtsche Fäden, 英語では Hecht's threads)と呼ばれる．また原形質分離が起こると，それが原因となって，細胞膜の半透性自体が変化することがある．このような状態の透過性を原形質分離透過性(plasmolysis permeability)という．原形質分離が起きた後，細胞膜が半透性を失うと，原形質復帰が起こる．この時，液胞の側が半透性を維持していると，液胞は収縮した状態を維持する．このような状態を液胞分離(tonoplast plasmolysis)という．外液と等張状態にあるプロトプラストの細

胞外浸透圧を変え，その時の体積変化速度を測定することにより，細胞膜の水透過性(water permeability)の値を得ることができる．等張液または低張液中において，プロトプラストが収縮して，見かけ上，原形質分離の状態になることがある．この現象は偽原形質分離(pseudoplasmolysis)と呼ばれる．これはアオミドロやプラスモの細胞をカリウム塩溶液に浸した時，機械的障害を与えた時，酸あるいは塩基をふれさせた時などに起こる．乾燥によって細胞が水を失った場合は，原形質分離は起こらず，細胞壁がプロトプラストと共に変形する．このような細胞を水に移した時，細胞壁だけが急に水を吸い，膨潤するが，プロトプラストの体積増加がそれに伴わないで偽原形質分離が起こることがある．原形質分離とは逆に，細胞質などが細胞外に飛び出る現象があり，これは原形質吐出(plasmoptysis)と呼ばれる．原形質吐出は，細胞を低張液に入れた時，細胞の浸透圧が急激に増加した時などに起こり，細胞壁の薄い花粉管，根毛，藻類や菌類の細胞などにおいて起こりやすい．

a **原形質流動** [protoplasmic streaming] 《同》細胞質流動(cytoplasmic streaming)．細胞運動の一型で，厳密には植物や菌類において，細胞の形が変わらずに内部の細胞質が流れるように動く現象．流速は生物種によって多様であるが，毎秒数 μm の場合が多い．シャジクモ類では毎秒 100 μm にも達することがある．神谷宣郎と黒田清子(1956)はシャジクモ類の細胞を用いた流速分布の解析から，流動力はゾル-ゲル界面でも能動的な滑りにより発生することを明らかにした．その後，ゲル層の表面には*アクチンフィラメントの束が固定されており，これが流動力の発生に不可欠であることが分かった．原形質流動に関与する*ミオシンはテッポウユリの花粉管において初めて生化学的に同定された．その後，オオシャジクモやタバコの培養細胞においても同定され，これらのミオシンは遺伝子の解析からミオシン XI に属することが明らかとなった．原形質流動は細胞小器官が輸送される現象であり，細胞小器官に結合したミオシン XI が ATP の加水分解エネルギーを用いてアクチンフィラメントの上を滑ることにより，流動力が発生する．植物は複数のミオシン XI 遺伝子をもつが，小胞体を輸送するミオシン XI や，*ペルオキシソームを輸送するミオシン XI が同定されている．原形質流動はカルシウムによって阻害される．テッポウユリ花粉管やタバコ培養細胞ではミオシン XI の軽鎖である*カルモジュリンが流動に関与している．シャジクモ類では蛋白質リン酸化が関与していることが報告されているが，詳細は不明である．一部の菌類では，微小管系が細胞小器官の輸送に関与していることが知られている．真正粘菌の変形体では往復流動という現象が見られ，これにもアクチン-ミオシン系が働いていて，ミオシン II とアクチンフィラメントによって発生するゲルの収縮により，ゾルが受動的に流動すると考えられている．流速は毎秒 1 mm にも達する．広義には，アメーバ運動を含め，細胞内において細胞小器官が輸送される現象を原形質流動と呼ぶことがある．

光原形質流動(photodinesis)は，原形質流動が光で誘発される現象で，カナダモやオオセキショウモの葉肉細胞で観察されている．オオセキショウモでは，*フィトクロムと光合成色素の両方が光原形質流動に関与しており，光は，細胞内の Ca^{2+} 濃度を調節し，それによって原形質流動に働くミオシンの活性を調節していると考えられている．

b **原形質連絡** [plasmodesm, plasmodesma, pl. plasmodesmata] 《同》プラスモデスム，細胞間橋(cell bridge)．植物の細胞相互間を連絡している，細胞膜に囲まれた細い細胞質の糸．生殖細胞間，および周囲のタペータム細胞(→タペータム)には存在しない．次の2種に分けられる．(1) 一次プラスモデスム：中央にシリンダー状に圧縮された小胞体をもつ直径約 40 nm の細胞質の糸．その小胞体はデスモチューブル(desmotubule)と呼ばれる．細胞分裂終期に細胞板が形成される際に，小胞体の一部が新生の細胞板によって切断されることなく残ったものに由来すると考えられる．物質はデスモチューブルと細胞膜間の狭い隙間を通って細胞間を移動する．シャジクモ植物では分子量 4.5 万までの物質を通すことができる．被子植物ではデスモチューブルと細胞膜の間に球状の蛋白質がつまっており，通路の幅は著しく狭められ，通常その通過限界分子量は 1000．ただし，その幅は特定の蛋白質によって調節され，必要に応じて蛋白質・核酸，ときにはウイルスをも通すことがある．(2) 二次プラスモデスム：既存の細胞壁が酵素で加水分解されることにより形成される．通常の発生過程でも，また接木や寄主-寄生植物間でもみられる．植物体は，プラスモデスムの存在により，高度に陥入した細胞壁によって支持される巨大な*多核体とみなすこともできる．

c **原形発生** [palingenesis] 《同》反復発生．ある生物の個体発生において，個体全体または一定の原基の発生過程がその祖先型の個体発生における過程と一致する場合．例えば，哺乳類胚における咽頭弓・脊索，さらにヒトの胎児における尾の存在などである．*変形発生と対する．原語は霊魂の輪廻の意で，E. H. Haeckel が上記の意味に転用した．(→生物発生原則)

d **言語** [language] [1] 特にヒトにおいて，ある一定の規則によって連結された*言語音の一定のまとまりと一定の意味とを，ある特定のしかたで結合する記号体系の一種．音声と意味の間の恣意性，時空間を超える超越性などの特徴をもつ．言語は社会慣習的性格をもつが必然的に社会のあらゆる多様性に関係をもち，成長過程を通じて後天的・文化的に獲得される．ヒトの言語はヒトの認知機能の表れであり，種としてのヒトに固有のものである．ヒトが言語をもつのは特有の神経系や口・喉などの運動器官が言語をもつことを可能にしている構造をもっているからであり，ヒト以外の動物がヒトと比較しうる言語をもたないのはそのような構造をもたないからであるという考え方がある．N. Chomsky (1957, 1965)は，ヒトには，人種・民族に関係なくいかなる自然言語をも出来不出来なく母語とする能力のあること，言語獲得の際に幼児が利用できる言語資料は周囲の成人の発話であり，それは模範的な言語資料からはひどくずれた(非文法的な)ものがほとんどであるにもかかわらず，幼児は極めて短期間に完全な言語(文法)を獲得すること，ヒトは母語ならば今まで聞いたことのない文でも聞きまた発話しうることなどの事実を指摘し，ヒトの言語には深層構造と呼ぶべき基本的構造があり，それが一定の変換規則に従って構造変換をうけ種々異なる表示形(表層構造)となって無限に生成される，という言語生成モデルを考えた．さらに，この深層構造と変換規則はあらゆる個別言語に共通な構造的性格をもち，かつそれは種としてのヒトに固有で生得的なものである，という言語

普遍(language universal)の概念に基づく変換生成文法理論を提唱し，したがって言語学はひろく認知心理学に属すると主張した．この理論は言語がヒトにのみ固有のものであるという考えに具体的な裏づけとなる言語理論を与えるものとして，言語の生物学的・心理学的・病理学的研究でも高く評価されている(⇒コミュニケーション)．近年，言語障害と強い関連性をもつ遺伝子(FOXP2)が発見され，ゲノム解析の結果チンパンジーと二つのアミノ酸配列が異なることがわかっている．この変異は現生人類とネアンデルタール人の共通祖先で起きたことも推測されており，ヒトの言語能力の遺伝的基盤が明らかになりつつある．また，ヒト以外の動物で言語の起源を探る研究も盛んで，特に霊長類における音声産出一随性と模倣能力などの社会性の発達が重要と指摘されている．[2] 無脊椎動物において，やや複雑な内容をもって行われる情報伝達を指して，言語あるいは「ことば」ということがある．*ミツバチのダンスなどがその例で，その種に固有のコミュニケーションのシステムを指し，ヒトの言語とのつながりを意識したものではない．

a **原口** [blastopore] 多細胞動物の発生初期において，胞胚期の終了後，内胚葉および中胚葉の材料が胚表から胚内に移動する際に生ずる*陥入個所．多くの場合円形または曲線状の開口として認められる．したがって原口は，特定の細胞が形成するのではなく，*原腸形成の進行に伴って次々に異なった細胞が形づくるわけである．特に原口の折曲りの部位を原口唇(blastopore lip)と呼ぶ．全分割の脊索動物の卵などでは原口唇の各部を胚の背腹軸に応じて背唇，腹唇，側唇などと呼ぶ．一般に原口唇は内部で原腸へ通じる．原口をもつ時期の胚が*原腸胚である(⇒原腸形成)．鳥類や哺乳類の胚のもつ原条は脊索および中胚葉の材料の陥入個所として，機能的に原口に近いものである．爬虫類のいわゆる原口は同様に陥入個所であるが，無羊膜類の原口と異なって内胚葉の陥入とは関係がないとされている．(⇒脊索中胚葉)

b **原腔動物** [Archicoelomata] 《同》原始体腔動物．左右相称動物のうち，箒虫動物・苔虫動物・腕足動物(以上を総称して触手動物と称することがある)・毛顎動物・半索動物・棘皮動物を併せた一群．触手動物の体腔の発生形式は種々の程度において端細胞幹のそれと腸体腔幹のそれとの中間的なものであり，その他の形質においても旧口動物と原始的な新口動物の両者に似た性質をもつことから，その系統学的な位置が一定しなかった．そのため，W. Urlich(1950, 1951)は体腔の発生からみて，3対の体腔をもつ(三体腔性)ものをまとめて原腔動物とすることを提唱．その他の左右相称動物である新腔動物(Neocoelomata)と対する．1997年に提唱された脱皮動物仮説が受け入れられるに伴い，それまで後生動物の系統を論じる上で重視されていた体節制や体腔の様式といった形質が見直された結果，現在これらの群名は歴史的文脈以外で用いられることはほとんど無くなった．

c **言語音** [speech sound] 《同》語音．ヒトの発話(speech)を構成する音声．声帯に発する音振動が咽頭腔・口腔・鼻腔など，いわゆる付属管の形状変化により種々異なる共鳴を受けて生ずる楽音と，舌・歯・歯槽・口蓋・口蓋垂・咽頭・喉頭などの閉鎖・摩擦・ふるえなどにより生ずる噪音とで構成される．その発声機構その他により母音と子音に大別される．また，言語音は声帯の振動による音声がなくとも，軟骨声門を呼出気流が通過するときの摩擦音だけによって成立することができ，これをささやき(whisper)という．言語は，これら言語音が一定の順序に連結され，この音連鎖の一定のまとまりに対して一定の意味が結合した記号体系の一種である．声道の形状やその変化によって言語音を形成することを分節化(articulation)と呼ぶ．分節化された音声すなわち有節音はヒトにのみ発達しており，この解剖学的基盤には，直立二足歩行によって喉頭が下がった結果発達した，長い声道と可動性の高い舌がある．言語音を聴く能力と発する能力は，大脳皮質のそれぞれ感覚性言語中枢(sensory speech center, 左側の上側頭回の後 1/2〜1/3)・運動性言語中枢(motor speech center, ブローカ野 Broca's area, 左側の下前頭回の後ろ 1/3)に依存し，その障害は感覚性・運動性の失語症を起こす(⇒言語野)．特に運動性中枢は，調音に関与する各随意筋すなわち言語筋への神経支配を統制する．言語筋は一部は咀嚼筋と同一物であるが，それらは言語中枢の障害時にもなお咀嚼に役立つ．これは，ヒトの発音器官は本来は咀嚼器官であって，発音は二次的な機能であることの表れである．

d **言語野** [language area, speech area] 《同》言語中枢．ヒトの大脳皮質で言語機能を司る領域．臨床的には*失語症の起こる責任病巣として定義され，主として前頭葉にあるブローカ野(Broca's area)と側頭葉にあるウェルニッケ野(Wernicke's area)を指す．ブロードマンの脳地図(⇒細胞構築学)によれば，ブローカ野は 44 野と 45 野に対応し，ウェルニッケ野は 22 野にあたる．右利きの人のほとんどで，左利きの人でも過半数はどちらも左脳に存在する．古典的には，ブローカ野は運動性の言語中枢で，ウェルニッケ野は感覚性の言語中枢であるとされてきたが，前者の損傷により文法的な構造に基づく言語理解の障害が起こることから，ブローカ野が文法中枢として機能するという考え方もある．

e **原根層** [hypophysis] 被子植物で*前胚から胚が作られる時，*胚柄の最上部に，*胚球(胚本体)に接した位置に存在し，その後の発生で*幼根の一部と*根冠を作る部分．アブラナ科型の胚発生では，胚柄とともに，受精卵が二つに分かれた時の基底細胞(basal cell)に由来する(⇒前胚[図])．シロイヌナズナの原根層は上下 2 細胞層に分裂し，胚本体側の細胞層からは*静止中心が，胚柄側の細胞層からは根冠の中央部が作られる．

f **原索動物** [protochordates ラ Protochordata, Prochordata] *尾索動物と*頭索動物をまとめた一群．かつて F. M. Balfour(1881)が独立の一門としたが，現在では*脊索動物門のなかに解消されるのが一般的．上記の 2 群は，脊椎骨をもたず，*脊索，背部神経管，*鰓裂，*囲鰓腔，および*内柱をもつ．ただし，脊索の構造や囲鰓腔の個体発生などにおいて 2 群はかなり異なる．かつては*半索動物がこの門に含まれた．

g **検索表** [key] 生物の*タクソンを同定するために作られた表．識別形質の形質状態の組合せにより，タクソンが属する集合を段階的に(多くの場合二分岐で)狭め，最終的な唯一のタクソンにたどりつくように作成される．識別形質やその状態の段階的な配列によっていろいろなレベルの集合は，正確で効率的な同定を主目的として作られるので，系統分類と一致しないことも多い．(⇒同定)

h **犬歯窩** [canine fossa ラ fossa canina] ヒトの上顎骨体前面にみられる弱いくぼみ．上方に眼窩，内側に

梨状口，下方に歯槽があり，特に犬歯の歯根部に近いところにあることからこの名がある．上顎骨などの咀嚼器が発達しているサル類には存在しないが，化石人類から現代人にいたる進化過程でだんだん顕著になる傾向がある．上顎骨歯槽部の退化に関連する．

a **原始環虫類** [archiannelids ラ Archiannelida]《同》原環虫類．小形で単純な多毛類の総称．分類群ではない．体長1mm以下の微小なものから数cmの糸状のものまであり，等体節をもつ．表皮はときとして繊毛上皮からなりクチクラを欠く．各体節には*疣足（いぼあし）は全く無いか，種により極めて簡単な剛毛束をもつ．口前葉には小形の眼・触手がある．神経系は表皮中にあり，循環系はあっても極めて簡単．排出器は体節的に配列した腎管，または微小種では少数の原腎管．大部分は雌雄異体で，雄にはしばしば交尾器がある．トロコフォアを生ずる．ほとんど海産（一部は洞窟性淡水産）で，海浜や海底の砂中または海藻上に生息．かつては環形動物門の一綱とされたが，いろいろな系統に独立に生じた種を寄せ集めた多系統群である．

b **顕示行動** [epideictic behavior] 動物の示す行動のうち，その*個体群密度をみずから調節する（→密度調節）のに働いていると考えられる信号的な行動．V.C. Wynne-Edwards (1962) の提出した概念．動物は資源（利用しうる空間や物質など）を有効に利用するために，密度を自己調節（self-regulation）する能力をもっており，例えば繁殖期におけるカエルの音声や蚊柱などは，その役割を果たしている顕示行動であるとした．現在はこうした考え方は支持されていない．

c **限雌性遺伝** [hologynic inheritance] ショウジョウバエにおいて，X染色体に存在する劣性遺伝子によって支配される形質が，Y染色体にその正常対立遺伝子がある場合には，雄には現れず，ホモの雌にだけ現れるという現象．*伴性遺伝の一型であり，また*限性遺伝である．キイロショウジョウバエのX染色体にある断髪遺伝子（bb:bobbed，頭部および胸部の剛毛が短小となる）は劣性で，Y染色体にはその正常対立遺伝子（+）がある．したがって $X_{bb}X_{bb}$ の雌は断髪となるが，$X_{bb}Y_+$ の雄は正常である．なお限雄性・限雌性は，ZW型の性染色体をもつカイコのような生物では関係が逆になるが，適例が知られていない．（→限雄性遺伝）

d **絹糸腺** [silk gland] [1] 鱗翅目・毛翅目昆虫の幼虫にみられる絹糸を分泌する1対の外分泌腺．発生的には下唇腺（→唾液腺[2]）と相同．細長い管状の腺で，長さは種によって異なるが，厚い繭を作るガの類ではよく発達しており，カイコでは営繭直前には幼虫体の非常に大きな部分を占める．分岐した核のある大形の細胞が1対ずつ抱合した形で1層に並んで管を成し，その外側は薄い基底膜に包まれている．腺は前・中・後の3部に分かれ，前部糸腺の内腔には薄いクチクラ性の内膜がある．後部糸腺は絹糸の中心部をなす蛋白質である*フィブロインを分泌する．フィブロインは中部糸腺に蓄積されるとともに，中部糸腺から分泌される別の蛋白質*セリシンがその外周を覆い，ゲル状の絹物質（液状絹）となる．これは前部糸腺を通って下唇先端の吐糸口から排出され，張力の作用のもとに固体化して絹糸となる．絹糸は幼虫脱皮時の足がかりとして，また繭や巣の材料およびその固着の手段として重要である．腺は幼虫の成長に伴って発達するが，細胞の増殖はない．蛹化とともに退化する．その発達は*前胸腺ホルモンとアラタ体ホルモンとの一定の平衡によって維持されていると考えられ，実験的にこの平衡をくずすと絹糸腺に早期の退化が起こり，いわゆる不結繭蚕となる．中・後部の細胞は，典型的な蛋白質生合成・分泌細胞としての構造と機能をもち，蛋白質生合成の研究材料として重要視される．[2] 脈翅目その他では*マルピーギ管が，また紡脚目（シロアリモドキ類）では前肢跗節の皮膚腺が，やはり絹糸を分泌し，絹糸腺と呼ばれることがある．

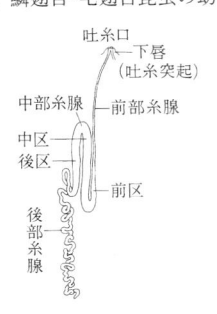

e **原糸体** [protonema, $pl.$ protonemata] コケ植物およびシダ植物において，胞子が発芽後，*配偶体（半数世代）本体 (gametophore) をつくる頂端細胞が形成されるまでの植物体．蘚類の場合，茎葉体頂端細胞が形成されたあとも原糸体は成長しつづける．[1] コケ植物蘚類では多くの葉緑体を含み直角の隔壁をもつ短い細胞からなるクロロネマ (chloronema) とクロロネマから二次的に生じる褐色で葉緑体が少なく斜めの隔壁をもつカウロネマ (caulonema) に分化する．配偶体本体に成長する芽はカウロネマ上だけに形成される．苔類ではこのような分化はなく配偶体本体の頂端細胞は原糸体の先端に形成される．[2] シダ植物では細胞が1列に並んで生じる糸状体を指し，その先端に*前葉体が形成される．[3] シャジクモ類の発生初期に生じる一細胞裂の構造など，同様の形状を原糸体ということがある．

f **原始蛋白質** [primordial protein] 生命の誕生以前の化学進化の段階において生成したとされる蛋白質．その生成機構として，ポリグリシン説（赤堀四郎，1956）やアミノ酸の熱重合説（熱プロテノイド thermal protenoid:S.W.Fox，原田馨，1963）などが提唱されている．また最初期の原始蛋白質は，ユーリー-ミラーの実験で容易に生じる4種のアミノ酸，グリシン(G)，アラニン(A)，アスパラギン酸(D)，バリン(V)で構成されたとするGADV仮説（池原健二，2000）もある．この説では，これら4種のアミノ酸の対応コドンはいずれもグアニン(G)で始まることから，最古のコドンはGNC(Nは4種のヌクレオチドのいずれか)のかたちをもち，その後，遺伝子・コドン・蛋白質は互いに共進化したとされる．

g **原種** [original seed] [1] [stock seed] 農業用種子を生産するために採種圃（原種圃 registered seed farm）に供給するための種子（もと種子）．さらに，原種のもとになる種子を原原種 (foundation seed) という．原種の採種には育成品種の特性を維持するために十分の注意が必要である．自殖性作物の場合にはなるべく純系として，また他殖性作物の場合には個体群を他から隔離して，原種の採種が行われる．なお家畜の場合は original breed, original stock, ニワトリなどの場合は grand parent stock の語が慣用される．[2] 育種，園芸などにおいて，改良品種や栽培種の祖先である在来種や野生種 (wild relatives) の総称．

h **原条** [primitive streak] 《同》原始条，原始線条．羊膜類の特に鳥類と哺乳類の発生初期の胚盤葉上層に一

時的に生じる，正中にそって走る線条状の隆起．両生類の*原口と同様，*原腸形成で胚葉が形成される際の細胞の通路となる．すなわち，胚盤葉上層からこの位置を経て移入(ingression)した細胞のうち下層に入ったものが内胚葉となり，下層と上層の間に位置したものが中胚葉，胚盤葉上層に残った細胞が外胚葉となる．ニワトリ胚を例にとれば，原条ははじめ，胚盤葉上層の後端，*コラーの鎌のすぐ前方における細胞の集積として現れ，やがて胚盤葉上層の細胞の側方から正中後方に向かう動きと正中後方から前方に向かう動きによって，前方に向かってより細く，長い線条状になる．原条の正中は原溝(primitive groove)と呼ばれる溝をなし，その両側は堤状に高まって原褶(primitive ridge)といわれる．原条が最も長くなる頃，原条の先端には*ヘンゼン結節と呼ばれる小隆起が形成される．ヘンゼン結節の中央部は特にくぼんでいて，その部位を原窩(primitive pit)という．ヘンゼン結節から移入した細胞によって脊索原基である*頭突起が形成され，頭突起の伸長とともにヘンゼン結節と原条は後方へと退縮する．このような原条の縮小過程は後退(regression)と呼ばれる．原条からの細胞の移入は原条形成直後から始まり，内胚葉の移入は後退が始まる頃にはほぼ終了する．一方，中胚葉の移入は原条の後退が進み前方の体節が形成されたあとまで続く．原条は，胞胚期に胚盤葉後端の後方辺縁帯(posterior marginal zone, PMZ)によって誘導される．鳥類胚において，適温以下の温度での孵卵やX線照射によって無軸胚盤葉(anidian, anidian blastoderm)と呼ばれる奇形が生じることがあるが，この奇形では何らかの原因でこの誘導が起こらないため，原条は形成されないまま胚盤葉がただ増殖する．さまざまな移植実験の結果や遺伝子発現の共通性などから，PMZは両生類のニューコープセンター(⇌中胚葉)に，またヘンゼン結節は原口背唇部に相当すると考えられる．爬虫類はワニやムカシトカゲなど一部を除き，原条ではなく原口を形成する．(⇌脊索中胚葉)

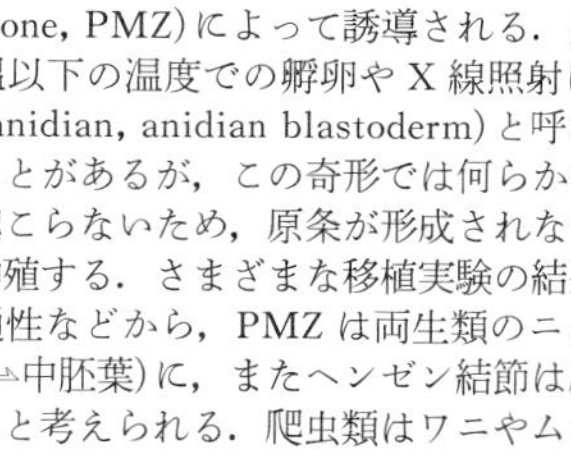

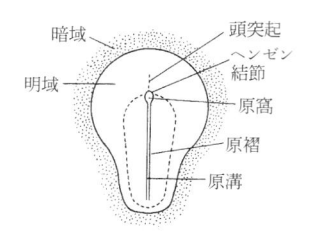

a **原植生** [original vegetation]《同》原始植生．ある場所の現存植生が*代償植生である場合に，それが生じた直前，すなわちある植生に人為的撹乱が加えられる直前の植生．

b **原植物** [ideal plant type] すべての植物の背後にあると想定された，認識論的形象としての根源的・典型的植物．J. W. von Goethe(1790)の提唱．彼は，現実の植物は原植物のさまざまな変態(メタモルフォーゼ)であるとみるべきことを主張した．原植物は*原型の概念につながり，ここでいう変態は現代生物学における*変態とは異なり，全く理念的な変形を指すとされる．

c **原始林** [primeval forest, primary forest, virgin forest]《同》処女林，自然林，原生林．広義には伐採その他の人為や，火災などの及んでいない森林を指す一般的な語．災害地のあとに天然に成立したものでもよく，極相群落に至る途中のものをも含む．狭義には人為的な変化を受けず，極相に達して永く変化しない森林を指す．(⇌天然生林)

d **犬歯類** [cynodonts ラ Cynodontia]《同》キノドン類．単弓綱の化石動物で，テリオドン目中の一亜目．*ペルム紀後期から*三畳紀に繁栄し，一部のもの(トリティロドン科)は*白亜紀まで存続．南アフリカ，南米やロシアから良く知られているが，近年は北米や中国，南極大陸からも発見されている．日本でも1998年に石川県の白亜紀前期の地層からトリティロドン類のレリックな化石が見つかった．哺乳類に似て歯牙に門歯，犬歯，頬歯が明瞭に区別され，二次口蓋も発達している．ただし脳容量は爬虫類と同様に小さかった．また，歯の交換様式は多歯性であり，哺乳類のように二歯性ではなかった．歯の形態から動物食のものが多かったが，雑食や植物食のものもいたと考えられる．*Cynognathus* は代表的な属．犬歯類中でもとりわけ進化程度の高い *Diarthrognathus* や *Probainognathus* やトリティロドン類は，顎に爬虫類型と哺乳類型の二重の関節をもつことが知られる．

e **原腎管** [protonephridium] [1] 無脊椎動物の排出器官のうち，最も原始的な構造とされるもので，体の左右に1対列または正中線上に1列に走行する樹枝状の細管の系統．扁形動物・紐形動物・輪形動物の幼生および成体，環形動物・軟体動物の幼生(トロコフォア・ヴェリジャーなど)に見られる．管系には腎口のような入口はなく，多数の分岐枝の末端は盲端に終わり，末端器官(terminal organ, end organ)をもつものが多い．末端器官は1個または数個の細胞からなり，管腔に向かう壁に数本の繊毛の束があり，炎のように揺れ動くので炎球(flame bulb)または炎細胞(焰細胞 flame cell)と呼ぶ．原体腔内に生じた老廃物および外界から体内に浸透した過剰な水は繊毛運動による水流によって，微細な格子状構造をもつ炎球壁面から入って原腎管腔に出る．原腎管の外界への排出孔は，体の腹面に1対あるか，体節ごとに前後に多数対が配列しているか，または体の後端に1個ある．排出孔の直前に排出物を一時貯える*排出嚢をもつものもある．トロコフォアなどの原腎管は変態後は消失して成体の*腎管がこれに代わる．機能としては老廃物の排出とともに浸透調節器官として重要とされる(図)．[2] ナメクジウオなどに見られる*籠足細胞をもつ排出器官．

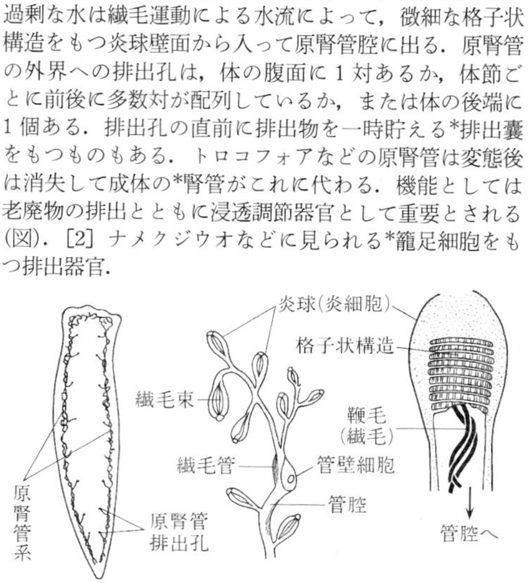

1 原腎管系　2 末端器官　3 炎球壁の微細構造模式図
扁形動物(淡水産ウズムシ類)

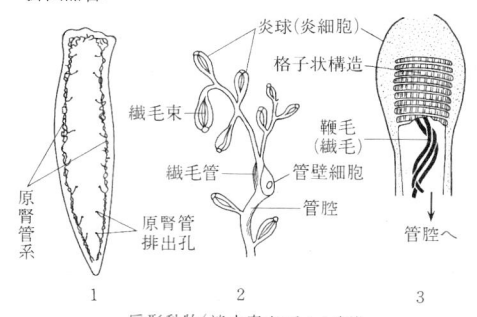

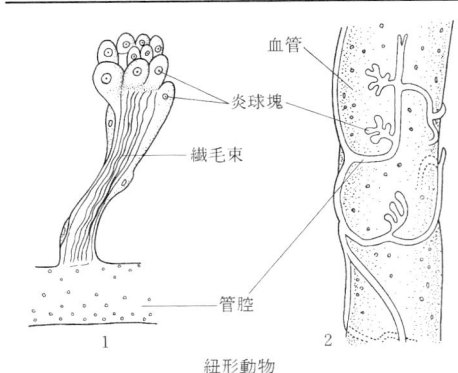

紐形動物
1 末端器官　2 側行血管前方部の内面

a **減衰成長** [staling] 培地上に植菌された糸状菌の成長の後期に，菌糸の伸長速度が低下する現象．成長に必要な栄養素の一部が欠乏することと，成長に阻害的な代謝産物が蓄積することが原因である．

b **減数分裂** [meiosis] 《同》減数有糸分裂(meiotic mitosis)，還元分裂 (reduction division)，成熟分裂 (maturation division)．2回連続した*有糸分裂から構成され，その結果，染色体数が半減する核分裂．動物では生殖細胞形成のときに起こるので，成熟分裂とも呼ばれるが，減数分裂は生殖細胞形成のとき以外にも起こることがあるので，生殖細胞が完全に受精可能な配偶子にまで成熟することを意味する成熟分裂と同一視することは適当でない．染色体の減数ということは，ただ染色体数が半減するだけでなく，各*相同染色体が分離することも同時に意味する．その際，おのおのの相同染色体がランダムに分配されるため，おのおのの配偶子がもつ遺伝子型が多様になる．体細胞分裂でも染色体数が半減する場合がある (*体細胞減数分裂)．減数分裂は生物により*生活環の内の一定の時期に起こり，*接合子還元・胞子還元・配偶子還元などの場合がある．減数分裂の経過は第一分裂と第二分裂とに分けられる．第一分裂は体細胞有糸分裂と著しく異なるので異型分裂(異型核分裂，heterotypic division)ともいい，その前期(図のb)をさらにレプトテン期・ザイゴテン期・パキテン期・ディプロテン期・ディアキネシス期に細分する．減数分裂が始まると，DNAの倍加を終えた間期核のクロマチン(染色質)は凝縮が強まり，レプトネマ (leptonema) と呼ぶ細い糸状体になる (*レプトテン期)．この染色糸は相同染色体にあたるものどうしで2本ずつ並び，側面で*対合を始める (*ザイゴテン期)．この対合の際に*交叉(乗換え)が起こる．交叉により対立遺伝子が組み換えられるため，遺伝子型の多様性が増す．対合が終わると染色糸は太くなる (*パキテン期)．次にこの太い染色糸は，*キアズマの部分を残して2個おのおのの縦裂した姉妹染色分体が見分けられるようになる (*ディプロテン期)．おのおのの染色糸はらせん状に巻くので染色体は太く短くなる (*ディアキネシス期)．つづいて一般に核膜と核小体は見えなくなり，*紡錘体ができる．染色体は依然として2個対合したままの*二価染色体であり，ゲミニ (ジェミニ gemini) と呼ばれる．これはそのおのおのが縦裂して4本の染色分体，いわゆる*四分染色体となる．染色体の*動原体は赤道面に並び(中期)，やがて4本の染色分体の2本ずつが紡錘体の両極に分かれ(後期，図のc)，半数の*二染色体を含む中間期の核となる(終期)．第二分裂(図のe，f)は同型分裂(同型核分裂 homotypic division)で，2本の染色分体は1本ずつ極へ分かれ，一分染色体(monad)となる．このように減数分裂では一般に，第一分裂で対をなした相同染色体が対合面で分離し (*還元的分裂)，第二分裂で染色体の縦裂面で均等的に分かれる (*均等的分裂)．これを前還元的分裂という．一方，第二分裂で対合面で分かれる場合もあり，これを後還元的分裂という (⇨前還元，⇨後還元)．母細胞のDNAの大部分は減数分裂前のS期に合成されるが，第二分裂前の中間期(図のd)ではDNA合成は起こらない．また中間期が省略されたり，クロマチンの分散や核小体形成が起こらないこともある．一般に減数分裂に要する時間は体細胞分裂の場合より著しく長い．減数分裂中にはそのほかに細胞の透過性の変化，細胞質の粘性やpHの変化，RNAや蛋白質の量の変化が起こる．また，単為生殖をする生物や雑種生物では，これと違った変型的な減数分裂をするものがある．

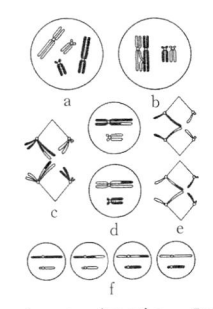

減数分裂の模式図(核だけを示す) a〜cは第一分裂，aは間期，bは前期，cは後期，dは中間期．e，fは第二分裂，eは後期，fは終期．この図は前還元型を示してある．白と黒は相同染色体($n=2$)．第一分裂で相同染色分体間に乗換えが起こるのでc以下のように白黒まだらの染色分体ができる．

c **ケーンズモデル** [Cairns model, Cairns form] 決まった起点をもち，そこから両方向への*複製を行う染色体DNAの特徴的形態，およびその複製様式．1963年にJ.Cairnsが，複製途中の大腸菌DNAの全体像を*オートラジオグラフ法により観察して，この形態を認めた．その後，電子顕微鏡による複製中のDNAの形状解析が進み，パポーバウイルス(SV40, ポリオーマウイルス)やλファージ(感染初期)，大腸菌のプラスミド類など，極めて広範囲の生物種でケーンズ型の複製DNAが観察されている．この型の特徴は，まずDNAが環状であること，未複製部分と複製終了部分とが2カ所のフォークで区別されること，そして複製終了部分は2カ所のフォークで挟まれる等長の2本の腕になっていることである．形態がギリシャ文字のθに似てい

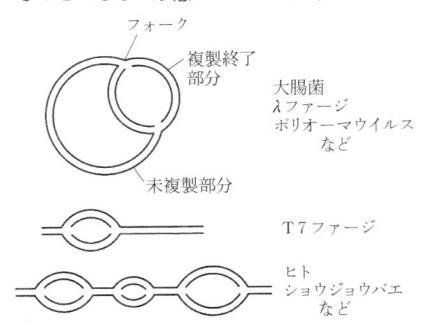

ることからシータ複製(θ型複製 theta replication)とも呼ばれる．*環状DNAに限らず，T7ファージのDNAのように線状で複製する場合も，これが定点•両方向複製であることに注目すれば，2カ所のフォークで挟まれた等長の複製終了部分をもつ点においては本質的にはケーンズ型の範疇に属する．さらに，真核細胞の染色体は多数のレプリコンで構成されていて，T7型のDNAが多数直列につながった形の複製形態をとるので，これも本質的にはケーンズ型である．(⇒DNA複製)

a **限性遺伝**　[sex-limited inheritance]　[1] 雌雄いずれか一方の性の表現型だけに現れる遺伝．T. H. Morgan(1914)の命名．例えばY染色体上に座位する遺伝子による父系形質は雄性子孫だけに遺伝する．(⇒限雌性遺伝，⇒限雄性遺伝，⇒従性遺伝)　[2] *伴性遺伝の旧称．

b **原生生物**　[protists]　《同》プロティスト．後生動物，菌類，陸上植物以外の真核生物に対する慣用名．多くは単細胞性だが多細胞性のものも含み，形態，生殖，生理，栄養様式などは極めて多様．E. H. Haeckel(1866, 1878)が動物界，植物界に対するものとして原生生物界(Protista)を設立．当初は原核生物や菌類，単細胞藻類，原生動物，海綿類を含んでいたが，その後さまざまな変遷があり，R. H. Whittaker(1969)やL. Margulis(1971, 1974)の五界説において現在のような範囲になり一般化した．また多細胞性のもの(海藻など)を含む場合にはプロトクティスタ(Protoctista)の名を用いることもある．ただしこれらのまとまりはいずれも非単系統群であり，系統的には真核生物からごく一部を除いたものである．現在では分類群名として扱われることはないが，慣用的に一般的に用いられる．また原生生物を扱う生物学分野は原生生物学(protistology)と呼ばれる．

c **限性染色体**　[sex-limited chromosome]　[1] 生殖細胞だけに存在する染色体．タマバエ科 Cecidomyiidae やカイチュウでその存在が確かめられている．ハエの一種 *Wachtiella persicariae* では，胚発生初期に体細胞の染色体数を42から8まで減少させるが(⇒染色体削減)，後極に移動した2細胞が本来の染色体数を維持する(⇒極細胞質)．これらが将来，生殖細胞となることから，体細胞の染色体と区別して呼ばれるが，その分子生物学的性質は不明．[2] 片側の性のみに存在する染色体．哺乳類の*Y染色体や鳥類のW染色体が該当する．

d **原生代**　[Proterozoic eon]　*先カンブリア時代を三区分したものの一つで，25億年前から5.4億年前までの間．安定化した大陸地殻が*始生代末から原生代はじめにはできあがり，19億年前に最古の超大陸が形成された．シアノバクテリアによる光合成が活発になり，24億年前の大酸化事変により大気の酸素濃度は急増した．21億年前の地層から真核生物の化石が発見されている．8億年前から6億年前には，赤道域まで氷床で覆われる全球凍結が起こり，その後に生物が爆発的に進化•多様化し，*エディアカラ生物群が出現した．刺胞動物，環形動物，節足動物などの硬組織をもたない無脊椎動物の化石とされ，オーストラリア，ロシアなどから発見されている．

e **原生中心柱**　[protostele]　構造の最も簡単な，概して茎の径に比べて細く，中央に木部，それを取り巻いて篩部がある原始的な中心柱(⇒中心柱[図])．*放射中心柱と*板状中心柱も原生中心柱の一種とされるが，これらと分けるため，本来の原生中心柱は特に単純中心柱(haplostele)と呼ばれることがある．単純原生中心柱はデボン紀の化石植物 *Rhynia*, *Psilophyton* などにみられる．現生の植物では，ウラジロ科，フサシダ科，コケシノブ科などに存在し，一部の科では若い時期に限ってみられ発達した個体では管状中心柱となることが知られている．また系統発上，原生中心柱から管状中心柱が生じたと推定され，化石植物リンボク類では，単純原生中心柱をもつもの(*Lepidodendron esnostense*)の他に，有髄原生中心柱(medullated protostele)があり(*L. brevifolium*)，外篩型管状中心柱への過渡的形態と考えられている．また，マツモ，フサモ，スギナモなどの水生双子葉植物の中心柱は，中央の木部を外側の篩部が取り巻き，原生中心柱のようにみえるが，これは水中生活によって二次的に単純化したものと考えられ，特に退行中心柱(hystelostele)と呼ばれる．

f **原生動物**　[protozoans]　動物的な特徴(捕食，移動)をもった単細胞または群体性真核生物に対する慣用名．形態，運動，生殖，生理，栄養様式など極めて多様．寄生虫学などでは原虫類ともいう．二界説の時代に動物界における原生動物門または亜門(Protozoa)とされ，一般的に*鞭毛虫類，*肉質虫類，*胞子虫類，*繊毛虫類に分けられていた．またR. Owen(1858)が界に昇格させ，現在でもより狭い意味で原生動物界を用いることがある(原生生物から*クロミスタ界を除いたもの)．しかしいずれにしても原生動物は明らかに非単系統群であり，一般に現在では分類群名としては用いない．

g **原生分生子**　[protoconidium]　《同》ヘミスポア(hemispore)．皮膚寄生性の不完全菌類において，菌糸の先端に生じる球形，類球形または棍棒状の細胞．のちに分裂してデューテロコニディウム(deuteroconidium)という胞子状の細胞になる．なお，ヘミスポアは，隔壁によって隔てられ，分裂して子嚢胞子から生じた細胞の片方を指すこともある．

h **原生胞子**　[protospore]　胞子を形成するもとの原形質でまず核が分裂して生じる多核の部分．この部分は円形になり，さらに核が数個に分裂した後，改めて細胞質の分割が起こって多数の単細胞性の胞子となる．接合菌類のミズタマカビ属(*Pilobolus*)やヒゲカビ属(*Phycomyces*)などに見られる．全実性のツボカビ類においては，後に遊走子嚢となる1核分の原形質を指す．

i **顕生累代**　[Phanerozoic eon]　地球史約46億年の中で，5億4200万年前以降の*地質時代．語源は，ギリシア語の「目に見える(phaneros)生物(zoic)」に由来し，多産する化石から生命が存在したことが明らかな時代の意．語源からわかるように，顕生累代は硬組織をもった多様な生物の繁栄で特徴づけられ，より古い地質時代は*先カンブリア時代と呼ばれる．顕生累代は，古い方から順に*古生代，*中生代，*新生代に区分される．この区分は，古生代と中生代，中生代と新生代の境界に全球規模での生物の*大量絶滅が起こったことに基づく．すなわち，前者の境界時期(約2億5100万年前)には*三葉虫類，四放サンゴ類，*紡錘虫類などの海生動物種の90％以上が絶滅した．また，後者の境界時期(約6550万年前)には，*恐竜類，*首長竜類や*モササウルス類などの海生爬虫類，*アンモナイト類や*ベレムナイト類などの*頭足類，厚歯二枚貝類が絶滅した．

j **原脊椎**　[protovertebra]　脊椎動物胚における体節

のうち，硬節に由来する椎骨の原基．古くは，脊椎の原基と誤認して体節をこう呼ぶこともあった．同様に，体節に分かれる前の沿軸中胚葉も原脊椎板(protovertebral plate)と呼ばれたことがある．

a **原節** [protopodite] 甲殻類の二枝型付属肢において第一肢節すなわち*底節と第二肢節すなわち*基節とを合わせたもの．その末端に内枝と外枝が関係する．これら2肢節が癒合して1節となることも多い．(⇒関節肢)

b **嫌石灰植物** [calcifuge plant] 土壌に*カルシウム分(特に炭酸カルシウム)が多いと生育が著しく妨げられる植物．実際には鉄分の欠乏および土壌が中性ないし塩基性であることが生育不適の条件となっている場合が多い．*酸性土植物のミズゴケが好例．(⇒好石灰植物)

c **原組織説** [histogen theory] 被子植物において，*頂端分裂組織に三つの原組織を区別し，植物体の各組織の起原をそれらのいずれかに求めることができるとする説．J. Hanstein (1868, 1870)の提唱．まず最も外側に原表皮(dermatogen)が1層あって，ここから表皮系が形成され，その下に原皮層(periblem)の数層により皮層の形成に関与し，さらにその内側に中心柱を形成する原中心柱(plerome)が存在する．この考え方は*頂端細胞説と同様，シュート頂にも根端にも適用された．原組織説はシダ植物と種子植物との間に頂端分裂組織構造の大きな差があることを認め，被子植物の頂端分裂組織は幾種かの異なる成長帯(growth-zone)からなることを示した点で発生学的形態学に貢献した．しかし，層化の現象と各成熟組織との間の由来関係を固定的に結びつけすぎたため，多くの批判を受けている．(⇒外衣-内体説)

d **原体腔** [protocoel] [1]《同》前体腔．ギボシムシの幼生において，前方から後方へ形成される三つの体腔のうち，最前方の対をなさない体腔．成体の吻体腔になる．棘皮動物の軸腔と相同だと考えられている．ギボシムシと同じく三つの体腔をもつ苔虫動物，箒虫動物，腕足動物の幼生の最前方も同じように呼ばれ，他の2体腔をそれぞれ中体腔(mesocoel)，後体腔(metacoel)という．[2]《同》一次体腔(primary body cavity)．広義には*体腔と同義だが，腔壁をおおう中胚葉性の上覆をもたないものをこのように呼ぶことがあった．また，ほとんど空所として認められない場合には無体腔，明瞭に空所として存在する場合には擬体腔という．

e **懸濁培養** [suspension culture] 微生物や動植物の培養細胞を*液体培地に植えて絶えず撹拌しながら行う培養法．静置培養，あるいは*表面培養に対していう足場非依存性の培養(⇒組織培養)．培養器を種々のやり方で振盪したり(振盪培養 shake culture, shaking culture)，培養器内の撹拌装置により培地を撹拌する．微生物工業でひろく使われるタンク培養は後者の例である．撹拌によって培地成分との接触および酸素の供給がよくなり，増殖が均一に，かつその能率がよくなる．カビの場合では，振盪が十分なときは菌糸が分散してパルプ状の成長(pulpy growth)を示すが，不十分なときは小球状の菌糸塊(pellet)になる．

f **ゲンタマイシン** [gentamycin, gentamicin] カナマイシン類似の抗菌作用があるアミノ配糖体系の抗生物質．したがって作用機序もカナマイシンと同様で，細菌リボソームの30Sおよび50Sサブユニットに結合して転座反応を阻害する．

g **原腸** [archenteron, primitive gut] 多くの多細胞動物の発生において*原腸胚の内層によって形成される腔壁．その内腔を原腸腔(gastrocoel)というが，これを原腸と呼ぶこともある．原腸形成期に原腸が外層に連接する部位すなわち原腸腔の外部への開口が*原口に当たる．*原腸形成にともなって一般に胞胚腔は縮小するか消失する．原腸を形成する層は動物により，全部内胚葉に属し後に腸管だけを形成するもの，あるいは内胚葉のほかに腸管のほかに脊索や中胚葉をも含み，後に腸管のほかに脊索や中胚葉をも生ずるものがある．原腸はある動物では前後に長い単純な円筒であり(例:ウニ)，あるものではさらに背腹の著しい差異を示す(例:脊椎動物)．節足動物，脊椎動物の羊膜類においては原腸と呼ばれる構造は生じない．

h **減張** [katatonosis] 細胞が外界条件の変化に応じて細胞内の浸透的に働く物質を減じ*浸透価を下げる現象．*増張と対する．(⇒浸透調節)

i **原腸蓋** [archenteric roof, archenteron roof] 主として頭索動物(ナメクジウオ)，円口類および全割する脊椎動物の胚における原腸の背側壁．沿腸中胚葉とほぼ同じ領域に相当する．頭部内胚葉，前脊索板，脊索原基，予定体節から構成され，*神経板を裏打ちしている．この領域は陥入前にはすべて原口背唇部に位置していた部分で，両生類および円口類では初期原腸胚の外胚葉に働きかけて形成体として外胚葉に神経的分化を誘導する．その際原腸蓋の前方の領域は頭部の外胚葉性器官を，原腸蓋の後方の部域は胴尾部の外胚葉性ならびに中胚葉性器官を誘導する．

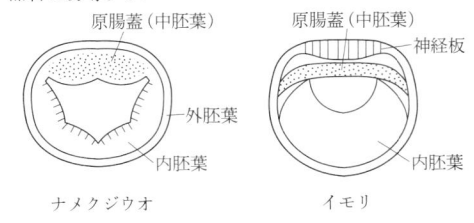

原腸蓋模式図

j **原腸形成** [gastrulation] 《同》嚢胚形成．動物胚において，胞胚期に胚表面に存在した中胚葉と内胚葉の予定材料が，*形態形成運動によって胚内に移動して，胚が原腸胚になる過程．原腸形成では，陥入や巻込みなど大規模で秩序だった細胞の移動が起こる．また，ウニにおける間充織や両生類における*びん型細胞などのように特殊な細胞がこの移動に関与する例も知られている．原腸形成により3*胚葉が生じると，胚発生はこれらの胚葉の相互作用による器官形成の段階に進む．

k **原腸胚** [gastrula] 《同》嚢胚．後生動物の発生において*胞胚につぐ発生段階にある胚で，胞胚が1層(monodermic)の壁(胞胚葉)からなるのに対し，*原腸形成により，内外2層(didermic)の壁(*胚葉)をもつようになった胚またはその過程にある胚．脊索動物では原腸胚についで*神経胚の段階を区別する．原腸胚の最も単純な形態はナメクジウオやヒトデなどにみられ，1層の上皮性の細胞でできた球状の有腔胞胚のうち，植物極側の約半分が陥入して2層の壁からなる半球状の原腸胚となる．大部分の動物群では原腸胚またはそれに該当する胚は上記の形式より種々の程度，種々の方向に変形されている．両生類や肺魚類の全割端黄卵では原腸

は背方に偏して形成され，羊膜類でも変形が著しい．節足動物の胚では*胚盤葉の腹側が肥厚して胚帯を形成し，その正中に沿って中胚葉が出現する時期が原腸胚に当たる．(⇒原口，⇒腸祖動物)

a **検定交雑** [test cross, check cross] 問題としている遺伝子についてすべて劣性ホモである個体(検定系統の個体)と*F_1との*交雑をいう．*戻し交雑とおなじような操作であるが，戻し交雑は親のどちらかと F_1 との交雑をいうのに対し，検定交雑は遺伝子の構成に関する仮説が正しいかどうかを検定するというはっきりした目的をもって劣性ホモの個体と交雑するものであって，操作の意義を異にする．*両性雑種の場合に，2組の遺伝子が独立しているか*連鎖しているかは，F_2 の分離比から知ることができるが，これをさらに確かめるために検定交雑が行われる．劣性ホモの個体と F_1 の交配により生ずる子孫の表現型は，F_1 に生ずる配偶子の遺伝子型の種類とその比率を直接示すからである．(⇒分離)

b **検定植物** [test plant] 《同》判別宿主，判別寄主 (differential host). ある化学物質や菌類，バクテリア，植物ウイルスの種類や系統を同定するとき，判定の基準に用いる植物．植物ウイルスの検定では，接種したウイルスの種類によって特徴ある病徴を示す植物が用いられる．(⇒局部病斑)

3種ウイルスの検定植物に対する反応

検定植物	Nicotiana glutinosa		センニチコウ	
ウイルス	接種葉	上葉	接種葉	上葉
タバコモザイクウイルス	L	−	L	M
キュウリモザイクウイルス	−	M	−	M
ジャガイモXウイルス	−	M	L	−

(注) L: 局部病斑, M: モザイク, −: 無病徴

c **懸滴培養** [hanging-drop culture, slide cell culture] カバーグラスに組織片を含む培養液の小さい滴を置き，その面を下向きにしてホールスライドグラスにセットし，その凹みの空間内で，培養する方法．組織片は，培養液中に浮かんだ状態で培養される．組織培養の方式としては最も古典的で，現在ではあまり試みられないが，簡便なので胞子発芽試験などに用いられる．

d **堅頭類** [stegocephalians ラ Stegocephalia] 両生綱の化石動物で，迷歯亜綱およびリソフロス目を除く空椎亜綱に対する一般名称．*デボン紀に現れ，*石炭紀末から*三畳紀にかけて繁栄し，三畳紀末に絶滅したと考えられたが，ユーラシアでは*ジュラ紀，オーストラリアでは*白亜紀まで残存していたことが判明している．堅頭類は単系統群ではないが，爬虫綱への分岐の起点となったものを含む．頭頂部が骨板によって覆われている点が，現生両生類と大きく異なる．大型のものが多く知られており，最大のマストドンサウルス (*Mastodonsaurus*) は全長6mに達した．松果体孔が頭頂骨の中央に開孔し，ここに*頭頂眼が発達していたものと考えられている．歯は円錐形で象牙質が複雑に屈曲し，いわゆる迷路歯を形成している．頭蓋骨は一般に扁平で幅広く，両生類に特有の形状であったが，ワニ類のように細長い口を発達させたものもいる．(⇒杯竜類)

e **ケンドル** KENDALL, Edward Calvin 1886〜1972 アメリカの生化学者．1914年，甲状腺からチロキシンを単離，命名し，構造と作用を明らかにしたのち，副腎皮質ホルモンの単離と合成に業績をあげ，P. S. Hench, T. Reichstein とともに1950年ノーベル生理学・医学賞受賞．

f **ケンドルー** KENDREW, John Cowdery 1917〜1997 イギリスの分子生物学者．1949年よりキャヴェンディッシュ研究所で M. F. Perutz と X 線によるミオグロビンの三次元構造の解明に取り組み，1960年にその全構造を決定した．1962年 Perutz とともにノーベル化学賞受賞．1962年にケンブリッジ大学分子生物学研究所の副所長，1975年からヨーロッパ分子生物学研究所 (EMBL) 所長．[主著] The thread of life, 1966.

g **原尿** [primitive urine] 《同》一次尿 (primary urine), 糸球体濾液 (glomerular filtrate). 腎臓の糸球体から濾過された状態の尿．以後，尿細管を通して*再吸収と分泌の過程が加わり，原尿は尿となる．哺乳類では，尿量の100倍程度の量の原尿が糸球体を通る血液から濾過・生成される．

h **原脳** [archencephalon] 脊椎動物の胚において，*神経管の脳形成部の前端にあり，脳底褶を境として後方の続脳につづく部位．後に*前脳と*中脳とに分かれる．脊索原基前端より前方の*原脳蓋(前脊索板および頭部中胚葉)によって下敷され，誘導される脳部分にあたる．また原脳的部域あるいは原脳域 (archencephalic region) というときには眼，鼻，前脳，中脳を含む部域を指す．これは形成体の部域性に関連して続脳域・髄尾域などと並べてしばしば用いられる概念である．(⇒脳胞)

i **原爆症** [atomic bomb disease] 広島と長崎に投下された原子爆弾の被災に起因すると考えられた疾患の総称(主に放射線被曝に起因すると思われる疾患を指すが，ケロイドのような熱線によるものも含まれる)．被爆後の早い時期には，全身の倦怠感など病名の明らかでない疾病(状態)も少なくなく，奇病という認識もあったため，汎用された．しかし長い年月を経た後では，放射線被曝に起因する疾病は，良性・悪性の腫瘍や白内障など，具体的な病名で呼ばれるようになり，これらの疾患は放射線を被曝していなくても生じうることが理解されるようになった．今日では原爆症という用語の使用はもっぱら認定裁判や歴史の記述に限定されている．原爆被爆者に生じた放射線症とほぼ同義．

j **原発腫瘍** [primary tumor] 《同》原発巣 (primary lesion), 原発癌 (primary carcinoma). 体内のある部位に最初に生じた腫瘍性病変．その腫瘍細胞が別の離れた部位に移動して形成される病変(転移性腫瘍)と対比される．また，原発不明がんという疾患単位があり，詳細な全身検索でも原発巣が特定できない転移性腫瘍が存在する場合に用いられる．

k **腱反射** [tendon reflex] 骨格筋，特に伸筋の腱を外部から機械的に打つと引き起こされる*脊髄反射．その筋肉の筋紡錘を受容器とし，同一筋肉の単収縮を結果する固有反射の形をとる．*膝蓋反射が代表例．持続性の固有反射(伸張反射)＝自己受容反射)に対し，相補的な役割を演じるものとみられる．

l **顕微灰化法** [microincineration, spodography] 細胞・組織を焼いて灰にし，その中に存在する無機物質，特に金属元素の分布を顕微鏡的に調べる方法．この方法によって得られた像を灰像 (spodogram) という．組織切片を電気炉・電子線・レーザー光線などによって灰化し，その結果を電子顕微鏡レベルで調べる方法もある．

a **顕微鏡** [microscope] 微小な対象を拡大して直接的に画像として観察する装置. 16世紀末に作られた最初の顕微鏡は*光学顕微鏡である. したがって, 一般に顕微鏡といえば光学顕微鏡を指すことが多い. しかし, 現在では, 光学顕微鏡のほかに, *電子顕微鏡, *X線顕微鏡, *共焦点レーザー顕微鏡, *多光子レーザー顕微鏡, 走査型プローブ顕微鏡など, 多種多様な顕微鏡が考案されている. 顕微鏡を用いる研究者はしばしば顕微鏡学者(microscopist)と呼ばれる.

b **顕微鏡技術** [microtechnique, microscopical technique] 顕微鏡を使用するための諸技術の総称. 固定・脱水・切片作製・染色・*電子染色から細胞化学的な染色, *オートラジオグラフ法・*顕微分光測光法, 生体観察・生体染色, 顕微解剖(microdissection)・顕微手術(microsurgery)・顕微注射(microinjection)などの*顕微操作, 凍結乾燥法・凍結融解法・ミクロビーム照射法・界面展開法・*シャドウイング法, および各種顕微鏡の利用とその記録法などすべての技術を含む.

c **顕微操作** [micromanipulation] 《同》顕微マニピュレーション, マイクロマニピュレーション. 顕微鏡の視野内で微細なガラス針・メス・ピペットなどの器具を用いて行う手術・解剖・注射などの実験的操作. これらの器具を駆動するためには顕微解剖器(マイクロマニピュレーター)を使用する. 滑らかで精密な駆動機構として, 油圧や水圧など液体の弾性を利用した制御方式が一般的である. 微生物や胞子・培養細胞などの単離による単細胞培養, 成長点などの顕微手術によるその機能解析, 微小電極の挿入による細胞間の電位差の測定, 核など細胞小器官の摘出と注入による生理学的実験など多くの実験成果がある. また人工受精や細胞融合などにも広く応用されている. 顕微操作による人工授精は顕微授精と呼ばれる. nmの精度の操作を行う場合はナノマニピュレーションという.

d **顕微分光測光法** [microspectrophotometry] 光学顕微鏡を利用して微量な物質の定性または定量を分光学的に行う方法. 例えば細胞の特定部分の吸光度または透過率を測定する. 細胞内に局在する物質の定量には試料についてXY軸方向に微光束を等速度で移動させ, 吸光度(または透過率)の積分値を求める必要がある. これにより, 細胞内の核酸や酵素などの定量測定が可能である.

e **腱紡錘** [tendon spindle, tendon organ of Golgi] 《同》腱器官(tendon organ). 脊椎動物の*骨格筋の*張受容器で, 腱繊維の紡錘状の束に感覚神経終末がまつわって形成される*筋紡錘に似た顕微鏡的構造物. C. Golgiの記載. 筋肉と直列につながっているため, 筋肉の伸展時ばかりでなく, 収縮時にも求心性神経繊維からインパルスがみられる. この繊維は太くIb群に属し, 放電の違いから筋紡錘寄りのIa, II群と区別され, 閾値もIa, IIの両者より低く, 薬物に対する作用もこの両者と異なるという. 筋紡錘とちがって遠心性支配を受けていない.

f **限雄性遺伝** [holandric inheritance] 性染色体の構成がXY型動物のY染色体上の遺伝子による遺伝. 雄から雄へと伝えられることになる. グッピーの背鰭の黒斑の遺伝はその例. (⇒限性遺伝, ⇒従性遺伝, ⇒限雌性遺伝)

g **原葉** 【1】[protophyll] ヒカゲノカズラ属の*プロトコーム上に生ずる葉的器官など, 隠花植物において胚的性格を有する葉的器官を指す.
【2】[独 Urblatt] 葉の*原型. J. W. von Goetheによれば, これがさまざまに*変態した結果として, 現実のさまざまな葉が存在する.

h **原裸子植物** [progymnosperms ラ Progymnospermae] 《同》前裸子植物. 緑色植物維管束植物類の化石群. C. B. Beck (1960)は, 裸子植物の *Callixylon* の茎の化石とシダ植物の *Archaeopteris* の葉の化石には同一個体としてのつながりがあることを確かめた. 後者のこのデボン紀の植物は胞子繁殖を行っており, まだ種子の形成は認められないが, 中心柱や二次木部の特徴は裸子植物と酷似していることから, 原裸子植物として位置づけられた. その後の研究によって, 原裸子植物はデボン紀後期には広く分布していたことがわかった. 裸子植物には茎に種子のつくstachysporous系統と葉縁に種子のつくphyllosporous系統があるが, 原裸子植物はそれらの共通の祖先と見なされている.

i **剣竜類** [stegosaurs ラ Stegosauria] 《同》ステゴサウルス類. 爬虫綱の化石動物で, 鳥盤目の一下目であり, 曲竜(鎧竜)下目と共に装盾亜目を構成する. *ジュラ紀初期から*白亜紀初期にかけてヨーロッパ, 東アジア, アフリカおよび北アメリカから知られる. 北アメリカのジュラ紀後期に多産するステゴサウルス *Stegosaurus* などからなるStegosauridaeやより基幹的な種で構成される. 全長は最大9mに達した. 四足歩行であったが, 前肢は後肢に比べて極端に短いことが特徴的である. 頭は極端に小さく, 脳容量は恐竜類で最小であった. 彎曲した脊柱に沿って頸から尾端まで, 骨質の板あるいはスパイクが2列に配列している. ステゴサウルスでは, この骨板が大きく菱形となり, 左右が交互に並ぶ特異な配置になっていた. 骨盤の直上にある骨板が最も大きく, 前後方に向かってしだいに小さくなっている. 尾には2対の棘がある. 植物食であったとされるが, 歯は著しく小さく, 噛む力も弱かったと思われ, 実際にどんな食物を主食にしていたのかは不明である. イギリスのジュラ紀前期から知られるScelidosauridaeは装盾類のさらに初期段階の装甲恐竜である. (⇒恐竜類)

j **原輪子** [protrochula] 《同》プロツロクラ幼生. 扁形動物の渦虫類で知られる*ミュラー幼生と*ゲッテ幼生, および紐形動物の*ピリディウム幼生の総称. これは環形動物や軟体動物などで知られる*トロコフォア(担輪子)に対応するもので, 相互に似ているが原輪子は肛門をもたない点で区別されることから, 原輪子をトロコフォアの祖先型ととらえることもできる. 一方ミュラー幼生, ゲッテ幼生が, ピリディウム幼生と相同であることを疑問視する考えもある.

a **小顎, 小腮**(こあご)［maxilla］「しょうがく」，「しょうさい」とも．《同》下腮．節足動物において，*大顎の次に位置する口肢で，*口器の重要な構成要素．昆虫では大顎の後の側域を占め1対だが，甲殻類では第一小顎（first maxilla）と第二小顎（second maxilla）との2対がある．昆虫では口器の型により形状や位置はさまざまであるが，咬み型口器では基本的に大顎と下唇の間にある．第一節は軸部（cardo）と称し，この基端で頭部と接している．第二節は主体となる蝶咬節（stipes）で，先端は，外側方に張り出し肉質で感覚器が分布する外葉（galea）と，内側に位置し歯状の内葉（lacinia）とに分かれている．蝶咬節先端部の側方に1～7節からなる小顎鬚（小腮鬚 maxillary palp）をもつ．時に，この鬚は蝶咬節の側域に小さく分割された担鬚部（palpifer）と呼ばれる突起上から生じる．小顎は大顎が開かれている間，咀嚼や食物の保持の助けをすると同時に，小顎鬚や外葉は触ったり味わったりする感覚器として食物の選択にたずさわる．吸い型口器や舐め型口器では，小顎はさまざまに変形，消失したりしている．例えば鱗翅目では小顎の外葉が長く伸びて口吻となり，下唇鬚以外の口器は退化している．

b **小顎腺**［maxillary gland］［1］《同》腮腺，殻腺（⇒触角腺）．［2］昆虫の小顎の付近に開口する口器腺の総称．トビムシ・カメムシ・カゲロウ・ハチ類の幼虫に見られ，多くは小さいが，ある種のカミキリムシ幼虫では著しく発達している．口器の運動をなめらかにする液を分泌するのが主な機能とされているが，毒腺として働くものもある．

c **コアセルヴェート**［coacervate］親水性コロイドの粒子が集合して濃厚なゾルとなり，小液滴分離してくる相．H. G. Bungenberg de Jong（1929）の命名．A. I. Oparin はコアセルヴェートの形成を地球上における生命の起原のごく初期の一段階と考えた．

d **コアプテーション**［coaptation］《同》内的適応（endoadaptation）．個体的環境（内的環境）への適応．L. C. J. M. Cuénot（1950）その他の提起．このほか外的適応（exoadaptation）として物理的環境，全体的生物環境，同種社会集団的環境がある．広義には，外的適応を可能にする生体の全解剖学的・生理学的相関を指すが，これは無意味．むしろ狭義には，「連結のコアプテーション」（仏 coaptation d'accrochage）とすべきである．これは胚において無関係に生じた2個の部分（器官）が，のちに一体となって同一の機能をいとなむようになる場合を指し，昆虫における捕獲器官の形成などにその例が求められる．

e **小泉源一**（こいずみ げんいち）1883～1952 植物分類学者．京都帝国大学助教授として植物学教室を創設した．

f **小泉丹**（こいずみ まこと）1882～1952 寄生虫学者，進化学者．慶應義塾大学医学部教授．マラリア病原体などの寄生性原生生物や回虫の研究で知られる．定期的集団回虫駆除策を提唱・推進し，回虫保有者を急減させた．伝染病を媒介するノミやカについての分類研究も有名．また，進化論の紹介者としても貢献した．［主著］最新寄生原虫学，1910.

g **コイルドコイル**［coiled coil］2本あるいは3本の α ヘリックスが束になって形成される超らせん構造（図）．7個のアミノ酸残基を1単位とした緩やかな繰返し配列をもつ．繰返し単位となる7個のアミノ酸を $abcdefg$ とすると，a と d の位置には疎水性のアミノ酸が現れやすく，これによりヘリックス間の配置が疎水結合で安定化される（図）．1950年代に L. C. Pauling や F. H. C. Crick によりその構造モデルが提案された．当初は α ケラチン，ミオシン，フィブリノゲンなど繊維状蛋白質にのみ観察されていたが，その後の X 線結晶解析データの蓄積により，球状蛋白質であってもコイルドコイル構造で多量体を形成する例があることがわかった．GCN4 や GAL4 などの転写因子がもつコイルドコイル構造は，特にロイシンジッパーと呼ばれ，二量体の形成が転写制御に重要だとされている．

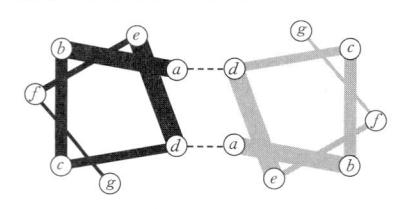

h **甲**［theca, shell］動物体を覆う固い外被．カメ類では著しく発達し，表層が表皮性の角質板，深層が骨質板の2層からなる堅固な背甲（carapace）と腹甲（plastron）が両端，および前後肢の間の部位で連絡し，箱状を呈する．背甲は5列の骨板列からなり，中央の椎板（neural plate）は前端・後端のものを除き肋骨と癒着，椎板の左右の肋板（costal plates）は肋骨から成長したもの．その周囲を縁板（marginal plates）が取り巻く．腹甲は皮骨性で左右2列の骨板と，前部に位置する無対の1骨板よりなる．骨質板（オサガメ）または角質板（スッポン）の形成が不完全な種がある．鼈甲（べっこう）はタイマイの甲である．甲殻類については，⇒甲皮．コウイカ類の骨格も甲という．

i **綱**［class ラ classis］生物分類のリンネ式階層分類体系の基本階級（⇒階級）のなかで，門と目の間におかれる階級，もしくはその階級にある*タクソン．その学名は大文字で始まる一語名で表す．国際藻類・菌類・植物命名規約では，タイプ化（⇒タイプ法）の場合に限り，その綱が含む科のタイプ属の学名の語幹に，藻類では -phyceae，菌類では -mycetes，それ以外は -opsida という語尾を付ける．なお亜綱を示す語尾は藻類で -phycidae，菌類で -mycetidae，その他で -idae である．国際細菌命名規約では，綱を示す語尾は定められておらず，タイプ化の規定もない．国際動物命名規約では綱の学名について，大文字で開始する一語名であるこ

と以外にほとんど規定がない．

a **好圧性細菌** [barophilic bacterium] 常圧下では発育できず 500 atm 以上の高圧下で良く発育・増殖する細菌の総称．深海域に生息する細菌がこれにあたる．一方，高圧下では最適に増殖はしないが生存可能な細菌を耐圧性細菌(barotolerant)と呼ぶ．また 5000 m 以深の深海に分布し，700～800 atm の高圧下では増殖するが常圧下では増殖しない細菌を超高圧菌(extreme barophile)と呼ぶ．これまで分離された多くの好圧性細菌は，深海の生息環境を反映して増殖至適温度が 10°C 前後もしくはそれ以下の低温菌である．超高圧菌を急激に常圧にさらすと，細胞内の空胞や膜に変化が生じ，原形質分離，溶菌などの障害が生じる．なお，広範囲の圧力条件下において増殖が可能な細菌を広圧性細菌(eurybaric bacterium)と呼ぶ．

b **高圧滅菌釜** [autoclave] 常圧より高い圧力をかけ，水の沸点を 100°C 以上の高温にして液体や器具の滅菌を行う釜．通常 2 気圧，121°C で 20 分間処理する．

c **好アルカリ菌** [alkaliphiles] 至適生育環境が pH9 を超える原核生物の総称．炭酸湖や高濃度に炭酸塩を含む土壌中に見出される．よく研究された細菌に*バチルス属がある．好アルカリ性の原核生物には好塩性を示すものがあり，その多くは好塩古細菌．酸素非発生型の光合成を行う紅色硫黄細菌もこれに含まれる．アルカリ環境中でプロテアーゼやリパーゼなどの高い加水分解酵素活性を発現させる好アルカリ菌はクリーニングなどの工業分野で有用．また強いアルカリ環境中で H^+ にかわって Na^+ が駆動力を発揮させる性状から生理生化学的な研究対象でもある．

d **広域適応性** [wide adaptability] ある一つの作物品種が広い地域にわたって栽培上の適応性をもつこと．ここでの適応性とは，作物が種々の環境条件下で優れた生産力を発現できる能力をいう．広域適応性にはさまざまな要因が関与し，その遺伝様式も単純でない．

e **広域発がん** [field cancerization, field carcinogenesis] がんが一つの独立した細胞から発生するのではなく，発がん物質にさらされたことで遺伝子変化をきたした組織から発生するとする概念．1950 年代に D. P. Slaughter らにより提唱された．口腔癌や頭頸部癌ではがん組織の周囲組織は異型性を示し，この異型性を示す組織から新たながんが発生するとする．現在は多くの固形腫瘍において広域発がんが認められて，臓器組織内での発がん領域の形成には，遺伝子変化が関与していることが示されている．広域発がんは，単クローン性もしくは多クローン性に関係なく，ある特定の臓器において悪性転化に先行して存在する遺伝子レベルでの変化は有するものの，組織学的には正常な細胞や悪性細胞と共存する細胞における形質転換の過程と考えられる．

f **抗インフルエンザ薬** [anti-influenza drug] インフルエンザの治療薬．A 型に有効なアマンタジン，A 型と B 型の両方に有効なザナミビルやオセルタミビルなどが臨床で使用される．いずれの薬剤もすでに増殖したウイルスを失活させる効果がなく，発症後 48 時間以内に投与する必要がある．アマンタジンは A 型ウイルス特有の蛋白質である M2 イオンチャネルを阻害することで脱殻を抑制，ウイルスが宿主細胞内に侵入するのを阻害する．ザナミビルやオセルタミビルは，ウイルスが感染細胞表面から遊離する際に必要となる酵素であるノイラミニダーゼ(シアリダーゼ)を阻害することで，ウイルスの増殖を抑制する．

g **抗ウイルス剤** [antiviral agent] ウイルス感染症に使用する化学療法剤の総称．対象となるウイルスによって薬剤が分類される．抗ヒト免疫不全ウイルス薬(*抗 HIV 薬)としては，HIV ウイルスが独自に保有する*逆転写酵素や*プロテアーゼ，*インテグラーゼに対する阻害剤(それぞれジドブジン，サキナビル，ラルテグラビルなど)が数多く開発されている．*抗インフルエンザ薬としては，インフルエンザウイルスの M2 蛋白質に作用しウイルスの脱殻を抑制するアマンタジンや，細胞外へ遊離する際に働くノイラミニダーゼ酵素の阻害剤オセルタミビルなどが知られる．*抗ヘルペス薬としては，ウイルス細胞内で活性化し DNA 鎖の伸長を停止させることでウイルスの DNA 複製を阻害するアシクロビルが知られる．

h **好雨植物** [ombrophilous plant, ombrophil] 〚同〛雨植物(ombrophyte)．[1] 熱帯多雨林や亜熱帯多雨林のような多湿の地に生える植物．アジアの熱帯雨林の主役フタバガキ科の樹林が代表例．長期間の雨にも害を受けることなくよく生育し，乾燥には弱い植物．これに対し，わりあい短時間の降雨でも害を受ける植物を嫌雨植物(ombrophobe)という．J. Wiesner (1894) の定義．また中生植物(乾生でも湿生でもない一般の植物)では陰生植物にこの性質が強い．[2] 着生植物のうち，特殊な器官を通して雨水を吸収するもの．

i **抗 HIV 薬** [anti-HIV agents] ヒト免疫不全ウイルス (human immunodeficiency virus, HIV) 感染症の治療薬．日本で認可されている医薬品は，感染細胞内でウイルス RNA を逆転写する酵素を阻害する核酸系逆転写酵素阻害剤(*ヌクレオシド系逆転写酵素阻害剤，NRTI)，逆転写酵素に結合して酵素を阻害する非核酸系逆転写酵素阻害剤(*非ヌクレオシド系逆転写酵素阻害剤，NNRTI)，感染細胞で産生された HIV 前駆体蛋白質からのプロテアーゼと構造蛋白質の生成を阻害する *HIV プロテアーゼ阻害剤，宿主細胞に対する HIV の接着および侵入を阻害する HIV 侵入阻害剤，HIV 遺伝子の宿主遺伝子への組込みを担う酵素を阻害するインテグラーゼ阻害剤に分類される．耐性ウイルスの出現のリスクを抑制するために，多剤併用療法が推奨されている．

j **高エネルギー化合物** [energy rich compound, high-energy compound] その中の共有結合が加水分解される際に多量の自由エネルギーの減少が起こる化合物．加水分解される結合を*高エネルギー結合という．化学的には，酸無水物，ホスホグアニジン，エノールリン酸，チオエステル，スルホニウムなどに属する多数の化合物が生体内に存在するが，ATP，クレアチンリン酸などリン酸基を含む化合物が種類も多く，また量的にも大きな部分を占める(⇒高エネルギーリン酸化合物)．加水分解の標準自由エネルギー変化($-\Delta G°$)は 7～15 kcal/mol であり，C=C 結合の 82 kcal/mol などに比べれば格段に小さい．しかし，この種の結合には反応性が高く，生理的条件下で容易に生成・切断を起こすという重要な特性がある．そのために，高エネルギー化合物は生物のエネルギー代謝の中で極めて重要な役割を果たしている．すなわち，高エネルギー化合物は炭水化物などのエネル

一源の酸化的代謝の中間体として形成され，クレアチンリン酸，ATPなどの形でいったん貯蔵された後に，生体内の合成反応のような化学的な生産や筋収縮・能動輸送などの物理的な運動と共役して分解されることによって，それらの反応を進行させるために必要な自由エネルギーを供給する．

a **高エネルギー結合** [high-energy bond] 結合が加水分解される際に多量の自由エネルギーの減少($-\Delta G°$)をともなう化学結合．生物学で重要なものは結合の一方がリン酸基($H_2PO_4^-$)のことが多いが，COO^-などの例もある．リン酸基との結合の場合，高エネルギーリン酸結合(high-energy phosphate bond)と呼ばれ，$-\Delta G°$は7〜15 kcal/molで，C=Cの82 kcal/molなどに比べれば格段に小さい値であり，容易に切断される．これが生物学的に重要である．その結合だけで高エネルギーとなっているのではなく，結合に参加する基の組合せのほかに，生成物が共鳴で安定化することも，反応の$-\Delta G°$を大きくすることに寄与している．高エネルギーリン酸結合以外のリン酸結合は低エネルギーリン酸結合(low-energy phosphate bond)と呼ばれる．化学的には糖などのアルコール性水酸基のリン酸エステル結合である．加水分解時の$-\Delta G°$は2〜5 kcal/mol(例：グルコース-1-リン酸は5.0 kcal/mol，グルコース-6-リン酸は3.3 kcal/mol)．生成が比較的容易なので，代謝においてリン酸がまず低エネルギー性の結合として取り込まれ，次いで分子の酸化的な変化で高エネルギー化する例が，解糖などの反応経路に見られ，エネルギー代謝上重要である．(⇨高エネルギーリン酸化合物，⇌高エネルギー化合物)

b **高エネルギーリン酸化合物** [high-energy phosphate compound] リン酸化合物のうち，リン酸基と分子の他部分との結合が*高エネルギー結合であるもの．結合の形式は，ピロリン酸(例：ATP)，アシルリン酸(例：アセチルリン酸)，エノールリン酸(enol phosphate，例：ホスホエノールピルビン酸)，グアニジンリン酸(例：クレアチンリン酸)に大別される．加水分解の標準自由エネルギーは7〜15 kcal/mol．ただし生体内は標準状態にないから，実際の遊離エネルギーは概してこれより高い．無機物ではピロリン酸あるいはポリリン酸が，細菌でエネルギー貯蔵の役割をもつ例がある．(⇨高エネルギー結合，⇌アデノシン三リン酸)

c **好塩基球** [basophil, basophile] 《同》好塩基性白血球(basophil leukocyte). *顆粒白血球(顆粒球)の一種．ヒトの好塩基球の直径は10〜15 μm，核は1葉あるいは分節多葉，血中白血球の0.5〜1％．細胞質には，メチレンブルーで濃染する好塩基性の顆粒を100個程度含有する．顆粒中にはヒスタミン，ヘパリン，β-グルクロニダーゼ，好酸球走化性因子などの作用因子が含まれる．骨髄で分化・成熟後，血中へ放出され，その後，皮膚や鼻粘膜で検出されることがある．即時型・遅延型過敏反応の双方に関わる．好塩基球と*マスト細胞の共通前駆細胞が単離され，いずれも，高親和性免疫グロブリンIgEのFc部分に対する受容体(FcεRI)を発現し，IgE依存性の脱顆粒および作用因子の放出による即時型過敏反応(*アレルギー)が誘起される．ともに，抗原提示細胞としても機能することが報告され，さらに，インターロイキン4(IL-4)，IL-13産生を介してTh2細胞誘導，抗体産生の制御が報告されている．また，遊走因子を産生し，好中球・好酸球を炎症の場に誘導する．一方，IgG1とFcγ受容体IIIで反応し，血小板活性化因子(PAF)の放出による*アナフィラキシー惹起は好塩基球特異的な作用とされた．マスト細胞は核が円形もしくは楕円形で，顆粒の数(約1000個/細胞)と受容体チロシンキナーゼKitが高発現していることで，発現しない好塩基球と区別される．(⇨血球新生，⇌白血球)

d **好塩基性** [adj. basophil, basophile, basophilic] 《同》塩基好性．*塩基性色素によって染まりやすい性質．特に核酸はリン酸基，酸性粘液多糖は硫酸エステル基などにより顕著な好塩基性を示す．(⇨好酸性，⇌色素)

e **好塩菌** [halophile, halophilic bacteria] 生育にNaCl(食塩)を要求する原核生物の総称．低(1〜6％)あるいは中(7〜15％)NaCl濃度を要求する細菌を低度あるいは中度好塩菌と呼ぶ．前者には多くの海洋細菌が含まれ，例外的に酵母やカビなども含まれる．中度好塩菌は食品などの含塩環境中に存在する．高度好塩菌は増殖におよそ2.5 M(15％)以上のNaClを要求し，塩湖や塩田などに分布する．少数の細菌がこれに含まれるが，ほとんどが*アーキア．ハロバクテリアなどの高度好塩古細菌は有機栄養で好気性菌である．通常の生育にNaClを要求しないが，1.5 M以上の高塩濃度下でも生育可能なものを耐塩菌と呼び，Staphylococcusに属する細菌(*ブドウ球菌)やZygosaccharomyces(酵母)などが該当．微生物の多くは，水分活性が非常に低い状態では死滅するか休眠状態になるが，耐塩菌はこれに耐えることができるため食品衛生上問題となることがある．

f **好塩性** [halophilism] 5〜10％あるいはそれ以上の食塩濃度の培地を好む細菌や菌類の性質．それらの細菌や菌類を好塩性生物という．海産乾燥製品や塩蔵食品につくものを始め海生および気中の微生物にしばしばこの性質がみられるが，食塩がなくとも同様に発育するものは耐塩性(halotolerant)，あるいは条件的好塩性(facultative halophilic)，単に低浸透ポテンシャル条件を要求するものは好濃性という．気中微生物のSarcinaやBacillusのある種類などに前者の例，Aspergillus, Penicilliumの類などに後者の例がある．真の好塩性生物(obligatory halophile)の例は発光細菌のある種類やPseudomonas salinaria, Micrococcus halodenitrificans, Vibrio costicolusなどである．好塩性の機構には諸説あるが，菌体内の塩濃度は媒質よりかなり低いとか，Cl^-も細胞内に存在するという主張もある一方，Micrococcusの類で行われた実験では菌体内に多量のNa^+があるが，Cl^-は一般の細胞と同様ほとんど取り込まれていないという結果もある．その際，多量のNa^+に対応すべき細胞内の陰イオンについては全くわかっていない．呼吸や脱窒素作用の強度は明らかに食塩濃度5％以上に極大をもつが，菌体から溶出したカタラーゼ，プロテアーゼなどは通常のものと変わらず，食塩の存在で活性の低下を示し，塩基性ホスファターゼ，シトクロム酸化酵素，グルコース脱水素酵素などは高い食塩濃度でなければ強い活性を示さない(好塩性酵素)．

g **口縁膜** [paroral membrane] 《同》波動膜(undulating membrane)，口内膜(endoral membrane). *繊毛虫類の*囲口部右側(観察者から見て左側)に存在する膜状の繊毛列複合体．食物の取込みに寄与する．

h **抗オーキシン** [antiauxin] 《同》アンチオーキシン．*オーキシンによって引き起こされる生理作用を拮

抗的に阻害する物質の総称．代表的な抗オーキシンとしては，インドール-3-イソ酪酸，p-クロロフェノキシイソ酪酸，2,3,5-トリヨード安息香酸，2,4,6-トリクロロフェノキシ酢酸，2,4-ジクロロアニソール，トランス桂皮酸，フェニル酪酸，tert-butoxycarbonylaminohexyl-IAA (BH-IAA) などが知られている．BH-IAAは，オーキシンによるオーキシン受容体 TIR1 蛋白質と転写抑制因子 AUX/IAA 蛋白質の結合を拮抗阻害する．

a **高温障害**（作物に対する）[heat damage to crops] 高温によって作物に引き起こされるさまざまな障害．特に，最近の温暖化による高温が農作物に与える重大な障害が注目されている．イネを例にとると，高温による受精障害と登熟障害があり，受精障害は開花期に高温に遭遇することにより主に葯の裂開や花粉が障害を受けて受粉が正常に行われなくなり，その後の穎花の発達が起こらないもの．登熟障害は，開花後登熟期に高温に遭うことで胚乳での澱粉蓄積が正常に進まず，乳白粒，背白粒，腹白粒などの白未熟粒が発生するもの（→登熟）．登熟障害は登熟期のうち開花後ほぼ 5～20 日間の平均気温が 27℃ を超えると多発するといわれる．白未熟粒が多くなるとコメの品質低下をもたらし減収につながるため，田植えの時期をずらしたり抵抗性品種を導入したりする対策がとられる．

b **恒温動物** [homeotherm, homoiotherm] 《同》定温動物，温血動物 (warm-blooded animal)．外温や自己の活動に関係なく体温を一定に保つ特性の発達した動物の総称．その特性を恒温性（定温性 homothermism, homothermy）という．鳥類と哺乳類がこれに属し，体温は種によって異なるが，多くは 36～42℃ の範囲にある．一般に小形の動物は大形のものより体温が高い．昼行性の動物の体温は明け方に最も低く，夕方にかけて上昇するが，体温調節の発達している動物（食肉類，ウマ，ヒトなど）では日周変動の幅が 1℃ 以内である．恒温動物の特徴は，産熱の能力が大きいこと，毛・羽毛・皮下脂肪などの断熱構造をそなえていること，体内外の温度条件に対応して産熱と体外への放熱を調節する体温調節の能力が発達していることである．恒温動物の物質代謝は正常の体温において最も効率よく営まれるが，体温が正常の域を超すと諸機能が著しく害されて致命的な結果を招く．恒温性はホメオスタシスの典型であって，これを獲得した動物は分布の範囲を拡げ，四季を通じて一定の活動を続けることができる．しかしながら，極端な寒さや食物の不足によって体温の維持が困難になることもある．冬眠はこのような事態に対する適応である．なお，絶滅した恐竜類は恒温性であったとする説がある．

c **口蓋** [palate ラ palatum] 脊椎動物における口腔の背壁．一般に魚類では鼻腔は口腔と通じないが，四肢動物では両者は内鼻孔をもって通じる．魚類や両生類では頭蓋底が口蓋をなし，両生類の内鼻孔はその前端にある．哺乳類ならびにワニ類では骨性の口蓋（二次口蓋）が頭蓋底腹側に発達して鼻腔下底を形成するが，ワニ類を除く爬虫類や鳥類では完成していない．ことに哺乳類では前方の骨性で運動性を欠く硬口蓋 (palatum durum) に続いて，筋肉を含む可動性の軟口蓋 (palatum molle) または口蓋帆 (velum palatinum) といわれる部分を生じて，食物を飲みこむ場合に内鼻孔をふさいで，食物が鼻腔に入るのを防ぐ．

d **口蓋腺** [palatine gland ラ glandula palatina]

羊膜類の*口蓋表面に開口する*口腔腺の一つ．種によって粘液を分泌するものと，消化酵素を分泌するものがある．

e **光化学系** [photosystem] *光合成の光化学反応を起こすのに必要な色素，電子受容体，蛋白質などを含むシステム全体．植物では*クロロフィル，細菌では主に*バクテリオクロロフィルを含む光合成の光化学反応を起こす*反応中心複合体を指すが，これに特異的に付属するアンテナ色素（*集光性色素）複合体を含めることもある．これらは電荷分離型の光化学反応を起こす反応中心色素と初期電子受容体，電子供与体が反応中心蛋白質ダイマー（二量体）に組み込まれたシステムを形成する．この点で，単独の色素と蛋白質からなるレチナール型光合成装置（*バクテリオロドプシン）と大きく異なる．*光合成細菌は単一の光化学系をもつ（細菌型光合成）．植物やシアノバクテリアは二つの光化学系（光化学系Ⅰと光化学系Ⅱ）をもち，*シトクロム b_6f 複合体を介して直列につながり，H_2O から NADP までの電子伝達を可能にする．二つの光化学系は独自のアンテナ色素複合体をもち，*緑色植物ではグラナチラコイド膜に光化学系Ⅱ，ストロマチラコイド膜に光化学系Ⅰが分かれて機能単位となり協同的に働くが，お互いに光エネルギーのやりとりもある．

f **光化学第一法則** [first law of photochemistry] 《同》光化学活性の原理 (principle of photochemical activation)，グロットゥス-ドレイバーの法則 (Grotthuss-Draper's law)．物質が光照射によって反応を起こすときは，その系によって吸収された光だけが光化学反応を引き起こすという法則．19 世紀初頭，まだ量子論の誕生していない時代に見出された法則である．視覚の場合に暗順応周辺視の視感度曲線がロドプシンの吸収スペクトルに一致することや，光合成の作用スペクトルがクロロフィルなどの吸収スペクトルによく対応していることは，この法則が生体の光化学反応でも成り立つことを示す．

g **光化学第二法則** [second law of photochemistry] 《同》光化学当量の法則 (law of photochemical equivalent)．物質による光の吸収は光子（光量子ともいう）を単位として行われ，光化学反応の初期の過程では 1 個の光子が 1 個の原子または分子を活性化するという法則．20 世紀初頭，J. Stark, A. Einstein により独立に提唱された．物質が 1J の単色光を吸収したとき，吸収された光子数をモル単位で表したものを基本光化学当量，そのとき実際に光化学変化を起こした物質のモル数を有効光化学当量，そして後者の前者に対する比を量子収率または量子収量 (quantum yield) という．光化学第二法則が成り立つ場合，量子収率は一応 1 になるように思われるが，実際には 1 になることは滅多にない．これは，活性化された分子が必ずしも注目している化学反応にあずかるとは限らないこと，また逆に光を吸収しなかった分子が後続の過程で反応を起こすことによるもので，必ずしも光化学第二法則の不成立を意味しない．すなわち，この法則では，光吸収の初期過程とその後続過程とを，明確に区別することが重要である．

h **効果器** [effector] 《同》作動体，実行器，エフェクター．動物体が外界に向かって能動的な働きかけをするための直接的手段となる器官や細胞．細胞小器官のレベルにまで適用することができる．一般に生体からのエネ

ルギー放出の門戸とも見ることができる．放出エネルギーの種類に従い，機械効果器(力学効果器 mechanoeffector，筋肉・繊毛・鞭毛)，電気効果器(電気器官)，光効果器(photoeffector，発光器官)，化学効果器(腺)などに分類される．筋肉と腺とは代表的な効果器である．効果器の活動は，一般に興奮性膜に到達した信号が特定効果器に伝えられて開始するが，それは細胞内の貯蔵エネルギーの消費に基因し，筋収縮をはじめ多くの場合，ATP の分解が共通な最終段階をなす．(→受容器，→独立効果器)

a **合核** [synkaryon] 〚同〛融合核．植物の接合や受精，後生動物の受精，原生生物の合体や接合，細胞融合によって作られた*雑種細胞において，卵核と精子核，両接偶子の核，両接合個体の静止核と移動核，または融合した細胞の両核が合一・融合したもの．倍数の染色体をもち，両配偶子の遺伝子を併せ含む．

b **光学活性** [optical activity] 直線偏光を入射した場合，透過光の偏光面を元の偏光面に対し右または左に回転させるような物質の性質．このような偏光面を回転させるという性質，すなわち*旋光性は，この物質が左円偏光と右円偏光とに対するモル吸光係数を異にする性質，すなわち*円偏光二色性に由来するものであり，旋光性と円偏光二色性とをまとめて光学活性と呼ぶ．光学活性のある化合物は，分子内に不斉炭素を含むとか，分子がらせん構造をとるなどのため，その鏡像(対掌体)と空間的に重ね合わせることのできないような化合物である．

c **光学顕微鏡** [light microscope] 光をガラスのレンズで集光し，微小な対象物を拡大観察することを可能にした装置．16世紀末にオランダの眼鏡職人の Janssen 父子によって最初の装置が作られたとされている．虫めがねのように単純に1群のレンズのみでできているものを単一顕微鏡，2群以上のレンズを用いるものを複式顕微鏡と呼ぶが，一般には後者の顕微鏡を指すことが多い．複式顕微鏡は，一般に集光器(condenser)，対物レンズ(objective)，接眼レンズ(ocular, eyepiece)の3群の光学系でできている．顕微鏡の拡大倍率は対物レンズと接眼レンズの倍率の積だが，細部を識別する能力，すなわち分解能(resolving power)はもっぱら対物レンズの性能で決定される．分解能は対物レンズの開口数(numerical aperture)に正比例し，光線の波長に逆比例する．開口数は光軸上の点状の被検体に焦点を合わせたとき，この点から対物レンズに入る光線の作る角度の1/2の正弦と介在する媒質の屈折率の積で表され，したがって乾燥系対物レンズでは1を超えず，水浸系・油浸系対物レンズでは1以上となり，実用とされる対物レンズでは1.4が最大である．開口数は対物レンズの側面に明示してある．各光学系は種々の収差が補正されていることが必要である．なお，一般の光学顕微鏡のほかに，被検体の表面からの反射光線を利用する反射照明式顕微鏡や*位相差顕微鏡，*干渉顕微鏡，*暗視野顕微鏡，*蛍光顕微鏡，*偏光顕微鏡，*倒立顕微鏡，*共焦点レーザー顕微鏡など，標本や使用目的によって各種の顕微鏡が開発されている．

d **厚角組織** [collenchyma] 草本の茎・葉柄・葉の中肋部などに広く存在する，厚角細胞(collenchyma cell)からなる機械組織の一つ．根ではまれである．厚角細胞の細胞壁は厚くなっているので，厚壁細胞と似ているが，細胞壁は多量の水分を含んだ一次壁からなり木化せず，原形質を含んで生細胞である点で厚壁細胞とは異なる(→厚壁組織)．原形質は細胞壁に沿って存在し，葉緑体を含む場合もある．壁の肥厚する場所はさまざまで，細胞の角が肥厚する角隅厚角組織(angular collenchyma)，細胞の接線面全体が肥厚する板状厚角組織(plate collenchyma, lamellar collenchyma)が知られている．厚角細胞は通常，長軸方向に長く，長さ2 mm に達するものがある．シダ植物も含めて二次組織をもたない草本性植物の茎や葉の屈折抵抗性を強める機能をもつ．ホウセンカやシュウカイドウなど多くの茎では表皮下の全周にわたり環状に存在するが，シソ科植物などでは所々に点在する．厚角組織では，発生初期には細胞間隙が存在するが，後に各細胞が互いに密着するか，あるいは物質で満たされることにより細胞間隙は消失する．

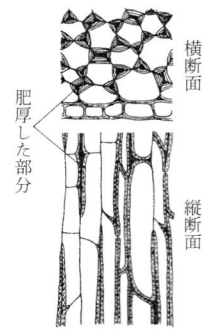

e **硬顎蛹** [pupa dectica] 昆虫の蛹の一型で，*大顎が体部から遊離し，かつ硬化しているもの．*軟顎蛹に対する．その他の口器ならびに触角・肢・翅もつねに体部から遊離している．大顎は蛹期の終わりには可動となり，羽化の際はまずこれで繭を噛みやぶったのち脱皮をする．完全変態類の原始的なもの，すなわち脈翅目・長翅目・毛翅目および極めて祖先的な鱗翅目の蛹がこの型に属し，原始的な蛹型と考えられている．

f **甲殻類** [crustaceans ラ Crustacea] 節足動物の一群で，分類体系におけるランクについては独立の亜門として扱う見解や大顎亜門の一上綱として扱う見解などがある．鰓脚綱(ミジンコ綱)，ムカデエビ綱，カシラエビ綱，顎脚綱(アゴアシ綱)，軟甲綱の5綱からなる．顎脚綱から貝形虫類を独立させて別綱とする見解もある．体は，分類群によってそれぞれ一定数の体節からなる頭，胸，腹(後胸と称する場合もある)の3部に分かれ，多くのものでは前方の胸節のいくつかは頭部と癒合して頭胸部を形成する．体表のキチン質の外骨格は炭酸カルシウムを含み，さらに硬い甲皮をなすことがある．初期幼生である*ノープリウス幼生には単眼(*ノープリウス眼)があるが，成体ではこれは一般に消失し1対の複眼を生じる．真軟甲亜綱では有柄眼となることがある．付属肢の原型は典型的な二枝型肢(→関節肢)で，5体節からなる頭部には第一触角(前触角)・第二触角(後触角)・大顎・第一小顎・第二小顎があり，胸部には胸肢がある．軟甲綱では胸肢に著しい機能分化が認められ，前方の1～3対が顎脚に分化し，顎脚以外の後方対は咬脚，鉗脚，歩脚などに分化する．腹部の腹肢は葉状・二枝型の遊泳肢となることが多い．大部分が水生で，体表・腹肢または鰓で呼吸する．気管はない．前腸と後腸は外胚葉起原で，内腔の表面はキチン質の膜でおおわれ，したがってこの層は脱皮のときに捨てられる．中腸は内胚葉性で，中腸腺がある．排出器は*触角腺または小顎腺．生殖孔は軟甲類では，雄においては第八胸節付属肢底節あるいは胸板，雌においては第六胸節付属肢底節あるいは胸板に開口し，それ以外の多くの分類群では腹部の前方にある．

精子が鞭毛をもたない分類群が多い．（⇒ノーブリウス）

a **膠芽腫**（こうがしゅ）[glioblastoma]《同》神経膠芽腫．グリア細胞（主として星状膠細胞）由来の悪性腫瘍の中で，極端に未分化で増殖能が強く最も悪性度の高い神経膠腫．P. Bailey と H. W. Cushing が初めて多形膠芽腫（glioblastoma multiforme）と名づけたが，WHO では星状膠細胞系腫瘍（星状細胞腫）の grade IV に分類されている．腫瘍細胞は一部星状細胞腫の特徴を残すものの多形な形態を示し，細胞密度が高い．血管増生と血管内皮細胞増殖が顕著で，瀰漫性（びまんせい）に浸潤し，腫瘍内には出血・壊死・変性・嚢胞の混在が認められる．全頭蓋内腫瘍の 1 割，神経膠腫中の 35％ を占めて最も多い．40～60 歳の成人男性の大脳半球，特に前頭葉と側頭葉に出現する．浸潤性増殖が顕著で，高率に対側白質に浸潤する．急速に増大する腫瘍による頭蓋内圧亢進症状が見られ，特に頭痛が初発症状となることが多い．外科治療のみでは生存期間は平均 4 カ月程度で，放射線療法や抗悪性腫瘍薬を併用した治療を行っても生存期間は 14～24 カ月と経過不良な疾患である．

b **効果の法則** [law of effect] 動物がある反応をしたとき，その反応が結果として動物に快をもたらす場合は，そのときの環境刺激と反応の結合は強められ，次に類似の状況に置かれたとき，その反応は起こりやすくなるという*学習の原理．E. L. Thorndike が 'Animal Intelligence'（1898）において提出した．反応の結果，動物に不快がもたらされると，刺激と反応の結合は弱められるという，負の効果の法則（nagative low of effect）を合わせてこのように呼ぶこともある．この研究は，心理学における最初の動物実験という意義があるが，学習という心理現象について，はじめて心理学的法則を提出したという点でも歴史的意義がある．この考え方は一種の結合主義であるが，やがて I. P. Pavlov の条件反射の考え方とともに，J. B. Watson にとり入れられ，アメリカ*行動主義心理学の主要な原理となった．

c **口陥** [stomodaeum]《同》口窩，口道．後生動物の消化管の発生において，将来口の一部を形成する外胚葉性の陥入部．*原腸に由来する部分（内胚葉）の前端は盲端に終わっていて，それに面する表面の外胚葉が陥入し，やがて両者の間の隔壁が消失して口が開通する．両者間のこの外胚葉および内胚葉よりなる隔壁を，主として脊椎動物において，口板（oral plate）または口咽頭膜（membrana buccopharyngica, bucco-pharyngeal membrane, 口膜 oral membrane, 咽頭膜 pharyngeal membrane）という．隔壁の消失により外胚葉と内胚葉が連続して口腔上皮を形成するが，成体におけるその境界は不明瞭となり，正確に定めることは困難である．

d **孔管** [pore canal] 昆虫の体表面と*クチクラの下の表皮細胞とを連絡しているクチクラ中の多数の細管．直径 1 μm 以下で，数は種によって異なるが，多いもの（ゴキブリ）では体表面の 1 mm² につき 120 万本にも達するという．多くの場合らせん状をなしてクチクラ内を貫通し，その体表面側末端は表皮細胞内に分岐する．内面末端は表皮細胞に開き，クチクラ形成初期までには表皮細胞が孔管内に突起進入しているが，形成後には，細胞突起は退縮すると考えられている．孔管内には表皮細胞で生産されたクチクラ物質や蝋などが含まれ，脱皮の際，新クチクラの形成に関与するとされる．（⇒蝋管）

e **交換拡散** [exchange-diffusion] 生体膜での物質輸送の一形式で，キャリアーによる*受動輸送の特別の場合を指す．外から内への被輸送分子の輸送の際，内側にも被輸送分子が存在するほうが，輸送が促進されるような場合を指す．*促進拡散と速度論的に区別されるが，現実にはこの区別は容易ではない．

f **後還元** [post-reduction]《同》後減数．[1] *減数分裂の第二分裂で相同染色分体が接合面で分離すること．[2] 相同染色分体上に座を占める*対立遺伝子が減数第二分裂で分離すること．植物ではイグサ科やカヤツリグサ科，接合藻など，動物では半翅目の昆虫など，一般に*分散型動原体をもつ染色体で見られる．（⇒前還元）

g **抗がん剤** [anti-cancer drug]《同》抗悪性腫瘍薬．悪性新生物に対して殺細胞効果や増殖抑制効果を有する物質．殺細胞効果薬剤であるアルキル化剤，代謝拮抗剤，微小管作用薬剤，トポイソメラーゼ阻害剤，抗腫瘍性抗生物質のほか，ホルモン依存的に増殖する細胞に対するホルモン拮抗薬，生物機能修飾薬剤，最近はがん細胞に特有な増殖メカニズムを標的として開発された分子標的薬剤などが含まれる．(1) アルキル化剤：主として DNA のグアニン塩基，アデニン塩基をアルキル化することで DNA 複製を阻害し抗がん活性を発揮する．主な薬剤にナイトロジェンマスタード系のサイクロホスファミド（CPM），ニトロソウレア系のニムスチン（ACNU）などがある．また白金系薬剤であるシスプラチン（CDDP），オキサリプラチン（L-OHP）などもアルキル化作用を有する．(2) 代謝拮抗剤：DNA のヌクレオシドや核酸合成反応の過程に拮抗的に働き，DNA 合成障害を引き起こし，抗がん活性を発揮する．主な薬剤に葉酸系薬剤としてメソトレキセート（MTX），ペメトレキシドなどが，ピリミジン系薬剤として 5-フルオロウラシル（5-FU），シタラビン（Ara-C），ゲムシタビン（GEM）などが，プリン系薬剤として 6-メルカプトプリン（6-MP）などがある．5-FU については生体による代謝作用を受けて活性代謝物へと変化するプロドラッグ体や 5-FU の分解を担うジヒドロピリミジン脱水素酵素阻害剤を配合した経口薬なども使用されている．(3) 微小管作用薬剤：細胞骨格を担う微小管の重合・脱重合を阻害することで細胞分裂を妨げたり分裂期にとどめたりして増殖を阻害する．重合を阻害する薬剤としてビンブラスチン（VBL），ビンクリスチン（VCR），脱重合を阻害する薬剤としてパクリタキセル（PTX），ドセタキセル（DTX）などがある．(4) トポイソメラーゼ阻害剤：DNA の複製過程に生じるひずみを解除するトポイソメラーゼを阻害することで DNA 合成阻害と染色体分配阻害を引き起こす．主な薬剤にトポイソメラーゼ I 阻害剤として塩酸イリノテカン（CPT-11），トポイソメラーゼ II 阻害剤としてアントラサイクリン系抗生物質のアドリアマイシン（DXR），アクチノマイシン D（ACT-D），エトポシド（VP-16）などが挙げられる．(5) 抗腫瘍性抗生物質：作用機序はさまざまではあるが DNA 架橋形成するマイトマイシン C（MMC），DNA 鎖を切断するブレオマイシン（BLM），ネオカルチノスタチンなどがある．(6) ホルモン拮抗薬：ホルモン受容体を発現してホルモン依存性の増殖を示す一部の乳癌，前立腺癌に対して，拮抗薬により増殖刺激を遮断して治療効果を発揮するもの．抗エストロゲン剤，アロマターゼ阻害剤，LH-RH アゴニストなどがある．(7) 生物機能修飾薬剤：がん細胞に直接作用するのではなく宿主の免疫機能を亢進してがん細胞を攻撃するもの．

多糖類のレンチナン，溶連菌の菌体成分であるピシバニール，微生物由来ペプチドのベスタチンなどがある．
(8) 分子標的薬剤：腫瘍細胞の増殖シグナルなどを標的として開発された薬剤で，培養細胞の殺細胞効果を指標として開発されてきたこれまでの古典的な殺細胞効果薬剤と単離手法が異なっている．構造的には標的蛋白質の酵素活性を阻害する低分子化合物と標的蛋白質に対する抗体薬とに分けられる．低分子化合物の主なものには，チロシンキナーゼ阻害剤（イマチニブ，ゲフィチニブ，エルロチニブ，スニチニブ，ソラフェニブ，ラパチニブ，ニロチニブなど），mTOR 阻害剤（テムシロリムス，エベロリムス），プロテアソーム阻害剤（ボルテゾミブ）などがある．抗体薬としては，細胞表面に発現している増殖因子受容体に結合するもの（トラスツズマブ，セツキシマブ，パニツムマブ），細胞表面抗原を標的とするもの（リツキシマブ），増殖因子を標的とするもの（ベバシズマブ）などがある．

a **交感神経**［sympathetic nerve ラ nervus sympathicus］ 交感神経系を構成する個々の遠心性末梢神経（⇒自律神経系）．内臓諸器官の相互的影響，すなわち交感作用（sympathy）を媒介する特殊の神経の意味で J. B. Winslow（1732）が命名．その*節前繊維は，ヒトでは，第一胸髄から第三〜第四腰髄までの脊髄側角中にある神経細胞（交感神経細胞）に発し，前根を通って脊柱を出，直ちに白交通枝を経て交感神経幹の神経節（幹神経節）に入り，ここに終わるか節間枝を経て上下の神経節に至る．神経節内の細胞から出た節後繊維の一部は直ちに頭部や胸部の諸器官に分布し，また一部は灰白交通枝を経て脊髄神経に合流し，体幹や四肢の血管（血管収縮神経）や，皮膚の血管・汗腺・立毛筋などに分布する．円口類には交感神経幹の神経節はみられない．硬骨魚類では脳の基部から尾端に至る脊髄の各分節が等しく節前繊維を発出するが，羊膜類では体腔のある体幹部だけに限られ，頸部に位置する側神経節に来る節前繊維は胸髄から出ている．心臓・肺の両者は，これら頸神経節から節後繊維の分布を受ける．交感神経の節後繊維は汗腺に分布するものを除き，アドレナリン作動性であることを特徴とし，コリン作動性の副交感神経と拮抗して各器官の*二重神経支配を実現する．脊椎動物の交感神経節細胞は，脳神経の感覚神経節や脊髄神経節と同様に，発生学的には*神経堤から生じ，これは副腎髄質の交感神経ニューロンや*クロム親和細胞をも分化させる．

b **交感神経系**［sympathetic nervous system］［1］脊椎動物において，交感神経からなり*副交感神経系とともに自律神経系を構成する神経系．交感神経系と副交感神経系との区別は，解剖学的・生理的（両者の拮抗作用を含む）ならびに薬理的（⇒自律神経系）になされる（⇒交感神経）．［2］無脊椎動物では，昆虫類の内臓を支配する神経系のこと．心臓や消化管前方部を支配する口胃神経系（stomatogastric system），各体節の気門に分布する無対性腹側神経（unpaired ventral nerve），生殖器官や消化管後方部を支配する尾部交感神経系（caudal sympathetic system）の三者からなるが，単に被支配機能が脊椎動物の植物性機能に相当するというだけで，相同器官ではない．口胃神経系は主として脳の前方にある前額神経節（frontal ganglion）とそれから後方へ走る回帰神経とからなり，運動性・感覚性の両ニューロンを含む．

c **口器**［mouthpart, trophi］ 無脊椎動物，特に節足動物の口の周辺にあって，全体として食物の摂取・咀嚼に役立つ器官群の総称．その各構成部分のほとんどは有対（二次的に癒合して不対となることはある）で当該体節の付属肢（口肢）の変形したものである．甲殻類や多足類では不対の上唇，1対の大顎，1対の第一小顎，1対の第二小顎がこれで，派生的な軟甲類では何かの顎脚が加わる．クモ類には口器と呼ぶべきものはなく，剣尾類では胸脚基部の内突起が口のまわりを囲んで，口器と同じ機能を果たす．昆虫の口器は，上唇，大顎，小顎，下唇，下咽頭（舌）からなるが，原始的な昆虫では下咽頭に付属して上舌が加わる．上唇と下咽頭（および上舌）は不対で，それぞれ口陥の前・後部の突出物であって，大顎，小顎，下唇はそれぞれ甲殻類の大顎，第一小顎，第二小顎にあたる．下唇は正中線で癒合して二次的に不対となっている．各部分は昆虫の眼や摂食習性により特殊化し，*咬み型口器，*吸い型口器，*刺し型口器，*舐め型口器などと呼ばれる諸型が区別される．カゲロウ類，多くのガ類など生存期間の短い昆虫の成虫やカゲロウの亜成虫では，口器はしばしば退化している．口器のそれぞれの構成要素は分枝（小顎鬚その他）をそなえることが多く，これらの分枝または口器自身には一般に化学的感覚の受容器が見られる．なお，輪虫類の咀嚼器のことを口器ということもある．

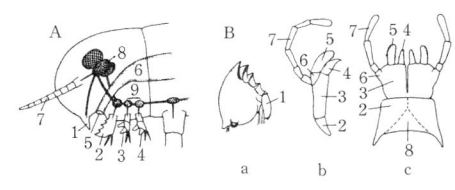

A：口器の模式図　1 上唇　2 大顎　3 第一小顎（昆虫では小顎）　4 第二小顎（昆虫では下唇）　5 口　6 食道　7 触角　8 脳（触角，上唇へ神経を派出）　9 頭部後方の体節の神経節，通常，合して食道下神経節をなす
B：昆虫の口器と部分の名称　a 大顎　b 小顎　c 下唇　1 prostheca　2 cardo　3 stipes　4 lacinia（内葉）　5 galea（外葉）　6 palpifer（c では palpiger）　7 palb（b では小顎鬚，c では下唇鬚）　8 頤板

d **後期**［anaphase］ 真核生物における*細胞周期の*M期あるいは有糸分裂を5段階に分けたときの，4番目の時期．中期に続く時期で，姉妹染色体が紡錘体赤道面から両極への分離を始めてから，分裂極に達した娘染色体群のまわりに核膜の再形成が始まるまでの期間．分離した染色体は，動原体微小管が短縮する（後期A）とともに紡錘体極間の長さが伸長する（後期B）ことによって，紡錘体極に移動する．染色体の移動は同時に始まり，その速度は同一細胞内ではすべての染色体についてほとんど同一であるが，細胞の種類・条件によって約0.2〜4 μm/min とさまざまである．姉妹染色体分離の開始時期を決めるのは*紡錘体チェックポイントで，これが満たされるとセキュリン（securin，⇒コヒーシン）とサイクリン B-CDK1）が蛋白質分解される（⇒後期促進複合体）．これによってセントロメア領域における姉妹染色分体間の接着が，*セパラーゼ/セパリン（separase/separin）によって解除され，その結果，動原体微小管による染色分体の牽引が可能となって，染色体の分離が実現する．

e **後期遺伝子**［late gene］ 宿主細胞にウイルスが感

染したとき，ウイルスゲノムの複製が開始した後の感染後期に発現するウイルス遺伝子．*ウイルス粒子構成蛋白質をコードする．感染初期に発現される*初期遺伝子に対比して用いる．

a **好気性菌** [aerobic microorganism, aerobe] 空気中ないし酸素の存在下で生育する（好気生活 aerobiosis を送る）微生物（菌）．*嫌気性菌と対置して呼ばれる．酸素がないと全く生育できないものを偏性好気性菌（strict aerobe, obligate aerobe）と呼び，好気・嫌気条件の両方で生育できるものは通性好気性菌（facultative aerobe）という．通性好気性菌と通性嫌気性菌は同義語であるが，好気・嫌気のどちらを強調するかで適宜呼び方が変えられる．多くの原核生物やほとんどすべてのカビ・酵母が好気性菌であり，酸素を末端電子受容体とする好気呼吸により生育する．なお，酸素が必要であっても，分圧が 0.2 atm より相当低い条件下でよく生育するものは微好気性菌（microaerophile）と呼ばれる．

b **好気性光合成細菌** [aerobic photosynthetic bacteria] *光合成細菌の中で好気条件で*バクテリオクロロフィルを蓄積し，光合成をするもの．ほとんどの細菌型光合成は嫌気条件で反応が進行するが，一部の*紅色光合成細菌では好気条件でのみ進行することが明らかになっている．アルファプロテオバクテリアに多く見つかっており，根粒菌 *Bradyrhizobium*，海洋細菌 *Erythrobacter*, *Roseobacter*，好酸性菌 *Acidiphilium* などで研究が進んでいるが，ベータプロテオバクテリアやガンマプロテオバクテリアにも少数見つかっている．これらはすべて好気呼吸を主たるエネルギー生産としており，光合成の貢献は補助的で，バクテリオクロロフィルの蓄積も限定的なものが多い．そのため，CO$_2$ 固定酵素をもたないものがほとんどであるが，*Bradyrhizobium* は Rubisco（*リブロース-1,5-ビスリン酸カルボキシラーゼ/オキシゲナーゼ）をもっており，これは異なる系統にまたがっており，独立に酸素に適応して進化してきたと考えられている．また，2007年にアシドバクテリア門でも細菌型光合成を行う好気性菌が見つかったが，その代謝の詳細は不明である．

c **抗寄生虫剤** [antiparasitic agent] 《同》駆虫薬．ヒトや動物の体内あるいは体表などに寄生した原虫類や蠕虫類の寄生虫を殺滅あるいは麻痺させて生体外に排除させる薬剤．時として，殺滅した寄生虫体が体内に残ることにより*アレルゲンとなり，アレルギー症状を引き起こすことがある．主な作用機序は寄生虫の代謝阻害，エネルギー産生阻害，生殖阻害．寄生虫の寄生部位によって，消化管寄生虫症，血液組織寄生虫症，泌尿器生殖器寄生虫症など適応は異なり，一定の投薬指針が確立されている薬剤は少ない．抗寄生虫剤は大別すると，マラリア治療薬，トリコモナス治療薬，線虫治療薬，条虫吸虫治療薬に分類され，希少疾病用医薬品（オーファンドラッグ orphan drug，医療上必要性が高いが患者数が少ない疾病に使われる薬）として入手しなければならないものも多い．放線菌 *Streptomyces avermitilis* により生産される*アベルメクチンのジヒドロ誘導体（イベルメクチン）は，オンコセルカ症（河川盲目症），腸管糞線虫症の薬剤として用いられる．

d **後期促進複合体** [anaphase promoting complex/cyclosome] APC/C と略記．細胞分裂中期から後期への移行に必須のユビキチンリガーゼ．後期促進複合体の働きによりポリユビキチン化された標的蛋白質は，プロテアソームにより速やかに分解，細胞周期は中期から後期へと不可逆的に移行する．後期促進複合体の主な標的は，*コヒーシンのサブユニット分解酵素セパラーゼの活性制御をするセキュリンと，分裂期の活性制御において中心的な働きをなす*分裂期キナーゼ，M 期 CDK の活性化サブユニット B 型サイクリン（サイクリン B）である．セキュリンの分解により，姉妹染色分体を接着しているコヒーシンは染色体から解離，紡錘体微小管の働きにより染色分体は細胞両極に移動し後期が終了する．B 型サイクリンの分解により，M 期 CDK の活性は低下し有糸分裂期が終了する．さらに G$_1$ 期で APC/C は，サイクリンの分解促進により CDK 再活性化を抑制，安定な G$_1$ 期の維持にも働く．

e **好気的代謝** [aerobic metabolism] 《同》呼吸代謝（respiratory metabolism）．糖質・脂質などの有機基質を酸素分子により二酸化炭素・水まで完全酸化する異化的代謝．有機基質は，(1) 酸素の関与しない経路によって簡単な有機化合物に分解され，(2) それが脱水素反応によって酸化を受け，(3) 脱カルボキシル反応によって二酸化炭素を生じる．(4) 奪われた水素（電子）は NAD, FAD などの補酵素を経て*呼吸鎖に与えられ，酸素分子を還元して水を生じる．例えば糖質は多くの場合主に解糖系（エムデン-マイエルホーフ経路，EM 経路）によってピルビン酸に至り，その脱水素酵素の作用によりアセチル CoA を経てクエン酸回路に入り CO$_2$ まで完全酸化される．脂肪酸は*β 酸化（この際は呼吸鎖関与）によって同じくアセチル CoA となり，クエン酸回路に入る．多くのアミノ酸は主にアミノ基転移反応により対応する α-ケト酸となり，ピルビン酸・アセチル CoA・クエン酸回路構成物質に至る．(1) の段階で ATP が生成されることもあるが，大部分の ATP は (4) の電子伝達過程で*酸化的リン酸化反応により生成される．1 分子のグルコースの完全酸化により 31～38 分子の ATP が生成すると考えられるが，無酸素的な乳酸生成（解糖）では 2 個の ATP が生成されるにすぎない．後者と比較すると呼吸は同じ基質量に対してはるかに多量の ATP を生体に与えるので，好気性の*従属栄養生物すなわち動物や多くの微生物の主要なエネルギー源となっている．生成物が CO$_2$ と水であることも生物の排泄に大きく寄与している．呼吸代謝は真核生物ではミトコンドリアを中心として行われる．

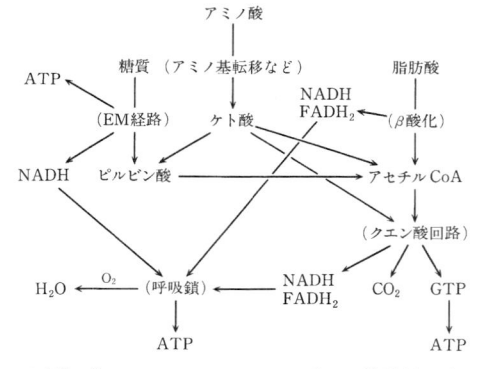

f **口球** [buccal mass, buccal bulb] 二枚貝類を除く

軟体動物において，消化管先端のふくらんだ筋肉質の塊状の部分．口腔を囲み歯舌・舌軟骨(歯舌突起)・顎板を収め，唾舌嚢が付随し，唾腺が開口する．

a **口球神経節** [buccal ganglion] 二枚貝類を除く軟体動物において，一般に脳神経節の前方あるいは下方に1対ある小形の*神経節．口器に関する神経節で，頭足類では上下2節に分かれている．

b **高級胆汁酸** [higher bile acid] *胆汁酸の一類で，通常の C_{24} 胆汁酸と同様の母核構造をもつが，側鎖は C_{27} ステロールと同じ炭素骨格をもつステロイドカルボン酸．ある種の両生類・爬虫類などの胆汁に，主成分として，遊離もしくは*タウリンとの抱合体の形で見出され，C_{24} 胆汁酸の進化的前駆体と認められる．*コレステロールから生合成され，また哺乳類などに投与すると C_{24} 胆汁酸に代謝されるので，コレステロールからの C_{24} 胆汁酸生合成経路の中間体と認められる．

c **後胸** [metathorax] 昆虫の第三胸節．1対の脚(metathoracic leg，*後肢という)があり，また有翅昆虫類では後翅がある．

d **工業暗化** [industrial melanism] 19世紀後半からヨーロッパの工業都市の発展につれて，その付近にすむガの体色に暗色の変異が増加した現象．オオシモフリエダシャク(*Biston betularia*)の例が著名．最初に注目されたのはイギリスであったが，その後ヨーロッパの各地に見られるに至った．この現象の原因は，E. B. Ford (1965)らの研究から，田園地帯ではもとの淡色型の方が目立ちにくく小鳥に捕食されずに生き残るが，工業地帯では煤煙で周囲が黒くなっているため暗化型の方が小鳥に発見される機会が少ないためと考えられている．H. B. P. Kettlewell (1957)によれば，この突然変異を示す種の多くでは，暗化は単一の優性対立遺伝子の支配の下に生じているという．したがって普通の遺伝子に淘汰が働く場合に比べて，この暗化型の広がる速度は非常に速く，多くの例で，わずか30～40代でほとんど全地域を占め，その前に普通に存在していた淡色型は，集団中の1～2%を占める程度になってしまった．この現象は集団の遺伝的構成の推移を示す著しい例として知られ，過渡的多型(transient polymorphism)の例とされている．なお，他の生物の体色暗化について同様の説明があてはめられる例があるが，必ずしも正しいとは限らない場合が多い．(⇒遺伝的多型)

e **抗凝血物質** [anticoagulant] *血液凝固を阻害する物質の総称．生理的なものと病的なものとがあり，一般に4種類に分類される．(1)血液に添加することによって凝固を阻止する抗凝血剤：主としてシュウ酸塩，クエン酸塩で，これらは Ca^{2+} と結合して凝固を阻止する．ほかにイオン交換樹脂，エチレンジアミン四酢酸(EDTA)などが用いられる．(2)活性化血液凝固因子に対する血中の生理的抗凝血素：トロンビン，第IX因子，第X因子，第XI因子，第XII因子，カリクレインと結合して作用を阻止する抗トロンビンIII(アンチトロンビンIII antithrombin III)，それと特異的に結合をするヘパリン，また活性化第V因子，第VIII因子を特異的に分解するプロテインCとその補因子のプロテインS(⇒トロンボモジュリン)などがある(⇒組織因子経路インヒビター)．(3)病的状態で後天的に出現し，血液凝固因子を可逆的・不可逆的に失活する抗凝血物質：第V因子，第VII因子，第IX因子，第XIII因子に対する抗体が知られている．

(4)経口投与によって凝血因子の生成(活性)を阻害する抗凝血薬：クマリン系・インダンジオン系の薬剤で，経口投与によりビタミンKの還元を阻害することによりビタミンK依存性の凝血因子すなわち第II因子・第VII因子・第IX因子・第X因子の肝細胞における合成を低下させる．

f **口極** [oral pole] 動物体の主軸において，一端が口となる方の極．左右相称動物では口極は体の前端でもあるので，前極(anterior pole)ともいい，場合により吻極(rostral pole)ともいう．放射相称の動物では口極は動物により，上端または下端の中央部にある．主軸の口極と反対側の極は反口極(aboral pole)と呼ばれ，左右相称の動物では後極(posterior pole)ともいう．

g **後極相** [postclimax] 局所的に好適な気候環境によって，周囲の極相群落よりも気候的に好適な側に分布する極相の状態に進んだ群落．F. E. Clementsの用語．*前極相と対する．乾燥した草原群落の中を流れる河辺に沿った湿潤の地に発達した森林がその例．なお，山地における垂直分布の場合に下位にある植生帯を上位のものに対し後極相，上位の植生帯を下位のものに対して前極相ということがある．

h **抗菌スペクトル** [antibacterial spectrum, antimicrobial spectrum] 《同》抗生スペクトル(antibiotic spectrum)．一つの抗生物質について，その異なる濃度に対する種々の検定細菌の生育阻止限界の分布系列．もともと細菌の種類の差異は連続したものではないから，通常これを数表にして示すが，幾つかの抗生物質を比較するときなどにはこのスペクトルの帯で濃度を表すようにして図表に描くこともある(S. A. Waksman)．濃度の代わりにカップ法(⇒抗菌力検定)による生育阻止帯の直径などを使うこともできる．例えば，ペニシリンGとストレプトマイシンの抗菌スペクトルは後者がグラム陰性菌の生育を阻止することで明らかに異なる．なお，細菌およびリケッチアにわたる微生物を阻止する抗生物質を広スペクトル抗生物質群(広域抗生物質 broad-spectrum antibiotics)といい，テトラサイクリンやクロラムフェニコールなどがそれである．

i **抗菌ペプチド** [antibacterial peptide] 《同》抗細菌ペプチド．細菌に対して毒性を示すペプチドの総称．その*抗菌スペクトルはさまざまで，細菌に広く効果をもつものや，*グラム陽性菌あるいは*グラム陰性菌にのみ効果のあるもの，真菌に効果のあるものや広く微生物に効果のあるものなどがある．細菌以外にも効果があるものを抗微生物ペプチド(antimicrobial peptide)と呼び，真菌に対して効果のあるものは抗真菌ペプチド(antifungal peptide)と呼ぶ．抗菌ペプチドを合成，分泌することは，先天性免疫の一つで，*獲得免疫をもたない無脊椎動物，植物においては非常に重要な*防御反応であるが，獲得免疫の発達した脊椎動物にも見られる．

j **抗菌力検定** [assay method of antimicrobial activity] 抗生物質など抗菌剤の効力を検定，定量する方法．試験標準細菌株，例えば黄色ブドウ球菌の生育を阻害する有効濃度限界である最小生育阻止濃度(minimal inhibitory concentration, MIC)を決定するため，次のような検定法がよく用いられる．(1)稀釈検定法(dilution assay method)：試験菌の生育に対する有効濃度限界をその物質の段階稀釈(serial dilution)によって決定する方法．寒天培地中に被検薬剤を加える寒天平板稀釈法

(agar dilution method)と液体培地中に被検薬剤を加える液体希釈法(liquid dilution method)があり，いずれも薬剤存在下で一定時間試験菌を培養して，その生育を阻止する最低濃度を測定する．(2)寒天平板拡散法(agar diffusion method)：被検薬剤を置いた点から薬剤が培地に浸透し，濃度勾配をつくることを応用する方法．薬剤の設置方法によってさらに次のように分ける．(i)カップ法(cup method, 円筒平板法 cylinder plate method)：寒天平板上に試験菌を重層し，この上に置いたステンレス製の円筒(カップ)に被検薬剤の希釈液を充たして菌を培養する．カップ周囲に生じた生育阻止円の大きさは，薬剤の濃度勾配に依存することを利用して，有効濃度限界を求める．(ii)円形濾紙法(paper disk method)：カップの代わりに円形濾紙(ペーパーディスク)に被験薬剤を滲ませる方法．MICの決定には不十分であるが簡便さの点で最も多く使用される方法である．

a **後形質** [metaplasm] *原形質の物質代謝の結果生じた非生活物質，あるいはそれに基づく構造の総称．*細胞壁のほか，*細胞液・澱粉粒・卵黄粒・脂肪粒・種々の結晶体・分泌顆粒・ある種の色素・乳液などがこれに属するとされた．現代生物学においてはもはや意味をもたない．

b **高茎草原** [tall herb stand ラ altherbosa] 《同》大形多巡草原．温帯北部に分布する広葉草原の群系の一つ(→草原)．本州中部の高山では落葉広葉樹林帯の上部や，針葉樹林帯の比較的湿った川岸，林下のやや暗い地，土壌のやや不安定な場所などに発達する．高さ2〜3mの多年生草本を主とし，イネ科植物をほとんど交えない．ヨブスマソウ，オニシモツケ，ヤマヨモギ，ハンゴンソウ，オオイタドリ，トリカブトの類，ヤグルマソウ，オタカラコウ，アザミの類，シシウドなどが代表的植物．割合に短い生育期間にもかかわらず地下に貯蔵養分を多くもち，初期の成長が速いため成長量はしばしば通常の草原に比して非常に大きい．

c **攻撃** [aggression] 動物が同種他個体に襲いかかったり，威嚇したりする行動パターン．種によっては，一定の*リリーサーによってのみ解発されるが，適切な刺激(同種他個体)から隔離されると攻撃性が増大する種もある．また，攻撃行動は*生得的であるが，*学習により変化を受ける．攻撃を伴う闘争によって，同種個体の*分散，*なわばりの維持，*順位の確立，配偶相手の確保，子の保護など，生存や繁殖に不可欠な点が実現するが，一方，攻撃は闘争個体の傷害や死を引き起こすおそれがあるが，これは多くの場合*儀式的闘争のパターンが生得的にそなわっていることにより回避される．攻撃性の強さはその動物の置かれた心理的・生理的情況によって変化する．なお，獲物に対する捕食行動は*動機づけがまったく異なるので，攻撃と混同してはならない．

d **攻撃距離** [attack distance] 《同》防衛距離(独 Abwehrdistanz)．他の動物が接近してきたとき，動物が防衛的意味をもつ*攻撃を起こす個体間の距離．H. Hedigerの造語．通常はこの距離まで接近する前に，動物は逃走するが，不意をつかれたり，逃げ場がなかったりした場合に，この距離を越えて接近することがある．(→逃走距離)

e **抗結核薬** [anti-mycobacterial agents] 結核菌を起因とする感染症の治療に使用される薬剤の総称．イソニアジド，エタンブトール，*ストレプトマイシン，リファンピシン，ピラジナミドが第一選択薬として組み合わせて使用される．これらの薬は全て結核菌の増殖抑制作用をもち，イソニアジドは，結核菌の細胞壁構造中のミコール酸生合成に関わるエノイル還元酵素を阻害．エタンブトールは，同じく細胞壁構造中の*アラビノガラクタン生合成に関わるアラビノシル転移酵素を阻害．ストレプトマイシンは，70Sリボソームに作用し，蛋白質合成を阻害．リファンピシンは，結核菌の*RNAポリメラーゼに直接作用しRNA合成の開始反応を阻害する．ピラジナミドはⅠ型の*脂肪酸合成酵素に作用し，脂肪酸とミコール酸の生合成を阻害する．

イソニアジド

エタンブトール

ピラジナミド

リファンピシン

f **高血糖** [hyperglycemia] 血糖が正常値よりも異常に上昇している現象．食事などで多量の糖分をとったあとには，正常人でも高血糖を示す(食餌性高血糖という)．しかし空腹時においても126 mg/100 mL以上の血糖値を示す場合，あるいは一定の澱粉食の後の食後高血糖が高度にかつ長く持続する場合には，病的な高血糖とみなされる．*インスリンの欠乏などによる病的高血糖の場合は，血糖値が約170 mg/100 mL以上にも達し，*糖尿が発生する．高血糖に際しては，水分平衡に異常をきたし，のどの渇き，多尿を伴う．また感染症に対する抵抗性が減じ，化膿を起こしやすくなる．

g **抗原** [antigen] 元来は抗体が特異的に結合する分子を指すが，広くBリンパ球の*免疫グロブリン受容体，Tリンパ球のT細胞受容体が特異的に結合する分子の総称として用いられる．抗原分子の抗体や抗原受容体との結合に直接関与する部分を*抗原決定基もしくはエピトープと呼ぶ．抗原になりうる性質は抗原性(antigenicity)，それ自身で免疫応答を惹起しうる性質である免疫原性(immunogenicity)と呼ばれるが，すべての抗原が免疫原性を有するとは限らない．蛋白質，糖，脂質，核酸などの広範な有機物が抗原性をもちうる．抗体や免疫グロブリン受容体は，あるがままの構造の抗原分子に直接結合するが，T細胞受容体は蛋白質抗原が細胞内で分解されて生成したペプチドと*主要組織適合遺伝子複

合体(MHC)分子との複合体を抗原として認識する．T細胞受容体の一部はCD1分子に結合したリン脂質との複合体を抗原として認識することが知られている．低分子量の無機化合物(抗生物質など)，糖類や金属(ニッケルや金)などはそれ自体としては免疫原性をもたないが，蛋白質と結合した形で免疫すると抗原性を示すことができ，特異的な抗体が産生されうる．この場合，蛋白質をキャリアー(担体 carrier)，低分子物質を不完全抗原もしくはハプテン(hapten)と呼ぶ．*アレルギーの原因になる抗原は特に*アレルゲン(allergen)と呼ぶ．一方，ブドウ球菌の中毒性ショック症候群毒素(TSST-1)などは，T細胞受容体のV領域(可変部)と抗原特異性とは無関係に結合して多クローンのTリンパ球を活性化することができ，*スーパー抗原(super antigen)と呼ばれる．また，検査用抗体などによって認識される物質の呼称として抗原という語を用いる場合がある(例えばCD抗原，ABO式血液型におけるA型抗原など)．抗原は抗体産生応答において，*ヘルパーT細胞を必要とする胸腺依存性抗原(thymus-dependent antigen, TD抗原 TD antigen)と必要としない胸腺非依存性抗原(thymus-independent antigen, TI抗原 TI antigen)に分類される．多くの蛋白質抗原，蛋白質を担体としたハプテン-キャリアー複合体や異種赤血球などはTD抗原であり，これらに対する免疫応答の結果免疫記憶が成立する．TD抗原は*抗原提示細胞に取り込まれペプチドとしてMHC分子に提示され，ヘルパーT細胞を活性化する．特異的な免疫グロブリン受容体によって抗原を捕捉し取り込んだBリンパ球も抗原提示細胞として機能しうる．一般に可溶性のTD抗原は免疫原性が弱く，強い免疫応答を惹起するためには*アジュバントと呼ばれる免疫賦活物質が同時に投与される．TI抗原は，それ自身にBリンパ球に対する*マイトジェン活性があり多クローン性の増殖を誘導しうるTI-1抗原(*リポ多糖など)と，同一分子上に抗原決定基が反復配列しているTI-2抗原(肺炎球菌III型多糖，フィコール，デキストランなどの糖鎖抗原)に分類される．TI抗原に対する抗体応答にはT細胞が関与しないため，産生抗体はもっぱらIgM抗体であり，免疫記憶も誘導されない．抗原はその由来により自己抗原(autoantigen, self antigen)，同種抗原(alloantigen)，異種抗原(xenoantigen)に分類される．自己抗原は通常免疫原性を示さない(自己免疫寛容)が，自己免疫疾患では自己抗体や自己反応性Tリンパ球が出現する．同種抗原はアロ抗原とも呼ばれ，同種個体間で多型性(polymorphism)を示す分子であり，蛋白質の他にABO式血液型物質のような糖鎖抗原も含まれる．アロ抗原に対する抗体をアロ抗体という．特に重要なのは，高度の多型性を示し，移植拒絶反応を引き起こす主要組織適合性抗原(major histocompatibility antigen)である．その他のアロ抗原も移植片拒絶反応を惹起することがあり，副組織適合性抗原(minor histocompatibility antigen, minor-H antigen)と呼ばれる．

a **荒原** [desert ラ deserta] 環境要因のうちのいずれか一つが比較的劣悪な条件にあるために，特別の植物が疎らに生えるだけで，*被度が非常に小さい諸群系の総称．陸地の約34%を占める．E. Rübelの次の分類が最も多く採用されている．(1)砂漠(乾荒原)，(2)*寒地荒原(寒帯に属する荒原)，(3)*海岸荒原，(4)*転移荒原，(5)*岩質荒原，(6)*硫気孔植物荒原．

b **抗原型変換** [antigenic transformation] 原生生物に見られる抗原性の変換現象．主なものとして次のものが知られる．[1] ゾウリムシの細胞表面にある抗原性の強い単一の蛋白質の違いにより抗原性の異なったいくつかの型(抗原型)があり各型に対応する抗血清(ウサギに注射してつくる)を作用させると麻酔状態になるが，型がちがえばその状態にならない．抗原型の変換は培養温度・食物量・紫外線その他の環境の変化によって引き起こされる．各抗原型は多数の互いに連鎖していない遺伝子によってコードされているが，一般に1種の抗原型だけを発現している．その発現は細胞質によって決定されている．[2] antigenic variationともいう．トリパノソーマは，体表は単一の糖蛋白質からなる厚い表面膜でおおわれており糖蛋白質のN末端側が細胞表面膜の外層を形成し，C末端部分は細胞膜に結合している．この表面抗原を変化させて，宿主の抗体による免疫的な排除から逃れる．その場合は，ゾウリムシの場合のように，多くある抗原型の遺伝子の発現の切換えによるのではなく，遺伝子の重複と欠失，転位などを伴う染色体の再配列によって起こることが示唆されている．(→相変異【2】)

c **抗原決定基** [antigenic determinant] 《同》エピトープ(epitope)．抗体やB細胞受容体(BCR)，T細胞受容体(TCR)の可変部位が結合する*抗原分子の部分構造．抗原によって抗原決定基の数はさまざまである．抗体，BCRの結合する抗原決定基はアミノ酸6〜10個，単糖5〜8個に相当する大きさであり，蛋白質抗原の場合，連続するアミノ酸配列だけでなく離れた場所にある複数のアミノ酸(不連続エピトープ)も抗原決定基となる．蛋白質が変性すると失われる抗原決定基や逆に変性蛋白質にのみ存在する抗原決定基もある．蛋白質で免疫した場合，ある抗原決定基に対しては，その他の決定基に比べて多量の抗体が産生されたり，T細胞の応答がより強いことが知られている．これを免疫優性決定基(immunodominant epitope)と呼ぶ．TCRは抗原分子とは直接結合せず，*主要組織適合遺伝子複合体(MHC)分子に結合した形で提示された抗原ペプチド(アミノ酸9〜15個)を認識する．このペプチドがその抗原の抗原決定基であるが，そのうち特にTCRと直接相互作用するアミノ酸のみを抗原決定基と呼ぶ場合もある．MHCハプロタイプが異なれば同じ抗原分子であっても提示される抗原が異なる可能性があり，従ってどの部分が抗原決定基となるかも優性決定基となるかもMHCハプロタイプの影響を受ける．

d **抗原抗体反応** [antigen-antibody reaction] 抗原分子と抗体分子の相互反応．抗原の抗原決定基(エピトープ epitope)と抗体の抗原結合部位(antigen-binding site)との間の非共有結合による可逆的反応．抗原抗体反応における抗体の抗原に対する親和性は10^{-11}〜10^{-7} M程度であり，その特異性は非常に高い．生体内では抗体が微生物と反応する結果，食食細胞による微生物の処理を促進したり(オプソニン効果)，ウイルスや毒素を中和する(中和反応)など，生体に有利な反応もある反面，抗原抗体複合体の組織への沈着による組織障害やアナフィラキシーなど不利な面もある．その抗体のもつ高い特異性を利用して，さまざまな物質(*サイトカイン，*ホルモン，細菌ウイルス，さまざまの蛋白質，分子，あるいは低分子化合物など)を抗原として検出・定量すること

に用いられている．多価の可溶性抗原と抗体が反応すると不溶性の複合体が形成され沈降する(⇒沈降反応)．血球や細胞など粒子状の抗原は抗体と反応し凝集する(例：ABO 式血液型検査，⇒凝集反応)．血球や細胞に結合した抗体に補体を作用させると細胞が溶解される(例：HLA 抗原の検出，プラークテスト)．蛍光標識した抗体は免疫組織化学，フローサイトメトリーなどに，酵素標識した抗体は免疫組織化学，ELISA 法，ウエスタンブロットなどに，放射性同位元素を標識した抗体はラジオイムノアッセイに用いられる．ビーズに抗体を結合させ抗原を精製したり(⇒アフィニティークロマトグラフィー)，磁気ビーズに結合させた抗体を用いて目的細胞を分離したりすることにも抗原抗体反応が用いられている．

a **膠原繊維** [collagenous fiber, collagen fiber]
《同》膠質繊維，膠原質繊維，コラーゲン繊維．支持組織(結合組織，軟骨組織，骨組織，造血組織)の細胞間質中に見られ，それら組織の繊維芽細胞によって細胞外に形成される繊維．エオシンで桃色に，酸性フクシンで赤く，アニリン(マロリー染色)で青く染まる．極めて強い抗張性をもち，反面，伸長性には乏しい．直径 20〜100 nm の膠原繊維の束で，これには約 70 nm の間隔で横縞が見られる．膠原原繊維(collagenous fibril)は，直径 1.4 nm 程度，長さ 240 nm ほどの膠原細繊維(collagenous filament)が 70 nm のずれをもちながら集まって束となったもので，縞模様はこの細繊維の長さの約 4 分の 1 に相当する細繊維相互のずれに基づく．繊維そのものはトリプシンでは消化されないがペプシンで消化され，また弱酸・弱アルカリで膨潤し消失．煮沸するとゼラチンを生ずる．コラゲナーゼで容易に消化される．繊維は蛋白質の*コラーゲンである．また数種類のコラーゲンのうち I 型は組織内に普遍的に見出され，II 型は脊索・軟骨に分布，IV 型は基底膜の構成にあずかるなど，組織分布特異性も認められ，さらに発生初期の形態形成に際して，それぞれのタイプのコラーゲンが細胞の移動と分化に直接的・間接的に関与するとされる．節足動物を除き動物界にひろく見出され，通常，生体を構成する蛋白質として最も多い．かつて別種の繊維とされた*格子繊維は膠原繊維と本質的に同じもの．加齢とともに生体内のコラーゲン量は増え，老化の機構と関連して注目されている．

b **抗原提示細胞** [antigen presenting cell] APC と略記．ナイーブ*T 細胞が抗原を認識して活性化される際に，必須の役割を果たす骨髄由来の細胞．細胞表面に*主要組織適合遺伝子複合体(MHC)の産物であるクラス I およびクラス II 分子を発現しており，その分子先端の溝に抗原蛋白質の分解産物である十数個のアミノ酸からなるペプチドを結合して T 細胞に提示する．抗原提示細胞は単に T 細胞に抗原ペプチドを提示するだけでなく，抗原提示細胞上の CD80，CD86 と T 細胞上の CD28 などを介した相互作用を行い，さらに各々が産生する*サイトカインを介した相互作用も行う．*樹状細胞，*マクロファージおよび*B 細胞などが，抗原提示細胞として機能する．この中で，樹状細胞は，最も強力な T 細胞刺激能力を有し，抗原提示機能に特化した免疫細胞であるといえる．

c **膠原病** [collagen disease] 《同》結合組織病(connective tissue disease)，全身性自己免疫疾患(systemic autoimmune disease)．全身のさまざまな結合組織に慢性炎症を引き起こす病気．全身のコラーゲン(膠)にフィブリノイド変性を認め，全身の関節・血管・内臓などに障害を起こす一連の疾患群の総称として 1942 年に定義されたが，のちに，コラーゲンの変性が病態の本質ではないことが明らかとなり，結合組織病とも呼ばれるようになったが，日本では膠原病の名称で呼ばれることが多い．古典的には，*関節リウマチ，*全身性エリテマトーデス，皮膚筋炎・多発性筋炎，*強皮症(全身性硬化症)，*シェーグレン症候群，混合性結合組織病，結節性多発性動脈炎を指すが，他の血管炎症候群(顕微鏡的多発血管炎，高安動脈炎，側頭動脈炎，ウェゲナー肉芽腫症，チャーグ・ストラウス症候群，ヘノッホ・シェーンライン紫斑病，過敏性血管炎)などもその類縁疾患として扱われている．これらの疾患ではリウマトイド因子，抗核抗体をはじめ多彩な自己抗体が検出されることから，慢性炎症の発現に自己免疫が関与していることが強く示唆されており，全身性自己免疫疾患と呼ばれることもある．病態的には，典型的な慢性多臓器疾患で，その症状は極めて多様であり，いくつかの特徴的検査所見や臨床症状を組み合わせて診断される．これらの疾患はまだ原因不明のため，根治的治療法はみつかっていないが，副腎皮質ホルモン剤に加え，新しい免疫抑制剤や生物学的製剤が開発・臨床応用され，関節リウマチのように従来より格段の治療効果の向上が得られている疾患もあるが，なお難治で予後の悪い疾患も多数含まれている．

d **口腔**(こうこう) [oral cavity ラ cavum oris]「こうくう」とも．脊椎動物の消化管の最前部にある外胚葉性の部分で，口裂(rima oris)により外界に開く腔所．口裂に近い部分は発生的に口陥からなる．その背壁をなすものは*口蓋で，後方は咽頭に連なる．口腔は舌，口腔腺をそなえる．哺乳類においては*唇および頬の形成に伴って歯列の前方に口腔前庭を生じる．飲食物の摂取，歯による咀嚼，唾液による化学的消化，嚥下，味の感受，発声，鼻呼吸に代わる呼吸など，さまざまな機能をもつ．(⇒細胞口)

e **咬合** [occlusion] 《同》歯列の咬み合せ．通常の状態で上下顎を閉じ合わせた際に生じる上下歯列相互の位置関係．上下の歯列が向かい合う面を咬合面という．現代日本人では，前歯部で上顎歯列が下顎歯列の前に出る鋏状咬合(psalidodontia)が大半を占め，その逆の関係を示す後退咬合(反対咬合 opistodontia)や，上顎切歯が下顎切歯にかぶさる屋根状咬合(stegodontia)は数少ない．一方，上下顎の切歯がかちあう毛抜咬合(鉗子状咬合 labidodontia)は縄文人などの間ではむしろ一般的であった．(⇒歯)

f **孔口周糸** [periphysis] 《同》ペリフィシス．子嚢殻や分生子殻の孔口部の内面に上向きに密生する毛状体．一部孔口外に突出するものもある．(⇒子嚢殻[図])

g **抗甲状腺物質** [antithyroid substance] 《同》抗甲状腺剤，ゴイトロゲン(goitrogen)．甲状腺機能を低下させる物質の総称．甲状腺がヨウ化物イオンを取り込むのを阻害するものや，取り込まれたヨウ素が有機化合物と結合するのを阻害するものが含まれる．前者にはチオシアン酸塩や過塩素酸塩，後者にはチオ尿素とそれに類縁のプロピオチオウラシル，メチマゾル(チオカルバミドと総称される)，パラアミノ安息香酸，パラアミノサリチル酸などのサルファ剤が挙げられる．いずれの場合も循環血中の甲状腺ホルモン濃度が低下し，負のフィー

ドバックにより甲状腺刺激ホルモンの分泌が高まることによって，甲状腺は形態的にだけ機能亢進の像を示し，ひどくなると甲状腺腫となる．アブラナ科植物にはチオシアン酸塩が含まれているので，過剰に摂取すると甲状腺腫となる．

a **光合成** [photosynthesis] 生物が光のエネルギーを利用してATPや還元力を生産する過程．一般的には，植物などが光エネルギーを利用して酸素を発生し，二酸化炭素を固定，糖を合成する一連の反応を指す．*炭素同化だけでなく，窒素同化も光エネルギーを利用しており，光合成の重要な過程である．このような酸素を発生する光合成は色素として*クロロフィルを利用しており，植物とシアノバクテリアにみられ，酸素を発生しない光合成は*バクテリオクロロフィルをもつ光合成細菌が行う．どちらも光励起によるクロロフィル類の反応中心色素の電荷分離が光化学反応として起きる．一方，色素としてレチナールをもつ*バクテリオロドプシンは光励起によるH^+イオン輸送を利用したATP合成を行い，好塩古細菌や一部のプロテオバクテリアにみられる．

b **光合成遺伝子** [genes of photosynthesis] 光合成機能に関与する蛋白質をコードする遺伝子．光化学系Ⅰ反応中心複合体と光化学系Ⅱ反応中心複合体を構成する蛋白質の遺伝子には，それぞれ *psa* と *psb* の記号がつけられている．また電子伝達系の蛋白質の遺伝子およびチラコイド膜のATP合成酵素の遺伝子には，それぞれ *pet* と *atp* の記号がつけられている．真核生物では光合成遺伝子は，葉緑体ゲノム(*プラスチドゲノム)と核ゲノムとに分かれてコードされている．両ゲノムの遺伝子産物は協調的に合成され，チラコイド膜上で会合して機能をもった複合体などを形成する．集光性クロロフィル *a/b* 蛋白質の遺伝子 (*Cab*: *Lhca*, *Lhcb*) は核ゲノムにコードされている．*リブロース-1,5-ビスリン酸カルボキシラーゼ/オキシゲナーゼ(Rubisco)の大サブユニットの遺伝子(*rbcL*)は葉緑体ゲノムにコードされているが，他の*炭素同化や光呼吸に関連した酵素の遺伝子は核ゲノムにコードされている．ミトコンドリアのNADH脱水素酵素と相同性をもつ遺伝子(*ndh*)の一部は葉緑体ゲノムにコードされており，その産物は*循環的電子伝達に関与している．光合成遺伝子の発現は光によって調節される．核ゲノムにコードされている *Cab* や *rbcS* などの光合成遺伝子では，プロモーターの上流にある光応答に関与する領域によって転写段階で発現が制御されている．一方，葉緑体ゲノムにコードされている光合成遺伝子では，転写段階と翻訳段階の両方で光による制御を受けている．

c **光合成曲線** [photosynthesis curve] 光合成の速度を，光やCO_2，温度などの要因に対してグラフで示したもの．光合成の限定要因の解析に用いられる．例えば，光–光合成曲線の弱光領域においては，光合成の速度が光によって限定され，光合成速度は光の強さとともに大きくなる．一方，強い光で光合成活性が飽和する点(光飽和点)より上では光は限定要因ではない．また，見かけの光合成速度が0となる光強度(光*補償点)においては，呼吸の速度と光合成の速度が釣り合っている．

d **光合成細菌** [photosynthetic bacteria] 光エネルギーを利用して光合成を行う原核生物の総称．通常は，*バクテリオクロロフィルを含む光化学反応中心を1種だけもつグループ(*紅色光合成細菌，*緑色硫黄細菌，*緑色糸状性細菌，ヘリオバクテリア)を指す．2007年にアシドバクテリア門にもバクテリオクロロフィルをもつ光合成細菌が見つかった．これらは光化学*反応中心を一つだけもち，光合成反応の電子供与体として水を利用できず，いわゆる*細菌型光合成を行う．このうち，植物の光化学系Ⅰと類似のⅠ型光化学反応中心をもつのは，緑色硫黄細菌，ヘリオバクテリア，アシドバクテリアであり，植物の光化学系Ⅱと類似のⅡ型光化学反応中心をもつのは，紅色光合成細菌と緑色糸状性細菌である．通常，光合成は嫌気条件で働くので，絶対光*独立栄養のものはすべて*嫌気性菌である．通性嫌気性細菌は好気条件では光合成を行わずに酸素呼吸をするものが多い．例外的に，好気条件でのみバクテリオクロロフィルを合成する好気性光合成細菌も知られているが，その光合成活性は低い．これらはすべて真正細菌に属するが，系統的にはまとまっておらず，しかも近縁種に光合成をしないものがあるため，光合成細菌は生物分類の単位ではなく機能分類に属する．したがって，酸素発生型光合成を行うシアノバクテリア(真正細菌)やバクテリオロドプシンをもつ好塩古細菌やプロテオバクテリア(真正細菌)を含めないことが多い．

e **光合成産物** [photosynthetic products] 光合成の反応によってCO_2が安定的に取りこまれた生産物．CO_2固定の一次産物のみならず，細胞内に蓄積するためにつくられた物質までも含む．CO_2固定の初期産物は，C_3光合成ではホスホグリセリン酸である．*C_4光合成の最初の産物はPEPカルボキシラーゼでつくられる*オキサロ酢酸であるが，これはすばやくリンゴ酸やアスパラギン酸に変換される．陸上植物や緑藻では葉緑体内に澱粉を光合成産物として蓄積する．陸上植物のようにソースとシンク(=ソース–シンク関係)が分かれていて転流活性が強い植物の葉では，澱粉よりも*ショ糖が主な光合成産物となる．ユーグレナ類は細胞質に不溶性β-1,3 グルカンである*パラミロンを，紅藻は細胞質に水溶性α-1,4 グルカンを蓄積するほか，一部の藻類は脂質を光合成産物として蓄積する．シアノバクテリアでは，通常枝分かれの多いグリコゲン様のα-1,4 グルカンを蓄積する．

f **光合成色素** [photosynthetic pigment] 光合成生物(緑色植物，藻類，シアノバクテリア，光合成細菌)に存在し，光合成のエネルギー源として光を吸収する色素の総称．*クロロフィル，*カロテノイド，*フィコビリンの三つに分類される．陸上植物，藻類，シアノバクテリアではクロロフィル *a* が共通して存在し，その他のクロロフィル *b*, *c*, *d* やフィコビリン類，*フコキサンチンなどのカロテノイドは光合成の系統・類縁に応じて特徴的な分布をしている．光合成細菌では，バクテリオクロロフィル *a*, *b*, *c*, *d*, *e*, *g* などの他にスフェロイデンなどのカロテノイドが存在する．

g **光合成商** [photosynthetic quotient] 《同》同化率，光合成比．*光合成の際，固定される二酸化炭素と放出される酸素のモル比 CO_2/O_2 をいう(O_2/CO_2 をいう場合もある)．*呼吸商の場合とは異なり，光合成の直接の産物(⇌光合成産物)は糖(または糖リン酸)であり，光合成商は通常1に近い．蛋白質あるいは脂質が光合成産物である場合は，光合成商はそれぞれ平均0.8あるいは0.7となる．

h **光合成生物** [photosynthetic organism] 《同》光無

機栄養生物(phototroph)．生物のエネルギー・栄養獲得形式の分類において，光エネルギーに依存し，無機物を電子供与体として二酸化炭素の固定を行う生物．*化学合成生物の対語．無機物質だけを使って生育できるものは光無機栄養生物(photolithotroph)と呼ばれ，独立栄養生物(⇌独立栄養)に含まれる．単に光エネルギーを利用して生育する生物という意味では，光栄養生物(phototroph)という．光合成生物のうち，緑色植物や藻類，藍色細菌では，電子供与体は水である．一方*光合成細菌の紅色硫黄細菌・*緑色硫黄細菌では，電子供与体は還元型の無機硫黄化合物である．光合成細菌の中には，紅色非硫黄細菌のように条件的に有機物を電子供与体・炭素源として利用できる光従属栄養(photoheterotrophy)のものや，二酸化炭素と有機物を同時に炭素源として利用する光混合栄養(photomixotrophy)のものが存在する．紅色非硫黄細菌の多くは，生活環境が明から暗に切りかわったときに，電子受容体として酸素などが存在すれば化学合成生物としても生育できる．

a **光合成速度** [photosynthetic rate]　光合成による二酸化炭素吸収(あるいは酸素発生)速度．二酸化炭素吸収速度については同化速度ともいう．陸上植物では，$1m^2$の葉面積当たり1秒間に吸収されるCO_2のモル数($\mu mol/m^2 \cdot s$)で表現することが多く，単離葉緑体などではクロロフィル1mg当たり1時間に固定されるCO_2のモル数($\mu mol/mg$ クロロフィル・h)で表すことが多い．明中で光合成をしている時の呼吸速度(*暗呼吸と*光呼吸の両者を含む)を実測することは極めて困難なため，暗中でO_2吸収(CO_2発生)速度を求め，ついで明中でO_2発生(CO_2吸収)速度を測定し，この値に先に測定した暗中の速度の値を足したものを「真の光合成速度」または「総光合成速度」と呼ぶ．しかし，明中での暗呼吸速度は必ずしも暗中のそれとは同じではないし，光呼吸の評価も難しいので，上記の光合成速度は便宜的なものである．一方，明中におけるO_2発生(CO_2吸収)速度を「みかけの光合成速度」あるいは「純光合成速度」と呼ぶ．一般に，C_3植物では$50〜100\mu mol/m^2 \cdot s$，$C_4$植物では$300〜400\mu mol/m^2 \cdot s$以下の光強度では光合成速度と照射光強度との間に直線関係が成立している．この関係は光化学反応が主として光合成を律速していることによる．照射光強度をさらに高めても光合成速度が増加しなくなるときの光強度を飽和光強度という．一般に飽和光強度が高いほど，みかけの光合成速度は大きい．(⇌ワールブルク効果，⇌生産速度，⇌光合成曲線)

b **光合成単位** [photosynthetic unit]　光合成色素1分子だけでは光合成が進行せず，数百分子の*クロロフィルが一つの単位として光合成の反応に機能していることが明らかとなった際に，その単位を指して用いられた語．歴史的な概念であり，現在の光化学系反応中心複合体(⇌反応中心)に相当する．

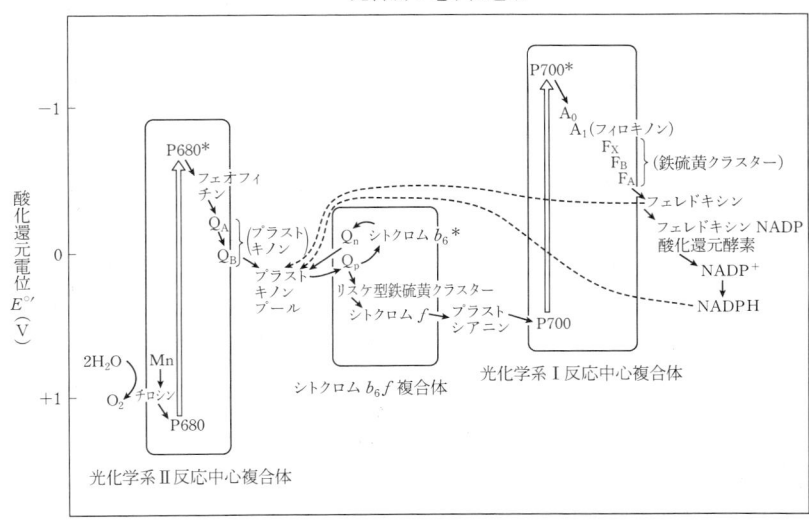

c **光合成の電子伝達系** [photosynthetic electron transport system]　光化学*反応中心で生じた酸化還元力を利用可能な自由エネルギーに変換する系．酸素発生を行う光合成生物の*チラコイド膜は2種の反応中心複合体(光化学系ⅠとⅡ)，*シトクロムb_6f複合体，およびこれらの間で電子のやりとりを行う可動性の電子伝達成分により構成されている．光照射により二つの反応中心が励起されて駆動される．光化学系ⅡはH_2Oより電子を受け取り，その電子はシトクロムb_6f複合体を介して光化学系Ⅰに運ばれ$NADP^+$に渡される．この電子伝達に共役してATPが合成される．生成したNADPHはCO_2固定のための還元力として，ATPはエネルギー源として使われる．光化学系Ⅰ反応中心複合体には反応中心クロロフィルP700，*フィロキノン，3種の鉄硫黄クラスターが，シトクロムb_6f複合体にはシトクロムb_6とf，リスケ型鉄硫黄クラスターなどが電子伝達成分として存在する．光化学系Ⅱ反応中心複合体には反応中心クロロフィルP680，*フェオフィチン，*プラストキノン(Q_AとQ_B)，Mnなどが結合しているほか，D1蛋白質のチロシン残基(チロシン-Z)が電子伝達成分として働いている．可動性の電子伝達成分としてはプラストキノン，*プラストシアニン，*フェレドキシンなどがある．細菌型光合成では1種類の反応中心複合体とシトク

光合成の電子伝達系

ロム bc_1 複合体，可動性の c 型シトクロムが電子伝達に働く．反応中心複合体の構成は細菌の種類により異なる．(→反応中心)

a **光合成の反応中心** [photosynthetic reaction center] →反応中心

b **光合成の誘導期現象** [induction phase of photosynthesis] 暗所に順応した植物または葉緑体に光を照射した際にみられる現象で，集光性色素の状態変化，光合成電子伝達鎖の酸化還元状態の変化，ATP 合成酵素，炭素同化系の酵素の活性化などにより，光合成の収率や速度が複雑に変動すること．光合成系の変化は，クロロフィルが出す蛍光の収率変化として反映される．特に誘導期におけるクロロフィル蛍光の変動はコーツキー効果と呼ばれ，光合成の機能解明に用いられる．

c **光合成有効放射** [photosynthetically active radiation, photosynthetically effective radiation] PAR と略記．緑色植物の*光合成に有効な波長範囲（ほぼ 400〜700 nm の間）に含まれる放射．光合成有効放射の測定は，この波長範囲の光量子束密度によって表現するのが望ましい．太陽放射の場合には，日射計で測定される総エネルギーフラックスのうち，光合成有効放射の占める割合は約 45% である．

d **口腔腺**【1】[oral gland ラ glandula oris] 魚類を除く脊椎動物の口腔に開口する種々の腺の総称．主として腺体または開口の存在部位の名称を付して呼ぶ．両生類以上では陸上生活と関連して口腔腺が発達し，羊膜類では種類が多い．その分泌物は本来粘液性で，食物をうるおすおしたり餌を粘着させたりする．消化酵素を分泌し，食物の化学的消化（澱粉の糖化）に関与するものもある．(→口蓋腺，→毒腺，→唾液腺[1])
【2】[buccal gland] 無脊椎動物の口腔腺については，→唾液腺[2]．

e **抗酵素**【1】[antienzyme] 適当な実験動物に（注射などにより）酵素（または酵素原）を抗原として与えたとき，その体内（血清など）に生成される特異的抗体．一般の抗体と同様，生体内あるいは試験管内で，抗原として与えられた酵素と血清学的に反応し，また酵素の触媒作用を阻害する（酵素原の場合にはその活性をもった酵素への転化を阻害する）．それぞれの酵素（抗原）の名に接頭語 anti- をつけて呼ばれる（例：アンチリパーゼ・アンチペプシン・アンチトロンビンなど）．
【2】[antizyme] 《同》アンチザイム．ポリアミンによって誘導され，ポリアミン合成経路の酵素の一つであるオルニチンデカルボキシラーゼに結合して，活性を阻害するとともにその分解をもたらす物質．また近年，細胞周期の重要な制御因子であるサイクリン D1 を分解の標的とすることが見出され，アンチザイムはユビキチン化を伴わずに基質をプロテアソーム分解に導く方途として注目されている．

f **肛後腸** [postanal gut, postcloacal gut] 《同》尾腸 (tail gut)．脊椎動物の胚において，*肛門陥との連絡部より後方の腸管．逆に*口陥との連絡部より前方の腸管のことを口前腸 (preoral gut) という．

g **口後繊毛環** [metatroch] →トロコフォア

h **硬骨海綿類** [coralline sponges, hypercalcified sponges] 炭酸カルシウムを主成分とした緻密あるいは多孔質の硬い基盤骨格をもつ海綿動物の総称．かつては，硬骨海綿綱 (Sclerospongiae) として独立した一綱とされていたが，近年ではその単系統性が否定され，タクソンは解消された．本群には*石灰海綿類や*尋常海綿類の一部が含まれており，多くは尋常海綿類である．海底洞窟中やサンゴ礁の隙間など目立たぬところに生息する．インド・西太平洋とカリブ海から約 20 種が知られている．骨格は造礁性サンゴの骨格に類似し，絶滅した化石種は，かつては刺胞動物の仲間と考えられていた．生きた化石とも呼べる生物である．

i **硬骨魚類** [bony fishes ラ Osteichthyes] 伝統的分類体系における脊椎動物亜門顎口上綱の一綱．内骨格は少なくとも一部が骨性，頭蓋は数多くの外骨格要素（皮蓋骨）で覆われる．鰓は全鰓(→鰓)で，鰓蓋をもち，したがって外鰓孔は 1 対であり，口は吻端近く，外鼻孔は背面に開く．肺，あるいはそれより変化した鰾（うきぶくろ）が存在する．体液の浸透圧は四肢類と同様に海水と淡水の中間の値をとる．成体の排出器は中腎で，一般にアンモニアとして排出．卵は一般に小さく，多黄卵で盤割する．汽水起原と考えられているが，その後ただちに淡水・海水の両領域に広く分散し，さまざまの食性・分布・行動を示すものが発展，デボン紀初期から繁栄し始め，現世に至る．*棘魚類と近縁とする説が有力．軟骨魚類などとともに魚綱(→魚類)として一括されることもあるが，現在ではそれぞれ独立の綱とされる．肺魚類と総鰭類シーラカンスは基部が肉質からなる対鰭をもち，尾鰭は異尾または両尾で，一般に内鼻孔があり，頭頂孔（松果体孔）も存在し，気道は食道の腹方に開口，鱗はコズミン鱗．*四肢類は総鰭類から分化したもの．腕鰭類と条鰭類は棘条または軟条からなる対鰭をもち，尾鰭は異尾または正尾で，内鼻孔や頭頂孔がなく，気道は食道の背方に開口し（成体では接続しないものもある），鱗は硬鱗か，それに由来する円鱗 (cycloid scale) または櫛鱗 (ctenoid scale)．現生の硬骨魚類の多くを含むのは，条鰭亜綱新鰭下綱である．背鰭と臀鰭の条数とそれを支える担鰭骨の数が等しく，接続骨は舌顎軟骨から発達する．レピソステウス類，アミア類，真骨類（真骨魚類）などからなる．真骨類には噴水孔はなく，脊椎は両凹型で脊索は成体では残存せず，腸にはらせん弁がなくて通常幽門垂があり，心臓には動脈球があるが心臓球はない．現生約 2 万 1000 種以上．(→鱗)

j **交叉** [crossing-over] 《同》乗換え．相同染色分体間に生ずる部分交換の現象(→相同染色体)．結果として遺伝子の組換え(→遺伝的組換え)が起こる．通常は*減数分裂で起こるが，体細胞分裂にも見られる(→体細胞交叉)．減数分裂前期に見られる*キアズマ形成は交叉の生じた結果と解釈されている．交叉は必ずしも完全な相同部分間とは限らず，まれに交換される部分が等しくない不等交叉（不等乗換え unequal crossing-over）も起こる．不等交叉では片方の染色体に遺伝子が重複して入り，他方に欠失が起こる．交叉の起こる頻度を交叉価（交叉率，乗換え価 crossing-over value）と呼ぶ．交叉価は，二つの遺伝子間の距離を示す価で，染色分体部分の長さに比例するとされ，組換え価に補正を加えて算出される．しかし実際の染色体は全長が交叉に関して均質ではなく，交叉価はそのまま染色体部分の物理的な長さに一義的に対応するものではない．(→二交叉)

k **虹彩** [iris] 眼球の角膜と水晶体の間にある収縮性の隔壁構造．眼の「くろめ」に相当する．虹彩は*瞳孔括約筋と*瞳孔散大筋の働きにより，その中央部にある瞳

孔(ひとみ pupil)に入る光の量を調節し，網膜の視覚機能を助ける．虹彩の隔壁構造は虹彩支質と虹彩色素上皮層に分けられ，前者は前眼房に，後者は後眼房に面する．眼房水は毛様体から分泌され，虹彩を後面，瞳孔縁，前面の順に洗った後，虹彩支質の周辺部にある櫛状靱帯の間を通り，強膜静脈洞(sinus venosus sclerae，シュレム管 canalis Schlemmi)に排出される．虹彩支質は，角膜の後面を覆う角膜内皮と前眼房を含めて，脈絡膜とともに眼球血管膜に属する．虹彩色素上皮層は毛様体色素上皮層を経て網膜色素上皮層に続き，眼球内膜に属する．ヒトでは，虹彩支質にある間葉性の褐色色素細胞の数が多ければ「眼の色」が褐色ないし黒に，その数がまばらで後方にある色素上皮層が透けて見えるようならば青ないし灰色になる．また，鳥類の虹彩には虹色素胞が存在する．(⇌網膜，⇌毛様体)

a **抗細菌剤** [antimicrobial compound] 細菌の増殖抑制作用や殺菌作用のある物質の総称．広義には金属イオンや植物由来の精油成分なども含まれる．抗細菌剤は選択毒性に優れていることが特徴であり，細菌に特異的な酵素や構成分子に作用する．これまでに発見された有機化合物の抗細菌剤は6000種を超えるが，このうち抗菌薬として臨床に用いられているものは約150種．これらの化合物は化学構造に基づき，*アミノ配糖体抗生物質，*キノロン系抗菌剤，*テトラサイクリン系抗生物質，*β-ラクタム系抗生物質，*マクロライド系抗生物質，*アンサマイシン系抗生物質，*グリコペプチド系抗生物質，ポリペプチド系抗生物質，*サルファ剤などに分類される．その他，作用機序に基づく方法(細胞壁合成，蛋白質合成，核酸合成など)，*抗結核薬)，抗菌スペクトルに基づく方法(*抗結核薬)などでも分類される．

b **後鰓体** [ultimobranchial body] 《同》鰓後体．魚類，両生類，爬虫類，鳥類において副甲状腺付近に独立した1対の小体をなす内分泌細胞の塊．脊椎動物の咽頭派生体の一つで咽頭嚢に由来．*カルシトニンを分泌．哺乳類では相同の細胞塊が甲状腺中に存在し，C細胞(C cell)あるいは傍濾胞細胞(parafollicular cell)と呼ばれる．

c **好細胞性抗体** [cytophilic antibody] 抗原結合部位以外の部分で細胞と結合した遊離抗体で，それがさらに何らかの抗原と結合することによってその細胞に反応性を起こさせるような抗体．例えば，マクロファージに結合した抗体は抗原受容体となる．レアギン(IgE)はマスト細胞に結合し，それに抗原が結合すると，マスト細胞が脱顆粒して即時型過敏症が発症する．(⇌Fc受容体)

d **交叉価** [crossing-over value] ⇌交叉

e **交叉伸展反射** [crossed extension reflex] 四肢からの求心性刺激に対して，反対側の同肢の伸展により応じる交叉反射．脊椎動物にみられる*脊髄反射の一つ．*姿勢反射の意味をもつ．*除脳したネコの大腿四頭筋が反対側の大腿神経刺激に反応する際の測定では，約50 msという比較的長い反射時間が得られている．なお同側性の伸展反射は，除脳したイヌの足裏へ軽い圧刺激を与えたときなど，特別な場合だけに知られており，直接伸展反射(direct extensor reflex)と呼ばれている．

f **交叉単位** [crossing-over unit] 《同》乗換え単位．同一染色体上の遺伝子間の相対距離を示す単位．二つの遺伝子間に1％の頻度で*交叉が起こるとき，両遺伝子座の距離は1単位であるという．また，遺伝の*染色体説を確立したT. H. Morganを記念して，交叉率100％の距離を1モルガン(morgan)，1％の距離を1センチモルガン(centimorgan)ともいう．これらをモルガン単位(Morgan unit)という．(⇌地図距離)

g **交雑** [cross, hybridization] 広義には，その結果として*雑種が形成される遺伝的組成の異なる2個体の*交配，狭義には，着目する*対立遺伝子をそれぞれホモにもつ2個体間の交配をいう．広義の交雑は，主として*戻し交雑・*検定交雑などのように特定の型の交配をも含めて用いられる．育種(育種学)では交雑は遺伝的変異の大きい基本集団を作出するために広く用いられる．(⇌交雑育種)

h **交雑育種** [cross breeding] 人為的な交雑による雑種の分離集団を対象とする育種法．動植物を通じて広く行われ，現在最も基本的な育種法．各種の育種法のうち交雑によって起こる変異が最も多様であり，両親の性質を組み合わせた希望型を育成する組合せ育種(combination breeding)ばかりでなく，両親のいずれもまさった希望型も育成する超越育種(transgression breeding，⇌超越分離)も可能である．自殖性植物の場合には雑種集団の取扱い方によって，*系統育種と*集団育種に分けることができ，また変形として*戻し交雑育種もある．*雑種強勢を利用する*ヘテロシス育種もこの中に含まれ，動物や他殖性植物では特に重要である．現在日本で広く栽培されているイネやコムギなどの育成品種はほとんどすべて交雑育種法によるものであり，栄養繁殖植物でもサツマイモやジャガイモの農林1号はこの方法で育成された．

i **交雑再活性化** [cross reactivation] 《同》マーカーレスキュー(marker rescue)．紫外線やX線などで不活性化したファージとこれと相補的な遺伝子型をもった活性ファージとの混合感染により，子孫ファージの中に不活性化されたファージの一部の遺伝子をもつものが現れる現象．ファージ間での遺伝的組換えによって起こる．したがって，不活性ファージのゲノム上で密接に連鎖した二つの遺伝子は同時に子孫ファージに現れる確率が高く，遠く離れた遺伝子ほど独立に現れることが多い．

j **交雑帯** [hybrid zone] 遺伝的に分化した2集団が互いに接触し交配している地域もしくは状態．いったん分化した集団が二次的に接触した場合のほか，環境が急変している場所で集団が分化していく過程でも生じることがあると考えられる．通常複数の遺伝子座で対立遺伝子頻度の*クライン(勾配)が形成される．その幅は遺伝子流動の大きさや雑種の適応度に応じて異なる．雑種の適応度を大きく低下させる遺伝子座では急激なクラインが形成されるが，それ以外の遺伝子座では対立遺伝子が双方の集団中へ浸透するためクラインの幅は広くなる．雑種の死亡によって失われる雑種遺伝子と遺伝子流動によって補われる遺伝子の間に平衡が保たれている場合，交雑帯が長期にわたり維持されることがある．

k **交雑発生異常** [hybrid dysgenesis] キイロショウジョウバエの特定の2系統(PとM)間の交配において，雄をP系統，雌をM系統とした場合にだけその子孫に生じる，種々の遺伝的退化．キイロショウジョウバエのすべての野生集団はP系統である．子孫に現れる表現型は，致死，不妊，雄における染色体交叉，生殖細胞での高い突然変異性，染色体切断，性比の歪みなど多

岐にわたるが、いずれも P 系統の個体がもつ*P 因子と呼ばれる 3 kb 長の転移因子(transposable elements)とそれをもたない M 系統の雌の細胞質因子との*不和合性に原因がある．P 因子は P 系統ではすべての染色体上に多重コピーとして存在するが，キイロショウジョウバエの近縁種では見つかっておらず，D. willistoni 種群のショウジョウバエから半寄生性のダニの媒介により水平移動したものと推定されている．交雑発生異常はショウジョウバエの種間交雑にみられる不妊の機構として も働いている可能性がある．

a **交雑不稔** [cross-sterility, amixia] *交雑したとき，次代が得られない現象．不稔現象のすべてを表すが，不和合現象による場合を特に交雑不和合性(cross-incompatibility)という．(⇒不和合性)

b **交叉適応** [cross adaptation] ある環境条件に対する適応が起こるとともに，それとは異なる環境条件に対する適応が起こること．例えば，ネムリユスリカ(*Polypedilum vanderplanki*)は，乾燥によって*クリプトビオシスに入る．これは乾燥に対する適応であるが，このクリプトビオシスにより，高温にも耐えることができるようになる．耐性の関係を述べる際には交叉耐性(cross tolerance)という語が用いられる．免疫では交叉免疫(cross immunity)という．また，医学・薬学分野では交絡感作，交絡抵抗という語も用いられる．交絡感作(crossed sensitization)とは，ストレスの状態にある動物が，そのストレスを引き起こしたストレッサーとは別種のストレッサーに対する抵抗力が低くなっている現象を指す．例えば，寒さに長く曝されたネズミは，モルヒネなどの薬品に対する抵抗性が低い．逆に抵抗力が増している場合を交絡抵抗(crossed resistance)という．例えば，ネズミに火傷をさせておくと，関節にホルマリンを注射しても引き起こされる炎症は軽度ですむ．これは，第一のストレッサーに対する反応により，共通の生理学的メカニズム(副腎皮質ホルモンの分泌)が誘導されるためと考えられる．

c **交叉反応物質** [cross reacting material] CRM(クリム)と略記．ある蛋白質に対して作られた抗体と反応しうる類似の蛋白質．突然変異体の生成する酵素には野生型の酵素と異なり酵素活性はないが，免疫学的に野生型酵素と区別できないものが多い．このような蛋白質変異体を交叉反応物質という．例として，血液凝固第Ⅷ因子の変異体は活性を失っているが，抗原抗体反応では正常な凝固因子と同じ反応を示す．

d **交叉抑制因子** [crossing-over suppressor] 《同》乗換え抑制因子．ショウジョウバエの第二染色体で*交叉を抑制する因子をいう．A. H. Sturtevant (1917, 1919)が発見して命名したもので，植物でもトウモロコシで発見された(G. W. Beadle, 1933)．この因子は*逆位を起こしており，逆位の部分で組換えが起こると正常な配偶子が形成されないため*遺伝的組換えが有効に抑えられる．逆位の程度にしたがって交叉抑制に違いがあり，総括的に C 因子(C-factor)といわれ(Sturtevant, 1926)，致死遺伝子をもつ突然変異系の保存などに利用される．(⇒ClB 法, ⇒逆位)

e **好酸球** [acidophil, acidophile] 《同》酸性好性白血球(好酸性白血球 eosinophil leukocyte)．血液細胞系譜の顆粒白血球(顆粒球)の一種．ヒトの好酸球は直径 12〜17 μm，核は 2 葉に分節し，血中白血球の 2〜5% を占める．細胞質に多数(約 200 個)の好酸性顆粒をもつ．大形顆粒(直径 0.5〜1.5 μm)には，主要塩基性蛋白質(major basic protein, MBP)などリジンやアルギニンに富む好酸球特異的な 4 種の蛋白質が含まれている．それらは気道上皮などへの組織傷害性と寄生虫に対する毒性を示す．好酸球は細胞膜に*免疫グロブリン IgG と IgE, 補体の C3b に対する受容体があり，気管，消化器，泌尿生殖器の粘膜下に多く分布する．寄生虫感染の際に増加し，寄生虫に対する宿主の防御作用を担う．*マスト細胞により初期活性化され，炎症部位へ遊走される反面，炎症を鎮静する機能もみられる．IgE とマスト細胞の相互作用による即時型過敏症のほか，T 細胞から分泌されたインターロイキン 5 (IL-5) に刺激された好酸球によるアトピー性皮膚炎や遅発性喘息(アレルゲンに接触後数時間で発症し，数日継続する)という病状がある．マスト細胞活性化や抗原提示細胞としても機能することが報告され，さらに，インターロイキン 4 (IL-4)などの*サイトカイン産生を介して Th2 細胞誘導，抗体産生などの免疫反応を制御するものと考えられている．(⇒血球新生, ⇒白血球)

f **抗酸菌** [acid-fast bacteria] 《同》抗酸性菌．抗酸性染色陽性の細菌(⇒抗酸性染色法)．アクチノバクテリア門放線菌目に属するマイコバクテリウム属細菌(結核菌や癩菌など)や*ノカルジア属細菌などが該当する．抗酸菌は細胞壁に多量の*ミコール酸を含むため，グラム染色などの通常の染色法では染色されにくいが，抗酸性染色を行うと赤色に染まる．抗酸性染色の程度は菌種によって異なり，放線菌目内でも抗酸性のものとそうでないものとがある．(⇒マイコバクテリウム)

g **高山植物** [alpine plant] *森林限界線(日本中部で約 2500 m)より上の高山帯に生活の本拠をもつ植物．生育可能期間が短いなどの特殊な環境要因と，環境要因の変化の幅が大きいことに適応した特徴ある形態をもち，比較的小形の多年生草本や小低木が多い．成長量は小さく，地上部は地下部に比べて小さいのが一般的．花はその地上部に比べて大きく，鮮やかな花色が多い．多くの種類の開花期が接近していて，「お花畑」をつくる．乾燥しやすい砂礫地の「乾生お花畑」には*乾燥耐性の大きいものが多く，根系が特によく発達するもの(タカネツメクサ)，葉が毛でおおわれるもの(ミヤマウスユキソウ)，葉縁が巻いて針葉状になるもの(ツガザクラ)，多肉の葉をもつもの(ウルップソウ)などがある．日本の高山植物にはキク科，ゴマノハグサ科，サクラソウ科，ツツジ科，リンドウ科，バラ科，キンポウゲ科，ナデシコ科，ラン科などが多く，約 40% は固有要素，約 30% がアジア要素，約 20% が北方周極要素である．熱帯地方では約 3000 m(ジャワ)〜3200 m(キリマンジャロ)以上に見られ，日本の高山植物と共通のものは非常に少ない．高緯度に向かうにつれて高山植物の分布下限は下がり，スピッツベルゲンや各地のツンドラでは平地に達し，ガンコウラン，イワウメ，アラスカヒメクゴ，シコタンソウなど日本の高山植物と共通のものが見られる．

h **好酸性** [*adj.* acidophil, acidophile, acidophilic] 《同》酸好性，エオシン好性 (eosinophil, eosinophile, eosinophilic)．酸性色素によって染まりやすい性質．赤血球・好酸性白血球の特殊顆粒・筋繊維・膠原繊維などはエオシンによく染まり好酸性を示す．(⇒好塩基性, ⇒色素)

抗酸性染色法 [acid-fast staining method]　*抗酸菌の染色法．P. Ehrlich (1882) が考案，F. Ziehl が確立．結核菌染色のチール・ニールセン法(Ziehl-Neelsen method)，チール・ガベット法(Ziehl-Gabbet method)が代表的である．石炭酸フクシンで染色後，塩酸アルコールで弁色しメチレンブルーで対比染色すると，脱色されずに石炭酸フクシンの赤色を呈する．(→抗酸菌)

高山帯 [alpine zone, alpine region]　標高区分すなわち垂直分布を指標とする生活帯の一つで森林限界の上部から氷雪帯の下限，すなわち雪線までの範囲．熱帯から高緯度に向かって標高が低くなり，極域では低地になり*ツンドラと一致．低温で樹木が生育できない点では水平分布の寒帯に対応するが，低緯度の熱帯高山帯では環境条件も植物景観もかなり特異であり，東部アフリカでは afroalpine，北部アンデスの湿潤高山帯は paramo，中部アンデスの乾燥した高山帯は puna，また，東南アジアの高山帯は tropical-alpine など固有の呼称がある．高山帯の内部は均質ではなく標高によって下部から高山低木林，高山草原，高山ツンドラ（コケ類や地衣類を主体とする群落），高山荒原へと相観が変化する．また，微細な立地条件に対応してこれらの群系がモザイク状に分布することが一般的である．低中緯度の高山帯では風や日射，紫外線が強く，温度や気圧は低い．昼は夏，夜は冬といわれるように日変化気候である．それに対して高緯度のツンドラは強風で，温度が低い点は似ているが，季節変化気候であるし，そのほかの条件は大きく異なる．それでもヒマラヤまでは極地方と同じ種（例えば *Oxyria digyna*）や近縁種が多いので極地高山植物 (arctic-alpine plants) などと呼ばれる．基質は凍結-融解作用によって構造土を作る不安定な土壌，露岩地・崖地・礫原，厚い泥炭に被われた湿性の草地土などがあり，これが多様な群落を支える．植物はこれらの条件に対する形態的・生理的適応を示す．生育期間は短く，低温で生活環を完結できないので多年生植物が多い．高山帯では地表植物や半地中植物の割合が著しく増大する．高山帯での遷移はあまり方向的ではなく，群落がある程度発達すると積雪の保護作用の効果がなくなってまた冬に破壊されるといったサイクリックな遷移が報告されている．フロラの面では，高山帯ではそれぞれの山麓部のフロラに由来する同所性の種群と氷期のたびに高緯度地方からやってきて遺存的に残った種群とが混在し，それぞれの歴史に応じて特殊化している．熱帯高山帯で特徴的な生育型はタソック，ロゼット，クッション，硬葉低木の四つであるが，アフリカやアンデスなどのフロラの面で古い高山帯には，ジャイアントロゼット (giant rosette) と呼ばれる特異な形態の大形草本植物，例えばアフリカの *Senecio*, *Lobelia*，アンデスの *Espeletia* などが加わる．高山植物の種数は例えば北海道で 200 種，東アフリカで 280 種余．動物も高山性の種は温度と低酸素分圧に対する耐性をもつ．ヤクは 3300～4500 m 近くまで分布し，低地では繁殖力がない．日本以外の高山帯ではヨーロッパアルプス，ヒマラヤ，アンデスをはじめとして放牧による人為的影響が強く，森林限界そのものも下降している．

高山動物 [alpine animal]　*森林限界以上の地帯，すなわち*高山帯や*恒雪帯に生息する動物．低温に対する抵抗性のほか，低酸素への適応が見られ，脊椎動物では赤血球数やヘモグロビン濃度の増大が知られる．高山動物が下方へ分布を拡げない原因は，多くの場合*競争に基づく*すみわけにある．なお，例えばヒマラヤの 5500 m 以上の地域などには，トビムシやダニ，ハエトリグモ類などの動物 (supraalpine animal: L. W. Swan, 1961) が生息するが，ここには植物は全く生存しておらず，低い地域から風などによって運ばれてきた*デトリタスを基礎とする腐食連鎖(→食物連鎖)を形成している．

高山病 [altitude disease, mountain sickness, altitude anoxia, hypobaropathy]　《同》山岳病，高所病．高山などの低圧環境に対する*順化が不十分なため起こるとされる障害．低酸素状態が主要因であるが，寒冷や過労も要因となる．急性高山病は限界を超える高地に登って 3 日以内に現れ，症状は頭痛，めまい，嘔吐，呼吸困難などの「山酔い」から，重症になると急性肺水腫によるチアノーゼ，高地性脳浮腫による幻覚や意識障害を示す．急性肺水腫を起こすとガス交換ができなくなるので危険．慢性高山病は高地生活者に現れる稀な病気で，慢性高山症状と右心肥大が特徴であり，赤血球増多症，末梢循環障害，チアノーゼなどを起こす．治療には酸素吸入をした上での，保温，安静，また鎮静剤も有効であるが，低地に下山するのが最も効果が高い．

口肢 [oral appendage, mouth-appendage]　《同》口部付属肢，口脚．節足動物の口を囲む頭部付属肢の総称．*大顎と*小顎がその主要なもので，さらに*胸肢が加わることがある．食物の摂取や咀嚼に関与し，その種の食性に適応した構造を示し，分類学上の標徴としても重要．

後肢 [hind-leg]　《同》後脚．[1] 昆虫の特に成虫・若虫において，第三胸脚，すなわち*後胸の*歩脚．一般に前肢・中肢に比べて長く強大で，生活様式に応じ，前肢についで多様な形態分化が見られる．例えば直翅目跳躍亜目（バッタ，キリギリス，コオロギなど）や隠翅目（ノミ），その他ノミハムシのような鞘翅目昆虫などでは跳躍肢に，ゲンゴロウでは遊泳肢になり，ミツバチの働き蜂では*花粉籠．またバッタやノコギリカミキリなどは後肢腿節に摩擦片をもち，前翅と擦りあわせて発音する．静止の際，一般に後方を向く．[2] 脊椎動物の有対肢(→外肢)のうち後方の 1 対．

後翅 [hind-wing]　昆虫の翅の第二対．*後胸に付属する．多くの昆虫では*前翅に比べて面積が広く，軟らかくて，飛翔の際に体を浮揚するのに役立つ．静止すると前翅の下に位置するのが普通．カイガラムシ科の雄や翅鞘の癒着した甲虫類では後翅は退化，また双翅類では小さな*平均棍に変形している．後翅ではときに臀脈が多放射状になって，その域が広くなる場合がある．この状態になった部分を主域 (remigium) に対して扇域 (vannus) という．

麹 [koji]　米，麦，大豆などの穀類やマメ類にコウジカビ (*Aspergillus oryzae*) などのカビを繁殖させたもの．穀類，イモ類，マメ類を原料とする酒・味噌・醤油などの発酵食品の製造において，原料の糖化のために利用される．コウジカビなどのカビが菌体内外に生産する多くの酵素群によって，澱粉の糖化と蛋白質や脂質の分解が行われる．麹はアジアの発酵食品製造には欠かせない．一方，ヨーロッパ系の発酵食品では，原料の糖化に麦芽が利用される．

コウジカビ属 [*Aspergillus*]　コウジカビ (*Aspergillus oryzae*, koji mold) やクロカビ (*A. niger*, black mold) を含む，不完全菌類（系統学的には子嚢菌の一群）．

一般に基質上を這う菌糸から空中へ球形ないし長楕円形で頭状の頂嚢をもつ分生子柄を出し，頂嚢から直接，または頂嚢に生じたメトレからフィアライドを形成し，その上に分生子を鎖生する．有性生殖の認められる種は少ないが，いずれも閉子嚢殻をつくる．*A.oryzae* をはじめ酒，味噌，醤油などの醸造に深い関係をもつものが少なくない(⇒麹)．蛋白質消化剤として利用するプロテアーゼ(*A.sojae*)，クエン酸(*A.niger*)，イタコン酸(*A.terreus*, *A.itaconicus*)，コウジ酸(*A.flavus* など)などを生成，利用される有益な種もあるが，他方，家禽(ハト，ニワトリ)や家畜(ウシ)，ときにはヒトの内臓，特に呼吸器に侵入してアスペルギルス症を起こす *A.fumigatus* のほか，猛毒アフラトキシン生産種 *A.flavus* の菌群がある(⇒マイコトキシン)．またクロカビは実験材料としてしばしば用いられるほか，果実，球根など植物体に発生して黒かび病を起こす．なおカイコの病害の一種にコウジカビ病があり，稚蚕期における重要蚕病で，病原菌は *A.flavus*(褐殭病菌)，*A.oryzae*(麹病菌)などである．

a **高次寄生** [hyperparasitism] 〔同〕重寄生，超寄生，重複寄生．寄生者にさらに寄生者が存在すること．高次寄生者(hyperparasite)はその寄生連鎖(parasite food-chain，⇒食物連鎖)上の位置により，一次寄生者(primary parasite)に寄生する二次寄生者(secondary parasite)，さらにそれに寄生する三次寄生者(tertiary parasite)のように呼ぶ．昆虫類の捕食寄生による高次寄生では，最高次の寄生者だけが生き残る場合が多い．高次寄生の特殊なタイプに自種寄生があり，これは寄生者に同種の他個体が寄生するものである．例えばツヤコバチ科のある種では，雌はカイガラムシの一次寄生者であるが，雄は自種の雌に寄生する二次寄生者であることが知られている．

b **向軸** [*adj.* adaxial] 主に植物において，ある軸に対する側生器官の構造上の面を規定する語で，軸に向かった方を指す．この反対が，背軸(*adj.* abaxial)．葉や花の器官ではそれぞれ腹面(ventral)，背面(dorsal)と呼ぶ(⇒背腹性[2])．トウヒやウラハグサのように表皮系の構造が腹背で入れ替わったり，ラン科の花は子房が捻れて唇弁の位置が転倒するなど，背腹の区別は規定し難いことがあるので，形態学的には向軸・背軸の語を用いるのが厳密でよい．

c **麹酸** [kojic acid] 〔同〕5-ヒドロキシ-2-ヒドロキシメチル-4-ピロン．$C_6H_6O_4$ ＊麹から発見された複素環化合物であり，1924年藪田貞治郎によって構造決定がなされた．*Aspergillus* に属するカビではグルコースより生産されるが詳しい生合成経路はまだ解明されていない．*Aspergillus* 以外では，*Gluconobacter* および *Acetobacter* の＊酢酸菌が麹酸を生成することが知られている．近年，麹酸に抗酸化作用，美白作用などの機能があることが明らかにされ，工業的な生産，利用が行われている．

d **高次神経活動** [higher nervous activity] 脊椎動物の中枢神経系の機能のうち，脳幹・脊髄などに見られる比較的簡単な神経活動(反射など)からは理解できない統合的な働き．この種の神経活動は，かつては特殊な精神活動によるとみなされ，生理学的研究の限界外にあると考えられていた．I. P. Pavlov(1903)は，これを高次の神経活動とみなし，条件反射学を体系化することにより，その研究の道をひらいた．高次神経活動は，主に発達した大脳に依存し，記憶，認知，言語活動，抽象的思考，創造，意欲などを含んでいる．

e **格子繊維** [lattice fiber] 〔同〕細網繊維(reticular fiber)．造血器官の骨髄をはじめ，脾臓・リンパ節や肝臓・腎臓などに見られる微細な繊維．細網細胞により形成され，著しく嗜銀性(好銀性)で他の繊維と銀染色法により区別できるので嗜銀繊維(argentophil fiber)あるいは好銀繊維，銀好性繊維とも呼ばれることもある．この繊維はトリプシンやペプシンに対する抵抗が強く，酸・アルカリにも溶解されにくい．現在では膠原抗体に反応すること，＊膠原繊維と同じく 70 nm の横紋のあること，膠原繊維も未熟なものは嗜銀性のあることなどから，膠原繊維と本質的には同じものとされる．

f **格子モデル** [lattice model] 個体の集合としての個体群や，局所個体群の集まりをメタ個体群として考えるときに，個体や局所個体群を各格子点に，格子点全体を個体群やメタ個体群に対応させる数理モデル．＊空間生態学における数理モデルの代表的なもの．四つの格子点をつなぐ線は，その2格子点上にいる個体や局所個体群間の相互作用を意味する．格子点のことをサイトやノード，線をボンド，リンクなどとも呼ぶ．＊縞枯れ現象や感染症モデルをはじめとして，集団の空間的な構造の影響を研究するのに適したモデルで，数学(確率論)では，無限粒子系と呼ばれる．格子モデルの数理的解析は一般的には困難である．一つの格子点の状態の時間的な変化は，その隣の格子点の状態に依存し，隣り合う2格子点の状態の時間的な変化を考えるときには，さらにその隣の格子点の影響も考える必要がある．この考え方を進めていくと際限がない．そこで，最も単純な近似方法として，平均場近似(mean field approximation)とペア近似(pair approximation)がよく用いられる．H. Matsuda ら(1992)は，隣り合った2格子点の状態を，全体密度と局所密度の積として定義した．ここで，全体密度とは，各々の格子点がある状態をとる確率であり，局所密度とは，最近接格子点がとる状態の条件のもとで，ある状態をとる条件付き確率のことである．一つの格子点がとる状態の時間的変化は，その隣の格子点の状態にも依存するが，平均場近似では，局所密度を全体密度によって置き換えた近似方法である．一方，隣り合った二つの格子点の状態の時間的変化は，さらに隣まで考える必要があるが，隣り合った三つの格子点を隣り合う二つの格子点の状態だけで近似するものである．平均場近似では，条件付き確率が現れないことからわかるように，集団の空間的な構造は影響しないが，ペア近似は，集団に空間的構造を入れた最も単純なモデルともいえる．本質的に同等な近似方法は物理学でも用いられてきたが，Matsuda らの条件付き確率による表現方法は，近似することの意味が明確であり，クラスターサイズ分布や侵入速度などを近似的に求める場合にも定式化が行いやすいという利点をもつ．また，局所密度は M. Lloyd(1967)や S. Iwao(1968)の平均こみあい度と等価である(Y. Harada & Y. Iwasa, 1994)．20世紀終わりごろから飛躍的な進展を遂げてきた複雑ネットワークの研究では，規則的なネットワークとして格子モデルによる結果が比較されることが多い．

g **光周性** [photoperiodism] 1日の明期または暗期

の長さ, すなわち光周期(photoperiod)に対する生物の反応性. W. W. Garner と H. A. Allard (1920) の発見. 植物の花芽分化誘導反応では, 連続した暗期の長さに反応する. 明期の長さにかかわらず暗期が一定時間(限界暗期)以上継続する場合にだけ*短日植物は花芽を分化し, *長日植物は花芽を分化しなくなる. 短日性植物のダイズは 2～4 回, オナモミは 1 回, キクは 8～30 回の短日を経験すれば, あとは長日のもとにおかれても花芽を分化する. このように, 一定の回数与えられた光周期の効果が, その後異なる光周期を与えられても持続する現象を, 光周期誘導(photoperiodic induction)と呼ぶ. 動物でも, 繁殖や冬眠, 休眠, 季節型などさまざまな生理現象や形態, 行動が光周性によって調節されている. 一般に, 短日の長い暗期を光で中断すると長日の効果が得られ(⇌光中断), 日長の測定には概日時計が関与している. (⇌ビュニングの仮説)

a **光周反応曲線** [photoperiodic response curve] 特定の長さの光周期のもとで個体群が示す*光周性反応を, 横軸に明期または暗期の長さ, 縦軸に花芽分化するあるいは*休眠に入るという応答を示す個体の割合で, 示した曲線. 光周反応曲線は光周性の性質をよく表しているので, 光周性の生理・生態学的研究において, しばしば実験的に求められてきた. 半数の個体が光周性においてある応答を示すときの明期の長さを臨界日長(critical day length)という. 臨界日長は, その生物の*生活史戦略において, 季節発育の切替え時期を決定するという重要な役割を果たしている. 一般に, 生理学においては連続した暗期の長さの方が重要である. 例えば短日植物の場合, 花芽分化は暗期が一定時間以上続く場合に誘導される. その閾値となる暗期の長さを限界暗期(critical dark period)という.

b **拘縮** [contracture] [1] 《同》痙縮. 筋肉(特に骨格筋)における伝播性の*活動電位を伴わない持続的収縮. *筋小胞体への Ca^{2+} の能動輸送が抑制されることによって起こる. 種々の薬物(ベラトリン・カフェインなどのアルカロイド, クロロホルム・エーテル・アルコールなどの麻酔薬, 酸, 塩基など)や, K^+, Ba^{2+}, Ca^{2+} などの電解質イオンによって起こるが, いずれも非伝播性で薬物などの作用部位に局在する. カエル腹直筋やヒル体壁筋のアセチルコリンによる拘縮も, しばしばその定量に利用される. 拘縮は薬物の作用時間が長期にわたると不可逆的になる(⇌硬直). [2] 特に臨床面では, 軟部組織の萎縮による関節の他運動制限(障害)をいう. 炎症の後遺症などによって生じ, 関節の相対する面が癒着し関節の動かない強直と対置される.

c **後熟** [after-ripening] [1] 種子の休眠期において, 種子が発芽能力をもつに至る過程. 大多数の種子は一般に成熟後に数日から数ヵ月あるいは数年(例:オニバス)の休眠期をもち, その期間は発芽しない. 後熟には, 温度, 湿度, 種子の構造などが関与する. 多くの種では, 比較的低温で適量の水分が与えられたときに速やかに進行する. なお後熟はやや狭義には未熟な胚の完熟と発芽の準備の完成を意味する. 胞子についても種子の場合に類似した現象がみられる. [2] 果実が*成熟(maturation)した後に, 蓄積された澱粉などがグルコースやフルクトースなどの糖に分解されるとともに, 果肉の軟化, 香気成分の蓄積などが起こること.

d **高出葉** [hypsophyll] シュート形成の末期に(すなわち枝先になってから)生ずる, 普通葉と形の違う葉. *異形葉の一種. *低出葉と対する. スイバやシュロソウなどに見られるように, 枝先で葉身の発育が抑制されるために生ずるものが最も単純な場合である. 一般に花の近くに生ずる葉は多かれ少なかれ異形葉性をみせる.

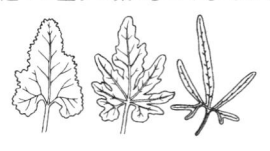

1 普通葉
2 1 から 3 への遷移途中の茎上に生ずる葉
3 高出葉
(ヒルガオ科の一種)

e **甲状腺** [thyroid gland] 脊椎動物頸部の消化管腹側にあり, 甲状腺ホルモンを分泌する内分泌腺. 系統発生的にはナメクジウオやホヤの*内柱に相当する. 個体発生的には咽頭上皮の腹側正中線上, 第一鰓裂付近での陥没に由来する. 甲状腺原基ははじめ甲状舌管により咽頭に連絡しているが, やがて甲状舌管が退化して連絡を断たれ, 甲状舌管の咽頭への開口部のみが残る. 哺乳類におけるこの残遺を舌盲孔(foramen caecum linguae, 盲孔)といい, 舌背面で舌体と舌根の境界線の中央に見つかる. 硬骨魚類では, 甲状腺組織は種々の程度に散在している. 甲状腺の主要構成要素は大小の濾胞(follicle)で, 濾胞上皮の大部分は*濾胞細胞からなり, その内腔にはいわゆるコロイド(colloid)を貯える. 濾胞間の結合組織には豊富に血管が分布し, これを通じて分泌物が送り出される. 分泌活動が盛んなときには, 濾胞上皮の細胞の高さが増し, 濾胞内のコロイドが減少する. 哺乳類の甲状腺の濾胞上皮には, 上記の濾胞細胞のほかに*後鰓体と相同の少数の傍濾胞細胞(C 細胞)が含まれ, *カルシトニンを分泌する.

f **甲状腺癌** [thyroid cancer, cancer of the thyroid] 甲状腺に発生する癌腫. 女性に多い. 次の 4 種がある. (1)乳頭癌(papillary carcinoma):甲状腺の濾胞上皮に由来する. 組織学的に乳頭状増殖を示す癌で, 甲状腺癌のなかで大部分を占める. 増殖が緩慢で長い経過をとり, リンパ行性転移を主体とする. (2)濾胞癌(follicular carcinoma):濾胞上皮に由来. 組織学的には濾胞構造を基本とするが充実性・索状に増殖するものもある. 増殖は, 乳頭癌同様緩徐である. 骨や肺に血行性転移を起こしやすい. (3)未分化癌(undifferentiated carcinoma):濾胞上皮に由来. 細胞異型や構造異型が著しく, 発育・進展も速い. 化学療法・放射線療法などの治療に抵抗性で予後は極めて悪い. (4)髄様癌(medullary carcinoma):甲状腺の傍濾胞細胞(C 細胞)に由来. カルシトニンを過剰分泌する. 約 1/3 は家族性を示し, 甲状腺髄様癌・褐色細胞腫・副甲状腺腫あるいは過形成の合併する多発性内分泌腫瘍 2A 型 (multiple endocrine neoplasia type 2A, MEN-2A), 甲状腺髄様癌・褐色細胞腫・粘膜神経腫の多発・マルファン様体型・巨大結腸症を認める多発性内分泌腫瘍 2B 型(MEN-2B), 家族性髄様癌を認める. 常染色体優性遺伝を示す.

g **甲状腺刺激ホルモン** [thyroid stimulating hormone, thyrotropic hormone, thyrotrophic hormone, thyrotropin, thyrotrophin] TSH と略記. 下垂体前葉から分泌され, 甲状腺濾胞細胞を刺激して, その分泌機能を促進する糖蛋白質ホルモン. 濾胞細胞の細胞膜上の受容体(G 蛋白質共役型)に結合して, cAMP をセカン

ドメッセンジャーとする系を活性化する．それによって甲状腺ホルモンの分泌が高まり，チログロブリンの代謝に関与する諸酵素が活性化される．哺乳類の下垂体前葉TSH細胞からのこのホルモンの分泌は，視床下部の甲状腺刺激ホルモン放出ホルモン（TRH）により促進され，*ソマトスタチンによって抑えられる．*エストロゲンはTSH細胞のTRHに対する感度を高める．ウシのTSHは分子量約2万8000で，アミノ酸残基96個のαサブユニットと113個のβサブユニットから構成される．いずれにも糖がつき，主な成分としてフコース，マンノース，ガラクトース，N-アセチルグルコサミン，N-アセチルガラクトサミン，シアル酸が含まれる．αサブユニットは下垂体の他の糖蛋白質ホルモン（*濾胞刺激ホルモンと*黄体形成ホルモン）と共通であるが，βサブユニットはホルモンによって異なる．TSH遺伝子の発現は甲状腺ホルモンによって抑制されるが，これはホルモンと結合した受容体が転写開始点近くの認識配列に結合するためである．TSH遺伝子の下垂体細胞特異的な発現には転写因子のPit-1とTEF1が関わるとされている．

a **甲状腺刺激ホルモン放出ホルモン** [thyrotropin-releasing hormone] TRHと略記.《同》チロリベリン（thyroliberin）．視床下部の神経分泌細胞において産生されるペプチド．視床下部正中隆起において下垂体門脈系の第一次毛細血管叢の血管中に放出され，下垂体前葉に達して，甲状腺刺激ホルモン（TSH）分泌細胞に直接作用し，TSHの分泌を促進する．この作用は哺乳類以外の脊椎動物では確立しておらず，むしろ成長ホルモン，*プロラクチン，α-MSH（⇒メラニン細胞刺激ホルモン）の分泌を促す．R. C. L. Guillemin らによりヒツジの，A. V. Schally ら（1970）によりブタのいずれも視床下部から抽出され，構造決定された．アミノ酸配列は(pyro) Glu-His-Pro(NH_2)で，脊椎動物の間での種差はないとされている．ラットの場合，225アミノ酸からなるTRHの前駆体蛋白質（preproTRH）の中に5コピーのTRHペプチド配列が含まれており，シグナル配列の除去後に切り出されて成熟ペプチドを生じる．TRHの正中隆起からの放出は血中の甲状腺ホルモンの量が上昇すると低下する．TRHニューロンには甲状腺ホルモン受容体が存在し，それによってTRH遺伝子の発現が制御されている可能性がある．なお，TRHは脳内各部位に存在し，ニューロンに対する脱分極作用をもつため，神経系の情報分子としても用いられていると考えられている．

b **甲状腺ホルモン** [thyroid hormone] 甲状腺の濾胞細胞が生成するホルモン．チロキシン（サイロキシン thyroxine，T_4とも呼ばれる）と3,5,3′-トリヨードチロニン（トリヨードサイロニン triiodothyronine，T_3とも呼ばれる）があり，いずれもチログロブリン（thyroglobulin）分子内でヨウ素アミノ酸残基として合成され，コロイド中に高濃度のチログロブリン溶液として貯えられる．チログロブリンは，分子量約67万，等電点は約4.5の蛋白質であり，脊椎動物の甲状腺に多量に存在する．なお，甲状腺ホルモンに動物による種差はない．ホルモンとしての生物活性はT_3の方がT_4よりはるかに高く，T_4はT_3のプロホルモンといえる．甲状腺ホルモンの血中への分泌は，コロイド小滴の濾胞細胞への取込み，プロテアーゼによるチログロブリンの加水分解を経て行う．甲状腺における甲状腺ホルモンの合成を高めるホルモンに下垂体前葉において合成される*甲状腺刺激ホルモン（TSH）がある．甲状腺ホルモンの作用は多岐にわたり，恒温動物ではほとんどすべての組織に作用して酸素消費と熱量産生を刺激し，基礎代謝量の維持を行う．その他，哺乳類の成長・分化・発生に重要な役割を果たす．ウナギやサケの回遊において魚が降海をはじめるにあたって，甲状腺ホルモンの分泌が活発になることが知られている（⇒銀化（ぎんけ，ぎんか））．また両生類の変態を促進させる作用は有名であるが，有尾両生類や爬虫類の皮膚に働き脱皮を惹起する作用や，鳥類の換羽を刺激する作用もある．ウズラを用いた研究では，季節を感知して生殖に関連するホルモンの合成を高める光周性応答の際に，脳内の正中隆起付近において局所的に増加して生殖活動の開始を指令することが知られている．甲状腺ホルモンの作用の発現は，核内受容体の一種である甲状腺ホルモン受容体（TR）と結合して種々の遺伝子の転写を活性化することによる．ヒトでは，甲状腺の機能低下あるいは下垂体におけるTSH合成機能低下などによって血液中の甲状腺ホルモンの濃度が低下する疾患として，甲状腺機能低下症がある．この疾病には，後天的な自己免疫疾患による甲状腺炎のほか，先天性甲状腺機能低下症（クレチン症）が含まれ，新生児マススクリーニングによる早期の発見と治療が行われる．

c **口上突起** [epistome] 特にホウキムシ類に典型的に見られる，口を背上方から不完全に覆う小突起．被口綱の淡水産コケムシ類にも見られ，また腕足類の腕の表面を左右に走り口に続く溝の背方の部分はこれの延長したもの．なお，甲殻類の上唇も口上突起と呼ばれるが，これは第二触角と大顎の属する体節の胸板の癒合したものである．（⇒触手冠）

d **合植**（ごうしょく）[complantation] 同種または近縁種の2個体の動物を同じように横断または縦断して，それぞれの異なった半分を癒合させて1個体を構成する実験．例えば，カエル尾芽期胚の2個体を途中で横断して，一方の前半と他方の後半とを合わせて1個体とするとき，側線は前半より後半に向かって延びていく．また色を異にしたヒドラを横断または縦断して合植した例もある．ニワトリとウズラの横断胚の合植も可能で，この方法により前腎輸管形成とミュラー管形成の関係などが研究されている．

e **紅色硫黄細菌** [purple sulfur bacteria] ⇌紅色光合成細菌

f **紅色光合成細菌** [purple photosynthetic bacteria] *バクテリオクロロフィルを用いて光合成をする細菌で，系統上プロテオバクテリアに含まれる一群の*光合成細菌．多くは*カロテノイドにより紅色を呈し，この名がある．硫化水素などを電子供与体として硫黄粒を形成する紅色硫黄細菌と，形成しない紅色非硫黄細菌（紅色無硫黄細菌）とに分かれ，それぞれガンマプロテオバクテリアおよびアルファプロテオバクテリアに含まれる．当初これら光合成細菌と近縁の非光合成細菌とをまとめて「紅色細菌」とすることをR. Y. Stanier が提唱したが，その後，まったく光合成細菌を含まないグループ（デルタとイプシロン）を加えて，紅色細菌の概念は発展的に解消，現在ではプロテオバクテリアという巨大分類門が設定されている．しかし，光合成細菌の中の単独の群を表す用語としては紅色光合成細菌という語が今も

使われる．紅色硫黄細菌は絶対嫌気性で，H_2S やチオ硫酸などを電子供与体として光合成を行う光*独立栄養で増殖する．紅色非硫黄細菌は多くが通性好気性で，好気条件では有機物を利用して酸素呼吸を行い，嫌気条件でのみ光合成をする．このとき，H_2 やチオ硫酸を利用して光独立栄養で増殖するものや，有機物を利用して光*従属栄養で増殖するものなど，代謝の幅が広い．亜鉛を中心金属とした Zn-バクテリオクロロフィル a をもつ *Acidiphilium* などのように好気条件で色素や光合成蛋白質を合成するものもみられる．紅色細菌の*光化学系は植物の光化学系Ⅱと似たⅡ型光化学反応中心であり，電子受容体としてキノンが働く．炭素同化は Rubisco (*リブロース-1,5-ビスリン酸カルボキシラーゼ/オキシゲナーゼ）を利用する*還元的ペントースリン酸回路によるものが多いが，光従属栄養で増殖するものには，Rubisco をもたないものもいる．

a **紅色植物** [rhodophytes] 《同》紅藻 (red algae). 植物界に属する一群．一般に*ピットプラグをもつ多細胞体であるが，単細胞性の種もいる．セルロースやキシランからなる細胞壁をもち，アガロースやカラゲナンなどガラクタンを多く含む．また石灰を沈着させて*石灰藻となるものもいる．シアノバクテリアとの一次共生に起因する色素体は二重膜で囲まれ，チラコイドはラメラを形成しない．クロロフィルは a のみを有し，主要補助光合成色素であるフィコビリン蛋白質はチラコイド表面で*フィコビリソームを形成している．光合成能を欠き近縁の紅藻に寄生する種も多い．多くは細胞質基質に紅藻澱粉 (floridean starch) を貯蔵し，フロリドシド (floridoside) のような低分子炭水化物を浸透圧調整に用いる．基本的に配偶体と胞子体（四分胞子体）の間で世代交代を行うが，真正紅藻類ではこの間に果胞子体と呼ばれる特異な世代が介在する三世代交代を行う．生活環を通じて鞭毛や*中心小体を欠く．ほとんどは海藻として生きるが，一部は淡水や土壌，温泉に生育．食用や寒天，カラゲナン原料として利用される．分類学的には紅色植物門 (Rhodophyta) にまとめられ，イデユコゴメ藻綱，ウシケノリ藻綱，真正紅藻綱などに分けられる．古くは綱または亜綱のレベルで原始紅藻と真正紅藻に分けられたが，前者は側系統群．

b **後腎** [metanephros] 《同》永久腎 (definitive kidney, 狭義は permanent kidney). 脊椎動物の泌尿系統の個体発生において，前腎・中腎に次いで最後に，かつ体の最も後方に生じる*腎臓．羊膜類のみに生じ，成体の腎臓となる．発生学的には中腎管の後端近くから膨出した尿管芽 (ureteric bud) と，*中間中胚葉由来の後腎間充織 (metanephric mesenchyme, 後腎芽組織 metanephric blastema) に由来し，後腎間充織に進入した尿管芽は分枝を繰り返して輸尿管と集合管系を作り，後腎間充織は腎胞（腎小胞 renal vesicle）と呼ばれる上皮性小胞を経て腎小体と尿細管に分化する．哺乳類では輸尿管と集合管との接続部に空所が形成され，これを腎盂（腎盤 renal pelvis, pelvis renalis）という．後腎の形成における尿管芽と後腎間充織との相互作用は，上皮間充織相互作用の典型例として古くから研究されている．（→上皮間充織相互作用）

c **交信撹乱法**（性フェロモンによる）[mating disruption method] 雄に対して強い誘引作用を示す性フェロモンを大量かつ継続的に空気中に放出することにより，性フェロモンを頼りに雌を探す雄の行動を阻害し，交尾できなくする害虫防除法．雌は受精卵を産むことができず，次世代の密度が低下することが期待される．主としてガ類に適用されている．交信撹乱法による防除効果は，害虫の密度があまり高くない場合に大きく，また，処理面積が大きいほど安定する．現在，果樹類の害虫のシンクイムシ類やハマキガ類をはじめ，茶の害虫のチャハマキやチャノコカクモンハマキ，野菜の害虫のコナガやヨトウ類，オオタバコガ類について，交信撹乱法のための薬剤（交信撹乱剤）として合成性フェロモン製剤が開発され，果樹を中心に全国で約 2 万 ha の面積で利用されている．

d **抗真菌剤** [antifungal agent, antimycotic agent] 《同》抗真菌抗生物質 (antifungal antibiotics), 抗真菌薬 (antifungal drug), 抗かび剤 (antimold agent), 殺かび剤 (fungicide). カビ，酵母，キノコなどの真菌類の生育を阻害する薬剤．ヒトの真菌症の治療薬や農薬などとして使用される．真菌は動植物と同じ真核生物であることから，真菌の細胞膜の*エルゴステロールや*細胞壁の β-グルカンなどの生合成阻害を作用標的にして，選択毒性を高めるものが多い．例えば，エルゴステロールへ結合し膜構造を変化させる*ポリエン系抗真菌剤（アムホテリシン B など），エルゴステロール合成経路を阻害する*アゾール系抗真菌剤（ミコナゾール，フルコナゾールなど），細胞壁の合成を阻害するキャンディン系抗真菌剤（ミカファンギンなど），DNA 合成を阻害する核酸系抗真菌剤（フルシトシンなど）などがある．

e **更新世** [Pleistocene epoch] 第四紀の大部分を占め，第四紀約 260 万年の最後の 1 万年（完新世）を除いた地質時代．洪積世 (Diluvium, Diluvial age) はほぼこれに当たるが，同義に用いるのは不適当とされる．洪積世の原語 Diluvium は氾濫を意味する語として 19 世紀初期にノアの洪水の産物と想像された表層堆積物に与えられ，ヨーロッパの氷河性・融氷水性の砂礫質堆積物に相当し，かつてドイツでは氷河時代の名として用いられたこともある．更新世は大氷河時代に当たる．生物界で最も著しくまた重要なものは人類を含めた哺乳類の繁栄で，人類の出現はこの世の初めごろとする意見が古くからあり，旧石器時代もほぼこの世の終わりごろで終わったとされている．氷期と間氷期の繰返しのために，寒系と暖系の生物群の消長が著しい．今日の生物地理区の起原もこの時代にあるとされる．生物界の大部分は現生のものと大差ないが，更新世末には哺乳類では長鼻類や巨大な貧歯類その他の大形獣の絶滅が著しい．（→第四紀）

f **恒浸透性動物** [homoiosmotic animal] 《同》定浸透性動物．体液の浸透濃度が外部媒質と独立して一定に保たれている動物．ヌタウナギ類を除く脊椎動物と淡水産および陸生無脊椎動物がこれに属する．*変浸透性動物と対する．ヌタウナギ類を除く脊椎動物では，体液濃度を調節する神経-内分泌系が発達し，外部環境の浸透圧変化に敏感に反応して，よくその恒常性を維持している（→浸透調節型動物，→浸透圧受容器）．しかし，恒浸透性を維持できる外界の塩分濃度の変化の範囲は動物の種類によって異なり，広い範囲の塩分濃度の変化に耐えうる広塩性のものから，一定の狭い範囲だけで生活できる狭塩性のものまで種々の段階がある（→浸透調節）．海産無脊椎動物はもともと変浸透性動物であるが，カクレイワガニ，シナモクズガニ，スジエビの一種（*Palaemo-*

netes varians)などのように，高い浸透調節能力をもち，恒浸透性動物に近いものもいる．

a **向性** [tropism] [1] 固着生活をする動物のある部分が刺激源に対し一定の方向に向かって動く性質．以前は，tropism には向性のほかに現在でいう*走性も含まれていた．また植物の正の*屈性を向性と呼ぶ人もいた．[2] ウイルスの細胞向性．（⇒親和性）

b **抗生** [antibiosis] 2種類の微生物を同じ培地に培養した場合，一方の微生物が他方の微生物の生育を抑制する現象．すなわち微生物間の拮抗現象 (microbial antagonism)．*共生と対置される概念．一方の微生物が他方の微生物の生育を抑制するために生産する物質を S. A. Waksman(1941)は*抗生物質と定義した．

c **降生** [cataplasia] 《同》異分化(disdifferentiation)，降形成．正常細胞が腫瘍細胞になるような場合に，単に分化の低い方へ逆行するだけでなく，同時に特殊な方向へ偏倚するという意味の言葉．退生と対する．

d **合成酵素** [ligase, synthetase] 《同》リガーゼ，連結酵素，シンテターゼ(synthetase)，シンターゼ(synthase)，生成酵素．二つの分子間に新しい化学結合を形成する反応あるいはその逆反応を触媒する酵素の総称．酵素の命名は原則として基質名と反応の種類に基づいて行われるが，一部の酵素は，反応産物を強調してそれの合成酵素として呼称される．EC6 群のリガーゼ(連結酵素)の一部はシンテターゼ，EC2 群のトランスフェラーゼ(転移酵素)と EC4 群のリアーゼ(脱離酵素)の一部はシンターゼと呼称される．リガーゼは ATP などヌクレオシド三リン酸の高エネルギー結合の分解を伴って合成反応を触媒する．ATP は ADP と正リン酸だけでなく AMP とピロリン酸に分解する場合もある．新しく生成する化学結合の種類によりさらに分類される．(1) C-O 結合，例：アミノアシル tRNA 合成酵素．(2) C-S 結合，例：アセチル CoA 合成酵素．(3) C-N 結合，例：グルタミン合成酵素．(4) C-C 結合，例：ピルビン酸カルボキシラーゼ，アセチル CoA カルボキシラーゼなど．(5) リン酸エステル結合，例：DNA リガーゼ．酵素を系統名で記すときは，結合する物質をコロン(:)で結び，その後にリガーゼとつけ，ヌクレオシド三リン酸の分解物が ADP であれば ADP-forming を括弧に入れて付記する．他方，ATP などの高エネルギー物質の介在を必要としない酵素の一部はシンターゼという(例：EC2 群のクエン酸シンターゼ(EC2.3.3.1)や EC4 群のコリズミン酸シンターゼ(EC4.2.3.5))．以前はシンターゼとシンテターゼは明確に区別されたが，1984 年の酵素命名法の改訂により，両者をシンターゼとすることになり，EC6 群の酵素のみシンテターゼと呼称してもよいことになった．

e **構成呼吸** [construction respiration] 《同》成長呼吸(growth respiration)．光合成生物において，*呼吸によって作られるエネルギーのうち，成長・増殖や組織・器官の形成に用いられるエネルギー量．*維持呼吸と同時に光合成生物のエネルギー効率の比較，評価に使用される例が多い．

f **向精神薬** [psychotropic drugs] 精神状態に影響を及ぼす化学物質・薬剤の総称であり，狭義には統合失調症治療に用いられる統合失調症治療薬 (antipsychotic drug)をいう．下記のようなものを含む．睡眠薬(hypnotic drug)，鎮静剤(sedative)：狭義のトランキライザー・メプロバメートなど，神経遮断剤(neuroleptica)：クロルプロマジンなど，感情調整剤(thymoleptica，抗うつ剤 antidepressant ともいう)：イミプラミンなど，抗幻覚妄想剤(antiphantastica)：フレンケルなど，幻覚剤(phantastica)：メスカリンなどのアルカロイド類や*LSD など，精神昇揚剤(psychotonica)：ジメチルアミノエタノール(DMAE)や覚醒アミン類．抗痙攣剤(anti-convulsant)：ルミナール・スコポラミンなどをこれに含めることもある．これらの作用機序の解明から，精神状態をこれらによって自由にコントロールできるとする考えもある．

g **構成性エンドサイトーシス** [constitutive endocytosis] *リガンドの有無にかかわらずに生じる*エンドサイトーシス．*受容体介与エンドサイトーシスの対語．受容体がリガンドの有無にかかわらず細胞膜の*クラスリン被覆ピットに集まり，エンドサイトーシスが行われる．低密度リポ蛋白質，トランスフェリン，アシアロ糖蛋白質などの受容体がその例である．リガンドが存在する場合は，このメカニズムにより取り込まれることになる．（⇒エンドサイトーシス）

h **構成性酵素** [constitutive enzyme] 《同》構成酵素．生育条件に関わりなく，常に一定量合成される酵素．酵素の合成方式にしたがって，*誘導性酵素・*抑制性酵素と対比される．*リプレッサーなどを生成する*調節遺伝子がもともとないか，これが本来変異を起こしているものと考えられる(⇒構成性突然変異)．そのため，酵素合成量は*プロモーターにつく*RNA ポリメラーゼの親和性などによって定まり，系によって大幅に異なる．生物に常に必要な構成成分を与えるための酵素には，このような例が多いと考えられる．細胞の構成成分として合成される酵素という意味でこの名前がある．

i **構成性突然変異** [constitutive mutation] 酵素合成に関する*調節遺伝子変異の一種．*誘導性酵素または*抑制性酵素の合成量は調節遺伝子により調節されているが，調節遺伝子の変異により酵素合成が構成性，すなわち生育条件にかかわらず常に一定量合成されるように変化したもの．通常，調節遺伝子から生成される*リプレッサーが，誘導性または抑制性酵素遺伝子の*オペレーターに結合して転写を抑制している．ところが調節遺伝子が変異してオペレーターに結合できない不活性なリプレッサーを合成したり，リプレッサーがその不活化因子によって常に不活化の状態になったりする場合，またオペレーターに変異が起こりリプレッサーが結合できなくなった場合などには，転写の抑制が起こらず酵素は構成的に合成される．オペレーターの変異によって構成性になった場合を，リプレッサーが変化した場合と区別して，特にオペレーター構成性突然変異と呼ぶ．

j **合成生物学** [synthetic biology] 《同》構成生物学．生命システムを人工的に再構成することで，理解に迫る学問分野．生物学の発展において，注目する細胞や生体分子などを操作し，本来とは異なる実験環境下で機能を調べる研究がなされてきた．この操作実験が高度化してくる過程で，生命システムをどこまで人工的に構成できるかという課題が注目された．例えば，細胞内に遺伝子発現の振動を実現するネットワークの構築や，試験管内でのシアノバクテリア概日時計の再構成などが知られる．また人工的に合成したマイコプラズマゲノムを，別種のバクテリアに導入し，マイコプラズマの機能を再現する

a **構成性分泌** [constitutive secretion] 《同》バルク輸送(bulk transport). 粗面小胞体で合成された蛋白質が*小胞輸送によりゴルジ体から細胞膜へ輸送される際，特に外部からの刺激がなくても自発的に分泌されること（→分泌小胞）. *調節性分泌の対語. 調節性分泌が行われない細胞では，主として構成性分泌が行われる. （→エキソサイトーシス）

b **後成説** [epigenesis] 生物の発生に際して単純な状態から複雑な状態への発展が起こり，構造やパターンが新たに生じてくるとする考え. 主として個体発生について用いられる. 系統発生に適用する場合もある. 後成説と*前成説の対立は発生学または広く生物学の歴史の上で重要な意味をもった. 古くAristotelēsは一種の後成説的立場に立った. 次いで17世紀にW. Harveyが後成説を信奉したが，17～18世紀には前成説が優勢で，わずかにC.F. Wolffが18世紀中葉にニワトリの胚発生を研究し，腸などの器官が，初め一様に見える胚層の中に漸次に形づくられることを確かめ，後成説に実証的な根拠を与えた. 19世紀には，K.E. von Baerなどによる比較発生学の基礎づけ，胚葉の概念の確立により，古典的前成説は否定され，さらにÉ. Geoffroy Saint-Hilaireが後成説に実験発生学的基礎を与えようとした. 20世紀に入って，細胞生物学者E.B. Wilsonによる定義では，核ではなく，核の中にあらかじめ「前成」されている遺伝情報に従い，細胞質の中で生ずる過程，あるいはそれに基づく発生が後成的(epigenetic)なのであるとされた. このころから，後成説と前成説の対立は，遺伝子による決定論と，発生におけるパターン形成の対比に移る. 20世紀中盤にはC.H. Waddingtonが「エピジェネティック・ランドスケープ」の概念を提唱，遺伝子機能と発生経路を結びつけることで，発生パターンの進化を説明しようとした. このように，発生遺伝学的・進化生物学的文脈においてepigenesisはepigeneticsの概念を生み出し，後者はセントラルドグマに相対するものとして二次的に，DNAの変化を伴わない遺伝子発現や発生分化の方向性の変化を指す場合などにも使われ，そこから派生的かつ限局的にクロマチンの修飾による遺伝子制御の研究分野をエピジェネティクスと呼ぶ場合が現在では極めて多いが，その概念的背景は十分に理解されていないことが多い. 一方で，胚形態に依存した組織間相互作用による遺伝子制御やその結果としての形質の成立など，直接遺伝情報として核の中に書き込まれていないさまざまなレベルでの形態形成のロジックをこのように総称することもしばしばある. （→細胞分化）

c **後生動物** [metazoans ラ Metazoa] 多細胞体制をもつ*動物の総称. 単細胞性の*原生動物と対置するものとしてE.H. Haeckel(1874)が造語. 生物五界説以来の動物界と同じ. 体は細胞分化した二倍体真核細胞からなり，特定部位における減数分裂によってできた卵と精子の合体による有性生殖を生殖の基本的方法とする. 多細胞体制の程度を重視して，海綿類を側生動物，二胚虫類などを中生動物として分ける考えもあったが，現在はそれらも後生動物に含めるのが一般的である. 後生動物には現生では三十余門が含まれ，その多くはカンブリア紀初期に出現したと考えられている. 門相互の系統関係は体制や初期発生を比較して推定されてきたが，近年分子系統学的検討をもとにそれらは書き改められつつある. 後生動物の起原に関する仮説として，旧来，鞭毛虫類起原説（→ガストレア起原説）と*繊毛虫起原説が代表的であったが，現在では主に分子系統学的検討の結果，後生動物は繊毛虫類とは類縁が遠く，襟鞭毛虫類や菌類と共にオピストコンタという系統群をなすとの説が有力である.

d **合成培地** [synthetic medium] 化学的に定義できる化合物のみを混合して作った培地. その細胞が生育可能な最も簡単な組成をもつ合成培地がその生物種の*最少培地である. 栄養要求性突然変異体の増殖には，*完全培地，あるいは，最少培地に要求物質を加えた合成培地を用いる.

e **合成品種** [synthetic variety] *ヘテロシス育種において多数の自殖系統の間の相互交雑によって育成され，以後は自然交雑によって維持される品種. 雑種第一代の利用に比べて，育種操作が容易，半永久的に利用できる，変異性に富み広い地域に適応するなどの利点があり，育種技術の未発達な地域でも用いられる. 牧草では多数の合成品種が育成されている.

f **抗生物質** [antibiotics] 特に微生物によって作られる，他細胞の発育または機能を阻止する物質の総称. 元来はS.A. Waksman(1941)の定義で，微生物によって産生され，他の微生物の発育その他の生理機能を阻害する物質. 抗生物質の研究は，A. Fleming(1929)のペニシリンの発見に端を発し，E.B. Chain，H.W. Florey(1940)らによるペニシリンの再発見，Waksman(1943)らによるストレプトマイシンの発見以来，急速な進歩を見せた. 初期に発見された抗生物質は，Waksmanの定義どおりの抗菌物質で，放線菌の生産するものに*クロラムフェニコール，*ストレプトマイシン，*エリスロマイシン，*カナマイシン，テトラサイクリンなどがあり，グラム陽性菌，グラム陰性菌，リケッチア，大形ウイルスに有効. 糸状菌類の生産するものにはβ-ラクタム系抗生物質の*ペニシリン，*セファロスポリンがあり，細菌の生産するものには*バシトラシン，*グラミシジン，*ポリミキシンなどがある. 後に抗生物質の定義は現在のように拡張され，酵素阻害剤，さらに微生物が作る物質だけでなく，動物物が作る物質を含め解軽や化学修飾した物質も含めて抗生物質と呼ぶことが多い. 抗がん性生物質(*ブレオマイシン，アントラサイクリン系抗生物質のダウノマイシン)，駆虫薬(*アベルメクチン)，コレステロール合成阻害薬(メバロチン，プラバスタチン)，ペプチダーゼ阻害剤(ベスタチン bestatin やロイペプチン)，蛋白質リン酸化酵素阻害剤(スタウロスポリン)などが新しい概念の抗生物質に含まれる.

g **好石灰植物** [calcicole plant, calciphilous plant] 《同》石灰植物(lime plant). 石灰岩(limestone)や石灰質(calcareous)土壌に分布してよく生育する植物. ウバメガシ，ウラジロガシ，キバナハタザオ，イワシデ，カヤ，ミヤマビャクシン，イチョウシダなどがその例. 同属の近縁種にも好石灰植物と嫌石灰植物がある例が多く知られている. 好石灰植物は養分として多量のカルシウムを必要としているのではなく，HCO_3^-の存在のために中性から弱アルカリ性となる土壌に適応している植物である. このような環境では，窒素の無機化などが促進される一方で，リン酸，Feなどの吸収は困難になる. 好石灰植物にはアルミニウム耐性がなく，アルミニウムが可溶化するような酸性土壌では生育が阻害される.

a **恒雪帯** [nival zone] 垂直分布帯のうえで，山岳の最高部の雪線(nival line, snow line)以上の地帯．四季を通じて氷雪におおわれ，下の高山帯や亜高山帯から一時的に来るもののほか生物の生育をみない．L. W. Swan(1963)は種子植物の上限以上の風で運ばれた有機物で維持されている地域をエオリアン帯(aeolian zone)と呼んだ．またC. Troll(1972)は森林限界と雪線の間を亜恒雪帯(subnival zone)と呼ぶことを提案している．雪線は極地では海面の高さに下降し，温帯から熱帯に向かって上昇し，アルプス山系では約3000 m，赤道付近の高山では5000 mを超える．

b **交接腕** [hectocotylized arm, hectocotylus] 《同》化茎腕，生殖腕．頭足類において，雄が雌に*精嚢ないしは精包内の精子を渡すため特別に変化した腕．性成熟とともに一定の腕が交接腕に変形する現象を化茎現象 (hectocotylization) と呼ぶ．種類によってその腕の位置，変化の形式は一定している．イカでは腕の先端寄りの吸盤のいくつかが消失して吸盤柄が櫛の歯状に並ぶもの，特別な膜や突起の生ずるものがある．タコでは腕の先端が匙状になり，そこに至るまで精包が通る溝がついている．フネダコ科やアミダコ科など少数のものでは，交接腕この腕が切断して雌の外套腔内に残る．英術語は，G. L. Cuvier(1829)がこれを寄生虫と誤認し*Hectocotylus octopodis*と命名したことに由来する．

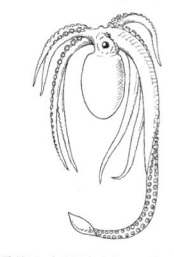

顕著な交接腕をもつアミダコ (*Ocythoe tuberculata*)の雄

c **口前繊毛環** [prototroch] ⇒トロコフォア
d **口前腸** [preoral gut] ⇒肛後腸
e **口前葉** [prostomium] 《同》前口葉，頭葉 (head-lobe)．環形動物の最先端部に見られる体節様構造．これに続く囲口節および複数の剛毛節(setigerous segment)によって体部を形成する．発生学的には口前葉+囲口節(頭部)，剛毛節(胴部)，肛節(尾部)の3体部が区別される．多毛類の成体の口前葉には，通常，眼点・感触手(antenna)・副感触手(palp)などの器官があってよく発達している．一方貧毛類では極めて小形で，囲口節との位置の関係にさまざまな変異がある．

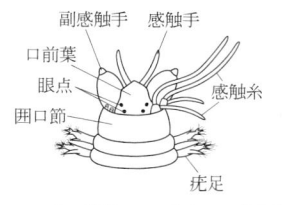

副感触手　感触手
口前葉
眼点　感触糸
囲口節
疣足

f **酵素** [enzyme] 《同》エンザイム．生細胞内でつくられる蛋白質性の生体触媒の総称．RNAにも触媒機能をもつものがあり，*リボザイム(RNA酵素)と呼ばれる．生体内の化学反応はほとんどすべてが酵素によって触媒される酵素反応であり，物質代謝は多くの種類の酵素が逐次的に作用することによる．例えば，解糖系の場合グルコースが乳酸まで代謝されるのに10種類の酵素が関与する．比較的単純な化合物から複雑な生体構成成分を合成するのも酵素によるのであり，ATPなどの高エネルギー化合物の分解と共役させて反応を遂行する．酵素は特定の化合物または特定化合物群のみを*基質にする点で通常の化学触媒とは異なり極めて特異性が高く(基質特異性)，触媒する反応も酵素の種類ごとに厳密に決まっている(反応特異性)．酵素反応は多くの場合，可逆的であるが，一部の酵素では不可逆である．可逆的である場合反応の進行方向は，反応系の自由エネルギーが減少する方向に進み，酵素は反応の速度を増加させるだけである．酵素分子は通常分子量1万～20万のポリペプチドからなる蛋白質であり，単量体としてのみならず，オリゴマーとしても存在する．異種のサブユニットが会合してはじめて酵素活性を示す場合もある．ポリペプチド鎖が折り畳まれて一定の立体構造をとり，その表面に基質と特異的に結合し，反応を触媒する部位(触媒部位 catalytic site，活性部位 active site)をもつ．酵素の中には，触媒機能を発揮するために，低分子物質を必要とするものがあり，この物質が蛋白質部分(*アポ酵素)と解離しやすいときは*補酵素，結合の強いときは補欠分子団と呼ばれる．金属イオン，ヌクレオチド化合物，ビタミン誘導体などであることが多く，その変化は種々の分光学的方法で追跡できることがある．酵素は蛋白質であるため，種々の外的条件の変化を受けて，活性が変化する．高温による蛋白質の変性で失活(不活化)したり，pHやイオン強度などの微妙な変化により活性が変化する．また，基質に類似した化合物が活性部位に結合することにより活性が阻害される(⇒競争的阻害)．作用物質(エフェクター)と特異的に結合する部位を活性部位以外にもち，その結合によって活性が高められたり，阻害されたりする場合もある(⇒アロステリック効果)．さらに，酵素分子の特定のアミノ酸残基がリン酸化などの修飾を受けることによって活性が変化することもある．これらは生体における代謝調節に大きな意味をもつ．さらに，特異的な試薬により化学的な修飾を受け阻害を受けることがある(⇒酵素阻害)．酵素はその触媒する反応の型により分類され，命名される(⇒酵素の分類，⇒酵素の命名法)．酵素には可溶性酵素として細胞内で溶解した状態で存在し機能するものだけでなく，生体膜に組み込まれたり，表層に結合して不溶性となって存在するものもある．また複合酵素系として筋肉の収縮や物質の膜透過などのより高次の生理機能を担うものがある．

g **構造安定性** [structural stability] 数学モデルの形を少しくらい変化させても，解の様相ががらりと変わるようなことはないような性質．現象の数学モデル(例えば微分方程式)は，多かれ少なかれ近似的なもので，上記の性質をもつことは，現実の現象を表現する数学モデルがそなえるべき条件と考えられる．(⇒カタストロフィ)

h **構造遺伝子** [structural gene] 蛋白質や*リボソームRNA，*トランスファーRNAなどの一次構造を決定する情報をもった遺伝子．

i **構造雑種** [structural hybrid] 染色体の構造，すなわち遺伝子の配列順序に関してヘテロの状態(構造的異型接合性 structural heterozygosity)にある個体をいう．もしも変異染色体部分で交叉が起こると，次代の構造雑種はさらに構造変化の度合が増す．このような不規則な交叉によって生ずる構造雑種を二次構造雑種といい，最初の構造雑種を一次構造雑種という．このような染色体の構造変化は，種の進化に対してしばしば重要な役割

を果たしており，種間雑種や属間雑種は複雑な構造雑種性を示すことが少なくない．

a **高層湿原** [high moor] 《同》ミズゴケ湿原(*Sphagnum* bog, sphagniherbosa)．草原の群系の一つで塩類の供給の乏しい低温・過湿の地に発達する湿原．*低層湿原と異なりミズゴケ(*Sphagnum*)を特徴とする．土壌は腐植酸や不飽和コロイドにより酸性化し，OH⁻を嫌うミズゴケ類が湿原周辺よりも中央部によく生育し，泥炭化が盛んで，中央部が高まり時計皿をふせたようになるため，「高層」の名がある．日本の中部地方では約1200 m以上の地に発達し，北に行くほど下限は下がる．八島ヶ原(霧ヶ峰)，尾瀬ヶ原，戦場ヶ原(日光)，八甲田山の湿原が好例．北ヨーロッパや樺太では平地にもある．一般に樹木は侵入せず，限られた植物が丈の低い，ややまばらな群落を作る．ミズゴケのほかミカヅキグサの類，ヌマガヤ，ホロムイスゲ，ヒメシャクナゲ，ツルコケモモ，モウセンゴケなどがある．高層湿原は多く低層湿原から発達する．泥炭の堆積は1 mm/年程度といわれ，八島ヶ原では約7000～8000年の堆積でできている．泥炭層中の花粉は*花粉分析のよい対象となる．泥炭の成長につれて徐々に乾燥し，山地草原や森林に移行する．

b **構造生物学** [structural biology] 生物を形作る生体高分子，特に蛋白質や核酸の立体構造を研究する生物学の一分野．1950年代のDNA二重らせん構造とミオグロビンの立体構造の解明に始まる．特に，個別の蛋白質が固有の立体構造をもち，それぞれの立体構造に基づいて特異な機能が発揮されることが判明し，蛋白質の構造決定が構造生物学の中心課題と見なされるようになった．立体構造の決定には，X線結晶構造解析，NMR(核磁気共鳴)，電子顕微鏡などの技術が用いられる．1980年代には組換えDNA技術を用いた遺伝子工学の登場により，構造決定に必要とされる試料の大量調製が可能になった．その後，X線結晶解析に必要な結晶化のプロセス，回折強度データの処理，位相決定，構造精密化などの解析ソフトウェアの改良とともに，グラフィックス技術を含むコンピュータの性能が急速に向上した．1990年代には新しいX線光源としての放射光が利用されるようになり，高い輝度のため微小な結晶でも結晶解析が可能となり，蛋白質構造データバンク(PDB)に登録される立体構造の数も顕著に伸びた．また同時に，それまで困難視されていた膜蛋白質の結晶化や，RNAと蛋白質で構成された巨大分子機械であるリボソームの結晶化と構造決定に成功した．さらにゲノム時代の幕開けとともに，ゲノムにコードされた蛋白質の網羅的な構造決定を目指す国際的な構造ゲノミクス(structural genomics)のプロジェクトが開始された．その結果，構造決定されてPDBに登録される立体構造の数が指数関数的に増大した．

c **酵素活性の調節** [control of enzyme activity] 酵素の活性調節は，非共有結合的修飾(non-covalent modification)と共有結合的修飾(covalent modification)による場合の2方式に大別される．[1] 非共有結合的修飾は，低分子物質や蛋白質分子などが酵素分子との非共有結合的な可逆的結合により活性を調節する場合で，代表例は*アロステリック効果による調節．エフェクターは有機化合物に限らず，H⁺，Na⁺，K⁺，およびCa²⁺などの無機イオンや他の蛋白質である場合もある．例えば，サイクリックAMP依存性プロテインキナーゼ(EC 2.7.11.11)では，触媒部位をもつサブユニットに結合して酵素活性を阻害する調節サブユニットが存在し，このサブユニットにサイクリックAMPが結合すると，触媒サブユニットを遊離することにより酵素を活性化する．Ca²⁺と結合した*カルモジュリンをエフェクターとする酵素も多い．珍しい例として，リブロース-1,5-ビスリン酸カルボキシラーゼ/オキシゲナーゼ(Rubisco, EC 4.1.1.39)活性化酵素は，反応中の副反応で不活性化されるRubiscoを再賦活させる．[2] 共有結合的修飾は，酵素分子上のアミノ酸残基に他の化学物質が共有結合を介して付加もしくは切除されることにより活性が調節される場合と，酵素分子内の残基間での共有結合の生成と切断によって調節される場合がある．前者のうち広範な生理的役割を果たすのは，酵素の特定の部位に位置するセリン，トレオニン，またはチロシンの水酸基に対するリン酸化および脱リン酸化による調節で，これにはプロテインキナーゼおよびプロテインホスファターゼが関与．リジン残基のアセチル化やチロシン残基のアデニリル化などにより活性調節を受けるものもある．また酸化ストレス応答やレドックス調節として，酵素のサブユニット内またはサブユニット間で二つのシステイン残基がジスルフィド結合(S-S結合)を形成することによる活性調節は最も広く知られる(例:植物葉緑体のグリセルアルデヒド-3-リン酸脱水素酵素，EC1.2.1.13)．この調節にはレドックス調節を触媒する蛋白質(チオレドキシンやグルタレドキシン)が関わる．システイン残基が酸化されスルフェニル化されたり，グルタチオンとS-S結合を形成したり，一酸化窒素(NO)との結合などにより活性調節を受ける酵素も知られ，それぞれ重要な生理的役割を果たす．また，ペプチド結合の部分分解による酵素前駆体の活性型への転換や血液凝固のカスケード反応系などにおける重要な調節機構である．

d **合祖過程** [coalescent process] 進化的に相同な遺伝子の系図において，現在から過去に遡り，子孫遺伝子が共通の祖先遺伝子に合体する過程．通常は同一集団における過程を指し，*遺伝子系図学の研究対象となっている．近縁種においても，それらの共通祖先集団まで遡った遺伝子系図や，集団間の移住を考慮した研究がなされている．

e **拘束** [1] [commitment] 《同》コミットメント．発生の場における細胞の発生運命の限定の総称．昆虫の*成虫原基は隔離された発生の場であり，それを構成する細胞はその成虫原基固有の細胞として*決定されている．例えば生殖器原基は外部生殖器以外の部分を作ることはない．しかし，その原基内のどの部分を作るかについては，個々の細胞の位置によって指定(specify)されているだけであって決定されてはいない．決定と指定のちがいは，前者が細胞分裂を経過しても状態が変わらず，周囲の細胞の影響を受けないのに対し，後者においては周囲の細胞との相互作用によって変わりうること．拘束は，決定と指定とを区別せずに細胞の発生運命の限定を意味する．[2] 発生拘束(developmental constraints)に同じ．(⇒発生的制約)

f **後足** [metapodium] 軟体動物腹足類の足の後方に延長している部分．蓋をここで担う．ショクコウラ(*Harpa*)やヒメアワビ(*Gena*)ではこの部分を自切する．(⇒前足[図])

g **梗塞** [infarct] 動脈内腔がふさがれることによっ

てその灌流領域の組織に十分な酸素や栄養が運ばれず，組織が*壊死に陥った状態．貧血性梗塞と出血性梗塞とに分けられる．貧血性梗塞は，動脈の末梢部でその内腔が*塞栓などによって閉鎖され，その動脈の分布域が虚血に陥り，ついでその部分が壊死に陥っているものである．終末動脈をもつ臓器，ことに腎臓や脾臓にしばしば認められる．出血性梗塞は，ある動脈が他の動脈と豊かに吻合していれば，たとえ一方の動脈が塞栓を起こしても他の動脈で養われるから梗塞を起こすことはないが，あらかじめその部位に鬱血があると機能的に終動脈状態となり得，鬱血があるため壊死に陥りかけた組織の血管が脆弱となり破綻するため出血を起こす．このように鬱血を条件として出血性梗塞を起こす臓器には，肺・肝臓・腸管がある．梗塞は血管分布の関係から楔形の外見を示し，楔の先端は臓器の中心部に向かっている．形態はだいたい 3 期に分けられ，I 期は梗塞による壊死期，II 期は肉芽組織形成期，III 期は瘢痕形成期である．

a **高速液体クロマトグラフィー** [high-performance liquid chromatography] HPLC と略記．液体*クロマトグラフィーの一方法で，均一な球形微粒子（直径 5 μm 以下）を分離用固体充填剤として詰めたカラムを分析用に用い，これに試料物質を移動相（溶離液 eluent）とともに圧力をかけて注入し，固定相と移動相に対する親和性の違いにより分離，分析する方法．分離された物質は移動相とともにカラムから溶出してくるので，移動相を順次，検出器に通し，生じる電気信号をクロマトグラム（chromatogram）として記録する．分離された物質が移動相とともにカラムから溶出してくると，クロマトグラム上に，傾斜が緩やかな裾野と急な頂点をもつ山状の形（ピーク peak）が示される．通例，試料を装置に注入してからピークが検出されるまでの時間（保持時間）が試料物質と標準物質とで一致することにより物質の確認を行う．また，ピーク面積またはピーク高さを用いて内標準法あるいは絶対検量線法により定量を行う．検出には，紫外可視吸光光度計，蛍光光度計，示差屈折率検出器，電気化学検出器，化学発光検出器，電気伝導度検出器，質量分析計などが用いられ，試料物質の性質に合わせて選択される．試料成分を特異的に検出する目的で行う誘導体化には，試料物質がカラムに注入される前に行うプレカラム誘導体化（precolumn derivatization），カラムで分離後に行うポストカラム誘導体化（postcolumn derivatization）がある．固定相に用いる分離用充填剤には吸着型，分配型，サイズ排除型，イオン交換型など分離機構の異なる種類があり，ポリスチレンなどの合成ポリマーやシリカゲルを基材としたものが多い．例えば，シリカゲルにオクタデシルトリクロロシランを結合させた ODS-シリカゲルは，表面多孔性化学結合型シリカゲルの一つで，分配型の充填剤として*逆相クロマトグラフィーに用いる．一方，移動相の送液には，通例，単一組成の溶離液を送液するイソクラティック溶離法（isocratic elution）が用いられ，性質が異なる物質どうしの分離には，段階的に組成の異なる溶離液を送液するステップワイズ溶離法（stepwise elution），溶離液の濃度形成を勾配的に変化させて送液するグラジエント溶離法（gradient elution）が用いられる．近年では，粒子径の小さい充填剤や幅広い範囲の液性に耐久性のある充填剤などさまざまな用途に対応できる充填剤が開発されている．また，質量分析計と接続した液体クロマトグラフィー―質量分析法（LC-MS）が高感度で選択的な分析に汎用されている．

b **酵素工学** [enzymatic engineering] 酵素を工業的な物質生産に応用することに関する研究分野．生体触媒である酵素は，穏やかな条件下で極めて特異性の高い反応を触媒する点で，高温・高圧を要する化学的な有機触媒に比べて優れている．組換え DNA 技術によって，組換え体酵素を大量に調製することが可能となったため，酵素工学は，(1)酵素分子の改良と(2)酵素の化学的修飾による改良を目標としてさらに大きく発展しつつある．一般に酵素は不安定であるため，広い至適温度や至適 pH をもつものが求められ，酵素の立体構造に基づき，触媒部位やアロステリック制御部位に変異を導入したり，あるいは異種酵素とドメインを交換するなどして，基質特異性，反応速度またはアロステリックな調節の感受性などが改変される（例：バイオディーゼルの製造や洗剤に添加するためのリパーゼ，低温で澱粉を糖化できるアミラーゼ，耐熱性が高くかつ忠実度の高い DNA ポリメラーゼなど）．全く新規な酵素蛋白質を創生する例として，天然には存在しないヨードチロシンを基質とするアミノアシル tRNA 合成酵素の作製がある．酵素に化学的な修飾を加えるバイオコンジュゲーション法を応用した例として，高分子量（4000～5000 Da）のポリエチレングリコールを酵素分子に共有結合で結合させ，酵素の抗原性を失わせ，医療に応用される，抗腫瘍酵素アスパラギナーゼや先天性免疫不全治療酵素アデノシンデアミナーゼがある．また酵素をキャリアーに吸着・固定する手法もさかんで，このキャリアーをカラムに充填することでバイオリアクターとして工業的に利用する固定化酵素があり，これは特定の物質量を計測するセンサーとしても利用される．例えば医療における血糖値の測定にはグルコースオキシダーゼを電極に固定して用いる．

c **酵素抗体法** [enzyme antibody technique] 酵素で標識した抗体を用いて組織切片上で*抗原抗体反応を行い，抗原の部位を検出する方法．免疫細胞化学の手法の一つ．酵素抗体法には抗体の標識を直接行う方法と二次抗体を用いて間接的に行う方法がある．標識に用いる酵素にはペルオキシダーゼ（過酸化酵素）やアルカリホスファターゼなどが用いられる．ペルオキシダーゼの発色にはジアミノベンジンが，アルカリホスファターゼの発色にはアゾ色素が利用されている．また検出感度を高めるために PAP（peroxidase-antiperoxidase）法や ABC（avidin-biotin-peroxidase complex）法などが考案されている．

d **酵素前駆体** [enzyme precursor, proenzyme, zymogen] 〔同〕チモーゲン．生合成されても触媒活性をもたない状態で存在し，必要とされる場所や時点で活性化されて本来の役割を果たすような前駆体蛋白質．活性型酵素の名称に接頭語プロまたはプレ，あるいは語尾にゲンをつけて呼ぶことが多い（例：プロトロンビン，プレカリクレイン，ペプシノゲン）．プロテアーゼに多く見られるが，それ以外の酵素でもよく知られている（血液凝固第 XIII 因子は活性化されるとトランスグルタミナーゼ活性を示す）．消化酵素の場合，合成された細胞内や貯蔵場所では活性をもたず，腸内に分泌されたときにはじめて活性型となる．血液凝固に関与する酵素の場合は，出血時など必要が生じた時に迅速に活性化される．これらの活性化は，生体における重要な調節機構の一つであ

る．活性化の機構は限定的加水分解を受け分子内の特定のペプチド結合が切断され高次構造が変化することによるものが多いが（ペプシン，トリプシン），異物表面との接触によって活性化されることもある（血液凝固第Ⅶ因子）．

a **酵素阻害** [inhibition of enzyme reaction] 《同》酵素反応の阻害．酵素反応が阻害される現象．蛋白質の立体構造や機能構造を破壊するような処理によって「非特異的」に阻害する場合と，酵素の機能構造を破壊することなく，代謝物質または化学物質などの処理によって対象とする酵素をある程度「特異的」に阻害する場合がある．「非特異的」阻害は，紫外線・高温・極端な pH・蛋白質の変性剤・濃厚塩類などで酵素蛋白質を変性（denaturation）させることによる失活（不活化 inactivation）や，プロテアーゼによる分解があり，不可逆であることが多い．これに対して「特異的」阻害は，ある反応特異性をもつ試薬が酵素蛋白質の触媒部位のアミノ酸残基，補欠分子団，補酵素，反応に必要な金属イオンなどと結合して起こすもので，別の試薬による処理で阻害を解除できる場合とできない場合がある．前者の例としては，シトクロム c 酸化酵素やカタラーゼなどヘム酵素に対するシアン化物イオンや一酸化炭素などの阻害および SH 酵素に対する p-クロロメルクリ安息香酸や水銀イオンによる阻害がある．後者の例としては，同じ SH 酵素阻害剤の N-エチルマレイン酸やヨード酢酸による阻害がある．*ビオチンに対する親和性が極めて高い蛋白質であるアビジンはビオチン酵素を実質的には不可逆的に阻害する．また，酵素の触媒部位に高い親和性をもち，その必須アミノ酸残基を修飾することによって失活させる試薬は親和性修飾試薬と呼ばれる．例えば，フェニルメタンスルホニルフルオリド（PMSF）はセリンプロテアーゼの触媒部位のセリン残基と特異的に反応して失活させる．また，可逆的な阻害としては，基質の構造に類似した化合物による阻害（⇒競争的阻害）を行う場合や，アロステリックエフェクターによるフィードバック阻害（⇒アロステリック効果）による場合などがある．阻害剤の阻害様式を反応速度論的に解析することによって，競争的阻害，非競争的阻害（noncompetitive inhibition），不競争的阻害（uncompetitive inhibition）などが知られる．また，高濃度の基質がかえって阻害する現象は基質阻害（substrate inhibition）といい，反応で蓄積した生成物による阻害を生成物阻害（product inhibition）という．特異的な阻害剤による研究は，酵素作用に必須のアミノ酸残基について手掛かりを得る上で重要であり，また生体内の物質変化の過程を明らかにする研究や中間産物を蓄積させて調製するためにも有効である．

b **酵素的サイクリング** [enzymatic cycling] 酵素の基質特異性を利用し，極微量の基質や酵素活性を増幅して定量する方法．まず，測定すべき物質や酵素活性を，なんらかの酵素反応系を用いて補酵素，例えば NAD・NADP・CoA・アセチル CoA あるいはそれらの酸化体の量に変換する．この補酵素の酸化と還元を含む異なる酵素系の反応を同時に行い補酵素をリサイクルさせると，サイクルごとに等量の 2 種類の反応生成物が生じ，蓄積する．この増幅された生成物を定量し，もとの基質量や酵素活性を求める．この酵素系での反応に際しては，補酵素や加える酵素の量は K_m 以下の濃度で用い，反応を一次反応とする．測定する物質がこれらの補酵素自身だったりこれらを補酵素とする酵素である場合は，増幅・定量は極めて容易である．この増幅反応を利用すれば，1 個の細胞や微量の血液・組織に存在する物質の定量が可能となる．

c **酵素的適応** [enzymatic adaptation] 《同》酵素適応．生物が，その環境に応じて，酵素の活性や分泌量を調節したり，今まで生成していない酵素を生成するなどして外界に適応する現象．例えば，ネズミを高炭水化物の餌で飼育すると*アミラーゼの活性が上昇し，高蛋白質の餌では*トリプシンの活性が上昇する．（⇒誘導性酵素）

d **酵素特異性** [specificity of enzymes] 一般に特定の化合物（化合物群）に対して特定の反応を触媒するという酵素の性質．酵素による基質の選択性を基質特異性（substrate specificity）といい，反応の選択性を反応特異性と呼ぶ．基質特異性は，ほとんど 1 種類の基質にしか作用しない場合（ウレアーゼ，EC3.5.1.5）から，多くの同種類の化合物群に作用する場合（ホスファターゼ，EC3.1.3.1 と 3.1.3.2 など）まで多様である．後者の場合も，化合物の各々について反応速度は異なる．光学異性体や幾何異性体についても原則としてその一方にしか作用しない．この立体化学的特異性（stereochemical specificity）は酵素蛋白質の基質と結合する部分が異性体の一方だけに適合するような構造をもつためである．例えば，筋肉の L-乳酸デヒドロゲナーゼ（EC1.1.1.27）は L-(S-)乳酸だけに作用し，D-(R-)乳酸には作用しない．またフマル酸ヒドラターゼ（EC4.2.1.2）はフマル酸を基質とするが，その幾何異性体であるマレイン酸には作用しない．2000 種類近くの酵素それぞれにそなわった基質と反応の著しい特異性により，多種類の代謝物質が混在する生体内で代謝の厳密な反応順序が規定され，代謝網が形成される．

e **酵素の触媒機構** [catalytic mechanisms of enzyme] 酵素が反応の*活性化エネルギー（正確には活性化自由エネルギー，$\Delta G^{\neq}$）を低下させることによって反応を加速させる機構．$\Delta G^{\neq}$ が 5.7 kJ/mol 低下すると反応速度は 10 倍大きくなる．L. Pauling (1948) は，酵素が $\Delta G^{\neq}$ を低下させるのは，酵素の触媒部位が反応の活性化状態（遷移状態）の基質に対して最も強い親和性をもち，基質が遷移状態をとりやすくするためであろうと指摘した．このことは*抗体酵素の発明によって証明された，また酵素と基質の複合体の形成によって，基質の構造に歪みが加えられる例も確認されている．酵素の触媒部位は酵素分子の比較的狭い領域に位置し，その部位は種々の方向からアミノ酸残基が差し向けられた立体構造を形成している．基質はこの部位とイオン結合，水素結合，疎水結合などを介して結合する．アミノ酸残基の配置によって基質特異性や反応の種類が決まる．E. Fischer (1890) は基質と酵素の特異的結合を鍵と鍵穴の関係にたとえたが，現在では，D. E. Koshland (1958) が主唱した手と手袋の関係のたとえが受け入れられている．すなわち，触媒部位は堅い構造でなく，基質の結合に伴って変化しながら基質を捕捉し触媒部位を形成する柔らかい構造をなすとされる（誘導適合説 induced fit theory）．酵素の多様な反応の触媒機構には，次の五つの要素が挙げられる．(1) 一般酸触媒および一般塩基触媒：H^+ を与えることのできるものを一般酸，H^+ を引き抜くことのできるものを一般塩基というが，酵素分子中の

アミノ酸残基がこのように作用することによって反応を加速する．(2) 金属イオン触媒：酵素に結合した Zn^{2+} や Mg^{2+} などの金属イオンも強い一般塩基として同様に作用したり，負電荷を帯びた反応中間体を静電的な相互作用により安定化する．また，酸化・還元反応の場合に，電子の授受に直接関与する．(3) 共有結合触媒：酵素と基質が一時的に共有結合した反応中間体を形成する場合で，例えば，グリセアルデヒド-3-リン酸脱水素酵素（EC 1.2.1.12）の場合には，反応過程において，触媒部位のシステイン残基の SH 基が基質のアルデヒド基と共有結合で結合．(4) 疎水的反応環境の提供：一般に酵素反応はその反応過程が溶媒の水によって妨害される場合が多く，酵素の触媒部位では水が排除された環境が維持される．(5) 基質分子の近接および配向の場の提供：基質 A と B が反応する場合，触媒が存在しないときには，これらが，ランダムな運動によって衝突し，しかもその方向が反応に適したものである確率は非常に低い．しかし，酵素の触媒部位では特異的に A と B を結合し，しかもその結合の向きも厳密に酵素によって規定されるので反応は飛躍的に加速される．

a **酵素の精製** [purification of enzyme] 酵素蛋白質を純物質として取り出すこと．J. B. Sumner が 1926 年にナタマメのウレアーゼを初めて結晶化した．細胞外酵素は別として，通常多くの酵素は，細胞構造の磨砕，音波処理，圧力変化，凍結融解，酵素分解，自己消化などによって細胞から抽出される．その際不溶性の構造と結びついているものは，さらに界面活性剤などにより可溶化・抽出することも多い．粗抽出液から酵素は塩析・沈澱・吸着操作による分画，イオン交換クロマトグラフィー・アフィニティークロマトグラフィー・電気泳動・超遠心分離・ゲル濾過クロマトグラフィーなどによって精製され，あるものは結晶化される．塩析には通常硫酸アンモニウムが用いられ，その他の沈澱剤としてアセトンやエタノールなどの水溶性有機溶媒も用いられる．吸着剤として，イオン交換ゲルやアフィニティー吸着ゲルのほかに，リン酸カルシウム，アルミナゲル，シリカゲルなどが利用される．精製に際しては，各操作の前後で酵素の比活性が測定され，その上昇をもたらす操作が適用される．精製操作により変性を起こさないかぎり収量よく回収され，比活性が上昇し，最終的に均一の蛋白質が酵素標品として得られる．酵素の精製は，酵素作用の分子的機作を明らかにするためだけでなく，生体内反応がどのような段階を経て行われるかを決定するためにも重要である．

b **酵素の単位** [unit of enzyme] 酵素量を表すために規定された量．酵素活性の強さ，すなわち一定条件において一定時間に酵素によって触媒された反応量で表す．反応量は任意の単位で表せばよいが，通常 1 分間に 1 μmol の変化を行う酵素量を 1 単位（1 ユニット，記号は U）とする．基質濃度や pH など最適の条件下で反応を行い，標準的な温度（日本では 30°C，欧米では 25°C）で測定する．1964 年に国際生化学連合によって，これが国際単位として採用され，一時 U または IU と定義されたが，現在では，U のみを用いることになっている．さらに 1978 年には国際生化学分子生物学連合の勧告により，SI 国際単位として 1 秒間に 1 mol の反応を行う酵素量を 1 カタール（katal, 記号は kat）と呼ぶことが提案された．1 U は 16.67 nkat に相当．酵素の比活性は蛋白質 1 mg 当たりの U 数または 1 kg 当たりの kat 数で与えられる．純粋に精製された酵素については，酵素 1 分子当たりの単位時間における反応分子数を求めることができ，これを分子活性（モル活性 molecular activity）という．ターンオーバー数（turnover number）と同義であるが，この術語は触媒活性中心当たりの変化基質分子数を示すこともある．酵素がサブユニットの会合体であり，複数個 (n) の触媒活性中心をもつ場合ターンオーバー数はその酵素の分子活性の n 分の 1 となる．分子活性の極めて大きい酵素の例は炭酸デヒドラターゼおよびカタラーゼでそれぞれ 1 秒間に 10^6 および 4×10^7 分子が反応．通常の代謝酵素は $10^3 \sim 10^4$ 分子/秒程度．反応が最も遅い酵素の例は，リブロース-1,5-ビスリン酸カルボキシラーゼ/オキシゲナーゼで 40 分子/秒程度．

c **酵素の分類** [classification of enzymes] 酵素を反応形式によって分類すること．酵素はその化学的本性・生理的意義・存在状態などによっても分類できるが，主としてその触媒する反応に基づいて分類される．1957 年以来，国際組織による分類が行われ，現在も国際生化学分子生物学連合 (IUBMB) 酵素委員会において分類リストの更新や改訂が行われている．酵素は反応形式により六つの主群に分類され，さらに各々が副群・副々群に分類され，系統名が与えられた（⇒酵素の命名法）．主群は，(1) *酸化還元酵素（オキシドレダクターゼ），(2) *転移酵素（トランスフェラーゼ），(3) *加水分解酵素（ヒドロラーゼ），(4) *脱離酵素（リアーゼ）：特定の基の脱離，二重結合への付加を触媒，(5) *異性化酵素（イソメラーゼ），(6) *合成酵素（リガーゼ）：ATP などヌクレオシド三リン酸の高エネルギー結合の加水分解を伴った新しい分子間の結合の生成を触媒する酵素．副群・副々群はさらに詳しい反応形式や基質の種類などによって分けられている．なおこれらの分類は単一の酵素に対するもので，複合酵素はこれに含まれず構成酵素ごとに分類される．

d **酵素の命名法** [enzyme nomenclature] 酵素の系統的な分類（⇒酵素の分類）に基づいた命名法．酵素は蛋白質で構造が複雑なため，その名称は化学構造によらず，主に触媒する反応や基質などに基づいて語尾に '-ase' をつけて命名されてきた．混乱を避けるため，国際化学連合および生化学連合（現在は国際生化学分子生物学連合）の酵素委員会は酵素の分類を逐次行うとともに，各酵素に酵素番号（enzyme code, EC と略記）を与えて明示し，名称も系統名と常用名（推薦する名称）に分けて整理した．常用名は日常の使用に簡便な名称で，それほど正確，系統的である必要はないが，系統名はその酵素によって触媒される反応を表示する名称で，命名規則にしたがってつくられる．系統名は二つの部分からなり，はじめの方は*基質を表し，第二の部分は反応を表す．原則として分類主群の名称をつける．例外的に第 5 群の異性化酵素（イソメラーゼ）は反応の種類に応じてラセミ化酵素（ラセマーゼ），エピ化酵素（エピメラーゼ），分子内転移酵素（ムターゼ）のいずれかを最後につける．さらに他の群に属する反応も含まれている場合には末尾に括弧でその反応を記す．酵素番号は 4 種の数字で示され，最初の数字（「*酵素の分類」の項で括弧内に示された数字）はそれらの属する分類主群，2 番目は副群，3 番目は副々群の番号を表し，4 番目は副々群における登録番号であ

る．常用(系統名)[酵素番号]の例：アルコールデヒドロゲナーゼ(アルコール：NAD$^+$ オキシドレダクターゼ)[EC1.1.1.1]，ホスホエノールピルビン酸カルボキシラーゼ(リン酸：オキサロ酢酸カルボキシリアーゼ(リン酸化))[EC4.1.1.31]．後者の系統名は実際には起こり得ない逆反応に対してつけられたものの例であり，必ずしも生理的な反応を表していないこともあるので注意を要する．

a **酵素反応の速度論** [enzyme kinetics] 酵素による触媒反応の速度を測定し解析する研究方法論．反応動力学をもとに，単離した酵素による反応速度を種々の条件下で測定することにより，酵素の特性，反応機構，活性化や阻害による調節の機構，薬剤や毒物の作用機構などについて知見を得ることを目的とする．酵素反応の速度は，酵素と基質およびその他反応に必要な因子の濃度を主な変数として測定される．速度論には，定常状態の速度論 (steady state kinetics) と前定常状態の速度論 (pre-steady state kinetics) があり，主として前者の解析が行われる．その基本となる反応式が L. Michaelis と M. L. Menten (1913) によって導かれた次式であり，反応速度 v と基質濃度 [S] の関係は直角双曲線の一部として表される(図，⇒ミカエリス-メンテンの式)．

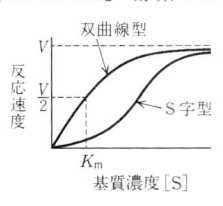

$$v = V_{max}[S]/(K_m + [S])$$

ここで，V_{max} は最大反応速度，K_m はミカエリス定数という．酵素反応は，まず酵素(E)と基質(S)が複合体(ES)を形成したのち，それが触媒作用により変化して S は生成物となり，E はもとに戻るとされる．[S] が非常に高くなると V_{max} に近づきこれを超えることはない．このとき基質が飽和したといい，酵素の量が律速因子となる．酵素の K_m は $V_{max}/2$ を与える [S] に等しくなり，E の S に対するみかけの親和性が高いほど小さな値となる．なお，V_{max} は酵素の反応速度定数 k_{cat} と用いた酵素の全量との積で与えられる．V_{max} (または k_{cat}) および K_m は酵素の基本的性質を表す重要なパラメータである．[S] が非常に低いときには v は V_{max}/K_m に近づく．この値は容易に測定することができ，酵素の効率を示す指標となる．スペシフィシティー定数 (specificity constant) という．基質の飽和曲線が双曲線型にならず，S 字型となる酵素も知られており，代謝調節に関与するアロステリック酵素の重要な性質である(図，⇒アロステリック効果)．また高い基質濃度では基質濃度をさらに増すと速度はかえって低下する基質阻害現象が起こることがあるがその機構は多様である．酵素の反応速度は pH・温度・圧力・溶液の組成などの影響を受け，諸種の無機塩類・有機化合物の存在によって特異的または非特異的に影響を受けることがある．水素イオン濃度 (pH) と V_{max} の関係は一般に山型となり酵素には最適 pH がある．極端な pH では酵素蛋白質の変性が起こるので，変性しない pH 領域で測定することにより，触媒反応に関与するアミノ酸残基をその解離定数との比較によって推定できる場合がある．酵素反応の速度も一般の化学反応と同様に温度 T の上昇に伴って加速される．限られた温度範囲においてはアレニウスの式 (Arrhenius equation, $\ln k_{cat} \propto 1/T$) に従い，その勾配から反応の「みかけの活性化エネルギー」E^* (近似的には活性化エンタルピー $\Delta H^{\neq}$ に等しい)が求められる．スクロースの加水分解反応の E^* は，H$^+$ を触媒とする場合は 107 kJ/mol であるが，スクラーゼによる場合は 50 kJ/mol となり，反応速度定数は酵素による方が 10^{10} 倍も速くなる (⇒活性化エネルギー，⇒温度-反応速度関係，⇒温度係数)．また，酵素反応系に数千 Pa までの静水圧 P をかけて，$\ln k_{cat}$ を P に対してプロットすると直線が得られ，その勾配から酵素反応の遷移状態における活性化体積 $\Delta V^{\neq}$ が得られる．この値が正のときは加圧によって反応は常圧より減速され，負の場合は加速される．スクラーゼの場合は -80 mL/mol となり求められる．酵素と基質・阻害剤・促進剤などとの結合(平衡)，また酵素の電離(平衡)などの強さを表す諸平衡定数 K も一般に温度によって影響される．その変化はファントホッフの式 (van't Hoff equation) すなわち $\ln K \propto 1/T$ に従う場合が多く，それぞれの定数の表す変化過程の反応熱 ΔH が求められる．前定常状態の速度論とは，酵素と基質が混合された直後より一定の反応速度に達するまでの短時間(通常は 1 秒間以下)の反応についての速度論でストップドフロー法 (stopped-flow method) などによって測定する．これによって酵素と基質の間の結合や解離の速度定数を個別に求めることができる．

b **抗体** [antibody] 《同》免疫グロブリン (immunoglobulin)．脊椎動物の血清や体液中に存在する分泌された*免疫グロブリン．膜型 B 細胞受容体と同じ Ig 遺伝子から作られるが，抗体は分泌型蛋白質として*形質細胞から分泌される．B 細胞受容体と同じく膨大な多様性を有し，微生物など多様な抗原と特異的に結合する．多くの哺乳類の抗体には IgM, IgD, IgG, IgA, IgE の 5 種類のアイソタイプが存在．感染や免疫により体内に産生した抗原特異的抗体を含む血清は抗血清 (antiserum) あるいは免疫血清 (immune serum) と呼ばれる．これに対して非免疫個体の血中に存在する特異性の低い抗体は自然抗体 (natural antibody) と呼ばれ，血液型抗体は代表的な自然抗体の一つである．抗体や補体について研究する学問分野は血清学 (serology) と呼ばれてきた．

c **抗体結合力** [avidity of antibodies] 抗原結合部位を複数もつ抗体が多価の抗原に結合する場合に，それぞれ単独の抗原結合部位と抗原が示す親和力 (*抗体親和力) に対して全ての抗原結合部位と抗原の結合力の総和を評価する尺度．抗原抗体結合体を希釈したり，遊離抗原を加えたときに結合が解離する程度から算定されてきたが，最近では*表面プラズモン共鳴法を利用した方法により測定されることが多い．

d **抗体酵素** [catalytic antibody, abzyme] 《同》触媒抗体．触媒活性をもつ*モノクローナル抗体．abzyme は antibody と enzyme の合成語．通常の抗体は抗原決定基(ハプテン)に対し特異的に結合するが触媒機能はない．一方，一般に酵素(E)は基質(S)と結合して複合体(ES)を形成し，S は酵素上で不安定な遷移状態(S*)を経て生成物(P)を与える．酵素が反応を加速するのは酵素が S* に対して S 以上に強い親和性をもち S* の生成に要する活性化自由エネルギーを減少させることによる．P. G. Schultz ら (1986) はこの考えに基づき，安定な化合物で遷移状態の構造および電荷の分布状態が良く似たアナログ化合物を抗原として，抗体に酵素活性をも

たせることに成功した．抗体酵素による反応は，カルボン酸やリン酸エステルなどの加水分解，ペプチド結合の生成や分解など多岐にわたり，バイオテクノロジー的な応用が期待される．天然の抗体酵素としては，DNAの加水分解活性をもつ抗体が自己免疫疾患の*全身性エリテマトーデスの発症に関与することが知られる．

a **抗体親和力** [affinity of antibodies] 抗体の一つの抗原結合基と*抗原決定基との結合の強さ．*ハプテンに対するモノクローナル抗体などを試料として平衡透析法で測定されてきたが，近年は*表面プラズモン共鳴法を利用した方法で測定されることが多い．免疫動物から得られた実際の血清においては種々の強さの親和力をもった抗体分子の混合物であるため，全体の結合定数を求め，その値を平均親和力とする．動物を免疫し，継時的に採血して調べると，抗体価の上昇とともに抗原に対する親和力も上昇することが知られている．この現象を親和性成熟（affinity maturation）という．

b **合体節**（ごうたいせつ）[tagma] 節足動物のような不等体節（⇌体節制）のものにおいて，連続する数体節の構造が互いに近似して他の体節群と区別される場合の体節群．昆虫では頭部，胸部，腹部の3合体節に分けることができる．また昆虫以外の節足動物において，特に胴部体節を区別するのにも用いられることが多く，例えば端脚類（ハマトビムシなど）の腹部の第一〜第三体節は泳脚を，第四〜第六体節は尾脚を有する点で，2個の合体節に区分される．

c **抗体の多様性** [antibody diversity] 《同》抗体レパートリー，抗体レパトワ．*免疫グロブリン遺伝子の独特な組換えによって発揮される，免疫グロブリン分子の多様性．抗体分子の顕著な多様性は，ありとあらゆる抗原を認識し体内へ排除するという免疫機構にとって最も重要な機能の一つである．抗体分子の多様性は，免疫グロブリン遺伝子の巧妙かつ特異な遺伝子組換え機構により獲得される．（⇌免疫グロブリン遺伝子）

d **抗体療法** [antibody therapy] 抗体を医薬として利用することで行われる治療法．毒素やウイルスに対する*中和抗体を用いた治療，炎症性*サイトカインあるいはその受容体に対する抗体を用いた炎症の抑制（自己免疫疾患の治療），がん抗原に対する抗体を用いたがんに対する治療などが行われている．ジフテリア毒素に対するウマ抗血清をヒトに移入することにより毒素を中和する治療法（血清療法）もとになっている．ウマ抗血清など異種動物の血清を用いる古典的な血清療法では，異種血清蛋白質に対して作られるヒト抗体と血清蛋白質とが免疫複合体を形成し*血清病を誘発する．この副作用を解消するため，近年ではマウス*モノクローナル抗体の可変部領域とヒト抗体の定常部領域とを結合させたキメラ抗体，マウスモノクローナル抗体の抗原結合に与る相補性決定領域をヒト抗体に移植したヒト化抗体，さらには完全ヒト抗体が利用されている．

e **後唾腺** [posterior salivary gland] 頭足類の咽頭に開口している消化腺．タコの分泌液（唾液）にはチラミンを含み，毒作用がある．後唾腺は内分泌腺としても働き，血液中にチラミンを分泌する．チラミンはモノアミン酸化酵素の作用でアドレナリン様物質を生じ，これが神経に働く結果，色素細胞の周囲の筋肉が収縮して，黒色色素細胞を拡張させると考えられる．この腺を摘出するとイカやタコは体色が白くなる．

f **硬蛋白質** [scleroprotein] 《同》アルブミノイド（albuminoid）．水，塩類水溶液，有機溶媒，稀酸やアルカリなどに不溶性の単純蛋白質の一群の総称．骨・真皮・腱・筋膜・軟骨などに含まれる*コラーゲン，腱・動脈などの*エラスチン，羊毛・毛髪・羽毛・角・爪・蹄などの*ケラチン，絹糸の*フィブロイン，海綿のスポンジン（⇌海綿質繊維），サンゴのゴルゴニン（gorgonin），イガイの殻のコンキオリン（conchiolin），動物諸器官に病的状態に形成されるアミロイド（⇌アミロイドーシス），魚鱗をつくるイクチルエピジン（ichtylepidin）などがこれに属する．すべて動物体の保護・支持機能をもつ組織に関与する．

g **高地順化** [acclimatization to altitude] 高山や高地の環境に対する*順化．これを誘導する主要因子は大気中の酸素分圧の低下で，ヒトでは海抜2000〜3000 mを超すと過呼吸（hyperpnoea）による高山病が現れる．多く2〜3週の滞在で順化に至るが重症化すると肺浮腫などを引き起こす．順化は主として赤血球数の増加（1 mm³ 血液当たり正常値500万から海抜5000 mでは約800万へ）によっており，これは腎臓の酸素不足による*エリトロポエチンの産生増加が原因とされる．また，2,3-ジホスホグリセリン酸の上昇により*酸素解離曲線は右方向へ移動する．これは組織への酸素運搬の効率化と考えられる．高地順化の結果としてはそのほかに心臓肥大も挙げられる．このような順化により居住限界は約6000 mにまで及ぶことになる．アンデス山脈の高地に住むラマでは，血色素の酸素解離曲線が著しく低酸素側へかたよっているが，これは順化ではなく遺伝的適応の例である．

h **好中球** [neutrophil, neutrophile] 《同》中性好性白血球，好中性白血球（neutrophil leukocyte）．血液*細胞系譜の*顆粒白血球（顆粒球）の一種．直径8〜16 μm．ヒトの血液中では，白血球の50〜70%，顆粒球の約90%を占め，正常値は2500〜7500個/mm³．成熟好中球の核は2〜5葉に分節していて，血管透過，組織への遊走に適応している．細胞質にはギムザ染色法によって青く染まる一次顆粒（*リソソーム）と，多数の二次顆粒（特異顆粒）が見られる．好中球は短命で，寿命は1〜2日．好中球系譜は未熟な分化段階より，顆粒球コロニー刺激因子（G-CSF），顆粒球-マクロファージコロニー刺激因子（GM-CSF）に反応し増殖するが，成熟後も受容体を発現し，刺激を受けると*アポトーシスを抑制して，寿命が延長する．血中の組織が損傷したり微生物に感染されると，その部位に最初に到達する白血球である．その部位ではインターロイキン8（IL-8）など種々の遊走因子が産生される．細菌由来のホルミルーメチオニンーロイシルーフェニルアラニンペプチド，血小板活性化因子（PAF），ロイコトリエン B_4，さらには Toll 様受容体からのシグナルも強力な走化性を好中球に誘引し，強い急性炎症を引き起こす．好中球の機能のうち最も顕著なのは，細菌などの貪食と殺菌である．貪食は*免疫グロブリンの IgG や，補体の第三成分に由来する C3b や C3bi を*オプソニンとして結合した細菌に対して強くられる．X染色体連鎖のシトクロム b_{558} を含む還元型ニコチンアミドアデニンジヌクレオチドリン酸（NADPH）オキシダーゼ複合体は，活性酸素やヒドロキシラジカルなどの酸素化合物の急激な生成（呼吸バースト）を起こし，ミエロペルオキシダーゼも活性化され，

殺菌作用も増強される．強い殺菌作用を示す．構成するどの分子に変異が生じても反復性の細菌・真菌感染症および感染巣の肉芽腫形成により特徴づけられる慢性肉芽腫症(CGD)を発症する．また，細胞質の顆粒からは種々の酵素やディフェンシンなどの抗菌物質などの作用因子が放出され，殺菌に役立つ．これらの殺菌物質は貪食した細菌だけでなく周辺の細菌や組織にも傷害を与え，炎症は拡大する．炎症部位での好中球は急速に死滅し(半減期約7時間)，好中球に12時間以上遅れて到達した*マクロファージが死細胞を処理するとともに，急性炎症の鎮静化に働く．(→血球新生，→白血球，→食作用)

a **肛腸** 《同》終腸(独 Enddarm)．脊椎動物の*後腸の後端部で直腸に分化すると思われる部位．現在この語は用いられない．なお，直腸をAfterdarm, Enddarm ということもある．

b **後腸** [hind-gut] [1] 脊椎動物の消化管の発生において前腸，中腸に続く部分．哺乳類では横行結腸の後半，下行結腸，総排泄腔および尿囊柄の各原基を含み，後に直腸，膀胱を生ずる．[2] 無脊椎動物では，定義は一定しないが，発生的に肛門陥由来の消化管の外胚葉起原の部位を含むことが多い．節足動物では，前腸と同じくキチン質の内張りがある．トンボの幼虫(やご)では直腸内に直腸気管鰓がある．直腸の上皮が肥厚して直腸盤(rectal papilla)と称する構造を作り，血液中のCO_2の排出，栄養の再吸収，水分の吸収を行うものがある．(→肛腸)

c **腔腸** [coelenteron] →刺胞動物

d **高張液** [hypertonic solution] 血液，細胞液などよりも*浸透圧の高い溶液．細胞(または生物体)を浸すと細胞から外部に移動し，細胞は収縮する．この液は高張性(hypertonic)を示すともいう(→張性)．反対に水が細胞内に浸入する場合，この液は細胞が膨張する低張性を示し，低張液(hypotonic solution)であるという．この水の移動は浸透圧の差により生じる．一般に高張液は細胞の縮小(*原形質分離)を，低張液は逆に膨張(*原形質出)を起こす．(→等張液)

e **腔腸動物** [coelenterates ラ Coelenterata] 刺胞動物と有櫛動物とを含む一群．かつては門とされ，刺胞類(ヒドロ虫綱・鉢虫綱・花虫綱)と無刺胞類(櫛板類またはクシクラゲ類)の2亜門に分けていたが，前者は刺胞をもつが，後者はこれを欠くかわりに粘着細胞(膠胞)をもち，また後者はポリプ形は全くないので，両者を独立の刺胞動物門と有櫛動物門とする．体は外胚葉と内胚葉からなる二胚葉型で，中胚葉はないが，内外両胚葉の間には*間充ゲル(中膠)があり，この中に散在する遊走細胞を中胚葉細胞性とみる意見もある．内胚葉細胞は食作用により細胞内消化を行う．

f **硬直** [rigor] 筋肉，特に脊椎動物の骨格筋が，各種の原因で筋繊維からATPと*クレアチンリン酸が完全に失われ，持続的収縮・硬化を起こした場合の状態．実際には異質の諸事象を含んでいる．この*不硬直を範型とし，一般に筋実質の進行的変化を伴う不可逆的過程を表す点で*拘縮と区別される．取り出した筋肉で実験的に起こさせうる硬直としては，筋肉を水中(低浸透圧)に浸すときに生じる水硬直(water rigor)や，加熱により起こる熱硬直(heat rigor)がある．ストリキニンの投与や破傷風の罹患の際に反射緊張の亢進により体筋に生じる硬化は，しばしば硬直と呼ばれるが，その本性は*強縮である．

g **口蹄疫ウイルス** [Foot and mouth disease virus] *ピコルナウイルス科アフトウイルス属に属する，口蹄疫の病原ウイルス．ウイルス粒子は直径22～28 nm. ゲノムは約7800塩基長の一鎖RNA．F. Loeffler ならびに P. Frosch(1898)により動物ウイルスでは最初に濾過性が証明された．ワクチンの互換性のない7種の血清型が知られている．有蹄類，特にウシ，ブタ，ヒツジ，ヤギなどに感染する．非常に伝染力が強く，死亡率は5〜50%．生存しても衰弱が著しく畜産に及ぼす経済的損失は大きい．感染獣は発熱・流涎とともに口腔粘膜・舌・唇・蹄部皮膚・乳房などに多数の水疱を生じる．発育鶏卵の漿尿膜に順化後にはウシやブタなどの腎臓培養細胞で増殖し，*細胞変性効果を示す．

h **合点**(ごうてん) [chalaza] *珠心と珠皮と珠柄の合一した部位にあたる組織(→胚珠[図])．ここから花粉管が入ってきて受精することを，*頂端受精に対し合点受精という．

i **光電効果** [photoelectric effect] 1個の光子(photon)またはエネルギー量子が金属などの原子に衝突するとき，原子から放出される電子(光電子)が引き起こす物理学的な効果．衝突した量子のエネルギーは光電子が放出されるための仕事(イオン化エネルギー)と光電子の運動エネルギーになる．放出された光電子は電離・励起作用によって生体に効果を与える．一般のX線発生装置からのX線および0.05 MeV 以下のγ線の生体への作用は主に光電効果による．光電管や光電子増倍管などの光の高感度検出に利用されている．

j **後頭** [occiput] 一般に動物体の頭部後方部．昆虫では頭部後面の頂部，または後頬(postgena, 頬の後部)を含めて頭部の後面全体を指す．脊椎動物では，発生時，内耳プラコードの後方に位置するいくつかの頭部体節中胚葉にこの語を用い，後頭体節(occipital somites)と呼ぶことが多い．この体節から頭蓋の後頭骨が生ずる．後頭体節の数は種により異なる．

k **喉頭** [larynx] 脊椎動物において*咽頭に続く，特殊化した*気管の起始部．喉頭壁は内臓頭蓋が変形したと覚しき喉頭軟骨(laryngeal cartilage)により支持されるが，鳥類や哺乳類以外ではあまり発達せず，環状軟骨(cricoid cartilage)と披裂軟骨(arytenoid cartilage)があるのみ．哺乳類では，それらに甲状軟骨(thyreoid cartilage)や喉頭蓋軟骨(epiglottic cartilage)などが付加して複雑になる．喉頭の咽頭への開口は喉頭口(aditus laryngis)または声門裂(rima glottidis)といわれる縦の裂隙をなし，適宜に開閉される．声門裂をはさむ左右の粘膜の襞は軟骨間に張られて声帯といわれ，両生類や哺乳類では発声装置をなす(→声帯)．なお哺乳類では声門の頭方，舌根に接して喉頭蓋(epiglottis)と呼ばれる弁状の突起を生じる．それとともに声帯頭方の腔所は喉頭

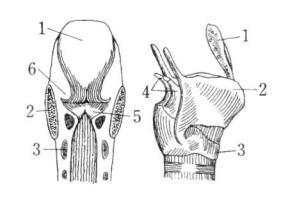

ヒトの喉頭
左：前額断の腹半
右：右側面
1 喉頭蓋軟骨 2 甲状軟骨 3 環状軟骨 4 披裂軟骨 5 真声帯 6 仮声帯

前庭(laryngeal vestibulum)といわれ，その咽頭への開口部を声門と区別して喉頭口と呼ぶ．喉頭蓋は食物嚥下に際して喉頭口をふさぐが，その前駆と思われる粘膜の襞は一部の爬虫類で見られる．

行動 [behavior] 動物の個体が外界に対して示す，その個体の生活になんらかの意味が裏づけられているような動き．行動は，基本的には内的な衝動ないし*動機づけを前提として一定の解発機構に従って解発される(⇒生得的解発機構)．行動はその機能によって摂食行動・性行動・闘争行動などに区別されるが，二つ以上の衝動が対立しあうような場合には，複雑な形をとり得ることも多い．またある行動パターンは*生得的であるかどうかによって，生得的行動(本能的行動)・*学習行動に分類されるが，このような二分法は極めて表面的な意味しかもたない．

抗凍結物質 [cryoprotectant, antifreeze substance, anti-freeze substance, antifreeze compound, anti-freeze compound, cryoprotective agent] 《同》不凍物質，クリオプロテクタント(cryoprotectant)，凍害防御物質．溶質として含まれた場合に，水溶液の凝固点を降下させる効果をもつ物質．抗凍結物質の多くは，糖，糖アルコール，アミノ酸，蛋白質である．蛋白質の場合，*不凍蛋白質と呼ばれる．野外の気温の低下に伴って合成され，気温の上昇に伴って分解される場合が多いが，南極に生息する魚のように，たえず抗凍結蛋白質を合成しているものもいる．*凍結回避が重要な生物においては，凍結を防ぐのに役立っている．また，*耐凍性を示す生物においても自身の凍結を制御するために用いられる．抗凍結物質の多くは低温下で膜や蛋白質を保護する役割があるため，耐凍性を示すかどうかにかかわらず，広く耐寒性において重要である(⇒温度耐性)．また，人工的に細胞を凍結状態で保存する際に，凍害を軽減する目的で人為的に媒液中に加える物質を抗凍結物質と呼ぶこともある．この目的で一般に使用されているものには，グリセロール，エチレングリコール，ジメチルスルホキシド(DMSO)，ショ糖，グルコース，ポリビニルピロリドン(PVP)などがある．

行動圏 [home range] 動物が行動する範囲．*渡りなどの*移動，あるいは*分散中の空間は含めない．また，なわばりとは異なり，その空間を他個体から防衛するかどうかを問わない．(⇒なわばり)

行動主義心理学 [behaviorism] 科学的な心理学の対象は生物体の行動だけであると主張する心理学．J. B. Watson (1913)が提唱．彼は，それまでの心理学は意識を対象としていたため，概念が主観的であいまいなことと，主要な方法である内省法もまた主観的であって科学的な方法とはなりえないことを指摘した．I. P. Pavlovの条件反射学の影響が大きく，行動はすべて生得的な反射と習得的な条件反射の複合と解されている．心理学を行動に関する科学的心理学へと発展させるうえで大きな功績があったが，極端に走ったきらいがあり，やがて修正されて，今日心理学でいう行動とは意識的・無意識的経験をも含む広い意味に解されるようになってきている．行動主義の唱えた客観主義の立場はその後の心理学のすべての分野に浸透し，現代の心理学はその意味で行動主義的であるといえる．行動主義は動物行動の実験的研究をうながし，人間中心であった心理学を広く動物の行動の科学に発展させた．ただ，行動発現の解釈にはさまざまな立場があり，WatsonからC. L. Hullの流れを汲む立場では刺激と反応の結合を行動の単位と考えるので(⇒S-R理論)，要素的・機械的であるとの批判を免れない．B. F. Skinnerは単純な刺激-反応の結合で行動を説明することを否定し，刺激との明らかな対応がない自発的反応，オペラント(operant)という行動記述の概念を新しく導入し，刺激-反応結合の強度に代わる測度として，オペラントが出現する率を測定すること，およびその反応率に影響を与えるあらゆる変数を探求することを提案した(⇒オペラント条件づけ，⇒強化スケジュール)．なおHull，Skinnerらの立場を初期の行動主義と区別するために，新行動主義(neobehaviorism)と呼ぶことがある．

行動生態学 [behavioral ecology] 生態的条件への*適応という側面から動物の行動を分析する学問分野．各種の行動の*生存価を問うことが中心的課題で，生理学的な側面からの行動研究とならぶ動物行動学の一方の柱である．近年，集団遺伝学や数理生態学との結びつきが顕著であり，植物の繁殖戦略の研究へも適用されている．*社会生物学と同義である．

鉤頭動物 [thorny-headed worms, proboscis roundworms, spiny-headed worms ラ Acanthocephala] 《同》鉤頭虫類．後生動物の一門で，左右相称で擬体腔をもつ旧口動物．体長1.5 mm～約1 m，体は細長い紡錘形やや扁平．鉤が列生した吻と短い頸部からなる前体部に長い胴部が続く．体節構造はない．表皮はシンシチウムで，頸部の表皮は体内後方へ向かって棍棒状に伸び，垂棍と呼ばれる器官をなす．消化管をもたず体表から養分を吸収する．一般に排出器を欠くが原腎管をもつ種もある．特別の呼吸器官はない．雌雄異体で，生殖器は体の後端近くに開口する．交尾を行い，雌の擬体腔内で受精した卵は子宮鐘，子宮，膣を経て宿主腸管内へ放出される．終宿主体内において卵殻内でアカントール幼生(acanthor larva)まで成長し，卵殻に包まれたまま宿主体外に放出され，これが中間宿主(昆虫・甲殻類・貝類など)に食べられるとその体内でアカンテラ(acanthella)となる．成体は脊椎動物の消化管内に寄生．ネズミ類に寄生するサジョウコウトウチュウ(Moniliformis moniliformis)は世界各地に広く分布し，中間宿主ゴキブリからの人体寄生例も知られる．原鉤頭虫類(Archiacanthocephala)，始鉤頭虫類(Eoacanthocephala)，古鉤頭虫類(Palaeacanthocephala)の3綱，あるいは多鉤頭虫類(Polyacanthocephala)を設けて4綱とする．現生1000種あまり．古くは広義の線形動物の一綱とされたが，現在は独立の門．狭義の輪形動物と系統的に近く，寄生生活に特化したワムシ類とする意見もある．

行動パターン [behavior pattern] 《同》行動様式(独 Verhaltensweise)．動物が示す，一定の型をもつ*行動．行動は無限定なものではなく，種によって，また行動の種類によって一定の型をもち，それから大幅に逸脱することはない．

行動発達 [behavioral development] 行動の形態や機能が，個体の成長に伴い変化すること．この変化には個体の内的要因だけでなく，外的要因も重要な役割を果たしている．行動発達には適当な時期(感受期)に適当な刺激を受けることや，*学習も重要である．また個体の連続的な成長発達の過程は累積的であるという仮定と，いくつかの特徴ある発達段階(developmental stage)に

区分し，それらの各段階間の移行であるという仮定がある．後者の代表的な研究者 J. Piaget は，認知の発達に関して独創的な研究を進めた．

a **後頭隆起** [torus occipitalis, occipital protuberance]《同》外後頭隆起．後頭鱗(squama occipitalis)外表のほぼ中央に位置する横断状の隆起．解剖学的には外後頭隆起といい，上項線(linea nuchalis supraterminalis)後端部が高く隆起して，外側下方に走り，乳様突起(processus mastoideus)の外側面まで伸びる．この隆起は化石人類に著しいが，現代人でも*オーストラリア先住民(アボリジニ)には著しく発達している．項靱帯および項筋の発達と密接に関係し，また類人猿における後頭稜(crista occipitalis)と相同．

b **喉頭隆起** [laryngeal prominance ラ prominentia laryngea]《同》のどぼとけ，アダムのリンゴ(Adam's apple, pomum Adami)．哺乳類の喉頭に見られる各種の軟骨による外見的隆起．喉頭は甲状軟骨(thyreoid cartilage)や環状軟骨(cricoid cartilage)などの喉頭軟骨(laryngeal cartilage)によって囲まれているが，これら軟骨は春機発動期の雄性ホルモンの分泌の高まりによって部分的に成長が促進される．ヒトにおいて特に顕著なのは甲状軟骨前面の凸出であり，これによっていわゆる声変わりが起こるとともに男性の二次性徴として外観的にも喉頭前面に隆起を生ずる．なお火葬に際して俗にのどぼとけと呼ばれる骨は第二頸椎(軸椎)である．

c **抗毒素** [antitoxin] 特定の毒素またはそれを不活化したもの(*トキソイド)を抗原としてウマなどの動物を免疫して作らせた，通常は毒素を中和する能力のある抗体をいう．以前は蛇咬症や破傷風，ボツリヌス中毒症などの細菌毒素の治療の決め手になっていた．歴史的には E. A. von Behring がジフテリアの治療に用いたのが最初であるが，この場合は治療効果よりも*アナフィラキシー，*血清病などの副作用の方が強く，非実用的であった．ウマ血清に対するアナフィラキシーを防ぐため，精製グロブリンをペプシン処理して抗体分子の Fc (→免疫グロブリン)を除いたものが用いられる場合もあるが，異物である動物蛋白質に対する免疫反応が引き起こされる．(→血清病)

d **抗突然変異原** [antimutagen]《同》抗変異原，抗突然変異物質．細胞に起こる自然突然変異，あるいは放射線や化学変異原による誘発突然変異の頻度を低下させる因子．作用段階から主として次のように大別される．(1)変異原不活性化因子 (mutagen inactivator)，脱変異原(desmutagen)：変異原に直接作用してその活性を消失させる因子．また変異原の代謝経路に作用して変異の原因となる*DNA損傷を抑制するものも，この因子に含めることがある．不活性化機構は化学反応や酵素反応による活性部位の変化，物理的な吸着によるマスキング，すなわち細胞の変異原取込みの阻害などで，特徴は個々の因子が特定の変異原にだけ働くことである．例えば，ペルオキシダーゼはアミノ酸加熱分解物である Trp-P-1, Glu-P-1 に対して働き，酵素反応により二量体化し，DNA との結合部位を消失させる．また，クロロフィル，ヘミン，銅フタロシアニンなどのポルフィリンやその類似化合物は 3 環以上の変異原に対して，吸着によるマスキングにより抗変異的に働く．(2)突然変異抑制因子 (mutation suppressor)：変異の原因となる DNA 損傷をもつ細胞に作用して，損傷が変異へ移行する過程を阻止する因子．DNA 修復を促進したり大腸菌などでは突然変異を高頻度に誘発する誤りがち修復を阻害する．桂皮アルデヒド，バニリンなどの DNA 修復の促進，亜ヒ酸ナトリウムなどの SOS 修復(→SOS 応答)の抑制などが知られている．紫外線 DNA 損傷の可視光による*光回復，DNA アルキル化剤や活性酸素の適応応答も，広義には抗突然変異に分類されることがある．

e **高度不飽和脂肪酸** [highly unsaturated fatty acid] 分子内に二重結合を複数もつポリエン脂肪酸(polyenoic fatty acid)のうち，特に二重結合を 4 個以上もつ不飽和度の高い*脂肪酸の総称．代表的な脂肪酸に，*プロスタグランジン，トロンボキサン，*ロイコトリエンなどの生理活性脂質の前駆体とされる*アラキドン酸，*エイコサペンタエン酸，ドコサヘキサエン酸がある．主に，水生動物油脂成分として見出されるが，陸上動物や藻類・菌類にも存在する．

f **高内皮静脈** [high endothelial venule] HEV と略記．《同》高内皮細静脈．*リンパ節の傍皮質に多く見られ，丈の高い血管内皮細胞(高内皮細胞)からなる特殊な静脈構造．*パイエル板など，他の*二次リンパ組織にも存在するが，*脾臓には見られない．高内皮静脈を有する二次リンパ組織では，*リンパ球の主要な組織進入路となっている．血液中を循環するリンパ球はこの静脈に差し掛かると効率よく内表面に接着し，さらに血管壁を越えて次々に組織実質へと移動する．高内皮細胞に対するリンパ球の接着は，まずリンパ球表面の L-セレクチンと高内皮細胞表面のシアル酸糖鎖の間の弱い結合により，リンパ球が血管内腔面を転がるローリングと呼ばれる現象が起こる．この間に内腔側に分布する種々の*ケモカインがリンパ球を刺激し，LFA-1 や VLA-4 などの*インテグリンが活性化すると内皮細胞への強い接着が誘導されリンパ球が停止する．高内皮静脈に類似した血管構造は慢性炎症部位などに誘導されることがあり，病態形成との関連が示唆されている．

g **口内保育** [mouthbrooding]《同》マウスブリーディング(mouth breeding)．魚類に見られる*子の世話の一形式で，卵や仔稚魚を口の中に入れて保護すること．カワスズメ科，テンジクダイ科，ハマギギ科など 10 科以上で口内保育する種が知られ，それらを口内保育魚 (mouthbrooder) と呼ぶ．カワスズメ科では卵だけでなく，孵化後の仔稚魚の段階まで口内で育てる種も多い．カワスズメ科では口内保育を行うのは主に雌であるが，雌雄で交替して口内保育をする種も見られる．一方，テンジクダイ科では雄だけが口内保育をする．

h **好熱菌** [thermophiles, thermophilic microbes]《同》好熱性菌，高温菌，高温性菌．生育至適温度が 45°C 以上にある微生物の総称．このうち，生育至適温度が 60°C 以下のものを中度好熱菌(moderate thermophile)，60°C 以上 80°C 以下にあるものを高度好熱菌(extreme thermophile)，80°C 以上にあるものを超好熱菌(hyperthermophile)という．45°C 以上でも生育できるが，それ以下の生育至適温度をもつものは高温耐性菌(thermotolerant microbes)として区別される．バクテリアドメインに属する高度好熱菌として，耐熱性酵素 Taq DNA ポリメラーゼの生産菌である *Thermus aquaticus* (至適 72°C)，有芽胞菌 *Geobacillus stearothermophilus* (至適 60°C)などがある．超好熱菌の記載種は*バクテリアドメインよりも圧倒的に*アーキアドメインに属

するものが多い．*ユーリアーキオータ門に属する *Methanopyrus kandleri* の至適温度は 100°C を超え，オートクレーブ温度を上回る 122°C でも生育することができる．真核微生物では好熱菌に該当する種は非常に少ないが，*Thermomyces* に属する子嚢菌が約 50°C の至適温度を示し，60°C まで生育できる．好熱菌が高温で生育できる共通の仕組みはよくわかっていないが，好熱菌から得られた多くの酵素・蛋白質は中温菌からのものに比べて熱安定性が高い．また，変性剤や有機溶媒に対する耐性なども高いことが知られている．(⇒生育温度)

a **好熱蛋白質** [thermophilic protein] 《同》耐熱性蛋白質．熱に対し抵抗性のある蛋白質の総称．蛋白質の熱安定性は温度を上げても失活しないか否かを調べることが多いので，酵素についていわれることが多い．ただし，約 50°C 以上の生育温度をもつ好熱菌ではすべての蛋白質が耐熱化されている．一般に好熱菌の蛋白質は常温でも安定性が高く結晶化しやすいので，X 線結晶構造解析のサンプルとして使われることが多い．また，90°C 以上の高温が利用される PCR (polymerase chain reaction)反応では高度好熱菌から得られる耐熱性 DNA ポリメラーゼが用いられる．好熱蛋白質の熱安定性は，水素結合，疎水的相互作用，イオン結合ネットワークなどを高めることによって実現するが，天然状態と変性状態の自由エネルギー差を大きくすることにより熱安定性を獲得している場合と，速度論的に変性反応を遅くすることによって熱安定性を獲得している場合がある．好熱蛋白質には，ジスルフィド結合や遊離のシステイン残基を含まないものが多い．

b **後脳** [metencephalon] 《同》上脳(epencephalon)．脊椎動物の個体発生における*脳胞の一つで，*菱脳の吻方部から発するもの．後脳からは*小脳と，哺乳類ではさらに*橋が分化する．またその内腔はその後方の髄脳の内腔とともに第四脳室をなす．

c **好濃性** [osmophily] 《同》好高張性，好稠性．ある生物がその組織・細胞の特質により高い浸透圧の環境を要求する性質．濃厚な溶液を特に好むものを指す場合のほかに，このような溶液によく適応するものまで含める場合もある．好濃性生物には，原形質自体に特殊な機構があり，代表的な例は好塩性の微生物，特に糸状菌類に見られる．

d **交配** [mating, crossing] 2 個体間で人為的に*受粉あるいは*接合，*受精を行うこと．このとき，両親の遺伝子型の異同は問題としない．特に遺伝子型もしくはタイプの異なる 2 個体間の交配を交雑と呼ぶ（⇒交雑）．交配と交雑の両語は混同して用いられることもあるが，区別されるべきである．

e **勾配** [gradient] 《同》傾度，クライン(cline)．[1] 生理学において，生物体またはその部分において，その一点から周辺に向かって，あるいはある軸の一端から他端に向かって，特定の含有物質の量や生理的または生化学的活性などが，一定方向に変動していること．特に，軸に沿っての勾配を*軸勾配(axial gradient)という．このような量的な勾配は，しばしば形態学的・生化学的分化のような細胞間の質的差異の基礎になっている．多くの場合拡散性のシグナル化学物質の濃度勾配がその基礎になっている（⇒形態形成のポテンシャル）．[2] 生態学・集団遺伝学において，環境要因の漸移的な変化，分布を環境勾配・環境傾度（⇒環境傾度分析）といい，それ

に対応して起こる群集構造などの連続的変化．

f **交配型** [mating type] 《同》接合型，配偶型．菌類あるいは単細胞生物などにおいて，性の区別を表現する語．これらの生物では，性の別を多細胞生物におけるように雌雄で表現できないので，代わりに交配型を使う．一つのクローンに属する個体間で有性生殖の過程がみられず，他のクローンに属する個体との間にそれがみられるとき，この二つのクローンはちがう交配型に属するという．したがって，交配型は性に関するクローンを表現するともいえる．二極性の交配型をもつものとして，出芽酵母 (a, α)，アカパンカビ (A, a)，クラミドモナス (mt^+, mt^-) などがあげられる．また，多くの担子菌は四極性の交配型をもつ．

g **後背細胞ホルモン** [caudodorsal cell hormone] CDCH と略記．《同》排卵ホルモン．軟体動物モノアラガイの脳神経節の後背部にある神経分泌細胞群から分泌されるペプチド．36 個のアミノ酸からなる．分子量 4529．軸索を通って脳連合から血液中に放出され，卵母細胞の卵黄蓄積や排卵・産卵行動を誘発する．

h **後胚発生** [postembryonic development] 《同》後胚子発生．個体発生において，胚期以後，成体の時期までにかなり顕著な発生的変化が見られる場合をいう．例えば昆虫では，幼虫の脱皮に伴って多少の形態的変化を示し，さらに種類によっては蛹の状態を経て急激な形態変化を行い，成虫になる．幼生期にそれほど顕著な変化を示さず，変態によって急激な変化をする場合（例：ウニやヒトデ）にはその変化を後幼生発生(postlarval development)という．

i **光背反応** [dorsal light reaction] 動物が常に背側から光線を受けるように定位する反応．自然の光条件下では，平衡器官（⇒平衡覚）などの内部感覚とあいまって，動物の体軸を水平に保たせるのに役立つ．ミジンコ・クラゲ・多毛類・甲殻類・水生昆虫・魚類などの水生動物はもちろん，トンボやチョウなどの飛翔性動物についても知られている．反応の機構は転向*走性と同様だが，光線に対し 90°の定位角をとる点がちがう．ごく少数の動物（ホウネンエビ）は光背反応と同様の機作で，ただ背腹を逆にした光腹反応(ventral light reaction)を示し，正常条件下で背を下にして遊泳する．

j **交配様式** [mating system] [1] 配偶者獲得の様式．典型的な交配の様式は以下のように分類される．(1)*任意交配：配偶者の選択がランダムに行われる場合．(2)*近親交配(血縁交配)：近縁者同士の交配．(3)同類交配(assortative mating)：量的な形質，例えば体サイズなどに関して似た者どうしの交配．(4)非同類交配(disassortative mating)：(3)と逆の交配．これらのほかにも，配偶者の数に関連した分類の仕方がある．[2] ＝配偶システム

k **後発射**(こうはっしゃ) [afterdischarge] 《同》後反応．中枢神経系や筋肉で，刺激を止めた後もなおしばらく反復して興奮が現れる現象．神経繊維にもときには見られるが，神経筋接合部の反復興奮性が高まっているとき特によく起こる．脊髄では，後根を刺激したときに前根に現れる興奮の中に他より遅れて生じるものがあるが，これは多数の介在ニューロンを通るもので，見かけ上の後発射である．シナプスにおける真の後発射とは，一つのインパルスが一つのシナプスを通過したのちにも，新たな刺激なくしてそのシナプスから反復興奮が起こる場

合をいう．交感神経節のシナプスや神経筋接合部では，エゼリン，プロスチグミンまたはテトラエチルピロリン酸のような抗コリンエステラーゼ剤によって後発射が著しくなるが，これは節前繊維から分泌されたアセチルコリンの分解がこれら薬物により抑制されて，その節後繊維または筋肉に対する刺激が長続きするためとされる．神経繊維では Ca^{2+} 欠除リンガー溶液や Ba^{2+} のような反復興奮性を高める媒質または物質により，また筋繊維ではベラトリンにより，著明な後発射が起こることがある．

a **甲皮** [carapace] 《同》甲殻，頭胸甲．一般に動物体を覆う硬い構造をいう．なかでも甲殻類(特に十脚目など)の頭胸部を覆う各節の背板が癒合して1枚の厚い殻状となっている*クチクラを指す．

b **硬皮** [sclerite] 昆虫体表のクチクラ板が体の特定の部位(特に胸部)において著しく発達して板状の区画を構成したもの．皮膚の強化に役立ち，かなりの可動性を保留している．(→クチクラ)

c **交尾** [copulation, mating ラ coitus] 《同》交接．体内受精(→媒精)の行われる動物において，雌雄の個体(雌雄同体の動物では2個体)が体を接触させて，相互の生殖口を密着させ(例：鳥類)，あるいは交尾器として雄に陰茎の発達しているようなものでは，それを雌の生殖口から挿入して(例：哺乳類)，精子を直接雌の体内に送りこむ行為．性交(sexual intercourse)もほぼ同義．(→交尾器官，→抱接)

d **交尾器官** [copulatory organ] 《同》交尾器．*交尾のための器官．脊椎動物では哺乳類でよく発達し，雄では*陰茎となり，精液は尿道を通じて射出される．雌では膣が産道と交尾器官を兼ね，陰茎を受容する．爬虫類や鳥類でも雄で*総排泄腔壁の突起としての陰茎があり，精液はそれに沿った溝を通る．その他，板鰓類の雄では腹鰭内縁の変化した*鰭脚をそなえる．無脊椎動物で交尾を行うものでは，雄のもつ雌体への挿入器官を陰茎，それを受容する雌の器官を膣と呼び，線形動物(カイチュウ)，環形動物(ミミズ)，軟体動物(カタツムリ)など，かなり広い範囲の動物門にわたって見られる．昆虫類や渦虫類には，交尾器官の形態が種特異性をもち，分類学上の特徴となる例も多い．特に昆虫では第八あるいは第九節以降，ときに第七節をそれらに含めた腹節末端部は，一塊になって変形したり，二次的に突起が生じたりして交尾，生殖にたずさわる生殖節(genital tagma)となる．これを terminalia と呼び，外部の生殖器官を交尾器(genitalia)という．交尾器の形態は雌では精子を受け入れ，卵を産みやすい方向に，雄では交尾の際雌の生殖口(ostium bursae)にあてがったとき精子を送り込みやすい方向に，それぞれ対になって機能的な変化をとげ，器官の相同性を論ずるのは困難．しかし，昆虫のあるものではこの交尾器は系統を推測する補助的形質として重要である．そのほか*交尾嚢など，特殊な交尾器官をもつものもある．

e **硬皮種子** [hard seed] 《同》硬粒種子，硬実．種皮が吸水とガス交換を著しく阻害するために，深い物理的休眠状態にある種子．マメ科などでは，一つの個体が産する種子の中に硬皮種子と休眠の浅い種子が混ざっている場合がある．種皮を傷つけたり，熱水やアルカリ，酸に短時間浸すことで，種皮の透過性が増して発芽しやすくなるものが多い．ムラサキ，ウルシの一種 *Rhus ova-ta* やバンクシアの種子は野火で焼けてから発芽する．(→種子休眠)

f **抗ヒスタミン剤** [antihistaminic agent] *ヒスタミンに特異的に拮抗することによって，ヒスタミンの平滑筋興奮作用およびその他の作用を抑制する薬物．代表的なものとしては，フェノキシエチルアミンの類似化合物がある．中枢神経系の抑制作用の強いジフェンヒドラミン(ベナドリル)，エチレンジアミン誘導体，ピペラジン類，フェノチアジン誘導体，イミダゾリン誘導体などがある．ヒスタミン効果器官における受容体を競い合うことによってヒスタミンの作用に拮抗する．すなわち，気管支の収縮，腸管の運動亢進，痙縮，子宮の収縮などを顕著に抑制する．中枢に対しては一般に抑制作用を示し，睡眠を誘発する．局所麻酔作用がある．その他，キニジン様作用(心臓の不応期の延長・伝導障害)，抗アセチルコリン作用，抗アドレナリン作用などがある．

g **交尾嚢** [copulatory pouch] 《同》交接嚢．膣が直接に*輸卵管と結合していない蠕形動物，軟体動物，昆虫類などにおいて，交尾してまず精子を受けいれる雌性生殖器官の一部．その構造は一様ではないが，交尾嚢の最奥部が*受精嚢となるか，あるいは交尾嚢は細管によって受精嚢と連絡しており，精子はのちにこの受精嚢へ移動する．なお真線虫類では，雄体の体の後部が左右にひろがっていて交尾の際に雌の体を包む翼状構造すなわち生殖翼(genital alae)のことを交尾嚢ともいう．昆虫類直翅目では genital chamber のことを，他の昆虫では bursa copulatrix のことを指す．

h **後氷期** [post-glacial age] 更新世の最終氷期にスカンジナビア半島を覆った氷床が縮小して，二分されたときを氷縞粘土編年の起点とし，G. de Geer(1912)が作成した年代表における，分裂以後の時代．氷縞で計算すると約8800年前とされるが，地域差があることから完新世(約1万年前)と同義に用いられることが多い．一般に，ウルム氷期以降の時代をいう．植物相から，下位より Pre-boreal, Boreal, Atlantic, Sub-boreal, Sub-Atlantic に区分されるが，この区分を汎世界的に適用するのは難しい．

i **後負荷** [afterloading] 筋肉が収縮を開始した後で負荷がかかるようにする方法，およびその負荷．筋に一定の荷重の下で等張力性収縮を行わせるとき，荷重によって収縮前の筋長が変化しないようにしておいて，筋が収縮をはじめてから荷重が加わるようにする．心筋において，後負荷は血液駆出に対する抵抗を指し，拍出量の減少に機能する．これに対して，心筋が血液によって伸ばされるのを前負荷といい，拍出量の増大に機能する．

j **後腹部** [post-abdomen] [1] サソリ類の腹部の後方の6節．最後端は毒腺が開口する毒鉤に終わる(→前腹部[1])．[2] 昆虫では生殖節を含め，多少変形して細くなった腹部の後方節．(→前腹部[2])

k **抗プラスミン** [antiplasmin] 《同》アンチプラスミン，プラスミンインヒビター(plasmin inhibitor)．血漿中に含まれるプラスミン阻害物質の総称．$α_1$-抗トリプシン($α_1$-antitrypsin, $α_1$-AT)，$α_2$-マクログロブリン($α_2$-macroglobulin, $α_2$-M)，$α_2$-プラスミンインヒビター($α_2$-plasmin inhibitor, $α_2$-PI)，抗トロンビンⅢ(抗凝血物質)，C1インアクチベーター(C1INA)の5種類が知られている．これらのうち，$α_2$-M 以外は一本鎖の糖蛋白質で，プラスミンの活性中心と結合することに

より，プラスミンの作用を阻害する．同種四量体の糖蛋白質の α_2-M は，プラスミンの活性中心以外の部分と結合し，立体構造に変化を起こすことによりプラスミンの作用を阻害する．生体内における*繊維素溶解の阻害においては，これらのうち α_2-M と α_2-PI，特に後者が効果を発揮する．

a **興奮** [excitation] [1] 生体の反応系，特に刺激生理学において生活体がなんらかの原因により多少とも突発的にかつはっきりと休止状態(resting state)から活動状態(active state)へ移行すること．活動状態そのものを指すこともあるが，それは興奮状態(excitatory state)の語で区別される．興奮の単位事象は各個の細胞に存在し，それが基礎となって各種の高次の興奮現象が起こる．細胞における興奮の過程は，興奮性細胞としてその機能が特別に発達している神経繊維，筋繊維や分泌細胞について詳細に調べられているが，膜におけるイオン透過性の変化を伴った*活動電位の発生が興奮の本体であり(⇌イオンチャネル)，筋・神経ではこのような膜における電気変化を興奮と呼んでいる．この興奮状態はしばしばその細胞内を，さらには隣接細胞へと伝播する(⇌伝導，⇌伝達)．興奮は典型的には各種の外的作用(*刺激)への応答として起こるが，より内的な原因によるいわゆる自発的興奮(⇌自動性)も知られている．細胞の応答は産出エネルギー種別の上で電気的，化学的，熱的，光学的，機械的などの諸形態に分けられるが，その中で電気的応答すなわち活動電流は興奮の直接的な外的表現で，*潜時も特に短い．受容器や神経繊維では，この電気的応答がその生理的機能を表す．興奮は一過性，反復性(⇌反復興奮)，持続性など種々の形態で現れるが，それが終わるときには細胞内に回復(recovery)の諸過程が進行して，刺激感受機作や代謝機作を休止時の状態に戻らせる(⇌抑制)．[2] 条件反射学では，大脳皮質における過程としての興奮をいう(⇌制止)．[3] 興奮(excitation, exaltation)の語は精神医学でも用いられる．ヒトの「気分」またはその外的表現としての動作が心理的または病的原因により昂揚・増進した諸状態を指す．

b **興奮収縮連関** [excitation-contraction coupling] 《同》EC カップリング(EC coupling)．筋繊維の細胞膜に生じた興奮から筋肉の収縮にいたる過程．骨格筋の細胞膜には，*T 管という細胞内部に及ぶ細い管状の陥入部があり，筋原繊維に沿って編み目状に発達した筋小胞体の終末槽に両側から挟まれて，三つ組構造を形成している．細胞膜の興奮は T 管を介して*筋小胞体に伝えられる．この過程は T 管と筋小胞体上にあるそれぞれ異なる 2 種の*カルシウムチャネル(電圧依存性カルシウムチャネル(ジヒドロピリジン受容体)と*リアノジン受容体)の相互作用による．筋小胞体は筋肉の弛緩時には細胞中の Ca^{2+} を能動的に取り込んで(⇌カルシウムポンプ)，細胞中の Ca^{2+} 濃度を 0.1 μM 以下に抑えているが，T 管から興奮が伝わるとカルシウムチャネルを開いて細胞内 Ca^{2+} 濃度を 10 μM に上げる．Ca^{2+} はアクチンフィラメント上に存在する*トロポニン C に結合して，トロポニン-トロポミオシンが側方へ移動し，アクチンフィラメントのミオシン結合部位が露出することによってアクチン-ミオシン結合が形成され，筋肉の収縮を誘発する．細胞内 Ca^{2+} 濃度を変化させる仕組みは筋肉によって異なり，心筋では T 管にあるジヒドロピリジン受容体の活性化による細胞外からの微量な Ca^{2+} 流入が筋小胞体からの Ca^{2+} 放出の引き金となるのに対し，骨格筋では細胞外からの Ca^{2+} 流入を必要とせず，電圧依存性カルシウムチャネルとリアノジン受容体との直接結合による．筋小胞体が未発達である平滑筋では，細胞膜を介する Ca^{2+} 流入がさらに重要な位置を占める．細胞内の Ca^{2+} 濃度が上昇してから収縮が起こるまでの過程も筋肉によって異なる．すなわち平滑筋では*ミオシン L 鎖のリン酸化(⇌ミオシン側調節)が，ホタテガイの閉殻筋(横紋筋)ではミオシン L 鎖への Ca^{2+} の結合が主な経路として働くことが知られている．

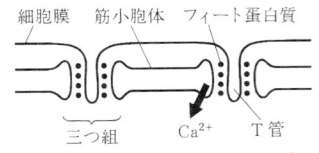

c **興奮性シナプス** [excitatory synapse] シナプス前の興奮がシナプス後へ興奮性に伝達されるシナプス．*抑制性シナプスの対．すなわちシナプス前繊維末端に活動電位が到達すると，それが*化学的伝達(魚類や甲殻類などでは電気的伝達の例もある)によって，シナプス後ニューロンに伝達されて興奮性シナプス後電位が発生する．興奮性シナプス後電位は脱分極性の電位変化であり，多数の興奮性シナプスの活動によって加重が起こり，閾値を超えると*活動電位が発生する．

d **興奮性接合部電位** [excitatory junctional potential] EJP と略記．節足動物における運動神経と筋の接合部で発生する*シナプス後電位．脊椎動物における*終板電位(EPP)に相当する．節足動物では興奮性と共に抑制神経による*抑制性接合部電位がある．多くの場合 1 本の運動神経が筋繊維の全長にわたり多数の場所で接合部をつくり，興奮性接合部電位の脱分極によって筋収縮が起こる．通常，節足動物の筋では*活動電位は発生しない．

e **興奮性組織** [excitable tissue] 電気的に興奮する，すなわち*活動電位を発生する組織の総称．筋・神経など．またその細胞膜を興奮性膜(excitable membrane)と呼ぶ．

f **口柄** [manubrium] ⇌クラゲ，水母

g **厚壁組織** [sclerenchyma] 厚壁細胞が集合して作った単一組織．厚壁細胞(sclerenchyma cell)は，細胞壁の全面が一様に肥厚した分厚い二次壁をもち，壁には多数の単壁孔をもっている．厚壁細胞は，細長い繊維(厚壁繊維 sclerenchymatous fiber)と，球形や柱状あるいは複雑に分枝した形の厚壁異形細胞(sclereid)との 2 グループに分けられるが，両者の境界は必ずしも明瞭ではなく，繊維厚壁異形細胞(fiber sclereid)という中間型もある．成熟時には原形質が消失しているのが一般的であるが，時に原形質を保持しているものがあり，厚壁柔細胞(thick-walled parenchyma cell)との区別が難しい．維管束植物に広く存在し，機械的支持の機能をもっている．

h **厚壁嚢** [chlamydocyst] 《同》厚膜嚢，休眠胞子嚢(resting sporangium)．ツボカビ類のコウマクノウキン類に見られる，菌糸の先端近くに隔壁を生じてできる卵形ないし楕円形，暗褐色の嚢で孔紋のある 2, 3 層の厚い壁をもつ生殖器官．休眠の後，厚い外壁が破れて中から数個の逸出孔を有する内壁がはみ出し，そこから多数

の遊走子が出る．多くは発芽前に減数分裂を行って単相の遊走子を生じるが，減数分裂の起こらない場合も知られている．

- a **抗ヘルペス薬** [anti-herpes drug] *ヘルペスウイルスに起因する感染症の治療薬．本感染症は，主に口唇ヘルペスの原因となる単純ヘルペスウイルス1型，主に性器ヘルペスの原因となる単純ヘルペスウイルス2型，水疱瘡や帯状疱疹の原因となる水痘-帯状疱疹ウイルスによるものに大別される．単純ヘルペスウイルスは，一度感染すると神経の中に潜伏し，完全に殺すことはできない．代表的な治療薬として，*DNAポリメラーゼを阻害することでDNA合成を阻害する薬剤として，*チミジンの代謝拮抗物質であるイドクスウリジン，アデノシンの代謝拮抗物質であるビダラビン，グアノシンの代謝拮抗物質であるアシクロビルやガンシクロビルなどが使用される．

- b **肛片** [epiproct, anal flap] 昆虫の腹部の最後の体節(第十または第十一腹節)の背側の部分．左右1対の肛側板(paraproct)，尾葉(cercus)とともに外部生殖器を包みこむ．

- c **硬変** [cirrhosis] 器官の実質細胞の破壊・消失に伴って現れる代償性の結合組織の増殖により，広汎な繊維化または瘢痕化が起こる現象で(*器質化)，肉眼的には器官が硬く縮小し，表面が顆粒状を呈する．実質細胞の障害を招く各種の因子が慢性的に作用することに基因する．末期の形態的変化であり，細胞の変性から破壊・消失にいたり，それに加えて残存した実質細胞の代償的な肥大・増殖と間質結合組織の増殖を示すのが特徴である．代表的なものは肝硬変症で，萎縮腎も同様の過程に基づく．

- d **合弁** [sympetaly, gamopetaly] *花弁が互いに*合着し，雄ずいと雌ずいをとり巻いて一つになること．ツツジやキキョウのような花はこの例．たいていは独立に発生した花弁原基の基部に共通の環状構造が生じる先天的合着による．系統発生的には離弁より進んだ型式と考えられている．

- e **合弁花類** [sympetalous plants ラ Gamopetalae, Sympetalae, Metachlamydeae] 《同》後生花被類．被子植物双子葉類を二分する場合に，花弁が相互に癒合する形質(合弁)を基準として設けた群．散在→癒合を進化方向と見て，これまで離弁花類(古生花被類 choripetalous plants，例：サクラ・ナデシコ・クリ)よりも進化した群とされていた(例：ツツジ・キク)．両者の区別は A. Braun (1864)が設けた．現在の真正双子葉類キク目群とおおむね一致するが，キク目群には旧来離弁花類とされたものも一部含まれており，合弁花類は系統群とはいえない．

- f **孔辺細胞** [guard cell] *気孔あるいは*水孔をはさむ1対の細胞．一般に腎臓形だが，イネ科の気孔では亜鈴形．気孔の孔辺細胞は内部に葉緑体を含み，細胞壁は気孔に面する側(腹側)は厚く外側(背側)で薄いなどの不均一な厚さのため，細胞内圧の変化により，開閉運動を行う(→気孔の開閉)．シダ類・ツノゴケ類の孔辺細胞壁は細胞壁が上側(表皮側)で厚く，下側(呼吸腔側)で薄いため，内圧の増加により腹壁が伸びて細胞は厚みを増し，両細胞が離れて小隙が開く．また種子植物では気孔側(腹側)の細胞壁の上下(外内)に形成された突起状肥厚によって気孔道が上下(前庭と後庭)に分かれることがある(ヒヤシンス，ムラサキツユクサ)．乾生植物では孔辺細胞あるいは隣接表皮細胞の上面に異常な壁肥厚が起こったり，またその上に蠟質などが沈積して生じた複雑な構造が気孔の開孔部をおおう(アオサンゴ，アツモリソウ属)．孔辺細胞は前表皮に由来し，孔辺細胞の母細胞が生じそれが二分して，さらに娘細胞の境界の細胞壁間(中葉)のペクチン質が溶解して小隙をつくる(*離生細胞間隙)．この発生は葉肉内の細胞間隙の発達と密接な関係にある．水孔の孔辺細胞は構造も単純で，開閉機能はなく，小隙は開放したままである．気孔の老化した孔辺細胞も開閉の機能を失っているといわれている．孔辺細胞の葉緑体には，光化学系Ⅰ，Ⅱの活性や還元的ペントースリン酸回路の活性が認められている．また*ホスホエノールピルビン酸カルボキシラーゼの活性も高く，孔辺細胞の膨圧変化に関与しているとされている．

- g **酵母** [yeast] 通常に生活している場合には体制が単細胞であり，出芽によって増殖する真菌類を一般に酵母という．しかし，広義には，生活史のある部分に菌糸体制をもっていたり，菌糸状に連鎖して出芽増殖し，偽菌糸を形成するものも酵母という．また，*シゾサッカロミケス属の分裂酵母(Schizosaccharomyces pombe)のように，分裂増殖する単細胞菌類も酵母に含めることができる．逆に狭義には，パン酵母(Saccharomyces cerevisiae)のことを指す．有性生殖時代が知られているもの，知られていないものがあり，前者については子嚢菌類か担子菌類であることが分かっている．後者は以前，不完全酵母として分類されていたが，分子系統学的にこれらは担子菌類か子嚢菌類に所属することが明らかになっている．このように，酵母は，分類学的に特定の生物群を指すものではない．パン酵母をはじめとする酵母には，糖から発酵によってアルコールを生じるもの(Saccharomyces)が知られており，糖の資化性は酵母の分類上，重要な分類基準である．パン酵母は，真核生物の代表的なモデル生物として知られ，全ゲノムが決定されており，遺伝学の重要な材料であるとともに，遺伝子工学的な実験や工業生産などにも利用されている．分裂酵母も細胞周期制御や染色体分配の研究のモデル系として活用されている．酵母は植物体の表面，流出樹液，蜜，動物体(腸管および表皮)やその排出物，土壌中などに一般に見出される．また宿主体の状態によっては重大な病原微生物となる．特に抗生物質の乱用に伴って抗生物質感受性細菌が減少し，菌交代現象(superinfection)によって，代わって真菌類が病原性を発現して，カンジダ症(candidiasis)などがみられるようになることがある．(→アルコール発酵，→ビール酵母，→カンジダ，→担子菌類)

- h **後方腎** [opisthonephros] 《同》背腎．脊椎動物無羊膜類の前腎より後方に生ずる*腎臓．S. Kerr (1919)の提唱．多くの円口類・魚類や両生類の幼生では，羊膜類の中腎および後腎に相当する位置に一続きの腎臓原基が発生し，成体になってからも中腎と後腎の区別は不明確で，両者が一体となって機能を営む．また，その前方の部分は羊膜類の中腎の構造を示し，後方のものが羊膜類の後腎に見られるような形態，すなわち腎臼を欠き尿細管が太い集尿管につながる構造を示すものもある．すなわち，*中腎と*後腎の分化程度が極めて低い段階にあると考えられるとの意味で羊膜類の中腎(および後腎)と区別される．

- i **高木** [tree ラ arbor] 《同》喬木．樹木のうち，2

m以上のもの．それ以下の*低木と対置される．なおC. Raunkiaerの分類では2m以下を低木，2〜8mを低木と高木の移行的なクラスとし，8m以上を高木とする．林業の分野では，構造材として利用できるかどうかという因子も考慮に入れ，樹高4〜5mをその境界としている．通常，1本の太い幹が明瞭で上達幹(excurrent)となり，しかも幹の生命が長い．スダジイ，ケヤキ，スギなどは高木の典型例．

a **高木限界** [tree line, tree limit] 《同》喬木限界，樹木限界．一般的に環境条件の傾度的変化によって高木の生育が不可能となる限界線．その前に鬱閉した森林の限界である*森林限界が来るまで，その移行が急激でほとんど森林限界と一致する場合から，徐々に移行して森林限界と高木限界の間に疎林部ができる場合まである．中緯度以南の高山での高木限界の場合はほぼ森林限界と一致すると考えてよい．高山や高緯度では低温や積算温度の低下，湿原や湿地では土壌水分の過剰，草原，サバンナ，砂漠のような乾燥地では水分の不足が原因となる．また，海岸や強い風衝地にもこのような限界が見られる．高木の定義は研究者によって異なる．単幹であれば2m以上を高木とする場合，C. Raunkiaerの定義にしたがって8m以上とする場合などがよく使われる．高山の高木限界の上部にはいわゆるクルムホルツ帯(krummholz zone)が見られることがある．これは矮性化して，匍匐状になった樹木の帯である．英語圏では本来高木の種（例えば*Picea engelmannii*）が匍匐状になった場合を指し，遺伝的に低木型の種の場合は低木林(scrub)として区別する．しかしドイツ語圏ではヨーロッパの*Pinus mugo*のように，また日本ではハイマツのように遺伝的に固定した種をいい，この間の厳密な区別は難しい．高山や高緯度の森林限界に関しては多くの研究がある．平均気温やその積算値では極域と中低緯度の高山で異なるが，葉温にするとほぼ同じになるので気温を用いるのは適当でないといった見解もある．高山では生育期間内に越冬芽や常緑葉のクチクラが十分に形成されないこと，あるいは早霜，冬の乾燥などが樹木の生育を阻害する．環境要因はいろいろであっても，いずれの場合も，本来他種との競争に強いはずの大形・直立性の高木が限界に達して小形の植物に移行してしまう．

b **高木層** [tree layer] 《同》喬木層．森林の最上層を占め，高木の樹冠をなす層．この層の示す諸性質により森林群落の相観が決定される．構成種の少ない純林では1層（林学では一斉林型という），構成種の多い森林では多層（択伐林型）になる傾向がある．陽光を十分に受ける層だが，葉群の下方では光条件が最少受光量以下に低下して樹冠が存在しえず，したがって高木層の厚さには一定の限度がある．*陰樹の場合は陽樹よりも層が厚く，また下が暗くなる（⇒耐陰性）．この層の発達の良否は光条件を通じて低木層以下の発達に影響する．熱帯では超高木層が見られ，鬱閉した林冠の上部に突出した超高木が散在する．

c **高木林** [forest, wood, woods ラ sylvae] 《同》森林，喬木林．高木の優占する群落で，高木層のほか一般に低木層，草本層，コケ層などをもつ多層群落．水平分布としては熱帯から寒温帯にわたり，垂直分布としては低地帯から上部山地帯（日本では亜高山帯ともいう）にわたって分布し，降水量が適量以上の地域に成立する（⇒森林限界）．*極相としての高木林のタイプは主に温度・降水量など気候要因によって支配される．極相高木林のほか，アカマツ林・シラカンバ林など遷移の途中相にある森林がある．生態地理学的見地からは，世界の極相高木林を次の六つに大別できる．(1)熱帯多雨地帯の*熱帯多雨林，(2)暖温帯の適度な降水量地帯の常緑広葉樹林（照葉樹林），(3)夏季著しく乾燥する暖温帯の*硬葉樹林，(4)冷温帯の適度な降水量地帯の夏緑樹林，(5)雨期・乾期の別の明瞭なモンスーン地帯の雨緑樹林，(6)寒温帯の*針葉樹林．

d **抗ホルモン** [antihormone] 《同》アンチホルモン．ホルモンに対する抗体，もしくはホルモンの作用を抑制する物質．異種のペプチド系ホルモンを注射しつづけたとき，血液内に抗体が生じてこのホルモンの作用を抑制する．例えば甲状腺刺激ホルモンの場合であれば，異種の動物のものを毎日注射すると血清中に抗甲状腺刺激ホルモン(antithyrotropin)を生じ，これは甲状腺刺激ホルモンを抑制するだけでなく，甲状腺そのものの機能をも抑制する．ステロイドホルモンの場合にも，蛋白質などのキャリアーと結合させて注射することにより，抗ホルモン（抗体）を生じさせることができる．抗ホルモン（抗体）は*ラジオイムノアッセイやエンザイムイムノアッセイなどでホルモンを定量する際に使われる．また，植物由来で昆虫の幼若ホルモンに拮抗する物質を抗幼若ホルモンと呼ぶように，抗体以外の物質を「抗…ホルモン」ということがある．

e **コウマクノウキン門** [Blastocladiomycota, Blastocladiomycetes] 尾型鞭毛が後端に1本ある遊走子を生じる菌類．広義のツボカビ類から分割されて設立された．14属179種がある．多くは淡水中に生息し，水中に沈んだ樹枝や果実上に腐生的に生育するが，カの幼虫などの微小動物や陸生植物に寄生するものもある．菌体は全実性のものから発達した菌糸体まで多様．厚壁で表面に小斑点もしくは突起をもつ複相の休眠胞子嚢（従来，厚膜嚢と称され名称の由来となっている）を形成する種が多い．カワリミズカビ属(*Allomyces*)のあるものは単複相生物で単相菌糸体と複相菌糸体とが同程度に発達している．有性生殖は同形または異形配偶子接合による．

f **高マンノース型糖鎖** [high mannose-type glycan] *N型糖鎖の一種．N型糖鎖のうち，側鎖の構成糖に*マンノースを多く含むものをいう．マンノース9残基，グルコース3残基，N-アセチルグルコサミン2残基から構成される高マンノース型糖鎖がN型糖鎖の前駆体であり，プロセッシングを受けた一群の高マンノース型糖鎖は，いずれも小胞体内腔における蛋白質品質管理（⇒小胞体品質管理）の目印となっている．多細胞生物では高マンノース型糖鎖は，ゴルジ体においてさらにプロセッシングを受けて，複合型糖鎖に変わる．酵母ではマンノースの伸長が起こり，マンナンが合成される．また，高マンノース型糖鎖は，エンド β-N-アセチルグルコサミニダーゼH(endo H)感受性であることから，この酵素で糖蛋白質の分子量が小さくなれば，その糖蛋白質は高マンノース型糖鎖をもち，小胞体内に局在することが示唆される．

g **高密度リポ蛋白質** [high density lipoprotein] HDLと略記．《同》α_1リポ蛋白質．密度1.063〜1.21 g/mLの血漿リポ蛋白質．血清蛋白質の一種．比較的，リン脂質に富み，血清中に約300 mg/dL含まれる．蛋白質部分はアポA-I，アポA-II，アポC，アポEが知

コウヨウソ　467

られている．組織のコレステロールを輸送して代謝させるため，動脈硬化の予防因子として注目される．(→低密度リポ蛋白質)

a **剛毛感覚子** [sensillum chaeticum] クチクラ壁が特に肥厚した*毛状感覚子．味受容器または触受容器として働く．前者では毛の先端に小孔があり，受容細胞から伸びた繊毛の変形した突起は先端まで伸びているが，後者では小孔はなく，受容細胞の突起は毛の基部に付着する．双翅目の唇弁や跗節に分布するものは味を感じ，またバッタの仲間の小顎鬚に分布するものは食草の選択にたずさわっている．

b **肛門** [anus] 消化管の直接外表への開口部．脊椎動物においては哺乳類(単孔類を除く)の消化管終末の外部への開口．発生的には，会陰の形成により総排泄腔が背腹に二分され，腹側が泌尿器および生殖器に分化する尿生殖洞，背側が消化器に専用される肛門および直腸となる．

c **肛門陥**(こうもんかん) [proctodaeum, anal pit] 《同》肛陥，肛門道，肛道，肛門窩．後生動物の消化管の発生にあたり，その原腸に由来する部分(内胚葉)の後端は盲端に終わっていることがあり，それに面する表面の外胚葉のその部位へ向かっての*陥入をいう．やがて両胚葉間の隔壁が消失して消化管後端は開通し，*肛門が形成される．脊椎動物では一般に消化管と輸尿管，生殖輸管の末端は共通の腔所としての総排泄腔に開くので，肛門陥に相当する凹みを*排出腔窩ともいう．

d **肛門挙筋** [levator ani muscle ラ musculus levator ani] 哺乳類の*肛門の背側を半円周状に囲むテープ状の骨格筋．種により形態・機能が異なり，これを欠くものも少なくない．その機能は必ずしも明らかでない．ただ，この筋が他の骨格筋に比し鋭く*雄性ホルモンに反応し肥大することから，これを雄性ホルモンの蛋白質同化作用ないし筋肥大作用の指標とし，広く同ホルモンの生物検定に用いられる．筋繊維数および繊維中の核数が幼弱期の雄性ホルモン量によって決定され，また骨格筋の通性に反して，分化後も雄性ホルモン投与によって各筋繊維中の核数を増加させうるなどの特異性をもつ．

e **肛門腺** [anal gland] [1] 哺乳類の食肉類や齧歯類の肛門付近にある分泌腺．イタチやスカンクなどでは臭気の強い分泌物を出す(→臭腺)．その他の動物でもその機能は不明ながら肛門腺をもつものも多く，ヒトにおいても大汗腺(→皮膚腺)の一種として肛門周囲腺(circumanal gland)と呼ばれるものが見られる．[2] ＝直腸腺

f **孔紋道管** [pitted vessel] 側壁に多数の*有縁壁孔をもつ道管(→環紋道管[図])．*壁孔は一般に円形か楕円形で，密接して存在する場合は押し合って四角形あるいは六角形となる．また有縁壁孔の内輪は外輪の形にかかわらず，多くの場合，横の楕円形となる．柔組織や放射組織と接する面では多く半有縁壁孔対となる．壁孔の形状・配列は種類により異なり，不規則に散在する場合(カシ属)，縦横に列をなす場合(ユリノキ属)，交互に配列する場合(ポプラ属)などがある．壁孔の間に，らせん状肥厚のあるものもある(ボダイジュ属)．

g **肛門突起** [anal papilla] カやユスリカなどの水生昆虫の幼虫の肛門周囲にある，表皮細胞からなる4個の小突起．この突起の表面をおおうクチクラは極めて薄く，これを通して Na^+, K^+, Cl^-, PO_4^{3-} などのイオンが，生活環境としての水から体内にとりこまれる．それにより体液の塩類組成のバランスが維持されており，細尿管や塩類腺とよく似た細胞構造をもつ．ヤブカの幼虫には海岸の潮だまりに発生するものがあるが，その肛門突起は同一種の淡水産幼虫に比べてずっと小さくなっている．

h **抗雄性ホルモン物質** [antiandrogen] テストステロンなどに対して拮抗的に作用し，その効果をなくす物質の総称．抗アンドロゲン剤，例えばシプロテロンがあり，思春期早発症，多毛症，前立腺癌，性同一性障害の治療などに応用されている．

i **紅葉** [red coloring of leaves] 秋に葉が紅色に変わる現象．紅葉の原因となる色素はアントシアンおよびフロバフェン(タンニンの重合物)からなるが，葉柄の基部に*離層ができて糖類の移動が妨げられて葉に蓄積することが紅葉の起こりやすい条件の一つとされる．これらの色素は葉に蓄積した糖やアミノ酸から形成される．これに対し，葉内の*クロロフィルや蛋白質が特に秋の落葉前に分解して移動する結果，葉の中に残された黄色色素(*カロテノイド)が目立つために葉が黄色に見える現象を黄葉 (yellow coloring of leaves) という (*老化)．紅葉と黄葉が同じ葉に起こることも多い．日本ではカエデ属の紅葉と，イチョウやカンバ類の黄葉が著しい．

j **硬葉** [sclerophyll] 夏乾冬雨の地中海気候地域の樹木に見られる小型で硬く，厚く，革質の葉．ヨーロッパのコルクガシ (*Quercus suber*)，オリーブ (*Olea* spp.)，日本のウバメガシなどの葉がその例．

k **広葉樹** [broad-leaved tree] 《同》闊葉樹．幅が広い葉をもつ樹木の一群．被子植物の樹木に当たる．*針葉樹と対置する．葉以外にも両者が対照的である．例えば針葉樹は一般に頂芽優勢性が強いので直立型で幹と枝の区別がはっきりしているが，広葉樹では途中から幹と枝の区別がなくなる．伐株からのぼう芽は針葉樹では通常起こらないが，広葉樹ではよく見られる．

l **硬葉樹林** [sclerophyllous forest ラ durilignosa] 夏季には降雨量が少なく乾燥し，冬季には温暖で降雨量が多い地中海気候の温帯地方に発達する，*硬葉をつける常緑の木本植物からなる群系．一般に丈は低くて幹が太く，樹皮のコルク層がよく発達し，耐乾性が強く地中海地方のコルクガシ (*Quercus suber*) はその典型例．木本植物にまじって鱗茎や塊茎をもつ耐乾性の草本植物や，サボテン科植物などの多肉植物(アメリカ)も見られる．群落を構成する樹種は，地中海沿岸ではカシ(コルクガシなど)・マツ(*Pinus halepensis*)・オリーブ・ビャクシンの類など，南アフリカのケープ地方ではヤマモガシ科，オーストラリアではユーカリ・トキワギョリュウの類・オジギソウの類・ヤマモガシ科，カリフォルニアではカシの類・ヤマモガシ科・バラ科などが多い．硬葉高木林 (durisilva)，硬葉低木林 (durifruticeta) が区別され，後者は夏季の乾燥が特に甚だしく，人為の影響が強い土地に分布し，*マッキー，*ガリグと呼ばれる．

m **膠様組織** [mucous connective tissue, gelatinous connective tissue, mucoid connective tissue, mucous tissue] 《同》膠質性結合組織．間葉(間充織)の特徴を残した未分化な*繊維性結合組織．羊膜類胚(胎児)の皮膚の下などに見られる．哺乳類の臍帯の主組織をなす

*ウォートン軟肉はこの代表．基本細胞は大形の星状細胞または紡錘状細胞で，その細胞質の突出はしばしば隣接細胞の突出と癒合している．少数のマクロファージやリンパ性遊走細胞も存在する．細胞間質(基質)は一見均一なゼリー状だが，固定すると顆粒状および繊維状の沈澱を生ずる．またわずかに細い膠原繊維を含み，胚の発育につれて増加する．ゼリー状の基質は他の結合組織の基質と同じく，*コンドロイチン硫酸および*ヒアルロン酸を重要な構成要素とする．

a **交絡感作** [crossed sensitization] ⇒交叉適応

b **抗利尿作用** [antidiuretic activity] 尿量を減少させる化学物質の作用をいう．*バソプレシンのもつ活性に代表され，抗利尿作用は排出器官系，一般には腎臓の尿細管での水の再吸収を促進させることによる．活性は薬局方標準物質の単位で表す．純粋なアルギニンバソプレシンの活性は 300 単位/mg である．

c **抗利尿ホルモン** [antidiuretic hormone] ADH と略記．一般に，排出器官系の水の再吸収をさかんにすることにより水の排出を減らす抗利尿作用を現すホルモン．脊椎動物のものは*バソプレシンと同義とされるが，哺乳類を除く脊椎動物ではバソプレシンはなく，バソトシンがその作用からいって抗利尿ホルモンとなっている．一般には腎臓の尿細管に作用するが，両生類では膀胱と皮膚に作用し，膀胱では尿中からの，皮膚では外界からの水の吸収を促進する．また昆虫でもマルピーギ管や直腸における水の再吸収を促進する抗利尿ホルモンが脳や側心体などから見つかっている．

d **恒流動性適応** [homeoviscous adaptation] 異なる温度環境下で生体膜の流動性を維持する性質(⇒相転移)．生体膜の流動性を維持することは生命の維持において非常に重要であり(⇒流動モザイクモデル)，そのためには*脂質二重層は液晶相である必要がある．しかし低温下では脂質二重層は*相分離を起こし，さらに低温になるとゲル相となる．一方，高温下では六方II相への相転移，さらには高い流動性による膜の融合・崩壊が起こる．このように，生体膜は，温度に対して非常に敏感であるため，生物は，膜リン脂質の脂肪酸，極性基の種類や膜内のコレステロール量などを変化させることによって，恒流動性適応を行う必要がある．

e **向流分配法** [countercurrent distribution method] CCD と略記．混合物試料を二相溶媒中に溶解し，不連続的に抽出操作を繰り返して，試料成分を分配係数(partition coefficient)の違いにより分離する方法．分配係数とは，二つの混じり合わない溶媒の入った容器に，どちらの溶媒にも溶ける物質を加え平衡に達したときの，それぞれの溶媒中における物質の濃度の比のこと．系の温度に依存するが，加えた物質の量や溶媒の体積には依存しない．向流分配法では，分離用器具に互いに混ざり合わない二相溶媒(例えば，有機溶媒−水系二相溶媒としてジエチルエーテル/水)を入れ，これに混合物試料を入れて振盪，混和し，静置すると，試料成分は分配係数に従って上層と下層に分配する．いずれか一方の層を取り除き，新しい溶媒液を加えて再び振盪，混和，静置すると，試料成分はもう一度分配係数に従って上層と下層に分配する．この操作を何度も繰り返して分離を行う．抽出操作の回数が多いほど分離度が向上する．向流分配装置としては Craig の装置が知られており，多数の分離管を必要としたが，その後，テフロンチューブをコイル状に巻き付けたカラムを遠心力場で回転させ，連続的に液-液分配を行う向流クロマトグラフィー(countercurrent chromatography, CCC)が開発された．固体充填剤を使用しないため，充填剤を用いるカラムクロマトグラフィー(⇒クロマトグラフィー)では吸着，変性してしまう物質や，エマルションを形成する物質の分離に有効である．装置の進歩でポリエチレングリコール/デキストランなどの水性二相溶媒(aqueous-aqueous polymer phase system)も使用できるようになり，有機溶媒で変性してしまう蛋白質や酵素の分離に応用されている．

f **光量測定法** [actinometry] 生体あるいは物体に照射される光の量を表面における入射光量として測定する方法．熱電対・フォトダイオード・化学的測定法などが主に用いられるが，ウイルス(バクテリオファージ)の不活性化などの生物学的測定法も利用される．光に関して光生物学で用いる重要な量は，単位面積当たりのエネルギー($J \cdot m^{-2}$)と，単位面積・単位時間当たりのエネルギー($J \cdot m^{-2} \cdot s^{-1} = W \cdot m^{-2}$)の次元をもつもので，前者をフルーエンス(fluence)，後者を光強度(fluence rate)と呼ぶ．ただし，エネルギーは光量子数($mol \cdot m^{-2}$)で表してもよい．

g **光リン酸化** [photophosphorylation] 《同》光合成的リン酸化(photosynthetic phosphorylation)．*光合成の電子伝達系によりチラコイド膜内外に形成された H^+ の電気化学ポテンシャル差を利用して駆動される，ADP とオルトリン酸から ATP を合成する反応．電子伝達が循環的(環状)であるか，非循環的(鎖状)であるかによって循環的光リン酸化(cyclic photophosphorylation)，非循環的光リン酸化(non-cyclic photophosphorylation)の 2 型に分類される．ATP 合成は葉緑体の*チラコイド膜，光合成細菌の*クロマトフォアなどに存在する ATP 合成酵素で起こる．(⇒循環的電子伝達)

h **好冷菌** [psychrophile] 生育至適温度によって細菌をグループ分けした際，30℃ あるいは 60℃ 付近に生育至適温度をもつ細菌をそれぞれ中温菌，好熱菌と呼ぶのに対して，至適温度が 15℃ 以下で最高生育温度が 20℃ を超えないもの．極地や寒冷地とならんで深海から多くの好冷性の原核生物が分離されており，地球上の 4 分の 3 が寒冷環境であることから，その分布域は広いといえる．深海研究からは，4℃ 環境中で 1 日から数日で二分裂するメタン生成菌など，多くのアーキアが好冷性であることもわかっている．また雪や氷の中で活性を発揮するものもいる．一方，季節的に低温になる環境中で好適に生育する原核生物の中には，生育至適温度が 20〜40℃ にあるものもあり，これらを低温耐性(psychrotolerant)という．低温環境下での生残りや増殖を支えるためには，特別な蛋白質が生産される．

i **好冷生物** [psychrophilic organisms] 一般の生物よりも低い温度条件を好む生物．なお，低温下に生息可能であること，あるいは低温下でのみ他生物との競争に勝てることは，必ずしも好冷を意味しない．

j **交連下器官** [subcommissural organ] 中脳水道(⇒中脳)の始端背側(後交連の腹側)にある脳室*上衣細胞の局所的な肥厚．古くから謎の器官といわれる．ほとんどの脊椎動物にみられ，ヒトでは生後退化．分泌機能をそなえ，分泌物は脳室に遊離してライスナー糸(Reissner's fiber)，あるいはライスナー索(Reissner's cord)と呼ばれる糸状凝塊を形成し，脊髄の中心管を後

走して終室に至る.ナメクジウオの*漏斗器官からもライスナー糸は作られる.

交連器官 [commissural organ] 《同》交連後器官 (post-commissure organ). 甲殻類の後脳交連(食道交連)の近傍で血将に接して存在する平板状の*神経血液器官.後大脳の神経分泌細胞がここに終末し,神経集網を形成する.ここから分泌されるホルモンは色素胞刺激効果を示す.

コーエン COHEN, Stanley 1922〜 アメリカの生化学者.1950年代からR.Levi-Montalciniと神経成長因子に関する共同研究を行い,さらに雄マウスの顎下腺から上皮細胞増殖因子を発見.Levi-Montalciniとともに1986年ノーベル生理学・医学賞受賞.

コエンザイムA [coenzyme A] CoAと略記.《同》コエンチームA,補酵素A.アシル基の受容体となり,これらの基の転移,伸長,分解,不飽和化などの反応に関与する補酵素.*SH基の存在を明示するため,CoA-SHと書くこともある(結合型はCoA…,またはCoA-S-…).F.Lipmann(1947)は生体内でアセチル化反応が起こる際に中心的役割を果たす活性酢酸なるものの本態の追究により,パントテン酸を含む耐熱性因子を発見し,これをコエンザイムAと呼んだ.そののち肝臓やStreptomyces fradiaeから抽出精製され,Acetobacter suboxydansによる生合成,A. R. Todd,J. Baddileyらによる化学的合成,E. E. SnellのLB因子すなわちパンテテインの研究,F. Lynen(1951)の酵母からの精製などにより構造が決定された.代謝における重要性からCoAはほとんどすべての細胞に含まれる.

CoAは腸ホスファターゼ,ヌクレオチドピロホスファターゼなどで分解不活性化される.CoAの機能の中心はSH基であり,酸化型CoA-S-S-Rにもなるが,一般にアシル基(アセチル基・ブチル基など)といわゆる高エネルギー結合のチオエステル結合(-S〜OC-R)をつくり,アシル供与体-転移酵素系と転移酵素-アシル受容体系との間のアシル基伝達体として働く.ATPの分解を伴うカルボン酸との直接結合反応も行われる.糖の代謝によりピルビン酸の分解で生成する*アセチルCoAは脂肪酸やステロイド合成の前駆体となり,その合成過程における中間体にもCoA誘導体が含まれる.脂肪酸の代謝では,脂肪酸の活性化,β酸化,合成,不飽和化,各種のアシル化などを介して中心的役割を果たす.分岐鎖アミノ酸の生合成にも関与している.パントテン酸が欠乏すると,CoAの濃度が低下しエネルギー代謝に異常をきたす.欠乏症として,成長停止,体重減少,皮膚・毛髪・羽毛の障害,副腎障害,末梢神経障害,消化管障害,抗体産生障害,生殖機能障害が見られる.

コ・オプション [co-option] 進化的に新しいパターンの獲得の背景にあって,ある既存の形質や発生プログラムが新しい場所に移動,もしくは適用されること.とりわけ*進化発生学においては,特定の*ツールキット遺伝子(群)の発現ドメインが,祖先には存在しなかった場所にもたらされることを指すことが多い.例として,脊椎動物の前後軸を特異化する*Hoxコードの一部が顎口類の肢芽(鰭芽)の極性化に用いられたこと,付属肢のパターン形成プログラムが甲虫類の雄に見られる角の形成に用いられたこと,鱗翅目昆虫の翅の目玉模様形成が,翅自体のパターン形成機構の変形によって得られたことなどがあげられる.全く新しい形質や遺伝子プログラムではなく,祖先において存在していたものの転用という意味で,外適応(*イグザプテーション exaptation)を類似概念とする場合があるが,厳密に分けるべきだとの考えもある.外適応は,それ自体が新しいわけではないという意味でむしろ鍵革新(key innovation)に近く,コ・オプションは比較発生学や比較形態学の方法では説明できないタイプの進化的形態変化の説明に限定するべき.また,コ・オプションはもっと派生的な形質の成立を説明するもので,互いに離れた動物門の基本的なボディプランの構成要素に見る類似性が真に祖先的形質の共有なのか,あるいは何らかの祖先的形質が異なった機能や形質の獲得のためにコ・オプションされたものなのか,直ちに判断できない事例は多い.(→進化的新機軸)

郡場寛(こおりば かん) 1882〜1957 植物学者.東北帝国大学農科大学教授,京都帝国大学理学部教授.シンガポール植物園園長.植物形態学および生理学,特に葉序,蒸散,周期性の研究を行った.[主著]植物の形態,1951.

コカイン [cocaine] コカの葉に含まれる局所麻酔薬.眼科などで粘膜の表面に用いる.一種の陶酔をともなう慢性中毒をきたしやすいため,麻薬の一つとして指定されている.

小金井良精(こがねい よしきよ) 1859〜1944 解剖学者,人類学者.ドイツに留学し,ベルリン大学でW. von Waldeyerに師事.帰国して東京帝国大学医学部教授.縄文人がアイヌであるとの仮説(アイヌ説)を立てた.石器時代人に抜歯風習のあることも指摘.[主著]人類学研究,1926.

呼吸 [respiration] [1] *呼吸運動のこと.[2]《同》外呼吸(external respiration).動物において呼吸運動によって外界から分子状酸素を取り入れ,二酸化炭素を外界に放出するガス交換の現象(→呼吸運動).[3]《同》細胞呼吸(cellular respiration),組織呼吸(tissue respiration).細胞が酸素を取り入れ,二酸化炭素を放出する現象.多くの動物では外呼吸により取り入れられた酸素が体内の細胞・組織に運ばれて消費されるので,外呼吸に対して,細胞呼吸を内呼吸(internal respiration)と呼ぶ.[4] 細胞呼吸の根底をなすものとしての生化学的変化.これには狭義から広義までのいくつかの段階が含まれる.(1)最も狭義には,分子状酸素の関与により有機物が二酸化炭素・水・アンモニアなどの無機物にまで完全に分解され,生体に利用可能な形で(主とし

てATPとして)エネルギーが供給される現象.(2)一般には,上記(1)を含め,細胞が分子状酸素を吸収して起こす,すべての酸化的過程.この意味における呼吸の強さは,単位時間に単位量の試料が吸収する酸素の容積で表現され,*Q_{O_2}の略号で示される.また有機物を呼吸基質(呼吸材料)とした場合の二酸化炭素放出量と酸素吸収量との容積比を*呼吸商(RQ)と呼ぶ.(3)上記(2)の定義をさらに拡張し,無酸素条件下で,酸素のかわりに硝酸塩・硫酸塩などが最終電子受容体となって酸化が起こり,エネルギーが獲得される過程を含める概念.なおこれらの過程はそれぞれ硝酸呼吸(⇌硝酸塩還元)・硫酸呼吸などと呼ばれる.(4)最も広義には,化学的暗反応で,酸化還元によってエネルギー獲得がなされる過程のすべて.この場合,酸素が最終電子受容体となる,上記(2)の場合を特に酸素呼吸・好気的呼吸(aerobic respiration)といい,その他の場合を無酸素呼吸・無気呼吸・嫌気的呼吸(anaerobic respiration)という.アルコール発酵や*解糖もこの意味での無酸素呼吸である.なお*発酵のように,基質から生成する化合物間で酸化還元が行われる場合を分子間呼吸と呼ぶことがある.一般に呼吸の機構は,有機基質の変化と脱水素反応に電子伝達過程(⇌呼吸鎖)が加わったものとみなされる.地球大気への酸素分子の大量の出現は,光合成に基づく生物過程によると思われるので,酸素呼吸は発酵過程を基礎として,代謝系の進化によって遅れて生成した機構と考えられる.

a **呼吸運動** [respiratory movement] 外呼吸を起こすための運動.それに働く筋肉を呼吸筋(respiratory muscle)という.呼吸媒質(空気と水)や*呼吸器官の構造の違いにより異なった運動がみられる.[1] 肺呼吸(pulmonary respiration).肺の換気機能(ventilatory function)にかかわるもの.(1)哺乳類では横隔膜が進化していて独特の運動を示す.ヒトの場合,横隔膜が収縮・下降して胸腔は下方に増大し,同時に肋骨が外肋間筋と肋軟骨間筋の収縮により挙上して,胸腔は前方および横に拡がって胸郭が拡張し,肺には受動的に空気が流入する.呼息時にはむしろ受動的に横隔膜と肋骨がもとへ戻り,また肺の弾力によって肺内の空気が圧出される.呼吸数は通常,成人では1分間に15〜20.呼吸運動は延髄にある*呼吸中枢の自動興奮によって起こる.(2)鳥類・爬虫類では,外肋間筋の収縮により肋骨が前方・外方に動き,胸骨が前方へ移動して胸郭が拡大し,空気が肺に吸いこまれる(⇌気嚢).呼息は主として外肋間筋の弛緩によるが,腹筋群や内肋間筋の能動的収縮もある.飛翔中には飛翔筋の収縮と胸骨の律動的な上下運動が換気を行う.(3)両生類のカエルでは,声門が閉じ鼻孔が開いて空気は口咽頭腔へ入る.ついで鼻孔が閉じ,声門が開き,舌平板の挙上が数回繰り返されることによって,いったん肺にある空気が口咽頭腔に出て新鮮な空気と混合したのち,肺に取り入れられる.結局,肺は空気で充満し,声門が閉じ,余分の空気は開いた鼻孔から外に出される.[2] *鰓呼吸・*水呼吸.換水機能にかかわるもの.(1)円口類のヤツメウナギは口で獲物に固着するので,呼吸水流は外鰓孔から出入する.ホソヌタウナギでは水は鼻孔から入り,外鰓孔をへる.(2)硬骨魚類では潮式換水でなく,水が呼吸上皮を一方向に連続的に流れる(⇌鰓呼吸).(3)サメ・エイの類も硬骨魚類と同様であるが,異なる点は呼吸孔が終生存在し,水がここからも流れこむことである(⇌ラム換水).[3] 無脊椎動物では,昆虫の*気門の運動,水呼吸の効果をあげるための水流を起こす運動(例:二枚貝・ホヤの鰓の繊毛運動),肛門から流水を*呼吸樹に送るナマコの直腸の律動的収縮などが呼吸運動といえる.

b **呼吸運動描記器** [pneumograph, stethograph] 生体の呼吸運動を記録する装置.動物,主として哺乳類で,呼吸に際して出入する空気量または肺内圧の変化を描記するもの,また胸郭あるいは腹壁の運動などを描記するものがある.

c **呼吸器官** [respiratory organ] 呼吸表面が局所的に限定され,外呼吸のために分化・特殊化した器官.体制の単純な動物や活動のにぶい動物には,皮膚呼吸や腸呼吸のみに頼り,呼吸器官をもたないものも多く,また呼吸器官をもつ場合も,しばしば*皮膚呼吸(例:カエル)を併せ行う.呼吸器官には,腹足類の*櫛鰓のように呼吸専門の器官として分化したものと,弁状鰓や多毛類の側脚のように他の生理機能を兼ねるものとがあるが,いずれも(1)薄い壁と豊富な血液供給を伴い,(2)突起,襞,分岐などにより総表面積を増大し,ガス交換の効率の増進に役立つなど,共通の特徴をもつ.呼吸器官の起原は生物の部類ごとにまちまちだが,その様式や形状は機能適応による収斂を示し,一般に水中呼吸の動物では*鰓(鰓呼吸),空気呼吸の動物では*肺(肺呼吸 pulmonary respiration)の名で総称される類似性をもつ.陸生の節足動物では,*気管系と呼ぶ独特な空気呼吸器官が発達している.鰓の多くが体表に突出して外界の水に表面を洗われるのに対し,肺や気管は反対に体内に深く陥入し,空気を取りこみ,蒸発による水分喪失を防ぐ.空気呼吸器官はこの通気のために多少とも活発な呼吸運動を必要とするが,鰓呼吸の動物でもしばしば呼吸運動が補助機能として現れる.これは水中で気体の拡散速度が低いことへの適応である.両生類幼生の鰓も,四肢動物の肺も,ともに咽頭から分化する.したがって発生的に消化管のこの部位を鰓腸と呼ぶことがある.

d **呼吸計** [respirometer] 酸素呼吸の強さを測定する装置.生物によって消費される酸素の量を測ればよいが,酸素の吸収と二酸化炭素の放出との量的関係の保証があれば後者を測定してもよい.植物では,多く光合成測定と両用である.測定には,試料を小室内に入れ,発生する二酸化炭素を吸収し,かつ,気相・液相の気体分配平衡のほぼ成り立つ条件下で,この小室を圧力計に連結し圧差を測るワールブルク検圧計(⇌検圧法)や,水中の溶存酸素量の変化を測る酸素電極を用いる装置が使われる.

e **呼吸欠損変異体** [respiratory deficient mutant] 呼吸能をもたず,正常のコロニーよりも小さなコロニーをつくる酵母の突然変異体.次の二つに大別される.(1)細胞質性呼吸欠損変異体(プチ変異体 petite mutant):ミトコンドリアDNAの欠損によって生じる.ミトコンドリアDNAは,歴史的に*ρ因子(細胞質性の呼吸能決定因子)と呼ばれていたため,ρ^0変異体あるいはρ^-変異体とも表される.ρ^0ではミトコンドリアDNAが完全に欠失しており,ρ^-ではミトコンドリアDNAの大きな欠失に続く残余部分の重複によりρ^-変異体のミトコンドリアDNAの大きさは正常のものに近くなっている.培養中500細胞に1個程度の割合で自然発生する.アクリフラビンあるいは臭化エチジウムを含む培地中で増殖させると,その出現頻度はほぼ100%とな

る．この形質は非メンデル遺伝様式を示す．(2)核性呼吸欠損変異体(pet変異体)：染色体上に存在する，呼吸酵素のサブユニットをコードする遺伝子，ミトコンドリアDNAの複製・維持・情報発現に必要な遺伝子，あるいはミトコンドリアの構造形成に関わる遺伝子のいずれかが突然変異することで，ミトコンドリアの機能が失われる．pet変異体の中には正常なミトコンドリアDNAを保持できるものとできないものがある．酵母の生育にとってミトコンドリアDNAは必須ではないが，構造体としてのミトコンドリアは生合成の場として必須である．そのため，条件致死としてだけ分離されるpet変異もある．この種の変異体の呼吸欠損性はメンデル分離を示す．

a **呼吸孔，呼吸口** 【1】[spiracle] 動物体表における開口部．(1)板鰓類で，眼の後方にあり，咽頭に通じる小孔．これは本来が顎弓と舌弓の間にある第一鰓裂の痕跡(→偽鰓)．エイ類では実際に，呼吸孔を通じて呼吸用の水が咽頭に導かれる．なお脊椎動物一般に対して上記の咽頭裂を呼吸孔ということもあるが，無尾類および羊膜類では外通せず，二次的に鼓室とエウスターキョ管が分化する．(2)無足両生類の幼生(オタマジャクシ)において，左体側の*鰓蓋に痕跡的に残る小孔．出水孔(excurrent pore)ともいう．鰓蓋の後縁の大部分は腹部の皮膚と癒着して，わずかに鰓蓋裂に相応する呼吸孔を残す．この小孔を通じて呼吸に用いた水が排出される．変態に際し，左前肢はこの孔を通じて出るが，右前肢は鰓蓋に新たに生じる孔を通じて出る．(3)節足動物の気門．(4)有爪動物の気管の入口：体表にほぼ環状に配列する疣の間に開口．(5)原索動物の*鰓裂．
【2】[air pore] コケ植物の*気室孔．

b **呼吸酵素** [respiratory enzyme, respiration enzyme] 【1】一般的な意味では，細胞呼吸(内呼吸)に関与する酵素の総称．酵素の国際分類では*酸化還元酵素，EC1群に入る酵素．【2】特殊な意味で，O. H. Warburgの呼吸酵素を指す．彼は呼吸に対する一酸化炭素阻害の光照射による回復につき作用スペクトルを測定して，酸素と直接反応する酵素はヘム蛋白質であることを指摘し，これを呼吸酵素と呼んだが，後に酸素伝達酵素とも呼んだ．現在の*シトクロムc酸化酵素に相当する．

c **呼吸根** [respiratory root] 呼吸に必要なガス交換が容易に行われるような特別な通気構造をそなえた根．泥や水の中に生育する植物には，いろいろな形の呼吸根が知られている．マングローブ植物には皮層に細胞間隙が著しく発達した杭状や膝状の呼吸根をもつものが多い．ミズキンバイでは通常の根とは別に海綿状の通気組織からなる呼吸根を生じ水中に浮遊するので，特に浮根(floating root)と呼ばれることがある．

d **呼吸鎖** [respiratory chain] 通常，*ミトコンドリアや細菌などの分子状酸素によりNADHおよびコハク酸などを酸化する電子伝達体の集合．*シトクロムや非ヘム鉄を含む*電子伝達系を指す．その電子伝達の順序(図)は，各々前のものの還元型がその直後のものの酸化型を還元し，その繰返しによって最終的に分子状酸素を水に還元することを示す．呼吸鎖にはさらに非ヘム鉄および銅原子などが関与している．細胞内では*ミトコンドリアの内膜にあり，各段階の酵素複合体が*脂質二重層を貫通して存在すると考えられている．呼吸鎖は*クエン酸回路などにおいて基質の脱水素で生成したNADHあるいはある種の基質を最終的に分子状酸素で酸化する機構であり，この作用に共役してADPとオルトリン酸からATPが生成する．これを*酸化的リン酸化反応という．したがって呼吸鎖は細胞における基質の完全酸化だけでなく，エネルギーを獲得する過程としても重要である．また低酸素環境に生息する生物ではフマル酸や硝酸を最終電子受容体とする嫌気的呼吸鎖が存在する．

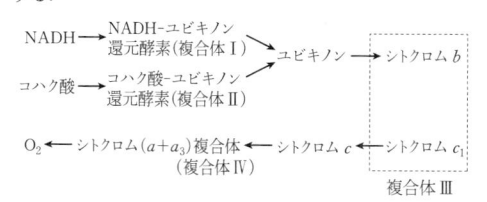

```
NADH ──→ NADH-ユビキノン ──┐
         還元酵素(複合体I)    │
                              ├→ ユビキノン →  シトクロム b
コハク酸 ─→ コハク酸-ユビキノン┘                    │
         還元酵素(複合体II)                          │
                                                    │
O₂ ←─ シトクロム(a+a₃)複合体 ←── シトクロム c ←── シトクロム c₁
        (複合体IV)
                                               複合体III
```

e **呼吸鎖キノン** [respiratory quinones] 生物の呼吸鎖の必須電子伝達成分として存在する低分子脂溶性物質．ベンゾキノン(benzoquinone)またはナフトキノン(naphthoquinone)の基本骨格にイソプレノイド側鎖が付いた化学構造をもち，それぞれユビキノンおよびメナキノン(menaquinone, ビタミンK₂)で代表される(図)．呼吸鎖の複合体Iと複合体IIIをつなぐ中間電子運搬体として働く．キノン骨格構造，側鎖の長さ，側鎖の水素飽和度は分類群によって異なるので，化学分類の重要な指標となる．また，これらの化学分類情報はキノンプロファイル法(quinone profiling method)として，環境中の微生物群集構造を解析するのに用いられる．

メナキノン　　　ユビキノン

f **呼吸色素** [respiratory pigment] 生体に含まれて，呼吸に関係する物質のうち，可視光に吸収を示す色素．*ヘモグロビン(赤)・*ヘムエリトリン(赤紫)・*クロロクルオリン(緑)・*ミオグロビン(赤)などは*ヘム蛋白質であり，またヘモシアニン(青)は銅蛋白質であって，いずれも酸素と可逆的に結合して酸素運搬体としての機能をもつ．シトクロム類はやはりヘム蛋白質であり，ヘム鉄の酸化還元により電子伝達を行う．また呼吸に関与して酸化還元を行うフラビン系の酵素も色素蛋白質であり，フラビンが酸化状態にあるときは黄色であるが還元状態では無色である．

g **呼吸樹** [respiratory tree] 《同》水肺(water lung)．ナマコ類の体腔中の呼吸器官．樹枝状の細枝をもった薄壁の盲管で一般に左右1対．その幹の基部は*総排泄腔に通じ，壁には血洞系の奇網が豊富に分布する．総排泄腔と体壁との間には多数の放射筋が走り，その収縮などによって律動的に海水が肛門から呼吸樹中に出入し，薄壁を通して呼吸が行われる．

h **呼吸商** [respiratory quotient, respiratory coefficient] RQと略記．《同》呼吸率．生体が酸素呼吸を行うときに放出する二酸化炭素の量と外界から吸収する酸素の量との比，すなわち$[CO_2]/[O_2]$([ ]はその物質のモル数)．実際には容積比として求めることが多い．呼吸材料が完全に二酸化炭素と水とに燃焼した場合の

[CO₂]/[O₂]の理論値を燃焼率(combustion quotient)といい，CQ と略記する．田宮博(1932)が導入した概念．グルコース(糖類)が呼吸基質として完全に燃焼するときには，

$$C_6H_{12}O_6 + 6O_2 \rightarrow 6CO_2 + 6H_2O$$

の化学方程式が示すように，RQ の値は実験的にも 1 に近い値をとる．蛋白質とか脂肪のように分子中の結合酸素の割合が糖類より少ない物質では RQ は 1 より小となり，逆にリンゴ酸やシュウ酸が呼吸基質になるときは，RQ は 1 よりも大きくなる．

a **呼吸制御** [respiratory control] 《同》呼吸調節．種々の要因による生体の呼吸活性の調節で，特に ADP およびオルトリン酸の欠乏による酸素の低下をいう．ミトコンドリアにおける基質の酸化は*呼吸鎖によるが，これは ADP とリン酸からの ATP の生成反応，すなわち*酸化的リン酸化反応と共役し，ADP やリン酸の濃度が低いと十分な速度をもって呼吸が行われない．これは呼吸によって形成された膜の電気化学ポテンシャル差が ATP 合成に消費されないからである．そのため膜構造の破壊あるいは*脱共役剤の添加はこの制御を解き，ADP 非依存性の電子伝達を起こす．呼吸制御の現象は基質および酸素の不必要な消費を避け，ATP の消費に見合った供給を行うという生理的意義をもつものと考えられる．

b **呼吸中枢** [respiratory center] *呼吸運動を司る中枢．哺乳類では，*延髄と*橋に存在し，それぞれ呼息時，吸息時に興奮する呼息ニューロン，吸息ニューロン群が存在する．呼吸中枢は脳脊髄液の二酸化炭素濃度あるいは酸性度に反応して呼吸運動を調節するが，酸素濃度には感受性をもたない．また，肺や気道に存在する伸展受容器や化学受容器によって修飾を受ける．

c **国際細菌命名規約** [International code of nomenclature of bacteria] *原核生物，すなわち*細菌および*アーキアの学名を正式に発表するための方法や手続きを定めた国際規約．命名規約は発表の学術的な是非を規定するものではなく，新種の発表や，既存の種を別の属に移すなど，論文や著作による学名に関する発表の有効性を定めたもので，1958 年に植物から，1966 年にウイルスからも独立した命名規約となった．国際細菌命名規約は国際微生物学連合(IUMS)が管理・運営．命名規約において細菌が動物や植物と異なることは，(1)正式な発表の場を IUMS の公式誌のみとして，すべての学名の把握を容易にしたこと，(2)種のタイプが標本ではなく，微生物株保存機関に寄託されている生きた培養物となっており，将来の新しい分類手法に対応できることである．

d **国際単位** 【1】[international unit] IU と略記．《同》ユニット．ホルモンなどの活性物質効力を国際的に統一して示すときに用いる単位．物質の構造が不確定であったり純結晶が得がたい場合(多くのホルモン・ビタミン A など)，一定の方法で得られた一定量の物質のもつ生物学的活性あるいは免疫学的活性などを基準にしてその量を表す．例えば甲状腺刺激ホルモンの場合は，1955 年 WHO で定めた国際単位で，ウシ甲状腺刺激ホルモン標準品をラクトースで 20 倍に稀釈して，その 13.5 mg の活性を 1 IU とする．国際単位用標準品は，イギリスの National Institute for Medical Research (NIMR)から提供されている．なお，酵素の国際単位については，→酵素の単位．放射線量の国際単位については，→放射線量．

【2】[international system of unit] SI と略記．国際単位系のこと．第 11 回国際度量衡会議(1960)で決定された単位系．

e **コクサッキーウイルス** [Coxsackie virus] ピコルナウイルス科エンテロウイルス属に属するウイルス．ウイルス粒子は直径 27〜28 nm の正二十面体で，ゲノムは 7401 塩基長の＋鎖 RNA．G. Dalldorf と G. M. Sickles (1948)により，ニューヨーク州コクサッキー地区のポリオ様麻痺患者の便から分離された．経口感染し，無菌性髄膜炎，ヘルパンギーナ，流行性筋痛症，手足口病(hand foot and mouth disease，HFM disease)などを起こす．乳飲みマウスに強い病原性を示し，その病理学的所見から A，B の 2 群に大別される．B 群はサル腎臓，ヒト羊膜，HeLa 細胞，FL 細胞などの株細胞でよく増殖し，*細胞変性効果を示すが，A 群は一部を除いては明瞭な細胞変性効果を示さない．

f **黒色腫** [melanoma] 《同》メラノーマ，悪性黒色腫(malignant melanoma)．神経堤細胞由来の*メラノサイトと呼ばれるメラニン色素産生能をもつ色素細胞ががん化した悪性腫瘍．転移能が高く，経過不良の腫瘍である．生理的に色素細胞が多く存在する皮膚や眼球脈絡膜に高頻度で発生するが，脳脊髄軟膜・食道・直腸などにも発生することがある．多くはメラニン色素産生を伴い黒褐色を呈するが，紅色調病変の場合もある(無色素性黒色腫 amelanotic melanoma)．古典的には腫瘍細胞の表皮に沿った増殖パターンによって，(1) 末端黒子型(肢端黒子型 acral lentiginous melanoma)，(2) 表在拡大型(superficial spreading melanoma)，(3) 悪性黒子型(lentigo maligna melanoma)，(4) 結節型(nodular melanoma)の 4 型に分けられている(Clark 分類)．病理組織学的には表皮内黒色腫(melanoma in situ と呼ばれる表皮内における異型メラノサイトの増殖として始まるが，この時期には転移能はもっていない．真皮内浸潤が始まると，真皮網状層にはリンパ管と毛細血管が豊富に存在するためリンパ行性・血行性転移を起こしやすくなる．従って原発巣の厚さが経過の予測に重要であり，1 mm を超えると経過は悪くなる．悪性黒色腫の発がんと進展の機序には，さまざまな遺伝子異常が関与することが明らかになりつつある．

g **黒色土壌** [black soil, black earth] 《同》黒色土，黒土．暗色の表層をもつ土壌の総称．一般に黒土地帯の*チェルノーゼムを指すが，*湿草地, 大陸ステップの湿地に発達する強アルカリ性のソロネッツ(solonetz)などを指す場合もある．

h **コクナーゼ** [cocoonase] 鱗翅目の一部の昆虫の蛹が分泌する蛋白質分解酵素で，孵化酵素の一種．EC3.4.21.4．繭(cocoon)のセリシンを分解しフィブロインだけにすることによって，繭からの成虫の脱出を容易にする．F. Duspiva (1950)がカイコで見出し，セリシナーゼと呼んだが，1964 年以後 F. C. Kafatos らがサクサン(Antheraea pernyi)などを用いて精製，コクナーゼと命名．蛹の小顎外葉の腺細胞で産生後，羽化に先立って分泌されて，乾いてほぼ純粋な酵素粉末として外葉表面に付着するが，他の腺から出される液に溶解して繭に触れ，作用する．基質特異性その他はトリプシンに類似する．

i **穀類** [cereals] イネ科植物のうち，子実を収穫対

象として栽培される作物．食料として最も大切な作物種を含み，世界的に生産量の多いトウモロコシ，コムギ，イネを三大穀類と呼ぶ．アワ，キビ，ヒエなど小粒の子実をつける穀類を雑穀類（millet, small grain crops）という．これに対し，双子葉植物でも食用子実をつけるソバ，センニンコク，キノアなどは偽穀類（pseudo cereals）といわれる．また，マメ類を含めて子実作物（grain crops）とも呼び，広義には子実作物を穀物という場合もある．日本で古くから五穀と呼ばれてきたのは，イネ，ムギ，アワ，キビ（またはヒエ），ダイズである．

a **互恵的利他主義**　[reciprocal altruism]　《同》相互利他行動，互恵行動，互恵制，直接互恵．*利他行動の一種で，ある利他的行動の上で，受け手と行為者が交代し，先の行為者が受け手となってお返しを得るような行動．互恵的利他主義が発達するためには，各個体が個別に識別されていること，助けを受けることの利益が与えることのコストを上回ること，個体間の関係が長期的に続くこと，利他行動の利益だけを受ける裏切りを防ぐ仕組みがあることなどが必要である．互いに雌雄の役割を交代しながら「卵の取引き」を行うハタ科の魚ハムレットがこの例と考えられる．(➡利他行動，➡囚人のジレンマゲーム)

b **固形培地**　[solid medium]　ゼラチン，寒天，*ゲランガム，シリカゲルなどのヒドロゲルを基物質にして，無機塩をはじめ必要な栄養物質を加えた固形の培地．液体培地と対する．微生物や動植物の細胞・組織の培養，胞子や花粉の培養などに広く用いられる．固形培地による平板集落法（➡純粋培養，➡平板培養）は R. Koch (1881) に負うもので，この採用は細菌の純粋培養技術の確立という歴史的な重要事件であった．固形平板培地上で細菌はそれぞれ特有の集落を形成するので，菌の同定の一助となる．動物細胞の中で，血球系細胞やトランスフォームした細胞は軟寒天培地中で増殖できる．(➡軟寒天培養)

c **苔虫動物**　[bryozoan, bryozoans ラ Bryozoa]　《同》外肛動物（Ectoprocta），多虫類（Polyzoa）．大きさ1 mm に満たない微小な*個虫（zooid）が多数集まり，水中の岩石や他生物の表面を被覆，あるいはその上に起立し，しげみ状・樹状・枝状などさまざまな形の群体（colony）を作って生活する．左右相称動物の一門．形態学的な類似から腕足動物・箒虫動物と共に触手動物（Tentaculata）あるいは*触手冠動物（Lophophorata）の一員と考えられていたが，近年の分子系統解析によると苔虫動物はむしろ*内肛動物や有輪動物と近縁であるらしい．有性生殖で生じた幼生は水中を浮遊後基質に付着して初虫（ancestrula）へと変態し，その後次々に個虫を無性出芽して群体が形成される．個虫は体壁とそこから分泌される寒天質・キチン質・石灰質の外骨格からなる*虫室（cystid）とその中に収まった虫体（polypide）と呼ばれる軟体部で構成．虫体は前端に円筒あるいは馬蹄形の触手冠（lophophore）をもち，その中央に開く口に続く消化管は体内でU字形に曲がり，肛門が触手冠の基部（触手冠の外側）に開口する．触手上の繊毛運動によって水流を起こし，珪藻などの懸濁物を摂食．循環系をもたず，代わりに胃緒（いちょう funiculus）と呼ばれる紐状の間充組織を使って栄養の輸送などを行う．胃緒は連絡孔を介して個虫間を繋ぐ．排出系ももたず，老廃物は虫体中に蓄積される．虫体は数週間の単位で退縮と再生を繰り返すが，退化した虫体の細胞と蓄積された老廃物は褐色体（brown body）と呼ばれる塊として新生虫体の体腔や胃に留まり，再生の完了後に排泄される．雌雄同体で雄性先熟．卵割は全等割放射型．幼生には，キチン質の殻や消化管の有無，繊毛冠（corona）の発達の程度が異なるさまざまなタイプが知られている．中でもキフォナウテス幼生（サイフォノーテス幼生 cyphonautes larva）と呼ばれる，キチン質でできた2枚の三角形の殻に挟まれた左右に扁平な体の中に完全な消化管をそなえた長期遊泳プランクトン栄養型のタイプがよく知られている．苔虫類の化石はオルドビス紀初期以降の地層から発見されている．苔虫動物門は次の3綱に分類される．(1) 被口綱（掩喉綱）：淡水産種だけを含む．虫体は口上突起と馬蹄形の触手冠をもち，体腔を共有し，寒天質の虫室をもつ．休芽（statoblast）を作って悪環境に耐える．(2) 狭口綱（狭喉類）：石灰質でできた円筒形の虫室をもつが，その開口部に蓋は無い．数個の個虫が共有する卵室中で多胚発生が起こる．全て海産．(3) 裸口綱（裸喉類）：次の2目を含む．(i) 櫛口目：虫室はクチクラ性で，開口部は襟で閉ざされる．卵室をもたず，胚は個虫の中で発生．(ii) 唇口目：現生種の中では最も種数の多い群で，石灰質で強化された箱型の虫室は口蓋で閉じられる．多くの種は卵室中で育卵．口蓋が変形してそれを動かす筋肉が強化された振鞭体（vibraculum）や鳥頭体（avicularium）と呼ばれる異形個虫が分化し，外敵からの防御や清掃を行うことがある．

d **コケ類**　[bryophytes ラ Bryophyta]　《同》蘚苔類，コケ植物．*苔類（たいるい）・*蘚類（せんるい）・*ツノゴケ類の3群からなる植物の総称．緑色植物の一門とされてきたが，分子系統解析により3群それぞれが独立した門とされるようになった．進化的には緑藻類から進化した群と推定される．核相 n の有性世代（配偶体）がよく発達し，*造卵器・*造精器を生じる．2本の鞭毛をもつ精子は水を介して卵に到達し，受精後，胚を経て発達した $2n$ の無性世代（胞子体）は小形，短命で分枝せず，*蒴・蒴柄・*足の3部からなる．無性世代は有性世代から独立せず，栄養的にも有性世代に依存した生活をし，胞子の形成・分散後，枯死する．この点はシダ類や種子植物と対照的である．*葉状体または茎葉の分化した*茎葉体を形成し，維管束系の発達は見られないが，蘚類では通導組織として中心束を分化する．主に陸上に生活する．化石として最古のものはデボン紀中期に記録された苔類で，石炭紀中期以後に蘚類，ペルム紀以後にミズゴケ類，白亜紀以後にツノゴケ類が発見されている．蘚類以上では体に茎・葉の分化が見られるので茎葉植物（Cormophyta）と総称することがある．

e **ココナツウォーター**　[coconut water]　若いココヤシ（Cocos nucifera）の果実から採る透明な液状胚乳．ほとんど純粋な原形質からなる．植物の細胞や組織の培養において発育に必要な栄養分のほか，植物ホルモンであるゼアチンなどの*サイトカイニンや*オーキシン（IAA），*ジベレリンを含む．そのため古くから植物の組織培養で，生育や植物体再生を促進する目的で培地に加えられている．通常1Lの培養液に30 mL程度加えられる．かつてはココナツミルクと呼ばれていたが正確には成熟した果実に含まれる白色化した胚乳を指す．現在はココナツウォーターとは区別されており，組織培養には使用しない．

a **子殺し** [infanticide] 動物が自分と同種の幼個体を殺すこと．母親が自分の子を殺す場合あるいは父親でない雄が幼個体を殺す場合が多い．前者は多くの動物で，特に飼育下においてよくみられ，子が病気であったりひよわだったりして生存が困難であるとき，環境条件が悪くてそれほど多くの子を育てられないとき，あるいは母親が何かに妨害されるなど社会的ストレスを受けたときなどに起こる．子は母親に食われてしまうことが多く，その場合は近親者食い(syngenophagy)の一例であり，子食い(独 Kronismus)とも呼ばれる．後者は哺乳類や鳥類で知られ，群れをのっとった雄(のっとり雄)が雌の連れている幼い子を殺す場合が該当する．子を殺された雌はその後発情し，のっとり雄と交尾する．子殺しは雌の発情周期を早めて結果的にのっとり雄自身の子(遺伝子)の数を増すように働いている．(⇒きょうだい殺し，⇒適応度)

b **心の理論** [theory of mind] TOM と略記．他者の行動の背景にある心の動きを理解する機能．1978 年に D. Premack が初めてこの用語を用いた．発達初期の乳幼児はまだ心の理論をもたないが，2 歳頃から次第にもつようになるといわれている．*自閉症やアスペルガー症候群などの発達障害には，心の理論が機能しないことにより地球のコミュニケーションの障害がみられるといわれる．チンパンジーなどヒト以外の霊長類も心の理論をもつかどうかについては，まだ結論が出ていない．

c **古細菌** [archaebacteria] 原核生物の中で，リボソーム小サブユニット RNA の相同性により*真正細菌と区別・対比される系統群．C.R. Woese (1977) はリボソーム小サブユニットの RNA の類似性の解析により，メタン生成細菌(現在は*メタン生成菌あるいはメタン生成アーキアと呼ばれる)と他の細菌との類縁性が，細菌と真核生物との類縁性と同程度に小さいこと，すなわち，メタン生成細菌以外の細菌，真核生物が生物の三大グループを形成することを発見した．メタン生成細菌が原始地球の大気に似た組成の水素-二酸化炭素を好んで利用することから，メタン生成細菌群に archaebacteria (古細菌)の名称を与えた．そして，古細菌以外の細菌は eubacteria (真正細菌)と称した．その後まもなくメタン生成細菌のほか，飽和食塩水中に生息する高度好塩菌(*Halobacterium* など)，好熱好酸菌(*Sulfolobus*, *Thermoplasma* など)も古細菌の系統に入ることが明らかになった．さらに 1980 年代に 100°C 以上で生育する超好熱菌を含む多数の古細菌が分離された．当初の系統分析法では無根系統樹しか作ることができず，真正細菌，古細菌，および真核生物の三大生物群とその共通の祖先

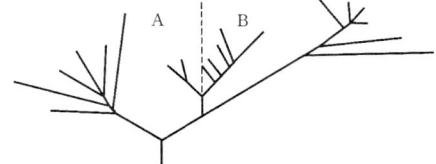

古細菌，真正細菌，真核生物の系統的関係
A：Crenarchaeota 界，B：Euryarchaeota 界
C.R. Woese ら(1990) による

との関係は不明であったが，1989 年に重複遺伝子を用いることにより有根系統樹がつくられ，Woese (1990) はこれを取り入れて新しい系統樹を提案した(図)．これによると古細菌は真正細菌よりは真核生物に近いところに位置していることから，Woese はこの三大生物群に対して分類学上の界(Kingdom)より上の階級としてドメイン(超界 domain)を創設し，さらに古細菌は細菌でない，ということを明確にするために archaebacteria に替えて Archaea (*アーキア)という名称を提唱した．同時に，eubacteria は単に Bacteria (バクテリア)，真核生物(の細胞質部分)を Eucarya (ユーカリア)と称した．(⇒アーキアドメイン，⇒バクテリアドメイン)

d **湖沼型** [lake type] 《同》湖沼標式．湖沼の物理的・化学的あるいは生物学的性質の総合的類型．この概念は A. F. Thienemann (1915), E. Naumann (1917) に始まり，今日広く用いられるような*生物生産と*環境要因とによる類型化は 1921〜1931 年に成立した．日本では吉村信吉(1933)が Thienemann の考えをやや修正して次のように類型化した．(1)調和湖は，生物に必要な条件が適度で，全生産や部分生産が調和を保っているもので，(i)富栄養湖と(ii)貧栄養湖とがある．(2)非調和湖は，生物の生活に不必要な物質あるいは条件が過量にあり，生産は一般に小さく，部分生産は非調和なもので，(iii)*腐植栄養湖，(iv)*アルカリ栄養湖，(v)鉄栄養湖，(vi)*酸栄養湖がある．このほか Naumann は*粘土栄養湖を挙げているが，吉村はその独立性を疑問視した．湖沼型は湖沼の遷移にともなって変化する．

e **湖沼堆積物** [lacustrine sediment] 湖沼の底に堆積した物質．現に湖沼底に存在しても，湖沼以外の状態であったときに堆積したものは含まない．その湖沼中に生育・生息する生物の遺骸からなる自生性堆積物(autochthonous sediment)と，湖沼の流域と外囲から風・水・氷などによって湖沼中に運ばれてくる無機物(砂，火山灰，宇宙塵などを含む)や有機物(生物体，死骸，泥炭など)すなわち他生性堆積物(allochthonous sediment)とに分けられる．自生性のプランクトンや水生植物由来の有機物からなる堆積物は，ユッチャ(gyttja，スウェーデン語で泥の意)と呼ばれる．堆積物は一般に，ベントスの生息場所の状態を決めるものとして重要であり，また湖沼全体の*生物生産における栄養塩類の供給源となっている．また堆積物は，過去の湖沼ならびにその外囲の状況を反映する証拠を含んでいるので，湖沼の過去さらには地球の過去を研究するうえでも重要である．なお，陸水堆積物 (aqueous sediment) には，このほかに河川堆積物 (fluviatile sediment)，沼沢堆積物 (palludal sediment)，洞窟堆積物 (cave sediment) がある．また地質学では，lacustrine sediment は一般に湖成層と訳され，地層として陸上に現れたものについてもいう．(⇒海底堆積物，⇒古生態学)

f **湖沼の群集** [lake community, lake biotic community, lentic community] 湖沼にすむ生物の*群集，すなわち陸水の静水環境(lentic environment)に成立している*水中群集．海洋や河川に比べて閉鎖性が高く，栄養動態の観点からみると*物質循環の内部完結性が高い湖沼生態系 (lake ecosystem) が構成される．海洋のものと類似した生態的区分(⇒海洋生態系)がなされるが，一般に海に比べて水平的にも鉛直的にも規模が小さいので，底生区は植生の存否によって沿岸帯と深底帯に分け，

漂泳区は沖帯とも呼ばれ，*水温躍層形成期には表水層と深水層に分けるのが，一般的である．水種域では有機物の合成・分解に着目して，生産層と分解層に区分することもある．生産層は，植物プランクトンの1日の光合成と呼吸が等しくなる深度，すなわち日補償深度（表面光を100%とした場合の相対光量が1%になる深さまでの層）に相当する．分解層は表面光の1%以下の層と対応する．浅い湖などでは，深水層や深底帯の存在しない場合も多い．なお，沿岸帯にその上にある漂泳区をも合わせたものを，便宜的に沿岸帯と呼ぶこともある．（⇨沿岸帯群集）

a **古植代** [palaeophytic era] 《同》古植物代，シダ植物時代(age of ferns)．植物界の変遷に基づいて三分した最初の時代．地質時代の正式名称ではないが，広義のシダ植物で代表される時代，すなわち古生代後半の*デボン紀〜*ペルム紀前半を指すことが多い．*オルドビス紀中期の苔類様の植物や*シルル紀の原始維管束植物の後，デボン紀にはRhyniaやPsilophytonなどのシダ植物が陸上に広く進出するようになる．デボン紀後期になると，木本のシダ植物や前裸子植物が森林を形成し，さらに*石炭紀〜ペルム紀前期にはリンボクやロボクなどからなるシダ植物の大森林の時代を迎える．この大森林には多様なシダ種子類（裸子植物）も存在した．石炭紀末から地球は寒冷化し，*ゴンドワナ大陸には氷床が発達するようになったが，それに呼応して陸上の植物の地域性が顕著になり，ゴンドワナ，欧米（ユーラメリカ），カタイシアおよびアンガラの四植物地理区を生じた．

b **個人ゲノム** [personal genome] 特定個人のもつ全ゲノム情報のこと．*ヒトゲノム計画が*半数体であるヒトゲノムを決定したのに対し，細胞核に含まれる*二倍体ゲノム，すなわち父方と母方それぞれから受け継いだゲノム配列情報をもつことが期待される．ヒトゲノム計画を民間企業で推進したC. Venterが彼自身の個人ゲノムを2007年に決定したのが最初であり，その後 J. D. Watson，中国人YH，アフリカ人，韓国人などと報告が続いた．当初はゲノムが決定された個人名を公開していたが，子供や両親など，本人の親族のゲノム情報も部分的に明らかにされてしまうので，個人情報保護の観点からも，個人ゲノムを決定した名前は公開しないことになっている．個人ゲノムが多数決定され公開されてゆくと，匿名であっても，そのゲノムがどの個人ゲノムと血縁関係にあるかが解析によって分かってしまうので，個人ゲノム配列データそのものも非公開にする傾向にある．

c **古人骨** [ancient human skeleton, archaeological human remains] 化石人骨ほどには古くなく，考古学の遺跡などから発掘される遺残人骨．化石化の程度はともかく，おおむね完新世の層位から出土する人骨を古人骨と呼び，更新世以前の年代のものを化石人骨(fossil human skeleton)として区別する．古人骨資料は，形態学的あるいは物理化学的な分析によって，過去の人びとの身体特徴・生活・風習などについての多くの情報を引き出すことができるため，先史人類学の方面では極めて有効な研究材料となる．

d **COS細胞** (コスさいぼう) [COS cell] アフリカミドリザル腎(AGMK)由来の株細胞CV-1に，ゲノムDNAの複製起点(*ori*)に欠損があるSV40ウイルスを感染させて樹立した細胞株．CV-1，*ori*，SV40の頭文字をとって命名された．感染ウイルスのゲノムは複製せず，初期蛋白質であるT抗原を産生する．SV40 *ori* をもつベクターはCOS細胞でよく増殖し，感染細胞は死滅するので，ベクターに連結させた外来遺伝子を一過性に発現させ，その産物を解析するのによく用いられる．（⇨SV40）

e **コスティチェフ** Kostychev, Sergei Pavlovich （Костычев, Сергей Павлович） 1877〜1931 ソ連の植物生理学者．発酵の研究から生理生態学の分野に入り，いろいろの植物を種々の環境においた場合の光合成の研究を行い，また土壌細菌による窒素の固定について研究．晩年は，生体内における有機酸の生成の問題を研究し，有機酸は蛋白質代謝の分解生成物であると考えた．

f **コスト** [cost] 《同》支出，損失．投資によってもたらされる，*適応度あるいは*繁殖成功の減少．すなわち，ある行動（投資）がその個体の適応度を減少させるような効果をもつ場合．これに対し，適応度を増加させるような効果をもつ場合は，利益（便益，ベネフィット benefit）とみなす．生物の適応度は，よくこのコスト-ベネフィット関係から論じられる（⇨最適戦略）．しかし，実際にコストとベネフィットが適応度にどの程度の効果を与えているかを直接測定することは極めて困難なので，さまざまなパラメータを代用して検討されるのが一般的である．

g **ゴースト** [ghost] 細胞やファージに適当な処理を行って内部構成物質を除去し，外被構成体だけにした形態．[1] 赤血球を低張液にさらすと，細胞膜の一部が破壊されて内部成分が流出（溶血）したのち開口部の閉じた形態をつくる．比較的純粋に得られる細胞膜として物理化学的・生化学的研究に頻用される．[2]《同》形態細胞，幻影細胞．細菌をおだやかな処理によって殺したときに残る形態．リゾチーム・核酸分解酵素，適当な溶剤（サポニン・胆汁酸類・尿素・ドデシル硫酸ナトリウムなど），低浸透圧液で処理あるいは自己分解を起こさせたときなどに残る．電子顕微鏡像は嚢状であり，化学的には脂質性のもの，リポ蛋白質・リポ多糖，あるいは蛋白質ないしポリペプチド性のもの，あるいはそれらの高次の複合体などを含む．[3] T偶数ファージを高張液から急激に低張液に移すと頭部内のDNA・蛋白質が漏出し，ファージ粒子の形態だけが残る．ゴーストが細菌に吸着するとある種の*コリシン様の致死作用を示し，高い多重度で吸着させると*リシス・フロム・ウィズアウトを引き起こす．

h **互生** [*adj.* alternate] [1]《同》互生葉序(alternate phyllotaxis)．一つの節に1枚ずつ葉のつく*葉序の形式．*開度がほぼ一定の*らせん葉序（裸子植物，単子葉類以外の被子植物の多くなど），および開度が180°で二列互生葉序（二列生，二列縦生 distichous phyllotaxis，単子葉植物の多くなど）が最も一般的な互生で，栄養葉（⇨胞子葉），*花序，*球果などにひろく見出される（⇨葉序[図]）．このほか，異なる幾種かの開度が周期的に現れてくるコクサギ型葉序(180°，90°，180°，270°の周期で，四列super生)やブナ型葉序(90°，270°の周期で，特殊な二列縦生)なども存在する．また，和が360°にならない2種の開度が交互に現れる場合は，二列斜生葉序（二列らせん階段型葉序 spirodistichous phyllotaxis）という．真正双子葉類のシュート形成は通常*対生葉序で始まるが，多くの場合茎の展開につれて

二列互生葉序またはらせん葉序へ変わるうえ,単子葉類では大部分の場合が互生なので,現在のところ最も高い頻度で植物界に見られる形式といえる. そのため, 系統的にも互生がすべての葉序の基礎となるとも考えられてきたが, 一方に古い形質を保存しているとみなせる花や*前出葉, 化石植物などに互生の例が少ないので, 逆の見解も成り立つ. [2] *花葉の配列において, 輪生配列する2段の花葉が互い違いの向きにつく状態をいう.

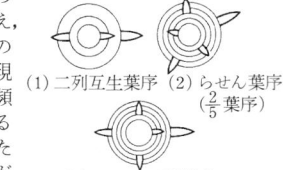

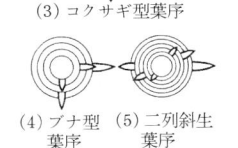

(1) 二列互生葉序　(2) らせん葉序 ($\frac{2}{5}$ 葉序)
(3) コクサギ型葉序
(4) ブナ型葉序　(5) 二列斜生葉序

a **古生菌類** [ラ Archimycetes]《同》古生ツボカビ目 (Myxochytridiales). 菌類のツボカビ綱の一部と, ネコブカビ目からなる一群に対する旧名. E. Gäumann (1926)の提唱で, 栄養体は細胞壁のない裸の細胞で, 全実性, 他の植物の細胞内に入って寄生するものと定義された. 現在のツボカビ類のうちのフクロカビ科 (Olpidiaceae) やサビツボカビ科 (Synchytriaceae), および現在の卵菌類のフクロカビモドキ科 (Olpidiopsidaceae) などを含む (ただし, 後にはフクロカビモドキ科は除外された). 古生菌類は系統的に異なる菌類を集めたものとして, 独立した分類群としては認められず, フクロカビ科やサビツボカビ科は現在のツボカビ綱に置かれる. ネコブカビ目は粘菌類に含まれるようになったが, 粘菌類とは別に独立群とすることもある.

b **古生代** [Paleozoic era] *先カンブリア時代に続く, 約5.4億年前から2.5億年前にわたると推定される地質時代. J. Phillips による命名. 古生代は下位から*カンブリア紀, *オルドビス紀, *シルル紀, *デボン紀, *石炭紀, *ペルム紀に六分されている. カンブリア紀には「カンブリア爆発」と呼ばれる生物の爆発的な放散が知られている. シルル紀までを前期古生代(下部古生界), デボン紀以後を後期古生代(上部古生界)として区分することもある. 世界各地で, シルル紀後期からデボン紀初期とペルム紀の末期に造山運動が知られている. アメリカでは特に石炭紀を二分して下部のミシシッピー紀 (Mississippian period) と上部のペンシルヴァニア紀 (Pennsylvanian period) とを設けている. 古生代を通して気候は温暖であったが, オルドビス紀末期, 石炭紀, ペルム紀には南半球のゴンドワナ大陸を中心に氷期があったことが知られている. オルドビス紀末期の氷期には顕生累代で2番目に大きな生物の大量絶滅が知られている. 植物は主に菌類, 藻類およびシダ植物が栄え, 動物は主として海生無脊椎動物, なかでも*床板サンゴ類, *四放サンゴ類, *層孔虫類, *海リンゴ類, *海ツボミ類, *オウムガイ類, *三葉虫類, *筆石類, *腕足動物などが非常に繁栄した. オルドビス紀の中頃には世界最古のサンゴ礁が形成されている. 脊椎動物としては魚類がオルドビス紀に, 両生類がデボン紀に, さらに爬虫類が石炭紀にそれぞれ出現しているが, 鳥類や哺乳類は知られていない. また, ペルム紀末には, 玄武岩質火山活動の活発化や海水準の低下などにより顕生累代最大の大量絶滅事変が起こった.

c **古生態学** [paleoecology] 各地質時代における生物の生態を明らかにすることを目的とする科学. 従来はある地層中の生物化石を同定し, 現存する同一の種ないし類縁の群の現生生物の生態や生息環境が, 過去にも適用可能であると仮定して, 過去の生物 (古生物) の生態や生息環境を推測復元することに重点がおかれていた. しかし, この仮定がどこまで厳密に成立するかには問題があり, また古環境を化石以外の資料から推測する方法も進歩してきたので, 現在ではそのようにして示される古環境と化石として残る古生物との関係を明白にすること, いいかえれば, 過去における個々の生物の生態・行動や生息環境を復元することが, その主要な目的になってきている.

d **個生態学** [autecology] それぞれの種の生態と環境要因との関わりあいを研究する*生態学の一分野. 群生態学 (synecology) の対語として, C. Schröter と O. Kirchner (1902) の造語という. 一時は個体を対象とするものに限定され, 個体生態学と訳されたこともあるが, これは誤用である. 生理生態学・個体群生態学や行動生態学もこの中に含まれる. この場合, 広義の個体群生態学と同じ. まれには, 種生態学 (species ecology) と呼ぶこともある.

e **古生物学** [paleontology] *地質時代に生存していた生物, すなわち古生物 (paleobios) の構造, 分類上の位置, 類縁関係, 系統関係, 生息環境, 生活様式, 地理的分布, 生存期間など, あらゆる問題を考究し, それによって生物界変遷の様式を明らかにすると同時に地球表層環境と生命の相互作用の歴史を探る科学. 古生物学は現生生物学 (neontology) と対応する. また, 層位学 (層序学 stratigraphy, ⇒生層位学), 解剖学, 進化学などとは特に密接な関係にある. 古生物学はその研究対象から古植物学 (paleobotany) と古動物学 (paleozoology) に分けられる. 古動物学はさらに古無脊椎動物学 (invertebrate paleozoology) と古脊椎動物学 (vertebrate paleozoology) の2分野に大別されるのが一般的である. 化石人類の研究に対しては古人類学 (paleoanthropology) の語がある. その他, 糞の化石すなわち糞石を研究する化石糞学 (coprology) や, 足跡の化石 (ichnite) を研究する化石足痕学 (ichnology) のように, *生痕化石を対象とする分科もある. 古生物を生物学の立場から研究する学問を純古生物学 (paleobiology) と呼び, 生態, 発生, 遺伝, 進化などを対象とする. (⇒微古生物学, ⇒古生態学)

f **古生マツバラン類** [psilophytes ラ Psilophytopsida, Psilopsida]《同》プシロフィトン類. 緑色植物維管束植物で, 維管束植物の原型を含む原始的なシダ植物の一群. 外形は現生のマツバラン類に似るが分子系統解析から直接の系統関係はないことが明らかになっている. すべて化石種で, シルル紀〜デボン紀中期の古生代に繁茂し, 欧米に多く発見されており, 南アフリカやオーストラリアにも知られている. 形態は簡単だが, 毛状体から小葉の進化, 分枝系の発達から大葉への進化といった維管束植物の体制進化を考える上で重要な形態的特徴をもつ. また根は未発達である. 現在, 形態の最も簡単な種は棒状二又分枝の Cooksonia (シルル紀中期〜デボン紀前期) である. 日本には産しない. 胞子嚢は二又分枝した茎の先端に形成されるが, Horneophyton では*蘚

類に似た軸柱を生ずる．なお Psilopsida の語は現生類を含めて使われてきたものなので適切ではない．さらに現在では，古生マツバラン類を一つのグループとして扱わず，リニア植物門，ゾステロフィルム植物門，トリメロフィトン植物門の3門に分けるのが一般的である．また，Horneophyton など一部の属は非維管束植物と考えられており，古生マツバラン類から除かれている．

a **古赤道植物分布** [palaeo-equator distribution of plants] 古い時代に赤道のあった位置に沿って分布していたと解釈される植物の分布．ドクウツギにみられるように，日本と南アメリカに類縁の近い植物が生育していることをヒントに，前川文夫(1968)が提唱した．しかし，分子系統解析から，ドクウツギ属の分布をこの説で説明することに否定的な結果になっている．

b **枯草菌**(こそうきん) [*Bacillus subtilis*] 《同》ズブチリス．*バチルス属の基準種 *Bacillus subtilis* の和名．土壌・枯草・塵埃中など広く自然界に分布する好気性従属栄養細菌である．細胞は長さ $2〜3\mu m$ のグラム陽性桿菌で，環境により細胞の中央に芽胞(内生胞子 endospore)を形成する．芽胞は熱・乾燥・放射線・化学薬品などに対して強い耐性を示し，長期にわたって休眠状態を維持する(⇒胞子形成)．早くから*形質転換の現象が発見され，簡単な培地に生育できるので，分子遺伝学，組換え DNA 実験などの研究に広く用いられている．枯草菌はまた細胞外酵素のアミラーゼやプロテアーゼなどの生産菌として応用微生物学上重要であり，最近では遺伝子工学の材料としても広く利用されている．納豆を生産する納豆菌としても知られている．(⇒バチルス)

c **枯草熱**(こそうねつ) [hay fever] 《同》花粉症．かつて，牧草の乾草を作る季節に再発を繰り返すくしゃみ，鼻水，鼻詰まりを称した．病態は花粉による即時型アレルギー反応であり，現在では*花粉症と呼ばれる．

d **個体** [individual] 原則としては，空間的に不可分の単一体をなし，生活のために必要にして十分な構造と機能をそなえたもの．しかしそのような個体が集合し接着して*群体をなす場合には，しばしば*個体性が不明瞭になる．多細胞生物でも，植物は栄養体生殖をすることが多いので，同様の問題が起こる．

e **個体距離** [individual distance] 《同》個体間距離．特別な関係にない同種他個体の存在が*攻撃や回避を起こさせる個体の間の距離．基本的には種によって決まっているが，季節や情況によっては変動する．人間の場合には個人距離(personal distance)といい，約1m弱である．交尾・育児・闘争などの際には，個体距離は0になるが，それ以外の場合には個体距離を保つ動物を非接触性動物(non-contact animals)といい，大部分の動物がこれに属する．これに対し，ほとんどつねに個体距離が0であって，同種他個体と接触しあっている動物(セイウチ・カバなど)を接触性動物(contact animals)という．(⇒社会距離)

f **個体群** [population] 《同》集団．ある空間を占める同種個体の集まり．概念的には，その内部では交配や種々の相互作用を通じて個体間に密接な関係があり，同種の他の個体群とは多かれ少なかれ隔離された地域集団であると定義されることが多く，*出生率・*死亡率・移出入率・*個体群密度・*分布様式・*齢構成・性比・遺伝的構成などの属性によって特徴づけられる．個体群は種の具体的な構成単位であるが，一つの*生息地を占める小地域的な個体群や，そのいくつかを含むより大地域的な個体群など，対象とする問題に応じて種々のスケールで取り扱うことができる．また便宜的に，任意に区切られた地域内の個体の集まりや，特定の発育ステージのものだけの集団を，個体群と呼ぶこともある．自然条件下にすむ自然個体群(natural population)を，人為的に設定された実験個体群と区別するときには，特に自然個体群と呼ぶ．なおかつて，ある地域に生息する2種以上の個体の集合を個体群あるいは異種個体群と呼んだことがあるが，現在は使われない．また population は個体数をも意味し，人間については人口と訳されている．(⇒集団，⇒個体群生態学)

g **個体群生態学** [population ecology] *個体群についての*生態学．通常は一つの種の何らかの意味での地域集団が対象となる．生物の個体数についての科学という面があり，個体数(個体群密度)，空間パターンとその変化の記載ならびに変動要因の解明に重点がおかれる(⇒個体群動態論)．例えば，侵入生物の広がり，個体数の変動，集団の絶滅などが対象となる．また，個体数の変動機構を扱う場合，特に実験個体群においては，2〜3種を一つの系とみなして取り扱う．

h **個体群成長** [population growth] 個体群の個体数が時間とともに増加すること．好適な環境条件下において他種の影響なしに増殖する個体群では，もし空間や食物供給量などの生活に必要な資源(resources)に制限がなければ，個体数は指数関数的に増大し，初期個体数を N_0 とすれば，t 時間後には $N_t=N_0\exp(rt)$ となることが期待される．r は瞬間増加率(instantaneous rate of increase)で，環境条件が恒常で個体群の*齢構成が安定していれば一定値となり，与えられた環境下におけるその種の最大可能な増加率すなわち内的自然増加率(intrinsic rate of natural increase, innate capacity for increase, ⇒増殖率)を示す．このような成長パターンは，T. R. Malthus(1798)が最初に示唆したので，マルサス的成長(Malthusian growth)と呼ぶことがあり，r をマルサス係数(Malthusian parameter)ともいう．しかし，実際には空間や食物量などに制限があるために増加率は個体数が増すにつれて低下し，個体群の成長はS字状曲線(sigmoid curve)を描いて，やがて上限に達する．この過程を P. F. Verhulst(1838)や R. Pearl と L. J. Reed(1920)は*ロジスティック曲線によって表現した．これは，微分形では $dN/dt=rN(K-N)/K$ と表される．K は個体数上限の漸近値で，飽和密度(saturation density)あるいは*環境収容力と呼ばれ，その値と個体数 N の差によって r の実現される割合が規定されることになる．ロジスティック式は密度依存的な増殖抑制過程を最も簡潔に表した式であり，実験条件下におけるさまざまな生物の個体群成長の過程を近似的に表現できるので，個体群動態の数理的考察の基礎としてよく用いられる．また経験式としてはゴンペルツ曲線(Gompertz curve)など，他にもいくつかの形式のものが提案されている．

i **個体群動態論** [population dynamics] 個体数や*生物体量を主要な指標として，*個体群の時間的・空間的な変動の機構を明らかにしようとする生態学の分野．*個体群生態学の主要な部分を占めている．人口問題，水産資源の管理，野生鳥獣の保護，有害生物防除などの理論的基礎としても重要視されている．(⇒自然制御，

⇒密度調節)

a **個体群の絶滅** [population extinction] 野外の個体群がさまざまな要因が働いて消滅すること．まずは，生育地の破壊，外来競争者・寄生者・捕食者の侵入，環境条件の劣化が働いて個体数を小さくする．次に特に小さな個体群が，個体数が少なくなるほど強さを増すさまざまな絶滅要因の作用によって消滅する．そのような絶滅要因には次のようなものがあげられる．(1)遺伝的劣化：*近交弱勢は，近親者同士で交配することにより，劣性の有害遺伝子がホモ接合になる確率が高まることによって現れる．(2)弱有害遺伝子の蓄積：*遺伝的浮動により弱有害の突然変異遺伝子が野生型遺伝子に置き換わった遺伝子座がしだいに増えていくことで生じる(マラーのラチェット，⇒遺伝的荷重)．(3)人口学的ゆらぎ：小さな集団においてさまざまな生活史特性が期待値(大集団における性比や生存率などの本来の平均値)からしばしばずれるために個体数が激減する．これらの要因に対し，環境変動の効果は，個体群の大きさとは無関係に働く絶滅要因である．このように小さな個体群は消滅しやすいので，生物集団の保全をはかる場合は，十分な大きさの個体群を保持する必要がある．

b **個体群密度** [population density] 《同》個体密度, 生息密度．ある*個体群の単位空間当たりの個体数あるいはその指標としての*生物体量．単位空間としては，面積・容積などの物理空間のほか，1本の植物・枝・葉・糞塊などの生息地単位(habitat unit)を用いることも多い．また単位空間当たりの真の密度(絶対密度 absolute density)を推定することが困難な場合には，一定の方法(例えば定時間採集や各種の誘引トラップ，すくい網法)による捕獲数などを用いて，相対密度(relative density)として示すことが多い．またある地域の総面積に対する密度を粗密度(crude density, lowest density)，実際の生息地に対するそれを経済密度(economic density)あるいは生態密度(ecological density)と呼んで区別することがある．競争や協同など生物個体間の相互作用の強さを表すには，個体群全体での平均密度ではなく各個体の近傍における局所的な密度がより適切である．この局所密度のことを平均こみあい度(mean crowding)という．

c **古第三紀** [Paleogene] *新生代の前半，暁新世(Paleocene)，始新世(Eocene)，漸新世(Oligocene)からなる区分．*白亜紀が終わり新生代の始まる6550万年前から2300万年前までに相当．白亜紀/古第三紀境界では，小惑星衝突が原因と考えられる大量絶滅が起きた．この時，陸上では恐竜は絶滅したが，小型の哺乳類は生き延び，古第三紀に多様化した．恐竜から進化した鳥類も生き残り繁栄した．同時に，海ではアンモナイト類が絶滅し，浅海の動物や表層水に生息するプランクトンも科のレベルで絶滅，生き残った種から進化し多様化していった．浮遊性有孔虫の場合，形態的な回復に500万年を要した．暁新世/始新世境界(5580万年前)では短期間(温暖期は1000年間，継続期間は10万年間)の極端温暖化事変が起き，その結果海洋酸性化や貧酸素化が起き，海洋底生生物の絶滅事変が起きた．原因はアイスランド付近の火山活動と関連するとされ，大陸斜面堆積物中のメタンハイドレイトの融解放出が疑われる．この頃，陸上では霊長類が出現した．始新世/漸新世境界(3370万年前)には寒冷化が起き，南極大陸に氷床が現れた．始新世から漸新世にかけて，南極大陸からオーストラリア大陸と南アメリカ大陸とアフリカ大陸が離れ北上，南極大陸が孤立した．気候的には，古第三紀は，白亜紀中期の最温暖期から*新第三紀中頃以降の寒冷期の中間であり，氷床のない地球から氷床のある地球への移行期にあたる．古第三紀の長期温暖化のピークは始新世の中期(約5000万年前)にあった．

d **個体数推定** [estimation of population size, population estimation] *個体群を構成する個体数を推定すること．個体数の変動に伴って個体群の占める地域は多少とも変化する場合があるから，単位空間当たりの平均個体数すなわち*個体群密度と個体群の総個体数とは必ずしも比例しない．しかし個体数変動も密度を指標にして論じることが多いので，密度推定なる語もほぼ同義に用いられる．推定法は大別して*区画法，*除去法，*標識再捕法，*距離法に分けられ，ほかにも生物群に応じて種々の方法が考案されている．また真の個体数(あるいは絶対密度)を推定することが困難な場合には，単位時間当たりの捕獲数など相対密度によって個体数の多少の目安にする．

e **個体数ピラミッド** [pyramid of numbers] 《同》エルトンのピラミッド(Eltonian pyramid)．*食物連鎖を構成する各種類の個体数を図形で表示したもの．一般に下位(食われる方)のものほど多いので，その数を横軸にとって積み重ねると，ピラミッド形の図形に表すことができる．C. S. Elton (1927)が，食うものは食われるものよりも体が大きいことと合わせて指摘した．ただし，森林における植物と植食昆虫の間とか，とりわけ寄生連鎖においては，個体数で描いたピラミッドは逆向きに，上ほど大きくなる．そこで，*栄養段階の順に*生物体量や*生産速度を積み重ねた生物体量ピラミッドや生産速度ピラミッド(pyramid of production rate)が考え出された．特に生産速度は，熱力学の第二法則に従って，移動のない閉鎖系の定常状態に関するかぎり，必ずピラミッド形となる．(⇒生産効率)

f **個体性** [individuality] *個体であること．単細胞生物もそれぞれ個体であるが，個体性が特に重大な意味をもつのは多細胞生物の段階においてである．また，生物体が細胞・組織・器官のように階層構造をとり，かつ各部分間は密接な関係を保って統合され個体性を成立させていることをオルガニゼーション(organization, 体制，有機構成)と呼ぶ．また単細胞あるいは多細胞の生物の*群体において，個体性はしばしば問題になる．例えば，コケムシの群体は「個体性が明瞭」である(独 individualisiert)が，珪角海綿類の群体は「個体性が不明瞭」であるなどと表現される．

g **古代DNA** [ancient DNA] 《同》化石DNA (fossil DNA)．過去の生物またはウイルスに由来するDNA．古い時代の化石に含まれるDNAだけでなく，ミイラやインフルエンザウイルスなどの考古学的あるいは病理学的サンプルに由来するDNAも含まれる．古い時代のDNAほど断片化が進み，加水分解や酸化で損傷している．また，化石中には外界より混入したDNAが多いので注意を要する．一般に10万年以上前の古代DNAの報告は信頼性が低い．最初に塩基配列が決定された古代DNAは，クアッガという絶滅したウマの剥製からとられたもの(1984)．その後，先史時代のヒトや絶滅した巨大な鳥モアなどで古代DNAの塩基配列が決定され，

マンモスゾウやネアンデルタール人では古代 DNA のゲノム解析も行われている．

a **個体淘汰** [individual selection] 《同》個体選択．集団内の異なる遺伝子型の適応度が異なることによって起こる自然淘汰の基本的な様式．個体淘汰は個体の適応的な性質の進化をもたらす最も重要な過程であるとする見解が一般的である．個体の性質が種の保存や維持のために進化したのではないという見解は，個体淘汰が種レベルの淘汰よりも有効であるということを論拠にしている．（⇒群淘汰，⇒自然淘汰，⇒適応，⇒淘汰の単位）

b **個体発生** [ontogenesis, ontogeny] *発生と同義．*系統発生との対比で用いられ，ともに E. H. Haeckel (1866) が提唱した語．

c **個体ベースモデル** [individual based model, agent based model] 集団を構成している各々の個体に，固有のさまざまな特性を組み込み，他個体との相互作用や物理的環境からの影響を考慮に入れ，できるだけ現実的な状態に近づけて行うシミュレーションモデル．社会現象を扱う場合には，エージェントベースモデルと呼ばれることが多い．数理的解析が困難で複雑な現象に対する思考実験である．生態学の現象を司る基本的な単位である個体の成長・繁殖・死亡，さらに環境への適応を通し，彼らが属する集団を特徴づける．また，各々の個体にそなわった固有の性質として，単純化した遺伝的情報，年齢，体サイズなどを考えることが多い．また，外的な環境として，空間的に非一様な物理的環境を考えたり，すぐ近くの個体どうしで相互作用する場合などに，空間的配置も個体の将来を決定するための重要な要素となる．個体ベースモデルは，実際の観測データとの比較が行いやすく，生態学や感染症などの数理モデルとして用いられることも多い．特に，近年のコンピュータの性能の飛躍的な向上により広く用いられるようになった．

d **固着器官** [adhesive organ, holdfast organ] [1] 一般に固着あるいは付着生活をする生物が他物に体を付着させる機能をもつ構造物の総称．固着器，付着器，粘着器などの語もあてられる（⇒付着生物）．[2]《同》吸着器官．単生類・吸虫類・条虫類などの寄生動物が宿主の体表や消化管などに体を固着させるための構造の総称．*吸盤，吸溝，吸葉，固着盤，把握器，鉤，顎嘴，吻，触手などがあり，これらのうちのいくつかを組み合わせたものもある．[3] [cement gland, cement organ] 脊椎動物のうち，原始的硬骨魚や両生類の幼生に見出される固着のための器官の総称．粘液細胞をもつ．

三代虫 (*Gyrodactylus japonicus*)
固着盤
鉤
F_3 F_2 F_1

e **固着盤** [adhesive disc, opisthaptor] 《同》吸着盤．一般に種々の付着生物の円盤状固着器官．例えば外部寄生性の扁形動物単生類では，鉤や吸盤を多数そなえることがある（図）．

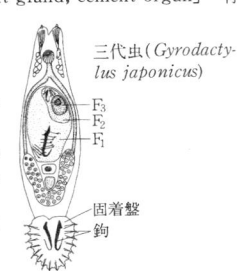

f **個虫** [zooid] 群体を構成する個体．*多型性群体では，機能・形態の分化が見られる．ヒドロ虫類の場合はポリプ，コケムシ類では虫体 (polypide) とも呼ばれる．（⇒群体）

g **骨化** [ossification] 《同》化骨．*骨組織の生成過程をいい，狭義には*骨芽細胞により*骨基質に石灰沈着の起こること．次の2形式がある．(1) 軟骨内骨化 (endochondral ossification)：まず軟骨性の前駆体が形成され，それがさらに骨組織で置換されるもので，脊椎動物の内骨格要素の骨化初期で見られ，このようにしてできた骨を軟骨性骨 (cartilage bone)，もしくは一次骨（置換骨 replacing bone）と呼ぶ．(2) 膜性骨化 (membranous ossification) または繊維性骨化 (fibrous ossification)：*骨膜あるいは軟骨原基の軟骨膜に，直接骨組織が形成されるもの．この型によって生成した骨を膜性骨あるいは膜骨 (membrane bone)，また結合組織骨（独 Bindegewebesknochen）といい，脊椎動物の外骨格成分の組織発生，内骨格要素の後期発生過程がこの型．つまり，頭蓋の被蓋骨（二次骨）の形成には膜性骨化だけが観察され，他の骨形成には両者の型が見られる．膜性骨化の場合，骨芽細胞が，軟骨芽細胞や繊維芽細胞が二次的に転化したものか，あるいは周辺の未分化細胞より直接分化したものかについては問題が残る．骨芽細胞はしだいに自身の形成した*膠原繊維や石灰沈着を伴った基質に埋まり，*骨細胞となる．骨芽細胞による骨化が進められる一方では，単球起源とされる多核の*破骨細胞が繊維や基質を食作用によって破壊し，両者の相反する働きが同時に進められることにより，骨の成長，骨の再構築による緻密化，Ca や P の血中レベルの調整などが行われる．破骨細胞の刺激および抑制には，それぞれ*副甲状腺ホルモンと*カルシトニンが関与する．

h **骨格** [skeleton] 動物体の支持あるいは保護の機能をもち，かつ，一般に筋肉の付着点となる堅固な構造．皮膚の付属物として体の外側をおおうものを外骨格 (exoskeleton) または皮膚骨格 (dermal skeleton, 広義) といい，軟体動物の*貝殻，節足動物のキチン質の外層，棘皮動物の甲板などがあり，さらに脊椎動物の体表の*鱗や*甲も一種の外骨格と見なしうる．外骨格に対し，脊椎動物に見られるような体内の骨格を内骨格 (endoskeleton) といい，中軸骨格や外肢骨などからなる．なお，有孔虫の殻や海綿の*骨片なども，筋肉の付着点ではないが体内の支持構造である点で，内骨格ということがある．

i **骨格筋** [skeletal muscle] 脊椎動物の骨格の可動性部分に付いていて肢体の姿勢や運動にあずかる筋肉．すべて*横紋筋で，原則として随意筋．典型的には紡錘形をなし，筋周膜や筋膜に包まれ，両端は原則として腱を介して骨に固着する．体軸に対し近位の接着部を起始点 (origin)，遠位のそれを付着点 (insertion) と呼ぶ．体部により背側筋・腹側筋・体幹筋・外肢筋などに，また作用様式に応じて屈筋・伸筋・回転筋 (rotator)・挙筋 (levator)・牽引筋 (retractor)・括約筋・散大筋などに区別される．骨格筋の多くは1個の関節にまたがる一関節性筋（独 eingelenkiger Muskel) であるが，二関節性筋（独 zweigelenkiger Muskel) や多関節性筋（独 mehrgelenkiger Muskel) もある．発生学的には，*筋節に由来する体節筋 (somitic muscle) と咽頭中胚葉に由来する鰓弓筋 (branchial muscle)，さらに頭部中胚葉に由来する外眼筋 (extrinsic ocular muscle) を区別する．広義には，皮筋・肛門括約筋など骨格に付かない横紋・随意筋をも含む．無脊椎動物で骨格筋が発達しているのは外骨格をもつ節足動物で，クチクラが内向きに突出し，脊椎動物の腱に似た内突起 (apodeme) をつくり，骨格筋繊維の付着

骨格筋ポンプ [muscle pump] 骨格筋の運動が静脈を圧迫することによって，静脈内の一方向の血流を保つ機構．この機構には静脈に存在する逆流を防ぐ弁が重要である．特に大形の動物では重力の効果(gravitation effect)によって身体の下部にかなりの静水圧がかかるため，何らかの代償作用がなければ，体液が身体下部に蓄積し，心拍出量・脳血流量の低下による障害が起こる．ヒトでは立ち上がった際に頸動脈洞および大動脈弓の圧受容器からの反射により，心拍動数が増加し細動脈が収縮することにより心拍出量・血圧が維持されるが，その機能が追いつかないと一過性の脳貧血(いわゆる立ちくらみ)などを起こす．しかし長時間じっと立っていると，身体下部に組織液が蓄積して浮腫を生じ，ときには卒倒に至る．背の高いキリンでは，重力効果により脚の血管内圧が極めて高くなるにもかかわらず，脚の皮膚と筋膜が強固であることと骨格筋ポンプの作用効率がよいために，くるぶしに浮腫を生じない．そして平均動脈圧が高く弁が頸静脈にあるために，長い頸部の上にある頭部に十分血液が供給される．キリンが水を飲むために頭を下げるときには，顎の筋肉運動により血液は頸静脈を通って胸部に押し上げられ，頭部に血液が蓄積しないと考えられる．なお，高速の航空機では飛行中強い加速重力が生じ，その影響を防ぐ防護服(耐Gスーツ)などが考案されている．

骨格計測 [osteometry] *生体計測と同じ目的から骨格を計測すること．骨格は生体に比べて正確で詳細な計測が可能である．計測器具は生体の場合とほぼ同一であるが，角度測定など骨格計測だけに用いられるものもある．ヒトの場合，多くの計測項目は R. Martin の 'Lehrbuch der Anthropologie'(1928)に準拠したもの．最近ではデジタイザーを用いた三次元計測も普及．(⇒頭骨計測)

骨隔壁 [scleroseptum] 《同》隔板．花虫類イシサンゴ類の胃腔に見られる，足盤の表皮層が分泌した炭酸カルシウム性の垂直な板状構造(⇒ポリプ)．放射状に配列し，*肉隔壁の間(外腔および内腔)に進入している．この板状構造を骨隔壁と呼び，その硬い組織をサンゴ組織(coral tissue)，硬組織(sclerenchyme)，硬皮(scleroderm)などと呼ぶ．骨隔壁の発生は，まず足盤下に水平な円盤状の底板(basal plate)を生じ，その上に放射状に最初6枚(またはその倍数)の垂直の骨隔壁ができる．各骨隔壁の間の空所を間隔板腔(interseptal cavity)と呼ぶ．骨隔壁の外端は互いに直角方向に延び相連なって円筒状あるいは多角形状の萼壁(theca)を作る．さらにその外方に，柱状部の表皮層から外萼(上萼・周萼 epitheca, exotheca, peritheca)が作られる場合もある．骨隔壁の内端がポリプの中軸部において合一して1本の*軸柱(内柱)または数個の炭酸カルシウム性の棒の環列すなわち，杭(pallus)を作る場合もある．絶滅した床板サンゴ類では床板(平板 tabula)と呼ぶ水平板が，間隔板腔を分割する特徴がある．

骨芽細胞 [osteoblast] *骨基質を合成・分泌し，さらに基質に Ca, Mg イオンなどの無機塩を沈着させることにより*骨組織の石灰化を行う能力をもつ細胞．骨化などによって骨の新生が行われている部位に見られる．骨基質中で，類骨に面し，隣接する細胞と密接して1層に配列する．骨形成が進行した状態では，自らが形成した骨組織の中に埋め込まれ*骨細胞となる．外形や形態は機能状態やホルモンなどの影響により変化．骨形成が活発なときの細胞は形成期骨芽細胞(formative osteoblast)と呼ばれ，立方形あるいは円柱状の外形を示し，細胞質は塩基性色素で濃染する．細胞内には粗面小胞体，ゴルジ体，ミトコンドリアなどが良く発達し，プロコラーゲン(procollagen，コラーゲンの前駆物質)の分子を含む*分泌顆粒が多く存在する．休止期骨芽細胞(resting osteoblast)では細胞は扁平になり粗面小胞体やミトコンドリアは減少する．形成期および休止期はさまざまな刺激や環境の変化によって互いに移行する．骨芽細胞は隣接する細胞や骨組織に向かって細胞質突起を伸ばして骨細胞などと*ギャップ結合をなし，これによって Ca イオンはじめさまざまな物質を移動，さらにホルモンなどの刺激を骨組織を構成している細胞に速やかに伝達する．(⇒骨細胞)

骨化中心 [ossification center] 《同》骨化点(独 Ossifikationspunkt)．*骨組織の発生過程において，最初に1ないし数カ所で*骨化がはじまる部位．骨化は将来の骨の全域にわたって同時に進行せず，骨化中心からしだいに周辺に及ぶ．典型的な哺乳類の*長骨において，原則として骨化中心は骨幹部と両骨端部の計3カ所に見られる．

骨基質 [ground substance of bone, bone matrix] 骨組織の基質．*骨芽細胞により合成・分泌され，成分の50〜60%は Ca および P などを主体とした無機質からなり，この大部分はヒドロキシアパタイト($Ca_{10}(PO_4)_6(OH)_2$)の結晶構造をとる．残りは有機質で，その主成分は*コラーゲン(I型が最も多い)．このほかに多糖類，リン蛋白質，グラ蛋白質(gla-protein)などが含まれる．骨基質のうち石灰化が進んでいないものを類骨(osteoid)という．骨基質の，骨芽細胞をおさめている小腔を骨小腔(骨小窩 bone lacuna, lacuna)あるいは骨小体(bone corpuscle)，骨小嚢(bone capsule)と呼び，骨細管で隣接する小腔とつながる．(⇒骨細胞)

コック Кок, Bessel 1918〜1979 アメリカの植物生理学者．オランダの生まれ．低光強度下での光合成酸素発生収率の変化(コック効果)を発見(1949)して呼吸に対する光の影響の重要性を指摘し，また，光合成光化学系 I の反応中心色素 P700 を発見，さらに酸素発生系の4段階モデルを提案し，酸素発生系の機構解析を大きく進めるなど光合成初期過程の研究で多くの業績を挙げた．

コック効果 [Kok effect] 光合成の*量子収量が光*補償点付近で見かけ上変化するように見える現象．B. Kok(1949)が見出した．これは呼吸が光により促進されるためで，実際の光合成の量子収量は変化していない．

コッコイド [coccoid] 《同》球状．単細胞不動性の生物の状態，体制を表す用語．原核生物や藻類，菌類などの細胞形態を表すために用いる．一般に球形で細胞壁に覆われるが(例：クロレラ)，さまざまな形のものや細胞外被を欠くものを指す場合もある．

骨細胞 [bone cell, osteocyte] 骨小腔に存在し自らが分泌・形成した*骨基質に埋没した*骨芽細胞．骨細胞は骨小腔から出ている骨細管(骨小管 bone canaliculе)内に細い細胞質突起を伸び出しており，隣接する細胞の突起と連絡している．このことにより骨組織全体

が一団として機能することができる．骨組織に加わるさまざまな刺激・情報や無機塩などは骨細胞を通して伝達される．さらに骨細管は血管とも連絡している．この細胞には以下の*細胞周期が見られる．(1)形成期:骨基質蛋白質を合成し分泌する細胞の周囲は類骨(osteoid)が沈着．(2)吸収期:細胞内には骨基質の吸収に関係している*リソソームが増加，類骨はなく周囲の骨組織の無機塩は吸収されている．(3)変性期:細胞は萎縮，あるいは空胞変性に陥る．骨細胞は*副甲状腺ホルモン，*カルシトニンのレセプターをもち，血中 Ca イオン濃度の恒常性に関係している．すなわち，血中 Ca イオン濃度が低下すると周囲の骨組織から Ca を遊離させ，血中 Ca イオン濃度を高めるとされる．骨細胞によって生じる骨溶解は骨細胞性骨溶解(osteocytic osteolysis)と呼ばれる．(⇨骨芽細胞，⇨ハヴァース系)

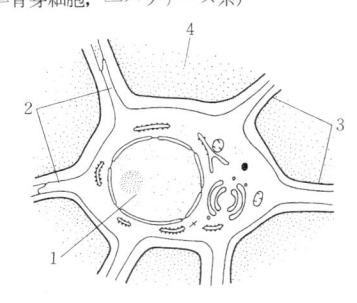

1 骨細胞の核　2 細胞質突起　3 骨細管
4 石灰化した骨．骨細胞が入っているスペースが骨小腔

a **骨針** [radial spine] 《同》軸針，棘針(spicule)．*放散虫類の骨格を構成する要素のうち細長く針状のもの．細胞を覆う籠状や球状の骨格と結合していることもある．規則正しく配列しており，特にアカンタリア類(例:Acanthometra pellucida)における配列様式はミュラーの法則(Müller's law)と呼ばれる．一般にケイ酸質であるが，アカンタリア類では硫酸ストロンチウムからなる．

Acanthometra pellucida

b **骨髄** [bone marrow] *骨組織に囲まれた血球系細胞と間質細胞からなる柔組織．活発に造血している時期には造血中の赤血球が多く含まれるため赤色を呈し，赤色骨髄(red marrow)と呼ばれ，造血機能が低下すると脂肪細胞が増加するため黄色を呈し，黄色骨髄(yellow marrow)あるいは脂肪骨髄(fat marrow)という．胎生後期から生後にかけ，すべての骨髄で造血が行われる．長骨の骨幹では成長が進むにつれ黄色骨髄となるが，短骨や扁平骨(胸骨，椎骨，肋骨，寛骨や頭蓋骨など)では生涯にわたり造血機能を保つ．骨髄は細胞と繊維から出る細網組織で，細網の細かな隙間を自由に動き回る造血細胞が満たし，ここで造血が行われる．骨髄の血管は骨に進入する栄養動脈に連続し，骨髄で細動脈になりさらに毛細血管となる．骨髄の毛細血管は血管壁にさまざまな大きさの窓をもつ有窓性の血管で，細網組織内で新生された血球はこの窓を通り血管内に入り末梢に流れていく．赤色骨髄にはさまざまな発生段階の造血・免疫系細胞(赤血球，顆粒性白血球，リンパ球，単球および血小板)にそれぞれ分化する細胞が見られる．骨髄で産生されるリンパ球は*B 細胞である．(⇨血球新生)

c **骨髄移植** [bone marrow transplantation] 他者由来の骨髄細胞の移植．一種の臓器移植で，骨髄における造血幹細胞からの血球発生の障害によって起こる再生不良性貧血や重症複合免疫不全症(SCID)などの治療法として，また白血病の患者に対して抗がん剤と放射線で白血病細胞を根絶する処置を施した後に骨髄移植が行われる．ただし前者の場合でも，SCID 以外では，移植骨髄細胞に対して拒絶反応が起こる可能性があるので，通常は後者の場合と同じ前処置によって，患者のリンパ球を根絶させた後に移植を行う．この前処置は，種々の危険性を伴う反面，幹細胞や未熟血球を殺して造血組織に「空間」を作り，移植骨髄細胞を定着させやすくする利点がある．骨髄移植では，他の臓器移植と比べると提供者(ドナー)をほとんど傷つけないし，移植も点滴注入によるだけなので，技術は比較的簡単である．他の臓器移植と最も異なる点は，移植細胞に免疫系が含まれることである．提供者と受容者(レシピエント)間で組織適合性抗原に少しでも不一致があると，移植骨髄細胞に含まれるT 細胞(T リンパ球)が*GVH 反応を起こし，受容者に障害を与える．これを防ぐため，組織適合性抗原が受容者にできるだけ近い提供者を選び移植細胞から T 細胞をできるだけ除き，患者は術後しばらく免疫抑制剤の投与を受け，無菌室で看護される．移植骨髄中の造血幹細胞や前駆 T 細胞は，受容者の胸腺で T 細胞へと分化・成熟する過程で受容者に対して*免疫トランスになり，そこで成熟した T 細胞は，あたかも受容者自身の生得的な T 細胞のようにふるまう(⇨移植免疫)．近年，骨髄中の造血幹細胞を*サイトカインで末梢血に動員した後に幹細胞を採取して移植する末梢血幹細胞移植，臍帯血中の造血幹細胞を移植する臍帯血移植が増加している．これらを総称して幹細胞移植と呼ぶ．

d **骨髄芽球** [myeloblast, premyelocyte] 血液細胞のうち，白血球や赤血球などの終末分化した細胞になる前段階の幼若細胞(芽球)のなかで，顆粒球系細胞の最も前段階の細胞を指す．骨髄中に全骨髄細胞中数%程度存在し，通常末梢血中には存在しない．直径は 15〜20 μm の細胞であり顆粒は認めない．塩基性の細胞質を有し，核細胞体比が大きい．核はクロマチン構造が繊細で，2〜3 個の核小体を有する．細胞分裂能を有しており，前骨髄球を経て骨髄球へと成熟する．細胞表面抗原を用いた CD 分類では，CD13, CD15, CD33, CD114, CD116, CDw123, CD124, CDw125 が陽性であり，また HLA-DR 陽性である．多能性造血幹細胞から分化した骨髄前駆細胞は，共通リンパ球系前駆細胞と共通骨髄球系前駆細胞に分化した後に，共通骨髄球系前駆細胞は顆粒球マクロファージ系前駆細胞と巨核球赤血球系前駆細胞に分かれる．顆粒球マクロファージ系前駆細胞は転写因子 C/EBPα が発現し，さらに転写因子 PU.1 が誘導されるとマクロファージ系細胞に分化し，C/EBPα の発現を持続したまま PU.1 が発現しないと骨髄芽球に分化する．

a **骨髄キメラマウス** [bone marrow chimera mouse] 骨髄由来の細胞だけが異系由来のものに置換されているキメラマウス．免疫・造血系の細胞の機能解析実験に使用される．A系統のマウス（ドナーマウス）から骨髄細胞を採取し，混在するT細胞を除去した後に，致死量の放射線を照射したB系統あるいは(A×B)F₁のレシピエントマウスに移入すると，移入骨髄細胞中の造血幹細胞がレシピエントマウス体内で増殖分化し，免疫担当細胞を含むあらゆる種類の血球系が再構築される．その結果，レシピエントマウス体内の血液細胞はA系統のものに置換され，それらの血液細胞の働きによってレシピエントマウスは放射線照射による造血不全による死を免れる．白血病などの治療において，骨髄抑制状態にある患者にアロ（同種異系）の骨髄細胞などを移入する造血幹細胞移植の場合も，同様に，血液細胞だけがドナー由来の細胞に置換されたキメラ状態となる．この場合，ドナー骨髄由来の免疫細胞はその分化過程でレシピエントの抗原に対して寛容（トレランス）になっている．寛容が誘導されないか破綻するとGVH反応が引き起こされる．（⇒GVH反応）

b **骨髄骨** [medullary bone] 《同》髄様骨．鳥類の雌の大腿骨や脛骨などの骨髄腔に，産卵期になると出現する特異的な骨組織．*コラーゲン含量が少なく，酸性*グリコサミノグリカン類を多く含み，*軟骨に似るが組織構造は一般の骨組織と同じ．休産期には消失するところから，産卵時の卵殻形成に必要なカルシウムの一時的な貯蔵場所としての機能をもつものといわれる．性ホルモン，特に発情ホルモン（*エストロゲン）支配を強く受け，それを投与すれば雄にも形成される．

c **骨髄腫** [myeloma] 《同》ミエローマ，多発性骨髄腫 (multiple myeloma)．Bリンパ球の終末分化段階にある形質細胞の単クローン性増殖による腫瘍性疾患．骨髄内に腫瘍化した形質細胞（骨髄腫細胞）が著増し，結果として骨が膨隆し骨髄内腫瘤のように見えることから骨髄腫と呼ばれるようになった．骨髄腫および関連疾患として，(1) MGUS (monoclonal gammopathy of undetermined significance)，(2) 無症候性骨髄腫（くすぶり型骨髄腫），(3) 症候性多発性骨髄腫，(4) 非分泌型骨髄腫，(5) 孤立性骨形質細胞腫，(6) 髄外性形質細胞腫，(7) 多発性形質細胞腫，(8) 形質細胞白血病の八つの病型に分類されている．60歳以上に多く，臨床症状としては全身倦怠感や腰痛が多い．骨髄腫細胞は，免疫グロブリンを産生する形質細胞が単クローン性に増殖したもので，血中に単クローン性免疫グロブリンが著増する．血清蛋白質電気泳動を行うとβ-γ域にピークが認められ，M蛋白質と呼ばれ骨髄腫の特徴とされる．また，通常尿中にも免疫グロブリンの軽鎖が見られベンス-ジョーンズ蛋白質 (Bence-Jones protein) と呼ばれている．骨髄腫は，M蛋白を免疫電気泳動ないし免疫固定法で免疫グロブリンのクラスとタイプを同定し，IgG，IgA，IgD，IgE，ベンス-ジョーンズ型などに分けられる．類縁疾患として1944年J. G. Waldenstromにより報告されたマクログロブリン血症がある．これは形質細胞様のBリンパ球が腫瘍性に増殖したもので，単クローン性の五量体免疫グロブリンIgMが分泌され，血液の過粘稠度症候群が起こり，骨髄腫とは異なる病態を示す．骨髄腫細胞は，免疫細胞との細胞融合を行うことによって，目的とする単クローン性抗体の作製に利用される．

d **骨髄腫蛋白質** [myeloma protein] 《同》ミエローマ蛋白質．多発性骨髄腫細胞すなわちがん化したプラズマ細胞が作る*免疫グロブリン．正常動物の血清中の免疫グロブリンは，アミノ酸配列が異なる多くの抗体を含んでいて不均一であるのに対して，骨髄腫蛋白質は各骨髄腫について均一であり，この腫瘍が1個の細胞に由来するクローンとして生じたことを示している．免疫グロブリンの一次構造に関する知見の大部分は，骨髄腫蛋白質の解析によって得られた．（⇒骨髄腫）

e **コッセル** KOSSEL, Albrecht 1853～1927 ドイツの生理学者．核酸の有機塩基成分を発見し，蛋白質，特に魚精子のプロタミンの研究を行った．生理化学の開拓者の一人．1910年ノーベル生理学・医学賞受賞．

f **骨組織** [bone tissue, bony tissue, osseous tissue] 《同》硬骨組織．脊椎動物顎口類に特有で，通常の*結合組織と同じく細胞と基質からなり，基質に多量の無機質を含むことによって組織に硬さを与えている組織．肉眼的には，均質で硬い緻密骨 (substantia compacta, compact substance) と細い三次元的に分岐した骨梁 (bone travecula) からなる海綿骨とが区別される．緻密骨は骨質だけから構成され，骨髄腔をもたない典型的な膜内骨化を経て直接形成される場合と，海綿骨の再構築によるものがある．基本的構造は*ハヴァース系により構成され，基質繊維の走行が規則的で骨層板 (bone lamella) が見られる．骨層板は骨組織の層板状構造の単位で，緻密骨である*長骨の骨幹部では次の4種が区別される．(1) 外基礎層板 (outer basic lamella)：骨の外面（骨膜側）に平行な層板構造をもつ．(2) ハヴァース層板 (Haversian lamella)：骨の内部で血管を中心に同心円的な層板構造をつくる．(3) 介在層板 (interstitial lamella)：ハヴァース層板間の間隙を埋める層板で，骨改造が行われる際に，一部のハヴァース層板が完全に吸収されず骨組織内に残されたもの．(4) 内基礎層板 (inner basic lamella)：骨の内面（骨髄側）に平行な層板構造をもつ（⇒ハヴァース系）．一方，海綿骨では繊維の走行は不規則で骨層板は見られない．一般に骨組織を構成する単位は骨単位 (osteon) と呼ばれ，これは骨層板からなるハヴァース系にほかならない．骨組織には*骨基質を合成・分泌しさらに石灰化させる*骨芽細胞，骨組織中に埋没する*骨細胞および骨組織の吸収を行う破骨細胞が見られる．生体の酵素活性，細胞膜の*浸透圧の維持，筋の収縮や血液凝固などの諸機能にはCaイオンが不可欠であるが，骨芽細胞と破骨細胞による骨改造，すなわち骨組織の生涯にわたる更新を通し，血中Caイオン濃度が調整される．また，骨は骨折損傷などに対し再生する能力をもつ．（⇒骨化）

g **骨粗鬆症** [osteoporosis] 《同》骨多孔症，オステオポローシス．骨組織の生化学的組成は正常であるが，単位体積当たりの骨量が減少する代謝性骨疾患．中年以降の女性に特に多く，腰痛や骨折を起こす．骨皮質・骨梁は薄く髄腔は拡大し，骨質は多孔性でもろく，骨折しやすい．原発性である閉経後骨粗鬆症および老人性骨粗鬆症と，原因の明らかな続発性骨粗鬆症に分けられる．後者の原因には，ステロイドの過剰投与や副腎皮質ステロイド分泌亢進によるクッシング症候群 (Cushing syndrome)，甲状腺機能亢進症，偽性副甲状腺機能低下症や慢性腎不全による副甲状腺ホルモン (PTH) の分泌亢進，胃切除後症候群や吸収不良症候群によるCa吸収不

全状態，不用性骨粗鬆症などがある．一般的に骨粗鬆症といえば前者の原発性骨粗鬆症を指す．この原因は解明されていないが，いずれにしても骨組織の破骨細胞による骨吸収(Caの放出)が，骨芽細胞による骨形成機能を上回っていることによって起こる．老年期では，腸管でのCa吸収の低下，Ca吸収を増加させるビタミンDの低下，甲状腺から分泌されて骨吸収を抑制したり骨芽細胞に作用して骨形成を促進する*カルシトニンの分泌低下などが起こる．さらに，閉経後の女性では，破骨細胞を刺激して骨からのCa放出を促進する副甲状腺ホルモンの作用から骨を保護していた*エストロゲンが分泌されなくなるため，一層骨粗鬆症が進行するものと考えられる．治療は，Ca，ビタミンD，カルシトニン，エストロゲンの投与などが行われる．

a **骨伝導** [bone conduction, osseous conduction] 聴覚において，音波が頭蓋骨をもいくらか振動させ，それが内耳の液体に伝達される場合の過程．*空気伝導と対する．次の2種に分けられる．(1)間接骨伝導：外来の音波が頭蓋骨を経由して伝えられる．2 kHz以上の高音では，このような伝導が有力となる．(2)直接骨伝導：頭蓋に直接接する物体の振動や，自分の声のような身体内に起こる振動が伝えられる．この場合の骨質の振動は鼓膜あるいは中耳に伝わって内耳に達することもあり，頭蓋鼓室伝導(craniotympanal conduction)という．空気伝導を失った聴力障害者に対する補助手段として骨伝導による聴力の補償が考案されている．ヒトでは非常に強い音の伝達だけに役立っていると考えられるが，一部の硬骨魚類やクジラによる水中の音波の受容の一部は骨伝導を介して行われる．

b **骨内膜** [endosteum] 《同》骨髄膜．*長骨の内面，すなわち骨髄腔やハヴァース管や骨の管の内面，および海綿骨表面所で，扁平な細胞により覆われている*結合組織性の薄い膜層．ここには骨形成能のある細胞が存在し，必要に応じて骨形成を行う．

c **骨年齢** [bone age, skeletal age] 《同》骨格年齢．各骨の，骨化と加齢変化の進行状態による年齢．身体発育年齢の一つ．ヒトでは，X線画像や超音波による判定が一般的に用いられる．骨年齢は個人により相違がみられ，年齢とともに暦年齢との相違が大きくなるのが一般的．古人骨の死亡年齢の推定は，寛骨の形状や手足の骨の成長度合(癒合度合)などから総合的に行われる．

d **骨盤** [pelvis] 脊椎動物の四肢動物において，左右の腰帯(＝肢帯)をなす各3骨(腸骨，恥骨，坐骨)と，それと結合する脊柱の部分(仙骨)が合して形成する構造物．内臓器官をおさめて保護すると同時に下肢の関節点としても機能．雌雄で形態が異なり，雌では妊娠時に胎児をもおさめるため，骨盤によって構成される腔所(骨盤腔 pelvic cavity)が雄に比べて大きい．幼時の精巣から分泌される雄性ホルモンにより雄型への分化が起こる．ヒトは直立姿勢をとるため，骨盤にはさらに上半身を支持するという機能が加わり，著しく大きくかつ頑丈になり，特に腸骨が側方にひろがる．

1 第五腰椎
2 仙骨
3 仙骨関節
4 後肢関節窩
5 腸骨
6 恥骨
7 恥骨連合
8 坐骨
9 尾骨

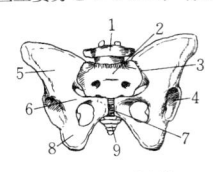

ヒト(女)の骨盤

e **骨片** 動物の体内や体表にある$CaCO_3$やケイ質を主成分とする微小片の総称．あるいは広く動物体の一部が硬化したもの．
【1】[spicule] 海綿動物の体内に見られ，海綿質繊維とともに支持骨格となるもの．石灰海綿類では$CaCO_3$から，尋常海綿類・六放射性綿類では主として$H_2Si_3O_7$からなる．その形態は分類上の標徴として最も重視される．幾何学的な形が多く，主大骨片は棒状の単軸(monaxon)型，三放射性の三軸(triaxon)型，四放射性の四軸(tetraxon)型，多軸(polyaxon)型に分けられる．微小骨片にはシグマ体(sigma)や星状体(aster)などがある．モクヨクカイメンなどごく一部のものには骨片がない．
【2】[sclerite] 刺胞動物の花虫類，特に八放サンゴ類の体内に多数見られる$CaCO_3$からなるもの．その形態は分類上の標徴として重視される．
【3】[ossicle] 棘皮動物ナマコ類の体壁および内臓壁に埋在する$CaCO_3$からなるもの．櫓，車輪，錨，鉤などに似た独特の形態のものが見られ，科，属，種に特有の形態をもち分類上の標徴とされる．その他の棘皮動物では，内臓壁以外の骨片はより大きくて厚く，内骨格としての皮下骨板，例えばウニ類の殻板，ヒトデ類の骨板，クモヒトデ類の腕椎骨などとして扱われる．
【4】その他，原生生物放散虫類の棘状の骨格，線形動物などの体表のキチン質の小棘，ヒザラガイ類の肉帯に多数見られるSiO_2を主成分とする小針など．

f **骨片形成細胞** [scleroblast, calcoblast, calcioblast] 《同》骨片母細胞，造骨細胞．[1] さまざまな動物の*骨片を分泌形成する細胞．[2] 刺胞動物花虫類の体内にある骨片を分泌する細胞．各属・種に固有の形態をそなえた骨片がつくられる．

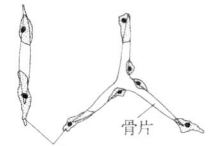

骨片形成細胞

g **コッホ** Koch, Robert 1843〜1910 ドイツの細菌学者．衛生技師時代に炭疽病の病原菌を発見した．微生物病の病因論の確立，培養・染色などの検査方法そのほか病原菌学技術の建設に画期的業績を残した．炭疽菌の純粋培養(平板培養法)および検査方法，結核菌・コレラ菌の発見，ツベルクリンの創製などは特に著名で，その他トリパノソーマ症・牛疫・マラリア・腸チフスなどの研究が知られる．1905年結核菌の研究でノーベル生理学・医学賞受賞．

h **コッホ現象** [Koch's phenomenon] ある量の結核菌を健康なモルモットの皮下に接種すると結核に罹り死亡するが，すでに結核に感染し免疫が成立したものに同量の結核菌を接種しても，局所的に急激に発赤・壊死・潰瘍をつくって容易に治癒する現象．R. Kochの発見(1891)．結核菌に対する免疫とそれに付随するアレルギー反応を示すもので，人体の結核病変の本態を理解するうえで多くの示唆を与えた．

i **コッホの原則** [Koch's postulates] 感染症の病原体を特定する際の指針．ドイツの細菌学者R. Kochが提唱した．(1)ある一定の病気には一定の微生物が見出されること，(2)その微生物を分離できること，(3)分離した微生物を感受性のある動物に感染させて同じ病気

484　コツマク

を起こせること，そして(4)その病巣部から同じ微生物が分離されること，の4項目からなり，コッホの四原則とも呼ばれる．これまで，多くの病原微生物がコッホの原則に則って発見されてきた．しかし，感染症の中には原因微生物を分離培養できないものもあり，また，実験動物で必ずしも同じ病気を起こすとは限らないため，この原則が全ての病原体にあてはまるわけではない．

a 骨膜 [periosteum] 関節の表面などを除き，*骨を覆っている繊維性*結合組織の膜．骨端部および筋と腱の付着部位では特に密接に骨に付着する．内外2層からなる．(1)外層：繊維層 (fibrous layer) とも呼ばれ，*膠原繊維が密に配列する皮膜で，神経・血管が多い．(2)内層：骨形成層 (osteogenic layer) あるいは形成層 (cambium layer) とも呼ばれ，膠原繊維は少なく，細胞が多い．内層には骨芽細胞に分化し骨形成を行う能力をもった*骨前骨芽細胞 (osteoprogenitor cell) が骨組織に沿って配列する．骨膜は骨の肥大成長に関与する．成人では休止状態にあるが，骨折など骨組織が損傷を受けると再び骨形成が活発化し，修復にあたる．骨膜から骨組織に進入する一部の膠原繊維の束をシャーピー繊維 (Sharpey's fiber) という．骨膜と骨とを強固に結合する機能をもち，腱や靱帯の付着部位では特によく発達．

b 骨迷路 [bony labyrinth ラ labyrinthus osseus] 哺乳類*内耳の緻密骨質中の複雑な洞孔．前庭，骨半規管 (osseous semicircular canals)，蝸牛部の3部からなり，内部に*膜迷路を収める．

c 骨免疫学 [osteoimmunology] 骨代謝学と*免疫学の境界領域として2000年にY. Choiにより提唱された分野．骨格系細胞と免疫系細胞は，共通のリガンド，受容体，シグナル伝達分子および*転写因子を介して機能を制御しており，免疫系の活性化が骨代謝に直接影響を及ぼす．例えば，*骨芽細胞および活性化*T細胞に発現する破骨細胞分化因子RANKL (receptor activator of nuclear factor-κB ligand, あるいはTRANCE, TNF-related activation-induced cytokine) は，*破骨細胞の前駆細胞や*樹状細胞の表面上に発現する受容体RANKを介してシグナルを伝達し，破骨細胞の分化や樹状細胞の活性化を制御する．*関節リウマチなどの炎症部位に浸潤した活性化T細胞がRANKL-RANKシグナルを介して破骨細胞分化を促進し骨破壊が引き起こされる．免疫系細胞が産生する炎症性*サイトカイン (インターロイキンのIL-1, IL-6, 腫瘍壊死因子のTNF-α など) も骨吸収を促進する．一方，*インターフェロン (interferon, IFN) とその細胞内シグナル伝達で重要な転写制御因子STAT1は破骨細胞分化を抑制する．さらに，さまざまな転写因子や補助刺激分子 (co-stimulatory molecule) の制御を受け，骨格系細胞と免疫系細胞の間には複雑な相互作用が働いている．

d 固定 [fixation] [1] 生物試料の構造を観察するために，たえず動的に変化している生命現象を，ある任意の時点で一時的あるいは永久的に，その変化を停止させる操作や処理．固定の目的は生体またはその一部の破損・自己分解を抑止し，外形・内部構造・物質組成などをできるだけ生きている状態に近いままで保存することにある．この操作は同時に，光学顕微鏡・電子顕微鏡による観察に必要な包埋 (embedding, ミクロトームにかけるため基材に埋めこむこと)・切断 (sectioning, 切片を作ること)・染色などを容易にする．細胞内容の主成分が蛋白質と水であるため，固定は主として化学薬品により蛋白質の凝固変性を行うか水の凍結によって行う．前者は化学固定，後者は物理固定と呼ばれる．化学固定ではホルマリンやグルタルアルデヒドなどの*架橋試薬が固定液として用いられる．後者の物理固定では凍結した状態でアルコールなどに置換する方法 (凍結置換 freeze-substitution) を用いることが多い．[2] 生物の系統やメンデル集団で，一つの遺伝子座の特定の対立遺伝子の割合が100％になること．そのため，新しく突然変異が生じないかぎり，その遺伝子座に関しては形質の分離が生じない．集団に新たな突然変異が生じたとき，それは最終的には絶滅するか固定するかのいずれかである．固定が生じる確率は*遺伝的浮動や自然淘汰などによって決まる．(⇒同系交配)

e 固定液 [fixative, fixative solution] 生体またはその一部を*固定するために用いる試薬，またはその混合液．生きている細胞や組織の内部構造をできるだけ変えずに保存することが必要であることから，主に蛋白質の凝固作用をもつ酸，アルデヒド，金属塩，有機溶媒などが使用される．このうち，アルデヒド系固定液は蛋白質を架橋して変性凝固させる性質があり，浸透性も強く，古くから広く用いられている．また，四酸化オスミウム (osmium tetroxide) は蛋白質を固定すると同時に細胞の構造維持に重要な働きをもつ脂質を固定するので，人為構造の出現が極めて少なく形態保持に有効である．しかしいずれの固定液にも何らかの欠点があるので単一の固定液を単独に用いることは少なく，複数の固定剤を混合した複合固定液として使用するか，単一の固定液の重固定が一般的である．目的に応じて適切な処方と固定条件の調節を行うならば，一定の限界内では，相当の効果をあげることができる．特に細胞組織化学的・免疫細胞組織化学的研究には酵素活性や抗原性の保持の点で固定液の選定が極めて重要である．代表的な光学顕微鏡用の固定液にはホルマリン (ホルムアルデヒドの水溶液) のほか，ブアン固定液 (ホルマリン5・飽和ピクリン酸15・氷酢酸1)，ツェンケル液 (重クロム酸カリウム2.5・硫酸ナトリウム1・塩化水銀(II) 5・水100)，カルノア液 (アルコール6・クロロホルム3・氷酢酸1)，FAA固定液 (ホルマリン5・酢酸5・エチルアルコール45・水45) などの複合固定液がある．電子顕微鏡においては，グルタルアルデヒド単独，パラホルムアルデヒドとグルタルアルデヒドの混合液で固定したあとに四酸化オスミウムで後固定する重固定が一般的である．

f 固定確率 [fixation probability] ある有限サイズの個体数に現れた突然変異が，最初の1個からスタートして，最終的にその子孫が集団全体を占めるようになる確率．有限集団においては，淘汰上で有利な (適応度が大きい) 突然変異でもランダムに失われる確率が大きく，また不利な (適応度が小さい) 突然変異でも固定することができる．そのため固定確率は0と1の中間の値になるが，それは適応度とともに増大する．

g 固定化酵素 [immobilized enzyme] 《同》不溶化酵素 (insolubilized enzyme), 不溶性酵素 (insoluble enzyme)．酵素を連続的に利用するため，種々の担体 (キャリアー) に吸着させたり，種々のゲル内に包括して，固定化された酵素．酵素は固定化によって安定性が増し，反応溶液との分離が容易になることから，連続反応が可

能で, 再利用がしやすくなる. また, *バイオセンサーとしても生体成分の分析に利用されている. 固定化の方法には, 次の各種がある. (1)担体結合法:多孔質ガラス・多糖類・合成高分子などを担体として用い, イオン結合・共有結合などによって酵素を固定化する. (2)架橋法:酵素どうしをグルタルアルデヒドなどで架橋する方法. (3)包括法:アルギン酸やカラゲナンなどの天然高分子や, ポリアクリルアミドのゲル内に酵素を固定化する. 酵素以外にも, 微生物, 動・植物細胞を固定化することが可能で, それらは総称して固定化生体触媒(immobilized biocatalyst)と呼ばれる. (→バイオリアクター)

a **固定的動作パターン** [fixed action pattern] 《同》生得的行動パターン. つねに決まった形で起こり, *学習される必要のない運動ないし動作様式. 形態的な形質と同じく, 種に固有にそなわったもの.

b **固定毒** [fixed virus] ウサギの脊髄に繰り返し接種して弱毒化した*狂犬病ウイルス. 狂犬病ウイルスをウサギの脊髄に注射して感染させ, これを繰り返していくと, しだいにウサギの脊髄での感染力が高まり, 潜伏期が短くなり, ついに一定の潜伏期でウサギが必ず発病するようになる. このようになったウイルスは逆にイヌやヒトに対しては病原性が減少している. このことを, 狂犬病ウイルスをウサギの脊髄に固定するといい, そうなったウイルスが固定毒である. これを処理してワクチンとする方法は L. Pasteur により発見された. これに対し, もとの発病犬の中にいるウイルスを街上毒(street virus)といい, ヒトやイヌに対する病原性が強い. (→病原性減弱)

c **コデイン** [codeine] 《同》メチルモルフィン(methylmorphine). $C_{18}H_{21}O_3N$ オピウム(阿片)の副アルカロイド. 天然品は l 型. 水, アルコール, エーテルに可溶. 阿片中のモルフィンにともない $0.7〜2.5\%$ 存在する. モルフィンのメチル化によって合成される. 鎮咳作用はモルフィンの1/3程度で, しかも習慣性・副作用も少ないのですぐれた咳止・呼吸鎮静剤として用いられる. モルフィンより鎮痛作用も弱く(10%), 麻薬としての作用も弱い.

d **古典的条件づけ** [classical conditioning] 《同》レスポンデント条件づけ(respondent conditioning). 生体がすでに*生得的にもっている*反射反応(すなわち特定の刺激により誘発される反応)に先行して, 中立的な新しい刺激を反復して提示することによって, その生得的な反射反応が, 新しい刺激だけによって誘発されるようになる連合学習の一型, あるいはその手続き(→学習). I. P. Pavlov の*条件反射が原型. 彼によって, 古くから心理学において連合と名づけられていた事実が客観的な実験方法を用いて分析可能になり, さらに限られた刺激によってのみ誘発されていた生得的反応がどのようにして新しい刺激によって発現するかが示された. このことは C. Darwin の生物学的適応の理論が支持されたという意味で, 歴史的に重要である. しかし, Pavlov自身の主要な関心は大脳生理学にあり, 条件反射の概念を拡大して, 行動研究の重要な原理として位置づけたのは, J. B. Watson であった(→行動主義心理学). 反射反応すなわち無条件反応(unconditioned response)は先行する無条件刺激(誘発刺激)だけに依存し, 条件反応(conditioned response)の成立は, 条件刺激と無条件刺激との対提示だけに依存し, 反応の結果とは無関係である. R. A. Rescorla は, 条件反応の形成には, 条件刺激の存在下で無条件刺激が出現する確率が高いことだけではなく, 条件刺激の不在下で無条件刺激が出現する確率が低いことも, 重要な要因であることを示した. すなわち両刺激の出現に相関が存在することが重要なのである. 古典的条件づけでは, 個体が何をしているかに関係なく, 条件刺激と無条件刺激とを一定の相関をもって与えることが重要である. (→オペラント条件づけ)

e **五島清太郎**(ごとう せいたろう) 1867〜1935 動物学者. 箕作佳吉・飯島魁に師事ののち, ジョンズ=ホプキンズ大学, ハーヴァード大学などに学ぶ. 東京帝国大学教授. 寄生虫の研究, 腔腸動物・棘皮動物の研究がある. [主著]実験動物学, 2巻, 1900〜1903.

f **コート蛋白質** [coat protein] 【1】《同》被覆蛋白質. *輸送小胞を被覆する蛋白質複合体. COP I (coat protein complex I), COP II (coat protein complex II), *アダプター蛋白質複合体(adaptor protein complex, AP 複合体), *クラスリンなどがある. (1)COP I は $α, β, β', γ, δ, ε, ζ$ の七つのサブユニットから構成され, コートマーとも呼ばれる. ゴルジ体から小胞体への逆行輸送や, ゴルジ体間でトランスからシスへ向かう逆行輸送を行う COP I 小胞を被覆し, 会合には Arf GTP アーゼ(→Sar/Arf GTP アーゼ)が関与している. (2)COP II は内層を形成する Sec23/24 ヘテロ二量体とその外層を覆う Sec13/31 ヘテロ四量体から構成される. 小胞体からゴルジ体への順行輸送を行う COP II 小胞を被覆し, 会合には Sar GTP アーゼが関与している. (3)アダプター蛋白質複合体には AP-1, AP-2, AP-3, AP-4 の4種類があり, 会合には Arf GTP アーゼが関与している. AP-1 はゴルジ体から後期エンドソーム, AP-2 は細胞膜から初期エンドソームへの輸送を担う輸送小胞を被覆する. いずれもその外側をさらにクラスリンが覆う. AP-3 はゴルジ体からリソソームへの輸送に関与し, その外層にクラスリンが結合するかどうかについては論争がある. AP-4 もゴルジ体からの輸送に関与していると考えられている. (4)クラスリンは, H 鎖3分子と L 鎖3分子からなるトリスケリオン構造(→クラスリン)をとり, 輸送小胞の表面を格子状に覆う. 【2】*外被蛋白質

g **コドン** [codon] 《同》トリプレット(triplet). *遺伝暗号の単位. *核酸(mRNA)を構成している4種の塩基(アデニン, グアニン, シトシン, ウラシル)のうちの3個の配列が単位となって, それぞれのアミノ酸に対応している(トリプレット暗号). 64通りの組合せが可能であるが, そのうち61通りがアミノ酸のコドン, 残りの3通りが終止コドンとなっている(→遺伝暗号). 同じアミノ酸に対応する同義語コドン(synonymous codon)間での使用頻度には, 生物種に特有なコドン使用の偏り(codon bias)が見られ, 各生物種の多様な性質を反映している.

h **コーナー** CORNER, Edred John Henry 1906〜1996 イギリスの植物学者. シンガポール植物園副園長, ケンブリッジ大学教授. 東南アジア熱帯マラヤ地域のフロラ, 特に樹木および菌類の分類, 形態, 生態学に貢献. イチジク属の分類体系を整理し, 送粉昆虫との間の共進

化に関する研究も展開．幹生花(cauliflory)をもつ太い幹の木本を熱帯の樹の原型と考えるドリアン説などを提唱．1985年国際生物学賞受賞．

a **コニイン** [coniine] 《同》(2S)-2-プロピルピペリジン((2S)-2-propylpiperidine)．$C_8H_{17}N$　セリ科の有毒植物ドクニンジン(*Conium maculatum*)に含有されるアルカロイド．神経毒で，摂取すと唾液分泌，瞳孔散大などの初期症状の後，四肢末端の麻痺，痙攣が起こり，最後は呼吸筋の麻痺による呼吸障害により窒息死する．弛緩性の筋肉麻痺は，神経筋接合部のシナプス後膜に存在するニコチン性アセチルコリン受容体をコニインが遮断することにより引き起こされる．Sōcratēsの処刑に用いられた毒といわれている．

b **小西正一**(こにしまさかず) 1933〜　日本出身のアメリカの行動生物学者．カリフォルニア工科大学教授．鳥類の行動と脳神経機構をつなぐ一連の研究に対して，1990年国際生物学賞を受賞．[主著]小鳥はなぜ歌うのか，1994．

c **ゴニディア** [gonidium, *pl*. gonidia] [1] 不動の無性生殖細胞．緑藻オオヒゲマワリ(*Volvox*)などでは娘定数群体をつくる能力のある細胞を指していう．[2]《同》緑顆体．地衣類の体中で共生者としての藻類細胞の集合体(*共生藻)．古く地衣類の生殖細胞と考えられたことからgonidiumの名がついた．そのため現在ではこの用語はあまり用いられていない．一様に散在するのを混合地衣，特定の層(ゴニディア層，藻類層)をなすのを異層地衣という．後者には2層の場合がある(*Solorina*)(⇒頭状体)．通常，緑藻類(*Trebouxia, Coccomyxa*，スミレモなど)または藍色細菌類(*Nostoc*)などが多い．菌類の共生者をmycobiontというのに対して，藻類の方はphycobiontまたはphotobiontと呼ばれ，それぞれの分離培養も行われている．

d **コネキシン** [connexin] *ギャップ結合を構成する4回膜貫通蛋白質．同じ細胞上の6個のコネキシンが集合してコネキソン(connexon)という半チャネルを形成し，さらに隣の細胞のコネキソンと直列に並ぶことにより二つの細胞をつなぐチャネルを形成する．このチャネルがさらに集合することによりギャップ結合が出来上がる．主に上皮で発現するコネキシン26, 30, 32や，筋上皮で発現するコネキシン43など，分子量の異なる10種類以上のアイソタイプが存在し，発現するコネキシンの組合せは組織により多様である．コネキシン26, 30はヒト遺伝性難聴の原因遺伝子である．無脊椎動物ではイネキシン(innexin)という機能的相同分子が存在し，さらに脊椎動物にもこのイネキシンと相同性をもつパネキシン(pannexin)という分子が見つかっている．

e **コネクチン** [connectin] 《同》タイチン(ティチン titin)．脊椎動物横紋筋(骨格筋や心筋)の筋原繊維*サルコメアの弾性構造を担う巨大な繊維状蛋白質．丸山工作(1977)が発見，K. Wangがタイチンとして詳しく報告した．分子量$3×10^6$以上．シングルペプチドとしては最大．サルコメアを構成する蛋白質中，コネクチンは，ミオシン44%・アクチン20%に次いで，重量として約10%を占める．βシート構造を含む2領域(約100アミノ酸残基)11個からなる繰返し単位が多数並んで，弾性を示す．1分子のコネクチンは，サルコメア内で*Z膜と*ミオシンフィラメントをつなぎ，ミオシンフィラメント上を走って*M線に至る．スプリングのようなコネクチンはミオシンフィラメントを両側から支えてサルコメア中央に位置させて，その両側からアクチンフィラメントが中央に向かって滑走するのを可能にする．また，サルコメアを伸長させると発生する静止張力(受動張力)の原因でもある．なお，無脊椎動物では，類似の蛋白質トゥイッチン(twitchin，分子量$7.5×10^5$)，プロジェクチン(projectin，分子量$1.2×10^6$)が知られている．

f **子の世話** [parental care] 《同》保育，子の保護．子の生存率を向上させる効果をもつ，親による子への投資．まったくしないものから，両親による世話までさまざまである．世話行動には生まれた子(卵)の捕食者や寒さからの保護，子への給餌，*グルーミングなどさまざまな形が見られる．世話をするか否か，どちらの性の親が子を世話するかは，世話をすることの利益と損失によりさまざまな場合が考えられるが，その動物の配偶システムとの結び付きが深い．また，動物群による一般的な傾向(例えば哺乳類は雌，鳥類は両性，魚類は雄が世話をする)もある程度は見られるが，例外も多い．(⇒コスト)

g **コノドント** [conodont] 《同》錐歯類．*カンブリア紀後期から*三畳紀末まで生存した動物体の部分化石．地層区分や対比に有効な示準化石として活用されている．語源は円錐状の歯という意味の*微化石．大きさ約1 mmで，角型，櫛型，プラットフォーム型などのものがある．化石の主成分はリン酸カルシウムで，外形に基づき便宜上の属・種に分類される．かつて，コノドントの微細組織の研究から，プロトコノドント(protoconodonts)，パラコノドント(paraconodonts)，ユーコノドント(euconodonts)という三つのグループが区別されたことがあったが，現在ではこの区別は行われていない．1983年に自然集合体を内在するコノドント動物が発見された．分類学的には依然として問題があるが，現時点では脊椎動物亜門無顎綱に属すると考えられる．日本でもシルル系，石炭系，三畳系石灰岩やペルム系，三畳系チャートやケイ質岩には豊富なコノドントが含まれている．

h **ゴノメリー** [gonomery] 父方と母方からきた半数の染色体組が，共通の核膜に包まれたときにも，混ざることなくお互いに独立して行動すること．動物で広く見られるが，植物でもマツ科などで知られ，一般に発生のごく初期に限られている．受精の際に，雌雄生殖核は融合せず，独立して存在し，あるいは融合しても第一分割では，両核は独立に染色体を形成することによって，二重性をもった娘核を形成する．二重性は発生初期に数回の細胞分裂を経ても観察されることがあるが，発生が進めば独立性は消失する．

i **古杯類** [Archaeocyatha] 《同》アルケオシアトゥス類．海綿動物門の一グループ．*古生代最前期の*カンブリア紀前期(Tommotian)に，その後，爆発的に繁栄し，石灰質微生物類が古杯類に被覆・結集することで礁を構築していた．しかし，カンブリア紀中期までに大部分が，そして後期に完全に絶滅している．名前が示すように杯状の他，円筒状や分岐状など，多様な成長形態を呈し，固着生活を行っていた．石灰質の骨格を分泌．外層と内層の二重の壁を有し，壁の間に隔壁や床板

をそなえ，壁や隔壁には小孔が認められる．

a **琥珀** [amber, succinite] 樹脂の化石．非晶質の有機鉱物で，$C_{10}H_{16}O$（または $C_{40}H_{64}O_4$）の化学式が与えられ，熱すると分解してコハク酸ができる．*石炭紀以降の地層から産し，*白亜紀以降の地層からは世界の各地で産出が知られている．バルト海沿岸の古第三紀層やカリブ海沿岸ドミニカの新第三紀層中の琥珀は有名で，宝飾品に加工される．日本では岩手県久慈の白亜紀層中のものがよく知られている．琥珀中には昆虫やクモなどの動物や花などの植物片の入ったものがあり，通常の化石では保存されない軟質の組織も保存されている．琥珀となった樹脂の母植物にはマツ科（*Pinus*），ナンヨウスギ科（*Araucaria*, *Agathis*），マメ科などの樹木がある．

b **コハク酸** [succinic acid] →クエン酸回路

c **コハク酸酸化酵素** [succinate oxidase] 《同》コハク酸オキシダーゼ．コハク酸を酸素で酸化して*フマル酸にする酵素系．*コハク酸脱水素酵素は安定でミトコンドリア内膜に存在し，可溶性の形で抽出されず，シトクロムなどと密接に結合して酸素への電子伝達に関与する複合酵素系をつくっているので，コハク酸酸化酵素系として古くから研究された．成分としては FAD(*フラビンアデニンジヌクレオチド)，*非ヘム鉄，*ユビキノン，*シトクロム $b \cdot c_1 \cdot c \cdot a$，銅を含み，コハク酸1分子の酸化に共役して2分子の ATP が ADP と無機リン酸から生じる．

d **コハク酸脱水素酵素** [succinate dehydrogenase] 《同》コハク酸デヒドロゲナーゼ．コハク酸の*フマル酸への脱水素反応を触媒する酵素．EC1.3.99.1．金属フラビン酵素で，7万と3万のサブユニットからなり1個の FAD(*フラビンアデニンジヌクレオチド)を含むが，これはアポ蛋白質と共有結合をしており，通常8原子の*非ヘム鉄とヘム b 1分子を含む．人工的な電子受容体としては $Fe(CN)_6^{3-}$ やフェナジンが有効．*SH 酵素の一種．コハク酸と類似の構造をもつ*マロン酸，*オキサロ酢酸によって競争的阻害をうけ，コハク酸，リン酸，ATP，還元型ユビキノンによってアロステリックに活性化される．*ミトコンドリア内膜や細菌の細胞膜電子伝達系に存在する膜蛋白質である．*クエン酸回路の酵素の一つであり，また酸素への電子伝達系につながる．コハク酸から奪われた二つの水素原子は電子の形でユビキノンやシトクロムを経てシトクロム酸化酵素にわたされる．大腸菌などの細菌には逆反応のフマル酸還元によく働く*フマル酸還元酵素という酵素が別に存在する．回虫など寄生虫のミトコンドリアにもフマル酸還元酵素が存在する．

$$\begin{array}{c} CH_2COOH \\ | \\ CH_2COOH \end{array} + 受容体 \rightleftharpoons \begin{array}{c} HCCOOH \\ \| \\ HOOCCH \end{array} + 受容体還元型$$

e **コバラミン** [cobalamin] 《同》ビタミン B_{12} 類．5,6-ジメチルベンズイミダゾールを塩基としてもつコバミドの総称．ビタミン B 群の一つ．肝臓中の抗悪性貧血因子として発見・単離された．ビタミン B_{12}（vitamin B_{12}）という名称は狭義ではシアノコバラミン（cyanocobalamin）を指し，広義ではビタミン B_{12} 類の総称としてコバラミンと同義に用いられる．動物や微生物の生育に必須の微量栄養因子であり，動物蛋白質因子の一つである．コバラミンには，コバルトに結合している基（図の L）によって異なるいくつかの型があり，それらはそ

アデノシルコバラミン（AdoCbl）

L=−CH_3 メチルコバラミン（MeCbl）
L=−OH ヒドロキシコバラミン（OH-Cbl）
L=−OH^+ アクアコバラミン（aqCbl）
L=−CN シアノコバラミン（CN-Cbl）（ビタミン B_{12}）

ビタミン B_{12} 類の構造と名称

の基の名称を冠して呼ばれる．このうちシアノコバラミンは，生体試料中からコバラミンを安定な形で効率よく抽出するためにシアンを加える結果生成する人工産物であり，それ自身は*補酵素活性をもたない．赤色単結晶状に単離され(1948)，D. C. Hodgkin らの X 線結晶解析により最終的に構造が決定された(1956)．シアノコバラミンを含むコバラミンは，生体内に取り込まれると，コバルトが3価の状態から2価さらには1価の状態へと還元されたのち，*アデノシルコバラミンまたは*メチルコバラミンに変換される．前者はメチルマロニル CoA ムターゼなど水素移動を伴う酵素反応に，後者はメチオニンシンターゼなどメチル基移動を伴う酵素反応において，それぞれ補酵素として働く．コバラミンは細菌だけが生合成でき，その生合成経路のほぼ全容が解明されつつある．シアノコバラミンは，R. B. Woodward, A. Eschenmoser らにより全合成が達成されたが，非常に複雑な化合物であるため，現在でももっぱら発酵法で生産されている．食物中のコバラミンは胃や小腸上部で塩酸やペプシン，膵酵素などの働きで遊離型となり，唾液あるいは胃液中に存在する非内因子性コバラミン結合蛋白質である R 蛋白質と結合する．腸管内で膵酵素により R 蛋白質が分解されるとコバラミンは再び遊離型となり，胃粘膜から分泌される内因子と呼ばれる糖蛋白質と結合するようになる．そして回腸末端部粘膜に存在する内因子受容体より吸収される．血中に入ったコバラミンは結合蛋白質であるトランスコバラミンとの複合体として各組織に輸送され，トランスコバラミン受容体より細胞内に取り込まれる．コバラミン欠乏症である悪性貧血の患者では巨赤芽球性造血がみられ，メチルマロン

酸の尿中排出量が増加し，神経障害が起こることが多い．コバラミンの所要量は成人1人1日数 μg 程度と少ない．腸内細菌によっても生合成されるので，欠乏は食餌性のものは少なく，内因子の欠如や機能不全によることが多い．

a **コバルト** [cobalt] Co. 原子量 58.93. ほとんどの動物・植物の組織に含まれる*微量元素．ビタミン B_{12} はコリン環と呼ばれるポルフィリン類似の環化合物の中心にコバルトが結合した有機金属錯体*シアノコバラミンである．生体内ではこの誘導体であるアデノシルコバラミンあるいはメチルコバラミンが B_{12} 補酵素として働く．前者は水またはアンモニアの脱離反応の補酵素として働き，後者はメチル基転移反応を触媒する酵素の活性基である．また，嫌気性菌ではリボヌクレオシド三リン酸レダクターゼの補酵素である．その欠乏により哺乳類では悪性貧血を起こす．また，銅・鉄の共存のもとに，骨髄を刺激し，増血作用を示す．なお，放射性同位体のコバルト 60 (^{60}Co) は，トレーサーや臨床上の放射線照射源として用いられる．

b **コーヒー酸** [caffeic acid] 《同》 3, 4-ジヒドロキシケイ皮酸，カフェ酸．コーヒー豆中に，*キナ酸との結合物（クロロゲン酸）として多量に含まれる．ケイ皮酸のパラ位およびメタ位がヒドロキシ化された構造をもつ，*フェニルプロパノイドの一種．一般に維管束植物に，遊離酸・メチルエステル・キナ酸との結合物として広く存在する．フェノール酸化酵素で酸化されやすく，組織褐変の一要因．強い抗酸化作用をもち，がん細胞の転移や増殖を抑える効果があることが知られている．生体内では*チロシンあるいは*フェニルアラニンを原料として合成される．

c **古皮質** [paleocortex] 《同》旧皮質．哺乳類の*大脳皮質において，嗅結節・梨状葉と呼ばれる部位．*嗅球や*嗅索とともに*嗅脳を形成する．原始的な哺乳類では古皮質が大脳の大部分を占める．比較形態学的には，嗅結節に相同な領域は魚類においてすでにみられ，梨状葉は四足類の全てのグループで相同なものがみられる．また，古皮質と原皮質（海馬体）をあわせて辺縁皮質（limbic cortex）と呼び，さらにこれと密接に関係する*扁桃体・中隔核を含めて*大脳辺縁系と一括し，その機能が論じられる．視床下部と密接な神経連絡があり，食・飲・性などのいわゆる本能行動，見かけの怒り（sham rage）などの情動行動，自律神経機能，ホルモン分泌の中枢が視床下部にあるが，大脳辺縁系の他の部位の刺激や破壊によってもこれらの機能が強く変化する．

d **コヒーシン** [cohesin] *姉妹染色分体をつなぎとめている蛋白質複合体．二つのSMC蛋白質が中心となっている点で，*染色体凝縮に関わる*コンデンシンと類似している．*細胞周期のS期に複製された染色体は，コヒーシンの働きによりただちに接着を確立して，分裂中期までそれを維持する．この接着は，間期のDNA損傷の修復のときに，姉妹染色分体を鋳型にするために重要であり，また，分裂期に姉妹染色分体が両方向からのスピンドルによって捕らえられる上で必須の働きをもつ．分裂期に，*セパラーゼの働きによりコヒーシンが分解されることが，染色体分配すなわち後期移行の引き金となる．減数分裂の際は，コヒーシンの一部のサブユニットが代わり，還元的分裂を確立する上で必須の役割をもつ．特に，セントロメアの中央領域の接着を確立して姉妹動原体の同一方向性を確立し，セントロメア付近でのみコヒーシンが分解されずに第二分裂まで接着を維持する働きがある．

e **コープ** COPE, Edward Drinker 1840〜1897 アメリカの古生物学者．短期間ハヴァフォードカレッジの動物学教授（1864〜1867）を務めたのち，私費で発掘や調査をし，魚類・爬虫類・哺乳類など脊椎動物の化石を研究した．恐竜化石についてのO.C. Marshとの発掘競争など，逸話も多い．進化過程について一般的な法則（⇒コープの法則）を立て，またネオラマルキズムの代表者の一人とされる．[主著] The origin of the fittest, 1886.

f **コファクター**（酵素の） [cofactor of enzyme] 《同》補因子．酵素蛋白質に結合する化学物質で，それ自身は蛋白質ではないが酵素機能に必要な物質の総称．コファクターとしては無機と有機どちらの化学物質も知られる．コファクターは酵素への結合の強弱によって分類され，比較的弱い結合で酵素から遊離しやすいコファクターを*補酵素，共有結合か非共有結合かにかかわらず強固に結合しているコファクターを補欠分子団（補欠分子族 prosthetic group）という．酵素の種類によって同じコファクターでも結合強度が異なる場合があるので，この分類は必ずしも厳密ではない．コファクターを結合していない不活性な酵素を*アポ酵素，結合している酵素をホロ酵素（holoenzyme）という．有機化合物のコファクターはしばしばビタミンやビタミンから誘導される物質である．無機物質としては，金属イオンおよび鉄硫黄クラスターなどがある．金属イオンはヘムなどの有機化合物に取り込まれたものが酵素に結合している場合も多い．（⇒金属酵素）

g **コフォイド** KOFOID, Charles Atwood 1865〜1947 アメリカの動物学者．イリノイ大学を経てカリフォルニア大学教授（1910〜1936）．その間に東北帝国大学客員教授として来日（1930）．浮遊生物および原生生物を研究．寄生虫学にも従事．

h **鼓舞器官** [stimulatory organ] 中枢に対し求心性インパルスを発して中枢の機能を保持させる性質が優先する感覚器官．また，このような作用を鼓舞作用と呼ぶ．感覚器官は単に感覚刺激を感受して神経中枢に伝え特定の反射を解発するばかりでなく，鼓舞作用により神経系の反射興奮性を高めて神経中枢の正常な働きを保たせることがある．その例は全動物界に散在しており，動物の一般的体運動に作用する場合が多い．クラゲの傘縁体（縁弁器官や縁膜胞）はその受動的な動揺が傘筋の律動性収縮運動への鼓舞作用をなすものと考えられ，J. J. Uexküllの鼓舞器官説（1901）の根拠となった．傘縁体が眼点で代置された類（ハナクラゲ類など）では光刺激が同様な作用をもち，暗黒中では運動が消失する事実も知られている．昆虫類の*平均棍も鼓舞器官とみる説（W. von Buddenbrock, 1919）がある．これを除去または固定すれば飛翔能力が消失または低下するものが多く，ガガンボなどでは脚の支持機能も損なわれる．他方，ウシアブやニクバエのように，脚までが飛翔に対する鼓舞器官の性質をそなえるとされるものもある．光刺激に基づく鼓舞作用としては，上記のほか，動物体の運動，特に移動運動が照度に依存して促進される光活動性（photokinesis）の現象が広く動物界に分布している．

i **コープの法則** [Cope's laws] E. D. Copeの提唱

した進化学説の総称.現代進化学ではどれも支持されてはいない.彼の説は*定向進化(一部はそれと関連し獲得形質の遺伝)の見地に立って,新たな種はつねにそれに先立つ種のなかで最も特殊化の進んでいないものから生ずるという非特殊型の法則(law of non-specialized descent),および*体大化の法則などが代表的だが,他にも次のようなものがある.(1)相同の法則(law of homology):すべての生物の体はたがいに対応する部分からなっており,差異は単にそれらの釣合いおよび複雑さの程度にすぎないという.(2)連続の法則(law of succession):何か一つの形質の増減の順序に従って種を配列してみると,その他の形質も同一方向に配列されるというもの.Cope はまた,力学的原因によって獲得形質が発達するとした J. A. Ryder の機械的発達(mechanical genesis)を基礎として,力動的進化(dynamic evolution)を唱えた.成長力という仮想的なエネルギーが用不用によって影響を受け,次世代に伝えられるとされ,生物体自身の運動の様式や姿勢に基づく生物体の変化(キネトゲネシス kinetogenesis)として説明された.また Cope は,意識ならびに生命は生物に先立って存在するとしたアーケステティズム(感覚始原説 archaesthetism)も提唱している.

a **コプロスタノール** [coprostanol] 〔同〕コプロステリン(coprosterin),コプロステロール(coprosterol),5β-cholestan-3β-ol.$C_{27}H_{48}O$ A/B 環 cis 型構造をもつ,*コレスタノールの立体異性体.ヒトの糞から最初に発見され,その名前はギリシア語の kopros(糞)に由来する.*コレステロールから腸内で細菌による還元を受けて生じたもの.

b **糊粉層** [aleuron layer, aleurone layer] イネ科の種皮の内側に見られる,糊粉粒(蛋白質を主体とする小粒)を多量に含んだ細胞層.内乳周辺部の細胞から分化し,イネでは 2〜3 の細胞層からなる.養分貯蔵の他に,アミラーゼその他の酵素を分泌して内乳内の貯蔵物質を可溶性成分として胚に供給する作用を営む.

c **コペポディッド** [copepodid] 〔同〕キクロプス(cyclops).節足動物甲殻亜門カイアシ類の*ゾエア期幼生.体は頭胸部・前胴部・後胴部に分かれる.甲皮をもたない.頭胸部は第一触角から第二胸肢までを含む.前胴部と後胴部の体節数はグループによって異なるが,後胴部には生殖節・腹節・肛節をもち,剛毛をそなえた尾叉で終わる.この時期に雌雄も分化する.チョウ類も孵化したときはコペポディッドであるが,変態後はカイアシ類とは大いに異なった外観になる.

d **コホート** [cohort] [1]〔同〕区.生物分類のリンネ式階層分類体系において,必要に応じて綱と目の間に設けられる補助的*階級の一つ,もしくはその階級にある*タクソン.慣例的に動物でのみ使用されるが,現行の国際動物命名規約では規定されていない.[2]同齢出生集団のこと.(⇒サイズ分布動態)

e **駒井卓**(こまい たく) 1886〜1972 動物学者,遺伝学者.京都帝国大学動物学科教授,国立遺伝学研究所生理遺伝部長.日本における動物遺伝学の基礎を築くとともに,進化遺伝学・人類遺伝学に貢献.[主著] 遺伝学に基づく生物の進化, 1963.

f **鼓膜器官** [tympanic organ, tympanal organ] 〔同〕鼓状器官.昆虫の音受容器の一種で,基本的には*弦音器官に属する器官.表皮が薄膜状になって気管膨大部(気嚢)に裏打ちされた鼓膜(tympanum)をもつのを特徴とし,鼓膜の共鳴によって敏感に音波に応ずる.弦音器官が鼓膜に直接つながらずに,鼓膜の振動に応じて二次的に振動する第二の膜すなわち気管膜(tracheal membrane)に接続することもある.鼓膜の存在と機能の類似から,俗に「耳」とも呼ばれるが,鼓膜器官の起源は張受容器であって脊椎動物の*内耳のそれとは全く異なる.鼓膜器官の存在する場所は種によって異なり,キリギリスやコオロギでは前肢の脛節基部(膝下器官),バッタでは第一腹節の両側,セミでは第二腹節,シャチホコガ・ドクガ・ヤガでは後胸,シャクガでは第一腹節にある.感覚細胞と鼓膜はクッションで連なり,細胞の突起は(9+2)構造の微小管をもった繊毛構造を示す.この細胞体からは音波形に一致した起動電位が記録できる.バッタ,コオロギ,セミなど発音能力をそなえる諸類では鼓膜器官の発達が特に高度で,真の聴覚器官として鳴き声による異性の誘引に重要な役割を演じる.鼓膜器官はヒトの耳に比べて低音に鈍く高音に敏感で,バッタやキリギリスの一種(Decticus)では可聴範囲の上限は毎秒 90 kHz をこえるという.鼓膜器官は一般に感覚細胞の数が多くても音波の周波数を分析する能力はない.しかし多くの細胞が関与するため強弱の弁別は鋭敏で,同種の昆虫の鳴き声を十分聞きうる可聴範囲をもった聴器で聴き取り,両「耳」を用いて音源方向を強弱のリズムから鋭敏に識別する.(⇒弦音器官)

g **5′末端**(核酸の) [5′-end] ⇒核酸

h **コマモナス** [Comamonas] 好気性従属栄養細菌であるコマモナス属(Comamonas)に分類される菌群の総称.*プロテオバクテリア門ベータプロテオバクテリア綱コマモナス科(Comamonadaceae)に属する.基準種は Comamonas terrigena.グラム陰性の直状あるいはカーブ状桿菌(0.3〜0.8×1.1〜4.4 μm)で,極鞭毛による運動性を有する.炭水化物の利用性および蛋白質・脂質などの高分子分解活性はほとんどなく,低分子の有機物を炭素・エネルギー源として好んで利用する.絶対好気性だが,硝酸塩を末端電子受容体として生育する脱窒菌も多く含まれる.淡水,土壌,汚濁環境など自然界に広く分布し,好気的廃水処理系において有機物や硝酸塩の除去に主体的役割を担うものが多い.コマモナス科には,コマモナス属細菌のほかに紅色非硫黄光栄養細菌(Rhodoferax),通性の*水素細菌(Hydrogenophaga),好気性の*光栄養細菌(Roseateles),*鉄還元菌(Albidiferax)などの多数の属が含まれる.

i **コマンドニューロン** [command neuron] 〔同〕司令ニューロン.動物がある自然の行動を起こすとき,これに対して必要かつ十分な*活動電位を発生して指令の働きを担うと想定されるニューロン.必ず行動に先行して活動電位を発生し(十分性),活動電位を抑制すればその行動は起こらないこと(必要性)を定義とする.C. A.

G. Wiersma はザリガニの腹部神経節の外側巨大ニューロン (lateral giant neuron, LG) を逃避行動のコマンドニューロンとした．一つの LG に活動電位を発生させると機械刺激によるものと類似の逃避行動が生じ，活動電位の発生を抑えると逃避行動も抑えられた．しかし逃避行動が並列的に配置された多くのニューロンによって司令されることから，司令システムという考え方がより妥当である．脊椎動物においては，上記の条件を満たした同定ニューロンは報告されていない．水生の脊椎動物の延髄にある*マウスナー細胞は逃避行動にとって十分だが，除去しても他の網様体ニューロンによって逃避行動が生じる．

a **こみあい効果** [crowding effect] 同種他個体との相互作用の有無やその程度によって，個体の生存・発育・繁殖能力その他の生理的性質や行動，形態に変化を生じること．一般に単独生活を行う種では，こみあいはマイナスの効果（過密効果 overcrowding effect）をもたらすが，多少とも集団的に生活する種では，適度のこみあいがプラスの効果をもち，こみあいがない場合にはかえってマイナスの効果（過疎効果 undercrowding effect）を生じる．例えば*自家不和合性の陸上植物では送粉者誘引を介して過疎効果がみられる．また*相変異を示す昆虫などでは，こみあいの程度によって，個体の生理・行動・形態などの形質が質的に変化する．こみあい効果の生じる機構には，動物では行動干渉（behavioral interference），感覚器官を通じての相互刺激（mutual stimulation），食物などの生活必要資源のとりこみ，分泌物や排出物による環境の*生物的条件づけ，などがある．植物では，こみあい効果の原因としては光や土壌栄養塩類，水分などについての競争，送粉者や植食昆虫の誘引，病原生物の伝播などがある．相互刺激によるこみあい効果は，資源が不足するよりもずっと低い密度で現れることもあり，また，生活空間あるいは食物量当たりの密度が同じでも，他個体よりの感覚刺激の受容の有無によって，効果は大いに異なる場合がある．さらにワタリバッタの相変異の例のように，こみあい効果が集合性を発達させる役割を果たしている場合もある．したがって個体群の平均密度は，こみあいの度合を測る尺度としては，おおまかなものにすぎない．(➞グループ効果，➞アリー効果)

b **コミュニケーション** [communication] [1] ある動物個体の身ぶりや音声，匂いなどが，同種もしくは他種の他個体の行動に影響を与えること．その結果，それらの信号を送った個体，あるいは送信者・受信者双方にとって適応的となる．*ミツバチのダンス，またホタルの発光など，コミュニケーションの特殊な手段として知られるものがいろいろある．コミュニケーションの種類は，それぞれの動物種の感覚機能と密接に結合し，多くの哺乳類では，例えば自己の*なわばりの記号として体表の分泌物・尿・糞などの匂いが大いに利用される(➞マーキング行動)．音声は鳥類・哺乳類などの動物においてコミュニケーションの主要な手段である．顔の表情や尾の動作，あるいは体全体の姿勢の変化(➞ディスプレイ)がコミュニケーションの手段となることは，多くの哺乳類で見られるが，それらはおおむね情動の自然の表出がそのまま伝達の用に立っているものと解される(➞表出行動)．大型類人猿は*学習により身ぶりや図形を単語として用いることも可能である(➞ノンバーバルコミュニケーション，➞身ぶり)．[2] 生体を構成する細胞間に見られる各種の相互作用を細胞間コミュニケーション(cell-to-cell communication)と呼ぶ．(➞細胞間連絡)

c **コムカデ類** [symphylans ラ Symphyla] 《同》結合類．節足動物門多足亜門の一綱．体長 1〜8 mm の白色の小動物で，体は軟らかい．体は 14 体節からなり，そのうち 12 節に付属肢を有する．頭部に多数の節からなる糸状の触角が 1 対あり，眼はない．第 13 節に 1 対の尾叉状の出糸突起があり，その先端に糸腺が開口する．最終胴節に肛門がある．1 対の総状の気管があり，その気門は頭部の下面，触角の基部近くにある．生殖口は対をなさず 1 個で，第四胴節の歩脚間に開口する．形はムカデ類（唇脚類）に似るが系統学的には一部のヤスデ類から派生したとされる．落葉の下などの陰湿な場所に生息し，腐植や菌類また時に小型の節足動物を食べる．交尾をせず精包の授受を行う．現生約 200 種．

d **コムストック** COMSTOCK, John Henry 1849〜1931 アメリカの昆虫学者．著作 'An introduction to entomology' (1888) は長く昆虫学の基本的教科書であり，また 'The wings of insects' (1918) は昆虫の翅脈の研究の基準となった．ワタの害虫やカイガラムシの系統に関する多くの研究がある．

e **子守行動** [allomothering] 同一社会集団内で，母親以外の個体が幼児や子の保護・世話をすること．自らは繁殖せずにこの行動をする個体をヘルパー (helper) という．(➞子の世話)

f **ゴモリ染色法** [Gomori's staining method] G. Gomori が開発した多くの組織学的および組織化学的・細胞化学的染色法の総称．(1) アルカリ性ホスファターゼ検出法 (1939)：酵素により基質 (pH9.4) から遊離したリン酸イオンをリン酸カルシウムの形でとらえ，最後に硫化コバルト（褐色）として検出する．(2) 酸性ホスファターゼ検出法 (1950)：pH4.7 にした基質を用い，酵素を硫化鉛（黒褐色）として検出する．(3) 鍍銀法 (1947)：細網繊維を銀で黒く染める．(4) クロム明礬ヘマトキシリン-フロキシン染色法 (1941)：ランゲルハンス島の β 細胞の染色．(5) アルデヒド-フクシン染色法 (1950)：*弾性繊維を赤紫色に染める．(6) 三重染色法 (1950)：*膠原繊維を緑色，核を藍ないし黒色，筋肉繊維・細胞質を赤色に染める．(7) メテナミン銀染色法 (1946)：腸クロム親性細胞，基底膜，真菌細胞壁などを染色する．

g **固有** [endemism] ある生物の分布が特定の地域に限定される現象．これを示す生物を固有生物 (endemic organism) という．分布圏の大小を問わず，また生物の分類群の*階級は種，すなわち固有種 (endemic species) に限定しない．しかし地域は 1 大陸を超えないのが一般的で，それ以上広い分布のときは汎存と呼ぶ(➞汎存種)．例えば植物ではタテヤマギクは箱根および伊豆半島に，トガクシショウマは本州に，カツラは日本および中国中部を一丸とする東アジアにそれぞれ固有であるが，ユリノキは北米東部に固有であるのに，属として見れば中国中部にシナユリノキが存在するので固有とはいえない．固有生物にはしだいに分布圏を拡大する傾向のものと，逆にしだいに減少ないしは停滞状態にとどまるものとがある．前者は J. C. Willis (1918) の説くものに当たり，進化的に若い群であり，後者は H. N. Ridley (1925) のいう epibiotic endemism で，進化史上古い群に当たる．前者の例には現在*倍数性によって生じつつある

コラノカマ

種，後者には第三紀に広く北半球に分布したが現在では狭い地域にしか分布しないコウヤマキ(日本)，セコイヤオスギ(カリフォルニア州)，アケボノスギ(中国中部)，ヤマグルマ(日本)などがある．大陸から離れた大洋島の生物は海による隔離のため固有性が高い．(→遺存，→レフュジア)

a 固有地域 [area of endemism]　複数の固有種の分布域が重複する部分．固有地域間の類縁関係を生物相の構成種の系統関係に基づいて考察することは，分岐分類学あるいはより広く系統類縁関係に基づく歴史生物地理学(分断生物地理学 vicariance biogeography)の出発点である．(→固有，→クロイツァート)

b 固有背筋 [principal dorsal muscles, intrinsic back muscles]　主として脊椎動物羊膜類の体幹において，脊髄神経背枝による支配を受ける一群の筋．水平筋中隔の背側に見出される，いわゆる軸上筋(epaxial muscles)と相同だが，両生類におけるのとは異なり，本来の分節的形態を二次的に失ったものが多い．同様な場所に存在していても，発生中肢芽から二次的に成長・移動した広背筋(前肢筋の一つ)や，頸部の体節に由来する僧帽筋(頸部筋の一つ)はこの範疇には含めない．

c 固有派生形質 [autapomorphy]　系統推定において，ある末端種(群)だけに観察される派生的形質状態(→形質状態)．固有派生形質はその種(群)の識別以外の系統的情報はもたない．ただし*進化分類学では，固有形質はその種(群)が新たな適応域に進入したことを示す指標となりうるとして，残された種群を側系統群と認知する規準として利用することがありうる．(→共有派生形質)

d コラゲナーゼ [collagenase]　3本のペプチド鎖が絡まってできる，*コラーゲン特有のヘリックス構造に対して，特異的に作用するプロテアーゼ．通常のプロテアーゼはコラーゲンを分解できない．動物型と細菌型がある．前者はN末端から3/4の部位の特定のGly残基のN側で三本鎖を切断し，これが引き金となってヘリックス構造が壊れ，他のプロテアーゼによる分解を受けるようになる．後者は，前者より切断部位の配列特異性が低く，Pro-Xaa-Gly-Pro-などの-Glyを切断し，さらに，コラーゲンの変性体であるゼラチンにも作用する．金属プロテアーゼであり，ZnおよびCaイオンを必要とする．動物では組織(軟骨，皮膚など)の細胞間に存在し，コラーゲンの代謝回転の一翼を担い，多くの生理的過程に関与．オタマジャクシの尾が切れるときに作用する酵素としても知られる．細菌の酵素は，動物の組織を破壊することによって毒素の効果を高める働きがあるとされる．研究用として，動物組織に作用させて細胞を遊離させるために用いられる．

e コラーゲン [collagen]　蛋白質の一種で，動物の*細胞外マトリックスの主成分．長い間，構造維持という物理的機能のための不活性な蛋白質とされていたが，現在では，*RGD配列もち，*細胞接着活性を示すことが知られている．動物の全蛋白質中で最も多く，約25%も含まれる．皮膚・腱・軟骨などに多量に含まれる．コラーゲン分子はI型～XIII型と多種類ある．分子一つが，3本のポリペプチド鎖からなる三重らせん構造で，各鎖は α 鎖と呼ばれる．1分子は1種類の α 鎖からなることも，別々の遺伝子にコードされた複数種の α 鎖からなることもある．α 鎖は α1, α2, α3 のように α の後に数字をつけて呼び，さらにコラーゲンの型をつけて，α1(I), α2(I) などと呼ぶ．例えば，I型コラーゲンは α1(I) 鎖2本と α2(I) 鎖1本からなるので，[α1(I)$_2$α2(I)]と記載される．一次構造の大部分は，[グリシル-X-プロリル(またはヒドロキシプロリル)]$_n$ (X は任意のアミノ酸残基)のアミノ酸配列からなる特徴をもち，それ自体3残基周期の左巻きらせん構造をとる．特殊なアミノ酸としてヒドロキシリジン(*5-ヒドロキシリジン)を含み，糖はこの水酸基に結合している．繊維状で存在し，集まって*膠原繊維をなすI型，II型，III型，V型，XI型コラーゲンは，繊維形成コラーゲンまたは間質型コラーゲンと呼ばれ，電子顕微鏡で見ることのできる複雑な横紋構造(周期64 nm)をもつ．繊維を構成する基本単位は，分子量約30万，長さ280 nm，太さ1.5 nmのトロポコラーゲン(tropocollagen)である．コラーゲン繊維は，動物の成長とともにポリペプチド鎖間に架橋を生じて不溶性となる．*ゼラチンはコラーゲンを変性処理して水溶性に変えた一種の誘導蛋白質である．

f コラシジウム [coracidium]　《同》コラシディウム．扁形動物新皮目真正条虫類に属する擬葉類の発生初期に生じる幼生．長い繊毛が密生した胚殻の中に*六鉤幼虫を入れている．産出された虫卵から水中に遊出，遊泳し，第一中間宿主に摂取されて*前擬充尾虫(プロセルコイド)，第二中間宿主体内で*擬充尾虫(プレロセルコイド)に成長し，終宿主体内で成虫となる．

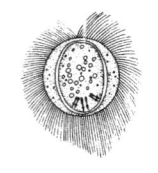

g コラゾニン [corazonin]　節足動物に広く存在するC末端がアミド化された11個のアミノ酸からなる*神経ペプチド．7番目のアミノ酸としてArgあるいはHisをもつ2タイプが存在するが，その他のアミノ酸配列は種を越えて一定である．ゴキブリの心臓拍動を増大させるペプチドとして単離され，その名前はスペイン語の corazon (心臓) に由来する．他に，甲殻類体表の色素胞内の色素移動，トノサマバッタの相変異に伴うクチクラの黒化(メラニン蓄積)，タバコスズメガにおける脱皮誘導に関与．昆虫では脳側方部内の少数の*神経分泌細胞に存在し，側心体から*血リンパ中へ分泌される．

pGln-Thr-Phe-Gln-Tyr-Ser-Arg-Gly-Trp-Thr-Asn-NH$_2$
[Arg^7]-コラゾニン

pGln-Thr-Phe-Gln-Tyr-Ser-His-Gly-Trp-Thr-Asn-NH$_2$
[His^7]-コラゾニン

h コラナ Khorana, Har Gobind　1922～2011　インド生まれのアメリカの生化学者．塩基配列の決まっているRNAを人工合成し，M.W.Nirenberg らとは別の手法で遺伝コードの解読に貢献．この業績により Nirenberg, R.W.Holley とともに1968年ノーベル生理学・医学賞受賞．

i コラーの鎌 [Koller's sickle]　《同》Rauber's sickle．産卵後すぐの鳥類胚において，胚盤葉明域後端に現れる細胞の密集した領域．上から観察すると鎌形をしている．C.Koller(1882)の研究に基づき命名された．他の明域から移入した細胞とともに二次胚盤葉下層の形成に寄与する．コラーの鎌の前側上層および中層は*ヘンゼン結節となり，後側は*原条の一部となる．

a **コラム構造** [columnar organization, column]《同》機能円柱. *大脳皮質において, 似た性質や機能をもつ神経細胞が, 皮質層を横切って柱状に並ぶ構造. J. V. Mountcastle が, ネコの体性感覚野において, 皮膚刺激に反応する神経細胞と腱や靱帯への深部刺激に反応する神経細胞がそれぞれ別々に柱状に並ぶことを見出し, これをコラム構造と名付け大脳皮質の機能単位であると提唱した. 視覚領野にも存在し, 例えば*一次視覚野では, 左右どちらの眼からの入力を強く受けるか(眼優位性), どんな傾きの線分に反応するか(方位選択性)に従ってコラム構造が形成され, *視覚前野の一つであるMT野では刺激の運動方向や*両眼視差, 側頭葉視覚連合野では形・色などの図形的特徴に従ったコラム構造が存在する.

b **コラン酸** [cholanic acid]《同》5β-コラン酸. $C_{24}H_{40}O_2$ 炭素数24の飽和ステロイドモノカルボン酸. 天然*胆汁酸はコラン酸の 3, 6, 7, 12, 16, 22 もしくは 23 位に 1～4 個の水酸基が結合したもの, およびそれらのケト誘導体. また, コラン酸の異性体アロコラン酸(allocholanic acid, 5α-コラン酸)のヒドロキシ誘導体である 5α-胆汁酸も数種類*胆汁中から見出されている.

[5β-コラン酸と5α-コラン酸の構造式]

c **コリ** Cori, Carl Ferdinand 1896～1984 アメリカの生理化学者. 妻の Gerty Theresa と共同での, グリコゲンからグルコース-1-リン酸(コリ=エステルと呼ばれる)を生ずるホスホリラーゼの発見が著名. ホルモンと炭水化物の代謝との関係についても業績をあげた. Cori 夫妻は, B. A. Houssay とともに 1947 年ノーベル生理学・医学賞受賞.

d **コリシウム** [*Corycium*] 【1】フィンランドの先カンブリア時代ボスニアン千枚岩層産の小袋状(径2～15 cm)の擬石(⇒化石). J. J. Sederholms (1911) が *Corycium enigmaticum* と命名. 石墨質なので太古の植物化石として扱われることが多いが氷河起源とする向きも. K. Rankama (1948) はこの炭素物中の $^{12}C/^{13}C$ を調べ, 生物原説に有力な根拠を与えた.
【2】ランの一属.

e **コリシン** [colicin] 大腸菌の産生する*バクテリオシン. サルモネラ菌や赤痢菌などのグラム陰性腸内菌のものも含めて広くコリシンと呼ぶ場合が多い. 蛋白質的抗菌性物質で, 感受性細菌の特異的な受容体に吸着して抗菌作用を示す. 吸着の特異性からコリシン B, D, E, I, K などのグループに分類され, 各群はさらに免疫性(⇒コリシン生産性)やコリシンの性質から E_1, E_2, E_3 や I_a, I_b のように細分されている. コリシンの作用はその種に応じて多種多様なものがあり, 酸化的リン酸化反応を阻害するもの, 蛋白質生合成を阻害するもの(コリシン D), DNA の崩壊を誘起するもの(コリシン E_2) などが知られている.

f **コリシン因子** [colicin factor, colicinogenic factor] *コリシン生産性を支配する遺伝要因. コリシン B の生産に関与するものを col B, コリシン E_1 のものを col E_1 などと表す. *プラスミドや*エピソームなどに属する一群の遺伝要因で, 細胞接合による伝達性をもつものが多い. その実体は基本的には環状二本鎖 DNA と考えられ, 単にコリシンに対する構造遺伝子以外に, 自己増殖や同種のコリシンに対する免疫性(⇒コリシン生産性)などに関する遺伝子をもそなえているのが一般的である. col E_1 などの DNA の複製は*アンチセンス RNA によって調節されている.

g **コリシン生産性** [colicinogeny, colicinogenicity] 細菌の, *コリシンを生産しうる性質(潜在能力). コリシン生産性は一般に細菌の安定な遺伝的性質であり, *コリシン因子と呼ばれる一群の遺伝因子に支配されている. その遺伝子はコリシン毒に対する耐性をもたせる免疫蛋白質をつくらせる遺伝子とペアになってプラスミド上に存在している. するとコリシン生産性菌は同時にコリシン毒に耐性をもつことになる. コリシン感受性菌はこれをいずれももたず, 毒によって殺されるが, 毒の存在しない培地では, コリシン生産性菌よりも速く増殖できる. 両者を同じ培地で育てると, コリシン生産性菌が多いときには生産性菌が勝り, 少ないときには感受性菌が勝つという頻度依存的な競争を示す. さらに, コリシンを生産しないが免疫蛋白質をつくる第三の系統を混ぜると, 三者が交代して振動が起きたり, 平面上の培地では時空的に変化しつづけるパターンを描くことが知られている.

h **コリスミン酸** [chorismic acid] ⇒芳香環生合成

i **コリネバクテリウム** [corynebacterium] 放線菌に類縁のグラム陽性菌であるコリネバクテリウム属(*Corynebacterium*)細菌の総称. アクチノバクテリア門アクチノバクテリア綱放線菌目コリネバクテリア科 Corynebacteriaceae に属する. 基準種はジフテリアの病原体である *Corynebacterium diphtheriae*. 菌体は非運動性, 芽胞非形成, 分岐などの多型性を示す長桿菌で, 細胞内にポリメタリン酸を成分とするボルチン(volutin)と呼ばれる染色性の顆粒を形成する. また, 細胞壁に*ミコール酸と呼ばれる脂質を含むことで特徴づけられる. 多くは絶対好気性であるが通性嫌気性の種も存在する. 一般に土壌中に広く分布し, 一部の種は動物寄生性である. *C. glutamicum* や *C. efficiens* はグルタミン酸生産菌として知られる. コリネバクテリウム属細菌を含めて類縁属の多型性を示す細菌はコリネフォルム細菌(coryneform bacteria)と呼ばれている. (⇒ジフテリア菌)

j **コリン** [choline]《同》アマニチン(amanitine), ビリノイリン(bilineurine). $C_5H_{14}ON$ 遊離または結合物状態で広く動植物(特に脳・胆液・卵黄・種子など)に分布し, 無色粘稠な魚臭のあるシロップ状の化合物. 吸湿性が高く, 強アルカリ性. A. Strecker (1849) が発見, ギリシア語の cholē (胆汁)にちなみ命名. 生体にとって*リン脂質(*ホスファチジルコリンや*スフィンゴミエリン)および*アセチルコリン分子中のメチル基供与体として極めて重要. また抗脂肝因子の一つとしてビタミン B 群に分類されているが, *補酵素的機能は不明. コリンの欠乏症は肝臓に多量の脂肪の蓄積を招き, また腎臓に病変を起こす. 脂肪代謝異常による脂肪肝・

$HOCH_2CH_2N^+\begin{matrix}CH_3\\CH_3\\CH_3\end{matrix}$

肝硬変・アテローム性動脈硬化・心臓疾患の治療に用いられる．

a **コリンエステラーゼ** [cholinesterase] コリンエステルを*コリンと酸に加水分解する酵素で2種ある．*アセチルコリンを特異的に分解するアセチルコリンエステラーゼ(acetylcholine esterase, 真正コリンエステラーゼ true cholinesterase)は，神経組織に存在し，神経伝達物質であるアセチルコリンをコリンと酢酸に分解する．一方，コリンエステル全般を分解するブチルコリンエステラーゼ(butyrylcholinesterase, 偽コリンエステラーゼ pseudocholinesterase)は肝臓，膵臓に存在し，その血中濃度は肝障害などの臨床検査に利用されている．プロスチグミン(prostigmine)や塩酸ドネペジルといった，コリンエステラーゼに対する可逆的阻害剤が，それぞれ重症筋無力症やアルツハイマー病などの改善に用いられる一方，非可逆的阻害剤の多くは殺虫剤，農薬に用いられ，神経ガスのサリンも同様の作用がある．

b **コリン作動性ニューロン** [cholinergic neuron] 神経伝達物質として，神経終末からアセチルコリンを分泌するニューロン．その軸索(神経繊維)をコリン作動性繊維(cholinergic fiber)，もしくはコリン作動性神経(cholinergic nerve)と呼ぶ．かつては軸索が分岐して多数のシナプスを形成する場合でも，その末端から遊離される神経伝達物質は同一ニューロンにつき1種類であると考えられていた．これをデイルの原理(Dale's principle)という．この考えからニューロンを，神経伝達物質の種類によって，アセチルコリンによるコリン作動性ニューロン，ノルアドレナリンまたはアドレナリンによる*アドレナリン作動性ニューロン，*γ-アミノ酪酸(GABA)によるGABA作動性ニューロンなどに分類できる．現在では，一つのニューロンから複数の神経伝達関連分子が放出されていることが明らかにされている．

c **コリンリン酸** [choline phosphate] 《同》ホスホコリン(phosphocholine)，ホスホリルコリン(phosphoryl choline)．*ホスファチジルコリン生合成の中間体である*CDPコリンの前駆体．動植物に広く分布しているコリンキナーゼ(choline kinase, ATP:コリンホスホトランスフェラーゼ，EC2.7.1.32)により，コリンとATPから生成する．さらに，CTPとともにコリンリン酸シチジル基転移酵素(ホスホリルコリントランスフェラーゼ，EC2.7.7.15)の作用によりCDPコリンを生ずる．Mg塩は肝胆液分泌障害の治療に用いられる．

$HO-P-O-CH_2CH_2\overset{+}{N}(CH_3)_3$

d **コルク形成層** [cork cambium, phellogen] 二次肥大成長を行う維管束植物の茎および根がもつ側部分裂組織の一つ．接線方向の分裂(並層分裂)によって内側にコルク皮層(cork-cortex, phelloderm)を，外側にコルク組織(cork-tissue, phellem)を作りだす．コルク形成層の構成細胞は横断面では接線方向に長い四角形を示すが，接線縦断面では等径の多角形であり，形成層の紡錘形成原細胞とは形が異なる．内側に作られたコルク皮層は数層からなる*柔組織で，やや規則的に並ぶ．これらの細胞壁の主成分はセルロースであり，内部に葉緑体を含み，澱粉を貯蔵することもある．これに対して，外側に作られたコルク組織は多層で放射方向に規則正しく並び，細胞間隙は見られない．細胞壁はスベリンを沈着させコルク化する．細胞内部に空気を含むが，ときにタンニンあるいは結晶体を含む場合(カシ属)もある．コルクガシのコルク組織は著しく発達するため，いわゆるコルク栓に利用される．R. Hooke(1665)がこの組織を検鏡して初めて「細胞」を記載したことは有名である．コルク組織・コルク形成層・コルク皮層を合わせて*周皮と呼ぶ．個体発生上，コルク形成層はその後，茎の成長に伴って，内方の皮層内や一次篩部内に，さらには*二次篩部内にと，第二，第三，第四のコルク形成層が断続的に次々と分化して外樹皮を作り続ける．この最初のものを一次コルク形成層，第二以降に生ずるものを二次コルク形成層と呼ぶ．根ではコルク形成層は，最初内鞘内に分化するが，二次肥大成長を続ける根では茎と同様に二次コルク形成層が断続的に作られる．

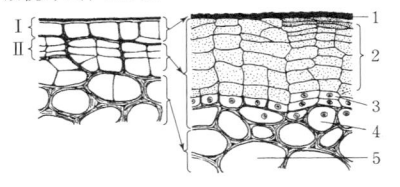

ナシの一種のコルク形成層の発達
Ⅰ クチクラにおおわれた表皮　Ⅱ 周皮が分裂して周皮をつくり出す部分　1 クチクラと押しつぶされた表皮細胞　2 コルク組織　3 コルク形成層　4 コルク皮層　5 皮層

e **コール酸** [cholic acid] 《同》3α,7α,12α-トリヒドロキシ-5β-コラン酸．$C_{24}H_{40}O_5$ ヒトをはじめ多くの脊椎動物に広く分布する最も主要な*胆汁酸．胆汁中では*グリシンまたは*タウリンと抱合したグリココール酸またはタウロコール酸として存在．ウシ胆液などから大量に得られるので他の胆汁酸，ステロイドの製造原料に利用される．コール酸の5α異性体アロコール酸(allocholic acid, 3α,7α,12α-トリヒドロキシ-5α-コラン酸)はトカゲやコイなどの胆汁中に見出される．

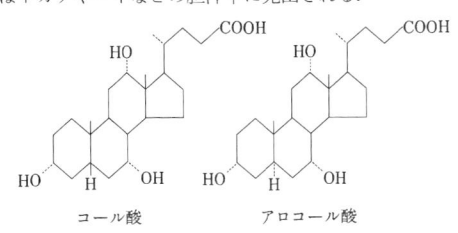

コール酸　　　アロコール酸

f **ゴルジ** Golgi, Camillo 1844〜1926 イタリアの組織学者．硝酸銀を用いて神経を染める方法を創案し，神経組織の精細な研究を行った．1906年，その業績によりスペインのS. Ramón y Cajalとともにノーベル生理学・医学賞受賞．脊髄後柱の神経細胞であるゴルジ細胞・ゴルジ体などにその名が記念されている．マラリア原虫に関する研究も著名．

g **コルシェルト** Korschelt, Eugen 1858〜1946 ドイツの動物学者．諸種の無脊椎動物について生殖・発生・寿命・再生などの研究を行った．E. Heiderと共著の'Lehrbuch der vergleichenden Entwicklungsgeschichte der wirbellosen Thiere'(各論2巻，1890〜1893，総論2巻，1902〜1910)および'Regeneration und Transplantation'(1907，増補版3巻，1927)は，発生学および実験形態学の総括的著作として貢献大．

a **ゴルジ槽成熟** [Golgi cisternal maturation]　*ゴルジ体内における蛋白質輸送システム．ゴルジ槽(Golgi cisterna)は安定した構造ではなく，一過性の構造で，積み荷蛋白質の乗ったCOP II小胞どうしが融合してシス槽が形成され，徐々に中間槽，トランス槽へと性質を変えていく．積み荷蛋白質は同じ槽にとどまりながら修飾・選別されるのに対して，槽を特徴づける酵素や分子装置はトランス側からシス側に逆送される．ゴルジ体膜は安定した構造体で，同じ場所にとどまっており，積み荷が小胞によって運ばれていくという小胞輸送モデルとの10年以上にわたる論争の末，A. Nakano と B. Glick らによって証明された．ただし，ゴルジ体成熟とゴルジ体内での*小胞輸送の両方が同時に働く可能性もある．

b **ゴルジ体** [Golgi body]　《同》ゴルジ装置(Golgi apparatus)，ゴルジ複合体(Golgi complex)．赤血球を除くすべての真核細胞に存在する，複合的な膜系からなる細胞小器官．C. Golgi(1898)により発見．その主要な機能は，小胞体で合成された前駆体蛋白質をうけとり，修飾・加工して別々の小胞に包装し，細胞膜，*リソソームといった最終目的地に選別輸送されるようにすることにある．ゴルジ体の基本構造は，扁平な袋状の槽，すなわちゴルジ槽(Golgi cisterna，ゴルジ囊 Golgi saccule)が数層重なってできたゴルジ層板(Golgi stack)であり，このほかに直径約50 nmの小胞(ゴルジ小胞 Golgi vesicles)が存在する．分泌細胞の極性とは別にゴルジ層板自身も極性を示し，小胞体に近接するシス面(cis)と，これと反対側のトランス面(trans)を区別する(図)．細胞における存在様式は細胞の種類によってかなり異なる．極性を示す分泌上皮細胞では，ゴルジ体の層板構造が微小管によって核周縁部に集められ，ゴルジリボン(Golgi ribbon)を形成する．神経細胞では多数のゴルジ体が細胞質全体に散在し，網状構造を示す．生殖細胞，多くの無脊椎動物，植物細胞では，細胞質に多数の孤立したゴルジ体が散在し，A. W. Perroncito(1910)はこれをディクチオソーム(dictyosome)と名づけた．ゴルジ槽は平板状ではなく杯状で，シス面が凸面，トランス面が凹面を示すことが多い．シス面からトランス面にむかってシス槽，中間槽，トランス槽と呼ぶ．シス槽よりさらにシス側，トランス槽よりさらにトランス側には多孔性の網様構造物が存在し，各々シスゴルジ網(cis Golgi network, CGN)，*トランスゴルジ網(TGN)と呼ばれる．ゴルジ体のトランス槽とTGNは混乱して用いられることがしばしばあり，厳密な定義は今のところ十分なされていない．植物細胞では，TGNはゴルジ体とは独立して機能していると考えられている．小胞体で合成された前駆体蛋白質(分泌蛋白質・細胞膜蛋白質・リソソーム蛋白質など)は，移行型小胞体で形成される輸送小胞によってCGNに送られ，ゴルジ体内輸送，および，*ゴルジ槽成熟を経て，TGNに到達する．この過程でこれらの蛋白質は種々の修飾・加工を受ける．すなわちポリペプチド鎖の切断による前駆体型から成熟型蛋白質への転換，N型糖鎖の修飾，O型糖鎖の形成，脂質の添加，硫酸化，リン酸化などの多様な化学反応が一定の規律に従って順序正しく進行すると考えられている．さらにゴルジ体では糖脂質生合成も行われる．各ゴルジ槽内部の微小環境，例えばpHやイオンの組成と濃度は微妙に異なり，これらの反応が進行するのに，各々のゴルジ槽は好適な環境を保持していると考えられる．ゴルジ体においては少なくとも次の三つの選別が行われる．(1) CGNでの選別により，小胞体残留シグナル(⇨小胞体局在化シグナル)をもった蛋白質は*輸送小胞に包装され，小胞体に返送される．(2) ゴルジ体のシス槽，中間槽，あるいはトランス槽での選別により特定のゴルジ体内腔蛋白質あるいは膜蛋白質はゴルジ体の特定の部位に残留する．ただし残留シグナルはまだ正確には決定されていない(⇨ゴルジ体残留シグナル)．(3) TGNでは，リソソーム蛋白質・調節性分泌蛋白質・構成性分泌蛋白質・細胞膜蛋白質などが選別される．上皮細胞のように極性をもつ細胞では，頂面と底側面という細胞極性に基づく選別も行われる．N-グルコシド型糖鎖をもつリソソーム蛋白質のマンノースはゴルジ体でリン酸化され，*マンノース-6-リン酸(M-6-P)となる．TGNにはM-6-P受容体が存在し，*受容体介在エンドサイトーシスと類似の機序でリソソーム蛋白質は選別，濃縮され，小胞に包装され，後期エンドソームを経てリソソームに輸送される．*調節性分泌蛋白質もTGNで選別され，濃縮空胞(condensing vacuoles)となり，20〜200倍も濃縮されて*分泌顆粒となる．濃縮はTGN内腔の酸性化とCa^{2+}による分泌蛋白質の選別沈澱によるとされる．完成した分泌顆粒は固有の細胞骨格系によって細胞頂部に輸送され，分泌刺激が加えられると，開口分泌(*エキソサイトーシス)される(⇨調節性分泌)．*構成性分泌蛋白質は選別を受けることなく，受動的にTGNで輸送小胞に包装され，主として細胞膜の底側面に輸送され，連続的に分泌される．ゴルジ体はこのような種々の蛋白質を修飾・選別し，それぞれの蛋白質を固有の目的地へ選別輸送する．またゴルジ体は細胞のエンドソーム系とも連結されており，その結果，細胞内でゴルジ体を中継点とする分泌系，リソソーム系，エンドサイトーシス系が一つのネットワークを形成している．このゴルジ体は細胞内輸送の中心的小器官として機能し，さらに細胞膜の需要供給の調節中枢の機能をもつとされる．(⇨サイトーシス)

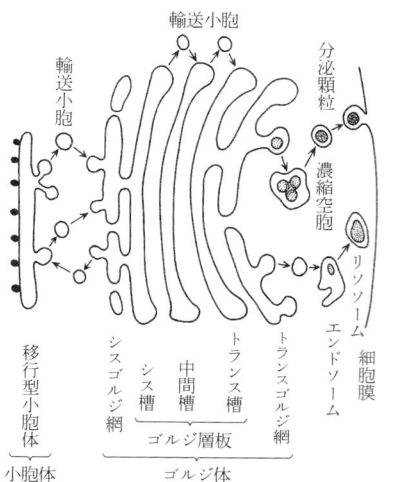

c **ゴルジ体残留シグナル** [Golgi retention signal]　蛋白質が，ゴルジ体の特定の部位に残留するために蛋白質分子内にもつ信号．ゴルジ体残留シグナルを失うと，蛋白質は順行輸送の流れに乗って分泌されるかあるいは

細胞膜まで輸送されてしまう．ゴルジ体膜蛋白質のβ-1,4-ガラクトシルトランスフェラーゼ(ゴルジ体トランス槽)，α-2,6-シアリルトランスフェラーゼ(ゴルジ体トランス槽)，N-アセチルグルコサミニルトランスフェラーゼI(ゴルジ体中間槽)では，その膜貫通部分に，それぞれのゴルジ体残留シグナルが存在することが示されているが，共通したシグナルは同定されていない．ゴルジ体に残留する要因としては，膜貫通部分を介した多量体の形成，膜貫通部分のアミノ酸の長さ，アミノ酸配列などがあり，これらが複合的に働くと考えられている．(⇒小胞輸送，⇒サイトーシス)

a **ゴルジ-マッツォニ小体** [Golgi-Mazzoni's corpuscle] 〘同〙ゴルジ小体(Golgi's corpuscle). 触受容性の神経*終末器官の一つ．C.Golgi と V.Mazzoni に因む．哺乳類の皮膚，特に指頭や陰部の皮膚・結膜・爪床・骨膜・腹膜に見られる．卵円形で*パチーニ小体に似るが，層板の数が少なく，内棍に包まれた軸索は盛んに分枝し，結節状の膨大をもって終わる．細胞小器官のゴルジ体とはまったく別のもの．(⇒触受容器)

b **ゴルジマトリックス** [Golgi matrix] 精製したゴルジ体の膜を界面活性剤で抽出したあとに不溶性に残る，ゴルジ体の形態を維持するための骨格成分．コイルドコイル構造をもつ Golgin(ゴルジン)や GRASP (Golgi reassembly and stacking proteins)がゴルジマトリックス蛋白質として同定されている．Golgin は低分子量 GTP アーゼである Rab と結合して，小胞と標的膜との融合の繋留装置としても機能している(⇒繋留蛋白質)．GRASP はゴルジ槽の層板形成に関与すると考えられる．

c **コルチコステロン** [corticosterone] ⇒グルココルチコイド

d **コルチゾル** [cortisol] 〘同〙コルチゾール，ヒドロコルチゾン．*副腎皮質ホルモンの一つ．*ステロイド 17α 水酸化酵素のないネズミなどを除く哺乳類の副腎皮質から分泌され，*グルココルチコイドとして最も強い作用を示す．硬骨魚類ではコルチゾルが主な副腎皮質ホルモンで，海水の塩分適応において重要な役割を果たす．鰓からのナトリウムイオンの能動的排出と，腸からの塩分イオンの能動的吸収とそれに伴う水分の吸収を促進する．また，淡水適応時にも*プロラクチンと共同でナトリウムイオンの能動的吸収を促進する．このようにコルチゾルは魚類では哺乳類の*アルドステロンとよく似た働きを示し，哺乳類の場合と同様糖代謝に対する作用ももつ．

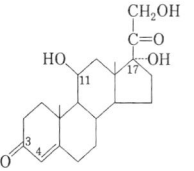

e **コルチゾン** [cortisone] ⇒グルココルチコイド

f **ゴルツの打試験** [Goltz' tapping experiment] まえもって心臓を露出させたカエルの腹壁をメスの柄などで数回軽くたたくと，心臓拍動が減速または停止するという実験．内臓壁組織中を走る求心性線維が機械的刺激を受けて解発する心臓反射により説明され，心臓の迷走神経を切断すれば反応は消失する．ヒトでも腹部を強打されて心臓麻痺を起こすことがあり，これと同じ機序によるとみられる．

g **コルチ器官** [Corti's organ] 〘同〙コルチ器，らせん器官(spiral organ)．内耳*蝸牛管の基底膜上に配列した聴覚上皮群からなる構造で，蝸牛神経の終末器官．A.Corti に因む．*有毛細胞と支持細胞からなる．ほぼ中央に内外 2 列の柱細胞(pillar cell)があり，その頂端は接して三角形状のコルチ溝(Corti's canal)を形成する．この内側に 1 列，外側に 3〜4 列の有毛細胞がある．支持細胞としては，内有毛細胞の内側に内細胞，外有毛細胞の間隙にダイテルス細胞(Deiters' cell)，外有毛細胞の外側で，これに近い部分にヘンゼン細胞(Hensen's cell)，さらにこの外側にクラウディウス細胞(Claudius' cell)が，1層に並ぶ．一方，管腔に面するコルチ器官の表面は，その内側で前庭膜の基部に近いところから出る蓋膜(membrana tectoria)に被われている．内耳神経の1枝である蝸牛神経(nervus cochleae)の末端はコルチ器官の内側下方から入り，各有毛細胞の周囲に終わる．蝸牛神経線維の 95% は内有毛細胞に，5% はらせん状線維で外有毛細胞にそれぞれ達する．コルチ溝を横切る線維は総数 500 本の遠心性線維で，また外有毛細胞からの求心性線維は基底膜に平行して溝底を走る．すなわち，1個の内有毛細胞には数本の線維の分枝が多数付着するのに対し，外有毛細胞には単一線維が数十本に分枝したものが終わっている．この事実は内有毛細胞と外有毛細胞は周波数弁別などに関して異なる機能をもつことと関係している．

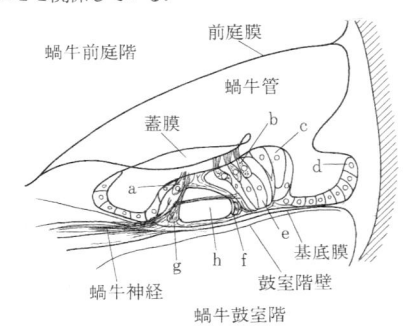

コルチ器官
a 内有毛細胞 b 外有毛細胞 c ヘンゼン細胞
d クラウディウス細胞 e ダイテルス細胞
f 外柱細胞 g 内柱細胞 h コルチ溝

h **ゴールドシュミット** GOLDSCHMIDT, Richard Benedict 1878〜1958 ドイツ，のちにアメリカの動物学者，遺伝学者．1924〜1926年東京帝国大学農学部講師として来日した．この間にマイマイガ(Lymantria)における性決定機構の研究の一部が日本の材料を使って行われた．性の決定は，性染色体にある雄性因子と細胞質にある雌性因子との平衡によるという考えを提唱し，またそれと関連して生理遺伝学の分野をひらいた．そのほか遺伝子の本質，進化の機構(大進化・小進化の概念)などに関する研究や，「有望な怪物」で知られる進化学説が知られる．(⇒表型模写)．[主著] Physiological genetics, 1938.

i **ゴールドマンの式** [Goldman's equation, Goldman-Hodgkin-Katz equation] 〘同〙定電場方程式(constant field equation)．神経や筋の膜電位を，膜によって区切られる細胞内外の K^+，Na^+，Cl^- の濃度と，膜のそれらイオンに対する透過定数を用いて表す式．電流が流れていないときの膜電位は

により与えられる．F はファラデー定数，R は気体定数，T は絶対温度，P_K, P_{Na}, P_{Cl} はそれぞれ K^+, Na^+, Cl^- に対する透過定数，$[\ ]_o$, $[\ ]_i$ は細胞外，細胞内のイオン濃度．この式は，(1)溶液中におけると同じく膜内部においてもイオンが電場と濃度勾配の影響下に移動すること，(2)境界部における膜内イオン濃度はそれに接する溶液中の濃度に比例すること，(3)膜内部での電場の勾配は一様であること，の三つの仮定に立って理論的に導かれる (D. E. Goldman, 1943, A. L. Hodgkin & B. Katz, 1949). 式中の透過定数 P は $\mu\beta RT/aF$ と定義され，単位は cm/s となる（μ はイオンの膜内部での移動度，β は膜と液相との間の分配率，a は膜の厚さ）．Cl^- の分布が膜電位と平衡していると考えてその項を除外すると，式は

$$E = \frac{RT}{F} \ln \frac{[K]_o + \alpha[Na]_o}{[K]_i + \alpha[Na]_i}$$

となる．α は P_{Na}/P_K に等しい．

a **ゴルトン** GALTON, Francis 1822～1911 イギリスの遺伝学者．E. Darwin の孫で，C. Darwin の従弟．早くから遺伝学の研究に数学的方法を導入し，回帰分析を開発するなど，生物統計学・優生学および人類遺伝学の創始者と呼ばれる．非メンデル性遺伝とされた数量的形質の遺伝性を解明する研究の糸口を開拓した．［主著］Hereditary genius, 1869.

b **コルヒチン** [colchicine] イヌサフラン科イヌサフラン (*Colchicum autumnale*) の種子・鱗茎に含まれる淡黄色の結晶または粉末．$C_{22}H_{25}O_6N$ 分子量 399.43, 融点 157°C．トロポロン環を含む特異な三環性化合物で，窒素原子がアセトアミドとして環外に突出する．中性物質であるが，*チロシンおよび*フェニルアラニンを前駆体とするアミノ酸経路で，アウタムナリン（イヌサフランに含まれるフェネチルイソキノリンアルカロイド）を経て生合成されるアルカロイドの一種．古くからイヌサフランの鱗茎は痛風に用いられ，コルヒチンはその作用本体とされる．今日でも抗痛風薬とするが，痛風治療のメカニズムは不明である．A. P. Dustin (1934) がこの薬物によって染色体の増加による巨大核ができることを発見，R. J. Ludford (1936), L. Havas (1937), P. Gavandan ら(1937), A. Levan (1937) が，染色体の倍加は紡錘体形成・紡錘体機能の阻害によって誘起されることを明らかにし，Levan はコルヒチンによって誘起される特殊な有糸分裂をコルヒチンの頭文字から C 有糸分裂 (C-mitosis) と呼んだ．また A. F. Blakeslee と A. G. Avery (1937) はコルヒチンによって*倍数性の高い倍数体植物を人工的につくる実験を行った．これらはコルヒチンのチューブリンの生物活性を阻害する作用によってもたらされる．適当な濃度のコルヒチンまたは類縁物質は*紡錘体の形成，*動原体の分割，動原体糸の発達を阻害し，染色体の短縮化を誘導し，染色分体の縦裂と

*一次狭窄が程良く強調された分裂中期の核板を蓄積するので，各種の核型分析の研究に活用されている．また倍数体の作製は育種学的にも貢献している（→微小管）．コルヒチンは毒性・変異原性が強いので，同様の作用をもち毒性のはるかに少ない類縁誘導体コルセミド (colcemide, 別名デメコルチン demecolcine, 分子式 $C_{21}H_{25}O_5N$ 分子量 371.43, 融点 184°C) を用いることも多い．

c **コルメラ細胞** [columella cell] 植物の根の先端にある*根冠を構成する細胞．根冠部分は中央領域と側部領域とに分けられ，コルメラ細胞は中央領域に存在する縦方向に配置された細胞である．コルメラ細胞は比較的液胞が少なく，細胞質に富む．細胞内には，澱粉粒が詰まった*アミロプラストが存在し，アミロプラストの沈降により，重力を感受する．これが，根の重力*屈性の引き金となる．シロイヌナズナでは，根端分裂組織の*静止中心の真下にコルメラ始原細胞と命名された細胞があり，この始原細胞が横分裂することにより，コルメラ細胞が供給される．

d **コルリ** CAULLERY, Maurice 1868～1958 フランスの動物学者．寄生原虫類および海産無脊椎動物を研究し，また進化に基づいての生物学の総合家で，科学史に関する著述も多い．［主著］Le problème de l'évolution, 1931.

e **コレイン酸** [choleic acid] *デオキシコール酸と*脂肪酸との化合物．*胆汁酸のうちでデオキシコール酸は唯一，さまざまな有機化合物と安定な分子化合物をつくる．広義にはこれらをコレイン酸と総称する．例えば脂肪酸 1 分子につき，デオキシコール酸が酢酸の場合には 1 分子，プロピオン酸の場合は 3 分子，C_4～C_8 の飽和酸では 4 分子，C_{15} 以上の酸では 8 分子結合する．コレイン酸の中性塩は水に溶けるので，水に不溶性の有機化合物の水溶化に利用される．かつては脂溶性物質はコレイン酸を形成して腸壁から吸収されると考えるコレイン酸説があったが，デオキシコール酸がすべての動物胆液に含まれてはいないこと，デオキシコール酸の抱合体はコレイン酸を形成しにくいことなどから否定された．

f **コレシストキニン** [cholecystokinin] CCK と略記．《同》コレシストキニン・パンクレオチミン (CCK-PZ), パンクレオチミン (pancreozymin, PZ). ガストリン様消化管ホルモンの一つ．広く消化管と脳に存在する脳-腸管ペプチド (brain-gut peptide) の一つでもある．CCK 前駆体プレプロ CCK (115 アミノ酸残基) のプロセッシングにより生じた CCK58, CCK39, CCK33, CCK12, CCK8, CCK5 が共存する．これらの C 末端 5 残基はガストリンと共通である．腸管では十二指腸に，脳内では大脳皮質に高濃度に存在する．腸管では胆嚢を収縮させ胆液を分泌させる作用および膵臓腺房細胞 (acinar cell) からの消化酵素（アミラーゼやトリプシン）の分泌促進が主な作用である．膵臓腺房細胞に対する作用は，かつてパンクレオチミンという別のホルモンの働きとされていたが，コレシストキニンによるもので，G 蛋白質共役型受容体によるホスホリパーゼ C の活性化とそれにともなう Ca^{2+} の移動による．受容体には CCK_A, CCK_B の 2 種類が知られている．なお，中枢への作用として高血糖，摂食行動の抑制などがある．

g **コレスタノール** [cholestanol] 《同》ジヒドロコレステロール (dihydrocholesterol), 5α-cholestan-3β-ol.

$C_{27}H_{48}O$　生体中に*コレステロールに伴って少量存在する．ステロールの一種．コレステロールからコレステノン (cholest-4-en-3-one) を経て生合成される．化学的にはコレステロールの接触還元によって合成する．*ジギトニンで沈澱する．

a **コレステノン5α還元酵素**［cholestenone 5α-reductase］　前立腺・精嚢・肝臓などに存在し，*ステロイドの4位と5位の間の二重結合に水素原子を添加してその5α還元体をつくる酵素．EC1.3.1.22．水素はNADPHから供給される．例えば*テストステロンは，前立腺などに存在するこの酵素により5α-ジヒドロテストステロンとなり，真の*雄性ホルモンとして作用する．

b **コレステロール**［cholesterol］《同》コレステリン (cholesterin)．$C_{27}H_{46}O$　脊椎動物などに見出される代表的な*ステロール．ギリシア語で chole は胆汁，stereos は固体の意で，1823年にヒトの*胆石から単離されたのでこの名がある．ヒトではほとんど全細胞の通常成分として遊離形もしくは*脂肪酸とのエステルの形で存在．特に脳・神経組織・脊髄などに多く含まれる．血中では，主として*低密度リポ蛋白質および*高密度リポ蛋白質に存在．*ジギトニンで沈澱する．細胞*原形質または*細胞膜の構成成分．*性ホルモン，*副腎皮質ホルモン，*胆汁酸，*ビタミンDなど他の*ステロイドの多くはコレステロールから生合成される．

c **コレステロールエステラーゼ**［cholesterol esterase］《同》胆汁酸塩活性化リパーゼ (bile salt-activated lipase)，膵リソホスホリパーゼ (pancreatic lysophospholipase)．膵臓および膵液中に存在し，*胆汁酸塩によって活性化され，*脂質を分解する酵素．EC3.1.1.3，EC3.1.1.13．753アミノ酸残基，分子量10万の糖蛋白質．トリグリセリドに対する活性は膵リパーゼに比べ低い (⇌リパーゼ) が，膵リパーゼと異なりコレステロールエステル，脂溶性ビタミンのエステル，リン脂質を加水分解する．

d **コレステロール生合成**［biosynthesis of cholesterol］　生体内において*アセチルCoAから*コレステロールが生合成されること．3-ヒドロキシ-3-メチルグルタリルCoA (C_6)，*メバロン酸 (C_6) を経て，*イソプレノイド (C_{5n}) をつくるが，その*ファルネシル二リン酸 (C_{15}) 2分子が結合して*スクアレン (C_{30}) を生じる (図次頁)．スクアレンは酸化的に閉環して*ラノステロール (C_{30}) となり，最後にラノステロールの4位と14位に存在する3個のメチル基の脱離，Δ^{24}二重結合の飽和，およびΔ^{8}二重結合のΔ^{5}位への移動によってコレステロールを与える．結局，コレステロールの27個の炭素原子はすべて酢酸 (15個が酢酸のメチル基炭素，12個がカルボキシル基炭素) に由来するものである．ほとんどすべての組織が酢酸からコレステロールを合成できる．この合成に関与する酵素はすべて*ミクロソームに含まれている．律速段階はヒドロキシメチルグルタリルCoA還元酵素(図の(3))で，酵素蛋白質のリン酸化により不活性化され，脱リン酸により活性化をうける．C_{28}およびC_{29}ステロールの生合成も最初はコレステロールと同じ経路によってステロイド核が形成され，その後に，側鎖24位にメチオニンのメチル基に由来する炭素原子が導入される．

e **コレステロール側鎖切断酵素**［cholesterol side-chain cleavage enzyme］《同》プレグネノロン合成酵素，P450$_{scc}$．副腎・精巣・胎盤などの*ミトコンドリア分画に存在する*シトクロムP450の一種で，*コレステロールの側鎖を切断して，*プレグネノロンを生合成する酵素．*ステロイドホルモン生合成の律速段階を支配する重要な酵素．コレステロールの側鎖の20Sおよび22Rの水酸化とC_{20}-C_{22}リアーゼ反応による切断の3反応を逐次的に触媒する．ただし，この反応に必要な電子は，NADPHからNADPH-アドレノキシン還元酵素 (EC 1.18.1.2)，鉄硫黄蛋白質の*アドレノドキシンを介して供与され，一つの系を構成する．

f **コレステロール代謝調節剤**［agents for regulation of cholesterol metabolism］　血液中の*コレステロール代謝を制御する化合物の総称．肝臓でつくられたコレステロールは，VLDL (超低密度リポ蛋白質) として分泌され，LDL (*低密度リポ蛋白質) へと代謝されて末梢組織などに運搬される一方，HDL (*高密度リポ蛋白質) として肝臓に再び回収される．またコレステロールの一部は胆汁酸として十二指腸から分泌され，糞便のかたちで排出．また同時に胆汁酸の一部は再度肝臓に取り込まれ再利用される．一連のコレステロール代謝のバランスが崩れるとコレステロールが体内に過剰に蓄積された状態となり高脂血症や高コレステロール血症などの病態を呈する．治療薬としては，コレステロールの生合成に関わるHMG-CoAレダクターゼの阻害剤である*スタチン系薬剤，トランスポーターの阻害剤であるエゼチミブ，胆汁酸と結合してコレステロールの排出を促進するコレスチラミンが用いられる．

g **コレラ菌**［*Vibrio cholerae*, cholera spirillum］　*ヴィブリオ属の基準種 *Vibrio cholerae* の和名．コレラを起こす病原細菌．通性嫌気性，発酵性，極鞭毛による運動性のコンマ状桿菌であり，好塩基性および好塩性を示す．他のヴィブリオ属菌種と同様に大小2本の染色体 (環状DNA) をもつ．外膜のリポ多糖に由来する抗原性 (O抗原) に基づいて200種類以上の血清型に分類

コレステロール生合成

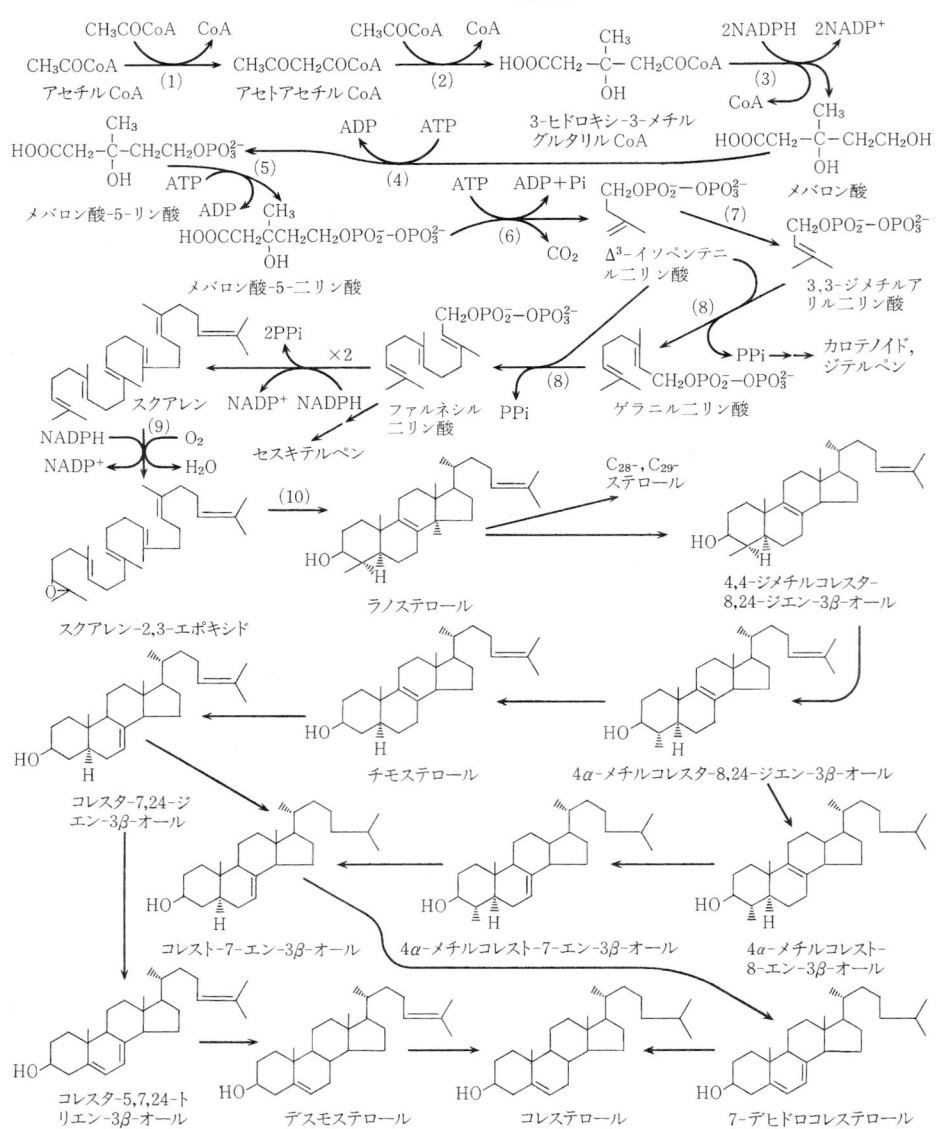

(1) acetoacetyl-CoA thiolase (EC 2.3.1.9)　(2) 3-hydroxy-3-methylglutaryl-CoA synthase (4.1.3.5)　(3) 3-hydroxy-3-methylglutaryl-CoA reductase (1.1.1.34)　(4) mevalonate kinase (2.7.1.36)　(5) phosphomevalonate kinase (2.7.4.2)　(6) pyrophosphomevalonate decarboxylase (4.1.1.33)　(7) isopentenylpyrophosphate Δ-isomerase (5.3.3.2)　(8) dimethylallyltransferase (2.5.1.1)　(9) squalene monooxygenase (1.14.99.7)　(10) 2,3-oxidosqualene lanosterol-cyclase (5.4.99.7)

されているが，この中でO1型およびO139型がコレラ毒素を生産し，ヒトに感染してコレラを引き起こす．O1型はアジア型（古典型）とエルトール型の生物型（biovar）に分けられている．また，これ以外の血清型をもつコレラ菌も食中毒の原因になる．河川や沿岸海域などに生息しており，それらの水や汚染魚介類の摂取を通じてヒトに経口感染し，腸管内で増殖する．さらに糞便とともに排出され，再び生息域に戻るという生活環をもつ．（⇒ヴィブリオ）

a **コレラ毒素** [cholera toxin] 《同》コレラトキシン，コレラエンテロトキシン（cholera enterotoxin），コレラジェン（choleragen）. *コレラ菌の産生する外毒素で，コレラ菌感染による下痢症状の原因物質．Aサブユニット（分子量約2万8000）1分子とBサブユニット（分子量約1万1000）5分子からなる分子量8万4000の六量体蛋白質で，ジフテリア毒素や百日咳毒素と同様にいわゆるA-B構造をもち，そのBサブユニット（五量体）を介して動物細胞の細胞膜に結合し，Aサブユニットを細胞質内に送り込む．Aサブユニットは毒素としての活性をになう分子で，A_1およびA_2フラグメントに断片化される．A_1フラグメントにはNADのADPリボース部分を*G蛋白質（G_sやG_tなど）αサブユニットのアルギニン残基に転移させる*ADPリボシル化の酵素活性が存在する．G_s蛋白質が本毒素によってADPリボシル化されると，G_s蛋白質がもつGTP加水分解活性が低下して，標的分子であるアデニル酸シクラーゼを活性化し続ける．その結果，細胞内の環状AMP濃度が増加して大腸管内へ多量の水分が漏出し，下痢症状を呈すると考えられている．なお，コレラ毒素の作用は，大腸上皮細胞への直接的なもののほかに，小腸など他の部位への感作が神経系や血管系を介して大腸に伝達されるという遠隔性の制御も働いている可能性が示唆されている．

b **コレンス** CORRENS, Carl Erich 1864～1933 ドイツの植物遺伝学者．1900年にH. de Vries, E. von S. Tschermakと時を同じくしてメンデルの法則を再発見．研究はこのほか，キセニア・性決定の機構・自家不和合性・植物の斑入りなど，遺伝学の全般にわたる．[主著] Die neuen Vererbungsgesetze, 1905; Nichtmendelnde Vererbung, 1933.

c **コロイド浸透圧** [colloid osmotic pressure] 《同》膠質浸透圧．溶液中に含まれるコロイドに基づく*浸透圧．体液中には，蛋白質などのコロイドが質量組成としてはかなり含まれているが，粒子の濃度は小さく，したがってコロイド浸透圧は体液の浸透圧の小部分をなすにすぎない．しかし，膜がコロイドに対して不透過性でも，水や無機イオンなどに対して透過性を示す場合には，コロイド浸透圧だけが現れ，種々の生理作用を示す．例えば，毛細血管壁の場合がそうであって，血圧が血漿中の水や塩類を血管外に押し出そうとするのに対し，血漿のコロイド浸透圧は，水や塩類を血管内組織液に吸いこむように働く．

d **コロナウイルス** [*Coronaviridae*] ウイルスの一科．ヒトの上気道組織の器官培養・組織培養からD. A. J. Tyrrell, M. C. Bynoe（1965）が分離．ヒトにかぜの症状を起こす．ウイルス粒子は直径75～130 nmの多形性*エンベロープをもつ．表面に12～24 nmの棒状の突起があり，この形状が太陽のコロナに似るところから命名された．ゲノムは約2万8000塩基長で，3'末端にポリAをもつ＋鎖RNA．所属ウイルスは，ヒトコロナウイルス（Human corona virus），ニワトリ伝染性気管支炎ウイルス（Avian infections bronchitis virus, AIV），マウス肝炎ウイルス（Mouse hepatitis virus, MHV），ウマトロウイルス（Equine torovirus, EqTV）など．2002年に，発熱，咳，呼吸困難を伴う新しいコロナウイルス感染症が発生し，重症急性呼吸器症候群（severe acute respiratory syndrome, SARS）と命名された．SARSコロナウイルスは飛沫感染が主要な感染経路であり，死亡率も10%ほどと高い．当初，ハクビシンが宿主媒介動物として疑われたが，現在はコウモリが自然宿主であるとの見解が有力である．2004年までは実験施設などでの感染事例が報告されたが，その後WHOにより終息宣言が出された．（⇒付録：ウイルス分類表）

e **コロニー** [colony] [1] 空間的に集合している同一種または複数種の生物個体．広い意味に使われ，生態学的にはある場合には群れ，また群集，個体群であったり，もっと下位の集団の意味に用いられたりもする．植物では全般的に使われ，動物では哺乳類や鳥類，アリやハチなどの社会性昆虫などで使われるが意味が異なっていることが多い．コロニー内の個体の社会的な結合の程度はまちまちである．なお新しい土地へ最初に移入した*群巣や*社会性昆虫の同一の巣に生活する個体の集まりを指すこともあり，人間の場合の入植者の集落を意味することもある．[2] ＝群体 [3] 《同》集落．細菌やカビ類，培養細胞などの固形培地上の目に見える塊．細菌では，植え付けた菌の密度が十分薄く，かつ培養条件が決まっていれば，できる集落の形・大きさ・隆起・生地・面の粗滑・縁（タボ）の形状・色調・透明度・塊の質・硬軟・粘稠度・特殊培地の着色などは種類によりほぼ一定の特徴を示すので，鑑別上一つの重要な特徴となる．（⇒集落型，⇒S-R変異）

f **コロニー形成単位** [colony-forming units] CFUと略記．固形平板培地を用いた培養法により微生物の生菌数を数えるときの単位．検体を適宜段階希釈して加温溶解した固形培地と混釈して固めるか，あるいはその稀釈液を固形培地上に塗布し，一定時間培養した後，出現するコロニー（集落）を1個の細胞から増殖したコロニー形成単位とみなして生菌数を算出．生菌数の表し方として最も一般的に用いられるが，自然界における微生物の多くは培養困難であるので，CFUで表される生菌数は全菌数と比べてかなり低い．

g **コロニー形成率** [plating efficiency] 培養容器に播いた細胞数に対する，一定時間後に形成されたコロニー数の比．その培養条件における，基質への接着能，生存能，増殖能に依存する．薬剤の細胞に対する増殖停止作用あるいは致死作用をコロニー形成率で示し，用量-反応曲線を描くことができる．

h **コロニー刺激因子** [colony-stimulating factor] CSFと略記．骨髄系幹細胞を増殖させ，顆粒球やマクロファージへの分化を促進するペプチド性の造血調節因子．寒天培地上では幹細胞のコロニー形成を促進する．また，成熟した血球細胞の活性化維持にも働いている．マクロファージや活性化T細胞，繊維芽細胞，内皮細胞によって生成され，マクロファージ形成を促進するマクロファージCSF（M-CSF, CSF-1），顆粒球の形成を促進する顆粒球CSF（G-CSF, CSF-3），そして両作用を

もつ顆粒球マクロファージCSF (GM-CSF, CSF-2) がある.

a **コロニーハイブリッド法** [colony hybridization method] 多数の宿主菌のコロニーの中から，特定の塩基配列のDNAを含むものを，そのDNAと相補的な塩基配列のRNAまたはDNAとのハイブリダイゼーションによって検出し，選別する手法．プラスミドを*ベクターとして*DNAクローニングを行う際に頻繁に用いられる．一般に寒天培地上でプラスミドを含む菌のコロニーを形成させてから，その上にニトロセルロースのフィルターを押しつけてフィルターにコロニーを移してから，アルカリ処理によって溶菌とDNAの変性を同時に起こさせてから，フィルター上の各コロニーの位置にそれぞれの変性DNAを固定させる．つぎに放射性同位元素などで標識した，特定のRNAまたはDNA断片とのハイブリダイゼーションを行い，*オートラジオグラフ法によって，目的とするDNA配列を含む宿主菌のコロニーを識別し，それに対応するものをもとの寒天培地上のコロニー群から選別する．現在は，ハイブリダイゼーションの代わりにPCRで配列を増幅して目的の配列の有無を判定するコロニーPCR法に代替されることが多い．

b **コロンボ** Colombo, Matteo Realdo 1516頃〜1559 イタリアの解剖学者．パドヴァ大学においてA. Vesaliusのもとに学び，その後継者となる (1544)．その前にピサ大学教授で，A. Cesalpino はそのときの弟子．のちローマ大学教授．心臓と血管の解剖学を研究し，M. Servetus とは別に肺循環を発見 (1545)．[主著] De re anatomica, 1559.

c **コワレフスキー** Kowalevsky, Alexander Onufrievich (Ковалевский, Александр Онуфриевич) 1840〜1901 ロシアの動物発生学者．個体発生を系統発生との関連において見る立場から，ホヤ・ナメクジウオ・クシクラゲ・腕足類・節足動物など諸種の海産無脊椎動物の発生を研究して比較発生学の発展を基礎づけ，特に原索動物の個体発生の研究に基づいて，それと脊椎動物との系統的関係を明らかにした．その他ギボシムシで鰓裂を発見し，また胚葉説を支持した．

d **コワレフスキー** Kowalevsky, Vladimir Onufrievich (Ковалевский, Владимир Онуфриевич) 1842〜1883 ロシアの古生物学者．法律学を学んだが啓蒙活動として出版業に従事し，自らもC. LyellやT. H. Huxley, C. Darwin などの著作を翻訳，進化論に関心をもった．ウマを主とする有蹄類の研究で古生物学の進化的研究を基礎づけた．

e **コーン** Cohn, Ferdinand Julius 1828〜1898 ドイツの植物学者，微生物学者．主な業績は，細菌の培養のほか胞子を形成する細菌の存在の発見とその研究で，これによって熱殺菌が不確実である原因が明らかになり，自然発生説は完全に否定された．一方，植物体の原形質が固い細胞壁の存在を考慮しなければ動物体の原形質 (sarcode) と呼ばれた，と同様のものだと，この見解の主張でも知られる．[主著] Grundlegende Untersuchungen über Biologie und Systematik der Bakterien, 1872〜1875.

f **根圧** [root pressure] 根に生ずる静水圧．道管内の水を上方に押し上げるように働く．地上部の横断面あるいは幹にあけた孔に取り付けた検圧計で読み取ることができる．出液や排水の原因とされる．根のアポプラスト (apoplast, 植物体の細胞膜外の総称) へ無機イオンや糖類が能動的に輸送され，続いて浸透圧によって水がアポプラストへ流入することで起きる．根圧は温度に依存し，KCNのような呼吸阻害剤を作用させると出液も根圧も低下する．根圧の存在は多数の種で記録されている．草本やつる植物では生育期間を通して観察され，夜間では低く日中に高い．通常は0.2 MPa以下であるが，トマトでは0.6 MPaが最高値として測定されている．樹木では落葉樹で早春の葉を展開する前に根圧が観察される．これは根圧によって，冬の間に木部へ侵入した空気を溶かし込んで水で満たし，再び木部を水輸送に使えるようにするためである．針葉樹では観察されない．ヤシの類にみられる出液は幹に生じる幹圧 (trunk pressure) であるとされ，根圧と幹圧を合わせて液圧 (溢泌圧 bleeding pressure) と呼ぶ．ただし幹圧と根圧を区別することは必ずしも容易ではない．

g **婚姻** [marriage] 《同》結婚．経済的・社会的関係をともなう人間の男女あるいは同性間の性的結びつき．この結びつきは原則として独占的であり，婚外性関係は社会的に禁止される．経済的には男女の分業を伴うことが多い．社会的には父-子の関係を定めることが重要な機能となる．これらの特徴は，人類の社会構造の特質を知るうえで重要である．独占的な性的結合は哺乳類や鳥類の世界でも珍しくないが，性的分業，それに伴う交換，親族関係の基礎となる父-子関係の認知はヒト独特のものである．婚姻はまた，男女がそれぞれ属する二つの異なる親族集団を結びつけ，闘争を回避する効果がある．言語や物資の交換と同様に婚姻を女性の交換形態とみて，社会関係の拡大の一要素とする考えもある．なお，昆虫の婚姻飛行や魚類や両生類の婚姻色のように，ヒト以外の生物において生殖に関する用語にこの語を用いることがある．

h **婚姻色** [nuptial coloration] 繁殖の際，顕著に体色に出現する性徴．特に魚類や両生類の色素胞によって起こる体色変化．雄イモリの尾部に生ずる紫色や，タナゴ・ウグイ・トゲウオなどの雄の腹部に現れる赤色などがよく知られる．多くは雄性ホルモンの作用で発現し，繁殖期の同性間の闘いや，異性による配偶者選択の指標となっている例も多い．

i **婚姻飛行** [nuptial flight] 《同》結婚飛行，婚姻飛翔．*交尾のために昆虫の雌雄が入り交じって飛ぶこと．交尾そのものは地上で行われることもある (アリの場合)．ミツバチでは未交尾の女王蜂が単独で巣から飛び立ち，これを追う多くの雄蜂の1頭と空中で交尾する．アリでは多くの雌雄個体が入り交じって*群飛する．多くの双翅類の群飛 (いわゆる蚊柱もその一つ) も婚姻飛行である．マダラチョウなどは，交尾ののち婚後飛行 (postnuptial flight) を行う．

j **婚羽** [nupital plumage] →羽毛

k **混芽** [mixed bud] 展開して普通葉と花の両方を出す芽．展開した*シュートが先端に花または*花序をつけて終わる場合 (リンゴ, ブドウ, ナシ) と，花または花序が葉に腋生する場合 (カシ, イチジク, クワ) とがある．

l **コンカテマー** (DNAの) [concatemer] 《同》カテマー (catemer), コンカテネート (concatenate)．ファージゲノムのような，一つの単位となる直鎖状のDNA分子が，同一方向に互いに末端でつながったような形で長

コンショウ 501

a **根冠** [rootcap] *根端の最先端の部分を構成する，*根端分裂組織から外側へ向けて増殖される柔組織．成長につれて最先端(最外側)の細胞から脱離していく．澱粉粒を含むが，貯蔵物質としての意義は小さく，重力の方向を感じるのに役立つと考えられる．また粘液を分泌する場合や機械的に強い細胞壁をもつものも知られている．一般に，根冠は根端の分裂組織を保護し，土壌中へ根が伸長するのに役立つといわれる．特に，*側根・*不定根の分化において根冠は重要な生理的環境をなすと考えられる．トチノキやある種の水生植物の根やヤドリギの寄生根などは根冠を欠くが，これは稀な例．

b **コンクリン** CONKLIN, Edwin Grant 1863〜1952 アメリカの動物学者．ホヤの卵における器官形成物質の配置，軟体動物卵の細胞系統，そのほか動物発生学に関して多くの業績がある．

c **根系** [root system] 一つの系としての植物の地下部全体．固着器官であると同時に，水分および栄養塩類の吸収を行う．その形は，*主根が側根よりも勢いよくまっすぐ伸びる主根系，あまり分岐しない多数の細い根が群がり出るひげ根系など多様．砂地や砂漠など土壌の乾く所の植物では地下水に向かって深く伸び，よく分岐して吸収面積を増し，耐乾性が大きい．沼沢地や湿原の過湿で通気の悪い土壌では分岐が少なくて根系が発達しない．一般に軟らかい土では硬い土よりもよく発達する．根系の伸びる速度は植物により，条件により異なるが，1日に1〜2 cmに達する場合も多い．根を取り囲む土壌を根圏(rhizosphere)といい，根の存在によって土壌構造や土壌微生物相などの生物的特性が，根圏以外の土壌と大きく異なる．

d **混合栄養** [mixotrophism] ⇒栄養形式

e **混合白血球反応** [mixed leucocyte reaction] = 混合リンパ球反応

f **混合リンパ球反応** [mixed lymphocyte reaction] MLRと略記．同種異系の2個体からリンパ球(実際には，単球や樹状細胞を含む単核細胞)を分離して混合して培養すると，T細胞が他方の細胞に発現するアロ抗原(*抗原)を認識して増殖反応を起こすこと．通常は，2個体のうち一方に由来する細胞に放射線照射などを施して増殖能力を失わせた後に共培養を行い，もう片方のT細胞の増殖反応のみをチミジン取込み法などによって定量する．個体のT細胞集団(T細胞レパトア)中には，アロMHCを認識するものが数%以上の高頻度で存在するため，細胞ドナーの2個体の間に，特にMHCクラスIIを中心とするMHCの不一致がある場合には非常に強い反応が起こる．樹状細胞，マクロファージ，B細胞が主にCD4陽性T細胞を刺激するが，中でも樹状細胞が最も強力な刺激活性を有する．(⇒主要組織適合遺伝子複合体)

g **コンコセリス期** [Conchocelis-phase] 《同》コンコセリス相．紅色植物門ウシケノリ藻綱における複相の*胞子体．分枝糸状体であり，一般に貝殻などに穿孔している．配偶体と異なり細胞壁にセルロースを含み，細胞間に*ピットプラグをもつ．殻胞子(conchospore)を形成し，これが発芽時に減数分裂して配偶体となる．体細胞が減数分裂して直接配偶体を形成するものもある．ときに単胞子(原胞子)によって無性生殖を行う．古くは独立の生物(Conchocelis)と考えられていたためこの名がある．

h **コンジェニックマウス** [congenic mouse] 類遺伝子系統(congenic strain)のマウス．ある遺伝子もしくは染色体領域についてのみ多型性を有し，その他の遺伝子についてはほとんどもしくは完全に同一である複数のマウス系統は互いにコンジェニックであるという．マウス*主要組織適合遺伝子複合体(MHC)である H-2 遺伝子座について作製されたのが最初であり，例えばC57BL/10マウスにA系統から H-2 遺伝子を導入したB10.A系統などが知られ，移植片拒絶反応におけるMHCの役割の解明に大きく貢献した(G. Snell)．他に免疫グロブリン重鎖遺伝子についてBALB/cとコンジェニックであるC.B-17などがある．作製法は以下の通り．ある遺伝子を導入しようとする近交系(レシピエント系統)と目的の遺伝子をもつ系統(ドナー系統)のマウスを交配し F_1 マウスを作製する．続いて F_1 個体をレシピエント系統と退交配(戻し交配)し，目的の遺伝子をもつ個体を選別し，さらに退交配を継続する．N 代の交配後には目的の遺伝子以外の遺伝子座についてヘテロ接合になっているのは $(1/2)^N$ のみであると期待され，例えば11代の退交配後には，目的の遺伝子を含む5 cMの染色体領域でのみヘテロ接合になっている個体が得られることになる．これらの個体同士を兄妹交配することによって目的の遺伝子についてホモ接合になっている個体(コンジェニック系統)を得る．近年では，多数のマイクロサテライトマーカーの多型を利用して，退交配の過程でより多くの染色体領域についてホモ接合の個体を選択することにより，より少ない退交配回数でコンジェニック系統を得る方法(スピードコンジェニック法)が用いられることがある．ジーンターゲティング法の進歩とともに，いわゆる背景遺伝子が表現型に与える影響が注目されており，改変された遺伝子についてコンジェニックである系統の作製が広く行われるが，この場合には特にコンジェニック系統とは呼ばないことが多い．

i **根出葉** [radical leaf] ⇒ロゼット【2】

j **混種培養** [xenic culture] 《同》ゼニック培養．ある種の生物を培養する場合，細菌や酵母など，餌になる生物を1種類以上含む培養法をいう．餌になる生物1種だけ含むものを二者培養(monoxenic culture)，2種類の餌生物を含むものを三者培養(dixenic culture)といい，合成培地上では生育できない原生生物の培養に用いられる．三者培養では複数の食物連鎖関係が存在する．また，寄生生物，共生生物の培養にも用いられる．なお，人工的培地で培養可能で，目的とする生物以外の外来生物を含まない培養は一者培養(axenic culture)という．

k **根鞘** (こんしょう) [coleorhiza] イネ科の胚的器官の一つで，*幼根を取り巻く鞘状の構造物．(⇒エピブラスト[図])

l **根状菌糸束** [rhizomorph] 分化した*菌糸組織からなる糸状あるいはひも状の構造物．その外層は小形・厚壁の変形した菌糸細胞で，白色あるいは褐〜黒色に着色した緻密な皮層を形成，内方は大形の長い薄壁細胞の繊維菌糸組織である．構成菌糸は全体が統一ある単位として行動し，肉眼的にもまたその頂端付近に存在する細胞分裂の盛んな成長点の構造も維管束植物の根の先端部

にやや似ている．不適当な環境にあうと成長をとめるが，それを切り抜けた後に，ふたたび成長することもできる．根状菌糸束の形成は子実体形成の前段階として起こる場合が多い．

a **根状葉** [root-like leaf] 《同》根葉．根を欠く水上植物などに見られる沈水葉(⇒浮葉)の一変態形(例:サンショウモ，タヌキモ科 *Genlisea* など)．一見根のような外観を呈し葉緑体を欠き，根の生理機能を代行する．サンショウモでは一部の葉の葉身の発達がとまり，こまかく分枝し水中に垂れ下がる．逆に根が葉緑体をもち葉の機能を代行する場合を*同化根と呼ぶ．

b **根針** [root thorn, root spine] 《同》根刺．植物体の表面に生ずる鋭い突起構造．根の特殊形と考えられる．*葉針や*茎針と対するものであるが，それらとは発生的には異なる．茎から出た*不定根が根針となる場合，支柱根から出た側根が根針となる場合などがある．ヤシ科植物 *Acanthorrhiza* などに見られ，自体を保護するのに役立つとされる．

c **混信回避反応** [jamming avoidance response] 電気定位(*電場定位)を行う魚が，他個体の電気信号と自身の電気信号との混信を防ぐために，電気器官放電の周波数を変化させること．波形発電を行う弱デンキウオは一定の周波数をもつ電気器官放電を行うことによって電場を形成，その波形を絶えず*電気受容器によって受容する．魚が餌や障害物に近づくと，電気器官放電の波形に歪みが生じ，これを感知することにより餌や障害物の位置を判断する．その際，近くにいる魚が自身電気器官放電周波数に近い電気信号を用いると混信が起き，2匹の魚の放電周波数の差に相当するうなりが生じる．アイゲンマニアなどのデンキウオは混信を避けるために，自身の電気器官放電周波数を他個体の周波数と比較して，差が大きくなる方向へ周波数を変化させる．この反応を混信回避反応と呼び，感覚入力から運動出力までの神経機構がよく理解されている脊椎動物では数少ない行動の例．

d **混成品種** [composite variety] 多数の自然受粉品種を相互に交雑し，以後自然受粉集団として集団選抜によって維持されている品種．自殖系統から同様の手順で作られる*合成品種と対する語だが，両方を含めて広く合成品種といわれることが多い．

e **根跡** [root trace] 茎の*維管束から分かれて茎に生じた*不定根へ入っていく維管束．このような根は通常，*内鞘に起原をもち，皮層と表皮を貫いて外へ現れる．葉へ分枝する茎の維管束，すなわち*葉跡は*葉隙をつくって茎の維管束系に大きな影響を与えるのに対して，根跡はほとんど茎の維管束系に変化を与えない．

f **痕跡器官** [vestigial organ, rudimentary organ] 本来もっているべき機能を果たすまでに発達することなく，痕跡的に留まる器官．ヒトの耳介の筋肉，ある種の洞窟動物の眼，羊膜類の前腎(ただし前腎原基から後方へ伸びる前腎輸管は中腎の形成に誘導的に働くことが鳥類で示されたほか痕跡的な機能は営む)等．痕跡器官には発生の一時期だけに存在し，のち消失するものや，羊膜類の咽頭裂のように，別の機能をもった器官(咽頭派生体)を派生するものがある．進化的には痕跡器官は祖先において機能していたと考えられ，痕跡器官は器官の相同を推定し類縁関係をたどる手がかりとなる．(⇒退化)

g **痕跡的雌雄同体現象** [rudimentary hermaphroditism] 一見すれば雌雄異体の動物のようであるが，その種類のほとんどすべての個体に解剖学的もしくは発生学的に雌雄同体の痕跡とみるべきものが残されている現象．解剖学的な例は，ヒキガエル属(*Bufo*)で，大部分の雄成体の精巣の前方にある*ビダー器官は痕跡的卵巣で，精巣を除去すると卵巣に発達する．このような現象を特に副雌雄同体現象という．これに対し，発生初期に限って雌雄同体的な状態を示す場合を*幼期雌雄同体現象といい，両者を併せたものが痕跡的雌雄同体現象となる．(⇒雌雄同体現象)

h **コンセンサス配列** [consensus sequence] 《同》共通配列，モチーフ(motif)．DNA，RNAおよび蛋白質の一次構造上で一定の機能に関与している領域に高い頻度で存在する塩基またはアミノ酸の平均的な配列．実際の配列には分子種間でさまざまの変動があり，特定の分子における配列はコンセンサス配列に類似しているが，同じであることはまれである．DNAとRNAの場合，コンセンサス配列は特定の蛋白質の結合部位であることが一般的である．例えば，遺伝子上のRNAポリメラーゼの結合部位であるプロモーターや各種の転写調節蛋白質の結合部位には各々の蛋白質に特有のコンセンサス配列がみられる．また，蛋白質の場合には特定の基質(例えばDNAやヌクレオチド)の結合部位，リン酸化部位などにコンセンサス配列が存在する．

i **コンソシエーション** [consociation] 《同》優群集，優占種群落．*優占種による植物群落類型概念の一つで，一般に多層群落のある1層(通常，最上層)の優占種によってまとめられた群落．したがって，コンソシエーションは最上層に同一の優占種をもったいくつかの*基群集(ソシエーション)が統合されたものとみなしてよい．なおF. E. Clementsは単一の優占種をもった極相群落を，またG. E. du Rietzは多層群落の階層の一つが均質な(少なくとも同じ優占種をもった)安定した植物群落をそれぞれコンソシエーションと定義した．また，コンソシエーションは安定群落についての用語であるが，それと同性格で遷移途中にある群落はコンソシーズ(consocies)と呼ぶ．

j **コンダクタンス** [conductance] 電流の通しやすさを表す量で，電気抵抗(Ω)の逆数，すなわち電流を電圧で割った値．ジーメンス(S)の単位で表す．*パッチクランプ法の発展によって1個のイオンチャネルを流れる電流が測定できるようになり，それを表すのにpS(10^{-12} S)の単位が使われる．

k **コンタミネーション** [contamination] [1] 試薬や調製物における，目的とする以外の夾雑物，例えば汚染物質などの混入．[2] 《同》雑菌混入．微生物や多細胞生物の細胞・組織などの培養に，植えたもの以外の微生物や細胞がなんらかの原因で外から混じて発育すること．培養で異種の細菌などの混入を防ぐために器具・容器・培地などを滅菌し，無菌操作を正確に行う．異種の細胞の混入は実験結果の判定を誤らせるので注意が必要．

l **根端** [root apex, root tip] 根の先端およびその近傍を漠然と指す．胚発生の初期に*シュート頂と根端がまず分化して極性が決まり，以後の根形成は根端の細胞増殖活動によって行われる．根端は*頂端分裂組織と，それに由来する一次組織とからなるが，その組織区分や構成は種によってちがい，また区分の難しい場合が少な

くない．*根冠の存在のため頂端始原細胞群が裸出しないこと，シュート頂のような周期的な構造変化が起こらないため節と節間の区分もないこと，また根頂部では通常，分枝が起こらず成長帯の*内鞘の部分で側根形成による分枝が起こることなどの点でシュート頂と相違する．根端に見られる組織分化の過程は，一般には前分裂組織から前形成層・基本分裂組織・前表皮などが分化し，さらに中心柱（維管束と髄）・皮層・表皮・根冠が分化してくる．

a **根端分裂組織** [root apical meristem] RAM と略記．《同》根頂端分裂組織．維管束植物の根の先端に存在する*頂端分裂組織．*根端と同義に使われることをもつことが*シュート頂分裂組織との大きな違いである．シュート頂分裂組織と同様，根端分裂組織も植物群によって構造が異なる．シダ植物では1個の四面体形の頂端細胞が存在するのに対して，裸子植物や被子植物では複数の始原細胞群が見られる．被子植物では始原細胞群は3層に区別されることが多い．根冠，表皮と皮層，中心柱（または，根冠と表皮，皮層，中心柱）の3組織がそれぞれ別の始原細胞群に由来する場合を分裂組織の閉鎖型（closed type，例：トウモロコシ）と呼び，表皮，皮層，中心柱，根冠の全てが一つの共通の始原細胞群に由来する場合を開放型（open type，例：ソラマメ）と呼ぶ．なおシダ植物の頂端細胞型以外の根には始原細胞群の中心部に分裂頻度の非常に低い*静止中心領域が存在する．

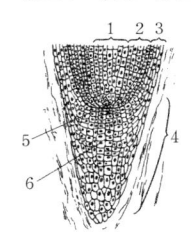

ネギの根端分裂組織
1, 2, 3：それぞれ中心柱，皮層，表皮に分化する細胞群．ただし，3の外側は根冠の一部．4：根冠．5：静止中心．6：柱状組織．

b **昆虫学** [entomology] 昆虫類を対象とする動物学の一分野．アリ類を研究するアリ学（myrmecology）など，多くの分科を含む．ただし昆虫だけでなく，クモ類を研究するクモ学（arachnology），ダニ類を研究するダニ学（acarology）も広義の昆虫学に含まれることがある．

c **昆虫成長制御剤** [insect growth regulators] 《同》IGR 剤．昆虫の脱皮・変態にかかわる生理を攪乱することにより，最終的に殺虫効果を現す薬剤の総称．一般に，哺乳類に対する安全性は高い．また，適用害虫以外の昆虫，ミツバチや天敵などへの影響も少ないとされる．商品化されているものには，昆虫の表皮の形成を妨げる脱皮阻害剤と，脱皮や変態にかかわる昆虫ホルモンの働きを乱す変態阻害剤がある．脱皮阻害剤は，昆虫の皮膚の主成分であるキチンの生合成を阻害し，幼虫は脱皮時に新しい表皮が形成されずに死亡する．変態阻害剤は，昆虫の変態にかかわる*幼若ホルモンや*エクジソンに似た作用を示す化合物を外部から与え，変態を阻害する．

d **昆虫の変態** 昆虫における*変態．以下の型が区別される．(1) 不変態（無変態 ametaboly, 上変態・表変態 epimetaboly）では，孵化ののち成虫になるまで外部生殖器を除けばほとんど体形変化を伴わない．無翅昆虫類（原尾目・粘管目・双尾目・イシノミ目・シミ目）すべてに見られ，成虫も脱皮を行う点や一部のもの（原尾目）では成長に伴い体節数の増加（増節現象 anamorphosis）が起こるなど，多足類その他の節足動物の発生とよく似た原始的な特徴を示す．一般的に後述の不完全変態には含めないが，成虫脱皮の存在により不完全変態の前変態と合わせ古変態（palaeometaboly）と称することもあり，成虫脱皮が見られるという点で，昆虫の変態における最も原始的な型とされる．不変態を示す昆虫を不変態類（Ametabola, Epimetabola）という．(2) 不完全変態（hemimetaboly, incomplete metamorphosis）では，幼時からすでに翅や外部生殖器の原基が外部に現れ，それが脱皮ごとに次第に発達して成虫態に至り，完全変態における*蛹の時期が存在しない．カゲロウ目・トンボ目・カワゲラ目・紡脚目・直翅目・竹節目（ナナフシ目）・ガロアムシ目・踵行目（カカトアルキ目）・革翅目・ゴキブリ目・等翅目・カマキリ目（蟷螂目）・絶翅目・噛虫目・シラミ目・食毛目・総翅目・半翅目の諸目に見られ，これらの昆虫を一括して不完全変態類（Hemimetabola）という．不完全変態類の幼虫では，翅・肢・外部生殖器などの原基がすべて外部型の*成虫原基として存在し，そのため後述の完全変態類を内翅類というのに対し，外翅類（Exoterygota）とも呼ばれる．このほか多くの点から不完全変態類の幼虫を特に*若虫と呼び，完全変態類の幼虫と区別することがある．若虫は体の構造や生活が成虫に似るとはいえ，成虫化に際して若虫に起こる内部組織の再編制過程は激しく，決して外観の変化ほど漸進的なものではない．不完全変態は以下の三つに分けられる．(i) 前変態（prometaboly）：成虫脱皮をする点で不変態に類似した不完全変態．カゲロウ目に特徴的なもので，有翅昆虫における成虫脱皮の唯一の例．(ii) 漸変態（heterometaboly, これを不完全変態と訳すことも多い）：不完全変態の典型と見られるもので，さらに小変態（寡変態 paurometaboly）と原変態（archimetaboly）に区別される．小変態は不完全変態の典型的な例で，これらの若虫は成虫と同様に，陸生かまたは二次的に水生（異翅亜目の一部）で，成虫とよく似た構造をもち，成長に伴う体形変化も極めて漸移的．原変態も不完全変態の典型的な例だが，若虫が水生であるためにかなり遠成虫的な幼生器官（例えば気管鰓や捕獲仮面）が発達し，成虫化に際しては小変態の場合より激しい体形変化を伴う．原変態を示す昆虫の若虫を特にナイアッド（naiad）と呼ぶことがある．(iii) 新変態（neometaboly）：完全変態への移行を示唆するもの．最終期若虫は同変態・再変態の場合を除き摂食せず，かつ多少とも不動で，蛹の起原を示唆するためこれを擬蛹と呼び，新変態を擬蛹変態ということもある．新変態はさらに同変態（homometaboly），再変態（remetaboly），副変態（parametaboly），異変態（allometaboly）に細分される．同変態は新変態の最も原始的なもので，タマカイガラムシ類・フィロキセラ類の雌に見られる．翅の原基は幼虫期の最終齢（若虫）に至って初めて外部に現れる．この若虫は不動ではなく，摂食もする．再変態は新変態の典型的なもので，アザミウマ類全部に見られる．翅原基が外部に現れない幼虫期が2齢あり，次につづく半ば不動の1齢あるいは2齢からなる前若虫期，および1齢からなる若虫期に至り初めて翅原基が外部に現れ，次いで成虫となる．副変態は半翅目同翅亜目カイガラムシ科の昆虫の雄だけに見られる，新変態のやや特殊なもの．平たく無翅の幼虫期（いわゆるカイガラムシの時期）が2齢（まれに3齢）あり，次に翅原基を外部にそなえた前若

虫期および若虫期(各1齢)を経て成虫となる．前若虫期以後は口器や腸が退化して摂食しない．副変態類(Parametabola)の雌は*ネオテニーにより無翅で，その変態形式は小変態に属する．異変態は極めて特殊化した新変態とみなされ，半翅目同翅亜目コナジラミ類のみに見られる．平たく無翅の幼虫期が4齢あり，そのうち第一齢だけが可動．第四齢幼虫が脱皮し有翅の成虫となる．成長に伴う内部・外部形態の変化は昆虫のうちで最も激しい．なお不変態は不完全変態に含められることもあるが，終生翅を生じない点で後者とは区別される．(3)完全変態(holometaboly, complete metamorphosis)では，後胚発生において蛹という特殊な時期を経過する．翅は全幼虫期を通じて体内の成虫原基として発達し，蛹において初めて外部に現れる．肢その他，成虫になって機能をもつ諸構造は，幼虫期においてはすべて萌芽的で，対応する幼虫の構造(触角・胸脚など)とはほとんど無関係な遊離型成虫原基として存在する．これらは蛹化の際に外部に現れ，その完成は蛹期における組織崩壊をまって急激に行われる．このような変態の形式は脈翅・長翅・毛翅・鱗翅・鞘翅・撚翅・膜翅・双翅・隠翅の各目に見られ，これらをあわせ完全変態類(Holometabola，あるいは内翅類 Endopterygota)という．完全変態類の幼虫は，付属肢・複眼・口器・外部生殖器の原基，皮膚の硬化度，神経系その他多くの点において不完全変態類の若虫より未発達で，非常に特殊化した無肢型幼虫を除けば，原肢期・多肢期・少肢期のいずれかに相当する基本体制をもつ．不完全変態類の若虫は少肢期を卵内で経過し，成虫に近い基本体制を得たのちに孵化する．しかし完全変態類では幼虫独特の構造(幼虫器官)が著しく発達し，幼虫期を通じてそれが強調されてゆく．そのため成虫原基の最終的な変化は蛹という状態においてかなり激しい変化を伴うに至ったと考えれば，蛹の起原も理解される．完全変態類においては，幼虫と成虫の間で習性の変化も激しく，中でも特殊なグループとして，多変態(polymetaboly)，過変態(hypermetaboly, hypermetamorphosis)，隠変態(cryptometaboly)が区別される．多変態は，初期と後期で幼虫の形が著しく変化するもの．過変態は，初期と後期で幼虫の基本体制(原肢型・多肢型など)が変わる現象．寄生性の膜翅目や撚翅目および脈翅目カマキリモドキ科においてそれぞれ独立に発達したとされる．多変態を過変態に含める場合があるが，体制の変更の有無で区別される．隠変態は後胚発生がすべて卵内で完了する，ごく特殊な完全変態．

a **昆虫類** [insects ラ Insecta] 《同》六脚類(Hexapoda)．節足動物門の一亜門．内顎綱，外顎綱(狭義の昆虫綱)の二綱からなる．外顎綱には無翅昆虫類および有翅昆虫類が含まれる．体は頭・胸・腹の3部分に明瞭に区分される．頭部には1対の*触角，3対の*口器(大顎・小顎・下唇)および1対の*複眼と通常3個の*単眼があり，胸部は3体節で，3対の脚と一般に2対の翅がある．腹部は7〜13体節，一般には11体節で，有翅昆虫類の成虫では付属肢がない．気管系が発達してよく発達し，呼吸はもっぱら気門により，血管系は退化している．唾液腺があり，中腸腺はなく，外胚葉起原の*マルピーギ管がある．生殖孔は体の後方にあり，雄では第九腹節に開いて挿入器をそなえ，雌では第八または第九腹節に開いて*陰具片で囲まれる．神経系の集中は著しく，脳はよく発達して高次の活動を行う．大部分は卵生で，発育には顕著な*変態をともなうが，卵胎生のものもある(アブラムシ類)．昆虫類の分類においては，無翅昆虫類はあらゆる点で原始的で，甲殻類への類縁を示すとされる．昆虫類の化石はデボン紀から知られ，石炭紀などからの多くの化石種がある．海中を除く世界のいたるところの環境に生息，現生75万種以上．

b **コンティグ** [contig] 物理的につながっている多数の塩基配列から，コンピュータプログラムによって同一部分を見出し，つないだ配列．contiguous(連続した)の省略形．*BACのように長い配列をもとにしたコンティグには高い信頼性があるが，*ショットガン配列決定法で得られる数百塩基より短い配列から得られたコンティグは，繰返し配列を多く含む真核生物のゲノムの場合，つなぎ間違いが頻繁に生じる可能性がある．

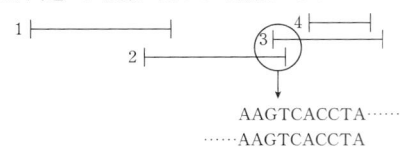

```
  1                          3  4
  |————|          |————|  |————|
          |————|
            2
                              ↓
                    AAGTCACCTA……
                       ……AAGTCACCTA
```

1〜4の短い塩基配列が，同一部分でつながり，一つのコンティグを生成しているようす．重なった部分は，例えば配列2と3のような同一の塩基配列をもつ．

c **コンディションドメディウム** [conditioned medium] すでに多数の細胞の培養に使用され，培養細胞によってなんらかの調整をされたと見られる培養液．動物細胞を特に少数培養する場合，コンディションドメディウムもしくはそれを添加した新しい培養液を使用することによって増殖が可能になる場合がある．コンディションドメディウムから有効な因子を単離した例に肝細胞増殖因子(HGF)がある．(⇨クローン培養)

d **コンデンシン** [condensin] *染色体凝縮を促進する蛋白質複合体．ATP加水分解に依存してDNA上にポジティブのねじれを導入する活性をもち，分裂期に*姉妹染色分体が凝縮して分離するために必須の働きをもつ．間期において，遺伝子発現および複製チェックポイントの制御にも関与する．二つのSMC蛋白質が中心となっている点で，染色体接着に関わる*コヒーシンと類似している．

e **コントラスト** [contrast] ⇨対比【1】

コンドロイチナーゼ [chondroitinase] 《同》コンドロイチン開裂酵素(コンドロイチンリアーゼ chondroitin lyase)．コンドロイチンを分解する酵素．ヒアルロン酸のN-アセチルグルコサミニド結合よりむしろコンドロイチン硫酸のN-アセチルガラクトサミニド結合の方を好んで切断するので，*ヒアルロニダーゼと区別してこの名が慣用される．現在広く知られているのは細菌類 *Proteus vulgaris*, *Flavobacterium heparinum* の菌体内酵素および *Arthrobacter aureus* の菌体外酵素で，いずれも誘導酵素である．すべて加水分解ではなく脱離反応を行い，最小生成物として非還元末端にΔ^4-ウロン酸をもつ不飽和二糖を与える．ただし非還元末端の二糖単位だけは飽和二糖となる．基質特異性が異なる次の2種が知られている．(1)コンドロイチンABC開裂酵素(EC4.2.2.4)：ウロン酸部分がD-グルクロン酸(コンドロイチン硫酸)でもL-イズロン酸(デルマタン硫

酸)でも作用する．(2) コンドロイチン AC 開裂酵素 (EC4.2.2.5)：D-グルクロン酸に結合したヘキソサミニド結合だけに作用する．これらの特異性を利用し，反応生成物を同定することによって，基質であるグリコサミノグリカンの構造決定，定量の試薬として利用されている．

コンドロイチン-4-硫酸 → Δ⁴-グルクロノシル-N-アセチルガラクトサミン-4-硫酸

a **コンドロイチン硫酸** [chondroitin sulfate] 軟骨を中心に動物の結合組織に分布するグリコサミノグリカンの一種．軟骨組織では 20〜40％ を占め，組織の弾力性や抗張力を支える．組織を弱アルカリで抽出するか，プロテアーゼで消化すると可溶性になる．もともと組織では蛋白質結合したコンドロイチン硫酸プロテオグリカンとして存在（キシロースとセリン間とで O-グリコシド結合)，コラーゲンとともに*細胞外マトリックスの主成分となっている．正常な組織成分としては遊離の形（つまり蛋白質に結合していない形）で存在することはないと考えられる．軟骨型プロテオグリカンのコンドロイチン硫酸は O-β-D-グルクロノシル-(1→3)-N-アセチル-D-ガラクトサミン-4-硫酸の繰返し構造をもつ．動物種・齢・組織の種類や部位によって繰返しの数や微細構造にはいろいろ変化がある．軟骨には一般に上記の構造体のほかに硫酸基を N-アセチルガラクトサミンの 6 位にもったものが多い．スルメイカ軟骨には N-アセチルガラクトサミン-4,6-二硫酸，サメ軟骨ではグルクロン酸-2 (または 3)-硫酸をかなりの割合で含むコンドロイチン硫酸が見出される．いずれも精巣のヒアルロニダーゼや細菌のコンドロイチナーゼで低分子化される．多くの多糖鎖で，これら各種のコンドロイチン硫酸の硫酸基が，不均一に 1 本の糖鎖上に分布している．コンドロイチン-4-硫酸 (A 型)，コンドロイチン-6-硫酸 (C 型) の語がしばしば使われるが，これは必ずしも名前の示すような均一鎖を意味するものではなく，硫酸基分布がそれぞれ 4 位または 6 位に大きく偏った成分を便宜的に分類したもの．なお，B 型と呼ばれるものは*デルマタン硫酸として区別して扱われる．

コンドロイチン-4-硫酸の二糖繰返し単位

b **コンドロシン** [chondrosin] *ガラクトサミンと *グルクロン酸からなる二糖．軟骨組織の構成成分である*コンドロイチン硫酸の構造研究中に単離された．コンドロイチン硫酸を硫酸で加水分解して得られる．

c **ゴンドワナ植物群** [Gondwana plants, Gondwana flora] 南半球に存在したゴンドワナ大陸において，*古生代*ペルム紀から*中生代*三畳紀にかけて広くみられた植物群の総称．*石炭紀以降に明瞭化した世界的な五大植物地理区の一つ，ゴンドワナ植物区を構成する．植物相の 9 割以上をグロッソプテリス類という絶滅裸子植物が占め，他に，コルダイテス類，トクサ類，スフェノフィルム類，イチョウ類，ゼンマイ科のシダ類などを含む．寒冷な大陸に形成された巨大氷床周辺の湿地に分布した．グロッソプテリス (*Glossopteris*) の化石分布は，*大陸移動説を支持する証拠ともされる．三畳紀にグロッソプテリス類が衰退すると，別の絶滅裸子植物であるコリストスペルマ類を主体とするディクロイディウム植物群に移行した．

d **ゴンドワナ大陸** [Gondwana land] *先カンブリア時代の原生累代末期に地球上に形成された巨大な大陸．ロディニア大陸の離合集散に由来する．*古生代に入り，ゴンドワナ大陸の離合集散が繰り返し生じ，特に，古生代前半のカレドニア造山運動や，後半のバリスカン造山運動を経て，パンゲア大陸が形成された．古生代を通じての海陸分布の変化は，地球の表層環境に多くの変化をもたらし，動植物相の変遷に大きな影響を及ぼした．古生代の末期にパンゲア大陸の一部であったゴンドワナ大陸は，その後，南アメリカ，アフリカ，南極，オーストラリア，インド大陸などに分裂した．*石炭紀からペルム紀にかけて，ゴンドワナ大陸上に巨大な氷床が形成された．グロッソプテリス (*Glossopteris*) やリストロサウルス (*Lystrosaurus*) などの固有の植物や動物が繁栄した．

e **混倍数性** [mixoploidy] 〘同〙混数性．同一の個体や組織内に正倍数体，異数体にかかわりなく異なる染色体数をもつ細胞が混在する現象．その個体を混倍数体 (mixoploid) という．さまざまな細胞分裂の異常，細胞あるいは核の融合などによって生じると考えられるが，昆虫類でも*核内有糸分裂による内倍数化 (=核内倍数性) があり，ときには高次の巨大核ができる (例：アメンボの一種 *Gerris lateralis* の唾液腺では 2048 倍数核が知られている)．哺乳類の肝臓にも見られ，またバッタのマルピーギ管の核の DNA 量の測定でも 1 ($2n$ のもの)：2：4：8 の 4 階級がある．同様な核内有糸分裂による倍加は草本性の植物の茎・葉にもしばしば見られる．コルヒチン処理で体細胞の染色体数倍加を起こさせることでもこの現象が生じる．

f **コーンバーグ** KORNBERG, Arthur 1918〜2007 アメリカの生化学者．DNA ポリメラーゼを単離し DNA を酵素学的に合成．RNA を合成した S. Ochoa とともに，1959 年ノーベル生理学・医学賞受賞．その後バクテリオファージの DNA 合成にも成功した．[主著] DNA replication, 1980.

g **コーンバーグ** KORNBERG, Roger David 1947〜 アメリカの生化学者，分子生物学者．18 歳にして *DNA ポリメラーゼ，*RNA ポリメラーゼに関する論文を発表．真核生物における転写機構の解明，また，クロマチン構造の解明や*ヌクレオソームの発見でも知られる．2006 年ノーベル化学賞受賞．

h **コンパクション** [compaction] 〘同〙緊密化．哺乳類胚の*卵割において，八細胞期の初期までは互いにゆるい結合をしている*割球が，八細胞期後期になると密接するようになる変化．コンパクションを起こした細胞は*タイトジャンクションを形成し，さらに低分子物質を透過させる*ギャップ結合も出現する．細胞間の境界は不鮮明となる．胚はこの後 1 回分裂して桑実胚となるが，そのときには胚の外側に位置する*栄養芽層と内

a **コンパス植物** [compass plant] 自然の光条件下で, 葉が南北の方向に出る植物. 暖地では葉が強い日光で熱せられず光合成に対する*水利用効率が高まること, 高緯度の地では東西方向からの強い光をよく受けることなどの適応をもつともいわれる.

b **根被** [velamen] 《同》套被. 根の先端に, 発生初期から, 原表皮から作られた組織. 多数の細胞が並層分裂を行って2~十数層となり, 内容を失い, またところどころに裂け目ができ, 空中の水を吸収・貯蔵する機能をもつ. 熱帯性のラン科, サトイモ科, タコノキ科などの着生種の*気根の先端に生じ, 著しいものは厚い皮状にささくれ立つ.

c **コンピテンシー** [competency] 《同》受容能. 微生物遺伝学で, インフルエンザ菌, 肺炎双球菌, 枯草菌などが, その生育のある時期に, 培養基に加えられたDNAをとりこんで形質転換を起こしうる状態にあること. また, このような変異を起こしうる細胞を受容能のある細胞 (competent cell) と呼ぶ. 例えば大腸菌の$CaCl_2$処理など, 人工的処理によって, このような能力をもつ細胞に変えることも可能である. (→受容菌)

d **コンフォメーション** [conformation] 《同》配座. 分子の三次元的立体構造, 特にC-C, C-N, C-Oなどの単結合のまわりの内部回転角を決めることによって定まる分子構造. 一般に化学構造式既知の分子に対して, その中の原子-原子結合距離・結合角がすべて与えられても, 各原子の位置は定まらない. それはC-C, C-N, C-Oなどの単結合のまわりで, その両側の基が結合距離と結合角とを変えずに回転できるので, その回転角 (二面角) が未定のものとして残されたからである. これらの内部回転角はどこでも同じポテンシャルエネルギーをもつのではなく, いくつかの安定位置をもっている. これが蛋白質や核酸の分子構造を決定している重要な要素の一つになっている. さらに, 配座は酵素分子などの作用をつかさどっている重要な要素である. 通常の有機化合物ならばその化学構造が決定すればその化合物のおよその性質は十分見当がつくが, 蛋白質や核酸の性質については化学構造だけでは不十分で, X線構造解析などでそのコンフォメーション, ひいては三次構造が決められてはじめて理解できることが多い.

e **コンプロン** [complon] →相補地図

f **根毛** [root hair] 根の表皮起原の毛状の細胞. 吸収毛の一種 (→吸収組織). 根端から少し隔たった, 伸長の終わった部分に生じ, 水やそれに溶解した物質を吸収する. 根毛は径が数 μm ないし十数 μm, 長さが数十~千数百 μm ぐらいで, 分岐することはまれ. 通常, 核はその先端部に見出される. 細胞壁は薄い. 根毛細胞は一般に短命で, ある程度古くなると潰滅したり, あるいは木化したり, スベリン化して厚壁化し機能を失う. 根毛を作る表皮細胞は通常, 他の表皮細胞に比べて根の主軸にそって短い. 植物によってはかなり早くから根毛形成細胞 (trichoblast) の分化が認められるものもあり, このような細胞では一般に原形質が豊かでその流動もよく認められる. なお, シロイヌナズナのように, 根において根毛をつくらない表皮細胞の系譜が明瞭な場合, この細胞を根毛非形成細胞 (atrichoblast) と呼んで区別する.

g **根粒, 根瘤** [root nodule, root tubercle] マメ科植物の根に*根粒菌が侵入した場合に形成されるこぶ状の構造. 根粒菌と宿主植物の関係はかなり特異的で, 根粒が形成される状態では*窒素固定が行われる. またヤマモモやハンノキの根に微生物が共生した場合にも根粒は形成され, 窒素固定が行われる. マメ科植物の根粒中には多量のヘモグロビン (*レグヘモグロビン) が形成される.

h **根粒菌** [root-nodule bacteria, leguminous bacteria] マメ科植物の根に侵入して根粒を作る窒素固定細菌の一群. *プロテオバクテリア門アルファプロテオバクテリア綱リゾビウム目 (Rhizobiales) に属し, *Bradyrhizobium*, *Mesorhizobium*, *Rhizobium*, *Sinorhizobium* などの属に分類される好気性従属栄養細菌である. 土壌中での独立した生活では運動性桿菌であるが, 根粒中では運動性を失い, 形も変化して枝分かれした棍棒状などのバクテロイド (bacteroid) になる. 根粒中では, 宿主から供給された光合成産物をエネルギー源として大気中の窒素を還元的にアンモニア態窒素に変換し, 宿主へと供給する, いわゆる共生的窒素固定を行う. 窒素固定で生育した菌やバクテロイドは窒素固定酵素ニトロゲナーゼを含む. なおアクチノバクテリア門に属する*Frankia*の細菌は, マメ科以外の植物 (ハンノキ・ドクウツギ・ヤマモモなど) の根に寄生して根粒を作り窒素固定を行う広義の根粒菌である.

サ

a **Sar/Arf GTP アーゼ**(サーアーフジーティーピーアーゼ) [Sar/Arf GTPase] *輸送小胞の形成に関わる分子量約2万の低分子量GTPアーゼ. 主に膜上での*コート蛋白質の分子集合の制御を行っている. Sarは小胞体からのCOP II小胞形成で中心的な役割を担う. Arfには複数の分子種が存在し, 出芽酵母では3種, 動物では5〜6種が知られ, COP I小胞やクラスリン小胞の形成に関与する. 膜上でグアニンヌクレオチド交換因子により活性型のGTP結合型に変換されると, その部位にコート蛋白質やアダプター蛋白質が結合することにより輸送小胞の形成が始まる. その後, 適切なタイミングでGTPアーゼ活性化蛋白質(GTPase-activating protein, GAP)が作用することにより, 結合しているGTPがGDPへと加水分解されて, 不活性型に戻る.

b **材** [wood] 木本植物の茎における木質部. *形成層の活動により作られる*二次木部がその主体で, 道管, 仮道管, 木部柔組織, 木部繊維などから構成され, その細胞壁は大部分*木化する. 寒帯・温帯に生育する樹木では概して年輪が明瞭である. 材は, 横断面を低倍率で見たとき孔として見える道管の配列状態や髄線の広狭などにより, *環孔材, *放射孔材, *散孔材, *紋様孔材などに大別されている. 十分肥大した材において, 中心部が色素の浸潤, または化学的変化を受け, 周辺部と区別される場合, 前者を*心材, 後者を*辺材という. 木材工芸では広葉樹の材を硬材, 針葉樹の材を軟材と呼ぶ. 乾燥した材の平均比重は0.5〜0.7であるが, 特に重いものを重硬材(heavy wood, ユソウボク1.32〜1.17, ケブラチョ1.30〜1.15, ユーカリ1.25〜0.8)と称し, ウッドデッキなどに利用される. 逆に, 特に軽いものを軽軟材(light wood, バルサ0.12〜0.10, キリ0.26)と称し, 航空用材, 浮き, 救命具などに利用される.

c **催芽** [forcing of germination, forced sprouting] 芽の新生, *休眠芽の発達あるいは種子からの発芽を起こさせること, またはこれらを早める操作. 農学的には発芽促進(サツマイモやジャガイモなど)のほか, 種子の発芽率を高め, あるいは発芽を斉一に整えることをいうことが多い. 樹木の休眠芽の催芽には低温処理(ライラック), 芽の基部への水の注射, 針で刺す, 鱗片をはがすなどの物理的刺激(シナノキやカエデ), 煙・アセチレン・エーテル・水素ガスなどの気体処理, 温浴法などが効果を示す. 処理の効果は季節によって異なり, 多くは12〜1月頃が有効. 宿根類・鱗茎・塊茎の休眠打破には低温処理, *ジベレリン処理, またはCO₂を半量内外加えた気中に数日入れておくなどの処理が有効. また高温(40°C程度), 硫酸処理の有効なもの(サツマイモ塊根)もある. 種子の発芽には一般に適当な水分・温度など適当な環境が必要であるが, *硬実種子では温度処理が有効であり, 特に高山植物の種子は0°C付近の低温が必要であり, *光発芽種子は光によりよく発芽する. *種子休眠を打破する目的で行う低温処理をストラティフィケーション(stratification)という.

d **鰓蓋**(さいがい) [branchial mantle, branchiostegite, operculum] [1]＝鰓室 [2] [2]＝蓋板 [3] [operculum] 「えらぶた」とも. 硬骨魚の鰓を外側から覆う保護のための構造で, その内部はいくつかの骨格要素をもつ. 羊膜類胚における第二咽頭弓後部の膜状の伸長部(頸部の皮膚と皮筋を提供する)についても, 発生的には第二咽頭弓(舌骨弓)後半部に由来するが, 鰓蓋とよく似た外観のため, こう呼ぶこともある.

e **鰓蓋鰓**(さいがいさい) [opercular gill] 硬骨魚類の*鰓蓋の内面に生じ, 鰓としての機能をもつ鰓弁. 鰓蓋は, 本来鰓弓に相当する第二咽頭弓(舌骨弓)から発達したものなので, しばしば機能をもった鰓になる. *偽鰓とは別のもの.

f **鰓下筋群** [hypobranchial muscles] 脊椎動物, とりわけ顎口類の後頭部から頸部にかけての体節に由来する筋で, 二次的に咽頭底へとおもむき, 咽頭の補強, 運動をつかさどる. この筋群の吻方が舌筋となり, その尾方部は頸部から胸壁にかけて舌骨下筋群(hypohyoid muscles)となり, 哺乳類の横隔膜も同系列の筋と見なされる. これらの筋はすべて後頭部および頸部の脊髄神経に支配され, 舌筋を支配する神経束のすべて, あるいはその一部が頭蓋(後頭骨)から発する場合, これを舌下神経と呼び, 便宜上, *脳神経の一つに数える. (⇒神経頭蓋)

g **鰓下溝** [hypobranchial groove] ⇒内柱

h **細気管支** [bronchiole ラ bronchulus] 《同》気管支枝, 気管小枝. 狭義の*気管支(気管分岐部)とそれ以外の*気管の分岐とを区別する場合, 後者, 特に肺小葉内部での気管の分枝を指す. 上皮は単層円柱繊毛上皮が徐々に丈を低くし, 単層立方繊毛上皮となる. 管をらせん状にとり巻く平滑筋が発達する.

i **再吸収** [reabsorption] 《同》逆吸収. 一般に濾出または分泌された物質がふたたび吸収を受けることで, 排出現象, 特に脊椎動物の腎臓の機能において, 糸球体における濾過に引き続き, 尿細管で正常に生起する過程(⇒濾過−再吸収説). 尿細管内での再吸収は選択的であって, その度合は尿の各成分ごとに異なる. 一般に血液の有用成分(Na⁺, K⁺, Ca²⁺, Cl⁻, HCO₃⁻, 水, グルコース, アミノ酸など)は血中濃度が一定値を超すまでは容易に再吸収されて血液中に回収される(閾物質 threshold substance). これに対し尿素, 尿酸塩, リン酸塩, 硫酸塩, クレアチニンなど代謝の不用産物や体に異質な薬物は, ほとんどが全く再吸収なしにそのまま排出される(非閾物質 nonthreshold substance). 下垂体後葉の抗利尿ホルモンは, 主に水分の再吸収に促進的に作用して水分代謝の調節にあずかる. 再吸収は尿細管の主部(特に曲部)の上皮細胞の特異的な活動に基づくといわれ, *対向流理論が考えられている. 両生類の腎臓(腎小体と尿細管とが別個の血管から供血されていて実験しやすい)では, グルコースは尿細管の近位部から, Na⁺やCl⁻, HCO₃⁻はその遠位部から吸収される.

j **鰓弓神経** [branchial nerves, pharyngeal nerves, branchiomeric nerves] 脊椎動物の脳神経のうち, 菱脳から発し, 発生上もしくは成体において鰓弓(内臓弓)に対応して分布する, 三叉神経(第五脳神経, V)・顔面

神経(Ⅶ)・舌咽神経(Ⅸ)・迷走神経(Ⅹ)の総称．基本的には鰓弓神経は上下2知覚神経節をもち，それぞれ上神経節，下神経節と称する．前者の神経細胞は神経堤に，後者のそれは上鰓プラコードに由来．また，鰓弓筋を支配する鰓弓神経の運動成分は，知覚成分とともに一つの根を形成し，菱脳から発する．鰓弓列に対応した上鰓プラコード，および背側に根をもち，鰓弓筋を支配する運動成分などが，脊髄神経には見られない鰓弓神経の特徴（⇌内臓弓）．三叉神経(nervus trigeminus, trigeminal nerve)は三叉神経節(trigeminal ganglion, 半月神経節 ganglion semilunare Gasseri)をもち，ここから，眼神経(nervus ophthalmicus)，上顎神経(nervus maxillaris)，下顎神経(nervus mandibularis)が出るので，この名がある．眼神経は魚類の深眼神経(nervus profundus)と相同で，本来独立した鰓弓神経．上・下顎神経は第一内臓弓(顎骨弓)に分布．三叉神経中脳核は例外的に中枢神経内に位置する一次感覚ニューロンである．顔面神経(nervus facialis, facial nerve)は，第四菱脳分節（⇌神経分節）に根を発し，呼吸孔(第一咽頭裂)背側に遠位神経節すなわち膝神経節(ganglion geniculi)をもち，第二内臓弓に分布し，表情筋をもつ哺乳類では運動成分がよく発達する．膝神経節から口蓋枝(ramus palatinus)，裂前枝，裂後枝などが分かれ，舌顎枝(ramus hyomandibularis)が主体となり，その一枝である鼓索神経(chorda tympani)は口腔底に至り味覚をつかさどる．舌咽神経(nervus glossopharyngicus, glossopharyngeal nerve)は菱脳後耳部から根を発し，本来第三咽頭弓由来物に分布し，舌と咽頭を支配する．頭蓋外で近位神経節すなわち上神経節(ganglion superius)，咽頭腔背側で下神経節(ganglion inferius, 錐体神経節 ganglion petrosum, 岩様神経節)をもつ．その主幹である裂後枝は混合神経性で，その運動繊維は喉頭筋を支配し，耳下腺の分泌神経を含む．感覚繊維は舌根部の味覚と触覚を伝える．運動繊維の起始核は延髄の下唾液核や疑核(nervus ambiguus)．迷走神経(nervus vagus, vagus nerve)は第四内臓弓以後とほとんどの胸腹部内臓に分布し，その感覚・運動・分泌を支配する．菱脳の後耳領域に根を発し，頭蓋外で頸静脈神経節(ganglion jugulare, 迷走神経上神経節)を，各鰓弓背側に節状神経節(ganglion nodosum, 下神経節)をつくる．鰓弓におもむく鰓枝(ramus branchialis)と，腸管におもむく腸枝(ramus intestinalis)のほか，側線系をつかさどる外側枝と体感覚性の背側枝とをもつ．羊膜類では鰓弓の退化とともに，鰓枝は喉頭神経，第六咽頭弓に属する上心臓枝(rami cardicus superior)などとして残るだけとなる．心臓枝(rami cardicus)と腸枝は，内臓感覚繊維のほか，副交感性節前繊維および頸部で吻合した交感性節後繊維をも含み，平滑筋の運動，腺の分泌をつかさどる．副交感性成分は延髄の背側核から起こる．背側枝は魚類にあって体感覚性で体側皮膚に分布するが，羊膜類では耳介枝(ramus auricularis)として残り，耳介と耳外耳道の皮膚に分布するにすぎない．（⇌自律神経系[図]）

a **鰓弓動脈弓** [aortic arches ラ arcus aortae]《同》大動脈弓，大動脈弧．肺呼吸を行う脊椎動物において，腹側大動脈と背側大動脈を直通する弓状の血管．和英ともに大動脈弓の呼称があるが(英語では複数形)紛らわしく，ここでは慣例に従い鰓弓動脈弓と呼ぶ．本来は咽頭弓動脈弓が適切．鰓呼吸を行う脊椎動物では，心臓から輸出される血液は腹側大動脈から，各鰓弓に沿って走る導入血管を経て，すべての鰓弁に分岐する鰓毛細血管に入り，ここでガス交換を行い動脈血に変わり，導出血管を経て背側大動脈に入る．しかし，肺呼吸を行う動物では鰓弁は退化し，鰓毛細血管を欠き，導入・導出両血管は分化せず，腹側大動脈と背側大動脈との間を直通する鰓弓動脈弓が発生上現れる．多くの脊椎動物では，鰓弓動脈弓は発生に際し，顎骨弓・舌骨弓および第三から第六の6対の咽頭弓に応じて順次現れ，発生につれて種々の分化を経る．両生類では，変態後に第三から第六咽頭弓に沿った鰓弓動脈弓があるが，後に第五動脈弓は退化消失，第三動脈弓は内頸動脈の根基となり，第四動脈弓は成体にまで残る動脈として大動脈根に継続し，ついに左右合して背側大動脈となる．第六動脈弓は左右肺動脈の基部を提供する．爬虫類の成体では第四動脈弓のうち，左のものが左心室に通じて動脈血を導き，右の第六動脈弓が右心室と連絡して静脈血を通ずる．鳥類および哺乳類では左心室から鰓弓動脈弓が出るが，主要な動脈として残るのは，鳥類では右，哺乳類では左の第四動脈弓．（⇌ボタロ管）

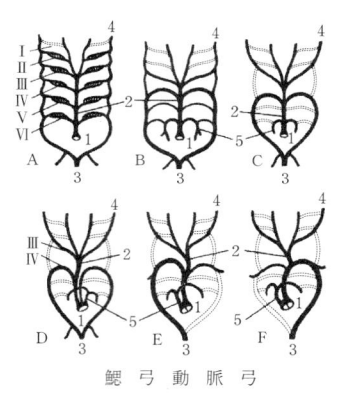

A 板鰓魚類
B 有尾両生類
C 無尾両生類
D 爬虫類
E 鳥類
F 哺乳類

Ⅰ～Ⅵは順次顎骨弓，舌骨弓，第三～第六咽頭弓に沿った鰓弓動脈弓を指す

1 心臓
2 腹側大動脈
3 背側大動脈
4 頸動脈
5 肺動脈

鰓弓動脈弓

b **細菌** [bacterium, *pl.* bacteria]《同》バクテリア．*原核生物の一群．単細胞生物であり，サイズは$0.2～10\mu m$．中でも$0.5～2\mu m$前後のものが多い．一般に細胞の外側に細胞壁があって，組成は*グラム染色法に反映される．グラム陽性のものはペプチドグリカンとテイコ酸など，グラム陰性のものは比較的少量のペプチドグリカンとリポ多糖・リポ蛋白質からなっている．多くの細菌は桿状，球状ないしは繊維状を呈する(図)．細胞の周囲には*細菌粘質が分泌され，ポリペプチドである場合と多糖質の場合とがあり，粘液質が膜状に細胞をとりまくときは*莢膜と呼ばれる(⇌細胞外膜)．細菌の細胞内構造は原核生物としての特徴を示す．すなわち核物質(DNA)は染色体構造をとらず，核膜がないため直接細胞質中に存在する．また細胞中には葉緑体・ミトコンドリア・小胞体の構造はなく，リボソームは70S型である．原形質流動は観察されない．細胞膜には呼吸や光合成に関係した電子伝達系の諸酵素や光合成色素が含まれることがある．細胞膜はしばしば発達して細胞質中に陥入し，*メソゾームと呼ばれる構造や層状構造を示すことがある．細胞の増殖は通常，等分裂によるが，まれに不等分裂や出芽を示す種類もある．また一部の菌は内生胞子や嚢子を形成する．種によっては遺伝的伝達，すなわち細

胞間で接合が起こり，遺伝子の移動・組換えなどがみられる（ただし細胞質の混合は起こらず，また遺伝子の移動も部分的なことが多い）．さらに接合によらずバクテリオファージを介し，または直接DNA分子による遺伝子の移動がみられるものがある．一部の細菌は1本または複数の鞭毛によって運動する．鞭毛の構造は単純で，真核生物にみられる9+2構造を示さない．また鞭毛によらず滑走運動をする細菌もある．細菌の栄養形式には有機物を炭素源ならびに電子供与体とする従属栄養，二酸化炭素を炭素源とし，水素，硫化水素やメタンを電子供与体とする独立栄養の化学合成や光を駆動力とする光合成がある．クロロフィル a をもち水を光分解して酸素を発生する藍色細菌のほかで光合成を行うもの（*光合成細菌）では通常のクロロフィル a, b などを含まず，より長波長の光を吸収するバクテリオクロロフィル a, b, c, d などを含む．この光合成は嫌気的条件においてのみ起こり，H_2S，H_2 や簡単な有機物が電子供与体として利用される．従って酸素は発生しない．細菌は生育に対する酸素の影響の仕方により，好気性菌・嫌気性菌・通性嫌気性菌などに分類される．発酵方式はアルコール発酵・乳酸発酵など．以上のほか細菌には，従属栄養であるが還元環境下で酵素分子の代わりに硫酸や硝酸を電子受容体とする硫酸還元や硝酸還元（脱窒）などの代謝を行うものがある．さらに生育に関しては60〜70°Cの高温，25〜30%の高濃度の食塩の存在，pH2付近の酸性など一般の生物の生育には不適当な環境で生育が可能なばかりか，これらの環境下でかえって良好な生育を示すものがある．（→付録：生物分類表）

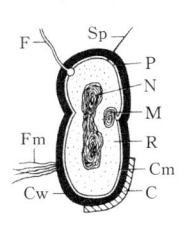

F	鞭毛
Fm	繊毛
Cw	細胞壁
C	莢膜
Cm	細胞膜
N	核様体
M	メソゾーム
R	リボソーム
Sp	性線毛
P	ペリプラズム

細菌細胞の模式図
一つの細菌が以上の構造のすべてをもつものではない．

a **細菌外膜** [bacterial outer membrane] 《同》細菌外被．グラム陰性菌の最外層の蛋白質・リン脂質・*リポ多糖からなる層．これに対し，最も内側の膜は細胞質膜 (cytoplasmic membrane) と呼ばれる．外膜は細胞質膜に比べてリン脂質の割合が低く，代わりに多量のリポ多糖を含む．外膜の蛋白質は細胞質膜のものとは異なる．この主要蛋白質の一つはリポ蛋白質であり，外膜とは脂質部分で，内側のペプチドグリカン層とは蛋白質部分で結ばれている．主要蛋白質には三量体を形成しているものが多い．これらは小孔を形成していて，*ポリンと総称する．水溶性の低分子物質の膜透過に関与する．リポ多糖は外膜の外層部に存在している．外膜中に酵素としてはホスホリパーゼの存在が知られるのみだが，外界と細胞との関連において多くの機能蛋白質が見出されている．各種のファージやコリシン，ビタミン B_{12} などの受容体の存在が明らかにされ，一部の膜蛋白質は DNA の複製や細胞分裂と関係をもつとされる．外膜は抗生物質などに対しては透過障壁となり，グラム陽性菌との間に抗生物質の作用に関して大きな相違をもたらす．（→ペリプラズム）

b **細菌学** [bacteriology] 細菌を対象とする生物学の分野．その発達の歴史は，A. van Leeuwenhoek の簡単な顕微鏡の使用(1683)，L. Pasteur の殺菌法(1861)，R. Koch の純粋培養法(1881)などの技術上の発明に依存するところが大きい．それ以後は主として医学関係での病原細菌学（広義にはウイルス学や免疫学の一部を含む），農学関係での土壌細菌学・発酵細菌学などそれぞれの目的に沿う学問体系が発達した．これら応用面の進展と相まって，基礎生物学の面で，特に細菌は物質代謝の様式が多様で，また活性も大きいために，広汎な研究が行われた．一方，変異に関する研究から始まった細菌の遺伝学は O. T. Avery らによる形質転換の研究(1944)，J. Lederberg らによる接合・組換えの研究(1947)を契機として発展し，*分子遺伝学の進展に大きく寄与した．また，電子顕微鏡の発達は細菌やバクテリオファージの微細構造を明らかにし，また構造形成に関する分子レベルでの研究も行われている．（→微生物学）

c **細菌型光合成** [bacterial photosynthesis] *光合成細菌が行う光合成．光のエネルギーを*バクテリオクロロフィルにより捕集し，単一の*光化学系で光化学反応を駆動する．水を電子供与体として利用できない．そのため，非酸素発生型光合成 (anoxygenic photosynthesis) ともいい，植物などの酸素発生型光合成 (oxygenic photosynthesis) と対比される．電子供与体としては，H_2，S^{2-}，$S_2O_3^{2-}$，リンゴ酸などの有機物を利用するが，硫黄化合物の利用の有無は光合成細菌の分類に重要である．バクテリオクロロフィルを反応中心色素としてもつ光化学系は，電子受容体として鉄硫黄クラスターをもち植物の光化学系Ⅰと相同なもの（Ⅰ型光化学反応中心）と，着脱するキノンをもち植物の光化学系Ⅱと相同なもの（Ⅱ型光化学反応中心）に分けられる．

d **細菌毒素** [bacterial toxin] 細菌の産生する毒素．ジフテリア菌，破傷風菌，ボツリヌス菌などの細菌の体外に出されるものを*外毒素，赤痢菌・コレラ菌・緑膿菌などの体内に含まれ菌体の破壊により出てくるものを（菌体）内毒素すなわち*エンドトキシンと呼んで区別してきたが，外毒素といわれるものの中にも菌体の破壊により体外に出てくるものがあることが判明し，この区別は厳密なものではなくなった．（→外毒素，→エンドトキシン）

e **細菌粘質** [bacterial slime, bacterial mucilage] 一部の細菌に見られる細胞壁の外側に付着した寒天状・粘液状の物質．多糖である場合と，限られた種類のアミノ酸からなるポリペプチド，例えばポリグルタミン酸などである場合とがある．細菌を墨汁中に浮遊させたり，または特殊染色をして光学顕微鏡下で観察して，粘質が細胞の周囲に厚い層として観察できる場合にはこれを*莢膜と呼び，はっきりした構造として見えない場合には粘質層 (slime layer) と呼ぶ．

f **細菌の発育相** [growth phases of bacteria] 細菌の発育，すなわち個体の増加の時期的な変化相．通常，菌を新しい培地に接種したときに，活発な細胞分裂が起こるまでの期間を誘導期，それに続いて菌数の増加が指数関数的に起こる時期を対数期，増殖が停止した後を定常期，さらに生細胞数が減少する時期を死滅期と呼んで

区別する．一般に発育期の様相は菌の種類，培地の組成，温度その他の培養条件などにより異なる．このような期の変遷を知るために菌数測定が行われるが，測定には全菌数と生菌数の二つの指標がある．またその代わりに，菌体重量，菌体窒素量，培養液の濁度などが測定されることがある．

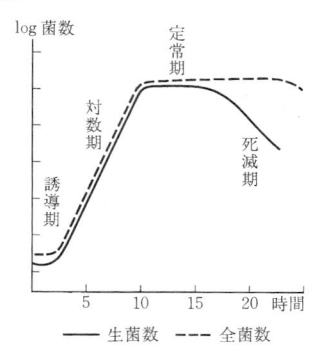

a **細菌濾過器** [bacterial filter] 細菌を濾し分けて無菌的な液を得るための濾過装置．原理的に2種類に区分される．(1) デプスフィルター (depth filter)：石綿 (Seitz filter)，素焼 (Chamberland filter)，ケイ藻土 (Berkefeld filter) などを基材とするもの．微生物は基材に入り込み，そこで捕捉される．材質とその密度によって平均的な捕捉粒子径がある．(2) スクリーンフィルター (screen filter)：孔径 $0.2\,\mu m$ (あるいは $0.1\,\mu m$) のメンブレンフィルターを用いて濾過し，細菌を濾過液中にもち込ませない手法．自然界にはこのフィルターを通過する細菌も存在するため完全な濾過とはならない．(→限外濾過)

b **cAMP シグナル** (サイクリックエーエムピーシグナル) [cAMP signal] 《同》環状 AMP シグナル．ホルモンや神経伝達物質などの細胞外シグナルを受容した細胞内で，cAMP (環状 AMP cyclic adenosine 3′, 5′-monophosphate) の作用を介してシグナルを伝達している経路．cAMP はグルカゴンやアドレナリンの血糖上昇作用を媒介する細胞内因子として，E. W. Sutherland らによって 1957 年に発見された．その後他の多くのホルモンも細胞内 cAMP 量の増減を介して作用することが知られるようになった．動物細胞で cAMP はアデニル酸シクラーゼ (adenylyl cyclase, EC4.6.1.1) によって ATP からピロリン酸とともに生成されるが，この酵素は細胞膜を 12 回貫通する分子量約 12 万の一本鎖ポリペプチドで，哺乳類には複数のアイソザイムが存在する．細胞外シグナル分子が細胞膜上の三量体 G 蛋白質共役型受容体に結合すると，そのシグナルは共役する G 蛋白質 (G_s または G_i) を活性化してアデニル酸シクラーゼを制御する．その結果，細胞内の cAMP 生成量が増減する．アデニル酸シクラーゼは*フォルスコリンや Ca^{2+}-カルモジュリンによっても活性化される．細胞内で生成した cAMP は蛋白質のセリン・トレオニン残基をリン酸化するプロテインキナーゼ A (protein kinase A, *A キナーゼと略記，EC2.7.1.37) を主な標的として結合し，その触媒活性を上昇させる．A キナーゼは触媒 (C) サブユニットと調節 (R) サブユニットと呼ばれる 2 種のサブユニットからなる四量体 (R_2C_2) で，cAMP が R サブユニット上に結合すると，R サブユニット (R_2-$cAMP_4$) から C サブユニットが単量体として解離し，触媒活性が上昇する．cAMP は種々の細胞において多彩な生理作用を示すが，これは A キナーゼが標的とする基質蛋白質が異なることによる．肝臓ではグリコゲンホスホリラーゼキナーゼやグリコゲン合成酵素が A キナーゼの基質となり，肝グリコゲンの分解が促進される．他方脂肪組織においてはホルモン感受性リパーゼのような脂質代謝に関わる酵素が A キナーゼの基質となり，遊離脂肪酸やグリセロールが動員される．さらに，cAMP が結合する他の蛋白質として低分子量 GTP アーゼ Rap を活性化する因子があり，インスリンなどのホルモン分泌促進にも介在することが知られている．細胞内で増加した cAMP は，環状ヌクレオチドホスホジエステラーゼ (3′, 5′-cyclic-nucleotide phosphodiesterase, EC3.1.4.17) によって，その分子内のリン酸ジエステル結合が加水分解されて 5′-AMP となり，不活性化される．カフェインやテオフィリンはこの酵素の阻害作用をもつ．なお細胞性粘菌のような生物種では，細菌の産生した cAMP が粘菌の走化性をもたらす細胞外シグナル分子として機能しており，粘菌の細胞膜には cAMP を結合する三量体 G 蛋白質共役型受容体が存在する．

c **cGMP シグナル** (サイクリックジーエムピーシグナル) [cGMP signal] 環状 GMP (cyclic GMP, cGMP：通常は 3′, 5′-cGMP) を*セカンドメッセンジャーとするシグナル伝達経路．血管での血流調節，神経系での神経変性や保護，神経可塑性，軸索誘導，概日リズム，視覚，痛覚，マクロファージやミクログリアでの細胞免疫など，働きは広範で，植物の防御応答や粘菌の走化性にも関わる．刺激に応じて cGMP を産生する酵素であるグアニル酸シクラーゼには膜結合型と可溶型の 2 種が知られる．膜結合型酵素は細胞外にリガンド結合部位をもつ 1 回膜貫通蛋白質で，心房性ナトリウム利尿ペプチド (ANP) 受容体などが知られる．可溶型酵素は*一酸化窒素 (NO) を結合するヘムを有し，細胞膜を透過する NO によって活性化される．cGMP によって制御される標的は多様で，cGMP 依存性プロテインキナーゼ (プロテインキナーゼ G)，cGMP 依存性イオンチャネルが知られる．cGMP の分解には多様な cGMP ホスホジエステラーゼが働き，シルデナフィル (バイアグラ) など多種の臨床薬の作用点となる．脊椎動物視細胞では cGMP ホスホジエステラーゼが光依存性 G 蛋白質信号系のエフェクター酵素として働き，光依存的 cGMP 濃度低下による細胞膜上の cGMP 依存性陽イオンチャネル閉鎖が視細胞特有の過分極応答を引き起こす．

d **サイクリン** [cyclin] 細胞周期制御因子群の中の一グループで，*CDK に結合してその蛋白質リン酸化酵素活性を発揮させ，それによって細胞周期の進行をもたらす蛋白質ファミリーの総称．CDK の調節サブユニットに相当し，細胞周期エンジンを構成する (→細胞周期)．M 期型 (M 期サイクリン) と G_1 期型あるいは G_1/S 期型 (G_1 サイクリンあるいは G_1/S サイクリン) に大別されるが，それら以外も見出されている．それぞれはアルファベットを付して区別し，現在，哺乳類では，構造および発現パターンの違いから，サイクリン A～M, O, T の 15 タイプに分類される．各タイプごとに異なった種類の CDK に結合するが，結合する CDK や機能が未知のものもある．サイクリンはその分

子中央部にサイクリンボックス(cyclin box)と称される保存性の高いアミノ酸配列をもち,これがCDKとの結合に関わる.他方,サイクリンには,破壊ボックス(destruction box)やKENボックスあるいは特異的なリン酸化部位といったユビキチン依存性蛋白質分解に関わる領域をもつものが多く,この蛋白質分解はCDKを不活性化させる(→後期促進複合体).元来ウニやホッキ貝などの海産無脊椎動物の受精卵の初期卵割期において,恒常的に合成されていながら,M期特異的に蛋白質分解を受けることによりその量がM期をピークとして細胞周期に応じて変動する.約50 kDaの2種類の蛋白質として同定され,それぞれサイクリンA,Bと命名された.相同な蛋白質が真核生物に普遍的に存在し,CDK1 (Cdc2蛋白質)と複合体を形成してM期を統御する.サイクリンB–CDK1はMPFの主構成要素であり,Cdc2キナーゼとも称される.さらに,AとB以外のタイプでM期以外に関与するサイクリンの存在が判明するに至っている.そのうちの代表的なものはDとEタイプであり,それぞれは主にCDK4とCDK2に結合して,G_1期のS期へ向けての進行をもたらすため,G_1 (あるいはG_1/S)サイクリンと称される.サイクリンAはCDK2に結合した場合はS期の進行に関与する.他方,サイクリンHはCDK7と結合し,この複合体は細胞周期に依存せずにサイクリン–CDK複合体群中のCDKをリン酸化して活性化するキナーゼ(CDK活性化キナーゼ CDK-activating kinase, CAK)の実体であるとともに,転写因子TFIIHの構成要素でもある.サイクリンT–CDK9も転写調節に関わる.このように,細胞周期に応じた蛋白質量の変動あるいは細胞周期調節といったサイクリン本来の定義は必ずしもあてはまらなくなり始めている.

a **サイクリン B–CDK1** [cyclin B-CDK1] 《同》サイクリン B-Cdc2 キナーゼ (cyclin B-Cdc2 kinase), Cdc2キナーゼ.CDK1(Cdc2蛋白質)と*サイクリンBとの複合体からなる,細胞周期の*M期を統御する蛋白質リン酸化酵素.*M期促進因子のM期誘起活性を担う分子の実体.CDK1は触媒サブユニット,サイクリンBは調節サブユニットに相当し,細胞周期を通じて蛋白質量はCDK1は一定であるのに対し,サイクリンBはM期をピークとして周期的に変動する.この複合体の活性化には,両者間の結合に加えて,CDK1の活性化ループ(Tループ)のCDK活性化キナーゼ(CDK-activating kinase, CAK)によるリン酸化と,リン酸化されていたATP結合部位のCdc25による脱リン酸化が必要である.そのあとの不活性化は,サイクリンBのユビキチン依存性蛋白質分解が引き金となる(→後期促進複合体).活性型の複合体は真核細胞に普遍的にM期の開始を引き起こし,その後の不活性化はM期の終結に必要である.なお慣用的にこの複合体をCdc2キナーゼと称することもあるが,単体のCdc2蛋白質(CDK1)との混乱を避けるべきであり,正確にはサイクリンB–CDK1あるいはサイクリンB–Cdc2キナーゼである.(→CDK)

b **再結合修復** [rejoining repair] 切断したDNA鎖が再び正しくつながるような修復.*DNA修復機構の一つ.

c **鰓孔** [stigma, spiracle, gill slit, gill-pore, branchial cleft] 《同》鰓裂.尾索類・頭索類の鰓嚢壁に開口する小孔.ホヤ類では等大の鰓孔(stigma)が多数あり,規則正しい縦横の列となって並び,ナメクジウオ類では多数のスリット状の鰓孔,すなわち鰓裂(gill slit)がある.入水口から入り鰓孔を通りぬけた海水は囲鰓腔に出て,出水口から排出される.この間に呼吸が行われるとともに,微小なプランクトンや有機物が餌として濾過され,鰓嚢の底部から消化管へと移行する.脊椎動物の成体や胚においても,これらと相同の構造を同じ名で呼ぶことがある.

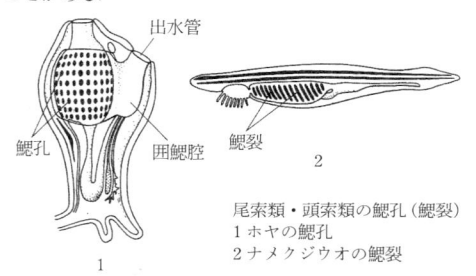

尾索類・頭索類の鰓孔(鰓裂)
1 ホヤの鰓孔
2 ナメクジウオの鰓裂

d **再興感染症** [re-emerging infectious disease] 一時期は制圧されていたが,再び流行し始め公衆衛生上の問題となった感染症.1990年に発表された世界保健機関(WHO)の定義では,「既知の感染症で,既に公衆衛生上の問題とならない程度まで患者が減少していたが,近年再び患者数が増加したもの」とされている.2012年現在,*結核,*マラリア,デング熱,狂犬病などが再興感染症として挙げられる.

e **再構成** [reconstitution] [1] 《同》組織再構築(tissue reconstruction).いったん解離された細胞や組織から組織や器官を再び構築させること(→細胞集合,→細胞選別).[2] 一部のウイルス,ときには細胞の構造体が,試験管内での再結合により,その構成成分から元のかたちに組み立てられること.これらの反応は,酵素などの関与がなく,分子の*自己集合によって進行する.ウイルスではこれによって感染性をもつウイルス粒子が形成される.

f **再構成核** [reconstituted nucleus] 細胞質画分とDNAとを試験管内で混合することにより形成される核様構造体.細胞質画分としては主にアフリカツメガエルの卵をホモジェナイズして作製した卵抽出液が使われる.この抽出液には核膜を構成するための膜成分や核内で働く蛋白質が含まれる.DNAとしては,アフリカツメガエルの精子クロマチンが使われることが多いが,蛋白質を含まないDNAでも再構成核を構築できる.再構成核内でDNA複製が起こることを用いた実験系がある.

g **再構成細胞** [reconstituted cells] 体細胞への*核移植法として,体細胞の核と細胞質を分離(*除核)して得た核を,同様にして得た体細胞の細胞質と融合した場合に得られる細胞.サイトカラシンBと遠心法を用いて得られた分離核すなわち核体(karyoplast)は細胞膜を保持しているため,同様にして得た細胞質すなわち細胞質体(cytoplast)と,細胞融合法によって融合させることが可能である.核体ではなく,全細胞と別の細胞質体を融合してつくられた細胞は細胞質雑種細胞(サイブリッド cybrid)と呼ばれる.これらの再構成細胞や細胞質雑種細胞は,体細胞の遺伝子発現制御機構の細胞工学的解析などに用いられる.例えば,がん細胞と正常細胞間

の再構成細胞や細胞質雑種細胞では著明な造腫瘍性の抑制が認められ，これらの現象はがん抑制遺伝子の発見につながった．また，再構成細胞で新たな形質発現が誘導される場合もある．例えば，肝特異的酵素チロシンアミノ基転移酵素(TAT)活性をもつラット肝癌細胞の細胞質と，この酵素活性をもたないマウス赤芽球細胞を融合させた細胞質雑種細胞は，マウス型 TAT 活性をもつようになる．このことは，TAT 遺伝子の転写を促進する因子の存在を示唆する．

a **ザイゴテン期** [zygotene stage, zygonema stage] 《同》チゴテン期，合糸期，接合期，接合糸期，対合期(synapsis stage)，ザイゴネマ期，チゴネマ期．*減数分裂の第一分裂前期において，*レプトテン期につづく時期．両親からきた 1 本ずつの相同の*染色糸が互いに接近し，相同の部分で*対合を行う時期．対合は染色糸上の一点すなわちプロセントリック動原体(procentric kinetochore)または染色体の末端(proterminal)，ある場合には中間の数ヵ所から始まって数が増え，やがて全体におよぶ．この時期は時間的に比較的短いが，対合によって染色糸間に*交叉が可能になる．ザイゴテン期の初期で対合の終わった染色糸とまだ対合しない染色糸が同じ核内に混在する時期を特にアンフィテン期(amphitene stage)と呼ぶこともある．ザイゴテン期に染色糸が核の中心または一方に集まり，収縮して塊となる時期を特に収縮期(synizesis)という．ザイゴテン期の終わりから，対合した染色糸はかたく密着し始め，*パキテン期に移行する．ザイゴテン期における染色糸をザイゴネマ(チゴネマ zygonema)という．減数分裂前期の核内 DNA はすでに減数分裂に入る前の*S 期で合成され倍加している．

b **鰓残体** [gill remnant] 《同》頸小体（独 Jugularkörperchen）．無尾両生類の頸部に見られる，卵形で赤味を帯びた 1 対の小体．第三ないし第五咽頭嚢に由来する咽頭嚢派生体の一種とも見られたが，咽頭弓とは関係なく，頸静脈付近から生じるものとして頸小体とも呼ばれる．

c **鰓式** [branchial formula] 甲殻亜門十脚類の各胸部体節・付属肢に付随する側鰓，関節鰓，脚鰓の数を表式化したもの．科・属・種により固有のパターンを示し，分類上の標徴とされる．例えば，イセエビでは表のとおり．

鰓＼胸節	1	2	3	4	5	6	7	8	合計
側 鰓	0	0	0	0	1	1	1	1	4
関節鰓	0	1	2	2	2	2	2	0	11
脚 鰓	0	1	1	1	1	1	1	0	6
合計	0	2	3	3	4	4	4	1	21

d **鰓室** [branchial chamber, gill chamber] 鰓の収められている体の腔所の総称．[1] 硬骨魚類では鰓腔(⇒鰓蓋)という．[2] 十脚類その他の甲殻類において，頭胸部の左右側面に甲皮の折込みによって形成される，鰓を収める空間．軟体動物腹足類にも同様の機能をもつ腔所があり，同じ名で呼ばれることがある．カニ類では第二小顎の副肢の*顎舟葉が鰓室の底部に，第一顎脚の長い鎌状の副肢が上方にあり，前者の頻繁な前後運動により鰓室内に一定方向の水流が生じ，後者の鞭状運動により鰓の表面が清掃される．ここに寄生虫や，蔓脚類などの着生動物が多く見られる．陸上生活のヤシガニやスナガニなどでは，鰓の退化と関連して鰓室壁が，前者では複雑な襞状に，後者では細糸状突起となり，空気呼吸の働きをもつ．[3] ホヤ類の鰓嚢(⇒鰓裂)をいう．化石魚類や無尾類幼生において鰓を収める腔所をこう呼ぶことがある．

e **最終共通路** [final common pathway] 脊髄や脳幹に位置し筋繊維を直接支配する運動神経細胞と，その軸索．C. Sherrington の命名．いかなる運動においても最終的に活動する神経細胞とその伝導路の意．すなわち，運動発現に導く神経回路は最も単純な単シナプス性の伸長反射であっても，小脳や大脳基底核からの複雑な制御を受けた運動野からの下降性指令であっても，あらゆる運動指令が最後に通過する経路は運動神経細胞とその軸索であるという概念から生まれた語．このように，運動発現に至るには，いくつかのサブシステムが高度に階層化され，集束的に運動神経に集まる．これを集束の原理(convergence theory)という．

f **最終収量一定の法則** [law of constant final yield] 同一立地条件下では，同齢の植物個体群の面積当たりの*生物体量は，生育時間が十分にたてば，初期密度の大小にかかわらず一定になるという法則．穂積和夫ら(1956)の提唱．これは有限の土地面積には有限量の植物しか存在できないことを意味する．ただし，葉層が鬱閉しないような低密度，*自然間引きが起こらず共倒れを起こすような極端な高密度，あるいは生育にとって極端に悪い立地条件下などでは，この法則は成立しない．また生物体量とは，全植物体についてであって，植物の特定の部分については，葉茎(あるいは葉面積)などを除き，一般には成立しない．(⇒逆数式)

g **採集狩猟民** [hunter-gatherer] 植物のさまざまな部位の採集と哺乳類を主たる対象とする狩猟で食糧を調達している人々の総称．現在では，アフリカ・カラハリ砂漠のサン(San，ブッシュマン Bushman)，アフリカ・熱帯多雨林のピグミー(Pygmies)，極北圏のエスキモー(Eskimo，イヌイット)，*オーストラリア先住民，東南アジアのネグリト(Negritos)などのごく少数の人々が知られているが，彼らは採集狩猟だけで生計を立てている場合は少ない．一方で，養殖を除く漁業は狩猟の一形態なので，それだけで生計を立てている人々は採集狩猟民に含まれるともいえる．農耕牧畜がはじまったのはおよそ 1 万年ほど前なので，およそ 20 万年におよぶと推定されている*ホモ＝サピエンス(Homo sapiens)の歴史の大部分，およびそれ以前の進化段階では，すべて採集狩猟をしていたことになる．

h **再受精** [refertilization] 一度*受精した動物卵に 2 度目の受精を起こさせること．動物卵は一般に一度受精すれば，再び精子を与えられても 2 度目の受精をしないのが原則であるが(*多精拒否)，実験的に条件を変えることにより再受精を起こさせることができる場合がある．例えばウニの卵を受精させた後に，*受精膜を取り去って Ca・Mg 欠除海水で洗うと，再び精子が進入できるようになる．これは受精卵の表面にあった精子拒否物質が Ca・Mg 欠除海水に溶かし去られたためと考えられる．またユムシの卵を受精後 3 分以内に pH7 の海水に移して 15 分おくと発生しなくなるが，これに精子をかけると再受精して発生を始めることが知られている．この

ような実験は単精の機構などの研究に重要な手掛かりを与えている．(→多精)

a **鰓上腔** [suprabranchial chamber, suprabranchial space] 二枚貝綱のマルスダレガイ目において，鰓弁が内臓塊に付着する基部に沿い前後に走る細管．各鰓弁内を通過しガス交換を終わった水の排水路となる．外鰓弁上のものは外鰓上腔，内鰓弁上のものは内鰓上腔と呼ばれ，ともに外套腔の後背端において出水管の内腔に連なる．

b **鰓上溝** [epibranchial groove] →囲咽溝

c **最小生存可能個体数** [minimum viable population] MVPと略記．《同》最小存続可能個体数．*人口学的ゆらぎ，環境のゆらぎ(environmental stochasticity)，*遺伝的ゆらぎ，および，破壊的攪乱(catastrophe)の存在下で種が絶滅しないために最低限必要な個体数．保全生物学において，1000年間，99%の確率で個体群が存続するための個体群サイズとしてM.L. Shafferが提案した．主に，遺伝的要因(遺伝的浮動や近親交配による近交弱勢，遺伝的荷重，遺伝的変異の喪失)による絶滅から免れる有効集団サイズと人口学的確率性(demographic stochasticity)の効果による絶滅から免れる集団サイズを推定する試みが行われている(→確率的モデル)．個体群の存続年数と存続確率は対象や目的に応じて操作的に決められる．通常，個体群が，100年ないし1000年間，90%ないし95%の確率で存続するために必要な最低の個体数として，*集団生存力分析によって推定する．集団生存力分析では，人口学的変数と環境要因の変動を組み込んだ個体群モデルをコンピュータ上で何千回も反復シミュレーションをして，100年ないし1000年後の個体群が存続している平均確率を計算する．陸上脊椎動物の平均的な最小生存可能個体数は，500～1000個体であると考えられている．また，R. Landeは，最小生存可能個体数として，*近親交配による遺伝的劣化を最小限にとどめる育種家の経験則から50個体，遺伝的多様性を保つために必要な個体数として500個体，破壊的撹乱や環境のゆらぎまで考慮すると5000個体が必要であると提唱している．

d **最少培地** [minimal medium] ある野生型細胞にとって，それが増殖できるような*合成培地のうち最も簡単な組成をもつもの．炭素源のほかは無機物質を一定の割合で混合したものだが，特定の株を生育させる場合もある．例えばアカパンカビではビオチンを加える必要がある．その生物種の生活史を完成させるためには異なる最少培地を必要とすることがある．栄養要求性突然変異体の分離・検出・組換え実験などに不可欠である．(→完全培地)

e **最小面積** [minimum area, minimal area] 群落がその特徴的な組成・構造を発達させることのできる最小の面積．S.A.Cainら(1959)の提唱．主観的なものであるが，森林のように高い植物からなる群落や構成種が多く複雑な群落では最小面積は大きく，草原のような低い群落や単純な群落では小さい．最小面積は一般に*種数-面積曲線によって決定されるが，曲線がほぼ水平になったときの面積をとる場合と，曲線がほぼ水平になった点と原点を結んだ線に平行な線が曲線に接する点の面積をとる場合とがある．(→区画法)

f **最少量の法則** [law of the minimum] 《同》最少律．植物の生産量(収量)は最も少量に存在する無機成分により支配されるという法則．J. von Liebig(1843)の提唱．リービッヒの最少律ともいう．現在ではこの概念が拡張され，日照，温度，水分などを含めた生命現象に関する*制限因子一般について使われる．例えば窒素化合物が十分与えられないときには，リン酸などがいくら与えられても，作物の収量は窒素化合物の供給量で決定される．相対的に最少量にある因子(制限因子)を増すと収量はこれに比例して増加するが，次にまた別のある因子が制限因子になって収量の増加がやむ．この因子を増すと，収量は再び増加する．このように，そのときどきの制限因子が収量の増加を限定することになる．(→報酬漸減の法則)

g **サイズの原理** [size principle] 《同》大きさの原理．同じ筋肉を支配する運動ニューロンが，細胞体や軸索のサイズの小さいものから順に興奮し，運動単位として動員されること．同一筋肉を構成する筋線維間では支配を受ける運動ニューロンのサイズに違いがある．小型のニューロンでは大型に比べて入力抵抗が高いため，より大きなEPSP(興奮性シナプス後電位)が発生する．さらに，小型ニューロンではEPSPの発生部位から軸索までの距離が短いため，空間的減衰が少ないうちに軸索へ到達する．その結果，運動ニューロンへの刺激が大きくなるにつれ動員される運動単位が増え，発生する張力が大きくなる．脊椎動物，無脊椎動物に共通する運動系の性質である．

h **サイズ分布** [size distribution] 《同》サイズ頻度分布(size frequency distribution)，サイズ組成(size construction)．生物個体のサイズの頻度分布のこと．生物個体のサイズは資源の利用形態や能力と密接な関係にある．ところで，特に固着生活性の生物にはしばしば同齢でも生育環境の違いに応じて成長速度や生存率，繁殖率に大きな違いが生じるため，齢分布(age distribution)ではその記述は不十分であり，個体のサイズに依存して生存率や出産率を記述するほうが予測力が高まる．サイズには個体重，体高(体長)，体幅，部分重などさまざまな次元があるが，こうした次元間に認められる相対成長関係(allometric relationship)によって，それぞれの次元をたがいに関連づけられることが多い．集団のサイズ分布は，平均と分散(または分散の平方根である標準偏差)で平均の位置とそのまわりの広がりが表される．このほか次の係数が用いられる．(1)歪度(skewness)：平均のまわりの三次のモーメントを標準偏差の3乗で割った係数で，分布が大きいサイズのほうに尾をひく場合に正，逆の場合に負の値をとる．(2)尖度(kurtosis)：平均のまわりの四次のモーメントを標準偏差の4乗で割った係数で，分布がとがった形をしているほど大きい値をとり，正規分布では3となる．さらに，最大値と最小値のあいだを集団の個体数に応じ，適当なクラスに区切って基準化したヒストグラムを用いて解析すれば，分布の二山化など統計量では表しにくい現象が視覚的に把握できる．また，変動係数(coefficient of variation)すなわち標準偏差/平均値，Giniの集中係数(Gini's coefficient of concentration)すなわち個体間の平均差を平均値の2倍で割った量もよく利用される．集団のサイズ分布を正規・指数・ガンマ・ワイブル分布などの統計学的な分布密度関数(distribution density function)すなわち各サイズにおける頻度を表す関数で近似すれば，分布特性の定量的な表現が容易になる．

a サイズ分布動態 [dynamics of size distribution]

生物の*サイズ分布に見られる時間的変動．特に固着生物では，同齢集団の発達にともなって，個体重の頻度分布がしだいに負に歪んでくることが多い．個体の成長が指数関数で表されるとき，初期重や，相対成長速度の個体間でのばらつきが正規分布をすると仮定すると，サイズ分布は時間とともに正に歪んで対数正規分布になる．したがって正の歪み自体が集団の個体間の競争の結果であるとはいえない．自己間引きを行っている集団では，死亡がサイズの小さい劣勢個体に選択的に生じるため，サイズ分布は正の歪度が減少し，変動係数も減少する．耐陰性のある植物の同齢出生集団(cohort)では，二山分布の形成がよく観察される．二つのモードは優勢個体集団とその下の成長の抑制された被圧集団に対応している．

サイズ分布動態を記述する方法には次のものがある．(1) 離散モデル(discrete model): 個体をいくつかのサイズクラスや生育段階に分けて，推移行列 (transition matrix) を用いてサイズクラス分布や生育段階分布の動態を記述できる．ある時点 t における齢分布あるいはサイズ分布のベクトルを $n(t)$ とすると，次の時点 $t+1$ における分布 $n(t+1)$ は $n(t)$ に推移行列 L をかけることで求められる．

$$Ln(t) = n(t+1) \quad (1)$$

推移行列 L の (i, j) 要素は，j-クラスにいた1個体が次の時刻に i-クラスの個体数に寄与する平均数を示す．j-クラスにある1個体が成長してほかのクラスへ移行する確率や同じクラスにとどまる確率(そのなかに死亡率も含む)だけでなく，あるクラスにある個体による繁殖子クラスの個体の生産確率を含んでいる．こうした推移行列は，L. P. Lefkovitch(1965) にちなみレフコヴィッチ行列 (Lefkovitch's matrix) とも呼ばれる．(2) 連続モデル (continuous model): いろいろな初期条件から出発させて，(1)式で順次サイズ分布ベクトルを計算していくと，一定の時間を経るとサイズ分布は一定の組成を示し，集団が指数的増殖 (exponential multiplication) をするようになる．現実には密度に依存して L は変化する．個体重のような，実際には連続的な量に注目する解析では，成長速度や死亡速度のデータをサイズの連続関数として表し集団動態をモデル化する方法をとることがある．$n(t, x)$ を時刻 t にサイズ x である個体の密度を表す連続関数とすると，$n(t, x)$ の時間変化は，次式で表現できる．ここで $g(t, x)$ は時刻 t，サイズ x での成長速度，$u(t, x)$ は時刻 t，サイズ x での死亡率．

$$\frac{\partial n(t, x)}{\partial t} = -\frac{\partial}{\partial x}\{g(t, x)n(t, x)\} - u(t, x)n(t, x) \quad (2)$$

サイズに依存する個体当たりの出生率を $b(t, x)$，出生時のサイズを x_0 とすると，下式が出生速度を定義し(2)式の境界条件となる．

$$g(t, x_0)n(t, x_0) = \int_{x_0}^{x_{max}} b(t, x)n(t, x)dx \quad (3)$$

各時点での個体のサイズ成長速度のばらつきの影響を考慮すると，(2)式に $v(t, x)$ という成長速度の分散の項(拡散項)が加わる．このサイズ分布動態の連続モデルでも，$g(t, x)$ と $u(t, x)$ が t と独立である場合には，集団が安定サイズ分布を保ちながら指数関数的に成長するようになるという，離散モデルと対応する結果が導かれる．現実に密度依存性のある集団では，モデルのこうした関数がそれぞれの時点での集団構造 $n(t, x)$ に依存して変化することになる．

b 再生 [regeneration]

【1】個体の一部分が何らかの理由で失われた際にそれに該当する部分が復元される現象．特に，すでに*分化して一定の構成水準に到達した個体における補修現象を意味する．再生は単細胞・多細胞を問わず広く生物界に認められる．[1] 動物ではほとんどすべての動物門において自然的または実験的再生が記載されている．次の二つに大別する．(1) 生理的再生 (physiological regeneration): 例えば哺乳類で皮膚の表面がたえず脱落してそれが補われ，脊椎動物の歯や，鳥類の羽毛が周期的に抜け代わったり，あるいはヒトなどの子宮内壁の月経に続く周期的再生などのように正常な生活過程として脱落した部分が補充される場合を指す．反復再生 (repeated regeneration) ともいう．(2) 外傷的再生 (traumatic regeneration): 偶発的原因によって脱落・損傷を受けた部分が補修されることを意味する．病理的再生 (pathological regeneration)，偶発的再生 (accidental regeneration)，復旧的再生 (restorative regeneration) などともいい，さらに再生に用いられる材料によって，わずかな傷が表皮の遊走・増ām，結合組織(真皮)の再構成によっていやされる癒復，残存部分の再編成による*再編再生と，傷面またはその付近に新材料の集結・増殖・分化などが起こって脱落部分の修復が行われる真再生すなわち*付加再生に分けることができる．また，原生生物の再生においては，一般に核が重要で，有核片だけが再生する．高度の分化を示す繊毛虫類では一度細胞質の構造が消失してのち新たな構造が生じる場合が多い．この再生過程は細胞分裂による繁殖の過程に似ている．形態調節による再生の代表的な例はヒドラに見られる．ヒドラの体を切断，あるいは小片に分断するとまず傷口の閉鎖が起こり，ついで未分化細胞(間細胞)を含む周辺の細胞の再配置と分化が起こって欠失した部分を再生する．ヒドラの細胞を解離・再集合させると集合体中にまず極性が生じてそれに応じて細胞が分化すると考えられる(→位置情報)．多細胞動物においては真再生される組織は場合によっては直接残存組織の増殖や成長に由来する(脊椎動物の表皮・神経など)．しかし多くの場合は傷口付近に未分化細胞(プラナリアでは新成細胞)や脱分化した細胞が現れて*再生芽と呼ばれる組織を形成し，その中で漸次多種の組織が分化し，場合により，著しく成長して，再生体 (regenerate) が形成される．再生が起こるためには一般に傷口が必要で，脊椎動物の肢なども切断面を皮膚で覆うと再生が阻止される．神経の存在が再生のために必要な場合，または再生の性質に影響を与える場合がある．さらに多くの場合，再生体の質はその再生体の生ずる組織残片に依存し，体全体の位置関係に直接支配されない．例えば両生類で前肢を後肢の位置に移植し，それを切断すると，再生されるのは前肢で後肢ではない．ところが例えば尾を切断して生じた再生芽を初期に切り出して肢の付近に植えておくと，再生芽から肢が形成され，後期に移植すると尾が形成される．すなわち再生芽も発生途上の器官原基のように漸次的に決定され，これに接する組織からの影響を受ける．一般に再生は個体発生と共通点が多く，二次的に誘発された*個体発生と見ることもできるので，再生現象から個体発生の機構を知ろうとする研究も古くから行われてきた．しかし，ある器官の再生過程の細部はその

器官の個体発生とは種々な点で相違する．例えばイモリのレンズは個体発生では頭部の表皮域外胚葉から生ずるが，再生では虹彩から生じる（ウォルフの再生，⇒レンズの再生）．再生体は失われた部分と量的にまた場合によると質的にも同じとは限らず，量的・質的に異なった再生体を生じる場合を総称して*非正型再生という．また*代償性肥大のように，形態の点では必ずしも本来の姿を回復しないが，機能の面では正常のレベルに達している場合も広義では再生と呼ぶ．[2]《同》修復．菌類や植物においては，カサノリやハネモの葉状体，ヒトヨタケなど菌類の子実体，維管束植物の*シュート頂分裂組織や形成層を受ける付近の細胞の増殖により前とほとんど同じ部分をつくり出す．しかし，種子植物でも分化した器官においてはこの種の補修は少なく，失われた器官や組織と同様なものを別な部分に生じることが多い．（⇒不定芽，⇒不定根）

【2】《同》更新．生態系や群集・群落の一部が何らかの理由で失われたとき，それが補われる現象．例えば森林の樹木が倒木，山火事などで枯死し，そのあとを種子や実生からの若い個体が埋めることを*森林の更新という．（⇒天然更新）

a **再生医療** [regenerative medicine] 機能不全や障害を起こした生体の組織や臓器を，人工的に作られた組織や臓器，あるいは異種動物やヒトの組織を利用してその機能を代替する治療方法の総称．現在は生体組織の基本単位である細胞の機能を積極的に使う医療が盛んで，これを再生医療ということが多い．*ティッシュエンジニアリングで作製された組織を生体内に埋め込み，代替とする技術が代表的であり，人工的な材料を用いず特定の機能をもった細胞を直接生体に作用させ，組織や臓器を再生させる技術も展開されている．

b **再生芽** [regeneration blastema, blastema of regeneration] 動物の*再生（真再生）の初期に現れる，未分化および*脱分化細胞の集団からなる突起．よく知られた例は，両生類の肢および尾の除去後4～5日して切断面上に形成される円錐状突起（これらの場合はその形状から再生円錐 regeneration-cone ともいう）．その形成に先立って切断面の組織に部分的退化が起こるもまもなく停止し，その部位に再生芽が形成される．表面は表皮に覆われ内部は密集した未分化細胞によって満たされる．この細胞の由来については，組織細胞の脱分化や*化生なども問題にされるが，筋肉・硬骨より生ずる繊維芽細胞に由来するという説もある．無脊椎動物では再生芽の形成に，体の各部に分布する特定の未分化細胞（例：海綿動物の原始細胞，環形動物やプラナリアの新成細胞 neoblast など）があずかると考えられる場合が少なくない．

c **再生肝** [regenerating liver] 切除や薬物などで損傷し，*再生過程にある*肝臓．肝臓は哺乳類においても顕著な再生能力をもち，例えばラットではその2/3以上を切除しても，1週間ほどで機能・重量共にほとんど元に戻る．哺乳類において肝臓の再生は通常，*代償性肥大によって起こる．肝臓を一部切除すると直後に血流が変化し，さまざまなサイトカインや肝細胞増殖因子（HGF）などの細胞成長因子が働いて，実質細胞や胆管上皮細胞などの肝臓を構成する細胞が分裂・増殖を開始し，失われた部分を補う．一方，重篤な肝臓の障害では，オーバル細胞と呼ばれる肝幹細胞が再生を担うと考えられている．

d **再生産曲線** [reproduction curve] 《同》増殖曲線，リッカー—モラン曲線（Ricker-Moran curve）．ある世代の*個体群における密度（⇒個体群密度）と次世代への密度との関係を示す曲線．W. E. Ricker (1954) や P. A. P. Moran が，世代から世代への個体数の時間的変動を考察する方法として提案した．横軸に親世代のあるステージのものの密度，縦軸にそれから期待される子世代の同一ステージのものの密度をプロットして得られる．増殖曲線とも訳されるが，時間を横軸にとる*個体群成長の曲線とは全く異なる．操作的には，一つの個体群について各世代の密度（個体数または*生物体量）がわかっている場合には，i 世代目の密度に対して $i+1$ 世代目の密度をそれぞれプロットして求める．また，ほぼ同じ環境にすむいくつかの個体群における相つぐ2世代の密度間の関係をプロットして求めることもできる．数理モデルとしての再生産曲線は，

$$N_{i+1} = \frac{\lambda N_i}{1+(aN_i)^b}$$

などの差分ロジスティック式の変形として表される（⇒ロジスティック曲線）．N_i は i 世代目の密度，λ は1世代当たりの期間増加率，a は環境収容力が関係する定数，b は密度依存性の非線形性の強さを表す（$b=1$ のときが純粋な差分ロジスティック式）．再生産曲線の形は一定の上限値に漸近する飽和型（コンテスト型）と，ピークをもつ山型（スクランブル型）に大別されパラメータ b が大きいほど右下がりの度合の強い山型となる．より一般の再生産曲線では，相つぐ2世代間の密度が等しいとき期待される45°勾配の直線と，2ヵ所で交わることがある（図）．交点 A は不安定な平衡点で，密度がいったんこれ以下に下がると個体群は絶滅に至るような過疎の悪影響が出る点である．A 以上では第二の交点 B に向かって増加していく．密度が B をこえた状態では次世代密度は減少するから，B は安定した平衡点（平衡密度 equilibrium density）であり，曲線の形に応じて，密度は B に収束しあるいはこれを中心に変動する．λ と b があまりに大きいとカオスと呼ばれる周期性のない不安定な変動が現れるが，実際の生物では個体群は B を中心に比較的安定した変動を示すのが一般的であると理解されている．このような平衡が保たれるのは，何らかの密度依存要因による*密度調節が働いているからにほか

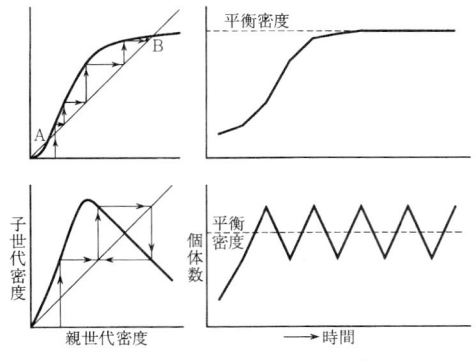

簡単な再生産曲線とそれから期待される個体群密度の経時変動の例

ならない．再生産曲線は従来，主に決定論的あるいは平均値的な密度変動のモデルとして取り扱われてきた．しかし，現実の個体群では，確率的な個体数の偶然変動に加え，環境条件も密度とは独立に，ある範囲内でたえず変化しているので，特定の密度のときに期待される次世代密度にはばらつきが存在し，したがって再生産曲線のまわりには帯状の変域が想定される．すなわち平衡密度もある範囲内で変動する．

a **最節約原理** [principle of parsimony]《同》最大節約原理，オッカムの剃刀(Ockham's razor)．仮説が選択される際の原理とされるものの一つ．一般哲学の認識論・実在論において，William of Ockham の述べた格言「必然性がないかぎり，複数の事物を立ててはならない」に由来するとされる．科学哲学では，与えられたデータを説明する対立仮説がいくつかあるとき，データと仮説との矛盾を説明するためだけに想定される仮定(これをアドホックな仮定という)をできるだけ必要としない仮説を最良のものとして選択するという規準を方法論的最節約(methodological parsimony)，これに対し，自然界の過程そのものに関して何らかの単純性を前提とすることを存在論的最節約(ontological parsimony)と呼ぶ．方法論的最節約は仮説選択の規準だが，存在論的最節約はむしろ一つの経験科学的な仮説とみなせる．生物学では，例えば G. C. Williams (1966) は，*自然淘汰の単位に関して群淘汰を排除して個体淘汰だけによって説明する方が最節約的であると主張した．また，系統学の一学派である*分岐分類学は形質データのもとで*ホモプラシーを最小化するという最節約規準のもとで系統樹を推定する．重要なことは，個々の経験科学において用いられる最節約原理が自然の過程に関していかなる仮定を置いているのかを明示し，どういう状況で誤った結論を導くのかを明らかにしていくこととされる．

b **最節約法** [maximum parsimony method]《同》最大節約法，MP 法．系統樹作成法の一つ．比較形態学ではさまざまな形態形質の状態リストを，分子進化学では塩基配列やアミノ酸配列を多重整列したものを基にして，全体の変化が最小限となる系統樹を選ぶ．その一部が自然科学全般で重要視される*最節約原理(オッカムの剃刀)に通じるとされ，*分岐分類学において長いあいだ神聖視されてきたが，その後問題点も多く指摘され，現在ではよく用いられる系統樹作成法の一つとして位置づけられる．アルゴリズムとしては，N 個の OTU (*操作的分類単位)に対して可能なすべての樹形を考え，それぞれの樹形のもとで与えられたデータが必要最小とする形質変化個数を計算し，合計の変化個数が最小となる樹形を選択するものである．N が大きくなると可能な樹形数は天文学的数字になるため，実際には*近隣結合法などの高速な方法でまず樹形を与えてから，その周辺の樹形を調べる方法が用いられる．分子進化学においては，ある条件下ではデータが増加するほど誤った樹形をより強固に選ぶことが知られているため，他の方法とともに用いることが一般的である．しかしいったん樹形が決定されれば，祖先形質から現在までの変化を簡便に推定することができる利点がある．

c **材線虫病** [pine wilt disease] 材寄生性線虫のマツノザイセンチュウ(*Bursaphelenchus xylophilus*, pine wood nematode)によって起こされる，マツ属樹木の病気．行政的には松くい虫害といい，日本ではクロマツ，アカマツ，リュウキュウマツの二葉マツが感受性をもち，第二次大戦後流行病として全国的に蔓延した．北米大陸と中国・台湾・韓国に分布し，原産地はアメリカと考えられる．アメリカにおける宿主はマツ属のほかに，ヒマラヤスギ属，カラマツ属，モミ属，トウヒ属の針葉樹で，夏季の乾燥・高温などの環境ストレスや病虫害を受けてストレス下にある場合などに本病によって枯死する．病徴は樹脂滲出量の低下と二〜三年生葉の黄変〜褐変で，その後急激に枯死するが，寒冷地では感染の翌年枯死する場合もある．病原のマツノザイセンチュウはカミキリムシ科の昆虫の気管内に潜入して伝播し，材中の菌糸や植物細胞を摂食源とする．感染初期は材中の樹脂道を移動し，その後材中で増殖すると樹木は枯死する．生活史には増殖型と分散型があり，生息環境が変化すると増殖型から耐性をそなえた分散型へと変化する．形態的に類似した近縁種であるニセマツノザイセンチュウ (*B. mucronatus*) は，日本，中国，フランス，ロシアに分布する．

d **臍帯**(さいたい) [umbilical cord ラ funiculus umbilicalis] 「せいたい」とも．俗称「へその緒」．哺乳類において胎児と*胎盤とを連絡する索．本来，*卵黄嚢と*尿膜の柄状伸長部とを*羊膜が取り巻いてできたもの．内部には尿膜の血管である臍動脈と臍静脈，卵黄嚢の血管である臍腸間膜動脈および臍腸間膜静脈が通っている．卵黄嚢とその血管が退化すると，臍動脈・臍静脈がよく発達し，それらの間隙はゆるいゼリー状の間葉すなわち*ウォートン軟肉でみたされる．*子宮には子宮動脈が母性胎盤で絨毛間腔に開き，胎児性胎盤の胎児血管の毛細血管と絨毛の壁を介して近接し，ここで母親と胎児との血液の間に二酸化炭素と酸素，代謝産物である不要な物質と栄養の受渡しが行われる．臍動脈は不要物を胎児から胎盤へ，臍静脈は酸素や栄養を胎盤から胎児に運ぶ．子宮静脈は胎児からの不要物を運び去る．ある種のホルモンや抗体なども臍帯を通って母親から胎児に移行する．また，哺乳類以外の脊椎動物の胚でも胚の下面の卵黄嚢などと胚体との接続部分を臍帯と呼ぶ．

e **最大維持収穫量** [maximum sustainable yield]《同》持続可能最大収量，最大持続生産量(MSY)．人間にとって資源となる生物個体群を減らすことなく永年的に活用できる最高の収穫量．個体群の大きさを一定に保つような，自然の生産量(現存量の増加分)に等しい収穫量を維持収穫量(sustainable yield, sustained yield)といい，そのうちで最大のものを最大維持収穫量という．最大維持収穫量は個体群の大きさと生産量の関係あるいは再生産関係(曲線)から導かれる．水産資源学の分野では特に最大持続生産量(およびその略称である MSY)の語が用いられ，再生資源の管理では広く基本的な管理方策の理念となっている．この考え方に経済的条件を考慮して経済利益を最大にする生産量を最大経済生産量(maximum economic yield, MEY)という．さらにそれを拡張して，社会的なさまざまな利益も加えて総合的に資源の効用を最大化するという概念として最適生産量(optimum yield, OY)がある．

f **最大短縮速度** [maximum shortening velocity] 筋肉が荷重のない状態で収縮する際の短縮速度．V_{max} と表示．筋肉の等張力性収縮において荷重(張力)と短縮速度との間には直角双曲線で表される関係があり(⇌力-速度関係)，短縮速度は無荷重のとき最大となる．最大

短縮速度は筋肉の種類により著しく異なるが，カエル骨格筋では常温で毎秒筋の長さの数倍ないし10倍程度である．

a **鰓腸** [branchial intestine] 《同》呼吸腸(pneogaster)．脊椎動物の胚の前腸の前端近くの広い腔所で，のちに咽頭に分化する部分．この部位で左右の壁に鰓裂を生じるのでこの名がある．(⇒頭腸)

b **最適曲線** [optimum curve] 温度やpHなどのパラメータに対して生理活性をプロットするとき，パラメータがある値の点で生理活性が最高値を示し，その両端にいくに従って低い値を示す場合の曲線．例えば温度と成長の関係では，成長の始まる温度を最低温度，最も盛んに起こるところを最適温度という．この間ではアレニウスの式(⇒温度-反応速度関係)にかなりよく従うが，さらに高温になると成長はかえって低下してついに停止点(最高温度)に達する．曲線上の最低，最適，最高の3点を三主要点という．

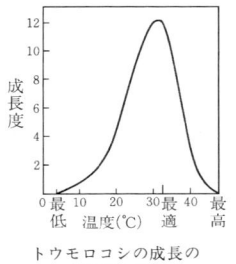

トウモロコシの成長の最適曲線

c **最適採餌戦略** [optimal foraging theory] 《同》最適捕食戦略，最適採餌理論．動物が採餌する場合，最も採餌効率が高い方法をとるという理論．長時間の平均捕食速度は(得られるエネルギー量)/(捕獲し食べるのに要する処理時間)で表される．採餌効率の異なる2種類の餌がある場合，効率が高い方の餌頻度が高ければそれのみを採餌し，その餌が少ない場合は両方の餌種を選ぶのが最適となる．これを最適餌選択モデル(optimal diet model)という．また，餌がパッチ状に分布している場合，あるパッチで採餌し続けると餌が減って採餌率が減少するが，さらにそこに留まって採餌するか，次のパッチへと移動するか選択する場合，ある一定の採餌率(限界値 marginal value)まで減少したら次へ移動すべきと考えられている(⇒限界値定理)．限界値は図の累積採餌量曲線とパッチ間移動時間(T_1)の接する点で示される．この限界値は次のパッチまでの移動時間によって変化し，要する移動時間が長い場合(T_2)は一つのパッチにより長く留まって利用するのが最適となる(P_2)．これを最適パッチ使用問題(optimal patch use problem)という．リスク依存採餌(risk sensitive foraging)は，獲得餌量の平均値は等しいが，安定した獲得量を見込める餌場と，獲得量の変動の大きな餌場とがある場合に，そのどちらを選ぶかを予測しており，平均獲得量が必須量を上回っている場合は安定した餌場，平均獲得量が必須量よりも少ない場合は変動の大きな餌場を選ぶと考えられる．

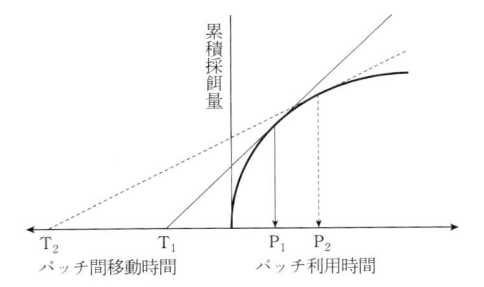

d **最適戦略** [optimal strategy] ある目的関数を最大化する戦略．元来は*ゲーム理論で使われる用語．生物学では動物の採餌活動において，単位時間当たりのエネルギー支出(コスト cost)に対する餌獲得によるエネルギー利益(利得 benefit)の値，すなわち採餌効率を最大にするには，どこで何をどれくらい採餌するのが最適選択(optimal choice)になるかという考えを，R.H. MacArthurとE.R. Pianka(1966)が提出したのが最初．その後適応度(生涯繁殖成功度)などを目的関数として，なわばりの大きさ，群れの大きさ，繁殖様式(⇒多産性)などについても広く適用されている．一般に特定の目的をある条件下で達成する場合，あらかじめ考えうるいくつかの戦略を想定し，その達成効率を最大にすると考えられるものを最適戦略という．数理モデルによって検討されることが多く，関連したすべての変数を含む一つの状態空間(state space)を設定し，考えうる戦略の集合を与えて，最適規準あるいは適応度関数を作る方法をとる最適化(optimization)問題として解く．年齢に応じ，生涯を通じた繁殖や成長のパターンを考えるときにはダイナミックプログラミングなどの動的最適化の方法が用いられる．また利害の一致しない複数の主体が関与する状況で，それぞれに最適化を行う場合は，ゲーム理論となる．

e **最適密度** [optimum density] 個体群において，1個体当たりの生存確率，*増殖率，平均発育速度，体重，寿命などが最高になる*個体群密度．この語を提唱したW.C. Allee(1938)は，明確な社会組織をもたない動物群においても，集合が個体に有利な影響を与える結果，種々の生活現象において中間密度に最適値が存在することを示し，これを原始協同(protocooperation)と呼んで社会生活進化の基礎とした．これにちなんで，種々の生活過程に最適密度がみられることをアリーの原理(Allee's principle)，また集合のプラスの効果を*アリー効果と呼ぶ．なお実験個体群において，ある世代から次の世代への増殖率(1雌当たりの平均次世代成雌数)が，中間密度で最高になる場合をアリー型密度効果と呼ぶ．増殖率などの値が顕著に低下する最適密度以上あるいは以下の密度は，それぞれ一般に過密(overcrowding, overpopulation)あるいは過疎(undercrowding, underpopulation)と呼ばれる．また次世代の個体数を最高にする個体群密度を「個体群にとっての最適密度」と呼ぶことがあるが，これはアリーのいう最適密度とは異なる概念である．

f **ザイデル** S<small>EIDEL</small>, Friedrich 1897～1992 ドイツの動物学者．昆虫の発生機構に関する研究において，二つの発生中心(造形中心＝決定中心と分化中心)の存在を明らかにした．[主著] Entwicklungsphysiologie der Tiere, 2巻, 1953.

g **鰓動脈** [branchial artery, gill artery ラ arteria branchialis] 脊椎動物において，心臓からの血液を鰓に，さらに鰓から背側の大動脈に導く血管．魚類では，動脈幹(腹側大動脈)から左右に対をなして各鰓弓に沿って派出され，これを導入鰓動脈という．この血管はすべての鰓弁に分岐して鰓毛細血管となり，そこでガス交換を行って動脈血に変わる．この血液は，それから鰓弓に沿って上行する導出鰓動脈(鰓静脈ともいう)によって背

側大動脈に合する．

a **サイトカイニン** [cytokinin] 植物ホルモンの一つ．オーキシン存在下で細胞分裂を誘導する物質として，DNA分解物から単離・構造決定された，*カイネチンと同様の生理作用をもつ化合物の総称．アデニンの6位のアミノ基の窒素原子に側鎖が結合した基本骨格をもつ．trans-ゼアチンやイソペンテニルアデニンは，植物界に広く分布する天然サイトカイニンである．9位の窒素にリボースやリボースリン酸が結合したものも存在し，それぞれリボシド型およびリボチド型と呼ばれる．活性本体は遊離塩基型であり，リボシド型およびリボチド型はその生合成前駆体である．植物体内においては，まずATP/ADPイソペンテニル基転移酵素により，イソペンテニルATP/ADPが合成される．イソペンテニルアデニン型からtrans-ゼアチン型への変換はシトクロムP450一原子酸素添加酵素が行う．リボチド型サイトカイニンからのリン酸基とリボースの除去はLONELY GUYと名付けられた酵素が行う．サイトカイニンは，細胞分裂の促進作用のほかに，カルスのシュート形成の誘導，腋芽成長の活性化，老化の抑制などの作用をもつ．代表的な合成サイトカイニンに，カイネチン，ベンジルアデニン（6-ベンジルアミノプリン），フェニル尿素型化合物であるチジアズロンがある．サイトカイニン受容体はシロイヌナズナで3種類（CRE1/AHK4, AHK2, AHK3）あり，いずれも*二成分制御系を構成する2回膜貫通型ヒスチジンキナーゼであり，サイトカイニン依存的にキナーゼ活性を示す．サイトカイニン受容シグナルは，下流のリン酸基転移メディエーターおよびレスポンスレギュレーターを介したヒスチジン-アスパラギン酸（His-Asp）リン酸リレー系により伝達される．

trans-ゼアチン（R=OH）
イソペンテニルアデニン（R=H）

カイネチン　　ベンジルアデニン

b **サイトカイン** [cytokine] 細胞間の情報伝達を媒介する蛋白質の総称で，造血系，免疫系，神経系，発生，形態形成，生殖系など生命現象のさまざまな局面において重要な働きを有する．それぞれのサイトカインは，特異的な受容体に結合することにより，また細胞内の多様なシグナル伝達経路を活性化することにより，遺伝子の発現，細胞増殖，細胞分化と機能発現，細胞運動などを制御する．このうち，リンパ球を含む白血球から分泌され，主に免疫系の機能調節に関わるサイトカインはインターロイキン（インターリューキン interleukin, IL）と呼ばれる．代表的なインターロイキンとしては，IL-1（主に*マクロファージによって分泌され発熱などの急性期反応を媒介する），IL-2（*T細胞によって分泌されT細胞の増殖と分化を促進する），IL-4（主にTh2型ヘルパーT細胞より産生され，B細胞に働いて抗体の産生を助ける），IL-5（*好酸球の増殖を促進する），IL-6（急性炎症反応を誘導するほか，*B細胞からの抗体分泌を促進する），IL-7（ストローマ細胞より産生され，B細胞やT細胞に対する増殖因子として働く），IL-10（T細胞を始め多くのリンパ球から産生され炎症反応などを抑制する），IL-12（マクロファージや樹状細胞から産生され，Th1型ヘルパーT細胞の分化を促進する），IL-13（喘息などのアレルギー反応の誘導に関わる），IL-17（主にTh17型ヘルパーT細胞より産生され組織での炎症反応を誘導する），IL-21（T細胞より産生され，二次リンパ組織の胚中心におけるB細胞の抗体産生を促進する），IL-22（T細胞より産生され上皮系細胞における抗菌蛋白質産生を誘導する），IL-33（細胞壊死によって細胞外に放出され，炎症反応を誘導する），などがある．これ以外にも，抗ウイルス活性を有する*インターフェロン（interferon, IFN），各種の造血因子（顆粒球コロニー刺激因子（granulocyte-CSF, G-CSF），赤血球分化を誘導する*エリトロポエチン（erythropoietin, EPO），表皮成長因子（epidermal growth factor, EGF），繊維芽細胞成長因子（fibroblast growth factor, FGF），*血小板由来成長因子（platelet-derived growth factor, PDGF），肝細胞成長因子（hepatocyte growth factor, HGF），腫瘍増殖因子（TGF）など，数多くのサイトカインが知られている．

c **サイトカイン受容体** [cytokine receptor] *サイトカインに対する受容体として働く分子の総称で，構造上の特徴からいくつかの型に分類される．I型受容体は2～3種類のサブユニットから構成されるヘテロ複合体で，シグナル伝達に関与するサブユニットは複数の受容体で共有される．IL-3受容体ファミリー（IL-3, IL-5, GM-CSF受容体）はβcサブユニット（共通β鎖，CD131）を，IL-6受容体ファミリー（IL-6, IL-11, LIF受容体）はgp130（CD130）を，IL-2受容体ファミリー（IL-2, IL-4, IL-7, IL-9, IL-15, IL-21受容体）はγcサブユニット（共通γ鎖，CD132）をおのおの共有する．同じファミリー内のサイトカインにしばしばみられる機能の重複性は，共通サブユニットの共有によるものと考えられる．II型受容体は，I型受容体と構造上の共通点をもち，インターフェロン（IFN）受容体ファミリー（IFN-α/β, IFN-γ受容体）およびIL-10受容体ファミリー（IL-10, IL-22, IL-26受容体）が含まれる．III型受容体は，同じサブユニットのホモ三量体を形成するTNFファミリーサイトカインに対する受容体であり，TNFR-IおよびTNFR-II（TNF-α, βの受容体），Fas（Fasリガンドの受容体），CD40（CD40リガンドの受容体）など多くの受容体がこれに含まれる．TNFR-IとFasの細胞内ドメインはdeathドメインと呼ばれる特徴的な領域をもち，細胞死の誘導を制御する．

d **サイトカラシンB** [cytochalasin B] $C_{29}H_{37}NO_5$ 菌類 Helminthosporium dematioideum から分離された代謝生産物．ギリシア語のcytos（細胞）とchalasis（弛緩）を組み合わせて命名された．多くの動植物細胞の細胞運動の中で，特にアクチンフィラメント/マイクロフィラメント系の関与している現象を可逆的に阻害する．例えば，$0.5～1.0\,\mu g/mL$の濃度で24時間作用させるこ

とによって，マウスの培養繊維芽細胞は核分裂だけが進行して細胞質分裂が抑制され，多核細胞となる．高濃度では細胞からの核の脱離が起き，*除核に用いられる．カエル受精卵の卵割溝形成は 5 μg/mL で阻止されて，正常卵割が進行しなくなる．リンパ球，ウニ卵，肺の上皮細胞などの細胞質分裂も阻害される．また，原腸陥入（ウニやユムシなど），ニワトリ 5 日目ヒナの輸卵管の管状腺形成，唾液腺の形成，胚神経軸索の成長円錐の運動による伸長などの，発生・形態形成運動過程も阻止される．さらに遊離細胞の移動，解離胚細胞の相互選別とガラス面への粘着，白血球の食作用，血小板の凝集と血餅退縮，赤血球膜の糖輸送，成長ホルモンの放出，甲状腺における分泌などが阻害される．植物ではアベナの子葉鞘やシャジクモの原形質流動が 30 μg/mL で 1 時間以内に完全に停止する．これらの場合，電子顕微鏡のマイクロフィラメントの像に変化が見られる場合が多い．類似の構造と機能をもつ物質が数種類分離されており，サイトカラシン A，C，D，E，F と名づけられている．

Me：メチル基 Ph：フェニル基

a **サイトーシス** [cytosis] 《同》膜動輸送．細胞内で膜の小胞化と融合により蛋白質などを輸送する方式．*エンドサイトーシスや*エキソサイトーシスがその例．

b **サイトメガロウイルス** [*Cytomegalovirus*] 《同》顎下腺ウイルス(salivary gland virus)．*ヘルペスウイルス科ベータヘルペスウイルス亜科の一属．R. Cole および A. G. Kuttner(1926)がモルモットから分離．ウイルス粒子は直径 100〜270 nm の球状．*エンベロープをもつ．多くの哺乳類には種固有のサイトメガロウイルスが存在する．感染しても発症することは少ないが，終生にわたり持続感染する．顎下腺でよく増殖するので顎下腺ウイルスと呼ばれたこともある．唾液腺排出管細胞の核内に*封入体をつくるのが特徴．腎上皮細胞中などにも核封入体をつくることがある．顎下腺細胞は感染によって著明に肥大する．ヒトサイトメガロウイルス(Human cytomegalovirus)，マウスサイトメガロウイルス(Mouse cytomegalovirus)，サルサイトメガロウイルス(Simian cytomegalovirus)などがある．ヒトサイトメガロウイルスは妊娠初期の妊婦に感染すると，経胎盤感染し胎児に先天性巨細胞封入体症(cytomegalic inclusion disease, CID)を起こすことがある．死産，早産の原因にもなる．また免疫不全患者では致命的な間質性肺炎を起こす．

c **サイナス腺** [sinus gland] 《同》血洞腺．甲殻類の*眼柄の中に，あるいは脳に接して存在する神経分泌系の末端貯蔵放出器官．*神経鞘の一部が分化して生じ，内側は神経組織，外面は*血洞に接する．脳，X 器官その他の神経分泌細胞によって生産された神経分泌物をたくわえ，血液中に放出する．各神経細胞で作られたホルモンはそれぞれ神経軸索を伝わって，その末端集合であるサイナス腺に入る．サイナス腺が放出する物質は眼柄ホルモンまたはサイナス腺ホルモンと総称され，脳で生産される数種の体色変化ホルモン，*X 器官で生産される脱皮抑制ホルモンおよび卵巣成熟抑制ホルモンなどのほか，血糖量を調節するホルモンや，心臓拍動を高めるホルモンも含まれているという．これらの作用の一部は，サイナス腺ホルモンが*Y 器官を抑制することによって生じるとされる．

d **鰓嚢** 【1】[gill pouch] 《同》鰓窩．⇒鰓裂
【2】[gill sac] 円口類において，鰓裂の途中が拡張して形成される嚢状の器官．その内面に多数の鰓弁を生じて*鰓を形成する．鰓嚢は鰓弓骨格に相当する軟骨が複雑に変形した*鰓籠によって包まれている(⇒内臓骨格)．咽頭と鰓嚢の間は呼吸水の流入管となり，鰓嚢と体外との間の部位は流出管となる．ヤツメウナギは 7 対の鰓嚢をもち，流入管は食道下面にあって口腔に開口する盲嚢状の 1 本の呼吸管(respiratory tube)に開き，体外には別々の流出管で開く．ヌタウナギ類では鰓嚢は 5〜16 対あり，流入管は直接咽頭に開くが，流出管は合して各体側で 1 カ所に開口するものもある．(⇒咽皮管)

e **鰓嚢背膜** [dorsal lamina] *尾索動物ホヤ類の咽頭(鰓嚢)内面にある，*内柱の反対側になる背側正中を走る襞で表面に多数の繊毛が発達する．自由端が右側に彎曲して溝を形成し咽頭上溝(鰓上溝 epipharyngeal groove)になる．多くの種では一体の襞にはならず，背側小舌(dorsal languet)と呼ばれる突起が 1 列に並んだ構造になる．その場合はすべての突起が右側に彎曲して洞列状になる．彎曲の内側では，左右の鰓嚢内面を背側に移動してきた食物顆粒を含む粘液シートが繊毛の働きにより捻れ合わさり，粘液索が形成されて食道に送られる．粘液索は胃の方から見ると反時計方向に捻れる．鰓嚢背膜の機能は，同様に浮遊物食を行うナメクジウオ類やヤツメウナギ類のアンモシーテス幼生の咽頭上溝と同じである．

f **鰓耙**(さいは) [gill raker ラ cribrum branchiale] 《同》鰓篩，鰓師．無顎類を除く魚類や，両生類の幼生において，鰓弓の咽頭側の面に列生する結節状や繊維状の突起．棒状，へら状，こぶ状，歯状のものなどがみられるが，歯状のものを特に鰓歯(gill teeth)と呼ぶ．サメ・エイ類では発達の悪いものが多い．呼吸水とともに口腔に入ってきた食物を濾過する機能をもち，他の魚類や軟体動物などを食べる魚類では骨性のいぼ状で発達が悪く，プランクトンなどを餌としているものでは細かくよく発達する．

g **栽培** [culture, cultivation] 広義には植物を人為的に育てること．特に農業においては耕地に作物を育てて収穫すること．栽培の起原は新石器時代にあるとみられる．それと共に野生種が作物種として定着してきた(⇒作物)．なお，仔魚，稚魚，稚貝，稚エビなど(この場合も種苗という)を放流・飼育する漁業を栽培漁業(fish farming)という．(⇒培養)

h **栽培化** [domestication] 植物を人間の管理のもとに保護・繁殖させ，栽培植物(⇒作物)とすること．約 1 万 1000 年前の新石器時代に始まったとされる．野生植物と栽培植物の境界は明確ではなく，人間が特定の植物に強く依存しそれを保護している状態，あるいは栽培の

意図はないが居住地の近くに捨てられた食物残渣から再び新しい植物が生え出してくる状態など，中間的な段階すなわち半栽培が存在する．植物が栽培化された場合，種子の脱粒性や果実の裂開性の消失，自殖性の獲得，稔性の向上，栄養部分の肥大，苦味・毒性・棘の消失などの特徴を示すものが選ばれる．

a **再発** [recurrence] 治療によってがんがいったん消失あるいは検出できない時期がしばらく続いた後に，再び発生すること．*原発腫瘍と同じ部位に再発する場合を局所再発，別の部位に再発する場合を転移性再発と呼んでいる．

b **サイバネティクス** [cybernetics] アメリカの数学者 N. Wiener の著作 'Cybernetics' (1948) によって提唱された「動物と機械における通信 (communication) と制御 (control) の理論」と定義された学問分野．そののち社会科学の諸分野にも導入され，哲学にさえ多大の影響を与えるにいたった．その成立の基盤となる研究は第二次大戦中からはじめられ，Wiener を中心とし，神経生理学者の A. Rosenblueth, W. S. McCulloch らも協力した．生体における随意筋運動の自己調節過程と自動制御機械の機構上の同一性，例えば神経系の活動が電子計算機と同様に全か無か (0 か 1 か) の原理に従うこと，またともに*フィードバック制御が重要な役割を演じることなどへの着目が，その研究の動機になっている．つまりサイバネティクスは，異なったシステム間での情報伝達過程を中心とした機構上の同一性あるいは等価関係を確立することを目標とするもので，情報科学やシステム科学の発展をうながし，またその基盤をつくった．生物現象を対象とするとき，特にバイオサイバネティクス (biocybernetics) ともいい，神経系を中心とした機能にかぎらず*ホメオスタシスの分析など広い範囲の現象に適用されてきた．(→情報)

c **鰓板** (さいばん) 「えらいた」とも．【1】[gill plate, branchial plate] 《同》鰓隆起 (branchial ridge)．主として両生類胚における，将来の*外鰓形成部位に見られる盤状の隆起．その前後は咽頭壁の膨出した*鰓嚢に対応する体表の浅い溝としての鰓溝により仕切られる．やがてその間にも鰓溝が生じて鰓弓が明瞭になり，各鰓弓外表面よりの突起として外鰓が形成される．
【2】[gill lamella] 《同》鰓葉，鰓小葉 (gill leaflet, branchial leaflet)．→櫛鰓 (くしえら)

d **サイフリツ** SEIFRIZ, William 1888~1955 アメリカの植物学者，細胞学者．原形質の物理化学的性質の研究に新たな実験的分野を開拓．原形質の構造粘性は原形質が単純なコロイド溶液でなく，鎖状分子が複雑にからみあった連続構造をもつと考えた．粘菌の原形質流動を研究し，変形体の原形質流動は蛋白質分子の律動的収縮によると唱えた．

e **再分離** [recovery] 病組織から培養基の上に分離した菌を改めて特定の実験動植物に接種して感染させ，その感染組織から培養基の上に菌を分離する操作．分離された菌が確かに病原菌であるか否かの証明に用いられる．

f **再編再生** [morphallaxis] 《同》形態調節，形態再編．多細胞動物の体の一部が失われたとき，残部の組織の再編成によって完全に調和した個体をつくる，再生の一形式．*付加再生と対比される．付加再生では損傷部における再生芽の形成とその増殖が必須なのに比べ，再編再生では再生芽は形成されず，細胞増殖による損失個所の補充は重要ではない．典型的な例はヒドラの再生にみられ，ヒドラの頭部を切断すると，切断部が新たな頭端となって体の各部の大きさの比率が正常個体と同等になるように再編成される．この再編成はヒドラの頭足軸に沿って存在する*軸勾配の再構成によってなされると考えられる．なお，ヒドラには間質細胞という幹細胞が存在するが，再生には必ずしも必要ではない．プラナリアなど，再編再生と付加再生が共に起こるとみられる再生の例もある．

g **砕片分離** [fragmentation, laceration] 《同》断片分離，裂片法．刺胞動物のポリプ体の一部分，特に足盤の周辺部が小裂片として分離し，後に 1 個体に発達する一種の*無性生殖法．イソギンチャク類に多く見られる．ヒドロポリプに見られる同様の現象は scissiparation または frustulation (細片分離) と呼ばれる．

h **細胞** [cell] *細胞膜に囲まれ，原則的には内部に 1 個の*核をもつ生体の構造的かつ機能的単位．R. Hooke が最初に 'Micrographia' (1665) に記載した 'cell' は，*原形質を失ったコルクで観察したもの．そののち J. E. Purkyně (1840) その他は，生物体の機能上重要なのは，Hooke の示した細胞ではなく，その内容物，すなわち原形質であることを認めて，細胞の概念は一変した．さらに，電子顕微鏡による細胞の構造に関する知見から，核に加えて細胞内膜系や細胞小器官などの多くの微細構造が確認された．加えてそのような微細構造間の物質の移動，また細胞間コミュニケーションなどが解明され，生体の機能単位系として詳細な知識が集積している．細胞は二つの群，すなわち，*原核細胞と*真核細胞とに分けられる．真核細胞の分裂にあたっては分裂装置が作られる．植物細胞は，一般に*細胞壁に包まれ，細胞質内には*葉緑体が存在し，しばしば大きな*液胞を含む．大部分の動物細胞は細胞膜のみで包まれている (→プロトプラスト)．また*多核体や*変形体のように通常の細胞構造とは著しく違った多細胞的生物があり，ボルボックスなどの体は多数の個体の集まった群体である．多細胞生物体では通常多くの種類の細胞が分化し，それぞれの機能に応じて分化した構造を細胞内にもっている．これらの同種の細胞が集まって組織を構成する．この場合の細胞を組織細胞といい，単細胞生物や遊走子，配偶子 (胞子・精子・卵子)，血球などのように，1 個が独立したものを遊離細胞 (free cell) という．細胞の大きさは生物や組織の種類によって違う．人体細胞の体積は，$200 \sim 1$ 万 $5000 \mu m^3$ といわれている．大きなものには，イカの巨大神経繊維があり，また原核細胞をも含めて現在知られている最小の細胞は，球形の*マイコプラズマ (いわゆる PPLO) で直径が約 $0.1 \sim 0.25 \mu m$ である．PPLO で観察される微細構造は，単位膜構造を示す細胞膜，DNA，リボソームで，細胞内構造に極めて乏しい．(→細胞質)

i **細胞遺伝学** [cytogenetics] 遺伝学と細胞学の方法と知見を統合した学問分野．細胞内の染色体をはじめとする種々の構造物と遺伝の関係を明らかにすることを目的とする．初期の重要な貢献としてはメンデル因子のふるまいと染色体の行動の並行性の発見や，キアズマ型説の提唱があり，続いて T. H. Morgan とその一派によるショウジョウバエの研究 (主として 1910~1915)，B. Maclintock らによるトウモロコシの連鎖遺伝子の組換

えに関する細胞学的研究などがある．これらの研究により遺伝の染色体説が確立され，染色体と性決定との関係なども明らかにされた．その後，ショウジョウバエにおける*唾腺染色体の発見とそれによる細胞学的*染色体地図の作製はこの学問分野にさらに大きな進歩をもたらした．

a **細胞咽頭** [cytopharynx] 原生生物，特に繊毛虫類において，細胞口から細胞内に伸びる筒状部．食胞形成やそれに必要な膜の供給が行われる．微小管の束であるネマトデスマ（nematodesma）によって補強されるラブドス（rhabdos, pseudonasse）または梁器（シルトスcyrtos, nasse）と呼ばれる細胞咽頭装置（cytopharyngeal apparatus）を形成していることもある（梁口綱や層状咽頭綱など）．他のいくつかの原生生物も細胞咽頭と呼ばれる陥入部をもち，ユーグレノゾアの多くでは微小管などからなる捕食装置（feeding apparatus）で支持されている．

b **細胞運動** [cell movement] 細胞の示す能動的運動の総称．細菌の*鞭毛運動，アメーバや白血球などの*アメーバ運動，ゾウリムシなどの*繊毛運動，ミドリムシや精子などの鞭毛運動，植物細胞や変形菌の変形体の*原形質流動，平滑筋や横紋筋の*収縮，細胞分裂時の染色体の移動と細胞質のくびれなどが含まれる．これを微細構造と収縮性蛋白質の種類によって，次の3群に分ける．(1)細菌鞭毛系:⇒鞭毛運動．(2)微小管系:*ダイニンまたは*キネシンを*モーター蛋白質として，ATPの分解のエネルギーを使って運動する系．細胞内小胞の輸送，染色体の分配，紡錘体の伸長などの細胞内運動と，繊毛・鞭毛運動がその例．(3)アクチン-ミオシン系:アメーバ，白血球，変形菌の変形体，平滑筋・横紋筋などの運動や植物細胞の原形質流動がこの例．*アクチンは直径約6 nmの微小繊維としてこれらの細胞に広く分布し，横紋筋ではI帯に細いフィラメントとして存在するが，その他の場合には数十〜数百本のフィラメントの束となって原形質の表層部に存在している．ATPアーゼ活性をもつ*ミオシンは，横紋筋ではA帯に直径約15 nmの太いフィラメント（ミオシンフィラメント）として存在するが，他の系ではもっと小さな重合体として存在している．また筋肉ミオシン単量体が双頭構造をもつのに対し，非筋肉細胞では単頭ミオシン（ミオシンI）も存在する．⇒滑り説

c **細胞液** [cell sap] 植物の*液胞を満たしている液体．通常は酸性である．無機イオン，有機酸，糖，蛋白質，アミノ酸のほかに，色素，配糖体，アルカロイドなどの二次代謝産物を含む．細胞内消化の場としての液胞の機能を支えるために，酸性領域に至適pHをもつ．さまざまな加水分解酵素も含む．蛋白質分解酵素（アスパラギン酸プロテアーゼ，システインプロテアーゼ，エキソペプチダーゼなど），脂質分解酵素（リパーゼ，ホスファターゼなど），糖分解酵素（チオグルコシダーゼ，キチナーゼなど），核酸分解酵素（リボヌクレアーゼ，デオキシリボヌクレアーゼ）などである．花色や果実などの色は，細胞液中の*アントシアニンによるものが多く，pHなどにより橙赤色から青色を呈する．液果の果汁は大部分が細胞液で，その特有の味・色・香りは細胞液に溶けた物質による．まれにこれらの物質が結晶あるいは不定形の粒子として析出していることがある．主として塩類のために一定の浸透価をもち，細胞の吸水の原動力となっている．細胞液はしばしばニュートラルレッドやメチレンブルーなどの塩基性色素により特異的に生体染色される．

d **細胞外酵素** [exoenzyme, extracellular enzyme] 《同》生体外酵素．細胞から細胞外に分泌され，そこで触媒作用を発揮する酵素．分泌型酵素とも呼ばれる．消化液中の消化酵素はその例．多くの細胞外酵素は可溶性酵素である．これに対し，細胞内で機能する酵素を細胞内酵素（endoenzyme）と呼ぶ．GPIアンカー機構により細胞表面に繋留される酵素とも見なされる．細胞外酵素として働くためには，細胞外への輸送シグナル配列を自身のN末端にもつ必要がある．(⇒シグナルペプチド，⇒GPIアンカリング膜結合蛋白質)

e **細胞外凍結** [extracellular freezing] 細胞の外（細胞膜の外側）だけに氷晶が成長すること．生物が冷却された場合，一般にまず細胞外に凍結が起こり，冷却速度が特に大きくならなければ，氷晶の成長は細胞膜によってさえぎられる．このとき，細胞内部の水溶液は過冷却状態となり，細胞外にある氷晶表面の水分子よりも化学ポテンシャルが高くなり，その差のため細胞内から細胞外の氷晶表面に移動し，細胞膜（または細胞壁）と氷晶との界面において氷晶に変わる（⇒細胞内凍結）．細胞外の氷晶と細胞との間に水溶液がある場合は，細胞からの脱水は濃縮溶液を通じて二次的に行われる．したがって冷却の続くかぎり，細胞は脱水されて収縮する．このとき，細胞の性質や冷却条件により，細胞膜と細胞壁との間にできる氷晶によって原形質分離に似た状態（凍結原形質分離 frost-plasmolysis）が生じる．細胞外凍結は，細胞内凍結と異なり，細胞の種類によっては相当低い温度においても致命的とならない場合が多い．(⇒細胞内凍結，⇒器官内凍結)

f **細胞外被** [cell coat] 細胞膜の外側にあって細胞表面を被覆する構造，または物質．生物種や細胞の種類によって機能は多様で，化学的にも形態的にも種々異なった外被が存在する．多くの動物卵は糖蛋白質様の物質で覆われており（⇒ゼリー層），また植物細胞や細菌細胞は細胞壁や莢膜物質で囲まれている（⇒細胞壁，⇒一次細胞壁，⇒細菌外膜，⇒外毒素）．ある種のアメーバにも一定の構造をもつ外被が存在する．例えば，Chaos chaosでは細胞膜のすぐ外側の20〜30 nmの基底層から直径5〜8 nm，長さ0.1〜0.2 μmのフィラメントが多数突出している．小腸上皮細胞の*微絨毛の先端にも，グリコサミノグリカンからなる同様な構造が観察されている．このように特定の構造が観察されない場合にも，多くの動物細胞の表面には糖蛋白質やヒアルロン酸を含む多糖が存在することが知られている．細胞表面を覆う糖蛋白質や多糖を糖衣（glycocalyx）と呼ぶ．これらの外被は細胞間の結合や細胞の透過性，イオン環境などに影響をおよぼすことによって細胞機能の調節に関与すると考えられている．

g **細胞外マトリックス** [extracellular matrix] 《同》細胞外基質．細胞の外側にある構造的なものの総称．主成分は，*コラーゲン，*エラスチンなどの繊維性蛋白質，ヒアルロン酸，*コンドロイチン硫酸などの*グリコサミノグリカンと*プロテオグリカン，それに*フィブロネクチン，*ラミニンなどの細胞接着性蛋白質である．細胞外マトリックスは，脊椎動物の身体の構造要素の主体で，*結合組織の主成分である．したがって，皮膚や

骨に多く含まれ，脳や脊髄には少ない．従来は，組織の充填材として物理的構造を保つだけと思われていたが，最近は，細胞の増殖・移動・形状・代謝・分化などの細胞活性を細胞の外側から制御する因子群として重要視されている．その制御は中長期的で局所的である．培養細胞や人工臓器では，プラスチック，ガラス，金属などを広義の細胞外マトリックス(人工マトリックス)と考えることもある．なお，細菌や植物の*細胞壁，昆虫の*クチクラ，軟体動物の*貝殻も一種の細胞外マトリックスである．

a **細胞解離** [cell dissociation, cell disaggregation] 多細胞生物の個体，器官・組織の一片などを実験的処理によって，生きたまま個々の細胞に分離すること．海綿類では，機械的におしつぶしてガーゼで濾過するだけで，このことが可能である．ウニや両生類の初期胚ではCa^{2+}やMg^{2+}の除去で解離は可能．その他の動物の組織の解離には，Ca^{2+}やMg^{2+}の除去とトリプシンなどの蛋白質分解酵素による処理が併用される．解離した細胞は，ある条件下ではふたたび集合し(⇒細胞集合)，もとと同じ組織・器官に似た構造を作ることもある(⇒細胞選別)．細胞の解離，解離された細胞の集合という過程の研究を通じて，多細胞動物における細胞と細胞との結合の機構が明らかにされつつある(⇒細胞接着)．また，解離した細胞を培養基質上で増殖させる方法(*細胞培養)は，生物学の研究にひろく利用されている．

b **細胞化学** [cytochemistry] 細胞内に局在する物質の定性および定量を細胞内構造との関連において研究する細胞学の一分野．生化学的方法が細胞を破壊してしまうのに対し，細胞化学法は細胞構造を破壊することなく *in situ* で定性・定量が行えるところが利点である．(⇒組織化学)

c **細胞学** [cytology] 細胞の形態的・機能的構成を細胞の生理・成長・分化・遺伝・進化との関連において研究する生物学の一分野．M. J. Schleiden (1838) と T. Schwann (1839) による細胞説の確立以来の分野で，細胞学の基本的な知見の大部分は 1870 年代以後に得られた．この時代には顕微鏡観察技術の著しい進歩があり，核その他の細胞構造，有糸分裂，染色体の行動，受精における核の融合などが観察され核を対象とする分野を特に核学(karyology)と呼んだ．反面，生理学での研究は停滞しており，細胞内の浸透圧や細胞膜の透過性などの生理学的知識の発達がみられた．生殖過程における細胞および核の行動の追究は遺伝と進化に関する理論に寄与した．20 世紀の細胞学はこれらの観察事実と指導的理論を基盤とし，さらに飛躍的に発展した多くの技術に支えられて長足の進歩をとげ，他分野と関連をもちつつ*細胞生物学として発展した．(⇒一般生理学，⇒細胞化学，⇒細胞生物学)

d **細胞株** [cell line, cell strain] [1] 初代培養から継代を続けることによって無限増殖性を獲得し，連続継代性細胞系になった細胞．例えば，HeLa 細胞株，3T3 細胞株．[2] 選択あるいはクローニングによって分離された特異な性格あるいは遺伝学的標識をもつ培養細胞系．この意味で細胞株を記載する場合，チミジンキナーゼ欠損 L 細胞株，10T1/2 クローン 8 というように，その特性，由来を明記することが多い．

e **細胞間隙** [intercellular space] 主に植物において，組織細胞間に成長に伴って生じた空隙．極めて若い時期には細胞が*中葉を介して互いに接着して密に配列しているので，認められない．通常，成熟した*柔組織に存在し，ときには次第に大きくなり，海綿状の構造をつくる．また互いに連絡して大腔を作ったり，管状になったりする．真の意味では組織といえないが，形・大きさ・内容物などが極めて多様であたかも細胞そのもののような役目を果たしているので，便宜上組織の一種として取り扱う場合もある．空気を含む間隙を空気間隙(通気間隙)，樹脂・油滴などの分泌物を含む間隙を分泌間隙という．特殊な場合として斑葉では葉の組織内に広がった細胞間隙が斑入りの原因となる(例:ユキノシタやマタタビ(⇒斑入り))．成因により*離生細胞間隙と*破生細胞間隙とに二大別されるが，両方の成因が複合して間隙を生ずる場合もある．

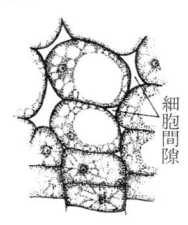

離生細胞間隙の例．いろいろな発達の程度がみられる

f **細胞間質** [intercellular substance] 主として動物組織において，細胞と細胞との間をみたす物質．*細胞外マトリックスの同義語としても用いられるが，厳密には組織中の細胞外マトリックスに相当する．細胞自身によって生産され，*ヒアルロン酸や*コンドロイチン硫酸などの*グリコサミノグリカンを主体とする多糖と蛋白質の複合体すなわち*プロテオグリカン，*コラーゲンや基質糖蛋白質などにより構成される．結合組織(広義)では，極めて多量に細胞間質をもつことを共通の特徴とする．このうち骨組織では，これらの成分のほかに多量のカルシウム塩やマグネシウム塩をも細胞間質としてもつ．

g **細胞間接着装置** [intercellular junction] 多細胞生物の細胞どうしを結びつけている機構．電子顕微鏡観察による研究によって，形態的に区別される種々の様式があることが分かった．動物細胞に最も普遍的にみられる形態は細胞膜がほぼ一定の細胞間隙(15〜20 nm)をもって相接している結合である．これを simple apposition という．細胞膜の一部に特殊な接着装置が分化している結合様式には*タイトジャンクション，*アドヘレンスジャンクション，*デスモソーム，*ギャップ結合などがある．前三者は上皮細胞において一定の順序に配置されることが多く，これらをまとめて接着装置複合体(junctional complex)と呼ぶ．無脊椎動物にはセプテートジャンクションがみられ，タイトジャンクションと相同の機能を果たしていると考えられている．一方，植物細胞ではしばしば糸状の細胞質が細胞壁を貫通して隣接細胞間に通じ，*原形質連絡を作っている．

h **細胞間分泌細管** [intercellular secretory canaliculus] 多層の分泌細胞にみられる分泌路．分泌細胞が多層化している場合，より深層の分泌物は必然的により表層の細胞間を通って分泌されることになる．特に導管として分化しているものではなく，単に表層細胞間の間隙や一時的な細胞間の解離によって分泌路が形成されることが多い．哺乳類の*唾液腺にその例をみる．

i **細胞間連絡** [intercellular communication] 《同》細胞間コミュニケーション．細胞と細胞の結合部位にお

いて，電解質イオンによる電流あるいは低分子物質(分子量1000程度以下)を小孔を介して直接移動・交換させる細胞制御機構の一つで，これを機能面から見た呼称．細胞間連絡を行う部位は微細構造上は*ギャップ結合であり，細胞間チャネル(cell-cell channel, cell-to-cell channel)ともいう．蛍光色素ルシファーイエローなどを細胞内に注入すると，このチャネルを通って色素が次々と隣接細胞に拡散移動する現象はdye couplingと呼ばれ，20世紀初頭，すでに観察されていた．1960年代に入り，細胞間連絡の存在が，唾液腺(外分泌腺)・肝臓・粘膜上皮細胞・水晶体細胞など非興奮性細胞で系統的に確認された．一方，興奮性細胞である心筋や平滑筋の細胞間において電流が直接隣接細胞に流入する例が見出された．これらは電気的結合(electrical coupling)または電気緊張的結合(electrotonic coupling)であり，いずれも接合部位の細胞膜の電気抵抗が特別に低い．電気的低抵抗の細胞接触部について，心筋では境界板(介在板 intercalated disc)，平滑筋ではネクサス(nexus)と異なる呼び方がされてきた．一般に，神経細胞は電気的に独立していて電流が隣接細胞に流入することはなく，接合部では一度伝達物質が放出されて情報を伝達し，*シナプスを形成する．甲殻類や魚類では例外的に電気的に結合しているシナプスが見出されており，これらは電気シナプスと呼ばれる．神経繊維の端と端との接合部の電気シナプスは形態上からセプタ(septa)といわれてきた．電気シナプスによる伝達を電気的伝達(electrical transmission)という．脊椎動物においても，脳などの神経細胞が密に存在する所には電気的結合が存在し，病的な神経繊維の側方電気的結合も含めて，広くシナプスに対してエファプス(ephapse)とも呼ぶ．エファプスの語を電気シナプスと同義にしている場合もある．これらはすべて，ギャップ結合である．フランスでは，シナプスでの神経伝達物質を介した作用を含めた細胞相互作用の意味で，細胞間連絡(仏 communication intercellulaire)の語を用いる学者もあるので，本項で示した連絡については，ギャップ結合細胞間連絡(gap junctional intercellular communication)といって区別することもある．なお，植物では*原形質連絡を介して細胞間連絡が行われる．(⇒ギャップ結合)

a **細胞競合** [cell competition] 近傍に位置する細胞同士がその増殖速度や生存能を競い合い，この競合の勝者が敗者に細胞死を誘導する現象．これにより多細胞生物の生体内において適応度のより高い細胞がより低い細胞に置き換わるとされる．1975年にG. MorataとP. Ripollによって最初に記載された概念で，ショウジョウバエ成虫原基において増殖速度の遅いMinute変異細胞クローンが発生の過程で組織から排除される現象から見出された．がん遺伝子Mycの発現量の差異によっても引き起こされ，この場合はMycの発現量が相対的に高い細胞が細胞競合の勝者となる．

b **細胞凝集素** [agglutinin] [同]凝集素．細胞に凝集を起こさせる物質の総称．*レクチンの訳語としても用いられる．特に赤血球に対する作用に注目するときは*赤血球凝集素という．(⇒フィトヘマグルチニン)

c **細胞系** [cell line] ある初代培養から継代培養によって生ずるすべての細胞で，初代培養に存在した細胞または細胞群からの一連の系統．培養の状態が分かっていれば，有限継代性(finite)，あるいは連続継代性(con-

tinuous)の語を前に付けて表示する．例えば，培養ヒト二倍体繊維芽細胞系は前者であり，HeLa細胞系は後者に属する．現在では，連続継代性細胞系(樹立系)は*細胞株と呼ばれることが多い．

d **細胞系譜** [cell lineage] 受精卵から成体ができるまでの発生過程において，細胞がどのように分裂し，どのような組織細胞に分化するかの記述，すなわち，個々の細胞の分裂に注目し，正常発生を細胞レベルで記述したもの．細胞分裂では，一つの親細胞から二つの娘細胞が生じる．それゆえ単一の細胞である受精卵から始まり，発生が進むにつれ細胞が分裂するごとに二分枝する末広がりの樹形図が作成できる．具体的には，この樹形図と各細胞の*予定運命とをあわせて記載したものが細胞系譜と呼ばれている．さらに，広義の意味において，細胞系譜とは発生しつつある胚における各細胞の系図上の由来(子孫関係)の意味で用いられる．細胞系譜の解析には，顕微鏡による直接観察や，単一の胚細胞を標識した後にその子孫を追跡する方法が用いられ，近年，緑色蛍光蛋白質(GFP)などが活用されている．多くの無脊椎動物では発生初期の卵割に個体差がないので，詳細な細胞系譜の記述がなされている．線虫の一種 *Caenorhabditis elegans* (C.エレガンスと略記)では，受精卵から成体に至るまでの完全な細胞系譜が解明されている．一方，哺乳類などの動物種では，初期卵割や個々の胚細胞の予定運命に関して個体差が著しく，胚発生は一定の細胞系譜を示さないことが知られている．被子植物においても，初期胚においては細胞系譜の一定性が認められるが，その後の生活環の大部分においては位置情報に基づく分化の方が優勢である．細胞系譜の記述は，正常発生を細胞レベルで理解するために必要であるだけでなく，発生のメカニズムを解析するために行われるさまざまな実験にとっての基礎的な情報を提供する．

e **細胞口** [cytostome, cell mouth] 原生生物において食物を食作用によって取り込む場所．特に特定の位置に恒常的に存在するものを呼ぶ．細胞内または外に発達した細胞支持構造(微小管，*皮層，外被など)をもつ種では細胞口部ではこれを欠く．特に繊毛虫では食作用が行われる部位に限り，細胞口に至る陥入部を口腔(buccal cavity, oral cavity)，細胞口から続く陥入部を*細胞咽頭と呼ぶが，他の原生生物においては一括して細胞口と呼ばれることもある．細胞口が細胞側面にある場合，一般的にこれがある側を腹側(ventral)，反対側を背側(dorsal)と呼ぶ．

f **細胞工学** [cell engineering, cell technology] 主として*細胞生物学的研究において用いられる研究体系．細胞を工学的に操作するという意味をもつ．従来の学問体系の分類とは異なり，細胞を操作するための方法論・技術論に主眼を置いた呼称で，*遺伝子工学とともに医学，生物学の進歩に欠くことのできない分野である．細胞融合による*雑種細胞形成を利用した研究や*ハイブリドーマ作製をはじめとする，突然変異株の分離法や組織培養・細胞培養の技術なども含まれる．特に，微小ガラス管を用いたマイクロインジェクション法(microinjection method)や細胞融合現象を利用したリポソーム法(liposome method)，赤血球ゴースト法(erythrocyte ghost-cell fusion method)など，目的とする物質を標的細胞内に効率よく導入する技術が開発され(⇒遺伝子導入)，細胞培養技術の向上と相まって，細胞を自由に操

a **細胞構築学** [cytoarchitecture] *大脳皮質において，その個々の部位の神経細胞構成およびその様式を調べる学問．ヒトの大脳皮質は種々の型の神経細胞から構成されており，かつその構成の様式が部位によって異なっている．基本的細胞構築は層構造をなし，表層から，分子層(第Ⅰ層，表在層)・外顆粒層(第Ⅱ層)・外錐体細胞層(第Ⅲ層)・内顆粒層(第Ⅳ層)・内錐体細胞層(第Ⅴ層)・多形細胞層(第Ⅵ層)の6層からなる．これら6層の発達の状況は大脳皮質の部位により非常に異なり，例えば運動野の中心前回は顆粒層がほとんどなく，逆に感覚野は顆粒層に富んでいる．最もよく知られているのはK. Brodmann(1900〜1909)の分類で，52の領域を区分し，ブロードマンの脳地図として知られる(図)．細胞構築図はヒトだけでなく種々の動物の脳についても調べられている．(⇌機能局在)

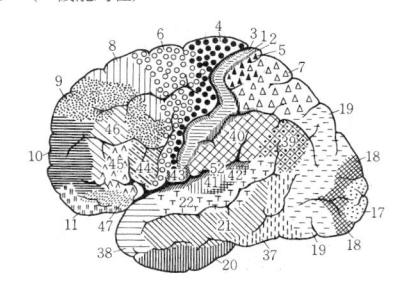

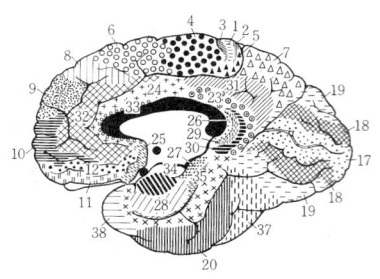

ヒトの大脳皮質の細胞構築図
上：外側面 下：内側面

b **細胞肛門** [cytoproct, cytopyge, cell-anus] 原生生物において排泄物を*エキソサイトーシスする特定の場所．その位置が不定の場合もあるが，多くの*繊毛虫類では決まった場所に存在し，この名で呼ばれる．通常，細胞後方に位置する皮層要素を欠く領域であり，微小管の関与などによってこの場所が拡がりエキソサイトーシスする．

c **細胞骨格** [cytoskeleton] 真核細胞の*細胞質基質にあって，細胞に一定の形態を与えている構造要素．*微小管と種々の*微小繊維，*中間径フィラメントからなる．主な構成蛋白質は，微小管ではチューブリン，微小繊維ではアクチン，ミオシン，トロポミオシン，中間径フィラメントではデスミン，ビメンチンである．透過力の高い*超高圧電子顕微鏡で観察されたものは微小柱(microtrabeculae)と呼ばれたことがある．細胞質内に網状に存在し細胞膜直下の微小繊維の束をはじめ微小管，小胞体，ポリソームなどを連結している．細胞骨格は種々の細胞運動，すなわち原形質流動，細胞分裂，エンドサイトーシス，細胞小器官の移動などに基本的役割を果たしていることが知られているが，これらは骨格構造の重合と脱重合によるもので，*微小管結合蛋白質や*アクチン結合蛋白質など細胞骨格調節蛋白質によって制御されている．

d **細胞死** [cell death] 多細胞生物の組織で偶発的な，あるいは生理的な条件下で起こる細胞の死滅．発生の途上においても，また成体に達して体内の細胞動態が動的平衡に達した後に，さらにさまざまな疾患に関連しても認められる．細胞の死は単なる偶然的・退化的なものばかりでなく，生体が形成されるためあるいは恒常性を保つために必然的に起こるものが多い(プログラム細胞死 programmed cell death)．明らかに遺伝的要因が関与するもののほか，例えば昆虫の変態や，鳥類や哺乳類の生殖巣の発生におけるミュラー管やウォルフ管のようにホルモンに依存する場合がある．またリンパ系細胞などがコルチコイドや放射線に反応して細胞死を起こす機構は，がん細胞の化学療法や放射線治療などにも関係して追究されている．細胞死はさまざまな要因によって誘導されるためその機構は不明な点が多いが，線虫では，細胞死遺伝子の存在が判明している．またこれらの遺伝子は進化的に保存されているものが多く，細胞死の際の核の変化，膜系の生化学的変化と透過性，リソソームなどの酵素系との関係や細胞による死細胞の貪食が詳しく解析されている．さらに，死細胞から放出されるさまざまな分子による生体反応，特に免疫系に対する影響が明らかにされてきている．(⇌アポトーシス)

e **細胞質** [cytoplasm] 細胞体を構成する*原形質のうち，*核質以外の部分．E. Strasburger(1882)の命名．典型的と考えられる細胞においては，細胞質の最外層は*細胞膜に分化し，その内部は，光学顕微鏡的には*外質と*内質とからなる．細胞質には種々の細胞小器官や顆粒が存在し，それぞれ特有の機能を営んでいる．それらの諸構造としては，(1)*細胞小器官:小胞体(粗面または滑面)，ゴルジ体，リソソーム，ペルオキシソーム，液胞，ミトコンドリア，葉緑体，有窓層板，メソゾームなど，(2)顆粒性構造:リボソーム(またはポリソーム)，グリコゲン顆粒，色素粒，脂肪滴，結晶体など，(3)繊維性構造:中心粒，中心体，繊毛，鞭毛，微小繊維などがある．これらの諸構造の間は，電子顕微鏡では均質で無構造にみえるが，多くの酵素やその他の蛋白質を含む液相である*細胞質基質が充たしている．細胞質の物理的特性は細胞質基質の性質に代表される．細胞質の粘性は数十〜数百cP(センチポアズ)であるが，物性的には純粘性流体にはみられない弾性や曳糸性，*ゾル-ゲル転換性(シキソトロピー)を示し，分裂などの現象とかかわって常に運動している．また光学的には一般に等方性を示すが，*有糸分裂の際や，太陽虫類や放散虫類の糸状の仮足において，また特殊な条件下(例:ウニの卵を遠心した場合，タマネギの細胞を低温に保った場合)では異方性を示す．一般に細胞質基質のpHは弱アルカリ性(pH約7.5)で，核質(ややアルカリ性)やリソソーム，液胞(酸性)とは異なっている．またカルシウム濃度を表すpCaは7以上(モル濃度で10^{-7}以下)である．(⇌原形質)

f **細胞質遺伝** [cytoplasmic inheritance] 《同》核外遺伝(extranuclear inheritance)．細胞質中の遺伝因子およびそれに支配されている形質の遺伝をいう．遺伝物

質の本体であるDNAは核の染色体のほかに細胞質中の細胞小器官，例えば葉緑体やミトコンドリアにも少量ながら含まれている（→プラズマジーン）．有性生殖が行われるとき，雄性配偶子に比し雌性配偶子でははるかに多量の細胞質が次代に伝えられ，しかも雄性配偶子中の細胞質遺伝子は受精中に特異的に消去されることが多いので，細胞質DNAも主として雌性配偶子から伝わる．したがって，細胞質DNAの差異に基づく形質は*メンデルの法則に従って行動しない．トウモロコシやコムギの雄性不稔，アカパンカビの斑入り，アカパンカビのポーキー突然変異（poky mutation，成長が遅い），酵母の呼吸欠損変異（petite mutation，コロニーが小さい）などは細胞質遺伝の好例である．（→正逆交雑）

a **細胞質基質** [cytosol] 《同》細胞礎質．細胞質内にあって，核・小胞体・ゴルジ体・ミトコンドリア・葉緑体などの*細胞小器官の間を埋めている連続相の部分．細胞質基質は，*細胞分画法では，ミクロソーム分画を除いた上清の分画にあたる．種々の可溶性の蛋白質（例：微小管を構成する蛋白質）や酵素（例：解糖系の諸酵素），あるいは核酸（例：トランスファーRNA）およびリボソームを含む蛋白質合成系などを含んでいる．*ゾル-ゲル転換などを行って細胞運動の場となる．

b **細胞質雑種** [cybrid] 二つの系統の*プラズマジーンを共に受けついだ細胞または個体．有性生殖では形成されないのが一般的で，異なる系統の体細胞を融合させることにより人工的につくられる．*細胞融合によってできる細胞質雑種は通常核ゲノムに関しても雑種となるが，脱核あるいは核置換した細胞と正常な細胞を融合させれば，プラズマジーンに関してだけ雑種である細胞が得られる．出芽酵母では細胞質融合後の核融合ができない突然変異体を一方の親にすることによって，交雑法により細胞質雑種をつくることができる．細胞質雑種におけるプラズマジーンの挙動には，片方の系統のものだけ発現する，両方とも発現する，組換え体ができる，などいろいろな例が知られている．植物ではタバコの細胞質雑種個体などがつくられている．

c **細胞質置換** [cytoplasmic substitution] 細胞内にある核ゲノムはそのままに，*ミトコンドリアゲノムや*プラスチドゲノムなどのオルガネラゲノムを，異なる種や野生種由来のものに置換すること．細胞質置換された状態をalloplasm（alloplasmic）という．オルガネラゲノムが母性遺伝することを利用して，導入したい核ゲノムを雄性として連続戻し交配することで，有用核ゲノムと異質オルガネラゲノムの組合せを達成することができる．また別の視点から，あらかじめ核を不活化もしくは脱核した細胞に別の核を移植する核移植によっても同様の核-オルガネラゲノム間の置換を行うことができる．植物においては，核ゲノムとオルガネラゲノム（特にミトコンドリアゲノム）との組合せによっては雄性不稔現象（細胞質雄性不稔）が現れることがあり，作物育種におけるハイブリッド育種に用いる親系統育成に多用されている．

d **細胞質導入** [cytoduction] 《同》サイトダクション．サッカロミケス酵母（*サッカロミケス属）の*接合過程を利用して，一方の菌株の細胞質因子を他方の菌株に導入すること．細胞質導入は，接合過程の途中で現れる*ヘテロカリオンが出芽して一倍体核を分離するときに起こる．酵母では細胞質融合に引き続いて核融合が行われるので，ヘテロカリオンの時期は極めて短時間であり，細胞質導入はまれな現象である．しかし，核融合過程に欠損をもつ変異体（例えば，kar1変異体）を片親あるいは両親にして交雑実験を行うと，ヘテロカリオン状態が延長され，細胞質導入の効率が上がる．

e **細胞質表層微小管** [cortical microtubule] 細胞膜直下の細胞質表層に広がる*微小管からなる平面状のネットワーク．有胚植物に固有で，細胞分裂間期に現れ，細胞伸長の方向制御や細胞の形の維持に主導的な役割を担う．新しい微小管は，既存の微小管の側面に散在するγチューブリンを含む微小管重合核を起点として形成される．新生微小管は，親微小管の側面を起点に40°の角度をもって枝状に＋端を伸ばす場合と，親微小管と平行に＋端を伸ばし束化する場合とがある．枝分かれした新生微小管はカタニンの働きにより親微小管から切り離され，親微小管は脱重合される．この過程を繰り返しながら表層微小管の配向が動的に制御されている．細胞膜の内側の表層微小管の方向に沿って，細胞壁の最内層にセルロース微繊維が合成される（→細胞壁）．表層微小管の方向を変えると，それに応じて微繊維の合成の方向が変化することが実証されている．また，細胞壁の最内層に沈着したセルロース微繊維の向きに垂直に細胞が伸長することも知られている．このように表層微小管はセルロース微繊維の配向制御を通して細胞伸長の方向を制御する．環境シグナルや植物ホルモンによる細胞伸長の制御は，一般に表層微小管の配向の制御を介して進む．例えば，*ジベレリンは表層微小管の向きを伸長軸と垂直の方向に変えることにより細胞伸長を促進し，*エチレンは逆に伸長軸に平行な方向に変え，細胞伸長を抑制し細胞肥大を促進する．植物ホルモンが表層微小管の配向を制御するしくみは現時点では未解明である．

f **細胞質フィラメント** [cytoplasmic filament] 細胞質内に見出される電子顕微鏡レベルの糸状構造の総称．径の太さによりいくつかに分けられる．(1)*微小繊維．(2)細いフィラメント（*アクチンフィラメント）：脊椎動物の筋収縮糸を構成し，調節蛋白質トロポニンを伴う天然アクチンフィラメント．径約6 nm．(3)*中間径フィラメント（10 nmフィラメント）：上皮細胞ではケラチンフィラメント，筋細胞ではデスミンフィラメント，神経膠細胞ではグリアフィラメント，神経細胞ではニューロフィラメントからなる．アクチンとミオシンの太いフィラメントの中間的な太さをもつので，この名がある．(4)太いフィラメント（*ミオシンフィラメント）：筋肉内に見られる太い繊維．径13～25 nm．主として収縮性蛋白質ミオシンの重合体．

g **細胞質分裂** [cytokinesis, cytoplasmic fission] 細胞分裂の終期に通常は核分裂に引き続いて起こる細胞質体（cytoplast）の分裂．単に「細胞分裂」（cell division）ということがあるが，この'cytokinesis'と'cell division'とは区別すべきである．細胞質分裂は生物種によって二つの基本型がある．(1)植物細胞では細胞分裂の後期に姉妹染色分体群が両極に移動したあとの紡錘体中間域が*隔膜形成体に分化し，終期にその中央部から細胞板の形成が起こる．(2)動物細胞では細胞分裂終期に赤道面の表層細胞質にくびれ（*分裂溝 cleavage furrow）を生ずる．一部の植物細胞，酵母の出芽や変形菌の胞子形成などでは両型の中間型が見られる．くびれはこの部分の細胞膜下に沿う輪走性アクチンフィラメント

の出現によるものであり（⇒収縮環），終期には2個の娘細胞間の中央体(midbody)も切断され，細胞質分裂は完了する．細胞質分裂は一般に核分裂に続いて起こるが，必ずしも両者は不分離の一貫した過程ではない．核分裂だけが引き続いて起こり多核体をつくる例（昆虫初期胚）や，ある種の胚乳細胞のように細胞質分裂が著しく遅れる場合もある．また実験的にウニ卵の分裂装置を顕微解剖的に吸いとっても，くびれが生じて細胞質分裂は進行する．しかし，分裂面の位置決定には分裂装置（紡錘体）が関わっており，微小管からの何らかのシグナルを介して，低分子量 GTP アーゼである Rho 蛋白質が収縮環の形成に関与している．また細胞質分裂のさまざまな過程に Plk1 キナーゼや Aurora-B キナーゼが関わっている．典型的な細胞質分裂では母細胞が二等分されるが，動物の不等割卵の卵割，被子植物の花粉粒分裂，多細胞動物卵の減数分裂（⇒卵成熟）などでは母細胞は著しく不均等に分割される．

a **細胞質雄性不稔** [cytoplasmic male sterility] 雌性配偶子を通して遺伝するミトコンドリア内遺伝子によって生じる雄性配偶子（花粉）の不稔現象．雄性不稔の一つの型．種子植物では異系統由来の核と細胞質をもつ雑種において，しばしばみられる（例：トウモロコシ，コムギ，イネ，タバコ，ナタネ）．この種の不稔現象を起こす細胞質を雄性不稔細胞質(male sterile cytoplasm)という．個々の雄性不稔細胞質に対し，それに起因する不稔性を克服して花粉の稔性を回復する核遺伝子がほとんど例外なく見つかっている．この種の遺伝子を稔性回復遺伝子(fertility-restoring gene)という．雄性不稔細胞質と稔性回復遺伝子を利用してつくられた一代雑種の品種がトウモロコシ，ソルガム，イネで実用に供されている．

b **細胞周期** [cell cycle] 《同》分裂周期，分裂サイクル(cell division cycle)．真核生物における細胞分裂と DNA 複製に見られる周期性．古くは増殖中の体細胞では細胞周期を分裂期(*M 期)と間期に分けていたが，A. Howard と S. R. Pelc(1953)は DNA 合成が間期の一部で行われていることを見出した．その結果，この時期(S 期)を挟んで，*G$_1$ 期・*S 期・*G$_2$ 期からなる間期の3期に従来の M 期を加えて，細胞周期全体を4期に分けるようになった．そのため細胞周期は，S 期に倍加した遺伝情報を M 期に等分配して細胞を複製するサイクルを指す．1細胞周期の各期の所要時間は生体細胞の直接観察，分裂指数，オートラジオグラフ法の導入，セルソーターによる各細胞内 DNA 含量の測定などによって算出される．増殖を停止した多くの細胞種では G$_1$ 期の途中から細胞周期を離脱し，*G$_0$ 期にあると称する．G$_1$ 期の途中には，もはや G$_0$ 期には離脱せず S 期に進むことを決定される点が想定されており，それを酵母ではスタート(start)，哺乳類細胞では制限点(restriction point)と称する．通常の細胞周期では M 期と S 期は必ず1回ずつ交替して起こること，この細胞周期の順序を保証する負のフィードバック機構として，L. H. Hartwell(1989)は*チェックポイント制御(checkpoint control：ある特定の時点において満たされるべきものが満たされるまでは，次の位相への移行を許可しない)の概念を提唱した．チェックポイントとしては，(1) G$_1$ 期中のスタート／制限点において栄養条件などをモニターして増殖サイクルを進めることを決定する(G$_1$ チェックポイント)，(2) G$_2$ 期にあって S 期の完了をモニターして M 期への移行を了承する(G$_2$ チェックポイント)，(3) M 期の中期にあって紡錘体赤道面への全染色体の整列をモニターして M 期終結への移行を了承する(分裂中期/*紡錘体チェックポイント)，の少なくとも3点が考えられている．細胞周期の進行を制御する主な因子群は，*CDK, *サイクリン，*CDK インヒビター(CKI)であり，これらは細胞周期エンジン(cell cycle engine)と総称される．CDK が蛋白質リン酸化酵素の触媒サブユニット，サイクリンはその調節サブユニット，CKI は活性阻害因子にあたる．CDK とサイクリンとはそれぞれ蛋白質ファミリーを構成し，これらの各タイプの間で複合体を形成して，その組合せに応じて細胞周期の進行を促す時期が異なる．哺乳類細胞における典型的な例としては，*サイクリン B-CDK1(Cdc2 キナーゼ)は M 期，サイクリン D-CDK4 およびサイクリン E-CDK2 は G$_1$ 期，サイクリン E-CDK2 およびサイクリン A-CDK2 は S 期の進行をもたらす．これらの複合体の活性制御には，サイクリンの合成・分解(⇒後期促進複合体)と，複合体中での CDK のリン酸化・脱リン酸化が重要である．CKI は G$_1$ 期と S 期の進行の抑制，あるいは G$_0$ 期への離脱をもたらす．これらのことから，細胞周期制御の二大要素は細胞周期エンジンとチェックポイントといえるが，この概念は1990年代半ばに確立した．これらの制御の破綻は，染色体異常や細胞がん化の原因となる．（⇒細胞分裂，⇒CDC 変異）

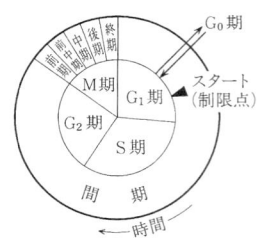

c **細胞集合** [cell aggregation] [1] 解離した細胞が相互の接着により集まること．集まった細胞集団を細胞集合体と呼ぶ．実験的には解離細胞を培養容器に付着しない条件により培養すると細胞集合が起こる（⇒細胞接着，⇒細胞選別）．[2] 細胞性粘菌において，生活史のある段階で，それまでのアメーバ状細胞が集まって単細胞的段階から多細胞的段階へ移る現象．（⇒偽変形体）

d **細胞集団倍加数** [cell population doubling level] PDL と略記．培養を開始してから現在に至る細胞集団の倍加回数．植え込んだ細胞数を N_0，現在の累積細胞数を N，集団倍加数を n とすれば，$N=N_0 \times 2^n$ で表される．培養ヒト二倍体 WI38 細胞系の試験管内寿命は55 PDL というように表現し，実験に使用する細胞の老若を集団倍加数によって表す．

e **細胞小器官** [organelle, cell organelle] 《同》オルガネラ，細胞器官．細胞の中にあって，一定の機能をもつ有機的単位となった細胞内の構造体．もともと生体がいくつかの器官から成り立つことの類推から原生生物の細胞内構造に対してつくられた語．膜に囲まれ細胞質基質から判然と区画された構造（核・小胞体・ゴルジ体・ミトコンドリア・葉緑体・リソソーム・ペルオキシソームなど）を指す場合と，細胞骨格系のような超分子複合体をも含

む場合がある.

a **細胞診** [cytology, cytodiagnosis, cytologic diagnosis] 《同》細胞診断. 採取した細胞の固定染色標本により, 細胞学的に診断を行う臨床検査法. 通常はがんの診断に用いられる場合を指すが, 性周期の診断やホルモン作用を調べる際にも用いられる (⇒腟スミアテスト). 検査材料の細胞は, 尿, 喀痰, 乳腺や腟などの分泌液の沈渣, 子宮頸部や口腔粘膜などの擦過, 子宮頸部や手術時の摘出組織などのスタンプ, 臓器に穿針しての吸引などによって採取する. 組織学的検査と比べ限界はあるが, 材料採取が簡易で迅速に診断ができるため, がんの早期発見には有力な検査法として確立している. 通常パパニコロウ染色やギムザ染色で染めて検鏡する. 診断の報告はクラス分類でなされ, クラスⅠ(正常)から明らかに悪性細胞の出現するクラスⅤまでの5段階に分けて表現されている. 現在では, 細胞の状態をより本質的に表し, 補助的検査などの提案までを含めたベセスダシステムの普及がはかられつつある. (⇒バイオプシー)

b **細胞伸長** [cell expansion (広義), cell elongation (狭義)] 狭義には, 分裂後の細胞が成長軸に沿って細胞容積を一方向に増加させる過程 (cell elongation) をいうが, 広義には, 方向や様式を問わず細胞容積を増大させる過程 (cell expansion) 一般を指す. 植物の細胞伸長は, *一次細胞壁をもつ細胞が, もっぱら液胞の*吸水により体積を増加させることにより進む. 吸水の直接の駆動力は液胞内の高い浸透圧に起因する低い*水ポテンシャルである. 液胞が吸水し, 細胞体積が増加すると*細胞壁を外側に向かって垂直に押す力, すなわち*膨圧が発生し, 細胞壁に張力がかかる. 一次細胞壁にかかる張力を受けるのは*セルロース/*キシログルカン網状構造とペクチンや構造蛋白質の網状構造である. 特にキシログルカンはセルロース微繊維にかかる張力負荷を受けとめる分子とされる. 細胞壁の伸展は, この張力負荷を受ける分子を含めた細胞壁構造の再編過程を通して進むと考えられている. 細胞壁再編過程は膨圧の減少として測定される. その状態を細胞壁のゆるみ (cell wall loosening) という. 細胞壁の再編を引き起こす酵素を細胞壁再編酵素 (cell wall remodeling enzymes) または細胞壁再編蛋白質という. *エンド型キシログルカン転移酵素/加水分解酵素や*エクスパンシン, ペクチンメチルエステラーゼ, イールディンが代表的な細胞壁再編酵素として知られる. 細胞壁の伸展はこれらの酵素群の協調した働きを介して制御されると考えられているが, 詳細な分子過程は未解明である. 細胞壁構造は一般に均質でなく, 細胞壁の再編は局部的に, また方向性をもって進むことが多い. その様式に基づいて, 細胞伸長は分散成長 (diffuse growth) と先端成長 (tip growth) に大別される. 前者は細胞壁全面で再編が起こる様式で, 拡張の方向に偏りがないものを等方性分散成長 (isotropic diffuse growth), 特定の方向に拡張するものを異方性分散成長 (anisotropic diffuse growth) という. 果実細胞の肥大, 茎の表皮細胞の伸長などが, それぞれの代表例である. 分散成長の方向はセルロース微繊維の配向により決まり, その制御には*細胞質表層微小管が中心的な役割を担う. 一方, 先端成長は, 細胞壁の特定領域を局所的に伸ばす成長様式で, 伸長部への集中的な膜輸送と*エキソサイトーシス, 細胞壁構築の過程が連動して進む. コケ植物の原糸体や, 被子植物の花粉管, 根毛細胞にみられる. 先端部での細胞壁再編には, アクチンフィラメントが必須で, その制御には Rho GTP アーゼファミリーに属する ROP (Rho of plant) が関与する (⇒Rho ファミリーGTP アーゼ). 被子植物の葉の表皮細胞 (pavement cell) のような凹凸のある細胞では, 凹部で分散成長が, 凸部では先端成長が進む複合型の伸長成長がみられ, ROP が細胞質表層微小管とアクチンフィラメントの双方の作用を統御するモデルが考えられている. 細胞骨格と細胞壁再編酵素を介した細胞伸長過程は, 発生プログラムや光などの環境シグナルの制御下にあり, 植物ホルモン群の情報伝達ネットワークを通して統御されている.

c **細胞伸展** [cell-spreading] 動物細胞が基質に接着後, 細胞質を基質面に薄く延ばして広がること. 細胞が基質への*細胞接着を完了した状態ともいえる. 多くの正常細胞は, 基質に接着し伸展しないと増殖できない. これを足場依存性 (anchorage dependence) という. がん細胞・血液細胞・浮遊細胞はこの限りではない. 細胞伸展は, 細胞表面上の細胞接着受容体 (⇒細胞接着分子) である*インテグリンが, 基質上の細胞接着性蛋白質などを認識し接着することによって起こる. その接着の情報が細胞内に伝わり, 結果として細胞骨格が配列し, 細胞質が基質面に薄く広がると考えられる. 細胞伸展は数十分で起こり, 多検体測定できるので, この系は細胞接着性蛋白質やインテグリンの細胞伸展活性の測定に頻用される. 生体内における役割は, 細胞と基質間の接着そのものであり, また細胞の貪食作用や細胞移動にも関わる. 通常は細胞の接着後に伸展が続くので, 細胞接着という用語に細胞伸展の概念を含めて使うことが多い. 条件により細胞接着だけ起こり, 細胞伸展が起こらないこともあり, 正確には区別して用いるべきである. (⇒細胞接着)

d **細胞性粘菌類** [cellular slime mold] 《同》社会性アメーバ (social amoeba). アクラシス類 (アクラシス菌類 Acrasid cellular slime mold, Acrasiales, Acrasida) およびタマホコリカビ類 (dictyostelid cellular slime mold, Dictyosteliomycetes, Dictyostela) の総称. 現在では主にタマホコリカビ類を指す. 系統学的研究により両者はまったく異なる系統であることが明らかとなっている. 栄養体は単層のアメーバ状細胞で腐葉土中, 糞中, その他の有機物中に生息し, 主に細菌を捕食して二分裂で増殖する. アクラシス類のアメーバは葉状仮足を, タマホコリカビ類のそれ (粘菌アメーバと呼ばれる) は, 糸状仮足を出す. 飢餓状態に陥ると集合し, 集合体または偽変形体と呼ばれる多細胞体を形成する. タマホコリカビ類の多くの種において集合体は光に向かって移動する性質 (走光性) を有し, 特にこの時期のものは移動体またはその形からナメクジ体と呼ばれる. やがて胞子細胞と柄細胞からなる累積子実体を形成する. 胞子は好適な環境下で発芽し, 再びアメーバになる. アクラシス類では柄の細胞も発芽する. 柄になる細胞は, 他の細胞の移動分散や生存を助けるための利他行動とみなせる. このことから社会性アメーバ (social amoeba) とも呼ばれる. 一方, 有性生殖の存在がタマホコリカビ類のいくつかの種で知られる. 交配型の同じまたは異なる細胞が融合し, 周りの未融合細胞を捕食して大きくなる. やがて, 融合細胞はマクロシストを形成し, 核融合減数分裂の後, 発芽して多数の粘菌アメーバを生じる.

e **細胞性胚盤葉** [cellular blastoderm] 《同》細胞性

胞胚葉.＊表割をする胚では，卵表に達した核はさらに分裂を続けるが，最初は核周辺に細胞膜が形成されず多核の状態にあり（多核性胚盤葉），やがて核周辺に細胞膜が形成され卵表に生じる1層の細胞層をいう（⇌周縁胞胚）．ショウジョウバエでは受精後，約3時間でこの段階に達し，初期細胞性胚盤葉はおよそ6000個の核を含む．

a **細胞生物学** [cell biology] 細胞の構造と機能を研究する生物学の一分科．広義には，発生・免疫・発がんなどのより高次な生命現象をその細胞的基盤から解明しようとする研究分野をも包含する．細胞に含まれる種々の構造物（細胞小器官）の機能については，1930年代までは光学顕微鏡的形態と染色性などから推察されるにすぎなかったが，R.R. Bensley と N.L. Hoerr (1934) が細胞のホモジェネートから＊細胞分画法によってミトコンドリアだけを大量に取り出すことに成功して以来，各種細胞小器官の機能を直接生化学的・生物物理学的に調べることが可能となった．一方，電子顕微鏡の開発と技術的基盤の確立によって，細胞内の微細構造に関する知見も飛躍的に増大した．また組織培養法の確立，光学・電子顕微鏡を用いた細胞化学・免疫細胞化学，＊オートラジオグラフ法の発達と，＊位相差顕微鏡・＊偏光顕微鏡・＊微分干渉顕微鏡や微細解剖器などの開発によって，細胞内の構造についての形態的知見と生化学的・生理学的知見とを関連させることができるようになった．その結果，旧来の細胞学の枠を越えて，生きた個々の細胞または細胞集団についての実験が可能となり，細胞は生体の構造的単位であるばかりでなく，代謝・生理・発生・分化・遺伝・進化などすべての生命現象の発現の場であることが実感されるようになった．それらを一括して扱う学問ということで，細胞学よりも広汎な細胞生物学という呼称が用いられている．さらに1970年代後半から急速に発達した遺伝子工学的手法や真核細胞を対象とした分子生物学的研究も細胞生物学に大きく貢献した．＊蛍光顕微鏡や共焦点レーザー顕微鏡の発達と普及，またさまざまな蛍光色素・蛍光蛋白質を用いた検出法の確立により，細胞内での特定の分子の局在や挙動を詳細に調べることが格段に容易になり，構造と分子を関連づける知見の集積を加速した．特に1990年代後半以降爆発的に普及した＊GFPを用いた方法論は，特定の蛋白質のふるまいを生きた細胞の中で観察することを可能にし，ライブイメージングという一分野を拓くに至った．これらの分子レベルでの解析に基づいた細胞生物学という意味で分子細胞生物学（molecular cell biology）とも称されている．

b **細胞性免疫** [cell-mediated immunity] 免疫細胞により誘導される＊免疫応答．当初は食細胞による生体防御反応を意味する言葉として用いられていたが，K. Landsteiner と M.W. Chase (1942) により抗原特異的な免疫反応（この場合は遅延型過敏反応）を血清抗体によらず腹腔内の細胞によって他個体へ移せることが示され，抗体による体液性免疫（液性免疫 humoral immunity）と対比して用いられるようになった．現在では下記のような多様な細胞による免疫反応が知られ，それらを総称して細胞性免疫という．(1) $CD4^+T$ 細胞（Th1, Th2, Th17, Treg 細胞）による＊サイトカイン産生などを伴う遅延型免疫応答：炎症の惹起，抗体産生，免疫応答の抑制などを司る．(2) $CD8^+T$ 細胞による抗原特異的細胞傷害作用．(3) ＊ナチュラルキラー細胞による細胞傷害作用．(4) ナチュラルキラー細胞および＊マクロファージによる抗体依存性細胞傷害活性（antibody-dependent cell-mediated cytotoxicity, ADCC）：抗体が結合した標的細胞（腫瘍細胞など）を傷害する．(5) ＊NKT 細胞による細胞傷害作用．(2)〜(5) の反応は，サイトカイン産生をも伴う．

c **細胞説** [cell theory] 一般に，「細胞はすべての生物の構造および機能の単位であり，いわば生物体制の一次的要素である」とする説．生物体が細胞およびその形成物から成り立っていること，すなわち細胞性（cellularity）の認識は，19世紀初頭からしだいに発展してきた．植物について M.J. Schleiden (1838) はこれを明言し，また細胞の増殖機構について説をたてた．その要点は，新細胞の萌芽は既存の細胞内に生じる（細胞内細胞形成）とすることにある．彼の友人 T. Schwann (1839) は，細胞区画が明確である脊索の組織学的研究などを基礎に，動物学の領域に同様の説を適用した．Schwann によれば，各種の細胞の特有の性質は未分化細胞の分化により生じるものであり，細胞の形成・成長・分化は物理化学的に説明されるものであって，各組織に特有の生気力を仮定する必要はないという．Schleiden および Schwann の細胞説は，生物現象の原理に関する19世紀の重大発見として，しばしば C. Darwin の進化論とならべられる．細胞説の確立により原生生物（単細胞生物）はその分類上の位置が定まり，また1840年代に R.A. von Kölliker は精子と卵が単細胞であることを明らかにした．ついで R. Virchow はその著作 'Die Zellularpathologie'（細胞病理学，1858）によって病理学を細胞学の段階に還元し，細胞を単位として疾患を観察することを提唱した．また，生物個体を細胞という各個の国民からなる国家になぞらえた細胞国家説をたてた．

d **細胞接着** [cell adhesion, cell contact] 細胞が，細胞どうし，または他の物質に対してくっつくことをいう．多細胞動物では，その基本的属性として，細胞と細胞が細胞膜を介して互いにくっつきあっており（細胞間接着 cell-cell adhesion），特別な実験的処理を行わない限り個々の細胞には解離しない．動物細胞は，さらに＊細胞外マトリックスと呼ばれる非細胞性の分子複合体に接着しており（細胞−基質接着 cell-substrate adhesion），培養系では蛋白質などが吸着したガラスやプラスチックなどの表面に付着する．大部分の組織細胞は，この二つの接着様式を同時に示すが，細胞の種類によっては一方の様式だけをとるものがある．例えば，マクロファージなど白血球のあるものは互いに強く集合することはないが培養皿などには強く接着する．逆に，ある種のがん細胞には，互いによく接着するが培養皿には接着できないものがある．細胞の接着は細胞接着受容体の働きによって起き，細胞の種類による接着性の違いは発現する受容体の違いに依存する（⇌細胞接着分子）．ただし，人工的物質に対しては特定の受容体に依存しない接着も起きる．例えば，蛋白質が存在しない培養液中では，細胞はガラスやプラスチック表面に非可逆的・非特異的に接着する．また，細胞はその表面上の負電荷により，ポリカチオン（ポリリジンなど）でコーティングした培養皿に強固に接着する．この現象は，神経細胞を十分伸展させるために利用されている．一方，細胞は寒天などには接着しにくい性質をもち，寒天内培養は細胞増殖における足場依存性（⇌細胞伸展）を判定するためなどに用いら

れる．細胞の接着・接触を介してさまざまな情報の伝達・交換あるいは認識が行われ，増殖・分化・運動などの制御のために重要な役割を果たしている．植物では個々の細胞が細胞壁で被われており，細胞接着の様式は動物の場合とは根本的に異なる．

a **細胞接着斑** [focal adhesion, focal contact] FAと略記．《同》接着域，接着斑．細胞-基質間の接着性結合の形態の一つ．*インテグリン，タリン，*ビンキュリン，*αアクチニンなどが複合体を形成して，細胞内のアクチンフィラメントと*フィブロネクチンなどの細胞外マトリックスを連結している．培養細胞では，基質（ガラスやプラスチックなど）との「接着点」(focal contact)とも呼ばれる．組織学用語で接着斑あるいは半接着斑という場合，デスモソームおよびヘミデスモソームを指す場合もある．ヘミデスモソームも細胞-基質接着を担うが，ケラチンなどの*中間径フィラメントが結合している点で異なる．

b **細胞接着斑キナーゼ** [focal adhesion kinase] FAKと略記．《同》PTK2(protein tyrosine kinase 2)．細胞接着斑(focal adhesion)に存在する分子量約12万5000の*チロシンキナーゼ．細胞が*インテグリンを介して基質に接着すると，FAKの自己リン酸化が起こって397番目のチロシン残基がリン酸化される．ここにSrcファミリーチロシンキナーゼのSH2ドメインが結合して，パキシリン(paxillin)，テンシン(tensin)，p130CASなどのFAK結合蛋白質のチロシンリン酸化反応が誘導される．また，リン酸化FAKはPI3K，PLCγ，GRB7をリン酸化して活性化させ，PI3Kの活性化により，Aktシグナル伝達系が活性化する．また，FAKの925番目のチロシン残基はSrcによってリン酸化され，GRB2やSOSと結合してRasの活性化を誘導する．このような複雑なシグナル伝達反応カスケードの結果，*RhoファミリーGTPアーゼの活性化を通して，細胞骨格アクチンフィラメントの再構成が誘導され，細胞の運動性や移動性が制御される．

c **細胞接着分子** [cell adhesion molecule] 細胞の接着に関与する分子の総称．細胞と細胞の接着（細胞間接着）に関する分子(cell-cell adhesion molecule)と，細胞と細胞外マトリックスとの接着（細胞-基質接着）に関する分子(cell-substrate adhesion molecule)に分けられる．細胞間接着に関しては，*カドヘリン，*免疫グロブリンスーパーファミリーに属する多くの分子(NCAM, L1, ICAM, ファシクリンⅡ，Ⅲなど)，*セレクチンなどが知られており，それぞれ独特な分子反応により細胞膜を結合させる．一方，細胞-基質接着のために働く主要な接着分子は*インテグリンで，細胞外マトリックスに含まれる種々の因子を認識し結合する．これらの接着分子はすべて細胞膜表面にあり，一種の受容体（細胞接着受容体 cell adhesion receptor）と考えてよい．なお，インテグリンなどの結合の相手となる細胞外マトリックス分子(フィブロネクチン，ラミニン，ビトロネクチン，コラーゲン，フィブリノゲンなどの細胞接着性蛋白質 cell-adhesive protein)も広義には接着分子と呼ばれる．細胞接着性蛋白質の活性部位はアミノ酸レベルで解明されていて，RGD，YIGSRなどが知られている(→RGD配列)．それぞれの接着受容体の，細胞間接着，細胞-基質接着における機能分担は厳密なものではなく，相手となる分子(リガンド)の分布によって変わる．例えば，インテグリンのあるものは血球間の接着など細胞間接着にも関与する．また，成長因子・分化因子などが細胞膜蛋白質として存在する場合，他の細胞に分布するそれらの受容体との反応が，結果として細胞を接着させることが知られている．このように多種多様な分子が細胞接着に関与するが，それぞれの機能は異なっていると考えるのがよい．

d **細胞選別** [sorting out of cells, cell sorting] 解離した2種類以上の細胞を混合して培養したとき，それぞれが分離して集まる現象．歴史的には，2種のカイメンの細胞を解離し混合すると，それぞれ独立の集合体を形成する，あるいは，脊椎動物の任意の2種類の組織細胞を解離し混合培養すると両者が混じった集合体が形成されるが，いずれその内部で分離が起きるといった観察により発見された．同様な原理により，複数の細胞タイプから構成されている任意の一つの組織の細胞を解離後培養すると，集合体のなかでそれぞれの細胞が選別され，元の組織構造が再構築される（組織再構築 tissue reconstruction）．原則的には，すべての多細胞動物の細胞がこのような性質を示し，多種多様に分化した細胞が一つの個体の中で秩序ある配列で存在するための基本的な性質であるとみてよい．その機構として少なくとも次の二つが考えられる．(1)細胞は相手を選ばずに接着できる非特異的接着性と，同じ細胞どうし，または特定の細胞に対してだけ接着できる選択的接着(selective adhesion)性または特異的接着(specific adhesion)性をあわせもち，後者の作用により細胞選別が起きる．これには，さまざまな*細胞接着分子が関与するが，*カドヘリンの役割は重要であると考えられている．異なるタイプの細胞は異なるカドヘリンを発現しており，同じカドヘリン間の特異的な相互作用により，同じ細胞どうしが選択的に接着する．(2)細胞の種類によって細胞間の接着の強さに量的な差があり，2種類の細胞を混ぜると接着度の高い細胞が熱力学的過程として集合体の内側に位置する．これを差次接着仮説(differential adhesion hypothesis)という．このように，細胞の種類による接着性の質的・量的違いが細胞選別を引き起こすと考えられている．(→細胞解離, →細胞接着, →細胞集合)

e **細胞測光法** [cytophotometry] 細胞内の物質の分布や細胞の状態などを顕微光度計(microscope photometer)を用いて調べる方法．各種の染色・呈色反応を利用し，光の透過率，蛍光やラマン光強度などが測定される．二次元画像を撮ることができる電子撮影装置の発達と共に，応用が急速に進んでいる．

f **細胞定数性** [cell constancy] 《同》核定数性(nuclear constancy)．輪形動物や線形動物において，体を構成する細胞の総数（多くの種で1000程度）と，各器官を構成する細胞数(核数)とが，種内のすべての個体で一定である現象．したがって，失われた部分の再生や分裂による無性生殖などは行われない．

g **細胞内消化** [intracellular digestion] 《同》食細胞性消化 (phagocytotic digestion)．細胞内に食作用によって固形食物（一般には径$0.1 \mu m$以上の大きさのもの）をとりこんで消化すること．消化管内などでそれを完了する細胞外消化(extracellular digestion)と対する．完全動物性栄養を営む原生生物では必然的に唯一の消化方法であり，アメーバ様摂餌法(→食作用)によって(根足虫類や鞭毛虫類)，または細胞口を通して(繊毛虫類)，

細胞質内に摂取された食物粒子(通例は細菌その他の微生物体)は,一定期間細胞膜で形成された小胞(*食胞)内で消化・吸収をうけ,残物(糞)は任意もしくは特定の体表部位(*細胞肛門)から体外に出される.消化は,周囲の細胞質から食胞内に分泌される消化液によって行われ,消化産物は胞壁を通して細胞質中へ吸収され,その点では細胞外消化と本質的な差異がない.原生生物では,消化酵素としてプロテアーゼやリパーゼが検知されている.海綿動物の栄養は襟細胞の細胞内消化に依存し,刺胞動物・扁形動物・斧足類などでは腸上皮細胞がこの消化を行う.カタツムリやナマコ類でも細胞内消化が重要な役割を果たしている.なお白血球の食作用の意義は栄養摂取ではなく個体の防衛にある. (⇒ファゴソーム)

a **細胞内電極** [intracellular electrode]　細胞内に挿入して*膜電位の測定や電気刺激を与えるのに用いる*微小電極.はじめは鎌田武雄ら(1934)により開発され,巨大植物細胞や原生生物の細胞に用いられた.後に A. L. Hodgkin ら(1939)や K. S. Cole ら(1940)は,ヤリイカ(*Loligo*)の巨大神経繊維に径約 100 μm のガラス毛細管電極を繊維断端から縦に挿入し,細胞外に置いた他の極との間に静止電位と活動電位を測定することに成功した.その後 G. Ling と R. W. Gerard (1949)はガラス電極の径を 0.5 μm 以下にすれば種々の神経や筋肉の繊維に横から挿入して安定した膜電位が測れることを明らかにし,さらに W. L. Nastuk と Hodgkin (1950)がこのような電極を通して*活動電位を記録することに成功して以来,広く応用されている.卵細胞など比較的大形な細胞で,活動に伴う電位差変動が同様な方法で直接測定されている. (⇒パッチクランプ法)

b **細胞内凍結** [intracellular freezing]　細胞の内部に氷ができること.細胞の凍結様式の一つ.細胞内凍結が起こるプロセスは少なくとも二通り考えられている.一つ目は,*細胞外凍結が生じた細胞表面に氷が接したとき,冷却速度が大きいと,氷が接した部分から原形質の凍結が始まり,瞬間的に全細胞に拡がる.このとき細胞の過冷却が進んでいるほど細胞内にできる氷晶はこまかく,数が多くなる.二つ目は,はじめから非常に急速に冷却されると細胞内でも自発凍結が起こる.一般に細胞内凍結はその細胞生存にとって致命的である. (⇒細胞外凍結, ⇒器官内凍結)

c **細胞内パンゲン説** [intracellular pangenesis]　遺伝にかかわる*形質発現の基礎は,核から細胞質に一方向的に移動する粒子によるとする説.H. de Vries (1889)の提唱.C. Darwin の*パンゲネシスにおいて,自己増殖性の粒子とされたジェミュールは,各体細胞から生殖細胞に運ばれると仮定されているが,de Vries はジェミュールからこの性質を取り除いた仮説的粒子をパンゲン(独 Pangen)と呼んだ.これは主として核内で増殖し,細胞質内に入り,そこでもいくらか増殖して,形質発現の基礎となる.細胞質内のパンゲンは,核には戻りえない.パンゲンは細胞分裂に際し娘細胞に伝えられる.

d **細胞内分泌細管** [intracellular secretory canaliculus]　個々の腺細胞において腺腔に通じる細胞膜の深い陥凹.分泌物はまずここに分泌されてから腺腔に向かう.哺乳類の胃腺の塩酸分泌細胞すなわち*傍細胞にその例が見られる.

e **細胞内膜系** [endomembrane system]　真核細胞内に存在する膜構造のうち,*小胞輸送で連絡されている膜系を指す.細胞内膜系に含まれる細胞小器官は*小胞体,*ゴルジ体,*エンドソーム,*リソソーム,*液胞などである.小胞体と連続している核膜および細胞膜も細胞内膜系に含む.真核細胞の細胞内膜系は,進化の過程で原核細胞の細胞膜の陥入により形成され発達してきたと考えられている.

f **細胞内輸送** [intracellular transport]　細胞内における物質輸送.対象とされる物質はアミノ酸,イオンなどの低分子と,蛋白質,核酸などの高分子に大別される.輸送の方法としては,輸送蛋白質によるもの,膜を横切る輸送,膜小胞に運ばれる輸送など,多様なものが考えられる. (⇒小胞輸送, ⇒サイトーシス, ⇒シグナルペプチド)

g **細胞内レチノイン酸結合蛋白質** [cellular retinoic acid binding protein]　CRABP と略記.細胞質に存在するレチノイン酸と結合する蛋白質.レチノイン酸の作用の発現は核内レチノイン酸受容体によることから,CRABP はレチノイン酸の濃度や代謝の調節に関与するとみられる.タイプⅠとⅡとがある.

h **細胞培養** [cell culture]　広義の組織培養の一様式で,器官・組織片を物理的あるいは化学的に処理して細胞に解離して,これをガラスあるいはプラスチックの器内で培養する方法.細胞の解離には,器官・組織片を機械的にほぐしたり,EDTA(エチレンジアミン四酢酸)で2価の陽イオンを除いたり,トリプシンなどの蛋白質分解酵素で処理したりする. (⇒細胞解離, ⇒培養細胞)

i **細胞板** [cell plate]　植物細胞の細胞質分裂に際し,*隔膜形成体の働きにより形成され,核分裂後の細胞質を二分する板状の構造.隔膜形成体微小管により赤道面に集められたゴルジ体起原の小胞と小胞体起原の小胞,さらに細胞膜由来の小胞の融合により形成され,遠心的に成長し,*前期前微小管束の現れた位置で親細胞の細胞壁と融合する.β-1,3-グルカン,キシログルカンを主成分としている.*エンドサイトーシスにより回収された既存の細胞壁成分も含むことが明らかにされている.

j **細胞バンク** [cell bank]　《同》セルバンク,細胞銀行.種々の培養細胞株を維持管理し,研究者の要請に応じてそれらを提供する機関.医学,生物学研究にはさまざまな培養細胞株が研究材料として必須である.アメリカ合衆国には ATCC (American Type Culture Collection)や NIGMS (National Institute of General Medical Sciences)の Human Genetic Mutant Cell Repository があり,前者はほとんどあらゆる種の動物培養細胞,正常および遺伝疾患由来のヒト皮膚繊維芽細胞,がん細胞株,*ハイブリドーマ細胞などを保持し,後者はヒト遺伝疾患由来の皮膚繊維芽細胞やリンパ芽球様細胞などを中心に維持管理している.日本でもいくつかの細胞バンクがあるが,なかでも JCRB (Japanese Collection of Research Bioresources)や RCB (Riken Cell Bank 理化学研究所細胞銀行)が中心的役割を果たしている.

k **細胞標識** [cell marking]　多細胞生物に対して,ある特定の細胞(細胞群)の役割・振舞いなどを追跡調査するために,対象となる細胞(細胞群)に標識をつけること.カーボン粒子などを細胞に付着させる方法,ニュートラルレッドなどによる*局所生体染色,放射性同位元素を取り込ませる方法,細胞内に蛍光標識物質(蛍光デキストラン,GFP など)を注入したり発現させたりする

方法，細胞膜に脂溶性蛍光物質（DiI, DiO など）を取り込ませる方法など，さまざまな方法で細胞（細胞群）を直接標識する．このほか，Cre-loxP システムなどの遺伝子組換え技術を利用し，特定の遺伝子を発現する細胞（細胞群）を標識する方法もよく利用される．

a **細胞不死化** [immortalization of cell] 細胞培養の条件下で動物細胞が増殖しつづけるようになること．一般に，動物の細胞は細胞培養条件下では，たとえ高い増殖能を保持している細胞種であっても，何回かの分裂増殖の後やがて死滅する（*ヘイフリック限界）．細胞の分裂回数（細胞寿命）は，その種の最大寿命に比例するという説があり，例えばヒト繊維芽細胞の場合は 50〜60 回である．しかし，特定の培養条件下で長期間培養維持しつづけると，まれに半永久的に増殖活性を発現するようになった細胞が出現することがある．また，ウイルス感染によるトランスフォーメーションによっても細胞が半永久的な増殖活性を獲得することがある．例えば，正常細胞に培養下で SV40 ウイルスの T 抗原遺伝子を導入することで，分化形質発現を維持させた状態で不死化できる．がん化した細胞は，培養条件下でも比較的容易に不死化する．細胞不死化の機構にはテロメア（テロメラーゼ）が関係している．

b **細胞分化** [cell differentiation] 多細胞生物において，1個の細胞に由来する細胞集団が，形態的・機能的に質的な差をもった二つ以上の型の細胞に分離する過程，または，ある細胞が成熟した機能細胞へと特殊化する過程．前者と後者の過程は多くの場合，並行して進行する．すなわち，細胞は異なる型の細胞へと段階的に分離しながら，特定の形態・機能を獲得し，成熟した細胞となる（⇒分化）．細胞分化の過程では，共通のゲノムをもつ細胞が，細胞型ごとに異なる組合せの転写制御因子群を発現，その制御の下で細胞型に特異的な形質（分化形質）を発現するに至る．分化した，あるいは分化途中の細胞におけるこれらの遺伝子発現様式は，DNA メチル化などのエピジェネティック制御機構（⇒エピジェネティクス）によって安定して維持されるため，特に動物細胞では最終分化した細胞が別のタイプの細胞に変わることは例外的にしか起こらない（⇒分化転換，⇒脱分化，⇒化生）．細胞分化は発生過程で起こるほか，成体においても組織幹細胞に由来する細胞で起こる．最終分化した細胞には増殖可能なものと不可能なものがあるが，前者の場合でも増殖の際にはいったん脱分化する細胞が多い．

c **細胞分画法** [cell fractionation] 細胞を破壊して，核・ミトコンドリア・ミクロソームなど細胞内のいろいろな細胞小器官や構成要素を分離する方法．まず細胞をショ糖などで密度を大きくした溶液などの中でホモジナイザーで機械的に破砕する．これを細胞破砕（cell homogenization）といい，破砕物を*ホモジネートという．ついでホモジネートをそれぞれの構造物の大きさ・形・密度などの違いを利用して分ける．これには試料に異なる遠心力を段階的に作用させて分画していく分画遠心法（differential centrifugation）と濃度勾配（密度勾配）をつけた分画液の上または下に試料を重層して遠心する*密度勾配遠心法とがある．前者は主として構造物の大きさ，後者は密度の違いによって分離するもので，前者の方法で得られた粗分画を後者の方法で精製することも多い．また電荷の違いを利用する無担体電気泳動法（carrier-free electrophoresis）で分けることもある．このようにして得られた分画について生化学的分析を行うことによって，細胞の種々の構造物の構成と機能についての知見が飛躍的に増大した．

d **細胞分裂** [cell division] 1個の細胞（母細胞）が2個以上の細胞（娘細胞）に分かれる現象．これにより核をはじめ細胞小器官が，2個の娘細胞に分配される．特に核内容，染色体の分配（核分裂）が細胞の分割（*細胞質分裂）に先行して起こる．核分裂の形式は通常，*有糸分裂である．細胞が分裂している時期を M 期または分裂期といい，さらに前期・前中期・中期・後期・終期に分ける．しかし細胞が分裂という形態変化を起こす以前に，細胞分裂のための細胞内物質，特に染色体の DNA，RNA および分裂に必要な蛋白質のほとんどは，前期のはじまる以前の S 期から G_2 期にすでに合成・複製を完了している．また中心体などは G_1 期から G_2 期に複製される．真核細胞において細胞分裂を開始させるための引き金は*サイクリン B-CDK1 である．単細胞生物では，細胞分裂は個体の増殖を意味する．なお，細胞質分裂を細胞分裂ということもあるが，両者は区別すべきである．（⇒細胞周期，⇒分裂装置，⇒収縮環）

e **細胞分裂抑制因子** [cytostatic factor] CSF と略記．脊椎動物卵の成熟分裂（減数分裂）において，細胞周期の進行を第二減数分裂中期（Meta-II）に停止させる因子．元来はカエルの未受精卵を Meta-II で停止させる細胞質的活性として同定された．その活性は第二減数分裂期に出現し，受精時に消失する．CSF の分子的実体は，c-mos がん遺伝子産物（Mos）を頂点とする Mos-MEK-MAPK（MAP キナーゼ）-p90Rsk キナーゼ経路（Mos-MAPK 経路）とそのエフェクター蛋白質である Emi2（別称 Erp1）からなる．Emi2 は p90Rsk によるリン酸化でサイクリン B の蛋白質分解系（*後期促進複合体）を強く抑える．その結果，サイクリン B-CDK1 の活性を維持して Meta-II での停止をもたらす．この停止は受精時にカルシウムシグナルによる Emi2 の分解（よってサイクリン B の分解）で解除される．なお無脊椎動物の未受精卵は Meta-II 以外の時期で停止するが，多くの場合この停止にも Mos-MAPK 経路が関与している．未受精卵の分裂停止の生物学的意義は，停止の時期にかかわらず，単為発生の抑制にあるとされる．（⇒MPF，⇒卵成熟）

f **細胞壁** [cell wall] 植物細胞の細胞膜の外側に構築される細胞装置．有胚植物（コケ植物と維管束植物）では結晶性のセルロース微繊維が平面状に配置された網状構造が骨格となり，その間隙を複数種のマトリックス高分子の網状構造が埋めるように配置される．維管束植物では*一次細胞壁と二次細胞壁の区分が明確である．一次細胞壁は*細胞伸長の制御や細胞間の接着，情報伝達などの役割を担うのに対して，二次細胞壁は組織・器官の支持，通導，防水，傷害や病害防御などの機能を担う．コケ植物や藻類は二次細胞壁をもたない．藻類の細胞壁は有胚植物のそれと大きく異なり，緑藻では β-1,3/1,4-キシランや β-1,4-マンナン，褐藻ではアルギン酸などの酸性多糖，紅藻ではアガロースやカラゲナンなどが主要な細胞壁成分である．藻類にはセルロース微繊維をもたないものが多く，もつ場合でも結晶構造は有胚植物とは異なる．セルロース微繊維は，細胞膜上の*セルロース合成酵素複合体により合成される．合成装

置は，細胞膜直下の*表層微小管に沿って，細胞膜上を移動し，その軌跡に沿って，細胞壁の最内面にセルロース微繊維が沈着する．一方，細胞壁マトリックス高分子である*ヘミセルロースとペクチン，*ヒドロキシプロリンリッチ糖タンパク質などの細胞壁タンパク質は，細胞内で合成されたのち細胞壁中に分泌される．セルロース微繊維とマトリックス高分子は，細胞壁中で水素結合やイオン結合，共有結合などにより，直接あるいは間接的に相互作用し，高次の網状構造を形成する．被子植物では，ヘミセルロースの成分であるキシログルカンがセルロース微繊維と水素結合により部分的に接着することにより微繊維間を架橋し，セルロース/キシログルカン網状構造をつくる．キシログルカン架橋は，*エンド型キシログルカン転移酵素/加水分解酵素によるつなぎ換え反応と加水分解反応のバランスで動的な平衡状態に保たれている．ペクチンはイネ目以外の被子植物の主要なマトリックス多糖で，ホモガラクツロナン(HG)とラムノガラクツロナンⅠ(RGⅠ)，ラムノガラクツロナンⅡ(RGⅡ)の三つのドメインからなる．HGドメイン間はCa^{2+}を介して架橋され，RGⅡドメイン間はホウ素を介して架橋され，巨大なペクチン網状構造を形成する．この網状構造はセルロース/キシログルカン網状構造の間隙を充填して細胞壁の力学特性を高める働きを担うと考えられている．ペクチンメチルエステラーゼ(⇒ペクチンエステラーゼ)やエンドポリガラクツロナーゼ(endopolygalacturonase)がペクチン網状構造の制御に関わる．イネ目の細胞壁ではキシログルカンとペクチンの量比が少なく，キシランや$β$-1,3/1,4-グルカンが多いことから，後者の多糖類がセルロース微繊維間の架橋や充填性多糖の役割を担う可能性が考えられる．ヒドロキシプロリンリッチ糖タンパク質やグリシンリッチタンパク質などの細胞壁タンパク質はチロシン残基間でジイソジチロシンによる分子間架橋を形成して重合し，巨大な構造タンパク質の網状構造を形成する．二次細胞壁に特徴的なリグニンやスベリン，表皮細胞の表面に分泌されるクチンやワックスはいずれも疎水性の高い化合物の重合体で，二次細胞壁を疎水性にし，維管束の通導機能，器官の病害耐性・乾燥耐性など，維管束植物に固有の役割を担う．なお，細菌の細胞壁については，⇒ペプチドグリカン．

a 細胞壁合成阻害剤 [cell wall synthesis inhibitor] 細菌の細胞壁合成を阻害する抗生物質の総称．ヒトを含む哺乳類は細胞壁構造をもたないため，ヒトに対する毒性が低く，選択毒性に優れたものが多い．ホスホマイシンは，細胞壁合成の初期段階の反応であるUDP-GlcNAc-ピルビン酸転移酵素(UDP-GlcNAc-pyruvate transferase)を阻害．サイクロセリンは，D-アラニン(D-Ala, DAla)と構造が類似し，UDP-MurNAc-ペンタペプチド(UDP-MurNAc-pentapeptide)のDAla-DAlaの生合成に関与するアラニンラセミ化酵素(alanine racemase)やD-アラニル-D-アラニン合成酵素(DAla-DAla synthetase)を阻害．*ペニシリンGやセファロスポリンをはじめとする*β-ラクタム系抗生物質は，*ペプチドグリカンの架橋酵素トランスペプチダーゼ(transpeptidase)を阻害する．この他にも，ペプチドグリカンの重合酵素トランスグリコシダーゼ(transglycosidase)を阻害するバンコマイシン(⇒グリコペプチド系抗生物質)や，ペプチドグリカン合成の前駆物質となるリピドⅡを運搬するC55リピドの再取込みを阻害する*バシトラシンなどが知られる．

b 細胞変性効果 [cytopathic effect] CPEと略記．ウイルスが組織培養細胞に感染した結果生じる円形化や*膜融合などの細胞の変化．この変性効果を利用してウイルスの定量ができる．一般に腫瘍ウイルスはこのCPEが弱いか，あるいはCPEを示さない．

c 細胞崩壊 [cytolysis] 《同》細胞分解，細胞溶解．細胞膜が機能を失って，細胞内容物が水中に分散あるいは溶解する現象．諸種の原因で細胞膜の消失・破壊が引き起こされる．細胞壁をもたない動物細胞で主に見られる．植物細胞では原形質吐出(⇒原形質分離)と呼ばれる現象に相当する．細胞内酵素の抽出に利用される．赤血球の場合は溶血現象と呼ばれる．

d 細胞飽和密度 [cell saturation density] 培養細胞が増殖して，培養液単位容積あるいは培養容器底面単位面積当たり，到達しうる最大の細胞密度．正常組織に由来する培養細胞は飽和密度が低く，これががんウイルスなどによって*トランスフォーメーションを起こすと増殖の接触阻止性が失われて著しく高まるので，トランスフォーメーションの一つの尺度とされる．(⇒接触阻止)

e 細胞膜 [plasma membrane, plasmalemma] 《同》形質膜，原形質膜．*原形質の外表面を直接包む膜構造．その存在は電子顕微鏡観察による以前にも，細胞が半透性をもっていること，針で細胞表層を傷つけることにより細胞質が流出することなどによって推定されていた．J. F. DanielliとH. A. Davson(1935)は，細胞膜は脂質の二重層からなり，各脂質は親油性の炭素鎖を内側へと向けて向かい合って平行にならび，この脂質層の外側はいずれも蛋白質分子で被われているとみた．その根拠には，(1)*赤血球膜から分離した脂質で水面上に単分子膜を作らせたとき，脂質の占める面積はちょうど赤血球の表面積の2倍となる．(2)油の水に対する表面張力15 dyn/cmに比べ，赤血球・ウニ卵などの表面張力は0.2〜0.8 dyn/cmとはるかに低い，などがある．この境界膜の存在は電子顕微鏡により初めて確証された．その構造は真中の明るい1層をはさんでこれとほぼ同じ厚みをもった暗い二つの層からなる三層構造であり，全体の厚みは8〜10 nmである．J. D. Robertson(1960)はこの基本構造がすべての細胞の細胞膜，さらに核・ミトコンドリア・小胞体・ゴルジ体などの細胞小器官の膜にも存在することから，この三層構造を単位膜(unit membrane)と呼んだ．そのモデルとしては，Danielli-Davsonのモデルと類似のものを考えた．さらに，S. J. SingerとG. L. Nicolson(1972)は*流動モザイクモデルを提唱し，*脂質二重層の中に蛋白質が入り混じったモザイク構造をとり，両者が膜内を浮遊して拡散により移動できるとしている．膜の内部は*フリーズフラクチャー法を用いて電子顕微鏡で観察した結果，蛋白質分子と考えられる粒子構造が分布しており，その分布密度は細胞膜では内側に高く小胞体膜や核膜では外側に高い．また，脂質の構成も2層の単分子層で大きく異なっている．すなわち膜には構造の非対称性が見られる．細胞膜には*選択透過性・*被刺激性・*生体電気発生・*食作用・*能動輸送・*免疫特性の発現など，細胞の生活にとって極めて重要かつ複雑な機能が帰せられる．これらの膜機能の一部を人工膜で再現する方向の研究が行われている．(⇒生体膜，⇒脂質二重層，⇒細胞外被)

サイユウホ　533

a **細胞膜裏打ち構造**　[plasmalemmal undercoat]　細胞膜を細胞質側から裏打ちしている支持構造．膜骨格 (membrane skeleton) とも呼ばれる．典型的な裏打ちは，超薄切片の電子顕微鏡像で細胞膜直下の暗黒構造として見え，有髄神経軸索の起始部や絞輪部のように，多くは細胞膜の機能局在と密接な関係にある．裏打ち構造は主として膜の表在性蛋白質(⇒膜蛋白質)からなる．赤血球の場合はスペクトリン，アクチン，バンド 4.1，アンキリンで骨格構造をつくり，アンキリンが内在性蛋白質バンド 3 に結合している(⇒赤血球膜)．細胞膜に対する裏打ち構造の役割としては，(1)膜に対する硬さ・強さ・弾力性を与える，(2)膜内蛋白質や膜脂質の分布を規制する，(3)細胞骨格の付着部位として働く，などが考えられている．

b **細胞モデル**　[cell model]　[1] 一般に広く細胞の構造や形状を模式化したもの．細胞間相互作用や，機能と構造や形態との関連性を明らかにするために便宜的に考えられた細胞のモデルをいう．また*リポソームなど細胞の機能の一部をもった人工的な顆粒をいう場合もある．[2] 細胞の運動に関与する構造(収縮構造)を，その構造と機能を保持したまま残し，膜構造や細胞質の可溶性部分を取り去ったもの．通常は*筋細胞モデルに対して非筋細胞の場合を細胞モデルということが多い．細胞をグリセリンや界面活性剤で処理すると，細胞膜は破壊され，興奮性を失う．また細胞内の可溶性成分は流出し，細胞の支持構造や運動に関与する構造だけを残すことができる．このようにして得られた細胞モデルでは外液の組成を変化させることによって，細胞運動にあずかる構造への各種イオンや薬物の影響を直接調べることができることから，運動機構の解明に役立っている．骨格筋のグリセリンモデル，すなわちグリセリン筋に Mg^{2+} と ATP を加えることによって収縮することを観察した(⇒筋肉モデル)のが最初であるが，その後繊維芽細胞，粘菌，精子，ツリガネムシなどに広く応用されている．使用される界面活性剤は，サポニン，非イオン系界面活性剤のトリトン X-100 (Triton X-100) やノニデット P-40 (Nonidet P-40) などがあり，これらはグリセリンに比べて短時間(数十秒から数十分)の処理でよい．特にトリトン X-100 は精子やゾウリムシに適用されて，鞭毛・繊毛運動の解析に役立っており，これで処理したモデルをトリトンモデル(Triton model)という．[3] J. von Neumann の発明した*自己増殖機械．

c **細胞融合**　[cell fusion]　《同》プロトプラスト融合，サイトガミー(cytogamy)．2 個以上の細胞が融合して 1 個の細胞となること．生体内では受精や筋管形成などで認められる．後者は核の融合を伴わず，多核化した細胞(合胞体，*シンシチウム)を生じる．合胞体形成は破骨細胞や胎盤の栄養膜合胞体層などにも観察される．岡田善雄ら(1957)は HVJ(センダイウイルス)が宿主細胞の合胞体形成を促すことを明らかにした．これを契機として異種細胞の融合や雑種細胞の選抜を行う技術が開発され，細胞工学技術の一つとして重要な位置を占めるとともに，遺伝子マッピング(⇒染色体マッピング)をはじめとする細胞遺伝学的手法の確立につながった．不活化した HVJ を用いる方法のほか，ポリエチレングリコールやポリビニルアルコールなどの化学物質，電気刺激，機械刺激を用いる方法がある．代表的な応用例として，抗体産生細胞と骨髄腫細胞のハイブリドーマを用いた*モノクローナル抗体の産生や，植物ではポマト，オレタなどの体細胞雑種や*細胞質雑種の作出などがある．

d **細網細胞**　[reticulum cell, reticular cell]　骨髄，脾臓，リンパ節などの造血組織あるいはリンパ系器官の骨組としての結合組織，すなわち細網組織(網状組織 reticular tissue，細網性結合組織 reticular connective tissue)を形成する星芒状の細胞．それらが糸状ないし薄板状の細網繊維で支えられている．紡錘形あるいは星形の細胞で，突起部分が互いにつながって網目状となり，血球やリンパ球を保持．機能や表面形質の違いなどから数種に分けられる．(⇒細網内皮系)

e **細毛体**　[capillitium]　[1] 多くの変形菌類に見られる，柱頭または胞子嚢柄の着点から発達する分枝した毛状の構造体．胞子嚢内の原形質体に胞子形成の分割が起こる前に，その内部に管状の腔所が網状に発達し，その腔内に分泌物が固まって細毛体となり，胞子を互いに隔てて保持する．モジホコリ科(Physaraceae)では一様の太さとならず，ところどころに広い腔所があり，原形質中の石灰粒が多くの腔所に集積し，*石灰節を形成する．また胞子嚢の外皮からそれに接して生じた細毛体様の構造は区別して*偽細毛体という．これらは属や種に固有の形を呈し，胞子とともに変形菌類の分類上主な標徴とされる(例：ヌカホコリ属 *Hemitrichia* の細毛体はらせん紋，ウツボホコリ属 *Arcyria* はいぼ状紋など)．[2] 担子菌類の腹菌類子実体のグレバ中の毛状構造．これはグレバ実質中の厚壁の菌糸で，子実体が成熟してその内部組織が崩壊しても細毛体は残って，間に胞子を保持している．(⇒胞子)

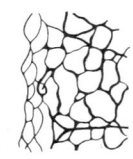

ムラサキホコリ属 (*Stemonitis*) の細毛体

f **細網内皮系**　[reticuloendothelial system]　《同》網内系．リチウムカーミン，トリパンレッド，トリパンブルーなどのコロイド色素，あるいは墨汁の炭素粒子を動物体に注射したとき，これらを活発に捕食することによって生体染色される細胞の総称．L. Aschoff (1924) の命名．彼は色素を静脈注射したとき，脾臓やリンパ節の樹枝状突起をもった細胞(これが組織の網目構造 reticulum を形成していると考えた)と，血洞(血管洞 blood sinus) の内皮細胞 (endothelial cell) およびリンパ洞 (lymph sinus) の洞内皮細胞 (sinus endothelial cell, 沿岸細胞 littoral cell) が主に生体染色されることから，体内で同様の反応が見られる細胞(細網細胞など)を細網内皮系と総称した．一方，後に単核食細胞系が提唱されてからは，細網内皮系は単核食細胞系と比べ食作用が弱いこと，定義やそれが包括する実体もあいまいなことから，現在では食細胞の定義としては用いられない．(⇒単核食細胞系)

g **サイモンズ**　Simons, Elwyn LaVerne　1930〜　アメリカの人類学者．インド・パキスタンなどで化石類人猿の発掘，エジプトのファイユームで初期の真猿類 *Aegyptopithecus* の発掘を行う．化石霊長類の分類を広く検討，ラマピテクス(*Ramapithecus*)を最初のヒト科で，すなわち直立二足歩行と考えたが，後に否定された(⇒ラマピテクス論争)．[主著] Primate evolution, 1972.

h **最尤法**　[maximum likelihood procedure]　《同》最尤推定 (maximum likelihood estimation)．データ値が

実現する確率すなわち尤度(likelihood)を未知パラメータの関数として表現し、これを最大化することによりパラメータを推定する方法. 情報理論からの基礎づけがなされている. 尤度関数(likelihood function)の最大化は，通常数値的に行われるためしばしば計算に時間がかかるが，統計モデルを記述すれば，どのような問題も統一された方式で推定されるのが最大の利点である. 種々の性質の異なるデータを併せて分析することも可能とする. コンピュータの普及により多くの分野で幅広く適用されている. データの量が膨大で，複雑化してくると，パラメータ数の少ない簡単なモデルでは対象を表現しきれない場合がある. こうしたときは，パラメータに分布を導入し，母集団の構造を分集団の構造の分布として捉える*ベイズ推定が効力を発揮する.

a **在来種** [native species, indigenous species] ⇒外来種

b **在来品種** [（植物）landrace local variety, native variety（動物）local breed, local race]《同》地方品種. 近代育種が始まる以前にそれぞれの地域で育成され保存されてきた品種. 一般に長い期間の自然淘汰によりそれぞれの地方の環境条件に適応した型として成立している. まだかなり豊富な遺伝的変異を含んでおり，各種の抵抗性遺伝子を保有していることなどから，育種材料や遺伝資源として貴重である. 世界各地の在来品種を収集することは，遺伝資源保存事業の重要な活動の一つであるが，市街化，環境破壊，耕地の転用，近代品種の画一的普及により在来品種が急速に失われつつある. 在来品種に対して，育種によって作り出された品種を育成品種（改良品種 improved variety, improved breed）という.

c **催リンパ剤** [lymphagogue] 血漿に対する毛細血管の透過性を増大してリンパの形成を促進する物質. ペプトン，ツベルクリン，ヒル抽出液などがその例で，これらを循環系中に注入すると，毛細血管の透過性は一時わずかに上昇するだけなのにリンパの形成は著しく増加する. このとき透過性を増大させリンパ形成を増すのは主として肝臓毛細血管である.

d **鰓裂** [gill slit, gill cleft, branchial cleft, branchial slit]《同》鰓孔. [1] 脊椎動物胚の咽頭から外界に開口する裂孔，またはそれに由来する構造. 脊椎動物の咽頭胚において，咽頭の左右の側壁（内胚葉）が前後の方向に一定の間隔をおいて数対，外方に向かって膨出する. この内胚葉性の嚢状構造を咽頭嚢(pharyngeal pouch)といい，成体の内臓嚢(visceral pouch)，または広義の鰓嚢(gill pouch, branchial pouch)をもたらす. 咽頭嚢は外側へ膨らみ体表の外胚葉に接触する. 外胚葉のこの部位にも，咽頭溝(pharyngeal groove)，または広義の鰓溝(branchial groove)という浅い凹みが現れる. 動物により一定の部位では咽頭嚢と咽頭溝の間の隔壁が失われ，外通し，その開通部を咽頭裂(pharyngeal cleft)という. 成体ではこれを内臓裂(visceral cleft)または鰓裂という. また咽頭裂によって分節された背腹方向に弓状をなす部分を咽頭弓(pharyngeal arch)といい，呼吸に関わる鰓弓(branchial arch, gill arch)を含めた内臓弓一般をもたらす. 内臓弓・内臓嚢(および内臓裂・内臓溝)とも前方より順次，第一，第二と順位をつける. 第一内臓弓は顎弓(顎骨弓)，第二内臓弓は舌弓(舌骨弓)といい，それに応じ両内臓弓にはさまれた第一内臓裂を舌顎裂(hyomandibular cleft)という. 第二内臓裂以下を鰓裂(開通前には鰓嚢と鰓溝よりなる)，またそれぞれ前方より第一，第二と順位をつけて鰓弓という. 内臓弓の内部には内臓骨や動脈弓(aortic arch)が通じ，魚類や両生類幼生など水生のものでは，その鰓裂に面した前後の壁に多数の鰓弁を生じ呼吸器官となる. 鰓弓は鰓裂間で鰓間隔壁(interbranchial septum)ともいうが，狭義には骨格のみを指すことも少なくない. 鰓裂も魚類の成体では体外側および咽頭に面する部位を区別してそれぞれ外鰓裂，内鰓裂と呼ぶ. 咽頭裂(開通しないものも含めて)の数は動物種により異なり，ヌタウナギ類では6〜14対，ヤツメウナギ類では7対，軟骨魚類では6(まれに8)対，硬骨魚類・両生類・爬虫類では5対，鳥類・哺乳類では4対. 羊膜類では鰓は形成されず，咽頭嚢は間もなく閉じる(ヒトでは胎生3.5〜7週に咽頭溝が認められる). 羊膜類胚に咽頭嚢が見られることは，しばしば生物発生原則の例とされるが，これらは無羊膜類と同様に血管・頭部骨格・鰓性器官の形成に機能する. 胚咽に由来する一連の器官を咽頭派生体(pharyngeal derivatives)といい(図)，特に咽頭嚢に由来するものを咽頭嚢派生体，もしくは鰓性器官(branchiogenic organ)と呼ぶ(⇒鰓残体). 多くは内分泌器官で，咽頭底より生じる甲状腺のほか，咽頭嚢に由来する胸腺，副甲状腺，頸動脈球，鰓後体を数える. 舌顎嚢は陸生のものでは*中耳の鼓室とエウスターキョ管を形成する. 一般に咽頭弓に由来する分節繰返し構造を鰓弓分節性(branchiomery)と呼ぶ. [2] 鰓裂は尾索動物・頭索動物・半索動物にも存在する. 尾索動物(ホヤ)では鰓裂数は極めて多く，横および縦の列をなす. 頭索動物(ナメクジウオ)の鰓裂は咽頭の左右に前後の方向に1列に並び最高60対に達し，ともに咽頭から直接外界に連絡せず，鰓部を囲む囲鰓腔に出て囲鰓腔門より外界に排出される. 半索動物(ギボシムシ)では鰓裂は咽頭と外界とを直接連絡し，ギボシムシのそれは60〜100対に達し，胴部の前方の背側面に2列に並ぶ. 各鰓裂の中央に舌状物があり，裂け目はU字形をなす.

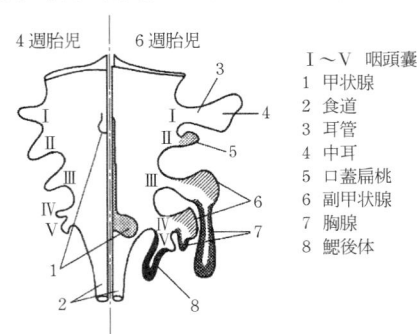

4週胎児　6週胎児

I〜V　咽頭嚢
1　甲状腺
2　食道
3　耳管
4　中耳
5　口蓋扁桃
6　副甲状腺
7　胸腺
8　鰓後体

ヒト胎児の咽頭派生体の起原

e **鰓籠**(さいろう) [gill basket, branchial basket] [1] ヤツメウナギ類に独特の骨格部分で，*鰓の流出管を囲み軟骨からなる複雑な籠状の構造. 鰓を保護する機能がある. ただしヌタウナギ類では痕跡的. [2] 脊椎動物胚において，頭部の鰓弓列によって構成される咽頭の籠状構造の総称.

f **サイロスティミュリン** [thyrostimulin] *下垂体ホルモンの一つで，*黄体形成ホルモン(LH)，*濾胞刺激

ホルモン(FSH), *甲状腺刺激ホルモン(TSH)に類似した糖蛋白質ホルモンであり, TSH受容体を活性化する. 糖蛋白質ホルモンを構成するαサブユニット(GPA)およびβサブユニット(GPB)のうち, GPA2およびGPB5(それぞれ$α_2$および$β_5$と呼ばれる)からなる. 生理機能の詳細は不明である.

a **サヴィ器官** [Savi's vesicles] シビレエイ類の頭部にある電気器官の周囲の表皮下に多数集まる触感器の一種. 完全に閉じた2〜3mmの径をもつ全体を薄膜(クプラ)で包まれた有毛の*感丘3個とそれを囲む細胞とからなる. 発電機能をもつ他の魚類には存在しない.

b **さえずり** [song] 繁殖の季節に鳥が発する大きな目立つ声. 複雑な節まわしで美しく聞こえることが多い. スズメ目の鳥で特によく発達. 一般にさえずるのは雄であるが, 熱帯には雄と雌が同時にあるいは交互にさえずる種もいる. 形態と同様, 種ごとにはっきりと異なり, 羽色の違いが顕著でないムシクイ類やホトトギス類などの近縁種では特に違いが著しい. また, 同じ種の中でもさえずりは地方によって少しずつ異なることが多い. さえずりの主な機能としては, 同種であることの認知と求愛, *なわばりの防衛, つがいの維持の三つがあげられる. こうした機能に対応して, 鳴き声を確立し, つがいを形成してしまった雄は, 朝夕のある時間帯しかさえずらなくなったり, あるいはほとんどさえずらなくなることが多い. スズメ目の多くの種では, 生後ある期間内に自種のさえずりを聞き*学習しないと, 成鳥になってから正常なさえずりを行えない.

c **サカゲツボカビ類** [ラ Hypochytriomycota, Hypochytriomycetes] 《同》羽型一毛菌類. 羽型鞭毛を前端に1本もつ遊走子を生じる水生菌類. 細胞壁には菌類のキチンを含み, セルロースは見られないことが多い. 6〜7属16種の小群. サカゲフクロカビ属 (*Anisolpidium*) は褐藻類の細胞内に寄生し, 成熟すると多核となり, *全実性. 遊走子嚢から宿主細胞壁を貫いて逸出管が伸び, これを通って遊走子が出る (逸出突起 dehiscence papilla). サカゲカビ属 (*Rhizidiomyces*) は腐生性またはミズカビ類のワタカビの造卵器に寄生し, 簡単な仮根を宿主内に伸ばし, 本体は宿主の表面にあって成熟すると遊走子嚢になる. サカゲツボカビ属 (*Hypochytrium*) は寄生性または腐生性で, 仮根状菌糸体のふくらんだ部分が区切られて遊走子嚢となり, 逸出管を通って遊走子が出る. 有性生殖は不明.

d **坂村徹** (さかむら てつ) 1888〜1980 植物生理学者, 細胞学者. 北海道帝国大学農学部教授. 微量元素の成長生理学的研究, これらの元素を含む金属酵素に関する研究などがある. [主著] 植物生理学, 1943, 8版 1958 〜1959.

e **砂丘植物** [sand-dune plant] 《同》砂生植物 (psammophyte). 海岸, 大きな川の岸, 砂漠などの砂地に生える植物の総称. 乾燥や貧栄養条件にも耐え, 砂の移動や飛砂に対しても抵抗性を示すものが多い. コウボウムギ, コウボウシバ, ケカモノハシ, ハマエンドウ, ハマヒルガオ, ハマニガナなどがその例で, これらが定着すると砂の移動も緩やかとなり内陸生の植物 (例えばコマツナギ, メドハギ, テリハノイバラ, チガヤなど) が侵入してくる.

f **作業記録器** [ergometer, ergograph] 《同》エルゴメーター, 疲労計, 筋仕事量計. 生体のある器官に同一の運動を反復させ, 一定時間内に行われる筋肉の仕事量, または筋肉が疲労するまでの運動の回数や振幅の変化を見たり, あるいは筋肉を一定の収縮状態に保たせての持続時間を調べたりする装置. 被検筋の種類や運動の様式のちがいによって種々の形式の装置があるが, 同一の収縮運動を反復させるときのもの (*等張力性収縮を見る) と, 筋肉に一定の収縮力を持続させるときのもの (*等尺性収縮を見る) とに大別される.

g **叉棘** (さきょく) [pedicellaria] ウニ類とヒトデ類の体表にあるはさみ状の小器官. 防御, 摂餌, 清掃などの機能をもつとされる. 叉棘の形態は分類群によって異なり, 分類学的な形質としてしばしば用いられている. ウニ類の叉棘は通常1本の柄と首, 頭部からなる. 頭部には, 通常3個の石灰質の弁(valve)があり, 弁はその基部にある閉顎筋(閉弁筋)によって開閉し顎を形成する. 以下の4型に分けられることが多い. (1)爪状叉棘 (tridentate pedicellaria): 最も大きく一般的に見られる叉棘で, 可動の首の上に長い弁をもち, 殻表から比較的大きな物を取り除くのに用いられる. (2)腺嚢叉棘 (globiferous pedicellaria): 球状の毒嚢をそなえ, 化学刺激などに反応して牙のような弁の先端から毒液を出す. (3)葉状叉棘 (triphyllous pedicellaria): 柄と首が長く, 弁は小さく先端は丸く刃のようになる. 表皮上の微小な物を取り除くのに用いられる. (4)蛇頭叉棘 (ophiocephalus pedicellaria): 歯がある弁は広く短い刃をもつ. 基部のハンドルと呼ばれる構造が発達しており強い力で把捉でき, 小さな動き回る生物などを長時間保持するのに用いられる. 叉棘弁の形態も分類群によって異なり, 分類学的な形質としてしばしば用いられる. ヒトデ類の叉棘は大きく以下の3型に分けられる. (1)有柄叉棘 (pedunculate pedicellaria): 柄があり, その上の基部骨片に付く2個の石灰質の弁が筋肉で開閉し顎を形成している. (2)無柄叉棘 (sessile pedicellaria): 一般に柄はなく, 2〜数個の棘が筋肉などで結ばれている. (3)歯槽叉棘 (alveolar pedicellaria): 無柄叉棘に似るが, 骨板の窪みに埋めこまれている.

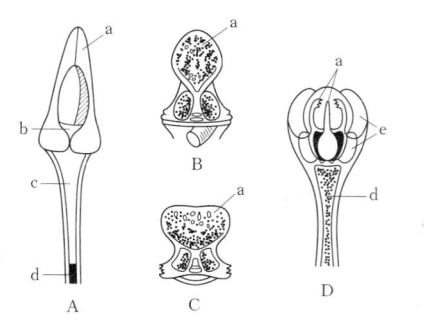

ムラサキウニの叉棘の4型
A 爪状叉棘　B 蛇頭叉棘 (1弁の内面)
C 葉状叉棘 (1弁の内面)　D 腺嚢叉棘
a 弁　b 閉顎筋(閉弁筋)　c 首部
d 柄部(支持骨棒)　e 腺嚢

h **蒴, 朔** (さく) 【1】[capsule] [1] コケ植物の胞子体の一部で, 胞子を形成する部分. 維管束植物の胞子嚢に相同だと考えられている. 蒴柄(seta)の頂端に1個生じる. 蘚類の蒴は中央に*軸柱があり, 外側は蒴壁で囲

まれ，その間に気室にとり囲まれた胞子室があり，その中で胞子が作られる．蒴の上端は蒴蓋(operculum)となり，胞子が成熟すると外側は蒴蓋の一部の細胞が環状に分化した口環(annulus)により，内側は*蒴歯により蒴蓋がはずれる．蒴蓋のとれた蒴壺上端には蒴歯があり，胞子の分散を制御する．蒴が蒴柄と接する部分は円錐形で気室がなく，肥厚している．この部分を頸部(neck)と呼ぶ．苔類の蒴は軸柱，蒴蓋，蒴歯を欠き，蒴壁が四つに裂けて胞子が分散する．ツノゴケ類の蒴は蒴蓋，蒴歯を欠き，蒴壁が二つに裂けて胞子が分散する．[2]＝蒴果

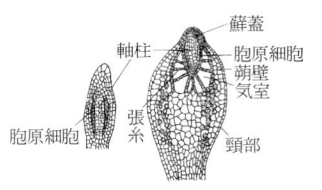

ヒョウタンゴケの蒴
左：発生の初期
右：やや発達した蒴

蒴蓋／軸柱／胞原細胞／蒴壁／気室／胞原細胞／張糸／頸部

【2】[theca] 半葯に同じ．(→葯)

a **src 遺伝子**(サークいでんし) [src gene] ニワトリに腫瘍を起こすラウス肉腫ウイルス(Rous sarcoma virus, RSV)のゲノムに存在するウイルスがん遺伝子 v-src として同定された遺伝子(→肉腫ウイルス)．対応する細胞遺伝子 c-src が種々の動物の細胞に知られている．両遺伝子はそれぞれ，蛋白質リン酸化酵素活性をもつ v-Src (pp60^{v-src})，c-Src (pp60^{c-src}) をコードする．v-Src は c-Src の 10 倍の酵素活性をもつ．ニワトリ v-Src では c-Src の C 末端 19 アミノ酸残基が別の 12 アミノ酸残基と置き換わっている．c-Src の C 末端 527 番目のチロシン残基のリン酸化が蛋白質リン酸化酵素活性の負の制御に関与している．527 番目のチロシン残基がリン酸化されると，この領域と N 末端の Src homology2 (SH2) ドメインとが分子内で結合することによって，チロシンキナーゼドメインを不活性にする．src 遺伝子ファミリーとして，src のほか yes, fyn, fgr, lyn, lck, hck, blk, yrk の 9 遺伝子が知られ，いずれも非受容体型チロシンキナーゼ活性をもち，シグナル伝達に関与する 55〜62 kDa の蛋白質をコードする．これらの蛋白質の N 末端の 15 アミノ酸はミリストイル酸化に対するシグナル配列をもち，蛋白質生合成開始アミノ酸であるメチオニンが除去された後の 2 番目のグリシンのミリストイル酸化によって，細胞質膜の内側に結合して存在する．この N 末端配列に続く 40〜70 アミノ酸は，各蛋白質で独自の配列を示し，他の蛋白質との間の相互作用に関与すると考えられている．この独自配列ドメインに，Src homology3 (SH3), Src homology2 (SH2), Src homology1 (SH1) 領域が続く．SH3 ドメインは約 60 アミノ酸配列で，プロリンに富むヘリックス領域をもつ蛋白質との相互作用に関与する．SH2 ドメインは約 100 アミノ酸配列で，リン酸化チロシンを含む蛋白質と高い結合親和性を示す．また，受容体型チロシンキナーゼとの蛋白質-蛋白質相互作用に重要な役割を果たす．SH3, SH2 ドメインは非受容体型チロシンキナーゼ蛋白質に限らず，種々の細胞内シグナル伝達に関与する，PLC-r, GAP, Shc, Grb2, Vav, Nck, Crk 蛋白質などにも存在する．SH1 領域は約 250 アミノ酸からなるチロシンキナーゼドメインで，この領域中 416 番目のチロシン残基のリン酸化が高い酵素活性に必要である．SH1 ドメインは Src ファミリー蛋白質だけでなく，他の abl, fps/fes, tyk2, syk/zap, fak, csk 遺伝子などの産物である非受容体型チロシンキナーゼ蛋白質にも存在する．そのリン酸化によって，酵素活性を負に制御するチロシン残基は，SH1 領域に続く短いテール領域に存在する．

b **蒴果** [capsule] 2 枚以上の心皮から構成された子房が果実へと成熟するにつれて果皮が乾燥するとともに裂け，種子が散布されるような果実．*乾果や*裂開果の一種．蒴果のうち，アブラナ科に見られる 2 室を形成する果実ではその形状により，長さが幅の 3 倍以上ある細長いものを長角果(siliqua, silique)，3 倍以下の短いものを短角果(silicle, silicula)として区別する．この場合，2 室を仕切る隔膜(胎座枠 replum)を残して両面の果実が弁(valve)となって外れる．また，心皮が 3 枚以上の場合，蒴果は果皮の裂開の形式から例えば次のように区分される．胞間裂開蒴果(septicidal capsule)は果実内の各室間の隔壁が 2 枚にはがれて裂開する(オトギリソウ属，ツツジ属)．胞背裂開蒴果(loculicidal capsule)は心皮の中央線に沿って裂ける(スミレ属，ユリ属，ラン科)．胞軸裂開蒴果(septifragal capsule)は中央に胎座や隔壁を残して両方の果皮がはがれる(アサガオ，シャクナゲ)．胞周裂開蒴果(蓋果，circumscissle capsule, pyxis)は果皮が横方向にぐるりと裂けて上部が蓋のように外れる(オオバコ，ゴキヅル，ルリハコベ)．孔開蒴果(poricidal capsule)は果実の先端部や側部に孔が開く(ケシ，キキョウ)．

c **酢酸** [acetic acid] CH_3COOH カルボン酸の一つ．刺激臭のある液状の酸．食酢の成分．各種の発酵で生成するが，エタノールの好気的酸化である*酢酸発酵で得られる．化学的にはエタノールの酸化，またはアセチレンからアセトアルデヒドを経て合成される．活性化酵素によって*アセチル CoA となって代謝される．

d **酢酸カーミン** [acetocarmine] *塗抹法やおしつぶし法に最も頻用される核・染色体の染色固定剤．煮沸した 45% 酢酸にカーミンを飽和させ，微量の鉄イオンを加えて作る．試料は酢酸で固定されると同時にカーミンで核あるいは染色体が赤く染まるので生細胞の固定と染色に有用である．

e **酢酸キナーゼ** [acetate kinase] 《同》ATP:酢酸ホスホトランスフェラーゼ(ATP: acetate phosphotransferase)，アセチルキナーゼ，アセトキナーゼ．微生物だけに存在が認められる，ATP＋酢酸 ⇌ ADP＋アセチルリン酸の反応を触媒する酵素．EC2.7.2.1．F. A. Lipmann (1944)の発見．その役割は酢酸からアセチルリン酸をつくり，ついでこれを*アセチル CoA に利用できるようにするためのものと考えられるが，逆にアセチル CoA から生じたアセチルリン酸を利用し ATP 合成を行うのが主な役割であるという考え方もある．*ピルビン酸の代謝に関与し，特に嫌気性の窒素固定菌では，窒素固定に関与しているともいわれる．類似の酵素として，ATP の代わりにピロリン酸をリン酸供与体とし，ピロリン酸＋酢酸 ⇌ リン酸＋アセチルリン酸の反応を触媒する酢酸キナーゼ：ピロリン酸(acetate kinase:pyrophosphate)が知られる．*バイオリアクターの ATP 再生産用酵素として注目されており，好熱性菌由来の酢酸キナーゼを用いたバイオリアクターによる生理活性物質の合成例が報告されている．また，本酵素を

用いた*コリンエステラーゼ測定用の臨床検査試薬キットや，食品分析用試薬キットが市販されている．

a **酢酸菌** [acetic acid bacteria] エタノールを不完全に酸化して酢酸を生成する細菌の総称．*プロテオバクテリア門アルファプロテオバクテリア綱に属するAcetobacter や Gluconobacter の細菌が該当する．代表種は Acetobacter aceti．グラム陰性，偏性好気性，非運動性の桿菌で，しばしば鎖状に連なる．好酸性およびpH5.0以下の耐酸性を示し，2〜11％の酢酸存在下でアルコールを酸化できる．樹液，花の蜜，熟した果実中などで発酵してエタノールが生成しているような場所に生息するほか，ビールや食品にも存在することがある．酢酸・グルコン酸・ソルボースの製造など，発酵工業に重要．(⇒酢酸発酵)

b **酢酸発酵** [acetic acid fermentation] 微生物の作用によりエタノールが酸化され酢酸が生成，細胞外に蓄積すること．いわゆる*酸化発酵の一つ．種々の微生物が嫌気的に諸化合物から酢酸をつくるが，これらは酢酸発酵とはいわない．酢酸発酵を行う微生物は，Acetobacter aceti, Gluconobacter oxydans などの*酢酸菌である．Acetobacter aceti は食酢の生産に古くから用いられた．酢酸発酵が酢酸菌によって行われることはL. Pasteur によって報告された．エタノールはアルコール脱水素酵素によりアセトアルデヒドに変換された後，アルデヒド脱水素酵素によって酢酸へと変換される．これらの脱水素酵素は細胞膜結合型で，末端酸化酵素と連動して呼吸鎖となっている．

$$(\text{I}) \quad CH_3CH_2OH \xrightarrow{-2H} CH_3CHO$$

$$(\text{II}) \quad CH_3CHO \xrightarrow[H_2O]{-2H} CH_3COOH$$

c **蒴歯**(さくし) [peristomium, peristome] 《同》縁歯．コケ植物蘚類の*蒴の口部の周縁に生ずる歯状の構造．内外2列あるいは1列に並び，数は4の倍数で，64までである．複数の死んだ細胞の細胞壁でできている．蒴が成熟すると，同心円方向の細胞壁が肥厚し，外側に隣接する蘚蓋の組織と離反し，やがて蘚蓋を脱落させる原因となる．吸湿性に富み，乾湿運動により胞子の分散を制御する．分類上の重要な特徴とされる．

d **柵状組織** [palisade tissue, palisade parenchyma] 通常，葉の上面(向軸側)表皮の直下に分化する細胞層．葉肉を構成する組織の一つ．葉面に直角な方向に長い形をもつ細胞が比較的密接して配列する．*海綿状組織とともに*同化組織として機能し，柵状組織細胞は植物体中で葉緑体を最も多量に含む．通常1細胞層からなるが，2〜3層の場合(リンゴ，ツバキ，インドゴムノキ)もある．しかし，同種の植物でも，生育地の日照条件その他で発達の程度が異なる．一般に水生植物や陰生植物では発達が悪い．ゴマノハグサ属やセキチク属のあるもの，乾燥地に生育する植物(ハマアカザ属)では葉の上下両表皮の直下に柵状組織を分化し，単面葉(unifacial, isobilateral, isolateral leaf)と呼ばれる．マツ属では細胞壁が不規則に細胞内面に向かって突出した有腕柵状組織細胞(arm-palisade cell)をもつ．(⇒葉[図], ⇒異型細胞[図])

e **ザクマン** SAKMANN, Bert 1942〜 ドイツの細胞生理学者．E. Neher とともにパッチクランプ法を開発した．これに関係して糖尿病治療薬の開発などにも寄与した．Neher とともに1991年ノーベル生理学・医学賞受賞．

f **作物** [crops, field crops] 人間が利用するために手を加えて栽培する植物のうち，林木を除いた植物．作物は大きく農作物と園芸作物とに分けられ，前者はヨーロッパにおいて使われた圃場作物(field crops)に，後者は庭園作物(garden crops)に対応する．農作物は，さらに食用作物(food crops)，飼料作物(forage crops)，工芸作物(industrial crops)とに分けられる．また，園芸作物は果樹，野菜，花卉や観葉植物などの観賞植物に分けられる．農作物のうち，食用作物は主に*穀類，イモ類，マメ類からなっている．飼料作物は，トウモロコシやムギ類などの子実を利用する狭義の飼料作物，他の栄養体を未熟なうちに刈り取って家畜に給飼する青刈り作物，草地を形成し，放牧に供する*牧草とからなる．工芸作物は，ワタなどの繊維作物，ナタネなどの油料作物，サトウキビなどの糖料作物，チャやタバコなどの嗜好料作物からなる．作物は，野生の植物が*栽培化されてできたものである．この栽培化の過程(作物化domestication)では一般に，(1)開花および結実の斉一化，(2)脱粒性・自然裂莢性の減退，(3)種子や果実の肥大化，(4)多年生から一年生へ，(5)種子休眠性の減退，(6)他殖性から自殖性，(7)芒・針などの防衛的形態の消失，(8)食味や含有成分の改善，(9)病虫害抵抗性の減退などの変化が起こる．野生種から直接栽培化された作物は一次作物といい，野生種がいったん雑草となって作物群落の中に混入した後，不良環境下で生き残って作物化したものを二次作物という．二次作物にはライムギやエンバクなどがある．(⇒栽培, ⇒栽培化)

g **作物学** [crop science] 農作物に関するさまざまな特性を明らかにし体系化することにより，農作物生産のための理論と技術を構築する学問．対象とする作物はイネ，コムギ，ジャガイモなどの食用作物，サトウキビ，チャなどの工芸作物および牧草類などの飼料作物で，それぞれに関する作物学を食用作物学，工芸作物学，飼料作物学と呼ぶ．また，野菜・果樹・花卉などの園芸作物を扱う場合は*園芸学と呼ぶ．農作物のさまざまな特性とは，起原・伝播様式，外部および内部形態，代謝・生理，環境との相互作用，栽培方法などをいうが，作物学が目指すのは個々の作物についての特性の解明・体系化である．また，得られた知見を作物の生産技術の開発・改良に役立てるとともに，育種目標を提示して育種学と連携することにより新しい品種の開発・改良を目指す．(⇒作物)

h **鎖骨下静脈** [subclavian vein ラ vena subclavia] 脊椎動物において，胸鰭または前肢の静脈血を心臓に導く血管．魚類では側静脈に合してキュヴィエ管に続く．両生類，爬虫類，鳥類では頸静脈と合して前主静脈となる．哺乳類では鎖骨下静脈と頸静脈との合流した血管を腕頭静脈(vena brachiocephalica)または無名静脈(vena anonyma)と呼び，左右1対のこの静脈は心臓に入る前に合して前大静脈となる．鎖骨下静脈は前肢の末梢に向かうにつれて腋窩静脈(vena axillaris)，上腕静脈(vena brachialis)などの名がある．

i **サザランド** SUTHERLAND, Earl Wilbur 1915〜1974 アメリカの薬理学者，生理学者，生化学者．C. F. Cori のもとでグリコゲン代謝を研究し，cAMP を発見，各種ホルモンの生理活性発現のなかだち役を果たしてい

ることを確認した．1971年ノーベル生理学・医学賞受賞．[主著] Cyclic AMP (G. A. Robinson, R. W. Butcher と共著), 1971.

サザン法 [Southern method] ゲル電気泳動で分画したDNA断片を，その泳動状態を保ったままニトロセルロースなどでできたフィルターに移す技術．E. M. Southern (1975) が開発．特定遺伝子の検出や遺伝子構造の解析に広く利用されている．電気泳動後のゲルをアルカリ溶液に浸してゲルの中のDNA断片を変性させ，ついでそのゲルをフィルターに密着させて，変性DNA断片をフィルターに転移・固定化させる．放射性同位元素で標識したRNAまたはDNAをプローブとして*ハイブリダイゼーションを行い，相補性をもつDNA断片を検出する．(⇒DNA-DNAハイブリダイゼーション, ⇒DNA-RNAハイブリダイゼーション, ⇒ノーザン法)

刺し型口器 [stinging mouthpart] 生物体に口器を刺しこんで体液または液汁を吸うのに適した形態をもつ昆虫の*吸い型口器．

差次感受性 [differential susceptibility] 発生途上の動物の胚，再生途上の成体の組織または単純な体制をもった無脊椎動物などにおいて，薬品，極端な温度，放射線などを用いて生活機能を抑圧した際に，その影響が体全体に平等に表われず，しばしば特定の部位が差異的に著しく抑圧される現象．C. M. Child が命名し，彼の勾配学説の重要な根拠とした．生活機能，特に物質代謝が盛んに起こっている部位が抑圧に敏感であるとされる．(⇒勾配)

挿木 [cuttage, cutting] 植物の無性繁殖法(栄養繁殖法)の一種で，母植物体の一部を母体から切り離して，これを砂または土壌中に挿し，不定根を発生させ独立の植物体とする方法．挿木に用いる母体の一部を挿穂(穂木 cutting)といい，枝・根・葉などが用いられ，それらを用いる方法をそれぞれ枝挿(stem cutting)・根挿(root cutting)・葉挿(leaf cutting)と呼ぶ．挿木は栄養繁殖であるから，母植物と同一の遺伝的形質をもつ個体が得られる．挿木の活着の難易は主として植物の種類によるが，同一植物でも挿穂の採取部位，樹齢，季節や外的条件(光，温度，湿度)によって異なる．一般に古すぎたり若すぎたりする組織から採った挿穂の活着はよくない．通常，挿穂は葉の一部または大部分を取り去って蒸散を少なくする一方，基部の切口を斜めに切って水分の吸水面を広くすることが行われる．一般に落葉樹では貯蔵養分の多い落葉後の1～2月に挿穂を採取，貯蔵し，早春発芽前に挿す．常緑樹では，主に春と夏に挿す．発根促進には，新梢の基部を黄化させたり，挿穂の基部をオーキシン系成長ホルモン剤で処理する方法がある．挿木後地上部に霧状の散水を自動的に行い発根を促す方法を，特にミスト繁殖(mist propagation)という．果樹，花卉，樹木などの繁殖に広く利用されている．

叉状器 [furculum, furca] 《同》叉器，跳躍器(leaping organ)．粘管類の昆虫の腹部後端の下面にある叉状突起．腹部第四節後方に形成され幅広い基節(manubrium)とそれに続く1対の腹枝とからなり，それぞれの腹枝はさらに茎節(dens)と端節(mucron)に分かれている．この叉状器は，第三腹節の後縁にある抱鉤(retinaculum)によって腹の下に折り曲げられ，それを外方へ反転することによって跳躍するので，跳躍器とも

いう．また furca は，派生的な昆虫群の胸部腹板の内部へ陥入した叉状突起(叉状甲)のことも指す．

鎖生 [adj. catenate] 細胞が1列に並び，各細胞間にくびれがあって鎖の印象がある配列をいう．形態学的に厳密なものではない．胞子嚢の連続的な*貫生によるもの(ミズカビ)，粘液による列をなした群体(珪藻類)などはこの例．

坐節 [ischium, ischiopodite] [1] 一般に節足動物の*関節肢の第三肢節．[2] 昆虫の脚の第二転節(second trochanter)．

錯覚 [illusion] 感覚器や脳に異常がないにもかかわらず，感覚刺激をその空間的構造や時間的関係などの実態と明確に異なって知覚すること．錯覚は，知覚対象となる物理的刺激が存在する点で，無いものが見えたり，聞こえたりする幻覚(hallucination)とは区別される．特に視覚における錯覚，すなわち錯視(optical illusion)は多くが知られている．古くから知られている錯視の多くはミュラーリヤー錯視，ポンゾ錯視，ツェルナー錯視，エビングハウス錯視など，図形の長さ，角度，大きさなどを誤って知覚する幾何学的錯視(geometrical optical illusion)である(図)．近年，周囲の図形の配置から物理的に存在しない輪郭線を知覚する主観的輪郭(subjective contour)や，周囲の明るさや色によって同じ明るさの図形が異なって見える明暗や色の対比の錯視，あるいは物体の動きに関する錯視など，非常に多くの錯視が報告され，神経生理学的なメカニズムに関する研究が進められている．聴覚，触覚，温度覚，味覚など他の感覚においても，あるいは複数の感覚にまたがる錯覚も知られる．錯覚には感覚受容器の順応などの生理特性から，生得的あるいは後天的に獲得された脳の感覚情報処理特性や刺激文脈の影響までさまざまのレベルの原因が考えられ，脳神経系の認知機能がどのように成立しているのかを理解する上でも重要な研究対象である．

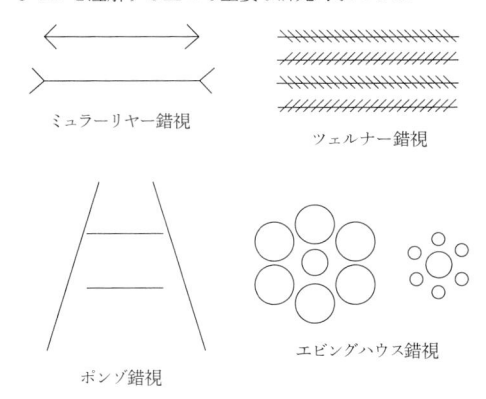

サッカロピン [saccharopine] アミノ酸の一種．酵母から結晶として分離された．酵母やカビにおけるリジン合成の中間体として注目され，また動物や陸上植物のリジン分解経路の中間体でもある．(⇒リジン)

$$\begin{array}{c} COOH \\ CH_2-NH-CH \\ (CH_2)_3 \quad (CH_2)_2 \\ CHNH_2 \quad COOH \\ COOH \end{array}$$

サッカロミケス属 [Saccharomyces] 原子嚢菌類の酵母の最も代表的な一属．単相の楕円体状単細胞で，無性的に出芽して増殖するが，接合して複相のやや大形

の栄養細胞として増殖，その後減数分裂を経て4個の単相の子嚢胞子を入れた子嚢が形成される．糖から発酵によってアルコールや有機酸を生成する．コウボキン(S.cerevisiae)は系統が多く，ビール酵母，サケ（日本酒）酵母などとして利用される．そのほか，醤油や味噌などの醸造やパン酵母としてなど，産業上重要な種が多い．全ゲノムが解析されており，さまざまな生物学的モデルとしても利用されている．(⇒酵母)

a **殺菌剤** [germicide, microbicide] 微生物を死滅させる効果をもつ薬物の総称．特に病害の防除，防腐，雑菌混入の防止剤として用いられるものを意味する．微生物の生育機能を全般的に破壊する消毒剤，特定の微生物群を選択的に死滅させる致死的な*抗生物質，持続的に微生物の発育を抑制する*防腐剤などが含まれ，通常，微生物の増殖・生育を停止させる静菌剤(bacteriostatic agent)とは区別される．消毒剤は速やかに原形質全般の機能を奪うもので，蛋白質沈澱剤・細胞固定剤と共通のものが多い．すなわち重金属塩(Hg^{2+}, Pt^{2+}, Au^+, Ag^+の塩，OsO_4など)，エチルアルコール(50〜70%水溶液)，ホルムアルデヒド，逆性石鹸，酸化剤(I_2, Cl_2, 次亜塩素酸カルシウム，H_2O_2, $KMnO_4$, $K_2Cr_2O_7$など)，フェノールおよびクレゾールなどがこの作用を示す(⇒消毒)．また原形質界面などの脂性部分に溶解して機能を阻害する親脂性物質では，不飽和高級脂肪酸(オレイン酸，リノール酸，リノレイン酸)の塩が強い殺菌作用をもち，いわゆる逆性洗剤(陽性洗剤 cationic detergent)が殺菌剤として用いられる．無機酸や無機強アルカリにも殺菌作用がある．エチレンオキサイドガスもよく使用される．致死的抗生物質は多種類知られており，医薬品，農薬として広く用いられている．物質代謝の阻害剤や酵素毒物もしばしば殺菌的であるが，生体の殺菌機構には，リゾチームやバクテリオリシンなどは，通常，殺菌剤とはいわない．防腐剤は作用の持続性が重要で，かならずしも殺菌作用の強いことを要求しない．農薬としての殺菌剤は，イモチ病菌や紋枯病菌などの真菌，あるいはイネ白葉枯病菌やジャガイモ疫病菌などの細菌による植物病害を防除するための薬剤である．殺菌剤の効力は，その作用機構，微生物の種類，生活形態，生育状態，温度および栄養物の存否その他の物質条件などによって著しく異なる．(⇒滅菌)

b **ザックス** Sachs, Julius von ザクスとも．1832〜1897 ドイツの植物生理学者．水栽培法による炭酸同化作用の証明，成長速度計，葉緑体中の同化澱粉の検出などの業績を残し，近代植物生理学と植物栄養学の創始者とされる．[主著] Handbuch der Experimentalphysiologie der Pflanzen, 1865.

c **サックス器官** [Sachs organ] [1] 両生類や爬虫類の鰭にみられる知覚神経の葉状終末．[2] デンキウナギが600〜860Vの起電力の電気器官とは別に，体の後部にもっている起電力の弱い電気器官．この器官を構成する電筒の起電力は主器官のそれと同様に百数十mVあるが，各電筒の間隔が大きい．方向探知装置としての機能をもつと考えられている．(⇒発電器)

d **サックリナ去勢** [sacculinization] ⇒寄生去勢

e **刷子縁** [brush border] 《同》刷毛縁．動物の，特に上皮細胞の表面膜に密生する*微絨毛．光学顕微鏡では表面に垂直な無数の繊維構造が刷子(ブラシ)のように見えるため古くからこの名称が与えられていた．消化管の吸収上皮，腎臓の曲尿細管，胎盤の合体細胞，腺導出管，円口類や両生類幼生の表皮，カタツムリの殻面の外套膜表皮などに顕著で，それがクチクラにおおわれるものをクチクラ縁(cuticular border)と呼ぶこともある．哺乳類腸上皮では径$0.14\mu m$，長さ$0.44〜0.9\mu m$．なおbrush borderという語は，環形動物(ヒルなど)の皮膚光感覚細胞やプラナリアの杯眼底などにおけるブラシ状の構造についても使われる．

f **雑種** [hybrid] 一般に，異品種・異種・異属間の交配で生じた子孫を指す．雑種は*雑種強勢の現象を示すことがある．雑種を*自殖すると遺伝子型の*分離を示すことから，*栄養生殖あるいは*平衡致死遺伝子(balanced lethal gene)によらなければ，系統として雑種性を維持することは難しい．*接木などの手段で，有性生殖によらずに両親の形質をあわせもつ個体が得られたとき，*栄養雑種ということがある．また，いくつかの遺伝子についてヘテロ接合となっている雑種を多性雑種(polyhybrid)と呼ぶことがある．*細胞融合によって生じた異種の細胞どうしの融合体は*雑種細胞と呼ぶ．(⇒種間雑種，⇒属間雑種)

g **雑種強勢** [heterosis, hybrid vigor] 《同》ヘテロシス．生物の*雑種第一代が，ある形質，例えば大きさ・耐性・収量・多産性などの点で，両親の系統のいずれをもしのぐこと．J. G. Koelreuter (1763)，C. K. Sprengel, C. Darwinらが認め，G. H. Shull (1911)の命名．逆に形質が両親より劣る現象は雑種弱勢(hybrid weakness, pauperization)という．カイコ，トウモロコシ，ニワトリなど多くの作物や家畜において観察され，栽培飼育の実際にも利用されてきた．品種間・変種間・異種間のいずれの雑種でも見られ，*同系交配を続けたのちの*交雑において特に顕著．この現象の機構は次の二つに分けて考えられてきた．(1)対立遺伝子間の相互作用があり，ヘテロ(a_1a_2)はホモ(a_1a_1またはa_2a_2)より問題の形質についてすぐれている．すなわち*超優性．(2)両親に含まれていた異なる優性対立遺伝子が雑種第一代において共存する場合(優性説)．両親が異なる劣性有害対立遺伝子をホモ接合にもち，そのためある形質の量が低下すると，雑種ではいずれの遺伝子座もヘテロ接合となることから劣性対立遺伝子の効果が覆い隠されることになる．前者の超優性の場合には雑種強勢の固定は不可能だが，劣性有害遺伝子によるとすれば最適な遺伝子型の固定は可能である．しかし最近ではエピジェネティックな遺伝子発現の変化で説明する考えも強くなってきた．T. Dobzhansky (1952)は雑種強勢を，*適応度について優る場合とそうでない場合とに分類し，前者を真正雑種強勢(euheterosis)，後者を繁茂(luxuriance)と呼んで区別した．超優性遺伝子による真正雑種強勢は*平衡多型と深い関係がある．

h **雑種細胞** [hybrid cell] 主に*細胞融合によって異なった2種の細胞から人工的に作られる細胞．融合直後は1個の細胞内に2核が共存する*ヘテロカリオンが得られるが，やがて同期的に核分裂が起こって*合核し，雑種細胞系が得られる．すでに分裂能を失った細胞の核も，分裂能をもつ細胞と融合させることによって活性化されることが知られている．異種間の雑種細胞では，細胞分裂を重ねることによって一方の種の染色体がしだいに失われることが多い．(⇒ハイブリドーマ，⇒再構成細胞)

a **雑種第一代** [first filial generation] ある*対立遺伝子をホモにもつ両親の間の*交雑によって生じる第一代目の子をいう．記号はF_1（Fはfilialの意）．単に雑種と呼ぶときも，雑種第一代を指す場合がしばしばある．雑種第一代個体群は，着目する遺伝子をヘテロ(⇒ヘテロ接合体)にもち，均一性を示す．雑種第一代が両親のどちらよりもすぐれ，あるいは劣る形質をもつとき，それぞれ*雑種強勢，雑種弱勢という．*細胞質遺伝をする形質の場合はしばしば複雑であり，*正逆交雑によって生じる2種の雑種第一代に，*表現型の相異が生じるのを原則とする．F_1以後の，*自殖，兄妹交配あるいは同じ世代の個体同士の交配によってできる子孫はそれぞれ雑種第二代，第三代，…と呼ばれ，F_2，F_3，…の記号で表される．

b **雑種致死** [hybrid lethal] 遺伝的分化が生じた近縁種間あるいは属間において，交配の結果生じた子が，発生途中あるいは生育の途中で死んでしまう現象．*生殖的隔離の大きな要因である．交雑育種によって有用な遺伝子を栽培種に導入する際の大きな障害となる．近縁種の交配ではしばしば片方の性のみが致死性を示す．(⇒雑種不稔性)

c **雑種不稔性** [hybrid sterility] 異なる種あるいは属の間の*雑種が，生殖能力を欠く現象．致死となるものも多い．ツツジ属内の雑種のある場合のように全く花を生じない現象，ヒロハノヘビノボラズとヒイラギナンテンの雑種のように少しは花をつけるが結実しない場合，テンジクネズミ属内の雑種で見られるように雌は生殖能力をもつが雄は生殖不能になる場合など，さまざまな例が知られている．なお，種間雑種をつくった場合に異型の染色体をもつ性（例えば哺乳類ではXYである雄）で致死や不妊が多く観察される．J. B. S. Haldane (1922)がこれを指摘し，ホールデンの法則(Haldane's rule)と呼ばれる．

d **雑草** [weed] 農耕地や林野などで人間の生産の目的にそわない無用ないし有害の草本．一・二年生草本が大部分を占める．経済的な損失を与える雑草は世界に1800種あるとされる．日本には，畑地雑草として53科302種，水田雑草として43科191種あるとされる（笠原安夫, 1954）．外来植物も多く見られ，近年イチビ，アレチウリなどの外来雑草が牧草地などに侵入，蔓延し問題となっている(⇒特定外来生物)．雑草の除去あるいは発生の予防を雑草防除といい，除草剤による化学的方法，各種の除草機による機械的方法，田畑輪換栽培などによる生態的方法がある．

e **殺虫剤** [insecticide] 害虫防除に使用する薬剤．薬剤が害虫体内に侵入する経路から，消化中毒剤(stomach poison:経口的)，接触殺虫剤(contact insecticide:経皮的)，燻蒸剤(fumigant:経気門的)に大別される．また動植物体の一部分に施用して，そこから吸収された薬剤が他の部分に浸透移行（例えば植物の根から葉へ）することによって殺虫力を発揮するものを浸透移行剤(systemic insecticide)という．ただし同一薬剤でこれらいくつかの作用を併せもつものもある．近年，発育過程を攪乱するホルモン剤が開発され，殺虫剤として多用されている．殺虫剤の使用は害虫防除の強力な手段であるが，天敵を減少させたり，作物や人畜に直接間接の害を与えることがあるため，目的害虫にのみ高い毒性を発揮する選択性殺虫剤(selective insecticide)の開発が進められている．また，殺虫剤抵抗性の発達や環境汚染などを防ぐために，性フェロモンなど害虫を誘引する誘引剤(attractant)，忌避させる忌避剤(repellent)，摂食を抑制する摂食阻害剤(antifeedant)など，害虫の行動を規制・攪乱する生理活性剤を併用した，殺虫剤の効率的利用が図られている．このように殺虫剤は他の防除法と組み合わせ，総合的な視野からの害虫防除システム（総合害虫管理）に組み入れられるようになってきている．(⇒病害虫防除)

f **殺虫剤抵抗性** [insecticide resistance] ある昆虫集団の殺虫剤に対する感受性が，世代の経過とともに低下し，その集団内に同一薬量の殺虫剤に触れても死なない個体が増加した状態．殺虫剤に対して抵抗性を示す遺伝子が以前からその集団にごく小さな頻度で存在し，殺虫剤がその遺伝子を選択する働きをした結果と考えられる．抵抗性の程度は，抵抗性集団と標準感受性集団の半数致死薬量の比で示される．殺虫剤抵抗性集団の出現は，殺虫剤の多用・連用による選抜の結果であるため，1世代期間が短い（年間発生回数が多い）害虫では，短期間で高度の抵抗性が発達する可能性が高くなる．ある殺虫剤で昆虫を繰り返し選抜したとき，施用していない他の殺虫剤にも抵抗性が発達してくる現象を交叉抵抗性(cross resistance)といい，2種以上の殺虫剤で続けて選抜したとき，これらの殺虫剤に共に抵抗性が発達してくる現象を複合抵抗性(multiple resistance)という．

g **SAT染色体** (サットせんしょくたい) [SAT-chromosome] *付随体と不染色性の二次*狭窄をもち，核分裂終期にこの部位で核小体形成能をもつ染色体．当初は付随体'satellite'からSAT染色体と名づけられたが，その後'sine acido thymonucleico'(チモ核酸をもたない)不染色性の部分をもつ染色体の意に用いられるようになった(E. Heitz, 1931)．二次狭窄の不染色体部を*核小体形成体と呼ぶ．この部分にはrRNAをつくるポリシストロンが局在しているため，この部分に欠失が起こると核小体の形成，したがってリボソームの形成が阻止される．(⇒核小体染色体)

h **サットン** Sutton, Walter Stanborough 1877～1916 アメリカの細胞学者，動物発生学者．減数分裂における相同染色体の対合および分裂後期におけるその分離をメンデルの法則と対応させて説明し，メンデリズムに細胞学的基礎を与えた．また1本の染色体には多数の優性・劣性形質があり，不分離であるという連鎖説を示唆．

i **サテライト** [satellite] 《同》衛星雄．なわばり防衛や*求愛などを行わず，他の雄の繁殖努力に便乗して，あるいはその隙をついて繁殖を行う雄個体．ただしこの語の用法は研究者によってかなり異なる．例えば，ブルーギル・サンフィッシュの繁殖戦略を研究したM. Grossは，水草の陰に潜んでいて，産卵放精中のペアを見つけると突進して放精する小型雄をスニーカー(sneaker)，そのような行動をスニーキング(sneaking)と呼び，その後成長して雌擬態によって繁殖中のペアに近づくようになったものをサテライトと呼んで区別した．しかし，両者を特に区別せずに用いたり，またギンザケにおける同様な雄をジャック(jack)と呼び，またブルーヘッドベラなどの小型雄が雌とペア産卵している大型雄のところに突進する行動をストリーキング(streaking)と呼ぶなど，対象動物によって固有の用語をあてることも多い．

a **サテライトウイルス** [satellite virus] 《同》衛星ウイルス．単独では存在できず，つねに他のウイルスに随伴して見出されるウイルス．サテライトウイルスはウイルスとして必要な蛋白質をコードする遺伝子を欠いているため，増殖するためには他のウイルスすなわち*ヘルパーウイルスの助けを借りなければならない．タバコネクロシスウイルス，アデノ随伴ウイルスなどが知られている．

b **サテライト DNA** [satellite DNA] 真核細胞から抽出した DNA を CsCl 中で平衡密度勾配遠心法(⇨沈降平衡法，⇨密度勾配遠心法)によって分画するときに，主要な DNA バンドのほかに現れる小さなバンドをいう．バンドは DNA の*GC 含量に応じて特定の密度のところに形成される．サテライト DNA は独立に存在する分子の場合もあるが，多くは大きな DNA が切れて特異的な GC 含量をもつ断片(主として高度繰返し塩基配列をもつ部分)が独立のバンドとなって現れる．

c **蛹** [pupa, chrysalis] 完全変態をする昆虫の個体発生において，幼虫期と成虫期にはさまれた特殊な発育段階．外見上，翅・胸脚(腹脚はない)・外部生殖器・複眼・触角・口器などをそなえるが，そのいずれも機能的には，呼吸のために水中を浮沈するカの蛹などを除けば，移動力をもたず，運動もごく限られている．摂食はせず，蛹の体内では成虫器官の急速な分化・完成と幼虫器官の退化とが進行している．幼虫時の器官は相当な部分にわたって食細胞により破壊され，成虫器官完成の材料とされる．神経系ははげしい形態形成運動を行うが破壊されることはなく，成虫器官の分化に重要な役割を担うと考えられる．表皮も破壊をうけることなく，蛹の*クチクラの下に新しく成虫のクチクラを分泌する．成虫分化(成虫化)が完成すると，蛹は脱皮して成虫が現れる．これを羽化(emergence, eclosion, adult eclosion)という．蛹は移動・防御の手段を欠くため，幼虫が蛹になる(蛹化という)際には土中その他にもぐったり，繭を作ったりするものが多い．蛹化・成虫化の過程はともに*前胸腺ホルモンに支配されており，実験的に前胸腺を除いた蛹はいわゆる永久蛹となる．蛹の形態はその生態・系統によってさまざまであるが，*軟頭蛹と*硬頭蛹とに大別される．蛹という発育段階の起原については種々議論があるが，H. E. Hinton は蛹を第一齢成虫(*亜成虫)とみなしている．

d **砂嚢** [gizzard] [1] 無脊椎動物の一部の前腸後端部に存在するクチクラ質の硬い内張りと厚い筋層からなる器官．*咀嚼胃の一種．食下物を砕く機能をもつ．貧毛類では嗉嚢に続く部分で，砂粒とともに飲み込んだ食物を破砕する．ミミズの一種(*Drawida*)では最高 6 個数珠状に連なる．昆虫類の一部では前胃(proventriculus) の部分にクチクラの歯が数本存在し，砂嚢と呼ぶ．甲殻類や頭足類などでも胃の一部に同様の構造をもつものがある．[2] 《同》筋胃．鳥類の前後 2 部に分かれた胃のうち，後方のもの．これに対し前部は前胃(anterior stomach, proventriculus)という．前胃は食道の下端がややふくらんだように見えるが，消化腺に富み消化液を分泌するので腺胃(glandular stomach)ともいわれる．砂嚢は狭い腔所をはさんで，両側で腱を中心に著しく筋肉が発達して，2 層の厚い筋板をなし，全体として凸レンズ型になる．内壁はその上皮の分泌したキチン質の丈夫な膜で覆われている．鳥類では歯を欠くが，食物は砂嚢で細かく砕かれる．肉食性の鳥に比べ，果実や穀類などを食べるものにおいて砂嚢は特に発達し，飲み込まれた砂や小石が内腔にあって食物の破砕を助けるためにこの名がある．

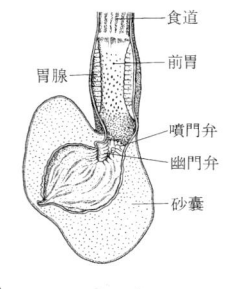

ハトの砂嚢

e **砂漠** [desert] 《同》乾荒原(siccideserta)．熱帯の一部から温帯にかけて，大陸内部の乾燥する地方に発達する荒原．降雨量は非常に少なく，多い所でも年 200 mm 以下．アジア大陸の東部および中部，アラビア，アフリカ，オーストラリアの一部，北アメリカおよび南アメリカの西部および南部などに見られ，地球全陸地の約 25% を占める．温度の日較差や年較差は一般に非常に大きく，水分の欠乏とともに一般植物の生活に対し厳しい条件となる．植物が疎生し，また土壌の風化が進まないため，風による砂の移動が起こる．植物の種類は場所により異なるが，みな*乾燥耐性が強い．珍奇な形態で知られるものもある．ゴビ砂漠の転蓬(サバクソウが主となる)，サハラのジェリコーのバラ(Rose de Jericho, キク科の *Odontospermum pygmaeum* などからなる)，カラハリの *Welwitschia*，アリゾナ(雨がいくらか多く半砂漠の状態)のサボテンなどが砂漠植物(eremophyte)として有名．(⇨砂漠動物)

f **砂漠動物** [desert animal] 砂漠に生活する動物．水分の確保・高温抵抗性などを獲得しており，また砂上生活に適応した形態をもつ．有機物分解産物としての水の利用，皮膚呼吸の減少，高張尿の形成，夜行性，発汗や*あえぎ呼吸による気化熱の放散，砂地に似た色彩，扁平に広がった足などはそれぞれその例．例えば，カンガルーネズミでは，地上に比べて温度変化が少ない地中に巣を作り，夜行性で，食料不足のときには休眠に入る．また，腎臓では長いヘンレ係蹄によって濃縮尿を作り，水分の喪失を防ぐ．一般に，他の近縁種に比べて飢えに対する耐性が大きく，また移動力のあるものが多いが，これらは，密度が低くかつ分散して分布している餌を獲得することに関する一つの適応と考えられている．

g **サバンナ** [savanna, savannah] 年間降水量が 200～1000 mm で，はっきりした乾季のある亜熱帯・熱帯地方に見られる草原．樹木が混入している場合が多いが，地表にはイネ科植物が密生している共通性をもつ．元来はハイチやキューバでアメリカ先住民が樹木が生えない丈の高い草原を指す言葉として用いていたが，スペイン語や各国語に取り込まれ，さらに広義に草原に樹木が混じった景観一般を指す語として用いられている．人為的な森林破壊によって出現したとする説もある．降水量が 500 mm 以下の土地に成立する気候的なサバンナ，土壌の栄養塩不足などの理由で森林にならずサバンナが成立する場合，野火や火入れ，ゾウなどの野生動物，人為的要因で出現する二次的なサバンナなどが区別される．冠水サバンナは中南米や中部アフリカに分布し，年間長期にわたって冠水し，大部分は粘土質の沖積土壌で，乾季には強く乾燥する．高さ 3 m 以上の*高茎草原になることもあり，河川にそっては拠水林が発達し，常

緑樹や落葉樹のほかヤシ類を交えている（森林サバンナ）．ヤシ類は草原中にも散生することがある（ヤシサバンナ）．湿生サバンナは高さ1.5～3 mのイネ科植物からなり，広葉高茎植物・一年生の植物を交える．下部には高さ1 m以下の草本がまばらに生え，これら草本は，高茎草本植物が地表をおおう湿潤期の初期までに主な生育期間を終える．樹木や低木は少なく，乾季の野火に対する抵抗性の強いものが多い．乾生サバンナは，5～7カ月の乾燥期のある地方に成立し，高さ1～2 mの硬葉のイネ科植物が束状に散生し，それに高さ5～10 mで樹皮が厚い落葉樹が混生することが多い．有棘サバンナは，乾燥月が8～10カ月で，200～700 mmの不確実な降水のある地方に見られる．0.3～0.5 mの硬質イネ科植物が散生し，乾季には枯れる．かさ状の有棘木，多肉広葉樹，無葉多肉茎の低木，まれに高い樹木が独立または小群状に生育している．低木の大部分は雨緑小形葉をもち，一部が常緑の有棘低木である．さらに無葉の棒状低木や多肉植物を混生していることがある．

a **サビキン類** [rust fungi, rusts ラ Puccinales]
担子菌類の一目で，さび胞子を生じる一群．世界に約160属7000種を含み，日本には約750種が知られる．絶対寄生菌（obligate parasite）であり，通常宿主だけに依存して生活し，宿主植物との間には宿主特異性があるとされ宿主植物はしばしばサビキン類の同定に重要な要素となっている．多くは，植物病原菌としても重要で，コムギの黒さび病菌（*Puccinia graminis*），赤さび病菌（*P. recondita*），トウモロコシのさび病菌（*P. polysora*, *P. sorghi*），コーヒーのさび病菌（*Hemileia vastatrix*），マツ類のこぶ病菌（*Cronartium orientale*）などが代表的．このようなサビキンの宿主はシダ植物や裸子植物，双子葉植物，単子葉植物と極めて多様．特異的な性質の一つに，生活環において五つの機能的・形態的に異なる胞子世代をもつことがある．それぞれの世代に形成される胞子は，精子（spermatium），さび胞子（aeciospore），夏胞子（urediniospore），冬胞子（teliospore）および担子胞子（basidiospore）と呼ばれ，それぞれの胞子世代を表すのに便宜上，0（精子世代），Ⅰ（さび胞子世代），Ⅱ（夏胞子世代），Ⅲ（冬胞子世代）およびⅣ（担子胞子世代）の記号が一般に用いられている．ただし，すべてのサビキンがこれら5胞子世代をすべてもつとは限らず，いくつかの世代を欠くものも多い．さらにこのような胞子世代に加えて，全生活環を同一植物の上で経過する同種寄生（autoecious life cycle）と生活環の一部を他の植物上で経過する異種寄生（heteroecious life cycle）が知られ，それぞれ同種寄生種（autoecious species），異種寄生種（heteroecious species）とされている．これらと胞子世代との組合せで異種長世代型（heteromacrocyclic form: 0, Ⅰ-Ⅱ, Ⅲ），同種長世代型（automacrocyclic form: 0, Ⅰ, Ⅱ, Ⅲ），異種類世代型（heterodemicyclic form: 0, Ⅰ-Ⅲ），同種類世代型（autodemicyclic form: 0, Ⅰ, Ⅲ），短世代型（microcyclic form: 0, Ⅲ）などに分けられる．このような生活環の多様性は，サビキンが環境に適応して進化してきたためであると考えられている．

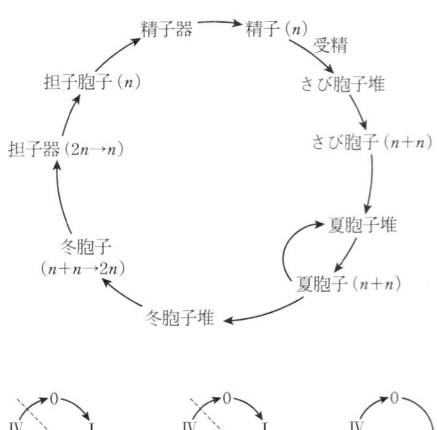

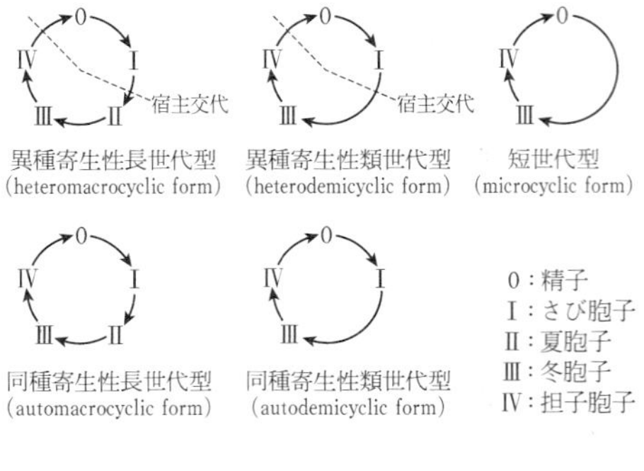

b **座ヒトデ類** [Edrioasteroidea] *カンブリア紀から*ペルム紀に産する棘皮動物の化石綱．E. Billingsの命名．体壁は可撓性で，不規則に並んだ石灰小板を含み，そのあるものは瓦状に重なる．上面の中央に小板に囲まれた囲口部があり，これから5本の歩帯溝が放射状に出る．歩帯溝は直線状であるか，または鎌状に曲がり，2列に互生する歩帯板（床板）と被板（covering plate）がある．歩帯板間の間隙，または歩帯板上に，管足の通る小孔がある．肛門と水孔は後間輻にあり，ウニ類の二歩帯区に相当する2本の歩帯溝に挟まれた位置にある．石灰小板が不規則に配列する点は海リンゴ類に，指枝がなく管足孔のある点はヒトデ類に似ている．多くは海底や腕足類の殻などに付着する生態を示す．

c **さび胞子堆**（さびほうしたい）［aecium］担子菌類*サビキン類の器官の一つで，通常，受精（二核化）後宿主植物組織内に生じ，その形はおおむね杯状で，宿主の表皮を破り裂開して開孔するもの．この中に形成される二核性胞子をさび胞子（aeciospore）という．さび胞子は単細胞で，多くは広楕円形，卵形または有稜球形．連鎖状をなして形成され，表面には一般に特徴的な微細な疣状または刺状突起をもち，黄褐色ないし無色，数個の発芽孔がある．さび胞子は非反復性の胞子で発芽管をもって発芽して宿主植物に感染し，夏胞子または冬胞子が形成される．異種寄生性の種では，ここで宿主交代が起こり，さび胞子が形成されたものとは異なる植物に感染する．さび胞子堆には，護膜（peridium）の有無やその形態，さび胞子の形成様式などにより，さまざまな形態の

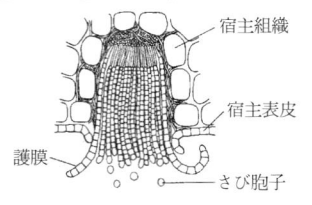

ものが知られ，主なものとしては銹子腔(aecidium)，銹子嚢(peridermium)，銹子毛(roestelia)，夏胞子堆型さび胞子堆(uraecium)がある．

a **サブゲノム RNA** [subgenomic RNA] RNAウイルスの複製時にゲノムの途中から転写される，一つ以上の*オープンリーディングフレーム(ORF)を含むRNA．*ポリシストロニックなゲノム構造をもつRNAウイルスに特有の遺伝子発現様式の一種で，2種類以上のサブゲノムRNAを転写するウイルスもある．転写はゲノムRNA中の*プロモーター配列を*RNA依存性RNAポリメラーゼが認識することにより開始．*ウイルス粒子に取り込まれる場合もある．

b **サブスタンスP** [substance P] SPと略記．《同》P物質．脳および腸管組織中に存在し，血圧降下作用と腸管収縮作用を示す生理活性ペプチドの一群．U.S. von Euler と J. H. Gaddum (1931) が発見．初めて単離された状態が粉末(powder)であったのが名の由来．1971年視床下部からサブスタンスPの一つが単離され，次の構造が決定された．Arg-Pro-Lys-Pro-Gln-Gln-Phe-Phe-Gly-Leu-Met-NH$_2$．C末端部分にPhe-X-Gly-Leu-Met-NH$_2$をもつ類縁分子ニューロキニンA (NK-A)などと共にタキキニン(tachykinin)と呼ばれる神経ペプチド群を構成する．サブスタンスPはNK-Aと同一のプレプロタキキニン遺伝子にコードされ，選択的RNAスプライシングと翻訳後プロセッシングによって生成する．一次知覚神経においては痛みや熱刺激の伝達に，骨髄では血球細胞の分化に，中枢的には頭痛や嘔吐あるいは炎症などに関与する．

c **サブトラクション法** [subtractive hybridization] 《同》差引きハイブリッド法．違う組織，違う細胞間で発現量の異なる遺伝子を同定する方法．目的とする試料(テスター)，および比較試料(ドライバー)からそれぞれ調製したcDNAやcRNAを基に，*ハイブリダイゼーションを利用したサブトラクション(差引き操作)を行う．具体的な方法としては，ドライバー側をビーズなどに固定して除去する方法や，二重鎖DNA特異的分解を利用する方法，あるいは，cDNAにアダプター配列を付加し，*PCRの利用により，ドライバーとのハイブリダイゼーションを逃れたcDNAだけを選択的に増幅するsuppression subtractive hybridization (SSH)という方法などがある．

d **サプレッサー遺伝子** [suppressor gene] 《同》サプレッサー，抑圧遺伝子，抑制遺伝子．*サプレッション，すなわち第一の突然変異によって現れていた形質が第二の突然変異によって打ち消される現象に関与する遺伝子．第一の突然変異と同じ遺伝子座に生じたものを遺伝子内サプレッサー(intra-genic suppressor)，別の遺伝子座に生じたものを遺伝子間サプレッサー(intergenic suppressor)という．後者はさらに，第一の突然変異によって失われた機能を代替する機能を生じさせる機能的サプレッサー(functional suppressor)と，第一の突然変異の遺伝情報の翻訳に作用する情報的サプレッサー(informational suppressor)とに分けられる．情報的サプレッサーには1塩基置換によって生じた*ナンセンス突然変異や*ミスセンス突然変異，また1塩基挿入ないしは欠失による*フレームシフト突然変異にそれぞれ特異的に作用するもの，これらに共通して作用するものが知られ，前者のほとんどは tRNA の*アンチコドンの突然変異である．一方，後者には*リボソーム蛋白質や*ポリペプチド鎖延長因子の突然変異が含まれ，大腸菌ではラム変異(ram mutation)やタフ変異(tuf mutation)，出芽酵母ではオムニポテントサプレッサー(omnipotent suppressor)と呼ばれている．

e **サプレッサー感受性突然変異体** [suppressor sensitive mutant] ⇌サプレッション

f **サプレッサー細胞** [suppressor cell] ⇌制御性T細胞

g **サプレッション** [suppression] 突然変異によって失われていたある遺伝形質が，その突然変異とは別の部位で起きた第二の突然変異によって回復する現象．このような第二の突然変異は，特にサプレッサー突然変異(suppressor mutation)と呼ばれ，もとの突然変異と同一遺伝子内で起こることもあり(遺伝子内サプレッション)，また別の遺伝子で起こることもある(遺伝子間サプレッション)．後者の場合，サプレッションを起こす遺伝子をサプレッサー遺伝子(suppressor gene，抑圧遺伝子)，または単にサプレッサー(suppressor)と呼ぶ．サプレッションは種々の機構で起こりうるが，*ナンセンス突然変異，*ミスセンス突然変異などに対するサプレッサーとしては tRNA 遺伝子がその代表的なものとして知られており，例えば tRNA 遺伝子の突然変異によってナンセンスコドンに対応できるようになった tRNA (サプレッサー tRNA)が生産され，その結果もとの変異形質が回復する．なおサプレッサーによって表現型が回復しうるような突然変異体をサプレッサー感受性突然変異体(suppressor sensitive mutant)と呼ぶ．(⇌ナンセンスサプレッサー，⇌ミスセンスサプレッサー，⇌フレームシフトサプレッサー)

h **サーボ機構** [servomechanism] 物体の位置・方位・姿勢などを制御量とし，目標値の任意の変化に追従するように構成された*フィードバック制御系．例えば，眼球による自己の位置の制御や追跡運動の制御の機構はその例．

i **サポゲニン** [sapogenin] *サポニンの*アグリコンをいう．一般に水に不溶，結晶性でサポニン特有の溶血性・魚毒作用はない．構造的特徴から次の2種に大別される．(1)トリテルペン系サポゲニン：最も広く分布するのは，オレアナン系トリテルペンと総称される五環性トリテルペン(次頁図A)であり，中でもオレアノール酸 $C_{30}H_{48}O_3$ ($R_1=CH_3$, $R_2=COOH$)，ヘデラゲニン $C_{30}H_{48}O_4$ ($R_1=CH_2OH$, $R_2=COOH$)が多い．いずれも R_2 にカルボキシル基をもち酸性であるが，還元されて中性となったものも多い．糖鎖は3位水酸基，17位カルボキシル基あるいは両位に結合することが多い．そのほか，五環性のウルサンや四環性のダンマランやプロトスタンなどがあり，ウリ科植物には四環性のククルビタン系が多い．(2)ステロイド系サポゲニン：大部分は図Bのスピロスタン骨格をもつ中性の物質で，図中 R_1, R_2 は-Hまたは-OH，R_3 が=Oのものもある．5,6位間に二重結合のある場合とない場合とがある．糖鎖は一般に3位のOH(β型)に結合する．この系に属する代表的サポゲニンにはジギトゲニン $C_{27}H_{44}O_5$ ($R_1=R_2=OH$, $R_3=H$)，ギトゲニン $C_{27}H_{44}O_4$ ($R_1=OH$, $R_2=R_3=H$)，チゴゲニン $C_{27}H_{44}O_3$ ($R_1\sim R_3=H$)などがある．ヤマノイモ科のジオスゲニンと称するものは，5,6位間に二重結合があり，ステロイドホ

ルモンの製造原料として利用される．そのほか，ごく少数がスピロケタールの開裂したフロスタン骨格を有し，通例，開裂部の26位OHには糖鎖が結合する．

(A)

(B)

a **サポニン** [saponin] 主に植物界に分布し，トリテルペンおよび*ステロイドをアグリコンとする*配糖体の総称．このアグリコンは*サポゲニンと呼ばれる．糖成分はD-グルコース・D-ガラクトース・L-アラビノースが一般的であるが，まれにメチルペントース・ウロン酸なども知られている．大多数が無定形粉末で，水・メタノール・熱稀エタノールに可溶，他の有機溶媒には溶けにくい．水溶液は持続性の泡を生ずるが，疎水性の*アグリコンと親水性の糖部が同一分子内に共存する構造的特徴に基づく界面活性様作用による．一般に透析されにくいが，他物質に対して細胞膜などの透過性を増加させる性質があり，またステロール類・アルコール類・フェノール類と会合して難溶性の分子を形成する．サポニンの特性として知られる溶血作用は赤血球中に含まれる*コレステロールと結合して膜構造を破壊することによる．そのほか粘膜刺激作用・魚毒作用があり，サポニンを多く含む植物の抽出液を漁撈に用いるのは日本を含め世界各地で見られる．サポゲニンの種類によってトリテルペン系とステロイド系に大別される．前者は分布が広く，とりわけ多いのがオレアナン系で，セネガ (*Polygala senega*) の根，イトヒメハギ (*P. tenuifolia*) の根 (遠志)，キキョウ (*Platycodon grandiflora*) の根 (桔梗)，ミシマサイコ (*Bupleurum falcatum*) の根 (柴胡)，*Glycyrrhiza uralensis* などの根 (甘草) などは薬用としても有用である．そのほかダンマラン系がオタネニンジン (*Panax ginseng*) の根 (人参) やナツメ (*Zizuphus jujuba* var. *inermis*) の実 (大棗) などに含まれ，ククルビタン系ではウリ科の *Momordica grosvenori* の果実 (羅漢果) の甘味成分モグロシドがある．一方，ステロイド系サポニンは，スピロスタンとフロスタンの2系統があり，ジャノヒゲ (*Ophiopogon japonicus*) の根 (麦門冬) やハナスゲ (*Anemarrhena asphodeloides*) の根茎 (知母) など広義のユリ科に多く，そのほかヤマノイモ科・ゴマノハグサ科など比較的分布は限られる．ゴマノハグサ科ジギタリス (*Digitalis purpurea*) の葉に含まれるジギトニン，F-ギトニン，チゴニンはよく知られる．またヤマノイモ科に含まれるサポニンのアグリコン (ジオスゲニン) はステロイドホルモンの製造原料として有用である．サポニンは動物界の一部にも存在し，ナマコ類の

トリテルペン系サポニン，ヒトデ類のステロイド系サポニンが知られている．

b **サムエルソン** SAMUELSSON, Bengt Ingemar 1934～ スウェーデンの生化学者．プロスタグランジンE, Fの分子構造や生合成について S. Bergström と共同研究．血液凝固物質トロンボキサン A_2 やプロスタグランジン様物質ロイコトリエンを発見．Bergström, J. R. Vane とともに1982年ノーベル生理学・医学賞受賞．

c **寒さの指数** [coldness index] CI と略記．植物において，ただちに枯死に至らないとも一定期間以上持続するとその種の生存は困難になるような低温による植物の分布制限を定量的に表す指数．吉良竜夫(1948)が提案．暖かさの指数と対応した形式をもち，

$$CI = -\sum_{}^{12-n}(5-t)$$

で与えられる．$12-n$ は1年のうちで月平均気温 t (℃) が，$t<5$ であるような月の数で，暖かさの指数との区別のため，負の値をもつように定義されている．寒さの指数は，暖温帯の森林植生としての照葉樹林の分布の低温限界(北半球では北限，または上限)とよく一致する．照葉樹林の北限は，CI=-10 (℃・月)程度である．照葉樹林の優占種であるタブノキ，アラカシ，ウラジロガシ，アカガシなどの種としての分布の北限は，CI=-15 程度である．本州中南部の低地を占める照葉樹林が，東北地方の沿岸沿いに北上する分布状態も，CI=-10 の等指数線によく一致している．一方，冷温帯落葉広葉樹林(日本ではブナ林)は，暖かさの指数85の線までしか南下していないので，中部地方や東北地方の内陸部には，WI>85 の暖温帯でありながら CI<-10 であるため照葉樹林が分布しない地帯が存在し，モミやツガのような温帯性針葉樹と，クリ・シデ類・コナラなどの落葉広葉樹の混交林となっている．冬の寒さに起因する暖温帯落葉広葉樹林とされ，中間温帯・クリ帯と呼ばれる．(⇌暖かさの指数，⇌常緑広葉樹林，⇌優占種)

d **サムナー** SUMNER, James Batcheller 1887～1955 アメリカの生化学者．ナタマメのウレアーゼの結晶化に成功，酵素が蛋白質であることを明らかにし，近代的な酵素化学の道を開いた．1946年ノーベル化学賞受賞．
[主著] Chemistry and methods of enzymes (G. F. Somers と共著), 1943.

e **鞘** (さや)【1】[sheath ラ vaginula, *pl*. vaginulae] 一般に，生物体や組織を包んで保護する構造物．個体を保護するもの(⇌棲管)や，神経繊維を保護する髄鞘などの総称．
【2】[vaginula] コケ植物において，蒴柄の基部を鞘状に包む構造．卵が受精した後に，造卵器壁の基部とその周囲の茎の組織が二次的に肥厚してできる．

f **莢動脈** [sheathed artery] 哺乳類の脾臓に特有の，特殊な壁構造をもつ動脈．赤脾髄中の毛細血管程度の内径の動脈であるが，膠原繊維を主とし嗜銀繊維や弾性繊維をも含む極めて厚い壁，すなわちシュワイゲル-ザイデル鞘(Schweigger-Seidel sheath)に包まれる．イヌ，ネコ，ブタ，モグラなどでは特に発達し，血液の浄化あるいは脾臓の血流量調整に当たる構造とされるが，正確な機能解明はなされていない．

g **サヤミドロモドキ綱** [Monoblepharidomycetes] 尾型鞭毛が後端に1本ある遊走子を生じる菌類．ツボカビ綱とともにツボカビ門を構成する．5属26種があ

る. 多くは淡水中の腐生菌で，水中に沈んだ樹枝や果実，藻類上などに生育する. 菌体は発達した菌糸体または遊走子嚢と柄や付着器からなる分実性. 単相生物だが，他の菌類では見られない卵と精子の受精による卵生殖を行う.

a **左右軸形成** [left-right axis formation] 前後・背腹・左右軸の三つの胚軸のうち，体制の*左右性が形成される過程. 多くの動物の場合，発生初期に前後・背腹軸は形成されるが，左右軸は動物種によって異なる時期に決定するとされる. 多くの脊椎動物の場合，初期神経胚(体節期)の中軸組織(脊索)の後端(原始線条の前端に相当)に，有毛細胞を有する小胞器官が存在し(例:哺乳類のノード(結節)，鳥類のヘンゼン結節，魚類のクッパー胞)，その領域から左右軸形成のプログラムが開始するらしい. その領域に発現する TGF-β ファミリーの液性因子 Nodal および GDF1 が左側側板中胚葉に伝達され，左側側板中胚葉で Nodal シグナルが前方に向かってポジティブフィードバック機構によって前方に増幅される. 左側側板中胚葉では，Nodal によって転写因子 Pitx2 などの遺伝子発現が活性化されることにより臓器の左右性(心血管系，肺，脾臓，胃など)が決まるとされる. また，左側側板中胚葉に発現する Nodal は，神経底板に Nodal 阻害因子 Lefty の発現を誘導することで，Nodal の右側への拡散を抑制し，左右軸形成を安定化させている. 魚類や哺乳類においては，小胞器官(ノード・クッパー胞)内の細胞において一本の繊毛が後ろ側に傾き，腹側からみて時計回りに回転することにより，左側に強い流れ(ノード流)を創出する. ノード流が左右軸を決定する機構として，ノード流により左側化を決定する分子が左側に運ばれるという説，繊毛がノード流を感受することが左を決定するという説がある. ノード流は最終的にノード・クッパー胞周辺で Nodal シグナルの左右差を作るとされる. カエルでは卵割期にすでに左右軸が決まっているという説，鳥類ではノード流ではなくヘンゼン結節領域の細胞運動が周辺の液性因子発現の左右差を作ることが重要であるとの説があり，脊椎動物最初の左右軸形成の統一したメカニズムは提唱されていないが，Nodal や Pitx2 が左側化に重要な役割を果たしていることは共通している. 魚類では，Nodal は左側側板中胚葉だけでなく左側間脳にもシグナルを伝達し，手綱核の左右差を決定する.

b **左右性** [left- and right-handedness] 《同》左右非対称性，左右非相称性. 一般に*正中面を挟んで左右対称な体制をもつ*左右相称動物において，器官などの形態や配置・性質に左右差がみられること. 例として，シオマネキの鋏の大きさ，巻貝の巻型，脊椎動物の内臓の配置，などが挙げられる. 動物の左右性の多くは発生過程で顕在化するが，左右性形成機構は動物により多様である. 脊椎動物では，初期胚の正中組織(マウスの結節，ゼブラフィッシュのクッパー胞など)の働きにより左側の側板で特異的に発現する nodal 遺伝子が，心臓や消化管などの左右性を決定する. また巻貝では，四から八細胞期の*らせん卵割の方向が貝殻の巻型に反映されるが，その過程でも nodal 遺伝子の左右片側での発現が関わることが知られる. 一方，ショウジョウバエではある種の*ミオシン蛋白質が内臓の左右性形成に関わっている. ヒトの右脳，左脳には機能的な偏りがあり，また形態的にもシナプスの形が左右で異なるなどの左右性

があることが知られている.

c **左右相称花** [zygomorphic flower] 花の中心を通ってただ一つの鏡映面が存在する花. たいてい*花冠の形に関していう. スミレ科やラン科の花がその例で，特定の昆虫などの行動と対応した受粉方法への適応と考えられる. 多くの鏡映面をもつ放射相称花より進んだ様式とされる.

d **左右相称動物** [Bilateria, Bilateralia] 左右相称的な体制をもつ真正後生動物の総称. B. Hatschek (1888) の提唱. *放射相称動物および*真正後生動物のうち，放射相称的な体制をもつ刺胞動物と有櫛動物とを除いたもので，*三胚葉動物がこれに当たる.

e **左右相称卵割** [bilateral cleavage] 将来の正中面に対して卵割面が左右相称に配列される現象. 動物卵の*卵割型の特別な場合. 卵黄の多い大形の頭足類のような部分割卵にも，卵黄の少ない小形のホヤのような全割卵にもこの様式が見られる. なお一応は放射型に属する両生類卵，らせん型に属するカイチュウ卵なども左右相称性を示すことがある.

f **左右対称性のゆらぎ** [fluctuating asymmetry] FAと略記. 多数個体の平均をとると左右対称になる形質について，各個体の左右対称性からのずれ. 一般に，栄養不良などの発育途上での障害や同系交配などによる遺伝的な欠陥があると左右対称性が悪くなる. そのため，左右対称性の程度はその個体の質の高さを示し，動物が配偶相手を選ぶときには左右対称性を指標としており，左右対称な異性を好むという説があるが，まだ検証されていない.

g **作用** [action] 《同》環境作用. 非生物的環境(⇌生物的環境)を構成する個々の無機的環境要因またはその複合が，生物に対して働き，その生活に影響を及ぼすことをいう. 例えば，日射量が増すことによって植物の成長が促進される場合，これを日射量の作用という. F.E. Clements (1916) の提唱した生態学上の用語で，生物が環境を改変することを意味する反作用(環境形成作用 reaction) と対置される. (⇌生物間相互作用)

h **作用スペクトル** [action spectrum] 一定量の光化学あるいは光生物学反応を起こすのに必要な入射光量子数の逆数を光の波長に対してプロットした図. おおまかにいえば，ある光生物学反応に対する光の有効性(反応系の感度)を波長に対して示した図である. 理想的な場合には，その光反応に関与する光受容色素の吸収スペクトルと一致する. 理想的な場合とは，散乱や他の色素による吸収に起因する入射光の減衰が無く，かつ，当該光生物学反応の量子収率が波長によって変化しない場合のことである. 歴史的には，作用スペクトルの測定によってDNAが遺伝物質であること，光合成における二つの光化学系の存在，*フィトクロムによる光形態形成反応の存在などが明らかになった.

i **サラセミア** [thalassemia] 遺伝的なグロビン鎖合成能の低下のために*ヘモグロビン合成に異常が起こる結果，低色素性小球性貧血あるいは脾腫を伴う*溶血性貧血を呈する症候群. ヘモグロビンを構成する $α$, $β$, $γ$, $δ$ の各グロビン鎖はそれぞれ独立した構造遺伝子(⇌グロビン遺伝子)により規定され，$α$ 鎖と非 $α$ 鎖($β$, $γ$, $δ$ 鎖)は互いに過不足なくバランスをとって合成されている. 成人型ヘモグロビン(HbA)は $α$ 鎖2本と $β$ 鎖2本の四量体でそれぞれのグロビン鎖にヘム1個が結合

している．いずれの鎖の合成能が低下するかにより，α サラセミアなどと呼ばれる（α 鎖合成能が低下すれば α サラセミア）．α サラセミア，β サラセミア，δβ サラセミアが臨床上問題となる．異常遺伝子のホモ接合体は，溶血性貧血症状を伴う重症〜中等症の貧血を呈し，ヘテロ接合体では，低色素性小球性の軽度の貧血を呈する．α サラセミアでは，α 鎖遺伝子の欠失が証明されており，一方 β サラセミアでは，β 鎖遺伝子の欠失，β 鎖遺伝子からの転写障害，β 鎖 mRNA の成熟障害，β 鎖 mRNA の不安定性などいくつかの要因によるものがあるといえる．

a **サリチル酸** [salicylic acid] ベンゼン環にカルボキシル基と水酸基がオルト位に配位した構造をもつ化合物．植物においてサリチル酸は，病原菌に対する抵抗性反応に重要な役割を果たし，植物ホルモンの一つとして分類されることが多い．β-グルコシド，メチルエステルなどの誘導体の形でも存在するが，生理活性は遊離のサリチル酸のみがもつ．タバコ（Nicotiana tabacum L.）やシロイヌナズナでは，健全葉 1 g 新鮮重当たりのサリチル酸の蓄積量は 0.01〜0.1 μg だが，病斑形成時にはその生産が顕著に誘導されて通常の 100 倍以上となる．病原菌に感染したタバコでは，フェニルアラニンから trans-ケイ皮酸，安息香酸を経由して生合成されることが，代謝変換実験から示される．一方，シロイヌナズナでは，病原菌に感染してもサリチル酸を蓄積しない突然変異体 salicylic acid induction deficient 2 (sid2) の原因遺伝子 SID2 が，イソコリスミ酸合成酵素をコードすることが示されており，コリスミ酸からイソコリスミ酸を経由する生合成経路が主要であると考えられている．アセチル化して得られるアセチルサリチル酸は，抗炎症剤，鎮痛剤として古くから知られ，世界で初めて人工合成された医薬品．

b **サルヴェージ経路** [salvage pathway] 《同》再生経路，再利用経路．新生経路（de novo pathway，⇒ピリミジン生合成経路，⇒プリン生合成経路）と対置される．狭義にはプリン塩基およびピリミジン塩基を基質として，再び*ヌクレオチドを合成する経路を指す．プリンヌクレオチド（例えば AMP）は主にホスホリボシルトランスフェラーゼの作用によって塩基（例えばアデニン）とホスホリボシル二リン酸から生成する．ピリミジンヌクレオチド（例えばチミジル酸，TMP）はヌクレオシドキナーゼによってピリミジンヌクレオシド（例えばチミジン）から合成することができる．サルヴェージ経路は新生経路と協調して細胞内のヌクレオチド量を調節しており，サルヴェージ基質が豊富な場合は，サルヴェージ経路で生じたヌクレオチドが核酸合成に用いられるとともに新生経路をフィードバック阻害する．核酸合成がさかんな時にはヌクレオチドが枯渇するため，新生経路によるヌクレオチド合成がさかんになる．寄生生物では宿主由来のサルヴェージ基質を自身のヌクレオチド合成に利用することができるため，サルヴェージ経路をもつが新生経路を欠くものが多い．

c **サルコイドーシス** [sarcoidosis] 《同》サルコイド症，ベック類肉腫症（Beck's sarcoid）．全身性の原因不明の類上皮細胞肉芽腫．肺門リンパ節の腫脹に始まって，皮膚の丘疹や皮下硬結，リンパ節や諸臓器に多型的な病変を起こす．血中のカルシウム濃度やアンギオテンシン変換酵素の活性上昇が知られている．

d **サルコシン** [sarcosine] 《同》N-メチルグリシン（N-methylglycine）．CH_3NHCH_2COOH 生体内におけるコリン代謝経路の一員．融点 208°C．メチル基転移反応や*テトラヒドロ葉酸関与の反応によってジメチルグリシンから生成され，さらにグリシンに変化するが，この脱メチル基反応はフラビン酵素とテトラヒドロ葉酸が関与し活性 C_1 単位をつくる．

e **サルコフスキー反応** [Salkowski reaction] [1] 硫酸の存在下で塩化第二鉄（塩化鉄(III)）を作用させて，インドール化合物を検出するための呈色反応．この反応を用いると最低 0.1 μg のインドール酢酸（⇒インドール-3-酢酸）を検出しうる．表に示すように各種のインドール化合物によって呈する色が異なる．インドール酢酸の場合には最大吸収は 535 nm にある．第一鉄（Fe^{2+}）の混在あるいは光はこの呈色反応を妨害する（⇒エール

化 合 物	呈 色
インドール酢酸	ピンク-紅
インドール	橙
インドールアルデヒド	ピンク
インドールアセトニトリル	青-緑
トリプトファン	黄
トリプタミン	黄褐
インドールピルビン酸	深紅

リヒ反応）．[2] コレステロールの確認法．検体試料のクロロホルム溶液に硫酸を加えてよく振り混ぜると，コレステロールが存在する場合は，クロロホルム層はまず赤色〜紫色になり，青色を経て退色する．一方，硫酸層は緑色の蛍光を発する．

f **サルコメア** [sarcomere] 《同》筋節．*横紋筋における*筋原繊維の繰返しの単位．隣りあう*Z 膜の間を指し，Z 膜-*I 帯-*A 帯-I 帯-Z 膜の順序の構造からなる．伝達系の*T 管・*筋小胞体もサルコメアと同様に反復する．骨格筋では三つ組（⇒筋小胞体，⇒興奮収縮連関）が A 帯と I 帯の境界にあるが，心筋では二つ組が Z 膜の近辺にある．サルコメアの長さは収縮時に短くなるが，脊椎動物では弛緩時でほぼ 2〜3 μm が一般的．カニの鋏筋では 10〜15 μm もの長さのものが知られている．（⇒滑り説）

g **サルファ剤** [sulfa drug] 《同》スルファミン剤，スルファニルアミド（sulfanilamide），スルホンアミド（sulfonamide）．パラアミノベンゼンスルホンアミドおよびその誘導体を含む合成抗細菌剤の一群．G. Domagk(1935) が発見したアゾ色素の一種プロントジルがサルファ剤の第一歩で，ペニシリンが実用化されるまで細菌感染症の治療薬として主座を占めていた．肺炎・化膿性疾患・淋疾などをはじめ，連鎖球菌・ブドウ球菌などによる細菌性感染疾患に有効．サルファ剤の活性本体は，パラアミノベンゼンスルホンアミド（para-aminobenzoic sulfonamide）であり，細菌の成長因子である*パラアミノ安息香酸（PABA）の拮抗物質として作用す．ヒトは葉酸をビタミンとして摂取するが，細菌にとって葉酸の生合成は必須であるため，葉酸の前駆体となる PABA と構造が類似のサルファ剤は細菌に対して特異的に作用し，優れた選択毒性を示す．スルファメトキ

カゾールは，葉酸生合成経路の別の酵素を阻害するトリメトプリムと 5:1 で配合された ST 合剤として用いられ，相乗的な抗菌作用を示し，耐性菌の出現も抑えている．

$H_2N-\underset{NH_2}{\underset{|}{\bigcirc}}-N=N-\bigcirc-SO_2NH_2$ プロントジル ルブルム

↓ 体内で活性型に変換

$H_2N-\bigcirc-SO_2NH_2$ スルファニルアミド

a **サルモネラ** [salmonella] 大腸菌に類似し，グラム陰性，通性嫌気性，動物寄生性であるサルモネラ属 (Salmonella) 細菌の総称．*プロテオバクテリア門ガンマプロテオバクテリア綱腸内細菌科に属する．菌種としては Salmonella enterica 1種のみが記載されているが，チフスやパラチフスなどの病原性との関係から菌体表層抗原に由来する 2000 種以上の血清型(serovar)に詳しく分類されている．長さ 2～5 μm の桿菌で，多数の周鞭毛により活発に運動する．グルコースの分解代謝においてはホモ乳酸発酵と混合酸発酵との中間を示すが，利用できる炭水化物は限られ，ラクトース・ショ糖を利用しない．インドール，アセチルメチルカルビノール(acetyl-methylcarbinol)を形成せず，特定の培地で硫化水素をつくる．通常の肉汁ペプトン培地によく生育するが，自由生活をせず，ヒトを含む恒温動物や爬虫類などの変温動物などの消化管内で寄生生活する．サルモネラの O 抗原成分はオリゴ糖の繰返し単位を基本構造とする多糖からなることが明らかにされている．毒素は他の腸内細菌の場合と同様に*エンドトキシンで，マウス致死量 0.5 mg 程度のものが得られ，多糖リン脂質複合体である．三類感染症菌として分類されるチフス菌 (S. enterica serovar Typhi) やパラチフス菌 (S. enterica serovar Paratyphi A) は主にマクロファージに感染して菌血症を起こす．*ネズミチフス菌 (S. enterica serovar Typhimurium) や腸炎菌 (S. enterica serovar Enteritidis, SE) は食中毒性サルモネラ菌として知られ，腸管上皮細胞に感染して胃腸炎を起こす．最近では，鶏肉や鶏卵を介した感染力が強い腸炎菌の食中毒が増加しており，国内の細菌性食中毒例の 2～3 割を占めている．

b **酸栄養湖** [acidotrophic lake] 酸性の水(一般には pH≤5.0 以下)をもつ湖．硫酸などの無機酸に原因する無機酸性湖(inorganic acidotrophic lake) は火山地帯にある(例えば恐山の宇曽利湖や磐梯五色沼など)．腐植酸や不飽和腐植質に原因する有機酸性湖(organic acidotrophic lake)は高層湿原に多く見られ，溶存有機物量が特に多く*腐植栄養湖にも属する．無機酸性湖には強酸性のうえに Fe の含量が大なものが多く，生物の種類は一般に少ないが，特殊な種類の個体数がかなり多いことがある．強酸性の潟沼(宮城県)には珪藻類や緑藻類，ユスリカの幼虫や硫黄細菌などが分布する．また，恐山の宇曽利湖(pH=3.5)はウグイの生息することで知られている．（→湖沼型）

c **酸塩基平衡** [acid-base balance, acide-base equilibrium] 動物の体内では種々の酸や塩基が生成されるにもかかわらず，血液をはじめいろいろの体液が，その緩衝作用によって pH をほぼ一定に保ち，いわば一種の平衡状態にあること．正常のヒトの血液の pH は 7.35～7.45，平均約 7.4 を示し，生体の内外の種々の変化によっても容易には変動しない．ホメオスタシスの好例とされる．(1) 血漿では，炭酸水素塩，リン酸塩，血漿蛋白質などがそれぞれ緩衝作用をいとなむ．このうち炭酸水素塩の緩衝系が血液の pH の決定に最も大きな影響を与える．(2) 赤血球内部のヘモグロビンおよびリン酸塩なども緩衝作用をもつ．(3) 赤血球内部には炭酸脱水酵素が存在し，物理的に溶解した二酸化炭素を炭酸イオンまたは炭酸水素イオンに変化させる可逆反応を触媒する．この反応により，血液内の二酸化炭素は炭酸水素塩緩衝系に関与しうる．(4) 赤血球内で生成された炭酸水素イオンが赤血球の膜から血漿中に出る．この際，膜の電気的中性を保つために，塩素イオンが赤血球内に入る．これを*ハンブルガー現象という．(5) 血液は肺および組織で二酸化炭素を放出し，あるいはとり入れるが，その際血液中に物理的に溶解した二酸化炭素は，炭酸脱水酵素の作用および塩素移動により，血液の炭酸水素塩緩衝系に参加する．このため血液二酸化炭素量は，血液 pH に対して，決定的な影響を迅速に現す．(6) 血液は組織との間に二酸化炭素以外の物質交換をもいとなむため，種々の有機酸などによっても血液の緩衝系が変化する．(7) 一方，生体の化学相関および神経相関の作用により，血液の pH のわずかの変化，あるいは特に二酸化炭素量の変化に応じて，呼吸・循環・排出の機能が変化し，血液の酸塩基平衡を正常に保つように働く．この場合に，血液の二酸化炭素は，神経系に対して特異な作用をもつ．（→呼吸運動）

d **酸-塩基リン酸化** [acid-base phosphorylation] *葉緑体を懸濁している液の pH を弱酸性から弱塩基性に上昇させると，光照射(*光リン酸化)や電子伝達(*酸化的リン酸化)なしに ADP とオルトリン酸から ATP が合成される現象．同様の現象すなわち水素イオン濃度勾配，カチオン濃度勾配，膜電位の導入による ATP 合成は，その後他の生体膜系でも観察され，P. D. Mitchell が唱えたリン酸化の*化学浸透圧説の一つの根拠になった．

e **酸汚染** [acid pollution] 人間活動に伴って環境中に排出される硫酸や硝酸などの酸性物質による環境汚染のこと．化石燃料の燃焼に伴って発生する硫酸や硝酸による酸汚染として*酸性雨がある．硫化鉱物や石炭や硫黄の採掘など鉱山活動に伴う酸汚染としては渓流河川や土壌の酸性化があり，特に休廃止鉱山からの酸性鉱山排水による酸汚染が世界各地で問題となっている．他にも硫化物を含む土壌や底質が田畑の開発や養殖場の建設などによって大気中の酸素に触れ，硫酸を生じることに伴う酸汚染が知られる．広義には自然起源の酸性物質による環境汚染も酸汚染に含める．酸性河川である玉川の導入によって酸性化した秋田県の田沢湖はその例．

f **サンガー** SANGER, Frederick 1918～ イギリスの生化学者．蛋白質の N 末端のアミノ酸と反応するサンガー試薬(ジニトロフルオロベンゼン)を発見，これを用い，蛋白質としてはじめてインスリンのアミノ酸配列を決定した．1958 年ノーベル化学賞受賞．また，ダイデオキシ法など塩基配列の決定法を次々と考案，φX174 ファージの全塩基(約 5300)配列を決定し，その後ヒトのミトコンドリア DNA 全塩基(約 1 万 6500)の配列も決定した．1980 年には P. Berg, W. Gilbert とともに再度のノーベル化学賞受賞．

酸化還元酵素 [oxidoreductase] 《同》オキシドレダクターゼ．酸化還元反応を触媒する酵素の総称．酵素分類上の主群の一つで，酵素番号の第1位は1．生体において，酸化還元反応の型は，水素原子対の移動(伝達)，電子の移動あるいは酸素原子を付加する型が存在する．水素原子 H は水素イオン H^+ ＋電子と考えて，電子と等価と考えることができる．還元剤として働き，電子あるいは H を与えて酸化されるものを電子供与体(水素供与体)，酸化剤として働き電子あるいは H を受け取って還元されるものを電子受容体(水素受容体)と呼ぶ．酸化還元酵素は電子供与体および受容体のどちらか，あるいは両方に対して特異的であり，それによって分類される．酵素番号の第2位は17のカテゴリーに分類できる．(1)電子供与体(数字は酵素番号の第2位):1.CH–OH 基(生成物:C=O)，2.アルデヒド基あるいはケト基(カルボキシル基)，3.CH–CH 基(C=C)，4.CH–NH_2(C=NHさらに C=O+NH_3)，5.CH–NH(C=N)，6.NADH あるいは NADPH(NAD^+ または $NADP^+$)，7.窒素化合物，8.硫黄を含む基，9.ヘム，10.ジフェノール(キノン)，12.分子状水素，16.金属イオン，17.メチレン基．(2)電子受容体(数字は酵素番号の第3位):1.NAD^+ あるいは $NADP^+$，2.シトクロム，3.酸素，4.ジスルフィド，5.キノン，6.窒素化合物，7.鉄硫黄蛋白質，99.その他，などに分類される．酸素を受容体とするものは*酸化酵素と呼ぶこともある．また，酸化に伴って脱カルボキシルされるもの，生成するカルボン酸がリン酸と結合して混合酸無水物をつくるものなども存在するが，すべて酸化還元酵素に含める．なお，酸素添加酵素(酵素番号第2位:13,14)，過酸化水素を受容体とするペルオキシダーゼ，カタラーゼ(同じく第2位:11)は別に分類されている．生体の利用した酸化還元反応は概にエネルギー差が大きく，中間的な酸化還元電位をもつ補酵素・色素類を仲介にして行うため，酸化還元酵素はそれらの関与するものが多い．複数の酵素や補酵素が結合して複合酵素をつくり，基質から最終電子受容体に至る電子伝達鎖を構成する場合も多い．ピリジン酵素，フラビン酵素，ヘム酵素，キノン関係の酵素などがその例であり，いずれも酸化型と還元型で吸収スペクトルが著しく異なるので，反応を比較的容易に測定できる．一方，反応性が強く生体内の機能と関係なく，特に酸素など種々の受容体と反応することも著しい．

酸化還元電位 [oxidation-reduction potential, redox potential] ある系の電子の授受に伴って発生する電位．E_h などと表記．反応形式にかかわらず，酸化とは電子を失うこと，還元とは電子を受けとることであって，必ず電子の授受を伴う(⇄電子伝達)．可逆的酸化還元系 $AH_2 \rightleftarrows A+2e^-+2H^+$ に白金電極を入れ，適当な触媒系を添加すると，電子を電極に与え，系の還元能の大きさに対応する電位を示す半電池となる．これを標準水素電極と組み合わせて測って得られるのがその系の酸化還元電位である．その値 E_h は，酸化型＋H_2⇄還元型の自由エネルギー(あるいは平衡定数)，pH，酸化型と還元型の量比[Ox]/[Red]などの因子によってきまる．pH7 の E_h は次の式で与えられる．

$$E_h = E°' + \frac{RT}{nF} \ln \frac{[Ox]}{[Red]}$$

R は気体定数，T は絶対温度，F はファラデー定数，n は系の酸化還元に関係する電子数を表す．$E°'$ は酸化型と還元型が等量のときの E_h で，pH=7.0 におけるこの値は標準酸化還元電位と呼ばれ，系に特有な酸化還元能を表す目安になる．E_h を還元率に対してグラフに目盛ると $E°'$ を対称点にする S 字形曲線が得られる．E_h の高い系は低い系を酸化でき，両者の E_h が等しくなったところで平衡に達する．しかし，これは熱力学的に起こりうるということで，実際には，ことに多くの生物学的な系では，酵素や電子伝達体を加えなければ認められるほどの反応は進まない．酸化還元電位は直接電位を測るほかに，平衡定数からの計算や酸化還元指示薬を使っても求められる．一般に生体内の電子伝達は標準電位の低いほうから高いほうへ，例えば NAD(*ニコチン(酸)アミドアデニンジヌクレオチド)→*フラビン酵素→*シトクロム系→ O_2 と進むが，酵素の特異性や阻害のためにそのとおりにならないこともあり，反応成分の濃度によっては標準電位の低い系が高い系を酸化することもありうる．生体酸化還元系では，ポリフェノール類やシトクロム c, a などは＋200〜300 mV 付近にあり，0〜−100 mV にシトクロム b やフラビン酵素，−330 mV に NAD，−420 mV にフェレドキシンが位置している．生細胞では好気的なものは電位が高く，嫌気的なものは低い．酵素の活性や細胞の同化能力，微生物の生育なども酸化還元電位に影響される場合がある．

サンカクガイ [Trigoniids] 《同》トリゴニア類．二枚貝綱古異歯類(paleoheterodonta)の一科を構成する軟体動物．浅海生で，三畳紀後半に出現後，*ジュラ紀・*白亜紀に繁栄し，*新生代にまれとなった．現世ではネオトリゴニア属(Neotrigonia)の数種がオーストラリアに生息するのみ．鋸歯状の 2 本の主歯に特徴づけられる貝殻をもち，殻頂から後方にのびる背稜で二分される貝殻表面には，共心可肋，放射肋などの明瞭な表面装飾が発達する．日本では各地のジュラ系および白亜系から多数の種が知られる．

酸化酵素 [oxidase] 《同》オキシダーゼ．分子状酸素(O_2)を電子受容体として基質を酸化する酵素の総称．酸化還元酵素(EC1 群)に属する．酸化される基質の種類は多様で，反応は不可逆．電子を受容して還元された酸素分子は，(1)水(H_2O)，(2)過酸化水素(H_2O_2)，または，(3)スーパーオキシドアニオン(O_2^-)などに転換される．例えば，電子伝達系を構成するシトクロム c 酸化酵素(EC1.9.3.1)は，シトクロム c を経て運搬される電子 4 個分を 1 分子の O_2 に供与し，これにプロトン(H^+)を付加して 2 分子の H_2O を生成する．脂肪酸の酸化に関与するアシル–CoA オキシダーゼ(EC1.3.3.6)は，1 分子の基質から 2 個の電子を 1 分子の O_2 に供与して 1 分子の H_2O_2 を生成する．また，NADPH 酸化酵素(EC1.6.3.1)は大部分 H_2O_2 を生成する反応を触媒するが，一部の酵素は 1 個の電子が O_2 と反応して O_2^- を生成する．これらの酵素のほかに，酸素原子が反応産物の分子中に取り込まれる反応を触媒する酵素も存在し，酸素添加酵素(オキシゲナーゼ)といわれるが，通常は酸化酵素には含まれない．酸化酵素は，補欠因子としてヘム，FAD または金属イオンなどを含む．酸化酵素の生理的意義は，好気生物が酸化反応で必要な物質を合成あるいは，不要な物質を酸化分解すること，および酸化的リン酸化による生体エネルギーの獲得，病原菌の O_2^- による殺菌をはじめとする生体防御などにあるとされる．

三価染色体 [trivalent chromosome] 減数分裂で

3個の相同染色体または相同部分を有する染色体の対合によって生じた*多価染色体. 三倍体またはそれ以上の倍数体, 異数体の三染色体生物, 転座ヘテロ個体などに見られる.

a **酸化的同化** [oxidative assimilation] 生体が分子状酸素の存在のもとで, 炭水化物・有機酸その他の呼吸基質の酸化(呼吸)によって獲得したエネルギーを利用して, 基質の一部を生体物質に同化する代謝反応. 同化の生成物が炭水化物である場合もある. 同化と異化(酸化)の割合は, 基質や生物種によって異なるが, 同化の割合の方が異化より高い. 嫌気条件下での同化と異化(発酵)の割合は異化の方がはるかに高く, エネルギー効率が好気条件より低いことを示している.

b **酸化的リン酸化** [oxidative phosphorylation] 《同》酸化的リン酸化反応. 好気的生物における主要なATP供給反応で, 有機物を分子状酸素により酸化して得られるエネルギーをATPのエネルギーに変換する反応. 動物・植物・菌類のミトコンドリア内膜や細菌細胞膜において営まれ, 光リン酸化反応や硝酸呼吸によるリン酸化と共に電子伝達に共役したリン酸化と呼ばれる. グルコース1分子を原料としたとき, *アルコール発酵や*解糖では2分子のATPしか合成できない(これらを*基質レベルのリン酸化という)のに対し, この反応系が加わると31〜38分子のATPを合成できる. ATP合成機構は, まず呼吸基質に由来する水素がNADHなどの仲介により*呼吸鎖に入る. 呼吸鎖はフラビン・非ヘム鉄・シトクロムなどからなる電子伝達系で, NADHなどを分子状酸素により酸化して得られるエネルギーはH^+の電気化学ポテンシャルの膜内外における差として貯えられる(⇒化学浸透圧説). 次いでH^+の電気化学ポテンシャルは, 膜に存在する*共役因子系(=ATP合成酵素)の働きによってATPの化学エネルギーへと変換される. ATP合成のモル数と消費された酸素の原子数の比をP/O比(P/O ratio)といい, 伝統的にはNADHの酸化の場合は3, コハク酸の酸化の場合は2となる. 最近の実験的解釈から前者が2.5, 後者が1.5の非整数値が提案されている. エネルギー変換効率は, 標準状態において約40%と算出されるが, 反応物質の生体内濃度により補正すると60%以上になるという計算もある. いずれにせよ, 常温におけるエネルギー変換効率として極めて高い. (⇒呼吸)

c **酸化発酵** [oxidative fermentation] 好気性微生物が有機物を酸化する際, 不完全酸化の生成物(中間代謝産物)を細胞外に大量に蓄積する発酵形式. 現在の語法からは好ましくないが, 便利な用語であるため通用している. 酸化発酵の例として, グルコースの酸化によるグルコン酸, クエン酸, フマル酸などの蓄積(⇒グルコン酸発酵, ⇒クエン酸発酵), エタノールの酸化による酢酸の蓄積(⇒酢酸発酵), ソルビトールの酸化によるソルボースの蓄積などがある. 酢酸菌は酸化発酵を行う代表的な細菌であるが, 酸化発酵を担う細胞膜結合型脱水素酵素を多種多様にもつことが知られる.

d **残感覚** [after-sensation] 《同》後感覚. 刺激の終止後に残留する感覚. 皮膚の圧迫後に残る圧覚や, キニーネ液を水洗し除去した後も長く舌上に残る苦味など, 各種の感覚に普遍的な現象であるが, 視覚において最も著明で, 特に*残像の名で呼ばれる. さらに残像は残感覚の同義語として用いられることもあり, 例えば聴覚における残感覚には音響性残像の名がある. (⇒消え行き)

e **散形花序** [umbel] 花序軸の先端に等長の花柄の花が多数集合して, あたかも傘の骨組みのように一点から花が半球ないし球状についた形になる花序で, *総穂花序の一つ. セリ科やウコギ科にはこれを基本形とする花序が多く見られる. (⇒花序[図])

f **三系交雑** [triple cross, three-way cross] 単交雑と近交系統との間の交雑. *ヘテロシス育種に用いられる交雑の一形式. (A×B)×Cと表される. 作物では一般に単交雑(A×B)の方を母本として用いると雌穂が大きいため採種量が多くなって有利である.

g **散形終末** [flower spray ending] 《同》花束状終末. *筋紡錘の*錘内繊維に終わる張受容性の*神経終末. 錘内繊維のうち細い径の核鎖繊維において, 収縮がほとんど起きない中心部から少し離れた部位に花柄状に分枝している. この求心性神経繊維は, 核袋繊維に終わる*環らせん終末に比して細く, 後者をIa群繊維(径は12μm以上)と呼ぶのに対し, II群繊維(径4〜12μm)と呼ぶ. II群繊維の放電の閾値はIa群に比して高く, かつ筋伸展の起こるとき, しだいに放電数を増し伸展が持続する間継続する. Ia群の放電は筋の伸展の速度と長さに比例するのに対し, II群の放電は長さの関数で長さの変化する速さには関係しないといわれる. (⇒筋紡錘)

h **三原色説** [three color theory] 《同》ヤング–ヘルムホルツの色感説(Young-Helmholtz' theory of color). あらゆる色(色調と飽和度)は, それぞれスペクトル光の赤色域・緑色域・青色域に感度極大をもつ3種の基本的色識別要素の興奮の割合が統合されて生じるとする説. T. Young(1807)が提唱し, H. L. F. von Helmholtz(1852)が改訂を加えた. 三原色説は, 3種類の錐体視物質の波長特性によって視細胞レベルの興奮を合理的に説明でき, 3要素の興奮の度合が等しければ白の感覚を生じるとする. 三原色説に対し, 歴史的にはK. E. H. Hering(1878)が提唱した反対色説(opponent-color theory)がある. これは, 補色や残像などの心理学的観察に基づき黄–青, 赤–緑, 白–黒の3組の反対色を基本感覚と仮定する説であり, これらに対応する視物質を仮定した. 反対色説は, 視物質の特性とは対応していないが, 錐体よりも後の高次の神経細胞における情報処理機構の特性に基づくものとして理解することができる. 三原色説の正当性は錐体の光応答と錐体視物質の両方から確かめられている. すなわち, 顕微分光法および微小電極を用いた実験により, ヒト, サル, キンギョ, コイなどでは, それぞれの3要素に対応するスペクトル感度をもつ錐体の存在と錐体視物質の存在が証明されている. ただし, ニワトリやある種の魚(ウグイなど)ではスペクトル感度の異なる4種の錐体があることが知られ, また, ニワトリからは吸収スペクトルの異なる4種類の錐体視物質が分離・精製されている. したがって, 動物によっては四原色で色を識別していると考えられる.

i **サンゴ, 珊瑚** [coral] [1] 各種の刺胞動物の石灰質または角質の骨格. [2] 分類学上は骨格を形成する*刺胞動物(Cnidaria). 花虫綱八放サンゴ亜綱および六放サンゴ亜綱のイシサンゴ目, ヒドロ虫綱のハナクラゲ目に属するものは石灰質の骨格を, 六放サンゴ亜綱のツノサンゴ目に属するものは黒い角質の骨格をもつ. ツノサンゴ目や八放サンゴ亜綱ウミトサカ目*Corallium*の諸種の骨格は, 加工して宝飾品として用いられる. イ

シサンゴ目の大部分と八放サンゴ亜綱のアオサンゴ類，クダサンゴ類やハナクラゲ目のアナサンゴモドキ類は，その体内に*共生藻である褐虫藻をもち，その作用によって骨格形成 (skeletogenesis) または石灰化 (calcification) が促進されるため，成長が速く，*サンゴ礁の形成に主役を演じる．そのために造礁サンゴ (hermatypic coral, reef-building coral) と呼ばれる．生育好適水温は 25〜29°C で，地理的分布は熱帯・亜熱帯に限られており，日本では千葉県館山湾が造礁サンゴの，奄美大島北方の 30°N 付近がサンゴ礁の，それぞれ北限．また褐虫藻と共生するため，光が重要な生育条件となり，したがって分布深度は 100 m 以浅に限定される．褐虫藻が共生しないその他のサンゴ類はすべて非造礁サンゴ (ahermatypic coral) と呼ばれる．しかし，共生藻ももたないサンゴにおいても冷水あるいは深海域で大型の群体に成長するものがいて，それらはサンゴ礁を形成するとされる．これらは緯度や深度にかかわりなく熱帯から極域まで広く分布する．

a **散孔材** [diffuse-porous wood] *道管の大きさが*早材と晩材とでほぼ等しく，かつ年輪中に平等に分布する材．したがって年輪の境界が明らかでないことも多い．広葉樹のスズカケノキ，クスノキ，ツゲ，ブナ，クルミなどはこの例．図はクロヤナギ材の横断面．

b **サンゴ礁** [coral reef] 炭酸カルシウムの骨格を大量に生産する，造礁サンゴ，有孔虫，石灰藻類 (calcareous algae) などの造礁生物 (hermatypic organism) の骨格が集積してできたサンゴ礁石灰岩が，海面近くまで達して防波構造物となる地形．サンゴ礁では造礁サンゴを中心に魚類や甲殻類などがすみ込み，*海洋生態系の中で最も種多様性の高い*サンゴ礁群集が形成される．サンゴ礁は冬季の平均海水温度が 18°C 以上の，熱帯・亜熱帯の海域に主に発達する．サンゴ礁の地形は，陸地とサンゴ礁とが接した裾礁 (fringing reef)，陸地とサンゴ礁の外縁が数 km 以上離れ，礁湖 (lagoon) が形成される堡礁 (barrier reef)，中央に島のない環状の環礁 (atoll) の三つに大別される．これらの地形の形成過程は*沈降説によって説明される．サンゴ礁には海岸線とほぼ平行に，地形分帯構成が認められる．海側から，急斜した外側斜面 (outer slope)，鋸歯状の起伏をもつ緩斜した礁縁 (reef front)，平坦な礁原 (reef flat) に区分される．礁原の海側に礁嶺 (reef crest) の高まりが見られることもある．こうした地形分帯構成は，最近 1 万年間の完新世の温暖化に伴う海面の上昇と安定に，サンゴ礁の上方への成長が追いついて作られた．近年，地球温暖化のためにサンゴの分布が高緯度にシフトするとともに，多くのサンゴ礁で白化現象が見られている．

c **サンゴ礁群集** [coral reef community] *サンゴ礁の潮下帯 (⇒潮下帯生物) に成立する*群集．造礁サンゴを核として，種多様性の高い群集が形成される．造礁サンゴは複雑な立体構造を作り出し，またその骨格は生物が穿孔可能であるため，多様な生活場所が提供され，多様な種の生物がすみ込みを連鎖させる．また，造礁サンゴの細胞内に共生する褐虫藻が主要な*生産者となり，サンゴ礁における*一次生産は周辺の外洋に比べて極めて高い．造礁サンゴは典型的な帯状分布を示すが，そのパターンは，波浪露出度などに関係して異なる．造礁サンゴが人為的な環境変化に対して脆弱であるため，サンゴ礁群集も影響を受けやすい．大発生したオニヒトデ (Acanthaster planci) による造礁サンゴの捕食と，高水温により造礁サンゴが共生する褐虫藻を失う白化現象による死亡が，サンゴ群集 (coral community) を減少させる主要な要因であり，それぞれ 1960 年代以降および 1990 年代以降，頻度が増加傾向にある．オニヒトデの大発生は，海水の*富栄養化による植物プランクトンの増加がオニヒトデ幼生の生存・成長を高めるために起こり，高水温は地球温暖化の進行によるために起こると考えられている．

d **散在神経系** [diffuse nervous system] 《同》散漫神経系．神経細胞が，中枢・末梢の区別なくほぼ一様に動物体の全般にわたって存在するような神経系．集中神経系と対する．刺胞動物に典型的で，神経細胞は相互に神経繊維で連絡し，いわゆる*神経網を構成する．クラゲにおいては，外傘面は同様な神経網であるが，内傘面では眼点や平衡胞などの感覚器官の付近および運動に関係のある環状筋の付近で，神経細胞は多少集まって*神経集網を構成する．しかし，脊索動物や節足動物に見られるような神経細胞の集団すなわち脳その他の神経節のようなものは存在しない．

e **30 nm クロマチン繊維** [30 nm chromatin fiber] 染色体基本繊維 (elementary chromosome fibril) とも呼ばれるクロマチン構造の一つ．真核細胞の DNA は段階的な構造形成を経て，染色体を形成する．DNA は，まずヒストン八量体の周りに巻き付いて*ヌクレオソームを形成する．DNA は太さ 2 nm であるが，ヌクレオソームを形成すると太さが 11 nm となり，軸に沿った長さは 7 分の 1 に凝縮する (つまり DNA の詰込み比が 7)．ヌクレオソームが，さらにらせんに巻いて 30 nm クロマチン繊維を形成するといわれている．30 nm クロマチン繊維は，その名の通り太さ 30 nm の構造で，軸長はヌクレオソームのさらに 6 分の 1 に凝縮する (DNA の詰込み比は 7×6=42)．この 30 nm クロマチン繊維は，電子顕微鏡観察によって，間期の核内や中期染色体の内部に認められる．分裂期には，染色体は高度に凝縮して，中期染色体を形成する．ヒトの中期染色体の場合，DNA の詰込み比は 8000〜1 万にも達する．

f **三畳紀** [Triassic period] 《同》トリアス紀．*中生代を三分した三つの紀のうち，約 2.5 億年前〜2.0 億年前までに相当する最古の一紀．F. A. von Alberti (1834) の命名．三畳の名称は，この時代の地層が古くから研究されたドイツで下位からブンター砂岩 (Bunter)，ムッシェルカルク石灰岩 (Muschelkalk)，コイパー泥灰岩 (Keuper) と三つの特徴的な地層に分けられることからつけられた．ドイツなど北ヨーロッパではこの紀の地層は陸成または浅海成層で，上記のように三分されるが，世界的にはヨーロッパアルプスに分布する海成三畳系，すなわち，下部三畳系のインドゥアン階 (Induan)，オレネキアン階 (Olenekian)，中部三畳系のアニシアン階 (Anisian)，ラディニアン階 (Ladinian)，上部三畳系のカーニアン階 (Carnian)，ノーリアン階 (Norian)，レチアン階 (Rhaetian) が用いられている．海の生物界では古生代型の分類群に代わってセラタイト型の*アンモナイト類・六放サンゴ類・ダオネラ (Daonella)，ハロビア

(*Halobia*), モノチス(*Monotis*) などの二枚貝類などが栄えた. この時代には爬虫類が進化・発展し, 海, 空へ生活の場を拡大していった. 三畳紀末には哺乳類型の爬虫類から哺乳類が出現した.

a **産褥熱** [puerperal fever] 分娩後に子宮をはじめ雌動物の諸器官が, 妊娠・分娩に伴う変化から妊娠前の状態に回復する期間, すなわち産褥期に起こる熱性疾患で, 分娩時に産道などに生じた創傷から細菌感染を受けて発症する全身性の感染症. 重症例としては, 病原体がリンパ管経由で血中に入り増殖する産褥性敗血症や, 子宮や産道に分布する静脈内に侵入した病原体が血栓を作り, 諸臓器に転移して化膿巣を作る産褥性膿毒症がある. このような重症例では長期間の治療が必要であり予後不良となる場合もある. 産後にみられる発熱や食欲不振などの一般症状が産褥熱の初期兆候であり, 治療には抗菌薬などを用いた全身療法が有効である. 感染症の概念が一般化する以前は高い致命率をもたらしたが, O. W. Holmes (1843) がこの感染性を確認, I. P. Semmelweis (1844) はこれを敗血症の一種であることを証明, 消毒法を導入し, その普及とともに致命率は低下した.

b **酸植物** [acid plant] 《同》アンモニア植物(ammonia plant). 液胞中に有機酸を多く含む植物. 例えばカタバミやスイバ, ベゴニアなどがこれにあたる. アンモニアは植物にとって重要な窒素化合物源であると同時に一種の生体毒でもある. 土壌からのアンモニアの吸収は土壌のpHが低いときに著しく, その結果植物は一般に中毒を起こす. しかし酸植物では液胞内の酸度が高いために, アンモニアが過剰に吸収・蓄積されてもすべてアンモニウム塩となって除毒されるらしく, 中毒が起こらない. (⇌アミド植物)

c **酸性雨** [acid rain] 狭義には, pH5.6以下の雨と定義される. また広義には, 雨だけでなく, 霧や雲などの湿性降下物(湿性沈着)とガスやエアロゾルなどの乾性降下物(乾性沈着)を含める. 酸性雨の原因は, 化石燃料などに由来する硫黄酸化物(SO_x)や窒素酸化物(NO_x)が大気中で反応し, 硫酸, 硝酸などが生成されるためである. 酸性雨による湖沼, 土壌, 森林, 大理石の建造物などへの悪影響は世界的にも顕在化している. 一方, 酸性雨に含まれる硝酸やアンモニアなどの窒素化合物は, 貧栄養の水域や陸域では, 植物の栄養源としても利用されるため, これらの栄養を多く含む雨は富栄養酸性雨(eutrophic acid rain)と呼ばれる.

d **酸性色素** [acidic dye] 助色団に水酸基・カルボキシル基・スルホン基などをもち, 溶液中で負に荷電する色素. 色素はNa・K・Caイオンと塩をつくり, 溶液は塩基性を呈する. 正に荷電している細胞構成要素と結びつき, あるいは細胞間隙に浸潤して細胞質・赤血球・筋繊維などを染める. 酸性色素にはエオシン, 酸性フクシン, アニリンブルーなどがある. (⇌好酸性)

e **酸性蛋白質** [acid protein] 酸性側に等電点(pI)をもつ蛋白質の総称. 胃で働くpI1前後のペプシンが代表格である. 蛋白質本体の酸性度が塩基性度を超える場合だけでなく, リン酸化や硫酸化など側鎖の修飾により等電点は酸性方向へ移動する.

f **酸成長** [acid growth] 低いpHの溶液に浮かべた植物の茎や子葉鞘が示す伸長成長. *オーキシンが細胞壁への水素イオンの輸送を促すことにより細胞壁のpHを低下させ, 細胞伸長をもたらすという酸成長説(acid-growth hypothesis)によれば, 細胞壁には低いpHで活性化される細胞壁分解酵素(cell-wall-digesting enzyme)が存在し, その酵素の働きで細胞壁の緩みが引き起こされるとされる. しかしオーキシンにより誘導される酸性化レベルは, 直接的に細胞伸長を促進するほどではないことから, 水分生理や膜輸送との関連性を別として, 成長メカニズムの説明としては疑問視する意見が強い.

g **酸性土壌** [acid soil] pH7.0以下の酸性反応を呈する土壌の総称. 典型的なものに, デルタや海岸干拓地に発達する酸性土壌があり, 水懸濁液のpHが2～3を示すことがある. 土壌の酸性化の原因には, 湿潤地帯で降雨により遊離の塩基が流亡し土壌コロイドが塩基未飽和になること, 硫化物・アンモニアが酸化して硫酸・硝酸を生成すること, また有機物の分解変質の産物である有機酸や腐植酸(⇌腐植質)の集積することなどがある. 土壌の酸性は2種類に分けられ, 土壌溶液中に存在する解離H^+によるものを活酸性(active acidity), 未飽和コロイド粒子に吸着されているAl^{3+}, H^+によるものを潜酸性(potential acidity)という. 前者は土壌に水を加えたときに, 後者は中性塩類の溶液を加えたときにそれぞれ上澄み液に現れる. 温暖湿潤気候下の日本に広く分布する褐色森林土・赤黄色土や泥炭土は, pH4前後の強酸性を示すことが多い.

h **酸性土植物** [oxylophyte] 酸性土壌に自生しよく生育する植物. 低層湿原, ハイデ, 高層湿原, ツンドラなどの群系の腐植酸やフルボ酸を含む土壌に見られる. アカマツ, ワラビ, ツツジ(コケモモ, ブルーベリーを含む), ヤマユリ, クリ, ヤマウルシ, リョウブが例.

i **三染色体性** [trisomy] 《同》トリソミー. 二倍体の個体または細胞において一つもしくは一以上の染色体に異数化が起こり, 3個の相同染色体をもつ現象. *異数性の一種で, 余分に加わった染色体が正常な染色体である場合を一次三染色体性, *同腕染色体である場合を二次三染色体性, 転座染色体である場合を三次三染色体性という. 一次三染色体性に関していえば, 余分に加わった染色体はn通りあるから, それに応じて($2n+1$)の異数体もn種類あり, 加わった染色体の種類によって個体の形態を区別することも可能である. A. F. Blakesleeら(1924)によって研究されたチョウセンアサガオ($2n=24$)の三染色体植物 (trisomics) が好例で, 12通りの形態的に異なる一次三染色体植物が稔性系統として得られている. ほかに, トウモロコシ, オオムギ, コムギ, イネ, トマトなど重要な植物の多くで一次三染色体植物のすべての種類が得られている. 動物の例はショウジョウバエの第Ⅳ染色体の三染色体個体であるトリプロⅣ (triplo-Ⅳ) がある. 正常より眼が小さく, 体色は暗く翅が細くなる. ヒトでは21番染色体の三染色体個体は*ダウン症候群となる.

j **残像** [after-image] ある刺激(原刺激)を見つめた後に, 眼を閉じたり他の面に視線を移したりで生じる視覚体験のこと. 残像はさまざまな明るさ・色・形・大きさの変化をともなって現れる. 原刺激と明暗関係が同じものを正の残像(陽性の残像 positive after-image), 逆転しているものを負の残像(陰性の残像 negative after-image)という. 原刺激と同じ色相が現れるものを正の残像, 補色の色相が現れるものを負の残像と説明されることがあるが, 色相と正負は無関係である. 実際, 正の残像が原刺激の補色であることもある. また, 単一の原

刺激に対しても，時間経過にともない残像の現れかたが変わる．例えば，高輝度の原刺激を呈示し，暗闇にしたときには，正の残像と負の残像が交互に現れる．正の残像には，第一から第三までそれぞれヘリングの残像(Hering's after-image)，プルキニェの残像(Purkinje's after-image)，ヘスの残像(Hess's after-image)という名がつけられている．光が網膜の同一部位に作用するかぎり，短時間の中断や速やかな明滅では光感覚に断絶がなく，前後の感覚間の融合(⇌フリッカー)を見るのも，速やかに運動する光源が光の線として感じられるのも，残像効果に基づく．

a **酸素解離曲線**(ヘモグロビンの) [oxygen dissociation curve] 《同》酸素結合曲線．ヘモグロビンの酸素飽和度(oxygen saturation，最大酸素含量に対する百分比)と酸素分圧 P_{O_2} との関係を示す曲線．血液あるいはヘモグロビンの水溶液を種々の分圧の酸素を含む空気と平衡させて，その酸素含量を測定することによって得る．ヘモグロビンの*ヘム相互作用による*アロステリック効果により特徴的な S 字状を示す．水素イオン濃度が上昇すると，多くの動物のヘモグロビンでは酸素解離曲線が右方向に移動する*ボーア効果がみられ，多くの硬骨魚類のヘモグロビンではボーア効果に加えて酸素解離曲線が下方向に移動する*ルート効果がみられる．

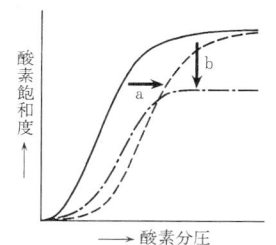

a：ボーア効果 b：ルート効果

b **酸素含量**(血液の) [oxygen content] 単位体積の血液中に含まれる酸素の量．容積％(mL/100 mL)で表す．そのうち大部分は酸素添加(oxygenation)によって*血色素(ヘモグロビン)と可逆的結合をした酸素だが，血漿や血球の細胞内液に物理的に少量溶存する酸素も含まれる．一方，血液を人為的に最大どこまで酸素化できるかを示す値は酸素容量(oxygen capacity)と呼ばれる．これは血色素と結合している酸素量をもって表すので，物理的に血液に溶存する酸素は含まれない．

c **酸素効果** [oxygen effect] 照射時の酸素分圧の高低または存否によってⅩ線やγ線などの生物学的効果が増減する現象．組織内の酸素分圧が 20 mmHg より低くなると*放射線感受性の低下がみられる．G. Schwarz(1909)はヒトの皮膚を圧迫して血行をさまたげると，皮膚の放射線障害が軽減することを認め酸素効果を発見．これは*放射線効果を人為的に制御した初めての例．細菌からヒトまで一般にみられる現象で，放射線間接作用に際して細胞内に生じた遊離基と生体物質との反応が酸素によって影響されることによる．

d **酸素耐性菌** [aerotolerant anaerobe] 《同》酸素耐性嫌気性菌．酸素呼吸など酸素を利用しない状態にもかかわらず，好気条件下でも生存あるいは生育できる*嫌気性菌．発酵に依存して生育する*乳酸菌などが例．

e **酸素発生系** [oxygen evolution system] シアノバ クテリアや植物の*光合成において，光エネルギーを利用して水分子を酸化し酸素分子を生成する反応系．約 35 億年前にシアノバクテリアの祖先でこの反応系が出現して以来，地球大気に酸素を供給してきた．P. Joliot と B. Kok (1969, 1970)は閃光照射による酸素発生の収率が閃光 4 回を周期として上下することを見出し，4 光子分の正電荷が蓄積されるとはじめて 1 分子の酸素を発生すると解釈した(酸素発生の 4 周期振動)．この事実は，$2H_2O \rightarrow O_2 + 4H^+ + 4e^-$ の反応において，1 分子の酸素を発生させるためには 2 分子の水から 4 個の電子を奪う必要があることと対応している．酸素発生系の実体は光化学系Ⅱ反応中心複合体のチラコイド膜内腔側に存在する 4 原子のマンガン，1 原子のカルシウム，5 原子の酸素からなるマンガンクラスター(manganese cluster)である．酸素発生系は，アルカリ処理，トリス緩衝液処理，熱処理などによりマンガンクラスターを破壊すると失活する．酸素発生系の構築には光照射によるマンガンイオンの酸化が必要である．

f **酸素負債** [oxygen debt] ATP ならびに*ホスファゲンの関与する筋肉などの組織において，激しい活動のため解糖と呼吸の補給がまにあわないときに生じ，その組織が元の状態に戻るためには正常時以上の酸素を必要とするような状態．

g **酸素要因** [oxygen factor] 酸素にかかわる生物の*環境要因．酸素は大気中では約 20％(体積)を占めるが，水中や土壌中ではずっと少ない．水中の溶存酸素量は温度や生物の代謝量で変化し，富栄養湖や腐植栄養湖の底部ではしばしば無酸素状態が起こる．土壌中では過湿あるいは密な場合には通気が悪く，特に腐植質の多いときには微生物の代謝により酸素量が非常に低下する．生物はその酸素要求により絶対的好気性(obligate aerobic)・絶対的嫌気性(obligate anaerobic)・条件的嫌気性(facultative anaerobic)に，また生活できる酸素要因の幅の広さで，広酸素性(euryoxybiotic)・狭酸素性(stenoxybiotic)に分けられ，狭酸素性はさらに，常に多量の酸素を必要とする多酸素性(polyoxybiotic，流水生物に多い)と，極めて少ない酸素で生活する無酸素性(anoxybiotic，例えばユスリカの幼虫)とに分けられる．有機汚濁や，これに伴う水域環境の悪化には酸素要因の関係するところが大きい．

h **酸素利用率** [ratio of oxygen utilization] 呼吸媒質の酸素のうち呼吸によって利用された分の酸素量の百分率．肺呼吸では呼気と吸気の酸素量から求められ，哺乳類ではおよそ 25％．魚類の鰓呼吸では対向流を用いているので効率がよく，酸素利用率は最大で 80％にも及ぶ．(⇌鰓呼吸)

i **残体** [residual body, residuum] 原生生物の多分裂の際に，どの娘個体の形成にも使われずに残された母体細胞質．まもなく崩壊して消失する．アピコンプレ

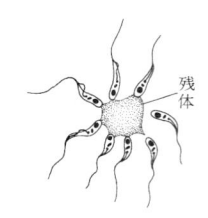

Trypanosoma noctuae の分裂時における残体

サンフタイ 553

a **山地草原** [upland meadow] 《同》裾野草原．本来は山地帯すなわち夏緑樹林の出現すべき高さに見られる草原群系で，これよりも低い丘陵地帯の草原を含めて呼ぶ一般的な語．日本では火山の山麓(裾野)などに好例がある．野火，草刈，放牧などの人為的事象により樹林への移行が妨げられて存続する．ススキ，チガヤ，シバ，ワレモコウ，ヨモギ，ワラビなどの草本植物が多い．ハギ，レンゲツツジ，シラカンバなどの低木がしばしばこれに混じる．

b **山地帯** [montane zone] 山岳の垂直的な生活帯の一つで，*丘陵帯の上に続く部分．その上限は日本の本州中部では*亜高山帯の針葉樹林に接する．主としてブナ・ミズナラなどの優占する落葉広葉樹林によって代表されるが，モミ・ツガ・スギなどの針葉樹林によって占められるところもある．北海道西南部では平地から海抜約600 m まで，本州中部では約 800〜1700 m を占める．*暖かさの指数では 45〜85°C・月の範囲になる．本帯は水分分布における冷温帯に対比され，森林植物の種類に富み植物相も豊富である．

c **山頂洞人** [Upper cave humans] 《同》上洞人．中国北京郊外の周口店にある山頂洞と呼ばれる洞窟遺跡から 1933〜1934 年に発掘された，新人類に属する化石人骨．年代は 2 万〜1 万年前頃で，ヨーロッパの後期旧石器時代に相当する．少なくとも 8 体分の人骨からなり，新生児から老年までの年齢分布を示す．このうち 3 個の頭蓋骨は保存が良く，呉新智は，これらはすべて基本的には初期の東ユーラシア人の形質に属するとされる．

d **3T3 細胞** [3T3 cell] ⇒樹立細胞株

e **三点試験** [three-point test] 同一染色体上の遺伝子の配列順序と相互の距離を決定し，連鎖地図(⇌染色体地図)を作製するときの基礎になる試験法．3 対の遺伝子，例えば，Aa，Bb，Cc についてヘテロの個体(AaBbCc)をつくり，これを三重劣性(aabbcc)の個体に*検定交雑して，AB，BC および AC 間の*組換え価を算出する．この組換え価からそれぞれの遺伝子間の交叉価(*地図距離)を推定する．AB，BC，AC の交叉価がそれぞれ x，y，z で，かつ z=x+y であれば，3 遺伝子の連鎖地図は図のようになる．三点試験を行えば，二重組換え価を算出することができ，さらに隣接する領域で*干渉があるかどうかも知ることができる．

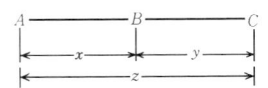

```
A─────B─────C
  x      y
└────z────┘
```

f **サントリオ** Santorio, Santorio 1561〜1636 イタリアの医学者．ヴェネツィア，のちパドヴァ大学教授．物理学的計測方法を生体に適用し，振子を用いた脈拍計数装置(pulsilogium)や体温測定器を考案．自身の設計した代謝天秤に座乗して人体代謝問題を追究したことは有名で，体重変動と摂食量・排出量間の差を比較し，人体が不断に一定量の物質を不感蒸泄(perspiratio insensibilis)することを発見．[主著] Ars de statica medicina, 1614.

g **産熱** [thermogenesis] 《同》熱発生，熱生産．恒温動物が安定した体温を保つために熱を生産する現象．病気のために通常の体温以上の温度レベルで体温が維持される発熱(pyrexia)とは異なる．骨格筋の収縮による*ふるえ産熱と主として代謝にともなう*非ふるえ産熱とからなる．

h **三倍体** [triploid] *基本数の 3 倍の染色体数をもつ倍数体．同質四倍体と*二倍体との交雑により生じる．二倍体に偶発する非還元型の配偶子と通常の還元型の配偶子が受精することによって自然に生じることがあり，また人為的処理によっても比較的容易に得ることができる．植物では三倍体の発育は一般に旺盛で細胞や器官も二倍体より大きく，しばしば半巨大型(semi-gigas)となる．有性生殖では系統を維持できず，挿木や球根などの栄養生殖で維持されるのが一般的である．これは三倍体植物での減数分裂の不規則性により不稔となる確率が高いことによる．「種なし果実」はこの応用で，バナナや種なしスイカは著名であり，また花卉園芸植物・重要栽培植物(クワ，チャ，ナシ，リンゴ，サトウダイコン)などでも三倍性を利用している．人為的作出には一般に四倍体を母として二倍体を交雑する．動物の三倍体は単為生殖をする昆虫類や魚類，両生類などで知られている．魚介類では受精卵を温度処理あるいは高圧処理で第二極体の放出を阻止し，三倍体を作出することができる．その個体は，二倍体に比べて特に大きいということはないがやはり不妊となる．鳥類や哺乳類でもまれに三倍体の報告がある．ヒトの三倍体はほとんどが発生の初期に流産し，その成因は二精子受精によることが多い．

i **三胚葉動物** [Triploblastica] 真正後生動物のうち，成体の構造が内胚葉・中胚葉・外胚葉の三胚葉に由来する動物群の総称．E. R. Lankester(1873) の提唱．*二胚葉動物(刺胞動物と有櫛動物)を除く真正後生動物のすべてがこれに含まれる．*左右相称動物，*体腔動物[1]がこれにあたる．

j **蚕病** [disease of silkworm] カイコの病気．糸状菌による硬化病(muscardine, 黄殭病，白殭病など)，細菌またはウイルスによる軟化病(flacherie, 空頭病 gattine, 卒倒病 swoon など)，ウイルスによる多角体病(polyhedrosis, 核および細胞質多角体病など)，原虫による微粒子病(pebrine)，カイコノウジバエの寄生による蛆病(uzi disease)などが知られる．広義にはシラミやダニの寄生，毛虫毒，薬品中毒なども含める．

k **散布** [dispersal] 個体が地球上に種々の*散布体を用意して分散し，次の世代を拡げること．カエデやヤナギのような風散布(anemochory)，動物への付着・食用などによる散布(synzoochory, ⇌動物媒)，ヤシのような水散布(hydrochory)，カシのような落下・滑走による散布(clitochory)，テッポウユリ，カタバミ，白絹病の菌の子囊胞子のような自身の破裂による散布(bolochory)など物理的な手段によるものと，動物に依存するものの区別がある．(⇌植民，⇌種子分散)

l **散布体** [disseminule, diaspore] その形態学的構造の相違にかかわらず，栄養増殖的過程を経ずに栄養体から分離して次代の植物体のもととなりうるものの総称．果実，種子，胞子がこれにあたる．多くはその表面または全体として*散布に利する形態と構造をもち，オナモミの複合果・ヤブジラミの分果・ヌスビトハギの節莢など付着用の棘をもつもの(centrospore)，ヤブタバコの果実・ヤドリギの種子・濡れると粘るオオバコの種子など粘質のもの(glacospore)，グミの果実・クワの集合果・ザクロの種子など肉質または液質で食用とされて散布するもの(sarcospore)などがある．(⇌冠毛)

サンフレツ

a サンフレック [sun fleck] 植物群落内において，上層の葉群の間を通ってくる太陽からの直達光．時間的にも空間的にも著しく不均一に分布する．群落下部の光が不足しがちな環境で生育している植物では，その光合成生産のかなりの部分をサンフレックを利用して行うと考えられている．林床で，サンフレックを受けて明るく照らされている部域を陽斑(sun spot)と呼ぶことがある．(→緑陰効果)

b 散房花序 [corymb] *総状花序に似るが，花柄が下位の花ほど長いため，平面から球状に花が集まった形となる花序．コデマリ，サンザシなどがその例．アブラナ科の花序は咲き終われば総状だが開花中は上方の花柄がまだ短いため花が平面に並び本型に似る．(→花序[図])

c 3′末端(核酸の) [3′-end] →核酸

d 産門 [birth pore] [1] 吸虫類の幼生(*スポロシストや*レジア)にみられる体壁の小孔．スポロシストあるいはレジア体内の胚細胞から生じた次代の幼生はこの部位から中間宿主組織内に脱出する．[2]《同》産卵門，子宮口．ある種の条虫類の子宮末端にある開口部．ここから卵(受精卵)が外界に排出される．

e 三葉虫型幼生 [trilobite larva, euproöps larva] 節足動物カブトガニ綱(剣尾類)の幼生．卵膜内で4回の*胚脱皮を経て孵化する．体長約6 mm，扁平で，尾剣が短い点を除けば成体とほぼ同じ形をしている．砂中に産卵され幼生のままそこで越冬する．

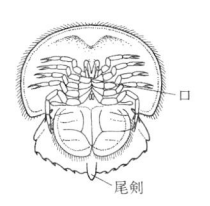

f 三葉虫類 [trilobites ラ Trilobita] *カンブリア紀より*ペルム紀末まで生存し，特にカンブリア紀から*オルドビス紀に繁栄した化石動物．かつてはカブトガニとの類似性が議論されたこともあったが，現在は節足動物の三葉虫綱(Trilobitomorpha)として独立させることが多い．1500属，1万7000種が報告されている．体長は最大のものでは75 cm．頭部，体節をもった胸節，および尾板に分かれ，また横には軸部と左右の肋部の3葉に分かれ，背甲をもつ．体表はキチン質の膜，背甲はリン酸カルシウム質．頭部には半月形の頭楯があり，左右1対の自由頬(free cheek)と1対の眼をそなえる．体節数は30前後，体の腹面には各体節に1対ずつの分叉肢がある．主として海底を匍匐し，長大な棘を胸節と尾板にもって遊泳するものや泥の中に潜るものもあったとされる．

g 産卵 [oviposition] *卵生の動物において，広義の*卵(未受精卵，受精卵，*卵膜に包まれた初期胚など)を，親の体外に排出すること．卵を卵巣から体外へ導くための*輸卵管をもつものが多いが，*腎管(例：環形動物の多毛類)，口(例：クラゲ)などを経て排出されるものもある．魚類や昆虫などには輸卵管末端が体外に突起を形成して*産卵管となり，卵を産みつけるのに好都合になっているものもある．水生動物が単に卵を水中に放出するような場合は放卵(spawning)ということもある．

h 産卵管 [ovipositor] 主に昆虫類の雌において，産卵のために腹端に発達した管状の突起．外部生殖器の一つ．主要部は3対の*陰具片からなり，第八腹節陰具片と第九腹節中央陰具片とを第九腹節側方陰具片が覆って管状をなす．卵は輸卵管開口から出て，その腹面にある導卵突起の助けにより産卵管の内腔に送りこまれ，*受精嚢開口部を通過する際に受精される．受精卵は図のaとbが互いに前後に動くことによってしだいに管端に送られていき，産下される．産卵管の形状は産卵の習性に従ってさまざまで，木材中に生活するカミキリムシ幼虫に外から産卵するオナガバチやウマノオバチでは，長さ数cmに達し，また茎に孔をあけて産卵するセミやハバチでは，aが鋸歯をもつ．有剣類のハチでは本来の産卵管は毒腺に連絡して*毒針となり，卵はこの外側に沿って産下される．双翅類や鞘翅類では，腹端の2, 3節が細長くなり，それぞれ一つ前の腹節内に鞘のように収められ，伸ばすと産卵管となる．

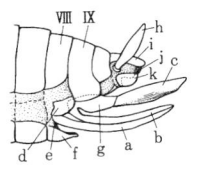

a 第八腹節陰具片
b 第九腹節中央陰具片
c 同側方陰具片
d aのvulvifera
e 輸卵管の開口
f 導卵突起
g b,cのvulvifera
h 尾毛
i 肛上板
j 肛門
k 側肛板

直翅目型産卵管の模型図
Ⅷ：第八腹節
Ⅸ：第九腹節

i 産卵数 1雌が一生の間，あるいは一定期間内に産む卵数のこと．幼体として出産する場合は産仔数という．有効繁殖力(fertility)は有効産卵数(有効産仔数)，すなわち発育可能な卵数(仔数)を意味する．1回に複数個体を出産する場合には，その数を，昆虫では卵塊サイズ(egg-mass size, number of eggs per egg-mass)，鳥類では一巣卵数またはクラッチサイズ(clutch size，→クラッチ)，哺乳類では一腹仔数(litter size)という．なお繁殖能力(fecundity)は，1雌当たり産みうる最大可能な卵数(仔数，稀に雄の精子生産数)をいい，昆虫では蔵卵数，魚類では孕卵数(ようらんすう)または抱卵数とも呼ばれる．

j 産卵ホルモン [egg-laying hormone] ELHと略記．軟体動物腹足類の神経分泌細胞から分泌される神経ホルモン．アメフラシでは腹部神経節の前方にある囊細胞(bag cell)から分泌され，36個のアミノ酸からなる．分子量4385．両性腺(hermaphroditic gland)の濾胞周囲に存在する筋細胞に作用して排卵させる．また，神経系にも働いて摂食活動を停止させ，産卵行動を誘発させる．また，基眼類では，産卵ホルモンは頭部神経節から分泌される．

シ

a **死** [death] 生物が生命を失うこと．本来は個体についての概念であるが，器官・組織・細胞など種々の階層についても考えられ，例えば脳死，*細胞死のようにいう．単細胞生物の場合，細胞そのものが物理的に破壊される死と，細胞分裂で子細胞2個が生じる時，親細胞が死んだとみなすことがある．ヒトの死についてはそれぞれの国において法律で定義されており，法律の改正で死と生の線引きが変わることがある．（→個体性）

b **シアネレ** [cyanelle] 《同》シアネラ，チアネル．元来は細胞内共生しているシアノバクテリアのこと．シアネレと宿主の共生体をシアノーム（cyanome）と呼ぶ．一般に*灰色植物や *Paulinella chromatophora*（ケルコゾア門），*Geosiphon pyriforme*（グロムス門）などに見られる細胞内シアノバクテリア様構造をシアネレと呼ぶが，これらの生物における共生段階は多様である．灰色植物や *Paulinella* では共生者が既に分離不可能な細胞小器官となっており，特に前者は葉緑体と相同な構造．一方 *Geosiphon* などの例では共生者が分離培養可能なほど互いの独立性が高い．

c **シアノバクテリア** [cyanobacteria] →藍色細菌

d **ジアミノピメリン酸** [diaminopimelic acid] アミノ酸の一種．E. Work（1949）が，*ジフテリア菌の加水分解物中から発見．グラム陽性球菌およびある種の *Streptomyces* を除いては調べられたほとんどすべての細菌に広く分布．その含量は全細胞乾燥重量の0.02〜0.2%に当たり，細胞内では可溶性分画や細胞壁分画など各所に存在する．また，結核菌の可溶性蛋白質部分，抗原性リボ多糖，枯草菌の胞子から細胞外ペプチド中などにも認められる．天然品は光学的不活性である．ジアミノピメリン酸の生物学的機能は，安定な細胞壁構成成分をなしているほかに，大腸菌や *Aerobacter aerogenes* などではジアミノピメリン酸脱カルボキシル酵素によってリジンを生じ，リジン生合成の前駆体となっている．生合成の際にはアスパラギン酸セミアルデヒドとピルビン酸からまずピコリン酸が形成される．ついで開環後もう一つのアミノ基が導入される．

CH₂CHNH₂–COOH
CH₂
CH₂CHNH₂–COOH

e **ジアール** GIARD, Alfred Mathieu 1846〜1908 フランスの動物学者．ウィメルーに実験所を創設し，'Bulletin scientifique de la France et de la Belgique' を創刊した．種々の無脊椎動物の分類・比較解剖・発生などを研究，寄生去勢の事実を明らかにした．フランスの学者としては早く進化論賛同を表明し（1874），ソルボンヌで最初の進化学担当教授となった．進化の要因として外界の影響を一次的として獲得形質の遺伝を主張し，自然淘汰を二次的とした．［主著］Les controverses transformistes, 1904.

f **シアル酸** [sialic acid] SA と略記．《同》シアリン酸．ノイラミン酸（neuraminic acid）の誘導体の総称．*N*-アシル（*N*-アセチルまたは *N*-グリコリル）ノイラミン酸および *N*-アシル-*O*-アセチルノイラミン酸が天然に知られている．まれに遊離状態でも存在するが，大部分は*オリゴ糖，*多糖，糖蛋白質，糖ペプチド，あるいはスフィンゴ糖脂質（*ガングリオシド）の分子中に酸に不安定な結合（α-ケトシド結合）で存在する．植物界には見出されていなかったが，極微量のシアル酸が検出されたという報告もある．ウシ顎下腺ムチンから G. Blix（1936）によって最初に結晶化された．シアル酸分子の重合体として，大腸菌の培養液から *N*-アセチルノイラミン酸が 2→8 結合したコロミン酸（colominic acid）が得られている．シアル酸の生理的意義は十分には解明されていないが，細胞膜表面に存在して表面負電荷に寄与し，関節液の潤滑剤として粘度を高めているほか，糖蛋白質の血中半減期を増加させるなどの作用が知られている．インフルエンザウイルスに対する赤血球表面の受容体としても知られる（インフルエンザウイルスによる赤血球凝集，すなわちハースト現象 Hirst phenomenon）．（→ *N*-アセチルノイラミン酸）

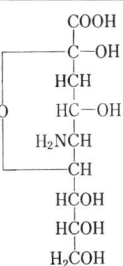

COOH
C–OH
HCH
HC–OH
H₂NCH
CH
HCOH
HCOH
H₂COH

ノイラミン酸

g **GRP94** glucose-regulated protein 94（グルコース調節蛋白質94）の略．《同》エンドプラスミン（endoplasmin），gp96, HSP90β1．HSP90ファミリーに属する分子量約9万の可溶性蛋白質．C末端に*小胞体局在化シグナルをもつ．*BiP と並んで *小胞体*分子シャペロンの一つであるが，単細胞生物のほとんどこれをもたない．新生蛋白質の折畳みや変性蛋白質の分解に関与するとされ，基質の候補には*免疫グロブリン，*Toll様受容体，*インテグリンなどがある．ATPアーゼ活性をもち，加水分解サイクルに共役した構造変換で基質との結合を調節すると考えられている．グルコース飢餓で発現誘導され，それに因む名称をもつが，実際は小胞体ストレス応答による制御である．

h **シアン化物** [cyanide] シアン化水素 HCN（青酸）の塩．HCN は宇宙空間にも存在が見出されると同時に，メタン，アンモニア，水からアミノ酸が生成する過程において中間体であることが示され，化学進化において重要な物質とされる（→ミラーの放電実験）．実際にアンモニアと水溶液で加熱することによってアデニンを生じる．シアン化物は生体内での存在は多くないが，モモやアンズに含まれるアミグダリンなどシアノ基をもつ化合物が酵素によって分解されると，シアン化合物を発生することがある．金属原子と非常によく錯体を形成することにより，金属蛋白質とよく結合し，しばしばその機能を顕著に阻害する．特に*シトクロム *c* 酸化酵素を 10⁻⁴ M 程度でも強力に阻害することから呼吸を止め，毒性が強い．また高濃度で*ピリドキサール 5′-リン酸などのカルボニル基と結合してそれを補酵素とする酵素の作用を阻害することも知られている．またジスルフィド結合に作用して還元するので（–S–S– + HCN →　–SH + NC–S），*パパインなどの酵素活性を高めることもある．

i **シアン耐性呼吸** [cyanide-resistant respiration, cyanide insensitive respiration] 《同》シアン非感受性呼吸．シトクロム酸化酵素以外の酸素吸収系に用いられ

る, 高濃度のシアン化物によっても完全には阻害されない呼吸. 多くの植物やある種の糸状菌, 一部の動物のミトコンドリアに見られる. これに対し, 通常の呼吸においては, 酸素と直接反応するのはシトクロム酸化酵素であり, この酵素の3価の鉄はシアン化物と結合することにより反応阻害を受けるため, 高濃度(0.001 M 程度)のシアン化物の存在下では呼吸は完全に阻害される. このような呼吸はシアン感受性呼吸(cyanide sensitive respiration)とも呼ばれ, ほとんどの動物組織での呼吸はこの型である. シアン耐性呼吸の原因は, 呼吸鎖内の還元型ユビキノンを直接酸化する代替酸化酵素(alternative oxidase, AOX)が存在するためである. 同一サブユニット2個からなる膜蛋白質であるこの酵素は, 二価鉄オキソセンターを含み, これが酵素による還元型ユビキノンの酸化を触媒する. アンチマイシンAやKCNに耐性があり, サリチルヒドロキサム酸で阻害される. この酵素を通る電子伝達はユビキノンが過還元状態のときに起こる短絡経路であり, ミトコンドリア内の代謝産物過剰のシグナルとなるビリルビン酸で活性化される.

a **シアン発生植物** [cyanogenic plant, cyanogenetic plant] シアン配糖体(cyanoglycoside)を含む植物. サクラ属やマメ科の植物は細胞内にアミグダリンとビシン, モロコシ幼植物は*ドゥーリンなどのシアン配糖体を含み, 細胞内の*β-グルコシダーゼと接触するとシアン化水素酸(青酸)を発生する. マメ科やウリ科の植物では低濃度のシアン化水素酸を同化してβ-シアノアラニンを生成し, これをさらにγ-グルタミル誘導体や*アスパラギンに変換する.

b **篩域, 師域** [sieve area] 篩要素において, 細胞壁のうち*篩孔が集合して, ふるい状をなす部分. 発生的には, 一次壁孔域の変化した部分で, やや陥没した壁であり, 横断面はやや薄壁となる. 篩域内は肉状体に包まれた原形質糸が貫いて二つの篩要素を連絡する. 篩域が特殊化して大型の篩孔をもち顕著になったものを篩板(sieve plate)といい, 篩管要素の上下の面の隔壁の部分だけにつくられる. 一つの篩板が一つの篩域から構成されるものを単篩板, 複数もつものを複篩板という.

c **GVH反応** [GVH reaction, graft versus host reaction] 《同》移植片対宿主反応. 免疫担当細胞, 特にT細胞(移植片graft)を遺伝的背景が異なる個体(宿主host)に移入した場合, 移植片であるT細胞が宿主の組織に発現する主要組織適合抗原(MHC分子)およびマイナー組織適合抗原を認識して組織傷害を起こす反応. 例えば, 純系動物の異なった系統間の雑種第一世代(F_1)の個体に親系統の免疫細胞を移入した場合, 宿主であるF_1個体の免疫系は親系統由来の細胞に発現する抗原を異物として認識しないため移入細胞を拒絶しない. 一方, 移入された親系統個体由来の免疫細胞(移植片graft)は, F_1個体組織中に発現する他方の親の遺伝子に由来する組織適合抗原を異物として認識して, GVH反応が惹起される. 宿主の免疫系が抑制状態にある場合には, この反応がより顕著に誘導される. 臨床医学においては, 重篤なGVH反応は宿主を死に到らしめることもあり, 骨髄移植などの造血幹細胞移植において大きな問題となる.

d **視運動反応** [optomotor reaction, optokinetic reaction] 《同》視線運動反応, 動視反応, 運動視反応. 対象物または視野が動くとき, これを網膜上にできるだけ恒常不動に保つように行われる眼球, 頭部ないしは体全体の運動をいう. 脊椎動物, 昆虫, 甲殻類, 頭足類でみられる. この場合, 視運動反応の制御系は, 視標を入力, 視線を出力とする一種のサーボ機構であって, 視標と視線のずれが誤差信号となって動作するフィードバック制御系を構成している. 一般に視運動反応は運動物体への追随や, 流動する媒体に抗しての原位置保持などの行動をなかだちする.

e **JNK経路** [JNK pathway] JNK(c-Jun N-terminal kinase, c-Jun N末端キナーゼ)の活性化を引き起こす細胞内シグナル伝達経路. 種々の細胞表面受容体やストレス刺激によって活性化される蛋白質リン酸化カスケードで, 細胞の増殖, 分化, 運動, 細胞死などさまざまな細胞変化を引き起こす. JNKキナーゼキナーゼ(例:ASK1, TAK1, MEKK1など), JNKキナーゼ(例:MKK4, MKK7など), JNKの順にリン酸化・活性化される. JNKは転写因子c-Junの転写活性化ドメインに存在する63番目と73番目のセリン残基をリン酸化する酵素として同定されたセリン・トレオニンキナーゼで, 線虫から哺乳類まで保存されている. *MAPキナーゼファミリーに属し, *ストレスキナーゼともいう.

f **シェーグレン症候群** [Sjögren's syndrome] 慢性唾液腺炎と乾燥性角結膜炎を主徴とし, 多彩な自己抗体の出現や高γ-グロブリン血症をきたす*自己免疫疾患の一つ. 主症状は眼・口の乾燥症. 他の*膠原病の合併がみられない一次性と, *関節リウマチや*全身性エリテマトーデスなどの膠原病を合併する二次性とに分けられる. さらに, 一次性シェーグレン症候群は, 病変が涙腺, 唾液腺に限局する腺型と, 全身諸臓器に及ぶ腺外型とに分けられる. 病理学的には, 外分泌腺にCD4[+]T細胞を中心とするリンパ球の浸潤と腺房細胞の萎縮, 消失, 導管内腔の狭窄が認められる. 血液検査ではポリクローナルな高γ-グロブリン血症のほか, 抗核抗体, リウマトイド因子, 抗SS-A抗体, 抗SS-B抗体など多彩な自己抗体の出現が特徴であり, 自己反応性リンパ球の存在も認められる. 乾燥症状に対しては, 人工涙液の点眼や人工唾液の噴霧に加え, 唾液腺分泌刺激剤が使用される.

g **Gst** 生物集団の遺伝的分化の程度を定量的に示す指数(集団分化指数)の一つ. 根井正利が提唱した. 全集団の遺伝子多様度H_Tを, 分集団内の平均遺伝子多様度と分集団間の分化を示す量(Dst)に分けたとき, GstはDst/H_Tとして定義される. 似た尺度としてFstがあるが, これは多数の分集団の平均的パターンを示すことしかできないのに対して, Gstは有限集団全体としての遺伝的分化を表すことができる.

h **ジェニングズ** Jennings, Herbert Spencer 1868～1947 アメリカの動物学者. 1931年にはロックフェラー財団派遣教授として1年間慶應義塾大学に滞在. 初期は原生生物の走性・向性の研究に専念し, 名著とされる'Behavior of the lower organisms'(1906)を著す. のちゾウリムシの接合現象や純系の問題に転じ, 'Life and death'(1920)などの著作がある.

i **GnRHニューロン** [GnRH neuron] GnRH(gonadotropin-releasing hormone, *生殖腺刺激ホルモン放出ホルモン)を合成・分泌する神経細胞. *視床下部の視索前野(POA, preoptic area)あるいは弓状核(ARC, arcuate nucleus)に存在し, 正中隆起(median eminence)からGnRHを放出して，下垂体前葉へシグナルを送る．排卵に伴う一時的な黄体形成ホルモン(LH)の増加(*LHサージ)には，POAのGnRHニューロンからのGnRHの分泌が関係し，基礎的で周期的なLH分泌(LHパルス)には，ARCのGnRHニューロンからのGnRH分泌が関係している．LHの下流に位置し卵巣において合成される*エストロゲンは，血流を介してPOAあるいはARCのGnRHニューロンに対して，それぞれポジティブあるいはネガティブにフィードバックされる．GnRHニューロンは，発生学的には嗅粘膜や鋤鼻器に由来し，発生に伴って終神経を伝わって上記の脳内部位に移動する．硬骨魚類などにおいては，終神経にもGnRHニューロンが多数存在し，脳から脊髄にわたる広範囲に投射している．これらは，生殖腺刺激ホルモンの放出を介さずになわばり行動などに関与すると考えられている．

a **C/N比** [C/N ratio] 《同》シーエヌレシオ，炭素-窒素比(carbon-nitrogen ratio)．生体あるいは環境中に含まれる有機物中の炭素と窒素化合物の窒素との比．[1] 生態学では物質生産や食物連鎖に関係して重要である．生物のC/N比は，単位窒素当たりの物質生産量(炭素量)を意味するから，物質生産に対する窒素利用効率(nitrogen use efficiency)とみることができる．生きている生物のC/N比(元素の重量比)は6程度．死んだ生物が分解されるとき，窒素の方が微生物に速やかに利用されるため，この比は大となって10前後に落ち着く(⇌無機化)．[2] 維管束植物で栄養成長と花芽の形成との相反する傾向から，G.KrausとH.R.Kraybill(1918)は，主として，C/N比で栄養状態が成長・生殖のいずれに傾くかを表そうとし，C/N比を提案した．この比が大きいとき，(有性)生殖に傾くという．しかし，*花芽形成と開花期の決定はC/N比が主導して決まるわけではない．

b **GFP** green fluorescent proteinの略．刺胞動物のオワンクラゲ(*Aequorea victoria*)やウミシイタケ(*Renilla reinformis*)の発光器から下村脩が発見した緑色の蛍光を発する蛍光蛋白質．生体では，Ca^{2+}受容発光蛋白質*エクオリン(オワンクラゲ)もしくは*ルシフェラーゼ・ルシフェリン反応(ウミシイタケ)からの共鳴エネルギー移動によって，GFP内部の発色団に励起のためのエネルギーが供給される．27 kDaのオワンクラゲGFPは，cDNAクローニングにより238残基のアミノ酸配列が判明しているが，アイソタイプ蛋白質の存在も知られている．蛍光量子収率 0.7〜0.8，蛍光寿命約3 ns，モル分子吸光係数は2万4000(400 nm)であり，励起スペクトルは395 nmと475 nmに極大をもち，蛍光スペクトルの λ_{max} は509 nm．ウミシイタケGFPでは498 nmに励起スペクトルの極大が見られ，蛍光スペクトルの λ_{max} は同様に509 nm．cDNAを大腸菌で発現させたGFPの分光学的な特性は発光器から単離したGFPと同一であり，他の補酵素や基質の添加を必要とせずに長波長の紫外線照射により強い蛍光が安定に長時間得られる．この特性を利用して，細胞内でGFPを発現させ，その緑色蛍光を観察することによって，(1)遺伝子発現のレポーター，(2)生細胞・細胞小器官の蛍光標識，(3)GFPとの融合による他の蛋白質の蛍光標識など，生物学実験において幅広く応用されている．

c **ジェミニウイルス** [geminivirus] ジェミニウイルス科に属する植物ウイルスの総称．1本または2本の約3 kbの環状一本鎖DNAをゲノムとし，特徴的な双球形のウイルス粒子を形成する．昆虫に媒介されて植物の篩部に感染し，植物細胞の核内でローリングサークル様式(⇌ローリングサークルモデル)により複製する．ゲノムの塩基配列から以下の4属に分類される．(1) マストレウイルス属(*Mastrevirus*)：ヨコバイに媒介され主として単子葉植物に感染．(2) ベゴモウイルス属(*Begomovirus*)：コナジラミに媒介され真正双子葉類に感染．(3) クルトウイルス属(*Curtovirus*)：ヨコバイに媒介され真正双子葉類に感染．(4) トポクウイルス属(*Topocuvirus*)：ツノゼミに媒介され真正双子葉類に感染．

d **CM-セルロース** [CM-cellulose] ⇌イオン交換

e **シェリントン** SHERRINGTON, Charles Scott 1857〜1952 イギリスの神経生理学者．拮抗筋の相互神経支配や除脳固縮の発見，外受容反射と自己受容反射の区別など，神経現象の秩序の基礎としての反射学を大成．1932年に神経細胞の機能に関する発見でE.D.Adrianとともにノーベル生理学・医学賞受賞．[主著] The integrative action of the nervous system, 1906.

f ***ClB*法** [*ClB*-technique] ショウジョウバエでの突然変異出現頻度の調査に広く用いられている方法．H.J.Mullerの考案．*C*は*交叉抑制因子の意で，大きな逆位による．*l*は劣性致死遺伝子，*B*は*バー(bar)の意．これら *C*, *l*, *B* を全部そなえているX染色体(*ClB*-X)と通常のX染色体とをヘテロにもつ雌と，X線照射などの処理を加えた雄との組合せから生ずる F_1 の中で，*B*の性質をもつ雌で，照射を受けない正常の雄(上記の雌の兄弟を利用するのが便利)を交配する．もし F_1 雌が処理雄から受けとったX染色体に劣性致死突然変異が生じていなければ雌2：雄1の比となり，それが生じていれば F_2 では雄は全く生じない．また致死変異でなく通常の可視的劣性突然変異であれば，生ずる F_2 雄のすべてが劣性突然変異を現す．したがって F_1 雌を1個体ずつとって多くの組合せを作り，F_2 雄の出現しない，あるいは雄が突然変異形質を示す培養びんの数を調べればそれぞれの出現率がわかる．

g **シェルフォード** SHELFORD, Victor Ernest 1877〜1968 アメリカの動物生態学者．初期には，ハンミョウ類や水産動物を主な材料として，環境条件に対する生理的反応をもとに生物の分布や地理，動物群集の遷移などを説明して，自然界を系統的種ではなく生理的行動型(mores)の集まりとして認識しようとした．のちにはF.E.Clementsとともに複合生物としての「生物群集」を提唱，バイオームの用語をはじめて使用した．[主著] Laboratory and field ecology, 1929.

h **ジェンナー** JENNER, Edward 1749〜1823 イギリスの医師．ブリストル付近の外科医の見習からロンドンに出てJ.Hunterの門に入り，生地バークリーに帰って医業に従事．種痘法を発明し，予防接種の創始者となった．[主著] An inquiry into the causes and effects of the Variolae Vaccinae, 1798.

i **GO** gene ontologyの略．直訳すると「遺伝子の本体論」だが，ゲノムに存在するすべての遺伝子について，それらの機能を体系的に記述したデータベース(http://geneontology.org)を指す．ここで定義された遺伝子の機能は，biological process, cellular component, molecular functionのいずれかのカテゴリーに分類される．

a **潮溜り** [tide pool] 海岸の潮間帯(⇒潮間帯生物)で，干潮時に海水が凹所に溜まって残っている所．大きさは多様で，干出時間は低潮面からの高さによって異なり，干出時間をはじめ日射・降水など気象条件の影響も日々異なる．その結果，潮溜りの水温，塩分，水素イオン濃度，溶存酸素量などの非生物的環境条件は，潮溜り間で多様に異なり，潮溜り内では複雑に変化する．潮溜りには主として，潮下帯(⇒潮下帯生物)に生息する生物が多く見られる．魚類などには一時的に閉じ込められて残り，外海にいるときとは異なる行動様式を示すものもある．潮上帯(⇒潮上帯生物)にできる潮溜りは，海水が波しぶきによって補給され，水分が蒸発して高塩水になり，乾燥することさえある反面，降水などをうけて淡水に近くなることもあり，非生物的環境条件の変化はさらに著しく，そこに生息する生物は，広範囲の温度・塩分耐性をもっている．

b **潮目** [current-rip] 海面に見られる，流れの収束域の総称．収束により浮遊物質の集積やさざ波が起こる．同一水塊で，潮流などの影響で流速が異なることによって発生する収束を筋目(streak)，異水塊の境，すなわち潮境に発生する海面収束を前線(front)と呼ぶ．筋目では，周囲から植物プランクトンや動物プランクトンが集まり，それらを目指して魚が集まることで，また寒流と暖流の潮境に発生する前線では，湧昇流が起こり深層水から栄養塩が供給され植物プランクトンが増加することと，寒流系と暖流系両方の魚が集まることで，好漁場が形成される．

c **しおれ** [wilting] 《同》凋萎(ちょうい)．*蒸散量が*吸水量を上回る結果，植物体に引き起こされる現象あるいは状態．土壌水分の減少，病虫害による根の損傷など種々の原因がある．下記のような段階に分けられる．(1)初発しおれ(初発凋萎 incipient wilting，初発乾燥 incipient drying)：植物体の外観に大きな変化はないが，蒸散量と吸水量の*水分平衡が破れはじめた状態．(2)一時的しおれ(一時的凋萎 transient wilting)：水分平衡が破れ，細胞の*膨圧が低下して植物体に緊張が失われる変化がみられるが，土壌からまだ水吸収が行われている状態．(3)永久しおれ(永久凋萎 permanent wilting)：より乾燥が進み，土壌含水量の減少のため植物の水吸収がほとんど停止，弱い蒸散のもとでも植物体は水を失う一方となる．この状態では土壌に水分が与えられるとしおれは回復する．(4)乾燥死(desiccation)：水が与えられてもしおれが回復しない状態．なお，永久しおれに入るときの土壌含水量を*しおれ係数と呼ぶ．

d **しおれ係数** [wilting coefficient] 《同》凋萎係数．植物が永久しおれに至ったときの土壌が含む水分を，乾燥土壌重量あるいは容積の百分率で示した値．L. J. Briggs, H. L. Shantz(1911)の提唱．値は砂土・粘土質土壌など土壌の性質により大差があるが，一定の土壌については*中生植物ならば種類が違ってもほぼ同様の値が得られる．*有効水の下限を決める基準値として重要である．永久しおれ点は−1.0〜−2.0 MPaにあるが，対応する土壌含水量の幅は小さいため，植物を使わず平均値−1.5 MPaを示す土壌含水量を測定し，その値を永久しおれ点(permanent wilting point)として示すことが多い．

e **肢芽** [limb bud] 四肢類*外肢の原基．肢芽ははじめ予定肢芽域の*側板(体壁板)とそれを覆う外胚葉性上皮が体幹側部から芽状に膨出して形成され，のちに*体節から*移動性筋芽細胞が進入して体肢筋をつくり，また神経軸索・血管なども進入する．体壁板由来の間葉は肢芽の伸長の間に特定のパターンをもった軟骨を形成する．肢芽先端部には*外胚葉性頂堤(AER)と呼ばれる上皮の肥厚構造があり，肢芽間葉の伸長や未分化性の維持などに働く．また，後端部の*極性化活性帯(ZPA)と呼ばれる間葉領域は，肢芽の前後軸の決定に中心的な役割を果たす．これらの作用により肢芽間葉に軟骨パターンを形成するための*位置価が与えられるとされ，これに対応して発現する Hox 遺伝子群が位置価の分子基盤となっていると考えられている．

f **視蓋** [optic tectum ラ tectum opticum] 脊椎動物の*中脳の上蓋部を占め，視覚系の重要な働きをする部位．全脊椎動物を通じて明瞭な層構造を示す．主要な入力は視覚系からのものであるが，それ以外にも聴覚，*体性感覚，種によっては赤外線感覚，電気感覚などの情報も受け，こうした外界の感覚情報に対応した感覚地図が形成される．爬虫類以上になると，中枢としての重要な機能は次第に大脳皮質へ移る．哺乳類の視蓋は小さく，主に視覚反射(特に瞳孔反射)の中枢として機能し，上丘(superior colliculus)と呼ばれる．視覚系の発生において，*視神経は，網膜から視蓋へと，網膜での視神経節細胞の分布パターンを正確に維持しつつ投射する．この過程には Eph やエフリンなどの軸索ガイド分子の領域特異的な発現が重要であるとされる．

g **紫外線** [ultraviolet radiation] UV と略記．可視光線よりも短く，軟X線よりも長い，波長 1〜400 nm の電磁波．紫外線A(UVA, 400〜315 nm)，紫外線B(UVB, 315〜280 nm)，紫外線C(UVC, 280 nm 未満)に分けられる．UVB は，プロビタミンDを*ビタミンDに変える作用があるほか，角結膜に炎症(いわゆる雪眼)を引き起こしたり，皮膚がんの原因となったりする．195 nm 以下の短波領域では，酸素分子による吸収が起こる．紫外線ランプは，殺菌灯に用いられる．

h **紫外線顕微鏡** [ultraviolet microscope] 光源に超高圧水銀灯やハロゲン灯から出る紫外線を用い，光学系にはスライドグラスなどを含めてすべて紫外線を透過する石英製を用いる顕微鏡．光学顕微鏡の分解能を高めるために A. Köhler が 1904 年に開発した．これにより可視光の 2 倍以上の分解能が期待できる．(⇒顕微分光測光法)

i **志賀潔**(しが きよし) 1871〜1957 細菌学者．赤痢菌(志賀菌 Shigella dysenteriae)を発見．1901 年ドイツに留学し，P. Ehrlich のもとで結核の化学療法を研究．伝染病研究所や北里研究所で結核・ハンセン病などの研究に従事．京城帝国大学の総長となる．

j **視角** [visual angle] 物体(視対象)の両端から眼球の光学的中心(結節点 nodal point)に至る 2 直線のなす角．同じ距離ならば物体が大きいほど大きくなり，同じ物体なら距離が近いほど大きくなる．これによって網膜像の大きさが決まる．

k **視覚** [vision, visual sense] 外界からの光を刺激

とする感覚で、特に原生生物など体制の単純な生物では*光感覚の語も同義に用いられる場合がある．ゾウリムシをはじめとする原生生物やミミズなどの*皮膚光感覚は、未分化の体細胞内の光受容物質が、光化学過程を仲介して光を感覚刺激に変換する機能を獲得した、と理解されている．このような光感覚機能が、形態的に分化した特別な細胞で発達を遂げ、さらに高次の神経機能と相まって、光刺激の方向のみならず光を発する物体の形や波長特性、偏光特性、あるいは二次元的な分布・移動・空間配置といった感覚を生じる場合に感覚種としての視覚が成立する．視覚に関わり、光を受容する物質と細胞をそれぞれ*視物質および*視細胞と呼ぶ．脊椎動物では、網膜の視細胞が視覚に関わり、光を介して物の形や色、あるいは偏光を知覚する．その機能を支えるために、眼球内には、レンズ（水晶体）、虹彩、角膜などさまざまな細胞が存在する．比較的明るい条件下では、*錐体が視覚機能を主に支えており、波長感受性の異なる錐体の働きにより色弁別が可能である．また、哺乳類以外の脊椎動物の一部に見られる二重錐体（double cone）は、偏光の感知にも働く．一方、比較的暗い条件下では、*桿体が主に働いているが、波長弁別能はない．これらをそれぞれ、昼間視（photopic vision）と薄明視（scotopic vision）という．近年、視細胞以外の網膜神経節細胞（*視神経節細胞）の一部（内因性光感受性網膜神経節細胞 intrinsically photosensitive retinal ganglion cell, ipRGC）にも光受容能があり、桿体、錐体と協調して、概日時計の同調や瞳孔反射に関与していることが明らかになった．そこで、桿体や錐体だけが関わる視覚機能を画像形成視覚（image-forming vision）と呼び、ipRGC を含め、画像情報を脳に伝えない感覚を非画像形成光応答（non-image-forming photic response）と呼んで区別する．後者は非画像形成視覚（non-image-forming vision）と呼ばれることもあるが、知覚を伴わない光感覚を視覚に含めるかどうかは明確ではない．鳥類以下の脊椎動物では*松果体などにおける光受容が、両生類では皮膚のメラノフォア（黒色素胞）における光受容があるが、こういった網膜の視細胞以外の光受容細胞による光感覚は視覚に含めないことが多い．

a　**雌核**［female nucleus］雌性配偶子の核．（→卵核）
b　**視覚経路**［visual pathway］視覚情報を処理する神経経路である．哺乳類では、*網膜において*視細胞（錐体と桿体）で光が膜電流に変換され、*双極細胞を経て、*神経節細胞に伝えられる．視覚経路は、網膜の段階から視覚情報の特徴を効率的に処理するべく機能分化が見られる．ヒトやサルの網膜神経節細胞には主に、運動視・空間視に必要な情報を検出するパラソル細胞と形態視・色覚に関与するミジェット細胞が区別される．神経節細胞の軸索は眼球を出て*視神経を形成して頭蓋腔に入り、下垂体前方で交叉して視索となる．視索の繊維束は主に*外側膝状体に入り、一部が上丘へも投射する．パラソル細胞とミジェット細胞に由来する神経繊維は外側膝状体において、それぞれ大細胞層および小細胞層で情報中継される．これらの経路はそれぞれ大細胞系、小細胞系と呼ばれる．外側膝状体からは大脳皮質*一次視覚野の主に第四層に投射、その後一次視覚野内での情報統合・再編が起こる．一次視覚野からは*視覚前野を経て頭頂連合野に回る経路（背側経路）が運動視・空間視情報を、視覚前野から下側頭葉に回る経路（腹側経路）が形態視情報を処理している．これらの経路の情報は最終的に前頭前野に至って統合された視覚認知が成立する．このような視覚情報の処理経路は、網膜から外側膝状核への投射を除けば、下位中枢から上位中枢への上行性投射のみならず、上位中枢から下位中枢への下行性投射があり、双方向性結合となっている．また、背側経路と腹側経路との間にも双方向性結合がある．上丘は*視蓋とも呼ばれ、哺乳類以外の脊椎動物では主要な視覚中枢である．ヒトでは一次視覚野への投射を受けた*眼球運動のコントロールがその主たる機能であるが、視覚、体性感覚、聴覚など異種感覚を統合して、注意を惹起する物体に対して視線や身体を向ける役割を担うと考えられる．

c　**視覚性運動失調**［optic ataxia］視覚情報に基づいて、対象物に眼を向けたり、手を伸ばしたりすることが困難な障害．周辺視覚で対象物をとらえることが困難な現象（1967 年に R. Garcin らが ataxie optique として初めて報告）と、注視下（中心視覚）で対象物をとらえることが困難な障害（古く M. Bálint が報告した optische Ataxie の一部）がある．英語圏では、両者を総称して optic ataxia と呼ぶが、両者は厳密に区別すべきものである．それには原語で表現するか、後者を「Bálint 症候群のなかの視覚性運動失調」と表現するのがよい．前者（ataxie optique）では、ほとんどの場合患者の自覚はないが、箸で物をつまもうとして手がそれてしまうなどの訴えがあることもある．見た指標を手でとらえるには、後頭葉に入った視覚情報と手の動きに関する体性感覚情報が結合し、協調して働く必要がある．統合された情報は前頭葉に伝えられる．ataxie optique はこの経路の病変によって生じる．

d　**視覚性失認**［visual agnosia］視覚を介する対象認知障害のうち、視力および視野の異常によらないもの．その対象に触れる（触覚）か、その対象の音を聞く（聴覚）ことによって認知可能となる特徴をもつ．従来、以下の二つの分類法が知られる（H. Lissauer, 1890）．(1) 視覚情報処理の機能レベルによる分類：統覚型と連合型とがあり、統覚型では要素的感覚（大小、長短、明暗、傾き、運動など）は保たれるが、対象の形態が分からず、連合型では形態は認知できるが、それが何であるか分からない．両者の鑑別には図形のコピー、複数の図形のマッチングが用いられる．統覚型ではこれが困難である．連合型では可能であるが、正しくコピーできた絵が何を意味するかが分からない．(2) 視覚対象による分類：視覚性認知の対象となるカテゴリー別に分類したもの．視覚性失認はある特定のカテゴリーに限局して生ずることがあり、それぞれ脳内の処理過程が異なると推定されている．具体的には、日常物品における物体失認、顔における相貌失認（→顔認識）、街並（建物・風景）における街並失認、色における色彩失認、画像における画像失認などがある．視覚性失認の病巣は後頭側頭葉にある．後頭側頭葉内のどの部位かは、タイプにより多少異なる．一般に両側病変のほうが、出現頻度が高く持続性であることが多い．

e　**視覚前野**［prestriate cortex］《同》有線外視覚野（extrastriate cortex）．大脳皮質後頭葉の視覚*連合野．霊長類の視覚前野は細胞構築学的にブロードマンの 18, 19 野（→細胞構築学［図］）、あるいは C. F. von Economo (1929) と G. von Bonin & P. Bailey (1947) の OB, OA として*一次視覚野（17 野または OC）から区別されてきた．18 野（OB）は V2, V3 に、19 野（OA）は V3A,

V4, MT などの領野に区分されている．一次視覚野(17野，OC)からは，主にV2を経て，一部は直接V3，V4，MT などに出力されるが，V4から側頭連合野である下側頭葉皮質(IT)に投射する腹側経路が形態視(物体視)情報を，MT から MST を経て頭頂連合野である頭頂間溝皮質(IP)に至る背側経路が運動視・空間視情報を処理している．

a **視覚領** [visual cortex] 大脳皮質視覚野のこと．(→一次視覚野，→視覚前野)

b **自家受精** [self-fertilization, autogamy] 雌雄同株の植物や雌雄同体の動物などで，同一個体に生じた卵と精子の間で*受精が起こること．*他家受精の対語．被子植物の閉鎖花では，花がひらく前の蕾の状態のときに行う自家受精を特に閉花受精(cleistogamy)と呼ぶ．被子植物の多くやホヤ類などは*体外受精を行うが，自家受精を妨げる機構をもつものがある．土壌線虫の一種(C. elegans)などは，通常は自家受精により増殖する．貧毛類(例：ミミズ)や有肺腹足類(例：カタツムリ)などは，原則的には異個体間で交尾を行い，例外的に自家受精する．

c **自家受粉** [self-pollination] 同一の植物体内で受粉が起こること．これに対し，個体間で起こる受粉を他家受粉(cross-pollination)という．また，一つの両性花の中で起こる受粉を特に同花受粉，同花受粉が自動で起こることを自動同花受粉(automatic self-pollination)という．閉鎖花の多くは，この自動同花受粉を行う．自家受粉のうち，同一の植物体内の別の花の間で起こる受粉を特に隣花受粉(geitonogamy)という．

d **自家不和合性** [self-incompatibility] 雌雄同花・両性の生殖器官が同時に成熟するにもかかわらず同花内での*交雑が*不和合性を示し，花粉の不発芽，*花粉管の*雌ずいへの進入不能，花粉管の成長速度の低下または停止などによって受精が正常に行われない性質．*自殖を回避し，多様な子孫を残すための遺伝的性質であり，過半の植物種がもつ．自家不和合性における自他識別は，イネ科など2遺伝子座支配の例外を除き，一つの遺伝子座により制御される．古くは*不稔性(sterility)との判別が困難であったため，この遺伝子座はその頭文字をとってSと表記される．従来，S遺伝子座には多数の複対立遺伝子(S_1, S_2, …, S_n)が存在し，花粉と雌ずいが同じS複対立遺伝子を表現型としてもつ場合に不和合性になると説明されてきた．その後，S遺伝子座には自他識別に関わる因子(花粉S因子，雌ずいS因子)をコードする少なくとも二つの複対立遺伝子が座乗し，相互に組み換わることなく遺伝することが示され，S複対立遺伝子に代わりSハプロタイプという言葉が用いられるようになった．現在では，交雑の際に相互作用する花粉S因子と雌ずいS因子が同一Sハプロタイプに由来する場合に不和合性になると説明される．これまでに，アブラナ科，ナス科，バラ科，オオバコ科，ケシ科の植物において，両S因子の実体が解明されている．以下のようにかならずしも系統の近さとは対応していない．アブラナ科では，花粉S因子はシステイン残基に富む低分子量蛋白質(SP11，別名SCR)であり，雌ずいS因子は1回膜貫通型の蛋白質キナーゼ(SRK)である．同一Sハプロタイプに由来する両因子が特異的に相互作用することで雌ずい表面の細胞内にリン酸化情報が伝達され不和合性が誘起される．ナス科，バラ科，オオバコ科では，雌ずいS因子はRNA分解酵素(S-RNase)であり，花粉S因子は多数のF-box蛋白質群(SLF，別名SFB)である．自家受粉の際には，S-RNaseが花粉のRNAを分解する細胞毒として機能するため花粉管の伸長が停止するが，他家受粉の際には非自己のS-RNaseは多数のSLFのいずれかにより解毒されるために花粉管伸長が許容されると考えられている．ケシ科植物では，雌ずいS因子は低分子量蛋白質(PrsS)であり，花粉S因子は複数回膜貫通型の受容体(PrpS)である．同一Sハプロタイプに由来する両因子が特異的に相互作用することで花粉内にCa^{2+}の流入が起き，その後花粉の*アポトーシスが誘導される．従来，自家不和合性は花粉の表現型の遺伝様式の違いにより，ナス科，ケシ科，マメ科などの配偶体型自家不和合性とアブラナ科，ヒルガオ科，キク科などの胞子体型自家不和合性に分類されてきた．ナス科やケシ科の花粉S因子が花粉自身により作られるのに対し，アブラナ科の花粉S因子は花粉親の葯により作られることから，両者の違いが花粉S因子の発現部位の違いによることが示唆されている．また，胞子体型自家不和合性では，葯の二つのSハプロタイプ間で優劣性が生じ，花粉の表現型として片方のSハプロタイプしか現れない場合がある．アブラナ科では，優性側Sハプロタイプから低分子量RNAが作られ，劣性側SP11対立遺伝子のプロモーター領域が後天的なメチル化修飾を受け発現抑制されることが示されている．また，上記の自家不和合性はすべて花に形態的分化の認められない同形花型自家不和合性に分類されるが，サクラソウ科，カタバミ科，タデ科，ミソハギ科などの植物は異形花型自家不和合性に分類される．異形花では，雌ずい長や葯の位置などの異なる2～3種類の花形があり，異形花間で受粉が起こりやすい構造となっている上に，同形花間での交雑では花粉管の伸長が阻害される．S遺伝子座と花形を決定する遺伝子座の連鎖が予測されている．

e **篩管，師管** [sieve tube] 篩管要素(sieve tube element, sieve tube member, sieve tube cell)が縦に連なった，通道の役割を担う管状の組織．被子植物にみられる．篩管要素は円柱形で，要素同士が接しあう上下の隔壁は篩板(→篩域)と呼ばれる．篩板をもつことが，篩細胞との相違点．篩板には多数の大形の*篩孔をもつ篩域があり，これを通過して物質の移動が行われる．篩板には細長い篩域が階段状に配列するもの(シュウカイドウ属，ボダイジュ属)や，不規則に配列するもの(トウ属)，あるいは1個の大形の篩域をもつもの(カボチャ)などがある．篩域は篩管要素の側壁にもあるが，発達が悪く篩孔も小さい．通常，篩管要素はこれと娘細胞の関係にある*伴細胞をもつ．細胞質を残している点が，死細胞である*道管要素や*仮道管と異なる．*前形成層あるいは*形成層から作られた後，篩域の篩孔はやがて肉状体によって塞がれてしまうので，篩管が機能するのは比較的短期間である．シダ植物・裸子植物にみられる*篩細胞と合わせて，篩要素(sieve element)と呼ぶ．また篩細胞組織を仮道管状篩管(tracheid-from sieve tube)と呼んだのに対して，篩管を道管状篩管(vessel form sieve tube)と呼んだこともある．

f **弛緩因子** [relaxing factor] アクチンとミオシン間の収縮反応を解除し，弛緩状態にする筋肉中の因子．筋肉の収縮は筋小胞体からのCa^{2+}の放出により起こるが，収縮した筋肉を弛緩させる機構も存在し，その中心

的な因子を弛緩因子と呼ぶ．弛緩因子の本体は筋小胞体のATP依存性Ca^{2+}結合能であり，これによりCa^{2+}が筋小胞体内腔に取り込まれ濃縮される．このような筋肉の収縮・弛緩の制御は，江橋節郎ら(1968)の研究により解明された．(⇒筋小胞体)

a **時間遅れ** [delay, time delay] 生物が物質や情報の伝搬に要する時間．例えば，ニューロン間の神経伝達は数ミリ秒程度の時間遅れを伴う．遺伝子の発現量の制御には，化学反応や遺伝子の転写などに時間遅れを伴う．生態系のようなマクロな生物現象においても，若齢において経験した餌の量に応じて親になってからの体サイズや個体群が決まるというように，ある生物種の個体数変動は時間遅れを伴って生態系を変化させることが多い．生物現象に普遍的な自分自身へのフィードバックの場合，時間遅れは系の振舞いに大きく影響しうる．最も典型的な現象として，時間遅れが長くてフィードバックが強い場合には，振動が発生しやすい．例えば概日周期はこのようにして生じた振動が基本となっている．時間遅れがカオスを発生させることもある．

b **時間感覚** [time-sense] 《同》時間覚．動物が経過時間を察知する感覚．*生物時計が関与する．ミツバチでは1日の決まった時刻に，食事をとりにくるように訓練することができる．これを時間記憶(独 Zeitgedächtnis)といい，概日時計(⇒概日リズム)によって支配されている．ヒトは所期の時間に睡眠から覚めることもできるので，覚醒中だけでなく睡眠中にも時間感覚をもつといわれるが，これは高度の複合感覚とみなされ，これに影響する条件も多く，またしばしば誤差が大きい．

c **弛緩期** [relaxation phase] ⇒収縮【3】

d **時間生物学** [chronobiology] 《同》クロノバイオロジー．広義には，時間現象を時間的に理解する学問分野．狭義には，周期的に変化する生物現象の研究に限定される．生物現象はすべて時間の関数として変化する．生物が周期的に活動を営んでいることは古くから周知の事実であった．20世紀に入って，生物の周期性の多くは生物自身のもつ自律的な変動，*生物リズムによってもたらされていることが明らかにされ，その結果，周期性の研究が独自の学問分野を形成するに至った．したがって，今日時間生物学の多くの課題は生物リズムを研究対象としている．このように，時間生物学は生物学の中では比較的新しい学問分野であるが，人間生活に直接関連する現象を扱うことが多いため，臨床医学，社会や産業などとの関わりが大きい．

e **視感度曲線** [visibility curve] 動物がある一定の反応を示すのに必要な光量子数の逆数，すなわち視感度(visibility)を刺激光の波長に対して目盛った曲線．*作用スペクトルの一種．多くの動物は二つの視覚系をもっており，一方を薄明視，他方を昼間視という．薄明視感度曲線は，各波長につき明るさを感じる最小の光量子数の逆数(閾値)を暗順応条件下で測定し，また，昼間視感度曲線は適当な輝度の標準光を定め，この光の下で(明順応条件下で)同じく明るさを感じる各波長の光量子数の逆数を，各波長に対して測定することが多い．ヒトの薄明視感度曲線はレンズの透過率を補正すると，*ロドプシンの吸収スペクトルと一致する．また，昼間視感度曲線は3種の錐体視物質のスペクトルを重ね合わせたものに一致する．昼間視感度曲線と薄明視感度曲線の極大波長は異なることがあり，ヒトでは昼間視感度曲線の極

大が約50nm長波長側にずれている．この現象を*プルキニエ現象といい，プルキニエ現象を示す動物には色覚があるといわれている．

f **指間突起** [interdigital process] 有尾両生類中 *Hynobius* に見られる，前後肢ともその第一指および第二指の間に形成される扁平な剣状の突起．幼生器官の一種．内部は*結合組織でみたされる．肢芽が突出してまもなく，その先端部に形成されはじめ，結局は上記の指間に位置し，やがて退化する．

g **時間配分** [time budget] 動物の，さまざまな行動に対する活動時間の振り分け方．動物は生活維持のためにさまざまな活動を行なわなければならないが，時間もエネルギーなどと同じく限られた資源であり，ある活動に時間を割くことは他の活動の時間の削減につながる．したがって特定の条件下での最適な時間配分が存在すると考えられる．また逆に，現実に行われている時間配分を調べたり，一部の条件を人為的に変更したりすることでさまざまな活動の重要性を比較できる．

h **耳眼面** [auriculo-orbital plane] 《同》耳眼水平面，フランクフルト水平面(Frankfurt plane)．人類学で頭部計測または頭蓋計測に際して基準となる面．1884年フランクフルトの万国人類学会議において一般的承認を得た．左右のポリオン(porion, 外耳孔上縁最高点)と左側オルビターレ(orbitale, 眼窩下縁最低点)の3点によって決定される平面で，これを水平にした位置に頭蓋骨を固定したとき，頭蓋骨は耳眼面に固定されたという．通常，頭蓋骨を耳眼面に固定するにはSchlaginhaufenの方形頭骨保持器および水平針が用いられる．ヒトが直立姿勢をとったとき，この面は地表面と平行になると考えられている．(⇒骨格計測，⇒人体計測点，⇒頭骨計測[図])

i **色覚異常** [achromatopsia, color blindness] 《同》色盲．色調の識別能力が欠失もしくは低下した状態．ヒトの病症として知られるものには全色覚異常(total color blindness, achromatopsia)と部分色覚異常(partial color blindness)とがある．夜盲症とは反対に錐体の機能欠如に基因するものとされる(⇒二元説)．全色覚異常には錐体機能が全て失われている場合と，3種類の錐体のうち2つの機能(通常は赤および緑)の機能が失われている場合がある．全然色調を感じず，ただ明暗の差だけを感ずるもので，*視感度曲線には明暗順応による差別がなく，正常人の薄明視のそれと一致する．全色覚異常は単色系(monochromatic system)である．*プルキニエ現象は認められない．視力は低く(0.08程度)，昼間は眩しさで視機能を失うものもある．部分色覚異常は，3種類の錐体のうち1種類に異常があり，それが完全に機能していない場合には色感系は二色系(dichromatic system)となる．これには赤緑色盲(red-green blindness)と黄青色盲(yellow-blue blindness)とがあり，前者をさらに赤色盲(赤盲 red blindness)または第一盲(protanopia)と，緑色盲(緑盲 green blindness)または第二盲(deuteranopia)とに分ける．黄青色盲は第三盲とも呼ばれる．色覚異常(色盲)より頻度が高く，色覚異常に類するものとして，大多数のヒトの3色系とは異なる色感覚をもつ色弱(color amblyopia)がある．これは，3種類の錐体のうち1種類の波長感度特性が残る2種類のいずれかに近づいており，赤-緑錐体間での場合が多い(赤緑色弱)．色弱のヒトでは，多数派のヒトと色の感

じ方が大きく異なるため，多数派のヒトが区別できる色を区別できないことがある．赤緑色弱は男子に多く（日本人では約5％），女子には少ない（約0.2％）．赤緑色弱および赤緑色盲はヒトにおけるX関連遺伝の典型的な例で，標準的な3色型色覚-赤色弱-赤色盲と，標準的な3色型色覚-緑色弱-緑色盲とがおのおの複対立遺伝子群をなし，両群とも上記の順位で優性・劣性の関係を示す．標準的な3色型色覚の女子と赤緑色弱の男子との間に生まれた子は男女とも標準的な3色型色覚をもつが，女児はみな色弱に関与する遺伝子の保因者となる．赤緑色弱の割合は人種によっても幅がある．全人口に占める割合は異常として区別されては高すぎること，対象物の色によっては標準的な3色型色覚よりも高い判別能を示す場合があること，さらに，標準的とされるヒトにも錐体の波長感受性に個人差があり色の感じ方が多様であることなどから，色弱は個人差の一つと考えられるようになっており，特殊な場合を除き，色弱検査は行われていない．このような理由から，色弁別を必要とする情報媒体などの利用・情報発信においては，色弱をもつヒトへの社会的配慮が必要とされている．

a　**磁気コンパス**　[magnetic compass]《同》磁場コンパス．生物における方位，上下，極の方向あるいは緯度の決定に利用される生体機構の一つで，地磁気を利用する方法．渡り鳥，ハト，回遊魚，ウミガメ，イモリをはじめ多くの動物，および磁性細菌が地磁気を感知できる．動物では，方位を感知して渡りや帰巣，あるいは定位に利用している．磁気の感知には，マグネタイト（磁鉄鉱）のような微小な磁性体を利用する方法と，光を利用する方法の二つの機構があると考えられている．前者として磁性細菌では，微小な磁性体が直線状に並ぶことで，地磁気によって生じる力を捉え，主に鉛直方向の定位・移動に利用している（⇒マグネトソーム）．鳥類や魚類では上顎から鼻にかけての部位において鉄原子を含む粒子状物質の存在が検出されているが，磁性体を利用する機構はわかっていない．光を利用する方法では，光により分子内にラジカル対を生じる物質が想定されており，*クリプトクロムが関与する系が有力である．クリプトクロムは*フラビンアデニンジヌクレオチド（FAD）を発色団としており，近紫外〜青色光を吸収してFAD内あるいはその近傍の蛋白質側鎖の間にラジカル対を形成する．ラジカル対の励起状態の安定性が，ラジカル対と周囲の磁場のなす方向に依存して変化することから，分子全体と磁場のなす角度を活性中間体の量に変換すると推定されている．この方法では原理的に網膜のような球状の器官において地磁気のベクトル方向を認識できるが，絶対的な方位はわからない．つまり，現在地からみて極側と赤道側を認識することはできるが，どちらが北でどちらが南かは判別できない．渡り鳥などでは，極と赤道方向の区別ができればよいのでこれで十分である．また，地磁気ベクトルが，極に近づくほど垂直に近づくことを利用して，緯度を知ることができる．鳥類では，方位を感知するために，マグネタイトを利用する方法とラジカル対を利用する方法を兼ねそなえており，さらに，地磁気を利用せずに，時刻と太陽の位置から方位を割り出す*太陽コンパスも利用していると推定されている．

b　**色視野**　[visual field for color]《同》色感視野．視野における色覚の分布状態のこと．*色感覚が網膜部位によって異なることに依存する．正常色覚者では，視野の中心付近では赤・緑・青が知覚できる三色視（trichromatic vision）であるが，その周辺部では青・黄の系統しか知覚されない二色視（dichromatic vision）になる．さらに周辺になると明暗しか知覚されない単色視（monochromatic vision）となる．また，視野の中心のごく一部（約0.4°）では赤緑の二色視であるが，その範囲は非常に狭いため気づかれない．色視野は色調によって異なり，白（無調色）・黄・青・赤・緑の順に狭くなる．

c　**色素**　[pigment, dye, dye stuff]　ある特定の波長の可視光（visible light，400〜800 nmの波長の電磁波）を吸収，あるいは放出する化合物．これにより物質に色がついて見える．光の吸収・放出に関わる構造部分を発色団（chromophore）と呼ぶ．生物は種々の天然色素（*メラニン，*ポルフィリン，*クロロフィル，*カロテノイド，*フラボノイド，*フィコビリン，*アントラキノンなど）を生合成し，多様な生理機能を発揮する．これと別に，細胞や組織の観察，物質の定量のために用いる色素があり，合成色素も用いられる．例えば，グラム陰性細菌の同定にはゲンチアンバイオレットが，蛋白質の定量分析には*クーマシーブリリアントブルー（CBB）が，水素イオン濃度（pH）測定にはpHに応じて変色する色素類が利用される．ある波長の光を吸収して励起状態になりこれが基底状態に戻る際に光としてエネルギーを放出する現象を*蛍光という．蛍光測定はシグナル/ノイズ比が抑えられるので，微量物質の定性・定量分析に汎用される．低分子の合成化合物が多用されるが，オワンクラゲのもつ緑色蛍光蛋白質（GFP）などの蛍光蛋白質も1990年代以降広く生命科学研究に利用されるようになった．GFPはクラゲ中で共存する発光蛋白質エクオリンの出す470 nmの光を吸収して500 nmの蛍光を出す．遺伝子組換えにより容易に細胞内で特定の時期・場所で，あるいは特定の物質と共発現させることができるため分子マーカーとして利用できる．この原理が応用展開されさまざまな色の蛍光蛋白質（赤色蛍光蛋白質RFP，青色蛍光蛋白質BFP，黄色蛍光蛋白質YFPなど）が開発された結果，生きたまま組織や細胞を観察する手段が飛躍的に広がり，2008年のノーベル化学賞の対象となった．

d　**色素拡散ホルモン**　[pigment-dispersing hormone]　PDHと略記．色素胞内にある色素顆粒を凝集状態から細胞全体に拡散させるホルモン．それによって動物の体色がその色を帯びるようになる．色素顆粒の拡散運動はcAMPに依存した微小管上の顆粒の輸送によっている．よく知られているものとして脊椎動物のメラニン細胞刺激ホルモンがある．昆虫では，甲殻類の色素拡散ホルモンと似た18個のアミノ酸配列をもつペプチドが，脳内の概日時計遺伝子が発現するニューロンに存在する．これは色素拡散因子（pigment-dispersing factor）と呼ばれ，概日時計の出力を担う．

e　**色素顆粒**　[pigment granule]　*色素細胞中に見られる色素を含んだ粒状または板状の細胞内小器官．主に体色の調節に関わっている．*メラノサイトに含まれ褐色から黒色を呈するメラノソーム（melanosome），赤色素胞や黄色素胞に含まれオレンジ色から赤色を呈するカロテノイド小胞（carotenoid vesicle）やプテリノソーム（pterinosome），白色素胞に含まれ白色を呈するロイコソーム（leucosome），虹色素胞に含まれ金属光沢や虹色を呈するイリドソーム（iridosome）などに区別される（⇒

色素胞).メラノソームは,色素物質としてユーメラニン(eumelanin)やフェオメラニン(pheomelanin)を含む.哺乳類・鳥類では,メラノソームから表皮の角化細胞や毛,羽毛などに移行し,体色を決定する.カロテノイド小胞は,食餌に由来する*カロテノイドを含んでいる.プテリノソームはプテリジン(⇒プテリン)を含んでおり,同心球状のラメラ構造をもつものと,繊維状構造が無方向に充満するものとがある.ロイコソームは,色素物質を含まないが,尿酸やプリンの結晶を含み,広い波長域の光を散乱する.イリドソームは反射小板(reflecting platelet)とも呼ばれ,プリン類(主にグアニン)からなる板状結晶で生じる反射光の薄膜干渉現象によって特徴的な色合いが生じる.

a **色素凝集ホルモン** [pigment concentrating hormone] ⇒色素胞刺激ホルモン

b **色素細胞** [pigment cell] 色素を産生・保有する細胞の総称.*体色変化に役立つ各種の色素胞・メラノサイト・網膜の色素上皮細胞のほか,頭足類の色素胞器官をも含める.脊椎動物の虹彩に見られるように色素細胞を多数含む組織を色素組織(pigment tissue)という.多くは表皮に認められ,一部は真皮にも及ぶ.後者は表皮基底層の色素細胞が二次的に移動したもの.脱皮する動物では,表皮中の色素細胞は表皮とともに失われ体色に変化をきたす.同じ色素,例えばメラニンでも,それをもつ色素細胞の存在位置により外観的な皮膚の色が異なり,表皮内では褐色のものが真皮内では紫から青に見える.

c **色素性乾皮症** [xeroderma pigmentosum] 生後1～2年以内の小児に発症し,紫外線などによるDNA損傷の修復(⇒DNA修復)の機能に遺伝的な欠損があるために起こる,遺伝性(常染色体劣性)皮膚疾患.光線過敏症の一つ.顔面・手足・背などが日光の照射によって紅斑を繰り返すうちに,しだいに色素斑を生じ皮膚は乾燥・萎縮する.しばしばその部位に黒子・癌・肉腫などを生じる.患者は一般に発育も悪く知能も低い.近親婚の子に多く劣性遺伝とみなされる.

d **色素体突然変異** [plastid mutation] 色素体の性質に関して起こる突然変異の総称.多くの植物で見られ,葉や花弁の*斑入りの一因となる.

e **色素蛋白質** [chromoprotein] 有色の金属錯体や色素を補欠分子として結合する蛋白質の総称.酸素の運搬,酸化還元反応の触媒などの機能を発揮する蛋白質である.(1)鉄錯体:鉄ポルフィリンを含む*ヘモグロビン,*ミオグロビン,*エリトロクルオリン,*カタラーゼ,*ペルオキシダーゼ,オキシゲナーゼ,シトクロムなど,(2)金属錯イオン錯体:銅を含む*ヘモシアニン,セルロプラスミン,*プラストシアニン,鉄を含む*フェリチン,*ヘムエリトリンなど,(3)フラビン錯体:アミノ酸酸化酵素,グルコース酸化酵素,(4)カロテン錯体:*ロドプシン,(5)ピロール系錯体:クロロフィル蛋白質,*フィトクロム,フィコエリトリン,(6)ビタミンA系錯体:ロドプシン(レチナール),フィトクロム(フィトクロモビリン)などがある.

f **色素胞** [chromatophore] 《同》クロマトフォア.[1] 色素を産生・保有する動物細胞(色素細胞)のうち,*メラノサイトを除外したもの.通常,中央部にある細胞体とそこから体表にほぼ平行な面上に放射状に発達した突起部からなり,運動性があり,*色素顆粒が細胞内に広く拡散しているときには皮膚はその色素の色を濃く

現し,逆に細胞体部に凝集するとその色調を失う.*真皮色素胞単位を構成し,生理的体色変化(⇒体色変化)に役割を担うものも多い.呈する色彩により,黒色素胞(黒色素細胞・メラノフォア melanophore)・黄色素胞(黄色素細胞 xanthophore)・赤色素胞(赤色素細胞 erythrophore)・虹色素胞(イリドフォア iridophore)・白色素胞などに分類され,同一細胞中に数種の色素顆粒をもつ多色色素胞(polychromatic chromatophore)も存在.脊椎動物では*神経堤に由来.黒色素胞は褐色～黒色の色素顆粒(メラノソーム)を含み,体色変化(暗化・明化)に関与する.脊椎動物ではメラニンを産生する細胞で,皮膚中での存在部位によって真皮黒色素胞(dermal melanophore)と表皮黒色素胞(epidermal melanophore)に区別できる.前者は変温脊椎動物の真皮最表層部に見られ,下垂体中葉の黒色素胞刺激ホルモン,上生体(松果体)由来のメラトニン,色素胞神経により調節されることによりメラノソームが凝集・拡散し,体色変化を引き起こす.表皮黒色素胞は表皮内に存在し,一般に小形で運動性も顕著でない.主に産生したメラノソームを表皮細胞に移送することにより体色変化に役立つ.哺乳類・鳥類のものをメラノサイトと呼び区別する.無脊椎動物(甲殻類・昆虫類)の黒色素胞にはメラニンに代わりオモクロムを含むものが知られる.黄色素胞は赤色素胞とは色彩により区別されるが,その中間のオレンジ色のものも存在.脊椎動物では色素顆粒として主にセピアプテリン(sepiapterin)を含むプテリノソーム,あるいは加えてカロテノイド小胞を含む.魚類では黄色素胞・赤色素胞ともに運動性のものが多く,メラニン細胞刺激ホルモン・色素胞神経の支配下にある.両生類・爬虫類では通常運動性を示さないが,真皮色素胞単位の体表側を構成.甲殻類の黄色素胞・赤色素胞は運動性をもち,含まれる色素はカロテノイド.赤色素胞は赤色を呈し,脊椎動物ではプテリノソームは主にドロソプテリン(drosopterin)を含む.虹色素胞は光を有効に反射・散乱する反射小板(reflecting platelet)を含み,皮膚の白色・金属色・虹色の発現に役立つ.反射小板は主としてグアニンの結晶だが,アデニン,ヒポキサンチン,尿酸を含む場合もある.虹色素胞のものは多くは大形で不動性,しばしば層状に重なり干渉色の発現に役立つ.虹色素胞のうち,反射小板や光反射性細胞内顆粒(リューソソーム leucosome)が微細で,体色変化の際に細胞内で凝集・拡散など運動性が見られるものを白色素胞(白色素細胞 leucophore)といい,白色光の下で白色を呈する.一般に黒色素胞と逆方向の運動を示し,メラニン細胞刺激ホルモンによって顆粒の凝集を,神経支配の存在する場合にはその刺激によって拡散を生じる.反射小板は甲殻類・頭足類にも存在するが,その性状に関しては不明.皮膚以外では鳥類・哺乳類以外の脊椎動物の脈絡膜にある細胞性輝板(tapetum)と虹彩支質に存在する例が知られる.[2]《同》色素胞器官(chromatophore organ).頭足類において,機能単位として数種の細胞から構成されている体色変化に関与する構造.中央に色素顆粒を満たした弾性のある袋状の色素胞本体があり,これに一端が付着している数本の筋細胞が,皮膚と平行な面上に放射状に延びている.この筋細胞の収縮・弛緩により,色素胞の拡大・収縮が起こる.拡大すると色素胞の面積が増し,色素顆粒の色が強く反映される.各種の異なった色素胞は,頭足類の皮膚下の異なる層に存在するため,表

a **色素胞刺激ホルモン** [chromatophorotropic hormone, chromatophorotropin] 色素胞に働いて，その色素の拡散や凝集を起こさせるホルモン．前者の作用をもつホルモンは*色素拡散ホルモン，後者の作用をもつものは色素凝集ホルモン (pigment concentrating hormone, PCH) と呼ぶ．脊椎動物では下垂体中間部から分泌される*メラニン細胞刺激ホルモンが前者に属する．甲殻類ではサイナス腺あるいは中枢神経の数個の部域にそれぞれ異なった作用をもつペプチド性の色素胞刺激ホルモンが神経分泌物として分泌される．構造が明らかになっているものとしてサイナス腺から分泌される赤色素凝集ホルモン (red pigment concentrating hormone, RPCH) と遠位網膜色素ホルモン (distal retinal pigment hormone, DRPH) がある．RPCH は昆虫の側心体から分泌される*脂質動員ホルモンと相同である．DRPH は複眼の黒色素胞細胞に作用して明順応に関わるだけでなく，すべての色素顆粒を拡散させるときは，

b **色素胞神経** [chromatophore nerve] 《同》体色神経 (chromatic nerve). 色素胞に直接分布してその活動を制御する遠心性神経. 主に黒色素胞について研究され，黒色素胞神経 (melanophore nerve, メラニン凝集神経 melanin-aggregating nerve) と呼ばれることが多い. 脊椎動物では魚類や爬虫類において色素胞の神経支配が発達し，単独または液性支配と共働して，迅速な体色変化をいとなむ．従来，色素凝集神経 (pigment-aggregating nerve) と色素拡散神経 (pigment-dispersing nerve) による色素胞の二重神経支配が信じられていたが (⇌パーカー効果), 後者の存在は疑わしい. 色素凝集神経は交感神経に属し，中枢は延髄にある．伝達物質はノルアドレナリンで，シナプス後膜の受容体はアドレナリン性 α 受容体である．魚類では黄色素胞，赤色素胞，白色素胞も神経支配を受けている例が知られている．無脊椎動物では頭足類の色素胞器官を制御する運動神経が知られている．

c **ジギタリス** [digitalis] 元来ゴマノハグサ科の植物の一属名．*Digitalis purpurea* と *D. lanata* の2種の葉は，強心利尿剤である生薬の原材料となる．この両者の基本的糖体成分としてジギトキシン・ギトキシンがあり，その他植物によりジゴキシン・ギタロキシンなどの*強心配糖体が含まれている．この物質は心臓に直接作用して，(1) 収縮力を増強させる (変力動作用 inotropic action), (2) 心筋の興奮の伝導を遅くする, (3) 拍動数を減少し，徐脈を引き起こす (迷走神経の興奮による. 変周期作用 chronotropic action) などの効果を示す．これらの心臓に対する働きの二次的な作用によって血圧を上昇させ，また利尿効果を表す．

d **自拮抗** [self-antagonism] ある効果が期待される単一物質が生体内で代謝され，互いに拮抗しあう2種以上の物質に変わるために，予期される効果が現れないこと．

e **ジギトニン** [digitonin] $C_{56}H_{92}O_{29}$ 分子量 1229.31. ゴマノハグサ科ジギタリス (*Digitalis purpurea*) の全草に含まれるスピロスタン系ステロイドサポニンの一つ．同じ植物に含まれる強心作用成分ジギトキシン (digitoxin) としばしば混同されるが，強心作用はない．アグリコンをジギトゲニン (digitogenin, ⇌サポゲニン) と称し，その 3β-OH に2分子の D-グルコース, 2 分子の D-ガラクトースと1分子の D-キシロースが結合する．脂質を可溶化する性質が強く，生化学領域で膜蛋白質の可溶化や細胞膜の透過化などに用いる．またコレステロールなど，遊離の 3β-OH をもつ*ステロイド類と等分子ずつ会合し，難溶性の沈澱物ジギトニド (digitonide) を作るので，ステロイドの定性試験法や分離に利用される．

f **G キナーゼ** [G-kinase] 《同》プロテインキナーゼ G (protein kinase G, PK-G), 環状 GMP 依存性蛋白質リン酸化酵素 (cGMP-dependent protein kinase). *プロテインキナーゼの一種で, cGMP により活性化されて, ATP の γ-リン酸基を蛋白質に存在するある特定のセリンまたはトレオニンの水酸基に転移させる反応を触媒する酵素．細胞内に存在するこの酵素に特異的な基質蛋白質をリン酸化すると考えられる．真核細胞に広く分布するが，特に小脳・肺でその含量が多い．肺の酵素は分子量約8万のサブユニットよりなる二量体で，各サブユニット上に cGMP 結合部位と触媒部位が存在する．本酵素は A キナーゼの基質を一部リン酸化する．(⇌ A キナーゼ)

g **識別** [discrimination] 《同》弁別．一般に，異なる対象物や刺激を区別できること．[1] ヒトやその他の動物が，質的または量的に異なる二つの刺激を区別できること．二つの刺激に対し異なる反応を示すかどうかで判定される．[2] 感覚生理学などでの用語．(⇌ 識別閾)

h **識別閾** [threshold of difference, threshold of distinction, difference limen, just noticeable difference] 《同》区別閾，差閾．ある刺激 (作用因) を与え，この刺激強度を増加するとき，識別可能な最小の刺激の増加量．感覚や屈性，走性などで問題になる．感覚では，例えば光の強さの識別閾は，最初に与える光強度によって異なり，シダの精子がリンゴ酸の濃度に反応する場合には，それまでその精子がおかれていた媒液のリンゴ酸の濃度で識別閾が変化する．これらの場合には，一般に*ウェーバーの法則が成り立つ．識別閾の逆数によって感度 (感受性) を表すことがある．(⇌ 空間閾)

i **識別種** [differential species] 植物社会学上の群落区分において，特に亜群集や変群集などの下位単位の識別に用いられる種類．他の群落にも見出される種類であるが，ある群集内においてはその一部分だけに普遍的に出現し，それによってその部分が他の部分と区別されるとき，その種 (群) はその群集部分 (亜群集) の識別種となる．識別種はまた，ときには標徴種とともに群集やその上級単位の識別にも用いられる．

j **シキミ酸** [shikimic acid] $3α, 4α, 5β$-トリヒドロキシ-1-シクロヘキセン-1-カルボン酸にあたる．J. F. Eijkman (1885) がシキミ (*Illicium religiosum*) の果実から分離．シキミ果実には風乾量の約25%, 葉には生量の約 0.5% 含まれる．B. D. Davis らがシキミ酸が芳香族アミノ酸の前駆物質として重要な位置をしめることを明らかにし，シキミ酸経路と呼ばれる芳香族アミノ酸の合成経路が確立している．また種子植物全般にかなり広く分布することが確かめられている．(⇌ 芳香環生合成 [図])

k **子宮** [uterus] [1] 哺乳類の*雌性生殖輸管の一部．

輸卵管と腟の間にあり，受精卵が*着床して母体と連絡しながら分娩までの一定期間発育をとげるための器官．左右1対の*ミュラー管に由来する子宮は種によりさまざまな程度の左右の癒合を示し，それにより子宮を次の諸型に分ける．(1) 重複子宮(uterus duplex)：両側の子宮が合一していない(例：有袋類，多くの齧歯類)．(2) 中隔子宮(uterus bipartitus)：外形的にはかなり合一しているが内部は隔壁により二分されている(例：齧歯類の一部)．(3) 双角子宮(uterus bicornis)：下半のみ合一している(例：食肉類)．(4) 単一子宮(uterus simplex)：全部合一している(例：霊長類)．子宮壁，特にその内腔に面する*子宮内膜は発情周期や月経周期，さらに妊娠などと関連して，著しい発達と衰退とを繰り返す．

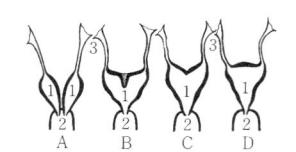

1 子宮
2 腟
3 輸卵管

哺乳類の子宮
A 重複子宮　B 中隔子宮　C 双角子宮　D 単一子宮

[2] *卵生または*卵胎生で体内受精をするサメなどでも輸卵管の下部を子宮ということがある．[3] 無脊椎動物においては，受精卵または初期の胚が母体内に留まる部分に，哺乳類の子宮の名を転用することが多い．線虫類では腟から通常1対の子宮が分岐し，管状でそれぞれ*受精嚢から卵巣に通じる．吸虫類では*卵形成腔と生殖孔との間にある長い迂曲した管状部．条虫類では卵形成腔から前方(頭節のある方向)に延びた管で，生殖孔に通じる管(精子の通路)は別に形成される．*鉤頭動物には特有の子宮鐘がある．

a **子宮外妊娠** [ectopic pregnancy ラ graviditas ectopica] 《同》外妊，異所性妊娠．子宮体部以外で受精卵が着床・発育する現象．哺乳類では，排卵された卵は腹腔内に出て，その後，輸卵管に入る経過をとるものが多いため，子宮外妊娠の起こる位置は，卵巣被膜・腹腔壁などの腹膜・輸卵管各部・子宮頸部など広範囲に及ぶ．特に卵管において起こる卵管妊娠(tubal pregnancy)の場合が多く，妊娠早期に卵管破裂(tubal rupture)に至り，放置すれば母体・胎児とも生命の危機におちいる．

b **子宮癌** [uterine cancer] 子宮に発生する癌腫．女性の悪性腫瘍の10%弱を占める．発生する部位の違いから次の2種に大別される．(1) 子宮頸癌(uterine cervical cancer)：子宮頸部に発生し，ほとんどが扁平上皮癌．子宮頸部異形成病変から上皮内癌を経て発生するとされる．子宮頸癌の90％以上からヒトパピローマウイルスDNAが検出され，発がんにはヒトパピローマウイルス感染が必要条件と考えられており，ワクチンの開発が行われ，子宮頸癌の予防に使用されている．発がんリスクを修飾する因子として喫煙・多産・経口避妊薬の使用・クラミジア感染症が挙げられる．罹患率は20代後半から40代前後までに横ばいとなり，70歳代後半から再び増加している．また，罹患率の国際比較では，子宮体癌が欧米先進国に高いのに対して子宮頸癌は途上国で高い．(2) 子宮体癌(uterine corpus cancer, 子宮内膜癌 endometrial cancer)：子宮体内膜に発生する腺癌．女性ホルモン依存性の癌で，内因性あるいは外因性のエストロゲンの長期刺激による子宮内膜細胞の異常増殖に起因する．罹患率は50〜60歳代にピークを迎えてその後減少，特に閉経後が7割を占める．欧米に比較し日本では少ないが近年増加しており，原因として食生活の欧米化や高齢化が挙げられている．

c **子宮筋層** [myometrium] 哺乳類の子宮の中層を構成する*平滑筋組織．筋線維は卵巣の分泌する性ホルモンによって刺激され，性周期に対応する肥大と増殖が認められる．また妊娠時の子宮筋層の平滑筋線維は，哺乳類の平滑筋の最大値(500 μm以上)にまで肥大する．分娩時には*オキシトシンに反応して収縮．

d **子宮収縮作用** [oxytocic activity] 《同》子宮筋収縮作用．→オキシトシン

e **持久戦ゲーム** [war of attrition game] 《同》消耗戦ゲーム．2個体がある資源を巡って競いあい，どちらかが諦めたときに他方がその資源すべてを獲得する状況．この状況では，いつも同じ時間だけ闘う(ディスプレイする)というやり方(純粋戦略)は進化的に安定な戦略(*ESS)とならない．それよりわずかに長い時間粘るものが出現すればわずかの追加コストで常に勝利を得るからである．したがって個体ごとに時間が異なり，しかも相手にはそれがどの程度の長さかはわからないという混合戦略がESSとなる．闘い方に質的相違があるタカ・ハトゲームと並んで，闘い方が量的変化で表されるゲームモデルの代表例．

f **糸球体** [glomerulus] [1]《同》糸球，脈球．単一の，または分枝した毛細血管・神経線維・結合組織線維などが，互いにからみあって形成する小球状体の総称．腎小体の糸球体もその一例．[2]《同》吻腺(proboscis gland)，脈球．ギボシムシ類に特有の排出機能があるとされる器官．背行血管の前端部が，吻部の基部に進入し，拡張して中央洞(central sinus)を形成し，その前端がさらに小血管網で構成される糸球状となったもの．

g **糸球体傍細胞** [juxtaglomerular cell] 《同》傍糸球体細胞，糸球体近接細胞．脊椎動物の腎臓の糸球体輸入細動脈の中膜の平滑筋細胞が上皮様に特殊化したもの．この部位を極枕(独 Polkissen)と呼ぶ．糸球体の最も近くにあって，細胞質に富みBowieの染色法でよく染まる顆粒をもつ．*傍糸球体装置の中心であり，この数個の細胞がレニンを含んでいる．

h **子宮内膜** [endometrium, uterine endometrium] 《同》子宮粘膜．哺乳類の子宮の内壁をなす層．発情ホルモン(*エストロゲン)と*黄体ホルモンにともに反応するため性周期(発情周期・月経周期)に応じて著しい変化を示す．発情ホルモンは子宮の内膜の肥厚を起こし，黄体ホルモンは子宮内膜を膨化させ浮腫状にさせる．受精卵が着床した場合，子宮内膜は，*脱落膜となる．子宮内膜は粘膜上皮とその直下にある固有層からなる．粘膜上皮は単層円柱上皮で，発情ホルモンが分泌されると上皮細胞はおのおのが肥大するとともに増殖する．固有層のうち粘膜上皮直下の部分を機能層といい，上皮細胞が入り込んで子宮腺を形成，同じく発情ホルモンに反応する．月経の際に脱落する領域で，妊娠時には脱落膜となる．機能層の下層を基底層といい血管に富む．

i **子宮内膜杯** [endometrial cup] ウマの結合組織絨毛胎盤(syndesmo-chorial placenta)の形成の際見られる*子宮内膜の突出．子宮内膜の一部では上皮が消失し，この部分で脱落膜組織の形成とが，栄養芽細胞による侵襲

が起こる．上皮が消失した部分の子宮内膜は杯状に突出しているように見える．上皮の消失する部分は相対的に少量であるため，ウマ胎盤は上皮絨毛胎盤(epitheliochorial placenta)の一種として分類されることがある．しかし，子宮内膜杯部分では栄養芽細胞による侵襲とそれに対する細胞免疫反応が生じていることが確かめられている．また，妊娠血清性性腺刺激ホルモン(pregnant mare serum gonadotropin, PMSG)産生の場としても重要であることが明らかにされ，上皮絨毛胎盤とは区別すべきものと思われる．ウシやヒツジのような反芻動物の胎盤も結合組織絨毛性であり，内膜に子宮小丘(caruncle)と呼ばれる小丘が形成される．この組織と子宮内膜杯との関連は十分にわかっていない．

a **糸筋** [myoneme] 《同》筋糸，類筋，筋様体(myoid)．原生生物の個体(細胞)の皮質内に認められる収縮性の原繊維．簇虫類でも知られているが，若干の繊毛虫類で最もよく発達している．ツリガネムシおよびラッパムシでは縦走状および環状，ネジレグチミズケムシではらせん状の配置をとっており，これら動物の敏速で著明な体収縮の原因をなすものとされる．原生生物の体内の繊維構造に，このほか機能上から，刺激伝導性のニューロネーム(neuroneme)と体形支持のためのモルフォネームとが区別されるが，この三者間の判別は実際上かならずしも容易ではない．(⇒スパスミン)

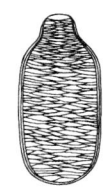

左：胞子虫 *Gregarina munieri* の糸筋
右：ツリガネムシ(*Vorticella*)の糸筋

b **耳筋** [ear muscle] 耳介に付属する*横紋筋．哺乳類の大部分でよく発達し，顔面神経が分布していて，随意に動かすことができる．類人猿とヒトでは退化し，随意運動はほとんど不可能．特に耳介全体の運動にあたるのは耳介の基部から頭骨と連絡している項耳筋(musculus auriculae nuchalis)・側頭頭項筋(musculus epicranius temporoparietalis)・項横筋(musculus transversus nuchae)などで，耳介内部の表面近くあるいは深部には耳介軟骨に付属した6個の筋肉があり，主に耳介の形を変化させるのに役立つ．前面には大耳輪筋(musculus helicis major)・小耳輪筋(musculus helicis minor)・耳珠筋(musculus tragicus)・対珠筋(musculus antitragicus)，後面には耳横筋(musculus transversus auriculae)・耳斜筋(musculus obliquus auriculae)などがある．

c **シークエンサー** [sequencer] 《同》シーケンサー．DNAの塩基配列を自動的に決定する装置．和田昭允らがマクサム・ギルバート法(⇒DNA塩基配列決定法)に基づく装置を世界に先がけて開発したが，それにヒントを得てL. Hoodらがサンガー法に基づいた装置を開発し，*ヒトゲノム計画などで広く使われた．当初はゲル板を用いたが，神原秀記らが開発したポリマーを極小管に充填するキャピラリー型に変わった．これを第一世代シークエンサーと呼ぶ．その後，小さなスライド板の上で塩基伸長反応を行って，膨大な数の短い塩基配列を生成する第二世代(次世代シークエンサー)が登場し，塩基配列決定のスピードが大幅に向上するとともに，コストも激減した．しかし繰返し配列の多い真核生物ゲノムの決定には不適切であるため，長い塩基配列を高精度で一度に読むことができる第三世代シークエンサーの開発が待たれている．

d **軸桿** [axostyle] 《同》軸索．多鞭毛虫類において体の中軸をなす著明な棒状構造．電子顕微鏡的には多数の*微小管の集合体．*Trichomonas* では単一棒状であるが，渦鞭毛虫類では多数の細糸の集合体．

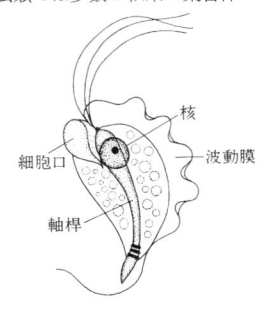

Trichomonas augusta

e **軸器官** [axial organ] ⇒血洞系
f **軸勾配** [axial gradient] 動物の発生において，体軸を決定する因子の濃度勾配，あるいは体軸に沿って物理・生理活性が勾配をなしている状態．卵が発生する際，頭尾軸・背腹軸は卵割が開始するころにはすでに決定していることが多い．例えばショウジョウバエの頭尾軸は受精卵のときから決定し，またカエルの背腹軸は卵が精子の貫入の刺激を受け卵表層と細胞質の間に回転が起こることによって決まる．その結果もともとは放射相称であった卵は左右相称の体制となるが，通常精子貫入点の生じた側が将来の腹側となり，その反対側が背側となる．ショウジョウバエの場合，将来の頭部となる部位にはビコイド蛋白質，尾部となる部位にはナノス(Nanos)と呼ばれる蛋白質が存在し，ビコイド蛋白質は頭から尾に向かってしだいに減少する勾配を形成しており，将来の頭尾軸形成の物質的基礎となっている．(⇒生理勾配)

g **軸細胞** [axial cell] 二胚動物において，体の中軸にある細長い細胞．通常無性虫(ordinary nematogen)や菱形無性虫(rhombogen)の体皮細胞で覆われる内部の細胞を指す．内部にそれ自身の核と複数個の軸芽細胞(axoblast)を含む．軸細胞は通常ただ1個だが，*滴虫型幼生から発達したと考えられる幹無性虫(stem nematogen)では2～3個が前後に連なる．幹無性虫や通常無性虫では軸芽細胞が分裂を繰り返し，それぞれから内生出芽的に*蠕虫型幼生が生じる．また，菱形無性虫では分裂を繰り返したある軸芽細胞から滴虫源有性体(infusorigen)がつくられ，そこで形成された卵と精子の受精で滴虫型幼生が生じる．こうした発生はすべて軸細胞の内部で進行し，いずれの幼生もやがて母体から離れ出る．軸細胞が軸芽細胞を含むのは，軸芽細胞から生じた次世代の軸細胞と軸芽細胞のうち，この軸芽細胞が発生初期にその軸細胞内に侵入するためで，したがって軸細胞は軸芽細胞という生殖に関わる細胞の存在を保証する場を提供しているといえる．(⇒体皮細胞，⇒極細胞〔図〕)

h **軸索** [axon, axis-cylinder] 《同》軸索突起(axon

process), 神経軸索. *ニューロンの細胞体から発する長い突起. 樹状突起と対置される. 軸索の末端は分枝して次のニューロンまたは効果器にシナプス結合し, 神経細胞の興奮を伝える. 実験的には両側性伝導を示すが, 生体内ではたいてい軸索の基部→末端の定方向に伝導する. 軸索はまた側枝(collateral)を出すこともある. 軸索の内部には*ニューロフィラメントと微小管があり, 細胞体から神経末端へ, またその逆の物質輸送(軸索輸送)に関与している. 軸索の細胞膜は膜電位すなわちインパルスの発生の場として重要な機能を営む.

a **軸索起始部** [axon initial segment] 《同》初節. 脊椎動物の神経細胞の*軸索の開始部位に見られる機能構造. 電位依存性ナトリウムチャネル(⇒電圧依存性チャネル)や, KCNQチャネルが高密度に集積する. この集積により, 膜興奮性の閾値が低くなることが多く, その場合, シナプス入力に対し細胞体よりも時間的に先行して活動電位が発生する. 膜骨格蛋白質アンキリン(ankyrin) Gなどが*イオンチャネルと細胞骨格との相互作用に関与する. 膜の流動性が低く, 拡散障壁としての機能も有すると考えられる.

b **軸索形質** [axoplasm] 《同》軸索漿. *軸索において, 膜に囲まれた内容物. 細胞外液と同じ程度のイオン強度と電導性をもつが, イオン組成は細胞外液と全く異なる. すなわち細胞外液はNa^+とCl^-を多く含みK^+は少ないが, 軸索形質はK^+を多量に含みNa^+は少なく, 陰イオンは有機の陰イオンが主であってCl^-は少ない. またCa^{2+}の濃度も非常に低い. よく調べられているイカの巨大軸索についての数値を表に示す.

	軸索漿中の濃度(mM)	血液中の濃度(mM)
K^+	400	20
Na^+	50	440
Cl^-	40〜150	560
Ca^{2+}	$<10^{-4}(0.4^*)$	10
Mg^{2+}	10	54
isothionate	250	—
他の有機陰イオン	約110	—

＊ほとんど結合している. イオンとしては10^{-7}M以下

c **軸索内輸送** [axonal flow] 《同》軸索流. 神経細胞の*軸索内で, ATPの加水分解エネルギーを消費しながら能動的に行われている蛋白質分子の輸送. 軸索自体は代謝機能をもたず, これを細胞体に依存するため, 蛋白質など各種代謝物質の移動・供給は軸索内輸送に負っている. 輸送速度は24時間当たり1〜2mmの遅いものと250〜400mmの速いもの, その中間的なものがある. 速い成分には細胞体から軸索末端に向かう順行性のものとその逆向きの逆行性のものとがあるが, 遅い成分は順行性のものだけである. 各成分は軸索内の異なる構造と結びついており, 速い成分は滑面小胞体およびシナプス小胞の dense core vesicle と, 遅い成分は微小管やニューロフィラメント, 微小繊維と関係がある. この輸送の動力源として, 順行性のものでは*キネシン, 逆行性のものでは細胞質性*ダイニンが関与する(⇒微小管結合蛋白質). 放射性元素でラベルしたアミノ酸を細胞に取り込ませると蛋白質に合成されて軸索末端へと輸送される. また*ホースラディッシュペルオキシダーゼを軸索末端に与えるとこれを取り込んで細胞体に輸送する. これらは脳内の神経線維連絡の追跡法に利用されてきた.

d **軸索反射** [axon reflex] 《同》偽反射(pseudoreflex). 単一軸索が分岐している末梢神経において, 1枝に起こった興奮が伝導し, 分岐部を経て他枝に伝わり, ある場合にはそこから他のニューロンに移って求心性の神経インパルスが遠心性のインパルスに転換される結果現れる, 見かけ上の反射. 皮膚から求心性線維の分枝が付近の皮膚血管に分布するために皮膚刺激が局所的な発赤を生じるのはこの例. 甲殻類の腸の交感神経で同一軸索の1枝が粘膜上皮に, 他枝が腸の筋肉に至るものがあり, 同様の現象が見られる.

e **軸糸** [axial filament, axial fiber] [1]⇒繊毛, ⇒精子 [2] 有櫛動物の*粘着細胞の主部の下面から表皮層の基底膜に達する, まっすぐな糸状構造. そのまわりを弾性のあるらせん糸が取りまく. 軸糸は, 個体発生上は粘着細胞の核が細長く変形したもの. [3] 海綿動物のケイ酸質骨片の中軸に認められる線状構造. 蛋白質でできている. 断面の形が分類群によって異なり, 尋常海綿類では三角形もしくは六角形, 六放海綿類では四角形である.

f **軸性** [axiality] 生物体において種々の方向への*極性がある場合, それぞれの方向に仮想的な軸を想定しうる状態にあることを軸性をもつという. また極性が現れ, 軸を想定しうる状態になることを軸設定(axiation)という. 生物体における軸を体軸(body axis), 卵における軸を*卵軸という. また最も基本的な軸を主軸(main axis, principal axis)といい, その生物の長軸であることが多い. 動物においては主軸は一般に口と関係が深く, 左右相称の動物では頭尾軸, 放射相称の動物では上下軸である. 維管束植物の場合も一般にほぼ放射相称の動物と同様, 茎の中央を走る上下軸である. 主として脊椎動物で主軸に沿った神経管, 脊索, 体節などを総称して*中軸器官という. 主軸に対し, それに付随する軸(左右相称の動物の背腹軸や正中側方軸, 放射相称の動物の放射軸など)を副軸(accessory axis, secondary axis)という. (⇒有軸型, ⇒相称)

g **軸柱** 【1】[columella, axis] [1]=殻軸 [2]《同》内柱(独 Kalksäulchen). イシサンゴ類の炭酸カルシウム性骨格の一部で, 底板の中央よりポリプ体の中軸に進入するもの(⇒骨隔壁). [3] 耳小柱(columella auris)に同じ(⇒中耳).
【2】[columella] 《同》蒴軸, 子嚢軸. コケ植物の蘚類とツノゴケ類に見られる, *蒴の中心部にあるエンドテシウム起原の軸状の組織. 現生のシダ植物には見られない.

h **軸洞** [axial sinus] ⇒血洞系

i **シグナル** [signal] 《同》信号. [1] 化学物質やダンス, 叫び, ディスプレイなどによって, 他個体に情報を送り, 他個体の行動を変更する行為もしくはその情報のこと. 体の直接のぶつかりあいにより相手に影響する場合は除く. 動物シグナル行動(animal signaling)ともいう. 雌が*フェロモンを出して雄を誘引する, 闘争において叫びや*ディスプレイによって威嚇する, 雄がダンスなどで雌に求愛する, などがその例である. シグナルを送る個体(送り手)は, 通常コストをかけており, シグナルを受ける個体(受け手)の行動を変更することによって, *適応度を改善していると考えられる. シグナル

では、送り手の配偶者としての能力や健康、闘争意図などの情報を伝えていると考えられるが、それが信頼できるものとして受け取られるためにはどのような条件が必要であるかが、ハンディキャップ説などによって論じられている。他方、受け手からみたときに何を示すかの明確さによって、より抽象的な意味をもつ場合には、象徴(symbol)と呼び、シグナルと象徴をあわせて記号(sign)と呼ぶ場合もある。例えばミツバチのダンスやチンパンジーの身振り言語やヒトの言語は象徴性が高いと考えられる。[2]体内や細胞内で、ある部分から別の部分に伝わる情報のこと。例えば発生において、細胞がシグナル化学物質(signaling chemical)を分泌して周囲の他の細胞に情報を送ることにより、形態形成を行う場合がある。また細胞が外界から受けた情報を、一連の生化学反応の連鎖によって伝えて拡大する機構をシグナル伝達系(signal transduction)という。このとき、分子反応が入力の強度のS字形関数であることや、複数の反応の連鎖を経ることには、ノイズには反応せず必要な情報にだけ反応できることや、受け取った情報をもとに素早い反応が必要なときに時間遅れを減らすといった効果があるとの考えもある。

a **シグナル伝達** [signal transduction] 《同》シグナリング(signaling), シグナルトランスダクション, 細胞内情報伝達. 外部からの刺激を受けた細胞が、細胞分化、細胞運動などさまざまな応答を行うまでの情報処理の過程を指す。*成長因子や*サイトカイン, 水溶性のリガンドなどが入力として細胞膜上の受容体を刺激し、この刺激が*セカンドメッセンジャーやリン酸化などを介して細胞内に伝達され、核内での遺伝子発現の調節、細胞周期の制御、細胞骨格の再編成などの細胞機能の発現に至る。受容体型チロシンキナーゼの場合RAS-MAPキナーゼ系を介することが多い。G蛋白質共役型の7回膜貫通レセプターの場合はcAMPや脂質などのセカンドメッセンジャーを用いる。また脂溶性のリガンドの場合、細胞膜を透過して細胞内の受容体に直接働きかけることもある。シグナル伝達経路の構造によってシグナルの増幅、持続、抑制や一過性のパルス状の応答などさまざまな出力の形状が可能になり、複数のシグナル伝達経路が共役(クロストーク)することでAND回路(論理積回路), OR回路(論理和回路)など複雑な情報処理が可能となる。また細胞応答の一つとしてリガンドの生産、放出などを通じて他の細胞へ刺激を出力することで細胞間の協調、個体の生理機能調節、組織のパターン形成などの機能を発揮する。

b **シグナル認識粒子** [signal recognition particle] SRPと略記。*シグナルペプチドに結合し蛋白質を小胞体に移行させる細胞質因子で、6本のポリペプチド(72, 68, 54, 19, 14, 9 kDa)と7S RNAからなる分子量約30万の粒子。SRPに関連する因子として、小胞体膜の細胞質側にはSRP受容体が存在し、分子量約7万のα, および分子量約3万の膜貫通蛋白質βの二つのサブユニットをもつ。分泌蛋白質など小胞体へ移行する蛋白質には、N末端にシグナルペプチドがあり、細胞質のリボソームにおいてこれらの蛋白質の合成が開始されてシグナルペプチドがリボソームから外に顔を出すと、そこにSRPが結合し、ポリペプチド鎖の伸長を一時停止させる。その後、合成途上のポリペプチド鎖-リボソーム複合体は、リボソーム上のSRPと小胞体膜上のSRP受容体の結合により、小胞体膜上へ運ばれる。SRP-SRP受容体の相互作用に伴い、合成途上ポリペプチド鎖-リボソーム複合体はSRPから解離し、Sec61p複合体などからなる小胞体の蛋白質膜透過チャネルへと受け渡されて、ポリペプチド鎖の伸長が再開され、蛋白質は小胞体に移行する。SRPは受容体から離れ、細胞質に戻り再利用される。シグナルペプチドと直接結合する54 kDaのサブユニットには、GTPアーゼ領域も存在し、そこにGTPが結合することでシグナルペプチドと解離する。また、SRP受容体を構成する二つのサブユニットもそれぞれGTPアーゼ領域をもつ。SRPの分子量5.4万のサブユニットと7S RNAの大腸菌ホモログとして、Ffhと4.5S RNAがそれぞれ知られている。SRP受容体αサブユニットの大腸菌ホモログとしては、FtsYが知られている。

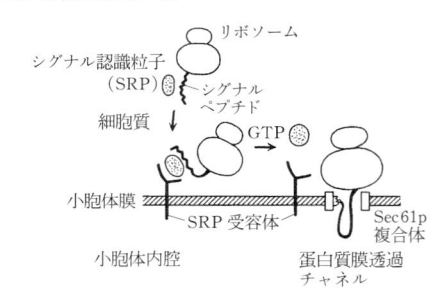

リボソーム
シグナル認識粒子(SRP)
シグナルペプチド
細胞質
GTP
小胞体膜
SRP受容体
Sec61p複合体
小胞体内腔
蛋白質膜透過チャネル

c **シグナルの進化** [evolution of signal] 他の個体に影響を与えるために起こす行動や形態の進化. ある個体が他個体に影響を与える目的で、化学物質を放出したり、鳴き声を出したり、誇示行動をとるとされ、それらをシグナル(signal)という。例えば、動物の闘争において体を大きく見せたり唸り声をあげることは、シグナルであり、相手を威嚇して、直接のぶつかり合いをせずに相手を退散させられる。また求愛において、雄鳥が、雌の前でダンスを踊ったりさえずることで雌を引きつけるのもシグナル。シグナルは、その送り手(sender)が自分の存在や意図、強さなどを受け手(receiver)に伝え、そのことを通じて、受け手の行動を改変し、最終的には送り手にとって有利になるようにしむけるものである。シグナルが、送り手の強さや、配偶者としての良さを受け手に対して示すという考えがある。このとき、においや色など体の強さや質の良さとは直接に関係がないと思われるシグナルが情報を正しく示す理由に関して、ハンディキャップの原理(handicap principle)という説明がなされる。それはシグナルを出すことには大きなコストがともなうので、実際に強い雄、質の高い雄だけがそのコストに耐えられる状況になっているはずだとする主張である。もしそうなっていれば、弱い雄が強いまねをしてシグナルを出してもコストが大きくてその個体にとって結局は損になるためにそうしないだろう。その結果、実際に強い雄だけがシグナルを出すことができるから受け手から信用される、と説明される。このとき、正しい情報を伝えているシグナルを、正直なシグナル(honest signal)と呼ぶ。同じ情報を伝えるにあたり、音声シグナル(さえずり), 形態シグナル(美しい羽毛やダンス), 化学物質(フェロモン)など、さまざまな感覚経路のうちいずれが使われるかは、環境におけるシグナル伝達効率、

寄生者や捕食者に知られる危険性，コストの大きさ，受け手の知覚能力などによって決まる．動物のディスプレイのシグナルには，典型的な強さがあり，出すか出さないか（全か無か）という傾向があったり，行動には典型的な型が見られることが多い．これは，ノイズが避けられない状況の中で，情報を伝えて相手の行動を変える効率を高める効果があるとされている．

a **シグナルペプチド** [signal peptide] 《同》シグナル配列(signal sequence)．原核細胞で細胞膜に標的化され，あるいは真核細胞において小胞体へと標的化される蛋白質（分泌蛋白質・細胞膜蛋白質など）の前駆体ポリペプチドのN末端側に含まれ，蛋白質膜透過チャネルへと標的化させるためのアミノ酸配列．15〜25個程度のアミノ酸からなり，N末端近くに塩基性アミノ酸をもち，引き続いて十数残基の疎水性アミノ酸に富む領域と，さらにそのC末端側に数個の親水性残基が続く．またその中央部には荷電をもつアミノ酸は特に見られない．この配列によって，合成途上の前駆体ポリペプチドが蛋白質膜透過チャネルに結合する．特に小胞体への輸送を指示するシグナルペプチドの機構が知られている（⇒シグナル認識粒子）．真核生物では続いて膜結合型の*ポリソームが形成され，ポリペプチド鎖はその合成と並行して膜を通過する．多くの場合，膜の透過に伴い，膜に存在するシグナルペプチダーゼ(signal peptidase)によりシグナルペプチドは切断され除去される．動物細胞の分泌蛋白質が小胞体膜を通過する機構を説明するために，D. Sabatini と G. Blobel のシグナル仮説(signal hypothesis)のなかで提唱された．その後，膜蛋白質の前駆体にも見出され，また真核細胞にも原核細胞にも存在することが明らかになり，蛋白質の局在化に広く関与するものと考えられている．

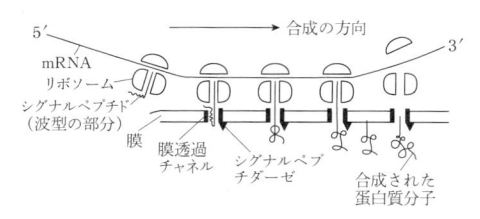

b **σ因子** [σ factor] DNA依存性*RNAポリメラーゼのサブユニットの一つ．ホスホセルロースカラムを通すことによって酵素から解離し，容易に単離される．ファージDNAなどの無傷の二本鎖DNAを鋳型としたとき，σ因子を欠くコア酵素ではほとんどRNA合成活性がないが，そこへσ因子を加えるとRNA合成が著しく促進される．この促進効果はRNAポリメラーゼとDNAの結合およびRNA合成開始段階で働き，σ因子をもつホロ酵素はDNA上の限られた特定の部位（プロモーター）に強く結合して，RNA合成の開始を正しい位置から行うことができる．いったん反応を開始した酵素はσ因子を遊離してコア酵素がRNA鎖伸長反応を行い，遊離したσ因子は次の開始反応に再利用されるという（⇒RNAポリメラーゼ）．

c **シクリトール** [cyclitol] シクロヘキサンの多価アルコールの総称．*イノシトール類に代表され，そのほかピニトール(pinitol, マツなどの材に存在)，クエルシトール(quercitol, ブナ科やヤシ科の植物などに存在)などのメチルエーテル，還元された型のものがある．

d **シクロスポリン** [cyclosporin] 《同》サイクロスポリン．真菌 *Cylindrocarpon lucidum* から発見されたアミノ酸11個からなる環状ポリペプチドの免疫抑制剤．*C. lucidum* から抗真菌抗生物質として G. Thiel ら(1970)が単離した．後に免疫抑制作用が発見された．本菌は培養が困難なので真菌 *Beauveria nivea*（*Tolypocladium inflatum*）の培養液から抽出・精製されている．拒絶反応を防止する目的で臓器移植，主として腎移植時に用いられるが，骨髄移植，心臓移植や再生不良性貧血などにも使用される．T細胞内のシクロスポリン結合蛋白質と結合してカルシニューリンの活性を抑制することにより，転写因子の核内への移行に障害を与え，その結果として，インターロイキン2(*IL2*)遺伝子の発現が進行せず，免疫が抑制される．

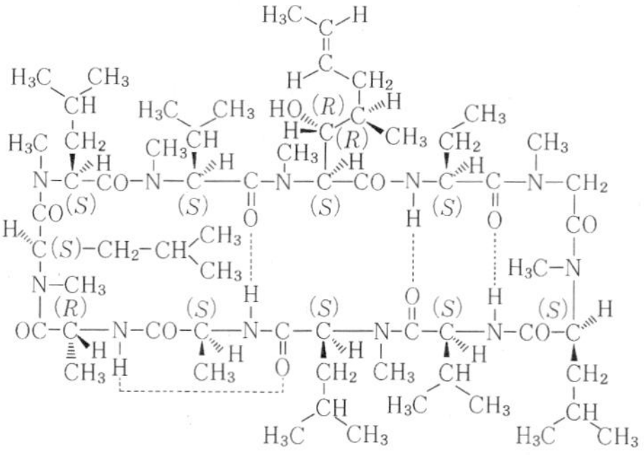

e **シクロヘキシミド** [cycloheximide] 《同》アクチジオン(actidione)．ストレプトマイシン生産放線菌(*Streptomyces griseus*)の培養液から単離されたグルタルイミド系の抗真菌抗生物質．酵母や真菌に対して強い抗菌活性を示し，細胞毒性も強い．真核細胞の80Sリボソームの60Sサブユニットに作用し，ペプチド鎖延長における転移反応を阻害することにより蛋白質生合成を阻害する．また，リボソームからのtRNAの遊離を阻害し，ポリソームを蓄積する．農薬としてネギベト病，カラマツ先枯病にのみ使用され，また殺鼠剤として用いられるが，薬害には注意を要する．

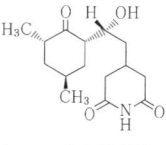

f **2,4-ジクロロフェノキシ酢酸** [2,4-dichlorophenoxyacetic acid] 2,4-D と略記．代表的な合成*オーキシン．シロイヌナズナのオーキシン受容体TIR1蛋白質と結合することが示されている．高いオーキシン活性を示すが，極性輸送を示さない．除草剤・果実の早期落下防止剤などとして大規模に使用された．

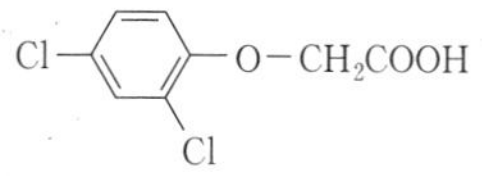

g **刺激, 刺戟** 【1】[stimulus, *pl.* stimuli] 一般には，生体に働きかけてそれに特異的な反応や行動の発現または増強を喚起・誘発するような外的作用（または作用因）．原則的にはすべての生体とその構成要素が多少とも刺激への*応答の性質（被刺激性）をそなえているが，特に顕著なのは神経，感覚細胞，筋肉などである．M. Verwornの分類による栄養的刺激や形成的刺激の多く

は，持続性で，その誘起する生体活動変化も緩徐であり，また上記の特異性を欠くために，通例は刺激の範疇から除かれる．刺激生理学の対象とされるのは，比較的急激にそれぞれの生体に特有の生理機能を引き起こす刺激，すなわち機能的刺激だけである．この種の刺激となる物理的・化学的作用は，持続または反復すれば生体側の順応により刺激効果が弱くなる場合が多い．刺激は機械（力学的）刺激，熱刺激，輻射線の刺激，電気刺激，化学刺激，浸透圧刺激などに分けられる．電気刺激は人為的であるが定量的研究に適している（⇌電気生理学）．動物個体は刺激をもっぱら*受容器から受け入れる．その際の刺激は感覚刺激と呼ばれるが，それは生体外からくる外部受容刺激と生体内部（筋肉・腱・外骨格・内臓など）に生じる自己受容刺激（または内部受容刺激）に分けられる．個体内部の個々の器官や組織も，人為的には直接刺激が可能であるが，生体内では受容器や調整器から*伝導・*伝達された信号（⇌インパルス）に応答する．刺激の強さは，応答する生体側の被刺激性（または興奮性）の度合を基準とした場合に，閾下刺激，閾刺激，最大以下の刺激，最大刺激，超最大刺激に分けられる（⇌閾）．刺激の時間因子も強度因子とならんで重要で，刺激の効果はむしろ両因子の加重すなわち実効的な刺激量に依存する（⇌刺激量の法則）．なお麻酔は，刺激と反対に生理機能の低下・消失を誘起する外的作用である．抑制も同様のようであるが，これは*興奮の減退を仲立ちする特殊な刺激の作用によるもので，抑制刺激(inhibitory stimulus)の語が用いられる．

【2】[stimulation] 外から作用する要因としての刺激を生体に与える操作．

a **枝隙** [branch gap] *枝跡が分岐するときに，主軸の維管束に生ずる空隙．裸子植物および被子植物では一般に枝は葉と関連し，葉腋に発生する腋芽からつくられる．したがって，*葉隙と枝隙とは通常の場合，一致する．葉隙が多数の場合（ヤツデ）は，枝隙も枝跡も多数である場合も，中央葉隙の両側だけから枝隙が出る場合もある．

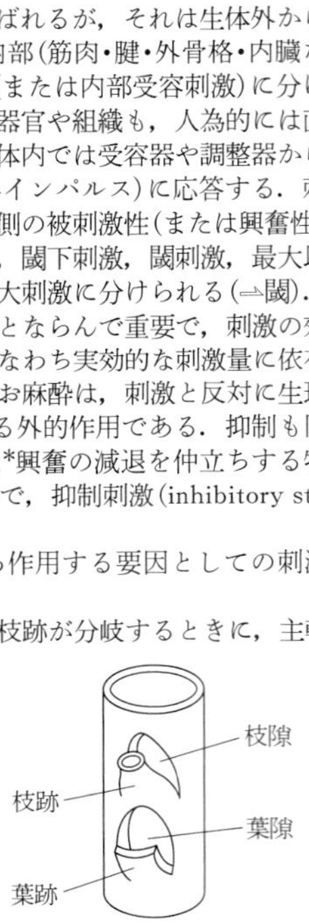

葉跡・枝跡と葉隙・枝隙の関係

b **刺激閾時** [presentation time] ある強度の刺激がある応答を引き起こす場合，その刺激が有効となる最小の刺激時間．（⇌刺激量の法則）

c **刺激運動** [paratonic movement, stimulus movement] 外的刺激に応答して誘発される運動．それ以外の運動を示す*自律運動とともに，主に植物の運動に対して用いられる．*屈性，*傾性などの*屈曲運動のほか，*移動運動である*走性が含まれる．広義には，外的刺激により運動が機械的に起こる*乾湿運動なども含まれる．

d **刺激選択性** [stimulus selectivity] 感覚系の神経細胞がもつ，刺激パラメータの変化によって活動強度を変化させる性質．最も強い活動を誘発するパラメータで構成された刺激を最適刺激（至適刺激 optimal stimulus）という．例えば，哺乳類大脳皮質の一次視野の神経細胞の多くは，特定の傾きをもった線分や縞模様に反応するという性質（方位選択性）をもつ．

e **刺激伝導系** [conduction system] 《同》興奮伝導系．哺乳類や鳥類の心臓の心房と心室を連絡し，分離した壁筋をもっている房と室との間の興奮伝導にあたる特殊な心筋．その組織は収縮性を欠き豊富なグリコゲンをもつ．房室結節に始まり，一方で心房筋と連絡し，他方で房室束として心室へ下り，右脚，左脚の2脚に分かれて左右心室内面に網状に広がってプルキンエ繊維となり，心室の壁筋の内層に連絡する．走行の途中は心臓筋と隔離される．なお右心房壁中，上大静脈の開口部に洞房結節(sino-atrial node, sino-auricular node, S-A node, 洞結節 sinus node, キース-フラックの結節 Keith-Flack node)があるが，前記の房室刺激伝導系とこの洞房刺激伝導系を総称して刺激伝導系と呼ぶことがある．哺乳類の心臓拍動の第一中枢（⇌ペースメーカー）は洞房結節で，恒温動物心臓の右心房の右上大静脈開口部にあり，3種の細胞群（主細胞のP-cell，移行形のT-cell，固有筋細胞のM-cell）により構成され，横紋が不明瞭で筋原繊維が少なく筋形質が多い．ここに自発的に起こった興奮は前・中・後結節間経路の三つの心房内刺激伝導系を通り，心房筋内の房室刺激伝導系を経て，心室筋に伝えられる．この部分から典型的なペースメーカー電位が記録される．爬虫類・両生類・魚類の心臓には洞房結節は分化せず，静脈洞が心拍の第一中枢．田原淳(1905)の記載した哺乳類心臓における房室結節(atrio-ventricular node, auriculo-ventricular node, A-V node, もしくは田原の結節(Tawara's node)は，房室刺激伝導系の最初の部分．右心房背壁の冠状静脈洞の開口部近くにあり，房室束に連絡する．心房の興奮はここへ伝えられ，さらに房室束(atrio-ventricular bundle, auriculo-ventricular bundle, ヒス束 bundle of His. W. His Jr.が記載)を通りプルキンエ繊維(Purkinje's fibre, J. E. Purkinjeがヒツジの心臓で発見)へと伝えられる．爬虫類，両生類，魚類では房室束にあたるものとして房室境界を輪状に囲む特殊繊維系の一部（種によっては全部）がある．プルキンエ繊維に至った興奮は，さらに心室の内層を構成する乳頭筋系に伝えられる．正常では心房の興奮によってこの部の活動が引き起こされるが，心房の興奮が起こらなくなったときには，この部分に自発興奮が周期的に発生する．これは第二次ペースメーカーであり，この興奮伝導速度は極めて遅い．

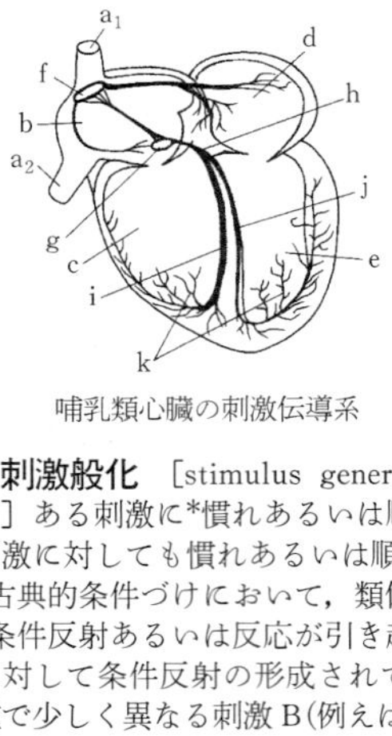

a₁ 上大静脈（前大静脈）
a₂ 下大静脈（後大静脈）
b 右心房
c 右心室
d 左心房
e 左心室
f 洞房結節
g 房室結節
h 主房室束
i 右脚
j 左脚
k プルキンエ繊維

哺乳類心臓の刺激伝導系

f **刺激般化** [stimulus generalization] 《同》般化．[1] ある刺激に*慣れあるいは順化を起こすと，類似の刺激に対しても慣れや順化が見られる現象．[2] *古典的条件づけにおいて，類似の条件刺激に対しても*条件反射あるいは反応が引き起こされる現象．刺激Aに対して条件反射の形成されているイヌに，Aとは同種で少し異なる刺激B(例えばAとBは振動数の多少

異なる音とする）を与えると，Bも若干の反対効果を示す．刺激Bに対応して大脳皮質に発生した興奮が皮質内に広がり，刺激Aに対応する皮質を興奮させるためにこの現象が生じると説明される（⇌分化[2]）．[3] *オペラント条件づけにおいて，ある弁別刺激の下で，ある反応が*強化されると，類似した刺激に対しても，同じオペラント反応の出現率が増大する現象．

a **刺激量の法則** [law of stimulus-quantity] 《同》積法則（独 Produktgesetz），双曲線法則（独 Hyperbelgesetz）．生体にある応答を引き起こす刺激量の閾値が，刺激の強さや持続時間（独 Reizdauer）にかかわらず一定であること．すなわち刺激の強さを I，その持続時間を t とすれば，刺激量は $I \times t$ であり，その際の刺激閾時を t' とすれば，$I \times t' = $ 一定．この場合，刺激の「強さ‒期間曲線」は直角双曲線となる．光刺激の場合には，この法則は光化学での*ブンゼン‒ロスコーの法則に一致する．

b **資源** [resources] [1] 生態学・進化生物学において，生物の環境を構成するものであり，それが手に入りやすくなると種の個体数の増加に結びつき，かつ，各個体によって消費される，総量に限界のある何らかの物質または要因．生態学・進化生物学における用語．食物，生息空間，配偶者，植物にとっての花粉媒介昆虫などがその例．より緩やかに，各個体に直接利用され，個体の*適応度に影響する可能性のあるすべての環境要因を資源とする見方もある．[2] 水産学・農林学など応用生態学において，人間にとって有用な生物個体群そのもの．資源管理（resource management）や資源解析（resource analysis），また遺伝子資源（genetic resource）といった語は，この意味で用いる．[3] 1個体が手に入れたエネルギーや物質をいくつかの異なる活動に配分するときに資源配分（resource allocation）という．例えば生物の繁殖のスケジュールは，限られた資源を成長，貯蔵，繁殖などへと配分する問題としてとらえ，*動的最適化モデルによって解析される．

c **試験管ベビー** [test-tube baby] 試験管内受精（in vitro fertilization）によって得られたヒト早期胚を母体の子宮内に移植したあと，正常の妊娠過程を経過して出産に至った新生児の俗称．試験管内では受精から卵割期までの極めて限られた期間の発生が行われるだけなので本来は試験管内受精児というべきである．ウサギで，M. C. Chang (1959) が，試験管内受精によって得られた胚を子宮内移植して出産に成功した後，ウサギ，マウス，ラット，ハムスターについて特に研究されてきた．ヒトではイギリスの P. C. Steptoe と R. G. Edwards (1978) が最初の成功例を報じて以来，日本を含む多くの国で成功している．

d **始原細胞** [initial cell, initiating cell] 特に植物において，未分化の状態を保ち，さかんに分裂して，それぞれ特定の組織や器官を形成する能力をもつ細胞．ワラビ，スギナ，トクサなどの始原細胞が存在する場合もあれば（⇌頂端細胞），種子植物のシュート頂や根端，*形成層などのように多数の始原細胞が集合して群をなすこともある．一度分化した組織でも，再生や不定芽・不定根の形成などを行うときには一部の細胞が分裂能力を回復して二次的に始原細胞（群）が現れてくる．

e **始原生殖細胞** [primordial germ cell] 《同》原性細胞，原始生殖細胞．多細胞動物の生殖細胞系列の初期の段階に属し，完成した*生殖巣内に位置する以前の*生殖細胞．その子孫細胞が生殖巣内で卵原細胞または精原細胞となる（⇌卵形成，⇌精子形成）．種々の動物で他の組織細胞から区別される形態的特徴をもつ．一般に大形で核も細胞も球形に近く，グリコゲン顆粒（鳥類）やアルカリホスファターゼ活性（哺乳類）などをもっていたり，電子顕微鏡的にも特別な RNA 顆粒などの構造が認められることが多い．現在までに調べられたすべての動物の始原生殖細胞には，ATP 依存的 RNA ヘリカーゼと構造がよく似た Vasa ファミリーの蛋白質が存在していることが明らかになっており，Vasa は生殖細胞のマーカーとなっている．しかし，Vasa の機能はまだ明らかになっていない．始原生殖細胞が生殖巣またはその*予定域より離れた胚域の一定の場所に出現し，のちにアメーバ運動や血流に乗って生殖巣原基に到達することがさまざまの動物について明らかにされている．例えばニワトリでは孵卵初期，*頭突起の時期前後には*明域の前端内胚葉中に三日月環をなして分布する（*生殖三日月環）．ショウジョウバエでは卵割（*表割）に先立つ卵の後端を紫外線照射すると，この細胞質域に移動してくる*卵割核が退化し，*極細胞の形成がおさえられる．この場合には生殖巣は生殖細胞を含まずに比較的正常に形成される．卵後端の極細胞質中には RNA に富んだ特定の細胞質が局在しており，卵割の結果これをとりこんだ極細胞は，核が体細胞に分化する他の胚域の細胞核と異なる性質を保持し，始原生殖細胞となる．カイチュウや両生類の胚でも同様のことがある．（⇌生殖細胞決定因子）

f **始原生物** [archaeorganism] 生物の原始的祖先と想定されるもの．進化論の確立以後，その探究に関心がもたれた．E. H. Haeckel は無核のアメーバ的生物モネラ（⇌腸祖動物）を仮想した．また T. H. Huxley は大西洋の海底から採集された粘質のものをこれと考えて Bathybius と名づけたが，これは泥状物質にすぎないことがわかった．（⇌生命の起原）

g **死腔** [dead space] 呼吸器官のなかでガス交換に貢献しない機能的空間の容積．肺呼吸に関して，ガス交換の行われる部位は肺胞と肺胞管だけであり，それ以外の鼻腔から咽頭・気管・気管支を経て小気管支に至る気道には呼吸上皮がなく，気道内の空気はガス交換に関与しない．これに対してガス交換に関与する容積を肺胞気量（alveolar volume）という．ヒトの死腔の容積は死体をギプス充填法で測れば約 140 mL であるが（解剖学的死腔），死腔の概念は機能的なものであってその容積（生理学的死腔）は一定のものでなく，吸息時には気管支も拡張するので大きくなるが，通常は約 150 mL である．このような生体測定の方法は，呼吸気量を T mL，肺胞気および呼気中の CO_2 含有量をそれぞれ a および b% とし，死腔を x mL とすると，呼気の CO_2 含有量は肺胞気のそれが死腔で薄められたものであるから，$(T-x)a = T \times b$ であり，$x = T(a-b)/a$ として求められる．（⇌肺容量）

h **篩孔** [sieve pore] 篩要素の細胞壁に多数存在する小孔．篩孔の密集した部域を*篩域という．篩孔の直径はクルミでは 1.8～3.5 μm，トウナスでは 5 μm 以下．篩孔の中央は原形質が貫きその周囲を肉状体が包む．篩要素の老化につれて肉状体の量が増大して遂に原形質糸を断ち，さらに篩域の両表面上にも沈着して篩孔は閉塞

試行錯誤 [trial and error] 動物が新しい場面や問題状況に当面したとき，自らの所有する反応の型を指向性なく次々と繰り返し，やがて偶然にある反応が成功をもたらす行動様式をいう．C.L. Morgan (1894) がこの語を最初に用い，心理学における動物実験の創始者 E. L. Thorndike はその著書 'Animal intelligence' (1898) で，動物は「試行錯誤と偶然的成功」によって正しい行動を学習すると述べた．Thorndike は成功した反応は結果として快をもたらすので学習が進行すると考え，*効果の法則をたてた．

視交叉上核 [suprachiasmatic nuclei] SCN と略記．脊椎動物のうち，哺乳類・鳥類・爬虫類の視床下部の*視神経交叉のすぐ上に位置する神経核．哺乳類では，ここに概日時計の中枢が存在するので，これを破壊すると*概日リズムがみられなくなる．視交叉上核の電気的活動は，周囲の組織から切り離されても，あるいは培養条件下でもおよそ1日の周期で変動する．また，網膜から網膜視床下部路 (retinohypothalamic tract) という神経を介して光情報が視交叉上核に伝わり，概日時計が明暗のサイクルに同調する．視交叉上核からの主要な遠心性神経は室傍核下部領域 (subparaventricular zone) に投射し，ここから体温調節中枢 (⇌体温調節) や*松果体へと時刻情報が伝えられる．

指向性運動 [directional movement, orientation movement] *刺激運動のうち，運動の方向が刺激の方向によって決定されるもの．主に植物の運動に対して用いられ，*屈性と*走性を含む．

死硬直 [death rigor ラ rigor mortis] 《同》死後硬直．筋肉，特に骨格筋が死後一定時間ののちに示す硬直．筋繊維は混濁して不透明化し，CO_2，熱，乳酸などの発生を随伴する．ATP の分解による筋収縮と，筋原繊維内で*ミオシンフィラメントの突起がアクチンフィラメントと矢尻形の強固な結合を形成するためと考えられている．硬直の初期段階は可逆的で，筋肉をリンガー溶液で灌流・通気すれば回復する．また他方，死硬直筋は時を経れば解硬といって自然に再び軟化・伸展する．これは酸蓄積によって蛋白質分解酵素が働き収縮性構造が破壊されるためである．死硬直は環境温度に依存するが，通常死後約2時間で顎に始まり，順次上肢，下肢と進行するので，法医学において重要．体筋の死硬直に基因する死体の硬化現象は，特に死体硬直 (rigor mortis) と呼ばれるが，恒温動物では変温動物より早く起こる．

自己完結性 [integration] 《同》総合完成，自己組織化 (self-organization)．部分の結合によって新しい性質をもつ全体が出現すること．創発的進化の論者などが説く emergent whole あるいは integrated whole の性質である．古くは，F.E. Clements などが，群集の有機的総体としての性質を強調するために用いたこともあったが，現在ではあまり使われない．ただし，構成要素間で相互作用が多数結合したネットワークシステムを扱う数理分野では，個々の関係の積み重ねでは予測できないような全体の挙動の出現が注目されている．

自己蛍光 [autofluorescence] 光を組織や細胞や生体物質に照射したときそれらが発する蛍光．例えば，蛍光色素でラベルした抗体を用いて，組織中のある特定の分子の局在を蛍光顕微鏡で調べるとき，自己蛍光はその測定を妨害することがある．多くは白色・青紫色に近い色調で，蛍光色素による特異蛍光や蛍光抗体法による蛍光とは蛍光顕微鏡で適当なフィルターなどの使用によって区別できることが多い．自己蛍光はクロロフィル，ポルフィリン，蛋白質，アルカロイドなどから生ずるのでそれらの物質の判定にも利用される．またホルマリン固定やパラフィン包埋によって人工的に自己蛍光が誘導されることもある．

自己刺激 [self-stimulation] [1]《同》脳内自己刺激 (intracranial self-stimulation)．実験動物が自ら操作して自己に刺激を与える行動．ラットの脳のある部位に電極を埋め込み，自分でペダルを押すと電流が通ずるようにしておくと，ラットは続けてペダルを押し，自己刺激を行うようになる．J. Olds と P. Milner (1954) が見出した．ペダルを押す頻度は毎時間 5000 回にも達する．ラット以外にも，哺乳類はもちろん鳥類や魚類でも見られる．自己刺激の起こる部位は，視床下部を中心として大脳辺縁系および中脳被蓋に広がるが，最も効果的な部位は，腹側被蓋野に細胞体があって前脳に投射している*ドーパミン作働性繊維の走行に沿ったところである．大脳の新皮質・視床・小脳にはそのような作用はほとんどない．ペダル押しによる脳の刺激を報酬として動物に学習をさせることができる．通常のオペラント学習 (⇌オペラント条件づけ) においても，自己刺激の有効部位が報酬を得ることと関連して活動している可能性がある．この意味で自己刺激の起こる部位を報酬系と呼ぶ．これに対して動物がペダルを押すのを避けるようになる刺激部位を罰系という．報酬系には*ノルアドレナリンやドーパミン繊維が走っており，自己刺激とこれらの繊維との関係が指摘されている．[2]《同》自己刺激的行動 (self-stimulatory behavior)．特別な理由なしに生じる反復的な常同行動．主として自閉症スペクトラム障害にしばしば見られる特徴的な行動で，手をひらひらさせる，体を反復的に揺するなどのほか，自分の頭を叩く，手を引っ掻く，壁に頭をぶつけるなど，何らかの刺激を身体に与えようとする行動．激しいものは自傷行為と呼ばれる．

自己集合 [self-assembly] 蛋白質など生体高分子が，適当な環境条件下でそれ自身で集合し，生理的に意味のある高次構造を形成する現象．ガラス器内で*タバコモザイクウイルスの外被蛋白質と RNA が自動的に集合して活性のあるウイルス粒子を形成する反応，G アクチンが重合して F アクチンになる反応，脂質が二重膜を形成する反応などがその例．構造形成が自動的に進行するのは，当該の高分子量体間に多数の弱い分子間力に基づく特異的な相互作用があり，その特異性が高次構造の情報を含有しているからであると考えられる．結果として生じる高次構造は，熱力学的にエネルギーレベルの低い状態が実現されたものと考えられるが，必ずしもエネルギー最小の状態とは限らないともいわれる．自己集合は生体内の構造形成過程における一要素として重要であることが多い．しかし，さまざまな調節系が働くことが一般的である．例えば，F アクチンの形成は複数のアクチン結合蛋白質によって制御されている．また，*バクテリオファージの頭殻の形成に見られるように，分子集合反応に伴って単量体が酵素的に切断されるような不可逆的変化が起こる場合も多い．このように第三の高分子が反応に関与したり，酵素反応が介在する場合，その形態形成過程は全体としては自己集合の概念

に当てはまらない.

a **自己受容器** [proprioceptor] 《同》固有受容器. 生体またはその部分のおかれている状態, 特に力学的状態を直接感覚刺激として受容し, 生体自身に感知させる受容器. 外界や体表からの外的刺激を受け入れる遠隔受容器 (distance receptor) や外受容器 (exteroceptor) と対する. 脊椎動物では*筋紡錘や*腱紡錘がその代表例で, それぞれ当該の骨格筋または腱の機械的伸展を適当刺激として興奮し, その伸展の強弱を中枢に通報する. 内耳の*迷路前庭 (卵形嚢, 球形嚢, 半規管) は, いわゆる平衡器官として, 動物体自身の静力学的・動力学的状態を感受する機能をもつところから, これを受容器に数えるのが一般的. これら自己受容器の活動は, 一般にかならずしも明瞭な自覚的感覚 (自己受容性感覚) として意識に上ることなく, 主として特定反射活動 (⇒自己受容反射) のリリーサーとして重要な役割を演じる.

b **自己受容性感覚** [proprioceptive sense, proprioceptive sensation] 体部位自身の状態や変化を直接の刺激として受容する感覚. 内受容性感覚の一つ. *位置覚や*運動覚がこれに属する.

c **自己受容反射** [proprioceptive reflex] 《同》自己感覚反射. 広義には, 自己受容器の興奮により解発される反射の総称. これに対し, 遠隔受容器や外受容器から発する通常の反射を外受容反射 (exteroceptive reflex) という. 通例は特定の骨格筋または筋群の持続性活動として現れ, 特に哺乳類の場合姿勢反射の多くがこれに属する. 狭義には固有反射すなわち受容器と効果器が同一であるような反射をいう. 広義の最も単純なかたちで, 骨格筋または腱を伸展した際その筋肉が収縮する伸張反射 (stretch reflex, myotatic reflex) または*腱反射がこの例. 固有反射が単シナプス性の脊髄反射で, 動物の直立中枢筋の持続的収縮をもたらすのに対し, 延髄動物 (⇒除脳) などで知られる各種の*姿勢反射はもっと複雑な反射経路からなり, 各様の姿勢やその時々での力学的均衡の保持を可能にする. 頸筋の張受容器の仲介による持続性頸反射, 内耳の平衡器の活動に基づく持続性迷路反射などがそれで, 反応はひろく四肢の伸筋群に現れる. 局在性ならびに体節性の*平衡反射も, 張受容器刺激による姿勢反射だが, 前者には足裏の皮膚受容器などから発する外受容反射の要素も関与する. 自己受容反射は, 昆虫類にも数多く見られ, さらに蠕虫類の匍匐運動やウニの棘の運動反応にも張受容器活動が関与する.

d **自己スプライシング** [self-splicing] 自己触媒的に起こる RNA の*スプライシングのこと. 約 400 ヌクレオチドの*イントロンを含むテトラヒメナ rRNA 前駆体のスプライシングにおいて, 初めて見出された (⇒リボザイム). ほかにも, 同様な構造や大きさをもつイントロン (グループ I イントロン) が, 酵母ミトコンドリアの mRNA 前駆体, 大腸菌のファージ T4 の RNA などにも見出され, これら RNA はいずれも試験管内で自己スプライシングを行う. この反応はグアノシンまたはその誘導体と Mg イオンを必要とするが, 蛋白質を必要としない. また, 葉緑体や植物, 酵母ミトコンドリアから見出される, 別種のグループ II イントロンを含む RNA の中にも自己スプライシングを行うものが見出されている. これらのイントロンは, それを含む RNA の自己スプライシングだけでなく, 他の RNA 分子の切断, 結合などを触媒する真の酵素であることが示されている.

e **自己制御** [autogenous regulation, autoregulation] 《同》自律的制御 (autonomous regulation). 遺伝子の発現調節の一様式で, ある遺伝子の産物 (蛋白質) がその遺伝子自身の発現を調節すること. 遺伝子の複製調節などに対して用いられる場合もある. 通常は*負の制御として働き, ある蛋白質がその構造遺伝子の発現を転写または翻訳の段階で抑制する. 生体高分子 (DNA, RNA, 蛋白質など) の合成に関与する酵素 (蛋白質) などの遺伝子でよく観察される. 特にこれらの増殖に必須の蛋白質の細胞内での量を調節する機構として重要な機能をもつとされる.

f **自己相関** [auto-correlation] 時系列データや空間データに内在する, 時点間・地点間の相関. 空間スケールの大きな不均質構造をもつ生物個体群を等間隔に調査して, 密度あるいは各種生物学的特性値を推定するような場合には, 近接する時点の間には正の相関が生じる. 時間間隔が拡がるにつれ相関が減衰していくが, この減衰率は不均質性の空間スケールを表している. このように, 自己相関を時点間隔の関数として見ていくことが重要となるが, これは自己相関関数 (auto-correlation function) と呼ばれる. 時系列データに基づきこれを推定し, プロットしたものをコレログラム (correlogram) というが, しばしば, これをフーリエ展開して, 各周波数に分解したピリオドグラム (periodogram) を用いることにより, 個体群動態の周期特性を検出したりする.

g **自己増殖機械** [self-reproducing automaton] 自己増殖の機能をもつ機械ないしモデル. おもちゃのようなものから数理モデルまで, いろいろなものが考えられている. J. von Neumann のセルオートマトンが最も代表的. これは格子状に細胞が並んだモデルであり, 細胞のおのおのは, 離散的な各時刻において, 29 の状態のうちの一つをとる. そしてその細胞のある時刻における状態は, その細胞とそれをとり囲む 4 個の細胞の 1 時刻前の状態によって定まる. いま, このような細胞の多数からなり, しかもその一部分に自分自身の設計図をもっているある機械 (図形) を考えると, その機械はつぎの機能をもつことが証明される. この機械はどのような論理操作も行うことができ, 設計図さえ与えられればどのような機械 (図形) もつくることができ, しかも自分と同じ機械 (図形) をつぎつぎとつくり出していくことができる. このモデルは生物の増殖を抽象したものと考えられる. (⇒セルオートマトン)

h **自己組織化** [self-organization] 外から与えられる設計図や指令なしに, システムから自律的にまた自発的に秩序が形成される現象. 生物現象には, 細胞以下のスケールから個体を超えたスケールまで, さまざまな段階で自己組織化が見られる. 例えば, 発生は, ただ一つの細胞から, 細胞分裂や分化, 細胞移動などにより, 最終的に機能的な構造をもった生物の形態がつくり出される過程であるが, これは目的の形に近づけるような力が外部から働くことでなされるのではなく, 胚内部での物理的あるいは化学的な作用によりもたらされる. その意味で形態形成は自己組織化である. 自己組織化現象に対しては, 数理モデルを用いた理論的理解が大変役立つ.

i **自己組織系** [self-organization system] 《同》自己組織化システム. 他からの操作や制御なしに, 自ら統合され秩序立った構造をつくり出すシステムのこと. シス

テムの活動自身によって構造が自律的につくり出されることを*自己組織化という．例えば DNA を設計図として特定の機能をもつ細胞をつくり出す．成長発達や学習により脳内で再構成され続ける神経回路網も自己組織系の例である．またそのような神経回路の働きをモデル化した人工的な情報処理機構が自己組織化マップである．化学分野でも自己組織系は例示されており，小さな分子が自然に集まり高次の構造をつくり出す超分子，自己組織化単分子膜，ミセル結晶，ブロックコポリマー（ポリプロピレンの一種であり異種高分子を共有結合させたもの）などが挙げられる．さらには社会現象や経済システムについても，それらを自己組織系として研究する立場がある．

a **自己貪食液胞** [autophagosome] 《同》オートファゴソーム，自食作用胞．自己貪食（*自食作用）によって形成される液胞．（→ファゴソーム）

b **自己分解** [autolysis] 《同》自己消化．細胞・組織が死あるいは破壊したとき，それらを形成している物質が無菌状態においても分解する現象．E. Salkowski (1890) が提案した言葉．この分解は細胞内のリソソーム中に含まれている諸種の酵素が細胞質中に遊離して細胞構成物質に働く結果引き起こされると考えられる．

c **自己免疫疾患** [autoimmune disease] 《同》自己免疫病．本来，病原体などの非自己異物に対する防御機構として誘導される免疫反応が，自己の細胞や組織に対して誘導され（自己免疫），その結果生じる細胞・組織傷害に起因する疾患．自己・非自己を区別する獲得免疫系の自己寛容機構の破綻が原因と考えられるが，病態発症には微生物由来物質を認識する自然免疫機構も重要な役割を果たしている．自己反応性の*ヘルパー T 細胞の選択・増殖・活性化と，それによって誘導される各種自己抗原に対する抗体（自己抗体）産生 B 細胞の出現が特徴である．病態が特定の臓器に限局する臓器特異的自己免疫疾患と全身の諸組織を侵す全身性自己免疫疾患に大別される．代表的な臓器特異的自己免疫疾患には，自己免疫性溶血性貧血，血小板減少性紫斑病，バセドウ病，I 型糖尿病，重症筋無力症，自己免疫性胃炎，天疱瘡などがあり，それぞれ赤血球，血小板，TSH レセプター，グルタミン酸脱炭酸酵素，アセチルコリン受容体，胃壁細胞，デスモグレインなどに対する自己抗体によって発症する．全身性自己免疫疾患には，*全身性エリテマトーデス，「関節リウマチ，*強皮症，多発性筋炎，血管炎などの*膠原病が含まれ，核内成分に対する自己抗体（抗核抗体，抗 DNA 抗体など）をはじめとして多彩な自己抗体の出現がみられる．抗二本鎖 DNA 抗体や抗 Sm 抗体（全身性エリテマトーデス），抗 CCP（シトルリン化環状ペプチド）抗体（関節リウマチ），抗トポイソメラーゼ I 抗体や抗 RNA ポリメラーゼ抗体（強皮症），抗アミノアシル tRNA 合成酵素抗体（多発性筋炎），抗好中球細胞質抗体（血管炎）などは特定の全身性自己免疫疾患に特異的に認められる傾向があるが，病態発症に直接関与しているか否かについてはわかっていない．自己抗原と分子相同性（molecular mimicry）を有する外来抗原（例えばウイルス・細菌成分）に対する抗体が自己組織の傷害をもたらす可能性も考えられている．多くの自己免疫疾患は遺伝素因に加え，環境・ホルモン因子など多彩な因子が複雑に関わる多因子疾患と考えられているが，自己免疫性多腺性内分泌疾患 I 型 (APECED, autoimmune poly-endocrinopathy-candidiasis-ectodermal dystrophy) など単一遺伝子異常によって引き起こされる自己免疫疾患の存在も知られている．その原因遺伝子は AIRE (autoimmune regulator) であり，胸腺髄質上皮細胞で特に強く発現しており，T 細胞の胸腺での教育（特に自己反応性 T 細胞のネガティブセレクション）に重要な役割を果たしていると考えられている．従って AIRE 遺伝子異常は胸腺における中枢性トレランスの破綻を引き起こし，それが本自己免疫疾患の発症機序と考えられている．ヒトにおける自己免疫疾患の発症機序は末梢性トレランスの破綻であると考えられている．そのトレランスの閾値を維持している一つの機構が制御性 T 細胞であり，その数的減少や機能障害が自己免疫疾患の発症に関わるとの報告がある．

d **視差** [parallax] 一般に，眼と外界物体との相対的位置の変動または差違をいう．同一物を異なった場所から見たときに異なる位置や形に見えるのは，視差があるからである．両眼の網膜像の視差（*両眼視差）や，眼の位置を変えることにより生じる視差（遠近視差）がある．単眼の視覚情報は元来二次元的であり，遠近の情報は含まれていないが，遠近視差によって物体との距離や奥行きを認識できる．両眼視においては，大脳視覚野で両眼の視差がゼロのとき（注視点と物体が等距離にあるとき），あるいは注視点より物体が遠位あるいは近位にあるときだけ，それぞれに応答する細胞がある．この結果，奥行きの知覚が生じる．両眼視差に基づくヒトの奥行き視力（→視力）は視角 5″ にまで達する．物体が三次元を運動する場合は，両眼でとらえられた物体の網膜での視差運動の違いによって，物体の前後方向の運動などが知覚される．また，大きさの恒常性（size constancy）と呼ばれる知覚もあり，物体が近づいてきたときにはその網膜像は大きくなるが，両眼での視差運動の違いによって，物体が大きくなったとは感じない．

e **子座** [stroma] その内部または表面に子実体を生じる菌糸組織構造．平板状，殻状，やや半球のクッション状，円柱状，棍棒状，頭状，樹枝状など種類によって一定の外形を示し，しばしば髄部と皮層部に区別される．ときには硬化して菌核状になったり，内部に宿主の組織や基質の一部が織りこまれたようになることがある（基質性子座 substratal stroma）．子座はしばしば偽柔組織から構成される．子座は宿主組織内にあり，その上に形成された子実体だけが宿主表面に現れているものを脚子座（皮下子座 hypostroma）という．（→分生子柄，→子嚢子座，→子実体形成菌糸層）

f **肢鰓**（しさい） [footgill, podobranch] 《同》脚鰓．十脚類の*鰓室において，胸肢の底部につく鰓．鰓室中にある．*側鰓および*関節鰓に対立するもので，これらの最下列にある．

g **視細胞** [visual cell] 動物の光受容細胞のうち，特に視覚機能のために分化したもの．視細胞はすべて一次感覚細胞の形態をとり，自ら産生する視物質（→ロドプシン）の光化学的反応により興奮を生ずる．[1] 脊椎動物の視細胞には，網膜に属するものと顔頂眼，→松果体）に属するものがある．網膜のものは*錐体と*桿体で，桿体の光受容装置は繊毛が肥大化して細胞膜を取り込み，内部に大量の*膜性円板を蓄積し，外節となる．外節の基部は肥大化せず，結合繊毛となる．外節の周辺には数本の微絨毛（calycal process）がある．内節

にはミトコンドリアの集合(エリプソイド)があり，爬虫類と鳥類の錐体視細胞は内節の最も外側寄りに著明な油小滴をもつ．油球の多くは，赤・黄・うす緑などの色のついたカロテノイドを含み，特定波長の光を通す色フィルターとして働き，色弁別能の向上に寄与すると考えられている．これら光受容装置と反対の極に軸索終末(桿体小球と錐体小足)があり，特殊なシナプス構造のリボンシナプス(ribbon synapse)を示す．桿体と錐体への分化はヤツメウナギにおいてすでに見られ，進化とともに視細胞の形態と視物質の多様化がみられる．哺乳類を含む脊椎動物の内因性光感受性網膜神経節細胞(ipRGC)や，哺乳類以外の脊椎動物の松果体細胞，脳深部光受容細胞などは視細胞に類似の分子基盤をもつ光受容細胞であるが，視細胞には含めないことが多い．[2] 無脊椎動物の視細胞は，眼斑，杯眼，カメラ眼，単眼，複眼など，多様な眼と網膜の構造・機能ごとにさまざまな形態を示す．これらの視細胞の光受容装置は，微絨毛が主体をなすことが多い．微絨毛が細胞内光受容装置を作るもの(ミミズのファオゾーム)，長大化するもの(腹足類)，長大化した頂部を規則的に配列される微絨毛層が被さるもの(頭足類，節足動物の感桿分体)などが知られる．これらの視細胞は，比較的原始的な眼では支持細胞と共通の基底膜上にあるが，頭足類や節足動物では感桿分体とそれに続く視細胞の核上部だけが基底膜上に残り，視細胞の核周部と核下部はその下に移動することが多い．(→眼，→網膜，→桿体，→錐体)

a **篩細胞** [sieve cell] 篩要素の一つ．細長い紡錘形で側壁に*篩域をもつ細胞．集合して篩細胞組織を作り，通道の役割を果たす．上下に篩板をもたないことで，もう一つの篩要素である篩管要素から区別される．通道は篩域のみで行うので，輸送効率は低いと考えられる．*伴細胞をもたない．主にシダ植物，裸子植物にみられる．形が*仮道管に似ていることから，篩細胞組織を仮道管状篩管と呼んだこともある．

b **死細胞貪食** [phagocytosis of dead cell] 細胞が死細胞を丸ごと取り込んで消化する現象．これにより生体内に生じた死細胞が速やかに除去され，死細胞からの細胞内容物の放出により引き起こされる炎症反応や組織傷害が回避される．*アポトーシスを起こした細胞はeat-me signal としてホスファチジルセリンを細胞表面上に露出し，*マクロファージなどの食細胞がこれを認識して貪食する．R. Horvitz らは，死細胞が除去されずに体内に蓄積する一連の線虫の突然変異体を単離し，その解析から進化的に保存された死細胞貪食機構を明らかにした．貪食細胞は*低分子量 GTP アーゼ Rac やその*アダプター蛋白質 ELMO，DOCK180 などを介してアクチン骨格を再編成し，死細胞を取り込む．取り込まれた死細胞は貪食細胞内の*リソソームにおいて分解・消化される．

c **視索上核** [supraoptic nucleus ラ nucleus supraopticus] 《同》視束上核．脊椎動物のうち哺乳類・鳥類・爬虫類の視床下部の視神経交叉の上部に位置する神経核．主に神経分泌細胞からなり，その神経分泌物質は神経性下垂体ホルモンを含む．すなわち後葉ホルモンはここで合成され，その軸索で下垂体神経束まで運ばれる．近くにある*室傍核も同じ機能をもつ．両生類，魚類，円口類ではこれら二つの核は区別されず，視索前核(nucleus preopticus)という一つの核として扱われてい る．哺乳類では*オキシトシンを含む細胞と*バソプレシンを含む細胞は異なるが，一つの核の中に両者の細胞が存在する．

d **時差症候群** [jet-lag] 《同》時差ぼけ．時差のある地域間を航空機などで迅速に移動した後，あるいは実験的に同様のことを再現した際に，体内の*概日リズムの位相と移動後の土地の時刻とがずれているために起こる体の不調感．一般に覚醒–睡眠のパターンの乱れ，ホルモン分泌や体温リズムの乱れなどのためにさまざまな能力が低下する．時差症候群は，概日リズムがしだいに現地時刻に同調していくことにより解消される．一般に概日リズムでは，位相後退より位相前進に時間がかかる上，ヒトでは概日リズムの自由継続周期は24時間より長いため，現地の時刻に同調させる際にリズムの位相を後退させなければならない西方飛行の後より，位相を前進させなければならない東方飛行の後の方が，時差症候群の解消に時間がかかる．

e **自殺** [suicide] 当人が，結果を予知したうえで，自らの行為によって命を絶つこと．自殺は精神医学の問題であると同時に社会問題でもある．その原因は複雑で，健康問題，経済問題，家庭問題などが複雑に絡む．世界的には男性が多い(国によって，女性の6倍まで．日本は2.5倍)．日本では1998年を境にそれまで2万～2.5万人程度であった自殺者数が3万人以上に急増，その後も3万人台が続いている．国際的にも，日本の自殺率は欧米先進国を抜き第1位．WHO の分析(2000)によれば，自殺者の90％に何らかの精神障害が認められ，そのうち気分障害，アルコール依存症，統合失調症が60％を占める．中でも気分障害の比率が高い．自殺の予防対策には健康問題対策，経済問題対策などがあるが，個別の対策のみでは不十分であり，複数の対策をタイミングよく行うことが重要とされる．

f **自殺基質** [suicide substrate] 《同》反応機構依拠型酵素不活化剤(mechanism-based enzyme inactivator)．酵素の親和性修飾試薬の一種．基質と類似の構造をもち，かつ酵素の触媒部位に結合して，反応過程を開始したときにのみ有害な反応性を発揮する残基や構造をもつ化合物．この化合物が共有結合的に結合することによってターゲット酵素のみが特異的かつ不可逆的に不活化されるので，医薬としても利用される．例えば，抗生物質のペニシリンは細菌の細胞壁合成酵素の一つであるムラモイルペンタペプチドカルボキシペプチダーゼ(EC4.17.8群)の自殺基質である．ペニシリンは基質の D-Ala–D-Ala 部分と類似の構造をもち，触媒部位において酵素の作用によって誘起されるβ-ラクタム環の開裂に伴って，触媒機能に必須のセリン残基との結合を生じて酵素を不活化する．制がん剤のフルオロウラシルに由来するフルオロデオキシウリジン一リン酸はチミジル酸合成酵素(EC2.1.45群)の自殺基質であり，水素原子の代わりに導入されたフッ素原子の引抜きができず補酵素および酵素と共有結合を形成．パーキンソン病治療薬のセレギリン(selegilin)は分子内の三重結合でモノアミンオキシダーゼ B(EC1.4.3.4)を不活化する自殺基質．

g **示差熱分析** [differential thermal analysis] 物質の熱変化を測定する熱分析の一つ．植物組織の凍結温度を知るのに用いられる．乾燥標本と測定すべき生きた標本とを並べゆっくりと冷却し，乾燥標本の温度測定と同時に生標本と乾燥標本との間の温度差を測定する．生の

標本は凍結のとき潜熱放出に伴って発熱するので凍結開始の温度がわかる．通常植物組織の場合，まず細胞外凍結に伴う細胞外発熱（extracellular exotherm）が観測される．さらに温度が下がって細胞内で凍結しはじめると，細胞内発熱（intracellular exotherm）が起こる．*過冷却を示す植物組織では必ず両方の発熱が見られる．

a **C₃ 植物** [C₃ plant] *還元的ペントースリン酸回路のみで光合成・炭素同化を行う植物．藻類と，イネ，ダイズ，コムギ，ホウレンソウなど陸上植物種の約 90％が含まれる．*C₄ 光合成との対比で，C₃ 植物の光合成様式を C₃ 光合成または C₃ 型光合成（C₃ photosynthesis）と呼ぶ．還元的ペントースリン酸回路の二酸化炭素固定酵素*リブロース-1,5-ビスリン酸カルボキシラーゼ/オキシゲナーゼ（Rubisco）は酸素とも反応するため高い光呼吸を示す．大気条件下の最大光合成速度は，一般に C₄ 植物よりも低く，光合成の飽和光強度と至適温度も C₄ 植物より低い．C₃ 植物では還元的ペントースリン酸回路は葉肉細胞葉緑体に存在し，単一細胞内で光合成炭素同化反応が完結する．

b **GC 含量** [GC content] 《同》グアニン-シトシン含量，G+C 含量．DNA の 4 種の塩基のうちグアニンとシトシンの占める割合．二本鎖 DNA においてアデニンとチミン（A/T），グアニンとシトシン（G/C）の比はそれぞれ 1 である（⇨塩基対合則）が，（A+T）/(G+C) の比は DNA の種類によって異なる値を示す．GC 含量が高いほど結合が強いため DNA の密度は高く，また熱やアルカリによる変性を受けにくいので，これらの性質を利用して DNA を分離したり同定したりすることができる．哺乳類や鳥類のゲノムでは，染色体の領域によって GC 含量が異なることが知られている．

c **指示菌** [indicator bacteria] ある特定のファージに対して感受性のある細菌．そのファージを他のファージと区別したり，ファージ粒子数を測定するために用いられる．例えば大腸菌の B/2 株はファージ T2h⁺ の抵抗菌であるが，このファージの宿主域変異株 T2h には感受性である．B 株では両ファージとも増殖できる．この 2 種のファージの混合懸濁液を適当にうすめ，B と B/2 をそれぞれ指示菌として平板培養すると，B で生じる*プラークの数は全ファージ量を，B/2 で生じるプラークの数は T2h だけの量を示す．なお，2 種の菌を混ぜて指示菌とする場合を混合指示菌（mixed indicator）という．

d **支持細胞** [supporting cell] 一般に，組織において分化して特殊な機能をもつ細胞の間を埋め，それを支持するような細胞．(1) 真正紅藻類の造果枝の最下部の細胞（⇨造果器）．(2) 刺胞動物の内外両胚葉において，刺細胞，腺細胞，感覚細胞，神経細胞など特殊化した細胞の間を埋める，円柱上皮細胞．(3) 主として脊椎動物で，支持組織を構成する細胞の総称．嗅上皮の嗅細胞，舌の味蕾の味細胞，内耳のコルチ器官の有毛細胞（聴細胞），胸腺の*ストローマ細胞，*セルトリ細胞など機能分化を示す細胞を支持する．

e **支持組織** [supporting tissue] 《同》結合組織．生物体の支持機能をつかさどる組織の総称で，広い細胞間隙をもち，そこを大量の細胞間質（無定形基質）・繊維で埋めている組織．間質・繊維の種類により，繊維性結合組織（*結合組織），軟骨組織，骨組織に分ける．これらの組織の，単に器官・組織間を埋め結合するばかりでな

く，骨・軟骨のもつ機能にも注目し，この名称が用いられる．

f **支質** [stroma] [1]《同》間質，間充織．動物器官（例えば脊椎動物の卵巣）内部において，その組織中にかなりの容量を占めて存在する結合組織性の細胞群とそれらがつくりだした基質の総称，またはそれらが占める部位．その器官に固有の機能を営む細胞群すなわち実質の対．しばしば血管に富む．[2] ストロマのこと（⇨葉緑体）．

g **脂質** [lipid] 《同》リピド．*糖質や*蛋白質とともに生体を構成している主要な有機物質群．単一の構造体ではない．脂質は*単純脂質，*複合脂質に大別される．単純脂質は主に脂肪組織でエネルギー貯蔵体となっているが，複合脂質は*生体膜の構成成分として非常に重要視されている．W. R. Bloor (1925) の脂質定義では，(1) 水に不溶でエーテル，クロロホルム，ベンゼンのような有機溶媒に可溶な物質，(2) 高級脂肪酸などを含み，それとなんらかの化学結合（エステル結合など）をしているか，あるいはしうる物質，(3) 生物体により利用されうるもの，とある．この定義によると，*ステロイド，*カロテノイド，*ビタミンなども含まれ，また現在生化学上で重要視されている種々の複合脂質で水溶性のものは定義からはずれてしまう．そこで現在用いられている脂質の定義は，(2) に重点をおき「長鎖脂肪酸とアルコールとのエステルおよびそれに類似した物質群」というあいまいな表現にしておくことが多い．分類の一例を次に示す．

脂質 ｛ 単純脂質 — トリアシルグリセロールなどの中性脂肪蠟
　　　複合脂質 — グリセロリン脂質
　　　　　　　　グリセロ糖脂質
　　　　　　　　スフィンゴリン脂質
　　　　　　　　スフィンゴ糖脂質

h **翅室** [cell of wing] 昆虫の*翅において，*翅脈と翅脈，または翅脈と翅の縁に囲まれた部分．その直前の翅脈の略号をとって，R₁ 室（cell R₁）のように名づける．ただし大部分の鱗翅類においては，中脈 M は先端の分枝だけが存在して主幹部は退化し，径脈 R と肘脈 Cu とに囲まれた大きな室を形成している．中室（median cell, cell M）という場合にはこの室を指すことが多い．（⇨翅脈相）

i **脂質異常症** [dyslipidemia] 血液中の脂質である*コレステロールや*中性脂肪が多過である病態．以前は高脂血症と呼ばれた．脂質異常症には，高 LDL コレステロール血症，低 HDL コレステロール血症，高トリグリセリド（中性脂肪）血症の 3 タイプがある．LDL コレステロールが過剰になると，動脈硬化が促進される．俗に悪玉コレステロールと呼ばれる．中性脂肪が高値だと，HDL コレステロール（善玉コレステロール）が減少し，LDL コレステロールが増加しやすくなる．また，*メタボリックシンドロームの危険因子ともされる．高血圧症と脂質異常症は動脈硬化の危険因子の代表的なものである．日本動脈硬化学会編『動脈硬化性疾患予防ガイドライン 2007 年版』によれば，空腹時採血で，LDL コレステロールが 140 mg/dL 以上，HDL コレステロールが 40 mg/dL 未満，トリグリセリドが 150 mg/dL 以上を脂質異常症と呼ぶ．

a **脂質生合成** [biosynthesis of lipids] 生体内で*脂肪酸の CoA (*コエンザイム A) 誘導体によるアシル化によって行われる脂質の合成．脂肪 (トリアシルグリセロール) および*グリセロリン脂質 (ホスファチジルコリン，カルジオリピンなど) の合成の経路を下図に示す．*ホスファチジン酸および各種のシチジン二リン酸 (CDP) 誘導体が重要な役割を演じている．*スフィンゴ脂質の合成も，パルミトイル CoA とセリンの脱カルボキシルを伴った結合に始まり，還元，酸化，アシル化，CDP 誘導体との反応などによって行われる．(→脂肪酸生合成，→コレステロール生合成)

b **子実層** [hymenium] 子嚢菌類や担子菌類の子実体にみられる，*子嚢または*担子器が並列した層．*Pyronema* やチャワンタケ属などの盤菌類の子実盤では子嚢が側糸とともに柵状に並び，マツタケやテングタケなどの子実体では傘の襞の表面に担子器が密に柵状に並ぶ．サルノコシカケ科のツリガネタケなどでは傘の裏に生ずる管孔の内壁に子実層ができる．担子菌類の子実層には担子器とは発生の源が異なる種々の形の細胞が混在することがある．一般にはこの層を*嚢状体という．子実層に接する内方の菌糸層を子実下層といい，また子嚢菌類では子実上層を形成するものもある．(→子嚢盤)

c **子実体** [fruit body, fructification] 菌類において各種の胞子を生じる菌糸組織の集合体の総称．特に子嚢菌類や担子菌類の有性世代を生じるものは，それぞれ*子嚢果，*担子器果と，無性胞子を生じるものは分生子果と呼ぶ．子嚢菌類や担子菌類の肉質的な大きさの子実体は，通俗的にきのこ (mushroom) と呼ばれる．また変形菌類では変形体によって*屈曲子嚢体 (変形子実体)，*着合子嚢体 (団塊子実体)，単子嚢体群などの子実体が形成され，細胞性粘菌類では偽変形体によって*累積子実体が形成される．

d **子実体形成菌糸層** [subiculum] 《同》スビクルム．子実体基部にある網状，綿毛状にからみあいマット状になった菌糸層．子実体がその上に形成される場合だけに用いられる．これに対し，より緻密な組織で，表層部も内部組織と異なった発達がみられる段階のものは*子座と呼ばれる．

e **脂質動員ホルモン** 【1】[adipokinetic hormone] AKH と略記．《同》脂肪動員ホルモン．昆虫の側心体腺性葉から分泌されるペプチドホルモン．*脂肪体に作用し，貯蔵している脂肪 (トリグリセリド) を分解し，ジグリセリドの形で体液中に放出させ，飛翔筋において，これをエネルギー源として利用する．N 末端がピログルタミンとして閉ざされた 8～10 個のアミノ酸からなるポリペプチド．トノサマバッタで初めて AKH-I (pGln-Leu-Asn-Phe-Thr-Pro-Asn-Trp-Gly-Thr-NH$_2$) が発見されて以来，さまざまな昆虫から単離されている．バッタが長距離飛翔を行う際，必要となるエネルギーは大きいが，体液中の糖類だけではこれをまかなうことができない．飛翔の刺激や，血糖 (トレハロース) の低下による抑制の解除によって，側心体からこのホルモン分泌が促され，エネルギー源としての脂肪の供給により長距離飛翔が可能となる．昆虫の種によって，脂質動員ホルモンが血糖上昇ホルモンとして働く場合がある．甲殻類の赤色色素凝集ホルモンと構造が類似しており，相互に有効な作用を示す．節足動物におけるこれらのホルモンは，脂質動員ホルモン/赤色色素凝集ホルモン族 (AKH/RPCH family) と総称される．
【2】= リポトロピン

f **脂質二重層** [lipid bilayer] *リン脂質などの極性脂質が水相中で形成する膜状構造．極性脂質が極性基を水相に接して 2 分子の厚さに整列した構造をもつ．*生体膜の基本構造．脂質の脂肪鎖部分の状態に関して二つの相が存在する．一つは脂肪鎖が秩序正しく配列したゲル相 (gel phase) で，脂肪鎖の C-C 結合はすべてトラン

トリアシルグリセロールとグリセロリン脂質の合成

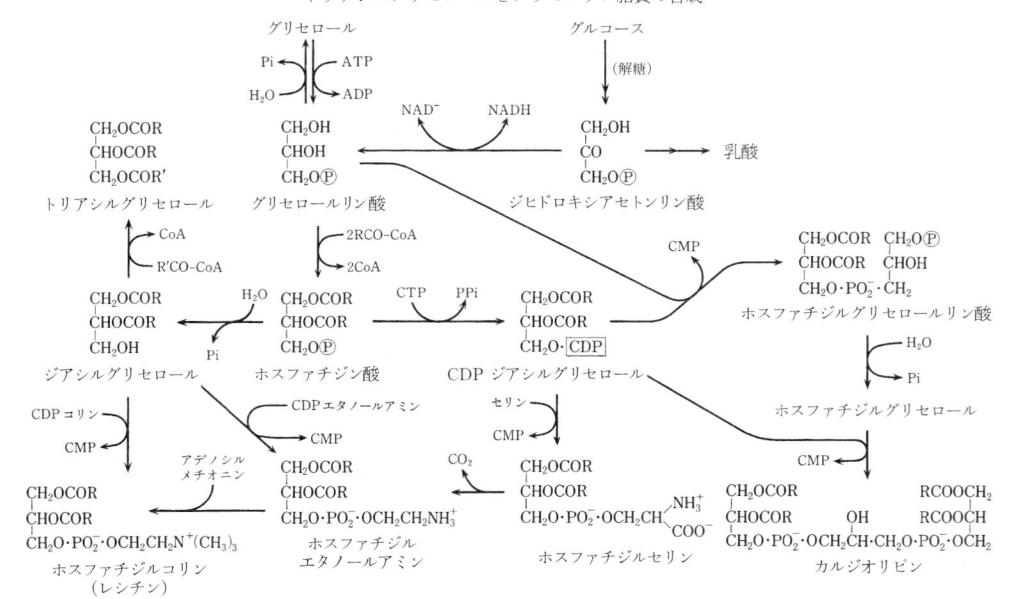

ス型のコンフォメーションをとり，運動性を束縛された状態である．もう一つは脂肪鎖部分が液体に近い状態にある液晶相(liquid crystalline phase)で，C-C結合のコンフォメーションはトランス型とゴーシュ型の間を速やかに移り変わっている．ゲル相から液晶相への相転移は，物質により定まった温度で起こる(⇒相転移)．液晶相では脂質分子の膜面に沿った拡散(lateral diffusion)も速やかに起こり，拡散定数は 8×10^{-8} cm^2/s 程度，1秒間の平均移動距離に換算すると 5.7 μm 程度である．しかし表層と裏層間の脂質の移動(フリップフロップともいう，⇒フリッパーゼ)は一般に遅い．混合脂質による二重層膜では，ある温度範囲で，ゲル相と液晶相のドメインが共存することがあり，これを*相分離という．相転移や相分離は，温度を変えなくても，Ca^{2+}やH$^+$のようなイオンによって引き起こされることもある(⇒ラメラ構造)．脂質二重層そのものは疎水性なので，イオンや親水性分子をほとんど通さない．生体膜ではこれらはキャリアーやチャネルによってやり取りされている．

a **GC ボックス** [GC box] グアニン(G)，シトシン(C)に富む 10 塩基程度の塩基配列で，真核細胞遺伝子発現の最も普遍的な制御エレメントである Sp1 などの転写因子が結合して，転写を促進する領域．Sp1 が認識する一般的なモチーフは，^{5}G/T G/A GGCG G/T G/A G/A C/T^3' である(⇒Sp1 蛋白質)．プロモーター中のGC ボックスの数と位置は遺伝子によって大きく異なっている．GC ボックスは*エンハンサー同様，配列の向きが逆向きになっても機能する．

b **指示薬** [indicator] 溶液中にごく少量加えて，主反応に関係なく特定の可視的な変化を起こさせ，反応の進行状態を表示する物質．溶液のpHを測定したり滴定分析における反応の終点を見極めるために用いられる．その可視的変化は沈殿の生成や消失の場合もあるが，多くは色調の変化である．指示薬にはそれぞれがった種類の反応系に応じてさまざまのものがある．広く用いられる中和指示薬(水素イオン濃度指示薬，pH指示薬)はpHによりその色調に変化が起こる．このような種類の指示薬の主なものとその変色範囲を表に示す．指示薬には表の割合で 0.05 M の NaOH を加えてこれを溶解した後，純水を加えて所要濃度とする．このほか，酸化還元反応に用いられる酸化還元指示薬，キレート試薬による金属滴定に用いられる金属指示薬などがある．

指示薬	濃度 %	色調の変化	変色域 pH	0.1 g の指示薬に加える 0.05M NaOH の量
チモールブルー	0.04	赤—黄	1.2-2.8	4.3 mL
ブロモフェノールブルー	0.04	黄—青	3.0-4.6	3.0
メチルレッド	0.02	赤—黄	4.2-6.3	—
ブロモクレゾールグリーン	0.04	黄—青	3.8-5.4	2.9
ブロモクレゾールパープル	0.04	黄—紫	5.2-6.8	3.7
ブロモチモールブルー	0.04	黄—青	6.0-7.6	3.2
フェノールレッド	0.02	黄—赤	6.8-8.4	5.7
クレゾールレッド	0.02	黄—赤	7.2-8.8	5.3
チモールブルー	0.04	黄—青	8.0-9.6	4.3
p-クレゾールフタレイン	0.02	無—赤	8.2-9.8	—

c **時種** [chronospecies] 化石に命名された種のうち，同じ進化系列上にあるが時代によって形態が異なるために便宜的に別種として扱われているもの．通常その分類上の境界は便宜的であり，その分類基準は主観的である．地質時代を通じて交配集団として連続していたとしても形態的に十分区別できる段階まで変化した場合には，古生物学的には異なる時種とされる．

d **示準化石** [leading fossil, index fossil] 《同》標準化石．ある一定の層準にだけ発見される化石属または化石種．示準化石として有効なものは，それらの生存期間が限られていて，しかもその分布が広くなければならない．*古生代の*三葉虫類，*中生代の*アンモナイト類，*新生代の哺乳類などは，示準化石として古くから利用されている．微化石で示準化石として重要なものに小形有孔虫，放散虫，コノドント，珪藻，コッコリスなどがある．なかでもプランクトンの化石は広汎に分布し，例えば海洋底のボーリングコア中にも大量に検出されるため，大形化石に比べて研究上有利な条件をそなえている．遠隔の地に発達した地層を示準化石を用いて対比することもできるし，また示準化石は時代未詳の地層の地質時代決定にも役立つ．

e **思春期不妊** [adolescent sterility] 類人猿の雌にみられる，初潮後数年間の妊娠しにくい状態．大型類人猿の雌は 7〜9 歳の間に初潮を迎えるが，その後数年間は活発に交尾しても妊娠しない．ヒトにもこの傾向が認められる．思春期に発情ホルモンが分泌されるようになっても，なかなか大人のような安定した排卵が起こらないためであるが，その理由はまだよくわかっていない．チンパンジーやゴリラの若い雌は，他集団へ*移籍する際に雄と交尾を繰り返す性質があり，思春期不妊はこの交尾可能期間を延長するため，移籍個体にとって有利な生理条件と考えられる．

f **翅鞘** [elytron, pl. elytra] 《同》鞘翅(さやばね)，翅蓋．甲虫類の前翅．全体が硬質化し，飛翔用よりむしろ体の保護の機能をもつ．静止時には後翅を重ねて折り畳んだ上を覆う．飛翔時には翅鞘は振動せず，緊張(tonic contraction)と側甲(self-locking apodemes)の助けによって，水平線から 30〜45° に広げて固定される場合が多く，もっぱら後翅の力に頼って飛ぶ．

g **視床** [thalamus] *間脳に属し多くの神経核群から構成されている部位．視床は背側視床と腹側視床に分けられ，背側視床が視床の大部分を占める．視床は主に嗅覚以外のあらゆる受容器から大脳皮質に伝導される感覚のインパルスを中継する中継核として働く．これらの中継核のうち，視床の後腹部にある核群は体性感覚を中継し，視覚と聴覚はそれぞれ視床後部の核群に属する外側膝状体と内側膝状体で中継される．また中心部の核群は*上行性網様体賦活系を中継し，意識の生理学的機序に対して重要な役割を果たす．また，視床は神経線維結合により大脳皮質と大脳基底核との間に介在することによって運動機能を抑制あるいは促進している．さらに，視床は大脳皮質と視床下部との間にあり，情動・感情の発現機構に対して主要な役目をもつ．

h **糸状仮足** [filopodium] *アメーバ運動に関与して形成される*仮足のうち，細長い円筒状のものをいう．

特に，真核細胞の基質上を移動する動物細胞の先端に存在する仮足を指すことが多い．移動と捕食に役立ち，仮足を構成する細胞質は基部から末端へ，次に末端から基部へと往復運動をする．仮足の表面に付着した食物を体の内部に取りこむ．一時的な細胞小器官で，その数や形はたえず変化する．糸状仮足の先端部においては，アクチンフィラメントが突出した形状維持に関与しており，アクチンの重合・脱重合により，糸状仮足の伸張・退縮が制御されている．神経の成長円錐や免疫系の樹状細胞などで観察される．

a **視床下部** [hypothalamus] 脊椎動物の*間脳の一部域で，*自律神経系の中枢．ヒトでは第三脳室の床と壁をなし，下面は*漏斗を介して下垂体に連なる．乳頭体，視床上核，室傍核，弓状核(灰白隆起核)，腹内側核，背内側核，視床下核など約20個の神経核から構成され，大脳皮質，視床，扁桃体，海馬，中脳被蓋，淡蒼球，視索などから求心性繊維を受け，視床，中脳被蓋，下垂体および脊髄に遠心性繊維を送り出す．種々の自律機能に対して調節・統合の働きをしており，血圧，体温，消化機能，膀胱運動，瞳孔などに調節的機能をもち，また物質代謝の調節もしていて，食物の摂取，水分代謝，脂肪代謝などに関与している．さらに神経系や神経分泌系（放出ホルモンと抑制ホルモン）を介して下垂体の機能を上位から支配し，視覚器や大脳に与えられる外界・体内の刺激に呼応した内分泌機能の変更を可能にする（⇌視床下部-下垂体神経分泌系）．古くから，視床下部を残して大脳半球および視床を除去した動物でも何らかの刺激に応じて容易に見かけの怒り(sham rage)を起こすことが知られ，視床下部は情動(emotion)の表出の中枢とみなされている（⇌自律神経反射）．また，視床下部を破壊すると動物は昏睡状態になり，刺激すると覚醒状態になることなどから，意識の生理学的機序である*上行性網様体賦活系の一部とされる．すなわち，視床下部は基本的生命現象を遂行するために最も重要な統御機能をもつ中枢といえる．発生学的には神経管の前腹側部の基板に由来し，NKX2.1やShhなどの分子がその形成に関わる．

b **視床下部-下垂体神経分泌系** [hypothalamo-hypophysial neurosecretory system] 脊椎動物の視床下部から下垂体にかけて存在する神経分泌系．この部位の神経系あるいは情報処理系である視床下部-下垂体系(hypothalamo-hypophysial system)の機構は，ほとんど神経分泌に負うところからこのようによばれる．体内外の刺激情報は中枢から視床下部に達し，視床下部ホルモンを介し下垂体ホルモンの分泌を調節，ひいては関係する諸生理機能をコントロールし，環境変化に対応する．一般に形態的・機能的に次の2系に分けられる．(1)視床下部-下垂体神経葉系(視床下部-下垂体後葉神経分泌系)：視索上核および室傍核に細胞体をもち，下垂体神経葉に軸索末端をもつ．細胞体で神経葉ホルモン(哺乳類では*バソプレシンと*オキシトシン)が合成され，軸索末端から血管中へ分泌される．神経分泌物質はゴモリ染色法のクロム明礬-ヘマトキシリンあるいはアルデヒドーフクシンに濃染色される．これらのホルモンの担体蛋白質はニューロフィジン(neurophysin)とよばれ，シスチンあるいはシステインを多量に含む．なお両生類と魚類では上記二つの核に相同な視索前核に細胞体が存在する．魚類から単離された色素胞凝集ホルモンも神経葉から分泌される．(2)視床下部-正中隆起系(視床下部-下垂体腺葉系，視床下部-腺下垂体系，向腺下垂体神経分泌系)：細胞体が視床下部のどの神経核に由来するかはホルモンの種類，動物種により異なる．軸索末端は正中隆起の下垂体門脈系第一次毛細血管叢に存在する．合成されるホルモンは視床下部ホルモン(hypothalamus hormone)と総称され，腺下垂体の細胞に作用し，腺下垂体ホルモンの分泌を促進する放出ホルモン(releasing hormone, RH)，放出因子(releasing factor, RF)と，逆に抑制する抑制ホルモン(inhibiting hormone, IH)，抑制因子(inhibiting factor, IF)がある．RHとRFには，*生殖腺刺激ホルモン放出ホルモン(GnRH, 黄体形成ホルモン LHRH)，*甲状腺刺激ホルモン放出ホルモン(TRH)，副腎皮質刺激ホルモン放出因子(CRF)，成長ホルモン放出因子(GRF)が同定されている．IHとIFとしては成長ホルモン抑制因子(GIF, *ソマトスタチン SRIF)が存在する．またペプチドではないが，ドーパミンがプロラクチン分泌抑制作用をもつことが知られている．

c **事象関連電位** [event-related potential] ERPと略記．知覚，判断，注意などの際に*脳波に現れる電位反応．頭皮上から計測する脳波は，脳の広範囲の神経活動を反映した集合電位であり，測定中のさまざまな精神活動を反映するため，一試行の記録では，目的とした認知機能に対応する電位反応は現れない．しかし，同じ試行を繰り返して記録した脳波を，これらの認知機能のタイミングに合わせて加算平均すると，試行に無関係の活動は消失し，試行に関わる電位変化である事象関連電位を計測することが可能になる．事象関連電位は，陰性電位と陽性電位の複合した多相性の変化を示す．電位反応の各相は，その電位の極性(陰性Nか陽性P か)と反応潜時との2つで名前がつけられている．例えば，潜時が300 ms(ミリ秒)の陽性波はP300，潜時が400 msの陰性波はN400と呼ばれる．類義語である*誘発電位は，感覚刺激に対する反応や電気刺激などの物理刺激に対する集合電位反応に対して用い，事象関連電位は，より高次の認知機能(知覚判断，認知判断，注意，記憶)に付随した反応に対して用いることが多い．

d **枝状器官** [aesthete] 軟体動物多板類の貝殻層を枝状に貫通して発達する感覚・分泌器官．貝殻表層内で無数に分枝して表層全体に広がっており，末端部は貝殻表面の無数の小孔で外部と接している．種類によっては末端部がレンズをそなえ，殻眼(shell-eye)を形成する．神経細胞は側神経幹からの分枝と連絡している．

e **自浄作用** [self-purification] 河川や湖沼に流入した汚濁物質が，生態系の物理的作用，化学的作用，生物的作用により，濃度を減少させる現象．物理的作用は，水による稀釈・拡散や沈澱などにより濃度が減少するもの．化学的作用は，酸化，還元，吸着，凝集などにより汚濁物質が無害なものに変化したり，水中に溶け出しにくくなったりして濃度が減少するもの．生物的作用は，主として水中のバクテリアによる有機物の酸化分解作用と，バクテリアを食べる微生物食物連鎖による無機化作用である．自浄作用の具体例としては，河川水の流下に伴う*生物化学的酸素要求量(BOD)の低下，あるいは懸濁物量(suspended solid, SS)の減少などがあげられる．

f **糸状体** 【1】[filament] 生物の*体制の一つ．単列または多列の細胞列からなる細長い体であり，分枝する

こともある．さまざまな原核生物や藻類，菌類に見られる．菌類の糸状体は一般に菌糸と呼ばれる．接合菌や卵菌，フシナシミドロなどでは隔壁のない多核の糸状体を形成する．シアノバクテリアの場合は細胞列をトリコーム（細胞糸 trichome）と呼び，一つまたは複数のトリコームが鞘に包まれたものを糸状体と呼んで区別する．また細胞が密接せずに共通の基質でゆるくつながったものは偽糸状体（pseudofilament）と呼ぶことがある．
【2】＝原糸体

a **矢状稜** [sagittal crest] ゴリラのような顎骨が大きく咀嚼筋（側頭筋）が特に発達した霊長類の頭蓋骨頭頂部でみられる，矢状方向に（前方から後方へかけて）伸びる衝立様の骨稜．左右の側頭筋の起始となる部分の外延．現生人類では，この部分は耳の上方に扇状にひろがるが，ゴリラ，特に雄では側頭筋が強大であるため，その筋肉は脳頭蓋を大きくおおうばかりでなく，脳頭蓋が人類のそれと比べてはなはだ小さいために，頭頂部に矢状稜が存在することによって，左右の側頭筋に十分な付着部を与えることになる．一方，骨細型の猿人にはこれは存在しないが，骨太型の猿人の雄では頭頂部の後方によく発達している．

b **自殖** [selfing, self-fertilization] 《同》自家受精（self-fertilization）．同じ個体に由来する生殖細胞の結合による生殖．近親交配の最も極端な例であり，*近交弱勢が現れやすい．主に自殖を行う生物の例として，作物ではイネ，コムギ，トマトなど，モデル生物ではシロイヌナズナ，線虫（*Caenorhabditis elegans*）などがあげられるが，自殖性とされる生物でもある程度の割合で*他殖を行っていることが多い．多くの植物では，*自家不和合性や雌雄異熟（dichogamy）などの機構によって*自家受粉を妨げることによって自殖を防いでいる．一方で，自殖の進化は被子植物で最も頻繁に見られる進化傾向の一つとみなされており，交配相手や送粉者が少ない環境では自殖が有利になって進化すると考えられている（C. Darwin による繁殖保証モデル reproductive assurance model）．また，自殖と他殖の両方を行える個体は，他の条件が同じならば他殖のみの個体よりも多くの子孫を残せることが R. A. Fisher によって指摘されている．自殖性植物は近縁な他殖性植物と比べて，花が小型で（自殖シンドローム selfing syndrome という），種子の数が多く，ゲノムサイズが小さいなどの特徴をしばしば示す．

c **自食作用** [autophagy] 《同》自己消化，自己貪食，オートファジー．細胞が自己の細胞質の一部（例えばミトコンドリアや小胞体）をとり囲む液胞（*自己貪食液胞）を形成し，これを一次*リソソームから供給される加水分解酵素によって消化すること（⇌ファゴソーム）．飢餓やホルモンの作用などによって誘導される．個体の発生や疾患の発生，がん化の抑制にも関与する．

d **四肢類** [tetrapods, quadrupeds ラ Tetrapoda] 《同》四足類，四脚類，四肢動物．両生類・爬虫類・鳥類・哺乳類の 4 綱よりなる動物群．慣用的にはしばしば魚形上綱と対することも．3 節からなる四肢をもち，各肢の末節に指をもつ．耳小骨を含む中耳をもつことが多い．成体の呼吸器官として，肺をもち，心臓は 2 心房をもつ．

e **視神経** [optic nerve ラ nervus opticus] [1] 《同》視束（fasciculus opticus），第二脳神経．脊椎動物の眼球において，後極の内側，視神経乳頭（視神経円板 optic disc）から出て頭蓋腔に入り，網膜からの視覚情報を大脳と中脳に伝達する神経繊維束．*視神経節細胞（多極視神経細胞）の軸索突起が神経線維層を経て視神経乳頭に集まり，強膜篩板を貫いて視神経となり，*視神経交叉を経て視索（tractus opticus）となる．視神経を包む視神経外鞘と内鞘は，それぞれ強膜と脳の硬膜，脈絡膜と脳のクモ膜の続きである．発生学的には末梢神経ではなく，中枢神経に属する視神経節細胞の軸索であり，脳神経の一つに数えられているが，三叉神経などとは性格が異なる．脊椎動物では視神経交叉によって視神経繊維が互いに対側の視索に移行し，中脳の*視蓋に終わるが，魚類では視神経交叉が間脳内部で行われ，脳底に露出しない．哺乳類では大部分の視索繊維は間脳の*外側膝状体に達しシナプスを形成して終わる．一部は視蓋の相同物である上丘に投射する．脊椎動物の視神経は，求心性軸索のほかに，*嗅脳または*大脳辺縁系ニューロンに由来する遠心性繊維を含み，網膜の生理活性レベルにおける調節に関与する．[2] 無脊椎動物の眼において，視葉から中枢に連絡する神経．視細胞の軸索突起とグリアからなる．網膜が視細胞と支持細胞だけからなり，高次ニューロンは視葉に含められる．（⇌網膜）

f **視神経交叉** [optic chiasma ラ chiasma opticum] 《同》視交叉，視神経十字，視束交叉．頭蓋に入った*視神経（視束）の間脳の直前（魚類では脳内）における交叉．原始的脊椎動物では交叉後，視索（optic tract）となった左右の視神経はすべてそれぞれ反対側の間脳へ導かれるが，哺乳類では左右の視神経繊維の内側（網膜の鼻側）半分が交叉し，外側（耳側）半分は同側の視索として間脳の外側膝状体に達する．これを半交叉（semidecussation）という．このため，左視野は右外側膝状体に，また右視野は左外側膝状体に投射される．その結果，左右の網膜で同じ像の映る部位から発した視神経は，脳内の同一部位に達し，大脳の一次視覚野には優位眼球カラム（ocular dominance column）が形成される．となりあうカラムは左右の網膜の対応する部位からの投射を受け，両眼の網膜像の統合に関わる．

g **視神経節** [optic ganglion] 《同》視葉（optic lobe）．無脊椎動物の網膜の近くに作られる神経細胞の集合．視細胞の軸索が，視神経節の細胞および突起にシナプスを形成し，節内神経回路（神経網，neuropil）による視覚情報処理が行われる．無脊椎動物の網膜は種により多彩な構造を示すが，いずれも網膜内部に高次ニューロンもない．頭足類のカメラ眼では視神経節が網膜後極に密接し，甲殻類や昆虫類の複眼では個眼と脳の間に視葉が発達している．網膜に近い節細胞板と脳に近い髄質が区別され，髄質はさらに外髄質，内髄質，終髄，小板などに分けられる．細胞型としては，節細胞，*水平細胞，*アマクリン細胞などがある．視神経節の細胞構成は，細胞間連絡の電気生理学的研究の進歩により解明されつつある．ザリガニの視神経繊維の電気生理実験によると，明・暗・運動・空間・対側眼などの刺激に対応する．平衡機能に密接な関連を示すもの，末梢の機械的刺激に応答する繊維が含まれる（C. A. G. Wiersma）．昆虫類では視神経節の神経回路が視覚情報と嗅覚情報の干渉を仲介する例がある．また甲殻類十脚目では脱皮・生殖に関与する有柄体（corpora pedunculata）が終髄の中にある．これらの例が示すように，節足動物の視神経節は，視覚情報の統

合だけでなく，他の感覚情報との高次神経活動の場であると考えられる．脊椎動物には，独立した視神経節は存在しない．魚類からヒトまで，網膜は間脳原基の上衣層から分化したものであり，終脳全体の細胞構成と同等の構造をもつ．脊椎動物の網膜には視神経節細胞(optic ganglion cell, 多極神経細胞)と呼ばれる細胞があるが，これは三次以上の高次ニューロンに相当し，ガラス体面の近くに多極神経細胞層を形成する．これらの細胞の軸索が視神経円板(optic disc)に集束して視神経となる．(⇒網膜，⇒視神経)

a **視神経節細胞** [optic ganglion cell] 《同》節細胞，多極細胞(polypolar cell)，多極神経細胞，網膜神経節細胞．脊椎動物の網膜における視覚情報の出力細胞．網膜の最内側に位置する．細胞体は網膜神経節細胞層に位置し，その軸索は*視神経を形成する．神経節細胞は*双極細胞とシナプスを形成する．光刺激により神経節細胞から興奮性出力が生じるオン経路と，光刺激で逆に抑制されるオフ経路がある．また，神経節細胞は興奮性入力と抑制性入力が同心円状に配列した*受容野をなし，中心部と周辺部は互いに拮抗しい性質をもつ中心－周辺拮抗型の受容野である．受容野の性質には次の2種がある．(1)オン中心型：中心部を光刺激すると脱分極しスパイク頻度が増加し(オン反応)，周辺部を光刺激すると過分極しスパイク頻度が抑制され光刺激後にスパイク頻度が増加するもの(オフ反応)．(2)オフ中心型：中心部でオフ反応，周辺部でオン反応を示すもの．このような受容野の形成は*水平細胞や*アマクリン細胞などの横方向の情報処理(側抑制など)に基づくと考えられている．この特性は明るさのコントラストの検出に重要な役割を果たす．神経節細胞には大別して P_α 型(M型)と P_β 型(P型)の2種類があり，前者は外側膝状体の大細胞層に，後者は小細胞層に投射する．前者の経路では主に動きに関する情報が伝えられ，後者の経路では形や色に関する情報が伝えられる．ipRGC (intrinsically photosensitive retinal ganglion cell)と呼ばれる一部の視神経細胞は，二次ニューロンを介して視神経からの光情報を受け取るだけでなく，自身も光受容蛋白質メラノプシンおよび光情報伝達機構を内在しており，単独で光受容能をもつ．ipRGCは，中脳の上丘(視蓋)と間脳視床下部の視交叉上核に投射し，それぞれ瞳孔反射や概日リズム調節などに関わっている．

b **始新世** [Eocene epoch] 古第三紀の暁新世に続く，5600万年前から3400万年前までの世．始新世の名は古くC. Lyell(1833)が第三紀(⇒新生代)を四分した最古のものに与えたもので，それは今日の古第三紀に当たる．始新世は，哺乳類をはじめとして，新生代型の生物群が非常に発展をとげた時代で，ウマの祖型の *Hyracotherium*(⇒ウマ類)，長鼻類の祖型の *Moeritherium* なども出現し，サルもすでにこの時代に出現している．海では *Nummulites*(⇒ヌムリテス)などの大型有孔虫が著しい発展をとげている．植物界では北極の周辺に，いわゆる北極地中新世植物群と呼ばれる温暖植物群が，その他の資料からも，全体に温暖な気候が支配的であったと考えられる．(⇒古第三紀)

c **雌ずい，雌蕊** [pistil] 《同》めしべ．被子植物の花の雌性生殖器官であり，*胚珠とその内部の雌性配偶体をつくる．大部分の花には，中央に1個または複数の雌ずいが存在し，雌ずいの総体を雌ずい群(gynoecium)と呼ぶ．それぞれの雌ずいは，1個または複数の心皮(carpel)と呼ばれる葉状器官からなる．雌ずいを構成する心皮の数によって，一心皮雌ずい(monocarpellary pistil)，二心皮雌ずい(bicarpellary pistil)，三心皮雌ずい(tricarpellary pistil)，多心皮雌ずい(polycarpellary pistil)に区別される．*ABCモデルによれば，心皮はクラスC遺伝子の働きによって発生する．典型的な雌ずいは，先端から基部方向に向けて，柱頭(stigma)，花柱(style)，子房(ovary)に分けられる．柱頭は花粉を受け取る部位であり，通常，乳頭状組織が粘液を分泌して発芽のための水分などを供給する．アブラナ科の*自家不和合性反応は柱頭で起きる．花柱は内部が詰まっているものと中空のものとがあり，前者では伝達組織(transmitting tissue)の中を，後者では中空部分である花柱溝(stylar canal)の中を*花粉管が伸長する．ナス科やバラ科の自家不和合性反応は花柱で起きる．花柱の基部が特に肥大した構造を示すとき柱脚(柱下体，stylopodium)という．子房は胚珠を内蔵する袋状の器官であり，受精後に果実となる．通常，心皮の縁が胎座(placenta)となって胚珠をつけるが，内面表皮の上に胚珠を形成する場合もある．雌ずいが1枚の心皮からなる場合，子房は単子房(simple ovary)と呼ばれ，複数の心皮からなる場合には複子房(compound ovary)と呼ばれる．複子房の内部を仕切る内壁を隔壁(septum)という．また，子房と他の器官との位置関係から，子房が花被・雄ずいよりも上部にあるとき子房上位(superior ovary)といい，また，同じ状態を花被・雄ずいを基準にみれば子房下生(hypogyny)という．下部にある場合は子房下位(inferior ovary)または子房上生(epigyny)という．花被・雄ずいが子房から離れて周囲から生ずるとき子房周位性(perigyny)という．この3型のほか，中間型や複合型も存在する．また，フウロソウ科などでは，子房の中央に心皮間柱(carpophore)と呼ばれる柱状の組織が顕著に発達する．

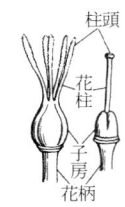

雌ずい
右：花柱が分かれない場合（タバコ）
左：花柱が五つに分かれた場合（アマ）

d **シスタチオニン** [cystathionine] ホモシステインとシステインがS原子を共有し結合したアミノ酸．システインからのメチオニン生合成の中間物(微生物や植物)，メチオニンからシステイン生成の中間物(動物)として重要．ヒトにおいてこの生成酵素が欠損するとホモシスチン尿症，分解酵素(*シスタチオニン開裂酵素)の欠損によりシスタチオニン尿症が生じる．

$S-CH_2-CH-COOH$
$\quad\quad\quad\quad NH_2$
$CH_2CH_2-CH-COOH$
$\quad\quad\quad\quad NH_2$

e **シスタチオニン開裂酵素** [cystathionase] 《同》シスタチオナーゼ．シスタチオニンを分解する酵素．β-シスタチオニン開裂酵素(EC4.4.1.8)と γ-シスタチオニン開裂酵素(EC4.4.1.1)の2種類があり，いずれもピリドキサールリン酸を補酵素とする．β-シスタチオニン開裂酵素はシスタチオニンを分解してホモシステイン，

アンモニアおよびピルビン酸にし，細菌やアカパンカビに見出される．γ-シスタチオニン開裂酵素は分解産物としてシステイン，アンモニアおよびα-ケト酪酸を生じ，肝臓やアカパンカビに存在する．

a **シスチジアン** [cystidian] 《同》システィディアン．棘皮動物ウミユリ類の*ドリオラリアにつぐ幼生．ドリオラリアがその前端部で岩床などに付着し後方を上にして立つ姿勢となる．体の腹面にある凹陥と呼ばれるへこみが陥入し，やがてその開口部が閉じて口陥嚢となって体内に入り，体の後方へ移動する．口陥嚢の内部には口のほか触手の原基も作られる．また，ドリオラリアの体内で作られた骨片が次第に発達し，体の前方に伸びて茎(柄)が形成されはじめる．ついで口陥嚢をおおっていた外胚葉が五つに開裂し，口と触手が露出して次の*ペンタクリノイド期に移る．

b **シスチン** [cystine] 含硫α-アミノ酸の一つ．最初に発見されたアミノ酸(1810)．L-シスチンは多くの蛋白質の構成成分．特にケラチン中に多い．システインが酸化されてジスルフィド結合を形成し生成．蛋白質やペプチドの構造安定化に寄与．種々の還元試薬によって容易にシステインに還元される．*シスチン尿症は，多くは尿細管でのアミノ酸再吸収に関与するトランスポーター(SLC3A1 または SLC7A9)の変異によるもので，しばしばシスチンを主成分とする尿路結石を生じる．

$$\begin{array}{c} S-CH_2CHCOOH \\ | \\ NH_2 \\ | \\ S-CH_2CHCOOH \\ | \\ NH_2 \end{array}$$

c **シスチン蓄積症** [cystinosis] 全身の臓器，特に網内系(*細網内皮系)に*シスチンの結晶を蓄積する常染色体劣性遺伝型の*リソソーム蓄積症．生後半年ごろから，くる病(佝僂病)・発育不全・糖尿・アミノ酸尿を示し，進行して腎不全を生じる．神経症状はない．シスチン還元酵素の低下による．

d **シスチン尿症** [cystinuria] *シスチンの結晶が含まれた尿を排出する常染色体性の遺伝病．保因者の尿中のアミノ酸が正常な完全劣性遺伝式を示すものと，保因者でも尿中にシスチンや二塩基性アミノ酸がみられ不完全劣性遺伝式を示すものがある．極めてまれな病気で，ヒト以外の動物にもみられる．この患者ではシステイン代謝に異常があり，リジンやアルギニン，オルニチンの代謝異常を伴うこともある．尿細管での再吸収の障害がみられる．システインの体内蓄積はみられず，尿管，膀胱，腎盂にシスチン結石が生成され，それに伴う腎障害を特徴とする．

e **システイン** [cysteine] 《同》チオセリン (thioserine)．HS-CH₂CH(NH₂)COOH 含硫α-アミノ酸の一つ．略号 Cys または C (一文字表記)．E. Baumann (1884) がシスチンから発見．ニトロプルシドによって紫色を呈する(SH 基による呈色)．多くの蛋白質や金属イオンと不溶性のメルカプチド，すなわち R-S-M¹，R-S-M²-S-R (M¹，M²はそれぞれ 1 価・2 価の金属)を作る．ヒトでは可欠アミノ酸．哺乳類ではメチオニンおよびセリンからシスタチオニンを経て合成される．植物，微生物では硫酸から 3′-ホスホアデノシン-5′-ホスホ硫酸，亜硫酸を経て還元されて生じた硫化水素と，セリンから生成した O-アセチルセリンが反応して生成する．分解は，システインジオキシゲナーゼによっ

$$HS-CH_2-CH-COOH \\ | \\ NH_2$$

てシステインスルフィン酸へと酸化された後アミノ基転移を経てピルビン酸と亜硫酸となる経路，および，アミノ基転移を経てピルビン酸と亜硫黄へと分解する経路が知られている．他の異化経路に，脱炭酸の後ヒポタウリン，タウリンに至る経路，グルタチオンの生合成経路などがある．容易に酸化還元を受けてシステインと相互変換するが，細胞内では通常還元状態に保たれていると考えられる．また有毒な芳香族化合物と縮合してメルカプチル酸を生ずることにより解毒作用をもつ．

f **システイン酸** [cysteic acid] HO₃S-CH₂CH(NH₂)COOH システイン，シスチンの酸化生成物．生体内ではシステインの酸化によって生じたシステインスルフィン酸が，さらに酸化されて生ずる．ある種の細菌の胞子の中に存在が知られている．

g **システインスルフィン酸** [cysteine sulfinic acid] シスチン，システインの生体内酸化の中間体．

h **システインスルフィン酸脱カルボキシル酵素** [cysteine sulfinate decarboxylase] L-システインスルフィン酸を脱カルボキシルしてヒポタウリンと二酸化炭素を生ずる反応を触媒する酵素．EC4.1.1.29．ヒポタウリンは脱水素によりタウリンを生ずる．動物の肝臓，脾臓，腎臓，小腸壁などに見出される．ピリドキサールリン酸を補酵素とする．システイン酸からタウリンへの脱カルボキシルも同一酵素によって触媒する．両基質は拮抗する．

i **システイン脱硫化水素酵素** [cysteine desulfhydrase] 《同》システインデスルフヒドラーゼ．L-システインから硫化水素とアンモニアを脱離してピルビン酸を生ずる反応を触媒する酵素．EC4.4.1.1．動物(肝臓)や細菌に存在．

$$HS-CH_2CHCOOH \rightleftharpoons CH_3COCOOH + NH_3 + H_2S \\ | \\ NH_2$$

j **システインプロテアーゼ** [cysteine protease] 《同》チオールプロテアーゼ，SH プロテアーゼ．活性部位にシステイン残基をもつプロテアーゼの総称．狭義にはシステインエンドペプチダーゼ (EC3.4.22 群)を指すが，広義にはシステインタイプカルボキシペプチダーゼ (cysteine-type carboxypeptidase, EC3.4.18 群)も含める．システインプロテアーゼの活性部位には活性に関与するシステイン残基とヒスチジン残基があり，反応機構は*セリンプロテアーゼのものに類似している．ヒスチジン残基で活性化されたシステイン残基が基質切断部位のペプチド結合のカルボニル基を求核攻撃し，アシルチオ酵素中間体を形成する．これがさらに水の求核攻撃を受け加水分解が完結すると考えられている．また，セリンプロテアーゼとの進化上の関連性も指摘されている．植物由来の酵素としてパパイヤ乳液由来のパパイン (papain)，イチジク由来のフィシン (ficin)，パイナップル根茎由来のブロメライン (bromelain)，キウイフルーツ由来のアクチニダイン (actinidain)などがあり，発芽や果実の熟成に関与していると考えられる．これらは，Arg, Lys, His などのアミノ酸の C 末端側で加水分解する．動物由来の酵素として*リソソーム酵素のカテプシン B, H, L, S やカルパインがある．カテプシン L と S はエンドペプチダーゼであるが，カテプシン B と H はエキソペプチダーゼである．またアポトーシスで重要な役割を果たすカスパーゼ (caspase)もシステイン

プロテアーゼであり，パパインと類似した活性部位をもつが，アミノ酸配列の類似性はみられない．異なる系統の蛋白質が進化的に収斂したと考えられる．システインプロテアーゼは，微生物からも見出され，嫌気性細菌であるクロストリディウムが産生するクロストリパイン (clostripain) は Arg の C 末端側のみを特異的に切断するためアミノ酸配列の分析に用いられる．また嫌気性細菌であるポルフィロモナスが産生するジンジパインは赤血球凝集素との複合体として存在し，歯周病における組織破壊に関与している．システインプロテアーゼは，ヨード酢酸などの SH 阻害剤，微生物由来拮抗阻害剤であるロイペプチンやアンチパイン，E-64 により特異的に阻害され，これらの化合物による阻害の有無がシステインプロテアーゼの判定に利用される．

a システミン [systemin] ナス科植物において防御遺伝子の発現制御に関わるペプチドの総称．植物で最初に発見されたペプチドシグナルである約 200 アミノ酸からなる前駆体ポリペプチドの C 末端近傍の配列に由来する．トマトにおいて，傷害誘導性プロテアーゼインヒビター (*プロテアーゼ阻害剤) は，傷害葉だけでなく，*傷害から離れた無傷の葉においても (システミックに) 誘導される．システミンは，プロテアーゼインヒビターの誘導活性を指標とした生物検定により，単離・構造決定された．*ジャスモン酸類を介して全身的な傷害応答に関与する．トマトシステミンのアミノ酸配列は AVQSKPPSKRDPPKMQTD である．

b システム [system] (1) 多くの構成要素からなる，(2) それらの要素は互いに作用・関連し合っている，(3) 全体として調和のとれた挙動・機能を示す，という 3 条件を満足する系．人工の機械はすべて目的をもって作られているから，少し複雑なものはたいていシステムと呼んでよい．一方，生物の個体や個体群・群集も，機能的・合目的的にみえるから，その意味で一つのシステムである．複雑なシステムは，多くのサブシステムからなる階層構造をもつことが多い．生物にみられるシステムを生物システムまたは生体システム (biological system) と呼ぶ．生物システムは，分子レベルから生態レベルまで，時間的にも空間的にも多くの階層を区別することができる．(⇒システム生物学，⇒情報)

c システム生態学 [systems ecology] 個体群・群集・生態系などの概念でとらえようとする生物的自然を，その動態にシステム分析 (systems analysis) の方法論を適用して数量的にとらえようとする生態学の一つの立場．まず，対象を因果関係の集合と考え，それをいくつかの構成要素に分解してそれぞれを数理モデルとして表し，要素間の相互作用の形式を考慮して，それらを繋ぐことによりシステム全体のモデル (systems model) を作る．次にこのモデルを主としてコンピュータシミュレーション (computer simulation) によって現実と対比・修正し，また予測や最適化の方向を吟味する．またパラメータや変数の多い複雑なモデルから，変数を束ねることによって，系の本質的な挙動をとりだし，目的に即した有効なモデルにすることをアグリゲーション (aggregation) といい，その一般理論も研究されている．一方，栄養塩類やエネルギーなどの流れとプールとが作り出すシステムに注目し，ある部分に与えられた変化が全体に波及する間接効果 (indirect effect) を追究するなど，システムとしての一般的な性質を調べる研究も進められている．

d システム生物学 [systems biology] 生物システムを構成する個々の要素のふるまい (これを単位過程 unit process という) を解析するにとどまらず，全構成要素の動的な相互関係やシステム全体を対象としてはじめて理解できる高次の特性をも統合的に扱おうとする生物学の一分野．工学におけるシステム理論や制御理論の発達と呼応して，学際的な手法，特に数理的な取扱いを応用して，1960 年代後半から発展しつつある．20 世紀の末から，分子生物学の発展とゲノムプロジェクトの成功により，多くの遺伝子の動態を計測し，その変量のデータをとりこんで処理することも期待されるようになった．データ解析とモデリングによるシミュレーション，そして計測をあわせたアプローチも盛んになっている．生物情報学ともいう．(⇒システム生態学)

e ジステンパーウイルス [Canine distemper virus] *パラミクソウイルス科パラミクソウイルス亜科モルビリウイルス属に属する，ジステンパー (distemper, 犬瘟熱) の病原ウイルス．主としてイヌ科およびイタチ科の動物を冒す．ウイルス粒子は直径 150～300 nm．ゲノムは約 1 万 4000 塩基長の一鎖 RNA．G. W. Dunkin と P. P. Laidlaw (1926) が分離．感染した動物 (特に子イヌ) は 4～5 日の潜伏期ののち発熱し，涙・鼻汁を出し，嘔吐・粘性下痢，ときにはひきつけ・痙攣などの神経症状を起こすこともある．気管・膀胱・胆管粘膜細胞に*封入体が認められる．死亡率は 50%．トリ胚線維芽細胞やイヌ腎臓細胞などの培養細胞で増殖させ弱毒化したウイルスが，生ワクチンとして用いられている．

f シスト [cyst] [1]《同》嚢子．体表に耐久性のある外被 (シスト壁 cyst wall) を分泌して不動・休眠状態になったものの総称．原生物に広く見られるが，線虫において多数の卵をもったまま母体が死んで厚壁化したものや，クマムシやワムシにおいて休眠状態 (*クリプトビオシス) になったものをシストと呼ぶことがある．一般に栄養体が休眠状態になったもの (休眠シスト resting cyst) であるが，*散布体となる場合は同様な構造を*胞子と呼ぶこともある．繊毛虫門コルポダ類のように必ずシスト (分裂シスト division cyst, reproductive cyst) となってから分裂するものもいる．*アピコンプレクサ類では配偶子母細胞 (ガモント) が接着・シスト化したガメトシスト，接合子がシスト化したオーシスト，さらにその内部で分裂してシスト化したスポロゾイトを形成するスポロシスト (sporocyst) がある．[2] ⇒嚢胞

g ジストロフィン [dystrophin] 細胞膜にあって細胞骨格アクチンを細胞膜につなぎとめる蛋白質．デュシェンヌ型筋ジストロフィー (Duchenne's muscular dystrophy)，ベッカー型筋ジストロフィー (Becker's muscular dystrophy) の原因遺伝子で，前者はジストロフィンが無く，後者はジストロフィンの点変異や発現量が低下している．選択的スプライシングによって 5 種類のアイソフォームが存在する．このうち筋肉型 (dystrophin-4) は 3685 アミノ酸残基，分子量 42.7 万で，ジストロフィン結合蛋白質複合体 (dystrophin-associated protein complex) を形成する．ジストロフィン結合蛋白質複合体は，(1) 基底膜のラミニンとジストロフィンを結合するヘテロ二量体蛋白質のジストログリカン (dystroglycan, DG，ジストロフィン結合糖蛋白質 1 dystrophin-associated glycoprotein 1 ともいう．ジストロフィンに結合するものは膜貫通型)，(2) ジストロフィンと DG

の結合に関わるシントロフィン(syntrophin，⇒シントロフィン)，(3) DGに結合している膜貫通蛋白質ヘテロ四量体のサルコグリカン(sarcoglycan)，(4)それに結合している膜蛋白質のサルコスパン(sarcospan)からなる．このうち，サルコグリカンは肢帯型筋ジストロフィー(limb-girdle muscular dystrophy)の原因遺伝子．

a **シストロン** [cistron] *相補性検定(シス-トランス検定)によって定義される遺伝子の機能単位．一般には*遺伝子とほぼ同義と考えてさしつかえない．通常，一つのシストロンは1本のポリペプチド鎖のアミノ酸配列を決定するが，*リボソームRNA，*トランスファーRNAのように，ポリペプチドに翻訳されないRNAの遺伝子をも含めてシストロンと呼ぶこともある．

b **シス優性** [cis-dominance] ある*突然変異(または遺伝子)が特定の染色体上にあるとき，それと同一染色体上の(シスの位置にある)他の遺伝子には影響を及ぼすが，相同染色体上の(トランスの位置にある)他の遺伝子には影響を及ぼさない場合，その突然変異(または遺伝子)はシス優性を示すという．またシス特異的(cis-specific)であるともいう．*オペレーター，*プロモーター，複製開始部位などの変異やいわゆる*極性突然変異などがこれにあたる．(⇒相補性検定)

c **ジスルフィド結合** [disulfide bond] 《同》S-S結合(S-S bond)．2個のSH基間で酸化的に形成される-CH₂-S-S-CH₂-の形の硫黄原子間の結合．生化学の領域では一般にペプチドや蛋白質分子中のシスチン残基において見られるものを指す．この結合は蛋白質分子の立体構造形成の上で重要な役割を果たしている．蛋白質中のジスルフィド結合は，分子内S-S結合と分子間S-S結合とに大別される．ジスルフィド結合は，細胞外の蛋白質に多く見られ，還元的環境下にある細胞内の蛋白質にはほとんど見られない．

d **雌性** [feminity, femaleness] 多くの生物の*雌に共通して見られる性質．同様に，多くの生物の雄に共通する性質を雄性(maleness)という．生物には*性的両能性の現象があって，雌性と雄性とを厳密には区別しがたい場合があり，また*間性などの個体では雌性と雄性とが混在している．一般に，*接合に際して細胞の運動性が少ないとか，大形であるとか，核またはDNA(細菌の場合)を受け入れる側に立つ性質を雌性と呼ぶ．したがって雌性は多細胞生物の個体に対してだけでなく，*受精または接合する細胞の性質として理解することができる．

e **自生**【1】[adj. indigenous, native] ある地域に生育する植物のうち，本来その地域の*フロラに属する種類．例えばヒメジョオンは，アメリカ産の帰化植物(*外来種)なので，日本に自生するとはいわない．ある特定地域に生育地が限定されるものは特に*固有または特産という．

【2】[adj. spontaneous, native] 《同》野生．生物がある地域で，人の保護を受けずに増殖し生活しつづけていること．

f **雌性生殖輸管** [female reproductive tract] 卵を卵巣から生殖口まで運ぶ排出路．体内受精をする動物では受精の場所であり，胎生の動物では胚の育成場所でもある．硬骨魚類以外の脊椎動物では発生的には主に*ミュラー管由来．哺乳類では*輸卵管・*子宮・*膣に区別される．

g **雌性前核** [female pronucleus] 《同》卵核．*減数分裂終了以後精子に由来する核(*雄性前核)と合一するまでの間の多細胞動物の卵細胞核をいう．卵細胞の核は減数分裂の終了する以前には非常に大きく*卵核胞と呼ばれ，それが完了したのちはまた小さくなり，雌性前核と呼ばれる．その染色体数は半数である．雌性前核は雄性前核と合一する前に細胞質の中を移動することがある．(⇒生殖核)

h **雌性先熟** [protogyny] 雌雄同体の生物で最初に雌相が発達しのちに雄相が現れる現象．*雄性先熟の対語．しかし*機能的雌雄同体現象でも隣接的雌雄同体現象(consecutive hermaphroditism)にも見られる．ヤツメウナギ，またある種の両生類では生殖腺は発生初期にはすべて卵巣様構造をもつが，約半数の個体では成熟卵を生ずるにいたらないで精巣に分化するので機能的には雌にはならない．これに対して，ベラやハナダイ類などかなり多くの魚類については性転換をし雌性先熟が確認されている．雄相の発現に伴って生殖腺にも，二次*性徴にも雄性化がみられることが多い．ベラの一種(*Labroides dimidiatus*)などでは，雄相の発現が群れの中の順位により決定されるので，雄を取り除くと雌の中の一番強いものに雄相が発現する．(⇒性転換)．ほぼ完全な雌性先熟はホヤなどにみられる．

i **始生代** [Archaean eon] 《同》太古代．*先カンブリア時代を3区分したものの一つで，38億年前から25億年前までの間．微惑星の衝突や放射性元素からの放熱により，現在の数倍の地殻熱流量だった．主に玄武岩や花崗岩からなるグリーンストーン・花崗岩帯と花崗岩質片麻岩からなる高変成度帯から構成される．二酸化炭素を主成分とする大気が存在し，遊離の酸素はなかったとされる．グリーンランドの38億年前の地層から生命の痕跡と考えられる生物由来の炭素，西オーストラリアの34.6億年前の地層から保存状態の良好なバクテリアの化石が報告されている．27億年前にはシアノバクテリアによる光合成が始まり，海水中の鉄イオンが酸化されて大量の縞状鉄鉱層が形成されるようになった．

j **雌性発生** [gynogenesis] 受精に際し何らかの理由で*雄性前核が*雌性前核と融合せず，*割球や胚細胞は後者だけに由来する核をもつような個体発生．受精前に精子を放射線・X線・紫外線などにあて，またはトリパフラビン(⇒アクリジン色素)や低温などで処理すると起こる．また，ある組合せの異種間の*交雑，例えばカエルの*Rana esculenta* ♀×*Bufo viridis* ♂によって起こることもある．雌性発生はしばしば*原腸形成の障害を起こすほか，一般に*半数体のもつ各種の発生異常を伴うが，*三倍体のギンブナなどでは野生集団に雄が存在せず，正常に雌性発生を行って繁殖している例もある．しかし，この場合も*分裂中心は近縁種，例えばキンブナやニゴロブナなどの精子に由来する．

k **姿勢反射** [postural reflex] 体の姿勢や体位，さらには運動中の平衡を適正に維持することに寄与する反射の総称．持続性迷路反射(⇒迷路前庭)と持続性頸反射は典型的な姿勢反射で，両者が協力的に働き，さまざまな頭部の位置に応じて全身の起立筋に各自適度の緊張を引き起こす．起立筋が重力刺激に応じて各自の緊張を増強する伸張反射(⇒自己受容反射)は，体の起立姿勢の保持に直接役立つ姿勢反射で，起立反射(独 Stehreflex)とも呼ぶ．これらの中枢は延髄や脊髄にあり，前二

者は除脳動物(⇌除脳)にも残存するが，伸張反射は除脳により亢進し，動物を除脳固縮に陥らせる．以上は，正常体位で静止しているときに作用する反射であるが，このほか，中脳に中枢が関わる*立直り反射や，動物体の回転や直進に際して発現する迷路性の姿勢反射もある．なお，全身の筋緊張を統合する部位は小脳であり，身体の力学的特性(重量や弾性・剛性など)に応じたなめらかな運動の執行や，特性の変化に応じた筋緊張の変化を可能にしている．(⇌平衡反射)

a **自生胞子** [autospore] 《同》オート胞子．母細胞によく似た細胞構造をもつ不動性の内生胞子．母細胞が自生胞子嚢(autosporangium)となり，その内部に通常，多数形成される．藻類において遊走子的な特徴を残した*不動胞子と区別して用いられることがある．

b **雌性ホルモン** [female sex hormone] 《同》女性ホルモン(ヒトの場合)．脊椎動物の雌における性ホルモン．特に，発情ホルモン(*エストロゲン)を指すことが多い．卵巣から分泌される発情ホルモンは，二次性徴の発現・発情などを支配するが，哺乳類ではさらに排卵後の濾胞が黄体に変化して，第二の雌性ホルモンともいうべき*黄体ホルモンを分泌し，妊娠・哺乳の機能を支配する．

c **雌性卵片発生** [gynomerogony] *卵片発生の一種で，動物卵で受精後両*生殖核の合一の起こる前に，卵を卵核(*雌性前核)を含む片(雌性卵片 gynomerogon)と精核(*雄性前核)を含む片(雄性卵片 andromerogon)とに二分するとき，前者の発生をいう．それに対し後者の発生は雄性卵片発生(andromerogony)という．

d **枝跡** [branch trace] 枝が分岐する節部において枝につながる維管束．主軸の維管束に対していう．(⇌枝隙[図])

e **肢節** [podite, podomere] 節足動物の*関節肢を構成する各節間のこと．基本型では7個からなる．

f **指節** [dactylopodite, dactyl, dactylus] [1] 一般に節足動物の*関節肢の最末端の肢節．鉤状を呈することが多く，これに続く*前節から出る挙筋と屈筋によって屈伸し，エビやカニなどの鋏(鉗脚)の場合は前節の掌部(palm)に対して開閉する．[2] 昆虫ではこれにあたる肢節を先跗節という．

g **歯舌** [radula] 《同》舌紐．二枚貝類を除く軟体動物の*口腔中に見られる．クチクラ質の基底膜上に多数の小歯が無数の横列をなして並ぶやすり様のリボン．口腔から突きだして食物を摂取する．口腔床にある筋肉および軟骨からなる歯舌突起(odontophore)の上に載っている．歯舌は歯舌嚢(radular sac)という盲嚢中で絶え間なく新生されて前方に送り出され，先端の最も硬く鋭い部分が用いられ，鈍磨不用となったものは遺棄される(通常は飲み込まれる)．小歯の先端には鋭い歯尖(cusp)がある．小歯には種類があり，原則的には1個の中歯(中心歯 central tooth, rhachidian tooth)の両脇に1ないし数個の側歯(lateral teeth)，さらにその外側に数個の縁歯(marginal teeth)が並んでいるが，腹足類では特に多様で種類によりまた摂餌法によりその存否・形態・数はさまざまで，分類・系統の重要な標徴となり，それぞれの形式には特別の名称がある．(1)扇舌(rhipidoglossa):中歯と5側歯および多数の縁歯(アワビやサザエ)，(2)梁舌(docoglossa):中歯の発達が悪いかまたはそれを欠く，2〜4個の側歯および3個以内の縁歯があり，小歯は柱状(ヨメガサ，ウノアシガイ)，(3)紐舌(taenioglossa):中歯と1側歯および2縁歯(ヤマタニシ，カワニナ)，(4)翼舌(pteroglossa):多数のほぼ同形の刃状の小歯が並ぶ(イトカケガイ，アサガオガイ)，(5)裸舌(gymnoglossa):歯舌を欠く(セトモノガイ，クチキレガイ)，(6)狭舌(stenoglossa):歯舌の幅が狭く小歯の数は少ないが，強固である．原則的には中歯とその両側に1縁歯だが，中歯または縁歯を欠くもの，側歯のあるものがある．

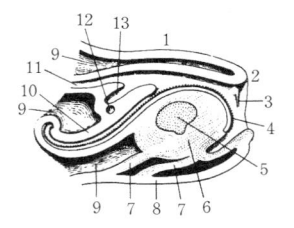

前鰓類の歯舌(模式図)
1 頭の背表面 2 口 3 顎 4 歯舌 5 舌の軟骨 6 咽頭の筋肉 7 頭(8)と咽頭を結ぶ筋肉 9 頭部体腔 10 歯舌嚢 11 食道 12 唾液腺開口 13 歯舌嚢後方の襞

h **自切** [autotomy] 《同》自割，自截，自己切断．動物が敵により付属肢や尾などの体部を捕らえられ，または破壊されるなどの強い刺激を受けたとき，その体部を自ら切断して放棄する現象．扁形動物・環形動物(ミミズ類)・軟体動物・棘皮動物(ヒトデ類)・甲殻類(特に十脚類)・メクラグモ類・昆虫類(ガガンボ類，直翅類)など，無脊椎動物に多く見られるが，脊椎動物でもトカゲは尾の自切を行う．多くは，*擬死反射などと同様に侵害刺激に対する逃避反射の特殊な一形態と見なされるが，そのような場合を防護自切(独 Schutzautotomie)ともいう．カニの一種 Carcinus maenas の歩脚を木製ピンセットでつかんでも自切反射(autotomy reflex)を解発しえないが，同じ脚にこのカニの天敵であるマダコの腕を吸いつかせるとただちに自切が起こるように，解発刺激に特異性の見られる場合もある．一般には，遠位部の切断や，やや強い通電・加熱などの人為的刺激かで，自切反射が誘発される．多くの場合，自切はあらかじめ形成された脱離節という特定部位(カニの歩脚では基節・坐節の癒合部，トカゲの尾では数カ所でいずれも椎体中央部)だけで起こる．脱離節には出血を防ぐ隔膜装置や速やかな治癒能力・再生能力をそなえるものが多い．ミミズの体には脱離節はない．切断は，脱離節やそのほか離断部に付着する特定の筋肉(カニでは基節内の伸筋，ミミズでは体壁の環筋)の能動的収縮によるもので，麻酔しておけば機械的に強く引っ張っても自切が起こらず，脱離しない．反射中枢はカニでは胸部神経節中に位置し，この部を実験的に刺激すれば全歩脚が自切する．トカゲの自切は*脊髄反射による．強い刺激を受けたナマコ類が肛門などから内臓の一部(呼吸樹・腸など)を体外に放出する内臓放出(evisceration)も自切の一種で，*キュヴィエ器官をそなえた種類ではこの粘着性糸状物が最初に体外に出されて敵などにからみつく．条虫類の片節や頭足類の交接腕のように生殖産物を担う体部の離断や，渦虫類・ミミズ類などの個体の増殖をもたらす体分裂は，生殖自切(reproductive autotomy)の名で呼ばれることがある．

i **G$_0$期** [G$_0$ phase] 《同》休止期(resting period)，

静止期(quiescent state). 細胞が, *細胞周期の進行を*G₁期で止めている状態にある期間. 細胞周期の進行の停止は G₁ 期, G₂ 期, M 期などで起こるが, 通常 G₀ 期は G₁ 期で細胞周期を一見離脱したような状態を指す. 細胞が分化あるいは老化して, あるいは栄養飢餓などのストレスによって増殖停止したときが, 典型的な例である. G₀ 期にあっても, 増殖因子などの刺激によって G₁ 期に戻り, そこから再び細胞周期に入ることが可能な場合もある. G₁ 期中には, G₀ 期ではなく S 期に向けて進行することを決定するチェックポイント(G₁ チェックポイント)が想定されており, 哺乳類細胞の場合は制限点(restriction point), 酵母の場合はスタート(start)と称する. G₀ 期と G₁ 期との出入は, G₁ 期中でこのチェックポイントの前で起こり, 哺乳類細胞では G₁ サイクリン-CDK (サイクリン D-CDK4/6, サイクリン E-CDK2), *CDK インヒビター(CKI)などによって制御されていると考えられている. 出芽酵母では, G₁ サイクリン-CDK (CLN1, 2, 3-CDC28) が CDK インヒビターの蛋白質分解をもたらすことによってスタートの通過が実現する. しかし G₀ 期を定義する分子マーカーが知られていないため, G₁ 期内での一過的な細胞周期停止と区別するのが困難な場合も多い. (⇨チェックポイント制御, ⇌CDK, ⇨サイクリン)

a **紫腺** [purple gland] 《同》パープル腺, 紫汁腺. 腹足類のタツナミガイ(*Dolabella*)やアメフラシ(*Aplysia*)などの鰓下腺. 刺激に応じ, アプリシオプルプリン(aplysiopurpurin)という紫色の色素を粘液質とまぜて排出する. アクキガイ科(*Murex*, *Purpura* など)の鰓下腺も, 分泌物(排出時は淡黄色)が光にさらされると紫色となることから紫腺と俗称される. 後者は染料の貝紫(ツーロ紫・古代紫 Tyrian purple)の原料.

b **自然群** [natural group] 自然な分類学的集合(*タクソン). 自然分類や自然体系(natural system)などと同じく多くの意味合いを含むが, 主なものに次のようなものがある. (1)アリストテレス的自然群:ある群の「本質」(essence)を記述する形質を共有する対象物の集合. (2)表形的自然群:全体的類似度(overall similarity)の点で互いに似ている対象物の集合. (3)系統学的自然群:完系統群すなわちある共通祖先から派生した子孫種からなる群. これらの自然群の定義はそれぞれ背景となる分類原理が異なる. (3)の系統学的自然群は存在論的に解釈できる. すなわち時空的に限定されない集合(class)とは異なり, 種は時空的に限定された個物(individual)と解釈できる. このとき, 完系統群は, 個物である種の集合であると同時に, 時空的に限定された実体でもある. E.O. Wiley (1980, 1981) は, 完系統群を個物と集合の中間の性質をもつ実体とみなし, それを歴史的群(historical group)と呼んだ. また数量表形学派(numerical phenetics)は, 分類体系の*共表形相関係数の高い分類体系が, その体系のメンバーのできるだけ多くの形質分布を説明できるギルモア自然性(Gilmour-naturalness)をもつと考えた. しかし J.S. Farris (1977) は, 共表形相関係数の値は, 表形的分類ではなく, 系統学的分類の方がむしろ高いことを示した. (⇨分類)

c **自然雑種** [natural hybrid] 異種の野生植物間で, 自然状態の下で生じる*雑種. 人工交雑をして作られた雑種すなわち育種などでいわれる交配種と区別される. 細胞遺伝学的手法を用いて雑種であると確認されたものだけについていうべきであるが, 一般には, 形質が中間的であることや, 花粉や胞子が不完全であったり不稔であったりすることなどを手がかりにして推量される推定雑種(putative hybrid)も雑種と同じように扱われることがある. 国際藻類・菌類・植物命名規約では, 両親の*タクソンの学名を×でつないで表示されるが, 雑種(自然であると否とを問わず)に対して新たに命名してもよく, その場合には属間雑種では属の学名の前, 種間雑種では種形容語の前に×印を置くか, あるいはそのタクソンの階級を示す用語に接頭語 notho-(n-と省略可)を付し, 例えば nothosubsp. などとして示す. なお, 国際動物命名規約では, はじめから雑種と分かっているタクソンは一切対象としない.

d **自然史博物館** [museum of natural history] 《同》自然誌博物館. 動物学・植物学・人類学・古生物学の標本その他の資料を収め研究する博物館. 世界的・歴史的に重要で著名な自然史博物館としてロンドンの大英博物館 (British Museum of Natural History, 1753 年設立), パリの国立自然史博物館 (Muséum national d'Histoire naturelle, 前身の Jardin du Roi は 1635 年創設), ニューヨークのアメリカ自然史博物館 (American Museum of Natural History), ライデンの国立自然史博物館 (Rijksmuseum)などがある. 日本では東京の上野に国立科学博物館がある.

e **自然植生** [natural vegetation] 人為的影響を受けずに自然のままの状態で生育している*植生. 原生林などがこれにあたるが, 厳密な意味での自然植生は現在極地や高山の一部を除いて地球上にはほとんど存在しない. ただし広義には, 多少の人為的影響を受けていても, 基本的な組成や構造が撹乱されていなければ自然植生として扱うことが多い. これを特に亜自然植生(sub-natural vegetation, 自然に近い植生 独 naturnahe Vegetation)として区別することもある. 極相群落はすべて自然植生(広義, 以下同)であるが, 一次遷移における不安定な遷移相群落も人為的撹乱を受けていなければ自然植生に入る. 河辺, 湖岸, 海岸などにはこのような自然植生が比較的多く残存している. なお, 自然植生以外の植生は*代償植生である.

f **自然制御** [natural control] 自然*個体群の個体数が, 自然の種々の要因の総合作用によって制限され, かつ限定された変動範囲内に維持されること, またはその過程. 自然制御の機構, 特に個体数がある変動幅内に保たれるいわゆる個体数の安定化(stabilization of numbers)の機構については, *密度調節の重要性を主張し, 個体群とその環境の間に平衡が存在するという考え方 (A.J. Nicholson, 1933, 1957, M.E. Solomon, 1949, D.L. Lack, 1954 など)と, それを否定し, 個体群は単に環境の適不適のバランスによって維持されているにすぎないという考え方 (W.R. Thompson, 1939, 1956, F.S. Bodenheimer, 1938, H.G. Andrewartha & L.C. Birch, 1954 など)との間に鋭い対立があった. しかし, 現在では大部分の研究者は調節機構の存在を認めている. O.W. Richards と T.R.E. Southwood (1968) は自然制御の機構を, (1)個体群の平衡密度の高さを規定する条件づけ過程(conditioning process), (2)密度を平衡レベルに維持しようとする負のフィードバック機構としての調節過程(regulating process), (3)密度を平衡レベルから偏らせるように働く撹乱過程(disturbing process)に大

別した．(1)には*環境収容力に関連する要因や*天敵や競争種の種類相など，(2)には*こみあい効果・密度依存的(⇨密度依存性)に作用する天敵など，(3)には気候のような密度独立要因や密度逆依存要因が関与する．これは作用過程の分類であって，例えば気候要因は，その平均的条件においては条件づけ過程に関与するが，その年々の変動は攪乱過程の強力な要素となるなど，個々の環境要因は複数の過程に関与する．以上は自然制御の作用過程に関する常識的な考えの一つで，人によっては概念や用語に種々の違いがある．また個々の種における具体的な自然制御の機構は，*生命表などを用いた野外個体群の研究を通じて次第に明らかにされつつある．

a **自然哲学** [philosophy of nature, nature philosophy] 多少とも形而上学的観念を含んだ自然解釈．ギリシア時代の自然哲学のうち生物学と最も関係が深いのは Aristotelēs の諸概念だが，通常，自然哲学とは，18世紀後半より 19 世紀にかけてドイツ観念論を基礎として生まれたもの(ロマンチシズム的自然哲学ともいう)を指し，F. W. J. von Schelling に代表される．しかしそれ以前に，J. W. von Goethe, L. Oken らはすでに自然哲学的生物学者であり，Goethe の型(原型)の概念や彼および Oken の頭蓋椎骨説はその哲学を背景にして生まれた．この自然哲学的生物学では，反復説(*生物発生原則)を予見するかのような平行の法則や*自然の階段などの法則も現れているが，それが進化の認識と通じているかどうかには否定的な意見が多い．なお，natural philosophy も自然哲学であるが，これは 19 世紀までしばしば物理学と同義であった．

b **自然淘汰** [natural selection] 《同》自然選択．遺伝的多様性をもつ同一種内の個体間に*適応度の違いが存在することにより，それぞれの遺伝子型によって子孫を残す割合が異なる現象．負の自然淘汰(純化淘汰)と正の自然淘汰に大別されるが，ほとんどの場合には負の自然淘汰が生じている．正の自然淘汰の場合，単一遺伝子が固定する固定型の淘汰と複数の遺伝子が共存する*平衡淘汰がある．(⇨淘汰，⇨自然淘汰説，⇨中立進化)

c **自然淘汰説** [natural selection theory] 《同》自然選択説．進化の要因論として C. Darwin が樹立した説．生物の種は多産性であり，遺伝的多様性の存在を原則とするため，生存競争が起こり，環境によりよく適応した遺伝的変異をもつ個体がより多くの子孫を残しその変異を伝える確率が高くなる．それにより，それぞれの種が環境に適応した方向に変化することになる．この過程を*自然淘汰と呼んだ．Darwin はこの学説をながらく未発表のまま完成につとめ，A. R. Wallace が独立に同様の学説に到達するに至ったため，1858 年 7 月 1 日にロンドンのリンネ学会において，両者の論文を同一の表題のもとにおいた合同論文が発表され，翌年 Darwin の著作『種の起原』(On the origin of species)が著され，それにより進化の観念が一般的に確立された．自然淘汰説は現在までに，特に 20 世紀における集団遺伝学・分子生物学また野外での適応度の測定により基礎づけられて精緻化されている．一方，分子進化については，突然変異や遺伝的浮動が大きく影響するため自然淘汰だけで考えることはできないことがはっきりした(⇨中立進化)．(⇨自然淘汰，⇨進化論)

d **自然淘汰の基本定理** [fundamental theorem of natural selection] 自然淘汰が作用している生物集団において，平均適応度の増加率はその集団の適応度の遺伝分散に等しいという理論的関係．R. A. Fisher (1930) が提唱．ここでいう平均適応度とは，マルサス係数で表された*適応度 a の全遺伝子型についての加重平均 $\bar{a}$ であり，また適応度の遺伝分散 V とは，個々の遺伝子型が示す表現型効果に対しある種の標準化を行って計算される量である．このとき，上記の関係は $d\bar{a}/dt=V$ で表される．これに従えば，集団中に遺伝的変異が存在するかぎり平均適応度は増加し続ける．しかし現実には自然淘汰によって遺伝分散が減少するため，平均適応度の増加率もまた次第に減少するものと考えられる．また，頻度依存淘汰においては成立しない．

e **自然突然変異** [spontaneous mutation] ⇨突然変異生成

f **自然の階段** [scala naturae] 《同》自然の階梯，自然のはしご (ladder of nature)，存在の連鎖 (chain of being)．自然の諸構成要素は，その完全さの程度により一直線の系列に切れ目なく配列されるとする思想．A. O. Lovejoy (1936) は「存在の偉大な連鎖」(the great chain of being) と表現した．Platōn や Aristotelēs に発し，自然(その創造を想定する場合には創造主)の完全無欠性(したがって構成要素が新たに出現することはない)の思想や，自然は真空を嫌い跳躍しないとの思想に立脚する．近世における代表的な支持者である C. Bonnet (1745) の系列では，最も不完全(下等)な微細物質から，火，空気，水，土，硫黄，鉱物，石，植物，昆虫，貝，魚，鳥，四肢獣，そして最も完全(高等)な人間へと至るが，例えばトビウオは魚と鳥の，ダチョウやコウモリは鳥と四肢獣の，そしてサルやオランウータンは四肢獣と人間の，それぞれ中間に位置づけられている．人間の上にさらに下級天使，上級天使，神などを配置した系列を作る者もいた．自然の階段というこの伝統的な思想に対抗して，C. von Linné は生物分類群間の断絶を前提として階層的体系を提唱するとともに，群間の関係は少なくとも二次元的に表現せざるをえないことを指摘した．また，動物は全く不連続な 4 群に分けざるをえないとの G. L. Cuvier の主張は，この思想を大きく傾かせた．なお，この思想と*進化論的な自然観との関連性については種々の議論がある．(⇨したご説，⇨連続性の原理)

g **次善の策** [best of bad job] 不利な状況にある個体が採用する，有利な状況の個体のとる*戦略とは異なる，成功率のより低い代替戦略．サイズが小さい，あるいは年齢が若いなどのために，有利な境遇の個体と同じやり方で競いあっても勝つことが難しい個体が，別のやり方を採ることがある．そのとき，そのやり方では有利な境遇の個体ほどの報酬は見込めないものの，有利な個体と同じやり方を採用するよりは見返りが大きい場合を次善の策と呼ぶ．しかし，一見不利な境遇に見える個体の採用している代替戦略が次善の策なのか，それとも頻度依存の等価の混合戦略の一つなのかを確認することは，野外での適応度の測定が必要である．

h **自然発生** [spontaneous generation, abiogenesis ラ generatio aequivoca] 《同》偶然発生．生物が親なしに生じるという観念．自然発生は，キリスト教世界での古来の信仰で，生命は神による「世界の創造」以来連綿と続いているとする生命永久説と共に，近世以来多くの論争が繰り返された．16〜17 世紀において P. A. Paracelsus, J. B. van Helmont はネズミやカエル，ウナギ

などの自然発生について実験的根拠をあげ，その処方を示した．F. Redi はハエをたからせない肉片には蛆が発生しないことを証明したが，寄生虫などについては自然発生を認めた．18世紀に J. T. Needham は加熱し密封した肉汁に微生物がわくと述べたが，L. Spallanzani はこれを反証した．しかし問題は19世紀後半までもち越され，F. Pouchet と L. Pasteur の間に有名な論争が行われ，後者は精密な実験で微生物の自然発生を否定した（スワン首つきフラスコによる実験，1862）．Pasteur のこの研究は細菌学の発展に大いに貢献したが，生命永久説の論拠に利用されることもあった．もともと自然発生説は胚種説的な観念に基づくもので，世界にひろがっている生命の胚種が物質を組織して生物を生じると説く，一種の生気論である．しかし J. B. Lamarck, C. W. von Nägeli は，無機物質のみから自然発生が行われると説く，立論の基礎を異にしている．E. H. Haeckel は，当時（19世紀後半）までの実際の研究がすべて有機物質の分解物を含む液中での自然発生を扱うものであることを指摘し，これをプラスモゴニー（Plasmogonie）と呼び，これに対し，無機溶液中での生命発生を仮定してオートゴニー（Autogonie）と呼んだ．（→生命の起原）

a **自然保護** [nature conservation, nature protection] 狭義には，自然を保全するために人為などの環境破壊要因から自然を守ること，広義には自然資源（天然資源）の保全をも含めて広く自然を保全することをいう．自然を愛護しようとする心情的な中世の自然保護思想から出発し，学術的に貴重な動植物，記念物，自然資源，すぐれた自然景観や原始的な自然地域を保護しようとする近代的な自然保護思想に発展し，さらに現在では人間の生活環境としての自然の保全ということが自然保護思想の中核をなしている．近年では生物集団の*絶滅要因の作用を研究することにより，生物種保全の基礎的指針を得ようとする*保全生物学（conservation biology）が盛んになってきた．日本の主な自然保全地域には，国公立の自然公園をはじめ，その他自然環境保全地域，国有林内の各種保護林，鳥獣保護区などがある．

b **自然保護区** [nature reserve] 特定の生物種やその生息環境，群集，生態系あるいは景観を，人間活動の望ましくない影響から守る目的で設定された地域．どの程度まで人間活動を排除するか，生態系などの管理をどこまで積極的に行うかで多様な形態がある．保全の実効をあげるにはなるべく大きな面積を確保することが望ましいが，実際にはさまざまな制約があるなかで，どのような面積や形状の保護区を，どのように配置すればよいかについては多くの見解がある．

c **自然保全** [nature conservation, natural resource conservation] 自然資源を利用しつつ保護しようとする，あるいは積極的な管理を行いながら生態系などを守ろうとする，*自然保護のあり方．

d **自然間引き** [natural thinning] 《同》自己間引き（self-thinning）．個体密度の十分高い植物群落において，光や水，養分など資源の獲得をめぐる個体間の競争によって，成長と共に個体間の大きさの差が増大し，劣勢な個体から順次枯死して，群落の成長につれて個体密度が減少していくこと．固着性の動物にも同様な現象がみられるが，その法則性が明らかにされたのは，同種・同齢の植物個体群についてである．このような個体群では，初期密度 ρ_i と，ある時点 t での生存個体密度 $\rho(t)$ との間に $1/\rho(t) = (1/\rho_i) + (1/\rho_{max}(t))$ の関係が成立する．$\rho_{max}(t)$ はそれぞれの時点 t での実現密度の上限値で，同じ生育段階では地力が高いほど小さく，同じ環境条件のもとでは時間の進行とともに小さくなっていく．この関係は，密度の減少は初期密度が高いほど大きく，各生育段階での実現密度には上限があり，十分時間がたち $\rho_i \gg \rho_{max}$ となると実現密度は初期密度に関係なく上限密度 ρ_{max} に収束することを示す．また，ある初期密度から出発して，自然間引きを起こしながら最多密度曲線に近づく経過は，経験的に $1/\rho = Aw + B$ となる．A, B は初期密度およびその種の最多密度曲線によって決まる定数である．（→二分の三乗則）

e **自然免疫** [innate immunity] 《同》先天性免疫．生体に生まれつきそなわっている免疫系．マクロファージ（食細胞），樹状細胞，好中球，好酸球，好塩基球，マスト細胞などの骨髄系細胞，ナチュラルキラー（NK）細胞，$\gamma\delta$T 細胞などの細胞によって担われている．また，補体，抗菌ペプチドなどの蛋白質もその機能を担う．マクロファージ，樹状細胞などは*Toll 様受容体，*RIG-I 様受容体などの病原体センサーを介して微生物感染を感知し，炎症性サイトカインや I 型インターフェロンを産生することにより，感染初期の迅速な免疫応答と共に，獲得免疫の確立にも重要な役割を果たす．昆虫などの無脊椎動物から哺乳類，鳥類などの脊椎動物にも認められる．（→免疫，→Toll 様受容体）

f **C 層** [C horizon] 《同》基層（substratum 独 Untergrund）．*土壌断面において，土壌生成要因（→土壌）の影響を比較的受けておらず，そのために*A 層，*B 層などの特徴的性質をもつに至っていない土壌の層位．A 層あるいは B 層の発達している土壌ではこれらの層位の下に存在する．

g **示相化石** [facies-fossil, facies-index] 化石となった生物の生息時また化石を含む地層の堆積時の環境を示す化石．原地性に近いものほど，また種々の環境条件に対し適応度の狭いものほど，示相化石としての価値が大きい．例えば，造礁性サンゴのような底生生物は水温・深度・塩分・清濁を判定するのに有効である．陸上植物は古気候を推定するのに重要で，例えばブナ（$Fagus$）の葉の化石はやや冷涼な気候も示すと考えられる．

h **持続可能性** [sustainability] 主に人間活動において，世代を超えて長期間その活動を続けることができること．生物の絶滅など*生物多様性または生態系への不可逆または深刻な影響を及ぼす人間活動は，持続可能とはいえない．現世代が*生態系サービスを過剰利用することにより，次世代以後の人々がそれらの生態系サービスを享受できないならば，それは世代間不平等とみなされる．世代間の持続可能性は自然保護の最大の根拠の一つである．けれども，経済学では将来の利益は現在の利益より割り引いて評価される．この割引率は市場経済によって年1〜5％などの値をとる．100年後の利益の現在価値は非常に少なくなり，持続可能な資源利用が経済的に合理的かどうかは異論がある．

i **持続可能な開発** [sustainable development] 人類の発展を持続しうるように自然環境の保全と調和させた開発．環境と開発が相互に矛盾する概念ではなく，むしろ両者は調和しうるものとしてとらえ，持続的な発展のためには環境保全が不可欠という考え方に立脚している．「環境と開発に関する国連委員会（通称ブルントラン

ト委員会）」が，1987 年に公表した最終報告書 'Our common future'（地球の未来を守るために）のなかで，持続可能な開発を「将来の世代の要求を満たす能力を損なうことなく，今日の世代の要求を満たすような開発」と定義し，異なる世代間の不平等をなくすという意味で，開発は次世代の犠牲を伴わないようにすべきであることを訴えた．これが先進国，開発途上国双方から支持を得ることとなり，現在では，環境保全の基本的な理念として広く国際社会で受け入れられている．

a **シゾサッカロミケス属** [*Schizosaccharomyces*] 原子嚢菌類に属する酵母の一属．円筒形の細胞で，通常その一端で伸長成長し，成熟した栄養細胞の中央部付近に隔壁を形成して娘細胞を遊離する点で出芽増殖する他の酵母類と異なり，分裂酵母（fission yeast）と呼ばれている．有性生殖では，2 個の栄養細胞がそれぞれ短い突起を生じてこれが接合管となり，核はこの中に入って合体すると，接合管の部分が広がって円柱状の子嚢となり，減数分裂を経て子嚢胞子を生じる．したがって，この属の生活環はほとんど単相世代である．アフリカのボンベ酒から分離された S. pombe は細胞周期や染色体分配の研究によく用いられる．

b **始祖鳥** [*Archaeopteryx*] 鳥綱の化石動物で，古鳥亜綱の一属．*ジュラ紀後期に知られる．現在までに，ドイツのバイエルン地方のゾルンホーフェン石切場の*石版石石灰岩層から，ほぼ完全な骨格化石 4 体を含む計 8 点の標本が発見されている．カラス大で，頭骨に長い首が続き，短い胴に頑丈な後肢と長い尾をもつ．前肢が大きく，周囲に羽毛の印象が認められることで有名．爬虫類的な骨格に鳥類の羽毛をそなえた中間的な動物であり，いわゆる*ミッシングリンクの好例とされてきた．顎には歯があり，尾は脊椎の延長の尾椎が尾羽の支柱として長く伸びている．胸骨の発達は悪く，竜骨突起は見られない．骨盤や後肢は獣脚類のドロマエオサウルス科のそれに類似する．前肢の 3 本の指は長くて分離しており，先端に鉤爪が発達する．羽軸を境に非対称の形状をした羽毛をもち，航空力学的観点では飛翔に適しており，現生鳥類と大差なかった．こうした形態的特徴から，長時間の羽ばたき飛行はできなかったが，おそらく樹上性であり，樹間のような短距離を滑空することは可能だっただろうと推定されるようになった．中国遼寧省の*白亜紀やジュラ紀から羽毛をもつドロマエオサウルス類などの獣脚類の化石が続々と見つかっており，始祖鳥の起原が獣脚類の恐竜にあったことは確実になってきた．したがって，恐竜はすべて絶滅したわけではなく，その一部が鳥類に進化して現代まで生き延びたことになる．（⇒恐竜類，⇒主竜類，⇒失われた環）

c **舌** 【1】[tongue] 脊椎動物の口腔底の隆起した肉質の器官．触覚や味覚などの機能をもち，食物の嚥下や発声にも関係する．魚類では内部に筋がなく，運動性を欠き，硬骨魚類では舌に歯をもつものがある．四肢動物では魚類の舌にあたる舌根（lingual radix, root of the tongue）に舌体（corpus linguae）が付加する．舌体は鰓下筋に由来する舌筋および腺をそなえ，可動である．哺乳類の一部には舌体の下に下舌という肉質襞がある．ヒトにもそのなごりがあって，采状皺襞（plica fimbriata）と呼ばれる．舌根部はリンパ性器官で，*舌扁桃の集合により構成される．発生学的に舌体は左右別個の原基に由来し，その癒合によって形成され，種により全体または先端が分岐し，癒合不全による奇形も見られる（⇒舌乳頭）．なお円口類で舌といわれるものは，上記の舌とは異なり顎弓由来で，角歯をそなえ採餌に役立つ．
【2】昆虫の*下咽頭または*中舌に同じ．

d **肢帯** [limb girdle ラ cingulum extremitatis] 脊椎動物の有対肢骨格の基部要素．体幹で中軸骨格を取り囲むように存在し，体外に突出した*自由肢と関節してそれを支持し，その運動を安定させる．前肢の肢帯を肩帯（前肢帯 pectoral girdle, shoulder girdle），後肢の肢帯を腰帯（後肢帯 pelvic girdle）という．肢帯は皮骨と軟骨性骨から成り，多様性に富む．魚類では皮骨の擬鎖骨（cleithrum）と鎖骨（clavicle）が主な骨格要素であるが，四肢類では擬鎖骨に代わり軟骨性骨の前烏口骨（procoracoid）と肩甲骨（scapula）が発達する．腰帯は魚類では単一の，四肢類では腸骨（ilium），恥骨（pubis），坐骨（ischium）の三つの軟骨性骨から成る．これらの肢帯骨格はしばしば骨同士が癒合し，強度を増している．

e **シダ係数** [pteridophyte coefficient] C. Raunkiaer の提起したフロラの高温多湿性を比較するための係数．種子植物種数を A，シダ類種数を B として，(B×25)/A で示す．世界全体の平均基準で B/A は 1/25 として計算．日本では北海道 1.6，本州 2.1，九州 3.1，屋久島 5.3 と，一般に南ほど高く，また海洋島で高率である．

f **シダ植物** [pteridophytes ラ Pteridophyta] 《同》無種子維管束植物．*維管束をもつが種子の形成をみない段階の緑色植物の総称．比較的まとまりやすいので群としてよく使われるが，単系統のまとまりではない．

g **シダ類** [fern ラ Monilophytes] 緑色植物維管束植物の一群．トクサ類，ハナヤスリ類，マツバラン類，リュウビンタイ類，薄嚢シダ類を合わせた群をこう呼ぶ．これは単系統群である（⇒シダ植物）．大葉類から，種子植物を除き，根と葉を欠くマツバラン類を加えた群ともいえる．世界で約 1 万種，日本では約 600 種が知られる．このほか化石としてのみ知られるシダ類が多くある（⇒化石シダ）．

h **C 蛋白質** [C-protein] 筋肉の調節蛋白質．分子量は約 14 万．筋原繊維の*A 帯中の*ミオシンフィラメント上に*M 線の左右に 43 nm ごとに 7 本ずつ存在する．ミオシンフィラメントを束ねていると考えられている．G. Offer (1972) の発見．

i **G 蛋白質** [G-protein] ホルモンや植物ホルモン，神経伝達物質などが細胞膜上の受容体と結合して細胞内に*セカンドメッセンジャーを産生するときに情報の伝達・増幅因子（トランスデューサー）として機能する三量体 GTP 結合蛋白質．真核生物に広く存在．分子量 2 万～4 万の低分子量 GTP 結合蛋白質（GTP アーゼ）については，⇒低分子量 GTP アーゼ．G 蛋白質 α サブユニットの活性化に依存した細胞内シグナル伝達経路は，G 蛋白質共役型受容体（G-protein-coupled receptor, GPCR）の依存性と非依存性の二つに大別される．(1) GPCR 依存的三量体 G 蛋白質活性化経路（canonical G-protein signaling pathway）：ホルモンや神経伝達物質など細胞外シグナル因子によって活性化した GPCR は，三量体 G 蛋白質 α サブユニットの GDP 結合型から GTP 結合型への変換を促進する．これにより構造変化を起こした α サブユニットは受容体から離れ，標的との相互作用部位の露出あるいは βγ 複合体との解離を経て，標的となるエフェクター分子と相互作用し，シグナ

ルを伝達する．主要な α サブユニットの標的分子およびその作用機序は次のとおり．(i) アデニル酸環化酵素（アデニル酸シクラーゼ adenyl cyclase, adenylate cyclase) の活性化による cAMP の細胞内濃度上昇．(ii) アデニル酸環化酵素の抑制による cAMP の細胞内濃度低下．(iii) ホスホリパーゼ C-β の活性化によるホスファチジルイノシトール-4,5-ビスリン酸 (PI(4,5)P₂) からイノシトール-1,4,5-三リン酸 (IP₃) とジアシルグリセロールの産生．(iv) *Rho ファミリー低分子量 GTP アーゼの GPCR のグアニンヌクレオチド交換反応促進因子 (Rho-GEF) に作用し Rho を活性化することによる．活性化状態である GTP 結合型の Gα は自身のもつ GTP アーゼ活性により GDP 結合型になり，シグナルの伝達が終結する．標的エフェクターの多くに Gα の GTP アーゼ反応を促進する *GAP (GTPase-activating protein) 活性がそなえられている．Gα の GTP アーゼ活性は RGS (regulator of G-protein signaling) 蛋白質によっても促進される．(2) 非典型的な三量体 G 蛋白質経路 (non-canonical G-protein signaling pathway)：分裂期の細胞における有糸分裂紡錘体の位置の規定などに関わる GPCR 非依存的な三量体 G 蛋白質の活性化経路．GTP 結合型への変換は，グアニンヌクレオチド交換反応促進因子 (*GEF) が担う．この経路では GDP 結合型の Gα も積極的に機能し，蛋白質複合体の形で有糸分裂紡錘体の星状体微小管と相互作用する．

a **C 値** [C value] 《同》ゲノムサイズ (genome size)．ゲノム当たりの DNA 量，半数体の 1 組の染色体がもつ DNA の総量．多様な生物の細胞について C 値が測定されており，その値はある種のウイルスの数千ヌクレオチド対に満たないものから，ある種の植物の 10^{12} ヌクレオチド対に達する広い範囲に分布している．真核生物の進化の過程で，大きな分類群に属する生物種の細胞核当たりの DNA 量 (2C 値) の最小値は増加しており，複雑な体制をとる生物ほど C 値が高い傾向がある．しかし，近縁種間でも C 値に大きな変動があり，一般に C 値と系統発生的関係や体制的な複雑さとの間に相関関係はみられない．この現象は C 値パラドックス (C value paradox) とかつては呼ばれていたが，真核生物ゲノムの大部分は機能のないがらくた DNA であることがわかり，パラドックスは解消された．真核生物のゲノムは遺伝子に相当する DNA だけで構成されているのではなく，多くの*反復配列をも含んでいるため，近縁種間での C 値の違いが反復配列だけの増加によるのではないことも明らかにされている．C 値の数 % しか蛋白質として発現していないことがゲノム解読から明らかにされた．*hnRNA の配列の複雑さは mRNA の配列の複雑さよりも大きいので，C 値は遺伝子の数とは対応しないで，転写単位の数と相関するとも考えられる．遺伝情報として発現しない DNA すなわちサイレント DNA (silent DNA) の機能はまだ不詳であるが，その一部はエンハンサーなど染色体内でなんらかの構造的役割を果たしていることがわかっている．

b **時値** [chronaxie] 《同》クロナキシー．神経・筋肉などに直流を流して刺激を行うときに，*基電流（刺激に有効な最小限の電流）の 2 倍の大きさの刺激電流に対応する利用時 (utilization time, 有効な最小通電時間) をいう．L. Lapique (1909) が提案した．時値は一般に神経や横紋筋のように反応の敏速な器官では小さく，心臓筋や平滑筋などのように活動の遅い器官ほど大きい．また活動の速い動物では遅いものより概して時値が小さい．さらに器官の変性や機能の低下により時値が大きくなることから，医学上での診断の目的にも利用される．それぞれの器官の時値は環境の条件（温度，浸透圧，pH，電気緊張）によって影響されるばかりでなく，測定の際の電極の面積の影響をも受ける．

同一電極による種々の興奮性組織の時値 (ms)

カエル腓腹筋	0.3
カエル心臓筋	3.5
カエル胃	30～100
クロバエ (Calliphora) の翅筋	0.8～1.12
ワモンゴキブリ (Periplaneta) の巨大神経繊維	0.1

c **G 値** [G-value] 単位線量の放射線が物質に吸収された際の反応の程度を示すため，放射線生物学で用いる値．100 eV のエネルギー吸収当たり生成または変化する分子数で示す．

γ 線照射による水の二次生成物の G 値

生成物	H₂O₂	H₂	OH	H	e-aq	-H₂O
G 値	0.70	0.45	2.70	0.55	2.65	4.10

d **シチジル酸** [cytidylic acid] CMP と略記．《同》シチジン一リン酸 (cytidine monophosphate)．⇌ヌクレオチド（表）

e **シチジン** [cytidine] C と略記．⇌ヌクレオシド

f **シチジン三リン酸** [cytidine triphosphate] CTP と略記．一般にはシチジン-5'-三リン酸を指す．UTP (*ウリジン三リン酸) のアミノ化により酵素的に合成される．RNA 合成の前駆体の一つ．レシチンやホスファチジルエタノールアミンなどの脂質の生合成に際しては，リン酸コリンやリン酸エタノールアミンと作用してシチジン二リン酸 (CDP) コリンやシチジン二リン酸エタノールアミンを酵素的に与える．ある種の多糖の合成にも関与する．

g **シチジン二リン酸グリセロール** [cytidine diphosphate glycerol] CDP-グリセロール (CDP-glycerol) と略記．*シチジン二リン酸リビトールと並んで，*テイコ酸の生合成前駆体として各種細菌に分布する物質．グリセロールの 1 位の一級アルコール残基が CDP の末端リン酸残基とエステル結合したもので，CDP-グリセロールピロホスホリラーゼによって CTP＋グリセロール-1-リン酸 ⇌ CDP-グリセロール＋PPi の反応で生合成される．この CDP-グリセロールからグリセロールリン酸が転移してテイコ酸のポリグリセロールリン酸骨格がつくられる．

h **シチジン二リン酸リビトール** [cytidine diphosphate ribitol] CDP-リビトール (CDP-ribitol) と略記．D-リビトール-5-リン酸と CMP とが二リン酸結合で結ばれた構造をもち，テイコ酸のポリリビトールリン酸鎖生合成前駆体として多くのグラム陽性菌に見出される物質．CDP-リビトールピロホスホリラーゼ (EC 2.7.7.40) によって，CTP＋D-リビトール-5-リン酸 ⇌ CDP-リビトール＋PPi の反応で生合成される．CDP-リビトールからポリリビトールリン酸を合成する酵素活性は細菌

顆粒画分に見出されるが，反応機構の詳細は不明.

$$
\begin{array}{c}
CH_2OH \\
H-C-OH \\
H-C-OH \\
H-C-OH \\
CH_2-O-P-O-P-O-CH_2 \\
OHOH
\end{array}
$$

D-リビトール-5-リン酸

CMP

CDP-リビトール

a **市中感染** [community-acquired infection] 《同》市井感染. 病院や医療機関の外で日常生活を送っている人の感染. 病院や医療機関内での感染を意味する*院内感染に対する. 一般に, 原因微生物の種類や薬剤感受性, 感染のリスクや感染頻度などが, 市中感染と院内感染では異なることが多いため, 区別して用いられる.

b **室** (しつ) [locule, chamber] 《同》房. *雄ずい の*葯, *雌ずいの子房, 果実, 古生代の化石種子植物の種子の上部, あるいは枝の髄などの中にみられる空所を指す. 特に子房では心皮が種々に癒合して作る室の形態と数とは分類上重視されている. 1 室 (unilocular 独 einfächerig), 2 室, …と呼び, 多心皮で 1 室を構成するのが派生形質である. しばしば室の隔壁 (septum 独 Scheidewand) が一部で欠けていて室が完全に分かれていないときは亜室 (locele) という (例: キツネノマゴ科).

c **質** (感覚の) [quality] 同一の感覚種 (*モダリティー) の感覚のなかで区別される質的範疇. H. L. F. von Helmholtz の創始した語. 例えば光の感覚と音の感覚は種を異にし, 感覚器・受容器と刺激の種類とがそれぞれで異なっており, 感覚内容において両者の間に移行が存在しない. 一方, 波長の異なる二つの可視光源は異なった色を感じさせるけれども感覚器も刺激の種類も同一であって, ただ刺激の波長などの相違により, 異なる受容部位に受容されたり, 興奮の大きさが異なったりするにすぎない. 質の弁別は, 例えばヒトの場合, 味覚では甘酸苦鹹などであるが, 色の感覚では多い. ただし光も赤外線の波長範囲となれば, 温覚の刺激となり, 種を異にするものとみなされる.

d **膝蓋反射** [knee reflex, patellar reflex] 《同》膝蓋腱反射 (patellar tendon reflex). 膝蓋腱上を打つと大腿四頭筋が応答し, 膝関節が伸展する*脊髄反射. その反射弓は, 大腿四頭筋中の筋紡錘に起こり, 大腿神経を遡って脊髄に入り, 直ちに第二～第四腰髄の前角細胞に連絡し, ふたたび大腿神経を経て初めの筋肉に帰着するもの (固有反射, ⇌自己受容反射) で, シナプスを 1 個しか含まないため, 中枢における遅延時間はわずかに 2 ms である. この反射は脚気や脊髄癆 (せきずいろう) と, 反射弓の末梢部や中枢部における諸障害により消失し, 脳出血そのほか上位の中枢における疾患で抑制が低下すると亢進する. 膝蓋反射に対しては意志による抑制が可能であると同時に, 前腕諸筋の同時的な随意運動がこの反射を促通させる効果がある. (⇌腱反射)

e **膝下器官** [subgenual organ] 昆虫類の脚の脛節基部に存在する*弦音器官の一つ. 10～40 個の尖軸感覚器 (scolopidium) からなり, 通常, より基部のものと先端の方に移動したものとの二つの部分に分かれる. ゴキブリ目・膜翅目・直翅目には両方が, 同翅亜目・異翅亜目・脈翅目・鱗翅目には先端の方の器官だけがあり, 鞘翅目と双翅目にはこの器官はない. ワモンゴキブリの膝下器官は毎秒 8000 Hz までの振動数をもつ振動に感受性をもち, 1500 Hz で最適といわれる.

f **疾患モデル動物** [disease-model animal, animal model of disease] ヒト (あるいは家畜) の特定の疾患に相当する病態を再現できる実験動物. 発がん, 高血圧症, 糖尿病, 代謝疾患, 神経疾患などのモデル動物が, それぞれの疾患の発症機構の解明や診断・治療・予防研究に利用されている. 外科的処置や薬剤の投与により個体ごとに作製した疾患モデル動物, 自然発症突然変異体や選抜育種によって開発した疾患モデル動物, 化学変異原などを利用して人工的に突然変異を生じさせた突然変異体群から開発した疾患モデル動物, およびトランスジェニック動物や遺伝子ノックアウト動物などの遺伝子改変動物の作製により得られた疾患モデル動物など, その作製方法は多様である. ヒトと実験動物の種差により, 病態が完全に一致することは求められないが, ヒト疾患の原因遺伝子に相同な遺伝子にヒト疾患と同様の変異をもつ優れた疾患モデル動物も作製されている.

g **G_2 期** [G_2 phase] 《同》分裂準備期, 後 DNA 合成期, 第二間期. *細胞周期の間期の一時期で, S 期 (DNA 合成期) から M 期 (分裂期) までの間の時期. この時期には, DNA 複製 (S 期) の完了や DNA 損傷の有無をモニターして M 期への移行を了承するチェックポイント (G_2 チェックポイント) が機能している. これによって G_2 期に, M 期の引き金となる*サイクリン B-CDK1 は不活性状態に維持されている. (⇌チェックポイント制御, ⇌CDK, ⇌サイクリン)

h **シックのテスト** [Schick's test] ジフテリア菌毒素に対する抗体の存在の有無を調べるためのテスト. 現在では, 試験管内で鋭敏に測定することができるので, このテストは実施されない. 一定量のジフテリア毒素を前腕皮内に注射すると, 抗体をもたないヒトでは, 1～2 日後, 局部に発赤腫脹が見られる. 抗体があれば, 毒素が中和されるので反応は陰性になる.

i **湿原** [moor, bog, fen] 草原の群系の一つで, 土壌が低温・過湿などのために植物の枯死体の分解が阻害され, 堆積した泥炭とその上に発達する草原. なお, 英語の moor は最も意味が広く泥炭湿原一般をいい, bog はミズゴケが生えた湿原を, fen は無機塩類に富んだアルカリ性ないし中性の地下水の供給を受けている湿原を指す. 群落の種類組成, 泥炭の構成植物や生態的条件などから, *低層湿原, *中間湿原, *高層湿原に分けられ, また栄養塩類含有量からそれぞれはほぼ, 富栄養湿原 (eutrophic moor), 中栄養湿原 (mesotrophic moor), 貧栄養湿原 (oligotrophic moor) に相当する. 低層湿原→(中間湿原)→高層湿原と推移する*湿生遷移系列が見られる.

j **実験形態学** [experimental morphology] 実験的手段により動物の形態発現の機構を解析する学問. 記載的な形態学と対立し, 19 世紀末 W. Roux の発生機構学 (独 Entwicklungsmechanik) の提唱に始まる. 研究の対象は狭義の*発生現象にとどまらず, 動物の形態に関する多様な事象に拡大されている.

k **実験個体群** [experimental population] ある仮説

を検証するため，実験室内あるいは野外において，特定の条件を与えて人為的に設定した*個体群．自然個体群の対語．なお実験材料維持なども含め室内で飼いつがれている個体群は，実験室個体群(laboratory population)と呼ぶべきで，これは野外個体群(field population)の対語．

a **実験神経症** [experimental neurosis] *条件づけ学習など種々の実験条件の変更などにより，動物が興奮し不安定となり，攻撃的あるいは制止状態になる，ヒトの神経症と類似の症状．刺激が複雑すぎたり，変化が急激すぎたりするために，大脳皮質過程がそれに適応できないような事態が発生し，神経系が異常状態となることが原因と考えられている．このようにして起こした神経障害は，いったん現れると頑固に長くつづく．ただし，不快な刺激を継続的に与えられた動物にとっては，このような反応はむしろ適応行動ともいえ，一概にこれを異常とすることはできないという見方も成り立つ．(⇒動物神経症)

b **実験心理学** [experimental psychology] 研究の方法として実験的方法を用いる心理学の一分野．もともと『精神物理学』(1860)を著したG.T.Fechnerや，『生理学的心理学』(1874)を著したW.Wundtのような感覚生理学者の創始．この頃から心理学は自然科学の方法である実験的方法をとり入れ，科学としての心理学の道を歩み始めたといってよい．20世紀に入って*ゲシュタルト心理学が知覚の実験的研究から始まったこともあって，実験心理学は知覚の心理学と同義的に使われた．しかし，ゲシュタルト心理学と同時代にアメリカに生まれた*行動主義心理学は，動物を用いた行動の実験的研究を強力に進め，アメリカでは実験心理学は動物行動の研究と同じ意味をもった．実験的方法を用いるという意味では，現代の心理学はほとんどすべて実験心理学であるといえる．

c **実験生態系** [experimental ecosystem] 自然生態系で起こる現象を人工的に制御された環境下で再現して研究するための単純化された生態系．研究目的とする生態現象に依存して，再現する生物相，環境条件，実験生態系の大きさ，閉鎖系か開放系か，実験期間などを，さまざまに設定する．*ミクロコスムは，主に実験室内の人工的な環境におかれる規模の小さな実験生態系であり，メソコスムは，自然生態系の一部を利用するなどして，より自然に近い生態系を再現する比較的規模の大きな実験生態系のこと．

d **実験生物学** [experimental biology] 生体に関する実験の結果を基礎とし法則を抽出する学．*記載生物学および理論生物学の対語．かつては生物学の方法は比較的方法と実験的方法とに大別され(特に19世紀末より20世紀初頭)，その場合には*比較生物学の対語とされた．単に種々の測定装置を用いたり物理学・化学の方法を適用したりすることは，古くから生理学において行われたが，生物現象の因果的な分析という目標を確立した実験生物学が生物学の主流となったのは1880年代以降で，発生機構学の創始はその明確な表現．実験遺伝学の発足も19世紀末であり，その成立の当初にW.Batesonらにより，生理学的方法を遺伝学に適用することが提唱され，それがこの学に冠された実験的という言葉の意味であった．

e **実験的アレルギー性脳脊髄炎** [experimental allergic encephalomyelitis] EAEと略記．ヒト多発性硬化症の実験動物モデルにおいて広く用いられている疾患．多発性硬化症は，ヒトの中枢神経に慢性・進行性の脱髄をきたす疾患で，神経軸索を構成する自己の蛋白質成分(塩基性ミエリン蛋白質やプロテオリピド蛋白質)に反応するT細胞によって引き起こされる*自己免疫疾患である．マウスを塩基性ミエリン蛋白質で感作すると，多発性硬化症に酷似する病態(中枢神経の脱髄と後肢を中心とした運動性麻痺)が誘導される．自己反応性のTh1細胞から産生されるインターフェロンγ(IFN-γ)によって神経軸索が傷害される遅延型アレルギー反応と考えられていた．しかし病変部位にはインターロイキン17(IL-17)が多いこと，IL-17欠損マウスでは脳脊髄炎が強く抑制されるのに対しIFN-γ欠損マウスでは抑制されないことなどから，Th17細胞の関与がより重要視されている．

f **実験発生学** [experimental embryology] 発生現象に実験という手段を用いて発生で起こる変化の原因を追究しようという分野．発生機構学と内容的にほとんど違いはない．ドイツで提唱されたこの学問の呼称Entwicklungsmechanikの代わりにexperimental embryologyの語が英語として定着した．発生を各種の手術的な方法(移植・組織培養・顕微手術など)，物理的・化学的な処理を外から与える方法などによって研究する試みはすべてこの分野に属する．そもそも実験発生学の呼称は*発生学と対比させることに特別な歴史的な意味があった．前者は発生現象を実験的に解析するのに対し，後者はそれを記述するという両者の立場は1940年頃までは強調されてきた．しかし研究が進むにつれ，このような違いを強調するよりは総合することがより必要と考えられ，1950年代からは発生生物学という呼称で統一された．(⇒発生生物学)

g **実験発生学的手法** [techniques in experimental embryology] 実験発生学に用いられる実験手法．特に移植や組織培養などの手術的な手法を示すことが多い．例として以下のような実験法がある．(1)欠除実験(defect experiment, extirpation experiment)：外科的あるいは薬物などで化学的に胚の一部を除去し，残部に対する影響を調べる．(2)挿入実験(insertion experiment)：胚の特定部位に，別の胚の一部や物質などを挿入し，誘導などの作用を調べる．(3)転位(shifting)：胚の各部位の相互の位置関係を変更し，その影響を調べる．ばらばらにした細胞の再集合など一度分離した材料を他の部位に付加したものや，卵の転倒による「シュルツェの重複形成」(⇒重複奇形)など卵の内容物の位置関係を変化させた場合も，広義には転位に含まれる．(4)内植(interplantation, 体内培養 culture in vivo)：胚の一部を分離し，それを他の個体の体内で，特異的影響が比較的少ないと思われる適当な部位で培養し，内植した部位の内的な発生能を調べる．ニワトリ胚では孵卵3日目前後のニワトリ胚の体壁葉と内臓葉の間の体腔(内臓腔)への体腔内移植(intracoelomic graft)がよく用いられる．

h **実験分類学** [experimental taxonomy] 遺伝的形質の生態環境による影響(⇒生態型)などを考慮にいれ，種の基本構成を移植などの実験手法も用いて確認しようとする分類学の一派．植物を対象としてG.W.Turesson(1922)が提唱した(⇒種生態学)．いわゆる正統分類学(orthodox taxonomy)で主として外部形態を用

いて識別される亜種や品種は，生態型という観点から再検討すべきであるとした．1929年頃からはF₁の稔性・不稔性の概念も導入となり，近来はその意味で種分類学(⇨バイオシステマティクス)をも含めて実験分類学と呼び，むしろそれだけに限定することもある．

a **実効性比** [operational sex ratio] OSRと略記．ある時点での，受精可能な雌の，性的に活発な雄に対する平均比率．S. Emlen (1976) が，*性淘汰の強さを考察するために定義した概念．例えば実効性比が雄に傾いていれば雄に対して性淘汰が強く働いて，雄間での繁殖成功の変異が大きくなると考えられる．ただし，Emlenは繁殖期を通じての平均的な実効性比と配偶システムとの対応を想定していたと考えられるが，実際には実効性比には変動があるため，むしろその瞬間的な値と雌雄の行動様式との対応を考えるべきだろう．

b **十鉤幼虫** [lycophora, lycophore, decacanth] 《同》リコフォーラ．扁形動物新皮目単節条虫類の受精卵から最初に生じる幼生．楕円球形の体に5対の鉤をもつ．これに対して真正条虫類の条虫では，3対の鉤をもつ*六鉤幼虫である．

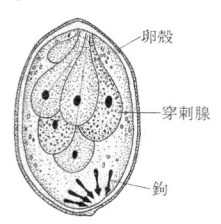

c **失語症** [aphasia] 大脳の障害に起因する言語障害．大脳の言語領域の損傷による症候群とされるが，むしろそこが損傷されると失語症状を起こす部位を言語領域と呼ぶ．またどんな失語症候群が現れるかは，病巣の部位だけでは決まらず，その範囲，脳実質を冒す強度，病巣以外の脳部位の状態によって影響される．失語症の発現機序による分類はまだなされていないが，現象的には言語の表現の障害と理解の障害に大別される．発音能力はあるが言語を話せない運動性失語，音は聞こえるが言葉を聞いても理解せず言語の表現に障害があり錯語が多い感覚性失語，言語の表現理解にはさほど障害はないが言語を忘れて思い出すこと(喚語)の困難な健忘性失語などが，日常多くみられる型である．このほか心因性の言語障害もある．

d **実質** [parenchyma] 《同》実質組織．一般に，器官本来の機能を営む部分の組織．間質(interstitium)，支持組織(支質)あるいは皮質に対していうが，必ずしも明確に規定された概念ではない．

e **櫛状突起**(しつじょうとっき) [pecten] 《同》櫛膜，網膜櫛．鳥類および爬虫類の眼で，ガラス体を含む後眼房中に存在する，櫛の歯のように並び，色素に富み，襞の多い扇状の突起．脈絡膜および網膜が変形し形成される．その機能は完全には明瞭でないが，ガラス体の栄養をつかさどるほか，レンズの移動によって生じた眼球内圧を感知することによる遠近の検知，眼圧調節の機能，あるいは突起によって網膜上に生じるストライプ状の影を利用して，小型の移動物体の認知能力を向上させているともいわれる．

f **湿生植物** [hygrophyte] 湿潤な水辺や湿原に生育する植物．J. Thurmann (1849) の造語．*乾生植物，*中生植物，*塩生植物，*水生植物とならび生育地の水分条件により分類された植物の一群で，水生植物に含まれることもある．ヨシ，アゼスゲ，イの類，サワギキョウ，シロネなどがその例．過湿のために土壌の通気が悪く，一般に地上部に比べ地下部の発達は悪い．イネやイの類など根に*通気組織の発達したものが多く，ミズキンバイやチョウジタデなどのように呼吸根を地上に出すものもある．乾生植物とは逆にクチクラ層の発達が悪くクチクラ蒸散が比較的大きいなど，蒸散作用に対する保護が小さい．なお，このような場所に生息する動物は湿生動物(hygrocoles)と呼ばれる．

g **湿生遷移** [hydrarch succession] 湖沼・水沢などの水中から出発する陸上群落への*遷移．W. S. Cooper (1913) の命名．湖沼は外から運び込まれる土砂や植物の遺骸などの堆積，あるいは栄養塩類の蓄積などによって浅化し，やがて陸化が起こる．陸化後に地下水の低下や植物の生活の結果による土壌の形成および乾燥が陸上草本や樹木の侵入を許す．この遷移の途上に見られる系列を湿生系列(湿生遷移系列 hydrosere)という．貧栄養湖は富栄養化し，沈水植物期→浮葉植物期→沼沢期(ヨシ沼地期)→湿地草原期(スゲ草原期)→先駆森林期→極相森林がその模式であるが，実際はもっと不規則な系列が見られる場合も少なくない．なお塩湿地における系列を塩生系列(halosere)という．(⇨乾生遷移)

h **湿草地土** [meadow soil] 冷温帯で常時湿潤なまた一時的に過湿となる低地にある草地土壌．表層土は腐植量が多くて暗黒色(⇨黒色土)，その下が漂白されていることがあり，下層部にはグライ層(⇨グライ土)があって斑紋や沼鉄鉱，炭酸石灰の沈澱などが認められる．

i **実体顕微鏡** [stereoscopic microscope] 光路内にプリズムを挿入し正光像とし，さらに二つの接眼レンズを俯角30〜45°にして試料を立体視できるように考案された顕微鏡．対物レンズも同じ俯角で2個使用する場合と単一対物レンズにプリズムを内蔵するタイプとがある．比較的低倍率で対象物を直接観察したり操作するのに適している．

j **湿地草原** [marshy meadow ラ humidiherbosa] 河や湖の岸の湿地に発達する草原．ときに根元に水が上がることがあっても，平時はごく浅い地下水位をもつ．*優占種はヨシ・アゼスゲであり，オギの少ないことや種類数の乏しいことで*低地草原と区別され，マコモのないことや種類数が一般により多いことで*抽水草原(水沢草原)と区別される．しかし抽水草原に含めることもしばしばある．湿原とは成立が異なる．

k **質的形質** [qualitative character] 一つの種において，形質の発現が不連続で互いの区別が明らかな形質．量的形質に対する．イネのウルチ性とモチ性，オオムギの皮性と裸性，エンドウ花色の赤と白などがその例．質的形質は一つまたは少数の主働遺伝子に支配されることが多く，その場合には表現型から遺伝子型を容易に推定でき遺伝様式を明らかにできる．そのため個体選抜に基づく系統養成や集団養成により選抜を効率的に行える．(⇨量的遺伝)

l **湿度覚** [sense of humidity] 媒質または基底質の湿度や含水量に対する感覚．水分平衡能力の不十分な陸生の無脊椎動物，特に湿地に生活する種によく発達し，水分走性(または湿度走性)行動を解発させる感覚種．湿度受容器(hygroreceptor)はミミズでは口前葉に，多足類のScutigerellaでは第三〜第十一体節腹面の基節嚢にあり，ミツバチ，ゴミムシダマシ，ヒョウホンムシなどの昆虫類では一般に触角に局在するといわれる．ゴミムシダマシの触角の窩状感覚子は特に湿度受容器と同

定されている．トビムシでは触角後器官が湿度の受容器とされる．これらの昆虫やワラジムシは，湿度勾配の場内で，分差反応やオルトキネシスによる敏感な水分走性を示す．選好湿度はワラジムシ・ゴキブリ・ネキリムシでは高く，これらは好湿性（hygrophilic）であるといい，ゴミムシダマシ・ヒョウホンムシ・トノサマバッタでは低く，好乾性（xerophilic）であるという．ミツバチは水（または水蒸気）に対して学習することが可能．イモリは70 cm の距離から空気中の 8% の湿度差を感じるが，その受容器は皮膚面や口腔内面にあるとされる．以上の湿度受容が水自身に対する化学受容に基づくか，浸透圧を介するか，温度変化による細胞のゆがみによるかは不明．陸生植物の乾湿運動は細胞の浸透圧変化に基因する機械的な効果で，感覚現象に一義的には属さない．

a **失読症** [alexia] *失語症の一種で，読むことだけが障害される疾患．これに対して通常の失語症では，発話・聴理解・読み書きすべての障害が多かれ少なかれ生じる．欧米人では従来，左角回病変で失読失書（読むことと書くことができない障害）が起こることが知られ，左角回が文字の視覚的認知の座として重視されてきた．漢字と仮名という異なる性質の文字言語をもつ日本人では，左角回病変に加えて左下側頭回後部での病変でも失読失書が起こり，後者による失読生は漢字に選択的に生じるため，後者は文字の視覚的認知の新しい座として注目される．純粋失読は，失読失書と異なり，文字の読みの孤立性の障害であり，書く方の障害はないが，自分の書いた文字を読めないことがある．責任病巣は左後頭葉内側部で，文字の視覚的認知の座である左角回への入力系の障害で生じる．このほかに，明白な脳病変を伴わない発達性の失読症もあり，日本では欧米に比較し少ないとされていたが，従来考えられていたより多くみられることが明らかになりつつある．

b **櫛板類**（しつばんるい）[Ctenaria]「くしいたるい」とも．〚同〛無刺胞類（Acnidaria），クシクラゲ類，有櫛類（Ctenophora）．かつて*腔腸動物門の一亜門として刺胞類（⇌刺胞動物）と対した動物群．現在は有櫛動物門として独立．

c **シッフの試薬** [Schiff's reagent] アルデヒドの検出試薬で，塩基性フクシンを酸性溶液のもとで過剰の亜硫酸（亜硫酸水素ナトリウムほか）で脱色したもの．H. Schiff の考案（1866）．アルデヒドと結合して赤色ないし赤紫色の新しい化合物をつくる．この化合物は安定で過剰の亜硫酸があっても脱色されない．過剰の亜硫酸は淡黄色または無色である．赤色になっている場合はフクシンが再生しているため使用できない．DNA 検出のフォイルゲン反応，多糖検出の*パス反応・Bauer 反応，プラスマローゲン検出のプラスマール反応，蛋白質検出のニンヒドリン・シッフ反応などに用いる．

d **室傍核**（しつぼうかく）[paraventricular nucleus, nucleus paraventricularis] 〚同〛傍室核．哺乳類・鳥類・爬虫類の間脳視床下部の第三脳室の周囲に存在する神経核．主に神経分泌細胞からなり，神経性下垂体ホルモンはこの神経細胞でつくられ，軸索によって下垂体神経葉に運ばれ分泌される．→視索上核

e **質量分析法** [mass spectrometry] MS と略記．〚同〛マススペクトロメトリー，マス解析．分子を真空中でイオン化し，そのイオンの質量数/電荷数（m/z）を測定する方法．イオンの質量分離は四重極型，イオントラップ型，飛行時間型などいくつかの方法がある．質量分離で得られた m/z を横軸，イオン強度を縦軸にとったグラフを質量スペクトル（マススペクトル）と呼ぶ．もともとは分子量 1000 程度までの化合物の分析法として発展したが，分子量数万以上の蛋白質など生体分子にも適用可能なイオン化法が開発され，蛋白質の同定になくてはならない装置となっている．主なイオン化法として，田中耕一によって開発されたマトリックス支援レーザー脱離イオン化法（MALDI）やエレクトロスプレーイオン化法（ESI）がある．蛋白質の同定にはペプチドマスフィンガープリント法（PMF）が用いられることが多い．PMF では，まず未知の蛋白質試料をアミノ酸特異的プロテアーゼ（アルギニンやリジンを C 末端で分解するトリプシンなど）で分解し，その分解産物の質量を質量分析法で決定する．得られるペプチドの種類は個々の蛋白質に特有なので，蛋白質データベースに存在する蛋白質をトリプシンで仮想的に分解した際の理論値と照合して未知蛋白質を同定する．PMF に加えて，質量分析計の中でイオンをさらに断片化して分析を行うタンデム型質量分析（MS/MS と書いて慣用的に「マスマス（解析）」と呼ぶ）により，ペプチド断片の同定を行う場合もある．

f **CD** cluster of differentiation, cluster of determination（分化クラスター）の略．ヒト白血球細胞表面抗原に対する*モノクローナル抗体を，その反応による抗原分子によって分類した群．CD に続けて番号をつけた形，すなわち CD1，CD2 などと表記する．1982 年から開催されているヒト白血球分化抗原ワークショップにおいて，あるモノクローナル抗体がどの分子を認識するかを多施設で検討し，複数のモノクローナル抗体が共通に認識することが確認された分子に CD 番号が与えられる．分子の機能やそれを認識するモノクローナル抗体のクローン名などに由来する複数の名前をもつ分子に統一的な名称を与えるための分類である．分類の対象は白血球細胞以外に発現している分子も含む．2010 年開催の第 9 回ワークショップでは CD363 まで登録されているが，その存在が遺伝子などから予想されるもののモノクローナル抗体が樹立されていないため欠番になっている CD 番号もある．また CD121～127 のようにインターロイキン（IL-）1～7 受容体分子のために予約され，後に登録された場合もある一方，IL-8 受容体のために予約されていた CD128 が，IL-8 が*ケモカインであることが判明したため，ケモカイン受容体（CXCR1）として新たな番号 CD181 が与えられた．登録後に多分子複合体であることが判明して添え字や新番号が付される場合（例えば CD3 における CD3d, e, g および CD247），発現する細胞種によって添え字が与えられる場合（例えば CD62E, L, P），異なるアイソタイプが発現していることを添え字で表す場合（CD45RA, RB, RC, RO）など，基本的にその番号付けに統一的な規則はなく，また番号を見ただけではその分子の性状や機能を知ることはできない．CD 分類の利用についても完全に定着したとはいえず，CD 番号が登録されているにもかかわらず機能的名称で表記されることが多い分子（例えばサイトカイン受容体や，CD154 が CD40 リガンド，CD54 が ICAM-1 と表記される場合など）がある一方で，CD 番号が定着しそれまでの名称がほとんど使われなくなった分子（CD20，CD28，CD40 など）もある．とはいえ，研究者ごとにさまざまな名前で呼んでいる分子が実は同じ分子

であることが明らかになる，種を越えて保存されている分子を共通の名称で呼ぶことができるなど利点も多い．いくつかの CD 分子の例を以下に示す．

CD4 および CD8 ともに*T 細胞抗原受容体の共受容体であり，それぞれ抗原提示細胞上の*主要組織適合遺伝子複合体(MHC)クラス II および I 分子と結合する．CD4 はヘルパー T 細胞およびその前駆細胞，CD8 は細胞傷害性 T 細胞およびその前駆細胞のマーカーとして有用．

CD11 接着分子 β_2*インテグリンの α 鎖．CD18 とヘテロ二量体を形成する．CD11a (α_L)，b (α_M)，c (α_X) の 3 種がある．CD11a/CD18 は LFA-1，CD11b/CD18 は Mac-1 に同じ．ICAM-1 と結合するとともに，Mac-1 および CD11c/CD18 は*補体受容体としても機能し，白血球の接着，食，遊走に重要．単球，マクロファージ，好中球，リンパ球に分布する．

CD16 *Fc 受容体 III 型．IgG の Fc 部分に結合．*単球，*マクロファージ，*好中球に発現し，貪食作用を担う．また NK 細胞にも発現し，抗体依存性細胞傷害活性(ADCC)に重要．

CD20 *B 細胞に特異的に発現する 4 回膜貫通蛋白質．B 細胞マーカーとして有用．非ホジキン B リンパ腫治療抗体(リツキシマブなど)の標的分子．

CD21 補体受容体 2 型．B 細胞および濾胞樹状細胞に発現．補体成分 C3d に結合し，免疫複合体の保持や B 細胞活性化の補助刺激受容体として機能．Epstein-Barr ウイルス受容体でもある．

CD25 IL-2 受容体 α 鎖．活性化 T 細胞に発現し，β 鎖(CD122)および γ 鎖(CD132)とともに高親和性 IL-2 受容体を形成する．CD122 は IL-15 受容体，CD132 は IL-4, IL-7, IL-9, IL-15 受容体との共通サブユニット．

CD28 T 細胞活性化の補助刺激分子．ホモ二量体として T 細胞特異的に発現．CD80 (B7.1) および CD86 (B7.2) と結合する．また，抑制性受容体 CTLA4(CD152)とはより高い親和性で結合．

CD40 B 細胞および樹状細胞に発現する．活性化 T 細胞に発現する CD40 リガンド(CD154)に結合し，B 細胞および樹状細胞の活性化に関与．

CD45 受容体型チロシンホスファターゼ．選択的スプライシングによって複数のアイソタイプ(RA, RB, RC, RO)が存在し，細胞種ごとに異なる分布を示す．白血球の活性化の調節に関与．CD45 は白血球の共通マーカーとして広く利用される．

CD62 E-, L-, P-セレクチン分子．CD62E は血管内皮細胞，CD62L は白血球およびリンパ球の一部，CD62P は内皮細胞および血小板に発現．C 型レクチン分子であり，白血球などの内皮細胞との相互作用を制御し，細胞移動に関与する．

CD95 Fas 分子に同じ．Fas リガンド(CD178)と結合する細胞にアポトーシスを誘導する．

CD179 VpreB (CD179a) および λ5 (CD179b)．免疫グロブリン μ 鎖とともにプレ B 細胞受容体を形成する代替軽鎖のサブユニット．B 細胞の分化に重要．

a **cDNA** complementary DNA の略．《同》相補 DNA．ある RNA 鎖と相補的な塩基配列をもつ一本鎖 DNA，または，そのような DNA 鎖と，それに相補的な塩基配列の DNA 鎖とからなる二本鎖 DNA．RNA 鎖と相補的な一本鎖 DNA は，その RNA を鋳型として，適当なプライマーの存在下で RNA 依存性 DNA ポリメラーゼ(*逆転写酵素)によって合成できる．また，一本鎖の cDNA を合成後，一本鎖 cDNA を鋳型にして，DNA 依存性*DNA ポリメラーゼまたは RNA 依存性 DNA ポリメラーゼによって，二本鎖の cDNA を合成することができる．真核生物の mRNA やその他の RNA の cDNA は，遺伝子工学において広く利用されている．3′末端の*ポリ A 配列に相補的なポリデオキシチミジンをプライマーとして合成された．mRNA の cDNA の塩基配列は，ポリペプチドコード配列，先導配列，後続配列などを含むが，もとの遺伝子の DNA (ゲノム DNA genomic DNA) とは異なり*イントロンは含まない．

b **CDK** cyclin-dependent kinase の略．《同》サイクリン依存性キナーゼ．真核生物の*細胞周期の進行をつかさどる，分子量約 3 万 4000 のセリン・トレオニンキナーゼの一ファミリー．細胞周期エンジンの主構成要素．哺乳類では 11 種類が知られていて番号付けで区別する(CDK1～11)．Cdc2 蛋白質はプロトタイプで CDK1 に相当する．キナーゼ活性の発現には*サイクリンとの結合が必須であり，それが名称の由来である．CDK は触媒サブユニットで，サイクリンは調節サブユニットに相当するが，それぞれのタイプに応じて複合体を形成し，その組合せごとに異なった機能を発揮して細胞周期の種々の時期の進行を制御する．この複合体が実際にキナーゼ活性を示すためには，CDK の活性化ループ(T ループ)が CDK 活性化キナーゼ(CDK-activating kinase, CAK)によってリン酸化されることが必要である．他方，この複合体の不活性化は，主としてサイクリンのユビキチン依存性蛋白質分解による(⇒後期促進複合体)．元来は，ヒトにおいて *CDC2* 遺伝子と同一ではないが類似のアミノ酸配列をコードする cDNA が複数種得られ，その蛋白質がサイクリンと結合することが判明すると順次番号を付して CDK ファミリーに組み入れることが約束された．主なものとしては，CDK1 はサイクリン A や B と結合して M 期の開始と進行を(⇒M 期促進因子，⇒サイクリン B-CDK1)，CDK4 と 6 はサイクリン D と結合して G_1 期通過を，CDK2 はサイクリン E と結合して G_1 期通過と S 期開始，あるいはサイクリン A と結合して S 期通過を制御している．しかし，CDK5 (p35 と結合) は脳機能の制御に関わり，CDK7(サイクリン H と結合)は細胞周期に依存せずに CDK 活性化キナーゼとして機能する一方で転写因子 TFIIH の構成要素でもあり，CDK9(サイクリン T と結合)は転写調節因子として機能しており，CDK ファミ

主な CDK とサイクリンの組合せと，それぞれの複合体の機能

CDK	分子量 ($\times 10^3$)	結合する サイクリン	制御する細胞周期 の位相
CDK1(Cdc2)	34	A, B	G_2/M
CDK2	33	A, E	G_1/S
CDK3	36	A, C, E	$G_0/G_1/S$
CDK4	34	D	G_1
CDK6	40	D	G_1
CDK7	42	H	全周期

リーは細胞周期のカテゴリーを越えつつある．(⇒CDKインヒビター)

a **CDKインヒビター** [CDK inhibitor] CKIあるいはCDIと略記．《同》CDK結合蛋白質(CDK-interacting protein, Cip)．細胞周期制御因子群の中の一グループで，サイクリン-CDK複合体あるいはCDK単体に直接結合し，その蛋白質リン酸化酵素活性を阻害して，G_1期やS期における細胞周期の進行を抑制する蛋白質群．哺乳類ではINK4ファミリーとCIP/KIPファミリーに大別され，前者ではp15^{INK4b}(あるいはMts2)，p16^{INK4a}(あるいはMts1)，p18^{INK4c}，p19^{INK4d}が，後者ではp21$^{CIP1/WAF1/SDI1}$，p27^{KIP1}，p57^{KIP2}が同定されている(それぞれ，INK4はinhibitor of CDK4, Mtsはmultiple tumor suppressor, CIPはCDK-interacting protein, WAFはwild-type p53-activated fragment, SDIはsenescent cell-derived inhibitor, KIPはCDK inhibitory proteinの略)．出芽酵母では*FAR1*遺伝子の産物と*SIC1*遺伝子の産物，分裂酵母では*rum1*遺伝子の産物がCKIに相当する．INK4ファミリーはCDK4, CDK6の単体に結合し，それらのサイクリンDとの複合体形成を抑制し，主としてG_0/G_1期移行を制御する．それに対し，CIP/KIPファミリーはサイクリン-CDK複合体(主にサイクリンD-CDK4，サイクリンE-CDK2，サイクリンA-CDK2)に結合し，主としてG_1/S期移行を抑制する．いずれの場合もCKIは，G_1サイクリン-CDKのキナーゼ活性の発現に対して閾値を設定し，G_1チェックポイント(制限点)の通過を制御していると考えられる．INK4は，種々のヒトがん細胞においてそれをコードする遺伝子領域(染色体9p21-22)で高頻度に変異や欠失の異常が観察され，がん抑制遺伝子産物である可能性が考えられており，家族性黒色腫(familial melanoma)の原因遺伝子の産物ともみなされている．p21では，老化細胞での発現亢進と増殖相への復帰(G_0/G_1期移行)の阻害，がん抑制遺伝子産物p53による転写誘導，筋細胞の分化に際してのMyODによる発現誘導(⇒*MyoD*遺伝子)，PCNA(proliferating cell nuclear antigen, DNAポリメラーゼδのサブユニット)への直接結合によるDNA複製の抑制なども知られている．p27はTGF-βの刺激により発現が上昇し，サイクリンE-CDK2活性を抑えて増殖を停止させる．他方，p27はサイクリンE-CDK2によってリン酸化され，SCF複合体を介してユビキチン依存性蛋白質分解を受けて発現が低下する．(⇒CDK，⇒サイクリン，⇒細胞周期)

b ***CDC2*遺伝子** [*CDC2* gene] *細胞周期のうち，主として*M期を統括する遺伝子．元来，分裂酵母の*cdc* (cell division cycle, 細胞周期)遺伝子群のうちの一つである*cdc2*を指したが，相同なものがヒトに至るまで見出され，全真核細胞に共通して存在するとみなされている．ただし，出芽酵母では*CDC28*と称する．酵母ではG_2/M期移行とG_1期中のスタートの通過との両方を制御しているが，多細胞生物ではM期のみを制御している．分子量3万4000の蛋白質リン酸化酵素をコードしており，そのN末端近傍には16アミノ酸からなる保存配列があってPSTAIREと称されている．Cdc2蛋白質がそのセリン・トレオニンキナーゼ活性を発現するためには*サイクリン(多細胞生物ではAあるいはBタイプ)との結合が必須で，この活性型複合体はMPF活性の分子的実体である．そのあとのキナーゼ活性の消失はサイクリンのユビキチン依存性蛋白質分解による(⇒後期促進複合体)．のちに多細胞生物ではCdc2蛋白質に類似したものが複数種存在することが判明し，それらを*CDK (cyclin-dependent kinase)と総称して，番号付けによって区別することとなった．これにより，Cdc2蛋白質はCDK1に相当する．(⇒M期促進因子，⇒サイクリンB-CDK1)

c **Cdc25ホスファターゼ** [Cdc25 phosphatase] 細胞分裂や，DNA損傷応答の制御において，鍵となる蛋白質脱リン酸化酵素．サイクリン依存性キナーゼ(CDK)の活性を抑制するリン酸化部位の脱リン酸化によりCDKの活性化を誘導，細胞周期のG_1/S期およびG_2/M期の転移において必須な働きをしている．通常の蛋白質ホスファターゼと異なり，リン酸化チロシンとリン酸化トレオニンをともに認識することから，デュアルホスファターゼに分類される．Cdc25ホスファターゼの活性は，発現量，細胞内局在，リン酸化により多重の制御を受ける．DNA損傷応答においては，エフェクターキナーゼなどによるリン酸化により，SCFユビキチンリガーゼを介した分解，*14-3-3蛋白質の結合，CDKとの結合阻害，核外輸送の促進などにより，多重の制御機構により，CDKの活性化が抑制される．

d **CDC変異** [CDC mutation, cell division cycle mutation] 《同》細胞分裂周期変異．細胞周期上の特定のステップに欠損をもつ突然変異で，その結果，制限条件下で大部分の細胞の形態が均一となるような変異．通常，温度感受性変異(⇒温度感受性突然変異体)を示す．細胞周期のある特定段階に関与する遺伝子は*CDC*遺伝子(*CDC* gene)と呼ばれ，その産物が細胞周期において実際に機能している点すなわち実行点(execution point)と最終表現型(terminal phenotype)を示す点は必ずしも一致しない．出芽酵母(*Saccharomyces cerevisiae*)において多数の*cdc*変異株が単離・解析され，図のような細胞周期の経路が提唱されている．

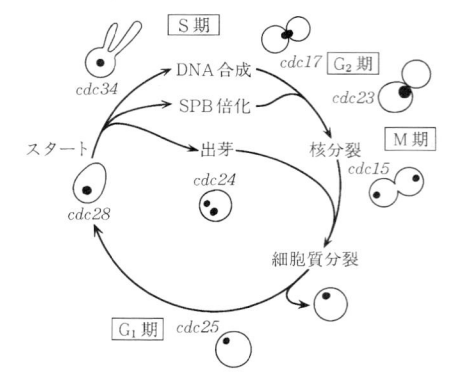

出芽酵母の*cdc*変異株の解析により提唱されている細胞周期の経路

*cdc28*などが関与するG_1期のスタート(start)は，動物細胞などの限界点(restriction point)に相当，この点を通過する条件が整うと，1細胞周期の進行へ移行すると考えられ，例えば，外界の栄養状態，細胞の大きさ，相手型フェロモンの有無などの制御を受ける．スタート後は出芽，DNA合成，核膜に付属している不定形な構造

a **時定数** [time constant] 過渡応答の時間経過を表す定数．抵抗・容量回路では抵抗と容量の積となる．生体膜は容量(c)と抵抗(r)とが並列に結合された等価回路として表されるから，その時定数はcrであり，cをμF，rを$M\Omega$で表すと時定数τの単位はs(秒)になる．そのような回路に定電流(i)を流す場合，時定数は，容量の端子電圧が最大値($=ir$)の$1-1/e$，すなわち約0.63倍になるのに要する時間であり，また回路開放時には端子電圧が$1/e$，すなわち約0.37倍になるのに要する時間である．

b **CD20** preB細胞と形質細胞を除く成熟B細胞の表面抗原(表面マーカー)．細胞膜貫通型蛋白質でカルシウムイオンチャネル活性を有し，細胞周期の調節に関与している．CD20抗原はB細胞性悪性リンパ腫の約90%で発現している．本抗原を認識するIgG抗体であるリツキシマブは，CD20抗原陽性のB細胞性悪性リンパ腫の治療薬である．(⇒CD)

c **CDPエタノールアミン** [CDP ethanolamine] 《同》シチジン二リン酸エタノールアミン．動物や酵母などにおける*ホスファチジルエタノールアミン生合成の中間体．エタノールアミンリン酸とCTP(*シチジン三リン酸)からシチジリル基転移酵素(ethanolamine-phosphate cytidylyltransferase, EC2.7.7.14)により生合成される．CDPエタノールアミンは1,2-ジグリセリドと反応して，エタノールアミンリン酸転移酵素(ethanolaminephosphotransferase, EC2.7.8.1)によりホスファチジルエタノールアミンを生ずる．

d **CDPコリン** [CDP choline] 《同》シチジン二リン酸コリン．CDP-OCH$_2$CH$_2$N$^+$(CH$_3$)$_3$ 動物や酵母などにおける*ホスファチジルコリン(レシチン)生合成の中間体．*コリンリン酸とCTP(*シチジン三リン酸)からcholine-phosphate cytidylyltransferase (EC 2.7.7.15)により生合成される．CDPコリンはL-1,2-ジグリセリドと反応し，コリンリン酸転移酵素(cholinephosphotransferase, EC2.7.8.2)によりホスファチジルコリンを生ずる．細胞のO$_2$摂取を増大させ，脳血流を増加させる．脳幹網様体の興奮をもたらすため，脳代謝賦活薬として用いられる．

e **指定部位突然変異誘発** [site-directed mutagenesis] 遺伝子上の指定した位置に指定した塩基配列の変化を導入すること．クローン化した遺伝子あるいは突然変異を導入したい領域を含むDNA断片を一本鎖DNAファージベクターに組み込み，一本鎖DNAを精製する．変異型オリゴヌクレオチドを合成し，上記の一本鎖DNAとアニールする．ミスマッチを含み部分的に二本鎖のDNA上でオリゴヌクレオチドをプライマーにしてDNA合成を行い，二本鎖DNAを形成させる．このDNAを大腸菌に導入して生じるファージの中から変異型遺伝子を選択し回収する．

f **ジデオキシリボヌクレオシド三リン酸** [dideoxyribonucleoside triphosphate] リボヌクレオシド-5'-三リン酸の2'位と3'位のジデオキシ誘導体．DNAポリメラーゼや逆転写酵素の基質アナログとしてDNA鎖に取り込まれるが，3'位に水酸基がないためにDNA合成が停止し，DNA鎖のターミネーター機能を示す．これを利用して，DNA塩基配列の決定法であるジデオキシシークエンシング法(dideoxy-sequensing method)に用いられる．また，ジデオキシイノシン(dideoxyinosine, ddI)やジデオキシシチジン(dideoxycytidine, ddC)は，細胞内に取り込まれるとジデオキシリボヌクレオシド三リン酸となり，逆転写酵素の阻害剤になるので*アジドチミジン(AZT)と共に抗HIV剤として用いられる．

g **耳頭** [otocephaly] 《同》合耳(synotia)．主としてヒトそのほか哺乳類に見られる*奇形の一つ．下顎部位の形成が抑圧されると小顎(micrognathia)からついに無顎(agnathia)になる奇形系列があるが，それにともなう左右の耳が中央にずれて下顎のあるべき位置で癒合したものをいう．一眼無鼻の場合もあるが，脳，眼，鼻は正常に形成されることが多い．

h **自動性** 【1】[automaticity] 生物において，一般にある系が外部からの作用因なしに活動するという特性の一つ．特に，生理学では生体の一部あるいは器官が他からの刺激なしに活動を継続する現象(自動興奮性)を指す．厳密には，その器官の内部に刺激(自所刺激 autochthonic stimulus)がつくられるものを指すが，単に現象を指してこの語を用いることも多い．次の3種類がある．(1)中枢内の自動性．(2)末梢器官の自動性(自動能)：心臓拍動や腸の蠕動がその例．(3)その他：例えば繊毛や鞭毛の運動，クラゲの傘筋の運動，平滑筋の緊張など．その大多数が律動性活動を表す．
【2】[automatism] 動物行動学において，リズムをもった自律的・自発的な行動．魚の鰭が明らかなリズムをもって動いているような場合がこれにあたる．

i **耳道腺** [ceruminous gland ラ glandula ceruminosa] 哺乳類の外耳道に開く大汗腺(⇒皮脂腺)の一種．脂質をも分泌し，外耳道内の皮脂腺分泌物や脱落した上皮の角化細胞とともに耳垢(みみあか)の構成成分を作る．

j **自動中枢** [automatic center] 絶えず自発的に興奮して緊張を持続し，遠心性インパルスを発する神経中枢．これに対し，反射中枢(⇒反射弓)は受動的に求心性インパルスを遠心性インパルスへ転換させるだけである．延髄中の呼吸中枢や血管運動中枢がその例で，一般に血液の温度や化学成分によって興奮状態が増減する．

k **シトクロム** [cytochrome] 《同》チトクロム，サイトクロム．ヘム鉄の価数(II, III)の生理的可逆的変化により酸化還元の機能を営むヘム蛋白質の一種．C. A. MacMunn(1886)は筋肉その他の動物組織にヘミンに似た吸収帯を示す色素が存在することを見出し，ミオヘマチン(myohaematin)と命名．D. Keilin(1925)はこの色

素が好気性生物に広く分布し，細胞内やホモジネート中で，酵素的に基質によって還元され，酸素によって酸化されることから，呼吸過程で仲介的な役割をしていることを指摘し，これをシトクロム（細胞色素の意）と名づけた．その後，嫌気性呼吸を行う細菌や光合成生物にも発見され，それらの酸化還元過程にも重要な役割を果たしていることが明らかになった．シトクロムのヘム基はその内部の Fe がアポ蛋白質の側鎖のイミダゾールやスルフィド基の 2 個と結合して八面体構造をとり，その形のまま酸化還元を受ける．したがって不対電子の少ない低スピン（0 あるいは 1）状態である．ヘムの種類によって，a（ホルミルポルフィリン鉄），b（プロトポルフィリン鉄），c（メソポルフィリン誘導体鉄で蛋白質のシステインの S 基と共有結合をもつ），d（ジヒドロポルフィリン鉄），o（ヘム a の生合成前駆体．細菌の末端酸化酵素であるシトクロム o では補欠分子族として利用されている）に分類される．名称はシトクロム a, b, c, d, o の別，a 吸収帯の nm 数，生物の名称で表される．還元型と酸化型は吸収スペクトルが異なる．還元型は可視部に鋭い吸収極大を 3 ヵ所もち，これは長波長の方から，α 帯・β 帯・γ 帯（⇌ソーレー帯）と名づけられ，強さは γ, α, β の順．酸化型は γ 帯に相当する強い吸収帯をもつだけで，長波長域には鋭い吸収帯はない．シトクロムは真核細胞内ではミトコンドリア内膜・細胞質内膜系，原核細胞では細胞膜，光合成生物ではさらに葉緑体や色素顆粒に存在し，膜結合性の場合は精製するためには界面活性剤で可溶化する必要がある．シトクロムの多くについて，立体構造が解明されている．シトクロムは概して酸化還元電位が高く，可逆的に酸化還元をうけるので，呼吸において基質から伝達された電子を輸送する*電子伝達系として機能している．特に*ミトコンドリアでは各種のシトクロムがキノン・*非ヘム鉄・銅とともに一定の順列（*呼吸鎖）を形成して電子の伝達を行い，これと共役してプロトンが膜間腔側へ輸送され，電気化学ポテンシャルが形成される（⇌プロトンポンプ，⇌酸化的リン酸化）．また光合成系では光によって生じた酸化的要素と還元的要素などの間の電子伝達に関与する．さらに酸素添加酵素，嫌気性呼吸ではフマル酸・硝酸塩・硫酸塩などの還元酵素に電子を供与する．また一酸素添加酵素による水酸化反応において，自動酸化性のヘム蛋白質*シトクロム P450 が電子伝達体として働く．

a **シトクロム a** [cytochrome a] 広義にはヘム a を含む*シトクロムの総称．一般にはそのうち，動植物・カビ・酵母などの*ミトコンドリア内膜や細菌の細胞膜に*シトクロム ($a+a_3$) 複合体として存在するもの．

b **シトクロム a_1** [cytochrome a_1] 還元型シトクロムの α 帯の吸収極大が 580〜590 nm にある，*ヘム a を補欠分子族とする種類．これまで酢酸菌など細菌の細胞膜に存在することが確認されており，*呼吸鎖*電子伝達系の末端酸化酵素として機能している．

c **シトクロム a_3** [cytochrome a_3] *シトクロム ($a+a_3$) 複合体として存在する*シトクロム a の一種．D. Keilin, E. F. Hartree (1939) の発見．

d **シトクロム ($a+a_3$) 複合体** [cytochrome ($a+a_3$) complex] 《同》複合体IV．*ヘム a を含む*シトクロム c 酸化酵素の一種で，動植物・カビ・酵母などの*ミトコンドリア内膜や好気性細菌の細胞膜に存在し，*呼吸鎖*電子伝達系において末端酸化酵素として機能する酵素複合体．EC1.9.3.1．ミトコンドリア酵素は還元型で 605 nm および 445 nm，酸化型で 598 nm および 421 nm に吸収極大を示し，*酸化還元電位 $E^{\circ\prime} = +0.29$ V．細菌の酵素は還元型で 600 nm 付近と 440 nm 付近に吸収極大を示す．膜結合性であり，酵素 1 分子中にヘム a を 2 分子，銅を 2 原子含む．二つのヘム a 分子のうち，シトクロム c からの電子をサブユニットIIの銅原子 (CuA) を介して受けとる成分をヘム a 成分 (*シトクロム a)，一方，呼吸阻害剤であるシアン化物や一酸化炭素との結合能をもち，強い自動酸化性を示す成分をヘム a_3 成分 (*シトクロム a_3) と呼ぶ．2 分子のヘム a は複合体分子内のサブユニットIに結合しており，また銅 2 原子のうちの 1 原子 (CuB) はヘム a_3 成分と強く相互作用し，両者で酸素結合部位を形成する．ミトコンドリア酵素は 7〜13 種類のサブユニットから構成され，分子量の大きい 3 種類のサブユニット (I〜III) はミトコンドリア DNA にコードされているが，残りのサブユニットは核 DNA にコードされ，細胞質で合成される．細菌の酵素は 2〜3 種類のサブユニットからなり，ミトコンドリア酵素のミトコンドリア DNA によりコードされているサブユニットと相同であることが，各サブユニットの全一次構造の比較から明らかにされている．本酵素はシトクロム c を酸化し，酸素を還元すると同時に，膜を横切ってプロトンを輸送する*プロトンポンプの活性をもち，ATP 合成の共役部位である．

e **シトクロム b** [cytochrome b] 広義にはプロトヘムを含む*シトクロムの総称で，*ヘムと蛋白質との間に共有結合をもたないもの．狭義にはミトコンドリア内膜や細菌の細胞膜に存在する*シトクロム bc_1 複合体のシトクロム b サブユニットを指す．ミトコンドリア内膜のシトクロム b は 2 分子のプロトヘムをもち，それぞれの酸化還元電位 $E^{\circ\prime}$ は $+90$ mV と -30 mV である．その立体構造が決定されており，分子量は約 4 万 2000，葉緑体の*シトクロム b_6 と部分的に相同性を示す．

シトクロムのヘムの構造

ヘム a（シトヘミン）　ヘム b（プロトヘム）　ヘム c　ヘム d

シトクロム　599

a **シトクロムb₂** [cytochrome b_2]　パン酵母に含まれる*シトクロムの一種．プロトヘムと FMN (*フラビンモノヌクレオチド)を含み，還元型の吸収帯は 557 nm，528 nm，422 nm．分子量約 5 万 8000．L-*乳酸脱水素酵素 (EC1.1.2.3) と同一物質であり，この酵素は*乳酸を*シトクロム c で酸化する．

b **シトクロムb₅** [cytochrome b_5]　動物の*小胞体膜と*ミトコンドリア外膜に存在する*シトクロムの一種．ウサギ肝ミクロソームから精製された標品の還元型は 556 nm，526 nm，424 nm，酸化型は 413 nm にそれぞれ吸収極大をもつ．分子量 1 万 6700，*酸化還元電位は +0.02 V．同じく小胞体膜の還元酵素によって NADH (NADPH) によって還元される．b_5 還元型はシアン感受性因子と呼ばれる酵素群とともに，酵素によって飽和*アシル CoA を不飽和アシル CoA にする脂肪酸不飽和化の反応に関与する．また哺乳類の赤血球や一部の線虫の体腔液には可溶性の b_5 が存在しメトヘモグロビンの還元に関わっている．

c **シトクロムb₆** [cytochrome b_6]　《同》シトクロム b_{563}．光合成電子伝達に働くシトクロムで，*シトクロム b_6f 複合体を構成するサブユニットの一つ．酸化還元電位の異なる 2 分子のヘム (b_L，b_H) を含み，シトクロム b_6f 複合体のキノン酸化部位からキノン還元部位への電子伝達を媒介する．ミトコンドリアのシトクロム bc_1 複合体のシトクロム b は，アミノ基末端側が葉緑体のシトクロム b_6f 複合体のシトクロム b_6 に相同性を示し，カルボキシル末端側はシトクロム b_6f 複合体のサブユニットⅣと相同性を示す．真核生物では遺伝子 (petB) は葉緑体 DNA にコードされている．

d **シトクロムb₅₅₉** [cytochrome b_{559}]　光合成の光化学系Ⅱ反応中心複合体の一部を構成する b 型のシトクロム．分子量 4000 と 9000 の 2 種のシトクロム蛋白質をもち，各々プロトヘム 1/2 (⇌ヘム) を含む．還元型は 559 nm および 430 nm に吸収帯をもつ．酸化還元電位 $E^{\circ\prime}$ は +0.35 V であるが，チラコイド膜に種々の処理を行うと容易に低下する．酸素発生能を保持している光化学系Ⅱでは，シトクロム b_{559} の酸化還元反応は起こらないため，光化学系Ⅱの電子伝達主鎖には含めない．遺伝子 (psbE, psbF) は葉緑体 DNA にコードされている．

e **シトクロムbc₁複合体** [cytochrome bc_1 complex]　《同》ユビキノール-シトクロム c レダクターゼ，複合体Ⅲ．*呼吸鎖*電子伝達系においてユビキノール-シトクロム c 酸化酵素として機能する酵素複合体．EC1.10.2.2．補欠分子族としてプロトヘム，*ヘム c および鉄硫黄クラスターをもつ．プロトヘムが結合しているサブユニットを*シトクロム b，ヘム c が結合しているサブユニットを*シトクロム c_1，鉄硫黄クラスターが結合しているサブユニットをリスケ型鉄硫黄蛋白質 (Rieske type iron-sulfur protein) と呼ぶ．ミトコンドリア酵素はこれらのサブユニットを含めて 9～11 種類のサブユニットからなり，シトクロム b サブユニットだけがミトコンドリア DNA にコードされている．細菌の酵素のサブユニットは 3～4 種類．ユビキノールからの電子はシトクロム b を経て鉄硫黄蛋白質，シトクロム c_1 の順に酵素複合体分子内で伝達され，最終的に*シトクロム c へと渡される．また，この分子内電子伝達反応に共役してプロトンが膜の内側から外側へ輸送される．これをプロトン Q サイクルモデル (proton Q cycle model) という．これは P.D. Mitchell により提案され，2 分子のヘム (b_L，b_H) と膜間腔側のキノン酸化部位 (Q_o) とマトリックス側のキノン還元部位 (Q_i) から構成される．Q_o 部位でユビキノールからの電子は一つは b_L から b_H へ渡され Q_i 部位でセミキノンラジカルを生じる．もう一つの電子はリスケ型鉄硫黄蛋白質を介してシトクロム c_1 へ渡される．この間に 2 分子のキノンが Q_o 部位で酸化され，4 個のプロトンが放出される．一方，Q_i 部位では 1 分子のユビキノールが生成し，最終的に 2 個のプロトンが輸送される．Q_o および Q_i 部位の阻害剤として，それぞれスティグマテリン，ミクソチアゾールおよびアンチマイシン A がある．

f **シトクロムb₆f複合体** [cytochrome b_6f complex]　陸上植物から藻類・シアノバクテリアのチラコイド膜に存在し，光合成の電子伝達系においてプラストキノール・プラストシアニン酸化還元酵素として機能している酵素複合体．ヘム b_L，ヘム b_H，ヘム f および鉄硫黄クラスターを補欠分子族としてもつほか，結晶構造からヘム x，クロロフィル a，カロテノイドを結合していることが示されている．b 型ヘムを結合したシトクロム b_6，ヘム f を結合したシトクロム f，鉄硫黄クラスターを結合したリスケ型鉄硫黄蛋白質 (Rieske type iron-sulfur protein)，サブユニットⅣが主なサブユニットである．今までに得られた結晶では二量体を形成している．光化学系Ⅱからプラストキノンプールを経て複合体のシトクロム酸化部位に渡された電子のうち，一部は鉄硫黄クラスターからシトクロム f を経てプラストシアニン (藻類やシアノバクテリアの場合はシトクロム c_6 の場合もある) へと渡され，光化学系Ⅰへの電子伝達を担う．残る電子はヘム b_L，b_H を経てプラストキノン還元部位からプラストキノンプールに戻り，*Q 回路を形成する．光合成電子伝達によるプロトン濃度勾配の形成に重要な役割を果たす複合体である．

g **シトクロムc** [cytochrome c]　広義には*ヘム c を含む*シトクロムの総称で，一般にはそのうち動植物・酵母・カビなどの*ミトコンドリアに主に存在するもの．*電子伝達に働く．分子量約 1 万 3000 の塩基性蛋白質で，吸収帯を還元型で 550 nm，520 nm，415 nm，酸化型で 407 nm にもつ．α 帯の ε_{mM}=24.7 (ウシ)．$E^{\circ\prime}$= +0.254 V．安定で抽出容易なので結晶化され，一次構造も立体構造も明らかにされている．その構造は基本的に生物界共通である．*シトクロム c 酸化酵素 (*シトクロム ($a+a_3$) 複合体) によって酸化される．*呼吸鎖の中では*シトクロム c_1 から電子を受け取る．

h **シトクロムc₁** [cytochrome c_1]　*呼吸鎖*電子伝達系の*シトクロム bc_1 複合体の成分で*ヘム c を補欠分子族とする膜結合性の*シトクロム c の一種で，狭義にはシトクロム bc_1 複合体のシトクロム c_1 サブユニット．薬師寺英次郎・奥貫一男 (1940) がウシ心筋から発見．還元型は 553 nm，523 nm，418 nm に，酸化型は 410～411 nm に吸収極大を示す．分子量は約 2 万 7000，*酸化還元電位は $E^{\circ\prime}$=+0.223 V，等電点 pH3.6．自動酸化性を示さず，リスケ型鉄硫黄蛋白質より電子を受け取りシトクロム c への直接的な電子供与体として機能している．

i **シトクロムc₆** [cytochrome c_6]　光合成電子伝達

系においてシトクロム b_6f 複合体から電子を受け取り，光化学系Ⅰを還元する水溶性 c 型シトクロム．銅蛋白質であるプラストシアニンに相当する役割を果たす．チラコイド膜内腔に存在し，吸収極大の波長からシトクロム c_{553} とも呼ばれる．藻類やシアノバクテリアにおいては，銅の欠乏条件下でプラストシアニンの代わりに発現し，電子伝達活性が維持される．陸上植物にも存在することが2002年に明らかとなったが，その生理的な機能については確定していない．

a　シトクロム c 酸化酵素　[cytochrome c oxidase]

《同》シトクロム c オキシダーゼ，シトクロムオキシダーゼ．有気呼吸において*シトクロム系の末端に位置し，*シトクロム c からの電子を直接分子状酸素に渡す酵素活性をもつ*呼吸酵素の総称．酸化還元反応に共役して水素イオン（プロトン）を輸送する（*プロトンポンプ）共役部位をもつ．D. Keilin（1930）が心筋抽出物中に初めてこの活性を見出し，それが従来インドフェノール酸化酵素（indophenol oxidase）と呼ばれていた酵素によると考えたが，後にインドフェノール反応はシトクロム c とシトクロム c 酸化酵素の両者が関与することが明らかとなった．その後 Keilin は心筋や酵母中に一酸化炭素と結合する一種のシトクロム（*シトクロム a_3）を見出し，これがシトクロム c 酸化酵素の本態であると考えた．またこの酵素活性が青酸などで強く阻害され，特に一酸化炭素による阻害が光の照射で回復することから，細胞呼吸に対して O. H. Warburg（1926）が想定した呼吸酵素と同一物と考えられる．細菌からは*シトクロム $(a+a_3)$ 複合体のほかに多くの型のシトクロム c 酸化酵素が見出されている．

b　シトクロム c ペルオキシダーゼ　[cytochrome c peroxidase]

過酸化水素によって還元型*シトクロム c を酸化する反応を触媒する*ペルオキシダーゼ．EC 1.11.1.5．フェノール類に対する作用は弱い．

2シトクロム c (Fe^{2+}) + H$_2$O$_2$ + 2H$^+$
　　→ 2シトクロム c (Fe^{3+}) + 2H$_2$O

パン酵母由来のものは，293アミノ酸からなり，結晶解析も行われている．補欠分子団として1分子に1個のプロトヘムをもち，シアン化物，アジ化物，リン酸塩などで阻害される．

c　シトクロム f　[cytochrome f]

光合成電子伝達に働く*シトクロム b_6f 複合体のシトクロム f サブユニット．c 型ヘムを補欠分子族とするシトクロムの一種であるが，ミトコンドリアのシトクロム bc_1 複合体のシトクロム c_1 とは蛋白質の構造が全く異なる．チラコイド膜の内腔側につきだした部分にヘムをもち，複合体内の鉄硫黄クラスターから受け取った電子を水溶性のプラストシアニンもしくはシトクロム c_6 へと受け渡す．真核生物では遺伝子（$petA$）は葉緑体 DNA にコードされている．

d　シトクロム o　[cytochrome o]

*ヘム o を補欠分子族としてもつ*シトクロムの総称．多くの細菌の細胞膜に存在し，*呼吸鎖*電子伝達系の末端酸化酵素として機能する．*シトクロム a_3 と同様に自動酸化性を示し，青酸などの呼吸阻害剤が結合する．単独で存在することはなく，プロトヘムやヘム a を補欠分子族とするシトクロム類と複合体を形成し，*ユビキノンや*シトクロム c からの電子を用いて，分子状酸素を還元する触媒活性をもつ．

e　シトクロム P450　[cytochrome P450]

CYP と略記．P450 とも呼ばれる．CO と結合して450 nm 付近に極大をもつ吸収スペクトルを示す一群の還元型プロトヘム含有蛋白質酵素の総称．この特異な分光学的性質はシステイン残基に由来するチオラートアニオン（-S$^-$）が*ヘムに配位していることに起因する．多くの動植物組織，カビ，酵母などの*ミクロソーム膜と副腎皮質など一部の動物組織の*ミトコンドリア内膜に結合して存在．細菌にも存在するが，可溶性である．すべての P450 は1個のヘムをもち，分子量は5万～6万程度．歴史的な理由から*シトクロムと呼ばれているが，実はモノオキシゲナーゼであり，NAD(P)H に由来する2個の電子と分子状酸素を用いて脂溶性の基質(S)に1原子の酸素を添加する次の反応を触媒する．

S + NAD(P)H + H$^+$ + O$_2$ → SO + NAD(P)$^+$ + H$_2$O

ミクロソームではこの反応に必要な電子は NADPH から NADPH-シトクロム P450 還元酵素（FAD と FMN を含む*フラビン酵素）を介して P450 へ伝達されるが，ミトコンドリアと細菌では NADPH（一部の細菌では NADH）の電子は FAD をもつフラビン酵素と*フェレドキシン様の鉄硫黄蛋白質を経て反応に供給される．P450 は二つの代謝的役割をもつ．(1) 動植物において*ステロール，*胆汁酸，*ステロイドホルモンの生合成，脂肪酸 ω 酸化，ビタミン D 活性化などの脂質代謝におけるモノオキシゲナーゼ反応のほとんどすべてを触媒すること．(2) 肝，肺などの動物組織のミクロソームにおいて環境汚染物質なども含む広義の薬物に1原子の酸素を添加し，薬物の薬効・毒性を消失させること（解毒）．ただし，この反応によって薬効・毒性が逆に増大することもある．特に多くの化学発がん物質はそれ自体では無毒であるが，この反応によって初めて発がん活性を得る．また Pseudomonas putida にショウノウを与えた場合のように，P450 をもつ細菌に異常炭素源を与えると，その代謝に P450 が関与することが多い．薬物代謝を行うミクロソームには多種類の P450 が存在し，分子多様性を示す．動物に薬物を投与すると，投与薬物の種類に応じて特定分子種の P450 の合成が亢進するため肝ミクロソームなどの P450 含量が誘導的に増加する．薬物代謝に関与する P450 の基質特異性は極めて広くまた分子種間で重複している．このことと分子多様性は，これらの P450 が不特定多数の薬物の処理に対応する必要があることと関係すると考えられる．P450 は哺乳類から古細菌にいたるまで非常に多くの種類が存在することから CYP と略される命名法が用いられている．

f　シトシン　[cytosine]　→塩基

g　シトステロール　[sitosterol]

《同》シトステリン（sitosterin），β-シトステロール（旧称），stigmast-5-en-3β-ol, 24R-ethylcholest-5-en-3β-ol．C$_{29}$H$_{50}$O　植物界に最も広く分布する代表的な植物*ステロール．穀類（ギリシア語 sitos）から得られシトステロールと命名されたステロールは，のちに α-，β- および γ-シトステロールなどの混合物と判明した．さらに現在では，α 体は C$_{30}$ ステロイド，γ 体は C$_{28}$ および C$_{29}$ ステロールの混合物であることが判明したため，α 体および γ 体はシトステロールとは呼ばないことにした．残る β-シトステロールのみがシトステロールの名をもつことになった．*ジギトニンで沈殿する．コレステロール生合成の中間体である*スクアレンからシクロアルテノールなどを経て生合

成される．草食性昆虫(カイコなど)は，シトステロール側鎖のエチル基を切断し，必要な*コレステロールへと変換している．

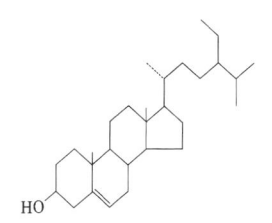

記憶・学習の基盤であると考えられる．シナプスに作用する神経作用薬が多く知られている．

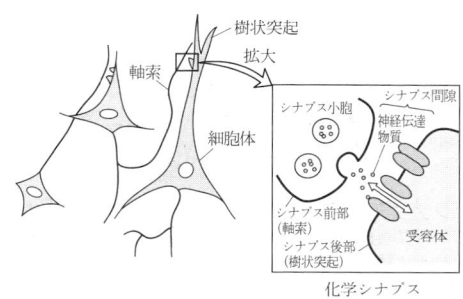

化学シナプス

a **シトファーガ** [cytophaga] 《同》サイトファーガ．シトファーガ属(*Cytophaga*)に含まれる細菌の総称．*バクテロイデス門スフィンゴバクテリア綱(Sphingobacteria)シトファーガ科(Cytophagaceae)に属する好気性従属栄養細菌．基準種は *Cytophaga hutchinsonii*．グラム染色陰性，非芽胞形成の比較的長い桿菌で，カロテノイドを含むため黄色から橙色のコロニーをつくる．同じ科に属する *Flexibacter* と同様に液相で細胞をくねらせる屈曲運動をする．また，固体の表面上をゆっくり滑走運動する*滑走細菌である．プロテアーゼ，セルラーゼ，溶菌酵素などの菌体外加水分解酵素をもつものが多い．海水中に主に生息するが，陸生のものも存在する．表現型が類似するフラボバクテリウム属とともに分類学的混乱が長く続いた菌群であり，かつてはシトファーガ属とされていた多くの菌種が，現在は別属に再分類されている．

b **シトルリン** [citrulline] $H_2NCONHCH_2CH_2CH_2CH(NH_2)COOH$ アミノ酸の一種．大嶽可・古賀弥太郎ら(1914)がスイカの圧搾汁から分離，その後，和田光徳によってアミノ酸であることが認められた．蛋白質の成分ではない．アルギニンやオルニチンなどとともに*尿素回路の中間体として重要．

c **地鳴き** [call note] 主にスズメ目の小鳥における，*さえずり以外の鳥の鳴き声の総称．さえずりは主に繁殖期にしか聞かれないが，地鳴きは1年を通じて聞かれる．総じて単調な1〜2音の音節から構成されている．飛立ちの合図，警戒，おどし，求愛，餌乞い，居場所の連絡，個体認知などの意味と役割をもつ．さえずりは同種個体にしか反応を引き起こさないが，地鳴き，特に警戒に関係したものは，異種個体の反応をも引き起こすことがある．これに関連して，警戒声などは種が違っても似ている傾向がある．

d **シナプス** [synapse] 神経と神経あるいはその他の細胞(筋，腺など)との情報の伝達を司る特殊な構造．シナプスはつなぎ目を意味し，C. S. Sherrington(1897)により命名．シナプスの前にあるニューロンをシナプス前ニューロン，後にあるニューロンをシナプス後ニューロンという．通常みられるシナプスは化学シナプスで，軸索のシナプス前部にあるシナプス小胞から20〜40 nmのシナプス間隙(synaptic cleft)に神経伝達物質が放出され，樹状突起や細胞体のシナプス後部にある受容体を活性化する．そのほか軸索–軸索間シナプス(axo-axonic synapse)，樹状突起–樹状突起間シナプスも存在する．また，シナプス間隙がほとんどなく(2 nm)，細胞間に電流が流れることで情報を伝える*電気シナプスもある．シナプスの伝達効率は可塑的に変化し，これが

e **シナプス下膜** [subsynaptic membrane] シナプス後ニューロンの，シナプス間隙に面している細胞膜．これに対し，シナプス間隙を隔ててシナプス下膜と対面しているシナプス前神経末端の細胞膜をシナプス前膜(presynaptic membrane)という．シナプス後ニューロンにおいて，シナプス下膜以外の部分をシナプス後膜(postsynaptic membrane)というが，シナプス下膜を postsynaptic membrane と呼ぶこともある．電子顕微鏡ではシナプス下膜はシナプス前膜・シナプス間隙と共に濃染して見えることが多い．

f **シナプス後電位**(シナプスこうでんい) [postsynaptic potential] PSP と略記．《同》シナプス電位(synaptic potential)．シナプスにおける伝達の結果，シナプス後ニューロンに発生する電位変化．神経伝達物質の種類によりシナプス後膜に生じる電位には，興奮性シナプス後電位(excitatory postsynaptic potential, EPSP)と*抑制性シナプス後電位がある．興奮性シナプス後電位は脱分極性であり，抑制性シナプス後電位は多くの場合過分極性で，また膜コンダクタンス増加による短絡効果で他の電位変化を減少させる．これらのシナプス後電位が加重されて脱分極側にある閾値を超えたとき活動電位が発生する．(⇒活動電位)

g **シナプス後抑制**(シナプスこうよくせい) [postsynaptic inhibition] 同一ニューロンに興奮性ニューロンと*抑制性ニューロンの両者がシナプスを作っている場合に，後者の活動によって興奮性*シナプス後電位(EPSP)が減少して興奮伝達を抑制する作用．この場合，*抑制性シナプス後電位(IPSP)は過分極の場合も脱分極の場合もあるが，いずれにしてもシナプス後ニューロンにおける興奮性シナプス後電位の値を活動電位の発射レベル以下に下げようとする働きをもっている．これは抑制性シナプスにおける伝達物質によってシナプス下膜の Cl^- または K^+ と Cl^- の両者の透過性が増大する結果，短絡作用によって興奮性シナプス後電位の大きさが減少するものと考えられる．これに対し，抑制性ニューロンが興奮性ニューロンの末端部にシナプスを作っていて，前者の活動の結果，興奮性シナプスの活動時における伝達物質の放出が減少して興奮伝達が抑制される作用をシナプス前抑制(presynaptic inhibition)という．抑制性ニューロンの伝達物質によって興奮性ニューロンの末端の膜の K^+ および Cl^- の透過性が増大し，この部分の活動電位の大きさが減少して興奮性伝達物質の放出が抑制されるものと考えられる．シナプスにおけ

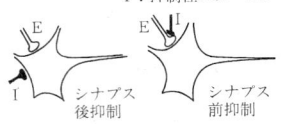

a **シナプス小胞** [synaptic vesicle] 化学シナプスにおいて，神経終末中に多数存在する直径およそ40〜100 nmの小胞．運動神経終末のシナプス小胞は一様に球状であり，交感神経終末では直径がおよそ100 nmで*ノルアドレナリンを含み，濃染する芯をもつシナプス小胞(dense core vesicle)が混在する．中枢神経系ではこの2型のほか，回転楕円体状のシナプス小胞を含む終末も見られる．小胞中には神経伝達物質が高濃度に含まれており，神経終末の興奮により小胞の内容物がシナプス間隙に放出されてシナプス伝達が行われる（シナプス小胞仮説 synaptic vesicular hypothesis）．

b **シナプス遅延** [synaptic delay] 化学シナプスにおいて，シナプス前神経終末に興奮が到達してから，すなわち脱分極が発生してからシナプス後細胞に*シナプス後電位が発生するまでに見られる時間的な遅れ．哺乳類の中枢神経系で0.2〜0.3 ms（ミリ秒），カエルの神経筋接合部で約1 msである．伝達物質が神経終末から放出され，シナプス間隙を拡散し，*シナプス下膜に作用するのに要する時間であるが，その大部分は放出に費やされると考えられる．

c **シナプトネマ構造** [synaptonemal structure] 減数第一分裂前期の*パキテン期に，*相同染色体が*対合して形成する構造体．幅100〜200 nmのリボン状で，密度の濃い平行した2本の構造体，すなわち側方要素(lateral element)とその間を隔てている，密度の薄い中央要素(central element)の3部構造からなる．側方要素は，それぞれ凝縮した1対の*姉妹染色分体で構成され，シナプトネマ構造を構成する前には軸状構造(axial element)と呼ばれる．大部分の*クロマチンは，シナプトネマ構造の外側にあって，側方要素を基部にした多量のループ構造をとっている．ザイゴテン期には球形をした初期組換え節(early recombination nodule)が，パキテン期には楕円体形の後期組換え節(late recombination nodule)が3部構造の中に現れる．前者はヘテロ二本鎖の形成に，後者は*交叉に関係しているといわれている．

d **2,4-ジニトロフェノール** [2,4-dinitrophenol] 脱共役剤の代表的な一例．F. A. Lipmannら(1948〜1950)によりその作用が酸化とリン酸化の脱共役によることが明らかにされた．本剤はミトコンドリア内膜を通過し，10^{-4} M程度の濃度で脱共役が生じ，酸素吸収が増大し，P:O比は低下する．さらに高濃度では酸素吸収をも妨げる．強い親電子的な基($-NO_2$)が特徴で，ハロゲンで置換したハロゲンフェノールの中には，さらに効力の強いものがある．また，免疫標識に用いられることもある．

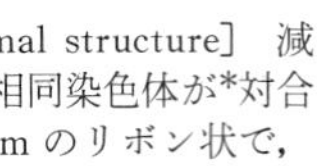

e **シヌクレイン** [synuclein] 脊椎動物の神経組織で発現している，可溶性で比較的分子量の低い蛋白質．α, β, γの3種が知られており，ファミリーを形成する．α-シヌクレインとβ-シヌクレイン（分子量ともに1.9万）は脳のシナプス終末の細胞質に局在する．アルツハイマー病の老人斑で見出された．α-シヌクレインは蛋白質の*ユビキチン化に関係しており，パーキンソン病の原因遺伝子の一つで，パーキンソン病に特有のレヴィ小体(Lewy body)中に含まれる．β-シヌクレインはα-シヌクレインの沈着を防ぐと考えられている．γ-シヌクレイン（分子量1.3万）は末梢神経系のほか進行性乳癌で発現している．

f **シヌシア** [synusia] 《同》分層群落，生活形群落．同じ生活形をもった種類で構成されている階層的な植生単位．H. Gams(1918)が提案し，後G. E. du Rietz(1930)らウプサラ学派の植生区分にsocionとして導入された．現在も地衣類やコケ類からなる着生植物群落などの類型に適用されている．

g **子嚢** 【1】[ascus] 子嚢菌類の有性生殖によって生じる嚢状の器官．内部に通常8個の*子嚢胞子を含む．多くのものは長円筒形，棍棒形，類球形，卵形などで，子嚢胞子は1列，2列，準2列，不整列，束状，らせん状などに並んでいる．子嚢壁は一般に一重壁構造のものと，小房子嚢菌類に見られる二重壁構造のものがある．一重壁子嚢の頂部には，リング状の頂環(apical ring)や，板状，溝状，栓状など種々の構造の頂部構造(apical apparatus)があり，一重壁か二重壁かということと頂部構造の形態は分類上の指標となる．子嚢形成(ascogenesis)は，一般的にさまざまな形態の*子嚢果を形成してその中なかで行われるが，裸で行われる場合もある．まず第一段階として，交配系を異にする単相の菌糸と菌糸，菌糸と小分生子か不動精子の間の接合，または雌性細胞である造嚢器と雄性器官である造精器の間で配偶子嚢接着が起こる．一部の種では*造嚢器の頂端から伸びた受精毛と，造精器，不動精子，小分生子とが接合する．次に雄性の核が雌性の細胞内に移入するが，そこで両者の核はすぐには合体せずに二相（重相）の状態となる．この細胞から直接に子嚢を生ずることもあるが，多くの場合は造嚢器から造嚢糸を形成してから子嚢を生ずる．

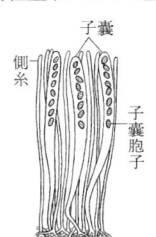

【2】[theca] コケ植物の胞子嚢．蘚類の場合は特に*蒴というのに対し，苔(たい)類の場合は主に子嚢という．ゼニゴケの子嚢は径0.5〜1.0 mm位の小球で，短い子嚢柄(seta)の先端に1個生ずる．全体が包膜・外被膜・内被膜で三重に包まれ，子嚢だけがわずかに顔をのぞかせている．子嚢壁はアンフィテシウム起原で1層の厚膜化した細胞からなり，中にエンドテシウム起原の胞子と

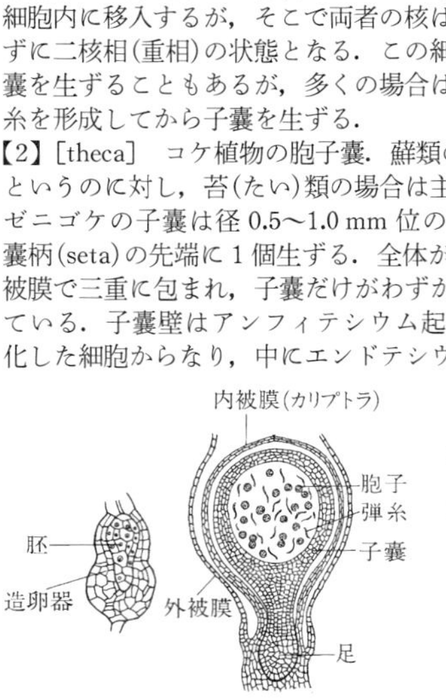

弾糸を生ずる．

【3】[sporosac]《同》クラゲ芽．刺胞動物＊ヒドロ虫類の生殖体の一型．ポリプ上でほとんどクラゲの形態にまで発達しながら母体を離れないものから，単なる卵細胞または精細胞の集団にすぎないもの（生殖巣）に至るまで，種々な程度にクラゲの構造が退化した生殖体が見られ，これらを総称して子嚢という．クラゲの形態に最も近く複雑な構造の型を真クラゲ様体（eumedusoid）という．それから一段退化した段階のものを隠クラゲ様体（cryptomedusoid），さらに単純化した段階を異クラゲ様体（heteromedusoid）という．すっかりクラゲの形態を失い袋状となったものは棒状体（styloid）と呼ばれる．種類によっては子嚢は生殖体包に包まれる．子嚢内の卵または精子が熟すると海中に放出されるか，またはそのままの位置で，受精してプラヌラを経てポリプとなる．子嚢は種類に応じて，ヒドロ花やヒドロ茎，ヒドロ根の上に生ずるほか，口や触手などの退化した特殊な個虫上に生ずる場合があり，この個虫を特に子茎（芽茎 blastostyle）と呼ぶ．（→多型性群体［図］）

a **子嚢果** [ascocarp, ascoma] 子嚢菌類において，子嚢を生じる子実体．原子嚢菌類では子実体は形成されない．子嚢果には，閉子嚢殻，子嚢殻（被子器），偽子嚢殻（偽被子器），子嚢座，子嚢盤（裸子器）があり，種分類上の重要な標徴とされる．

b **子嚢殻** [perithecium]《同》被子器．子嚢菌類の核菌類とラブルベニア類の＊子嚢果で，明瞭な殻壁があり，通常小孔で開口，一重壁子嚢からなる子実層は成熟しても裸出しない．球形，卵形，フラスコ形，または洋ナシ形などで，頂端に突出した嘴（beak）をもつものがある．内部の腔室に子実層を生じ，成熟すると子嚢胞子は子嚢殻の突出部の先端の孔口（ostiole）から逸出する．殻壁の組織は，造嚢器の基部の柄の部分から出た菌糸から，子嚢殻の中心体形成と同時に発達したもので，炭質，革質，肉質など，また色もさまざまである．表面は無毛，または菌糸状の毛，剛毛，付属糸を生じるものがある．単独に生じるか，または子座の上や子座内に生ずる．サナギタケなどでは棍棒形の子座のふくらんだ表面に接して子座の菌糸組織内に多数の子嚢殻が形成される．

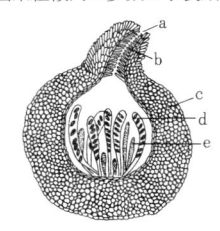

アカパンカビの子嚢殻
a 孔口
b 孔口周糸
c 殻壁
d 子嚢
e 側糸

c **子嚢果中心体** [ascocarp centrum] 子嚢菌類の子嚢果において，外部と子嚢果をしきる壁構造である殻壁で囲まれた内部構造の総称．子嚢果の発達とともに子嚢果中心体はさまざまな形態を示し，この発達様式や構造は子嚢菌類の系統分類上重要な要素とされる．子嚢果中心体は，子嚢や側糸（paraphysis）・＊偽側糸・側糸状体（paraphysoid）・間柔組織などの子嚢果内菌糸系（hamathecium）によって構成される．子嚢殻では子嚢果内底部から伸長した糸状の構造である側糸が生じ，子嚢と並列する．側糸の頂端部は上端が遊離する．子嚢子座内には，子嚢間組織が分離して生じた側糸状体である側糸状体，子座上部から下方へ伸びて底まで達する偽側糸がある．また孔口内周には＊孔口周糸，子嚢果肩部から子嚢果内部を下方へ伸びて子実層上方で終わる周糸状体（periphysoid）などが見られるものもある．

d **子嚢菌類** [sac fungi ラ Ascomycota, Ascomycetes] 有性生殖で，子嚢と呼ばれる袋状の構造中に有性胞子である子嚢胞子を形成する菌類．体制は単細胞の酵母状あるいは菌糸であり，隔壁には孔があり，細胞質は連絡している．多くの場合，有性生殖環と，分生子という胞子で増殖する無性生殖環の二つのライフサイクルを有し，無性生殖時代は，かつて不完全菌類として認識され，命名・分類された．大部分は子嚢が組織状に発達してきのこにあたる子嚢果を形成し，この中に子嚢を生じる．かつて，この子嚢果の形態によって，子嚢菌類は綱のレベルが分類されたが，分子系統学的解析の結果，子嚢果の形態は多くの場合，収斂の結果であることが判明している．

e **子嚢子座** [ascostroma]《同》アスコストロマ．子嚢菌類のうち，小房子嚢菌類の子嚢果で子座状組織の中部に小室（小房 locule）をつくり，その中で子嚢が形成される組織．単一の子座中に小室が複数生ずる場合（pluriloculate）は子嚢果との識別も簡単であるが，単一の子座中に1個の小室ができる場合（monoloculate）は識別は容易でない．この場合の子嚢子座を＊偽子嚢殻と呼ぶ．子嚢果か偽子嚢殻かは，子嚢果の発達を初期から追跡しないと区別できない場合が多い．一般に，子嚢子座をもつ子嚢菌は二重壁（bitunicate）の子嚢をもつことが多く，一重壁（unitunicate）子嚢をもつ核菌類などと区別される．

f **子嚢盤** [apothecium]《同》裸子器，盤子器（discocarp）．子嚢菌類の子実体で，子嚢胞子が成熟したとき＊子実層の上面が露出している子嚢果．皿形やコップ形などで有柄または無柄．チャワンタケ目（Pezizales）やビョウタケ目（Leotiales）などに一般にみられるほか，地衣類ではこの形態は分類の重要な標徴とされる．構造は皿の上面にあたる所に子実層が広がり，その直下に子実下層（hypothecium）と呼ばれる菌糸層があり，それらを支える子実層托（excipulum）は，無毛または有毛の外皮層と髄層からなる．また，ときには無数の側糸末端部が子実層を覆うこともあって，この層は子実上層（子実層上皮，epithecium）と呼ばれる．托外皮層や子実層上皮の色は種によって特徴がある．

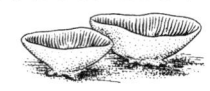

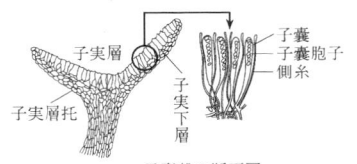

子嚢盤（チャワンタケの一種）

子嚢盤の断面図

g **子嚢胞子** [ascospore] 子嚢菌類の子嚢内に生じる単相の胞子．胞子形成直前に子嚢内で核合体が起こり，続いて減数分裂とさらに通常2回の有糸分裂を経て1子嚢内に8個の単相の子嚢胞子を生じる．胞子数は，16個，32個，またはそれ以上の多数になる場合，また

8個より少数になる場合もある．形は球形，楕円形，長楕円形，糸状，針状などさまざまで，単細胞，または隔壁を生じて二細胞〜多細胞となる．表面にはとげやしわ，網目などそれぞれ種の特徴となる構造，または種々の形の付属物が見られることがあり，色は無色ないし淡色，または暗色で多様である．発芽孔か発芽スリットを有するものがある．胞子は子嚢内に1列，2列，準2列，多列，束状，または不規則に並ぶ．

a **指背歩行**　[knuckle walking]　《同》ナックルウォーキング．ゴリラとチンパンジーに見られる*ロコモーションで，地上におりたとき手掌を地面にあてず，軽く拳を握る形で，指の中節骨の背面に体重をかけて歩く動作．これにより，四足歩行に比べ上体がより起きた状態になり，直立姿勢に近くなる．また，感覚の鋭敏な手掌を保護しているようにも見える．手首と手の関節に骨の高まりが見られるが，化石人類骨にはみられない．

b **磁場受容**　[detection of magnetic fields]　生物が磁場を感知する現象．動物の方向感覚に地磁気が役立つとの推論は19世紀からあったが，1970年代になって伝書バトを用いた実験によって実証された．現在までに，すべての網の脊椎動物から昆虫，バクテリアに至るまで多くの生物が磁場を用いて定位する証拠が得られている．サメやエイなどの板鰓類では，磁場によって海水中に形成される微弱な電場を*ローレンツィニ器官によって受容することが明らかになっている．そのほか，磁場を用いて運動方向を決めるバクテリア，ハト，ミツバチなどは，体内に磁性体である磁鉄鉱（Fe_3O_4）の結晶（マグネタイト）をもち，磁場受容の機構は明らかでない．鳥類では，磁場受容が移動方向の認識に対して効果をもつばかりではなく，磁気ベクトルの傾きの大きさを手がかりに緯度を認識するのに役立っていると考えられている．

c **柴田桂太**（しばた けいた）　1877〜1949　植物生理学者，生化学者．東京帝国大学理科大学教授，岩田植物生理化学研究所所長，資源科学研究所所長．形態学に始まり，植物生理化学に移行，蛋白質分解酵素・呼吸・発酵・光合成など多方面に業績を残し，'Acta phytochimica' の刊行を主宰．

d **自発行動**　[spontaneous behavior]　[1] 古典的エソロジーでは，外界の刺激なしに生ずる行動．ただし，ある行動が真に自発行動であるかどうかを知ることは困難である．完全な自発行動といえるのは真空活動（⇒生得的解発機構）である．[2] 心理学では，オペラント行動と同義．

e **死斑**　[death spot　ラ livor mortis]　死徴の一つで，死体の下面部の皮膚に見られる斑紋．通常は青赤色を呈する．およそ死後2〜3時間で現れる．心臓拍動が停止し動脈が収縮すると血液は静脈系血管に移行するが，自らの重さで体の低い部分に沈降する．この血液沈降（hypostasis）が体表面に現れたものが死斑である．死因により異なった性状を呈することがある．

f **篩板，師板**　【1】[sieve plate]　[1]⇒篩域　[2] 六放海綿類の海綿胞の上端を被う多孔性の板．
【2】[cribellum]　《同》篩疣．クモ類の*出糸突起の一つ．通常の糸疣の前方にあり，横長の三角形または卵円形．腹部内にある篩板腺（篩腺 cribellar gland）に連なる多数の微小出糸管をそなえ，極細の糸を出す．クモは第四脚にある毛櫛（もうしつ）でその糸を梳き出して捕虫用の粘着材として用いる．
【3】[cribriform plate]　哺乳類の*神経頭蓋において，頭蓋腔と鼻腔とを隔てている骨性の板．篩骨の一部．嗅糸（⇒嗅神経）が通過する孔を多数もつのでこの名がある．

g **児斑**　[congenital dermal melanocytosis]　《同》小児斑．ヒトの乳幼児の仙骨部・背下部などの皮膚に見られる真皮内のメラニン色素細胞の沈着による暗青色の斑点．一般に東ユーラシア人に出現率が高く，例えば日本人の生後1年以内の乳児では99.5%に達する．他の集団の幼児にも認められるが，その頻度は極めて小さい．これらの人々では一般に皮膚のメラニン色素が東ユーラシア人集団に比べて過少ないし過多であるため，児斑があっても目につきにくいためであろうと考えられている．児斑は年齢と共に消失するもので，13歳の日本人児童において残存率は3%である．かつてモウコ斑と呼んだ．

h **GPIアンカリング膜結合蛋白質**　[GPI anchoring membrane protein]　GPI (glycosylphosphatidylinositol) アンカーを介して細胞膜に繋留された蛋白質の総称．細胞膜に組み込まれる*ホスファチジルイノシトールに，グルコサミンと3分子のマンノースがつながったオリゴ糖のコア構造，ホスホエタノールが順に結合し，ホスホエタノールの末端アミノ基と蛋白質のC末端カルボキシル基が結合することで，蛋白質が細胞膜に繋留される．哺乳類，昆虫，原生生物，酵母，粘菌などに広く存在し，200余に達する．海綿状症に関与する*プリオン蛋白質もGPIアンカー型蛋白質である．繋留される蛋白質も酵素，受容体，*細胞接着分子，補体制御因子と多様である．

i **ジピコリン酸**　[dipicolinic acid]　*枯草菌や*クロストリジウムなどの細菌の胞子中に約10%見出される物質．胞子を形成しない細菌や，胞子形成菌の栄養細胞中には見出されない．胞子中では内層の細胞膜と最外層の胞子殻（spore coat）との間にある，いわゆる皮層にカルシウム塩として含まれ，乾燥への対応機能を果たすと考えられる．DNAの熱分解への安定化機能もあるとされる．

j **CpGアイランド**　[CpG island]　《同》CpG島，CG島．ゲノム上に島状に点在する，CpG配列を多く含む領域．長さ数百塩基対で，ゲノムの他の領域に比べ10倍以上のCpG配列をもち，哺乳類ではゲノム上に約3万ほど存在．CpG配列のシトシンはメチル化を受けやすく，5-メチルシトシンが脱アミノ化するとチミンに変異するため，長い進化の過程でCpG配列は徐々にTpG配列に置き換わってきた．生殖細胞内では卵や精子に必要なもの以外の組織特異的な遺伝子のプロモーター領域は不活性であるためにメチル化を受け（エピジェネティックな制御），その結果CpG配列を失ったと考えられている．一方，細胞の生存に不可欠な蛋白質をコードしている遺伝子すなわちハウスキーピング遺伝子（house keeping gene）の多くは活性化されているためメチル化を受けておらず，この配列は保存されてきた．このため，CpGアイランドの多くがハウスキーピング遺伝子のプロモーター領域に存在するとされている．

k **ジヒドロウラシル**　[5,6-dihydrouracil]　⇒微量塩基

l **5α-ジヒドロテストステロン**　[5α-dihydrotestosterone]　《同》ジヒドロテストステロン，5α-DHT．ス

タノロン，17β-hydroxy-5α-androstan-3-one．$C_{19}H_{30}O_2$ テストステロンの二重結合が $5α$ に還元されたステロイド．雄性付属性腺（前立腺や精嚢腺など）で働く「真のアンドロゲン」といわれ，男性の二次性徴はこの物質の作用に依存する面が大きい．精巣から分泌されたテストステロンは付属性腺の細胞で $5α$-ヒドロゲナーゼにより $5α$-ジヒドロテストステロンに変換された後，アンドロゲン受容体と結合して核に入り，遺伝子の転写を活性化して作用する．テストステロンよりやや強いアンドロゲン作用を示す．$5β$ 体は肝臓やとさかなどでテストステロンからつくられるが，アンドロゲン作用はない．$5α$-ジヒドロテストステロンは $3α$-ヒドロキシステロイド脱水素酵素により 5α-androstane-3α, 17β-diol に代謝され，排出される．

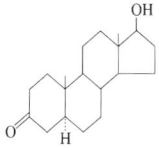

a **ジヒドロ葉酸還元酵素** [dihydrofolate reductase] 〔同〕ジヒドロ葉酸レダクターゼ，テトラヒドロ葉酸デヒドロゲナーゼ．NADPH を用いて葉酸を*ジヒドロ葉酸に，さらにジヒドロ葉酸を*テトラヒドロ葉酸に還元する酵素．メチル基供与体として，プリン生合成，*チミジル酸合成，およびアミノ酸生合成に関与する．本酵素の阻害剤は，抗がん剤や寄生虫および細菌感染症の治療に用いられている．植物や原生生物の多くでは，本酵素は*チミジル酸生成酵素との融合酵素として存在する．

b **ジビニルクロロフィル** [divinyl chlorophyll] 3位と8位にビニル基をもつ*クロロフィル．海洋性の特殊なシアノバクテリアの仲間であるプロクロロコッカスにのみ存在が確認され，ジビニルクロロフィル a とジビニルクロロフィル b が知られる．通常のクロロフィルに比べ，*ソーレー帯の吸収極大が約 10 nm 程度長波長側にシフトしており，海洋中での青色光吸収に適応する．赤色領域の吸収は，モノビニルクロロフィルとほとんど同じである．クロロフィル合成経路のビニル基還元酵素が欠損すると，ビニルクロロフィルが蓄積する．

c **指標種** [indicator species, index species] 環境条件に対してごく狭い幅の要求をもつ生物種（狭適応種）で，したがって，環境条件をよく示しうる種．その存在により，生育環境の条件が狭い幅の中にあることを示す．その種に属する生物を指標生物という．植物については指標植物 (indicator plant, plant indicator) という．例えばヨシは地下水の浅いところに，また湖沼の泥土中にいるフサカの幼虫は酸素がかなり多量にあることを示す．F. E. Clements (1920) が組織的に研究をはじめ，農業上にも利用されている．植物は動物よりも固着的で環境との結びつきが見られやすいため，植物を指標種として用いることが多い．特に環境汚染の度合を示す生物をいうこともあり，例えば地衣植物の生育は大気が比較的清浄なことを示し，またシダ植物のヘビノネゴザだけが密生することは土壌中に多量の重金属類の存在することを示す．水域の汚染に関してはプランクトンや動物がよく指標に用いられる．

d **篩部，師部** [phloem] *篩管，篩細胞組織，*伴細胞，篩部柔組織 (sieve parenchyma)，篩部繊維組織 (phloem fiber) からなる複合組織．体内物質移動の通路，あるいは機械組織・貯蔵組織としても働く．*木部に対する．種子植物の茎の維管束内では篩部は木部の外側に存在するのが一般的であるが，シダ植物の茎では篩部が木部を取り囲むものが多い．篩管を構成する篩管要素は被子植物に，*篩細胞はシダ植物と裸子植物にみられる．シュート頂や根端の下方の*前形成層に由来する篩部を*一次篩部といい，二次成長を行う裸子・被子植物において，のちに*形成層および*コルク形成層から作られる組織を*二次篩部という．二次成長を行う木本双子葉植物と裸子植物では，一次篩部は，二次篩部の形成とともに破壊される．篩部柔組織は一次篩部では篩要素や伴細胞に接して存在し，二次篩部では*放射組織となり貯蔵組織として機能する．篩部繊維は一次篩部では原生篩部繊維として外側に分化し，二次篩部では散在するか接線方向に帯状に発達し，植物繊維として利用される．（⇌靭皮繊維）

e **ジフェニルウレア** [diphenyl urea] 1,3-diphenyl urea, N,N'-diphenyl urea に当たる．$C_{13}H_{12}N_2O$ ココナツウォーターより単離同定されたとされる化合物．抽出操作中に混入した非天然化合物の疑いもある．*サイトカイニン様の生理作用をもつが，その活性は通常のサイトカイニンと比較して微弱である．合成誘導体の中には，N-3-chlorophenyl-N'-phenyl urea, N-4-nitrophenyl-N'-phenyl urea など，かなり活性の強い化合物もある．また，人尿よりウレイレン基 (-NH-CO-NH-) をもったプリン誘導体 N-(purine-6-ylcarbamoyl) threonine およびそのヌクレオシドが単離されている．

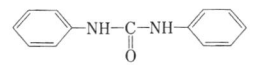

f **SIF 細胞** (シフさいぼう) [SIF cell, small intensely fluorescent cell] 交感神経節内に存在し，カテコールアミンを多く含む小形の細胞．細胞内のカテコールアミンがホルマリン処理により，強い蛍光を発するところから命名．

g **視物質** [visual pigment] 網膜の視細胞外節に含まれる感光性色素蛋白質．分子量3万〜6万の膜蛋白質であり発色団として 11-cis 型のレチナール（あるいはその誘導体）をもつ．これが光を吸収して変化する（⇌光退色過程）ことにより光受容がなされる．動物は明暗を感じるために，その環境での太陽光線の波長分布に適応した視物質をもつ．また，ある動物では上記のほかに，色覚に関与する波長感受性の異なる数種類の視物質をもつ（⇌三原色説）．これらの視物質は従来その吸収特性（色）によって分類されてきた．しかし，研究の発展により種々の視物質のアミノ酸配列（一次構造）が決定され，また発色団も 4 種類あることが明らかにされ，分類の仕方は統一されていない．一般に明暗を感じる視細胞に含まれている視物質で，発色団としてレチナールを含むものを*ロドプシン（視紅），レチナール₂を含むものをポルフィロプシン（視紫紅 porphyropsin）と呼ぶ．昆虫類では発色団として 3-ヒドロキシレチナールをもつものがあり，キサントプシン (xanthopsin) と呼ばれる．頭足類には 4-ヒドロキシレチナールを発色団としてもつものがあるが，特別な名前はなく，ロドプシンと呼ばれる．色覚に関与する視物質で，古くから研究されているニワトリの赤色感受性錐体に含まれる視物質をアイオドプシンと呼ぶ．一般的には，錐体視物質の名は，同定された動物の名をつけて，ヒト green（ヒト緑），ニワトリ blue（ニワトリ青）などと呼ぶ．また，レチナール₂を発

色団としてもつ赤色感受性錐体視物質をサイアノプシン(cyanopsin)と呼ぶこともある。魚類，両生類，節足動物ではロドプシンとポルフィロプシンが共存し，両者の含量比が季節により適応的に変動するものがある。視細胞には存在しないが，視物質と進化的に近い光受容蛋白質として，鳥類松果体に発現するピノプシン(pinopsin)や網膜神経節細胞に発現する*メラノプシンがある。これらは光によるホルモンの合成や概日リズムの調節など，視覚とは異なる機能に関わっており，視物質とあわせてオプシンファミリー分子またはオプシン類と呼ぶ．同じ発色団をもつオプシン類は多くの場合，吸収極大の異なる分子であっても，吸収スペクトルを波長の4乗根に対してプロットすると非常に類似した形となる．

a **視物質の計算図表** [nomogram of visual pigments] 吸収極大波長だけがわかっている視物質の各波長での吸光度の値(すなわち吸収スペクトル)を予測するための計算図表．レチナールを発色団とする視物質群の吸収極大波長は，動物種や桿体・錐体などで異なるが，波数(波長の逆数)に対して目盛られた吸収スペクトルの主吸収帯の形はよく似たものになる．H. J. A. Dartnall (1953)はこのことを利用して，上記計算図表を提案した．その後，視物質の吸収極大波長が長波長にあるほど，主吸収帯の半値幅が少しずつ狭くなることがわかり，それを考慮した計算図表も提出されている．

b **ジフテリア菌** [*Corynebacterium diphtheriae*, diphtheria bacillus] コリネバクテリウム属細菌の基準種 *Corynebacterium diphtheriae* の和名．ジフテリアの病原体．E. Klebs が発見し，F. A. J. Löffler (1883) が分離．グラム陽性の桿菌で，鞭毛や莢膜はない．外毒素である*ジフテリア毒素を産生し，それにより咽頭・喉頭の粘膜組織に重大な損傷を与え，ときに致命的な疾患を引き起こすほか，発症後に神経麻痺などをもたらす．感染部位によって，咽頭・扁桃ジフテリア，喉頭ジフテリア，鼻ジフテリア，皮膚ジフテリア，眼結膜ジフテリア，生殖器ジフテリアなどに分類される．患者または保菌者から直接に飛沫感染する．すべての菌が毒素を産生するわけではなく，ジフテリア毒素遺伝子を保有するバクテリオファージが感染した菌のみが毒素を産生する．この毒素は高い抗原性をもち，その抗毒素は臨床的にもよく研究されている．免疫による予防には毒素をホルマリン処理して無毒化した*トキソイドを用いる．

c **ジフテリア毒素** [diphtheria toxin] (同)ジフテリアトキシン．*ジフテリア菌の産生する外毒素．分子量約6万の一本鎖ポリペプチドで，コレラ毒素や百日咳毒素と同様にいわゆるA-B構造を有し，プロテアーゼにより限定分解されて生じるC末端側のB断片(分子量約3万8000)で動物細胞の細胞膜に結合して，N末端側のA断片(分子量約2万1000)を細胞質内に送り込む．A断片にはNADのADPリボース部分を，*ポリペプチド鎖延長因子であるEF-2蛋白質に存在する，ヒスチジン残基が修飾されたジフタミド(diphthamide)に転移させる*ADPリボシル化の酵素活性が存在する．ADPリボシル化によりEF-2本来の機能が阻害され，蛋白質生合成は停止し細胞が死滅する．

d **シフトアップ** [shift up] 微生物を栄養貧弱な培地から栄養豊富な培地に移すこと．逆に栄養豊富な培地から栄養貧弱な培地に移すことをシフトダウン(shift down)という．さまざまな培養液を用いて成長させることができる大腸菌を，肉エキス，ペプトン，グルコースを含むような栄養豊富な培地で成長させれば分裂速度は大であるが，アンモニウム塩とコハク酸塩とを含むような栄養貧弱な培地中では分裂速度は小となる．したがって栄養条件の転換を行うと一時的に不均衡的成長が起こり，細胞内諸成分の合成に乱れを生じる．逆にこのことを利用して，細胞分裂における蛋白質・細胞膜物質・核酸などの諸成分の合成の調節と相互依存などについて解析することができる．

e **篩部輸送** [phloem transport] 植物における物質輸送の一つで，同化産物や代謝産物が*篩部組織を通って輸送されること．移動物質は，植物体の上方へも下方へも移動する．篩部は，篩管断面積1 cm²当たり1時間で数gのオーダーの物質を輸送する．その速度は，100〜200 cm/h にも達する．篩部輸送される物質の約90%は糖(*ショ糖，または*オリゴ糖)であり，つづいてアミノ酸や無機イオンが多く存在する．これらの一次代謝物のほか，*ジャスモン酸などの植物ホルモンやmRNA，miRNA などが篩部輸送によって組織間を移動し全身的な制御に寄与している．輸送物質を供給する細胞から*篩管へ物質を輸送することを積込み(phloem loading)と呼ぶ．糖の積込みには次の二つのタイプがある．(1)タイプ1またはシンプラスト型：原形質連絡を通して中継細胞(intermediate cell)に運ばれてきたショ糖はグルコースと重合して三単糖以上のオリゴ糖に変換されて篩管へ移動する．中継細胞でオリゴ糖へ変換することで糖のストークス半径が増大され葉肉細胞と接している原形質連絡を通れなくなり篩管への移動が促進される．この現象をポリマートラッピング(polymer trapping)と呼ぶ．(2)タイプ2またはアポプラスト型：運ばれてきたショ糖がアポプラスト(植物組織の細胞膜外の総体)へ移動した後，輸送体を介した*能動輸送により*輸送細胞(transfer cell)へ取り込まれ，その後に篩管へ移動する．タイプ1は木本や熱帯・極地方に生息する植物に多く，タイプ2は草本や温帯域に生息する植物に多く見られる．篩部輸送の機構には複数の説があるが，E. Münch (1926) が提唱した圧流説(pressure flow theory)が有力である．糖を受け取る側(シンクsink)に比べて，糖を供給する側(ソースsource)の篩管の浸透圧が高い場合には，ソース側からシンク側へ篩管を通した水の流れが生じる．この水の流れにのって輸送物質が運ばれるとしたものである．

f **四分子** [tetrad] [1] 1個の母細胞から*減数分裂によって生じた4個の娘細胞．花粉四分子・*四分胞子などがこれに当たる．四分子における形質分離を利用して行う遺伝子分析を*四分子分析という．[2] *四分染色体を指すこともある．

g **四分子分析** [tetrad analysis] 1回の減数分裂の結果できる4個の細胞(四分子)の遺伝解析．酵母・藻類など四分子をセットで回収できる生物で可能．四分子として子嚢胞子・子嚢胞子対・担子胞子などが用いられる．胞子の色に関する遺伝子を標識として用いると，顕微鏡下で分離状態を解析できる．四分子の配列順序まで解析する場合と種類だけを解析する場合がある．配列順序から減数第一分裂分離と第二分裂分離を区別でき，*動原体距離を計算できる．2遺伝子座 a と b について $(a+)$ と $(+b)$ の間で交配すると，四分子の種類はつぎの3型となる．(1)両親型(parental ditype, PD): $(a+, a+,$

$+b$, $+b$). (2) 非両親型 (non-parental ditype, NPD): (ab, ab, $++$, $++$). (3) テトラ型 (tetratype, T): ($a+$, ab, $++$, $+b$). これらの型の出現頻度から, 連鎖の検出・遺伝子配列順序の決定・染色体地図距離の計算などができる. 四分子分析では減数分裂後の染色体をすべて回収して調べるので, 染色体地図作製のほか, 組換え機構の研究, 特に遺伝子変換・ポラロン効果・染色分体・キアズマ干渉など各種の研究に有効である.

a **四分染色体** [chromosome tetrad, tetrad] *二価染色体を形成する2本の染色体はそれぞれ2本の*染色分体に縦裂し, あわせて4本の染色体からなっているので四分染色体という. 各染色分体はところどころで対合の相手を交換し, この交換点をキアズマという. (⇌減数分裂, ⇌キアズマ)

b **四分胞子** [tetraspore] 真正紅藻類において減数分裂によって形成された単相の不動性胞子. 発芽して配偶体となる. 通常, 四分胞子嚢 (tetrasporangium) 内に4個形成されるが, 多数の場合は多分胞子 (polyspore), 2個の場合は二分胞子 (bispore) と呼ぶ. 基本的に*四分胞子体上に形成されるが, 一部の種(例: *Liagora tetrasporifera*)では*果胞子体上に形成される. このような胞子嚢を四分果胞子嚢 (carpotetrasporangium) と呼ぶが, 果胞子体および四分胞子体が省略されたものと考えられる. 四分胞子嚢内での配置によって環状 (zonate), 十字状 (cruciate), 三角錐状 (tetrahedral) が区別される. また褐藻の胞子体は通常, 減数分裂によって遊走子を形成するが, アミジグサ目は4個の不動胞子を形成し, これも四分胞子と呼ばれる.

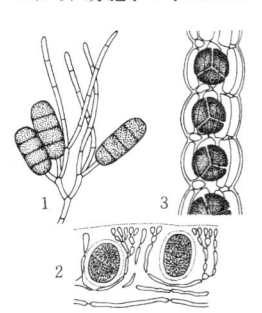

四分胞子形成の3型
1 *Dudresnaya verticillata*: 互いに平行な面で分割される (zonate)
2 *Gelidium cartilagineum*: 互いに直角な面で分割される (cruciate)
3 *Polysiphonia* sp.: 4個の三角錐状に分割される (tetrahedral)

c **四分胞子体** [tetrasporophyte] 真正紅藻類における*胞子体. この藻群では*配偶体と胞子体の間に受精卵から発生する*果胞子体が介在しているため, これと区別するために特に四分胞子体と呼ぶ. 一般に減数分裂によって*四分胞子を形成するが, 体細胞が減数分裂して直接配偶体を形成するものもある.

d **自閉症** [autism] 発達障害の一つで, 相互的社会関係の質的障害, コミュニケーションの質的障害, 想像力の障害およびそれに基づく行動の障害, の3領域に及ぶ機能の異常が認められるもの. 3歳以前にそれらの異常が生じるが, すでに乳児後期から相互コミュニケーションや共同性注意 (相手が注意を向けている対象に自分も注意を向ける能力) において障害が認められる. 従来自閉症の概念や診断基準に関してさまざまな見解が提出されてきたが, 現在では広汎性発達障害として捉えられている. また, 1944年のH. Aspergerによる報告から, 上記の3症状のうち言語発達の遅れが少なく, 知的には正常なことが多い群は, アスペルガー症候群と呼ばれる.

e **ジペプチダーゼ** [dipeptidase] ジペプチドを2個のアミノ酸に加水分解する酵素の総称 (EC3.4.13群). 種々の生物でさまざまな特異性をもつものが発見されている. Gly-Gly, Gly-L-Leu, X-L-His, L-Cys-Gly, L-Pro-X (プロリナーゼ), X-L-Pro (プロリダーゼ), Xは任意のアミノ酸残基) などに対するジペプチダーゼが知られている. 動物の小腸内の絨毛上に分泌されるジペプチダーゼは, 広い基質特異性をもち, 単一のアミノ酸として吸収するのに役立っている.

f **ジベレリン** [gibberellin] GAと略記. 《同》ギベレリン. *ent*-ジベレランを基本骨格にもつ四環性のジテルペン (⇌イソプレノイド) の一種で植物ホルモンの一つ. 植物およびカビから, これまでに130以上の分子種が同定され, 発見された順にGA$_1$, …, GA$_{130}$のように番号をつけられている. GAにはγ-ラクトンをもつC$_{19}$-GAとその前駆体であるC$_{20}$-GAとがあり, 結合型ジベレリンとしても存在する.

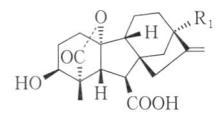

R$_1$=H : GA$_4$
R$_1$=OH : GA$_1$

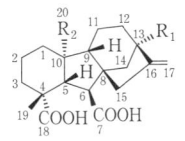

C$_{19}$-ジベレリン

R$_1$=H, R$_2$=CH$_3$: GA$_{12}$
R$_1$=OH, R$_2$=CH$_3$: GA$_{53}$
R$_1$=H, R$_2$=CHO : GA$_{24}$
R$_1$=OH, R$_2$=CHO : GA$_{19}$

C$_{20}$-ジベレリン

炭化水素である *ent*-カウレン (⇌カウレン) からシトクロムP450一原子酸素添加酵素の働きによりGA$_{12}$が生合成され, さらに2-オキソグルタル酸依存型二原子酸素添加酵素により多様なGA分子種に変換される. GAはイネ馬鹿苗病菌 (*Gibberella fujikuroi*) の培養液中から, イネ苗に徒長を誘起する物質として, 黒沢英一(1926)によって発見され, 藪田貞治郎・住木諭介(1938)によって結晶化・命名された. その後, J. MacMillanとP. J. Suter (1958) がマメ科植物 (*Phaseolus multifloras*) からGA$_1$を同定して以降, 多様な陸上植物で多数のGA分子種が単離・構造決定された. これらのうち, GA$_1$やGA$_4$などの数種のみが, それ自身で生理活性をもつ活性型GAとして働く. その他のGAは, 活性型GAの前駆体であるか, 不活性型であると考えられている. GAの典型的な生理作用は, 茎葉部の成長促進であり, ジベレリン生合成能や応答性が低下した突然変異体は*矮性を示す. GAの成長促進作用は, 細胞の分裂および伸長の両方の促進によるものと考えられる. GAはほかに, 種子発芽誘導, 長日植物の花芽分化促進, *単為結果の誘起, 穀類種子の糊粉層における加水分解酵素の合成誘導などの作用をもつ. ブドウの種なし化 (単為結果誘導) には, GA$_3$ (ジベレリン酸, gibberellic acidとも呼ばれる) が利用されている. 松岡信ら(2005)によるイネのGA非感受性変異体 *gibberellin insensitive dwarf1 (gid1)* の解析から, α/β-ヒドロラーゼファミリーに属するGID1がGA受容体として同定された. 活性型GAが核内でGID1に結合すると, さらにGA応答の抑制因子であるDELLA蛋白質と会合し, 三者に

よる複合体を形成する．これが SCF ユビキチンリガーゼ複合体によって認識されると，DELLA 蛋白質がユビキチン化を受け，プロテアソーム系により分解される．DELLA 蛋白質の分解により，GA 応答の抑制が解除され，成長促進などの生理反応が引き起こされる．

a **刺胞** [nematocyst, cnida] 《同》刺糸胞．[1] 刺胞動物において，間細胞(I 細胞)から分化した刺細胞(cnidoblast, nematocyte, thread cell)内で形成され，主として含硫性コラーゲンからなる顕微鏡的な細胞小器官．体表，特に触手や口の周囲，胃腔内面，特に胃糸や隔膜糸の上皮中に多数埋有する．構造的には楕円体をした刺胞嚢に中空の管状構造物である刺糸(nettling thread, stinging filament)が内蔵されている．蓋(operculum)をそなえる場合もある．刺糸は，刺胞嚢の遠位端から胞内腔へ長く伸び，渦巻状に捲曲して格納されている．刺糸が一瞬外転・翻出し胞外へ射出され，この過程を刺胞の発射(discharge)と呼び，種々の実験的作用因によって解発しうるが，これには胞内圧や胞壁の弾性の役割が重視される．刺細胞の外表面にそなわる毛様突起は刺針(刺細胞突起 cnidocil, trigger hair)と呼ばれ，ときに刺激受容装置とされる．刺針を欠く花虫類でも類似の繊毛様構造物をそなえることが多い．このことから，刺細胞自体は，1 個の独立効果器として機能し，特定の脂質成分に対する接触化学的応答がその本来の興奮形態とされる．刺胞は機能上貫通刺胞(penetrant)・捲着刺胞(volvent)・粘着刺胞(glutinant)などの別があり，その生物学的役割もさまざまである．貫通刺胞は刺糸が対象物(標的)の体内に差し込まれ，その先端から注入される毒液により獲物や外敵を麻痺させる働きをもち，捲着刺胞は射出した刺糸を対象物に巻きつけて捕らえる働きをもつ．粘着刺胞は射出した刺糸が対象物の表面に粘着し，そこに付着する働きがあるとされる．この粘着刺胞に射出後の刺糸の様she態や性状が似る螺刺胞(らしほう spirocyst)と呼ばれる特殊な型がある．これは花虫類にのみみられ，外来刺激に対する反応性や刺細胞の顕微鏡的な形態などに特異な点があり，本来の刺胞とは区別される．刺糸の先端は通常開いており，貫通刺胞の刺糸先端から射出される胞内液にはアミン類やペプチド類に属する毒物が含まれ，しばしば人体にも毒効を現す．捲着刺胞の先端は閉じている．刺糸の長さや形状，性状はさまざまで，それらに基づいて刺胞は形態的に約 30 通りの型に類別される．同一種で複数種の刺胞がみられ，その取合せすなわち刺胞相(クニドーム cnidome)が刺胞動物の分類上の標徴として重用される．ただし，刺胞相は刺胞動物の同一種でもポリプとクラゲとで異なる場合がある．[2] 原生生物渦鞭毛虫類の*放出体の一種．

b **子房** [ovary] ➡雌ずい，雌蕊

c **耳胞** [otocyst, auditory vesicle] 《同》聴胞．脊椎動物の*内耳の原基で，初期胚の耳プラコード(耳板 otic placode, 聴板 auditory placode)が表皮下にくびれて形成される 1 層の上皮から成る胞状体(➡プラコード)．耳プラコードの誘導にはその直下の間充織と*菱脳に由来し，FGF シグナルなどが関わるとされる．上皮の一部は聴神経節のニューロンを形成する．多くの脊椎動物では初めほぼ球状の耳胞はのちにその内側上方に向かって細い突起を出し，これがのちに内リンパ管となるが，軟骨魚類では耳胞は初めから表皮との連絡を断たず内リンパ管によって外界と通じている．耳胞はのちにその上皮嚢に複雑な形態変化を起こし，表面に現れた三つの堤状の隆起はそれぞれ管状にくびれて半規管となり，またそれに接して小嚢(saccule)，通嚢(utriculus)および壺嚢(lagena)，哺乳類では蝸牛(cochlea)などがそれぞれくびれて分化する．こうした複雑な形態形式には，耳胞で領域特異的な局在を示す*転写因子(Pax2, Dlx5, Otx1 など)の組合せが重要であるとされる．

d **脂肪肝** [fatty liver] 《同》脂肝．肝細胞に*中性脂肪と*コレステロールの量が甚だしく多くなった状態．医学的には肝小葉の 30％ 以上の肝細胞に，主に中性脂肪からなる脂肪滴の貯留した状態と定義される．多脂肪，少蛋白質性の食事などが原因で現れる疾患で，貧血・内分泌障害・ガラクトース血症などの代謝異常，アルコールや薬物，栄養の不良または過剰によって起こる．

e **脂肪球皮膜蛋白質** [milk fat globule membrane protein] 乳汁脂肪球の皮膜にある蛋白質の総称．脂肪球皮膜(MFGM)は乳蛋白質の 1〜4％ を含む．主成分はムチン 1(Muc 1)，SED1/MFG-E8(ラクトアドヘリン)，ブチロフィリンで，ウシ乳では約 120 種の乳蛋白質が検出されている．ムチン 1 は，乳腺などの上皮細胞の水和・保護・潤滑に関与する．9 割以上の乳癌で過剰発現が見られ，子宮，肺，膵臓癌でもしばしば報告されている．ムチン 1 の異所的な発現が変異を促し，腫瘍を引き起こす．がん細胞のムチン 1 と循環するガレクチン 3 との相互作用ががん細胞の接着力を高め，転移を促進する．ラクトアドヘリンは，自死細胞の貪食作用，精子–卵結合の仲介，乳腺樹状細胞の形成など多岐にわたる生理作用をもつ．消化されにくく，毒素産生大腸菌の腸絨毛への接着を防ぎ，ロタウイルスの初期感染を阻止する．ブチロフィリン(BTN)は，ウシ乳脂肪球皮膜蛋白質の約 40％ を占める．乳腺先端の乳分泌細胞で合成され，乳分泌の必須成分で授乳期に高発現する．免疫グロブリンスーパーファミリーに属す．

f **脂肪細胞** [fat cell] [1] 組織間に散在，あるいは疎性結合組織の一つとして毛細血管の走行に沿う集団として脂肪組織を形成する，多量の脂肪を含む細胞．細胞内の脂肪ははじめいくつかの微小滴として現れ，それらがしだいに大きくなる．細胞内の脂肪はスダンIIIまたは四酸化オスミウムにより容易に検出される．毛細血管壁に残る間葉の細胞が脂肪を貯えたものと考えられ，ほかに繊維細胞や組織球に由来する可能性もある．脂肪細胞が栄養不足などのためにその脂肪を失うときには，蒼白で粘液のように見える小滴を含む漿液性脂肪細胞(serous fat cell)となる．[2] 動植物の，脂肪粒に富む細胞の一般的な呼称．

g **脂肪酸** [fatty acid] 油脂，蠟など，天然の*脂質の構成成分をなす有機酸．*アシルグリセロール，高級アルコールエステルなどとして見出されるが，低級なものも遊離酸や塩，エステルとして広く動植物界に分布する．天然のものは炭素鎖の大部分が偶数の直鎖状であることから，鎖状モノカルボン酸の総称に限定されることもある．炭素鎖が飽和のものは飽和脂肪酸，不飽和(二重または三重結合を含む)のものは不飽和脂肪酸と称し，二重結合 1 個を含むものはモノエン脂肪酸(monoenoic fatty acid)，2 個以上含むものをポリエン脂肪酸(polyenoic fatty acid)と呼ぶ(➡高度不飽和脂肪酸)．また，奇数炭素鎖のものや，分枝鎖を含む分枝脂肪酸，水酸基を含むヒドロキシ脂肪酸も多数発見されている．細菌に

は分枝脂肪酸のほかに環状構造をもつ脂肪酸も存在するが，これらは不飽和脂肪酸と同じく脂質の融点を下げる働きがある．各種脂肪酸の代表的なものについては下の表1・表2に示した．脂肪酸は*β酸化により*アセチルCoAとなり，*クエン酸回路で完全酸化され，エネルギー源として利用される．(⇌脂肪酸生合成)

a **脂肪酸合成酵素**［fatty acid synthase］《同》脂肪酸シンターゼ．*アセチルCoA，マロニルCoA，NADPHから飽和*脂肪酸の合成を触媒する酵素(⇌脂肪酸生合成[図])．この酵素には，反応に関与するチオール基(*SH基)がシステイン残基であるチオール(S_pH)，および4′-ホスホパンテテインであるチオール

(S_cH)の2種類がある．反応は，アセチルCoAのアセチル基がアセチルトランスフェラーゼによってシステイン残基のチオール(S_pH)に転移することから開始される．ついでマロニルCoAのマロニル基が酵素に転移し，酵素に結合したアセチル基とマロニル基とが縮合し，アセトアセチル-酵素が生成する．このアセトアセチル-酵素は，還元，脱水，還元の3反応によってブチリル-酵素に変換される．この反応サイクルを1回転することによって，炭素鎖がC_2単位伸長したことになる．この転移-縮合-還元-脱水-還元の反応サイクルの繰返しによって，パルミトイル-酵素が生成する．ここまでくると，伸長サイクルは働かず，終末反応(チオエステラーゼ)に

表1 飽和脂肪酸の例

炭素数	系統名(IUPAC名)	慣用名	分子量	融点(℃)
4	n-ブタン酸	ブチル酸(酪酸)	88.1	−7.9
5	n-ペンタン酸	バレリアン酸(吉草酸)	102.1	−34.5
5	3-メチルブタン酸	イソ吉草酸	102.1	−37.6
6	n-ヘキサン酸	カプロン酸	116.2	−3.4
7	n-ヘプタン酸	エナント酸	130.2	−10.5
8	n-オクタン酸	カプリル酸	144.2	16.7
9	n-ノナン酸	ペラルゴン酸	158.2	12.5
10	n-デカン酸	カプリン酸	172.3	31.6
12	n-ドデカン酸	ラウリン酸	200.3	44.2
14	n-テトラデカン酸	ミリスチン酸	228.4	53.9
15	n-ペンタデカン酸	ペンタデシル酸	249.3	52.3
16	n-ヘキサデカン酸	パルミチン酸	256.4	63.1
17	n-ヘプタデカン酸	マーガリン酸	270.4	61.3
18	n-オクタデカン酸	ステアリン酸	284.5	69.6
20	n-イコサン酸	アラキン酸	312.5	75.3
22	n-ドコサン酸	ベヘン酸	340.6	79.9
24	n-テトラコサン酸	リグノセリン酸	368.6	84.2
26	n-ヘキサコサン酸	セロチン酸	396.7	87.7
28	n-オクタコサン酸	モンタン酸	424.7	90.0
30	n-トリアコンタン酸	メリシン酸	452.8	93.6

表2 不飽和脂肪酸の例

炭素数	酸(二重結合数)	構造式	融点(℃)
10	カプロレイン酸(1)	$CH_2=CH(CH_2)_7COOH$	
10	ステリン酸(2)	$CH_3(CH_2)_4CH=CHCH=CHCOOH$ (cis, trans)	
12	9-ドデセン酸(1)	$CH_3CH_2CH=CH(CH_2)_7COOH$	
16	パルミトオレイン酸(1)	$CH_3(CH_2)_5CH=CH(CH_2)_7COOH$ (cis)	0.5
18	オレイン酸(1)	$CH_3(CH_2)_7CH=CH(CH_2)_7COOH$ (cis)	13.4
18	エライジン酸(1)	$CH_3(CH_2)_7CH=CH(CH_2)_7COOH$ (trans)	46.5
18	リシノール酸(1)	$CH_3(CH_2)_5CH(OH)CH_2CH=CH(CH_2)_7COOH$ (cis)	50
18	ペトロセリン酸(1)	$CH_3(CH_2)_{10}CH=CH(CH_2)_4COOH$	30
18	バクセン酸(1)	$CH_3(CH_2)_5CH=CH(CH_2)_9COOH$ (cisおよびtrans)	
18	リノール酸(2)	$CH_3(CH_2)_4CH=CHCH_2CH=CH(CH_2)_7COOH$ (全cis)	−5.2
18	リノレン酸(3)	$CH_3(CH_2)_2(CH=CHCH_2)_3(CH_2)_6COOH$ (全cis)	−10〜−11.3
18	エレオステアリン酸(3)	$CH_3(CH_2)_3(CH=CH)_3(CH_2)_7COOH$ (cis, trans, trans)	49
18	プニシン酸(3)	$CH_3(CH_2)_3(CH=CH)_3(CH_2)_7COOH$ (cis, trans, cis)	44
18	リカン酸(3)	$CH_3(CH_2)_3(CH=CH)_3(CH_2)_4CO(CH_2)_2COOH$	75
18	パリナリン酸(4)	$CH_3CH_2(CH=CH)_4(CH_2)_7COOH$	86
20	ガドール酸(1)		
20	アラキドン酸(4)	$CH_3(CH_2)_4(CH=CHCH_2)_4(CH_2)_2COOH$	
20	5-イコセン酸(1)	$CH_3(CH_2)_{13}CH=CH(CH_2)_3COOH$ (cis)	
20	5,8,11,14,17-エイコサペンタエン酸(5)	$CH_3(CH_2CH=CH)_5(CH_2)_2COOH$ (全cis)	
22	5-ドコセン酸(1)	$CH_3(CH_2)_{15}CH=CH(CH_2)_3COOH$ (cis)	
22	セトール酸(1)	$CH_3(CH_2)_9CH=CH(CH_2)_9COOH$	
22	エルカ酸(1)	$CH_3(CH_2)_7CH=CH(CH_2)_{11}COOH$ (cis)	34.7
22	5,13-ドコサジエン酸(2)	$CH_3(CH_2)_7CH=CH(CH_2)_6CH=CH(CH_2)_3COOH$ (全cis)	
24	セラコール酸(ネルボン酸)(1)	$CH_3(CH_2)_7CH=CH(CH_2)_{13}COOH$ (cis)	61.9

よってパルミチン酸に加水分解される．マロニルCoAが生成する段階で取り込まれた炭素は，縮合段階で脱炭酸されるので，脂肪酸を構成している全炭素はアセチルCoAのアセチル基に由来する．動物や酵母では，脂肪酸合成酵素系は多機能酵素複合体として存在する．細菌や植物の脂肪酸合成酵素系は，細胞を破壊すると各反応を触媒する酵素蛋白質が個々に単離される．この場合，4′-ホスホパンテテインのチオール基と同じ機能をもつ*アシル基運搬蛋白質が単離される．

a **四放サンゴ類** [rugose corals ラ Rugosa, Tetracorallia] 《同》四射サンゴ類．刺胞動物門花虫綱に属する絶滅グループで，*オルドビス紀から*古生代末の*ペルム紀まで生存した．現在も生存している六放サンゴ類との間に直接の系統的な関係はない．特に*シルル紀から*デボン紀にかけて大繁栄したが，床板サンゴ類ほど，生物礁の形成に大きな役割は果たさなかった．床板サンゴ類との間に直接の系統関係はないが，*カンブリア紀前期に生存していたカンブリア紀サンゴ類との系統関係に関しては意見が分かれる．サンゴ体は，単体と群体で特徴づけられ，石灰質(方解石)の骨格を分泌し，隔壁の形成に四放サンゴに固有の様式が認められる．デボン紀のカルセオラ，*石炭紀の貴州サンゴ，ペルム紀のワーゲノフィルムなどが，*示準化石として有名である．日本では，宮城県，岐阜県，山口県，宮崎県などに分布する石灰岩から産出する．(→床板サンゴ類)

b **脂肪酸生合成** [biosynthesis of fatty acids] 生体における高級*脂肪酸の合成．高級脂肪酸の合成は*アセチルCoAを出発物とし，それが*アセチルCoAカルボキシラーゼによりATP分解を伴ってCO_2と結合し，マロニルCoAを生成することによって開始する．この段階が全体の律速段階で，*クエン酸によって促進される．マロニルCoAはアセチルCoAとともに*脂肪酸合成酵素により一挙にC_{16}の*パルミチン酸(あるいはC_{18}のステアリン酸)まで合成されるが，この過程は*アシル基運搬蛋白質(ACP)の関与した脱カルボキシル，C_2単位の縮合，NADPHによる還元の繰返しで行われる複雑な過程である(図)．生成した脂肪酸はCoA誘導体として，*ミトコンドリアではアセチルCoA，*ミクロソームではマロニルCoAと縮合し，C_2ずつ炭素鎖の延長を受ける．一方，モノ不飽和脂肪酸は飽和アシルCoA(またはACP)の好気的不飽和化(ミクロソームや微生物など，O_2とNADHとが必要)，あるいは脂肪酸生合成途上のβ-ヒドロキシアシルACPの水脱離反応(および炭素鎖延長)で生成する．ポリ不飽和脂肪酸は動物によって必ずしも生成されず，摂取した不飽和酸の炭素鎖延長などによって作り変えられる．なおシクロプロパン脂肪酸は，S-アデノシルメチオニンのC_1が不飽和酸の二重結合へ結合して作られる．脂肪酸はCoA誘導体として種々の基質の合成に用いられる．

c **子房上生** [epigyny] ⇌雌ずい，雌蕊，⇌上生

d **耳傍腺** [parotid gland] 《同》耳腺(glandula auris)．ヒキガエルにおいて，*皮膚腺の一種である顆粒腺(granular gland, 毒腺ともいう)の密集したもの．眼のやや後方，鼓膜の背方に左右1対，縦の隆起をなす．白色・乳状の毒液

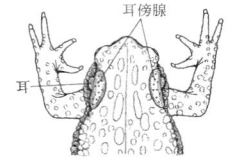

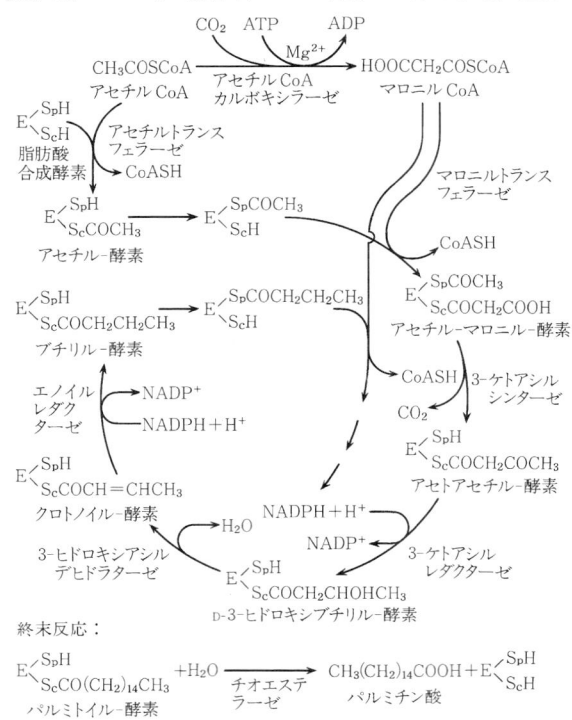

(*ガマ毒)を分泌する.

a **脂肪組織** [adipose tissue, fat tissue]　脂肪の貯蔵組織の総称.[1]疎性結合組織のうち,特に*脂肪細胞の多いもの.各脂肪細胞は格子繊維によって囲まれ,細胞間に毛細血管が密に分布する(⇒脂肪体).[2]皮下脂肪組織.(⇒皮下組織)

b **脂肪体** [fat body]　他の組織から独立した塊状もしくは房状の*脂肪組織.脊椎動物では腎臓や生殖腺に接して腹腔内に,無脊椎動物では血体腔中に存在.白色・黄色,またときに橙色をなす.両生類では12対の生殖腺原基のうち前方数節と,さらにその前方にある前生殖腺(progonad)から形成される.皮下脂肪組織の発達しない両生類では脂肪の貯蔵器官として重要で,顕著な季節的消長を示し,冬眠中に発達する.昆虫では脂肪細胞のブドウ状集塊で,特に幼虫や蛹ではこれが体腔の大部分を占める.双翅類のあるものでは,脂肪細胞の核の休止期にも染色体が認められ,唾腺染色体と同様な横縞と体細胞対合を示す.また,昆虫の脂肪体は中性脂質だけでなく,リン脂質,蛋白質,グリコゲン,尿酸などを多量に含み,これらの物質の代謝中心となり,機能的にはむしろ脊椎動物の肝臓に近いとされる.(⇒脂質動員ホルモン【1】)

c **刺胞動物** [cnidarians　ラ Cnidaria]　《同》刺胞類,有刺胞類.後生動物の一門で,二胚葉性の動物.すべて*刺胞をもつ.現生はヒドロ虫類,箱虫類,鉢虫類,十文字クラゲ類,花虫類の5綱からなる.十文字クラゲ類は,従来鉢虫綱の一目とされていた.体制の基本形として固着生活に適した*ポリプ形と,浮遊生活に適した*クラゲ形とがある.単体で生活するものの他に,個体(*個虫)が連なって群体を形成するものがいる.表皮層(外胚葉)と胃層(内胚葉)との間に間充ゲル(中膠)があり,クラゲでは厚く発達している.ポリプの中膠は非常に薄い膜状構造体であり,これを支持膜(支持層 supporting lamella)という.支持膜中には内外両胚葉から移入した少数の遊離細胞が含まれていることがある.イソギンチャク類のような大形の花ポリプでは支持膜は厚い.胃腔を含む内胚葉性の内腔として形成される呼吸・循環,消化・排出の管系を胃水管系(gastrovascular system),または腔腸(coelenteron)という.口から入った水が胃水管系を往復して口へ戻ってくる.一般に,食物は口から胃腔に至る部分で消化され,胃腔から出た管系により体の各部に送られて吸収される.老廃物は胃水管系をとおって口まで運ばれ,排出される.単体性のポリプ形であるヒドラなどでは,口に連絡する内腔は単一の囊状の胃腔である.群体性のポリプでは,共肉(coenosarc)と呼ばれる肉質部で個虫が連結する.外面は表皮層が分泌した包皮に包まれることがある.各個虫の胃腔は共肉内の管により互いに連絡しあう.樹状群体をなすヒドロポリプではヒドロ茎と*ヒドロ根が共肉に相当する.管クラゲにおいては,特に保護葉・栄養体・生殖体などを連結する管状部すなわち幹部を指し,中の空所は各個虫を連絡する管系を腔腸溝系(共肉溝系)という.また花虫類の場合には共肉部(共肉体・共肉塊 coenenchyme, sarcosome)と呼び,その中を走る管系を腔腸溝系(共肉溝系)という.この共肉部はヒドロ虫類の群体に比べて発達が著しく,個虫はその体を共肉部内にほとんど全部退縮させることができる.個虫が伸びた場合に共肉部外に現れる上端部分を花頭(anthocodium)という.鉢クラゲ・鉢ポリプおよび花ポリプにおいて胃腔部は体壁から胃腔の中心に向かう隔膜などで仕切られている.そのために胃腔内は中央の中央胃腔(central stomach)と,周辺部に放射状に並ぶ放射腔(放射囊 radial pocket, radial chamber)とに分けられている.鉢クラゲでは,放射腔から一定数の放射管が傘縁に派出し,口→胃腔→放射管→環状管と傘を巡る系統をつくる.内外両胚葉の細胞の一部が組織立った筋原繊維をもつように分化し上皮筋細胞(表皮筋細胞 epithelial muscle cell)に,あるいはさらに独立した筋細胞に分化する.神経中枢はないとされるがクラゲ形では傘縁に神経集網がある.また,ある種のヒドラでは,口の周囲に神経環があることが知られている.生殖細胞はヒドロ虫類では外胚葉から,その他の類では内胚葉から生じるとされる.受精卵は発生してプラヌラ幼生を経た後に定着してポリプとなる.クラゲは一般にポリプから無性生殖で形成される.ヒドロ虫類において,生殖には直接関係せず,個虫または群体の栄養・防御などの機能だけに関与する部位を栄養体部(trophosome)と呼ぶ.それに対し,生殖に関与する部位を生殖体部(gonosome)という.ヒドロポリプのヒドロ花上,またはヒドロ茎上やヒドロ根上にあるクラゲ芽あるいはその退化型とされる子囊がこれにあたる.鉢クラゲ・立方クラゲ・十文字クラゲ・花ポリプでは生殖巣がこれに相当する.

d **脂肪変性** [fatty degeneration]　生理的または病的に,細胞内に脂質の合成蓄積が起こる変性.皮脂腺や乳腺に見られるものは前者に属し,種々の疾病に関連して肝臓(⇒脂肪肝)・腎臓・心臓・血管壁に見られるものは後者の例.アルコール性肝障害,虚血などの原因で起きるものもある.

e **死亡率** [death rate, mortality, mortality rate]　単位時間当たりの死亡数をその期間の最初の個体数で割った値.百分率で示すことが多い.個体群を構成する全個体数に対する比率を粗死亡率(crude death rate),齢・性・階級など特定クラスの死亡率を特定死亡率(specific death rate)として区別する場合もあり,例えば,特定齢期間の死亡率は齢別死亡率(age-specific death rate)という.なお mortality はより漠然とした語で,死亡数ないし死亡をもたらす諸過程の重要性の意味にも用いられる.(⇒出生率)

f **ジーボルト** SIEBOLD, Karl Theodor Ernst von 1804～1885　ドイツの動物学者.P. F. von Siebold の従弟.主に無脊椎動物の比較解剖学を研究し,G. L. Cuvier の関節動物(Articulata)を節足動物と蠕形動物に,放射相称動物(Radiata)を植虫類(Zoophyta)と原生動物に分けた.また寄生虫の生活史を研究し,寄生虫が宿主の体より化生するとする従来の考えを正した.R. A. von Kölliker とともに雑誌 'Zeitschrift für wissenschaftliche Zoologie' を発刊(1848).[主著] Lehrbuch der vergleichenden Anatomie der wirbellosen Thiere, 1848.

g **ジーボルト** SIEBOLD, Philipp Franz von 1796～1866　ドイツの医師,博物学者,旅行家.K. T. E. von Siebold の従兄.日本での通称はシーボルト.1822年オランダの軍医となって翌年来日すると,長崎商館の医員に任じられた.日本研究者として重要で,日本の動植物相を調査・記載した.また長崎で鳴滝塾を開くなど,医学その他の分野で多くの学者を養成し,日本の近代化に

寄与した．1828年帰国にあたって地図などの輸出禁止品を携行しようとして，いわゆるシーボルト事件を起こした．翌年末に帰国してライデンに住み，日本に関する多くの著作を書いた．後に再来日（1859〜1861）．[主著] Fauna japonica (C. J. Temminck らと共著), 1833〜1851; Flora japonica (J. G. Zuccarini と共著), 1835〜1847.

a **姉妹種** [sister species] 一つの共通祖先種から二分岐的な種分化で生じる1対の種．したがって姉妹種は互いに他方の最近縁種となる．系統学的に姉妹種は共通祖先に由来する派生的形質状態を共有するので，一つの単系統群を構成する．*地理的姉妹群は姉妹種である場合が多いが，両者は常に連関しているわけではない．*種分化は同所的に起こる場合があるし，異所的に種分化した場合でも，その後の分布域の拡大で，2種が広範囲で同所的に生息するようになっていれば，それらはもはや地理的姉妹群とは認識できないからである．また，*同胞種も必ずしも姉妹種ではない．例えば同胞種でかつ姉妹種でもあったA，Bの2種のうち，Bの系列でさらにC種が分化したとする．そうなるとBの姉妹種はCであってもはやAではない．ところが，この場合にC種の外部形態に大きな変化が生じてB種とは明瞭に区別される一方で，A，B両種の形態に変化がなければ，Bの同胞種はCではなくA種とみなされるだろう．

b **姉妹染色分体** [sister chromatids] DNA複製を終えた（G_2期，M期における）1本の染色体を構成している2本の染色分体のそれぞれを指す．これらの染色分体は，分裂中期まで*コヒーシンにより接着されており，分裂後期に*セパラーゼが活性化するとコヒーシンが分解され，細胞の反対極へ分配される．

c **姉妹染色分体交換** [sister chromatid exchange] SCEと略記．*姉妹染色分体上の相同な部分を互いに交換する現象．DNAの複製過程に障害が起きたときに，その修復過程で誘発される姉妹染色分体間の相同組換えの副産物として生じるケースが多い．*テロメアでは，反復配列を利用した姉妹染色分体の交換反応を利用してその長さの制御がなされていることが知られている．細胞周期のS期にDNA複製によってできた2本の娘DNAは折り畳まれて姉妹染色分体になる．*5-ブロモデオキシウリジン（BrdU）存在下で2世代の複製を経ると，姉妹染色分体の間でBrdUの取込み量に差異ができる．それを，蛍光ギムザ法により染め分けることにより，染色体の途中で起きた姉妹染色分体の交換を検出できる．

d **姉妹選択法** [sib selection] 《同》最善試験管法．細菌集団の中から，統計学的な彷徨試験の原理に基づき，特定の突然変異体を間接的に選択し，突然変異が選択操作とは無関係に起こることを定量的に証明する実験法．1940〜1950年代に，突然変異は選択操作によって誘発されるとの考え（directed mutation）は誤りであり，突然変異における前適応（preadaptation）の考えの正しさを証明する一連の実験が細菌やファージを用いて行われた．なかでも*レプリカ法と姉妹選択法とを発明したJ. Lederbergらの功績は大きい．レプリカ法が細菌の寒天培養を用いるのに対し，姉妹選択法は液体培養を用いる．例えば100万個に1個（10^{-6}）の割合でストレプトマイシン耐性菌が存在する菌集団がある場合，これを10本の試験管に等量分割すれば，9本には耐性菌0個，1本に1個となって，その試験管中には10^{-5}の割合で耐性菌が濃縮される．これらをさらに増殖させて，再び分割と増殖のサイクルを何度か繰り返していけば，ついには耐性菌ばかりの菌集団をもつ培養試験管が得られる．この選択過程では，菌増殖中に直接選択の操作，つまりストレプトマイシンにさらす操作を含まず，そのかわり各試験管から少量の培養液を部分的にとり出して，それらについて耐性菌の頻度を測定する目的だけで薬剤入りの寒天培地にまく．つまり，試験管内の菌集団の一部である姉妹細胞（siblings）だけ薬剤にさらすのでsib selectionという．また，分割した多数の試験管の中から最多数の耐性菌をもつものだけを毎回選び出して再び分割-増殖-濃縮のサイクルを繰り返していくので，最善試験管法の訳語も用いられる．

e **縞枯れ** [Shimagare, wave regeneration, fir wave] 《同》波状更新，モミの波．亜高山帯のシラビソ（Abies veitchii）やオオシラビソ（A. mariesii）のモミ属の純林に観察される帯状の集団枯死（stand-level dieback），一斉更新現象．最も大規模で有名な例は長野県北八ヶ岳の縞枯山の南西斜面であるが，青森県八甲田山のオオシラビソ林から奈良県大峰山系のシラビソ林まで広く認められる．北米大陸東岸のバルサムモミ（balsam fir, A. balsamea）の純林にも同じ現象が認められる．亜高山帯モミ属林でも，ダケカンバなどの落葉広葉樹との混交林にはこの現象は認められず，またコメツガなどモミ属以外の亜高山帯針葉樹林にも認められていない．日本では，縞枯れは山頂近くの，主に西-南斜面の均質な斜面に見られ，集団枯死する*林分が帯状に分布する．枯死帯の下には密生する同齢のほぼ年齢のそろった稚樹集団が形成され，この帯の通常斜面下側方向に徐々に林分の齢が増加していき，再び成熟林分では同様の枯死帯に終わる．森林全体としては定常的に同齢林のモザイクが維持されることになる．縞枯山ではこの枯死帯が約100m間隔で4〜5回も繰り返し現れる．集団枯死の主要因は，恒常風による物理的ストレスや生理的乾燥である．林分の発達にともない，密生状態で生じる自己間引き（self-thinning）の結果形成される均質な林分構造は，外的ストレスに脆弱であり，一斉枯死の条件を提供する．恒常風などの外的ストレスは，一斉枯死によって形成される風衝側の疎開面にある成熟林分に作用し，ゆっくり枯死面が進行し（縞枯山では年に1m強），一方，疎開面近くの林床に定着していた*実生集団は，光環境が好転するために更新が促進されることになる．枯死と成長の簡単なルールにより，ランダムな初期空間パターンから自律的に縞枯れ更新を示すようになるという理論的研究もなされている．縞枯れに限らず，同種の比較的齢のそろった自然林では集団枯死が生じ，再び枯死後に同種または異種の同齢集団を更新させる現象がしばしば見られる．

f **島の生物地理学** [island biogeography] R. H. MacArthurとE. O. Wilson（1967）によって著された『島の生物地理学の理論』（The theory of island biogeography）に始まる新しい生態学の分野．島もしくは島状の孤立した生息地における種の数は，大陸や他の島からのランダムな侵入，定着と，島にいる種のランダムな絶滅のバランスで決まるとする考えが基本である．そのためある時点で存在が確認された種でも，後に調査をするといなくなったり，別の種が加わったりという種の入れか

わりが常に生じていると考える．大洋島での鳥や昆虫の種数について実証された．保全生物学において基本的概念となっている．もちろん島の生物地理学という分野は，A. von Humboldt に代表されるように 19 世紀からあるが，この新しい生態学理論は，群集の種構成（種数平衡説）や生活史の進化（r 淘汰および K 淘汰説）などにおいて，数理的解析に基づく独自の理論を発展させ，後の群集生態学や生活史の研究に大きな影響を与えた．

a **島モデル** [island model] 集団が多くの分集団に分かれており，それらの間では同一率で毎世代遺伝子の交換が生じるという集団構造のモデル．S. Wright (1940) が提唱した．大洋中の島々に分布する生物に当てはまるモデルなので，このように呼ばれる．このモデルのもとで，分集団間の遺伝的分化の尺度として Fst が考案された．（⇒Fst，⇒集団構造）

b **翅脈** [vein] 昆虫の*翅に見られる中空の条．翅は上下 2 枚の膜が緊密に合わさって一平面状に形成されるが，その間に，体液を通じ，気管や神経が分布する管として翅脈が残される．翅の中央部の断面で見ると，脈の多くは翅の下面に隆条をなし，表面からは凹条に見える．これを凹脈（concave vein）という．R（径脈 radius）の幹も R₁ との 1 条および Cu₁（肘脈 cubitus）は表面に隆起した強い脈で凸脈（convex vein）と呼ぶ（⇒翅脈相）．M（中脈 media, medial vein）は本来凹脈であるが，トンボやカワゲラでは凸脈で，この例外の中脈を Ma の略号で表す．カゲロウには Ma と M との両方の脈がある．Cu₂ のすぐ後ろに翅襞（af）があり，後翅ではこれに沿って翅を縦にたたむ．この襞より後方にあるのが肛脈（臀脈，A）で，凸脈である．主部の縦脈（longitudinal vein）を横に結ぶ横脈（cross vein）がある．縦の脈と脈との間の膜が線状に厚くなって二次的な脈ができた場合，これを挿入脈と呼ぶ．脈どうし合一することもある．翅脈は機械的に翅の支持となるだけでなく，感覚器の足場として，また翅全体の代謝機能の推進にも重要な役割を果たす．

c **翅脈相** [venation] 《同》脈網，脈相．昆虫の*翅における*翅脈の分布の様式．昆虫の群によって極めて特徴的に異なっており，分類学上の標徴として重要．J. H. Comstock と J. G. Needham (1898) は，*蛹または*若虫の翅原基における*気管分布とその発達，および凸脈（convex vein）・凹脈（concave vein）の区別をもとにして，いろいろな翅脈の相同性を確立し，昆虫全体に共通する基本翅脈相を仮定して，統一的な命名を行った．これによれば，翅の前縁に沿って走る前縁脈（costa，略号 C），これと平行する亜前縁脈（subcosta, Sc），翅の先端中央に達する径脈（radius, R），その後方の中脈（media, M），後縁に近い肘脈（cubitus, Cu），最後方の肛脈（anal, A）がその主要なものである．これらは各群により一定の数に分岐・融合・退化するが，その分枝は翅の前縁に近いほうから数えて Sc₁, Sc₂ のように，融合は Cu₃+A₁ のように呼ばれる．また派生的な系統に属する昆虫では，この縦脈（longitudinal vein）を連結する横脈（cross vein）が一定の位置に見られ，同一の主脈の分枝同士のものは，その主脈の略号の小文字で（例えば M₂ と M₃ を結ぶ m），また異なった主脈の間のものは両者の略号（小文字）を連ねて（例えば M と Cu を結ぶ m-cu）示すものとされる．原始翅昆虫（例えば古網翅目）では横脈は全く不規則に網状をなしており，古翅脈網（archedyction）と呼ばれることがある．

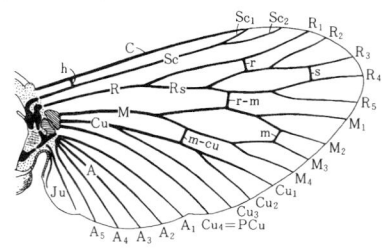

```
縦脈                    横脈
C=costa                 h=humeral
Sc=subcosta             r=radial
R=radius                s=sector
Rs=sector radii         r-m=radiomedial
M=media                 m=medial
Cu=cubitus              m-cu=mediocubital
PCu=postcubitus
A=anal
Ju=jugal
```

d **シミュレーション** [simulation] 《同》模擬実験．ある現象を，それと本質的に同じで，しかもわかりやすい，あるいは取り扱いやすい現象をもって模擬すること．本質的に同じとは，例えばそれらの現象を数学的に表現したとき，同一の形式に属することを意味する．現象が複雑で数式によっては表現できない場合でも，論理的なすじみちさえ明確ならば，計算機によってその現象を論理的に模擬することができる．これを計算機シミュレーションという．ランダムな現象を含む場合でも，乱数を利用することによって計算機でシミュレートし，現象を模型化して観測し近似解を得ることができる．これをモンテカルロ法（Monte Carlo method）という．多数の構成要素が動的にからみあっているシステムを統合的に取り扱う手法として，生物学においても頻繁に利用される．

e **シミュレーテッドアニーリング** [simulated annealing] 焼きなまし法を用いた数値的最適化の手法．金属を高温に加熱し，緩やかに冷却させて再結晶化させる焼きなまし法になぞらえたことからこの名前が付いている．パラメータを更新させる各ステップで，パラメータ空間の現在点 x_0 とその近傍にある候補点 x_1 の関数値 $f(x_0)$，$f(x_1)$ を比較し，x_0 か x_1 のいずれかを更新値とする．例えば最小化問題では，関数値の小さい方を選択することにより計算の効率は上がるが，複雑な関数形の場合には局所解に陥る危険性が高まる．そこで，計算の初期の段階では選択に不確実性を導入し，次第に不確実性を減少させていくことにより，安定的に大域解に収束させる．

f **シームリア** [*Seymouria*] 《同》セイムリア．両生綱の一属で，北米およびドイツの*ペルム紀前期の地層から発見された小型（体長約 60 cm）の四足動物でアントラコサウルス目（炭竜類）のシームリア亜科を構成する．体制は有羊膜類と両生類の中間的な状態を示す．頭骨は迷歯類型両生類のエンボロメリ類（Embolomeri）に類似し，丈の高い頭骨の後部に鼓膜が発達していたと思われる深い耳裂溝がある．頭骨の諸構成骨も基幹的な四肢動物と同様で後頭顆が 1 個．口蓋骨表面と顎骨周辺に迷歯類型の歯をもつが，頭骨以外の椎骨・肩帯・腸骨・上腕

a **ジメチルニトロソアミン** [dimethylnitrosamine] 《同》N-nitrosodimethylamine. $(CH_3)_2NN=O$ 分子量74.08. 微黄色で独特の臭気をもつ油性液体で水,有機溶媒に可溶. in vivo では酵素的に脱メチル化されてN-メチルニトロソアミンとなるが不安定なためにカルボニウムイオンを生じ,これが核酸などの生体高分子をメチル化する.肝臓に親和性が高く,肝障害,肝硬変,肝腫瘍を惹起する.種々の工業製品製造時の副生成物として生成され,工業排水や一部の農薬から検出される.国際がん研究機関(IARC)は国際化学物質安全性カード(ICSC)でグループ2A(ヒトに対しておそらく発がん性がある)に分類している.

b **刺毛** 【1】[stinging hair] 《同》棘毛.植物において細胞壁が特に肥厚して堅牢になった*毛.単細胞性のものと多細胞性のものとがある.イラクサの毛は代表的な刺毛であるが,細胞内容は失われて毛細管状をなし,基部付近は石灰化しているが先端部はケイ酸質化している.この鋭い毛は肌を容易に傷つけるほか,ヒスタミンやアセチルコリンその他の毒物質を含んでいる.また,刺毛のうち,その一部が突起状に発達したり先端が彎曲したりして他のものに引っかかりやすくなったとき,特に鉤状毛という.カナムグラ属やアカネ属の刺毛はその好例.
【2】[seta, macrotrichia, hair] 昆虫体壁に生ずる毛状の単細胞突起.一つの大きな表皮細胞から生じた細い毛状のクチクラの突起で,外皮に関節している.通常中空であるが,鱗翅目のシャチホコガ科・ドクガ科・イラガ科・ヒトリガ科などの幼虫のように有毛細胞と特別の毒腺細胞とが結合して刺激性の毒液を満たす刺毛,すなわち毒刺(poison seta, urticating hair, urticating bristle 独 Brennhaar)をもっているものがある.この毛の先端はかたくてもろく,ヒトなどが触れれば皮膚に突き刺さった後たやすく折れて,内腔の液体が浸出する.液体の成分は尿酸・蟻酸などというが,種類によっては皮膚のはげしい発赤や疼痛を引き起こす.

c **下村脩** (しもむら おさむ) 1928〜 生化学者,海洋生物学者.ウッズホール海洋生物学研究所研究員.2008年,緑色蛍光蛋白質(*GFP)の発見と開発により,M. Chalfie, R.Y. Tsien とともにノーベル化学賞受賞.

d **指紋** [finger print pattern, finger dermatoglyph] 《同》指球皮膚紋理.指頭触球での皮膚隆線紋様.皮膚小稜群は平行に彎曲して走り,種々の紋様を形成する.霊長類では目立ち,滑り止めの役割を果たす.紋様は原猿やサル類では単純であるが,ヒトでは複雑なものも見られる.大きく4型に分けられる.(1)弓状紋:弓状に凸彎する隆線が並び,隆線は指の一側から入って他側に流れる.三叉はない.(2)橈側蹄状紋:隆線群が強く彎曲し馬蹄形またはループ状をしたもので,指の橈側から入って,隆線の一部は反転して同側に戻る.隆線の出入する反対側に三叉が一つある.(3)尺側蹄状紋:橈側蹄状紋の対称形.隆線の出入は尺側で,三叉は橈側にある.(4)渦状紋:中心部の隆線が輪状,渦状,または二重の蹄状になるもの.三叉は尺側橈側にそれぞれ1個ずつある.ごくまれには三叉が3個以上あることもある.これらの指紋は,同一個人では,同種の指紋で集積的,左右指で対称的に出現する傾向が見られる.一般に渦状紋と尺側蹄状紋が多く,橈側蹄状紋と弓状紋は少ない.ヨーロッパ人などは,東アジア人に比べて尺側蹄状紋が多く,相対的に渦状紋が少ない.またアフリカ人では,弓状紋が比較的高頻度で出現する.指紋型の出現に関しては明らかに遺伝性があり,例えば総隆線数(10指の隆線数の合計)や三叉指数(各指の平均三叉数)は多因子遺伝形質で遺伝率は100%に近い.磨滅・火傷・切傷などによって,不鮮明化や消失,あるいは断裂する場合があるが,通常は指紋の形状は一生不変である.このことと,万人不同であることから,指紋は個人識別のための有力な手段を提供する.なお染色体異常の場合,指紋の出現パターンが異常となることがあり,人類遺伝学上重視されている.(⇒皮膚紋理)

e **視野** [visual field] ある一点を注視したときに*視覚が生じる空間の全範囲のこと.ある点を注視したとき注視点に対応する網膜部位は錐体の密集した中心窩(黄斑)がある.この部位は最も解像度が高く,中心窩で見ることを中心視(または直接視)という.一方周辺部の網膜で見ることを周辺視(または間接視)という.それぞれに対応する視野を中心視野(central visual field),周辺視野(peripheral visual field)という.これらは注視点のある静視野(static visual field)と呼ばれる.また頭部固定状態で眼球運動を可能にした場合に注視点の及ぶ範囲を注視視野(visual field of fixation),周辺視の及ぶ範囲を動視野(dynamic visual field)と呼ぶ.色覚に関するものを色視野(color visual field)という.単眼視野は,可視の最外限界を視軸に対する視角で表し,ヒトでは上方50°,下方70°,内方60°,外方100°くらいである.両眼で同一点を注視した場合の視野すなわち両眼視野は主として左右単眼視野の重複すなわち重複視野からなるが,単眼視野に比べて広い(⇒両眼視).両眼間の共通視野では,視野競争の現象が起こる.一般に哺乳類や鳥類では,捕食性の肉食動物は被食性の動物より重複視野と盲帯が広く,単眼視野は狭い(例えば,水平面内での単眼視野はネコ80°,ウサギ170°,重複視野はネコ120°,ウサギ10°(前方)および9°(後方),盲帯はネコ80°,ウサギなし).

f **シャウディン** Schaudinn, Fritz Richard 1871〜1906 ドイツの微生物学者.コッホ研究所で原虫病を研究し,太陽虫類の分類を基礎づけ,球虫類の世代交代を明らかにした.アメーバ赤痢の病原虫を実験的に自身の体に接種して健康を害した.梅毒病原体 Treponema pallidum を発見.

g **社会化** [socialization] 群れ,特に*社会集団を作って生活する動物の子が,群れの中で育っていく中で同種の認知やコミュニケーションパターンなどの*刷り込みや学習によって,社会関係の上で必要な素地を獲得していく過程.剝奪実験などで示されるとおり,この過程にはそれが正常に起こるための適当な時期があり,その時期を逃してしまうと社会化は困難となり,その個体は将来,同種他個体と正常な社会関係をもてなくなる.ヒトにおいても同様な過程が存在するが,A. Portmann は特にヒトの生後1年間が他動物にはみられない「子宮

外胎児期」であるとの見地から，この期間における社会化こそヒトの生物学的特性を作りあげるものとして重要視した．その後の言語や生活習慣の獲得には学習が重要な役割を果たす．

a **社会距離** [social distance] [1] 群れから離れた個体が再び群れに戻ってくることのできる，行動上の限界距離．小鳥の群れなどはかなり散開していても，ある距離以上離れた個体は群れの方に戻ってくるので，群れはちりぢりにならない．このような場合，それ以上群れから離れたら不安を感ずるような距離が存在するように見える．これを社会距離という（⇒個体距離）．[2] 同種他個体との物理的距離．社会距離は，群れを形成する動物の場合，相手を避けようとする力と，相手に引きつけられる力の双方によって決まる．種や性別，文脈，動物の状態によって異なってくる．[3] 社会的交渉の頻度から計算される，個体間の親密度を表すもの．

b **社会行動** [social behavior] 動物がその社会（⇒動物の社会）と関連してとる行動で，特に同種他個体に対するもの．個体が単独で行う行動に対していう．配偶行動やそれに関連する複雑な一連の*求愛行動，育児，*攻撃・遊び・挨拶・ねだり・協同動作・食物の分配など，さまざまな社会行動がみられる．社会行動において，それを行っている個体は互いに相手の行動を解発しあうことによって個体間の関係を展開させていく（⇒リリーサー）．多くの社会行動は基本的には*生得的であり，その点ではヒトについても変わらないと考えられている．（⇒文化的行動）

c **社会集団** [social group, community] 同種個体の動物において，相互の個体認知に基づいて構成され，繁殖期に限らず持続する集団．通常，同一社会集団の成員は行動圏・食物資源・巣などを共有する．社会集団の要素は交渉しあう複数の個体であるが，交渉の頻度やパターンによって集団内に分節構造が生じる．各分節はメンバーの血縁関係・性・成長段階・社会的役割によって特徴づけられることが多い．分節集団の社会的機能と分節集団間および社会集団間の秩序・階層関係を社会構造（social structure）と呼ぶ．これは特に社会性を発達させている霊長類の社会を分析するのに有効な概念であり，個体の行動や生活史を理解するうえでも重要である．社会構造は，環境条件によって変化するが，種に特異的で安定な面がある．最も単純な構造の社会集団は，配偶関係にある雄雌各1頭からなるペア型（一夫一妻型）集団で，かつ，各集団同士が排他的な関係にあるものである．おとなの構成員が複数になると順位関係や血縁集団が出現し，それらが社会的役割の分化や親疎関係の粗密を生んで，構造が複雑化する．種によっては，社会集団が幾層かの両性集団に分節する重層構造をもつことがある．例えばゲラダヒヒは，1頭の雄と配偶関係にある数頭の雌が構成するワンメールユニットと，それがいくつか集まって一緒に行動する*バンドおよびそれが集まる重層の社会集団をもつ．社会集団はメンバーの*移籍によって他集団と遺伝子交流を行うシステムをそなえた半閉鎖系であり，あるレベルの社会集団が個体の移籍の単位になっているとき，その集団を基本的社会集団（基本的社会単位 basic social unit, 単位集団 unit group）と呼ぶ．多くの種の場合社会集団は単層構造で，基本的社会集団と一致する．基本的社会集団が構成員の個別的な死にかかわらず持続する構造をもてば，集団を継承する性によって

父系集団・母系集団・双系集団に分類できる．これは集団間を雄か雌か両性の個体が移籍することで決まり，人間社会の財産の継承をめぐる系譜関係とは異なる．社会構造は，この集団と構造の維持機構も含めて論じられることが多い．社会集団は，要素の交替・増減が絶えず生じている動的平衡体であり，その構造は時間的に変化しうる．静止時間でとらえた構造を共時的構造，その時間的変化の様態を通時的構造と呼ぶ．

d **社会進化論** [social evolutionism] 人間社会の動態を，生物の進化論に依拠して，あるいはそれからの類推によって説明する理論．一般に，社会の総体を一つの有機体とみなす社会有機体論との結びつきが強い．理論的な確立者は H. Spencer で，彼は C. Darwin の進化論を取り入れ，人間社会が低次構造から高次構造へと進化していくと考えた．Spencer 以後はドイツやアメリカでも展開され，*社会ダーウィニズムや*優生学の色彩を強く帯びたこともある．現在では社会システム論との関連が強く，T. Parsons, N. Luhmann, J. Habermas らにより，生物進化論の発展をふまえた再定式化がされてきている．なお日本では明治期に，Spencer 流の社会進化論がアメリカを経由して入り，大きな思想的影響を及ぼした．

e **社会性昆虫** [social insect] 集団生活をし，その集団の統合性と内部分化が著しい昆虫．シロアリ類，アリ類，スズメバチ類とハナバチ類およびトビコバチ類の一部，アブラムシの一部，アザミウマ類，オーストラリア産ナガキクイムシ科甲虫などに見られる．E. O. Wilson は，(1) 両親以外に子育てをする個体が存在すること（共同育児），(2) コロニー内に複数の世代がいること，(3) 繁殖に関する個体間での*分業，の3点がそろうものを真社会性（eusocial），それをもつ昆虫を真社会性昆虫（eusocial insect）とした．なお真社会性に至る過程については，同世代の雌昆虫が群居および共同営巣する段階から，幼虫の世話を共同で行う準社会性（quasi-social），*カスト制の出現する半社会性（semisocial）を経て異なった世代の共存に至る側社会性（parasocial）ルートと，1匹の雌が巣にとどまり子の養育にあたる段階から，母親が長生きをしてカスト分化をした次の世代がさらに次の世代の世話をし共存して社会生活をするに至る亜社会性（subsocial）ルートとを区別する見解（C. D. Mitchener）もある．

f **社会生物学** [sociobiology] 自然淘汰理論に基づいて，動物の社会行動・社会現象を遺伝的な適応ととらえて研究する学問分野．1960年代末ごろからイギリス・アメリカを中心に台頭した動物社会学の新しい潮流で，特に*利他行動や，配偶者あるいは家族内部にみられる各種の対立的な関係などを，遺伝的な適応の産物として説明する道を開いた．*遺伝子頻度の変化を扱う集団遺伝学的モデルや*包括適応度を用いた適応戦略分析によって各種の社会行動の適応的な進化の条件を予想する研究とともに，野外での動物観察データを比較検討して理論的な予想との整合性を調べる研究が活発に行われている（⇒ESS, ⇒群淘汰, ⇒血縁淘汰, ⇒行動生態学）．社会生物学のアプローチに対しては，適応万能論という批判もある．

g **社会ダーウィニズム** [social Darwinism] C. Darwin の進化論における*生存競争（生存闘争）による*淘汰の理念を人間社会にあてはめる*社会進化論の一種．そ

の理論に基づく政策のようなものまでこの名で呼ばれることが多い．ダーウィニズムの受容が一段落した1870年代から登場し，第一次大戦までが主な流行期である．イギリスやアメリカでも隆盛をみたが，特にドイツではE.H.Heackel の影響下に多数の社会ダーウィニストを輩出した．彼らの思想を具体化した*優生学は，今日にいたるまで影響力をもち続けている．青年時代の A. Hitler は通俗的社会ダーウィニズムの著作から強い影響を受けたといわれている．日本では明治期に，ダーウィン進化論がむしろ*社会進化論として輸入され，加藤弘之や井上哲次郎などが社会ダーウィニズムの論陣を張った．

a **社会的促進** [social facilitation] 他個体の行動が，その行動に対する観察者の*動機づけを亢進し，結果として観察者に同じ行動が生じること．行動は観察者の行動レパートリーにもともと含まれたものであり，真の*模倣とは異なる．多くの動物は，集団の1匹が餌を食べはじめると，たとえ摂食後であってもまた食べはじめ，1匹が逃げ出すと他のものも逃げ出す．W. McDougall はこれを共感的誘発(sympathetic induction)と呼んだ．

b **ジャガイモ X ウイルス** [potato virus X] PVX と略記．アルファフレキシウイルス科ポテックスウイルス属に属するウイルス．ジャガイモやトマトなどナス科植物を中心に感染して生育障害の原因となる．粒子は幅13 nm，長さ515 nmのひも状で，らせん構造をもつ．ゲノムは約6.4 kb の一本鎖RNAで，複製酵素，トリプルジーンブロック(*移行蛋白質)および外被蛋白質をコードする．主要な伝染経路は接触伝染と保毒ジャガイモ塊茎の種苗の流通などによる．ゲノムに外来遺伝子を導入することにより，植物に目的の遺伝子を発現させる*ウイルスベクターとして利用されている．

c **弱毒ウイルス株** [attenuated virus strain] 病原ウイルス株から選択された病原性の弱い株．ウイルスを継代培養したり，本来の宿主ではない宿主での培養によって生じ，その現象を*病原性減弱，そのような操作を弱毒化という．この株は宿主に対して病気を起こさないが免疫は誘導し，生ワクチンとして利用される(⇒ワクチン)．このことは病原菌についても同じ．なお植物ウイルスの弱毒株も感染防除に用いられるが，この場合は免疫によってではなく，ウイルスの*干渉による．また最近は病原ウイルス株とそれに由来する弱毒ウイルス株のゲノムの比較が可能になり，その結果*ポリオウイルスや*タバコモザイクウイルスではすでに人工弱毒ウイルスが作出されている．

d **ジャコブ** JACOB, François 1920〜 フランスの分子遺伝学者．A. M. Lwoff のもとで，E. L. Wollman と大腸菌の接合現象，溶原性にかかわる遺伝要因の解析，さらに J. L. Monod らによって進められていた β-ガラクトシダーゼの酵素誘発にかかわる変異株の遺伝解析を行い，その成果はオペロン説に結晶，それをもとにレプリコン説を提唱．1965年，Monod, Lwoff とともにノーベル生理学・医学賞受賞．[主著] La logique du vivant, 1970.

e **車軸藻帯** [Chara zone] 湖沼における大形植物の*垂直分布帯の一つで，*沈水植物帯よりさらに深所で，垂直分布の最下限．深く透明な湖では分布の深度は水深3〜15 mのところが多く，浅く濁った湖では独立した帯を作らない．シャジクモ類(車軸藻類)は，一般の沈水植物と比べてより深いところで生活でき，車軸藻帯は湖沼学において沿岸帯の下限と一致するものとして重視されている．

f **シャジクモ類** [charophytes, stoneworts] 《同》車軸藻類，輪藻類．緑色植物の一群．主軸と輪生枝(whole)，*仮根からなり，先端成長する．石灰化することもある．小形の節部細胞(nodal cell)からなる節部と大形の多核細胞である節間細胞(internodal cell)からなる．節間細胞はときに皮層(cortex)で覆われる．節部から小枝(branchlet)を輪生し，ときに托葉冠(stipulode)をもつ．栄養体は単相，節部に苞に抱かれて*造精器と*造卵器(*生卵器とも呼ぶ)を生ずる．造精器は球形，盾細胞(shield cell)で覆われ，内部に突出した把手細胞(manubrium)の先端に房状に造精糸がつく．精子は細長く2本鞭毛性でコケ植物のものに似る．卵はらせん状の管細胞(tube cell)で囲まれ，その先端には小冠(coronula)がある．受精卵は厚壁の卵胞子(oospore)となり，減数分裂を経て*原芽体として発芽する．葉緑体は多数でピレノイドを欠く．光呼吸様式など陸上植物と共通する特徴が多い．多くは淡水止水域に生育し，透明度の高い湖で*車軸藻帯を形成するが，富栄養化によって絶滅危惧種となっているものも多い．化石記録は古生代から知られる．シャジクモ植物門(Charophyta)またはストレプト植物門シャジクモ綱(Charophyceae)に分類される．緑色藻のうち陸上植物により近縁なもの(*接合藻, Coleochaete など)を全てシャジクモ藻綱に含めることが一時一般的であったが，このまとまりは側系統群であり，現在では複数の綱に分けられる．

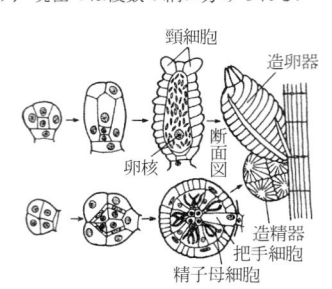

シャジクモ類の有性生殖器官の成熟過程

g **ジャスモン酸** [jasmonic acid] 植物ホルモンの一つ．D. C. Aldridge ら(1971)によって植物病原菌 Lasiodiplodia theobromae の培養液中から植物成長阻害物質として発見された．メチルエステルとしては，ジャスミンの花の香り成分として1962年に単離された．ジャスモン酸類は動物の*プロスタグランジンと同様に5員環ケトンをもつ脂肪酸由来の代謝産物であり，色素体の膜脂質からリパーゼによって遊離する α-*リノレン酸から，過酸化，環化，β酸化などを経て生合成される．二つの側鎖の立体配置がシス型の(＋)-7-イソジャスモン酸は，一般にトランス型の(−)-ジャスモン酸よりも高活性であるが，抽出後の溶液中では不安定であり，大部分が(−)-ジャスモン酸に変換される．(＋)-7-イソジャスモン酸は，イソロイシンやバリンなどのアミノ酸縮合体に変換後，受容体に直接作用する活性型ホルモンとして働く．活性型ジャスモン酸は，ユビキチンリガーゼの構成成分であるロイシンリッチリピート型 F-box

蛋白質である CORONATINE INSENSITIVE 1 (COI1)と転写抑制因子 jasmonate ZIM-domain 蛋白質（JAZ 蛋白質）との結合を促進する．その結果，JAZ 蛋白質が*ユビキチン化され，*プロテアソームにより分解される．JAZ の分解により，ジャスモン酸作用に関連する遺伝子の発現が促進される．ジャスモン酸類は，傷害応答や病害応答に重要な役割を果たす．また，シロイヌナズナの突然変異体を用いた研究から，ジャスモン酸が雄ずいの発達や葯の開裂の制御に関わることが示されている．コロナチンは植物病原菌 *Pseudomonas syringae* が生産する毒素で，(+)-7-イソジャスモン酸イソロイシン縮合体の類似体として作用すると考えられる．

(−)-ジャスモン酸　　(+)-7-イソジャスモン酸　　(+)-7-イソジャスモン酸イソロイシン縮合体　　コロナチン

a **射精** [ejaculation] *精液の射出をいう．哺乳類の雄では，勃起した*陰茎の受けた刺激が*脊髄下部にある射精中枢に伝達され，この刺激が一定の限界に達すると射精中枢が興奮して反射的に*射精管から*尿道に至る管壁の*平滑筋が順次収縮して射精が起こる．精液が常時排出されないのは*前立腺の筋肉が射精管口を閉じているためである．射精時間は，ネズミ・ウサギ・ヤギ・ウシでは極めて短いが，ウマでは 10 秒前後，ブタは長く平均約 6 分半で，1 回の射精で射出される精液量もこの順に多くなる．

b **射精管** [ejaculatory duct　ラ ductus ejaculatorius] 一般に輸精管が雄性生殖口に終わる直前の部分において，管腔が細くなり，管壁の筋肉壁が発達している部分．その部分に続く輸精管の膨大部（貯精囊 seminal vesicle）により分泌された精液を雌性生殖口内に送り出す．(1)哺乳類の雄では，貯精囊の開口部から尿道にいたる*輸精管末端の短い部分．(2)無脊椎動物では，吸虫類・ヒル類などに見られる，貯精囊に続く精子の輸管．線虫類の輸精管の末端部にある類似の構造は射卵管(ovijector)と呼ばれる．

c **視野地図** [visuotopic map] 《同》視野再現構造(visuotopic organization)，網膜再現構造(retinotopic organization)．視覚に関わる脳の領野において，視野世界を二次元平面に表示するかのように，*受容野の位置に従って神経細胞の位置が規則的に並んでいる構造．*外側膝状体，上丘，およびさまざまな大脳皮質視覚野に見られる．外界は眼球光学系を通して*網膜に平面投影される．網膜の出力細胞である*神経節細胞が，その位置関係を保存する形で外側膝状体や上丘へと軸索を投射し，さらに大脳皮質へ同様の投射がされ，これらの投射領域に視野地図が形成される．日露戦争で銃弾を受けた患者の*一次視覚野の脳損傷部位とその傷がもとで起きた視野欠損の位置の対応関係を調べることで，井上達二が視野地図を発見した．

d **JAK-STAT 経路**（ジャックスタットけいろ）[JAK-STAT pathway] 受容体分子内にキナーゼドメインを有さないインターフェロンやインターロイキンなど多くのサイトカインの，受容体直下から標的遺伝子プロモーターに至る主な細胞内シグナル伝達経路で，JAK ファミリーチロシンキナーゼ群と STAT ファミリー転写因子群からなるもの．JAK 群は C 末端側からタンデムに並ぶキナーゼドメインと偽キナーゼドメインを特徴とし，ローマ神話の双面神になぞらえて Janus kinase とされたことに名称が由来する．N 末端側は，サイトカイン受容体複合体構成膜蛋白質の細胞内領域膜近傍に保存された box1, box2 ドメインに結合する．サイトカイン刺激による受容体の複合体形成（主にホモ二量体化やヘテロ二量体化）に伴って接近した JAK 蛋白質が互いにリン酸化されることで活性化され，受容体細胞内領域の幾つかのチロシン残基をリン酸化し，それぞれに対して親和性をもつ SH2 ドメイン含有分子群を誘引することで細胞内シグナル伝達の引き金となる．その中に STAT 群(signal transducers and activators of transcription)が含まれ，自らも JAK 蛋白質の基質となりチロシンリン酸化を受けると分子内の SH2 ドメインを介して二量体を形成し，核移行とプロモーター上の認識配列への結合が生じ転写活性化に至る．両群は，哺乳類では JAK1, JAK2, JAK3, TYK2 の四つ，STAT1, STAT2, STAT3, STAT4, STAT5a, STAT5b, STAT6 の七つがある．多種類存在するサイトカインに対しては，各受容体複合体の細胞ごとの発現プロファイルや，それぞれの受容体分子への JAK 群の結合およびリン酸化後の STAT 群の誘引のパターンなどによって，サイトカイン特異的な機能的多様性への対応が見られる一方で，必ずしも 1 対 1 でなくサイトカインの機能的重複性の一因となる．両群はいずれも進化的に保存され，ショウジョウバエ(*Drosophila melanogaster*)でも一つずつ見出されている．細胞性粘菌(*Dictyostelium discoideum*)，線虫(*Caenorhabditis elegans*)では STAT のオーソログが一つ存在するが JAK の明確なオーソログは報告がない．JAK-STAT 経路の抑制機構として，SH2-containing protein tyrosine phosphatases (SHP1, SHP2)に加え，suppressors of cytokine signaling (SOCS)による JAK 群の抑制，protein inhibitors of activated stats (PIAS)による STAT 群の抑制がある．

e **ジャックナイフ法** [jackknife method] データから得られた統計量の標本誤差をノンパラメトリック的に評価する方法．*ブートストラップ法や無作為化検定と並んで普及しているコンピュータ集約型の統計手法の一つ．最も単純なジャックナイフ法は，与えられたデータからデータ点を一つずつ除去しては統計量を計算するという作業を反復し，得られたジャックナイフ統計量の分散を計算するという方法である．いくつかのタイプのジャックナイフ法が，生態学における個体群パラメータ推定や系統推定論における系統樹の信頼性評価で利用されている．

f **シャドウイング法** [shadowing technique] 《同》シャドウイング(shadowing)．ウイルス，細菌，DNA 分子などのような極めて小さい試料を電子顕微鏡で観察する場合，それだけではコントラストが低く観察しにくいので，白金パラジウム，白金，パラジウム，クロム，タングステンなどの重金属を斜め上方から試料に真空蒸着して影をつけコントラストを高める方法．影がつく結

果,微細試料の立体的な像の観察ができるばかりでなく,蒸発源の高さや影の長さなどから試料の厚さの算出もできる.

a **シャープ** SHARP, Phillip Allen 1944～ アメリカの分子生物学者.アデノウイルスの遺伝子構造を研究して,真核細胞の遺伝子にはイントロンを含む分断遺伝子があることを発見.R.J.Roberts とともに 1993 年ノーベル生理・医学賞受賞.

b **シャベル状切歯** [shovel-shaped incisor] ヒトの,歯舌側面の辺縁隆線がよく発達し,後面がシャベル状にくぼんだ特徴をもつ上顎切歯.A.Hrdlička の命名.アジア人・アメリカ先住民・オセアニア人など,東ユーラシア人の間で特徴的な形質で非常に頻繁に観察される.他の人類集団ではまれ.最近になって,髪の毛の太さに影響する EDAR 遺伝子の変異がシャベル状切歯の形成にも関与していることがわかった.

c **シャペロン** [chaperone] →分子シャペロン

d **シャミッソー** CHAMISSO, Adelbert von 1781～1838 ドイツの抒情詩人,博物学者,軍人.革命でドイツに亡命したフランス貴族の子.1815～1818 年学術探検船に乗って世界を周航し,Salpa の世代交代を観察.[主著] De Salpa, 1819.

e **シャム双生児** [Siamese twins] →重複奇形

f **斜面培養** [slant culture] 試験管内に寒天などの*固形培地を水平でなく斜面になるように設置する培養法.その面に細菌やカビなどの微生物を培養する.培地表面積を広くとれること,培養された微生物の生育状態の観察,植継ぎにも便利なのでよく使われる.

g **蛇紋岩植物** [serpentine plants] 《同》超塩基性岩植物.蛇紋岩地帯に特有の植物.蛇紋岩は成分的にウルトラマフィク(ultramafic)であり,マグネシウムやその他,コバルト,クロム,ニッケルの重金属を多く含む一方,アルミニウム,カルシウム,カリウム,ナトリウムは比較的少ない.そのため,それに耐性のある種からなる低木林や草原などの蛇紋岩植生が発達する.世界中に知られ,日本には北上山地の早池峰山にハヤチネウスユキソウ,夕張岳にユウバリソウ,アポイ岳にヒダカソウなど分布のごく限られた固有種が知られている他,日本各地に点在する.

h **斜紋筋** [oblique muscle] 有紋筋の一つで,長軸に対して斜め方向に周期的な縞模様をもつ筋肉.頭足類やミミズやホタテガイのように速い動きを示す無脊椎動物で見られる.筋肉を構成する繊維が規則正しく並んではいるが,となりあった繊維が長軸方向に少しずつずれているため,斜めの縞が形成される.Z 膜は存在せず,平滑筋と同じように*デンスボディがアクチンフィラメントを固定している.進化的には平滑筋と骨格筋の中間に位置すると考えられる.

i **シャラー** SCHARRER, Ernst 1905～1965 ドイツ生まれの神経解剖学者.神経分泌現象の発見者.魚類の視床下部,視索前核の細胞に分泌物質があることを観察し,それらと下垂体との関係を世界で最初に推測.その後,この研究を脊椎動物全般に広げ,夫人の Berta が無脊椎動物で同様の研究を行い,両者の協力によって一部の神経細胞がホルモン分泌を行うことを明らかにした.

j **シャリー** SCHALLY, Andrew Victor 1926～ アメリカの内分泌学者.ポーランド生まれ.視床下部の神経分泌ホルモンである副腎皮質刺激ホルモン放出因子(CRF)の存在を証明,甲状腺刺激ホルモン放出ホルモン(TRH)の構造を決定した.その後,黄体形成ホルモン放出ホルモン(LHRH)の研究を精力的に行い,ブタの視床下部から LHRH を単離しその構造を決定(1971),共同研究者であった R.C.L.Guillemin, R.S.Yalow とともに 1977 年ノーベル生理・医学賞受賞.

k **シャルガフ** CHARGAFF, Erwin 1905～2002 アメリカの生化学者.DNA の塩基組成を分析し,アデニンとチミンの含量ならびにグアニンとシトシンの含量が等しいことを明らかにし,シャルガフの法則と呼ばれる.これは J.D.Watson と F.H.C.Crick が二重らせんモデルをつくる際の基礎の一つとなった.

l **斜列線** [parastichy] 《同》斜列,斜交線.*らせん葉序において,葉の中心点を結ぶ線が左右に交叉する斜めの 2 組の列をなしてみえるもの.斜列線の引き方には任意性があるので,すぐれた葉序の表現方式とはいえないが,葉が密生するらせん葉序,例えばカブやキャベツのように茎がつまった葉序,八重咲の花弁,球果の鱗片などの配列を表すにはたいへん便利で,19 世紀以来多くの人が採用している.左右両方向の斜列の数が例えば 3 本と 2 本であれば,小さい数を先にして 2:3 というように表現され,このような葉序の表現方法を斜列法(parastichy method) という.一般的ならせん葉序では両斜列の数は連続するフィボナッチ数列の数となり(→シンパー-ブラウンの法則),公約数もないので単系(unijugate system) といい,これに対して二列互生(1:1),十字対生(2:2),三輪生(3:3)や,基礎らせんを 2 本以上もつ 2:4, 3:6 などを複系(multijugate system) という.

m **ジャワ原人** [Homo erectus erectus, Java erectus] E.Dubois が 1891 年に,中部ジャワのソロ河中流にあるトリニールの更新世中期層(約 70 万年前)で発見した化石人類.*ホモ=エレクトゥスのタイプ化石.化石骨は脳頭蓋・3 個の歯・下顎骨・大腿骨からなる.Dubois はこれを人類と類人猿との間の*失われた環と考えるにいたり,E.H.Haeckel が設けていた Pithecanthropus alalus(言語なき猿人)に基づいて Pithecanthropus erectus(直立猿人)と命名した(1894).頭蓋はサル的で,大腿骨は完全な直立二足歩行に適したヒト的なものであったため,両者が同一種のものかどうかの議論が絶えなかった.しかし*北京原人の化石骨が多数発見され,また大腿骨の年代が確かめられるなど,問題は解決した.ジャワ島では 1930 年代以降,同じソロ河の流域にあるサンギランなどの更新世中期層から,G.H.R.von Koenigswald, さらに T.Jacob や S.Sartono らによって,ジャワ原人の仲間の多くの化石骨が発見された.そのうち第 8 号頭蓋化石は顔面部を残していることで重要である.しかし,いずれも生活面から発見されたものではないので,彼らの文化的な状況は確かめられていない.頭蓋容量は 900～1000 cm^3 で,後の時代のソロ人よりも頭骨の高さは小さく,眼窩上隆起はいっそう強い.しかし,犬歯は類人猿のように突出してはいない.(→人類の進化,→ホモ=エレクトゥス)

n **ジャンセン** JANZEN, Daniel (Hunt) 1939～ アメリカの熱帯生物学者.ペンシルヴァニア大学教授.熱帯生物学の草分けとして,被食回避のための共生や生物多様性の成立要因としての捕食者仮説などを提出し,熱帯生態学の興隆に大きく寄与した.1997 年,京都賞基礎科学部門受賞.

種 [species] 【1】生物命名法上の階級の一つで，生物分類の基本単位．現在ひろく一般に支持されているE. Mayr (1940, 1969) による生物学的種概念 (biological species concept) では，相互に交配しあい，かつ他のそうした集合体から生殖的に隔離されている自然集団の集合体として種カテゴリーを定義する．種概念の科学史的成立は生物学が生まれたギリシア時代までたどることができる．17世紀の博物学者 J.Ray ら初期の博物学の伝統の後，ながく C. von Linné が定式化した分類理論における種の定義と命名法が一般的となった(➡種の諸概念)．Mayr の種概念によれば，同所的に分布する(➡同所性)集団が自然条件下で交配し，子孫を残すならば，それらは同一種タクソンと見なされ，もし両者間で遺伝子の交流が起こらず生殖的に隔離されているならば異なる種タクソンに属すると判断される．異所的な集団(➡異所性)あるいは異時的な集団(時種 chronospecies と呼ばれることもある)に関しては，*生殖的隔離の存在を直接検証することができないために，さまざまな間接的証拠に基づいて隔離の有無を推測する．最もよく用いられるのは形態であり，さらに詳しい調査では，集団レベルでの交配・受精の可能性や雑種の発生・妊性(稔性)が検討される．この場合の形態は，生殖的隔離を推測する手段としてのもので，交配・生殖に関わる形質ほど重視される．*姉妹種や*同胞種，あるいは G.W. Turesson その他の生態種，B.H. Danser のコンヴィヴィウム (convivium)，J.S.L. Gilmour および W.K. Gregory の*デームなどは生物学的種 (biological species) といいう．異所的な集団から成り立つ種には，多くの場合，形態や核型に地理的変異が見られる．こうした種は多型種(➡亜種)と呼ばれる．種の内部で，ある形態的特徴を共有する地域集団が*亜種で，その設定基準は主観的である．複数の集団が部分的にしか生殖的に隔離されていないとき，*交雑帯が形成される．生殖的隔離の程度はしばしば連続性を示すので，異所的・異時的な集団に関するかぎり，同種か別種かの区別は絶対的な意義をもつものではない．実際上，二つの異所的・異時的集団の分類上の地位は，移行的な中間型を示す集団によってそれらが連続するか否かによって決められることが多い．種タクソンの類別は歴史的に形態的な観察から始まっており，形態の似た生物の集団を一つの単位と見なし，固有の名前が与えられてきた．こうした素朴な認知心理学的認識を受け継ぐ種概念を形態的種概念 (morphological species concept) と呼ぶ．しかし形態的種概念には同胞種を区別できないという欠点があり，また種として区別する差異の基準がないために，種の設定は主観的となる．現在慣習的に使われている種は必ずしも生物学的種に対応していない．生物学的種概念は，無性生殖生物や微小地理レベルでの分化が激しい生物に対しては，適用が困難だとする批判もある．これらの生物や化石生物に種を適用するために，生殖的隔離だけでなく生態的地位・形態・進化的役割などの基準で種を類別しようとする進化的種概念 (evolutionary species concept) が唱えられている．近年，分子データに基づく系統推定研究が理論と実践の両面で長足の進歩があったことをふまえ，系統進化の単位としての生物学的種の有効性に疑問が提起されることがある．代案として提唱されている系統学的種概念 (phylogenetic species concept) では，系統進化の基本単位を目指して，生殖的隔離ではなく*単系統性を基準として種カテゴリーを定義しようとする．また，生物集団のあり方は多種多様であり，一つの種概念を選ぶのではなく，状況に応じて複数の種概念を使い分け，種タクソンを多元的に認識すべきだとする主張もある(➡命名規約)．【2】＝モダリティー．

シュヴァン SCHWANN, Theodor シュワンとも．1810〜1882 ドイツの動物生理学者，細胞説の主唱者．胃液に消化酵素を発見してペプシンと名づけた．発酵や腐敗が生物によるものであることを実証，自然発生を否定する考えをもった．彼の発酵説は F. Wöhler, J. Liebig により批判されたが，のち L. Pasteur により正しいことが明らかにされた．神経細胞のシュワン鞘は彼の発見である．[主著] Mikroskopische Untersuchungen über die Übereinstimmung in der Struktur und dem Wachstum der Thiere und Pflanzen, 1839.

雌雄異株 [dioecism] (同)雌雄別株，雌雄異体．[1] *単性花をつける種子植物のうち，雌花と雄花を別々の個体に生ずる場合をいう．*雌雄同株と対置される．雌花だけをつける株を雌株，雄花だけをつける株を雄株という．雌株と雄株とで染色体構成が異なるものもある．[2] シダ植物・コケ植物では，造卵器と造精器を別々の個体の上につける場合をいう．

汁液伝染 [sap transmission] ➡ウイルス伝播

自由エネルギー [free energy] 物理的な閉鎖系の内部エネルギーのうち自由に仕事に変換できる部分．熱力学状態関数の一つ．物理化学的にはヘルムホルツエネルギー F とギブズエネルギー G が定義され，$G=F+pV$ (p は圧力，V は体積) であるが，生物での反応では $\Delta(pV)$ は無視できるので，同じことになる．また F の変化 $\Delta F=\Delta U-T\Delta S$ だけが主として問題となる (U, T, S はそれぞれの系の内部エネルギー，絶対温度，エントロピー)．ΔF は，生物が反応から引き出して仕事に転用しうるエネルギーの上限を与える．その変化量(一般に $\Delta G°$ で表す)を生物学で取り扱う場合は次の注意が必要である．(1)水の活量は任意に 1.0 と置いて計算．(2) [H⁺]=1 M は実情にあわないので，[H⁺]=10^{-7} M (pH7) での値を考え，記号を区別して $\Delta G°'$ と書く．(3)例えば反応 $aA+bB \rightleftharpoons cC$ で，各成分は標準濃度(1M)にはないので，次式

$$\Delta G'=\Delta G°'+RT \ln \frac{[C]^c}{[A]^a[B]^b}$$

に実際の濃度を代入した値 $\Delta G'$ が問題となる．(4) *共役反応では各成分分反応での変化量の和が注目される．(5) $\Delta G°$ を平衡定数 (K_{eq}) に置きなおして考えることが，しばしば有用である．例えば 25°C では $R=8.3145$ (JK⁻¹ mol⁻¹) とすると，

$$\Delta G°=-RT \ln K_{eq}=-5708 \log_{10} K_{eq} \text{ (J mol}^{-1})$$

となる．

周縁効果 [edge effect] *エコトーンの一種で，均質なパッチ状の群落の周辺部が，その内部とは異なる種組成や構造を示す現象．特定の種群が生育するので，種数が多くなったり個体密度が高くなったりする．森林生態系の場合には日射・風・攪乱などの諸要因によって変化するのでパッチの大きさ，群落の高さ，密度などによって群落内部への影響が異なる．林の辺縁に形成される，ヤマグワ・ヌルデ・ウツギ・クズなどの好陽性の低木やつる植物を主体とするマント群落 (mantle community) や，マント群落の外側の，開放地と群落との境目に形成され

る，ミズヒキ・イノコズチ・ダイコンソウ・ゲンノショウコ・ヤエムグラなどの草本を主体とするソデ群落(fringe community)の形成は，この周縁効果による．周縁効果は一般に生態系保全において重要である．

周縁質 [periblast] 多黄卵で卵の細胞質が*胚盤をなす鳥類・魚類の卵でしばしばみられる，卵黄域と胚盤の周縁・下部との境界部．ただし境は明確ではない．*卵黄顆粒を含んで濁った細胞質からなる．卵割が進むにつれて分裂核は周縁質中にも入るが，細胞の境界はできず多核質になる(周縁多核質)．胚盤の下方にある周縁質は，ときに胚下周縁質(subgerminal periblast)と呼ばれる．また*胚下腔(鳥類)や*胞胚腔(魚類)は周縁質の下までひろがるが，その腔所に面する周縁質の内壁は後に胚壁といわれる部域になる．魚類の中には周縁質の核が胞胚腔下の卵黄表面に広がるものがある(例:サケ，キンギョ，軟骨魚類)．(⇄暗域)

周縁成長 [marginal growth] 結果として，ほぼ平面的な広がりだけが生じる成長様式．周縁部に存在する周縁分裂組織(marginal meristem)の働きで行われる．シダ類の前葉体の形成はその端的な例．被子植物の葉縁の場合は，その平面成長の多くは*葉原基基部に扇状に広がる*板状分裂組織によっており，周縁分裂組織の寄与はわずかあるいは全くない．

周縁堤 [marginal ridge] 魚類胚の胚盤葉の堤状に隆起している周縁すなわち胚環の部位．その1カ所から胚盤葉の中央に向かって*胚盾を生じる．原腸は胚盾中から周縁堤の内側に沿って生じる．胚盾および周縁堤内に生じる組織を中軸中内胚葉(axial mesendoderm)，周縁中内胚葉(marginal mesendoderm)と呼ぶ．

シュヴェンデナー Schwendener, Simon 1829〜1919 スイスの植物学者．地衣は藻類と菌類よりなると唱え，葉序論を発表し，また J. von Sachs の生理解剖学を受けついで組織を生理機能によって分類．そのほか気孔の開閉作用を明らかにするなど，多くの業績がある．[主著] Ein Beitrag zur Lehre von der Blattstellung, 1917.

周縁胞胚 [superficial blastula, periblastula] 節足動物など心黄卵の発生における*胞胚．心黄卵では*卵割は部分割かつ表割で，表面の細胞と内部の*卵黄塊との間には境界がない．しかしやがてそこに境界ができて，卵黄塊を取り巻く1層の細胞層が形成される状態になったものが，胞胚期にあたると考えられる．この型の胞胚を周縁胞胚という．胞胚腔を欠くので*無腔胞胚ともいう．(⇄細胞性胚盤葉)

臭化エチジウム [ethidium bromide] $C_{21}H_{20}BrN_3$ 3,8-diamino-5-ethyl-6-phenylphenanthridinium bromide. 暗赤色の色素化合物．分子量394.33．二本鎖DNAの塩基対の間に入りこんで結合(*インターカレーション)し，紫外線照射によって蛍光を発するため，DNAの検出などに利用される．また，突然変異原としての活性をもつ．閉環状DNAは，開環状あるいは線状DNAにくらべてこの色素を結合する割合が低いので，臭化エチジウム存在下での平衡密度勾配遠心によって，密度の高い閉環状分子を他の型のDNAから分離することができる．

習慣 [habit] *学習を主とする繰返し的行動の結果として，固定的となった行動型．*走性や*本能などが動物に遺伝的・*生得的で，種によって決まっている行動型であるのに対し，習慣はいわば後天的に獲得されたものである．しかし生得的な行動と無関係ではない．他方，全く経験や練習を必要としない生得的行動・本能的行動にも，学習効果によってその一部を改変されるものが少なくない．

集眼 [agglomerate eye] 《同》聚眼．*単眼の集合体．ただし*複眼のように*連立像眼的または*重複像眼的ではなく，各単眼がそれぞれ独立の機能をもち，また各単眼の角膜面は互いに接着しない．原始的な昆虫のトビムシでは8個，シミでは12個の単眼が集まって1個の集眼を作り，頭部の左右に対在する．サソリでは数個の単眼が頭部の前側面にあり，頭胸部の背面の正中線の左右に数個の単眼の集まりからなる1対の集眼が近接して位置する．

習慣強度 [habit strength] 刺激-反応間の結合の強度．C.L. Hull の学習理論(*S-R 理論)の核心となる概念．例えば空腹というような*動因をもつ動物が，1回の試行において成功し，報酬を与えられると，そこに動因の低減が生じる．これが*強化であって，このような強化によって刺激と反応の間に結合が起こる．習慣強度 $_SH_R$ は強化試行数 (N) の増大関数として，$_SH_R=1-10^{-aN}$ で表される(a は定数)．習慣強度は動因 (D) の存在において互いに相乗的に働いて反応ポテンシャル $(_SE_R)$ を決定する．すなわち $_SE_R=f(D\times_SH_R)$ で，この反応ポテンシャルが実際の行動の生起にかかわってくる．

雌雄鑑別 [sexing] 《同》性鑑定．家畜や家禽において，出生後または孵化後の性徴がまだ不分明な時期にその性別を判定する方法．なるべく早期に雌雄を識別すれば，不用の性を処分するかまたは雌雄を分離して飼育でき，経済的に有利である．大部分の哺乳類では出生時においてすでに外部生殖器官の雌雄は明らかであるが，齧歯類や鳥類では判別が困難である．実験用のマウスやラットでは，外部生殖器官の部位と肛門との間隔が広い場合，雄と鑑別する．ニワトリにはつぎの鑑別法が用いられる．(1)肛門鑑別法:鳥類の排出腔には，雄では尿管および精管が開口し生殖隆起が発達しており，雌では尿管および卵管が開口し雄に見られる隆起が発達していない．肛門を開張し隆起の有無および状態により雌雄を鑑別する(増井清，1933)．(2)チックテスター(chick-tester)による方法:チックテスターにより腸壁を透かして直接に生殖腺を観察する(木澤武夫，1950)．(3)*伴性遺伝する遺伝子の導入による方法:特殊な交雑種だけに知られる．カイコでは，4〜5齢の幼虫期になると生殖器原基(雌では石渡腺，雄ではヘロルド腺)の肉眼的観察で鑑別可能となる．しかし伴性油蚕の利用，あるいは第2または第3染色体上の斑紋遺伝子を含む染色体断片をW染色体に転座させた(W転座)系統を用いる方法などによれば，より早期に鑑別できる．なお，ヒトにおいて性別判定(sex check)が必要とされる場合は，染色体検査(chromosome examination)などから判定される．(⇄間性)

終期 [telophase] 真核生物における*細胞周期の*M 期あるいは*有糸分裂を5段階に分けたうちの，最後の時期．後期に続き，核分裂が完了して娘核が形成されるまでの期間．分裂極に到達した染色体は脱凝縮し，染色性が弱まり個々の染色体として判別しにくくなる．その周囲に核膜が再形成され，核小体も再形成されて間期の娘核となる．細胞質中では，紡錘体微小管が消失し，

中央体に痕跡を留めるだけとなる．こうした分裂期様相の消滅には*サイクリンB-CDK1の不活性化が必須であり，このキナーゼの作用に拮抗するホスファターゼの再活性化も重要である．実際には娘核の形成と並行して，*細胞質分裂が進行する．動物細胞では，赤道面の表層細胞質がくびれて二つの娘細胞に分割され，娘核はそれぞれに分配される．こうした分裂溝の形成には，オーロラB(Aurora B)やポロ様キナーゼ(Plk1)などの*分裂期キナーゼ(mitotic kinases)も関わる．植物細胞では，紡錘体の中間域に隔膜形成体ができ，その赤道面に細胞板が発達して二つの娘細胞となる．したがって終期は，核分裂の最後の時期であるとともに細胞質分裂の時期でもある．

a **周気管腺** [peritracheal gland, epitracheal gland] 鱗翅目昆虫の*気管の近辺に網状をなして存在する腺状組織．黄緑色を呈するので脂肪組織と区別できる．細胞質には顆粒を含み，分泌像も観察される．機能は明らかでないが，脱皮誘導ホルモンの分泌に関わると考えられている．核は不整形で大形．

b **周期性** [periodicity, periodism] 生物が一定の時間間隔で繰り返し構造・機能・活動などを変化させる性質．また，そのような活動を周期活動(rhythmic activity, periodic activity)と呼ぶ．周期性には，外界の周期的な変化の直接作用として生ずる外因性(exogenous)のもののほかに，外界の変化がなくても周期性を保つ独自の内因性(endogenous)のものが知られている．後者の多くは*生物時計によって支配されているが，他に繊毛や心筋細胞の律動性なども含まれる．周期性は個体，個体群，群集，生態系の各段階についてそれぞれ特有の様相を示し，各種の周期活動や周期的遷移(periodic succession)となって現れる．日周期性は最も広くかつ顕著にみられるものであるが(→概日リズム)，他に*潮汐周期性，*月周期性，*半月周期性，年周期性(→概年リズム)などがみられる．

c **周気門腺** [peristigmatic gland] 双翅目昆虫において，幼虫が体の後端にもつ*気門の周囲にある*皮膚腺の一種．多くの場合単細胞腺で，絶えず分泌物を生産・放出し，気門周辺のクチクラの嫌水的な状態を維持しているので，気門内に水が浸入しないようになっている．

d **自由継続リズム** [free-running rhythm] 《同》フリーランリズム．環境要因の周期的な影響を受けずに，自らに固有の周期で振動している状態の生物リズム．その周期を自由継続周期(フリーラン周期 free-running period)といい，通常τで表す．恒常条件下で自由継続リズムを示すということは，その周期性が内因性のリズムに由来することを意味し，この性質をリズムの自律性という．自由継続リズムには，*同調因子としての環境要因は働いていない．τには環境要因の影響が見られ，概日リズムの照度(→アショフの法則)などがその例である．しかし，*Q_{10}が2〜3である通常の温度依存性の生物現象とは異なり，τに対する温度の影響は小さく(Q_{10}は1に近い)，温度補償性(temperature compensation)がある．

e **獣型類** [ラ Theromorpha] 脊椎動物の両生類を除く四肢類を，通説とは異なった体系で三分するときの一綱で，単弓類(→爬虫類)と哺乳類とからなる一群．*爬型類・*竜型類と対置される．F. Huene(1948)が提唱．爬虫類のみを三大別するときの1亜綱名に転用される

 こともある．

f **充血** [hyperemia] 《同》動脈性充血．広義には器官の一部領域内の血液量が増加した状態，一般には，そのうち静脈性血液の充満による受動性充血(鬱血)を除いた動脈性(主動性)充血．圧迫により一時的に消失する．重要な原因には炎症があるが，そのほか温熱および機械的・化学的・精神的刺激などによっても起こる．これら種々の刺激は血管拡張神経の興奮あるいは血管収縮神経の麻痺を通じて充血に導くと考えられている．動脈性充血では急速に豊富な血液が流れるために，発赤・温度上昇・膨隆・機能亢進などの徴候が局所に現れる．

g **重原子同型置換体** [isomorphous heavy-atom derivative] 蛋白質などの*X線構造解析に必要となる結晶で，問題の蛋白質結晶と，その単位格子の寸法や形が全く等しく，しかも特定の位置にHg，Ptなどのような原子番号の高い原子(重原子)を含む結晶．蛋白質の分子の三次元構造を明らかにするには，蛋白質分子の異なる部位に重原子の入った一連(少なくとも2種)の重原子同型置換体が必要である．位相を解くためには重原子同型置換体を用いる以外に，多波長異常分散法や分子置換法も用いることができる．

h **集合果** [aggregate fruit, etaerio] 一つの花の多数の雌ずいから発達した果実，互いに接して集合体となっている果実(→複合果)．例えばキンポウゲやウマノアシガタなどの先端が鉤状の*痩果の集合体，シャクヤクやボタン，オオレンなどの*袋果の集合体，キイチゴ属の*石果の集合体(キイチゴ状果 drupecetum)，ユリノキの*翼果の集合体などがある．また，肉質花床上における痩果の集合体を特にイチゴ状果と呼ぶことがある(→偽果)．

ボタンの一種(Paeonia officinalis)
左：開花期直後
右：果実の裂開

i **集光性色素** [light harvesting pigment] 《同》アンテナ色素(antenna pigment)，補助色素(accessory pigment)．光合成反応で光を吸収し，そのエネルギーを反応中心に伝える役割をする色素の総称．反応中心を構成する反応中心クロロフィルと電子受容体として働くクロロフィル以外の光合成色素．クロロフィルの大部分とカロテノイドやフィコビリンなどが集光性色素として機能する．集光性色素は機能分類としての名称であり，クロロフィル a も大部分の分子は集光性色素として働いていることを考えると，色素の特定の分子種を指して集光性色素あるいは補助色素と呼ぶのは好ましくない．

j **周口中胚葉** [peristomal mesoderm] 主として脊索動物の初期発生で原口の周囲に生じてくる中胚葉．以前はしばしばこれは原口唇で細胞分裂によって新生されると考えられたが，局所標識実験の結果，その素材はあらかじめ帯域またはそれに相当する胚域に存在していることが明らかになった．周口中胚葉を前背方へたどるといわゆる沿軸中胚葉へ連続する．(→中胚葉マント)

k **柔細胞洞** [parenchyma sinus, parenchymatous sinus] 石炭紀の化石シダ類のCoenopteridales類において，葉柄の中心柱の両側にみられる，柔組織からなる条．断面では木部に対する鴛入となってみえる．中心柱の枝はここから側方へ分岐する．葉柄下部では木部の中

央に移動し，さらに下部では葉隙のない茎の原生中心柱の髄につづく．この類の葉は，葉とはいっても茎から葉への移行型を示す中間体であり，分岐状態からみて葉隙の起原として注目される(前川文夫, 1955)．

a **シュウ酸** [oxalic acid] 《同》蓚酸．最も簡単なジカルボン酸．植物に多く含まれる．スイバ，カタバミなどでは水溶性シュウ酸塩(K塩)が，サトイモ科などには不溶性シュウ酸塩(Ca塩)が含まれる．藻類・菌類・コケ類にもCa塩が存在する．グリオキシル酸やアスコルビン酸が前駆物質として知られている．還元性を示し，中和滴定や酸化還元滴定に利用される．人尿中にも少量含まれ，Ca塩は尿道結石の主成分となることもある．酸化が進んだ物質なので，特殊な微生物の他はあまり利用しない．

COOH
|
COOH

b **集散花序** [cyme] 花序軸が頂花をつけ，その下の苞葉の側枝もすぐに頂花をつけ，さらにその小苞葉の側枝も頂花をつけることを繰り返す，仮軸分枝を基本型とする有限花序の総称．無限花序の*総穂花序と対照される(→花序)．葉序と関連した分枝様式や分枝数により区分される．(1)最も一般的にみられるものは多出集散花序(pleiochasium)で，頂花の下に3本以上の側枝を生じるものをいい，多くの分枝によって平面状ないし球状の花序をつくる(例: アジサイ，ミズキ，ガマズミ，マンネングサ属，ノイバラ)．特に花柄が短く花が密集するものを団集花序(glomerule)という(例: ミズ，アメリカハナミズキ)．クワ科では多くの花序軸がまとまって多肉状となり，イチジクではさらに多くの花が多肉状の花序軸の内部に包まれて*イチジク状花序となる．(2)対生する苞葉や小苞葉から2本の側枝を生じながら花をつけていくものを二出集散花序(dichasium)という(例: カスミソウ，ノミノツヅリ，ツリバナ)．主軸や側枝はすぐには頂花をつけずに二出集散花序を基本形とするやや大きな集散花序を密錐花序(thyrse)という(例: センニンソウ，アオキ)．シソ科では対生する葉の葉腋にある二出集散花序が茎を取り巻くので輪散花序(verticillaster)という．(3)一つの頂花ごとに1本の側枝を出して花をつけることを繰り返すものを単出集散花序(monochasium)といい，一連の花の向きによってサソリ形花序(scorpioid cyme, cincinnus, 例: ムラサキ科)，カタツムリ形花序(bostryx, helicoid cyme, 例: ワスレグサ属)，扇形花序(rhipidium, 例: アヤメ属)，かま形花序(drepanium, 例: イグサ属)に区分される(→花序[図])．

c **自由肢** [free limb] 脊椎動物の有対肢(→外肢)の体外突出部．その骨格は*肢帯と共に外肢骨格をなす．魚類では鰭へ，四肢類では手形肢に分化し，前肢・後肢を通じてすべて同じ基本的構造をもつ．手形肢は基部から順に次の3部に大別される．(1)柱脚(stylopodium): 1本の長骨をもつ．(2)軛脚(zeugopodium): 2本の長骨をもつ．(3)自脚(autopodium): さらに基部から順次，基脚(basipodium)，末脚(metapodium)，指骨(phalanx)に分かれる．指は5本のものが多く(五指性pentadactyly)，各指は1列に縦に並ぶ数個の指骨(指列)から成り立つ．末脚は各指骨の基部にそれぞれ連絡する骨で，基脚は数個の小骨片からなる．前肢・後肢の各相応する骨の名は表のとおり．自由肢は生活様式と関連して種々の分化を示し，鳥類における翼，クジラ類における胸鰭など，いずれも前肢の変形したもの．また有蹄類に見られるように，指数が減少し，残った指が著しい発達を示すこともある．

		前 肢	後 肢
柱 脚		上腕骨(上膊骨) humerus	大腿骨 femur
軛 脚		橈骨 radius	脛骨 tibia
		尺骨 ulna	腓骨 fibula
自脚	基脚	手根骨(腕骨) carpus	足根骨 tarsus
	末脚	中手根(掌骨) metacarpus	中足骨(蹠骨) metatarsus
	指骨	指骨 phalanx	指骨(趾骨) phalanx

d **終止コドン** [termination codon] 《同》ナンセンスコドン(nonsense codon)，終結コドン．mRNAが蛋白質に翻訳されるとき*蛋白質生合成の終止を指示するコドン．一般には，どのアミノ酸にも対応しないコドンすなわちナンセンスコドン UAA，UAG，UGA がこれに相当し，これらの一つまたは二つの組合せで蛋白質生合成の終止点が規定される．UAA はオーカーコドン(ochre codon)，UAG はアンバーコドン(amber codon)，UGA はオパールコドン(opal codon)の呼称をもつ．蛋白質をコードしている mRNA の上に終止コドンが現れると，リボソーム上でのペプチド鎖合成はその位置で停止する．さらに，終止コドンに対応した*ポリペプチド鎖解離因子が作用してペプチド鎖がリボソームから遊離し，そのペプチド鎖の合成が完了する．マイコプラズマやヒトのミトコンドリアなどでは UGA がトリプトファンのコドンとして，テトラヒメナでは UAA，UAG がグルタミンのコドンとして使われている．また，AGA，AGG が終止コドンとして使われている例も知られている．*点突然変異によって蛋白質をコードする塩基配列中に終止コドンが生じ，その結果 C 末端側を欠いた不完全な蛋白質が生合成されるような場合，それを*ナンセンス突然変異という．なお，ペプチド鎖合成の終結という意味をもっている終止コドンをナンセンスコドンと呼ぶのは適切でないとの主張もある．(→遺伝暗号)

e **臭質** [quality of odor] 《同》嗅質．嗅覚という単一の感覚種(*モダリティー)の感覚において弁別される質，すなわち匂い(smell, odor)の区別．ヒトでは味質に比べてはるかに多い．その分類は，匂い物質の物理的・化学的性質との関係づけが困難で純主観的なものであり，また視覚や聴覚の場合のように単一・線形の系列にならない．H. Henning (1916) は辛香，花香，果香，樹脂香，焦臭，腐臭の6基本感覚を設け，他のすべての匂いは混合臭で，これらの六者を各頂点に配した三角柱すなわち匂いプリズムの面上の1点として表示されうるとした．J. E. Amoore (1962) は原臭の数は比較的少数で，嗅受容器の一つの原臭を受容する受容部は似ており異なる原臭の受容部は違っていると考え，受容部位の電気的特性も考え，7種の部位の特徴を決め，この7種の二つ以上に同時にあてはまるものを混合臭と考えた．しかし，これにもいろいろ矛盾が指摘されている．昆虫類を含め他の諸動物も，ヒトにおける上記の分類にだいたい類似した匂い物質弁別能力を示すことが知られている．

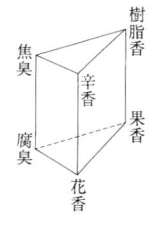

匂いプリズム

f **収縮** [contraction] 生体構造ないし生活物質にお

いて観察される特定方向への能動的短縮の現象または作用．その能力を収縮性(contractility)と呼ぶ．動物の筋肉細胞の収縮以外にもアメーバ運動や鞭毛・繊毛の運動，動物細胞の分裂などさまざまな場面で見られる．(⇨筋収縮)

a **収縮環** [contractile ring] 全割型の細胞質分裂において，分裂溝の細胞膜直下にあって細胞を環状に取り巻き，細胞をくびり切る収縮構造．一時的に形成される非筋細胞の動的収縮構造の代表的例．すべての動物細胞のほか，分裂酵母，細胞性粘菌，真正粘菌にも見られる．両生類卵のようにハート形分裂を行うものでは収縮弧(contractile arc)と呼ばれる．電子顕微鏡によりアクチンフィラメントの束として観察される．この束の形成はαアクチニンなどの架橋蛋白質によると考えられている．収縮環の形成には低分子量GTPアーゼRhoが関与している（⇨細胞質分裂）．細胞分裂面に Rho が集積し，これがFアクチンの重合やミオシンIIの活性化を通して収縮環の形成や収縮を制御している．収縮環は1〜2分で形成され，細胞分裂後には消失するがその分子機構は不明である．

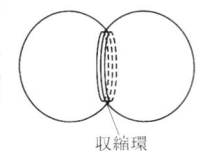

b **収縮期** 【1】[syniziesis] ⇨ザイゴテン期
【2】[systole] 一般に，*心臓など律動的に伸縮を繰り返す器官について，その収縮している状態または期間．これに対し弛緩または拡張している状態または期間を弛緩期(拡張期 diastole)という．脊椎動物の心臓のように心房の収縮期と心室の収縮期が区別されるものでは，心房の収縮開始(心房収縮期)から心室の収縮極大(心室収縮期)までの期間を心臓の収縮期とする．心室の収縮期および弛緩期は，その内圧記録図(tonogram)に基づいて次の4期に区分され，このうち(1)〜(2)が心室の収縮期，(3)〜(4)が弛緩期である．(1)等容性収縮期(isovolumetric ventricular contraction, 等尺性収縮期 isometric ventricular contraction)：房室弁は完全に閉鎖して心室内圧は急激に高まるが，心室容積は一定に保たれ，心室筋は短縮しない．(2)心室駆出期(ventricular ejection)：心室内圧が動脈内圧に打ち勝って半月弁が開き，心室筋は収縮を続けて血液は動脈に駆出され，心室内圧は緩やかな上昇に続いて下降する．その頃に心室の収縮期が終わる．(3)減張期(period of distention), 等容性心室弛緩期(isovolumetric ventricular relaxation)：心室内圧が動脈内圧以下に下がると半月弁は閉鎖し，心室内圧の下降は急激になる．この間血液は心室に出入りせず，心室は一定容積を保つ．(4)充実期(period of influx), 心室充満期(ventricular filling)：心室内圧が心房内圧以下に下がると房室弁が開いて血液が心室へ流入する．このとき，心室容積は増大するが，心室内圧は変化しない．
【3】[contraction phase (of muscle)] 筋肉の*等張力性収縮において短縮の起こっている期間，および*等尺性収縮において張力の増加の起こっている期間．この現象の起こっていない時期を弛緩期(relaxation phase)という．

c **収縮根** [contractile root] 根の細胞が太く短くなり，根の全体が縮んだもの．二年生および多年生のロゼット植物(⇨ロゼット)に根の収縮がよく見られる．根の収縮は，栄養茎の芽を地表近くへ，あるいは地中へと引き込んで低temperature障害から守る働きがある．例えば，アスパラガスの種子は地表で発芽するが，収縮根によって幼植物は適度な深さまで地中に沈む．ムラサキカタバミなども成長により地表に出てしまった地下部を収縮根により地下へ引き戻す．どの根も収縮するわけではなく，収縮する根と収縮しない根とが混在することもある．また，収縮する根でもその全長にわたって収縮するわけではなく，根の上部が多く，場合によっては*胚軸も収縮することがある．そのため収縮根が太い場合，根の上部から胚軸にかけて横皺ができる．

d **収縮時間** [contraction time] 骨格筋の等尺性*単収縮において，刺激時点から張力が最大値に達するまでの時間．筋を完全*強縮の状態に保つには反復刺激の間隔が収縮時間より小でなければならない．収縮時間の短い筋肉ほど一般に収縮は速く，例えばネコの眼筋で 7.5 ms, 腓腹筋で 30 ms, ヒラメ筋で 100 ms などである．

e **収縮性蛋白質** [contractile protein] *アクチンや*ミオシンなど，筋肉の運動現象に関与する蛋白質の総称．なお，狭義にツリガネムシの*スパスミンなど，それ自体が収縮する蛋白質をいう場合もある．

f **収縮帯** [contraction band] 横紋筋繊維が静止長の65%以上短縮する場合，I帯の完全な消失にともなってA帯の両端に現れる顕微鏡的なより暗い帯．心筋において，心筋梗塞や冠動脈閉塞などの病変により引き起こされる．その引き金となるのは心筋細胞内の Ca^{2+} 濃度の急激な上昇である．多くの場合，収縮帯の形成に続いて収縮帯壊死(contraction band necrosis)が起こる．

g **収縮の法則** [law of contraction] 《同》ブリューガーの収縮の法則．神経筋標本の神経上に2極を置いてそれに直流刺激を与えるとき，筋肉が収縮を起こすか否かは，電流の強さや方向，および回路の閉鎖時か開放時かによって決まるとする法則．E. F. W. Pflüger (1859) の提唱．この現象は*極興奮の法則と*電気緊張の事実とから説明されたが，現在ではこの現象は膜電位とその閾値の変化によって把握されている．

電流方向	上向流		下向流	
開閉	閉鎖	開放	閉鎖	開放
電流の強さ 弱	−	+	−	+
中	+	+	+	+
強	−	+	+	+

上向流は中枢側が負，筋肉側が正．下向流はこの逆．+は収縮が起こる場合

h **収縮胞** [contractile vacuole] 《同》脈動胞, 伸縮胞. 原生生物などに見られる*液胞の一種で拡張と収縮を周期的に反復する．これを脈動(pulsation)という．細胞内へ流入した水を細胞外へ排出し，細胞質の浸透圧を調節する役割をもつ．収縮胞は拡張期つまり弛緩期には細胞質内から液を取り集めて膨満し，収縮期にはその液を体外に放って一時姿を消す．数は種により1個，2個，または多数である．繊毛虫類では，しばしば末端部・瓶状部(ampulla)・注入管(injecting canal)の3部からなる数本の放射状水管(radial canal)が中央胞(主胞ともいう)を囲んで発達し，中央胞と交互に脈動する．収縮胞の極大体積×脈動頻数により排出量を測ると，動物自身

と等体積の液量を排出するのに要する時間は，淡水種では40〜50分だが，海産種では2〜5時間（いずれも天然培液中）である．海産種（アメーバ類・鞭毛類）を稀釈海水に移せば一般に脈動数や排出速度の増加をきたし，淡水種（アメーバ・ゾウリムシ）を高張液に入れると外液の浸透圧の増加につれて排出量の減少を示す（浸透調節型動物）．食物とともに直接摂取した媒液の排出も重要で，特に海産アメーバでは，非摂食時には収縮胞が現れない例もある．植物界でもオオヒゲマワリ目（Volvocales）およびヨツメモ目（Tetrasporales）の栄養細胞には，鞭毛の基部に収縮胞がある．

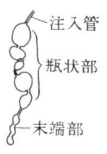

Paramecium caudatum の放射状水管をもつ収縮胞．右図はその中の1本

a **重症複合免疫不全症** [severe combined immunodeficiency] SCIDと略記．*獲得免疫機能のうち*細胞性免疫・液性免疫がともに高度に障害された病態で，原発性（遺伝性）と続発性（HIV感染症や化学療法剤などによる二次的なもの）に分けられる．細菌，ウイルス，真菌などすべての病原体に対し易感染性を示すのみならず，健常人には非病原性の微生物によっても致死的な感染症にいたることがある（日和見感染）．原発性重症複合免疫不全症の原因として最も多いのはアデニンデアミナーゼ（ADA）欠損症であるが，ほかに共通受容体γ鎖（コモンγ鎖）遺伝子，T細胞受容体CD3鎖遺伝子，遺伝子組換え活性化遺伝子（*Rag*）などの突然変異によるものも報告されている．患児は重症感染症により2年以内に死亡することが多く，造血幹細胞（骨髄）移植の対象となる．（→RAG，→SCIDマウス）

b **修飾アミノ酸** [modified amino acid] 蛋白質が生合成されたのちに特異的にアミノ酸残基が修飾されることで生じるアミノ酸．アミノ酸残基の修飾により，蛋白質の機能や物性が変化することがある．リン酸化（セリン・トレオニン・チロシン側鎖のOH基，ヒスチジン側鎖窒素原子），アセチル化（リジン側鎖のアミノ基），メチル化（リジン・アルギニン・ヒスチジン側鎖窒素原子），グリコシル化（アスパラギン側鎖（*N*-グリコシル化），セリン・トレオニン側鎖（*O*-グリコシル化）），ヒドロキシル化（プロリン側鎖，リジン側鎖），パルミトイル化（システイン側鎖），硫酸化（チロシン側鎖OH基），カルボキシル化（グルタミン酸側鎖）などが知られる．

c **終神経** [terminal nerve ラ nervus terminalis] 《同》嗅前神経（nervus praeolfactorius）．脊椎動物の*嗅神経の前方にある*脳神経．体性感覚性であるが血管運動神経線維も混入するらしい．頭索類の脳の先端の腹側部から起こる先端神経（nervus apicis）と相同とされることもある．板鰓類では嗅窩粘膜に赴く発達良好な有対の神経となる．両生類以上における*ヤコブソン器官の粘膜に達する鋤鼻神経とは別．ヒトでは嗅三角から発し篩骨・篩板を嗅神経群に交わって通過し，鼻腔の嗅粘膜に至るが，出生後は見出しがたい．

d **周心細胞** [pericentral cell] *単管型の体制をもつ紅藻類において，中軸を形成する細胞の周囲へ*並層分裂によって切り出された細胞．横断面では複数の周心細胞が周心管（pericentral axis）を形成して中軸を取り巻く．この中軸様式を多管型（polysiphonous type）という．これに対し1本の中軸細胞列のみからなり周心細胞を欠く中軸様式を単管型（monosiphonous type）という．

e **囚人のジレンマゲーム** [prisoner's dilemma game] ゲームモデルの一つで，2人のプレーヤーがそれぞれ協力と非協力の選択肢のいずれかを選び，その選択結果によって自他の利得（損失）が決まるもの．双方が協力ならば，両者ともに利得Rを得る．一方が協力，他方が非協力ならば，協力した方の利得はSで，非協力の利得はTである．双方が非協力ならば，両者の利得はPである．このとき，利得の関係は，T>R>P>Sかつ(T+S)/2<Rである．1回限り対戦の囚人のジレンマゲームでは，互いに協調することによってより多くの利得が得られるにもかかわらず，互いに非協力であることが*ESSとなる．同じ相手と何度か対戦する反復囚人のジレンマゲームにおいて，コンピュータプログラムどうしを対戦させると，最初は協力し，それ以後は直前に相手のとった行動を繰り返す，しっぺ返し（tit for tat）という戦略が広まる．このことは互恵的利他行動の進化を表すものである．

f **縦生** [superposition] 植物において，側生器官が茎軸にそってまっすぐ縦に並ぶ配列状態．輪生・対生・互生のいずれの*葉序にもありうる．例えば普通の*輪生葉序，十字対生葉序，二列互生葉序（→葉序[図]）では一つおきの節に，2/5互生では6番目の節ごとに，縦生の関係を保って器官が形成されるが，二列対生葉序ではすべての節の葉が縦生関係にあり，逆に二列斜生葉序ではほとんど縦生は認められない．縦生の器官を結ぶ線の数，つまりその葉序にみられる*直列線の総数によって二列縦生，三列縦生，…，多列縦生（あるいは対生，互生）などと呼んで，葉序を規定する．また，縦生する2葉間の上下の距離を昇度という．四列縦生のうちその開度が4葉ごとに180°，90°，180°，270°という周期で繰り返される葉序をコクサギ型葉序（orixate phyllotaxis）と呼び，十字対生のそれぞれ向き合った2葉の間に上下のずれを生じたものとみられる（コクサギ，サルスベリなど，→互生[図]）．このような縦生に対して，縦の葉列が多少斜めに節ごとにずれてらせん状になった場合を斜生（螺生，spirodromy）という．カヤ・イヌガヤでは対生葉が30〜60°の開度で進む2列の斜生らせん階段型，タコノキは開度10°以内の3列の斜生である．

g **従性遺伝** [sex-conditioned inheritance] 形質発現が，性によって変更されるような遺伝様式．例えば，ヒツジのある系統で，角のない雌と角のある雄との交雑の場合，有角と無角は常染色体上の対立遺伝子*H*，*h*によるもので，*HH*は雌雄ともに有角，*hh*は雌雄ともに無角であるが，*Hh*は雌では無角，雄では有角となり，性によってその優劣関係が異なる．

h **周生期** [perinatal period] 《同》周産期．胎生の動物で分娩前の胎児期と分娩後の新生児期を合わせていう．周生期に含まれる胎児期および新生児期の定義は明確ではなく，種によるだけでなく，学問分野や用途に応じて，異なる定義が用いられている．一般に，分娩の時期は同一種内ではほぼ一定であるが，それは，胎児-母体関係の生理的適応，または新生児の哺育条件に対する適応の結果であり，発生のどの段階で起こるかについての一般的な規則性はない．したがって，分娩直後の新生児の，

形態形成の完成度，免疫機能や内分泌機能の成熟度は種によって著しく異なる．周期期に起こる重要な変化の一つに，脳機能の性分化がある．この時期に雄性ホルモンが存在すると遺伝的性によらず視床下部-下垂体の分泌パターンと性行動が雄型となり，欠如していると雌型になる．そしてこの変化は不可逆的であることがネズミにおける実験で明らかにされている．

a **重生遊走子嚢** [nested zoosporangium] 水生のミズカビ類やコウマクノウキン類の *Blastocladia prolifera* にみられる特殊な遊走子嚢．菌糸の先端の遊走子が放出されて空になった遊走子嚢を貫いて，その内側に重複して新しい遊走子嚢を入れ子状に形成する遊走子嚢をいう．（⇒貫生）

b **集積培養** [enrichment culture] 微生物の混合集団から始めて，特定の種の存在比を高めながら純培養に導いていく培養法．目的とする微生物には適しているがその他のものには不適当な条件で培養を続けると，次第に目的菌を優占種とするような培養が得られる．1890年代に S. N. Winogradsky や M. W. Beijerinck らが硝化細菌や硫酸還元菌の分離に用いた．

c **臭腺** [stink gland] 《同》臭液腺，悪臭腺．悪臭を発する液体を分泌する腺の総称．[1] 脊椎動物では*皮膚腺，特に皮脂腺の特殊化したもので，ジャコウジカの雄やジャコウネコがもつ麝香腺（musk gland）や鳥類の尾腺と同系統のもの．麝香腺は麝香（musk はジャコウジカのもの，civet はジャコウネコのもの）を分泌する．いずれも生殖器に付随する麝香嚢中に見られる．麝香嚢はジャコウジカでは雄の腹面，臍の後方にある鶏卵大の嚢で，ジャコウネコでは雌雄とも生殖器と肛門の間にある．分泌物は個体間のコミュニケーションに関係し，それらを誘惑腺（alluring gland）と呼ぶこともある．麝香は香料として用いられ，その香のもとになる物質はジャコウジカではムスコン（muscone），ジャコウネコではシベトン（civetone）といわれる．臭腺としてはスカンク・イタチに肛門腺があり，肛門の近くの肛門嚢（anal sac）中に排出される．その他の食肉類および齧歯類にも見られる．フェロモン分泌腺と考えられるものも多い．[2] 無脊椎動物の昆虫類においては，イシノミ類では第一～第七腹節の腹面に 2 対ずつあり，基節腺（coxal gland）とも呼ばれる．半翅目のカメムシ類は後胸部に 1 対の臭腺あるいは後胸腺（metathoracic gland）がある．分泌物は貯蔵腺に貯えられ，その一端は後胸部腹面に開口している．臭気成分として 2-hexenal, 2-octenal, 2-decenal などが知られている．悪臭はカメムシ類を刺激すると発せられるため，防御物質と考えられている．ハサミムシ類では第三・第四腹節の背面に，倍脚類では大多数の体節の側面に 1 対ずつあり，青酸を分泌するものがある．

d **自由相** [free space] 植物組織内における，外液中の物質が受動的に入りこんでくる空間．自由相への物質輸送は初期吸収（initial uptake）と呼ばれ，イオンの*能動輸送を抑える呼吸毒・無酸素状態・低温などに左右されない．植物組織の自由相は細胞壁と細胞膜とに局限される．イオンの拡散係数（⇒境界層）が水溶液中と同じで，またイオン濃度が外液と同じような自由相の部分を特に水自由相（water free space）と呼ぶ．またある自由相は正または負に荷電した*イオン交換体として働き，イオンは自由相の構造に静電的に固定され自由に動けない．しかしこの自由相を塩溶液に浸すと，イオン交換によって固定イオンも自由となる．このようにイオン交換能のある固定電荷をもった自由相の部分をドナン自由相（Donnan free space）と呼ぶ．

e **縦走索** [longitudinal cord, hypodermal cord] 《同》角皮下索（subcuticular cord），縦走線（longitudinal line）．線虫類の角皮下層に見られる縦走構造の総称．線虫類の角皮下層（subcuticle）は角皮と筋層の間にあって*シンシチウム状の薄層であるが，一定の個所に限り体軸の方向に走る縦走索として肥厚し，筋層を分断して体腔内に突出する．通常，背腹の正中線の背索（dorsal cord）と腹索（ventral cord）および左右両側の側索（lateral cord，側線 lateral line）の計 4 本が筋層を四分割する．縦走索内のそれぞれには細胞核を，背索と腹索内には神経幹をもつ．また左右の側索内に排泄管（側線管 lateral cord duct）をもつ種がある．

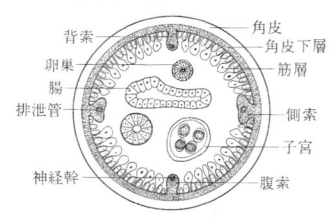

線虫（雌）の横断面

f **就巣性** [broodiness] 鳥類が卵を孵化させるために，*巣につこうとする性質．ホトトギスなどの例外（⇒托卵）を除き，繁殖期にはすべての鳥にこの性質が現れる．就巣中は産卵を休止する．ニワトリの卵用種のあるもの（レグホンなど）では，人間が家禽として順化する間にこの就巣性が全く消失した．就巣性の有無は遺伝的に決まっているという考え方があるが，その発現には高温・暗所・心理的刺激などの環境条件が必要であり，また産卵を持続して卵が一定数量にたまったときに発現する．雄鶏では，就巣性は発現しない．なお就巣性の語は，かつて留巣性の意味に使われたこともある．（⇒早成性）

g **従属栄養** [heterotrophy] 《同》他養．栄養源を体外からとり入れた有機物に依存している*栄養形式．*独立栄養と対置される．有機物を炭素源として生体分子を合成する点で食物連鎖上の消費・分解に相当するために重点をおいた呼称にあたる．一方，物質面でエネルギー源としての有機物に重点をおいたときは有機栄養（organotrophy）という．有機栄養の生物は一般に従属栄養を示すので，有機栄養は従属栄養と同義語になる．しかし逆に，従属栄養のすべてが有機栄養ということにはならない．すなわち，従属栄養の中でエネルギー源が無機物か有機物によって，それぞれ無機従属栄養（lithoheterotrophy）および有機従属栄養（organoheterotrophy）という呼び方をする．このような栄養形式をもつ生物を総称して従属栄養生物（heterotroph）という．

そのうち光エネルギーを用いずに化学反応によりエネルギーを獲得するものを化学従属栄養生物(動物,菌類,多くの原核生物),光エネルギーを用いるものを光従属栄養生物(光合成有機栄養生物,紅色非硫黄細菌など)と呼ぶ.動物のように従属栄養しか行えない場合を絶対従属栄養(obligate heterotrophy)という.

a **従属種** [subordinate species] 《同》劣位種.一般に植物群落における*優占種以外の種類.

b **柔組織** [parenchyma] [1] 維管束植物の茎や根の*皮層・*髄,また*葉肉・果肉の主体をなす,柔細胞(parenchyma cell)からなる組織.維管束内にも散在して木部柔組織・篩部柔組織を構成する.*細胞間隙が発達しているのが特徴.柔細胞は一般にほぼ等径,あるいはそれに近い多面体形,時にやや長くなる.葉の*柵状組織では円柱形,海綿状組織では球形から不規則な形を示し四方に腕部を伸ばしているものもある.細胞壁は一次細胞壁からなり,すべて原形質をもつ生きた細胞.大きな液胞をもち,合成・分解・貯蔵など重要な生理作用を行う.細胞内の含有物質によって,*結晶細胞,*タンニン細胞,乳細胞,粘液細胞などと呼ばれる.*維管束鞘や*内鞘,*伴細胞も柔細胞の一種である.細胞壁は薄いのが一般的であるが,肥厚した細胞壁をもつ柔細胞が髄(センニンソウやサルトリイバラ)や皮層(アヤメ属の根)内に見られることがあり,厚壁柔組織(thick-walled parenchyma)として区別される.一般に皮層と髄の柔細胞は*基本分裂組織に由来し,一次維管束および二次維管束に附属する柔細胞は*前形成層ならびに*コルク形成層から生ずる.また植物体が損傷をうけたとき,柔組織が細胞分裂を再開し癒傷組織や障害道管要素を作ることが知られている.コケ類や藻類の体を作る細胞は一様な形態を示すことが多く,これに柔細胞の語を用いることがある.[2] 無脊椎動物の器官の間をみたす軟らかい組織.明確な概念ではない.例えば扁形動物では,体表と内臓諸器官との間をうずめる間充織(間充ゲル)をいい,基質はゲル状のコロイドで,そのなかに中胚葉性の細胞が散在する.

c **集団** [population, group] 《同》個体群.[1] ある地域に生息する同種生物個体の集合.この場合の集合とは,数学的な集合に近い意味で,空間的に集まっているかどうかは関係ない.(1)遺伝学では,ある地域に生息し,そこ以外の個体とは遺伝的な交流の少ない同種生物の集合(⇌デーム,⇌メンデル集団).(2)生態学では*個体群のこと.[2] 生物個体の空間的な集合体.(⇌群れ)

d **集団育種** [bulk-population breeding, bulk breeding] 《同》ラムシュ育種(独 Ramschzüchtung).初期世代には個体選抜を行わず集団のまま放任栽培し,後期世代になってから個体選抜と系統養成を行う育種法.系統育種と並んで,イネ・ムギ類など自殖性植物の交雑育種における主要な方法で,系統育種が初期世代から選抜を加えるところが異なる.集団養成中には*集団選抜を行うこともある.初期の放任栽培中には自然淘汰によって環境に適した個体が増加し,後期の集団育種では温室利用などにより年に数世代を経過させる世代促進が併用され,育種期間の短縮が図られることが多い.後期の個体選抜世代では個体の大部分がホモ接合体となっていることから,選抜の効果が大きく固定も容易である.収量などの量的形質の育種に対して有効とされる.イネの「日本晴」,ダイズの「エンレイ」などの品種は集団育種によって育成された.

e **集団遺伝学** [population genetics] 生物集団(主として繁殖社会,⇌メンデル集団)の遺伝的構成を支配する法則の探究や集団の時間的変化の記述を行う遺伝学および進化学の一分科.集団遺伝学は,C. Darwin の自然淘汰説と G. J. Mendel の遺伝法則とが*生物統計学的の方法によって結び合わされて誕生したと考えられる.集団遺伝学の基礎となる数学的な理論は主として1930年代に行われた R. A. Fisher, J. B. S. Haldane および S. Wright の研究によってはじめて体系づけられたが,その後も木村資生ら多くの研究者によって進歩した.集団中における突然変異遺伝子の行動を確率過程(⇌確率的モデル)として扱う理論はその核心をなしている.実験的研究の面ではウイルスやバクテリアからヒトまで,全生物界を対象としてさかんに研究が行われている.集団遺伝学は進化機構論の発達に大きな影響を与えただけでなく,その方法は動植物育種学の基礎理論に取り入れられて,その近代化に大きな貢献をした.それに劣らず重要なのは人類遺伝学に対する寄与である.自由な交配実験を行うことのできない人類遺伝の研究に統計的な扱いの不可欠なことと相まって,人類集団の遺伝的組成を明らかにする上で大きな役割を果たしつつある.また,分子生物学の発達によって*分子進化学が誕生し,集団遺伝学は全体として分子進化学の一分野となりつつある.さらに,多くの生物のゲノム配列が決定され,同一種の複数個体のゲノムあるいはゲノム規模の DNA 多型データが生成されるにつれて,集団ゲノム学(population genomics)という分野が勃興している.(⇌分子進化)

f **集団構造** [population structure] 一つの集団が,地理的に異なる分集団から構成されているとき,これらのあいだの空間的配置,系統関係,移住パターンのあり方を指す.*島モデルや飛び石状モデルなど,また,現実の集団から推定された構造を用いるモデルが存在する.また,分集団が消滅したり分裂して新規に誕生したりする動的な構造を考えることもある.(⇌島モデル,⇌メタ個体群動態)

g **集団生存力分析** [population viability analysis] PVA と略記.*保全生物学で使われる種特異的な絶滅リスク評価手法.種ごとの個体群パラメータ(demographic parameter)や環境の変動性(environmental variability)を組み込んだ確率モデルにより個体群の健全性や絶滅リスク(extinction risk)を予測するためのもの.集団生存力分析において感度分析(sensitivity analysis)を行うことで絶滅に大きな影響を与える要因を特定したり,保全手法を比較することで最適な保全努力が判定可能になる.集団生存力分析は,対象種や対象個体群ごとに行われるので,種あるいは個体群ごとに結果は異なる.将来の100年から1000年の間,個体群が存続する可能性が95～99%になるようにコンピュータシミュレーションを行い,集団生存力分析を行うことで,*最小生存可能性個体数が推定できる.

h **集団生物学** [population biology] 広義には,生態学・動物社会学・集団遺伝学・系統進化学などを含む個体以上のレベルの生物学の総称.狭義には,*個体群生態学および*集団遺伝学を中心とする個体数や遺伝子頻度の動態を解析する学問分野.記述的・定性的な解明にとどまらず定量的な理解を求めること,時間発展や複数

の過程の動的平衡としての側面を重視すること，現在見られる生物界のパターンを過去に生じた進化過程の結果として理解しようとすること，数理モデル(mathematical model)による理論的研究や統計的取扱いが重要視されることなどをその特徴とする．

a **集団選抜** [mass selection] 選抜された個体の次代を個体別に系統とするのではなく，集団として養成する方法．育種に用いられる選抜法の一つ．選抜された多数の個体の種子を全部混合して次代の集団を養成する．集団を全体的に希望型に近づけようとする方法であるが，次代検定を行わないから，個体を見ただけではその遺伝的素質を確実に検定できないような形質(例えば作物の収量)についての選抜効果は小さい．しかし手早くて安全な方法なので，在来品種の改良などの場合には重要．他方で，集団内の個体間の競争が，草丈のような競争的形質への投資を上げ収量を下げる傾向を有利にする状況において，集団選抜はそのような競争形質をおさえるように働く．その意味では人為的群淘汰 (artificial group selection) と考えられる．

b **集団の有効な大きさ** [effective size of population, effective number of population] いろいろな繁殖構造の集団の大きさを，単純化された集団(任意交配で不連続世代)の個体数に換算して表したもの．自然集団における*遺伝的浮動の効果を解明するために S. Wright (1931) が導入した概念である．重要な一例をあげると，もし集団が毎代 N_m 個の雄と N_f 個の雌からなり任意交配が行われるとすると，有効な大きさは $4N_mN_f/(N_m+N_f)$ で与えられる．極端な場合として $N_m=1$，$N_f=\infty$ の場合をとると，実際の集団個体数 (N_m+N_f) は無限大なのに有効な大きさは 4 にすぎない．このように自然集団の有効な大きさは実際の個体数よりはるかに小さい場合もある．加えて，集団の大きさが世代によって変動する場合には，有効な大きさは実際の大きさの調和平均になる．そのため最小の年の大きさに近い値になる．遺伝子系図学の応用から求めた有効な大きさは，集団構造が存在すると全体の合祖時間が大きくなるために実際の個体数よりも大きく推定されることがある．

c **終端付加** [terminal addition] 個体発生の終端に新形質が付加されること．個体発生と系統発生の並行関係を説明するために E. H. Haeckel により導入された概念．反復が成立するためには，新しい形質が常に祖先種の個体発生の終端に付加され，途中段階には新形質の導入の起こらないことが必要である．終端付加が起こるとすれば，子孫種の個体発生期間は祖先種に比して次第に長くなっていく．反復論者は，*促進または削除を伴った*圧縮により子孫種における個体発生期間の延長が防がれるとした．しかし，遺伝子の変化によって生じる新形質の導入や付加は，終端だけではなく個体発生のどの段階にも起こりうるとされる．

d **集中神経系** [concentrated nervous system] 神経細胞が動物体の特定の部位に集中して脳その他の神経節からなる神経中枢と，これらと体の各部分を連絡する末梢神経とに分化した神経系．*散在神経系の対．扁形動物から認められるようになる．扁形動物では体の前方に左右 1 対の*頭神経節があり，これから前後に数本の神経繊維束が体表に沿って走り，これらは諸所で横の連絡をもち，籠形の神経系を作る．体制の発達したものでは左右の 2 本または腹面の 2 本が特によく発達する．線形動物の神経系もこれに近い．環形動物では 1 対の*食道上神経節が最大で，脳と呼ばれ，食道を取り囲む*食道神経環により*食道下神経節と連なり，その後方の各体節ごとに腹面正中線上に 1 対ずつの神経節がある．これらは*縦連合と*横連合とにより連絡していわゆる*梯子形神経系を構成する(=腹神経索)．節足動物の神経系も環形動物のそれに近いが，各体節ごとの神経節に比べて脳神経節・胸部神経節の発達が著しく，中枢化 (centralization) の傾向が明瞭である．かつ対をなす神経節や神経索は多少とも癒合して外見的には 1 本に見えることが多い．それに伴って神経節間の横連合も消失する．軟体動物では様相は全く異なり，脳・足・側・内臓・体壁の 5 対(または 4 対)の神経節があり，同種の左右の神経節は横連合により，また脳神経節は他の神経節と縦連合により別々に連絡する．軟体動物中最も原始的と考えられるヒザラガイ類では環形動物の神経系に近い．腹足類の一部では内臓塊の捻れおよび捻れ戻りに応じて神経系も捩れ，神経交叉を生じている．輪形動物の神経系は軟体動物のそれとやや似て，脳・体壁・足の 3 対の神経節がある．毛顎動物では胴部の腹面に巨大な腹神経節があり，食道神経環に相当する縦連合により脳と連絡する．腹神経節からは体の各部に放射状に繊維を派出する．棘皮動物では体の放射相称構造と緩慢な移動とに関連して，食道を囲む神経環から出る 5 本の放射神経があり，脳のような中枢がみられない．頭索動物のナメクジウオにおいて初めて管状の中枢神経すなわち*神経管が出現し，その位置も環形動物などの腹髄とは反対の背面の正中線にある．ギボシムシでは神経管状の構造をなす襟神経索 (collar nerve cord) がみられ，その前端は神経孔をもって外界に通じる．脊椎動物では神経管の前端が著しく肥大し，脳脊髄神経系が発達する．

e **雌雄同株** [monoecism] 《同》雌雄同体．[1] *単性花をつける種子植物で雄花と雌花とが同一個体上に生ずる場合をいう．*雌雄異株と対置される語．カボチャやキュウリはその例．同一花序内に雌花と雄花の混在するのを androgynous といい，さらにそのうち頂部に雌花が位置するのを gynecandrous という．[2] シダ植物胞子体では，同一個体に雌性と雄性の両方の胞子嚢を形成する場合をいう．シダ植物とコケ植物の配偶体では，同一個体に造卵器と造精器を形成する場合をいう．

f **雌雄同体現象** [hermaphroditism] 《同》雌雄同体性．卵巣をもつ個体すなわち雌と，精巣をもつ個体すなわち雄とが明瞭に区別される雌雄異体現象 (dioecism, gonochorism) と対するもので，一つの個体中に雌雄の形質がともに発達する現象(⇒雌雄異株)．精巣と卵巣とをそなえた場合と両生腺をもつ場合とがある．通常は正常な現象だけを指し，*間性や*雌雄モザイク現象は*擬雌雄同体現象として区別する．雌雄同体現象のうち，雄としての機能または性質(雄性)と雌としての機能または性質(雌性)とがほぼ同時に一つの個体で現れる場合を常時雌雄同体現象 (simultaneous hermaphroditism) と呼び(例：ミミズやマイマイ)，雄の性質と雌の性質とが時間的に前後して現れる場合を隣接的雌雄同体現象 (sequential hermaphroditism) と呼ぶ(例：カキやクロダイ)．雌雄異体から二次的に雌雄同体に変化したものを二次的雌雄同体現象 (secondary hermaphroditism) と呼ぶことがあり，この場合には雌が雌雄同体化したとみられる

Gynomonoecie（例：線虫の一種 *Angiostomum nigrovenosum*）と，雄が雌雄同体化したと思われる Andromonoecie（例：線虫の一種 *Bradynema rigidum*）が区別された．雌雄同体動物では一般に卵と精子の染色体数は同じで，異型の性染色体もない．ただしエボシガイ（*Lepas anatifera*, 2n=26）では，卵と精子の染色体数は同じだが卵の染色体のほうが 3～4 倍大きいといわれる．上の *A. nigrovenosum* では精巣組織ができる際に 1 個の性染色体が不活性となり，やがて失われる．ワタフキカイガラムシではその際に染色体が半数となる．機能的雌雄同体動物でも一般には他家受精が行われる．ユウレイボヤでは卵をつつむ被覆細胞の層は自家の精子を通しにくいが，自家の精子でもこの層を通れば受精する．ナメクジは他個体と交尾するのが一般的だが，1 匹ずつ隔離して飼えば自家受精卵を生む．雌雄同体の個体を表すのに ☿ または ⚥ の符号を用いる．（⇒痕跡的雌雄同体現象, ⇒雌雄同株）

a **終脳** [end-brain, telencephalon]《同》端脳．脊椎動物において，*前脳の前半分に由来する部位．背側の*外套と腹側の外套下部に分けられる．円口類では嗅覚を主な機能として発生する．爬虫類では，外套の発達とともにその形態と機能が大きく変化する．哺乳類では新皮質が著しく発達し，*大脳半球として中枢神経系の中心的存在になる．

b **周波数特性** [frequency characteristic] 線形特性をもつ対象に正弦波状に変化する入力を加え，その出力が定常的な応答を示すようになった場合の入力と出力との関係（出力と入力との振幅の比，および位相のずれ）を周波数の関数として表現したもの．生物学では，いろいろな生物リズム現象の解析や，音波，機械振動，電気などによる刺激の際の受容器の応答を表現するのに用いられることがある．

c **終板** [end-plate, endplate]《同》運動終板（motor end-plate, motor endplate），端板．*神経筋接合部に形成される筋表面の板状の構造．筋繊維のこの部分は，特殊な分化を示し，その形態は動物の種類によって異なる．横紋筋では筋繊維の表面にドワイエール丘（eminence of Doyère）と呼ぶ隆起があり，ここに*軸索が進入する．（⇒接合部襞，⇒終板電位）

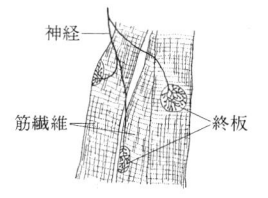

d **終板電位** [end-plate potential, endplate potential] EPP と略記．《同》端板電位．神経筋伝達の際，終板に見られる局所的な電位変動．細胞外記録により，H. Göpfert および E. A. Schaefer (1938) が初めて観察した．その後 S. W. Kuffer らが単一神経筋標本を用いて調べた．1951 年以来，細胞内記録法により B. Katz をはじめとする多くの研究者が神経筋伝達機構としてだけでなく，シナプス一般や分泌機構，生体膜の反応機構のモデルとして研究している．活動電位が運動神経終末に達すると，そこに貯蔵されていた神経伝達物質の*アセチルコリンが遊離放出されるが，終板部は特にその物質に敏感で，細胞膜の透過性に変化が起こり，脱分極を来し，それが終板電位として測定される．電気緊張的に近接部位に波及するが，生理学的に伝導することはない（局所興奮）．神経筋伝達の際にはこの終板電位の上昇がある水準に達して，これにつながる筋繊維に脱分極を引き起こし，伝導性の興奮を生起させる．（⇒シナプス後電位）

e **周皮** 【1】[periderm] 二次肥大成長を行う被子および裸子植物の，茎や根の表皮下に形成される組織の総称．表皮の脱落後これに代わり保護組織となる．外方よりコルク組織・コルク形成層・コルク皮層の 3 部からなる．
【2】[perispore, perine] シダ植物の胞子壁において外壁のさらに外側に存在する構造．花粉にはみられない．（⇒外壁）．
【3】[perithelium, pericytes] 毛細血管に伴って存在する結合組織または結合組織性細胞を漠然と総称した語．内皮細胞の基底膜が，内皮細胞と周皮細胞の間に存在するだけでなく，周皮細胞の外側をも包んでいる．従って周皮細胞は繊維芽細胞とは別な細胞とする考えもある．
【4】[periderm] 脊椎動物の胚発生において，はじめ単層の表皮細胞が分裂して表皮に形成した 1 層の扁平細胞の層．のちに表皮の多層化と角質化が進むにつれて，周皮は脱落し，胎児では胎脂に加わる．

f **修復** 【1】[repair] 生物の個体・組織レベルから細胞さらに分子のレベルにわたって，傷ついた部分がもとの状態になおる現象．分子の場合としては*DNA 修復が典型例．組織や器官の場合は，傷ついた細胞が新生した細胞による*再生や*肉芽組織の形成などにより補われ治癒する過程をいう．
【2】[healing] *心筋の修復現象のこと．

g **修復エラー** [repairing error]《同》修復誤り（mis-repairing）．*DNA 修復の際に生じる誤り．結果的に*DNA 損傷が正されないことになるので，DNA 損傷と同じく突然変異などの原因となる．（⇒突然変異生成）

h **修復合成** [repair replication, repair synthesis] DNA の*除去修復過程，あるいは DNA の組換え過程で生じた DNA のギャップを埋めるための DNA 合成．修復研究初期に，紫外線により細胞の DNA に損傷を入れ，標識したチミジンを細胞に取り込ませた場合，細胞周期の DNA 合成期（S 期）以外の核でもわずかな取込みが検出され，不定期 DNA 合成 (unscheduled DNA synthesis) と呼ばれていたものと同じである．修復合成は，損傷を受けた部分が特異的なエンドヌクレアーゼで認識されて傷の近傍に切れ目が入れられ，エキソヌクレアーゼにより損傷部位のヌクレオチドが除去され，できたギャップの DNA 鎖の 3′ 末端から，DNA ポリメラーゼが損傷を受けていない DNA 鎖を鋳型として相補的な塩基を合成する．その後，DNA リガーゼによって完全に連結され修復合成反応は完了する．この修復合成反応は，反応時にヌクレオチドの前駆体として 5-ブロモデオキシウリジン (BrdU) を取り込ませ，密度勾配遠心をすることによって，半保存的な複製と区別される．修復合成では，BrdU の取込みは DNA 鎖上の局所的なものであって密度の変化をともなわないが，半保存的な複製では DNA の浮遊密度は大きくなる．

i **縦分裂** [longitudinal division, longitudinal fission] 動物体が体軸に平行な方向に分裂する現象．*横分裂と対する．原生生物では鞭毛虫類の分裂がこれに属

する．繊毛虫類でも定着性のものは例外的に縦分裂．刺胞動物のポリプ形（イソギンチャクなど）のものも一般に縦分裂を行う．（⇒擬横分裂）

a **周辺効果** [border effect] 囲場試験の際，土壌条件は均質であっても，周辺部と中心部との微気象（光，温度，湿度，二酸化炭素濃度，個体間競合など）のちがいによって作物の草高，収量，病害虫の被害などに差を生ずる現象．多くの場合，周辺部の生育・収量が向上する．（⇒エコトーン）

b **周辺細胞** [marginal cell] ⇒中心細胞

c **周辺質** [periplasm] 卵菌類の造卵器の中に卵を生ずるとき，卵を囲んで，または造卵器の一側に残っている細胞質．これに対し，中心部の卵細胞となる部分を卵質（ooplasm）という．周辺質の存在が明らかである場合とこれを欠く場合とがあり，属の分類基準になる．

d **周辺分枝** [marginal branching] シダ類において，葉軸から羽片が生ずる際に，羽片の維管束（pinna trace）が横断面で見ると，葉軸内の U 字状の維管束の末端から分枝するような様式．F. O. Bower (1923) による．

e **終末器官**【1】[end organ] 《同》終末器，末端器官（末端器 terminal organ），終末装置．一般に，ある系の終末部に位置する器官，特に神経系の末端部すなわち末梢に存在する器官を指す．末梢神経の終末部の構造的分化（⇒神経終末）またはその連接構造物として，その神経の分布ないし支配（神経支配）を受ける．求心性神経の終末器つまり感覚終末器(sensory end organ)は受容器として役立ち（⇒触受容器），遠心性神経の終末器官つまり運動終末器官(motor end organ)は効果器として機能する．なお神経終末を終末器官と呼ぶこともある．【2】[terminal organ, end organ] 《同》末端器官．無脊椎動物において種々の組織や器官の末端に位置する構造物の一般的名称．原腎管の末端器官もその一つ．

f **終末残留** [terminal residue] 《同》末端残留．農薬などの薬物が，生物体や環境中で代謝・分解・重合・縮合などを受けて，それ以上分解・変化されない代謝産物や分解・重合物となった最終残留物．環境への蓄積による生態系への影響や食品中への残留による人体への影響の観点から，終末残留が注目される．

g **就眠運動**【nyctinasty】《同》昼夜運動．一昼夜を周期とする葉や花の開閉運動．一般に昼に開き，夜に閉じる．この運動には光傾性や温度傾性（ともに⇒傾性）が関与するが，特に葉が光傾性を示す植物は，昼夜の環境に何日も置くと，連続暗期などの恒常条件に移してからも，葉の日周的な開閉運動を何回も継続する（ただし，運動の大きさは小さくなる）．このことは，日周的な傾性反応を繰り返しているうちに，その反応は，*生物時計の制御下に置かれるようになり，*概日リズムを刻むことを示している．就眠運動の多くは*成長運動である．マメ科やカタバミ科の植物は，*膨圧運動による*葉枕の屈曲で葉の就眠運動を行う．

h **絨毛**【1】[villus] 《同》柔突起，柔毛．脊椎動物の器官に密生する指状ないしは樹状の小突起．腸の粘膜あるいは哺乳類の胎盤と子宮壁との接触面などがその例．これによって表面積が著しく増大され，吸収などに効果的．表面は上皮組織で覆われ，内部には毛細血管網がある．絨毛表面の上皮細胞は，その自由面に多数の原形質の小突起（*微絨毛）をもつことにより，さらに表面積が増大していることが多い．【2】[papilla] ＝乳頭突起[1]

i **絨毛性腫瘍** [chorioma, trophoblastic tumor] 胎盤絨毛細胞である*栄養芽層（トロフォブラスト trophoblast）の腫瘍性病変で，胞状奇胎と絨毛癌を含む．[1] 胞状奇胎（葡萄状奇胎 hydatidiform mole, モーレ mole）．胎盤の絨毛が肉眼的に嚢胞化し，短径が 2 mm を超えてブドウの房状に連なるもの．臨床的に子宮の腫大とヒト絨毛性生殖腺刺激ホルモン（HCG）の高値がみられる．嚢胞化した絨毛が子宮筋層に認めないものを非侵入奇胎，認めるものを侵入奇胎と呼んでおり，侵入奇胎になると約 1/3 で肺転移を認める．胞状奇胎の約 10％は，侵入奇胎や絨毛癌の続発症を発症するため，奇胎娩出後は厳重な管理が必要である．胞状奇胎の発生は雄核由来（androgenesis）であることが明らかとなっている．[2] 絨毛癌(choriocarcinoma)．トロフォブラストに由来する悪性腫瘍．ほとんどが妊娠の後で発生する妊娠性絨毛癌であるが，まれに妊娠とは無関係に卵巣や精巣などの生殖細胞から発生する非妊娠性絨毛癌もある．妊娠性絨毛癌はあらゆるタイプの妊娠に続発し，全胞状奇胎 40％，流産 40％，分娩後 20％，子宮外妊娠 1〜2％と報告されているが，近年胞状奇胎娩出後の発生は減少してきている．臨床的には HCG の異常高値がみられ，腫瘍診断のモニタリングに利用されている．絨毛癌は増殖能が極めて高く，肺・膣・肝・脳などに血行性転移を起こしやすいため致死的とされてきたが，化学療法が著効を示す癌の一つで，化学療法の進歩に伴い大部分が治癒するようになってきている．

j **絨毛性生殖腺刺激ホルモン** [chorionic gonadotropin] 《同》コリオゴナドトロピン，絨毛膜性生殖腺刺激ホルモン，絨毛膜性ゴナドトロピン．妊娠中の哺乳類の胎盤から分泌される生殖腺刺激ホルモン．α と β のサブユニットをもつ糖蛋白質．ヒト絨毛性生殖腺刺激ホルモン（human chorionic gonadotropin, HCG）は，分子量約 3 万 7000，糖含量約 30％で，*黄体形成ホルモン（LH）様活性を示しアミノ酸配列もヒト LH に似る．多くの妊娠検査薬は尿中の HCG (hCG) を検出する．ウマの妊馬血清性生殖腺刺激ホルモン（pregnant mare serum gonadotropin, PMSG）では，糖含量 45％で，構造および免疫学的には LH に類似するが，作用は*濾胞刺激ホルモン（FSH）様であり，LH 様作用は弱い．

k **雌雄モザイク現象** [gynandromorphism] 一つの動物個体の中に雄性の部分と雌性の部分とが明らかな境界をもって混在し，雌雄モザイク（ギナンドロモルフ gynandromorph，性モザイク sex-mosaic ともいう）を生じる現象．一次，二次，三次性徴についてみられる．*間性の場合と異なり，体を構成する細胞の遺伝子に性に関する差異が生じている．*性的二形の顕著な多くの昆虫類，少数の甲殻類やクモ類，および鳥類で知られる．雌雄モザイク現象は，発生初期に一部の細胞で (1) 性染色体の逸失，(2) 性ホルモンに対する感受性に関わる遺伝子の変異・欠失のいずれかが起こり，その子孫細胞が他の細胞の性と異なる性分化を示すことが原因と考えられる．昆虫では，例えば XY 型の性染色体をもつショウジョウバエでは，本来 XX である雌の細胞の X が一部の細胞で欠失すると，その子孫(XO)は雄になり，雌雄モザイクを生じる．この例は，ショウジョウバエの細胞が性ホルモンの影響ではなく細胞自律的に性分化して

いることを示す．鳥類では哺乳類と同様，性ホルモンが性分化に影響すると考えられていたが，ニワトリの左右で雌雄が異なる雌雄モザイク個体の細胞の性染色体構成が，その性形質と一致する(雌性部分は ZW，雄性部分は ZZ の細胞が多い)ことが示され，鳥類の性分化が細胞自律的であることが示唆されている．一方で哺乳類のマウスで実験的に作製した雌雄キメラ個体は，性ホルモンの影響を受けて雄または雌いずれか一方になることが多い．(➡性決定，➡雌雄同体現象)

a **14-3-3 蛋白質** [14-3-3 protein] DEAE-セルロースクロマトグラフィー(➡イオン交換)による溶出画分番号 14 と，澱粉ゲル電気泳動(➡電気泳動)での移動位置 3.3 とから，14-3-3 と分類された分子量約 3 万の酸性蛋白質．植物を含め真核生物に広く保存される．複数の異なる分子種が存在し，それらの間でホモ・ヘテロ二量体を形成する．リン酸化セリン・トレオニン残基を認識してさまざまな蛋白質と結合し，結合した蛋白質の機能を調節する．結合する蛋白質の多くには，14-3-3 蛋白質によって認識されるリン酸化セリン・トレオニン残基の周囲に，共通のアミノ酸配列モチーフ(mode-1, mode-2)が見出される．一方で，リン酸化セリン・トレオニン残基に依存しない 14-3-3 結合様式も存在する．細胞周期制御，DNA ダメージ応答，シグナル伝達，アポトーシス，細胞内蛋白質輸送，細胞骨格再編成，代謝，転写制御など，さまざまな細胞内プロセスを調節している．

b **集落型** [colonial type, colonial form] 《同》コロニー型．微生物を固形平板培地で培養したときにできる集落(コロニー)の類型分類．コロニーの形状は細菌の種類によって異なり，分類学的記載においては，円形(circular)，不規則形(irregular)，凸状(convex)，不透明(opaque)，粘質状(mucoid)，スムーズ(smooth)，ラフ(rough)などのように表される．同一の菌でも遺伝的な変化や培養条件によって変化し，肺炎連鎖菌における DNA による形質転換や*ブルセラにおける突然変異による形質変換がある．最も一般によく知られているのは，スムーズ型からラフ型のコロニーに変化する*S-R 変異である．

c **収量** [yield] 単位土地面積当たりの収穫物(イネの子実，ジャガイモの塊茎など)量．1.5 t/ha，500 kg/10 a (10 a は 1 ha の 1/10)などと表す．生態学では，生物体量(バイオマス)のことを指す(➡最終収量一定の法則)．作物の生産量は収量に栽培面積を乗じたもの．世界の作物生産量増大のためには，栽培面積の増加はあまり期待できないので収量の増大が重要とされる．作物の収量を構成する主に形態的形質を収量構成要素という．イネの場合，収量=単位土地面積当たりの穂数×一穂籾数×登熟歩合×千粒重(÷1000)で表される．このうち，登熟歩合は穂についた全部の籾のなかで十分実った籾の割合である．それぞれの要素が決まる生育時期が異なったり，一穂籾数を多くしすぎると登熟歩合が下がるなどの関係があるため，収量を収量構成要素に分けて評価することで品種の特徴，多収のための栽培技術を詳細に検討することができる．

d **重力覚** [sense of gravity] 重力を適当刺激とし，その作用方向を感知する感覚．刺激源の性質や所在からは機械的感覚・遠覚に属するが，地心方向に関しての身体位置を知らせる機能(位置覚)という面から自己受容性感覚の一種ともされる．刺激動物から脊椎動物にまで広く存在する重力受容器(gravity receptor)は平衡胞(平衡囊)である(➡平衡覚)．水中，空中，地中などを主な生活の場とする動物では，重力覚は定位感覚として重要な意味をもち，重力屈性・重力走性などの諸反応を解発する．これらおよび横地反応は平衡胞の機能による転向走性や目標走性的定位反応であるが，昆虫など平衡胞を欠くものに広く分布する負の重力走性は，独特な重力受容器(ゾウリムシの食胞，タイコウチ腹面の空気溝)により，あるいは内臓の重みや筋肉への牽引からの刺激に基づいて起こるとされる．なお陸生動物では，皮膚面，特に腹面や足面の圧覚が重力方向ないし体位の認知に重要である．(➡平衡受容)

e **重力屈性** [geotropism] 《同》屈地性．植物や菌類が示す*屈性のうち，重力を刺激要因とするもの．ほとんどが*成長運動である．生物体を横に傾けることにより誘発され，器官や細胞の屈曲反応として観察される．重力の方向に屈曲するのを正の重力屈性，反対方向に屈曲するのを負の重力屈性と呼ぶ．重力屈性は多細胞植物の姿勢制御において最も中心的な働きをしている．例えば，種子植物の茎が上方に，根が下方に成長するのは，一般に茎が負の重力屈性，根が正の重力屈性の性質をもつことによる．重力屈性の結果として器官や細胞の成長方向(あるいは，その長軸方向)が重力の方向と平行になる場合，その重力屈性を正常重力屈性(orthogravitropism)と呼ぶ．一方，側枝や側根に見られるように，重力屈性の結果として達成される成長方向が重力の方向に対してある角度を保つ場合は傾斜重力屈性(plagiogravitropism)，ほぼ直角である場合は側面重力屈性(diagravitropism)と呼ぶ．種子植物では，重力刺激の受容に*アミロプラストの沈降が関与し(*平衡石説)，屈曲反応の発現に*オーキシンの不均等分配が関与している．

f **収斂** [convergence] 《同》相似．系統の異なる複数の生物が，類似する形質を個別に進化させること．核酸の塩基配列形質から表現型形質までさまざまなレベルで収斂と推定される類似形質がある．遠縁の動物群で類似構造をもつ眼や水生動物の鰓呼吸のように広範な分類群に見られる収斂もあれば，昆虫のカ(双翅目)とカメムシ(半翅目)の吸引口器のように狭い分類群だけに限定される収斂もある．系統学的には，収斂は*ホモプラシー(非相同)に含まれる．つまり，収斂は，系統解析の過程で，共通祖先から伝わった相同形質としては説明できない派生的形質状態の共有を説明するために想定される形質進化上の仮説の一つである．収斂と並行進化(*平行進化 parallelism)との違いは，後者が共通祖先から受け継がれた共通の遺伝的基盤を前提とする個別進化であるのに対し，前者が共通の遺伝的基盤を前提としない個別進化であるという点にある．しかし，両者をデータから識別することはおそらく困難だろう．比較生態学における種間比較法(comparative method)のあるものは，系統樹上で推定された収斂形質を用いて，形質相関や適応の仮説を検証する．

g **縦連合** [connective] 《同》縦連神経，神経連繫．体の前後の方向に並ぶ神経節を連絡する神経繊維系．*横連合と対する．環形動物や節足動物の*梯子形神経系において各体節ごとの 1 対の腹神経節を前後に連ねる連鎖(腹神経節連鎖)，あるいは軟体動物の脳足縦連合(cerebro-pedal connective)，脳内臓縦連合(cerebro-visceral connective)や側足縦連合(pleuro-pedal connective)などがその例. (⇒集中神経系)

a **収斂伸長** [convergent extension, convergence and extension] 原腸形成，神経管形成，器官形成における細胞運動の一つ．例えば脊椎動物の原腸形成において，細胞が背側に移動し集まる(収斂)とともに，細胞集団としては前後軸に伸長することにより，背腹に短く前後に長い胚の構造を形成する過程に関与する．動物種と組織によって，収斂伸長が連動して起こる場合と，収斂と伸長が独立して起こる場合があるとされている．収斂伸長運動は外胚葉・中胚葉・内胚葉でも起こるが，背側中軸および傍中軸中胚葉では隣り合った細胞が挿入される過程 (mediolateral intercalation, radial intercalation) が見られる．中軸中胚葉では，挿入により横方向に細い細胞が前後につながり，縦に長い脊索を形成する．アフリカツメガエル・ゼブラフィッシュ・マウスを用いた研究から，Wnt/PCP (planar cell polarity) 経路が収斂伸長運動を制御していることが明らかにされている. PCP経路は，ショウジョウバエの平面極性(例:毛の向き)を制御するシグナル経路として見出され，液性因子Wntのシグナル伝達に関与する分子群が関与する．ショウジョウバエではWntそのものが関与するという報告は無いが，脊椎動物ではWnt4, Wnt5, Wnt11などその下流のシグナル伝達分子が収斂伸長運動の制御に関与することが知られる．Wnt/PCP経路は，細胞増殖・分化・胚軸形成に関与するWnt/β-catenin経路と異なる機構で細胞極性・運動を制御するとされ，non-canonical Wnt経路とも呼ばれる．神経管形成(neurulation)および内耳有毛細胞の向きが形成される過程においても，Wnt/PCP経路が制御する収斂伸長運動の関与が知られる．(⇒Wntシグナル(カノニカル経路)，⇒Wntシグナル(非カノニカル経路))

b **16S rRNA系統樹** [16S ribosomal RNA phylogenetic tree] 原核生物の16S，真核生物の18Sのリボソーム RNA 遺伝子配列を用いて作成された，全生物を対象とした進化系統樹．1990年, C.R. Woeseらが新たに提案した．スモールサブユニット・リボソームRNA系統樹ともいう．Woeseは，*界のさらに上位分類概念となるドメイン(超界)を提唱し，全生物をバクテリア，アーキア，ユーカリアの3ドメインに分けた．前二者が原核生物，後者が真核生物に相当する．系統樹では全生物の共通祖先 (common ancestor) の考えを明瞭に導入し，それを系統樹の根幹に据えた．真核生物誕生のシナリオについては，近年J. Lakeらが情報系遺伝子はアーキア起源であり，機能系遺伝子はバクテリア由来であることを数百の機能遺伝子の解析から示した．これはWoeseの提案した系統樹とは切り口が異なるが，両者それぞれに現在の進化系統の理解の基礎となっている．

c **樹冠** [crown] (同)クローネ．樹木の枝や葉の茂っている部分．樹冠の形は樹種や樹齢，生育環境によって異なる．樹冠部と林床とでは日照や湿度など大きく環境が異なる．特に熱帯多雨林ではそれが顕著で，特異な生態系すなわち樹冠生態系を形成する．(⇒林冠)

d **樹幹解析** [stem analysis] 樹木の成長過程の推計法について．木の根元から梢端に至るまでの間で一定の間隔ごとにとった幹の横断面について，年輪によって直径成長の経路を調べ，それをつないで幹の中心を通る縦断面図(樹幹解析図)を描き，直径・樹高および材積の成長過程を割り出す．半径の測定は直交する4方向についてたいていは5年または10年ごとに，場合によっては1年ごとに行う．森林群落を構成する各個体について樹幹解析を行い，森林の成立・更新の過程を再構成するなどの応用例がある．

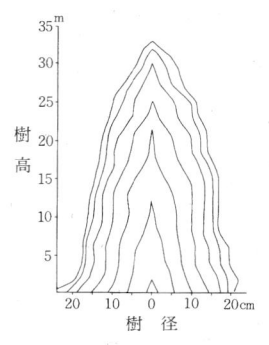

トウヒの一種の樹幹解析
(年輪の幅は10年)

e **種間競争** [interspecific competition] 異種の*個体群間にみられる*競争．C. Darwin (1859) は生活要求の類似した近縁種間では，しばしば激しい競争が起こると述べ，一方が他方を絶滅させたと考えられる例をいくつか引用した．その後A. J. Lotka (1925) やV. Volterra (1926) の数学モデル(⇒ロトカ・ヴォルテラ式)による考察，G. F. Gause (1932) にはじまる実験的研究，自然における近縁種間の相互関係の観察や，侵入種による土着種のおきかわりの実例，また近縁種の分布や形態の比較などの間接証拠などから，競争排除則が導かれた．植物ではF. E. Clements (1916) が*遷移の動因としての種間競争を重視し，また応用的には作物と雑草との競争などが研究されている．種間競争による*ニッチの分化を強調したのがニッチの類似限界説で，これをもとに*群集理論が形成された．その後*非平衡説が台頭し，自然界では中程度の撹乱や天敵による捕食によって，個体群密度が環境収容力のレベルからかなり低く抑えられているので，種間競争がそれほど強くないと主張し，平衡説の群集理論との間で論争が行われた．(⇒生態的地位，⇒競争排除則)

f **種間雑種** [interspecific hybrid, species hybrid] 同属異種の2個体間の*交雑，すなわち種間交雑 (interspecific hybridization, species cross) で生ずる*雑種第一代(F_1)をいう．主に形態学的な相違を基盤とする分類学的な種の近縁の程度と，実際に交雑を行う場合の親和性の程度とは，必ずしも平行してはいないので，種間交雑の成功度は組合せによっていろいろと変化する．一般に種内交雑に比べてずっと困難であるが，植物ではかなり多くの例があり，交雑後，ゲノム倍加を経て新しい種となるケースもよく見られる(⇒網状進化)．例えばコムギ(*Triticum*)やアブラナ(*Brassica*)ではさらに属間雑種をも含めてゲノム分析の有効な材料となっている．動物でも棘皮動物・昆虫・魚類・両生類・鳥類・哺乳類で系統学的・遺伝学的・発生学的・細胞化学的見地から多くの種間交雑が行われている．山階芳麿(1943)は種間・属間などの雑種が示す稔性の程度から分類方式を提案している．種間雑種の染色体数は，コムギの二粒系($2n=28$)と普通系($2n=42$)の交雑で生ずるF_1が体細胞で35個

の染色体を有するように，両親の半数染色体の和となるのが通常だが，Saccharum officinarum ($n=40$)×S. spontaneum ($n=32$) の F_1 では前者の系統により $2n=103$ や 112 となる．雑種の形態は両親の中間型となることが多い．ただ卵の細胞質の影響で，ある形質が特に母親に似るなどの場合（母傾遺伝）もある．種間雑種はしばしば完全に生育し，種間の近縁度が極めて近いときは*雑種強勢をすら示す．しかしあまり遠いときは逆に弱勢化する．稔性は低下するのが一般的であるが（→雑種不稔性），これは雑種のゲノム構成に依存する．一般に，動物種の種間雑種において不妊や致死が片方の性のみにみられるときは，それは異型性（例えば哺乳類では XY である雄）に大きく偏る．J. B. S. Haldane (1922) により最初に発見されホールデンの法則と呼ばれる．発生初期の一定段階で発生が停止する両生類の種間雑種についての研究が，核の発生的役割に重要な知見を与えている．例えば酸素消費は受精後正常と同様上昇するが，発生停止の後正常に見られる上昇が起こらない．RNA の合成は発生停止以前に止まるが，RNA の異常蓄積が認められる．一方 DNA の合成は発生停止後も続いて起こる．このような発生停止胚の一部を正常胚に移植すると，組合せによっては正常同様な分化や誘導を示す．

a **種間比較** [interspecific comparative method] 《同》比較法．多くの種について，種の平均的な形質やその生息する環境条件などの比較検討により，形質の進化を分析する方法．生態学を中心として適応進化の分析に広く用いられてきた．霊長類などでの交尾をめぐる雄間の競争の強さと精巣の相対重量との関係，鳥における体色の*性的二形の研究は典型的な例．従来，一つの現生種を1点としてプロットし，形質間の相関を調べる手法がよく用いられてきたが，近年，現生種間の形質の類似は，似た環境要因への適応以外に，祖先の共有も原因として考えられることが指摘され，従来行われてきた単純な相関による方法は，系統関係の考慮が欠けていると批判された．また，統計的な検討からは，系統関係を無視して単純な相関を用いると，データ点が独立でないため，誤って形質間の有意な関係を検出しやすいことが指摘されている．系統関係を考慮して種間比較をする方法は，高次の分類群の平均をデータ点とする方法，高次分類群内だけで比較する方法，種間の系統的な類似の程度を，行列の形式で与えて除去する方法，系統樹上の分岐点の周りだけで比較する方法などが提案されている．また，系統樹の枝での進化を使う方法も提案されている．これらの方法の優劣については現在も議論が行われているが，いずれにせよ，系統樹の樹形をはじめ，祖先の形質状態や系統樹の枝の長さなどの系統関係の情報がなくては，種間比較において妥当な分析はできないとの認識が広まっており，*系統学との関係も強まっている．

b **宿主** [host] 《同》寄生．寄生生物の寄生対象となる生物，すなわち*寄主，医学分野での慣用語．寄生虫の生活史において，成虫期に寄生するものを終宿主 (final host)，幼虫期に寄生するものを中間宿主 (intermediate host) という．中間宿主と終宿主の中間に位置し，幼虫の成長を伴わないが終宿主への移行に重要な役割を果たすものを延長中間宿主または待機宿主 (paratenic host) という．寄生者の正常な宿主を固有宿主 (definitive host) と呼び，例外的に宿主となるものを偶棲宿主（付随宿主 incidental host）という．また固有宿主のうち主要な種を主宿主 (principal host)，それ以外の宿主を補助宿主 (supplementary host) という．なお，自然条件下では互いに接触の機会がないが，実験条件下では宿主となりうるものを実験宿主 (experimental host) といい，これに対して自然界にみられる宿主を自然宿主 (natural host) ということがある．病理学的には，本来正常な自然宿主と考えられていたものが，免疫・抵抗性の増大などにより，寄生者の発育に不適となる場合，また逆に，宿主としての役割の極めて小さかったものが，宿主の感受性の増大や寄生者の適応により重要性を増す場合などがしばしば問題とされる．

c **宿主域** [host range] 一般に寄生生物，特に病原体が，感染し増殖しうる宿主生物種もしくは細胞の種類の範囲．病原体の種類によって特異的である．宿主となる生物の種類の範囲（例えば日本脳炎ウイルスではヒト，サル，マウスなど）で示す．生体中の特定組織・細胞でしか増殖しない性質は一般にトロピズム（*ウイルス親和性）と呼ばれ，細胞の種類（例えばインフルエンザウイルスのトロピズムは，ヒト，マウス，ブタの気道粘膜細胞や孵化鶏卵の漿尿膜の内胚葉細胞）で表現する．なお，宿主域を変えるウイルスの変異を宿主域変異 (host-range mutation) と呼び，新たに感染性を獲得するような変異が検出されやすい．

d **縮重** [degeneracy] 《同》縮退．1 種類のアミノ酸に対して複数のコドンが対応している現象．多くのアミノ酸に見られ，例えば，フェニルアラニンのコドンは UUU, UUC の 2 種であり，セリンでは UCU, UCC, UCA, UCG, AGU, AGC の 6 種もある（→遺伝暗号）．同一アミノ酸に対する異なるコドンを同義語コドン (synonymous codon) という．縮重は，多くの場合，コドンの 3 番目の塩基が変わることにより起こっているが，ロイシン，セリン，アルギニンでは 1 番目あるいは 2 番目の塩基も変わっている．同義語コドンの各々に対応して，別々の tRNA 分子種 (isoaccepting tRNA) が存在する場合もあるが，同一 tRNA 分子種が 2 種類以上の縮重したコドンを認識する場合が多い．（→ゆらぎ仮説）

e **宿主細胞回復** [host cell reactivation] HCR と略記．《同》宿主回復．紫外線照射したウイルスを宿主に感染させると，ウイルスがふたたび活性化される現象．これは，宿主細胞回復能力を欠く宿主変異体が発見されて明らかになった現象であり，損傷を受けたウイルスの DNA が宿主細胞の DNA 修復機構によって修復されることを示している．多くのファージや動物ウイルスの系で見られ，紫外線以外の損傷で失活したウイルスも再活性化されることがある．（→ワイグル効果）

f **宿主支配性修飾** [host-controlled modification, host induced modification] 一般には，宿主細胞によって外来性核酸の化学構造に遺伝的変異を伴わない修飾，例えば塩基のメチル化などを加えることをいう．（→制限・修飾）

g **宿主-ベクター系** [host-vector system] [1] *組換え DNA 実験において用いる宿主と*ベクターの一組．最も広く用いられるのは，*大腸菌 K12 株とそのプラスミドまたはファージをそれぞれ宿主とベクターとするもので，一般に EK 系 (EK system) と呼ばれる．ほかに，グラム陽性細菌の一種である枯草菌 (Bacillus subtilis) Marburg168 株とそのプラスミドまたはファージを組み

合わせた BS 系(BS system), 真核生物では, 酵母(*Saccharomyces cerevisiae*)とそのプラスミドを用いる SC 系(SC system)などがある. 動物細胞とそのウイルスを組み合わせることもある(⇒組換え DNA 実験, ⇒ベクター). ［2］媒介動物と病原体の宿主とが形成する系.

a **樹径成長計** [dendrometer] 《同》測樹計. 樹径の成長を測定する成長計の一種. 幹の周囲に巻き付けた金属ベルトが肥大成長で引き伸ばされるのを測定できるような構造をもつ.

b **シュゴシン** [shugoshin] 減数分裂の第一分裂に, *セントロメアの接着を保護する因子. 蛋白質脱リン酸化酵素 PP2A をセントロメアに局在化させ, 局所的に*コヒーシンのリン酸化を阻害することにより, *セパラーゼによるコヒーシンの切断を防ぐ. 動物細胞の体細胞分裂期に, 染色体の凝縮にともなって染色体腕部のコヒーシンの大部分は解離されるが, このときセントロメアでのコヒーシンの解離を防ぐ働きもある. また, オーロラ B キナーゼをセントロメアに局在化させる働きも別にもつ.

c **主根** [main root] 狭義には, 胚の*幼根の成長によって発達する根すなわち一次根を指す. 広義には, 根で単軸分枝が起こるとき側生する根を*側根と呼ぶのに対して, 母軸となる根をいう. 裸子植物・単子葉類を除く被子植物では発達が著しく, したがって根系は主根を中心としてそれから単軸分枝した側根により形成されるが, 単子葉類の主根は発芽後すぐに成長を停止し, 上方部に生ずる不定根に取って代わられる. 一般に主根が切断・病害などを受けたときに側根の発達が促される.

d **種子** [seed] 種子植物における繁殖単位で, *胚と*胚乳が種皮(seed coat)に包まれたもの. 受精した*胚珠が成熟して形成される. 種皮は珠皮(1枚あるいは 2枚), 胚は受精した卵細胞に由来する. 胚乳は発芽および発芽直後に使われる栄養を貯える組織で, 被子植物では受精した胚嚢の中央細胞または珠心, 裸子植物では雌性配偶体の組織に由来する. 一部の種, 特に三倍体種(例:外来タンポポ)では受精を経ずに胚珠が種子となる(無融合種子形成). また, 受精した胚珠が栄養分の制限や遺伝的な要因, 損傷などにより, 種子への成熟を途中で停止することもある(種子流産 seed abortion). 種皮は, 珠皮の細胞層が多様な変化(形状の特殊化, 厚壁化, 色素・タンニン様物質・結晶などの蓄積・退化消失など)を経ることで発達する. 珠皮が 2 枚あるとき, 外珠皮由来の種皮を外種皮(testa, outer seed coat), 内珠皮由来の種皮を内種皮(tegmen, inner seed coat)と呼ぶ. 堅い果実に包まれたまま種子が散布される種では, 種皮の細胞層は細胞の内容を失って薄膜状あるいは退化消失し痕跡的になる場合が多い. 種子の表面で珠孔が閉鎖した穴となり, 珠柄から分離した痕は臍(hilum)として残る. 倒生胚珠から成熟した種子では, 珠柄が種縫(しゅほう, 背線 raphe)として残り, 種縫の延長線上に臍と珠孔が近接して並ぶ. 胚乳の有無および量は種によって異なり, 胚乳をもつ種子を有胚乳種子(albuminous seed), 胚乳を欠く種子を無胚乳種子(exalbuminous seed)と呼ぶ. 無胚乳種子では, 子葉が肥厚して栄養を貯えるもの(子葉種子 cotylespermous seed)が多い(例:マメ科, キク科, ブナ科). 種子の貯蔵物質によって, 澱粉主体の澱粉種子(starch seed, 例:イネ科), 脂肪の比率が高い脂肪種子(fatty seed, 例:ナタネ, ゴマ)が区別される. 種子散布において, 種子が*散布の単位(散布体)となることもあり, 果実または果実の一部に包まれて散布されることもある. 前者の場合, 風によって散布される種子では, 種皮などに由来する毛(例:キョウチクトウ)や翼(例:ユリ), 動物散布される種子では*仮種皮やカルンクラ, 肉質種皮(sarcotesta, 最外層が珠皮の可食部となっている種皮), 種皮最外層由来の粘質層, 粘液細胞などの構造が見られる. 多くの種子は成熟により, あるいは成熟後の環境条件により休眠状態(⇒種子休眠)に入って生育不適期をやり過ごし, 水分・温度・光(光発芽種子)などの条件が満たされると発芽する. 種子はデボン紀中期以降の多様な化石植物群で見出されるが, 現生の植物では種子植物に限られる.

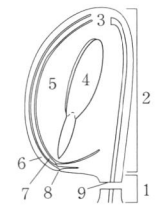

1 珠柄
2 種縫
3 合点
4 胚
5 胚乳
6・7 種皮
8 珠孔
9 臍

e **樹脂** [resin] 植物の代謝二次産物で, 通常*精油と混合して分泌され, 空気中で精油の一部が揮発または酸化され, しだいに粘度を増し固化する精油類縁物質の総称. 植物体からの分泌物または傷口からの流出物として生ずる. 主としてセスキテルペン, ジテルペン, トリテルペン(⇒イソプレノイド), またはそれらのヒドロキシ誘導体の混合物からなる. *植物ゴムと異なり, 水に不溶, アルコールなどに可溶. 多量の精油を含有するため高粘度の液状を呈するものはバルサム(balsam)または含油樹脂(oleoresin)と呼ばれ, 松脂(松やに)はその一種. 水蒸気蒸留により精油(松脂からはテレビン油)と固形樹脂(コロフォニウムまたはロジン)とに分離される. その他乳液として分泌されるもの(ウルシ)もある. 樹脂が地中に埋没して化石化すると, 琥珀になる. 傷口から流出して傷の部分の被覆保護の用をなすともいう.

f **種子アルブミン** [seed-albumin] 種子に含まれる種子蛋白質のうち, 水に可溶なものの総称. 動物性アルブミンと異なり半飽和の硫酸アンモニウム, 飽和食塩水で塩析される. 加熱により凝固する. 含有量は種子グロブリンに比べて大幅に低い(1〜10%). 主成分は 2S アルブミン. 単鎖として合成後に分断され, S-S 結合により連結した二本鎖構成である. メチオニンに富み, α ヘリックスが約 50%を占める S 含量の高いユニークな分子で, 消化管のムコイド障壁を通過して免疫系を活性化する. ナッツ 2S アルブミンには, アレルゲン活性を示すものが多い. ファセオリン(phaseolin, 例:インゲン), レグメリン(legumelin, 例:ササゲ, エンドウ, ソラマメ, アズキ), *リシン(例:トウゴマ), ロイコシン(leucosin, 例:コムギ)などがある.

g **種子休眠** [seed dormancy] 内的な要因によって種子の発芽が阻害されている状態. 種皮に阻害の原因がある場合と胚に原因がある場合があり, 植物の種類によってその生理的な機構は多様である. *フィトクロムや*アブシジン酸が関与する休眠, 種皮の不透水性による休眠すなわち硬皮休眠(hard coat dormancy)などが知られているほか, その機構が未だ不明なものも少なくない. 休眠種子が発芽するためには, 休眠を解除するための温度・光などの環境刺激(environmental stimulus)に加えて発芽に適した環境条件が与えられることが必要. 種子が親植物体上で成熟したときにすでに休眠している

a **主軸形成**［overtopping］分枝の基本的な構造である*二叉分枝において，その一方の軸が何らかの原因で優勢となり，他方がそれに従属的となる現象．植物形態上の主要な進化過程の一つ．できあがった形式を*単軸分枝といい，主軸（main axis）と側軸（lateral axis）とが形成される．*主軸説・*テロム説では共に茎の発達と葉の形成とにあたって主軸形成を重要な機構とみなすが，この現象がなぜ起こるかはよく分かっていない．（⇨分枝）

b **主軸説**［axial theory］茎と葉との関係を述べた考察の一つ．茎的存在が*シュートの最初であるという基礎に立ち，*古生マツバラン類の簡単な体制，すなわち根も葉もなく*原生中心柱の二叉分枝の反復に過ぎない軸に，茎と葉の母形をとる説．F. O. Bower (1908, 1935) にはじまり，A. Arber (1921)，M. Hirmer (1927) が推進．*葉源説（前川文夫，1950）も一部これにつづく．

c **種子グロブリン**［seed-globulin］種子に含まれる種子蛋白質のうち，水に不溶，稀薄な食塩水に可溶のものの総称．双子葉植物の種子蛋白質の80〜90%を占める．穀類種子の含量は5〜20%．蛋白質の抽出液を水に対して透析すると沈殿する巨大分子が多い．ダイズの主成分は沈降係数が7Sと11Sのグリシニン（glycinin）で，前者は酸性（分子量4万）と塩基性（分子量20万）のペプチド鎖がS-S結合した二本鎖蛋白質の三量体，後者は分子量15万〜19万の三量体構成である．種によってはエンドウのビシリン（vicilin）のように，7S体は翻訳後修飾による限定分解を受けることがある．アサのエデスチン（edestin，分子量30万）も大型である．カナバリン（canavalin，例：ナタマメ），コンカナバリンA（concanavalin A，例：ナタマメ），アラキン（11Sグロブリンarachin，例：ラッカセイ），ククルビチン（cucurbitin，例：カボチャ），ファセオリン（7Sグロブリンphaseolin，例：インゲンマメ）などがある．

d **種子植物**［spermatophytes, seed plants ラ Spermatophyta］《同》顕花植物．生活環の一部において種子を形成する植物を総括する分類単位．現生植物では*裸子植物と*被子植物に大別する．花を規準とする*顕花植物も同じ範囲の植物を指すが，この語は被子植物に限定して用いられることが多い．種子植物の語が一般に用いられるようになった．種子植物は植物界で最も体制進化の進んだ群であり，世界に26万種余知られており，現在の地球の緑の主相をなしている．

e **種子生産**［seed production, seed output］種子植物の成熟個体が次世代を担う種子を形成すること．一年生植物や1回繁殖性の多年生植物では，個体は種子生産をもってその生涯を閉じるが，多年生植物では一生のうちに繰り返し種子生産を行う．いずれの場合にも，生産される種子の数と質は，親個体の雌としての繁殖成功度の重要な成分となる．種子生産は，種子生産に投入可能な資源と花期における受粉の成否に依存し，それを制限する要因としては，先立つ栄養成長段階における生物体量の蓄積，花期における送粉昆虫の活動，結実期における水分・栄養塩供給などがある．結実期に種子が未熟な段階でその発達を停止する現象，すなわち種子流産（seed abortion）が起こる原因には，結実数が利用可能な資源量による制限を超える場合，発達途上の種子が病害・食害を受けた場合，胚に遺伝的欠陥がある場合などがある．親の植物はこの過程を通じてより生存力の強い種子に選択的に資源投資を行う．その結果，自殖の種子は排除され他殖の種子が優先的に生き残る．

f **種子蛋白質**［seed-protein］広義には種子に含まれる蛋白質，狭義には胚乳または蛋白質顆粒の貯蔵蛋白質．種子発生の後期に合成される．穀類は乾燥種子の20〜50%を占める．マメ類は小胞体から蛋白質貯蔵液胞経由で，穀類は液胞を経ずに蛋白質顆粒に輸送され，種子の発芽と幼植物の生育に必要な養分を提供する．種子蛋白質は，水に溶けるアルブミン（albumin，2Sアルブミン，=種子アルブミン），塩水に溶けるグロブリン（globulin，11Sグロブリン），稀アルカリに溶ける*グルテリン，エタノールに溶けるプロラミン（prolamin，γ-グリアジン）の4種に分類される．小麦グルテニンはグルテリンに属し，小麦グリアジン，大麦ホルデイン，トウモロコシのゼインはプロラミンに属す．マメ科の種子に含まれる*レクチンは，血球凝集作用や抗原性などの生理作用を示すことがある．

g **種子貯蔵物質**［seed storage substances］種子の成熟に従って蓄積される物質の総称．植物の種類によって，澱粉，蛋白質，脂質などが蓄積される．植物にとっては次世代の植物の初期成長を助けるものとして，またヒトにとっては食糧として重要．ダイズのように貯蔵物質を主に胚に蓄えるものと，イネやコムギなどのように主に*胚乳に蓄えるものがある．ダイズの種子貯蔵物質は蛋白質と脂質が主で澱粉はほとんど含まれないが，イネでは澱粉が主な貯蔵物質であり，蛋白質や脂質の含量は低い．貯蔵物質は種子の発芽にともなって分解され，幼植物に利用される．種子に蓄えられる蛋白質は特に貯蔵蛋白質と呼ばれる．貯蔵蛋白質は酵素などの活性が見られず，プロテインボディと呼ばれる液胞や小胞体由来の細胞内器官に蓄積される．貯蔵物質の合成と蓄積は受精後胚の細胞分裂が盛んな時期にはほとんど見られないが，その後の種子の発達にともなって活発となり，貯蔵物質は最終的に種子の重量のかなりの部分を占めるにいたる．

h **種子伝染**［seed transmission］⇨ウイルス伝播

i **樹脂道**［resin canal, resin duct］*分泌道の一つ．分泌上覆（=分泌組織）を構成する樹脂細胞から樹脂を分泌する．裸子植物のマツ科に典型的に見られる．マツ科では葉肉・茎の材組織，*放射組織，根などに広く分布し，このうち放射組織に存在する場合は特に樹

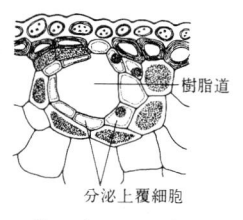

Sequoia sempervirens の葉の樹脂道

脂放射組織という．茎が傷を受けると，モミ属では傷の近くの，マツ属では離れたところの*柔組織に新しい樹脂道が発生することがある．モミ属・ツガ属では根の中心に一つの樹脂道がみられ，またハリモミ属・カラマツ属では二つの原生木部に一つずつ樹脂道が認められるが，スギ科・ヒノキ科ではこれを欠く．被子植物（セリ科・ウコギ科など）にも樹脂を貯える分泌道をもつものがあるが，これらは樹脂だけではなくゴム質・精油・粘液などを含むことから，ゴム道（gum duct）と呼ぶのが一般的である．

a **種子分散** [seed dispersal] 《同》種子散布．種子が親個体から離れて散らばること．固着性生物である植物にとって，種子分散は，個体がかなりの距離を移動できる唯一の機会といえる．種子分散の生態的な意義としては，(1) 親から離れること，(2) 広範囲に分散されること，(3) 適切な*定着適地に到達すること，の3点があげられる（⇒植民）．親から離れることは，親の周囲に高い密度で存在する種特異的な食害者や病気微生物の影響から免れ，種子や芽生えの生存率を高める効果があるとされる．親の近くで種子や実生の死亡率が高いことは，熱帯多雨林では比較的狭い面積に多数の種が共存している理由の一つである．広範囲に分散することは，例えばギャップ更新をする植物の種子がギャップに到達する確率が高まるなど，一般に，新しい生育地への植民の機会を増やす（⇒ギャップ動態）．種子分散は，果実がはじけるなどの自発分散，風や水などの物理的媒体に頼る物理分散があり，利用する媒体に応じて，種子と果実には，冠毛，翼，棘，腺毛，果肉などさまざまな散布のための構造が認められる（⇒散布体）．しかし，動物を種子分散媒体として利用する動物分散が多く，種の4型に分けることができ，その散布距離は動物の行動圏と行動様式に依存する．(1) 被食分散：果実に動物への報酬となる可食部があり，種子の多くが消化されずに離れた場所で便と共に排泄されることによって散布される．樹木では，熱帯多雨林に生育する種の70〜90％，サバンナや地中海地域の種の50％前後，温帯の種の30〜40％が被食分散のための果実をつけるといわれる．鳥類や哺乳類などさまざまな動物が被食分散の担い手となる．(2) 貯食分散：貯食習性のある動物が貯蔵した種子の一部が回収されずに放置されることによる種子分散．つまり，生産された種子は，その一部分が動物に報酬を与えつつ，散布される．ネズミ類によるブナ科樹木の堅果の貯食分散が代表的なものである．(3) アリ分散（myrmecochory）：小さな種子の分散様式として重要．種子の表面には，脂肪分に富んだエライオソームという白っぽい粒がみられ，それがアリへの報酬となる．アリによる種子分散は温帯・熱帯における種子散布としてかなり一般的で，アリ分散植物を含む科は80科にのぼる．特に，温帯林の林床植物と乾燥地域の貧栄養土壌に生育する植物にアリ分散の植物が多い．(4) 付着分散：動物体に種子が付着して運ばれる．動物への報酬抜きの分散法であるが，散布体には動物に付着するための棘や鉤などの外部構造や粘液がある．しかし，分散のための特別な構造をもたず，動物やヒトの足裏あるいは乗物に付着する泥などに混ざって分散されるものもこの範疇に含まれる．

b **種社会** [specia, synusia] 《同》スペシア，シヌシア．生物全体を社会と見て，それを構成する実在的な単位で，それはまた基本社会とも呼ぶことができるとするもの．今西錦司（1949）の提唱．一つの種は，その種固有の社会を構成している．すなわち，生活型を同じくし，相互に交配可能な個体がつくる生物社会であって，種社会はそれを構成する要素オイキア（oikia，単独行動個体・単位集団・地域集団など）からなる．種社会の空間的なひろがりは，その種の分布域に対応する．そして，一つの種社会とそれに系統的に近似の別の種社会の間に，*すみわけによって相対立しながらも相補う同位社会（synusia）が構成されるとする．

c **ジュシュー** JUSSIEU, Antoine Laurent de 1748〜1836 フランスの植物学者．伯父 B. de Jussieu について植物学を修め，その考えをうけつぎ，植物を分かつのに形質の価値を唱え，15科100属を設けて自然分類の確立に寄与．この体系はフランスにおいて長く用いられ，イギリスでも J. Lindley（1799〜1865）の体系にとり入れられ，C. von Linné の体系に代わるものとなった．［主著］Genera Plantarum, 1789.

d **ジュシュー** JUSSIEU, Bernard de 1699〜1777 フランスの植物学者．Jardin du Roi（王立植物園）の園長であった兄 Antoine に呼ばれてパリに出て，Jardin の助教授となる．国王 Louis XV からヴェルサイユのトリアノンの庭に植物園をつくることを委嘱され，そこに当時の自然分類によって植物を配列したといわれる．

e **手術ロボット** [surgical robot] ロボット工学技術を応用した外科手術を支援する機器・システム．高い自律性をもって自動治療を行う機器・システムではなく，外科医により使用される高機能な手術機器．次のような機能を有するシステムが存在する．(1) 外科医の操作（手技）を手術野で実現できる機構を有し，これを操作する外科医の操作情報入力により制御されるシステム．内視鏡手術用マスタースレーブ手術システムが代表的なもの．(2) 術前・術中の三次元（多次元）医用画像情報に基づき，患部に対する穿刺操作や，治療機器の位置決め操作を行うシステム．(3) システムそのものは最終的な治療行為を行わないが，外科医の操作に対して何らかの力学的な拘束を与えたり，あるいは外科医の手を安定に保持することを行い，外科医のヒューマンエラーにより重要血管や神経などに損傷を加えないように手術器具の動作を制限したり，患部に治療手段を外科医が正確に位置決めすることを支援するシステム．(4) 外科医の手の震えを計測制御技術によりフィルタリング除去する機能を有し，外科医が手で操作する微細手術機器の精密な操作を容易にする，あるいは電気焼灼時の通電電流や組織把持力を使用環境に応じて適応的に調節するといった，手術機器の操作性の向上をロボット工学技術を用いて実現するシステム．(5) 患者の呼吸運動，心拍運動などに起因する体動が存在する環境下で，患者の体動を計測・予測してその成分を補正し，手術器具や放射線治療線源などの位置決め操作を適応的に行う，体動補償システムなど．

f **樹状細胞** [dendritic cell] DC と略記．造血幹細胞に由来し，*リンパ系組織をはじめ，種々の組織に分布する樹状突起を有した細胞．その形態的特徴から1973年に R. M. Steinman によって命名．自然免疫系および獲得免疫系で重要な働きをする樹状細胞の発見により，2011年に Steinman はノーベル生理学・医学賞を受賞した．表皮の*ランゲルハンス細胞，リンパ系組織の指状嵌入細胞（interdigitating cell, IDC），末梢非リンパ系

組織の間質細胞(interstitial cell, ISC), 輸入リンパ管内のベール細胞(veiled cell), 真皮樹状細胞(dermal dendritic cell)などが含まれる. 大部分の樹状細胞は*単核食細胞系の細胞と共通の前駆細胞に由来し, GM-CSF依存的に増殖分化する. 樹状細胞の主な役割は抗原提示細胞として, 抗原物質を取り込み, ペプチドに分解し, MHC-抗原ペプチド複合体の形で*T細胞に抗原を提示し活性化させ*獲得免疫を惹起することである. 末梢組織に分布する未熟な樹状細胞は*食作用活性が強く, 内因性抗原(自己抗原)を取り込むが, MHCクラスⅡ分子との結合は弱く, *プロテアソームによって分解後MHCクラスⅠ分子によって抗原を提示する. 病原体成分が*Toll様受容体などのパターン認識受容体(pattern recognition receptor, PRR)によって認識されると, そのシグナルにより樹状細胞は活性化してMHCクラスⅡ-抗原ペプチド複合体が細胞表面に発現する. また, 副刺激分子, 接着分子, *サイトカインなどの発現も上昇し外来抗原特異的T細胞が活性化される. 一方, リンパ球系樹状細胞の形質細胞様樹状細胞(plasmacytoid DC)は, 樹状突起がなく食作用活性もほとんど示さないが, ウイルス感染時に多量の*インターフェロン α/β を産生し*自然免疫応答の増強に関与する. (⇔抗原提示細胞)

a **樹状図** [dendrogram, tree] 《同》デンドログラム. 分類群間の類似関係や類縁関係を, 樹枝の枝分かれの形で示したもの. 基づいた方法論や枝分かれが示している内容によって, *系統樹, *分岐図, 表型的樹状図(フェノグラム phenogram)などと呼ばれるものがある.

b **樹上生活** [arboreal life] 主に樹木の上で生活すること, また, 樹上に適応した生活. 森林は, 食物が豊かなこと, *かくれがが多いこと, 気候が安定していることなどで, 多くの種類の動物が生息する. それらは立体構造をもつ樹上・樹間を移動するために, それぞれ独特の木のぼり法をもつ. 多くは樹皮に爪を立てて木のぼりをするが, カエルは手足の吸盤を用い, ヘビは鱗でひっかけながら長い体を枝に絡ませる. 霊長類は母指対向性を利用して把握登攀する.

c **樹状突起** [dendrite] 神経細胞のもつ, 顕著な分岐構造. 典型的な神経細胞は, 1本の細い*軸索と, 太い樹状突起をもつが, 例えば*アマクリン細胞のように, 樹状突起のみの神経細胞もある. 一般的に, 樹状突起は*シナプスを介して受けた他の神経細胞からの入力を統合する場と考えられているが, 細胞体や軸索でもシナプスは見られる. 形態, 電気的特性などは細胞種ごとに異なり, 多様性に富む.

d **主静脈** [cardinal vein ラ vena cardinalis] 脊椎動物の静脈系の主要な要素. 前主静脈(anterior cardinal vein)と, 後主静脈(posterior cardinal vein)とからなる. 前者を頸静脈(jugular vein, vena jugularis)と呼び, 後者だけを主静脈と呼ぶこともある. 前主静脈は魚類では1対の頸静脈であるが, 一部の脊椎動物ではそれぞれさらに内頸静脈(vena juglaris interna)と外頸静脈(vena juglaris externa)とに分かれる. これらの両静脈の合一した部分を総頸静脈(vena communis)という. 内頸静脈は脳および頭の上部からの, 外頸静脈は頭部表面筋からの静脈血の輸送に当たる. 後主静脈は, 魚類においては両腎からの静脈血を前方に運び, 上記の頸静脈と合して, 静脈系の基本体系における重要な要素である. キュヴィエ管(duct of Cuvier, Cuvierian duct, 総主静脈 common cardinal vein)という静脈幹となり, 静脈洞を通して心臓に通ずる. キュヴィエ管はヤツメウナギでは少なくとも幼生期に, 魚類では終生認められるほか, ナメクジウオにも相同物が見出される. 肺魚類や有尾両生類では, 他の四肢動物と同様に後大静脈が現れるが, キュヴィエ管に著しい変化は起こらない. 無尾両生類の大部分および羊膜類ではキュヴィエ管は胚期または幼生期にだけ認められ, 変態に際して変更を受ける. 爬虫類, 無尾両生類, 鳥類では種々複雑な経過ののち後主静脈との連絡を失い, 前主静脈または それの派生する静脈と共に前大静脈(上大静脈)を形成. 多くの哺乳類では左側キュヴィエ管は次第に退化し冠静脈洞として残り, 右側は左右の頸静脈ならびに鎖骨下静脈を受け前大静脈(上大静脈)となる. 一方, 後主静脈の一部は残って右側に不対静脈をつくる. 以上の変化は, キュヴィエ管を通過せずに心臓に注ぐ静脈の消長や静脈洞の消失と関連する. 両生類では, 後大静脈が発達し両腎からの血液は主としてこれにより運ばれるため, 後主静脈は退縮または消失する. 羊膜類では全くこれを欠き, キュヴィエ管は前主静脈の下部にのみ残る.

e **珠心** [nucellus] 《同》胚珠心, 芽核. 種子植物の*胚珠の中央を占め, 通常は1枚または2枚の珠皮に包まれる部位. 無種子陸上植物の胞子嚢に相同な器官. 心皮上に胚珠の原基として最初に現れる突起が珠心の原組織で, これよりも遅れて珠皮の原基が突起の外側基部に発生する. しかし珠皮の成長は珠心の成長より速いため, 珠皮が珠心を包む. 十分に発達した珠心組織の珠孔側に胞原細胞が分化する. 胞原細胞のできる位置は通常珠心の表皮直下の細胞層で, 珠心の原表皮が並層分裂を行う種類では表皮から数層内の細胞からなる. 珠心が著しく発達して, 珠孔を通り, 嘴状になる種類にはヤナギ科, トウダイグサ科, タデ科, ウリ科がある. ハルタデでは珠孔からさらに伸び出し, 花柱の組織にまで達する. 受精の後, 胚の発達に応じて退化し, 種子成熟時には消失するか, 種皮直下に薄膜となって残るが, 種子の養分貯蔵の組織, 周乳となることもある. アカザ科, ナデシコ科, カンナ科がその例. (⇔胚珠)

f **種数–個体数関係** [species-abundance relationship] 一つの群集における比較的生活型の似た生物種の個体数の大小関係. この関係には下記のようないくつかの経験的モデル化が試みられている. (1) 等比級数則(元村の等比級数則 Motomura's geometric series):元村勲(1932)による. 各種を個体数の大きいものから順位づけると, その順位(x)と個体数(y)との間には次の関係が成立する. $\log y + ax = b$ (a, b は定数). (2) 対数級数則(フィッシャーの対数級数則 Fisher's logarithmic series):R. A. Fisher(1943)による. サンプル中の個体数 n をもつ種の数(S_n)は $S_n = \alpha x^n / n$. x は1より小さい値をとる定数で, サンプルの大きさに応じて定まる. α は*種数多様度を示すパラメータ. 上式よりサンプル中の総種数(S)と総個体数(N)との関係は $S = \alpha \ln N/\alpha + 1$. N はサンプル面積に比例すると考えると, この式は種数–面積曲線の一つのモデルでもある. (3) 対数正規則(プレストンの対数正規則 Preston's log-normal series):F. W. Preston(1948)による. 横軸を個体数の対数を測度として区分し, 各区分に属する種数(n)を縦軸にとれば, n の分布曲線は正規型, すなわち $n = n_0 \exp$

$(-(aR)^2)$ (n_0 はモードの種数，R はモードからの偏差，a は定数) によって近似できるとする．サンプルが小さい場合は，ベールライン (図1) より右側の部分に当たる種だけが，サンプル中に出現することになる．(4) 負の二項分布則 (negative binomial distribution)：M. V. Brian (1953) による．個体数 n をもつ種数 (S_n) は負の二項分布型 $S_n = \beta(n+k-1)!\, p^n/(k-1)!\,(1+p)^{n+k}$ によって与えられるとする．β は対象とする集団の総種数，k は群集内各種個体数の不均等の程度を示すパラメータ，p はサンプルの大きさによって定まる．(5) 折れ棒モデル (broken stick model)：R. H. MacArthur (1957) による．群集をささえる環境内容を 1 本の棒と考え，これを種数によってランダムに分割した場合，各分割片の長さの割合にそれぞれの種の個体数が存在すると仮定し，各種の個体数とその順位との関係を導いた．総種数 S，総個体数 N とすると最下位から r 番目の種の個体数は

$$N_r = \frac{N}{S}\sum_{i=1}^{r}\frac{1}{S-i+1}$$

である．同じ分布は，N 個体を S 個の箱に入れる入れ方が，すべて等確率という場合にも N が大きいと成立する．後者は種がすべて同等であるとする中立モデルに対応する．以上これらについて，実際の群集に対する種々の適用例からみると，サンプルが小さい場合には，等比級数則・対数級数則・対数正規則・負の二項分布則のいずれにもあてはまるが，サンプルが大きくなると，前二者への適合が悪くなる傾向がある．森下正明 (1961) は真の個体数・順位と各法則との間に図2に示すような関係を指摘した．(→種数多様度)

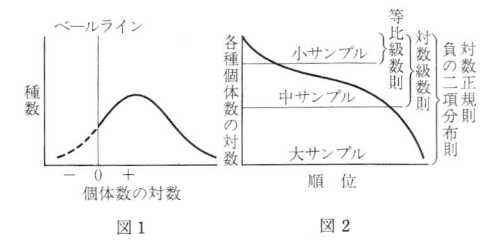

図 1　　　　図 2

a　**種数多様度** [species diversity] 《同》種多様性．一般には*種数-個体数関係から見た群集構造の複雑さを示すもの．このため群集の多様度ともいい，異なった群集のそれぞれから同じ個体数の小サンプルを任意に取り出した場合，サンプルに含まれる種数の大きい群集は種数の小さい群集よりは複雑 (多様) であると見なされる．したがって種数多様度は，種類の豊富さ (richness) と，各種個体数の均等度 (evenness) の総合されたものと考えられ，それを表現するために種々の指数，すなわち多様度指数 (diversity index) が提案されている．(1) 特定のモデルを前提とする指数．(i) 総種数の制限のないもの：サンプルが大きくなるにつれ，これに含まれる種は制限なく増大しうるというモデルによって与えられる指数で，内容的には均等度指数である．対数級数則の a や，等比級数則の a などがこれに当たる．ただし，a の大きいことあるいは a の小さいことは，多様性 (均等性) の大きいことを意味する．(ii) 総種数の制限のあるもの：対数正規則や負の二項分布則では，多様度の内容である総種数と均等度とはそれぞれ独立に与えられ，均等度を示す指数は前者では a，後者では k である．ただし，総合的な多様度指数は与えられていない．(2) 特定のモデルを前提としない指数．E. H. Simpson (1949) の多様度指数 (λ)，および情報理論に基礎を置く多様度指数 (H および H') がこれに当たる．x_i をサンプル中の第 i 種の個体数，$N = \sum_i x_i$ とすれば

$$\lambda = \frac{\sum_i x_i(x_i-1)}{N(N-1)},\quad H = \frac{1}{N}\ln\frac{N!}{\prod_i x_i!},\quad H' = -\sum_i \frac{x_i}{N}\ln\frac{x_i}{N}$$

上記のうち，λ の代わりに $1/\lambda$ が多様度指数として用いられることが多い．もし種数-個体数関係が対数級数則に合致するなら $\lambda = 1/(a+1)$ である．これらの指数に対して，どのような場合にどの指数を用いるのが適当であるかについての検討は，まだ十分には行われていない．
種の間の系統関係を考慮するために，系統樹の枝の長さの総和を考えたものを系統多様度 (phylogenic diversity) という．

b　**種数-面積曲線** [species-area curve] 一つの群集の中から種々の面積を単位とする標本を抽出し，それに含まれている種数と面積との関係を示した曲線．種数-面積曲線の形は，群集の特性の一つの現われであり，群集調査のための*最小面積の決定にも利用されるが，この形式が数式として把握できるならば，そのパラメータの値によって群集の性質の理解にも役立つ．これを求める場合，小区画から大区画へと標本面積をしだいに拡大しながら出現種数を調べる方法と，対象とする群集地域内から小面積 (q_0) の標本をできるだけ多数ランダムにとり，これらの標本を n 個ずつあらゆる組合せで合わせた場合の平均的な出現種数を面積 nq_0 における種数とし，n を順次大きくすることによって標本面積を拡大する方法とがある．群集を構成する各種動物または植物の空間分布の局所的な偏りの影響を除去し，群集内の平均的な種数-面積曲線を得るためには，後者の方が理論的にはすぐれている．ただしこの方法では個体の中心が区画内にあるものだけを取り扱うことが必要である．現在までにこの曲線のモデルとして次の諸式が提唱されている (S_0＝群集内総種数，s＝標本種数，q_0＝標本面積，n＝方形区画数，$q = nq_0$，p＝単位面積当たり個体数．なお m，k，E，A，a，b，c，r，α，λ は定数)．
(1) 閉鎖型
　(i) H. Kylin (1926)　　$S = S_0(1-e^{-mq})$
　(ii) M. V. Brian (1953)　$S = S_0\{1-(1+pq/kS_0)^{-k}\}$
　　負の二項分布型の*種数-個体数関係を仮定．k (>0) は負の二項分布のパラメータ．
　(iii) S. Kobayashi (1976)　$S = S_0\{1-(1+q/E)^{-A}\}$
　　この式は $ds/dq = A(S_0-S)/(E+q)$ を仮定．E は要素面積 (elemental area) と名づけられている ($A > 0$, $E > 0$)．
(2) 開放型
　(i) L. G. Romell (1920)　$S = a\log_{10}q + b$
　(ii) O. Arrhenius (1921)　$S = cq^r$　($1 > r > 0$)
　(iii) R. A. Fisher (1943)　$S = a\ln(1+pq/a)$
　　種数-個体数関係における対数級数則を前提とする．a は多様度指数．
　(iv) S. Kobayashi (1974)　$S = \lambda(1 + 1/2 + 1/3 + \cdots + 1/n)$
　　一定面積の区画単位の調査法に対して提唱された．λ は 1 区画当たりの平均種数．

(v) S.Kobayashi(1975) $S=\lambda \ln(1+q/E)$
(1)(iii)式の $S_0 \to \infty$ の場合に相当する．E は要素面積，λ は面積 $(e-1)E$ に出現する平均種数(=種数多様度)．

閉鎖型では，標本面積が大きくなるとともに標本種数は一定の上限値(S_0)に収束する．種数-個体数関係において対数正規型(F.W.Preston,1948)またはこれに近い型を示す群集では，少なくとも標本種数-標本面積の関係は閉鎖型である．一方，開放型では面積増加とともに種数は限りなく増大する．しかし一見開放型と考えられる種数-面積曲線も，実際は閉鎖型の一部分を示すにすぎない場合もある．面積の対数値と種数との関係では閉鎖型は S 字形の曲線を示すが，最大標本面積が十分に大きければ図1の A+B+C のように S 字形の傾向が明らかにされる場合でも，最大標本面積が q_2 程度では A+B の曲線部分しか得られず，この範囲ではフィッシャー型の開放型にも近似する．最大標本面積がさらに小さく q_1 までにとどまるならば，曲線としては A の部分だけが求められ，これだけではアレニウス型にもまた近似的に適合する可能性がある．したがってある群集について種数-面積関係を正しく把握するためには，相当な大面積にいたる調査が必要である．単一群集の範囲を超えて面積を限りなく増大した場合の種数-面積関係として，C.B.Williams(1964)は図2の曲線を想定している．この曲線のうち a 部は単一群集内，b 部は大陸内に限定し，c 部は地球全体まで面積を拡大した場合である．

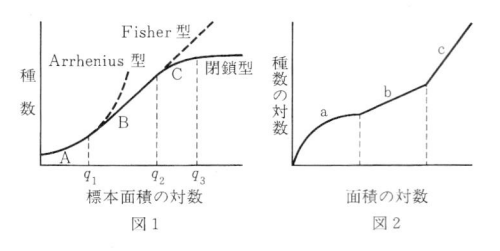

図1 図2

a **受精** [fertilization] 《同》授精．狭義には雌雄の*配偶子がそれぞれ卵と精子といいうる程度に分化した場合の配偶子融合を指し，広義には配偶子融合とほぼ同義．受精の意義は一般に，発生開始の刺激と，生物が存続するために必要な適当な組換えを行っといて環境に適した遺伝子構成をもつ子孫をつくる可能性を保つことにあると考えられる．狭義の受精としてまず多細胞動物について見ると，両配偶子の合したものを受精卵(fertilized egg)といい，両者の遺伝的影響の下に発生を開始する．受精卵に対し，受精前の卵を未受精卵(unfertilized egg)という．多細胞動物での受精の典型的な場合は次のような一連の過程に分けることができる．(1)精子の卵への接近，(2)精子と卵との接触，(3)卵と精子の細胞膜の融合，(4)精子の卵への侵入，(5)雌性両前核の接近とその融合．(1)に関しては多くの場合精子が運動力をもち，卵を含む媒質中におかれる(*媒精)と，移動して静止の卵に近づく．接近の機構については，いくつかの動物では，卵が放出する物質により精子の活性化(sperm activation)や精子の誘引(sperm attraction)が起こることが知られている．また，種々の動物で，精子の放出(放精)と卵の放出(放卵)のタイミングを合わせて受精効率を高める工夫がなされている．(2),(3),(4)の過程においては，多くの海産動物では精子の*先体反応が起こり，先体突起を生じ，その先端が卵の被層や被膜を貫入して卵細胞膜と接触，両配偶子の細胞膜がその部分で融合する．ある場合には接触部の卵の表面に*受精突起が生じる．また，多くの動物卵では精子の接触後に卵表面に*受精膜が形成される．(5)の過程において卵内に入った精子の核は精核または*雄性前核と呼ばれ，本来の卵細胞の核は卵核または*雌性前核と呼ばれる．前者は1個の*星状体(精子星状体)に伴われつつ雌性前核に近づき，これと合一または密接する．このような核を*合核(接合子核)といい，これはまもなく*有糸分裂を行い，ここに個体発生の最初の著しい変化として卵割過程が開始される．動物卵への精子侵入は動物の種類により，その成熟過程のいろいろな時期に行われる．すなわち，(1)成熟完了卵(例:ウニ)，(2)減数第二分裂中期(例:大部分の脊椎動物)，(3)減数第一分裂中期(例:ツバサゴカイやイガイ)，(4)核がまだ胚胞の状態にある第一卵母細胞期(例:ゴカイやヤムシ)．しかしいずれの場合も合核形成前には卵は成熟を完了する．多細胞動物での受精の現象は，1873年から1875年の間に O.Bütschli, L.Auerbach, E.van Beneden, O.Hertwig, H.Fol らによって初めて明らかにされた．多細胞動物の卵細胞は一般には受精の後に卵割を開始するが，自然状態または実験的に*単為生殖によっても同様に卵割の開始が起こりうる(⇒活性化)．受精時の卵表面および卵内の微細形態学的ならびに生化学的変化の詳細が明らかにされ，受精過程全般にわたってカルシウムイオンの重要性などが示されている．一方，種子植物では受精は*受粉の結果起こり，柱頭から伸長した花粉管が胚嚢の助細胞に侵入すると共に中の二つの精核を放出し，そのうち一つの精核が卵細胞と融合することで，受精が成立する．なお被子植物には*重複受精の現象がみられる．一般に，配偶子融合としての広義の受精現象は多くの場合異なった起原の遺伝子の混交を起こすが(*アンフィミクシス)，例外もある(例:*オートガミー)．これに対し染色体数の全数の回復は常に受精に伴って起こる．(⇒多精，⇒受精波)

b **受精素** [fertilizin] ウニやゴカイなど海産動物の未受精卵をしばらく入れておいた海水，すなわち*卵海水(egg sea water)中に含まれる，同種の精子に可逆的な膠着を起こさせる性質をもつ物質．F.R.Lillie が1912年から数年間にわたる研究により命名した．Lillie は受精素は卵の中から分泌されると考えたが，後の研究によりウニでは卵の周りにある*ゼリー層の糖蛋白質であることがわかった．Lillie の受精素説によれば，受精素は卵および精子に対するそれぞれの結合子をもち，また精子と卵の表面にはそれぞれ受容体があり，受精の際には精子-受精素-卵の結合体ができて受精が行われる．この際，卵内にある抗受精素(antifertilizin)が余分の受精素に結びついて中和し，他の精子を受けつけなくなるというのである．抗受精素は後に精子からも抽出され，A.Tyler, C.B.Metz らにより受精素説は多少改変されつつ提唱されてきた．しかし1950年代以後，團ジーンにより精子の*先体反応が発見され，受精の微細構造的研究が進むにつれて，受精素だけによって受精の経過を説明することは不可能になった．卵ゼリー層の糖蛋白質は先体反応を引き起こす物質として重要な物質となっている．なお，元村勲(1950)はゼリーを除去した未受精卵

および受精卵から精子を膠着する物質(cytofertilizin)を抽出し報告している．(→精子膠着素)

a **種生態学**　【1】[genecology]　《同》ゲネコロジー．G.W.Turesson の造語．生物の個体群の遺伝的構造を，その生育環境との関連において明らかにし，これにより明瞭になった遺伝的構造の相違に応じて個体群を規定し，実験分類学の資料とする研究分野．
【2】→個生態学

b **受精電位**　[fertilization potential]　受精により，卵細胞に発生する膜電位変化のこと．1909年に R.S. Lillie によりその存在が示唆されて，1935年に V. Rothschild らによりカエル卵において発見．細胞内カルシウムイオン濃度の上昇，pH 変化，機械刺激などによっても受精電位と同様の変化が生じ，賦活電位(activation potential)と呼ぶことがある．ハムスターなど哺乳類卵では，過分極が周期的に生じるが，海産無脊椎動物や両生類では，*脱分極性の反応である．受精電位が起こる仕組みは動物種間で異なり，ナトリウムイオンやカルシウムイオンの流入により生じる場合や，塩素イオンの膜透過性によって生じる場合が知られる．哺乳類卵の場合，*イノシトール三リン酸による*カルシウム振動に伴い，カリウムチャネルが開くことで過分極性の電位が生じる．脱分極性の受精電位は，*多精拒否(polyspermy block)につながる．これは卵の細胞膜の脱分極が精子の先端部の膜融合を阻害する過程と，*カルシウムチャネルの活性化により，表層顆粒(cortical granule)と呼ばれる小胞に含まれる糖蛋白質や酵素を開口放出(→エキソサイトーシス)によって分泌して卵の周囲に機械的な障壁を形成する二つの過程が知られている．

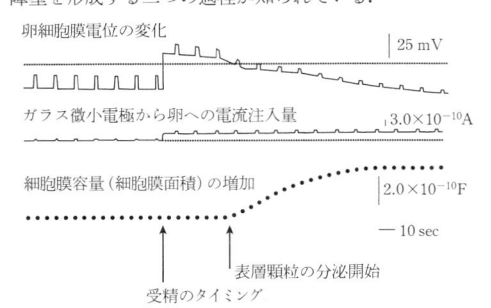

卵細胞膜電位の変化　　　　　　　25 mV
ガラス微小電極から卵への電流注入量　$3.0×10^{-10}$A
細胞膜容量(細胞膜面積)の増加　　$2.0×10^{-10}$F
　　　　　　　　　　　　　　　　—10 sec
　　　　表層顆粒の分泌開始
　受精のタイミング

ウニ卵での膜電位変化と表層顆粒の分泌の時間的な関係(Jaffeら，Dev.Biol.，1978 より)
上のトレースは，微小電極を刺入し，膜電位変化を計測したもの．コンダクタンスの変化を見るため，10秒おきに電流を注入している．下のトレースは，細胞膜容量を示しており，矢印のタイミングでの表層顆粒の開口放出にともなって細胞膜面積が増加する過程が示されている．

c **受精突起**　[fertilization cone]　《同》受精丘，迎接突起．ある種の動物の*受精に際して，精子と卵の膜融合直後に受精部位に生ずる，卵表面の小さな突出．精子の核，ミトコンドリア，鞭毛の軸糸などがその中を経て卵細胞質に入った後，この突起は消失する．多くの場合，受精突起は精子が卵表面からとりこまれる際に一時的に生ずる形態の変化である．

d **受精囊**　[seminal receptacle　ラ receptaculum seminis]　扁形動物，昆虫類その他の節足動物において，交尾により雄または相手(雌雄同体の場合)の個体から得た精子を，受精のときまで貯えておく小囊．渦虫類では*交尾囊から細管(spermiduct)を経て受精囊に達し，あるいは交尾囊そのものが受精囊となるが，他の類では*輸卵管枝管の末端に盲囊として存在する場合も多い．成熟卵が輸卵管を下降してきたときに，精子は受精囊を出て卵を受精させる．

e **受精能獲得**　[capacitation]　《同》受精能付与．射精された哺乳類の*精子が受精能力をもつために，雌の生殖管内を上昇する過程において行うある種の生理的変化．例えば，ラットの卵管内に入った精子は，卵に侵入するのに一定の準備期間を必要とするが，子宮や卵管内に数時間以上入れておいた精子をとりだし，別の個体の排卵直後の卵管内に入れても，精子はすぐに卵内に侵入する．受精能を獲得した精子は，超活性化(hyperactivation)と呼ばれる激しい運動を行うようになり，*先体反応(acrosome reaction)を起こすことができるようになる．体外で精子の受精能獲得を誘起するには，卵胞液，卵管液，熱処理した血清などが必要とされていたが，近年では適当なイオン，エネルギー源，血清アルブミンなどを含む限定培地も用いられている．受精能獲得の機構として，精子の細胞膜表面の物質の除去や変化，精子内での環状 AMP 濃度の上昇などが重要であると考えられているが，まだ不明な点が多い．一方，受精能を獲得した精子を同種または異種の精漿(→精液)と混合すると受精能は失われる．この現象は脱受精能獲得(受精能破壊 decapacitation)と呼ばれ，精漿中の脱受精能因子(decapacitation factor)によるものとされる．脱受精能獲得を行った精子に対し，再び受精能獲得処理を行うと，受精能を再獲得(recapacitation)することも報告されている．脱受精能因子は，精巣網，精巣上体，精囊などから分泌されると考えられており，精子表面に付着する精子被覆抗原(sperm coating antigen, SCA)もその一つである．脱受精能因子には，早期の受精能獲得を抑制し，先体などの構造を保護する役割があると考えられている．体内受精を行う昆虫などの精子も，雌の受精囊内で受精能を獲得することが知られている．

f **受精波**　[fertilization wave]　動物卵の受精の際に，精子の卵侵入点から卵全体に波及する変化．山本時男(1944)がメダカの受精において観察し，提唱した．メダカの卵は動物極側に*卵門があり，精子はそこから卵中に侵入する．精子の侵入部位には*表層粒がないにもかかわらず，その周囲の表層粒からの崩壊がはじまり，全表層に及ぶ．このことから精子が表層胞に直接作用するとは考えられず，不可視の伝導性の変化として，受精波が提唱された．すなわちこの現象は精子侵入の衝撃が引き起こす一種の興奮伝導と考えられ，受精衝撃ともいわれる．メダカやウニなどで知られている現象で，フェニルウレタン，その他の麻酔剤によって阻害される．現在では，精子の侵入点から反対の極まで伝播する卵細胞のカルシウムイオン濃度の上昇が，受精波に相当すると考えられている．(→卵表層変化)

g **主成分分析**　[principal component analysis]　PCA と略記．《同》主成因分析．多次元空間内の点をより低い次元に投影することにより，変数のもつ情報の損失を最小にして，もとの変数より少ない数の線形関数(主成分)に表す手法．多変量解析の一手法．事前に外的基準が与えられていないときに，多変量の資料の分類を行うのに有力な手段である．育種学，生物社会学，数量

640　シュセイマ

分類学の分野で用いられている．計算結果は二次元あるいは三次元の散布図で表現されることが多い．（⇒因子分析）

a **受精膜** [fertilization membrane] *受精後，卵からそのまわりに形成される膜．多くの海産動物に見られ，いわゆる単位膜の構造はもたない．例えばウニでは，精子の侵入点から透明な受精膜が分離し始め，数十秒のうちに卵表面全体に拡がる．初めは軟らかいが，数分のうちに固くなって完成する．ウニでは受精膜の前身が未受精卵の表面に*卵黄膜として既存し，受精時に表層変化に伴って卵の表面から分離する．この際，崩壊する*表層粒から放出される物質が海水中の Ca^{2+} などの存在下で結合し，厚く固くなって受精膜ができる．胚が孵化するまで，保護膜の役目をする．孵化の際，孵化酵素により溶かされる．（⇒卵表層変化）

b **受精毛** [trichogyne] 《同》受精糸．卵または雌性配偶子嚢から生じた糸状突起．紅藻の*造果器やコレオケーテ類の生卵器，子嚢菌の*造嚢器などに見られる．ラブルベニア類では受精毛柄(trichophore)と呼ばれる細胞から生じる．先端を体外に突出させて精子や*不動精子，小分生子，雄性配偶子嚢が付着，これを通して雄核が侵入する．紅藻のうち真正紅藻類では一般に発達しているが，ウシケノリ類などでは未発達で一時的な構造であり受精突起(prototrichogyne)と呼ばれる．真正紅藻類では受精後に受精毛の基部がくびれて他の雄核の侵入を防ぐこともある．紅藻では雄核の侵入後すぐに核融合が起こるが，子嚢菌では二核状態のままで菌糸(*造嚢糸)が発達する．

c **酒石酸** [tartaric acid] ジヒドロキシコハク酸のこと．2個の不斉炭素をもち dextro 型(d 型，L 型)・levo 型(l 型，D 型)・メソ型・ラセミ型(dextro 型と levo 型の1:1の混合)の4種の立体異性体がある．通常ラセミ酒石酸をブドウ酸と呼ぶ．種子植物，特に果実や葉中に，dextro 型が遊離あるいは K 塩，Ca 塩，Mg 塩として広く分布している．ブドウ酒製造の際，多量に生成し酒石(水素カリウム塩)として沈積する．ほかに糸状菌や地衣類にも存在が認められている．酒石酸発酵をする細菌(*Gluconobacter suboxydans* の変異株)では，生体内ではグルコースの酸化分解により 5-ケトグルコン酸を経てグリコール酸とともに生成される．酒石酸アンモニウムは微生物の活性によりコハク酸になるので，工業的にコハク酸製造原料に使われている．L. Pasteur がこれを材料として天然物質の旋光性の研究を行った．

```
   COOH        COOH        COOH
   |           |           |
 H-C-OH      HO-C-H       H-C-OH
   |           |           |
 HO-C-H       H-C-OH      H-C-OH
   |           |           |
   COOH        COOH        COOH

 dextro型(L)  levo型(D)    メソ型
```

d **シュタニウスの結紮**（シュタニウスのけっさつ）[Stannius' ligature] カエルの心臓における*自動性中枢の局在を証明するために，H. F. Stannius (1808～1883) が行った実験．静脈洞と心房の間を結紮し両者の間の連結を断つと(第一結紮)，静脈洞は拍動し続けるが心房と心室は動かなくなる．これより，心臓のペースメーカーが静脈洞にあり，その興奮が心房・心室へ伝えられることがわかる．やがて房室弁の基部にある第二次中枢は興奮を始め，心房・心室はふたたび拍動を始める．第一結紮により拍動が止まっている心臓の房・室境界部を結紮しても，第二次中枢が結紮により機械的に刺激されるため，やはり拍動が始まる．結紮の後，心室の上 1/3 と中 1/3 との境界で心室を結紮または切断すれば，心尖底部は拍動を停止，他の部分は拍動を続ける．これは心尖部に自動性のないことを示す．

e **種多様性の緯度勾配** [latitudinal gradient of species diversity] 熱帯域をピークとし，緯度の増加にともなって特に陸域の生物種の多様性が著しく減少するパターン．この生物地理的な緯度勾配は，現在の気候環境の温度勾配に対応した生態系生産力に関連づけられる．他にも，高緯度でより著しい氷期・間氷期周期のもたらす生息環境の変化や，高温による突然変異率の高さといった歴史的な要因，熱帯域が両高緯度域よりも地球上の面積が広いといった要因も指摘されている．緯度勾配は生物群や生活形によって異なる．例えば土壌有機物の多い温帯域のほうが熱帯域より土壌動物の多様性が高く，また海洋の沖帯では，海温よりも海流に影響される栄養塩濃度が海洋生物の多様性を規定している．

f **シュタール** STAHL, Georg Ernst 1660～1734 ドイツの医学者，化学者．極端な生気論者で，生命の働きは超自然的な力によるとする霊気説(animism)を唱えた．化学の分野では J. J. Becher (1635～1682) の可燃性土類の仮定を受け継ぎ，フロギストン説の主張者として知られる．[主著] Theoria medica vera, 1707.

g **シュタルク** STARCK, Dietrich 1908～2001 ドイツの比較形態学者，神経解剖学者，霊長類学者，比較発生学者．脊椎動物頭部の進化に関し，発生機構論を取り込んだ学説を唱えた．[主著] Embryologie: ein Lehrbuch auf allgemein biologischer Grundlage, 1955, 3 版 1975; Vergleichende Anatomie der Wirbeltiere, 1978～1982.

h **種虫** [sporozoit, sporozoite] 《同》スポロゾイト，小芽体．原生生物*胞子虫類(例：マラリア病原虫 *Plasmodium*)の胞子．胞子殻内で分裂の結果できた細胞が胞子殻内に這い出したもの．鎌形・棍棒形・紡錘形などがある．この種虫により新しい感染が起こる．

i **出液**（しゅつえき）[bleeding, exudation] 《同》溢泌（いっぴ），出水．植物の枝あるいは幹の切断面(傷口)から水液が排出する現象．出液水(bleeding fluid, exudate)は*木部から排出されるもので，*根圧によって起きるものが多い．ブドウやツタなどのつる性の木本，カバノキ，カエデ，サワグルミ，ブナ，ミズキなど複数の種で確認されている．出液の多くは早春の葉が展開する前に観察され，前日の夜に気温が下がった良く晴れた日に多量の出液が観察される．出液水には純水に近いくらいに含有物の少ないもの(例：ミズキ)から無機物および有機物をかなり多く含むもの(例：カエデなど)まである．有機物としては糖類，有機酸，アミノ酸，サイトカイニン，ジベレリン，ゴム質などが検出されている．例外的に多くの糖類を含む出液水として，サトウヤシ，サトウカエデがあげられる．サトウヤシの出液は道管液に由来する根圧ではなく，篩管液に由来する幹圧(trunk pressure)が関与している．

j **出芽** [budding] [1] 《同》芽生生殖，出芽繁殖(bud reproduction)．個体の体壁の一部に，小突起すなわち*芽体を生じ，これがしだいに成長して原個体と同様の形態となる現象．*分裂とともに単細胞生物および

多細胞動物に多く見られる無性生殖の一型．外見的類似性はあるが，単細胞生物の場合と多細胞動物の場合とでは，内容的には異なっている．単細胞生物としては酵母や *Euglypha* (有殻アメーバ類)・吸管虫やヤコウチュウなどが顕著な例で，多細胞動物では，海綿動物・刺胞動物・ホヤ類などに例が極めて多い．芽体が完成後母体を離れて独立する場合を不連続出芽(discontinuous budding)という．ヒドラの出芽が好例である．一方，芽体が完成後も母体と連なったままで分離しない出芽の形式を連続出芽(continuous budding)という．連続出芽の結果，群体を形成する．芽体の母体に対する位置に従って，樹枝状・叢状・球形などの種々の群体形が構成される．ヒドロ虫類，群体性の複ボヤ類やウミタル類・サルパ類において，走根(ヒドロ根，芽根)上に新個体を出芽して群体を形成する現象は根状出芽(stolonization)と呼ばれる．環形動物多毛類の *Syllis* などにおいて，1個体の疣足(いぼあし)上に新個体を出芽する現象も根状出芽という．出芽した娘個体が母体に付着したまま，その上にさらに出芽が行われると，植物の地下茎による繁殖の場合と同様な特殊な群体となる．カラクサシリス(*Syllis ramosa*)はその好例である．出芽には，芽体が母体の内部に形成されて，自ら母体の体表に出て遊離して1個体となる現象がある．これを内生出芽(内部出芽 endogenous budding)という．単細胞生物では胞子虫や吸管虫にみられ，多細胞動物では海綿動物にみられる．通常の出芽は，内生出芽に対置して外生出芽(外部出芽 exogenous budding)と呼ばれることがある．[2] 広義には植物体に新しい軸の原基が形成され，発育する過程．個体の成長の一部だが，芽が分離する場合には生殖の一部をも兼ねる．[3] 宿主細胞から放出されるとき，*エンベロープをもつウイルスが宿主細胞の膜系の特定部位(ウイルス膜蛋白質を組み込んだ)においてヌクレオキャプシドを包み込んで，ちょうどそこの膜が芽をふき出したようにふくれ出す成熟機転をいう．細胞表面膜で出芽するもの(オルトミクソウイルス，パラミクソウイルスなど)，小胞体膜やゴルジ膜で出芽するもの(トガウイルス，フラビウイルスなど)がある．この現象は，まずインフルエンザウイルスにおいて発見され，ついで1940年代後半から1950年代初頭にかけて，R. Wyckoff, O. Bang, L. W. Chu, I. M. Morgan らアメリカの電子顕微鏡学者の手で，その現象の存在が確認されてきた．(➡芽，出芽胞子)

a **出芽痕** [bud scar] 酵母細胞から出芽して成長した娘細胞が離れたあと，母細胞に残る肥厚した環状の隔壁の痕跡．これに対して，娘細胞の隔壁の痕跡を出生痕(birth scar)という．出芽痕はブライトナーやプリムリンなどの蛍光色素によく染まるので蛍光顕微鏡で観察できる．*サッカロミケス属のパン酵母(*Saccharomyces cerevisiae*)では出芽は細胞の不特定の場所で起こり(多極性)，同じ場所から2度出芽することはないので出芽痕の数からその酵母細胞の出芽回数を知ることができる．一方，*Saccharomycodes* などでは出芽痕の相対する両端だけで出芽する(二極性)ので出芽痕の重なりがみられる．分裂酵母の *Schizosaccharomyces* では細長い細胞の一端だけで分裂が起こるので，出芽痕は細胞を取り巻いて環状に残る．なお出芽痕は出芽型分生子が離脱したあとにも見られることがある．

b **出芽部位決定** [budding-site determination] 《同》出芽部位選択(bud-site selection)．*出芽の位置が一定の様式によって決定されること．出芽酵母の娘細胞が母細胞から分離した後，母細胞側にキチン質の出芽痕が残る．出芽痕をカルコフラワーで蛍光染色し顕微鏡観察すると，出芽位置は出芽パターンに従って決定されていることがわかる．一倍体細胞では既存の出芽痕に隣接した場所から次の出芽が始まり(アキシャル出芽)，二倍体では既存の出芽痕に隣接した場所かあるいはその対極から出芽する(バイポーラ出芽)．出芽増殖している細胞のアクチンをローダミン-ファロイジンで蛍光染色すると，アクチン斑が芽に集中して存在し，そこから母細胞に向けてケーブル状のアクチン繊維が伸びている像が観察される．このアクチンケーブルに沿って分泌小胞が細胞構築に必要な物質を母細胞から出芽部の先端(成長点)へ輸送する．成長点に到達した分泌小胞は*エキソサイトーシスにより細胞膜と融合し細胞膜を伸長・拡大させると同時に，細胞壁合成の前駆物質を成長点に供給する．出芽過程に関与する遺伝子が多数分離されている．BUD遺伝子群(このうち *BUD1* は Ras ファミリーの低分子量 G 蛋白質をコードする．➡Ras スーパーファミリー)のいずれかに生じた変異は出芽パターンを異常にするが，芽の成長には影響を与えない．例えば，一倍体であるにもかかわらずバイポーラ出芽，あるいは既存の出芽痕の位置に拘束されずに出芽する(ランダム出芽)．*Rho ファミリー GTP アーゼをコードする *CDC42* 遺伝子の温度感受性変異体は制限温度下で出芽できず，細胞は大きく膨らんだ形態となり，アクチン斑の局在化も起こらない(➡CDC 変異)．これに対して，別のRho ファミリー低分子量 G 蛋白質をコードする *RHO1* や *RHO3* 遺伝子の変異体では小さな芽を出しながら極性を失って死滅する．出芽は次の3段階の過程で進行する．(1) 出芽部位の決定(*BUD* 遺伝子)，(2) 出芽の開始(*CDC42* 遺伝子)，および(3) 芽の成長(*RHO* 遺伝子)．(1)～(3)の過程にはそれぞれ別の低分子量 G 蛋白質 Bud1, Cdc42, Rho1, Rho3 と，GDP-GTP 交換因子(GDP-GTP exchange factor : GEF)，GTP アーゼ活性化蛋白質(GTPase activating protein : GAP) などの制御因子が機能する．低分子量 G 蛋白質の下流で，アクチン重合に関わるフォルミン(formin)，細胞壁合成に関わるグルカン合成酵素(glucan synthase)，蛋白質リン酸化酵素(protein kinase)である PAK，プロテインキナーゼCなどが働く．

c **出芽胞子** [blastospore] 《同》分芽型胞子．*出芽によって生じる無性的胞子．子嚢菌類の *Saccharomyces* や，不完全菌類の多くの属に見られる(➡分生子)．これに対し，菌糸の一部に隔壁を形成し，分離し生ずる胞子を分節型胞子(arthrospore)といい，放線菌類や菌類の気中菌糸(*気中菌糸) などに見られる．

d **出血** [haemorrhagia, bleeding, hemorrhage] 血液が血管外に流出する現象．体外へ流出する場合を外出血，組織・体腔内に起こる場合を内出血と呼んで区別するが，外出血も内出血という場合が多い．内出血も結局は導管などから体外へ排出される場合(吐血・下血・喀血・血尿など)もある．その機序により，(1) 破綻性出血(haemorrhagia per rhexin)と，(2) 漏出性出血(haemorrhagia per diapedesin)とに分ける．(1)の破綻性出血は血管壁が破れて起こる出血で，外傷のほかに動脈瘤・静脈瘤・動脈硬化など血管壁に病変がある場合に見られる．

また空洞壁管の血管の出血のほか，潰瘍性病変により血管が侵食されて起こる出血もこれに属する．(2)の漏出性出血は毛細血管や小動脈に見られ，その内皮細胞間にある間隙(stomata)を通じ漏出によって出血が起こるものをいう．細菌や化学物質の作用，ビタミンＣ欠乏などの栄養障害，血小板の減少および機能異常による血管透過性の障害，血小板以外の血漿中の凝血因子の質的異常および量的異常(欠損・減少)，循環抗凝血素の増加，繊維素溶解酵素(*プラスミンなど)の活性亢進などによって止血機構が阻害されると，出血は持続的になる．成人で一度に 500 mL 以上の失血は生命に危険をもたらすとされる．

a **出血性素質** [hemorrhagic diathesis] 自然に，あるいは軽度の外傷によって，皮下・粘膜をはじめ身体各部に出血を起こしやすい病態．出血性素質を主徴とする疾患には，紫斑病・壊血病・血友病などがあるが，そのほか伝染病や白血病，悪液質，尿毒症，中毒，肝臓疾患などでも一症状として現れる．先天性異常に起因するものと症候性のものとがあり，またその成因により，血液の病的変化に起因するものと，血管壁の透過性障害によるものとに分けられるが，出血性素質の臨床診断は，血管壁・血小板・凝固因子・抗凝固因子・繊維素溶解の5要因について考慮するのが実際的である．

b **出鰓血管** (しゅっさいけっかん) [efferent branchial vessel] 鰓で O_2 を得た動脈血を鰓から心臓または全身に送る血管．解剖学上は鰓静脈(branchial vein)に当たる．(→入鰓血管)

c **出糸腺** [spinning gland] 《同》糸腺，紡績腺．クモ類の腹部内にある腺．その分泌物は*出糸突起または*篩板から出され，空気にふれて糸となりクモの巣(あるいは網)をつくるのに用いられる．構造からブドウ状腺(aciniform gland)，洋ナシ状腺(pyriform gland)，瓶状腺(ampullaceal gland)，管状腺(tubuliform gland)，集合腺(aggregate gland)，葉状腺(lobed gland)，篩板腺(cribellum gland)などの区別がある．これらの出糸腺はそれぞれ用途の異なる糸を分泌することが知られている(例えばブドウ状腺は獲物の捕獲用，洋ナシ状腺は巣を作る際の糸と糸をつなぐための糸を分泌する)．ブドウ状腺・洋ナシ状腺・瓶状腺はすべての個体にあるが，管状腺は雄にはなく，篩板腺は篩板を有する種類に限られる．カニムシ類の出糸腺は頭胸部内にあり，鋏角の末端近くに開口し，産卵用および越冬用の巣を作るのに用いられる．

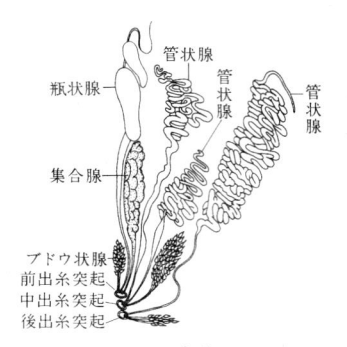

ナガコガネグモ(*Argiope bruennichi*)の出糸腺

d **出糸突起** [spinneret, spinning mammilla] 《同》紡績突起，紡績乳頭．クモ類の腹部の下面，肛門の前方にある2〜4対の小突起．通常は3対で，それぞれ前出糸突起・中出糸突起・後出糸突起と名づける．腹肢の変化したもので，前出糸突起は2節，中出糸突起は1節，後出糸突起は2節(まれに3〜4節)からなり，最末端は柔軟な膜質で紡績区(spinning field)と呼び，多数の紡績管(spinning tube)が出ていて，それぞれ腹部内にある*出糸腺に連なる．紡績管の管口から出た出糸腺の分泌物は空気にふれて糸(蜘糸という)となり，第四歩脚の蹠節にある櫛状器(calamistrum)によりまとめられてクモの巣が作られる．発生学的には，甲殻類の鰓や昆虫類の翅との相同性が指摘されている．篩板(篩状板)と合わせて*紡績器と呼ぶ．

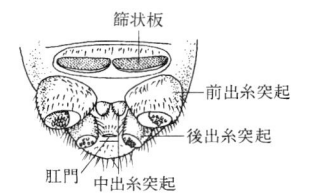

キハダヤミグモの一種 *Amaurobius similis* の♀の腹端腹面図

e **出生前診断** [prenatal diagnosis] 子宮内において胎児の状態を知る方法．この意味では子宮内診断ともいう．妊娠の比較的早い時期(妊娠14〜20週)に羊水穿刺を行い，羊水中に浮遊する胎児由来の細胞を用いて胎児の性別，染色体異常のほか，多数の先天性代謝異常についても診断を下すことができる．この意味では羊水診断ともいう．

f **出生率** (しゅっせいりつ) [birth rate, natality, fertility] 「しゅっしょうりつ」とも．単位時間当たり個体当たりの平均産児数(産仔数).*個体群を構成する全個体当たりの出生数を粗出生率(crude birth rate)，繁殖雌など個体群の特定クラスの個体当たり出生率を特定出生率(specific birth rate)として，区別する場合もある．特定齢の雌当たりの出生率を示す齢別出生率(age-specific birth rate, age-specific fertility)は，個体群統計上特に重要である．なお natality は出生率を意味するほか，漠然と出生数や増殖力を示す語としても用いられ，birth rate は death rate の，natality および fertility は mortality の対語である．(→死亡率)

g **シュート** [shoot] 《同》苗条，芽条．茎とその上にできる多数の葉からなる単位．維管束植物の地上部をなす主要器官．主軸から分岐した枝が伸びると，それも別のシュートであるとされる．シュートは葉のつく節とそれに続く節間の繰返し構造とみられる．節間は長いことも短いこともあり，長い場合は著しい伸長成長の結果である．節と葉，葉基部にできる芽(腋芽)ならびに節間は一つの単位としてフィトマーまたはメタマーと呼ばれる．シュートは二次的に肥大成長したり，ジャガイモの*塊茎，サボテンの*扁茎などさまざまに変形することがある．また，花は生殖シュートであると解される．シュートを構成する茎と葉は，茎の先頂にある*シュート頂分裂組織から作られる．この分裂組織から下方に茎の組織が，その周縁部から葉の原基が周期的に作られる．茎と葉がはっきり区別される植物では，シュートはその二つ

からなる複合器官とみなされる．それらの区別がむずかしい植物については，別の見方が歴史的に提唱されてきた．シダ類，単子葉類など茎の短い植物に対し提唱されたのがフィトン説(phytonic theory, phytonism)であり(B. Gaudichaud, 1841. もとは J. W. von Goethe, 1790)，茎が葉の基部の集まりと解される．それに対し，A. Arber (1930)の部分シュート説(partial-shoot theory)は，葉が本来シュートであり，その性質を完成せずに終わったものと解釈する．また，W. Hofmeister (1851)の包囲説(theory of encrustment)は葉の基部が茎の周りを包んでいるとみなし，H. Potonié(1903)の周茎説(pericaulom theory)では進化的に見て同等二又分枝をしていた軸が主軸(原中軸)と側枝(原葉)に分化し，原葉の基部が中軸にまつわりついて周茎となり，さらに周茎と中軸が合わさって茎をつくるとみる．また，E. R. Saunders (1922)の葉皮説(leaf-skin theory)は，包囲説や周茎説の流れの一つで，本来の茎のまわりが葉的部分，つまり葉皮(leaf-skin)に包まれてシュートが成り立つとみる．

a **種淘汰** [species selection] 《同》種選択．種の間でみられる絶滅率と種分化率の違いにより生じる過程．例えば有性生殖をする生物がほぼ同じ生活をする無性生殖の生物に比べて，種分化率が高く絶滅率が低いことによって，現在みられる多くの種が有性生殖であるとする説明は，有性生殖の進化を種淘汰によって説明していることになる．集団淘汰がしばしば遺伝子頻度や個体の性質の変化を問題にするのに対して，種淘汰は，通常，化石にみられる長期的な進化傾向，特に単系統群内での形態変化の方向や，特定の性質をもった種の数や種構成を説明するために用いられる．

b **受動皮膚アナフィラキシー反応** [passive cutaneous anaphylaxis reaction] 《同》PCA反応(PCA reaction)．同種あるいは異種の抗体を皮内に接種し，引き続き抗原を全身投与することによって，抗体を投与した部位に引き起こされるI型アレルギー(即時型過敏症)の一種である局所*アナフィラキシー反応を利用したバイオアッセイ．動物(マウスまたはラット)に接種された抗体が組織の*マスト細胞の*Fc受容体に結合し，さらに抗原で架橋されることによってヒスタミンなどの化学伝達物質が放出され抗体接種部位局所での血管透過性が亢進するため，抗原とともに色素(エヴァンスブルーが用いられる)を投与すれば，血管外に色素が漏れ出し青色斑が形成され，数十分以内に反応が可視化される．接種される抗体の量が多いほど青色斑が大きくなるため，抗体価を決定する方法として利用された．抗体量を一定にして抗原投与量を変化させれば抗原量を定量することができる．最近では，マスト細胞およびFcε受容体の機能や，さまざまな物質，薬剤などのアナフィラキシーに対する効果を検討するために用いられ，マウスを被検動物にする場合は，耳皮内に抗体が投与され，反応後色素を抽出して色素量を測定することで反応が定量される．抗体接種後，短時間(～4時間程度)で抗原を投与すればIgEおよびIgGクラスの抗体による反応が，そして48時間以上経過した後に抗原を投与すればIgEのみによる反応が観察される．Fcε受容体に結合したIgE抗体は長時間局所にとどまるためである．モルモットはヒトIgGに特に高い反応性を示す．プラウスニッツ-キュストナー反応(P-K反応 Prausnitz-Küstner reaction)は，ヒトの皮膚を用いたPCA反応であり，ヒトIgE抗体および*アレルゲンの検出に用いられる．この場合，抗原は全身投与ではなく抗体が接種された部位に投与され，色素は用いず紅斑をもって反応の指標とする．アレルギー患者においてアレルゲンを同定するために行われるプリックテストなどのアレルギー皮膚試験は，同じく皮膚アナフィラキシー反応を検出しているが，対象は内在性のIgEであり，受動皮膚アナフィラキシー反応ではない．

c **受動免疫** [passive immunity] 《同》受身免疫．ある個体が，他の同種もしくは異種の個体から抗体を移入されることによって獲得する免疫．これに対してその個体自身が抗原に対して抗体を産生する場合は能動免疫(active immunity)である．破傷風や蛇毒に対する血清療法やγ-グロブリン製剤による治療は受動免疫の例である．また，哺乳類では，胎盤もしくは母乳を介して母体の抗体が胎児または乳児に移行し，生後一定期間感染に対する受動免疫を成立させる．一方，感作リンパ球や樹状細胞などの移入による免疫は養子免疫(adoptive immunity)と呼ばれ区別される．

d **受動輸送** [passive transport] 生体膜において，膜の両側の化学ポテンシャル(*イオン輸送の場合には電気化学ポテンシャル)の勾配に従って起こる輸送をいう．*能動輸送と対する．分子機構としては，膜を通しての拡散，*キャリヤーと結合しての輸送が含まれる．イオンチャネルを通るイオンの移動は拡散によるもので，これに含まれる．細胞壁のような自由相内での，あるいは幹における長距離間での水や溶質の輸送には，拡散と蒸散流による受動輸送が主要な輸送手段となる．

e **種特異性** [species specificity] 一般に，作用因子が，ある特定の種に特徴的な作用を示すこと，あるいはその種の特徴的な構成要素をもつこと．例えば，ある種の酵素やホルモンなどで，特定の種には共通の活性を示すが，他の種には活性を示さない性質などをいう．これらと反対に，多くの無機塩類や無機毒物の作用などは種非特異性(species non-specificity)を示すという．

f **種特異的配偶者認知システム** [specific mate recognition system] SMRSと略記．《同》特定配偶者認知システム，配偶者認知システム(mate recognition system, MRS)．有性生殖の生物において，適切な交配相手を相互に認知するために同種の個体間に共有されていると想定される生物学的特性の総体．*強化説(生殖的隔離の)を否定するために H. E. H. Paterson(1978, 1980)が提唱した．彼は強化説に加えて隔離概念，すなわち生殖的隔離の有無で種を定義する生物学的種概念をも，生殖的隔離自体は個体淘汰によって進化する特性ではないという理由で批判し，かわりに同じ受精システム(雌雄間の交信から接合子形成にいたるすべての過程を指す)を共有するかどうかで種を定義するという認知概念(recognition concept)を提出した．SMRSはこの受精システムの最も重要な面とされる．しかし認知概念の実際の運用には問題が多い．

g **シュート系** [shoot system] 《同》苗条系．単一の茎の分枝から始まる茎と側枝の集団．幼芽から成長した茎(主軸 main axis)は葉をもち，その葉の腋にできた*腋芽から側枝(lateral shoot)が成長する．側枝はさらに葉をつけて，その腋芽から新たな側枝が成長する．葉をつけた茎はその全体をシュート(苗条 shoot)とみなす

ので，こうした主茎と側枝をまとめてシュート系と呼ぶ．維管束植物の体は*シュート系と*根系から構成される．

a **シュート頂** [shoot apex] 《同》茎端，茎頂．シュートの頂端分裂組織(*シュート頂分裂組織)とその周辺．茎および側生的に葉を形成する*栄養期シュート頂と花序あるいは花を形成する*生殖期シュート頂とがある．

b **シュート頂分裂組織** [shoot apical meristem, shoot apex] SAMと略記．《同》茎頂，茎頂分裂組織，シュート頂．維管束植物の*シュートの先端に存在する分裂組織．頂芽・腋芽あるいは定芽・不定芽を問わずシュート(茎と葉)を生みだす頂端分裂組織で，茎頂と同義に使われる．根端分裂組織と異なり外生的に生じる．シュート頂分裂組織の構造は，植物群によって異なり，進化段階に伴って複雑さを増す．シダ植物大葉類(マツバラン科，トクサ科を含む)では頂端細胞が1個の始原細胞として働く．裸子植物では複数からなる1群の始原細胞群が存在し，被子植物では層状の外衣・内体のそれぞれの層に独立した始原細胞群が存在する．被子植物の場合，1ないし数層からなる外衣の細胞層は*垂層分裂を繰り返すので，シュートの外層を包む構造になる．その内方にはやはり複数層からなる内体があり，ここでは細胞分裂はいろいろな方向に起こる(⇨外衣-内体説)．これらの3タイプは古くI. V. Newman (1965)によってmonoplex apex (単一茎頂型)，simplex apex (単純茎頂型)，duplex apex (複茎頂型)とされ，このタイプ分けは現在でも使われている．またそれぞれをapical cell type (頂端細胞型)，apical cells type (頂端細胞群型)，apical layers type (複層型)と呼ぶこともある．またシダ植物小葉類にはミズニラ・ヒカゲノカズラなど，シダ植物段階にありながらmonoplex typeだけでなくsimplex typeを示すものもある．被子植物のシュート頂分裂組織では，外衣・内体構造の他に，構成する細胞の性質の違いから三つの区域(細胞組織帯)が区別されることが多い．最も先端に存在する中央帯(central zone)，中央帯とその下の部分を取り囲む周辺分裂組織(peripheral meristem)，そして中央帯の下に位置し周辺分裂組織によって取り囲まれた髄状分裂組織(rib meristem)である．中央帯の細胞は染色性・分裂頻度とも低いのに対して，周辺分裂組織の細胞は染色性が高く活発に分裂し，特に中央帯に近いところから葉原基が発生する．髄状分裂組織からは髄になる細胞が作られることが多い．この三つの細胞組織帯は，被子植物だけでなくシダ植物の頂端細胞型や裸子植物の頂端細胞群型でも，同様に区別されると考えられている．また被子植物のシュート頂分裂組織は層状構造が明瞭なため，最外層からL1，L2，L3層と呼ぶことがあり，特にシュート頂分裂組織の分子遺伝学的研究やシュート頂*キメラ研究においてよく使われる．例えばシロイヌナズナの場合，シュート頂分裂組織における幹細胞の形成維持には，*NAC遺伝子族の一つである*CUC*，*KNOX遺伝子族の*STM*，およびWUS-CLV系(⇨WOX遺伝子族，⇨CLE遺伝子族，*CLV遺伝子群)が重要な役割を果たす．

c **シュードモナス** [*Pseudomonas*] 《同》プソイドモナス．グラム陰性，好気性，従属栄養性であるシュードモナス属(*Pseudomonas*)細菌の総称．*プロテオバクテリア門ガンマプロテオバクテリア綱シュードモナス科(Pseudomonadaceae)に属する．基準種は*Pseudomonas aeruginosa* (*緑膿菌)．一般に，1ないし数本の極鞭毛による運動性をもつ桿菌(0.5〜1.0×1.5〜$5\,\mu m$)である．*ピオシアニン・フルオレシンなどの色素を生産するものも多く，培地が着色したり蛍光を発する場合がある．好気性であるが，硝酸呼吸や脱窒を行うものでは嫌気的にも生育する．多くの種が脂肪族炭化水素・芳香族炭化水素・フェノール類・テルペン・ステロイドなど広範囲の有機物を分解利用することができる．一般に土壌細菌であるが自然界に広く分布する．ある種のものは植物病原性があり，日和見感染の起因菌も存在する．

d **シュトラースブルガー** Strasburger, Eduard 1844〜1912 ドイツの植物学者，細胞学者．アルコール固定法により維管束植物の生殖器官の解剖学的研究を手がけ，裸子植物トウヒ属の胚発生において細胞と核の分裂を発見．ついで染色体の縦裂，同一種では染色体数が一定していること，さらに植物における有糸分裂・減数分裂を確かめ，世代交代と減数分裂の関係を明らかにした．また遺伝物質が核にあることを予言．[主著] Lehrbuch der Botanik für Hochschulen, 1894.

e **種内競争** [intraspecific competition] 同種個体間の*競争のこと．生態学では，個体群の密度調節機構の重要な要因として重視されている．A. J. Nicholson (1954)はこの観点から，共倒れ型(scramble type)と勝ち残り型(contest type)の競争を類別した．前者は，関係個体がそれぞれ勝手に資源を消費する結果，どの個体も十分な量の資源を得られず，高密度になると極端な場合には共倒れを生じる型で，次世代の個体数が一挙に減少し個体数の振動を生じやすい．後者は，一部の個体が必要な資源を確保し，残りの個体は資源を利用できない場合であり，資源量が変わらないかぎり，ほぼ一定数の個体のみがそれを利用するため密度を定常状態(steady state)に維持するように働く型である．また競争能力の個体差が小さければ共倒れ型に，大きければ勝ち残り型に近づく傾向になる．植物におけるいわゆる自然間引きの現象は，個体群内の個体間に生じた変異の大きさが大きいとき，弱小個体が大形個体に圧迫されることによって起こる．競争能力の個体差は，出生時期の早遅や環境条件の変動によっても生じるが，それが遺伝的に規定されている場合には，競争は*自然淘汰の要因となる．C. Darwin (1859)は，同じ生活要求をもつ同種個体間に起こる競争が最も厳しいと考え，これを進化の要因として重視した．

f **種の集合法則** [species assemblage rule] 群島性の鳥類群集の観察に基づく，群集の種構成に関する経験的法則性．J. Diamond (1975)による．彼はニューギニアやビスマルク諸島などで，生活史の似た種群をいくつかのタイプに分けると，同じタイプの種同士が，同じ島に生息していないこと，互いに排斥する関係のタイプが見られたことから，これを群集の種構成に関する法則であるとした．

g **種の諸概念** [concepts of species] 種のあり方について提案されたさまざまな概念．リンネ種(linneon, Linnean species)とは，C. von Linnéが確立・大成した生物分類法に基づく種の概念．種は自然発生的に生じ，リンネの時代(18世紀中頃)に一応の確立をみた．種の名称としては当初長い記載がそのまま用いられたが，やがてこれを簡略化する手段として二命名法が採用された．リンネ的な種の概念は形態の不連続を基礎として成立するもので，形態種(morphospecies)にあたり，古典

的ないし本格的(orthodox)分類と呼ばれ，現在の動物分類命名規約の基本になった(⇌リンネ).リンネ種をより純一な小群に分類し，それを種と位置づけたものとして，ジョルダン種(jordanon)がある. A. Jordanは，ヨーロッパヒメナズナ(Erophila verna)の多型に注目し，それを200以上の群に分類したうえで，これらの各群にこそ分類上の単位としての種の位置が与えられるべきだと主張した. J. P. Lotsyはこれをジョルダン種と呼び，それとの対比から，リンネの種をlinneonと命名した.一方2個のリンネ種を交配した結果得られるF_1と分類学的特徴が一致し，2種の交配によって起原したと認定された種を合成種(additive species)と呼ぶ．遺伝学者H. K. A. Lamprecht (1949)によって提案されたもので，タバコ(Nicotiana tabacum)をN. sylvestrisおよびN. tomentosiformisの合成種としたのがその例である．また生態種(ecospecies, oekospecies)とは，生育場所は異なるが，交雑による生存力や妊性(稔性)の低下を伴うことなく相互に自由交配する能力をもつ複数の生態型または集団をまとめたもので，G. W. Turesson (1922)の提唱．その後の，とりわけ植物における種概念の形成・発展に貢献した．現在の生物学的種(⇌種)にほぼ相当するので，今日では彼により導入した生態型の語ほどには用いられない．いくつかの生態種からなる群で，遺伝子の交換を，自然のままでは隔離されていて直接には行われないが，諸種の交配を通じてそれが幾分か行われる可能性のあるようなものを集合種(coenospecies)あるいは総合種，共同種という．集団遺伝学および種分類学上の単位で，Turessonの提唱．その中に含まれる生態種には，いくつかの生態型が含まれる．例えば，ヨーロッパ内陸生のオウシュウオオバコ(Plantago major ssp. eumajor)と日本固有の海岸生のトウオオバコ(P. japonica)とはそれぞれ別の生態種であり，同時に一つの集合種としてP. majorに属するという見方がある．現在ではいずれもP. majorの変種と扱うのが一般的．また種分化研究に便宜的に用いられるグループとして，上種(superspecies)があり，その構成要素として半種(semispecies)がある．半種は，生殖隔離機構が完全ではないために，部分的に互いに隔離されている集団の一つで，生殖隔離の認められる集団である種と，地理的隔離の認められる集団である亜種の中間的段階を占め，種分化の過程の中で，かなり進んだ段階を示していると考えられる．移動能力の低い動物(バッタ・コオロギ・ネズミ類)や植物などに例が知られる．異なる半種が，交雑帯をはさんで側所的に分布することが多い．また，かつては同一種の地理的品種あるいは亜種であったものが，分化が進み明らかに種のレベルに達したと判断される，単系統的な複数の種集団も上種と呼ばれる．その構成種間に生殖隔離が存在する場合を指して，E. W. Mayr (1942)が生物地理学の立場から設けた．相互にまったくあるいはほとんど異所的に分布するため，構成種は半種からなる上種と区別するために異所種(allospecies)と呼ばれることもあり，形態的にははっきり異なる．さらに時間が経過して分布域が相互に大きく重なるようになった場合には，これを種群(species group)と呼んで区別する．上種・種群は比較的近い過去に共通祖先が分化した種集団である．表記には，種は分類学上の命名による名称のまま，上種・種群は共にその群中の命名上の基準種の学名にそれぞれsuperspecies, species groupを付記

する．複数の種の間で生殖隔離が成立していても，形態上の違いがまったく見られない時に，それらを隠蔽種(cryptic species)という．なお，上種と半種は命名規約上の正式な階級ではなく，例えば半種は，便宜的に亜種あるいは種に分類される．一方微細種(microspecies)とは，単親発生生物(uniparental organism)において，形態や染色体数などでの僅か軽微な差を根拠に識別された個体群の集まり．同じ微細種を構成する個体は，単一の遺伝子型を共有することになる．生物学的種概念が適用できないため，タクソンとしての認識は困難をともなう．例えば，無配生殖する北米産のCrepis(フタマタタンポポ属)で多くの微細種が知られる(Turesson).三倍体による日本産ヤブマオ属の多数の種も同様の微細種と見られる．また輪状種(ring species)とは，少しずつ異なる形態と分布圏とをもついくつかの亜種の連鎖があるとき，明瞭な別種として扱うに足る相違をもつ両端が，しかも同一地方に交雑することなく共存するような一群．つまり分化の両極端が地理的に重なったため異様にみえる場合であるが，上記の通り命名規約上の分類階級ではなく，人為的にこれを分離して2種とするか，または1種として扱うしかない．例えばB. Stegmannは，西ヨーロッパのセグロカモメ(herring gull, Larus argentatus)とlesser black-backed gull (L. fuscus)とが明瞭な別種であるが，前者の種の北アメリカに存在する亜種は東シベリア亜種および西シベリア亜種とつづき，西シベリア亜種は後者の種へとつづいていることを見出した．

a **樹皮** [bark] 漠然と樹木の外側のすでに死んだ部分を指すことが多いが，形態学的には，二次肥大成長を行う木本双子葉植物および裸子植物の茎や根の，二次篩部とその外側にある*周皮(コルク皮層，*コルク形成層，コルク組織)のすべてを指すのが一般的．さらに広く，維管束形成層より外側の組織(皮層，二次篩部，一次篩部など)を含む場合もある．二次篩部と最内のコルク形成層との間の生きた部分を内樹皮(inner bark)，最内のコルク形成層から外側の死んだ部分を外樹皮(outer bark)と呼び区別することがある．外樹皮はリチドーム(rhytidome)と呼ばれることもある．樹皮は茎の肥大成長に伴って裂け，外側から剥がれていくが，その裂け方は植物によって異なり，鱗状をなすもの(マツやクリ)，細長い帯状をなすもの(スギ)などがある．

b **シュプレンゲル** SPRENGEL, Christian Konrad 1750～1816 ドイツの植物学者．虫媒花と風媒花の性質を明らかにし，花の形態と昆虫との関係について述べた．また他花受粉の重要性を唱えた．[主著] Das entdeckte Geheimnis der Natur im Bau und Befruchtung der Blumen, 1793.

c **受粉** [pollination] 《同》授粉，送粉．種子植物の花粉が*雄ずいから*雌ずいの柱頭(裸子植物では*胚珠の珠孔部)まで運ばれる現象．雌器官を主語にした時には「受粉」，雄器官を主語にした時には「授粉」と表現するが，主語いかんにかかわらず「送粉」と表現することもできる．花粉の媒体には，風，水，動物があり，それぞれの送粉様式(pollination system)を，*風媒，*水媒，*動物媒と呼ぶ．花粉媒介をする動物を送粉者(pollinator)と呼ばれる．裸子植物の多くは風媒であるが，ソテツ綱とグネツム綱では虫媒が見られる．被子植物の大半は動物媒であり，被子植物の進化には動物媒の採用が深く関わっていたと考えられている．被子植物では，柱頭に到達した

花粉がそこで発芽して*花粉管となり、花柱内を伸長し、受精(重複受精)を行う. 裸子植物では、胚珠に引き込まれた花粉がそこで発芽して花粉管細胞となり、それが数カ月から1年ほどかけて精核または精子を作り、それが受精に貢献する.

種分化 [speciation] 《同》種形成. 単一種の集団間に生殖的隔離が生じて、二つあるいはそれ以上の数の種が形成されること. 通常、種分化は漸進的な過程を通じて、ほとんどの場合、異所的に起こると考えられている (→異所的種分化). 地理的隔離に引き続いて生殖的隔離をもたらす遺伝子が集団ごとに別々に蓄積し、また肉眼形態をはじめとしてそれぞれの種で異なる形質が進化すると考えられるが、これらの過程は中立進化によって生じることも、異なる環境への適応によって自然淘汰で生じることもある. 種分化が側所的あるいは同所的に起こるとするモデル(→側所的種分化、→同所的種分化)もあるが、これらは極めてまれである. しかし種分化の研究ではむしろこちらの方が検討されることが多く、異なる淘汰圧に応じて、二つの集団が別々の遺伝子平衡へ向かって漸進的に分岐することで到達されるという漸進分岐様式(divergence modes)や、環境は同じだが、適応ピークをつくる遺伝子複合体が複数あり、*遺伝的浮動と自然淘汰により別の遺伝子複合体の再構成が起こる飛越え様式(transilience modes)などが提唱されている. また種分化は、異種間の交雑による雑種形成(*移入交雑や Poeciliopsis に属する魚類などにみられるような雑種発生 hybridogenesis)、あるいは植物で多いが、種間交雑後の染色体の倍数化によって、ある程度即時的に起こることもある.

シュペーマン SPEMANN, Hans 1869〜1941 ドイツの動物学者. 両生類の発生を研究するに特別な細微手術法を考案し、精密な欠刑実験・移植実験・結紮実験などを行った. レンズ原基の眼杯への依存、イモリ初期胚の結紮による重複胚形成、核と細胞分裂との関係の分析など、多くの重要な研究をなしたが、特に H. Mangold の助力のもとで行われたイモリ胚における形成体の発見が、20世紀の実験発生学の発展に決定的影響をあたえ、1935年ノーベル生理学・医学賞受賞. [主著] Experimentelle Beiträge zu einer Theorie der Entwicklung, 1936.

シュマルハウゼン SCHMALHAUSEN, Ivan Ivanovich (Шмальгаузен, Иван Иванович) 1884〜1963 ロシア、ソ連の動物学者、進化生物学者. 進化の総合説の確立に貢献. C. H. Waddington の遺伝的同化とは独立に到達した類似の学説や、安定化淘汰理論でも知られる. [主著] Factors of evolution: the theory of stabilizing selection, 1949; Origin of Terrestrial Vertebrates, 1968.

種名 [species name] 種の*階級にある*タクソンに付けられる*学名. 属名(genus name, generic name)とそれに続く種小名(specific name, 動物において)ないし種形容語(specific epithet, 植物と細菌において)が結合した二語名(→二語名法)によって表示される. 原則としてラテン語文法にしたがって構成され、地の文の字体と異なった字体(例えばイタリック体)で記される. 属名はその種の所属する属の名称で、大文字で始まる一語で表す. 種小名ないし種形容語が形容詞か分詞の場合には性を属名にあわせなければならない(性の一致 gender agreement). 国際動物命名規約や国際細菌命名規約では、種小名は常に小文字で始めなければならないことが定められており、国際藻類・菌類・植物命名規約でもそれが推奨されている. 命名者名と命名年を種名の後に添えるのが慣例である. ある種が原記載とは別の属に移された場合、原著者名は丸括弧におさめられる. この例をはじめ、ある属名と種小名(種形容語)をはじめて結合する場合、国際藻類・菌類・植物命名規約や国際細菌命名規約では、その行為者の名を付記する. なお亜種は、動物では属名、種小名、亜種小名の3単語からなる三語名(trinomen, trinominal name)、植物や細菌では、亜種形容語の前に亜種の階級を示す省略語 subsp. を付して表記する. (→二語名法, →新組合せ)

腫瘍 [tumor] 自律的な過剰増殖を示す細胞の集合体. 寄生体とは異なり、生体を構成する細胞自体から生ずる. [1] 動物の腫瘍は固有の腫瘍成分である実質(parenchyma)と、血管を含む支持組織である間質(stroma)からなる. 腫瘍の大部分は発生母細胞の正常またはその未熟細胞に類似する. 生化学的にも、ある腫瘍では胎児期の未熟細胞がもつ機能や抗原を保持しており、癌胎児抗原(oncofetal antigen)として知られている. 最近では腫瘍の発生やその維持に、増殖因子やその受容体を含めたシグナル伝達機構、細胞回転、細胞接着などに関連するさまざまな遺伝子の異常の関与が明らかにされつつある. 腫瘍細胞の生物学的態度から腫瘍を良性腫瘍と悪性腫瘍に大別するが、これは臨床的な経過ともかなり相関する. 良性腫瘍(benign tumor)は異型性に乏しく、増殖は緩慢で膨張性であり、転移を起こさず、全身への影響は少ない. これに対して、悪性腫瘍(malignant tumor)は一般にがん(cancer)と呼ばれ、異型性が強く、増殖は速く、周囲組織に破壊性に浸潤し、転移を起こし、宿主を死に至らしめる. しかし、厳密な意味での良性腫瘍と悪性腫瘍の区別は困難である(表).

	良性腫瘍	悪性腫瘍
構造	分化の程度が高く、正常組織に類似する	分化の程度が低く、著明な異型性を示すものが多い
発育形式	膨張性, 周囲との境界も明瞭	拡大性, 浸潤性
発育速度	遅い, 細胞分裂も少ない	急速, 細胞分裂に富む
転移	無し	多い
遺伝子変異	少ない	多い
全身への影響	発生部位・ホルモン分泌過剰などによる悪影響以外一般に危険なし	浸潤性発育(破壊)と転移により全身に広がり悪液質に陥る

腫瘍はその発生母組織により、上皮性および非上皮性に大別する. 前者は扁平上皮および腺上皮の腫瘍で、後者は結合組織・血管・造血組織・筋組織・神経組織の腫瘍である. 悪性の上皮性腫瘍は*癌腫, 悪性の非上皮性腫瘍は*肉腫, 造血組織の腫瘍は*白血病と呼ばれる. 上皮組織と非上皮組織の混合する腫瘍は混合腫瘍(mixed tumor)といい、内・中・外3胚葉に由来する奇形腫はこの例. [2] 植物組織にも腫瘍組織が形成される(→クラウンゴール).

受容域 [receptive field] ＝受容野

受容器 [receptor] 動物体が外界からの刺激情報

の受け入れ口としてそなえる特別な構造の総称. 古典生理学用語としての感覚器(sense organ)にあたるが, その「自覚」的含意を排して特に新造された語. 細胞小器官(例：ミドリムシの*眼点), 単一細胞(例：網膜の視細胞, シナプス), 器官(例：脊椎動物の眼)の諸準位がある. 前二者の場合には受容細胞, さらに受容体の語も用いるが, 化学受容細胞の表面にある受容蛋白質とは次元を異にする(⇒受容体). 受容器はしばしば, 適当刺激によって直接刺激される細胞(感覚細胞)ないし構造要素すなわち感覚要素と, 二次的な補助装置とから構成されて, 前者だけを受容器と呼ぶこともある. 受容器は, 適当刺激の種別により, 機械受容器(触受容器, 平衡受容器, 音受容器など), 温度受容器, 光受容器, 化学受容器, 電気受容器などに分類される. ヒトの意識における感覚の種の決定は, これら刺激の種類や受容器の種別ではなく, 大脳の感覚野内の興奮部位に依存する. 受容器には体外からの刺激を受けとる外受容器(exteroceptor)や遠隔受容器と, 体内で生じる刺激を感受する内受容器(interoceptor)および*自己受容器がある. 受容器は調整器および効果器とともに, 動物の反応機作の3要素をなす. (⇒生物学的変換器)

a **受容器電位** [receptor potential] 感覚刺激に応じて受容器に発生する段階的非伝導性の電位変化. この電位変化によって神経繊維に求心性インパルスを発生する場合には, 特に*起動電位という. しかし研究者によっては, 受容器電位は受容細胞集団の集合電位, 例えば網膜の光照射による*網膜電図や, 蝸牛に見られる音刺激によるマイクロフォン電位などを指し, 起動電位は単一受容細胞から記録される非伝導性の, 段階的(アナログ性)な電位を指すべきだとする立場もある. また逆に網膜電図やマイクロフォン電位のような感覚受容に際しての受容器集団の電気的反応を起動電位, 個々の受容器細胞に発生する電位を受容器電位としている研究者もある. 微小電極法の発達から現在ではほとんどすべての種類の受容器から電位変化が記録されるようになり, エネルギー変換機構がそれぞれの受容器で異なるにもかかわらず, 電気現象としては無脊椎動物, 脊椎動物を通じてほとんどすべての場合, 膜の局所的脱分極として測定される(ただし脊椎動物の網膜の視細胞では光刺激により過分極を示すなど). この脱分極は多くの場合, 受容細胞膜の陽イオン透過性の増大による. 化学受容器においては必ずしも透過性の増大ではなく, 膜における物質の吸着が主役をなすと考えられる場合がある. 一次感覚細胞においては, 直接この電位変化が神経繊維の放電発生閾値の最低の部位から伝導性の放電を発生させるし(起動電位), 二次感覚細胞では受容細胞と神経終末の間のシナプスを経て神経放電を開始させる. このシナプスは現在ほとんどがグルタミン酸を伝達物質とする化学的シナプスであるが, 嗅覚・味覚の受容細胞と二次感覚細胞間の伝達物質については不明である. 受容器電位の変化は, 網膜における光照射によるものは F. Holmgren(1865)が, 蝸牛における音刺激に対するものは E. G. Wever と C. W. Bray (1930)が, 筋紡錘における伸展に対するものは B. Katz (1950)が記録した. その後は微小電極法により各種の受容細胞から記録された.

b **受容菌** [recipient, recipient bacterium] 細菌の*遺伝的伝達において, 遺伝物質を受け取る側の細菌細胞. (⇒供与菌)

c **主要組織適合遺伝子複合体** [major histocompatibility complex] MHC と略記. 抗原ペプチドを結合して*T 細胞に提示する抗原提示分子のこと. 歴史的には臓器移植における組織適合性を規定する遺伝子群, あるいは, その遺伝子産物(MHC 分子)として同定された. MHC 分子は CD8 陽性の細胞傷害性 T 細胞に対して抗原提示を行う MHC クラスIと, CD4 陽性 T 細胞に対して抗原提示を行う MHC クラスIIに大別される. ヒトでは HLA 分子(⇒HLA 抗原), マウスでは H-2 分子(⇒H-2 抗原)と称され, いずれも主にペプチド収容溝に顕著な多型性を示す. 動物個体が特定の抗原ペプチドに対して T 細胞応答を示すためには, そのペプチドに結合する構造を有する MHC 分子を発現していることが必要条件となるため, 多型を示す *MHC* 遺伝子は, 個体の免疫応答の個体差を決定する遺伝子(免疫応答遺伝子)であるともいえる.

d **受容体** [receptor] 《同》レセプター, リセプター. [1] 細胞に存在し, 細胞外の物質などをシグナルとして選択的に受容するセンサー蛋白質の総称. 一般的には細胞膜上に局在するものを指すことが多いが, 構造や機能から, 酵素連結型受容体, G 蛋白質共役型受容体, イオンチャネル型受容体などに分類される. 対象とするシグナル伝達の系によってさまざまなものがあり, 例えば, 神経伝達に関与するアセチルコリン受容体など, 細胞の増殖に関与する表皮成長因子受容体・血小板由来成長因子受容体など, 細胞接着受容体の*インテグリン, *ステロイドホルモン受容体, *モルヒネ受容体, 免疫に関与する細胞の抗原受容体, *Fc 受容体, *補体受容体など, また光に関しては, *フィトクロム, *クリプトクロムロドプシンなどの光受容体がある. [2] ウイルス受容体のこと. [3] 受容器官, 受容細胞の意味に使われることもある.

e **受容体介与エンドサイトーシス** [ligand-induced endocytosis] 《同》誘導性エンドサイトーシス. *リガンドが存在する場合に生じる*エンドサイトーシス. リガンドがその受容体を介して*クラスリン被覆ピットに集められエンドサイトーシスが行われる. 表皮成長因子(EGF)とその受容体(EGF 受容体)がこのような例である. (⇒エンドサイトーシス)

f **腫瘍マーカー** [tumor marker] 《同》がんマーカー(cancer marker), 悪性腫瘍特異物質(tumor specific antigen). がん細胞自体から生じる物質, もしくはがん細胞に対する生体反応で生じる物質. 診断, がん種の鑑別, 治療効果判定や治療後モニタリングの指標となり得る. 多くの腫瘍マーカーは血清蛋白質や抗原量の変化としてとらえられる血清マーカーである. 代表的なものに, 肝癌で有用な α-フェトプロテイン(α-1-fetoprotein, AFP), 肺癌や大腸癌で有用な癌胎児性抗原(carcinoembryonic antigen, CEA), 胆嚢・胆道癌や膵癌で有用なシアリルルイス A 糖鎖抗原(carbohydrate antigen 19-9, CA 19-9)などがある. また, 上記血清マーカーに加えて, がん組織における遺伝子発現が予後不良因子や治療標的マーカーとして利用されるようになってきた.

g **受容野** [receptive field] 感覚処理系の個々の細胞が, 外界あるいは体内に生じた刺激に対し, 興奮反応あるいは抑制反応をすることのできる末梢の範囲のこと. 視覚の場合は*網膜の範囲に対応する視野の範囲も指す.

受容野の場所，大きさ，構造は細胞により異なるため，個々の細胞はそれぞれ特定の刺激に感受性をもつようになる．一般に，感覚処理経路では，前段階の多数の細胞からの入力が収斂や分散をしながら次段階へ送られるため，経路の初期段階の細胞ほど，小さく単純な構造の受容野をもち，後の段階の細胞ほど，広く複雑な構造の受容野をもつ．例えば*視細胞は，狭い円状の受容野をもち，その内部に呈示された光に対して一様な応答を示すのに対し，その後段に位置する網膜神経節細胞は，視細胞の数倍から100倍程度の大きさの受容野をもち，受容野の中心付近と周辺部に加えられた光刺激に対し逆の応答(興奮と抑制応答)，中心周辺拮抗作用を示す．

a **腫瘍溶解性ウイルス**［oncolytic virus］腫瘍細胞で選択的に増殖し，細胞死させるウイルス．ウイルスを利用してがんを治療するという発想はウイルスの発見当時まで遡るが，腫瘍溶解性ウイルスとそれを用いた治療法(oncolytic virotherapy)が本格的に研究されるようになったのは1990年代以降．本来，ウイルスの多くは正常細胞よりがん細胞において増殖しやすいが，遺伝子工学的にウイルスゲノムを改変し，より選択性の高いウイルスが開発されている．*アデノウイルスの初期遺伝子$E1B$を欠くウイルス(例えばONYX-015)は変異型p53をもつがん細胞で選択的に増殖する．また*インターフェロン作用からの回避に関わるウイルス遺伝子$\gamma_1$34.5を欠損する*単純ヘルペスウイルス(例えばHSV1716，G207)は正常細胞での増殖が強く抑制されるにもかかわらずがん細胞ではよく増殖する．このような変異ウイルスが腫瘍溶解性ウイルスとして利用される．各種のサイトカインや酵素をコードする外来遺伝子をウイルスゲノムに搭載し，抗腫瘍効果を増す工夫もなされている．腫瘍溶解性ウイルスとして研究対象になっているものに，単純ヘルペスウイルス，アデノウイルス，*ワクチニアウイルスなどのDNAウイルスのほか，*レオウイルス，*麻疹ウイルス，*ニューカッスル病ウイルス，水疱性口内炎ウイルス(vesicular stomatitis virus)などのRNAウイルスがある．

b **シュライデン** SCHLEIDEN, Matthias Jakob 1804～1881 ドイツの植物学者．T. Schwannとともに細胞説の主唱者．植物の発生過程を研究し，'Beiträge zur Phytogenesis'(1838)で，生体の基本的単位は細胞であり，これは独立の生命を営む微小生物であると唱えた．彼の細胞説はSchwannによって完成された．［主著］Grundzüge der wissenschaftlichen Botanik, 1842.

c **ジュラ紀**［Jurassic period］*中生代の3区分のうち，約2.0億年前から1.5億年前に相当する中央の紀．この時代の地層のよく発達するフランス東南部のジュラ山脈にちなんでA. von Humboldt(1795)が地層名として使い，L. von Buch(1839)が時代名として定義．古い方からLias, Dogger, Malmと大別され，それぞれがアンモナイトなどの化石によって細分される．動物界は，陸上では爬虫類が全盛をきわめ，海中から空中まで広く放散を示す．雷竜，剣竜，魚竜，翼竜などが著しい．*始祖鳥が現れ，また原始的な哺乳類が知られている．海中では*アンモナイト類が全盛で，多種多様な種があり，進化も著しい．そのほか*ベレムナイト類や*サンゴ，カキガイなど軟体動物が著しく発展した．植物界ではシダ植物や裸子植物のソテツ・イチョウなどが栄えた．

d **樹立細胞株**［established cell strain］《同》株細胞(strain cell)．細胞寿命を超えて不死化し，培養条件下で安定に増殖し続けるようになった細胞．染色体構成は二倍体(diploid)から異数体(aneuploid)に変化し，表現形質もがん細胞様に変化していることが多い(⇔二倍体細胞)．最初の樹立細胞株は，1943年にW. R. Earleにより，C3H系マウス皮下組織から分離されたL細胞(L cell)で，特に，*クローン化された株であるL-929は，標準細胞株として種々の定量的実験に供されている．1951年にG. O. Geyらにより，ヒト子宮癌組織から分離されたHeLa細胞(ヒーラさいぼう HeLa cell)は，現存する人体由来の組織培養株のうち最も古く分離されたもので，世界各地の研究室で維持されている．ヒトパピローマウイルスのがん遺伝子をDNA中にもち，がん細胞としての性質を示すため，ウイルス学，がん研究，分子生物学などの研究材料として広く使われている．また，3T3細胞(3T3 cell)は，*接触阻止現象に感受性をもつマウス胎児由来の樹立細胞株で，由来するマウスの系統によってSwiss 3T3, Balb 3T3, NIH 3T3の3種類があるが，いずれもG. J. Todaroらにより1960年代に樹立された．接触阻止に感受性をもち，1層の細胞層を形成したところで増殖と運動を停止するが，がん遺伝子やがんウイルス，発がん物質などにより接触阻止を喪失し重なり合って増殖する細胞が出現する．3T3細胞を用いた*トランスフォーメーション実験により，数多くのがん遺伝子が分離された．

e **主竜類**［archosaurs ラ Archosauria］*古生代の*ペルム紀末に出現し，*中生代の陸上生態系で支配的となった爬虫類の一群．双弓亜綱主竜形下綱に属し，区のランクに相当するが，ランクなしで表記されることが多い．「支配的な爬虫類」を意味するギリシア語からこの名が付いた．*恐竜類の竜盤目と鳥盤目，飛行性の翼竜目，ワニ目(あるいはワニ形目)といった多様なグループなどから構成される．さらには恐竜に極めて近縁な二足歩行のラゴスクス類，ワニ類につながる基幹的なクルロタルシ類(または偽鰐類)，ワニ類に収斂した側鰐류(植竜類)などが含まれる．主竜類は，長い歯根をもった歯が顎骨内の歯槽に収まることや，眼窩の前方に前眼窩窓があること，さらに四肢が胴体の側方ではなく，斜めもしくは真下に付くこと，などの派生形質を共有する．これらの形質は，主竜類が他の四肢動物より強い力で食物を咬むことができるようになったこと，またより効果的に体重を支えることが可能になったことを示唆している．四肢構造の改変により，移動の際に胴体を側方にくねらせる動きが小さくなったことが，三畳紀以降の地層から見つかる主竜類のものと考えられる足跡化石からもうかがえる．なお鳥類は羽毛を発達させた竜盤類の一種である獣脚類から派生したことが確実なので，やはり主竜類の一群と見なすことができる．ワニ類，*翼竜類，恐竜類，および鳥類は，石灰質の卵殻を発達させているが，これは三畳紀以前の有羊膜類には見られない特徴であり，三畳紀終わりの陸上の乾燥気候に対応した共有派生形質の一つと考えられる．ペルム紀の終わりから三畳紀にかけて出現したプロトロサウルス類(プロラケルタ類に含めることもある)やリンコサウルス類，トリロフォサウルス類などは，主竜類を含む主竜形類(下綱)の基幹的な仲間であり，またコリストデラ類もこれに含まれる可能性がある．リンコサウルス類は，三畳紀の中頃から後半にかけて陸上で最も繁栄した植物食の動物であった．三畳

紀のタニストロフェウスは，プロトロサウルス類の一種だが，体長の半分以上を長い首が占めるという特異な体形で知られる．これらのグループの大半は，三畳紀の終わりまでに絶滅してしまったが，コリストデラ類だけは新生代まで生き延びた．なお，近年は分子系統学的な手法では，かつて原始的な有羊膜類の生き残りとされたカメ類が，双弓類の中でもワニ類や鳥類などに近縁であることが示されている．これはカメ類が石灰質の卵殻を主竜類と共有することとも調和的である．(⇒恐竜類)

a **狩猟行動** [hunting behavior] 霊長類のうち，ヒト，チンパンジー，ボノボ，ヒヒ類など，哺乳類，鳥類を捕食する行動．類人猿は獲物を捕らえると木や地面にたたきつけて殺して食べる．その際に*食物分配がよく見られる．チンパンジーでは棒で獲物を追ったり槍のように加工して刺す行動がごく稀にみられる．

b **狩猟採集** [hunting-gathering] 《同》採集狩猟．農耕・牧畜を行わず，自然の動植物資源を直接獲得利用する生業形態．かりに人類の歴史を500万年とするとその99％以上は狩猟採集の時代であり，それが人類の進化に及ぼした影響は甚大であると考えられる．狩猟活動が直立二足歩行，男女の分業，言語コミュニケーションなどの面で*ヒト化を促進したとする狩猟仮説(hunting hypothesis)が提出されている．しかし最近の研究からは，*採集狩猟民の経済基盤は，植物資源の少ない高緯度地方を除いて，容易で収穫の安定した採集活動にあることが明らかになっており，むしろ採集活動がヒト化に重要な役割を果たしたとする採集仮説(gathering hypothesis)もある．また類人猿や現代の狩猟採集民の食物分配活動の分析から，食物の共有がヒト化を促したとする食物共有仮説(food sharing hypothesis)も提唱されている．狩猟採集民の生業活動は活動時間の最小化によって特徴づけられ，農耕民のエネルギー最大化と対照的である．人口密度が低く，階層化されていない平等主義的な社会をつくる．

c **種鱗** [seminiferous scale, ovuliferous scale] 針葉樹の雌性の*球果の種子をつける鱗片状の構造．モミやマツ，スギなどでは球果軸に種鱗と苞鱗(bract)とが上下すなわち内外のセットになった構造を，らせん状または十字対生につける．種鱗は常に上側(内側)に位置し，その向軸側の基部に2～数個(稀にやや多数)の胚珠をつける．維管束の向き(極性)は普通葉や苞鱗と反対に篩部が向軸側にある．属および種により特徴があり，球果が成熟した際に最も明瞭にみられる．例えばマツ属では苞鱗の葉腋に種鱗が発生するが，両者の下部は合着した構造として発達し，球果では種鱗が大きく成長して松毬(まつぼっくり)の鱗片として目立つ．モミ属は分離して発達するが，アカトドマツは苞鱗のほうがよく発達して球果面から突出し，モミではわずかに突出し，ダケモミでは発達は悪く種鱗の縁だけが見える．ナギやイヌマキの類では苞鱗の発達はなく，種鱗もまた鱗片状にならず，

苞皮(epimatium)と呼ばれる種子を包む構造に発達するため種子は核果様に見える．形態学上，多くの解釈があるが，苞鱗の腋生枝上に生じた多数の雌性胞子葉(有胚珠)がはじめ十字対生をなし，やがて向軸側のものの若干を残して退化し，ついで互いに合着して複合器官(seed-scale complex)となったものとみる R.Florin (1940)の説が有力視されている．この説は化石の*Cordaites*(コルダボク)の花序から導かれた．

d **樹林群系** [ラ lignosa] 木本からなる群落．高木からなるものを*高木林あるいは単に森林(forest)，低木からなるものを*低木林と呼ぶ．

e **シュルツェ** SCHULTZE, Max Johann Sigismund 1825～1874 ドイツの動物学者，細胞学者．神経末端部のほか脊椎動物の諸組織，原生生物などの顕微鏡的研究の業績が多く，特に細胞の原形質学的概念を確立．固定液にオスミウム酸の使用を導入した．1866年に'Archiv für mikroskopische Anatomie'を創刊．

f **シュルツ-デール反応** [Schultz-Dale reaction] 平滑筋の反応性による*アナフィラキシーのテスト法の一つ．あらかじめ抗原で免疫状態にしたモルモットの子宮や腸管を切りとって，酸素を十分に含む37℃のリンゲル液内に浸し，液内に微量の抗原を加えると，これらの平滑筋は激しく収縮するので，適当な方法でこれを測定することにより，免疫状態を鋭敏に検出することができる．この反応は，*感作された動物の血清で処理した正常動物の組織を用いても起こさせることができる．この反応に関与している抗体は主にIgEであるが，IgG1も関与している．これらの抗体は組織内の*マスト細胞表面に付着する性質があり，そこへ抗原が結合すると，細胞からヒスタミンなど種々の生理活性因子が放出され，それらの影響により平滑筋が収縮する．(⇒アナフィラキシー)

g **シュワノーマ** [schwannoma] 《同》神経鞘腫．神経細胞の軸索を被覆しているシュワン細胞(Schwann cell)に由来する良性の末梢神経腫瘍．末梢神経鞘腫は原発性脳腫瘍の11％を占め，第八脳神経に高頻度(70％)で出現するほか三叉神経，顔面神経，脊髄神経後根にも出現する．22番染色体長腕に位置する*NF2*遺伝子の構造異常に起因し，常染色体優性遺伝形式を示す神経繊維腫症2型(NF2)では，両側の前庭神経鞘腫や多発性神経鞘腫などの特徴をもつ他，散発性の神経鞘腫でも*NF2*遺伝子の構造異常が報告されている．

h **シュワルツマン現象** [Shwartzman phenomenon] チフス菌などの培養濾液(シュワルツマン濾液)の少量をウサギの皮内に注射し(準備注射)，ついで約18～36時間後に同じ濾液の少量を静脈内に注射(惹起注射)したとき，皮内注射個所に出血と壊死を伴う強い皮膚反応が起こる現象．アメリカの細菌学者G.Shwartzman(1928)が発見・記載．皮膚反応の様子は*アルッス現象と組織学的に似ている．この反応を起こす物質は，チフス菌のほかパラチフス菌・大腸菌・赤痢菌などグラム陰性菌の培養液にも存在し，シュワルツマン物質またはシュワルツマン因子と呼ばれ，その主成分はリポ多糖の*エンドトキシンである．準備注射も惹起注射も静脈内に行うと，腎臓や肺で出血性の壊死が見られ，全身性の反応が起こる．シュワルツマン反応では，準備注射に用いる物質と惹起注射に用いる物質のあいだに，血清学的な共通特異性は必ずしも必要ではなく，準備注射としてある菌の培養濾

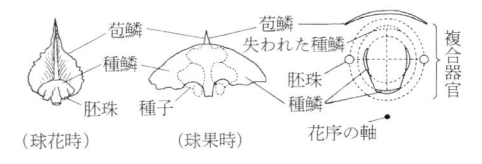

アカエゾマツ(内側からみる)　Florinによる種鱗の成立説
(球花時)　(球果時)
苞鱗　種鱗　胚珠　種子
苞鱗　失われた種鱗　胚珠　種鱗
胚珠　種鱗　花序の軸　複合器官

液を，惹起注射として異なった菌の培養濾液を用いても反応が起こる．このことからシュワルツマン現象は*抗原抗体反応とは関係なく，本態はエンドトキシンによる血液凝固，血管の傷害などである．準備注射により局所あるいは全身の臓器に起こっていたエンドトキシンによる変化が，惹起注射によりさらに増幅されて起こった反応と考えられている．

a **シュワルベ** S<small>CHWALBE</small>, Gustav 1844〜1916 ドイツの解剖学者，人類学者．比較解剖学的研究ならびに人類起原に関する研究の基礎を確立．ネアンデルタール人（旧人型ホモ＝サピエンス），*Pithecanthropus erectus* などの頭骨を新しい方法により研究．［主著］Die Vorgeschichte des Menschen, 1904.

b **順位** [dominance hierarchy] 動物の集団の構成員相互間にみられる，優位(dominance 独 Dominanz)と劣位(subordinance 独 Unterordnung)の序列．ただし，少なくともある程度の持続性と安定性をもった関係に限っていうのが一般的．順位は，最初 T. Schjelderup-Ebbe (1922) が，ニワトリの雌で「つつく/つつかれる」の関係，すなわち攻撃によって生じる個体間の直線的な順位を見出し，これをつつきの順位(pecking order) と呼んだが，その後，アシナガバチ類，魚類，鳥類，有蹄類，食肉類，霊長類などの社会に広く見出された．順位を左右する要因には，体重など身体的な力，年齢などが知られている．また性ホルモンが優位性に関与することを明らかにした実験もある．順位の決定が闘争による例，母親の順位が子供に影響する例なども知られている．2個体間に順位が決まっているとき，順位の高いものを優位者(dominant)，低いものを劣位者(subordinate)と呼ぶ．最上位の個体を α（アルファ雄 α male），以下，β，γ，…のように表現することもある．安定した順位は，数個体間の直線的な序列として見られるが，マウスなどでは例えば3匹の間の順位が三すくみになる例や，1匹だけが特に優位な行動を示していわゆるデスポット(despot)となり，それ以外の個体間には優劣が認められない例（独裁制 despotism）もある．順位に関しては，食物や性的対象の獲得をめぐる攻撃や闘争に力点をおく立場と個体間の社会的調整の面を重視する立場がある．集団内の特定の2個体間の関係でなく，全体を指して，特に順位制(dominance hierarchy, dominance system)の語を用いることもある．順位の概念は，個体間だけでなく集団間の優劣にも適用される場合がある．

c ***jun* 遺伝子** [ジュンいでんし] [*jun* gene] ニワトリに腫瘍をつくる*レトロウイルスの一種，トリサルコーマウイルス17(avian sarcoma virus 17, ASV17) のゲノムに存在するウイルスがん遺伝子 v-*jun* として同定された遺伝子．これに対応する動物ゲノム中の遺伝子が c-*jun* である．関連遺伝子の c-*jun*, *junB*, *junD* などが，*jun* 遺伝子ファミリーを形成する．これらの遺伝子産物（Jun など）は核に局在し，基本的な共通機能として，DNA 結合，*ロイシンジッパーならびに N 末端部の転写活性化ドメインが存在する．ロイシンジッパードメインを介して，Jun-Jun ホモ二量体，あるいは他の *jun* 遺伝子ファミリー蛋白質，*fos* 遺伝子ファミリーの産物(c-Fos, FosB, Fra1 あるいは Fra2)とヘテロ二量体を形成する．これらヘテロ二量体は哺乳類の転写因子 AP1 として働き，発がんプロモーターである*ホルボールエステルのうち最も強い作用をもつ 12-*O*-テトラデカノ

イルホルボール-13-アセテート (12-*O*-tetradecanoyl-phorbol-13-acetate, TPA) と反応するエレメント(TRE)，あるいは AP1 結合部位と呼ばれるパリンドローム塩基配列 TGACTCA を認識し，DNA に結合する．Jun-Jun ホモ二量体が Fos (*fos* 遺伝子)の発現とともに，Jun-Fos ヘテロ二量体となる．ヘテロ二量体は Jun ホモ二量体よりも，高い DNA 結合能と転写促進能をもつ．c-Fos, c-Jun は，代謝回転の速い蛋白質で，それぞれ，半減期が10分と60分．c-Fos の分解は，リン酸化された c-Jun との二量体形成で促進される．一方，C 末端を欠いた c-Jun の存在下でも安定である．この分解には 26S *プロテアソームの関与が示唆されている．c-*fos* を安定に発現し続けるトランスジェニックマウスでは，骨肉腫や軟骨肉腫などの形成がみられ，変異 c-*jun* を発現するマウスでは傷口に繊維肉腫が形成される．また，c-*jun* のノックアウトマウスは胎児期に死ぬのに対し，c-*fos* ノックアウトマウスは誕生後，さまざまな組織特異的異常を示す．

d **順化，馴化【1】** [acclimation, acclimatization] [1] 一般には生物の示す*適応や*順応で，通常は生物の高地移動，季節変化，淡水・海水間の移動などの際に新しい環境に対応するのに数日から数週間を必要とする適応．単一の環境要因，例えば温度，塩分，圧力などの生物に及ぼす影響を acclimation，気候，高地，深海などのような複合要因に対する適応を acclimatization (⇌高地順化)と区別する場合もある．[2]〔同〕気候順化．acclimation の語は元来気候(clima)に対する適応，つまり気候順化の意味に使われたが，現在では[1]のような広い意味にも使われるようになった．

【2】[habituation] 植物の培養細胞が，継代を繰り返すうちに，それまで必要としていた成長調整物質を加えなくても成長・増殖するようになる現象．種々の植物において，主として*オーキシンと*サイトカイニンに関して知られている．順化の見られる培養組織では，これらの成長調整物質の含有量やこれらに対する感受性が高くなっている．培地組成を変えたり，ある種の物質を加えることにより，人為的に誘導できる場合もある．順化の機構は明らかでないが，遺伝子の変化なしに起こるという考えが有力である．エピジェネティックな変異の関与も指摘されている．

e **春化処理** [vernalization] *花成を誘導するために，植物を人為的に一定期間低温で処理すること．冬季一年生植物（秋まきの一年生植物）や多年生植物は，冬の低温を経過しないと花成が起きない．このように一定期間低温に遭遇することによって花成が誘導されることを，春化という．ロシアの T. D. Lysenko は，秋まきコムギを低温処理することにより，春まきコムギの性質をもたせること（獲得形質の遺伝）ができると主張した (⇌獲得形質，⇌まき性，播き性)．シロイヌナズナを用いた研究により，MADS ボックスをもつ転写抑制遺伝子 *FLOWERING LOCUS C* (*FLC*) が，春化処理によりさまざまなヒストン修飾を受けきす．クロマチンレベルで発現抑制され，その結果，下流の *FT* 遺伝子の発現が誘導されることで花成に至ることが明らかとなっている．コムギやオオムギなどの穀類では，別の遺伝子が春化処理によりエピジェネティックな遺伝子発現制御を受けている．吸水種子に対する低温処理も，（種子）春化処理として花成を促進するが，分子的なメカニズムは異な

a **循環器官** [circulatory organ] 《同》循環器. 循環系に属する器官. 脊椎動物では心臓・血管系および脾臓やリンパ節などリンパ系からなる.

b **循環系** [circulatory system] 《同》脈管系(vascular system). 血液またはリンパ液を流通し, 外部から摂取した栄養分や体内に生じたホルモンなどの体各部への配布, ガス交換, 老廃物の排出などを行う管系. この系は体内のあらゆる細胞と密接な関係をもち, それらの機能に重大な作用を及ぼす. 脊椎動物では循環系は*血管系と*リンパ系に分けられる. 無脊椎動物ではそのような区別はなく, すべて血管系と呼ばれる. 血管系は血管と心臓とからなり, リンパ系は毛細血管領域に始まり, 胸管から静脈角で血管系に通ずる. 発生学的には中胚葉性間葉に由来. 循環系, 主として血管系を, 呼吸器・消化器などの発達に関連して, *環形動物型循環系, ナメクジウオ型循環系, *鰓呼吸型循環系, *肺呼吸型循環系の 4 型に分ける.

c **循環選抜** [recurrent selection] *ヘテロシス育種において, 循環的に系統間の組合せ能力を高める方法. 1 サイクルの手順は, (1)ヘテロ接合体集団で特性評価と自殖を行い, (2)選抜優良個体の自殖種子を育て, (3)それら相互間の交配を行い, (4)得られた交雑種子を次のサイクルの材料とする. この方法はさらに, 表現型循環選抜, 一般*組合せ能力循環選抜, 特定組合せ能力循環選抜, 相反循環選抜に分けられる.

d **循環的電子伝達** [cyclic electron transport] 《同》環状電子伝達. 光合成の電子伝達系において, 光化学反応の電子受容側から電子供与側へ電子が伝達され, 結果として経路が環状になるもの. 植物やシアノバクテリアの光化学系 I のまわりでは, 電子受容側の*フェレドキシンから電子供与側の*プラストキノンへ電子を伝える経路がある. 光合成細菌の II 型光化学*反応中心では, 電子受容側の*ユビキノンが電子供与側の*シトクロム bc_1 複合体を還元する. これらの循環的な電子伝達では新たな還元力は生成しないが, 前者で*シトクロム $b_6 f$ 複合体, 後者でシトクロム bc_1 複合体のキノン回路を介して, H^+ を輸送し ATP を合成する. ATP を余分に必要とする*C_4 光合成や窒素固定に関わる細胞において特に発達している. 一方, 植物の光合成において非循環的電子伝達によって還元力と ATP が生産されるが, 循環的電子伝達が ATP の生産を補うとされる.

e **春機発動期** [puberty] 動物において生殖腺が成熟し, それに伴って二次性徴・三次性徴(⇌性徴)が現れはじめる時期. 特に哺乳類についていう. ヒトの場合は思春期という語を用いることが多い. 春機発動期の到来は*視床下部を中心とした中枢神経系の性中枢の活動開始に原因があり, この活動が*下垂体に伝達され生殖腺刺激ホルモン(*濾胞刺激ホルモンと*黄体形成ホルモン)の分泌増加を起こす. このため雄では*精巣の急激な発育と精子の出現があり, *間細胞からの*雄性ホルモン分泌が増す. 雌の卵巣においても生殖腺刺激ホルモンの作用によって*濾胞の成熟と発情ホルモン(⇌エストロゲン)の分泌が増す. その結果どちらの性においても生殖腺付属器官が発達し, 行動変化を起こす. ネズミの雄では生後約 35 日で精巣が下降し, 若い精子が形成される. 雌では生後約 40 日で*膣が開き, 最初の発情とそれにつづく*排卵が起こる. 春機発動期の到来はいろいろな外部環境の条件(栄養条件・温度・日長など)によって影響を受ける.

f **純系** [pure line] すべての遺伝子についてホモ接合となった系統(⇌ホモ接合体). 純系の個体間の*表現型の違いは環境の影響によるものであって遺伝しない. 純系では選択は効果がない(⇌純系説). しかし現実に, 厳密な意味での純系の育成は困難なので, 着目する形質に関与する遺伝子についてホモ接合であり, 他は著しい変異を伴わなければよいとすることが多い. この不完全な状態をかつて純粋種(pure breed)と呼んだ.

g **純系実験動物** [pure-line laboratory animal] 遺伝学, 腫瘍学, 免疫学, 生理学など広汎な分野での医学生物学の研究用に作出された*純系の動物. すべての遺伝子がホモ接合になっていることが理想的だが, 実際には 99%以上のホモの遺伝子型をもつ場合に「純系」と呼ぶ. マウスでは数百系統もあって最もよく開発され, そのほかラット, ウサギ, モルモット, イヌ, ニワトリ, メダカ, ショウジョウバエでも純系が作られている. 古典的遺伝学ではショウジョウバエやカイコの純系がよく用いられた. 純系を作るには, 同腹の雌雄間での交配(兄妹交配)を 20 世代以上続ける. そののちも兄妹交配を続けて維持されている系統を*近交系といい, 純系としての信頼度が最も高い. 純系内では個体間の遺伝子変異がないので, 組織や腫瘍の移植が可能である. また純系には, 特定の疾患(種々の腫瘍, 自己免疫疾患, 高血圧, 糖尿病など)を必ず発病するように選択して作られたものもあり, それらは医学の基礎研究において重要な研究対象になっている. (→SPF 動物)

h **純系説** [pure-line theory] 集団がいくつかの*純系の混合であるときには淘汰(⇌選抜)は有効であり, *変異を一定の方向に偏らせることができるが, その操作は集団の構成を純系に近づけるだけであって, いったん純系となればもはや淘汰は無効となり, 環境の影響による変異(⇌環境変異)のみが残るという説. W. L. Johannsen(1903)が提唱したもので, 淘汰の行われる限界を示した点で重要である. 遺伝子説を基盤とした遺伝学の一つの基礎になった.

i **順系相同遺伝子** [orthologous gene] ある共通祖先からの種分化に由来する二つの遺伝子のこと. またはそれらの遺伝子はオルソロガス(orthologous, ortho- is 'exact' の意)であるともいう. W. M. Fitch (1970) の造語. 一方, 種分化ではなく*遺伝子重複によって二つの遺伝子が生じたとき, それらはパラロガス(paralogous, para- is 'parallel' の意味)であるという. 多重遺伝子構造をもつヘモグロビン遺伝子族を例にとると, ヒトとマウスの α ヘモグロビン遺伝子はオルソロガスである(互いにオルソログ ortholog である)が, ヒトの α ヘモグロビン遺伝子と β ヘモグロビン遺伝子はパラロガスである(互いにパラログ paralog である).

j **盾状葉, 楯状葉**(じゅんじょうよう) [peltate leaf] 《同》楯形葉. *葉身の端でない所に*葉柄が垂直の向きについて, ちょうど盾と握り手のように見える葉. ハスやノウゼンハレンなどがその例. 一般的な葉は葉柄が葉身の基端につき平面的な構造をしていて, それと比較すると, 左右の*葉脚となるべき部分が著しく発達して合着したため立体的な構造となったと解釈される. 同じ個体でも若い時期には普通葉を生じ, 成長するにつれて遷移型の葉からさらに典型的な盾状葉を形成するようになる

例(*Utricularia nelumbifolia*)もあり，葉柄の構造も，背腹性の明瞭な一般的な場合からほとんど茎に近い維管束配列をなすものまで多様である．盾状葉の葉面が平面ではないとき，それぞれの形に従って*囊状葉および漏斗葉(infundibular leaf)と呼ぶ．

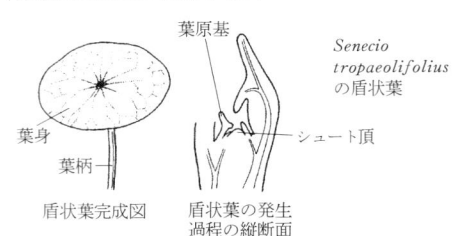

Senecio tropaeolifolius の盾状葉

葉原基
シュート頂
葉身
葉柄
盾状葉完成図　盾状葉の発生過程の縦断面

a **純粋培養** [pure culture, axenic culture] 《同》純培養．ただ1種類だけしか存在しない状態で生物種や細胞種を培養すること．微生物・植物・動物のいずれについても行われる．植物や動物の無菌培養(無菌飼育)もその一種と考えてよい．純粋培養が重視されるのは微生物の生理学的研究，特に病原体の特定で，その技術は滅菌と分離に基づき，L.Pasteur, R.Koch らによって確立された．自然界では特に密接な共生関係にあるものや寄生性栄養のものなど培養条件の難しいものがあり，純粋培養が原理的に不可能なものもある．(➡単細胞培養，➡クローン培養)

b **純生産** [net production] 《同》純一次生産(net primary production)，一次純生産．独立栄養生物(光合成生物および化学合成生物)による*総生産から，生産を行う生物自身の呼吸を差し引いたもの．生態系内において，消費者や分解者は生産者の純生産に依存して生存・成長している．また生産者自身の成長も，純生産によってまかなわれる．多くの生態系では，光合成生物による生産が系内の純生産の大部分を占める．純生産の量は乾燥重量，有機炭素量，エネルギー量などの単位で表されることが多い．単位時間当たりの純生産の量を純生産速度(net production rate，総生産力 gross productivity，一次純生産力 net primary productivity)と呼び，単位面積当たりの生産を考える場合には生産量/面積/時間の次元をもつ．

c **純同化作用** [net assimilation] 植物の同化器官が行う同化作用と，この間における呼吸作用との差をいう．一般に，同化作用として直接測定されるのは純同化作用(見かけの同化作用 apparent assimilation ともいう)である．その大きさは，同化作用および呼吸作用に関係する条件によって変化する．

d **純同化率** [net assimilation rate, unit leaf ratio] NAR と略記．植物の*成長解析において，個体の成長速度(乾燥重量の増加速度)を，葉面積で割った値．微分値としては次式で定義される(A は葉面積，w は個体重，t は時間)．

$$\mathrm{NAR} = \frac{1}{A} \times \frac{dw}{dt}$$

基本的には葉の光合成作用の能率に対応するが，非同化器官の量や呼吸活性などの影響も受ける．個体重当たりの成長速度である*相対成長率(RGR)は，個体重当たりの葉面積，すなわち*葉面積比と，葉面積当たりの物質生産速度である NAR との積として表すことができる．

e **準同質遺伝子系統** [near-isogenic line] ある目的とする遺伝子をもつ系統を一回親，他の1系統を反復親として連続戻し交配を行って得られる系統．通常毎世代の目的遺伝子の選抜によりその両側に一回親(➡戻し交雑育種)の染色体部分がひきずられて残り，遺伝的背景が完全には置き換わらないところから準同質遺伝子系統という．これに対し，ある一つまたは少数個の目的の遺伝子座についてだけ異なる対立遺伝子をもち，他のすべての遺伝子座(遺伝的背景)については同一の対立遺伝子をもつ系統は，互いに*同質遺伝子系統と呼ばれるが，実際には遺伝的背景が完全に同じ系統は得られにくい．また，自然または人為的に得られる突然変異体も，元の系統に対して準同質遺伝子系統とみなせる．準同質遺伝子系統は目的遺伝子の発現過程を分子レベルで研究する好適な材料として利用される．

f **順応** [adaptation, accommodation] 生理学上は，一般に生体の*機能，性質，状態などが与えられた外的条件，特に持続的な環境条件に応じて変化し，生活のために適当なものとなること．外的条件の急激な変化に応じての生体変化である*反応に対するともいうべき語で，一般に多少ともゆっくりとした時間的経過のあとを指す．媒質の浸透圧・化学組成などに対する細胞や原生生物の順応のように，単なる物理化学的平衡の問題である場合も含まれるが，一般には生体の側から能動的調節機作が関与する．ほぼ同様の概念を表す用語に*適応や調節があるが，順応の語の使用される主な場合を次にあげる．感覚の順応(adaptation，持続的に刺激されるとき感覚の感受性が次第に低下すること)，インパルスの順応(adaptation，持続的な刺激内にインパルス頻度が時間とともに減少すること)，遠近順応(accommodation，眼の遠近調節のこと)，膜の順応(accommodation，持続的な脱分極中に膜反応の閾値が時間とともに上昇すること)．(➡適応，➡調整)

g **順応的管理** [adaptive management] 《同》適応的管理，アダプティブマネージメント．システム管理手法の一つ．その時点で最良と思われる仮説に基づいて管理計画を立案し，管理を実験として実施し，適切な*モニタリングの結果に基づいて仮説を検証するとともに，それ以降の管理には新たに得られた知見を反映させた改善を施すという，仮説-検証型の科学に依った過程で進められる．生態系や野生生物個体群のように，不確実性を伴うとともに予測に必要な知見が不足している対象を管理する際に，より良い意思決定を行う上で有効な手法とされる．予測とは異なる結果を招くリスクを伴うため，実施者には説明責任(accountability)を果たす義務が生じるとともに，利害関係者(stakeholder)の間の合意形成(consensus building)のための社会的プロセスが重要である．

h **純放射** [net radiation] 地表面，水面，あるいは植被面，1枚の葉面などにおいて，入ってくる*放射と出ていく放射の差．放射の測定においては，個々の値よりも，その差を純放射計によって求めるほうが一般に容易である．植被の場合，吸収された純放射のエネルギーは，定常状態において土壌温度と葉の周囲の温度を高く維持するとともに蒸散と光合成のエネルギーとして使用される．純放射は広大で一様な植物群落の蒸発散，光合成の*熱収支による測定の基本をなす．

i **瞬膜** [nictitating membrane ラ membrana nictitans] 〚同〛第三眼瞼 (tertial palpebra). 板鰓類のある種類, 無尾両生類, 多くの爬虫類, 鳥類に見られる薄い*結膜の襞. 脊椎動物の眼は上下に分かれた*眼瞼により保護されることが多いが, 上記の種では, 眼の内角より出て角膜前方を横切り, 眼球上を横に広がる瞬膜も同じ機能をもつ. 哺乳類では退化的で結膜半月襞 (plica semilunaris conjunctivae) として内角に残り, 痕跡器官の例とされる. (⇨瞬膜腺)

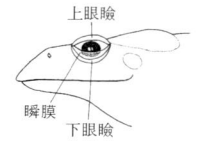

a **瞬膜腺** [gland of nictitating membrane] *瞬膜の下, 眼の内角に開口する*涙腺様の腺. サメ類, 無尾両生類, 爬虫類, 鳥類のように瞬膜が発達している動物に顕著で, 涙腺と同じように液体を分泌し眼球の表面を潤し, 角膜と瞬膜との摩擦をやわらげる. 哺乳類では, 瞬膜の退化に伴って瞬膜腺も退化し, ほぼ同位置に発生起原や機能が異なると考えられる*ハーダー腺をもつ.

b **子葉** [cotyledon] 種子植物の個体発生において, 最初に形成される葉. 被子植物では子葉が1枚か2枚かによって*単子葉類と*双子葉類に分類されてきたが, 分子系統学解析から, これは系統学的に正しくないことが判明している (⇨真正双子葉類). なお例外として, 双子葉類には, 3〜6枚を正常とする種 (ニュージーランド産のPittosporum) や1枚を正常とする種 (ヤブレガサ), また異常的に3〜5枚に分かれたり逆に1枚に癒着したりする種もある. 単子葉類ではどの部分を子葉とみなすか解釈に議論のある場合も少なくない. 裸子植物の子葉数はさまざまで, ビャクシンは2, イチョウは2〜3, マツやモミなどは6〜12枚. なおシダ植物の最初の葉は通常は子葉とはいわず単第一葉と呼ぶが, 種子植物では第一葉は子葉についで形成される葉をいう. 胚乳が発達する種子ではイネやカキのように子葉は種子内にあり, 発芽後発育して緑色となり同化作用を行うが, 無胚乳種子 (クリやマメ) の場合は子葉に澱粉や脂肪などが貯蔵され, 特殊な形態や代謝系が認められる.

c **耳葉** [auricle, auricular lobe, auricular lappet] 渦虫類において, 頭部両側が葉状に延長した部域の総称. プラナリア類の頭部の三角形様の部分, コウガイビル類のかんざし状に広がる部分が相当する. その側縁に沿って, いろいろな受容器の集中する耳葉感覚器官 (auricular sense organ) がある.

d **上-** [super-] 生物分類のリンネ式階層分類体系において, 科, 目, 綱などの*階級名に付加して, もとの階級の次上位に位置することを表す接頭語. 動物にのみ適用される. *下-と対置される. 例えば上科は, 科の上に位置する.

e **上衣細胞** [ependymal cell] 脳室や脊髄中心管の内腔表面を覆う, 単層の細胞層をつくる細胞. そのうち脳室の脈絡組織の表面を覆う細胞層は脈絡上皮層 (上皮板 lamina epithelialis) と呼ばれ, ここから脳室および脊髄中心管内腔を満たす脳脊髄液が分泌される (⇨脳脊髄液). また, 上衣細胞は脳脊髄液脳関門を形成し, 脳を脳脊髄液から遮断する. (⇨血液脳関門)

f **上咽頭** [epipharynx] 昆虫の上唇内面の後方中央部にみられる小さな感覚毛や味覚器官をそなえた膨れた部分をいう.

g **漿液腺** [serous gland] *ムチンを含まず粘性の小さい液体 (漿液) を分泌する腺. 粘液腺と対置される. 漿液細胞 (serous cell) からなり, また, 分泌物には無機塩類とともに蛋白質を含むので, albuminous gland とも呼ばれる. 唾液腺では漿液に消化酵素が含まれるものもある. 分泌物の化学的性状はさまざまながら, 顕微鏡像が共通性をもち, かつ粘液腺とは著しい対照を示すので, 腺の分類法の一つとしてしばしば用いられる.

h **小窩** [foveola] 上皮の小陥凹. 表層の上皮細胞, 例えば管状・嚢状器官の内腔をおおうものと同質の細胞からなるため, 分泌機能をもつものであっても*腺とは区別されることが多い. 腸小窩 (腸腺) などがある. 同様なものに陰窩 (crypta, crypt) があり, 小窩と比べてその陥凹の深さが相対的に深いものを意味することが多いが, 必ずしも明確ではない. 胃小窩, 腸陰窩, 子宮陰窩など.

i **消化** [digestion] 動物が摂取した食物質を吸収の可能な形態にまで変化させる作用で, すなわち吸収栄養素の前処理過程. 一般に咀嚼や体内磨砕により, 食物塊を機械的に細分 (破砕, 磨砕, 裂断) する物理的消化 (physical digestion) と, 消化液 (digestive juice) により成分物質をコロイドないし分子レベルで分散・分解させる化学的消化 (chemical digestion) とに, 最終産物として比較的低分子量の水溶性・拡散性の化合物がある. 消化には消化管内の微生物が大きなかかわりをもっている場合がある (⇨消化共生). 消化が行われる体部位により体外消化と消化管内消化 (経口の消化・体内消化 enteral digestion) とに大別され, また*細胞内消化と細胞外消化にも区別される. 二枚貝類の鰓を出入し水中から脂肪滴を捕捉して血液中に運ぶ遊走細胞は, 体外・細胞内消化であり, 寄生性原虫のあるものやモウセンゴケなどの食虫植物の場合は体外・細胞外消化である. 内部寄生生物の消化管外消化 (非経口消化・体表消化 parenteral digestion) は, 体表から可溶成分を吸収するにすぎない. 渦虫類やヒトデ類が体外へ反転させた咽頭ないし胃で獲物を包んで行うのは, 消化管内消化といえる. 消化管内消化にも細胞内性・細胞外性の二つの場合が区別されるが, 多くの動物では後者が中心で, 脊椎動物はそれが高度に発達している. (⇨消化器官, ⇨消化酵素)

j **漿果** [berry, bacca] *液果のうち, 果皮が多肉質になるもので, 内果皮が木質化する*石果を除いたもの. トマトやブドウなどの果実はこの例. 子房壁の肥大発達によって形成される. 外果皮は薄いが, 中果皮と内果皮は厚く水分の多い柔軟な組織からなる果肉となり, その中に比較的堅い種皮の種子を生ずる. ミカン類のように果実内に仕切りがあり, 内果皮から果汁嚢が発達する果実を特にミカン状果 (hesperidium), また, ウリ科のように外果皮が堅くなり小さな種子を多く生じる果実をウリ状果 (pepo) と呼んで区別する.

k **傷害** [wounding] 接触などの物理的刺激や捕食により体表組織が損傷を受けること. 植物は傷害刺激を受容して, 傷害応答を行う. 傷害応答では, 刺激に反応して*エチレンと*ジャスモン酸の合成が誘導され, これらが傷害ホルモンとしてシグナル伝達を行う. エチレンは, フェニルアラニンアンモニアリアーゼ (PAL) などの合成誘導を通して*リグニンや*スベリンの生成を促進し, 損傷部分の修復と細胞壁強度の増加による物理的防御を行う. 一方, ジャスモン酸は, *プロテアーゼ阻害剤の合成を誘導し, 昆虫の消化機能を抑制して食害を防止する. ジャスモン酸は, 病原菌感染に対する応答にも関わ

っている.

a **傷害道管要素** [wound vessel member, wound vessel element] 被子植物の維管束が傷害により切断された際,維管束を取り巻く柔細胞が分化して新たに形成される*道管要素. H. Vöchting(1892)が発見し, W. P. Jacobs(1952)は*オーキシンがこの分化誘導の限定要因であることを証明した.この細胞は,セルロースやリグニンなどが細胞壁上に局所的に沈着して,環状・らせん状あるいは網目状の二次壁肥厚を起こす.多くの場合,多数がつながって道管を形成し,切断された維管束に接続する.また,同時に篩管も形成し,新たな維管束を形成することも多い.切りだした植物組織あるいは*カルスをホルモン処理することにより,同様の分化を引き起こすことができる.

b **障害物法** [obstruct method] 動物の行動の*動因分析の一方法で,ある動物に接近反応を起こさせる刺激(例えば餌)の前に電気格子のような障害物を置いて,その動物の動因の強さを測定する方法.具体的には,一定時間内に動物が*誘因刺激に向かって進む回数などが測定される.動物を障害物で退却させるか,これを越えて誘因刺激に達しうるようにするかは,場合によって異なる.対象とするもの以外の動因が活性化されないように注意しなければならない.

c **消化管** [alimentary canal] 《同》腸管 (tractus intestinalis, enteric canal 独 Darmrohr).口から肛門に至る食物の通路.ただし,刺胞動物や扁形動物では肛門がなく盲嚢状に終わり,食物の残りは口から排出される.魚類では鰓裂があるため,消化管は咽頭において外界に通じる.両生類以上では咽頭で呼吸器官(鼻腔や気管)と連絡する.また,哺乳類以外のものでは,腸末端は総排泄腔に開くが,哺乳類では会陰の形成によって生殖輸管や輸尿管とは独立に肛門によって外界に開く.発生学的には,脊椎動物の消化管の主要部は,原腸の内胚葉域の前端と後端に外胚葉性の口陥および肛門陥が加わって生じる.両生類についての実験によると,原腸から直接に由来する内胚葉管の後半は消失し,別に新しい管がこれと代置される.(→前腸,→中腸,→後腸,→消化器官)

d **消化管ホルモン** [gastrointestinal hormone] 《同》胃腸ホルモン(gastrointestinal hormone),腸管ホルモン(intestinal hormone).消化管から分泌され,特定の消化器官の運動・消化液分泌を制御するホルモンの総称.いずれもポリペプチドで,構造と機能の類似からガストリンファミリー(*ガストリン,*コレシストキニン),セクレチンファミリー(*セクレチン,*グルカゴン,*血管作用性小腸ペプチド(VIP),*グルコース依存性インスリン分泌刺激ペプチド(GIP)など),およびその他の群に分類される.消化管ホルモンの多くは脳のニューロン中にも存在し,*神経ペプチドに属するものもあり,脳-腸管ペプチド(脳-消化管ホルモン brain-gastrointestinal hormone)と呼ばれる.(→パラニューロン)

e **消化器官** [digestive organ] 《同》消化器.動物の,食物の消化・吸収・貯留を行う器官.多くの動物において内臓の大きい部分を占める.口はあるが肛門のない消化腔(胃腔),または口と肛門とをそなえた消化管として存在する胃や腸など各器官を指すこともある.これらが各種の付属装置,特に付属腺(*消化腺)とともに消化系(digestive system)をなす.消化管は,動物体の全長を単調に直走する始原的形態から,複雑に屈曲し,ひだを発達させてその長さ・表面積を増し,他方では前後の領域による構造上・機能上の分化を進め,さらに咀嚼や磨砕装置,消化腺,盲嚢などを付加する.これらの分化は,動物の系統,食性により多様な方向をとるが,一般に摂餌・咀嚼・貯留は消化管の前方の諸区分に,化学的消化は中央の諸区分に,吸収・排出は後方の諸区分に,機能の局在をみる.[1] 脊椎動物では消化管は高度に分化し,口腔,咽頭,食道(鳥類ではさらに嗉嚢,前胃,砂嚢),胃,

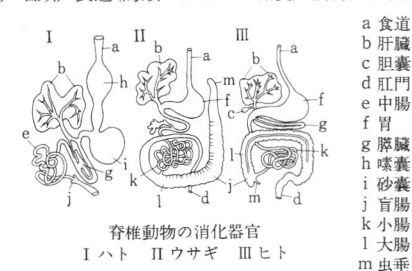

脊椎動物の消化器官
I ハト II ウサギ III ヒト

a 食道
b 肝臓
c 胆嚢
d 肛門
e 中腸
f 胃
g 膵臓
h 嗉嚢
i 砂嚢
j 盲腸
k 小腸
l 大腸
m 虫垂

腸(小腸,盲腸,大腸,直腸)の区分を生ずる.消化運動と消化液分泌とが神経的・ホルモン的制御を受け,また吸収した栄養素を運び出す特別な循環系(肝門脈系や乳糜管)をもつのが一般的.[2] 無脊椎動物では,消化系にみられる相似物に対して脊椎動物の消化器官の解剖名が,歯,舌,唾液腺,肝臓など各種の付属体のそれとともに適用されるが,同名器官の間で機能が常に一致するとは限らない.海綿動物の胃腔は必ずしも消化器官ではなく,刺胞動物や扁形動物でも主として細胞内消化が行われ,消化腔内での細胞外消化の意義は薄い.刺胞動物の鉢虫類などにおいて,消化腔(腔腸)は胃水管系へ発達し,渦虫類(ことに多岐腸類)では樹枝状に分岐して全身に広がり,循環系の機能を兼ねる.なお,寄生や共生によって消化器官が退行,消失する例はしばしばあるが,自由生活をしながらも消化器系を欠く動物として,ヒゲムシ類(有鬚動物)や軟体動物のキヌタレガイの一種 Solemya などが知られる.[3] 原生生物では消化のための細胞器官として,食胞のほかに細胞口,細胞咽頭,細胞肛門などがあげられる.

f **消化共生** [digestive symbiosis] 動物の消化器官内に生息する微生物が,その動物の摂取した食物の一部または大部分を自らの食物として分解し,それによって宿主の動物が,自らの酵素活性などによっては消化不能の食物物質を栄養源とすることができるような両者間の*相利共生をいう.シロアリ類の腸管に生息する超鞭毛虫類(Trichonympha, Trichomonas など)と細菌は,シロアリ類が摂取した木材細片中のセルロースやヘミセルロースを単糖と低級脂肪酸に分解し,シロアリ類にエネルギー源や炭素源を供給する.草食獣のルーメン(複胃の第一胃)に生息する細菌(Ruminococcus, Bacteroides など)と繊毛虫(Entodinium, Isotricha, Diplodinium など)はルーメン微生物といわれ,動物が摂取した生草・乾草中のセルロース,ヘミセルロース,澱粉などを分解して低級脂肪酸にする.これはルーメン壁から吸収されて,動物体のエネルギー源・炭素源のほとんどをまかなう.一般に哺乳類や鳥類の*腸内細菌も,蛋白質・炭水化物の発酵を支え,動物の消化を助けている.なかにはハムスターの前胃,カンガルー・ウマ・ネズミ類の盲腸,ニワトリ・ドバトなどの腸盲嚢のように,消化

管の特定部位を発酵室として発達させ，微生物作用を積極的に利用している例もある．

a **硝化菌** [nitrifying microbes] *アンモニア酸化菌および*亜硝酸酸化菌の総称．それぞれ次の酸化反応に関わる．
$NH_3+(3/2)O_2=NO_2^-+H_2O+H^+, \Delta G'=-65$ kcal/mol
$NO_2^-+(1/2)O_2=NO_3^-, \Delta G'=-18$ kcal/mol
全体としては，
$NH_3+2O_2 \rightarrow NO_3^-+H_2O+H^+, \Delta G'=-83$ kcal/mol
上記の反応で得られたエネルギーを用いて炭素同化($CO_2+H_2O \rightarrow 1/6C_6H_{12}O_6, \Delta G'=118$ kcal/mol)を行い，化学無機独立栄養的に生育する．*バクテリアドメインのいくつかの系統群に存在するほか，アンモニア酸化アーキアも知られている．硝化菌の細胞内には光合成細菌に見られるようなラメラ構造が発達しているものがあり，無機物酸化のシトクロムを含む固有の電子伝達系がそこに局在する．これに共役して化学エネルギーが形成され，その一部は炭素同化に必要な還元力(NADHあるいはNADPH)を，電子伝達系からの電子の逆流によって形成するために消費される．この機構は細胞の無機栄養生活と密着した制御をうけており，化学有機栄養生物がエネルギー源として利用する有機物を外から与えても一般にはこれを利用しない．有機栄養細菌の一部には硝化能をもつものが存在するが，無機独立栄養性の硝化菌と比べればその活性は低い．水界，土壌など自然界に広く分布しており，窒素循環に重要な役割を担っている．また，活性汚泥プロセスなどの好気廃水処理系における窒素除去の初発反応に関わっている．

b **小核** [micronucleus] [1]《同》副核．繊毛虫類では多くの場合細胞核に大と小とがあり(⇒異形核)，大形の方を大核，小形の方を小核という．小核の個数は種によってさまざまで，ある種のラッパムシでは80個以上．大核との位置関係は，(1)大核と相接する，(2)大核中に埋没する，(3)大核の陥凹部に半ばかくれている，(4)小核が多数で大核の近くに散在する，(5)大核と小核が全く無関係に互いに離れている，など種々の場合がある．*合体，*接合，*エンドミクシスなどの場合には小核だけが関係するので，その機能の上から*生殖核と呼び，その染色質を生殖染色質という．*Tetrahymena pyriformis*のように無小核の種も存在し，また，有小核種からもまれにしかし安定な無小核株が生じることがある．これを無小核種族(amicronucleate race)という．[2]卵細胞の核内の核小体を小核と呼ぶことがある．また後生動物の核付近に存在する中心体やミトコンドリアなどを副核ということもある．特に精子変態に際して，ミトコンドリアは核よりも大きい大形の集塊を作るので，この用語が生じた．

c **上顎骨** [maxillary bone ラ maxilla] 脊椎動物顔面頭蓋の中央の上顎部にあたる有対の*被蓋骨．体と4突起からなる．体の上面は眼窩下壁をつくり，内側面は鼻道をいれ，内部には内側面に開くハイモール洞(上顎洞 maxillary sinus)がある．4突起のうち前頭突起・頬骨突起・口蓋突起は，それぞれ同名の骨と結合，歯槽突起には歯槽があって，上顎歯をいれる．ヒトの上顎骨は，狭義の上顎骨と前上顎骨(切歯骨 premaxillary)とが結合したもので，両骨の間には鼻腔と口腔をつなぐ切歯管(ステンソン管 Stenson's duct)が開口する．両骨とも硬骨魚類で初めて認められる．(⇒内臓骨格)

d **小核試験** [micronucleus test] 細胞分裂の際に主核である娘核に取り込まれずに細胞質内に独立した染色体あるいは染色体の断片が形成する小核を指標とした，変異原性試験．通常は骨髄の塗抹標本を用い，赤芽球の最後の分裂で形成された小核が脱核されず赤血球中に残留する現象を利用する．染色体の不分離や染色体切断などの染色体異常を指標とした変異原性試験に代わる簡便な試験法として広く利用されている．

e **消化酵素** [digestive enzyme] 消化に関与する酵素の総称．消化酵素の作用は一般に加水分解で，消化腺から分泌されるもの，小腸上皮細胞の微絨毛上に結合するもの(膜消化)，細胞内消化に関与するものがある．細胞外消化酵素には不活性の酵素前駆体として分泌されて後に活性化されるものがある．(1)蛋白質分解酵素(プロテアーゼ)：ペプシンは円口類と一部の硬骨魚類(コイ，ドジョウ，メダカなどの無胃魚)を除く脊椎動物の胃液中に，トリプシン，キモトリプシンは脊椎動物の膵液中に含まれる．アミノペプチダーゼは脊椎動物の腸粘膜に存在し蛋白質の中間分解物に作用するほか，昆虫の中腸やカタツムリの中腸腺から分泌され，また中腸腺細胞内の消化酵素として存在．カルボキシペプチダーゼは脊椎動物の膵液や腸粘膜に，軟体動物の中腸腺に存在する．キモシンは哺乳類の幼若動物の胃液中に存在．エンテロキナーゼは脊椎動物の十二指腸粘膜に存在する．(2)炭水化物分解酵素(カルボヒドロラーゼ)：グリコシド，オリゴ糖を分解するものをオリガーゼ(oligase)という．α-グルコシダーゼ(マルターゼ)は脊椎動物の唾液・腸粘膜をはじめ無脊椎動物の消化液に，β-グルコシダーゼは脊椎動物の小腸粘膜に，β-ガラクトシダーゼ(ラクターゼ)は脊椎動物の腸粘膜および棘皮動物の消化液中に存在．多糖を分解するものをポリアーゼ(polyase)という．アミラーゼは脊椎動物の唾液・膵液，軟体動物・昆虫・甲殻類の消化液に広く存在し，脊椎動物の唾液中のものを特にプチアリンという．セルラーゼは軟体動物の消化液，ボクトウガの唾液，フナクイムシの中腸腺細胞(⇒細胞内消化)，木材穿孔性昆虫の幼生の腸液に存在するほか，消化管内の寄生生物が分泌する場合がある(⇒消化共生)．リケナーゼと*キチナーゼはカタツムリの中腸腺分泌液に存在．イヌラーゼはカタツムリの中腸腺分泌液およびカキの消化盲嚢の細胞(⇒細胞内消化)内に存在．*アルギナーゼはコンブ科植物を食べるブダイ・アワビ・サザエなどの消化液に見出される．(3)脂肪分解酵素：リパーゼは脊椎動物の膵液中に存在，中性脂肪を分解する．そのほかギンバエの唾液，昆虫の中腸，軟体動物の中腸腺および刺胞動物，有櫛動物，扁形動物の変形細胞(⇒消化シンチウム)中に存在する．ホスホリパーゼはリン脂質を分解する．(4)リボヌクレアーゼ，デオキシリボヌクレアーゼは脊椎動物の膵液に，ヌクレオシダーゼは脊椎動物の腸粘膜に見出されている．

f **硝化作用** [nitrification] *硝化菌と呼ばれる一群の土壌細菌が，好気的にアンモニアを酸化して亜硝酸を生成し，さらに亜硝酸を酸化して硝酸を生成する作用．維管束植物や藻類が土壌や海洋から直接摂取しうる硝酸態の無機窒素は，生物的にはこの作用により形成され，自然界の*窒素循環における酸化過程として重要な一環をなす．

g **消化シンチウム** [digestive syncytium] 刺胞動物，有櫛動物や扁形動物において，胃あるいは消化管

に形成される特殊な細胞の*シンシチウム．食物が消化管などに入ると管壁の細胞からよく動くアメーバ状突起が出て，それらが互いに融合しあい，シンシチウムの網を作って食物を閉じこめ，同時に消化液を分泌する．これによって食物が細胞外で消化され吸収される．消化が終わるとアメーバ状突起はまたもとに戻るが，ある種類ではシンシチウムは管内に遊離し，消化液を分泌したのち消滅する．

a **消化腺** [digestive gland] *消化管に付属し，消化液を分泌する腺の総称．脊椎動物では2個の大きな付属腺として肝臓と膵臓が腸に開口．また胃壁・腸壁にはそれぞれ*胃腺・*腸腺がある．そのほか羊膜類では口腔腺として*唾液腺が存在．無脊椎動物における顕著な消化腺としては*中腸腺がある．

b **松果体** [pineal body, pineal organ　ラ corpus pineale]《同》松果腺 (pineal gland)，上生体 (epiphysis, epiphysis cerebri)．脊椎動物の間脳の背面から柄によって突出している小体．ヌタウナギとワニにはない．柄の先端は塊状，盲嚢状，胞状など動物によって異なる構造を示す神経節細胞，支持細胞および松果体細胞からなる．神経線維に関しては両生類や魚類では神経節細胞からの求心性神経だけが，哺乳類では遠心性の交感神経だけが存在するが，鳥類では両者が混在する．また松果体細胞は魚類や両生類では網膜の視細胞とよく似た外節と内節とからなる構造を示し，日周期性における周期機能，光受容細胞としての機能をもつ．爬虫類や鳥類では外節が変形，複雑化あるいは痕跡化するなど感覚細胞としての特徴を消失しており，哺乳類においてはすべてが腺細胞となる．無尾両生類の多くのものでは松果体の一部が頭蓋骨の外側の皮内に入り込み，前頭器官 (frontal organ) を形成する．また多くのトカゲ類やヤツメウナギでは松果体の前方に副松果体 (副上生体 parapineal) があり，この副松果体にも光受容機能のあるものがあり，松果体と合わせて松果体複合体 (epiphyseal complex)，副松果体-松果体複合体などとも呼ばれている．トカゲ類の一部では副松果体が特に発達して眼に類似の構造となるが，これを*頭頂眼と呼ぶ．系統発生的には，本来は松果体と副松果体は側眼のように左右対をなす構造のそれぞれ一方 (左が副松果体で右が松果体) であったとする考えがある．松果体細胞中にはセロトニンとメラトニンが多量に含まれる．メラトニンは，アリルアルキルアミン N-アセチル基転移酵素 (AANAT) およびヒドロキシインドール-O-メチル基転移酵素の働きによってセロトニンから合成される．AANAT の活性は夜間 (暗期) が高く昼間 (明期) は低く，メラトニン量も夜間に多く昼間は少ない．両生類，爬虫類，鳥類では松果体は光受容とともに自律的に発振する概日時計を内在しており，メラトニン合成分泌の*概日リズムを制御している．メラトニンの挙動は光や時刻の情報として体内に伝えられ概日リズムや光周性に関与すると考えられている．哺乳類では，松果体のメラトニン合成能は交感神経を介して視交叉上核にある概日時計の支配下にある．長日あるいは短日の情報は同様にメラトニンの分泌様式として伝達され，視床下部からの黄体形成ホルモン放出ホルモン (LHRH) の分泌パターンを変えることで，生殖腺の活動性に関与する．

c **小割球** [micromere]　後生動物の発生初期の卵割期の胚で*割球の大きさに著しい差のある場合，小形の割球をいう．しかし発生学的役割は動物の種類によって千差万別である．例えば，一般には小割球は動物極側にあって外胚葉を作ることが多いが，ウニの場合のように植物極側にある4個の小割球は骨片形成の全過程を遂行し，植物極性の座と考えられている．クシクラゲの場合には大部分の小割球は動物極で*櫛板形成に関与するが，一部は植物極側に移動して中胚葉ないし内胚葉となる例もある．

d **晶桿体** [crystalline style]《同》晶杆体，桿晶体，晶体．濾過食を行うほとんどの二枚貝類および腹足類の一部において，消化管中に見られる半透明なゼラチン様棒状体．消化酵素を多量に含み，その供給の主体をなす．晶桿体嚢中に収まっていて，その先端は胃中に突出し，かつ胃壁上にあるキチン質の胃楯 (gastric shield) にあたっている．生時には回転しつつ胃楯に衝突し磨耗し，中に含まれた酵素が少しずつ消化液に供給される．回転はカキでは毎分70〜80回転といわれ，口から食物を糸状にしたもの，すなわち食物糸 (food string) として消化管に引き込む作用もある．溶けやすくて貝を水から取り出しただけで消失するものと，強固で溶解しにくいものとがある．酵素中ではアミラーゼが最も強く，そのほか弱いセルラーゼや酸化酵素，エステラーゼが認められる．

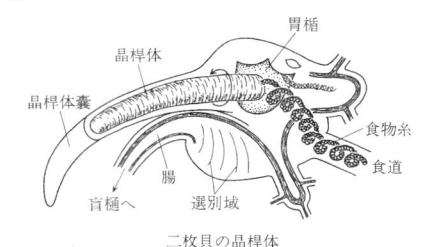

二枚貝の晶桿体

e **蒸気滅菌釜** [steam sterilizer, sterilization steamer]　一般にはコッホ蒸気釜 (Koch's steamer) を指し，滅菌に用いられる銅板製の大きな筒型の釜．逆漏斗形の蓋の中央の口に綿栓をし，下部に水を入れ，その上に数段，滅菌すべき培地の瓶などを入れて下から火を焚く．現在はこれよりすぐれた高圧蒸気滅菌釜 (オートクレーブ) があるためあまり使われない．

f **小球細胞** [spherule cell, spherulocyte]　昆虫の*血球の一種．小球状の大形好酸性顆粒が細胞質に充満している．多くの昆虫に見られるがその機能は不明．

g **消去** [extinction]　[1] *古典的条件づけにおける消去．ある条件刺激によって形成した*条件反射または古典的条件づけにおいて，その条件刺激を無条件刺激で

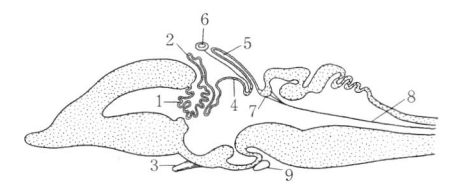

爬虫類の脳 (縦断面の模式図)
1 脈絡叢　2 副生体　3 視神経　4 背嚢　5 松果体 (上生体)　6 副松果体　7 交連下器官　8 ライスナー糸　9 下垂体

強化することなしに繰り返し与えると，条件反射または反応は次第に減弱し，ついに全く生起しないようになる現象，あるいはその手続き．この場合，条件反射または反応は消失したのではなく，しばらく休んだ後に元の条件刺激を与えれば，条件反射または反応は再び現れる(自発的回復)．つまり条件刺激は一時的に効果を示さなくなっていたにすぎない．この現象は，条件刺激に対応する大脳皮質に一時的に*制止が発生したものと解される．I. P. Pavlov は，消去によって発生する制止を消去制止(extinctive inhibition)と呼んでいる(⇒制止)．[2] *オペラント条件づけにおける消去．それまで強化されていたオペラントまたは道具的反応に，強化を与えることを中止すると，そのオペラントまたは道具的反応が，条件づけ前の強度(オペラントレベル)に戻る現象，あるいはその手続き．消去直後，反応出現率が一時増大したり，反応パターンの変動が増したりするが，その後反応は減弱し，元のレベルに戻る．(⇒条件づけ)

a **条件致死突然変異体** [conditional lethal mutant] 野生型の生物が生育または増殖できるようなある条件下で生育または増殖できなくなった変異体で，特定の栄養素を要求する*栄養要求性突然変異体以外のもの．例えば，ある培養温度では生育できない*温度感受性突然変異体や，特にバクテリオファージである種のサプレッサー遺伝子をもつ宿主菌でだけ増殖できる突然変異体などが，最もよく知られている．前者のような変異の場合は，その遺伝子産物である蛋白質の活性が野生型のそれと比べて温度感受性になる結果，変異体の生育または増殖そのものも温度感受性となる．温度感受性突然変異体や培地のある pH や塩濃度に対して異なる増殖を示す突然変異体を生理学的突然変異体(physiological mutant)ともいう．一方，遺伝子に*ナンセンス突然変異が起こると，それに対応する蛋白質の鎖の伸長はそこで停止するため，活性のない不完全なポリペプチドが作られ，その結果，増殖できなくなる．しかし，ナンセンスコドンを翻訳できる tRNA (⇒サプレッション)をもつ株では，活性のある蛋白質が合成され増殖可能となる．条件致死突然変異体は，細菌やウイルスをはじめ，藻類・カビ・ショウジョウバエ・培養細胞・動物ウイルスなどで広く得られており，生体高分子，特に核酸や蛋白質の合成や細胞分裂など生体に必須の過程に関わる遺伝的および生化学的要因を明らかにする目的に広く利用され，有効な研究手段となっている．

b **条件付きノックアウト** [conditional knock out] 時期あるいは領域(細胞種)特異的に遺伝子機能が欠損する遺伝子組換え生物を作製する技法．通常の遺伝子ノックアウト(*遺伝子破壊)では致死になるなど，目的の時期や領域での遺伝子機能の解析が困難な場合に特に有効な遺伝子機能欠損実験である．多くの場合，Cre-loxP や Flp-FRT などの部位特異的組換えシステムが用いられる．⇒Cre-loxP システム)

c **条件づけ** [conditioning] 動物の行動や反応を，ある刺激や状況などの条件と結びつける実験的手法，あるいはそのような過程．行動や反応が，そうした条件と結びつけられたとき，その行動はその刺激や状況に条件づけられたという．*古典的条件づけと*オペラント条件づけがある．古典的条件づけでは，例えば鐘の音のような中立的な刺激を食物の像のような意味のある刺激に先立って与える操作を繰り返すことによって，前者だけで後者に対する反応と同じ反応を引き起こすことができるようになる．オペラント条件づけでは，例えば右に曲がるとかレバーを押すといった動物の自発的動作とそれに続く食物の出現などのような環境刺激の変化とが結びつけられる．条件づけのどちらの型も自然界では起こっており，例えば餌を探したり巣を作る際に，新しい動作を行うほうがより効率的である場合，動物はそのように振る舞うようになる．(⇒条件反射，⇒オペラント条件づけ)

d **条件的寄生** [facultative parasitism] 《同》任意寄生，不偏性寄生，不完全寄生(incomplete parasitism). 栄養摂取の点からみて，寄生生活(活物寄生)と腐生生活(死物寄生)のどちらかを環境条件に応じて随時に行う生活様式．そのような生活をする菌を条件的寄生菌(facultative parasite)と呼ぶ．*絶対寄生と対置される．また逆に条件的腐生(任意腐生)の名もある．

e **条件的嫌気性生物** [facultative anaerobe] 《同》通性嫌気性生物．酸素呼吸も行うが，発酵あるいはその他のエネルギー獲得反応(例：*硝酸塩還元・脱窒素など)によって，無酸素的にも増殖しうる生物．大腸菌や酵母などがその例．一般に，細胞には程度の差はあれ無酸素的なエネルギー代謝が存在するが，実際に無酸素的にも増殖しうるのは細菌(⇒嫌気性菌)を主とする微生物に限られる．

f **条件反射** [conditioned reflex, conditional reflex] 《同》獲得反射，個体反射．ある個体に生得的でなく一定の条件下に形成された反射．これに対して生得の反射を無条件反射(unconditioned reflex, 種属反射)と呼ぶ．I. P. Pavlov (1904)は，イヌの唾液分泌と全く無関係の外部刺激(例えばメトロノーム音)を作用させてから直ちにイヌに食餌を与えるという実験手続きを繰り返すと，やがてはじめは無関係であった外部刺激だけでイヌが唾液分泌を起こすことを発見した．彼はこの現象を反射の重要な一形式とみなし，条件反射と名づけた．条件反射を形成させたもとの無関係刺激は条件刺激(conditioned stimulus)と呼ばれ，無条件反射の誘因である無条件刺激(unconditioned stimulus)と区別される．条件刺激に無条件刺激を伴わせて呈示する操作を条件反射の強化と呼ぶ．また，ある条件反射がすでに形成された他の条件反射を土台にして成立することも可能であり，このようなものを二次条件反射と呼ぶ．条件反射は自然環境においても数多く形成され，動物の生活に重要な役割を果たす*学習の一つである．

g **症候群** [syndrome] 《同》シンドローム．ある病的状態について，ある症候が，多くの場合，同時に複数の症候を伴っているとき，これらの組合せを一連のものとみたときの呼称．一つの症候群に属する諸症候は，その根本的な原因を同じくするという前提に立って命名されることが多いが，根本的原因が明確になれば，病的状態はそれに従って命名されるので，症候群という呼称は根本的原因が特定されていなかったり，各症候相互の関連が不明であることを示唆しているともいえる．また，複数の症候間の関連に着目した臨床家・研究者の名を冠して，それを顕彰する意図で用いられる場合もある．(⇒遺伝的症候群，⇒汎適応症候群)

h **小孔細胞** [porocyte, pore cell] アスコン型の*水溝系をもつ海綿動物において，入水孔の壁を構成する細胞．全体が細長く，内部は水を通すために中空の管とな

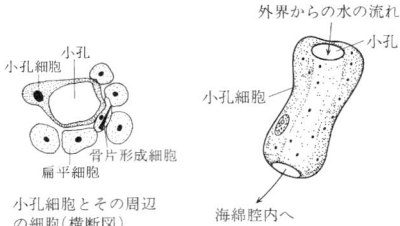

a **上行性網様体賦活系** [ascending reticular activating system] 間脳，中脳，延髄など脳幹部にある網様体(reticular formation)から始まり，視床の中心部の核群で中継されて大脳皮質全般に広く投射している神経繊維束．網様体は脳幹部で，脊髄や延髄を上行する感覚神経路の側枝と連結している．意識の生理学的機序は上行性網様体賦活系の働きによる．すなわち，感覚のインパルスが増加し上行性網様体賦活系の活動が亢進すると大脳皮質の興奮水準が高まり，逆に感覚のインパルスが減少し上行性網様体賦活系の活動が減弱すると大脳皮質の興奮水準が下がる．大脳皮質の興奮水準の高低は種々の意識の状態として現れる．上行性網様体賦活系の活動が高まると明晰な意識になり，逆にその活動が下がると睡眠あるいは昏睡の状態になる．以前に睡眠中枢あるいは覚醒中枢と想定されていた部位はこの系に包含される．上行性網様体賦活系の中核である脳幹網様体は，逆に大脳皮質に統御されており，われわれがある程度まで意志によって意識の状態を制御できるのは，このためと考えられる．

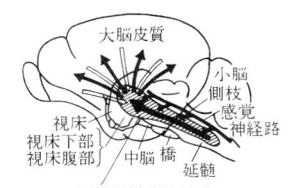

b **常在度** [presence] 植物群落内でそれぞれの種がどのくらいの頻度で出現しているかを示す群落測度．その種が出現した区数を全調査区数に対する百分率で示したもの．r (5%以下)，+ (10%以下)，I (20%以下)，II (20～40%)，III (40～60%)，IV (60～80%)，V (80%以上)の7常在度階級で示されることが多い．原理的には頻度や恒存度に似たるが，調査区の大きさが一定でなくてもよい点で両者とは異なる．(→頻度)

c **蒸散** [transpiration] 《同》通発．植物体内の水が水蒸気として空気中に排出される現象．*気孔などによる調節が働いている点で蒸発とは異なる．葉の蒸散は主として気孔を通じて行われるが，気孔以外の葉の表面からも*クチクラ層を通して起きる．両者を区別して，気孔蒸散(stomatal transpiration)，クチクラ蒸散(cuticular transpiration)という．そのほかに*水孔や枝の*皮目からの蒸散がある．気孔蒸散は，光合成の基質であるCO$_2$を大気から葉内に取り込むために気孔を開くと不可避に起きる．このために光合成で1gの有機物を同化するために，木本では170～340g，草本では500～840gもの水を蒸散によって失う．個葉の蒸散速度は*ポロメーターで測定されることが多く，単位はmmol/m^2·sを用いる．蒸散速度は生育環境や生活形によって大きく異なり，木本では1～4 mmol/m^2·s，草本では2～10 mmol/m^2·sの範囲になる．クチクラ蒸散は気孔蒸散の数%程度である．葉の内部は高い境界層抵抗をもつので，葉が蒸散をしているときであっても葉の内部の湿度はほぼ100%を示す．したがって水が気化するのは，葉肉細胞の中でも気孔の周辺に限られるとされる．このため，蒸散において水蒸気は気孔→境界層→大気という拡散経路をたどり，蒸散速度の調節にも気孔が大きな役割を果たす．

d **硝酸塩還元** [nitrate reduction] 《同》硝酸還元．硝酸塩が*硝酸還元酵素により亜硝酸に還元される生体酸化還元反応．硝酸塩は海水・土壌などに広く分布し，多くの植物によりアンモニアまで還元された後，窒素源として*グルタミンへ同化される．硝酸塩同化の第一段階として，硝酸塩は亜硝酸に還元される．生じた亜硝酸は*亜硝酸還元酵素によりさらに還元されてアンモニアになり，アミノ酸の原料の一つとなる．これが同化型硝酸還元である．また，多くの通性嫌気性細菌は無酸素状態で硝酸塩を最終電子受容体として有機化合物を酸化し，そのエネルギーを利用して生育することができるが，この際，硝酸塩は亜硝酸に還元される．この亜硝酸はさらに還元されて，NO，N$_2$Oなどを経て分子状窒素にまで還元される場合(脱窒反応，⇔脱窒素作用)がある．これが呼吸型硝酸還元(異化型硝酸還元)である．後者の場合，酸素呼吸の場合と末端の酵素(シトクロム酸化酵素か硝酸還元酵素)は異なるが，シトクロム系を利用してATPを生成するので，硝酸塩呼吸(nitrate respiration)と呼ばれる．

e **硝酸還元酵素** [nitrate reductase] NRと略記．《同》硝酸レダクターゼ．硝酸イオンを亜硝酸イオンに還元する反応を触媒する酸化還元酵素の一種．次の2型がある．(1)硝酸塩同化に関与する同化的還元酵素．EC1.6.6.1～3．陸上植物・藻類・菌類・細菌に分布し，モリブデン(Mo)，フラビン，プロトヘムを含むサブユニットの二量体からなる酵素．いわば分子内に一種の小さな電子伝達系をもっている．ホウレンソウやクロレラの酵素は分子量約20万．電子供与体としてはシアノバクテリアでは還元型*フェレドキシンが，菌類では主としてNADPHが，緑色植物では主としてNADHが用いられる．硝酸塩により誘導をうけ，アンモニアや有機態窒素により抑制される．(2)硝酸塩を生体酸化の最終電子受容体として利用する硝酸塩呼吸の異化型還元酵素．呼吸型還元酵素．EC1.7.99.4, 1.9.6.1．多くの通性嫌気性細菌に存在し，膜の構造と結合した不溶性のものが多い．Fe, Moを含む分子量数十万のものが多く，シトクロムを電子供与体とするらしい．また，偏性嫌気性細菌*Clostridium perfringens*の酵素は可溶性で還元型フェレドキシンを電子供与体とする．哺乳類では牛乳や肝の*キサンチン酸化酵素や*アルデヒド酸化酵素が酸素の代わりに硝酸塩を還元できる．

f **蒸散孔** [transpiration pore] 石炭紀の化石シダ，リンボク類において，*葉枕の下部，*葉痕に開口する1対の孔．この孔は茎の皮層に達して，そこで葉痕上に開いている1対のパリクノス(parichnos)の孔と連絡して

いる．蒸散孔の周囲にある葉枕の組織は通気性に富み，蒸散孔から入った空気を皮層に入れ，パリクノスを通して葉に空気を送り込むと考えられている．

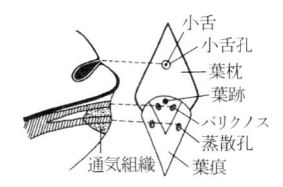

```
          小舌
          小舌孔
          葉枕
          葉跡
          パリクノス
          蒸散孔
   通気組織  葉痕
```

- a **硝酸植物** [nitrate plant] 《同》硝石植物．硝酸塩を多量に貯えている植物．硝酸塩は植物に吸収されて一般に種々の変形をうけるが，ヒユ科・アカザ科・ナス科の植物や，ヒマワリやダリアなどのキク科植物は，硝酸塩をそのまま多量に貯える．これらの植物の生体の抽出液を濃縮すると一般に硝酸カリウム（硝石）が得られる．

- b **蒸散流** [transpiration stream] 植物体表面からの*蒸散によって*木部の通水組織で起きる水流．道管輸送の原動力となる．幹における蒸散流速の最大値は，常緑樹や針葉樹で通常 0.5〜1.5 m/h，*散孔材をもつ種では 1〜4 m/h，環孔材をもつ種では 20〜45 m/h，草本では 10〜60 m/h，つる植物では 150 m/h に達する種もある．蒸散流が起きているときには，木部の道管や仮道管の水には負圧がかかっており，極端な場合には −8 MPa（例：*Larrea tridentata*）にも達することがある．蒸散流速は，茎の木部において熱伝導や熱収支を利用して測定する．ヒートパルス法（heat-pulse method．B. Huber, E. Schmidt, 1937），茎熱収支法（heat balance method．T. Sakuratani, 1981），グラニエ法（Granier-type heat dissipation sap flow probes．A. Granier, 1985）が用いられる．

- c **小嘴体**（しょうしたい）[rostellum] ⇌ずい柱，蕊柱

- d **照射反応** [light reaction] 光に対する生体反応ないし運動反応（⇌光走性）一般をも指すが，特に無脊椎動物でみられる光に対して照度の増加を解発刺激とする反応を指す．後者は，*分差反応．*陰影反応に対する．*神経光感覚や*皮膚光感覚などの低分化的光感覚を通じても誘発される反応で，明暗段階の視覚と結びついた無定位性の反応である点は，陰影反応と同様で，ミミズやユウレイボヤの体収縮反応，オオノガイの水管収縮反応のように，両種の反応が並行する場合もある．照射反応の生態学的意義としては，体部が光にさらされすぎないようにすることが挙げられる．

- e **小盾板，小楯板**（しょうじゅんばん）[scutellum]「こたてばん」とも．有翅昆虫において，翅をもっている中胸・後胸板の中で V 字形をした盾板小盾板線（scutoscutellar suture）で区切られた後方の部分．特に，中胸の小盾板は盛り上がり，カメムシのように前翅を体の背面にひき寄せ合わせる昆虫では左右の前翅の間に三角形をなした部分すなわち菱状部（escutcheon）としてみとめられる．

- f **子葉鞘** [coleoptile, coleophyllum] 《同》幼葉鞘，幼芽鞘，鞘葉．単子葉類のイネ科などに独特の胚的器官で，発芽時に最初に地上へ抽出する部分．第一葉以下の幼芽を包み，完全な筒状の鞘となるが，稀に背軸側に裂け目がある（例えばブラジル産の原始的イネ科 *Streptochaeta*）．*柔組織からなり，内部には一般に主脈はなく，*胚盤の主脈を含む面に直角の面内に側脈的に 2 本の維管束をもつ（⇌胚盤[図]）．栽培種では往々数本もつ．子葉鞘の器官学的解釈については諸説あるが，胚盤とこれとを合わせたものが一般の単子葉類の子葉にあたるとする説が有力である．それは，子葉鞘の 2 本の維管束を胚盤の主脈の側脈とみなせることによる．成長ホルモンに対して敏感なので生理学上オーキシン定量などにエンバク（燕麦）の子葉鞘を使う（⇌アベナ屈曲試験法）．

- g **症状** [symptom] 一般に，原因となる欠陥や疾病（疾患）が存在する可能性を示すさまざまな現象や状態を指す．臨床医学では，患者が主として言語的表現を用いて訴える心身の不調や苦痛を指し，医師が患者の身体を診察することによって見出される徴候（signs）や，徴候とほぼ同義語である身体所見（physical findings）とは区別される．症状や徴候は，原因となる疾患について診断推論を進める手掛かりとなるが，診療録においても，症状は患者の主観に基づく情報（subjective data），徴候は客観的な情報（objective data）と区別される．症状や徴候を系統的に記述し，診断への道筋を明らかにするのが症候学や診断学と呼ばれる領域であるが，近年，症状や徴候を定量的に表現しようとする努力がなされている．ヒト以外を対象とする領域では，症状と徴候の厳密な区別はなく，病徴などの用語が用いられることもある．

- h **鐘状感覚子** [campaniform sensillum ラ sensillum campaniforme] 昆虫の体表に見られる*感覚子の一種で，*機械受容器．クチクラ壁が薄くなって楕円形のドーム形となり，ドームの中央に 1 個の受容細胞から伸びてきた変形繊毛突起が付着する．ドームの内面に楕円の長軸方向に襟状構造があるので，クチクラに加わる力が短軸方向であるときにドームは容易に変形し，受容細胞がよく刺激される．しばしば多数が集団をなして体の特定部位に分布している．多くの昆虫の触角や翅や肢，双翅目の*平均棍，直翅目の*尾葉などに見られ，自己受容器として働くものや外受容器として働くものがある．例えばゴキブリの肢では関節近くのクチクラに分布しており，各集団の鐘状感覚子にはドームの長軸が肢の軸と平行なものとこれに直交するものがあり，肢のクチクラが受けるひずみや張力の方向を分析し，自己受容器としての機能をもつ．肢の鐘状感覚子が床の低周波振動の外受容器として働く場合もある．翅の鐘状感覚子は飛翔運動の自己受容器として働き，双翅目の平均棍の鐘状感覚子は平均棍に加わるひずみを受容し，反射的に飛翔を安定させる．直翅目の尾葉の鐘状感覚子は感覚毛の基部にあり，感覚毛が大きく倒れたときに外受容器として働く．

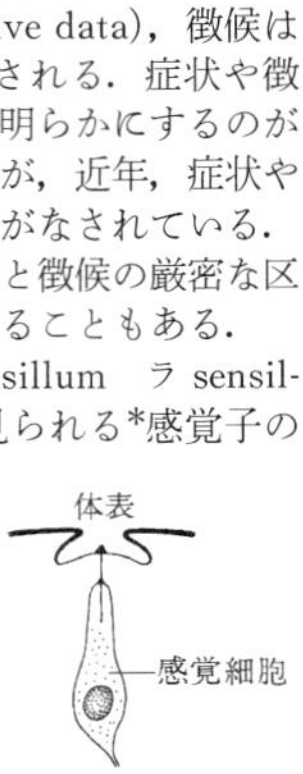

```
体表


       感覚細胞
```

- i **上唇** 【1】[upper lip] シソ科などの唇形*花冠において，上下に 2 分された先端に近い部分のうち上側．これに対し，下側を下唇（lower lip）という．唇形花冠は，5 枚の花弁の合着に由来し，2 枚が上唇，3 枚が下唇となる．

【2】[epichile] ラン科などの花の*唇弁で，中央にくびれがあって 2 部分が明瞭，あるいは関節があって可動になるものにおいて，この外方または前方の半分．これに対し，内方または後方の他部分を下唇という．

【3】[labrum] 昆虫の*口器の一部をなす，*額片から下方へ突出した板状の小片．大顎を前方からおおう．咬

み型口器をもつ昆虫でよく発達し，可動で，食物を口中へおしこむのに役立つ．同様に上唇はムカデ類・ヤスデ類にもみられる．いずれも頭部の突出物であって，付属肢の変形ではない(⇒下唇【1】).
【4】[upper lip] ヤツメウナギの幼生，アンモシーテスの口器の背側縁をなす襞状の構造(⇒下唇【2】).

a **小穂**(しょうすい) [spikelet] イネ科やカヤツリグサ科において，花序の末端で小花をつける枝で，1〜2花あるいは数〜多花からなる花序の基本的な単位．小穂につく花を特に小花と呼んでいる．イネ科では基部に*苞穎が2個，ついで外花穎が重なり，外花穎の内側に腋芽由来の内花穎に包まれた花がある．内外の花穎はそれぞれ花序の苞葉および花の小苞に当たり，果実にも通常伴う．小穂の形態は属の分類の基準になる．小穂につく苞穎などの葉は二列互生で花序の中軸からの放射方向に並ぶが，ドクムギ属だけは他の属と直交するような方向に着生し，各穎の背を花序の中軸に向ける．(⇒穂状花序, *苞穎)

b **上生** [epigyny] 植物の雌性器官の上または前方に雄性器官などが形成されること．原義は*雌ずいの上に*雄ずいが生ずることであったが，造卵器の上に*造精器(サヤミドロモドキ)，大配偶子嚢上に小配偶子嚢(カワリミズカビ)が形成されるときにもいう(⇒配偶子嚢)．逆に雌性器官の下(または後方)に雄性器官などが生ずるとき下生という．

c **上星体** [epistellar body] タコやイカの*星状神経節上にある*光受容器．感光物質はロドプシン系のもので，電気生理学的にも光感受性が証明されている．

d **小舌** [ligule] 《同》葉舌．[1] イワヒバ類やミズニラ類において，葉の基部*向軸側に生ずる小型の膜質の舌状突起．イワヒバ類では葉が完成されたときには縮小して明らかでなくなる．機能は不明であるが吸水または水分分泌の役目をするものと考えられている．[2] 石炭紀の化石シダリンボク類において，*葉枕の上部の小舌孔の中に生じる舌状突起．系統的に[1]と関係があるといわれる．[3] イネ科などの葉において*葉身と*葉鞘の境界部の向軸側に生じる膜質ないし毛状の突起物．小舌の基部両側の小形付属物は小耳(葉耳 auricule)と呼ばれる．

e **常染色体** [autosome] 有性生殖をする真核生物において*性染色体以外の染色体．母方と父方からそれぞれ由来するので，常染色体は1対ずつ存在する．常染色体は異なる性の細胞間でも同数の組合せが保持される．(⇒染色体)

f **醸造** [brewing] 微生物の発酵作用を利用し，原料とは異なる成分やテクスチャーを有する飲食品を製造すること(⇒発酵)．酒類，醤油，味噌，食酢が醸造食品の代表であり，パン，チーズ，ヨーグルト，漬け物，納豆，鰹節，魚醤，なれ鮨などもその範疇に含めることができる．食品以外のもの(例えば工業用のアルコール，グリセロール，酢酸など)をつくる場合にも用いられることもあるが，基本的には1〜2の成分の取得を目的としたものではなく，生成される数多くの微量成分を含んだ製品の製造を意味する．醸造の英訳には'brewing'が一般に用いられるが，これは元来，ビール製造に用いられる言葉であり，他のものの製造には用いられない．醸造は有史以前から現在まで営々と伝承されてきたが，微生物の働きを利用していることが認識されたのは19世紀に入ってからである．人類は醸造に利用できる微生物を経験的に自然界から選択し，それを巧みに利用してきたわけである．

g **小足** [pedicel] 《同》終足．腎小体のボーマン嚢内葉細胞の，毛細血管壁に接する部分の原形質突起．腎臓の糸球体をなす毛細血管からは，通過血液量の20〜25％にも及ぶ*原尿(一次尿)の濾過・生産が行われるが，この高度の濾過機能に対応する構造として，毛細血管壁の上皮細胞自体が多数の小孔すなわち細胞間隙をもつ．そしてさらにその血管壁を外から包むボーマン嚢の内葉細胞は全面的に密着することなく，タコ足細胞(podocyte)といわれるように多数の小足を出し，その先端だけで血管壁に接する．原尿は，この間隙を通過してボーマン腔に出てくる．

h **上足** [epipodium] 軟体動物腹足綱のカサガイ目，古腹足目，ワタゾコシロガサ目，アマオブネガイ目などにおいて，前後の方向に走る溝により上下に二分された*足の上側縁．上足触手(epipodial tentacle)などの触覚器官，色素点(*外套膜ではない)などを含んでよく発達している．

i **沼沢植物**(しょうたくしょくぶつ) [helophyte, marsh plant] 水辺に生える植物のうち休眠芽を水面下の底泥中にもつ植物．例としてオモダカ，ガマ，ヨシ．ラウンケルの*生活形の一つで，*水生植物とあわせてHHと表記される．そのほか水辺の湿地に生える植物を一般的に指すこともある．

j **条虫類** [cestode, cestodes, tapeworm, tapewormsラ Cestoda] 扁形動物門新皮目に属する一群．すべて寄生性．口や消化器を欠く．無数の微小毛(microtriches pl. microthrix, sn.)によって表面積を増したシンシチウムからなる表皮(tegment)を通して栄養を摂る．ほとんどが雌雄同体．単節条虫類(Cestodaria)と真正条虫類(Eucestoda)の二群からなる．単節条虫類は20種に満たない小さな分類群で，海産硬骨魚，淡水産硬骨魚やカメ類，ギンザメ類に寄生．頭節(scolex)や片節(proglottid)を欠き，単一の体節からなる．体長は数cm〜30 cm．生活史には不明な点が多い．真正条虫類には5000種以上が知られる．吸盤(sucker)，吸溝(bothrium)，吸葉(bothridium)，鉤(hook)，額嘴(rostellum)など種々の固着器官をそなえた頭節によって宿主の腸管壁に固着する．吸葉は耳状・長卵形・葉状をした構造で通常4組あり，鉤や副吸盤をそなえることもある．額嘴は円葉類にみられるドーム状の構造で，環状に配列した鉤をもっていたり，頭節内の鞘状の額嘴嚢(rostella sac)に陥入可能なものもある．頭節に続く体幅の狭い部分を頸部(neck)と称する．頸部は後続の片節を新生する．片節が連なった部分を*横分体と呼ぶ．各片節は1〜2組の雌雄の生殖器をそなえ，交尾は同一片節内，同一個体の別片節間，あるいは異個体間で行われる．後方の片節は単に成熟した卵が充填された袋状になり，先端から脱落することもある．片節に開く子宮孔から卵が放出される場合や，脱落した片節が破裂して卵が放出される場合がある．条虫の柔組織内には石灰小体(calcareous corpuscle, calcareous body)と呼ばれる球状または長円形の石灰質の小体が散在．直径は20μm程度で同心円的構造を示し，幼虫にも成虫にも存在するため，ヒトや家畜の病理組織標本でこの小体を検出すれば条虫症の診断が下せる．

a **小腸** [small intestine ラ intestinum tenue] 脊椎動物の腸において，盲腸の付着部より前方の部分．組織学的に小腸は絨毛の存在，吸収機能が大腸と異なる．小腸および大腸の区別は本来ヒトにおける両部位の太さや壁の厚さの大小に基づく．四肢動物では小腸始部に十二指腸(intestinum duodenum, duodenum)が区別され，さらに哺乳類では続く部位が順次，空腸(intestinum jejunum, jejunum)と回腸(intestinum ileum, ileum)に区分される．小腸壁には腸腺があって腸液を分泌し，これらにより炭水化物は単糖に，脂肪は脂肪酸とグリセロールに，蛋白質はアミノ酸にまで分解・吸収される．十二指腸は四肢動物において，胃の幽門部に続き，肝臓や膵臓の輸管が(しばしば合一して)開口，その粘膜内には十二指腸腺(duodenal glands, ブルンナー腺)をもつ．ヒトのそれが12指幅(約25cm)あることからこの名がある．発生的には前腸末部，および中腸始部から形成．空腸は十二指腸より後方の小腸のうち，前方2/5の部分で，卵黄柄(yolk stalk)の位置より前方．ヒトでは空腸は腹腔の上左側に，回腸は下右側に位置する．回腸より空腸の方がやや太く，血管分布が多いため赤味を帯びる．空腸の後方に回腸が続く．卵黄腸管の残遺が回腸のふくらみとして見られることがあり，メッケル憩室(Meckel's diverticulum)とか回腸憩室(diverticulum ilei)と呼ばれる．卵黄腸管が全長にわたって残存する場合，回腸は臍の部分で外通することになり，臍瘻(umbilical fistula, vitelline fistula)という．空腸ならびに回腸は発生学的には中腸に属する．

b **象徴機能** [symbolic function] 事象をそれ自体ではなく，それが指示する事物と同等なものとして扱う心的機能．それはその主体が，現前の事実にとらわれることなく，自身の心的世界の中で事物について処理できることであり，その主体が完成した内的世界をもつことを意味する．一部の動物においては，音声や表情・身ぶりなどが抽象的な意味をもつに至るが，これは象徴機能の萌芽ということができる．類人猿が1本の棒や1個の箱のうちに食物を獲得するための道具性を見出すのも，この象徴機能の現れであるという見方もできる(⇨道具使用)．象徴機能の完成した形は言語に認められる．例えば「ゾウはトラより大きい」という言明が，「ゾウ」という音が「トラ」という音よりも大きいことを意味するのではなく，実物のゾウが実物のトラよりも大きいことを意味すると理解できるのはこの能力による．

c **小頭** [microcephaly] 頭蓋が先天的に小さい状態をいい，ヒトでは，頭囲が約48cm以下，10歳以下の小児の場合には平均頭囲より約5cm小さい場合を指す．遺伝性のものと，胎生期に母体が受けた外因，例えば妊娠中の風疹罹患や骨盤部へのX線照射によって起こるものとが知られている．脳外套は脳幹核・脳幹および小脳に比較してはなはだ小さく，大脳の後頭葉が小脳を覆うにいたらず，島葉は露呈されている．身体発育は妨げられないが，脳頭蓋は小さく，顔は傾斜する．知能は精神薄弱の程度のことがほとんどである．遺伝性である真性小頭症では脳の内部構造は全く正常の関係を示すことがあるが，脳回転硬化，狭小，脳孔症，脳梁欠損などが合併することがあり，頭蓋破裂，潜在性二分脊椎あるいは他の部位の奇形を伴う例も多い．ヒトの小頭症に相当する小頭奇形は脊椎動物に一般に認められ，実験的に環境因子の変化や手術によって起きることが知られている．

d **衝動** [drive] ⇨動因

e **情動** [emotion] 一般には，怒り・悲しみ・恐れなどのように一時的に急激に生じた強い*感情の，特に生理的な現象として客観的にも表出される面をいう．情動は，瞳孔散大，脈拍，血圧，呼吸の上昇，立毛，発汗といった自律神経系の変化(交感神経系の亢進)を引き起こす．また，行動の面では，姿勢や表情の変化，攻撃，逃避，うなり，さけびなどを引き起こす．皮膚の発汗による電気伝導度の変化は，嘘発見器として応用される．W. JamesとC. Langeは，ある状況(感覚刺激)に対する生理的応答の結果として情動が形成されると主張した．これに対してW. CannonとP. Bardは，ある状況(感覚刺激)が脳で処理された結果として情動が生じるとした．そして，情動の中枢として視床が重要な役割を果たすと考えた．CannonとBardの説によれば，悲しいから涙が出るということになるが，JamesとLangeの説に従えば，悲しいから涙が出るのではなく，泣くから悲しいのである．もし涙をこらえることができれば悲しみもなくなるということになる．J. W. Papezは，いわゆる情動回路を提唱した．これは海馬，脳弓，乳頭体，視床前核，帯状回を一巡する神経回路で，この情動回路において情動体験が形成されると考えた．J. Oldsは，脳には刺激すると快感などの報酬効果が得られる領域と，反対に不快感などの罰効果が得られる領域とが存在することを見出した．現在では，情動に関連するさまざまな刺激は扁桃体で処理され，視床下部，中脳，網様体などを介して，自律神経系の変化，行動の変化として発現すると考えられている．情動に伴う反応は種にあって同一の型をとり，その点*生得的である．比較行動学ではさまざまな種について情動行動が研究され，そのメカニズムが論じられた．他方，情動には不安・希望のように経験によって学習されるものもあることがわかり，比較心理学の立場からは，生得的行動に対する*学習の影響が研究されてきた．(⇨感情)

f **情動反応** [emotional reactions] 怒りや恐れ(fear)，喜びや悲しみなど，一般に強い*情動に際して表出される行動および自律神経系の一連の反応．怒りに際しては動物はうなったり，叫んだり，耳を伏せ，毛を逆立てるほか，脈拍・呼吸が速くなり，血圧上昇，顔面紅潮，胃腸管の充血，分泌亢進などが起こる．恐れに際しては瞳孔が散大し，目をきょろきょろ動かし，毛を逆立て，冷汗を出し，唾液の分泌が低下して口が渇き，皮膚血管は収縮して顔面蒼白となる．動物の脳内に情動が生じているかどうかは，このような一連の情動反応を通じてある程度客観的に知ることができる．情動反応の生ずる脳の部位は視床下部および大脳辺縁系であるとされており，そこに電気刺激を与えることにより例えば怒りなどの情動反応を引き起こすことができ，これを見かけの怒りと呼ぶ．

g **小刀類** [Machaeridia] 刀形で，2縦列または4縦列に並んだ石灰板に包まれる，オルドビス紀〜デボン紀の化石動物．長らく橈脚類とされていたが，F. A. BatherとT. H. Withers(1926)が棘皮動物有柄亜門の一綱とした．しかしJ. Wolburg(1938)は原軟体動物に近縁のものとし，環形動物あるいは海リンゴ類に属させるとする説もある．

h **消毒** [disinfection] 広義では，有毒物質を無毒化すること．有害化学物質の中和なども含まれる．狭義で

は，病原微生物の殺菌もしくはそれらの病原性を消失させること．感染を防止するための操作であり，無菌状態にすることではない．そのため，微生物を全て死滅させることを目的とした*滅菌とは意味合いが異なる．なお，消毒薬の効力を計る基準として，フェノール(石炭酸)の効力と比較して示す石炭酸係数(フェノール係数・フェノール指数 phenol coefficient)がある．これは，段階的に稀釈した消毒液とフェノールにそれぞれ被検菌(黄色ブドウ球菌や大腸菌)を接種し，5分では死滅しないが10分で死滅する稀釈倍数の比として表される．ただし，実際の効果は対象菌や種々の環境要因によって異なることを留意しておく必要がある．

a **衝突回避行動** [collision avoidance behavior] 動物が自分に向かって接近・衝突してくる物体を避ける行動．脊椎動物，無脊椎動物ともに「衝突までの残り時間」と「接近物体の網膜像の大きさ」の二つを手がかりとして衝突を回避する．前者は主に動物自身が不動の物体に向かって接近する場合の，後者は静止している動物が接近してくる物体との衝突を避ける場合の手がかりとなる．ハトやバッタでは，これらの手がかりが，脳内の衝突感受性神経細胞により符号化され，この細胞が衝突回避行動の鍵となる．ハトの脳神経核の一つ nucleus rotundus には，τニューロンと呼ばれる衝突感受性神経細胞が存在しており，物体の大きさ・速度にかかわらず物体との衝突1秒前になったときに活動を開始することにより，衝突までの残り時間を符号化する．

b **漿尿膜** [chorio-allantoic membrane ラ allantochorion] [同]尿漿膜．鳥類や爬虫類の*胚膜としての*尿膜と*漿膜の一部が癒着したもの．その結果，漿膜の外胚葉と尿膜の内胚葉の間に中胚葉をはさみ，ここに豊富に尿嚢血管が発達する．漿尿膜は卵殻の直下に広がり，胚の呼吸に重要な役目を果すようになる．真獣類の胎児性*胎盤もこれに由来する．血管が豊富に存在し組織培養に良い条件をそなえているニワトリ胚の漿尿膜中への組織移植あるいはウイルス・細胞の播種は漿尿膜移植(chorio-allantoic transplantation)と呼ばれ，発生および医学研究に広く活用されている．

c **漿尿膜移植** [chorio-allantoic transplantation] →漿尿膜

d **小脳** [cerebellum] 後脳の背側部にあり第四脳室を被覆する高まり．脊椎動物の脳の一要素．個体発生において後脳の第一菱脳分節の背側部に形成される(→菱脳)．小脳は，体の平衡を正しく保持したり諸筋の正常な緊張状態を保つために，精密な制御器官として働いている．大脳とは反対側の半球どうしが結びついて，大脳-小脳連関ループが形成されており，*随意運動における熟練の獲得などに役立つとされる．さらに，小脳は言語認識や注意，触覚による物体識別などの活動で興奮することから，脳の高次認知機能に深く関与するとされる．小脳は中脳，延髄とそれぞれ上小脳脚(pedunculus cerebellaris superior)，中小脳脚(pedunculus cerebellaris medius)，下小脳脚(pedunculus cerebellaris inferior)で連絡する．円口類では痕跡的であるが，板鰓類では著明に隆起，硬骨魚類では小脳前部から中脳に向かって弁状の突起を出す．モルミルス目では著しく発達し，脳の背側全域を覆う．肺魚類では小形で視葉に覆われる．両生類や爬虫類では比較的小さいが，鳥類や哺乳類では再び大となる．哺乳類では小脳の表面に皺襞を作って，割面の分枝葉の形態から生命樹(arbor vitae)と呼ばれるようになる．左右の膨大を小脳半球(hemisphaerium cerebelli)といい，正中部の虫部(vermis)をいだく．虫部の上面には前方から後方へ小脳小舌・小脳中心小葉・小山・山頂・山腹・虫部葉の区分，また下面には後方から前方に虫部隆起・虫部錐体・虫部垂・小節の区分がある．半球も8区分されるが，これらは哺乳類でのみみられる部位である．小脳は，表層の*灰白質すなわち小脳皮質と内部の白質とからなる．皮質は表面から分子層・プルキニエ細胞層・顆粒層の3層からなり，第二層には大形のプルキニエ細胞が1列に並び，分子層内に広がる豊富な樹状突起を出す．また反対側の内方へは1本の軸索突起が出て，顆粒層を貫き，白質深部にある小脳核(cerebellar nuclei)に至る．顆粒層内の顆粒細胞は，橋網様体からの苔状繊維(mossy fibers)を受け，軸索を分子層内に送り，プルキニエ細胞の樹状突起上にシナプスを形成する．小脳核には歯状核(nucleus dentatus)のほか，栓状核(nucleus emboliformis)，球状核(nucleus globosus)，室頂核(nucleus fastigii)の，あわせて4対の核がある．歯状核から出る神経繊維は結合腕を作り中脳被蓋に達する．小脳皮質にはプルキニエ細胞のほか，バスケット細胞，星状細胞，ゴルジ細胞および顆粒細胞があり，これらの細胞の突起が統合しあって，幾何学的に美麗な神経回路網をつくる．これは機能的には顆粒細胞だけが興奮性で，残りは抑制性ニューロンといわれている．白質から小脳皮質には苔状繊維，登上繊維(climbing fibers)のほか，ノルアドレナリン含有繊維，セロトニン含有繊維が入力している．

e **樟脳** [camphor] [同]カンファー，カンフル．クスノキ(*Cinnamomum camphora*)の材に含まれるモノテルペン(→イソプレノイド)の一つ．2種の対掌体があり，天然品は d 型．特臭ある柔らかい白色結晶．融点179〜184°C．沸点204°C(昇華)．動物体内においては，酸化されてオキソカンファーおよびヒドロキシカンファー類を生じる．これらは中枢神経系全般を興奮させる作用があり，特に延髄の呼吸中枢・血管運動中枢に対する作用を利用し，蘇生薬としてビタカンファー(vitacamphor)の名で医薬用に使われていた時期があった．

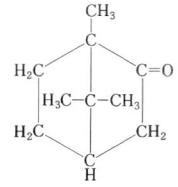

f **上胚軸** [epicotyl] 種子植物の胚と幼植物の幼芽において，子葉より上の茎的部分(葉は除く)．*胚軸と対する．

g **蒸発散** [evapotranspiration] 植物群落から大気への水の輸送過程すなわち気化現象，あるいは輸送される水蒸気の総量．葉の気孔を介しての水の蒸発すなわち蒸散(transpiration)と，地表面や植物体の表面を濡らした水の蒸発(evaporation)とが含まれ，地球全体の陸地の年間降水量の約60%がこれにより大気に戻される．蒸発散においては，砂漠のような極端に乾燥した生態系を除き，気化に使われる潜熱エネルギーが熱収支項の主要な部分を占める(→熱収支)．したがって，蒸発散による水の流れとエネルギー流とが密接に関連する．蒸発散の測定には，流域水収支法，*ライシメーター法，渦相関法，熱収支法などが用いられる．これらのうち流域水収支法だけはかなり広域の蒸発散量が得られる反面，通

常は1年間といったかなり長期の積算値しか得られない．一方，他の方法では，ごく短時間の蒸発散量が得られるかわり，広域の不均一な地域における短時間の蒸発散量を求めることはできない．植物群落からの蒸発散量は，*葉面積指数が高いほど大きい．砂漠から熱帯多雨林まで24の地域で測定された蒸発散量と純一次生産量（⇨純生産）との間には，両対数軸上で直線関係があることが経験的に知られている．さらには，蒸発散と関連の深いものに放射乾燥度(radiative dryness index)があり，$R_n/\lambda P$の式で表される（R_n：年当たりの純放射エネルギー，λ：水の気化潜熱，P：その場の年降水量）．放射乾燥度は生物群系のタイプとよく対応している．すなわち，この値が1以下のところに森林，2以下のところに草原，3以下のところに半砂漠，3以上のところに砂漠が成立している．これらの知見は，植物群落の生産力と，蒸発散と関連した植物への水の供給と，熱収支とが密接に関連しながら，自然環境下における植物群落が成立していることを示している．（⇨水関係）

a **床板サンゴ類**（しょうばんサンゴるい）[tabulate corals ラ Tabulata] 刺胞動物門花虫綱に属する絶滅グループで，*オルドビス紀から*古生代末の*ペルム紀まで生存した．特に*シルル紀から*デボン紀にかけて大繁栄し，海綿動物門に属する層孔虫とともに，生物礁の形成に主要な役割を果たした．ほぼ同時代の四放サンゴ類との間に直接の系統関係はないが，*カンブリア紀前期に生存していたカンブリア紀サンゴ類との系統関係に関しては意見が分かれる．石灰質(方解石)の骨格を分泌し，サンゴ体は群体で特徴づけられ，個体間の結合様式が変化することで，極めて多様な成長形態が生じている．骨格の構造は単純で，主として，壁，床板，隔壁から成る．カナダのシルル系から軟体部が保存されたハチノスサンゴの化石が発見された他，クサリサンゴや日石サンゴなども有名である．日本では，宮城県，岐阜県，高知県，宮崎県などに分布する石灰岩から多産する．（⇨四放サンゴ類）

b **上皮** [epithelium] 《同》上覆．動物の体の内外のすべての自由面を覆う細胞層．それを構成する組織を上皮組織(epithelial tissue)，その細胞を上皮細胞という．非細胞部分(細胞間質)をほとんどもたず細胞どうしの接着が密であること，*基底膜を介して結合組織に隣接することなどの特徴をもつ．上皮はしばしば表面にクチクラの層を分泌する(⇨クチクラ上皮)．上皮は由来する胚葉により，外胚葉性上皮(例：皮膚の表皮)・内胚葉性上皮(例：腸の粘膜上皮)・中胚葉性上皮(例：腹膜の上皮)に分ける．このうち中胚葉性上皮については，体腔上皮を特に中皮，血管・リンパ管の内腔を覆うものを内皮(endothelium)と呼ぶ．またその機能により，被蓋上皮(被覆上皮，保護上皮ともいう)，吸収上皮，腺上皮(glandular epithelium，分泌上皮 secretory epithelium)，感覚上皮，生殖上皮(胚上皮ともいう)などを区別．さらに，上皮を構成する細胞の層数が1層か多層かによって，単層上皮(simple epithelium)と重層上皮(多層上皮 stratified epithelium 独 mehrschichtiges Epithel)に，その最表層の細胞を側面から見た形態によって扁平上皮(squamous epithelium)，立方上皮(cubical epithelium)，円柱上皮(columnar epithelium)に分類する．また，すべての細胞が基底膜に接しながら核の位置に高低があるために重層上皮様に見えるものを多列上皮

(many-layered epithelium，偽重層上皮 pseudo stratified epithelium)，同様の構造をもちながら，伸縮に応じ上皮の厚さを変化させることができる尿管・膀胱壁の上皮を移行上皮(transitional epithelium)として区別することが多い．また，付属する構造物によって繊毛上皮(ciliated epithelium)，鞭毛上皮(flagellated epithelium)，色素上皮(pigment epithelium)などともいう．脊椎動物で表皮の変形した爪・毛・羽毛・鱗あるいは眼のレンズなどは組織的には上皮とみなされる．上皮の特有の形態や機能の発生と維持は，しばしば裏打ちされる結合組織(胚にあっては間充織または間葉)の影響下に起こる．

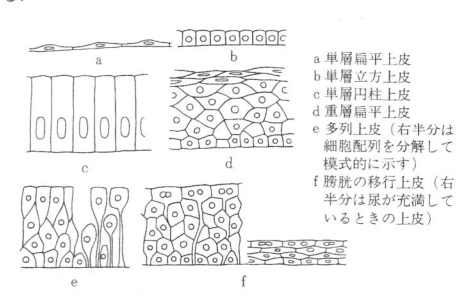

a 単層扁平上皮
b 単層立方上皮
c 単層円柱上皮
d 重層扁平上皮
e 多列上皮(右半分は細胞配列を分解して模式的に示す)
f 膀胱の移行上皮(右半分は尿が充満しているときの上皮)

c **上皮間充織界面** [epitheliomesenchymal interface] 上皮と間葉(間充織)から構築される器官原基にみられる両組織間の境界面．*上皮間充織相互作用の場として重要な役をする．一般に界面には*基底膜が存在し，その構成要素である*コラーゲン(主としてIV型)，*ラミニン，ニドゲン(nidogen)，*プロテオグリカンなどは，多くのものは上皮由来であるが，間葉由来の構成成分を含む場合もある．基底膜にはこれらの主な成分のほか器官，組織特異的な成分も含まれる．上皮間充織相互作用では，上皮と間葉の細胞が基底膜の間隙を貫き直接接触する様子も観察されるほか，界面において基底膜をはじめとする*細胞外マトリックスと接触することが，上皮もしくは間葉の細胞の増殖，分化，接着，移動などに必要とされる．また上皮間充織相互作用に関係するいくつかの*成長因子(例えば繊維芽細胞成長因子)は，界面に存在する細胞外マトリックス(例えばヘパラン硫酸プロテオグリカン)と結合した状態で細胞膜上の受容体に提示されるなど，界面では，上皮と間葉の物質のやりとりが選択的に制御されている．

d **上皮間充織相互作用** [epithelial mesenchymal interaction] 《同》上皮間葉相互作用．主に多細胞動物の発生でみられる上皮と間葉(間充織)の相互作用．多細胞動物の器官原基の多くは上皮組織と間葉で構成されており，両者の相互作用は，それらの器官の形態形成や細胞分化の制御に重要である．典型的な例は，鳥類の胃腺や羽毛など，上皮を反応系，間葉を作用系とするさまざまな器官の*誘導現象においてみられ，これらの器官原基では間葉からの働きかけによって上皮の発生運命が決定，あるいは実現する(⇨教示的誘導)．一方，哺乳類の腎臓形成では上皮である尿管芽が作用系となって，反応系である*後腎の間葉に対して尿細管などの腎臓組織を誘導する．ただしこれらの上皮間充織相互作用の多くは，一方通行ではなく双方向的であり，例えば腎臓形成の初期には逆に後腎の間葉が上皮に作用して尿管芽を誘導する

など，上皮と間葉は時間的・空間的に秩序だって相互に作用しあうことで正常な器官を形成する．相互作用の機構はさまざまであるが，一方の組織から放出される成長因子などの細胞外シグナル分子が他方の組織に作用するほか，*上皮間充織界面における細胞どうし，あるいは細胞と細胞外マトリックスの接触が重要な役割を担っている．

上皮間葉転換 [epithelial mesenchymal transition] EMT と略記．《同》上皮間充織転換，上皮間充織遷移，上皮間葉遷移．多細胞動物において，*上皮細胞が*間葉細胞に変わること．EMT の過程で，細胞は上皮の特徴である隣接細胞との密な接着や頂底軸の極性，基底膜などを失い，間葉の特徴である運動性や移動性を獲得する．後生動物の*原腸形成や脊椎動物の*神経堤形成など胚発生期の動物の胚葉や器官の形成過程で起こるもの，創傷治癒など組織修復に関連して起こり臓器の繊維化の原因となるもの，癌腫の進行の過程で起こりがん細胞の転移の原因となるもの，の三つに大別される．EMT とは逆に，間葉細胞が上皮化することを間葉上皮転換（間充織上皮転換 mesenchymal epithelial transition, MET）といい，脊椎動物の体節形成など発生の多くの場面で，細胞は EMT と MET を繰り返しながら最終分化へと向かう（→体節）．Twist や Snail などいくつかの転写因子が EMT を引き起こす誘導因子として知られている．

上皮筋細胞 [epithelial muscle cell] →刺胞動物

小皮子 [peridiole, peridiolum] 《同》小塊粒，ペリジオール．菌類の*散布体の一種で担子菌類チャダイゴケ目（Nidulariales, いわゆる bird's-nest fungi）の子実体に見られる小体．杯状に開いた*子実体の中に数個あり，硬い蠟質の壁に包まれた種子状またはレンズ形，下面中央に小皮子柄（funiculus）という菌糸のひもがつく．小皮子は内に*担子胞子を生ずる．子実体を雨滴が打つと小皮子に付着している袋状部（purse）が破れ，この中にらせん状に巻いて入っている小皮子柄索（funicular cord）が急激に伸びて，その力で小皮子は数 m 飛ばされ，物にあたると小皮子柄末端の粘着菌糸塊であるハプテロン（hapteron, pl. haptera）の粘性で付着する．

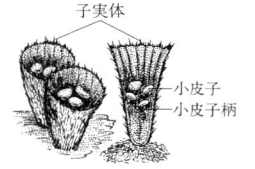

消費者 [consumer] *生態系における*栄養動態論の観点からみて，*生産者の生産した有機物を利用する植食性・捕食性の動物群．A. F. Thienemann（1918）が最初に使用した．動物と他養植物（菌類や細菌類を除く）がこれに属するとされるが（R. L. Lindeman, 1942），動物だけを指すことが多い．*分解者との境界はあいまいかつ便宜的なので，広く従属栄養生物全体を指すのに用いられることもある．消費者のうち，生産者である緑色植物を食うもの（植食動物）あるいは生産者の死体（落葉や枯枝などを含む）を食うものを一次消費者（primary consumer）と呼び，一次消費者を摂食する動物を二次消費者（secondary consumer），以下順次三次・四次消費者などと呼んで区分する．ただし，発育のステージにより，あるいは同じステージにおいても，これらの消費者内の段階を変える種が少なくない．また，物質でなく*エネルギー流を中心に考える場合には，化学合成生物を含めて転換者（transformer）の語を用いることもある．

上皮電位 [epithelial potential] 上皮で覆われた器官，例えば皮膚・粘膜・網膜・腺などの上皮の内外にみられる静止電位．上皮電位に基づいて流れる電流を上皮電流（epithelial current）と呼ぶ．カエルの皮膚を取り出し両側にリンガー溶液を加えると，表面が負で裏面が正の 20〜60 mV の上皮電位が検知され，上皮電流は外部回路を裏面から表面へ，皮膚内では表面から裏面へ（内向性 ingoing）流れる．上皮電流の方向・大きさは皮膚に接触する液のイオンの組成や浸透圧によって変わり，酸素欠乏・麻酔・代謝阻害剤の作用などの影響を受ける．このような皮膚電位（skin potential）では，表皮細胞にナトリウムイオンの能動輸送機構があり，表面側からナトリウムイオンを取り込むために，裏面に正の電位が発生する．なお皮膚神経を刺激すると，上記の電位に重ねて，経過の遅い電位変化が現れる．これは*皮膚腺の活動による．

上偏成長 [epinasty] 形態的あるいは生理的*背腹性をもつ植物器官（葉・側枝など）で上側（向軸側）の成長が下側（背軸側）の成長より著しく，その結果上側が凸状の曲がりを示す現象．この反対の現象を下偏成長（hyponasty）という．その要因はさまざまで，例えば植物体を*エチレン気中におくと葉柄の上偏成長が誘起され，エチレンを除去すると元に戻る．

小胞 [vesicle] 真核細胞内にみとめられる，膜に包まれた，直径 50〜100 nm の球状の小さな袋状の構造．分泌経路上のオルガネラ間や細胞膜からの*エンドサイトーシス経路上で蛋白質や膜成分の輸送に関わるものとして，COP I 小胞，COP II 小胞，分泌小胞，クラスリン小胞などがある．また細胞の種類によって，シナプスに存在する*シナプス小胞，細胞表面の飲作用によって生じる小胞（ピノソーム），植物細胞分裂の際細胞核形成のために集積するペクチン小胞（pectin vesicle）などがある．（→囊，→サイトーシス）

情報 [information] *システムが働くための指令や信号．システムにおいて，多くの要素を結合して全体として目的を指向させる働きをしているもの．したがって何を情報とみるかは，どういう目的をもつシステムを考えるかによって変わってくる．生物学で情報が重要な概念となったのは，サイバネティクスの提唱あるいはそれにいたる科学の発展過程によってうながされ，情報理論（information theory）が広汎に導入されるようになってからである．神経系における神経情報，内分泌系におけるホルモン情報，形質を次世代に伝える遺伝情報，生物個体間でのコミュニケーションなどが，生物システムの代表的な情報である．また発生学では，胚の各部が胚全体のうちにおけるその位置を認識してそれに応じた分化や形態形成を行うことに関する*位置情報の概念の提唱（L. Wolpert, 1969）などがある．

情報幾何学 [information geometry] 確率的モデルや確率分布などの集まりが成す集合に，距離や連続性などの概念を導入することによって，幾何学的な取扱いを行う数学．システムの振舞いを表すモデルや分布は，パラメータを含むことが通常である．パラメータの値を定めるとモデルが具体的に一つ定まり，これを空間内の 1 点に対応させることができる．異なる二つのモデルは空間内の 2 点を定義するので，モデル間の距離などを考えることができる．また各パラメータに関する連続性

や微分の性質なども，空間の構造を規定する．情報幾何学は，生物学の分野では例えば学習の表現に使われている．数理モデルにおける学習では，モデルのパラメータの値が時間的に変化する．これは，モデルが空間内で描く一つの軌道に対応する．軌道の方向や行き先を，モデル空間の幾何学的な性質から特徴づけることができる．情報幾何学は，神経の発火列の解析にも応用されている．

a **情報高分子** [informational macromolecule] 素材が重合してできる高分子物質で，単なる規則的な素材の繰返しではなく，素材の並び方によって生体に対して情報をもつようになるもの．例えば，核酸は 4 種の*ヌクレオチド，蛋白質は 20 種類のアミノ酸の重合したものであり，それらの配列順序によってそれぞれの生体高分子が特有の情報をもつようになる．

b **小胞体** [endoplasmic reticulum] ER と略記．真核生物の細胞質に普遍的に存在する細胞内膜系で，一重膜(小胞体膜)に包まれた袋状の構造物．その形態は小胞状・小管状・扁平囊状・膨潤した空胞状と多様で，その内腔(小胞体内腔)も狭小な場合も空胞状に膨化する場合もある．これら小胞体はお互いに吻合して細胞内に網状構造を形成することが多い．小胞体はリボソームの付着した粗面小胞体 (rough endoplasmic reticulum)と，リボソームを欠く滑面小胞体 (smooth endoplasmic reticulum)とを区別する．前者は扁平囊状ないし膨潤した空胞状構造をとることが多く，ときには扁平な粗面小胞体が平行に配列し，層板を形成することがある．このような構造物は光学顕微鏡しかない時代にエルガストプラスム (ergastoplasm)と呼ばれた．それに対し滑面小胞体は小胞管状構造 (vesicotubular structure)をとることが多く，膜構造が柔軟で，化学固定剤の影響を受けやすく，小胞化しやすい．植物では，小胞体由来の構造物が発達しており，蛋白質貯蔵，細胞死，生体防御などの役割を果たしている (→ER ボディ)．小胞体の機能は次の(1)～(5)のように大別できる．なお，(1)の*蛋白質生合成は粗面小胞体の固有の機能であるが，(2)以下は粗面，滑面の両小胞体に認められる機能で，これらの機能の比活性は一般的に滑面小胞体＞粗面小胞体で，中にはもっぱら滑面小胞体に認められる機能も存在する．(1)蛋白質生合成:小胞体の機能のうち最も重要で，粗面小胞体において，分泌蛋白質のほか，小胞体，ゴルジ体，リソソーム，エンドソーム，および細胞膜で機能する蛋白質が合成される．これらの蛋白質の前駆体はポリペプチド N 末端にシグナル配列 (*シグナルペプチド)をもち，遊離リボソームでの蛋白質生合成初期に*シグナル認識粒子 (SRP)が結合することで，蛋白質生合成は一時停止する．小胞体膜の細胞質表面に存在する SRP 受容体(ドッキング蛋白質)と SRP が結合することにより，リボソームは小胞体膜と結合して膜結合リボソームとなり，小胞体は粗面小胞体となる．すると蛋白質生合成は再開され，合成過程にある蛋白質は小胞体内腔あるいは小胞体膜に移行し，種々の修飾をうける．すなわち粗面小胞体膜には Sec61p 複合体などからなる蛋白質膜透過チャネル，シグナルペプチダーゼ，オリゴ糖転移酵素などの一連の関連蛋白質が複合体を作って存在し，リボソームにおける蛋白質生合成に共役し，蛋白質の膜透過，シグナル配列の切断，N 型糖鎖の付加などが行われる．小胞体内腔には*蛋白質ジスルフィドイソメラーゼと*BiP，*GRP94，*カルネキシンなどの*分子シャペロンが存在し，新生ポリペプチドの分子内，分子間 S-S 結合の形成を触媒し，蛋白質の高次構造形成，すなわち折畳み (folding)や多量体形成を含む会合体形成 (assembling)に関与する．この過程で異常な蛋白質が形成された場合には，その小胞体からの輸送は阻止される (*小胞体品質管理)．BiP は高次構造形成の初期に，GRP94 およびカルネキシンはより後期に作用するらしい．カルネキシンは糖蛋白質に特異的なシャペロンと考えられている．さらに異常蛋白質は小胞体から細胞質に逆行輸送され，*ユビキチン・*プロテアソーム系により速やかに分解される．小胞体で正常な高次構造を形成した分泌蛋白質や膜蛋白質は，分子シャペロンを解離し，ゴルジ体近くの*移行型小胞体に集まり，この滑面膜の出芽によって形成される輸送小胞によってゴルジ体に輸送される (→ゴルジ体)．(2)脂質生合成:ホスファチジルコリンなどのリン脂質やコレステロールなどの脂質の大部分は小胞体膜で合成される．脂質の大部分は生体膜の構成成分となり，一部は小胞体内腔に存在するリポ蛋白質前駆体に取り込まれ，血清中に分泌される．(3)小胞体電子伝達機能:小胞体膜には NADPH と NADH を水素供与体とし，シトクロム P450・シトクロム b_5 とそれらの還元酵素からなる 2 系統の電子伝達系が存在し，種々の内因性物質 (ステロイドホルモンやプロスタグランジンなど)や薬物 (フェノバルビタールや種々の発癌物質)などの外因性物質の代謝に関与する．(4)代謝:小胞体には種々の代謝酵素が存在し，中間代謝に重要な役割を果たす．例えば小胞体にはグルコース-6-ホスファターゼが多量存在し，糖代謝に関与し，またエステラーゼも存在する．(5)Ca 調節:神経細胞の滑面小胞体には IP_3 受容体，筋小胞体にはリアノジン受容体が多量存在する．これらの受容体にリガンドが結合すると，小胞体内腔から Ca^{2+} が細胞質に放出される．小胞体膜にはまた Ca-ATP アーゼが存在し，細胞質の Ca を取り込み，小胞体内腔に蓄える．小胞体内腔には筋細胞ではカルセクエストリン，一般細胞では*カルレティキュリンなどの*カルシウム結合蛋白質が存在するため，多量の Ca を蓄えることができる．このように小胞体は細胞内カルシウムプール (Ca pool)として，細胞質の Ca^{2+} 濃度の調節にも重要な役割を果たす．以上の機能のほか，細胞分化と対応して，特定細胞の小胞体に顕著に特定の機能が発揮されることがある．例えば，肝細胞の小胞体は電子伝達系に富み，中間代謝や薬物代謝活性が高い．骨格筋細胞には*筋小胞体が極めてよく発達し，細胞質の遊離 Ca^{2+} 濃度を調節することによって筋収縮調節過程に重要な役割を果たす．また神経細胞，例えば小脳のプルキニエ細胞には，IP_3 受容体に富む滑面小胞体が多量に存在し，神経細胞における細胞内情報伝達に重要な機能をもつ．

c **小胞体関連分解** [endoplasmic reticulum associated degradation] ERAD と略記．小胞体において折畳みや高次構造の形成に異常を起こした蛋白質が，小胞体から細胞質へと逆行輸送され，ユビキチン・プロテアソーム系によって分解される一連の機構．*小胞体品質管理 (ERQC)に含まれる機構の一つである．小胞体関連分解では次のような三つの過程を経る．(1)小胞体内腔，あるいは小胞体膜上において異常蛋白質が分解されるべき基質として認識される過程．(2)分解されるべき基質が小胞体膜の逆行輸送チャネルを介して細胞質へと引き出される過程．(3)細胞質において分解されるべき基質

がユビキチン化され，プロテアソームによって分解される過程．小胞体関連分解におけるユビキチン化にはプロテアソームによる分解の目印としての役割に加えて，基質に付加されたポリユビキチン鎖が認識されることによって小胞体から細胞質へと引き出されるという基質の逆行輸送に関わる修飾としての側面もある．

a **小胞体局在化シグナル** [endoplasmic reticulum localization signal] 《同》ER 局在化シグナル(ER localization signal). 蛋白質が小胞体に局在するために分子内にもつアミノ酸配列．常に小胞体に留まらせるものと，小胞体を出たあと小胞体に回収されるものとがあり，前者は残留シグナル(retension signal)，後者は逆送シグナル(retrieval signal)と呼ばれる．逆送シグナルとして可溶性蛋白質ではKDELモチーフ(KDEL motif)，膜蛋白質ではジリジンモチーフ(KKXX motif)などが知られる．KDELモチーフは小胞体内腔蛋白質のC末端に存在するアミノ酸配列(Lys-Asp-Glu-Leu, 出芽酵母ではHDEL)で，このモチーフをもつ蛋白質が誤ってゴルジ体のシスゴルジ網(CGN)に輸送されると，そこに存在するKDEL受容体と結合して逆行輸送により小胞体まで戻される．(⇨トランスゴルジ網)

b **小胞体品質管理** [endoplasmic reticulum quality control] ERQCと略記．小胞体において，折畳みや高次構造の形成に異常を起こした蛋白質の蓄積を回避するための一連の機構．小胞体に異常蛋白質の蓄積が感知されると，主として次のような品質管理機構が作動する．(1)翻訳抑制による小胞体への新生蛋白質の一時的な供給停止．(2)小胞体内腔のシャペロン蛋白質の発現誘導による異常蛋白質の修復，再生の促進．(3)修復，再生が困難な異常蛋白質の小胞体から細胞質への逆行輸送とユビキチン・プロテアソーム系による分解．これらによっても状況が改善されない場合は，アポトーシスが誘導されて細胞は死滅する．(3)の機構は*小胞体関連分解(ERAD)と呼ばれる．

c **小胞輸送** [vesicular transport] 《同》膜交通(membrane traffic). 膜小胞を輸送担体として，細胞小器官同士の間，あるいは細胞膜と細胞小器官の間で行われる物質輸送の総称．おそらくすべての単膜系細胞小器官が関わっている．この輸送に用いられる輸送担体を*輸送小胞といい，送り手側の細胞小器官から輸送される物質を選択的に取り込んだ輸送小胞が切り出され，細胞質を移動して，受け手側の細胞小器官と膜融合することによって，輸送小胞の膜成分と内容物を受け渡す．輸送される蛋白質がもつ輸送シグナルに，*蛋白質が直接，あるいは受容体を介して間接的に結合して，コート蛋白質によって被覆された輸送小胞が形成される．この過程は*Sar/Arf GTPアーゼによって制御されている．輸送小胞の細胞内移動には細胞骨格が使われることが知られている．目的地近傍まで運ばれた輸送小胞は，繋留複合体(*繋留蛋白質)によって標的膜にゆるくつなぎとめられ，Rab GTPアーゼ(⇨Rab/Ypt GTPアーゼ)が関与して輸送小胞と標的膜との特異性が確認されて膜融合へと進む．輸送小胞はv-SNARE(R-SNARE)と呼ばれる膜蛋白質を必ず取り込んでおり，標的膜上のt-SNARE(Q-SNARE)と特異的に複合体を形成することにより膜融合が起こる(⇨SNARE仮説). 小胞輸送には，小胞体→ゴルジ体→(分泌顆粒)→細胞膜→細胞外を経由する分泌経路(*エキソサイトーシス経路)，小胞体→ゴルジ体→エンドソーム→リソソーム・液胞を経由するリソソーム・液胞経路，および細胞外・細胞膜→エンドソーム→リソソーム・液胞を経由する*エンドサイトーシス経路という三つの基本経路がある．分泌経路は小胞体より下流の細胞小器官が必要とする蛋白質の供給や分泌蛋白質の放出，リソソーム・液胞経路は蛋白質の分解，エンドサイトーシス経路は貪食作用や細胞外からの刺激を伝えるシグナル伝達など，さまざまな細胞機能と関わる．小胞輸送で結ばれる細胞小器官同士は，リソソーム・液胞を除いて双方向の輸送(リサイクリング)が行われ，分泌経路の方向に向かうものを順行輸送(antegrade transport)，その逆を逆行輸送(retrograde transport)と呼ぶ．例えば，小胞体-ゴルジ体間輸送(endoplasmic reticulum-Golgi transport)では，順行輸送で小胞体からゴルジ体に蛋白質が運ばれ，再利用されるSNAREや小胞体から誤って輸送されてきた蛋白質などが逆行輸送で小胞体に送り返される．

d **小膜** [membranelle] 《同》膜板．*繊毛虫類の囲口部左側(観察者から見て右側)に存在する膜状の繊毛列複合体．基部には複数列の基底小体列が密接して配列している．複数の小膜が集まって周口小膜域(口部膜板帯adoral zone of membranelles, AZM, adoral zone of oral polykinetids)を形成する．食物粒子の捕集や細胞の移動に用いられる．狭義にはテトラヒメナ類のものに限るが，広義にはゾウリムシ類のペニキュラス(peniculus)やクワドルルス(quadrulus)，さらに異毛類や旋毛類などの類似した構造を含む．

e **漿膜** 【1】[serosa, chorion] (1)脊椎動物羊膜類の*胚膜の一つで，羊膜形成に際しそれに連続してその外方に生じ，のちに羊膜と分かれて独立した最外の胚膜となる極めて薄い膜．羊膜と同じく，外胚葉が中胚葉体壁板により裏打ちされたもの．爬虫類や鳥類では，のちに漿膜と羊膜の間(漿羊膜腔 sero-amniotic cavity)に進入してきた尿囊と融合して*漿尿膜を形成し，卵殻および卵殻膜を通したガス交換によって胚の呼吸器官として働く．哺乳類のうち，胎盤をもつ真獣類では漿膜は柔毛膜となる(⇨栄養芽層). (2)無脊椎動物でも，胚膜が形成される昆虫類その他の節足動物の胚では，原腸形成にともなって外側に漿膜(serosa)，内側に羊膜(amnion)が生じる．なお昆虫では，chorionは漿膜ではなく*卵殻を示す．
【2】[tunica serosa, serous membrane] 脊椎動物において腹膜，胸膜，心膜など体腔に面する遊離面を覆う薄膜．襞をなして*腸間膜となったり，消化管その他の内臓の外面をも覆う．漿膜の外面に当たる単層扁平上皮性の組織を体腔上皮(中皮)といい，その下に疎性結合組織の薄層がある．

f **静脈** [vein ラ vena] 体各部の組織・器官から心臓にいたる血管．脊椎動物など閉鎖血管系のものでは毛細血管にはじまり，節足動物や軟体動物など開放血管系のものでは体腔すなわち組織間隙に発する．末梢から心臓に向かうにつれて順次に太い血管に合一し静脈系をなす．脊椎動物の静脈壁は動脈に比べてはるかに薄い．動脈と同様に内膜・中膜・外膜の3層からなり，一般に結合組織が多く筋繊維が少ない．太い静脈の諸所には内膜の襞からできた半月形の弁すなわち静脈弁(valve of vein)があり，血液の逆流を防ぐ．羊膜類における肺静脈以外の静脈血では，酸素分圧が低下し，二酸化炭素が

増加し，酸素を放出した還元ヘモグロビンの暗赤色を呈する．肺動脈中にある血液も静脈血で，逆に肺静脈が動脈血を通す．哺乳類では，母体胎盤から1本の臍静脈 (umbilical vein) が胎児に通ずる．一部は胎児の肝臓を通らずに下大静脈に注ぐ．これは成体の肺静脈・門脈に相当．（→主静脈，→大静脈）

a **静脈管** [venous duct ラ ductus venosus] 《同》アランティウス静脈管 (ductus venosus Arantii)．哺乳類の胎児期に肝臓に接して生ずる静脈．尿膜または胎盤が発達すると，それらからくる血液の一部が，尿膜静脈 (allantoic vein) つまり左の臍静脈から，この管を通って直接に後大静脈 (下大静脈) に入る．他の部分は静脈管を通らず，肝門脈系を経て後大静脈 (下大静脈) に合する．静脈管は尿膜や胎盤とともに増大となるが，出産によりこれらの器官の機能とともに退化する．なお，鳥類胚などでこれに該当する器官も同名で呼ばれる．

b **静脈洞，静脈竇**（じょうみゃくとう）[venous sinus ラ sinus venosus] 脊椎動物において，心臓入口付近で大きな静脈の合流により形成された血管腔．収縮性の筋壁をもち，静脈血を心房に送りこむ働きをする．両生類と爬虫類では右心房に開く．ただし爬虫類の静脈洞は小さいので，心臓の外部からは認識できない．鳥類および哺乳類では胚期にその原基が認められ，二つの静脈弁が形成されるが，のちに右心房に合併されてその一部となる．哺乳類では，その弁が一部残存して，下大静脈流入部のエウスターキョ弁と冠静脈洞流入部のテベシウス弁として認められる．

c **上面酵母** [surface yeast, top yeast] 《同》表面発酵酵母 (top fermenting yeast)．糖をアルコール発酵する際に発生する二酸化炭素が細胞に付着して浮上し，液面で発酵の進むような*ビール酵母．Saccharomyces cerevisiae に属し，メリビオースを発酵できない．*下面酵母と対する．いわゆるエール系発酵に用い，イギリス系のペールエールビールやベルギーの修道院ビールの酵母などがその例．

d **小網** 【1】[lesser omentum ラ omentum minus] 《同》小網膜．腸間膜のうち胃の部分 (胃間膜) においてそれが伸び，肝臓の下面から胃と十二指腸に広がった襞をなしている部位．その右端を肝十二指腸靱帯 (ligamentum hepato-duodenale) という．発生学的には2枚の腹膜の合したもの．
【2】[retinula] →単眼，→複眼

e **掌紋** [palmar dermatoglyph, palmar print pattern] 《同》掌面皮膚紋理．掌面にある*指紋と同様な皮膚隆線の配列紋様．一般に霊長類ではよく発達している．サル類や類人猿では各触球に複雑な隆線の紋様があるが，ヒトでは単純な紋様であることが多い．ヒトでは拇指球や小指球などの触球以外の部分は縦軸方向に走るが，指の基部に近い隆線は横軸方向に走る．第二指から第五指までの各指の基部には通常は1個ずつの三叉があり，これから出る放線のうち1本は長く掌面を走り，主線と呼ぶ．第三〜第五指基部の主線が，小指側の掌縁の上辺から第二〜第五指の中間に終わる．第二指基部の主線 (A線) だけは，小指側の掌縁上を横走するのが一般的である．第五指基部の主線 (D線) の走向は変異が大きく，人種集団による違いも強い．掌面の基部には手根三叉 (axial triradius) がある．指間球・拇指球・小指球には，渦状紋はあまりなく，弓状紋もしくは彎曲して走る平

行隆線となることが多い．隆線形状は一生不変で，指紋と同様に遺伝性が強い．また染色体異常者の掌紋には種々の特徴が認められ，臨床医学的診断に役立つ．（→皮膚紋理）

f **条紋縁** [striated border] 光学顕微鏡的に認められる，動物上皮組織の単層円柱上皮細胞頂端面の薄層で，その層を側面から見ると細胞表面に直角方向の無数の条線が観察されるもの．電子顕微鏡での観察で，これが*刷子縁と同様に*微絨毛であることがわかった．吸収機能をもつ細胞に認められ，吸収表面積の拡大の意義をもつと考えられる．

g **縄文海進** [Jomon transgression] 《同》完新世海進 (Holocene transgression)．1万2000年前頃に始まる完新世 (現在も続く最新の間氷期) の前半に起こった，急激な地球の温暖化による海面上昇．縄文時代に起こったので日本ではこう呼ぶが，国際的には地球史の最新の時代名にしたがい，完新世海進という．内湾の魚介類からなる縄文時代の貝塚が現在よりはるか内陸まで分布し，東京湾の海面は現在より3mも高くなり，50kmも北まで海が浸入した．この海進によって，黒潮の勢力は大きくなり，直前の氷期では湖沼の環境であった日本海に対馬暖流が流入して海域に変化した．海進は海陸分布の海流・海水温・生物相を大きく変化させたが，完新世の後半には気候の寒冷化が進んで海退の時代を迎え，内湾は陸化して海岸平野の時代を迎えた．

h **縄文人** [Jomon people] 縄文式土器の使用で特徴づけられる縄文時代 (約1万6000年前〜約3000年前) に日本列島に生存していた人々 (→日本列島人)．それ以前の旧石器時代 (約4万年前〜約1万6000年前) にも日本列島に人々がすでに生活していたので，彼らの子孫および縄文時代にユーラシア大陸から移住してきた人々が縄文人を形成したと考えられる．骨格の形態とDNAの比較から，現在北海道に分布する*アイヌ人が縄文人の遺伝子の系統を最も色濃く残していることがわかっている．沖縄人にも本土人よりは若干高い頻度で縄文人の遺伝子が伝えられている．縄文人の人口は時代によって変動したが，最大だった縄文中期でも30万人程度だったと推定されている．木の実や貝などの採集や狩猟・漁猟を行い，特に東日本に多くの貝塚を残した．約3000年前に北九州に稲作文化が導入され，弥生時代が始まると，大陸からの渡来人とその子孫によって日本列島の本土では少しずつ縄文人の遺伝子の割合が減っていったが，現代日本列島人にもある程度の割合で縄文人の遺伝子が伝えられている．縄文人の起源については，現在のところ定説がない．

i **小葉** 【1】[leaflet] *複葉を構成する小部分．基部に関節などがあるとき (トチやサンショウ) は明瞭だが，切込みが不完全のときは2小葉間が区別しがたいこともある (ナツヅタ)．シダ類では慣習上，*羽片 (一回羽状複葉の場合) または小羽片 (再複葉の場合) と呼ぶ．
【2】[microphyll] 維管束植物の葉の系統発生からみた二大類型の一つ．*大葉と対置される．【1】との混同を避け，小成葉ともいう (郡場寛)．O. Lignier (1903) の提案で，小型で通常1本だけ葉脈を有し茎の中心柱に*葉隙を生じないという点を特徴とし，ヒカゲノカズラ類，トクサ類，マツバラン類，ミズニラ類 (例外として大型となる) の葉がそれで，これらの群をまとめて小葉類 (Microphyllinae) とした．E. C. Jeffrey も同様の観点か

らこれらの植物群を*リコプシダとした(1902)が，のちトクサ類は小葉類から区別されるようになった．最近では，*テロム説にいう過程を経て形成される大葉であり，小葉は*突起説にいう過程を経てつくられたものであり，小葉をもつ植物(小葉植物 Microphyllophyta)は大葉をもつ植物と起源が異なるものであると推定されている．

【3】[lobulus, lobule] 動物組織の葉(lobe)の構成単位．肝葉と肝小葉，肺葉と肺小葉はその例．ただし，葉に相当する構成単位をもたない器官でも，比較的小さい単位の集合によって器官が構成される場合には，精巣小葉のように，それを小葉とする．

a **漿羊膜腔** [sero-amniotic cavity] ⇒漿膜
b **小葉類** [Microphyllinae] ⇒リコプシダ
c **小翼** 【1】[bastard wing ラ alula, ala spuria] ⇒翼
【2】[ラ alula] 双翅類昆虫において，前翅基部の扇状部の3部に分かれた膜状突出物の一つ．これらの膜片は胸に近いものから外に向かって，胸部鱗弁(thoracic squama)，前翅鱗弁(alar squama)，そして小翼と呼ばれる．胸部鱗弁は小楯板の後縁から生じたものであり，前翅鱗弁は翅垂にあたり，小翼は遊離した扇状部の一部分である．
【3】[lesser wing, small wing ラ ala minor] 哺乳類頭蓋底における蝶形骨の，蝶形骨体前方部より両側に突出する一対の翼状構造．眼窩蝶形骨(orbitosphenoid bone)ともいう．その中央に視神経管(optic foramen)があき，そこを*視神経並びに眼動脈(ophthalmic artery)が通過する．発生においては，眼窩翼(ala orbitalis)という軟骨原基の骨化によりもたらされる．小翼の後方には，もっぱら皮骨頭蓋(dermatocranium)要素として生ずる大翼(greater wing, great wing ラ ala major)があり，これら小大二つの「翼」によって，逆さの蝶を見立てた蝶形骨の形状が明らかとなる．小翼がもっぱら一次神経頭蓋壁(primary cranial wall)の一部であるのに対し，大翼は第一咽頭弓に由来した*内臓骨格(内臓頭蓋)要素であるとされる．

d **上流転写活性化配列** [upstream activating sequence] UASと略記．酵母遺伝子において，転写開始点の約100〜600塩基対上流に位置し，遺伝子の転写活性化に必要となる配列．10〜20塩基対からなる．この配列を欠失させると遺伝子の転写量が大きく低下することによる命名．UASは転写活性化因子がDNAに特異的に結合する部位であり，DNAに結合した転写活性化因子によって遺伝子の転写が活性化される．これに対し，逆に転写を抑制する因子が結合する配列は，上流転写抑制配列(upstream repressible sequence, URS)という．UASやURSのような調節配列は，DNA上にあって遺伝子の発現を調節することからシス調節配列ともいわれる．ハエやマウスでみられる*エンハンサーと機能は似ているものの，エンハンサーのように遺伝子の下流から，あるいは数千塩基対離れた位置からは作用できない点で異なる．

e **常緑広葉樹林** [evergreen broad-leaved forest, laurel forest ラ laurilignosa] 《同》照葉樹林．*亜熱帯多雨林および温帯南部の暖温帯多雨林(warm-temperate rain forest)とほぼ同じで，常緑広葉樹が*優占種である植物群系．その分布域の辺縁では落葉樹や針葉樹が混じることもある．この群系の発達する地域を常緑広葉樹林帯(常緑樹林帯)といい，落葉広葉樹林帯より暖地に発達．亜熱帯から暖温帯のうち，夏雨型の気候下で生育期に十分な水分が得られる地域に発達．北半球での分布北限および上限は，冬期の低温(最寒月平均気温 0〜−1℃など)で決まる．多くは鱗片で保護された芽をもち，葉は深緑色，革質・無毛で，表面にクチクラ層がよく発達し光沢があるところから照葉の名がある．単葉のものが多く，長さ7〜12cm程度の卵形・楕円形．葉面積で分類する*リーフサイズクラスでは，亜中形葉(notophyll)に含まれるものが多い．林床は暗く，低木層・草本層はあまり発達しない．アジア南東部，北米フロリダ半島，南米中南部，オーストラリア北部，ニュージーランドに分布．日本では九州・四国・本州の南半などに広く見られる．東南アジアの亜熱帯暖温帯ではブナ科の常緑樹が優占種となることが多いが，世界的に共通するのはクスノキ科．優占種が高木からなるものを常緑広葉高木林(照葉高木林 laurisilva)，低木からなるものを常緑広葉低木林(照葉低木林 laurifruticeta)という．

f **常緑樹** [evergreen tree] 常緑葉をもつ樹木の総称．広葉樹と針葉樹を含む．常緑樹の葉の寿命は1年以上とは限らず，熱帯では3〜4カ月のものもあるが，落葉する前に次の葉が展開して，葉が連続してついていれば常緑である．日本の常緑広葉樹では1〜10年程度の寿命の幅がある．針葉樹では2〜10年になり30年以上に達するものもある．常緑葉は一般に落葉樹に比べると貧栄養な立地にも耐えられる節約型の栄養塩収支を行う．常緑樹林には熱帯から亜熱帯暖温帯の常緑広葉樹林(照葉樹林)，地中海気候地域の硬葉樹林，寒温帯で森林限界までの範囲に分布する常緑針葉樹林などがある．

g **常緑性** [evergreen] 植物個体が，その生活史において，1年を通じて常に生きた成葉をもっている性質．個体全体について定義される概念で，個々の葉の寿命とは必ずしも対応しない．特に常緑性の木本を*常緑樹と呼ぶ．葉の寿命が1年以上であれば個体は必ず常緑性となるが，葉の寿命が数カ月であっても，順次新しい葉が展開されて，個体全体としては常緑となる種類もある．熱帯など，年間を通じて生育に好適な環境条件が維持される地域に多いほか，林床などの弱光条件や貧栄養な立地でも常緑性の種の比率が高まる傾向がある．(⇒落葉性)

h **女王物質** [queen substance] 《同》女王フェロモン．社会性昆虫の女王が分泌してワーカー(働きバチや働きアリ)が女王になるのを抑制する物質．プライマーフェロモン(⇒フェロモン)の一種．ミツバチでは女王の*大顎腺から分泌され，ヤマトシロアリでは2-メチル1-ブタノールと n-ブチル n-ブチレートの混合物である．女王が産卵活動を続けている間中，その皮膚全体に分布していて，ワーカーにより口うつしに次々と摂取される．ワーカーによる王台の作製を阻止したり，ワーカーの卵巣成熟を止めたりする作用をもつ．9-oxo-trans-2-decenoic acid (9-ODA)など多数の有効成分を含む．9-ODAは結婚飛翔時には性フェロモンとしても働く．

i **除核** [enucleation] 《同》脱核．核を細胞から人工的に除去すること．ウニ卵やアメーバに遠心力をかけて核を片寄らせておいてから細胞の中央部で両断する方法，カサノリのように大形の細胞で片隅に核が位置している場合には細胞を切断する方法，マイクロピペットで核を吸いとる方法，核の部分に紫外線や放射線を照射して核

を殺す方法，細胞を*サイトカラシンBで処理し遠心を行う方法などがある．除核された細胞がどの程度生命を持続できるかは細胞の種類によって違うが，やがて核酸および蛋白質生合成などが低下して正常な機能を営まなくなる．(⇒核移植，⇒再構成細胞)

a **初期遺伝子** [early gene] ウイルス増殖過程の*暗黒期の初期，特にウイルスゲノムの複製が開始するまでの時期に発現が始まるウイルス遺伝子．主にウイルスゲノムの複製や転写制御に関係する蛋白質などをコードする．初期遺伝子のあるものは宿主細胞のもつ機構に全面的に依存してその情報がRNAに転写されるが，あるものでは他の初期遺伝子の産物が生成されなければ転写されない．このように初期遺伝子の中にも逐次的な情報発現の起こることが知られている．特にウイルス感染後，宿主の酵素によって直ちに転写される遺伝子を前初期遺伝子(immediate early gene)と呼ぶことがある．(⇒後期遺伝子)

b **初期発生** [early development] 一般に多細胞生物の個体発生において受精から胚形成に至るまでの時期．動物の場合この過程では受精・卵割・胞胚形成にひきつづき，著しい形態形成運動をともなう原腸胚期またはこれに該当する段階において胚葉が分離し，器官原基が生じ，組織分化や成長がはじまる．このように，初期発生の期間は，受精後から外胚葉・中胚葉・内胚葉の成立に至る過程であり，その結果として次の段階で器官原基の形成が可能となる．種子植物の場合は，放射軸に沿った組織分化と，先端-基部軸情報に基づく*シュートと*根の運命決定，また頂端分裂組織の成立がみられる．初期発生過程は形態学的な面とともに発生生物学的な研究から機構的に解明されている．受精直後は卵は主としていわゆる母性因子(maternal stockpile, maternal factors)を利用しながら卵割から胞胚のころまでの発生を行う．動物ではこの間，細胞分裂はすみやかに進み，その*細胞周期には通常の細胞分裂にみられるG_1期やG_2期がないか，あっても極めて短い．一般に胞胚期までは蛋白質の合成は主として母性mRNAの翻訳によるが，胞胚期ごろからしだいに接合核の遺伝子転写活性が増す．ショウジョウバエの初期胚ははじめ細胞質に仕切りがなく核だけが分裂し多核性胞胚としてまず成立するため，多様な分子が*モルフォゲンとして作用でき，これを礎に*極性や*位置価の成立へとつながる．対してウニやカエルではじめから細胞質が分かれるが，このような胚環境にあって，各細胞は細胞質の不均一性や，細胞同士の種々の相互作用を通し，形態形成へと通ずる局所的遺伝子発現パターンを獲得してゆく．とりわけ多細胞動物の初期発生において特徴的なのは，*形成中心(オーガナイザー)による大局的な極性の誘導と，それに伴う活発な細胞移動であり，これが胚葉成立の要ともなる．以降の胚発生過程においては，形態パターンを大規模に変化させる細胞の運動や位置の変化は生じず，細胞間相互作用も局所的なものにとどまってゆく．

c **除去修復** [excision repair] 《同》切除修復．*DNA修復機構の一つ．次の四つの酵素反応からなると考えられている．(1)損傷部分を認識する特異的な*エンドヌクレアーゼにより損傷部位の近くに切れ目が入れられる．(2)*エキソヌクレアーゼの働きにより損傷部分がDNAから切り出される．(3)損傷を受けていないほうのDNA鎖を鋳型にして，生じたギャップの部分が埋められる(⇒ギャップ修復)．(4)修復部分ともとのDNAが*DNAリガーゼによりつながれて，完全なDNAとなる(⇒修復合成)．大腸菌の例では，(1)の反応は損傷により生じた異常塩基を認識し脱塩基する種々のDNAグリコシラーゼ，および脱塩基部位(AP-サイト)を認識して切れ目を入れるAP-エンドヌクレアーゼ，またはDNAのらせんに生じた大きな歪みを認識して切り離すABCエクシヌクレアーゼ(ABC exinuclease)により，(2)と(3)は*DNAポリメラーゼⅠ，(4)はDNAリガーゼの作用によりそれぞれ達成される．ヒトの皮膚がん多発性の遺伝病である色素性乾皮症(xeroderma pigmentosum)の患者の皮膚の細胞は除去修復の能力が低いことが知られており，上の(1)～(3)の反応のいずれかに異常をもつと考えられている．

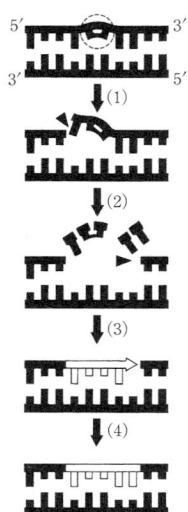

DNAの除去修復のモデル

d **除去法** [removal method] *個体群から一定の方法で個体を順次捕獲除去していけば，単位時間当たりの捕獲数は残存個体数に比例して減少するはずであるとの原理に基づく*個体数推定法の一つ．連続量としての取扱いと不連続量としての取扱いがある．後者の最も単純な形式は P. H. Leslie と D. H. S. Davis(1939)や D. W. Hayne(1949)によって導かれたもので，C_nを第n番目の時間単位に新たに捕獲された数，S_{n-1}を$n-1$番目までの捕獲数の合計，pを単位時間当たりの捕獲率，Nを推定すべき個体数とすれば，$C_n=(N-S_{n-1})p$で示される．実測されるC_nやS_{n-1}の値から，回帰法または最尤法によってNを推定するいくつかの方法がある．これは小形哺乳類や魚類に対してよく用いられるが，出生・死亡や移出入による個体数の変動がないこと，捕獲率pがかなり大きくかつ安定していることを前提とするから，適用範囲は限られる．移出入があったり，捕獲率が一定でない場合の方法も検討されているが，未解決の点も多い．なお水産資源学では個体数のかわりに*生物体量(漁獲量で代用する)を用い，漁船の数，航海日数，操業時間などを考慮した単位努力当たり漁獲量(catch per unit effort, CPUE)に換算したうえで，資源量(個体群の生物体量)や*死亡率を推定する種々の方法が考案されている．

e **職業がん** [occupational cancer] ある特定の職業に従事するものに特発するがん．発がん性の化学的あるいは物理的刺激にさらされることに起因する．イギリスの医師 P. Pott(1775)は煙突掃除人の陰嚢にがんができやすいことを記述し，職業がんの存在を初めて明らかにした．(⇒発がん物質)

f **食細胞** [phagocyte] ⇒食作用

g **食作用** [phagocytosis] 《同》貪食．細胞が環境から大型(0.1μm以上)固形粒子を取り入れる活動．それより小さい微粒子や液体を取り入れる飲作用は多種類の細胞で見られるのに対し，食作用は食細胞(phagocyte,

マクロファージ，好中球，網膜色素上皮細胞，アメーバなど）だけに認められる（⇒エンドサイトーシス）．細胞膜が細胞内部に陥入して異物体を取り込み，*ファゴソーム（食作用胞）と呼ばれる小胞を形成し，これが*リソソームと合体してファゴリソーム（消化胞 phagolysosome）になると，内容物が加水分解酵素により分解される．白血球による食作用は，病原体に対する生体防御として働くだけでなく自己の老廃血球や*アポトーシス細胞，壊死性の組織成分などの除去機能も担う．食作用は，*オプソニン（*抗体や*補体）の存在によって増強される．

a **食餌実験** [feeding experiment] 動物の食餌に対して人為的に操作をほどこし，主として食餌中の要因の作用を知る実験．ある物質を加えてその物質の代謝経路を調べる添加実験，ある成分を欠いた食餌によってその成分の作用を知る欠失実験がよく行われ，次のような例がある．(1)添加実験：F. Knoop (1904) は，イヌに高級脂肪酸の ω-フェニル誘導体を与えて，どのような物質として排出されるかを調べた．その結果，脂肪酸が代謝されるときには，一時に 2 個あるいは 2 の倍数個の炭素原子が壊れることが明らかになった．これは脂肪酸の酸化は末端から炭素原子 2 個の断片を次々に切断して行われるという β 酸化説の基礎実験となった．(2)欠失実験：F. G. Hopkins のいわゆる副次的食物因子 (accessory food factor) の問題としてビタミン発見への決め手となった．

b **触手** [tentacle] 動物体の前端や口の周囲などに存在し自由に伸縮・屈曲する突起物で，特に触覚・化学感覚の受容器をそなえたものの総称．[1] 刺胞動物において，*ポリプでは口の周囲にある口触手 (oral tentacle)，口盤は口口辺の周辺部にある縁触手 (marginal tentacle, 反口触手 aboral tentacle) など．クラゲでは，傘縁あるいは外傘上（外傘触手 exumbrellar tentacle）あるいは口の周辺（口触手）にある．触手は糸状触手 (filiform tentacle)・有頭触手 (capitate tentacle) あるいは中実触手 (solid tentacle)・中空触手 (hollow tentacle) などを区別する．キャッチ触手 (catch tentacle) やスイーパー触手 (sweeper tentacle) など貫通刺胞をもち他動物への攻撃や自己の防御に用いられるものもある（⇒刺胞）．有櫛動物では 1 対のものが触手鞘から出る．これらの触手は，自身の伸縮性と刺胞あるいは膠胞の存在により食物を捕らえるので，捕腕 (capturing tentacle 独 Fangarm) または捕糸の名をもつ．[2] 渦虫類中の截頭類（エビヤドリツノムシなど）の触手．2〜10 本で，表皮から粘液を分泌し，宿主への固着に役立つ．[3] 環形動物多毛類では*囲口節から生ずる触糸 (tentacular cirrus) を指し，口前葉から生ずる副感触手 (palp) や感触手 (prostomial antenna) と区別する．[4] 内肛動物・苔虫動物・箒虫動物・腕足動物の触手．表面は繊毛で覆われ，感覚・捕食のほか呼吸機能もある．[5] 軟体動物と節足動物の頭部にある 1〜2 対の角状または鞭状の突起は触手でなく触角と呼ばれる．軟体動物の外套膜や上足の周辺にある多数の糸状突起，すなわち外套触手 (pallial tentacle) および上足触手 (epipodial tentacle)．さらに，イカ類の*触腕．[6] 棘皮動物の*管足の一種．移動器官としては用いられず，感覚・捕食・呼吸器官として用いられる場合に触手と呼ばれることがある．ナマコ類の口触手も管足と相同であるが，顕著に大きい摂食器官として発達している．

c **触鬚**（しょくしゅ）[arista] [1] 昆虫の触角の先端部をなす樹枝状の突起．ショウジョウバエには，この部分が脚の構造をもつ aristapedia という変異体があり，その分節構造の対応から*位置情報の概念の形成が促された．[2] 多毛類などの触手も触鬚 (palp) という．

d **触手冠** [lophophore, tentacle-bearing ridge] 苔虫動物・箒虫動物・腕足動物において，口のまわりをとり囲む触手列とその台座を含む部位．コケムシ類では単純な構造をとるが，ホウキムシ類では触手が複雑ならせん状に配列し，卵や精子の放出や貯留に関連した触手冠器官 (lophophoral organ) がある．腕足動物では 2 枚の殻の内側にあり，石灰質の支持構造である腕骨によって，背殻に付着している．（⇒口上突起）

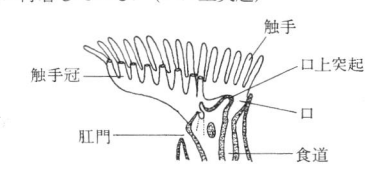

コケムシの触手冠周辺

e **触手冠動物** [ラ Lophophorata] 《同》触手動物 (Tentaculata)．*苔虫動物，*腕足動物，*箒虫動物の総称．B. Hatschek (1888) の Tentaculata は有櫛動物の有触手類 (Tentaculata. J. F. von Eschscholtz, 1825) の新参同名のため，同じ内容を示す Lophophorata という名称が L. Hyman (1959) により提唱された．K. J. Peterson & D. J. Eernisse (2001) は腕足動物＋箒虫動物の意味で用いている．腕足動物と箒虫動物は紐形動物との近縁性が示唆されるほか，苔虫動物の姉妹群については内肛動物や有輪動物などが有力視されるが定見はない．（⇒苔虫動物，⇒腕足動物，⇒箒虫動物，⇒原腔動物）

f **触手胞** [tentaculocyst] 硬クラゲ類や剛クラゲ類において，傘縁に垂下する棍棒状の平衡器．発生上は触手の変形物．外胚葉性の円筒状構造内に触手内腔の残りがあり，大形の*平衡石を含む．全体は外胚葉性の莢で包まれるか，または多数の*感覚毛の束に囲まれている．後者のような構造のものを特に聴飾 (otoporpa) と呼ぶ．軟クラゲ類の一部にみられる平衡棍 (static club) もこれと類似の構造で，聴棍 (cordylus, auditory club) とも呼ばれることがあるが，内腔腔に平衡石の分泌がない点で異なる．これらのヒドロクラゲのほかに鉢クラゲにも触手胞はあるが，それは*眼点および化学受容器官と組み合わさって*縁弁器官を構成し，傘の律動的な収縮を支配すると同時に感覚器官としても働く．

g **触受容器** [tangoreceptor, tactile receptor] 《同》触覚器（触覚器官 tactile organ）．触刺激を受容して*触覚（および圧覚）を仲だちする受容器．*機械受容器の原形とも見られる．主として体表あるいは皮膚内の顕微鏡的構造すなわち皮膚受容器 (skin receptor) として，広く全動物界に分布する．原始的な体制の無脊椎動物では単純な一次感覚細胞の触細胞 (tactile cell) で，体表に突出した細胞突起（例：渦虫類の触剛毛）をそなえることが多い．一次感覚細胞や自由神経終末にさらに特別な補助装置の付加された型は環形動物の触毛，節足動物の*毛状感覚子，哺乳類の血洞毛などの*感覚毛がその例で，これら突起部の受ける機械的ひずみが感覚細胞や神経終末に及んでその興奮を引き起こす．単純な自由神経終末と

ならんで，脊椎動物特有の触覚装置として皮膚や内臓に見出される各種の触小体（触覚芽・触覚梶 corpusculus tactis, tactile corpuscle）は，神経終末が多汁質の被膜細胞をめぐらし（*パチーニ小体，*ゴルジ-マッツォニ小体，*クラウゼの終末梶状体，*ヘルブスト小体），または高膨圧性の触細胞（二次感覚細胞）に接着して（*マイスナー触小体，*グランドリ触小体，*メルケル触覚細胞）形成される複合的構造である．これら補助細胞の役割は外圧緩衝にあるとされる．体表上の触点（圧点）の分布は，これら触小体や触毛の分布と一致する．ほかに，魚類や水生両生類で表皮の二次感覚細胞が形成する*感丘は，流動覚のほかに，媒質の圧変化から固形物体の近接を認知する「遠隔触覚」の器官と解され，形態的・機能的にも平衡受容器や音受容器に近いものである．*振動覚の受容器も広義の触覚受容器に含まれる．触受容器は本来は全体表に分布するが，頭部や付属肢など，触刺激に最もよくさらされる部位にはことに多い．刺胞動物の触手，多毛類の触鬚，節足動物の触角・脚・尾毛，斧足類の外套膜縁，鳥類の舌や嘴，哺乳類の吻や四肢端などのように，能動的な触装置として用いられる体部位に，触覚器の分布・発達ともに著明なのが一般的である．他方，触受容器は一般にその形態が未分化または微細であるところから，感覚の存在は知られながら解剖学的に未発見・未同定である例も少なくない．圧覚はしばしば触覚の一種とされ，両者の区別は容易でないが，神経線維に伝わる電気的応答から見ると，触覚は刺激が持続するにもかかわらず放電が数秒で止む「速い」順応である（⇌圧受容器）．このような区別は末端受容器の構造にもよるが，神経線維の性質の差ともいわれる．

b **植食者誘導性植物揮発性物質** [herbivore-induced plant volatiles] HIPVs と略記．植物が昆虫などに食害されたときに特異的に生成する揮発性の化学物質で，害虫（植食者）の天敵（寄生蜂など）を誘引する働きがあるもの．他植物個体への情報伝達物質としても働く．すなわち，植物-天敵間相互作用のみならず，植物-植物間相互作用，植物-害虫間相互作用をも媒介して，生物間相互作用ネットワークに複雑な影響を与える．同一の植物であっても食害する植食者の種類によって揮発性成分の組成が異なり，この相違が天敵の誘引に深くかかわる．植食者の唾液などに含まれる成分（エリシター）と食害様式が，植物に異なる反応を引き起こす．HIPVs の生産においては，*ジャスモン酸，*エチレン，サリチル酸などがシグナル伝達物質として作用していると考えられている．

b **食性** [food habit, feeding habit] 動物が必要とする食物のタイプ，多様さ，摂食様式に関わる生態的・行動的形質のこと．食物の内容を food habit（もしくは diet），食べ方を feeding habit（さらに探し方に重点をおいて foraging habit）と区別することもある．摂食対象，その幅，摂食様式などによってさまざまな用語があるが（表次頁），その区別も厳密ではなく，しばしば一般用語的に扱われる．同一種の動物でも一つの食性を示すのではなく，環境条件や成長・発育の段階その他によって，食性が変化するのがむしろ一般的である．（⇒食物連鎖）

c **植生** [vegetation] 《同》植被．ある場所に生育している植物の集団を漠然と指す語．相観や組成，あるいは大きさ（広がり）の基準はない．人為的影響を受けているかいないかによって*自然植生と*代償植生あるいは二次植生が区別される．また過去あるいは未来の植生に対して，いま現実に存在している植生を特に現存植生という．このほか植生概念には*原植生，*潜在自然植生などがある．植物群落は植生と同義に用いられることもあるが，一般には種組成的に単位性をもつものとして植生とは区別されている．

d **植生図** [vegetation map] 植物群落（植生単位）の具体的な地理的広がりを示した地図．一般に地形図に彩色して区分を示す．現存植生・原植生復元図・潜在自然植生図に三大別され，うち現存植生図は最も一般的．植生図に盛られる内容（凡例となる植生単位の種類）は図の縮尺に支配され，またその縮尺は植生図化の目的，対象地域の広さ，その地域の植生に関する基礎的情報量などによって左右される．植生図の縮尺と用途および図示される植生単位のレベルのおよその対応は次の通り．(1) 小縮尺植生図（1:100 万以下）：全世界あるいはアジア大陸など広域概観用で，主として群系レベル，(2) 中縮尺植生図（1:100 万～10 万）：関東地方あるいは東京都など地方概観用で，群団（～群集）あるいは優占種型群落，(3) 大縮尺植生図（1:10 万～1 万）：地域概観用で，ほとんどすべての植生単位，(4) 細密植生図（1:1 万以上）：特殊な目的，例えば自然公園管理計画案作製の基礎図などとして作られ，下位単位を含むほとんどすべての植生単位．日本では，素図となる地形図の関係から，1:2.5 万および 1:5 万のものが最も多く作られ，1:1 万（各市町村レベル）の細密図や 1:20 万（各都道府県レベル）の概観図もしばしば作られている．植生図に用いる色彩は必ずしも統一されてはいないが，一般に乾性地（または温暖地）の群落から湿性地（寒冷地）の群落に向かって赤・黄・緑・青の順に変えるのが普通．植生図の作製過程において植生区分の妥当性が検定され，過去の植生図との比較から群落の動態が把握され，また立地図との比較から群落分布と立地条件との関係が見出されるなど学術的効用があるばかりでなく，応用的にも自然保護計画や土地利用計画の基礎図などとして有用性が高い．

e **植生帯** [vegetation zone] 《同》植物帯（plant zone）．生活帯の一つで，緯度や標高にともなって温度条件が変化し，植生が帯状に分布する地域．特に森林だけに着目したものが*森林帯である．日本では田中壤（1887）は植物帯，本多静六（1912）は森林植物帯と呼んだ．標高にともなう植生帯は垂直分布帯（altitudinal zone, altidinal belt）と同義．東アジアの植生帯について J. A. Wolfe（1972）は年平均気温 25°C を狭義の熱帯多雨林の北限とし，その北は 20°C まで準熱帯多雨林（paratropical rain forest）とした．この準熱帯多雨林は相観的には熱帯多雨林とほとんど区別できないので，ここまでを熱帯の植生帯に含めると 20°C が熱帯と温帯の植生帯境界になる．その北 20～13°C までは常緑広葉樹林ではあるが，熱帯多雨林よりは葉のサイズが小さく，板根や幹生花および動物散布を特徴づける属性もなくなり，明らかに異なる常緑広葉樹林であるとして，これを亜熱中形葉常緑広葉樹林（notophyllous broad-leaved evergreen forest）とした．これはいわば亜熱帯常緑広葉樹林である．この領域は本多（1912）の暖帯・亜熱帯（21～13°C），L. R. Holdridge（1972）の亜熱帯・暖温帯（24～12°C）にほぼ相当し，いわば熱帯と温帯の移行部的な植生帯である．移行部はいずれに含めてもよいが，日本では，この移行部

の中を二分し，南半分を亜熱帯，北半分を温帯の最南部として暖温帯と呼んだり，亜熱帯・暖温帯と呼んでいる．Holdridge(1972)は17°Cを境界として亜熱帯と暖温帯を下位区分している．日本付近では21°Cが境界としてよく合う．卓越する森林はいずれも常緑広葉樹林である．さらにWolfeはその北13～3°Cまでは冷温帯落葉広葉樹林としているが，同じ領域をHoldridgeは13～6°Cとし，さらに6～3°Cまでを寒温帯常緑針葉樹林としている．しかし，Holdridgeのシステムは生物気温を用いているので，寒冷な地域(平均気温が0°C以下になる)では年平均気温とは異なってくる．日本付近では暖温帯常緑樹林と冷温帯落葉樹林の境界は10°C付近，さらに冷温帯落葉樹林と寒温帯針葉樹林の境界は4°C，寒温帯針葉樹林の北限は0°C付近にある．

a **植生連続説** [continuum, vegetational continuum, community continuum] 《同》植生連続体説，植生連続体観．「個々の*群集はその構造が均一であり，移行域ではそれが不連続である」とする統一体概念への批判として提起された考えで，群集はさまざまの種*個体群の分布が重なりあって成立しているだけの連続体であることを強調する説．L. G. Ramensky(1924, 1929)の提唱だが，同様の考えをH. A. Gleason(1926)は，群集構成の個別概念(individualistic concept)の名で広めた．この群集観は，*植物群落の構造にはどこでも厳密な均一性が存在せず，群集間でも連続的に変化すること，したがって*植物群落の境界は論理的には決定不可能であり，分類は多少とも人為的な類型分けにすぎないこと，*遷移の進行にともなう群集の変化においても，*極相を含む各ステ

摂食対象に関する主な用語

植(物)食性	phytophagous	植物体あるいはそれに由来するものを食う
草　食　性	herbivorous	生きている植物(語源的には草本)を食う
動物食性	zoophagous	動物体あるいはそれに由来するものを食う
肉　食　性	carnivorous	生きている動物を食う．ただし全体を食うことや筋肉をむさぼることと定義することもある
捕　食　性	predatory	生きている動物を殺して食う(⇒捕食)
寄　生　性	parasitic	生きている生物を(少なくともその場では)殺さずに餌として利用する．なお，一定の発育を終えた後で結果的に寄主を殺す場合を，捕食寄生性(parasitoidal)として区別することもある(⇒寄生)
雑　食　性	omnivorous	植物と動物の双方をともに食う
腐　食　性	saprophagous	生物の死体や排出物などを食う．動物の死骸を食うのをnecrophagous，動物の排出物を食うのをcoprophagous，植物の死骸，小型の半分解物を食うのをdetritophagousなどと区別することもある

摂食対象の幅に関する主な用語

単　食　性	monophagous	1種(ないし1属)の生物を食うこと
少　食　性	oligophagous	比較的狭い範囲(例えば1科内)の生物を食うこと
漸　食　性	pleophagous	比較的広い範囲(例えばいくつかの科)の生物を食うこと
多　食　性	polyphagous	広い範囲(例えばかなり異なったいくつかの科)の生物を食うこと
汎　食　性	pantophagous	植物のほかに動物をも合わせて食うこと

以上の五つは元来は草食性動物(特に昆虫)についての用語である

狭　食　性	stenophagous	食物の選択性の狭いこと
広　食　性	euryphagous	食物の選択性の広いこと

以上の二つは上の単食性から多食性までを大別するにも用いられるが，むしろ能力を示す傾向がつよい

摂食様式に関する用語の例

待ち伏せ	sit-and-waiting	あまり移動しないで，餌が来るのを待つこと
探　　索	searching	広い範囲を動きまわるやり方のうち，餌を見つけるまでに時間をかけること
追　　跡	pursuing	広い範囲を動きまわるやり方のうち，餌を見つけたあと捕獲に時間をかけること
濾　　過	filtering	一般に小型の餌を流体とともに摂り入れて濾しわけて食うこと
むしり食い	grazing	地面に生えた草(藻類や木の枝にくっついた草なども含める)をむしり食いすること．木本性植物の葉・茎・芽などの比較的選択的なかじり食い(browsing)と，区別することがある
つまみとり	picking	餌個体を一つ一つ選択的に食うこと

ージの境界もまた連続的であること，などを強調し，固有の環境要求と分散特性をもった種の*移動・*侵入と*環境(生物的・非生物的)による淘汰によって生じる同種・異種の個体の並存が，群集であることを強調する．J.T. Curtis(1951)はこの内容を vegetational continuum と表現し，彼および R.H. Whittaker, D.W. Goodall などにより，*環境傾度分析・*序列法(座標づけ)・類似度分析・均一性検定などの方法によって，この事実はほぼ証明された．動物についても同様のことが考えられ，それらをともに扱うときには群集連続説の名も用いられる．なお以前には，succession(→遷移)を植生連続と訳したこともあるが，現在では用いない．

a **食虫植物** [insectivorous plant, carnivorous plant] 昆虫など小動物を捕らえて消化・吸収し，それを養分の一部とする植物の総称．特別に発達した*捕虫葉と呼ぶ葉によって捕虫・消化する．捕虫葉の型によって以下の4種に分けることが多い．(1)落とし穴式：ヘイシソウ (Sarracenia)の漏斗葉やウツボカズラの嚢状葉のように葉の内腔へ落ちた虫が外に逃れないようにする．生きた虫ではなく小動物の糞を集め吸収する種もある．(2)粘りつけ式：ナガバノイシモチソウの粘竿(lime-twig)・モウセンゴケの触毛・ムシトリスミレの粘葉などのような粘着力を利用．(3)吸い込み式：タヌキモの嚢状葉のように，扉のついた嚢の中へ虫を吸い込む．(4)はさみ込み式：ムジナモ・ハエトリソウのように葉身を二つに折って虫を閉じ込める運動による．これらの食虫植物は炭素栄養については独立栄養をいとなむ．昆虫などから得る養分は，食虫植物が多く生育する水中・沼沢やミズゴケの上などの環境で不足する窒素・リン酸・カリウムなどと考えられる．

b **食中毒** [food poisoning] 有害な微生物や微生物が産生した毒素，一部のキノコ類や魚介類による自然毒，有害化学物質などが経口摂取された場合に起こる中毒疾病の総称．一般に，下痢や嘔吐，腹痛，発熱などの症状を呈する．食中毒の代表的な原因微生物として，毒素型細菌性食中毒では黄色ブドウ球菌やボツリヌス菌，感染型細菌性食中毒では腸炎ビブリオやカンピロバクター，サルモネラ，病原性大腸菌，ウイルス性食中毒では，ノロウイルスやロタウイルスなどが挙げられる．摂取から発症までの時間(潜伏期)は原因微生物によって数十分から数日までさまざまである．自然毒の多くは食前加熱が無効である．

c **植虫類** [zoophytes ラ Zoophyta, Phytoza] 海綿動物，刺胞動物，苔虫動物，棘皮動物のウミユリ類など，一見して植物と見間違うような固着性水生動物の総称．E. Wotton(1552)はこれを分類上の群とみて創設した．かつてこれらが動物と植物の中間とみなされたことによるもので，今日では系統を反映する分類群とはされていない．

d **触点** [touch spot, touch-sensitive spot] ヒトなどの体表において，特に触覚や圧覚を生じる*感覚点．通例，さまざまの長さ・太さの剛毛を柄の先に直角につけた器具，すなわち M. von Frey の「刺激毛」(独 Reizhaar)を皮膚に軽く当てて，その位置，分布，刺激閾などを調べる．全身の皮膚や諸孔口(口腔や肛門など)の粘膜のように，外物に触れやすい体表部に分布(1 cm²当たり平均25)するが，有毛部位では毛囊直上部(毛の基部から 0.2 mm)に位置するものが多く，その終末は毛根部の自由神経終末または神経籠(nerve basket)で，他方，手掌や足底などの無毛部では分布がさらに密でその終末器官は*マイスナー触小体とされる．圧点(pressure-sensitive spot)の語も通例は同義語に用いられるが，特別な場合には*パチーニ小体の位置を指すこともある．(→触受容器)

e **食道** [esophagus, oesophagus, gullet] [1] 脊椎動物の消化管のうち，咽頭と胃(またはそれに相当する部分)との間の管状部．単に，食道壁の筋肉(輪走筋・縦走筋)の収縮による蠕動で食物を胃や腸の方向に送り，消化・吸収は行わない．鰓呼吸の動物では鰓腸の部分よりも後方，肺呼吸のものでは咽頭よりも後方の部分をいい，発生学的には前腸の一部．隣接器官と密着するため漿膜を伴わず，胃に比べて細く，また粘液腺以外に消化酵素分泌のための腺をもたない．その長さは動物の首の長さに相応して長短があり，内壁には通常，縦のしわがある．一般にはほぼ一様の太さだが，多くの鳥類では一部が拡大して*嗉嚢となる．[2] 無脊椎動物では脊椎動物に準じ，咽頭と胃または腸との間の管状部．動物群によりその有無，長さは多様．線形動物の筋管類では食道壁は筋原繊維に富んだ1層の細胞からなり，食道の内腔は断面において三角形を呈する．毛管類では巨大な細胞が1列に棒状にならび，それらの細胞の内部を貫く細管が連なる．特殊な例として，遊泳性多毛類のシリス類には食道の左右に1対の大形の盲嚢すなわち食道嚢(oesophageal pouch)があり，海水を満たして浮力調節に役立たせる．環形動物以上のものでは食道の前背方に1対の食道上神経節，後腹方に1対の食道下神経節がある．

f **食道下神経節** [suboesophageal ganglion] *腹神経索の最前端にある神経節．食道の下方に位置し，食道を左右から囲む食道神経環によって*食道上神経節すなわち脳と連絡する．昆虫では頭部(6体節の合したものと考えられる)の後方の3体節に属する3対の神経節が癒合したもの．環形動物や軟体動物でも数対の神経節が癒合し，塊を作る．多数の神経分泌細胞を含み，また感覚・運動の中枢をなす．

g **食道下腺** [subesophageal gland] 《同》食道下体 (subesophageal body)．直翅目，鞘翅目，鱗翅目その他の昆虫の胚または幼虫(まれに成虫にも)の前胸部食道下方に存在する中胚葉性器官．多くの種では孵化前に退化する．細胞は大形で分岐した核をもち，細胞質は空胞が多い．異物の捕食作用や排出作用をそなえることは囲心細胞と類似し，一般に窒素の排出に関係するものと考えられているが，胚における卵黄の分解，造血器官であるという報告もある．

h **食道気管瘻** [esophagotracheal fistula] *食道と*気管とをつなぐ瘻孔．気管以下肺胞に至る呼吸器は，はじめ*前腸(後の食道部)の腹壁の溝状陥入(肺溝 lung groove)として発生を開始するが，やや遅れてこの食道-気管間の開口は後方から伸びる食道気管中隔(esophagotracheal septum)によって喉頭の部分だけを残して閉じられる．この閉鎖が不完全な場合，喉頭以外に食道と気管の間に交通する食道気管瘻を残す．

i **食道上神経節** [supraoesophageal ganglion] 《同》脳，頭神経節．環形動物，節足動物やその他無脊椎動物の食道の背方に位置する，1対または1個の神経節塊．口器や頭部の特化と関連して他の神経節より発達してい

a **食道神経環** [circum-oesophageal commissure, circum-oesophageal nerve-ring] 《同》食道抱接神経環. 食道を環状に取り囲む神経細胞の集団. 線形動物, その他の小型無脊椎動物に典型的に見られ, これらの動物の神経中枢をなす. この神経環から前方および後方に出る神経繊維の束は, その発達の程度がほぼ等しい. 体制が複雑になるに従って, これらの神経繊維のうち, 背面・腹面・側面のものが他のものよりもよく発達し, 最後に腹面正中線のものが*腹神経索として残る.

b **植物** [plant] 古くは生物を二分したとき, 動物と対置される, クロロフィルをもち光合成を行う一群. 植物的進化傾向として細胞を積み重ねる方式(piling pattern)による個体発生, *細胞壁の形成, クロロフィルによる同化作用(⇒光合成)に基づく独立栄養系など独自の物質代謝の型の成立を主とみなせる. 非運動性などはこれの付随的なものである. 分類体系としては, 古くは種子植物(顕花植物)に重点がおかれていたが, しだいにシダ植物や, コケ植物, 藻類などのいわゆる隠花植物のもつ系統的重要性が認識され, 一時は植物界を10〜13門に分かち, 種子植物はその一門とされていた. 現在では段階的な細胞内共生による葉緑体の進化が明らかとなり, 共生説(⇒内部共生説)で従来から指摘されてきた真核-原核共生によって葉緑体を獲得した光合成真核生物を狭義の植物(一次植物)とし, それ以外の細胞内共生によって一次植物を葉緑体化した光合成真核植物(二次植物, 三次植物)を植物界から外す分類体系が一般的である.

c **植物ウイルス** [plant virus] 植物に感染し増殖する*ウイルス. 核酸成分は大部分の種類が一本鎖RNAであるが, 二本鎖RNA, 一本鎖DNA, 二本鎖DNAをもつ種類もある. また, 分節ゲノムをもつウイルスも多い. ウイルスの感染を受けた植物の多くは各種の病徴(*モザイク, *斑入り, *退緑, 壊死, 矮化など)を呈し, 生育が悪くなる. 病徴の型は寄主植物とウイルスの種類との組合せによって異なる. ウイルスは種類によって異なる特定の伝染方法をもっており, その方法としては汁液伝染, 土壌伝染, 種子伝染, 花粉伝染, 接木伝染, 菌による伝染, 虫媒伝染, 経卵伝染などが知られている(⇒ウイルス伝播). ウイルスの分類については, 核酸の種類・形状, 粒子の構造, 伝播機構, 血清学的関係, 寄主範囲などの古典的な分類基準に加えて, 最近はゲノムの塩基配列データをもとにした分類が主流になりつつあり, 現在までに約800種が知られている. (⇒付録: ウイルス分類表)

d **植物園** [botanic garden, botanical garden] 植物学研究を行い, そのために必要な資料を蒐集栽培する施設. 研究室や腊葉庫(さくようこ, *ハーバリウム)もそなえるのが一般的. 公衆に開放して一般教育の普及や慰安娯楽の場にも供することが多い. イギリスのロンドンのキュー, ドイツのベルリンのダーレム, アメリカのハーヴァード大学のアーノルド樹木園などは特にすぐれたものである. 植物園の起原は, 紀元前15世紀エジプトのThutome III 時代の遺跡がテーベで発掘されているが, 近代的な意味での植物園は1543年のイタリアのピサでの開設を発祥としている. 日本では1684(貞享元)年に徳川幕府が江戸に開いた薬草園が現存では最古で, 今日の東京大学大学院理学系研究科附属植物園(いわゆる小石川植物園)となっている.

e **植物学** [botany] 生物学の一分科で, 植物を研究資料とするものの総称. 近代的な意味での植物学はルネッサンス以後, *本草学から発展した分類学が最初の分野で, 初めは植物学といえばほとんどこれであったが, ついで*形態学, さらに*生理学が発達し, 20世紀に入って遺伝学, つづいて*生態学がさかんになった. 生物学の各手法に応じて現在, *植物形態学・植物地理学・*植物生理学・*植物生態学などに分類される. 一方, 応用学としての林学・農学・園芸学・薬学・病理学などと関連した分野もあり, 例えば薬用植物学(medical botany)・*植物病理学などがある. 一方, 分類学上の各群ごとに分科的な分野もあり, シダ学(pteridology)・コケ類学(bryology)・藻類学(phycology)・菌学(mycology), これらを一括した隠花植物学(cryptogamic botany), あるいは楊柳学(salicology, ヤナギを対象とする)・樹木学(dendrology)なども生まれた. 現在では, こうした従来の植物学の枠を超えて, 横断的に植物の生命現象をとりあつかう広範な学問分野も生まれており, その総称を植物科学(plant science)という.

f **植物球** [vegetable ball] 淡水湖に見られる, ほぼ球状の植物体の集塊. 砂礫質の遠浅の湖岸において, 波動によって形成される植物遺骸の集塊, あるいは生きた藻類や蘚類などの糸状体がからみあって形成されるもの(マリモ, マリゴケ)をいう.

g **植物極** [vegetal pole, vegetative pole] 後生動物の卵の主軸によって定まる二つの極の内の一方で, *極体の位置する動物極に対立する極. 初期胚においてもこれに準じてこの語を用いる. 多くの端黄卵においては植物極付近では*卵黄の濃度が他の部位, 特に動物極と比較して大で, それに応じ原形質の比較濃度は小である. 全割卵では植物極域は主として内胚葉になり, また場合により中胚葉や間充織の形成に参加する. 両生類などでは植物極の細胞がまず動物極の一部の作用に影響を及ぼして*中胚葉誘導を起こすので, 胚の体制は植物極域によって決定されるといえる. 卵黄の偏在度におおよそ対応して植物極域の割球は動物極に比して大形の場合が多い. しかし植物極に小割球の生ずる場合もある(例: ウニ). 部分卵割では植物極は卵割せず, 胚の形成に直接参加しないが, 植物極卵黄細胞が中胚葉誘導に関与する場合がある(例: 硬骨魚類). ツノガイやヒモムシなどでは卵の植物極が, 卵母細胞が卵巣組織と連続している細く引き伸ばされた柄の部分に由来することが知られている. 卵の赤道面で仕切られた植物極側の半分および初期胚のそれに相当する部位を植物半球(vegetative hemisphere)と呼ぶ.

h **植物極化** [vegetalization] 《同》内胚葉化(endodermization). 胚に植物極的発生様式がひろがる現象, またはその現象を起こさせる操作. *動物極化と対する. ウニ卵にLi$^+$を作用させておくと, 植物極から生じる内胚葉の形成が過剰に起こり, しばしば原腸が裏返って外部へ突出し, *外原腸胚となり, 外胚葉の形成は抑えられ, ときにはまったく起こらなくなる. これは, 動物半球のもつ動物極化作用が失われ, 植物半球, 特に小割球のもつ植物極化作用が強調されたためと説明される. ウニ卵ではLi$^+$以外にバリンやロイシンなどのアミノ酸やその他の薬品処理(例: ジニトロフェノール, アジ化ナトリウム)で植物極化が起こる. Li$^+$ は glycogen synthase kinase 3 (GSK3) を阻害し，Wnt/β-catenin 経路 (⇒Wnt シグナル (カノニカル経路)) を活性化することで植物極化を引き起こしていると考えられている．(⇒内胚葉胚，⇒二重勾配説)

a **植物区系** [floral region, floristic region] 《同》区系．世界各地の*フロラを構成する植物種を比較し，それぞれ特徴をもったいくつかの地域に分類した際の各区域．動物地理区系上の動物地理区に相当．植物区系は生態的な気候条件よりもその地域の地史に影響されるところが大きい．例えば同じ熱帯降雨林であってもマレーと南アメリカではフロラの構成要素が著しく異なるので別個の植物区系として扱われる．植物区系の区分は J. F. Schouw (1823) に始まるが，一般に行われているのは H. G. A. Engler (1896) の区分を修正したもの (L. Diels, 1918, R. Good, 1947 など) で，区系の最大の単位を区系界 (floral kingdom) とし，六つに分ける (図および表)．なお，各区系界の下には区系区 (または単に区) を，その下に地方 (province) などを区別する．実際には区系区の段階が最も実用的である．(⇒動物地理区，⇒海洋生物地理区)

b **植物区系要素** [floral element] ある地域のフロラを構成する植物種のうち，その分布圏・分布経路などから見て同一の起原をもつと見なせる植物群．例えば現在アルプス，バルカン地方，コーカサス地方，北ヨーロッパ，アジアなどの高地に見られるチョウノスケソウ，イブキトラノオ，*Anemone alpina*, *Androsace chamaejasme* などは，古く周極地方一帯に分布していたものが，氷期に南下し，のちに気候の温暖化に伴ってこれらの地域の高山に孤立したとみられることから周極高山要素という．またユーラシア・アメリカ両大陸に存在する植物の多くは氷期以前，北半球が一様に温暖であった第三紀の初めに北極を中心として分化したものが，寒冷化に従って南下し，現在の分布をとるに至ったという見方から，北極地第三紀要素 (第三紀北極要素 Arctotertiary element) という (H. G. A. Engler)．日本のフロラについても，九州・四国・紀伊などの外帯西南部に分布圏を限るクサヤツデ・センダイソウ・イワザクラ・イワギリソウなどをソハヤキ要素，東北地方の日本海側 (内帯) を分布圏とするオオバツツジ・トガクシショウマ・チョウジギクなどを北国要素という (小泉源一)．同様に箱根を中心とするフォッサマグナ地帯にはハコネコメツツジ，イワシャジン，ハコネグミなどの植物が固有であるが，

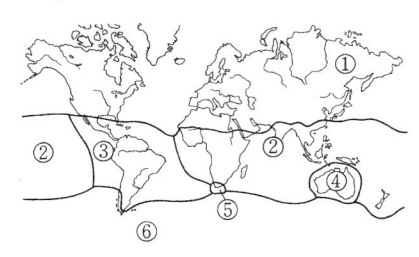

植物区系
① 全北植物区系界　② 旧熱帯植物区系界　③ 新熱帯植物区系界　④ オーストラリア植物区系界　⑤ ケープ植物区系界　⑥ 南極植物区系界

植物区系

区系界	代表種	特徴など
① 全北植物区系界 (Holarctis, Holarctic floral kingdom)	マツ・ヤナギ・クリ・サクラ・カエデ・ユリなど	北極植物区系区 (Arctic floral region)，ヨーロッパ-シベリア植物区系区 (Euro-Siberian floral region)，地中海植物区系区 (Mediterranean floral region)，黒海-中央アジア植物区系区 (Black sea-Central Asiatic floral region)，北アフリカ-インド植物区系区 (North African-Indian floral region)，日華植物区系区，北アメリカ太平洋岸植物区系区 (Pacific North American floral region)，北アメリカ大西洋岸植物区系区 (Atlantic North American floral region)，の8亜区に区分される
② 旧熱帯植物区系界 (Palaeotropical floral kingdom)	コショウ・フタバガキ・タコノキ・バナナ・ヤシなど	動物地理区の旧熱帯区の西半は本区系区と同じであるが，ウォレシアの東の所属で異なる
③ 新熱帯植物区系界 (Neotropis, Neotropical floral kingdom)	サボテン・オオオニバス・パイナップル・カンナ・リュウゼツランなど	動物地理区の新界に北界のカリブ亜区を加えたものに相当
④ オーストラリア植物区系界 (Australian floral kingdom)	アカシア・ユーカリ・バンクシアなど	オーストラリア大陸にタスマニアを加えた地域で，ニュージーランドの植物の多くもこの区系界に類縁をもつ．動物地理区のオーストラリア区からニューギニアなどを除いた範囲に相当
⑤ ケープ植物区系界 (Cape floral kingdom)	エリカ・アロエ・マツバギクなど	フロラの内容が極めて特異なため，独立した区系界とされる
⑥ 南極植物区系界 (Antarctis, Antarctic floral kingdom)	ナンキョクブナなど	種数は少なく，約170種にすぎない

これらをフォッサマグナ要素という(前川文夫).

エリカ属諸種の分布圏
1 *Erica mediterranea*
2 *Erica vacans*
3 *Erica ciliaris*
4 *Erica cinerea*
5 *Erica tetralix*

a **植物群系** [formation, plant formation, biome] *植物群落の分類の単位で,構成種はどのようであっても一定の*相観をもつ大きな植物群落. A. H. R. Grisebach (1838)の用いた語だが,20世紀になってから概念が明確化された.すなわち,A. F. W. Schimperは主として温度条件と相観により,J. E. B. Warmingは水分条件によって群系を分けたが,環境条件に重点をおくと人為的になりやすく,そのためE. Rübelはむしろ相観に重点をおいて分類した.ブリュッセルにおける第3回国際植物学会議(1910)で上記の定義が与えられた.群落の相観は優占種のもつ*生活形によって決まり,生活形と環境条件との間には密接な関係があるから,群系には一定の環境条件を要求することになる.

b **植物群集** [plant association, plant community] 一般には*群集【2】のこと.広義には*植物群落を指すこともある.

c **植物群落** [plant community] 《同》群落,植物社会,植物共同体.ある種の単位性と個別性をもった植生の単位.一般に,環境に規定され,また競争によって条件づけられた植物の種類の組合せや種間の量的関係によって認識される.個々の具体的な群落を指す場合と,類型化された抽象的群落を指す場合がある.植物群落は*優占種,*標徴種,*識別種などの組成的基準のほか,*相観,構造や立地などにより識別され,類型化される.それらの基準に対応した種々の植物群落類型概念が提案されており(例えば群集,基群集,群系など),どのような類型概念によって植物群落を認識するかは群落の組成・構造・機能のどの側面に着目しているかに対応している.なお,群落がそれぞれ独立して分布している個々の種の分布域が重なった単なるパターンにすぎないとする群落観,すなわち一般に個別説(individualistic concept)と呼ばれる考え方もある.ただ,その場合でも類型的,操作的な単位としての群落は認める.(⇒群落測度)

d **植物形態学** [plant morphology] 植物を対象とする形態学.植物学の一分野. J. W. von GoetheがMorphologieの語を造ったころには,外部形態を比較したり器官の相同を論じたりする植物外部形態学すなわち植物器官学(plant organography)が主であったが,顕微鏡の発達にともない,内部構造を観察して組織や細胞の形状・配列などを研究する植物内部形態学,すなわち植物解剖学(plant anatomy)も発達した.細胞の構造を研究する学問分野は各細胞が細胞壁により明らかに仕切られている植物細胞から始まるが,この分野も植物解剖学の一部であったが,20世紀中ごろから電子顕微鏡技術などの発達とともに動物細胞と共通の細胞生物学として確立されている.そのため今日では植物解剖学は植物組織学(plant histology)とほぼ同義に用いられることも多い.なお,植物形態学は狭義には植物解剖学を含まない.

e **植物検疫** [plant quarantine] 植物に発生する病虫害の国を越えた蔓延や国内における蔓延を防止するため,国が行う検査および措置.一般に人や家畜・農作物にとって有害な生物(病原体や害虫など)の新たな侵入を防止することを防疫といい,そのための検査や監視を検疫という.日本の現在の植物検疫体制は,植物防疫法(1950)に基づいて整備,拡充されたもの.国際的には国際植物防疫条約(1951)が締結され,日本もこれに加盟している.日本の植物防疫法は,輸出入検疫,国内検疫,国内防疫ならびに緊急防除などの諸規定から構成され,検疫業務は全国の海空港などに設置された植物防疫所に配属されている植物防疫官によって行われる.

f **植物ゴム** [plant gum] 《同》ゴム(gum).植物の樹皮や葉または根の分泌物で,水中でゲルまたは粘稠なコロイド溶液をつくる*多糖の総称.弾性ゴムとは別のもの.*ヘキソース,*ペントース,*ウロン酸を含む.次の各種が知られる.(1)アラビアゴム(gum arabic, マメ科アカシア属の数種,特に*Acacia senegal*の樹皮),(2)ガッティガム(ghatti gum, シクンシ科*Anogeissus latifolia*の樹皮),(3)メスキートゴム(mesquite gum, マメ科*Prosopis juliflora*の樹皮),(4)セイヨウスモモゴム(damson gum, セイヨウスモモの樹皮),(5)チェリーゴム(cherry gum),(6)トラガカントゴム(tragacanth gum, マメ科*Astragalus gummifer*の樹皮).食品・化粧品・医薬品などの安定剤・接着剤・製紙に用いられる.

g **植物社会学** [plant sociology] 《同》植物群落学(植生学 vegetation science),地植物学(geobotany),群系生態学.植生または植物群落を研究する植物生態学の一分野.また狭義には,チューリヒーモンペリエ学派の研究方法による植物群落学を指す.後者は中部ヨーロッパの地球植物学(独 Geobotanik),特に社会学的地球植物学を土台として C. Schröter, J. Braun-Blanquet, R. Tüxenらが発展させた.植物社会学(広義)の主な研究課題は,(1)植物群落(植分)の種組成や構造を明らかにし(群落形態学),それに基づいて群落を識別し,その分類体系をつくる(群落分類学).(2)群落と環境(立地)の相互関係を明らかにする(狭義の群落生態学).(3)群落の成立機構を明らかにする(成因植物社会学または実験植物社会学).(4)群落の動態を明らかにする(動的植物社会学または遷移学).(5)群落の地理的分布を明らかにし(群落分布学),またその広がりを図示する(植生図化).

h **植物性機能** [vegetative function] 栄養,成長,生殖など,動植物界を通じて認められる種類の生体機能の総称.生理学(ことに人体生理学)古来の慣用語で,*動物性機能と対置される.植物において顕著な機能というよりは,動物に特有な機能ではないという意味.呼吸,血液循環,排出の諸機能までこれに含まれる.分泌は,消化や排出との関連においては通常は植物性機能に含められ,内分泌と循環とを基礎とする液性相関も,神経相関と対立するものとして同様に扱われる.植物性機能は広い意味で物質およびエネルギー代謝の過程のことで

あり，これらの機能にたずさわる器官を植物性器官(vegetal organ)という．動物体ではこれら植物性諸機能の多くはまた，動物性機能である神経活動により制御される．(⇨自律神経系)

a **植物生態学** [plant ecology] 植物を対象とする*生態学．C. Schröter (1902) は対象によって，これを植物個生態学 (plant autoecology)・群生態学 (synecology)・植物生態地理学などに分けた．個生態学は古く*花生態学から出発したが，現在の主流は野外生理学から発達した実験生態学であり，生理生態学および個体群生態学として発展している．群生態学は群落の分類ないし形態 (J. Braun-Blanquet, 1928) あるいは遷移現象 (F. E. Clements, 1916, その他) の研究を中心としたが，動態の研究に中心が移り，群集生態学・生態系生態学となってきた．最近になり群落の構造と関連させた生理や物質代謝・人口統計学・更新動態の研究から互いに結合するようになった．*植物社会学は群生態学と同義に用いられることもある．A. F. W. Schimper (1898)，ついで J. E. B. Warming (1918) により作られた植物生態地理学 (ecological plant geography) は，群落の分布，分布と環境条件の関係などを主たる研究対象とし，群生態学の各論的性格をもつ．また，植物生態学は農学と密接な関係をもつ．

b **植物成長抑制剤** [plant growth retardant] 《同》植物矮化剤．茎や葉の成長を抑制して，人為的*矮性をもたらす合成物質．代表的なものに，AMO1618 などの第四級アンモニウム塩系化合物，パクロブトラゾールなどの含窒素環状型化合物，プロヘキサジオンカルシウムなどのシクロヘキサントリオン型化合物などがある．いずれもジベレリン生合成酵素の阻害剤であり，AMO1618 は初期反応を触媒する *ent*-コパリル二リン酸合成酵素を阻害する．パクロブトラゾールは *ent*-カウレンから *ent*-カウレン酸への変換を触媒するシトクロム P450 一原子酸素添加酵素を阻害する．プロヘキサジオンカルシウムはジベレリン生合成後期段階を触媒する 2-オキソグルタル酸依存型二原子酸素添加酵素を阻害する．

AMO1618　　パクロブトラゾール

プロヘキサジオンカルシウム

c **植物生理学** [plant physiology] 植物を対象とした*生理学の一分科．記載的方法に基づく博物学に対して，広く植物の生命現象を要素論的かつシステム論的に解析することを目的としている．植物の性質を，物質とエネルギーを前提とした，物理学と化学の法則により説明しようとするところに特徴がある．17 世紀の J. B. van Helmont，S. Hales に始まるといわれている．18 世紀の後半には J. Priestley や J. Ingenhousz により呼吸や同化作用の研究が緒についた．19 世紀にはいり J. Liebig は植物の栄養に関して，J. von Sachs とその門弟の W. Pfeffer, H. de Vries は成長・運動・浸透作用などに関して生理学的研究を進めた．20 世紀になると，この分野は植物学の中心的役割を占めるようになり，最近には特に分子レベルから個体レベルまで，*形態学・*分子生物学・*発生生物学・*細胞生物学・*システム生物学などが側面に加わり，植物の栄養・代謝・発生や分化・運動などの特性が明らかになってきた．また植物生理学は，農学・林学・薬学など応用科学に対する基礎科学として貢献している．

d **植物着生生物** [epiphyte] 《同》エピファイト．[1] 他の植物の体表上に生息する生物の総称．着生藻類を意味する場合，対象を明確にするために epiphytic algae などの語を使用する．この場合，動物の方は葉上動物 (phytal animal, ⇨底生動物) と呼ばれる．褐藻のヒジキの体表面に生息する褐藻のクロガシラ類や，海産種子植物のアマモなどの葉の表面に生息する紅藻の無節サンゴモやオオワレカラなどはその例．常に他の植物体の表面に生息する種 (絶対的植物着生生物 obligatory epiphyte) や，他の植物体上と同じように岩や石などの上にも生息する種 (条件的植物着生生物 facultative epiphyte) がある．[2] 着生的陸上植物．陸生の*着生植物のこと．樹木上に着生するラン科植物などの例がある．

e **植物−動物間相互作用** [plant-animal interaction] 《同》動物−植物間相互作用 (animal-plant interaction)．植物と動物との間に見られる相互作用．これには，植食動物と植物との「食う−食われる」の敵対的な作用から，授粉における植物と送粉動物の関係や種子分散 (seed dispersal) における植物と種子散布動物の関係などに見られる*相利共生的な作用に至るまで，多彩な相互作用が含まれる．また，植物の物理的・化学的な防御形質 (defensive character) とそれを無効にする動物の対抗適応 (counteradaptation) や形態的に特殊化した虫媒花と送粉者のように，*共進化の例とされているものも多い．昆虫の寄主植物選択によって種分化が生じたり，花粉媒介動物の出現によって被子植物の*適応放散が促進されたといわれるように，植物−動物間相互作用が両者の多様性をもたらしたとされる (⇨動物媒)．植物−動物間相互作用は，動物が植物を食物や生息地などの資源として利用すること，および移動能力の乏しい植物が花粉や種子の運搬役として動物を利用することによって成立する．しかし両者の利害は一致せず，多くの場合，相手の増加率や*適応度にプラスとマイナスの効果を同時に与えている．例えば植食動物と植物との関係では，植物は動物の摂食により生存率や繁殖率が低下する一方，植物の中には被食に対する補償作用によって逆に成長がよくなる種もある．植物は動物に対して食物や生息地を提供する一方で，棘やトリコーム (trichome) のような物理的障害物，あるいはアルカロイドやタンニンなどの化学的防御物質を用いて動物の適応度を低下させる．植物−動物間相互作用はそれに関与する*個体群の大きさや構造，空間分布，生息地条件の違いなどにより，その様相は大きく変わりうる．植物−動物間相互作用では，両者の直接的効果とともに第三者を介した*間接効果が大きな役割を果たし，その過程ではさまざまな情報化学物質 (アレロケミカル) が介在していることが多い (⇨化学生態学)．例えば植物−植食性昆虫−天敵の三者の系で，植物の化学的防御物質を摂取した昆虫の発育期間が延長したり被食

に反応して植物が作る揮発性物質が天敵を呼びよせることによって，天敵の効果が増すことがある．また，同じ植物を利用する2種の植食性昆虫では，発生時期や摂食場所が異なるため実際には両者が出合うことがない場合でも，一方の種の摂食が植物に生化学的な変化を生じさせ，他方の種に大きな影響を与えるような間接効果が知られている．

a **植物病理学** [plant pathology, phytopathology] 植物の病的現象を対象とする学問．病気の原因の究明や，感染および病態発現の経過を解剖学的・生理学的あるいは分子生物学的に探究するが，病気の予防や防除法確立のため，病気を誘発する環境条件，病原体の伝染経路，病気の診断法を研究する分野，防除に用いられる薬剤が病原体あるいは植物体に及ぼす薬理作用を研究する分野など，植物の病気全般に関係する広い研究分野が含まれる．

b **植物ペプチドホルモン** [plant peptide hormone] 植物に存在するペプチド性の成長制御物質．ペプチド性因子は生物界において主要なシグナル物質であり，1990年代以降，被子植物において，短鎖（概ね100アミノ酸以下）の分泌型ペプチドシグナルを介した細胞間情報伝達系の存在が明らかにされた．これらのペプチドは，アミノ末端に存在する分泌シグナル配列の働きにより，ゴルジ体および小胞体を経由して細胞外に分泌される．この過程で前駆体ポリペプチドが限定分解や翻訳後修飾を受け10～20アミノ酸程度になってから分泌される短鎖翻訳後修飾ペプチドと，分子内ジスルフィド結合の形成を経て比較的長鎖のまま分泌されるシステインリッチペプチドに大別される．前者には*フィトスルフォカインや*クレペプチド群が，後者にはトレニアから単離された花粉管誘引物質であるルアー(LURE)が含まれる．(→花粉管)．非ペプチド性の従来型植物ホルモンは，標的器官が特定されておらず，多様な生理作用を示すという点で，動物でもともと定義されたホルモンとは異なる性質をもつ．一方，植物ペプチドホルモンは，特定の細胞間コミュニケーションシグナルとして特異的な機能を担うものが多い．これまでに同定されている植物ペプチドホルモンの多くは，ロイシンリッチリピート配列をもつ膜貫通型受容体キナーゼによって受容される．

c **植物ホルモン** [phytohormone, plant hormone] 植物が生産し，自身の成長・分化や環境適応反応を微量で制御する低分子シグナル物質で，種子植物に普遍的に存在し，その物質の化学的本体と生理作用が明らかにされたもの．動物における*ホルモンのように，生産される器官や標的器官，移動性やその様式が明確にされているものではない．現在，植物ホルモンの定義にあてはまると考えられている物質群は，*オーキシン，*サイトカイニン，*ジベレリン，*アブシジン酸，*エチレン，*ブラシノステロイド，*ジャスモン酸，*サリチル酸，*ストリゴラクトンである．また，近年次々と明らかにされている分泌型生理活性ペプチド（植物ペプチドシグナル）も植物ホルモンの中の一つのグループとして扱われる．化学合成された薬剤や微生物が生産し植物に対して生理活性を示す化合物は，一般に植物成長調節物質，植物成長抑制剤，植物成長阻害剤などと呼び，区別される．

d **食糞** [1] [caecotrophy, coprophagy] すべてのウサギ類と一部の齧歯類，さらに一部の原猿類にみられる糞（腸内容物）を食べる行動．実際に食べられるのは糞ではなく，caecotrophと呼ばれる粗蛋白質含量の高い腸内容物である．この行動を抑制すると栄養失調になることがある．[2] 実際に糞を食べる行動．多くの哺乳類にみられる．

e **植分** [stand] 《同》林分．種類組成や構造がほぼ均質な個々の具体的な（すなわち類型化された抽象的なものではない）植物群落の個体の集合．植分という語は主として植物社会学で用いられ，林学では林分，ほかでは一般にスタンドと呼ぶ．(→林分)

f **食胞** [food vacuole] 《同》食物胞．原生生物において，固形食物を細胞内に摂取し細胞内消化を行うための一時的な細胞小器官．アメーバ様の摂食法によるものでは，*仮足で細菌などの食物を若干の外部媒液ごとつつみこんだ細胞膜がそのまま食胞壁に変わる．*細胞咽頭をもつ繊毛虫類では，咽頭の内端をおおう細胞膜が陥入して食物粒子と媒液とをおさめた咽頭嚢(oesophageal sac)を形成し，この嚢がやがて咽頭からくびれ切れることで形成される．

g **植民** [colonization] 《同》移住(immigration)．生物学上は，それまで利用されていなかった生育適地，あるいは先住生物や先住個体群が絶滅したために空になった生育適地に，繁殖子や個体などが移入して新たな個体群形成をもたらすこと．生物の生育に必要とされる資源と環境条件の分布は空間的に一様ではないため，それぞれの生物にとっての生育適地は，いわば海洋に点在する島のように，不連続的に存在している．また，時間的な環境変動のため，同じ場所が常に，ある生物にとっての生育適地とは限らない．例えば，海洋中に火山島が生じることで陸上生物にとっての新たな生育適地が生成したり，*遷移の進行，*撹乱などによって特定の生物の生育適地が形成されることもある．植民の成功は，未利用の生育適地への到達可能性を支配する分散能力のほか，少数の個体，極端な場合には1個体からでも増殖して個体群を確立できるような繁殖特性の有無にも依存する．しかし近年では，人為的な生物の移動による植民の機会が著しく増大しており，本来の分散能力ではとうてい到達不可能な生育適地への侵入（生物学的侵入）が頻繁に起こるようになっている．島は陸上生物にとっての可視的な生育適地として，植民と絶滅の過程とその効果を考察するうえでの明瞭な一般的モデルを提供する．(→島の生物地理学，→定着)

h **触毛** [tactile hair] [1] 触覚に関与する感覚毛．[2] =血洞毛 [3] 植物については，→捕虫葉．

i **食物分配** [food sharing] 食物が所有個体から他個体へ平和的に移動すること．食物を他個体に分けたり，他個体とともに食べる行為は人類に普遍的に見られるが，哺乳類では霊長類・食肉類の一部のみに見られる極めて特殊な行動であり，人類の出現と深く結びついた行動と考えられている．食肉類では協同で狩猟をするイヌ科の種にこの行動が発達している．霊長類では，キヌザル科でおとなから子供への分配が見られる．おとな間でも食物分配が行われる例は，ヒト以外ではチンパンジーとボノボに限られるが，*類人猿の分配は自発性が乏しく，頻度も低い．チンパンジーでは分配の対象の多くは肉であり，雄の同盟者間で多く分配される傾向がある．ボノボは食物一般を分配し，性行動によって食物分配が多く誘発される．

j **食物網グラフ** [food web graph] 食物網(food

web），すなわち*群集を構成する複数種が被食者-捕食者の関係でつながっている全体構造を表す幾何学モデル．通常それぞれの種を頂点で表し被食者から捕食者へ矢印つきの辺を引いて描かれる有向グラフ（directed graph, digraph）が用いられる（図Ⅰ）．このモデルで一連の辺からなる連鎖は*食物連鎖を表す．現実の食物網のデータから食物連鎖の長さ，捕食者と被食者の種数の比などに関する統計的規則性が見出され，またそれを系の力学的安定性から説明する理論が提案されている．有向グラフを変換することにより新たな規則性が見つかることがある．例えば，各被食者を頂点で表し，各捕食者をそれを餌とする被食者の集合図形で表した超グラフ（hypergraph）に変換すると，自然界で見られる食物網ではドーナツのような「穴」のあいたパターン（図Ⅱ, Ⅳ）がほとんど出てこない．また，各捕食者を頂点で表し，2捕食者間で被食者を共有する場合だけその間を辺で結んでできる無向グラフ（undirected graph）の形に変換すると（図Ⅲ, Ⅴ），自然の食物網では一つの直線上に並ぶ複数の区間（線分）を考え，その各々に対応する頂点をとり，二つの区間が重なりあう場合だけそれらに対応する2頂点間を辺で結んでできるような特殊なクラスの無向グラフ，すなわち区間グラフ（interval graph）になる傾向があるという報告もある．これらの規則性を群集への種の*加入に関する簡単なルール（カスケードモデル）や進化的安定性（evolutionary stability）から説明する理論も出されている．

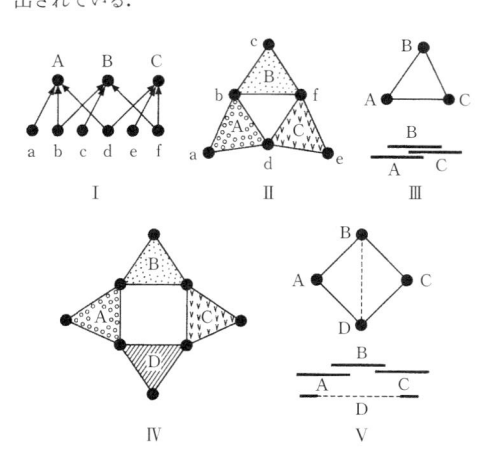

（Ⅰ）有向グラフモデル．被食者a～fを捕食者A,B,Cが捕食する食物網（Ⅱ）Ⅰの超グラフモデル．「穴」が現れる（ここでもし b,d,f を食べる捕食者が存在すれば穴はなくなる）（Ⅲ）捕食者間の重なりを表す無向グラフ．捕食者A,B,Cを表す3区間の重なりパターンに対応する区間グラフの一例（Ⅳ）別の食物網の超グラフモデル（Ⅴ）Ⅳの捕食者間の重なりを表す無向グラフ．区間の重なりパターンとしては表せない（ここでもしB,D間の辺があれば区間グラフになる）

a **食物連鎖**［food-chain］《同》食物網（food web）．生態系において，生産者である植物が生産する有機物をもとに*群集内で構成される，被食者-捕食者関係によるつながり．元来は一つ一つの鎖環を指すのが本義であったが，現在ではつながり全体（食物網）を指して使われることが多い．この関係を抽象モデルで表したものが*食物網グラフである．ブリ→マイワシ→ *Calanus helgolandicus* → *Rhizosolenia alata* はその例．食物連鎖は V. E. Shelford（1918）が最初にそれを図示し，C. S. Elton（1927）が群集研究の根幹において重視して以来，広く研究されるようになった．一連の鎖環の数は通常4～5で，6を超すことはまれ．食物網を単純化して理解するために，*栄養段階によるまとめ方が行われている．しかしこれに対して，量的・質的に重要な連鎖をとり上げていくと，一般にはそれほど複雑ではないから，こうして浮かび上がってくるものを骨格的食物連鎖（skeleton food-chain）という．種間関係の特徴から生きている生物を殺して摂食する連鎖を捕食連鎖（predation food-chain），寄生による連鎖を寄生連鎖（parasitic food-chain）と呼ぶ．また，生態系の機能から生きている生物（特に植物）を直接に摂食する連鎖を生食連鎖（grazing food-chain），死骸または部分の死骸（落枝・落葉など）を摂食する連鎖を腐食連鎖（detritus food-chain）と区別する．海洋においては，生産層（⇒海洋生態系）では生食連鎖が，分解層では腐食連鎖が卓越するが，全体としては前者が卓越する．陸上においては，樹冠ないし草本層では生食連鎖が，地上あるいは土壌中では腐食連鎖が卓越するが，全体としては後者が卓越する．（⇒個体数ピラミッド，⇒生態的地位）

b **触腕**［tentacle］イカ類において，第三腕と第四腕の間にある特別に長く伸びる腕．他の腕と異なり通常は吸盤の無い柄部と吸盤がある腕頭部に分かれる．コウイカ類ではポケット状の袋に折り畳まれて収納されていて餌を捕獲するときだけ伸びる．ツツイカ類では常時出ているが腕と同長程度に収縮させている．開眼類では触腕の吸盤に機能による形態分化がみられ，基部（carpus），掌部（manus）および先端部（dactylus）の3群に分かれる．グループによっては，吸盤が鉤に変形するものや，幼生期だけに触腕が存在し成体になるとともに喪失するものもある．

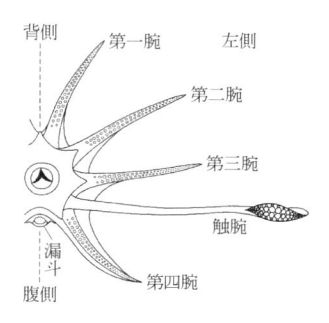

ジンドウイカ類（*Loligo*）の腕の配置

c **書鰓**（しょさい）［book-gill］《同》鰓書（gill book）．カブトガニにおいて，第二～第六腹肢の外枝の基部後面にある呼吸器官．薄葉が書物のページのように積み重ねられ，各葉には血管が分布．クモ類のもつ*書肺に相似で，カブトガニの類（剣尾類）が蛛形類に似ている点の一つとされている．

d **助細胞**【1】［synergid］《同》助胎細胞．被子植物の卵装置にある比較的小さな2細胞．花粉管誘引物質を出して花粉管の誘引を行い，精細胞を卵細胞と中央細胞に受け渡す役割を果たす．一般に全形は鉤状で胚嚢壁

に付着する部分が広くなる．細胞内の上部(珠孔側)に無数の直線が一点に収斂した構造を示す線形装置(filiform apparatus)がある．原形質は上部に，液胞は下部(合点側)にあって，その中間に核がある．ペペロミア型の胚嚢には助細胞が1個で，ブルンバゲラ型・ルリマツリ型では助細胞を欠く．助細胞によって誘引された花粉管は線形装置を通過して2個の助細胞のうちの1個に進入し，2個の精細胞を放出する．進入された助細胞は基部の細胞質から崩壊し始め，核を含む先端部や花粉管が進入しなかった助細胞を包み込むように広がりこの細胞膜も消失する．ネギ属の数種では長期間生存し，胚が発達した後に崩壊し始める．ウリ科の数種では非常に大きくなり，胚嚢の栄養に重要な役割をする．キンセンカやイネ科シロガネヨシでは長くなり，珠孔を通って胚嚢・胚珠の外に伸び，極端なときは珠柄にまで達する．またチカラシバ属やヤマノイモ属では花粉管内の1精核と合体して卵細胞と共に胚を形成することもある．
【2】[subsidiary cell, auxiliary cell] 《同》副細胞．孔辺細胞の周囲にあって通常の表皮細胞と多少形状を異にする細胞．イネ科・ベンケイソウ科・ナデシコ科のほか，多肉植物や乾地植物に見られる．孔辺細胞と同じく前表皮に由来し，イネ科では孔辺細胞の姉妹細胞として分化してくるが，通常は孔辺細胞の母細胞に隣接する細胞の分裂により生ずる．その生理的意義は不明だが，孔辺細胞の開閉運動に影響を与えると考えられる場合がある．
【3】[auxiliary cell] 真正紅藻類において，*造果器から受精核を受け取り，造胞糸を生じて*果胞子体を形成する特殊な細胞．真正紅藻類の中には受精した造果器が直接果胞子体を形成するものもあるが，多くは助細胞に受精核を移してそこから果胞子体を形成する．この際，受精核と助細胞の核は融合しない．造果糸の支持細胞が助細胞になるものや，栄養細胞枝や特別な細胞枝に助細胞ができるものがある．また受精後に支持細胞から助細胞が形成されるものもある(イギス目など)．核を移すために造果器から助細胞へ伸びる細胞糸は連絡糸(connecting filament, ooblast)と呼ばれる．また造胞糸の起点とはならないが，造果器と融合して連絡糸を生じる(*融合細胞)または造胞糸と融合する細胞は栄養助細胞(nutritive auxiliary cell, 偽助細胞 sterile auxiliary cell, ナース細胞 nurse cell)と呼ばれる．

a **初室** [proloculum, initial embryonic chamber] 《同》中心室．多室性有孔虫において，新個体が最初に形成する殻．有孔虫の殻には単室性(unilocular)と多室性(multilocular, plurilocular)があるが，後者では既存の殻に新たに殻を付加することで成長する．同一種において初室の大小2型がある場合，大きなものを大球形(megalospheric form, macrospheric form)，小さなものを小球形(microspheric form)と呼ぶ(ただし殻全体の大小は通常逆)．有性生殖が知られているものでは，大球形が単相の有性世代(ガモント gamont)であり，多数の配偶子(2本鞭毛またはアメーバ状)を形成，これが接合(ときに*オートガミー)接合子を形成する．接合子は複相の無性世代(アガモント agamont)である小球形となり，無性生殖によって増殖，または減数分裂して多数の大球形を形成する．

b **処女膜** [hymen] ヒトおよび一部の猿類の*膣下端にあって膣口を狭めている薄膜．*ミュラー管(広義の輸卵管)の誘導により尿生殖洞背側壁から発生した膣が二次的に*膣前庭に開通する際，完全に開口せず半ば閉塞したかたちで残ったもの．性交その他の原因で破れて，処女膜痕(carunculae hymenales)として残る．

c **除神経** [denervation] 《同》脱神経．動物体内の特定器官(末端部)に分布する神経繊維束や軸索について，器官を支配あるいは媒介する機能を除去する操作．実験的には切断(incision)・切除(excision)・遮断(blocking)などにより行われ，正常な神経支配が果たす生理機能を調べたり，神経支配領域を組織学的に特定する研究によく用いられる．軸索を切断した場合，その軸索終末側は速やかに興奮性を失い，次いで切断端から終末に向かって順行性変性が始まる(⇒ウォーラーの変性)．一方，起始細胞体側の軸索切断端は切断後数日にして発芽と分枝を始めるが，その際たまたまその1枝が反対側から伸びてきた神経鞘に出会うとこれを伝わって一層速やかに伸長する．筋肉に分布する運動神経の場合などには，この仕方により筋肉にまで到達し，神経筋接合部の回復により再神経支配(reinnervation)に到ることも可能であって，外傷などの予後における筋運動能力の回復もこの現象に基づく．

d **初成長指数** [initial growth index] ⇒アロメトリー

e **除草剤** [herbicide] 雑草を選択的あるいは非選択的に枯死させる作用のある薬剤．(1)選択的除草剤：雑草の種に対する選択毒性を利用するもの．植物を枯死させる機構には，(i)光合成を阻害(フェニル尿素系・トリアジン系．なおジピリジル系のパラコート(メチルビオローゲン)の作用には光合成が関与し，反応によって生じる活性酵素・H_2O_2が作用の本体である)，(ii)光関与のもとに毒物質を生成(ジフェニルエーテル系)，(iii)酸素呼吸を阻害(フェノール系)，(iv)蛋白質合成を阻害(ハロゲン置換酸アミド系・カルバミン酸系)，(v)細胞分裂を阻害(ジニトロアニリン系)，(vi)脂肪合成を阻害(チオールカルバメート系)，(vii)セルロース合成を阻害(ニトロフェノール系)，(viii)植物ホルモン作用を乱す(フェノキシ系)，などがある．除草効果の選択性は，植物種による吸収速度，活性化機構，不活性化代謝系などの違いに基づく．(2)非選択的除草剤：塩素酸ナトリウム，ホウ砂，ヒ酸塩，トリクロロ酢酸は植物の種類にかかわりなく枯らす作用をもつが，あとに影響を残すので，一般に直接田畑には用いない．近年，除草剤による健康や環境への負荷軽減のため高選択性，高活性，低毒性薬剤の開発が進み，植物のみがもつアセトラクテート合成酵素の阻害剤であるスルホニル尿素系の除草剤などが増加している．

f **初代培養** [primary culture] 生体から分離した細胞・組織・器官などを植え込み，第1回目の継代を行うまでの培養．(⇒継代培養)

g **触角** [antenna, tentacle] [1] 節足動物の対をなす頭部付属肢で，触覚および嗅覚器官として機能するもの．剣尾類や蛛形類にはないので，これらの類は無角類(Acerata)と総称される．昆虫類，唇脚類，倍脚類，少脚類，結合類は1対の触角をもち，有角類(Antennata, Ateloceratа)と呼ばれる．甲殻類では第一触角と第二触角との2対があり，第一触角を小触角，第二触角を大触角または単に触角と呼ぶことがある．なお昆虫類の触角の形状は多種多様で，その原型は次の通り．第一節は

大形で柄節(scape)といい，第二節は短く梗節(pedicel)と呼び，感覚器官の*ジョンストン器官をもつものがある．第三節以下は同様な節の連続からなり，あわせて鞭節(flagellum)と呼ぶ．[2] 渦虫類その他の無脊椎動物において，体の前端付近から左右に対をなして出る突起．腹足類では2対あり，第二対(後触角)の先端または基部に眼がある(⇒頭触角)．

a **触覚** [tactile sense] 生物が自体，特に体表への機械的接触(触刺激)を感受する感覚．[1] 動物では，*触受容器に圧力や牽引力が作用することによって解発される．適当刺激となる外力が持続的または強力な場合や比較的深層に及ぶ場合には，特に圧覚(sense of pressure)と呼ばれる．神経活動の記録から，圧覚は刺激期間中，スパイク活動が持続するもの(遅い順応)，触覚はスパイク活動が持続せず数発のスパイク発火だけが見られるもの(速い順応)として区別される．触覚は圧覚から進化したものと考えられ，神経繊維の軸索が太いのが一般的．これらは動物界に広く分布する原始的な感覚種で，体の収縮・捲縮などの単純な無定位性運動反応(例：ヒドラ，ダンゴムシ，アルマジロ)，全身の硬直(擬死や動物催眠)，体部の自切，フォボタキシス，接触傾性，負の接触走性など，各種の防御反応を解発するが，反対に刺激部位に向き直って反撃に出る習性をもつ動物も少なくない．また多くの動物が弱い触刺激に対して示す正の接触走性は，固体表面への寄り添い・潜入・穿孔などの習性と関連し，体の不動状態(接触走性硬直)を伴うものもある(ゾウリムシ)．各種の動物の立直り反射や昆虫の飛翔運動が，脚端や腹面への触刺激の消失で解発されることもある．魚類の側線器官は，いわゆる遠隔触覚の装置であり，外界認知に有効な役割を果たす．ヒトの*皮膚感覚としての触覚・圧覚については，4種の触小体と毛根の自由神経終末(血洞毛)とが受容器として同定されている．圧覚の受容器の*パチーニ小体の一部は皮膚下の組織にも存在して，深部感覚に関与する．ヒトにおける触覚・圧覚の刺激となるものは，体表面における圧力の勾配で，したがって尖鋭端の接触が特に有効(0.5 mm²で閾値極小)である．また感覚順応がみられ，加圧が徐々に，または長時間行われる場合には感覚は減退する．[2] 植物，特に食虫植物のハエジゴクやモウセンゴケ類などでは触刺激の受容器がはっきり分化しており，活動電位の発生がみられる．

b **触角後器官** [postantennal organ] 無翅昆虫のうち，粘管類とハサミトビムシ類に見られる特殊な感覚器で，触角基部のわずか後方に位置する1対の円形または楕円形の小器官．中央に細い溝があり，下面には溝を囲んで大きな上皮細胞が十数個ならび，これに神経が分布している．これらの細胞は吸水して膨れる性質があり，この器官は湿度の受容器であるといわれる(H. Marcus, 1949)．同様なことは他の無翅昆虫の体表のところどころに存在する感覚溝(sensory groove)や原尾類の偽眼(pseudoculus，偽単眼 pseudocellus)にも知られている．

c **触角腺** [antennal gland, antennary gland] 《同》緑腺(green gland)．甲殻綱軟甲類中の端脚目・アミ目・オキアミ目・十脚目の排出器官．第二触角基部に開口し，しばしば青緑色を呈する．他の軟甲綱および切甲類の第一小顎付近に開口する小顎腺(腮腺 maxillary gland, *殻腺)と相同．薄壁の体腔嚢に始まり，括約筋をそなえた漏斗部，複雑に屈折する尿管，排出管を経て上記の位置に開口する．

d **触角類** [ラ Antennata, Atelocerata] 節足動物門のうち，三葉虫類，多足類，甲殻類および六脚類(昆虫)を含む群．この類はすべて触角を有する(わずかに二次的に失ったものもある)ことから触角をもたない*鋏角類と対置される．

e **ショック** [shock] 急性の全身性循環障害で，重要な臓器の機能を維持するのに十分な血液循環が得られない結果，生体機能が異常をきたす症候群．著明な動脈圧低下を伴う．したがって，血圧低下が末梢循環不全や重要臓器の代謝障害を引き起こしているか否か，緊急処置を必要としているか否かの判断が重要であり，一刻を争う．ショックの徴候としては，蒼白・冷汗・血圧低下(収縮期圧 90 mmHg 以下)・脈拍触知不能が挙げられる．ショックは原因により，神経原性ショック，循環血液量減少性ショック(出血性ショック)，*アナフィラキシーショック，*敗血症性ショック，心原性ショックなどに分類される．

f **ショットガン実験** [shotgun experiment] 遺伝子クローン化において，ある生物の遺伝子すべてを含むDNAを制限酵素などで切断したものを，供与体DNAとして用いる実験．無差別的に全DNA断片をクローン化すれば，その中には目的とする遺伝子のクローンも必ず含まれているだろうという意味で，1発で多くの弾丸をばらまく散弾銃(ショットガン)との類似から生まれた用語．DNA配列の決定法などに用いられる．ゲノムサイズの小さい細菌などの研究に有効．(⇒DNAクローニング)

g **ショットガン配列決定法** [shotgun sequencing] 長いDNA分子をランダムに短い断片にして塩基配列を大量に決定し，それらをコンピュータプログラムを用いてもとのDNA配列を再構成する方法．DNAを多数の獲物に見立てて，それらをショットガンでランダムに撃つという比喩から名付けられた．1970年代にF. Sangerのグループが考案した．繰返し配列の少ない場合には有効な方法であり，バクテリアゲノムの配列決定に広く用いられている．実験が簡単なので，真核生物のゲノム配列決定にも用いられるようになったが，繰返し配列が多いので，この手法によって決定されたゲノム配列はつながりにくく，多数の*コンティグだけにとどまっていることが多い．またコンティグ内の配列順序の信頼性もあまり高くない．

h **ショ糖，蔗糖** [sucrose, saccharose] 《同》スクロース，サッカロース．α-D-グルコピラノシル-β-D-フルクトフラノシド，またはβ-D-フルクトフラノシル-α-D-グルコピラノシドにあたる，甘味のある非還元性二糖．元来はサトウキビから得られる砂糖(cane sugar)を意味する．サトウダイコンから得られるものを甜菜糖という．光合成能力のあるあらゆる植物中に見出される．酸またはβ-D-フルクトシダーゼ(スクラーゼ，インベルターゼともいう)で加水分解するとD-グルコースとD-フルクトースの等量混合物(比旋光度$[α]_D = -20°$)を生じ，旋光度は右旋から左旋に逆転する．この反応を転化(inversion)，その混合糖を転化糖(invert sugar)という．ショ糖は腸粘膜細胞にあるマルターゼⅢまたはⅣによってもグルコースとフルクトースとに加水分解される．ある種の細菌(*Pseudomonas saccharophila, Leuconostoc mesenteroides* など)はリン酸存在下にショ糖をα-D-グ

ルコース-1-リン酸とD-フルクトースに分解する*ショ糖ホスホリラーゼをもつ. 一方, ショ糖をつくる酵素反応としてはUDP-グルコースからD-フルクトースまたはD-フルクトース-6-リン酸へのグルコシル基転移反応が知られている. 前者はショ糖合成酵素(sucrose synthase, EC2.4.1.13)に触媒されるが可逆反応で, 生理的にはむしろ分解方向つまりUDP-グルコース供与のために働く可能性が強いのに対し, 後者はショ糖合成を担っておりショ糖リン酸合成酵素(sucrose-phosphate synthase, SPS, EC2.4.1.14)により触媒される. 生成物のショ糖リン酸はホスファターゼによる非可逆的な脱リン酸をうけてショ糖となる. 光合成炭素固定の中間体ジヒドロキシアセトンリン酸(DHAP)からのショ糖合成は緑色細胞の細胞質で起こる. まずDHAPは葉緑体包膜に存在するリン酸トランスロケーターを介して細胞質のオルトリン酸との交換により細胞質に移り, フルクトース-1,6-二リン酸ホスファターゼ(FBPase, EC3.1.3.11)やSPSの働きでショ糖となる. SPSはリン酸化により活性が調節されており, ショ糖合成における重要な調節酵素となっている.

a **ショ糖ホスホリラーゼ** [sucrose phospholylase] 《同》スクロースホスホリラーゼ. ショ糖の加リン酸分解, ショ糖+Pi(無機リン酸)⇌α-D-グルコース-1-リン酸+フルクトースを触媒する酵素. EC2.4.1.7. ショ糖添加培地に生育した細菌(例: *Pseudomonas saccharophila*)の菌体中に見出される. 反応の平衡点はいくらか右方向に傾いているが, Piを捕捉する試薬の共存下では左方向つまりショ糖合成が進む. この酵素はグリコシル基転移反応も触媒する.

ショ糖+L-ソルボース⇌α-D-グルコピラノシル-α-L-ソルボフラノシド+フルクトース

ショ糖+L-アラビノース⇌3-O-α-D-グルコシル-L-アラビノース+フルクトース

酵素がまずショ糖と反応してフルクトースを遊離するとともに酵素-グルコース複合体となり, これがPiや各種の単糖と反応してそれぞれリン酸エステルや二糖を生成するためである.

b **初乳** [colostrum] 分娩の直前から直後にかけて分泌される乳汁. 食作用によって脂肪を取り込んだリンパ球(初乳小体colostrum body)のほか, 成長因子, 乳腺細胞や導管に由来する細胞の断片や核を含む. リン酸カルシウムや塩化カリウムなどの塩類に富むため便通を良くする作用をもち, 成乳よりカロリーも高い. また免疫グロブリンが含まれており, 乳児は一時的に母体の保有している免疫性を得る. 母体は分娩後, 胎盤からの刺激作用が消失して血中の発情ホルモン・黄体ホルモン濃度が低下すると*プロラクチンの作用が強まって, 成乳の分泌を開始する.

c **除脳** [decerebration] 動物の上位脳を摘出または中枢神経系の下位部から切断して, その神経作用が下部に及ばないようにする操作. このようにした動物を除脳動物(decerebrate animal)と呼び, これを用いて一方では上位脳の機能, 他方では下位中枢神経系の機能が解析される. 脊椎動物では, 通常は間脳・中脳間の切断により中脳動物(midbrain animal)を作るが, 大脳・間脳間を断った間脳動物(diencephalic animal)や, 中脳・延髄間を断った延髄動物(oblongata animal)も用いられる. 延髄・脊髄間の切断の場合は特に脊髄動物(spinal animal)と呼ぶ. 脊髄動物以外の除脳では, ほとんどすべての反射は保存され, 呼吸中枢その他の自動中枢が残存するため, 人為的給餌は必要であるものの, 人工呼吸なしに残生する. 脳幹の中脳四丘体レベルでは, 全身に持続的な筋緊張の高まりを起こす. これがC. S. Sherrington(1898)が発見し研究した除脳固縮(decerebrate rigidity)である. 四肢や脊柱の伸筋, 頭や尾の挙筋など, いわゆる抗重力筋の緊張がその拮抗筋に比べて増大し, 倒れないように支えていると動物は起立のまま不動であるが, 支えをとればそのまま倒れ, 立直り反射は消失している. 除脳固縮は, 中脳の赤核またはその付近に位置する固有反射の高位中枢が, 脳幹の切断により大脳その他のさらに高位の中枢より受ける抑制(中枢性抑制)から解放され, 諸節の伸張反射が異常に亢進する現象と解される. この伸張反射の亢進はγ運動ニューロンの興奮により筋紡錘からの求心性発射が増大するためで, 後根を切断して求心性インパルスを遮断すると固縮が消失する. このため除脳固縮はγ固縮(γ-rigidity)とも呼び, 小脳前葉の乏血により起こるα運動ニューロンの活動亢進のためのα固縮(α-rigidity)と区別する. 持続性迷路反射や持続性頚反射などの*姿勢反射は除脳後も保存されている. サルやヒト(臨床観察)では, イヌやネコなどと異なり, 前肢には伸筋の硬直が現れない.

d **書肺** [book-lung] 《同》肺書(lung book), 気管肺(tracheal lung), 肺嚢(lung sac, pulmonary sac). 蜘形類の呼吸器官. 腹部の体表の陥入で生じた嚢内におさめられ, 多数の葉状物の重積した構造を示す. 各葉の内腔は血体腔で, 腹血洞(ventral sinus)に連なる. 1～4対あり, 真正クモ類では(1)書肺2対の場合, (2)第一対が書肺で, 第二対は普通の気管の場合, (3)第一・第二対とも気管の場合がある.

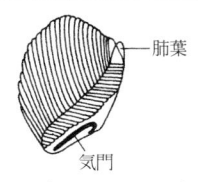

クモ(*Zilla calophylla*)の書肺

e **ジョフロア=サン-チレール** GEOFFROY SAINT-HILAIRE, Étienne サン-チレールとも. 1772～1844 フランスの博物学者. 自然史博物館の脊椎動物学教授となり(1793～1841), J. B. Lamarckの同僚となる. G. L. Cuvierを博物館に招き, ともに比較解剖学を発展させたが, のちには反目した. Napoléon Iのエジプト遠征に従い(1798～1802), 採集品や博物館用の標本類を持ち帰った. 動物界全体を通じて唯一の型(l'unité de plan de composition)があるとし, 1830年これを巡ってCuvierと論争した. 近代的な奇形学の創始者といわれ, 実験的に奇形を作ることを試みた. tératologie(奇形学)の語は彼が初めて用いた. [主著] Philosophie anatomique, 2巻, 1818～1822.

f **ジョフロア=サン-チレール** GEOFFROY SAINT-HILAIRE, Isidore サン-チレールとも. 1805～1861 フランスの動物学者. 自然史博物館教授(1841). さらにパリ大学教授(1850). 父Étienneにつづいて奇形の実験

a **除雄** [castration, emasculation] [1] 花の雄性器官の機能を除く操作．人工交雑において自家受粉を避けるために行う．花の構造や開花習性によって操作は異なり，葯が開く前に蕾を切開して雄ずい（おしべ）を機械的にとり除くか，または熱処理などによって花粉の機能を失わせる．マメ科植物のように雄ずい先熟のもの（⇒両性花）は蕾の小さいうちに雄ずいを除去し，キク属のように花が小さくて除雄のやりにくいものは，開花直前に流水で花粉を洗い流す．イネでは開花直前に温湯中に穂を浸漬して一時に多くの花の除雄を行う方法（温湯除雄法）が用いられている．これを集団除雄（bulk emasculation）という．[2] 動物では*去勢の語があてられる．

b **ジョルダン** JORDAN, David Starr 1851～1931 アメリカの魚学者．コーネル大学に学び，のちJ.L.R. Agassizの教えを受けた．インディアナ大学教授を経てスタンフォード大学教授．日本を訪ねたこともあり，日本産魚類の分類に関する業績が多く，日本の魚学者で彼に師事した者も少なくない．

c **ジョルダンの規則** [Jordan's rule] 低温の水中で育った魚類の椎骨数が高温中で育った同種のものより多いとする一般則．D.S. Jordan の提唱．例えば，アメリカのニューファンドランドで4～8°Cの水中で孵化したタラには56個あるが，ナンタケット付近の10～11°Cの水中のものでは54個しかない．*地理的隔離による種の分岐の説明に引用される．

d **序列法** [ordination] 《同》座標づけ(ordination)．群集の分布，構造，特性を解析する手法の一つ．多地点から採集した群集サンプルから各種個体群を座標軸とする多次元空間に配列したり，逆に調査地点を軸として種を座標軸に配列する方法．例えば，群落調査データは多くの調査プロットとそれらに出現する種を直交する2方向に配列したマトリックスである．これら各プロットの種構成またその量的測度を基礎データとし，プロット間の類似の度合またその逆に縁遠さの度合（組成的距離）を求め，プロットの分散が最大になるような座標軸を求めて，各プロットの位置をグラフ上に配列していく．その軸で説明されない部分については，さらにこれと直交する第二の軸，第三の軸というように求めていく．Bray-Curtis法のほかに，その後，主成分分析，位置ベクトル法，反復平均法，DCA法など多くの変法が提案され，その得失も検討されているが，似た結果になる場合が多く，また社会学的植生分類の結果ともよい対応を示す．このプロット相互の関係に基づいて，直接的には認知しにくい立地の環境の傾度を抽出することもできる．R.H. Whittaker (1956) は，序列法を間接環境傾度分析とし，自己の直接環境傾度分析に対比させている（⇒環境傾度分析）．

e **C₄光合成** [C₄ photosynthesis] 《同》C₄型光合成．最初の炭素同化をC₄光合成回路（C₄ photosynthetic pathway またはC₄ ジカルボン酸回路 C₄-dicarboxylic acid cycle）で行う光合成様式．最終的な炭素同化は維管束鞘細胞葉緑体にある*還元的ペントースリン酸回路で行う．最初の炭素同化産物が炭素数4の化合物であることからこう呼ばれる．C₄光合成回路は葉肉細胞と維管束鞘細胞を一巡する回路で，葉肉細胞で固定したCO_2を維管束鞘細胞内で放出し，維管束鞘細胞内のCO_2濃度を高める働きをする．このCO_2濃縮効果により，還元的ペントースリン酸回路のCO_2固定酵素*リブロース-1,5-ビスリン酸カルボキシラーゼ/オキシゲナーゼ（Rubisco）と酸素との反応が抑えられ*光呼吸が抑制される．まず葉肉細胞の*ホスホエノールピルビン酸カルボキシラーゼ（PEPC）が炭酸水素イオン（HCO_3^-）を固定してC₄化合物（C₄ジカルボン酸）を生成する．C₄化合物は葉肉細胞から維管束鞘細胞に輸送され，維管束鞘細胞内の酵素の働きでCO_2とC₃化合物に分解される（脱炭酸反応）．CO_2は維管束鞘細胞内の還元的ペントースリン酸回路で再固定される．C₃化合物は葉肉細胞に戻り，ピルビン酸オルトリン酸ジキナーゼ（pyruvate, orthophosphate dikinase）の働きでPEPCの基質であるホスホエノールピルビン酸が再生され，回路が一巡する．C₄光合成回路は脱炭酸反応を触媒する酵素の違い

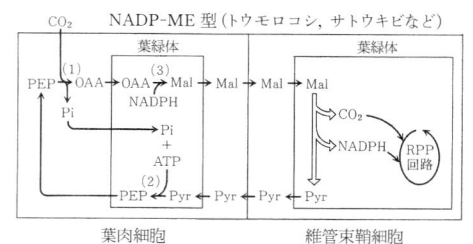

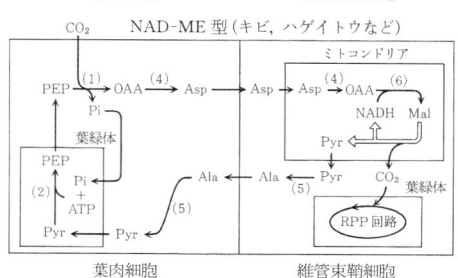

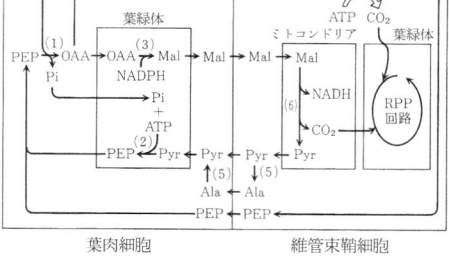

Ala：アラニン，Asp：アスパラギン酸，Mal：リンゴ酸，OAA：オキサロ酢酸，PEP：ホスホエノールピルビン酸，Pyr：ピルビン酸，RPP回路：還元的ペントースリン酸回路 (1) phosphoenol pyruvate carboxylase (EC 4.1.1.31) (2) pyruvate, orthophosphate dikinase (2.7.9.1) (3) NADP malate dehydrogenase (1.1.1.82) (4) aspartate aminotransferase (2.6.1.1) (5) alanine aminotransferase (2.6.1.2) (6) NAD malate dehydrogenase (1.1.1.37)

により，NADP-*リンゴ酸酵素(NADP-ME, EC1.1.1.40)型，NAD-リンゴ酸酵素(NAD-ME, EC1.1.1.39)型，ホスホエノールピルビン酸カルボキシキナーゼ(phosphoenolpyruvate carboxykinase, PEPCK, EC 4.1.1.39)型の3種類に大別される．図中の白矢印はそれぞれの型における脱炭酸反応を示す．C_4光合成を行う植物をC_4植物(C_4 plant)と呼ぶ．サトウキビ，トウモロコシ，キビなど熱帯・亜熱帯原産のイネ科を主に，カヤツリグサ科，ヒユ科，アカザ科植物など，18科8000～1万種が含まれる．光呼吸が抑えられるためC_3植物に比べ一般的に最大光合成速度が大きい．その多くは強い日射，高温，水分の供給が少ない環境に適応している．葉構造もC_3植物と異なり，発達した葉緑体を多数もつ維管束鞘細胞が維管束を取り囲むように配列し，そのまわりを葉肉細胞が放射状に取り囲む特徴的な構造（クランツ構造 Kranz anatomy, Kranz はドイツ語で花環の意）をもつ．C_3型とC_4型の中間的な光合成を行う植物，クランツ構造をもたず単一細胞内でC_4型に類似の光合成を行う植物もある．

a **C_4植物** [C_4 plant] ⇒C_4光合成

b **ジョンストン器官** [Johnston's organ] 昆虫類の*弦音器官の一つで，*触角の第二節(梗節)にそなわる特殊な機械受容器．粘管目や双尾目を除いた昆虫の成虫に見られ，特に双翅目のカ科とユスリカ科の雄に発達．触角神経の周囲に鞘状に配列した無数の弦音器官の集団からなる．各弦音要素の先端は第二節・第三節(鞭節)間の関節膜に付着し，基部は神経繊維により触角神経に連絡する．触角の運動を関節膜の張力変化により感受する一種の自己受容器で，さらに風圧・気流・振動などの外的刺激をも感受しうるとされる．ミズスマシは触角梗節の下面を水面に接しつつ遊泳し，水辺などに近づくと，反射する水波による上記関節膜の張力変化を通してこれを感知するといわれる．

c **ジョーンズ－モート反応** [Jones-Mote reaction] 遅延型過敏反応(IV型アレルギー)の一種で，*感作後比較的早期に出現し，24時間前後で最大の反応を示す．組織学的には表皮下への好塩基球の浸潤を特徴とする．T. D. Jones と J. R. Mote(1934)が記載した．感作する場合は，抗原をフロイントの不完全アジュバント(⇒フロイントのアジュバント)とともに与えた場合に現れやすい．H. R. Dvorak ら(1969)は，この反応は他の過敏反応と異なった反応として好塩基球性皮膚過敏反応(cutaneous basophil hypersensitivity)と呼ぶことを提唱しているが，反応の機序は不明の点が多い．

d **白井光太郎**(しらい みつたろう) 1863～1932 植物病理学者．東京帝国大学農科大学教授．日本における植物病理学の開祖で，寄生菌類が専門．本草学史の研究も著名．草創期の日本人類学会でも活躍した．[主著] 最近植物病理学，1903．

e **シーラカンス類** [coelacanths ラ Coelacanthina] 硬骨魚綱肉鰭亜綱の一目．背鰭は扇形，尾鰭は菱形，鱗は円鱗．デボン紀に現れ，なかでも初期のものは淡水に生息していたらしく，立派に化骨した内鼻孔をそなえていた．これに対して中生代のものは海に生息するようになったためか，肺呼吸をやめたらしく，内鼻孔は認められない．白亜紀末に絶滅したと信じられていたが，1938年に *Latimeria chalumnae* が発見され，マダガスカル島，コモロ諸島近海，ならびにインドネシア近海に現生していることが明らかとなっており，「生きた化石」の例に数えられる．捕獲された標本から卵胎生であることが証明された．中生代の種族と現生種との関連を証拠立てる化石は未発見．

f **ジラード** SZILARD, Leo 1898～1964 ハンガリー，のちアメリカの物理学者，生物物理学者．ケモスタット装置を開発し，細菌の突然変異と適応酵素について研究，生育環境が突然変異率に影響を与えるなどの知見を明らかにした．のち原子力利用などの社会問題に精力を注ぐ一方，生物学の理論的研究を行う．老化現象(1959)，細胞分化の観点から酵素合成の制御，抗体産生(1960)，記憶(1964)についての理論の論文がある．

g **雌卵** [female egg] 輪虫・ミジンコなど*ヘテロゴニーをなす動物において，単輪廻性(⇒多輪廻)の場合，春夏の候の比較的環境条件の良好な時期に雌(単為生殖雌虫)が半数性単為生殖(⇒二倍性単為生殖)によって産み，発生して雌となる卵．減数第一分裂は終えているが減数第二分裂を行っていないので，染色体数は半減せず $2n$ である点で，*雄卵と*耐久卵とが n であるのと異なる．輪虫の1回の産卵数は，雌卵1～2(ただし *Asplanchna amphora* 4～8，ミズワムシ 35～45)，雄卵は10～16，耐久卵はただ1個で，卵黄量の合計はそれぞれほぼ等しいから，1個の卵の大きさは雄卵が最小，耐久卵が最大である．雌卵は楕円形で卵膜は薄く透明で，形態的にも雄卵および耐久卵から区別される．ミジンコでは卵巣中の4細胞群から1個の雌卵が作られる．すなわち1個が生殖細胞となり他の3個は卵黄細胞として前者に吸収される．これに対し耐久卵は1本の卵巣管の全細胞によってただ1個が作られる．

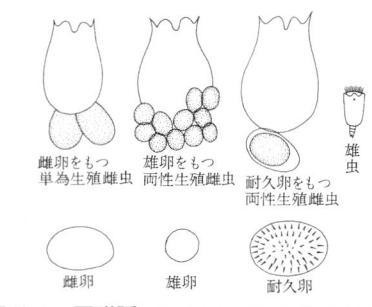

雌卵をもつ単為生殖雌虫　雄卵をもつ両性生殖雌虫　耐久卵をもつ両性生殖雌虫　雄虫

雌卵　雄卵　耐久卵

h **尻だこ，尻胼胝** [ischial callosity] 旧世界ザルの尻の坐骨結節に相当する部位にある，無毛の，非常に丈夫な結合組織性の皮膚．知覚神経がほとんど分布せず，長時間，岩や枝の上に尻だこをのせて睡眠・休息できる．樹上生活に対する適応例の一つだが，大型類人猿ではあまり発達していない．

i **自律運動** [autonomic movement] 《同》自発運動．内的要因により自律的に起こる運動．それ以外の運動を示す*刺激運動とともに，主に植物の運動に対して用いられる．*回旋運動と*生物時計の制御を受ける*就眠運動が含まれる．*重力屈性などにより屈曲した器官が真っ直ぐに戻る過程に関与する自律屈性(autotropism)も自律運動の一つである．屈性は，その定義上，外的刺激に応答した反応であるので，この用語は適切でないという指摘もある．

j **自律形成，自立形成** [self-organization] 発生学において，ある胚域に起こる*形態形成の型(pattern)が

その胚域自身の固有の条件によって定められ，外部の因子によって直接規定されていない過程. *自律分化も同様の概念であるが，自律形成の語はより高次の形態形成まで含めて用いられることが多い.

a **自律神経系** [autonomic nervous system] 《同》不随意神経系(involuntary nervous system)，植物性神経系(vegetative nervous system). 内臓筋や腺などの神経支配を通じてもっぱら*植物性機能の統御・調節に当たる神経. 随意運動や感覚などの*動物性機能をつかさどる*体性神経系と対置される. もっぱら，あるいは主として*遠心性神経からなるが，大脳の支配から比較的独立して自動的に働くところから, J. N. Langley (1905)が命名. 自律神経系には*交感神経系・副交感神経系の2系統があり*二重神経支配を保ち，かつその器官に対する両系の作用は互いに拮抗的であることが多い. 両系を通じてその末梢路は，中枢神経系内の神経細胞から出た神経繊維が*終末器官に達するまでにニューロンを交代する形態的特徴を示す. 最初の繊維すなわち*節前繊維は有髄性で，これは途中，神経節または神経集網内に終わり，これとシナプスを作る神経細胞から新たに，一般に無髄性の節後繊維が発し，これが効果器に到達する. 例外は副腎髄質に分布する交感神経-副腎系(sympathico-adrenal system)で，節前繊維が直接に腺細胞に達してアドレナリン分泌を支配する. 両系の自律神経は絶えずある興奮状態すなわち緊張を持続し，被支配器官に一定の神経インパルスを送っており，これは持続性支配(tonic innervation)と呼ばれる. 拮抗性支配を受ける器官の興奮性は，両系の緊張間の均衡によって維持される. 一系の緊張減少は他系の緊張増加と同様の効果をもつ. なお自律神経系は特殊の薬物(自律神経毒)に対して敏感で，容易に興奮または麻痺をきたす. 薬理作用の多くは交感神経系・副交感神経系のそれぞれに特異的で，自律神経緊張異常に基因する各種の病症の治療法や，外科手術の補助手段など，臨床上利用されている. (⇨自律神経反射)

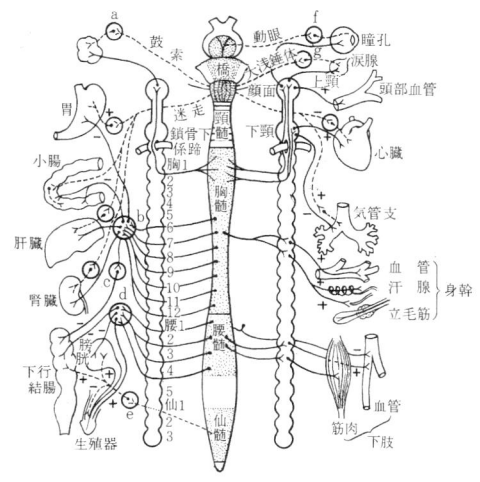

a 顎下 b 腹腔 c 上腸間膜 d 下腸間膜 e 骨盤
f 毛様 g 翼口蓋の各神経節

b **自律神経節** [autonomic ganglion] 脊椎動物の神経節のうち*自律神経系に属するもの. 脳脊髄から発した自律神経の*節前繊維は自律神経節に終わってそこのニューロンとシナプス結合し，自律神経節から出た節後繊維が終末器官に至る. *交感神経系では脊柱両側を縦走する交感神経幹の中に神経節があり，*副交感神経系では頭部に毛様体神経節をはじめとするいくつかの頭部副交感神経節が，胸腹部ではそれぞれ内臓諸器官の中または付近に多数の小形の神経節がある.

c **自律神経毒** [autonomic drug] 自律神経系およびその効果器に働いてこれを刺激または抑制する薬物. 作用する神経の種類や作用様式によって分類される. アドレナリン様の作用を示すもの，すなわちアドレナリン作動神経を刺激して心臓の収縮力増強，拍動数増加，血管収縮，血圧上昇，胃腸の蠕動減少あるいは散瞳などをもたらすものは，アドレナリン作動性剤(adrenergic drug)または交感神経様作用剤(sympathomimetic drug)といわれ，*アドレナリンそのもののほか，*ノルアドレナリンや*エフェドリンなどがこれに属する. アドレナリン様作用を抑制するものがアドレナリン遮断剤(adrenergic blocking drug)であって，エルゴトキシンやエルゴタミンおよびジベナミン(dibenamine)などがこれに属する. アセチルコリン様の作用，すなわち自律神経節・神経筋接合部を刺激するニコチン様作用を示すものや，副交感神経末端を刺激して心臓収縮力の減退，拍動数減少，血管拡張，血圧降下，胃腸の蠕動亢進，発汗，流涎，縮瞳などをもたらすムスカリン様作用を示すものは，コリン作動性剤(cholinergic drug)あるいは副交感神経様作用剤(parasympathomimetic drug)といわれ，*アセチルコリン，アセチル-β-メチルコリン(acetyl-β-methylcholine)，*ムスカリン，ピロカルピンおよび抗コリンエステラーゼ剤(anticholinesterase drug)などがこれに属する. 抗コリンエステラーゼ剤はコリンエステラーゼを阻害してアセチルコリンの分解を妨げ，コリン様の作用を示し，*エゼリン，プロスチグミン，ジイソプロピルフルオロリン酸(diisopropyl fluorophosphate)，テトラエチルピロリン酸(tetraethyl pyrophosphate)などがこれに属する. コリン様の作用を遮断するものは，副交感神経遮断剤(parasympatholytic drug)またはコリン遮断剤(choline blocking drug)あるいは抗コリン剤(cholilytic drug)といい，*アトロピンやスコポラミン(scopolamine)などがそれである. しかし自律神経系だけでなく，運動神経繊維も通常コリン性の繊維なので，広義にはクラーレなど骨格筋へ作用する薬物もコリン遮断剤である. 交感および副交感神経遮断剤を自律神経遮断剤(autonomic-blocking agent)と総称する.

d **自律神経反射** [reflex of autonomic nervous system] 自律神経系がつかさどる反射の総称. 自律神経系の活動は，もっぱら各種の自律神経反射の遠心性経路を構成することにあり，数多くの内臓反射，例えば血管運動反射・心臓反射・呼吸運動の呼吸反射(respiratory reflex)・発汗反射(sweating reflex)などがこれに属する. 一般に，求心路と遠心路の種類から2種類に分けられる. (1)内臓-内臓反射:求心路，遠心路ともに自律神経を介する反射. 内臓の状態に基づき，内臓へその効果を現す反射で，血圧調節(圧受容器反射など)，膀胱調節(排尿反射など)がある. (2)体性-内臓反射:体性感覚に基づき，内臓へその効果を現す反射で，皮膚や筋に与えられた刺激により起こる体温調節(体温調節反射など)，

射乳反射，射精反射などがある．広義では自律神経による内臓情報をもとした体性運動神経を遠心路とする反射も含まれることがある(内臓-体性反射)．例えば，肺の伸展受容器や血管系の化学受容器により呼吸筋の活動が調節される呼吸反射(ヘーリング-ブロイエル反射 Hering-Breuer reflex)などが含まれる．節前繊維の神経細胞は，交感神経系では脊髄(側角)，副交感神経系では延髄にあって，それぞれ自律反射の中枢(自律神経中枢)をなすが，さらに高位の総合的中枢が間脳の*視床下部に存在し，特に恒温動物では体温調節機構の中枢が，この部位に見出される．ヒトをはじめ霊長類の喜怒哀楽すなわち情動は，心臓拍動・呼吸運動・血圧・立毛・唾液分泌・精神電流現象など，一般に自律神経活動を介して表出されるもので，これらの反射はもとより大脳皮質による精神活動の影響下にあるが，その本来の中枢は，これも視床下部の神経核群とされる．また，大脳辺縁系にはさらに高次の自律神経中枢があると考えられている．

a **自律複製配列** [autonomously replicating sequence] ARSと略記．細胞中で染色体に組み込まれない遊離の状態で複製することができるDNA配列で，複製開始点を含む．大腸菌の*DNA複製開始点(*oriC*)を組み込んだ環状*プラスミドは自律複製配列として働き，大腸菌中の染色体外で複製される．真核生物でも，複製開始点を含む断片が自律複製配列として働くことが知られている．

b **自律分化，自立分化** [self-differentiation, auto-differentiation ラ differentiatio sui] 《同》自己分化．他の胚域からの造形的影響なしに一つの胚域が単独で行う分化．胚の一部，特に器官原基について用いる．本来，W. Roux (1905) が，胚または胚域について決定因がそれら自身に含まれると考えて定義した．両生類の中期神経胚から予定眼原基を切り出し，他の胚の腹方に移植して眼原基が形成される場合，または両生類の若い肢芽を分離し，体外培養によって肢の分化を得る場合などのように，一般に自律分化はその胚域の*予定意義に一致し，それぞれの手術期以降において予定眼原基や肢芽は，正常発生でも自律分化を行うと推測される．自律分化は胚域の決定や分離の研究にとって重要な手がかりとなる一方，予定意義に一致しない自律分化も多数知られる．

c **視力** [acuity of vision] 形態視眼において物点の空間上の位置を見分ける能力．視空間(⇒空間覚)形成の基礎をなす．眼からの方向の差異すなわち視野上の位置を識別する方向視力と，眼からの距離を識別する奥行視力とを区別するが，単に視力といえば通常は前者を指し，光学器械としての眼の分解能にほかならない．どの大きさの点までを点として認めうるかという最小視角(絶対閾値)，または2点を2点として識別できる最小視角(識別閾値)のそれぞれ逆数で表し，視角1′の場合を視力1.0と定める．ヒトの網膜では中心窩に直径約1μmの視細胞が密に配列している．2点を識別するには，それぞれの点によって異なった視細胞が興奮し，それらの視細胞の間に興奮しない視細胞があることが必要である．眼球の構造から，三つの視細胞を見込む角度(視角)は0.5′となり，視力は2.0となる．正常人の視力(識別閾値による)は1.0〜2.0である．視力は中心視が最大で，周辺視では劣る．暗順応状態では視力は減じ，中心視よりも周辺視が優る．頭足類以外の無脊椎動物では，眼の大きさも視細胞密度もともに小さいので，視力も著しく低く，形態視は一般に不可能とされる．複眼の視力は単一個眼の占める角度(視角)から判定される．複眼の形態視能は一般に不完全で，かつ極度に近視的である．

d **シルヴィウス** S\ylvius, Franciscus；本名 De le Boë, Franz 1614〜1672 オランダの医学者．ライデン大学教授．医化学派に属し，栄養に関する化学作用の研究などにおいて酸・アルカリ・発酵をもって生体現象の根本とみなした．大脳外側溝の別名シルヴィウス溝は彼の名前に由来する．

e **シルヴィウス** S\ylvius, Jacobus；本名 Dubois, Jacques 1478〜1555 フランスの解剖学者．はじめ古典語を学び，のちパリで医学を修めた．1550年 Collège Royal の教授．Galenos の解剖学を信奉し，多くの筋肉・血管などを命名し，シルヴィウス水道に名を残す．A. Vesalius の師で，のちには対立．[全集] Opera omnia, 1630.

f **シルル紀** [Silurian period] *オルドビス紀につぐ約4.4億年前から4.2億年前に相当する*古生代の一紀．R. I. Murchison (1835) が命名．かつてゴトランド紀(Gotlandian period)といわれたこともあった．世界的に*床板サンゴ類の著しく発達した時代で，各地に礁性石灰岩を形成した．また*筆石類もよく発達していて，重要な*示準化石である．脊椎動物では無顎の魚類が多様化した．生物の陸上への進出が始まった時代で，生物に有害な紫外線を吸収するオゾン層が形成されたと考えられている．日本では南部北上山地，飛驒外縁帯，黒瀬川構造帯にこの時代の地層が知られている．

g **自励振動** [self-excited oscillation, autonomous oscillation] 物理学的には，振動的ではない外力や静的なエネルギー源からのエネルギーによって持続する，安定な周期振動と定義される．振幅が小さい間は振動エネルギーが平均的に補給され，振幅が大きくなると消散されるようなしくみが振動系に含まれていると，補給されるエネルギーと消散されるエネルギーがバランスするようなある一定の振幅の振動に漸近する．一定の風速，風向の風によって一定の大きさと方向の摩擦力を受けた電線がうなりを発生するのが一例である．心臓の鼓動，ふるえ，性周期現象など，生物にみられる周期現象は自励振動と同じ挙動を示すものが多い．(⇒同調)

h **指令説** [instructive theory] 抗体の形成または合成過程に抗原が直接にあるいは間接に鋳型として関わるという歴史的仮説．1930年ごろから約20年近く提唱されていたが，現在では否定されている．鋳型説(template theory)ともいう．後に提唱されたクローン選択説と対比される．免疫グロブリンの構造が抗原を鋳型としてそれぞれ修飾(refolding)され，ジスルフィド結合などにより形が整えられ，抗原に特異的な形の抗体が作られるとする直接鋳型説(direct template theory)と，抗原を鋳型として蛋白質合成が生じるとする間接鋳型説(indirect template theory)の二つの説が提唱された．前者は抗体分子の抗原特異性がアミノ酸一次配列により規定されていること，後者は抗体合成の場に抗原は直接には必要とされないことから否定された．(⇒免疫理論)

i **司令ニューロン** [command neuron, command cell] 《同》司令細胞．*介在ニューロンのうち，その活動によって歩行・遊泳などの協調性の高い運動や，行動の出現を制御しているもの．主として甲殻類，軟体動物などの無脊椎動物に見られ，アメリカザリガニの遊泳肢の運動

を司令する介在ニューロンとして C. A. G. Wiersma と K. Ikeda (1964) が命名. 典型的なものとして, 逃避行動の司令ニューロンとしてのザリガニの内側および外側巨大神経に見られる.

a **白蟻生物** [termitophiles] シロアリの巣内・巣外に生活してこれと密接な関係をもつ動物や植物. [1] 白蟻動物 (termitophilous animal): 昆虫を主として数百種以上が記載されている. ハエの類やハネカクシ科甲虫などでは腹部が膨大 (膨腹現象 phisogastry という) して, 特有な分泌器官をそなえ, その分泌物をシロアリに与える. シロアリからは食物の供給をうけ, なかにはシロアリの幼虫を食うものがいる. [2] 白蟻植物 (termitophilous plant): 主に菌類に見られる. 亜熱帯・熱帯地方 (日本では沖縄など) のシロアリには菌類を栽培するものがいる. シロアリが食べた木材は, 細かく砕かれて消化管を通過し, 巣内で好適な菌床となる. 働き蟻の体内を通過した*分生子から菌糸が生じ, これを幼虫・王・女王が食する.

b **シーワード** SEWARD, Albert Charles 1863〜1941 イギリスの古生物学 (古植物学) 者. ケンブリッジ大学植物学教授 (1906〜1936). グロッソプテリス植物群に関する研究は著名. 化石植物全般にわたる著書が多い. [主著] Fossil plants, 1898〜1919.

c **G_1期** [G_1 phase] 《同》DNA 合成準備期, 前DNA 合成期, 第一間期. *細胞周期の間期の一時期で, M 期 (分裂期) から S 期 (DNA 合成期) までの間 (gap) の時期. G_1 の G は gap の頭文字からきている. この期間内には, 細胞周期を S 期に進めて増殖サイクルを続けるか, あるいは増殖をやめて細胞周期から離脱して G_0 期に入るかを決定するチェックポイント (G_1 チェックポイント) が想定されており, それを哺乳類細胞では制限点 (限定点 restriction point), 酵母ではスタート (start) と呼ぶ. G_1 期の進行は, 哺乳類細胞ではサイクリン D-CDK4 とサイクリン E-CDK2 が主に制御する. これらの G_1 サイクリン-CDK は典型的には RB をリン酸化してその転写抑制を解除して増殖に必要な諸因子の転写をもたらし, 他方では CDK インヒビターの蛋白質分解をもたらす. その結果, S 期開始に至ると考えられている. (⇒チェックポイント制御, ⇒サイクリン, ⇒CDK, ⇒CDK インヒビター)

d **塵埃細胞** (じんあいさいぼう) [dust cell] 《同》肺胞大食細胞 (alveolar phagocytes). 肺胞内に見られる*マクロファージの一種. 呼気と共に肺内に入った種々の塵埃粒子を食作用により細胞体内に取りこんだもの. 塵埃細胞はその後気道の繊毛運動などによって痰とともに排出される.

e **人為構造** [artefact, artifact] 《同》アーティファクト, 人工産物. 細胞・組織内において, 生きているときには存在せず, 固定像 (fixation image) に二次的に生じてくる構造物. 多くは標本作製時の不適当な操作による. (1) 固定前の時間のかけすぎや乾燥, 乱雑な切削, また組織片が大きすぎることによる固定液の浸透不均等などによる, 自己融解, 構成物質の溶失, 異常構造の出現など. (2) 脱水・包埋・切断・染色の過程における固定試薬の残存結晶, 収縮, 破損, 染色性の変化. (3) 凍結乾燥法・凍結置換法における氷の結晶による構造破壊や, 氷の融解による構成物質の再分布のための局在性の変化. (4) 組織化学・免疫組織化学・遺伝子組織化学 (*in situ ハ

イブリダイゼーション) などの手技の過程で生じた物質の移動や非特異的反応などがある.

f **人為単為生殖** [artificial parthenogenesis] 《同》人為処女生殖, 人工処女生殖, 人為単為発生. 有性動植物の卵に人工的な刺激を与えて, 精子なしで何らかの発生的変化を多少とも進行させることができる場合, もしくはそのような操作. ウニでは酪酸と高張海水処理により, またカエルでは細い針に血液などをつけて突くことにより, それぞれ幼生や成体を得ることができる. 棘皮動物, 環形動物, 軟体動物, 魚類などで広く実験され, 家兎のような哺乳類でもある程度成功例がある. ウニでは, 酪酸のほか, *尿素, *サボニン, 合成洗剤, フェノール類などで未受精卵を刺激し, さらに高張海水につける方法が用いられる. このように処理された卵は, 受精卵と同様な*受精膜を生じ, 卵割を始める. 一般に, 受精に伴い卵細胞質の Ca^{2+} イオン濃度が一過的に上昇するが, Ca^{2+} イオノフォア処理によっても卵が活性化する. これらの研究は, *受精の現象の解明, また遺伝学的な問題に貢献している. 植物ではまだ研究が少ないが, 褐藻のヒバマタ属の一種でウニに用いられる方法を応用して, 分裂を始めさせた例がある. (⇒単為生殖, ⇒単為卵片発生)

g **人為淘汰** [artificial selection] 《同》人為選択. 農業や畜産において有用な形質をもつ個体を選抜して子孫を残させ, これを継続的に行って品種を改良していくこと. 通常はこのような意識的な淘汰 (conscious selection) だが, 無意識的によりよいものを得たいという希望から生じる無意識的淘汰 (unconscious selection) もあることを C. Darwin が指摘している. (⇒自然淘汰, ⇒淘汰)

h **真円錐眼** [eucone eye] 昆虫の複眼における個眼の一型で, 円錐体細胞内に円錐晶体を含み, 核が角膜に接して位置するもの. 円錐晶体は細胞の中央あるいは角膜側にあり, 硬さも種によってちがうが, いずれも光を屈折させる. シミ目のような無翅昆虫から, バッタ目・トンボ目・カゲロウ目, さらにコウチュウ目の一部・トビケラ目・チョウ目・ハチ目にみられる.

i **心黄卵** [centrolecithal egg] ⇒卵黄

j **心音** [heart sound] 心臓拍動に伴って生ずる音. 聴診器を用いて聴くことができるが, 心音曲線 (phonocardiogram) を描記し, 同時記録した*心電図や脈拍曲線と対比して解析する. 4 種類の心音が区別できる. 第一音は心室収縮期の初めに左右の房室弁が閉鎖するために, 第二音は心室収縮期の直後に大動脈弁と肺動脈弁が閉鎖するために起こる. 第三音は若い者に多く聞かれ, 心室拡張期の前半に心室に速やかに血液が流入する際に生じるといわれる. 第四音は心房音 (auricular sound) といわれ, 心房の収縮に基づく振動による. 心房音は正常状態では第一音を構成する成分と融合するが, 房室運動不調が起こったり房室興奮伝導が遅くなったとき, 第一音の直前に分離して聞こえる.

k **進化** [evolution] 生物個体あるいは生物集団の伝達的な性質の累積的変化. どのレベルで生じる累積的変化を進化とみなすかについては意見が分かれる. 種あるいはそれより高次レベルの変化だけを進化とみなす意見があるが, 一般的には集団内の変化や集団・種以上の主に遺伝的な性質の変化を進化と呼ぶ. 進化遺伝学では, 集団内の*遺伝子頻度の変化を進化と呼ぶ. また, 文化的伝達による累積的変化を進化に含めるときもある. さら

688　シンカ

に，生物個体や集団の進化に伴って生じる生物群集の構造変化も進化とみなすことがある．生物進化は，遺伝的に異なる性質をもつ生物個体の頻度が時間につれて変化することによって，あるいは異なる特性をもつ生物集団が新たに起原することによって生じるので，生物集団(個体群，あるいは種)より高次のレベルの変化は，生物個体や集団の進化の結果であるとみなす考えもある．evolution の語は，元来，発達・発生・発展・展開などの意味や，個体発生上の展開の意味で用いられていたが，後に種の分化や種形成，あるいはそれより高次のレベルにも用いられるようになった．なお，歴史的に C. Darwin は「変化を伴う由来」(descent with modification)で進化の意味を表し，フランス語では transmutation, transformation, ドイツ語では Deszendenz, Abstammung, ときとして Entwicklung(Entwickelung)の語が使われた．(⇒大進化)

a **真果** [true fruit]　厳密に雌ずいの子房の部分だけから由来した果実をいい，下位子房に由来した果実のように*花床や萼の基部などの他の器官の組織を含まない果実．狭義の果実で，大部分の果実はこれに属する．*偽果と対する．

b **シンガー** SINGER, Charles　1876～1960　イギリスの生物学史家．オックスフォード大学の生物学史講師，ロンドン大学医学史教授，イギリス科学史学会会長などを歴任．[主著] A short history of scientific ideas to 1900, 1941, 2版 1959.

c **新界** [Neogaean realm]　陸上における*動物地理区の3大単位の一つで，南アメリカ大陸を含む地域．北部の北アメリカ中部カリブ亜区(カリブ推移帯)に接する．新界は中生代末から新生代を通じて他の大陸との隔離の程度が大きかったうえに，気候変動が少なかったため，固有の*動物相がよく保存されて特異性が強く，新熱帯区(Neotropical region)，新熱帯亜区(Neotropical subregion)という1区，1亜区を構成する．新熱帯亜区はさらにアマゾン地方(Amazonian province)，東ブラジル地方(East Brazilian province)，チリ地方(Chilean province)の3地方に区分され，雄大なスケールの熱帯多雨林，温帯草原，高山，砂漠をもち，各生息地に応じた著しい生物の分化が見られる．特徴的な動物として，哺乳類で広鼻猿類のオマキザル科，貧歯類のアリクイ科・ナマケモノ科・アルマジロ科など，鳥類でレア科・シギダチョウ科・ホウカンチョウ科・ラッパチョウ科・オウム科・アリドリ科・タイランチョウ科・カザリドリ科など，両生類でピパ科など多数があり，アンデス山脈のアメリカラクダ(ラマ，アルパカなどはその飼養変種)，テンジクネズミ科，メガネグマ，コンドル，クサカリドリなども有名．(⇒動物地理区)

d **進化医学** [evolutionary medicine]　《同》ダーウィン医学(Darwinian medicine)．病気がなぜ存在するかという根源的な問いに対し，人類や病原体の進化の観点から理解を試みる医学のこと．例えば免疫グロブリンの一つである IgE 抗体は，もともとは体表を寄生虫の感染から守るために哺乳類が獲得した免疫機構であったと考えられているが，衛生状態が改善した現代においては，花粉症やアトピーなどのさまざまなアレルギー症状を引き起こす原因となっている．また椎間板ヘルニアは，ヒトが二足歩行を獲得した結果，腰への負担が大きくなって生じたものであると理解されている．

e **侵害刺激** [noxious stimulus]　《同》有害刺激，傷害刺激．激しい機械的刺激，熱的刺激，電気的刺激，化学的刺激(例：酸)など，生体に対して直接の危害を意味するような種類と強度の刺激．C. S. Sherrington の提唱．ヒトを含む哺乳類では一般に痛覚を伴い，疼痛刺激(painful stimulus)と呼ばれる．侵害刺激は一般に刺激閾値の低い未分化の自由神経終末(侵害受容器 nociceptor という)により受容されると考えられ，動物界における感覚刺激の始原形態とみなされる．この種の刺激に対する反射(退避，逃避，払いのけなど)は，特別に高速化された神経経路(例えば巨大軸索)を経て関係した末梢効果器まで伝達される事例が多い．また，しばしば最終共通経路をともにする他の反射に対して抑制作用をもつ．

f **深海底生生物** [deep-sea benthic organism]　*外洋域の海底域に見られる生物の総称．これらを群集として見るときには深海底生群集(deep-sea benthic community)と呼ぶ．十分な光が到達しないため光合成生物を欠き，栄養は直接・間接に*沿岸域や表層(⇒表層性群集)に依存する．以下の4群に区別される．(1)中深海底生生物(mesobenthic organism)：水深150～200mから700～1000mの薄光層(⇒海洋生態系)に生息する．この海域は原始的な動物が分布しているとして，旧深海底帯(archibenthic zone)と呼ばれることがあり，ガラスカイメンのカイロウドウケツや十脚甲殻類の Polycheles などが特徴的である．(2)漸深海底帯生物(bathybenthic organism)：水深700～1000mから4000mまでの，無光層上半分，主として陸棚斜面を形成する海底に生息する．中深海底帯と漸深海底帯ともに，底質は岩礁から泥まで多様で，表層からの鉛直ъ送や乱泥流による水平輸送などにより栄養が豊富に供給されるため，種多様性が高く，現存量も大きい．(3)深海底帯生物(abyssobenthic organism)：全海底面積の75％を占め，水深4000～6000mまでの大洋底に生息する．平坦な軟泥上のデトリタス食者が主体で，種数・量ともに少ない．(4)超深海底帯生物(海溝底帯生物 hadobenthic organism)：水深6000m以深で，海溝内の海底に生息する．多くの海溝は島弧や大陸に沿って形成されており，外洋域中心部の深海底帯よりもデトリタスなど栄養物の供給があるため，現存量はやや多いが種数は限られており，固有種が多く存在する．(⇒深海動物)

g **深海動物** [deep-sea animal]　深い海に生息する動物の総称．より浅い水域に生息する浅海動物(shallow-water animal)との厳密な区別はないが，通常は陸棚から沖合のおよそ200m以深，すなわち深海水系および深海底系に生息する動物をいう．しかし，なかには幼期を表層近くで過ごしたり，大規模な垂直移動をするものも多い(⇒移動)．光が乏しく食物の供給が制限されている環境に対する多様な適応が見られる．例えば，深海動物の体色は一般に灰色ないし黒色だが，まれには鮮紅色を呈するものがあり，また魚類や甲殻類には，眼が退化したものや発光器をもつものなどがある．特に魚類では，生理活性が非常に低く，それに伴って体側筋の発達が悪く，骨化の不十分なものが多いことが知られる．身体は一般に小形化の傾向にあるが，中には巨大化や付属肢や突起の長大化などを示すものもある．多くの深海動物は特定の水深帯に分布するが，潮下帯から大洋底ないし海溝まで分布する広深性の種もある．陸棚斜面の旧深海帯

と呼ばれる水深帯には原始的な動物が多産し，またこの水深帯には汎世界的な地理的分布を示す種，すなわち普遍種(*汎存種)も多い．大洋底の動物地理に関しては，S. Ekman (1953)，N. G. Vinogradova (1959)，F. J. Madsen (1953, 1961) などの説があるが，特に Madsen は大西洋-インド洋，太平洋，南極海の3区に分けて，それらがグロビゲリナ軟泥域，褐色粘土域，珪藻軟泥域(→軟泥)に対応していることを指摘している．(→海洋生物地理区)

a **深海微生物** [deep sea microbes] 水深およそ1000 m以深の海洋を生息の場とする微生物群．海水は大循環により混合するため，局所的な部分を除いて酸化的環境であり，この深度には太陽光は到達せず，水温は5°C以下となる．表層で活性を失って沈降する動植物プランクトンからなる懸濁態粒子(マリーンスノー)や，水中に溶存する有機物(dissolved organic materials, DOM)を分解利用する好気性従属栄養細菌が原生生物を代表し，これを捕食する単細胞の真核生物である原生生物とあわせて，主たる構成微生物となっている．バクテリアの菌密度は水深とともに小さくなるが，アーキアのうち特に好熱性古細菌などを含むクレンアーキアの菌密度は，深海に向けて増大することが見出されている．水深3000 m (300気圧)付近までは深度にともない耐圧性の細菌が増えるが，4000～6000 mの大深度では好圧性細菌が主となる．

b **深海漂泳生物** [deep-sea pelagic organism] *外洋域の水層域の150～200 m以深に見られる*ペラゴスの総称．これらを群集として見るときには深海漂泳群集(deep-sea pelagic community)と呼ぶ．十分な光が到達しないため光合成生物を欠き，栄養を直接・間接に*表層性群集に依存する．以下の4群に区別される．(1) 中深層生物(中深海水層生物 mesopelagic organism)：水深150～200 mから700～1000 mまでの薄光層(→海洋生態系)に生息する．主として好温暖性(水温10°C以上)の種からなり，ネクトンには夜間に表海水層に浮上して摂食するものが多く，プランクトンにも*日周垂直移動を活発に行うものが多い．(2) 漸深層生物(漸深海水層生物 bathypelagic organism)：水深700～1000 mから4000 mくらいまでの無光層上半分に生息する．好寒冷性(水温10°C以下)の種からなる．季節的な鉛直移動をするものはいるが，活発な日周垂直移動をするものは見られない．また高緯度水域の冷水系表層性生物が潜入していることがある．(3) 深層生物(深海水層生物 abyssopelagic organism)：水深4000～6000 mの水層に生息する．完全な暗黒と4°C以下の低温が永続する環境にある．ネクトン・プランクトンともに少ない．(4) 超深層生物(超深海水層生物 hadopelagic organism)：水深6000 m以深の海溝内の水層に生息する．種・量ともに極めて貧弱で，カイアシ類，貝虫類，端脚類などの少数の浮遊性甲殻類が見られるにすぎない．(→深海動物)

c **進化距離** [evolutionary distance] 進化によって相同遺伝子などの間に生じた変化の総量．塩基配列の場合には，蓄積した突然変異の数を塩基置換数などで表し，蛋白質の場合にはアミノ酸置換数で表すことが多い．種や集団などの進化距離は，対立遺伝子頻度の変化から推定することが一般的であり，この場合は「遺伝距離」と呼ぶ．(→塩基置換，→遺伝距離)

d **真核細胞** [eukaryotic cell, eucaryotic cell] 静止核において，核膜に包まれた核(真核，真正核 eukaryon)をもつ細胞．数十～数百μmの大きさをもつ．*原核細胞と異なり，遺伝子は*イントロンをもつ．核内で転写された mRNA はスプライシングによりイントロンがとり除かれ，核から細胞質へ輸送され翻訳される．細菌と藍色細菌，古細菌を除き，ほとんどの動物および植物の細胞がこれに属する．有糸分裂を行い，核ではDNA が*ヒストンなどの蛋白質とともに染色体の構造を作り，核内には*核小体(仁)が見られる．細胞質内には膜系がよく発達し，小胞体・ゴルジ体・ミトコンドリア・葉緑体・リソソームなどの細胞小器官が存在し，それぞれ特異的機能を果たす．

e **真核生物** [eukaryote ラ Eukaryota, Eucarya] 《同》被核生物，真正核生物．個体が*真核細胞から構成される生物．*原生生物と対置される．単細胞性または多細胞性である．

f **進化傾向** [evolutionary trend] 長期的な進化的変化の方向と速さ，あるいは，進化的な時間のスケールにおいて生物の状態の統計的にみられる持続性な傾向．通常は化石記録にみられる形態進化の方向性を指す．系統や種が絶滅，分岐，生成する現象に注目する分岐傾向(cladogenetic trend) と同一系統内で生物個体の性質や数の変化に注目する向上進化傾向(anagenetic trend) とを区別することがある．

g **進化ゲーム理論** [evolutionary game theory] *ゲーム理論に進化的視点を加え，出生や死亡，もしくは学習や模倣に伴う戦略頻度の時間変化を記述することで元のゲームを分析する方法論．J. Maynard-Smith と G. R. Price (1973) は進化生物学に初めて用いた．進化的に安定な戦略(evolutionarily stable strategy, *ESS) は，少数の突然変異型の侵入に対して安定な戦略を意味する．集団が異なる戦略をもつ個体からなり，ゲームの利得が高いものほど生存率が小さく繁殖率が高いというモデルはレプリケータダイナミックス(複製子ダイナミックス replicator dynamics) という．例えば S_1 から S_n で表される n 個の戦略からなるゲームでは

$$\frac{dx_i}{dt} = x_i(f_i - \bar{f}) \qquad (1)$$

で与えられる．ただし x_i は戦略 S_i の頻度を表し，f_i，$\bar{f}$ はそれぞれ戦略 S_i の平均利得および集団全体の平均利得である．$\bar{f} = \sum_i f_i x_i$ である．(1)式は，集団平均よりも高い利得を収めた戦略のみがその頻度を増加させることを意味する．これは連続時間の無性生物での集団遺伝学モデルに等しい．社会科学で発展してきた古典的なゲーム理論が個々のプレイヤーが最適行動をとるときに達成される状態を考えるのに対して，進化ゲーム理論はより有利な挙動が時間とともに増加する力学を考えることになっている．古典的ゲーム理論においては扱いが困難であった問題が，進化ゲーム理論では比較的容易に扱えるために，社会科学においても進化ゲーム理論による扱いがされるようになっている．

h **進化古生物学** [evolutionary paleobiology] 化石記録から生物進化について考究する古生物学の一分科．狭義には，化石記録による進化理論の検証や進化理論に基づく化石記録の解釈を行う研究分野を指し，G. G. Simpson の進化総合説への参画を端緒とする．広義には，古生物の生物としての側面に注目する生物学的古生物学(純古生物学 paleobiology) や，古生物の理解を目的

とした現生生物の研究を包括することもあり，こうした視点での研究は19世紀にまで遡る．進化生物学と地質学の境界領域に位置し，地層の年代決定に重きをおく*生層序学に対置される．古生物の形態・生態・生理・系統・生物地理・多様性変遷史・進化速度などの研究が含まれる．

a **真花説** [euanthium theory] 被子植物の花の祖先型は，中央に雌ずい，その外周に雄ずいがらせん状に配置し，それらが花被で囲まれた両性の胞子囊穂であるとし，単性花はそれぞれのいずれか反対の性の花器の退化によって生じたとする説．被子植物の花の起原についての一仮説．H. Hallier (1901) が提唱．化石植物のキカデオイデアの生殖器官などはこの説の裏付けとなる．

b **進化速度** [rate of evolution] ある生物群や生物のある器官，また生体内物質などの進化に際する変化の速さ．J. S. Huxley は進化を示すのに適当な時間の単位として，100万年を1 cronとすることを提起した (1957)．形態的な変化に関してはJ. B. S. Haldane や G. G. Simpson によってその表現の方法が提案されている (⇌ダーウィン，⇌ホロテリー)．分子進化ではアミノ酸やヌクレオチド塩基の置換速度が進化速度にあたる．

c **進化的新機軸** [evolutionary novelties, evolutionary innovations] 《同》進化的新奇性．祖先には存在しなかった，機能的，形態的に全く新しい革新的形質．新たな生態的ニッチやボディプランの成立につながり，適応放散を経てしばしば新たな分類群をもたらす．このような新しい構造や形態は，小進化の過程で説明できるかどうか，漸進的に進化したのか突然に生じたのか，などという論争と関連して議論されてきた．その厳密な定義は難しいが，基本的ボディプランの抜本的変形や，祖先的な発生拘束（制約）から解き放たれることによる革新的パターンの獲得と考えられ，そこでは既存の発生プログラムの一部の異所的なリクルート（*コ・オプション）や，ヘテロトピー，ヘテロクロニーを基盤とした発生プログラムの再編成が背景となることもある．脊椎動物における顎の獲得，昆虫における翅の獲得がそのような例で，形態的に相同な祖先の前駆体が特定できないことが多い．これに対し，コウモリの翼や哺乳類の中耳のように，それ自身は明確に革新的であっても，祖先形質の基本パターンが保存され，完全な相同性がほぼ成立し，そのため適応のための単なる変形として認識されるような変化は，狭義の新機軸には含めないとする立場もある．事実，G. B. Müller と G. P. Wagner (1991) は，形態的な新機軸を「祖先種のどの性質とも相同ではなく，同じ生物個体のどの性質とも相同でない構造」と定義し，新機軸は子孫の形質状態とは異なるとしている．また，多くの新機軸に認識されるように，その進化的成立は一挙に成立するものではなく，いくつかの段階を経ることが多いが，その初期の契機はしばしば不明瞭で，それ自体は必ずしも革新的ではない場合がある．例えばシクリッドの咀嚼器の多様な適応放散の伏線となったのは咽頭顎という咀嚼装置である．発生機構や発生パターンのこのような軽微な変異は鍵革新 (key innovation) と呼び，新機軸そのものとは区別される．鍵革新は文脈により，*前適応や，外適応 (*イグザプテーション) として解釈されることもある．(⇒コ・オプション)

d **進化的に重要な単位** [evolutionarily siginificant unit, evolutionary significant unit] ESUと略記．

《同》進化重要単位．遺伝的特徴や適応形質において差異があり，保全上，異なる単位として扱う必要があると考えられる種内の集団．O. A. Ryder (1986) が動物園の生息域外保全における対象単位を議論する中で提案された．*亜種に似た概念であるが，保全の単位の認識において，より望ましいとされた．ESUの識別基準には多くの論議があるが，C. Moritz (1994) による遺伝学的基準，つまりミトコンドリアDNA遺伝子型において相互単系統的で，かつ核遺伝子座の遺伝子頻度に分化が見られるような集団群をESUとみなすことが広く受け入れられている．しかし，歴史的な遺伝子流動の程度のみではなく，適応的な生態や行動特性の分化に，より重点を置く必要があることもしばしば指摘される．

e **進化に関する古い概念** [old concepts on evolution] 進化に関して，今日ではほとんど用いられていない古い概念．*コープの法則に代表される．D. Rosa は，生物進化が進展していくにつれ次第に変化性が減少するとする変化性逓減の法則 (progressive reduction of variability) を提起した (1899) が，これは E. D. Cope の非特殊型の法則に類似している．Rosaはまた，生物群の分岐は内因的に予定されたものであって，新種は元の種の全分布域にわたって同時に生じるとするホロゲネシス (hologenesis) を提起した (1918)．L. S. Berg は，ホロゲネシスに近似したノモゲネシス (nomogenesis) を唱え (1926)，進化的な変異は定方向的であり，かつ相当に飛躍的であるとして，C. Darwin の自然淘汰説における変異の偶然性を批判した．B. Rensch は Cope の提唱した，生物の一系統が体制や機能の発達したものに進化していくとするアナゲネシス (前進進化 anagenesis) と区別し，一系統が二つ以上の系統に分裂するクラドゲネシス (cladogenesis) を提起し，進化の主要な過程とした．J. S. Huxley は，さらに*スタシゲネシスを加えて，既存の型の範囲内で型の特殊化・完成・適応を生じる過程を指すものとし，三者を進化の主要な三経路であるとした (1957, 1958)．

f **進化の停滞** [evolutionary stasis] 《同》停滞 (stasis)．地質年代の長い期間を通して，生物種の形態あるいは特定の分類群の形態がほぼ一定に保たれる現象．例えば，メタセコイアは第三紀漸新世から現代まで同一種が存続し，その間形態をほとんど変えていない．こうした種は*生きた化石と呼ばれる．また*隔離分布から，進化の停滞が推測できる場合がある．東アジアと北米東南部に同一種が隔離的に分布する例が植物と動物で知られているが，これらは，少なくとも第三紀中期以降，同じ形態種にとどまってきたと考えられる．進化の停滞現象は，*断続平衡説を生み出すきっかけとなった．しかし，連続的な化石記録が得られると，形態形質は平均値のまわりで大きく変動したことが明らかにされることが多い．また，形態が変化しなかったことは，遺伝子のあらゆるレベルで変化が生じなかったことを意味するわけではない．

g **進化発生学** [evolutionary developmental biology] 生物の発生プログラムの変化として進化過程を解釈し，発生生物学的機構論や機械論の観点から，主として表現型進化を説明，理解しようとする分野．とりわけ分子発生生物学的手法の導入をもって進化発生学研究と見なす傾向がある．エヴォデヴォ (Evo-Devo) と略称される．発生と進化を結合する試みは19世紀半ばからす

でに存在したが，多かれ少なかれ反復説や先験論的形態学に影響された比較発生学(comparative embryology)や比較形態学(comparative morphology)に対し，実験発生学，細胞生物学，分子遺伝学などの基礎生物学的諸分野の充実や，分子系統学，ゲノム科学の発展を礎に成立した20世紀末以降の進化発生学は，比較発生学とは異なった，根本的に新しい分野と一般には見なされる．しかし，Hox遺伝子の機能や，分子発生遺伝学的に読み解かれた*ボディプランなど進化発生学研究の黎明は，19世紀の*原型論と同じ性質を帯びていたと指摘されることもある．

a **進化不可逆の法則** [law of irreversibility] 《同》ドロの法則(Dollo's law)．進化の過程において退化したりあるいは全く消失してしまった器官は，その後の進化において復旧されることはなく，また環境の変化にともなって一度消失した器官が再び必要になったとしても，別の器官が新しく生じて元の器官の役目をするということ．L. Dollo(1893)の提唱．陸上から再び水生に戻った動物(例：クジラ)や植物(水生被子植物)の器官が典型例で，ほかにも魚類の鱗や爬虫類の鱗も例となりうる．Dollo自身は，ジュラ紀および白亜紀にひとたび深海産となって甲の変化したカメの系統における甲の再発達の場合などをあげている．しかしもともと「歴史は繰り返さない」ものであり，この法則はそれを進化の場合について述べたにすぎないともいわれる(G. G. Simpsonほか)．他方，ハクジラの同歯性は哺乳類の祖先となった爬虫類の状態への復帰(ProtocetusやZeuglodonなど原始クジラは異歯性)であるとして，この法則の例外の存在を強調する立場もある．系統推定において，形質状態変化の不可逆性は，極めて厳しい仮定である．

b **進化分類学** [evolutionary systematics] 系統分類体系の構築の規準として，系統関係だけではなく，分類対象間の類似性も考慮する立場の分類学．1970～1980年代にかけて，進化分類学・分岐分類学・数量分類学の間では，分類の方法論をめぐって論争があった．分岐分類学が系統関係だけ，数量分類学が全体的類似度だけをそれぞれ規準とする分類体系構築を主張したのに対し，進化分類学は系統関係と全体的*類似度を折衷する方途を模索した．

c **進化論** [evolution theory] 生物が*進化したものであることの提唱，あるいは進化に関する諸種の研究および議論，またはそのうち特に進化の要因論．進化に関する近代的観念は，18世紀中葉より現れているとされる．進化要因論として最初の体系的なものはJ. B. Lamarckの学説で(⇒用不用)，ついで出たC. Darwinの*自然淘汰説により進化の観念が確立された．そののち*ネオダーウィニズム，*ネオラマルキズム，*定向進化説，*隔離説，突然変異説などの諸説が現れ，小突然変異(micromutation)説や全体突然変異(⇒大進化)説も主張された．現在は，生存闘争の原理を一方の支柱とし，変異とその遺伝に関する現代の知識を他方の支柱とする*自然淘汰説が一般的に認められており，これがしばしばネオダーウィニズムの名で呼ばれるが，生物界の諸現象をひろく照合していく傾向のうえからは*総合説とも呼ばれる．分子遺伝学の諸成果や集団遺伝学の諸研究は，特に大きな成果をおさめたが，自然淘汰説に対する批判が新たに提起され，中立進化論が提唱された(⇒中立進化, ⇒分子進化)．進化論は生命の起原の問題と密接な関係をもち，古くはLamarckが両者を一貫のものとして論じたが，Darwin以来は一応切り離されて論じられてきた．しかし現在では，生命の起原の研究が進展するにしたがって，ふたたび二つの問題が一体化している．(⇒生命の起原, ⇒進化に関する古い概念)

d **腎管** 【1】[nephridium] 《同》後腎管(metanephridium)．無脊椎動物において，真体腔形成に伴って発達した排出器官．原腎管と対比される排出器官系の総称であり，後腎管の名称の方がわかりやすい．環形動物，節足動物，軟体動物などに見られる．その始部は体腔に直接開く漏斗状の*腎口で，複雑に屈曲した腎細管(nephridial tubule, nephridoduct)や膀胱体(bladder)を経て，末端の腎管排出孔(nephridopore)で外界に開く．腎口の周囲と腎細管の内腔には繊毛が生え，その運動は体腔内の老廃物を体外に送り出す働きをするが，同時に卵や精子の輸送をする場合もある．腎管の典型的なものは環形動物の*体節器で，腎細管が体節間膜を貫通して隣接する体節に伸張するため，腎管排出孔も腎口に隣接する別の体節に開口している．個体発生と系統発生の両面から，腎管は*原腎管より特殊化したものであることが明らかで，例えば環形動物のトロコフォラ幼生には1対の原腎管があるが，成長してロヴェーン幼生期になると各体節ごとに腎管が生じ，原腎管は退化する．環形動物の原始的な群では原腎管と腎管が混在するものもある．等虫動物・腕足動物・軟体動物・節足動物の諸種の排出器も腎管に相同とされるものが多い．

【2】[excretory tubule] 無脊椎動物において，排出系にかかわる諸種の細管の一般的総称．

【3】[nephric tubule] 脊椎動物の各種の腎に付属した管の総称．

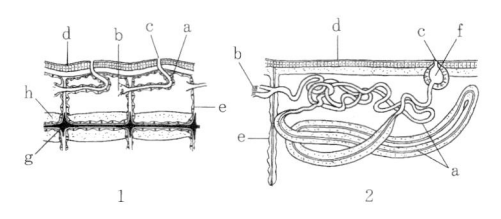

腎管(後腎管) 環形動物・貧毛類の例
1 2体節の縦断模式図で，単純な管状のもの
2 より複雑なもの
a 腎管 b 腎口 c 腎管排出孔 d 表皮
e 体節間膜 f 膀胱体 g 腹血管 h 腸

e **心球** [bulbus cordis] 【1】《同》心臓球．鳥類や哺乳類の発生途中の心臓の一部．原始右心室(primitive right ventricle)，心円錐(conus cordis)，総動脈幹(truncus arteriosus)の3部分からなる．

【2】=動脈円錐

f **心筋** [heart muscle, cardiac muscle] 《同》心臓筋．*心臓の実質を構成し，その収縮(⇒心臓拍動)を司る筋．心筋層(myocardium)をなし，脊椎動物では形態的に横紋筋に属するが，単核で，筋原繊維が少なく筋漿(sarcoplasm)が多い．各細胞は分枝し他の細胞と網状に連絡する．心臓全体として単一・網状のシンシチウムのように振る舞うが，各細胞は細胞膜で囲まれる．一定間隔で繊維を横断する境界板(介在板 intercalated disc, 境界膜 intercalated membraneともいう)は，隣接細胞と

の境界であるとされ，二重構造をもち，細胞表面で細胞膜に連なる．骨格筋では筋細胞の部分的破壊により全筋長にわたって筋細胞が死ぬが，心筋では切断面から数十μmにある細胞から正常な膜電位が記録できる．心筋は刺激の潜伏期・収縮期・不応期など，いずれも骨格筋に比べて長く，特に不応期は弛緩期にまで達し，反復刺激をしても正常には強縮が起こらない．収縮は刺激強度にかかわらず常に一定に極大を示す(⇒全か無かの法則)．さらに，心筋にはペースメーカーや*刺激伝導系の分化を伴い高度の自動性が発達している(⇒筋原性)．結節，心室，心房，ブルキニエ繊維の4部分について，それを構成する筋繊維を比べると，繊維の太さや伝導速度は後のものほど大で，不応期の短さや自動拍動性の高さは前のものほどまさっている(心臓筋法則)．軟体動物の心筋は平滑筋，斜紋筋，横紋筋など多様な型が見られる．脊椎動物の心筋とは異なり，節足動物の心筋は通常，横紋筋(ときに斜紋筋)で，一般に繊維が短く，分岐も少なく，強縮を起こすことができ，全か無かの法則にも従わない．

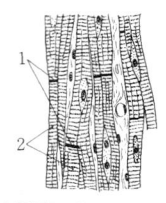

脊椎動物の心臓筋組織
1 境界板
2 筋繊維

a **心筋梗塞** [myocardial infarction]　長時間にわたる心筋虚血状態により，心筋細胞が壊死した状態．症状ではなく病理学的な名称．急性冠症候群という一連の疾患の一種に分類される．同症候群は，急性心筋梗塞と不安定狭心症に大別できる．この病態は，粥状動脈硬化病変(冠動脈プラーク)の破綻とそれに伴う血栓形成が基盤となって発症し，急性心筋梗塞の場合は血栓により冠動脈が完全に閉塞，不安定狭心症の場合は，冠動脈が閉塞と再疎通を繰り返している不安定な状態であると考えられている．

b **真菌症** [mycosis]　真菌類の寄生によって起こる動物の病気の総称．人体の場合は皮膚真菌類(dermatophytes)によって表皮や角質が冒される皮膚真菌症(dermatomycosis)が多く，不完全菌に属する *Trichophyton* や *Microsporum* によって白癬(trichophytia)や黄癬(favus)が起こる．内臓真菌症(深在性真菌症)としてはアスペルギルス症(aspergillosis)，カンジダ症(candidiasis)などがあるが，これらは化学療法や副腎皮質ホルモン剤の使用によって増加の傾向にある．地理的分布が限られていて特定の地域に多発するものにヒストプラスマ症(histoplasmosis)やブラストミセス症(blastomycosis)などが知られている．病原真菌の一部は，環境の変化に応じて，酵母形態と菌糸形態の二型性をとることが知られており，病原性や薬剤感受性との関連が指摘されている．これらの真菌症の原因菌，および宿主との相互作用を対象とする学問分野を医真菌学(medical mycology)という．

c **真菌毒素** [fungal toxin]　真菌類の代謝産物である毒素の総称．次の2類に大別できる．(1) カビ毒:子嚢菌類の産生する毒素(⇒マイコトキシン)．(2) 担子菌類の毒素:いわゆるキノコの毒．肝細胞などの破壊的な障害作用をもち，致命的なタマゴテングタケなどの*アマニチンや*ファロイジン，制がん作用も示す細胞毒であるツキヨタケのイルジン，また神経毒作用をもつものとしては，ベニテングタケなどの*ムスカリン，γ-アミノ酪酸受容体に作用するムシモールやグルタミン酸受容体に作用するイボテン酸(ibotenic acid)，脱分極により強い神経興奮をもたらすイソプレン鎖構造をもつオオワライタケのジムノピリン，LSD様活性をもつシビレタケ類のシロシビンやシロシン，ドクササコのアクロメリン酸，またアルデヒドデヒドロゲナーゼ阻害(アルコール代謝阻害)により酒とともに食すと宿酔をもたらすヒトヨタケのコプリンなどがある．(⇒有毒菌類)

d **真菌類** [Eumycota, Eumycetes]　⇒菌類

e **ジンクフィンガー** [zinc finger]　《同》Znフィンガー(Zn finger)．DNAやRNAに結合する蛋白質分子に存在するモチーフの一つ．真核生物の蛋白質に特に多くみられる．亜鉛原子の四面体の頂点に配位する四つのアミノ酸残基(システインかヒスチジン)からなり，配位アミノ酸の種類と一次構造での順序からいくつかのタイプに分類される．システインが二つ，ヒスチジンが二つ縦列するC_2H_2タイプが最も多い．2番目のシステインと3番目のヒスチジンの間のアミノ酸配列(フィンガー領域)が指のように突き出てDNAと結合すると考えられたため，ジンクフィンガーと命名された(図左)．後に，βストランド2本とαヘリックスからなる立体構造を形成することが判明し(図右)，フィンガー領域側がDNAと直接相互作用することがわかった．他にも，CCHCタイプ，CHCCタイプ，C_4タイプなどが知られている．タイプの異なるジンクフィンガーモチーフ間には相同性はないと考えられている．1分子当たり複数のフィンガー構造を有する蛋白質が多く，10個以上存在する蛋白質もめずらしくない．C_2H_2タイプには5SリボソームRNAの転写開始に必要なTFⅢA，ショウジョウバエの体節形成を制御するKrüppelなど多数が知られており，C_4タイプにはグルココルチコイド，エストロゲンなどのホルモン受容体，レチノイン酸やビタミンD_3の受容体などが含まれる．

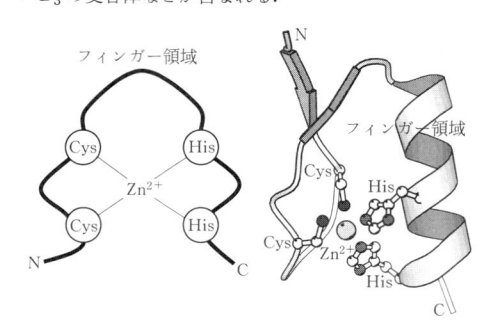

f **新組合せ** [new combination　ラ combinatio novum]　《同》新結合．国際動物命名規約と国際細菌命名規約では，ある種ないし亜種の分類上の帰属が変更されて新たに別の属に移されることにより，その種小名あるいは亜種小名がその別の属名と初めて結合すること．国際藻類・菌類・植物命名規約では，属よりも下位の*階級にある*タクソンの学名を，属名とそれに結びつけられた1つまたは2つの形容語で構成することを「組合せ」

と呼び(例えば, *Equisetum palustre* var. *americanum*), その学名の最後の形容語(上記の場合には *americanum*)を用いた「組合せ」によってできる新しい学名のことを新組合せという. 原記載からの新組合せの場合には, 命名者名を丸括弧に入れる. 例えば, ウニ類の一種 *Echinus cidaris* Linnaeus が *Cidaris* へ移されると, *Cidaris cidaris* (Linnaeus)と表記される. 植物と細菌では, 新組合せを行った著者名と年号を丸括弧に入れた原記載者名の後に付記するが, 動物ではこのようなことは一切しない(動物では, 新組合せによる新しい学名の命名者は原記載者に等しい). なお, 細菌に限り, あるタクソンの階級が種ないしそれより下位の階級において変更されることに伴う学名の変更も, 新組合せとして扱う.

a **シングルバースト実験** [single-burst experiment] ファージ感染菌におけるファージ産生の様相を細胞レベルで調べる実験法. ファージを感染させた細菌懸濁液を*潜伏期の終わる前に高度に稀釈し, 多数の試験管に分注して各試験管には感染菌が平均1個以下になるようにする(感染菌の試験管への分布はポアソン分布式によって推定). 一定時間培養を続けて*溶菌が完全に起こったのち, 各試験管に含まれるファージ数を測定すれば, 個々の細胞で産生されるファージ数を知ることができる. 通常, 各感染細胞当たりのファージ産生量には大きな変動が見られるが, その平均値は, *一段増殖実験によって得られる*放出数と一致する. ファージ遺伝子の組換えを細胞単位で研究する場合などにもこの方法が用いられる.

b **シングルユニット記録** [single-unit recording] 単一神経細胞の活動を計測すること, またはそのための手法. 一般に細胞外より, 金属またはガラス管から作製した電極を用いて, 活動電位に伴って生じる電流が細胞外組織を流れる際に生じるパルス上の電位変化(スパイク)を計測する. 細胞外で記録した計測信号は複数の神経細胞由来のスパイクを含んでいることが多いため, スパイクの振幅や形状に基づいて単一神経細胞由来のスパイクを分離する. 通常, スパイクの発生時刻に注目してその時系列データを解析する. 複数の単一神経細胞の活動電位を個々の活動に弁別しながら計測することはマルチプルシングルユニット記録といい, 弁別することなく計測することはマルチユニット記録という.

c **神経** [nerve ラ nervus] [1]《同》神経幹(nerve trunk). 神経細胞を構成する細胞体, 樹状突起, 軸索, シナプス, 神経終末部などをあわせた総称. 脳神経, 脊髄神経, 自律神経の別がある. また, 機能から*運動神経, *感覚神経, また両者が混合する混合神経(mixed nerve)に分けるが, 純運動性や純感覚性の神経は少ない. 神経の構造は, まず各神経繊維が神経鞘に囲まれ, その集団が毛細管を伴った結合組織性の神経内膜(endoneurium)におおわれ, さらに集まって神経周膜(perineurium)に被覆され神経繊維束を形成する. 神経周膜には比較的太い血管およびリンパ管が走る. 神経繊維束はさらに数本集まり, その周囲には神経上膜(epineurium)が被膜をなしている. [2] 一般に動物において肉眼視できるような神経細胞あるいは神経繊維の束.

d **神経化** [neuralization] 主として脊椎動物の胚での誘導実験において, 外胚葉に円形上皮細胞からなる神経組織の分化が誘発されること. これに対して外胚葉が表皮に分化するのを表皮化(epidermization, 表皮分化 epidermal differentiation)という. (⇒神経化因子, ⇒誘導, ⇒背方化)

e **神経回路網** [nerve-network, neuron network] *中枢神経系において, *ニューロンの複雑な接続によって形成される回路の集まり. 中枢の機能は, この回路の働きに負う.

f **神経化因子** [neuralizing agent, neuralizing factor] 両生類の初期発生において, 原腸胚の予定外胚葉に作用して脳および感覚器官などの頭部外胚葉性器官原基の*誘導を引き起こす因子. 山田常雄はこれを背方化因子(dorsalizing factor)と呼び(⇒背方化), H. Tiedemann は神経誘導因子(neural-inducing factor)と呼んだ. 例えばモルモット肝臓から精製した RNA 蛋白質はイモリ外胚葉外植体から脳・感覚器官を誘導する. 神経化因子はこのほか, イモリ肝臓, モルモット, マウス, マムシの腎臓, ニワトリ 9～11 日胚などに見出されている. 神経化因子の物質的本体は一つの物質に帰せられるのではなく, 現在では多くの物質が関与するカスケードを必要とすると考えられ, ホメオボックス遺伝子産物やある種の分泌性蛋白質(noggin)が関わると考えられている. (⇒中胚葉化因子, ⇒誘導物質, ⇒形態形成のポテンシャル)

g **神経芽細胞** [neuroblast] 将来, 神経細胞(ニューロン)に分化する細胞. 中枢神経系原基や神経節原基などに含まれる. はじめは紡錘状で, 後に両端より突起を出す. その先端はアメーバ運動をしながら極めて著しく伸長し, 最終的に神経突起に分化する. 脊椎動物の神経管のなかでは, DNA 合成を停止した細胞が管外層に移動し, 皮質原基を形成すると神経芽細胞と呼ばれる. DNA 合成の停止は, 染色体のある部分が不可逆的に不活化されることによる. このため, ニューロンは分化以後は増殖能力を失う.

h **神経下垂体ホルモン** [neurohypophysial hormone]《同》神経葉ホルモン, 下垂体後葉ホルモン(posterior pituitary hormone), 後葉ホルモン. 神経下垂体(下垂体後葉)から分泌されるホルモン. 哺乳類の*バソプレシンと*オキシトシンによって代表されるが, 脊椎動物の綱もしくはそれ以下のグループによって異なった物質が存在する(図).

```
      1    2    3    4    5    6    7    8    9
       ┌─S──────S─┐
1  Cys-Tyr-Ile -Gln -Asn-Cys-Pro-Arg-Gly(NH₂)
       ┌─S──────S─┐
2  Cys-Tyr-Phe-Gln -Asn-Cys-Pro-Arg-Gly(NH₂)
       ┌─S──────S─┐
3  Cys-Tyr-Phe-Gln -Asn-Cys-Pro-Lys -Gly(NH₂)
       ┌─S──────S─┐
4  Cys-Tyr-Ile -Gln -Asn-Cys-Pro-Leu -Gly(NH₂)
       ┌─S──────S─┐
5  Cys-Tyr-Ile -Gln -Asn-Cys-Pro-Ile -Gly(NH₂)
```

1 バソトシン(vasotocin)
2 アルギニンバソプレシン(arginine vasopressin)
3 リジンバソプレシン(lysine vasopressin)
4 オキシトシン(oxytocin)
5 メソトシン(mesotocin)

これらの物質の生理活性作用はそれぞれ異なり, 多くの哺乳類のアルギニンバソプレシンとカンガルーやブタのリジンバソプレシンは強い抗利尿作用と血圧上昇作用をもつ. 多くの哺乳類のオキシトシンは子宮収縮作用や, 乳腺の筋肉性上皮を収縮させて乳汁を射出させる作用を

もつ．バソプレシンにもオキシトシン様の作用が，またオキシトシンにもバソプレシン様の作用がそれぞれあるが，弱いものである．他の脊椎動物ではオキシトシンと構造の似たメソトシン，バソトシンなどが知られるが，いずれもオキシトシンより弱いが同じ作用がある．これら神経下垂体ホルモンは鳥類に対しては血圧降下作用をもつ．バソトシンは両生類の皮膚や膀胱の水の再吸収を促進させる抗利尿作用をもっていて，この作用は他のどの物質に比較しても10倍以上強力である．哺乳類では，バソトシンは胎児期には存在するが成体にはほとんど存在しない．

a **神経管** [neural tube] 《同》髄管 (medullary tube)．脊索動物の発生初期に，*神経板が閉じて造る管状体．脊索背側にそって位置し，後に中枢神経系および脊椎動物では眼の一部を形成する．しばしば神経管の前端または後端は相当期間開いていて*神経孔と呼ばれる．以下，脊椎動物について見ると，形成のはじめから神経管は前方が太く後方へ向かって細まるが，前方は脳に後方は脊髄に分化する．脳部からは左右に1対の球状の突出が生じて*眼胞となり，神経管自身が前から分離して体表に向かってのびる．一方，脳形成部位には三つのふくらみが区別される．これらはいわゆる一次脳胞であって，前方より前脳・中脳・菱脳(後脳)と呼ばれる．菱脳の後方に続く細い管が将来の脊髄にあたる．神経管の中心には初め1本の単純な腔(*神経腔)があるが，これは脳部では脳形成に伴い複雑な形態変化を起こして脳各部の脳室となり，脊髄では単純な中心管として残る．神経管の形態学的特徴がその接する中胚葉性組織の種類によって著しい影響を受けることは実験発生学的研究から明らかにされた．また，はじめ神経管は強い好塩基性をもった円柱上皮状の細胞から形成されているが，後にこれらの細胞の一部は神経芽細胞を経て神経細胞となり，他の細胞は*神経膠や脳室被膜細胞などに分化する．神経管の基本構築は，背側から蓋板(loof plate)，翼板(alar plate)，基板(basal plate)，底板(floor plate)の四つからなる．蓋板は背側正中に，底板は腹側正中に位置する．この二つにはさまれて翼板と基板が存在し，神経管の側壁を形成する．翼板と基板は浅い境界溝(sulcus limitans)により分けられる．底板はその直下にある脊索の誘導によってできる．翼板からは感覚神経細胞群が，基板からは運動神経が発生する．(→神経分節)

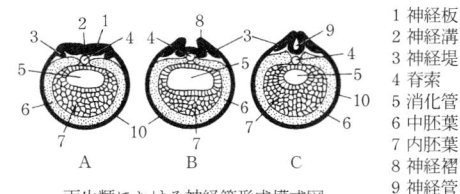

両生類における神経管形成模式図
(A, B, Cの順，いずれも横断面)

1 神経板
2 神経溝
3 神経堤
4 脊索
5 消化管
6 中胚葉
7 内胚葉
8 神経褶
9 神経管
10 表皮

b **神経管形成** [neurulation] 脊索動物の神経胚期において，*神経板が閉じて，中枢神経系の最初の原基としての*神経管が形成される過程の総称．胚期に見られる最も著しい変化で，形態形成運動，神経芽細胞その他の出現を伴う神経上皮の分化過程もこの中に含まれる．神経管形成時の外胚葉細胞の変形および移動については，細胞中のマイクロフィラメントの収縮の部域性と，脊索の影響下における神経板の頭尾軸に沿った伸長によって説明されている．

c **神経筋接合部** [myoneural junction, neuromuscular junction] 《同》筋神経接合部(myoneural junction)．運動*神経終末と筋繊維との接合部位．この部位は*終板を形成するが，神経-筋肉相互間の原形質の連絡はなく，軸索細胞膜と筋細胞膜はそれぞれシナプス前膜・後膜と呼ばれ，約50 nm の間隔で隔たっている．この部分の筋細胞膜は足板(sole plate)という膨らみをもち，そこには終末と接する部分に浅い凹みと細かなひだ状の凹みがあり(→接合部襞)，それぞれ一次および二次シナプス間隙と呼ぶ．刺激伝達物質は*アセチルコリンで，シナプス前膜には貯蔵小胞が，後膜にはレセプターがある．刺激を受けると筋細胞膜が電気的に興奮し，*T管，*筋小胞体を通じて収縮を引き起こす．終板は速筋では一つの筋繊維に一つあるが，遅筋では多数あり活動電位は発生しない．平滑筋では自律神経終末の接合部は，非常に接近した(約20 nm)ものから数μm の広いものまで多様．この部位の興奮の伝達はアセチルコリンにより媒介され，*クラーレのほかデカメトニウム(decamethonium)などの薬品は伝達を阻害する．

d **神経筋標本** [nerve-muscle preparation] 神経とその支配する筋肉との生理的連絡を保ったまま生体外に摘出した標本．カエルの腓腹筋を坐骨神経とともに取り出したものが最もひろく使われ，坐骨神経腓腹筋標本と呼ばれる．筋肉の収縮そのものの研究に用いられ，またそれを指標として神経の刺激や伝達上の諸性質，あるいは神経筋接合部の機能の解析に使われる．下腿部以下の個々の筋肉を分離せず，脚全体としたまま坐骨神経をつけた形に調製したものは神経脚標本(nerve-leg preparation)と呼ばれる．

e **神経系** [nervous system ラ systema nervorum] 神経組織により構成される器官系．その構成要素である神経細胞・神経繊維のもつ興奮受容および伝達能力と，それら要素の高度に複雑な構成に基づき，体の諸部分の機能的相関(すなわち神経相関)と個体の行動の統一性とをもたらす．神経系の端緒は刺胞動物の神経網に見られる．ここでは単一の上皮筋細胞から，上皮の感覚細胞と上皮下の筋細胞とを仲だちする伝導性細胞種として，原始的な神経細胞すなわちプロトニューロン(protoneuron)が分化する過程が跡づけられる．散在するプロトニューロンが互いに原形質突起を融合または交叉させて上皮下に形づくる神経網は，興奮伝達の無極性・減衰性を特徴とする．ポリプ形ではまだ機能的中枢部が出現せず，*散在神経系であるが，クラゲ形で初めて簡単な*神経集網を形成する．扁形動物になって，頭神経節とそれから後方に発する2条の神経索(腹神経索または腹髄)が中枢神経系を構成するようになり，その各部位から末梢神経を発出させ，神経網は末梢部だけに残され*集中神経系ができあがる．神経細胞の集中傾向に基づく神経節の形成(神経節式中枢神経系)と並行的に，個々の細胞単位はすでに正規のニューロンの形をとり，隣接単位間にシナプス的連絡をとるようになる．こうして興奮伝達の極性(不可逆性伝導)が確立し，*求心性神経・*遠心性神経の分化と相まって各種の反射に対する明確な伝導経路すなわち*反射弓の成立をみるに至る．脊椎動物では神経上皮に由来する1本の*神経管(脳および脊髄)が生ずる．中枢神経系の内部における集中化，特

に最高位の中枢としての脳の発達は著明である．ただ無脊椎動物でも昆虫類や頭足類などでは，ある程度はこれに比べられる場合がある．

a **神経形質** [neuroplasm] 《同》神経漿 (neuroplasma)．神経細胞およびその突起内の細胞質を総括していう．軸索細胞質は特に*軸索形質と呼ばれる．核周部 (perikaryon) の神経形質は，神経原繊維 (neurofibril)，*ニッスル小体，ゴルジ体，ミトコンドリアなどにより充たされている．しかし，軸索形質にはニッスル小体やゴルジ体は認められない．軸索形質中には長軸に平行に走る直径約 10 nm の互いに架橋されたニューロフィラメント (細糸) の束と，直径約 25 nm の微小管の小さな束がある．微小管はキネシンやダイニンなどとの相互作用により軸索内輸送を行う (→微小管結合蛋白質)．

b **神経系の型** [type of nervous system] I. P. Pavlov の分類による条件反射の形成過程に見られる動物の特性．心理学でいえば気質がこれにあたる．神経系の型による反応の違いは，実験神経症においても見られる．すなわち型によって神経症の発生に難易があり，その症状も異なる．ある型のイヌでは興奮過程が強く現れ，正常状態ならば*制止を起こすような刺激に対しても興奮反応が生じる．他の型のイヌでは，制止過程が強く現れ，正常の状態では興奮を起こすような条件刺激でも，イヌは不活発になり，嗜眠性になる．

c **神経血液器官** [neurohemal organ, neurohaemal organ] 《同》貯蔵放出器官 (storage and release organ)，貯蔵放出部．神経分泌系において，軸索末端が集合して毛細血管の周囲に終わっている部位．末端の一部は血管壁ではなく，血管壁付近にある*神経膠細胞に終わっている．すなわち，この器官は神経分泌細胞の軸索末端 (神経分泌顆粒が多数存在しミトコンドリア数も比較的に多い)，神経膠細胞，および血管からなる．この部分の血管壁は他の内分泌器官の血管壁と同じように，通常の血管壁より厚くなっているのが特徴である．脊椎動物の下垂体神経葉，魚類の尾部下垂体，甲殻類の*サイナス腺，*交連器官，*囲心器官などがこの構造をもつ．

d **神経原性** [neurogenicity] 組織や器官の*自動性が神経細胞ないし神経性要素に由来すること．この立場をとる説を神経原説 (neurogenic theory) という．*筋原性と対する．例えば心臓拍動の起原が神経細胞の興奮による心臓は神経原性心臓という．無脊椎動物では心臓拍動が神経原性のものが多い．すなわち，甲殻類の十脚類・端脚類・等脚類，剣尾類，昆虫類の成虫または若虫がその例として知られ，心臓背面を走る神経索中の神経節細胞，または心臓組織内にある神経節細胞がペースメーカーとなっている．一般に胚期あるいは幼虫期には筋原性で，成体あるいは成虫になると神経原性になるといわれる．

e **神経孔** [neuropore] 主として脊索動物の発生途上で*神経管が形成される際 (脊椎動物)，または神経板が神経管を形成する前に表皮で覆われる際 (ナメクジウオ)，その前端および後端部位が完全に閉じないである期間残る開孔．後方神経孔は表皮により外界に対しては閉ざされても，当分は神経腸管により原腸または消化管の原基に通じている．

f **神経腔** [neurocoel] 脊椎動物の発生初期において，*神経管の内腔をいう．はじめは前方は神経孔により外界と，後方は神経腸管により原腸腔と通じているが，後どちらも閉鎖される．脊椎動物では神経管前方の脳形成部位の神経腔は後に脳室をなし，後方の脊髄形成部位のそれは脊髄の中心管をなす．端脳・間脳・中脳・後脳・髄脳中の神経腔をそれぞれ端脳腔 (telocoel)・間脳腔 (diocoel)・中脳腔 (mesocoel)・後脳腔 (metacoel)・髄脳腔 (myelocoel) という．

g **神経溝** [neural groove] 《同》髄溝 (medullary groove)．脊索動物の発生初期に現れる，*神経板の正中を走る浅い溝．その下面では脊索原基が外胚葉と密着している．脊索原基のない原脳域には神経溝は形成されない．神経溝はしばしば神経板の出現前に現れ，胚の背方正中の位置を示す．

h **神経膠** [neuroglia] 《同》神経グリア．*中枢神経系において，ニューロン間に網目状に形成されるニューロンの*支持組織．神経膠細胞 (グリア細胞 gliacyte, glia cell, gliocyte) からなり，直接に興奮伝導は行わない．*神経芽細胞と分かれてできた膠芽細胞 (spongioblast) がさらに種々の形態に分化・成長したもので，以下の各種がある．*上衣細胞は，膠芽細胞に似た形態を保ち，脳室や脊髄中心管の壁を覆い，円柱状または立方形で，初期には遊離面に繊毛をそなえる．その他の神経膠細胞はいくつかの突起をもち，多極状である．星状膠細胞 (アストロサイト astrocyte) は，神経細胞や神経線維の間に散在し，大形で核は円形ないし楕円形をなし，細胞体は多くの突起を出す．この細胞は*血液脳関門を形成することでニューロンと血液の間の物質交換に関与し，ニューロンの物質代謝に深い関連性をもつ．また，ニューロン発生に先立って生成される放射状グリア細胞 (radial glia cell) は非対称分裂によりニューロンを産生し，その後，脳室下帯の星状膠細胞に分化して成体脳神経幹細胞として機能するとされる．また，海馬の顆粒細胞層に存在する星状膠細胞もまた成体脳神経幹細胞として働くといわれている．小形の神経膠細胞には，細胞体が小さく突起の数も少ない稀突起膠細胞 (oligodendroglia cell) と，細胞体は小さいが分枝に富み活発に異物を摂取するオルテガ細胞 (Hortega's cell) とがある．前者は中枢神経系内の軸索における髄鞘形成を行う．後者は他の神経膠細胞と由来を異にし，中胚葉とされ，そのため mesoglia cell と呼ばれ，他の神経膠細胞と別種とする見解もある．小膠細胞 (microglia cell) はもともと稀突起膠細胞とオルテガ細胞の併称だが，普通には後者の別名として用いられる．なお神経鞘は末梢神経系における同質のものとみなされている．

i **神経向性** [neurotropism] 動物の発生あるいは再生に際して，遠隔の標的組織に達するために，神経にそなわっていると考えられる向性．J. Forssmann (1900) が導入．Forssmann, S. Ramôn y Cajal らは化学走性を，H. Strasser, C. U. Ariëns Kappers, S. Ingvar らは電気走性を想定した (Kappers は神経走性 neurobiotaxis の語を用いている)．近年，化学走性を裏付ける実験が三叉神経節を用いてなされ，また化学走性が発生過程で時間的に限定されて現れることも見出されている．一方，神経軸索の成長が，到達すべき標的との間に介在する組織間隙の微細構造や界面における基質との接触により機械的に導かれるとする W. His, R. G. Harrison, P. A. Weiss らの説 (接触指導) がある．生体内でもイモリ胚の脊髄上皮細胞の間には軸索が伸長するための通路があることが示唆された．またショウジョウバエや

線虫では軸索の先端は別の神経細胞と同じ道筋に沿って伸長し,標的の近傍で通路からはずれることが示されており,この通路を標識通路と呼ぶ.さらに,神経軸索の通路には細胞接着性の勾配があり,軸索はそれを感知して伸長するという考えもある.いずれも仮説を支持する根拠があり,実際の神経向性はいくつかの機構が同時に作用していると考えられる.

a **神経行動学** [neuro-ethology] 《同》ニューロエソロジー.行動の生理的基盤として動物の脳-神経系に起こる諸現象を神経生理学的に研究する生物学の一分野.中枢神経系がどのように運動を制御しパターン化するか,どのような神経・生理過程が*動機づけに影響を与えるか,経験によって得られた情報がいかにして脳の中に保存されるか,動物を取り巻く環境の無数の刺激の中からどのようにして特定の*鍵刺激を抽出(filtering)するか,などが問題とされる.

b **神経細胞** [nerve cell] 《同》ニューロン(広義),細胞体(cell body, soma),周核体(perikaryon).狭義にはニューロンから神経突起を除いた部分,すなわち細胞体.核とそれを囲む細胞質とからなり,一般に他の体細胞より大きい.また長い*軸索をもつ神経細胞は短い軸索の神経細胞より細胞体が大きいのが一般的で,それは神経細胞がニューロン全般の栄養をつかさどるためとされる.神経細胞にはミトコンドリア,中心体,ゴルジ体のほか,網目状の*ニューロフィラメントや,*ニッスル小体など神経細胞に特有な構造物を特殊染色法で認めうる(⇒神経形質).またメラニン,リポクロム,リポフクシンなどの色素顆粒を含むものがある.神経細胞のもつ突起の数により,無極神経細胞(apolar nerve cell),単極神経細胞(unipolar nerve cell),双極神経細胞(bipolar nerve cell),偽単極神経細胞(pseudounipolar nerve cell),多極神経細胞(multipolar nerve cell)に分類される.これらのうち無極神経細胞は*神経芽細胞のことである.動物が幼若のときに現れるだけであり,偽単極神経細胞は2本の突起が神経細胞に入る部位で癒合した型で,双極の場合の一異形とみなされ,神経節の神経細胞に多い.中枢神経系では多極神経細胞がほとんどで,樹状突起の形態により,さまざまな形状を示す.この形態の多様性が神経細胞それぞれの機能の相違を示す一因とされる.

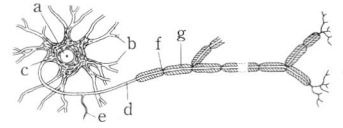

a 核
b 樹状突起
c 軸索丘
d 軸索
e 側枝
f ランヴィエ絞輪
g 髄鞘

c **神経支配** [innervation] 動物体の特定部位または器官(*終末器官)が神経による支配を受けていること.解剖学的には,その部位に末梢神経が分布していることを意味し,nerve supply という語も使われる.神経支配は遠心性と求心性に大別され,前者には筋肉を支配する運動神経や腺を支配する分泌神経があり,後者には感覚器(受容器)から中枢に向かう感覚神経がある.多くの脊椎動物の内臓筋や心筋はその活動を鼓舞する神経とそれを抑制する神経(いずれも自律神経)とによって拮抗的に支配され,そのバランスによって筋肉が一定の緊張を保ち,または適当な拍動数を保持する.このような支配形式を*二重神経支配という.瞳孔筋などではこれと少し形式が異なり,散瞳筋には交感神経支配,縮瞳筋には副交感神経支配があり,両者の拮抗によって瞳孔径が加減される.甲殻類の鋏筋や二枚貝の閉殻筋などは筋肉を収縮させる運動神経と収縮を抑制する抑制神経とが支配している.(⇒相反神経支配)

d **神経褶** [しんけいしゅう] [neural fold] 《同》髄褶(medullary fold, medullary ridge).主として脊索動物の発生初期(神経胚期)に*神経板の周囲を取り囲む外胚葉の隆起.これは漸次高まって左右より中軸の上方へ向かって近づき,やがてそれが合して癒着するとともに神経板は管状に閉じて*神経管となる.しばしば癒着した跡が縫合線として残る.初期の神経褶の部域は主として神経冠を形成する(⇒外中胚葉).肺魚類,軟骨魚類,両生類,鳥類,哺乳類などで明らかに認められる.なおナメクジウオなどでは脊椎動物とやや異なって,神経板と表皮とは初期に分離し,神経板が管状になるに先立って表皮は神経板の上を覆うので,神経板を左右から覆っていく表皮材料の隆起を神経褶といっている.

e **神経終末** [nerve ending] 《同》神経末端(nerve terminal),軸索末端(axon terminal).*神経繊維の末端.神経終末は,中枢神経系では主として,他の神経細胞に終わり*シナプスを形成する.末梢神経系においてはさまざまな種類の*終末器官を示す.例えば,感覚繊維では,自由神経終末(free nerve ending)に終わる場合と一定の終末器官をそなえる場合とがある.自由神経終末の部分は裸軸索(裸繊維)となり分岐しているが,樹枝状に分かれ終樹(telodendron)をなすことがある.神経終末はすべての脊椎動物の上皮組織・真皮・皮下組織および筋組織にある.終末器官を形成する場合の神経終末は,裸軸索が盤状,棍棒状あるいは網状となり,感覚細胞に接するか,またはそれに進入して終わる(⇒触受容器).運動繊維では,腺細胞への神経終末は,多少分岐した裸軸索が細胞面に接するか進入するかして終わる.平滑筋や心筋ではその表面に沿う多数の分枝が網状となって接し,かつ末端が膨大して終わる.横紋筋ではここに裸軸索が進入し*終板を作る.(⇒神経筋接合部)

f **神経集網** [nervous plexus ラ plexus nervorum] [1] 無脊椎動物で動物体の特定部分に限って神経細胞が小集団を作り,網目状をなした神経繊維.散漫な*神経網の状態から進んで,クラゲの内傘面などに見られる神経環(nerve ring),渦虫類のもの,棘皮動物の*食道神経環などがこれに当たる.[2] =神経叢

g **神経症** [neurosis] 《同》ノイローゼ.心理的原因(心因)によって精神的,身体的症状が引き起こされた状態をいう.精神症状は不安を中心に強迫,心気,抑うつ,解離(ヒステリー性)など多彩である.身体症状は機能的なものであり(解離性麻痺など),器質的身体症状は含まない.診断は器質的変化を除外した上で心因を明らかにすることにより行う.治療は,薬物療法,精神療法,行動療法などを単独であるいは組み合わせて行う.ICD-10では,神経症という診断は用いられていない.神経症性障害という用語は用いられているが,これは便宜上残されたに過ぎず,下位分類では恐怖症性不安障害,強迫性障害など「障害」という用語が用いられている.しかし,発病に心因が大きな要因になる「神経症概念」が完全に消失したわけではない.

h **神経鞘** [neurilemma] 《同》シュワン鞘(Schwann's

sheath). *末梢神経系の神経線維の最外層にあり，シュワン細胞(Schwann's cell)が多数瓦状に張りついて形成する筒状の被膜．シュワン細胞は中枢神経系に見られる*神経膠細胞(稀突起膠細胞 oligodendroglia cell)に相当するもので，神経膠細胞に包まれていた神経が脳や脊髄を出ると，この細胞が規則正しい1層の膜を形成して神経鞘を形成する．神経線維の再生にあたっては，神経鞘が再生した軸索の方向を誘導する．有髄神経線維のランヴィエ絞輪の部位では被膜の内層(髄鞘)が欠け，神経鞘は直接，軸索に接する．

a **神経成長因子** [nerve growth factor] NGFと略記．神経組織の分化・成長活性を示すサイトカイン性のペプチド因子．マウス肉腫180をニワトリ3日目胚の体壁に移植すると，移植片に連なった脊髄後根神経節および交感神経節の大きさが20〜40%増大するというE. D. Bueker(1948)の発見に基づき，S. Cohenら(1954)はマウス肉腫から同一活性をもつ核蛋白質を単離することに成功した．続いてヘビ毒からその1000倍(Cohen, R. Levi-Montalcini, 1956)，さらにマウス顎下腺からは1万倍の活性をもつ蛋白質を単離し(Cohen, 1960)，それらを神経成長因子と命名した．マウス顎下腺由来のものは分子量約14万の蛋白質で，分子量約2.6万のα，β，γの3種類のサブユニットを含む．βは*レラキシンに似た塩基配列をもつ二量体で，βだけでもNGF活性を現す．精製NGFをニワトリ胚やマウス新生仔に注射すると，発生中の感覚および交感神経節の細胞において有糸分裂頻度が高まって細胞数が増加し，神経節の体積が著しく増大する．培養神経節に対する繊維の成長および再生促進効果も顕著で，例えば7日目ニワトリ胚から分離された培養感覚神経節に培養液1mL当たり0.01μgのNGFを加えると，24時間以内に神経節周辺に神経線維の旺盛な放射状伸長がみられるようになる(halo-effect)．この現象はNGFの力価の判定に利用される．NGFはウマやブタの顎下腺，マウス胚および成体の交感神経細胞，マウスの尿や唾液，ニワトリ胚の諸器官，すべての哺乳類の血清中などにも含まれている．この受容体には，高親和性受容体TrkAと低親和性受容体p75^{NTR}があり，中枢神経系の他，交感神経節細胞，後根神経節細胞に存在する．

b **神経節** [ganglion, nerve ganglion] 神経系において，神経細胞および神経線維が集合して結節状になった構造．[1]脊椎動物では*末梢神経系および*自律神経系の双方にわたって多くの神経節がある．[2]無脊椎動物では腹神経節連鎖のほか頭神経節があり，後者は脳とも呼ばれる．

c **神経腺** [neural gland] 《同》脳下腺(subneural gland). オタマボヤ類を除く尾索動物の成体において，脳神経節(cerebral ganglion, brain)に密着する小さい白みをおびた腺．脳神経節と合わせて神経複合体(neural complex)と呼ばれる．神経腺は，前方に伸びる1本の輸管(neural gland duct)により咽頭部にある背部突起(dorsal tubercle)へ開口する(開口部を繊毛溝と呼ぶ)．また，多くのホヤ類では，神経腺から後方に1本の背索(dorsal strand)が出る．神経腺を脊椎動物の下垂体と相同とする古くからの見解には未だ異論があり，その機能にも諸説がある．

d **神経線維** [nerve fiber] 《同》軸索．神経細胞から出る種々の突起のうち比較的長いもの．ヒトの坐骨神経では1mに達する．機能的には運動線維(運動神経線維)，感覚線維(感覚神経線維)などに分けられるが，構造的には軸索の周囲を取り巻く被膜である*髄鞘および*神経鞘の存否により4通りに区別される．無鞘無髄神経は裸線維とも呼ばれ，軸索が露出したもので，神経線維の起始部および末端部(*神経終末)の部分はこの状態であり，中枢神経系内の短い軸索の多くのものはこれに属する．無鞘有髄神経は髄鞘だけそなえる神経線維で，中枢神経系内の*白質を通る神経線維は大部分がこれである．このような線維群の横断面は乳白色を呈する．神経鞘をそなえる神経線維は末梢神経系にあり，脳や脊髄の中枢神経にはない．有鞘無髄神経はレマーク線維(Remak fiber)とも呼ばれ，交感神経の大部分がこれに属する．有鞘有髄神経は軸索が髄鞘に囲まれ，さらにその周囲を神経鞘に囲まれた神経線維で，円口類を除いた脊椎動物に見られる．脳脊髄神経の大部分を構成する．髄鞘や神経鞘は軸索の絶縁物としての役割と*跳躍伝導に役立つという二つの意義をもつ．神経線維の太さは1.2〜30.0μmで，まちまちであるが，一般には神経細胞の大きさと正の相関関係をもつ．太い繊維ほど伝導速度が大である．神経線維は通常，多数集まって神経幹(nerve trunk)をなし，末梢神経系においてはそれは神経と呼ばれる．

e **神経叢** [nervous plexus ラ plexus nervorum] 《同》神経集網，神経網．脊椎動物の末梢神経において，基部付近あるいは末梢部で分岐したり吻合したりしてつくる網目構造．脊髄神経前枝が鰭や肢におもむく神経群を中心として形成される．頸腕神経叢(頸神経からなる)や，腰仙神経叢，陰部神経叢などがある．神経の末梢部の神経叢では，自律神経が多くの神経叢を形成するが，浅・深心臓神経叢(plexus cardiacus superficialis et profundus)，腹部諸臓器への腹腔神経叢(plexus coeliacus, 太陽神経叢 plexus solaris)，腸管壁内にあって腸管平滑筋におもむくアウエルバッハ神経叢(Auerbach's plexus, 筋層間神経叢 myenteric plexus)やマイスナー神経叢(Meissner's plexus, 粘膜下神経叢 submucosal plexus)が著明．血管にも神経叢が高度に発達している．

f **神経相関** [nervous correlation] [1]《同》意識の神経相関(neural correlates of consciousness). 特定の意識的な体験の神経構造や神経活動と対応していること．心と脳がどこまで直接関連しているか否かを問う心脳問題の核心であり，現在の神経科学の重要な課題とされている．意識の神経相関を明示するためには，意識的な知覚や認知が生ずるとき，必ず特定の脳部位で神経活動の変化が見られること，および，それら神経活動の不活化が意識的な知覚や認知に必ず影響を与えることを示すことが必要となる．実験的には，視覚的な認知と大脳皮質の神経相関を見る研究が多い．[2]神経系の機能に基づく生体部位間の相関，つまり神経系により連絡された各部位間の相互に関連した活動．現在，この用法はほとんど用いられない．(⇒相関【2】)

g **神経組織** [nervous tissue] 神経系を構成する主要組織．中枢神経系では*ニューロン・*神経膠，末梢神経系ではニューロン・シュワン細胞・外套細胞からなる．発生学的には主に*神経管に由来し，上皮性であるが，形成された神経組織は一部をのぞき上皮性の配列をとらないため，上皮組織としては扱わない．

h **神経腸管** [neurenteric canal] 脊索動物の発生の

途中に見られる*神経管後端と，*原腸または腸管原基の後端とを通じる索状部．ナメクジウオ，ホヤ類，軟骨魚類，両生類，爬虫類，哺乳類の胚で典型的な神経腸管が見られるものがある．神経腸管は後に閉鎖する．

a **神経堤** [neural crest] 《同》神経冠．脊椎動物胚において，神経板と表皮外胚葉の境界に誘導される上皮の高まり．ここから脱上皮化し，遊走する細胞を神経堤細胞という．動物種によっては，形成直後の*神経管の真上，背部表皮の下に正中線にそって脱上皮直後の索状細胞集団として見出されることもあるため，神経冠の名も用いられる．神経堤細胞は移動にあたって一定の経路を通り，胚体内に広く分布し，神経節，内分泌細胞，間充織，頭部骨格系，色素細胞などへ分化する．神経堤細胞の移動には*フィブロネクチンをはじめとする種々の細胞外基質が重要であり，その分化は移動先の環境によって制御されることが多い．その広範な発生上の役割のため「第四の胚葉」とも呼ばれるが，分化する細胞型が特定のクラスに収まっていないため，細胞系譜の観点からこの呼び名は必ずしも適切ではない．また神経堤は脊椎動物を特徴づける細胞系譜だが，ホヤ幼生にその前駆体が見つかるとの所見もある．

b **神経伝達物質** [neurotransmitter] 《同》伝達物質 (transmitter)．化学的伝達，すなわちニューロンの軸索末端（終末ボタン）から放出され，第二の細胞を興奮させる（興奮性シナプス後電位（EPSP）を発生させる），または抑制する（*抑制性シナプス後電位（IPSP）を発生させる）物質．伝達物質はニューロンの種類によって異なる．伝達物質同定の歴史（⇨化学的伝達説）はすでに半世紀をこえているが，その初期から注目されたのは*アセチルコリンと*ノルアドレナリンである．前者は神経筋接合部や自律神経節前ニューロン，副交感節後ニューロンおよび少数の交感節後ニューロン，後者は大多数の交感節後ニューロンにおける伝達物質であることが，1950年頃までに確定され，これにともなって化学的伝達をコリン性とアドレナリン性に二大別する考えが定着し

た．1960年代に入ってアミノ酸（特に*γ-アミノ酪酸（GABA），グルタミン酸，アスパラギン酸，グリシン，タウリン）およびアミン（特に*ドーパミンおよび*セロトニン），1970年前後からペプチド（*サブスタンスP，ニューロテンシン，VIP（vasoactive intestinal polypeptide）など，⇨神経ペプチド），プリン誘導体（ATP, アデノシン）などが伝達物質の候補と推定されている．中枢神経系では興奮性伝達物質としてグルタミン酸，抑制性伝達物質としてGABAが知られている．伝達候補物質の多様化に応じて，伝達物質の生合成・放出・不活性化を調節する物質の存在が注目され，また一つのニューロンは1種類の伝達物質しか放出しないという考えを再検討する必要も指摘されている．伝達物質はそれぞれの受容体，例えば*アセチルコリン受容体やアドレナリン作動性受容体を介して作用を現し，受容体にごく短時間作用したのち物質の種類に応じていろいろな方法で不活性化される．受容の性質から次の2種に大別されるが，両者に共通するものも多い．(1) チャネル直結型伝達物質 (channel-linked neurotransmitter)：*イオンチャネルそのものが受容体であり，反応の立上りが早くしたがって速いシナプス伝達に関与する．アセチルコリン，グリシン，ノルアドレナリン，GABA，グルタミン酸がこれに属する．(2) チャネル非直結型伝達物質 (non channel-linked neurotransmitter)：受容体とチャネル分子が別で，受容体が*G蛋白質と共役し，細胞内メッセンジャーを合成し，その結果イオンチャネルが開かれる．反応は間接的であり遅く，学習・記憶などの神経活動に関係するとされる．アセチルコリン，GABA，グルタミン酸，ドーパミン，セロトニン，アドレナリン，エンドルフィン，エンケファリン，サブスタンスP，アンギオテンシンなどがこれに属する．

c **神経頭蓋** [neurocranium] 《同》脳頭蓋．脊椎動物の*頭蓋のうち脳，嗅覚器，視覚器および聴平衡覚器を容れる部分．内臓頭蓋（⇨内臓骨格）と対置される機能的概念．進化の最初から頭蓋として形成された神経頭蓋を

神経堤細胞の分化

神 経 系	骨格と支持組織その他
胴部神経堤由来	胴部神経堤由来
1．後根神経節	1．背鰭間充織（両生類）
2．交感神経 　上部頸神経節，脊椎前神経節，脊椎傍神経節， 　副腎髄質	2．色素細胞
	頭部神経堤由来
3．副交感神経 　レマック神経節，腰部神経集網，内臓・腸神経節	1．内臓軟骨
	2．梁軟骨を含む神経頭蓋前半
4．神経系の支持細胞 　シュワン細胞，脳膜の一部	3．皮骨頭蓋の大部分
	4．造歯細胞
頭部神経堤由来	5．頭部間充織
1．脳神経知覚神経節の神経細胞（一部） 　ならびに支持細胞	6．顔面真皮，首の皮の一部
	7．甲状腺・副甲状腺，胸腺・唾液腺の支持組織
2．副交感神経節 　毛様体神経節，篩骨神経節，蝶形骨口蓋神経節， 　顎下神経，節，内臓内神経節など（腸管壁の副交感 　節後神経節を含む）	8．鰓後腺のカルシトニン産生細胞
	9．頭頸部骨格筋の支持組織
	10．角膜の繊維芽細胞・内皮細胞
	11．頸動脈小体
	12．毛様体筋
	13．色素細胞
	14．鰓弓動脈の派生物の中膜平滑筋

古頭蓋または旧頭蓋(paleocranium)と呼び，椎骨の添加で頭蓋に含まれた新頭蓋(neocranium)と区別したこともある．個体発生では，まず*軟骨頭蓋が生じ，円口類や板鰓類をのぞく脊椎動物では，軟骨を経ずに骨化する*被蓋骨が付加するとともに，軟骨の骨化による軟骨性骨を生じ，神経頭蓋を形成する．神経頭蓋における軟骨性骨は後頭部(regio occipitalis)，迷路部(regio labyrinthica)，眼窩側頭部(regio orbito-temporalis)および篩骨部(regio ethmoidalis)の4部にある．後頭部は顎口類の神経頭蓋の最後方に位置し，*大後頭孔を縁どり，上後頭骨(os supraoccipitale)，底後頭骨(os basioccipitale)と左右の外後頭骨(os exoccipitale)の4骨を認め，合一して後頭骨(os occipitale, occipital bone)を形成する．動物群によっては上後頭骨を欠くものもある．古くJ. W. von Goetheが示唆したように，後頭骨は後続する椎骨と系列相同であり，発生上も*体節に由来するが，それを構成する体節数は動物群により異なる．迷路部には耳殻の諸骨が生じ，多いときには上列に蝶耳骨(sphenotic bone)・翼耳骨(pterotic bone)・上耳骨(epiotic bone)，下列に前耳骨(pro-otic bone)・後耳骨(opisthotic bone)がならぶが，哺乳類ではこれらが癒合して岩骨(petrosum)を形成，さらに被蓋骨の鱗骨(squamosum)と合して側頭骨(os temporale, temporal bone)となる．眼窩側頭部には前蝶形骨(presphenoid bone)とその両側の眼窩蝶形骨(orbitosphenoid bone)・底蝶形骨(basisphenoid bone)とその両側の翼蝶形骨(alisphenoid bone)などを生じ，哺乳類ではこれらが合して蝶形骨(os sphenoides, sphenoid bone 独 Wespenbein)と篩骨(os ethmoides, ethmoid bone 独 Siebbein, 一部)を形成する．篩骨部には中篩骨(mesethmoid bone)とその左右の外篩骨(ectethmoid bone)が鼻殻に生ずるが，哺乳類では合して篩骨の大部分となる．以上の軟骨性骨に加え二次骨が発生し全体として神経頭蓋を完成する．すなわち，頭頂部には頭頂骨(os parietale, parietal bone)と前頭骨(os frontale, frontal bone)が生じ，鼻殻には涙骨(os lacrimale, lacrimal bone)・鼻骨(os nasale, nasal bone)・鋤骨(vomer 独 Pflugscharbein)を生ずる．魚類から鳥類に至るまでは，副蝶形骨(parasphenoid bone)が前蝶形骨と底蝶形骨の代わりに認められる．また狭義の神経頭蓋として以上の骨から，系統発生上内臓頭蓋に属する，翼蝶形骨と梁軟骨に由来する篩骨などを除外する場合もある．(⇒頭蓋椎骨説)

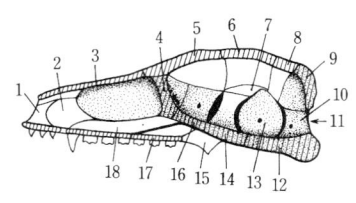

哺乳類の神経頭蓋正中断面模式図
（点をほどこしたものは一次骨，他は二次骨）
1 前顎骨　2 上顎骨　3 鼻骨　4 篩骨　5 前頭骨　6 頭頂骨　7 鱗骨　8 上後頭骨　9 上後頭骨　10 外後頭骨　11 大後頭孔　12 底後頭骨　13 岩骨　14 底蝶形骨　15 翼蝶形骨　16 前蝶形骨　17 口蓋骨　18 鋤骨

a **神経内分泌系** [neuroendocrine system] 発生上も機能上も特定の神経系と緊密な連関を保って活動する*内分泌腺において，神経系への依存性を重視して両者を複合系とみたもの．脊椎動物の*視床下部-下垂体神経分泌系，交感神経-副腎髄質系などがその例．またこのような問題を取り扱う学問を神経内分泌学(neuroendocrinology)と呼ぶ．(⇒下垂体)

b **神経胚** [neurula] 主として脊索動物の発生において，原腸形成（または原条期）ののち中枢神経系の原基として*神経板が現れた時期から，それが閉じて*神経管の形成されるまでの胚．この時期においては外胚葉は神経板と表皮域とに分離し，神経板の下には頭腸，前脊索板，脊索原基，予定体節が位置し，表皮域外胚葉は多くの場合側板の体壁中胚葉によって裏打ちされている．主要器官の原基は各胚葉に現れ始めているが，組織分化はまだ開始されていない．

c **神経発生学** [neuroembryology] 神経系の発生機構を研究する発生学の一分科．神経系統，特に脊椎動物の神経系は構造的・機能的に極めて複雑なため，その発生を扱う分野が発達した．

d **神経板** [neural plate] 〔同〕髄板(medullary plate)．主として脊索動物の発生初期，*原腸形成の終了後に，外胚葉の背側正中に生ずる，ラケット状で後方が幅のせまい肥厚．のちにその主要部が中枢神経系と眼原基とを形成する．神経板の尾端は多くの場合閉じた原口に接する．神経板の最後端の部域は後胴部および尾部の体節を形成し，中胚葉性であることが両生類で確かめられている．発生が進むとともに神経板の周囲の外胚葉は隆起して*神経褶となり，まもなく両側の神経褶が背方正中で合することにより*神経管となる．両生類・魚類の一部・円口類などで典型的な神経板が認められる．(⇒神経胚, 神経溝)

e **神経光感覚** [neuronal photosensitivity] 神経組織あるいは神経節に感光性が認められること．はじめザリガニの腹部第六神経節で認められたが，その後ウバガイの外套神経，アメフラシの内臓および脳神経節，イソアワモチの脳内神経細胞，ウニの放射神経，マウスの内因性光感受性網膜神経節細胞(ipRGC)などで証明された．機能としては，(1)運動器官の反射反応に関係するもの（ザリガニ，ウニ），(2)概日リズムの*同調に関係するもの（アメフラシ，マウス），(3)他種感覚の二次ニューロンとしてその系の興奮の伝導に関係するもの（イソアワモチ）が考えられている．

f **神経分節** [neuromere] 脊椎動物の胚において，*神経管に一過性に生じる小分節．特に菱脳に発するものを菱脳分節(rhombomere)という．(⇒菱脳) 菱脳分節に対応した*ホメオボックス遺伝子の発現が多く知られており，これらの遺伝子の発現を阻害すると菱脳の特定の神経の形成が妨げられる．各鰓弓神経の根は基本的に偶数番号の菱脳分節上に形成され，菱脳内の神経細胞の発生部位もこの分節性に従う(⇒鰓弓神経)．一方，間脳を形成する前脳にもいくつかの神経分節があることが認められており，それらはプロソメアと呼ばれる．第一のプロソメア(P1)から視蓋前域(pretectum)，P2からは視床(thalamus, dorsal thalamus)，P3からは視床前域(prethalamus, ventral thalamus)が生ずるとされる．それより前方の前脳領域の神経分節については未だ意見の一致をみない．(⇒脳胞)

g **神経分泌** [neurosecretion] *神経細胞としての構造と機能をもった細胞が，*ホルモン（神経末端から放出

されるアセチルコリンやノルアドレナリンなどの*神経伝達物質は含まない)を分泌する現象．このような細胞を神経分泌細胞(neurosecretory cell)，分泌された物質を神経分泌物質(neurosecretory material, neurosecretion, neurosecrete)と総称する．脊椎動物の視床下部-下垂体神経分泌系や尾部神経分泌系がその例．分泌物は細胞内ではゴモリ染色法のクロム明礬-ヘマトキシリン-フロキシン，あるいはパラアルデヒド-フクシンによって染色される例が多い．細胞内に直径100〜200 nmの神経分泌顆粒と呼ばれる構造が存在し，この顆粒中にホルモンが含まれている．一般に，細胞中，すなわち顆粒中においてホルモンは単独に存在するのではなく，キャリアー蛋白質と結合して存在し，組織化学的に染色されるのはキャリアーである．分泌は血管壁もしくはその周辺に終わる軸索末端から行われるのが一般的である(この部分を神経血管器官あるいは貯蔵放出器官，貯蔵放出部などという)が，細胞体付近から直接，細胞間隙に分泌を行ったり，樹状突起から脳室中に分泌を行ったりするようにみえる例もある．神経分泌細胞は扁形動物・紐形動物・環形動物・軟体動物・節足動物・脊索動物の中枢および末梢神経系に見出されており，特に甲殻類・昆虫類および哺乳類ではさまざまな生理的連関に参与する重要な内分泌系(*X器官-サイナス腺系，*脳間部-側心体-アラタ体系，*視床下部-下垂体神経分泌系)としての働きが明らかにされている．

a **神経ペプチド** [neuropeptide] 《同》ニューロペプチド．*神経伝達物質として，あるいは神経伝達を修飾する物質として機能する生理活性ペプチドの総称．特に，低分子の神経伝達物質(例えば*アセチルコリン，*アドレナリン，*セロトニン)以外の比較的高分子のものについていい，エンドルフィン，エンケファリン，*サブスタンスP，*アンギオテンシン，*ニューロテンシン，コレシストキニン，ガストリンなどがこれにあたる．これらの物質のうち多くのものは*消化管ホルモンとして知られており，同一の物質が，生産し分泌される場所によって，あるいはホルモンとして，あるいは神経伝達物質や修飾物質として，多様な役割を果たしている．

b **神経ペプチドY** [neuropeptide Y] NPYと略記．カルボキシル末端がアミド化された36アミノ酸残基からなる生理活性ペプチド．ヒトの神経ペプチドYのアミノ酸配列は，YPSKPDNPGEDAPAEDMARYYSALRHYINLITRQRY．1982年ブタ脳より単離され，両末端にチロシン(一文字表記Y)をもつことから名付けられた．膵ポリペプチド，ペプチドYYと高いホモロジーを示す．脊椎動物の中枢および末梢神経系に広く分布し，交感神経系では血圧調節，脊椎動物の中枢神経系では内分泌や自律神経の制御，摂食行動や記憶，概日リズムなどに関与する．

c **神経ホルモン** [neurohormone] 神経細胞の末端から分泌され，体液を介しての作用を現す物質．通常は各種の*神経伝達物質をいうが，神経分泌によって分泌されるものを含めることもある．かつては神経液(neurohumor)ともいった．

d **神経網** 【1】[nerve net] 神経細胞が不規則かつ疎らに散在し，相互に神経線維をもって網状に連絡したもの．*散在神経系に特有の構造．刺胞動物のポリプの表皮の神経系はこの例．ポリプの1本の触手に刺激を加えるとき，その刺激が小さければその触手だけが収縮・屈曲などの反応を示すにすぎないが，より大きな刺激を加えれば，神経網を通じての伝達により他の触手やさらには口盤や柱状部なども反応を示す．クラゲにおいても外傘面の神経細胞の分布はやはり網状で，傘の一部に加えられた刺激は四方に同様に伝えられる．傘の一部分に溝状の切り口を作ってその部分の神経繊維を切断しても，刺激はこの切断面の外側を迂曲して反対側に到達しうる．

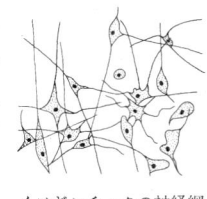

イソギンチャクの神経網

【2】[nerve plexus ラ plexus nervorum] ＝神経叢

【3】[nerve-network] 《同》神経回路網．中枢神経系において，ニューロンの接続が織りなす回路網．中枢神経系の*統合や記憶などの意識活動は，この回路網の働きによる．

e **神経誘導** [neural induction] 中胚葉が外胚葉に作用して，神経組織を誘導すること．H. MangoldとH. Spermann(1924)はイモリ胚の原口背唇部(将来の中胚葉，シュペーマンのオーガナイザー)を胚腹側部に移植すると，そこに神経組織を含む二次胚が誘導されることを発見した．正常胚では，囊胚形成期に陥入した原口背唇部(中胚葉)が，その上部に位置する外胚葉に作用して，その神経組織分化を誘導する．ツメガエル胚の研究から，外胚葉は単独では自ら分泌するTGF-βファミリーであるBMPによって表皮に分化するが，中胚葉から分泌されるNogginなどがBMPの働きを阻害することにより，外胚葉が表皮ではなく神経組織に分化すると考えられている(→TGF-β経路)．

f **シンゲン** [syngen] 《同》シンジェン，同要遺伝子個体群．原生生物繊毛虫類において，形態種内に含まれている性的隔離の見られるグループ．「共に世代を繰り返す」意味からT. M. Sonneborn(1957)が提唱．シンゲンは，そのグループ内だけで交雑と遺伝子の交流が可能であり，したがってシンゲンはそれぞれが固有の遺伝子セットをもつという意味で種にほかならないが，形態学的にはグループのそれぞれを区別することができない．そこで生きた細胞(個体)を用いた交配テストによってシンゲンの判別が行われるが，これは種の判定規準として不適当であり，加えてそれまでにこれにあてられていた変種という名称も適切でないところからシンゲンの語が提唱され受け入れられた．ヒメゾウリムシやテトラヒメナの類ではアイソザイムなどの違いからシンゲンを区別できるものがあり，その違いを規準としてそれらに種名が付けられている．ヨツヒメゾウリムシ(*Paramecium tetraurelia*)はその例．なお，形態種としては同定できるがシンゲンが不明であるとき，あるいは特定の種名の使用を避けたい場合には，二語名法による従来の種名の後にcomplex(複合種または種群)の語を付けて表記する場合がある．例えば*Paramecium aurelia* complex(ヒメゾウリムシ種群)など．

g **腎口** [nephrostome ラ nephrostoma] 《同》腎管口．無脊椎動物における腎管や，脊椎動物における前腎や中腎の体腔への開口部．しばしば漏斗状をなし，内壁には繊毛が生え，体腔液の流動が起こり，老廃物の吸入と排出に役立つ．中腎ではやがてその近くに腎小体が生じ，腎口は退化．なお，後腎管には腎口はない．

a **人工海水** [artificial sea water] 海産動物を飼育するため，または海産動物から摘出した器官・組織を正常に近い状態に保つために用いられる塩類溶液．海水に近似したイオン組成・浸透圧・pHをもつように調製されている．海水の浸透圧は地域によって異なるので(地中海海岸では，日本の太平洋海岸やアメリカの大西洋海岸より高い)，人工海水は地域により，異なった浸透濃度のものが用いられている．人工海水におけるさまざまなイオンの混合比を変えたり，ある成分を除いたりすれば，海水中の特定のイオンの生理的効果を調べることができる．(→生理的塩類溶液)

b **人工海水培地** [synthetic seawater medium] 《同》人工海水培養液，合成海水培地．海産生物用に特に調製した培地．人工海水すなわち蒸留水に $Na^+ \cdot Cl^- \cdot Mg^{2+} \cdot K^+ \cdot Ca^{2+} \cdot SO_4^{2-}$ などのイオンを添加して海水を調合したものを基礎とし，それに，対象とする海産生物の必要とする栄養物質を加えて作る．海水の入手の困難な場合や，栄養要求性の検討などで使われる．

c **人口学的ゆらぎ** [demographic stochasticity] 《同》人口学的確率性，人口学的蓋然性．個体の生存率，産子数，出生率，孵化率，繁殖開始齢，子の性比などの人口学(個体群生態学)的な変数に含まれるランダムに生じる変異．例えば，出生個体の性比(natal sex ratio)が0.5であっても，二項分布にしたがって雌雄が生まれるため，個体群が小さいときには，すべての個体が雄または雌になる場合がある．有性生殖をする野生生物の小集団では，性比の偏りが絶滅を導きうる．この確率性は個体ごとに独立なものであるため，集団サイズが大きくなると影響が小さくなる．つまり，個体群サイズが小さくなるにつれて，人口学的ゆらぎによる不確実性の影響が大きくなり，個体群の絶滅の危険性が高くなる．個体群サイズが十分に大きい場合，人口学的変数の変異は平均化されるので，人口学的ゆらぎで絶滅が生じることはほとんどない．

d **新興感染症** [emerging infectious disease] かつては知られていなかったが新たにヒトでの感染が証明された疾患で，局地的にあるいは国際的に公衆衛生上の問題となる感染症．WHOは，1970年以降に新しく認識された感染症を新興感染症として扱うと1990年に発表した．

e **信号検出理論** [signal detection theory] *心理物理学的決定に含まれる感覚過程と判断過程を分離して扱うための理論．雑音の中から信号を検出するときに，信号のあるときに信号の存在を報告する正しい反応(fit)と，雑音のときに反応する誤り(false-alarm)を測定する方法により，被験者が信号があったと報告する判断基準を，信号の検出感度から分離して扱うことができる．

f **人工受粉** [artificial pollination] 《同》人為受粉．人為的に行われる受粉操作．これに対し，自然に放置して行われる受粉を自然受粉(natural pollination，放任受粉 open pollination)という．放置しては受粉しない場合や，特定の個体間で受粉を行わせる場合に使い，受粉作業にあたっては結実させる花は除雄しておく．花粉用の花から葯・雄ずい，あるいは花全体を採ってそれから結実させる花の柱頭に花粉を付着させる．特に多くの受粉を施すときには前もって花粉を多量に採取して，花粉銃など特別な道具で受粉させることもある．

g **進行性染色** [progressive staining] 組織切片を染色液に浸しておくと，次第に目的の構造が濃染してくるような染色．いわゆる直接染色法(direct staining method)である．退行性染色(regressive staining)のように弁色(色抜きによってバックグラウンドを下げる)の操作をする必要がない．

h **人工生命** [artificial life] ALと略記．[1]《同》Aライフ(A-life)．生命現象の主として情報的側面を非有機的あるいは有機的人工物として構成的に捉えたもの．記号の列や，種々の図形などで表現される人工生命体が，交配，増殖，運動，摂食，学習，適応，進化といった生命諸活動になぞらえた変化を行う．このような生命様の人工物を構築し，そのありさまを計算機シミュレーションなどによって明らかにすることによって，現存する生命の諸側面の理解を深めようとする「弱い人工生命」と呼ばれる立場がある．この立場に留まらず，およそ生命と呼びうるものを構築しその挙動を解明することを人工生命研究の目的とする考え方すなわち「強い人工生命」の立場がある．人工生命的な考え方は1950年代の初め頃にJ. von Neumannの自己増殖*オートマトンなどにも見られるが，人工生命の語が広く使われるようになるのは1987年の国際会議以降である．この会議を組織したC. Langtonらは，人工生命を特徴づけるキーコンセプトとして創発(emergence)を挙げている．これは下位のレベルの要素間の局所的相互作用が一つ上のレベルの新たな大域的状態を生み出すことを指し，自己組織化と関連した概念である．なお生態学，進化生物学の分野で個体差と局所的相互作用を組み入れたモデルあるいはシミュレーションを*個体ベースモデル(individual based model)と呼び，その一部は人工生命モデルと同じものである．[2] 実際の生物が用いるものとは異なる分子(例えば4種類の塩基以外を用いたDNA)や原子(例えば炭素のかわりにケイ素)を使って人工的に創造した生命．この意味では現在ではまだほとんど仮想的な概念である．一方，生物を構成する既知の分子群から既知の生命と同一のシステムを再構成したものも人工生命と呼ぶことがあり，これについては，リボソームや蛋白質，バクテリアの全ゲノムなど，すでに実例がある．

i **人工染色体** [artificial chromosome] 細胞内で独立した染色体としての維持に必要なDNA要素を連結したDNA分子(組換えDNA)からなる染色体．DNA複製や分配(*セントロメア)，末端維持(*テロメア)などの染色体としての基本機能を有する．人工染色体は，酵母(*Saccharomyces cerevisiae*)で*YACとして，酵母第4染色体のセントロメア(*CEN4*)と複製開始点(*ARS1*)，テトラヒメナのテロメア(*TEL*)DNA，選択マーカー遺伝子などを，大腸菌プラスミドpBR322に組み込んで初めて作製された．その後YACをモデルに，これらDNA要素を組み込んだ人工染色体が他の生物種でも構築された．大腸菌では，ファージP1の複製系を利用したPAC(P1 artificial chromosome)，FプラスミドのcomplexFを利用した*BAC，などが開発されている．哺乳類でもヒトセントロメアの反復配列(アルファサテライトDNA)を利用し，これをヒトやマウス培養細胞へ導入してHAC(human artificial chromosome，あるいはmammalian artificial chromosome, MAC)が作製された．人工染色体は巨大遺伝子のクローニングベクターとして利用されており，染色体機能やクロマチン構造を細胞内で解析する手法として用いられている．

a **人工臓器** [artificial organ] 生体が本来そなえている臓器の機能を代行するため，人工的に作られた機器．例えば，人工腎臓は透析装置とも呼ばれ，血液と灌流液とを再生セルロース膜などの半透膜で隔て，血液中の尿素などの老廃物を除去するとともに必要な成分を供給する装置．人工心肺は心臓を直視下で手術する数時間の間，心臓のポンプ作用と肺のガス交換作用(酸素を付加し炭酸ガスを除去する)を代行させる装置．人工心臓は心臓の機能を半永久的に代行する人工のポンプ装置だがまだ十分実用化されていない．人工血管は網目のある合成繊維の布で作った管で，生体血管の一部をこれにおきかえると，まわりから生体の組織が侵入して定着し，血管の代用となる．ペースメーカーは，心臓に対して外部から直接電気刺激を加えることにより，適切な心臓拍動を維持するための装置である．いずれも生体に，抗原刺激などいろいろな刺激の少ない材料が選ばれる．

b **人工知能** [artificial intelligence] 人間の脳の働きにヒントを得た情報処理を計算機でシミュレートすること，あるいはその実現を目的とするシステム．コンピュータを利用して問題を解決するには，明確な手続きがわかっていなくてはならない．しかし人間は，明確な手続きがはっきりしていなくても，発見的(heuristic)方法によって，何とかうまく解決してしまうことが少なくない．手書き文字，図形，音声などを識別する，いわゆる*パターン認識や，学習による能力の向上や帰納的推論，類推による推論などもその例である．また，解決の手続きははっきりしているが，それを実行するのに莫大な時間を要する問題に対して，人間は比較的短い時間内にかなりよい解決法を見出すことができる．ゲームのプレイなどがその例．さらにまた，コンピュータは論理的に正確な情報が十分に与えられなくてはその意味を理解することができないが，人間は不正確な情報が不十分にしか与えられていない場合でも，それまでの知識などから適当に情報を補うことによって，その意味をつかむことができる．われわれが日常的に使う言語すなわち自然言語(natural language)はその例．これに対し，コンピュータに用いられるプログラム言語などは人工言語(artificial language)と呼ぶ．コンピュータによって自然言語を扱うことを自然言語処理という．

c **人工低体温** [artificial hypothermia] 《同》人工冬眠．人工的に引き起こされた恒温動物の低体温状態をいう．動物を低温にさらした場合，放熱が産熱の限界を越すと体温は降下しはじめ，ついに死に至る(凍死)．寒冷による障害を少なくし，しかも効率よく適当な低体温状態を得るために，薬物によって体温調節反応を抑制しながら体を冷やす方法がとられる．体外循環によって血液を冷やす方法は，フランスのH. Laborit(1951)が開発して臨床面に応用した．フェノチアジン系の自律神経遮断剤を投与した後，体を冷水や氷嚢で冷やして直腸温を30°C前後まで下げる．これは，全身の代謝を低下させ循環停止の時間を延長させて行う術式が必要な心臓や脳の手術の場合や，手術や外傷によるショックの予防，精神科その他の領域における種々の疾患の治療(冬眠療法hibernation therapy)に適用されている．非冬眠性の動物を，冬眠動物のような極端な低体温状態に一定期間おいてから蘇生させようとする試みは，まだほとんど成功していない．

d **進行的遷移** [progressive succession] ⇌退行的遷移

e **新口動物** [deuterostomes ラ Deuterostomia] 《同》後口動物．*左右相称動物を二大別するときの一つで，*旧口動物と対する．初期胚に形成された原口が成体の肛門となり，口は原腸の末端に新たに形成される動物の総称と定義されるが，例外もある．棘皮動物・半索動物・脊索動物がこれにあたる．近年の分子系統学的解析によれば，新口動物と旧口動物はそれぞれ単系統をなすとされる．当初，原口とは別の位置に成体の口が形成される特徴を共有する*毛顎動物も含められていたが，上記3動物群と毛顎動物との類縁性が分子系統学的に支持されないため，現在では除外されている．一時，*有鬚動物も後口動物に含められたが，これは初期発生における上記類似性によるものではなく，有鬚動物が三体節性(三体腔性)をもっているとの誤認から半索動物や棘皮動物と近縁とされたことなどによるもので，現在では有鬚動物は旧口動物の一員とされている．他方，分子系統解析の結果，棘皮動物，半索動物，ないし脊索動物が*珍渦形動物や無腸型扁形動物のような一見「単純」な動物と姉妹群をなすとして，これらを動物をも新口動物に含める見解もある．(⇌付録：生物分類表)

f **人工媒精** [artificial insemination] 《同》人工授精(人工受精，人為受精 artificial fertilization：慣用)．*媒精を人為的に行うこと．媒精の語を人工媒精の意味でそのまま用いることもある．体外受精の動物ほど行いやすく，受精の実験的研究には主としてそうした動物が選ばれてきたが，体内受精の動物でも種々の工夫がなされ，実用化されている．家畜の人工媒精は，古くはアラビア人がウマで行ったと伝えられているが，近世においてはL. Spallanzani(1780)がイヌを用いて成功した．今日では家畜の改良・増殖の手段として，あるいは伝染性疾患の予防の目的で，広く行われる．ロシアのE. I. Iwanov(1907)がその基礎を築いた．ウマについでウシ，ヒツジ，ブタ，ヤギ，ウサギ，ニワトリなどにまで実施されている．家畜からの精液の採取には，人工膣による方法などが利用されている．精液の保存には，低温度におくことや，pHや浸透圧などの考慮された適当な保存液の添加などの方法がとられる．精子をグリセロールなどの凍害防御物質の存在下で凍結保存することは非常に有効である．サケ・マス類の増養殖においても人工媒精の手法が主にとられている．近年では，ヒトにおいても，男性不妊の治療などを目的に人工媒精が実施されている．

g **人工膜** [artificial membrane] 《同》脂質人工膜(artificial lipid membrane)，再構成膜．生体膜のモデル系として，また生体膜をモデルとしてつくられた人工膜．脂質だけから形成されたものを*脂質二重膜，蛋白質やペプチドなどを含む脂質二重層膜を再構成膜と呼ぶことが多い．脂質，特にリン脂質は分子の中にリン酸や塩基のような極性の高い親水性基と約1.5 nm前後の脂肪酸残基を疎水性基としてもっている．このため水溶液の中におかれると親水性基が水に向かってならび，疎水性基が水からできるだけ離れて集合した膜が自発的に形成される．一般にリン脂質の臨界ミセル濃度は約10^{-10} Mと極端に低いので通常のリン脂質は単分子分散しにくい．脂質人工膜はこのようなリン脂質の特性を利用して作製されたもので，多くの点で生体膜の性質と類似している．リン脂質膜内にはコレステロール・糖脂質・中性脂肪などの脂質やある種の蛋白質を含ませることも

可能．よく使われている人工膜は大別すると単分子膜(monolayer, monomolecular film)，*黒膜，*リポソームに分けられる．単分子膜は水と空気の界面にできる膜であり，分子は一重の配列をしている．また，これを複数枚重ねた累積膜(built-up film)も用いられる．黒膜は水溶液の間の仕切りの穴につくられるもので，イオンの透過性などの測定が行われる．リポソームは二分子層膜(bimolecular membrane)よりなる閉鎖小胞で，物質の透過性，脂質分子の存在様式などの検討が可能であり，また作製法が容易であることから，広く用いられている．人工膜は脂質だけから構成されるので生体膜の性状をすべて再現するわけではない．しかし膜において脂質がどのような動態・機能を示すかの検討には，人工膜は非常に便利である．生体膜中での膜脂質の活発な分子運動(膜面に沿った拡散 lateral diffusion や回転拡散，フリップフロップ，非等方性分子運動 anisotropic molecular motion，アルキル鎖のトランス－ゴーシュ異性化による運動)などの研究に人工膜は大きく貢献している．(⇒脂質二重層)

a **心材** [heart wood] 木部のうちで最も内部の，生きた細胞がすべて死滅して水分通導機能と貯蔵養分が失われて，機械的支持機能だけをもつ部分．辺材と対する．一般に，心材では細胞壁にリグニンやポリフェノールなどが沈着して濃く着色することが多く，赤心と俗称．心材形成の時期は，樹種や生育条件などによって異なり，一定しない．スギ心材では時に，灰黒から黒褐色を呈することがありこれを黒心と呼ぶ．黒心の生成は土壌，樹木の樹林内位置などによるとも，品種的なものともいわれている．心材の黒変現象は赤心中に含まれるヒドロキシスギレジノールなどのフェノール性物質の存在に起因するといわれる．赤心と比較して水分を多く含むことが多く，木材加工，特に木材乾燥上の問題となっている．また，本来の心材を欠くのに，一見心材らしい観を呈して赤味色を帯び，その周辺が不規則に波状紋をなしている部分を偽心材(false heartwood)と呼ぶ．工芸材では特にブナ属の材に著しい．材の外傷や菌害に対して，そこを取り巻く部分が心材に似た変化をして形成される．したがって老木には幼樹よりも多く認められ，樹幹の全長にわたることは無く，局部的．偽心材は防腐剤の注入がほとんど不可能であるため工作上嫌われる．

b **深在神経系** [deep nervous system] 表皮下に沈下した神経系．*表皮神経系の対．神経系は外胚葉由来であるが，体制が発達するにつれて表皮下深層に移行し，ヒモムシ類では移行の諸段階が認められる．

c **振子運動** (しんしうんどう) [pendular movement] 「ふりこうんどう」とも．主として縦走筋の律動性収縮弛緩で，脊椎動物の小腸運動の一形式．多少輪状筋が関与することもある．ウサギの小腸ではこの収縮波の伝播速度は3〜5 cm/sで，周期は約2.5秒．一般に腸内容物が少量のときに起こり，この運動による内容物の移動はほとんど無い．アウエルバッハ神経叢はこの運動の調節にはあまり関与していない．ザリガニの後腸でもこの形式の運動がある．

d **シンシチウム** [syncytium] 《同》合胞体．複数の核を含む，細胞(原形質)の集合体．細胞が融合し細胞質が混合して形成される場合と，*細胞質分裂は起こらずに*核分裂が起こることによる場合とがある．(⇒細胞融合，⇒多核体，⇒変形体)

e **真珠** [pearl] 軟体動物の体内に生じ，炭酸カルシウムを主成分として霰石(あられいし)様の結晶構造をもつ球ないし半球状の塊．美麗なものは装飾用となる．アコヤガイ・シロチョウガイ・クロチョウガイ・イガイ・カラスガイ・カワシンジュガイなどの海産および淡水産の二枚貝類のほか，アワビなどの腹足類もこれを生ずる．真珠はこれらの貝の体内に侵入した砂粒や寄生虫などの異物の刺激によって外套膜から分泌された真珠質がその周囲を何層にも包んでできるもので，養殖真珠(御木本幸吉，1906)もこの生理的反応を利用している．すなわち，球状に磨かれたドブガイ類の貝殻を核として，これに外套膜の小片(ピースという)を添えてアコヤガイの閉殻筋の付近へ挿入した後，これを籠に収容して筏に垂下し数カ月間飼育すると，核のまわりに殻下層(真珠層)が分泌・形成され真珠となる．(⇒貝殻)

f **人種** [race] かつて地域集団のあいだの皮膚色など，目で見える形質の違い(人種形質)を強調して，*ホモ＝サピエンスを分類した概念．単独の種であるホモ＝サピエンスが世界に広く分布し分化したためにこのような概念が生まれた．人種集団間の差別を避けるため，最近ではこの概念は人類学では用いられなくなりつつある．ただし，ほぼ大陸ごとに遺伝的に異なる人々が分布していることは事実である．この意味で，いわゆる大人種(ネグロイド，コーカソイド，モンゴロイド，オーストラロイド，アメリンド)は，現在はアフリカ人，西ユーラシア人，東ユーラシア人，サフール人，アメリカ人という，地理的分布にしたがった名称で呼ばれている．交通の発達により，これらの大陸間でも混血がゆっくりと進んでいる．

g **人獣共通感染症** [zoonosis] 《同》人畜伝染病．ヒトと脊椎動物の双方に自然に感染する伝染性疾病の総称．病原体別に人獣共通寄生虫症などの名称がつけられている．病原体は大別してウイルス，細菌，真菌，リケッチア，原虫，蠕虫(吸虫・条虫・線虫)，*プリオンに分けられる．感染力や症状は，ヒトと動物で異なるものもある．多くの人獣共通感染症が存在するが，代表的なものに，炭疽，ブルセラ，豚丹毒，レプトスピラ症(leptospirosis，ワイル病 Weil's disease，秋疫などを含む)，狂犬病，オウム病，アクチノバチルス症，リステリア症(listeriosis)，鼠咬症(rat-bite fever)，野兎病(ツラレミア tularemia)，ウイルス性の出血熱であるマールブルグ熱(Marburg fever)やエボラ出血熱(Ebola hemorrhagic fever)，ラッサ熱(Lassa fever)，多くの吸虫(肝吸虫や肺吸虫など)や条虫(広節裂頭条虫や有鉤条虫など)によるものなどがある．

h **滲出** (しんしゅつ) [exudation] *炎症の際に血液成分が血管から組織内に出る現象．炎症の局所にはまず循環障害が起こり，動脈性の充血，ついで毛細血管や小静脈の拡張による血流の緩徐化がみられるが，この間に血管内皮の間隙を通じ血液の液体成分(血漿)および有形成分(白血球・赤血球など)の滲出が起きる．その経過は次のようである．血漿中の微小な*アルブミン分子は粗大な*グロブリンや*フィブリノゲン分子よりも血管外に移行しやすい．フィブリノゲンは血管外に出るとただちに*トロンボプラスチンの作用でフィブリンとなり，組織間隙などに充填して細菌や毒素を封じこめる．液体成分の滲出について辺縁血流中にある白血球・好酸球・単球などの血管外遊走が起こる．赤血球は，刺激の強いときや

血流停止後には受動的に血管外に出てくる(erythrodiapedesis). 滲出過程の特に著しい炎症を滲出炎(exudative inflammation)と呼び, 滲出する血液成分の性状によって次のようにさらに細かく分けられる. (1)漿液炎, (2)繊維素炎, (3)化膿炎, (4)カタル炎, (5)出血炎.

a　浸潤 [infiltration] 白血球・リンパ球・がん細胞などの*遊走細胞が組織内に侵入し, 一般に境界の固定されていない病巣を示す病理的現象.

b　尋常海綿類 [demosponges ラ Demospongiae] 《同》普通海綿類. 海綿動物門の一綱. 形態, 色彩ともに, 海綿動物の中で最も多様. 潮間帯から深海底, 熱帯域から極域, 淡水域と世界中の水域に広く生息している. 約7000種が報告されているが, 実際には1万5000種以上いるといわれている. ケイ質の骨片やコラーゲン性の*海綿質繊維をもつ. これらのうちどちらか, もしくは両方とも欠く分類群や, 骨片が連接した硬い骨格構造を形成する分類群もある. 骨片は, その大きさにより主大骨片(macrosclere, megasclere)と微小骨片(microsclere)に分けられる. 主大骨片は, 体の支持構造をなし, 主に単軸型もしくは四軸型. 微小骨片は, 体表に密集, もしくは体内に散在し, 非常に多様な形態を示す. *水溝系は, 最も複雑なリューコン型である. 卵生もしくは卵胎生で, 胎生の種は非常に少ない. Tetillaに属するカイメンからは直接発生を行う種が知られている. また, エダネカイメン科(Cladorhizidae)など, 一部の多骨海綿目からは二次的に水溝系を欠いた肉食性海綿類が知られている.

c　腎症候性出血熱ウイルス [hemorrhagic fever with renal syndrome virus] HFRS virusと略記. *ブニヤウイルス科に属する流行性出血熱の病原ウイルス. ゲノムは3分節の一本鎖RNA. 齧歯類のコウライセスジネズミ(Apodemus agrarius coreae)に感染する. 東アジアで患者が発生している. 日本でも実験動物飼育中に持続感染動物(主にラット)からヒトが感染をうけたことがある.

d　腎小体 [renal corpuscle ラ corpusculum renis] 《同》マルピーギ小体(corpusculum Malpighii, Malpighian corpuscle). 尿細管の末端が膨大し, 小動脈からなる*糸球体を包む構造の小体. 糸球体を包む部分は二重壁のさかずきになっていてボーマン嚢(Bowman's capsule, 糸球体嚢 capsula glomeruli, glomerular capsule)と呼ばれる. 腎小体と尿細管とで, ネフロンを構成する. 尿細管は複雑に屈曲してのち集合管に連絡するが, 鳥類と哺乳類では, 途中で集合管と平行してその基部の方向に直行し, 再びそれと逆行して, いわゆるヘンレ係蹄を作る. 円口類や軟骨魚類の腎小体は極めて大きく, 海産の硬骨魚類や爬虫類では小さい. (→ネフロン)

e　腎上体 [suprarenal, suprarenal gland ラ corpus suprarenale] [1]哺乳類の*副腎. [2]《同》上腎(suprarenal). 哺乳類以外の脊椎動物において, 哺乳類の*副腎髄質に相当する器官. (→副腎)

f　新植代 [caenophytic era] 《同》新植物代, 被子植物時代(age of angiosperms). 被子植物が優勢となる, *白亜紀後半から現在までの時代. 白亜紀初期に出現した被子植物は白亜紀中期に多様に分化し, 白亜紀後期には低緯度から高緯度にいたる全地球的な分布をするようになる. それに伴って, 古いタイプの針葉樹やソテツ類・イチョウ類は衰退あるいは絶滅した. 植物界の大きな変革は動物界(特に海生の動物界)のそれに先立っている.

g　真正後生動物 [ラ Eumetazoa] 後生動物を形態における基本的特徴で大別したときの一群で, 体を構成する細胞が原則として*上皮構造をとり, 体内に陥入した消化系をもつもの. 本来は*側生動物(海綿動物)とともに後生動物を二大別する概念であったが(例えばW. KükenthalとT. Krumbach, 1923〜), 後に*中生動物・側生動物・真正後生動物に三大別する体系に移った(例えばL. Hyman, 1940). しかしその後中生動物の系統的なまとまりが疑問視され, 現在では, 後生動物から海綿・板形・二胚・直泳の各動物門を除外したものを真正後生動物とするのが通説. しかし, 二胚動物と直泳動物を真正後生動物に含ませる見解など, 異論もある. 真正後生動物は, 個体発生の過程でまず2ないし3葉の胚葉に配列されてから器官形成が行われることから胚葉動物, 種々の組織を形成することから組織動物(Histozoa), 内胚葉起原の消化管をもつことから有腸動物(Enterozoa)とも呼ばれた. (→側生動物, →左右相称動物, →体腔動物)

h　真正細菌 [eubacteria] 原核生物の中で*古細菌以外の菌群の呼称. 1977年C.R.Woeseらによりarchaebacteria(古細菌)とともに提唱されたeubacteriaの和名. 従来の古細菌が, 概念の異なるアーキアとして名称変更されるに伴い, しだいに真正細菌という呼称も使われなくなり, 現在では単に細菌(バクテリア)と呼ばれる.

i　新生細胞 [1] [neoplastic cell] 広くは組織の新生を起こす細胞. 炎症・再生・代償性肥大・腫瘍の際などに新しく現れる. なお, がん・腫瘍のことを新生物(neoplasm)と呼ぶが, それを構成する細胞について, 英語ではneoplastic cellという語がしばしば用いられるものの, 日本語ではがん細胞の意味で「新生細胞」という語はほとんど使われない. [2] [regenerative cell] 昆虫の中腸組織にある細胞. 中腸を形成する上皮細胞は, 脱皮・変態のときにしばしば退化・脱落する. その際, 一群の新生細胞が分裂増殖して組織の欠損部を補充する. 新生細胞は直翅目や鞘翅目では小塊(regeneration nest, nidi)をなして中腸組織底部に存在するが, 鱗翅目では散在している.

j　新生産 [new production] 海洋植物プランクトンによる*一次生産において, 系外から供給される窒素化合物を利用する有機物生産をいう. R.C.DugdaleとJ.J.Goering(1967)が亜熱帯海域で植物プランクトンの主要窒素源が深度によって異なることを見出したことに始まる概念. 窒素以外の元素についても使われる. 新生産は, 一次生産の行われる有光層(真光層)に下層から鉛直移流などによってもたらされる硝酸塩, 大気からの窒素ガス(窒素固定を経由), および水平方向から加入する無機態窒素塩などによって進められる. これに対し, 無機化して系内で再生される窒素に依存する生産を再生生産(regenerated production)と呼ぶ. 再生生産は, 従属栄養過程によって有光層内で再生されたアンモニア, および, 量は少ないが, 尿素などより還元された窒素化合物に依存する. ある時間スケールで, 鉛直方向での物質収支がつり合い, 有光層内に定常状態が成り立っている場合, *生物ポンプの働きで有光層以深へ輸送される

有機物量は新生産に相当する．新生産の高い海域は有光層に栄養塩類が活発に供給されている沿岸域や湧昇域であり，新生産の大小によって海洋の一次生産の大きさが決まる．

a **新生児溶血症**　[hemolytic disease of newborn, haemolytic disease of newborn]　《同》新生児溶血性疾患．新生児期に赤血球が破壊される病態．*母子免疫によるものが重要であり，これは母体内で胎児の赤血球表面抗原に対する抗体（IgG）が産生され経胎盤的に移行（移行抗体），出生後溶血に伴う黄疸や貧血を引き起こす．現在 50 種以上の抗体が知られている．多くは ABO 式血液型不適合と RhD 式血液型不適合（いわゆる Rh 不適合）であるが，適切な予防法の普及と共に RhD 式血液型不適合の頻度は減少しており，それ以外の不適合（Kell, RhE, Rhc, Duffy, RhC, MNS, Kidd など）の重要性が増している．自然経過，もしくは光線療法などの対症療法のみで軽快することも多いが，重症例には速やかに γ-グロブリン療法（IVIG）や交換輸血などを考慮する必要がある．母子免疫によらないものとしては，赤血球膜蛋白質の異常である遺伝性球状赤血球症は頻度が高く重要であり，またグルコース-6-リン酸脱水素酵素（G6PD）欠損症などの赤血球酵素異常や*サラセミアなどのヘモグロビン蛋白質の異常，播種性血管内凝固症候群（disseminated intravascular coagulation, DIC）も原因の鑑別に挙げられる．

b **真正世代交代**　[metagenesis]　*両性生殖と*無性生殖とが交互する最も典型的な*世代交代．例えばミズクラゲのクラゲ形は雌雄異体の成体で，両性生殖による受精卵は*プラヌラとなり，定着した*スキフラを横分法すなわち無性生殖により*エフィラを分離し，これが自由遊泳の間に成熟してクラゲとなる．また条虫類の終主体内に寄生する個体は両性生殖により受精卵を生じ，これが外界に出て水中で*六鉤幼虫が孵化し，中間宿主体内で*囊尾虫となり，中間宿主とともに終宿主に摂取されると，囊尾虫は終宿主の消化管壁に頭部で固着し，頸部の細胞分裂により新片節がつぎつぎに新生され，片節内に生殖器官が成熟して横分体を生ずる．新片節の形成を出芽または分裂と考えれば，条虫の生活環は両性生殖と無性生殖の交互する真正世代交代と解釈することができる．

c **新生代**　[Cenozoic era]　地質時代の区分で*中生代の終わりから現在まで続く 6550 万年間の時代区分．J. Phillips（1841）が，G. Arduino（1759）の Tertiary に代わるものとして提唱した．語源はギリシア語の Cainozoic（kainos は new，zoon は animal の意）で，動物による時代区分を示す．従来，新生代は第三紀（Tertiary）と*第四紀（Quaternary）に区分されていたが，第三紀も現在では使用されない．第四紀に関しては 2009 年の国際地質科学連合（IUGS）の批准により，その始まりがジェーラ階（Gelasian）の基底の 258 万 8000 年前とされ，新生代の中に含められた．現在，新生代は，*古第三紀（Paleogene），*新第三紀（Neogene），第四紀の三つに区分される．さらに，古第三紀は暁新世（65.5～55.8 Ma，Ma は 100 万年前），始新世（55.8～33.9 Ma），漸新世（33.9～23.03 Ma）の三つの世に，新第三紀は中新世（23.03～5.332 Ma），鮮新世（5.332～2.588 Ma）の二つの世に，第四紀は更新世（Pleistocene，2.588～0.0117 Ma）と完新世（Holocene，0.0117 Ma～現在）の二つの世に細分される．新生代は，地球の気候が温暖期から寒冷期へと変化する時期で，暁新世と始新世境界付近に急激な温暖化があり，それに続く前期始新世は温暖な時代であった．しかし，初期-中期始新世境界付近の 50 Ma を境に気候は徐々に寒冷となり，漸新世以降になると南極氷床の拡大がみられるようになった．その後，やや温暖な時期となったが，中期中新世になると再び南極氷床は拡大し，最終的には氷期-間氷期を繰り返す典型的な第四紀の気候へと変化した．

d **真正中心柱**　[eustele]　裸子植物および双子葉類一般にみられる，並立維管束の分柱が一環をなしている中心柱の一型（→中心柱［図］）．各分柱間は狭く，*柔組織が放射状に並んでいるが，多心皮類には時にその距離が広く分柱の幅を超えるものがあり，環状配列もまた乱れて少なくとも断面では*不整中心柱に似る（キンポウゲ科，メギ科の草本など）．内皮が分柱を独立にそれぞれ取り巻くことがあり（バイカモ），これを分裂真正中心柱（separated eustele）という．現生植物では，根における放射中心柱を除けば二次木部を生じうる（すなわち*肥大成長をなしうる）唯一のの中心柱である．トクサ類も真正中心柱をもつとされることがあるが，種子植物のそれとは起原が違うと考えられている．

e **新生物**　[neoplasm]　《同》腫瘍．細胞が自律的に増殖し，細胞塊を形成するもの．病理学的には*腫瘍と同義語．新生物（腫瘍）は正常の組織から発生する．局所的に増殖し，周辺の組織に浸潤しないものを良性というのに対して，周辺の組織に浸潤し，もともと存在した場所から全身のさまざまな部位に拡がる*転移を起こし，最終的に腫瘍が存在する個体を死に至らせるものを悪性という．場合によって新生物は悪性を指すこともある．

f **振顫**　（しんせん）[tremor]　《同》振戦，ふるえ．手足，頭部，眼球などで静止時にみられる不随意的な微動運動．随意筋の長さと張力を制御する反射系における一種の振動現象であって，ヒトではその振動周期は約 10 Hz，振動振幅は筋肉の収縮高の 1/100～1/50 程度である．前腕諸筋の同時的な随意運動により膝蓋腱反射を増強すると振顫の振幅は増大するが，*筋紡錘からの求心性神経を切断すると振顫は消失する．*小脳歯状核の傷害によって現れる振顫は企図振顫（intention tremor）と呼ばれ，上記のような正常脳で現れる振顫（生理的振顫 physiological tremor）と区別される．

g **心臓**　[heart ラ cor] [1] 脊椎動物において，血管系の中枢器官で，血管中の血液を駆動する筋壁の囊状構造．心臓の内腔の表面を覆う内皮細胞層とそれに接する結合組織層とを合わせて心内膜（endocardium），中層の厚い筋層を心筋層（myocardium），心臓の外表面を包む中胚葉性の膜（内臓上皮・漿膜と同一物）を心外膜（epicardium）という．心外膜は心臓の上端で折れ返り，心臓をさらに外方から取り囲む囲心嚢となる．囲心嚢と心外膜との間の空所が囲心腔で，肺を囲む肋膜腔と同様に体腔の一部．脊椎動物の心臓は消化管の腹側に位して囲心腔の中にあり，発生学上，静脈洞・心房（atrium）・心室（ventricle, ventriculus cordis）および心球・総動脈幹の諸部からなる．心室は血液を駆出する部分で，円口類・魚類・両生類では内部に区画が無く，爬虫類では 2 部分に分かれているがその区分は不完全である．鳥類および哺乳類では隔壁により完全に 2 室に分かれ，静脈血を肺動脈を経て肺に駆出する右心室と，動脈血を大動

脈を経て体動脈に送る左心室とに区別される．心房は体内を循環してきた血液を収容して心室に送る部分である．羊膜類では心房は一つの隔壁によって左右の2部分に分けられ，右心房は大静脈幹から静脈血を受け，左心房は肺から動脈血を受ける．心耳(auricle, auricula cordis)という名称は一般に心房と同一に用いられるが，本来は魚類のような単一の心房ではその両側の彎曲部を，羊膜類のように左右心房に分かれているものではそれぞれの外側の彎曲部を指す．発生する内圧の低い房は壁が薄く，その高い室の壁は厚く，右心室は内圧の高い左心室よりも壁が薄い．両生類のように1心室しかもたないものも大動脈の管内に隔壁をもち，動脈血と静脈血の混流がある程度回避される(→心臓拍動)．

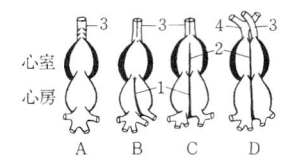

脊椎動物心臓の比較
A 板鰓魚類　B 両生類　C 爬虫類　D 哺乳類

1 心房隔壁
2 心室隔壁
3 大動脈
4 肺動脈

[2] 無脊椎動物の循環系の中枢器官．ただし心臓と呼ばれるものは動物群により著しく異なる．(1)最初に血管系が出現するのは紐形動物で，閉鎖血管系であるが，心臓はなく，血管壁にある弁細胞(独 Klappenzelle)が律動的に血管腔に突出し，これが血液駆動の原動力と解される．(2)環形動物(閉鎖血管系)では，背行血管と腹行血管とを横に連絡する数対の横行血管が拍動性をもち，心臓と呼ばれる．(3)節足動物の心臓は胸部から腹部にわたる長い管状の構造で，数対以上の心門をもつ点においてほかの動物群の心臓と著しく異なり，かつ開放血管系であるから，組織間隙を流れてきた血液(血リンパ)は心臓を囲む囲心腔に入り，次に心臓の左右につく翼状筋の運動により心門を経て心臓に入る．(4)軟体動物も開放血管系で，静脈血は入鰓血管より鰓に入り，動脈血が出鰓血管を経て心耳・心室に至る．頭足類では本鰓の基部に鰓心臓がある．斧足類では腸が心室を貫通する．(5)ギボシムシ類では背行血管の前端に接して心嚢という拍動性の小嚢があり，血液を駆動するが，心嚢と血管系との間に直接の連絡はない．(6)ホヤでは1回おきに収縮の様式が異なり，血流も1回ごとに逆行する．(7)ナメクジウオでは腹大静脈の前端部が収縮性で，体の後方からきた静脈血を鰓に送る．

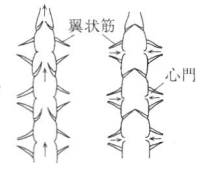

ミツバチの心臓
矢印は血流の方向

翼状筋
心門

a 腎臓 [kidney ラ ren] 《同》腎．脊椎動物の排出器官．体腔背側に左右対をなして位置し，成体では暗赤色をなす実質性器官．泌尿部位の構成単位は*ネフロンといわれ，尿細管とその末端にある腎小体からなり，各ネフロンは互いに豊富な血管分布をもつ結合組織で隔てられる．尿細管は集まって集合管(collecting tubule)に連なり，さらに集合管は腎の外で輸尿管に連なり，尿はこれらの管を経て排出される．発生的には前腎，中腎，後腎の別があり，この順序で発生する．後のものが生ずれば前のものの排出機能は失われ，かつ形態的にも退化・消失が起こる．いずれも，中胚葉の腎節または体の後半で，腎節が不分節のまま終わった造腎細胞索(nephrogenic cell cord)に由来するが，形成位置は上記の順に頭方から尾方に向かう．成体の腎臓は羊膜類では後腎であるが，無羊膜類では中腎であって後腎は生じない．(→排出器官)

b 心臓曲線記録装置 [cardiograph] 《同》心臓記録装置，カルディオグラフ．心臓活動中のいろいろな変化を記録する装置．記録された曲線を心臓曲線(cardiogram)という．電気的活動を記録する*心電図もこの一種．動物の胸壁を切り開き，心臓を体外にとりだし，*運動記録器の一種である心臓記録器を使って，その変化を描記させる．人体の場合には心尖拍動を金属円筒中のゴム膜に伝え，拍動によって生じる容積変化によって動くペンで描記し，心尖拍動記録を得ることができる．この両者を通常，単に心臓曲線という．現在ではこのような機械的方法によらず，各種の変換器を通じて電気信号に変換する方法，すなわちエレクトロカルディオグラフ(electrocardiograph)が用いられる．

c 心臓細動 [fibrillation of heart] 《同》心臓顫動(せんどう)．心臓が一部分ずつ，協調を欠いてこまかく頻繁に収縮する現象．特にその頻度が毎分300～600回あるいは500～1000回ぐらいのものを指す．毎分170～300程度のものは粗動(flutter)と呼ぶ．細動も粗動も心房に現れる場合と心室に現れる場合とがあるが，心房細動(atrial fibrillation)は心室には伝わらず，心室はそれ自身のリズムで拍動するが，心房の興奮の一部が房室接合部の一部にまで伝わると，それによる不応期のため心室の周期が乱れ絶対的不整脈となる．心室細動(ventricular fibrillation)が起こると血液循環が不可能になって死に至る(ネコ・ウサギでは自発的に回復することがある)ため，重大視される．この協調を回復させるために電気ショックを与え除細動する必要がある．なお，同様な現象として骨格筋にも細動性短縮(fibrillation, fibrillar contraction)が起こる．

d 心臓神経 [cardiac nerve] 心臓を支配する末梢神経．四肢動物では，迷走神経の分枝と頸部・胸部交感神経節からの交感神経の分枝とが，それぞれ抑制神経・促進神経として分布し，たがいに拮抗的に作用して心臓機能の調節を行う(魚類では後者が欠けるものがある)．両種の繊維が集合して迷走交感神経(nervus vagosympathicus)を形成する場合も．その作用は，(1)周期変更作用(chronotropic action)：洞房結節(変温動物では静脈洞)への作用で，抑制神経刺激は拍動の周期を長くし，促進神経刺激はそれを短くする．(2)変力性作用(inotropic action)：*心筋への直接作用で，抑制神経は収縮高を低め，促進神経はそれを高める．(3)変伝導性作用(dromotropic action)：主として房室間の*刺激伝導系への働きで，収縮伝播速度に対し抑制神経は陰性に，促進神経は陽性に作用．そのほか心臓筋の閾・収縮速度・不応期の長さ・時値・物質代謝などへの拮抗的な作用も知られる．両神経の中枢すなわち心臓神経中枢(cardiac center)はそれぞれ延髄中にあって，*自動中枢として常に緊張状態を保つほか，大脳からの影響を受けて感情激動時に拍動数を増加させ，さらに心臓反射の中枢として心臓機能の調節にあたる．なお，心臓神経とは一般にはこの両種の*遠心性神経をいうが，このほか心臓壁に分布する*求心性神経も含めることがある．無脊椎動物の

心臓では，剣尾類，甲殻類，有肺類，巻貝類，ある種の二枚貝類には抑制・促進の二重神経支配が存在する．これに対し頭足類や他の種の二枚貝類などの心臓では抑制神経だけが認められ，またヒル類では，心臓神経から神経ペプチドの FMRF アミドが放出される．

a **心臓神経節** [cardiac ganglion] 心臓内に見られる神経節．ある種の脊椎動物や無脊椎動物の心臓で存在が知られる．[1] 脊椎動物では心壁に見られ，心臓の自動性には関与しない．[2] 剣尾類，十脚類，等脚類では神経節幹となって心臓の正中線的を走り，多くの神経節細胞の連鎖からなる．この神経節は活動電位の集合からなる自発興奮を周期的に起こし，これが心筋に伝達されて心臓拍動を周期的に起こす*ペースメーカーであり，したがって心臓拍動は*神経原性である．これら心臓の心電図は振動性の波形を示す．また，これらの神経節は腹髄から入枝する心臓神経により，促進・抑制の二重支配を受ける．なお，軟体動物の頭足類やある種の腹足類でも心臓神経節の存在が知られるが，その機能は不明．

b **心臓肺標本** [heart-lung preparation] 《同》心肺標本．肺循環をたまま心臓と肺とを体外に切り出し，*灌流液を循環させるようにした実験的標本．主として血液循環と呼吸との相関関係などの研究に用いる．

c **心臓拍動** [heart beat] 《同》心拍．心臓の律動的な収縮運動．*心筋の正常な活動形態で，心臓のポンプ作用の動力を与える．脊椎動物の心臓拍動は，心臓全体の弛緩期から，心室収縮期（両生類以上では左右ほとんど同時）に入り，心室は弛緩期の間に流れ込んだ血液の上に心房内にあった血液を送り込まれる．収縮が室に伝わり室が収縮を始めると，内圧が急に高まり左右房室間の弁が閉ざされ，内圧が最高値に達する．内圧が動脈側の圧を上回ると大動脈弁・肺動脈弁が押し開かれて，血液の駆出が始まるとともに内圧が下がっていく．駆出の終わりに心室は弛緩を始め，内圧は急速に低下する．内圧が動脈圧を下回ると，両弁が閉じて動脈からの血液の逆流を防ぐ．弁の閉鎖により心室の内圧はさらに低下するが，通常の胸腔内圧はそれ以上に低いので，心室の容量は一定に保たれ，やがて房室弁が開き血液の環流が促され，血液は幹部静脈から，弛緩している心房・心室に流れ入る．このように複雑な拍動様式は，*ペースメーカーに起こった興奮が心房筋，刺激伝導系，心室筋へと順序正しく伝播することによって生ずる．ペースメーカーの部分や興奮伝播様式は動物の種類により異なる．心臓拍動に伴って心音 (cardiac sound, heart sound) が生じる．また収縮期の緊張により心室の先端が胸壁に機械的衝撃を与えるので，胸壁に心尖拍動 (apex beat) が現れる（→心臓曲線記録装置）．心臓が血液を駆出するに際してなす物理的な仕事は，動脈圧に対して一定量の液体を押し出す仕事と，同時にそれにある速度を与える仕事とからなる．この仕事は心臓の内圧，心臓拍動数，心臓拍出量，血流の速度から概略的に計算できる．ヒトでは左右両部を合わせ，安静時には１日約 8200 kgwt·m すなわち 20 kcal となる．心臓は一般に心臓の自動神経中枢の持続的緊張によりその拍動数が調節される．電解質イオンや自律神経毒が心臓拍動に及ぼす効果は，動物種により異なる．K^+ は，脊椎動物の心臓筋の伝導・収縮力を低下させ弛緩期停止に導くが，軟体動物や節足動物ではもっぱらペースメーカーに対して刺激的に作用し，多くは収縮期停止をきたす．アセチルコリンは脊椎動物や軟体動物の心臓には抑制的に，節足動物の心臓には促進的に作用する．アドレナリンは脊椎動物の心臓に促進的に作用する．ジギトキシン (digitoxin) のような*強心配糖体は心筋に対し特異的に緊張の促進作用をする．

d **心臓反射** [cardiac reflex] 遠心性の*心臓神経を通じて心臓機能に調節的変化を及ぼすような反射．[1] 脊椎動物での抑制的反射には迷走神経および頸動脈洞神経を求心経路とするもの（大動脈反射・頸動脈洞反射）がある．過度の血圧上昇により大動脈弓部と頸動脈洞のそれぞれの圧受容体が刺激されて反射を解発し（→血管運動反射），迷走神経中枢の緊張を増加させて心臓の拍動数や収縮の大きさを減じ，血圧低下をきたす．これと反対に促進的効果をもつ心臓反射としては，ベインブリッジの反射 (Bainbridge reflex, 心房反射 atrium reflex) がある．これは心臓への血液流入量が過大となり，心房の内圧が高まって心房壁が過度に伸ばされるときに，これらの部分に分布する求心性神経繊維（迷走神経内を走る）が刺激されて解発する反射で，抑制神経の緊張低下と促進神経の緊張増加により拍動数を増加させる．以上は血管運動反射とともに循環の自動調節機作をなす反射であるが，眼球圧迫による徐脈反射（眼球心臓反射 oculocardiac reflex，アシュネル反射 Aschner reflex) や*ゴルツの打試験に見られるように，ほとんどすべての感覚神経からの刺激が，心臓反射（通常は抑制的）を解発することが知られている．これらの反射中枢として延髄に位置する迷走・交感の両神経中枢は，高位の脳からの影響や，呼吸中枢の興奮の影響を受け，拍動数を吸息時に増加，呼息時に減少させる．[2] 無脊椎動物のうち甲殻類でひろく知られる心臓反射は，体表の刺激（機械的・電気的など）によって起こるもので，強い刺激では抑制的，弱い刺激では促進的に作用する．軟体動物の心臓では心臓反射はまだ十分に研究されていない．体の運動などに伴う内圧の増加に対し拍動数や収縮高の増加をもって応じるが，これは心筋の直接的反応に基づくもので，心臓神経は関与しない．ただし頭足類の鰓心臓と体心臓との間の協調には，神経性の反射機序があるとされる．

e **靱帯** 【1】 [ligament] 《同》蝶番靱帯（鉸板靱帯 hinge-ligament). 二枚貝類の左右２枚の貝殻を連絡する膠質の帯状構造物．一般には殻頂の後方の背面にあって外靱帯 (external ligament) と呼ばれ，繊維性でその形式により，単筒型 (alvincular)，多筒型 (multivincular)，曲筒型 (parvincular) などに分けられる．これに対してソデガイ科やバカガイ科などでは，殻頂下の内面の突起すなわち弾帯受 (chondrophore) の上についていて，内靱帯 (internal ligament, 弾帯 resilium) と呼ばれ，弾力性のある軟骨様．ともに閉殻筋の力に対抗して貝殻を開く作用がある．

【2】 [ligament ラ ligamentum] 脊椎動物の，骨を相互に連結する密性結合組織の索条．*膠原繊維が密に平行した構造をもつ．弾性繊維を多量に含む靱帯として，項靱帯 (ligamentum nuchae) と黄色靱帯 (ligamentum flavum) がある．

f **人体計測点** [anthropological measuring-point] 《同》計測基準点．人類学上，生体計測および骨格計測に必要な点．生体計測点の大部分は内部の骨格の形態に基づいて決定されるが，一部は軟部に基づいている．また*骨格計測点は脳頭蓋，顔面頭蓋，下顎骨，さらには体

肢骨の各骨の外表に極めて厳密な点として定義されている．下に生体計測における計測点の一部を示す．

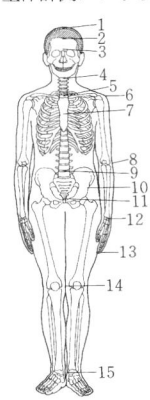

1 vertex
2 trichion
3 nasion
4 gnathion
5 suprasternale
6 akromion
7 mesosternale
8 radiale
9 omphalion
10 iliocristale
11 symphysion
12 stylion
13 daktylion
14 tibiale
15 sphyrion

胸腹腔(thoraco-abdominal cavity)である．なお体の前方の鰓腸部では体腔は*鰓裂によって分割されて頭腔となる．ただしこれは円口類以上では幼期を除いて発達しない．なお，真体腔類では，原腎管でなく腎管を排出器官として生じるので，体腔は円口類および魚類の一部を除いては外部への開口をもたず，完全な閉鎖嚢である．ただし，雌性生殖輸管(*ミュラー管)の終端は体腔内に開口している．

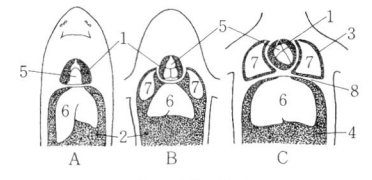

1 囲心腔
2 囲臓腔
3 胸腔
4 腹腔
5 心臓
6 肝臓
7 肺
8 横隔膜

脊椎動物の体腔
A サメ類 B 両生類 C 哺乳類

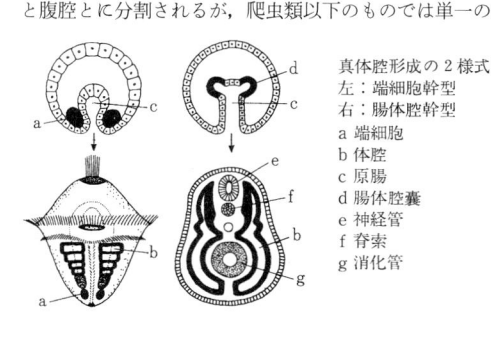

a **真体腔** [eucoelom] 〔同〕真正体腔，二次体腔．原腸胚期以後に，胞胚腔(割腔，分割腔)とはまったく別に形成された動物の体腔．真体腔をもつ動物を原体腔類に対して真体腔類と呼ぶ．真体腔はすべてその腔壁が中胚葉起原の体腔上皮(mesothelium)に覆われている．発生学上3型に分けられる．(1)毛顎・棘皮・尾索・頭索の各動物では，原腸胚の原腸壁から膨出する左右1対の*腸体腔嚢に由来する．この動物群が腸体腔幹である．(2)環形動物，節足動物，軟体動物では胚の体の後端にある中胚葉母細胞の増殖により消化管の左右に中胚葉帯を生じ，この細胞塊内に生じた内腔が体腔(裂体腔)である．この動物群を端細胞幹(原中層細胞幹)と呼ぶ．環形動物ではこの体腔は各体節ごとに明瞭に認められるが，軟体動物と節足動物では中胚葉細胞の二次的増殖のために極度にせばめられて*囲心腔，生殖腺内腔(gonocoel)，排出器内腔(nephrocoel)だけとなる．節足動物における内臓と体壁との間の広大な空所は，真体腔の一部の残りと擬体腔とが合一したもの(myxocoel という)である．(3)脊椎動物は一般には腸体腔幹に属する動物門とされるが，原腸と体腔との間に直接の連続を認めることはできない．中胚葉の起原は各網で異なっているが，いずれも中胚葉の腹方部域が内外の2層すなわち体壁葉と内臓葉に分かれ，両層の間の空所が体腔となるもので，裂体腔型で，体腔内面は中胚葉性の漿膜で覆われる．脊椎動物の体腔はさらに，心臓を囲む囲心腔と内臓を収める囲臓腔(perivisceral cavity)に分かれ，後者は鳥類では斜隔膜により不完全に，哺乳類では横隔膜により完全に，胸腔と腹腔とに分割されるが，爬虫類以下のものでは単一の

真体腔形成の2様式
左：端細胞幹型
右：腸体腔幹型
a 端細胞
b 体腔
c 原腸
d 腸体腔嚢
e 神経管
f 脊索
g 消化管

b **真体腔動物** [eucoelomates ラ Eucoelomata] *真体腔をもつ後生動物の総称．環形動物，節足動物，軟体動物，触手動物，毛顎動物，棘皮動物，脊索動物などがこれに属する．(→体腔動物)

c **新第三紀** [Neogene period] *新生代の3区分のうち，約2300万年前から約260万年前に相当する中央の紀．中新世(Miocene)と鮮新世(Pliocene)に二分される．現在生存繁栄している生物が登場・発展した時代で，中生代から新生代中期まで存続した*テチス海がインド洋と地中海に分かれ，さらにインドネシア海路の閉鎖によってインド洋と西太平洋の基本的な断絶が成立，現在の黒潮が成立した時代でもある．また新第三紀の始まりは太平洋と他の海洋の分断・接続の関連から，南極と南米間のドレーク海峡が成立し，大西洋と太平洋の深層水の循環が開始した年代にも相当する．大型有孔虫の*Miogypsina*，*Operculina* や，貝類の *Vicarya* や *Anadara*，海生哺乳類の *Desmostylus* などが標準化石類．1400万〜1300万年前以降の南極の氷床の発達に対応し，世界的な寒冷化が徐々に進行，中・高緯度地域に寒冷な気候に適応した生物が誕生した時代でもある．

d **シンデヴォルフ** SCHINDEWOLF, Otto Heinrich 1896〜1971 ドイツの古生物学者，地質学者．化石頭足類の系統分類や個体発生を研究．アンモナイト類の由来について，古生代オウムガイ類の直角石からバクトリテス類を経てゴニアタイト類へと進み，直殻から曲殻を経て平面らせん殻へ形態変化をしたものと想定した．一般に進化の傾向がまず個体発生の初期の形質として現れ，時代が進むにつれて最後まで続く変異となるという，プロテロゲネシス(proterogenesis)の概念を提案した．一般的に進化速度や絶滅属の平均寿命を論じ，系統進化の段階として Typogenese(爆発的進化)，Typostase(保持)，Typolyse(細分化)の3段階を区別した．長期にわたり'Paleontographica'の編集を主宰．[主著] Wesen und Geschichte der Paläontologie, 1948.

e **シンテニー** [synteny] [1] 染色体上の遺伝子構成の相同性．多くの種において詳細な遺伝子地図やゲノム配列が作成された結果，各染色体の遺伝子構成に種を越えて共通部分があることが判明している．例えばマウスの第十一染色体はヒトの第十七染色体に対応する部分を約半分含む．こうした遺伝子構成の相同な二つの染色

体は類似染色体(homologous chromosome)といわれる。*染色体マッピングの方法で頻用される体細胞雑種形成によって交雑した細胞中の染色体は，増殖過程で脱落したり残留したりするが，一つのマーカー遺伝子と脱落・残存の挙動をともにする，すなわち連鎖する遺伝子を，シンテニック遺伝子(syntenic gene)といい，両遺伝子は同一染色体に存在する．[2] 一つの遺伝子に関して*イントロンは異なっていても*エクソンの構造が種を越えて相同なもの，すなわち同一機能の遺伝子内の遺伝子構成が相同なもの．

a **心電図** [electrocardiogram] ECG と略記．《同》電気心臓曲線．心臓に局所的に発生した電気変化を記録した図．電気変化は容積導体をなす組織を伝わって体表に及ぶので，体表面からも記録できる．ヒトでは一般に体表面の特定の部位に電極を貼付して電位を導いて記録したものを指す(→電気記録図). 両手から導く第一導出(Ⅰ)，右手-左足で導く第二導出(Ⅱ)，左手-左足で導く第三導出(Ⅲ)が主な導出法であるが(図左)，単極誘導など新しい他の導出方法も試みられている．これを記録する装置を心臓曲線記録装置という．人体の心電図の典型的な形(図右)は，P は心房の活動，QRST は心室の活動に基づく．個人差もあるが，この波形の異常が心疾患の診断に利用される．摘出した動物の心臓の心尖部と心底部から図と似た電気記録図が得られる．ヒト以外の動物では，一般に心臓の解剖学的軸と身体長軸とが人体とちがっているので，心電図を比較するには電位を導出した部位の差に注意を要する．軟体動物などの筋原性心臓の心電図は，収縮開始時に起こる速い二相性波と，収縮中続く遅い単相性波からなる．また剣尾類・甲殻類などの神経原性心臓の心電図には振動波がみられるが，振動はペースメーカー神経節細胞の各放電に対応する．

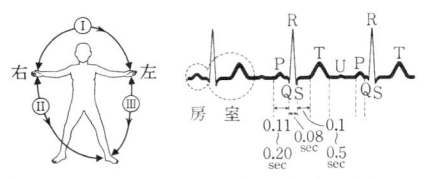

b **振盪**(しんとう) [nystagmus] 《同》振盪症，ニスタグムス．ヒトや動物で種々の原因，特に迷路刺激により生じる眼球(眼振盪)または頭部(頭振盪 head nystagmus)の反復的往復(すなわち振動)運動の現象．ヒトでは眼振盪のことを単に振盪ということが多い．代表的なものは，体(頭部)の回転運動による迷路刺激への反射として生起する振盪で，回転振盪(rotation nystagmus)と呼ばれ，運動の起始時に現れる．一方向に緩やかで反方向に急な往復運動の反復からなり，急相の方向を振盪の方向とする．回転刺激の小さいときは緩相の運動だけにとどまって，回転反応(rotation reaction)と呼ばれる．体回転の停止時には回転振盪と逆方向の振盪が相当の期間にわたってみられ，回転後振盪(rotation after-nystagmus)として区別される．振盪性の眼振盪は各種の不適当刺激によっても起こる．回転振盪および回転反応は，回転に応じた視軸の固定のための純迷路性の反射(前庭動眼反射)で，眼を閉じていても生じ，前庭神経，延髄の前庭神経核，中脳の眼筋核などを反射弓とする．実験的には，この反射弓の入力部すなわち迷路の加温または加冷により，リンパの対流に基因する温熱性振盪が，中枢部への通電による刺激により電流性振盪が生じる．臨床的には小脳の障害によって起こる眼振盪も知られる．走行する車中に在って窓外を見るヒトに起こる鉄道眼振盪(独 Eisenbahnnystagmus)は，運動する物体像を視野上に固定しようとする反応に基因する純視覚性の現象で，他の動物における運動視反応に相似の現象とされる．

c **浸透圧** [osmotic pressure] 半透膜(≒半透性)を介して，片方に溶媒である水，他方に溶液をおいたとき，半透膜を通って溶液側へと水が浸透する際に半透膜にかかる圧力に等しい．水の移動が止まるのは，圧によって膜を介しての水の化学ポテンシャルが等しくなるからである．モル濃度 C の溶液の浸透圧 Π は $\Pi=CRT$ (R:気体定数，T:絶対温度)によって求められる．稀薄な水溶液ではモル濃度と質量モル濃度の値が近似できる．液胞のよく発達した植物細胞では，細胞体積 V との間に $\Pi V=$ 一定の関係が成立するが，動物細胞のように原形質量の多い細胞では浸透的に不活性な部分(非水相)の容積を V から差し引いた細胞体積について上式が成立する．植物細胞では原形質は細胞液と浸透圧平衡を保っている．細胞液の浸透圧は原形質の含水量を規定しており，原形質の粘性などの物理化学的性質に影響を与える．また膨圧を発生させ，細胞の成長・膨圧運動をも調節する．細胞は浸透圧を調節する働きをもっており，これを*浸透調節という．動物の体液のように組織を浸す内部環境の浸透圧も，大きな生理的影響をもつ．浸透圧はパスカル(Pa)，氷点降下度(Δ)，または*オスモル濃度などで表現される．

d **浸透圧受容器** [osmoreceptor] 哺乳類の視床下部にある血漿浸透圧の受容器．血漿浸透圧が上昇すると浸透圧受容器は神経分泌細胞に信号を伝達し，*バソプレシンの分泌を増加させ，尿量を減少させる．それと同時に*飲水中枢を刺激して渇きの感覚を引き起こし，飲水量を増加させる．この作用は，主として細胞外液量の減少によってもたらされるレニン-アンギオテンシン系による飲水の誘起とは独立に起こる(→レニン)．浸透圧受容器はバソプレシン分泌細胞と同様に視床下部の視索上核あるいはその周辺にあるとされているが，バソプレシンを分泌する神経分泌細胞自身は浸透圧を受容する能力をもたない．

e **浸透価** [osmotic value] ある溶液が作用したときに，それが発生すると思われる浸透圧．溶液が単独にあるときには溶媒との間の浸透圧は実際にはまだ生じていないわけで，いわば架空のものであるから，植物生理学ではこれを浸透価と呼び，真の浸透圧と区別する．単位には相互の比較の便利のために濃度をそのまま用いることも多い．このときには特に*浸透濃度とも呼ばれる．

f **振動覚** [pallesthesia, sense of vibration] 振動刺激を感受する感覚．圧覚の一つであるが，しばしば遠隔感覚の性格をもつ．ヒトでは毎秒約1000回までの反復圧刺激が，融合することなく，振動として感じられる．他の動物でも触受容器や特別な振動覚器官による振動覚の発達がみられ，特に両生類，魚類，無脊椎動物などでは，接触覚とならんでその行動を規制する重要な感覚である．多くは関節あるいは皮膚にある機械受容器による感覚．節足動物は固体・水・空気を伝わる振動には著しく敏感で，甲殻類や昆虫には多くの振動に敏感な触毛や関

節感覚子が知られている．これらは結合組織やクチクラにつく筋と敏感な神経細胞とからなり，振動は硬い外骨格により伝播される．ゴキブリの尾葉は空気の流れを感受し，脛節には低周波（30〜500 Hz）および高周波（1〜5 kHz）に応じる受容器がある．バッタやキリギリスの胴および肢の脛節にある弦音器官は超音波にも反応し，バッタの翅の関節には翅の運動（10〜20 Hz）に応じて放電を示す受容器がある．ハエやか，ミツバチの触角にあるジョンストン器官は風の振動を受容し，甲虫類にも同種の受容器がある．ミズスマシは水面波により獲物を探知するが，その受容は第一肢および第二肢末端の受容器にある．ヤドカリは触角毛の基節に聴яなをもつ．ザリガニは耳石器および触角・小触角・歩脚の感覚毛により水中の振動を感ずる．クモが網にかかった獲物の生死を判別するのは振動のパターンであり，多くは 50 Hz 前後の振動を受容する．イエグモには竪琴型感覚器が肢関節の近くにあり 80〜800 Hz の振動を音波として受容する．水生脊椎動物では側線器官の振動受容器が水流・水波・水圧変化によく応答し，この感覚細胞は脊椎動物の内耳有毛細胞と同じく，毛の運動と神経活動の間に相関が見られる．聴覚が退化したヘビ類には，皮下に機械受容器があり，800 Hz までの振動（150〜200 Hz に最敏感）に応ずる．ネコの脚のパチーニ小体，アヒルの脚や翼にも振動覚がある．振動が液体媒質または気体媒質を伝わる縦振動で，特に振動数の高い場合（音）や受容器構造に特定の分化がみられる場合は，聴覚として分類されるが，その限界は極めて不明瞭である．

a **浸透計** [osmometer] *浸透圧を測る装置．生物の細胞液や体液の浸透圧は，一般の溶液と同じく，凝固点降下度や沸点上昇度によっても測定できるが，いずれも比較的多量の試料を必要とする．そこでそれぞれの対象に応じ各種の測定方法が考案されている．植物細胞を浸透圧のわかっているいろいろな溶液に浸し，原形質分離が起こりはじめるときの外液の浸透圧をもって細胞液の浸透圧と見なす方法がある．微量の体液（血液）などの浸透圧を測るにはバーガーの方法（Barger's method）がある．毛細ガラス管に，既知の濃度の食塩水（a）と体液（b）とを，空気で隔てながら交互に入れ（図），両端を封じる．1日おいて双方の容積が変わらなければ体液の浸透圧は食塩水の浸透圧に等しい．微量の試料の浸透圧を凝固点降下度法で測定できる浸透計が開発されている．

b **振動子強度** [oscillator strength] 原子や分子の電子系と光の相互作用の大きさを示す量．分子あるいは原子の電子系が光の作用でエネルギー E_j の状態からより高い E_k の状態へ遷移するとき，この遷移による光吸収帯は振動数 $\nu_{kj}=(E_k-E_j)/h$（h はプランク定数）のところで極大になる．振動子強度は，この吸収帯による光吸収の強度が，電子と同じ質量 m および電荷 e をもつ振動数 ν_{kj} の古典的調和振動子の何個分に相当するかを表す量である．電子系の電気双極子モーメントを p，状態 j と k の間のその行列要素を p_{kj} とすると，気体や溶液の場合の振動子強度は $f_{kj}=[8\pi^2m/(3he^2)]\nu_{kj}|p_{kj}|^2$ で与えられる．これと比較されるべき実験値 $f_{\exp}$ は，実測されたモル吸光係数の振動数依存性 $\varepsilon(\nu)$ から $f_{\exp}=4.319\times10^{-9}\int\varepsilon(\nu)\,d\nu$ と求められる．ν は cm^{-1} 単位の振動数（すなわち波数）である．結晶の場合には，分子の配向が乱雑でないので，f_{kj} 中の p_{kj} を各分子について $\sqrt{3}(p_E)_{kj}$ と改める．p_E は p の振動電場方向への成分を表す．また，同様な書直しを $f_{\exp}$ についても行う．（⇨吸収スペクトル）

c **浸透順応型動物** [osmoconformer] 外界の塩濃度変化に耐えて生存し，外部の変化に従って体液濃度を変化させる動物．体液と媒質とは常に等浸透性である．*浸透調節型動物と対する．浸透順応型動物の多くは*変浸透性動物で，多少とも塩濃度変化に耐える．浸透順応型動物は，体液のイオン調節ができないが，液量調節（水分平衡）は可能である．海産の多毛類，ホシムシ類などやソデカラッパなどのカニは 100% 海水から 50% 海水まで完全な順応型の適応を示し，イガイやマシキゴカイなどはさらに薄い海水まで順応型として生存する．細胞内の浸透調節は，主にアミノ酸などの低分子化合物の濃度変化によって行われる．キンギョは恒浸透性動物で，体液濃度（140 mM Na⁺）より薄い環境では浸透調節型である．しかし，40% 海水（190 mM Na⁺）中でもよく生存し，このとき体液浸透濃度は周囲の海水と同じで，浸透順応型の適応を示す．このように，浸透順応型動物と浸透調節型動物には明確な区別があるわけではない．

d **浸透調節** [osmoregulation, osmotic regulation] 生物体内の浸透濃度を一定に保つような調節．[1] 動物では，淡水産原生生物の*収縮胞は浸透調節の機能をもち，多細胞動物では体液（細胞外液）が浸透調節に直接関係する．動物が体液浸透濃度を一定に保つためには，*水分平衡とイオン平衡が成立する必要がある（⇨恒浸透性動物）．淡水産の動物では外部浸透圧は内部浸透圧より低く，水は浸透的に浸入し，塩は逆に流出する．そのため，(1) 体表の透過性をできるだけ小さくして水の浸入を制限し，(2) 流入量に見あう多量の低張尿を生産する排出器官（例：ザリガニの触角腺や淡水魚の腎臓）をもち，(3) 体表の一部（例：ザリガニや淡水魚の鰓，カエルの皮膚）から塩類を能動摂取して体液の浸透圧を正常値に保っている．海産硬骨魚類の場合は，逆に内部浸透圧が外部浸透圧より高く，水は逆に外界にとられ，塩は体内に浸入する．そのため，(1) 海水を飲み，腸から一価イオンと共に水を吸収する．(2) 尿量は少なく，尿の浸透濃度は血液のそれに近い．腸から一部吸収された二価イオンは尿に出る．(3) 過剰の一価イオンはもっぱら鰓の*塩類細胞から排出される（⇨イオン調節）．外界の広い範囲の塩分変化に耐えて生活できる生物を広塩性の（euryhaline）生物，それにほぼ一定の塩濃度環境にしか生存できない生物を狭塩性の（stenohaline）生物と呼ぶ．汽水域の魚や回遊魚などの広塩性魚類は，淡水型と海水型の浸透調節機構の転換すなわち浸透適応（osmotic adaptation）が可能である．淡水適応には*プロラクチンとコルチゾル，海水適応にはコルチゾルによる調節が重要である（⇨水分平衡）．海産軟骨魚類では，血液中に*尿素を保留することにより，内部浸透圧を海水の浸透圧よりやや高めに保っている（⇨尿素浸透性動物）．陸生動物の場合には，蒸発による水分喪失を防ぐ機構が発達している．防水性の皮膚を獲得し，排出器官（尿細管や*マルピーギ管）からの水および塩の再吸収によりこれらの排出を節減している．脊椎動物では*バソプレシンが水分の，*ミネラルコルチコイドが Na⁺ の体内保持を促進している．一般には*変浸透性動物とされている海産無脊椎動物中にも，塩分吸収により恒浸透性を獲得して，さまざまな塩濃度環境に耐える広塩性のものが

ある．このように，浸透圧を調節してさまざまな塩濃度環境で生息する方法を浸透調節型という．例えば，カレイ，ボラ，ハゼ，メダカ，サケ，ウナギなどの硬骨魚類は淡水または10％海水から100〜200％海水にまで，体液濃度を一定に保って生活できる．無脊椎動物でも河口にすむスジエビ（*Palaemonetes varians*）は2〜110％海水中に，内陸の塩湖に生息するホウネンエビモドキ（*Artemia salina*，ブラインシュリンプ）は10％海水から飽和食塩水にまで，体液濃度を比較的一定に保って生存できる（→浸透調節型動物）．一方，浸透圧を調節せずに，外界と等浸透の状態で環境で生息できる動物もいる．このようなやり方は浸透順応型と呼ばれ，淡海水に生息する体表の透過性の高い無脊椎動物に見られる．イガイやタマシキゴカイなどは100％海水から20〜30％海水域にまでこのやり方で分布している（→浸透順応型動物）．一方，多くの海産無脊椎動物や外洋性魚類は狭塩性生物であって，特に深海生物は周囲の海水濃度が一定しているので，狭塩性が著しい．[2]植物は，水の吸収が困難になると，細胞液が濃くなって浸透価が増し吸水力が高まる．さらに澱粉が酵素的分解により糖になるなど，水溶性物質の積極的な増加（増張現象）が見られる．逆に細胞が多量の水を吸収した場合には浸透的に作用する物質が化学的変化で減少（減張現象）する傾向がある．（→水分平衡）

a **浸透調節型動物** [osmoregulator] 外界の浸透圧の変化に対して，体液浸透濃度を一定に保つように調節している動物．*浸透順応型動物と対する．*恒浸透性動物は原則としてこの調節能をもつ．体液浸透濃度を環境水のそれより高く保つものを高浸透調節型動物（hyperosmotic regulator），低く保つものを低浸透調節型動物（hypoosmotic regulator）という．淡水産の動物は前者に，海産真骨魚類は後者に属する．広塩性の海産無脊椎動物には，体液より低浸透性の環境では高浸透調節を行い，環境が海水濃度に近づくにつれて浸透順応型動物になるものが多い．ベニツケガニやゴカイ（*Nereis diversicolor*）はその典型的な例．半陸生のカクレイワガニは25％から100％をこえる海水中で，体液を90％海水と等浸透濃度に保っている．したがって，90％海水以下では高浸透調節を，90％以上では低浸透調節を行う．

b **浸透度** [penetrance] ある遺伝子をもつ個体の集団の中で，その遺伝子の効果を何らかの形で表現する個体の頻度を，百分率で表した指標．優性遺伝子あるいはホモ接合体の劣性遺伝子で，100％の個体にその表現型が現れる場合，その遺伝子は，完全浸透度（complete penetrance）をもつという．これに対し，一部の個体にしかその表現型が現れない場合は，不完全浸透度（incomplete penetrance）をもつという．浸透度は*表現度と同様に，*変更遺伝子や環境条件によって影響され，性の違いによって変わることもある．

c **浸透濃度** [osmotic concentration] *浸透圧の大きさを決定する，全溶質粒子（分子およびイオン）の濃度．非電解質溶液では，浸透濃度は溶質のモル濃度に近く，浸透圧はモル濃度にほぼ比例するが，電解質溶液では，つぎのように事情が異なっている．1kgの水に1モル質量の食塩が溶けている溶液では，食塩がNa$^+$とCl$^-$の2個のイオンに解離しているので，同様に溶かした1モル質量のブドウ糖溶液の約2倍の浸透圧を示すはずである．しかし，電解質の浸透圧は非電解質のそのように，濃度に直線的に比例せず，高濃度では低濃度からの予想値より低い値を示す．これは正負に帯電した粒子の相互作用によると思われる．浸透濃度は一般に氷点降下度から求める．浸透濃度の表現には，氷点降下度をそのまま使う場合もあるが，理想非電解質のモル氷点降下1.858℃/(mol/kg)から計算される*オスモル濃度を使うことが多い．（→浸透価）

d **シンドビスウイルス** [Sindbis virus] *トガウイルス科アルファウイルス属に属する*アルボウイルス．R. M. Taylor（1955）が分離．ウイルス粒子は直径60〜70 nm．*エンベロープをもつ．ゲノムは，1万1703塩基長の＋鎖RNA．抗原的に西部ウマ脳炎ウイルスと近縁関係にあり，乳のみマウスに筋炎や脳炎を起こす．ヒトにも発熱を誘起する．エジプトや南アフリカ地方の鳥類などから分離され，アカイエカにより伝播される．各種動物の細胞でよく増殖し，プラーク形成にはニワトリ胚培養細胞が用いられる．広範な細胞に感染できるため，遺伝子導入ベクター（→ウイルスベクター）として利用されている．

e **シントロフィン** [syntrophin] 細胞膜下や分泌小胞の膜下の細胞質に存在する一群の蛋白質．各種膜蛋白質をアクチンや*ジストロフィンと連結し，膜蛋白質の位置づけを行う．少し構造の異なるいくつかの蛋白質でシントロフィンファミリーを形成し，ヒトではシントロフィン-1〜5の5種類が存在する．いずれも500〜540のアミノ酸残基からなる分子量5.4万〜5.8万の蛋白質．横紋筋の*筋繊維鞘の細胞膜下では，シントロフィン-1（α1シントロフィン）とシントロフィン-2（β1シントロフィン）からなるヘテロ二量体またはそれぞれのホモ二量体がジストロフィンと結合することによって，ジストロフィンとジストログリカンまたはジストロフィンとアクチンの連結を担っている．神経筋接合部や分泌小胞の膜下にはシントロフィン-1，シントロフィン-2，シントロフィン-3（β2シントロフィン）が各種のチャネルや受容体，分泌顆粒と細胞骨格との結合を担っている．脳，特に海馬の錐体細胞と歯状回の顆粒細胞には，核周部にシントロフィン-4（γ1シントロフィン）とシントロフィン-5（γ2シントロフィン）が存在する．シントロフィン-4は脳特異的であるが，シントロフィン-5は他の組織にも広く分布する．

f **心内膜床** [endocardial cushion] 《同》心内膜枕．
[1]哺乳類および鳥類の胚の心臓において心房と心室を連絡する房室管（atrio-ventricular canal）の背壁と腹壁から生じる心内膜，心ゼリー，間葉細胞からなる突起．心房および心室の中隔形成や房室弁の形成に関与する．ヒトでは5週胎児，ニワトリでは保温3〜4日の胚に現れ，やがて背腹の両突起が中央で合し，房室管を左右に分割する．このほかに，第一次心房中隔の下縁に形成される一次孔の閉鎖，および心室中隔膜性部の形成にも参与する．房室弁の一部，すなわち僧帽弁前尖（大動脈尖）の大部分と三尖弁中隔尖の大

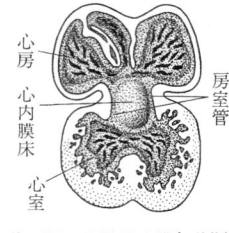

第6週ヒト胎児心臓矢状断面の背側（B.M.Patten, McGraw-Hill, 1953）

部分は心内膜床が心室方向に舌状に突出したものから形成される．[2] 両生類では心内膜床は房室管の背壁だけに生じる隆起を指し，それを房室栓(atrio-ventricular plug)と呼ぶ．

a **侵入** 【1】[invasion] ある生物種が，それまで分布していなかった地域に*移入すること．侵入した*外来種は，固有の*天敵をもたないことなどもあって，侵入地の気候その他の生育条件が適していれば，しばしば大繁殖し，類似の生活様式をもつ在来種(native species)を圧迫することがある．生物の侵入が侵入先の生物群系のあり方に対して大きな影響を与える可能性を指摘したC. S. Elton (1958) は，特に侵入による新たな相互関係の成立によって，多様性や種構成が大きく変わりうる点を強調した．セイタカアワダチソウやアメリカシロヒトリは，北米から日本に侵入した外来種の例．(⇒植民)
【2】[penetration, entry] ウイルス粒子と細胞の不可逆的接着から，ウイルス特異的な合成反応の開始までの一連の過程．*エンドサイトーシスによるウイルスの侵入，ウイルスのエンベロープと細胞膜の融合による侵入が知られている．(⇒脱殻(ウイルスの)，⇒吸着(ウイルス))

b **心嚢** [cardiac vesicle, cardiac sac, heart vesicle]《同》心胞，囲心腔，心膜腔(pericardium)．半索動物腸鰓類(ギボシムシ類)の吻(proboscis)内にある独立した小嚢で，血流の補助器官．背側血管の前端が吻内に進入し，口盲管(stomochord)の背側にできる血管系の膨大部である中央洞(central sinus)の背壁に密着する．その密着面は筋上皮により脈動する．中央洞を不完全に取り囲む囲心腔に相当する．半索動物翼鰓類では，口盲管の前方に伸びる中央洞をカップ状に取り囲む囲心腔になる．また，*尾索動物ホヤ類では屈曲した血管を完全に取り囲む囲心腔である．これらの動物では血管自身が脈動することはなく，心嚢の脈動や心嚢内の液圧の変化によって血管の脈動が生じ，血体腔内に血液が流れる．心嚢内に血液が入ることはなく，血流はギボシムシ類で背側から腹側へ流れるといわれるが，定まった見解はない．ホヤ類では一定方向の血流はない．また，哺乳類の心臓を取り囲む体腔である心膜腔(囲心腔)の別名として使われることがある．

c **腎嚢** [renal sac] 頭足類の排出器官．淡褐色で，背腹の方向に折れ曲がった薄壁の嚢として1ないし2対存在する．内端(腎囲心嚢)は囲心腔に，外端(腎門)は外套腔に開く．鰓に血液を送る静脈(入鰓血管)の壁にある腺様組織および鰓心臓の腺様付属物も排出機能をもち，その排出物もこの腎嚢中に送り出される．内腔は真体腔の一部で腎腔(urocoel)という．なお，腎嚢中には一般に多数の*二胚動物が寄生する．(⇒鰓心臓)

d **心拍出量** [cardiac output] 心臓が拍出する血液の容量．1心拍によるものを拍出量(beat volume, 一回拍出量 stroke volume)，1分間に拍出されるものを分容量(minute volume, 毎分拍出量 cardiac output per minute)という．ヒトの安静時では拍出量が約60～80 mL，分容量は心拍数を70とすると約5～6 L となる．拍出量は，動物の心室の容量を直接的に，あるいは収縮期と弛緩期の投影写真より間接的に測定し，それと心拍数を乗じて求める．また静脈に色素または放射性同位元素を注入し，動脈血からその稀釈度を測定して計算する指示液稀釈法(indicator solution method)がよく用いられる．拍出量は特に心室の収縮の強さ，心室の血液充填量(充実度，*スターリングの法則)，心拍数などに影響される．ヒトで，心拍数が正常よりかなり上昇しても拍出総量があまり変化しないのは，心室の充実度が心拍数の増加により減少するからである．分容量は体重増加，体温上昇，筋活動などで大きくなる．異なる体の大きさの動物の拍出量を比較するには単位体重当たりに換算した拍出量がよく用いられる．恒温動物では一般に体重の大きい種類ほどこの値が小さくなる．

e **心拍数** [heart rate] 心拍の1分間の回数．正常なヒトでは約70といわれるが，個体差も大きく，正常状態で50～100 くらいの大きな変動範囲を示す．一般に新生児では高く，また運動選手などでは低い．心拍の周期は活動電位の周期に等しく，*ペースメーカー電位の周期に依存する．体温変動，運動，睡眠，摂食状態，感情の動揺などの要因により心拍数は変わり，また病理的には甲状腺機能亢進や発熱などで増加する．甲状腺ホルモン投与で200を超えるような頻脈(tachycardia)が起こり，失神などのときには10以下になるような徐脈(bradycardia)が起きる．哺乳類では体の小さい種類ほど心拍数が高くなる傾向があるが，これは小動物ほど体重に対する体表面の割合が大きく，したがって体表からの熱放散に対して代謝活動を盛んにする必要があるためとされる．

f **シンパー-ブラウンの法則** [Schimper-Braun's law] *らせん葉序における開度と数列の関係．ドイツの植物学者 K. F. Schimper (1803～1867) と A. Braun (1805～1877) が見出した．らせん葉序にはさまざまな*開度の植物が知られているが，それらの開度と全周の比は，いずれも，

$$\frac{1}{n}, \frac{1}{n+1}, \frac{3}{2n+1}, \frac{3}{3n+2}, \frac{5}{5n+3}, \frac{8}{8n+5}, \cdots\cdots$$

のような数列のうちのどれかに該当する．$n=2$ とした場合，すなわち 1/2, 1/3, 2/5, 3/8, … が最も一般的に見られる葉序となり，これを主列といい，$n=2$ 以外の副列と区別する．なお主列はフィボナッチ数列(Fibonacci series. $p, q, p+q, p+2q, 2p+3q, 3p+5q, \cdots$ で表される数列．シンパー-ブラウンの数列ともいう)の一つおきの数を分子・分母とする分数でもある．これは古典的に有名な葉序の法則であるが，近似値を示すにすぎず，またこれにあてはまらない例もある．

g **心皮** [carpel] ⇒雌ずい，雌蕊

h **真皮** 【1】[dermis ラ corium, derma] 脊椎動物の*表皮の下にある組織．表皮とともに皮膚を形成する．真皮は中胚葉性の緻密結合組織で，多量の膠原繊維のほか，弾性繊維・血管・神経・平滑筋繊維などが混じる．真皮の下に疎性結合組織からなる皮下組織が存在するが，両層の境界は必ずしも明らかではない．一般に真皮は哺乳類では厚く，表皮に接する面に多数の小突起すなわち真皮乳頭(papilla)を形成し，表皮-真皮間の接触面積を増す傾向があり，この乳頭をもつ真皮の浅層を乳頭層(stratum papillare, papillary layer)，より深層を網状層(stratum reticulare, reticular layer)と呼ぶことがある．真皮はしばしば色素ないし色素胞を含む．真皮中に形成された骨質を皮骨という．
【2】[hypodermis] ＝下皮
【3】皮膚に*クチクラをもつ動物においては，表皮のことを真皮ということがある．

a **心皮間柱** [carpophore] ⇒雌ずい，雌蕊

b **真皮色素胞単位** [dermal chromatophore unit] 無尾類や爬虫類の一部の種において，真皮内で黄色素胞，虹色素胞(白色素胞)，黒色素胞が体表側から順に重なりあった構造で，これを，生理的体色変化における機能的単位とみたもの．黒色素胞の突起部は表皮側に伸び，虹色素胞層，動物の種類によっては黄色素胞層までを包みこむ形をとる．メラノソームが突起中にも拡散している場合には皮膚は暗色となり，細胞体部に凝集すると体色は明化し，黄色素胞と虹色素胞の共存効果により，淡褐色・黄色だけでなく緑色をも発現する．(⇒色素胞)

c **靱皮繊維** (じんぴせんい) [bast fiber] 篩部およびそれよりも外側に含まれる繊維の総称．篩部に由来する篩部繊維 (phloem fiber) および*皮層に由来する皮層繊維がある．裸子植物および被子植物に広く存在して繊維組織を作る．主として篩部の外側に群をなし，あるいは連続してこれを取り巻く，あるいは孤立して散在し機械組織となる．モミ，ブナ，スズカケノキ，ガマズミなどには見出されない．構造は木部繊維と同様であるがやや長く，通常1～2 mm で，アサでは 10 mm，アマでは 20～40 mm，カラムシでは 220 mm に達する．細胞壁は著しく肥厚し横断面では肥厚による層状構造が明瞭に見える．木化するのが通常であるが，アマではセルロースからなる．壁の内面に網状(チョウジソウ属)やらせん状(キョウチクトウ科)の模様をもつ場合もある．一次繊維は周囲組織の分裂伸長とともに発達した後に，先端のみ成長する．二次成長により生ずる繊維は成長を停止した周囲組織の部分より生じ，それらの間をぬって伸長する．そのため，一次繊維の方が一般に長い．アサ，アマ，コウゾ，ミツマタなどの靱皮繊維は紙，糸，縄，布などの原料となる．また，この語は実用上，形成層より外側の部分から採れる繊維に対して使用されたが，その意味は極めて不明瞭で，篩部繊維，皮層繊維，樹皮その他の組織が含まれる．また，単に靱皮という場合，工業的に茎の周辺部から採取される繊維を指したり，樹皮が剥離した後に茎面に残る部分を指す．

d **深部感覚** [deep sensation] ヒトの感覚の種のうち，筋肉，腱，筋膜，骨膜，関節嚢など皮下深部の諸組織内に受容器をもち，一般に局在性の不明瞭なもの．受容器の所在に従って筋覚，腱覚，関節覚などに分類することもある．*皮膚感覚と併せて*体性感覚と呼ぶ．一般に受容器に働く張力や圧力などの機械的作用を適当刺激とし，皮膚の圧覚とともに身体部位に関する位置覚や運動覚を成立させる．迷路覚も深部感覚にいれることがある．その喪失が著明な運動失調をきたす点は，両種の感覚に共通である．一方，深部感覚は，皮膚感覚と密接な位置的関係をもつため，後者に随伴して触覚の性能を質的・量的にいっそう精細なものにする働きがある．

e **心不全** [heart failure] ポンプとしての心臓の機能が衰え，全身の組織へ血液を十分に送り出したり，静脈を通じて戻ってきた血液をうまく取り入れられなくなった状態．1分間に心臓から送りでる血液の量を心拍出量と呼び，心不全になると心拍出量が低下する．また代償反応により循環血液量が増加し，両心房圧が高まり，鬱血症状をきたす．したがって，鬱血性心不全とも呼ばれる．原因は先天性心疾患，心筋梗塞，心筋症，弁膜症などさまざまであり，心不全は一つの疾患名ではなく病態を指し，収縮機能不全と拡張機能不全に分類される．胸部 X 線写真で心陰影の拡大，心臓カテーテル法や心臓超音波法で心臓の収縮能の低下を認めれば，心不全と診断できる．

f **シンプソン** SIMPSON, George Gaylord 1902～1984 アメリカの古生物学者．コロンビア大学およびハーヴァード大学教授．合衆国各地のほか南アメリカのパタゴニアやベネズエラ産の古脊椎動物について研究．また，古生物学の面からの進化研究，特にいわゆる新総合説の指導的立場にあって，多数の著作を著し，進化速度・進化相関の概念を導入した．[主著] The meaning of evolution, 1950; Principles of animal taxonomy, 1961.

g **シンプラスト** [symplast] 植物組織において，細胞壁を貫通している*原形質連絡によって互いに連絡しあってできる原形質の系．それに対して細胞外(細胞壁や細胞間隙など)をつなぐ系はアポプラスト(apoplast)と呼ばれる．植物体の細胞間における物質輸送(水を含む)には，シンプラストとアポプラストを経由する2通りの経路が知られている．例えば，根における物質輸送では，内皮において隣り合った細胞同士が*スベリンなどの不透水性の物質でつながっている*カスパリー線が存在するため，皮層と中心柱の間の物質交換は必ず内皮の細胞内を通過するシンプラスト経路を通って行われることになる．(⇒吸水)

h **唇弁** [1] [labial palp, labial palpus] 《同》触唇．二枚貝類の口の背腹に存在する左右1対ずつ計4枚の三角形の弁．内面は多数の襞からなる繊毛上皮．その繊毛運動により食物を口に送る．鰓によって集められた有機物を唇弁で選別し，食物として不適当なものは*擬糞として体外に排出する．その位置により，口の背面のものを外唇 (external labial palp, 上唇)，腹面のものを内唇 (internal labial palp, 下唇) と呼ぶ．ただし，原鰓類では長大となり殻の外まで伸びて*デトリタスを直接摂取する．このように吻状になった唇弁を唇吻 (labial proboscis) という．

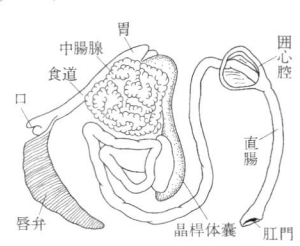

ハマグリ (*Meretrix lusoria*) の消化管

【2】[labellum] ⇒舐め型口器

【3】[lip, labellum] 《同》リップ．*左右相称花のうち，唇状の印象を与える花冠の主体を占める花弁．このような*花冠を唇形花冠 (labiate corolla) という．多くは花冠の構成単位が奇数の場合 (3, 5 など) で，正面観で下側の中央にくる構成単位に対してこの名を与えている．したがって形態的には背軸側であるものが正常だが (タツナミソウやタヌキモ)，ラン科では花柄の180°の捩れがあるために向軸側の1弁が唇弁にあたる．数個の構成単位の癒合ないし集合であるものもあり (アゼムシロ)，仮雄ずいが唇弁と呼ばれる例 (カンナ) もあり，これらは，相観的な名称で形態学的な統一はないとみてよい．合弁花冠で2部分になった場合は特に二唇 (two-lipped, bilabiate)といい，下唇の中央に膨出部があると特に仮面状(personate)という．

- a **振鞭体** [vibraculum] ⇒苔虫動物
- b **心房性ナトリウム利尿ペプチド** [atrial natriuretic peptide] ANPと略記．心臓から分泌され，強い利尿・ナトリウム利尿作用を示すペプチド．ヒトのもののアミノ酸配列はSLRRSSCFGGRMDRIGAQSGLGCNSFRY．二つのシステイン残基は分子内でS-S結合を形成している．腎臓の利尿促進，血管拡張作用，副腎からの*アルドステロン分泌抑制，中枢神経系に作用してレニン-アンギオテンシン系と拮抗するなどの作用がある．他のホルモン系と協調して体液容量や電解質濃度の調節を行っている．
- c **シンポディウム** [sympodium] 裸子植物と単子葉類をのぞく被子植物の茎の*真正中心柱の構成単位で，上下に走る茎の維管束(cauline bundle, axial bundle)とそれから分出する*葉跡のセット(*枝隙[図])．モミ属などでは13本のシンポディウムがお互いにつながることなく独立して走り，開放型中心柱(open stele)を作る．これに対して他の多くでは，隣接する2本のシンポディウムそれぞれから分出した葉跡が1本に合着している(例:Hectorella)，シンポディウムが分枝してお互いにつながったりするため，独立したシンポディウムは存在せず，全体が網目状の1個のネットワークを作る．これを閉鎖型中心柱(closed stele)と呼ぶ．
- d **親明相** [photophile phase] 植物の花芽形成の*光周性において，反応を促進する相が明期であること．E. Bünningによる説で，植物にはほぼ24時間で振動する内因性のリズムが存在し，12時間周期で親明相と親暗相(scotophile phase)が繰り返されるとする．親暗相に明期が重なると光周期が短日と認識され(*短日植物では花成が促進され，*長日植物では花成が阻害される)，親暗相に明期が重なると長日と認識されるとする．*概日リズムと光周期との相互作用によって日長計測が行われるとするモデルで，その後外的符号モデル(外的一致モデル external coincidence model)として発展した．
- e **心門** [ostium] *開放血管系をもつ動物において，囲心腔から心臓に血液が流入する入口．例えば節足動物では心臓の側壁に左右対をなして体節的に配列，細裂状で2枚の心門弁(ostial valve)をそなえる．昆虫では網翅目や直翅目で最大12対(胸部3対，腹部9対)の心門をもつが，他の多くの昆虫ではその数が減少している．(→翼状筋[図])
- f **腎門脈系** [renal portal system] 多くの脊椎動物の尾静脈において，腎臓内に入り，毛細血管に分かれて脈網を形成してから再び集合して静脈となるまでの血管系．魚類では尾静脈が二叉し，腎門脈となって腎臓に入り，後主静脈として腎臓を出る．両生類では腎臓から出る血液は一部は後主静脈，大部は後大静脈により心臓に導かれる．爬虫類では後主静脈の退化により，腎臓からの血液は後大静脈により運ばれる．鳥類では尾および骨盤部からの静脈血は左右の腎門脈に入り，大部分は腎臓毛細血管に入るが，大部分は直行して各側の腸骨静脈と合したのち，左右が合して後大静脈となる．したがって腎門脈系は不完全である．哺乳類においては胎児の期間だけ存在し，そののち退化，消滅する．
- g **針葉樹** [conifer, acicular tree, needle leaved tree] 一般に針状葉をもつ樹木を指すが，実際には維管束植物裸子植物類の*針葉樹類のこと．*広葉樹と対する．茎や葉が示す全般的形態が一致すること，ヨーロッパ中部以北を中心に発達した森林を基準にして導かれた概念であるためにこの類が標徴的に採用されたこと，利用面で大きな一致のあることなどによる．したがってナギ，マキ，ダンマラジュなどの広い葉をもつものも針葉樹として扱われる．
- h **針葉樹林** [coniferous forest ラ aciculilignosa, coniligonosa] 常緑または落葉の針葉樹からなる植物群系．この群系の発達する地域を針葉樹林帯といい落葉広葉樹林帯よりも寒地に発達する．光・温度・水分・土壌条件などについては広い幅をもつ．広葉樹に比べて灰分の少ない葉をもち，1枚の葉の寿命も1～13年以上に及び，やせた地にもよく生える．亜熱帯の山地から高緯度の高木限界までの間に分布し，代表的なものは温帯北部に見られる．一般に落葉中に含まれる窒素が炭素に比べて少ないため微生物による分解が悪く，腐植質の堆積が著しい．北半球の寒温帯に広く分布．ヨーロッパではカラマツ・トドマツの類，北アジアではそのほかにエゾマツがある．北アメリカではマツ・カラマツ・ツガ・モミの類が多い．南半球はナンヨウスギの類が森林をつくるが分布は狭い．日本では海岸にクロマツ林，その上部にアカマツ林が分布する．亜熱帯暖温帯上部から冷温帯下部にモミ・ツガを代表とし，スギ・ヒノキ・サワラ・ハリモミなど多くの種を含む，いわゆる温帯性針葉樹林が分布する．さらに中部山岳地方の亜高山帯にはシラビソ・オオシラビソ・コメツガ・トウヒなどがあり，*森林限界まで分布する．針葉高木林(aciculisilva)と針葉低木林(aciculifruticeta)が区別される．後者には高山の森林限界より上部に見られるハイマツの群落が代表的であり，広葉樹の低木を交えることもあるが，多くは純林落をなす．中でも大山(鳥取県)のキャラボクの群落は有名で，富士山・男体山・御岳(長野県)などの高山帯付近を低く這うカラマツの群落，海岸のハイネズの群落もこれに属する．
- i **針葉樹類** [conifers ラ Coniferopsida, Coniferophyta] 《同》球果類，球果植物(Coniferae)，松柏類．緑色植物種子植物類のうち裸子植物段階の一群．主に北半球に分布．高木および純群落を作るものが多い．すべて木生，葉は主に針状葉(例外:ナギ，マキ)を枝に密に生じ，すべての葉腋には芽を作ることをせず，花は雌雄両花で，雄花は花粉嚢をつけた鱗片葉の穂となり，雌花は鱗片(苞鱗)葉腋に胚珠を伴った*種鱗を密生し，熟して*球果となる．配偶体は構造の複雑な前胚を作り，一次胚乳中に埋没している．500種ほどの現生種がある．化石として最も古いのは石炭紀の *Ernestiodendron* と *Lebachia* である．現在ではCordaitales(コルダボク類)と共有の祖先から進化したとの説(R. Florin)が受け入れられている．
- j **心理物理学** [psychophysics] 認知の現象と刺激の物理的性質との関係を調べる研究分野(→信号検出理論)．本来は，G. T. Fechnerの伝統を受けついだ数種の閾値測定法の総称(→ウェーバー-フェヒナーの法則，→べき法則)．特に，*オペラント条件づけの方法を用いて，動物を被験体とした動物心理物理学(animal psychophysics)の研究は，近年著しく発展している．
- k **心理ラマルキズム** [psycho-Lamarckism] 動物の進化に対する感覚能力の発達の意義を強調したJ. B. Lamarckの考えに沿った進化論．例えばA. Pauly(1850

～1914）は，淘汰の要因として生物一般に存在する心理的意欲を認めた．R. Semon のムネメ論（⇌エングラム）も，心理ラマルキズムの一種とされる．

a **森林限界** [forest line, forest limit, timberline]《同》樹木限界(wood limit)．高緯度・高山・乾燥など生育に不適な環境条件によって鬱閉した森林が成立できなくなる限界．一般的には高緯度，高山のものを指す．*高木限界は単木あるいはパッチ状森林の上限で，森林限界の上または高緯度にある．山岳の場合は環境傾度が急激なので森林限界と高木限界はほとんど一致するが，高緯度低地の水平分布ではその間に幅広い移行部ができ，この部分を森林ツンドラ(forest tundra)という．森林限界と高木限界とを明確に区分できない場合，高山の森林上限域を漠然と指すときにはティンバーライン(timberline)の語がよく使われる．北極圏は天文学的に定義される領域であって特定の気候条件とは結びつかないので，高緯度地域の境界線としては高木がない*寒帯と森林が連続する温帯域との境界としての森林限界が重要である．高緯度や高山では第一義的には温度条件によって森林限界が決まる．W. Köppen は夏の平均気温 10℃，M. I. Budyko は放射乾燥度の 0.33～0.45 を森林ツンドラと*ツンドラの境とした．大きな山塊では孤立峰に比べて森林限界が高まり，それにつれて植生帯の配列も変わる．これを山塊効果(mountain mass effect)という．大陸の方が島嶼の山岳に比べて高い．これは逓減率の差異とも関係するが，日射量の違いが大きいとの説もある．熱帯では 3600～3800 m，ヒマラヤからチベットでは山塊効果のために 4000～4600 m と高まり，その後，極までは緯度につれてしだいに低くなり，中部日本で 2800 m，ヨーロッパアルプスで 1800 m，北海道では 1700 m，北緯 60～70°付近で低地の北限になる．森林限界の樹種は，温帯以北では日本のシラビソ・オオシラビソ・トウヒ属・カラマツ属などマツ科の針葉樹，ダケカンバなどのカンバ類だが，熱帯高山ではヒメツバキ・ヒサカキ・ハイノキなど同属の常緑広葉樹である．Köppen は最暖月平均気温 10℃が高山森林限界にも適用できるとしたが，熱帯高山では 6～7℃，また中高緯度の高山では 15～16℃になって，気温の季節変化のパターンによって大きく変化するので，地球全体では積算温度のほうがよく合う．*暖かさの指数では 12～15℃・月である．乾燥地の高山では上部の温度的森林限界のほかに，低地では乾燥が強くなり，下方の森林限界ができることがある．日本海側の山地ではブナ林の上限が森林限界となり，その上部は偽高山帯となるが，これは温度ではなく多雪環境の影響と考えられる．

b **森林衰退** [forest decline] 森林生態系において，多様な因子の相互作用の結果生ずる森林・樹木の機能不全の現象．衰退は一般に，温帯地方で見られ，水分環境や温度環境の異常や*酸性雨・酸性霧・大気汚染物質などの環境ストレスが誘因となり，その後病虫害などによって漸進的に生ずる．ヨーロッパではヨーロッパトウヒ・ヨーロッパアカマツ・ヨーロッパブナなど，北米ではアメリカトウヒ・サトウカエデ・ナラ類など多数の樹木で見られる．日本ではスギの衰退が関東地方で顕在化している．これらの因果関係は多様で，一般に普遍化は困難である．

c **森林ステップ** [forest steppe, tree steppe] *ステップとこれに接する森林(高木林)の間の推移帯として，比較的高緯度の乾燥地に出現する群落．ユーラシア大陸および北アメリカに例がある．侵入する高木は前者では Quercus robur, 後者では Q. velutina, Q. macrocarpa などのカシ類が主で，ほかにトネリコ，シナノキ，カエデ，ニレ，シデなどの類がある．森林が成立すると，ステップの土壌(*黒色土壌)は湿潤化し，一種の*ポドゾルである灰色森林土になる．この群落は気候的・水分的・土壌的・植物地理学的にも森林とステップの中間的性質をもつ．

d **森林帯** [forest zone]《同》森林植物帯．森林の示す帯状の分布．森林はマクロな気候条件，特に温度・降水量とそれらの季節変動の型によって優占する樹種やその生活形が変化する．この気候帯に対応し，相観や生活形で区別される森林は群系と呼ばれるマクロスケールの単位であり，生態系や生活帯単位ともよく一致し，帯状分布をするので森林帯という．*植生帯は草原なども含むので森林とは限らないが，森林帯あるいは森林植物帯が今日では植生帯とほぼ同じ意味で用いられる．林学的な森林帯では単に気候帯の名前で熱帯林，暖帯林・亜熱帯林，温帯林，寒帯林などと呼んだ(田中঵，1887，本多静六，1912)．本多は熱帯林をアコウ帯とし沖縄本島以南の年平均気温 21℃以上の地域，暖帯・亜熱帯林をカシ帯とし沖縄本島中央以北から本州中部北緯 35°までの年平均気温 21℃以下で 13℃以上の地域，温帯林をブナ帯とし本州中部以北から北海道西南部までの年平均気温 13℃以下 6℃以上の地域，寒帯林をシラビソ・トドマツ帯とし北海道北東部から樺太，千島の地域，年平均気温 6℃以下の地域としている．現在では暖帯を亜熱帯・暖温帯，温帯を冷温帯，寒帯を寒温帯と呼び変えているが，ほぼこの区分に対応した内容である．したがって東アジア全域では南から熱帯常緑広葉樹林(熱帯多雨林)，暖帯・亜熱帯常緑広葉樹林，冷温帯落葉広葉樹林，寒温帯針葉樹林が順に配列する．吉良竜夫はそれぞれの境界を*暖かさの指数で定義している．世界的には L. R. Holdridge(1967)の生物気温すなわち 0℃以上 30℃以下を有効温度としたときの平均積算温度による区分がよく用いられる．高緯度から順に，亜寒帯林(subarctic forest zone)，冷温帯林(cool-temperate forest zone)，暖温帯林(warm-temperate forest zone)，熱帯林(tropical forest zone)に分ける．(1)亜寒帯林は東アジアおよび北アメリカ東海岸では北緯 45～55°，ヨーロッパおよび北アメリカ西海岸では北緯 60～70°に及ぶ．日本では年平均気温 6℃以下のところ．トドマツ帯やシラビソ帯が主となっている．(2)冷温帯林は北半球全体としては北緯 37°より 45°(東アジア，北アメリカ東海岸)あるいは 60°(ヨーロッパ，北アメリカ西海岸)まで及ぶ．日本では年平均気温 6～13℃のところ．ブナ帯はこの代表．(3)暖温帯林は北半球全体としては北緯 37°以南で北回帰線以北．日本では年平均気温 13～21℃の地．シイータブ帯またはカシ帯ともいう．(4)熱帯林は北半球全体としては北回帰線以南．日本では沖縄本島中央部以南および小笠原諸島が含まれる．年平均気温 21℃以上の地．榕樹帯とも呼ばれ，ヤシ，ガジュマル，アコウなどが代表樹種．

e **森林の更新** [forest regeneration]《同》森林更新．森林を形作る樹木の世代交代．樹木は長い時間にわたって森林の構造形成を担っている．高木が覆っていると，林冠に侵入できるスペースがなくなり，また林冠木の光

利用により下層が暗くなり，稚樹や低木種の光合成生産が抑制される．高木の死亡によって林冠の空隙（ギャップ）が出現すると，その下での光環境が急速に改善されることになる．その機に次世代の個体が急速に成長して互いの競争の結果選ばれた個体が林冠ギャップを埋める．多くの樹種は，ギャップの生成を待って種子が発芽・定着するのではなく，暗い下層ですでに発芽して待機している実生や稚樹が，ギャップ生成によって好成長に転じることで生じる．この実生の集団を実生バンク（seedling bank）と呼ぶ．おなじ森林に出現する樹種の稚樹期の特性を比較すると，しばしばギャップでの高い成長速度と，暗い林床での生存率の間にトレード・オフ関係があり，これが共存をもたらす一因となっている．他方で，火事や地滑りなどの攪乱によって一斉に多数の樹木が倒れ，分散力がすぐれ成長速度の速い種が占めるという更新もある．

a **人類遺伝学** ［human genetics］《同》遺伝人類学（genetical anthropology）．ヒトを研究対象とする遺伝学．初期の人類遺伝学は血液型などの正常形質や疾患など異常形質の遺伝様式を解析するだけの学問になっていた．しかし，20世紀の後半に入ると，統計学的手法を用いた集団遺伝学が発展し，人類の多様性の研究に広く適用されるようになった．また遺伝生化学や分子遺伝学の研究分野の進歩により遺伝性の血液疾患や代謝異常の分子レベルでの解析も可能となった．一方，染色体研究技術の急速な進歩にともない，ヒトの染色体地図が作製され，さらに21世紀に入るとヒトゲノムが解明され，しかも多数個体のゲノム配列（パーソナル・ゲノム）が決定されるにつれて臨床医学の実際面においても極めて重要な役割を果たしている．

b **人類学** ［anthropology］ ヒトを直接の研究対象とし，それについての基礎的かつ総合的理解を目的とする科学．歴史的には18世紀に活躍したC. von Linné, G. L. L. de Buffon, J. F. Blumenbachらが，人間の地域的多様性に注目したことで誕生し，19世紀にC. Darwin, T. H. Huxley, E. H. Haeckelらが人類進化を論じたことで確立した．動物としてのヒトと文化をもつヒトとを分離してはヒトを完全に理解することはできないので，人類学はヒトの体と文化（生活状態）とを総合的に研究し，ヒトの形質と文化との関連を知ることを目的とする．上記のことから便宜上，主として形態，遺伝，行動，生態など生物学的側面から人体の形質を研究する自然人類学（physical anthropology, biological anthropology）あるいは人間生物学（human biology），民俗，文化史，言語，社会構造など文化を対象とする民族学（ethnology）あるいは文化人類学（cultural anthropology）あるいは社会人類学（social anthropology），および特に先史時代の人類の形質と文化を研究する先史人類学（prehistoric anthropology）あるいは考古学（archeology）に大別される．ヒトを含めた霊長類を研究対象とする霊長類学（primatology）も，人類学に含めることが一般的である．自然人類学は形質人類学と呼ばれることもある．（→文化）

c **人類学的示数** ［anthropological index］《同》人体計測示数．人類学で，個人または集団の間で体形を比較するために，人体計測によって得た2種類の計測値から求めた百分比．当該の計測値に大小があるとき，一部の例外を除き，通常大きい数値を分母とする．例えば，比胴長＝胴長×100/身長，肢間示数＝上肢長×100/下肢長，*頭型分類の基礎となる頭長幅示数（または頭示数）＝頭最大幅×100/頭最大長，*顔型分類のための顔示数＝顔高×100/頬骨弓幅，*鼻型分類に対する鼻示数＝鼻幅×100/鼻高など．

d **人類の進化** ［human evolution］《同》ヒトの進化．広義には生命の起原以来，真核生物，動物，脊椎動物，哺乳類，霊長類，ヒト上科，ヒト科まで，現代人の系統にいたる進化の全体を指す．狭義にはヒト（人間の学名 Homo sapiens に対応する和名）に最も近縁なチンパンジーおよびボノボの共通祖先と分岐した約700万〜600万年前以降のヒトの系統独自の進化を指す．特に直立二足歩行，大脳の大型化，犬歯の退化，言語の使用，多数の道具使用，高度な自意識などのヒト独自の特徴を生じた過程を，ホミニゼーション（hominization）と呼ぶ（→ヒト化）．人類の進化には，以下の4段階が考えられる．(1) 猿人：チンパンジーやボノボとの共通祖先から分岐してすぐのアルディピテクスやサヘラントロプス，オロリンを経て，アファレンシス，アウストラロピテクス，パラントロプスなど，さまざまな系統がアフリカで進化したと考えられている．現代人のホモ属と分岐した属名が一般には与えられている．初期の段階から徐々に直立二足歩行になっていったが，他の特徴は明確ではない．約300万〜200万年前の期間には華奢型と頑丈型の2種類の猿人が共存しており，後の原人は華奢型から進化したと考えられている．(2) 原人：猿人の一部から約250万年前に出現した*ホモ＝ハビリスは，原始的な石器を用い，脳容量は猿人よりもずっと増加した．彼らから*ホモ＝エレクトゥスが出現し，その一部は約170万年前にはアフリカ大陸を出てユーラシアに広がっていった．ヨーロッパには*ハイデルベルク人，東南アジアでは*ジャワ原人，東アジアでは*北京原人が知られている．数万年ほど前までインドネシアのフローレス島に生存していた低身長のホモ＝フロレシエンシスは，ジャワ原人の生き残りではないかと考えられている．(3) 旧人：ホモ＝エレクトゥスを生み出したアフリカの人類祖先集団からは，さらに脳容量が増大し，用いる石器も高度化した旧人が，100万年ほど前以降に誕生した．その一部は20万年ほど前に中近東からヨーロッパに進出し，*ネアンデルタール人と呼ばれる．彼らと近縁な人類は中央アジアや南アジア，東南アジアにも拡散した．ネアンデルタール人はホモ＝ネアンデルターレンシスとしてヒトとは同属別種と分類されることもあるが，最近ゲノム配列の解析から現代人と混血したと推定されているので，ヒトとネアンデルタール人は亜種レベル程度の違いだったと考えられる．旧人段階ですでに現代人と同等の言語を話していたかどうかについては，よくわかっていない．(4) 新人：狭義のヒトを指すが，旧人と区別するため，解剖学的現代人（anatomically-modern human）と呼ぶことがある．ヨーロッパではネアンデルタール人に対して，新人を*クロマニョン人と呼ぶ場合が多い．20万年ほど前におそらく東アフリカの集団で出現した1万人程度の集団が，その後アフリカ大陸にとどまったものもあるが，原人や旧人と同様にユーラシア大陸に拡散し，さらにサフール大陸（氷河期の当時，オーストラリア大陸とニューギニア島，タスマニア島がつながっていたもの），南北アメリカ大陸に広がっていった．現代人はすべてなんらかの言語を話すので，新人の祖先集団で言語が誕生した可能性がある．また旧人とは明確に異なる高いレベル

の美術作品を作り出すようになった．3000年ほど前からは高度な航海技術を身につけた東南アジアの人々が太平洋やインド洋に進出し，20世紀以降は南極大陸にも進出した．現在では世界のすべての大陸に70億人のヒトが分布している．

a **親和性** ［affinity］《同》親和力．[1] 生化学で，物質相互の，主に構造に由来する結合力の強さを表す語．[2] 特定の物質(蛋白質，低分子化合物など)に対する細胞あるいは組織の結合力の強さを表す語(⇌クロム親和細胞，⇌アフィニティーラベリング)．[3] 古典的発生学において，細胞あるいは組織が相互に接着する傾向を表現した概念．細胞生物学が発展した現在では用いられることは少ない．積極的に接着する傾向があるか分離する傾向があるかにより，それぞれ正または負の親和性と呼ぶ．組織細胞は特異的親和性をもち，異なった組織細胞を遊離し混合すると，同種の細胞が集合する．(⇌再構成) [4] 臓器親和性のこと．(⇌ウイルス親和性)

ス

a **巣** [nest] 広義には，ほとんどの動物に認められる安息所・*かくれが・防御の場所・産室・育児室のいずれかとなっている場所．狭義には，単なる既存の場所の利用ではなく，動物自身がなんらかの手段で作りあげるもの．この行動を営巣(nidification, nest building)という．鳥類の多くは繁殖期に精巧な巣を作る．産卵のたびに新しく巣を作り繁殖が終われば放棄する種もいるが，旧巣の利用も少なくない．また他の種の動物が作ったものを自分の巣に利用するものもいる．哺乳類ではアナグマやモグラの地下の巣や，ビーバーやカモノハシが湖岸や川岸に坑道を掘って作る巣が知られる．両生類ではブラジル産の2種のスゴモリアマガエルが，浅い池などに水底の泥土を使って噴火口状の巣を作る．魚類ではトゲウオ類の雄が河水中に球形の巣を営み，雌がその中に産卵する．昆虫類では，特にアリ，ハチ，シロアリの巣は高度の社会性と結びついて極めて精巧に作られている．クモの捕虫網(web)も巣と呼ばれ，さまざまな構造のものがある．

b **髄** 【1】[marrow] 《同》髄質(medulla 独 Mark)．一般に中実性器官や組織の中心部付近をいい，対して表層を皮質(cortex)という．ドイツ語の'Mark'は「髄」の原意に等しく骨の中に見出される軟部組織をいい，骨髄(Knochenmark)と中枢神経の脊髄(Rückenmark)や延髄(verlängertes Mark)に同じ語が用いられるのはこの故．
【2】[pith, medulla] 植物体の軸性器官において，管状に配列した維管束にとり囲まれた内側の部分．維管束間にある基本組織により皮層と互いに連絡する．一般に柔細胞からなるが，厚壁木化する場合(ワラビ)もあり，細胞間隙に富み，分泌細胞・厚壁異型細胞・乳管・髄走条などが存在する場合もある．成熟したものは葉緑体を欠くが(例外:ニシキギ属)，澱粉粒，タンニン，結晶体などを含み，特に木本植物では貯蔵組織となる場合が多い．髄は基本分裂組織，特にその髄状分裂組織から発達する．多くの草本植物(トクサやイネ)では茎の急速な成長に伴うことができず，破壊されて髄腔を生ずるが，節部には髄が残って隔壁を作る場合も多い．髄の辺縁部で維管束に接する部分にやや厚壁の小形の細胞層の分化が見られる場合(アカザ科，ムラサキ科，キク科)，これを髄冠(medullary sheath, perimedullary zone)という．系統的には髄の出現は原生中心柱から管状中心柱への発展(⇒中心柱)と関係が深いが，原生中心柱の中心部の変化したものと考える説(expansion theory)と，葉隙を通じて皮層が内部へ侵入したものと考える説(invasion theory)とがある．化石植物 *Lepidodendron* では原生中心柱の中心部の仮道管の一部が隔壁形成により短縮し柔細胞化した髄(mixed pith という)となり，さらに中心部が完全に柔組織化した髄(medullated pith)まで各種の段階がみられるのは前者の説を裏書している．

c **随意運動** [voluntary movement] 《同》意志運動．動物の主体的「意志」によって起こる運動．中枢神経系の発達した脊椎動物の骨格筋においてみられる(⇒随意筋)．これに対し，反射や自動性による運動は，意志や意識とは無関係な過程であり，不随意運動(involuntary movement)と呼ばれる(⇒不随意筋)．随意運動の中枢は大脳皮質の運動中枢ないし運動野で，ここに生じたインパルスが錐体路を経て体筋に伝えられる．

d **随意筋** [voluntary muscle] 脊椎動物で体性神経系の直接支配を受け*随意運動に関与しうる筋肉．*骨格筋がこれに該当．自律神経系に支配される不随意筋と対置される．ヒトにおける耳介筋のように解剖学的には正規の骨格筋だが，随意運動の能力をほとんど失っているものや，毛様体筋(眼の焦点調節を行う)のように平滑筋であってしかも一種の随意運動を行うものもある．(⇒不随意筋)

e **膵液** [pancreatic juice] 脊椎動物の膵臓内で産生され，十二指腸の部分に導管を経て分泌される消化液．無色透明でアルカリ性である．*セクレチン刺激による膵液は薄くて固形分が少ない．これに反して迷走神経や*コレシストキニンによる刺激のときは濃厚である．ただし無機物の量は両者ほとんど変わらない．膵液中の消化酵素の主なものはトリプシン・キモトリプシン・カルボキシペプチダーゼ・アミラーゼ・リパーゼで，膵臓内では前駆体のトリプシノゲン・キモトリプシノゲンなどであり，腸管に出てから活性化され消化に関与する．何らかの異常により膵臓内でこれらの消化酵素が活性化すると，膵臓自身を消化する重大な炎症性疾患(膵臓壊死 acute pancreatic necrosis)を引き起こす．膵液分泌は食物によって促されるが，神経によるものとホルモンによるものとがある．前者の場合，その中枢は延髄にあり，迷走神経中に分泌をつかさどる分泌神経がある．後者については，塩酸・脂肪・胆液などが十二指腸・小腸上部に入ることによるS細胞やI細胞からのセクレチン，コレシストキニンの分泌による．膵液には消化酵素のほか，ムコ多糖，ラクトフェリンなどが含まれる．

f **水温躍層** [thermocline] 海洋や特に湖沼において，表水層(epilimnion)と深水層(hypolimnion)に挟まれた，水温が下方に向かって急激に下降する層域．厳密には，変水層(metalimnion)中で鉛直的な水温変化の最も著しい部分．十分な深さをもつ湖において，密度がほぼ均一で温暖な表水層と，水が停滞してほぼ一様に冷たい深水層とが形成されると，それらに挟まれて水温が下方に向かって急激に下降する変水層が出現する．特定の季節に深水層にまで循環が及ぶと，水温躍層は消滅する．海洋でも一般に，鉛直的な水温分布によって三つの層が区別される．海面から20～200 mの深度までには，水温が表面水温とあまり変わらない混合層(mixed layer)と呼ばれる層が存在し，水深約200～1000 mには水温が急激に下降する水温躍層が形成され，その下では水温変化が極めてわずかな層が広がる．ことに中・低緯度海域ではこの水温躍層は常に存在し，主躍層(main thermocline)または永久躍層(permanent thermocline)と呼ばれる．このような水温躍層のほかに，表水層・混合層などのなかに二次水温躍層(secondary thermocline)が形成されることがあり，これらも水温躍層に含めることもある．表面水温が上昇して表層に形成される夏季の二次

スイケイカ　719

水温躍層は季節躍層(seasonal thermocline)，日中に水表面直下に形成される小規模なものは日躍層(diel thermocline)などと呼ばれる．(⇒成層)

a **髄外造血**　[extramedullary hematopoiesis]　脊椎動物における骨髄以外での血球の形成．特に赤血球と顆粒白血球の形成は，無尾両生類以上では骨髄で行われるが，胚期には肝臓や脾臓などがこれに当たる．しかし，変則的には成長後にも肝臓や脾臓の一部において骨髄同様の血球形成が続けられることがある．なお齧歯類では一生涯にわたって脾臓造血が行われる．

b **水萼**　[water-calyx]　萼内面にある*排水毛からの液体で蕾の内部に開花directまで水液を蓄えているもの．M. Treub(1880)がノウゼンカズラ科の植物 *Spathodea campanulata* で発見．その後同科およびゴマノハグサ科，クマツヅラ科，ヒルガオ科，キキョウ科など，特に熱帯性の植物に見つかっている．水液中の有機成分はほとんど未解明で，働きも不明．なお，水萼とは少し違うがキク科にはコスモスなどのように総苞片に包まれた蕾(花序全体)の内部に水液を蓄えたものがあり，この水液はフルクトースとグルコースを含む．またアオギリでは未熟の分果内に排水毛からの水液を貯め，水萌(water capsule)と呼ばれる．水液は弱アルカリ性で没食子酸をかなり含み褐色である．

c **吸い型口器**　[sucking mouthpart, suctorial mouthpart]　《同》吸収型口器．液状の食物を吸収するのに適した形態をもつ昆虫の口器の一型．鱗翅目の成虫，半翅目の成虫・幼虫，双翅目・微翅目の成虫に典型的なものが見られる．鱗翅目では大顎は退化し，小顎の galea が著しく伸長して吻を形成する．双翅目のカでは，上唇，大顎，小顎(内葉の部分だけ)，下咽頭が組み合わさって吻を作り，全体を下面から下唇が支える．半翅目では大顎と小顎(lacinia のみ)が鋭く伸び，じょうぶな上唇と下唇が背腹からおおう．後二者の口器は刺すことも可能で，刺し型口器(stinging mouthpart)または刺し-吸い型口器ということもあり，微翅目や総翅目，シラミ目の口器もこれに属する．いずれの場合も，食道中部に付属する強い筋肉がポンプのような機能を果たして，食物を吸収する．

d **水管**　[siphon]　[1]　水生の後生動物において，水流が外界から出入りする管状の部分の一般的名称．例えば，鰓呼吸をする軟体動物において，*鰓への水の流入と流出の一方あるいは両方をつかさどる管．頭足類では水は外套膜と頭部とのすき間から外套腔内に進入し，外套膜の一部分が癒合してできた1本の水管(*漏斗)を経て外界に出る．腹足類のうち前鰓類では頸部の外套膜の癒合でできたスノーケル状の1本の細長い水管を出し，外套腔への水の流入を行う．二枚貝類の多くは体の後端部において左右の外套膜が部分的に癒合して2本の管となる．水は腹方の管すなわち入水管(inhalent siphon, inhalant siphon, branchial siphon)を経て外套腔に入り，鰓において呼吸および食物の濾過が行われたのち，鰓上腔から背方の水管すなわち出水管(exhalent siphon, exhalant siphon, atrial siphon)を経て外界に排出される．入水管の入口には襞状の突起(fimbria, papilla)や触手があり，感受性が鋭敏である．両水管には筋肉(水管筋)がよく発達していて，この筋肉の貝殻への付着点を水管筋痕という．底質中に深く潜入して生活するもの(例：オオノガイ)では，海底の表層近くに生息するものに比べ

水管が著しく長く，水管筋痕は深く彎入し，これを套線彎入という(⇒外套彎入)．[2]　《同》送水管，サイホン．(⇒ウニ類)

e **水管系**　[water-vascular system]　棘皮動物特有の，体内に広く分布する細管の系統．管内には海水に近い体液が満たされ，少数の体腔細胞が浮遊する．*環状水管，*放射水管，瓶嚢，*管足(触手)，石管(stone canal)などからなり，ポーリ嚢などが付属．環状水管から出る石管の先端は水孔となるが，ヒトデ・クモヒトデ・ウニ類では，体表にある*多孔板を通って外界と連絡．機能は多様で，呼吸・摂食・運動・排出など，棘皮動物の主要な生活活動のほとんどに関与していると考えられている．

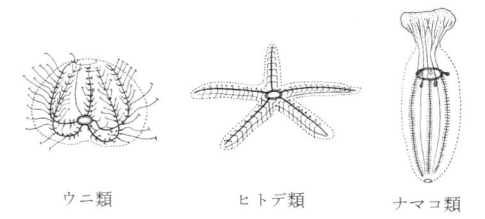

　　　ウニ類　　　　ヒトデ類　　　　ナマコ類
水管系の分布模式図
体内の中心部には1個の環状水管とその付属器官，体壁内面には5本の放射水管，体軸に沿って1本の石管，体表には無数の管足がある(ナマコ類ではさらに大きな口触手がある)．点線は体の輪郭を示す．

f **推計学**　[stochastics, inductive statistics]　《同》推測統計学(inferential statistics)．現実に与えられる比較的少数の資料から，それを含む全体の法則性を推論することを目的とし，数学的手続きを主体として構成された学問(⇒生物統計学)．R. A. Fisher により，農事試験法の分野において基礎づけられ，現在では社会集団や生物集団の標本調査法，農事試験や自然諸科学における実験計画法，工業における抜取検査法・品質管理法などとして広汎に応用されている．推計学における主要な概念は，次のとおり．(1) 母集団(population)：調査・研究の対象とする，特定の目印をもつすべての個体またはその属性の集まり．一定の管理された条件のもとで行われる測定や実験などにおいて，その試行が無限に繰り返されるとした場合に生起すると想定される値を要素とする仮説的全体は，無限母集団と呼ばれる．無限母集団の分布法則は，通常，*正規分布，*二項分布，ポリア-エッゲンベルガー分布，*ポアソン分布などで表される．(2) 母数(parameter)：母集団の分布法則を特徴づける定数．正規分布では母平均と母分散，二項分布とポアソン分布では母平均などがこれである．一般に母数は未知定数であり，標本から推定しなくてはならない．(3) 標本(sample)：実際に調査・研究の対象とする母集団の一部をいい，その数を標本の大きさという．実在的な母集団から標本を選ぶには，無作為抽出(ランダムサンプリング・任意抽出 random sampling)すなわち母集団のどの個体も等しい確率で抽出(等確率抽出)しなくてはならない場合が多い．ただし層別無作為抽出，二段無作為抽出などでは，不等確率抽出となる場合がある．このようにして選ばれた標本を無作為標本(任意標本 random sample)という．無作為標本に基づいて，母集団に関する統計的推論を行うことができる．

水孔【1】[hydathode, water pore] 植物の水分を排出する小孔. 排水組織の一種. 多くの種の葉に見られる. 構造は*気孔に類似し, 小孔は1対の孔辺細胞に挟まれるが, 気孔の*孔辺細胞のような特殊な壁肥厚はなく, 開閉能力がない. 主に葉先・葉縁・鋸歯縁などの葉脈の終端近くに存在する. 通常, 横断面では葉脈端から水孔までの部分は被覆組織(epithem)と呼ぶ*柔組織からなるが, イネ科やソラマメなどの水孔ではこの組織を欠く. 水生単子葉植物では葉先に孔辺細胞とその付近の細胞の破生により生じた陥入部をもつものがある.
【2】[hydropore] 棘皮動物の*水管系が系外に開く部分. 石管の末端にある. ヒトデ, クモヒトデ, ウニ類ではその先端が分岐して多数の微小孔板を貫通して外界に通じる. ナマコ類では体腔内に開く. 幼生の体の左側に位置する軸腔嚢と水腔嚢(⇒水腔)を連絡する石管の先端に開いた1孔に由来する.
【3】[water pore] バッタやコオロギの卵にある特別な構造. 発生途中に土中からこの水孔を通じて水分を吸収し, 卵の体積が増加する. 休眠卵は水孔表面に臘が分泌され水の出入りを防いでいる.

水耕 [water culture] 《同》水栽培, 液耕. 【1】既知の無機成分の水溶液を培地として植物を育て, その正常な成長に必要な無機成分の種類・量を明らかにする実験手法. この方法により, 植物の栄養として必須な多量元素や*微量元素が同定され, それらを適当な化合物の形で, 適切な濃度で含む培地(培養液 culture solution)が考案された. 古くは多量元素からなるザックス液(Sachs' solution, 1860)やクノップ液(Knop's solution, 1862), また微量元素を含めたホーグランド液(Hoagland's solution), ヘウィット液(Hewitt's solution)などがその例. 【2】*養液栽培の一方法.

ザックス液		クノップ液	
化合物	分量	化合物	分量
KNO$_3$	1.0	Ca(NO$_3$)$_2$・4H$_2$O	0.8
Ca$_3$(PO$_4$)$_2$	0.5	KNO$_3$	0.2
MgSO$_4$・7H$_2$O	0.5	KH$_2$PO$_4$	0.2
CaSO$_4$	0.5	MgSO$_4$・7H$_2$O	0.2
NaCl	0.25	FePO$_4$	0.1
FeSO$_4$	微量		

分量: g/L

水腔 [hydrocoel, hydroenterocoel] 《同》水腔嚢(hydrocoelomic pouch). 棘皮動物の幼生において, 左側の腸体腔から形成され水管系の原基となる器官. 分化の過程は種によって異なるが, 原腸壁から生じる左右の腸体腔は, それぞれ軸腔(axocoel), 水腔, 体腔(somatocoel)とに分かれ, 右側の軸腔・水腔は基本的に退縮するが, 左側の軸腔と水腔との間は細い管で結ばれ, この部分は石管となる. 左側の水腔は発達して, 環状水管, 放射水管, 管足など, 成体の水管系の主要部分を形成することになる.（図次段）

髄腔【1】[medullary cavity] シダ植物のトクサ科や種子植物のイネ科・シソ科などで茎の髄の部分に生ずる大形の破生細胞間隙. 通常, 節間部の著しい成長に伴い生ずるもので, 節部では成長が進行しないため隔壁として残り, 髄腔を仕切る. ときに節間にも隔壁を多数生じ, 種の同定のよい特徴となる(シナレンギョウ, クルミ属, ヤマゴボウなど).

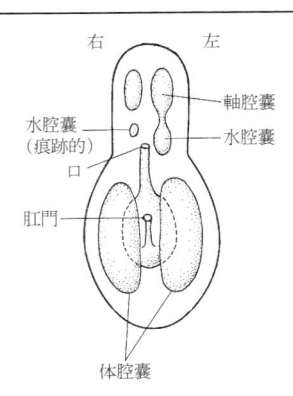

棘皮動物幼生の発生初期の体内構造（腹面から見たもの）

【2】[bone-marrow cavity, medullary space ラ cavum medullare] 《同》骨髄腔. *骨の, 骨組織に囲まれた腔所. 含気骨などの限られた例外を除いて, 骨はその外形のいかんにかかわらず内部に髄腔をもつ. 通常, 造血組織(骨髄)がこの内腔をみたす.

水溝系 [aquiferous system, canal system, water current system, water current channel, water conducting system] *海綿動物に特有の組織系. 体内に水を流通させ, 摂食・消化・吸収・排出を行う. 水流は, *襟細胞の連動した鞭毛運動により生じる. 体表に無数に開いた微小な入水孔(流入小孔, 小孔 ostium, 皮層小孔 dermal ostium, dermal pore)から1～複数個の出水孔(流出大孔, 大孔 osculum, large exhalent aperture)に至る過程で, その構造は3タイプに分けられている. 単純なものから複雑なものの順に, アスコン型(asconoid, ascon type), サイコン型(シコン型 syconoid, sycon type), リューコン型(leuconoid, leucon type)と呼ばれている. それぞれの水流の方向順は, (1)アスコン型: 入水孔→海綿腔→出水孔, (2)サイコン型: 入水孔→流入溝(incurrent canal, inhalant canal)→前門→襟細胞室→海綿腔→出水孔, (3)リューコン型: 入水孔→流入溝→前門→襟細胞室→後門→流出溝(excurrent canal, exhalant canal)→海綿腔→出水孔, である. 海綿腔(atrium, spongocoel)は体の中央にある広い空洞部分を指し, その内壁を胃層(gastral layer)と呼ぶこともある. サイコン型の胃層では襟細胞が襟細胞層(⇒襟細胞)を形成し, サイコン型では襟細胞層が体壁中に凹んで釣鐘形の襟細胞室を形成, リューコン型では球形の襟細胞

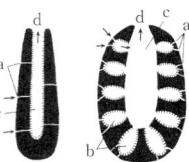

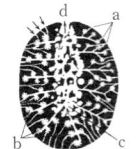

水溝系の3型の模式図
a 入水孔　b 襟細胞室
c 海綿腔　d 出水孔

a **水腔動物** [ラ Ambulacralia] 《同》歩帯動物．新口動物の中の*棘皮動物と*半索動物を合わせた*タクソンで，単系統と考えられている．もともと，É. Metchnikoff (1881) が，棘皮動物とギボシムシ類とにみられる浮遊幼生の形状の類似を主な根拠として両者を近縁と考えて提唱した．

b **水酸化酵素** [hydroxylase] 《同》ヒドロキシラーゼ．酸素添加酵素の一種で，酸素分子を利用して水酸化物（フェノール，アルコール）を生成する反応を触媒する酵素の総称．酸素分子のうちの1酸素原子を基質に取り込む，いわゆる一酸素添加酵素で，基質のほかに電子供与体(NADPH など)を必要とする．

$$AH + O_2 + NADPH + H^+ \longrightarrow AOH + NADP^+ + H_2O$$

フェニルアラニンからのチロシンの合成(フェニルアラニン水酸化酵素)，アニリンなどからのアミノフェノール生成(アリール-4-水酸化酵素)，スクアレン-2,3-エポキシド生成(スクアレンモノオキシゲナーゼ)，ステロイドの水酸化(各種のステロイド水酸化酵素)などの反応を行う酵素が存在する．水酸化酵素にはシトクロム P450 または FAD などを構成成分とするものが多い．各種臓器のミクロソームなどに含まれる場合が多い．副腎皮質ではミトコンドリアにも存在する．

c **水産資源** [fishery resource] 人間がなんらかの形で利用している，水圏に生息する動植物．食用が主要であるが，水産養殖や飼養動物の餌飼料にも使われる．また，工芸品や医薬品の原料としても価値が高い．水産資源は，(1)繁殖して増える(自律再生産)，(2)資源量や分布が常に変化する(不確実性)，(3)漁獲以前は無主物である，という特徴をもつ．(2)および(3)は，早獲り競争を引き起こす要因となり，乱獲にもつながる．この負の面を克服し，(1)による自然増加量を最大限に利用して資源と漁業の持続性を確保するために，水産資源管理・漁業資源管理(fisheries management)が必要となる．

d **水産増殖** [fishery stock enhancement] 天然水域における漁業資源を，種々の方法を用いて増やすこと．その方法としては禁漁期や禁漁区をもうけたり網目サイズを制限するなどの漁業資源管理，魚礁や産卵床を設置したり水質浄化を行うなどの環境改善，他の水系から水産生物を導入する移植放流，魚介類から人為的に採卵し，生残率が非常に低い仔魚期を人工飼育して稚魚まで育てたのち放流し(種苗放流)，天然水域で大きく成育させ漁獲する栽培漁業などがある．

e **水産養殖** [aquiculture, fish culture, pisciculture, aquaculture] 所有権の定まった水産生物を天然水域や人工的な環境下で無投餌あるいは投餌下で成長させること．自然海域で採捕した仔稚魚・幼生(天然種苗)を用いる場合と，人為的に成体から作出した仔魚・幼生(人工種苗)を用いる場合がある．生活史サイクルのすべての段階を人工下で飼育管理する場合を完全養殖という．なお水産生物をある期間だけ生かしておく場合は蓄養，積極的に増やすことを*水産増殖と呼んで区別している．

f **水質汚染** [water pollution] 《同》水汚染，水質汚濁．一般的には人間活動の直接的・間接的な影響によって陸水や海水の水質が悪化する現象．水圏の水質が変化することは，その中の生物相に影響し，質的・量的な変化を起こす原因となる．水質汚染は，外部からの影響によって直接水質が悪化する一次汚染(primary pollution)と，外部からの影響によって水中において二次的に生じた物理的・化学的あるいは生物的な過程により水質が悪化する二次汚染(secondary pollution)とに区別される場合がある．水質汚染の主な原因は，各種工場廃水，屎尿や日常生活にかかわる生活廃水，土木工事の廃水，農薬・肥料を含む農業廃水，畜産の廃水，鉱業廃水などである．水質汚濁を防止するために公共用水域の水質汚濁にかかわる環境基準が定められており，それに伴い特に産業廃水の規制が行われる．人の健康にかかわる環境基準として，シアン，アルキル水銀，有機リン，カドミウム，鉛，六価クロム，ヒ素，総水銀など16項目の基準値が定められている．また生活環境にかかわる環境基準として，河川利用目的により水素イオン濃度，*生物化学的酸素要求量(BOD)あるいは*化学的酸素要求量(COD)，懸濁物量(SS)，溶存酸素(DO)，大腸菌群数の基準値が定められており，新たに水生生物の生息状況の適応性により全亜鉛の基準値が定められた．

g **髄鞘** [marrow sheath] 《同》ミエリン鞘(myelin sheath)，ミエリン．*神経繊維(軸索)をとり囲んで管状をなす*ミエリンからなる被膜．髄鞘をもつ神経繊維を有髄神経(medullated nerve)，もたないものを無髄神経(non-medullated nerve)と総称する．軟骨魚類以上の動物に見られ，個体発生上も比較的遅く現れ，ヒトでは出生時ごろに形成されるが，神経の種類により差がある．髄鞘は，幅が3.5～5 nmの蛋白質層と脂質層が交互に配列した同心円の層状構造を示す．髄鞘の蛋白質は主にケラチンのような硬蛋白質で，脂質としてリン脂質(レシチン，ケファリン，スフィンゴミエリンなど)，糖脂質，コレステロールその他を含む．髄鞘は，シュワン細胞の細胞膜，中枢神経系においては稀突起神経膠細胞が軸索をだき込み，何重にも巻きつくことにより形成される．髄鞘はある間隔をおいて欠如しており，その部をランヴィエ絞輪(Ranvier's constriction, ランヴィエ節 Ranvier's node)，2個の絞輪間を輪間節(interannular segment)という．輪間節の長さは50～1000 μmの範囲で一定しないが，一般に太い神経繊維ほど長い．

h **穂状花序** [spike] *総穂花序の一型で，花序の軸が長く，無柄の花を側生するものをいう(オオバコ，ワレモコウ)．イネ科の穂は二重ないし多重の穂すなわち複穂状花序(compound spike)なので，その末端の穂状花序は特に*小穂(spikelet)と呼ばれる．(→花序[図])

i **錐状感覚子** [basiconic sensillum, sensillum basiconicum] 昆虫の体表にあり，クチクラ装置が円錐状の短い突起となった*感覚子．昆虫体表に最も一般的に見られる感覚子で，触角，小顎鬚，脚などに特に多く分布する．味受容器，嗅受容器，触受容器，温度受容器，湿度受容器として働くものが区別される．*毛状感覚子と同様に機能に応じた構造の違いがある．嗅受容器として働く錐状感覚子には，毛状感覚子と同様に表面の滑らかなクチクラ壁に嗅孔(径0.01～0.1 μm)をもつ滑面嗅感覚子と，クチクラ壁表面に縦溝があり，内外二重のクチクラ壁をもち，嗅孔は二重壁を貫通している有溝嗅感覚子と区別される．滑面嗅感覚子の嗅孔は嗅孔細管が受容細胞突起に伸びているが，有溝嗅感覚子の嗅孔には嗅孔細管は見られない．湿度受容器として働く錐状感覚子のクチクラ壁には化学感覚子に見られるような小孔は存在しない．

j **髄鞘形成** [myelinogenesis, myelination] 《同》ミ

エリン鞘形成，ミエリン形成，鞘形成．ある種の神経軸索の周囲に*髄鞘(ミエリン鞘)ができる過程．中枢神経系では稀突起神経膠(オリゴデンドロサイト)，末梢神経ではシュワン細胞が，それぞれ軸索に沿って増殖・配列した後，それらの細胞膜が軸索を包み込む．2層の細胞膜がらせん状に幾重にも軸索に巻きつき，高解像力の電子顕微鏡でのみとらえうる，同心円状の緊密な層状構造を形成する．この時期は動物によって異なるが，ラット脳では生後約14日でこの過程が始まるという．髄鞘は他の生体膜とは異なる化学的組成をもつ．髄鞘形成不全の突然変異体マウスでの行動異常が多く知られ，遺伝的解析がなされている．

a **水生菌類** [aquatic fungi, water molds] 水域に生息し，そこで生活史を全うする菌群．淡水菌(freshwater fungi)，海生菌(marine fungi)，汽水菌(brackish water fungi)がある．淡水菌のうち，胞子形成を水面上の気相で行う菌群は半水生菌(好気水生菌 aero-aquatic fungi)と呼ぶ．陸生菌(terrestrial fungi)とは，それぞれの生息水域に適した生理学的性状をそなえることのほか，胞子形成に水を必要とする点で異なる．形態的にも，水中での浮遊分散に適した形状の胞子をもつものが多い．腐生，動物寄生や菌寄生に対する寄生，微小藻類との共生など，さまざまな生活様式がみられる．遊走子をもつ鞭毛菌類は本来的な水圏生活者と考えられ，淡水から海水に広く分布する．ラビリンツラ類は主に海域や汽水域に生息する．接合菌類では，陸上で優勢なケカビ目菌類はみられず，水生節足動物やその他の動物に寄生するハエカビ目・トリモチカビ目・トリコミケーテス綱の菌群がみられる．子嚢菌類はさまざまな水域に生息するが，特に海生子嚢菌として核菌綱，小房子嚢菌綱が主要であり，子嚢胞子には付属物(appendage)をそなえるものが多い．担子菌類は担子酵母などごく少数のものが水域から報告されているにすぎない．不完全菌類は主に淡水域に生息し，テトラポッド形やS字形，また分枝を繰り返した立体的な形状の分生子をもつものが多い．

b **水生植物** [hydrophyte, aquatic plant, water plant] 植物体全体，または一部の器官を水中におき生活する維管束植物の総称．*抽水植物，*浮葉植物，*沈水植物，浮漂植物(⇒ニューストン)などに分けられる．

c **水生生物学** [hydrobiology] 《同》水界生物学．水界に生活する生物に関する科学．従来は分類および生態の研究が中心をなしてきた．*海洋生物学，陸水生物学などに分けられ，特に後者を意味するものとして用いられる．

d **水生動物** [aquatic animal] 水中で生活する動物の総称．水中の溶存酸素を鰓などの呼吸器官によって取り込むものが多い．多くは系統発生の過程で水中を離れたことのない一次的水生動物であるが，クジラや水生昆虫のように，*陸生動物が水中生活に再適応した二次的水生動物も含み，後者のなかには水中の溶存酸素を呼吸に用いない種もある．生息地により海洋動物(sea animal)，汽水動物(brackish water animal)，淡水動物(freshwater animal)などに分けられる．一般にこれらの動物の体液浸透圧は，海水と淡水の中間にあるため，浸透調節機構は海洋動物と淡水動物では逆になる．

e **膵臓** [pancreas] 脊椎動物において，消化管に付随する肝臓に次ぐ大形の腺性器官．肝臓に近く位置し，形状，腸管への開口様式は動物の種類により多様．消化液としての*膵液を分泌する外分泌部と，血糖レベルの調整に関与するインスリンとグルカゴンを分泌する内分泌部(*ランゲルハンス島)が区別される．膵液の輸管としての膵管(ductus pancreaticus)は十二指腸に開口するが，肝臓に始まる輸胆管と癒合して共通の開口をもつものも多い．発生学的には，通常は腸の始部寄りの2〜3個の内胚葉性の突起がその原基で，多くの動物では発生が進むにつれて，それらが合して1個の膵臓を構成．しかし多くの硬骨魚類・円口類では膵臓は1個の器官にまとまらず小組織塊として分散し，その場合はランゲルハンス島組織は膵液分泌組織と分離することが多く，これをブロックマン小体(Brockmann body, シュタンニウス小体)と呼ぶ．原基基部は膵管をなすが，多くの哺乳類では2本が残存，腹側のものが主膵管(ウィルスング管 Wirsung's duct)を，背側のものは副膵管(サントリーニ管 Santorini's duct)を形成，それぞれ別個に十二指腸に開口する．

f **膵臓癌** [pancreatic cancer] 《同》膵癌．膵臓に発生する癌腫．組織学的には外分泌腫瘍と内分泌腫瘍に分けられ，外分泌腫瘍は膵管内腫瘍，浸潤性膵管癌，腺房細胞癌などに細分類される．膵臓癌の約90%は浸潤性膵管癌で，一般に膵臓癌といえば浸潤性膵管癌を指す．発生部位により膵頭部癌，膵体部癌，膵尾部癌(膵体部癌と膵尾部癌を合わせて膵体尾部癌)，膵全体癌に分類されるが，約7割は膵頭部癌である．早期診断が困難な上に進行も速く，非常に予後不良である．男女とも死亡原因第5位で，年々増加の傾向にある．60歳代に多い．膵臓癌の発生要因は解明されていないが，危険因子として喫煙が関与することや，膵臓癌遺伝子解析ではK-RAS がん遺伝子の活性化やコドン12の点突然変異が認められることなどがあげられる．腫瘍マーカーとして血液中のCA19-9・CEAなどが診断に用いられる．動物では7,12-ジメチルベンゾアントラセン(7,12-dimethylbenzanthracene, DMBA)をラットに投与することによって，膵管由来の腺癌を作ることができる．

g **垂層分裂** [anticlinal division] 《同》垂側分裂，交層分裂．ある基準面に対して分裂面が直交する場合の細胞分裂．*並層分裂の対語．例えば，多くの被子植物の*シュート頂最外層(外衣)を構成する細胞，あるいは*葉原基の表皮を構成する最外層の細胞などは，表皮の方向を基準面に決めたとき，それに直交する垂層分裂だけによって増殖する．(⇒並層分裂)

h **水素結合** [hydrogen bond] 電気陰性度の大きい原子X(フッ素，塩素，酸素，窒素など)に共有結合している水素原子に，電気陰性度の大きい原子Y(Xと同じものでもよい)が近づく際に生じる，XとYとの間に水素を媒介とした，X–H…Yの形の非共有結合．水素結合の結合エネルギーは2〜8 kcal/mol程度であるが，多数の水素結合が協力的に働くと非常に安定化に役立つ．αヘリックスの場合にはN–H…O型の水素結合が，DNAの二重らせんの場合にはN–H…O型，あるいはN–H…N型の水素結合が数多く存在することによって，これらの構造が安定化されている．また水が他の溶媒と異質であるのも，水分子間にO–H…O型の水素結合を生じているためであり，これは*疎水結合形成の原因ともなっている．

i **水素細菌** [hydrogen-oxidizing bacteria] 《同》水素酸化菌．分子状水素と酸素との反応：$H_2+(1/2)O_2$

→H_2O（$\Delta G' = -56$ kcal/mol）によって得られるエネルギーを利用して生育できる細菌の総称．このエネルギーを利用して炭素同化を行い，無機独立栄養的に生育できる．一般に有機物を与えれば有機従属栄養的にも生育する通性化学無機独立栄養細菌（facultatively chemolithoautotrophic bacteria）が多い．偏性型の化学無機独立栄養細菌としてアクイフェクス門（Aquificae）の*Hydrogenobacter* や *Hydrogenobaculum* があり，通性型としては*アクチノバクテリア門の*Pseudonocardia*，*プロテオバクテリア門アルファプロテオバクテリア綱に属する*Paracoccus*，ベータプロテオバクテリア綱に属する *Acidovorax*, *Hydrogenophaga*, *Hydrogenophilus* などの一部あるいは全部の菌種が該当する．分子状水素を酸化する際の末端電子受容体としては，酸素以外に硝酸塩（*Paracoccus denitrificans*）・硫酸塩（*硫酸塩還元菌）・二酸化炭素（*メタン生成菌）などが利用されることがあり，広義の水素酸化菌である．

a **錐体** [cone]《同》錐状体，錐体細胞（円錐細胞 cone cell）．桿体と共に脊椎動物の網膜を形成する視細胞の一型．内節と外節に分かれ，視物質を含む外節（これだけを錐体，全体を錐体視細胞と呼び分けることもある）が円錐形をしているのが名称の由来．昼行性の動物の網膜に多く，*昼間視（明視）および色覚に関与するとされる．トカゲ，ヘビ，リスなどでは視細胞のほとんどあるいはすべてが錐体からなる錐体網膜（cone retina）である．原始的な脊椎動物の眼ではその柄部が昼光下では収縮し，錐体を網膜の結像面まで引き上げる現象（retinomotor movement）が知られる．錐体の配列は多様で，基本である独立型錐体（single cone）のほか，硬骨魚類に見られる双子型錐体（twin cone），主錐体（principal cone）と副錐体（accessory cone）からなり全骨類以上の硬骨魚に見られる不等双子型錐体（double cone）などがある．これら双子型錐体・不等双子型錐体は，二つの細胞の接着面における光の複屈折を利用して，その偏光面を感知するのに働いている．鳥類や爬虫類の錐体には，内節にカロテノイドを含む油滴（油小滴 oil droplet）があるものが多い．外節には細胞膜の一部が光の入射方向に対して直角に陥入した*膜性円板があり，ここに*視物質が存在する．桿体との区別は，この膜構造が細胞膜と連続していることが基準の一つとなる．電気生理学的には錐体の光感度は桿体に比べ数十分の一程度低いが，その光応答速度は逆に数倍速く，桿体に比べて急速に明暗順応する．多くの動物の網膜には波長感度の異なる数種の錐体があり，それぞれの錐体からの異なる光情報が統合されることにより色覚が生ずる．例えばニワトリの網膜からは4種の錐体視物質が分離・精製され，そのうち赤色感受性錐体に含まれる視物質がアイオドプシンである．（→桿体，→視細胞）

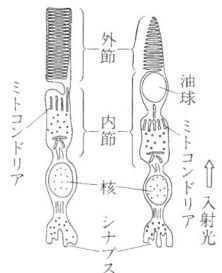

b **錐体外路** [extrapyramidal tract] 脊髄の前角細胞に終わる運動性の遠心性神経経路のうち*錐体路以外のものの総称．主なものは次のとおり．(1)中脳の赤核の細胞に発し，ただちに交叉してから*橋，延髄を経て脊髄の側索中を下降する赤核脊髄路（tractus rubrospinalis）．(2)中脳の被蓋の細胞に起点をもち，交叉して反対側を下降する被蓋脊髄路（tractus tectospinalis）．(3)網様体に発し交叉せずに同側を下降する網様体脊髄路（tractus reticulospinalis）．(4)前庭神経核のダイテルス核（Deiters nucleus）を起始核とし，同側の前側索を下降する前庭脊髄路（tractus vestibulospinalis）．これら諸経路の起始核は大脳皮質の錐体外路野（特に前運動野），大脳基底核，小脳からの軸索を受ける．錐体外路は随意運動よりも，それに伴う協調運動に関係する神経経路とみられる．

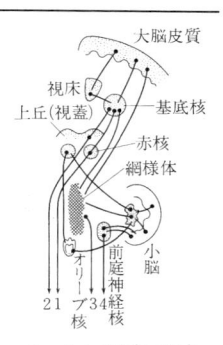

c **錐体路** [pyramidal tract] 大脳皮質に発する遠心性伝導経路で，哺乳類だけに発達する随意運動の主要経路．運動野，運動前野，頭頂葉の体性感覚野，連合野に発し，延髄の錐体を形成することからこの名がある．線条体と視床との間にある内包（capsula interna）の膝部と後脚の前部を通過し，大脳脚・橋を過ぎて延髄に下る途中で，一部は両側脳神経の運動核に連絡し，皮質延髄路（tractus corticobulbaris）を形成する．ほかは以下同，大部分は延髄腹側の錐体交叉で交叉して脊髄に入り，外側皮質脊髄路（tractus corticospinalis lateralis）を形成し，各準位で側枝を出して脊髄Ⅳ～Ⅶ層の介在細胞に，また一部は，Ⅸ層の運動神経細胞にシナプスを作る（⇒脊髄）．交叉せずに脊髄に下がったもの，すなわち腹側皮質脊髄路（tractus corticospinalis ventralis）も逐次交叉して，同様に反対側の細胞に終わる．なお皮質脊髄路は錐体束（fasciculus pyramidicus）とも呼ばれる．運動野を実験的に刺激すると反対側の体筋群に応答が起こり（皮質脊髄路），さらに脳神経支配下の諸筋（動眼筋・咀嚼筋・頭部ないし肩部の諸筋など）の両側性運動（皮質延髄路）が誘起される．錐体路が切断されれば（ヒトでは内包部脳出血のときなど），反対側の四肢に自発運動麻痺（片麻痺 hemiplegia）が起こり，筋緊張の喪失（弛緩性麻痺 flaccid paralysis），腱反射や各種の姿勢反射の消失のほか，異常反射として，成人で足の裏をひっかくと跗趾のそりかえるバビンスキーの反射（Babinski reflex）の出現をみる．従来，錐体路は，*錐体外路系による無意識的運動に対し，その生起・持続・終息などを指令する働き（指向性）をもつものであると対比的に捉えられてきたが，小脳，大脳基底核，運動連合野などによる運動育成，調節メカニズムが明らかにされるにつれ，錐体外路という言葉はあまり使われなくなってきた．

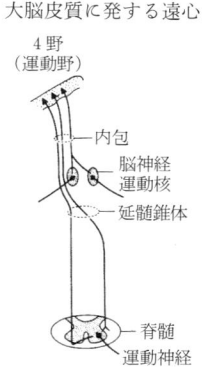

d **ずい柱，蕊柱** [column, gynostemium] 主にラン科の花でみられる，雌ずいと雄ずいとが合着した器官．

柱状をなすことが多く，先端上部に葯1個がつき，くぼみに葯が着いている場合にそこを葯床(clinandrium)という．柱頭下部に柱頭がある．柱頭と雄ずいとの間に柱頭の一部が変化した小嘴体(しょうしたい，rostellum)があり，葯内の花粉塊からのびた花粉塊柄と粘着体を介して連結する．小口嘴体は弾力性に富み，昆虫が蜜を吸うために花喉に頭を入れるとき折り曲げられる．すると花粉塊柄の先の粘着体が露出し，昆虫の体に付着する．ずい柱の基脚に*唇弁が着生するのが一般的だが，その前面が下前方に突出し，その先端に唇弁がついて外観はふご状になるのをメンタム(mentum)といい熱帯ランに多い．ウマノスズクサ属でもずい柱を形成する．ガガイモ科で見られる雄ずい・雌ずいが合着したように見える構造は，雄ずいが互いに接着した雄ずい筒(gynostegium)が雌ずいをしっかりと包み込んだものである．

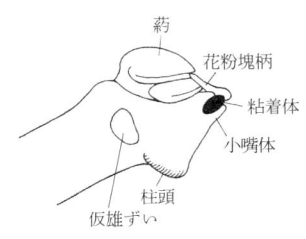

シュスランのずい柱の構造の模式図（葯，花粉塊柄，粘着体，小嘴体，柱頭，仮雄ずい）

a **水中群集** [aquatic community] 水界に見られる生物の*群集．水域の種類によって，海洋群集(marine community)，陸水群集(freshwater community)，河口群集(estuarine community)などに類別され，また例えば，陸水群集は静水群集(lentic community)，流水群集(lotic community)，地下水群集(subterranean-water community)などに類別される．海洋・湖沼において最も顕著に見られるように，水界では*ベントスのほかに*ネクトンが発達し，*陸上群集に比して立体的な広がりが大きい．沖帯では，植物プランクトンのほとんどすべてが甲殻類動物プランクトンなどに摂食され，それをネクトンが食べる生食連鎖が*食物連鎖の重要な部分を占め，連鎖も一般に長い．貧栄養な海洋・湖沼では，生食連鎖に加えて，植物プランクトンの代謝産物である溶存有機物を細菌が吸収し，それを原生生物が摂食し，さらに甲殻類動物プランクトンへと繋がる微生物食物連鎖が重要である．これに対して，沿岸域や浅い池・沼沢などの群集では，*デトリタスを栄養源とする腐食連鎖が重要な役割を果たす．

b **水中草原** [ラ aquiherbosa, aquiprata] 《同》水生草原．植物体の根元あるいは体の全部が常に水に浸されているような所に成立する草原．多くは単調な種類組成を示し，*汎存種が多い．淡水・汽水・海水中に見られ，環境あるいは相観によって*抽水草原，沈水草原が区別される．

c **水中微生物** [water microorganisms] 水中に生活する微生物の総称．90℃を超える熱水やpH2を下回る強酸性水，数%もの高塩分の水中からも微生物は見つかっている．真核生物では緑藻・珪藻などの藻類や原生生物，原核生物では*藍色細菌や*光合成細菌，化学合成無機栄養細菌や従属栄養細菌が多く見出される．水が貧栄養から富栄養になり，さらに都市廃水をも含むようになると，大腸菌のような動物寄生的なものも少なからず出現する．さらに汚染が進むと，ミズワタ菌，Beggiatoa，還元的な底泥では硫酸塩還元細菌なども現れる．

d **垂直感染** [vertical infection] 病原体が，宿主の何らかの生殖の機構を通じて次世代個体に伝播していくような感染形態．哺乳類では，胎盤を経て母体から子に感染する経胎盤感染(transplacental infection)があり，*風疹ウイルス，トキソプラズマ，*梅毒などがその例．また，*レトロウイルスでは精子または卵の染色体にプロウイルスとして組み込まれて子孫に伝播する．媒介動物の間で卵を通じてウイルスが感染し，維持される経卵感染(経卵伝染 ovarial transmission, transovarial infection)は，植物ウイルスの*イネ萎縮ウイルス－ツマグロヨコバイ，イネ縞葉枯ウイルス－ヒメトビウンカや，*日本脳炎ウイルス－コガタアカイエカなどの系で知られている．垂直感染に対し，接触などによりほぼ同じ生活・環境下にある個体間に起こる感染を水平感染(horizontal infection)という．

e **垂直的成層構造** [vertical stratification] 森林や湖沼の垂直分布に現れる層的な構造．主な成因は緑色植物の生産を左右する光で，これが十分に入射する上層の樹冠や葉冠，水域の有光層などは栄養生成層となり，その下層が栄養分解層となる．相対照度1%が両層を分けるおよその目安になる．この両層を基本とし，これに温度・酸素量・食物量などの重要な環境要因が加わって動物や微生物の垂直的成層構造を決定する．森林では林冠部・幹の層－低木や下草の層－地表層－地中層など，水中では表水層－変水層－深水層－水底・底質中などの成層構造が見られる．

f **垂直分布** [vertical distribution] 標高や水深など，鉛直軸に沿った環境傾度に対応した生物の種または他の分類群，あるいは個体群ないし群集の分布．*水平分布と対する．植生の垂直分布，すなわち*植生帯では上限は一般に気温によって，また下限は種間競争によって決められる．温度に関係が深いので，ある限られた範囲をとれば水平分布における北方のものほど，より南方の垂直分布においては高所に出現する．中部日本の垂直分布帯では，標高800mまでの低地帯(丘陵帯 lowland, hilly zone)またはスダジイ・タブノキ帯，800～1600mまでの山地帯(montane zone)またはブナ帯，1600～2800mまでの亜高山帯(subalpine zone)またはシラビソ・オオシラビソ帯，2800m以上の高山帯(alpine zone)を区別する．その上は定着性の生物がいない恒雪帯，氷雪帯(nival zone)あるいはエオリアン帯(aeolian zone)となるが，日本には高い山がないので分布しない．熱帯や亜熱帯・暖温帯地方では植生帯の数が多くなり，山地帯を下部山地帯(lower montane zone)と上部山地帯(upper montane zone)に分ける．亜高山帯の用語はこれまで混乱していたが，D. Löve(1970)によって亜高山帯は高山帯のなかの細区分と定義され，世界的にはそれに従う研究者が多い．したがって，*森林限界は上部山地帯あるいは上部山地帯の上部となり，亜高山帯は森林限界の上の高山帯のうちの低木林の帯となる．これを上で述べた中部日本の植生帯に当てはめればスダジイ・タブノキ林は低地帯，ブナは下部山地帯，シラビソ林は上部山地帯でここが森林限界，そしてハイマツの低木林は亜高山帯，その上部は狭義の高山帯となる．植生帯は大きな山

塊では孤立峰にくらべて上昇することが知られており，これを山塊効果（mountain mass effect）という．水平分布では気候帯の呼称が用いられ亜熱帯・暖温帯のスダジイ・タブノキ帯，冷温帯のブナ帯，寒温帯のシラビソ・オオシラビソ帯となる．水域でも水深に応じた垂直分布が見られ，水温や光条件，栄養塩類濃度が重要だが，これらの量は生物の存在で大きな影響を受けるので*種間競争が関与する．（⇒海洋生態系，⇒湖沼の群集）

a **スイッチング**（餌の）［switching］《同》餌の切替え．捕食者が被食者種の選好性を切り替える行動．捕食者が2種以上の被食者（餌種）を採餌するとき，頻度に応じて，多い方の餌種を存在頻度に比例するより以上に食べる採餌行動が見られることがある．この場合，もう一方の餌種が頻度を増すと，今度はそちらの方へ切り替える．鳥や魚など餌を視覚で捉えて捕るタイプの捕食者に見られる．この行動の結果，どちらの餌種も頻度が低下すると捕食を受けにくくなるので，餌のスイッチングは，2種の餌種と1種の捕食者の共存を持続させる要因となる．

b **水田土壌**［paddy soil］ 水田に発達する特異な*土壌断面をもつ土壌．水田土壌は年間少なくとも3～4カ月は田面水の下にあり，また地下水位の高い場合が多く，灌漑水と地下水の影響を強く受けて，その断面形態や理化学的性質が畑土壌とは著しく異なった特徴を示す．灌漑期間，水田の作土すなわち田土（表層土）では田面水により大気からの酸素の供給を抑制されて還元状態が発達し酸化還元電位が0～−200 mV まで低下し，還元されて溶解度を増大させた鉄やマンガンは水の浸透に伴い下層に移動し，下層土に吸着されたのち秋落水により透通してきた酸素で酸化沈積する．以上の作土における還元状態の発達と鉄やマンガンの溶脱集積過程は水田土壌作用而として最も重要なものとなる．年間を通して地下水位の高い湿田では一般に下層土に青灰色のグライ層（⇒グライ土）が発達している．

c **水度**［hydrature］ 植物細胞に水が出入する強さを表す概念で，植物体液の蒸気圧（p）と，同じ温度における溶媒（水）の飽和蒸気圧（p_0）との比 p/p_0．H. Walter（1931）の提唱．*浸透圧は水度が大きくなるに従って小となる関係にある．水度が一定に保たれる恒圧植物の浸透圧は生育地の水分要因と関係があり，水生植物＜湿生植物＜陸上草本のように，乾燥するにつれて大きくなる．水度はこれと逆である．（⇒水ポテンシャル）

d **水痘−帯状疱疹ウイルス**［varicella-zoster virus］ VZVと略記．《同》水痘ウイルス（varicella virus, chickenpox virus），ヒトヘルペスウイルス3（Human herpesvirus 3）．*ヘルペスウイルス科アルファヘルペスウイルス亜科に属する，水痘，帯状疱疹などの病原ウイルス．ウイルス粒子は直径約180 nm．ゲノムは約12万5000塩基対の二本鎖DNA．子供に軽微な全身性水疱（水痘・水疱瘡）を起こし，患者の咽頭部分泌物によって飛沫伝染するウイルスとして発見されたが，後に帯状疱疹（herpes zoster）を起こす病原ウイルスと同一と判明したため表記の名で呼ばれる．水痘後のウイルスは後根神経節の神経細胞に潜伏感染し，加齢やストレスなどにより再活性化し軸索を介して皮膚へと運ばれ帯状疱疹を起こす．50～60歳代に発症のピークがある．ヒト以外の動物には病原性が認められない．

e **錘内繊維**［intrafusal fiber］《同》錘内筋繊維（intrafusal muscle fiber）．*筋紡錘の中央を貫通している特殊な筋繊維．筋紡錘の外にあって筋収縮に関与する横紋筋繊維（錘外繊維 extrafusal fiber）と同様，*筋芽細胞に由来．両端は腱をなす錘外繊維の端に付着し，錘外繊維と並列に存在する．両端部には横紋があり，収縮するが，中心部は横紋を欠き収縮せず単に受動的に伸展するだけで，この部に求心性神経の終末がある．錘内繊維には大小の2種があり，太い繊維の中心部は特に太く筋原繊維に富み，多数の核で満たされ，核袋繊維（nuclear bag fiber）と呼ばれる．細い繊維は長さも短く筋原繊維も少なく，数十個の核が筋繊維に沿って1列に並び，核鎖繊維（nuclear chain fiber）と呼ばれる．一つの筋紡錘には通常前者が2本，後者が4～5本入り，対向したり，一部には分岐・吻合も見られる．爬虫類では1本の錘内繊維が一般的．2種の錘内繊維の中心部には*環らせん終末（求心性神経）が終わり，一次終末と呼ばれ，神経繊維は太くIa群繊維と呼ばれる．核鎖繊維の中心部より少し離れて*散形終末（二次終末）が終わるが，この神経繊維はやや細くII群繊維という．筋紡錘の遠心性支配は，哺乳類では錘外繊維を支配する*α繊維よりも細く，γ繊維という．機能により γ_1, γ_2 に区分され（γ遠心性繊維），動的および静的な活動に関係するとされる．αの分枝により支配される場合もある．収縮により筋紡錘の感度を調節，さらに自律神経による支配も示唆される．（⇒筋紡錘）

f **髄脳**［myelencephalon］《同》末脳（独 Nachhirn）．脊椎動物の個体発生における*脳胞の一つで，*菱脳が前後の2部に区分された場合の後方のもの．5個の脳胞が形成されたとき，その最後方のものにあたり，後に延髄に分化し，後方で脊髄に続く．内腔は後脳（狭義，metencephalon）のそれと共に第四脳室をなす．

g **水媒**［hydrophily, water pollination］ 花粉が水によって運ばれる送粉様式．マツモ科，ヒルムシロ科，トチカガミ科，アマモ科などの沈水植物の一部の種で見られる．花粉が水中をただよう場合を水中媒（hypohydrogamy），花粉が水面を漂流する場合を水面媒（epihydrogamy）と呼ぶ．水中媒花には，マツモ，イバラモ，アマモ，ウミヒルモ，水面媒花には，ササバモ，クロモ，セキショウモ，ウミショウブ（後三者では花粉ではなく雄花が漂流して受粉に貢献する）などがある．水中媒花では，花粉が糸状になったり，粘液に包まれたりしている．

h **随伴発射**［corollary discharge］ *随意運動に際して，上位の中枢から下位の運動中枢へ司令信号が送られると同時に感覚系へも随伴的に伝えられる信号（遠心性コピー efference copy）を担うニューロンの活動電位．随伴発射によって，運動の結果生ずる感覚信号が引き起こす無用の反射などを抑制していると考えられる．例えば，外力で目を動かせば外界が動いて見えるが，自分の意志で目を動かすときには外界は動いて見えない．また，眼球の麻痺した人が目を動かそうとすると外界が反対方向へ動いて見える．これらは随伴発射による効果と解釈される．随伴発射はハエの視運動反応と弱電気魚の電気感覚系において最もよく研究され神経活動として特定されているが，他の多くの系では仮説的説明に留まる．（⇒視運動反応）

i **水分環境**［water environment］《同》水分要因，水要因．生物の生活において重要な*環境要因としての外囲の水や水蒸気．水分環境は降水量，温度，地形，土

壌の物理的性質などにより変化する．水分の蒸発する量は，一般に植物の生えている場所の方が裸地よりも多い．群落内の空気湿度は高いのが一般的．土壌水分が乏しいときには土壌の吸水力が大きくなり，植物の根から吸水が不可能となって*しおれが起こり，ついには枯死する．降水量の少ない砂漠や保水力の小さい砂礫地などの乾燥地には*乾燥耐性の強い*乾生植物が生える．過湿の場合には湿生植物が見られる．この中間に中生植物があり，水分環境の如何により地上部と地下部の比や葉・根の形態が変化する．一般に木本植物は過乾あるいは過湿に弱い．このように水分環境は群落の分布や相観に対して大きな影響を与える(→水関係)．動物は適度の湿度の場所において種数も量的にも豊富である．浸水の動物は浸入する過剰の水分を排出する機構をそなえ，陸上動物は蒸発による水分の不足を防ぐ機構をそなえている．土壌微生物の活動に対しても，水分環境は重大な影響を与える．

a **水分平衡** [water balance] 《同》水分経済 (water budget)．生物体内の水分の吸収量と排出量との平衡関係．特に植物については，水収支の語が用いられる(→水関係)．水は生体の大きな部分を占めており，蒸散・排出あるいは呼吸によって失われる水は外部から摂取して補われ，体内水分はほぼ一定に保たれなければならない．物質代謝の結果生ずる水すなわち代謝水(酸化水．100 g の完全酸化に伴い蛋白質は 41.3 g，炭水化物は 55.2 g，脂肪は 107.1 g の水をもたらす)も，乾燥条件下にすむ動物にとっては重要な意味をもつ．淡水産の動物は，外界から浸入する水を多量の低浸透尿として排出する．淡水魚では*プロラクチンが体表の水透過性の減少をもたらし，神経性下垂体ホルモンは利尿効果を示す．海産硬骨魚類は脱水に対応して尿量をへらし，海水を飲み，腸から吸収して水分平衡を保っている．副腎皮質ホルモン(*コルチゾル)は腸における水の吸収を高める．陸生動物は，水を通しにくい表皮およびクチクラの存在と，腎臓での水の再吸収とにより，水分が失われるのを防ぐ．神経性下垂体ホルモンは抗利尿効果を示す．(→浸透調節)

b **水平細胞** [horizontal cell] 脊椎動物網膜の内顆粒層の外亜層に位置する二次ニューロンの一つ．1本の軸索と多数の樹状突起が外網状層の中を水平方向に伸び，*視細胞および双極細胞とシナプス結合する．魚類や爬虫類など錐体の発達した網膜では外網状層の大半を水平細胞の突起が占める．細胞形質は神経膠細胞様の細糸に満たされ，ニューロンとしては特殊な構造を示す．水平細胞は視細胞の軸索終末(桿体小球と錐体小足)に連絡し，光刺激に応答する．この応答の細胞内誘導を*S 電位と呼び，視細胞のレベルにおける Young-Helmholtz の*三原色説的過程と共に反対色説 (K. E. K. Hering)的な過程と著明な面積効果を示す．面積効果は，細胞の*ギャップ結合により，数個ないし数十個の水平細胞を一群とする電気的連合体 (electric coupling) が形成され，光刺激により疎通性が高められることによる．また水平細胞は，視細胞から受けた情報を双極細胞に伝え，側抑制干渉により双極細胞における中心-周辺拮抗型の応答(→視神経節細胞)の形成に役立つ．(→網膜)

c **水平進化** [horizontal evolution] ある形質が，親から子へと垂直に遺伝するのではなく，同種または他種の個体へと伝わって進化すること．遺伝質は通常 DNA に記録され，RNA に転写されるが，この RNA が*RNA ウイルスに取り込まれ，他の個体へ水平感染 (horizontal transmission) し，*逆転写酵素によってその個体の生殖細胞の DNA に入り込めば，遺伝情報の水平感染が可能となる．また DNA が直接水平感染する可能性もある．バクテリアでは系統的に大きく異なるゲノム間で水平遺伝子移行 (horizontal gene transfer)が時々生じることが知られている．

d **水平分布** [horizontal distribution] 地図上に投影した，生物の種またはその他の分類群，あるいは個体，群集生態系などの分布．*垂直分布と対置される．陸上における主要な非生物的限定要因は，温度要因と水分要因(降水量と湿度)であり，気温はほぼ緯度と平行して変化するので，生物の分布には，緯度と平行し等温線と一致する分布域をもつ例が少なくない．他方，水分要因は海洋と大陸との位置関係で決まることが多いので経度(子午線)方向の分布限界線をもつことが多い．海洋では水温と塩分濃度が重要な限定要因となる場合が多い．

e **水疱性口内炎ウイルス** [vesicular stomatitis virus] *ラブドウイルス科ベシクロウイルス属に属する家畜の水疱性疾患の病原ウイルス．H. R. Cox および P. K. Olitsky (1933) が分離．ウイルス粒子は 70×170 nm の弾丸形，*エンベロープをもつ．ゲノムは 1 万 1161 塩基長の一鎖 RNA．粒子中に，高活性の RNA ポリメラーゼをもつ．発育鶏卵の漿尿膜上でよく増殖し，ブタおよびサル腎臓の培養細胞のほか，L 細胞，HeLa 細胞，BHK-21 細胞などの株細胞でもよく増殖する．*プラーク形成も容易であり，宿主域も広い．*インターフェロンに対する感受性も安定しており，その効力判定によく使用される．ウシ，ウマ，ブタなどの家畜に熱発性疾患(病徴は口腔粘膜や周囲皮膚に水疱性発疹)を起こし，患獣との接触により伝染する．ヒトへの感染はまれ．

f **水胞体** [hydatid ラ hydatis] 哺乳類の精巣や卵巣の付近に存在し，内部に液をみたしている小胞．*ミュラー管，中腎管または中腎細管の生殖腺近傍の遺残体．雌ではミュラー管は成体の*輸卵管となるが，輸卵管の腹腔への開口すなわち腹腔口はミュラー管の最頭端には形成されないので，最頭端部は腹腔口に近く輸卵管に柄をもってつながる水胞体をなし，これをモルガーニ水胞体 (hydatis Morgagnii, hydatid of Morgani) という．また雄ではミュラー管は退化するが，その頭端部は残存して水胞体をなし，これを無柄水胞体(独 ungestielte Hydatide)，または精巣付属体(精巣垂 appendix testis)という．これもモルガーニ水胞体と呼ぶことがある．なお中腎頭端部の痕跡的残存による水胞体があり，雄の場合の副精巣付属体(*精巣上体垂)や*側巣，雌の場合の*副卵巣や側卵巣がこれにあたる．

g **睡眠** [sleep] 周期的に生じる一時的な意識喪失状態．閉眼し，刺激に対する反応はなくなり，意味のある精神活動は停止している．適切な刺激によって，あるいは刺激がなくとも自発的に覚醒する点が，昏睡や意識障害と異なる．睡眠の段階は，脳波，眼球運動，筋電図などによって判定される．振幅が大きく周波数の低い脳波(徐波)が現れる睡眠を徐波睡眠，低振幅で覚醒時に近い脳波(速波)が現れる睡眠を*レム睡眠という．ヒトの睡眠・覚醒は，約 24 時間の*概日リズムをもつ．短い睡眠周期をもつ動物も，昼と夜では睡眠・覚醒の量が異なり，ラットのような夜行性動物の場合，夜間に覚醒が集中し，昼間は睡眠量が増えるといった概日リズムがある．概日

リズムは，視床下部の視交叉上核で調節されている．脳波での睡眠判定が難しい魚類や無脊椎動物の場合は，その行動様式から睡眠を定義する．例えば，(1)刺激に対する閾値が上昇する不動状態が生じる，(2)この不動状態が概日リズムに従って生起する，(3)不動状態がねぐら(巣)で起こる，などの条件を満たす場合を行動睡眠と呼ぶ．睡眠は，覚醒を維持する覚醒ニューロンと睡眠を維持する睡眠ニューロンとの相互作用によって調節されている．覚醒は，視床下部においては，視床下部後部のヒスタミン作動性ニューロン，視床下部外側部のオレキシン作動性ニューロン，前脳基底部のアセチルコリン作動性ニューロン，脳幹では背側縫線核のセロトニン作動性ニューロン，青斑核のノルアドレナリン作動性ニューロン，外背側被蓋核，脚橋被蓋核のアセチルコリン作動性ニューロンなどによって調節されている．徐波睡眠には，視索前野のGABA作動性ニューロンが重要な役割を果たす．このGABA作動性ニューロンが，視床下部や脳幹の覚醒ニューロンの活動を抑制することにより，徐波睡眠が維持される．レム睡眠の発現には，脳幹のアセチルコリン作動性ニューロンやグルタミン酸作動性ニューロンが重要な役割を果たす．脳幹のセロトニン作動性ニューロン，ノルアドレナリン作動性ニューロンは，これらのアセチルコリン作動性ニューロンを抑制することによってレム睡眠の発現を抑制している．覚醒が続くと，脳内に睡眠物質が蓄積する．多くの睡眠物質が同定されているが，例えばATPの代謝産物であるアデノシンは，前脳基底部のアセチルコリン作動性ニューロンを抑制することによって，徐波睡眠の開始を導く．プロスタグランジンD_2は，前脳においてアデノシンの産生を促進することによって睡眠を誘発する．

a **睡眠物質** [sleep substance] 《同》睡眠促進物質(sleep-promoting material)，睡眠誘発物質(sleep-inducing substance)．睡眠を必要とする生理的状態時に脳内で生成され，自然な睡眠を誘発する物質の総称．睡眠剤や麻酔剤，精神安定剤とは異なり，動物自身の脳内で生成されるのが特徴．一般に種特異性はみとめられない．H. Piéron(1910)が断眠(sleep deprivation)したイヌの脳脊髄液を覚醒しているイヌに注射して睡眠を誘発したのが発端．動物を実験的に断眠の状態においた後あるいは視床を電気刺激して睡眠状態においた際に，脳幹，脳脊髄液，血液内に出現する物質として，γ-ヒドロキシ酪酸やγ-ブチルラクトンがあり，これらはノンレム睡眠，レム睡眠の両方を誘起する．一方，ノンレム睡眠のみを誘起するものにはアミノ酸9残基からなるノンレム睡眠誘発ペプチド(デルタ睡眠誘発ペプチドdelta sleep inducing peptide, DSIP)がある．この他に，プロスタグランジンD_2(PGD_2)もラットやサルへの脳内投与によってノンレム睡眠を引き起こし，ヌクレオシドの一つであるアデノシンが脳内の腹側外側視索前野のアデノシンA_{2A}受容体を介して睡眠を誘発する．カフェインによる興奮作用の機序の一つは，アデノシンA_{2A}受容体に対するカフェインの拮抗作用と考えられる．また，夜間(暗期)に上昇し時刻や光周期を下垂体などに伝達するホルモンとして松果体で合成される*メラトニンがあり，睡眠と関連すると考えられている．

b **垂蛹** [pupa suspensa] *被蛹のうち，糸で樹枝などから垂下しているもの．多くは尾端にある鉤状突起(cremaster)に糸をかける．チョウ類のタテハチョウ科・ジャノメチョウ科・マダラチョウ科などの蛹はこれである．(⇒被蛹)

c **膵リボヌクレアーゼ** [pancreatic ribonuclease] 《同》リボヌクレアーゼA，リボヌクレアーゼⅠ．膵臓の抽出液に含まれるリボヌクレアーゼ．EC3.1.27.5. 124アミノ酸からなる一本鎖ポリペプチドで，分子量約1万4000の球状蛋白質．pH3～9で安定で，熱や蛋白質分解酵素に対し極めて安定である．本酵素はピリミジン塩基に特異性をもち，RNAを分解すると3′-ウリジル酸，3′-シチジル酸，および3′末端に3′-ウリジル酸または3′-シチジル酸をもつオリゴヌクレオチドが得られる．反応は2段階で進み，中間産物としてヌクレオチド内サイクリックリン酸ジエステルを生成する．

d **スヴェードベリ** SVEDBERG, Theodor 1884〜1971 スウェーデンの化学者．コロイドの物理化学を研究し，ブラウン運動の根拠を明らかにした．沈降速度の単位(⇒沈降係数)には彼の名が冠されている．超遠心機を考案して蛋白質など高分子物質の分子量の決定を行い，1926年ノーベル化学賞受賞．

e **数性** [merosity] 植物の一つの節に輪生する葉の数に関する性質．茎の先端に近づくにつれて減少する性質を減数性(oligomery)，逆に増加する場合を増数性(pleiomery)という．普通葉をつけるシュートでも輪生から対生へ，さらに互生へと葉序の変化を伴って減少するなどの例はあるが，たいていは花の中で輪生する*花葉の数の変動に対して用いられる．葉数が例えばスミレの花葉では萼片・花弁・雄ずいは5枚からなるのに対し心皮は3枚からなるので，雌ずいにおいて減数性がみられる．このような花を減数花(oligomerous flower)，逆に増数があれば増数花(pleiomerous flower)で，いずれも輪生する花葉の数が花の中で異なるので異数花(heteromerous flower, anisomerous flower)である．花全体で同数であれば同数花(isomerous flower)という．

f **数度** [abundance] 《同》アバンダンス．個体数(密度)に関係した定量的な群落測度の一つ．二つの意味で用いられている．(1)ある種類が出現した調査区(コドラート)だけにおける平均個体数を意味し，群落の構造解析に用いる．この数度Aと*頻度F，密度D(コドラート当たり)の間には$A=100\times D/F$の関係がある．またこの数度Aと頻度Fの比，すなわちA/F ratio(P.W. Whitford, 1949)は分散係数の一つである．(2)植物社会学では個体数の概算を5階級(1:非常に少ない，2:少ない，3:やや多い，4:多い，5:非常に多い)で示し，これを数度という．単独ではあまり使われず，*被度と組み合わせて*優占度として用いる．

g **数理生態学** [mathematical ecology] *生態学に現れる諸現象を，数理モデルを用いて解析し理論的説明を与える研究分野．T. R. Malthus(1798)の人口論，ロジスティック式(⇒ロジスティック曲線)はこの分野の先駆的業績である．被食者−捕食者相互作用，ならびに競争関係にある2種の個体群動態モデルである*ロトカ−ヴォルテラ式は生態学における基本モデルとされている．その後この分野はしばらく停滞期を迎えるが，1950−1970年代にかけて，R. H. MacArthurが，*種数−個体数関係のモデル，ニッチの類似限界説などの群集理論，さらにr-K淘汰説による適応戦略論を展開し，新しい概念による数理生態学の発展の糸口を作った．近年，数理生態学は社会生物学・進化生態学・個体群生態学・群集

生態学・システム生態学など多彩な領域にまたがり，注目する対象のサイズや時間的スケールによって異なった問題を扱うため，それぞれに適した数学的手法が開発されている．特に，個体群あるいは群集における個体群動態のモデルは，各種の齢構造，サイズ組成，繁殖，死亡，種内および種間相互作用，物理的環境などを考慮に入れた非線形力学系(nonlinear dynamical system)によって表される場合が多い．ただし，昆虫などのように世代の重ならない生物では，時間を離散的にした差分方程式が用いられる．空間分布が問題になる場合には，拡散項を含んだ偏微分方程式(partial differential equation)が採用される(⇌生物拡散)．また格子モデル(lattice model, cellular automata model)も用いられる．少数個体からなる個体群動態は確率過程(stochastic process, 出生死滅過程)として定式化される．これらのモデルをもとに，個体群の齢構造やサイズ組成の時間変化，絶滅確率，群集の多様性と安定性の関係，種の空間分布パターンや伝播などが議論される．また，こうした数理的手法は水産資源の管理，害虫防除や伝染病予防などにも応用されている．進化生態学・社会生物学では種の社会性，個体の形態や行動様式などが，自然淘汰によって各種の繁殖成功度が最大になるように進化すると仮定する適応戦略モデルによって定式化され，最適制御理論(optimal control theory)，統計的決定理論(statistical decision theory)，*ゲーム理論などに基づいて解析される．特に，J. Maynard Smith (1972)によって提案された進化的に安定な戦略(*ESS)の概念は，生物の摂食・繁殖行動，分散行動，性比や性のあり方(性差，性の存在意義，性転換など)などについて，新しいアプローチを提供し，この分野の統一的理解を進めた．

a　**数理生物学**　[mathematical biology, biomathematics]　生物的自然の挙動のさまざまな側面について数理モデルに基づいて解析する学問．理論生物学(theoretical biology)とほぼ同義．生物現象を表すモデルの数理的研究という応用数学としての側面を強調するときには生物数学(biomathematics)という．通常は，生態・進化・発生・行動・神経系・免疫などの，比較的マクロな生物学の数理モデルによる研究を指すが，広義には，蛋白質の立体構造予測や分子運動，生体膜の物性など，生物物理学の理論的研究を含めることもある．特に，生態学(⇌数理生態学)・進化遺伝学を中心とする集団生物学において数理生物学の役割が早くから確立された．齢構造やサイズ構成のある個体群動態や，群集における多数の種の共存などが数理生態学の主要テーマとなり，水産資源解析や野生生物管理，保全生物学，病害虫防除，感染症の流行予測など，応用生態学において必須のものとなりつつある．1970年代から*行動生態学・進化生態学(evolutionary ecology)が勃興し，最適制御理論やゲーム理論に基づく数理モデルが展開された．一方，集団遺伝学および分子進化学(theory of molecular evolution)では確率過程に基づく数理的研究が発展した．体内の現象に関する数理生物学の例としては，発生過程における一様な場からパターンが形成されることが，反応拡散方程式(reaction diffusion model)と呼ばれる連立偏微分方程式系によって解析され，生物リズムの解析や外部環境の周期的変動への同調などが非線形常微分方程式系によって扱われる．成長にともなう形づくりはオートマトンモデル(automaton model)に基づいたモデルで取り扱うこともできる(⇌Lシステム)．またニューロンの組合せである神経回路網において，シナプスでの伝達効率が経験的に変化することで可能になる*学習や情報処理，さらに脳の働きが調べられている．近年は多数の遺伝子やその産物の間で相互作用するシステムの数理的研究も盛んになっている．(⇌システム生物学)

b　**数量分類学**　[numerical taxonomy]　《同》数値分類学．多数の数量的に測定可能な形質の総体的な類似の程度に基づいて生物を分類しようとする学問．C. D. MichenerとR. R. Sokal (1957)，P. H. A. Sneath (1957)，およびA. J. CainとG. A. Harrison (1958)によって確立されたが，その基本的な考え方は古くM. Adanson (1757)にさかのぼる(⇌表型的分類)．その実行には統計学的な手法，特に多変量解析(multivariate analysis)の技法が用いられ，コンピュータの発達・普及にともない1960年代以降に大いに発展した．その手順は次の5段階からなる．(1)対象となる分類単位(*操作的分類単位OTU)と形質の選択．(2) OTUと形質間のデータ行列(data matrix)の作成．(3)相関行列(correlation matrix，類似係数や分類学的距離の行列を含む)の作成．このとき形質間相関と種間相関の2法がある(⇌Q-R関係)．(4)相関行列の変数の数を減らしてデータの特徴を要約する．ここで多変量解析の諸法(因子分析・主成分分析・クラスター分析など)が用いられる．(5)この結果を図化し(⇌樹状図)，OTUや形質の分類を行う．特に*クラスター分析による*樹状図を用いた場合，縦軸の*類似係数の値によってまとめられたOTUをフェノン(phenon)といい，その横軸をフェノンライン(phenon line)という．これによって，それぞれの生物群の専門家でなくても，客観的で再現性のある分類ができることを目指したのであり，細菌類から霊長類に至るまで，広く適用されてきた．しかし，できあがった樹状図に基づいて分類群を識別する方法は，分析の手法によって構築される樹状図も異なったものになってしまうことや，分析に用いる形質および形質状態のなかの，雌雄差や発育段階の違いによるものなどの評価に一定の基準がなく，さらには，形質が増えても安定性が増加せず，新たな形質を加味するたびに分析をすべてやり直す必要があるなどの難点があり，客観性・再現性という所期の目標の達成が困難であることが明らかになってきた．相同形質と収斂や平行現象による形質を区別しないことへの批判も多い．ただし，これらの数量的手法は形質解析などに有効な手段として，数量分類学だけでなく広く利用されている．一方，蛋白質の分子多型に関する集団遺伝学的研究やDNAの塩基配列に関する研究において得られるデータに基づいて，分類単位相互の類似度や遺伝的距離を計算することは比較的容易なので，分子系統学と呼ばれるこの分野では数量分類学的な分類が行われることが多い．

c　**杉田玄白**　(すぎた げんぱく)　1733〜1817　蘭学者．山脇東洋らによる日本初の「腑分け(人体解剖)」を通じ，五臓六腑説に懐疑的となる．前野良沢，中川淳庵らとともにオランダ語の医学書『ターヘル・アナトミア』を和訳，1774年『解体新書』として刊行．[主著] 蘭学事始，1814年脱稿，1869年福沢諭吉により刊行．

d　**SCIDマウス**　(スキッドマウス)　[SCID mouse]　T細胞およびB細胞集団がほぼ完全に欠失しており，ヒトの重症複合免疫不全症(severe combined immunodeficiency, SCID）と類似した病態を示す突然変異マウス．M.T.Bosma らがCB17系マウスを飼育中に発見．常染色体性劣性の遺伝形式を示し，変異遺伝子 scid のホモ接合体（scid/scid）で発症する．胸腺は萎縮し，末梢にもT細胞はほとんど検出されない．しかし*ヌードマウスの場合と異なり胸腺固有組織自体には異常なく，正常マウスの骨髄を移植してやれば，SCIDマウスの胸腺組織内でT細胞の正常な分化が起こる．またB細胞もほとんど分化成熟しないため，血清中には γ-グロブリンがほとんど検出されない．ナチュラルキラー細胞をはじめ，T, B細胞以外の白血球には全く異常を認めない．T, B 両細胞の分化不全は必ずしも完全ではなく，個体によっては scid/scid のホモ接合体であっても少量のT細胞や γ-グロブリンが認められることもある．したがって scid 変異は，T, B細胞系に共通の抗原受容体遺伝子再構成に関与する酵素に異常をきたし，その機能不全あるいは低下を起こしているものと考えられている．ヒトのSCID の正確な動物モデルとはいえないが，抗体産生能，細胞性免疫機能ともにほぼ完全に欠失しており，同種あるいは異種の移植片を受け入れるため，医学・免疫学分野の実験に広く利用されている（⇒移植免疫）．特にSCIDマウスにヒトのリンパ造血系細胞を移植したマウスは，SCID-hu マウス（SCID-hu mouse）と一般に呼ばれ，その後，さまざまな改良により*ヒト化マウスの開発に至った．

a **スキナー箱** [Skinner box] B. F. Skinner が考案した*オペラント条件づけ用の実験装置．現在では各種の動物（ハト，ネズミ，サルなど）用に標準化され，遮蔽・防音された一定の広さの個室に，それぞれの種に適したオペラント反応用の装置（手押し用レバーやつつき用キーなど），弁別刺激としての視覚・聴覚刺激提示のための設備，餌・水など強化刺激を与える装置などがとりつけられている．それらは外部の自動プログラミングや記録装置に接続されていて遠隔操作ができる．そこでは，オペラント条件づけに必要な厳密な環境統制が，動物が長時間自由に行動できる場面がつくられている．迷路や*ウィスコンシン一般検査装置などのように，動物の行動が試行ごとに実験者により中断される場面と相違する．

b **スキフラ** [scyphula]《同》スキフィストマ（scyphistoma）．刺胞動物鉢クラゲ類中のエフィラ類，すなわち冠クラゲ・旗口クラゲ・根口クラゲ類の*プラヌラが定着して，足盤・口盤・口丘・16 本の触手・隔膜・漏斗などができたもので，本類の無性世代の生活形．無性的にスキフラを形成するとともにクラゲを形成する．鉢ポリプともいうが，これは本来ヒドロポリプ・花ポリプに対する語である．クラゲ形成期に入ると，スキフラはやがて口盤の下方に横くびれを生じて（横分体形成），*エフィラ（クラゲの幼若個体）を遊離する．

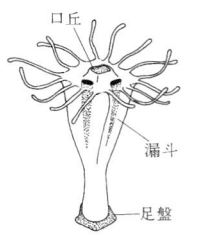

c **スキャッチャードプロット** [Scatchard plot] 蛋白質などの高分子物質とそのリガンドの結合を定量的に解析する方法の一つ．G. Scatchard（1949）の考案．これにより結合定数と結合部位の数が求められる．高分子物質の濃度（P）を一定としリガンドの濃度（X）を変えて得られる変化（結合の指標，A）を測定する．縦軸に A/X，横軸に A をプロットし直線を引くと，横軸の切片は最大 A（最大結合量）を，傾斜は結合定数値を与える．異なる結合定数をもつ複数の結合部位が存在する場合は折れ線となり，それぞれを外挿することにより数値が求められる．

d **スクアレン** [squalene]《同》スピナセン（spinacene），2, 6, 10, 15, 19, 23-hexamethyltetracosa-2, 6, 10, 14, 18, 22-hexaene. $C_{30}H_{50}$ 非環式トリテルペン（⇒イソプレノイド）の一つ．辻本満丸（1916）の発見．サメ肝油に多量に存在し，オリーブ油，小麦胚油，米ぬか油，酵母などにも少量含まれる．*コレステロール生合成の重要な中間体．無色の油．酸素をよく吸収する．

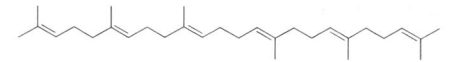

e **スクアレン水酸化酵素** [squalene hydroxylase] かつて，*スクアレンを酸化的に閉環して水酸基をもつステロイド核を形成する反応を触媒すると考えられた酵素．はじめ，1段階の反応と考えられていたため，これを触媒する酵素をスクアレン水酸化酵素，あるいはスクアレン酸化環化酵素（squalene oxidocyclase）などと呼んだが，実際は次の2段階の反応であることが判明した．（1）スクアレン一酸素添加酵素（squalene monooxygenase，スクアレンエポキシ化酵素，EC 1.14.99.7）で触媒され，スクアレンは 2,3-オキシドスクアレンに酸化される．この酵素は基質としてスクアレン，酸素のほかNADPHを必要とする．（2）2,3-オキシドスクアレン＝ラノステロール環化酵素（2,3-oxidosqualene-lanosterol cyclase，ラノステロールシンターゼ lanosterol synthase, EC 5.4.99.7）で触媒され，2,3-オキシドスクアレンは閉環し*ラノステロールを生成する．

f **スクーグ** Skoog, Folke 1908〜2001 スウェーデン生まれのアメリカの植物生理学者．オーキシンの研究の後，植物の組織培養をはじめ，Murashige and Skoog（MS）培地などの完全人工培地を考案．C.O. Miller らとタバコ茎の組織培養を行い，偶然の機会からカイネチンを発見．以後サイトカイニンの化学とその作用機作に関して研究を進めた．

g **スクシニル CoA**（スクシニルコエー）[succinyl CoA]《同》スクシニル補酵素 A（succinyl coenzyme A）．CoA–S–CO–CH₂CH₂COOH CoA の SH 基とコハク酸がチオエステル結合をしたもので，重要な代謝中間体．α-ケトグルタル酸が α-ケトグルタル酸脱水素酵素によって酸化される際に生成する．*クエン酸回路を構成する一員．

　α-ケトグルタル酸＋CoA＋NAD⁺
　⇌スクシニル CoA＋NADH＋H⁺＋CO₂

心筋の酵素の粗標品はスクシニル CoA 脱アシル酵素を含むので加水分解されてコハク酸を生ずるが，スクシニル CoA 合成酵素（EC 6.2.1.4）が働くと，高エネルギーを転移して GTP を生ずる．

　スクシニル CoA＋GDP＋リン酸
　⇌コハク酸＋GTP＋CoA

これは基質の分解に直接共役してリン酸化の起こる例である（*基質レベルのリン酸化の一種）．またメチオニン，イソロイシン，バリンなどのアミノ酸代謝やプロピオン酸の中間代謝物である．ケトン体の代謝においては肝

臓以外の組織で 3-オキソ酸 CoA トランスフェラーゼの作用で肝臓から送られてきたアセト酢酸と反応してアセトアセチル CoA を生成し, ケトン体の利用に関与する. なお, この酵素は肝臓には存在しないので, 肝臓はケトン体を利用することはできない. グリシンと反応し, δ-アミノレブリン酸を経て(D. Shemin らのグリシン-コハク酸回路の主要部), ヘムなどの*テトラピロール化合物(ヘミン化合物)の合成の起点になる.

a **スクラーゼ**〔sucrase〕 ショ糖を加水分解する酵素. ショ糖分子の分解の仕方によって次の 2 種に区別される. (1)フルクトース側から分解する*β-D-フルクトシダーゼ(β-フルクトフラノシダーゼ, インベルターゼ invertase, サッカラーゼ saccharase):EC3.2.1.26. 微生物や植物に存在する. 加水分解作用の他に, 糖・アルコール・フェノールへの β-フルクトフラノシル基の転移も行う. (2)グルコース側から分解するスクロース α-グルコシダーゼ(sucrose α-glucosidase, スクロース α-D-グルコヒドロラーゼ sucrose α-D-glucohydrolase):動物, 植物, 微生物に存在する. 一本鎖のポリペプチドとして合成されるが, 小腸微絨毛膜でプロテアーゼにより切断され, イソマルターゼ(EC3.2.1.10)部位とスクラーゼ(EC3.2.1.48)部位の二つのサブユニットからなる. (⇒α-グルコシダーゼ)

b **スクリーニング**〔screening〕 一般には, 目的とするある特定の性質をもつ物質・生物などを, 特定の操作・評価方法(screen)で多数の中から選りすぐること. 活性物質の選抜などのほか, 生物の系統・株・個体の選別についていう.

c **スクレリン**〔sclerin〕 糸状菌の一種 *Sclerotinia sclerotiorum* の培養から単離される生理活性物質. その特徴的な作用は, イネなどの発芽促進および根の成長促進およびリパーゼなど酵素の生成促進のほか, 広く微生物や動植物の酵素の誘導に関係しているとされる.

d **スケーリング**〔scaling〕 生理機能が類似しており, かつ形が似ている(形がほぼ相似であるとみなされる)生物間で見られる, 大きさの違いによる構造および機能の変化. スケーリングを調べることで生物の仕組みを司る法則を見出すことができる. 例えば, さまざまな哺乳類の体重 M_b と酸素消費量 V_{O_2} を比較すると, 以下の式に示す傾向が見出される.

$$V_{O_2}/M_b = 0.676 M_b^{-0.25}$$

この式より, 体重が小さくなればなるほど単位体重当たりの酸素消費量は大きくなることがわかる. これをまかなうため, 小さな動物は大きな動物に比べてより高い呼吸頻度, 高い心拍数が必要となる. 構造に関していえば, 小さな動物に比べて a 倍の体長をもつ大きな動物を考えた場合, 大きな動物の体重は a^3 に比例する. 一方, この大きな動物の体重を支える脚の断面積が a^2 に比例することになるが, これでは a^3 に比例する体重を支えることはできない. よって, 大きな動物の脚の断面積は a^3 に見合う形で大きくなる必要がある(同じサイズでゾウとシカを比較すると, ゾウはシカよりも太い脚・太い首をもつ理由がわかる).

e **鈴木梅太郎**(すずき うめたろう) 1874~1943 農芸化学者. 東京帝国大学農科大学教授. ベルリン大学の E. Fischer のもとで蛋白質化学を学ぶ. 脚気の予防成分オリザニン(ビタミン B_1)を抽出(⇒ビタミン). 理化学研究所の設立にも参画した.

f **鈴木尚**(すずき ひさし) 1912~2004 形質人類学者. 東京大学理学部生物学科教授. 縄文時代から現代にいたる期間に, 日本列島の人々の身長や頭形, 鼻の高さなどが変動してきたことを実証した. これに基づいて, 日本人の成立に関する変形説を提唱した. このほか, イスラエルのアムッドでネアンデルタール人骨を発見. 〔主著〕日本人の骨, 1963.

g **スタイルス-クロフォード効果**〔Stiles-Crawford effect〕 瞳孔の周辺を通った光は中心を通った光に比べて強度が弱くより暗く感じられる効果. W. S. Stiles と B. H. Crawford の発見. 例えば, ヒトの眼球では極めて細い光束が瞳孔の中心より 4 mm の所を通ったときの強度は中心を通ったときの約 20% である. したがって, 周辺を通った光は中心を通った光よりも暗く感じられる. この現象は中心窩で顕著に認められるが, 周辺部ではほとんど認められないから, 桿体にはこの現象がないと考えられている(⇒二元説). 同様の効果が色に関しても起こり, 黄の光が周辺から入った場合, 中心から入ったときよりも赤みがかって見え, 彩度が低くなる. 逆に青線は光は周辺部から入るとより青がかって見え, 彩度は高くなる. この効果は, 上記の明るさに関する効果(第一種スタイルス-クロフォード効果)に対して, 第二種スタイルス-クロフォード効果と呼ばれる.

h **スタイン** STEIN, William Howard 1911~1980 アメリカの生化学者. S. Moore と協力して, ウシ膵臓リボヌクレアーゼ A の構造を解明, 蛋白質の一次構造決定の標準的方法を確立した. 1972 年, Moore および C. B. Anfinsen とともにノーベル化学賞受賞.

i **スタシゲネシス**〔stasigenesis〕 特定の生物の系統が長期にわたって, 分岐や変化を伴わないこと. J. S. Huxley (1957) により認識された進化の 3 パターンのうちの一つ. 他に, 時間と共に分岐, 多様化するクラドゲネシス(cladogenesis, kladogenesis), 生物系統が時代と共に変化して徐々に別のものになるアナゲネシス(anagenesis)を区別する. 古くは T. H. Huxley が, 古生代の初期において現れ, 今日も見ることのできる動物型(動物門)に注目し, 最初に, 型の永続性(persistence of types)と呼んだ概念に相当する. カンブリア爆発後に見られる動物門の持続や, S. J. Gould と N. Eldredge (1972)による*断続平衡説などの概念とも関連をもつ.

j **スタチン系薬剤**〔statins〕 *メバロン酸経路の律速酵素であるヒドロキシメチルグルタリル CoA レダクターゼ(HMG-CoA レダクターゼ)の働きを阻害する薬物の総称. スタチンの原型となっているメバスタチンが, アオカビの一種 *Penicillium citrinum* の培養液中より発見されて以来, プラバスタチンやシンバスタチン, 合成剤のアトルバスタチンなどが開発され, 高コレステロール血症の治療薬として使用される. その主な機序は, 肝臓での*コレステロール生合成を低下させることによるもので, その結果, 恒常性を維持するため, 肝臓での*低密度リポ蛋白質(LDL)の受容体発現が上昇し, 血液から肝臓への LDL コレステロールの取込みが促進され, 血液中のコレステロール量が低下する.

k **スタッキング**(核酸塩基の)〔stacking〕 核酸塩基間の重なり合いあるいは積み重り. 核酸塩基はほぼ平面状の環構造をしており, 上下の塩基間の電子系の相互作用

により疎水性の重なり合い構造をとる．スタッキングは水素結合とともにDNAの二重らせん構造など核酸の高次構造形成に重要な役割を果たしている．スタッキングにより核酸の紫外線吸収は減少する(→淡色効果).

a **スタートヴァント** S<small>TURTEVANT</small>, Alfred Henry 1891〜1970 アメリカの遺伝学者．ショウジョウバエの遺伝研究においてC.B.Bridgesと並んでT.H.Morgan門下として知られ，交叉抑制現象・不等交叉・種間雑交・性転換遺伝子，遺伝子重複の研究，そのほか野生種における遺伝子配列型の分析と利用などに先鞭をつけた．さらに，ショウジョウバエの詳細な分類をもとにその系統を論じた．[主著] An introduction to genetics (G.W. Beadleと共著), 1939.

b **スタト胞子** [statospore, stomatocyst] 黄金色藻類(シヌラ藻類を含む)に特徴的な耐久細胞．無性的にまたは有性生殖の結果形成される．内生的に形成されるケイ酸質の壁をもち，発芽孔は多糖質で栓をされている．ときに壁は突起や彫紋で装飾されている．微化石となり，*示準化石や*示相化石とされる．

c **スターリング** S<small>TARLING</small>, Ernest Henry 1866〜1927 イギリスの生理学者．恒温動物で心臓肺標本を用いて心臓活動に関する「スターリングの法則」を発見．友人W.M.Baylissと多産な共同研究をし，セクレチンを発見して，「ホルモン」の語を作った．

d **スターリングの仮説** [Starling's hypothesis] 毛細血管壁と組織液の間が水の出入に関して平衡状態にあるときには，毛細血管内圧と組織圧との差は血漿の浸透圧と組織液の浸透圧との差に等しくなるという説．E.H.Starlingの提唱．この関係から，毛細血管と組織間隙との溶液の交換は二つの対抗する力，すなわち毛細血管内圧と血漿のコロイド浸透圧の差によって起こる．血漿のコロイド浸透圧はほとんど蛋白質によるもので，組織液は蛋白質を少ししか含んでいない．毛細血管の壁は溶液中の水やイオンなどの低分子を通すが，高分子の蛋白質は通さない．毛細血管の内圧がコロイド浸透圧より高いと，溶液は血液中から組織液に濾過され，内圧がコロイド浸透圧より低いと溶液は組織から血液中に出ていく．上の仮説によって毛細血管において血液と組織液の間で濾過によって絶えず物質交換が行われることが説明される．実測によると，毛細血管内圧は動脈端では32mmHg，静脈端では15mmHgである．

e **スターリングの法則** [Starling's law of the heart] 《同》スターリングの心臓の法則，フランク・スターリングの法則(Frank-Starling's law)．心筋の収縮の強さは弛緩期における心筋繊維の長さの関数で，伸張が大きいほど収縮力が強くなるという法則．E.H.Starlingらがイヌの心臓で発見．心臓が血流でより強く満たされ心筋が伸張すると，強い収縮をしてその拍出量を増し，心臓自体が血液循環の重要な調節を行うことになる．脊椎動物の心臓だけでなく，貝類の心臓でも同様な現象がみられる．

f **スターン** S<small>TERN</small>, Curt 1902〜1981 アメリカの動物学者，遺伝学者．ドイツの生まれ．ショウジョウバエにおける交叉を細胞学的に証明したほか，Y染色体の構造や体細胞交叉に関する多くの業績がある．また放射線遺伝学や発生遺伝学から遺伝子の本質を論じた．[主著] Principles of human genetics, 1949.

g **スタンリー** S<small>TANLEY</small>, Wendell Meredith 1904〜1971 アメリカの生化学者，ウイルス学者．タバコモザイクウイルスを初めて結晶として分離，ウイルスという病原体が化学物質であることを示した．1946年，J.H.Northrop, J.B.Sumnerとともにノーベル化学賞受賞．

h **スチグマステロール** [stigmasterol] 《同》スチグマステリン(stigmasterin), stigmasta-5,22-dien-3β-ol, 24S-ethylcholesta-5,22-dien-3β-ol. $C_{29}H_{48}O$ 主として植物界に植物ステロールとして*シトステロールとともに広く分布する物質．酢酸エステルの四臭化物がエーテルに溶けにくいことを利用して他の*ステロールから分離精製する．*性ホルモンの合成原料に用いられる．

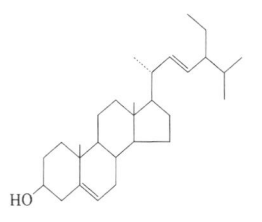

i **スチュワード** S<small>TEWARD</small>, Frederick Campion 1904〜1993 イギリス生まれのアメリカの植物生理学者．組織培養の研究法を確立し，新しいアミノ酸を見出した．また，植物の単細胞を培養して完全な個体を得ることに成功するなど，細胞分化の研究に著しい業績をあげた．[主著] Growth and organization in plants, 1968.

j **スチュワート器官** [Stewart's organ] オウサマウニ類，フクロウニ類，ガンガゼ類の体内に見られる薄膜からなるソーセージ形をした5個の袋．*アリストテレスの提灯を囲む囲咽腔(peripharyngeal sinus, lantern sinus)に通じる．

k **スチルベストロール** [stilbestrol] [1] スチルベン誘導体に属する一群の合成発情ホルモン物質の総称．ジエチルスチルベストロール(diethylstilbestrol, DES), ヘキセストロール(hexestrol), ベンゼストロール(benzestrol)などいずれも効力が強く，ステロイド系物質とちがって水溶性であり，肝臓で代謝されないため，経口投与してもあまり活性が失われない．臨床的に広く用いられたが，発がん性，催奇性があることがわかり使用されなくなった．[2] ジエチルスチルベストロールの略称．かつて更年期障害に対するエストロゲン療法において広く使われた．

l **スチロプス去勢** [sytylopization] →寄生去勢

m **ステアリン酸** [stearic acid] 《同》オクタデカン酸(octadecanoic acid). $CH_3(CH_2)_{16}COOH$ 炭素数18の飽和直鎖状脂肪酸．天然飽和脂肪酸として*パルミチン酸と共に最も普遍的に見出され，天然油脂，特に牛脂・人脂・毛髪脂・カカオ脂などに多く含まれている．全構成*脂肪酸中，カカオ脂では34%，ダイズ油では7%，ゴマ油では4.6%を占める．エーテル，ヘキサン，クロロホルム，エタノールに可溶，ベンゼン，二硫化炭素に難溶．ろうそくの製造や座薬・軟膏などに用いる．小胞体やミトコンドリアの酵素によってパルミトイルCoAより作られる．また，肝・腎・心筋のミトコンドリアの酵素系によって，$1\mu M$の低濃度においてのみ*β酸化され，*クエン酸回路へ導入されて完全分解される．動物では*ミクロソームにステアロイルCoA脱飽和酵素が

あり，NADH，O_2 および*シトクロム b_5 の存在下でステアロイル CoA の 9,10 位に二重結合を導入してオレオイル CoA を形成する．

a **スティックランド反応** [Stickland reaction] 偏性嫌気性細菌であるクロストリディウム属の菌の浮遊液に2種類のアミノ酸を与えた場合，一方は酸化的に，他方は還元的に脱アミノ化され α-ケト酸と脂肪酸を生じる反応．発見者 L. Stickland (1934) の名に因む．この反応には分子状酸素は使われない．

$$\begin{array}{c} R \\ HC-NH_2 \\ COOH \end{array} + \begin{array}{c} R' \\ HC-NH_2 \\ COOH \end{array} + H_2O \longrightarrow \begin{array}{c} R \\ C=O \\ COOH \end{array} + \begin{array}{c} R' \\ CH_2 \\ COOH \end{array} + 2NH_3$$

b **スティールマン-ポーレイ法** [Steelman-Pohley's method] 《同》ラット卵巣増大法 (rat ovarian augmentation method). *濾胞刺激ホルモン (FSH) を特異的に定量する生物検定法．S. L. Steelman と F. M. Pohley (1953) の案出．幼若な雌のラットに大量の HCG (ヒト絨毛性ゴナドトロピン) と同時に FSH を含んだ試料を注射し，卵巣の重量増加によって FSH の量を知る方法．

c **ステップ** [steppe] ロシア中央部から中央アジア諸国にかけて広がる黒色土壌 (*チェルノーゼム) に発達しイネ科を主とする多少まばらな草原．北方は*森林ステップと呼ばれる広い移行帯を経て落葉広葉樹林に移行し，南は中央アジアの砂漠へ移行する．広義にはこのような特徴をそなえた草原群系の一つで，北米のプレーリーなどと基本的には似た群系．冬季は寒冷で雨があり，夏季は高温で乾燥する大陸性気候下に発達するので，植物は乾生適応する．(⇒イネ科草原)

d **ステート遷移** [state transition] 変化する光環境下において，直列につながられた光化学系 I と光化学系 II (⇒光化学系) の励起割合が速やかに調節されるしくみ．光化学系 I を優先的に励起する波長の光が照射されると，光化学系 II の光捕集能力が高まり (ステート 1)，逆に，光化学系 II を優先的に励起する波長の光が照射されると，光化学系 I の光捕集能力が高められる (ステート 2)．この二つのステートの間の遷移により光環境が変化しても光合成の効率が保たれる．また，光強度が変化した場合にもステート遷移がみられ，その場合は強光条件下における光合成系の保護に働くと考えられる．シアノバクテリアから陸上植物に至るまで広くみられる．緑色植物では，特定の集光性クロロフィル a/b-蛋白質複合体 (⇒クロロフィル蛋白質複合体) が，シアノバクテリアや紅藻類においては*フィコビリソームが，ステート 1 では光化学系 I から光化学系 II に，ステート 2 では光化学系 II から光化学系 I にそれぞれ移動し，二つの光化学系の励起割合が調節されている．

e **ステノ** Steno, Nicolaus 1638〜1686 デンマーク生まれの地質学者，解剖学者．コペンハーゲン，アムステルダムおよびライデンで学び，その後ヨーロッパ諸国を遍歴．Ferdinand II の侍医としてフィレンツェに行き，そこで地質学上の重要な研究をした．ついでコペンハーゲン大学の解剖学教授．著作 'De solido intra solidum naturaliter contento dissertationis prodromus' (1669) 中で，地層累重原理や化石の意義を解明，さらに周期的海面変化と造山作用から地史を編んだ．解剖学上の主著は 'Observationes anatomicae' (1662) で，耳の

ステノ管に名を残している．

f **ステルコビリン** [stercobilin] 《同》L-ウロビリン (L-urobilin). テトラヒドロビレン (tetrahydrobilene) に属する胆汁色素，また糞便の色素の一つ．胆汁中のビリルビンは小腸内に分泌された後，腸内細菌によって還元され，メソビリルビンを経て無色のステルコビリノゲン (stercobilinogen, L-ウロビリノゲン L-urobilinogen) となる．つぎに大腸内で酸化を受けてステルコビリン (橙褐色) になる．正常糞便中の主成分．

ステルコビリノゲン (L-ウロビリノゲン)

ステルコビリン (L-ウロビリン)

M：CH_3, E：C_2H_5, P：CH_2CH_2COOH

g **ステロイド** [steroid] ステロイド核，すなわちシクロペンタノペルヒドロフェナントレン炭素骨格 (cyclopentanoperhydrophenanthrene) をもつ化合物群の総称．ほとんどすべての生物はステロイドを生合成し，天然物として最も広く出現する成分の一つである．*ステロール，*胆汁酸，*性ホルモン，*副腎皮質ホルモン，強心性配糖体，昆虫*変態ホルモン，植物のブラシノステロイドなど生物学的に極めて重要な物質が多い．ステロイド核の 3 個の六員環と 1 個の五員環は A, B, C および D 環と呼ぶ．天然ステロイドはその起源などに関連した固有の慣用名をもつが，構造と関連させた命名法ではいくつかの炭化水素を基本に定め，その各炭素原子に与えられた番号によって置換基の位置を示す．例えば昆虫変態ホルモンの*エクジソンはコレスタン (cholestane) をもとにしていて，$2\beta, 3\beta, 14\alpha, 22R$, 25-pentahydroxy-$5\beta$-cholest-7-en-6-one である．また，ステロイドは構成する炭素数によって次のように分類される．

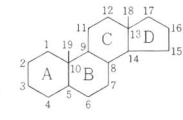

ステロイドの基本骨格

C_{18} ステロイド：*エストロゲン (エストロン，エストラジオール，エストリオールなど).
C_{19} ステロイド：*アンドロゲン (テストステロン，ジヒドロテストステロンなど).
C_{21} ステロイド：*ゲスターゲン (プロゲステロンなど) と副腎皮質ホルモン (コルチゾル，アルドステロンなど).
C_{24} ステロイド：*胆汁酸 (コール酸，デオキシコール酸，コレイン酸など).

h **ステロイド Δ 異性化酵素** [steroid Δ-isomerase] 《同》3-ケトステロイド Δ^4-Δ^5-イソメラーゼ．*Δ^5-3β-ヒドロキシステロイド脱水素酵素とともに，Δ^5-3β-ヒドロキシステロイドに作用して Δ^4-3-オキソ

テロイドを生成する酵素. EC5.3.3.1. 副腎・精巣の小胞体膜に結合して存在するほか, 胎盤・肝臓・微生物などに存在. *Pseudomonas testosteroni* から結晶状で得られた. 代表的な反応は 5-pregnene-3,20-dione からの*プロゲステロンの生成.

a **ステロイド C17-C20 開裂酵素** [steroid C17-C20 lyase] 《同》ステロイド C17-C20 リアーゼ. *シトクロム P450 ヘム蛋白質で, C_{21} ステロイドを C_{19} ステロイドに転換する酵素. 精巣の間質細胞の滑面小胞体分画に存在し, 分子状酸素と NADPH とを必要とする. 例えば 17α-ヒドロキシプロゲステロンから, *アンドロステンジオンを生成する. 17α,20α(β)-ジヒドロキシ体は基質とならない. *ステロイド 17α 水酸化酵素と同一とする説もある.

b **ステロイド結合蛋白質** [steroid hormone binding protein] *ステロイドホルモンに特異的に結合する蛋白質の総称. ただし, 標的細胞の細胞質や核に存在する*ステロイドホルモン受容体は含まれない. 血液に含まれる性ステロイド結合グロブリン, コルチコステロイド結合グロブリン(トランスコルチン), プロゲステロン結合グロブリンや副睾丸にみられるアンドロゲン結合蛋白質などがある.

c **ステロイド 11β 水酸化酵素** [steroid 11β-hydroxylase] 《同》ステロイド 11β-ヒドロキシラーゼ, ステロイド 11β-モノオキシゲナーゼ (steroid 11β-monooxygenase). *シトクロム P450 の一種で, *ステロイドの 11β 位に水酸基を導入する酵素. EC1.14.15.4. 副腎皮質の*ミトコンドリア内膜に結合しており, 11-デオキシコルチコステロン, 11-デオキシコルチゾルなどをそれぞれコルチコステロン, *コルチゾルなどへ変換する. このほか 18 位および 19 位に水酸基を導入するモノオキシゲナーゼ活性, ステロイドの芳香族化活性, *アルドステロン(11β のヒドロキシル基と 18 位のアルデヒド基で*ヘミアセタールを形成)生合成の活性をもつ. *SH 試薬, メチラポンに阻害される. 本酵素の先天性欠損症として, 副腎皮質過形成, コルチゾル欠乏, 男性ホルモン合成促進を主徴とする 11β-ヒドロキシラーゼ欠損症が知られる.

d **ステロイド 16α 水酸化酵素** [steroid 16α-hydroxylase] 《同》ステロイド 16α-モノオキシゲナーゼ (steroid 16α-monooxygenase). *シトクロム P450 の一種で, *ステロイドの 16α 位に水酸基を導入する酵素. 肝臓や精巣の*ミクロソーム膜に存在する. *テストステロン, *アンドロステンジオン, エストラジオール, *プロゲステロンなどを基質とする. 生理機能は, これらの*ステロイドホルモンの水溶性を増し排出しやすくすることにあると考えられる. 反応には分子状酸素のほか, NADPH と NADPH の電子をシトクロム P450 に伝達する NADPH-シトクロム P450 還元酵素を必要とする.

e **ステロイド 17α 水酸化酵素** [steroid 17α-hydroxylase] 《同》ステロイド 17α-モノオキシゲナーゼ (steroid 17α-monooxygenase). *シトクロム P450 の一種で, *ステロイドの 17α 位に水酸基を導入する酵素. EC 1.14.99.9. 副腎皮質, 精巣などの*ミクロソーム膜に存在し, *プロゲステロン, プレグネノロンなどを基質とする. 17α 位の水酸化は, *グルココルチコイド(コルチゾル, コルチゾン)や性ホルモンの生合成に必須な反応である. 本酵素の先天性欠損症として, *テストステロン・*エストロゲン欠乏, K^+ 欠乏などを主徴とする 17α-ヒドロキシラーゼ欠損症が知られる.

f **ステロイド 18 水酸化酵素** [steroid 18-hydroxylase] 《同》ステロイド 18-モノオキシゲナーゼ, コルチコステロン 18-モノオキシゲナーゼ (corticosterone 18-monooxygenase). *シトクロム P450 の一種で, *ステロイドの C 環と D 環の間にある 18 位のメチル基に水酸基を導入する酵素. EC1.14.15.5. コルチコステロン, *デオキシコルチコステロン, 4-アンドロステン-3,17-ジオンなどを基質とし, 副腎皮質のミトコンドリア内膜に結合して存在する. 18-ヒドロキシコルチコステロンはその 18 位の水酸基のところで脱水素を受けると*アルドステロン(ミネラルコルチコイドの一つ)になる. *ステロイド 11β 水酸化酵素の精製過程を通じて 11β 水酸化活性と 18 水酸化活性の比が変わらないことから, 両活性は同じ酵素によって触媒されているとの考えもある.

g **ステロイド 21 水酸化酵素** [steroid 21-hydroxylase] 《同》ステロイド 21-モノオキシゲナーゼ (steroid 21-monooxygenase). *シトクロム P450 の一種で, *ステロイドの 21 位の炭素に水酸基を導入する酵素. EC1.14.99.10. 副腎皮質の*ミクロソーム膜に存在し, *プロゲステロン, 17α-ヒドロキシプロゲステロン, 17α-*プレグネノロンをそれぞれ 11-デオキシコルチコステロン, 11-デオキシコルチゾル, 17α,21-ジヒドロキシプレグネノロンに転換する. 21 位の水酸化はすべての*副腎皮質ホルモンの生合成に必須な反応である. この酵素は生理機能が明らかとなった最初のシトクロム

P450 である．本酵素の先天性欠損症として，*アルドステロン生合成障害，副腎皮質過形成，Na$^+$喪失，男性化を主徴とする 21-ヒドロキシラーゼ欠損症が知られる．

a **ステロイドホルモン** [steroid hormone] 化学構造上ステロイドに属するホルモンの総称．脊椎動物における重要なホルモン，すなわち*アンドロゲン・*エストロゲン・*ゲスターゲンおよび*副腎皮質ホルモン，節足動物の*エクジソンのようなエクジステロイドを含む．また，炎症の治療に使われる副腎皮質ホルモン剤や，*ドーピングで知られる筋肉増強剤などのいわゆるステロイド製剤は，ステロイドホルモンのいずれかと類似あるいはより強力な作用をもつ人工的な化合物である．

b **ステロイドホルモン受容体** [steroid hormone receptor] 《同》ステロイドホルモンレセプター．性ホルモン(*エストロゲン，*アンドロゲン，*プロゲステロン)や*副腎皮質ホルモン(*グルココルチコイド，鉱質コルチコイド)の受容体．ホルモン標的細胞の細胞質や核に存在する分子量5万～10万の蛋白質．いずれも相同性の高い DNA 結合領域，ホルモン結合領域をもち，レチノイド受容体，ビタミン D 受容体，甲状腺ホルモン受容体などとともに，核内受容体(ステロイドホルモン受容体)スーパーファミリーを形成する転写因子である．*ステロイドホルモンが結合する前の受容体は DNA 結合領域が熱ショック蛋白質の一種である HSP90 に覆われているが，ホルモンの結合とともに HSP90 は受容体から遊離する．ステロイドホルモン受容体が特異的に結合する染色体 DNA の領域をホルモンレスポンスエレメント(hormone response element, HRE)と呼び，ホルモンが受容体に結合すると多くの場合受容体は二量体化して HRE に結合し，それに連結する遺伝子の転写を制御する．がん遺伝子の erbA のつくる蛋白質と相同性が高い．

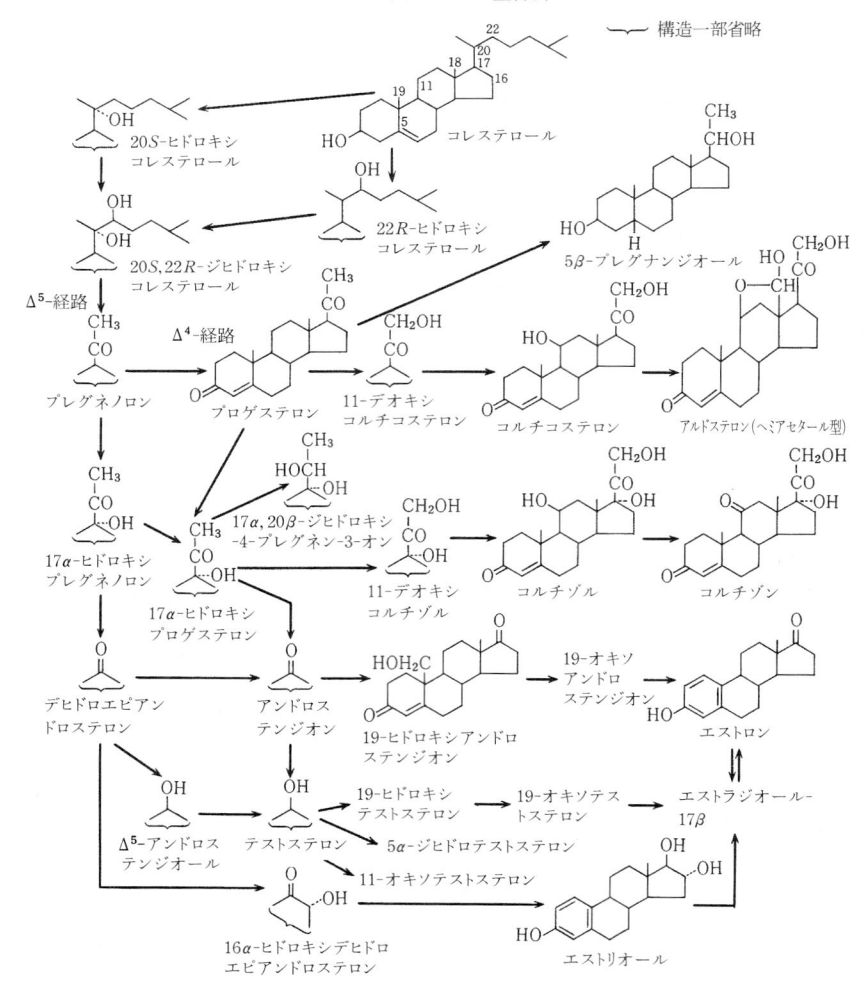

c **ステロイドホルモン生合成** [biosynthesis of steroid hormones〕生体内でステロイドホルモンが合成されること．肝臓などでつくられたコレステロールの側鎖は NADPH の存在下で酸化的に脳などの神経系も含む各種の臓器で切断されて（⇨コレステロール側鎖切断酵素），プレグネノロンを生じる．この物質から種々のステロイドホルモン代謝酵素（ヒドロキシステロイド脱水素酵素，ヒドロキシラーゼ，リアーゼ，アロマターゼなど）の働きにより，副腎ではコルチゾル，コルチコステロン，コルチゾン，アルドステロンなどのコルチコイド，卵巣・胎盤ではプロゲステロンのほかエストロン，エストラジオール，エストリオールなど，精巣においてはテストステロンなどがつくられる．脳では，主に小脳のプルキニエ細胞などにおいて，プロゲステロン，テストステロン，エストラジオールなど作用の異なるステロイドホルモンが末梢とは独立に合成されており，小脳神経回路の形成に重要な働きをもつ．脳内では，従来性ホルモンとして知られていたステロイドホルモンが異なる機能をもつことから，ニューロステロイドと呼ばれている．テストステロン合成経路は，Δ^4-経路と Δ^5-経路とがあり，動物種により異なる．

a **ステロール**［sterol］《同》ステリン（sterin）．*ステロイドの代表的な一類で，ステロイドアルコールの総称．天然ステロールの多くはステロイド核（⇨ステロイド［図］）の 3 位に水酸基をもち，コレスタン（cholestane）を基本骨格とする C_{27} ステロールと，それの 24 位にアルキル基のついた C_{28} および C_{29} ステロールである．生物界にひろく分布し，遊離状，脂肪酸とのエステル，あるいは配糖体として存在している．*コレステロール（C_{27}），*エルゴステロール（C_{28}），*シトステロール（C_{29}）はそれぞれ動物・菌類・植物に代表的なステロール．以前は C_{27}，C_{28}，C_{29} ステロールをそれぞれ動物ステロール（zoosterol），菌類ステロール（mycosterol），植物ステロール（phytosterol）と分類していたが，植物からコレステロールが，動物から C_{28}，C_{29} ステロールが発見されてこの分類は化学的な意義を失い，現在ではそれを含む生物種による名称として用いられている．細菌を除きほとんどすべての生物がステロールを含有し，昆虫では生育の必須因子，動物では細胞の構成成分の一つ．また他のステロイドの生合成前駆体．一般に水に不溶で，有機溶媒に溶ける．脂肪にも溶け，動植物油脂の不鹸化物の主要成分をなす．安定な中性化合物で結晶しやすいが，ステロールどうしで混晶をつくる．サポニン類，特に*ジギトニンと難溶性の分子化合物のジギトニド（digitonide）をつくる．種々の呈色反応を示すので検出・定量に利用する．（⇨コレステロール生合成）

b **ステーンストルプ** STEENSTRUP, Johann（Johannes）Japetus Smith 1813～1897 デンマークの動物学者，考古学者．コペンハーゲン大学教授．*Salpa* や寄生虫で動物の世代交代を確認，また雌雄同体に関する研究も著名．［主著］On the alternation of generations, or the propagation and development of animals through alternate generations, 1845．

c **ストラメノパイル**［stramenopiles］《同》ヘテロコンタ（heterokonts）．真核生物の大系統群の一つ．ビコソエカ類，ラビリンチュラ類，オパリナ類，卵菌，オクロ植物（不等毛植物）などを含む．多くは単細胞性であるが，褐藻のように巨大な多細胞体を形成するものもいる．オクロ植物の大部分は光合成を行うが，それ以外は従属栄養性．前鞭毛に 3 部構成の管状小毛をもつことが最大の特徴であり，ミトコンドリアクリステは管状．近年の研究から*アルベオラータや*リザリアに近縁であることが示唆されている．分類学的にはストラメノパイル界（Staraminipila）またはクロミスタ界ヘテロコンタ下界（Heterokonta）とされる．

d **ストリキニン**［strychnine］《同》ストリキニーネ．$C_{21}H_{22}O_2N_2$ フジウツギ科のマチン（*Strychnos nux-vomica*）の種子に含まれるアルカロイドの一種．分子量 334.42，融点 268～286°C．強毒性．水やエーテル，冷アルコールに難溶，クロロホルムに溶けやすい．水溶液は著しく苦い．脳脊髄のすべての部位に作用するが，主要な作用点は脊髄である．脊髄運動ニューロンの抑制シナプスにおける伝達物質グリシンの受容体を遮断して，抑制機構を失うために，わずかの刺激により，筋の収縮運動をきたす．この運動は協調性を失い，全身に広がり，強直性の痙攣をきたす．拮抗筋間の相互作用は失われ，後弓反張を呈する．呼吸運動に障害を受け，呼吸麻痺で死に至る．大脳皮質に対しては知覚領域の感受性が高められる．特異的な拮抗薬としてメフェネシンがある．

e **ストリゴラクトン**［strigolactone］根寄生植物であるストライガ（*Striga lutea* Lour.）の種子発芽刺激物質として，C. E. Cook ら（1966）によりワタの根滲出液中から単離されたストリゴール（strigol）とその類縁体の総称．二つのラクトンがエノールエーテルで架橋された部分構造をもつ．その後，秋山康紀ら（2005）によって，植物の根圏での無機栄養吸収を助けるアーバスキュラー菌根菌の菌糸分岐誘導物質として，ミヤコグサ（*Lotus japonicus*）の根滲出液から単離．この発見により，根から分泌されるストリゴラクトンはアーバスキュラー菌根菌の宿主認識に関わる共生シグナルであることが明らかになった．一方，植物体内においては，ストリゴラクトンは地上部の枝分かれ（腋芽成長）を抑制するホルモンとして働く．ストリゴラクトン欠損変異体の原因遺伝子の研究から，その生合成にはカロテノイド酸化開裂酵素や*シトクロム P450 酵素が関与すると予想されている．GR24 は合成ストリゴラクトンとして生理反応試験に利用される．

ストリゴール（R=OH）
5-デオキシストリゴール（R=H）　　　GR24

f **ストレス**［stress］生物の個体あるいは群れにおいて，外界からの有害な作用因（ストレッサー）により引き起こされる非特異的・生物的な緊張，すなわちひずみ（stress）のかかった状態．最初は寒冷にさらされた場合の生体の反応から，H. Selye（1936）がストレス説として提唱した．ストレッサーには，細菌感染や疲労，飢え，捕食圧などのように生物的なもの，寒冷や乾燥，打撃のように物理的なもの，薬品のように化学的なもの，焦燥

のように精神的なもの,騒音や過密のように社会的なものなど,さまざまなものがある.ストレスは炎症のように局所的であることもあり,*汎適応症候群のように全身的であることもあるが,どの場合にも作用因の種類によらず共通の反応であり,本来適応的な意味をもつ.しかし,ストレスが生体にとって破壊的に働くこともあり,その状態を適応病という.ストレスの際には,視床下部-下垂体-副腎皮質系の活動が高まり,これらの器官によるホルモン分泌が増大する.また免疫系にも影響を与え,生体防御機構にも変動をおよぼす.

a **ストレス応答**(細胞の) [stress response] 外部環境の各種の変動(ストレス)による損傷を防御・修復する機能をもつ細胞の反応.細菌から維管束植物,脊椎動物まで,すべての生物に共通に認められる.細胞は細胞膜をもち,外部環境(温度,圧力,光,放射線,金属イオン,有害有機物など)の変化が直接内部環境の変化につながるのを防いでいる.しかし,細胞は,それを上回るような外部環境の急激な変動をストレスとして受け止め,それぞれのストレスに対して特徴的な応答により対処している.ストレスによる傷害の修復に働く*ストレス蛋白質遺伝子の発現やストレスの原因を解消するための蛋白質の活性化を含む.ストレス応答には,高温(熱ショック)によって誘導される熱ショック応答(heat shock response, ⇒熱ショック蛋白質),すなわち高温によって変性した蛋白質の変性沈殿を防ぎ,その再生を保証する機能や,放射線などによるDNA損傷に対処するSOS応答(SOS response),活性酸素によって誘導される酸化ストレス応答(oxidative stress response),小胞体における不良蛋白質の合成に起因する小胞体ストレス応答(endoplasmic reticulum stress response)などがあり,1種類のストレスが複数のストレス応答を誘導することも少なくない.

b **ストレスキナーゼ** [stress-activated protein kinase] SAPKと略記.《同》ストレス活性化プロテインキナーゼ.サイトカインや成長因子による刺激や,紫外線照射,熱・浸透圧・酸化ストレスなどによって活性化される*プロテインキナーゼ.JNK(Jun amino-terminal kinase)と p38 MAPKの2種類が知られ,いずれも*MAPキナーゼファミリーに属する.細胞がストレスを受けると,MAPキナーゼのリン酸化カスケードを介して急速に活性化し核内に移行,細胞の生存や増殖,分化に関わるさまざまな転写因子のリン酸化を介しその機能を調節する.JNKはc-JunのSer63とSer73をリン酸化する活性をもつキナーゼである.JNKにはJNK1, 2, 3が存在する.JNK1, 2は全身の細胞に広く分布するが,JNK3は主に神経系および精巣に発現.一方p38 MAPKにはp38 MAPKα, β, γおよびδの4種があり,炎症やアポトーシスを誘導するシグナル伝達経路に含まれる.(⇒p38 MAPK経路)

c **ストレス蛋白質** [stress protein] 細胞がストレスにさらされたときに合成される蛋白質の総称.*ストレス応答は細胞が各種のストレスから自身を防御,修復する反応であるが,細胞が高温(熱ショック)にさらされたときに起こる熱ショック応答はそれらのうち最も重要な応答である.この熱ショック応答で合成が誘導される*熱ショック蛋白質をストレス蛋白質という場合も多い.酸化ストレスによって誘導される有害な活性酸素を消去する機能をもつ*スーパーオキシドジスムターゼなどや,光や放射線によるDNA損傷が生じたときに誘導されるSOS応答にともなって合成されるDNAの修復を支配する酵素群を呼ぶ場合もある.(⇒SOS応答)

d **ストレスファイバー** [stress fiber] 分裂間期の細胞に存在する,主に*アクチンフィラメントからなる明瞭な繊維構造の一つ.M. Heidenhain (1899)が,固定したイモリ胚細胞中に細胞質性の繊維構造を発見し,続いて生細胞中にも同様な繊維構造の存在が報告された.その後これらの繊維構造は,ストレスファイバーと呼ばれるようになった.単層培養した動物細胞,特に繊維芽細胞に顕著に見られ,細胞の長軸方向に伸長しているものが多く,その端は細胞膜に達している.細胞分裂期に入ると消滅する.アクチンのほかには,*ミオシンや*トロポミオシン,*αアクチニンの存在も報告されている.またレーザー光で顕微照射し切断したストレスファイバーが,Mg^{2+},ATPの添加によって収縮することが示されている.

e **ストレッサー** [stressor] ⇒ストレス

f **ストレプトキナーゼ** [streptokinase] 連鎖球菌の生産する分子量約4万7000の酵素蛋白質.ヒト血漿中のプラスミノゲンとの複合体は他のプラスミノゲンを限定分解して活性プラスミンとする.ストレプトキナーゼ自体はプロテアーゼ活性をもたない.

g **ストレプトマイシン** [streptomycin] 放線菌(*Streptomyces griseus*)によって生産されるアミノグリコシド系抗生物質.この系統としては最初のもので,S. A. Waksman(1943)の発見.結核に著効を示し,多くの結核患者を救ったことから,彼はノーベル生理学・医学賞を受賞した.結核菌を含むグラム陽性菌および陰性菌に有効で,結核の化学療法の初期にはパラアミノサリチル酸(PAS),イソニアジド(イソニコチン酸ヒドラジド,INAH)との三者併用投与がさかんに行われた.抗菌活性は原核生物の70Sリボソームの30Sサブユニットに結合して蛋白質生合成を阻害することによる.mRNAのコドンの誤読(codon misreading)を引き起こすほか,70S*翻訳開始因子(fMet-tRNA-mRNA-リボソーム)の崩壊を起こす.経口投与では吸収されないので注射で用いられる.置換基の異なる多くの類似体がある.副作用として第八脳神経障害と腎毒性がある.

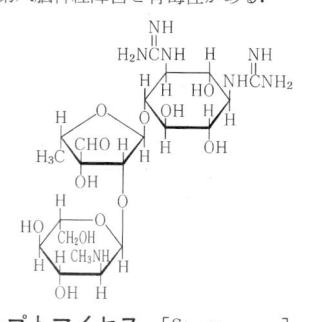

h **ストレプトマイセス** [*Streptomyces*] 《同》ストレプトミセス,ストレプトミケス.*放線菌として知られるストレプトマイセス属(*Streptomyces*)細菌の総称.アクチノバクテリア門放線菌目(Actinomycetales)ストレプトマイセス亜目(Streptomycineae)ストレプトマイセス科(Streptomycetaceae)に属する.基準種は*Streptomyces albus*.グラム陽性・好気性・従属栄養性.気中

菌糸を形成し，先端には25～50に連なった胞子を着生する．胞子連鎖の形態は多様で，直状・波状・フック状・らせん状などがある．さまざまな抗生物質・酵素・生理活性物質を生産する菌群として知られ，500以上の記載種を含む最大の細菌属．抗生物質生産菌として *S. aureofaciens*（産生される抗生物質：テトラサイクリン），*S. avermitilis*（エバーメクチン），*S. griseus*（ストレプトマイシン），*S. venezuelae*（クロラムフェニコール）などがある．ゲノムサイズは9Mbpを超え，細菌の中では大きい．典型的な土壌細菌で，土臭さの元となっている．根菜類に病気を引き起こすものもある．

a **ストロマ** [stroma] [1]《同》ゴースト (ghost). 赤血球を低張液で溶血させ，遠心分離して得られる水に不溶の灰白色残渣（細胞膜）(→ゴースト)．[2]→葉緑体

b **ストローマ細胞** [stromal cell]《同》基質細胞，支質細胞，間質細胞．*骨髄，*胸腺，*二次リンパ組織などの造血・免疫系器官において網目状に発達した支持組織を構成する細胞群．主に繊維芽細胞もしくは上皮系細胞からなるが，広義に内皮細胞やマクロファージなどを含めてストローマと呼ぶことがある．なお，胸腺に関しては発生段階において上皮細胞が実質を構成するが，完成した組織はリンパ球が主体となり，上皮細胞はストローマ細胞に分類される．さまざまな*サイトカインや*増殖因子，*ケモカインなどの誘引因子，*細胞接着分子，*細胞外マトリックスなどを産生し，組織の機械的な支持だけでなく血液細胞や*リンパ球の増殖・分化の誘導，恒常性維持など多様な機能を担う．最近では炎症性の浸潤細胞や腫瘍細胞などをとりまく組織微小環境の構成細胞もストローマとみなし，その機能が注目されている．

c **ストロマトライト** [stromatolite] 微生物（特に*藍色細菌）の成長や代謝により，堆積物の固着や炭酸塩の沈澱が起こることで形成される生物岩．*先カンブリア時代を代表する化石で，現在もオーストラリアのシャーク湾などでわずかに形成されている．ドーム型に代表される外形と内部の細かな層構造が形態的特徴で，これを基に形態属，形態種に分類される（コレニア *Collenia* は形態属の一つ）．約23億年前以降に浅海域の地層から多産し始めたことが知られ，この時期は最初の地球大気の酸素分圧上昇期と重なるため，藍色細菌による酸素発生型光合成が始まった直接的証拠とされる．なお，約35億年前の最古とされたものは非生物起原の可能性が高い．

d **SNARE仮説**（スネアーかせつ）[SNARE hypothesis] SNARE は SNAP 受容体 (SNAP receptor) の略．*小胞輸送における選別的*膜融合機構を説明する仮説．J. E. Rothman ら (1993) の提唱．小胞輸送を行う輸送小胞には，その種類ごとに固有の v-SNARE (小胞 SNAP 受容体 vesicle SNAP receptor) が存在し，それが標的膜の t-SNARE (標的 SNAP 受容体 target SNAP receptor) と特異的に結合して，SNARE 複合体 (SNARE complex) を形成し，輸送小胞と標的膜を結合し，融合させるというもの．現在では，SNARE 蛋白質が SNARE モチーフ (SNARE motif) と呼ばれるコイルドコイル領域の特徴から，Qa-，Qb-，Qc-，R-SNARE に分類される．従来の v-SNARE は R-SNARE，t-SNARE は Q-SNARE にあたる．決まった組合せの Qa-，Qb-，Qc-，R-SNARE がそれぞれ1分子ずつ結合することで，SNARE 複合体を形成し，特異的な膜融合を引き起こすと考えられている．膜融合が起こると*NSFとSNAPが働きSNARE複合体を解離して，SNAREを再活性化すると考えられている．またSNARE複合体形成は，それぞれに特異的な低分子量GTPアーゼによって調節されていると考えられる．(→膜融合)

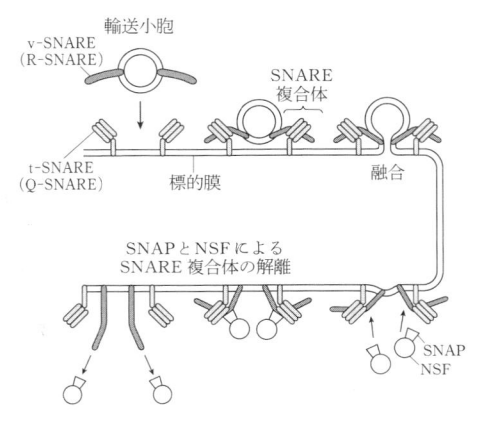

e **スネル** SNELL, George Davis 1903～1996 アメリカの免疫遺伝学者．ジャクソン研究所で長年研究した．P. A. Gorer (1936) が発見したマウスの主要組織適合性抗原 (H-2) について，それが単一遺伝子でなく，遺伝的多型性をもたらす複合遺伝子系によって支配されていることを発見．1980年，B. Benacerraf, J. Dausset とともにノーベル生理学・医学賞受賞．

f **スノーボールアース** [snowball earth]《同》全球凍結．赤道地域の海洋まで氷床に覆われた凍結状態の地球．J. L. Kirschvink ら (2000) が提唱した．23億年前と約8億～6億年前の2回起きたと推定される．凍結は継続したものではなく，4～5回の間氷期と氷期の繰返しであったことが判明している．氷床は2 km以下，温泉地域では氷床の無い地域もあったと推測されている．原因については，CO_2などの温室効果ガスの増減，銀河宇宙線の増減，地球磁場の減少および銀河宇宙線の増加など諸説がある．全球凍結が終息した直後に真核生物 (21億年前)，動物 (6億年前) が大きく多様化したことが分かっているが，これらの因果関係は不明である．

g **スパイン** [spine]《同》棘突起．多くの神経細胞において見られる，*樹状突起や細胞体に存在する小さな突起．典型的には，体積 $1 \mu m^3$ 以下の頭部 (head) が，太さ $0.1 \mu m$ 以下の首 (neck, shaft) を介して，樹状突起や細胞体に接続している．一つのスパインは通常，一つの軸索終末からグルタミン酸作動性の*シナプス入力を受ける．スパインの構造は，シグナル因子の拡散などを制限し，生化学的コンパートメントとして機能するのに重要と考えられる．スパインの数や形態は，動的に変化し，それがシナプス*可塑性，ひいては*記憶や*学習の素過程であるとする考えがある．

h **スーパーオキシドジスムターゼ** [superoxide dismutase]《同》超酸化物不均化酵素．超酸化物イオン O_2^- の不均化反応 $2O_2^- + 2H^+ \rightarrow O_2 + H_2O_2$ を触媒する酵素．EC1.15.1.1. 金属酵素で，真核生物細胞質の青

緑色のCu-Zn酵素(分子量約3万)，ミトコンドリアおよび細菌の赤紫色のMn酵素(分子量約4万あるいは約8万)，大腸菌の黄褐色のFe酵素(分子量約4万)が知られている．血液中の銅蛋白質ヘモクプレインはこの酵素の一種．スーパーオキシド(超酸化物 superoxide)は還元物質の自動酸化や放射線により酸素分子から生ずる極めて不安定で反応性の強いものであるが，生物組織を放射線から保護すると考えられる．偏性嫌気性生物には発見されないが，すべての好気性生物に存在する．

a **巣箱**【1】[nest box] スズメ，ムクドリ，シジュウカラなど，樹木の空洞に営巣する鳥の繁殖を助けるため，代理の営巣場所として設置される箱．19世紀ドイツのH. von Berlepschの創意という．利用の予想される鳥の大きさによって箱の大きさや出入口の大小を加減する．
【2】[hive] ミツバチ群(bee colony)を収容する容器．F. Huber(1789)は初めて可動の多葉式巣箱を考案し，L. Langstroth(1851)はすこぶる実用的な巣框および巣箱を考案．大きさ・形状は種々ある．巣箱の大きさは巣框の大きさによって異なる．丸太の中央に穴をあけ，あるいは桶・樽・箱などを用いて巣箱とするものもある．

b **スーパー抗原** [super antigen] 抗原特異性とは無関係に*T細胞受容体(TCR)に結合し，*T細胞を活性化する分子．マウスのMls抗原として知られていた内在性レトロウイルスの産物，食中毒の原因となるブドウ球菌外毒素(Staphylococcal enterotoxin SEA, SEB, SEC$_1$, SEC$_2$, SEC$_3$, SED, SEE)，同じくブドウ球菌由来のトキシックショック症候群の原因となるTSST-1などがある．T細胞は全体としては，あらゆる抗原に反応できるが，個々のT細胞は，ごく限定された抗原を認識するTCRを発現している．したがって，通常は，特定の抗原に反応するT細胞は全体のごく一部である．一方，スーパー抗原は通常の抗原のようにMHC分子のペプチド収容溝に結合するのではなく，MHCクラスII分子のα鎖と特定のTCRβ鎖のV領域(Vβ)に結合して架橋する．このため，TCRの抗原特異性とは無関係に，より正確にはTCRα鎖，Dβ，Jβとは無関係に結合する．その結果，全T細胞の数%～20%が同時に活性化され過剰な免疫応答が誘導される．すべてのVβと結合するスーパー抗原は存在せず，あるものはVβ8に，また別のものはVβ3あるいは数種類のVβに結合する．

c **スーパーサプレッサー** [supersuppressor] 代謝の上では無関係な各種の遺伝子座の突然変異のいずれに対しても働く*サプレッサー遺伝子の一種．D. C. HawthorneとR. K. Mortimer(1963)により，酵母を用いて見出された．*ナンセンス突然変異に対して活性があるものと考えられているが，この場合ナンセンス突然変異体はオーカー型とアンバー型との2群に分けられる．酵母のスーパーサプレッサー遺伝子は働く対象となる突然変異の範囲や程度から10群に分けられ，少なくとも20のスーパーサプレッサー遺伝子があるといわれている．

d **スパスミン** [spasmin] ツリガネムシ類(Vorticella, Carchesium, Zoothamniumなど)の柄の収縮器官スパスモネム(spasmoneme)の約60%を占める，分子量2万前後の数種の収縮性蛋白質．スパスモネムを2%のドデシル硫酸ナトリウム，または6M尿素と3M塩酸グアニジンで処理すると可溶化される．Ca^{2+}の有無により電気泳動の移動度が変化することから，*カルシウム結合蛋白質であると考えられている．スパスモネムはCa^{2+}濃度が10^{-6}M以上で収縮し，10^{-8}M以下では弛緩するが，その運動にATPは不要である．スパスミンはこの運動に関与していると考えられる．なお，スパスミン様の蛋白質はクラミドモナスなどの藻類にも存在し，遺伝子がクローン化され，セントリン(カルトラクチン)の名で呼ばれている．同様の蛋白質が真核生物一般に広く存在する可能性も示唆されている．

e **スパランツァーニ** SPALLANZANI, Lazzaro 1729～1799 イタリアの博物学者．ボローニャ大学で法律学を修め，のち自然科学を研究．生物学の諸分野に実験的方法を導入した先駆者．J. T. Needhamとの論争で滴虫類も自然発生をしないことを実験で主張．両生類で，ついでカイコやイヌで，人工授精に成功．発生に関しては，前成説の卵子論の立場をとったが，卵の発生には，卵が精液にふれる必要があることを示した．両生類・トカゲ・カタツムリなどの再生，また心臓の作用と循環の機構，消化における胃液の役割，呼吸などを研究し，皮膚呼吸を明らかにした．[主著] Expériences pour servir à l'histoire de la génération des animaux et des plantes, 1786.

f **スピリファー** [Spiriferida] 腕足動物嘴殻綱に属する一目とされ，*デボン紀から*ペルム紀に生存した化石動物．J. de C. Sowerby(1818)の命名．鳥が翼をひろげたような外形で，主縁がまっすぐで長い．中央に大きい褶があり，全面に細い襞がある．らせん状で殻の両端に向く腕骨は，cruraおよびgugumと呼ばれる突起をもち，歯噛板基に固着する．茎孔は腹殻にあり，三角板が発達する．世界的に分布し，*生層序学上極めて有用な*示準化石である．日本では北上山地などに産する．

g **スピリルム** [spirillum] 《同》らせん菌．[1] らせん菌であるスピリルム属(Spirillum)細菌の総称．*プロテオバクテリア門ベータプロテオバクテリア綱スピリルム科(Spirillaceae)に属する．グラム陰性，微好気性の従属栄養細菌．細胞の長さは1～数十μm，らせん波長は5～15μm，らせんの幅は1～数μmであり，菌体の一端または両端に単毛または束毛の鞭毛をもって運動する．[2] らせん状の菌体をもつ原核生物の総称．上記のスピリルム属細菌のほか，Aquaspirillum, Campylobacter, Oceanospirillumなどの有機従属栄養細菌，Rhodospirillumなどの*光合成細菌がある．

h **スピロヘータ** [spirochaeta, spirochaete, spirochete] スピロヘータ属(Spirochaeta)細菌の総称．基準種はS. plicatilis. スピロヘータ門(Spirochaetes)スピロヘータ目(Spirochaetales)スピロヘータ科(Spirochaetaceae)に属する．広義にはスピロヘータ目に属する各属細菌を総称していう．スピロヘータ目は細かいらせんからなる屈曲性の糸状の細胞形態をもつ特殊な一群で，複数の科から構成される．スピロヘータ科にはスピロヘータ属のほか，Borrelia, Cristispira, Treponemaなどの属があり，レプトスピラ科(Leptospiraceae)にはLeptospiraなどの属が含まれる．体長は数μm～数百μm．細胞壁は柔軟で，細胞は伸縮するとともに軸のまわりに非常に速く回転運動を行う．鞭毛はもたないが，細胞壁と細胞膜との間に原形質を取りまくようにして複数の*軸糸と呼ばれる糸状構造が存在する．好気性

a スピンドル極体 [spindle pole body]

SPBと略記. 菌類の*微小管形成中心で，開放分裂をする細胞の*中心体に相当. 開放分裂をする細胞では分裂期に核膜が崩壊するのに対し，酵母などの菌類では分裂期にも核膜が存在する. そのため菌類では，核膜に埋没したスピンドル極体から微小管を伸長し，核内にスピンドル（紡錘糸）を形成，染色体を分離する. 多くの菌類では細胞周期を通じて常に核膜に埋没するが，分裂酵母などの一部の菌類では，間期には核膜のすぐ外側にあり分裂期にだけ核膜に埋没する. また，間期においては，細胞質微小管の形成中心として働く.

b スピンラベル法 [spin labelling] 《同》スピン標識法

生体分子に人工的な遊離基（ラジカル）を結合させることで，*電子スピン共鳴（ESR）による研究を可能にし，ESR独自の情報を得る方法. 大部分の生体分子はESRを示さないのでこの方法がとられ，遊離基は不対電子スピンをもつのでスピンラベルと名付けられた（H. M. McConnell）. 当初クロロプロマジンカチオンラジカルが用いられDNAとの相互作用が研究されたが，ついで反応性が低く単分子として安定に存在できるニトロキシドラジカル類が用いられるようになった. N-オキシルテトラメチルピペリジン（ピロリジン）誘導体，N-オキシルジメチルオキサゾリジン誘導体などがある. ラベルの一部に反応性の官能基をもつものを合成しておき，生体高分子などと反応させて特定の部位に結合させるか，ニトロキシド基を含む生体関連低分子化合物を合成しておき，それらを生体系に加えて相互作用を見るなどの方法がある. 蛋白質のシステイン残基をラベルし，局所環境の変化をラベルの運動性の変化を通じて検出することなどがよく行われる. またスピンラベルされたリン脂質などを用いて，生体膜や脂質二重層膜内での脂質分子の拡散，脂質アルキル鎖の屈曲性などが明らかにされ，生体膜の動的構造の解明に貢献した.

c スフィンゴ脂質 [sphingolipid] 《同》スフィンゴリピド

スフィンゴイド（*スフィンゴシン）などの長鎖塩基を共通構成成分として含む*複合脂質の総称. *グリセロールを共通構成成分とするグリセロ脂質（glycerolipid）とともに複合脂質界を二大別する. スフィンゴイドに脂肪酸が酸アミド結合した*セラミド（図は N-アシルスフィンゴシン）の1位の水酸基に，さらに置換基（図中のX）として，糖がグリコシド結合した*スフィンゴ糖脂質と，Xとしてリン酸と塩基（コリン，エタノールアミンなど）が結合した*スフィンゴリン脂質（スフィンゴミエリン，セラミドホスホエタノールアミンなど）に分類される. スフィンゴ脂質は動物界を特徴づける複合脂質の一つであるが，植物界・酵母にも多くはないが存在する. スフィンゴ脂質の先天性代謝異常として

```
      スフィンゴシン
┌─────────────────┐
CH₃(CH₂)₁₂CH=CH─CH─CH─CH₂─O─X
              OH  NH
                  |
       脂肪酸  C=O    X：糖・リン酸-塩基（コリン
              |         リン酸・エタノールアミ
              R         ンリン酸など）
└─────────────────┘
セラミド（N-アシルスフィンゴシン）
```

スフィンゴ脂質蓄積症（スフィンゴリピドーシス，→リピドーシス）が知られる.

d スフィンゴシン [sphingosine] 《同》4-スフィンゲニン（4-sphingenine）

炭素数18の長鎖アミノアルコール（2S,3R,4E-2-アミノ-4-オクタデセン-1,3-ジオール）．*スフィンゴ脂質の構成成分であるスフィンゴイド（sphingoid）すなわち長鎖塩基（long chain base）の一種. 広義には炭素数14〜20の長鎖アミノアルコールの総称として用いられる. 最初 J. L. W. Thudichum（1901）が*ガラクトセレブロシドの加水分解物として得た. ある種の酵母では遊離型で存在する. 二重結合の還元されたジヒドロスフィンゴシンも知られるが，植物・酵母・カビなどではフィトスフィンゴシン（phytosphingosine）が主で，デヒドロフィトスフィンゴシンも見出されている. 現在，天然のスフィンゴ脂質からは数十種類のスフィンゴイドが見出されており，二重結合を2〜3個含むものもある. 化学的にはスフィンゴ脂質を加水分解して得られ，その際，加水分解条件によっては種々の反応副産物を生じる.

CH₃(CH₂)₁₂─CH=CH─CH─CH─CH₂─OH
                    OH NH₂
スフィンゴシン（4-スフィンゲニン）

CH₃(CH₂)₁₄─CH─CH─CH₂─OH
           OH NH₂
ジヒドロスフィンゴシン（スフィンガニン）

CH₃(CH₂)₁₃─CH─CH─CH─CH₂─OH
           OH OH NH₂
フィトスフィンゴシン（4-D-ヒドロキシスフィンガニン）

CH₃(CH₂)₈─CH=CH─(CH₂)₃─CH─CH─CH─CH₂─OH
                        OH OH NH₂
デヒドロフィトスフィンゴシン（4-D-ヒドロキシ-8-スフィンゲニン）

e スフィンゴ糖脂質 [sphingoglycolipid, glycosphingolipid, glycosphingoside]

*スフィンゴ脂質の一類で，セラミドの1位の水酸基に各種の糖類がグリコシド結合した*糖脂質の総称. *グリセロ糖脂質とともに糖脂質界を二大別する. 動物界に特徴的な糖脂質. 骨格となる糖鎖構造に基づいて表のように分類される. 単純な*セレブロシドから始まり，各種の糖を含む*ガングリオシドや血液型糖脂質（→血液型物質）などの複雑な糖鎖構造の糖脂質に至る. 糖鎖全体の性質によって，中性

スフィンゴ糖脂質の基本糖鎖構造による分類

グループ名	糖 鎖 構 造
Gala	Galα1-4Gal
Neogala	Galβ1-6Gal
Globo	GalNAcβ1-3Galα1-4Galβ1-4Glc
Isoglobo	GalNAcβ1-3Galα1-3Galβ1-4Glc
Lacto	(Galβ1-3GlcNAcβ1-3)ₙGalβ1-4Glc
Neolacto	(Galβ1-4GlcNAcβ1-3)ₙGalβ1-4Glc
Ganglio	Galβ1-3GalNAcβ1-4Galβ1-4Glc
Muco	(Galβ1-4)ₙGlc
Mollu*	Fucα1-4GlcNAcβ1-2Manα1-3Manβ1-4Glc
Arthro**	GalNAcβ1-4GlcNAcβ1-3Manβ1-4Glc

* 軟体動物（Mollusca）由来
** 節足動物（Arthropoda）由来

糖からなる中性スフィンゴ糖脂質群と*シアル酸,硫酸化糖などを含む酸性スフィンゴ糖脂質群(ガングリオシド,スルファチド(⇌硫脂質)など)の2群に分けられる.生体膜の重要成分の一つであるが,リン脂質よりもはるかに存在量は少ない.分解・生合成に関与する酵素のほとんどは膜結合性で,可溶化されているものは多くない.スフィンゴ糖脂質の生理的意義については,*脂質二重層の流動性の調節,細胞表面マーカー,細胞分化マーカー,細胞間相互識別,受容体活性,細胞増殖・分化の調節,生体膜酵素活性の調節などが注目されている.タイ-ザックス病(Tay-Sachs disease)やファブリ病(Fabry's disease)など,各種スフィンゴ糖脂質の先天性代謝異常(スフィンゴリピドーシス,⇌リピドーシス)が知られている.

a **スフィンゴミエリン** [sphingomyelin] 《同》セラミドコリンリン酸,セラミドホスホコリン(ceramide phosphocholine).*セラミドの第一アルコール性水酸基と*コリンリン酸がリン酸ジエステル結合している*リン脂質.代表的な*スフィンゴリン脂質で,古くから知られる.動物の脳組織・神経組織・血漿など,広く豊富に分布している.植物界や細菌界にはほとんど見られない.先天性のスフィンゴ*リピドーシスの一種ニーマン-ピック病(Niemann-Pick disease)では,スフィンゴミエリナーゼ(sphingomyelinase)の欠損により組織に異常蓄積して肝脾腫を生じることが知られている.スフィンゴミエリンの立体構造は*ホスファチジルコリンに極めて類似し,スフィンゴシルホスホコリン(脱アシルスフィンゴミエリン)はリゾホスファチジルコリン(*リゾレシチン)に匹敵する溶血活性をもつ.

$$CH_3(CH_2)_{12}CH=CH-\underset{OH}{CH}-\underset{NH}{CH}-CH_2-O-\underset{\underset{O^-}{\overset{\overset{O}{\|}}{P}}}{}-O(CH_2)_2\overset{+}{N}(CH_3)_3$$

(スフィンゴシン / CO R 脂肪酸 / リン酸 / コリン / セラミド)

b **スフィンゴリン脂質** [sphingophospholipid, phospho-sphingolipid] *スフィンゴ脂質の一類で,*セラミドの1位の水酸基にリン酸およびホスホン酸誘導体が結合した*リン脂質の総称.*グリセロリン脂質と共にリン脂質界を二大別する.スフィンゴリン脂質としては,*スフィンゴミエリン(セラミドホスホコリン),スフィンゴエタノールアミン(sphingoethanolamine,セラミドホスホエタノールアミン ceramide phosphoethanolamine),セラミドシリアチン(ceramide ciliatine,セラミドアミノエチルホスホン酸 ceramide 2-aminoethylphosphonate)が知られる.

c **スプライシング** [splicing] 《同》RNAスプライシング.遺伝子が転写されてできたRNA分子中の*イントロン部分が除去され,それに隣接した*エクソンの配列が連結する一連の反応.イントロンを含む真核生物の遺伝子が形質発現する際,通常,イントロンも隣接するエクソンと連続してRNAに転写される.その後の核内におけるRNAプロセッシングの過程で,このRNA分子中のエクソン部分がもとの遺伝子における配列と同一の順序と方向性をもってつなぎあわされ,イントロンは投縄型RNA(lariat RNA)となって除去される.一般に,イントロンの5′末端はGU,3′末端はAGであり,シャンボンの規則(Chambon's rule)と呼ばれている.これを含めて,エクソンとイントロンの境界部位であるスプライス部位(splice site, splice junction)には,mRNAの前駆体について,比較的共通した塩基配列がある.RNAスプライシングの機構は,RNA(前駆体)に含まれるイントロンの種類(⇌イントロン)によって異なる.真核生物の核によってコードされるmRNA前駆体のスプライシングについては,まずmRNA前駆体とsnRNP(⇌snRNA)などにより*スプライセオソームが形成される.次に,エクソン-イントロンの境界(5′スプライス部位)の切断と,生じたイントロンの5′リン酸末端とイントロン内部の枝分かれ部位(branch site)にあるアデノシンのリボースの2′-OHの間で2′-5′結合により投縄型のイントロン-エクソンRNA中間体の生成が同時に起こる(第一段階).次に,両エクソンの結合と投縄型イントロンの生成が同時に起こる(第二段階).両段階とも2′-OH(第一段階)または切断されたエクソン末端の3′-OH(第二段階)によって起こされるリン酸エステルの交換反応である.(⇌自己スプライシング,⇌RNAエディティング)

d **スプライセオソーム** [spliceosome] 真核生物の核で転写されたmRNA前駆体の*スプライシング反応において,いくつかの*snRNAと蛋白質の複合体(snRNP),蛋白質性のスプライシング因子およびmRNA前駆体から形成される複合体.U1, U2, U4/U6, U5の五つのsnRNP, SF1〜SF4, U2AFなど多くの因子が関与する.スプライセオソームの形成においては,snRNPの中のU1がまずmRNA前駆体上の5′スプライス部位に結合し,次にU2が枝分かれ部位に,U5とU4/U6が3′スプライス部位に結合する.この中で,U1と5′スプライス部位の結合,およびU2と枝分かれ部位の結合にはRNA間の塩基対合が重要であることが知られている.スプライシングの反応段階によって,A, B1, B2, C1, C2など,成分やmRNA前駆体構造の異なるスプライセオソームが区別されている.

e **スペリ** SPERRY, Roger Wolcott 1913〜1994 アメリカの大脳生理学者.魚類・ネコ・サルなどで視神経交叉,脳梁を切断した分離脳を用い,左右の大脳半球の機能分化とその代償性についての研究を行った.D. H. Hubel, T. N. Wieselとともに1981年ノーベル生理学・医学賞受賞.

f **滑り説** [sliding theory, sliding filament theory] 《同》滑走説.横紋筋の収縮を,*筋原繊維のアクチンフィラメントと*ミオシンフィラメントの相対的な滑りで説明する学説.A. F. HuxleyらおよびH. E. Huxleyら(1954)の提唱.筋肉の構成単位である*サルコメアは,主にミオシンフィラメントからなる*A帯と,アクチンフィラメントからなる*I帯とで構成される.A帯の長さが不変であるのに対し,I帯は筋収縮の度合にしたがって短くなる.また,発生する張力は,両フィラメントの重なりの度合に依存する.これらの事実から,筋収縮はその両フィラメントが互いに相手をたぐり込む結果生じると考えられた.この考えは現在ではほぼ全面的に認められている.ただし,両フィラメントの相対的な滑りは,ミオシンフィラメントの突出した*架橋がATPの加水分解とアクチンとの反応を繰り返すことにより生じると考えられているが,詳細については不明の点が多い.

なお，平滑筋の収縮，繊毛・鞭毛運動，原形質流動，アメーバ運動などの細胞運動についても，細胞内繊維の相対的な滑りにより説明できる場合が多い．(⇒筋収縮)

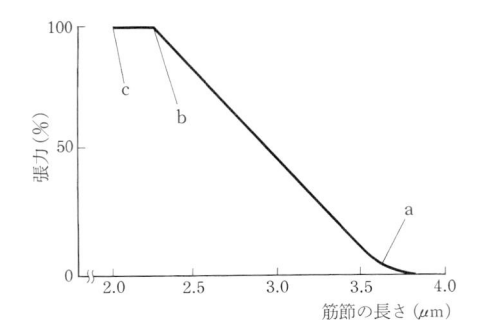

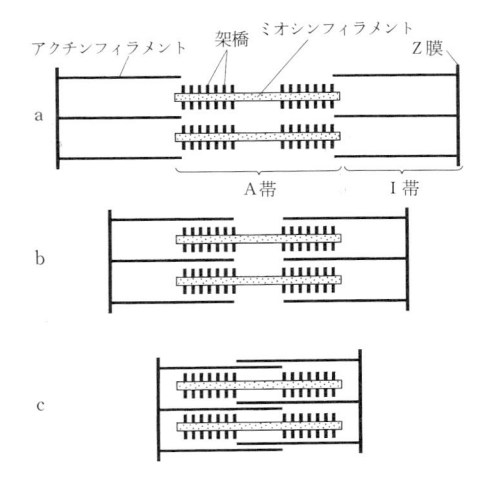

筋節長とフィラメントの重なりの程度および発生張力の関係

a **スベリン** [suberin] 〖同〗木栓質．周皮や皮層細胞の*細胞壁のコルク化が起こる場合に，壁中に堆積する物質．コルク化した細胞壁は水・空気を通しにくいが，これはスベリンの性質による．まだ純粋に得られていないが，長鎖の C_{22}-ヒドロキシ脂肪酸 ($CH_2OH(CH_2)_{20}COOH$) やジカルボン酸 ($HOOC(CH_2)_{20}COOH$) を含む重合体とされ，脂肪中に一般に見られるものとはかなり異なり，またグリセロールは構成に関与していない．コルクを硝酸で酸化すると，コルク酸（スベリン酸，$C_6H_{12}(COOH)_2$）が得られるが，もちろんコルク中に最初からあるコルク脂肪酸ではない．スベリンは生理学的にも化学的にもクチンとかなり類似した性質をもつが，化学処理にはクチンよりもはるかに弱くして解重合を起こしやすく，またアルカリで加水分解しやすい．

b **スペルモカルプ** [spermocarp] 緑色藻の Coleochaete（コレオケーテ植物門）における母体組織で包まれた接合子．受精卵は*生卵器内で厚壁化し，周囲から発達した細胞糸によって包まれて赤褐色のスペルモカルプを形成する．

c **スペンサー** SPENCER, Herbert 1820～1903 イギリスの哲学者．C. Darwin に先がけて生物進化を説いた．K. E. von Baer の発生研究を例に，均一な状態から不均一な状態への移行として進歩の概念を定義．これを全自然の普遍的原理とし，生物進化もその一環とした．社会進化論を唱え(⇒社会ダーウィニズム)，その思想はアメリカを経て明治期の日本に影響を及ぼした．進化要因論に関してはもともと J. B. Lamarck 的であったが，後に Darwin の説を取り入れて適者生存の語を作った．しかし，1890年代，A. Weismann の自然淘汰万能説に反対して論争した．[主著] Principles of biology, 2巻, 1864～67.

d **スポロクラディア** [sporocladium] 真菌類のキクセラ目の胞子形成構造に見られる櫛状構造をもつ菌糸の分枝．舟形で単細胞あるいは複数細胞からなる．キクセラ目においては，胞子嚢柄の先端にスポロクラディアを作り，その上にとっくり形の細胞を生じて単一胞子を含む分節胞子嚢を生じる．成熟時，胞子はスポロクラディア上に水滴状の塊をなすことが多いが，乾生のものもある．

e **スポロゴン** [sporogon] 特に胞子嚢が大形で，体のほとんどが胞子嚢で占められているような胞子体．コケ植物の胞子体がその例．現在ではほとんど用いられない．

f **スポロシスト** [sporocyst] 扁形動物吸虫類に属する二生類において*ミラシジウムに次いで生じる2番目の幼生．中間宿主（主に*巻貝類）の*血体腔，特に中腸腺周囲などに見られる．体は卵月形から細長い嚢状で，消化管や分泌腺を欠き，胚細胞，原腎管をもつ．胚細胞は幼生生殖によって増殖発育し，娘スポロシスト(daughter sporocyst) または*レジアを生ずる(⇒アロイオゲネシス)．娘スポロシストを生ずる種類ではレジアをつくらないものが多い．

カンテツのスポロシスト

g **住木諭介** (すみき ゆすけ) 1892～1974 農芸化学者．東京帝国大学農芸化学科教授．微生物の代謝産物の単離と化学構造の解析を研究，イネ馬鹿苗病菌の培養液からジベレリンを単離した．[主著] 抗生物質, 2巻, 1961.

h **スミシーズ** SMITHIES, Oliver 1925～ アメリカの生物学者．カナダ在住中の1950年代に澱粉ゲル電気泳動法を改良し，蛋白質のアミノ酸の違いを簡便に調べる方法として広く使われた．1970年代にアメリカのウィスコンシン大学に移ってからは，遺伝子の相同性組換えを用いてマウスの体内に外来遺伝子を導入する方法を発明し，遺伝子治療の基礎を築いた．この功績により，M. Capecchi, M. Evans とともに2007年ノーベル生理学・医学賞を受賞．

スミス SMITH, Hamilton Othanel 1931～ アメリカの分子生物学者．Haemophilus influenzae Rd 株から，はじめて制限酵素を発見，その後の DNA 研究に大きな変革をもたらす端緒となった．1978年，D. Nathans, W. Arber とともに，ノーベル生理学・医学賞受賞．その後，C. Venter らとバクテリアやヒトのゲノム配列決定に関わった．

a **スミス** S<small>MITH</small>, Michael 1932〜2000 イギリス生まれのカナダの生化学者. M. J. Zoller と共同で合成オリゴヌクレオチドを用いた DNA 上の特定位置への塩基置換の導入法を開発し, 1993 年にノーベル化学賞受賞.

b **スミス分解** [Smith degradation] 多糖を限定的な加水分解によってより小さな断片に変え, 結合様式を推定する分析法. 多糖の構造研究に広く利用される. F. Smith (1952) の考案. 多糖や糖蛋白質を過ヨウ素酸塩で酸化すると, 隣接した水酸基 (ジオール構造) 間の C-C 結合が特異的に開裂する. 反応生成物のアルデヒド基を $NaBH_4$ でアルコールに還元してから, 0.5〜1 N の酸と加熱して加水分解する (完全スミス分解 complete Smith degradation) か, 約 0.1 N の酸で室温で加水分解する (調節スミス分解 controlled Smith degradation). この加水分解によって生成するアルコール, アルコールアルデヒド, 単糖, オリゴ糖を分離・同定・定量し, もとの多糖の構造を推定する.

c **すみわけ** [habitat segregation, interactive habitat segregation] 似た生活様式をもつ 2 種以上の生物において, 各種単独で生活する場合の要求からいえば同じところにもすむことができるのに, 他種がいる場合は*競争が生じ, その結果*生息地を分けあう現象. 例えばイワナとヤマメは夏季の水温 13°C の付近を境にして分かれてすむことが多い. しかし他種のいない所では, ヤマメはそれより水温の低い上流に, またイワナは水温の高い下流にも広く分布する. この場合, 生息地が分かれているのは, すみわけの結果である. このように自然生息域の同所的・異所的個体群を比較するほかに, 実験的に一方の種を除去, あるいは 2 種を同居させた場合と単独で飼育・生育させた場合を比較してすみわけを検証する場合が多い. またやや広義の用法もあり, 現時点では競争が存在しない場合でも, 過去の競争の結果分布域が分かれた場合を指すこともあるが, 単に生息地の異なっている現象を指し示すだけの意味に誤用されることもある. 一方の種が同所的に存在する場合としない場合とで他方の種の形態が異なり, 例えば鳥や昆虫において相手の種がいる場合は餌が競合しないように嘴や大顎のサイズが変化している現象を形質置換 (character displacement) という. すみわけの概念は, 古く C. Darwin (1859) の『種の起原』や J. Grinnell (1904) の論文に起原し, 欧米では 1960〜1970 年代の*生態的地位の分化と競争種の共存の研究によって大いに発展した. 日本では, 今西錦司と可児藤吉の水生昆虫に関する研究から出発し, 後に今西 (1949) は, 生活のよく似た種 (多くの場合同属) は, 相対立しているのですみわけの関係にあり, その結果全体としてみれば, いろいろの場に対する適応から相補的な関係が生じるとして, すみわけ原理を展開した. (➡食いわけ, ➡競争排除則)

d **スライドグラス** [slide glass, slide] 光学顕微鏡などの光学機械で試料を観察するときに試料を載せる板ガラス. 幅 25 mm 長さ 75 mm のものが最も一般的で, 厚さは約 1.2〜1.5 mm 前後. 特殊な用途には凹みのある, または中央に孔のあいた生体培養用のホールスライド (depression side glass), 電極を装着した電気泳動用スライド, 標準尺度となる対物マイクロメーター付きスライドなどもある.

e **ずり応力** [shear stress] 粘性流体が細い剛体管の中を流れるときに生じる層流によって, 管壁に加わる力. 管の方向に並行する. ずり応力 (ν) は粘性 (η) とずり速度 (dy/dr) の積で表される ($\nu=\eta \cdot (dy/dr)$). 血管中での血液の流れは通常, 層流 (図) となり, 管壁から内腔へ向かって流速が増大する. このとき流速の増える割合をずり速度という. 血管内皮細胞に対するずり応力や張力の変化は, *エンドセリンや*アンギオテンシン変換酵素, *血小板由来成長因子, *一酸化窒素合成酵素など, 循環調節に関わるさまざまな遺伝子の発現に影響を及ぼす.

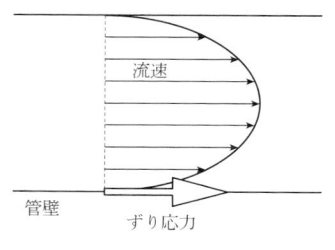

層流とずり応力

f **刷り込み** [imprinting] [1]《同》インプリンティング, 刻印づけ. 動物の生後ごく早い時期に起こる特殊なかたちの学習. K. Z. Lorenz (1935) が最初に記載. 例えば*早成性の鳥類や有蹄類は, 誕生後まもなく, 目の前を動くある範囲の大きさの物体 (通常は親であるが, 実際は何でもかまわない) に追随する. 動物はこのとき, この物体に刷り込まれ, 一生それに似たものに愛着を示すようになる (object imprinting). 自然条件下では, これは家族のまとまりを保つなどの*適応価をもつ. また, 多くの鳥類や哺乳類では, 生後早い時期に目にした動物種 (通常は親であるが, 人工飼育の場合は人間, あるいはともに飼われていた他種の動物) に対して, 成熟後, 性行動を行うようになる. これを性的刷り込み (sexual imprinting) といい, このときに性行動の*リリーサーが学習されたものと考えることができる. 刷り込みは, 限られた, しかもごく短い期間 (この期間を感受期あるいは*臨界期といい, object imprinting では数日から数時間) にのみ起こり, かつ学習されたものは基本的に一生のあいだ忘れられることがない点で, 一般の学習と異なるとされる. [2] 親の一方に由来する, 遺伝子発現の抑制現象 (➡ゲノムインプリンティング).

g **スルファターゼ** [sulfatase]《同》スルホヒドラターゼ. 有機硫酸エステルを加水分解して無機硫酸を遊離させる酵素の総称. EC3.1.6 群に属する. $R-O-SO_3^- + H_2O \rightarrow ROH + SO_4^{2-} + H^+$. その種類は非常に多く, 以下に主要なものを挙げる. (1) アリールスルファターゼ (arylsulfatase, EC3.1.6.1): フェノール硫酸類を基質とし, p-ニトロフェニル硫酸は発色性の人工基質. 動植物, カビ, 細菌などに存在. (2) ステロイドスルファターゼ (steroid sulfatase, EC3.1.6.2): ステロールの 3β の OH との硫酸エステルを基質とするが, 脊椎動物の膜結合型のアリールスルファターゼ C と同一分子であるとされる. (3) グリコスルファターゼ (glycosulfatase, EC3.1.6.3): グルコース 6-硫酸など糖硫酸エステルに作用. 貝などの軟体動物の肝膵やカビ・細菌に存在. (4) 天然多糖類の硫酸エステル (コンドロイチン硫酸, セルロース硫酸, デキストラン硫酸など) に作用する酵素: 例えば, N-アセチルガラクトサミン-6-スルファタ

ーゼ(コンドロイチンスルファターゼ, EC3.1.6.4)がある. また, ヘパリン硫酸などのもつスルホアミド結合に作用するものはスルファミダーゼ(sulfamidase)と呼ばれ, EC3.10群に分類される. スルファターゼは生体の低分子および高分子物質の硫酸エステルに作用して, 代謝経路の一端を担う場合や分解代謝に関与する場合などがある. ヒトでは(1)の酵素の活性化に要する修飾酵素が欠損すると, 多種スルファターゼ欠損症(multiple sulfatase deficiency disease)となり, これはグリコサミノグリカンが過剰に蓄積することに由来する重篤な遺伝病である.

a **スローウイルス感染症** [slow virus infection]
《同》遅発性ウイルス感染症. 著しく長い潜伏期を特徴とするウイルス感染症の総称. 発症後はかなり速い経過で病状が進行し, しかもほとんどが軽快することなく死亡する. 従来スローウイルス感染症と考えられていたものの多く, 例えば動物の伝達性海綿状脳症(ヒツジのスクレイピー Scrapie やイギリスで多発した狂牛病 BSE など), ヒトのクールー病(kuru), クロイツフェルト・ヤコブ病(Creutzfeldt-Jakob disease)などは, 細胞遺伝子にコードされる感染性蛋白質因子(*プリオンと総称される)の構造変化, またはプリオン遺伝子の異常に伴って生じた中枢神経系などの機能障害であることが明らかになった. したがって, ウイルスが原因であることが判明しているものは, 麻疹ウイルスによって生じる亜急性硬化性全脳炎(SSPE), *ポリオーマウイルス科のJCウイルスによる進行性多巣性白質脳症(PML), ヒツジのビスナウイルス感染症などである. 長い潜伏期は, その間でのウイルスゲノムの変異発生と, それに伴う宿主との相互作用の変化によると推測され, 一部については実証もされた.

b **スワンメルダム** SWAMMERDAM, Jan 1637〜1680
オランダの博物学者. 諸動物の精細な顕微鏡的研究を行い, 特に昆虫の構造, 発生, 変態を研究. また赤血球を初めて記載し, リンパ管の弁を発見した. カエルの発生なども研究し, 発生学的には前成説の立場をとった.
[主著] Algemeene verhandeling van de bloedloose dierkens, 1669.

セ

a **ゼアチン** [zeatin] 最初に単離された天然サイトカイニン．D. S. Letham ら(1963)が，トウモロコシ未熟種子から単離した．植物界に広く分布する．リボシドまたはリボチドの形でも存在するが，遊離塩基型が活性型ホルモンとして働く．(⇒サイトカイニン)

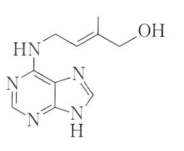

b **性** [sex] 元来は，同種の生物に*雌と*雄の区別があること．しかし以下に述べるようにいくつかの現象を含み，異なる意味で使われている．[1] 雌雄は*有性生殖が行われることに派生して生じたものであり，性の本質は，繁殖において他個体の遺伝子と混ぜることによって親とは遺伝的に異なるような子を生み出すという有性生殖にあると考えられる．鞭毛虫類・団藻類(例えばクラミドモナス)・珪藻類などの融合(*合体)，ゾウリムシやアオミドロの*接合は，有性現象の例である．また大腸菌のような細菌やそれに寄生するバクテリオファージあるいはウイルスの混合培養において，もとの系統と異なった新しい系統を生ずることも，有性生殖の特質をそなえている．[2] 有性生殖が行われる生物においては，それが遺伝的に異なるタイプの個体の間で生じるように保証する機構がそなわっている．例えばゾウリムシのような繊毛虫や淡水産の藻類では，融合する細胞の間に形の違いがない同形配偶(isogamy)が行われるが，系統は二つもしくはそれ以上の数のグループに分かれ，有性生殖は異なるグループに属する系統の間でしか生じないようになっている．このグループ分けは*性分化であると考えられ，各グループは性もしくは*交配型(接合型)と呼ばれる．この意味の性の数は，二つとは限らず，多数の性をもつ種も知られている．[3] 有性生殖をする多くの生物では，*配偶子の間に大小の差異が発達しており，大きい配偶子をつくる性機能を雌，小さい配偶子をつくる性機能を雄といい，この配偶子の2型のことを性と呼ぶ場合もある．これらの配偶子の融合を異形配偶(anisogamy)という．[4] 異形配偶子生殖をする多細胞生物においては，それぞれの個体が雄の機能(精子や花粉の生産)もしくは雌の機能(卵や種子の生産)に専業する雌雄異体と，1個体が両方の機能をもつ雌雄同体がある．また成長するとともに性転換するもの，そのときの環境によって性を変えるものなどもある．雌雄異体の種であっても，その性が遺伝子によって決定される場合と，生まれてからの環境によって変わる場合がある(*環境性決定)．雌雄異体の生物では，性による違いが配偶子や生殖器にとどまらず，体の大きさ，移動率，利他行動，攻撃性など，さまざまな違いをもたらすことが多い．これを性的二形(性二形性)という．一般に性に関連して細胞や個体に生じた差異を総体として雌雄性(sexuality)という．以上の性にまつわる諸現象のうち，有性生殖がなぜ進化で維持されているのかは不明であるが，その他のほとんどの現象については，どのような状況で進化できるのかが，ゲーム理論などに基づいてよく理解されている．(⇒性決定，⇒相対的雌雄性，⇒性転換，⇒性の支配)

c **生育温度**(微生物の) [growth temperature for microorganisms] 《同》増殖温度．微生物が生育できる温度．生育を左右する最も重要な環境因子の一つで，最も速く増殖する温度を至適生育温度という．一般に増殖速度は至適生育温度を中心として正規分布に類似した曲線を示し，至適温度から離れるにつれ徐々に低下．至適生育温度の高い順に超好熱菌，高度好熱菌，中度好熱菌，高温耐性菌，中温菌，低温菌，*好冷菌に大別される．中温菌(mesophile)は20～45°Cの範囲で最もよく生育できる菌で，大部分の真核微生物，および病原細菌，腐敗細菌を含む多くの原核生物菌種が該当．(⇒好熱菌)

d **生育期** [growing period, vegetative period] 《同》生育期間．[1] 特に植物において，1年のうちで，目に見えるような成長が起こる期間をいう．温度条件・水分条件がしばしばこれを決定する．[2] 一般に生物の成長・増殖が顕著に継続する期間．休眠期あるいは休止期，衰退期と対する．

e **斉一説** [uniformitarianism] すべての地質現象や生物現象は過去も現在も同じ営力・経過で起こるもので，天変地異によって起こる(*天変地異説)ものではないとする地質学の根本原理．J. Hutton が古く 'Theory of the earth' (1795) 中に示し，C. Lyell が 'Principles of geology' (1830～1833) の中で確立した説．有名な 'The present is a key to the past'(現在は過去を解く鍵)という句でいい尽くされる．

f **性因子** [sex factor] 細菌の性を決定する*プラスミド．狭義には*F因子のことをいうが，*R因子や*コリシン因子の中にも宿主細菌に接合能力を与えるものがあり，これらを総称していう．これらの因子をもつ細菌(雄菌)は*性線毛を形成して雌菌との間の接合を可能にし，性因子自身や細菌染色体の伝達を行うことができる．

g **精液** [seminal fluid, semen, sperm] 動物において，精子とそれを浮遊させる液として動物体が生成する精漿(seminal plasma)との混合液．狭義には精漿だけを指すことも．精漿は動物により体腔液，あるいは雄性生殖輸管の分泌物からなる．哺乳類の精漿は輸精管，精嚢，前立腺，尿道球腺などの分泌液からなる．*射精により精液が体外に排出されるまでは，精子は一般に運動せず，射精に際して各種の精漿と合して活性化される．水などを混じえず，純粋に取り出した精液を不稀釈精液(dry sperm)という．

h **正化** [peloria] *左右対称花が*放射相称花に変化することをいう．すべての花弁が単純な形になる場合と逆の場合の2通りがある．この変化の方向をペロリア化(pelorization)という．ジギタリス，キンギョソウ，ハッカなど，オオバコ科，シソ科などでは花序の頂端に上向きについた巨大な一花によく起こる．重力の影響や栄養の過多によるものもあるが，多くは直接の要因は内部的なものによる．例えばキンギョソウの場合，*cycloidea* (*cyc*) と *dichotoma* (*dich*) の二重変異体では，放射相称花を生じる．

i **生化学** [biochemistry] 《同》生物化学(biological

chemistry). 化学の知識を基礎とし，化学の方法を用いて生物の物質的組成を決定し，それらの生体成分間の化学反応を解明し，生活現象におけるその意義を研究する学問．特にこの後半を生理化学(physiological chemistry)ということもある．生物界を通じ化学構成と代謝は基本的に共通なので，それを対象とするものを一般生化学と呼ぶ．これに対し植物生化学・昆虫生化学・微生物生化学など特定の生物群を対象とした分野もある．生化学は19世紀の終わりごろ生気論を脱して独立の科学として認められ，最初の専門雑誌は E. F. I. Hoppe-Seyler の 'Zeitschrift für physiologische Chemie' で，1879年に創刊された．生化学は20世紀において急速に発展し，生体の重要成分の構造，その生合成を含めての代謝経路，さらに代謝制御の大綱が解明された．そして生命観に著大の影響を与え，また医学では*医化学，また各種臨床検査に，農学では農芸化学など，実際生活の面で多大の貢献をした．今日では生化学はほとんどすべての実験生物学の基礎となり，分子生物学や生物物理学の基盤を提供している．

a **生化学的進化** [biochemical evolution] 代謝経路や生化学物質の比較系統学的研究を中心に，進化の過程を生化学的に見た場合をいう．*生化学的反復・酵素欠如現象(→プリン分解経路)などの現象がある．M. Florkin (1966)は生化学物質の類縁関係に関し相同(→生化学的相同)・同級(相等)・相似・収斂の4概念を区別した．(→分子進化)

b **生化学的相似** [biochemical analogy] 生化学的に異なる系統の物質が，異なる種類の動物で同じ生理作用をいとなむ現象．例えば酸素担送体としてのヘモグロビン(脊椎動物)，ヘモシアニン(軟体動物，甲殻類，クモ，サソリ，カブトガニ，ウミグモ)，ハラクロム(環形動物のアカムシ)，バナジウム化合物(ホヤ，アメフラシ，イソアワモチ，クロイソカイメン，ダイダイイソカイメン)などがあげられる．

c **生化学的相同** [biochemical homology] 化学的に同一系統の物質が，異なる種類の動物のおのおのに存在し，かつ異なった生理的機能をいとなむ現象．例えば同じポルフィリン誘導体であるヘモグロビン・ミオグロビン，エリトロクルオリン・クロロクルオリン，シトクロム c・クロロフィルなどは，かなり異なった生物群に見出され，かつ異なった機能をいとなんでいる．進化学上，形態学的相同と同じ意味をもつとみられる場合が多い．(→生化学的相似)

d **生化学的突然変異体** [biochemical mutant] →突然変異体

e **生化学的反復** [biochemical recapitulation] 生体の生化学的な側面に認められる反復，すなわち個体発生が系統発生の要点を繰り返すということ．次の諸例がある．(1)脊椎動物のプリン代謝における酵素欠如現象(→プリン分解経路)にみられる．ニワトリやアヒルの胚では発生初期にはアンモニアの排出が最も多く，ついで尿素，やがて尿酸が増し，成体の型となる．カエルでは，幼生に前肢が生えてきて尾の吸収がはじまり，口が大きく開く時期まではアンモニア排出が主で，これ以後急激に尿素排出に変化する．同時に肝臓のアルギナーゼが増えてくる．(2)脊椎動物のヘモグロビンは酸素の高圧下でよくそれと結合し，低圧下ではすぐに離れ，酸素運搬体として有能である．ところが無脊椎動物のエリトロクルオリンは酸素との結合能は大きいが，低圧下でもなかなか離れない．ウシガエルの幼生のヘモグロビンは，酸素との結合のしかたにおいてむしろ無脊椎動物のエリトロクルオリンに似ており，親になると一般的な脊椎動物のヘモグロビンになる．ニワトリ胚や哺乳類の胎仔についても同様のことが認められる．(3)哺乳類や鳥類では飽和酸を含む脂肪が多いが，魚類および無脊椎動物の脂肪には不飽和酸がほとんどである．ニワトリ胚の発生のはじめには不飽和酸が多く含まれるが，発生が進むにつれて飽和酸が多くなる．

f **生活型** (せいかつがた) [life type] 何らかの方法で類型化した生物の生活様式，ないしは生活様式による生物の類型．種・*個体群・個体などについての全体的な類型もあり，肉食・腐食とか，広塩性・陽性のように，ある局面についての類型もある．特に生物の生理的特性に基づく類型を機能型(functional type)と呼ぶ．生物を系統とは独立の生活型に区分する方法には，古くからさまざまなものがあるが，陸上植物についての種々の*生活形による区分は比較的広く用いられている．動物については，生理的行動に基礎を置いた V. E. Shelford (1912) の mores が歴史的に有名(→生物群集)．また*生産者，*消費者，*分解者は，生態系における栄養動態の立場からみた生活型とみることもできる．なお，生活形と同義とする用法もあるが，これは誤用．

g **生活環** [life cycle] *生活史を*世代および核相の交代，受精および減数分裂，体および生殖細胞の発達段階の繰返しに着目して表現する方法．[1]陸上植物では複相の胞子体と単相の配偶体があり，生殖細胞として胞子と配偶子をそなえた二型性(dibiontic)である．藻類では陸上植物と同じ二型性のものに加えて，単型性(monobiontic)のものがあり，単相生活環(organism haploid，接合子だけが複相，例：アオミドロ)と複相生活環(organism diploid，配偶子だけが単相，例：ホンダワラ，ミル)に分けられる．二型性で胞子体と配偶体をもつものは，dH型，DH型，Dh型に分類される(dまたはDは複相，hまたはHは単相を表し，小文字と大文字では大文字の核相の体の方が大きい．例としてdHにはコケ類，DHにはアミジグサ，Dhにはコンブ，シダ，種子植物がある．紅藻類ではDdH型の三型性，サビキン類では五型性などの変形も多い(→単相植物，→単複相植物，→複相植物)．[2]動物では，一般に複相の体が接合体であり，生活環も複相生活環で，植物と比べて単純である．ただし原虫類(マラリアなど)や刺胞動物など成体と幼生で著しく生活や形態が変化するものについてはよく研究されており，内部寄生虫の生活環は疾病予防との関係で寄生生物の宿主への関係などが調べられている．

h **生活形** [life form] 生物の生活様式を反映している形態．個体の外形全体についても，その部分についても用いられるが，一般には特定の*環境条件に密接に適応しているような形態について論じられることが多く，またしばしば類型的に扱われる．生物の系統的位置とは一応無関係で，同一種でも環境により別の生活形を示すことがあり，逆に全く系統的に異なった種でも似た生活形をもつことがある．歴史的にさまざまな生活形の分類が提唱された．[1]植物では，最も普及しているのはC. Raunkiaer (1907)のもので，これは生活不良時(寒季および乾燥季)を耐える抵抗芽の地表面に対する高さをそ

の基礎としたものである．また，各地の植物相における生活形の割合を*生活形標準スペクトルと比較することは，その土地の気候を知る手段となり，植物地理学に利用できる．例えば高緯度あるいは高山に向かっては地上植物は減り，地表植物が増す．Raunkiaerは隠花植物をすべて除外したが，J. Braun-Blanquetらはこれを含め，新たに浮遊植物，地中フロラなどの類を設けた．しかし群落生態学にとってはこれらの生活形は大区分に過ぎる傾向がある．[2] 動物の生活形については，K. Friederichs(1930)，W. Kühnelt(1948)，A. Remane(1952)，W. Tischler(1952)などが，運動・摂食・体の保持などに関するものを類型化している．なお，動物・植物を問わず，*生活型と同義とする用法もあるが，これは誤用．

ラウンケルの生活形分類

I. 地上植物	巨形地上植物 大形地上植物 (MM) 小形地上植物 (M) 矮形地上植物 (N) 多肉茎植物 (S) 着生植物 (E)	抵抗芽が地表から30m以上 8〜30m 2〜8m 0.3〜2m
II. 地表植物 (Ch)		0.3m以下
III. 半地中植物 (H)		0m
IV. 地中植物	(真正)地中植物, 土中植物 (G) 水生植物 (HH)	
V. 夏生一年生植物 (Th)		

生活形で表した種々の緯度のフロラ(%)

生活形	S	E	MM	M	N	Ch	H	G	HH	Th
生活形標準表	2	3	8	18	15	9	26	4	2	13
Seychellen (熱帯)		61			6	12	5			16
Libyen (砂漠地帯)	12			21	20		5			42
Cyrenaika (〃)	9			14	19		8			50
Italien (地中海地方)	12			6	29		11			42
Schweizer Mittelland (温帯)				10		8	50	15		20
Dänemark (〃)			7			3	50	22		18
Spitzbergen (極帯)			1			22	60	15		2
Alpen (高山帯)			—		24.5		68	4		3.5

S:stem succulent E:epiphyte MM:megaphanerophyte, mesophanerophyte M:microphanerophyte N:nanophanerophyte Ch:chamaephyte H:hemicryptophyte G:geophyte HH:hydrophyte Th:therophyte

a **生活形標準スペクトル** [normal spectrum of life-form] 世界各地の植物の1000種類を無作為に選び，それぞれの生活形(ラウンケルの休眠型)が占める割合を百分比で表したもの．C. Raunkiaer(1908, 1918)が作成．地上植物(Ph, 46%)，地表植物(Ch, 9%)，半地中植物(H, 26%)，地中・水生植物(Cr, 6%)，一年生植物(Th, 13%)．それぞれの地方の生活形の表をこれと比較し，気候と生活形の関係を考察するために用いる．

b **生活史** [life history] 生物個体が出生してから死亡するまでにたどる過程．いつのどのような*発育段階を経て出生から死亡に至るかを，1年間にどのような世代を繰り返すかなども含めて生活史ということが多く，1個体というよりもむしろ個体群などの平均的性質を指すのが一般的．出生から繁殖開始までの時間，繁殖開始から終了までの時間，各発育段階や齢ごとの生存率や産仔数などは生活史の量的表現とも見ることができ，生活史パラメータ(life history parameter)と呼ばれる．より広義には，移動分散や休眠，変態，生息地や食性の変化などの生態的性質も含めて生活史と呼ぶこともある．これに対して*生活環は，*世代ごとに繰り返されている発生・成長の経過を意味し，変態・宿主転換・核相交代などで区分される発育諸期の系列として表現されることが多い．1年の間にいくつかの世代が繰り返される様相や，さらに，アブラムシ類(aphids)などのように，異なる型の生活史をもつ世代が交代する様相を生活環とすることもあるが，これらを周年生活環(annual life cycle)と呼んで，生活環と区別するのが適切である．生活史および生活環を，単に生物の一生やその長さという意味で，一般用語的に用いることもある．(⇒生活史戦略，⇒生命表)

c **生活史進化** [life history evolution] 生物がいかにして成長し繁殖し，老いて死に至るかという一連の過程すなわち*生活史が，環境の特性と密接に関連して特徴的な進化パターンを示すことに注目した語．R. H. MacArthurとE. O. Wilson(1967)によるr淘汰および*K淘汰説の提唱をきっかけとして研究が盛んになり，変動環境への適応としての*両賭け戦略説，生息地の特性が生活史パターンを形成するという生息地鋳型説など，さまざまな学説が出されている．一回繁殖か多数回繁殖かという生涯繁殖回数，どれくらいの齢期から産み始めるかという繁殖開始齢，繁殖力と生存や寿命の間の*トレードオフ関係(*繁殖のコスト)，変動環境下で生活史形質に2型を作る両賭けの適応的意義などが研究されている．

d **生活史戦略** [life history strategy] *生活史を，繁殖や生存に関する量的な性質(自然増加率，産仔数，繁殖開始齢，繁殖回数，寿命など)で表現したもの．生活史に関する形質が*自然淘汰により適応的に進化したという進化生態学(evolution ecology)の観点を前提にしているのが一般的であり，この観点からの研究自体をもそう呼ぶことがある．R. A. Fisher(1928, 1930, 1949)，P. H. Leslie(1945, 1949)などの先駆的な研究に続き，代表的なものとしてL. Cole(1954)の一回繁殖と多数回繁殖の比較，D. L. Lackなどのクラッチ・サイズの進化，r淘汰-*K淘汰説，などがあり，量的遺伝学の手法や最適制御理論の適用も行われている．生活史戦略の研究では，形質間に*トレードオフの関係を想定することが多いが，その実証の方法については議論がある．

e **生活相** [life phase] 生物が*生活史中で現す基本的な体制および生活様式を細胞の段階で把握し，全生物を大きく系統的に整理する上での指標．前川文夫(1947)の提案．次の三つの根本的に相違する基本相を設ける．(1)アメーバ型生活相(A相)：界面が流動性に富み，変形と移動は容易である反面，個体を維持し難く一定の体制を確立しえない．アメーバおよび変形菌類の変形体．(2)鞭毛型生活相(M相)：界面は比較的安定．鞭毛をそなえ泳ぐことが容易．鞭毛が存在するために，2個以上の集合体制は不可能．多くの生殖細胞．(3)包膜型生活相(C相)：細胞表面に包膜を分泌し，不適当な環境と原形質とを一時的に遮断し，原形質の死滅を防ぐ．環境外との物質代謝は最小限であり，休眠に重点がある．多くの胞子やツヅミモ，単細胞生物の休眠状態．これら三者の形質は多面的に互いに重なり合い，多数の中間期がある．単細胞生物はこれら各相をそれぞれ固有的に交代す

る生活史を示す.

a **生活帯** [life zone] 《同》生物分布帯. 地球上の生物相や生態系における，温度，降水量，湿潤度などのマクロな気候条件に応じた帯状的変化のうち，最も高次の単位. 気候帯とほぼ対応する. 植生では群系の単位に相当し，植生帯と対応する. 各生活帯は*バイオームや生態系に対応するので，生物種の分布だけでなく，葉の諸特性など形態や生活形，開花・成長などの生理的活動，種多様性・生産力などの群集特性，土壌型，有機物の分解速度などと強く結びついている. よく用いられる L. R. Holdridge(1967)のシステムでは，生物気温($0°C<t<30°C$であるtの積算温度の年平均値)と年平均降水量，およびそれらと関連した最大蒸発散量比(年平均降水量/年最大蒸発散量)の三つの気候条件によって世界の群系を区分する. 生物気温を幾何級数的に区分し，水平分布では熱帯($24°C$以上)，亜熱帯・暖温帯($12〜24°C$)，冷温帯($6〜12°C$)，北方帯($3〜6°C$)，亜極帯($1.5〜3°C$)，極帯($1.5°C$以下)を区別し，垂直分布はそれぞれに対応して，例えば熱帯山地では低地帯，丘陵帯，下部山地帯，山地帯，亜高山帯，高山帯，氷雪帯を区別する. 水分条件に関しては熱帯では湿潤な側から多雨林，湿潤林，適湿林，乾性林，過乾性林，有刺樹林，低木砂漠，砂漠などが区別される. 最大蒸発散量比が1の線は適湿林と乾性林の境界に相当する. もともと熱帯の群系区分から始まったために季節変化を考慮しておらず，特に熱帯山地の垂直分布と温帯の水平分布を同じ生物気温で表現しているためにずれを生ずる. (⇒生態分布, ⇒バイオーム)

b **棲管** [tube, nest tube] 動物が体外に自ら分泌・形成する保護構造物で，体に密着せず，巣のように出入自在でもないもの. 刺胞動物，環形動物，節足動物端脚類をはじめさまざまな後生動物に見られる. 単に粘液状のもの，粘液で砂泥・貝殻片・海藻などを固めたもの(ドロクダムシ類など)，柔軟で強靱な膜質を形成するもの(ハナギンチャク，ツバサゴカイ，ヒゲムシ，フサカツギなど)，あるいは硬い石灰質の管を形成するもの(カンザシゴカイなど)など多様. なお，輪形動物の固着性のものに見られるゼラチン包膜(管巣 gelatinous cover)もこれに含めることがある.

c **正規分布** [normal distribution] 《同》ガウス分布(Gaussian distribution), 誤差分布(error distribution). 確率密度関数が$-\infty<x<\infty$に対して
$$f(x)=\frac{1}{\sigma\sqrt{2\pi}}e^{-(x-\mu)^2/2\sigma^2}$$
で与えられる分布. 母数μ, σ^2はそれぞれこの分布の平均と分散に等しい. $\sigma(>0)$は標準偏差. この分布を$N(\mu, \sigma^2)$と略記する. 統計学において最も重要な役割をもつ連続分布. 平均μを中心に左右対称の鐘形をした分布曲線を示し，$x=\mu\pm\sigma$に相当するところが曲線の変曲点となる. 密度関数$f(x)$を$z=(x-\mu)/\sigma$で変数変換すると，zは$N(0, 1)$なる標準正規分布(standard normal distribution)に従い，zがある値以上になる確率は正規分布表から容易に求められる. 正規分布の母集団にあっては，標本実測値のうち，その約68.3%, 95.5%, 99.7%が平均μを中心として標準偏差σの1倍，2倍，3倍の範囲内に含まれる. 一般に確率変数が互いに独立な多数の確率変数の一次結合であるとき，その分布は個々の要素変数の分布法則に関係なく正規分布で近似される. これを中心極限定理(central limit theorem)という. 動物の体長のような形質は，多数の要因が互いに独立に作用して決まるために，自然現象の多くが正規分布に従うと考えられている.

d **正逆交雑** [reciprocal cross] 《同》相互交雑，相反交雑，逆交雑. ある*交雑ののちに，最初の交雑で雌親とした系統を雄親に，雄親とした系統を雌親として行う交雑のこと，あるいはこの2組の交雑を併せていう. G. J. Mendelがすでに用いて確かめているように，生ずる2組の雑種の間には一般に相違はないが，*伴性遺伝と*細胞質遺伝の場合は例外であって，正逆交雑は，細胞質遺伝の現象を発見する重要な手掛かりを与える. 伴性遺伝の例をあげると，ショウジョウバエの白眼と野生型の交雑において，白眼を雌，野生型を雄とすれば，F_1には野生型の雌と白眼の雄とが1:1に現れる，すなわち十文字遺伝を行う. ところが野生型を雌，白眼を雄としたその正逆交雑では，F_1はすべて野生型である. 細胞質遺伝では，2組のF_1は遺伝子型は全く等しいけれども，*表現型に差がでてくる(一般には雌親の形質になる). トウモロコシの*斑入り遺伝子(variegation gene)にその例がある(図).

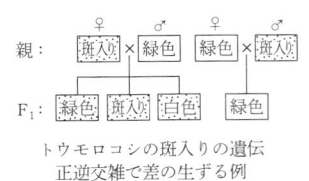

親: ♀ 斑入り × ♂ 緑色   ♀ 緑色 × ♂ 斑入り

F_1: 緑色 斑入り 白色   緑色

トウモロコシの斑入りの遺伝
正逆交雑で差の生ずる例

e **制御** [control] 生物学では*調節(regulation)とほぼ同義. ただ，その機序がより明確であり，条件の変更が意図的に可能であるようなニュアンスが強い. 例えば，害虫などの個体群密度の調節を，ヒトがある意図のもとに行えば，害虫の防除(control)となる. 遺伝情報に基づく遺伝的制御(genetic control, ⇒調節遺伝子)と，環境要因が生体に及ぼす環境的制御(environmental control)に分けることがある. 与えられた環境に合わせて適応的な挙動をするとき，その応答のやり方自体が遺伝的な制御を受けると考えれば両者は関連している. (⇒相関, ⇒フィードバック制御)

f **制御性T細胞** [regulatory T cells] Treg, Trと略記. 《同》サプレッサーT細胞，調節性T細胞. 免疫応答を抑制的に制御する機能に特化したT細胞サブセットの総称. 1970年代に外来性抗原の免疫によって，抗原特異的に免疫応答を抑制するT細胞活性が発見され，サプレッサーT細胞と呼ばれた. しかし，その後の研究によってもこのT細胞の本体の解明には至らず，現在ではサプレッサーT細胞という用語はほとんど使われない. 他方1980年代に，正常個体には自己免疫疾患の発症を抑制する活性をもった$CD4^+$T細胞サブセットが存在することが発見された. これらのT細胞は抗原感作によらず存在することから，サプレッサーT細胞と区別するために制御性T細胞と呼ばれる. 制御性T細胞は特異的に転写因子*Foxp3を発現し，その発生・分化および抑制機能は一義的にFoxp3に依存している. Foxp3変異マウスは制御性T細胞を欠損し，自己免疫疾患を自然発症する. 制御性T細胞は自己免疫を抑制するのみならず，炎症，アレルギー，移植片拒絶，

感染免疫，腫瘍免疫など多様な免疫応答を抑制する活性をもち，独立したT細胞系列であると考えられている．正常個体において制御性T細胞の多くは胸腺で発生し，これらは内在性(または胸腺由来)制御性T細胞と呼ばれる．しかし制御性T細胞は，ある条件下(例えばトランスフォーミング増殖因子の存在下)で抗原刺激を受けると末梢のナイーブCD4$^+$T細胞からも分化しうることが示されており，これらは誘導性制御性T細胞と呼ばれる．制御性T細胞による免疫抑制の分子機構に関しては，抑制性サイトカインを介しての抑制，抗原提示細胞の不活性化，標的細胞のアポトーシス誘導，炎症促進性サイトカインの消費など，諸説が提唱されている．これ以外にも，Foxp3陰性で免疫抑制作用を有するT細胞サブセットが複数報告されている．例えば，末梢ナイーブCD4$^+$T細胞から分化し抑制性サイトカインであるインターロイキン10を産生して免疫抑制作用を示すTr1細胞，細胞活性化に伴って誘導されるQa1分子(非古典的I型主要組織適合性抗原)を認識するQa1拘束性CD8$^+$制御性T細胞，ある種の*NKT細胞などである．これらの免疫抑制活性を有するリンパ球群も広義には制御性T細胞と呼ばれる．

a **生気論** [vitalism] 《同》活力論．生命論上，生命現象の合目的性を認め，それが有機的過程それ自身に特異な自律性の結果であると主張する論．歴史的に重要な立場で，一般的には*機械論と対立する．古くAristotelēsは可能性としての質料からの現実的な形相の実現をエンテレケイア(entelecheia，またはエネルゲイア)と呼び，彼の発生論において生物におけるエンテレケイアとして3種類の霊魂を考えた．近世以降 W. Harvey や J. T. Needham も生気論的後成論を述べた．そのほか多くの学者により生命力(vital force)に相当する生物に独特の種々の原理(例えば C. F. Wolff の'Theoria generationis'(発生論，1759)における vis essentialis)が主張された．しかし17世紀以来，機械論によって次第に勢力が揺るがされた．その情勢の中での生気論の最も重要な展開は，19世紀末から20世紀初頭にかけて H. Driesch によりなされた．機械論的立場からウニの初期発生の実験的分析に熱中していた彼は，ウニ卵が1個の全体として著しい調節能力を表すことを見，動的目的論(dynamic teleology)の不可避であることを認め，新生気論(neo-vitalism)を主張するにいたった(⇒調和等能系，⇒エンテレヒー)．Drieschとほぼ同時代に生気論的見解を述べた学者にはG. Wolff，J. Reinke がある．Driesch のエンテレヒーなどの捕捉しがたいものに対し，より具体的とも考えられる心的要因を原理とするものを心的生気論(psychovitalism)という．

b **性決定** [sex determination] 雌雄異体の種において個体の性が雄または雌に*決定されること．個体のもつ遺伝子によって決定される場合を遺伝性決定，育つ環境によって決まる場合を*環境性決定という．(1)遺伝性決定をする多くの動物は常染色体のほかに，*性染色体として雄個体の細胞がXを1本またはXとYを1本ずつもち，雌個体が常にXを2本もつ．減数分裂の結果，卵はすべてXを1本含むが，精子にはXをもつものと，もたないものとができ，前者の受精によって雌を，後者の受精によって雄を生ずる．したがって性染色体説によれば個体の性は受精の瞬間に決定する．これは雄ヘテロ型の性決定である．これに反し，鳥類・爬虫類・鱗翅類・毛翅類などには，雌ヘテロ型の種が存在し，性染色体はZとWと呼ばれる．これらの生物は雌の体細胞には一つのZとWをもつ．雄はホモで1対のZをもつ．1種類の性染色体しか存在せず，それを1本または2本もつことで異なる性が決まる生物もある．その場合は雄ヘテロでXO，雌ヘテロでZOと表記し，Oは片方の染色体をもたないことを示す．しかし魚類や両生類・爬虫類などの研究から，種によって，または同一の種の中でも，雄ヘテロの場合と雌ヘテロの場合があり，この両者の区別は必ずしも種・分類群に固定的なものではないことが知られている．なお*伴性遺伝の現象は，性染色体説の有力な証明であるが，ダチョウなどの原始的な鳥類の一部や爬虫類・両生類・魚類の多くの種では，交配実験などによって遺伝的に性染色体の存在が証明されても，性染色体の形態分化が見られないことがある．このように性染色体の組合せによって性が決定することは，染色体上に性の決定に関与する遺伝子(または遺伝子群)の存在を仮定して説明される．しかしいろいろな場合があり，例えば遺伝子平衡説(⇒間性)，雌雄量的決定説などの説がたてられている．膜翅類(ミツバチやコマユバチなどでの研究が多い)，ある半翅類(カイガラムシやコナジラミ)，ダニ類，ワムシ類などでは，受精によって生じた倍数体は雌に，そうでない半数体は雄になる．これを半倍数性決定(haplo-diploid sex determination)という．その説明としては，P. W. Whiting の補足因子決定説がある．すなわち，単数性雄にはXa因子をもつものとXb因子をもつものとがあり，これらは単独では雄を形成するが，いっしょになると補足的に作用して雌の形質を生ずるという．(2)環境性決定としては，ある種のワニやカメ，トカゲなどで，卵の孵化する温度によって性が決まるのが有名である．ボネリムシでは，幼生が他の個体から離れて定着すると雌になるが，雌の体の上に定着すると雄になる．遺伝性決定の場合でも，性を決定する遺伝子が核にあるとは限らない．等脚類の一種では，細胞質にバクテリアが寄生しているとすべて雌になり，それを実験的に取り除くと雌雄が1対1にできる．なお，ヒトを含む多くの哺乳類はXX-XY型であるが，Y染色体上に*精巣決定因子があり，Y染色体をもたなければ雌に，Y染色体をもてばX染色体の数に関係なく雄となる．(⇒性転換，⇒性分化，⇒性決定遺伝子)

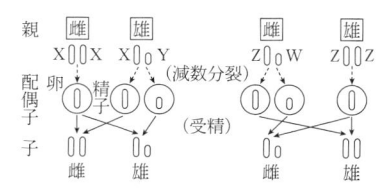

○：XまたはZ　o：YまたはW

I 雄ヘテロ型性決定
　a XO型．例：バッタ，植物ではヤマノイモ・サンショウ
　b XY型(左図)．例：キイロショウジョウバエ・ヒト，スイバ・シバヤナギ・ヒロハノマンテマ
II 雌ヘテロ型性決定
　c ZO型
　d ZW型(右図)．例：ニワトリ・ヘビ，タカイチゴ

c **性決定遺伝子** [sex determining gene] 生物の性

を決定する遺伝子．動物では，さまざまな性決定遺伝子が発見されており，哺乳類の SRY (sex-determining region Y)，アフリカツメガエル DM-W，メダカ DMY，線虫 mab-3，ショウジョウバエ Sxl，セイヨウミツバチ csd，カイコ Fem がある．哺乳類では SRY が生殖腺を精巣に分化させる働きがあり，SRY が働かないと生殖腺は卵巣になる．そのため，SRY 蛋白質は精巣決定因子と呼ばれる．SRY 遺伝子は直接には生殖腺を精巣にすることはないが，遺伝子カスケードを介してアンドロゲンを合成させ，アンドロゲンが生殖腺を精巣に分化させる．SRY は哺乳類の Y 染色体上にあり，マウスの雌 XX の胚に遺伝子導入すると，導入された個体に精巣が形成される．SRY は DNA 結合モチーフの HMG ドメインをもつ．哺乳類以外では SRY と相同な遺伝子は発見されておらず，哺乳類に近縁な単孔類のカモノハシにもない．Y 染色体を欠失した一部のネズミの種も SRY をもたないが，雌雄の分化はある．動物によって性決定に至る遺伝子カスケードに多様性があり，性決定機構には柔軟性がある．染色体の組合せによる性決定が明瞭な生物でも，実験的に性転換を起こさせることができる．そのため，性決定物質 (sex determining substance) の存在が考えられてきた．脊椎動物では，性決定遺伝子の下流に性ホルモンがあり，*性ホルモンの投与によって性転換させることができるため，性ホルモンが性決定物質として働く．しかし，すべての脊椎動物の自然の性分化に際して性を決定する物質が性ホルモン自体であるかどうかは明らかではない．無脊椎動物や植物では性決定物質に関する知見はほとんどない．

a **制限因子** [limiting factor] 《同》限定因子 (速度を規定する場合は*律速因子)．生物現象に関係する内外の諸因子 (温度，光，水分，細胞内の酵素や基質の量など) のうち，その現象の性質や大きさ・速度などを規定する主因となり，他の因子が多少増減してもほとんど影響を受けない因子をいう．制限因子のわずかな変化は全体に大きく影響するが，引き金作用による増幅とは区別しなければならない．(→最少量の法則)

b **制限酵素** [restriction enzyme] 《同》制限エンドヌクレアーゼ (restriction endonuclease)．宿主支配性制限 (→制限・修飾) に関与している酵素で，DNA の特定の塩基配列を識別して二本鎖を切断する*エンドヌクレアーゼ．種々の細菌類から特異性の異なった酵素が精製されている．この種の酵素は生物界に広く分布しており，生物種によって特異性が異なるので，酵素名に生物種を略記する．例えば Haemophilus influenzae d 株から分離された酵素は endonuclease Hin d または単に Hin d と呼ぶ．また同一生物種に複数の酵素が含まれているときにはその後に数字をつけて，例えば Hin d III というように書く．制限酵素は特異性の点から I 型，II 型に分類される．大腸菌の B 株，K 株などから分離された Eco B，Eco K などが I 型に属する．反応に ATP，S-アデノシルメチオニン，Mg^{2+} を必要とし，識別塩基配列から離れた不特定の位置で切断する．したがって切断部位の塩基配列は不均一である．これに対して II 型の酵素は反応に Mg^{2+} だけを要求し，識別塩基配列のなか，または少し離れた特定の位置で DNA を切断する．識別塩基配列は 4〜6 個のものが多く，例えば Hin d III は図のような 6 個の塩基配列の部位を矢印の位置で切断する．ただし，この配列中のアデノシン (*印) が修飾酵素によってメチル化されていると，この制限酵素では切断できなくなる．一般に同じ基質特異性をもつ制限酵素と修飾酵素は同一細胞内に共存しており，細胞の DNA は修飾によって制限酵素から保護されている (→宿主支配性修飾)．II 型の酵素を用いると，DNA を特異的にかつ系統的に切断することができる．また同じ種類の酵素で切断された DNA 断片の末端は，同じ構造をもつことになる．このような特性から，制限酵素は DNA 塩基配列の決定や遺伝子工学に欠くことのできない重要な道具となっている．

$$5'\text{——}pApApGpCpTpT\text{——}3'$$
$$3'\text{——}TpTpCpGpApAp\text{——}5'$$

A：アデノシン，C：シチジン，G：グアノシン，T：チミジン，p：リン酸

c **制限酵素切断地図** [restriction endonuclease cleavage map] 《同》切断地図 (cleavage map)．*制限酵素による DNA の切断個所を示した*物理的遺伝子地図の一種．DNA を制限酵素で切断して生じた DNA 断片の長さをゲル電気泳動法で決定する．次に，DNA を制限酵素で不完全に分解して生じる中間産物を分析したり，別の制限酵素で二重分解するなどして，各 DNA 断片の配列順序を決める．長い DNA 鎖の塩基配列を決定するにはこの地図を作製することが必要である．この地図はまた，遺伝子の同定や遺伝子多型を調べる指標に使われる．

d **制限・修飾** [host-controlled restriction and modification] 《同》宿主支配性制限・修飾．ファージが感染増殖した宿主細菌によって*宿主域を変える現象で，*宿主支配性修飾および，その修飾をもたないファージの感染を抑制する宿主支配性制限のこと．宿主支配性変異 (host-controlled variation) ともいう．2 種類の機構が知られているが，特異的な 4〜6 塩基対の配列でのメチル化による修飾と，メチル化されていない塩基配列部位を切断する制限酵素による制限とからなる系が一般的である (→制限酵素，→DNA メチル基転移酵素)．この制限系を逃れるファージ側の抵抗機構も何種類か知られている．第二の機構による制限・修飾は，DNA のグリコシル化による修飾と，グリコシル化されていない DNA を切断することによる制限である．歴史的には第二の系の方が大腸菌の偶数系 T ファージで先に発見された．

e **生元素** [bioelement] 《同》生体元素，不可欠元素，必須元素．生物が正常な生活機能を営むために必要な元素．生元素にはすべての生物に共通なものと特定の生物にだけ必要なものがある．炭素，窒素，酸素のようにすべての生命体に多量に含まれる多量元素が生元素であることは明らかだが，*微量元素の場合にはそれが生元素であるか否かを決めるのは容易ではない．生元素であることを証明するには，その元素が欠乏した場合に特定の生化学的変化が生じ，これを加えた場合にその変化が回復することを明らかにする，もしくはその元素を含む生体成分を取り出し，その生理的意義を明らかにする必要がある．現在のところ，約 30 種類の元素が生元素であると考えられている．(→栄養元素)

f **制限断片長多型** [restriction fragment length polymorphism] 特定の*制限酵素でゲノム DNA を切断し，

切断されたDNA断片をなんらかの形で可視化することで検出される多型．英語名の頭文字をとってRFLPと呼ぶ事が多い．塩基置換により単一塩基多型となっている塩基位置を含む部分が，制限サイト(識別塩基配列)であるかないかによって断片長が変化することを用いるが，検出感度によるものの，塩基の挿入欠失多型も見出すことができる．動物のミトコンドリアDNAのように，ゲノムサイズが小さい場合には，全体を制限酵素で処理して得られたDNA断片の長さをゲル電気泳動で推定する方法がとられるが，核ゲノムの場合には，*PCR法で特定部分を増幅したあと，そのDNAを制限酵素処理する場合が多い．現在では塩基配列を直接決定するなど他の方法が開発されており，新規多型の検出にはあまり用いられないが，簡便なので既存の多型を識別する用途では現在でも広く使われている．

a **生合成** [biosynthesis] 生体によって行われる同化的な反応の総称．代謝の一部をなす．これには次のような異なる生理的意味をもつ場合がある．(1)成長・増殖に必要な物質の合成．(2)定常状態での構成物質の損耗を補う合成．(3)長期・短期の貯蔵に必要な合成．一般に生合成は*吸エルゴン反応であり，分子構造は低分子から複雑な高分子に向かうものが多い．エネルギー供給は典型的にはATPによるが，GTP(例:蛋白質生合成)，UTP(糖生合成)，CTP(リン脂質生合成)も使われる．還元型補酵素も利用される(脂肪酸鎖の延長)．生合成は要素単位からの全合成すなわちデノボ合成(de novo synthesis，例:光合成)と，部分的分解物が逆行する*サルヴェージ経路(例:プリンヌクレオチドの転換)とに大別される．生体内の各種生合成経路は相互に複雑な制御を及ぼしあっている．

b **整合性分析** [compatibility analysis] 《同》クリーク法(clique method)．*形質状態行列をデータとするとき，系統解析を行う前に整合的(compatible)な形質だけを選択する系統推定のための一手法．整合的形質とは，系統樹の樹形を適当に選べば*ホモプラシーをなくすことが可能な形質のことである．逆に，不整合的(incompatible)な形質とはいかなる系統樹の上でもホモプラシーを仮定しなければならない形質のことである．次に，抽出された整合的形質に基づいてクラスター(クリーク)を逐次的に作成する．

c **星口動物** [sipunculans, sipunculids, peanut worms ラ Sipuncula] 《同》ホシムシ類．左右相称で裂体腔性の真体腔をもつ旧口動物．環形動物門の一綱としてスジホシムシ亜綱，サメハダホシムシ亜綱の2亜綱を含む．体は，円筒形の体幹と，その前端から出し入れ自在の陥入吻(introvert)とに分けられる．後者の働きで体を移動させ，あるいは大量の砂泥とともにデトリタスを摂餌する．陥入吻の表面にキチン質の微小な鉤(hook)が多数配列することがある．口は陥入吻の先端に開く．触手は口を囲み星状に配列するか，あるいは口の背方にまとまる．ただ一つの真体腔は広大で，大部分を消化管が占めるが，陥入吻を引き込むための1～2対の牽引筋も張り渡され，さらに通常1対の腎管が体幹前端部内壁の腹側面に付着する．腸は長く，体後端で折り返して，体幹前端の背正中で肛門として終わるが，このU字形のループはともによじれて二重のらせんとなる．神経系は，咽頭背壁に接する小形の脳，腹正中を走る1本の腹神経索(分節なし)，および両者をつなぐ食道神経環からなる．腎管は内腎口で体腔に，外腎口で体表にそれぞれ開く．雌雄異体が通例．卵や精子は内・外腎口を経て海中で合体し，らせん卵割してトロコフォア型浮遊幼生となるか，あるいは種によっては直接発生する．ごくまれに単為生殖や無性生殖する種も知られる．一生を通じて体節性を全く示さない．かつてはユムシ類などとともに*類環虫類に位置づけられたほか，*前肛動物や*環形動物の一員などともされ，その後長年独立の一門として扱われてきたが，近年の分子系統学的解析の結果を受けて，環形動物門に編入される傾向にある(⇒付録:生物分類表)．分布は海底で，全世界の潮間帯から超深海に分布．サンゴ礁や岩盤に穿孔しあるいは砂泥中に潜む．現生既知200種以上．

d **生痕化石** [trace fossil, ichnofossil] 生物によるさまざまな活動により堆積物，岩盤，骨，植物組織に形成された三次元構造が化石化したもの．堆積物に形成された巣穴，這い痕，足跡などが一般的で，動物の糞，植物の根の痕跡が化石化したものも含む．かつて生痕化石の多くは，正体不明の化石構造，植物や藻類あるいは動物の体化石として誤って扱われた．生痕化石の命名・記載は，動物以外の生物が形成した構造であっても国際動物命名規約に準じ，生痕属名(ichnogenus)と生痕種小名(ichnospecies)で表記される．生痕科(ichnofamily)よりも高次の分配基準は存在しない．生痕化石の形態は，形成者の形態の他に行動・生活様式の違いが反映される．このため分類群が全く異なる動物でも，行動や生活様式が似ていると生痕化石の形態も酷似し，同一の生痕分類群として扱われる．生痕化石は，形成者の生息環境復元指標としての利用価値が高い．

e **精細管** [seminiferous tubule ラ tubulus seminiferus] 《同》細精管．脊椎動物の精巣の主要部を構成する小管．管壁に近くまず精祖細胞がその位置を占め，以下内腔に向かって分裂あるいは変態を重ねて，精母細胞，精子細胞，精子の順に配列する(⇒精子形成)．また，これら一連の細胞とは別に管壁に接して*セルトリ細胞があり，精祖細胞から精子に至る全細胞はこのセルトリ細胞に付着した状態にある．精細管は発生学的には胚上皮に由来する索性中に管腔を生じて形成される．精細管中に生じた精子は，精細管に続く精巣輸出管，精巣上体管，精管を通じて排出される．

f **性索** [sex cord] 《同》増殖索．脊椎動物羊膜類の雌雄において，*生殖上皮(胚上皮)が増殖し間葉中に伸長してできた索状構造．間葉で満たされている生殖隆起の中に，腸間膜中や血液中を移動してきた始原生殖細胞が進入すると，生殖上皮が増殖し，間葉中に伸長して一次性索(primary sex cord，髄索 medullary cord)となる．この段階までは組織形態上の雌雄差はない．この後精巣原基中では一次性索は始原生殖細胞を取り込みながらさらに発達し，*精細管を形成し，始原生殖細胞は精祖細胞となり，生殖上皮由来細胞は*セルトリ細胞となる．最終的には精巣網となったのち中腎管に接続する．一方卵巣原基中では一次性索は退化する．改めて生殖上皮が増殖し，二次性索(secondary sex cord，皮索 cortical cord)を作る．二次性索の細胞は卵胞上皮(*濾胞細胞 ovarian follicular cell)となり，始原生殖細胞は卵子となる．(⇒卵巣索，⇒プリューガー卵管)

g **精索** [spermatic cord ラ funiculus spermaticus] 哺乳類の輸精管，精巣動・静脈(*精巣動脈-蔓状静脈叢

系），精巣挙筋および神経が共通の結合組織性被膜に包まれた索状体．*精巣下降後，これは鼠蹊管内を通る．その被膜は数層からなり，陰嚢内に続いてそれぞれが精巣を包み，また陰嚢壁の構成に参加する．

a **生産構造** [productive structure, production structure] [1] 植物の物質生産における，群落内の同化器官と非同化器官の空間的な分布状態．S. Monsi と T. Saeki(1953)が提出．*層別刈取法によって各器官の垂直分布を求め，それを光の垂直分布とともに図示したものを生産構造図という．[2] 一般的に，生物の個体・個体群・群集を生物生産の主体としてとらえる観点に立つとき，個体の形態，個体群の構成，群集における生物の諸関係．

b **生産効率** [production efficiency] *生態系，*群集，*個体群，個体などをめぐって，物質やエネルギーの転移する効率．生産生態学で広く用いられ，次のように四大別される．(1)生態系ないし群集内での効率：最も古典的なものは，ある時間内に i 番目の栄養段階に取りこまれたエネルギー量の $i-1$ 番目の取りこみ量に対する比率(A_i/A_{i-1}，以下記号は→生産速度)であって，最初にこの効率を提案した R. L. Lindeman(1942)によって累進効率(progressive efficiency)と名づけられた．後にはこれをリンデマン比(Lindeman's ratio)またはリンデマン効率(Lindeman's efficiency)ともいう．E. P. Odum(1971)の栄養段階同化効率(trophic level assimilation efficiency)はこれと同じもので，彼はそのほかに P_i/P_{i-1} を，栄養段階生産効率(trophic level production efficiency)，C_i/C_{i-1} を誤ってリンデマン効率と呼んでいる．なお Lindeman は，累進効率は栄養段階が進むほど増大するとしたが，後に否定されている．(2)転換効率：ある個体ないし個体群内におけるいろいろの生産速度間の比率．通常 A_i/C_i(同化効率，総同化効率 assimilation efficiency)，P_i/C_i ないし P_i/A_i(純同化効率 net assimilation efficiency, production efficiency)，G_i/C_i あるいは G_i/A_i(成長効率 growth efficiency)が用いられる．成長効率については，G_i/C_i を粗成長効率(growth coefficient of the first order)，G_i/A_i を純成長効率(growth coefficient of the second order)と呼ぶ区別も一般的である．なお水産養殖学で用いる増肉係数は C_i/G_i のことであるが，実際上は投餌量の取上量に対する比をいう．(3)捕食者-被食者間の効率：ある個体群ないし個体の摂食速度で，それが捕食する 1 種以上の個体群の生物体量，あるいは純同化速度で除したもので，V. S. Ivlev(1945)の提案した捕食係数(ecotrophic coefficient)が一般に用いられる．この場合，C_i/B_{i-1} を捕食係数(静的捕食係数 static ecotrophic coefficient)，C_i/P_{i-1} を動的捕食係数(dynamic ecotrophic coefficient)または捕食効率と呼んで区別することもある．(4)個体群をめぐる効率：L. B. Slobodkin(1960, 1962)が，三つの栄養段階にそれぞれ 1 種だけが存在し，かつ平衡状態にある実験系によって提示した以下の 3 効率で，その後一般に用いられている．(i) 生態効率(ecological efficiency)：ある個体群の摂食速度に対する被食速度の比率 Lp_i/C_i．上記の実験系では，ある個体群の被食速度はそれを捕食する個体群の摂取速度と同じだから，後には C_{i+1}/C_i とも定義されたが，一般にはこの二つは互いに異なったものであり，後者はむしろ(1)に属するものである．(ii) 食物連鎖効率(food-chain efficiency)：ある個体群の被食速度の，その個体群への食物供給速度に対する比率．同じく上記の実験系においては，ある個体群への食物供給速度とは，それに捕食される個体群の死亡速度にほかならず，またこれは純同化速度に等しいから(∵ $\Delta B_{i-1} \equiv 0$)，$C_{i+1}/L_{i-1}=C_{i+1}/P_{i-1}$ とも定義された．しかしこれらも一般には異なるものである．(iii) 個体群効率(population efficiency)：ある個体群の被食速度の，その被食量に当たる生物体量を生産するのに要した捕食速度の増分に対する比率．すなわちこの系において，被食のないときは $C_i=F_i+R_i+Ld_i$ であるが，被食があれば $C'_i=F'_i+R'_i+Ld_i+Lp_i$ となり，この場合の $Lp_i/(C'_i-C_i)$ をいう．

c **生産者** [producer] 《同》一次生産者(primary producer)．*生態系における有機物の生産者としての独立栄養生物あるいは生物群．A. F. Thienemann(1918)が提唱．*栄養段階の最底辺をなす．光合成生物と化学合成生物がこれにあたるが，大部分の生態系では，光合成能力をもつ植物(微生物を含む)が有機物生産の大部分を担っているので，前者のみを指して生産者と呼ぶことが多い．(→一次生産)

d **生産速度** [production rate] 任意の時間当たりの *生物生産の量(生産量 amount of production)で，生物の生産過程の量的指標．次の場合に二大別される．(1) 独立栄養生物による一次生産：光合成速度あるいは化学合成速度(chemosynthetic rate)を総生産速度(gross production rate, 記号 P_g)，P_g から呼吸速度(respiration rate, R)を差し引いたものを純生産速度(net production rate, P_n)と呼ぶ．P_n はまた，成長速度(growth rate, G)と死亡速度(rate of death, Ld)・落葉枝速度(rate of litter fall, Ls)と被食速度(predation rate, Lp)の和でもある．G, Ld, Ls, Lp を独立に測定して P_n を求める方法を積上げ法という．(2) 従属栄養生物(heterotroph)の二次生産：体内に吸収された有機物の時間当たりの量を総同化速度(gross assimilation rate, A)，生物体として再合成される速度を純同化速度(net assimilation rate)または狭義の生産速度と呼ぶ(記号 P)．A は独立栄養生物の P_g に，P は同じく P_n にあたる．動物においては，$P=A-(R+U)$ であり(U:代謝排出速度 excretion rate)，A は摂取速度(consumption rate, C)と不消化排出速度(defecation rate, F)の差である．また，$U+F$ をまとめて排出速度(rate of rejection, E)と呼ぶこともある．P は個体では G と個体の成長の過程で脱落する体毛・表皮・角質など，すなわち脱落速度(rate of fallout product, Ls)の和であるが，個体群ではこの他に死亡速度($L=Lp+Ld$, Ld:死滅分解速度 decomposition rate)が含まれる．また，人為除去速度(rate of man's yield, Y)を別項として置くこともある

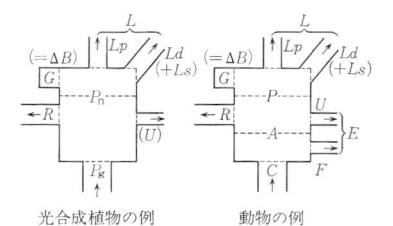

光合成植物の例　　動物の例

(A. Macfadyen, Blackwell, 1964)

(→総生産, →純生産). なお各速度は, ディメンションに混乱の起きないかぎり速度と呼ばず量と呼ぶことも許容されている.

a **生産力** [productivity] 《同》生産性. 単位面積あるいは単位容積内での単位時間当たりの生産量. ただし, 生物の生産過程の速度に関した諸側面を表す概括的な用語として, 潜在的生産能力や回転率, さらに土地の生産力・肥沃度(fertility)など, さまざまな意味でも使われる.

b **正視** [emmetropia] 眼の光軸に平行に入った光線が, *遠近調節をしない場合(調節休止時)に正しく網膜の感光層上に焦点がある状態. このような正常な屈折力を示す眼を正視(正視眼 emmetropic eye)という. 平行光線の焦点が網膜上に位置しない場合は, *屈折異常または不正視(ametropia)と総称され, 遠視, 近視, 乱視が含まれる.

c **制止** [inhibition] 《同》禁止, 抑制. 大脳皮質において, 陰性条件刺激(→分化)によって生じる過程. I. P. Pavlov は条件刺激(→条件反射)に関係して生起する過程を解析し, 陽性条件刺激はそれに対応する皮質部位に*興奮を生じるが, 陰性条件刺激は制止を生じるとした. 皮質過程としての興奮は, 形成された神経経路を介して無条件反射を起こしうるが, 制止はそれ自身でこの無条件反射を起こすことができないだけでなく, 皮質の興奮を打ち消しあう負の作用をもつ. この正負の2過程は大脳皮質過程の基本である. 条件反射の消去においては, 条件刺激は一時的に陰性条件刺激の性質を帯び, 大脳皮質に制止を生じる. これが消去制止である. *刺激般化は興奮が大脳皮質に広がりを起こすことによる. *分化は興奮および制止の2過程が, 陽性および陰性条件刺激に対応する皮質のそれぞれの部位に集中するために生じるものであり, このような陰性条件刺激による制止が分化制止である. 複雑な刺激の下にある動物では, 大脳皮質に興奮および制止の2過程が空間的・時間的にモザイク様に生起し, 複雑な相互作用を営んでいると解される. 大脳皮質の一部に強い興奮が生じると, 遠隔の部に制止が強まる現象, あるいは一部に制止が発生したために遠隔の部に興奮が強まる現象は, 誘導(induction)と呼ぶ. イヌに, 実験とは関わりのない強い刺激を作用させると, 皮質に制止を生ずることがある. これを特に外制止(external inhibition)と呼び, 上記の消去制止・分化制止などは内制止(internal inhibition)と呼んでこれと区別する. また大脳に制止の発生しているイヌに, 一応関わりのない強い刺激を作用させると, 制止が急に除去されることがある. これを脱制止(disinhibition)と呼ぶ. なお, C. L. Hull の行動理論においては, 行動を起こす正の傾向である習慣と負の傾向である制止との相互関係から反応ポテンシャルが生じるとされており, 条件反射学における制止の概念が心理学にとり入れられている.

d **星糸** [astral ray] *星状体を構成する個々の細糸状構造. 電子顕微鏡による観察では星糸微小管系である.

e **精子** [spermatozoon, sperm] 《同》精虫. 多細胞生物の雄性配偶子のうち, 雌性配偶子と形態的・機能的に著しい差を示し, 小形で運動性をもつもの. [1] 動物では*後生動物(中生動物を含む)のすべてにわたってみられる. 多くの動物の精子は鞭毛虫型(→鞭毛虫類)をしており, 通常前方より順に頭部(head)・中片部(middle piece, mid-piece)・尾部(tail)を区別する. 細胞質は精子完成過程で失われ, ごくわずかしか存在しない. 頭部は, その先端にあって受精の際に重要な役割を果たす*先体と, 凝縮した状態の細胞核からなる. この核中に含まれるDNAの量は一般の体細胞核に含まれる量の半分である(細胞学的には n). また塩基性DNA結合蛋白質として*プロタミンが含まれる. 頭部の形態は球形・円錐形・扁平な楕円形・らせん形・鉤形など多様で, 中片部には1個の*中心小体(中心粒)と*ミトコンドリアが存在する. 哺乳類などの精子では頭部と中片部の間に頸部(neck)と呼ばれるやや細い部分が区別され, ここに中心小体がある. 尾部は*鞭毛で, 精子の運動装置である. 尾部の中心には中心小体から発する軸糸(axial filament, axial fiber)が走っている. 軸糸は9+2構造をとり, 哺乳類精子ではその外側をさらに9本の周辺束繊維が取り囲んでいる. また尾部の大部分が繊維性の尾鞘(tail sheath)で包まれているが, 尾端の一部ではこれを欠き, その部分を終片(end piece)という. 両生類精子の尾部は波動膜を伴う. 一部の動物(線虫類・甲殻類など)の精子は無鞭毛型で, アメーバ状運動をするものもある. 精子は*精巣における形成過程において*減数分裂および*精子完成を経て形態的に完成するが, 機能的にはまだ完成しておらず, *精巣上体および雌性生殖道内での*精子成熟が必須である.

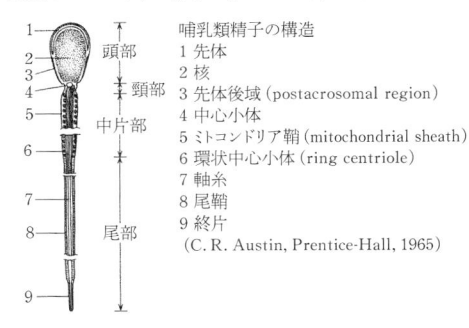

哺乳類精子の構造
1 先体
2 核
3 先体後域 (postacrosomal region)
4 中心小体
5 ミトコンドリア鞘 (mitochondrial sheath)
6 環状中心小体 (ring centriole)
7 軸糸
8 尾鞘
9 終片
(C. R. Austin, Prentice-Hall, 1965)

[2] 植物の精子の形態は*遊走子と変わらない構造をもち, 核と細胞質の部分がそれぞれはっきり認められる場合と, ほとんどが核の変形したもので付属的に細胞質の部分を伴っている場合とがある. 後者は*シャジクモ類・コケ植物・シダ植物にみられ, 精子はらせん形に細長く変形した核物質よりなり, 中心小体に由来する*基底小体がその先端に存在して鞭毛を(コケ植物), あるいは核と同じように細長くなって鞭毛を(シダ植物)生ずる. 繊毛をもつ場合には基底小体は連続して生毛体(blepharoplast)となり, その先端にある物質は*ボーダーブリムとなる. イチョウ(平瀬作五郎, 1896)・ソテツ(池野成一郎, 1896)の精子の発見は有名で, これらの精子はらせん形ではないが, 頭部には生毛体がらせん状についている. 被子植物では*花粉管に薄い特別な細胞質層に包まれた紡錘形の*雄核がつくられ, 受精の前に細胞質を脱ぎすてる. なお紅藻の精子は鞭毛をもたず, 自立的な運動能をもたない. 植物の精子には先体は認められない. [3] 精子の運動は, *フルクトース(精液糖 seminal sugar と呼ばれる)および精子自体に含まれる*グリコゲンや*リン脂質を基質とする解糖や呼吸で生ずる ATP により支えられている. また精子中には

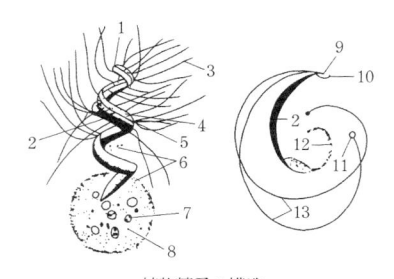

植物精子の構造
左：シダ植物の一般図
右：苔類（Dumortiera hirsuta）
1 横線　2 核　3 繊毛　4 生毛体　5 中線　6 細胞質塊　7 色素体　8 澱粉　9 基底小体　10 先端物質　11 鞭毛先端叉状分岐　12 細胞質片　13 鞭毛

*ホスファゲンも多量に存在する．植物精子の生化学的知見は乏しい．一般に精子は動物，植物ともに卵もしくは*造卵器に対して正の化学*走性を示す．卵の表面に到達した精子は先体反応を起こして卵の細胞質中に入る．精子の先体には，"グラーフ卵胞の細胞質物質である"ヒアルロン酸や卵黄膜をとかす酵素があると考えられているが，いまだに実体は不明である（→卵膜溶解物質）．精子は卵に父方の遺伝情報を与えると同時に，発生のきっかけを与える．

a **精子完成**　[spermiogenesis]　《同》精子変態．*精子形成の過程において，*減数分裂を終えた円形精子細胞（round spermatid）が，*精子に分化する過程．医学用語ではこの過程を精子形成と呼ぶことがある．まず，円形精子細胞の*ゴルジ体の中にいくつかの小胞を生じ，これらが集まって1個の先体胞（acrosomal vesicle）となり，核の表面に付着して*先体を形成する．その間に細胞膜付近に移動した*中心小体の一つから，*鞭毛の中軸となる軸糸が伸び始める．中心小体はやがて再び核の近くに戻り，先体とは反対側に位置する．脊椎動物と一部の無脊椎動物では，軸糸が伸びるに従ってミトコンドリアがその周囲に集まり，らせん状に並ぶ．その他の動物ではミトコンドリアが集合し，1個もしくは数個の塊となる．また核は次第に濃縮して緻密となり，細胞質から突出して，成熟した精子頭部の形に近づく．最後に細胞質の大部分が捨て去られ，わずかに細胞質小滴（cytoplasmic droplet）を残すだけとなるが，これも成熟の最終段階で失われることが多い．なお，哺乳類などの精子は，精子完成を経て形態的には完成しても，機能的にはまだ完成しておらず，*精巣内において成熟過程を経る必要がある．これを*精子成熟という．

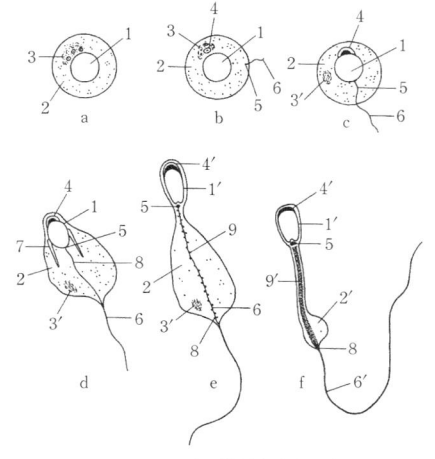

b **精子器**　[spermogonium, spermagonium, spermatogonium]　《同》柄子器（pycnium）．担子菌類のサビキン類が形成する*分生子殻に似た形態の単相の子実体．担子胞子（小生子）が発芽して生じた菌糸体から発達し，通常小さなフラスコ形．宿主の表皮下やクチクラ下に形成されさまざまな形態をもつ．この形成位置や形態がサビキン類の系統分類では重要であると考えられている．内部に多数の糸状の柄を生じてその先に精子（spermatium，または柄子 pycnospore, pycniospore）が形成され蜜滴（nectar drop）とともに分泌される．精子は極めて小形で，球形または楕円形で平滑，薄い膜で被われ，貯蔵物質はなく，比較的大きい1個の核をもち，*不動精子の作用をする．これは異性の精子器から突出した受精菌糸（受精毛 receptive hypha）と接合して，対核となり，さび胞子堆を形成する．サビキン類の生活史中，精子を生ずる時期を精子世代という．

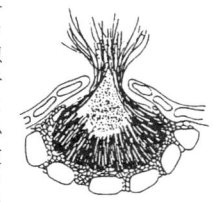

c **精子競争**　[sperm competition]　《同》精子間競争．雄個体間における，他の雄の精子を排して自分の精子で卵を受精させようとする競争．通常，交尾あるいは放卵放精以後の過程での競争を指す．例えばカワトンボ類では，雄の外部生殖器の先端に逆鉤状の構造があり，交尾の際にこれで先に送り込まれていた他の雄の精子を掻き出す精子置換を行う．また，霊長類や魚類では雌が複数の雄と配偶する可能性の高い種の雄は，そうでないものに比べて相対的に大きな精巣をもつ．これは精子の量が多いほど競争に有利になることの反映と考えられる．さらに，ハエやガなどの雄の精液中には精子競争に有利になるための化学物質が含まれており，雌に次の雄との再配偶を抑制させる物質，あるいは産卵数を増加させる物質を雌に渡すことにより，雄が自分の精子で受精できる機会を向上させる．なお，精子競争は植物でも花粉競争（pollen competition）の形で生じている．

d **精子形成**　[spermatogenesis]　[1]　《同》精子発生．後生動物において精原細胞（spermatogonium）から精子が形成される過程．発生過程においてまず始原生殖細胞が精巣原基とは異なる場所で形成され，分化しつつある精巣中に移動し，精原細胞を生ずる．精原細胞は有糸分裂を繰り返してその数を増す（タイプA精原細胞）．その一部は減数分裂の準備期に入り（タイプB精原細胞），一次精母細胞（primary spermatocyte）になる．

ウサギにおける精子完成（a→f）
1 核　1' 頭部　2 細胞質　2' 細胞質小滴　3 ゴルジ体　3' ゴルジ残体　4 先体胞　4' 先体　5 中心小体　6 軸糸　6' 尾部　7 マンチェット（manchette）　8 環状中心小体（ring centriole）　9 ミトコンドリア　9' ミトコンドリア鞘　　（C.R. Austin, Prentice-Hall, 1965）

一次精母細胞は第一減数分裂を行って二つの二次精母細胞(secondary spermatocyte)になり，これはさらに分裂して結局四つの精細胞(spermatid)となる．哺乳類の一次精母細胞は，プレレプトテン期，*レプトテン期，*ザイゴテン期，*パキテン期，*ディプロテン期と減数分裂の進行に伴って核の形態を変えながら10〜20日ほど維持されるが，二次精母細胞の期間は短く，数時間である．精細胞は一連の複雑な構造変化を起こし，細胞質のかなりの部分を放出し，精子に分化する．この過程を*精子完成(精子変態)という．脊椎動物において精子形成はランダムに進行するのではなく，厳密に時間的•空間的にコントロールされながら進行する．哺乳類では*セルトリ細胞に接着しつつ，精細管外壁部から内腔に向かって移動しながら進行する．この過程が時間の進行とともに起きるため，セルトリ細胞に接している生殖細胞の分化段階はいくつかのステージに分かれる(図)．有尾両生類ではセルトリ細胞がクローンの生殖細胞をとりかこむ形でシストを形成し，同調的に精子形成が進行する．なお哺乳類などの精子は，精子完成を経て形態的に完成しても，機能的にはまだ完成しておらず，精巣上体での成熟および雌性生殖道内での受精能獲得(capacitation)が受精には必要である(*精子成熟)．[2] 被子植物と裸子植物の一部を除いた陸上植物で精母細胞から精子が形成される過程．植物では配偶体が一般に半数なので，動物と異なり精母細胞は減数分裂の過程を経ないで生ずる．コケ植物および小葉類では，精母細胞の体細胞分裂の際に出現した中心小体は分裂が終わった後にも残存し，基底小体となって鞭毛や繊毛を発する．シダ植物では分裂前に出現した生毛体(blepharoplast)が細長くなって多数の基底小体を伴う多層構造(multilayered structure)となり，また*ボーダーブリムを分化し，これも著しく細長くなった核に付着し，ともにらせん形に巻くようにある．色素体などを含む細胞質の多くは精子の本体には取り込まれず放棄され，精子の後部に付着する細胞質塊に含まれる．ソテツやイチョウなどの裸子植物では，花粉が雌ずいにつき花粉管が花粉室に侵入するころ，花粉管内の中央細胞から2個の精細胞を生じ，このときに現れる生毛体がらせん形に変形して基底小体を生じ，精子の前端に付着して繊毛を発生する．植物の精子完成過程では，受精の際に精子が特別な卵膜を通り抜ける必要がないので先体は形成されない．

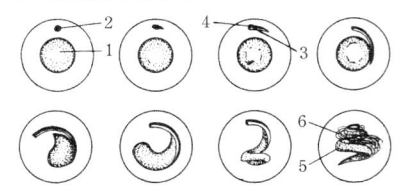

ウラボシ科(シダ植物)での精子完成過程(湯浅，1936)
1 精細胞核 2 生毛体 3 多層構造 4 横線(lateral bar) 5 精子核 6 繊毛

a **精子膠着素** [sperm agglutinin] ウニその他の海産無脊椎動物の卵外被から得られる，*精子を膠着する作用を示す物質．同種間で起こる膠着を同種膠着作用(iso-agglutination)といい可逆的であり，異種間で起こるのを異種膠着作用(hetero-agglutination)という．同種の膠着を起こすものは*受精素と同じである．

b **静止細胞** [resting cell] 《同》休止細胞．増殖を行わない状態にある培養細胞．細菌などの細胞を培地から収穫して適当な中性塩の稀薄溶液または緩衝液に浮遊したものは，わずかな固有物質代謝(endogenous metabolism)しか行わず，分裂増殖もしない．低温下では，この状態でも多くの細胞はかなりの期間生きている．このほかに胞子などの休眠型の細胞や核分裂サイクルの間期にある細胞を指すこともある．

c **精子進入** [semination] 《同》精子侵入(sperm penetration)．精子が受精に際して卵に入りこむこと．この現象を受精と呼ぶこともあるが，正しい定義ではない．

d **精子成熟** [sperm maturation] *精子形成を完了し，形態的に完成した精子が，機能的に完成するための過程．哺乳類で顕著に見られる．*精巣上体または輸精管における運動能獲得の過程と，雌性生殖道内における受精能獲得(capacitation)の二つの過程からなる．狭義には精巣上体での成熟過程のみを指す．(1)運動能獲得：精巣において精子完成が終了した後，精子は精巣網を経て，非常に長い1本の細管が折り畳まれてできている精巣上体に輸送される．精巣上体の頭部(caput epididymis)，体部(corpus epididymis)などでは炭酸脱水酵素(carbonic anhydrase)など多くの蛋白質やコレステロールを中心とした脂質などの分泌を盛んに行っており，精子がゆっくりと精巣上体細管を通過する間にそれらが精子膜に移行する．また，精子外液の組成も徐々に変化する．これらの過程で精子は徐々に成熟し，最終的に精巣上体の尾部(cauda epididymis)にたどり着いた精子は運動能を獲得している．哺乳類以外でも，鳥類•爬虫類•一部の魚類などでは，輸精管における精子成熟が見られる．(2)受精能獲得：哺乳類精子は，交尾後雌性生殖道内に入ってもしばらくは受精能をもたず，子宮から卵管と移動する過程においてもう1段階の成熟を経て，最終的に受精可能な精子となる．この過程を受精能獲得と呼ぶ．受精能獲得した精子は，超活性化(hyperactivation)と呼ばれる極めて振幅が大きく特徴的な鞭毛運動波形を示し，*先体反応が可能となる．一方，精子と共に雌性生殖道内に射出される精漿中には受精能獲得を阻害する受精能抑制因子(decapacitation factor)が含まれている．この物質は突発的な精子の受精能獲得を抑え，正しい場所で精子が受精能獲得をすることを手助けしていると思われる．

e **精子束** [sperm packet, spermatozeugmata] 雄から放出される，特に*精包のように鞘や包被をもたない精子の小さな一塊．多毛類の一種 *Pectinaria*，カイコやオサムシなどの昆虫類，植物でもボルボックスなどで見られる．精子は互いに一緒にしっかりかたまっているが，やがて運動性をもつようになり，集合を解いて泳ぎだす．

f **静止中心** [quiescent centre] *根端分裂組織の中心部にあり，細胞分裂がわずかしか起こらないか，全く起こらない細胞群．F. A. L. Clowes (1956, 1961)の命名．DNAの前駆物質を根に取り込ませると，静止中心はほとんど取り込まないが，静止中心の周辺部に最もよく取り込む．しかし，X線や外科的手術で根端で分裂中の細胞を除くと，静止中心の細胞が活動をはじめて根端の修復を行う．シロイヌナズナを用いた発生遺伝学的解析から，根の静止中心は根端分裂組織の幹細胞のニッチとして働き，幹細胞が分化しないよう制御していること

a **静止電位** [resting potential] 《同》静止膜電位．細胞の膜の内外で非興奮時に生じている電位差．通常は微小電極を用い，その先端が細胞外にあるときと細胞内に刺入されたときの電位差として測定され，細胞内が負で，その値は通常 60～90 mV．静止電位は，筋や神経繊維のような長くのびた細胞では，損傷電位や，塩電位として観測することもできるが，その値は細胞内電極で測った値より小さい．*糖液間隙技術または油間隙技術(oil-gap technique) などを用いて損傷電位を導出すると細胞内電極による場合と大差のない値が得られる．皮膚・粘膜あるいは網膜などの上皮組織でもその両面の間に静止電位(*上皮電位)がみられる．これは，それらの組織を構成している細胞の膜が均一でなく，皮膚の表面を向いた側と内面を向いた側とで性状が異なることと関係しており，またそれらの組織の行う物質の能動輸送あるいは受動輸送(分泌や吸収)に関係している．(⇒ベルンシュタインの膜説，⇒ドナンの膜平衡)

b **静止飛翔** [hovering] 《同》停空飛翔．空中の一点にとどまり続ける飛び方．水平方向への羽ばたきの際，翼が揚力しか生み出さない角度でふりまわされるので，推進力はつかない．[1] 鳥では体を垂直に近い姿勢で立て，翼を地表面に対して水平方向に力強く羽ばたかせる．チョウゲンボウ，ミサゴ，コアジサシ，カワセミなどが，飛びながら地表や水面下の食物にねらいをつけるときによく用いる．停空時間は一般に数秒．ハチドリ類はこの飛び方に特殊化しており，花の前の空中で長い間とどまり続けることができる．この習性に関連して，ハチドリ類の肩の部分の関節は，翼を自由にふりまわせる特殊な構造(回転関節)になっている．[2] 昆虫は本来ヘリコプターに近い飛び方をするため，しばしば静止飛翔を行うものが多い．特にツリアブなどの双翅類，トンボ類などは，*なわばりの維持行動などと関連して，長時間静止飛翔を続ける．スズメガなど体の重い大型の鱗翅類は，花の前で静止飛翔をしながら吸蜜する．

c **静止網膜像** [stabilized retinal image] 視野内の対象を注視(固視)する際にも眼球は絶えず微小で不随意な運動をしている(固視微動)が，この眼球の固視微動を補正して網膜同一面上に投影された像．固視微動によって対象の網膜上の像は動くが，例えばコンタクトレンズに像をつけ，補償光路を通して光を入れると，網膜上の像は完全に静止し，静止網膜像となる．静止網膜像はおよそ5秒程度で見えなくなることから，持続的な像の知覚には眼球の微動が必要であることがわかる．静止網膜像の消失は，像の全体が一様にうすくなるように消失していくのではなく，像のある部分がまとまって消失していく．この消失過程はモザイク配列をしている視細胞の機能だけでは説明しにくく，大脳(中枢)も関与していると考えられている．

d **脆弱部位** [fragile site] チミン飢餓など DNA 複製の部分的阻害を行った細胞の中期染色体において，非染色体の*ギャップあるいは切断として検出される染色体領域．すべての個体に共通して検出される脆弱部位と，集団中に低い頻度で存在し，メンデル遺伝をする家系遺伝性の脆弱部位とがある．家系遺伝性のものとしては，X 染色体長腕の末端部分(Xq27.3) の脆弱部位がよく知られており，これに伴う知的障害は脆弱 X 症候群(fragile X syndrome) と呼ばれる．脆弱 X 症候群は，Xq27.3 に位置する FMR1 遺伝子の異常が原因であることがわかっている．

e **性周期** [sexual cycle] 《同》生殖周期(reproductive cycle)．*発情周期と月経周期とをあわせていう語．

f **成熟** [maturation, ripening] ある生物系がそのものに典型的な作用を遂行できるような状態に達すること．例えば，個体の性的成熟，生殖細胞の成熟，種子の成熟など．果実では成長期を完了したときから完熟期にいたる過程を成熟(成熟相 maturation) といい，色素形成，糖類・香気成分の蓄積が起こる完熟過程を後熟(ripening, 追熟ともいう)と呼んで区別することがある．

g **成熟分裂** [maturation division] ⇒減数分裂

h **星状神経節** [stellate ganglion] [1] 《同》頸胸神経節．脊椎動物において，*交感神経の下頸神経節．しばしば第一胸神経節と融合し，またときとして第二胸神経節とも合して扁平な星状をなすのでこのように呼ばれる．[2] イカやタコの外套膜の内側にある大形の神経節．内外套神経(nervus pallialis internus) が鰓の先端近くで外套膜に入る前，頸部軟骨(nuchal cartilage) 近くに形成される．肉眼的な大きさで放射状に射出する神経がよく見えるのでこの名がある．

i **星状体** [aster, astral body] 細胞分裂期に紡錘体の両極に局在する*中心小体のおのおのから放射状に成長する構造．同様のものは*人為単為生殖の際にしばしば核と無関係に細胞質内に生ずることがあるが，それは細胞質星状体(cytaster) と呼んで区別される．1対の星状体を総括して双星あるいは両星という．これに対して，受精後の核融合の際に精子の中心小体を囲んで現れる1個の星状体を単星という．星状体は中心小体から放射する細い糸状構造の集まりであり，その糸状構造を*星糸という．星糸は細胞質起原であり，周囲のゾル状細胞質に対してゲル構造で，その中心にいくにつれて固さが増加している．また，電子顕微鏡による観察の結果，星状体の中心から放射状に多数の微小管が並んでいて，またその方向に長い小胞膜状構造も存在することが分かった．これらの構造のため星糸の複屈折性が現れ，また光学顕微鏡で放射状の糸状構造として観察されると考えられる．星状体の化学的組成は分離した*分裂装置を使って調べられている．星状体の微小管は紡錘体・神経組織・鞭毛などの微小管と同じく*チューブリンからなる．双星の星糸微小管の発達は分裂前期にはじまり後期にまで及び，細胞の分裂完了とともに再び消失する．星状体の大きさは細胞種によって異なり，ウニ卵のように細胞全面に及ぶものもある．バッタの神経芽細胞では，不等な星状体の発達により不均等な細胞質分裂を起こす．コルヒチンなどによる分裂阻害，分裂装置を抜きとる実験などから，中期以後の星糸微小管が赤道面の表層細胞質に分裂溝を誘起させるシグナルを与えると考えられている．

j **生殖** [reproduction] 《同》繁殖．生物個体が自己と同じ種類の新しい生物個体を生産すること．生殖により継起する各個体は，それぞれ一つの*世代をなす．ある世代の個体とそれにより生産された次の世代の個体は必ずしも同形ではないが，その場合でも一定の世代を経た後には同形の個体が出現する(*世代交代)．*繁殖の語は生殖とほとんど同様に用いられるが，これは生殖による個体数の増加という面に重点がおかれる．生涯繁殖成功度が適応度と呼ばれるように，自然淘汰による適応の尺度となっている．また増殖(propagation, multiplication, proliferation）も繁殖と同義に用いることがあるが，繁殖が個体レベルで用いられるのに対して，増殖は生物系のあらゆるレベルでの量的増加の表現にも用いられる．細胞学的観点から次のように分類する．(1) 細胞生殖 (cytogony)：細胞単位で行われる生殖．これは次のように分けられる．(i) 無配偶子生殖：生殖の最も単純な様式で単細胞生物で見られ，直接に細胞分裂で生殖が行われる．*二分裂 (proliferation, 等分裂および不等分裂) と*多分裂 (増員生殖・胞子形成) がある．(ii) 配偶子生殖 (gamogony, gamocytogony)：無配偶子生殖と配偶子生殖とは根本的に異なるものではないが，藻類では両者が並行して行われ，その間に移行型がある．配偶子生殖には両性生殖と単為生殖とが区別される．(2) 栄養生殖 (vegetative reproduction, ⇌ 栄養繁殖)：一つの胚が多数の部分に分離し，おのおのが完全な個体をつくる多胚形成も分裂の一種としてこの様式に含まれる．発生学・細胞学的観点からは，以上のうち，配偶子生殖を有性生殖，それ以外の生殖法 (無配偶子生殖・栄養生殖) を無性生殖と呼ぶ．進化生物学では，遺伝子セットが他個体のものと組み換えられる可能性に有性生殖の本質があると考える．そのため，つくられた子が親と遺伝的に常に同一である場合，例えば単為生殖の中でも*アポミクシスによるものは，無性生殖とする．しばしば同種の生物が上記の生殖様式のいくつかを一定の順序に組み合わせて行う．

a **生殖核**【1】[germ nucleus] 《同》前核 (pronucleus)．*雌性前核 (卵核) および*雄性前核 (精核) のこと．【2】[reproductive nucleus] 繊毛虫類の*小核のこと．生殖の際には大核は消失し，小核だけが核分裂して次世代に引き継がれるために，この名がある．【3】= 生原核

b **生殖管** [gonangium] 《同》生殖壺．ヒドロ虫類の有鞘類 (有皮類) の，生殖体およびそれを包む特殊化した生殖体包．シロガヤの籠莢 (かごさや corbula) やキセルガヤの coppinium などがその例．

c **生殖器官** [reproductive organ, sexual organ, genital organ] 《同》生殖器．*有性生殖を行うための器官．雌性および雄性生殖器官が区別される．[1] 動物においては配偶子形成に関与する*生殖巣 (生殖腺) と，配偶子排出のための*生殖輸管，それらに付属する腺などがある．生殖巣は雌雄でそれぞれ*卵巣・*精巣 (睾丸) といい，生殖輸管は*輸卵管・*輸精管という．生殖輸管はしばしば種々の分化を示し (例：子宮・膣)，また種々の付属腺がある．生殖輸管の体外への開口部は生殖口 (gonopore) といい，その部位が*交尾器官 (例：陰茎) や*産卵管などに分化するものも多い．生殖器の分化は，体内受精や*胎生を行う動物で特に著しい．脊椎動物では発生学的に*排出器官と密接な関係があって，泌尿生殖器官と総称されることもある．[2] 植物の生殖器官には，種子植物における*花や，藻類・コケ植物などの*配偶子嚢などがある．配偶子嚢は雌雄の配偶子の分化の程度に応じて大配偶子嚢と小配偶子嚢，*造卵器と*造精器などを区別する．

d **生殖期シュート頂** [reproductive shoot apex] 《同》生殖シュート頂，生殖期茎頂，生殖茎頂．生殖成長期にあるシュート頂．*栄養期シュート頂に対する．花序シュート頂 (inflorescence apex) と花芽分裂組織 (花シュート頂 floral meristem) の総称で，生殖器官を形成する．栄養期シュート頂が生殖期シュート頂に変わるとき，フクジュソウのようにただちに花芽分裂組織に転換して単一の花を形成する場合もあるが，多くの植物ではまず花序分裂組織がつくられて，そこに個々の花を形成する花芽分裂組織を分化する．生殖期シュート頂の成立過程には，*花成ホルモンが関連する．

e **生殖器床** [receptacle] コケ植物苔類において，*葉状体上に形成される*造卵器または*造精器を生ずる盤状またはこぶ状の構造で，葉状体が変形したもの．造卵器を生ずるものを雌器床 (female receptacle, archegoniophore)，造精器を生ずるものを雄器床 (male receptacle, antheridiophore) という．雌器床は通常，葉状体先端の一部に生じる．ゼニゴケでは二又分枝する葉状体の先端の凹入部から托柄 (stalk) が出て，その頂端細胞は二又分枝を繰り返して先端にロゼット状に 8〜10 裂片をもつ円盤となる．各裂片がそれぞれ 1 個の雌器床で，各々の背面上の細胞から造卵器を生ずる．托柄は受精後伸長し，また円盤の中央部の細胞が大きくなり，縁の細胞は下方に巻きこまれるので，縁にあった造卵器の位置が逆になり頸細胞を下に向ける．同時に各々の雌器床の両端に膜が生じ，造卵器群は生じた 2 片のカーテン状の包膜につつまれる．包膜の発達と同時に円盤のまわりから雌器床交互の位置に筒状の突起が生じ，これが指状突起となる．ゼニゴケの雄器床は托柄の頂部に生じた円盤上に造精器を生じる．雌器床のような指状突起・包膜はない．背面に凹んだ穴があり，その底にそれぞれ 1 個の造精器を生じる．裏面には 2 列に並んだ鱗片が数対生えている．また托柄は背腹性を示し，片方に 2 本の仮根溝があり，その反対側に気室があることからそれが葉状体の一部であることがわかる．

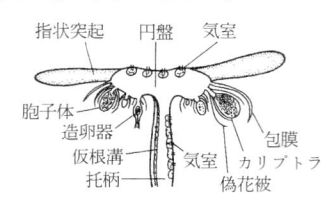

ゼニゴケの雌器床の縦断面

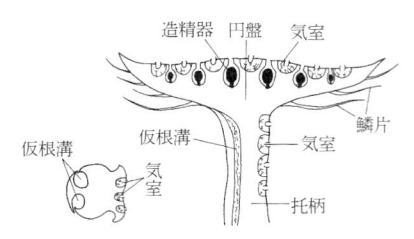

托柄の横断面　ゼニゴケの雄器床の縦断面

f **生殖器巣** [conceptacle] 《同》生殖窩．藻類や菌類において，生殖細胞 (配偶子，胞子など) が形成される腔所．腔所の開口部は*オスチオールと呼ばれる．紅藻，褐藻，子嚢菌などの一部に見られる．特に褐藻において生殖器巣に類似するが生殖細胞を含まず糸状細胞を生ずる構造を毛窠 (hair conceptacle) と呼ぶ．また褐藻ヒバマタ目において生殖器巣が生ずる特別な小枝を*生殖器床と呼ぶ．

a **生殖群泳** [reproductive swarming] *エピトーキーによって生じた生殖型個体が一斉に水中に泳ぎ出す, 生殖のための行動. 特定の季節に, 月齢や潮汐で同調することにより, 多数の個体が同時に群れて泳ぎ出し, 放卵放精を行う. ゴカイ科, イソメ科, シリス科などで例が知られる. ゴカイ科のイトメでは, 体の前部の約1/3が生殖型個体 (バチ, ウキコ) となり, 10〜11月の新月および満月の後の3〜4日のあいだ, 日没後1〜2時間に訪れる満潮時に, 体の後部を泥中に残して水面に浮かび生殖群泳を行う.

b **生殖結節** [genital tubercle ラ tuberculum genitale, phallus] 哺乳類の外部生殖器形成の初期に, 排出膜の吻方端に間葉の集塊として形成される小突起. 雄では*陰茎に, 雌では*陰核になる. 生殖結節尾方正中線に生ずる溝をはさむ皮膚の襞として生殖褶 (plica genitalis, genital fold) があり, それは後方に延びて尿生殖口を両側からはさむ. さらに生殖結節と生殖褶を囲んでその外側にやや不分明な隆起として*生殖隆起がある. 生殖褶は, 雄では左右が合して陰茎の尿道を形成し, さらに包皮 (praeputium, prepuce, foreskin) を形成するが, 雌では尿生殖洞に由来する膣前庭を両側からはさむ小陰唇となる. また生殖隆起も, 雄では左右が正中線に合して陰嚢を形成し, 雌ではあまり変化せずに, ヒトその他の哺乳類では大陰唇となる.

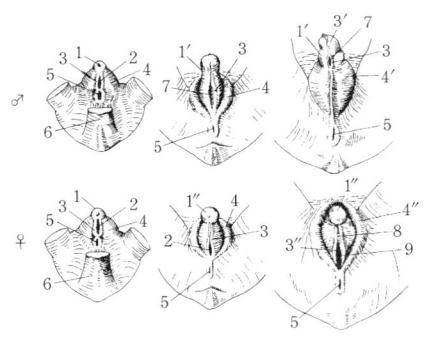

ヒトの外部生殖器の発生
上段：男　下段：女　いずれも左より右へ
1 生殖結節　2 尿生殖口　3 生殖褶　4 生殖隆起
5 肛門　6 尾　1' 陰茎　7 尿道溝　3' 包皮　4' 陰嚢
1'' 陰核　3'' 小陰唇　4'' 大陰唇　8 尿道口　9 膣口

c **生殖原細胞** [gonium] 《同》性原細胞. 精原細胞 (spermatogonium) および卵原細胞 (oogonium) の総称. (⇒卵形成, ⇒精子形成)

d **生殖口板** [genital plate] 《同》生殖門蓋板. サソリ類の頭胸部の後方の中央線上において生殖口をおおう板状構造. *櫛板の前方にある.

e **生殖細胞** [reproductive cell, germ cell] 《同》胚細胞 (germ cell). 生殖のために特別に分化した細胞. 有性生殖に関係するものは性細胞 (sex cell) ともいい, 雌雄の*配偶子を指す. それらが雌雄間である程度以上明瞭な形態的分化を示すときは, 雌のものを卵, 雄のものを精子という. 無性生殖に関係するものには*胞子や*レジア体内の胚細胞などがある. なお多細胞生物では, 生殖細胞に対して, その他の生物体を構成する細胞全部を*体細胞と総称する. 生殖細胞ではテロメラーゼが発現し, テロメア長が維持される. また, 動物の場合は細胞質中に生殖質 (germinal dense body, ニュアージュ nuage) と呼ばれる独特な微細構造が見られることがある. 生殖質は RNA と蛋白質からなる凝集体で, 生殖細胞の分化に必要な因子を含んでいる.

f **生殖細胞決定因子** [germ cell determination factor] *生殖細胞となるべき細胞を決定する因子. 受精卵は*全能性であるが, 発生の進行とともに, 分化し, 決定が行われて全能性を失う (⇒分化能). このような過程にあって, 生殖細胞は, 次世代形成のためにすべての遺伝情報を保ち, 生殖細胞系列 (germ line) として世代から世代へと継続していく. 発生の比較的早期 (*原腸形成期前後, またはそれに相当する段階) に, 将来生殖細胞となるべき細胞はすでに決定されていることが, 多くの動物で確かめられている. このような決定は, 割球の核と細胞質中の生殖細胞質 (germplasm) と呼ばれる物質との相互作用で行われることも, ショウジョウバエやアフリカツメガエルを用いて証明されている. 生殖細胞質の形態は種によって異なる. アフリカツメガエルの生殖細胞質は, 生殖粒 (germinal granules) と呼ばれる構造のほか, *リボソームや*ミトコンドリアを含んでいる. 哺乳類では, 卵中に生殖質 (ニュアージュ nuage) と名づけられた構造があり, 生殖粒に似た構造をもち, これが生殖細胞質に相当すると考えられている. (⇒始原生殖細胞)

g **生殖質説** [germplasm theory] A. Weismann が提唱した遺伝に関する学説. 生殖質 (germplasm 独 Keimplasma) とは生物の遺伝と生殖に関与する生物体の要素で, 生殖細胞に含まれ, 個体発生と受精を通じて次の世代へと順次受けつがれる. これを生殖質の連続性 (独 Kontinuität des Keimplasmas) という. 生殖細胞の系列以外のすべての細胞 (体細胞) は生殖細胞の系列から個体発生ごとに派生する. 生殖質以外の生体物質はすべて体質 (somatoplasm) と呼ばれ, 体質からなる部分を体 (soma) という. Weismann は最初, 生殖質を生殖細胞全体にあてはめて考えたが, のちにそれが核の染色質に存在するとした. 生殖質の構成単位は*デターミナントである. 受精により両親から由来する生殖質が結合する. 卵割に際して, 核内に一定の配列をしているデターミナントは, 体細胞系列では遺伝的不等分裂 (独 erbungleiche Teilung) をして次第に特定の細胞にふりわけられ, 配分されたデターミナントに応じてそれぞれの細胞の特性が決定するとした. 生殖細胞系列では, 初めの生殖質の一部はそのままの形で, 分割されずに細胞から娘細胞に受けつがれ, 新個体の生殖細胞の核を形成する (遺伝的等分裂). 個体発生で生殖細胞の形成に導く細胞系列は生殖系列 (germ track, germ line 独 Keimbahn, 胚道, 胚軌) と呼ばれる. 生殖質はこのように世代を重ねて伝えられ, しかもデターミナントの本性に基づいて不変であり, 生物の内発的変異は両親の生殖質の混合によってのみ起こるとした (⇒アンフィミクシス). ただし Weismann は, デターミナントに強弱があり, 強いデターミナントで代表される体部が次世代でよく発達するという生殖質淘汰 (germinal selection) の機構も提唱した. 上記の遺伝的不等分裂の仮説は, のちに W. Roux のモザイク説と合わせて, 個体発生をモザイク的に説明する理論 (ワイスマン−ルーのモザイク説 mosaic theory of Weismann-Roux) として歴史的意義をもつ.

a 生殖上皮 [germinal epithelium] 《同》胚上皮，生殖皮膜．脊椎動物の*体腔上皮(中皮)のうち，*生殖隆起の表面を覆う部分．発生学的にははじめ生殖隆起原基の表面を覆い，その内部に始原生殖細胞を含み，一般体腔上皮に比べ厚い．両生類では，間充織からなる生殖腺原基の髄質(medulla)に対して生殖上皮は皮層(cortex)と呼ばれる．多くの羊膜類では生殖上皮から間充織に向かって*性索の侵入が起こる．*セルトリ細胞と卵胞上皮細胞が生殖上皮に由来する．古くは，哺乳類の成熟した*卵巣表面を覆う上皮もこの名で呼ばれ，卵原細胞が含まれると考えられていた．しかし成熟した哺乳類のそれは，卵巣間膜に連なる腹腔上皮の一部に過ぎず，すでに卵形成とは無関係な上皮となっているので，単に表層上皮(surface epithelium)と呼ばれる．

b 生殖腺刺激ホルモン [gonadotropic hormone, gonadotrophic hormone, gonadotropin, gonadotrophin] GTH と略記．《同》ゴナドトロピン．生殖腺の活動を支配するホルモンの総称．脊椎動物では，下垂体前葉から分泌される*濾胞刺激ホルモン(FSH)と*黄体形成ホルモン(LH)が主である．また，哺乳類の胎盤からも GTH が分泌されており，その代表的なものはヒト絨毛性生殖腺刺激ホルモン(HCG)と妊馬血清性生殖腺刺激ホルモン(PMSG)である(→絨毛性生殖腺刺激ホルモン)．哺乳類から両生類まで FSH と LH の 2 種類の下垂体 GTH の存在が確かめられている．魚類でも最近 2 種類の GTH (GTH-I，GTH-II)が精製され，化学構造も決定された．脊椎動物の GTH は，いずれも糖を含む蛋白質で，α と β のサブユニットが 1 個ずつ非共有結合により会合している．ホルモン作用の性質を決定するのは β サブユニットである．糖鎖の多様性によりホルモン分子は均一ではなく，等電点の異なるいくつかの分子種が存在し，それぞれの生物活性も異なる．FSH と LH は単独に，あるいは協同的に作用して生殖腺のいろいろな活動を調節している．GTH の分泌は視床下部からの*生殖腺刺激ホルモン放出ホルモン(GnRH)により調節される．無脊椎動物では，ヒトデ(棘皮動物)の放射神経の上皮性支持細胞から分泌される生殖巣刺激物質(gonad-stimulating substance, GSS)が知られる．GSS は分子量約 2000 のペプチドで，卵巣の濾胞細胞に働いて*卵成熟誘起物質(1-メチルアデニン)の生成を促し，卵成熟を誘起する．

c 生殖腺刺激ホルモン放出ホルモン [gonadotropin-releasing hormone, gonadotrophin-releasing hormone] GnRH と略記．《同》黄体形成ホルモン放出ホルモン (LHRH, luteinizing hormone-releasing hormone)．下垂体前葉の*濾胞刺激ホルモン(FSH)産生細胞と*黄体形成ホルモン(LH)産生細胞に働いて，それぞれ FSH と LH を放出させるホルモン．かつては，両放出ホルモンはそれぞれ FSH-RH と LH-RH として別の物質と考えられた時期もあった．視床下部の神経分泌細胞で合成されて，正中隆起部において軸索末端から分泌される．A. V. Schally ら(1971)がブタの視床下部から単離・構造決定し(図)，つづいて R. C. L. Guillemin がヒツジから単離し，同一の構造をもつことが判明した．その後，ニワトリから I 型・II 型が，また硬骨魚類やヤツメウナギからも単離された．いずれも 10 個のアミノ酸残基からなる．活性の高いアナログおよび拮抗物質が化学合成されており，下垂体機能の診断，排卵の誘起，抑制に使用されている．

(pyro)Glu-His-Trp-Ser-Tyr-Gly-
Leu-Arg-Pro-Gly-NH₂

d 生殖巣 [gonad] 《同》性巣，生殖腺(sexual gland)，性腺．卵または精子を分化・産生する器官，すなわち雌の*卵巣および雄の*精巣．脊椎動物において性ホルモンの分泌器官でもあるため，生殖腺の語も多用される．

e 生殖的隔離 [reproductive isolation] 《同》生殖隔離．なんらかの遺伝的差異によって生ずる*隔離．これが完全に成立することによって複数種の同所的存在が初めて可能になる．また，今日，最も幅広い支持を受けている生物学的種概念のもとでは生殖的隔離の有無によって生物の 2 集団が同種か別種かの判断がなされる．(→隔離機構)

f 生殖母細胞 [gametocyte] 精母細胞と卵母細胞の総称．(→精子形成，→卵形成)

g 生殖補助医療 [assisted reproductive technology] 一般の不妊治療(タイミング法，薬剤治療，人工授精)以外の，卵子，精子，胚を取り扱う高度技術を伴う不妊治療．主な方法として，体外受精，顕微授精，精巣精子採取の三つがある．体外受精は，卵子と精子を体外に取り出し，受精・培養した後，受精卵を女性の子宮内に戻す治療法．顕微授精(ICSI)は，卵子に精子を顕微鏡下で注入して受精させ，女性の子宮内に戻す治療法．精巣精子採取(TESE)は，精子製造に障害があるか無精子症の患者に対して，精巣から精子を採取し，その後，顕微授精や体外受精に用いる．このような治療を行うためには，特別な装置や施設が必要で，日本産婦人科学会では，実施医療機関の登録制度を採用している．精子や卵子の提供，代理母などに関しては，生まれた子どもの親決定や家族規範への影響も問題となるが，日本では生殖補助医療に関する法律がないため，日本産婦人科学会の見解を中心に運用がなされている．

h 生殖三日月環 [germinal crescent] 《同》生殖新月環．鳥類と爬虫類の初期胚において*始原生殖細胞が存在する，明域と*暗域の前方境界領域．始原生殖細胞は胚盤葉上層に起原し，*胚盤葉下層に移動したのち，胚前方の三日月環の下層に入って増殖する．やがて中胚葉が形成されると始原生殖細胞は下層から脱出し，血流によって胚体内に運ばれる．

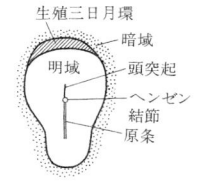

頭突起期のニワトリ胚

i 生殖輸管 [gonoductus, gonoduct] [1] 無脊椎動物において，卵や精子が生殖巣から生殖孔へと運ばれていく管．*輸卵管，*精巣輸出管および*輸精管，両性管の総称で，多くの場合，発生学的には*腎管が機能転換したもの．ナメクジウオ類のように生殖輸管を欠く動物もあり，環形動物多毛類では，体腔壁の生殖腺で成熟し体腔に出た卵や精子が生殖輸管として機能する腎管(体節器)を経て外界に出るのが通例だが，こうした経路を経ず，体の外壁が破れて放卵・放精が行われる種も少なくない．[2] [genital duct] 脊椎動物の*生殖器官の一部で，外界ないし胚(胎児)生育部域と生殖腺とを結ぶ管．輸精管や輸卵管のほか，産道(parturient canal, →

a **生殖隆起**【1】[genital swelling, genital ridge ラ torus genitalis] ⇨生殖結節
【2】[genital ridge, germinal ridge, gonadial ridge ラ callus germinalis]《同》生殖堤, 生殖巣堤. 脊椎動物の性的に未分化な*生殖巣(精巣・卵巣)の原基. 形態的な雌雄差はなく, 体腔背壁より体腔中に突出する隆起で, 腸間膜をはさんでその左右に, かつ中腎原基と腸間膜の中間に, それらに並行して形成される. その表面は体腔上皮である*生殖上皮で覆われ, 内部は間葉でみたされる. この生殖上皮には体腔上皮細胞のほかに, 生殖隆起外(例えば*卵黄嚢)から移動, 定着した体細胞起原とは異なる*始原生殖細胞が含まれる. (⇨性索)

b **精子論者** [animalculist, spermist] 将来発現すべき個体の構造がひな形として精子の中に前成されていると考えた学者群. 17世紀から18世紀にかけての前成論者の一派. 卵は精子のもつ展開的能力の発現に必要な栄養を与えるに過ぎないと考えた. 精子の発見者 A. van Leeuwenhoek をはじめ, H. Boerhaave, G. W. Leibniz らが著名. 人間の精子の中に小人(homunculus)が前成されている図が, Dalenpatius(本名 de Plantades), N. Hartsoeker らによって描かれている. Leeuwenhoek は精子に男女の2型があると明言した. 精子を指す animalculum は「小動物」の意. C. Bonnet によるアリマキの単為生殖の発見(1740)で精子論者は打撃を受け, 以後精子は寄生虫と考えられるようになり, 精虫(spermatozoon)の語もその考えのなごり. (⇨前成説)

c **精神遅滞** [mental retardation]《同》知的障害. 先天性あるいは早期後天性(周生期, 出生後)の原因により起きた, 知能や感情・意志の持続的な障害を主とした精神状態. 原因としてはダウン症候群のような染色体異常, ホルモンの分泌や代謝の異常(⇨遺伝病), あるいは周生期以後の器質的原因(脳損傷・脳炎・脳梅毒・脳奇形など)によるものが知られている. このほかに, まったく原因不明のものもある.

d **成人T細胞白血病** [adult T-cell leukemia] ATL と略記. レトロウイルス科デルタレトロウイルス属の一種である*ヒトT細胞白血病ウイルスの感染で起こる白血病. 当初このウイルスは HTLV (human T-cell leukemia virus) と呼ばれたが, ウイルスの正式名称は human T-lymphotropic virus と改められた. 時には数十年に及ぶ長い潜伏期間の後, 多くは50歳以上で発症し, リンパ節の腫大などの症状を呈す. 血液中の CD4 陽性T細胞の中に核の異形性を示す特異な ATL 細胞が認められることが多い. 日本で同定されたウイルス病である. ウイルスキャリアー(不顕性感染者)は九州など西南日本で多く, 100万人以上いる. ウイルスキャリアー血の輸血による感染の危険性があり, 現在は献血時にすべて検査されている. HTLV の感染により成人T細胞白血病以外に HTLV 関連脊髄症(HTLV-associated myelopathy)という神経難病が起こる.

e **性染色質** [sex chromatin]《同》バー小体(Barr body). 哺乳類の分裂間期雌性体細胞の核内に見られる塩基性色素に濃染する小体. 通常, 核膜に接して存在し, 球状・平凸状・角錐状など多様な形態を示す. 大きさは約 $0.8 \times 1.1\,\mu m$. M. L. Barr と E. G. Bertrum (1949) によってネコの神経細胞核において発見された. ヒトでは主として口腔粘膜上皮細胞を用いて, 性別や性染色体異常の判定に利用される. 本体は分裂間期の体細胞核において遺伝的に不活性化したX染色体が*異常凝縮したもの. 二倍体(または近二倍体)細胞の性染色質はその核に含まれるX染色体の総数から1を引いた数だけ出現する. したがって, 正常女性やX染色体を2個もつクラインフェルター症候群の患者では一つ, X染色体を3個もつ個体では二つ観察される. 正常男性やX染色体を1個しかもたないターナー症候群の患者には認められない. このように, 本来はX染色体の異常凝縮したものを性染色質と呼んでいたが, Yクロマチンの発見に伴い, これをXクロマチンと呼ぶことになった. (⇨Xクロマチン, Yクロマチン)

f **性染色体** [sex chromosome] 雌雄の分化がある真核生物において, 雌雄によって異なる形や数を示す染色体, あるいは雌雄の分化や生殖細胞の形成に関与する染色体. 性染色体の形態から雌が同型, 雄が異型の染色体をもつとき, 雄特異的な異型染色体を*Y染色体, 雌雄双方に存在する染色体を*X染色体と呼ぶ. この型では減数分裂の結果, 雌ではXをもつ配偶子, 雄ではXまたはYをもつ2種類の配偶子が形成される. このような雄ヘテロ型の性決定には, XY型以外にY染色体が関与しない XO 型がある. 逆に雌が異型, 雄が同型の場合, 混乱を避けるため便宜的に性染色体対を ZW, 同型のそれを ZZ と表し, ZW 型という. その他にも XO, XYn, XmYn, ZO 型など, 多様な性染色体構成がある. (⇨性決定)

g **性線毛** [sex pilus] *性因子をもつ細菌株に存在し細菌の*接合に関与する特異的な*線毛. 例えば*F因子をもつ菌株(F^+, Hfr など)には存在するが, 性因子を欠く F^- 株には存在しない線毛で, 外径 8〜13.5 nm, 長さは 1〜数 μm, 長いもので 20 μm に及ぶ. 性因子のうち, F因子で代表される一群で形成される性線毛は*F線毛, コリシンI因子で代表される他の一群の性因子による性線毛はI線毛(I pilus)として大別する. 大腸菌で性因子をもつ株だけに感染する*バクテリオファージは性線毛にまず吸着する. (⇨F線毛)

h **成層** [stratification] 流体において, 上層の密度が下層よりも小さくなり, 上層と下層が混ざりにくくなる現象. その結果生じる密度変化の大きな層を密度躍層(pycnocline)と呼ぶ. 海洋や湖沼での多くの場所では, 密度には水温が影響し, 上層と下層は水温の大きく変わる*水温躍層で分けられている. 汽水域では塩分躍層(halocline)が密度成層の原因であることも多い(⇨躍層). 一方, 表層部分で温度がほぼ一様で, 密度が均一な層を混合層(mixed layer)という. その中でも, 特に風や夜間の冷却などにより乱流強度の強い表層部分は活動混合層(mixing layer)として区別する. 活動混合層とそれ以外の混合層では, 物質循環などへの役割が異なると考えられる. 中・高緯度の外洋域では海洋の大循環のために, 1000 m 付近で永久躍層(permanent thermocline)を形成している. これに対して低・中緯度の表層 50 m 近辺では, 夏に季節躍層(seasonal thermocline)ができる. 外からの栄養塩類の流入の少ない水域の有光層で成層が進むと, その中の栄養塩類が使われ, 貧栄養状態になることが多い. そのため成層状況は水域の生産性に大きな影響を与える. 躍層の形成や消滅はプランクトンの季節遷移のきっかけとなる.

i **精巣** [testis ラ testiculus] 雄動物の*生殖巣で,

*精子を形成する器官．[1]《同》睾丸．脊椎動物では，特に哺乳類でその形態が球形またはそれに近いことが多い．中胚葉起原で(⇒性索)，左右対をなし，一般には腹腔背側にある．ただし多くの哺乳類では*陰囊内への移行(*精巣下降)が見られる．精巣は腹膜の襞によって被われるが，その表面を覆う部分は*生殖上皮をなし，腹腔壁に連結する部分は精巣間膜(mesorchium)をなす．哺乳類の精巣は結合組織性の丈夫な白膜(tunica albuginea)で包まれる．精巣実質を多数の小葉に分ける小中隔(septula)はそれに連なる．各小葉は屈曲した*精細管の密集したもので，精細管の壁から精子が形成される．一般には生殖時期と関連して，*精子形成も周期的に行われる．精細管と精細管の間を埋める結合組織は間質と呼ばれ，間細胞を含み，雄性ホルモン分泌を行う．魚類などでは精囊をつくり，その中に発生段階の揃った精子形成細胞をもつものが多く，ホルモン分泌細胞が精囊の壁を形づくる(⇒血液精巣関門)．[2] 無脊椎動物ではその起原も構造も各群によってさまざま．例えば刺胞動物ではヒドロ虫類で外胚葉起原の，その他のもので一般に内胚葉起原の*始原生殖細胞が，初発の地点からアメーバ運動により特定の位置に達し，増殖して雄性生殖細胞の塊すなわち精巣をつくる．クラゲの精巣は4個またはその倍数ある．扁形動物の渦虫類では体の左右に多数の精巣が並列し，条虫類では各片節内に多数が散在，吸虫類では原則として2個である．線形動物と節足動物では，精巣が長い管状をなす点が他の動物門と著しく異なる．雌雄同体の軟体動物の中には，卵精巣(*両性腺)をもつものがある．

a **精巣下降** [testicular descent] 哺乳類の*精巣が一定の発育後に腹腔より*陰囊内へ降りること．下降の時期は必ずしも春機発動期とは限らず，例えばヒトの場合，出生時に大部分の例において下降が完了している．陰囊をもつ哺乳類では，精巣が体幹から下降して，精巣温度が一般体温より低く維持されることが*精子形成の必要条件となる．種によっては生涯精巣が腹腔内に留まるものもあり(単孔類，食虫類の一部，長鼻類，ハイラックス類，海牛類，鯨類)，また齧歯類などでは生殖時期にだけ陰囊中に下降するものも多い．(⇒精巣潜伏，⇒精巣動脈-蔓状静脈叢系)

b **精巣決定因子** [testis-determining factor] TDFと略記．《同》睾丸決定因子．未分化な生殖腺原基に作用して，それを精巣に分化させる働きのある物質．(⇒性決定遺伝子)

c **精巣上体** [epididymis] [1]《同》副睾丸，副精巣．脊椎動物羊膜類の雄における精子の排出路の一部で，*精巣に続く膨大部．その中には，中腎細管由来の，精巣と連絡する数本の*精巣輸出管と，*中腎管(ウォルフ管)由来の，屈曲して密に畳み込まれた単一の副精巣管(ductus epididymis, epididymis duct, ⇒輸精管)が存在．精巣上体は，精子の生理的成熟に関与する．哺乳類の精巣上体は，頭部・体部・尾部に区別され，尾部に成熟精子が貯蔵され，その精子が射精される．[2]《同》前立腺．節足動物の輸精管が複雑にうねって塊状をなす部分．

d **精巣上体垂** [appendix epididymidis] 哺乳類の*精巣上体にしばしば見られる突起状物で，中腎管始端部の遺残物．

e **生層序学** [biostratigraphy]《同》生層位学，化石層序学．地層中に産する化石によって分帯(⇒化石帯)・編年・*対比などを行う地質学の一分野．19世紀初頭にW. Smithがイギリスのジュラ系で始め，近年では微化石を用いる研究が大きく発展した．

f **精巣潜伏** [cryptorchidism, cryptorchism] 哺乳類において，*陰囊内に*精巣下降すべきものが腹腔内にとどまっている現象．このような精巣を潜伏精巣(undescended testis, 潜伏睾丸)または停留睾丸(retentio testis, retained testis)という．不妊の原因となり，またしばしば腫瘍を発生する．しかし正常の状態で精巣下降の起こらない動物もある．実験的に潜伏状態にされた精巣では，腹腔内の温度が陰囊内に比して高いため，*精子形成が妨げられる．しかし間細胞は雄性ホルモンの分泌をつづける．(⇒精巣下降)

g **精巣動脈-蔓状静脈叢系** [spermatic artery-pampiniform plexus system] 哺乳類の*精索中にあり，精巣に入る精巣動脈と精巣から出る精巣静脈との間でつくられる構造．動脈はらせん状となり，静脈は細かく分岐して蔓状に動脈にからみ，両血管は大きな接触面積をもつとともにほとんど密着状態にある．哺乳類の精巣温度は一般体温よりかなり低いことが精子形成の必要条件であり，このためには，陰囊壁の特殊構造とこの動-静脈間の熱交換による動脈血の予冷が有効と考えられている．

h **精巣輸出管** [small sperm duct ラ ductus efferentis testis]《同》精小管，小輸精管，輸精小管．[1] 羊膜類脊椎動物の精子の排出路の一部で，精巣と副精巣管(*輸精管)を連絡する数本の管．精巣と副精巣(*精巣上体)の移行部にあり，中腎小管の何本かが残って分化したもの．[2] 無脊椎動物において精巣が2個以上あって雄性生殖口が1個の場合に，各精巣から出る精子を運ぶ小輸管．これが合一して生殖口に達するものを輸精管と呼ぶことがある．

i **精巣卵** [testis ovum] 雌雄異体の動物の*精巣中に時として見られる卵母細胞様の形態をもつ細胞．甲殻類，魚類，両生類などでかなり多く見られるほか，実験的処理によって高率に形成させることもでき，生殖細胞に性的両能性のあることを示すとされる．

j **生息地** [habitat]《同》生息場所，すみ場，すみ場所，立地(site)，ハビタット，ビオトープ(biotope)．生物の個体あるいは*個体群がすんでいる場所．生物の生活にとって生息地は，最も近接的・直接的な生活諸条件を与える場である．したがって生息地は，単に位置的場所としてではなく，個体あるいは個体群にとっての生活環境として個体の適応度や個体群増加率に影響を及ぼす．そのため種の生活史形質や個体群動態と生息地の時間的・空間的変動性との間には，特定の関係が見られるという指摘もある(T. R. E. Southwood, 1977)．生息地の構成要素には，非生物的要因と生物的要因とがある．しかし現実的には，*植生をそこにすむ種の生息地として取り上げることは多くても，動物を同じように扱うことはまれである．特に大形植物にとっての生息地(生育地，立地の語も使用される)を考える場合には主として非生物的諸要因を重視する．F. E. ClementsとV. E. Shelford(1939)は，「生息地とは，生物あるいは生物群集に対置される物理的・化学的要因だけを包括するもの」とした．対象とする生物の大きさや生活様式によって，生息地の空間の大きさは異なる．微小な生物が生活する特有

の環境諸条件をそなえた微小な場所は，微小生息地(microhabitat)といわれる．群集内では生物がそれぞれの生息地を選びつつ，自らも他の生物の生息地を形成している．一般に生物は生息地を*生活史の中で変えることがある．種の生息地というときには，この変化のあり方を指す．ただし，分類学的記事などでは，生息地はその種の分布域(地理的，高度，深度など)を意味することもある．性状・状態によって分類された生息地はビオトープといわれ，砂漠，泥底，カシ林，葉上，糞塊などがその例である．いわば，生物が生息できる場所としての自然空間の質的区分にほかならない．R. Hesse (1924)，また Hesse, W. C. Allee, K. P. Schmidt (1937) は，生息地(ビオトープ)とは一様さをもった地形的あるいは地理的な単位空間であるとした．

a **生息地分断** [habitat fragmentation] 《同》生息地分割．人為的あるいは自然的要因により一つの種の生息地が分断，分割されること．生息地の分断により個体の移動や集団の有効サイズが変化する．保全生物学において，生息地の分断が生物集団の存続・絶滅にどのような影響を及ぼすかが研究されている．(⇒自然保全)

b **生存競争** 内容としては競争(competition)とほぼ同義の語，特に日本では*生存闘争と同義にも使われてきた語．この概念は元来は人間社会についてのものが生物界に適用されたとみられる．(⇒社会ダーウィニズム)

c **生存シグナル** [survival signal] 上皮細胞や血液細胞，神経細胞などが生存し続けるために必要なシグナル．生存シグナルがなくなると，*ミトコンドリア細胞死経路によって*アポトーシスが誘導される．受容体型チロシンキナーゼを介する経路では，受容体に*成長因子などの生存シグナルの活性化に必要なリガンドが結合すると PI3 キナーゼ (PI3K) が活性化され，PI3K は *Akt を活性化する．Akt はミトコンドリアのアポトーシス誘導因子である Bad をリン酸化して不活性化し，アポトーシスを抑制して細胞の生存が保たれる．

d **生存闘争** [struggle for existence, struggle for life] C. Darwin の*自然淘汰説の中心的概念．Darwin は，生物の多産性と変異性に基づき生存闘争が必然に起こるとしたが，この概念には，(1)生物と自然条件との闘争，(2)異種個体間の闘争，(3)異種個体間の競争，(4)同種個体間の競争，という四つの内容が含まれ，その点では多義的な語とされる．なお，以上のうち Darwin が進化に関し最も重視したのは(4)のいわゆる種内競争だったが，現在では各レベルの生物集団における差次的な生存率および繁殖率の定量的な扱いにより，それら集団の変化の説明を基礎づけており，もともとは比喩的であった生存闘争の語は進化学上はあまり使用されなくなっている．(⇒生存競争，⇒適者生存)

e **成体** [adult] 個体発生を完成した個体，すなわち幼生期以後において生殖可能となってからの時期の個体をいう．

f **声帯** [vocal cord, vocal band] 《同》声帯襞．脊椎動物の*喉頭の咽頭への開口部付近で，喉頭軟骨間に張られた，左右 1 対の喉頭粘膜の襞．その間の縦の裂隙を声門裂，声帯と声門裂を合わせて声門(glottis)という．一方，披裂軟骨間の間隙を軟骨声門といい，ヒトにおけるささやきの発声に関与する．広義の声門は軟骨声門を含み，その場合声帯と声門裂の(狭義の)声門は筋肉声門，靱帯声門と呼ばれる．両生類と哺乳類では声門が発声装置をなす．爬虫類や鳥類ではあまり発達せず，前者にはほとんど発声するものがなく，後者にはこれより気管支への分岐部にある*鳴管が発声装置となる．哺乳類では声帯口側にさらに 1 対の襞として仮声帯(室襞 plica vestibularis, false vocal cord)があり，声帯との間に左右の喉頭室(laryngeal ventricle)をなすが，類人猿ではこれが著しく発達して喉嚢(vocal sac)となり，共鳴装置をなす．喉頭室は G. Morgagni の名をとりモルガーニ洞(sinus of Morgagni, ventricle of Morgagni)ともいう．声帯には声帯靱帯や声帯筋があり，仮声帯には室靱帯や室筋が含まれる．

g **生態遺伝学** [ecological genetics] 生物がそれを取り巻く自然環境や他の生物に反応して示す適応の遺伝的機作を研究する遺伝学の一分野．進化遺伝学・集団遺伝学・育種学・進化生態学などと密接な関係をもつ．1920 年代から野外観察や実験的研究を通じて，生態型分化・多型現象・繁殖システム・競争・移住・耐性などの問題がとりあげられてきている．古典的な実験的研究の例としては，P. M. Sheppard らによるカタツムリの多型や，J. Clausen らによる野生植物の生態型の研究などがあげられる．近年，有性生殖の進化や*生活史戦略に量的遺伝学の方法を適用した研究など，進化生態学とも関わりながら，新しい発展をみせている．

h **生体エネルギー論** [bioenergetics] 生命現象に伴って生体において変換される，あるいは生体に出入するエネルギーを扱う生物物理学の一分科．過去には熱力学の一分野であったが，生体では熱的・化学的・電気的・浸透圧的・光学的な諸形態をもったエネルギーが重要であるため，生体エネルギー論の名称が定着した．生体は古典熱力学で扱われるような均一な準平衡の閉鎖系ではなく，複雑な構造をもち，エネルギー・物質が流れる開放系であるため非平衡熱力学で扱われる点に特色がある．また，単なる定常状態ではなく，I. Prigogine らの散逸構造(dissipative structure)，すなわち熱的平衡になく，力学的・電気的エネルギーが熱に転化する不可逆的過程(散逸過程)が起こっている系に現れる巨視的構造の高度に発達した系である．さらに，古典的な化学熱力学では化学平衡が反応の進行を決める一つの主要因であるが，生体物質の代謝は酵素の触媒活性などを支配する情報伝達機構がエネルギー出入の大きい制御因子となっている．したがって，これらの情報系も含めた回路網熱力学(network thermodynamics)が重視される．生化学的には生体エネルギーの変換機構である生体膜・筋(収縮性蛋白質)・合成酵素の実体の解明，ATP を中心とする生体のエネルギー通貨機構の研究が行われる．

i **生態学** [ecology] 生物の生活に関する科学のこと．最初 E. H. Haeckel (1866, 1869) により，動物に関して「非生物的および生物的環境(独 Umgebung)との間の全ての関係，すなわち生物の家計(独 Haushalt)に関する科学，いいかえれば C. Darwin が生存をめぐる闘争における諸他の条件と呼んだ複雑な相互関係の全てについて研究する学」として定義された．五島清太郎(1894)はこれを生計学と訳したが，植物について Biologie (自然誌)を訳した三好学(1895)の生態学なる語が定着している．その後，「生物個体全体(器官などではなく)についての一般生理学」(K. Semper, 1881)，「*群集に関する科学」(F. E. Clements, 1922)，「科学的な自然誌，すなわ

ち生物に関する経済学と社会学」(C. S. Elton, 1927), 「生態系ないし自然の構造に関する科学」(E. P. Odum, 1953, 1962)などと定義されたこともある. 生態学は通常, 概念的に個体群生態学と群集生態学に分けられるが, 関心の方向あるいは方法に応じて, 個体群生態学・生産生態学・社会生物学・行動生態学・進化生態学・群集生態学・植物社会学・生態系生態学・システム生態学・数理生態学などの分野に細分され, また地質時代の生態学として古生態学という分野もある. なお, 対象とする生物によって, 植物生態学・動物生態学・微生物生態学など, 対象とする場所によって都市生態学・極地生態学など, あるいは森林生態学・草原生態学のように分けることもある.

a **生態気候** [ecoclimate] 一つの生息地におけるすべての気候要因の総体をいう. 昆虫についての B. P. Uvarov (1931) の造語. 生態気候の成立には地形・土壌・緯度・高度などの無機的条件も関係するが, 最大の役割をもつのは植物群落が環境におよぼす*反作用, すなわち環境形成作用であり, 森林などの植生が失われれば大きく変化する.

b **生態群** [ecological group] 類似した生態的行動(それぞれの環境要因に対する反応)を示す植物の種群. この概念の基礎はすでに J. E. B. Warming (1895) らによって出されていたが, H. Ellenberg (1950, 1979, 1988) がその概念を特に発展させた. 彼のシステムでは気候要因として光・温度・大陸度, 土壌要因として土壌水分・pH・窒素分の合計 6 要因について各種の生態的行動を調べ, これら 6 要因についての行動パターンが類似している種群を生態群とした. 植生分類の基本は, この生態群, 組成に基づく植物社会学的単位, 種の地理分布の類似の三つの相互に独立した属性の比較によって行われる.

c **生態系** [ecosystem] 《同》エコシステム, 生物圏 (biosphere). ある地域にすむすべての生物とその地域内の非*生物的環境をひとまとめにしてとらえた系. 生態系という用語は, A. G. Tansley (1935) の造語で, 植物と動物が共同体的な関係をもっているとする F. E. Clements らの生物群集の概念を否定し, それよりは*バイオームに環境を加えた力学系を考えるべきだとして提唱したもの. 専門の生態学者の間では主として*物質循環や*エネルギー流に注目して, 機能系として捉えた系という, より狭い意味で使用されることが多い. この場合には*生産者, *消費者, *分解者, 非生物的環境が, これを構成する四つの部分とされる. 生態系機能 (ecosystem function) というと, このような物質循環に注目して考えるものである. これとは違って生物は環境無しには生存できないこととともに環境が生物によって変えられることを強調する意味で使用する場合や, 個体群とその主体的環境を合わせた系 (生活系 life system もこれに近い) とする場合などもある. また人間による操作や制御のしにくい自律性をもっていること, 人間社会での経済価値とは異なる独自の価値をもつものといった意味も含まれる. 海洋生態系, 湖沼生態系, 砂漠生態系, 草原生態系, 森林生態系, 都市生態系などの区分もあり, その広さも数滴の水から宇宙生態系までいろいろである. (→環境)

d **生態型** [ecotype] 同一種が異なる環境に生育するために環境条件に適応して分化した性質が, 遺伝的に固定して生じた型. G. W. Turesson (1922, 1925) がキク科植物についての実験から提案. 同一の生態型に属する個体は, 同じ生態種に属する他の生態型の個体と自由に交雑できる. 形態的見地から名づけた品種や亜種は生態型にほかならない. ヤナギタンポポにみられる海崖生態型と砂丘生態型のように, 生態とむすびついて分化したことが明らかな場合に, この語は有用である. 限定要因の性質に応じて生ずる乾生型, 湿生型, 水生型, 温暖型, 寒冷型, 高山型などは, よく知られた例である. 生態種の下位の単位として扱うこともある.

e **生態経済学** [ecological economics] 《同》エコロジー経済学. 人間の経済活動を生態系全体の物質循環の一部として有機的に捉えることで, 環境の構造と経済システムを結びつけ, 持続可能な環境保全と経済の調和を理解することを目的とした学問分野. 経済活動を「環境収容能力」の範囲内に収め, 生態系の物質循環のサイクルを維持しつつ, 人々の生活の質を維持・向上させていくための社会的・経済的制度のあり方を探究する. 他方, 地球上のほとんどの生態系は, 人間活動の影響を強く受けて形成されている. そのため, 人間による社会・経済学的選択と生態系の動態とをともに考慮する経済–生態結合ダイナミックス (coupled economical and ecological dynamics) の研究もなされている.

f **生態系サービス** [ecosystem services] 《同》生態系の公益的機能. 人間が生態系から受けるすべての便益. 国連の主導により, 生態系の変化が人間の福利に与える影響を地球規模で評価した「ミレニアム生態系評価」(millennium ecosystem assessment) では, 生態系サービスは, 人間に直接恩恵をもたらす三つのサービス, すなわち食料や建築資材など有用な財の供給を指す供給サービス (provisioning services), 気候調整や水の浄化など環境条件を適当な範囲に保つ作用を指す調整サービス (regulating services), 審美的・宗教的影響など精神面への作用を指す文化的サービス (cultural services), および, 人間への影響は間接的だが, 土壌形成や栄養塩循環のように, さまざまな直接的サービスをもたらす生態系を維持するために必要な, 基盤的サービス (supporting services) に類型化している. 生態系サービスを生み出す源泉は, 地球上に存在するさまざまな機能をもった生物の存在, すなわち*生物多様性である. 生態系サービスの持続的な享受は, 生物多様性保全の主要な目的の一つである.

g **生態系修復** [ecosystem restoration] 《同》自然再生 (nature restoration), 生態系復元. 人為によって失われた*生物多様性や生態系の健全性を回復させる行為. 過去に損なわれた生態系の主要な構成要素とそれらの関係性を修復するため, 回復の阻害要因を取り除く行為であり, 新たな開発による影響の緩和措置 (ミチゲーション mitigation) とは異なる. 生態系は不確実性が高いため, *順応的管理の手法で進めることが重要とされる. 生態系の劣化は, 人と自然の関係の変化によって引き起こされるものであるため, その見直しも必要となり, 人文社会学的側面も重視される. 生態系復元と呼ばれることもあるが, 生態系は多数の要素と関係性を含む複雑なシステムであり, その成立には偶然性も影響するため, 完全な復元は不可能である.

h **生態系生態学** [ecosystem ecology] ある地域にすむ生物のすべてとその周りの*環境を一つのシステムすなわち*生態系とみなし, その構造と機能を研究する科学. 生物の多数の種と物理化学的環境の挙動を追跡し

総合するために，大規模なコンピュータモデリングがしばしば研究上の重要な手段とされる(⇨システム生態学)．一方，個々の種の個体数には注目せず*物質循環・*エネルギー流を研究対象とすることも多い．そのときにはこれらを生態系過程(ecosystem process, 生態系機能 ecosystem function)と呼ぶ．なお物質循環を対象とする場合は生物地球化学(biogeochemistry)と呼ばれる．

a **生体計測**【1】[somatometry]《同》人体計測．特に人類学においてヒトの外部形態を数量的に，また客観的に表現する目的から，生体を計測すること．計測にあたり，あらかじめ生体上に計測点(⇨人体計測点)を求め，一定の計測器具(人体計測器)を用いて計測する．その方法は R. Martin の 'Lehrbuch der Anthropologie'(1928)に準拠して行われる．近来，こうした外部形態の計測に加えて，体組成や機能的意義を明らかにするため，X線撮影や超音波による測定，皮下脂肪の測定，モアレ(moiré)測定，各種の体機能の測定なども行われる(⇨骨格計測)．
【2】[biomedical measurement] 生体，特にヒトを対象とする計測．臨床診断を目的とする医用計測のほか，医学・生物学の研究に用いられる各種の計測が含まれる．非侵襲あるいは低侵襲であることが求められる．超音波やX線を用いて体内の病巣を画像化する技術，心拍や呼吸などの生体機能をモニタリングする技術，脳波や筋電図など神経の電気的活動を記録する技術などがある．

b **生態ゲノミクス** [ecogenomics] 生物とそれをとりまく無機的・生物的環境との関係，あるいは生物間の相互作用を理解することを目的として，ゲノムの構造や機能を解析する研究分野．全ゲノムの配列決定や遺伝子の網羅的発現解析などのオミックス技術の発達と，大量データを解析するバイオインフォマティクスの進歩により，生態学や進化学などにこれらの手法が適用されるようになり生まれた分野である．ゲノムの比較による進化と多様化の解析，マイクロアレイ技術や次世代シークエンサーによる全遺伝子のRNA転写量解析などを利用した環境応答と形質発現の解析，環境DNAサンプルを用いたメタゲノム解析による生物相の網羅的同定，遺伝的変異およびエピジェネティック変異と適応との関係の研究などを例としてあげることができる．*分子生態学との関連が深い．

c **生体工学** [bioengineering]《同》医工学, 医用生体工学．工学の技術や考え方を生体の構造や機能の解明に適用し，医学・医療の発展に寄与するとともに，工学にフィードバックするという概念を包含する広義の用語．以前は，*バイオニクスの訳語として使われたり，工学と医学・生物学の境界領域という概念であったりしたが，現在では両者が融合した一つの学問領域と認識されている．したがって，この用語は医療工学などを含む医工学あるいは医用生体工学などとほぼ同義語として用いられることが多い．

d **生態勾配** [ecocline]《同》エコクライン．一般的には，生態的条件の傾度の変化にともなう種の形質，群落属性などの連続的変化を指す．R. H. Whittaker(1975)は標高のようないくつかの環境要因が複合した傾度的変化を複合傾度(complex gradient)，それに沿う群集の変化を群集傾度(community gradient, coenocline)，この両者を統合した生態系の傾度的変化を生態勾配と呼んだ．

e **生体染色** [vital staining] 細胞や組織を生きたままに*染色をする方法．色素液を静脈・皮下・腹腔内に注入して生体観察し，あるいは固定し切片にして検鏡する方法が一般的である．古典的にはトリパンブルーやリチウムカルミンが染色剤として使われてきた．例えば，トリパンブルーは尿細管上皮細胞・細網内皮系細胞・結合組織細胞を染色する．さらに生物体から細胞をとり出して，まだ生きている状態で細胞内に色素をとり込ませて染色する方法を超生体染色(supravital staining)といい，ヤヌスグリーンによるミトコンドリアの染色，ニューメチレンブルーによる網状赤血球の染色，ニュートラルレッドによる細胞質顆粒・空胞の染色，メチレンブルーによる神経組織の染色などがある．なお，最近では緑色蛍光蛋白質(*GFP)の遺伝子(GFP遺伝子)を目的蛋白質の遺伝子と融合させて生きた細胞内で発現させ，生体染色する方法も行われている．

f **生態的最適域** [ecological optimum] 非生物環境と，競争関係にある他種との関係において，自然の中で実際に最もよく分布する場所を，環境のうえから生態的に最適な場所とみる語．*生理的最適域と対し，G. E. Hutchinson(1957)の実現ニッチ(realized niche)の最適域に対応する．競争力の強い種では，生理的最適域と生態的最適域は一致するが，多くのものは*種間競争のため，生育に好ましくない非生物環境の方に実現ニッチがずらされ，ときには全く両極端の環境に分裂して生存するものもある．例としてはマツの類が乾燥地と湿地に分裂して生存することが挙げられる．この場合，中性の立地がマツの生育に不適なわけではない．(⇨生態的地位)

g **生態的地位** [niche, ecological niche]《同》ニッチ, ニッチェ．各種ないし亜種が，野外で生息する環境条件のこと．ここで環境としては，非*生物的環境のほかに，植生や食物・捕食者・競争者などを含む．C. Darwin(1859)が「自然の経済(economy of nature)における位置(place)」と呼んだものを，いっそう具体化した概念．ニッチの語を最初にこの意味で使ったのはR. H. Johnson(1910)だが，厳密な定義を検討して一般に広めたのはJ. Grinnell(1917, 1924)である．一方 C. S. Elton(1927)は，「生物が群集の中でどのような役割を担っているかということ，生物的環境における位置，その食物および敵に関する諸関係」として定義した．例えばアブラムシの種は森によって異なるが，いずれもよく似た餌を摂食し，かつテントウムシに捕食される点でも同じなので，よく似た生態的地位を占めるとか，アユは海ではケンミジンコを食って魚食魚に食われる地位にあるが，川へ遡上すると付着藻類を食う地位にかわる，といった具合である．生息地という用語の狭義化に伴い，Grinnellのものを主として非生物的環境に限って生息地的地位と呼び，Eltonのものを食物的地位ないしエルトンの地位(Eltonian niche)と呼ぶこともある．前者は一つの種が一つの生態的地位を占めることを強調し，後者は一つの種が時間空間的にちがった位置を占め，また逆に，同じ地位をいくつかの種が占めると考える．これに対してG. E. Hutchinson(1957)は，あらゆる環境条件に対する個体群の反応を n 次元に展開した多次元地位の概念を提唱した．さらに各種が生育できる環境条件の全体すなわち基本ニッチ(fundamental niche)と，他種との競争などにより実際に生育可能となっているより狭い環境条件すなわち実現ニッチ(realized niche)とを区別した．このHutchinsonの超容積ニッチの概念に基づき，例え

ば，餌のサイズやすみ場所の枝の高さによってそれぞれの鳥の種が利用する頻度(資源利用パターン)をもって，ニッチを定量的に表現し，ニッチの重複度を推定するといった研究が多数なされた．さらに，競争関係にある種はどの程度の類似性があれば共存できないかというニッチの類似限界説の考えが出され(R. H. MacArthur & R. Levins, 1967)，これが基礎となって*ニッチ分化による群集構成種の共存を強調した*群集理論が形成された．(⇨競争排除則)

a **生体電気** [bioelectricity] 《同》生物電気．生物に見られる発電現象．その発見の端緒は古く L. Galvani (1780) が行ったカエルの筋肉の実験である．その後 C. Matteucci および E. H. du Bois-Reymond が，いずれも 1842 年に独立に筋肉の興奮時に電位差が現れることを証明した．生体における電気発生は種々の組織や器官で見られるが，電気発生の機能がよくわかっているものは神経細胞である．神経は活動電位の形で信号を伝え，シナプスを介して活動を他の神経細胞に伝える．神経や筋肉の静止電位や活動電位，あるいは種々のシナプス後電位などは，神経・筋肉系の活動の指標となる(脳波，心電図，筋電図，網膜電図など)．脳波は極めて多数の脳神経細胞が発する活動電位やシナプス後電位の総和であり，頭蓋上に置いた電極から導出できる．活動電位は通常 10〜100 mV 程度である．電気魚の発電器官により発生する電気は環境走査や交信，防御，攻撃のために利用される．この中には，数百 V に達するものがある．それは多数の発電細胞の電位が加算されるよう直列的に配置されているからである．電気は動物に見出されているばかりでなく，真性粘菌の変形体や植物の果実，オジギソウやハエトリソウの葉，藻類の単一細胞(例えばシャジクモの節間細胞)などにも静止電位や活動電位が観察されている．

b **生態毒性学** [ecotoxicology] 《同》環境毒性学(environmental toxicology)．生態系および生態系を構成する生物に対する物質などの悪影響を調べる研究分野．物質の濃度と各種生物に対する毒性の関係，毒性による症状，生物体内における毒性発現のメカニズムなどを調べるほか，物質の物理的・化学的性質による環境中における運命動態と環境中で物質の暴露を受ける生物との関係や，生物種ごとの影響の違いの受け方の違い，その結果生じる生物群集構造の変化や生態系機能の変化なども研究対象となる．一般的には，生態系を構成する数種の生物に対する物質などの影響を調べたり，実験的に構成された生態系や実際の生態系における物質などの動態および影響を調べたりする．またそのような環境中の毒性物質が野生生物の個体数や絶滅確率に対する影響を評価することを生態リスク評価という．

c **生体反応** [vital reaction] [1] 生細胞内で起こり死細胞では起こらない化学反応．従来これにより細胞の生死の判別が行われた．主に酵素反応を検出するもので，以下のような例がある．硝酸銀を還元して黒色沈澱を析出する反応，過酸化水素溶液で細胞液が褐色に染まる反応，アルカロイド細胞液中にタンニンの沈澱が生ずる反応，ベンジジンと過酸化水素でベンジジンブルーを生ずる反応，ピロガロールと過酸化水素で黄色を表する反応，四酸化オスミウムを還元して黒く着色する反応，過酸化水素を分解して気泡を生ずる反応など．[2] 《同》生活反応．医学において，死に瀕した病者がなお生きているか どうかを検査する反応(例:照明に対する縮瞳反応)．また特に法医学で，屍体にみられる損傷などが生存中に起きたものであることを指示するような各種の反応．

d **生態分布** [ecological distribution] 《同》生態的分布．地理的・地史的要因よりむしろ現在の環境要因によって大きく規定されていると考えられる場合の生物分布．*地理的分布と対するが，両者の間には明瞭な境はない．分布の限定要因には非生物的環境要因と生物的環境要因とがある．相対的に，固着性の植物や移動力の小さい動物の分布は非生物的環境要因によって制限される度合が大きく，鳥類や大形哺乳類など移動力の大きなものでは生物的環境要因が大きく作用する．植物では生活形や相観の特徴が重要な指標になる．生態分布には水平分布および垂直分布の 2 面がある．

e **生体膜** [biomembrane, biological membrane] 細胞あるいは細胞小器官(オルガネラ)と外界との境界の膜．微生物の細胞膜，動物細胞・植物細胞における細胞膜，リソソーム膜，ミトコンドリアの内膜と外膜，葉緑体の内包膜と外包膜，小胞体膜(ミクロソーム膜)，ゴルジ体膜，核膜，エンドソーム膜，輸送小胞膜など 7〜10 nm の厚さをもつ膜構造の総称．主成分は蛋白質と脂質であり，ほかに多糖などを含む．蛋白質と脂質の存在比は膜によって異なる．一般的には脂質と蛋白質の比(重量比)は 2:3〜1:3 で蛋白質の方が多いが，神経ミエリン膜などでは約 4:1 で脂質が多い．脂質としては*リン脂質が主成分であるが，動物細胞の細胞膜では*コレステロールがリン脂質とほぼ等モル存在する．少量ではあるが*糖脂質も存在する．膜の機能は，外界との境界として内部物質の散逸を防ぎ，また一方で外界との間で物質・情報・エネルギーの交換や変換を行うことである．膜に局在する蛋白質としては，個々の膜機能に応じた各種の酵素(物質代謝を行う)，受容体(情報の感受を行う)，キャリアー(*能動輸送または*促進拡散を行う)やチャネル，膜の運動あるいは構造を支持するものがある．蛋白質と脂質がどのように膜を形成しているかに関しては，Danielli-Davson-Robertson の単位膜モデル(⇨細胞膜)を修正した*流動モザイクモデルを S. J. Singer, G. L. Nicolson (1972) が提出し，このモデルが広く受け入れられている．流動モザイクモデルにおいては，蛋白質は脂質二重膜に埋め込まれ，かなり自由に動きうるものも存在する．*リポソームや蛋白質の再構成膜を用いた構造・機能の研究もよく行われている．(⇨脂質二重層，人工膜，⇨赤血球膜)

f **生態リスク** [ecological risk] 不確実な要因により生態系の構成要素，生態系機能または生態系サービスが損なわれる危険性．公害などの人間活動による環境負荷は，まず公害病など人の健康への危険性として社会問題となった．しかし，直接人の健康に悪影響がなくても，人間の生活と福利を支える生態系への影響も避ける必要性が認識された．稀少生物の絶滅リスク，*水産資源・野生動物資源の持続的利用に失敗するリスク，*外来種の侵入・定着・拡大のリスクなど，個体群管理，生態系管理に失敗するリスクなどがある．一般に一つのリスクと別のリスク，また便益のあいだにはトレードオフ関係があり，意志決定においてその兼ね合いが問われる．

g **ぜいたく消費** [luxury consumption] 微細藻類細胞が増殖に必要な量以上に細胞外から栄養素を取り込み，それを細胞内持ち分(cell quota)として蓄積するこ

と，B. H. Ketchum(1939)が珪藻によるリン酸塩の取込みから発見．暗所での増殖を伴わない栄養塩の取込みもぜいたく消費にあたる．細胞内持ち分は娘細胞に分与され，外界の栄養素が欠乏するとその蓄積分を消費して増殖が維持される．微細藻類細胞の増殖は制限栄養素の細胞内持ち分により制御されており，生存のために必要な最低量である最小細胞内持ち分(minimum cell quota, subsistence quota)で増殖速度がゼロ，最大持ち分で最大となる．

a **成虫** [imago, adult] 昆虫および蛛形類，広義には節足動物における成体．基本的には繁殖能力をもつが，膜翅目に見られるワーカー(成虫)は成虫であるが不妊である．また，ミノガなどでは幼虫形態のまま繁殖を行うヘテロクロニー(⇌異時性)も見られるが，これらは例外的である．*幼虫・*若虫と対する．

b **正中鰭**(せいちゅうき) [median fin] 「せいちゅうびれ」とも．《同》不対鰭(unpaired fin)．水生脊椎動物の正中線にそって生じる鰭．体のゆれを防ぐ働きをもつ．魚類の正中鰭は背側にある*背鰭，尾端にある尾鰭，総排出腔後方にある臀鰭(尻鰭 anal fin)に分かれるが，形成される位置や形態は多様である．背鰭・臀鰭は二つ以上に分かれることもある．マグロやサバなどで背鰭や臀鰭の後方に軟条部が少しずつ離れて存在するものは小離鰭(finlet)と呼ぶ．それぞれの鰭の一部または全体が，棘(ネコザメ，エイ)，吸盤(コバンザメ)，アンテナ状突起(アンコウ)などに変形しているものがある．多くの種では正中鰭は発生過程で一続きの膜状の鰭(膜鰭 fin fold)として形成され，幼生期に中間部が消失して鰭条をもった成魚の鰭に置き換わる．

c **成虫原基** [imaginal disk, imaginal disc] 《同》成虫芽(imaginal bud)．昆虫の幼虫における成虫諸器官の*原基．肢原基も翅原基も上皮細胞層の一部が肥厚したものであるが，その形態は昆虫の*変態様式によって異なる．不完全変態類では，肢・翅とも幼虫(若虫)の肢・翅の内部にある(すなわち幼虫の上皮細胞層そのものが成虫原基である)．この型のものは外部成虫原基と呼ばれ，幼虫の肢・翅(成虫原基を主体とみたときは肢鞘 leg sheath，翅鞘 wing sheath という)と同時に成長し，成虫化脱皮の際，完全に発達をとげる．不完全変態類の一部や，*完全変態類では，成虫原基の部分は幼虫クチクラから多少とも陥入し，内部成虫原基に移行する．その初期的な形態は長翅目などの遊離成虫原基である．これがさらに内部へ沈下した形が沈下成虫原基となっているものが多い(少肢型幼虫および多肢型幼虫における胸脚の成虫原基)．完全変態類の翅や，双翅類などの肢・触角などの成虫原基は，これらの幼虫に肢や翅のないことと相まって沈下の程度はさらに著しく，反転成虫原基や有柄成虫原基として体内深く沈み，幼虫の体表とは無関係に発達をつづける．これら二つの型の成虫原基を特に*成虫盤という．完全変態類の成虫原基は，蛹化脱皮の際，急激に発達し，反転あるいは有柄のものも体液の圧力により表に押し出されて，蛹を形成する．双翅類などでは胚のかなり早期に成虫原基がすでに形成されており，その後は幼虫器官と成虫原基とがほとんど独立に発達していくと考えるべき証拠がある．成虫原基の*成長曲線は，完全変態類では幼虫期間中脱皮とは無関係に一定の上昇を示す．変態にともない，*エクジソンの作用により急激な分化を開始するが，この分化の方向は強固

に決定されている．しかし，強制的に原基の細胞分裂を繰り返させると(例えばショウジョウバエで成虫原基を，成虫を用いた生体内培養で植え継いでいくと)，他の成虫原基へと決定転換がみられる．

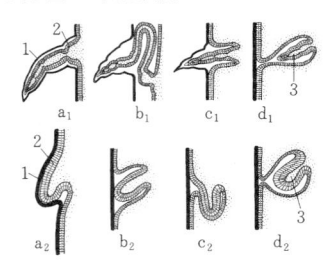

a 外部成虫原基
b 遊離成虫原基
c 沈下成虫原基
d 有柄成虫原基
1 クチクラ
2 上皮細胞層
3 成虫盤

成虫原基の模式図 (上段：肢，下段：翅)

d **成虫盤** [imaginal disc] [1] ⇌成虫原基 [2] 《同》成体盤，胚盤(blastodisc)．紐形動物の幼生において，変態過程で起こす陥入腔の内壁をつくる細胞群．成体の外胚葉性器官の原基．ピリディウム幼生やデズル幼生などでは，変態期に幼生外胚葉が数カ所で陥入を起こす．陥入口は閉ざされるが，陥入腔は広がりながら互いに連絡し，その内壁は肥厚して成虫盤となる．一方，陥入腔の外壁は薄い1層の細胞層となり，羊膜と呼ばれる．成虫盤と羊膜の間の空間は羊膜腔と呼ばれる．成虫盤はその位置と将来の分化に応じて，はじめ頭盤・脳盤(頭感器盤)・吻盤・胴盤・背盤に分かれるが，やがてつながり，成虫の上皮や他の外胚葉性器官を形成する．最終的に変態を完了した若虫は羊膜と幼生外皮を破り，外に泳ぎ出る．

e **正中面** [sagittal plane, median plane] 生物体が左右相称を示す場合の*相称面．*頭尾軸と*背腹軸とが明らかな動物では両軸を含む面にあたる．この場合頭尾軸は主軸であるが，左右相称・*放射相称の生物とも，主軸に直角な面を横断面(transverse plane)という．横断面に直角な面すなわち主軸に平行な面は一般に縦断面(longitudinal plane)といわれるが，この語は放射相称でかつ主軸が長軸と一致する生物で特に適切．放射相称の生物の縦断面のうち主軸を含む面を放射面(radial plane)，主軸を含まないものを接線面(tangential plane)という．また左右相称の生物の場合(動物を主とするが，動物との対比で植物にもしばしば適用される)，正中面に平行な面を矢状面(parasagittal plane, 本来ヒトの頭蓋における矢状縫合に平行な面を意味する)，主軸(頭尾軸)に平行かつ正中面に直角な面を前額面(frontal plane, 本来ヒトの前額に平行な面を意味する)という．これら種々の面での切断を表すには「面」という字のかわりに「断」という字を付す(例：正中断 median section)．生物体の部分に関しても，以上に準じて適宜これらの語が用いられる．《同》相称)

f **成長，生長** [growth] 生物学では，生体系の量の増加をいう．特に*原形質の量あるいはその生命自身が合成する物質の量の増加についていい，水分量の増加は通常含めない．成長を二つに分けて，骨・貝殻などの場合にみられる加法的成長(additive growth)と，増加するものが原形質に属する場合の乗法的成長(multiplicative growth)とに区別することもある．多細胞体の成長の場合には，細胞数の増加および細胞自身の成長

という両面がある．一般に成長は栄養・運動などの影響を受けるが，生物個体・器官・細胞は，与えられた環境条件において一定の成長限度をもっており，これは動物では植物よりも顕著である．癌や肉腫などは正常の成長調節機能の病理的障害の例．一般に空間の3方向に完全な比例的成長が起こるのはむしろまれで，このように各方向への長さ（身長など）の増加の速さが違うときは相対成長の概念が役立つ（→相対成長率）．発生の進行に伴って起こる*分化は成長に影響し，成長速度の変化の原因となる．特に植物では形成層およびシュート頂や根端の分裂組織のようにその個体が生きているあいだ無限に成長が続く様式（無限成長 indeterminate growth, unlimited growth）と，葉や花の構成器官のように一定の形と大きさに達すると成長が止まってしまう様式（有限成長 determinate growth, limited growth）とが区別される．植物の成長の形式として，*先端成長，*介在成長，*周縁成長や*肥大成長がある．なお，細菌学の分野では個体数の増加も成長ということがある．生態学でも*個体群成長など，集団に対して用いられることも多い．また一般用語としては「森林の成長」などのように，個体の成長，個体群の成長，他種の付加などによって大きくなる現象にも用いられることがある．

a **性徴** [sexual character]　《同》性形質．主として雌雄異体の多細胞動物で個体の性を判別するとき準拠できる形質．特に生殖腺自体の特徴を一次性徴（primary sexual character）と呼び，それ以外の性別を示す形質を二次性徴（secondary sexual character）と呼ぶことが多い．場合によると後者にあたるものをさらに区分して，生殖腺付属器官および外部生殖器の特徴を二次性徴，それ以外の性徴を三次性徴（tertiary sexual character）とすることもある．例えば脊椎動物の*生殖輸管は二次性徴として，*婚姻色などは三次性徴として取り扱われる．さらに心理・行動などの差異を別種の性徴として区別することがある．他方，上記の三次性徴をも二次性徴と呼び，最後者を三次性徴と呼ぶことも，従来かなり広く行われてきた．脊椎動物では二次性徴・三次性徴が生殖腺から分泌されるホルモンに依存している．例えばイモリの雄から精巣を取り去り，卵巣を移植しておくと，雄性の婚姻色（三次性徴）は認められなくなり，*ミュラー管は増大（二次性徴）して雌の状態とほぼ同様になる．これに反して一般に昆虫では性徴発現に関与するホルモン機構は認められず，各組織はそれ自体の遺伝型に対応した性徴を示すと考えられている．二次性徴が生殖に直接の作用をもつことは当然であるが，三次性徴もまた異性間の性行動に関連する信号の役割を果たすなど，その意義が明らかになったものが多い．ヒトでは，男性はたくましい筋骨・体毛・顔毛をもち，女性は豊かな皮下脂肪・幅広い骨盤・乳房を特徴とする．なお，雌雄同体の個体においても上に準じた意味で1個体内の諸部位に関して性徴という言葉を用いることがある（→性的二形）．

b **成長因子** [growth factor]　《同》増殖因子．細胞間の情報のやりとりを担うポリペプチドのうち，細胞の増殖促進効果を指標に同定されたものの総称．現在では細胞分化，細胞増殖停止，細胞死，細胞運動など多岐にわたる効果が報告されている．また受容する細胞の状態によって異なる効果を現す例も少なくない．細胞膜上の受容体として受容体型チロシンキナーゼを活性化するもの（表皮成長因子EGF，繊維芽細胞成長因子FGF），受容体型セリン・トレオニンキナーゼを活性化するもの（形質転換成長因子TGF-β，骨形成因子BMP2/4），など数多くの経路がある．その産生は時空間的に厳密に制御されており，がんウイルスや突然変異で発現が異常になることでがん化の原因となる．多くの場合，糖鎖，脂質による修飾を受け，プロテオグリカンなどへの親和性により細胞外での拡散は著しく制限され，短距離で自己に作用（autocrine），近傍に作用（paracrine）する例などが見られる．しかし比較的長距離を拡散することで濃度勾配を形成し，モルフォゲンとして働くケースもある．さらに血流で体内を循環して内分泌（endocrine）的に作用することもある．

c **成長運動** [growth movement]　植物や菌類が行う*屈曲運動のうち，屈曲の原因が不均等な成長にある運動．*屈性，*傾性，および*回旋運動は，多くが成長運動である．

d **成長円錐** 【1】[growth cone]　神経軸索先端部の円錐形にふくらんだ構造．S. Ramón y Cajal (1890)の命名．脊椎動物胚の中枢神経または神経節の伸長しつつある神経細胞，また成長しつつある樹状突起の先端にも観察される．成長円錐からは，波状運動をする扇形の膜状物（lamellipodia），糸状足（filopodia, 仮足様突起 microspike）が出される．培養神経細胞の観察では，糸状足は長さ10〜20μm，直径約0.3μmで，単一の成長円錐には1〜30本の突出があり，毎分6〜10μmの速度でたえず伸長と収縮を繰り返す．成長円錐の微細構造は滑面小胞体，液胞，*ニューロフィラメント，微小管および周辺部にアクチン・ミオシンのフィラメントからなる特有の網目構造を含む．この網目構造は糸状足のなかにも入りこんでおり，仮足運動の原動力をなすところ．成長円錐は方向探知と標的認識の機能をもつと考えられる．成長円錐膜は，数種の細胞表面分子を介して外部環境，すなわち他の神経軸索や細胞外マトリックス（extracellular matrix）と相互作用する．成長円錐による神経細胞のガイダンスには誘引性のものと反発性のものがあり，その過程ではさまざまな軸索ガイダンス分子が働く．拡散性の誘引因子としてネトリン，拡散性反発因子としてセマフォリン，スリット，接着性誘引因子としてIgCAMやカドヘリン，接着性反発因子として膜貫通型セマフォリンやエフリンが知られている．これらの分子の働きは細胞内のcAMPやcGMPの濃度によっても調節される．こうした作用を通じて標的細胞が認識されるとともに，移動の方向も決定されると考えられる（→パイオニアニューロン）．

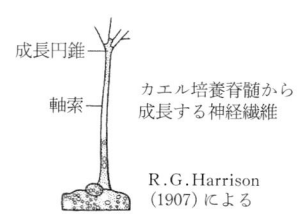

軸索　成長円錐　カエル培養脊髄から成長する神経繊維　R. G. Harrison (1907)による

【2】[vegetative cone]　＝成長点

e **生長応力** [growth stress]　樹木の成長に伴う細胞の発生・分化および成熟の結果，樹幹内に発生する応力．古い樹幹の上に新生した細胞の層が，成熟に伴い長さ方向に収縮し，横方向に膨張するため，組合せ円筒の形で

樹幹全体に応力を及ぼすものとされる．立木の状態で内部応力として存在し，通常軸方向では幹の外周部に最大の引張り応力を有し，樹心に向かって順次その大きさを減少し，やがて圧縮応力に転じ，樹心部で最大の圧縮応力に達する．あたかも風による樹木の屈曲により起きる圧縮破壊を防ぐかのように分布している．極めて大きな生長応力を有する樹木では，造材，製材時に樹幹の応力の平衡が崩れ，材に割れを生じる．

a **成長解析**［growth analysis］［1］一般に，定量的な成長経過の分析．［2］植物生態学において，植物の収量や成長速度を解析する独特の技法．V. H. Blackman などイギリス作物生態学派が提唱．生育期間中の，植物体全体および各器官の乾重重量や葉面積などの変化を測定し，それらのデータに基づいて成長過程に関わるさまざまなパラメータを求める．重要な概念としては，*相対成長率(RGR)，*純同化率(NAR)，*葉面積比(LAR)，*葉重量比(LWR)，*比葉面積(SLA)，*葉積(LD)などがある．

b **成長曲線**［growth curve］*成長の様相をグラフに示した曲線．個体の大きさの成長に関するものと，個体数の増加すなわち*個体群成長に関するものとの二つがある．通常，横軸に時間，縦軸に適当な測定値をとって示す．個体の大きさの平均成長や個体群成長の場合には，一般に S 字状曲線(sigmoid curve)の得られる場合が多く，その代表的なものとして*ロジスティック曲線がある．この曲線は二つの相に分けられる．成長の促進される前期と，成長が弱まる後期とである．このほか S 字状曲線を描くものとしては動植物の種類，成長の時期，器官の種類などにより，ゴンペルツ曲線(Gompertz curve)，フォン＝ベルタランフィー曲線(von Bertalanffy curve)など各種の成長曲線がよく用いられる(→成長式)．一生のあいだの成長がいくつかの成長曲線に分けて表される場合もある(指数曲線と S 字状曲線，二つまたは三つの S 字状曲線など)．

c **成長勾配**［growth gradient］体軸に沿う器官あるいは部分の成長率にみられる勾配．例えば成長率が体の前方から後方へ次第に大きくなるような場合を指す．*生理勾配の一種．成長率は体の後方において高いことも，また中央部が最も高くて成長中心(growth center)をなすこともある．ヒトの出生後の成長期では成長率は頭部で最も低く，後方に向かって高くなり，後肢で最も高い．成長中心が二つある場合には，重成長勾配(double growth gradient)という．成長勾配は付属肢などの部分にもある．

d **成長式**［growth formula］成長を表す方程式．多くの場合，*成長曲線に近似的に適合する方程式を求めて成長式とするが，成長の本性に関する前提から成長式を導出する試みもなされている(例えば単位時間における単位表面積の摂取量と単位質量の消耗量との関係から)．最も普遍的な成長曲線は S 字状曲線であるが，T. B. Robertson (1908)および W. Ostwald (1908)は，この曲線が単分子自己触媒反応の曲線に似ることに注目し，それと同一の方程式をこれにあてた．体量を w，時間を t とすれば，単位時間当たりの体量の増加の割合，すなわち比成長率(成長率)は，

$$\frac{1}{w}\frac{dw}{dt}=k(A-w)$$

k, A は定数．この式を積分して変形すれば，

$$\ln \frac{w}{A-w}=K(t-t_1)$$

となる($K=Ak$)．t_1 は成長がなかば完了する時間を表し，A は成長によって到達する最終の大きさである．曲線の変曲点は $A/2$ にある．この方程式にしたがう曲線は*ロジスティック曲線とも呼ばれるが，それは人口増加に関する logistic 法則と数学的に同じである．

e **成長線**［growth line］［1］一般に生物体の組織において，成長速度の遅速の痕跡が組織の表面に線状に認められるもの．［2］《同》成長帯，成長肋．*貝殻の表面に見られる無数の微細な線．巻貝ではらせんの管を取りまいて殻軸にほぼ平行に，二枚貝では殻頂を中心に同心円状に現れる．動物体の成長にともなう貝殻の成長の跡を示すもので，樹木の*年輪に似て成長の遅い時期には間隔が狭くなる．肉眼的にやや顕著に見える場合に成長脈，成長線に沿う隆起が規則的に生ずる場合を成長肋と呼ぶことがある．

f **成長調整物質**［growth regulating substance, growth regulator］ごく微量の存在で生物の成長に変化を与えるが，栄養物質ではない有機化合物．成長促進物質，成長抑制物質，あるいは成長の様式を変える物質が含まれる．例えば植物の成長調整物質は，生体内にある成長ホルモン本来の作用様式に影響を与えることで，その効果が現れると考えられ，*オーキシン・抗オーキシンや上偏成長を誘導する物質，さらには*2,3,5-トリヨード安息香酸，*クマリン，プロトアネモニン，マレイン酸ヒドラジドのようなオーキシンの相助物質や阻害物質は，すべて成長調整物質の類とみなすことができる．なお，この言葉は，生体内に元来含まれている物質に対しても，実験のため合成された化合物に対しても用いられている．(→植物ホルモン)

g **成長点**［growing point］《同》成長円錐(vegetative cone)．維管束植物の茎と根の先端に存在する分裂組織．維管束植物では，個体発生のごく初めの時期を除き，新しく細胞をつくりだす分裂機能は個体の特定な部位にだけ残存する．組織学的には，*頂端細胞あるいは*頂端分裂組織とそれらに由来した近傍の若い細胞群を指すが，既成の組織との境界を厳密には区別できない．したがって成長点という語より，シュート頂(*栄養期シュート頂)，*根端の語のほうが厳密である．

h **成長点培養**［growing point culture, apical meristem culture］維管束植物の茎や根の*成長点またはそれを含む近傍組織を分離し，器内で無菌的に培養する方法．通常は寒天培地上で行う．成長点培養は，シュート・根の発育，花成，およびそれらにおける成長点の役割など維管束植物の分化の研究の手段であるばかりでなく，培養によって組織片から完全な植物個体が再生されるので，ランなどの園芸植物の*栄養繁殖に応用される．またウイルス感染植物の成長点の近傍には，ウイルスが存在しないか，あるいはウイルス濃度が非常に低いので，成長点培養はウイルスフリーなメリクロン植物の育成にも利用される．(→茎頂培養)

i **成長ホルモン**［growth hormone, somatotropic hormone, somatotropin］GH，STHと略記．好酸性細胞で合成・分泌される下垂体前葉ホルモンの一つで，体全体，特に長骨の成長を促す．その分泌は視床下部の支配下にあり，ソマトスタチンにより抑制され，成長ホルモン放出ホルモンにより促進される．その作用は一様でな

く，発生段階や組織によっていろいろ変化する．成長の完全な促進には*甲状腺ホルモンとの協同作用が必要とされる．低下が成長期以前に起こると小人症の一種である成長ホルモン分泌不全性低身長症になり，ホルモンの過剰分泌が軟骨端線の閉鎖以前に始まれば巨人症，それ以後ならば先端巨大症（末端肥大症）となる．組織におけるアミノ酸の分解を抑え蛋白質への取込みを促進し，これによって生体の窒素含量を増加させ尿中の総窒素量を減らす．単に成長を促すだけでなくいろいろな組織での蛋白質生合成を促進し，また貯蔵脂肪の移動も刺激する．血糖を上昇させ，インスリンと拮抗して筋肉中のグリコゲン含量を増大させ，場合によっては糖尿を起こさせる．上記の成長ホルモンの諸作用は必ずしも直接作用ではなく，軟骨の増殖・成長促進は肝臓などでつくられる*インスリン様成長因子（IGF）を介して行われる．各種の動物の下垂体から成長ホルモンが精製されているが，いずれもS-S結合を含む一本鎖の単純蛋白質で，分子量は約2万2000，等電点はヒトのものでpH4.9，ヒツジで6.8．脊椎動物の各綱の動物でアミノ酸配列（総アミノ酸残基数：ヒト191，ウシ190）が決定されている．プロラクチンと構造が似ているので同じ祖先分子から分岐して進化したと考えられる．ホルモン活性には種属差があり，霊長類以外の動物の成長ホルモンはヒトに無効である．そのため，低身長症の治療には現在，遺伝子組換え天然型ヒト成長ホルモンが使用されている．成長ホルモンの受容体は1本のポリペプチドが膜を貫通したもので，膜の内側でチロシンキナーゼと共役している．プロラクチン受容体と同じように二量体となってホルモン1分子と結合する．

a 成長ホルモン放出ホルモン [growth hormone-releasing hormone] GRH，GHRHと略記．《同》成長ホルモン放出因子（GRF，GHRF），ソマトリベリン（somatoliberin）．視床下部-下垂体神経分泌系によって生産され，正中隆起から分泌されるポリペプチド．下垂体前葉の成長ホルモン（GH）分泌細胞を刺激し，GHの分泌を促進する．ヒトGRHは44個のアミノ酸残基からなり，分子量は5040．GH細胞に作用して分泌だけでなくGH遺伝子の転写も促進している．

b 性的二形 [sexual dimorphism] 《同》性二形，雌雄二形．雌雄にかかわる*二形性，特に雌雄異体の動物において，主として外部的に現れる形質が性によって異なる現象．極端な場合には，雄が派手な装飾をもつ鳥類などで雌雄が別種と，またボネリムシなどでは雄が雌個体に寄生する他動物と誤認された例がある（→矮雄）．音声・香気・発光性の有無なども含めていうことがある．ヒトでは男女の差異（性差）はそれほど大きくないが，体の大きさ，輪郭，各部位の比率，皮下脂肪の量，体毛などに見られる．サギなどの鳥類には雌雄の外見上の差が小さいものがある．他方ゾウアザラシのように雄の方が雌よりも何倍も大きいものもある．これらの性による違いは，雌雄それぞれの繁殖戦略の結果として進化したものと考えられている．

c 性的役割 [sex role] 求愛や子育てなど*生殖巣の違いに直接依存しない要因によって，繁殖における雌雄の行動様式が異なること．通常は雌の方が雄よりも子に対する投資量が大きいので，雄が雌に求愛して雌は雄を慎重に選ぶと考えられる．しかし，ヨウジウオやヒレアシシギなど雄の投資量が大きく，雌の繁殖成功がどれだけ雄を利用できるかで制限される場合は，逆に雌が積極的に雄に求愛し，体色も雄より鮮やかになることが多い．これを性的役割の逆転（sex role reversal）と呼ぶ．しかし，魚類などで雄だけが子育てを担当している場合でも，雌の方が子に対する投資量が大きくて，雄が積極的に求愛していれば，性的役割が逆転しているとはみなされない．

d 性的両能性 [sexual bipotentiality] 生殖細胞や個体において，雌型にでも雄型にでも発生・分化できる能力および性質．雌雄異体の動物でも性的両能性をもつと考えられる．脳の特定の部位も，発生初期には雄性的部分と雌性的部分とが混在しているか，または両能的な分化の可能性をもっている．そのため，ホルモンなどの作用により，遺伝的な性とは逆の型に分化することができる場合もある．藻類などでみられる性の相対性の現象も性的両能性の考え方を支持するとされる．（→相対的雌雄性）

e 性転換 [sex change, sex reversal] 《同》隣接的雌雄同体（sequential hermaphrodism）．個体の性が生活史のある時期に逆転する現象．片方の卵巣の除去（ニワトリ），アンドロゲンなどの性ホルモンの投与（メダカ，テラピア）などの実験的処理によって，遺伝的な性とは反対の性に生殖巣を転換できる場合のほか，自然状態でその種のすべて，あるいは多くの個体が性を変える例，すなわち機能的な性転換が，動物・植物を問わず多数知られている．例えば，タラバエビやヤモロトゲエビのある種では，成熟すると若い個体はまず雄として精子を生産し，やがて大きくなると雌に変わり卵を生産するようになる．これを雄性先熟（protandry）という．性転換をするサイズは集団の中の雄性の比率によって変化する．珊瑚礁の多くの魚には，逆に小さなものが雌で，大きいものが雄に変わることがあり，雌性先熟（protogyny）といわれる．植物でもサトイモ科のテンナンショウ属（Arisaema）では，小さな個体が雄，大きな個体が雌になり，成長すると性転換するが，この例では逆向きの転換も頻繁に生じる．これは可変的性転換という．性転換の進化については，成長にともなう繁殖成功の増加率に雌雄差がある場合に性転換が有利になるとする体長有利性モデル（size-advantage model）によってうまく説明される場合が多い．このモデルは最初M. Ghiselin（1969）が提唱したが，後にE. CharnovやR. Warnerが修正を加え，現在では成長率や死亡率に雌雄差のある場合にも性転換が有利になると考えられている．なお性転換の途上において性徴が不完全な時期にあるものは*間性と呼ばれる．（→寄生去勢）

f 制動筋 [catch muscle] 《同》止め金筋，キャッチ筋．わずかなエネルギー消費で長時間疲労せず短縮状態（緊張）を保つ能力のある筋肉．二枚貝類の閉殻筋がこれにあたる．その荷重負担能力は，カキの閉殻筋では12 kgwt/cm²（カキの運動筋では0.5 kgwt/cm²）．閉殻筋にはツイッチン，パラミオシン，マイオロドなどの蛋白質が存在し，アクチンフィラメントやミオシンフィラメントに付随している．これらの収縮性蛋白質が安定的に相互作用することで制動状態が維持されると考えられる．収縮を引き起こすにはコリン作動性ニューロンの制御により一時的にCa^{2+}が上昇し，アクチン-ミオシンフィラメント間の強固な結びつきが促進される．続いてCa^{2+}濃度が低下すると制動状態が維持される．制動状

態から弛緩状態への移行においては，抑制性のセロトニン作動性ニューロン（弛緩神経 relaxing nerve）の制御により細胞内に cAMP が蓄積する．続いてプロテインキナーゼA（PKA）によりツイッチンがリン酸化され筋は弛緩する．

a **性淘汰** [sexual selection] 《同》性選択，雌雄淘汰．成体の獲得する配偶者数あるいは受精数の違いに起因する淘汰．C. Darwin（1871）の提唱．彼はシカの角，鳥類の美しい羽やディスプレイ，さえずり，ライオンの鬣（たてがみ），チョウの羽，男のひげといった形質の起原が，通常の自然淘汰では説明されないと考え，これらは異性に対する魅力，すなわち異性が配偶者を選択するにあたって有効な形質として発達したものとし，このように呼んだ．これに対する A. R. Wallace はじめ多くの反論が優勢であったが，現在では再評価されている．性淘汰は，しばしば個体の生存には有利でない形質を進化させるため，自然淘汰と区別されるが，自然淘汰の一種とみる立場もある．性淘汰は，同性個体間（通常は雄）の競争による同性間淘汰（性内淘汰，intrasexual selection）と異性の個体（通常は雄）が配偶者を選ぶことによる異性間淘汰（性間淘汰，intersexual selection）とに分けられる．雌の配偶者の好みや雄の二次性徴の進化については多くの議論があり，R. A. Fisher（1930）や R. Lande（1981）などの*ランナウェイ説，A. Zahavi（1975）のアイデアに基づく*ハンディキャップ説，また良い遺伝子をもつ雄を選択するという遺伝子モデル（good gene model）などの理論モデルがある．(→配偶者選択)

b **生得的** [adj. innate] 《同》本能的（instinctive）．動物の行動のうち，遺伝的に組み込まれているものを指す語．動物の形態的な特徴のほとんどすべてが生得的であって，個体発生の間に環境との相互作用の中で発現してゆくのと同じ意味において，動物の行動も生得的であると考えられている．行動の生得性は*隔離飼育などによって証明される．また，ある行動パターンが*学習によって形づくられる場合を，生得的に対して獲得的ということもある．

c **生得的解発機構** [innate releasing mechanism] IRM（独 AAM）と略記．動物の行動を引き起こすと考えられる解発機構（独 Auslösemechanismus）のうち，最も基本的なもの．動物の多くの行動は*生得的なものと考えられているが，N. Tinbergen の解析によれば，このような行動を裏づける中枢は段階的構成をもち，動物がある一定の生理的状態に達すると最上位の中枢が活性化され，次の段階の中枢を活性化するが，次位以下の中枢は活性化されても抑制が働いており，特定の*鍵刺激を得なければ，特定の反応を示してさらに下位の中枢を活性化することができない．その状態で鍵刺激がこないときには，それを求めて動きまわる*欲求行動が生じ，鍵刺激が現れるとはじめて抑制が解かれ，その段階特有の反応が解発される．この抑制除去の機構を生得的解発機構というが，これが「生得的」と呼ばれるのは，必要とされる鍵刺激（またはそれを含む*リリーサー）の性質が，それによって引き起こされる行動パターンと同様，*生得的に定まっており，かつこの両者の結合も生得的だからである．鍵刺激が学習されねばならぬものである場合に，この解発機構は獲得性解発機構（acquired releasing mechanism, ARM, 独 erworbener Auslösemechanismus, EAM）と呼ぶ．中枢が強く活性化されているのに鍵刺激が現れないと，閾値がはなはだしく低下して鍵刺激を待たずに反応が解発されてしまうこともあり，これを真空活動（vacuum activity, 真空行動）と呼ぶ．なお，生得的解発機構とそれに関連するさまざまな概念（固定的動作パターン・真空行動・転位行動・リリーサーなど）は，今のところ生理学的事実に裏付けられていない．

d **正二十面体様対称性** [icosahedral symmetry] ウイルスの*キャプシドがとる基本的な形態の一つで，20個の面，12個の頂点をもつ正二十面体様の対称性のこと．2, 3, 5 回転対称軸をもつ．正二十面体様キャプシドのキャプソメア（⇒キャプシド）のうち，隣接するものが6個であるものをヘキソン（hexon），正二十面体の頂点に存在し，隣接するものが5個であるものをペントン（penton）という．

e **精嚢** [seminal vesicle ラ vesicula seminalis] 哺乳類の雄における*貯精嚢，すなわち*輸精管遠位端近くに開口する腺様体．哺乳類では，貯精機能がないのでこの語が用いられる．テストステロンの刺激によって精漿（⇒精液）の一部を分泌．

f **性の支配** [sex control] 《同》性の統御．人為的に*性比を変化させること．いろいろの方法がある．(1) 哺乳類など性染色体が雄ヘテロの場合には2型の精子のうち一方を（比重などで）選別すれば生ずる子の性が決まる．ただし，精子の完全な選別には成功していない．(2) 雌ヘテロの性染色体構成をもつ動物では，温度処理などの方法で卵形成の際の減数分裂に異常を起こさせ，性染色体の極体への移動の機会を調節して性比を支配できるえる（例：ミノムシの実験）．(3) アカミミガメ（別名ミドリガメ）を26°Cで発生させると生殖腺は精巣になり，32°Cでは卵巣になる．ヨーロッパヒキガエルでは，低温で発生させると生殖腺は卵巣になり，高温では精巣が形成される．(4) ワムシ類・枝角類・アブラムシ類などのように条件によって単為生殖を行う動物では，人為的に光や餌料などの環境を変えて雄を生む雌をつくり，次代の性比を変えることができる．(5) 両生類および魚類のある種類では，遺伝的な*性決定能が比較的低いので，性ホルモン物質処理その他の方法で*性転換を起こさせ，性比を変えることができる．(6) ある種の無脊椎動物（例：ボネリア Bonellia）には，発生中の環境条件によって性分化の方向が支配され，したがって性比を統御できることが実験的に知られているものがある．そのほか伴性致死遺伝子の利用，性比を支配する遺伝子の存在，雑種による性比の異常化の実験など，性の支配に関する報告は多いが，性比変更の原理はさまざまであり，さらに精密な実験を要すると思われる．

g **正の制御** [positive regulation, positive control] ある遺伝子の形質発現に特定の制御性蛋白質の存在を必要とするような制御．例えば，大腸菌で，環状 AMP と結合した*環状 AMP 受容蛋白質が*ラクトースオペロンのプロモーターに結合すると，そのプロモーターに*RNA ポリメラーゼがつきやすくなり，mRNA 合成開始が大きく促進されると考えられている．(⇒誘導性酵素，⇒負の制御)

h **性配分** [sex allocation] 《同》性分配．次世代の雌と雄（または卵と精子）に対する，各個体の投資資源の振分け方．E. Charnov によれば，性配分問題とされるのは雌雄異体生物の性比の平衡，隣接する雌雄同体生物が性

転換する方向とその時期，同時的雌雄同体生物の各繁殖期での卵と精子の生産比率，雌雄異体と雌雄同体の有利・不利を支配する条件，環境の変化に対応して雄機能と雌機能との配分を調節する能力が有利になる条件などである．それらはゲーム理論に基づいた同じ枠組みの下に統一的に理解できる．

a **性比** [sex ratio] 同一種内での雌個体数と雄個体数との比．*性決定の様式にもよるが，性染色体による性決定様式に従う場合には雌雄はほぼ同数生じることが多い．性比が偏る場合も少なくない．通常，性比は雌個体1または100に対する雄個体数の割合，または全個体数に対する雄（まれに雌）個体数の百分率で表す．雌雄間の死亡率の差のために性比は年齢とともに変化する場合が多く，そこで受精時の性比を一次性比 (primary sex ratio)，出生時のそれを二次性比，その後のものを三次性比として区別することがある．寄生性のハチなどでは性比が雌に著しく偏る例が知られているが，ゴケグモでは反対に雄が 90% 以上を占める．一次性比の偏る原因としては，性決定の様式や寄生者の関与，温度による影響，性決定遺伝子や致死遺伝子の関与が知られている．哺乳類の二次性比を表に示す．ヒトでは人種などの集団による差がある．三次性比は特にヒトで問題になるが，社会的要因の関与が大きい．人為的に性比を変化させることを「*性の支配」という．交尾可能な雌雄個体の数の比は，実効性比 (operational sex ratio) と呼ばれ，*配偶システムに大きな影響を与えるが，多くの生物で大きく雄に偏っている．性比の進化については，親からの独立時の性比が 1:1 であることを予測する C. Düsing (1884) の理論や，これを交尾相手が限られて兄弟間に競争が生じる場合（同時に近親交配が生じることが多い）に適用した W. D. Hamilton (1967) の局所的配偶競争 (local mate competition) の理論などで発展させられており，進化生態学，*行動生態学の重要なテーマとなっている．また，細胞質に寄生する微生物によって，性比が雌にゆがめられるという*操作の例も，多くの生物で知られる．

各種動物の性比（出生時または孵化時）．雄の % で示す

ヒ ト	50.1〜50.4	ヤギ	55.4	カイウサギ	56.4
ウ マ	49.5	ブタ	51.9	ニワトリ	49.4
ウ シ	50.1	イヌ	52.2	シチメンチョウ	49.2
メンヨウ	49.7	ネコ	55.0	ハト	51.5

b **性皮** [sex skin] 霊長類の一部の種において，発情ホルモン（*エストロゲン）が分泌されると充血肥厚する，雌の肛門および外部生殖器付近の皮膚．卵巣を摘出すると退縮し，幼若な雄や雌に発情ホルモンを注射すると発達してくる．霊長類では系統によって性皮のある種とない種があり，ヒト科ではチンパンジーにのみ見られる．ヒヒやチンパンジーなどでは，排卵の前後に著しい水腫様の肥大が数日から10日前後続くが，月経とともに急速に退縮する．

c **性病** [venereal disease, cypridopathy] VD と略記．《同》性感染症．主として性交によってヒトに感染し，主に生殖器を侵し，あるいは生殖器に初発症状をみる疾患．梅毒，淋疾 (gonorrhea)，軟性下疳 (ulcus molle)，鼠蹊リンパ肉芽腫症（性病性リンパ肉芽腫 lymphogranulomatosis inguinalis，第四性病）がこれである．なおヒト以外にも類似の病気はあるが，通常，性病とはいわない．さらに，性交以外の広義の性行為によって感染する疾患を性行為感染症 (sexually transmitted disease, STD) と総称し，これには上記のほかウイルスによる陰部ヘルペス，尖形コンジローマ，*AIDS のほか，肝炎，腸間感染症，さらに疥癬やケジラミ感染などまで含まれる．

d **生物** [organism, living being] 生命現象を営むもの．古代から人間が生物として認識してきたものは，必ずしも単一の属性によって無生物と区別されるものではない．細胞構造・増殖（自己再生産）・成長・調節性・物質代謝・修復能力など種々の性質を生物の特性としてあげられてきたが，さまざまな例外が指摘される．ウイルスが生物であるか無生物であるかの議論もそこから生じる．一つの意見では，核酸のつかさどる遺伝と，蛋白質のつかさどる代謝の関与する増殖を，生物の最も基本的な属性とする．これに対して，自己複製能力（増殖能力）をもち複製にミスがある（突然変異）と，自然淘汰による進化が生じて他のさまざまな適応的な性質が派生したとも考えられる．その意見では進化する能力のあるものは生物と見なすという考えもある．その場合には身体を構成する材料にはよらないこととなる．地球上の生物に類似するものが他の天体に発見された場合には（⇒宇宙生物学），生物の定義には再考察が必要になる．（⇒生命，⇒原核生物，⇒真核生物，⇒分類）

e **生物遺伝資源保存機関** [biological resource center] 《同》微生物株保存機関 (microbial resource center)，カルチャーコレクション (culture collection)．生物材料とその情報を収集，保存し，提供する機関．特に生きた微生物株を対象とするものをカルチャーコレクションと呼ぶ．微生物学において生物材料を共有することは教育・研究上，また抗菌剤の検定などの標準として医学，産業にも重要．細菌とアーキアの種のタイプとなる*菌株は，微生物株保存機関に保存され，比較のために研究者が容易に入手できなければならない．微生物の保存には可能な限り凍結や乾燥などによる長期保存法が用いられる．最近では知的財産権，検疫，生物多様性条約などの点からもその役割が見直されている．専業の機関の多くは公的機関として運営され，海外には ATCC（アメリカ），DSMZ（ドイツ），CBS（オランダ）などが，日本には NBRC や JCM などがある．

f **生物化学的酸素要求量** [biochemical oxygen demand] BOD と略記．水中に増殖する好気性微生物の呼吸によって消費される溶存酸素量．好気的で無機栄養塩物質に影響されないなどの一定の条件下で，微生物が水中の有機物を酸化分解するときに必要な酸素消費量を測定し，水域，主として河川水の有機物汚染の指標とする．一般には試料を稀釈水で稀釈し，20°C で 5 日間放置したときの酸素消費量を測定する．

g **生物学** [biology] *生物およびそれの現す*生命現象を研究する科学．古く動植物および鉱物の記載・研究は博物学として出発し，生命現象の科学的研究の観念の確立にともなうして，生物学として分化し独立した．生物学の語は，1800 年に K. F. Burdach，1802 年に J. B. Lamarck および G. R. Treviranus により独立に用いられた．が，後世の諸研究に先駆している意味で，一般に Aristotelēs を生物学（特に動物学）の祖とする．近世の生物学は 16 世紀ごろから，動植物の記載および解剖学的研究を中心に発達しはじめ，17 世紀には A. van

Leeuwenhoek らの顕微鏡的観察や W. Harvey の生理学などにより新たな研究の方向が開かれ，R. Descartes は生命現象の機械論的な見方を樹立．18世紀には C. von Linné によって分類体系が整備され，比較解剖学など*比較生物学の分野が確立された．19世紀には，*細胞説や C. Darwin による*進化論の確立があり，*記載生物学の成果が集大成された．生理学の発展も極めて顕著であり，19世紀末近くからは実験発生学など*実験生物学の諸分科が確立し，急速な発展をとげた．20世紀には，遺伝学・生化学が著しく発達した．1940年代以降は*分子生物学の確立と発展が顕著で，また広く情報理論の導入も生物学の現代的性格の形成に加わった．生物現象には大きく分けて形態および機能の2面があり，それぞれを対象とする研究は形態学および生理学として包括される．生物学の分類方式には諸種あるが，現在では分野の成り立ちが動的になっており，例えば細胞学は，細胞の構造と機能の研究を分子レベルの解析まで含んで*細胞生物学と呼ばれ，また発生現象の研究は，細菌・動物・植物を含み，さらにその遺伝的調節の問題までを含み*発生生物学と呼ばれる．なお医学・農学などは，生物学の分野でもあり応用的科学でもあるが，これらを含めて生物科学 (biological sciences) の語も用いられる．biology の語は，*博物学あるいは*生態学の意味に使用されたことがある．(⇒理論生物学)

a **生物拡散** [biodiffusion] 生物のランダム運動に基づく拡散．大気中のバクテリア，花粉，水中の植物プランクトンや浮游生物など，それ自体ランダム運動の能力はないが，大気や海洋などの乱流拡散に乗じて起こる拡散を受動的拡散 (passive diffusion)，主として動物が自力でランダム運動しながら広がる場合を能動的拡散 (active diffusion) と呼ぶ．生物拡散は*ランダムウォークモデルや拡散方程式など分子拡散の数式表現を用いて近似的に定式化されることが多い．例えば，二次元上に広がる個体群の分布の時間発展は次の増殖を伴う拡散方程式で記述される．$n(x,y,t)$ は時刻 t，場所 (x,y) における個体密度，D は拡散係数，$f(n,t)$ は増殖率．

$$\frac{\partial}{\partial t}n(x,y,t) = \frac{\partial^2 Dn(x,y,t)}{\partial x^2} + \frac{\partial^2 Dn(x,y,t)}{\partial y^2} + f(n,t)$$

拡散係数は，動物などに見られるように，個体間に反発や誘引などの相互作用がある場合，密度に依存して変化する．特に個体間干渉作用により，密度が高くなるほどランダムな動きが激しくなる場合，個体群圧力 (population pressure) が働いているという．J. G. Skellam (1951) は，侵入種の空間的伝播過程を，増殖項がマルサス型 $f(n,t)=rn$ の場合の上式を用いて解析し，原点に侵入した少数の個体が，やがて同心円状に一定速度 $2\sqrt{rD}$ で前進する進行波 (traveling wave) となって広がることを示した．この結果は，ヨーロッパに移入されて瞬く間に広がったマスクラット (Ondatra zibethicus) の伝播のようすを定量的に説明できる．昆虫や鳥類，植物などでは，分散距離が短いものがほとんどだが，ごく一部の個体が遠くへ移動する (階層的拡散 stratified diffusion)．このため，侵入種の広がりは一定速度ではなく，最初にはゆっくりしており後で速くなることが知られている．また分布の広がりの速度は，ごく少数の長距離移動する個体の割合によって大きく影響をうける．

b **生物学的効果比** [relative biological effectiveness] RBE と略記．《同》生物効果比率．注目している電離放射線 Λ' が標準放射線 Λ (通常 $^{60}Co\gamma$ 線か 200〜300 kV の X 線) に比べ何倍の生物効果を与えるかを表す指標．等しい生物効果を与えるのに要する Λ' と Λ の放射線の量をそれぞれ D' と D とすれば，Λ' の (Λ に対する) RBE 値は D/D'．例えば，速中性子の致死作用に関する RBE 値は，一本鎖ファージでは 1 以下，大腸菌で〜1，哺乳類や種子植物で 3〜10．しかし厳密には，RBE 値は放射線照射の条件，注目している生物効果の種類などにより変動するもので，複雑な生物的要素を反映している．

c **生物学的時間** [biological time] 何らかの生物学的性質を指標として示した生物の齢 (ないしは年齢)．一般には，物理学的時間すなわち暦時間で齢を示すが，個体により同一齢でも生理学的性質その他に差があるため，生物学的時間を用いることが試みられている．L. de Nouy (1936) は，ヒトにおいて創傷の治癒に要する時間をこのような指標としてとり，生物学的時間の概念を立てた．他方，物理学的時間にある修正を加えて齢の測度を変え，異種の動植物の成長その他の性質を比較するのに便利にし，さらに，それにより生命現象の本質的過程を把握する手がかりを得る試みがなされ，これも広くは生物学的時間の概念に包含される．S. Brody (1937) は，物理学的時間 t のかわりに $k(t-t')$ をとると各種の動植物の成長曲線が互いに重なりあうと主張し (k, t' は定数)，これを生理学的時間 (physiologic time) と呼んだ．$k(t-t')$ は，成長式

$$\frac{w}{A} = 1 - e^{-k(t-t')}$$

から求められる．w は時間 t における生物体の大きさ，A は w の漸近する値で，この式は単調に増大する下凹曲線を表し，t' はこの曲線が延長されて時間軸と交わる点の座標である．なお相対成長の式からは一般に時間が消去されており，その意味で相対成長式は生物学的時間の概念に関連が深い．(⇒相対成長率)

d **生物学的定量** [biological assay] 《同》生物検定，生物試験，バイオアッセイ．生物の生存維持や発育そのほかなんらかの機能にとって不可欠な，あるいは阻害的な物質の量をそれらの生活現象を指標として測定すること．例えばビタミンを含めたいろいろの発育因子やホルモンのように，極めて少量で発育や発現に有効な物質は，化学的手段によるよりも直接の生物学的効果を指標としたほうが便利なことが多い．ニワトリのとさかの成長を標識とするとさか試験による雄性ホルモンの定量法，*アベナ屈曲試験法によるオーキシン定量法はその例．また，適応的にまたは突然変異 (⇒栄養要求性突然変異体) によって，ある発育因子あるいはアミノ酸を培地に与えなければ発育できないようになった細菌の株を利用し，その培地に与える試料の量をいろいろに変え，菌の発育量をはかって，試料中にある当該の発育因子またはアミノ酸の量を知る方法がある．この目的のために考案された培地としてスネル培地が有名．抗生物質や抗菌剤，抗がん剤などの効力検定にも生物学的手段が使われる．(⇒抗菌力検定)

e **生物学的変換器** [biological transducer] 《同》トランスデューサー (transducer)．生体において，各種の型の刺激を別種の信号に変換する機能をもつ構造の総称．一般には受容器を意味する．受容器においては刺激によって受容器電位が発生し，さらにこの結果直接，あるい

はシナプスを通った後，接続する神経繊維にパルス状の放電連鎖が現れる．すなわち刺激を入力，神経の興奮を出力とすると，機械受容器においては圧力や張力の変動・振動・音波などが，ある法則に従って刺激の大小に応じた一連のパルス状放電に変えられる．視覚においては光が網膜の受容器を刺激して同様に視神経繊維の放電を発生させる．味覚器・嗅覚器においても同様で，それぞれ異なる種の刺激にもかかわらず，受容器からの出力は電気的パルスの連鎖である．このほか神経を伝達する電気的パルスがシナプスにおいて伝達物質の放出に変わるのも，さらにそれがシナプス電位に変わるのもトランスデューサーの一種と考えてよい．なお，刺激を受けて分泌活動を行う各種の腺やホルモン分泌細胞なども一種の変換器である．

a **生物間相互作用** [interaction] *群集や*個体群においてみられる生物間の相互関係のこと．生物間の直接的な働き合いだけをいうのが一般的だが，*環境を媒介にして働き合う*作用-*反作用系を含む広義に用いられることもある．F. E. Clements(1916)は coaction という言葉で提唱し，作用・反作用とあわせて生物の生活を支える3大作用系とした．今では interaction の語が一般的であり，相互作用の結果の双方への有利不利によって，表のような多くの用語が使用されている．またこのうちの，(+,+)と(+,0)の作用をあわせて共生と呼び，搾取・片害・相害の3作用をあわせて敵対(antagonism)と呼ぶ用法もある．最近では3種以上が相互作用で関係し合っている場合，2種間でみたときの有利不利の関係が，第三者を介在することによって別の関係に変わることを間接相互作用(indirect interaction)の効果と呼んで注目している．

(1)	(2)	
+	+	協同作用(cooperation), 相利作用(mutualism)
+	0	片利作用(commensalism)
+	−	捕食作用(predation), 搾取作用(exploitation) 寄生作用(parasitism)
0	0	中立作用(neutralism), おれあい作用(toleration)
0	−	片害作用(amensalism)
−	−	競争(competition), 相害作用(disoperation)

(1)一方の個体・個体群　(2)他方の個体・個体群

b **生物機能修飾物質** [biological response modifier] BRMと略記．《同》生物学的応答調節剤，生物学的反応修飾物質．がんの生物学的反応を修飾する薬物で腫瘍細胞に対する宿主の生物学的応答を修飾することによって，治療効果をもたらす物質または方法と定義され，これらを用いた治療は宿主の免疫能をあげることを目指した非特異的免疫療法である．BCG, ピシバニール，クレスチン，レンチナン，ベスタチンあるいはインターフェロン，インターロイキン，腫瘍壊死因子(TNF)，各種コロニー刺激因子(CSF)など種々のサイトカインが用いられたが効果は限られ，近年より特異的な免疫療法の研究開発が盛んである．

c **生物群集** [biotic community, biocoenosis] ある地域に生息している複数の生物種の個体群の集合で，生物種間のさまざまな相互関係によって組織化された集団の単位．生物群集はそれを構成している種数，各種の相対的な個体数・多様性・安定性という属性をもつ．またそれぞれの種間の相互作用を介して資源や*生態的地位の分割において特有のパターンを示す．従来の生物群集の研究では主に種の記載が中心であったが，近年になって，群集の構造や属性の決定機構の解明に重点が置かれるようになってきた．1970年頃から，個体群が資源量に対して平衡状態にあるとの平衡説に立脚して，資源をめぐる種間の競争関係が群集の構造を決定する要因として第一義的なものであると考えられるようになった．しかし，1980年代に入ると，個体群は*撹乱や捕食などによって通常は低い密度に抑えられており，資源量に対して平衡状態になることは極めてまれであるという非平衡説が台頭してきた．この結果，群集の構造を決定する要因について，競争よりも撹乱や捕食を重視する非平衡論者と種間競争を重視する平衡論者との間で論争が行われ，群集構造の決定要因の相対的な重要性は，それぞれの生物群集によって異なることが明らかになった．また，群集構造の解析においては，相互作用がないと仮定した帰無仮説(null hypothesis)によって検討すべきであるとの指摘もある．

d **生物経済学** [bioeconomics] [1] 《同》生産生態学．生物生産中心に研究する生態学の分野．[2] 野外生物の個体群動態と人間社会の経済の動態とが分かちがたく結びついた研究分野．C. W. Clark(1976)の提唱．彼は経済学と*個体群生態学を結びつけた理論を発展させた．一例として，水産生物の個体群動態を考えるときには，漁業従事者の数，操業努力，水産物の価格などの変動が重要で，しかもこれらは逆に生物の個体群動態によって大きく左右される．

e **生物系統地理学** [phylogeography] 《同》系統地理学．J. C. Avise ほか(1987)によって提唱された学問分野であり，種内もしくは近縁種を含めた個体間の遺伝子系統樹をもとにして種の歴史や種分化の要因などを探求する．生物学分野では単に「系統地理学」と呼ばれることが多いが，一般地理学の systematic geography の訳語として「系統地理学」が用いられてきた経緯があるため，生物系統地理学として呼び分けられる．1980年代に分子系統学が発展し，野生生物の種内遺伝子系統の*地理的分布に偏りがあることが知られるようになったため，その成因を明らかにすることで，種内の遺伝的変化を対象とする*集団遺伝学と，種の進化を研究する*系統学や*生物地理学を橋渡しする分野として始まった．1990年代以降は，*PCR および塩基配列決定技術などの急速な進歩によってさまざまな動植物についての研究が進むとともに，理論的な研究も進歩した．現生人類の起源と分布拡大についての研究は，生物系統地理学の代表的な成果である．こうした研究には*ミトコンドリアゲノムが用いられることが多いが，これは動物のミトコンドリアゲノムは*進化速度が速く，母系遺伝を行い，基本的に組換えが起こらないため，種内の遺伝子系統樹の推定に極めて有効であるためである．解析面では，対象種の地域集団に生じた*地理的隔離や*分散の歴史を推定する方法としての*階層クレード分析や，個体間の塩基配列の不一致の頻度を示したミスマッチ分布(mismatch distribution)を用いた集団サイズの推定方法なども考案されている．遺伝子系統樹を過去に向けてたどることで最も近い共通祖先に到達することを合祖もしくは合着(coalescence)と呼び，そのプロセスについての理論的

な研究分野としての*遺伝子系図学がこれらの手法の基礎となっている．

a **生物圏** [biosphere] 〘同〙バイオスフェア．地球上で，生物がすんでいる範囲．E. Suess(1875)の造語．大気圏(atmosphere)，水圏(hydrosphere)，地圏(geosphere)などの語と対応する用語．地球全体としてみれば，表面のごく薄い層を形成している．生物圏は，水が液状で存在し，かつ光合成が可能かあるいは光合成産物が移動可能な空間に限られている．*生態系とほぼ同義と考える使用法もある．G. E. Hutchinson(1965)は生物圏を，生物が生活可能な eubiosphere と，生活は不可能だが，例えば胞子のかたちでは生存することだけは可能な parabiosphere に二大別し，前者をさらに，光エネルギーを固定しうる autobiosphere と，そこから化学エネルギーを有機のかたちで得る必要のある allobiosphere に区分した．後者の典型的な場所は，深海・土壌中・地下水中など(hypoallobiosphere)や高山(hyperallobiosphere)で，有機物は重力により，または空気や水の動きによって運ばれてくる．なお，生態圏(ecosphere)の語もほぼ同義であるが，宇宙空間内の密室生態系などを含める意がやや強い．

b **生物工学** [biotechnology] 〘同〙バイオテクノロジー．生物学の知識を工学と融合して，薬品や食料品などの実社会に有用な物質を生産する技術を総称した学問領域．具体的には，微生物を利用した醸造や発酵から，医薬品の開発，植物・動物などの品種改良などが含まれる．この分野の中心的な技術でもある遺伝子操作を中心とした学問領域の場合は，*遺伝子工学とも呼ばれる．この領域での大きな話題はクローン生物の作製で，食物の安全性，自然環境との関連性，あるいは倫理的な側面などの重要な問題を含んでいる．

c **生物資源管理** [bioresource management] 水産物や林産物を，資源としての野生生物を持続可能な形で利用するため，採捕量，採捕する時期，場所，方法などを管理すること．以前は資源量，再生産関係などを既知とした*最大維持収穫量を実現することが目標とされた．しかし野生生物資源の情報は不確実であり，放置しても変動し，生態系の中で複雑な種間関係をもつことから，現在では，資源量を常に監視しつつ，資源状態の変化に応じて採捕量などを見直す*順応的管理が推奨されている．順応的管理に関して，利害関係者(stakeholder)の意志決定過程を含めた管理方式(management procedure)の設計，生態系の構成要素の一つであることを意識した生態系アプローチ(ecosystem approach)など，さまざまな理論の発展と実践の積算が進んでいる．

d **生物進化** [organic evolution] [1] 進化を広義に宇宙の歴史的変化の全体を指すものとした場合に，そのうち生物界の進化を指していう．[2] *化学進化に続く過程として，それと並列的な概念．

e **生物生産** [biological production, production] 〘同〙生産(production)．生物が成長する過程および繁殖の過程，すなわち生産過程(production process)を，特に生態系のなかでの生物体量の変化に注目して表現する場合の語．A. F. Thienemann(1931)が生物学にこの語を導入した．単位時間当たりの生物生産量は*生産速度と呼ばれる．この面に注目して研究する分野を生産生態学(production ecology)と呼ぶ(⇨生物経済学)．(⇨一次生産)

f **生物相** [biota] 〘同〙ビオタ，バイオータ．一定の場所(同一環境または地理的区域)に産する生物の全種類．定性的な概念で，一般には植物相(*フロラ)と*動物相をあわせたものだが，そのほかに微生物相を区別することもできる．地中生物相，陸生生物相(land biota)，底生生物相(benthic biota)，アフリカの生物相などのようにも呼称する．種類相互の関係や環境の意義などは含まない概念．

g **生物相不調和** [biotic disharmony] 大陸と比べてある分類群を欠き，異なった種構成をもった島の生物相の状態を指す．大洋島には鳥散布の植物が圧倒的に多く，一方，裸子植物やブナ科など大きな種子や実をつける種子植物は少ない．動物では陸上脊椎動物の種数が乏しくなる傾向もみられる．それは，種子・胞子散布や移動能力の程度に起因し，長距離散布・移動する生物種に比べてその能力の低い生物種などのほうが島に移入しにくいためである．大陸でも不調和がみられることがあり，例えばオーストラリア大陸に真獣類がいないのは，それが進化する前に他から隔離されたからといわれている．

h **生物体量** [biomass] 〘同〙バイオマス，生物量，現存量(standing crop)．[1] ある時点に任意の空間内に存在する生物体の量を，重量ないしエネルギー量で示した指標．*個体群や*群集について用いられ，特に陸上植物の群落や植物体の一部については現存量の語がよく使われる．[2] 生物の体の中に由来する有機物．エネルギー源などとして利用される．

i **生物多様性** [biodiversity, biological diversity] 種，個体，生態系など，すべての生物学的レベルで見られる多様性の総称．E. O. Wilsonの造語．1980年代後半から広まった．生物多様性条約では，すべての生物の間の変異性をいうものとし，種内の多様性，種間の多様性および生態系の多様性を含む，と定義されている．種内の多様性とは，同種の個体間あるいは個体群間にさまざまな形質の違いがみられることであり，種間の多様性とは，地域レベルや地球規模で多様な種が多数生息することを意味する．そして，生態系の多様性とは，地域によって違った構造の生態系が存在することを指す．種や個体群，生態系などの保全，さらには生物の進化的基盤を理解する上で有効な語．

j **生物多様性ホットスポット** [biodiversity hotspots] 地域に固有の維管束植物が1500種以上分布し，原生の自然植生の70％以上が破壊されている地域として，植物を対象に保全生物学者 N. Myers が提唱した概念．緊急に保全すべき地域とされる．コンサベーション・インターナショナルにより世界で34地域のホットスポットが認定され，その中には日本も含まれる．ホットスポットは地球上の地表面積の2.3％を占めるが，そこには最も絶滅が危ぶまれる哺乳類・鳥類・両生類の75％の種が生息し，しかもすべての維管束植物の50％と陸上脊椎動物の42％が生息している．なお，絶滅危惧種が多い地域に対して絶滅危惧種ホットスポットということがある．

k **生物地理学** [biogeography] 地球的ないし局地的規模における生物の分布とそれに関連する諸問題を研究する科学．長らく動物地理学(zoogeography, animal geography)，植物地理学(plant geography, phytogeography)として別個に発展してきたが，近年は一括

して生物地理学とされ, 研究方法の違いから生態地理学 (ecological biogeography)・区系地理学 (regional biogeography)・歴史生物地理学 (historical biogeography) に分けられる. 最も早く成立したのは植物を対象とした生態地理学で, 探検博物学者の P. Forsskål (1775) や A. von Humboldt (1805) らが先鞭をつけた. 区系地理学は, 西欧植民地政策の進展に伴い世界の動植物相が解明されるにつれ, 19 世紀, 特にその中葉以降に展開, 動物地理区, 植物区系の設定を見たが (A. de Candolle, 1820, A. R. Wallace, 1876, H. G. A. Engler, 1896 など), ほぼ時を同じくして, 地理区・区系の成立過程を論じる歴史生物地理学も開始. 生態地理学は 20 世紀以降, *植物社会学, 植生地理学 (vegetation geography), *島の生物地理学へと発展し, メタ個体群・メタ群集生態学や景観生態学などの礎となった. 一方, 区系地理学は 20 世紀中葉までにほぼ完成し, 以降関心は歴史生物地理学に向けられ, 地球科学のプレートテクトニクス理論 (plate tectonics theory) や新しい系統分類の理論 (*分岐分類学) により進歩してきた. 歴史生物地理学においては, 生物種の発祥とその後の空間展開の問題が重要で, 物理環境的要因による地理的隔離 (分断) とそれを越える生物側の分散が主な説明原理となる. 生物種の分布を分散によって説明しようとする従来からの分散生物地理学 (dispersal biogeography) に対し, 分断を第一の説明原理とし, 系統情報を取り入れた分断生物地理学 (vicariance biogeography), 汎生物地理学 (panbiogeography) などが後から発展, 対立したこともある. 近年は, 特に種内や近縁種を対象に, 分子遺伝情報を用いて分断と分散の双方の歴史的要因を推定する*生物系統地理学が盛んで, 生物地理についてより多くの証拠に基づいた推論が行われる.

a **生物的環境** [biotic environment] 環境要因のうち, 生きている他の生物のこと. 物理化学的環境要因で構成される非生物的環境と対置される. F. E. Clements (1907, 1916) は, 生物主体と非生物的環境との間に働くものを作用・反作用とし, 生物的環境との間に直接に働くものを生物間相互作用と規定した. すなわち, 土壌の通気や腐植質の破壊・混和を通してミミズ類などが植物に影響を与えるような間接的な関係にあるものは, 作用・反作用 (非生物的環境) に含めている. 一方 W. C. Allee ら (1949) は土壌中の有機物なども生物的 (biotic) なものとしている. 非生物的環境を無機的環境と同義に用いる人も多い.

b **生物的極相** [biotic climax] 《同》妨害極相 (disclimax, disturbance climax). 生物, 特にヒトや動物の作用によって成立した極相. *気候的極相などと区別される. 植林によるスギやヒノキの林, (過放牧にならない) 放牧地などがその例. F. E. Clements (1916) の妨害極相と同義. 妨害極相は人間や家畜などによる継続的撹乱作用の結果, 真の極相に類似した別の群落が長時間継続して成立する状態のこと. ヒノキを交えたアカマツ林からヒノキを択伐したためにアカマツ林になってしまった場合など. また, 森林地域が伐採や耕作によって草原や田畑のような耕作地として維持されている場合もこれに含めている.

c **生物的条件づけ** [biological conditioning] 《同》環境条件づけ (environmental conditioning). *個体群がその活動によって有効環境 (→環境) を改変すること.

W. C. Allee ら (1949) はその内容に, (1) 食物供給量を減少させる, (2) 食物分布を偏在させる, (3) 環境に汚染物質をつけ加える, (4) 成長促進物質その他を環境に加える, (5) 有害物質を固定する (解毒作用), (6) 水中の浸透圧を調整する, (7) 土地・底質などの基盤を物理的に条件づける, および (8) 上記のうちいくつかの連合作用, の諸項目を含めている.

d **生物的封じ込め** [biological containment] 生物あるいは生物試料を, 生物的手段により閉じ込め, 実験者・実験室外の人々および環境にそれらが拡散しないようにすること. *バイオハザードを防止する措置の一つで, 例えば, *組換え DNA 実験では, 供与体 DNA の小片をつなぐ*ベクター (プラスミド, ウイルスなど) とそれを増殖させる宿主細胞は, できるだけ実験室外での生存・増殖・拡散の可能性の少ないものを用いる. 「組換え DNA 実験指針」では, 2 段階の封じ込めレベル (B1, B2 と呼ぶ) が設定されている. 実験の目的や使用しうる安全設備を考えあわせて, 宿主-ベクター系と生物的封じ込めレベルを選定する. (→物理的封じ込め)

e **生物的防除** [biological control] 捕食者, 寄生者, 病原微生物など広義の天敵の働きを利用して, 有害生物を防除する方法. 天敵の利用法には, 伝統的生物的防除, 放飼増強法, そして土着天敵の保護が考えられる. 自然に存在する天敵 (土着天敵) の働きを利用・強化するだけでなく, 人為的に大量増殖した天敵を放飼すること (放飼増強法) が盛んに行われる. 生物的防除に用いられる天敵昆虫や微生物を*生物農薬と呼ぶことがある. 伝統的生物的防除は, 主に侵入害虫に対してとられる措置で, 侵入害虫の原産地から適切な天敵を探し出して導入・定着を図るものである. 柑橘の害虫イセリアカイガラムシの防除のために, この害虫の原産地であるオーストラリアからベダリアテントウを導入したのが最初の事例である. 生物的防除は化学物質による環境汚染の問題がなく, 害虫の天敵に対する抵抗性の発達も起こらないと考えられ, 農薬による害虫の防除を補完・代替するものとして期待される (→殺虫剤抵抗性). しかし, 放飼する昆虫, 微生物などが生態系に与えるリスクの評価も重要である.

f **生物統計学** [biostatistics] 数理統計学を生物現象の処理に応用する学問. 物理学の測定においてバラツキは測定の誤差によるものが多いのに対して, 生物学の研究において統計的処理を必須のものとする第一の要因は自然界に存在する個体ごとの*変異である. 数理統計学を生物学ないし人類学の分野に意識的に導入した先駆者は L. A. J. Quételet とされ, ついで F. Galton が生物測定学 (biometry, biometrics) および優生学の基礎を固めた. 数学者 K. Pearson は彼の研究をうけつぎ, 回帰と相関, 特に重相関・Pearson 型分布関数・積率法・χ^2 自乗検定などの数理統計学的研究を行い, また多くの統計数値表を作成した. 彼らの立場は, われわれが観察しまたは入手しうる資料のすべてを対象として, その平均と偏差を問題にし, そのなかに数学的秩序を追究しようとするものであった. 数理統計学的手法が生物学および農学の実験や試験の分野にまで適用されるに及んで, そうした資料の全体, あるいはそれらをも含むより大きい抽象的な全体というものを背景にして, 現実の研究ではそれらの一部を対象にせざるをえないということが意識されはじめた. ここにおいて, 母集団と標本の区別および

その関連がとり上げられ，少数の資料に基づく推論をどのように正しく有効に行うかの問題が，W. S. Gosset（筆名 Student），R. A. Fisher らによって解かれた．Fisher によれば，統計的方法の目的は資料の要約にあり，この目的のために，その分布法則が比較的少数の母数によって特徴づけられるところの仮説的な無限母集団を想定し，実際の資料はそれからの任意抽出標本であると考える．これに基づいて，母数を推定するところの統計量の不偏性・一致性・有効性・充足性の概念，帰無仮説の検定，最尤法の理論が構成される．Fisher はこれらに基づき多くの統計的検定法の基幹をなす分散分析法を確立し，それを基盤とする実験計画法（多元的要因の配置計画）を体系化して生物学に大きく貢献した．近年はコンピュータの高速化もあり，*AIC などのモデル選択手法やシミュレーション，データからのリサンプリングを含めた手法が発展している．（→推計学）

a **生物時計** [biological clock] 《同》体内時計，生理時計 (physiological clock)．生物が体内にそなえていると考えられる時間測定機構．多くの生物はその活動性に顕著な周期性を示し，この周期性は外界条件の変化をなくした状態のもとでもかなりの期間持続する（→生物リズム）．また多くの生物が光周期に敏感に反応すること（→光周性）は，生物が明期または暗期の長さを測っていることを示す．さらに，ミツバチが外界から遮断された恒温・恒明下で毎日決まった時刻に一定の餌場に集まることを学習したり（時刻学習，→時間感覚），ある渡り鳥がある時刻における太陽の位置から一定の方位を知ること（→太陽コンパス）など，生物が時間測定機構をもっていることは明らかである．また，上記のような一定の周期をもった生物時計以外にある一定時間の経過だけを示す砂時計型生物時計（タイマー型生物時計 timer-type biological clock）も存在する．生物時計のうち概日時計に関しては，蛋白質・遺伝子のレベルでそのしくみが明らかになっている．（→時計遺伝子）

b **生物濃縮** [biological accumulation] 特定の物質が特定の生物個体・臓器・細胞などにおいて，外囲環境にくらべて高濃度になる現象．例えば，植物細胞や細菌中に代謝産物としていろいろな塩類の結晶や金属が蓄積されたり，ヒト甲状腺に*ヨウ素が，またホヤにはバナジウム（→バナジウム細胞）が蓄積されることが知られる．その機序の多くは，一度生体内に取り込まれたものが排出されにくい物質であったり，またある成分が主に代謝に関連して体液や細胞液から固体となって析出沈殿し，それが繰り返されることによる．生物濃縮の結果，*食物連鎖のうえで上位の生物種に，より高濃度の蓄積が起こり，そのため，それらの生物に有害物質の重大な影響が生じて，深刻な環境問題にもなっている（猛禽類や鯨類にみられる有機塩素系農薬の蓄積やヒトの有機水銀中毒すなわち水俣病など）．従来，有害物質の環境への放出が低濃度ならかまわないという考えがあったが，この現象を考えればそれは大きな誤りといえる．（→濃縮係数）

c **生物農薬** [biotic pesticide] 農薬として利用するため登録を受けた生物をいう．微生物などの産する毒素を利用する場合も含まれる．昆虫，線虫，細菌，菌類などが中心であり，特に天敵生物を利用する場合を天敵農薬，微生物を利用する場合を微生物農薬ということがある．生物農薬も化学農薬と同様に農薬取締法による規制の対象である．農作物の生産には化学合成農薬が広く利用されてきたが，近年，環境に対する影響が少ないと考えられる生物農薬に対するニーズが高まっている．微生物農薬の代表的なものは，昆虫病原細菌 *Bacillus thuringiensis* (BT) を利用したものである．この細菌が生産する殺虫性の結晶性蛋白質を含む BT 剤は，野菜の鱗翅目害虫（ハスモンヨトウ，コナガなど）を主な対象に広く利用されている．天敵昆虫・ダニ製剤としては，ナミテントウ，オンシツツヤコバチ，コレマンアブラバチ，タイリクヒメハナカメムシ，ヤマトクサカゲロウ，チリカブリダニ，ミヤコカブリダニなど 15 種以上が登録され，施設園芸作物の害虫防除に利用されている．

d **生物発光** [bioluminescence] 生体による発光 (luminescence) の現象．生体からのエネルギー放出の一形態で，その能力は生物界に散在的ながら広く分布する（→発光動物，→発光植物，→発光細菌）．ただし動物の発光には，自力による発光すなわち一次発光のほかに，寄生ないし共生生物の発光である寄生発光（共生発光 symbiotic luminescence）による二次発光の例も少なくない．生物発光は*化学発光，それも酸化発光の一種とみられる．発光に直接関与する蛋白質を*ルシフェラーゼ，その基質を*ルシフェリンと呼ぶ．ホタル，ウミホタル，ウミシイタケ，渦鞭毛藻，発光細菌などでルシフェリンおよびルシフェラーゼが同定されているが，これらのルシフェラーゼ蛋白質は，進化的にたがいに無縁であり，基質も異なっている．例えば，ホタルのルシフェラーゼは，補酵素 A リガーゼと近縁でホタルルシフェリンを基質とし，ウミシイタケルシフェラーゼは，オワンクラゲ発光蛋白質*エクオリンやカルモジュリンと近縁であり，エクオリンと同じセレンテラジンを基質とする．エクオリンはアポ蛋白質であるアポエクオリンとセレンテラジンと O_2 が結合したもので Ca^{2+} の添加によって発光する．いくつかの種のルシフェラーゼおよびエクオリンはそれぞれ遺伝子活性レポーターと細胞内 Ca^{2+} インジケーターとして利用されている．化学反応としてはエクオリンは，ルシフェリン・ルシフェラーゼ反応 (L–L 反応) の中間体に類似するが，Ca^{2+} 添加が発光のトリガーになるため L–L 反応とは区別される．発光色は種によって異なり，青・緑・黄が多く赤もある．発光極大波長はウミホタル 460 nm，発光細菌 490 nm，ホタル 544～582 nm．熱線の放出や発熱を実質上まったく伴わない冷光（ホタル発光の効率 88%，光度 10^{-5} cd）である点も，生物発光の一般的な特徴である．ヤコウチュウやホタルのように顆粒状の発光性物質が細胞内で発光する細胞内発光と，ウミホタルのように分泌物として体外に放出されてのち初めて光る細胞外発光との 2 型が区別される．発光は，通例は発光細胞や発光腺の細胞が刺激に応じて表す応答である．（→発光器）

e **生物発生原則** [biogenetic law] 《同》反復説 (theory of recapitulation 独 Wiederholungstheorie)．個体発生は*系統発生の短縮であるし，かつ急速な反復であるという原則．E. H. Haeckel (1866) の提唱．陸生脊椎動物の胚における鰓裂ないしその相同器官の形成や，そのほか類縁動物群の初期発生の一般的類似は，その好例とされた．この原則は，個体発生を調べることにより生物系統が復元できるという観点から，19 世紀後期の比較発生学研究を大いに刺激した．Haeckel は系統発生がそのまま反復されるか，それには見られない新しい変化が加

わるかにより, *原形発生(反復発生)と*変形発生(新形発生)を区別した. Haeckel のこの原則の前駆をなすものとしては, K. E. von Baer(1828)や F. Müller(1864)の説がある. Baer は進化の意想なしに, 種々の動物群は個体発生のより初期ほど相互の差違の少ないことを指摘し, Müller は進化の観点に立ち甲殻類の発生などを例に「種の歴史的発生は個体の発生史に反映する」と述べた(1864). (⇌幼形進化, ⇌異時性)

a **生物繁栄能力** [biotic potential] 《同》増殖ポテンシャル. 生物が生殖し生き残る, すなわち数を増やすための種固有の能力. R. N. Chapman(1928, 1931)の定義. 彼はこれを生殖能力(reproductive potential)と個体維持能力(survival potential)に分けた. また繁栄能力の実現を妨げる*生物的環境要因・非生物的環境要因の抑制作用の総和を環境抵抗(environmental resistance)と名付けた. 環境抵抗ゼロの理想条件下における絶対繁栄能力(absolute biotic potential)は, 実際には測定できないので, 特定の環境条件下において得られる相対繁栄能力(partial biotic potential)を基準にして, それから期待される個体数と現実に観測される個体数の差をもって, 環境抵抗を測りうるであろうと示唆した. その後 G. F. Gause(1934)は, *個体群成長のロジスティック理論において, 内的自然増加率 r を繁栄能力, それが実現されない割合 $1-(K-N)/K$ を環境抵抗とした. また内的自然増加率は環境条件によって変わるので, 理想条件下において得られる最大の $r(=r_{max})$ を繁栄能力とし, それと現実の個体数の瞬間増加率の差を環境抵抗とする考え(E. P. Odum, 1953 など)もある. 最近ではより漠然と生物種固有の増加能力の意味で用いられることが多い.

b **生物物理学** [biophysics] 物理的な考え方や方法で生命現象を研究する分野. かつては物理学的方法を用いる生理学的研究を一般的に指した. 生体の高分子やそれらが構成する構造体の物理的な構造や性質の研究, 生命現象の諸機構を分子レベルで解明しようとする研究, 生命現象をモデル化して物理学的な立場やコンピュータを用いたシミュレーションなどから把握しようとする研究など, 多彩な内容が含まれる.

c **生物分布学** [chorology] 生物の空間分布を研究する科学. *生物地理学と同義に用いられることも多いが, 厳密には, 個々の生物種あるいは生物群の分布域を可及的正確に区画し, 記述することを目指す分野をいう.

d **生物分布境界線** [biogeographic line, biogeographic boundary] 《同》分布境界線. 生物種の分布範囲を区切る地理的な境界線. 特に多数の生物種が共通の分布境界を示し, *生物相の地域的な変化がみられるような境界線のことを指す. 生物地理における界(realm), 区(region), 地方(province), もしくはさらに下位の区分を隔てる境界線や, ある分類群に固有な境界線を含む. 一般に地理的な障壁や環境変化が*分布障壁となることにより形成される. しかし, 分類群間で分散能力や環境耐性などが異なり, 分布障壁の働き方が異なる場合には, 境界線というより, 生物地理移行帯(biogeographic transition zone)として現れることも多い. 代表的な分布境界線としては, *旧熱帯区と*オーストラリア区の境界としての*ウォレス線や*ウェーバー線, また日本周辺にはシュミット線(Schmidt's line), 朝鮮海峡線(Korea Strait line), 対馬線(Tsushima Strait line), 蜂須賀線(Hachisuka's line), 八田線(Hatta's line), ブレーキストン線(ブラキストン線 Blakiston's line), 細川線(Hosokawa's line), 三宅線(Miyake's line), 宮部線(Miyabe's line), 渡瀬線(Watase's line)などがある.

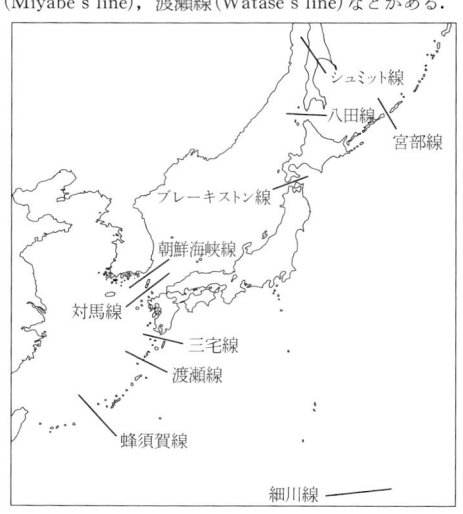

e **生物兵器** [biological weapon] 病原菌やウイルス, あるいはこれらに由来する毒素を, 兵器として人や家畜や農産物に対して用いること. 旧日本軍 731 部隊による秘密研究が有名. 一時その破壊力が過大に評価されたこともあったが, 実戦での効果は乏しく, 1972 年の生物兵器禁止条約で, その生産・貯蔵が禁止され, 破棄が決まった. 兵器としての使用禁止は, 1925 年のジュネーヴ議定書で, 毒ガスとともに合意が成立している. テロでの使用は, 1994, 1995 年のオウム真理教事件や, 2001 年にアメリカで炭疽菌がマスコミや上院議員に送付された事件などに見られるように, 危険性が増しており, 国際的には研究用機器などに関して貿易管理が行われている.

f **生物ポンプ** [biological pump] 海洋の*物質循環において, 海面から深層への炭素の輸送を担う生物の活動全体の総称. 炭素以外の物質循環に使われることもある. 表層で光合成により生産された有機物の多くは呼吸により無機化されるが, 一部は植物プランクトン自身あるいは動物プランクトンの糞粒の沈降として, また, 動物プランクトンの日周鉛直移動によって下層に輸送される. 海面では下層へ向かう有機炭素量に見あう二酸化炭素が大気から補給されることになる.

g **生物リズム** [biological rhythm] 《同》バイオリズム(biorhythm). 生物が生得的にもっている自律的な周期的変動. 生物の周期性には, 環境の変動に直接支配される外因性リズム(exogenous rhythm)もあるが, 通常は生物リズムに含めない. したがって, 一般に生物リズムは恒常条件下でも周期性が維持される内因性リズム(endogenous rhythm)のことを指し, その多くは*生物時計によって支配されている. 生物リズムの代表的なものは, 環境の 1 日周期の変動に対応し, およそ 1 日の周期をもつ*概日リズムであるが, それよりも長い周期のものをインフラディアンリズム(infradian rhythm),

それよりも短い周期のものをウルトラディアンリズム (ultradian rhythm) という．インフラディアンリズムには*概年リズム，半月周リズム(*半月周性)などが知られている．一方，ウルトラディアンリズムには神経の発火や心臓の拍動のリズム，ホタルの発光リズムなどが含まれており，生物時計とは異なる機構で駆動されている．生物リズムを物理的な振動と同じようにみなして，最小単位をサイクル (cycle)，その時間的長さを周期 (period)，振動の中央をメサー (mesor)，振幅 (amplitude) の最も高い点を示す時間的位置を頂点位相 (acrophase)，最も低い点を示す時間的位置を底点位相 (bathyphase) のように表現する．

a **生物レオロジー** [biorheology] 《同》バイオレオロジー．物質の変形と流動に関する科学であるレオロジー (rheology) を，生体内の現象に適用して理論的あるいは実験的に研究する学問分野．血液の流動，細胞内の原形質流動のような能動的あるいは受動的な流動や，筋収縮，血管壁の変形のような細胞・組織の変形を伴う現象が多い．特に血液の流動や血球の変形などについては，理論的分野から臨床的応用分野にいたるまで多くの研究が行われ，血液流動学と呼ばれる．

b **性分化** [sex differentiation] 個体発生の進行につれて雌雄(⇒性)の特徴が現れてくること．始原生殖細胞の卵原細胞および精原細胞への分化，生殖腺の発生，生殖付属器官の形成，二次性徴の出現などの場合に，いずれも最初は雌型にも雄型にも分化しうる能力(*性的両能性)をもち，順次に雌雄いずれかの生殖腺に発達する．分化の方向を決定するものは基本的には遺伝的要因だが，いろいろな環境条件も影響する．生殖腺原基からの分化過程をみると，2種に分けられる．(1)最初に中性の生殖器官原基がつくられ，後に雄または雌生殖腺に発達する場合で，概して原始型とみられ，円口類および多くの無脊椎動物にみられる．例えばヤツメウナギの幼生期には精母細胞と卵母細胞とにあたる共通の母細胞が同一生殖腺内にあり，やがて雌雄いずれかの*生殖細胞に分化する．(2)雌と雄の生殖腺に発達しうる原基をもち，どちらかの部分が発達することで性分化が起こる．例えば魚類のオキナワベニハゼ (Trimma okinawae) の生殖腺原基には卵巣と精巣の予定原基がある．両生類の雄ヒキガエル (Bufo) にある*ビダー器官は卵巣になるべきものの痕跡である．爬虫類・鳥類・哺乳類では，上記の2型の混合がみられる．ヒトやマウスの精巣性女性化症 (testicular feminization syndrome) の研究からは，哺乳類の二次性徴は雌型が原型であると考えられている．脊椎動物の性分化についてはホルモンの働きについて多くの研究がある．

c **青変** [blue-stain] 子囊菌類や不完全菌類の菌糸が，マツ類やブナなどの辺材組織に侵入して木材の色調を青色ないし青黒色に変化させる現象．そのような菌類を青変菌と総称し，菌糸の強い青黒色が変色の原因．キクイムシ類が媒介昆虫となって青変菌を伝搬する．主要な青変菌は，子囊菌類 Ceratocystis に属する菌で，菌糸はリグニンやセルロースを分解しないので，材の強度はあまり低下しない．

d **精包** [spermatophore] 《同》精莢，精球．[1] 渦虫類の一部，ヒル類の一部，軟体動物の頭足類，脊椎動物の有尾類などにおいて，*生殖巣の付属腺の分泌物で包まれた精子塊．雄または雌雄同体の相手の個体に精包を渡して受精を行う．大きさや構造は種によって多様．頭足類の精包は構造が最も精巧で，かつて寄生虫と誤認された．雄の*貯精嚢内にある多数の溝の中で精子は長さ2 cmほどの束となり，これが精包嚢内でその外部の外鞘，らせん形のバネ(射出管)などが分泌されて精包が完成し，*交接腕によって雌の体内に収められ，雌の生殖器内で精子が出る．このような頭足類の精包と精包嚢のいずれをもニーダム嚢 (Needham's sac) と呼ぶことがある (⇒皮下受精)．[2] 特に昆虫で，主に雄の*付属腺からの分泌物が硬化して形成される筒状・球状の構造物．中に精子を収める．

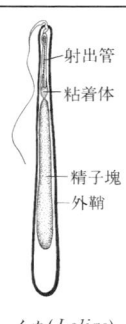

射出管
粘着体
精子塊
外鞘

イカ (Loligo) の精包

e **精包嚢** [spermatophore sac, spermatophoral sac] 《同》ニーダム嚢 (Needham's sac)．頭足類の雄において，*精包(精莢)を作り，それを収納している嚢状器官．少数種のイカでは開口部は長く伸び，その部分を便宜上陰茎 (penis) と呼ぶ．

f **性ホルモン** [sex hormone] [1] 主として生殖腺から分泌され，生殖器系(生殖輸管・付属生殖器・外部生殖器)の成長・発達を誘発・促進させ三次性徴の発現や生殖行動の誘起をも行うホルモンの総称．発生初期には生殖腺の分化にも関係する(⇒フリーマーチン)．雄では精巣から分泌される雄性ホルモン，雌では卵巣から分泌される2種の雌性ホルモン(発情ホルモンと黄体ホルモン)が主要な性ホルモンであり，いずれもステロイドに属している．これら性ホルモンの分泌は下垂体前葉の生殖腺刺激ホルモンの支配下にある．性ホルモンは副腎皮質からも多少分泌され，また妊娠中は胎盤からも分泌される(⇒エストロゲン)．生体内には存在しないが性ホルモンと同じ作用を示す物質をあわせて，性ホルモン物質ということがある．上記3種の性ホルモン物質の間には拮抗作用や相乗作用がみられる．例えば黄体ホルモンは発情ホルモンの発情誘起作用を抑え，発情ホルモンは雄性ホルモンのとさか増大作用を抑えるが，一方，発情ホルモンの作用は非常に微量の雄性ホルモンの同時作用によって強まる．無脊椎動物においても性徴や性分化を支配するホルモンの存在が知られる．特に甲殻類では雄の性徴を支配する蛋白質性のホルモンが*造雄腺から分泌される(⇒性決定物質)．[2] 菌類や藻類において，植物の体の一部で作られ拡散などにより広がり，同一個体の他の部分あるいは同種他個体に特定の性的反応を誘導する物質．菌類ではケカビ属 (Mucor) におけるトリスポリック酸，ワタカビ属 (Achlya) における*アンセリジオール，カワリミズカビ属 (Allomyces) におけるシレニン，褐藻類の Ectocarpus におけるエクトカルピンなどが知られている．

g **生命** [life] 生物の本質的属性として抽象されるもの．その属性により，個体および種が保存され，長い間に環境との関係において進化が起こり，しかも生物が成り立ちえている．それらを可能ならしめている土台には情報の伝達とエネルギーの方向づけられた変換とがある．このような性格や細胞構造・蛋白質の存在が宇宙のいかなる生命にも(地球外生命が存在するとして)普遍的なものであるかどうかは確言できない．生命の語なしに生物学の体系を組織することもまったく不可能とはいえな

が，生命の語は生物学者によっても慣用されており，生命体や生命現象，生命の起原などの語はごく普通に使われている．生命とはなにかについての諸説を生命観あるいは生命論という．古くからの生気論的観念論に対し近世（17 世紀ごろから）において機械論が生まれ，また 20 世紀初めからは全体論，その一種としての新生気論や有機体論，また弁証法的唯物論に基づく生命論が唱えられた．

a **生命の起原** [origin of life] 生物が無生物質から発生した過程．一般には原始地球上で起きた事象とされるが，古くは生物の*自然発生の観念が一般的であり，また*パンスペルミア説が，現在でも一部の学者により唱えられている．いずれにしろ地球の発展過程の一段階として生起した事象と考えられており，生命の起原に先立つ過程が*化学進化であり，それに続く過程が*生物進化である．地球上での生命の起原の時期は地球の誕生（46 億年前）から約 10 億年後の頃であろうといわれる．それは最も古い微化石が 30 億年以上前のものであるという事実に基づくものであるが，まだ確実とはいえない．その場所は，強力な紫外線を避けられるほどの深さの海中であっただろうといわれる．かつては，生命の起原以前には地球上に有機物はなく，無機栄養微生物が最初に生じたと考えられていたが，A. I. Oparin (1924)，J. B. S. Haldane (1929) は生物発生以前には地球上に有機物が蓄積しており，当時の大気中には酸素分子はほとんどなく，この蓄積した有機物に依存した嫌気的従属栄養生物が最初の生物であると考えた．この考えが一般に認められるようになったのは 1940 年頃からである．生命の起原以前に有機物が蓄積したことは，*ミラーの放電実験 (1953) に始まる多くのモデル実験，隕石や宇宙空間に種々の有機物が見出されることで支持される．次には，このような化学進化によって生じた生体高分子様物質の相互作用により境界面をもった構造が形成されたと思われる．この段階がどのようなものかについて，Oparin はそれに*コアセルヴェートを想定した．膜構造あるいは*プロテイノイドミクロスフェアなどを重視する意見もある．また，生命発生の場として原始地球に豊富にあった黄鉄鉱の表面を想定し，そこでイオン反応の関与する化学合成が起こったとする表面代謝説 (G. Wächtershäuser) が提出されている．具体的にはどのようにして自己増殖能をもった生物へと進化したかの解明には距離がある．機能をもつ蛋白質と一定のペプチド構造の合成を確保する核酸の進化およびその関係の発展が問題であり，遺伝コードの起原について種々の説が提出されている．また真核細胞への発展に関しては，L. Margulis (1970, 1981) の提唱した共生説 (symbiotic theory) が現在では確立している．それによれば原始的段階において種々の細胞型が成立したが，そのうち前真核生物型の細胞に呼吸性原核細胞が侵入・共生してミトコンドリアを作り，さらに光合成原核細胞の共生により葉緑体を作ったという（⇒内部共生説）．

b **生命表** [life table, mortality table] 一群の同種個体が出生後の時間経過につれて，どのように死亡し減少していくかを記載した表．人口学の分野で発達し，R. Pearl らによって 1920 年代に動物個体群の研究に導入された．時間または発育段階によって区切られた齢間隔 (age interval) x，その期間の最初の生存個体数 l_x，期間内の死亡数 d_x と死亡率 q_x，期待余命（平均余命 life expectancy, mean expectation of life) e_x の各項目よりなり，齢 x の経過につれての変化が記載されている．短期間内に出生した同時出生集団（*コホート cohort）の経過を追跡して作製したものを齢別生命表 (age-specific life table)，ある時点に存在する個体群の*齢構成から各齢間隔の死亡率を推定して作製したものを時間別生命表 (time-specific life table) という．前者は，ヒトのように個体追跡が可能な場合や，*世代の重なり合いの小さい昆虫類などの場合に適しており，後者は，世代の重なりの大きい動物にしばしば適用されるが，個体群の齢構成が安定していなければ偏りを生じる．x に対して l_x をプロットして得られる生存曲線 (survival curve, survivorship curve, l_x-curve) の形は，同じ種でも条件によって変わるが，生物群の特徴をも反映している．Pearl と J. R. Miner (1935) や E. S. Deevey (1947) はこれを三つの類型に大別したが，伊藤嘉昭 (1959) は，親による子の保護が進化するに伴い，1 雌当たりの産卵数（産仔数）が減少するとともに生存曲線が C 型から A 型に移行することを指摘している（図）．生命表は R. F. Morris と C. A. Miller (1954) によって，昆虫個体数の変動機構（⇒個体群動態論）の解析手段として導入されたが，その際に彼らは e_x 欄を省く一方，各齢間隔における死亡要因を示す d_xF 欄を加え，d_x や q_x を要因別に示すことを提案した（表）．この方式は，野外個体群の研究に広く用いられている．さらに，生命表から得られた情報は，野外での生物の適応度の推定のために極めて重要である．

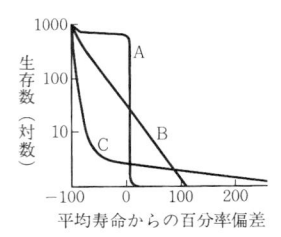

生存曲線の 3 種類（伊藤，1959）

トウヒノシントメハマキガの生命表 (Morris, Miller より簡略化)

x	l_x	d_xF	d_x	$100q_x$
卵	174	捕食・寄生など	19	11
若齢幼虫	155	分散など	116.6	75
		越冬中の死亡	13.7	9
中老齢幼虫	24.7	捕食・寄生・病気など	23.4	95
さなぎ	1.28	捕食・寄生など	0.46	36
成虫	0.82			
世代			173.2	99.5

c **生命倫理学** [bioethics] 生命に関わる倫理的な問題を扱う学問分野．応用倫理学・実践倫理学の領域に含まれる．この学問は，1960 年代末以降，特に医学を軸に，それまでの生命に関わる哲学や倫理学のほか，医学，生物学，宗教学，心理学などさまざまな分野と融合しながら，学際的な色彩をもつ新領域を形成してきた．言葉としては，V. R. Potter が「生存の科学」として「バイオエシックス」を用いたのが先駆であるが，日本には「生命

倫理学」の訳語で導入された．脳死，臓器移植，中絶，生殖補助医療など，医療技術の進展に伴って新たに生じた生命の始まりや終わりをめぐる基準の策定などが争点となって発展してきた．狭義には以上のような医療分野における生命倫理が扱われるが，広義にはヒト以外の生物の生命を考える生物多様性保全についても生命倫理学の対象となる．

a **生毛細胞** [trichogen cell] 《同》毛母細胞．昆虫の表皮細胞のうち，大形でその延長部分が毛の内部を構成するもの．昆虫の体表に分布する毛の多くは触受容器であるが，それらはクチクラが鉢状にくぼんだ部分から生じている．毛の外面は外表皮の延長として発達しているが，内部は1個の大きな生毛細胞の延長で占められる．毛の基部には，そこをリング状に囲み，毛の運動を自由にしている膜状の部分(articular membrane)があるが，これは生毛細胞と同一起原の表皮細胞であって，生毛細胞を支えている窩生細胞(tormogen cell)，またはソケット細胞(socket cell)によって形成される．

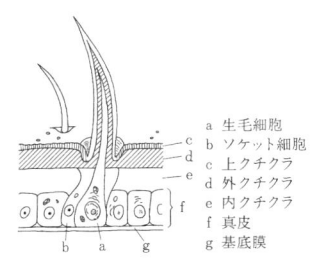

a 生毛細胞
b ソケット細胞
c 上クチクラ
d 外クチクラ
e 内クチクラ
f 真皮
g 基底膜

b **精油** [essential oil] 《同》芳香油，植物性揮発油．植物成分のうち，特有の芳香のある油状物質をいい，低分子性で疎水性の多種の化合物からなる．水に不溶でしかも揮発性があるので水と共沸する性質がある．通例，水蒸気蒸留により分離するが，圧搾あるいはn-ペンタンなど低極性溶媒により抽出することもある．構成成分から*イソプレノイド系と芳香族系に大別される．前者は低極性のモノテルペン・セスキテルペンからなり，テレビン油(マツ科マツ属各種の材・バルサム，ピネン)，オレンジ油(各種柑橘の果皮，リモネン)，ユーカリ油(フトモモ科ユーカリの葉，シネオール)，ハッカ油(シソ科ハッカ全草，メントール)などがある．芳香族系精油成分の多くはフェニルプロパノイドあるいはそれから派生する低分子化合物の混合物であり，ケイヒ油(クスノキ科 Cinnamomum cassia などの葉・小枝・樹皮，ケイヒアルデヒド)，チョウジ油(フトモモ科チョウジの蕾・葉，オイゲノール)，ウイキョウ油(セリ科ウイキョウの果実，アネトール)などがある．一般に，精油は柔組織中の分泌組織に属する油細胞に貯蔵されるが，花・果実・葉・樹皮・根茎など，種によってその貯蔵の状態は異なる．マツ科では材の樹脂道に精油の大半が樹脂に溶け込んでバルサムを，ミカン科では茎の表層部・葉肉・果皮に分布する破生油室に，セリ科植物では全草に散在する離生油道に，シソ科植物では葉の表皮にある腺毛に精油が含まれる．以上の植物のほか，約60の科に不規則に散在する約1000種の維管束植物によって生産され，バラの花より得られるローズ油(ゲラニオール geraniol，シトロネロール citronellol など)のように香粧品香料とするほか，ハッカ油など食品の賦香料，テレビン油・チョウジ油などは薬用にと，その用途は多岐にわたる．またアロマテラピーという欧州起源の民間療法は，各種の精油を外用してストレスの軽減，病気の予防，健康の維持などを目的とするもので，日本でも広まりつつある．昆虫類，特にその幼虫がその植物特有の精油の匂いに反応して選択的に接近・摂食の行動を起こすこと，および他植物に対する他感作用(アレロパシー)と関与することも知られている．(⇒植物-動物間相互作用，⇒ゲラニオール)

c **性誘引物質** [sex attractant] 両性生殖を営む動物が異性を誘引する物質．性フェロモン(⇒フェロモン)は代表的な性誘引物質で，雌が分泌発散し，雄を誘引する場合が多い．ある種のシカの雄の膝にある腺(tarsal organ)からの分泌物 cis-4-ヒドロキシドデセノール酸ラクトン，ジャコウネコのシベトン，ジャコウジカのムスコンがその例．(⇒臭腺)．同種の個体によって生産される物質でなくとも，ある動物の一方の性に誘引効果のある物質も性誘引物質と呼ぶ．人工的に合成された性フェロモンの類縁化合物(analogue)，ある種の植物成分で性誘引効果のある物質(ミカンコミバエの雄に対するメチルオイゲノール)がこれに含まれる．

d **生卵器** [oogonium] 菌類や藻類にみられる*配偶子嚢のうち，卵を形成するもの．1～多数の卵を生ずる．陸上植物(種子植物以外)の雌性配偶子嚢は複雑な組織で覆われるため，*造卵器として区別される．生卵器は一般により単純であるが，*シャジクモ類では比較的複雑であり造卵器と呼ばれることもある．また紅色植物の生卵器は特に*造果器と呼ばれる．卵は生卵器内または外で精子と受精し，また卵菌では生卵器が雄性配偶子嚢と接合する．

e **生理遺伝学** [physiological genetics] *生理学の立場から遺伝現象を解明しようとする分野．V. Haecker (1918)やG. R. de Beer (1938)などの phaenogenetics も同様の立場であるが，R. B. Goldschmidt (1938)は，発生のいろいろな時期に環境要因のあるものを急変させ，生ずる表現型の変化から遺伝子の形質支配の時期・機構を解析し，physiological genetics の名を用いた(⇒表型模写)．

f **生理学** [physiology] 生体の作用ないし機能を明らかにする生物学の分科．生理学の分科として，対象である生物により動物生理学・植物生理学・細菌生理学など，生理機能の種別により消化生理学・呼吸生理学・感覚生理学など，体制上のレベルに応じて細胞生理学・組織生理学・器官生理学，また器官の種別により心臓生理学・神経生理学・筋肉生理学などが区別される．さらに*一般生理学と*比較生理学の区別があるが，これは研究上の立場に基づくものである．人体および動物の生理学の方法的基礎づけはまずW. Harveyによってなされ，G. A. Borelliを経てA. von Hallerにより一応の体系化を見，ついでC. Bellは神経系に関し研究をした．19世紀に入ると，急速な進歩が起こり，J. P. Müller, C. Bernard, C. F. W. Ludwig らが実験生理学の道を確立した．E. H. du Bois-Reymond, H. L. F. von Helmholtz, E. F. W. Pflüger, M. Verworn, J. Loeb, W. M. Bayliss らも19世紀における重要な生理学者である．なお，生理的(生理学的 physiological)の語は，病理的(病理学的 pathological)の対語として，生体内の正常な過程を指すことがある．(⇒植物生理学)

a **生理勾配** [physiological gradient] 体軸に沿って認められる，生理的活動性に関する勾配．例えばプラナリアでは，頭部から尾部へ至る体の各水準で頭部や尾部の再生の頻度，再生される頭部や尾部の大きさや質において漸進的差異がある．ヒドロ虫類の場合でも，水準が異なればヒドロ花を形成する能力や造られるヒドロ花の大きさなどにやはり漸進的な差異が存在する．これら各水準の間の差異は量的で可変的であり，そのような軸性の基礎となるものが生理的状態の漸進的な量的差異すなわち生理勾配であると考えられた．種々の材料の酸素消費・酸化還元能・RNA 濃度・SH 基濃度・酸化酵素活性などについて軸に沿った勾配が認められている．生理勾配が*極性の決定に関与すると考えられる例も多い．また，このような勾配の決定に関して，細胞が受けとる刺激の勾配のようなものがあると考えられるが，そのようなものを概念的に位置情報の語で表すこともある．同様な軸勾配は毒物または抑圧的処理に対する感受性の差異においても示されている．このような考えを最初に提出したのは C. M. Child で，彼は生理勾配の頂点はその付近の一定領域を制御し，その領域内に別個の頂点が形成されるのを抑圧していると考えた．このチャイルドの勾配説は発生学や発生生理学に広汎な影響を与えた．特に形態形成と生理的過程との関係についての考え方は，そのままの形では一般に認められてはいない．（⇒軸勾配）

b **生理食塩水** [physiological salt solution] 《同》生理的食塩水．摘出した器官や組織をしばらく生かしておくための媒液として，体液成分（特に血清）と等張になるように調製した食塩溶液．血清は Na$^+$ を主要な陽イオン成分とするから，ある程度はその中で生かしておくことができる．カエルなどでは 0.65～0.7%，恒温動物では 0.9% のものが用いられる．しかし長時間生かしておくには，*生理的塩類溶液を用いなければならない．

c **生理的塩類溶液** [physiological saline] 《同》平衡塩類溶液 (balanced saline)，生理的平衡溶液 (physiological balanced solution)，代用液．摘出した器官や組織に対し，長時間にわたって正常な機能を保たせる媒液として用いられる塩類の混合溶液．そのために適当なイオン組成・浸透圧・pH をもつように調製される．多くは，生体内でそれらの器官や組織をひたしている血清などの体液成分に近似のものを用いる．溶液の陽イオン成分は Na$^+$ を主とし（⇒生理食塩水），これに K$^+$，Ca^{2+}，Mg^{2+} などを加え，さらに炭酸水素ナトリウム NaHCO$_3$・リン酸二水素ナトリウム NaH$_2$PO$_4$ などの緩衝剤の添加により pH を調節する．エネルギー源としてグルコースを加えることもある．最初に処方されたのは*リンガー液で，その後動物種や器官や組織の差により成分の種類や濃度がいろいろ異なるものがつくられている．生理的塩類溶液はイオン拮抗作用が適当に平衡しているもので，その意味で平衡塩類溶液ともいい，ハンクス液が知られている．また体液の代用とされるところから代用液とも呼ばれる．生理的塩類溶液は薬剤の溶媒，失血時における一時的な血液代用物としても用いる．海水の塩類組成は海産無脊椎動物の血液の塩類組成に似ているので，人工海水も生理的塩類溶液と同じように扱われることが多い．（⇒リンガー液）

d **生理的乾燥** [physiological dryness] 水が十分存在する環境下で起こる植物体の乾燥．*塩生植物や高層湿原の植物は湿地においてもしばしば乾生形態を示すが，A. F. W. Schimper (1890, 1898) は塩生植物については水が十分あってもその水の浸透ポテンシャル（⇒水ポテンシャル）が低いときは水分吸収が困難になり，湿原植物では根の透水性が小さいため吸水が少ないとしてこれを説明した．今日ではこれら植物の水分経済が*乾生植物の場合とは違う点が多く報告されているので，この説がもとのままでは成立しないとされている．

e **生理的気分** [mood] [1] 動物行動学では，動物がある行動を起こしうる生理的状態を漠然と指す語．心理学で使われる*動機づけないし*動因にほぼ同じ．生理的気分の形成には，外界の刺激・内部的刺激・ホルモン・その行動の前歴など，さまざまな要素が関与している．[2]《同》気分．心理学では，比較的持続する感情状態を指す語．より明確で一過性の感情である*情動とは区別される．

f **生理的最適** [physiological optimum] 生物が成長・繁殖するうえで最適の生理的条件．生物が自然の中で分布する中心は，多くはその種が最も好む非生物環境の所ではないことを H. Ellenberg (1953) が発見し，提起した．種の好みと分布中心のずれの一つの原因は，種間の*競争にある．他種との競争のないさまで，任意の非生物環境の勾配において，ある種の生物にとって最も成長のよい所を生理的最適の場所と定める．生理的最適域の決定は野外実験に待たねばならないが，取り上げられる環境要因としては，植物では pH や水位などがあり，動物では食物資源の量や質がある．（⇒生態的最適域）

g **生理的優位** [physiological dominance] C. M. Child の発生学説において，1 個体（または独立した生理系）の一定部位で生理的活動が高まると，その部位が他の部位に対し生理的または造形的な影響力をもつようになる状態にあること．優位の成立する範囲が何らかの原因で限定されると，今まで支配をうけていた部位がその影響力から脱し，独立する．すなわちその部位に新しく中心が生じ，新個体が形成されたり器官の重複が起こったりする．このような独立化を Child は生理的分離 (physiological isolation) と呼んだ．ヒドロ虫類の Corymorpha の茎に傷をつけてその癒合を妨げると，その部位を中心に物質代謝が高まり，速やかに成長して新たにポリプ体を形成し，それを先端にしてヒドロ茎がのびる．これは傷によって新しい優位部位が誘発された例と考えられる．同様に他のヒドロ虫類 Tubularia（ベニクダウミヒドラの類）ではポリプ体はヒドロ根に対し第二のポリプ体の形成を抑えているが，ヒドロ根が一定度以上成長するとその末端は第一のポリプ体からの影響を脱出し，第二のポリプ体を形成する．これは生理的分離の一例．（⇒生理勾配）

h **生理的落果** [physiological fruit drop] 植物体内に生理的に誘起される原因によって花柄に*離層が形成され，果実が脱離する現象．外因に起因する*落果と区別していう．受粉後落果の頻度は波状に変化し，受粉直後，果実の発達初期（早期落果），成熟後（後期落果）にそれぞれ高まる．早春開花性の果樹で受粉 1～2 カ月後に起こる早期落果は 6 月頃に当たるので June drop ともいう．離層が形成される位置は植物によりほぼ定まっているが，早期落果では花柄の基脚部に，後期落果では果柄の先端あるいは花托などにみられることがある．落果頻度は果実中の植物ホルモンの量的変動と関連があり，概して頻度の高い時期にはオーキシン・サイトカイニン

含量が低く，ジベレリン・アブシジン酸含量とエチレン生成量が高い．

a **生理病**(植物の) [physiological disease] 《同》非伝染病(noninfectious disease). 非生物性，非伝染性の原因により，植物のさまざまな生理的過程が乱されることによって起こる植物の病気の総称．この原因には，異常な高温，低温，多湿，乾燥，強風，霜，雪などの気象的要因，異常な土壌のpH，塩類集積，養分不均衡，微量要素欠乏などの土壌肥料的要因，有害物質による大気汚染，土壌汚染，水質汚染，農薬害などの化学的要因などがある．

b **生理品種** [physiological race] 《同》生理型．生理学的特性によって識別される品種．細菌や菌類などにみられる同一種内で病原性や栄養要求性の異なる型などがこれに相当する．なお，生態種や形態種との対比において，これを生理種(physiological species)と呼ぶこともある．

c **セヴェルツォフ** SEWERTZOFF, Aleksei Nikolaevich (СЕВЕРЦОВ, Алексей Николаевич) 1866～1936 ソ連の動物学者．進化における形と機能の相関，器官相互の相関など，形態学上の法則性を追究し，個体発生と系統発生の関係については，E. H. Haeckelの生物発生原則を批判して系統胚子発生(独 Phylembryogenie)の説を立てた．また胚期における適応の進化を探究する生態的発生学を提唱した．[主著] Morphologische Gesetzmässigkeiten der Evolution, 1931.

d **世界遺産** [world heritage] 1972年の第17回ユネスコ総会で採択された「世界の文化遺産及び自然遺産の保護に関する条約」(世界遺産条約)に基づいて，国家，民族，人種，宗教を超えて，人類共通の財産を後世に継承していくことを目的に，世界的に「顕著な普遍的価値」(outstanding universal value)を有する遺跡，建造物群，記念物，自然景観，地形・地質，生態系，などとして，世界遺産リストに登録された物件や地域を指す．同条約によって組織された世界遺産委員会が新規に世界遺産に登録される物件や地域などの登録および削除，また，登録された遺産のモニタリングや技術支援などを審議，決定している．世界遺産は，その内容によって次の3種類に大別される．文化遺産：顕著な普遍的価値を有する記念物，建造物，遺跡や文化的景観など．自然遺産：顕著な普遍的価値を有する地形・地質，生態系，景観，生物，絶滅のおそれのある動植物の生息地，それらの生息地などを含む地域．複合遺産：文化遺産と自然遺産の両方の顕著な普遍的価値を兼ねそなえている遺産．また，後世に残すことが難しくなっているか，深刻な危機にさらされ緊急の救済措置が必要とされている世界遺産を「危機にさらされている世界遺産」(危機遺産)として登録し，保存や修復のための配慮がなされている．

e **背側化** [dorsalization] ショウジョウバエにおいて，中胚葉が形成されず，そのかわりに残りの領域が拡張する突然変異の表現型．さらに強い表現型では予定中胚葉に連続する両側の神経外胚葉領域も形成されず，より背側にある部分が拡張する．これに対し，胚の背側外胚葉が形成されず，そのかわりに腹側の中胚葉，神経外胚葉領域が拡張する突然変異の表現型を腹側化(ventralization)という．ショウジョウバエの胚では最も腹側に中胚葉，ついでその両側に神経外胚葉，背側寄りに背側外胚葉，最も背側に羊漿膜が形成される．背腹極性を決定する遺伝子すなわち背腹極性決定遺伝子は12座あって，*母性メッセンジャーRNAをコードする．このうち11座の機能欠失型の突然変異では背側化の表現型が，また1座の機能欠失型変異では腹側化の表現型が示される．これらの遺伝子のうち dorsal は，この過程の最も最終段階で作用する転写因子をコードしている．胞胚では核内のDorsal蛋白質が，背腹軸に沿って腹側で最も濃度が高い濃度勾配を形成している．この核内Dorsal蛋白質濃度に従って異なる遺伝子の発現が*誘導され，背腹の極性が形成される．なお，ショウジョウバエ以外の動物でも背腹の極性について多くの研究がなされている．(⇒背方化)

f **セカンドメッセンジャー** [second messenger] 《同》二次メッセンジャー，第二次情報伝達物質．ホルモンや神経伝達物質などの細胞外情報物質が細胞膜に存在する*受容体と結合することによって，細胞内で新たに生成される別種の細胞内情報物質．これに対し，細胞外情報物質として作用するホルモンや神経伝達物質をファーストメッセンジャー(一次メッセンジャー・第一次情報伝達物質 first messenger)と呼ぶことがある．細胞外の情報物質が細胞内に第二のメッセンジャーを産生させて情報を伝達するという考えをセカンドメッセンジャー学説(second messenger theory)と呼び，cAMPを発見したE. W. Sutherlandによって1960年代の初めに提唱された．セカンドメッセンジャーとしては，cAMPのほかに，cGMP，ジアシルグリセロール，*イノシトール三リン酸などが知られている．cAMPはAキナーゼ，cGMPはGキナーゼ，ジアシルグリセロールはCキナーゼを活性化し，イノシトール三リン酸は細胞小器官からCa^{2+}を放出させて細胞機能を調節する．

g **石果** [drupe, stone fruit] 《同》核果．*液果のうち，中心部に通常1個，ときにいくつかのかたい核があり種子を包む果実．サクラやウメ，モモやクルミ，オリーブ，コーヒー，センダン，モチノキなどの果実はその例．外果皮は薄く，中果皮は多肉で細胞液に富むが，内果皮はかたい*石細胞などの厚壁細胞からなって核となり，その中に1個または複数の種子をもつ．また石果のうち特に小さいものを小石果(小核果 drupel, drupelet)といい，キイチゴ属に普通にみられるキイチゴ状果(drupecetum)は小石果の集合した*集合果．

h **赤外線受容器** [infrared receptor] 《同》孔器，ピット器官(pit organ). ボア科の一部やニシキヘビ科の大部分，クサリヘビ科マムシ亜科のすべてのヘビの頭部に小孔の形で存在する特殊な*温度受容器．マムシ亜科では眼窩と鼻孔の間に，ボア科とニシキヘビ科では上唇あるいは下唇に存在する．他の動物から発せられる放射熱を捉えるためのもので，左右の受容器が*両眼視のような働きをする．マムシ亜科では，その底部近くに中耳における鼓膜のような薄膜があり，ここで赤外線を受容する．薄膜には三叉神経繊維が密に網状となって終末をつくり，外側はシュワン細胞が取り巻いている．三叉神経からの赤外線神経終末にはミトコンドリアが多量に存在し，赤外線がこの薄膜に到達すると，薄膜の温度が上昇し，赤外線ニューロンが発火する．このように視覚とは異なる機構で赤外線が受容されるが，感度は著しく鋭敏でマムシ亜科では0.001°Cを識別する．

i **赤芽球** [erythroblast] 《同》赤芽細胞．*赤血球の*芽細胞で，狭義には赤血球系の成熟過程の特定の一段

階を指す．赤血球系の最も幼若な細胞は前赤芽球(pro-erythroblast)であり，成人期では骨髄内で赤血球系前駆細胞(erythropoietin responsive cell)に*エリトロポエチンが働いて前赤芽球に分化する．前赤芽球は塩基性赤芽球(basophilic erythroblast)，多染性赤芽球(polychromatophilic erythroblast)，常赤芽球(normoblast，正染性赤芽球 orthochromatophilic erythroblast)の段階を経て成熟し，脱核して網状赤血球(reticulocyte)となり，1～2日の間骨髄内にとどまったのち流血中に出る．さらに1～2日を経ると成熟した赤血球となる．塩基性赤芽球の時期からヘモグロビンの合成が行われ，網状赤血球の時期まで続く．成熟赤血球では合成されない．赤芽球は細胞分裂を行って増殖するので，造血刺激の加わった骨髄では多数の有糸分裂を示す大形赤芽球をみることがある．悪性貧血や赤血病では赤芽球が大形化するばかりでなく，2～数個の核が認められる．悪性貧血ではビタミンB$_{12}$・葉酸の欠乏のため，DNA代謝・ヘモグロビン合成が阻害された巨赤芽球(megaloblast)が現れ，赤血病などでは形態の類似した巨赤芽球様細胞(megaloblastoid cell)が出現する．赤芽球の中にはベルリンブルーの染色を示す鉄顆粒を含むものがあり，鉄赤芽球(sideroblast)と呼ぶ．

a **石管** [stone canal, sand canal, madreporic tube, madreporic canal] ⇨水管系

b **赤筋** [red muscle] 《同》赤色筋．脊椎動物の*骨格筋のうち，赤色を表すもの．これに対し，比較的淡色のものを白筋(白色筋 white muscle)という．これは筋(筋繊維)のミオグロビンやミトコンドリア内のシトクロムなどの含有量の違いによるもので，骨格筋は上記のような筋繊維の代謝的特徴により分類される．さらにミトコンドリア含有量，コハク酸脱水素酵素，脂質滴，毛細血管や血管網の疎密などが両者で異なり，ひいては酸化・解糖のエネルギー供給方式の違いや筋疲労性(速疲労性-疲労抵抗性)を反映する．筋繊維は代謝的特徴において連続的に変異し，赤筋繊維(red muscle fiber)，白筋繊維(white muscle fiber)，およびそれらの中間的な中間筋繊維(intermediate muscle fiber)に分けられ，それぞれが主体となって赤筋・白筋・中間筋(intermediate muscle)が構築される．収縮特徴で分けられる速筋繊維・遅筋繊維とはそれぞれおおよそ白筋繊維・赤筋繊維と対応するが，この2方式の分類は独立と考えられ，多様な組合せがある．(⇨速筋，⇨遅筋)

c **蜥形類**(せきけいるい) [sauropsids ラ Sauropsida] 伝統的分類体系において脊椎動物のうち爬虫類と鳥類をあわせた一群．T. H. Huxleyの造語．化石種も含めた分類体系では，双弓類およびその近縁の化石種，および無弓類をあわせたグループを指すこともある．慣用的には魚形類および哺乳類に対置される．後頭顆は1個で，頭蓋と下顎との間に方形骨が介在し，踝関節は跗骨間の関節である．成体の排出器は後腎で，総排泄腔をもつ．卵は多黄卵，端黄卵で，通常は固い卵殻に包まれて地上に産出され，盤割をする．

d **石細胞** [stone cell] 断面がほぼ正多角形を示す厚壁異形細胞(⇨厚壁組織)の一つ．リグニン，スベリン，クチンなどが沈着して二次壁は著しく肥厚し，完成した石細胞では細胞内腔をうずめる．肥厚した細胞壁には内腔に向けて，単か時に分枝した管状の壁孔が走る．ナシやマルメロの中果皮(果肉)に単一か集合して散在し，シャクナゲやダリアの塊根内には数個ずつが群をなして散在する．ウメやモモなどの内果皮(種子の殻)はほとんど全部が石細胞あるいはこれよりやや長い厚壁異形細胞からなる．

e **脊索** [chorda dorsalis, notochord] 脊索動物において，終生または個体発生の一定期に，体の正中背側に，神経管の直下を前後に走る棒状の支持器官．その典型的状態においては，大きな液胞をもつ細胞が集合して形成する弾力のある組織からなり，その表面は何層かの結合組織性の皮膜すなわち脊索鞘(notochordal sheath)によって覆われている．半索・尾索・頭索動物のうちホヤ類は幼生期にだけ認められ，尾索類では尾に終生存在する．ナメクジウオでは終生中軸支持器官として機能し，神経索直下をその全長にわたって走るだけでなく，その前方に突出する．また筋繊維をもち，その収縮は神経索に向かって分節的に出る突起を介して制御されている．脊椎動物では脊索は神経管の前端までは達せず，原脳の部域はその下方に脊索を欠く(⇨脳屈曲)．円口類では終生退化せずに存在し，脊椎骨としては背側または腹側に軟骨片をもつのみである．その他の脊椎動物では脊索は胚期および幼生期に中軸支持器官として機能するが，のちに軟骨性または骨性の椎骨によって代置され，脊柱内に痕跡的に残存する．四肢類では椎間板内の膠様物質として残存する．なおギボシムシの前方消化管が背側で吻部に突出する口盲管が脊索の起原と考えられたこともあったがその相同性は必ずしも明らかでない．脊索に相同な組織がホウキムシの幼生アクチノトロカに存在すると主張されたこともあるが，一般には認められていない．脊索はさらに脊索動物の発生において重要な役割をもっている．すなわち，まず脊索の予定部域は*原腸形成において*形態形成運動の動的中心として働き，著しい収斂伸長を行い，胚内に移動して外胚葉を裏打ちし(*原条を生じるものでは，その前方にいわゆる*頭突起を形成する)，形成体の中心区域として中枢神経系の誘導を引き起こす．予定脊索は胚内に移動後も著しく伸長し，同時にすべての組織の中で最も早期に組織分化を引き起こす．また脊索原基は周りの複数の組織に影響を及ぼし，例えば硬節や筋節の分化の促進，神経堤細胞の移動の抑制，神経管の腹側化などに働く．脊索は場合により内胚葉性，場合により中胚葉性として取り扱われるが，発生機構学的な研究の結果は，もし脊索をいずれかの胚葉に属させるとするならば中胚葉とするのが妥当なことを示している．(⇨脊索中胚葉)

f **脊索前板** [prechordal plate] 脊椎動物の原腸胚期に脊索先端の前方に見え，のち頭部中胚葉の一部，口前腸，咽頭内胚葉となる索状組織．神経胚期には，脊索と口前腸の先端に位置し前腹腹側レベルにまで達する．両生類胚においては，原腸胚期から神経胚初期にかけての中軸中胚葉(axial mesoderm)において，*brachyury*遺伝子を発現する後方の脊索に対して，*goosecoid*遺伝子を発現する前方部を脊索前板として見ることができる．頭索類ナメクジウオには脊索前板が存在しないといわれてきたが，それに対応する可能性のある領域として*goosecoid*, *cerberus*, *dkk*遺伝子が発現する原腸胚後期の背側中胚葉部分があることが認識されている．ただしこの領域には*brachyury*も発現するため，これが脊椎動物のものと同じ脊索前板であるかどうかは不明．(⇨頭部形成体)

a **脊索中胚葉** [chorda-mesoderm, chordo-mesoblast, chordamesoderm] *脊索と他の*中胚葉をあわせていう語．主に両生類胚において，原口背唇から陥入した両者が，原腸胚中期から神経胚初期にかけて原腸の背側で共通の胚葉を形成しているときに，この語を用いる．これらは一続きの層として外胚葉の下に広がることから，これを脊索中胚葉マント（または*中胚葉マント）と表現することもある．トカゲなどの爬虫類では，原口背唇のみならず腹唇からも脊索中胚葉が陥入し，陥入後に管状構造をとることから，それを脊索中胚葉管（chorda-mesodermal canal, 原口管 blastoporal canal）と呼ぶ．より狭い意味で，将来，脊索（および頭部中胚葉）をつくる中胚葉のことを脊索中胚葉（chordamesoderm）と呼ぶ場合も多い．

b **脊索動物** [chordates ラ Chordata] 後生動物の一門で，左右相称，裂体腔性ないし腸体腔性の真体腔をもつ新口動物．一生の少なくとも一時期に*脊索とその背方を走る管状の神経管および*鰓裂をもつ．個体発生の途上で脊索の周囲に脊椎骨が形成される*脊椎動物亜門，が形成されず，脊索だけを，終生体全長にわたりもち続ける*頭索動物亜門（ナメクジウオ類）および終生あるいは一時期尾部にもつ*尾索動物亜門（ホヤ類，タリア類，オタマボヤ類）に分類される．尾索類と頭索類は長い間軟体動物に含まれていたが，19世紀になって脊索をもつことが判明，断絶が強調されていた無脊椎動物と脊椎動物との間をつなぐものとして，当時勃興した進化論との関連で注目された．これら3群を一門にまとめる現代的体系はE.R. Lankester (1877) に由来する．ただし，Chordataの名称はF.M. Balfour (1880) が創設したもの．脊索動物の起原や系統については多種多様な仮説が提出されてきたが，ゲノム塩基配列の決定により，その単系統性が確立し，脊椎動物亜門と尾索動物亜門がより近いという関係も明らかになった．尾索類と頭索類を*原索動物門にまとめ，脊椎動物を別門として独立させる体系も一部で支持される．海・陸・空でよく繁栄しており，現生約5万種．

c **赤色土** [red soil] 熱帯および亜熱帯の高温湿潤気候の樹林下に生成し，酸化鉄のために赤色を呈する土壌．高温多湿なため鉱物の加水分解が急激に進行し塩基類が絶えず土壌中に供給される結果，土壌は中性からアルカリ性反応で風化を受けることになり，ケイ酸は可溶性となって*溶脱し，ヘマタイト（Fe_2O_3）・ギブサイト（$Al_2O_3 \cdot 3H_2O$）などのFe，Alの二三酸化物が残留する．有機物の分解速度が大きいために腐植が集積しにくいことと，ヘマタイトの存在によって，土色は赤色を示す．また，脱ケイ酸作用が進んでいるが未だ可塑性の高いものを赤色ローム（red loam），これにくらべて，さらに著しく脱ケイ酸作用が進み，可塑性に乏しく砕けやすいものを赤色アース（red earth）と呼び赤色土に含める．熱帯多雨林でも群落を通じての物質循環速度が大きく，したがって生産量は大きい．雨期と乾期をもつ地方では季節風林やサバンナなどが発達する．日本の西南暖地にも赤色土が多く見られるが，これらは更新世の間氷期にラテライト化作用により生成された古土壌とみられ，養分含量に乏しいやせた土壌である．（→ラトゾル）

d **脊髄** [spinal cord ラ medulla spinalis] 脊椎動物において，*神経管から生じ延髄に続き背側正中部を前後に走る，脳とともに*中枢神経系を構成する白色の索状体．完成した脊髄の中心は上衣細胞に被われた中心管（canalis centralis）となり，脳室に続く．その周囲を囲んで*灰白質が存在する．その外周は*白質によってさらに包まれる．白質は背側から順に後索（funiculus dorsalis），側索（funiculus lateralis），前索（funiculus ventralis）に分けられるが，前索と側索の境界は明瞭でない．後索はさらに薄束（fasciculus gracilis）と楔状束（fasciculus cuneatus）に分けられる．灰白質は横断面でH字形を呈し，左右の2脚と，これを結ぶ中央部の中心灰白質（substantia grisea centralis）とからなる．前者はさらに背腹に分けられ，それぞれ後角（posterior horn, 背角 dorsal horn），前角（anterior horn, 腹角 ventral horn）と呼ぶ．そのほか両角間に側角（lateral horn）が発達する場合がある．前角を構成する細胞群は基板に，また後角のそれらは翼板に由来する．また前角・後角・側角を立体的にとらえた場合，頭尾に連なる細長い柱とみなされることから，それぞれ前柱（anterior column），後柱（posterior column），側柱（lateral column）ともいう．前角に存在する大型神経細胞は特に前角細胞（anterior horn cell）と呼ばれる運動神経細胞であり，その軸索は前根（anterior root）となって末梢の筋に向かう．一方，後角には脊髄神経節（dorsal root ganglion）から知覚線維が後根（posterior root）となって侵入する．側角には自律神経系に属する神経細胞が存在し，前根を通って末梢に突起を伸ばす（→脊髄神経）．脊髄は全体として脳膜の続きの脊髄膜に包まれ，さらに脊椎骨を縦貫する脊柱管内にあって保護されている．脊髄の横断面は頭索類では三角形，円口類では扁平卵円形，多くの顎口類では卵円形である．板鰓類では，髄鞘が発達してくるので灰白質と白質との区別が明白になる．両生類以上では，四肢におもむく神経を出す部分が太くなって，頸膨大（intumesentia cervicalis）と腰膨大（intumesentia lumbalis）を作る．ただし四肢の退化したヘビ類ではこれらの膨大は消失する．また，例外的に真骨魚類のホウボウでは胸鰭の付属肢に対応した3対の膨大が生ずる．脊髄の長さは脊椎管の長さに伴わず，ヒトでは第一〜第二腰椎の高さで終わり，以下の脊柱管には各自の高さで椎間孔を出て末梢におもむく腰神経，仙骨神経，尾骨神経が束状をなして走り，いわゆる馬尾を形成する．（→脊髄反射）

e **脊髄神経** [spinal nerves ラ nervi spinales] 脊椎動物において，脊髄から出る分節的末梢神経の総称．脳神経と対置される．*神経堤に由来する脊髄神経節をそなえた知覚性の後根（posterior root, 背根 dorsal root, 感覚性根 sensory root），神経細胞体を脊髄内にそなえた運動性の前根（anterior root, 腹根 ventral root）からなる．両者はただちに合して混合神経となり，背枝（背側枝 ramus dorsalis）と腹枝（腹側枝 ramus ventralis）とに分かれる．これらの分布域は体節中胚葉由来の構造（筋や真皮）の分節的配列に対応しており，特に背枝・腹枝の運動成分は，それぞれ軸上筋系・軸下筋系を分極的に支配している．体幹の交感神経もまた脊髄胸腰部に付随するが，これらは脊髄神経には含めない．ナメクジウオ（頭索類）においては，神経管（脊髄）の背外側から出る知覚性の背根は独立に筋節間を走行する．この動物にはいわゆる腹根は存在せず，神経管の上衣層に位置する運動神経細胞の突起と筋節の突起が神経管表面でシナプスを形成している．この筋組織の突起は脊椎動物の腹

根に似た様相を呈しているが，神経ではない．また，一次的には脊髄神経腹根に相当し，体節筋(鰓下筋群)を支配する舌下神経も，広義の脊髄神経として加える．(→鰓下筋群，→脳神経)

a **脊髄反射** [spinal reflex] 脊髄に反射中枢をもつ反射の総称．脊椎動物における反射の最も単純で典型的な形態．脊髄反射を司る神経経路は脊髄反射弓と呼ばれ，一般に感覚性の後根から脊髄内に入り，運動性の前根より脊髄を出る(→ベル-マジャンディーの法則)．反射弓が脊髄の単一分節内に止まるか2分節以上にまたがるかにより，分節内反射(intrasegmental reflex)と長経路反射(long spinal reflex)とに分ける．つぎに効果器からみると，単一効果器(筋肉)の応答をもたらす単純反射と，二つ以上の効果器が関与する複雑反射があり，前者の例としては*腱反射やある種の皮膚反射，後者では，一般に協力筋が参加する*屈曲反射や*交叉伸展反射が挙げられる．以上の例はすべて体性反射(somatic reflex)であるが，その他に各種の自律反射(autonomous reflex, autonomic reflex)がある．これもその中枢(自律中枢 autonomous center)を脊髄内にもち，全脊髄にわたり分節ごとに存在する分節反射と，脊髄内の特定部位に局在する単反射とに分けられる．前者に属する中枢としては血管運動中枢(二次中枢)・汗分泌中枢・起毛中枢などがある．これに対し，瞳孔散大中枢(毛様脊髄中枢)・排便中枢(肛門脊髄中枢)・排尿反射中枢(膀胱脊髄中枢)は単反射の中枢で，それぞれ頸髄第七～第八節ないし胸髄第一～第二節，仙髄第三～第四節に位置する．勃起・射精・分娩の各反射中枢(生殖脊髄中枢)も仙髄に局在する．正常動物では延髄以上の上位中枢からの反射抑制が存在して，体性および自律性の各種の脊髄反射はしばしば抑制または修飾を受ける．脊髄反射は脊髄動物(→除脳)を用いてよく観察し研究できる．

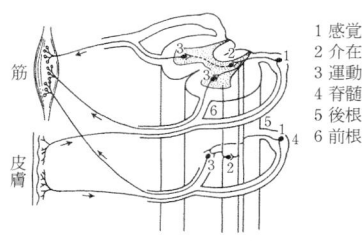

脊髄反射の反射経路
(分節内，長経路，同側，交叉またシナプス1個・2個など種々のものを示す)

1 感覚ニューロン
2 介在ニューロン
3 運動ニューロン
4 脊髄神経節
5 後根
6 前根

b **石炭** [coal] 地質時代の植物が集積・堆積した後に続成作用を受けて生じた可燃性の生成物(岩石)．主として，河川成，沼沢地・湖成，河口成または浅海成の地質中に存在する．続成作用には地層に埋没した直後の泥炭化作用と，その後に温度・圧力を受けて変質し，水分や揮発分が減少して炭素が濃集する石炭化作用がある．発熱量や燃料比などから，石炭化の低い方から褐炭，亜瀝青炭，瀝青炭，無煙炭に区分する．亜炭(lignite)は石炭に対する呼称で褐炭と同じような石炭化の低いものをいう．石炭の母植物の種類や成因から，陸植炭(陸上植物)，腐泥炭(水生植物など)，残留炭(樹脂，蠟などの残留物)などに分けることもある．石炭資源としては，ほとんどが陸上植物の樹木に由来する陸植炭で，埋蔵量の時代的変化は陸上植物の発達と調和する．経済的に価値のある石炭は植物が上陸した後，森林が広く形成された*デボン紀後期以降で，続く*石炭紀と*ペルム紀は*顕生累代最大の石炭形成期である．石炭の多寡は植物の繁茂に適した，温暖湿潤気候の指標となる．

c **石炭紀** [Carboniferous period] *デボン紀につぐ約3.6億年前から2.9億年前に相当する*古生代の一紀．R.D.Conybeare(1822)がイギリスの夾炭層の研究から命名．石炭系は岩相上，上下部に二分される．下部石炭系は海成層で主に石灰岩からなるが，上部石炭系は海・陸成層が交互に繰り返し，*ゴンドワナ大陸で形成された氷床の影響を受け，海進・海退層が形成された．上部石炭系には石炭が著しく多量に含まれるが，それはヨーロッパおよび北米大陸で特に著しい．世界全体では海成層の方が多く，日本でも海成層だけが知られている．植物は大部分が巨大なシダ植物で，当時の湿地帯に大森林を形成していた．海生動物では腕足類やウミユリが繁栄し，後期に爬虫類や紡錘虫類が出現している．

d **脊柱** [vertebral column] 脊椎動物の体の中央にある骨格．すなわち中軸骨格(axial skeleton)のうち，頭骨に続く部分．多数縦列した椎骨(脊椎・脊椎骨 vertebrae)という分節的な軟骨性要素の集合体で，そのため脊柱は屈曲可能となる．発生的には，*脊索周囲に体節の硬節に由来する間葉が筋節と筋節との中間に集まって構成されるが，円口類では脊索に沿ってわずかの軟骨片を生じるにすぎない．顎口類では椎骨の発達につれて脊索は縮小，羊膜類の成体では椎骨間にわずかにその痕跡をとどめるにすぎない．この椎間円板(椎間板 intervertebral disk)は椎体間にある円板状の構造物で，クッションの役割を果たし，その中心部には脊索の遺残物である髄核(nucleus pulposus)という寒天状の組織があり，その周縁を繊維軟骨からなる繊維輪(annulus fibrosus)が囲む(→軟骨組織)．椎骨は一般に中央に椎体(椎心 centrum, vertebral body)という円筒状の部分をもち，これから諸種の突起が出る．背方の1対の神経突起(neurapophysis)は脊髄を囲み，背方で合して神経弓(neural arch)を構成，さらにその背方正中に棘突起(spinous process)を伴う．椎体と神経弓によって構成され脊髄をいれる長軸の管を脊椎管(vertebral canal)という．腹方の1対の血道突起(haemapophysis)は血管を囲む血道弓(hemal arch, haemal arch)をなすが，体前方では左右に開く．神経弓と血道弓を総称して椎弓(vertebral arch)という．四肢動物では椎体両側に横突起(pleurapophysis)がある．一つの椎体が隣接椎体に対する面は，形状により両凹(amphicoelous)，前凹(procoelous)，後凹(opisthocoelous)，両扁(amphiplatyan)に区別される．各椎骨は体軸上の位置により形態が分化し，両生類では，腰帯の結合する仙椎(sacral vertebrae)の分化に応じ，その前後に仙前椎(presacral vertebrae)と尾椎(caudal vertebrae)を区別する．羊膜類では胸郭の発達につれて仙前椎がさらに胸椎前方の頸椎(cervical vertebrae)，胸郭部位の胸椎(thoracic vertebrae)，胸郭後方の腰椎(lumbar vertebrae)に区別され，この分化の度合は哺乳類において最も著しい．仙椎では椎骨が癒合し，仙骨(sacrum)を形成する傾向が強い．哺乳類の一部に見られる，尾椎の癒合により生じた骨を尾骨(coccyx)という．これを構成する尾椎数には個体差があり，ヒトでは3～6個．しばしば鳥類の尾端骨(尾

坐骨 pygostyle, ploughshare bone) と混同され，ドイツ語が同一だが，鳥類では側扁形（鋤形）で，これに尾羽がつく．また無尾類にも同様の骨が生じ柱状をなす．また，多くの羊膜類において頸椎の前方要素はしばしば大きく形を変え，第一頸椎を環椎（載域 atlas）と呼ぶ．環椎自体の椎体の大部分は第二頸椎である軸椎（枢軸 axis, epistropheus）の椎体と癒合して歯突起（dens, odontoid process）となるので，椎体の残りと椎弓とが環状をなし，歯突起の周囲を回転する機能を得る．またその前面には頭蓋の後頭骨の突起（後頭顆 condylus occipitalis）が関節する．

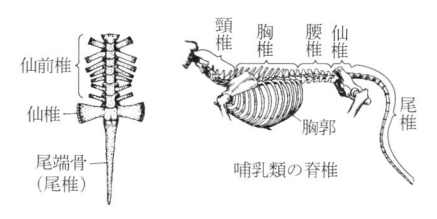

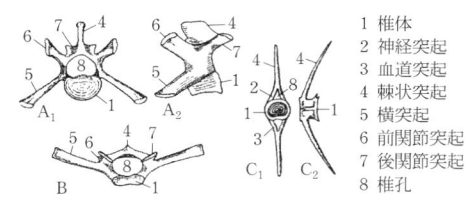

ネズミの椎骨（A₁前面 A₂側面）カエルの椎骨（B）コイの椎骨（C₁前面 C₂側面）

1 椎体
2 神経突起
3 血道突起
4 棘状突起
5 横突起
6 前関節突起
7 後関節突起
8 椎孔

a **脊椎動物** [vertebrates ラ Vertebrata] *脊索動物門の一亜門．脊椎動物門とされることもある．一般に現生はヌタウナギ類・ヤツメウナギ類・軟骨魚類・硬骨魚類・両生類・爬虫類・鳥類・哺乳類の8綱に区別し，無顎上綱（前2綱）と顎口上綱（他の6綱）とにまとめる．さらに，顎口上綱を，魚形上綱（軟骨魚類と硬骨魚類）と四肢上綱（両生類以下の4綱）に分けることもある．また，無羊膜類（無顎類，魚形類および両生類）と羊膜類（両生類を除いた四肢類）の区分も用いられている．*脊索を囲うようにして軟骨性あるいは骨性の中軸骨格が形成される．中枢神経は管状で脊索の背方にあり，前方では脳を形成．外見上は一般に左右相称性が顕著で，また体腔はよく発達して2～3部分に分かれるものが多い．骨・筋・神経などの内部器官には体節性があるが，成体では外観上はその認められないことが多い．循環系は閉鎖式で赤血球があり，呼吸系は鰓ないし肺．排出系と生殖系は密接に関係し，開口部および生殖輸管は共通のものが多い．皮膚は外胚葉起原の重層上皮である表皮と中胚葉起原の真皮からなり，鱗・羽毛・毛などの付属物をもつものも多い．脊椎動物の起原についてはさまざまな説があるが，頭索動物と共通の祖先から分化したことが，現在では広く認められている．現生約4万5000種のほか，化石種も多い．

b **赤道面** [equatorial plane] [1] *紡錘体を中央で分ける平面．有糸分裂の中期に，それまで紡錘体内に散在していた染色体がしだいにその中央部に集まる．各染色体の動原体は，この平面に配列し赤道板（equatorial plate, 中期板 metaphase plate）を形成する．終期になると動物細胞では赤道面の表層細胞質にくびれを生じ，細胞質分裂が始まる．また植物細胞ではこの面の中央部から*隔膜形成体が発達し，赤道面に細胞板を形成する．[2] 動物卵において，動物極と植物極とを結ぶ卵軸を直角に二等分する面．

c **石版石石灰岩層** [lithographic limestone] 〘同〙石版石石灰岩，ゾルンホーフェン層（独 Solnhofener Schiefer）．ドイツ，バイエルンのゾルンホーフェンの上部ジュラ系の一部からなる，板状節理のよく発達した不純石灰岩層．潟成層．軟体動物や腕足類のほか，クラゲ（Rhizostomites admirandus），昆虫類，甲殻類，ウニ類，魚類，魚竜・翼竜・恐竜などの爬虫類の化石を豊富に産する．ことに*始祖鳥の産出で有名．化石はいずれも保存状態がよい．

d **石油** [petroleum, oil, mineral oil] 気体（可燃性天然ガス）・半固体・固体（タール，アスファルトなど）と共に地下に存在する炭化水素を主要成分とする可燃性流体．エネルギー源として重要で，石炭と共に化石燃料と呼ばれる．炭化水素の生成に関しては種々の可能性があり，無機説では金属カーバイトに地下水が作用してできる説や，地球深部にあった炭化水素に由来するとする説などがある．しかし，経済的に採取できる炭化水素の鉱床の多くは，生物に由来した有機物が地下に埋没し被熱によって有機物が熟成され生成されたとする有機説で説明できる．有機物の元になった主な生物は藻類と陸上植物であるが，それらの種類と初期続成作用によって，生成される炭化水素の種類が異なる．また，生成された炭化水素の移動・集積には，貯留岩，地質構造など種々の地質学的要因がある．石油を胚胎する地層は海成層が多く，地質時代別の比較では*中生代，特に*白亜紀の地層に多い．地理的には石炭と異なり，中東地域などに偏在する．

e **赤痢菌** [dysentery bacillus] シゲラ属（Shigella, 赤痢菌属）細菌の総称．基準種は S. dysenteriae で，1898年に志賀潔が発見した．*プロテオバクテリア門ガンマプロテオバクテリア綱*腸内細菌科に属する．ヒトとサルを自然宿主として，汚染された水や食物を介して経口的に感染し，赤痢（細菌性赤痢）を引き起こす．DNA-DNA交雑形成を含む一般的な分類技法ではエシェリキア属（大腸菌）と区別ができないが，赤痢の原因菌としての医学的重要性から別属として扱われている．グラム陰性，通性嫌気性，非運動性の桿菌で，糖の発酵の際にガスを発生しない．糖や糖アルコールの利用性を含む生理・生化学的性状や抗原性の違いによって四つの亜群に分けられ，それぞれ S. dysenteriae (A 亜群), S. flexneri (B 亜群), S. boydii (C 亜群), S. sonnei (D 亜群) の独立した種として扱われている．このうちA亜群は志賀赤痢菌とも呼ばれ，最も毒性が強く，志賀毒素（シガトキシン）という外毒素を産生する．病原性の高いもの（A 亜群）から低いもの（D 亜群）になるにしたがい，大腸菌と抗原性のうえで境界が不分明になる．感染した宿主の細胞内と細胞外の両方で増殖できる通性細胞内寄生性菌であり，腸管内に到達して小腸内で増殖し，さらに大腸に到達した後腸管上皮細胞に侵入し，化膿性炎症を起こす．細胞への侵入，増殖はプラスミド上の遺伝子に支配されている．腸粘膜以外には寄生しない．一般に大腸菌よりも腸上皮組織への親和性が強く，細胞のエンド

サイトーシスを活性化できるため，マクロファージ以外の，通常なら貪食活性をもたない腸管上皮細胞にも侵入できる．ヒトやサル以外の動物はほとんど赤痢に罹患しない．

a **赤緑色盲** [red-green blindness] ⇒色覚異常

b **セクシーサン説** [sexy son hypothesis] 雄の特定の形質に対する雌の好みの進化に関する説で，多くの雌に好まれる形質をもつ雄と配偶する雌は，たとえその雄を選んだために子の数が減少しても，雌に好まれる形質を受け継いだ息子が多くの雌と配偶できることから，孫の世代では損失が埋め合わされるとするもの．雌の選り好みにコストがかかる場合には成立しないとされたこともあるが，突然変異によって雄の形質が保たれにくいのであればこの効果が働きうることがその後の研究で示された．

c **セクレチン** [secretin] 消化管ホルモンの一種．W. M. Bayliss および E. H. Starling (1902) が発見した物質で，ホルモンという名称・定義は彼らがこの物質にはじめて与えた．酸性の胃の内容物が十二指腸に移行すると，その粘膜のS細胞(secretin containing cell)から分泌されたセクレチンが血液に入って膵臓に作用し，膵液の分泌がうながされる．それとともに，セクレチンは幽門括約筋を収縮させ，一度に多量の内容物が腸に入りこむことと，内容物の胃への逆流をふせぐ．そして，膵液により十二指腸内容物がアルカリ性になると，S細胞はセクレチンの分泌をやめる．セクレチンは27のアミノ酸からなるポリペプチドで，分子量3055．*グルカゴンと類似しており，構成アミノ酸の一つが欠けても活性を失う．なお，セクレチンには上記の作用のほか塩酸分泌抑制，ペプシン分泌増加，胆液分泌促進，十二指腸運動低下，インスリン放出促進などの作用も認められる．

d **セストン** [seston] 有機物・無機物を問わず，水中に懸濁する粒子状物質(suspended particle)すべてを指す．セストンは生物体セストン(生物セストン bioseston)と非生物体セストン(非生物体セストン abioseston, tripton)から成る．非生物体セストンとは生物体ではない懸濁態物質(いわゆる*デトリタス)や土砂などの微粒子である．天然水界では，小形の生物体・非生物体セストンは，集まって集塊(aggregate)を形成していることが多い．海洋におけるセストンの量的組成は，溶存態有機物を100とすると，デトリタス10，植物プランクトン2，動物プランクトン0.2，*ネクトン0.002程度と推定されている．海洋では非生物体セストンがセストンの大半を占め，一部は魚の餌にもなる．

e **世代** [generation] 生物の集団においてほぼ同時期に出生した一群の個体．ヒトのように季節にかかわりなく連続して出生の起こるものでは，世代の異なる個体が同時に混ざることになる．親の出生から子の出生までの平均時間を世代の長さ(mean length of a generation)，または世代時間(mean generation time)という．異なる世代に属する各齢層(age class)の個体が同時に共存する場合を，世代の重なりあい(generation overlapping)が完全であるといい，一時期に一部の齢層だけが存在する場合を，重なりあいが不完全であるという．ヒトは前者の例であり，また一化性の昆虫類や一年生草木などには世代の重なりあいがほとんどない．(⇒生命表)

f **世代交代** [alternation of generations] 《同》世代交番．一つの生物(種)において生殖法を異にした世代が周期的または不規則的に交代すること．それに応じて必ずしも世代間で同形の個体を生じるとはかぎらない．生殖様式に著しい分化があるのに応じて(⇒生殖)，種々の世代交代様式が区別される．大別すると配偶子生殖の世代が無配偶子生殖の世代と交代する一次世代交代と，配偶子生殖の世代が二次的な無性世代と交代する二次世代交代とになる．一次世代交代をさらに二つに分けて，核相がすべての世代を通じて複相または単相のいずれかに一定している同形世代交代，および世代ごとに核相が異なる異形世代交代とする(⇒核相交代)．同形世代交代の例には原生生物の *Stephanosphaera* があり，これは単相生物で，何回も無配偶子で増殖したのち，一定条件下で配偶子を生じ，その接合で生じた接合子はただちに減数分裂する．異形世代交代では無配偶子生殖が減数分裂と結びついている．そのため複相の無性世代が単相の有性世代と交代する．褐藻 *Dictyota* を例にとれば，接合子から生ずる胞子体は複相で，これから胞子が生ずるときに核相が半減されて単相となる．胞子から生ずる配偶体も単相で，配偶体から生ずる配偶子の受精によって複相の接合子が生じる．この場合には配偶体と胞子体は同様な外形をもつ．異形世代交代は緑藻類・褐藻類・紅藻類・多くの菌類・コケ類・シダ類などに認められる．植物では世代交代が*核相交代と一致することが多い(有性世代が単相，無性世代が複相)．原生生物でも有孔虫類に異形世代交代がある．二次世代交代は*真正世代交代(メタゲネシス)，*ヘテロゴニー，*アロイオゲネシスなどに分けられる．世代交代が環境要因によって著しく影響を受けることが，種々の生物を用いた実験で示されている．

g **世代時間** [generation time] ある世代からその次の世代までの平均の所要時間．個体と細胞の二つのレベルで使用される語．細胞レベルの場合には，細胞分裂からその次の細胞分裂までの(1細胞周期の)平均所要時間をいう．個体の場合は世代時間 T は，齢 x まで生き残る確率 l_x と x 齢での産子数 m_x を使って

$$T = \frac{\sum_{x=a}^{\omega} x l_x m_x}{\sum_{x=a}^{\omega} l_x m_x}$$

と表される．a は繁殖開始齢，ω は繁殖終了齢．

h **セーチェノフ** SECHENOV, Ivan Mikhailovich (СЕЧЕНОВ, Иван Михайлович) 1829〜1905 ロシアの生理学者．ロシアにおいて生理学を基礎づけ，しばしばロシア生理学の父と呼ばれる．生命現象の物理学的理解を強調し，反射の概念を人間の大脳半球にも応用し，精神現象の客観的研究を主張して心理学の科学的研究に道を拓いた．I. P. Pavlov の先駆者．[主著] Рефлексы головного мозга, 1863.

i **節**(せつ)【1】[node] 「ふし」とも．茎のうちで，葉の付着部分を指す．それ以外の茎の部分を節間(internode)という．理論的にはシュート頂に*葉原基が発現したときから節と節間の区別があるはずだが，構造的には成長や分化が進むにつれてはじめて相違が現れる．組織の点では，茎の維管束が節で分かれて葉へ入るため*葉隙を生じ，またイネ科では節間に大きな空腔部ができるのには節部には隔壁ができる．通常，茎の分枝は節で起こり，節間には分枝がみられない．二次肥大成長を行

セツケツキ　787

う樹木では新しく増殖する組織のためしだいにはじめの節は不明瞭になっていくが，分枝した節には*枝跡を生ずる．葉の脱落後は節部に*葉痕が残る．節間の伸長の程度は植物の種類，茎上の位置，外的要因その他によって大幅な差があり（⇒節間成長），ほとんど節間のみられない短枝やロゼット植物から，チューリップの鱗茎より生じる花茎のように長い節間まで，さまざまである．なお，俗にいう節(ふし)には，木材の節の意もあるが，これは主幹の二次木部の中に側枝の組織が埋められたもの．【2】[section]　生物のリンネ式階層分類体系において，属と種の間におかれる補助的階級のうち，列(series)よりも上位の階級，ないしはその階級にあるタクソン．国際藻類・菌類・植物命名規約で規定されている．属名に続く形容語の前に省略形の sect. を付し，*Euphorbia* sect. *Tithymalus* などと表記する．

a　**節果**　[loment, lomentum]　1心皮から発達した*乾果の一種で*豆果に似るが，果実は1個の種子ごとに横にくびれ，成熟ののちも果皮が裂開せず*分離果のように種子ごとに分離して落ちる*閉果である点が豆果と異なる．マメ科のヌスビトハギ属やクサネム属，イワオウギ属などの果実がその例．（⇒節長果）

b　**石灰海綿類**　[calcareous sponges　ラ Calcarea, Calcispongiae]　海綿動物門の一綱．小型で個体性が比較的明瞭な種が多い．管状または瓶状をなし，単体のものと複数が組み合わさって群体のように見えるものがある．全て海産で，主に浅海底の岩礁やサンゴ礁域に生息し，全世界から約600種が知られている．骨片は全て炭酸カルシウムを主成分とし，桿状体・三輻体・四輻体または多輻体である．構成種が全ての*水溝系をもつ唯一の海綿綱である．卵割生ないし胎生．*襟細胞中の細胞核の位置と幼生形態により2亜綱に分けられる．カルカロネア亜綱では，細胞核が襟細胞の上端に位置し，幼生は amphiblastula (両域胞胚)．カルキネア亜綱では，細胞核が襟細胞の基部に位置し，幼生は calciblastula (中空胞胚) である．

c　**石灰索類**　[Calcichordates]　*カンブリア紀中期から*デボン紀中期まで生息した，棘皮動物に近縁な化石無脊椎動物群．全体としてウミユリに似た体，左右非対称の頭部をもち，棘皮動物同様カルサイトを骨格の成分とする．分節的尾部と脳神経をそなえた頭部が確認されるとする立場もあり，これを原始的棘皮動物，もしくは脊椎動物の祖先型と見なす説もある．

d　**石灰節**　[lime knot, lime node]　変形菌類モジホコリ科(Physaraceae)の胞子嚢中に見られる石灰粒が沈着した細毛体の部分．その形や色は属内の種の分類の標徴とされる．（⇒細毛体）

e　**石灰藻**　[calcareous algae]　体表に炭酸カルシウムを沈着させる藻類の総称．一部の紅藻(サンゴモ目，ウミゾウメン目の一部など)や緑色藻(カサノリ目)など海藻に限ることもあるが，広義には*円石藻や*シャジクモ類，一部のシアノバクテリアなども含む．生物群にて方解石(calcite)を沈着するものとアラレ石(aragonite)を沈着するものがある．サンゴモ類は温帯から熱帯域に多く，サンゴ礁の造成や磯焼けに関与することもある．石灰化しているため化石に残りやすく，古生代にはカサノリ類が，中生代にはサンゴモ類や円石藻の記録が豊富．

f　**接眼**　[synophthalmia]　⇒単眼奇形

g　**節間成長**　[internodal growth]　特に茎の節と節の間(節間 internode)に起こる*介在成長．真正双子葉植物では，節間成長は*細胞伸長によるものであるが，単子葉植物では，頂端分裂組織から作り出されたばかりの節と節の間には*介在分裂組織の一種である節間分裂組織があり，細胞が分裂して節間を成長させる．節間が伸びるにつれて節間の細胞は上部のものから次第に分裂能力を失い，伸長するだけになる．

h　**舌形動物**　[tongue worm　ラ Pentastomida, Linguatulida]　(同)五口動物，シタムシ類．左右相称で真体腔をもつ旧口動物．体は一般に長円筒形で，長さ2～13 cm．口が開く短い頭胸部と，後方に長く伸び後端に肛門があって体表が環状の皺をもつ胴部とからなる．体表のクチクラ層は成長に伴って脱皮する．口のまわりに，宿主の組織を把握するための2対の鉤爪(hook)をもつ．このそれぞれが引込み可能な短い付属肢をともなう種もあるが，付属肢をまったく欠く種も多い．口に顎歯はない．消化管は単純で直走．頭胸部の腹面に神経節が集合し，胴部に1対が癒合した1本の腹神経索を送り出す．循環，呼吸，排出の各器官系をもたない．真体腔は幼生の一時期を除いて明瞭でなく，形成のされ方も未解明．*血体腔は広く，遊離細胞を含む体液に満たされる．雌雄異体．最終宿主の体内で交尾後産出された受精卵は，中間宿主内で孵化して2対の付属肢と鉤爪をそなえた幼生となり，さらに複雑に形を変え，最終宿主の体内に入って成体となる．寄生生活による体制単純化のため，系統的位置はわかりにくく，多種多様な説が提唱されている．節足動物門に近縁だが独立した1門とされたほか，節足動物門に含めクモ綱の1目とする見解などがあったが，近年では，節足動物門甲殻亜門顎脚綱の鰓尾亜綱と近縁な1亜綱(舌形亜綱)とする見解が，分子系統学的にも支持されている．魚類を除く脊椎動物(爬虫類が主，ヒトを含む)を最終宿主とし，その気道や肺に寄生する．現生既知約100種．

i　**赤血球**　[erythrocyte, red blood cell, red blood corpuscle]　呼吸色素として*ヘモグロビンを含む*血球．すべての脊椎動物の血液に含まれる．哺乳類の赤血球は，中央部のくぼんだ円板状をなし，造血組織中では有核であるが，循環血中の赤血球は核の退化，細胞外への放出・消失がみられる（⇒血球新生）．哺乳類以外の脊椎動物の赤血球は多くは楕円形(哺乳類では例外的にラクダやラマ)で，すべて中央に核があり，その部分が両面に突出する．大きさは種によって異なり，哺乳類では直径4～9 μm，厚さ1.5～2.5 μm，鳥類では長径12～15 μm，短径7～9 μm，爬虫類では長径17～20 μm，短径10～14 μm，両生類ではさらに大きく長径23～60 μm，短径13～35 μm となる．魚類のものはさらに大きさの変異が著しい．赤血球数は種により異なるが，大形の赤血球をもつものは一般に単位体積中の血球数が少ない．ヒトでは1 mm^3 の血液中に男子は500万，女子は450万存在する．冬眠時の動物では活動時よりはるかに減少する．ヒトの赤血球内には全内容の30%以上，乾燥重量(g%)では94%のヘモグロビンが含まれ，酸素分圧の変化に従って酸素を結合または遊離するが，その解離曲線は純ヘモグロビン溶液とは異なり，酸素分圧の低い組織で多量の酸素を放出する能力は赤血球がまさる．また赤血球内には，炭酸脱水酵素が存在し，二酸化炭素を炭酸水素イオンに転ずる可逆反応を触媒する．このため赤血球は，

血液の二酸化炭素運搬能を著しく高めている．赤血球の新生破壊は絶えず行われ，その寿命は，100〜120日とみなされる．胎児期造血（⇨造血器官）による赤血球中のヘモグロビンは胎児ヘモグロビン（HbF）で，子宮内における低酸素状態でのガス交換に適し，成人期造血では，成人型ヘモグロビン（HbA）に移行する．老朽化した赤血球は主に脾臓の脾索で破壊され，ヘモグロビンは*ビリルビン，*グロビンおよび鉄になる．鉄はふたたびヘモグロビンの合成に用いられ，ビリルビンは*アルブミンと結合して肝臓に運ばれ，処理されて，*胆汁として排出される．またグロビンはアミノ酸となり，ふたたび蛋白質の合成に用いられる．ヒトの正常赤血球（normocyte）の大きさは直径6〜9μmであるが，それ以上のものを大赤血球（macrocyte），以下のものを小赤血球（microcyte）という．悪性貧血などにみられる高ヘモグロビン性で直径15μm程度以上のものを巨赤血球（megalocyte）という．無脊椎動物で赤血球をもつものは海産動物に限られ，イムシ，スジシホシムシ，ミドリヒモムシ，シャミセンガイ，ホウキムシ，アカガイ，シロナマコなど，種々の門にわたる約100種が知られる．しかし白血球との区別がはっきりとしないこともあり，脊椎動物の赤血球とは著しく異なる．（⇨赤芽球）

a **赤血球凝集素**　[hemagglutinin]《同》ヘマグルチニン．赤血球に凝集反応を起こさせる化学物質の総称．植物性の*フィトヘマグルチニンのほか，オルトミクソウイルス，パラミクソウイルス，多くのアルファウイルス，レオウイルス，メンゴウイルスなどのウイルス粒子の表面にあるものが知られ，ウイルス粒子構成蛋白質の一つがこの活性を担う．ウイルス感染細胞が，ウイルス蛋白質の生産に伴って赤血球凝集活性を示すこともある．（⇨赤血球凝集反応，⇨細胞凝集素）

b **赤血球凝集反応**　[hemagglutination]《同》赤血球凝集．*赤血球が凝集する現象．次の3種に大別される．(1) ウイルスによる凝集：赤血球表面のウイルス受容体にウイルスが結合して赤血球を橋渡しする結果として凝集が起こる．G. H. Hirst（1941）は，インフルエンザウイルスがニワトリの赤血球を凝集させることを発見，その後種々のウイルスで同様の反応が知られた．この反応を利用して，ウイルスの同定や定量ができる．また，ウイルスに対する抗体が存在するとウイルスによる凝集が阻止されるので，抗ウイルス*抗体の検出にも用いられる．(2) 抗体による凝集：(i) 赤血球表面の抗原決定基に対する抗体の存在による凝集：赤血球に対する抗体価の測定や，ヒトの*血液型の判定に用いられる．(ii) 受身凝集反応（間接凝集反応 passive hemagglutination）：赤血球の表面に，人為的に特定の抗原物質を吸着あるいは結合させて，その抗原に対する抗体を加えると凝集が起こる．(3) 各種の凝集素による凝集：*フィトヘマグルチニンに代表される植物性凝集素は，赤血球表面に存在する糖鎖に親和性をもつ多価の残基をもち，この作用により赤血球の凝集が起こる．

c **赤血球沈降速度**　[erythrocyte sedimentation rate] 赤沈，血沈，ESR，BSGと略記．細管内に静置された血液中を*赤血球が沈降する速度．凝固を阻止した血液をWestergren管などに入れて直立させ静置すると，赤血球の沈降により，清澄な血漿層と明確に区別される赤色柱の形成がみられる．その赤色柱の沈降速度を測定する．赤血球沈降速度測定法は1972年国際血液学会標準化委員会により国際標準法として，Westergren法が推奨され，抗血液凝固剤は3.088％クエン酸三ナトリウム溶液を使用する．赤沈は種々の疾患およびその軽重により異なるので，病気の診断や予後の判定に広く利用される．速度に影響を与える因子のなかで最も重要なのは血漿中の蛋白質の量と成分の変化および赤血球数（*ヘマトクリット値）である．*グロブリンならびに*フィブリノゲンの増加，および*アルブミンや赤血球数の減少は赤沈を促進する．したがって肝臓疾患や急性および慢性の感染性疾患，特に結核においては，赤沈の促進がみられる．赤血球，胆汁酸，活性プラスミンの増加は赤沈を遅延させる．また赤沈促進の本態はアグロメリン（agglomerin）の増加とする説もある．ヒトの正常値は1時間値が男子1〜10 mm，女子2〜15 mm．また動物の平常平均1時間値は，ウマ69 mm，ウシ1 mm，ヤギ0.5 mm，ブタ5 mm，イヌ2 mm．

d **赤血球膜**　[erythrocyte membrane, red cell membrane] *赤血球の細胞膜をいう．主な成分は蛋白質（49％，重量比），脂質（44％），糖質（7％）．糖質は糖蛋白質と糖脂質に由来する．脂質はリン脂質（73％）のほか，コレステロール（22％）や糖脂質（5％）を含む．リン脂質には細胞膜に典型的な非対称分布があり，その維持に必要な*フリッパーゼ活性が報告されている．主要な蛋白質（表）のうち，内在性膜蛋白質はバンド3（HCO_3^-/Cl^-交換輸送体），グリコホリン（glycophorin），バンド7（ストマチン）である．このほかGLUT1（グルコース単輸送体）やRh蛋白質なども比較的多く存在する．グリコホリンA（PAS-1）は赤血球特異的なシアロ糖蛋白で，膜表面がもつ負電荷の約60％を占める．ストマチンは*イオンチャネルやGLUT1の調節因子と考えられている．表在性膜蛋白質には，赤血球膜裏打ち構造（erythrocyte membrane meshwork structure）の構成因

赤血球膜の蛋白質

バンド*	名称	分子量（万）	存在比（重量％）
1	スペクトリン	24	15
2		22	15
2.1	アンキリン	20	6.3
3	HCO_3^-/Cl^-交換輸送体	9.3	24
4.1		8.2	4.2
4.2		7.6	5.0
5	アクチン	4.3	4.5
6	グリセルアルデヒド-3-リン酸脱水素酵素	3.5	5.5
7	ストマチン	2.9	3.4
PAS-1	グリコホリン	6.2	6.7
PAS-2		3.1	

*SDSゲル電気泳動で分離したもの

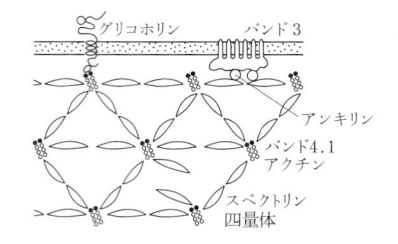

子が多く含まれる．スペクトリン(spectrin)の$(\alpha\beta)_2$四量体は長さ約200 nmの紐状分子で，これを各辺とする網状構造をつくる(図)．網目の交点にはアクチン短鎖とバンド4.1蛋白質が接続複合体を形成し，中央付近にはアンキリン(ankyrin)とバンド4.2蛋白質が結合する．この網状構造が二つの蛋白質複合体で膜に繋留される．一つは接続複合体のバンド4.1蛋白質がグリコホリンCなどと結合してつくるバンド4.1蛋白質複合体であり，もう一つはアンキリンがバンド3などとつくるアンキリン複合体である．両方に含まれるものを含め，10種類以上の内在性膜蛋白質がこれら二つの複合体中に同定されている．赤血球膜の裏打ち構造は赤血球に特徴的な形状と変形に対する剛性を与えるが，内在性膜蛋白質の分布やダイナミクスを制御する装置としても機能している．また，アンキリン複合体はバンド3のほかにRh複合体(NH_4^+もしくはCO_2の輸送体)を含み，さらに細胞質のヘモグロビンや炭酸脱水素酵素とも相互作用する．

a **舌腱膜** [lingual aponeurosis ラ aponeurosis linguae] 舌の表皮直下にあって，舌筋(lingual muscle)と結び*舌を包むかたちをとる緻密な*結合組織膜．舌の中央垂直面にあって舌を左右に分かつものを舌中隔(septum linguae, lingual septum)という．舌を動かす骨格筋(舌筋)の多くは，直接骨に付着することなく舌腱膜に始まり，かつ終わる．

b **接合【1】**[conjugation, copulation] 広義には配偶子，配偶子嚢または体細胞の合体または一時的な連結のこと．真核生物では一般に細胞質融合に続いてすぐ核融合が起こるが，多くの菌類などでは両親に由来する核が独立したままでいる期間が長い．繊毛虫では接合した個体間で核の交換と核融合が起こるが，その後個体は再び分離する(本項目【2】参照)．また原核生物では接合によって一方方向でゲノムが送られ，再び個体は分離する(本項目【5】参照)．いずれにしても接合は生物に遺伝的多様性を付与する．受精，合体などさまざまな名で呼ばれるが，特に栄養体またはその一部が合体または連結する現象を接合と呼ぶ傾向がある(接合菌，接合藻，繊毛虫，細菌など)．

【2】[conjugation] *繊毛虫類に見られる特異な有性生殖．一度接着した2個体が分離して元通りの2個体となる点で特異であり，2個体が融合して1個の接合子となる合体とは区別される．一般に接合では2個の接合個体(接合体 conjugant)が接着し，それぞれの*大核は崩壊，*小核は減数分裂などを経て2個の単相核(生殖核

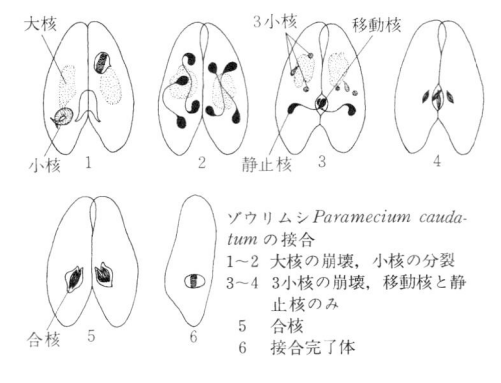

ゾウリムシ *Paramecium caudatum* の接合
1～2 大核の崩壊，小核の分裂
3～4 3小核の崩壊，移動核と静止核のみ
5 合核
6 接合完了体

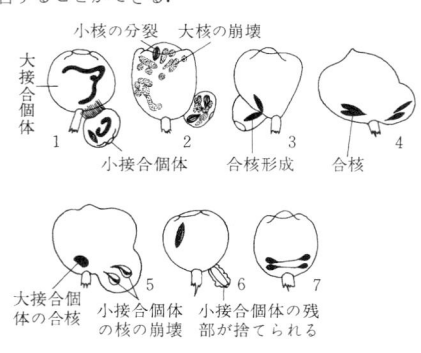

gametic nucleus)を形成する．そのうち1個は静止核(stationary nucleus)として残り，他方は移動核(migratory nucleus)として相手の接合個体に移動することで単相核を交換する．両接合個体中で静止核と移動核が融合して複相の*合核となり，両個体は分離する(*接合完了体)．分離後に合核は分裂して新たな小核と大核を形成，細胞分裂を経て栄養体に戻る．*交配型は二極性または多極性．両接合個体は一般に同形同大で同形接合性(isogamontic)であるが(ゾウリムシなど)，大小が明瞭(小接合個体microconjugantと大接合個体macroconjugant)な異形接合性(anisogamontic)のものもある(ツリガネムシなど)．後者では両接合個体が完全に融合する全接合(total conjugation)を行う種もおり，この場合は合体とほぼ等しい．接合個体が分泌する物質(ガモンgamone)が接合を誘導する例が知られている．繊毛虫では一般にある程度の分裂回数を経た成熟期の細胞のみが接合することができる．

ツリガネムシ *Vorticella* の異形接合

【3】[conjugation] *接合藻類における有性生殖．体細胞と同形の鞭毛を欠く配偶子の間で起こるため不動配偶子生殖(aplanogamy)とも呼ばれる．糸状性のホシミドロ類では通常2本の細胞糸の間に梯子状に*接合管が形成される(梯子状接合 scalariform conjugation)が，1本の糸状体の隣接する細胞間で起こる場合もある(隣接細胞間接合 lateral conjugation)．前者は雌雄異株，後者は雌雄同株とみなすことができる．単細胞性の種では2個の細胞が側面で接して細胞内容を放出，接合する．配偶子いずれも鞭毛を欠き同形であるが，一方が不動でもう一方が活発に運動する例が多い．いずれの場合も接合子は耐久細胞(接合胞子)となり，発芽して栄養細胞に戻る．

【4】[synapsis] 染色体の*対合に同じ．

【5】[bacterial conjugation] 雌雄の細菌が菌体表面の一部で結合し，雄菌の遺伝物質が雌菌内へ伝達される現象．大腸菌K12株でJ. LederbergとE.L. Tatum (1946)が発見．他の腸内細菌と大腸菌との間でも接合が起こる．コレラ菌・霊菌・緑膿菌でも接合を行うものがある．いずれの場合も接合は雄菌にのみ存在する性因子によって遺伝的に支配されている(→性線毛)．一般に多細胞生物における有性生殖は雌雄の生殖細胞の融合により，全ゲノムが組換え体の形成に関与するのに対し，細菌の場合は，雄菌の染色体の一部分や性因子だけが雌菌へ伝達される(→部分的接合体)．

c **接合管** [conjugation tube] 有性生殖において，

配偶子または配偶子嚢間をつなぐ管状構造．これを通して配偶子または核が移動し，接合と核融合に至る．接合藻や珪藻，卵菌で見られる．卵菌では受精管(fertilization tube)ともいう．

a **接合完了体** [exconjugant] 原生生物の*接合において，配偶核の交換と合核の形成が終わって，接合対を形成した2個の細胞が分離した状態になったもの．ゾウリムシの一種 *Paramecium caudatum* では，接合完了体の中で，合核は3回の分裂を行い8個になり，そのうち4個は大核原基に分化，1個は小核となり，残りの3個は退化する．4個の大核原基は接合後の2回の細胞分裂で分裂せずに分配されて，小核は分裂して，結局1個の大核と1個の小核をもつようになる．

b **接合菌類** [Zygomycota, Zygomycetes] 有性生殖で，配偶子嚢が接合して，一般の生物でいう接合子を形成する菌類であるが，この接合子が耐久性ももつため，接合胞子と呼ばれ，これを特徴とする菌群である．本群は多核嚢状体制で，基本的には菌糸に隔壁はない．接合菌類は亜門あるいは門レベルのまとまりとして扱われたが，分子系統学的な解析により，そのうちのグロムス菌類は原核生物のシアノバクテリアに始まり，コケ類から種子植物に至る幅広い陸上植物と共生関係を結ぶので，独立の門とされた．また，残りには4群が識別されたが，これら4群のまとまりは強く支持されなかったため，門としての接合菌類は崩壊し，それぞれが門不明の亜門として認識されている．土壌中で腐生生活を行うものから，昆虫の寄生菌まで幅広い生態をもつ．

c **接合子** [zygote] 《同》接合体．2個の配偶子(単細胞生物では2個体)あるいは配偶子嚢が*接合して生じた細胞．接合体の語は遺伝学分野でよく用いる．受精卵は接合子である．ケカビ類などの接合菌類では同形の配偶子嚢の接合によって生じたものは接合胞子(zygospore)という．

d **接合枝** [zygophore] 《同》接合子柄．接合菌類のケカビ目(Mucorales)の有性生殖において見られる，接合胞子を形成する特別な菌糸．ケカビ属(*Mucor*)では接合枝は多くはヘテロタリックで，その形成がホルモンによって誘導されることが知られる．(→性ホルモン)

e **接合子還元** [zygotic reduction] 接合子が発芽あるいは分化する際に減数分裂が行われること．担子菌類，子嚢菌類，藻類，胞子虫類のあるものにみられる．この場合には複相は単細胞の接合子だけで，減数分裂を経て単相の栄養体ができる．

f **接合藻** [Zygnematophytes, Conjugatae] ホシミドロ植物門(Zygnematophyta)に属する緑色藻．淡水域に普遍的でアオミドロやミカヅキモなどを含む．単細胞性または無分枝糸状体．葉緑体はらせん状・帯状・星状など．有性生殖では特別な生殖細胞を分化せず，体細胞が生殖細胞となり，接した2細胞間の壁が破れるか*接合管を形成して細胞融合する．一般に接合子は発芽の際に減数分裂を行うとされる．鞭毛をもつ世代を欠く．ホシミドロ目にまとめられていて，これとチリモ目に分けられるが，この場合前者は側系統群．古くは緑藻綱の一つの目とされ，また陸上植物に近縁であることが判明してシャジクモ藻綱に含められることもあったが，現在では独立の綱とされる．

g **接合体不稔性** [zygotic sterility] 《同》全数体不稔性，二倍体不稔性(diplontic sterility)．接合体から胚の完成までの経過に生ずる異常のために起こる*不稔性の一種．*配偶子不稔性の対語．類縁の遠い植物間の交雑，例えば種間交雑・属間交雑を行ったときに生じやすい．接合体不稔の原因は，細胞質や染色体の組合せの不調和など複雑である．胚だけでなく，胚乳など栄養を供給すべき部分も生育不良である場合が多い．種子の発達が貧弱で通常の方法では雑種植物を育成することができない場合，胚培養の手段を用い，発育不十分な胚を退化する前に人工培地に切り出して育て，新しい組合せの雑種を得ている．

h **接合伝達** [conjugal transfer] 細菌において見出される，接合により供与体から受容体へ遺伝子あるいは*プラスミドを移行させる現象．細菌のプラスミドの中には接合過程を通して自分自身あるいは共存するプラスミドを*受容菌へ伝達する作用をもつものがある．自分自身を伝達できるプラスミド(例えば大腸菌の*F因子)はこの過程に必要な遺伝子群(*tra*遺伝子群，*mob*遺伝子群，*oriT*)を保持している．Tra蛋白質は供与体と受容体細胞の表層間の相互作用を促進し，両者をつなぐ孔を形成する．Mob蛋白質は *oriT* と呼ばれる部位で，一方のDNA鎖を特異的に切断し切れ目を入れDNA鎖を解きほぐす．このとき生じた5′末端を先頭にして，供与体内でプラスミドの複製を進めながら，一本鎖DNAが受容体に送り込まれる．この一本鎖DNAを鋳型にして受容体内で二本鎖DNAが形成される．*tra* と *mob* 遺伝子をもたないが，*oriT* をもつプラスミド(例えば大腸菌のColE1)は，Tra と Mob蛋白質が供給されれば，共存受容体へ移行できる．大腸菌と出芽酵母間でもプラスミドの接合伝達が起こる(J. A. Heinemann & G. F. Sprague, Jr., 1989)．この過程でも *tra*, *mob*, *oriT* の機能が必要である．

i **接合部電位** [junctional potential] 神経と筋または神経と神経の間の接合部すなわちシナプスに生ずる*シナプス後電位．

j **接合部襞** [junctional fold] 《同》シナプス襞(synaptic fold)，シナプス下襞(subsynaptic fold)．脊椎動物の*神経筋接合部の*終板において，神経末端と接する筋側の終板膜が襞状に筋繊維側へ折れ込んだ部位．接合部襞は神経末端の走行と直角方向で神経末端を半円状に取り囲むような形で，0.5〜1μmごとにあり，各襞の幅はシナプス間隙とほぼ同じく50〜100 nm，深さすなわち底までの長さは0.5〜1μmである．

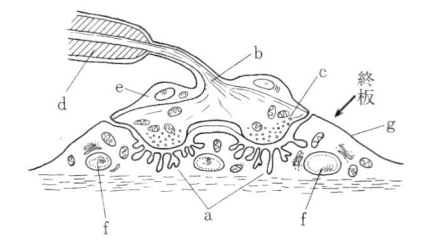

a 接合部襞　b 軸索(運動神経末端)
c シナプス小胞　d 髄鞘　e 終末シュワン細胞
f 筋細胞の核　g 終板膜

k **接合胞子** [zygospore] *接合菌類で，配偶子嚢接合によって形成される有性胞子．核型の異なる二つの菌

糸上にそれぞれ突出した配偶子嚢が接着すると，接着部をはさんでその両側に隔壁を生じ，また接着部の壁は融解して，両配偶子嚢の中間に新しい細胞ができ，この中で核の合体が起こり，接合胞子となる．厚壁・暗褐色で表面にいぼ状突起がある．発芽すると菌糸または不動胞子を入れた胞子嚢を生じる．ホモタリックに生じる場合もある．なお，接合胞子は，広く生物一般にみられる接合子と変わりはなく，接合胞子は接合菌類および緑藻類の一部で用いられる特殊な用語である．なお，単為生殖によっても接合胞子様の胞子が形成されることがあり，これを偽接合胞子(azygospore)という．構造は接合胞子に類似し，真正の接合胞子と同様に休眠胞子としての機能をもつとされる．

a **接合誘発** [zygotic induction] *プロファージをもつ Hfr 菌(⇒Hfr 菌株)の染色体部分が，接合によってプロファージをもたない F⁻ 菌に伝達されたとき，プロファージが F⁻ 菌の中で*誘発を起こし，増殖する現象．Hfr 菌内ではプロファージは自己の生成する*リプレッサーによって，その誘発が抑えられているが，プロファージをもつ染色体部分がリプレッサーのない F⁻ 菌に伝達されたときに，新しくリプレッサーがつくられてファージ増殖を抑えるよりも速くファージが増殖し，*溶菌するためである．

b **節口類** [ラ Merostomata] 節足動物門鋏角亜門のウミサソリ類とカブトガニ類を合わせたもの．かつては綱としてクモ綱(Arachnida)に対置されたが，近年ウミサソリ類とクモ綱のサソリ目とがより近縁と見られるようになったことから，この分類単位は認められなくなった．(⇒鋏角類)

c **摂餌** [feeding, ingestion] 《同》採餌，摂食(foraging)．従属栄養生物(動物)が外部から体内に食物を摂取すること．従属栄養生物(動物)(⇒従属栄養)の食性は対象となる餌の質，摂餌様式により，多くのカテゴリーに分けられる(⇒食性)．ある動物が他種の動物を食う場合は特に*捕食として区別する．一定時間内に食べた餌の量を摂餌量(amount of feeding)，単位時間内の摂餌量を摂餌速度(feeding rate)とそれぞれ呼ぶ．一般に餌は体内で消化・吸収を受け，未消化物は糞として体外に排出される．その場合，摂餌量は消化・吸収量と排糞量の合計に相当する．摂餌速度に影響する要因として，温度，摂食者の個体のサイズ・齢・生理条件，餌の質と量などがあげられる．一般に単位体重当たりの摂餌速度は小形個体ほど高く，変温動物の摂餌速度は温度が高いほど高い．餌の供給量の増加につれて摂餌速度は増大するが，ある一定量以上を超えると摂餌速度は飽和する(過剰摂餌)．またある一定量の餌が供給されないと摂餌行動が誘起されないこともある(⇒閾，⇒機能的反応)．野外では複数の餌が同時に存在するので，摂餌者は選択性を示す．魚類ではイヴレフの選択係数(selectivity index, E)が記述に用いられる．これはある特定の餌(i)の個体数の占める割合が，消化管内容物中で r_i (%)，野外群集中で p_i (%)である場合，次式で表される．

$$E = \frac{r_i - p_i}{r_i + p_i}$$

E の値が 0 の場合は i に対する選択性がなく，正の値の場合は積極的にとりこみ，負の値の場合にはその餌を嫌っていると判定される．なお，餌の選択性や餌探しの行動については，*最適採餌戦略によって統一的に理解されるようになった．

d **接種** [inoculation] 微生物，培養細胞，薬物，ワクチンなどを，培地や生物体などに植え付ける操作．噴霧，浸漬，付傷，注射などの方法がある．

e **接触化学感覚** [contact chemical sense] 動物の化学感覚のうち，化学物質が直接受容器に触れることによって生じる感覚．化学物質が媒質(空気や水)中を拡散することにより化学物質源と距離を隔てて感覚を生じる嗅覚と区別される．味覚は，ほぼ接触化学感覚に該当する．昆虫では，不揮発性の疎水性分子が触角や前脚跗節の感覚毛など口器とは離れた部位の受容器に直接接触することにより感覚を生じる場合がある．このような場合は一般に味覚とは呼ばず，接触化学感覚という．昆虫ではゴキブリ類の性フェロモンなど接触フェロモン(contact pheromone)が多く存在する．

f **摂食型幼生** [feeding larva] 外界から栄養を摂取して成長する幼生．プランクトン栄養型幼生(planktotrophic larva)ともいう．それに対して，摂食せず卵栄養に依存して成長する幼生を，非摂食型幼生(nonfeeding larva)または卵栄養型幼生(lecithotrophic larva)と呼ぶ．底生無脊椎動物においては，一般に，摂食型幼生は小卵多産の種に，非摂食型幼生は大卵少産の種に多く見られる．

g **接触形態形成** [thigmomorphogenesis] 風あるいは接触などによる機械的刺激により植物の茎の伸長が低下し，肥大がもたらされる現象．機械的刺激が*エチレン合成を誘導すること，エチレンが茎の伸長を阻害し肥大を引き起こすこと，エチレン合成を阻害するとこのような現象は起きないことなどから，機械的刺激によって合成されたエチレンにより引き起こされる現象と考えられている．この現象により矮化した植物は，風などによる機械的刺激に対して抵抗性を示す．(⇒傾性)

h **接触指導** [contact guidance] 培養基質上でみられる，多細胞動物の組織細胞の運動の道筋や細胞の配向，あるいは細胞集団の形態的パターンが，基質の性質によって規定される現象．ガラス面に人工的に作られた微細な溝や蛋白質膜のミセルによって，細胞運動や神経軸索伸長の方位あるいは細胞の配向が決まることが観察されている．接触指導によって細胞の運動や配向の方位(例えば東西か南北か)は規定されるが，方向(東か西か，南か北か)は決まらない．主に培養細胞について研究されているが，接触指導が動物の形態形成における細胞の運動に際して重要な役割を演じていると考えられる．

i **接触阻止** [contact inhibition] 動物の細胞の運動あるいは増殖が，他の細胞に接触することによって阻止される現象．培養細胞の運動を詳細に観察した M. Abercrombie が提唱した「運動の接触阻止」(contact inhibition of movement)の概念に基づいている．Abercrombie は，基質上で培養されている*繊維芽細胞が他の細胞と接触すると細胞運動が阻止され，互いに重なり合うことがないことを見出した．その後，細胞の増殖も接触によって阻止され，培養基質表面を細胞が隙間なく埋めつくし 1 層のシートを形成すると増殖が停止することも知られた(⇒単層培養)．この現象は，「増殖の接触阻止」(contact inhibition of growth)と呼ばれるようになった．正常な細胞は接触阻止性を示すが，がん細胞あるいは*トランスフォーメーションした細胞は，一般に接触阻止性を喪失(loss of contact inhibition)しており，

792　セツショク

a **摂食中枢** [feeding center]　視床下部の外側野に相当し，摂食行動を促進する部位．この部分を破壊すると動物は餌をとらなくなり，電気刺激すると摂食量が増加し，満腹状態でもさらに餌をとるようになる．外側視床下部に存在するオレキシン作動性ニューロン，メラニン凝集ホルモン作動性ニューロン(MCH 作動性ニューロン)が摂食の促進に作用する．視床下部腹内側核の満腹中枢と拮抗関係にあると考えられていたが，最近は視床下部内側に位置する弓状核に，アルファメラニン細胞刺激ホルモン作動性ニューロン(αMSH 作動性ニューロン)やニューロペプチド Y 作動性ニューロンがあり，前者が摂食抑制に，後者は促進に働くことが明らかになってきた．

b **接触皮膚炎** [contact dermatitis]　原因物質が皮膚に接触することによって起こる炎症．薬品など皮膚反応性を有する原因物質との接触によって皮膚の炎症を誘発する一次刺激性接触皮膚炎と，原因物質に繰り返し触れることで，皮膚の免疫細胞が感作されることによって生じるアレルギー性接触皮膚炎とに分けられる．後者は遅延型*過敏感反応(IV型*アレルギー)の一種で，感作後 48 時間後に最大の反応を示す．組織学的には主として表皮中への単核球浸潤を伴う小水疱を伴った表皮浮腫である．抗原(*アレルゲン)は多岐にわたり，色素や染料，石油に由来する種々の物質，細菌やカビの産生する物質，ニッケル化合物など，薬品や化粧品などに含まれているあらゆる化学物質で起こりうる．

c **節前繊維** [preganglionic fiber]　神経節内の神経細胞にシナプス結合して終わる神経繊維．これとシナプス結合して神経節から出ていく繊維は節後繊維(postganglionic fiber)と呼ばれる．自律神経系では，前者は，通常，有髄繊維で，後者は無髄繊維である．節前繊維の終末は分枝して多くの節後繊維の細胞体とシナプス結合し，一つの節後繊維はまた多数の節前繊維の分枝を受ける．一般に交感神経系の節前繊維および副交感神経系の節前・節後両繊維はコリン作動性，交感神経系の節後繊維はアドレナリン作動性．

d **節足動物** [arthropods ラ Arthropoda]　後生動物の一門で，左右相称で裂体腔をもつ旧口動物．鋏角類，三葉虫類，多足類，甲殻類および六脚類の 5 亜門よりなる．体は左右相称をなし，頭部を有し，明瞭な体節制を示す．原型として各体節に関節のある付属肢をもつ．一般に，体表は硬いクチクラに覆われ，成長に伴い脱皮を行う．体表の剛毛・刺毛などはクチクラ層の突出物であって，環形動物の剛毛とは異なる．体表のどの部分にも繊毛がない．心臓は背面にあり，長い管状で，対をなした心門をそなえる．多少とも開放血管系で，体腔は血洞の拡大された*血体腔である．真体腔は腎管の内腔，生殖腺の内腔と囲心腔だけに縮小されている．体節には分化・癒合があり，頭・胸・腹の区別の生じたものが多い．付属肢にも退化，あるいは部位や機能に応じた変形が起こっている(歩脚，口器，生殖肢など)．神経系は脳(食道上神経節)を中枢とする梯子形(⇒集中神経系)．活発な運動と関連して種々の感覚器官がよく発達している．水生のものは鰓で，陸生のものは気管または書肺で呼吸する(⇒気管系)．排出器官には腎管の変化したものとして，甲殻類の触角腺や小顎腺，クモ類(蛛形類)の基節腺などがあり，ほかに昆虫類・クモ類・多足類にはマルピーギ管がある．体壁に密着する筋肉はない．体の縦走筋は前後一続きではなく，運動に関係ある筋肉は横紋筋である．甲殻類のフジツボ類を除いて雌雄異体で，生殖腺は管状をなし，多黄卵・中黄卵で表割を行う．各群に固有の幼生形があり，変態が顕著なものが多い．昆虫類など陸産のものを最も多く含む群である．現生既知種は優に 100 万を超す．

e **絶対寄生** [obligatory parasitism, euparasitism]　《同》無条件寄生，真性寄生，純寄生，偏性寄生，完全寄生(complete parasitism)．寄生者が*宿主生物をはなれては生活不可能な生活様式．菌類では宿主の生細胞からだけ栄養を摂取し，人工合成培地上での培養ができない場合，その菌を絶対寄生菌(obligate parasite)とみなすことになる．しかし研究の進歩によって培養可能となったために，絶対寄生菌とは考えられなくなった例もある．現在，絶対寄生菌とみなされているものは，ツユカビ類・シロサビキン類・ウドンコカビ類・メリオラ類・エングレルラ類のように宿主生細胞内に吸器をさしこんで栄養をとるもの，ネコブカビ類のように宿主細胞内に変形体として入り込んで栄養をとるもの，その他ある種のツボカビ類がある．ただし一部のサビキンでは，合成培地上で培養して胞子形成が可能となったものもある．(⇒腐生，⇒条件的寄生)

f **絶対嫌気性細菌**　《同》偏性嫌気性細菌．⇒嫌気性菌

g **切断−再結合モデル** [breakage-reunion model]　*遺伝的組換えの分子機構を説明する初期モデルの一つ．その原型は，F. A. Janssens(1909)の*キアズマ型説に源を発する．対合した両親の染色分体間に切断が起こり，相手を換えて再結合すれば，組換え体を生じる．DNAレベルでも同様に，このモデルによれば組換え体DNAは両親に直接由来した分子がそのまま組み合わされている．1960 年代に入って，M. Meselson らによる λ ファージの実験や富沢純一らによる T4 ファージを用いた実験で，組換え体 DNA にはそれぞれの親 DNA が直接連結した分子があることが示され，また J. H. Taylor(1965)が ^{3}H−チミジンの標識により，バッタでみられるキアズマが切断−再結合の点に相当していることを示し，遺伝的組換えは両親の染色体間の物理的交換によって生じることが確立された．切断−再結合による遺伝的組換え過程のモデルが多く提出されている．(⇒DNA 二重鎖切断修復モデル，⇒DNA 合成依存的単鎖アニーリングモデル)

h **切断−融合−染色体橋サイクル** [breakage-fusion-bridge cycle]　染色体の継続的な異常行動の一つ．放射線照射などにより切断された二つの染色体が融合して形成された，動原体を二つもつ*二動原体染色体は，細胞分裂時に反対の極に同時に牽引される場合，融合した部位とは別の場所で切断が生じる．このようにして生じた染色体の切断部位が，再び別の染色体と融合して新たな二動原体染色体を形成する．B. McClintock(1938)が，トウモロコシの*環状染色体や二動原体染色体について明らかにした．切断の位置によっては多くの遺伝子の重複と欠失が起こり，これが斑入りの原因となる．

i **切断誘導型複製モデル** [break-induced replication model]　相同組換え(⇒*遺伝的組換え)の反応機構

を説明するモデルの一つ．*DNA 合成依存的単鎖アニーリングモデルと同様，DNA 二重鎖の切断後，末端が削られ 3' 末端が突出した単鎖 DNA 領域が生じ，この単鎖 DNA が相同な二重鎖 DNA 中に侵入して，*D ループができる．侵入した DNA 鎖の 3' 末端がプライマーとなって DNA 合成が開始し，そのまま DNA 合成が*テロメアまで続く．その結果，2 本一組の相同染色体のうち片方の染色体だけが組み換わった生成体（半分の交叉と呼ばれることもある）となる．これを，切断誘導型複製（break-induced replication, BIR）と呼ぶ．ヘテロ接合体消失（loss of heterozygosity, LOH）や，短小化したテロメアの伸長回復に関わっていると考えられている．また，複製フォークの崩壊によって生じた DNA 二重鎖切断末端は，切断誘導型複製によって（すなわち複製起点を用いずに），複製を再開することができ，*リボソーム RNA 遺伝子などの*遺伝子増幅に寄与していると考えられている．

a **節長果** [biloment] アブラナ科にみられる特殊な*乾果の一種．果皮は乾燥してすくなるが，長角果のように裂開しないで，*節果のように 1 個ずつの種子を含んだ小部分にくびれる．節果は 1 心皮である点で，区別される．ハマダイコンの果実がその例で，果実は成熟しても種子を落とさず，花茎が枯れて地上に倒れた後，横のくびれから各部分が分離する．

b **Z 膜** [Z membrane] 《同》Z 板，Z 帯（Z band），Z 盤（Z disc），Z 線（Z line）．横紋筋の*I 帯中央部に暗線として認められる板状構造．Z 膜は筋原繊維を横方向に区切っており，一つの Z 膜から隣接する Z 膜までの部分を形態的な単位とみなして*サルコメアと呼ぶ．平行して走る筋原繊維の間で Z 膜が同じレベルで結ばれているので，筋原繊維の*A 帯・I 帯が同期し，骨格筋に横紋を呈させる．Z 膜の厚さは筋繊維の型により 30～100 nm で，*速筋の方が*遅筋より薄い．Z 膜は，Z 蛋白質からなる一辺 15～20 nm の四辺形の格子構造が基礎となっており，四辺形の頂点の部分で*α アクチニンを介してアクチンフィラメントと連結すると考えられる．

c **舌乳頭** [lingual papilla ラ papilla lingualis] 舌の背面と側面にある多数の微小な乳頭状突起物．上皮と上皮下の結合組織により構成され，形状によって次の各種に分ける．(1) 糸状乳頭（filiform papilla）と，その変形としての円錐乳頭（conical papilla），(2) 茸状乳頭（fungiform papilla）と，その変形としてのレンズ状乳頭（lenticular papilla），(3) 有郭乳頭（circumvallate papilla），(4) 葉状乳頭（foliate papilla，舌の側縁にあり襞状をなす）．以上のうち通常 (1) を除き，上皮内に*味蕾をそなえる．

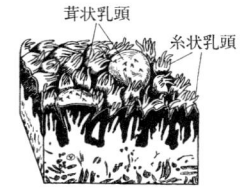

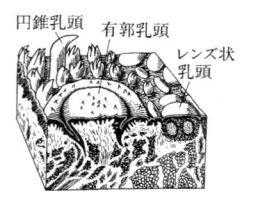

d **雪氷藻** [snow algae] 《同》氷雪藻，雪上藻，スノーアルジー．降雪やそれが圧着してできた氷の表面や中に生育する微細藻の総称．Chloromonas などの緑色藻であることが多く，他にシアノバクテリアや黄金色藻の例がある．好冷性であり，ときに光防御物質であるカロテノイドを多く含む．大増殖して雪を着色したものは雪の華（snow bloom）と呼ばれ，その色調によって赤雪（紅雪）や緑雪などがある．また氷河の裸氷域ではときに糸状シアノバクテリアが鉱物や有機物とともにクリオコナイト粒と呼ばれる粒子をつくり，日射を吸収するためその部分の氷が融解して円柱状の小さな水たまり（クリオコナイトホール cryoconite hole）を形成する．

e **舌扁桃** [lingual tonsil ラ tonsilla lingualis] 哺乳類の舌根部にあるリンパ系器官．舌根部は結合節に由来し，それより前の舌体部とまったく構造が異なる．味覚に関与せず，口蓋扁桃よりやや単純な構造ながら，表層全域がリンパ系器官となる．（⇒扁桃）

f **切片法** [section method] 細胞や組織の検鏡用の薄片すなわち切片（section）をつくる技法．徒手切片法（free hand sectioning）とミクロトーム切片法（microtome sectioning）がある．固定・脱水した組織をパラフィンや樹脂で包埋し，ミクロトームで切片をつくる．パラフィン切片法，樹脂切片法は最も一般的であり，薄い（1～20 μm）連続切片ができる．しかしこの方法は，大きな組織や硬い組織の切片にはむかない．一方，セロイジン切片法は，組織を固定・脱水したのち無水アルコール-エーテル混合液を通し，セロイジンを浸透・包埋し切片をつくる．大きな組織の切片ができ，熱による組織の収縮がないことは長所であるが，あまり薄い切片はできない（20 μm 以上）ことと，セロイジン浸透に時間がかかることが短所で，最近はあまり使われなくなった．これに対し凍結切片法は新鮮な組織を急速に凍結し，切片をつくるので脱水・透明化による影響がなく，短時間に切片ができるため細胞化学・組織化学の研究や手術時の試験切除片の検査に広く利用されている．切片の方向については，縦断切片（longitudinal section），横断切片（transverse section, cross section）の他に，特に植物では葉などの扁平な器官を表面に平行な面で切る並皮切片（paradermal section）がある．

g **絶滅** [extinction] [1] ある生物の分類群が，生物の進化の途上において，子孫の生物を残さずに滅び去ること．その主原因が気候条件に代表される無機的要因によるものであるか，それとも新しく生じた類との*競争に代表される生物的要因によるものであるかがよく問題となる．地質時代に多種類の生物が同時に大量絶滅（mass extinction）した例は，*ペルム紀末や*白亜紀末などに知られている．これらは地球外物質の衝突や，汎世界的な海退による大規模な地球環境の変動により起きたと考えられている．一方，第四紀に入ってからの哺乳類・爬虫類の絶滅は人類による狩猟による影響が大きいともいわれる．[2] 野外において，生物個体群（集団）が滅びること．生息地の破壊，競争者や捕食者や寄生者などの侵入により，また環境変動による確率性（environmental stochasticity）により，不適な環境がしばらく続くことと，個体数が有限であるために生じる人口学的確率性（demographic stochasticity）とが共同して絶滅が生じる．また個体数が少なくなることにより近親交配のために生存率が減少したり，遺伝的均一化のために病原体に襲われやすくなることも原因と考えられる．野生生物の保護区の大きさや数・形状などを，どのように決めると集団の絶滅が起こりにくくできるかが研究されている．

野外では局所個体群が頻繁に絶滅しそのあとを他の個体群から再侵入(reinvasion)して回復するということが繰り返して生じている場合がある．このとき多数の局所個体群を合わせた全体をメタ個体群と呼ぶ．(→個体群の絶滅)

a **絶滅危惧種** [threatened species] 生息地の破壊，狩猟，侵入生物などの要因によって個体数が減少し絶滅の危機に瀕している生物種のこと．絶滅危惧種を一覧にしたものをレッドリスト(red list)といい，レッドリストが掲載されている本をレッドブック(red book)という．国際自然保護連合(IUCN)は1986年からレッドリストを作成し，絶滅危惧種の絶滅危険性を公表している．絶滅危険性は，個体数の減少速度(割合)，生息地面積の広さ，全個体数と繁殖個体群の分布，成熟個体数，絶滅確率などの量的な五つの基準によって，危機的絶滅寸前種(critically endangered species, CR)，絶滅寸前種(endangered species, EN)，危急種(vulnerable species, VU)の3段階に分類されている．絶滅確率の量的基準では，10年後に50%の確率で絶滅する可能性のある種を危機的絶滅寸前種(CR)，20年後に20%の確率で絶滅する可能性のある種を絶滅寸前種(EN)，100年後に絶滅する可能性が10%ある種を危急種(VU)と分類している．環境省の基準では，危機的絶滅寸前種が絶滅危惧IA類，絶滅寸前種が絶滅危惧IB類，危急種が絶滅危惧II類と分類している．

b **セドヘプツロース** [sedoheptulose, altroheptulose] D-アルトロ-2-ヘプツロース(D-*altro*-2-heptulose)のこと．ベンケイソウ科の植物にほとんど例外なしに含まれる．リン酸エステルの*セドヘプツロース-7-リン酸および*セドヘプツロース-1,7-二リン酸は*ペントースリン酸回路，あるいは*還元的ペントースリン酸回路の中間体として見出されている．

c **セドヘプツロース-1,7-二リン酸** [sedoheptulose-1,7-diphosphate] *エリトロース-4-リン酸とジヒドロキシアセトンリン酸からアルドラーゼの作用で生成する物質．光合成における*還元的ペントースリン酸回路の一員．

d **セドヘプツロース-7-リン酸** [sedoheptulose-7-phosphate] *ペントースリン酸回路を構成する一連の酵素群のアルドール開裂転移酵素および*ケトール転移酵素の基質または生成物．酵母や酵母に微量ながら広く見出される．また植物光合成における*還元的ペントースリン酸回路の中間体として関与している．

e **セネビエ** SENEBIER, Jean 1742〜1809 スイスの植物生理学者．C. Bonnetの勧めで自然科学研究を志し，植物生理学の実験的研究を続けた．緑色植物に対する日光の作用について観察し，植物が二酸化炭素を吸収し酸素を排出することを明らかにした．

f **ゼノパステスト** [*Xenopus* test, Galli-Mainini test] アフリカツメガエル(*Xenopus laevis*)を用いて行う生殖腺刺激ホルモンの生物検定法．妊婦の尿中の絨毛性生殖腺刺激ホルモン(HCG)に対して敏感に反応するので妊娠検査に利用される．雄ガエルの皮下(リンパ嚢中に入る)に試料(抽出物や尿など)を1回注射し，数時間後に総排泄腔中に精子が現れるを指標として判定する．

g **セパラーゼ** [separase] 細胞周期の分裂中期から後期にかけて活性化して，染色体の接着を担う*コヒーシンを切断する蛋白質分解酵素．分裂中期までは，セキュリンとの結合によりその活性を抑制されているが，*後期促進複合体の活性化によりセキュリンが分解されると，セパラーゼの活性化が引き起こされる．

h **背鰭**(せびれ) [dorsal fin ラ pinna dorsalis]「はいき」とも．水生脊椎動物の背正中線にそって1〜3基生じる鰭．*正中鰭の一種．魚類では，背面に生じた*担鰭骨と*鰭条に支えられる．横ゆれを防ぎ，体の安定を保ったり，瞬間的な方向転換に役立つ．(→鰭)

i **セファデックス** [Sephadex] →ゲル濾過

j **セファロスポリン** [cephalosporin] 真菌 *Acremonium chrysogenum* が生産する*β-ラクタム系抗生物質．セファロスポリンCはペニシリンNとおなじ側鎖をもつが母核が異なる．この母核7-アミノセファロスポラン酸(7-aminocephalosporanic acid, 7-ACA)はペニシリンの母核6-アミノペニシラン酸(6-aminopenicillanic acid, 6-APA)より安定であること，および修飾可能な置換基が2カ所あることから，7-ACAを化学的に修飾した多数の半合成品，すなわちセフェム系抗生物質(cephem antibiotics)が作られている．ペニシリンと同様に細菌細胞の細胞壁合成酵素(→ペニシリン結合蛋白質)に結合して細胞壁合成を阻害し，グラム陽性菌とグラム陰性菌の一部に抗菌活性を示し，その作用は静菌的である．生物活性に応じて第一世代から第四世代に分類される．

k **セプテートジャンクション** [septate junction] 無脊椎動物の上皮細胞や興奮性細胞間にみられる*細胞間接着装置の一つで，2枚の細胞膜が15〜20 nmの間隔をへだてて並行し，その細胞間隙を横切って薄板状の構造が等間隔に並ぶもの．これらの中隔は平面観では中空の六角柱の壁面を作っている．細胞膜に接する細胞質の部分には電子密度の高い細胞膜裏打ち構造が存在している．その構造から中隔接着斑(septate desmosome)と呼ばれることもあるが，機能上はデスモソーム(接着斑)よりもむしろタイトジャンクションに近いと考えられている．(→デスモソーム，→タイトジャンクション)

l **セミノーマ** [seminoma]《同》精上皮腫．*胚細胞性腫瘍の組織型の一つ．精巣上皮から発生する．胚細胞性腫瘍はセミノーマと非セミノーマに分類され，前者が70%程度を占める．セミノーマを含む精巣腫瘍のリスクファクターとして停留精巣が挙げられている．時に縦隔に発生する場合があり，胸腺に迷入した胚細胞が由来と考えられている．臨床症状としては，精巣発症の場合は無痛性の陰嚢腫脹など，縦隔発症の場合は無症状で検診時の画像検査などで偶然発見されるケースが多い．セミノーマは他の固形がんと比べ比較的に抗がん剤感受性や放射線感受性が高いため，手術療法とシスプラチンを中心とした多剤併用療法の集学的治療で治癒も期待できる疾患である．

m **セメント腺** [cement gland]《同》接合腺，粘着腺．[1] 扁形動物の雌性生殖器官の付属腺．卵相互を接着

しまたは卵を他物に付着させる物質を分泌する．[2] 輪虫類の*足腺．[3]《同》固着腺(fixing gland)．節足動物蔓脚類の*キプリス幼生の頭部にある腺．幼生が第一触角端の固着盤によって他物に定着するとき，粘着物質をこの部分に分泌する．本体は口の左右の側面にある1対の細管状腺である．有柄蔓脚類(エボシガイなど)では成体の柄部の下端(付着端)にその痕跡を残す．[4]《同》粘着器．無尾両生類の幼生期に一過性に現れる固着器官．

a **セメント物質**　[cement substance]　《同》接合質．隣接する細胞間の接着に機能すると想定される物質．その後の電子顕微鏡観察から，多くの場合には隣接細胞間に相当する物質の存在を認めえず，代わって接着のための構造と考えられる*デスモソームや，*タイトジャンクションが見出されている．

b **ゼーモン**　SEMON, Richard　1859〜1919　ドイツの動物学者．E. H. Haeckel に学び，アフリカ探検や地中海での研究の後，一時イェナ大学助教授(1891〜1897)．オーストラリアを探検し(1891〜1893)，肺魚やヌタウナギの発生のほか単孔類の研究もした．有機的記憶説としてのムネメ論を唱え，一種の獲得形質として獲得反応の遺伝を説いた．[主著] Das Problem der Vererbung erworbener Eigenschaften, 1912.

c **ゼラチン**　[gelatin]　《同》膠(にかわ)．動物の皮・腱・骨などを構成するコラーゲンを酸やアルカリで処理した後，加熱することによって得られる誘導蛋白質の一種．コラーゲンは三本鎖らせん構造をもつが，熱処理によって構成ポリペプチド鎖間の塩結合や水素結合が開裂する結果，非可逆的に水溶性蛋白質に変化したものと考えられる．生成の過程でさまざまな副反応が起こるので，分子量10万を中心に数万〜数百万の分子量分布をもっている．ゼラチンのアミノ酸組成は，コラーゲンとほぼ同一であり，グリシン，イミノ酸(プロリン，オキシプロリン)が，それぞれ全体の3分の1，9分の2と多い．シスチン，トリプトファンは含まない．濃度1％以上の水溶液を冷却して40℃以下になると弾性のあるゲルとなり，温めるとふたたび溶け，可逆的にゾル−ゲル変換が行われる．ゲル化の温度は，濃度，共存する塩類の種類および濃度，ならびにpHによって変化する．ゲルの生成は分子間にゆるい結合を生じて三次元の網目構造をつくるためと考えられる．コラーゲンと異なり種々のプロテアーゼにより分解を受けるため，プロテアーゼの基質，特にゲル電気泳動後の活性染色の基質として用いられる．抗原性はもたない．培養として，また食品や接着剤に利用される．

d **ゼラチン液化**　[gelatin liquefaction]　細菌がゼラチンゼリー(gelatin jelly)を分解して液状にする現象．菌体外にプロテアーゼが産出されることによるもの．医学・細菌学分野で鑑別・同定に古くから使われた特徴である．例えばブドウ球菌，プロテウス，バチルスは概して液化能力をもち，大腸菌などは液化しない．

e **セラミド**　[ceramide]　《同》N−アシルスフィンゴイド(N-acylsphingoid)．*スフィンゴ脂質の共通構造単位で，スフィンゴシン塩基のアミノ基に脂肪酸が酸アミド結合した構造をもつ化合物(⇒スフィンゴ脂質[図])．スフィンゴシン塩基と脂肪酸の組合せにより，種々の分子種が存在する．セラミドに糖が結合すれば*スフィンゴ糖脂質となり，*コリンリン酸が結合すれば*スフィンゴミエリンとなる．スフィンゴシン塩基と*アシルCoAから生合成され，スフィンゴ脂質の中間代謝物として特に生合成上で重要な位置を占める．天然には遊離型として血小板に存在する．動植物界や微生物界にも広く分布するが，量的には少ない．セラミダーゼ(ceramidase)によりスフィンゴシン塩基と脂肪酸に分解されるが，この加水分解酵素の欠損に起因する遺伝的脂質蓄積症(スフィンゴ*リピドーシス)の一種であるファーバー症候群(Farber's syndrome)では小脳・腎に多く蓄積する．

f **セリエ**　SELYE, Hans　1907〜1982　オーストリア生まれのカナダの内分泌学者．寒さ・外傷・毒物など外界からの不都合な刺激(ストレッサー)が多様であっても，生体は一定の下垂体前葉−副腎系のホルモン分泌でそれに対応するというストレス説を提唱．また，ストレス時に全身が示す反応を汎適応症候群と名づけた．[主著] The stress of life, 1956.

g **セリシン**　[sericin]　《同》絹膠(silk glue)．絹糸の主要な蛋白質成分．硬蛋白質の一つ．カイコ幼虫の絹糸腺内容物は70〜80％の水と20〜25％の蛋白質とからなる粘稠な液体で，*絹糸腺から分泌されこれが1対の吐糸口から吐き出されるとき，牽引凝固によって水に難溶の糸にかわる．そのときに絹糸の中心部をつくる*フィブロインは後部糸腺で分泌され，セリシンは中部糸腺で分泌される．フィブロインが分泌されるにつれて，その周囲にセリシンが付着する．繭の蛋白質成分は通常70％のフィブロインと30％のセリシンとからなり，糸の色はセリシンに含まれる主としてカロテノイド系の色素による．セリシンを構成するアミノ酸としてはセリンが最も多く(32％)，グリシン，トレオニンも多い．またその一次構造において，セリンを多く含む約30残基の配列パターンが10回以上繰り返される．セリシンは熱水可溶性で，これを得るには繭を熱水で抽出し，抽出液を濃縮し，アルコールで処理して乾燥させる．

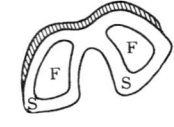

繭糸の断面
S セリシン
F フィブロイン

h **ゼリー層**　[jelly coat, jelly envelope]　動物卵の周囲を覆いこれを保護するゼリー状物質の層．[1] ウニ卵の周囲にある酸性*糖蛋白質の層．これを構成する単糖としては*フコースが多く，種類によって*グルコースや*ガラクトースもある．硫酸基がおよそ25％含まれ，*シアル酸も多い．Ca^{2+} 欠除海水や酸性海水中で溶解する．ゼリー層に精子が触れると先体反応(⇒先体)が起こる．溶けたゼリーを含む海水すなわち卵巣水で精子を処理しても，先体反応や膠着が起こる(⇒受精)．ゼリー層には精子活性化ペプチドが含まれており，海水に溶け出して受精を促進する．ヒトデでも同様に，ゼリーを含む海水処理によって，精子に先体反応や膠着が起こる．膠着は，ウニの場合は可逆的であるが，ヒトデでは不可逆的である．[2] 両生類の卵の周囲に多量にある寒天様物質の層．*輸卵管から産卵時に分泌され，卵を保護する働きをもつ．カエルでは4層をなし，その内側の2層は精子の侵入に重要な役割を果たす．

i **セリン**　[serine]　略号 Ser または S (一文字表記)．α−アミノ酸の一つ．E. Cramer (1865) がセリシンから発

見. L化合物は種々の蛋白質中に含まれ，セリシンに最も多い．セリンプロテアーゼはセリンを活性中心としているので，ジイソプロピルフルオロリン酸で阻害される．ヒトでは可欠アミノ酸．生合成は3-ホスホグリセリン酸へのアミノ基転移反応と脱リン酸化を経て合成される経路，またはセリンヒドロキシメチル基転移酵素 (serine hydroxymethyltransferase) によってグリシンと相互に変換する経路による．分解経路には，後者の逆反応でヒドロキシメチル基をテトラヒドロ葉酸に与えてグリシンを生じる経路と，セリン脱水酵素 (serine dehydratase) によってピルビン酸に変換される経路があり，どちらが優位かは生物種によって異なる．グリシンとともにテトラヒドロ葉酸にC1単位を与える物質として重要である．また，メチオニンからのシステインの合成，細菌ではトリプトファンやシステインの合成にも関与する．カゼイン中にはセリンのリン酸エステル体であるホスホセリン（セリンリン酸 phosphoserine）が存在し，酵素分解によってホスホセリンが得られる（図）．ホスホセリンは，解糖中間産物の3-ホスホグリセリン酸の脱水素によって生じる3-ホスホヒドロキシピルビン酸からアミノ基転移反応でも生じる．また，蛋白質中のセリン残基にセリン・トレオニンキナーゼが作用するとリン酸化され，ホスホセリン残基となり，種々の蛋白質において機能調節に関与している．

HO-CH₂-CH-COOH
       NH₂
   セリン

  O
  ‖
HO-P-O-CH₂-CH-COOH
  OH   NH₂
    ホスホセリン

a **セリンプロテアーゼ** ［serine protease］ 活性部位にセリン残基をもつプロテアーゼの総称．狭義にはセリンエンドペプチダーゼ (EC3.4.21群) を指すが，広義にはセリンタイプカルボキシペプチダーゼ (serine-type carboxypeptidase) 群 (EC3.4.16群) も含む．キモトリプシンやトリプシンなどの消化酵素類，トロンビンやプラスミンなどの血液凝固に関わる酵素類および細胞内で機能するフューリンなどがある．近年，マトリプターゼなどの細胞膜結合性セリンプロテアーゼが見出された．マトリプターゼは*マトリックスメタロプロテアーゼ (MMP) を活性化し，がんの転移に関わることが知られている．セリンプロテアーゼは，一般に不活性な一本鎖ポリペプチドからなる前駆型酵素（チモーゲン）として生合成され，限定的加水分解を受けて活性型酵素に変換される．セリンプロテアーゼの活性部位には，セリン，ヒスチジン，アスパラギン酸残基が存在し，触媒性三つ組残基（トライアッド）と呼ばれる．アセチルコリンエステラーゼのようなエステラーゼやリパーゼでも，セリンプロテアーゼと同じく触媒性三つ組残基が活性発現に関与することが知られ，セリンプロテアーゼとともにセリン酵素と呼ばれる．セリン酵素は，一次構造上における触媒性三つ組残基の配列によって分類され，キモトリプシン型酵素 (MEROPS分類のS1ファミリー：トリプシン，キモトリプシン，エラスターゼなど) では His57, Asp102, Ser195 の順であるが，ズブチリシン型 (MEROPS分類のS8ファミリー：ズブチリシン，フューリン，Kex2プロテアーゼなど) では Asp32, His64, Ser221 の順である．活性部位のセリン残基周辺の一次構造は，キモトリプシン型では Asp-Ser-Gly であるが，ズブチリシン型では Thr-Ser-Met である．セリン酵素の触媒機構は，アスパラギン酸，セリン，ヒスチジンの間で形成される電荷リレー系（チャージリレー系，プロトンリレー系ともいう）によるセリン残基の活性化に基づくと考えられている．セリン酵素は，ジイソプロピルフルオロホスフェート (DFP) やフェニルメタンスルホニルフルオロリド (PMSF) により活性部位のセリン残基が特異的に化学修飾され失活する．セリンプロテアーゼは基質特異性を示し，トリプシンはポリペプチド中の Lys-X, Arg-X のペプチド結合を，キモトリプシンは Phe-X, Tyr-X, Trp-X のペプチドを，エラスターゼは Ala-X を選択的に切断する．血液凝固に関わる酵素やマトリプターゼはトリプシン型の特異性をもつ．ズブチリシンの特異性はキモトリプシンに近いが，比較的広い．キモトリプシン，トリプシン，ズブチリシンはエステラーゼ活性やアミダーゼ活性をもつ．消化酵素の基質の切断部位に対する特異性は広いが，血液凝固系の酵素，ズブチリシン様前駆蛋白質変換酵素やマトリプターゼでは，切断部位のペプチド結合のみならず周辺の数残基に対し高い特異性をもつものが多い．

b **セル** Serres, Étienne 1786～1868 フランスの比較形態学者，解剖哲学者，観念形態学者．王立植物園で教鞭を執った．É. Geoffroy Saint-Hilaire の弟子で，発生学的視点を形態学に導入しつつも，ドイツの解剖学者，J. F. Meckel とともに，すべての動物が同じ型を共有しているという「型の統一理論」，すなわち「メッケル-セルの法則」で知られる．無脊椎動物と脊椎動物の型の統一を巡り，H. Milne-Edwards と論争．この論争は Geoffroy Saint-Hilaire と G. L. Cuvier の間で戦わされたアカデミー論争の第二幕として認知されている．

c **セルアセンブリ** ［cell assembly］《同》細胞集成体．D. O. Hebb が心理学的考察により1949年に提唱した脳の情報処理の単位．*ヘップの法則に基づく機能的な結合により随時形成されるニューロン集団であり，集団を構成するニューロンは特定の情報に応じて同期して活動する．セルアセンブリの活動により，複数の異なる刺激に基づく知覚や記憶の体制化，断片的な刺激から生じる全体像の知覚や想起，外的な刺激を必要としないイメージ形成や思考などが可能となると考えられている．セルアセンブリが実際に存在するかどうかは長い間不明であったが，近年，動物が特定の情報を認識したり記憶したりする際，多数のニューロンが同期して活動することが報告されており，その実在が示唆されている．

d **セルヴェトゥス** Servetus, Michael 1511頃～1553 スペインの医学者，神学者．トゥールーズで神学を，パリで医学を学んだ．パリでは A. Vesalius と同門．小循環（肺循環）について明確に記述しており，血液循環の予見者の一人といわれる (⇌コロンボ)．ジュネーヴで Calvin 派により異端者として焚刑．［主著］Christianismi restitutio, 1553.

e **セルオートマトン** ［cellular automaton］ CA と略記．《同》セル構造オートマトン．同じ状態遷移関数をもつ*オートマトンを規則的に配置し，局所的な結合のパターン（近傍型と呼ばれる）も同じになっているオートマトン系．J. von Neumann が自己増殖するオートマトンの枠組みとして採用 (⇌自己増殖機械)．例えば，J. Conway は二状態のセルオートマトン系で素子の生成，

生存，死滅を表現し，それをライフゲーム(life game)と名付けた．物理系や生物系などの種々の現象をシミュレートする場としても使われる．空間生態学での格子モデルや発生の形態形成を表すセルラーポッツモデルはその例．有限な領域に限ってオートマトン系を考える場合と，無限に拡がる領域で考える場合がある．無限に拡がる系においてはチューリング機械のシミュレーションを行うことができる．(⇄オートマトン)

a **セルカリア** [cercaria] 《同》ケルカリア．扁形動物新皮目*吸虫類に属する二生類の一幼虫期．中間宿主(主に巻貝類)の*血体腔，特に中腸腺周囲などで*レジア体内の胚細胞が多数に分裂することで生じる．また*スポロシストにおいて，レジア期を欠いて娘スポロシストをつくる種類では，娘スポロシスト内にセルカリアを生じる．セルカリアはレジアの産門を通って生み出され，巻貝類の体内を移動し，やがて体外に遊出する．体は楕円形の体部に尾部をもつもので，体部には二つの吸盤，消化管，生殖器原基，原腎管などをそなえ，成虫に近い構造をもつ．第二中間宿主を要する種では，各種刺激に反応して宿主に侵入し，第二中間宿主を要しない種ではセルカリアが植物の葉などに吸着するが，いずれの場合も尾部を失い被囊して*メタセルカリアになる．住血吸虫類では，例外的にセルカリアが経皮的に終宿主に侵入する．吸虫の種によっては，巻貝が生きているかぎりレジアからセルカリアを生ずることが知られており，このような場合1個の*ミラシジウムから無数のセルカリアを産生することになる．(⇄アロイオゲネシス)

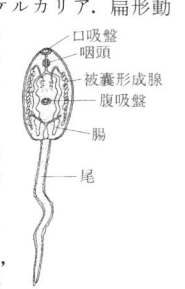

b **セルセンターダイナミックス** [cell center dynamics] 細胞や組織の形状が細胞分裂などを通じて変形・成長するダイナミックスを記述するための数理モデルの一つ．細胞を球で表現し，細胞運動はその中心座標の移動によって，また細胞分裂や細胞死は新たな球の追加または削除によって記述される．細胞サイズの成長や細胞間の接着や反発などの現象は，*セルラーポッツモデルやバーテックスモデルと同様に，システムの一般化エネルギーを適切に定義することで実現可能となる．

c **セルトリ細胞** [Sertoli's cell] 脊椎動物精巣の*精細管壁にあって，*精子形成過程の生殖細胞を支持し栄養を供給する細胞．伸長する細胞突起で生殖細胞を取り囲む．支持・栄養に加えて，*血液精巣関門の形成，精子完成時に生じる精子細胞の余剰細胞質や変性した生殖細胞の食食にも関与する．その他，*エストロゲンを分泌し，間細胞の*アンドロゲン分泌を促進する．また下垂体から分泌された*濾胞刺激ホルモンによりアンドロゲン結合蛋白質を分泌し，精子形成を促進する．

d **セルラーゼ** [cellulase] セルロースの加水分解を触媒する酵素．EC3.2.1.4．被子植物の芽，アオカビやコウジカビあるいは十材腐朽菌などの真菌類(⇄セルロース分解菌類)，多くの土壌細菌から見出される．無脊椎動物では，カタツムリの胃液とフナクイムシの消化盲囊などの消化液に自生の酵素を含有する．多くの木材穿孔性昆虫にセルラーゼ遺伝子が見出されている．これらの昆虫(あるいはその幼生)の消化管内には多くの微生物が共生しており，自身の分泌するセルラーゼと共生微生物の産生するセルラーゼの協調作用により，セルロースが分解される．ウシの胃など脊椎動物の消化管内にも見出されるが，これはそこに生息する原生生物その他の微生物による二次的なもの(⇄反芻胃)．*Trichoderma viride* の産生するセルラーゼは至適pH4～5で，実験室で植物の*プロトプラストの調製に用いられる．

e **セルラーポッツモデル** [cellular Potts model] 細胞や組織の形状が細胞分裂などを通じて変形・成長するダイナミックスを記述するための数理モデルの一つで，物理学におけるイジングモデル(Ising model)を拡張したもの．格子空間内の各格子点に細胞番号を割り当て，同一番号の格子群で一つの細胞を表現する．細胞の変形や移動は，あらかじめ定義された一般化エネルギー(ハミルトニアンと呼ばれる)が小さくなるように生じる．このエネルギーには，各細胞に対する体積拘束や異種細胞間の接着力などが含まれる．エネルギーの定義の仕方を変えることによって，同一細胞種の凝集や離散，化学走性といったさまざまな現象の記述が可能である．

f **セルロース** [cellulose] 《同》β-1,4-グルカン．D-グルコースがβ-1,4結合で連なった鎖状高分子で，自然界に最も多量に存在する多糖．植物体の乾燥重量の1/3～1/2を占める．維管束植物，コケ植物および一部の藻類の細胞壁の主成分．酢酸菌(*Acetobacter*)の莢膜，動物でも尾索類の被囊に見出される．ワタ種子の毛は高純度(98%)のセルロースである．D-グルコースの重合度は天然状態では3000～1万．木材セルロースは木材片を熱アルカリで抽出処理し(パルプ工程)，*リグニン，*ヘミセルロースを除いて精製する(⇄ホロセルロース)．細胞壁の中のセルロースはセルロース微繊維(ミクロフィブリル)を形成し，太さ10～30 nm程度，長さは数μmに達するものがある(⇄細胞壁)．X線回折や逆染色法による電子顕微鏡観察から，鎖状分子が平行配列した結晶部分は太さ3～4 nmのエレメンタリーフィブリルとなり，これが集まってセルロース微繊維を構成すると推測される．セルロースは不溶性の高い物質で，溶かすには銅アンモニウム液(シュバイツァー試薬)，カドキセンを用いる．酸加水分解はされにくいが，*セルラーゼによってD-グルコースのほかセロビオースやオリゴ糖を生ずる．脊椎動物はセルロースを分解できないのでそのまま糞便中に排泄される．しかし，セルロースには整腸作用があり食品中の無駄な成分ではない．草食動物は胃に寄生する微生物がセルラーゼを分泌するので栄養源として利用できる．セルロースは製紙工業で重要であるばかりでなく，エーテル化された誘導体などとして繊維・食品添加物として用いられる．

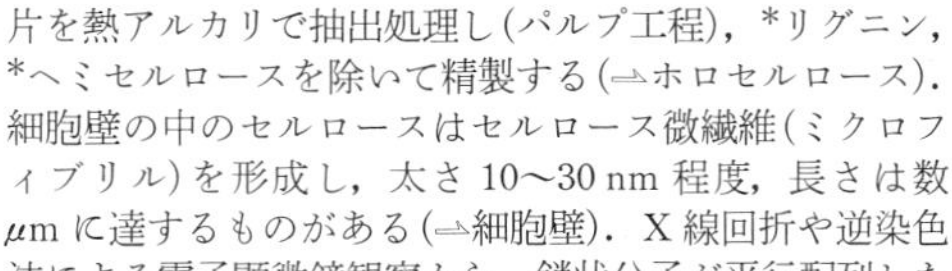

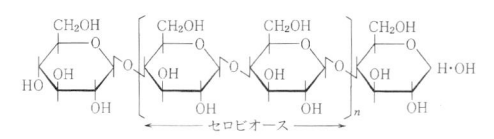

g **セルロース合成酵素** [cellulose synthase] 《同》UDP-グルコース-β-D-グルカングルコシルトランスフェラーゼ，UDP-グルコース-セルロースグルコシルトランスフェラーゼ．UDP-グルコースからβ-1,4-グルカンプライマーにグルコースをβ-1,4結合で転移してセルロースを合成する酵素．EC2.4.1.12．酢酸菌(*Acetobacter xylinum*)から可溶化，精製された．UDP-グ

ルコースが唯一の糖供与体とされる．酵素は細胞膜に局在している．したがって，セルロースも，ヘミセルロースやペクチンなどのほかの細胞壁多糖がゴルジ体で合成されて細胞外に分泌されるのとは異なる経路で合成される．リン脂質が中間体としてセルロース合成に関与している，との説もある．電子顕微鏡観察では細胞膜上に特殊な粒子の塊状構造（ロゼット）が見られる．この粒子群が細胞膜結合型のセルロース合成酵素複合体と考えられている．新生セルロース鎖が集合してセルロース微繊維（ミクロフィブリル）を形成する過程の詳細は不明．セルロース微繊維の方向性は細胞膜直下にある*微小管によって制御されており，微小管の配向と同一である．またセルロース微繊維の方向性は植物細胞の伸長方向，ひいては植物の形の決定に関わっている．細胞壁や細胞膜が何らかの損傷を受けるとセルロース合成酵素蛋白質のコンフォメーションが変化してβ-1,3-グルカン(*カロース)合成を誘導する，との説もある．(⇒グルカン合成酵素)

a **セルロース分解菌類** [cellulose-decomposing fungi]　セルロースを分解して利用する能力をもつ菌類．セルロースは分解されにくく，これを分解する能力をもつものは菌類のほか，セルロース分解細菌および軟体動物の少数種だけである．菌類ではその有機栄養の実態から広くその作用がみとめられ，野生のコウジカビ，アオカビ，*Chaetomium*, *Fusarium*, *Trichoderma*, *Myrothecium* をはじめ，特に植物寄生菌に知られている．これらはしばしばセロファンや濾紙上で培養される．ヒダナシタケ目の木材腐朽菌類の中のナミダタケ・カイメンタケ・カンバタケ・キカイガラタケなどでは，セルロースやヘミセルロースが分解され，リグニンはある程度低分子化されるが分解されずに残るので，腐朽材は褐色となり，乾燥すると砕けやすくもろくなる．この腐朽型は，「褐色ぐされ」といわれる．分解の要因は*セルラーゼの生成にあると考えられる．(⇒リグニン分解菌類)

b **セレクチン** [selectin]　糖鎖を認識する*細胞接着分子の一群で，N末端を細胞外にC末端を細胞内にもつ膜貫通型の糖蛋白質．N末端から順番に，Ca^{2+}依存的に糖鎖を認識する*レクチンドメイン(L)，3個のジスルフィド結合をもつEGF(表皮成長因子)様ドメイン(E)，補体結合蛋白質と相同性をもつ補体結合ドメイン(C)を細胞外にもつことからこれらの分子はLECAM (lectin-type cell adhesion molecule)，あるいはLECAMファミリーという名称で呼ばれることもある．*白血球に発現されるL-セレクチン(LECAM-1)，活性化血管内皮細胞に発現されるE-セレクチン(ELAM-1, LECAM-2)，活性化血小板・活性化血管内皮細胞に発現されるP-セレクチン(GMP-140, LECAM-3)の3種類の分子が存在する．いずれのセレクチンも白血球が血管内皮細胞と相互作用する際にみられる白血球ローリング現象に関与する．リガンドとしては，シアリルルイスX/a, 硫酸化シアリルルイスxなどの糖が知られており，糖脂質あるいは糖蛋白質の形で細胞表面に存在する．

c **セレノシステイン** [selenocysteine]　システインの硫黄がセレン(Se)に置き換わったアミノ酸．三文字表記はSec, 一文字表記はU. 遺伝子にコードされた21番目のアミノ酸．mRNA中にセレノシステイン挿入配列(SecIS, selenocysteine insertion sequence)がある場合，通常はストップコドンとして利用されるmRNA中の

UGAコドンがセレノシステインのコドンとして認識される．ただし，mRNA中のSecISの位置は真正細菌と古細菌・真核生物では異なる．セレノシステインtRNAはまずセリンを結合し，結合したセリン残基がセレノシステイン合成酵素によってセレノシステイン残基へと変換される．セレノシステインtRNAを結合した翻訳伸長因子は，セレン蛋白質のmRNAを翻訳中のリボソームを認識し，セレノシステインtRNAを送り込む．こうして，セレノシステインは蛋白質に組み込まれる．

d **セレブロシド** [cerebroside]　《同》セラミドモノヘキソシド(ceramide monohexoside, CMH)．セラミドに1分子の*ヘキソースがグリコシド結合した*スフィンゴ糖脂質の一つ．古くは*ガラクトセレブロシドを意味していたが，*グルコセレブロシドが発見されるに及んで，セレブロシドはガラクトース型とグルコース型の2型に大別されるようになった．

e **セレン** [selenium] Se. 原子量78.96, 原子番号34の酸素族に属する半金属元素．1969年に哺乳類で必須の*微量元素であることが明らかにされた．哺乳類の赤血球に含まれ，過酸化水素を還元する酵素グルタチオンペルオキシダーゼの活性部位では，硫黄原子がセレンに置き換わってセレノシステインになっている．セレンは硫黄と拮抗的な生理作用があり，またヒ素・水銀の毒性を緩和する作用があることが報告されている．しかし，過剰のセレンは毒性をもちアルカリ病などの原因となる．植物には含硫アミノ酸の代わりにセレンアミノ酸を生成する種が存在する．

f **セーレンセン** Sørensen, Søren Peter Lauritz　1868〜1939 デンマークの生化学者．pHの概念を確立．種々の緩衝液を考案しアミノ酸・蛋白質の等電点を測定した．また浸透圧測定法を改良して蛋白質の分子量を測り，溶解度の測定から蛋白質分子の会合を示唆するなど，蛋白質の物理化学に大きな貢献をした．[主著] Proteins, 1925.

g **セレン蛋白質** [selenoprotein]　セレンを含む蛋白質．硫黄の代わりにセレンをもつセレノシステイン(selenocysteine)の形で含まれる．過酸化水素やリン脂質の過酸化物などを基質とするグルタチオンペルオキシダーゼや，過酸化脂質を基質とし，セレンの末端臓器への供給に関与しているとみられているセレノプロテインP, ウシ・ヒツジの筋肉蛋白質(分子量1万，1分子)，ネズミ精子尾部蛋白質(分子量1万5000，1分子)をはじめ，生物界に広く存在している．セレノールSeHはチオールより酸化還元電位が低い．

h **セロトニン** [serotonin]　《同》5-ヒドロキシトリプタミン(5-hydroxytryptamine, 5-HT). $C_{10}H_{12}N_2O$　動物体に広く分布し，視床下部・大脳辺縁系・松果体・血小板に多い．いわゆる生理活性アミンの一種で，腸の蠕動（ぜんどう）運動，毛細血管収縮などの作用を示す．*神経伝達物質の一つと考えられている．セロトニンによって伝達の行われるニューロンをセロトニン作動性ニューロン(serotonergic neuron)と呼ぶ．トリプトファンからトリプトファン5-モノオキシゲナーゼ(tryptophan 5-monooxygenase, EC1.14.16.4)などの作用により5-ヒドロキシトリプトファンを経て生合成され，松果体では*メラトニンに変化する．

i **セロトニン受容体** [serotonin receptor]　セロトニン(5-HT)と結合し細胞内に生理活性をもたらす受容

体. 哺乳類では末梢神経系や脳内縫線核，黒質，淡蒼球，基底核，脈絡集網，最髄などに高密度に存在する. また, 無脊椎動物ではハエの唾液腺のような神経系以外にも存在する. これまでに哺乳類の脳内に 8 種類の受容体が同定されている. 多くは*G 蛋白質や cAMP を介する*セカンドメッセンジャー系を介しカリウムチャネルやカルシウムチャネルを調節する. また, イオンチャネル結合型であり, ニコチン性*アセチルコリン受容体と類似しているものもある. 幻覚剤のリゼルグ酸ジエチルアミド(*LSD)はセロトニンと分子構造上類似しておりセロトニン受容体の*アゴニストあるいは*アンタゴニストとして作用する.

a **腺** [gland] [1] 分泌物を一時的に貯留する腔所(腺腔 glandular lumen)を囲んだ分泌性上皮細胞(腺細胞)の集団. 通常は分泌物を体表や体内腔所に導くための*導管を伴う. これらを*外分泌腺といい, 導管をもたず分泌物が分泌細胞に接する血管中に放出される分泌細胞の集団もやはり腺と考え*内分泌腺(無導管腺 ductless gland)という. 内分泌腺の場合は, 細胞が上皮の配列さえ失っている例(副腎皮質, 副腎髄質, 下垂体, 黄体など)がある. また, さらに広義に解して, 分泌細胞が集団化せず単独に一般の非分泌性上皮中に散在する場合をも*単細胞腺と称し, 精巣, 卵巣, 血球生成器官のように生きた細胞が分離・排出されるものを細胞生成腺(cytogenous gland)と呼んで分泌物中に細胞を含まない通常の腺同様に腺の範囲に包括させることもある. [2] 植物では, 体表から分泌物を出す構造物をいう. *蜜腺がその代表. 表皮だけに由来するものを*腺毛と呼ぶ.

b **腺胃** [glandular ventriculus, stomach gland] [1] 鳥類の前胃に同じ(→砂囊[2]). [2] 〈同〉胃. 線虫類の食道と腸との間の部分. 回虫の一部の種に見られ, 1～数本の分枝をもつものもある.

c **遷移** [succession] 〈同〉サクセッション, 生態遷移(ecological succession). ある一定の場所に存在する*群集が時間軸にそってつぎつぎに別の群集にかわり, 比較的安定な*極相へ向かって変化していくこと. 広義には地質学的時間単位での種の生成消滅にあたる地史的遷移(geological succession)をも含む. 地史的遷移には気候変化や地形変化による植生変化も含む. 生態遷移の現象は, 古くから*植物群落のものを中心にして注目されてきたが, この用語を提唱したのは J. A. de Luc(1806)であり, F. E. Clements(1916)によって集大成された. 単に環境の変化に応じて群集が変化するのではなく, ある時期に存在する群集が*反作用によって環境を変化させ, その変化した環境が作用して新しい群集が形成される環境形成作用–環境作用系によって進行するものを自発的遷移(autogenic succession)と呼ぶ. 環境形成作用がほとんどあるいは全くなく, ただ環境の変化に応じて生じる一方向への群集あるいは生物相の変化(典型例としては, 浸蝕による川の流れの変化に伴う魚相の変遷)は, 他発的遷移(allogenic succession)と呼ばれることがある. このような変化の過程を遷移系列(sere)という. 完全な裸地(溶岩上, 新島・新造礁など)すなわち基質に全く生物を含まない場所に新たに生物が侵入してはじまるものを一次遷移系列, 群集が破壊されたあとに生じ, 最初から基質に若干の生物, 例えば土壌中の種子・地下茎・切株・土壌動物などを含む場所からはじまるものを二次遷移系列と呼ぶ. 一次遷移について, 岩石地などからは

じまるものを乾生系列(乾生遷移系列 xerosere), 湖沼などからはじまるものを湿生系列(湿生遷移系列 hydrosere)という. また, 極相に達したあとで, 極相優占種の生活環に伴って起こる群集内での相の交代現象を循環遷移(cyclic succession)と呼ぶ. さらに例えば放牧によって植生が破壊される場合などについても, その場所での遷移系列に逆行するように変化の起こる場合には, これを*退行的遷移と呼んで他発的遷移に含めることがある. また, 恒常的な人為が加わると通常みられるのとは違った群集の出現する遷移系列がみられる. これは偏向遷移系列(plagiosere)といい, こうした群集が安定して持続するとき, これを偏向極相(plagioclimax)という. ススキ草原に火入れをするとカシワ林になるなどがその例. 倒木の中での動物や微生物の遷移や, 小さい水たまりの中での微生物(小動物を含むこともある)の遷移などは, 微小遷移(microsuccession)と呼ばれる. 遷移系列の進行に伴って, 一般に*生物体量は増大し, 生物体量当たりの*生産速度は低下し, 群集の安定性は高まるとされている.

d **繊維** [fiber, fibre] 一般に, 生物体を構成する構造物のうち極めて細長く, 比較的遊離状態にないもの. フィブリン(繊維素)も繊維と呼ばれることがある. [1] 植物の細長い厚壁細胞の一つ. 集まって繊維組織となり機械組織あるいは支持組織として働く. 繊維は特に篩部・木部などの維管束に著しく発達し篩部繊維・木部繊維と呼ばれるが, 皮層など維管束以外の場所にも断片的または連続して分布する. 細胞壁には多数の隙裂状の壁孔があり, 成熟したものの細胞内腔は大変狭く, 原形質を欠く場合が多い. 木部繊維は二次木部に不可欠な要素で, 多様な形態を示すが, 大きく篩部様繊維(libriform fiber)と繊維仮道管(fiber tracheid)に分けられる. また二次木部, ときに篩部の繊維組織には, 隔壁によって数室に分けられた構造の繊維が存在し, 隔壁繊維(septate fiber)と呼ぶ. これは細胞壁の二次肥厚ののち, なお原形質が活性を保ち細胞分裂を行ったために生じたもので, ブドウ属やサボテン科などの真正双子葉類に広く存在する. また原形質をもち木部柔細胞とよく似た代用繊維(substitute fiber)が存在することがあり, 隔壁繊維とともに養分貯蔵と機械的支持機能を兼ねている. 二次肥大成長を行う茎では靱皮部に繊維細胞が発達することが多く靱皮繊維(bast fiber)と呼ばれる. アマの靱皮繊維は非常に長く 20～40 mm もある. 実用上の繊維には, マニラアサ, アマなどの靱皮繊維が主に利用されるが, ワタの種子の毛や, 小麦粉に混在する種皮の断片, 木部繊維なども使われている. [2] 〈同〉線維. 動物では生体を構成する細長い形態の細胞もしくは組織. 筋繊維のように細胞自体が細長い場合, 神経繊維のように細胞の

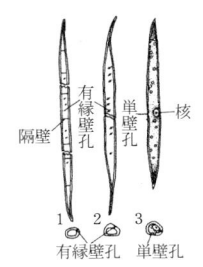

1 隔壁繊維
2 双子葉類に最も一般的な繊維
3 代用繊維
おのおのの上は縦断面, 下は横断面

有縁壁孔　単壁孔
隔壁　　　核

1　2　3
有縁壁孔　単壁孔

原形質突起だけを意味する場合，結合組織の膠原繊維や弾性繊維のように非細胞性のものなど多様．なお筋繊維や膠原繊維では内部にさらに微細な繊維状構造があり原繊維(fibril，すなわち筋原繊維や膠原原繊維)という．さらに哺乳類の体表にある糸状突出物としての毛や，昆虫やクモが体外に形成する糸なども繊維ということがある．

a **前胃** [anterior stomach, fore-stomach, cardiac stomach, proventriculus] [1] ウニ類において，迂曲した消化管の前半部．単に胃と呼ばれることも多い．[2]《同》咀嚼胃．昆虫類において，口→食道→嗉囊(吸い込み口器をもつ昆虫では吸胃という)に続く部分．発生学上の前腸の最後部にあたり，内面はクチクラに被われる．クチクラの歯が甲虫類では4個，直翅類では6個，シリアゲムシ類では多数あって規則正しく並び，胃壁の筋肉の収縮により食物を再咀嚼できるので，甲殻類の胃，輪虫類の咽頭とともに咀嚼胃，砂嚢とも呼ばれる．[3]《同》腺胃．鳥類において，嗉囊に続く部分．(→砂嚢[2])

b **繊維状蛋白質** [fibrous protein] 一般に分子が長鎖構造をもつ繊維状の*硬蛋白質の総称．*球状蛋白質の対語．*ケラチン，*フィブロイン，*コラーゲン，*エラスチン，*ミオシンなどがその例．

c **繊維状飛行筋** [fibrillar flight muscle]《同》飛翔筋(flight muscle)．双翅目，膜翅目，半翅目，甲虫目などの胸にある飛行筋．直径が5μmにも達する非常に太い筋原繊維から構成され，1本の筋繊維(筋細胞)の直径は30μm～1.8 mmに達する種も見られる．神経刺激1回に対して数回以上の律動的筋収縮を行うことで神経刺激の回数以上の周期ではばたかせることを可能にしている．このため，律動飛行筋(oscillatory flight muscle)または非同期飛行筋(asynchronous flight muscle)とも呼ばれる．太い筋原繊維間には巨大な(直径1μm以上)ミトコンドリアが縦に並び，ところどころに気管の小管が細胞内に深く陥入して酸素の供給をしている．これに対して筋小胞体は発達が悪く，脊椎動物の1/20以下の量しか存在しない．筋原繊維の構造では，I帯がほんのわずかしかないので，一度の収縮で全長の1%しか短縮しない．アクチンフィラメントとミオシンフィラメントの数の比は3:1で，脊椎動物の骨格筋の2:1と異なっている(図)．

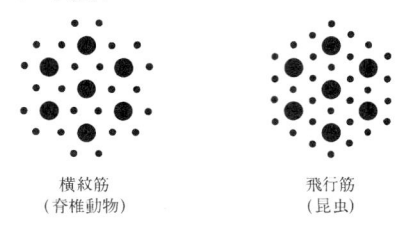

横紋筋
(脊椎動物)

飛行筋
(昆虫)

アクチンフィラメント(細)と
ミオシンフィラメント(太)の配置

d **繊維状ファージ** [filamentous phage]《同》線状ファージ．*キャプシドの構造が細長くらせん対称を示す一群のファージの総称．通常，環状一本鎖DNA(cyclic single stranded DNA)のゲノムをもつ．fd, f1, M13など大腸菌のF⁺菌株だけに感染できるものが代表的であり，一本鎖DNAを調製するためのベクターとしても利用される．ほかにもN1ファージなどがある．

e **繊維図形** [fiber diagram] 繊維試料に単色X線を入射させた際に得られる回折図形．一般に繊維試料とは無数に多くの微結晶が1軸(例えばc軸)だけを同じ方向(繊維軸)にそろえて集合したものと見なしうる．他の結晶軸(a軸とb軸)は繊維軸に関してあらゆる方向にでたらめに向いている．繊維図形は単結晶を1軸の周りに全回転させて撮った回折図形と原理的に同じであるので，繊維軸と直角の方向に回折斑点が層をなして並んだ図形となる．層と層の間隔から繊維軸方向の周期の長さ(例えばc軸)が得られる．DNAの二重らせん構造は繊維図形をもとにして導き出された．(→X線構造解析)

f **繊維性結合組織** [fibrillar connective tissue]《同》結合組織(狭義)．*細胞間質として繊維性要素を主体とする結合組織．脊椎動物の体中に広範に存在．上皮組織の大部を除き他の各種組織の基本成分の間に介在し，直接それらの組織成分の一つとして構成にあずかる．一般に細胞成分に乏しく，繊維が細胞間質(基質)の主成分となる．基本細胞は繊維芽細胞(fibroblast，繊維細胞fibrocyte)と呼ばれ，この細胞が細胞間に*膠原繊維・弾性繊維の繊維成分とグリコサミノグリカンのヒアルロン酸を主体とする糖蛋白質をつくる基質とする．組織切片で観察すると，この細胞は扁平で長目の外形をもち，核は楕円形，しばしば不規則な突起を示す．細胞質はミトコンドリア，ゴルジ体，中心体，小脂肪球などを含むが，そのほかに特殊な分化は示さない．膠原繊維の分泌を終えたものを特に繊維細胞と呼ぶが，形態的に両者の識別は困難．繊維性結合組織は繊維成分の密度の違いから疎性結合組織(無形結合組織 loose connective tissue)と密性結合組織(緻密結合組織，強靱結合組織 dense connective tissue 独 straffes Bindegewebe)を区別し，疎性結合組織は繊維成分の密度が低く，広い繊維間隙をもつ．他の組織とともに各種の混合組織を構成，あるいは一定の組織層として種々の器官の構成にあずかり，また支持組織として，体中に広く存在．繊維間隙に*プラズマ細胞(形質細胞)，マクロファージ，肥満細胞(マスト細胞)，脂肪細胞，色素細胞などが分布する．脂肪細胞や色素細胞が高密度に存在する場合，特に脂肪組織，色素組織と呼ぶ．密性結合組織は極めて高密度な繊維成分により構成され，皮膚の真皮や腱・筋膜・眼球の角膜固有質などが相当．うち，腱に見られるように繊維の配列方向が一定しているものを特に定形結合組織と呼ぶ．

g **繊維素溶解** [fibrinolysis] 繊溶と略記．《同》フィブリノリシス．*フィブリノゲンあるいは*フィブリンに*プラスミンが作用して，これらのポリペプチド鎖のリジン結合部を切断して溶解させる現象．これによって生じる分解産物が*FDPである．繊維素溶解の過程は，血液凝固の第四相とも呼ばれる．

h **遷移度** [degree of succession] 遷移の進行の度合を相対的に数量で判断するための指標．沼田真(1961)による．群落を構成する種の寿命(l)，極相指数(c)と優占度(d)の積の和を種数(n)で割り，植被率(v)を乗じた値(DS)で表す．すなわち，$DS=[(\sum c \cdot l \cdot d)/n] \cdot v$．草地の状態診断などで用いられる．ほかに類似の指標としてはJ. T. Curtis, R. P. McIntosh (1951)の連続性指数(continuum index)がある．

i **線エネルギー付与** [linear energy transfer] LETと略記．物質を通過する荷電粒子が，飛程の単位長さ当

たりに物質に付与するエネルギーのこと．通常密度を1とした物質に対して keV/μm で示す．国際放射線単位測定委員会(ICRU)は，体内における荷電粒子の LET とは dE/dL で，ここで dE とは特定のエネルギーをもった荷電粒子が dL の距離を通過するときに体に与える平均エネルギーである，と定義している(1962)．放射線の線質の特徴を示すことになり，生物学的効果はLETの相違により異なった様相を呈する．(→線質係数)

a **旋回培養** [gyratory culture] 水平に回転する盤にフラスコをのせ，振幅数 cm，50～150 rpm 程度の低速で旋回させる培養法．この低速回転により浮遊細胞をフラスコ中央部に集めることができる．この培養法は細胞集合の選別現象の研究や細胞集合塊からの組織構築の研究に利用される．

b **前額神経節** [frontal ganglion] 《同》前頭神経節．昆虫の*交感神経系(内臓神経系)の一部をなし，脳の前方に位置する小神経節．前額神経により後脳からのニューロンを受けていると同時に，*回帰神経により腸壁からのニューロンをも受けている．また同様に腸壁に向かって運動ニューロンを出している．このような位置関係から考えて，前額神経節は脳からの刺激と腸からの感覚刺激をつなぐセンターと考えられ，腸の運動を直接または間接に支配している．また前額神経節中には神経分泌細胞と思われる細胞も含まれているが，その作用は明らかでない．

c **全割** [holoblastic cleavage] 《同》全卵割．動物卵の*卵割型の一つで，卵割面が受精卵の細胞質の全域を通じて形成される卵割．*部分割の対語．海綿動物の一部，刺胞動物の多く，棘皮動物，節足動物の少数の卵は，*割球の大きさがほぼ同一な卵割を行う(等割 equal cleavage)．これに対し割球の大きさの不等な卵割(不等割 unequal cleavage)は動物界に広く見られ，カエルやウニ(16細胞期以後)の卵割もこれに属する．多くの場合には割球の大きさの差異は*卵黄量の多少に依存するが，それ以外に細胞質の特異性によって割球の大きさが規定されていると考えられる場合(例えばウニの小割球)もしばしばある．なお不等全割様式の特別な，しかし重要な一型として*らせん卵割がある．哺乳類の卵割は等割に近い全割であるが，割球の大きさは変異が多い．

d **全か無かの法則** [all-or-none law, all or nothing law] 《同》悉無律(しつむりつ)．興奮性の器官や細胞において，刺激の強弱によって反応が起こるか起こらないかの2通りの反応しかありえず，刺激を加減することによって反応の度合に大小を生ずることはできないという法則．これを換言すれば，ある一定の強さ(*閾)以上の刺激では常に極大の反応が起こるということである．(→不減衰伝導説，→イオン説)

e **前還元** [pre-reduction] 《同》前減数．[1] 減数第一分裂で相同染色体が接合面で分離すること．[2] 相同染色体上に座を占める対立遺伝子が減数第一分裂で分離すること．減数分裂の2回の核分裂のうち，第一分裂が*還元的分裂，第二分裂が*均等的分裂をする場合を前還元型分裂，または単に前還元という．その逆の場合を後還元型分裂，または*後還元という．通常，局在型動原体の*常染色体は前還元型で，*分散型動原体をもつ染色体は後還元型の減数分裂を行う．ただし交叉の起こった部分は，本来ならば前還元型であるものでも部分的に後還元型分裂になる．(→減数分裂)

f **前がん病変** [precancerous change] 《同》前がん状態(precancerous condition)，前がん症状(precancer)．[1] 正常組織よりもがんを発生しやすい形態学的に変化した組織(WHO, 1972)．すなわち異型病変を経てがんが発生する場合の先行異型病変を前がん病変と呼ぶ．「前がん」という用語は実験医学，疫学，臨床の分野で多用されるが，病理学では多分に概念的なものである．すなわち「前がん病変」と「前がん状態」があり，後者では病変を形成していない．「前がん病変」はその異型性の状況により良・悪性判定不能病変と良性腫瘍に二大別し得る．前者には子宮頚部の*異形成(dysplasia)があり，後者には家族性大腸ポリポーシス(familial adenomatous polyposis)がある．[2] 臨床的には，口腔や食道の白板症(leukoplakia)，*色素性乾皮症などが知られる．

g **先カンブリア時代** [Precambrian age] 地球が誕生した46億年前から5.4億年前までの地質時代．46億年前から38億年前までの冥王代，38億年前から25億年前までの*始生代，25億年前から5.4億年前までの*原生代に区分される．この時代の地球はクラトン(剛塊)と呼ばれる楯状地・卓状地などの安定化した大陸地殻とそれらを取りまく造山帯からなる．始生代の大気は二酸化炭素を主成分とし，酸素をほとんど含まなかったが，24億年前の大酸化事変以降，酸素濃度は急増したとされる．かつては生命がほとんど存在せず，先カンブリア時代より後の顕生代と根本的に違う時代と考えられていた．現在ではバクテリアなどの原始生命は35億年前以前には誕生し，27億年前にはシアノバクテリアによる光合成が開始し，21億年前には真核生物が存在したとされる．シアノバクテリアによる光合成で発生した酸素により，海水中の鉄イオンが酸化されて大量の縞状鉄鉱層が形成された．縞状鉄鉱層は27億年前から19億年前の地層に主に存在し，最古のものは38億年前のグリーンランドの地層にも含まれる．先カンブリア時代末期の8億年前から6億年前には，赤道域まで氷床が発達した全球凍結が起こった．最末期には生物が多様化し，硬組織をもたない無脊椎動物に類する化石群からなる*エディアカラ生物群が出現した．

h **前期** [prophase] 真核生物における*細胞周期の*M期あるいは*有糸分裂を5段階に分けたときの，最初の時期．多細胞生物では，M期に移行してから核膜の崩壊が始まるまでの期間．核内では，核小体が消失し始め，一様に分散し著しく伸展していた細い染色糸は凝縮して太く短い棒状の染色体を形成し始めるが，姉妹染色分体間の接着は腕部とセントロメアの両領域で維持されている(→コンデンシン，→コヒーシン)．細胞質中では，細胞質微小管が消失し，二つの中心体は分離して分裂極へ移動し，両中心体間に紡錘体微小管が形成され始める．こうした前期の開始と進行は，主として*サイクリン B-CDK1，ポロ様キナーゼ(Plk1)，オーロラキナーゼ(Aurora A)などの*分裂期キナーゼ(mitotic kinases)によりもたらされる．それとともに，これらのリン酸化酵素(キナーゼ)の作用に拮抗して働く脱リン酸化酵素(ホスファターゼ)を抑制する必要も判明してきている．典型的な真核細胞では，染色体 DNA に未複製や損傷などの異常が感知された場合は，G_2 チェックポイント(→チェックポイント制御)が活性化され，サイクリン B-CDK1 の活性化が抑制されて，前期の開始が阻

a **前擬充尾虫**　[procercoid]　《同》プロセルコイド，プロケルコイド．扁形動物新皮目真正条虫類の一幼生期．第一中間宿主である節足動物などの体内に見出される．産出された虫卵は終宿主の糞便とともに体外に出ると，繊毛をそなえた*コラシジウムが遊出し，これが第一中間宿主に摂取されて発育，変態して細長く嚢状の前擬充尾虫となる．体の後端には小さな尾胞(caudal vesicle, cercomer)があり，その中には六鉤幼虫に由来する3対の鉤が残存する．

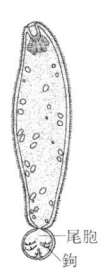

b **前期前微小管束**　[preprophase band of microtubules]　有胚植物(コケ植物および維管束植物)の細胞において，*細胞分裂に先立ち，将来の分裂面をとり囲む位置で親細胞の細胞壁と融合する．細胞板はこれが出現した位置で親細胞の細胞壁と融合する．細胞分裂中には消失するので，出現した位置に何かメモリーを残していると考えられるが，メモリーの本体については不明．DNA合成を阻害した細胞では形成されないことから，その形成は，*細胞周期の進行と密接に関係していると考えられる．ただし，減数分裂など生殖細胞形成に関わる分裂に際しては現れないのが一般的である．(⇒フラグモソーム)

c **前胸**　[prothorax]　昆虫の第一胸節．1対の脚(prothoracic leg，*前肢という)があり，翅はない．

d **前胸腺**　[prothoracic gland]　昆虫の幼虫や蛹において，脳から分泌されるペプチドホルモンである前胸腺刺激ホルモン(PTTH)の支配のもとで，脱皮ホルモンの一つ*エクジソンを合成・分泌する内分泌腺．E. Verson(1899)がカイコで発見し，また外山亀太郎(1902)がやはりカイコで組織学的にくわしく研究したが，それ以前に P. Lyonet(1762)は，ボクトウガの幼虫でこれを記載している．その脱皮・変態誘起機能は，福田宗一(1940)によりカイコではじめて指摘された．前胸腹板からの1対の陥入で生じる．典型的な前胸腺はチョウ目の幼虫にみられ，第一気門の内面に気管叢に接して白色半透明の細長い三角形をなす．前・後端は二叉して，後部末端は側板の筋肉に付着し，前部先端は後頭部の筋肉に終わる．気管の分布が著しく豊富で泡沫状にみえる．他の昆虫では小さな細胞群のままで頭部に位置するもの(腹面腺)など形態はさまざまである．またハエ目の環縫類では囲気管腺が背側でアラタ体と，腹側で側心体と合一して環状腺(ring gland)を形成している．一般に，成虫型へ変態すると細胞は退化して消滅するが，シミ目では成虫になった後も存続する．食道下・前胸・中胸の3神経節から神経を受けているのが一般的であるが，カメムシ目やコウチュウ目では神経連絡は認められないようだ．脱皮ホルモン分泌という点で甲殻類の*Y器官(Y腺)と相同器官であるといわれている．

e **前胸腺刺激ホルモン**　[prothoracicotropic hormone]　PTTHと略記．《同》エクジシオトロピン(ecdysiotropin)．昆虫の脳にある2対の神経分泌細胞に由来し，前胸腺を刺激して*エクジソンの合成・分泌を促すペプチドホルモン．かつては脳ホルモン(brain hormone)と呼ばれたが，脳からはほかにも多くのホルモンが分泌されることが明らかになるにつれ，この語は使われなくなった．脳の分泌するホルモンが脱皮・変態を引き起こすことは古く S. Kopeć(1917)の報告があるが，石崎宏矩ら(1990)が全一次構造を決定した．カイコのPTTHは分子量約3万のホモ二量体．109個のアミノ酸からなるサブユニット2本で構成され，糖鎖が付着するが生物活性には関与しない．カイコやタバコスズメガでは，脳側方部の2対の神経分泌細胞で生産され，アラタ体から血リンパ中に放出される．

f **前胸腺ホルモン**　[prothoracic gland hormone]　《同》脱皮ホルモン(molting hormone)，蛹化ホルモン(pupation hormone)，変態ホルモン(metamorphosis hormone)．昆虫の前胸腺またはその相同器官から分泌されるホルモン．脱皮ごとに分泌され，脱皮や蛹化・成虫化などの変態を促す．前胸腺の単独器官培養によって生成・分泌されるホルモンは，*エクジソンであることが突き止められている．

g **前極相**　[preclimax]　局所的に気候条件が不適なために，周囲の極相群落よりも前の*遷移の段階に止まっている群落．F. E. Clementsの用語．*後極相と対置される．例えば針葉樹林が極相となる地域で山頂や尾根が乾燥のために草原になっている場合，また高山の森林限界より上の高山草原が低温のために草原に止まっている場合などは，いずれも針葉樹林の前極相と呼ぶ．

h **前菌糸体**　[promycelium]　担子菌類のサビキン類の*冬胞子やクロボキン類の*クロボ胞子のような細胞壁の厚い胞子の発芽により直接生ずる*担子器で，後担子器とも呼ばれる．この内部で核の減数分裂が起こる．単室のまま，または多室となり，これらの室から，小柄を形成するかまたは直接出芽により*担子胞子(小生子)を生ずる．

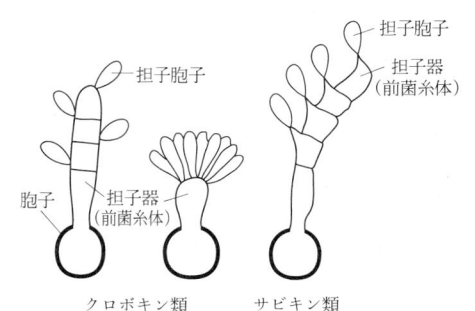

i **先駆植物**　[pioneer plant, pioneer]　遷移初期の裸地にいちばん先に侵入し，定着する植物．また，草原に樹木が侵入する場合のように，一つの群落に侵入する別の生活形の植物も指す．一次遷移と二次遷移の先駆種は性格が異なる．一次遷移では乾燥や貧栄養的条件，例えば岩石地・溶岩流・火山砂などの環境に耐えうるものが多く，地衣類・シアノバクテリア類・コケ類，多年生草本や，共生菌をもった樹木などが先駆種となる．二次遷移では成長速度が大きく，埋土種子集団をつくる種，あるいは裸地化後すみやかに種子が裸地に到達する種が先駆種となる．火山性の一次遷移の場合，タマシダ，イタドリ，

ススキ，ハンノキの類など，放棄耕地などの二次遷移の場合，シロザ，エノコログサなどが代表的な先駆種である．

a 前駆体 [precursor] 《同》前駆物質，先駆物質．ある反応系，例えば代謝・生合成などにおいて中間体の前段階にあたる物質．ブドウ糖はグリコゲンや乳酸の，プロトクロロフィルはクロロフィルの，プロビタミンはビタミンの前駆体である．一般に生合成反応の中間過程中のある段階以前の物質をすべてその段階の物質の前駆体といってよいわけであるが，通例あまり簡単な原料物質にまではさかのぼらない．

b 扇形集落 [sectored colony] 菌類・細菌類などの細胞が集落(コロニー)を形成する過程で，2種類あるいはそれ以上の*クローンを子孫菌中に生じる場合，全体に円形を示す集落中に識別される，そのクローンが分岐した点を頂点とする扇形部分．例えば最初の細胞が異種の核を同時にもつ*ヘテロカリオンである場合や，高頻度で変異や遺伝的組換えが起こり形態学的に識別できる表現型の分離が起こる場合などがある．

c 前形成層 [procambium] 《同》前維管束組織(provascular tissue)．*一次分裂組織を構成し，将来，一次維管束組織(*一次木部，*一次篩部)に分化する組織．また葉の維管束組織(葉脈)に分化する細胞にも使う用語．染色性の高い，細長い細胞群が束状に並ぶことが多い．

d 線形動物【1】 [nematode, nematodes, nema, nemas ラ Nematoda, Nemata, Nemates] 《同》線虫類，ネマトーダ．狭義の線形動物．偽体腔をもつ脱皮動物の一門．自由生活性種のほか，さまざまな動植物に寄生する種を含む．既知種約2万8000種のうち寄生性種は約1万6000種だが，線形動物全体の実際の種数は100万を超えるといわれる．体長は数百μmのものから5mを超えるものまで．体は前後に長い円筒状で，体節的区分はない．頭部感覚毛，口唇，歯，食道，腸は三放射相称．体表のクチクラは一般に平滑だが，点刻や偽体節的な環紋や剛毛をもつ種もある．表皮は背腹と左右の4カ所が縦走索となって偽体腔内に突出する．類線形動物と同様，皮下筋層は縦走筋のみからなり，環状筋はない．神経筋接合様式は一風変わっており，後生動物一般に見られるように神経細胞から突起(軸索)が延びて筋を支配するのではなく，逆に筋から突起(筋腕 muscle arm)が延びて背腹の神経索に接続する．このような神経筋接続様式は類線形動物と腹毛動物にも見られる．脳に相当する神経環が食道中央部を囲っている．頭部の左右に双器 (amphid)と呼ばれる化学受容器をもつほか，一部の分類群には尾部の左右に幻器(側尾腺，双腺 amphid)と呼ばれる化学受容器をそなえる．呼吸器・循環器を欠く．原腎管に相同な器官は存在せず，線形動物の排出系は後生動物において固有といえる．一部の自由生活性種に見られる祖先的な排出系では1～2個の排出細胞(renette cell, 腹腺 ventral gland)が前方に伸びて直接食道部腹側正中線上の排出孔に開口する．別のグループでは排出細胞内に管状構造が発達し，左右の表皮縦走索中に消失し，寄生性の種の多くは出排出細胞体が完全に消失し，体を背面から見た場合にH形あるいはY形の形をした管状排出器のみが発達する．口は体前端に開き，それに続く口腔は分類群によって形状がさまざまに異なり，歯・牙・口針をもつ場合もある．胃はなく，食道後端はしばしば肥厚し，食道腸間弁(cardia)で腸と連結する．腸

は単純な筒状で，直腸を経て体後部近くの腹側の開口部で終わる．雌の場合この開口部は肛門だが，雄では生殖口と共通の総排泄腔(cloaca)となる．一部の分類群は尾部に3個の尾腺(caudal gland)をもつ．一般に雌雄異体で，交尾による有性生殖を行うが，雌雄同体の種や単為生殖する種も知られる．雄では精巣から輸精管，精嚢を経て射精管が総排泄腔に開くほか，多くの種が交接刺(陰茎 spicule)や導帯(副刺 gubernaculum, guiding apparatus)をそなえ，前立腺をもつものでは射精管に精液が分泌される．交接刺はクチクラが硬化してできた1対の管で，総排泄腔から突出して体外に押し広げ，射精管から放出される精子を膣に送り込む補助的な機能をもつ．導帯はクチクラが硬化したもので，交接刺の動きを助ける．雌の生殖孔(陰門 vulva)は体のほぼ中央の腹側に開口し，短い膣に続く．膣の先には1～2個の子宮があり，その数と配置は種により異なる．子宮には輸卵管を経て卵巣が接続する．一般に受精は子宮内で起こる．卵割は全割でやや不等割であり，放射卵割ともらせん卵割とも決めがたい独特の様式で割球が配置する．直接発生であり，成体までに4回脱皮．伝統的に双器綱(尾腺綱 Adenophorea)，双腺綱(幻器綱 Secernentea)の2群に大別されてきたが，近年の分子系統学的解析はこれを必ずしも支持せず，将来大幅に見直される可能性が高い．線形動物かもしれない化石は石炭紀やジュラ紀の地層に出現するが，確実とされる最古の記録は始新世から知られる．

【2】 [round worms ラ Nemathelminthes] 《同》円形動物．狭義の線形動物のほか，類線形動物と鉤頭動物を併せて広義の線形動物を一つの動物門とした分類群．現在この意味で使われることはない．かつて輪形動物，腹毛動物，動吻動物，鰓曳動物と共に袋形動物 Aschelminthesとしてまとめられていた．

【3】 [ラ Nematoidea, Nematozoa] 狭義の線形動物と類線形動物を併せた分類群．この2群は原腎管を欠くことや精子に鞭毛がないことから近縁と考えられてきた．近年の分子系統学的解析でも姉妹群を形成するため広義の線形動物としてまとめられる．

e 蠕形動物 [worms ラ Vermes, Scolecida] 《同》蠕虫類．左右相称で細長い後生動物のうち，節足動物のような関節肢をもたず，また軟体動物のような神経系の分化も見られないものの総称．扁形動物，紐形動物，広義の線形動物，輪形動物，曲形動物，環形動物などがこれにあたる．これにさらに触手動物を加えて一門を立てたO. BütschliおよびW. Kükenthalは，これを無環節蠕虫類・少環節蠕虫類・多環節蠕虫類に三分した．一方，真体腔をもつ環形動物や触手動物を除いて狭義にも用いられた(独 parenchymatöse Würmer)．いずれの場合でも，現在では，系統的に雑多な動物群を含むとして*タクソンとしては用いないのが一般的である．しかし，便宜的には，寄生蠕虫類(parasitic worms)，蠕虫学(helminthology)などと使用される．

f 穿孔 [perforation] 生体に後天的に生じた孔．[1]動物では，正常な組織分化によるもののほかに，奇形，損傷，手術によるものなどがある(瘻(ろう))．[2]植物では，道管要素の成熟とともに上下の隔壁が消失して生じた孔．1個の大形の円形または楕円形の孔で，辺縁に幾分か原壁の痕跡を認める場合が最も一般的で，これを単穿孔という．楕円形や細長い孔が不規則に並ぶも

a **旋光性** [optical rotation] 《同》旋光能(optical rotatory power). 直線偏光の偏光面が，ある化合物またはその溶液の層を通過することにより回転する現象. この場合，進行してくる光をみて，その偏光面が元の偏光面に対して時計回りに回転したときには右旋性(dextro rotatory)，反時計回りに回転すれば左旋性(levo rotatory)といい，旋光角にそれぞれ＋または－をつけて表現する. 観測される旋光角 α は，化合物の濃度 c，セルの長さ l，温度 t などの関数であるが，測定温度を多くの場合20°Cに指定して，濃度，セルの長さを規格化することにより，化合物に固有な定数とすることができる. 濃度を1 g/mL，セルの長さを10 cmに規格化したものを比旋光度(specific rotation)と呼び，$[\alpha]^{20}$ と表現する. λ は測定に用いた単色光の波長で，古くはナトリウムのD線(589 nm)を用いたので，$[\alpha]_D^{20}$ の値が多くの物質について得られている. また，濃度を1 mol/100 mL，セルの長さを10 cmに規格化した分子旋光度 $[R]^{20}$ が用いられたり，さらにこれを溶液の屈折率 n で補正した有効分子旋光度 $[\phi]^{20}$ などがよく用いられる. $[\phi]^{20} = [(n^2+2)/3] \cdot [R]^{20}$ である. 蛋白質や核酸などの高分子においては，濃度を1平均残基/100 mLに規格化したものが使用され，残基旋光度と呼ばれる. 有効残基旋光度は $[m]^{20}$ のように表現される. 旋光性が現れるのは，その化合物が*円偏光二色性をもつため，左右の円偏光に対する屈折率が異なるためである. 比旋光度や分子旋光度は，*光学活性な化合物の同定や定量に便利な方法を与える.

b **穿孔体** 【1】[perforatorium] ヒキガエル，イモリ，ネズミなど，ある種の脊椎動物の精子の核と*先体との間にある先の鋭くとがった構造物. かつては，精子がこの構造物の機械的な働きによって卵表面に穴をあけ，卵内に侵入するとされていた.
【2】[madreporic body] ＝多孔板

c **前肛動物** [ラ Prosopygii, Prosopygia] 苔虫類，腕足類，箒虫類，フサカツギ類，場合によってはホシムシ類をもあわせた動物群. 肛門が体後端ではなくそのはるか前方に位置して多くの場合口に隣接し，体節の構造をもたず，口の近くに触手様の突起をもつ，といった共通点に着目し，一門とされた. しかしこれらの特徴は，砂泥中あるいは棲管ないし殻内での定着的な生活への適応の結果とされ，現在は系統を反映した分類群と認められていない.

d **旋光分散** [optical rotatory dispersion] *旋光性において比旋光度 $[\alpha]_\lambda$ や有効分子旋光度 $[\phi]_\lambda$ の波長依存性. これらを波長に対してプロットして得られる曲線を分散曲線という. 旋光分散において，その化合物の吸収帯の波長付近では，分散曲線が異常な形を示す. この現象はコトン効果(Cotton effect)と呼ばれる. コトン効果における山や谷の現れ方で正負の符号が決められるが，この符号は光学活性な化合物の*コンフォメーションを決めるのに有力である. 例えば右巻き α ヘリックスの場合には，233 nmに $[m]_{233} = -15000$ の谷を示すから，任意の蛋白質について得られた233 nmの有効残基旋光度を15000で割ることにより，その中の α ヘリックス含有量が得られる. これとは別に W. Moffitt と C. N. Yang は，蛋白質の旋光分散は，600～300 nmの範囲で次の式に従うことを発見した. $[m'] = a_0\lambda_0^2/(\lambda^2-\lambda_0^2) + b_0\lambda_0^4/(\lambda^2-\lambda_0^2)^2$. これをモフィット-ヤンの式(Moffit-Yang equation)と呼ぶ. ここで b_0 はその蛋白質に含まれる α ヘリックスの含有量に比例する量で，100％右巻き α ヘリックスなら，$b_0 = -630$ となる. したがって，蛋白質の旋光分散を上式を用いて解析し，得られた b_0 の絶対値を630で割れば，その α ヘリックス含有率が得られる.

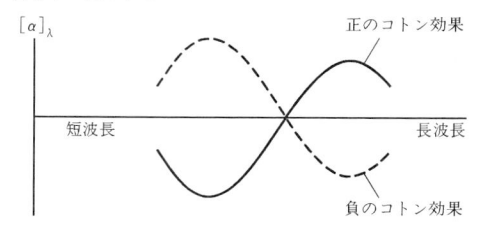

e **潜在学習** [latent learning] 動物実験において無報酬の期間にも潜在的に進行していると考えられる学習. H. C. Blodgett(1929)は，ネズミを用いて，6単位のT型迷路学習の実験を行った. 実験群は最初の7日間，目標箱に達しても報酬を与えられず，8日目からはじめて報酬を与えられた. はじめから報酬を与えられていた対照群と比較すると，実験群では，報酬のない期間はほとんど効果がみられないが，報酬が与えられると急激に誤りの数は減少し，対照群の水準に追いついた. これは，無報酬の期間にも*学習は潜在的に進行していたものとして説明される. Blodgett はそこでこの現象を潜在学習と呼んだ. 潜在学習は学習における*強化説に対する認知心理学側からの有力な反証として提出され，以後，学習理論をめぐる主要な論争問題の一つとされた.

f **潜在酵素** [cryptic enzyme] 細胞を破壊するか，特殊な処理をしなければその存在を検出することができない酵素. 酵母におけるカタラーゼがこの例で，菌抽出液の状態では基質の過酸化水素を分解するが，生菌の状態では分解力が弱い. なお常識的に，明らかに細胞内に浸透しないと考えられる基質と反応する酵素の場合にはこのような呼び方をしない.

g **潜在自然植生** [potential natural vegetation] ある地域の*代償植生を持続させている人為的干渉が全く停止されたとき，今その立地が支えることができると推定される自然植生. したがって，正確には「今日の潜在自然植生」のように時点を限定する. R. Tüxen(1956)の提唱. 例えば関東地方の低山帯は代償植生であるスギ・ヒノキ植林によって広く被われているが，その立地の大部分はシキミ-モミ群集が潜在自然植生と考えられている. 環境と地域の生物相(種のプール)によって決定される. 地域からの種の絶滅や，外来生物の侵入による種の追加があれば潜在自然植生も変化する. 終局相は遷移による立地の変化をともなうので，特定の時点において立地条件を固定して考える潜在自然植生と異なる.

h **全載電子顕微鏡法** [whole-mount electron microscopy] 《同》全載電顕法. 試料を超薄切片にしないで*クラインシュミット法(界面展開法)などを用いて伸展し，試料の全体像を電子顕微鏡で観察する方法. *臨界点乾燥法と併用され，真核生物染色体の超微細構造の研究などに役立ってきた. 培養細胞の超高圧電子顕微鏡に

a **腺細胞** [glandular cell] *腺の分泌部分(腺体)を構成する細胞．内分泌細胞，外分泌細胞を含む．広義には特に著しい分泌機能をもつ細胞をいう(単細胞腺)．分泌物，または分泌物の先駆物質が単位膜で包まれた，内容物質や大きさのさまざまな分泌顆粒(secretion granule)がすべての腺細胞に認められる．蛋白質性分泌物を分泌する腺細胞にはエルガストプラスム(⇒小胞体)が認められる．

b **潜時** [latent time, latency]《同》潜伏期，反応時間(response time)．一般に，生物の系にある原因が作用してから反応が現れるまでの時間．[1] 神経生理学では，刺激を与えてから応答が開始するまでの時間．神経筋標本においては，神経を刺激して筋肉に収縮が現れるまでの時間には，神経興奮の潜時や伝導に要する時間および神経筋接合部を通過する時間に加え，筋繊維の活動電位の発生や伝導に要する時間や興奮-収縮連関に要する時間などが含まれる．特に反射の場合の潜時を*反射時間と呼ぶ．神経の活動電位の潜時は，例えばカエルの神経にごく短い持続の電気刺激を加えて測る場合には1 msほどである．刺激電流により膜がある程度以上脱分極されると活動電位が起こるが，刺激が強いほど当初の脱分極が大きく活動電位のピークが早くくる．つまり潜時が短い．[2] 動物の行動研究においては，例えば迷路学習の実験で，出発箱のドアを開けてからネズミがそこを出るまでの時間，すなわち反応潜時をいうこともある．大脳生理学や実験心理学では，被験者に光や音などの刺激を与えてからできるだけ早くキーを押すなど意識を伴う反応をする場合の潜時を反応時間と呼ぶ．

c **前肢** [fore-leg] [1]《同》前脚．昆虫の特に成虫・若虫において，第一胸脚，すなわち*前胸の付属肢(⇒胸)．生活様式に応じてさまざまの形態分化がされ，例えばケラでは各節が太く短くなってシャベル状に，タガメでは*附節が単一になって捕獲肢に，ミズスマシでは非常に発達して主たる遊泳肢になっている．また紡脚目では附節から絹糸を分泌し，タテハチョウ科のチョウ類の中には前肢に附節味受容器をもつものがあり，コオロギ類では耳の役をする*弦音器官をもつ．[2] 脊椎動物の有対肢のうち前方の1対．(⇒外肢)

d **前翅** [fore-wing] 昆虫の*翅の第一対．*中胸に付属する．原始的な有翅昆虫では，ほぼ後翅と同じ大きさで構造も似ているが，完全変態昆虫では前翅より大きく構造も異なる．鞘翅類(甲虫類)では，極めて硬化が進んで，いわゆる*翅鞘を形作って腹部を保護しており，飛翔の際には浮揚力を増すだけで，体の推進にはほとんど役立たない．また洞窟性のチビゴミムシ類などやその他多くの地表性鞘翅類には，左右の翅鞘が中央で癒着したものがみられる(後翅は退化，飛ばない)．半翅目の異翅亜目(カメムシなど)では，前翅は基部だけが硬化していて半翅鞘と呼ばれ，直翅目では全体が革状になってテグメン(tegumen)と呼ばれる．ネジレバネ類では前翅は極めて退化して，小さい鱗状の突起となっている．直翅目の一部は前翅に音を出すための摩擦器をもつ．

e **線質係数** [quality factor] 吸収線量が同じでも放射線の線質により異なる生物学的効果を修正するための係数．記号はQまたはQF．実際的な防護の立場から用いられる．人体被曝の評価に便利な線量当量(Svまたはrem)は生物学的効果線量で，従来，吸収線量に*生

学的効果比(RBE)値を乗じていたが，国際放射線防護委員会(ICRP)の勧告(1962)以来線質係数Qを乗ずるようになった．それぞれの放射線は一定のQ値をもつと仮定し，計算される危険度が過大評価になるように，*線エネルギー付与(LET)と一義的に関係づけて決めた(表)．

LETとQの関係

LET(注)	<3.5	3.5〜7.0	7.0〜23	23〜53	53〜175	>175
Q	1	1〜2	2〜5	5〜10	10〜20	20

(注) LET(keV/μm，水中)

f **全実性** [holocarpy] ツボカビ類などで，一つの個体の全体が1ないし数個の生殖器官になる場合をいう．これに対し，個体の一部分が生殖器官となり，他の部分は栄養器官として残存することを分実性(eucarpy)という．ツボカビ類のサビフクロカビ(*Synchytrium fulgens*)やフクロカビ(*Olpidium viciae*)などは全実性の顕著な例で，宿主体内にある個体(1細胞)が成熟すると，細胞全体がそのまま遊走子嚢または配偶子嚢となる．(⇒全配偶性)

g **穿刺培養** [stab culture] *固形培地中に深く白金針を突き刺して微生物を植え付け，培養すること．嫌気性または条件的嫌気性の細菌の培養に使う．また，軟寒天に穿刺培養し，その穿刺部位からの菌の広がりを観察することにより，細菌の運動性を調べることなどにも利用される．

h **腺腫** [adenoma] 腺上皮から発生する，一般には良性の腫瘍．汗腺・唾液腺・乳腺・消化管・肝などの各種の外分泌腺および腺性臓器だけでなく，下垂体・甲状腺・副腎・卵巣などの内分泌腺にも発生する．発育は緩慢で限局性の結節を形成し，表面はポリープ状あるいは乳頭状に現れる．正常の腺細胞と類似した立方上皮細胞・円柱上皮細胞からなり，配列も規則的で，周囲の結合組織と固有膜をもって明確に境しているが，排出管の形成を欠いたり異常の分泌を営むなど構造および機能に多少の異型性を示す．腺腫の間質は血管を含む結合組織からなるが，結合組織の顕著な増殖を伴うことが少なくない．これを繊維腺腫(fibro-adenoma)という．ただし腺腫と癌腫の区別が困難なことも多く，腺腫を低悪性度腫瘍とみなす考え方もある．最近では，大腸腺腫の例にみられるように，腺腫は多段階発がん過程の*前がん病変とする考え方が有力になっている．

i **先取権** [priority]《同》優先権．*タイプ法とともに*命名規約の根幹をなす概念で，あるタクソンの*有効名(動物において)ないし正名(植物・細菌において)は，命名規約に定められた命名法の起算点以降にそのタクソンに適用された名称のうちの最も古い*適格名ないし合法名であるとすること．ただし，これを厳密に適用することにより長く忘れ去られていた学名が復活し，慣用の学名が変更されて利用者の不便がはなはだしい場合には，先取権の適用を除外する方策が命名規約で定められている．適用除外を受けた有効名ないし正名を保全名ないし保存名(conserved name ラ nomen conservandum)という．なお，priorityは国際植物命名規約日本語版で従来「優先権」と訳されてきたが，国際動物命名規約日本語版では「優先権」はprecedenceの訳語として使われ，本項目で定義した「先取権」よりもやや広い意味をもっている．(⇒適格名，⇒命名規約)

a **前出葉** [prophyll] 《同》前葉.側枝の第一節に生ずる葉,すなわち側芽で最初に形成される葉.*葉芽,*花芽のいずれにも用いる.前出葉に特異的な形や葉序が見られる植物も少なくない.単子葉類では1枚の前出葉が母軸側に生ずることが多いが,双子葉類では左右に1対生ずる同形同大の前出葉が通常である.一般に小型で,普通葉の発育が抑制されたと見なせる場合が多く,冬芽では*鱗片葉である.シデやアサダの花序に生ずる側枝は1対の前出葉のみをつけ,この前出葉の腋に花(果実)を生ずる.また,葉身の発育が完全に抑えられたため刺状の突起に変わったものも知られている(ヒユの一種 *Amaranthus spinosus* の葉芽,イノコズチの一種 *Achyranthes aspera* の花芽).カヤツリグサ科のスゲ亜科では前出葉1対が雌雄ずい群を包んで袋となり,花後発達して果実になっても残る.これを果胞(果嚢,嚢包,果壺,嚢状花被 utricle)と呼びスゲ類の分類上の標徴とされる.

b **染色** [staining] 生物体の細部を各種顕微鏡下で,あるいは肉眼でより精密・明確に識別するために,*色素で試料の特定部分を選択的に着色してコントラストをつける操作.[1] 光学顕微鏡のための染色は,ほとんど顕微鏡の歴史とともにはじまり,すでに A. van Leeuwenhoek(1741)が筋繊維をサフロンで染色し観察していた.19世紀には顕微鏡の使用が盛んになり,固定・切断など標本作製技術の発達とともに,1850年頃にはカーミン,*インジゴなど天然色素のほかに,アニリン系色素による染色・ヘマトキシリン染色法・弁色法など,多くの染色法が確立した.染色には,大別して次のような方法がある.(1) 一般染色:細胞・組織の構造を識別するために構成要素の色素に対する親和性を利用した染色.染色は固定条件・色素濃度・溶媒・温度など種々の要因が影響するが,特に溶媒のpHは大きな影響をもつ.例えば,両性電解質である蛋白質は等電点では染色性が悪いが,それより酸性側では+に荷電して-荷電の酸性色素と,またアルカリ側では-に荷電して+荷電の塩基性色素と結合しやすくなる.一般に核・染色体は塩基性色素により,細胞質は酸性色素により染色される(⇒好塩基性,⇒好酸性).(2) 細胞化学的染色,組織化学的染色:生体構成物質と色素との選択的呈色反応や化学反応を利用した染色(⇒細胞化学,組織化学).(3) 免疫細胞組織化学的染色:*抗原抗体反応を利用した染色.[2] 電子顕微鏡のための染色を*電子染色というが,「染色」の意味は光学顕微鏡の場合と異なり,電子線を強く散乱するように重金属塩(ウラン・鉛・タングステンの塩類など)を細胞や組織に結合させてコントラストを高める操作をいう.(⇒シャドウイング法)

c **染色糸** [chromonema, *pl*. chromonemata] 《同》らせん糸(spiral),核糸.分裂中期染色体・染色分体や,間期核内で光学顕微鏡により識別可能な最も細い糸状構造をいう.電子顕微鏡による観察から,*30 nmクロマチン繊維が幾重にも折り畳まれて構成されているものと考えられてきたが,異論もある.

d **染色質削減** [chromatin diminution] 体細胞に分化してゆく細胞から,染色質(*クロマチン)の一部が失われる現象.生殖細胞になる細胞においてはこの削減は起こらない.ある種のカイチュウでは,卵割の過程で染色体の分断化が起こり,*紡錘糸と結合する中央部分のクロマチンは娘細胞の核に分配されるのに対し,末端部分のクロマチンは紡錘糸と結合することなく核外に取り残され分解される.削減されるクロマチンは,ブタカイチュウ(*Ascaris suum*)では全クロマチンの25%であり,高度に反復する*サテライトDNAで構成されるヘテロクロマチンを含む.生殖細胞になる細胞に取り込まれる卵細胞質(卵質)中に,染色質削減を抑制する因子が含まれていることを示唆する報告がある.なお,染色質削減の語は,中央接着(centric fusion)のときに動原体を含む染色体小片が,接着した染色体から除去されることに関しても使われる.

e **染色小粒** [chromomere] 《同》染色粒,クロモメア.*染色糸に線状に多数配列している数珠玉様の小さい染色質粒をいう.染色小粒は体細胞分裂前期および減数分裂前期の染色体上で,特徴的な配列パターンを示す.古くは染色体が正の異常凝縮をしている部位と表現していたが,*30 nmクロマチン繊維が局部的に強く折り畳まれている部分と考えられている.

f **染色体** [chromosome] 動植物細胞の有糸分裂の際に観察された塩基性色素で濃く染まる棒状の構造体.W. von Waldeyer(1888)がギリシア語で colored body の意から命名.遺伝学の発展にともない,遺伝分析によって演繹された遺伝子連関地図と,実際に光学顕微鏡で観察された染色体との対応づけが明らかにされ,細胞中のDNAの大部分が染色体上に局在するという観察とあいまって,染色体すなわち遺伝情報担体という考え方が確立した.現在では細胞分裂中に見られる染色体に限らず,間期や分化した核内の*クロマチンを含めて染色体と呼ぶようになり,さらにこのような狭義の染色体に対して,ウイルスや原核生物の核様体,葉緑体やミトコンドリアなどの細胞小器官にある線状配列をした遺伝子連鎖群を,広く染色体というようになった.一般に染色体の数および形は生物の種によって特異的であり,種を規定すると考えられる.染色体は,核分裂の際に凝縮し,一連の極めて複雑な行動をする.有糸分裂の際に現れる凝縮染色体は一次狭窄をもち,ここに*動原体(紡錘糸の付着点)があって,移動期にはこれを先頭にして極へ動いていくのが典型的なものと考えられる.動原体を中心としてその両側を染色体の腕(arm)という.染色体の大きさや形はさまざまで,一次狭窄の位置(中部・次中部・次端部・端部)によって (1) 中部動原体染色体(metacentric chromosome),(2) 次中部動原体染色体(submetacentric chromosome)・次端部動原体染色体(subtelocentric chromosome),(3) 端部動原体染色体(telocentric chromosome)などに分けられる.これらは有糸分裂の後期に両極に移動するときに見られる形態から,それぞれV形染色体,J形染色体,I形染色体(棒状染色体)と呼ばれることもある.また(1)は等腕染色体,(2)(3)は不等腕染色体と分類される.さらに二次狭窄のある場合はその末端部を付随体という(⇒核型,⇒狭窄).このほか機能をも加味して染色体を分類し,*常染色体・*性染色体・*X染色体・*Y染色体・Z染色体・W染色体・*一価染色体・*二価染色体・*二分染色体・*四分染色体・*核小体染色体・*SAT染色体・B染色体など,さまざまに命名される.多糸染色体やランプブラシ染色体のように1個体内の一部の細胞に限って特殊化し,巨大になる場合もあり,これらを総称して*巨大染色体という.真核生物の染色体は,DNAとヒストンなどの塩基性蛋白質を主体とし,これにRNAや酸性蛋白質な

どが加わってできている．構成要素である DNA からみると，分裂期の1個の染色体(すなわち M 期染色体の1本の染色分体)は二本鎖 DNA 1 本から構成されている．二本鎖 DNA はヒストン8分子(H2A, H2B, H3, H4 の各2分子)をコアに 1.75 回旋(146 塩基対相当)し，*ヌクレオソームを形成する．ヌクレオソーム間の DNA はリンカー DNA と呼ばれ，20 塩基対の DNA がヒストン H1 と共に連結し，一連のクロマチン繊維となる．クロマチン繊維は1ピッチ3万～4万塩基対を単位とするらせん糸となり，*30 nm クロマチン繊維をつくる．この 30 nm クロマチン繊維が一般に分裂間期における DNA の存在様式であるが，ゲノム遺伝子の転写やさまざまな機能発現に応じて DNA の折畳み程度は多様に変化し，*ヘテロクロマチンや*ユークロマチンなどのモザイクな存在様式が同じ染色体内に見られる．中期染色体ではこの 30 nm クロマチン繊維がさらに高次の折畳みにより光学顕微鏡で観察される凝縮染色体を構築する(図)．一方，原核生物やウイルスで染色体という場合には，通常単一の核酸分子そのものを指す．例えばポリオーマウイルスの染色体は分子量約 300 万，長さ約 1.6 μm の二本鎖 DNA, λ ファージでは分子量約 3000 万，長さ約 17 μm の DNA で約 60 個の遺伝子をもち，大腸菌では分子量約 25 億，長さ約 1.6 mm, 約 470 万塩基対という巨大な高分子 DNA である．なお，ウイルスでは二本鎖 DNA 以外に一本鎖 DNA や RNA を染色体とするものも知られている．ヒトの半数染色体(ゲノム)は 30 億の塩基対からなり，体細胞の分裂間期核におけるその全長は 180 cm にも及び，そこには2万～3万の遺伝子が担われているという．

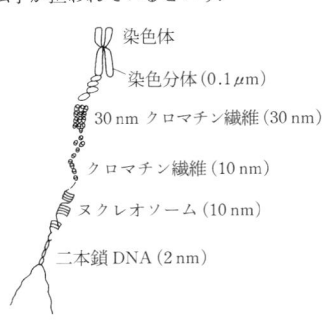

染色体
染色分体(0.1 μm)
30 nm クロマチン繊維(30 nm)
クロマチン繊維(10 nm)
ヌクレオソーム(10 nm)
二本鎖 DNA(2 nm)

a **染色体異常** [chromosome aberration] 染色体の数および構造の変化をいう．遺伝子突然変異に対応して，染色体の数の変化をゲノム突然変異(genome mutation), 構造の変化を染色体突然変異(chromosome mutation)という．数の変化には倍数性・半数性・異数性がある．構造の変化には染色体型と染色分体型とがあり，いずれにおいても染色体内と染色体間とがある．異常の種類には断片化・欠失・重複・逆位・転位・転座・付着・挿入などがある．染色体異常は自然にも起こるが，人為的にも種々の薬品・放射線・紫外線・異常温度などによって起こすことができる．染色体異常は遺伝子の変異とともに生物進化の基礎をなす変異性の原因として重要であるばかりでなく，それぞれの染色体異常の示す特異な行動を通じて，染色体ならびに遺伝子の機能や性質に関する知見を深め，また染色体異常に基づく特殊な遺伝様式や表現形質を育種上に応用できる場合もある．染色体異常はその種類によっては発生異常や先天異常の原因ともなる(⇒染色体異常症候群)．白血病やがんなどの悪性腫瘍では，P. Nowell によりヒト慢性骨髄性白血病の*フィラデルフィア染色体が報告されて以来，多数の疾患特異的な染色体異常が報告されている．これらの染色体異常による遺伝子の変異もしくは発現異常から細胞の増殖や分化の異常が引き起こされることが細胞がん化につながる．

b **染色体異常症候群** [chromosome abnormality syndrome] 染色体の構造，数的異常に起因する疾患．ヒトの新生児のうち約 0.6% に何らかの先天性の染色体異常が認められる．そのうち約 1/3 は表現型に影響を及ぼさない，すなわち形質として現れない異常であるが，残り約 2/3 はさまざまな重篤度の先天異常を伴う．(1)性染色体異常：代表的なものでは，性染色体の構成が XXY で精巣機能不全を主徴とする*クラインフェルター症候群，X 染色体が1個(XO)で卵巣無発育の*ターナー症候群，X 染色体が3個の XXX 女性(triple-X female), XYY の YY 症候群(YY syndrome, YY 男性 YY male)がある．(2)常染色体異常：代表的なものには，21 番染色体がトリソミー(通常の2本ではなく3本になっている)の*ダウン症候群，18 番染色体がトリソミーで胎生期の発達障害を起こすエドワーズ症候群(Edwards syndrome, 18 トリソミー症候群), 13 番染色体がトリソミーで高度の奇形を伴うパトー症候群(Patau syndrome, 13 トリソミー症候群)などがある．猫なき症候群(cat cry syndrome)は特徴的な泣き声を発するもので，5 番染色体の短腕の部分欠失による．そのほかにも部分欠失や部分トリソミーなどによる先天異常が数多く知られているが，その表現型は異常となった染色体および染色体の領域により異なる．

c **染色体環** [chromosome ring] 4個以上の部分相同染色体がそれぞれ末端部に*キアズマを作って環状に連結した染色体対合．転座ヘテロ接合体の減数第一分裂の*ディアキネシス期から中期にかけて見られ，標準染色体と転座染色体とが交互に配列している．染色体環は自然状態で種々の植物に見出される．特にマツヨイグサ属では最初に染色体環が発見され，しかも 4, 6, 8, 10, 12 個および 14 個の染色体からなる環，またはそれらの環を2個または3個組み合わせた各種の場合が知られている．人為的に*相互転座を誘発して種々の染色体環を作った例としては，一粒コムギ，トウモロコシ，オオムギなどがある．マツヨイグサ属の大形の染色体環を構成する各染色体は規則正しく交互分離を行い，染色体の組合せの点から見て2種類だけの配偶子を作る．このことは，マツヨイグサ属のそれぞれの種がレンナー複合体(Renner complex)と呼ばれる固く連鎖した遺伝子群を二つずつ含むという遺伝学的事実とよく対応している．昆虫でも直翅類のあるもので染色体環が見られている．(⇒染色体鎖，環状染色体)

d **染色体凝縮** [chromosome condensation] 有糸分裂の際に，クロマチン鎖が凝集する過程．この過程には*コンデンシンが中心的な役割を果たしている．最も凝縮が進んだ分裂中期では，二つの*姉妹染色分体がセントロメアでのみ強固に結合した X 字の形態をとる．これは，染色体腕部の染色体接着因子*コヒーシンが解離して，セントロメアだけは*シュゴシンによって解離から守られているためである．

e **染色体顕微切断** [chromosome microdissection]

分裂中期染色体全体またはその一部領域を顕微鏡下で観察しながら微細なガラス針やレーザー光を用いて物理的に切断し，切断片を回収する技法．ある染色体領域に特異的な DNA を得るのを主たる目的として行われる．顕微切断で得られた DNA を直接，または*PCR法で増幅後クローニングし，領域特異的 DNA ライブラリー（⇒ゲノミックライブラリー）を構築することも行われる．本法を用いてクローニングした DNA のサイズは一般的に数百塩基対と小さく，マイクロクローン (microclone) と呼ばれる．また，PCR 産物をプローブプールとして*蛍光 in situ ハイブリダイゼーション法を行うと顕微切断した染色体領域だけを彩色することができる．（⇒染色体彩色）

a **染色体鎖** [chromosome chain] 4個以上の部分*相同染色体がそれぞれ末端部に*キアズマを作って鎖状に連結した染色体対合．*多価染色体の一種．転座ヘテロ接合体の減数第一分裂のディアキネシス期から中期にかけて見られる．*染色体環や染色体鎖を構成する染色体の結合は，相同部分が分裂の前期に対合し，その部分に*交又が起こった結果であり，*転座した部分が長い場合には結合する機会が多く，短ければ離れやすい傾向がある．*相互転座のヘテロの個体では，転座した部分の両方が長ければ主として染色体環になるが，どちらも余り長くないか，または一方が著しく短いときには染色体鎖を生じやすい．またどちらも短ければ，環も鎖も作らずに二価染色体だけが見られる．

b **染色体彩色** [chromosome painting] 《同》染色体ペインティング．*蛍光 in situ ハイブリダイゼーション法(FISH)を用いて，ある特定の分裂中期染色体だけを蛍光彩色する技法．蛍光顕微鏡で観察すると，背景中に目的の染色体だけがあたかも色を塗ったように彩色(paint)されることからこの命名がある．目的の染色体に特異的な DNA の集合物をプローブプール (probe pool) とし，染色体 DNA とプローブ DNA との間でハイブリッドを形成させビオチン‐アビジン法または抗原抗体反応を利用して蛍光色素で検出する．染色体または領域ごとに別種プローブと別種の蛍光色素を用いると同時多彩色も可能である．（⇒in situ ハイブリダイゼーション）

c **染色体削減** [chromosome elimination] 《同》染色体放棄．双翅類や膜翅類などの昆虫胚の特定の核分裂で，一部の*染色体が核に入らずに失われる現象．染色体の一部分が失われる*染色質削減と，DNA の一部を失うという点で同じ意味をもつ．タマバエの一種では第五回目の卵核分裂で 40 本の染色体のうち 32 本が失われる．第五回分裂以前に極細胞質に入った核では染色体削減が起こらない．その結果生殖細胞系列の細胞は 40 本，体細胞系列の細胞は 8 本の染色体をもつことになる．生殖細胞系列でのみ保持される染色体上では，卵形成中に RNA 合成が起こることから，この染色体上には生殖細胞系列で機能する遺伝子が存在すると考えられている．また，ギョウレツウジバエ(Sciara)の仲間では，体細胞系列において染色体削減が見られるが，生殖細胞でも余剰に重複した染色体を削減することが知られている．

d **染色体説** [chromosome theory of inheritance] 《同》染色体学説．メンデルの法則に従う遺伝現象を，遺伝子の担体である染色体の属性や行動様式で説明しようとする説．W. S. Sutton (1903) によって減数分裂における相同染色体の分離と G. J. Mendel が想定した形質の分離が関係づけられ，次いで T. H. Morgan (1910) によって連鎖群と染色体との関係が明らかにされこの学説は確立された．なお，T. Boveri (1914) は，がんが染色体の構成や構造の異常をもつ細胞に由来するという説を提唱し，これを発がんの染色体説 (chromosome theory of cancer) と呼ぶ．

e **染色体切断症候群** [chromosome breakage syndrome] 《同》染色体不安定症候群 (chromosome instability syndrome)．ヒトの遺伝病の中で，染色体の切断やその他の構造異常(*転座など)の自然発生率が異常に高い一群の疾患の総称．代表的なものに，小頭症および小人症を伴う劣性遺伝病のブルーム症候群 (Bloom syndrome)，小脳性の運動失調と毛細血管の拡張および IgA 欠損を伴う毛細血管拡張性運動失調症 (ataxia telangiectasia)，多発奇形を伴う再生不良性貧血を主徴とするファンコニー貧血症 (Fanconi anemia) などがある．いずれもがんの発生率が高いことが特徴の一つとなっている．

f **染色体ソーティング** [chromosome sorting] *フローサイトメトリーを利用して特定の染色体だけを分別する技法．(1) コルセミド(⇒コルヒチン)処理により分裂中期細胞を集め，(2) 低張液および物理的処理により細胞を破壊し染色体を緩衝液に放出させ，(3) 染色体 DNA を蛍光色素で染色(標識)し，(4) 染色体懸濁液をセルソーターにかけ，DNA 量の違いにより染色体を分別する．本法で分別された染色体から染色体特異的 DNA ライブラリーが構築されている．

g **染色体断片** [chromosome fragment] 染色体の切断あるいは*断片化によって生じた染色体の断片．もとの染色体が局在型*動原体か分散型動原体か，さらに局在型動原体では断片に動原体(セントロメア)が含まれるか否かによって切断後の行動が異なる．動原体を含む場合は，核分裂の後期において断片が紡錘体極への移動能力をもつため，長く細胞内に保有されることが多く，混数体や異数体の発生の原因ともなる．動原体を含まない断片(無セントロメア断片)は通常核分裂を通じて核外に放出され，やがて消失するが，他の染色体に融着して，転座や挿入などの原因となる場合もある．また，無セントロメア断片内に新たに動原体の働きを示す領域(ネオセントロメア)が生じ，消失が回避されることもある．消失した染色体断片に，生育に必要な遺伝子(群)が存在していた場合は，核分裂後の細胞は致死となる．分散型動原体ではほとんどすべての断片が核分裂後期に極への移動能力をもつためその後も細胞内に保有される．

h **染色体地図** [chromosome map] 個々の染色体の特定部位や染色体上の遺伝子の種類と配列順序および遺伝子間の距離を図示したもの．作製する方法によって，遺伝地図(遺伝学的地図 genetic map)と細胞学的地図 (cytological map) に分けられる．遺伝地図は遺伝子間の乗換え価がその相対的距離を表すことを利用しており，一般に F_1 のヘテロ接合個体を劣性ホモの個体に検定交配して遺伝子間の組換え価を求め，必要があれば補正を行ってより正確な価を推定する（⇒地図距離）．そして基本的には三点交雑によって遺伝子の相対的位置を決定する．この地図を連鎖地図 (linkage map) ともいう．細胞学的地図の代表的なものには，ショウジョウバエなどの

唾腺染色体地図とトウモロコシなどのパキテン期染色体地図がある．唾腺染色体にはさまざまな形をした横縞が線状に並んでいる．これを一つ一つの染色体について図示したものが唾腺染色体地図である．パキテン期染色体地図は減数分裂のパキテン期に見られる染色小粒の位置や大きさ，狭窄や核小体形成体の位置を染色体ごとに図示したものである．また，遺伝子あるいはそれ以外の領域のうち，塩基配列がわかったものについては，そのDNAを蛍光色素や化学物質で標識し，染色体上の対応する塩基配列と分子雑種を作らせることによって染色体上の位置を決定することができる(⇨染色体マッピング)．一方，ヒト，シロイヌナズナをはじめゲノム解読が終わった生物種においては，DNAの塩基配列情報に基づいてゲノム上の絶対的な位置も表示した物理的地図(physical map)がある．(⇨物理的遺伝子地図，⇨欠失マッピング)

a **染色体テリトリー**　[chromosome territory]　細胞周期間期の核において各染色体が配置される空間・領域．間期の核において染色体は入り乱れて分布するのではなく，各染色体が一定の空間を占め，さらにこの空間配置はいくつかの規則性を示す．例えば大きい染色体は核周辺部に，小さい染色体は核中心部に分布する傾向がある．また，一つの染色体が別の特定の染色体と隣り合う傾向もある．この相対的位置関係は染色体転座と関係すると考えられている．

b **染色体導入**　[chromosome transfer]　特定の染色体を細胞に導入し安定に保たせる技術．広義には細胞融合による*雑種細胞形成も含まれるが，実際には1本の染色体を細胞に導入する微小核雑種法(micronuclear hybridization, microcell hybrid method)を指す．まず優性選択形質(大腸菌由来のneo遺伝子：neo^R やハイグロマイシンBホスホトランスフェラーゼ遺伝子など)を細胞Aに導入すると，これはランダムに細胞Aの染色体にとりこまれる．この細胞Aをコルセミド(⇨コルヒチン)で長時間(48時間以上)処理すると分裂中期の染色体は分離できず，核膜が1～数本の染色体を取り囲むように形成された微小核が細胞内に多数出現する．この微小核体をサイトカラシンB存在下での超遠心により細胞質から分離し，染色体数の少ない微小核細胞をウシ血清アルブミンの密度勾配やフィルター処理により精製する．この微小核細胞は細胞膜をかぶっており，センダイウイルスやポリエチレングリコールの使用により細胞Bと融合し染色体を細胞内へ導入できる．優性選択形質をもった染色体が導入された細胞Bだけが生き残るよ

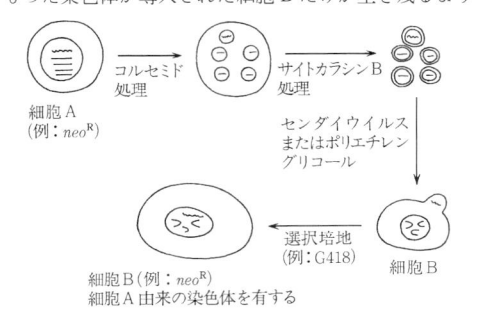

うに適当な選択培地(例えば neo^R の場合，neoにコードされる3′-O-アミノグリコシドホスホトランスフェラーゼによって不活化されるアミノグリコシド系抗生物質G418を含む培地)で培養することにより(ポジティブ選択)，ほぼ1本の特定染色体が導入された細胞を得ることができる(図)．こうして得られた1本の特定染色体をもつ雑種細胞をモノクロモソーム雑種(monochromosome hybrid)と呼ぶが，これは各染色体のDNAライブラリー(*ゲノミックライブラリー)の作成，分化形質の調節の染色体レベルでの解析，がん抑制遺伝子の解析に有用である．

c **染色体ドメイン**　[chromosome domain, chromosomal domain]　《同》クロマチンドメイン(chromatin domain)．染色体上で，クロマチン構造により遺伝子や遺伝子クラスターの発現が活性化もしくは抑制の一定の傾向に制御される領域．染色体は，遺伝子の転写活性が高い*ユークロマチン領域や，紡錘糸が付着するセントロメア領域や末端のテロメア領域などを含めた遺伝子の転写活性が低い*ヘテロクロマチン領域など，機能を反映してクロマチン構造が異なる個々の領域から形成構築されている．染色体ドメインの境界形成には，まわりの環境から遺伝子発現制御を独立させる機能をもつDNA配列*インシュレーターの関与，ヒストン修飾に関して反対の活性をもつ酵素群のせめぎあいのバランスで決定されている可能性などが示唆されている．

d **染色体パッセンジャー蛋白質**　[chromosomal passenger protein]　分裂期に特有の局在を示す一群の蛋白質．分裂期に入ると染色体の動原体領域に局在化し，分裂期の後期には紡錘体赤道面に，分裂期の終期から細胞質分裂期にかけて中心体に局在化する．動原体蛋白質の一つINCENPやキナーゼのオーロラキナーゼBがよく知られ，染色体の整列と分離，*紡錘体チェックポイント，細胞質分裂の調節に関係しているとされる．

e **染色体分染法**　[differential staining of chromosome, chromosome banding]　染色体を固定する際に熱・アルカリ・蛋白質分解酵素などで処理して染色体を構築する繊維に歪みを与え，遺伝子の配列に対応して染色体をバンド状に染め分ける方法．従来，核型分析における染色体の分類・同定は染色体の形態的特徴によっていたが，1970年代以降の分染技術の発達により，各染色体に固有の分染パターンや縞模様に基づいて容易になされるようになった．これに伴いヒト染色体の構造異常の詳細な記載が，国際命名規約(ISCN)に従って行われている(⇨ヒト染色体命名法)．以下の方法がある．(1) 染色体の縦軸方向に沿って横縞模様が現れる染色法．Qバンド法(Q-banding)：染色体標品をキナクリンやキナクリンマスタードなどの蛍光色素で染色する．AT含量の多い部位が濃染されるといわれる．Q染色濃染部位は淡染部位に比べ，DNAが後期複製型である．Gバンド法(G-banding)：トリプシンや尿素処理をした染色体をギムザ液で染色する(⇨ギムザ染色法)．Qバンド法とほぼ一致した分染パターンをもつが，構造的異質染色質の部位はGバンド法では処理の条件により必ずしも一定しない(変異バンド)．Rバンド法(R-banding)：リン酸緩衝液中で高温(88℃)処理したのちギムザ染色やアクリジンオレンジの染色あるいはクロモマイシンA_3で単独蛍光染色する．Qバンド法と濃淡反転した縞模様をもつ(GC含量の多い部位が濃染)．(2) 染色体の特

定部位を染め出す方法．Cバンド法(C-banding)：アルカリ溶液で前処理したのち塩類溶液中で加温してギムザ染色する．高度の反復配列をもつ構造的異質染色質の局在部位を特異的に濃染する．Nバンド法(N-banding, NORバンド法 NOR-banding)：高温の弱酸性塩類溶液による処理ののちギムザ染色あるいはアンモニア性銀で染色する．核小体形成部位が特異的に染まる．このほかにも，動原体部位を特異的に染める Cd 染色法(Cd staining, centromeric dot staining) などがあり，これらは遺伝的マーカーとしても用いられる．以上の分染法で得られるバンド数はヒト23対半数体染色体に約320であるが，染色体凝縮が進んでいない分裂初期の染色体では，1200あるいはそれ以上の微細なバンドが高精度分染法(high-resolution banding)により検出できる．これは末梢リンパ球を臭化エチジウムやメトトレキセートで処理する方法で，詳細な遺伝子地図の作製に有用である．(⇒染色体彩色)

a **染色体分配** [chromosome segregation, chromosome separation] 細胞分裂に先立ち核分裂により染色体を細胞の両極へ配分する過程．複製した染色体を均等に娘細胞に受けわたす均等的分裂と，染色体数を半数にする減数分裂のときに見られる還元的分裂の，二つの様式がある．(⇒コヒーシン，⇒シュゴシン)

b **染色体分離** [chromosome disjunction] *均等的分裂のときに*姉妹染色分体が両極に分かれること，あるいは減数分裂の還元的分裂で，相同染色体が両極に分かれること．反対語として，染色体不分離(chromosome nondisjunction). (⇒セパラーゼ)

c **染色体胞** [chromosomal vesicle, karyomere] 《同》核胞．核分裂の終期染色体の周囲に見られる胞状構造．

d **染色体歩行法** [chromosome walking] 《同》遺伝子歩行法，DNA歩行法．あるゲノムDNA断片から出発して，その断片の末端の配列を手がかりに，隣接するDNA断片を同定することを繰り返し，次々にゲノム配列断片をつなぎながら（歩行するようにして），最終的に目的遺伝子（あるいは配列）までたどり着く手法．巨大な遺伝子の取得に使われる．

e **染色体マッピング** [chromosome mapping] 《同》遺伝子マッピング(gene mapping). ある遺伝形質を特定の染色体上に位置づけること．広義にはウイルスからヒトまで，遺伝子がゲノムDNAや染色体の中でどのような配置をとるかを決定することをいうが，実際には遺伝子が染色体上のどこに位置するかを決める作業を意味する．実験生物の場合は染色体上の遺伝子マーカーやDNA多型を座標に用い，組換え価に基づいて位置を決定する(⇒染色体地図)が，交配実験ができない．ヒトについては，1911年赤緑色盲が伴性遺伝形質としてX染色体上にマップされたのが最初．1960年代後半にヒトーマウス雑種細胞においてヒト染色体が優先的に消失することが発見され，ある遺伝形質を特定のヒト染色体に位置づけることが可能になり，ヒト遺伝子マッピングの道が開かれた．染色体分染法の開発・改良とアイソザイムを染色体のマーカーとして用いる手法により1970年代末まで約400の遺伝子が特定のヒト染色体に位置づけられた．さらにクローン化された遺伝子をプローブにして多様なヒト染色体構成をもつ雑種細胞のDNAに対してサザン法を用いることにより，表現形質に依存せずにヒト遺伝子マッピングが行われるようになった．また

^{3}Hや^{35}Sあるいは蛍光色素で標識したDNAプローブを変性させた分裂中期染色体のDNAと直接ハイブリッドを形成させ染色体バンドを対応させて遺伝子座を決める*in situ ハイブリダイゼーションや，*染色体ソーティングにより分離した特定の染色体のDNAを用いてマッピングを行う方法，および染色体の欠失・転座をもつ細胞に上記の方法を適用して遺伝子の局在マッピング(regional mapping)を行う方法も利用されている．最近はDNA配列の決定技術の進歩により，より直接的に遺伝子が同定されるようになりつつある．

f **染色中心** [chromocenter] 《同》染色中央粒．[1] 間期から前期のはじめの核内に見られる*ヘテロクロマチン（異質染色質）の塊．前期に常染色体の一部分が*異常凝縮した染色中心を前染色体(prochromosome)ともいう．間期核に散在する多数の染色中心は前期染色体の*染色小粒である．[2] ショウジョウバエの*唾腺染色体が1カ所で結合した部位．各染色体の動原体が結合して形成したヘテロクロマチンの塊である．

g **染色分体** [chromatid] 複製によって生じた同じ遺伝情報をもつ2本の糸をそれぞれ染色分体または*姉妹染色分体と呼ぶ．1対の染色分体は，複製した後，全長にわたって接着しており，分裂期の前期から中期にかけて染色体凝縮が進むと，染色体の長軸に沿って二つに分別できるようになる．分裂直前の少なくとも動原体領域で連結している状態のものを狭義の染色分体と呼ぶ．染色分体の接着を担う蛋白質として*コヒーシンが見つかっている．

h **染色分体橋** [chromatid bridge] 《同》染色体橋(chromosome bridge). 核分裂の後期に二つの*動原体が交互分離により別々の極に移行するときに，その染色分体の両動原体の間の部分がとる両極の間にまたがって引っ張られた形．1個の染色体が動原体を二つもつとき起こる．偏動原体逆位をヘテロにもった個体が減数分裂にあたり逆位の部分で交叉を起こすと，二つの動原体をもった染色分体と動原体をもたない染色分体とを生ずる可能性がある．減数分裂に染色分体橋が観察された場合には，その個体がヘテロ接合体であると推定される．X線その他の放射線やある種の薬品類によって染色体異常を誘発するとしばしば染色分体橋が見られる．

i **前腎** [pronephros] 《同》原腎(primordial kidney). 脊椎動物の泌尿器系統の個体発生において最初に現れ，かつ最前方に位置する*腎臓．一部の魚類と円口類では一生，多くの魚類や両生類においては胚期から幼生期まで泌尿器官として機能する（これを頭腎 head kidney と呼ぶこともある）が，羊膜類では痕跡的．また多くの魚類の成体で，前腎はリンパ様組織として存続する．発生的には*中間中胚葉（腎節）に由来し，形態学的にその主体をなすものは前方の腎節から側方にのびた左右対をなす前腎細管で，その一端（内側端）は体腔の背方部（腎腔）に開口し，その開口部を腎口(nephrostome)という．また他の端（外側端）は順次後方のものと連絡して前腎管(pronephric duct)をなし，それは尾方へのびて排出腔に開く．腎口に向かいあった体腔壁には大動脈に由来する前腎動脈の末端が糸球体を生じて突出し，これを腎口が受けて両者で腎小体を形成し，体腔および血液中の老廃物を排出する機能をもつ．前腎細管の数および位置は動物の種類により著しい差異がある．例えばヤツメウナギでは4対で第四胴体節以後に生じ，イモリでは3対

で第四胴体節以後に生じる．前腎の後方に，前腎に遅れて中腎が形成される．ほとんどの無羊膜類では中腎 (*後方腎)が，また羊膜類では後腎が成体の腎となる．前腎管はつづいて*中腎管 (ウォルフ管) として転用され，無羊膜類ではこれが尿路と精路を兼ねる輸尿精管となり，羊膜類の雄では専用の輸精管として発達する．

a **全身獲得抵抗性** [systemic acquired resistance] 植物の一部に病原体が感染し細胞死を伴う激しい防御応答が起こると，数日のうちに植物全身で二次感染に対する抵抗性を獲得する．全身獲得抵抗性には*サリチル酸の働きが重要であり，その蓄積に伴い，*PR 蛋白質群の発現がみられる．

b **全身感染** [systemic infection] 一般に，病原体が宿主個体の一部に限局せず，全体に感染すること．[1] 植物ウイルスでは宿主の接種部位に局在化 (⇒局部病斑) せず，葉・茎・根・花など全身に拡がって感染すること．ただしシュート頂の成長点付近には感染がおよんでいないことがある．植物ウイルスが全身感染する過程は細胞間移行と長距離移行に大別され，それぞれに必要な遺伝子が共にウイルスゲノムにコードされている (⇒保毒植物)．[2] 動物では，病原体が血行などによって全身に感染が拡がること (例えば末期の敗血症など) をいう．

c **漸進進化** [gradual evolution] 生物の性質が時間とともに徐々に変化するような進化様式．系統漸進説 (phyletic gradualism) では，種は時間とともに徐々に変化し，同じ系統の中で変化することによって別の形態をもった種に進化すると考える．新しい種は，短時間あるいは突然に形態の変化を伴って生じるとする*断続平衡説の提唱以来，従来のダーウィン的進化観念をそれと対比して漸進進化の名で呼ぶことが多い．しかし，進化的にどの程度の時間スケールでどの程度に変化すれば漸進進化あるいは断続的な進化であるかを決める指標はない．

d **鮮新世** [Pliocene epoch] 新第三紀のうち最新の地質時代．約 530 万年前から 260 万年前までにあたる．C. Lyell (1833) の命名．ただし彼は現在の鮮新世を古鮮新世とし，ほぼ更新世にあたるものを新鮮新世と呼んだ．貝化石の総種数に対する現生種の割合は 60〜70% とされ，現生種の著しい増加が目立つ．白亜紀以降，気候が温暖であったが，この時代の後半から気温低下が起こって，次にくる第四紀の大氷河時代のさきぶれを示す．特に植物界にはこの影響が顕著．長鼻類はこの時代に至って全盛に達し，数多くの属や種が現れている．食肉類は中新世に続いてますます発展した．約 300 万年前にパナマ地峡の成立によって，優勢な北米大陸の哺乳類が南米に侵入し，南米の哺乳類群に破滅的打撃を与えたことが知られている．(⇒新第三紀)

e **漸新世** [Oligocene epoch] 古第三紀の後期，すなわち始新世に引き続き，約 3400 万年前から 2300 万年前までにあたる時代．H. E. Beyrich (1855) の命名．生物学は古第三紀型と新第三紀型との交代期で，始新世に栄えたものが衰えをみせる一方，始新世に初めて現れた近代型のものが発展を始めており，ウマ類やゾウ類などはその例．始新世に著しい大型有孔虫類は，この時代に入る前に多くの属が滅亡したが，それでもまだ相当に盛んである．ヨーロッパでは，この時代の貝化石のうち現生種は 10〜15% あるとされている．(⇒古第三紀)

f **全身性エリテマトーデス** [systemic lupus erythematosus] SLE と略記．《同》全身性紅斑性狼瘡．遺伝的素因，内分泌系，種々の環境因子などが相互に作用して，免疫制御機構が障害されることによって起こると考えられている全身性の慢性炎症性疾患．代表的な*膠原病の一つ．はじめ特有の紅斑性皮膚病変だけが注目され尋常性狼瘡の病名がつけられたが，その後以下のような全身性病変を示すことが分かり，さらに抗核抗体によってできる LE 細胞 (lupus-erythematosus-cell, LE-cell) や多くの免疫学的異常が明らかにされるにおよんで，SLE は全身性自己免疫疾患であるとの認識がされている．女性に多く，また生殖期年齢 (15〜50 歳代) に罹患することがほとんどであることから，女性ホルモンとの何らかの因果関係が疑われている．一卵性双生児での発症率は 30% 前後であり，また稀に家族内発症をみることもあり，遺伝的素因も部分的に関与していることが疑われている．環境因子としては，紫外線，ウイルス感染，外傷，外科手術，妊娠・出産やある種の薬剤などが知られている．主な臨床症状としては，発熱，貧血，関節炎，皮膚炎 (特に顔面頬部の特徴的紅斑は蝶型紅斑と呼ばれる)，脱毛，心外膜炎，肺炎・胸膜炎，血管炎，糸球体腎炎，多様な末梢および中枢神経症状などがあるが，症状の程度や広がりは軽度のものから重篤なものまで広範囲で，また罹患臓器の分布も症例によって大きく異なる．その中で高頻度で認められ，また予後にも大きく影響するのが糸球体腎炎 (glomerulonephritis) である．免疫組織化学的には抗体と補体の強い沈着が認められ，免疫複合体沈着による腎炎であると考えられている (免疫複合体病 immune-complex disease)．検査所見としては，白血球 (特にリンパ球) の減少と低補体血症，高 γ-グロブリン血症および多彩な自己抗体の出現が特徴だが，特に二本鎖 DNA に対する自己抗体 (抗 DNA 抗体) と抗 Sm 抗体 (RNA スプライシング機能をもつ snRNP に含まれる Sm 蛋白質に対する自己抗体) は SLE 以外の自己免疫疾患で見ることは稀で，その診断価値は高い．病因はいまだに不明であり，根治療法もまだない状況であるが，古くから使用されてきた副腎皮質ホルモン剤やシクロホスファミドに加え，新規に開発された免疫抑制剤によって，以前と比較すれば生命予後は大幅に改善されてきているが，強い免疫抑制による感染症合併例も増加している．また肺胞出血や中枢神経ループスなどの難治病態は依然として致命率が高い．

g **前進的発達** [progressive development] 広義には，進化に際して体制が単純から複雑に向かうこと，狭義にはそれが特に生物それ自身に内在する原因によって起こること．J. B. Lamarck の根本的な考え方は後者で，無機物質からの自然発生で生じた胞状の原始生命のうちに将来の発展の原因が潜在しているものとする．

h **漸進分岐様式** (種分化の) [divergence modes] ⇒種分化

i **潜水反射** [diving reflex] ヒトを含む哺乳類や鳥類が，潜水時に徐脈 (⇒心拍数) と末梢血管の収縮を起こし，脳・肺・心臓・副腎などへの血流・血圧・酸素供給の維持を行う反射．哺乳類では，顔面の固有受容器や化学受容器への刺激が三叉神経を経て延髄孤束核の*血管運動中枢 (心臓血管中枢) へ伝えられ，迷走神経を介して心臓拍動を抑制するとともに，末梢交感神経を介して末梢血管の収縮が起こる．鳥類では徐脈と血管収縮は主に化学受容器からの刺激による．

a **全数性** [diploidy] 《同》二倍性, 複相性. 半数体の配偶子が接合して配偶子の2倍の染色体数をもっている状態. (→半数性)

b **前成説** [preformation theory] 個体発生において, 完成されるべき個体の個々の形態・構造が発生の出発時になんらかの形であらかじめ存在し, それが発生に際し展開されて形をもつようになるという学説(→展開説). *後成説と対する. 前成説の最も極端な形は, いわゆる*いれこ説である. ギリシア時代にも前成説的思想はあったが, 近世に至り, 特に顕微鏡の導入に伴い非常に有力な学説となり, 17世紀および18世紀の著名な生物学者(M. Malpighi, A. van Leeuwenhoek, H. Boerhaave, J. Swammerdam, A. von Haller, C. Bonnet ら)がこの説をいろいろな形で主張した(→精子論者, →卵子論者). このような古典的前成説は発生学の研究の進展に伴いくつがえされた. 現在の発生生物学において, 発生過程を細胞内部に仕組まれた遺伝的機構によって説明する機械論的決定論的立場は, 古典的前成説とは厳密には異なるとされる.

c **前生物的合成** [prebiotic synthesis] 《同》非生物的合成, 無生命合成. *化学進化において, 生体を構成する物質が生命の誕生以前に合成される過程. 生体が生合成によってつくり出す有機化合物は, 生物の存在以前は原始大気や原始海洋などに存在する無機化合物が紫外線や放射などをエネルギーとして前生物的合成されたと考えられている. いくつかのアミノ酸や一部の塩基(アデニン)は実験的に合成されることが知られているが, アミノ酸が結合されたポリペプチドや他の塩基, 糖などが, 原始地球上でどのように生じたのかは不明である.

d **前性類** [Progoneata] 節足動物のうちのコムカデ綱, エダヒゲムシ綱およびヤスデ綱の3群を併せたもの. これに対し, ムカデ綱(唇脚類)と昆虫類を併せて後性類(Opisthogoneata)と呼んだ. 生殖口が体の前方にある点が共通しており, 後端にある後性類と区別される. しかし近年は*タクソンとは認められず, 昆虫類は六脚亜門(Hexapoda)とし, 他の4群を多足亜門(Myriapoda)として扱うことが多い. (→多足類)

e **先節** [epimerite] アピコンプレクサ門グレガリナ類における宿主への付着器. グレガリナ類の栄養体(trophont)は通常, 前節(protomerite)と核を含む後節(deutomerite)に分節しており, 前節の先端が先節となって宿主上皮細胞に付着している. 一部の種(ガニメデス科など)では分節性が不明瞭で付着器は端節(mucron, 偽先節 pseudoepimerite)と呼ばれる. これらの付着器はスポロゾイトにおいて先端複合体があった場所にでき, 分類形質として重要視される.

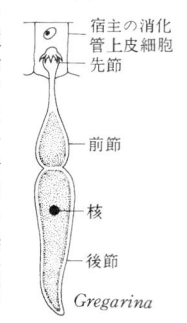

f **前節** 【1】[protomerite] 《同》前房. →先節
【2】[propodite, propodus] [1] 一般に節足動物の*関節肢の第六肢節. 指節を動かす筋肉を収め, エビやカニなどでは指節と対向して鋏(はさみ, 鉗脚)を構成する. [2] 昆虫ではこの前節に相当する肢節は数個のほぼ同様な小節に分かれ, 跗節と呼ばれる.

g **漸増** [1][recruitment] 《同》漸加, 漸加増. 神経の反復刺激によって反射的に筋収縮が起こる際に見られる筋収縮の型で, 張力が比較的ゆるやかに発生する現象. C. S. Sherrington(1923)の記載. 多くの伸筋はこれに属する. これに対し張力が急激に発生するものを急増員といい, 多くの屈筋はこれに属する. recruitment とは増援の義で, 反応に参加する単位数が漸次増加することを意味する. 視床非特殊核の刺激で大脳皮質の広い部位に誘発電位が発生するが, これは反復刺激による漸増が著明で, 特に漸増反応(recruiting response)と呼ぶ. [2] =増し行き

h **先祖返り** [atavism, reversion] 《同》帰先遺伝. 現在では一般に見られない先祖の形質が, ある個体において偶然のように出現する現象, もしくはそのような形質をもつ個体. ヒトに尾が生じたり, 多毛となったり, またウマの肢に過剰の趾骨を生じるのはその例. 先祖返りは, 形質の分離・遺伝子の組換え・不完全表現・突然変異(復帰突然変異)などによって説明される. (→隔世遺伝)

i **前足** [propodium] 軟体動物腹足類の足の前部. 特にツメタガイ, ショクコウラ, マクラガイなど砂中を潜行する種類では極めてよく発達して強力な掘削器となり, 上縁は頭部をおおう.

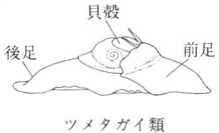

ツメタガイ類 (Glossaulax)

j **前側板** [episternum] 昆虫の*側板が胸脚の関節部から背方に走る側板縫合によって前後の2部分に分割されている場合の前部をいう. 後部を後側板(肢上部epimeron)と呼ぶ.

k **先体** [acrosome] 《同》尖体. 多くの動物の*精子の頭部先端にある*細胞小器官. 硬骨魚類の精子には認められない. 核の先端にかぶさるもの, 核から突出しているもの, 核に埋まっているもの, 細長い核の延長となっているものなど多様な形態をとる. 一般に*ゴルジ体由来の膜に囲まれた先体胞(acrosomal vesicle)があり, その核側の膜を先体内膜, 外側に面している膜を先体外膜という. ウニやヒトデ, カキなど一部の動物には, 精子の体軸方向にそって細い棒状の形態すなわち先体突起(acrosomal process)またはその前駆物質がある. 受精に先立って精子が卵表面に達したとき, 卵由来物質の作用によって先体胞の開口放出(exocytosis)が起きる. この変化を*先体反応と呼ぶ. 先体反応にともなって先体外膜の一部が失われ, 卵との結合や融合に必須な蛋白質が存在する先体内膜が露出し, 初めて受精可能となる. (→先体反応)

l **センダイウイルス** [Sendai virus] 《同》Hemagglutinating virus of Japan(HVJ). *パラミクソウイルス科パラミクソウイルス亜科レスピロウイルス属に属す. 細胞融合作用をもつウイルス. 主にマウスに感染する. 東北大学の M. Kuroya, N. Ishida ら(1953)がセンダイウイルスとして報告. ウイルス粒子は*エンベロープをもち, 直径150〜300 nmの多形性を示す. ゲノムは, 約1万5500塩基長の−鎖RNA. *RNAポリメラーゼをもつ. 熱に不安定で, ほとんどあらゆる種類の赤血球を凝集し, また溶血性を示す. 発育鶏卵や各種動物の腎臓由来培養細胞の細胞質中で増殖, 株細胞に感染させた場合は持続感染を起こしやすい. 種々の細胞を融

合する能力をもつことから，細胞のヘテロカリオン形成や雑種細胞の作製(*細胞融合)に広く利用されている．また*ニューカッスル病ウイルスとともに*インターフェロンの誘導にもよく用いられる．実験マウスコロニーで集団感染を起こし，しばしば問題となる．またヒトからもセンダイウイルスと抗原交叉をもつウイルス(パラインフルエンザウイルス1型)が分離されている．

a **蘚苔層** [moss layer] 群落内で蘚類および苔類が作る，地表面にごく近い層．リターが厚く積もらない岩上や倒木上などに形成されることが多い．しばしば樹木実生の定着の場になる．地表付近に生活する昆虫などの小動物に富む．(→落葉落枝層)

b **先体反応** [acrosome reaction] 受精に先立ち，精子頭部にある先体において，先体胞が開口放出(*エキソサイトーシス)する現象．先体反応の際には細胞膜と先体外膜の一部が融合して胞状化し，失われて先体内膜が露出する．先体反応後に露出する先体内膜には，バインディン(Bindin)やイズモ(Izumo)など，卵との結合や融合に必須な膜蛋白質が存在し，先体反応が起きて初めて受精することが可能となる．また，先体胞内にあるライシン(lysin)と呼ばれるプロテアーゼおよびヒアルロニダーゼが放出されるかまたは細胞膜上に露出し，それらの作用によって精子が卵表上の顆粒膜細胞層や卵黄膜(透明帯)を通過するのを補助していると考えられている．ウニやヒトデ，カキなど，一部の動物では開口放出と同時にアクチンの重合が起きて先体内膜が反転伸長し，先体突起(acrosomal process, acrosomal cone)という特徴的な構造を作る．哺乳類の精子では先体突起は生じない．先体反応の誘起は，卵外被に存在する誘起物質により生じ，この先体反応の誘起機構は種特異性が高く，特に体外受精を行う生物において異種間交雑の防止に大きく働いているといえる．

(i) ウニ

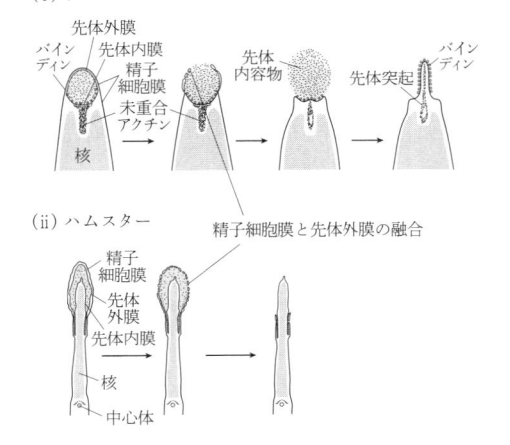

先体外膜／先体内膜／バインディン／精子細胞膜／未重合アクチン／核／先体内容物／先体突起／バインディン

(ii) ハムスター

精子細胞膜と先体外膜の融合／精子細胞膜／先体外膜／先体内膜／核／中心体

c **全体論** [holism] 自然の諸実体，特に生物にはそれぞれそのもの全体として正常な機能を保つ本質がそなわり，全体には部分に見られない新しい性質が成り立つという考え．J. C. Smuts(1926)の造語．このような性質の存在は全体性(独 Ganzheit)と呼ばれ，生命現象の全体性への注目の喚起は最初 H. Driesch(→生気論)らによりなされた．全体論はそののち J. S. Haldane, B. Dürken らが発展させたが，その立場は生理学的，発生学的，生態学的など論者によってさまざまで，例えば Haldane は生物とその環境との密接不離な関係を強調し両者の一体化の観点から全体論をとなえた．現在では，生命現象には物理化学法則では説明できない特有の原理があると主張する全体論と，上位レベル，例えば群集や種レベルの現象は，下位レベル，例えば個体や遺伝子レベルでの挙動では説明できないとする全体論とが主である．

d **選択遺伝子** 【1】[selective marker] 遺伝的組換え体を得る際に直接選択に用いる遺伝子．例えば大腸菌の雄株(野生型, thr^+, leu^+, str^s)と雌株(トレオニン要求性・ロイシン要求性・ストレプトマイシン抵抗性, thr^-, leu^-, str^r)を接合させ，ロイシンとストレプトマイシンを含む*選択培地で組換え体を選択する．この培地に生育できる株は，トレオニン非要求性(thr^+, 雄株由来)で，しかもストレプトマイシン抵抗性(str^r, 雌株由来)を示す組換え体である．この場合 thr^+ と str^r の両者を選択遺伝子と呼ぶ．また str^s 遺伝子は雄株を排除(逆選択)するために用いられることから逆選択遺伝子(counterselecting marker)と呼ばれることがある．なお，ここで得られた組換え体の中には，ロイシン非要求性(雄株由来)の株とロイシン要求性(雌株由来)の株がある．この場合 leu 遺伝子は直接選択に用いていないので非選択遺伝子(unselected marker)と呼ばれる．組換え体中に雄株由来の非選択遺伝子が現れる頻度は，遺伝子地図上での選択遺伝子との距離に反比例する．さらに複数の非選択遺伝子の分離を調べれば，それらの間の位置関係を知ることができる．プラスミドを用いた組換え体の作製には，各種耐性生物質遺伝子が選択遺伝子に用いられる．真核生物にはハイグロマイシンやカナマイシンの耐性遺伝子が広く用いられ(→Neo 遺伝子)，植物では除草剤耐性遺伝子も活用される．(→遺伝標識，選択培地)

【2】[selector gene] 区画化に際して，ある*区画の発生経路を選択する働きをする遺伝子．A. Garcia-Bellido (1975)の造語．区画化によって生じた二つの区画の一方に属する細胞のすべてにおいて，一つの選択遺伝子が on となり，他方の区画では off となる．したがって何段階かの区画化をへて最終的に形成されたすべての区画は各区画に対応する選択遺伝子の on, off の組合せが互いに異なることになり，それが発生暗号(developmental code)となって細胞分化の方向を決めるという説が P. Lawrence と G. Morata (1976)により提出された．*ホメオティック突然変異で変異を起こす遺伝子は選択遺伝子と考えられており，その一つ en (engrailed, 両鋸翅)の野生型遺伝子(en^+)は前−後区画化の際，前区画で off, 後区画で on となる選択遺伝子である．選択遺伝子は形質の発現に直接働くのでなく，一群の実働遺伝子(realizator gene)を選択的に働かせることにより，その区画の構築を規定するとされている．区画化により機能を開始した選択遺伝子は，最終構造が分化するまで連続して働き続けるため，働いている選択遺伝子の種類は区画化の進行と共に多くなる．

e **選択吸収** [selective absorption] 生物が水分に溶存する物質(特に正負のイオン)を選択して吸収する現象．例えば植物は生活に必要な無機塩類を水溶液として吸収する際に，外界の水溶液の組成そのままでなく，選択吸

収が行われる．例えば土壌中に多量に見出されるAlが植物体には微量にしか検出されないことが多いが，逆にヒカゲノカズラ類には多量のAlが含まれ，またヒシ類には多量のMnが堆積する．海藻には海水中に3%も溶存するNaClはごく少量しかないが，他方BrとIがその灰分中にかなり見出される．一般に，同一の環境に生育する植物の種類，1個体の器官あるいは組織によって選択能にかなりの差異が認められ，体各部の細胞が物質を吸収する際に選択が行われることを示す．この現象は*選択透過性の現象を吸収という面から見たものにほかならない．これは動物にも普遍的に見られ，特定の物質が高濃度に蓄積される*生物濃縮はこの結果として起こる現象である．

a **選択受精** [selective fertilization] 一つの柱頭上に遺伝子型の異なる数種の花粉を与えるとき，そのうちのあるものが特によく受精する現象．花粉の伸長能に差のある場合と，受け入れる雌ずい側に選択性のある場合とに分けられるが，受粉から受精に至る過程では相互に影響しあうので，この分類は必ずしも厳密にはできない．花粉管の成長速度に差があるもの，速いものは速やかに受精し，遅いものは受精しそこなうと考えられている．この花粉管成長の競争を受精競争(certation)，この現象の伴う交雑を競争交雑という．一般に選択受精は自然受粉(natural pollination)でも起こっている．雑種の花粉は遺伝子型が分離するため，自家受粉したときに異なった遺伝子型をもつ花粉の間で選択受精が起こる可能性があり，分離比を乱す．また動物でも，性質の異なる精子を混合して受精するとき選択受精が見られる．

b **選択染色** [selective staining] 特定の染色法や呈色反応によって細胞内の諸構造や組織内の特定細胞を限定して選択的に染色すること．選択性の著しい特異的な染色法は細胞化学や組織化学の分野で用いられる．染色前または染色後に酵素消化を行い，酵素の特異性を利用した定性を行うこともある．

c **選択的遺伝子発現** [selective gene expression] 《同》差次的遺伝子発現(differential gene expression). 細胞のもつ多数の遺伝子のうちのあるものが選ばれて*転写され，遺伝形質を発現すること．単細胞生物でも，また多細胞生物体を構成する一つ一つの細胞でも，一般に細胞はその生活史および発生・分化の状況，周囲の情況に応じて一定の表現形質を発現する場合が多い．その場合，ゲノムのすべてが発現するのではなく，特定の遺伝子のみが転写され，発現する．選択的に遺伝子を発現させる要因としては，細胞自体に内在するもの，細胞の外部から働きかけるものが考えられ，前者には，その細胞のもつ歴史(世代数，その細胞が繰り返してきた核分裂の回数)などが考えられ，また後者には，細胞の化学的・物理的環境要因，例えばホルモン，誘導物質，種々のイオン組成(の変動)，温度，放射線などが考えられる．選択的遺伝子発現の調節機構は，転写レベルにおける調節が最も重要かつ普遍的であり(⇒転写調節)，クロマチンの構造の変化，シスおよびトランスに作用する遺伝子発現制御因子などが考えられる．特に*ホメオボックス遺伝子群，POU遺伝子群などの産物と*プロモーターまたは*エンハンサー領域との作用の解析が進んでいる．なお転写後のmRNAの*プロセッシング，核から細胞質へのmRNAの輸送，*翻訳などの段階でも発現制御が行われている．

d **選択的スプライシング** [alternative RNA splicing] 《同》複式RNAスプライシング．複数の*イントロンをもつRNAがスプライシングを受ける場合，遺伝子によってはイントロンとイントロンに挟まれた*エクソンが一緒に切り出され，結果的に構成エクソンの異なる複数種の成熟RNAができること．例えば図のように，

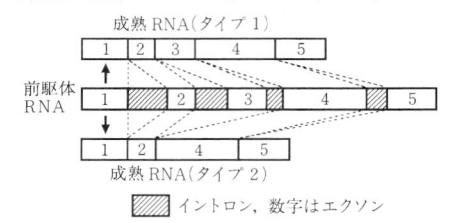

成熟RNA(タイプ1)

前駆体RNA

成熟RNA(タイプ2)

▨ イントロン，数字はエクソン

一つの前駆体RNAからタイプ1，タイプ2の異なる成熟RNAがつくられる．選択的スプライシングの生物学的な意義はまだ十分に理解されていないが，mRNAの安定性や蛋白質生合成装置との親和性に違いを生じさせたり，*翻訳でつくられた蛋白質産物の機能に違いを生じさせることで生体機能を多様化する機構と考えられる．

e **選択透過性** [selective permeability] 《同》選択的透過性．物質の種類により生体膜の透過性が異なる現象．半透膜はその極端な場合で，水のみが選択的に透過する仮想的な場合と理解できる．選択性の生ずる原因としては，(1)膜での見かけの拡散係数が物質ごとに違う，(2)特異的キャリアーが特定物質のみを結合して輸送する (⇒促進拡散，⇒キャリアー輸送，⇒能動輸送).

f **選択毒性** [selective toxicity] 薬物が特定の種の生物に対してのみ毒性を示し，他の種には害を与えないこと．特に，殺す必要のある有害種(uneconomic species)に対して毒性を発揮し，生存させねばならない有益種(economic species)には影響がほとんどない生物活性の選択性をいう(A. Albert, 1951). 例えば，農薬は作物には影響を与えず，雑草あるいは病原虫に対してのみ選択毒性をもつことが求められる．化学療法剤は人間や家畜には無害で，寄生虫や病原菌に対してのみ選択毒性を示すことが必要である．正常細胞には影響を与えず，がん細胞にのみ毒性を示す抗がん剤などにも選択毒性という概念が適用され得る．

g **選択培地** [selective medium] 微生物の集団からある特定の表現型を示す細胞だけを選択的に増殖させるために用いる培地．例えばトレオニン要求性を示す大腸菌集団をトレオニンを含まない選択培地で培養すると，集団中に存在する少数のトレオニン非要求性の復帰変異体だけが増殖してくる．またストレプトマイシンを含む培地にストレプトマイシン感受性の大腸菌を接種すると，その中に混在する少数のストレプトマイシン耐性株が選択的に生育してくる．このように優性を示す形質をもつ場合には一般に容易に選択培地を利用できる．しかし，劣性を示す形質を分離する選択培地の作製は困難である．復帰変異体や薬剤耐性株を分離するときのほか，プラスミドを用いた組換え体の選択などにも広く用いられ，分子生物学，微生物遺伝学において重要な手法となっている．また，この手法は，例えば動物細胞の集団から特定の表現型を発現している細胞を選別する場合などにも用いられる．*HAT培地はその一例．(⇒選択遺伝子【1】)

h **選択複写モデル** [copy choice model] *遺伝的組

換えの分子機構を説明する初期モデルの一つ．原型は古くJ. Belling (1931) によって提出されていたが，ファージや細菌の遺伝解析が可能になった当初A. D. Hershey (1952) らが復活，J. Lederberg (1955) が選択複写と名づけた．このモデルによれば，遺伝的組換えは染色体の複製と関連して起こると考え，複製過程にある対合した染色分体の一方の親の染色分体DNAの片鎖が他方の親の相補的な鎖の対応した部位に移り，それを鋳型としてDNA複製を継続することによって組換え体DNAが生じると仮定する．このモデルは今日ほとんど考慮されない．(⇒切断誘導型複製モデル)

a **選択法** [choice method] 動物の選択からその心的状況を知ろうとする，動物心理学における実験法の一つ．例えば，数種の食物を並べておいて，動物に自由に摂取させる場合（カフェテリア実験），動物が何を選ぶかによって，そのときの動物の食欲 (appetite) を知ることができる．動物や幼児の場合，この選択は欠乏した栄養源を反映するといわれる．しかし生理的な要求が弱まると，社会的あるいは生態的要因が選択的行動を決定し，例えば食物への好み (preference) などを調べることもできる．

b **先端小胞** [apical vesicle] 菌類の菌糸や植物の根毛や花粉管など*先端成長する細胞の先端部に局所的に集積する，直径30～100 nm程度の小胞の集団．原形質流動により先端の成長部位に達し，そこで細胞膜と融合して細胞壁前駆体などを分泌することで細胞壁の形成に関与している．

c **先端成長** [tip growth, apical growth] 《同》頂端成長．[1] シュート頂や根端の*頂端分裂組織によって行われる成長．その結果，茎・根などの軸性器官が形成される．[2] 植物細胞の表面成長が細胞の一端だけで行われる場合をいう．例えばカビの菌糸，糸状藻類の葉状体，コケ・シダの原糸体，種子植物の根毛，花粉管の成長に見られる．先端での細胞膜の付与と細胞壁形成によるもので，このためには成長に必要な物質を含んだ小胞の先端への極性輸送が必須である．この極性輸送には微小管やアクチンフィラメントなどの細胞骨格が関与しており，成長先端に局在しているカルシウムイオンも重要な働きをしていると考えられる．

d **蠕虫型幼生** [vermiform larva] *二胚動物の幼生．成体に似た蠕虫状の体形をもち，体長は20～800 μm．1個の円柱形の軸細胞の外側を，1層の繊毛をもつ体皮細胞が取り囲んでいる．体皮細胞の数は種によって決まっており，8～30個．前端部の体皮細胞が極帽を形成する．ネマトジェン (nematogen, 通常無性虫) と呼ばれる成体から無性生殖によって生じ，成体と同様に頭足類の腎嚢内で生活する．

e **前中期** [prometaphase] 《同》メタキネシス (metakinesis)．真核生物における*細胞周期の*M期あるいは*有糸分裂を5段階に分けたときの，2番目の時期．前期に続く時期で，紡錘体が形成されてその赤道面に染色体が整列するまでの期間．多細胞生物では，核膜の崩壊に始まる．染色体の凝縮はさらに進み，多細胞生物では姉妹染色分体間の接着はセントロメア領域を除いて解除される（⇒コンデンシン，コヒーシン）．染色体は，中心体から伸長した微小管によって動原体を介して捕捉され，紡錘体の両極間で不規則な往復運動を行う．それとともに双極性の捕捉が成立し，両極からの微小管の張力が釣り合うことによって，すべての染色体が紡錘体赤道面に配列するに至る．こうした前中期のイベントは主に*分裂期キナーゼ (mitotic kinases) が制御しているが，その中でもオーロラキナーゼ (Aurora kinase) が大きな役割を担っている．多細胞生物では，オーロラAは紡錘体微小管の形成をもたらし，オーロラBは動原体微小管の双極性結合をもたらす．他方，核膜崩壊には*サイクリンB–CDK1が，姉妹染色分体間の腕部での接着の解除にはポロ様キナーゼ (Plk1) が関わる．(⇒チェックポイント制御)

f **線虫病** [nematode disease] 線虫類の寄生によって起こされる病気．家畜やヒトでは回虫や糸状虫 (Filaria) などの寄生虫病がその例で，これらは通常，寄生虫学の立場で取り扱われる（⇒寄生虫）．農業上で問題とされる植物に寄生する線虫はごく小形で，芽や根につくもの（メセンチュウ，ネコブセンチュウ）もあるが土壌中に生息するものが多い．作物に対して直接被害をおよぼすものばかりでなく，微生物（例：ネグサレ菌とネグサレセンチュウ）や他の昆虫（例：マツノマダラカミキリとマツノザイセンチュウ）とともに，あるいはウイルス（線虫伝搬性球状ウイルスNepovirus，線虫伝搬性棒状ウイルスNetuvirus）の媒介動物として重大な被害をおよぼす．近年大きな問題となっているアカマツ，クロマツなどの松枯れ病は，マツノマダラカミキリが媒介するマツノザイセンチュウが原因であり，線虫類が農林植物の被害に関与している例が多い．

g **前腸** [foregut ラ prosogaster, prosenteron] [1] 脊椎動物の消化管の発生において，その最前方，すなわち肝臓形成部位より前方の部分（肝前部 prehepatic portion）で，口腔，咽頭，食道，胃，十二指腸始部（最狭義には食道と胃の部分のみ）を指す．またこれらと異なって，外胚葉に由来する前方の部分すなわち*口窩だけを前腸ということもある．[2] 昆虫の，咽頭より食道，嗉嚢，前胃を経て噴門弁 (cardiac valve) に至るまでの外胚葉起原部分．以上のいろいろの意味によって，外国語の使用に多少の相違がある．

h **前庭** [vestibule ラ vestibulum] [1] 一般に，ある器官において外部からその器官固有部へ移行する部分の総称．例えば固有口腔に対する口腔前庭など．[2] ＝迷路前庭

i **前庭腺** [vestibular gland ラ glandula vestibularis] 哺乳類雌で膣前庭に開口する腺．粘液を分泌する．膣口後側左右に位置して*陰核と膣口間に開き雄の尿道球腺に相当．大前庭腺 (glandula vestibularis major, バルトリン腺 Bartholin's gland) と膣口周辺に分布・開口する小前庭腺 (glandula vestibularis minor) が区別される．

j **前適応** [preadaptation] 《同》受身適応 (passive adaptation)．ある生物において以前には中立進化によって生じた器官や性質が，のちに何らかの（例えば地質学的あるいは人工的な）原因によって生活様式の変更を余儀なくされた場合，適応的な価値を現す現象．L. Cuénotの命名．例えば水生脊椎動物から陸生脊椎動物への進化に際して，種々の前適応があったことが推測できる．ただしこの語には多くの解釈があり，例えば微生物において，ある抗生物質に触れたことのない細菌の系統の中に，その抗生物質に対する抵抗性の突然変異を生じている場合なども前適応という．(⇒イグザブテーション)

a **全天写真** [hemispherical photograph] 空の半球を撮影した写真．生態学では，空のどの部分が他の植物などによって覆われているかを読み取って，植物個体が置かれた光条件を推定するのに利用される．被陰のない場所に対する相対的光条件のほか，季節とともに移行する太陽の軌跡による直射光の入射時間の推定もできる．撮影には，魚眼レンズといわれる画角が180°のもののうち，等距離投影方式すなわち中心からの距離が天頂角に比例するものが用いられる．

b **先天性代謝異常** [inborn error of metabolism] 遺伝的欠陥による代謝異常症の総称．次のような仕組によって種々の有害な症状が現れる．(1)正常反応が阻害されて必要な代謝産物の不足または欠乏をきたす(例：白皮症・副腎性症候群・甲状腺腫クレチン病)．(2)阻害された反応の前段階における代謝産物が蓄積して有害効果を起こす(例：グリコゲン蓄積症・フェニルケトン尿症・ウィルソン病)．(3)逆に反応が促進されて代謝産物の過剰生産をきたす(例：急性間欠性肝ポルフィリン症)．(→遺伝病)

c **顫動運動** [vibratile movement] *繊毛運動と*鞭毛運動の総称で，微小な毛状器官が細かくふるえるような運動のこと．

d **蠕動運動** [peristalsis, peristaltic movement] 《同》蠕動．各種の蠕形動物の体壁筋ならびに各種動物体内の中空器官(特に消化管など)にみられる，伝播性の収縮波を形成する運動．筋肉運動の独特な一形式で，前者では動物体の移動運動，後者では器官内容物の移送がこれによって営まれる．縦走筋・環状筋の相拮抗する平滑筋系と，両者を相互的に支配する縦走性神経系(蠕形動物では通例は腹髄，消化管では神経集叢)からなる，神経筋系の独立・自動的な活動によって起こる．動物体の蠕動的前進はミミズなどで典型的にみられるが，ヒル類のいわゆる歩行，すなわち尺取虫運動(looping movement)や腹足類の足波も本質的には蠕動である．心臓拍動も，ナマコやナメクジウオ，環形動物では蠕動の形をとる．哺乳類の消化管でみられる蠕動は，管壁が内容物によって引き伸ばされることによって起こる反射性反応で，ヒトの収縮の波は口側から肛門側に向けて，内容物を2～25 cm/sの速度で送る．また，大腸や十二指腸では，正規の蠕動とならんで，小腸からの輸送を制限する軽い逆向きの蠕動が知られ，逆蠕動(antiperistalsis)と呼ばれている．

e **前頭器官** [frontal organ] 甲殻類，多足類，無翅昆虫類の脳前面に存在する特殊な組織．不対の中央前頭器官(仏 organe frontal médian)と有対前頭器官(仏 organe frontal pair)の2種があるが，常に共存するわけではない．前者は甲殻類とシミ類に発達し，粘管類では痕跡的．二核性細胞からなり，*ノープリウス眼の痕跡といわれているが機能は不明．後者は単に前頭器官とよばれることも多く，イシノミ類やシミ類の前大脳中央部前方の左右に各1個存在し，神経分泌細胞からなる．その細胞の軸索は脳内に貫入している．ある種類(例：*Petrobius*)では，この器官が脳前面に密着しており，さらにシミ類では脳内に埋まっている．単眼との相同性が指摘されている．また，昆虫類に広くみられる*脳間部-側心体-アラタ体系は，ここに起原を発するものとされる．有対前頭器官はまた甲殻類・多足類の*X器官と相同であるともいわれる．

f **先導端** [leading edge] 《同》膜先導領域．先端膜移動中の細胞の進行方向の細胞仮足先端に位置する構造．そこでは盛んに細胞膜ラッフリングが起こっており，細胞骨格や微小管の協調的再構築により，細胞極性形成と細胞運動を引き起こしている．細胞極性形成は*RhoファミリーGTPアーゼが制御しているが，特にRac1が先導端における葉状仮足形成に関与している．

g **前頭嚢** [ptilinum, frontal sac] 双翅目環縫類(ハエなど)の羽化したばかりの成虫に見られる嚢状の器官．前頭中央部の表皮が陥入したもので，表皮と同じ構造をもち，表面には小鱗や小棘が多い．内圧により反転し，羽化の際に囲蛹殻を押し開ける．イエバエのように土中に蛹化する種では，さらにこの器官の伸縮によって土粒をはねのけ地上に達する．

h **セント-ジェルジ** Szent-Györgyi, Albert von 1893～1986 ハンガリーの生理化学者．ブダペスト大学で医学，ポジョニ(現在のスロヴァキアのブラチスラヴァ)で薬理学，プラハで電気生理学を学んだ．のちヨーロッパの各地で研究し，オランダのグローニンゲンで副腎皮質から酸を抽出した．結晶化したヘキスロン酸(アスコルビン酸)がビタミンCであることを同定，またC_4ジカルボン酸が呼吸で重要な役割をしていることを証明，これら二つの業績で1937年ノーベル生理学・医学賞受賞．以後，アクトミオシンがATPによってガラス管の中で収縮することを発見．ジギタリスやステロイドホルモンと心筋活動の関係，メロミオシン，動物体内のフラボン物質の研究，さらにがんの研究もした．量子生物学の提唱者としても知られる．[主著] Chemistry of muscular contraction, 1947.

i **セントラルドグマ** [central dogma] 《同》中心ドグマ．核酸や蛋白質の生合成過程に関し，遺伝情報の流れは一方向的であるという生物則．核酸上の塩基配列として決定されている遺伝情報は，核酸から核酸へ，あるいは核酸から蛋白質へと伝達されるが，いったん遺伝情報が蛋白質に写されてしまうと，その情報が蛋白質から核酸へ，あるいは蛋白質から蛋白質へ伝達されることはないことを主張する．これをF. H. C. Crick(1958)は遺伝情報のDNA→RNA→蛋白質という流れについてセントラルドグマと表現した．(→蛋白質生合成，→核酸)

j **セントロメア** [centromere] 《同》動原体．細胞分裂期の染色体において，*一次狭窄を形成する領域．*分裂装置の微小管はこの領域で染色体に結合する．電子顕微鏡での観察が詳しく行われるにつれてキネトコア(動原体)は，セントロメア領域内の外側部で直接微小管が結合する特殊な三層構造体に限って使われることが一般的になりつつある．従ってセントロメアはキネトコア構造が形成される領域であり，分裂期における染色体の運動，分配の制御に必須な染色体領域である．動原体の語はセントロメア，キネトコアどちらの意味でも用いられることが多い．出芽酵母では染色体を安定に分配する機能をもつDNA配列についてセントロメアDNAがクローン化されており，全体で約125塩基対の配列が出芽酵母の各染色体セントロメアに共通する構造として明らかにされている．このセントロメアDNAに結合する蛋白質の変異株では，染色体の分配異常が大幅に上昇するとともに分裂中期から後期への細胞周期の移行にも異常が生じる．生物種が変わればセントロメアDNAの構造も大幅に変化する．ヒトをはじめ哺乳類ではDNAの高頻

度反復配列から構成される数百キロ塩基対から数メガ塩基対にも及ぶ巨大な領域が各染色体セントロメアに存在するが，セントロメアの機能にこれら反復配列の存在は必須ではない．近年，セントロメアの形成には，DNAの一次配列によらないエピジェネティックな分子機構が関与しているといわれている．セントロメア形成に重要な働きを担うエピジェネティックマーカーの候補はセントロメア特異的なヒストンH3であるCENP-Aである．

a **セントロメア蛋白質**［centromere protein］真核生物の*セントロメアに局在する蛋白質を指す．例えばヒトでは，CENP-A，CENP-B，CENP-Cという3種類のセントロメア蛋白質が古くから同定されていたが，現在では，少なくとも80種類の蛋白質が知られる．各蛋白質の機能や蛋白質のドメイン構成は，種を越えて保存されていると考えられている．セントロメア蛋白質は，細胞周期を通じてセントロメア領域に局在する15種類程度の構成的セントロメア蛋白質群（CCAN）と，M期に一過的にセントロメア領域に局在するものに分けられる．前者は，*動原体に特異的なクロマチン構造の形成に働き，後者は，微小管との結合やスピンドルチェックポイントに関わっている．微小管に直接結合するセントロメア蛋白質であるNdc80複合体や，ダイニンなどの各種モーター蛋白質，スピンドルチェックポイント蛋白質であるMad，Bub蛋白質群は，一過的にセントロメア領域に局在する蛋白質群である．一般に，セントロメア蛋白質は，がん細胞において過剰発現していることが知られている．

b **前脳**［forebrain, prosencephalon］《同》前脳胞，原前脳(primary forebrain)．脊椎動物の個体発生において，三つの*脳胞の最前部．まもなく前脳の左右に*眼胞が突出し，残りの脳胞は前方に左右1対の膨出として*終脳を生じ，それとともに後部は*間脳になる(場合により終脳を二次前脳 secondary forebrainと呼ぶ)．種によっては前脳の前背方の壁には前神経孔が認められる．神経管の構造から見ると，より後方の脳部域と異なり床板を含まない点が特異的．前脳の形成には，吻側神経稜(anterior neural ridge, ANR)がオーガナイザーとして働く．ANRはFgf8遺伝子などを発現し，前脳の前背側領域の形成に関わる．（→脳胞）

c **全能性**［totipotency］《同》全形成能．生物の細胞や組織が，その種のすべての組織や器官を分化して完全な個体を形成する能力．受精卵は当然全能性をもつが，動物では発生にともない*決定が進行すると全能性は失われる．これに反し植物では高度に分化した体細胞も全能性を保持していると考えられる．このことはニンジンやタバコなどいくつかの種において，茎・根に由来する*カルスの単離細胞や単離葉肉細胞を培養し，胚発生や器官分化を経て植物体を再生する実験によって実証されている．多能性との明確な区分が困難な場合もある．

d **センパー** SEMPER, Carl Gottfried 1832～1893 ドイツの比較形態学者．比較解剖学的研究を通じ，サメの腎臓と環形動物の腎管の類似性に注目し，A. Dohrnとは独立に，脊椎動物の環形動物起源説を提唱．

e **前胚**［proembryo］種子植物の受精卵が分裂をはじめてから，胚本体と*胚柄の区別がはっきりするまでの胚．被子植物では受精卵は上下に分裂して*頂端細胞と基部細胞(basal cell)に分かれたのち，それぞれが分裂を起こし4細胞がI字またはT字形に並ぶ．この後，頂端の2細胞は球形の*胚球に，基部の細胞列は*胚柄に発達するので，通常4細胞期までの胚を前胚とするが，胚球に原表皮が分化する前の初期胚を広く前胚と呼ぶこともある．裸子植物では受精卵はまず核分裂だけを行う遊離核期を経ることが多い．針葉樹では0個(セコイア，最初から細胞質分裂も行う)，4個(イチイバガヤやセイヨウヒノキ)，32個(ナギ)の遊離核が形成された後，核が内方(下方)に集中し，自由隔壁形成を行って，一定の序列で細胞が配列する．これらは最内(最下)の突端から順に，将来の真の胚となる胚原細胞群，前懸垂糸(prosuspensor)群(前胚柄細胞群は一次胚柄細胞群，針葉樹に特有の語)，ロゼット細胞(rosette cell)群(ないものもある)，開放細胞群と呼ばれる．この後，前懸垂糸が懸垂糸(胚柄)となって伸長し，胚原細胞群からは胚が分化する．懸垂糸が伸長するとき，先端の胚原細胞群がいくつかに分離して複数の胚を作ることがあり，これを分裂多胚(cleavage polyembryony)という．また前胚のロゼット細胞群が発達して胚(ロゼット胚と呼ぶ)を作ることもある．

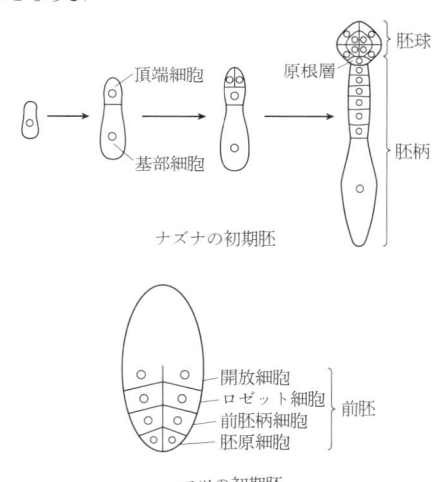

ナズナの初期胚

マツの初期胚

f **前配偶子囊**［progametangium］接合菌類のケカビ類が有性生殖を行う際にみられる，いまだ配偶子囊と配偶子囊柄の分化が起こらない状態の菌糸の枝．交配型が異なる接合枝が接触すると前配偶子囊に発達する．

g **全配偶性**［hologamy］*配偶子囊接合の特殊な場合で，一つの菌体の全体が配偶子囊になる*全実性の菌類において，二つの配偶子囊が接合すること．例えばツボカビ類のPolyphagusの成熟した2個体は配偶子囊として接合して有性生殖を行う．

h **選抜**［selection］特に育種において人為的に行う淘汰．

i **前表皮**［protoderm］*一次分裂組織を構成し，将来*表皮系に分化する組織．*葉原基において将来の表皮に分化する細胞にも用いる用語．

j **潜伏期【1】**［incubation period］生体が外的要因による侵襲を受けてから，病的症状を発症するまでの期間．外的要因には，病原体などの生物的要因，化学薬品や放射線などの非生物的要因がある．病原体の感染では，潜伏期の間に病原体の増殖とそれに伴う毒素の産生，さ

らには生体側での免疫反応の進行に伴う炎症反応の顕在化などがあり，これらを経て発症にいたる．放射線被曝では，照射によって組織細胞が失われ，幹細胞から作られる機能細胞の数が減少し，それらに伴って組織機能が低下し，ついには機能不全となって発症にいたる．症状は，外的要因の種類や強さにより異なり，さらに同じ外的要因を受けても，発症は，個人の遺伝的あるいは身体的要因によって変動する．ただ，発症する際の潜伏期の長さは，病原菌の種類や放射線の線量など，外的要因の種類と強さにより，ほぼ一定である．【2】[latent period, latent time] [1]＝潜時 [2] ファージが，宿主細菌に感染してから溶菌を起こすまでの期間．

a **潜伏弛緩** [latency relaxation] 骨格筋の*等尺性収縮の初期の張力の上昇に先立って起こる微小な張力の減少．潜伏弛緩は図のような経過をとるが，その振幅は筋の長さの減少とともに小さくなる．収縮に際して起こる収縮性蛋白質の分子的変化の最初の表れとみなされる．

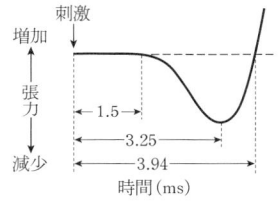

b **前腹部** [preabdomen] [1] 《同》中体部 (mesosoma)．前後 2 部分に分かれているサソリ類の腹部の幅の広い前の 7 節をいう．頭胸部と同様に幅が広い．後方の 6 節は幅が狭く，後腹部または後体部 (metasoma) と呼ぶ．これに対して頭部と胸部との合した頭胸部を前体部 (prosoma) と呼ぶ．[2] 昆虫類のあるもの（双翅類，膜翅類，鞘翅類）の前方の数節をいう．残余の腹部（後腹部）は外生殖窩中にある．

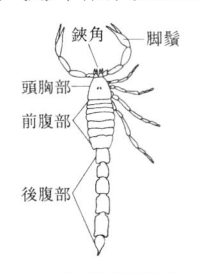

c **先跗節** [pretarsus] 《同》爪 (claw)．昆虫の*跗節の最末端に発する小節．一般の節足動物の*指節に相当すると考えられる．原尾類や総尾類の一部，あるいは多くの幼虫においては 1 本の爪だけからなるが，その他のものでは動爪盤 (unguitractor) とその腹面に生じた 2 本の爪，それに加えていくつかの先跗節付属器 (pretarsal apparatus) とからなっている．後者は動爪盤の背面に前方への小さい不対の爪間盤 (arolium)，両側へのびた 1 対の褥盤 (pulvillus)，爪間盤の下面にある 1 本の動爪盤自身の突起すなわち爪間突起 (empodium) とからなるが，これら三者が同時に存在することはない．直翅類では爪間盤だけが，ハエ類では褥盤と爪間盤（あるいはその代わりに爪間突起）がある．これらはいずれもクチクラ性の突起ではなく，内腔には血液を含んでおり，下面の毛の表面に粘着性の強い物質を分泌するなどして，その昆虫の歩行を助ける．爪と爪間盤は動爪盤に付着する筋肉によって動く．

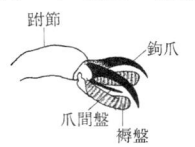

d **前分裂組織** [promeristem, protomeristem] [1] 植物の*頂端分裂組織の始原細胞群の部分．F. A. L. Clowes (1961) の提唱．[2] 始原細胞群とそれからつくられたばかりの未分化な細胞からなる部分をあわせていう．J. A. Eames と L. H. MacDaniels (1947) の提唱．前分裂組織から，*一次分裂組織である前表皮・前形成層・基本分裂組織が由来することになるが，形態学的に前分裂組織との境界を決めるのは難しい．なお，[1] の始原細胞群だけを promeristem とし，[2] の未分化細胞も含んだ領域全体を protomeristem として両者を区別することもある (K. Esau, 1965) が，[2] の概念による promeristem を用いる方が一般的．

e **前胞子嚢群** [prosorus] 《同》前胞子嚢堆．ツボカビ類において，胞子嚢群を生ずる細胞．*Synchytrium fulgens* の例では，マツヨイグサ属の茎葉の細胞内に寄生した休眠胞子嚢が発芽して生じた細胞が成長した後に，内容が分裂して数個の遊走子嚢となる．

f **前方臓側内胚葉** [anterior visceral endoderm] 鳥類や哺乳類の初期原腸胚で形成される胚体外組織の一部．胚の前後軸形成に重要な役割を担うとされる．これらの動物種では胞胚期に原始内胚葉（後の臓側性内胚葉）が形成され，その一部（マウス胚においては胚体外外胚葉と最も離れた位置，遠位臓側内胚葉 distal visceral endoderm と呼ばれる）の細胞が前方に移動し前方臓側内胚葉を形成する．前方臓側内胚葉の形成と移動には，胚体外外胚葉からのシグナルが重要な役割を果たし，胚体外外胚葉の除去により前方臓側内胚葉が拡大する．前方臓側内胚葉からのシグナルにより，中胚葉や始原生殖細胞の形成が胚後方に局在されると考えられる．前方臓側内胚葉では，Nodal 阻害因子 Cerberus 1 homolog や Lefty1, Wnt 阻害因子 Dkk1 や Sfrp1/5 が存在し，これらが胚前後軸形成や前方臓側内胚葉の移動に関与するとされる．

g **腺房中心細胞** [centroacinar cells, centroacinous cells] 腺の分泌細胞によって囲まれる腔所（腺腔 glandular lumen）内に位置する細胞群で，道管の始部の細胞 (duct cells) の延長に相当．膵臓にその例を見る．

h **全北区** [Holarctic region] 陸上における*動物地理区の一つで，東南アジア以外のユーラシア大陸，北アメリカ，サハラ砂漠以北のアフリカを含む広大な区域．*旧熱帯区と合わせて*北界を構成．新北亜区 (Nearctic subregion), カリブ亜区 (Caribbean subregion), 旧北亜区 (Palaearctic subregion), 北極亜区 (Arctic subregion) に分けられる．全北区の動物相が他の南方の諸区に比べて変化に乏しいのは，第四紀更新世に氷河活動の影響を大きく被ったためといわれる．ユーラシア大陸と北アメリカ大陸は，古第三紀始新世およびそれ以後もしばしば接続，そのつど両大陸のあいだに生物の交流が行われた．とりわけ，ベーリング海峡に形成された陸橋 (land bridge) すなわちベーリンギア (Beringia) の果たした役割は大きく，現在両大陸がトナカイ，ヤギュウ，シカなどの偶蹄類や，ヤマネコ，オオカミ，キツネ，クマ，イタチ，テンなどの食肉類，さらにレミング，ネズミ類，ビーバーなどの齧歯類のほか，ウサギ類，食虫類などに多くの共通種または近縁種をもつのはそのためとされる．A. R. Wallace (1876) は，ユーラシアを旧北区，

センモウコ 819

北アメリカを新北区として扱ったが，後の研究者は両者を合わせて全北区とした．

a **ゼンメルワイス** SEMMELWEIS, Ignaz Philipp 1818～1865 ハンガリーの医学者．産褥熱が敗血症の一種であり，その原因は産婦に接する医師の手や器具の不潔によることを明らかにし，塩化カルシウム液での消毒法を発明．感染についての知識のもとを作り，ひいては細菌学の発展に貢献．[主著] Die Ätiologie, der Begriff und die Prophylaxis des Kindbettfiebers, 1861.

b **腺毛** [glandular hair, glandular trichome] 維管束植物の体表にみられる，さまざまな物質を分泌する毛状突起の一つ．単細胞性（分泌細胞）と多細胞性（分泌組織）のものがある．分泌物は揮発油，粘液質，塩分，糖分など多様である．揮発油を分泌する腺毛はシソ科などの葉に，粘性の高い物質を出すのは粘毛（mucilage hair）と呼び，被子植物の花枝にしばしばみられる（例：モチツツジの萼片）．また食虫植物の捕虫葉には蛋白質分解酵素を含む液を分泌する消化毛がある．モウセンゴケ属のそれは内部に維管束をもつ点で特異．単に水分を分泌するものもある（*排水組織）．活発に分泌する腺毛の細胞は豊富な原形質と分泌物をもつ．分泌物質は腺毛の細胞壁とクチクラ層の間や細胞間隙に蓄積されることが多く，クチクラ層の孔や破壊によって分泌される．コケ植物でも葉状体の先端に生じる毛で粘液を出すものがあり，これも粘毛と呼ばれる．

c **線毛** [pilus, pl. pili, fimbria, pl. fimbriae] 《同》ピリ線毛．大腸菌などの腸内細菌および多くのグラム陰性菌，一部のグラム陽性菌の表層から出ている長さ $0.5〜20\ \mu m$ の繊維状構造．鞭毛のように特定の波形を示さず直線的で，運動性とは関係がない．細菌が表面に付着するためにこれを用いる．また一つの細胞に，直径・機能などで区別できるいくつかの型がそれぞれ複数で共在する．普通線毛（common pili）と呼ばれるものは数も多く，赤血球などに粘着性を示す．このほか菌の接合や遺伝子伝達に関与する*性線毛がある．線毛の構成単位はピリン（pilin）と呼ばれる粒状蛋白質で，I 型のピリンは分子量約 1 万 7000 で，サブユニット分子がらせん状に積み重なって管状構造を形成している．

d **繊毛** [cilium, pl. cilia] *繊毛虫類などの体表や真核生物の繊毛上皮の自由表面にある直径約 $0.2\ \mu m$，長さ数〜数十 μm の繊維状小器官．運動繊毛と感覚繊毛がある．運動繊毛は*微小管で構成され，内部のほぼ全長にわたり 2 本の中心微小管（中心小管）と 9 組の周辺微小管（周辺小管）とが平行に配列した微小管の束を主体とする構造（繊毛軸糸 axoneme）がある（いわゆる 9+2 構造）．各周辺微小管に沿って約 20 nm の間隔で，1 対の腕が細胞体から見て時計回り方向に突出している．スポーク（spoke）が各周辺微小管を中心鞘に結んでいる．微小管は*チューブリンを，腕は ATP アーゼ活性のある*ダイニンを含む．軸糸は細胞表面下で*基底小体につながり，さらに繊維状の根小毛（rootlet）を伸ばすことが多い．この構造は基本的に*鞭毛と同じであり，鞭毛より細くて細胞表面に多数存在するものを繊毛という．感覚繊毛は側線器・平衡受容器などの感覚細胞に存在する繊毛であるが，運動性を欠くものが多く，ダイニン腕を欠くなど，構造にも多少の相違が認められる（⇒繊毛運動，⇒鞭毛運動）．マウスおよびヒトの体の左右決定に繊毛の役割が重要であることがわかっており，繊毛病といわれるヒトの遺伝病もある．細菌類の細胞層から伸びる繊維状構造は*線毛と呼ばれ区別される．

e **繊毛運動** [ciliary movement] *繊毛の能動的運動．繊毛は，基部に屈曲を生ずる振子型の有効打（effective stroke, 能動打 独 activer Schlag）と，この屈曲の先端方向への伝播を伴う回復打（recovery stroke, 準備打 preparatory stroke）とからなる繊毛打（ciliary beat）を毎秒数回ないし数十回の頻度で繰り返す．また，刺激に反応して繊毛打の向きを変えたり（⇒繊毛逆転），急停止したりするものがある．レイノルズ数は 10^{-2} より小さいため，運動の流体力学的効果は外液の粘性に依存し，慣性によらない．繊毛上皮（⇒上皮）では多数の繊毛の協調によって滑らかな水流や推進力を生ずる（⇒繊毛波）．繊毛虫などの遊泳，二枚貝類・尾索動物などの*濾過摂食，ウニ類などでの体液循環，腎管・尿細管・生殖輸管などの排出物や生殖産物の移送，呼吸道の清掃などに役立つ．温度，pH などの影響を受け，神経支配を受けている例もある．ATP を直接のエネルギー源とする．*モーター蛋白質である*ダイニンによって周辺微小管相互に局所的滑りを生じることが運動の基礎である．しかし滑り運動がどのようにして周期的な屈曲運動に変換されるのかは，まだ解明されていない．（⇒微小管，⇒鞭毛運動）

f **繊毛環** [ciliary band, ciliary ring] [1] *トロコフォアその他の幼生において，体表を環状に取り巻いて繊毛の密生する細い帯状域．海産無脊椎動物の幼生の体表には，一定位置に繊毛環が見られ，幼生の運動・摂食器官として重要であり，幼生型の分類の指標ともされる．幼生の模式図では太い黒線で示されることが多い．トロコフォアでは口前繊毛環，口後繊毛環，端部繊毛環がある．[2] 一般に，繊毛が環状に生えている生物体の部分．例えば輪形動物の輪盤上の繊毛帯．

g **繊毛逆転** [ciliary reversal] 刺激に応じ，一時的に*繊毛運動の有効打の方向が逆転する現象．多くの繊毛では有効打の方向が一定である．しかし，繊毛虫・刺胞動物・ウニの幼生などの繊毛では，刺激に応じて一時的に有効打の方向が最大 180°変化する．この変化が 180°に達していなくても繊毛逆転と呼ばれ，繊毛波の伝播方向も，繊毛により起こされる水流の方向も変化する．ゾウリムシの逃避反応・電気走性・化学走性（⇒走性）も，細胞表面の全体的または部分的な繊毛逆転の結果である．ゾウリムシの前端に機械的な刺激を加えると，細胞膜の Ca^{2+} 透過性が増大することにより，細胞膜が脱分極する．同時に繊毛逆転が起こる．また界面活性剤で処理し細胞膜を除いた繊毛細胞モデルに Mg^{2+} と ATP を与えると繊毛運動が起こるが，さらに Ca^{2+} を加えるとそのモデルは繊毛逆転を行う．これらのことから繊毛逆転は膜のイオン透過性の変化に由来する細胞内 Ca^{2+} 濃度の変化によって制御されていると考えられる．同様の制御機構によって，ホヤや二枚貝類の鰓の繊毛は刺激に反応し，繊毛逆転をした状態で一時的に停止することが知られている．（⇒繊毛波）

h **繊毛溝** [ciliary groove, ciliated groove] 動物の体表や諸器官（咽頭，腸，体腔）の表面，あるいは内腔において，繊毛上皮細胞からなり，溝状となって機能を果たす部位の総称．感覚・排出など多様な機能を果たすものがある．例えば，鉢クラゲ類の口腕内面，有櫛動物の体表（平衡胞と櫛板とを接続），渦虫類や紐形動物の頭部

(頭溝，頭裂），多毛類の前口葉（繊毛器官・頸器官），ユムシ動物・星口動物と腸鰓類の腸内壁，ウミユリ類の上蓋（食溝），頭索類の咽頭内壁（鰓溝，内柱）など．溝状とならず小孔状あるいは凹部のものは繊毛窩(ciliary pit)と呼ばれ，板状動物の体表，扁形動物・顎口動物・腹毛動物・輪形動物の頭部，毛顎動物の体表，ウミユリ類の羽枝腔内，尾索類の咽頭などに見られる．

a **繊毛虫起原説** [ciliate theory] 《同》繊毛虫類起原説，渦虫類起原説(turbellarian theory)，無腸類起原説(acoele theory)，多核体起原説(syncytial theory)．*後生動物の起原を*繊毛虫類または多核の繊毛虫様生物とする説．繊毛虫の祖先から派生した同型多核の生物（現存の繊毛虫は二型核）を想定し，そこで核の間に細胞膜のしきりが形成されることで多細胞化したものが最初の後生動物であると考え，その候補として無腸類を想定していた．またこのような左右相称動物から放射相称動物が派生したと考えた．H. Jhering(1877)の提唱以来，無腸類と繊毛虫の類似性や刺胞動物の祖先形を左右相称とする考えなどに基づいて O. Steinböck(1937, 1963)やJ. Hadži(1944, 1963)らによって主張された．現在では繊毛虫類と後生動物が近縁ではないことや後生動物の姉妹群となる単細胞・群体性の*襟鞭毛虫類に後生動物と相同な細胞間接着・連絡蛋白質が存在することが明らかとなっており，この説は支持されない．

b **繊毛虫類** [ciliates] *アルベオラータに属する一群．基本的に単細胞性で細胞表面に多数の繊毛が存在するが，これを欠くこともある．細胞表層には*皮層と呼ばれる複雑な構造をもつ．通常時に機能する*大核と有性生殖時に用いられる*小核に機能分化した二核性（異核性 nuclear dualism）を示す．無性生殖は横二分裂を基本とし，出芽や多分裂を行うものもいる．栄養細胞の小核は複相であり，一般に接合によって減数分裂した小核を交換，再び複相に戻る．基本的に従属栄養性であり，*細胞口から餌を取り込み，*細胞肛門から排出する．*共生藻や盗葉緑体をもつものもいる．Tetrahymenaやゾウリムシなどモデル生物として用いられるものも含む．水域に広く生育する重要な捕食者であるが，寄生性のもの（白点病原虫など）や哺乳類の消化管に共生するものも知られる．繊毛虫門(Ciliophora)にまとめられ，大核や皮層の特徴に基づいて多数の綱に分けられている．

c **繊毛波** [metachronal wave of cilia] *繊毛運動の*繊時性によって生じる繊毛の波．一般に繊毛が列をなす場合，隣接した繊毛は一定の方向に一定の位相差を保って運動する．このため繊毛列または繊毛面を全体として眺めると，一定の方向に波が次々に伝わっていくように見える．繊毛波の伝播方向と有効打の方向との関係は動物の種および組織によって定まっている．繊毛波形成の機構については，二枚貝鰓の繊毛やゾウリムシについての研究から，一般的には繊毛間の力学的な干渉によるとされている．しかし，クシクラゲの櫛板列では神経支配的な機構も働いているとされる．

d **前蛹** [prepupa, *pl.* prepupae] *完全変態昆虫において，幼虫が蛹へと変態（蛹化）する際の移行期に現れる後胚発生のステージの一つ．多くの場合，幼虫は蛹への変態が近づくと摂食を停止し，蛹化する場所を求めて激しく移動する（ワンダリング）．蛹化する場所では，繭や蛹室などの構造をつくりその中で変態を行う．変態に入る際には，腸内容物を放出する*ガットパージと呼ばれる過程を経て，虫体が縮む．ガットパージ以降，蛹化までが前蛹期となる．前蛹の間には，幼虫のクチクラと表皮の間に隙間が生じる*アポリシスが起き，成虫原基が増殖・反転・外出をして成虫の体がつくられる．前蛹期には移動することができない．蛹化は，*アラタ体から分泌される*幼若ホルモン濃度が下がり，前胸腺から分泌される*エクジソン（脱皮ホルモン）濃度が上昇することで誘導される．

e **前葉体** [prothallium] 《同》原葉体．シダ植物の*配偶体．種子植物の*花粉や花粉管を伸長中の花粉，および*胚嚢に相当する．形は多様で，大部分の薄嚢シダ類・トクサ類では緑色で扁平な心臓形だが，コケシノブ科・シシラン属では緑色の糸状体，ハナヤスリ目・ヒカゲノカズラ目では菌栄養的で塊状，水生シダ類のサンショウモ目・イワヒバ目・ミズニラ目では退化して小形となり，雌雄性がある．大部分の薄嚢シダ類では胞子が陰湿の地に落ちると直ちに発芽して1～2ヵ月で心臓形の*葉状体に成熟する．その凹部に分裂組織があり，中央部に縦に多細胞層の中褥(cushion 独 Polster)を形成する．心臓形の両翼は大体1層の細胞からなり，翼縁部の細胞分裂による周縁成長でつくられる．前葉体の裏面には中褥にそって下方の尾部から単細胞の*仮根を密し，その間に（ときには翼上にひろがって）多くの*造精器が生じ，中褥の先端近くに*造卵器が生ずる．コケシノブ科の糸状の前葉体は盛んに分枝し，それぞれの枝先に生ずる細胞塊の上に生殖器官を形成する．ハナヤスリ目の前葉体は地中生で葉緑体をもたず，藻菌類の内生菌やアーバスキュラー菌根菌の一種の菌と共生し，数年かかってイモムシ状またはトウモロコシの果実状などの塊に成熟する．その周囲一面に，または上半面の細胞塊上に生殖器官を生ずる．水生シダ類のサンショウモ目では大小2種の胞子（異形胞子）から，それぞれ退化した，少数細胞よりなる雌性および雄性の前葉体を生ずる．

f **前立腺** [prostate gland ラ glandula prostatica, prostata] 《同》摂護腺，前位腺．一般に*輸精管開口部付近に開く腺の総称．[1] 哺乳類において，*尿道と輸精管（射精管）の合流部近くの尿道に開口する雄性付属生殖腺の一種．分泌液は乳白色で，*精液の液体成分（精漿）の一部をなす．腺細胞を囲む結合組織中に平滑筋の発達をみる．[2] 無脊椎動物の前立腺も多くは精液形成など生殖に関連する分泌をする（例えば顆粒腺 granular gland からは顆粒に富んだ粘液が出て，精子とともに精包中に収容される）．(1) 頭足類の輸精管壁にある腺様構造．(2) ヒル類の輸精管の開口部にある腺様の膨大した構造．spermiducal gland とも呼ばれる．輸精管中に開かず，直接外界に開口する．(3) 渦虫類・吸虫類・条虫類の射精管を囲む単細胞腺の集合体．顆粒腺ともいう．(4) 貧毛類では輸精管の開口部に大形の不規則葉状の嚢として見られるものをいう．(5) 節足動物については，⇒精巣上体[2]．

g **前立腺癌** [prostatic cancer] 前立腺に発生する癌腫．主に前立腺外腺より発生する腺癌である．多くは男性ホルモン依存性で，増殖の緩慢な長い経過をとる癌にもかかわらず，高率に骨への転移を起こす．欧米では，成人悪性腫瘍の罹患率で第1位，死亡率で第2位を占める．日本では1975年以降罹患率が増加し1990年代以降死亡率が増加している．これは1970年代以降，前立腺特異抗原(prostate specific antigen, PSA)による診

断法の普及で早期がんが診断されるようになったためとされる．国際比較では，日本の罹患率は欧米諸国およびアメリカ日系移民より低く，欧米諸国の中ではアメリカ黒人の罹患率が最も高い．診断には，血清におけるPSAの上昇が用いられる．男性ホルモン依存性であるため，抗男性ホルモン療法に著効を示すことが多い．

a **戦略** ［strategy］ 何らかの資源を巡る競争における対処の方法．戦略の語を各個体の行動形質の総合として厳密に定義し，その中での個々の行動要素を戦術(tactics)と呼んで区別することもある．戦術を理論的に分類して，ある条件下での行動パターン(戦術)が一つだけの場合を純粋戦略(pure strategy)，確率的に複数の戦術が採用される場合を混合戦略(mixed strategy)とし，また条件にかかわらず常に同じ戦術がとられる場合を非条件つき戦略，条件によって戦術が異なる場合を条件つき戦略として区別することもある．(⇨最適戦略)

b **線量限度** ［dose limit］ 国際放射線防護委員会(ICRP)により定められた放射線防護のための線量で，管理された行為から個人が受ける線量の，超えてはならない限度．ICRPは，1950年代に，放射線による障害を避けるため，最大許容線量(maximum permissible dose)を設定した．その後，放射線の線質による差を勘案して線量当量限度に変えられ，さらに一般公衆では被曝が避けられない状況もあることを考慮して，線量限度を用いるようになった．公衆の線量限度は年間 1 mSv，作業者の線量限度は，年間 20 mSv とされている．これらの線量限度を守る限り，*直線閾値無しモデルを用いて推定されるリスクは十分に低い．線量限度では，実効線量または等価線量を用いる．自然放射線のようなすでに存在する線源からの線量，および医療行為で受ける線量も線量限度の対象にはならない．

c **線量効果曲線** ［dose-effect curve］ 放射線の線量とそれによって生ずるある生物学的効果の割合(作用率)との関係を示す曲線．細胞に対する放射線作用は一般に閾値がみられず，線量効果曲線は指数関数型かシグモイド型を示す場合が多い．放射線の作用が，ある大きさをもつ高感受性構造体，すなわち標的の放射線による損傷(ヒット)によるとする標的論によれば，曲線の型から標的数が，曲線の勾配から失活に要する平均線量がわかる．また，標的に対して1個の微視的かつ決定的事象(ヒット)で生じる関係は，放射線量 D を与えたときの生物生存率(または注目している機能の残存率)を S とすると，$S=e^{-kD}$(k は比例定数)となる．この関係を示す反応曲線を1ヒット曲線(single hit curve)という．突然変異や発がんなどのように生物機能の変化に注目するときには，機能変化をした個体または細胞の割合を y とするとき，$y=1-e^{-kD}\simeq kD$ (ただし $kD\ll 1$ のとき)と表すことができる．放射線による一倍体細胞の致死・突然変異・発がんは，通常1ヒット反応を示す．標的論の適用範囲には限界があるが，生体高分子や単細胞などの不活性化，あるいは突然変異，染色体異常の生成などについて放射線の作用機構を定量的に考察するのに，線量効果曲線は有力な手掛かりを与える．また放射線治療において，腫瘍に対する線量を決める場合にも有用である．

d **蘚類** (せんるい) ［mosses ラ Bryopsida, Musci］ 蘚植物門(Bryophyta〔狭義〕)とされる一群．配偶体は葉と茎からなる*茎葉体を形成し，茎には*中心束，葉には中肋が分化する．*原糸体はよく発達し，通常は糸状で分枝するが，ミズゴケ類では盤状となる．仮根は原糸体に似ており，多細胞で分枝するが，葉緑体を欠き，隔壁は斜めで細胞壁は通常着色する．細胞に*油体を欠く．蘚帽(⇨カリプトラ)をもつが*偽花被はない．胞子体は，*蒴が分化する前に蒴柄が伸長する．蒴には気孔と軸柱があり，胞子を形成する部分はエンドテシウム(⇨アンフィテシウム)起原で，胞子は同時に成熟する．蒴歯のある口部は蘚蓋の脱落によって開口し，胞子は比較的長期間分散される．世界に約1万3000種，日本には約1150種が知られる．(⇨コケ類)

ソ

a **躁うつ病** [manic-depressive psychosis] ⇒気分障害

b **痩果** [achene] 小形で1個の種子を含む非裂開性の*乾果をいう. キンポウゲやセンニンソウの果実がこの例. 本来一心皮性で上位子房に由来する果実をいうが, キク科(ヒマワリやアザミ)のように子房下位のものも含めることが多い. しかし, キク科の果実は厳密には菊果(cypsela)として区別される. イネ科などでは果皮と種皮とが密着し, 特に穎果(caryopsis, grain)と呼んでいる. しばしば, 混同するものにタデやスゲなどの*堅果の小形のものがある.

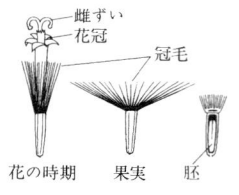

菊果(Arnica montana)

c **霜害** [frost injury] 植物, 特に各種作物(果樹, チャ, ムギ類, 野菜など)に対する降霜による被害. 耐寒性の弱い若芽・茎葉などで著しい. 春の晩霜や秋の早霜では特によく起こる. 低温による寒害(*冷害)に似るが, 植物の耐寒性の比較的弱い時期に, *放射冷却により, 植物体温が下がり, 若い芽や葉が害されるので被害はより急激である. 霜害の起きる温度は植物により, また植物内器官によって異なるが, おおむね−2〜−3°Cである.

d **造果器** [carpogonium, pl. carpogonia] 紅藻類の*生卵器. 通常, *受精毛をもつ卵を1個形成するためこれを同義に扱う. ウシケノリ類などでは通常の体細胞が造果器に転換するが, 真正紅藻類では特別な細胞糸(造果枝・胎原列 carpogonial branch, carpogonial filament)の先端にできる. 造果器を生ずる細胞を支持細胞(supporting cell)と呼ぶ. 近接して*助細胞が形成される場合, 造果枝と助細胞またはその母細胞を併せてプロカルプ(procarp)と呼ぶ(イギス目など). ウシケノリ類では受精後に造果器は分裂して多数の胞子(接合胞子または果胞子)を形成する. 真正紅藻類では通常, 受精した造果器は直接または間接的に複相の造胞糸を伸ばして*果胞子体を形成するが, 直接*四分胞子体を形成する例もある(ダルス目など).

e **相関** [correlation] 【1】数理統計学や生物統計学において, 一般に二つまたはそれ以上の変量のあいだの関連性をいう用語. その統計学的尺度は相関係数(correlation coefficient, r)で表される. 2変量 x, y 間の場合,

$$r = \frac{\sum_{i=1}^{n}(x_i - \bar{x})(y_i - \bar{y})}{(n-1)s_x s_y}$$

s_x, s_y は標本標準偏差, n は測定数. r の値は−1 と+1 の間にあり, +1 に近ければ正相関(positive correlation), −1 に近ければ負相関(negative correlation), 0 に近ければ無相関(non-correlation)を意味する. 例えば, ヒトの体長・体重間には一定の r 値をもって正相関が成り立つ. 正負の相関成立時には, 変量間の関数関係(実験式)を回帰直線(regression line)の形で求められ, さらには, この手法を非線形回帰の場合にまで拡大することもできる. なお各変量について大小(+1 か−1)だけを問う定性的相関の場合, 英語では association と呼ぶことがある.

【2】《同》協関. 生理学において, 生体の諸部分の機能がそれら相互間, 個体全体との間, あるいは外界の作用因との間に一定の関係をもち, しかもそれが調整的・適応的である現象. しばしば生物現象の調節性の基礎となるもので, なんらかの方法で生体の部分間に情報伝達がなされることが必要である. これは, 高度な体制の動物では, 特に神経系ならびに内分泌系の専門的機能となり, それぞれ*神経相関および*液性相関(内分泌相関)の名で呼ばれる.

f **相観** [physiognomy] 主としてある地域の植物の群落, 場合によっては生育する個体の様相, 外観を意味する. 環境と密接な関係をもつので*植物群系の区分の基礎となる. A. von Humboldt(1805)の提唱. 相観を決定する因子は, (1)群落の優占種のもつ生活形(高木, 低木, 草本など), (2)個体のもつ密度(密生群落, 疎生群落), (3)群落の高さ(高木林, 低木林, 草原など), (4)季節による変化(常緑林あるいは落葉林など), (5)優占種の葉形(針葉樹林, 広葉樹林など), (6)群落構成種の複雑さ(例えば高緯度の針葉樹林は単純, 熱帯多雨林は複雑)などである.

g **相関らせん** [relational coiling] 体細胞分裂期の2本の娘染色分体や, 減数分裂前期に対合した*相同染色体のらせん構造を表現する用語の一つで, 互いに2本の糸(染色分体および個々の染色体)が, DNAの二重らせんのようによじれていることをいう. これに対して, 2本の糸がそれぞれ平行にらせんに巻いているのを平行らせんという. 相関らせん構造では, 2本の糸が分離するためには, 2本のらせん糸は巻き戻されなければならない.

h **臓器** [organ, visceral organ] 動物の内臓を構成する器官.

i **臓器移植** [organ transplantation] 生体機能に重要な役割を果たす固形器官(臓器)を別の個体から移植する行為. 組織移植や輸血と並び, 人体の構成要素に関する移植の一形態. 移植の対象となる臓器としては, 主に循環器(心臓), 消化器(肝臓, 膵臓, 小腸など), 泌尿器(腎臓など), 呼吸器(肺), 感覚器(角膜)がある. 移植用の臓器は, 基本的には提供者(ドナー)を募る形式で得られる. 死者の臓器を利用する場合のほか, 生きているヒトの臓器を利用する場合があるが, 後者の場合にはドナーの身体への影響を考慮して, 臓器の種類や量は限られる. 現在では, 脳機能が停止した者を「法的脳死」として臓器の摘出が認められるかどうかが, 大きな議論になってきた(臓器の移植に関する法律). 移植用の臓器の慢性的不足を背景として, ドナー登録に関する普及啓発のほか, 臓器を人工的に構築する再生医学研究や, 人間への移植に適した臓器を他の生物の体内で育てる研究(xenotransplantation)も進められている.

a **早期受容器電位** [early receptor potential] ERPと略記．非常に強い閃光で網膜を照射するとき，光受容器（視細胞）に発生する電位．細胞外誘導では*網膜電図のa波に先行して現れ，ほとんど潜時が認められない．その振幅は光強度に比例し（すなわち*ウェーバー-フェヒナーの法則に従わない），0℃以下の低温でも，また網膜を組織固定しても観測される．その発生機構は細胞膜のイオン透過性の変化によるものでなく，視物質の退色過程に伴う電荷の移動により発生する電位であると考えられている．無脊椎動物の光受容器においても同様な電位が観察され，FPV (fast photovoltage) と呼ばれることがある．（→光受容器電位）

b **臓器親和性** [organotropy] 病原性微生物や薬剤が，特定の臓器に親和性をもつ現象．*リケッチアや*ウイルスは細胞内だけで増殖できるので，臓器親和性が著しい．例えば，*狂犬病ウイルスは中枢神経系，*痘瘡ウイルスは皮膚で増殖し，それぞれ特異な病変を起こす（→ウイルス親和性）．ウイルスの臓器親和性は，レセプターの有無に加えて，感染細胞内でのウイルス増殖に必要な宿主因子の有無によっても影響される．薬剤の場合は一般に最大耐量をもってその程度を示す．

c **双球菌** [diplococcus] 原核生物の*球菌のうち，2個の菌体が対になって存在するものの形態的通称．ただし2個体が対になる傾向は，連鎖球菌や球桿菌（coccobacillus）の多くのもの，さらに二分裂で増える細菌一般のものとも考えられるが，双球菌ではそれが特に強いと推測される．1個の単球菌体でもその核質は対をなしており，こうした通性は核蛋白質ないし原形質成分の性質に由来するとされる．双球菌の例としては，*Branhamella* (*Moraxella*) や *Neisseria* などの*プロテオバクテリア門細菌，*肺炎連鎖球菌（*Streptococcus pneumoniae*）などが挙げられる．

d **双極細胞**（網膜の）[bipolar cell] 《同》両極細胞．*視細胞および*水平細胞からの光情報をアマクリン細胞あるいは視神経節細胞に伝える神経細胞．視細胞，水平細胞と同様スパイク活動を示さない．その細胞体は内顆粒層に位置し，樹状突起によって視細胞とシナプスを形成し，他方その神経突起は視神経節細胞の樹状突起または直接その細胞体と，さらにアマクリン細胞ともシナプスを形成する（→視神経節細胞）．双極細胞には，光刺激により視神経節細胞からの興奮性出力を導くオン双極細胞と，逆に光刺激により抑制されるオフ双極細胞がある．オン双極細胞は代謝型グルタミン酸受容体mGluR6を発現し，オフ双極細胞はAMPA結合型グルタミン酸受容体を発現する．これらの受容体がオン経路とオフ経路の基盤となる．この細胞も視神経節細胞のように中心-周辺拮抗型の受容野をもつ．

e **双極性障害** [bipolar disorder] →気分障害

f **藻菌類** [algal fungi ラ Phycomycetes] 真菌類のうち藻類に似た性質を有すると考えられたものに対する旧称．古くは*ツボカビ類，*卵菌類および*接合菌類の3群に分け，それに緑藻類，フシナシミドロ類および接合藻類から同化色素の退化したものが出現したと考えられた．今日ではツボカビ類，*サカゲツボカビ類，卵菌類，接合菌類のような独立群が認められ，藻菌類はまとまった分類群とは考えられていない．

g **像形成眼** [image-forming eye] 被視物体の像を光受容器上に結像できる眼．オウムガイやアワビにみられる窩眼（pin-hole eye）が，レンズはないがピンホールカメラの原理と同様に網膜上への倒立像形成を可能にしている最も簡単な構造のカメラ眼である．窩眼は焦点深度は深いが，像は暗い．窩眼の瞳孔にレンズを付加して像形成の効率を増加したものに，固定焦点型の単一レンズ眼である単眼（節足動物，腹足類など）と，多面レンズ眼である複眼（節足動物など）がある（→重複眼，→連立像眼）．単眼は一般に像形成能をもってはいないが，ホタテガイ単眼のように，半球面の角膜，層状構造による反射曲面と彎曲した結像面があり，全体としてシュミットカメラ型望遠鏡と類似のすぐれた光学系をもつものがある．像形成眼として最も進化したもので，脊椎動物や頭足類にみられるようなレンズの焦点距離が可変で入射光量の調節が可能になった眼である．

h **造血器官** [hemopoietic organ, hematopoietic organ, myelopoietic organ] 《同》造血器．血球をつくる器官の総称．[1] ヒトでは胎生期は肝臓・脾臓・骨髄，成人期では骨髄とリンパ組織がこれにあたる．ヒトの赤血球造血は胎生10日頃から始まり，まず血球は卵黄嚢壁の造血管組織（*血島）から発生する．これを卵黄嚢造血という．卵黄嚢造血は漸次，肝脾造血・骨髄造血に置き換わり，胎生5カ月頃から胎児期造血巣は萎縮し，しだいに骨髄だけで生成する成人期造血に移行する．胎生期には，胸腺（胎生2カ月頃から）やリンパ節（胎生後期）でもリンパ球造血が行われる．[2] 鱗翅目昆虫では，第一齢幼虫から前胸部の翅の成虫原基に接して造血器官があり，脱皮や変態の際に多数の血球を血液中に放出する．また，血液の中を循環しているうちに有糸分裂を行うものもある．（→血球新生）

i **造血剤** [hematopoietics] 血液，血球，特に赤血球を増加させる薬剤の総称．各種の鉄剤やビタミンB_{12}，葉酸，あるいはその前駆体や複合体などがある．

j **草原** [grassland ラ herbosa, prata] 地表面の約50％以上が植物により覆われた草本植物を主とする群落．少数の低木を交えることもある．イネ科植物を主とするものが大部分で，狭義の草原は*イネ科草原を意味することが多い．ユーラシアのステップや北米のプレーリー，南米のパンパスなどはいずれもイネ科草原である．自然には樹林が成立できないような低温の地（高山帯や極地），過湿な湿原，雨量が少ない乾燥地などに成立するが，半自然草原，人工草地（例えば牧草地など）も多い．森林が切られた後にはしばしば遷移の途中相として出現するが，ひとたび草原が成立するとかなりの安定性をもつことがある．地球上で草原の占める面積は約2970万km²（全陸地の24％，全地球面積の6％）と推定され地球上で最大の群系である．現存量は環境条件によって変化するが，生産力の推定値は森林と大差ない．IBPのF. R. Fosberg (1967) の分類では，長草型草原（tall grass meadow），短草型草原（short grass meadow），広葉草本植生（broad leaved herb vegetation），コケ型植生（closed bryoid vegetation），沈水草原（submerged meadow），浮葉草原（floating meadow），ユネスコのH. Ellenberg (1973) の分類では長草イネ科植生（tall graminoid vegetation），中形イネ科草原（medium tall grassland），短草草原（short grassland），広葉植生（forb vegetation），水生淡水植生（hydromorphic freshwater vegetation）に区分している．

k **双懸果**（そうけんか）[cremocarp] 2心皮からなる

下位子房が成熟にともなって*分離果となり，それぞれ1個の種子を含む分果の一端が心皮柱(⇒雄ずい)の先端について垂れ下がる果実．果実の成熟時の形態の一つ．セリ科のシシウド，ニンジン，セリなどでは2個の分果は痩果状で心皮柱の先端につくが，二股状に分かれた先端に1個ずつつくことも多い．

a **総合説**(進化理論の) [synthetic theory of evolution] 《同》新総合説．集団遺伝学を核にして，古生物学，発生学，生物地理学，系統分類学，生態学など生物学の多様な分野の成果から，さまざまな進化要因を総合的にとらえようとした進化学の歴史的な総称．J. S. Huxley の命名．1930〜1970 年頃に興隆した．C. Darwin らが提唱した正の自然淘汰をその中心としたので，総合説を*ネオダーウィニズムと呼ぶ場合があるが，後者はさまざまな意味をもつため，注意が必要である．また，研究者によって進化メカニズムの重点がそれぞれ異なっており，自然淘汰万能に近い考え方から，S. Wright のように*遺伝的浮動の効果も重視した立場もあり，一つの理論とはいいがたい．DNA や蛋白質の進化を扱う分子進化学では，1960 年代に登場した*中立進化論にほぼ完全に代われたが，肉眼形態や行動，生態の進化を扱う研究分野ではまだ総合説の影響が強い．

b **層孔虫類** [Stromatoporoidea] *オルドビス紀から*白亜紀まで生存して絶滅した動物の一目．当初刺胞動物ヒドロ虫綱に属すると考えられたが，海底洞窟などで発見された硬骨海綿類との類似性から海綿動物に位置づける説が提唱され，分類上の位置が議論されている．粒状または繊維状の微細構造をもち，$CaCO_3$ からなる塊状または層状の群体の化石だけが知られ，動物体は未知である．群体は水平には薄層，垂直には柱体からなり，表面には星形の細かい溝や丘状のふくらみを作ることもある．*シルル紀ごろには最も重要な造礁性動物であった．類似のものが*ジュラ紀の鳥ノ巣石灰岩に多産する．

c **相互情報量** [mutual information] 二つの確率変数 X と Y が相関する度合を測る尺度の一つ．離散確率変数 X と Y に対しては

$$I(X;Y) = \sum_x \sum_y p(x,y) \log \frac{p(x,y)}{p(x),p(y)}$$

と定義される．$p(x,y)$ は同時確率分布関数，$p(x)$ と $p(y)$ はそれぞれの周辺確率分布関数である．X と Y が連続変数の場合は上記の和が積分となる．X の実現値を知ることによって，Y に関する情報が全く増えなければ，相互情報量の値は 0 となる．逆に，X を知れば必ず Y の値がわかる場合は，相互情報量の値は Y のエントロピーに等しい．X と Y の相互情報量は必ず非負であり，X と Y について対称である．

d **相互的散在** [interspersion] 異なった種類の小*生息地が互いに混じりあって存在し，その各小生息地にさまざまな種の*個体群が，それぞれの生活様式に応じて生息し，その間に相互関係をもちあっている現象，ないし，このような散在状態にいたる過程．*群集の様式に関して C. S. Elton (1949) が提唱．例えば 1 本の高木，イネ科の草の一叢，動物の巣，大形動物の糞や死骸，倒木などといった小生息地ごとに，違った個体群が集まって違った相互関係を作り，それらがいわば作用中心となって，それらの間に再び相互関係が生じているといったものが，群集の実在の姿ということになる．

e **相互転座** [reciprocal translocation, interchange] 《同》交換転座．相同でない 2 個の染色体が互いにその一部分を交換すること．相互転座ヘテロ接合体の個体，すなわち*転座を起こさない標準の染色体と転座を起こした染色体とをもった個体(ヒトでは一般に転座保有者と呼ばれる)は，減数分裂に際して*染色体環または*染色体鎖を形成する．相互転座が起こればそれにともなって遺伝子の連鎖関係にも相応の変化を生ずるが，遺伝子量の変化は転座点付近の遺伝子挿入，欠失などに限定される．転座した断片の上に座を占める遺伝子は転座前に属していた連鎖群から離脱し，別の連鎖群に所属することになる．

f **相互扶助** [mutual aid] 動物がきびしい自然条件をしのぐために相互に協力すること．ロシアの P. A. Kropotkin は，K. Kessler の示唆から発して，動物の世界には相互扶助の原則が行われるとして，生物界および人間社会において生存競争が普遍的原理であることを否定した (1902)．(⇒社会ダーウィニズム)

g **走根** [stolon] 《同》ストロン，匍匐根 (creeping stolon)．群体性固着動物において，*個虫の体下部に生じる根状の細管組織．隣接する個虫と連絡し，また出芽によって新個虫が生じる．八放サンゴ類，ヒドロ虫類，スズコケムシ類(内肛動物)，コケムシ類(外肛動物)，フサカツギ類(半索動物)，ホヤ類などに見られる．ヒドロ虫類の場合には特にヒドロ根という．遊泳生活をするウミタル類やサルパ類の*芽茎に相当．

h **操作**(寄生者による) [manipulation] 《同》マニピュレーション．寄主-寄生者関係において，寄生者の遺伝子の発現によって寄主の行動や生理が変化し，結果として寄生者の伝播確率があがる現象．また，このときの寄主の行動を寄生者の遺伝子の*延長された表現型と呼ぶ．例えば，寄主であるヒトが咳をするのは，寄主寄生インフルエンザウイルスによる操作であり，咳や上気道の炎症はインフルエンザウイルス遺伝子の延長された表現型であると考えられる．このほか顕著な例として，鉤頭虫類に感染されたヨコエビの行動変化 (W. M. Bethel & J. C. Holmes, 1973)，狂犬病ウイルスによる寄主の行動変化，吸虫 (*Dicrocoelium dendriticum*) がその第二中間寄主であるアリの行動を操作して終宿主のヒツジに捕食させやすくすることなどがある．

i **早材** [early wood] 《同》春材 (spring wood)．形成層活動によって成長期のはじめ(通例は春季)に形成された材．これに対し，成長期の後半に形成された材を晩材 (late wood, 夏材) という．早材の横断面は各細胞がほぼ等径の多角形で細胞壁は薄いが，晩材では放射方向に短く扁平となり細胞壁は比較的厚く材は緻密である．細胞の形状の変化は早材から晩材にかけて次第に推移するが，晩材と次の早材との間は急激な相違があるため年輪の明瞭な境界を形成する．しかし，熱帯の樹種では年輪が不明の場合が多い．針葉樹類では材は道管ではなく*仮道管からなるためこの関係が明瞭であるが，広葉樹材ではあまり著しくない．ただ道管の形状・配列にこの差の著しいものが多く*環孔材・放射孔材など各種がある．針葉樹類の晩材では壁孔が細胞の放射方向の壁にのみ存在するが，これは翌春，形成層の活動開始に必要な水分の移動に有効と考えられる．

j **走査型電子顕微鏡** [scanning electron microscope] 試料の表面を電子線で走査することによって，その立体構造を直接観察する機能をもった電子顕微鏡．

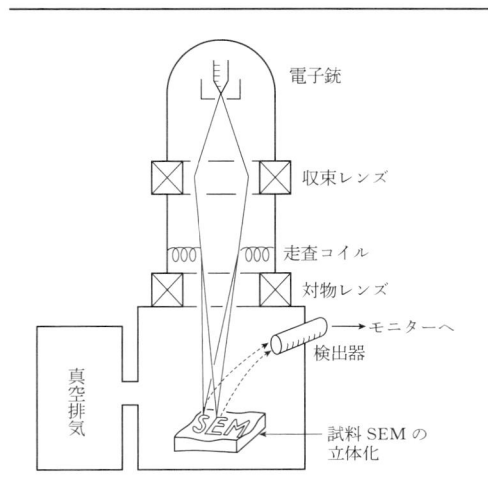

電子銃／収束レンズ／走査コイル／対物レンズ／真空排気／モニターへ／検出器／試料 SEM の立体化

電子線を用いる点では透過型電子顕微鏡と同じであるが，走査型電子顕微鏡は電磁レンズで小さく絞られた電子線を試料表面で走査し，試料表面から発生する二次電子・反射電子などの信号を増幅し，これらの量子強度を輝度に変えてモニターに結像させる．この顕微鏡の分解能は電子銃やレンズ構成，加速電圧などにより異なるが，高性能のものは 5 kV で 1 nm 程度の分解能をもつ．試料内の元素から発生する特性 X 線を分析する X 線マイクロアナライザーと併用し，試料内における特定の元素の検出や分布を解析する手段としても利用される．

a **走査眼** [scanning eye] 光受容部位を周期的に振動させ，走査像を得る形式の眼．これに対し，一般の眼はレンズなどの光学系と光受容部位との位置関係は固定的である．甲殻類カイアシ亜綱に属する *Copilia* の眼は単眼ではあるが，その光受容部位(視細胞)に付着する筋肉により視細胞は正中線を横切って振子のように振動(0.5〜10 Hz)し，前方にある角膜レンズの焦点面を横切って走査する．ハエトリグモの 1 対の中央眼も一種の走査眼で，一端が背中に，他端が光受容部位に付着した 6 群の動眼筋によって光受容部位は物体の追跡運動(tracking movement)，*断続性運動や振顫のほかに走査運動(scanning movement)を示す．コバエでも頭部にあるキチン質の内骨格である*幕状骨と複眼網膜の内縁端とを結ぶ筋肉の運動によって光学系からの投影像は網膜上に走査されるものと考えられている．

b **操作的分類単位** [operational taxonomic unit] OTU と略記．数量分類学において，解析対象となる個別の生物のこと．実際には種(およびそれ以下の*階級にある*タクソン)，地域個体群，個体などであるが，*クラスター分析を用いた場合に*類似係数の値によって任意のレベルによってまとめることが可能であり，リンネ式階層分類体系における階級とは一致しない場合もあるので，この用語を用いる．最近では数量分類学に限らず，分子系統学などでも広く用いられる．(→表型的分類)

c **走査プローブ顕微鏡** [scanning probe microscopy] 鋭い針のようなもの(探針)を用いて標本の表面を xy 平面上で走査し，その際に探針-標本間に生じる物理化学情報を検知し制御することで，表面形状などの情報を取得する顕微鏡の総称．1981 年に G. Binnig と H. Roher によって考案された走査型トンネル顕微鏡を端緒とし，その後に考案された原子間力顕微鏡(atomic force microscope, AFM)以後，さまざまな顕微鏡が開発されている．そのうち生物学に最も利用されている原子間力顕微鏡は，探針-標本間相互作用力を制御しながら走査することで，標本の表面形状を画像化することができ，これにより，DNA やミオシンなどの生体高分子や，生きた細胞の液中観察などが行われている．

d **相似** [analogy] 主として異種の個体の間で，系統進化的には異なるが，同じ機能をもつために類似の形態をもつようになった体部分どうしの関係をいう．相同と対する比較形態学的概念．例えば鳥類の翼と昆虫の翅，サツマイモのいも(塊根)とジャガイモのいも(塊茎)など．かつて機能的相同として相同を拡大解釈して含ませることもあった．(→生化学的相似)

e **掃除共生** [cleaning symbiosis] 他種の動物の体についた寄生虫や古い皮膚のかけら，有機物のごみなどを食べて掃除するクリーナー(cleaner)と，その掃除をしてもらうカスタマー(customer)との間の共生関係．魚類のホンソメワケベラのような掃除魚とそのカスタマーである大形魚，オトヒメエビと魚，ワニチドリやウシツツキのような鳥とワニや大形哺乳類などの例がよく知られている．前二者のようにクリーナーが一定の場所に生息している場合には，カスタマーが次々とそこを訪れる．クリーナーとカスタマーの間には，一定の形態・色彩的特徴や行動パターンによる種間コミュニケーションが成立しているが，これを擬態するもの(例えばホンソメワケベラに擬態するニセクロスジギンポ)も知られている．

f **創始者原理** [founder principle] 《同》創始者効果(founder effect)，創始者原則，先駆者原理．少数の個体がもとの集団から分かれ新たな地域に侵入し，その地での創始者として隔離されることが*種分化の要因になること．E. W. Mayr (1942) の提唱．創始者個体群では*遺伝的浮動が起こりやすく，また新しい環境への適応に向かって特殊化した遺伝子給源に淘汰が働くなどの要因によって，新しい属あるいはそれ以上の分類階級の起原になりやすいとされる．新しい類の化石が急に出現することも，創始者個体群での急速な進化によって説明できる場合があるといわれるが，その一般性については異論がある．

g **桑実胚** [morula] 多細胞動物で*全割をする卵の卵割期に，*割腔がほとんどまたはごくわずかしか発達せず，*割球が集塊状になっている時期の胚．クワの実との外形的類似からいう．桑実胚の時期を桑実期(morula stage)と呼ぶ．なお桑実胚の名称は，*部分割卵の相当発生段階にある胚にも使用されることがある．*桑実胞胚とは別のもの．

h **桑実胞胚** [morula] *胞胚腔を欠く*胞胚の一型(卵割期の一段階をなす*桑実胚とは別)，多数の細胞の球状の集塊をなすもの．有腔胞胚の極端な場合と見なされる．無腔胞胚では胞胚腔の位置に相応する点または面があり，各細胞はすべて内部ではこの点または面に接し，その反対側は必ず外界に面しているのに対し，桑実胞胚は胞胚腔に相応する部位がなく，外面に現れない細胞のある点でそれと区別される(例：刺胞動物ヒドロ虫類の一種 *Clava*)．

i **早熟** [precocity, prematurity] 正常(ないし平均)

よりも早い時期に性熟期，*春機発動期をむかえること．日照時間の変更やホルモン投与によって実験的に早熟にできるほかヒトでは遺伝的早熟や内分泌疾患によるものも知られ，また風土や生活様式など種々の環境因子の影響がみとめられる．なお体の大きさ(成長)と性的成熟との関係は一義的でなく，諸内分泌器官やそのほか内外の要因の相互関係に依存する．

a **相称** [symmetry] 《同》対称．生物学においては，生物の形態が点，線または平面によって等価値な部分に区分されること．主な相称としては次のようなものを区別できる．(1)*放射相称では体の主軸(*軸性)があると，それに直角な，かつ互いに等しい角をなすいくつかの軸，すなわち放射軸(radial axis)はいずれも同じ価値をもち，それを通って主軸を含む面で体を切ると，常に互いに鏡像の関係にある二つの体部に分けられる．例えばヒトデでは五放射軸が認められる．植物の茎や花などもしばしば放射相称的構造をもつ．(2)いわゆる二放射相称(biradial symmetry)では二つの放射軸が相互に直角をなす(例: クシクラゲ)．(3)左右相称(bilateral symmetry, 両側相称)では，一つの平面(*正中面)が互いに鏡像関係にある二つの体部を分ける(例: 脊椎動物の概形)．正中面内を体の前後に走る軸が*頭尾軸(または前後軸)で，多くの場合，体の長軸と一致する．頭尾軸に直角で正中面内にある軸は背腹をつなぐ*背腹軸(または矢状軸)となる．また正中面に直角な軸を正中側面軸(medio-lateral axis, 内外軸)といい，これは正中面をはさんで相互に等しくかつ方向の逆な極性をもつが，左右の正中側面軸を合して1軸とみなすときはこれを横軸(transverse axis, horizontal axis)という．放射相称においては，例えばヒトデの1本の「足」にあたる同型部分を副節(paramere)といい，一般にそれは左右相称をなす．左右相称の各半は，軸に関して極性が逆向きになっている同型部分で，それを対節または*体幅という．個体発生または系統発生の過程において生活様式が変化するものでは，相称の型が変わることがある．例えば多くの棘皮動物は自由運動する幼生期には左右相称の体制をもち，静止に近い生活をする成体では放射相称の体制を示す．またヒラメなどでは左右の体側が二次的に背腹に置かれる．相称の関係にないことを不相称(非対称 asymmetry)といい，規則的形態としては*らせん性がある．また外形において相称を示すものでも，内臓が不相称を示すことが少なくない．

b **創傷** [wound] 外的要因により器官組織の表面に離断が生じること，あるいはそれにより生じた損傷．原因により，機械的損傷(切創，裂傷など)，物理的損傷(熱傷など)，化学的損傷(アルカリによる壊死など)に分けられる．また，これが修復される現象を創傷治癒(wound healing)という．哺乳類の皮膚の創傷治癒過程では，止血と血餅形成の後，*炎症反応，*肉芽組織の形成を経て，真皮の再構成(*瘢痕形成)に至る．両生類など再生能の高い動物では，皮膚の創傷後すみやかに*傷上皮が傷口を覆い，肉芽組織は形成されず瘢痕も残らない．(⇨生物学的時間)

c **総状花序** [raceme] 長い花軸に有柄の花を側生する*総穂花序の一型．フジ，ヤナギラン，ギボウシにみられる．(⇨花序[図])

d **相乗作用** [synergism] 《同》相助作用．ある物質ないし要因の作用がほかのある物質ないし要因の介在に

よって強められるとき，この複数の要因に生じる作用関係．両要因はたがいに相乗因(synergist)と呼ばれる．拮抗作用と外見上正反対な現象で，例えば酢酸の生体に及ぼす害作用がCa^{2+}の添加によってはるかに強まるような現象はこれに属する．二つの物質が同じ作用を現す場合でも，その作用がそれぞれ単独の効果の和よりも大きい場合には相乗作用があるという．同じ概念ならびに用語(原語)は，共力筋間の力学的関係にも適用される．

e **双子葉類** [dicotyledons, dicots ラ Dicotyledoneae, Magnoliatae] 胚における子葉の数が2枚の*被子植物の一群．古くから*単子葉類と対置されてきた．子葉の数の相違は16世紀に M. Lobelius が指摘しているが，これを分類群として認めたのは A. L. de Jussieu (1789)である．約20万6000種を含む．しかし双子葉類は単系統群ではなく，単子葉植物の分岐以前に分岐した原始的な被子植物と，単子葉植物の分岐後に分岐した真正双子葉類とに大別される．後者のみが現在では系統群として認識されている．(⇨被子植物)

f **増殖型ファージ** [vegetative phage] 宿主細胞内で増殖中のファージの形態．成熟したファージや*プロファージと区別して呼ぶ場合に用いる．一般に，ファージが増殖する場合，いったんファージ粒子の構成要素がそれぞれ細胞内で合成され，それらが集合して感染力をもったファージ粒子となる．

g **増殖曲線** [growth curve] 細胞培養における細胞増殖の動態を示す，時間を横軸に細胞数を縦軸にとったグラフ．一般に縦軸には対数をとる．培養開始直後は誘導期(lag phase)と呼ばれ，G_1期の細胞の割合が高いため，また以前の退行的変化からの回復を待つために増殖が低下している．細胞が活発に増殖し始めた後は，一定の細胞周期で分裂を繰り返しているため，細胞数は一定時間ごとに倍加する．増殖曲線が右上がりの直線となるので，この時期を対数期(logarithmic phase)と呼び，増殖がさらに進み細胞密度がある限度を超えると，分裂細胞が減り細胞数の上昇が止まる定常期(stationary phase)に入る．これは培養液中の栄養不足，酸素不足，細胞の産生する老廃物の蓄積などによる．これを過ぎると細胞の死により細胞数は減少する．

h **増殖速度** [multiplication rate, proliferation rate] 生物個体あるいは細胞の数が増加する速度．微生物の場合では成長速度とほぼ同じ内容の語として扱う．最も簡単な場合，つまり一定不変な環境における細胞の二分による定常的な増殖は，時間tでの細胞数をNとすると，次の式で表される．

$$N = N_0 2^{t/\tau} = N_0 \exp\{(t/\tau)\ln 2\}$$

N_0は$t=0$での細胞数，τは世代時間，すなわち細胞の分裂から次の分裂までの時間の統計的な平均値．1回に一定の多数個体を新生する場合や，親子の別があり定まった寿命のある場合，さらに複雑な生活環のある場合は，式は異なるが，同様の形式で扱うことができる．細菌・酵母などの培養では，上式のかなり典型的な場合をみることができるが(⇨細菌の発育相)，環境の空間的および時間的一定性は実際には保証されない．しかし，$k=(\ln 2)/\tau$を環境要因に関するパラメータとしてある程度まで説明をつけることができる．

i **増殖体** [migrule] 植物において，一切の増殖に関係する器官あるいは細胞の総称．*むかごのような栄養増殖的なものを除き，主として有性生殖または正常の生

活環上の増殖用の細胞(胞子)に限定するときは*散布体という.

a **増殖率** [reproductive rate, reproduction rate] 《同》再生産率. *個体群の1個体当たりが単位時間当たりに産出する平均次世代個体数のこと. 有性生殖をする生物ではしばしば雌だけについていう. *世代の重なり合いの小さい種では, 出生・死亡のほか移出入による増減を含め, ある世代と次の世代の同じ発育ステージの個体数の比をいう場合もあり, これは個体数増減指数(index of population trend)とも呼ばれる. 人口統計学(population demography)上よく用いられる純増殖率(純繁殖率・純再生産率 net reproductive rate, net replacement rate)は, ある世代に出生した雌1個体当たりの平均雌出生数, あるいは生殖齢の1雌当たり生ずる次世代生殖雌数と定義され,

$$R_0 = \int_x^\infty l_x m_x dx$$

で示される. l_x は齢 x における雌の生残率(出生時すなわち $x=0$ の l_x を1.0とする), m_x は x 齢の雌1個体当たりの平均産子数(雌のみ)である. $R_0=1$ なら世代間の個体数に増減がなく, $R_0>1$ なら増加, $R_0<1$ なら減少することになる. これに対して, m_x の総和, すなわち死亡を考慮しないとき1雌が産出するであろう平均雌子孫数を総増殖率(総再生産率 gross reproductive rate)という. 内的自然増加率(⇒個体群成長, ⇒産卵数)は, 空間や食物に制限がないという仮定の下で, 個体群の齢構成が安定しているとき期待される単位時間当たりの増加率で

$$\int_x^\infty e^{-rx} l_x m_x dx = 1$$

を r について解いて得られる. r は与えられた環境条件下におけるその種固有の増殖能力を示すと考えられ, 単位時間当たりの値として規定されるから, 種間の比較などに都合がよい. 集団遺伝学では個体群の適応度を表す尺度として用いられる(⇒K 淘汰). $\lambda=e^r$ は期間自然増加率(finite rate of natural increase)と呼ばれ, 単位時間に個体数が何倍になるかを示す. なお個体数が2倍になるのに要する時間, すなわち $\lambda^t=2$ となるときの t を倍加期間(doubling time)という.

b **槽歯類** [Thecodontia] 《同》テコドント類. 爬虫綱の化石動物で, ワニ類・翼竜類・竜盤類・鳥盤類とともに双弓亜綱主竜類を構成していたグループとされていたが, 近年の系統解析により, 槽歯類は単系統群ではなく, その子孫に恐竜やワニ類, 翼竜類などを含む人為的なグループであるため分類群としてはもはや認められていない. つまり主竜類の中から派生的な分類群を除いたものの集まりであり, *三畳紀中だけに存続した. 前鰐類(*Proterosuchus* など), *Euparkeria* などの基幹的なものや, 側鰐類(植竜類, *Mystriosuchus* や *Rutiodon*)などを含むとされていた. 顎骨の縁に槽生(thecodont, 歯が顎骨の穴である歯槽にはまる)の鋭い歯が並ぶ. 鎖骨をもつ点で他の主竜類から区別される. 側鰐類の体型はワニ類に酷似するが, 鼻孔が眼の直前にあり, 頭蓋頂の高さよりも一段と高く盛りあがった隆起のうえに開くという特徴が異なる. ワニのように偽口蓋を発達させて喉の奥まで全部を密閉して空気の通路とする呼吸方法をとらず, 鼻孔を喉と気管に接近させることにより, 水中に沈んだ状態で呼吸することを可能にしていた. 偽鰐類(あるいはクルロタルシ類)は, 背中に重厚な装甲板を発達させた四脚歩行性で植物食のエトサウルス類と, より敏捷な二脚歩行性のオルニトスクス類などを含む. 後者は, 長い脚と短い腕と長く力強い尾をもち, 走るときは二足歩行の恐竜のように尾を上げて水平に保ったと考えられる. (⇒主竜類)

c **双神経類** [ラ Amphineura, Isopleura] 《同》双経類, 原始軟体類・原始軟体類(Archigastropoda). 軟体動物門のうち, ヒザラガイ類(多板類)とカセミミズ類(溝腹類・無板類)を含む. さらに単板類が入れられたこともある. 単板類・多板類・掘足類・二枚貝類・頭足類からなる有殻亜門(貝殻亜門 Conchifera)に対置させ双神経亜門とする体系もある. 双神経類の体は左右相称でヒザラガイ類では楕円形, カセミミズ類では細長く蠕虫様. 頭部双神経は不顕著で触角・眼はない. 外套膜は体背部の全面を覆い, 表面に棘が密生し, ヒザラガイ類では8枚の殻板(殻眼あり)が1列に並ぶ. ヒザラガイ類の足は扁足で吸着と匍匐の用をなし, カセミミズ類では足はなく, 腹面に縦溝(腹溝)がある. 神経系は最も特徴的で, 口を囲む神経索(脳)と, これと肛門の間を縦走する2対の神経幹, すなわち内方の足神経幹(pedal nerve-cord)と外側の内臓神経幹(visceral nerve-cord)があり, ともに神経節を構成せず, 諸所で多数の横連神経により連絡する. この神経配置が原始的とみなされることがある.

d **総穂花序** [botrys] 花序の先端は*苞葉を生じながら成長を続け, 苞葉の葉腋に側花をつける単軸分枝を基本型とする無限花序を総称していい, 仮軸分枝を基本とする有限花序である*散形花序と対照される(⇒花序). 花序軸につく葉は普通葉と比べて苞葉と呼ばれる, 次第に小さくなる葉をつけることが多いが, 普通葉と同様の葉をつけるものもあるなど, 花序の範囲が限定しがたい場合もある. 花序の主軸の肥厚, 苞葉間の節間の長さ, 側花の花柄の長さなどの関係からいくつかの花序に区分される. *総状花序は苞葉間に節間があり, 花柄のある側花がつくものをいう. この形を基準として花柄のない*穂状花序, さらに花序軸が肥厚した*肉穂花序が区分される. さらに苞葉間の節間が短縮して先端部に有柄の花を球状につける*散形花序, 節間はあるが下位の花ほど花柄が長くて花が平面に配列する*散房花序, 節間が短縮した上に花序軸が球状に肥厚した表面に無柄の花がつく*頭状花序などがある(⇒花序[図]).

e **双生** [twins] 元来1個の種子中に1個の胚を形成する種子植物において, 1個の種子中に2個の胚を形成する現象. *多胚形成の一つ. その原因には*無配生殖・*無胞子生殖・*不定胚形成などがある. ギボウシ, ニラモドキ, ダイダイ, マンゴーのほかバラ属の *Rosa livida* などに見られる.

f **走性** [taxis] 《同》タキシス. 自由運動する生物が外部からの刺激に反応して起こす移動運動のうち, 方向性が認められる運動. 運動がもともと定位的な場合と, 無定位的(*キネシス)であるが運動の結果定位的に見える場合とに区別される. 前者は刺激に方向性がある場合に見られ, 狭義の走性(指向走性, トポタキシス topotaxis)である. 後者は方向性が曖昧な場合に見られる. 走性は刺激源へ向かう場合を正, 逆の場合を負という. 刺激の種類により分類される(次表頁). また, トポタキシスは刺激に対する反応機構によっても分類され, 受容器

刺激による走性の分類	
名　称	刺激の種類
光走性*(走光性, phototaxis)	光
重力走性(geotaxis)	重力
水流走性(走流性, rheotaxis)	水流
気流走性(走風性, anemotaxis)	風など気体の動き
化学走性(走化性, chemotaxis)	化学物質
酸素走性(走気性, aerotaxis)	酸素
浸透圧走性(走濃性, osmotaxis)	化学物質による浸透圧差
湿度走性(走湿性, hygrotaxis)	湿度
水分走性(走水性, hydrotaxis)	(液体としての)水
接触走性(走触性, 走圧性, thigmotaxis)	接触
温度走性(走熱性, thermotaxis)	媒体中の温度差
音波走性(phonotaxis)	音
電気走性**(走電性, electrotaxis, galvanotaxis)	電流

*　負の光走性については，走暗性(skototaxis)ということもある．
**　陽極に集まる場合を正とする．

の相称的配置を必要とせず，受容器が受ける刺激の強さを一定にするように体あるいは受容器のある部分を屈曲・振動させる屈曲走性(klinotaxis)，1対の受容器が受ける刺激の強さが均等になるように，体軸を回転し直進する転向走性(tropotaxis)，目標に向かうように一つの刺激源に向かって定位・直進する目標走性(telotaxis, 保目標性)，ある刺激に対して一定の位置を保つ保留走性(menotaxis, 対刺激性)がある．転向走性と目標走性は類似しているが，前者は刺激が二つある場合にその中間点へ向かうこと(後者では片方を無視)や受容器の片方を破壊したときに円周運動を続けるなどの点で後者と区別される．

a **叢生** [witches' broom] 《同》天狗巣．植物病原性のファイトプラズマ(phytoplasma)・ウイルス・菌などに起因した植物に現れる病徴の一つで，弱小な茎葉がかたまって多数発生した異常な状態．ファイトプラズマに起因した場合は株全体の黄化を伴うことが多い．このほか，節間が極端に詰まり，その結果，葉が密生したウイルス起因の病徴も叢生(rosetting)という．

b **増生** [hyperplasy, hyperplasia] 《同》過生．頻繁な細胞分裂が起こり，しかも細胞の容積増大や正常な分化を伴わずに組織の容積が増加する現象．E.Küsterの造語．広義の*肥大で，文字としては減生に対し，内容的には多少異なる．サビツボカビ(*Synchytrium*)がクズに寄生した際の皮層などに典型的に見られる．過形成(hypermorphosis)ともいうが，この語は別義に用いることが多い(⇒過形成)．

c **造精器，蔵精器** [antheridium] 植物の雄性の生殖細胞を形成する器官．構造の発達の程度はさまざまで，藻類や菌類では簡単な嚢状をなしてその関係の細胞の全部が*精子に変じ，特に精子とならずに伝達する機能をもつ細胞を分化しない場合が多い．(1)藻菌類では，サヤミドロモドキ以外は造精器が*生卵器と直接に接着して配偶子嚢接合を行う．(2)シャジクモ目では最も複雑な構造がみられ，輪生葉の生ずる節部の表皮細胞から突出した台細胞(pedicel)から放射状に生じた8個の楯細胞(shield cell)を外壁とする球形の造精器をつくる(⇒シャジクモ類[図])．楯細胞の内側に突き出た把手細胞(manubrium)の先端に造精糸(antheridial filament)を8本つけ，造精糸の各細胞から2個の精子を生ずる．(3)コケ植物では配偶体表面上に楕円体の造精器を形成し中に数百個の精子が生ずる．(4)シダ植物では前葉体の裏側表面の細胞から発した1個の台細胞，2ないし数個の輪状細胞，1個の蓋細胞(lid-cell, deck cell, cover cell)からなる半球形の造精器をつくる．中に数十個の精子が生ずる．

d **総生産** [gross production] 《同》粗生産，総一次生産(一次総生産 gross primary production)．独立栄養生物(光合成生物および化学合成生物)による有機物生産量．生産を行う生物自身の呼吸などにより消費される前の，炭素同化量そのものを指す．多くの生態系では，光合成生物による生産が系内の総生産の大部分を占める．総生産の大きさは，乾燥重量，有機炭素量，エネルギー量などの単位で表現される．単位時間当たり総生産の量を総生産速度(粗生産速度 gross production rate, 総生産力，一次総生産力 gross primary productivity)と呼び，単位面積当たりの生産を考える場合には生産量/面積/時間の次元をもつ．(⇒純生産)

e **双生児** [twins] 《同》双児，ふたご，双胎(胎児の場合)．本来は1個体を出産する動物種において，1母体により同時に2個体が妊娠ないし出産されたもの．ヒトの*多生児中最も一般的にみられる．成因にしたがい，1個の受精卵より2個体となるときは一卵性双生児(monozygotic twins, monovular twins)，2個の卵が同時に排卵・受精された場合は二卵性双生児(dizygotic twins, diovular twins)といい，後の場合には1個の卵胞から2個の卵が出る場合(ovulatio unifollicularis)と，別個の卵胞からそれぞれ1個の卵が出る場合(ovulatio bifollicularis)とが考えられる．ヨーロッパでは平均80の出産に対し1回の双生児産がある．日本では，ある統計によれば平均出産回数211回に1回の割合で，特に一卵性双生児は326回に1回の割合とされる．双生児は家系的に集積することがあり，遺伝的素因も関係があるといわれている．一卵性双生児の出産頻度には人種差はみられないが，二卵性の場合にはかなり顕著な差がみられ，黒人では高率である．二卵性双生児は胎盤・絨毛膜が全く別個の場合と，胎盤が接着し1個のような外形をなし，絨毛膜はそれぞれ別個の場合とがある．一卵性双生児は胎盤・絨毛膜は共通で両胎児は共通の羊膜嚢中にあるのが原則であるが，胎盤・絨毛膜が別個のこともあることが知られる．二卵性双生児における両児の関係は，多児性哺乳類の同腹児(litter-mate)と同様で，遺伝的には一般の兄弟姉妹と同程度の関係にあり，同胞双生児ともいわれ，性も同性のことも異性のこともある．それに対し，一卵性双生児は遺伝子が同一のクローンであり，両親・他の同胞に対するよりはるかに遺伝的な距離が近く，したがって同型双生児(identical twins, similar twins, duplicate twins)ともいわれる．双生児が一卵性か二卵性かを決定することを卵性診断という．双生児はヒトの諸性質に対する遺伝あるいは環境ないし教育の影響の分析に重要な資料を提供する．(⇒重複奇形)

f **早成性** [precocity] 《同》早熟性．鳥類学では離巣性(nidifugity, nidifugous)と同意．鳥類のヒナが孵化直後から，また哺乳類の子が誕生後すぐから，親の保護をあまりうけずに自立して生活する性質．鳥類では地上産卵で外敵の危険が大きいものに多く見られる．孵化時に開眼し，羽毛も比較的発達し，早くから歩行可能であり，自力で採食する．また採食を補う*卵黄を，孵化時

に腹腔に蓄えている．保護色をもつものが多い．親鳥の声や行動に応じるヒナの待避・追随・集散などの行動様式の発達もしばしば見られる．ガンカモ類・シギチドリ類・キジ類などが離巣鳥(nidifugae 独 Nestflüchter)に属する．哺乳類では早成性は一般に巣穴をもたない植食性の真獣類にその傾向がある．これに対し，鳥類のヒナが孵化後長く巣中で親鳥の保護・給餌を受ける場合，および哺乳類の幼仔が長く親の保護を受けて育つ場合には，その性質を晩成性(晩熟性 altricity)という．鳥類学では留巣性(nidicolocity, nidicolous)の語と同意．この型のヒナは，早成性のヒナに対照的に，多くは生時に閉眼で，無能力的であり，幼綿羽に覆われるもの，裸でもなく綿羽を生じるもの，羽区にわずかの長綿羽だけをもつものなどがある．一般に，樹上など安全度の高い巣中に生まれる．晩成性は営巣性の発達にともなう進化と考えられる．晩成性の鳥つまり留巣鳥(nidicolae 独 Nesthocker)には，ペンギン類・アホウドリ類・ウミツバメ類・サギ類・ハト類・フクロウ類・ワシタカ類・オウム類・ホトトギス類・ブッポウソウ類・キツツキ類・アマツバメ類・スズメ類などが属する．哺乳類では，単孔類や有袋類が晩成性である．また食性の対比では真獣類の中でも肉食哺乳類に晩成性の傾向が見られる．生時に閉眼で，からだは裸であり，運動能力を欠くことなどは，鳥類と共通する．ヒトは見かけ上は晩成性だが，他の晩成性哺乳類とは本質的に異なる．なお Nesthocker の語は哺乳類にも転用されることがある(A. Portmann, 1944).

a **創造的進化** [creative evolution] 特別な創造力をもつ心的生命が，新たな種を創造するという説．フランスの哲学者 H. Bergson (1859〜1941) の提唱．彼は H. Spencer の進化論が，すでに進化したものの断片をつなぎ進化を再構成するというやり方で，少しも本質的なものをとらえていないとし，これに対する真の進化論として，発生と生成とから根本的(哲学的)に進化の運動を跡づけた理論を構成しようとした．彼はまず，生命を心的状態の持続とみなし，真の持続は分割されない連続と創造を同時に意味するとした．このような心的生命は，生命をもたない物質とは全く異なった実在で，特殊な創造力をもつと主張する．そしてこの力は一種の生命衝動(仏 élan vital)で，規則正しく遺伝され，累積され，新しい種を創造する変異の根本原因であるという．生物進化論の面からみれば，E. D. Cope らのネオラマルキズムに近い．また，G. J. Mivart がカトリックに対する厚い信仰と科学との調和を目指して説いた心霊進化(psychogenesis)も，進化の過程に第一原因(神)を前提とする点でこれに類する．

b **相対成長率** [relative growth rate] RGR と略記．植物の*成長解析において，個体の成長速度(乾燥重量の増加速度)を，個体の重量で割った値．微分値としては次式で定義される(w は個体の乾燥重量，t は時間)．

$$\text{RGR} = \frac{1}{w} \times \frac{dw}{dt}$$

完全に指数関数的な成長をする場合には RGR は生育期間を通じて一定となるが，実際には，植物の生育段階や環境条件に対応して変化する．個体重当たりの物質生産速度である RGR は，個体重当たりの葉面積すなわち*葉面積比と，葉面積当たりの物質生産速度すなわち*純同化率との積として表すことができる．

c **相対的雌雄性** [relative sexuality] 生物の雌雄の性質は絶対的なものではなく，形質の雌的な量と雄的な量の割合に由来する相対的な相違にすぎないという概念．生物における相対的雌雄性は，無性的状態から性が分化する萌芽的過程を示すものであり，また動物においても，発生の初期に*性的両能性が知られ，これが性分化をする際に雌性の要因と雄性の要因の相対的発達程度によって性が分かれる．雌雄個体の体内の性ホルモンをみると両性共に雌性ホルモンと雄性ホルモンの両者を含み，その相対的な量が両性間で異なる．

d **増大胞子** [auxospore] *珪藻類において有性生殖によって形成される接合子．ケイ酸質の鱗片やプロトペリゾニウム(protoperizonium)，ペリゾニウム(perizonium)などで覆われる．一般に珪藻類は細胞分裂する際に親細胞より小さい殻を新成するため分裂を重ねるにつれて細胞が小さくなるが，ときに増大胞子を形成してその内部で大きな殻(初生殻)を形成して大きさが回復する．

e **増大母細胞** [auxocyte] 生殖細胞形成過程において成長期にある生殖母細胞(→一次精母細胞，一次卵母細胞，胞子母細胞など)をいう．(→精子形成，→卵形成)

f **増張** [anatonosis] 細胞が高塩濃度などの浸透圧ストレスに対抗するために，*浸透価を高める物質を生じる現象．*減張と対する．澱粉やグリコゲンなどの貯蔵多糖類を加水分解して高濃度の単糖類を生じる例や，ベタインなどの低分子化合物を新たに合成，蓄積するなどの例がある．(→浸透調節)

g **増張力性収縮** [auxotonic contraction] 筋肉がしだいに増加する張力に抗して行う短縮．例えば，筋肉の一端を固定し他端を適当な弾性ばねにつなげば増張力性収縮を行わせることができる．ばねが強くてこれをほとんど引き伸ばしえなければ*等尺性収縮に近くなり，ばねが弱くてその長さが筋に比して十分大であれば*等張力性収縮に近づく．骨格筋や心臓筋の生体内での収縮はしばしば増張力性収縮の条件下で起こる．

h **相転移**(脂質二重膜の) [phase transition] 一般に物質が異なる相に状態を移す現象をいう．生体膜の脂質二重層には大きく分けて，温度の低い方から，ゲル相(固体相)，液晶相(リキッドクリスタル相)，六方II相の三つの相があり(図)，ゲル相-液晶相，液晶相-六方II相間で相転移が見られる．ゲル相ではリン脂質の脂肪鎖は互いに結晶状に配列しているが，液晶相では液体に近い状態になっている(→ラメラ構造)．六方II相ではリン脂質分子が極性基を内側に向けて柱状に配列しており，この柱が六方対称に配向する．液晶相-六方II相の転移を起こすリン脂質はその種類が限られていて，*ホスファチジルエタノールアミンあるいは Ca^{2+} 共存時の*カルジオリピンである．ゲル相-液晶相の転移温度は，極性基の種類やリン脂質の種類によって変わる．主として脂肪鎖のアルキル基の長さと飽和度が大きく影響し，アルキル基が長いほど，また，飽和度が高いほど転移温度は上がる．ゲル相と液晶相の間にリキッドオーダー相を定義する場合もある．これは単分子層にコレステロールが含まれることにより剛直化した部分を含む状態をいう．

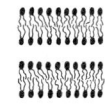

| ゲル相 | 液晶相 | 六方II相 |

生育条件下においては，生体膜は通常液晶状態にあり，膜を構成する脂質分子は回転や並進などの運動を活発に行うことができる．生育温度より十分に低い温度では生体膜脂質相はゲル状態となり，分子の運動は著しく制限される．

a　相同ゲノム [isogenome] ⇒ゲノム

b　相同性 [homology] 比較形態学における最も基本的な概念で，生物体の部分間に見られる等価値な関係．異なった生物において体制的に同一の配置を示し，構造になんらかの共通点をもつ器官は，その機能や形態を異にしていても互いに相同とされる．この認識はÉ. Geoffroy Saint-Hilaireの結合一致の法則に始まり，彼はこの関係をアナロジーと呼んだ(Théorie des analogues)．最初に相同と相似を区別して定義したのはR. Owen (1843)とされる．C. Darwin以降，相同性は生物の進化系統的な意味における共通の祖先に由来する同一性，保守性とみなされ，その基本理念は現在に至る．同時に相同性の判定には同一胚葉や細胞群からの生成という発生学的基準が加えられたり，実験形態学的な基準も利用されることがある．このような実証的基準は，現在の進化発生学においても，相同遺伝子の発現を根拠にしがちな傾向に残る．しかし，同じ器官が異種の動物で異なった原基や細胞，異なった発生機構により成立することがあり，A. Remane (1956)は，純粋な比較解剖学的認識にもどるべきだと提唱した．同様な進化的変化は，相同遺伝子の発現においても確認されている．また，純形態学的・進化的・実験形態学的の3種の相同を区別するためにそれぞれ，形式的相同(狭義のhomology)・歴史的相同(homogeny, homophyly)・成因的相同(homoplasy)と呼ぶことがある．他方，生物の体制(*ボディプラン)の観点から，相同性はしばしば同一個体の部分の比較においても用いられる．このような相同を一般相同(general homology)と呼び，上記の相同すなわち特殊相同(special homology)と区別する．一般相同は学者により種々に分類される．例えばK. Gegenbaurは，(1) 左右相称の器官の間の相同(同型 homotypy，例:脊椎動物の左前肢と右前肢)，(2) 体軸の方向にならんだ部分間の相同(同価，あるいは同能 homodynamy，例:脊椎動物の前肢と後肢)，(3) 同一器官の部分相互間の相同(同規 homonomy，例:脊椎動物の前肢の指の間の相同)，(4) 体軸以外の方向にならんだ部分の間の相同(同基 homonymy，例:脊椎動物前肢の上腕骨と前腕骨)などを区別した．これら一般相同の概念が適用される形態素は，しばしば進化発生学的にモジュールとみなされる構造や，その発生機序に言及するものが多い．とりわけ同能は，Gegenbaur以前にOwenが提唱した系列相同に対応し，比較形態学的，比較発生学的に最も重要な概念の一つ．なお相同性は，もっぱら進化系統的概念として，遺伝子(相同遺伝子)や染色体(⇒相同染色体)などにも適用される．

c　相同性検索 [homology search] 《同》相同配列検索，ホモロジー検索．*DNAデータベース・蛋白質データベースの中から，目的の塩基配列・アミノ酸配列の相同配列を検索すること．塩基配列やアミノ酸配列を決定したとき，既知か，あるいは他の生物種のものと相同性・類似性があるかを調べる必要がある．既知の遺伝子や蛋白質の情報が収録されているDNAデータベースや蛋白質データベースにアクセスし，相同性検索用ソフトウェアを利用して，遺伝子の相同性，遺伝子の近縁性や蛋白質の機能ドメインなど，必要情報を検索する．NCBIが開発したBLASTが広く使われている．

d　相同性検索のためのアルゴリズム [Algorithm for homology search] 進化的に相同な遺伝子や蛋白質の同定のために開発されたアルゴリズム．データベースの爆発的な成長のため，個々の配列について検索配列と*アラインメントをかけたのでは実用時間内に検索を達成できないという困難が生じた．このことに対処するために，BLAST (Basic Local Alignment Search Tool)やFASTAに代表されるように，二段階接近法が開発された．例えばBLASTにおいては，第一段階では検索配列中の短い配列断片とその類似断片のリストを作り，データベース内の全配列にマッチングをかける．第二段階では，マッチングのふるいで残ったもののみについて，類似断片を類似度と長さでスコア化し，類似配列対を伸ばせるだけ伸ばす．前者に要する時間は後者に比して無視できるため，検索時間の爆発的増加から解放される．蛋白質の相互作用部位や活性部位はしばしば小領域に限られているため，局所的な相同性に基づく機能予測は妥当といえる．検索結果の有意性はE値で表現される．これは，検索配列および類似配列と同じ長さをもつ2本のランダムな配列のうち，得られたスコア以上になるものの期待数で，極値分布に対する統計理論から得られる．E値は2配列の長さの積に比例するが，通常類似配列の長さをデータベースに搭載された配列の長さの総和に設定する．これは擬陽性の期待数とみなされる．

e　相動性収縮 [phasic contraction] 筋肉の比較的速い一過性の収縮．狭義には骨格筋の*単収縮を指すが，平滑筋などの比較的速い一過性の収縮も相動性収縮という場合がある．これに対する語は緊張性収縮または*緊張である．

f　相同染色体 [homologous chromosomes] 減数分裂において*対合する染色体．同数の同一もしくは対立遺伝子が同じ順序に配列している染色体を完全な相同染色体といい，一部分相同であるものは部分相同染色体(partially homologous chromosomes)という．部分相同染色体は相同の部分だけ接合し，非相同の部分は遊離するから，しばしば端部で接合した二価染色体をつくる．二倍体における2個の相同染色体は，それぞれ両親の配偶子に由来する．倍数体では相同染色体は2個より多い．天然の倍数体では部分相同染色体であることが多く，その一部は同祖染色体と呼ばれる．(⇒同祖性)

g　総動脈幹 [arterial trunk, aortic trunk ラ truncus arteriosus] [1]《同》動脈幹．脊椎動物において，心臓から血液を輸出する大きい動脈．魚類では動脈幹は単一で，各鰓弓に沿って左右に対をなす鰓動脈を出す．両生類では動脈幹は極めて短く，外観的には1本であるが内部は縦の弁で左右2管に分かれており，それぞれ直ちに左右に1対の肺動脈とおおむね4対の大動脈弓を出す．魚類および両生類の動脈幹は動脈球から発する．爬虫類では動脈幹は直接心室から発し，左右大動脈および1条の肺動脈の3血管からなる．[2] 心臓に近い大きい動脈に対する一般的な名称．

h　挿入(ファージの)【1】 [insertion, integration] 《同》組込み．ファージゲノムや*プラスミドなどが宿主菌の染色体などに組み込まれること．ファージゲノムの挿入過程では，ファージ自体がコードする組換え酵素

ソウハン 831

(*インテグラーゼ)が必要であり，この酵素の作用によって，ファージゲノム中の特定部位(*付着部位)と宿主染色体上の特定部位との間で部位特異的な組換えが起こり，ファージゲノムの全体が染色体に挿入される(⇌付着部位，⇌キャンベルのモデル).

【2】[intercalation] ＝インターカレーション

a **挿入器** [aedeagus] 多くの昆虫の雄にみられる*交尾器官. *射精管末端部を包んで保護し，雌に挿入するための器官. 無翅昆虫類(トビムシ，シミ類)にはみられない. 第十腹節背板につづくテグメン(tegumen)と，その中に折りこまれた中葉(median lobe)，ならびにさらにその中に折り返されて位置し交尾中は反転する内囊(internal sac)とからなる. 射精管は内嚢の底部に開いている. 中葉は*陰茎(penis あるいは phallus)に相当し，その名で呼ばれることも多い. 中葉はよくキチン化していて，その形態は昆虫の属する群や種によって異なり適用名はまちまちであるが，分類の際に，第九，第十腹節の生殖肢起原と考えられる把握弁(valvae)と共に重要な指標の一つとされる. 挿入器は付属肢の変形ではなく，若虫末期または蛹期に全く別の表皮原基から形成される.

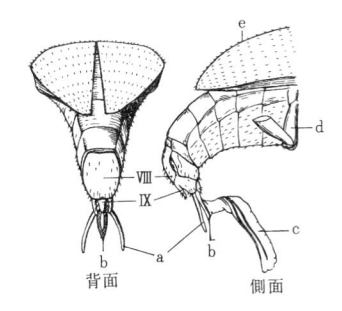

a 剛毛
b 中葉
c 内嚢 (図は反転突出したもの)
d 後肢
e 翅鞘
Ⅷ, Ⅸはそれぞれ第八，第九腹節背板 (テグメンおよび第十腹節背板はかくれてみえない)

チビシデムシの一種の♂の挿入器

b **挿入配列** [insertion sequence] IS と略記. 《同》挿入因子. *転移因子の一種. 大腸菌に*極性突然変異を起こす遺伝因子として，1960年代にその存在が示唆されたが，1970年代になってその本体が，DNA 上を転移するような特定の DNA 配列であることが明らかになった. 原核生物，*バクテリオファージ，プラスミドなどの染色体 DNA 上に見出されており，一次構造によって IS1, IS2, IS3, …というように分類されている. IS1は 768 塩基対，IS2 は 1327 塩基対からなり，大きいのでは約 6000 塩基対にも達する. 構造上の特徴としては，両末端の 15～40 塩基対が逆方向に繰返しのある配列(逆方向反復配列 inverted repetitive sequence)をとっており，この部分は転移に必須である. また，ほとんどの IS は内部に自分自身の転移のための酵素(transposase と総称される)遺伝子を保持しており，これは自身の両末端の逆方向反復配列を認識し，IS の転移に働いている. IS の由来は明らかではないが，原核生物にかなり広く分布しており，遺伝子の組換え，欠失，配置変換，プラスミドの宿主染色体への挿入などと同じ挿入配列間の組換えが関与していると考えられている. (⇌トランスポゾン)

c **造嚢器** [ascogonium] 子嚢菌類の子嚢形成時に見られる雌性の*配偶子嚢. 造精器と直接接触して，雄核は接触部にできた小孔を通って造嚢器内に入るか，または造嚢器から生じた受精毛の先端が造精器，ときには精子器内に形成された不動精子と接合，雄核は受精毛を通って造嚢器内に入り，雌性の核と対になる. これらの対になった核は造嚢器から生ずる*造嚢糸に入り，造嚢糸は後に子嚢を形成する. タフリナ目(Taphrinales)のように造嚢器を形成しないで有性生殖を行う子嚢菌類もある.

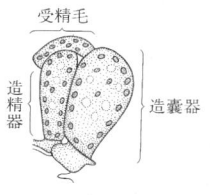

受精毛
造精器
造嚢器

d **造嚢糸** [ascogenous hypha] 子嚢菌類の子嚢形成過程において，*造嚢器に生じた受精毛と造精器が接合した後，造嚢器から生ずる菌糸. 1 ないし多数あり，この中には対になった 2 核が造嚢器から移行する. 核が分裂するとともに造嚢糸は分枝し，その先端またはその近くの細胞がそれぞれ*鉤形形成を行って，または鉤形形成を行わず直接子嚢母細胞となり，子嚢に発達する. 造嚢糸は重相世代に属する. (⇌二次菌糸)

e **総排泄腔** [cloaca] 《同》総排出腔，排泄腔. 消化管の終末部で，同時に*生殖輸管と*輸尿管が開口する場所. [1] 一般に脊椎動物では，少なくとも胚期にそれが形成され，成体においても残存するものが少なくない(両生類，爬虫類，鳥類). 哺乳類(単孔類を除く)では，総排泄腔は排泄腔中隔(cloacal septum)によって胎児期に消化管(直腸)と*泌尿生殖洞とに分離され，出生期までに両者は独立に開口するようになる. 硬骨魚類でも消化管と泌尿生殖系は別に開口する. [2] 無脊椎動物では，輪形動物に総排泄腔があり，真線虫類の雄にかぎり消化管の末端部に輸精管が開口する. 軟体動物の二枚貝類では鰓上腔からの排出水・卵・精子，および腎管(*ボヤヌス器)からの排出物はすべて出水管の基部(外套腔の一部)に排出されるので，この部分を cloacal chamber あるいは anal canal と呼ぶ. 被嚢類では囲鰓腔の出水管基部が総排泄腔にあたる. (⇌糞道)

f **創発的進化** [emergent evolution] 物質から生物へ，体制の単純な生物から複雑な生物への進化を，意識の発生まで含めて説明しようとする説. 個々のものの結合によって新しい性質や状態が現れる(水素と酸素が化合して水ができる場合など)ことを基礎とする. ゲシュタルト心理学の原理を進化の理論に適用したもので，C. L. Morgan (1922) の造語. また一面，G. W. F. Hegel の弁証法を自然界に適用したものともいわれる. Morgan についで，H. S. Jennings (1927)，W. M. Malisoff (1939, 1941)，R. Ablowitz (1939)，R. S. Lillie (1945)，E. W. Sinnott (1950) らが，これについて論じている. これらの創発論者(emergentist)は，それぞれ考え方に多少の相違があるが，多くの場合，emergence のもう一つの意味である「既存のものの展開」という観念も包含されており，創発の基礎には，地球上の原初的な物質のうちにすでに生命へ向かっての漠然たる方向性があるか，ないしは生命の創発する物質は物理学や化学の規定するものとちがっているという仮定がおかれている. (⇌人工生命)

g **巣板** [comb] 《同》巣脾. ミツバチの巣. 蠟塊をもって作られ，数枚の板状のものが天井から下がり，その両面に六角柱の房(cell)が整然と配列されている. これを巣板あるいは巣脾という. ハチの入る房には大小 2

種ある．小さいほうは働き蜂房(worker cell)で，巣板の大部分を占め，大きいほうは雄蜂房(drone cell)で，巣板の 1/10 以下である．貯蜜房は巣板の最上部に位置し，深さは他の房にまさる．隣接する巣板面は接近して，わずかにハチが往来する程度の間隙を残している．

a 相反神経支配 [reciprocal innervation] 《同》相互神経支配，拮抗神経支配(antagonistic innervation)．屈筋と伸筋などの拮抗筋群に対し，協調運動を可能とさせる神経支配．C. S. Sherrington が明らかにした．例えば歩行に際し，一側の屈筋が反射的または随意的に収縮すると同時に，同側の拮抗筋と対側の同機能筋が弛緩し，対側の拮抗筋が収縮する．このようにある筋肉の運動には拮抗筋の運動の抑制が伴い，これは四肢のその他の屈伸や眼球運動でも起こる．その機序は，拮抗筋の運動ニューロンが脊髄のレベルで抑制されることが主であるが，さらに大脳皮質などの高位中枢に発する調節作用も加わる．無脊椎動物では環形動物の環状筋・縦走筋の両筋系間におけるものがよく研究されている．

b 双腹奇形 [bicaudal malformation] 《同》双尾奇形．本来 1 個体となるべき胚に，腹部が重複して形成される奇形．双腹奇形には次の 2 種類がある．(1) 正常な頭部・胸部の後方に二つの双腹部が並列して生ずる後方重複奇形の一種(⇒重複奇形)．胚の予定腹部が実験的手法，あるいは自然の傷害により左右二つに分断された場合に，左右の胚片でそれぞれ完全な腹部となるような調節が行われて生ずる．(2) 頭部・胸部が欠失して，その代わりに前後軸の逆転した腹部が形成されるもの．結果として胚は前後に鏡像対称となるように配置された二つの腹部だけから構成される．この場合は孵化に至らないために双腹胚(bicaudal embryo)と呼ばれることが多い．ショウジョウバエでは胚の前後軸形成において後部パターンを決める*モルフォゲンとして働くナノス(Nanos)が，突然変異や細胞質移植などの実験操作によって，前端部にも分布することでこの奇形を生じる．

c 相分離(脂質二重層膜の) [phase separation] *脂質二重層膜において種々の相が共存する現象．例えばジミリストイルホスファチジルコリンとジパルミトイルホスファチジルコリンの混合膜では，両者の*相転移温度($23.9°C$ と $41.4°C$)の間では，ゲル相と液晶相(⇒相転移)が共存する．これは温度を変えることにより引き起こされる熱誘起型相分離(thermotropic phase separation)である．ホスファチジルコリンとホスファチジルセリンの混合膜では，Ca^{2+} を加えることにより，Ca^{2+} がホスファチジルセリンの極性基に結合したゲル相と，ホスファチジルコリン(少量のホスファチジルセリンを含む)の液晶相に分離する．これはイオン誘起型相分離(ionotropic phase separation)で温度は一定である．Mg^{2+} はこの相分離を引き起こさない．ホスファチジルエタノールアミンは六方 II 相もとりうるが，それとホスファチジルコリンなどのリン脂質との混合膜では，二重層内に逆ミセルの存在が示唆されている．実際の生体膜でも相分離が見られ，脂質の領域化が起こる．(⇒脂質二重層)

d 層別刈取法 [stratified clipping method] 植物群落の生産構造を解明するための技法．門司正三ら(1953)が提唱．まずだいたい一様とみられる群落内において，生産に最も関係の深い光強度の垂直分布を測り，次に一定面積を地上に定め，その内部に含まれる全植物を上方から一定の厚さの層別に切り分け，必要に応じて種類分けしてから，これを同化組織である葉とその他の非同化組織とに分別し，おのおのの生重量を測る．得られた数値は一般に図のように表される．この方法により，群落の生産構造を光資源の分布と対応させて解析できる．また，一定の時間間隔で経時的に調査を行うことにより，群落構造の形成過程を物質生産と結びつけて解析できる．

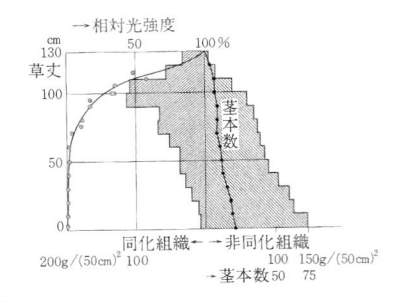

```
       → 相対光強度
cm
130       50      100%
     草丈
100                  茎
                     本
                     数
 50

     同化組織 ← → 非同化組織
200g/(50cm)² 100      100  150g/(50cm)²
                  → 茎本数 50    75
```

e 相変異 [phase variation, phase polymorphism]
【1】同一種の個体の形態，色彩，生理，行動などの諸特徴にわたる著しい変化が，*個体群密度に応じて引き起こされる現象．昆虫類にみられる．B. P. Uvarov (1921, 1928)はワタリバッタ類(locusts)について，それまで別種とされていた大発生時にみられる群移動性の個体と，平年にみられる非集合性の定住的な個体とが，同種内の不安定な連続的多型(continuous polymorphism)であることを明らかにした．そして，それぞれを群居相(群生相 gregarious phase, phase *gregaria*)，孤独相(solitarious phase, phase *solitaria*)と名付け，また両者の中間的特徴をもつものを移行相(転移相 transient phase, phase *transiens*)とし，孤独相から群居相への相の転換(phase transformation)が大発生と大移動の機構を解く鍵である，との相説(phase theory)を提唱した．相変異はヨトウガ類などにもみられ，低密度下で育った幼虫は，体色が緑～褐色で保護色を呈し，また活動性も低いのに対して，高密度下で発育した幼虫は，体色が著しく黒化し，物質代謝や移動力は高まり，また多くの場合集合性が発達するなど，共通の特徴が知られている．ワタリバッタ類では，成虫の相対翅長や胸部の形態などにも明らかな違いを生じ，生理・行動からも群居相は移動に適した性質をもっている．またこうしたバッタの相の特徴は，群居相の個体の子供は，高密度による正のフィードバックを介して，さらに群居相の特徴が増幅されるという過程によって 2～3 世代にわたって伝達・維持される．相変異は，個体間の相互刺激によって内分泌活動が変化する結果生じ，またその変化は個体群動態に重要なかかわりをもつ．なお，アブラムシ類(aphides)の単為生殖世代の胎生雌における有翅型(alate)と無翅型(aptera)や，ウンカ類(plant hopper)の長翅型(macropterous form)と短翅型(brachypterous form)などの翅型多型は，主として密度の高低によって起こり，移住性・定住性とも関連している点で，広義の相変異に含められている．
【2】自然に起こる細菌細胞の表面構造の変化．腸内細菌の鞭毛は蛋白質であるので特異な抗原性を示し，一相，二相と呼ばれる血清学的に区別される二つの抗原型が存在する．実験室内で菌を継代している間に，一相と二相

の抗原型が可逆的に相互変換を起こすことがあり，これを相変異と呼んでいる．一相，二相はそれぞれ独立の遺伝子 H_1, H_2 によりその合成が支配され，活性の H_2 は二相の鞭毛抗原の合成を支配すると同時に一相鞭毛抗原の合成を抑制する．H_2 が不活化すると，二相鞭毛抗原の合成が停止すると同時に H_1 に対する抑制がとれ，一相鞭毛抗原の合成が起こる．この変化は，H-2 遺伝子に近接する，逆転・重複をもつ領域に組換えが起きて逆位となって，H-2 プロモーターが機能しなくなるために生ずる（⇌トランスポゾン）．

a **総苞** [involucre] 花序の基部にあって，若い花序ではそのまわりを取り巻いて包む多数の*苞葉の集団をいう．キク科の*頭状花序に典型的．個々の苞葉は総苞片 (involucral scale) と呼ぶ．ブナ科では花序中軸が総苞をまわりにつけた壺状の形となり，果実時には*殻斗となる．一般に総苞片の葉腋からは花または芽を生じない．しかし，ヤマボウシやドクダミ花部の大形の 4 葉片や，マツムシソウなどの花序基部の苞葉群，セリ科の花序の付け根の苞葉を総苞ということがある．

b **造胞糸** [gonimoblast] ⇌果胞子体

c **爪母基**（そうぼき）[nail matrix] *爪（爪板）の新生部．爪に接する爪蹠（そうしょ）全域の*角質化によって形成されるものではなく，その基部（爪根）だけにおいて細胞増殖とその角質化が起こり，付加的に爪板が作られる．毛の毛母基に相当する．

d **相補性**（遺伝的な）[complementation] 2 種の突然変異がそれぞれ同一細胞内の別のゲノムにおかれたとき，野生型のときと同じ，またはそれに近い表現型を示すこと．この場合両突然変異はそれぞれ異なる*シストロンに属するという．一つのシストロンからは一つのポリペプチド鎖が作られると考えられる．相補性の有無は 2 種の突然変異体の対立性（変異が同じ遺伝子にあるか）の検定に用いられる．比較的まれにではあるが，同一の遺伝子にある二つの変異が相補性を示す場合も報告されている（シストロン内相補性）．その原因として (1) 同一のポリペプチド鎖が複数集合してできるオリゴマー蛋白質の場合，2 種の不活性ポリペプチドが集合すると活性が現れることがある，(2) 複数の機能のために別の活性部位をもつ蛋白質の場合，それぞれの活性部位のみが異常になった 2 種の変異蛋白質があればすべての機能を果たせる，などが考えられる．シストロン内相補性は，表現型が完全に野生型まで戻っていない場合が多い．また，同じ遺伝子内の一部の変異の組合せでしか起こらない．

e **相補性検定** [complementation test] 《同》シストロン解析 (cistron analysis), シス-トランス検定 (cis-trans test). 2 種類の突然変異が遺伝子の同じ機能単位（シストロン）に属するか否か遺伝学的に調べる方法．歴史的には E. B. Lewis (1951) がショウジョウバエで，S. Benzer (1957) がファージで行った．現在では，新しく単離された劣性突然変異が既知の変異と同一かどうかを調べるために用いられることが多い．（⇌相補地図）

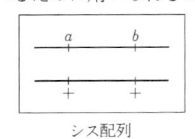

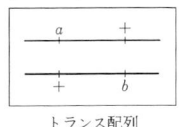

a　　b	a　　b
───────	───────
─＋─＋─	─＋───
─＋─＋─	────＋─
シス配列	トランス配列

a, b は異なる突然変異位置を示す

f **相補地図** [complementation map] ある*シストロン内において，相補性を示す組合せの相互関係を図示したもの．一つのシストロンについて多数の対立遺伝子突然変異体を分離し，それらの間で*相補性検定を行うと，シストロン内相補性を示す組合せと，示さない組合せが得られる．同じ型の相補性を示す突然変異体を一群とし，相補性を示す突然変異体は重複しない線分で，また相補性を示さない突然変異体は重複する線分で示すと，そのシストロン内での相補性関係を図示できる．この地図から区別できるシストロン内の最小単位をコンプロン (complon, シストロン内相補単位 intracistronic complementation unit) と呼ぶ．相補地図上でのコンプロンの配列は一般に直線的であるが，円形となる例も知られている．多くの場合，相補地図上の突然変異の位置と遺伝地図の間には平行関係が見られ，シストロンとそれによって指定されるポリペプチド鎖は平行直線関係にあり，シストロン内のコンプロンはポリペプチド鎖の断片に対応すると考えられている．したがって，相補地図上の線分は突然変異によるポリペプチド鎖の損傷を示し，いくつかのコンプロンに重複する線分はポリペプチド鎖のいくつかの部分に影響を及ぼすような損傷の存在を示すと考えられている．

g **草本** [herb] 地上部は，多くは 1 年で枯れる植物を指し，木部があまり発達しない草質または多肉質の茎をもつ．しかし地下茎が発達して*ロゼットをつくる二年生・多年生のものもある．*木本に対する語．

h **草本層** [herbaceous layer] 群落内で草本植物の葉が占める層．森林ではさまざまな草本が群落を形成する．上層の樹木が発達すると草本層は貧弱となり，草本層自身の間でも上層の発達が下層を貧弱にする．特に常緑広葉樹林の下では暗く草本層の発達はよくない．ときにシダ植物や常緑の木本性つる植物などが見られる．落葉樹林の下では，春を生活の中心とする植物が出現する結果，草本層の季節的変化がしばしば見られる．常緑針葉樹林では暗く湿って低温のため草本層は発達せず，*蘚苔層が卓越するのがよく見られる．

i **造雄腺** [androgenic gland] 《同》雄性腺．甲殻類に広く見られる内分泌腺．雄の*輸精管末端部に付着して存在している．インスリン様の構造をもつ造雄腺ホルモン (androgenic gland hormone, AGH) を分泌することで雄性化を促す．L. E. Cronin により十脚類の *Callinectes sapidus* において 1947 年に発見され，後に H. Charniaux-Cotton によりハマトビムシの一種 *Orchestia gammarella* において，雄性化への関与が示唆された．若い雌に造雄腺を移植すると徐々に卵巣の機能が衰え，最終的には精子の形成が始まる．また，形態的・行動的にも雄様の特徴が誘導される．

j **造卵器, 蔵卵器** [archegonium] 配偶子囊のうち，陸上植物の配偶体に形成され，その中に大配偶子を形成する囊状の器官．形成様式は分類群によって多様である．被子植物の*助細胞は造卵器の一部と相同だと考えられている．

k **相利共生** [mutualism, symbiosis] 種間相互関係の一形態で，それによって双方の適応度がともに増加するもの．symbiosis という語は，地衣類を形成する菌類とシアノバクテリア類・緑藻類との間や，原生生物・刺胞動物・軟体動物などとその体組織の細胞内・細胞間に生息する藻類（褐虫藻 *Zooxanthella* など）との間のような，

代謝物質の授受などの緊密な生理的関係が成立している場合に見られる相利共生に限定して用いることもある（⇨共生）．植物遺体を食べるシロアリとセルロースを消化する体内微生物との間に見られる消化共生はこれに近い形態のものといえる．なお mutualism の対語として，双方がいずれも不利益を蒙る場合を antibiosis ということがあるが，この語もまた広義の*寄生の意味で用いられたり，抗生作用(*耐性)を意味したり，多義である．

a **ゾウリムシ** [paramecia ラ *Paramecium*] 繊毛虫門貧膜口綱ゾウリムシ目の一属またはその一種(*Paramecium caudatum*)．細胞は細長い楕円球形，ほぼ全体が繊毛で密に覆われる．細胞腹側中央付近に位置する細胞口の右側に 4 本の繊毛列(quadrulus)をもつ．*大核は 1 個，*小核は 1〜複数．多くは*収縮胞を 2 個もつ．通常，細菌などを捕食するが，*共生藻をもつものもいる（ミドリゾウリムシ）．湖沼，水たまりなどに一般に見られる．生理学・遺伝学・細胞学・分子生物学・種生物学(*シンゲンなど)の研究材料として，また教材としてよく用いられる．

b **藻類** [algae] 《同》藻．酸素発生型光合成を行う生物のうち，陸上植物を除いたものの総称．また明らかにそれに近縁な非光合成生物も含む．原核藻類である*藍色細菌（シアノバクテリア，藍藻）と真核藻類である*灰色植物，*紅色植物，*緑色藻，*クリプト植物，*ハプト植物，*オクロ植物，*渦鞭毛植物，*クロララクニオン藻，*ユーグレナ藻などが含まれるが，近年では真核藻類に限ることもある．酸素発生型光合成はシアノバクテリアで誕生し，一次共生，二次共生などを通じてさまざまな生物群が獲得した機能である．よって藻類の葉緑体は系統的につながっているものの，その宿主となった生物は明らかに多系統．分類群名によっては統一されることはないが，慣用的に用いられる．その体制，細胞外被，細胞構造，光合成色素組成，生理・代謝，生活環，生殖様式などは極めて多様である．巨視的なものを大形藻(macroalgae)と呼び，陸上植物に匹敵する多細胞化を遂げたものや多核嚢状性のものがある．特に海産の大形藻は海藻(seaweeds)とされ紅藻，緑藻，褐藻を含む．微視的なものは微細藻(microalgae)と呼ばれ，単細胞，群体，糸状体性のものなどがある．水域に生育するものが多く，地球上の生産の約半分を担う存在である．ほかにも土壌（土壌藻），岩や樹皮上（気生藻），雪（雪上藻），氷（*アイスアルジー），温泉（温泉藻）などさまざまな場所から見つかる．また地衣やサンゴなどに共生している*共生藻も多い．藻類を研究対象とする分野は藻学(藻類学 phycology)と呼ばれる．

c **ゾウ類** [elephants] 哺乳綱長鼻目の一亜目(Elephantoidea)，またはその一科（ゾウ科 Elephantidae）．ゾウ亜目は始新世より現世にいたる．頭蓋骨には大なり小なり空洞が発達している．鼻と上唇とが伸び，運動性の吻となる．歯式は現生のものでは $\frac{1.0.3.3.}{0.0.3.3.}$ だが，化石種には下顎門歯 1 対をもつものもある．初期の種では 6 本の頬歯が同時に使用されたが，後代の種では頬歯が順次に後方から押し出される水平交換を行い，2 本以上の頬歯が同時に使用されることはない．顎骨縁が延長し瘤状歯をもつゴンフォテリウム科(Gomphotheriidae)，マンモス・現生ゾウなど下顎門歯を欠き板状歯をもつゾウ科，顎骨縁が短縮し稜状歯をもつマムート

科(Mammutidae)，ゾウ科と並行進化したステゴドン科(Stegodontidae)を認める．現生はインドゾウ(*Elephas maximus*)とアフリカのサバンナゾウ(*Loxodonta africana*)，マルミゾウ(*Loxodonta cyclotis*)の 3 種．

d **藻類ウイルス** [algal virus] *藻類を宿主とするウイルスの総称．光合成を行う多様な生物の総称である藻類と同じく，藻類ウイルスも多様なウイルスが便宜的にまとめられた群である．自然水中に存在するウイルスの多くを占めると考えられ，クロレラウイルスで研究が進んでいるほか，近年さまざまなウイルスが報告されている．従来のウイルス学以外に，メタゲノミクス，*赤潮といった，海洋における生態学的機能といった観点からも関心を集めている．（⇨付録：ウイルス分類表）

e **早老症** [progeria] 早期に老化をきたす疾患群．遺伝子機能異常により体細胞分裂時の染色体不安定をきたし，加齢促進状態となっている疾患群である．21 番染色体トリソミー(*三染色体性)の*ダウン症候群でもみられる．ハッチンソン＝ギルフォード症候群では，ラミン A の変異により細胞核の構造維持ができなくなり，細胞分裂のたびに DNA 損傷を増やすために早期老化が起こる．このため幼少時から症状がみられる．一方，ウェルナー症候群やコケイン症候群では DNA 修復機構に異常があるため，成人になり老化が著明となる．

f **ゾエア** [zoea] [1]広義には節足動物甲殻亜門の幼生期のうち，胸肢を使って遊泳するもの．十脚目の多くのものはこの時期に孵化する．頭部付属肢のほか胸部にも遊泳剛毛をそなえた何対かの付属肢をもつ．腹肢は原基状または欠如する．分類群によって，*カリプトピス，*キビリス，*コペポディッド，*フィロソーマ，*フルシリア，*プロトゾエア，*ミシスなど，それぞれ固有の名前が与えられている．なお，トゲエビ亜綱シャコ類の幼生にはアリマ(alima)，エリクタス(erichtus)，プソイドゾエア(pseudozoea)，アンチゾエア(antizoea)，シンゾエア(synzoea)という古典的名称があるが，形態で明瞭に区別できないことや，系統に関係なく出現することから現在は使われていない．現在は脱皮回数の和を単に数字で表した齢期数で示される．[2]狭義には甲殻亜門十脚目の*ゾエアを指す．甲皮に幾つかの突起をもち，頭部の触角は短い．遊泳には胸部の 2 対の顎脚と腹部の屈伸運動を利用する．

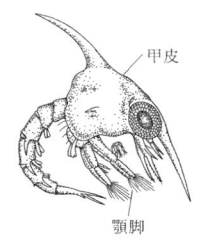

g **族** 【1】[tribe ラ tribus] 生物分類のリンネ式階層分類体系において必要に応じて設けることができる補助的*階級の一つで，基本階級である科と属の間，亜科の直下に位置する階級，あるいはその階級にある*タクソン．動物において使用される．国際動物命名規約では，タイプ属（⇨担名タイプ）の学名の語幹に -ini を付けて示す（なお亜族の語尾は -ina である）．植物では tribus の訳語として*連が用いられる．

【2】[family] 植物生態学上の一単位．（⇨ファミリー）

h **属** [genus, *pl*. genera] 生物分類のリンネ式階層分類体系で用いられる基本*階級のうち，科と種の間におかれる階級，あるいはその階級にある*タクソン．属の学名すなわち属名(genus name, generic name)は種名における二語名の第一語にあたり（⇨二語名法），常に大

文字で始める. J. P. de Tournefort (1716) がはじめて分類上の概念を確立し, C. von Linné (1737) もこれに従って形態に重点を置いて類似した種を集めた群とした. サクラ, マツ, カエデなどのような植物では一般的な区別はだいたい属にあたることが多いが, カ, キツネ, シカなどの動物では数属にまたがることも少なくない. 近年は多数種を含む従来の属を一つか二つの形質によって多くの属に分割する傾向が強い. 例えばタデ属 (*Polygonum*, 広義) を, ミチヤナギ属 (狭義の *Polygonum*), イタドリ属 (*Reynoutria*), ミズヒキ属 (*Antenoron*), サナエタデ属 (*Persicaria*) などに分ける. 植物における種分類学 (⇒バイオシステマティクス) 上の群としては, 交雑によって互いに連絡がある群すなわちコンパリウム (comparium) がほぼこれに一致する. (⇒種名, ⇒学名)

a **側位** [adj. accumbent] 《同》へり受け. 子葉が種子内で胚軸 (下子葉部) との間になす姿勢の一つで, 子葉の側面が胚軸に対するものをいう. 記号○=で示す. これに対し, 一方の子葉の背部に胚軸が向かうものを倚位 (きい incumbent), またはせな受けといい, 記号○∥で表す. この姿勢は系統的に十分安定な性質と考えられ, しばしば属分類の標徴とされる. 例えばタデ類のうち, ミチヤナギ属だけが倚位で, イタドリ, サナエタデ, ミズヒキの各属は側位, オオケタデ属は中間的である.

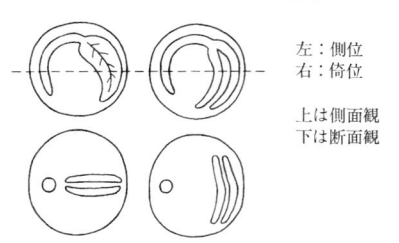

左:側位
右:倚位
上は側面観
下は断面観

b **側芽** [lateral bud] 茎軸の側方へ発生する芽. *頂芽と対する. 種子植物では通常, *葉腋に形成される (⇒腋芽). まれに葉腋から離れた茎の上 (例:ナス) や葉の上 (例:ハナイカダ) に芽が移動することがある.

c **側眼** [lateral eye] 動物体の側方に位置する眼. これに対し, 正中線上またはその近くに存在する, ただ1個の眼を中央眼 (median eye, median ocellus) という. 円口類, 魚類, 両生類, 爬虫類の頭頂眼が中央眼で, 左右の眼が側眼に相当. 昆虫では通常, 頭部にある3個の単眼, 甲殻類では主としてその幼生にみられる*ノープリウス眼, カブトガニでは胸背甲上にある1対の単眼がそれぞれ中央眼に, 左右1対の複眼が側眼にあたる. また, クモやサソリなどでも, 頭胸部にある4〜6対の単眼のうち, 最も前端部中央に位置する1対の単眼を中央眼, 残りを側眼と呼んで区別する.

d **属間雑種** [intergeneric hybrid, genus hybrid] 属を異にする2個体間の雑種. 雑種の作出は*種間雑種の場合に類比してさらに困難となり, 作られた雑種も生育困難または高度の不稔性に悩まされたりすることが多い. 通常の交配方法で雑種を作りにくいときには, 例えばナシとリンゴの交雑で β-naphthoxyacetic acid の溶液を花柱基部に与えて花粉管の伸長を助けたり (R. D. Brock, 1954), コムギとライムギの交雑で胚移植してコムギをライムギの胚乳で育てて交雑親和性を増加させたり (O. L. Hall, 1954), 交雑種子を胚培養したりするなどの手段がある. 属間雑種は複二倍体化して固定したとき, 雑種は両親名を合して呼ばれることが多い. 例えば *Raphanobrassica* は *Raphanus* に *Brassica* の花粉を, *Triticale* は *Triticum* に *Secale* の花粉を与えて作ったことを示す. 動物でもヤギとヒツジ, ニワトリとキジなどの間の属間雑種がある.

e **速筋** [fast muscle] 《同》相動性筋 (phasic muscle). 脊椎動物の骨格筋のうち, 生理的収縮速度の速いもの. 一過性の速い収縮を行うことから相動性筋とも呼ばれる. 収縮速度の遅い遅筋が遅筋繊維 (I型繊維) から構成されるのに対し, 速筋を形成する筋は速筋繊維 (速繊維・II型繊維 fast muscle fiber) と呼ばれる. これには更に, 速い速筋繊維 (IIb 型繊維 fast-twitch muscle fiber) と遅い速筋繊維 (IIa 型繊維 slow-twitch muscle fiber) とがある. IIa 型繊維は, I型と IIb 型の中間的な性質をもっている. 哺乳類の筋は, I型, IIa 型, IIb 型繊維を固有の比率で含有している. 例えば腓腸筋はほぼ全体が IIb 型繊維に, ヒラメ筋は I 型繊維に占められる. 速筋的筋は比較的体浅層に, 遅筋的筋は深層に位置する. (⇒遅筋)

f **側系統** [paraphyly] 《同》側系統性, 偽系統. 単系統のある一群の生物種ないし分類群において, 祖先的形質状態を共有することでまとめられる種 (群) が, それを共有しない (つまり派生的形質状態を有する) 単系統群が除かれるため, 単系統にならないこと. *単系統, 多系統に対置して W. Hennig (1966) が提唱した概念. 形態的類似性の面から見ると, 単系統群では類似性が*共有派生形質によるのに対して, 側系統群では*共有原始形質, 多系統群では収斂 (convergence) によるものと定義された. これに対して, G. Nelson (1971), P. D. Ashlock (1971, 1972), J. S. Farris (1974) などがさまざまな再定義を試みているが, 側系統も多系統も, ある祖先生物に由来する子孫生物のすべてを含むものではない (つまり単系統ではない) 点では同じであり, その間の概念的な区別の有効性については否定的な見解もある. しかし一方, *進化分類学派は側系統群と多系統群の違いを重視しており, 分類群として前者は認めるが後者は認めないとする. (⇒単系統, ⇒群帰属形質)

g **側口蓋突起** [lateral palatine process, palatine ラ processus palatinus] 爬虫類・鳥類・哺乳類の胚の上顎部の左右から中央に向かって生じる扁平な柵状突起. 左右が正中で合し, 癒合して*口蓋をつくる. 左右の口蓋突起の間にある隙間を口蓋裂口 (独 embryonale Gaumenspalte) と呼び, 口蓋突起の癒合によって生じた縫線を口蓋縫線 (raphe) と呼ぶ.

h **側鰓** [pleurobranch, wall-gill] 十脚類の*鰓室内において, 胸肢の付着点よりも上方, 鰓室壁につく鰓. これよりも下方および外方に*関節鰓と*肢鰓がつく.

i **足細胞** [podocyte] 《同》有足細胞, タコ足細胞. 腎小体のボーマン嚢 (糸球体包) の内葉細胞. 糸球体の毛細血管に張り付きて, 多くの突起, すなわち*小足を伸ばす. 隣接する小足は組み合わさるが, 密着はせず, この隙間から原尿が濾し出される.

j **側鎖説** [side-chain theory] P. Ehrlich によって1899年に発表された概念. 免疫細胞はその表面に側鎖 (現在の受容体) を発現しており, その側鎖で細胞外の物質 (*抗原) を特異的に認識し, 細胞内に取り込む. また,

その同じタイプの側鎖(*抗体)が過剰に作られて細胞外に放出されるという考え．この説は免疫細胞の抗原受容体，抗原の認識，抗体の分泌の状態を早期に(抗体産生機構が明らかになるより50〜60年も以前に)的確に示唆したものとして高く評価されている．(→免疫理論)

a **足糸** [byssus] 二枚貝類において，足のほぼ中央の足糸孔(byssus orifice)から出る硬蛋白質の強靭な繊維の束．主成分はコンキオリンで，これにより貝の体を岩石や海藻などの他物に固着させる．足糸孔は腹足類の足孔(pedal pore)に相当し，その内方には足糸腔(byssogenous cavity)がある．足糸腔の奥には，多数の単細胞腺の足糸腺(byssus-gland, byssal gland)があり，その分泌物が海水に触れて足糸となる．足糸は翼形類などでは特によく発達している．ホタテガイなど多くの種類では，幼期は足糸により他物に付着しているが，成体になるとこれを失い自由生活となる．ナミマガシワ類では足糸の束にさらにカルシウム分が加わり顕著な短くて太い柱状構造(ossiculum)となる．なお，ドブガイ類の*グロキディウムの口の近くから出る1本の糸状構造(provisional byssus)は全く別物．

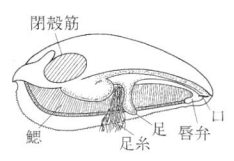

イガイ(Mytilus) 閉殻筋／鰓／足糸／唇弁

b **足刺** [aciculum] 多毛類の*疣足(いぼあし)の背足枝(notopodium)および腹足枝(neuropodium)の中にある，各1〜数本の太い針状支持構造．剛毛と同様の硬蛋白質からなるが，剛毛に比べてはるかに大形で疣足中に深く埋没する．足刺と剛毛束は牽筋に連結し，その動きで足刺は先端がわずかに突出し，剛毛とともに基盤への足がかりとなる．硬い基盤や棲管に生息するイソメ科多毛類の体後部には足刺の腹側に同じ太さの足刺状剛毛(subacicular hook)が発達し，常に先端が露出している．

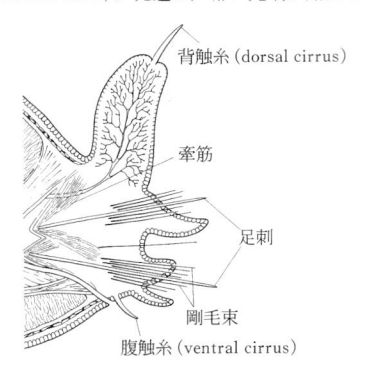

ゴカイ科(Nereidae)の疣足
背触糸(dorsal cirrus)／牽筋／足刺／剛毛束／腹触糸(ventral cirrus)

c **側糸** [paraphysis] ⇒子嚢果中心体

d **即時型過敏反応** [immediate hypersensitivity, immediate type hypersensitivity] ⇒過敏症

e **側静脈** [lateral vein ラ vena lateralis] 魚類において，体壁筋中から静脈血を心臓へ導く左右1対の血管．その走行中に，腹鰭からくる腸骨静脈および胸鰭からの鎖骨下静脈を受けてキュヴィエ管に合し，それが心臓の静脈洞に開く．他の脊椎動物にはない．

f **側所性** [parapatry] 《同》パラパトリー．二つの種あるいは集団が，異なった地理的領域を占めるが，それらが互いに隣接して存在する状態．(→側所的種分化)

g **側所的種分化** [parapatric speciation] 側所的な2集団が，異なる淘汰を受けることにより明瞭な地理的障壁なしに*生殖隔離を発達させることで達成される種分化．この種分化のモデルでは通常，遺伝子流動が小さい集団において，淘汰に関与する一つの遺伝子座でヘテロ接合体に対する負の淘汰がかかり，さらに生殖隔離に関与する遺伝子座がその遺伝子座に連鎖して平行的に変異するならば種分化が起こりうるとする．二次的接触に起因するとされるこの過程で形成されたものが含まれる可能性がある．しかし，異所的種分化から期待される結果との区別が困難であるため，側所的種分化の蓋然性については議論が多い．

h **促進** [acceleration] 一つの生物系統の中で，子孫種の個体発生速度が速められることにより，形質発現の時期が祖先種よりも早くなる現象．対して，子孫種の形質発現の時期が祖先種よりも遅れる現象が遅滞．促進と遅滞は，すべての形質で一斉に起こる場合と，特定の形質について起こる場合とがある．特定の形質に促進や遅滞が起こると，ヘテロクロニー(*異時性)の原因になる．

i **促進拡散** [facilitated diffusion] 生体膜での物質輸送の一形式で，受動輸送のうち，被輸送物質(基質)と特異的に結合するキャリアーを膜に想定し，キャリアーが基質を膜を横切って輸送すると考えるもの．一次能動輸送により形成された電気化学的勾配を利用して駆動されることが多い．現在ではキャリアーの実体は膜貫通蛋白質であると認識されている．J. F. Danielli(1954)が提案した機構．速度論的解析から，基質濃度に対し飽和現象を示す．基質の構造特異性，基質類似体に競合的に阻害されるなどの点で，単なる拡散と区別される．また膜の反対側に同じ基質が存在しても輸送が促進されない点で，*交換拡散と区別される．大腸菌における β-ガラクトシド，赤血球におけるグルコースの輸送などがこの例．

j **足神経節** [pedal ganglion] 軟体動物において，脳神経節および側(または外套内臓)神経節の後下方に1対あり，食道の腹側に位置する*神経節．側神経節とともに皮部神経中枢の一つとされる．腹足類中の有肺類では内臓神経節と融合している．固着性の二枚貝類では，足の退化とともに縮小している．頭足類では腹側に位置し，外套内臓神経節と合して，その境界が明らかでない．

k **側神経節** [pleural ganglion] 《同》外套内臓神経節．軟体動物において，脳神経節の後方に1対ある*神経節．*足神経節とともに皮部神経中枢の一つとされる．腹足類中の前鰓類・後鰓類・有肺類，および二枚貝類中の派生的なものでは，脳神経節と融合しているものがある．頭足類では腹側にあり，足神経節と融合している．

l **促進神経** [accelerator nerve, promoting nerve] 《同》増強神経(augmentor nerve)．脊椎動物の内臓器官の二重神経支配において，抑制神経と拮抗してその器官の活動を促進・増強する神経．心臓の場合には交感神経がこれに相当．(→自律神経系)

m **側心体** [corpus cardiacum, pl. corpora cardiaca] 昆虫類において，*脳間部-側心体-アラタ体系に属する腺様組織．前頭器官のある昆虫・粘管類には無く，イシノミ類では未発達，ナガノミ類では二次的に退化しているが，その他の昆虫にはひろく存在し，胚期後半から成

虫期に至るまでみられる．多くは球形に近い小体で，発生的には脳下神経節(hypocerebral ganglion)とともに口陥の背壁が陥入して生じ，脳間部の神経分泌細胞からの神経終末，側心体固有の神経分泌細胞，グリア細胞からなる．大動脈(背脈管前端部)に接して左右に各1個あるので側心体と呼ばれるが，大動脈から完全に離れていたり(鱗翅類などの幼虫)，癒合して不対となったり(カワゲラ類やカゲロウ類)と，アラタ体と同様に昆虫群による相違がある．いずれの場合にも脳間部の神経分泌細胞群に発する1対の側心体神経(nervus paracardiacus，前方でそれぞれ内外2枝に分かれている)により，ときには後大脳からの神経連絡により脳と連なり，これを通じて脳間部から脳ホルモンなどの神経分泌物を受け取り，これを貯えて血液中に放出する．*神経血液器官としての機能のほかに，側心体には神経分泌細胞があり，独自の分泌活性をもつ．側心体抽出物を甲殻類に投与すると，色素胞の収縮や黒色素胞の拡張がみられる．ゴキブリ類では，囲心細胞に作用して心臓の拍動を増大させる物質の分泌を促す．また，血中*トレハロースレベルの上昇(*血糖上昇ホルモンの分泌)，ジグリセリド含量の上昇(*脂質動員ホルモンの分泌)，脂肪体および中央神経系のグリコゲンレベルの低下などの諸機能をもつ．ただし，このような生理作用は昆虫の種類によって必ずしも一定ではない．(→アラタ体[図])

a **側性** [laterality] 左右相称の動物において，対をなす器官が左または右の体側に属することを示す性質．一般に対をなす器官(例えば脊椎動物の肢)は相互に鏡像関係を示すが，1個について見れば不相称を示すことが多いため，それのみを体から分離して側性を判別できる．例えば脊椎動物の前肢では，遠位近位，前後，背腹方向に軸があり，それにそって極性が見られる．発生学の移植実験などに際し，移植片から分化した器官の側性が体側に合致しているときは調和的(harmonic)または体側相応(独 wirtsseitenrichtig)といい，合致しないときは不調和的(disharmonic)または体側不相応(独 wirtsseitenumkehrt)ということがあった．

b **側精巣** [paradidymis, organ of Giraldés] 《同》精巣傍体，睾傍体，傍睾丸．羊膜類において，輸精小管とならなかった*中腎管の遺残体のうち，輸精小管より尾方に残存するもの．これらは精巣とも輸精管とも連絡せず，屈曲した細管をなす．また輸精小管(*精巣輸出管)より頭方にあった中腎管は，副精巣付属体(*精巣上体垂)として残存．そのほか，精巣中の精巣網や副精巣管と連絡はするが盲管をなすものもあり，これを迷走管(ductuli aberrantes, vasa aberrantia, aberrant duct)という．(→副卵巣)

c **側生動物** [ラ Parazoa] 後生動物を形態における基本的特徴で大別するときの一群で，海綿動物がこれにあたる．W. J. Sollas(1884)の提唱．*真正後生動物に対置される．現在ではほとんど使用されない．

d **側節足動物** [Parartbropoda] 有爪(カギムシなど)類，緩歩類(クマムシなど)，舌形類(シタムシなど)を併せた一群．種々の程度に発達した体節構造と鉤爪(かぎづめ)をそなえた無関節の疣足(いぼあし)状の付属肢などの共通点に基づいてまとめられ，さらにこの点から，節足動物や環形動物との類縁性が考えられている．側節足動物を広義の節足動物の一亜門とし，真節足動物亜門(Euarthropoda, 狭義の節足動物)と対置させる考えもあるが，上記の3群はそれぞれ独立の門とするのが現在では一般的である．なお吸口虫類も数対の鉤爪をもった疣足があるので前3群類と併せて疣足動物(Stelechopoda)とされたことがあるが，個体発生経過が環形動物型であるところから，一般に環形動物門多毛綱の一目とされる．

e **足腺** [pedal gland, foot-gland] [1] 《同》趾腺，セメント腺，粘着腺．輪虫類の足端突起の基部にある1～5対の腺．趾端の開口から粘着性の液を分泌し運動の際に足を他物に粘着させる．[2] 軟体動物の足に開口する腺細胞の集合体．以下のものが区別される．(1)前足腺(anterior pedal gland, labial gland)：後鰓類と前鰓類の足の裏面を滑らかにし，水面を逆さまになり這う際，水面に粘液の膜を作る．(2)上足腺(suprapedal gland)：足と吻の前縁との間に開口．固着性の前鰓類(ヘビガイやスズメガイ)などにある．(3)腹足腺(ventral pedal gland)：足の前方，腹足腺の腹面正中線上にある大形の腺で，二枚貝類の足糸腺と相同(→足糸)．(4)後足腺(posterior mucous gland)：有肺類では後足の背面に(dorsal posterior gland)，後鰓類では腹面に(ventral posterior gland)開口．これらの腺の分泌物は，水または空気に触れると固形化して形の支持に役立ち，特にアサガオガイでは空泡を包み込み，気泡体をいかだのようにして体を水面に浮かばせる．

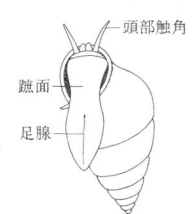

f **塞栓**(そくせん) [embolus] 脈管中に遊離物が流れこみ，管腔の一部あるいは全部を閉塞した状態．その原因物質を塞栓子という．原因物質としては内因性のものや外来性のものがあり，固体・液体・気体のいずれもある．固体の塞栓として最も多いのは剝離した血栓またはその断片で(→血栓症)，長時間動かないためにできた血栓が再び動き出したときに剝離して起こることが多い．いわゆるエコノミー症候群がこれにあたる．そのほかの固体の塞栓子には細菌・寄生虫・色素・細胞・組織・腫瘍細胞などがある．外傷に際しては空気や脂肪が塞栓を起こす．分娩に伴って羊水が塞栓子となることもある．塞栓の結果起きた障害を塞栓症(embolism)という．*ケイソン病も一種の塞栓症である．

g **側線器官** [lateral-line organ] 《同》側線器．無顎類・魚類・両生類の幼生，水生両生類の体表に見られる特殊な機械受容器．両生類では幼生時には発達するが，終生水生生活をするもの以外は成長に伴って消失する．次の2種類に分けられる．(1)側線管器(いわゆる側線器)：側線管と呼ばれる管や溝が皮下を縦走し，遊離感丘(大孔器)が皮下に埋もれて管状構造の中に収まり，所々で側線孔という小管で外部に開口する(→感丘)．(2)遊離側線器(free lateral-line organ)：体表に線状あるいは点状に存在し，体の比較的表層に孤立した遊離感丘が頭部から尾部へ並ぶ．外見的に側線(lateral line)を形成する．これらの基本構造は同じで，感覚細胞とゼリー状のクプラに包まれた有毛細胞とからなる．外界の物理的刺激(水流，水圧など)でクプラが曲がると，*感覚毛のうちの運動毛を通じて感覚細胞が刺激を受け，興奮する．魚類の孔器の中には水圧や温度変化のほか，1価の陽イオンに反応するものもある．アフリカツメガエルの遊離感

丘は1価，2価の陽イオンなどの化学刺激に反応し，味覚受容器としての機能ももつ．これらの側線器に生じた刺激は体側では後側線神経，頭部では前側線神経を通じて延髄に達する．なお，前側線神経を顔面神経の一部，後側線神経を迷走神経の一部とみる考えもあるが，しかしこれはただ側線神経がこれらの神経に付随しているだけで，側線神経は本質的に独立した神経とみるべきである．側線器の有毛細胞には求心性神経と遠心性神経の両者が分布しているが，後者は前者に対し抑制的に作用する．

a **側足** [parapodium, parapode] 軟体動物腹足綱の後鰓類などの一部において，特に広く拡張した*中足の側縁部．左右の側足は背部で重なって内臓塊を包む管状構造となり，水をこの管の中で強力に後方に送って体の移動に利用する種もある．また，広くなった側足を翼のようにあおって一時的に泳ぐものもある．翼足類では側足だけが発達し，これによって生涯遊泳生活をおくる．なお，parapodium には環形動物多毛類の*疣足の意味もある．

b **足端突起** [toe] ⇒輪形動物

c **束柱類** [Desmostylia] 《同》デスモスチルス類，デスモスチルス類，彙錐類．哺乳綱の化石動物の一目．漸新世後期から中新世中期に生存．北太平洋沿岸の諸地だけから化石が発見されているが，その起源はテチス海地域(現在のインド・パキスタン周辺)と考えられる．体長 2.5～3 m，体重 1～3 t で，鼻孔や眼窩の位置が高く，水生生活をしていたと考えられる．四肢が扁平化しており，遊泳に適した形態をもつ．臼歯が円柱の束からなることで他に類をみない．かつて海牛類・長鼻類あるいは単孔類・多丘歯類のいずれかの目に含められたこともあったが，最近では長鼻類と最も近縁な一目とされる．

d **促通** [facilitation] 《同》疎通．2個以上の刺激を加えたとき，効果の加重が著明で単独の刺激効果の和より大きくなる現象をいう．ある条件により細胞から細胞への興奮の伝達が起こりやすくなることを意味する．これに対し，加重は起こるが単独の刺激効果の和より小さい効果が得られる場合を閉塞または減却(occlusion)という．中枢神経系における促通は S. Exner(1899)や C. S. Sherrington(1906)ら以来研究され，加重・広がり・抑制などとならんで反射の基本的特徴に数えられる．例えば同一の求心性神経に2個の相次ぐ刺激を加えたり，同一の運動ニューロン群にシナプス結合する2種の求心性神経を共に刺激すると，反射の大きさすなわち活動電位を発生する運動ニューロンの数が個々に刺激したときよりも多くなる．単独の刺激では閾下であった*シナプス後電位が加重されて閾を超え，活動電位を発生するようになるためである．上の場合それぞれを時間的促通(temporal facilitation)，空間的促通(spatial facilitation)という．各種の無脊椎動物の神経筋接合部でも促通が著明で，C. F. A. Pantin(1935, 1936)以来研究されている．これらの筋では単一の神経刺激では収縮はみられないが，連続刺激を与えると，その頻度に応じてさまざまな度合の収縮が起こる．各刺激に対する接合部電位が時間的加重を起こしていると同時に，各接合部電位も大きくなっているが，これは神経伝達物質の放出量が増加するためである．同様な連続刺激による促通，すなわちシナプス後電位の増大が中枢神経系でもみられる場合が多い．特に錐体路刺激によるサル頸髄運動ニューロンのシナプス後電位などで著明であるが，これ以外にも中枢神経回路の各部位で一般に見られる現象である．また，単に興奮(興奮の作用)と同義に用いられることもある(例：*脱促通)．これらの場合，頻度増強(frequency potentiation)の語を用いる．

e **測定障害** [dysmetria] 《同》推尺異常，運動測定障害．目を閉じたままで，指先を鼻尖に触れたり(指鼻試験)，左右の人差し指を触れ合わそう(指指試験)とすると狙いが狂ってうまく当てることができなくなる現象．小脳疾患において出現する特徴的な症状の一つ．このことは，正常時には視覚情報に頼らないでも，体の部位の位置を正確に判断し，これを動かしたときの結果を予測する機能が小脳にそなわっていることを示す．

f **続脳** [deuterencephalon] 《同》次脳．脊椎動物の胚において，*神経管前端の脳形成部域中の，原脳より後方部．原脳と脳底褶により隔てられる．続脳はのちに*中脳および*後脳(菱脳)になる(中脳を含めない考えもある)．発生機構学的には脊索原基の前端域により下敷され，誘導される脳の部域．また続脳域(deuterencephalic region)というときには続脳および*耳胞を含めた部域を指す．この表現は形成体の部域性に関連し，原脳域や髄尾域などと並べてしばしば用いられる．(⇒脳胞)

g **続脳誘導者** [deuterencephalic inductor] 両生類の初期神経胚において，原腸蓋前半部の続脳域を誘導する部域，およびそれと同等の効果をもつ組織．原腸蓋前半部は原腸胚の予定外胚葉に対して頭部諸器官を形成させる部域特異的誘導作用を現すので頭部誘導者と呼び，そのうち神経胚期原腸蓋の前端から3/5位置付近の中軸中胚葉は続脳誘導者であり，特に中脳，後脳，耳胞などの続脳域特有の外胚葉性器官原基を誘導する．

h **足波** [pedal wave] 腹足類において，匍匐時にその足の下面に相次いでみられる一種の収縮波．動物をガラス板上に這わせてガラスを透かして観察できる．筋肉運動の特殊な一形態であるが，動物体推進の機構は*蠕動運動のそれに近い．足の下面に，物体表面と密着して静止した部分と，主に背腹方向に走る筋繊維の収縮によりもち上げられた部分とが交互に横縞状に生じたもので，これが前方へ移行する順行型(direct type)のもの(例：カタツムリ)と後方へ移行する逆行型(retrograde type)のもの(例：アメフラシ)とがある．前進はもち上げられた部分がつぎつぎに前方に移動することによって起こる．後退がみられることはまれである．足波が1列の単走性(monotaxic)のもの，2列の二走性(ditaxic)のものなどが区別される．

i **側板 【1】** [lateral plate] 脊椎動物および頭索類の初期発生において，*中胚葉は神経管・脊索などの中軸器官をはさんで，両体側で腹方(部分割*胚盤葉を形成するものでは側方)に向かって広がるが，中軸器官に近く頭尾方向に分節する部域に対し，腹方(または側方)の分節的構造を示さない部域(⇒沿軸中胚葉)．ただし頭索類では二次的に分節的構成が失われたのであるが，脊椎動物でははじめから分節的構成を示さない(⇒体節)．中軸部の中胚葉が肥厚しているのに対し，側板は薄く，発生の進行に伴い(あるいは初期から)内外2層に分かれ，両層間の腔所を内臓腔(splanchnocoel)といい，のちに主要な体腔となる．外層は外胚葉に面して外側板(outer lateral plate)，あるいは体壁板(somatic layer, parietal layer)，体壁中胚葉(parietal mesoderm)，ま

た単独にあるいは外胚葉と合わせて体壁葉(somatopleura)という．内層は内胚葉に対し，内側板(inner lateral plate)あるいは内臓板(splanchnic layer, visceral layer)，内臓中胚葉(visceral mesoderm)，また単独にあるいは内胚葉と合わせて内臓葉(splanchnopleure)という．側板中胚葉は四肢骨格，漿膜，腸間膜，心臓，消化管壁，気道壁などに分化する．また羊膜類では，胚体外の体壁葉から*羊膜・*漿膜が，内臓葉からは*卵黄嚢が形成され，消化管腹壁の内臓葉からは尿嚢が形成される．

[2] [pleuron] 節足動物の体の側部が硬皮化(sclerotization)したもの．肢の基部背方にあたり，背方は背板に，腹方は腹板に接する．2個以上に分割されている場合にはおのおのを pleurite と呼ぶ．前側板と後側板の2個に分かれる場合が多い．側板と腹板との境界線を側腹線(pleuro-ventral line)という．昆虫の大部分の幼虫では側域は膜だが，成虫では原則的に硬皮化し，これを側板と呼ぶ．側域には基本的に基節から分化した三つの側片板(pleural sclerite)，すなわち腹側板(sternopleurite)，背側板(anapleurite)，基節側板(coxopleurite)があり，背側板と基節側板は無翅昆虫や襀翅目(カワゲラ類)幼虫の前胸では離れて存在するが，他の昆虫では癒合して1枚となる．しかし一部の有翅昆虫では基節側板の一部は小転節(trochantin)の形で残り，*基節とさらに腹側で関節する．側板は縦に側甲(pleural ridge)が強く発達し，これにより前側板と後側板とに分割される．有翅類では側甲は背部に突出し翅突起(pleural wing process)となり，翅基部にある第二腋節片(second axillary sclerite)と関節する．

a **側方抑制** (細胞分化における) [lateral inhibition]
⇒Notch シグナル

b **側方抑制** (神経伝達における) [lateral inhibition]
神経回路内情報処理の一つ．並列に並ぶ神経細胞間で，互いに隣接するシナプス後細胞を抑制することにより入力信号の細胞間差を強調，増幅することができる．側方抑制がない場合には，入力と出力は同一の興奮パターンとなる(図の1)が，側方抑制があると，出力は入力に比べて差を強調することができる(図の2)．これは視覚や聴覚など感覚神経系でよくみられる現象で，刺激源の辺縁の対比を増強し識別の効果を大きくしている．例えば，光を当てるとインパルス放電が起こる神経細胞が網膜上の一点にあるとき，その周囲を光刺激するとインパルス放電は抑制されてしまう．

c **ソシオトミー** [sociotomy] 《同》社会分裂．シロアリの社会(コロニー)が娘社会に等分していくこと．P. P. Grassé の造語．シロアリの1コロニーが巣から出て二つの新しい巣に分かれるとき，片方の集団は女王と王を含むが，もう片方は含まず，代用生殖者が生じるように分かれていく．

d **組織** [tissue ラ tela] 多細胞生物において，同一の機能・形態をもつ細胞集団．多細胞生物では，通常それを構成する細胞が分化し，機能が専能化し，分業化が起こる．したがって細胞の単なる集合体でありえず，ある機能と構造をそなえた有機的細胞集団，社会的細胞集団としての組織が構成される．[1] 動物の組織は，形態的・機能的，あるいは発生的根拠に基づき，上皮組織，結合組織，筋組織(筋肉組織)，神経組織に区別される．[2] 植物では，構成細胞の発達段階によって分裂組織と永久組織に大別し，また構成細胞の種類によって単一組織と複合組織に分ける．単一組織(simple tissue)は1種類の組織から構成される均一な組織で，柔組織，厚壁組織，厚角組織などがある．また複合組織(compound tissue)は複数の種類の組織から構成されるもので，道管・木部柔組織・木部繊維組織からなる木部や，篩管・篩部柔組織・篩部繊維組織などからなる篩部などがある．その他，機能による分類も行われ，機械組織，貯蔵組織，分泌組織などが区別される．(⇒組織学，⇒組織化学)

e **組織因子経路インヒビター** [tissue factor pathway inhibitor] TFPIと略記．《同》リポ蛋白質結合性プロテアーゼインヒビター(lipoprotein-associated coagulation inhibitor)，外因系凝固インヒビター(extrinsic pathway inhibitor)．血管内に存在し，外因系血液凝固を阻害する276アミノ酸残基，分子量約4万の糖蛋白質．分子内に三つのKunitz型酵素阻害ドメインをもち，第一ドメインが活性化第VII因子・組織因子複合体と，第二ドメインが活性化第X因子と結合して活性を阻害する．血漿中では主にリポ蛋白質と結合して存在する他，血管内皮表面のヘパラン硫酸と結合して存在する．(⇒血液凝固)

f **組織液** [tissue fluid] 一般に動物組織において，細胞間にあり細胞の環境となっている液体成分(⇒体液)．細胞に栄養を供給し，細胞からの排出物を受け取る．毛細血管から血漿が生理的に濾出したもので，大部分はリンパ管に入ってリンパ液となり，再び血管系に戻る．組織液の病的に増加した状態を浮腫(水腫・むくみ edema)という．

g **組織解離酵素** [macerating enzyme] 植物の組織を*解離し細胞を遊離する目的で利用される酵素．マセレーション酵素あるいはマセラーゼともいう．細胞間に存在する中層の主成分と考えられているペクチン質を分解するペクチナーゼやペクチンリアーゼ，ヘミセルロースを分解するヘミセルラーゼなどを主成分とする酵素標品が用いられている．培養細胞などではこのような酵素だけでは組織が解離しないこともあり，セルラーゼを添加したものを組織解離酵素として用いる場合がある．

(1) 側方抑制がない場合と (2) 側方抑制がある場合の入力と出力の例．●抑制性細胞，○興奮性細胞，数字は興奮の程度(発火頻度と考えてよい)．図の(a)は利得が興奮1，抑制0.1の場合の出力，(b)は興奮2，抑制0.1の場合の出力．シナプス部での利得を変えることにより，強調の程度(コントラスト)も変化する．

近年，微生物由来のマセレーション酵素が食品の軟化や易消化性付与の目的で使用されている．

a **組織化学** [histochemistry] 組織内に存在する諸物質の定性・定量およびその局在性や移動の解析を*in situ* で行う方法．細胞化学と同様，特異的呈色反応，*顕微分光測光法・*蛍光抗体法・*オートラジオグラフ法などが利用されている．

b **組織学** [histology] 組織を研究対象とする生物学の分科．組織は細胞および細胞によって形成された非細胞性物質から構成されるが，細胞学が主として細胞の一般性あるいは細胞内部の問題を研究の対象とするのに対し，組織学は相互に有機的関連をもつ細胞の機能的・構造的な集団すなわち組織を対象とし，いわば細胞社会学ともいえる．形態学的な方法に限らず，機能学的にもまた生物化学的にもその細胞間の相互依存性が研究される．

c **組織球** [histiocyte] 《同》大食球(macrophage)，固着性大食細胞(fixed macrophage)，組織マクロファージ(tissue macrophage)．組織定着性の*マクロファージ．結合組織マクロファージ，肺胞マクロファージ，肝臓の*クッパー細胞(Kupffer cell)，中枢神経系の小膠細胞(microglia cell)など．*単球に由来するものが多い．

d **組織系** [tissue system] 一般に関連のあるいくつかの組織の集団で，特に維管束植物の組織系についていう．その分類方式には3通りある．(1)維管束に重点をおき，*表皮系，*維管束系および*基本組織系の3系に分けるもの．J. von Sachs(1868)の提唱．広く用いられているが，各組織系が形態的にも生理的にも多種多様な組織を包含する点には批判がある．(2)生理解剖学(physiological anatomy)の見地から，植物体を分裂組織のほか皮膚系，機械系，吸収系，同化系，通道系，貯蔵系，通気系，分泌排泄系の8系に分けたもの．G. Haberlandt(1884)の提唱．彼はのち(1914)に運動系，感覚系，刺激伝達系の3系を追加した．しかし，ある組織についてみたときその営む種々の生理作用の中でどれをもって主要な機能となすか不明確の場合が多く，また細胞あるいは組織の起原や発生を全く無視している．組織レベルに限らず場合によっては細胞レベルや器官レベルの構造を，機能に注目して分けたものであるから，組織系と呼ぶのは妥当でないが，通常は組織系として扱われる．(3)中心柱の概念を基礎とし，*表皮，*皮層，*中心柱の3系に区別するもの．P. E. L. van Tieghem(1886)の提唱．これは，皮層の最内層として中心柱との境界をなす*内皮が認められない場合には適用できないという欠陥があるが，根や多くの地下茎などのように内皮が明瞭である場合には，組織発生とも関連のある区分という長所がある．中心柱に髄がある場合，Sachsの分類では，皮層と髄は同じ基本組織系に入る．

e **組織親和性** [tissue affinity] [1]免疫において，組織適合性すなわち動物組織の他個体への移植および異なる2組織の体外培養などにおける両組織間の相性．他組織の移植を行う場合，移植位置，すなわち移植片の接する宿主組織の種類によって，定着する場合と，ただちに脱落する場合とがある．最近では，人工臓器がどれだけ組織になじむかの程度を表すこともある．[2]発生において，胚葉間など各組織の間に見られる親和性．両生類の胚の実験では，外胚葉と中胚葉，内胚葉と中胚葉の組合せの培養では，二つの胚葉は分離しないが，外胚葉と内胚葉の組合せでは分離が起こる．組織親和性は，どの組合せをとるかによって正と負とがあることになる．組織親和性の正負の存在が動物個体の形態形成において基本的な重要性をもつことは，J. F. K. Holtfreter(1939)によって指摘された．(⇨組織特異性，⇨細胞選別)

f **組織適合抗原** [histocompatibility antigen] 《同》組織適合性抗原．動物の細胞膜表面にある遺伝的に決定された同種抗原で，移植免疫すなわち同種移植の成否を決定する抗原．主要組織適合抗原(major histocompatibility antigen)と非主要組織適合抗原(minor histocompatibility antigen)がある．移植組織の供与者と受容者間でこの抗原が異なれば，受容者のリンパ系細胞がその抗原に対して免疫応答を起こし，移植片(グラフト)は拒絶反応を受ける．組織適合抗原を支配する遺伝子座は多数存在するが，このうち，同種間移植の際に最も強い移植片拒絶反応を引き起こすものが主要組織適合抗原と呼ばれる．マウスでは*H-2抗原，ヒトでは*HLA抗原がある．

g **組織特異性** [tissue specificity] 多細胞生物個体の中で各組織に他の組織と区別される特徴があること．同様な性質を臓器単位(器官単位)で考えるときは臓器特異性(器官特異性) organ specificity という．組織特異性の存在は，その組織を構成する細胞の性質によるものと考えられる．例えば，自己免疫疾患において体内のある組織だけが傷害を受けることなどは組織特異性の一例であるが，この場合では，その組織の主たる構成細胞のもつ物質(組織特異的自己抗原)と，それに対する抗体あるいは*T細胞との反応が起こる．動物の形態形成で認められる組織間の親和性の違い(⇨組織親和性)，二つの異なった組織を解離して得た細胞を混ぜ合わせた場合に両者の間で選別が起こること(⇨細胞選別)などは，いずれも組織特異性の存在していることを示す．

h **組織培養** [tissue culture] 多細胞生物の個体から無菌的に組織片・細胞群を取り出し，適当な条件において生かし続ける技術．広義には，組織片培養と*細胞培養を包含する．組織培養では，分離された組織片を同一個体または他の生物体のある場所に移して育てる生体内培養(culture *in vivo*)と，硬質プラスチック・ガラス器内で育てるガラス器内培養(culture *in vitro*)とがある．前者の場合には，培養する組織片などが，できるだけその生物体の特異的影響を受けることが少ないような環境におく．一般に組織培養と呼ぶときは後者である場合が多い．狭義の組織培養は小さな組織片から出発する．その最初の成功は，R. G. Harrison(1907)がカエルの神経組織片をカエルのリンパ液を培地として行ったもの(*懸滴培養)．植物では単細胞から個体を再生することもでき，現在では，遺伝子導入や細胞の増殖・分化・がん化の基礎研究，創薬スクリーニング，毒性試験，ワクチン製造といった応用面にも活用される．組織培養にはいくつかの様式がある．動物の細胞培養はトリプシンなどの処理で組織片を解離して得た細胞(⇨細胞解離)から出発するものや，*単層培養と，*懸濁培養とがある．植物では機械的あるいは酵素的に遊離させた細胞や，*カルスに由来する細胞を懸濁培養する．動物では培養液(培地)にはかつては凝固血漿のような生物由来のものが使用されたが，現在では主として無機塩類のほかに多種類のビタミン類やアミノ酸を加えた合成培地に血清や*成長因子を添加したものが用いられる．植物では*ココナ

ツウォーターや酵母の抽出液，あるいは植物ホルモンなどを加えることで分化や成長を制御できる．培養には用いられた材料に応じて温度を制御し，培養液の蒸発を防ぐために湿度を保ち，また動物ではpH調節のため，気相を5% CO₂-95%空気となるよう制御できる恒温器が用いられる（⇒炭酸ガスインキュベーター）．動物では個体から取り出したものを培養し（初代培養）増殖したところで植え継いで（*継代培養）いくうちに不死化するものが現れることがある．これが無限に増殖し続ける株細胞となる．ヒトも含めていろいろな動物の正常組織やがん組織から，株細胞（*樹立細胞株）が得られている．（⇒器官培養）

a **組織薄片** [tissue slice] 《同》組織切片．未固定の組織を10〜40 μmの薄片（切片）にしたもの．生理食塩水・緩衝液・浸漬液（incubation medium）などに浸漬して生理学的・細胞化学的酵素反応を短時間に均等に行わせることができる．

b **組織不適合性** [histoincompatibility] 組織や臓器の*移植において，グラフト（移植片）が排除される性質．同種あるいは異種個体間での移植などを行うと，グラフトは一般に受容者（レシピエント recipient）で生着せず，種々の期間内に拒絶されてしまう．この反応を移植片拒絶反応（あるいは単に拒絶反応）といい，供与者（ドナー donor）のグラフトに発現される*組織適合抗原に対する，受容者の免疫応答の結果として起こる．組織適合抗原は多数存在し，それぞれ独立した遺伝子支配をうけている．このうち，最も強力な組織不適合性の原因となるのが，*主要組織適合抗原遺伝子複合体（MHC）の産物（MHC抗原）である．MHC遺伝子複合体は極めて多型性に富む遺伝子群であるため，純系マウスや一卵性双生児を除くと，同種個体間でMHCが完全に適合する確率は極めて低い．

c **組織分化** [histo-differentiation, tissue differentiation] 《同》組織形成（histogenesis）．多細胞生物で，未分化の細胞群から特定の形態的・機能的特徴をもった組織が作られる過程．組織分化の前提は，その構成要素である細胞の分化である．しかし，実際の個体発生・再生などで細胞の分化と組織分化は十分区分しえない場合があり，細胞で起こる過程をあいまいにしたままでこの語が使われることもある．（⇒細胞分化）

d **阻止抗体** [blocking antibody] 《同》遮断抗体．抗原抗体反応あるいは*サイトカインの*サイトカイン受容体への結合など，ある特定の反応を阻害する抗体．例えば(1)*アレルゲンとIgEとの結合を阻害するIgGクラスの抗体が即時型アレルギー反応（I型アレルギー反応）を抑制すると考えられている（⇒減感作），(2)重症筋無力症におけるアセチルコリン受容体に対する自己抗体，自己免疫性甲状腺疾患（バセドウ病，および一部の甲状腺機能低下症）でのTSH受容体に対する自己抗体，インスリン抵抗性II型糖尿病の一部でのインスリン受容体に対する自己抗体など．これらの自己抗体により受容体とリガンドとの結合が阻害されてシグナル伝達が生じなくなり，病気が発症する．

e **素質** [nature] 主としてヒトについて，遺伝的にもつ性質の一切をいう．環境によって構成される性質（しばしば nurture という）に対していう．

f **咀嚼胃** [masticatory stomach] 《同》破砕胃．咀嚼の機能をそなえた特殊な胃の総称．例えば甲殻類，ことに十脚類の胃は，発生学上前腸の一部であり，したがって厚いキチン層に覆われている．このキチン層は胃壁の一定の部位では胃歯と呼ぶ顕著な突起として胃の内腔に突出し，筋肉の支配により胃内の食物を破砕する機能をもち，特にこの構造を胃咀嚼器（gastric mill）と呼ぶ．輪虫類の咀嚼器も類似の構造をとる．その他，鳥の*砂嚢，貧毛類の砂嚢，昆虫の前胃などがこれにあたる．

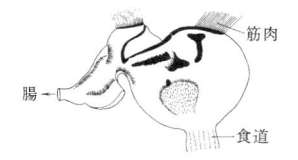

ザリガニ（*Astacus*）の胃の内面（胃歯を黒で示す）

筋肉
腸
食道

g **咀嚼器** [masticatory organ, pharyngeal apparatus] 《同》咀嚼器官．咀嚼（mastication）に関与する動物の器官．例えば歯，口，口器，*咽頭咀嚼器，咀嚼胃などの総称．（⇒消化器官）

h **ソシュール** SAUSSURE, Nicolas Théodore de 1767〜1845 スイスの植物生理学者．植物に出入する物質の定量的研究を初めて行い，窒素化合物が根から吸収されること，および植物体内でCO₂と水が結合することを発見．また植物のガス交換について定量的実験を行い，放出されるO₂と吸収されるCO₂の量が等しく，CO₂の分解と吸収の結果として植物の重量が増加することを示した．発酵・澱粉糖化などについても研究した．[主著] Recherches chimiques sur la végétation, 1804.

i **疎水結合** [hydrophobic bond] 《同》疎水性相互作用（疎水相互作用 hydrophobic interaction）．水溶液中の疎水基が集合しあう現象．メタンのような炭化水素は水に溶けにくい．これはメタンなどが溶けると，その分子の周囲に氷と同じ構造で水を配位し，いわゆる氷籠を形成するため，*エントロピーが減少するからである．蛋白質のように疎水性残基と親水性残基とを含むものを水に溶かすと，疎水基を分子の内側に包み込み，親水基を外に露出した構造をとることによって，エントロピーの減少を防ごうとする．これはあたかも，疎水基同士の間に一種の結合力を生じたかのように見えるので，疎水結合と呼ぶ．疎水結合はこのように，水のエントロピー減少に伴う*自由エネルギーの増加を防ぐために生ずるものであるから，温度が高い方が結合力が強くなるという特徴をもつ．蛋白質の三次構造を支える力としては，疎水結合が非常に大きく利く．また，石鹸などが*ミセルを作りやすいのも，疎水結合による．

j **疎水性アミノ酸** [hydrophobic amino acid] 側鎖の疎水性が高いアミノ酸の総称．トリプトファン，フェニルアラニン，バリン，ロイシン，イソロイシン，メチオニン，プロリン，アラニンがこれに属する．ある溶質の疎水性（hydrophobicity）は，それを水から有機溶媒へ移行させる際の自由エネルギーの変化量として定義され，水と有機溶媒とにおける溶解度から実験的に求められる．アミノ酸側鎖の疎水性は，それぞれのアミノ酸の疎水性からグリシンの疎水性を差し引いた値，すなわち疎水性への側鎖の寄与として与えられる（C. Tanford）．疎水性アミノ酸は，蛋白質の内部での疎水性相互作用により，*蛋白質の三次構造の保持に寄与している（⇒疎水結合）．また，酵素と基質，抗体と抗原との相互作用などの各種の非共有結合性の分子間結合に重要な役割を果たす．膜

a **疎水性相互作用クロマトグラフィー** [hydrophobic interaction chromatography] HICと略記. 酵素などの蛋白質を, その分子表面の疎水性と固定相の疎水性基との親和性の違いにより分離する*クロマトグラフィー. 蛋白質の疎水性は, 分子表面に位置するアミノ酸の疎水性に依存する. 固定相には, 疎水性基としてフェニル基, プロピル基, ヒドロキシプロピル基, メチル基などが化学的に結合された多孔性球状シリカゲルが用いられ, 移動相には, 通常, 硫酸アンモニウムや塩化ナトリウムなどの塩水溶液が用いられる. 分離は, 塩濃度を高濃度から低濃度に勾配をつけて低くするグラジエント溶離法により行う. *逆相クロマトグラフィーと比較して, 蛋白質や酵素はほとんど変性しないため, 生物活性を維持したまま分離することができる.

b **ソース-シンク関係** [source-sink relationship] 《同》シンク-ソース関係(sink-source relationship). 光合成器官が同化産物を生産する能力(ソース)と成長しつつある器官や貯蔵器官が同化産物を利用する能力(シンク)との関係. 植物個体全体の成長を前者が制限している場合をソースリミット(source limited), 後者が制限している場合をシンクリミット(sink limited)と呼ぶ. ただし, ソース-シンク関係は決して固定的ではなく, 変化しうる関係である. シンクが小さいことによる光合成作用の低下は, 終産物阻害の一種にあたり, 多数の例が記録されている. 一方, 葉の間引きなどによってソースを縮小すると, 残したソースの光合成速度がしばしば高まることから, 自然では光合成の能力は抑制された状態にあると考えられる. 複数のシンク器官の間での同化産物の*転流・分配や窒素などの栄養塩類の分配なども個体全体のソース-シンク関係に影響する.

c **疎生群落** [open vegetation, open community] 個体密度が小さいため, 個体と個体が直接に接することがないまばらな群落. 疎林(open forest, woodland)というときは, *樹冠は互いに接しないが, 樹木の間隔が樹冠幅よりも小さい場合, すなわち樹木の被度が少なくとも40%以上の場合を指す. 多くは土壌水分など環境要因のどれかが群落の成立に不適当なためにできる. *荒原はこの例.

d **祖先系列** [ancestral series] 《同》血統系列. 生物の真の*系統発生的系列. 段階系列とともにO. Abelの造語. 系列的に発見される化石の多くは, 実際には祖先系列ではなくて, 各時代の祖先から派生しほぼ同時代に生息した生物の系列すなわち段階系列(step series)であり, それは当然, 不連続的である. そのような段階系列から祖先系列を推定することに種々の問題はあるが, しかし各段階のものが祖先系列の各個のものに近い適応形態を示すなどの点で, 現生の生物の解剖学的研究などから祖先系列を復元するよりは真実の姿に近づきうると考えられている. 今日では祖先系列とみなされる化石資料も得られている.

e **側脚** [pleuropodium] 昆虫類において, 胚の第一腹節にしばしば現れる1対の腺状器官. 第一腹節の付属肢の変形であるという. 直翅類, 若干の鞘翅類でみられるが, 半翅類では発達が悪く, 膜翅類や鱗翅類では痕跡的かまたは欠如している. 側脚は胚が孵化する直前に最大となり, 孵化後は退化する. *孵化酵素を分泌する例が知られている.

f **側根** [lateral root] *主根に対して, 側方に出る二次的な根. 同じ側方器官ではあっても側枝と異なり, 内生的に生じ, その起原となるのは*内鞘のあたりの細胞である.

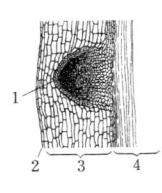

側根の発生(ヤナギの主根の縦断面図)
1 側根の根端
2 表皮
3 皮層
4 中心柱

g **ソーティング** [sorting] [1]進化学においては, 生物学的な実体の生成と死が異なる率でみられること. 化石記録が示す「種」は, 異なる単系統群の間で比較してみると, 絶滅率と種分化率が種によって異なっている. 絶滅率と種分化率の違いは, ランダムな違いかもしれないし, 種のもっている性質の違いによる非ランダムな違いかもしれない. 後者の場合, 種の絶滅率と種分化率の違いは選択の過程になるが, ソーティングはランダムな過程と非ランダムな過程の両者を含む. 種分化率と絶滅率が化石の種の間で違っているという現象は, ランダムな過程とも非ランダムな過程ともいえることから, ソーティングと呼ぶことがある(⇒種淘汰, ⇒時種). [2]発生生物学においては, セルソーティング(cell sorting)もしくは細胞選別のこと(⇒細胞選別).

h **ソテツ類** [Cycadophytes ラ Cycadopsida, Cycadophyta] 緑色植物種子植物類のうち裸子植物段階の一群. 羽裂した大葉を太い茎上に密集してつけ, 腋芽性は確立しておらず, 茎に二次木部があり, その中は仮道管を主とする. 胞子嚢は大葉上につき, 雌雄分化し, 雄性のものは鞭毛をもった精子をつくり, 雌性のものは多くは大形で厚い外殻を生ずる. 化石は三畳紀以後にみられる. 現生のソテツ類は熱帯に分布し, 雌性胞子葉が雄性のそれより大きく, 茎上に集まるが球果状にはならない. ソテツの精子は池野成一郎(1896)により発見された.

i **嗉嚢** [crop ラ ingluvies] 一般に消化管において, 食道に続く薄壁の膨大部. 食物の一時的貯蔵所であり, 消化は行わない. 環形動物, 貧毛類, 昆虫類, 軟体動物, 鳥類などに見られる. 貧毛類では血液中の余剰のカルシウム分を炭酸カルシウムの結晶に変えて排出する石灰腺(calciferous gland)をもつものがある. 昆虫(双翅類や鱗翅類など)では側方に大きく膨出して食物を貯え, *吸胃と呼ばれる. 腹足類においては中腸腺から分泌された褐色液を満たす. 後鰓類では胃筒がある.

j **嗉嚢腺** [crop gland] ハトの嗉嚢側壁内面にある膨出部で, 嗉嚢乳(crop milk)をつくる組織. ハトでは約18日の抱卵期の後半に, 雌雄ともこの上皮が次第に厚くなり, その厚さが平時の約20倍にも達する. ヒナの孵化後約3週間による育雛期間に, その細胞は脂肪変性を起こし, 嗉嚢乳として嗉嚢腔に崩れおちる. ヒナはこれを口移しに受ける. この変化は, もっぱら前葉の黄体刺激ホルモン(*プロラクチン)によって引き起こされる. 片側の嗉嚢側壁外面に下垂体前葉を移植すると, その側の嗉嚢壁だけに刺激効果が現れるため, 種々の組織や抽出物中の黄体刺激ホルモンの検出に利用されるこ

a **ゾベル** ZOBELL, Claude Ephraim 1904～1989 アメリカの海洋微生物学者. 海洋微生物学の基礎を確立. 海洋細菌の界面利用説や深海の好圧性細菌の発見が有名. [主著] Marine microbiology, 1946.

b **ソマトスタチン** [somatostatin] GH-RIH, SRIF と略記. 《同》成長ホルモン放出抑制ホルモン (growth hormone-release-inhibiting hormone, somatotropin release-inhibiting factor). 視床下部-下垂体神経分泌系で生産され, 正中隆起から分泌されるポリペプチド. 下垂体からの*成長ホルモンの分泌を抑制する物質として単離精製・構造決定された(図). 14個のアミノ酸残基からなる分子量1638のペプチド. 視床下部だけでなく他の中枢神経系, 末梢神経系, 網膜ならびに胃腸膵管系に広く分布する. 成長ホルモンばかりでなく, *プロラクチンや*甲状腺刺激ホルモンの分泌をも抑制する. さらに膵臓の*インスリンおよび*グルカゴンをはじめガストリン, モチリン, セクレチン, 消化酵素, 胃酸などの分泌も抑える. 14個のアミノ酸からなるソマトスタチンを SS-14 と呼び, SS-14 と同じ前駆体蛋白質から生成するより長い分子をソマトスタチンに含めることもある. 例えば, 28 アミノ酸からなるソマトスタチン (SS-28) は C 末端側が SS-14 と高い相同性をもつ.

H–Ala–Gly–Cys–Lys–Asn–Phe–Phe–Trp–Lys–Thr–Phe–Thr–Ser–Cys–OH

c **ソマトタイピング** [somatotyping] 《同》体形類型区分. ヒトの体形の類型区分. W. H. Sheldon (1940) はヒトの体形を, 脂肪質で丸味をおびた内胚葉型 (endomorphy), 筋肉質で骨太な中胚葉型 (mesomorphy), 細身で神経系・皮膚系の発達した外胚葉型 (ectomorphy) に分け, これらの程度を数量化し, その組合せで個人の体形を評価した. それぞれの標準的な体形は性格や気質とも結びつくというドグマのもとに, E. Kretschmer の体型分類(⇒体質)とともに関心を集めたが, ドグマ自体に問題があり, それ以上は発展しなかった.

d **ソミトメア** [somitomere] 《同》体節球. 脊椎動物の発生において, 初期沿軸中胚葉に現れる不完全な分節的形態. 体幹ではただちに完全に分節し, 体節中胚葉となる. ソミトメアは*体節の存在しない頭部中胚葉に生ずるといわれることもあり, むしろこの仮想的構造(頭部ソミトメア)を指すことの方が多いが, その存在は証明されてはいない. 板鰓類の胚において特に明瞭に見られる頭部体節(head somites, 頭腔 head cavity)と同等のものとされたこともあるが, 今ではそれも疑問視されている. 板鰓類だけに現れる最前端の分節であるプラットの小胞 (Platt's vesicle) の発生学的意義は不明である. (⇒頭腔)

e **ソラニン** [solanine] 《同》ソラツニン (solatunine). ソラニジン(ソラツビン)を非糖部とするアルカロイド配糖体の総称. ジャガイモ, トマト, イヌホオズキなどのナス科植物に含まれる. α–, β–, γ–ソラニン, α–, β₁–, β₂–, γ–チャコニンの7種の配糖体から構成され, α–ソラニン ($C_{45}H_{73}O_{15}N$) が主成分. 加水分解によりステロイドアルカロイドのソラニジンが得られる. ジャガイモの芽による食中毒はソラニンに起因する. 頭痛・嘔吐・下痢を起こす溶血性細胞毒で, 大量摂取は中枢神経系を麻痺させる. マウス LD₅₀ 値は 42 mg/kg. コリンエステラーゼ阻害作用が知られている.

f **ソラレン** [psoralen] 《同》ソラーレン, フロクマリン (furocoumarin). ある種の植物 (Ficus や Angelica など)に見出されるヘテロ多環式化合物. その天然誘導体と半人工的誘導体の一群の化合物を総称することもある. ソラレンとその誘導体(8-メトキシソラレン, 4,5′,8-トリメチルソラレンなど)はウイルス, 細菌, 動物などの培養細胞などに*光増感作用をもつ. ソラレンは暗所で DNA と可逆的に結合 (intercalation) する. 360 nm 付近の近紫外線で照射すると, まず DNA の一方の鎖上にあるピリミジン塩基の 5-6 二重結合とソラレンの 3-4 (または 4′-5′) 二重結合との間に, シクロブタン付加物が生じる(⇒ピリミジン二量体). さらに照射をつづけると第二の付加反応が相補鎖上のピリミジンとソラレンの残った二重結合 4′-5′ (または 3-4) との間に起こり, ソラレン分子を介して DNA の相補鎖間架橋 (interstrand crosslink) が形成される. この架橋が致死作用の原因となる. ソラレンは白斑症の治療に用いられており, さらにクロマチンの構造や DNA, RNA の高次構造の解析手段として利用されている.

g **素量的放出** [quantal release] シナプスで神経終末から放出される神経伝達物質が, 1個1個の分子としてではなく, 一定数の分子の塊, すなわち素量 (quantum) として放出される現象. J. del Castillo と B. Katz (1954) により神経筋接合部で明らかにされ, 以来他の部位でも成立することが示されている. 素量の放出様式は確率論的に説明できる. 静止状態でも素量がランダムな過程で放出され, その終板への作用が*微小終板電位で一定の大きさをもつ. 運動神経の活動電位により多数の素量が同時に放出される. この終板への作用が終板電位として記録されるが, 終板電位の大きさは微小終板電位の整数倍つまり素量整数倍である. また一定の活動電位で放出される素量の数は常に一定ではなく, 確率的分布を示す. さらにカルシウム濃度の変化やシナプス前抑制など神経伝達物質の放出量に変化が起こる場合には, 放出される素量数が変化し, 各素量の大きさすなわち素量を構成する伝達物質の分子数は一定に保たれている. 神経筋接合部の場合, 1素量は*アセチルコリン数千分子からなり, 活動電位により 100～数百素量が同時に放出される.

h **ゾル-ゲル転換** [sol-gel transformation] 細胞の内部において, *原形質ゲルと*原形質ゾルが相互転換す

る現象．コロイドのゲルが，振盪・圧迫などのような機械的な力で可逆的にゾルになる性質（シキソトロピーthixotropy）をいう．細長い粒子が弱い化学結合で絡みあって網目構造を形成し，外力で容易に構造が壊されるためとされている．*アメーバ運動を示す細胞（アメーバや変形菌の*変形体など）ではこのような転換が常時起こっており，細胞の後端部でゲルがゾル化して先端の仮足の方へ流動し，そこでゲル化して外壁をつくる．ゾル－ゲル転換はカルシウムイオンによって調節されている可能性が高い．それは細胞骨格を形成するアクチンの重合度が，カルシウム依存性の*アクチン結合蛋白質によって調節されているからである．

a **ソルジャー**　[soldier]　*社会性昆虫で，外敵からの防衛や他種との闘争に特殊化した形態をもつ不妊カスト．[1] アリ類・シロアリ類では兵蟻とも呼ばれる．アリ類では，ソルジャーは大顎が極めて巨大化し，それに伴って頭も大きいが，ソルジャーを欠く種類もある．シロアリ類ではたいていソルジャーカストがあり，アリと同様に頭部が大きく硬化の度も高い．形態も特異なものがあり，自ら採餌しないので食物は*ワーカー（働き蟻）からもらう．若いコロニーでは兵蟻の占める割合は高く，2～5％に達する種もある．[2] 外敵に対する防衛に関してのカストは，このほかアブラムシ（青木重幸，1977）やトビコバチなどでも発見されており，不妊のものもある．アブラムシ類では，一次寄主上で二齢でソルジャーが分化する場合と，二次寄主上で一齢のソルジャーが出現する場合とが知られる．兵隊アブラムシとも呼ばれる．（⇌ワーカー，⇌カスト制）

b **ソルビトール**　[sorbitol]　《同》ソルビット（独 Sorbit）．グルコースの還元基の代わりにアルコール基をもつ糖アルコールの一種．D-ソルビトールは細菌では活発な代謝作用をうけるが，動物ではその生理的役割は限られている．貯精嚢中では NADPH によるグルコースの酵素的還元によって生成し，さらに再酸化をうけて*フルクトースに変化する．精漿中に高濃度に存在するフルクトースはこのような特殊な代謝反応でつくられる．飢餓状態の動物に与えた場合はグリコゲン合成の素材になる．

D-ソルビトール

c **ソルブリーグ**　SOLBRIG, Otto (Thomas) 1930～　アメリカの生態学者．ハーヴァード大学教授．南米における植物分類学と集団生物学を研究し，生物多様性研究を推進した．特にサバンナ生態系において，植物の環境適応と生物多様性の生態系機能への貢献を明らかにした．1998年国際生物学賞受賞．

d **ソルボース**　[sorbose]　《同》ソルビノース（sorbinose）．ケトヘキソースの一種．この糖は酢酸菌あるいは酵素によって*ソルビトールを酸化すると生じる．トケイソウ（*Passiflora edulis*）の果実の皮のペクチンを酵素分解すると，L-ソルボースが生じる．アスコルビン酸（ビタミンC）は，L-ソルボースの1位のアルコール残基を酸化してカルボキシル基に変え，ラクトン化して合成される．

L-ソルボース（ピラノース型）

e **ソーレー帯**　[Soret band]　ヘモグロビン誘導体が共通して示す 400 nm 付近の強い吸収帯．J. Soret (1883) の発見．*ヘム蛋白質をはじめ*ポルフィリンおよびその誘導体一般にひろく見られる．酸素ヘモグロビンやシトクロムの還元型では γ 帯に相当する．分子吸光係数はポルフィリン類では30万～60万と極めて高いが，ジヒドロポルフィン（クロリン）や金属ポルフィリンではやや低い．同じテトラピロール誘導体でも胆汁色素やポルフィリノゲンでは認められない．ポルフィリンやヘム蛋白質の分光学的測定にしばしば利用される．

f **ソロ人**　[*Homo erectus soloensis*, Solo erectus]　《同》サンブンマチャン人（Sambungmacan erectus）．中部ジャワのソロ河中流にあるガンドンから，1931～1933年に G. H. R. von Koenigswald らによって化石骨が集められた人類．その後，同じくソロ河流域のサンブンマチャンからも，この仲間の頭蓋化石などが発見されている．この人類が生息した時代について，Koenigswald はヴュルム氷期の頃，F. Weidenreich は，*ネアンデルタール人やローデシア人と同じ頃と考えたが，今では少なくとも15万年以上は遡ると考えられている．したがって，原人類の最後に近いグループに相当する．

g **ゾーン遠心法**　[zonal centrifugation method]　⇒密度勾配遠心法

h **損傷電位**　[injury potential]　《同》負傷電位．神経や筋肉の無傷部と，負傷部すなわち断端またはつぶした部分との間に起こる電位差．無傷部が正．この電位差により流れる電流を損傷電流（injury current）という．無傷部では細胞膜が常に*分極して外側を正とする*膜電位が存在するが，負傷部ではその分極が消失していることから生じる現象である．細胞外に付着した液による短絡のため，実際に測定される値は真の静止電位より低く，通常 20～40 mV ぐらいである．（⇌限界電流）

i **ソーンダイク**　THORNDIKE, Edward Lee 1874～1949　アメリカの心理学者．学位論文は 'Animal intelligence: An experimental study of the associative processes in animals' (1898) として出版．このときの実験は心理学における最初の動物実験とされる．彼はこの中で，後のアメリカ行動主義心理学の学習理論に重大な影響を与えた「効果の法則」を提出した．後に教育心理学の領域でも活動．

j **ソンネボーン**　SONNEBORN, Tracy Morton 1905～1981　アメリカの遺伝学者．ゾウリムシの接合型・抗原型・キラーなどの研究により，細胞質遺伝や遺伝子の本質などの問題に重要な寄与をした．

タ

a **ダイアレルクロス** [diallel cross]《同》二面交配，総当たり交配．n 個の*品種あるいは系統の間のあらゆる組合せについて*正逆交雑を行い，$n(n-1)$ 組合せの F_1 と n 個の*自殖系統とをつくること．結果の分析方法は J. L. Jinks (1954)，B. I. Hayman (1954) らによって開発され，遺伝子の優性程度，遺伝子の分布状態，細胞質の影響などが評価できる．また F_1 の一般組合せ能力と特定組合せ能力（⇒組合せ能力）を推定するためにも用いられる．

b **帯域** [marginal zone]《同》周辺帯．不等全割する脊椎動物（例：両生類）の胚で，*胞胚期から*原腸胚期にかけて動物半球の小形細胞域と植物半球の大形細胞域との中間を帯状にほぼ赤道に沿って走る部域．この部域は*原腸形成にあたり原口唇を形成しつつ胚内部に*陥入する．この部域の背方部は脊索中胚葉の予定域にあたり，原腸形成の際の形態形成運動の動的中心として働くことが W. Vogt によって局所生体染色法を用いて示された．帯域は中胚葉に分化する材料を含んでいるが，その形成には植物半球からの中胚葉誘導を必要とする．帯域は部分割する無羊膜類（例：軟骨魚や硬骨魚）では胚盤の周辺にあたるが，羊膜類では胚盤葉（胚盤）の内方がこの周辺に該当する．しかし原腸形成の動的中心であることにかわりはない．（⇒内部帯域，⇒胚環）

c **第一触角** [first antenna]《同》小触角 (antennule)，前触角 (preantenna)．甲殻類の 2 対の触角のうち，前方の 1 対．第二対（第二触角）に比べて小形の場合が多い．第二触角が二枝型であるのに対して第一触角は一枝型であるが，鞭状部が 2〜3 本のものは二次的な分裂による．十脚類の第一触角の基節上面にはスリット状の開口があり，*平衡胞に通じている．

d **耐陰性** [shade tolerance]　植物が弱光条件のなかで生存・成長する能力．種によって異なり，それぞれの種の耐陰性は，「林床によく見られる種は耐陰性が強い」，「もっぱら明所に生育して林床などの弱光条件下ではすぐに枯死してしまう種は耐陰性が弱い」などのように生態的な挙動の観察に基づいて判断される．耐陰性の強弱と関連する生理的・形態的な性質については，弱光を効率よく利用して光合成を行う能力（例えば光補償点の大きさ，光強度の変化に対する*気孔の反応の速さなど），単位個体重当たりの受光量 (light requirement)，植物体が受けている光の量を大きくする能力（例えば葉への物質の分配率など），病原性生物に対する抵抗性などが指摘されている．なお，植物の生存が可能な最小の光強度を最少受光量 (relative light minimum) と呼ぶことがある．

e **体液** [body fluid]　広義には動物の体内の液状成分の総称で，細胞内液・細胞外液からなるが，一般には細胞外液のこと．細胞外液 (extracellular fluid, ECF) は，脊椎動物では血液・リンパ液・組織液に分化しているが，無脊椎動物では血液とリンパ液との区別がなく，また組織液と血液とを区別しがたい場合も多い（⇒血リンパ）．ヒトの成人男子では体重の 60% が液性成分で，細胞内液 40%，細胞外液 20% であり，細胞外液はさらに管外液（組織液 15%）・管内液（血漿 4.5% と少量の関節腔および漿膜腔液，脳脊髄液）に分けられる．細胞内液と組織液とは細胞膜を隔てて相接する．一方，組織液と血液とは毛細血管壁を隔てて相接し，O_2，各種栄養素，代謝老廃物がやりとりされる．体腔内の液を特に体腔液 (coelomic fluid) と呼ぶが，一般には組織液から隔離されてはいない．体液中には白血球が含まれているのが一般的．なお血液を系統発生的にみると，イソギンチャクや吸虫類の胃腔の末端部にあって遊離細胞を含んでいる体液が，その原始型とみなされる．

f **耐塩菌** [halotolerant microbe, salt-tolerant microbe]　通常の生育に食塩 (0.2 M 以上) を要求しないにもかかわらず，広範囲の食塩濃度で生育できる微生物（菌）の総称．1.5 M（約 9%）以上の高塩濃度の培地でも生育可能．原核生物および真核微生物の両方に存在する．代表的な耐塩菌として *Staphylococcus* 細菌（*ブドウ球菌），*Zygosaccharomyces* などの耐塩酵母がある．水分活性を下げた塩蔵食品中でも生存することがあり，食品衛生上問題となることがある．

g **対応植物** [corresponding plants]　二つ以上の地域のフローラを比較したとき，それぞれの地域にみとめられる，*固有で，かつ近縁な 1 組の植物．各分類単位について存在する．例えば属の段階では，北アメリカの *Vancouveria*，*Alethusa* に対してアジアの *Epimedium*，*Eleorchis*，種では北アメリカのユリノキに対する中国のシナユリノキ．日本の太平洋側に生育するナガバノスミレサイシン，シロバナノヘビイチゴの対応種として，日本海側に分布しているスミレサイシン，ノウゴウイチゴなどもその例．なお，類似のことは動物にもある．例えばアフリカのゴリラとアジアのオランウータン．

h **ダイオキシン** [dioxin]《同》ポリ塩化ジベンゾパラダイオキシン (polychlorinated dibenzo-*p*-dioxins, PCDD)．一般に，PCDD およびポリ塩化ジベンゾフラン (PCDF) のこと．これら二つと同様の毒性を有するダイオキシン様ポリ塩化ビフェニル (dioxin-like polychlorinated biphenyls, DL-PCB) を加えることも．ダイオキシン類には塩素の結合する位置により，多数の異性体が存在するが，そのうち最も毒性が高いものは 2, 3, 7, 8-テトラクロロジベンゾパラダイオキシン (2, 3, 7, 8-TCDD) で，その毒性には，発がん性，遺伝毒性，生殖毒性，免疫毒性などが知られている．ダイオキシン類は意図的に生成されることはなく，ごみの焼却工程あるいは紙などの塩素漂白工程などにおいて非意図的に発生．

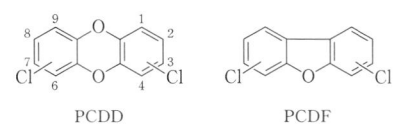

i **体温** [body temperature]　動物，特に恒温動物の体の温度．体内で発生する熱と外界に放出される熱の平衡関係によって決まる．動物は外温の変化や自己の活動によっても体温がほとんど変化しないように調節する能

力の発達した*恒温動物と，内外の条件によって体温が著しく変化する*変温動物に分けられ，哺乳類と鳥類が前者に属する．恒温動物でも体の部位によって温度は異

恒温動物の平均直腸温（°C）

ネズミ	38.1	ウ　　シ	38.6	スズメ	41.5
ウサギ	39.4	ラ　ク　ダ	36.4	カモメ	40.8
ネ　コ	38.2	チンパンジー	37.0	ハ　ト	41.8
イ　ヌ	38.5	ヒ　　ト	37.0	ニワトリ	41.1
ヒツジ	39.1	アザラシ	38.3	フクロウ	40.8
ウ　マ	37.7	ク　ジ　ラ	36.5	ダチョウ	37.4

なり，末端部よりも中心部が，表層よりも深部のほうが温度が高い．また代謝活性の高い器官や組織は高い温度を示す．体の中心部の体温を核心体温（core temperature）といい，ヒトでは通常，直腸温で代表させる．正常のヒトの核心体温は規則正しい日周期変動（0.5～0.7°C）を示す．そのほかに体温には季節や性周期などによる変動がみられる．生物，特に動物が体温を自己の活動にとって最適の範囲に保つ調節作用を体温調節（thermoregulation）と呼ぶ．恒温動物で特に発達している．体温を外温より高く保つために物質代謝に伴って体内で生じる熱を利用する場合を*内温性，外界からの熱に依存している場合を*外温性と呼ぶ．体温調節は生理的には*産熱を加減することと，体外への放熱（heat loss）を調節することによって行われる．姿勢を変えることによって放熱量を調節したり，日光への当たり方を変えたり，適温の場所に移動したりする行動的体温調節（behavioral thermoregulation）も重要である．また，変温動物のなかにもある程度の体温調節を行うものがあるが，その多くは外温性である．トカゲが体温に応じて日光に対する定位の仕方を変えるのはこの例．また，マグロなどの大きくて速く泳ぐ魚，チョウやガなどの高い飛翔力をもった昆虫には筋肉運動によって体温を高める内温性の調節を行うものも知られている．休止状態の動物の熱平衡は $M=E±R±C±K+S$ の関係式で示される．M は代謝による産熱量，E, R, C, K はそれぞれ蒸発・放射・対流・伝導による放熱量，S は体内に蓄えられる熱量．恒温動物の*代謝-温度曲線は谷型をしているが，M が最低値を示す熱的中性域ではもっぱら立毛および皮膚血管の収縮・拡張によって放熱量の調節が行われる．外温が熱的中性域以下になると，骨格筋の緊張が増し全体的にふるえが起こることにより，M は急速に上昇し，熱的中性域での値の数倍に達することがある．この産熱に対して，寒冷に順応した動物ではふるえが起こるまでに M はかなりの上昇を示し，これを*非ふるえ産熱という．外温が熱的中性域以上になると発汗が起こる．汗腺の発達していない動物（鳥類，イヌなど）では，*あえぎ呼吸によって呼吸気道からの蒸発が促進される．なかには唾液や水で体をぬらす動物もある（ネズミ，ゾウ）．高温ではこのようにもっぱら蒸発熱による放熱に頼っているが，血管運動などに比べてエネルギーの消費が大きいため，代謝量は増す．間脳の視床下部にある体温調節中枢（thermoregulatory center）には中枢性温度受容器があり温感受細胞と冷感受細胞があることもわかっている．この中枢には皮膚その他の末梢性温度受容器からの入力もある．生まれたばかりの動物には体温調節の能力はほとんどないが日が経つにつれて急速に発達する．また原始的な哺乳類には体温の変動の極めて大きいものがある（→異温性）．冬眠中の動物にもある程度の調節がみられ，体温が下がりすぎると冬眠からさめて産熱がみられる．したがって冬眠は調節の設定点が低温に切り換えられた状態と理解される．なお，植物でも蒸散の気化熱による調節やサボテンなどの刺毛やひだによる遮光などは，過熱防止の意味で一種の体温調節といえる．また，ザゼンソウのように発熱器官をもつ植物もある．

a **体温調節**　［thermoregulation］　→体温

b **退化**　［degeneration］　《同》退行的進化（regressive evolution）．個体発生または系統発生の過程における退行，すなわち個体・器官・細胞などの形態の単純化，大きさの減少，活動力の減退など．上位の準位における退化は，下位の準位の退化を内包するのが一般的であるが，逆に下位の準位の退化は必ずしも上位の準位の退化を伴うものではない．(1)個体発生過程における退化は，正常（例：変態時の幼生器官の退化）にも病的過程としても見られる．形態の単純化は既存の分化の失われること（脱分化），下位の構成準位の衰退などによる．大きさの減少は体の水分を失って凝縮することでも起こりうるが，主として体の実質量の減少または逆成長（degrowth）に基づく．また大きさの減少や機能の減退を一括して萎縮という（退縮の語もこれに近い）．準位のいかんにかかわらず個体発生過程の退化は，大別して，(i)発生進行の結果として，つまり*老化に基づく老衰現象としての真の衰滅過程に見られるものと，(ii)発生逆行として*若返りがもたらされ，発生の能性を増す場合とがある．(2)系統発生過程における退化の例には，体内寄生虫の消化器官，洞穴動物の眼，ウマの趾（あしゆび）などがある．それらが萎縮状態で残存するのを*痕跡器官という．（→幼形進化）

c **帯化**　［fasciation］　《同》石化．茎が異常に扁平化し広がる奇形．シダ植物・種子植物では主に*シュート頂分裂組織が側方に増大し線状に広がることから起こる．側枝・花序・花・根・葉柄や，菌類などの偽組織に生じたものについてこの語を用いることもある．種子植物の帯化茎には多数化した葉の不整な葉序が生じ，ときに多数の花をつける（ヤマユリ・オニユリ）が，往々先端は細い枝に分離し，正常にもどる．シュート頂分裂組織の幹細胞制御の異常として，遺伝的異常のほか外的要因によっても生じる（⇌CLV 遺伝子群）．また昆虫や寄生菌によるシュート頂の損傷も原因となる（→虫癭，→菌癭）．トサカケイトウは，この形質を固定化したケイトウの園芸品種であり，サボテンやエニシダなどでも多く園芸化されている．

d **袋果**　［follicle］　一心皮性の子房が成熟して乾果となり，内縫線（腹縫線），まれに外縫線（背縫線）にそって裂開する果実．*裂開果の一種．例えばトリカブト属・シャクヤク属・ガガイモ科の果実などは内縫線にそって裂開する．

e **タイガ**　［taiga］　シベリア地方に発達する，湿原と針葉樹林が混在した森林地帯．元来はそのような大森林のロシア語．だいたい北緯 50～70°の間にあり，北限は森林限界．平均気温10°C 以上の月はわずかに 2～4 カ月で，冬季は乾燥して雪が少なく，平均気温－30～－40°C の低温である．年降水量は 150～500 mm．土壌は*ポドゾルないし泥炭で，地下には数 m ないし 50 m

の永久凍土層があり，低温のために植物の成長は遅いが，夏には表面が融けて水分を供給する(⇒ツンドラ)．地域による差が大きいが，トウヒ属・マツ属・モミ属・カラマツ属などの針葉樹が主体で，カンバ属・ナナカマド属・ポプラ属などの落葉樹をまじえる．山火事もまれでなく，その跡にはシラカンバなどの広葉樹が生えて白タイガを作り，やがて針葉樹が侵入して黒タイガに戻る．テン，キツネ，クマ，リスなどの毛皮獣が多い．

a **胎芽** [1] ＝むかご [2] ヒトの胎胚のこと．

b **体外受精** 【1】[external fertilization] ＝媒精 【2】[*in vitro* fertilization] [同]試験管内受精．卵と精子を人為的に体外に取り出して，試験管内(実際にはプラスチック製シャーレなどの中)で*受精させること．卵管閉塞などで不妊の女性に対し，夫の精子と妻の卵を試験管内で受精させ，受精卵(正しくは胚)を再び妻の子宮に戻す試みがなされ，体外受精児が 1978 年にイギリスで誕生した．日本でも 1983 年に第一例が誕生して以来，現在では出生児の 1% 以上が体外受精児となっている．(⇒試験管ベビー)

c **胎殻** [protoconch, prodissoconch] [同]初生殻，胚殻．巻貝および二枚貝類の*殻頂に認められる貝殻の初生部．*ヴェリジャー期の殻(veliconch)ののちに生ずる殻であるが，成殻(後生殻 teleoconch, dissoconch)と巻き方も彫刻も異なり，画然と区別される．頭足類のオウムガイ類の殻における最始端の小室も胎殻という．

d **大核** [macronucleus, meganucleus] [同]主核(独 Hauptkern)．原生生物の繊毛虫類は異形多核(⇒異形核)で，形態上，大形の核．これに対し，小形の方を*小核と呼ぶ．機能的には大核は*栄養核で，その含む染色質を栄養染色質と呼び，小核は*生殖核で，その染色質を生殖染色質と呼ぶ．ゾウリムシなどでは，通常の*二分裂の場合には，分裂に先立ち大核は無糸核分裂により小核と同様に二分して各娘個体に 1 個ずつ入るが，合体・接合または*エンドミクシスの際には，新たな大核が形成されたのち既存の大核は崩壊・消失する．大核の形態は多種多様で，ソラマメ形(ゾウリムシ)，球形(*Colpoda*)，馬蹄形(ツリガネムシ)，数珠状(ラッパムシ)，楕円形(*Colpidium*)，半環状(*Ichthyophthirius*)などがある．大核は通例 1 個(例外があり，例えば *Gastrostyla steinii* では大小核とも 2 個ずつある)で，ラッパムシの数珠状の大核はもともと 6 個の大核原基の合一したものである．

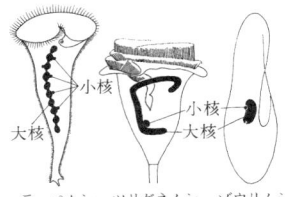

[図：ラッパムシ，ツリガネムシ，ゾウリムシ（大核・小核）]

e **大顎類** [ラ Mandibulata] 節足動物門の甲殻亜門，多足亜門(ヤスデ類・エダヒゲムシ類・ムカデ類・コムカデ類)および六脚亜門(昆虫類)の総称．かつて亜門のランクで三葉虫亜門および鋏角亜門と対置させた．最近は三葉虫亜門を含めた*触角類としてまとめる体系が一般的である．

f **大割球** [macromere] 後生動物の初期発生卵割期の胚で*割球の大きさに著しい差のある場合，大形の割球を呼ぶ全く幾何学的な名称．しかし多くの場合，大割球は*卵黄を含んでいて植物極側にあり，内胚葉を形成する．(⇒中割球，⇒小割球)

g **体環** [annulus] [同]小環．環形動物のヒル類，オフェリア類，チロリ類において，1 体節中に見られる外表的な複数の輪状区画．ヒル類の体は原則的に 34 個の体節(頭部に 6 体節，胴部に 21 体節があり，後吸盤は 7 体節の癒合したもの)からなるが，外観的にはこれよりもはるかに多数(1 体節につき 3 以上．12, 14 など)の体環で構成される．

h **大気汚染** [air pollution] 人為的に(または火山活動などで自然に)発生した物質が大気中に拡散し，その物質の濃度や持続時間がヒトおよび動植物の生活を妨害するようになっている状態．古くから精錬所をもつ鉱山や工場地帯で知られていたが，日本では 1960 年代以降，工業活動の巨大化や大都市化に伴い，大きな社会問題となった．大気汚染物質の発生源は，工場や自動車の排気によるものが主である．大気汚染はその発生機構からみて，一次汚染と二次汚染とに区別される．前者は種々の発生源から大気中に排出される硫黄酸化物ソックス(SO_x，例えば二酸化硫黄)，一酸化炭素，窒素酸化物ノックス(NO_x，例えば二酸化窒素)，フッ化物・アンモニア・塩素などのガスや微粒子などであり，後者は大気中に排出された汚染物質同士の相互作用や，汚染物質と大気の正常成分との反応，太陽放射による光化学反応などによって汚染物質が変質し，大気汚染を形成するものである．日本では，1970 年に大気汚染防止法が大幅に改正され，また 2004 年には浮遊粒子状物質(SPM)および光化学オキシダントによる大気汚染の防止のために，揮発性有機化合物(VOC)を規制する改正が行われた．

i **大気候** [macroclimate] [同]汎気候．大地域的な区分に伴って見られる気候特性．例えば緯度による*熱帯，*温帯，*寒帯の区別がこれにあたる．これに対し，地表近くの生物の生活に関係する気候を小気候(microclimate 独 Kleinklima)という．大気候は生物の地理的な分布に対し大きな影響を与え，生物群系の分布はだいたいこれで条件づけられる．(⇒微気象)

j **待機分裂組織説** [waiting meristem theory] シュート頂の頂端分裂組織の最も頂端の部分では，栄養期のあいだ細胞分裂が行われないので，この部分は茎や葉の形成のために細胞の供給を行わないとする説．ただし，シュート頂が生殖期に入るとこの部分も細胞増殖を始めるとする．R. Buvat (1952) の提唱．現在では各種の観察証拠から支持されていない．

k **帯脚** [zonopodium] 脊椎動物の*肢帯．*自由肢の自脚・軛脚・柱脚に対していう語．

l **耐久卵** [resisting egg, resting egg] [同]冬卵．一般に不都合な環境に耐えられる性質をもつ卵の総称．[1] 輪虫・ミジンコなどの卵の一種(⇒雌卵)．染色体は半数で，大形で厚殻．輪虫では黄〜褐色で，ときには卵殻の表面に棘などの突起をもち，他動物の体に付着して他の池沼に運ばれる機会もある．ミジンコでは堅固なキチン膜につつまれている．[2] 扁形動物棒腸類の*夏卵に対するもの．

m **体腔** (たいこう) [body cavity, coelom] 「たいくう」とも．中胚葉によってもたらされる，動物の体壁と諸内臓との間の空所．あるいは，種々の体壁により囲まれた

空所．原生生物，海綿動物，刺胞動物，板形動物，二胚動物，直泳動物にはない．扁形動物およびそれ以上の動物群はすべて消化管と体壁の間に広狭さまざまの腔所があり，体腔動物と総称．体腔には，胞胚の内腔すなわち胞胚腔（分割腔・割腔）の残存物である*原体腔（一次体腔）と，それとは全く別に嚢胚以後の発生の時期に形成される*真体腔（二次体腔）がある．狭義の体腔は後者のみを指す．かつては体腔の特徴をもとに，扁形動物以外の三胚葉動物を無体腔類・偽体腔類・真体腔類の3群，もしくは無体腔類と偽体腔類とをあわせた原体腔動物と真体腔動物との2群に区分したが，その進化系統的意義は薄い．体腔動物に属する脊椎動物の体腔はもっぱら外側中胚葉に由来し，そのうち心臓を取り囲むものを囲心腔と呼び区別する．真体腔の内壁をなす中胚葉性の上皮組織（脊椎動物では通常，側板に由来する腹腔上皮）を体腔上皮（coelomic epithelium）もしくは中皮（mesothelium）といい，腸間膜や諸種の内臓の表面をおおい，単層扁平上皮であることが多い（⇒漿膜【2】）．沿軸中胚葉も一時的に筋腔（⇒体節）を生ずる．頭部においてもこれに似たものが一部の脊椎動物に存在し，頭腔（⇒頭腔）と呼ばれる．さらに，原始的脊椎動物における総腹膜腔の意味で体腔の語を用いることもあった．（⇒胸膜腔，⇒腹膜腔）

a **退行** [regression] 動物が一定の発生段階に到達したのちに，その体制が退化的変化を起こす現象．退行は組織分化についてもまた成長についても起こることがあり，それぞれ分化逆行，成長逆行と呼ぶことができる．ベニクラゲなどの刺胞動物，プラナリア，コケムシ，群体ボヤなどで報告されている．プラナリアでは飢餓によって体が縮小し，体の各部分間の比率も若いころと同様になる．これは給餌により回復する．群体ボヤなどのストレスにより体が縮小するとともに鰓などの各器官も失われ，環境改善後の無性生殖にそなえる．ベニクラゲでは成熟個体は退行により*走根（ストロン）を経て未成熟な*ポリプに戻るが，この過程では*分化転換が起こることが示唆されている．（⇒退化）

b **対合**（たいごう）[synapsis, pairing, syndesis] ⇒対合（ついごう）

c **対抗植物** [antagonistic plant] 陸上植物の中で，殺線虫活性成分を含有あるいは分泌し，土壌中の有害線虫の密度を低下させる能力をもつもの．古くから有名なのがマリーゴールド（キク科）であり，殺線虫物質α-terthienylを含む．この他，ネコブセンチュウ類に有効なクロタラリア（マメ科）やギニアグラス（イネ科）などが有名．根から殺線虫性の物質を分泌して根の外で線虫を殺す場合と，ネコブセンチュウやネグサレセンチュウなどのように根の中に侵入する線虫に対して根内で作用し，線虫の発育を阻害・殺虫する場合の大きく二つに分けられる．殺線虫成分の単離・構造決定がなされた例は多くない．土壌線虫類の防除に，混植や輪作という方法での利用が試みられている．

d **退行性染色** [regressive staining] ⇒進行性染色

e **体腔説** [enterocoel theory] 《同》腸体腔説．真体腔は分岐した腸管の先端がくびり切れて独立，発達したとする説．19世紀後半から20世紀前半にかけて起こった*真体腔の起原に関する論争に関係した四つの説のうち最有力の一つ．これに対し，生殖巣の内腔から発達したとする生殖腔説（gonocoel theory），中胚葉細胞の集塊中に生じた腔所から発達したとする裂体腔説（schizocoel theory）および代謝最終産物を貯えるために生じた腔所から発達したとする腎体腔説（nephrocoel theory）がある．これらの説はいずれも真体腔が進化史上ただ一度だけ生じたとする単系統性の考え方に立ったものであるため，次第に説得力を失っていった．最近まで，前口動物および後口動物がそれぞれ独自に中胚葉および真体腔を発達させたとする二系統性の考え方（C. Nielsen & A. Nørrerang, 1985, R. C. Brusca & G. J. Brusca, 1990）が有力であった．それによれば，前口動物においては，中胚葉はらせん卵割の結果として生じた内中胚葉母細胞から生じ，真体腔はこれらの細胞の集団内に裂体腔として生じ，後口動物においては，中胚葉は放射卵割に続いて生じた原腸壁から生じ，真体腔もこの壁面が体内に膨出してくびり切れることによって生じる．現在では，この問題には遺伝子の相同性やその機能の保守性を射程に入れた議論がなされつつある．

f **体腔蠕虫類**（たいこうぜんちゅうるい）[ラ Coelhelminthes] 広義の蠕虫類のうち真体腔をもつものの総称．*環形動物と*毛顎動物とをあわせたものがこれにあたる．現在は*タクソンとしては使われない．

g **退行的遷移** [retrogressive succession] 《同》退行遷移．群集，特に植物群落が遷移系列の順序に反して逆の方向に変化するような*遷移．高緯度地方の極相群落である針葉樹林で腐植質の堆積が土壌の*ポドゾル化を進め，*B層付近に鉄化合物の不透水層ができて森林が湿地化し沼沢に移行する場合や，過度の放牧とか草刈りとかで草原が荒原化する場合などがその例．植物群落の環境形成作用などによる土壌要因の変化や強い人為作用などが主な原因．退行的遷移に対して，通常の遷移，つまりその土地で期待される遷移系列の順序と一致しているものを進行的遷移（進行遷移 progressive succession）と呼ぶ．

h **大後頭孔** [occipital foramen ラ foramen magnum, foramen occipitale magnum] 神経頭蓋後部にあり，頭蓋腔と脊柱管とをつなぐ孔．脳は，この孔を通って脊髄に移行する．進化的には板鰓類にすでに見られる．硬骨魚類では腹側は底後頭骨（os basioccipitale），そのほかでは左右の外後頭骨（os exoccipitale）により囲まれるが，化石両生類の堅頭類やそれから進化したとされる諸動物ではその背側に上後頭骨（os supraoccipitale）が介在．直立した人類では，大後頭孔は頭蓋中央に水平に位置し，下向きとなる．

i **体腔動物** [coelomates ラ Coelomata, Coelomaria] [1] *無体腔動物[1]，*擬体腔動物および*真体腔動物の総称．一般に*左右相称動物（Bilateria），*三胚葉動物（Triploblastica）または有腔動物（Coelomocoela）と同義に使用される．体腔動物の分類体系は，これを*旧口動物と*新口動物とに二分する方式をはじめ，真体腔動物をDeuterocoelierと呼んで無体腔動物と擬体腔動物を併せた原体腔動物（Protocoelier）と対置したり，擬体腔動物と真体腔動物とを併せてProctozoaというタクソンを認める方式など，さまざまに提唱されてきた．なお，*直泳動物や二胚動物といった極めて単純な体制をもち胚葉性や相称性の定かでないものさえも，特定の系統仮説の下で体腔動物という名称のタクソンに含めることがある．[2] *真体腔をもつ動物群の総称．すなわち，*真体腔動物（eucoelomates）．

タイサ 849

a 体腔嚢 [coelomic sac, coelomic vesicle, coelomic pouch] [1]《同》腸体腔嚢．脊椎動物以外の脊索動物（すなわち，かつての原索動物）・棘皮動物などの新口動物群の発生過程において，原腸壁が卵割腔に向かって膨出し，やがて原腸からくびれて独立した嚢となったもの．[2] 節足動物において，体節に対応した各中胚葉節に内腔（体腔）を生じて嚢状になったものを体腔嚢と呼ぶことがある．

b 対向輸送 [antiport] ある物質（イオンを含む）が生体膜を通して輸送されるとき，それと共役して他の物質（イオンを含む）が同一のキャリアーにより逆向きに輸送される現象．このキャリアーを交換輸送体（antiporter）という．ミトコンドリアにおける ATP-ADP の交換などが対向輸送の例である．これに対し，双方の物質が同じ方向に輸送される場合を共輸送（symport, co-transport）と呼ぶ（→能動輸送）．

c 対向流熱交換 [countercurrent heat exchange]《同》向流熱交換．*恒温動物において，互いに逆方向に流れる動脈血と静脈血の間で熱の交換が行われる現象．その結果として，体の一部を他の部分とは異なる温度に保つことができる．これを部位異温性と呼ぶ．多くは管系の特別な配置がみられ，そのような構造をもつ系を対向流系（countercurrent system）と総称する．イルカなどの海獣の鰭や尾では動脈と静脈が接しており，末梢部で極度に冷やされた静脈血は動脈血によって温められて体心部に戻る．これによって末端部の温度は低くなるが，熱を体外に失うことが防がれる．なお静脈には別に体表近くを通る側路があり，放熱の必要な場合にはこれに切り換えられる．同様の機構は多くの鳥類の足首にもみられる．ヒツジ，ヤギ，ネコなどは脳へ行く動脈血と鼻から流れ戻る静脈血の間で対向流熱交換を行うことで，熱に弱い脳の温度が上昇するのを防いでいる．哺乳類の精巣は対向流熱交換のため体の中心部より低い，精子形成に適した温度に保たれている．

d 対向流理論 [countercurrent theory] 互いに向き合った方向に流れる二つの流れの間で物質やエネルギーの交換が効率よく行われる機構に関する理論．哺乳類の腎臓のヘンレ係蹄と集合管で尿の濃縮が行われる機構に関する理論として，W. Kuhn と K. Ryffel（1942）が提唱．当初ヘンレ係蹄上行脚における Na^+ の能動輸送を前提としていたが，現在では以下のように修正されている．ヘンレ係蹄の下行脚・上行脚・集合管には原尿が向かい合った方向に流れている．上行脚の壁は水の透過性が低く Cl^- の能動輸送に伴い Na^+ は受動的に間質液に移動する．下行脚の壁は水および Na^+ の透過性が高い．上行脚で Na^+ が再吸収されると，Na^+ の浸透濃度は管内で低く，間質では高くなる．下行脚では間質との間に水と Na^+ の受動的な移動が行われ，管内の Na^+ 濃度は高まる．これらに加えて，下行脚と上行脚とに対向流があるため，下行脚始端と上行脚末端では Na^+ 濃度が低く，ヘンレ係蹄の屈曲部にいくほど浸透濃度が高まる．これに応じて，髄質の内部内にも，皮質寄りに低く乳頭部に近づくほど高い浸透濃度勾配が生じる．ヘンレ係蹄上行脚を通過した原尿は血液より低浸透濃度であるが，遠位尿細管中で等浸透濃度に達し，集合管に入ると間質の浸透濃度勾配にしたがって水は受動的に再吸収され，原尿の濃縮が行われる．下垂体後葉のバソプレシンは集合管の水透過性を高め，尿の濃縮を促進する．現在では，上記の尿濃縮のみならず，鰓における酸素の効率的な取込みや体温調節など生物のさまざまな機能に対向流が関わっていることが明らかになっている．

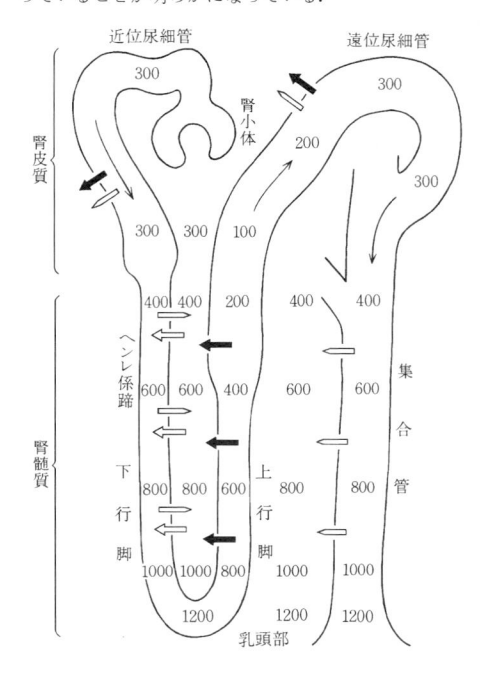

対向流理論による尿濃縮の機構．数字は浸透濃度（mOsm/L）
← Cl^- の能動輸送に伴う Na^+ の移動
⇐ Na^+ の受動輸送
⇐ 水の受動輸送

R.F. Pitts (1963) による

e 太古植物代 [archaeophytic era] 確実な陸生植物が知られていないシルル紀以前の時代．多くは菌類および藻類であるので，菌藻植物時代とも．藍色細菌などの原核生物だけの時代と，緑藻，紅藻などの真核藻類が繁栄する時代に二分され，その境界は9億〜15億年前にある．緑藻類および紅藻類は，造岩植物あるいは標準化石として地質学的に重要．

f 袋骨 [marsupial bone ラ os marsupiale]《同》前恥骨（prepubic bone）．恥骨前縁から腹壁にいたる1対の骨．哺乳類のうち単孔類と有袋類にあり，有袋類では育児嚢の支持に役立つ．爬虫類の前恥骨と相同．

g 胎座 [placenta] *胚珠が心皮に着生する部位．またそのあり方をも胎座（placentation）と呼ぶことがあるが，これは胎座型と呼んで区別する立場もある．子房を横断したときの胎座の位置によって，子房の側壁にある側膜胎座（parietal placenta），子房の中央壁に着く中軸胎座（axial placenta），子房の中央部に突出して着く中央胎座（free central placenta, basal placenta）の3形式に分ける．胎座は原則として心皮の周縁に存するが，心皮どうしの融合，子房内での擬隔壁の形成，花軸の子房中央への突出などの現象が伴うと胎座と心皮の本来の位置的関係を確認することが困難となる．心皮の周縁に着

く場合を周辺胎座(marginal placenta)，ハナイ科のもののように心皮の中肋(主脈)・周縁を除く全内面に着く場合を薄膜胎座(laminal placenta)，中肋に着く場合を中肋胎座(median placenta)といい，前述の見かけの3形式と組み合わせて側膜周辺胎座のように呼ぶことがある．

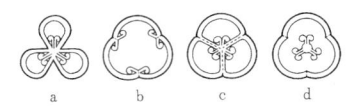

a 中軸胎座，3心皮3室子房
b 側膜胎座，3心皮1室子房
c aの各室の周辺がさらに密着したもの
d (独立)中央胎座，cの融合した側壁が崩壊した形と考えられる

a **体細胞** [somatic cell] 多細胞生物の生殖細胞以外のすべての細胞．体細胞の増殖は，ごく特殊な例(*体細胞減数分裂，*核内有糸分裂)を除いて，すべて体細胞*有糸分裂によって行われ，その染色体数も，特殊な例(*染色質削減，*染色体削減)以外相同の2nである．元来はA. Weismannの生殖質説に由来する語．

b **体細胞遺伝学** [somatic cell genetics] *微生物遺伝学の思考パターンや技法を基本とし，多細胞生物の個体から切り離した体細胞を試験管内培養で増殖させ，細胞機能と遺伝子発現との因果関係を明らかにする*遺伝学の分野．本来寿命をもつ体細胞(⇒細胞不死化)の遺伝解析を微生物遺伝学と同じ土俵にのせた先駆者はT.T.Puckである．しかし，体細胞は二倍体であり，遺伝解析には不利な点がある．加えて，体細胞を個体から切り離された時点で，もはや本来の性質を100%維持するのでなく，しかし，このこと自体が研究課題となる．遺伝解析の方法論と技術としては，安定な変異株および復帰変異株(revertant)の分離，fluctuation testによる自然突然変異と誘発突然変異の検定，正常あるいは変異遺伝子導入による安定な形質転換株の分離および導入遺伝子の一時的発現(transient expression)による細胞機能の解析，導入遺伝子の回収と遺伝子クローニングなど基本的には微生物遺伝学のものに準ずる．一方，体細胞遺伝学の進歩に大きく貢献し，かつ，ヒトの遺伝疾患，がん，性決定機構，細胞周期，DNAの複製と DNA修復などの研究に貢献した独自の技術として，細胞融合法による変異の相補性検定，異種間融合雑種細胞が示す染色体の種特異的脱落を利用した染色体パネル(chromosome panel)の作製，放射線効果によって誘発される染色体の転座や切断を利用した遺伝子マッピング(gene mapping)などがある．また，遺伝疾患患者の体細胞に由来する株細胞や人為的突然変異株細胞に，染色体DNAやcDNAライブラリーを導入し，それによって正常形質に転換した細胞を選別し，そこから形質転換遺伝子すなわち株細胞の変異の原因遺伝子をクローニングできる．さらに，全能性をもった*胚性幹細胞(embryonic stem cell，ES細胞)株の樹立により，特定遺伝子を標的にした遺伝子操作が可能になり，*トランスジェニック生物や，ノックアウト生物の作製が実現した．これにより体細胞遺伝子学が個体発生学(ontogeny)に結び付けられた．このように，体細胞遺伝学は微生物遺伝学からの類推思考を越えて前進し，多細胞生物固有の問題である細胞分化，がん化，細胞老化，免疫などの研究の基礎となっている．

c **体細胞組換え** [somatic recombination, mitotic recombination] 体細胞交叉に起因する相同染色体上の遺伝子の組換え．(⇒体細胞交叉)

d **体細胞減数分裂** [somatic meiosis] 染色体数2nの体細胞で*減数分裂に似た染色体行動をとる細胞分裂．まれに天然の体細胞組織に染色体数nの細胞が混在することから，このような分裂様式が存在すると考えられている．

e **体細胞交叉** [somatic crossing-over, mitotic crossing-over] 《同》体細胞乗換え．体細胞の*有糸分裂のときに起こる*交叉．ある遺伝子についてヘテロの個体で，この遺伝子座と動原体の間で体細胞交叉が起これば，ホモの遺伝子型をもつ細胞ができる．ショウジョウバエでは古くから知られていた(C. Stern, 1936)．G. Pontecorvoと E. Käfer (1958) はコウジカビ属の一種 *Aspergillus nidulans* において，体細胞交叉の頻度に基づく*染色体地図をつくった．これを*減数分裂における交叉に基づいてつくられた通常の染色体地図に比較すると，遺伝子の配列順序は同一であるが，遺伝子間の相対的な距離はかなり違っている．これは交叉が起こるときの染色体の状態が減数分裂と有糸分裂ではかなり違うためと考えられている．

f **体細胞雑種** [somatic hybridization] 遺伝子組成の異なる生物間の細胞を融合させ*雑種細胞をつくること．細胞質の融合だけを目的とした交雑も行われており，そのような雑種細胞を特に*細胞質雑種と呼ぶ．(⇒細胞融合，⇒擬似有性的生活環)

g **体細胞高頻度突然変異** [somatic hypermutation] 《同》体細胞突然変異．*B細胞のもつ抗体可変部をコードする遺伝子において高頻度に塩基配列の変異が起きる現象．*胚中心(二次リンパ小節)で起こることが知られ，*クラススイッチとともに*AIDが必須の役割を果たす．B細胞は，骨髄中の分化成熟過程で特定の抗原特異性をもつ抗体可変部の遺伝子を獲得する．その後，*免疫応答において活性化したB細胞は胚中心を形成し，その一部は，胚中心のみで活性化される AIDの作用により抗体可変部遺伝子に新たな変異，すなわち体細胞高頻度突然変異を生じる．これらの細胞のうち特異抗原に対して，より高い親和性を獲得したクローンが選択され増殖するため親和性成熟が起こる．

h **体細胞接合** 【1】 [somatogamy, somatic copulation] *配偶子嚢などに分化していない通常の栄養生活をしている体細胞が，性を異にする他の体細胞と*接合を行う有性生殖の一型．これによって一方の細胞の内容が他の細胞内に移り，原形質癒合と核癒合が起こって接合子が形成される．接合藻類では接合のときにまず*接合管の形成が行われる．担子菌類でも一次菌糸の間で体細胞接合を行って原形質癒合が起こるが，核癒合はすぐには起こらないで*二次菌糸を生じ，のちに担子器内で2核が癒合する．これを重合という．
【2】 [somatic pairing] ＝体細胞染色体対合

i **体細胞染色体対合** [somatic chromosome pairing, somatic syndesis] 《同》体細胞接合，体細胞対合(somatic pairing)．体細胞分裂の中期に*相同染色体が互いに特に接近して位置すること．例えば，ショウジョウバエの唾腺染色体は，2本の相同染色体が減数分裂の

*ザイゴテン期の染色体のように密着していて，減数分裂の対合とよく似た現象を示す．

a **体細胞淘汰** [somatic selection] 多細胞生物の体を構成する細胞の間に働く淘汰のこと．例えば皮膚や消化器官の上皮組織には，生涯を通じて分裂し続ける*幹細胞がある．細胞分裂での遺伝子複製ミスなどによって突然変異細胞ができ，特に細胞分裂の制御に関わる遺伝子が壊れる突然変異細胞が出現すると，それらは正常細胞よりも速く増殖して広がり，正常細胞と入れ替わる．これは細胞を単位とする体細胞淘汰による．例えば大腸が多数のクリプトからなるように，幹細胞をもつ組織はしばしば多数の小さなコンパートメントに分かれている．また生涯を通じて分裂し続ける幹細胞はゆっくりと分裂し，そこから派生した細胞が有限回の分裂によって多数の機能する細胞を作り出す．これらの組織構造は，体細胞淘汰を抑制する効果によって，発がんリスクを抑える効果がある．

b **体細胞突然変異** [somatic mutation] 個体発生の間に一部の体細胞に突然変異が起きること．キメラ・モザイク・斑入り・芽条突然変異はこの例．*プラスミドに起こることもある．体細胞突然変異の発生は個体発生の初期と末期とに起こりやすく，*易変遺伝子がある場合はことにしばしば観察される．B. McClintock (1941) はトウモロコシで，染色体の切断と再融合が繰り返されるために種々の程度のモザイクができることを立証した（⇒切断-融合-染色体橋サイクル）．また老化が体細胞突然変異によるという考えも主張されている（F. M. Burnet, 1959, 1970）．脊椎動物の獲得免疫系では，抗体やT細胞受容体の多様性が高頻度の体細胞突然変更によって生じている．

c **体細胞分離** [somatic segregation] 体細胞分裂において遺伝的に等しくない娘細胞ができたため，組織がキメラ状になること．原因となる機構には，(1)突然変異（染色体異常を含む），(2)ヘテロ接合体での体細胞組換え，(3)色素体・細胞小器官の分離，などがある．

d **第三紀** [Tertiary period] ⇒新生代

e **胎脂** [vernix caseosa, cheesy varnish] 妊娠末期の哺乳類胎児の皮膚をおおう胎児皮脂腺の分泌物．脱落した表皮角質化層，および周皮細胞などをいう．（⇒周皮）

f **胎児化** [foetalization] 哺乳類の成体において，祖先動物の胎児の形態が残存的に認められる現象．L. Bolk (1926) は，特にヒトの進化の説明として，祖先的類人猿が胎児的形態のまま成体化するようになされたとした．ヒトの成体と類人猿の胎児ないし幼児の類似点には，(1)体重に比した大きな脳重，(2)大後頭孔の位置，(3)平たく突顎でない顔面，(4)少ない体毛，(5)明色の皮膚，などに見える．化石人類の幼児が一般に突顎でなく眼窩上隆起のないことも胎児化説に有利とされる．胎児化は*ネオテニーの一種で，反復説（*生物発生原則）への批判でもある．が，同時にヒトを「発育不全のサル」と考え，外観的な類似を本質的とする誤りをおかしており，ヒトの脳の大化の様相は，類人猿の胎児のそれとは異なる意義をもつとする見方もある．また，直立二足歩行に適した長い下肢は胎児的形態を著しく逸脱している．（⇒ネオテニー）

g **胎児期** [foetal period] 哺乳類の子が各器官原基の分化を完了し，成長期に入ったときから出産までの期間．ヒトでは妊娠2カ月(8週)以後，ラットやマウスではおよそ妊娠12〜13日以後に当たる．哺乳類の各類および種により，胎児期の長さおよび出生時の発育程度は著しく異なる．有袋類では胎児期が短く，未熟な状態で出生し，一方，有胎盤類では胎児期が長く，よく発育した段階の子が生まれる．胎児期の長短は肉食・草食の生活習性にも関係がある．これらのことは鳥類における離巣性・就巣性の関係と平行性をもつ．ヒトの胎児は胎児期第8週を経れば体長は約2〜3cmとなり，中枢神経系を除きほとんどの器官が一応形成される．外形は成体に似てくるが，頭部の比率はまだはなはだ大きい．そののち身体発育は極めてさかんとなり，第4カ月にいたれば全くヒトとしての顔貌をそなえ，個体差を区別できるようになる．第5カ月にはうぶ毛(lanugo)が全身を覆い，頭髪もやや生え，母体は胎児の運動(胎動)を感じるようになる．第6カ月では眉と睫毛が生えるが，全身はまだ痩せている．第7カ月には一見老人様の顔貌を呈し，赤い，皺の多い皮膚は*胎脂が覆うようになり，いったん閉じていた眼瞼がふたたび開く．第8カ月には皮下脂肪組織が整い，男児では精巣が陰嚢に下降する．第9カ月になると皮膚は平滑となり，四肢も丸味を帯び，指趾には爪が生える．臨月(第38週)になれば皮膚はうぶ毛を失い，さらに皮下脂肪が沈着して出生を待つ状態となる．

h **体質** 【1】[constitution] 《同》体型．ヒトにおいて，遺伝的素因と環境要因との相互作用によって形成される個体の総合的な形質．主として身体の外見的特徴によって次のように分類されることがある．(1)正常型:クレッチマーの分類の闘士型，C. Sigaud の分類による筋型にほぼ一致．(2)細長型:身体が細く痩せており，胸郭も狭くて長い．心臓は小さくて垂直位をとる．Sigaud の呼吸型に部分的に一致．(3)肥満型:身長は低く，太って丸味をおび，脂肪の発達がよい．心臓はむしろ水平位に近づく．Sigaud の消化器型に部分的に一致．これらの体質には遺伝的なものが主要であることは疑いないが，後天的な環境の影響も大きいと考えられている．なお，個体のもつ病気になりやすい形態的・機能的な性状を素因(disposition)，生得的もしくは過去の経験に基づいた精神面を含む身体的性状を素質と呼んで区別する．
【2】[somatoplasm] 生殖質の対語．（⇒生殖質説）

i **代謝** [metabolism] 《同》新陳代謝，物質交代．生体内に取り込んだ分子の酵素などによる変化を指し，物質代謝とエネルギー代謝(energy metabolism)を包括する呼称．単に代謝というときは前者を主に想定するが，実は両者は必ず伴いあう不可分のものである．個々の反応は連続・制約しあって複雑な代謝網，さらに生体全体の代謝を形づくる（⇒代謝経路）．また，物質代謝は*同化と*異化に大別される．さらに物質代謝の中で多くの生物に共通して見られる生化学的反応を一次代謝，特異的に見られるものを*二次代謝という．一方，エネルギー代謝は，生命現象に伴う，またはその原因となるエネルギーの出入や変換（エネルギー変換 energy conversion, energy transduction またはエネルギー転移 energy transfer)を指し，物質代謝をエネルギーの面から見たものともいえる．エネルギー代謝では，化学結合のエネルギー（呼吸・発酵）や光エネルギー（光合成）が直接熱に転化される前に，ATP などの高エネルギー結合に捕らえられることが特徴の一つ．ただし転化の効率は30

〜60％であり（⇌酸化的リン酸化），熱に転化したエネルギー部分は体温保持や，蒸散による冷却の補償などに充てられる．捕捉・貯蔵された化学エネルギーは，必要に応じて生体化合物，特に高分子化合物の合成エネルギーに用いられるほか，力学的エネルギー（筋肉・繊毛・鞭毛の運動，細胞分裂機構），電気エネルギー（電気器官や神経細胞），光エネルギー（生物発光）などに変換される．生体のエネルギー代謝も熱力学第二法則に支配される．生物界のエネルギー代謝の流れをさかのぼれば太陽エネルギーがほとんどすべての源である．代謝の機能は，(1)環境からのエネルギー（光，栄養物など）の取出し，(2)細胞の構築単位の合成・確保（アミノ酸，ヌクレオチドなど），(3)構築単位からの組立て（蛋白質，核酸，脂質など），(4)生体機能に必要な分子の合成・確保（ホルモン，ATPなど），(5)解毒，に整理できる（⇌生合成，⇌代謝調節）．なお代謝という語は，生体の定型的な物質変化についてかなり広義に用いる．例えば酸素の消費の有無により好気的代謝と嫌気的（無酸素的または無気的）代謝を区別する．またある特定の物質群に注目して，糖質代謝，脂質代謝などといい，ある特定の器官に注目して筋肉の代謝，肝臓の代謝などともいう．

a **代謝-温度曲線** [metabolism-temperature curve]《同》M-T曲線（M-Tカーブ M-T curve）．外温に対する生体の代謝量の変化をいう．代謝量は熱量，酸素消費量，または二酸化炭素発生量で表す．動物の個体の場合は一般に標準代謝量をとる．一般の組織・細胞や変温動物個体のM-T曲線は，酵素反応速度-温度曲線と同じような山型を示し，生存可能な温度範囲では代謝量はμの法則に従い温度とともに上昇するが，限界を超すと急に下降する．恒温動物のM-T曲線は谷型で，皮膚血管の拡張・収縮や立毛などの放熱の制御だけで体温調節が行われる温度域を熱的中性域（thermoneutral zone, TNZ）といい，この範囲では，代謝量は変化せず最低値を示す．熱的中性域の下限より低温側では代謝量はほぼ直線的に上昇する．これは体温調節のために，まず*非ふるえ産熱が起こり，さらに*ふるえ産熱が加わるためである．熱的中性域の上限では熱伝導度は最大で，外温がこれ以上になると発汗や*あえぎ呼吸のために代謝量は上昇する．熱的中性域の大きさは種によって差があり，一般に保温のよい動物は下限が低い．同一種でも冬になって皮下脂肪層の発達や冬毛によって保温がよくなると，下限が著しく下がることが知られている．

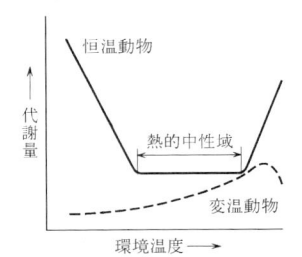

代謝-温度曲線の図

b **代謝回転** [metabolic turnover]《同》ターンオーバー（turnover）．細胞や組織がその生体成分をある速度で合成し，また一方で同じ速度で分解することによって，古い分子が新しい分子と入れ換わっていく動的平衡状態のこと．R. Schoenheimer（1935）は^{15}Nを用いて肝臓での代謝回転を初めて明らかにした．通常同位元素による標識物質を用いて測定する．生物の種類や組織，物質の種類によって代謝回転の速度には大きな差がある．

c **代謝拮抗物質** [antimetabolite] 代謝物質や補酵素・ビタミンなどと構造的または機能的に類似していて，それらの物質の関与する代謝過程を阻害する物質の総称．例えば，パラアミノ安息香酸に構造の似ている*サルファ剤は，細菌の葉酸合成を阻害する．またマロン酸はコハク酸酸化酵素を阻害し，そのためにクエン酸回路は止まる．このような阻害は多くの場合に拮抗的であって（*競争的阻害），問題の代謝物質，補酵素，ビタミンなどを高濃度に与えることによって軽減ないし消滅する傾向がある．拮抗物質の阻害作用は，問題の正常代謝物質の濃度によって変わりうることから，正常の代謝をある一定の割合に阻害（例えば代謝の50％あるいは95％阻害，あるいは細菌などの発育阻止）するような両物質の濃度比（代謝拮抗比）をもって表される．正常代謝物質に類似の化合物を合成し，その中から代謝拮抗物質を探索することによって多くの化学療法剤が見出された．また，制がん物質として*8-アザグアニン・*5-フルオロウラシル・*6-メルカプトプリンの核酸塩基類縁体や，アミノプテリン・トリメトプリムなどの葉酸拮抗物質が用いられる．

d **代謝経路** [metabolic pathway] 生体内でAからXに至る酵素反応の順路（A→B→C→…→X）．また，A→B, B→Cなどの個々の反応を中間代謝という．生体の代謝経路を概観したときの主な特徴としては(1)代謝中間体から枝分かれが出て複雑な代謝網となっている，(2)正反応（A…→…X）と逆反応（X…→…A）は経路がしばしば別であって，単純な平衡状態に達するのを防いでいる，(3)経路の途中で各種の*代謝調節が作用している，などがある．経路を路線案内図としてまとめたものが代謝経路図（メタボリックマップ metabolic map）である．

e **代謝工学** [metabolic engineering] 生物の代謝機能を改良して有用な物質を生産することを目的とする研究分野．これまで有機合成化学の手法により合成されていた物質（主として低分子化合物）を微生物などに生合成させることを目指す分野は，再生可能な天然化合物を出発物質とし，環境汚染が極めて少ないことから特にグリーンケミストリー（green chemistry）といわれる．また，食料となる動植物を改良し，それらに有用な物質を蓄積または生産させることも含まれる．前者の例としては，グルコースのみならず広汎な種類の糖類を利用しエタノールやブタノールなどの発酵生産を行う微生物の作出，稀少な植物においてのみ生産される複雑な構造の薬品化合物について，その生合成に関与する遺伝子を植物から微生物に導入することが行われる．後者の例として，ビタミンAの前駆体であるβ-カロテンを米の胚乳に蓄積させた，ゴールデンライスがある．この分野は，組換えDNA技術，種々の「オミクス」技術およびバイオインフォマティクスなどの出現を背景に発展している．種々の生物のゲノムDNA塩基配列情報とmRNAおよび蛋白質の網羅的解析（トランスクリプトームおよびプロテオーム解析）さらに生体の低分子量の代謝物質の網羅的分析（メタボローム）などにより得られた情報を統合的に解析することによって，迅速に標的とする代謝に与る酵素

a **代謝中間体** [metabolic intermediate] 物質代謝の過程で出発物質Aから最終生成物Xにいたる変化の中間に生じる物質。これを模式的に示せば、

$$A \longrightarrow B \overset{(2)}{\longrightarrow} C \longrightarrow D \longrightarrow \cdots\cdots \longrightarrow W \longrightarrow X$$

におけるB, C, D, …, Wをいう。一般には代謝中間体がたやすく認められるほどの濃度(または量)に達することなく代謝が進行することが多いが、ある段階(例えば模式の(2))の速度が他の段階のそれに比べて著しくおそいときには、その手前の代謝中間体(この場合にはB)が蓄積される。適当な反応条件、適当な前処理または特異的阻害剤の使用によってある一つの反応段階の進行を強く妨げた場合も同様である。この原理に基づいて、天然または人為的な変異株・病気・器官除去・栄養欠損・薬物投与などの場合に見られる代謝異常の研究から関与する代謝における中間体の系列が明らかにされた例も多い。さらに一層直接的に代謝中間体の変化を追跡・証明するにはトレーサーを用いる実験がある。上記反応系列の中での諸反応(B → C, C → Dなど)を中間代謝(intermediary metabolism)という。中間代謝はA → Xの最短経路でなく、長く迂回した反応系列となっていることが多い。細胞内の他物質や諸条件がこれら中間段階の酵素に働きかけることにより、Aの消費やXの生成の速度が調節されたり、別経路へと切り替えられたりする。中間代謝は、物質代謝とエネルギー代謝のリンク・統合のうえでも重要である。

b **代謝調節** [metabolic regulation] 主に物質代謝の反応の加速・減速や代謝経路の切替えの総称。部分系での調節が複雑に組み合わさることにより、生体全体としての調節が行われる。調節の基本機構としては(1)細胞内基質・補酵素濃度の変化で酵素反応速度が変化する、(2)反応系終産物によって手前の段階の酵素が*フィードバック阻害を受ける、(3)細胞内物質による酵素の*アロステリック効果、(4)酵素蛋白質の修飾、(5)酵素合成の誘導・抑制(→誘導[2], →リプレッション)などが考えられる。

c **退縮 【1】**[involution] 個体や器官の縮小する現象、それ以外の変化を伴うことが多い。かなり質の異なる諸現象に対して用いられる。例えば、(1)発生の進行の結果としての老衰的退縮(senile involution)または老衰的萎縮(senile atrophy), (2)発生逆行としての還元の結果起こる退縮(逆成長・逆分化が起こるが発生の能性は増す), (3)発生過程と特に関係のないもので、哺乳類の妊娠時に増大した子宮が、産後に非妊娠時の大きさにもどる産後退縮(puerperal involution)のような場合など。
【2】[regression] *変態時に起こる幼生組織の吸収のこと。

d **体循環** [systemic circulation] 《同》大循環。空気呼吸の脊椎動物において、血液が*心臓の左心室(両生類では心室)から大動脈に出て、小動脈・毛細血管を通って全身を灌流したのち、静脈を通って右心房に帰る循環経路。体循環では動脈には動脈血が、静脈には静脈血が流れる。

e **対照実験** [control experiment] 《同》対照(コントロールcontrol)。ある実験を行うにあたって、実験によって解明しようとしている要因(因子)以外の要因がその実験系に及ぼす影響を知る目的で、その要因を除外して並行的に行われる実験。一般に解明しようとする事象に対し、一定の因子や操作の効果・影響・意義などを明らかにしようとする際、研究すべき因子や操作以外の条件については本実験と同様な対照実験を行い、両実験の結果を比較検討する必要がある。同様に一定条件下である測定を行う場合、その条件以外を等しくして行われる測定も、対照実験の一つと考えられる。生物のように複雑な研究対象について実験を行うときには、研究材料の系統、生理的状態、実験に不可欠な予備操作、考慮されない因子などの研究結果に及ぼす影響を注意深く吟味し、統御しなくてはならず、そのときにもなんらかの形で対照実験が要求される。生物学・医学・農学・心理学・教育学などの分野では「対照なくして実験なし」の言葉もあるとおり、適切な対照実験ができるか否かで研究の成果が左右される。実験区・実験群に対し対照区・対照群などという言葉も用いる。

f **代償植生** [secondary vegetation, substitutive community, substitutional community] 《同》人為植生(artificial vegetation)、二次植生。本来の自然植生の代償として二次的に生じた群落。何らかの人為的干渉によって成立し、持続している植物群落を指す。ほとんどのアカマツ林・クヌギ-コナラ林などの二次林、スギ・ヒノキ植林などの人工林、路上のオオバコ群落、畑の雑草群落などはみな代償植生である。代償植生は一般に不安定で、それを持続させている人為的干渉が停止されたときには、他の群落への遷移を開始する。個々の自然植生としての植物群落は、それぞれいくつかの特定の代償植物群落をもつ。[→潜在自然植生]

g **代償性増殖** [compensatory proliferation] 死につつある細胞がその周辺の細胞の増殖を促す現象。ショウジョウバエ成虫原基において見出された現象で、多細胞生物の生体内で細胞死によって失われた細胞を周辺細胞の代償的な増殖によって補う機構と考えられる。死につつある細胞が産生する分泌性の増殖因子によって引き起こされると考えられる。

h **代償性肥大** [compensatory hypertrophy] 《同》代償性機能増進(compensatory hyperfunction)。ある器官の一部分または対をなす器官の一方が障害をうけたり切除されるとき、残りの部分または他方が肥大して機能増進が現れる現象。特に内分泌腺の場合によく知られ、内分泌相関の存在を示すものとされる。例えば、甲状腺の大部分を切り去ると、甲状腺のホルモンの減少のために甲状腺刺激ホルモンの分泌抑制がなくなって、その分泌が増すために残部の代償性肥大が起こる。内分泌腺以外でも、例えば*再生肝や一側の腎除去によって他側の腎臓が肥大することも知られている。

i **対掌体** [enantiomorph, enantiomer] 《同》光学的対掌体。光学異性体の一種で、不斉中心を含み、その分子構造が互いに実像と鏡像の関係となっている。旋光性はこの両者では絶対値が等しく符号が逆になる。*光学活性は、この両者が異なる比率で混在する物質に現れる。なお、1:1で存在するものをラセミ混合物(→ラセミ体)という。生物界には対掌体の一方だけが存在するのが一般的で、両者が存在するときは生理的意義・

代謝経路も異なる．一般に酵素活性はその一方の分子だけに特異性をもち，他方には働かない．

a **帯状分布** [zonation] 《同》成帯分布，成帯構造．生物の*群集（複数）または異なった種の*個体群が，地表上などで平面的に互いに接しながら，帯状に分布している状態．環境諸条件の鉛直的あるいは水平的なちがいに対応して見られることが多いが，*種間競争の存在がそれに加わって原因となっている場合もある．山地斜面における，高度と対応した植物群落の垂直分布や，湖沼で水深によって岸から沖に向かってヨシ帯→マコモ帯→浮葉植物帯→沈水植物帯のような分布が見られる．潮間帯（→潮間帯生物）に見られ，干出浸水時間の長さのちがいと対応した海藻や付着動物などより，帯状分布の典型例．なお，森林内の樹冠層から地表層に至る，植物ないし植物の部分や動物などに見られる鉛直的な階層構造(stratification)や，海や湖の水面から底に至る，プランクトンなどの鉛直的な分布は，層状分布ないし*垂直的成層構造と呼んで区別するのが一般的である．

b **体静脈** [systemic veins] 末梢から心臓に至る途中で再び毛細血管に分岐することなく直接心臓に入る静脈．門脈(門脈脈)の対語．前後の両主静脈，前後の両大静脈，側静脈のような血管を指す．

c **大静脈** [vena cava] 魚類以外の脊椎動物において，体中の静脈血を心臓に導く大きい静脈．前大静脈と後大静脈とに分けられる．前大静脈(precava, vena cava anterior)は胚期のキュヴィエ管が変化したもので，四肢動物では1対あり，内外の頸静脈および鎖骨下静脈からの血液を受けて静脈洞に送る．哺乳類のうち単孔類，有袋類，齧歯類，食虫類では前大静脈はやはり1対だが，一般には右大静脈だけが残存，左側キュヴィエ管は心臓壁の冠静脈として残る．後大静脈(postcava, vena cava posterior)は，肺魚および四肢動物で発達するもので，背側大動脈に沿って走る一大静脈で，主として尾部，後肢，腎臓からの血液を直接に，または*腎門脈系を経て受け入れ，上行してさらに肝静脈からの血液を合流し心臓に通ずる．(→主静脈)

d **体色** [body color, body coloration] 動物の体表面が呈する色彩．しばしば紋様をも含める．色素の存在に基因する化学色または色素色(pigmentary color)と体表部の物理的構造に基因する構造色(structural color)とに大別される．前者に関与する色素としては，ヘモグロビンその他の呼吸色素や，メラニンやグアニンなど代謝の末端産物である不溶性色素顆粒のほか，脂溶性のカロテノイド系色素や水溶性で脂不溶のプテリジン類があり，動物の体色に豊富な多様性をもたらす(→真皮色素胞単位)．これらの色素はしばしば特定の細胞，すなわち*色素胞の中に含まれて皮膚内に分布する．構造色は主として反射光線の干渉の結果であるところから，干渉色(interference color)とも呼ばれ，また物理色(physical color)ともいう．これは上記各色素とともに混合色(combination color)として，また単独にも，多様な体色を生みだし，虹色の効果や金属性光沢を伴うことが多い．構造色発色の機作から次の3通りに分けられる．(1) 薄層構造に基づく干渉色:甲虫類の鞘翅やチョウの翅の金属光沢の多く．(2) 回折格子様の構造による干渉色:貝類(アワビやアコヤガイ)の殻の内面の虹色は，(1)(2)の両要素からなるとされる．(3) プリズム様の構造による屈折の効果:鳥類の羽の青色(カワセミやオウム)は，羽

枝の髄質中に存在する多孔性の細管細胞(独 Kanälchenzelle)に基因し，複雑な反射(干渉)と屈折との総合効果と解される．各種の体色中，白色だけは特別の位置を占め，体表による光の乱反射に基づくが，これには虹色素胞が寄与する場合が多い．これらのさまざまな機構に基づく動物の体色は，その予想される種内・種間の関係における意義に応じて，*隠蔽色と*標識色(婚姻色を含む)に分類される．動物の体色には過度の外光，熱線，紫外線から体深部を保護したり，逆に熱線を吸収して体温を調節する機能が認められる．また体形も含めて他種生物に似た体色は，*擬態の一種とされる．動物の体色が変化する現象，特に能動的・規則的で，保護色や婚姻色など特殊の生物学的意義をもつものを体色変化(color change)と呼ぶ．このような意味での体色変化は主として色素胞の働きで起こる．体色変化の多くは外的，一部は内的刺激への反応として起こり，色素胞の運動性(色素顆粒の凝集・拡散)に基づく生理的体色変化(physiological color change)と，色素量あるいはそれに加えて色素胞数の増減による形態的体色変化(morphological color change)に区別できる．前者は速やかな過程であり，後者はより長時間を要する．体色変化を誘起する刺激には主に光がある．光に対する体色反応には，光受容器を介して反射的に行われる二次体色反応と，色素胞に対する光の直接作用によって起こる一次反応がある．前者の調節系も神経によるもの(→色素胞神経)，内分泌系によるもの，その両者が関与するものなどさまざまだが，一般には眼に投ずる光量の増減よりも，*背地効果によって体色の背地適応が生じる．光以外には温度，湿度などが体色に影響を与えることが知られている．

e **体色変化** [color change] →体色

f **大進化** [macroevolution] 表現型の大きな進化的変化．通常は主要な分類階級を特徴づける形質の変化のプロセスとして定義されることが多い．その他，種レベルやそれより高次レベルでの進化，あるいは種分化や種の絶滅がもたらす種数やその構成の変化として定義されることもある．また長期にわたる形態の進化を意味する言葉として用いられることもある．これに対し，同じ個体群や種内で起こる遺伝的変化や，生物個体の小さな変化を小進化(microevolution)と呼び，大進化と区別して用いられる．小進化，大進化ともR. B. Goldschmidt (1940)の提唱で，彼は新種の形成を小進化と異なる機構のものとして，遺伝的構成の大きな変化(全体突然変異 systemic mutation)によるものとして大進化と呼んだ．大進化には小進化とは異なるプロセスが含まれているのか，それとも大進化は小進化的な現象の積み重ねなのかという点について古くから論争がある．

g **大腎管** [meganephridium] 《同》腎管．複腎管を小腎管と呼ぶのに対する．

h **体制** 【1】[structural plan, organization] 《同》構制．それぞれの生物体または系統群における構造の基本的な様態．*相称や器官配置の様式が主な要素をなす．【2】[organization] オルガニゼーションのこと．(→個体性)

i **対生** [opposite phyllotaxis] 《同》対生葉序．一つの*節に2枚ずつ葉のつく場合の総称．*葉序の一形式(→葉序[図])．同じ節の2葉が180°ずつ開き，それらが隣り合う節ごとにたがいに直交する場合が十字対生(decussate)で，対生のなかで最もよくみられる(アジサ

イやリンドウの普通葉). 前節の葉の真上にまったく重なってつぎつぎに配列する場合は二列対生(distichous opposite)といい, *前出葉とその次の節の葉との間などに知られている(ショウベンノキの腋芽). また, 節ごとに一定の角度(多くの場合30°から60°の間の値)で一方に回りながら配列するとき, 対生におけるらせん階段型葉序(spiroscalate phyllotaxis)といい, イヌガヤやカヤの*普通葉や, ケヤキやブナの前出葉とその次節の鱗片葉などに見出される. 真正双子葉類のシュートではじめて形成される葉(子葉や前出葉)はたいてい対生であるが, 単子葉類には対生の例が少ない. シュートの成長につれて対生がコクサギ型葉序やらせん葉序などの*互生葉序へ移り変わる場合は多く, その遷移の時期や様式は多様である. また, 茎端に*花葉が生じるときは逆に互生から対生に変わることがある. さらに, *輪生葉序と対生葉序との共存は花葉と栄養葉の間に一般にみられる. ノリウツギの普通葉やイブキの針状葉の他, 対生の系統的起原として, 輪生について古い形質と考える立場と, 反対に, 互生から由来したとする立場とがある.

a **胎生** [vivipary, viviparity] [1] 体内受精の動物において, 胚が母体の生殖器官(主に輸卵管)内にとどまり, 母体と組織的に連絡して母体から栄養の補給を受けながら自由生活をできる状態に達するまで発育する現象. *卵生と対する. これを真胎生と呼び, 真胎生と*卵胎生をあわせて胎生という場合もある. 単孔類を除く哺乳類は真胎生で, 胚は輸卵管の一部が変化して生じた子宮壁に着床し, やがて形成された胎児は胎盤により母体と連絡して, 栄養の補給を受け, かつ母体を通じて老廃物の排出を行う. 発育した胎児が母体外に産出されることを*分娩という(⇒妊娠). [2] 結実後もしばらく果実が母体にとどまり, そこで種子が発芽して幼植物となるような発芽形式. 一般に植物の種子は母体から脱落したのち発芽するが, マングローブの類(メヒルギ・オヒルギなど)でこの現象がみられ, このような種子を胎生種子(viviparous seed)という. 花序に生じる pseudovivipary(⇒栄養繁殖)は一見これと似ているが, 配偶子形成を経ない無性的な繁殖形態である.

b **体性感覚** [somatic sense] 接触, 温熱, 痛みなど体の表面や内臓, 筋肉の状態を感知する全身的な感覚. 複数の感覚モダリティーが存在するが, すべて脊髄神経後根の感覚枝を経て大脳皮質の体性感覚野で知覚する. *皮膚感覚や*深部感覚を含む. 皮膚で隣接している部分への接触刺激は大脳皮質でも隣接した領域に届くため, そこに体表の地図を描くことができる.

c **体性幹細胞** [somatic stem cell] 《同》組織幹細胞(tissue stem cell). 組織特異的な*幹細胞. 骨髄, 皮膚, 腸, 筋肉, 肝臓, 脳など多くの組織に知られる. 通常, 体性幹細胞の分化能は各組織に固有の細胞種に限定されており, 各組織で代謝などで失われた細胞に代わる細胞を供給する役割を果たしている. 体性幹細胞は幹細胞ニッチと総称される微小環境下で, ほとんど増殖せずに未分化性を維持しており, 組織への細胞の供給は, *非対称分裂により形成された娘細胞の一方がニッチを離れて増殖, 分化することで起こる. もう一方の娘細胞は体性幹細胞としての性質を維持したままニッチに留まることで, 体性幹細胞の枯渇を防ぐ.

d **体性筋** [somatic muscle] 比較形態学的ならびに比較発生学的概念で, 横紋・随意筋のうち, 筋節に由来する体節筋(somitic muscle)と頭部中胚葉に由来する外眼筋(extrinsic ocular muscles)を加えたもの. 内臓筋や鰓弓筋を加えた臓性筋(visceral muscles)の対語.

e **耐性菌** [drug-resistant strain] 外的ストレスに対して感受性が低下あるいは抵抗性を有している菌で, 薬剤耐性菌, 熱耐性菌などがある. 代表例に, 具体的な薬剤名を示したメチシリン耐性黄色ブドウ球菌(*MRSA)や複数の薬剤耐性を意味する多剤耐性緑膿菌(MDRP), 多剤耐性結核菌などがある. 有効な治療薬が限られるため, 治療が困難な場合も少なくない.

f **体性神経系** [somatic nervous system] 《同》随意神経系. 主に*体性感覚, 体性運動をつかさどる神経系. *自律神経系と対する. (⇒脳脊髄神経系)

g **耐性伝達因子** [resistance transfer factor] *R因子のうち, 伝達性を支配する遺伝子群. R因子は, 基本的にはこの耐性伝達因子と薬剤耐性を支配する遺伝子群の2部分からなる. 自律的増殖に必要な諸機能に関する遺伝子群は耐性伝達因子部分にある. このようなプラスミドに異なった耐性遺伝子(⇒トランスポゾン)が結合することによって, 自然界で多種多様なR因子が生じる.

h **体節** 【1】 [segment, metamere] 《同》環節. 動物体の前後軸に沿い周期的に繰り返される立体的構造単位. 環形動物や節足動物の体節はその好例で, 例えばミミズにおいては外観上の分節構造と一致して各分節に1対の腎管(体節器)と腹神経節・横行血管をもち, かつ隔膜と懸腸膜により包まれた左右1対の体腔を収める. 環形動物における体腔の繰返しを coelometamery と呼ぶのに対して, 脊椎動物の筋節の反復的配列を myomery と呼ぶ. ヒル類では1個の体節が外観上はさらに一定数の体環に分かれる. なお, 外見上体節としての区分がないが, 内部構造において体節が認められるものを擬体節制(pseudometamerism)という. 節足動物の肢の各節は関節(joint)であり, 体節とは区別される. (⇒体節制)

【2】 [somite] 《同》原体節, 中胚葉節(mesodermal somite). 脊椎動物の胚発生において, *沿軸中胚葉にみられる分節構造. 耳胞より後方の沿軸中胚葉に前後軸に沿った分節として側側から逐次形成される. 頭部の沿軸中胚葉は分節せず, しばしば*ソミトメアを形成するといわれるが, その実在は不明. 分節前の沿軸中胚葉は分節前中胚葉(presomitic mesoderm, PSM)または体節板(segmental plate)と呼ばれ, 体節の形成は未分節中胚葉の最も前側が周期的に分節化することによって起こる. この分節化の周期は動物種ごとに一定で, ゼブラフィッシュで約30分, ニワトリ胚では約90分, マウス胚では約120分である. 分節の周期を計る機構は分節時計(segmentation clock, 体節時計)と呼ばれ, 未分節中胚葉で発現振動(oscillation:周期的に発現が増減すること)をする遺伝子群が関わっている. その発現は後方から前方に向かってすすむ進行波を描く. 間葉性の未分節中胚葉は分節のあと上皮化し, 円柱上皮の壁をもち内腔(somitocoel という)に間葉細胞を含む胞状体となる. その後, 体節の内腹側の細胞は脱上皮化して硬節(sclerotome)を生じ, 背側の細胞は上皮性の皮筋節(dermamyotome)となる. やがて皮筋節からその内側にすべての体幹骨格筋の原基となる*筋節(筋板 myotome)が分かれる. 皮筋節の背側中央部は後に真皮となる細胞を主に

含むため古典的に皮節(皮板 dermatome)と呼ばれるが，筋節への細胞の供給が続くことから皮筋節から皮節を明確に区別することはできない．皮筋節の背側辺縁部は軸上筋板，腹側辺縁部は軸下筋板となり，前者からは固有背筋が，後者からは体壁節のほか，脱上皮化し*移動性筋芽細胞になったものから体肢筋などが生じる．硬節からは椎骨や肋骨などの軟骨組織が生じるが，その位置特異的形態は体節形成前にすでに決まっている．また腱特異的マーカー遺伝子 Scleraxis を発現する硬節の一部の細胞集団を syndetome として区別することがある．これらの体節の区画に関する記述は主に羊膜類に対するもので，無羊膜類は羊膜類に比して硬節が非常に貧弱で，筋節が体節の大部分を占める．また上皮性の胞状体である初期の体節の内腔は筋腔(myocoel)と呼ばれ，間葉細胞を含まない．なお脊索動物では尾索類は体節をつくらず，頭索類は胚の両体側の中胚葉全体がまず頭尾方向に分節し，これを体節という．この体節はのちに背側と腹側に分かれ，腹側の分節は二次的に融合して一続きの*側板様の構造となる．

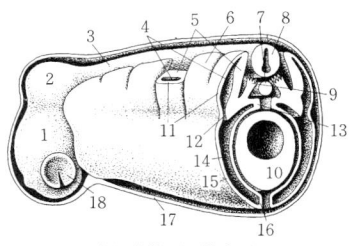

脊椎動物胚の模式図
1 前脳　2 中脳　3 後脳　4 筋腔　5 筋節
6 体節　7 脊索　8 神経管　9 硬節　10 消化管　11 真皮節　12 腎節　13 背側腸間膜
14 体腔　15 側板　16 腹側腸間膜　17 表皮　18 眼杯

a **腿節** [femur] 昆虫の脚の第三節で，最大かつ最長の*肢節．跳躍・歩行のための強大な筋肉がある．一般の節足動物の*関節肢における*長節に相当する．

b **体節感覚器** [segmental papilla ラ papilla segmentalis] ヒル類の体の背面，各体節ごとの一定の位置に左右相称的に配列する小さい乳頭状突起．神経が分布する．頭部にあるものは眼，およびいわゆる杯状器官(cup-shaped organ)，他は*化学受容器である．

c **体節間膜** [septum, intersegmental membrane] [1]《同》体節隔膜，隔膜，隔壁．2個以上の*体節をもつ動物において，各体節間を仕切る膜．発生学的には中胚葉起原で，体腔上皮と結合組織とからなる．環形動物のうち，原始環虫類では各体節ごとに完全に存在するが，貧毛類や多毛類などでは一定の体節間で欠けている．哺乳類の横隔膜や鳥類の斜隔膜も体節間膜の特例である．[2]《同》節間膜．節足動物の体表の各体節間および肢の関節間を仕切る膜(⇨クチクラ)．

d **体節器** [segmental organ, segmental canal]《同》環節器，腎管．体節制をもつ動物において，各体節に規則的に配列される器官，すなわち特に環形動物において原則的には各体節に1対ずつある*腎管(大腎管)．しかし二次的な退化・消失と，生殖輸管への機能転換のため，腎管の存在しない体節も少なくない．ヒル類では34体節に対して腎管は17対で，生殖器官の存在する体節すなわち生殖体節に腎管はない．他方，1体節に2個以上存在するのは，腎管が二次的に分裂して多数の*複腎管を生じたためである．貧毛類のうちで Branchiodrilus では各体節に2対，Trinephrus には3対あり，さらにイムシ類(成体には体節区分がない)では極めて多く，サナダユムシ(Ikeda taenioides)では200〜400個あって配列も不規則である．

e **体節制** [metamerism, segmentation] 動物体が，一定数またあは多数で不定数の体節(分節)，もしくはそれに準ずる繰返し単位(脊椎動物の咽頭弓など)に区分されている現象．ボディプランを記述するための概念．各分節が互いにほとんど同様の構造を示す場合(例えば原始環虫類)を等体節あるいは同規的分節(homonomous metameres, homonomous segments)，管住性多毛類のように頭部，胸部，腹部の各分節が互いに構造上の顕著な差異を示す場合，すなわち分節相互間に分化の行われているものを不等体節あるいは異規的分節(heteronomous metameres, heteronomous segments)と呼ぶ．なお脊椎動物では，2種の体節性を認めることができ，混乱を避けるため，体節中胚葉に由来するものを somitomerism，鰓弓列に準ずるものを branchiomerism と呼ぶ．このほか，神経系にも分節パターンの認められる動物は多く，神経分節(neuromeres)の概念がある．

f **体節動物** [ラ Articulata]《同》環節動物．多くの体節からなる体をもつ動物の総称．環形動物と節足動物がこれにあたる．なお Articulata の名称は，棘皮動物門ウミユリ綱関節亜綱にも用いられる．

g **体節時計** [segmentation clock, segmental clock]《同》分節時計．脊椎動物の胚発生過程において一定の時間間隔で形成される体節(somite)の形成周期を制御する分子メカニズム．これにより生み出される遺伝子発現の振動が分節化のタイミングを定める．胚後端部(尾芽)から生み出される中胚葉(未分節中胚葉)が頭部側から一定の時間間隔で順次くびれきれる(分節化)ことにより体節が形成される．この時間周期は，マウスでは約120分，ニワトリでは約90分，ゼブラフィッシュでは約30分である．未分節中胚葉において，いくつかの遺伝子がこの時間周期で発現の振動を繰り返しており，位相が頭尾軸に沿って少しずつずれることにより，遺伝子発現領域が後端から前方へと見かけ上移動する．このような周期的発現をする遺伝子としてショウジョウバエ体節遺伝子(もしくは分節遺伝子)の一つである hairy 相同な遺伝子(マウスの Hes，ゼブラフィッシュの her)やシグナル伝達に関わる Notch 関連遺伝子などが知られ，負のフィードバック制御により発現の周期性を維持する．この発現振動には未分節中胚葉で広く発現する Fgf 遺伝子の働きも必要であり，FGFシグナルが低下する未分節中胚葉の前端部において発現振動が停止し，遺伝子発現が固定されることにより分節化が起こる．

h **体節板** [segmental plate] 脊椎動物胚の体幹の*沿軸中胚葉のうち，後方において*体節として分節する以前の平板状の構造．現在では presomitic mesoderm の語が一般的に用いられる．

i **大染色体** [macrochromosome] 鳥類や爬虫類の*核型は一般に少数の大形の染色体と多数の小形の染色体からなり，それぞれを大染色体(大型染色体)，小染色体(小型染色体 microchromosome)という．典型的な大

染色体は 40 Mb 以上のサイズを示す.

ダイゼンホーファー DEISENHOFER, Johann 1943～ ドイツの生化学者. R.Huber とともに光合成細菌の光合成反応中心複合体をなす膜蛋白質の構造を X 線構造解析を用いて解明. その業績により, ともに 1988 年ノーベル化学賞受賞. (⇒ミヒェル)

対側性 [adj. contralateral] 《同》他側性. [1] 特に神経生理学において, 左右相称動物で外的作用の加えられた体側と反対の体側に現れる反応ないし反応を指していう形容詞. 作用の加えられたのと同じ体側に生じる反応を指す同側性 (adj. ipsilateral) と対する. 例えば, 脊髄動物標本の外肢の皮膚に侵害刺激を加えると, まずその肢に同側性の屈筋反射が起こるが, 刺激強度がさらに高いと反射は反対体側にまで拡延 (広がり) して, 対側性屈筋反射を併発し, 両側性 (adj. bilateral) 反射となる. また一側の肢の反射的屈曲の最中に他側の同じ肢を刺激すれば, 後者に同側性屈筋反射が始まると同時に, 前者の屈筋活動は解除 (抑制) して対側性の交叉伸筋反射に転じる. 脊髄反射はこのように左右体側間を交叉するほかに, 同一体側内を前後の体分節へも広がって, 節間反射 (intersegmental reflex) となるものもある. [2] 臨床分野では, 一側の脳損傷などに基因する症状が現れる体側をいう.

体大化の法則 (たいだいかのほうそく) [law of increase in size] 《同》身体大化の法則. 同一系統に属する種類は, 進化が進むに従ってその体がしだいに大きくなり, 著しく巨大となった生物は絶滅に近づいたことを示すという法則. E.D.Cope (1880) が提唱した*コープの法則の一つで, のちに A.Gaudry や C.Depéret が哺乳類について多数の例証を示し詳論した. これが真に法則とされうるかどうかには問題があるが, 長鼻類は現生のバク (Tapirus) に似てほぼ同大の Moeritherium から出発し, 現生の陸生哺乳類中で最大のゾウに達している. またウマ類では肩の高さ 30 cm の Eohippus (Hyracotherium) から現生のウマ (Equus) へと漸次その大きさを増している. このほか有孔虫類やアンモナイト類など無脊椎動物にもその例を認められる. ただし鈍脚類 (化石) の Coryphodon のように一度小化したものが, 哺乳類は第四紀に入って全般的に小化の傾向を示すともいわれるが, これはこの法則の主唱者たちからは滅亡にいたる過程として小化したものと説明されている. 自然淘汰説の立場からは, 大化は一般に摂食・逃避に有利であり, 構造の複雑化と併せて体内諸生理機能の発達をもたらし, 生存闘争の際に好条件を与えるものと説明されるが, 小化もまた特殊な条件下, 例えば哺乳類において高気温, また一般に食糧欠乏などでは有利でありうる.

大腿孔 [femoral pore ラ porus femoralis] ある種のトカゲ類において後肢の大腿内側の鱗に縦に並ぶ表皮性の小器官. 表皮が内部に陥入し腺類似の構造を示し, 腺体にあたる部位は大腿腺 (独 Schenkeldrüse) といわれ, フェロモンを分泌. 雄では排出管にあたる管の内部には角質化した細胞からなる桿状体があり, その先端は大腿孔よりやや突出しており, 交尾時に雌の体を捕提するのに役立つ.

代替戦略 [alternative strategy] *生活史や繁殖行動に関して, 種内に共存している複数の戦略のこと. 代替戦略が存在するのは, (1)生息環境の多様性や環境変動のために有利な戦略が変わる, (2)不利な個体の*次善の策, (3)複数の戦略の頻度依存的平衡などの理由が考えられている. 海産等脚類 Paracerceis sculpta の雄のように, 戦略が遺伝的に決まっている場合を代替戦略, ウシガエルのなわばり雄やサテライト雄のように, 社会的地位などにより同一個体がいずれのやり方も採択できる場合を代替戦術 (alternative tactics) と呼ぶ. しかし, 多くの場合, 代替戦略の遺伝的基盤はよくわかっていない.

耐虫性 [tolerance to insect] 昆虫などの加害に対する動植物の抵抗性 (resistance) と耐性 (tolerance) を含めていう. 抵抗性は, 昆虫などに加害や寄生される可能性を低下させるような動植物の形質を指し, 昆虫などの産卵や摂食を忌避させる物質が存在したり, 発育や生存に必要な栄養物質を欠いたり, 有毒物質を含んでいたりする生化学的抵抗性と, 表面や組織の構造が産卵・摂食・生育に不適な物理的抵抗性とに大別される. R. H. Painter (1951) は, 昆虫が産卵や摂食のため動植物に到達するまでの行動に関連する誘引・忌避などの問題を選好性 (preference or non-preference), 摂食・生育の阻害や栄養的欠陥を抗生作用 (antibiosis) と呼んだ. 耐性は動植物が強い補償力や回復力をもつ結果, 昆虫などの加害によってあまり影響を受けない現象をいう. 耐虫性は動植物の種のもつ属性として考えることができるが, 応用上は特に作物の抵抗性品種の育成が重要視され, 遺伝子工学により毒素遺伝子を導入した耐虫性品種がトウモロコシなどで育成されている. 耐虫性は, 一義的には遺伝的に規定された形質であるが, 生育条件によっても変化し, ケイ酸を多量に与えたイネではニカメイガの被害が少なくなるなど, 化学物質を施用して一時的に耐虫性を高めることも可能である.

大腸 [large intestine ラ intestinum crassum] 脊椎動物の腸において, 盲腸 (intestinum caecum, caecum, blind gut) より後方の部分. 他の動物についても, これとの類似によって大腸と呼ばれる部分がある. 脊椎動物では盲腸と, 前方の屈曲する結腸 (colon), 後端の直走する直腸 (intestinum rectum, rectum) の 3 部に区分. 小腸とは腸絨毛の有無を主な相異点とし, 発生の比較的後期に, いったん形成された腸絨毛が退化消失することによって, 大腸に分化する. これに伴い機能も食物残渣からの水分の吸収と粘液分泌が主となる. 盲腸は, 小腸から大腸への移行部に付随する 1 個または 2 個の盲嚢. 発生上, 中腸後部から盲腸芽 (caecal bud) を生じ, ここから分化. 組織学的には, 結腸など他の大腸の部分に近似. 哺乳類では, 一般に草食性のものではよく発達し, 消化機能を分担すると考えられる. ヒトや類人猿では, その先端部が萎縮して虫垂 (虫様突起) といわれる小突起となる. 無脊椎動物では常に盲腸が大きく発達するため, 盲腸内の共生細菌が消化に重要とされる (カンガルーや齧歯類). 発生学的には, 盲腸と上行結腸および横行結腸の前半を中腸に含める. 結腸は長く屈曲し, 機能的にも形態的にも大腸の大部分を占める. 軟骨魚類ではらせん弁 (⇒腸[図]) をもつ部位を結腸といい, それより後方を直腸というが, これはそれぞれ羊膜類の小腸と大腸に相当. 直腸は腸の終末に位置し, 結腸が屈曲するのに対しほぼ直走するのが名の由来. 哺乳類では, 発生学的には, 泌尿直腸隔壁により形成される会陰のため腹側の尿生殖洞から分断される後腸の末端部が相当. 他の脊

椎動物においても広く外観が類似し,肛門に開く後腸の後端部をいうことがある.例えば板鰓類における結腸は比較形態学上,哺乳類の小腸に相当し,前者において直腸と呼ばれているものは哺乳類の大腸に相当.

a **大腸癌** [colorectal cancer] 大腸(盲腸・結腸・直腸)に発生する癌腫の総称.肛門管癌も含めることもある.盲腸癌(cecum cancer)と,結腸癌(colon cancer),直腸癌(rectal cancer)と部位別に呼ぶことも多い.発生頻度は直腸,S字状結腸の順に多く,次いで上行結腸癌が多いが,最近上行結腸癌が増加してきている.大腸癌の家族歴はリスク要因で,家族性大腸ポリポーシスと遺伝性非ポリポーシス性大腸癌家系では特に関連が強い.加工肉や飲酒,過体重,肥満もリスク要因とされている.罹患率は50歳代付近から増加し,高齢ほど高い.進行すると便通異常・血便・腸閉塞・貧血の症状が出て診断されるが,無症状ながら検診の便潜血反応で陽性となり精密検査で発見されることも多くなってきている.腫瘍マーカーとしてはCEAやCA19-9が有用である.胃癌や食道癌などに比べ予後は良好.転移は肝転移が多い.B.Vogelsteinらは1988年に大腸癌の多段階的発がん機構を分子生物学的に明らかにし,ヒトがんにおける初めての多段階的発がんモデルとなった.それによると,大腸粘膜は過形成性ポリープ,腺腫を経て腺癌に進展するが,がん抑制遺伝子 *APC* の変異を引き金として,その後の各段階においてがん遺伝子 *K-RAS* ならびにがん抑制遺伝子 *DCC*, *p53* などの異常が積み重なって発がんに至るとされる.

b **大腸菌** [*Escherichia coli*, colon bacterium] *エシェリキア属(大腸菌属)細菌の一種 *Escherichia coli* の和名.ヒトを含む哺乳類の腸管を寄生場所としている腸内細菌.周鞭毛による運動性のグラム陰性桿菌で,通常0.4〜0.7×2〜4μmの大きさであるが,長軸が短くなった球菌に近い形の菌もある.通性嫌気性でグルコースやラクトースを発酵分解して酸とガス(ダーラム管で肉眼的に検知できる)を産生する.外界での生残力は弱いため,環境中から検出された場合には比較的最近の糞便汚染を意味することになり,飲料水・プール・食品などの汚染指標細菌として検査されている.一般に健康人の腸管に常在するものは非病原性であり,特に*大腸菌K12株は分子生物学や生物工学の研究材料として広く利用されてきた.病原性を示す大腸菌としては次の4群の病因菌が知られる.(1)病原性大腸菌(enteropathogenic *E. coli*, EPEC):乳幼児の下痢症の原因となり,特定のO抗原をもつ.(2)細胞侵入性大腸菌(invasive *E.coli*):*サルモネラ属細菌のように腸管上皮細胞内に侵入し細胞を破壊する.(3)毒素原性大腸菌(enterotoxigenic *E. coli*, ETEC):小児や成人の下痢の原因となり,特に熱帯や亜熱帯地方での旅行者下痢症の原因菌として注目されている.毒素原性大腸菌は易熱性と耐熱性の2種類の下痢原因毒素(エンテロトキシン enterotoxin)を産生し,そのうち易熱性エンテロトキシン(heat-labile enterotoxin, LT)は,物理化学的性状・生物学的性状・免疫学的性状がコレラエンテロトキシンに類似している.(4)腸管出血性大腸菌(enterohemorrhagic *E. coli*, EHEC):抗原型に基づいてO157:H7と呼ばれる大腸菌で,赤痢菌と同様なベロトキシン(verotoxin, VT)を産生し,出血性大腸炎・溶血性尿毒症症候群を起こす.非病原性の大腸菌K12株よりも約20%大きい5.2 Mbのゲノムサイズを有し,病原性に関する遺伝子を増加させている.(⇒外毒素,⇒エシェリキア,⇒大腸菌群)

c **大腸菌群** [coliforms, coliform bacteria] *腸内細菌科に分類される細菌で,ラクトースを発酵分解して酸とガスを産生する菌群の総称.汚染指標細菌としての衛生学上の用語.主に恒温動物の腸管内に生息する菌群であることから糞便汚染指標として用いられてきたが,自然環境に生息する菌種もいるため,大腸菌群の存在が必ずしも糞便汚染を意味するわけではない.大腸菌群の中で44.5°C(EC培地中)で生育可能なものは *Escherichia coli*(*大腸菌)を含めて数種に限られ,糞便性大腸菌群(fecal coliforms)といわれ,より厳密な糞便汚染指標として用いられる.大腸菌群菌種の簡易鑑別には*イムヴィック試験が使われる.

d **大腸菌K12株** [*Escherichia coli* strain K-12] 大腸菌の*菌株の一つ,およびこれに由来するさまざまな遺伝型の系統.原株はスタンフォード大学で回復期のジフテリア患者の糞便から分離(1922)された.E. L. Tatum と J. Lederberg はこの株を用いてX線照射による変異株を分離するとともに,雌雄接合による組換え現象を発見し,細菌やファージを用いる分子遺伝学の端緒の一つを作った.その後,この系統に由来するおびただしい数の派生株を用いて遺伝解析がなされ,さまざまな研究に広く利用されている.野生型である原株はO抗原をもっていたが,長年培養が繰り返された結果,現在ではO抗原は失われている.また,野生型は*F因子をもち(F⁺),λファージの溶原菌であったが,現在の派生株の大半はF因子が除去されている.さらに,現在の派生株は,栄養要求性突然変異などによって,人工的な環境でしか生育できないよう工夫されている.1997年に全ゲノムが解読され,約464万塩基対の1本の環状DNAに約4300の予測遺伝子が含まれることが明らかにされた.その28%に相当する約1200遺伝子については機能不明と報告されている.

e **耐凍性** [freezing tolerance, freeze tolerance] 《同》凍結耐性.凍結に耐えて生存できる性質.*凍結回避と共に生物の低温耐性(耐寒性,⇒温度耐性)の一つの機構.一般には細胞外凍結を起こして氷点下の温度に耐えるが,南極の線虫 *Panagrolaimus davidi* は細胞内凍結の状態でも生存できる.植物では寒地に生息するもの,特に樹木で高い.凍結環境下では,耐凍性をもつ植物は,細胞内凍結が起こるのを防ぐために,糖,アミノ酸,およびイオン類の蓄積を通して細胞内浸透圧を上昇させるとともに,*不凍蛋白質を合成する.不凍蛋白質は氷の微結晶と結合し,その成長を妨げる.細胞内凍結が起きない状態では,細胞外に氷晶が発達し,細胞内は脱水される.したがって,耐凍性の機構には*乾燥耐性や耐塩性(⇒塩耐性)と共通する点が多く,*アブシジン酸が関わっている.氷点以上の低温に対する耐性にも見られるリン脂質含量や不飽和脂肪酸の割合の増加は,細胞外凍結の際にも細胞膜の損傷を軽減する役割を果たしている.

f **大動脈** [aorta] [1] 脊椎動物において,体の各部に分布する動脈の根幹となる大きい動脈.魚類では心臓を発した動脈幹は前方に延びて腹側大動脈(ventral aorta)となり,これから各鰓弓に導入鰓動脈を出す.ガス交換を行った血液は導出鰓動脈(鰓静脈)に入る.数対の導出鰓動脈はそれぞれ背方に向かい,まもなく合して左

右1対の大動脈根(radices aortae)となり，さらにこれらが合して背側大動脈(dorsal aorta)となる．背側大動脈は体の背側，脊柱の直下を縦走し多数の動脈を分岐する．その主なものとして前方に向かって頭に入る頸動脈，胸鰭に入る鎖骨下動脈，消化器官に血液を送る腹腔動脈および腸間膜動脈，腎臓に入る腎動脈，生殖巣に入る精巣動脈または卵巣動脈，腹鰭に入る腸骨動脈などがある．大動脈の後方に伸びた部は尾部に入り尾動脈となる．肺の発達した両生類や爬虫類では，心臓を発した左右大動脈は大動脈弓となり，大動脈根を経て左右合し下行大動脈(aorta descendens)となって体の諸部に動脈を分岐する．鳥類では左側，哺乳類では右側の大動脈弓は消失して，それぞれ他の一側の大動脈弓が下行大動脈に続く．
[2] 無脊椎動物の昆虫においては心臓(背脈管)の前端部で，翼状筋も心門もなく，拍動をしない部分．大動脈の最先端は脳の下面で開放のまま終わり，血液はここから血体腔内へ流出する．他の無脊椎動物でも，心臓から出る血管の主幹をしばしば大動脈という．

a **大動脈瘤破裂** [rupture of aortic aneurysm] 内膜，中膜，外膜の3層からなる大動脈血管壁が，紡錘状あるいは嚢状に膨らみ，こぶのようになった部分(大動脈瘤)が破裂すること．大動脈瘤には，瘤の壁にも通常の大動脈の壁構造がみられる真性大動脈瘤と壁構造がみられない仮性大動脈瘤とがあり，後者の方が破裂しやすい．また，特殊なものとして大動脈解離の自由壁破裂がある．大動脈瘤は通常破裂しない限り症状がないが，いったん破裂すれば，血圧が低下して突然ショック状態になり，死亡率も高い．破裂していないのに腹痛や腰痛を自覚する場合，切迫破裂といって破裂の前兆のことがあるので注意が必要である．この前兆を確実に診断して手術を行うことが大切である．瘤が破裂しやすくなるのは，胸部大動脈では最大径が60 mm以上，腹部大動脈では50 mm以上とされているが，個人差がある．

b **タイトジャンクション** [tight junction] 《同》密着結合．*細胞間接着装置の一つで，隣り合った細胞の細胞膜が密着し，その外葉(単位膜を構成する3層構造のうち細胞外に面する層)が互いに融合して，1層の電子密度の高い層を形成するもの(⇒アドヘレンスジャンクション[図]）．その結果電子密度の高い3層とその間にはさまれた低い2層からなる5層膜となる．タイトジャンクションに接する細胞質には，ときとして電子密度の高い物質が蓄積しているのがみられる．タイトジャンクションの最も発達した例は上皮細胞と血管内皮細胞にみられる．上皮細胞では，その自由表面に最も近い側面部をタイトジャンクションが帯状をなして鉢巻状にとりまいて，上皮の細胞間隙と上皮外の器官腔との間の物質拡散を妨げている．そのため，閉鎖結合(occluding junction)または閉鎖帯(zonula occludens)とも呼ばれる．また，上皮細胞の側底膜(basolateral membrane)と頂端膜(apical membrane)の境界に位置し，両者の間で膜蛋白質や脂質が混ざりあうのを防いでいると考えられており，上皮の細胞極性の形成に重要な役割を果たしているとされている．接着をつかさどると考えられる膜内蛋白質としてクローディン(claudin)，オクルーディン(occludin)，細胞膜裏打ち蛋白質としてZO-1などが存在する．

c **ダイナミン** [dynamin] *微小管どうしを*架橋し，微小管を束化させる機能をもつ蛋白質．*キネシンおよび*ダイニンとは異なる微小管結合ATPアーゼとして，哺乳類の脳中に発見された．分子量は10万．微小管添加によって活性化されるATPアーゼおよびGTPアーゼ活性をもつがキネシンやダイニンと異なり，微小管上を運動する活性をもたない．*インターフェロンによって哺乳類細胞中に誘導されるMx蛋白質や，出芽酵母の膜蛋白質のソーティングに関与するVPS1遺伝子の産物とダイナミンの間には，一次構造上の類似性が存在する．さらに，ショウジョウバエの*エンドサイトーシスに関わるshibire遺伝子の産物がダイナミンであることがわかっている．ダイナミンはエンドサイトーシスにあたって形成される*被覆小胞と細胞膜との連絡部分の回周に自己集合してらせん状構造体をつくり，被覆小胞を細胞膜から引きちぎる働きをもつ．

d **第二触角** [second antenna, antenna] 《同》大触角(antenna)，後触角(独 hintere Antenne)．甲殻類の2対の触角のうちの第二対．第一触角が一枝型であるのに対して，原則として二枝型，すなわち内外2本の鞭状部(flagellum)からなる．基部に*触角腺が開口する．ノープリウスにおいては口の後側方にあるが，のちに前方に移る．感覚器官であるほか，原始的な甲殻類では重要な遊泳器官ともなる．

e **ダイニン** [dynein] *微小管と相互作用して滑り運動を生じる，微小管結合蛋白質の一種．I. R. Gibbons(1963)が*Tetrahymena*の繊毛で発見．鞭毛・繊毛運動の原動力を発生する運動性蛋白質であるとされてきたが，1980年代後半から多くの真核生物の細胞質内にも存在することが明らかにされ，前者を鞭毛・繊毛ダイニン，後者を細胞質ダイニンと呼んで区別する．哺乳類の脳のものはMAP1Cとも呼ばれ，神経軸索内の逆行性輸送に関与するとされる(⇒軸索内輸送)．また，細胞質ダイニンは，細胞分裂時における染色体の分配にも関わるともいわれる．鞭毛・繊毛においては，周辺微小管上の2種の突起である内腕と外腕を構成し，隣接する微小管と周期的に相互作用して軸糸の屈曲運動を生じる．鞭毛・繊毛ダイニン，細胞質ダイニンともH鎖(分子量約50万)とL鎖からなるが，含まれるペプチドの数と組成は生物ごとに多様．*Tetrahymena*の繊毛，*Chlamydomonas*の鞭毛のダイニン外腕はそれぞれ3本，棘皮動物や脊椎動物の精子鞭毛の外腕は2本のH鎖をもつ．内腕の構成は不明の点が多いが，複数の分子種が存在し，合計8種程度のH鎖が存在する．細胞質ダイニンは2本のH鎖を含む．H鎖にはATPアーゼ活性がある．このATPアーゼは低濃度のヴァナジン酸によって非拮抗的に阻害される．鞭毛・繊毛ダイニン，細胞質ダイニンともにH鎖の一次構造中にATP結合部位が4カ所存在する．L鎖の機能として，ダイニンの微小管や膜小胞への結合と，活性の調節に関与している可能性が示唆されている．ダイニンの発生する微小管滑り運動は，ダイニン自身が微小管の一端に向かう方向に生じる．これは，同じ微小管結合蛋白質である*キネシンの起こす運動とは反対方向である．(⇒モーター蛋白質，⇒鞭毛運動，⇒滑り説)

f **胎嚢** [foetal sac] 発生中の哺乳類の胎児を包む嚢状物．その壁は*漿膜とその内側の*羊膜，およびその間に広がった*尿膜の合したもの．

g **大脳** [cerebrum] [1] 広義には*中脳・*間脳および*終脳の総称，狭義には終脳(すなわち*大脳半球)．

[2] 昆虫において脳神経節を含む数個の神経節が頭部に集中し，大型化した部位の総称．脊椎動物の大脳と一般的な類似物として対比される．大脳は前大脳(protocerebrum)，中大脳(deutocerebrum)，および後大脳(tritocerebrum)に分けられる．各領域は，視覚や嗅覚などの高次の中枢として機能的に特化する傾向にある．昆虫類のみでなく，一部の環形動物や軟体動物なども同様に複雑化した大脳が見られる．

a **大脳化** [cephalization, cerebralization] 《同》脳化．*人類の進化にともない，脳，特に大脳が容積を増し，形をかえ，さらに機能を著しく高めていく現象．霊長類における脳の発達をひきつぐもので，大脳半球が大きくなるため，人類では脳幹部を外方より見ることができなくなった．化石人類の脳頭蓋でも，形態上，大脳化の過程ははっきり観察できる．大脳皮質は増加し，同時に神経繊維は極度に複雑化する．結果として人類独特の思考と言語，手をはじめとする全身の筋肉・骨格系の精密・巧妙な運動，各種感覚の発達などが可能になった．脳の大きさは，*猿人ではゴリラとかわりなかったが，原人ではその約2倍，旧人・新人では約3倍に達する．その形も低平であったものが，しだいに膨らみ丸味を帯びて，前頭部が特に発達する．人類文化の発達が大脳化に連動したと考えられる．

b **大脳基底核** [basal ganglia] 大脳の深部から脳幹にかけて存在する*灰白質からなる神経核群．尾状核(nucleus caudatus)，被殻(putamen)，淡蒼球(globus pallidus)，視床下核(nucleus subthalamicus)，黒質(substantia nigra)からなり，前障(claustrum)をこれに加えることがある．これらの核は相互に連絡し合って全体として大きな機能系を形成し，身体全体の釣りのとれた安定性を保持する働きをするとされる．主要な入力は大脳皮質と視床から供給され，出力は視床，中脳の視蓋および被蓋部へと送られる(→大脳半球)．*錐体外路系の一部を構成する黒質から尾状核へはドーパミン含有繊維が投射しており，尾状核から淡蒼球，黒質へはGABA含有繊維が送られている．また尾状核内にはアセチルコリン作動性の*介在ニューロンがある．大脳基底核に病変が起こると不随意運動と呼ばれる著しい運動症状が現れる．すなわち，黒質の病変によって身体の動きが少なくなり，手指のふるえなどを特徴とするパーキンソン病(Parkinson's disease)が起こる．この病気に対してはドーパミンの前駆物質L-ドーパの投与がしばしば著しい効果を示す．また尾状核の病変では手足を激しく動かして踊るような運動を続ける舞踏病(chorea)が起こり，視床下核の病変に際しては，片側の手や足を急激に前方に突き出すヘミバリスムス(Hemiballismus)と呼ばれる症状が現れる．

c **大脳半球** [cerebral hemisphere ラ hemisphaerium cerebri] 脊椎動物の中枢神経系において高次神経機能を営む部位．*終脳由来で内部の核(nuclei，大脳神経核)と外部に位置した大脳半球のほとんどを占める*外套からなる．円口類の外套は嗅覚系の繊維入力を多く受けるが，それ以外の情報の入出力も存在する．ヌタウナギの外套は5層からなり，1，3，5層は神経繊維，2，4層は細胞体によって構成される．魚類のうち，条鰭類とシーラカンス類では外翻(eversion)が生じ，外套が左右に開いた構造をとる．魚類の外套には嗅覚情報のほかにも，視覚系や体性感覚系などの情報が入力する．爬虫類では皮質の細胞層は3層に分化し，哺乳類に見るような背側皮質(dorsal cortex)が出現する．哺乳類では一般に6層の細胞層をもつ新皮質(neocortex)が発達し，*古皮質は背面内側に，原皮質(archicortex)は腹面内側に圧されて位置する．鳥類では新皮質と相同とされる高外套に層構造はみられない．また，爬虫類では背側脳室隆起(dorsal ventricular ridge, DVR)が発達する．鳥類では外套巣部がこれに相同とされる．*大脳基底核は終脳の腹外側壁から起こる．円口類では分化の程度が低いが，板鰓類や両生類では，腹内側部の旧線条体(palaeostriatum)と上線条体(epistriatum)に分化する．爬虫類では新線条体(neostriatum)が加わる．哺乳類では，旧線条体は淡蒼球(globus pallidus)に，新線条体は尾状核(nucleus caudatus, caudate nucleus)と被殻(putamen)になる．ヒトでは大脳半球が脳の大部分を占め，半球間裂(fissura interhemisphaerica，大脳縦裂 fissura longitudinalis cerebri)により左右の半球に分かれる．大脳半球の表面は大脳皮質と呼ばれる灰白質からなり，内部は神経繊維からなる白質で構成され，その一部が左右半球を連絡する脳梁(corpus callosum)である．半球の表面には諸方向に走る溝，すなわち大脳溝(sulcus cerebri)があり，その主要な溝または裂によって，各半球をそれぞれ前頭葉(lobus frontalis)，頭頂葉(lobus parietalis)，後頭葉(lobus occipitalis)，側頭葉(lobus temporalis)と島(insula)に分かつ．島はこれらの各葉に被われて自然の位置では見えない．前頭葉の外側面はさらに数本の溝によって，中心前回(gyrus praecentralis)，上前頭回(gyrus frontalis superior)，中前頭回(gyrus frontalis medius)，下前頭回(gyrus frontalis inferior)に分かれ，中心前回は運動機能の中枢で運動野(運動領)と呼ばれる．下面は眼窩のすぐ上方に位置し，内側部には嗅溝が前後に走る．そこに*嗅球と*嗅索が位置して嗅覚の末梢から中枢への通路となる．頭頂葉の外側面は，中心溝(sulcus centralis)に境されて前頭葉の後方にあり，中心後回(gyrus postcentralis)，上頭頂小葉(lobulus parietalis superior)，下頭頂小葉(lobulus parietalis inferior)に分かれる．中心後回は体性感覚の中枢で感覚野(感覚領)と呼ばれる．下頭頂小葉はさらに前部の回旋回(gyrus circumflexus)と後部の角回(gyrus angularis)とに区分される．後頭葉は溝も回転も不規則である．側頭葉は頭頂葉後下部および後頭葉から前外側方に突出した部分で，前頭葉や頭頂葉前部との間には外側大脳裂(fissura cerebri lateralis)が入りこんでいる．外側面は上・中・下の側頭回(gyri temporales)に分けるが，上側頭回の内側は横側頭回(gyri temporales transversi)といい，聴覚中枢の所在部分である．側頭葉の内側面の一部をなす海馬溝(海馬溝 sulcus hippocampi)は旧皮質に相当し，嗅覚の中枢が位置する．大脳半球の内側面には脳梁を上方からとりまいて帯状回(gyrus cinguli)があり，さらに後方には鳥距溝(sulcus calcarinus)が後頭葉内側面を後走する．その付近は視覚の中枢をなす(→感覚野)．ヒトの大脳半球の表面の1/3が外面に現れ，残りは溝の中にかくれている．大脳皮質には神経細胞がほぼ一定の層をなして配列し，神経細胞から出た神経繊維は白質を構成して他の部位に至る．それらの繊維のうち，同一半球内を皮質領域から他の皮質領域におもむく経路を連合繊維(association fiber)，脳梁を通って他半球の同様な部位におもむくものを交連繊維(commissural fiber)といい，大脳半球以外におもくものは大脳核の間の内包(capsula interna)を通り，投射繊維と呼ばれる．左右大脳半球の内部にはそれぞれ脳室の前部が側脳室(ventriculi laterales)を形成して入りこみ，脳脊髄液を満たしている(⇒脳室)．ヒトの大脳核は，側脳室壁の内面に沿っている尾状核，島の内方にあるレンズ核(nucleus lentiformis, 被殻と淡蒼球とからなる)と前障(claustrum)に区分されている．(⇒大脳辺縁系，⇒細胞構築学)

a 大脳皮質 [cerebral cortex] 大脳両半球の表層を形成する*灰白質部．内層の神経繊維の集合した部位，すなわち白質を形成する大脳髄質(cerebral medulla)の対．哺乳類ではその背側の領域は新皮質(neocortex, 等皮質 isocortex)と呼ばれ，一般に大脳皮質というときはこの部位を意味することが多い．基本的に6層構造を示し，いわゆる高次機能に関わる(⇒細胞構築学)．6層構造をもたない部分は不等皮質(allocortex)と呼ばれ，*古皮質と原皮質(archicortex)に分かれる．いわゆる広義の*嗅脳の部分に属し，主に大脳辺縁系によって占められるので辺縁皮質(limbic cortex)とも呼ばれる．新皮質を構成する細胞は次の2種からなる．(1)錐体細胞(pyramidal cell)：一般に大型で細胞体は錐体の形態を示し，軸索は皮質からその下部にある白質に出て，皮質下の部位や対側の皮質に投射．(2)非錐体細胞(non-pyramidal cell)：形態学的にさまざまなもの，例えば紡錘細胞(spindle cell)，星状細胞(stellate cell)，マルチノッティ細胞(Marutinotti cell)などがあり，軸索は短く，ほとんどが皮質内に投射．これらの細胞同士が複雑精巧に*神経回路網を形成し，いわゆる機能円柱を築き上げている．齧歯類の樽構造(barrel)のように，動物種や皮質の場所によっては，特殊な構造を示す部位もある(⇒大脳半球，⇒終脳)．哺乳類の新皮質の発生過程では，Glu性の投射ニューロンの場合は新しく生まれたニューロンが先に生まれたニューロンを乗り越え，より表層へ移動することにより誕生の遅いニューロンほど表層に分布する．これを inside-out 発生パターンと呼ぶ．この移動にはカハールレチウス(CR)細胞がリーリンを分泌し，重要な役割を果たすとされる．また，新皮質に存在する GABA 作動性介在ニューロンは，終脳の発生期に基底部から新皮質へと移動してくる(⇒介在ニューロン)．大脳皮質の領域化の過程には *Pax6*, *Emx1/2*, *Gli3* などの遺伝子が働き，運動野，視覚野，体性感覚野などの領野形成には *Emx*, *Pax6*, *Coup-TF1* などの遺伝子，あるいは吻側神経菱(ANR)からの FGF シグナルが関わるとされる．(⇒前脳)

b 大脳辺縁系 [limbic system] 脊椎動物の脳において，原皮質，*古皮質，およびそれらと関係する*扁桃体・中隔核などを含めた部分の総称．新皮質が学習・感情・意志などの高度な精神作用の発現の場であるのに対して，大脳辺縁系は情動・欲求・本能・自律系機能など動物の基本的な生命現象を発現あるいは統御する部位である．さらにまた，新皮質は明晰な意識の発現であるのに対し，潜在意識(subconsciousness)は大脳辺縁系に発現の座があると考えられている．

c 大配偶子 [macrogamete, megagamete, oospore] ⇒異形配偶子

d 大発生 [outbreak] 《同》異常発生．生物の*個体群密度が平常のレベルより著しく高くなること．赤潮でのプランクトンの増殖のように好適な条件下における増殖の結果起こる現象であるが，局地的にはしばしばほかからの集団移入によっても始まる．昆虫類の大発生は，一般に不規則な間隔で起こり，1世代で個体数が急激に上昇してすぐに低下する突発大発生(sudden outbreak)や，森林害虫に典型的な大発生の開始から終息までに数世代を要する漸進大発生(gradation)がある．大発生は好適な気候条件が引き金になって始まることが多く，これを気候的制限解除(climatic release)といい，その進行や終結の過程では，*こみあい効果や天敵類の作用が重要な役割を果たしている．周期的な大発生は，特に寒帯地方の草食獣やそれを捕食する肉食獣に顕著にみられ，例えばレミングでは3～4年，カワリウサギでは10年前後の周期で起こる．10年前後の大発生周期は，マイマイガなど他の生物群についても調べられ，太陽黒点の消長すなわち太陽黒点周期と関連づけて論じられたこともあったが，現在では支持する人が少ない．哺乳類の大発生とその崩壊の機構については，*被食者-捕食者相互作用や*生息地の植生との関連を重視する人もあるが，最近では，個体間の相互作用による生理的変化(⇒ストレス)や個体群内部の遺伝子型や表現型の頻度の変化による生存率や繁殖率の違いが，大発生の開始と終息に大きな役割を果たしていると考える人が多い．また遺伝子型の頻度は変わらないが，同一個体が血縁者とは協調し，非血縁者とは闘争するという行動をとることによって，ネズミなどの小哺乳類の大発生が引き起こされるという考え方もある．大発生はしばしば集団移動を伴い，地域的に拡大移行する．その例は哺乳類にもあるが，最も顕著なものはワタリバッタ類(locusts)で，その過程にはこみあい効果による個体の生理・行動の変化(*相変異【1】)が介在する．

e 胎盤 [placenta] 胚組織と母体組織とが緊密に接着し，両者間に生理的な物質交換が行われている場合，その両者の複合構造組織．哺乳類以外でも，*Mustelus*, *Carcharis* など卵胎生のサメ類では胚の*卵黄嚢の壁と「子宮」壁とが接着して卵黄嚢胎盤(yolk-sac placenta)を形成する．胎生硬骨魚類には，発生が卵胞内で進行し，卵胞壁と心臓とが接着して偽胎盤をつくるもの(*Heterandria*)と，胚が卵巣腔内で発生し，卵巣組織が索状にのびて鰓裂に侵入し鰓に接着して鰓胎盤を形成するもの(*Jennynsia*)がある．胎生トカゲ・ヘビ類では卵黄嚢胎盤をつくり，卵黄嚢上の*漿膜が局部的にうすくなって子宮壁と卵黄嚢とが緊密な関係を生ずるもの(*Chalcides tridactylus*)，漿尿膜胎盤(chorio-allantoic placenta)を形成し，*尿膜血管が胎児と母体間の物質交換に機能するものがある(*Hoplodactylus*, *Demisonia*)．哺乳類の胎盤のうち最も典型的なのは漿尿膜胎盤で，漿膜の一部に尿膜が接しそこに血管が豊富に分布して胎児性胎盤となり，これが子宮壁の変化にともなって母体性胎盤に接着して形成される(例：真獣類のすべてと有袋類のフクロアナグマ *Perameles*)．有袋類の多くは，尿膜が漿膜に接着せず，卵黄嚢の一部を通じて母体との間に物質交換を行う卵黄嚢胎盤をもつ．真獣類の中でもウマなどは初期には卵黄嚢胎盤があるが，後に尿膜が発達すると萎縮する．食虫類や翼手類では卵黄嚢も尿膜もともに発達し，絨毛を生じた漿尿膜胎盤のほかに，無絨毛の卵黄嚢胎盤があり，後者でも物質の動きがある．齧歯類の胎盤も類似の型であるが，卵黄嚢の壁の一部が失われて嚢で

はなくなっている．また完成した状態では尿膜が退化している．霊長類の胎児では，少なくとも完成に近いものは，卵黄嚢も尿膜も痕跡的になっている．真獣類の漿尿膜胎盤のうち，ウマ・ラクダ・ブタなどのものでは，漿膜は表面全体に絨毛を生じて絨毛膜(chorion)となり，内面は尿膜に裏打ちされ，絨毛は子宮壁のくぼみにはまるが，出産時には子宮を傷つけずに離脱する．ウシやヒツジなどでは胎児側の絨毛膜嚢の大部分が均一に壁あるいは絨毛により子宮内膜に付着する散在性胎盤(placenta disseminate, diffuse placenta, multiple placenta)，食肉類では胎児側の絨毛膜絨毛が絨毛嚢の赤道面に帯状に1周発生し，子宮内膜に付着し形成される*帯状胎盤(placenta zonaria, 環状胎盤)があり，齧歯類や霊長類などでは絨毛膜の円盤状の部分が子宮内膜間質に付着した盤状胎盤(placenta discoidalis, 円盤状胎盤)となる．また，子宮内膜の子宮小丘(caruncle, 旧称：宮阜 cotyledon)に絨毛が生じ，そこに胎盤ができる形式のもの(ウシやヤギなどほとんどの反芻類)を多胎盤胎盤(placenta multiplex, cotyledonary placenta)という．帯状胎盤と盤状胎盤は子宮壁に緊密にくいこみ，母性胎盤(→脱落膜)の剝離なしには離脱しない．脱落膜をもつ胎盤を真胎盤，もたないものを半胎盤と呼ぶ．また栄養膜(漿膜または絨毛膜)と子宮内膜との結合様式からみると，胎盤は上皮絨毛膜胎盤(上皮漿膜胎盤，ウマやブタなど)，結合組織絨毛膜胎盤(反芻類)，内皮絨毛膜胎盤(食肉類)，血液絨毛膜胎盤(霊長類，マウス，ウサギなど)の4型に分けられる．胎盤はホルモン分泌を行い，妊娠維持に生理学的に重要な役割を果たす．

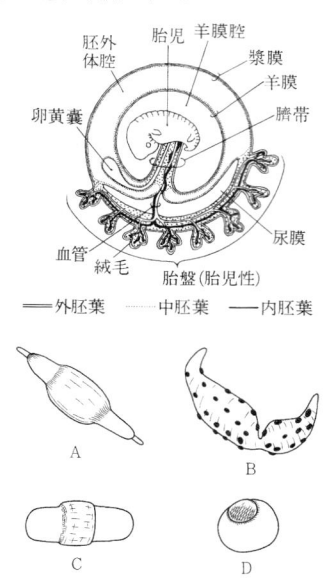

真獣類の胎盤の様式
A 散在性胎盤　B 多胎盤胎盤
C 帯状胎盤　D 盤状胎盤

a **胎盤ホルモン**　[placental hormone] 胎盤から分泌されるホルモン．胎盤はペプチドホルモンとステロイドホルモンを同時に分泌する点で他に類をみない組織である．ペプチドホルモンとしては生殖腺刺激効果をもつ*絨毛性生殖腺刺激ホルモン，乳腺の発達を促す胎盤性ラクトーゲン(placental lactogen)など，ステロイドホルモンとしては発情ホルモンと黄体ホルモンがある．種によってこれらのホルモン分泌に差があるが，ヒトでは上記4種類のすべてが分泌されており，下垂体や卵巣からのホルモンの働きが加わることによって長期間にわたる妊娠維持がなされていると考えられる．

b **対比**　【1】[contrast] 《同》コントラスト．同一種の感覚で質や強さ(量)に差のある二者が空間上に隣接したり，または時間的に継起して現れるとき，その差が強く感じられる現象．ある感覚の質または強さが，先行もしくは隣接感覚の影響で後者と反対の向きにずれて感じられることである．空間上に相接して同時に現れたものが相互に影響する場合は同時性対比(simultaneous contrast)，先行感覚が後続感覚に影響する場合は継時性対比(successive contrast)という．このような感覚相互間の影響を感応または誘導(induction)と呼び，上の二つの場合は，それぞれ空間的感応(spatial induction)および時間的感応(temporal induction)といわれる．対比は特に視覚において著しい．同時性対比としては，灰色は白色のそばでより黒く，黒色のそばでより白く見え(明暗対比 brightness contrast)，また有調色のそばでその補色すなわち対比色(contrast color)，例えば赤のそばでは緑を帯びて見える現象(色対比 color contrast)がある．継時的にも，白色または有調色を見つめた直後に灰色に眼を移せば同様な対比が起こる．なお，同時性および継時性対比は両眼間にも可能で，両眼対比と呼ばれ，さらに視覚による空間認知上にも対比の現象が存在して，ときに錯視の原因となる．対比はそのほか温度覚，味覚，聴覚などに多少ながら認められ，感覚刺激の弁別を強化する合目的性をもっている．網膜では，ある視細胞の情報とその周辺の視細胞の情報が，主に水平細胞の働きによって双極細胞で統合される．次に双極細胞の情報は同様にアマクリン細胞の働きによって視神経節細胞(多極細胞)で統合される．双極細胞や神経節細胞では中心-周辺拮抗型の受容野をもち，わずかな位置の違いの情報も，その差を強調して抽出できるメカニズムになっている．
【2】[correlation] 離れた地にある地層について，岩石の性質・地層の累重関係，横の連続，示準化石，生物群，地形上の特徴などによって同時性を定め，上下の関係を決めること．W. Smith (1816～1819)に発する．以上のうち最も重要なのは*示準化石および生物群によるものである(→生層位学)．

c **体皮細胞**　[somatodermal cell, somatic cell, peripheral cell] 二胚動物や直泳動物において，体表を構成する1層の，移動や栄養に関係する細胞の総称．(1)二胚動物では，体の中軸にある軸細胞を覆う20～30個の細胞を指し，その数は種により一定(eutely)．互いに瓦状に重なり不規則に並んで体皮(somatoderm)を形成する．*極細胞と胴細胞とに区別される．一般に繊毛をもつが，この場合，極細胞に比べ胴細胞の繊毛は長く疎に生える．まれに繊毛を欠き，多核状態のこともある(→軸細胞)．(2)直泳動物では，有性虫の内側にある多数の生殖細胞を包み込む体皮をつくる細胞．互いに似た大きさと形の細胞が横に規則正しく環状に配列するため，体皮には*体環が認められ，その数は種，性により決まっている．前端のいくつかの体環は前錐(anterior cone)をつくり，ここでの繊毛は前に向くのに対し，その他の

後端の後錐(posterior cone)を含む大部分の体環の繊毛は後ろに向く．繊毛をもつ体環とそれを欠く体環が前後に連なるが，体環の大きさ，その組合せ，繊毛の分布にいろいろな変異がある．

a **対比染色** [counter staining] 《同》対照染色．目的の細胞や組織構造を細胞・組織化学的反応によって染色したあと，その性状・部位をより明確にさせるため別の色素で他の部分を染色すること．ヘマトキシリン染色(⇒ヘマトキシリン染色法)に対するエオシン染色，サフラニンに対するファストグリーン染色，細胞・組織化学的染色後のヘマトキシリン染色，*フォイルゲン反応後のオレンジ G 染色，*グラム染色法におけるビスマルク褐色染色などがある．

b **大氷河時代** [Great Ice Age] 多くの場合，*更新世を示すが，不明瞭なため現在ではあまり使われていない．

c **体表面積の法則** [surface law] 《同》ルーブナーの法則(Rubner's law)．「恒温動物の酸素消費ないし基礎代謝の大きさは，動物の種や体重にかかわらずその体表面積に近似的に比例する」という法則．代謝量が動物の体重には比例せず，小形の動物ほど単位体重当たりの代謝量が大きいという事実から一歩進め，M. Rubner (1883)が提唱．この法則の説明としては，体表面積の大きい動物ほど熱喪失の速度が大きいはずで，したがって，恒温動物であるかぎりそれに比例して熱生産が大でなければならないということが挙げられていた．代謝量が体重の 2/3 乗に比例するというのが Rubner 以来の立論の基礎だったが，このべき数もその後の広汎かつ精密な計測では 3/4 乗に修正され，しかも同じべき関数が変温脊椎動物ばかりか，単細胞生物を含むすべての変温動物にまで適用されることが示されるに至って，この法則はすでに完全に当初の意味づけを失った．

d **体部位再現** [somatotopic representation] 《同》体部位復元．*体性感覚中枢において，身体各部位の位置関係の連続性が保たれて処理されていること．体性感覚伝導路の各レベルに見られ，例えば延髄後索核，視床後腹側核，大脳皮質体性感覚野のいずれにおいても，明瞭な体部位再現がある．視覚における網膜部位再現(視野再現あるいは視野復元)に対応する概念．ヒトの一次体性*感覚野は大脳皮質中心後回(ブロードマンの 1, 2, 3 野，*細胞構築学[図])に位置し，上方内側部から下方外側部に向かって性器，下肢，体幹，肩，腕，手指，顔面，歯，舌の順序に再現が見られる(図)．この体部位再現の様子を指して「脳の中の小人」(ホムンクルス)と呼

ぶことがある．特に体性感覚の識別力の高い体部位，すなわち手指，顔，舌などはその体部位面積に対して広い皮質面積が割り当てられている．一次*運動野は中心溝直前の中心前回(ブロードマンの 4 野)にあり，一次体性感覚野の体部位再現とほぼ同様の配置で体部位が再現されている．ヒト大脳皮質体性感覚野および一次運動野における体部位再現の存在は，カナダの神経外科医 W. Penfield が，てんかん治療手術に先立ち，これらの領域を微小電気刺激することで見出した．

e **体輻** [antimere] 《同》相称面によって分けられた動物体の部分で，本来左右相称動物を構成する単位の左右の対応関係をこう呼ぶことが多い．体節にみるような単位の前後関係と対置される．左右相称動物では体の左半部と右半部に 2 セットの antimeres が見られる．放射相称動物においても，相称面によって境された区画をこのように呼ぶことがある．(⇒放射相称)

f **タイプ産地** [type locality] 《同》基準標本産地，模式産地．*担名タイプとなる標本が採集された地理的ないし層位上の場所．本来は地図上の一地点としての採集地を意味するが，それが特定できない場合には，その地域や地方，国などに拡大して用いられることも多い．担名タイプ標本の産地が複数の場合には，それに応じてタイプ産地も複数となる．

g **タイプシリーズ** [type series] 《同》基準系列．国際動物命名規約において，種ないし亜種の設立にあたってその基礎とされた一連の複数の標本．その中の 1 個の標本がホロタイプ(正基準標本 holotype)に指定されていれば，他はパラタイプ(副基準標本 paratype)，後日，レクトタイプ(後基準標本 lectotype)が指定されれば，他はパラレクトタイプ(副後基準標本 paralectotype)となる．ホロタイプないしレクトタイプの指定がない場合には，タイプシリーズのすべての標本が命名法上同等の資格をもつシンタイプ(総基準標本 syntype)となる．(⇒担名タイプ，⇒タイプ標本，⇒タイプ法)

h **タイプ標本** [type specimen] 《同》基準標本，模式標本．国際藻類・菌類・植物命名規約や国際細菌命名規約においては，命名法上のタイプ(⇒担名タイプ)となる標本すべてを指す．他方，国際動物命名規約では，「タイプ」という文字を含む各種標本の総称で，種・亜種の学名の客観的参照基準となる*担名タイプ標本だけでなく，パラタイプ，パラレクトタイプ，ホロタイプ(⇒タイプシリーズ)と異なる性の標本(アロタイプ・異性基準標本 allotype)，ある種のタイプ産地で採集されたそれと同種とされる標本(トポタイプ・同地基準標本 topotype)なども含まれる．

i **タイプ法** [type method] 《同》基準法．*学名の命名や運用において*先取権の原理とともにその根幹をなす規範(タイプ化の原理)を基礎づける理論．ある*タクソンの名称を，そのタクソンに所属するただ 1 個の生物学的実体(*担名タイプ，例えば種の場合のホロタイプ種，属の場合のタイプ属など)に結びつけることによって，学名と実体との一対一対応を永続的に維持し，学名の恒久的安定を図る．その操作をタイプ固定(type fixation，タイプ指定 type designation，タイプ化 typification)という．(⇒担名タイプ)

j **体壁柄** [somatic stalk] 主として脊椎動物の部分割する胚において，胚体が胚体外域から境界溝によりくびれて細長くなった両者の連絡部の外層で体壁葉(⇒側

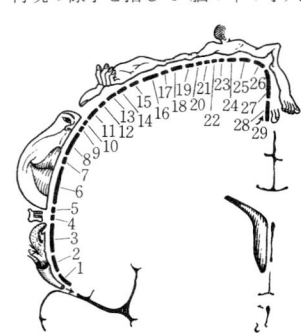

体性感覚野における機能局在

1 腹腔内　2 咽頭
3 舌　4 歯・歯齦・下顎　5 下唇　6 唇
7 上唇　8 顔　9 鼻
10 眼　11 拇指　12 食指　13 中指　14 薬指　15 小指　16 手掌　17 手根　18 前腕　19 肘　20 上腕　21 肩　22 頭　23 頸　24 躯幹　25 腰　26 下肢　27 足　28 足趾　29 生殖器

板)からなる部分．魚類など無羊膜類では，体壁卵黄嚢の柄にあたり，その中を内臓柄(内臓壁卵黄嚢の柄)が通る．羊膜類ではそれは羊膜の胚体との連絡部にあたり，その中を卵黄柄(内臓柄)と尿嚢柄が通る．(⇒腹柄)

a **体壁葉** [somatopleura] ⇒側板

b **台芽**(だいめ) [sucker] *接木において，穂木と台木が完全に活着したのち台木から出る芽．接木親和性の弱い場合に，穂木との接着部付近から生じやすい．穂木の成長の障害となるので除去する．

c **大網膜** [greater omentum ラ omentum majus] 《同》大網．哺乳類において，胃と結腸の間から前方に膨出し，前垂のように腸の前方に垂れ下がって襞となる胃の背部の腸間膜(胃間膜)．発生学的にはそれぞれが腹膜の2枚合した前葉と後葉からなり，両葉は下端で連続する．この結果生じた嚢状部を網嚢といい，網膜孔と呼ぶ部分で腹腔と通ずる．腹腔内の保護の機能をもつ．

d **帯蛹**(たいよう) [pupa contigua] *被蛹のうち，胸部に帯のように糸をかけ，これと尾端の糸とによって体を支え，樹枝などに付着するもの．チョウ類のアゲハチョウ科・シロチョウ科・シジミチョウ科にみられる．(⇒被蛹)

e **大葉** [macrophyll] 《同》大成葉(郡場寛による)．葉の系統器官学的類型の一つ．*小葉【2】に対する語．一般に大形で，複雑な維管束系をもち(⇒脈系)，かつ茎の維管束に*葉隙を生じることを特徴とする．O. Lignier(1903)は真正シダ類に限定してその類を大葉類(Macrophyllinae)と呼んだが，E. C. Jeffrey(1902)は種子植物の葉にもこれを拡大適用し，あわせてプテロプシダ(Pteropsida)と総括した．しかしシダ植物と種子植物の大葉の起原はそれぞれ異なる．

f **大洋区** [Oceanian region] 《同》オセアニア区．*南界に属する*動物地理区の一つで，ニュージーランド，西南太平洋諸島，南極大陸を含む地方から構成される区域．これら3地方はそれぞれに特徴ある動物相をもつので，ニュージーランド亜区(New Zealand subregion)，大洋亜区(オセアニア亜区, Oceanian subregion)，南極亜区(Antarctic subregion)という独立した3亜区とされる．本区には，コウモリ類(目)を除く哺乳類とヘビ類はまったく生息せず，ニュージーランド亜区には飛翔力を失ったキーウィ科やフクロインコ科の鳥類，また，ムカシトカゲ属(*Sphenodon*)やムカシガエル属(*Liopelma*)のような原始的な爬虫類や両生類が残存していることが著しい特徴である．大洋亜区には*隔離の進んだいわゆる大洋島の性格が強く反映した動物相がみられ，鳥類・爬虫類・無脊椎動物に固有種が多い．ハワイ諸島と近傍の島嶼は特にその性格が強く，ハワイ亜区(Hawaiian subregion)として独立させることもある．南極亜区は，若干の陸生無脊椎動物のほかに，海洋由来のアザラシ類やペンギン類が主体で，他の陸上動物地理区とはかなり性格を異にするので，南極界(Antarctic realm)として独立させることも多い．

g **太陽コンパス** [solar compass] 生物が太陽の位置から一定の方向を知る，すなわち太陽による*定位(sun-orientation)の能力を示すとき，太陽を方角認知の羅針盤(コンパス)と見立てて太陽コンパスという．太陽は刻一刻移動するので，時間の経過に伴って太陽の位置を補正する必要がある．この時間補正のために，*概日リズムを支配しているのと同様の性質をもった*生物時計が使われていることが証明されている．時間によって補正された太陽コンパスは，渡り鳥の一種とミツバチにおいてほぼ同時に発見されたが，今日では鳥類と昆虫のほかに，甲殻類・クモ・魚類・両生類・爬虫類・哺乳類など広範な動物で知られている．鳥は実際に太陽の位置を見ているのに対し，ミツバチは青空の偏光を検知することによって太陽の位置を知る．また，夜間に渡りをする渡り鳥では，星座のパターンによって定位することが知られている．

h **太陽虫類** [heriozoans] 《同》ヘリオゾア類．有中心粒類(centrohelids)．真核生物の系統群の一つ．単細胞性の原生生物であり，細胞は粘液やケイ酸質鱗片などで覆われる．細胞中心の中心粒(centroplast)から生じた微小管束によって支持された*有軸仮足(軸足)を多数もつ．軸足上にキネトシストと呼ばれる*放出体がある．ミトコンドリアクリステは板状．水域に広く生育する捕食者であるが，*共生藻をもつ種もいる．古くは放射状に伸びる多数の軸足をもち，中心嚢を欠く原生生物は全て太陽虫に分類されていたが，現在では無殻太陽虫などは*ストラメノパイルに，カゴメタイヨウチュウなどは*リザリアに移された．狭義の太陽虫類(有中心粒類)は他の真核生物との類縁性がはっきりせず，独立の門(太陽虫門 Heliozoa)として扱われる．

i **対葉法** [opposite leaf method] ⇒局部病斑

j **大葉類** [Macrophyllinae] 《同》大葉植物類(Euphyllophyta)．E. C. Jeffrey(1902)がシダ類および種子植物全部を一括して呼んだ群名．*大葉をもつことを特徴とする．(⇒リコプシダ)

k **第四紀** [Quaternary period] 地質時代の最も新しい時代．更新世と完新世に区分される．新第三紀と第四紀の境界の決定には，19世紀以来長い議論があった．そこで，2009年6月に国際地質科学連合は，第四系(第四紀の地層)の下限を鮮新統のジェーラ階(Gelasian)の一番下(基底)に変更することを決めた．この境界は，海洋酸素同位体ステージ(marine isotope stage, MISと呼ばれる)区分のMIS 103の基底にあたり，北半球に大規模な氷床が拡大した年代と整合的である．2009年の年代スケールでは，第四紀と新第三紀の境界は258万8000年前で，前期更新世はジェーラ階とカラブリア階(Calabrian)，中期更新世はイオニア階(Ionian)，後期更新世はタラント階(Tarantian)からなる．中期更新世の基底は，古地磁気層序のマツヤマ/ガウス(Matuyama/Gauss)境界(78万1000年前)におかれ，上限は最終間氷期の開始で定義され，MIS 5eの基底(12万6000年前)とされている．一方，更新世と完新世の境界は新ドリアス期(Younger Dryas)とプレボレアル期(Preboreal)の境界におかれ，グリーンランドの氷床コアのNorth GRIPで年代が決められ，1万1700年前となっている．第四紀の気候は氷期-間氷期サイクルで特徴づけられ，約100万〜90万年前までは4万1000年の変動周期が卓越し，60万年前以降は10万年の変動周期が卓越するようになる．変動周期が変化する期間は，中期更新世気候変換期(mid-Pleistocene transition, MPT)と呼ぶ．これに対して，完新世は8200年前の寒冷期を除き，比較的な温暖な気候が続く間氷期とみなされている．

l **大らせん** [major spiral] 減数分裂の第一分裂中期から後期の染色体の染色糸にみられるらせん構造．大

a **大陸移動説** [theory of continental drift] *古生代の終わり頃には世界に一つの超大陸（パンゲア Pangaea）が存在し，*中生代に入るとそれが分裂して大陸片となり，地球表面上を漂い現在の位置に到達したという説．ドイツの気象学者 A. Wegener (1915) の提唱．向かい合う諸大陸の輪郭の一致や南半球の氷河作用の痕，周氷河堆積物中のソテツシダ類・爬虫類化石の分布などに基づくこの説は一般に疑問視されていた，南半球の地質学者には支持され続けていた．A. Holmes (1928) によってマントル対流が移動の原動力であるとして説明されたが，1950年代後半の古地磁気学的データから地質時代の経過につれ位置を変えた磁極の軌跡がヨーロッパや北アメリカで求められ，両者間のずれは本来一つの大陸だったものが後で離れたことによるとして解釈された．大陸移動説などから発展した現代のプレートテクトニクス（plate tectonics）の理論では，地球表層部がいくつかのプレートでできており，それらは互いに離れたり，ぶつかったり，すれ違ったりするが，そのうちプレートの境目では海底拡大，深発地震，火山・造山運動，断層，断裂帯，浅発地震をそれぞれ生じ，海陸の変化を起こさせると解釈されている．今日では，各地質時代の大陸配置が復元されており，それに伴う生物の分布の変化や進化が研究されている．例えば，南アメリカとアフリカの分離は*白亜紀中期に生じたことがアンモナイトの研究から判明している．

b **対立遺伝子** [allele] 《同》対立因子，アレル，アリル，アリール．対立形質に対応する遺伝子．たがいに*相同染色体の相対位する部位，すなわち相同の遺伝子座を占める．複対立形質に対しては，それらに応じた遺伝子群すなわち*複対立遺伝子が存在する．形質の違いによらず塩基配列の違いだけで定義されることも多い．突然変異によって生じた対立遺伝子と元の正常（*野生型）遺伝子との関係について，H. J. Muller (1932) は次のように分類した．(1) 突然変異遺伝子が正常遺伝子のもつ形質発現の作用を全くもたぬもの（アモルフ amorph という）．(2) 突然変異遺伝子の作用が正常遺伝子の作用と質的には違わないが，量的に劣るもの（ハイポモルフ hypomorph という）．モルモットの皮膚色について5個の複対立遺伝子 C, c^k, c^r, c^d, c^a が知られている．これら遺伝子の種々の組合せについて毛中のメラニン形成量を調べると，表のようになる．c^a は amorph であり，他の遺伝子は優性対立遺伝子 C に対して hypomorph である (S. Wright, 1949)．(3) 突然変異遺伝子が正常遺伝子と反対方向の作用をもつもの（アンチモルフ antimorph という）．キイロショウジョウバエの脈欠損を起こす遺伝子 ci をもつものと，ci 部分を含む染色体部分の欠失したもの，および野生型の遺伝子 (+) を含むものの三者間では，$+/+ \to +/$欠失 $\to +/ci$ の順で欠損がひどくなる (C. Stern, 1948)．すなわち遺伝子 ci は，ci の無いときよりも +遺伝子の形質発現の作用を抑制しており，antimorph と考えられる．(4) 突然変異により野生型遺伝子の機能とまったく関係のない機能をもつようになったもの（ネオモルフ neomorph という）．キイロショウジョウバエの体の剛毛数を増す突然変異遺伝子 Hw につき，野生型 (+遺伝子) および Hw 遺伝子の重複したものを用いて，表現型の比較を行ったところ，つぎの結果を得た (Muller, 1932)．$Hw/Hw > Hw/+ = Hw$, $Hw/Hw/+ = Hw/Hw$, $Hw/+/+ = Hw/+$．すなわち野生型の+遺伝子の存在は Hw の表現型になんの影響もなく，野生型遺伝子はあたかも amorph 的な存在となっている．

遺伝子型	メラニン形成量	遺伝子型	メラニン形成量
CC	100%	$c^d c^r$	19%
$c^k c^k$	88	$c^r c^r$	12
$c^k c^d$	65	$c^r c^a$	3
$c^d c^d$	31	$c^a c^a$	0

c **大量絶滅** [mass extinction] 著しく多くの分類群の生物が地質学的にはほぼ同時に絶滅した現象．最も大規模なものは*古生代末に起こり，当時生存していた海洋生物の科のうち約50％が，種では90％が滅んだと推定されている．また*中生代末には，アンモナイトなどの海洋生物だけでなく恐竜類などの陸上動物においてもほぼ同時期に絶滅が起こった．海進，海退にともなう水陸分布の変化，気温低下などの地球規模の気候変化，火山活動の活発化，地球内部のマントル対流の変動のほか，地球外物質（隕石など）の地球への衝突などがその原因であるとする説が提唱されている．(⇌背景絶滅)

d **退緑** [chlorosis] 葉の緑色が薄くなる植物ウイルス病の病徴の一つ．シュート頂や葉の細胞内でウイルスが増殖すると，*葉緑体の発達不良や葉緑素の減少によって白化や黄化が起こり，接種葉あるいは新生葉が黄〜黄緑色となる．部分的に起こるとモザイク病徴，すなわち斑入りとなる．

e **苔類**（たいるい）[liverworts ラ Hepatopsida, Hepaticae] 苔植物門 (Hepatophyta) とされる一群．配偶体は*葉状体または茎葉の分化する植物体 (*茎葉体) を形成するが，*蘚類と違い，植物体に背腹性がある．葉状体には*中心束をもつものがあるが，茎葉体の茎には中心束がなく，葉には中肋がない．原糸体は塊状または糸状となるが，蘚類ほど発達しない．仮根は単細胞で分枝しない．細胞は通常油体を含む．蘚帽（⇌カリプトラ）はなく，*偽花被がある．胞子体は蘚類や*ツノゴケ類と比べるとより短命で，*蒴が分化後，蒴柄が伸長する．蒴には気孔，軸柱，蒴歯はなく，胞子を形成する部分はエンドテシウム起原で，胞子は同時に成熟し，胞子の他に弾糸を生じる．蒴は頂端から四つに裂け，胞子は短時間で分散される．世界に約5000種，日本には約600種が知られる．(⇌コケ類)

f **ダーウィニズム** [Darwinism] 狭義には*ダーウィン説に同じ，広義には*特殊創造説に対する生物進化論の提唱という面から C. Darwin の思想の全般，ならびにそれに基づいた進化思想一般を指す．(⇌ネオダーウィニズム)

g **ダーウィン** DARWIN, Charles Robert 1809〜1882 イギリスの博物学者，進化論者．海軍の測量船ビーグル号に博物学者として乗船，南アメリカ・オーストラリア・南太平洋の諸島などを周航，その間の動植物および地質の観察が進化理論の基盤になった．進化の要因として自然淘汰に想到．1858年 A. R. Wallace とともにロンドンのリンネ学会で，種の起原に関する論文を，同一の表題を冠する joint paper として発表．性淘汰概念の提唱，植物屈性の研究，フジツボ類の博物誌，ミミズが土壌形

成に及ぼす役割などの研究でも知られる．進化論に関する著作は，1859年 'On the origin of species by means of natural selection'（種の起原）として出版．[主著] A monograph of the subclass Cirripedia, 1851〜1854; Journal of researches into the natural history and geology of the countries visited during the voyage of H. M. S. 'Beagle' round the world, 1845 (A naturalist's voyage round the world, 1860); The descent of man, and selection in relation to sex, 1871.

ダーウィン DARWIN, Erasmus 1731〜1802 イギリスの博物学者，医師，詩人．C. Darwin および F. Galton の祖父．ケンブリッジ，エディンバラの両大学で医学を学び，リッチフィールドその他で医師を開業．当時の啓蒙的知識人の集まりの月光協会（Lunar Society）会員．進化論の先駆者の一人とされ，動物は同じ生命フィラメントから発達したが，刺激と感受性の差異により種々の形態を生じたとした．[主著] Zoonomia, or the laws of organic life, 1794〜1796.

ダーウィン [darwin] 肉眼形態の進化速度を，計測値 x の対数値についての時間的増加率で表現したもの．J. B. S. Haldane(1949) が提案．同一の系統に属する化石のある器官の計測値が t 年間に x_1 から x_2 に変化したとすれば，$(1/t)(\ln x_2 - \ln x_1)$ で進化速度を定義できる．Haldane は $t=100$ 万（年），$x_2=ex_1$（増加の場合，e は自然対数の底）あるいは $x_2=x_1/e$（減少の場合）のときの進化速度を 1 ダーウィンとした．実用的には 1000 年間に 0.1％ の増減と考えてよい．恐竜類の角竜類の体長増加は年に 6×10^{-8} で，つまり 60 ミリダーウィン（1 ミリダーウィンは 1/1000 ダーウィン），ウマの臼歯の高さでは 40 ミリダーウィンある．

ダーウィン説 [Darwin's theory] 一般的に C. Darwin の進化学説のうち，特に進化要因論を指す．その中心は*自然淘汰説である．Darwin は，主としてランダムな変異に対して自然淘汰が働くと考えた．しかし『種の起原』初版でも器官の*用不用の作用は認められており，ただ後年には獲得形質の遺伝を初期よりも重視している．なお Darwin は，「自然は自家受精をきらう」といい，他家受精が自然界において一般的であり，自家受精では生物の性質の退化が起こることを説いた．これがダーウィンの法則（Darwin's law，ダーウィン律 Darwin's rule）と呼ばれたこともある．

ダヴェンポート DAVENPORT, Charles Benedict 1866〜1944 アメリカの動物学者，遺伝学者．メンデルの法則再発見の前後から動物の遺伝現象を研究，哺乳類，特にヒトや，ニワトリの遺伝的系譜について多くの業績があり，メンデリズムをアメリカに根づかせるうえで大きな役割を果たした．[主著] Heredity in relation to eugenics, 1911.

タウリン [taurine] 《同》アミノエチルスルホン酸 (aminoethylsulfonic acid)．$H_2NCH_2CH_2SO_3H$ 抱合胆汁酸として胆汁に含まれる両性電解質．最初ウシの胆汁中に発見され，胆汁酸と結合してタウロコール酸，タウロデオキシコール酸などの形で各種動物の胆汁中に見出され，肝臓や筋肉に多い．またイカやタコなどの肉エキスは多量のタウリンを含む．システイン（またはシスチン）の酸化・脱カルボキシル化により生成するものと考えられている．ヒポタウリンを経由する合成が主要と考えられる．

ダウン症候群 [Down's syndrome] *精神遅滞を示し，短頭，扁平後頭，眼内角贅皺，斜めにつり上がった眼瞼裂，広い両眼の間隔，低く小さい鼻など，共通した特異な顔貌を示す先天性染色体異常疾患．イギリスの医師 J. Langdon Down(1866) が記載．古くはモウコ症(mongolism)などと呼ばれた．J. Lejeune ら(1959)により，本症候群患者の染色体数が 47 で，21 番目の常染色体が 1 個多く，*三染色体性（トリソミー）をなしていることが明らかにされた．その後，転座型やモザイクなどの存在が判明したが，いずれも 21 番目の染色体の過剰に起因している．新生児における出現頻度は 1000 人に対して約 1 人で，母親の加齢により発生頻度が高くなる．両親のいずれか一方の配偶子形成過程における 21 番目の染色体の*不分離に起因するものが大部分である．40 歳以降ではアルツハイマー病（*アルツハイマー型認知症）が高確率で起こるようになる．(⟶染色体異常症候群)

ダウンレギュレーション（受容体の） [down regulation] 細胞膜に存在するホルモンなどの受容体の数が，対応する作用物質に長時間さらされると減少する現象．受容体数の減少の結果，細胞の作用物質に対する応答性が減少する．変化は一般に可逆的で，細胞周辺から作用物質を除くことにより回復がみられる．作用機構については，作用物質と結合した受容体の細胞内への取込み(internalization)や，活性化されたプロテインキナーゼによる受容体のリン酸化による不活性化などが知られている．逆に，作用物質が受容体数を増加させるアップレギュレーション(up regulation)も知られている．

唾液 [saliva] 脊椎動物の耳下腺・顎下腺・舌下腺などの唾液腺や，無脊椎動物の唾液腺から口腔内に分泌される，やや粘り気のある液体．分泌に際して粘膜細胞・唾液小体（白血球の変化した円形小体）などを含むため多少混濁している．pH は 5.6〜7.6 で，ヒトでは 1 日当たり約 1〜1.5 L 分泌される．ムチン，尿素，尿酸，アミノ酸および Na，K，Ca などの無機塩，ならびにアミラーゼなどを含むが，組成は動物種によって異なる．アミラーゼの作用は口腔内よりも胃中で行われる．口腔内に食物が入れば化学的刺激・機械的刺激・温熱の刺激によって反射的に，また病的な原因によっても延髄にある唾液分泌中枢が興奮して分泌が起こる．嗅覚・視覚・想像でも分泌が起こり，精神的分泌と呼ばれる．吸血を行う無脊椎動物では，唾液中に血液凝固因子の阻害物質を含むものもある．

唾液腺 [salivary gland] 《同》唾腺．[1] 羊膜類の口腔に開口する*外分泌腺の総称．多くは粘液を分泌するが，あるものは消化液としての*唾液を分泌．哺乳類では顎下腺(submandibular gland, 排出管はウォートン管 Wharton's duct)，舌下腺(sublingual gland)，耳下腺(parotid gland, 排出管はステノ管 Steno's duct)がある．三者はいずれも分枝複合胞状腺に属し，大きい腺塊をなす．耳下腺は哺乳類でのみ発達し漿液性腺細胞のみからなり，顎下腺と舌下腺はそれと粘液性腺細胞とからなる．両排出管は円柱上皮からなる．腺体からアミラーゼ，α-D-グルコシダーゼを分泌し，排出管の途中からは NaCl を分泌してアミラーゼを活性化する．主として耳下腺，いくぶんは顎下腺においても腺内に分泌された物質が特定の細胞を通じて血液中に移行，ホルモン活性を示すとされる．これらの唾液腺を大唾液腺(large salivary gland)といい，口腔内各所にある小規模で同じく唾液分泌に参加する口唇腺(labial gland)，舌腺，頬腺，口蓋腺などを小唾液腺(small salivary gland)という．口唇腺は唇腺ともいい，両生類，爬虫類，哺乳類のくちびるに見られる口腔腺の一種．鳥類でそれに相応するものは，上下嘴の接する口角部の口角腺(angle gland)，毒ヘビでは発達して*毒腺となり，毒牙と連絡する．[2]無脊椎動物の口腔または咽頭に開口する腺の総称．その位置により，口腔腺，舌下腺(sublingual gland)，下唇腺(labial gland)，咽頭腺(pharyngeal gland)とも呼ぶが，種により構造と機能は異なる．ヒザラガイの唾液腺は砂糖腺(sugar gland)と呼ばれ，アミラーゼを分泌．カタツムリの唾液腺はセルラーゼ，アミラーゼ，β-D-フルクトシダーゼ，キシラナーゼなどの酵素を分泌，細胞をこわして*プロトプラストを作る実験に利用される．ホラガイでは血圧降下物質を分泌する．ウズラガイの唾液腺は鶏卵大に達し，分泌物中に遊離塩酸0.4%，遊離硫酸2%，結合状態の硫酸1.4%を含むので酸腺(acid gland)の名があり，歯舌の変形した毒牙により他動物に注射される．ツメタガイの唾液腺も硫酸を分泌，これによりシオフキやアサリなどの貝殻に穿孔するので穿孔腺(独Bohrdrüse)の名がある．ホネガイには小前腸腺(蛋白質分解酵素を含む)と大前腸腺(澱粉分解酵素を含む)とがあり，ともに食道に開く．頭足類の前唾腺(anterior salivary gland)は*ムチンだけで酵素を含まず，後唾腺(posterior salivary gland)は*チラミン(体色変化に関係する)を分泌する．吸血性のヒル類の唾液腺中は*ヒルジンを含み，吸血性の昆虫およびダニ類での唾液腺は抗血液凝固物質および溶血素を含む．節足動物の唾液腺は，機能的には*粘液腺，*出糸腺(絹糸腺)，*毒腺などさまざまである．

a **唾液腺ホルモン** [salivary gland hormone] 哺乳類の唾液腺(耳下腺や顎下腺)から分泌されるホルモン．ウシ耳下腺から精製されたものはパロチン(parotin)と呼ばれ，分子量約13万の糖蛋白質．骨組織，結合組織などの発育促進に関与していると考えられていたが，現在では否定的であり，むしろ口腔より体内に侵入する外来異物に対する免疫強化に働く*アジュバントとしての作用が考えられている．

b **多黄卵** [polylecithal egg, megalecithal egg] 《同》多卵黄卵．卵黄量の非常に多い動物卵．*卵黄の量により分類された動物卵の一型．

c **多回交尾** [multiple copulation] 雌が受精前に複数回の*交尾を(特に複数の雄と)行うこと．雄の側からみると，既交尾雌と交尾することは，*精子競争によってわずかでも受精させる可能性が上がるという利益がある．一方，雌にとっての利益は明白ではないことが多いが，複数の配偶相手の中から遺伝的な適合性の良い雄の子を産むことで子の質を高めるなどの利益があることが示唆されている．しかし，雌にとって不利であっても雄に強制されるという形で，雌雄の利害の対立の結果として生じる場合もある．

d **多角図法** [polygonal graph] 分類群の相違を表現するための図法．J. Hutchinson(1936)が提案．円周上に相互にはなれて形質の位置を与え，中心とそれを結ぶ半径上にその数，量，質などを系列化した位置を与え，群ごとにこれらの点をプロットして多角形を求める．この多角形の形の相違，大小の差などをもって群の相違をより明瞭に把握しようとする方法である．J. A. Davidson(1947)などが活用している．

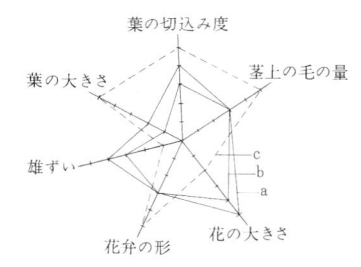

多角図法による表現例　実線の二つ(a, b)は同一種とみなし破線(c)は別種とみなす

e **多核体** [apocyte] 《同》多核細胞(apocyte, multinuclear cell)，ケノサイト(coenocyte, cenocyte)．2個以上の核をもつ原形質の塊．その成因によって，(1)細胞が融合し，細胞質が混合した結果できた*シンシチウム(合胞体)と，(2)単核細胞内で核の分裂が進行し，細胞分裂をともなわない結果できたプラスモディウム(*変形体)とが区別される．維管束植物の乳管やアメーバ状タペータム細胞，動物の筋肉や胎盤の栄養膜細胞に(1)の例が見られる．一方，ある種の維管束植物の胚発生の一時期やシャジクモ類の節間細胞，変形菌類の変形体，管藻類の栄養体，骨髄巨核球などに(2)の例が見られる．

f **多角体病ウイルス** [polyhedrosis virus] 感染細胞内に多角体(polyhedra)と呼ばれる*封入体を大量につくる一群の昆虫ウイルス．多角体中には多数のウイルス粒子が包埋されており，アルカリ性環境で溶解してウイルス粒子を遊離．環状の二本鎖DNAをゲノムとしてもつバキュロウイルス科の核多角体病ウイルス(Nuclear polyhedrosis virus, NPV, *バキュロウイルス)と，10本に分かれた二本鎖RNAをゲノムとしてもつレオウイルス科スピナレオウイルス亜科サイボウイルス属の細胞質多角体病ウイルス(Cytoplasmic polyhedrosis virus, CPV, サイボウイルス)に大別される．ヨトウガの核多角体病ウイルス(AcNPV)の強力なポリヘドリンプロモーターを利用したベクター(⇒ウイルスベクター)は，翻訳後修飾されて生物学的活性を保持している蛋白質を大量に発現できることから，蛋白質発現系として汎用されている．カイコの核多角体病ウイルス(BmNPV)はカイコガ幼虫内で目的蛋白質を大量に発現できる．NPVとCPVはともに宿主特異性が高く，殺虫力も強いことから，森林害虫に対する生物農薬として利用されているものがある．

g **多核嚢状体** [coenocyte, siphonous thallus] 《同》多核管状体．*多核体からなる藻類の体制．特に緑藻植物門アオサ藻綱(ミル，イワヅタ，カサノリなど)やオクロ植物門黄緑色藻綱(フシナシミドロ)の一部に対して用いる．ミルなどでは藻体の大部分が隔壁を欠く無色の細胞糸が錯綜してできており，藻体表面では糸の先端が棍棒状にふくれて小嚢(胞嚢 utricle)となり，これが並んで体表を形成している．小嚢には多数の葉緑体が含まれ，基部の細胞糸で別の小嚢に続いている．

h **他家受精** [cross-fertilization] 《同》交雑受精．異なる個体間や系統間の受精．*自家受精の対語．他家受精は動物では一般的であり，植物でもかなりの頻度で存在する．育種の方法として注目される場合もある．植物

では他家受粉(他花受粉 cross-pollination)ともいう.

多価染色体 [multivalent chromosome, polyvalent chromosome] 減数分裂の第一分裂において生じた, 二価染色体以上の染色体対合の総称. 4個の完全にまたは部分的に相同な染色体からは, 四価染色体(quadrivalent chromosome, tetravalent chromosome)が生じる. 多価染色体は, 倍数体・異数体・転座ヘテロ接合体で見られる.

高峰譲吉(たかみね じょうきち) 1854~1922 化学者. 最初に単離されたホルモンとして, ウシの副腎からアドレナリンを結晶として得, また消化剤タカジアスターゼをコウジカビから作った. 日本でいくつかの研究所を設立した後アメリカに帰化した.

他感作用 [allelopathy] 《同》アレロパシー. 一つの生物, 特に植物が隣接して生活している競争者に負の影響を与える現象. H. Molisch (1937)の造語. よく熟したリンゴの果実が, エチレンの生産により種子の発芽を阻害したり未熟の果実の熟するのを促進したりする作用や, サルビア属やヨモギ属の植物がテルペン類を出して下に生える植物の生育を害する作用がその例である. 種子植物に含有されるテルペン類を主体とする揮発成分すなわちフィトンチッド(phytontid)が微生物や原生生物に阻害的に作用するのも同様の例. バクテリアが*バクテリオシンなどの毒を産生して競争者を排除するのも例である.

蛇函類 [だかんるい] [Ophiocistia] 《同》ハコクモヒトデ類. オルドビス紀~デボン紀中期に生存した棘皮動物の一綱に属する化石群. W. J. Sollas による命名. 体は円盤状をなし, 多くは多角形の板で完全におおわれるが, 原始的なものでは口側はわずかに有板である. 派生的なものは1~2列の主輻板・側輻板・間輻板をもつ. 腕はなく, 盤の下面の各輻域から数対の大きな管足の束がでる. 囲口部に5個の強固な顎歯(口肪板)がある. 肛門は不定.

タキキニン [tachykinin] 《同》タヒキニン. C末端に共通残基-Phe-X-Gly-Leu-Met-NH$_2$-をもち, 腸管収縮・血圧降下・唾液分泌促進作用などを示す生理活性ペプチドの総称. Xには芳香族アミノ酸(Phe, Tyr)や分枝アミノ酸(Val, Ile)が入る. *ブラジキニンよりも速い平滑筋収縮作用をもつので tachy(fastの意味)kinin と呼ばれる. P物質, *ニューロキニン A, ニューロキニン B(neurokinin B), エレドイシン(eledoisin), カシニン(kassinin), フィザラミン(physalaemin)などが含まれる. 昆虫ではバッタやゴキブリの神経系にも免疫組織化学的に同定されており, 後腸の収縮作用が知られている.

多寄生 [gregarious parasitism] 寄生者(*捕食寄生者)が1寄主に2個体以上を産みつける場合. *単寄生に対応する寄生様式. そのような寄生者を多寄生者(gregarious parasite)という.

多極相説 [polyclimax theory] 植物群落の*遷移において, 気候的条件だけでなく土壌的条件による安定群落をも*極相として認め, 同一気候条件下にいくつかの極相が存在しうるとする説. A. G. Tansley(1911)の提唱. F. E. Clements(1916)の*単極相説と対する. すなわち, 地史的・地理的条件によって群落を構成する種類が異なれば, 異なる種による極相群落が成立するし, また同一気候であっても地形的な差異, 母岩の性質, 風化の程度などによって局所的に土壌要因が違う場合にも, 異なる極相ができこれを土壌的極相(edaphic climax)という. 酸性・過湿で栄養塩類の乏しい立地に成立する*高層湿原, 超塩基性岩地域の植生などはこの例. また地形(topography)の特性が原因となって地域的に成立する極相を地形的極相(topographic climax)という. しかもそれぞれの場合に極相への収斂が見られる. この説は実際の群落遷移によくあうし, また*退行的遷移をも説明できる.

多極紡錘体 [multipolar spindle, polyspindle] 多精の卵細胞, 腫瘍細胞, 雑種細胞などに見られる, 3, 4またはそれ以上の極をもつ*紡錘体. *有糸分裂において紡錘体の極は通常2個であるが, これらの細胞では条件によって多極の紡錘体を形成することがある. 極の中心となる構造を中心体(centrosome)と呼ぶが, 中心体の数の制御には, *がん抑制遺伝子 p53 が関与している. 多極紡錘体の場合には, 染色体の後期分配が不規則になり, いくつかの*小核を形成する. 低濃度のコルヒチンなど薬物処理によっても同様な変化を誘導することができる. トクサなどの特殊な植物体や胚乳細胞では, 分裂のはじめには多極紡錘体を形成しても, 中期に達するまでに2極に収斂することが多い.

タクソン [taxon] 《同》分類群(taxonomic unit, taxonomical group). 他から区別され, それぞれ個別の単位として扱われる分類学上の生物の群. 複数形はタクサ(taxa). 通常各タクソンは階層構造をなした*階級のどれかに位置づけられ, 固有の名称が与えられる. 例えば, ヒト, ヒト科, 霊長目, 哺乳綱, 脊椎動物亜門, など. (⇒単系統)

托葉(たくよう) [stipule] 葉の基部またはその付近の茎上に生じた構造体. 通常扁平な構造であるが外部形態, 組織の構造, 発生する位置, 数など, 種によって非常に異なるため, 相同でないいくつかの器官が托葉と呼ばれていると考える立場もある(⇒葉類説). エンドウやクルマバソウのように*葉身と同質の托葉を生じることもあるが, 異質の形や発生様式の托葉も少なくない. ブナ科, カバノキ科, ニレ科では冬芽をつくっている鱗片と相同な器官がシュート発生の終わりまで続き, 別の様式で生じる普通葉に対して托葉の位置を占める. 単子葉類には一般に例は多くないが, サルトリイバラのように明らかな托葉をもつ場合があり, またイネ科の葉鞘を托葉と解釈する立場もある. 裸子植物には知られていない. 托葉は若い葉身などを保護する役割をもち葉が展開すると脱落することも多いが長く残存して光合成を行う場合もある. また複葉の小葉に付属して生じる場合を小托葉

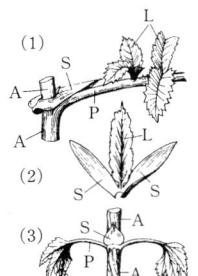

托葉の諸型
1 茎を抱いてつく托葉
 Melianthus maior(複葉の種)
2 双子葉類に一般的な托葉
 Carpinus betulus
3 葉柄間托葉
 Humulus lupulus
L 葉身
S 托葉
P 葉柄
A 茎

(stipel, stipellum)といい，托葉と区別する．托葉が棘に変態している例(ニセアカシア)もあり，これを托葉針(stipular spine)という．

a **托卵**(たくらん) [brood parasitism] 造巣・抱卵・育仔をせずに，そのいっさいを他の個体に托す動物の習性．もとは鳥についての用語で，托卵する相手の鳥を仮親(host)という．托卵は，ホトトギス科・ミツオシエ科・ムクドリモドキ科などの鳥でよく知られる．ダチョウなど同種の他個体の巣に産みつける種内托卵(intraspecific brood parasitism)と区別するときは，種間托卵(interspecific brood parasitism)という．種内托卵が，群れで産卵する鳥，特に水鳥で多いことは古くから知られているが，近年，ツバメやムクドリなど，かなり広い範囲で行われていることが判ってきた．種内托卵から種間托卵が進化したと考えられている．ホトトギス科では150種のうち約1/3が種間托卵を行う．日本で繁殖するホトトギス・カッコウ・ツツドリ・ジュウイチがその例．ホトトギス類では，托卵するのは仮親の産卵期であることが多い．産みこむ卵の数は1巣に1個で，産卵後，仮親の卵を1個くわえとり，のみこむか捨ててしまう．卵の色は，仮親の卵と似ていることも似ていないこともある．大きさはいくらか大きい．孵化に要する日数が短いために，仮親の卵よりも早く孵化し，孵化したヒナは背中に未孵化の卵を一つずつのせて巣外に放り出してしまう．仮親は，巣内にただ1羽残った自分の子でないヒナにせっせと食物を運び，育てあげる．仮親は，種によって大体決まっており，大きな重複はない．カエデチョウ科の鳥に托卵するアフリカのテンニンチョウ類(ハタオリドリ科)では，ヒナの外観，口腔内の複雑な模様が相手の種のヒナによく似ており，このヒナは，やはり早目に孵化するが，巣内の卵を放り出すことはしない．他のヒナと一緒に巣内にいて，しつこく食物をねだって早く成長する．鳥類以外では，魚類で，タンガニーカ湖にすむカッコウナマズが，口内保育するシクリッドに托卵し，その稚魚は口内で仮親の稚魚を食べ成長することが知られており，また昆虫類でも見られる．

b **タクロリムス** [tacrolimus] 《同》FK506. 放線菌*Streptomyces tsukubaensis*によって生産される免疫抑制薬．免疫抑制作用はシクロスポリンよりも強く，臓器移植時，特に肝移植時の拒絶反応の抑制に用いられる．T細胞内のFK506結合蛋白質と結合して*カルシニューリンの作用を抑制することにより，インターロイキン2の産生を抑制し，結果として免疫が抑制される．副作用として腎機能障害がある．また軟膏剤としてアトピー性皮膚炎の治療に用いられる．

c **多形性** [polymorphism] [1] 生物の同一種の個体がある形態・形質などについて多様性を示す状態．生物の形態は本来同一のようにみえて全く一致する個体は絶無であるから，この語は相対的に顕著な差異のある場合，特に多数の個体について定量的に比較して，不連続的な変異を示す場合に用いられる．相違する状態が2個である場合が最も目立つので，特に*二形性を区別するが，雌雄の性別そのものに直結した形態・性質などにはこの語を用いないのが一般的である．社会性昆虫においては，階級的な多形性がみられ，昆虫の変態段階を発生的多形性とみなすこともある．[2]《同》多型性．形状だけでなく，性質・機能において生物や各種の物質多様性を示す状態．例えばDNAの多型など．(→遺伝的多型，→蛋白多型)

d **多型性**(菌類生活環の) [pleomorphism] 菌類で生活環のうちに二つまたはそれ以上の異なった形態や胞子型をもつ性質．同一種の菌で，有性世代型すなわち*テレオモルフと無性世代型すなわちアナモルフの異なった胞子世代をもち，それぞれに属・種名が与えられ，両者とも正名として用いられる例は多い．また，ある種が二つまたはそれ以上の異なった形態のアナモルフをもつときはこれらをシンアナモルフ(synanamorph)といい，テレオモルフが知られている場合と知られていない場合がある．アナモルフだけのシンアナモルフの状態を多型不完全世代性(pleoanamorphism)という．

e **多型性群体** [polymorphic colony] 一つの*群体を構成する*個虫の間に形態および機能上の分化が著明なもの．[1] 刺胞動物ヒドロ虫類のポリプ(ヒドロポリプ)のカイウミヒドラなどでは，典型的なポリプすなわち栄養個虫のほかに生殖個虫，指状個虫，らせん状個虫，刺状個虫などがある．生殖個虫上には子嚢が多くか，またはクラゲ芽を生じてクラゲを出芽させて群体の生殖部を構成する．これに対し，栄養個虫や刺状個虫は生殖に関与せず，栄養体部と呼ばれる．管クラゲ類は泳鐘，保護葉，栄養体，生殖体，感触体，触手などが集まってできた群体であり，これらの集合体の1セットが一定の間隔で共通の1本の幹部によって連結された複合の群体を構成する．

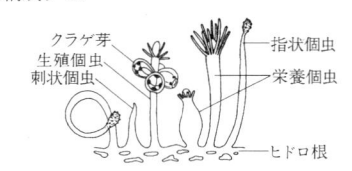

カイウミヒドラの一種(*Podocoryne carnea*)の多型性群体

[2] 苔虫動物では通常の個虫を収容する虫室のほかに，卵室・振鞭体・鳥頭体がある．(→群体)

f **竹市雅俊**(たけいち まさとし) 1943〜 細胞生物学者，発生生物学者．京都大学教授を経て理化学研究所神戸研究所所長兼発生・再生科学総合研究センターセンター長．細胞接着分子*カドヘリンを発見．

g **多系統** [polyphyly] 《同》多系統性．一般に，ある一群の生物種ないしは分類群において，その構成種(群)が異なる祖先生物に由来すること．ある分類群が多系統群であることが判明した場合，系統分類ではその群の分類は再検討される．(→単系統，→側系統)

h **ターゲット説** [target theory] 《同》標的論．ヒット説(hit theory)．放射線によって，酵素，ウイルス，細胞の不活化や突然変異などの生物効果が生じる頻度と

線量の関係を理解するために考えられた説で，一定の生物学的変化が引き起こされるには，照射の対象の特定の部分すなわちターゲット(標的)が放射線により電離または励起を起こすことが必要であると仮定するもの．電離放射線の生物学的作用を説明するにあたり，吸収されたエネルギーがどのようにして生物学的変化を引き起こすかについて F. Dessauer (1923) が提唱した．点熱説が今日のターゲット説の萌芽とみなされる．ターゲットの内部またはその近くを電離粒子が通過し，エネルギーを与えることをヒット (hit) と呼ぶ．ターゲットは生物学的に重要な機能をもつ分子で，その放射線による反応は活性か不活性かの all or none 型の効果を与えると考える．1 回のヒットによって与えられるエネルギーは，ターゲットの大きさ，電離粒子の種類および速度に関係する．またヒットは互いに独立に起こり，ヒットの起こる確率が低いのでポアソン分布に従うとしている．この説は D. E. Lea (1946) らが理論的にほぼ完成した．この古典的な意味での標的の実体が DNA 分子であると考えると，放射線の細胞に対する作用に関するこの説の重要さがよく理解される．生物学の中に量子的思考がとりこまれる上でこの説は大きな役割を果たした．

a **多元筋** [multi-unit muscle] *平滑筋の興奮様式による分類の一つ．神経活動に強く支配され，自発的収縮をほとんどしない平滑筋．構成細胞間に興奮連絡がないため，各筋細胞が独立に収縮する．瞬膜，立毛筋，血管壁，膀胱，輸精管などの筋がこれに属する．これに対し細胞間に接合部 (nexus) が存在し，細胞群が電気的につながった一つの単位として同調して収縮・弛緩する平滑筋を単元筋 (single-unit muscle) といい，多くの内臓筋がこれに属する．単元筋は多くの場合交感神経・副交感神経の二重支配をうけるが，多元筋はいずれか一方だけに支配される．

b **多元統一作用** [独 kombinative Einheitsleistung] 主として動物の個体発生において，いくつかの相互に独立した因子が働いて一つの統一性のある造形的過程が起こる現象．これらの因子は部分的に同義的に働く．F. E. Lehmann が提唱した概念で，極めて多くの現象に適用できる．H. Spemann の共同作用の原理 (synergetical principle, 協力の原理) もほとんど同じ内容を意味する．例えば両生類の内耳原基は神経板側方の外胚葉に，その部域を下降する中胚葉および神経管の続脳域から誘導的作用が働いて形成される．両者を別々に働かせるといずれも内耳原基が形成され，両者の作用は大体同義的であるが少し差がある．*二重保証の原理も多元統一作用の特別な場合と考えられる．

c **多交叉** [multiple crossing-over] ⇒二交叉

d **多交雑** [polycross] 選抜した個体または系統を隔離圃場で栽培し，相互に自由に行わせる交雑．*ヘテロシス育種に用いられる交雑形式の一つ．それぞれの次代を比較し，その優劣によって親の組合せ能力を判定する *組合せ能力の検定方法として用いられるが，その後代がそのまま*雑種強勢を利用するためにも用いられる．アルファルファなど*栄養繁殖のできる多年生作物に用いられる．

e **多光子レーザー顕微鏡** [multi-photon laser scanning microscopy] *共焦点レーザー顕微鏡と同様にレーザーを走査し焦点面の蛍光画像を取得するが，蛍光の励起に二つ以上の光子 (多光子) を用いるように設計された顕微鏡．標本に光を当てた場合，1 個の光子が蛍光物質に吸収され，励起現象を起こすのが一般であるが，光子の密度を上げることで，本来 1 個の光子しか占有し得ない空間に 2 個以上の光子が飛び込む確率を高め，蛍光物質に 2 個の光子を同時に吸収させることができる．この多光子励起という現象は，通常の 2 倍以上の光子で蛍光励起を行うため，エネルギーの低い長波長のレーザー光を用いても蛍光物質を励起することができる．そのために光源に近赤外フェムト秒超短パルスレーザーが用いられている．多光子励起は 2 個以上の光子が同時に物質に飛びこむのみに起こるため，焦点面のみが励起され，それ以外の部分を励起しない．その結果，焦点面以外も多少は励起してしまう共焦点レーザー顕微鏡に比べ，蛍光色素の退色がはるかに少なく，使用するレーザーのエネルギーも低いので細胞へのダメージが少ない．さらに，赤外線は深部到達性に優れており，試料深部の蛍光像を得ることができる．このような特徴から，血管発生や神経回路形成など，時間経過を追った生体組織の断層蛍光イメージングなどに利用されている．

f **多孔板** [madreporite, madreporic plate] 《同》穿孔板．棘皮動物がもつ多数の微小孔が貫通する篩状の骨板．*水管系から出る石管の先端につながり，*水孔として外界に開口する部分である．ウニ類では*頂上系の生殖板のうちの 1 板，ヒトデ類では腕の基部近くの盤上の反口側間歩帯にあるボタン形をした大きめの骨板 (1〜数板)，クモヒトデ類では口側の口楯 (oral shield) のうちの 1 板 (ないし数板) が多孔板となり，いずれも体表にあるが，ナマコ類では体腔内にある．多孔板の微小孔や石管の内壁には絨毛が密生していて，水管系の内液と海水 (体腔液) との交流がある．ウミユリ類には石管も多孔板もない．

g **多細胞化** [evolution of multicellularity] 多細胞体制 (multicellularity) が進化すること．単細胞体制 (unicellularity) では細胞増殖効率が高いものが有利であるのに対し，多細胞体制においては細胞ごとに異なった機能的分化が見られ，そのうち生殖細胞だけが次世代に引き継がれるため，有機体としての統合が求められる．つまり，生殖細胞だけが単細胞の論理で増殖すれば，多細胞体制は瓦解する．多細胞化にあたって，上のような分業をともなう社会構造への移行の過程については，(1) 細胞性粘菌に見るようなナメクジ様細胞凝集を形成した，(2) 細胞分裂を経ない核の分裂により形成されたシンシチウムを土台とした，(3) 細胞分裂に引き続き，娘細胞が分離を止めた，などの諸説がある．また，生物においてそれが系統ごとに複数回 (動物，植物，菌類) 生じた．原核生物にも多細胞構造が知られる．なお，単細胞生物が単に集まったものは多細胞生物とはいわず，この意味で多細胞藻類は群体とみなされることもある．(⇒群体, ⇒器官, ⇒細胞接着分子)

h **多細胞腺** [multicellular gland] 狭義の腺組織．単細胞腺を除く，腺細胞集団からなる*外分泌腺をいい，一般には腺上皮が陥入して分泌部と分泌物の貯蔵がなされる．多くは腺細胞が陥入部の奥に集合し，その部位を腺体 (corpus glandulae) あるいは分泌部 (secretory portion, 終末部)，その内腔を腺腔 (glandular cavity) という．開口部付近は通常，分泌機能を欠き導管 (排出管) となる．腺体の形状により管状腺 (tubular gland, 試験管状)・胞状腺 (racemose gland, alveolar gland, acinous gland, saccular gland, コルベン状)および両者の複合形の胞状管状腺(alveo-tubular gland)を区別する．また，導管の分岐の有無により，複合腺(compound gland)と単一腺(simple gland)に，腺体の分岐の有無により分枝腺(branched gland)と不分枝腺(unbranched gland)に分類することもある．その他，分泌様式による分類(漏出分泌腺，離出分泌腺，全分泌腺)，分泌物による分類(粘液腺や漿液腺など)も用いられる．変則的な多細胞性の外分泌腺としては，単一腺で陥入部がすべて腺細胞からなる場合があり，その場合には導管部を欠く．また多細胞腺でも，単に腺細胞が集合しているだけで陥入しないものがあり，これは表面腺(surface gland)といわれる．なお多細胞腺では構成する腺細胞が1種であるか2種以上であるかにより，それぞれ純粋腺(pure gland)または同質分泌腺(homocrine gland)と混合腺(mixed gland)または異質分泌腺(heterocrine gland)を区別する．

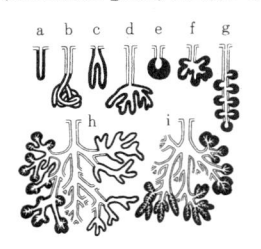

多細胞腺の諸形式
a, b 単一不分枝管状腺
c, d 単一分枝管状腺
e 単一不分枝胞状腺
f, g 単一分枝胞状腺
h, i 複合腺
(太い黒線は腺体，二重線は導管)

a **多産性** [productiveness, prolificacy] 産み出される卵や種子など次世代の数が，親の数よりも多いこと．C. Darwin (1859) はこれを*生存闘争の大前提としている．繁殖戦略(→最適戦略)を考えるときには，一度に産み出される卵や子の数(一腹産卵数・一腹産仔数 fecundity)の相対的な大きさを意味し，少産性と対置して用いられることがある．なお，畜産などでいう多産性(prolificacy)とは，品種などによって一生のあいだに産む卵や子の数が大きいことを意味している．また，農業や漁業などでfertile の語を一般的に用いることがあり，それは，単位時間・空間当たりの収量が大きいことを意味する．(→産卵数)

b **多糸染色体** [polytene chromosome] DNA が複製を繰り返しても染色体が多重になり，また分離せずに平行な束(多糸 polytene)になっている状態(多糸性 polyteny)の大形の間期染色体．典型的な多糸染色体は，双翅目昆虫の幼生の唾液腺，食道・小腸の表皮，マルピーギ管，神経細胞など，また植物の *Rhinanthus* (ハマウツボ科)の胚盤細胞(chalazal haustorium cell)，ヒナゲシの反足細胞などでも見られる．その大きさは減数分裂期や体細胞分裂中期の染色体の200倍ほどもある．双翅目において，2本の多糸相同染色体は体細胞接合しているため，細胞当たりの染色体の数は体細胞染色体数の半数である．1本の多糸染色体内の染色分体繊維の数は種特異性があり，双翅目の*唾腺染色体では約1024本，多いものでは2000本にも達している．その繊維の直径は15～25 nmである．それぞれの染色分体繊維の

等しい位置にある染色小粒が接合した結果生ずるいわゆる横縞像(banding pattern)は，高い染色体特異性を示し，複雑な染色体地図の作製と同様に，個々の染色体の同定にも使用されている．横縞の*パフや*バルビアニ環への変換は，選択的な遺伝子活性を示している．

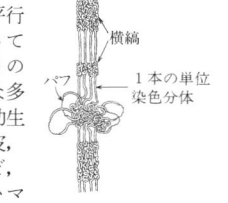

c **多室胞子** [phragmospore] 長軸に対してほぼ垂直方向に隔壁をもつことによって，複数の細胞からなっている胞子のこと．狭義にはそのような分生子．P. A. Saccardo による分生子形態に基づく不完全菌類の分類の際，重要な基準とされた．胞子の色が有色の場合は phaeophragmae，無色の場合は hyalophragmae として区別する．縦方向の隔壁をもつものは石垣状胞子(dictyosporae)として区別されることもある．また，分枝して手の形状を思わせるような複雑な構造の場合には，ケイロイド(cheiroid)として区別することもある．糸状，針状，あるいは細長い虫状の形をした胞子を総称して糸状胞子(scolecospore)というが，その多くは多室胞子である．

d **多シナプス反射** [polysynaptic reflex] 求心性ニューロン，いくつかの介在ニューロン，遠心性ニューロンからなる*反射弓による複数のシナプスを介する反射．*単シナプス反射と対し，それよりもより一般的にみられる．問題としている神経経路が複数のシナプスを含むときは多シナプス経路(polysynaptic pathway)と呼ぶ．またシナプスの数により二シナプス性，三シナプス性などと名づける．(→脊髄反射)

e **多重遺伝子族** [multigene family] ゲノム内に繰り返して存在する互いに相同な遺伝子の一群．多重遺伝子族は真核生物の遺伝子構成の特徴の一つで，*遺伝子重複の極端な場合と考えられる．L. Hood ら(1975)によれば，多重遺伝子族とは，反復性，染色体上の強度の連鎖配列の類似性および機能上の関連性をもったヌクレオチド配列または遺伝子の群をいう．Hood らはこれを単純配列多重遺伝子族(反復性 10^3～10^6の*サテライトDNA)，重複多重遺伝子族(反復性 10～10^3の 5S rRNA，18～28S rRNA，ヒストン遺伝子など)および情報多重遺伝子族(反復性数百の免疫グロブリン遺伝子など)の三つに分類した．しかしその後の研究から，ヘモグロビン遺伝子のように数回程度反復して存在する，少数多重遺伝子族(small multigene family)とも呼ぶべき場合が重要視されるようになってきた．一方，サテライトDNAなどは遺伝子として働いていないので，現在では多重遺伝子族のうちには含めず，リピート配列の一部と考える．さらにアクチン遺伝子や臭覚受容体遺伝子族などのように，強く連鎖せず，散在している多重遺伝子族(dispersed multigene family)も数多く見出されている．多重遺伝子族の進化的特徴として，発生消失過程(birth and death process)と協調進化(concerted evolution)がある．前者は根井正利らが主唱しているもので，多重遺伝子族も，コピー数の少ない通常の遺伝子族と同様の進化をしていると考える．一方後者は，一つの多重遺伝子族に属する異なった遺伝子が同一種内では並行して同じように変化し，与えられた時点では反復遺伝子間で互いにほとんど同じ構造が維持される現象である．その機構として現在最も妥当と考えられるのは，減数分裂における姉妹染色分体の間の不等交叉や*遺伝子変換により，1個の遺伝子に起きた突然変異が染色体上で横に広がり，さらにそのような染色体が集団内に広がるという説明で

a **多重感染再活性化** [multiplicity reactivation] 紫外線を照射して不活化したファージを多重感染させると，単一ファージの感染の場合に比べて見かけ上不活化の程度が著しく減少する現象．紫外線はファージDNAに局所的な傷害を与えるが，複数個のファージが1細胞に感染すれば，傷害を受けていない部分が相補的に働きあって組換え体を形成し，活性のある子孫ファージの形成が起こる可能性が高くなることにより説明される．感染初期に紫外線やX線によってファージDNAが傷害を受けたときにも同様なことが起こる．

b **多重整列** [multiple alignment] お互いに進化的に相同な塩基配列やアミノ酸配列を，相同な位置に沿って並べること．分子系統樹を作成するには，通常，多重整列結果が必要となる．2本の配列を整列するには，同一の塩基やアミノ酸の時に点を打ってゆくドットマトリックス法やダイナミックプログラミングを用いる方法があり，ギャップやミスマッチに関する重み付けを与えれば，数学的に一意的に決定できるが，多くの長い配列を同時に比較する場合には，計算量が膨大になるので，さまざまな近似法が開発されている．広く使われているソフトウェアとして，ClustalW, Muscle, MAFFTがある．

c **多重二倍体** [multiple diploid] 異なる起原のゲノムを2組もつ倍数体（多倍数体）の総称．含まれるゲノムの数によって二重二倍体（AABB．A, Bは異なるゲノムを表す），三重二倍体，四重二倍体などがある．

d **多条中心柱** [polystele] 一見，*原生中心柱とみられるそれぞれ内皮に包まれた外篩包囲維管束が数個環状に配列する，特殊な型の中心柱．双子葉類の一部（アリノトウグサ科のGunnera）およびアッサクラソウにみられる．(⇒中心柱)

e **他殖** [allogamy, cross-fertilization] 異なる個体に由来する雌性配偶子および雄性配偶子の結合．*自殖に対する語．このような生殖様式が一般的である植物は他殖性植物（allogamous plant）といい，作物ではトウモロコシ，ライムギ，カボチャなどがその例である．

f **田代安定**（たしろ やすさだ） 1856〜1928 植物学者，人類学者．薩摩藩出身．藩校でフランス語と博物学を学び，農商務省の役人として研究を始める．八重山諸島，台湾の研究で知られる．

g **多数個虫説** [polyperson theory] クダクラゲ類の体制は群体とする説．全体が一つのクラゲ形の個虫とする多数器官説（polyorgan theory）も唱えられたが，現在では否定されている．クダクラゲ類を構成する要素としては，泳鐘，保護葉，生殖体，栄養体，感触体，触手などがあり，前三者はクラゲ形，その他はポリプ形に近い構造を示す．このことから，クダクラゲはクラゲ形およびポリプ形に属する数種類の個虫が集まって幹部により互いに連絡する群体である，との解釈が行われる．ただし幹部の頂点にある気泡体は個虫ではなく，共肉の頂端が嚢状に変形したものとされる．(⇒ヒドロ虫類)

h **多精** [polyspermy] 〘同〙多精受精，多精子受精．動物の受精の際に，2個以上の精子が1個の卵に侵入する現象．一般に1個の卵に1個の精子しか入らないという単精（単精受精・単精子受精 monospermy）が守られるが，ときには多精が生じる．ある種の動物，例えばサメ類・両生類・爬虫類・鳥類など大きな卵をもつものの一部，卵は小さいが精子が束になっているコケムシ類などでは，多精が正常受精の際に起こる．しかしこれらの場合でも，卵核と合一するのは侵入した精子の核のうち1個だけで，余分な精子の核は退化する．正常では単精の受精をする動物の卵でも，実験的に多精を起こさせることができる．例えば，著しく濃い精子液を与えたり，*媒精前に卵をクロロホルムなどの麻酔薬やニコチンなどのアルカロイドで処理したりすると，多精を起こし，卵割が異常になる．これらの実験的多精は，単精の機構を研究するための手段としてしばしば用いられる．2個の精子が侵入する場合は二精（dispermy）といい，最初の卵割において2個の分裂極を生じることがある．

i **多精核融合** [polyandry] 受精に際して，2個以上の*雄性前核が1個の*雌性前核と融合すること．

j **多精拒否** [prevention of polyspermy, polyspermy block] 卵が受精時にただ1個の精子だけを受け入れ，それより多くの精子の侵入を拒否する現象．生物種によって多様な機構が発達しているが，最も典型的な例では，精子が結合した卵細胞膜の膜電位変化を生じるイオン的な機構による速い反応と，機械的な機構による遅い反応の2段階からなる．機械的な機構としては，ウニなどのように*受精膜を形成するものや，魚などのように精子侵入口である*卵門を閉鎖するものなどが知られる．

k **多生児** [multiplets] 〘同〙多胎（胎児の場合）．ヒトでは1回の産児数は通常1個体であるので，成因のいかんにかかわらず，2個体またはそれ以上の個体が同時に妊娠ないし出産された場合，それらの個体を多生児という．児数によって順次，2児：*双生児・ふたご・双胎，3児：三つ子・三胎・品胎（triplets），4児：四つ子・四胎・要胎（quadruplets），5児：五つ子・五胎・周胎（quintuplets）などという（胎の字を付した語は特に胎児を指す）．多生児はそれほど稀ではないが，数が増すほど頻度は急激に減じ，かつ出産され生存することも極めて稀になる．双生児と同じく，三胎以上の場合も一卵性，多卵性，または両者の組合せによるものと考えられる．近年，ヒトの不妊の治療に用いられる排卵誘発剤の投与による過剰排卵の結果としての多生児の例が報告されている．

l **多染色体性** [polysomy] 正倍数体の染色体よりも多いか少ない染色体をもつ場合を*異数性というのに対し，異数性のうち2nの細胞において一つまたは複数の染色体が3本もしくはそれ以上存在する状態をいう．2n+1, 2n+1+1, 2n+2などと表される．

m **唾腺染色体** [salivary gland chromosome, salivary chromosome] 〘同〙唾液腺染色体．双翅目の唾液腺の間期核に見られる巨大な染色体．E. G. Balbiani（1881）が初めて紐状構造として見出したが，後にE. HeitzとH. Bauer（1933）およびT. S. Painter（1933）がその細胞学的な意義を指摘した．唾腺染色体の著しい特徴は，次の通り．(1)リボン状をなしているが，その幅5μm，長さ400μmに達し，これは通常の染色体の約200倍に当たる．(2)細胞の分裂を伴わずに染色糸がつぎつぎ繰り返し複製され，分離せず対合したままの状態になっていて，多糸性の染色体にができ幅を増す．このときと同時に長さも延びて巨大化する（⇒核内倍数性）．キイロショウジョウバエの場合は，約10回の複製が繰り返される．しかし，この多糸化は*ユークロマチンの領域のみで見られ，*サテライトDNA部分，X染色体やY染色体上のリボソームRNA遺伝子部分はそれぞれ異なった程度の

少ない回数の複製をする．(3) ほとんど全長にわたって好塩基性の顕著な帯状の模様がある．帯の幅には大小があり密度にも疎密があるが，その数・位置などとともに，相同染色体どうしでは同一である．帯は*染色小粒が横に並んだものと見られる．帯は染色体の部分的な欠失・逆位・重複・反復・挿入・転座などを詳細に調べる標識になる．(4) キイロショウジョウバエの多糸染色体は，約5000の帯をもっている．染色体 DNA の95％は帯の部分に，残りの5％は帯と帯の間の部分に含まれる．一つの帯の部分に含まれる DNA 量は，ほぼ3000〜3万塩基対に相当する．この帯一つが，一つの相補性単位（遺伝子）ではないかという説もある．(5) 2本の相同染色体どうしが対合をしているため，ユスリカ ($2n=8$) では4本の染色体が認められる．キイロショウジョウバエ ($2n=8$) ではさらにV字形をしたII染色体・III染色体がおのおの2本ずつの腕に分かれている．各染色体は異質染色質の多い動原体の付近が相寄って，核小体とともに核の中央で1個の*染色中心を形成している．唾腺染色体の縞の1個またはいくつかが著しくふくらんでいることがあり，この部分を*バルビアニ環という．一般に多糸性の巨大染色体におけるこのようなふくらみを*パフという．(→多糸染色体)

a **多層表皮** [multiseriate epidermis] 維管束植物において，2層以上の細胞層からなる*表皮．その最外層の1層は通常の表皮と変わらない．元来，1層の原表皮の細胞が発生の途中で*並層分裂を行い多層となったもので，部位により細胞層の数が異なる場合（ムラサキツユクサ）もある．主に葉で見られ，ムラサキツユクサ属やマオウ属では2〜3層，インドゴムノキでは3〜4層，スナゴショウ属の一種では十数層に達することがある．水分の貯蔵の機能をもつと考えられている．根の根被も多層表皮の例である．

b **多足類** [millipedes ラ Myriapoda] 節足動物門の一亜門．ヤスデ類・エダヒゲムシ類・ムカデ類・コムカデ類の4綱を合わせたもの．以前はこれら4群に，広義の昆虫類を合わせたものを生殖器の位置から*前性類と後性類に二分した．しかし，近年では上記4群の近縁性を認め独立の亜門として扱うことが多い．現生種は体長数 mm〜30 cm．体は円筒形または扁平で，頭部と胴部に分かれる．胴部は一様の体節があり，付属肢を有する．頭部には1対の触角を有する．無眼のものと眼を有するものがある．気管で呼吸し，肉食性の群と腐植や菌類などを食べる群がある．

c **多態性** [pleomorphism] 《同》多形態性．一つの細菌が生育中に種々の形態的な変異を示すこと．多態性による変異の規模はときに非常に大きく，分類学上の基準を危うくすることもある．現象的に見て次のように分類される．(1) 生活条件の変化に応ずる変型で，根粒菌や肺炎連鎖球菌が寄生状態と人工培地上とで適応的差異を現すような場合．(2) 鞭毛の有無や胞子形成のような，生活環中での変化．(3) 培養条件の劣化に伴って現れる退化異常形態．(4) 人工培養の継代で起きる性質の退化（これは元に戻りにくい．集落の*S-R 変異など）．(5) 毒物など異常環境の影響（特にストレス stress）を与えて人工的に変化を起こさせる場合（抗生物質への抵抗性獲得に伴う形態変化 impressed variation など）．(6) 細菌の DNA の分離や移入に関係する遺伝的変化（correlated variation という）．(7) 放射線による突然変異．なお異なった形態が一つの培養中に共存することもしばしば見られ，これは多形性と呼ぶが，変異種がその条件で生存優位をもつ場合には，生起頻度は小でも選択によって菌株全体の変化が起こる．

d **立直り反射** [righting reflex] 《同》正向反射，整位反射，復位反射．一般に動物体が異常な体位におかれたとき，正常体位に復帰させるような反射．[1] 脊椎動物ではネコなどでよく研究されている．動物はまず頭部だけを正常位に戻すが，これは*迷路前庭が姿勢を感受することによるもので，反射中枢は中脳にある．このとき体幹が依然として不正位であれば頸筋に捻れが生じ，その筋紡錘の刺激から体幹部を正位に戻させる第二の反射（中枢は中脳ないし胸部脊髄に散在）を引き起こす．そのほかに，一般身体筋の筋紡錘の受容による反射（中枢は中脳）や視覚性の反射も関与し，皮膚の接触刺激も影響する．除脳固縮（⇒除脳）の際には，これらの反射はすべて失われる．[2] 無脊椎動物では多くは単純な反射行動で，例えばヒトデの起き返りでは管足への接触刺激の欠失により全管足の探索運動が引き起こされ，たまたま最初に底面に接触した腕が先導腕となって漸進的に反転を成し遂げる．この際重力覚は関係せず，また食道神経環は各腕の独立の反応を協調させる働きをもつ．これに対し，クラゲ類・渦虫類・巻貝類などでは平衡胞が，昆虫類などでは脚筋の張受容器が，立直り反射を引き起こすとされる．

e **多虫類** [polyzoans ラ Polyzoa] 主としてイギリスで用いられた苔虫類の別名．かつて*植虫類と呼ばれていた動物群から，J. V. Thompson (1830) が初めて区別して名付けた．A. Hejnol ら (2009) は苔虫動物・有輪動物・内肛動物からなるクレードを指すのに Polyzoa の語をあてている．

f **脱アミノ反応** [deamination] 《同》デアミネーション．アミノ基の切断を伴う生化学反応．このうちアミノ基と切断してアンモニアを生ずる酵素を脱アミノ酵素（デアミナーゼ deaminase）という．生体内では，CH-NH$_2$ 結合の酵素的脱水素で生じたイミノ基 C=NH の加水分解によりアンモニアとカルボニル基が生成する反応（例：グルタミン酸脱水素酵素，アミン酸化酵素）のほか，アンモニア脱離反応（二重結合生成，例：アスパラギン酸脱アンモニア酵素），アミノ基加水分解反応（例：アデニル酸アミノ基水解酵素）なども知られている．なおアミノ基転移反応も供与体にとっては脱アミノ反応である．

g **脱灰** [decalcification] 《同》脱石灰．硬組織から無機塩を化学的に取り除く処理．骨や歯には大量の無機質が含まれ極めて硬く，そのままでは顕微鏡観察用の切片を作れないので脱灰処理が必要である．処理には酸（塩酸・蟻酸・トリクロル酢酸）やキレート剤が用いられる．なお，脱灰を行わずに観察する方法として，砥石などを使用して紙のように薄くして切片を作る研磨切片法もある．

h **脱殻**（ウイルスの）[uncoating] 《同》脱外皮．ウイルスの*カプシドがはがれ，ウイルスゲノム核酸を露出する現象．*バクテリオファージでは核酸は粒子から細胞内に注入され，カプシドは細胞外にとどまるため，脱殻に相当する過程はない．動物ウイルスの場合には*ウイルス粒子と*ウイルス受容体との反応が引き金となり進行することが多く，*侵入の過程と直接不可分の関係にある．

a **脱カルボキシル酵素** [decarboxylase] 《同》デカルボキシラーゼ，カルボキシリアーゼ (carboxy-lyase)，脱炭酸酵素．カルボン酸のカルボキシル基を炭酸として脱離する酵素の総称．α-ケト酸脱カルボキシル酵素，β-ケト酸脱カルボキシル酵素，アミノ酸脱カルボキシル酵素などがこの例．なお，酸化的脱カルボキシル反応を行う酵素(例:イソクエン酸脱水素酵素，リンゴ酸脱水素酵素)は酸化還元酵素として扱われ，酵素の化学的構成のうえからも大きな違いがある．

b **脱カルボキシル反応** [decarboxylation] 《同》脱炭酸，脱炭酸反応，デカルボキシレーション．有機酸のカルボキシル基が CO_2 として遊離して CO_2 を生じる反応．生体内では酸化に伴って起こることが多い(酸化的脱カルボキシル反応，酸化的脱炭酸反応 oxidative decarboxylation)．ピルビン酸や 2-オキソグルタル酸のような α-ケトカルボン酸では，CO_2 とアルデヒドを生じる場合(ピルビン酸デカルボキシラーゼ)と，脱水素反応を伴って CO_2 とアシル CoA (ピルビン酸脱水素酵素複合体，2-オキソグルタル酸脱水素酵素複合体)を生じる場合がある．β-ケトカルボン酸は特に不安定で，アミノ化合物の存在で化学的にも分解するが，酵素によりカルボキシル基を失ったケト化合物が生成される．リンゴ酸やイソクエン酸などの β-ヒドロキシカルボン酸では，脱水素反応を伴って CO_2 と対応するケトン(リンゴ酸脱水素酵素，イソクエン酸脱水素酵素)を生じる．α-アミノ酸を脱カルボキシルする反応も広く存在し，対応するアミンが生成される．オキサロ酢酸は GTP (ITP) によるリン酸化を伴って CO_2 とエノールピルビン酸リン酸を生じるような例もある．脱カルボキシル反応は生体における CO_2 発生の主な原因である．逆反応はカルボキシル化 (carboxylation) であるが，必ずしも脱カルボキシル反応の逆行ではない．

c **脱共役剤** [uncoupling agent, uncoupler] 《同》除共役剤，アンカップラー．酸化的リン酸化反応において酸素吸収を阻害せずにリン酸化だけを阻害する化合物．ニトロフェノールおよびハロゲンフェノール類・アジド・酸化還元色素・グラミシジンやクロロテトラサイクリンなどの抗生物質などにこの作用の例があり，*2,4-ジニトロフェノールは古典的に有名．脱共役剤は，ATP 生成の準備段階である高エネルギー状態を解消することにより作用を生ずる．脱共役状態下ではミトコンドリアの酸素吸収自体はむしろ促進される．これは ADP あるいは無機リン酸による呼吸調節が利かなくなるためである．脱共役剤のうち生体膜のプロトン透過性を増加させるものが多いが，その化学的本体は脂溶性弱酸であり，$U^- + H^+ \rightleftharpoons UH$ のように解離型 (U^-) も酸型 (UH) も脂溶性であるため，膜に生じた H^+ の電気化学的ポテンシャル差が失われるまで H^+ を運び出し，そのために酸化的リン酸化が失われる．

d **脱鞘筋繊維** [skinned fiber, skinned muscle fiber] 《同》名取の標本 (Natori's preparation)，名取のファイバー，スキンドファイバー．*筋繊維鞘を除去した筋繊維標本で筋肉モデルの一つ．最初，名取礼二 (1954) によって油中で筋繊維から筋繊維鞘を除去することで作られた．*グリセリン筋よりも生きた筋肉に近く，両者の中間に位する標本である．電気刺激により局所収縮・伝播収縮を起こすが，伝播速度は生筋の場合よりもはるかに遅い．これらの反応は小胞体・*T 管系などの筋内部膜系 (internal membrane system) の働きによると考えられる．その後 ATP を含むカルシウム緩衝液中で同様な標本が作られるようになり，筋内部膜系の機能や筋フィラメントの収縮機構について，多くの知見が得られている．

e **脱水素酵素** [dehydrogenase] 《同》デヒドロゲナーゼ．基質 (AH_2) から水素を脱離し電子受容体 (B) に渡す脱水素反応: $AH_2 + B \rightleftharpoons A + BH_2$ を触媒する酸化還元酵素の総称 (EC1 群に属する)．基質より一つあるいはそれ以上の数の水素 (H) を受け渡しすることで，基質を酸化する．脱水素酵素の作用は呼吸・発酵などにおける代謝基質の第一に受ける酸化の段階として重要である．代謝基質 AH_2 に対する特異性は一般に厳しく，したがって多くの種類が知られ，個々の名称はそれぞれ代表的な基質の名を冠して呼ばれる (例:アルコール脱水素酵素，キサンチン脱水素酵素)．分子状酸素を直接電子受容体として利用しない多くの脱水素酵素を嫌気的脱水素酵素と呼び，NAD^+ あるいは $NADP^+$ を電子受容体とするピリジン酵素類がこれに属する．分子状酸素を利用しうる脱水素酵素を好気的脱水素酵素と呼ぶ (例:ある種のフラビン酵素類)．好気的脱水素酵素は酸化酵素として取り扱われる．アルコール脱水素酵素，乳酸脱水素酵素はピリジン酵素に属し，発酵生産物の生成に関与する．フラビン酵素は酸素以外にシトクロム，色素など種々の物質を電子受容体として反応を行うことが多い．

f **脱促通** [disfacilitation] ある二つのニューロン，例えば A と B において，A が B を持続的に*促通している間，第三のニューロン C が A を抑制するときに起こる現象．A から B へ加えられていた促通が除かれ，B は C により間接的に抑制されることになる．*脱抑制と対置される．

g **脱窒素作用** [denitrification] 《同》脱窒．*Pseudomonas denitrificans*, *Micrococcus denitrificans* などの脱窒素細菌が，硝酸または亜硝酸を窒素ガスに変えて放出する作用．窒素ガスはすべて無機硝酸または亜硝酸に由来し，$NO_3^- \rightarrow NO_2^- \rightarrow NO \rightarrow N_2O \rightarrow N_2$ の順に還元されるので，N_2 のほか N_2O，NO なども副次的に形成されることがある．呼吸における電子受容体として酸素の代わりに硝酸を用いてエネルギーの調達を行っていると考えられる (硝酸呼吸，⇌硝酸塩還元)．通常の維管束植物や他の細菌類による硝酸，亜硝酸の還元過程が同化の過程であるのに対し，脱窒素作用は異化の過程であり，両者は区別される．

h **脱同期** [desynchronization] 《同》脱周期．生物のリズム活動に見られる同期が解除されること．特に*脳波が，多数のニューロンの電気活動が同期しているときの高振幅徐波から，同期が弱まった低振幅速波になることを指す．ヒトが眼を閉じ安静にしている状態での脳波は α 波が主であるが，注意の集中を促したり感覚刺激を与えると α 波が消失して β 波が出現する．これを α 波阻止 (α-blocking) といい，脱同期の例と考えられている．動物でも睡眠中のものや軽い麻酔状態において，感覚刺激や脳幹網様体の電気刺激などで同様な現象がみられ，これを脳波賦活 (EEG activation)，覚醒反応などとも呼ぶ．

i **脱ハロ呼吸** [dehalorespiration] 《同》脱ハロゲン呼吸，塩素呼吸 (chlororespiration)．有機ハロゲン化合物が最終電子受容体として働く還元的脱ハロゲン化を伴

う嫌気呼吸の一種．一部の偏性*嫌気性菌に見られる．クロロエテン類のような脂肪族有機ハロゲンのほか，芳香族有機ハロゲン（クロロフェノール，クロロベンゼン，ダイオキシン，塩素化ビフェニル PCB）も利用される．これらの還元にはコリノイド補因子(corrinoid cofactor)を含む基質特異的な還元的脱ハロゲン酵素(reductive dehalogenase)が作用．脱ハロ呼吸に依存して生活する偏性脱ハロ呼吸菌においては遊離の水素が電子供与体となるが，通性脱ハロ呼吸菌の場合には加えて有機物が電子供与体として働く．脱ハロ呼吸の機能は有機ハロゲン汚染環境の生物学的修復に応用される．

a **脱皮** [ecdysis, molt, molting] 昆虫や甲殻類などの節足動物および線形動物のような硬い*クチクラ層を体表にもつ動物が，成長の過程において古いクチクラをひとまとめに脱ぎ捨てる現象．脊椎動物のヘビやカエル，軟体動物のイソアワモチなどが皮膚を更新するのも脱皮といい，また哺乳類の換毛，鳥の換羽も一種の脱皮とみなしてよい．節足動物では脱皮に伴って*変態や体節数の増加が起こる（甲殻類，多足類，原尾類の幼生）．また再生も脱皮のたびに進行する．線虫類では一生の間に4回，昆虫では幼虫時代に5〜7回，蛹で1回脱皮が行われるのが一般的であるが，カゲロウの幼虫は20回以上も脱皮し，また無翅昆虫では甲殻類などと同じく，成虫も脱皮を続ける．節足動物の脱皮では体表のキチン層のみならず，前腸，後腸および気管の内張りのクチクラ層も脱ぎ捨てられる．昆虫の脱皮は次の順序で起こる．まず旧クチクラと，その下部に重なっている表皮細胞が分離し，その間に不活性な形の酵素を含む脱皮ゲル(molting gel)が分泌される（*アポリシス）．次に表皮細胞から新しい上クチクラ(epicuticle)と脱皮ゲル中の酵素を活性化する因子が分泌され，脱皮ゲルは脱皮液(molting fluid)に変化する．続いてキチンと蛋白質からなる新クチクラの主要部分が形成されるとともに，旧クチクラは脱皮液中の酵素の作用で下面から分解される．これに先立って表皮細胞は細い穴を通して新クチクラの表面にワックス層を分泌して，酵素による分解から新クチクラを保護する．最後にわずかに残る上クチクラが剥離し，脱皮腺が新クチクラ表面のセメント層を分泌して脱皮が完了する．このアポリシスから脱皮に至る期間はpharate instar(⇌ファレート状態)という．脱皮の際の力は消化管内に吸い込まれた空気または水の圧力，または血液の移動による局部的な膨圧，または局部的な筋肉の蠕動により与えられる．脱ぎ捨てられた旧皮を脱皮殻(exuviae)という．甲殻類では脱ぎ捨てられるべき旧クチクラ中のカルシウムを一度血液中に溶かしだし，そのまま，あるいは胃石や体の一定の部位（胸部・腹部の腹面）に生ずるカルシウム塊(chalkと呼ぶ)として体内に留め，新クチクラが分泌された後にそこへ移動させ，カルシウムの喪失を防ぐ．

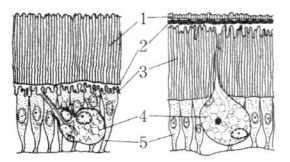

1 旧クチクラ
2 消化されつつある旧クチクラ
3 新クチクラ
4 脱皮腺
5 表皮細胞

脱皮腺の作用（模式図）

b **脱皮開始ホルモン** [ecdysis-triggering hormone] ETHと略記．昆虫において一連の脱皮行動を開始させるペプチドホルモン．このホルモンは*気管上や*気門上に位置する epitracheal gland のインカ細胞(inka cell)で合成される．タバコスズメガでは *eth* 遺伝子はETHのほか，ETH-AP (ETH-associated peptide)，PETH (pre-ecdysis-triggering hormone)，の計三つのペプチドをコードし，これは脱皮直前のファレート期に，20-ヒドロキシエクジソンの作用により発現する．インカ細胞は脳内の神経分泌細胞から分泌される*コラゾニンに反応してPETHとETHを分泌する．これらは羽化ホルモン(*脱殻ホルモン)の放出を促し，羽化ホルモンはさらなるPETH，ETHの分泌を促進する．PETHは腹部の背腹筋が体節間で同期して収縮する脱皮前行動(pre-ecdysis behavior)を，ETHは脱皮行動を引き起こす．ETH-APの機能は不明．

c **脱皮殻** [exuvium] 節足動物が脱皮した際の「ぬけがら」．クチクラの内層は消化して再吸収されるため，通常ほとんど外クチクラだけからなり，薄い．殻には外胚葉性の前腸・後腸や，昆虫では気管の内張りをしているクチクラ層も付着している．

d **脱皮腺** [dermal gland] 《同》皮膚腺．昆虫の表皮中にあり，表皮細胞から分化して生ずる分泌腺．導管はクチクラ層を貫いて体表面に開口する．脱皮の最終過程で新クチクラ形成後，セメント層を分泌し，速やかに硬化してワックス層の保護層を形成する．自己防衛のための物質や*フェロモンの分泌にも関わるとされる．

e **脱皮抑制ホルモン** [molt-inhibiting hormone] 甲殻類の*サイナス腺から分泌される，Y器官によるエクジステロイド分泌を抑制することにより，脱皮を抑制するホルモン．F. A. Brown, Jr. および O. Cunningham (1939)により，アメリカザリガニの眼柄をサイナス腺を含めて除去すると脱皮間隔が短縮するが，ふたたび眼柄を移植すれば元のようになることから発見された．このホルモンはサイナス腺に近い*X器官で生産される神経分泌物で，神経軸索を通ってサイナス腺に貯蔵され，そこから体液内に放出されるものと考えられている．脱皮抑制ホルモン活性をもつペプチドが，ワタリガニの一種(*Carcinus maenas*)とロブスター(*Homarus americanus*)から純化され，それぞれ78, 71個のアミノ酸からなるペプチドであることが知られている．これらは，同じくサイナス腺から分泌される血糖上昇ホルモン・卵黄形成抑制ホルモンとアミノ酸配列が類似する．

f **脱分化** [dedifferentiation] 《同》退分化．すでに分化した細胞がその特徴を失って一見単純な外見を呈する現象をいう．植物のカルス，動物では傷口の近くの細胞にみられる．がん化した細胞，細胞培養に移した直後の細胞なども，ある程度脱分化している場合がある．脱分化した細胞には活発に増殖するものが多い．そしてある期間増殖を重ねた後，再分化(redifferentiation)する例が少なくない．このとき動物細胞では，元来あったものと同じ特徴の細胞に分化するのが一般的．例外的には，全く別の細胞へと再分化する例もあり，これを*分化転換という（⇌化生）．哺乳類では，分化した体細胞に数種類の遺伝子を導入することで*iPS細胞と呼ばれる多能性幹細胞への脱分化を誘導できる．植物の脱分化した細胞はもとの分化の特徴に限られることなく，広く植物個体に含まれる全ての細胞に再分化しうる能力をもつことが知られている．（⇌全能性）

876　タツフンキ

a **脱分極** [depolarization]　一般に細胞の内部において，細胞膜を境として外部に対して生じている負の分極が減少すること．これに対し，増加することを過分極(hyperpolarization)という．脱分極は膜を通して外向きの電流を流したり(⇌電気緊張)，外液のイオン組成を変えたり(例えばK^+濃度を増加)しても起こすことができる．興奮性膜では一定値(閾)以下まで脱分極させると能動的な脱分極が起こり，しばしば分極の方向の逆転(オーバーシュート)が起こるが，その後再分極(repolarization)して元の電位にもどる．これが*活動電位である．

b **脱抑制** [disinhibition]　二つのニューロンAとBにおいて，AがBを持続的に抑制しているあいだ，第三のニューロンCがAを抑制するときに起こる現象．AからBへ加えられていた抑制が除かれ，BはCによって間接的に*促通されることになる．*脱促通と対置される．

c **脱落膜** [decidua]　哺乳類の妊娠成立の際，*胚盤胞の*栄養芽層が子宮内膜に接触し，これが刺激となり付近の内膜間質細胞が増殖して形成された肥大部．グリコゲンや脂質などがここに貯えられる．妊娠のある時期までは増大をつづけるが，以後はうすくなって分娩時には*胎盤底部にいわゆる母性胎盤として残る．食肉類・齧歯類・霊長類などで分娩のとき剝げ落ちるのでこの名があるが，ウシ・ウマ・ヒツジ・ブタなどでは顕著ではない．脱落膜形成にとって*黄体ホルモンは不可欠で，微量の*エストロゲンが相乗的に作用．脱落膜の意義は異物(胎児)の侵入に対する母体側の防衛反応とされる．

d **脱離酵素** [lyase]　《同》リアーゼ，除去付加酵素，開裂酵素．酵素分類上 EC4 群に属する酵素の総称．約300種類の酵素が知られており，生物代謝反応に関与するものも多い．加水分解反応や酸化反応を伴わずに，基質から置換基を脱離して二重結合(または環状化合物)を生成したり，その逆反応によって二重結合部位へ置換基を付加する反応を触媒する．反応は一般に可逆であるが，一部不可逆のものもある．開裂または生成する結合の種類によってさらに細かく分類され，炭素と炭素の結合(C-C)，炭素と他の元素(酸素，窒素，硫黄，ハロゲンなど)との結合，リンと酵素の結合(P-O)，などに作用するものがある．例えば，C-C 結合に関しては，アルドール縮合または開裂を触媒するアルドラーゼ(アルデヒド脱離酵素)，脱炭酸反応によって CO_2 生成を触媒する脱カルボキシル酵素(デカルボキシラーゼ)など．C-O 結合の開裂に関してはフマラーゼ(フマル酸ヒドラターゼ)やエノラーゼなど，C-N 結合の開裂に関してはアスパルターゼ(アスパラギン酸脱アンモニア酵素)など．また，P-O 結合を開裂して ATP から環状 AMP を生成する酵素(アデニル酸シクラーゼ)も含まれる．付加反応に注目する場合には，合成酵素またはシンターゼ(synthase)と呼ぶものもあるが，これらは EC2 群の合成酵素とは区別される．また，主に二酸化炭素の付加反応を触媒する酵素はカルボキシラーゼ(カルボキシル化酵素)と呼ばれる．

e **鬣**(たてがみ) [mane]　哺乳類の頸部背側に見られる，他部の毛と異なる比較的長い毛．鬣はヒトの頭髪などに比べて長期にわたって脱毛しない．二次性徴として生殖腺ホルモン，特に雄性ホルモンの支配を受けるものと，そうでないものがあり，ライオンは前者，ウマは後者(したがって雌雄による差が見られない)である．ライオンの場合，雄の鬣は3歳ぐらいから著しくなる(ある地方のものではほとんど生えない)のに反し，雌では伸びず，雄でも去勢すれば長くならない．ハイエナ属のうち，アフリカ・インド産のシマハイエナはタテガミイヌともいわれ，雌雄とも頸から胴背部にかけて長い鬣が直立している．

f **楯状感覚子** [placoid sensillum　ラ sensillum placodeum]　《同》板状器官(plate organ)．昆虫の体表のクチクラ装置が円形または楕円形の薄い板状構造となった*感覚子．その表面に放射状に溝があり，溝の底に嗅孔がある．受容細胞の突起は板状構造に付着し，内面に沿って伸びて嗅受容をする．ミツバチの触角に分布するものがよく知られている．

g **多点神経支配** [multiterminal innervation]　神経繊維の枝分かれにより，個々の筋繊維上に多数のシナプスが形成される神経支配の様式．これに対し，シナプスが筋繊維上の一点に局在する様式を一点神経支配(monoterminal innervation, focal innervation)と呼ぶ．また，いずれの場合にも，1本の筋繊維が1個のニューロンだけで支配されている場合を単ニューロン神経支配(mononeuronal innervation)，複数のニューロンにより支配されている場合を複ニューロン神経支配(polyneuronal innervation)という．多点神経支配は動物界を通じてひろく見られ，特に魚類の遅い筋繊維や節足動物の筋肉の場合がよく知られている．例えばザリガニの鋏脚の開筋は興奮神経繊維と抑制神経繊維とによる複ニューロン神経支配を受け，おのおのの筋繊維上には平均約50個の興奮性シナプスとこれより少数の抑制性シナプスとが存在する．多点神経支配を受ける筋繊維では，興奮性神経伝達の段階的表現である接合電位が生ずるだけで伝播性の活動電位がみられない場合が多い．すなわち，筋繊維の全長にわたる同時的興奮は筋細胞膜の興奮伝導によるのではなく，神経繊維による多点支配により保障されているのである．多点神経支配におけるシナプスは一点神経支配における終板のような形態上の特殊化を示さず，比較的単純である．

h **ダート** DART, Raymond Arthur　1893～1988　南アフリカの人類学者．オーストラリア生まれ．1925年，タウングス出土の類人猿に似た子供の頭骨を入手し，数年かけてこれを検討し，類人猿とヒトをつなぐ失われた鎖の環の一つだとして，*Australopithecus africanus* と命名した．[主著] Adventures with the missing link, 1959.

i **多糖** [polysaccharide]　《同》グリカン(glycan)．多数の単糖がグリコシド結合によって脱水縮合した高分子化合物．種々の方法で分類される．例えば，1種類の構成糖からなる単純多糖(ホモ多糖)，2種類以上の構成糖からなる複合多糖(ヘテロ多糖)，中性糖だけの中性多糖，ウロン酸や硫酸基を含む酸性多糖，アミノ糖を含む*グリコサミノグリカンなど化学構造は多種多様である．単糖が少なくとも十数個グリコシド結合したものを多糖と呼び，これより短い糖鎖は*オリゴ糖に分類する．多糖の命名では構成単糖の名称の語尾の「オース(-ose)」の代わりに「アン(-an)」を付ける方法を用いる．例えばグルコースが構成単糖の多糖はグルカン(glucan)という．複合多糖は構成単糖の名称をアルファベット順に並べ最後にグリカン(glycan)の語をつける．例えばガラクトー

スとマンノースからなる多糖はガラクトマンノグリカン(galactomannoglycan)と呼ぶ．ただ多糖の名称は，最初に見出された生物起原または性質にちなんで名付けられ，慣用名となっている場合が多い．褐藻類 *Laminaria* の貯蔵性グルカンのラミナラン(laminaran)はその例．多糖やオリゴ糖は自然界では蛋白質や脂質と共有結合している場合が多く，これらの化合物を*複合糖質と総称する．複合糖質のオリゴ糖・多糖は糖類と呼び，多糖と区別する場合が多い．多糖の生物学的機能としては生体エネルギーの貯蔵(例えば澱粉，グリコゲン，イヌリン)と構造支持(例えばセルロース，キチン，グリコサミノグリカン)が挙げられる．しかし，細胞膜や細胞壁の多糖成分は細胞分裂の過程に直接関与したり，細胞と細胞，細胞とウイルス，細胞と抗体などの相互認識，生体防御機構に関わることも多い．

a **多動原体染色体** [polycentric chromosome, polycentromeric chromosome] 二つ以上の局在型*動原体をもつ染色体．放射線や化学物質によって2個以上の染色体の間で切断・再融合が起こって形成されるほか，複合染色体や転座・逆位などをもつ染色体が減数分裂で非対称な*二価染色体を形成することで，二次的に作られる．

b **田中線** [Tanaka's line] インド-マレー区域と華南-台湾区域との境界にあたるフロラを区分する線．田中長三郎(1954)が柑橘類の分類から設定．28°N, 98°E の地点から斜めに 18°45′〜19°N, 108°E に走り，大体ベトナム北部と雲南とを両分している．

c **田中義麿**(たなか よしまろ) 1884〜1972 遺伝学者．長野県の生まれ．九州帝国大学教授．国立遺伝学研究所形質遺伝部長．カイコの遺伝学研究を発展させた．[主著]蚕の遺伝と品種改良, 1917.

d **ターナー症候群** [Turner's syndrome] 翼状頸・外反肘・盾状胸・毛髪線低位などをともなった原発性無月経の先天性染色体異常症候群．本症候群の女子7例を記載した医師 H. H. Turner(1938) の名に因む．身長が著しく低く，内性器の発達は不全，二次性徴は認められない場合が多い．C. E. Ford ら(1959)が本症候群の患者の染色体数は45で，性染色体構成はXOであることを明らかにした．その後 M. Fraccaro ら(1960)によって染色体数が46で，2個のX染色体のうちの一つは長腕の同腕染色体よりなるもの，また，P. A. Jacobs ら(1961)によって，2個のX染色体のうちの一方の短腕が欠失しているものが見出された．正常な女子の性染色体構成と比較すると，いずれの場合もX染色体の短腕部が一つ欠けている点が共通している．45, X 型の患者の発生頻度は，新生女児 2000〜3000 人に対して1人程度であるが，自然流産として妊娠初期に淘汰される率が極めて高い(98%)．受精後のX染色体の*不分離あるいは染色体消失が原因と考えられている．(⇒染色体異常症候群)

e **多肉植物** [succulent plant] 肥大した茎や葉をもち，その組織の一部(*貯水組織)または全植物体に多量の水をもつ植物の総称．乾燥地や塩分の多い地に多く見られる．サボテン科の *Opuntia*，トウダイグサ科の *Euphorbia* など，また塩地のアッケシソウなどでは葉は退化し，ベンケイソウ科，リュウゼツラン科，ツルボラン科のアロエ，ハマミズナ科の *Lithopus* などは葉が多肉化している．サボテンのように多肉化した茎が同化器官になり，葉は針状に退化して光合成を行わないものを，特に多肉茎植物(stem succulent)という．多肉植物は一般に耐乾性が大きい．乾燥地のものは根の発達が悪く，吸水力も小さいが，貯水組織に十分に吸水し，乾燥時には気孔を閉じる．*クチクラ層がよく発達していてクチクラ蒸散も小さいために，数カ月あるいは数年も乾燥に耐えられる．体表面積の小さいことも，蒸散を減らすのに役立つ．(⇒CAM 型光合成)

f **ダニ室** [domatium] 木本の被子植物の一部(カエデ科，クスノキ科，ホルトノキ科など)がもつ，主として葉の葉脈と葉脈との間に形成され，中にダニがいる小器官．ドーム状にふくらんだもの，ただ穴がおくぼんでいるもの，毛の束に覆われるものなど形態は多様である．近年，ダニ室には捕食性や菌食性，腐食性のダニが優占することが明らかとなり，ダニはダニ室を産卵や脱皮の場所などとして使い，代わりに植食性のダニやカビを退治している，とする共生関係の可能性が指摘されている．

g **多年生** [adj. perennial] 2年以上個体が生存する性質をいう．そのような植物は多年生植物(perennial plant)と呼ぶ．一年生と対する．複数年生きた後で1回繁殖して枯死する場合も多年生である．またオオマツヨイグサなどの二年生は，数年程度の短い年数の後，1回繁殖して枯死する多年生である．しかし，二年生は多年生に含めない使用法もあった．C. Raunkiaer の*生活形では，休眠芽(抵抗芽)の地表に対する位置によってこの多年生をいくつかの型に区別する．生活環境が1年を通じて成長を続けうる熱帯でも，逆に冬季に環境が厳しく生育期の短い高山あるいは寒帯でも共にこの生活史が多い．株としては多年生でも部分としては多くは数年で順次枯死交代することがあり，中には年々更新されるものもある(チョロギやウツボグサなど匍匐枝を出すもの，ミヤマドメやタヌキモなど茎の先だけ越冬芽となるもの)．

h **多能性**(発生の) [pluripotency] 発生学において，発生しつつある胚の一部がいくつかの異なった発生過程をとり，異なった形態形成を示す能力(⇒予定能)．また，ある細胞が多種の細胞に分化する能力．*胚性幹細胞(ES 細胞)や*iPS 細胞は多能性を有する．

i **多胚形成** [polyembryony] [1]《同》多胚，多胚生殖．一つの卵から二つ以上の胚が生ずる現象．ある種の動物では卵生発生において認められる．例えば，アルマジロの一種 *Dasypus novemcinctus* では，一つの胚盤胞に4個の幼胚軸が生じ，4匹の子供ができる．また *D. hybridus* では 7, 8, 9, …, 12(主として8)個を生じる．ヒトにおける一卵性双生児もこれに近似した現象といえる．寄生性膜翅類でも一種の多胚現象が行われ，著しい数の胚が生じる．[2] 種子植物において，1個の種子中に2個以上の胚ができる現象，またシダ植物やコケ植物において，1個の配偶体に2個以上の胚のできる現象．裸子植物では一般にこの現象がみられ，1胚嚢内の数個の造卵器で卵細胞が受精することによる場合とか，1受精卵から胚発生の過程で多胚となる場合とがある．被子植物では A. van Leeuwenhoek(1719) がオレンジにおいて最初にこの現象を発見した．その後，1卵細胞の胚形成の途中から多胚となるもの，卵細胞とそれ以外の胚嚢構成細胞とから形成されるもの，1胚嚢に2個以上の卵細胞の生ずるもの，1珠心内に多胚嚢ができるもの，胚嚢以外

の組織から由来するものなどが見出された．(→双生)

a **タバコモザイクウイルス** [tobacco mosaic virus] TMVと略記．ヴィルガウイルス科トバモウイルス属に属するタバコモザイク病などの病原ウイルス．モザイク病はタバコやトマトに最も一般的な古くから知られた植物病の一つで，病徴として葉にモザイク症状が現れ，成長が悪くなり，しばしば葉が奇形を呈する．D.I. Iwanowski(1892)，M.W. Beijerinck(1898)の研究により，世界で最初に発見されたウイルスである．W.M. Stanley(1935)が初めて結晶として単離し，J.D. Watson(1954)がウイルス粒子がゲノムRNAと外被蛋白質からなるらせん構造であることを示した．このウイルスは極めて安定で，かつ大量に増殖する．ウイルス粒子は長さ300 nm，直径18 nmの棒状で，約6400ヌクレオチドの一本鎖RNA 1分子と，17.5 kDaの外被蛋白サブユニット約2100からなる．ウイルスゲノムには，外被蛋白質のほかに，*RNA ポリメラーゼ(130Kおよび180K)，*移行蛋白質(30 kDa)がコードされている．遺伝子工学的手法によって数多くの人工変異株がつくられており，分子生物学的研究の最も進んでいる植物ウイルスである．

b **多板類** [polyplacophorans, chitons ラ Polyplacophora] 《同》ヒザラガイ綱．軟体動物門の一綱．かつてはカセミミズ類とともに双神経亜門に属する綱とされたり，多板類だけを多板亜門(Placophora)として独立させる体系も提唱された．体は楕円形で左右相称，外套膜は体背部の全面をおおい1列にならぶ8枚の殻板をもつ．足は扁平で吸着・匍匐の用をなす．腹面には，頭および足と外套膜，すなわち肉帯の間に外套溝(pallial groove)と呼ばれる細い溝があり，櫛鰓が多数並ぶほか，肛門や生殖孔などが開く．口を囲む神経索と肛門の間を縦走する2対の神経幹をもち，多くの横連神経で連絡される神経系をもつ．

c **DAPI** (ダピ) 4',6-diamidino-2-phenylindoleの略．抗トリパノソーマ試薬として合成された物質．溶液はオレンジ色を呈し，長波長の紫外線365 nmを吸収して450 nmの蛍光を放出する．二本鎖DNAに特異的で，特にAT塩基の豊富な領域に結合しやすい．結合により約20倍の蛍光を放出する．細胞の核内に迅速に取り込まれるが，DNAが検出できる濃度において(0.1～1 μg/ml)細胞は生存できるので，この性質を利用して細胞内のDNAや染色体の量，構造，動きなどを調べるのに使われる．一方，動物細胞へのマイコプラズマやウイルスの感染の有無のチェックなどにも利用される．その他酵母のミトコンドリアDNAのAT含量が染色体よりも高いので，両者の分離精製やミトコンドリアの消失した変異株の分離にも利用される．

d **旅鳥** (たびどり) [migrant] 鳥が春と秋の*渡りの途中に一つの地方を通過する場合，その地方においていう名称．日本では，越冬地がオーストラリアで繁殖地がシベリア方面にあるシギやチドリの類がその好例．

e **タフォノミー** [taphonomy] 生物個体が死んだ後，地層に埋没し，化石として発見されるまでのプロセス，およびそれに関する研究分野．

f **W値** [W-value] 放射線によって物質中にイオン対が1個生ずるごとに消費される放射線の平均エネルギー．放射線による気体の分解の初期過程と関係の深い数値で，L.H. Gray(1936)がはじめて空気について測定し，その後多くの気体について，放射線の種類やエネルギー(極端に低い場合を除く)にあまり関係なく30 eV前後(空気 33.7，水蒸気 30.4)であることが示された．イオン化エネルギー(I)は15 eV前後なので，過剰のエネルギー($W-I$)は2個前後の励起に費やされたと考えられる．液体・固体については測定が非常に困難で，30 eVあるいはそれを下まわる値が考えられている(水はG値から約25 eVと考えられる)．放射線の重要な性質であるイオン密度は，単位長さ当たりのエネルギー損失率($-dE/dx$)をW値で割って得られる．

g **多分裂** [multiple division, multiple fission] 《同》複分裂．1個の母体が一時に多数の娘個体に分かれる現象．分裂の一型で，*二分裂と対置される．原生生物胞子虫類の増員生殖(→伝播生殖)の場合がその好例．核だけが繰り返し分裂して多核体になり，その後に細胞質が一時に分裂する．鞭毛虫類の *Eudorina* などでは二分裂が極めて短時間内に引き続き行われるので，結果的には多分裂のように見える．これを特に連続分裂(successive division)と呼ぶ．

h **タペータム** 【1】[tapetum] 《同》じゅうたん組織．維管束植物の若い胞子嚢壁(種子植物では若い葯壁に相当，→胞子嚢)の最も内側にあって胞子嚢に富み，胞子形成細胞(sporogenous cell)を取り囲む細胞層．小胞子母細胞(microsporophyte)の減数分裂に同調するように細胞分裂を行うが，被子植物では核分裂だけの反復により多核となることが多い．この後のタペータムは植物によって(1)分泌型(secretory, glandular，あるいは側膜型 parietal)，と(2)アメーバ型(amoeboid, plasmodial，あるいは侵入型 invasive)のいずれかのタイプを示す．分泌型ではタペータム細胞(tapetal cell)の細胞壁は壊れず，原形質と核が崩壊して小胞子(葯室)の内方へ供出される．これに対してアメーバ型では細胞壁がほぼ完全に壊れるので，原形質がそのまま放出され，それらが集まり変形体のような多核細胞(周辺変形体 periplasmodium)となる．分泌型の方がより一般的であり，アメーバ型はツユクサ科，ネギ科，ヒルムシロ科などにみられる．小胞子母細胞から小胞子(花粉四分子)，さらに花粉粒形成にいたるまで，栄養はすべてタペータムを通して供給され，自らも壊れて栄養となる点で重要．またスポロポレニン，ポレンキットを胞子外壁へ供給・付加する役割をもつ(→外壁)．

【2】[tapetum lucidum] 《同》光輝壁紙．多くの哺乳類の眼球脈絡膜の中層を構成する膜で網膜の後部にあって光を反射する構造物．夜間，光に照らされたネコなどの眼が輝く(eyeshine)のはこの構造物のためである．奇蹄類や偶蹄類では密に配列する膠原繊維性結合組織層からなり，繊維性タペータム(tapetum fibrosum)と呼ばれ，食肉類では規則的に配列する数層の多角形細胞からなり，細胞性タペータム(tapetum cellulosum)と呼ばれる．ヒトにはないとされる．動物の種により，この構造物が血管膜中にあるもの(choroidal tapeta)と色素上皮層中にあるもの(retinal tapeta)とがある．魚類にはさらに二つの種類があり，一つは血管膜中に腱様組織の層をもつもの(有蹄類)，もう一つは血管膜の細胞の中に光を反射する物質(化学的に未定)をもつもの(ネコ)である．後者は特に深海性の板鰓類や硬骨魚類でよく研究され，色素上皮の細胞中に多数のグアニンの結晶板が規則正しく層状にならび，その間隔はその動物の視感度極大波長の

1/4 である．したがって各層からの反射光はすべて同位相であって効率のよい反射板を形成している．そしてこの反射板は眼に入った光を有効に視物質に吸収させ，視感度を上昇させるのに役立つとされる．

a **多胞体** [multivesicular body] 細胞内のゴルジ体の周辺にしばしば認められる細胞小器官の一つ．500 nm 程度の液胞で，内部に 20〜80 nm の小胞(内腔小胞)を多数含んでいる．この構造は*ESCRT 複合体により形成され，*エンドサイトーシスにより取り込んだ受容体などを細胞質から隔離する機能をもつ．最終的にはリソソームもしくは液胞と融合し，内容物は分解される．

b **だまし** [deception] 《同》欺き．正しくない情報，あるいは偽の情報を他個体に送ること．発信者の行為が意図的でなくても，それによって受信者が結果的に不適切な行動をとる，すなわち受信者にコストをもたらせば，だましが行われたと見なされる．*擬態，(種内の)雌擬態，空威張りなどはすべてだましの例 (⇨防衛)．だましが頻発すると，だまされる側にそれを見抜くようにする淘汰がかかり，そのことでさらに巧妙なだましが進化する(進化的軍拡競走)．R. Trivers によれば，知能の発達した動物にも洗練されただましを行うため，だましを働いているという自覚をなくす自己欺瞞の仕組みがそなわっているという．

c **ターミネーター** [terminator] 《同》転写終結シグナル．RNA 転写終結部位に存在する制御シグナル．機能的意義は，(1)*RNA ポリメラーゼによって合成される RNA の 3′末端を規定し，転写単位の独立性を維持するための「構成的」な役割，(2)*構造遺伝子の直前に存在し，その部位での転写終結効率調節によって後続の遺伝子発現量を制御する「調節的」な役割，などがある．原核生物で大別して，*ρ 因子(転写終結因子)が関与するターミネーター(ρ 依存性ターミネーター)と関与しないターミネーター(ρ 非依存性ターミネーター)が存在する．ρ 非依存性ターミネーター部位は，RNA ヘアピン構造を取りうる GC 塩基に富む逆位反復配列，およびそれに続く数個のポリ(U)残基のクラスターから構成される．この部位を RNA ポリメラーゼが通過すると，ヘアピン型の RNA 二次構造を転写中に延長反応の減速が起こり，これに続く dA・rU 塩基対の部分で RNA 解離が促進されると考えられている．ρ 依存性ターミネーター部位には，構造的特徴として RNA ヘアピン二次構造が見られることもあるが必須ではなく，転写終結点上流の 100 塩基長前後の比較的二次構造をとりにくい RNA 領域を必要とするらしい．ρ 因子は ATP 依存性の RNA ヘリカーゼ活性をもち，この転写終結点上流域の RNA 鎖をターゲットとして転写終結を引き起こすと考えられている．真核生物 mRNA におけるターミネーターはポリ A 配列付加シグナル (⇨ポリ A 配列) 下流に存在するが，その分子機構は原核生物ほど明らかではない．

d **田宮博**(たみや ひろし) 1903〜1984 植物生理学者．東京帝国大学理学部教授．徳川生物学研究所所長．コウジカビの呼吸現象やクロレラの光合成に熱力学的・生化学的解析を導入し，日本の生物学の近代化に貢献した．[主著] 光合成の機作，1943．

e **ダム** Dam, Carl Peter Henrik 1895〜1976 デンマークの生化学者．ニワトリのヒナのコレステロールの代謝の研究でビタミン K を発見．このビタミンの化学的性質を明らかにした E. A. Doisy とともに 1943 年ノーベル生理学・医学賞受賞．

f **多面発現** [pleiotropism, pleiotropy] 《同》多面作用，多面形質発現，多面的発現．一つの遺伝子が二つ以上の形質に関与すること．その遺伝子を多面発現遺伝子 (pleiotropic gene) という．例えば，東アジア人集団では毛髪の太さとシャベル状切歯という異なる形質が，EDAR1 という同一の遺伝子で制御されている．

g **多毛類** [polychaetes ラ Polychaeta] 環形動物門の一綱とされていた側系統もしくは多系統の動物群であり，ミミズ類やヒゲムシ類を下位分類群として包含する動物群．円口類や硬骨魚類を包含する魚類と同様に分類群としてではなく，慣習的な呼称といえる．体は一般に長く蠕虫形で，体の横断面は円形またはやや扁平，体前部，尾部およびそれらに挟まれる剛毛節の胴部で構成される．剛毛節はほぼ等しい構造をもった等体節である．体前部は*口前葉と囲口節(頭部)のことでそれに続く数個の剛毛節が変形・癒合することもある．胴部は剛毛節によって構成され，各節には疣足(いぼあし)があり，そこから剛毛が突出する．尾部の肛節には長い 1 対の肛触糸 (pygidial cirrus) がある．消化管は直生．口腔と咽頭の内面はクチクラにおおわれ，肉食性のものではこの部分が翻出して吻となる．吻に顎や多数の小歯をもつものがある．食道に 1 対の盲管があり，腸は剛毛節ごとにくびれ，肛門は肛節の末端に開くものが多い．神経系は表皮に埋もれているものもあるが，多くの場合ここから独立して体腔に索状に突出する．閉鎖血管系で，まれに欠如し，血液はクロロクルオリンにより緑色，またはエリトロクルオリンかヘモグロビンにより赤色である．腎臓は少なくとも数節以上にある．雌雄異体(まれに同体)で，生殖腺は体腔壁に生じ，固有の輸管をもつものと，腎管が生殖輸管を兼ねるものと，生殖体節の体壁が破れて放卵・放精が行われるものとがある．発生後，トロコフォア幼生となる．無性的な出芽の種々の型も見られる．ほとんどすべて海産で，混地や淡水洞窟からも知られる．かつて，遊泳類(Errantia，ゴカイ類，ウロコムシ類，イソメ類など)と定在類(Sedentaria，ツバサゴカイ類，イトゴカイ類，ケヤリムシ類など)とに分けられたこともある．

h **多様化淘汰** [diversifying selection] 《同》多様化選択．環境条件に時間的あるいは空間的な変動があり，それぞれの環境条件に適応した遺伝子型があるときに働く，多型を維持するような淘汰．H. Levene (1953) の提起．このような遺伝子型–環境相互作用により維持される多型を，多重ニッチ多型(multiple niche polymorphism)と呼び，一種の分断性淘汰 (⇨淘汰) と見なすこともある．

i **多様性閾値仮説** [diversity threshold hypothesis] HIV に感染した患者が AIDS を発症するメカニズムとして，ウイルスの多様性がある閾値を超えた時に免疫応答が不全に陥るとする仮説．M. A. Nowak ら (1991) が提唱した．HIV が突然変異を起こすことでウイルスの多様性が時間とともに増大すると，ついにはその多様な抗原の全てに免疫が対処できなくなる抗原エスケープ (antigenic escape) が起き，CD4 陽性 T 細胞の急速な減少を通じて AIDS が発症するという考えである．

j **多卵核融合** [polygyny] 受精に際して 2 個以上の雌性前核が 1 個の雄性前核と融合すること．例えば第

一または第二極体形成が抑制された場合，成熟分裂は終期まで進むが，両染色体群は卵内に留まるため，胚は3倍数の染色体をもつ．ウニや多毛類で知られている．ウサギやブタで発情後期での交尾または人工授精に際しても見出される．（⇒多精核融合）

a **多粒子性ウイルス**［multicomponent virus］ *植物ウイルスにおいて，2種類あるいはそれ以上の*核蛋白質粒子からなるもの．例えばタバコ茎えそウイルス（tobacco rattle virus），*キュウリモザイクウイルス（cucumber mosaic virus），アルファルファモザイクウイルス（alfalfa mosaic virus）など．多粒子性ウイルスではゲノムが分節化しており，それぞれが別の粒子に含まれているため，1種類の粒子だけではウイルスとしての完全な機能を発揮できない．近縁の多粒子性ウイルス間では，相当する粒子の人工的交換が可能である．

b **多量元素**［major element］ ⇒微量元素

c **多輪形幼生**［polytrochal larva］ 環形動物多毛類の*トロコフォアのうち，口前繊毛環，口後繊毛環および端部繊毛環の三つより多くの繊毛環をそなえた後期トロコフォア幼生．（⇒トロコフォア［図］）

d **ダーリントン** DARLINGTON, Cyril Dean 1903～1981 イギリスの細胞・遺伝学者．キアズマ型の二面説，染色体環形成の機構，染色体縦裂の早熟説，染色体らせんの anorthospiral 説，低温による染色体の退色反応，キアズマの末端化，キアズマ頻度の負の相関，異常対合の発見など多くの業績がある．［主著］The evolution of genetic systems, 1939.

e **多輪廻**（たりんね）［adj. polycyclic］ 輪虫・ミジンコ・アリマキなど*ヘテロゴニーを示す動物において，雄虫の出現が年複数回見られる場合をいう．2回のときは二輪廻（dicyclic），3回のときは三輪廻（tricyclic）と呼ぶ．これに対し，雄虫の出現が年1回に限られる場合を単輪廻（monocyclic）という．熱帯地方の池沼の乾季における乾涸，温帯地方の四季の水温変化などが，多輪廻の一因と考えられる．（⇒無輪廻）

f **タールがん**［tar cancer］ 山極勝三郎と市川厚一が，シロウサギの耳殻にコールタールを長期にわたり繰り返し塗布することにより人工的に発生させた（1915）皮膚がん．化学物質による世界初の人工がんである．この後1930年イギリスの研究者によってコールタールの成分の中から発がん性をもつ純粋な化学物質, 1, 2, 5, 6-ベンツピレンが同定された．当時がんの発生原因は不明であり，「刺激説」「素因説」などが提唱されたが，R. Virchow の「刺激説」を立証したものと注目され，同時に発がん物質の実験研究の端緒をなした．

g **ダルベッコ** DULBECCO, Renato 1914～2012 イタリア生まれの分子生物学者．動物ウイルスの定量的研究発展の基礎となった plaque assay 法を開発．がんウイルスに特異的な T 抗原を見出し，がん化過程ばかりでなく，がん化した状態の維持にもウイルス遺伝子の発現が必要であることを示唆．1975年，D. Baltimore, H. M. Temin とともにノーベル生理学・医学賞受賞．

h **俵形幼生**［barrel-shaped larva］ 棘皮動物ヒトデ類の浮遊幼生．モミジガイ科で知られている．腕状の突起はもたず，透明な大きな*口前葉があり俵のような楕円体形をしている．繊毛帯をもたず，繊毛は体表に一様に分布する．口，腸，肛門は形成されず非摂食性幼生で，比較的大型の卵から発生し卵栄養性である．

i **ダーン** DAAN, Serge 1940～ オランダの比較行動学者，時間生物学者．動物における概日リズムについての比較行動学的研究を展開．概日リズムが二つの振動体により制御されるとする2振動体モデル，睡眠が概日リズムと睡眠制御物質により支配されるとする2プロセスモデルを提唱．

j **単位形質**［unit character］ メンデル遺伝（⇒メンデルの法則）をする*形質．

k **単為結果**［parthenocarpy］ 《同》単為結実．種子植物において，受精しないでも子房などが発達し果実を形成する現象．受粉などの刺激がなくても果実を形成する自動的単為結果（autonomic parthenocarpy, バナナ，パイナップル，イチジク，カキ，カンキツやブドウの無核品種）のほかに，別種の果樹による受粉や高温などが刺激となって果実が形成される他動的単為結果（stimulative parthenocarpy）がある．オーキシンやジベレリンなどの植物成長調節剤で処理すると単為結果を起こす植物も多く知られ，温室トマト，無核ブドウの生産に応用されている（⇒ケミカルコントロール）．なお，類似の現象として，受精した胚が途中で発育を停止したり，退化したりした場合にも果実が形成されることがあり，これを偽単為結果（pseudo-parthenocarpy）と呼んで区別する．

l **単位格子**［unit cell］ 結晶を形成している空間格子の最小の繰返しの単位となる平行六面体．結晶中では原子あるいは分子が周期性をもって三次元的に規則正しく配列している．ある結晶軸の方向には a Å ごとに構造の繰返しがあり，ある結晶軸方向には b Å，残りのもう一つの結晶軸方向には c Å ごとに構造が繰り返しているとすれば，この a, b, c を一辺の長さとする平行六面体がこの結晶の単位格子である．この単位格子内の構造がわかれば，結晶構造全体が知られたことになる．単位格子の大きさは結晶の X 線回折測定によって容易に知ることができる．蛋白質の結晶ではこの単位格子がかなり大きい．例えば卵白リゾチーム結晶の単位格子は $a=b=79.1$ Å, $c=37.9$ Å.

m **単位集団**［unit group］ 種社会を構成する要素で，哺乳類の野外における社会構造の単位となる，両性からなる明確な輪郭と構成をもった集団．構造やサイズは，種ごとに異なる．例えば昼行性の霊長類では，各1頭の雌雄とその子供からなる集団と，複数の雌雄とその子供からなる集団の，二つの系列がある．また，いくつかの単位集団の結合によって，上位の地域集団を発展させ，また単位集団内に下位の分節をもつこともある．（⇒種社会）

n **単為生殖**［parthenogenesis］ 《同》処女生殖，単為発生（parthenogenetic development）．本来の意味は雌が雄と関係なしに単独で新個体を生ずる生殖法．親に注目した単為生殖という語に対して，卵に注目する場合それと区別して単為発生ということもある．例えば実験的な*人為単為生殖において卵に何らかの発生的変化が少しでも進行すれば，それはすべて単為生殖と呼んでよい．自然状態で見られる単為生殖を，人為単為生殖に対して，自然単為生殖（natural parthenogenesis）という．いろいろな型があるが，細胞学的に見ると，染色体の半数型と倍数型とに大別することができる．半数性単為生殖では，減数分裂を完了して半数の染色体をもつ卵が単独に発生する．例えばミツバチ類の雄は半数（$n=16$）の卵から発

生するが，雌(女王蜂と働き蜂)は受精卵(2n=32)から発生する．女王蜂の交尾を完全にさまたげておくと，全部の卵が単為生殖をするため雄だけがうまれる．被子植物では，人為半数性単為生殖は多くの種で報告されているが，生じた植物体は一般に葉・花ともに小さく，種子をつくらない．一方，倍数性単為生殖では，倍数の染色体をもつ卵から発生する．例えばアリマキでは，夏の卵は成熟分裂が1回だけで，極体を一つしかださず染色体数は半減しないので，倍数の6個である．これが単為生殖的に発生して雌になる．秋になると，染色体が1個だけ分裂せずに極体に入ることにより，染色体数5個の卵ができ，やはり単為発生するがこれは雄になる．次いで減数された卵と精子の間で受精が行われる．このように，ある時期には雌だけが出現して単為生殖をするが，別な時期には雌雄ができて両性生殖を行う．ミジンコでは，減数した卵核が第二極体の核と融合して倍数の卵をつくり，これが単為発生する．植物では，例えばエゾノチチコグサ属で，胚囊母細胞が減数分裂をしないで胚囊をつくり，複相の卵細胞が単為生殖をして染色体が全数の個体ができる．ドクダミ・ハシノキ・ヒメジョオン・タンポポ・イチゴツナギでも知られ，多くのヤブマオ類やニガナは三倍体であるがこの方法で増殖をする．自然単為発生は上記の単数型・倍数型のほかに，いろいろに分類されるが，その種類にとって正常の現象として規則的に見られるものを必須的単為生殖といい，それに対して自然状態では例外的に見られるようなものを能性的単為生殖(例：カイコ)という．必須的単為生殖をさらに次のようにわける．(1) 部分単為生殖 (partial parthenogenesis)：一部の卵だけ単為生殖(ミツバチ)．(2) 季節的単為生殖 (seasonal parthenogenesis)：季節と関係して起こる(アリマキ・ミジンコ)．(3) 幼生単為生殖 (larval parthenogenesis, juvenile parthenogenesis)：⇒ネオテニー(タマバエ)．(4) 全単為生殖 (total parthenogenesis)：ワムシの中には雄が知られず，雌だけで単為生殖を続けるものがあり，このように全く単為生殖だけで生殖し，両性生殖の知られないものである．また植物でも，ツチトリモチは雄がなく全単為生殖に当たる．ある系統のフナやアマゾンモリーという熱帯魚では，集団の中に雄がいない．これは雌の産んだ卵が近縁の他種の精子によって賦活されて発生し，雌になることによる．このような場合特にジノゲネシス (gynogenesis) といい，集団内の全個体は完全に同一の遺伝子構成をもつ．単為生殖は，また次のように区分されることもある．(1) 雌性産生単為生殖 (thelytoky)：単為生殖の結果雌個体が生ずる場合．(2) 雄性産生単為生殖 (arrhenotoky)：単為生殖の結果雄個体が生ずる場合．(3) 両性産生単為生殖 (deuterotoky)：単為生産の結果両性の個体が生ずる場合．それぞれ，その種における性決定機構と関連があり，雌性産生単為生殖は雌の性染色体がホモ型である場合，雄性産生単為生殖は雄がホモ型である場合に起こる．両性産生単為生殖は，*ヘテロゴニーを示す二倍数性単為生殖の場合に見られ，マイマイガの例が有名である．以上のように単為生殖は，新個体の出発点が生殖細胞としての卵であり，それが受精することなしに単独で発生する点で無性生殖と異なるため，発生学・細胞学ではこれらを有性生殖に属すると考える．一方，進化生物学では，単為生殖のうち，子の遺伝子セットが親のものとまったく同じになるようなものは無性生殖に含める．(⇒無性生殖，⇒雌性発生)

a **単一視** [single vision] 《同》単眼，両眼単視．両眼で固視された一つの物体が，正常には一つの物体として知覚されること．両眼の網膜に位置・形・大きさの全く一致した同一の印象を生じるとき，両印象が感覚の中枢過程において完全に一体となる現象であって，二つの同じ図を同時に両眼に見せる場合にも，図の向きが同じであれば一つに見える．これは，両眼の網膜にはたがいに対応する点(対応点または一致点)があって，そこからの求心神経は大脳の感覚野の同一部位にみちびかれ，したがって同一刺激が両対応点に与えられると単一視が生じるのである．網膜の対応点に結像しない像は，二重に重なった像すなわち複像 (double image) となる．これを複視という．しかしこれは日常は意識されず，かえって距離の認知や立体視に役立っている．(⇒両眼視)

b **単一卵** [simple egg, endolecithal egg, entolecithal egg] 《同》内黄卵 (endolecithal egg)．扁形動物のうち無腸目，多食目，多岐腸目に属する*渦虫類の卵．卵黄を含み，受精卵は*らせん卵割を行う．単一卵は，卵黄を含むことにおいて通常の卵と何ら変わらないが，その他の扁形動物がもつ卵細胞と卵黄細胞からなる*複合卵という特殊な卵と区別される．複合卵の発生は，卵黄細胞の発達のためにさまざまな程度に二次的に変化している．

c **単為卵片発生** [parthenogenetic merogony] *卵片発生の一種で，未受精卵の無核の卵片を活性化して*単為生殖を起こさせること．例えば E. B. Harvey (1932〜1939) は主としてウニ (Arbacia) の未受精卵を遠心処理によりくびれさせて，種々の大きさの無核卵片をつくり，それに高温海水処理など種々の処理をほどこし発生的変化の進行するのを見た．受精膜の形成や細胞質星状体の出現などが見られ，さらに細胞質に卵割膜の分裂が起こり，最もよく進行した場合には*胞胚のような状態に達した．

d **単咽頭** [simple pharynx] ⇒渦虫類

e **端黄卵** [telolecithal egg] ⇒卵黄

f **団塊植物** [cushion plants] 《同》クッション植物．枝や茎が密生し，密な硬い団塊状になる植物．芽は生活不良時にも団塊の中に保護される．蒸散速度は遅く水分の保持は良くなるので，乾燥地の生活に有利であり，また低温や強風に対する抵抗性の大きいものもある．このため，乾地 (例：ヒユ科の *Anabasis aretioides*) や高山 (例：タカネツメクサの類 *Minuartia*，シコタンソウ類 *Saxifraga*) に多く見られる．

g **段階的応答** [graded response] 刺激の強さに応じて変化する細胞の反応．*全か無かの法則に従う反応に対するもので，感覚細胞の感覚刺激に対する応答(*受容器電位)，あるいはシナプス後細胞における*シナプス後電位などは典型的な例．これらの反応はいずれも外来性の要因，すなわち感覚刺激あるいはシナプス前細胞から遊離される*神経伝達物質などの作用によりつくられ，その作用が強いと大きな反応を生じる．これらの段階的応答に続いて全か無かの法則に従う活動電位が発生する場合もあるが，段階的応答に関与する膜部分は活動電位の発生に関与する膜部分とは別であるとされる．

h **単核食細胞系** [mononuclear phagocyte system] MPS と略記．*単球に由来する細胞の総称．R. van Furth ら (1969) の提唱．従来，*食作用活性を指標に機

能的側面から定義づけされていた*細網内皮系(網内系 reticuloendothelial system, RES)を，細胞の起原で分類しなおして単球由来の細胞群としてまとめた．単核食細胞系には，胸腔・腹腔・肺胞・脾臓・リンパ節・骨髄などの*マクロファージ，*組織球すなわち肝の*クッパー細胞，中枢神経系の小膠細胞(microglia cell)などが含まれる．これに対し，*細網細胞・細網内皮・繊維芽細胞，*血管やリンパ管の内腔壁を覆う内皮細胞などは，細網内皮系には含まれているが，単球由来ではなく，食作用も著しく弱いので単核食細胞系から除外される．(⇒マクロファージ)

a **團勝磨**(だん かつま)　1904〜1996　発生生物学者．東京都立大学教授．ウニの実験法を確立．妻(Jean Clark Dan)と娘(團まりな)も生物学者．[主著]無脊椎動物発生学(久米又三と共著)，1957；ウニと語る，1987．

b **単眼**【1】[ocellus, simple eye]《同》小眼．動物界に広く見られる小形，単純性の眼の総称．複眼を構成する個眼の構造に似た一種のレンズ眼で，特に昆虫類では次の2種に大別．(1) 背単眼(dorsal ocellus)，一次単眼(primary ocellus)：成虫および若虫に副眼として見出され通常は頭部に3個が三角形に配置されて単眼三角区を形成しており，そのうち正中線にある1個は2個が融合したものと考えられている．これらは，表面から内方へ向かって，レンズ状のキチン角膜(角膜晶体，角膜レンズ corneal lens)，角膜生成層および数十個の視細胞が感桿を囲んで集まった小網膜から構成される．視細胞の軸索は単眼内で二次ニューロンとシナプス結合をし，二次ニューロンの神経繊維は脳の単眼葉(ocellar lobe)に達する．小網膜の周囲に色素細胞(網膜色素)があることもある．背単眼は*形態視の能力が低く，むしろ明暗に反応して中枢興奮状態に影響を及ぼす一種の*鼓舞器官であるとされている．(2) 側単眼(lateral ocellus, stemma)：主として幼虫の頭部側面に見られるもので，数や形態は種類によって大いに異なる．背単眼とは根本的に異なり，むしろ成虫の複眼に相当するものとされる．種によっては側単眼は明暗を感受するだけでなく，色感覚の能力もあり，形態視の機能もあるという．昆虫以外の節足動物では，クモ類は頭胸部背面に8個をもち，多足類やカブトガニのものはむしろ複眼に似ている．甲殻類の幼生期に生じる*ノープリウス眼も一種の単眼である．(⇒集眼)
【2】[cyclopia]　=単眼奇形

c **単眼奇形**　[cyclopia]《同》単眼．主として脊椎動物において，正常の場合のように1対の眼が生じる代わりに，単一の眼が形成される*奇形．多くは正中腹方に1個の眼が生じ，単一のレンズをもつ．これに関連し鼻や口にも異常が起こることが多い．変形が軽度の場合には，左右の眼が正中面に寄るが一つに癒合せず，接眼(synophthalmia)と呼ばれる奇形となる．遺伝的に現れる証か，種々の薬物(リチウム，マグネシウムその他)処理，酸素欠乏，その他の発生抑圧的処理，または眼の誘導に関係している前脊索板の手術的除去などによって引き起こされる．無脊椎動物でも類似の実験的条件下で起こることがある．

d **担鰭骨**(たんきこつ)　[pterygiophore, fin suspensorium]　魚類の*鰭の基部にある骨．鰭を支える機能をもち，その外側には*鰭条がある．(1) 軟骨魚類では*対

鰭の近心部には1個から数個の基底軟骨(basalia)があり，遠心部には多数の輻射軟骨(radialia)がある．*正中鰭にはいくつかに分かれた基鰭軟骨がみられる．基鰭軟骨は，近心部から順に近基鰭軟骨(basal segment)，間基鰭軟骨(median segment)，遠基鰭軟骨(distal segment)と呼ばれる．(2) 硬骨魚類では軟骨性骨からなり，対鰭は射出骨(actinost)とも呼ばれる輻射骨に関節する．正中鰭では近心側に近担鰭骨(近位担鰭骨 proximal pterygiophore)，遠心側に遠担鰭骨(遠位担鰭骨 distal pterygiophore)がある．近担鰭骨を背鰭では神経間棘，臀鰭では血管間棘とも呼ぶこともある．尾鰭は担鰭骨を欠き，鰭条は脊椎骨の血管棘が肥大して形成された扇状の下尾骨と呼ばれる骨板に直接連結している．なお，四肢類の四肢の骨は胸鰭と腹鰭の担鰭骨に由来すると考えられている．

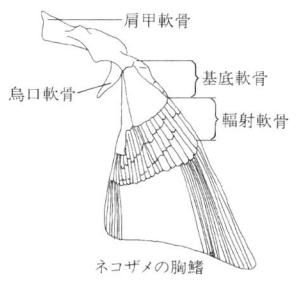

ネコザメの胸鰭
S.G.Gilbert(1973)による

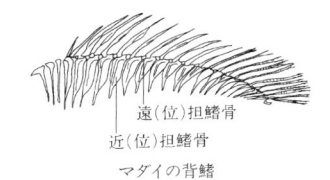

マダイの背鰭
岩井保(1985)による

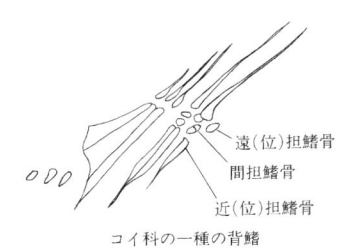

コイ科の一種の背鰭
A.L.Rojo(1991)による

e **単寄生**　[solitary parasitism]　寄生者(*捕食寄生者)が1寄主に1個体だけ産みつける場合をいう．この中には，寄主の栄養条件が2個体以上の寄生者を養育するのに十分なときには多寄生し，そうでないときには単寄生する場合と，2個体以上を産みつけた場合には必ず過寄生となって*種内競争が起こり，1個体だけしか生き残らない場合とがある．単寄生性の寄生者を単寄生者(solitary parasite)という．

f **単球**　[monocyte]《同》単核球，モノサイト．無顆

粒*白血球の一種.ヒトでは末梢血白血球中の4～8%を占め，骨髄起原の造血幹細胞から発生する．直径13～21μm，ペルオキシダーゼ反応は弱陽性で，遊走能力は弱いが*食作用は強い．*マクロファージ，樹状細胞，組織球および破骨細胞などに分化する．(⇒単核食細胞系)

単極相説 [monoclimax theory]　安定な*極相は気候的条件によって決定され，気候条件の同じ所には同じ極相が成立するという説．F. E. Clements (1916) が提唱．*遷移はこの意味の極相にすすむ過程であって，一定の気候条件をもつ土地に見られるいろいろな群落は同一の極相へ収斂する遷移の異なった段階にある．ヨーロッパ大陸の学者のいう Schlussverein (J. E. B. Warming, 1896), klimatische Schlussgesellschaft, regionale Hauptassoziation (R. Nordhagen, 1922) などがこのような真の極相に当たるという．土壌要因により条件づけられる植物群系(高層湿原，海岸荒原など)は安定状態を保つものでも真の極相とは考えない．この考えに対して，現実には多くの極相がありうるとする多極相説や極相パターン説などが提出された．(⇒多極相説，⇒極相パターン説)

タンク培養 [tank culture]　鉄またはステンレスの密閉した槽に培養液を入れ，滅菌した後，培養目的の菌や細胞を接種し，無菌空気を通気しながら撹拌器を回転して行う培養法．微生物や動植物の培養細胞の大量培養法の一つ．消泡のため，大豆油あるいはケイ素樹脂などを加える．培養温度はカビのとき 20～25°C，放線菌のとき 27～34°C，植物細胞のとき 20～34°C に調節する．抗生物質の生産，クエン酸の生産など好気性微生物の生産物や植物培養細胞(例：タバコ細胞)の大量採取に用いられる．

単系進化 [monophyletic evolution]　一般には，ある生物種が同一型の祖先から進化すること．これに対し，多系進化 (polyphyletic evolution) とは，いくつかの型の祖先から収斂あるいは平行的に進化することをいう．単系統および多系統の概念には種々の問題がある(⇒単系統).実際には，種間で交雑が生じないとすれば種の由来は厳密には単系統的だが，古人類学や古生物学で対象となる化石標本では種の決定ははなはだ困難であり，系統と類縁の両関係を明確に論じることができない．種以下の段階ではいろいろな議論がなされ，例えば，現生の人種系統が各地の原人・旧人に直接由来すると考える F. Weidenreich の説などは多系進化説と呼ばれる．

単系統 [monophyly]　《同》単系統性，完系統 (holophyly)．一般的には，ある一群の生物(*種ないしは分類群(*タクソン))が同じ祖先生物から由来していること．ただし，同じ祖先生物を1個体に限ることは，有性生殖が普遍的な生物界では不可能であり，また1対に限ることも，同種内では交配が自由に行われることからみて有効ではないので，「同じ」という単位としては種をとるのが一般的である．しかし，生物の一元的起原を前提にした場合，これまでの定義では，任意にとり出したいかなる複数の種も単系統になってしまう．そこで厳密に，W. Hennig (1950, 1966) が，論理的秩序体系としての系統分類を追求するなかで定義したように，「ある一群の種が単一の幹種 (stem species) に由来し，かつその幹種に由来したすべての種を含んでいるとき，その種群は単系統群 (monophyletic group) である」とされる．ただし*分類学では，どのようなグループが分類群にふさわ

タンサイホ　883

しいかという点において，主として理論性と実用性のバランスの評価の違いによって，単系統性および関連概念(多系統性，側系統性)をめぐる見解に多様性がある．例えば P. D. Ashlock (1971, 1972) は，進化分類学派の立場から，Hennig の定義した単系統が伝統的な意味からはずれていると批判し，Hennig の意味での単系統を完系統 (holophyly) と名付け直し，その完系統と*側系統とがいわゆる伝統的な意味での単系統の両側面をなすとして，これらと*多系統とを対比した．こうした議論を基礎に，進化分類学派は側系統群をも分類に残すことを許すが，一方，分岐分類学派は厳密な単系統群だけが分類において意味をもつとする (⇒分岐分類学)．なお形質についても単系統・多系統といういい方が準用されることがある．例えば脊椎動物の前肢という形質の鰭・翼・肢という形質状態が，単系統的であるといわれたり，異なる形態部分に起原している節足動物の大顎や歩脚が，多系統であるといわれたりする．これらは，形質の起原・由来に注目した意味であり，それぞれ相同 (⇒相同性)，*相似と同義である．

担根体 [rhizophore]　《同》根柄，根托，根持体．外生的に発生し，葉をつけず，その代わりに多数の根を生ずる特殊な器官．シダ植物イワヒバ属の茎の腹側に生じるもの，鱗木類で地上を這い二又分枝をして多数の根をもつスティグマリア (*Stigmaria*) の部分，ミズニラの錨状の塊茎の下半分の根ばかりを生じる部分などが担根体と考えられるが，それぞれの器官学的解釈については異論もある．ヤマノイモの地下貯蔵器官(いわゆるイモ)も根冠も葉ももたず多数のヒゲ根を生ずることから担根体といわれたが，茎の偏心肥大により形成される点で上記の担根体とは異なる．(⇒乳(イチョウ))

端細胞 [teloblast]　《同》内中胚葉母細胞 (mesentoblast)．多くの前口動物胚において，体内(原腸の左右など)に1対ないし数対存在する特殊な大形細胞．一種の幹細胞であり，その分裂によって内胚葉細胞と中胚葉細胞が生じる．中胚葉を形成するものは中胚葉端細胞 (mesoteloblast, mesoblastic teloblast) と呼ばれる．4d (mesentoblast) 細胞すなわち第二卵割によって生じる4個の割球 (ABCD) の内の D 割球の4回目の分裂によって生じる細胞に由来する．

端細胞幹 [teloblast series]　《同》端細胞系幹．発生の初期において，*端細胞から中胚葉が形成される型をとるものの総称．動物の系統樹の主枝の一つを構成する動物群として，*腸体腔幹と対置されることがある．扁形動物，紐形動物，輪形動物，内肛動物，星口動物，軟体動物，環形動物，節足動物などが含まれる．ただし，実際に端細胞を識別できないものも多く，また端細胞幹の定義もそれほど厳密なものではない．

単細胞生物 [unicellular organism]　全生活史を通じて単一の細胞を*個体とする生物の総称．系統的に雑多なものを含む．単細胞生物という概念は，1830年代の*細胞説提唱を受けて K. T. E. von Siebold (1845, 1848) が確立．それまで大形動植物の縮小形にすぎないとされていた微生物個体のそれぞれは多くの場合一つの細胞に相当し，多数の分化した細胞からなる大形生物の個体とは異質なものであるとするこの画期的認識は，生物を植物と動物に二分する伝統的体系 (⇒界) を揺るがすこととなった．大部分の*原核生物(細菌，藍色細菌，古細菌)と，*真核生物の一部(原生生物，鞭毛藻類，珪藻，

緑藻や紅藻の一部など）がそれにあたる．ただし，藍色細菌では種によって多数の細胞が糸状にゆるやかに連結して糸状体を形成し，粘液細菌では凝集して胞子形成のための子実体をつくるから，これらの原核生物を単細胞性と見なすことはできない．なお，単細胞生物は，その個体が細胞に分かれていないとの観点から非細胞生物(acellular organisms, noncellular organisms) と呼ばれたこともある．(⇒動物，⇒原生動物）

a **単細胞腺** [unicellular gland] 一般の上皮細胞間に散在する分泌細胞．個々の分泌細胞は本来の腺とみなすことはできないが，特に顕著な分泌機能をもつ場合に，「腺」を広い意味に解してこれを単細胞腺と呼ぶ．杯細胞が最も広く見られる例．

b **単細胞培養** [single cell culture] 《同》遊離細胞培養(free cell culture). 酵母・細菌など単細胞生物ばかりでなく多細胞生物から細胞1個をとりだして無菌的に培養すること．得られた単細胞を増殖させるにはミクロ培養・保護培養を行うか，浮遊している単細胞群を稀釈して平板培養する．単細胞培養の意義は，単一の細胞起原の細胞集団*クローンを得ること（クローニング）である．(⇒クローン培養，⇒純粋培養)

c **探索像** [searching image] ものを探すときの，探すべき対象のイメージ．実際に知覚されている知覚像(percepting image) と探索像とが結合したとき，そのものがみつかるが，二つの像があまりかけ離れていると，探索像が知覚像を締めだしてしまい，ものはみつからない．J. J. Uexküll (1934) は動物の環境世界にも探索像が存在することを主張した．実際，食物を探している鳥は，そのときにたくさんいる毛虫だけを探して捕らえ，それ以外のものを無視するようにみえる．探索像は学習によって生じるが，動物が食物その他を発見する効率を高めるのに役立っている．

d **探査行動** [exploratory behavior] 動物が新しい場所などにおかれた場合に，その場所一帯を調べてまわる行動．その結果，新しい場所に関して時間的・空間的な知識が得られる．

e **炭酸暗固定** [dark fixation of carbon dioxide] ⇒ウッド－ワークマン反応

f **炭酸ガスインキュベーター** [CO$_2$-incubator] 炭酸ガスを添加した気体環境を保持する機能をもつ，組織培養用の恒温装置．T. T. Puck (1955) が開発した．組織培養の培養液は，毒性が低く緩衝力の強いCO$_2$－NaHCO$_3$緩衝系が用いられている．器内の気相のCO$_2$濃度を計測して自動的にCO$_2$を送気し，器内のCO$_2$濃度を一定に保つことによりペトリ皿などに入った培養液のpHを調節する．

g **炭酸脱水酵素** [carbonic anhydrase, carbonate hydro-lyase] 《同》炭酸ヒドロリアーゼ．H$_2$CO$_3$⇌CO$_2$＋H$_2$Oの反応を触媒する酵素．EC4.2.1.1. 多くは亜鉛蛋白質で，脊椎動物の赤血球をはじめ多くの動物のさまざまな組織，植物の葉などから見出される．血球では二酸化炭素と炭酸水素イオンの急速な転換，胃での塩酸の分泌，一般に体液のpHの調節などの機能をもつ．また植物ではCO$_2$濃度を上昇させ光合成能を増大させている．

h **短枝** [short shoot] *節間成長が起こらないため，葉が短い茎のうえに押しつまってつく*シュート．これに対し，節間が伸びて葉が茎上に散在する通常のシュートを長枝 (long shoot) と呼ぶ．裸子植物には1個体上に短枝と長枝が共存する体制の種類が少なくない．イチョウ，カラマツあるいは双子葉類のカツラの短枝は単に茎がつまって葉が叢生したものだが，マツ属に一般に見られる2～5針葉は長枝から腋生分枝した新しい軸が著しい短枝であるために生じ，さらに極端にはコウヤマキでは短枝上の2葉が全く側面で癒合し，その間に成長点もなく，短枝は1本の葉で代表されてしまう．しかし長枝と短枝の間に本質的な相違はなく，*頂芽優性の現象などにより成長の抑えられたものが短枝となるとされる．冬芽・花・鱗茎なども節間の伸びないシュートであるが，これらは通常短枝とは呼ばない．

i **短肢** [micromelia] 脊椎動物の四肢の*奇形の一種で，骨要素の矮小化が原因で四肢が正常より短いもの．骨要素に欠損があるものを meromelia という．インスリンの投与やビオチン不足などによって，ニワトリの胚に人工的に引き起こすことができる．ヒトでもサリドマイドによって同じような奇形が生じる．はなはだしい場合には基部骨格（柱脚・軛脚）が欠損し，先端部（自脚）だけが胴に直接生じたような形になり，これをアザラシ状奇形 (phocomelia, アザラシ肢症) という．さらに重篤な場合には四肢を欠如した無肢 (amelia) もまれに見られる．

j **担子器** [basidium] 《同》担子柄．担子菌類において，核の融合（合体）および減数分裂が行われ，その後に担子胞子を外生する構造．その構造は変化に富み，分類上の重要な標徴とされる．担子器および担子胞子は特殊に分化した二次菌糸で構成される顕著な子実体，すなわち*担子器果の上または中に形成されるのが一般的だが，担子器果を欠く場合もある．担子器は密に並んで子実層を形成するが，子実層がはじめから裸出している場合を裸実性 (gymnocarpous)，これに対し担子胞子が成熟するまでは裸出しない場合を被実性 (angiocarpous) という．また，最初は子実体組織に覆われているが担子胞子が成熟する前に裸出してくる場合を半被実性 (hemiangiocarpous) という．担子器のうち，核融合の行われる場所を前担子器 (probasidium)，減数分裂の行われる場所を後担子器 (metabasidium) という．前担子器と後担子器は形態的に明瞭に区別される場合もあるが，両者の区別は同一担子器上の時間的経過にすぎない場合もある．後担子器から長い袋状の腕が伸び出ているときにこれを担子器上嚢 (epibasidium)，このときの前担子器を担子器下嚢と称することがある．後担子器は通常4個の小柄 (sterigma, pl. sterigmata) を頂生してその先端に1個ずつの担子胞子を外生する．後担子器は，減数分裂のときの核の分裂に伴って4室に区切られる多室担子器 (phragmobasidium) と，1室の単室担子器 (holobasidium) の2型があって，さらに多室担子器には横の隔壁で仕切られて4室となった直列四室担子器 (キクラゲ型) と縦の隔壁で仕切られて4室が平行に並ぶ並列四室担子器 (シロキクラゲ型) がある．多室担子器の上の小柄は一般に丈夫で長くまたは肥大しているものが多く，単室担子器の上の小柄は一般に小さくて繊細であるが，ときに肥大したもの

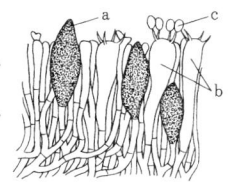

イボタケ科の子実層横断図
a 嚢状体　b 単室担子器
c 担子胞子

がある．多室担子器および丈夫で肥大した小柄をもった単室担子器を併せて異担子器(heterobasidium)，また繊細な小柄をもった単室担子器を同担子器(homobasidium)と呼ぶ．小柄の数は通常4個であるが，2個，あるいは6個，8個，などとなる場合もある．

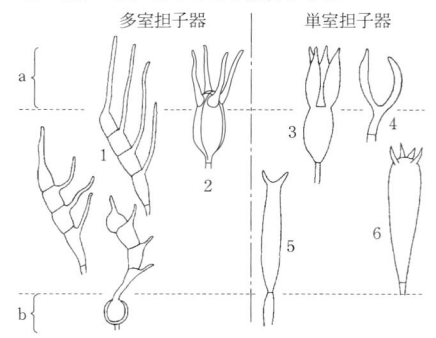

a. 担子器上嚢，b. 担子器下嚢(＝前担子器)
1. 直列四室担子器，2. 並列四室担子器，1～4. 異担子器，5, 6. 同担子器

a **担子器果** [basidiocarp, basidioma] *担子器を生ずる*子実体，すなわち担子菌類の子実体．比較的大形の子実体(いわゆる「きのこ」)の大部分は担子器果．子実体形成は*二次菌糸体によって行われ，形成初期から担子器が密に並んだ*子実層を裸出している裸実性(gymnocarpous)，少なくとも胞子が成熟するまで子実層を裸出しない被実性(angiocarpous)，初めは子実層を裸出しないが胞子が成熟するまでに裸出する半被実性(hemiangiocarpous)，傘の発達の途中で一時子実層が覆われる偽被実性(pseudoangiocarpous)がある．これらの区別は主としてハラタケ目などを含む帽菌類で見られる．腹菌類などには成熟後も子実層を裸出しない内実性(endocarpous)もある．いわゆるきのこ形の担子器果は，柄(stalk, stipe, stem)の上部に円盤状からろう状の傘を有し，柄の上部には*内皮膜の残りであるつばと，柄の基部には*外皮膜の残りからなるつぼ(volva, cup)をもつものもあり，分類学上の特徴とされる．(⇨子嚢果)

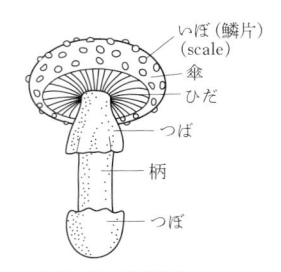

ハラタケ目の担子器果
(C. J. Alexopoulos, 1962 による)

b **担子菌類** [Basidiomycota, Basidiomycetes] 有性生殖の結果，*担子器と呼ばれる構造上に担子胞子を外生する菌類．子嚢菌類と同様，無性環ももち，無性生殖時代はかつて不完全菌類として認識された．多くの場合，菌糸は組織状に集合し，子実体として担子器果(きのこ)を形成するが，子実体を形成しないものも含まれている．体制は酵母状あるいは菌糸で，酵母状のものは担子菌酵母(basidiomycetous yeast)として知られる．菌糸の隔壁には，多くの場合孔があり，この周辺にたる型の構造が観察される．ただし，*子嚢菌類と同様に単純孔隔壁をもつものもある．今日，*サビキン類，*クロボキン類，およびその他の担子菌類の3群が識別されており，前二者は単純隔壁をもち，子実体を欠く．後者の担子菌類には，菌根を形成するものが多い．分子系統学的には担子菌類とは姉妹群を形成し，ライフサイクルの中で，二核相(重複)の菌糸を形成することから，これらの二つのグループの菌に対して二核亜界(Dikarya)が提唱された．二核相とは，2種類の遺伝的に異なる内容の核が共存する状態で，担子器果を形成する担子菌類についてよく知られている．子嚢菌類，担子菌類はいずれも，生活環の一部で二核相の時代を経て，核合体と減数分裂を経て有性胞子が形成される．

c **単軸型** [monoaxial type] 《同》中心糸型(central filament type)，中軸型(monopodial type)．真正紅藻類の体において単一の細胞列が中軸をなす型．これに対し複数の細胞列が中軸をなすものを多軸型(multiaxial type, 噴水型 fountain type)と呼ぶ．いずれの場合も通常，細胞列は分枝し，密着してときに組織(*偽柔組織)を形成する．

d **単軸分枝** [monopodial branching] 《同》側方分枝(lateral branching)．植物(藻類を含む)にみられる，主軸が発達して1本の軸を作り，側方へ側軸(枝)を出す分枝法(⇨分枝)．維管束植物の茎に一般的．種子植物では，側枝は葉の腋芽から発達するので，側枝の配置である枝序(branch taxis, cladotaxis)は*葉序と同じになる．これに対してシダ植物では，葉腋の位置に側枝が形成されるものは少なく，大半の種で葉腋からずれた位置に形成されるので葉序と枝序は同じにならない．維管束植物の根も単軸状に分枝するものが大多数．またコケ植物配偶体も多くが単軸状の分枝を示す．

e **短日植物** [short-day plant] 《同》短日性植物．ある一定期間より長い継続した暗期を含む光周期が与えられるとき，花芽形成する，あるいは花芽形成が促進される植物．その期間を限界暗期(critical dark period)といい，光周期性に関して*長日植物と逆の関係にある．自然界では比較的日長の短いときに花芽を分化する．例えば，キク，イネ，アサガオ，オナモミ，ダイズ，コスモスなど．日長(浴光時間)が短くても，それに伴う暗期が限界暗期以下であれば花芽を形成しない．また十分長い暗期が与えられても途中適当な時期に短時間の光照射が行われると(⇨光中断)，花芽を分化できない．(⇨光周性)

f **単肢動物** [ラ Uniramia] 節足動物の多系統仮説に基づき*有爪動物・*緩歩動物と節足動物の多足類・昆虫類を合わせて S. M. Manton (1972, 1977) が設定した動物門．甲殻類の大顎は*顎基が発達して形成されるのに対し，多足類・昆虫類の大顎は脚節が融合して形成される．また甲殻類に普遍的に見られる二叉型付属肢が，多足類・昆虫類では幼体においても見られずその付属肢は単純棒状肢である．さらに初期胚発生の様式や付属肢の運動機能，特に大顎の作動様式や筋肉系にも相違があるため，従来の*大顎類を否定し，節足動物は三元的起源であるとして，鋏角動物門(鋏角類・三葉虫類)(Chelicerata)・甲殻動物門(Crustacea)・単肢動物門(有爪類・緩歩類・多足類・六脚類)の独立した3門を立てた。D. T. Anderson(1979)は，環形動物・有爪動物・節足動物の初期胚発生における割球・胚域の行動・予定運命の比較などから，この説を支持している．すなわち，有爪動物は多足類や昆虫類に見られる多様な特化の基となる発生様式を示し，これらは互いに独立にではあるが共通の祖先から由来したとみなされ，貧毛類に見られる特徴により環形動物の祖先との類縁も認められる．これに対して，鋏角類や甲殻類の発生様式はこれらとの類縁を示すものではなく，らせん卵割を行う祖先からいずれも独立に起原したものであるとしている．この説は，これらの動物群が進化する過程でいわゆる節足動物化(arthropodization)が2ないし3回別々に行われたという仮説に基づいている．最新の分子系統解析(J. Mallatt & G. Giribet, 2006)ではこの説は受け入れられず，むしろ節足動物門の単系統性が支持されている．

a **単シナプス反射** [monosynaptic reflex] 求心性ニューロンおよび遠心性ニューロンの2要素だけからなり，その間にシナプスが1個だけ存在する最も簡単な*反射弓による反射．*多シナプス反射と対する．伸張反射が代表的で，これは筋肉の感覚受容器，筋紡錘からのIa群求心繊維とその筋肉を支配する運動ニューロンによって形成される．また一般的に，問題としている神経経路が途中にシナプスを1個だけ含むとき，単シナプス経路(monosynaptic pathway)と呼ぶ．(⇒脊髄反射)

b **単子嚢** [unilocular sporangium, unilocular zoidangium] 《同》単室胞子嚢，単室生殖器官(unilocular reproductive organ)．褐藻類において1個の細胞が小室に分かれずにそのまま生殖細胞(unispore, unizoid)を生ずる構造．*複子嚢に対する．一般に減数分裂によって遊走子を形成するが，不動性の胞子(*四分胞子)を形成する例(アミジグサ目)や減数分裂を経ずに栄養繁殖する遊泳細胞を形成する例もある．

c **担子胞子** [basidiospore] 担子菌類の*担子器に，減数分裂の結果生じる胞子．一般に担子器から生じた小柄の先端に外生し，1担子器から通常4個，ときに2～8個の担子胞子ができる．担子胞子は一般に単細胞だが，アカキクラゲ科(Dacrymycetaceae)などでは多細胞となるものがあり，また発芽の際に隔壁を形成するものもある．多くは射出胞子(ballistospore)だが，腹菌類の担子胞子は射出されない．単相一核性で，一般に発芽して一次菌糸を生じるが，性分化がみられ，四極性や二極性のものがみられる(⇒ヘテロタリズム)．球状，楕円体状あるいは角ばった形で，表面に種々の形の突起や網状の紋をつくるものがある．白，紅，黄，褐，黒などの色があり，風，水，昆虫などにより散布される．子実体の子実層面を下にして紙の上に一晩静置すると胞子が落ちて紙上に胞子紋(spore print)ができる．ここでみられる胞子の色は分類上の標徴となる．サビキン類およびクロボキン類の担子胞子を小生子(sporidium)という．

d **胆汁** [bile] 《同》胆液．脊椎動物の肝臓で生成される消化分泌液．細胆管を通り，次いで肝管および胆嚢管を経て胆嚢に注ぐ．胆嚢で貯蔵・濃縮された胆嚢胆汁(gall bladder bile)と，直接十二指腸に分泌される肝胆汁(hepatic bile)とがある．分泌は絶えず行われているが，食物が腸内にあると促進され，また食物の種類も分泌量と関係がある．*コレシストキニンは胆嚢の収縮をうながして胆汁分泌を促進する．肝胆汁のpHは7.4～8.0であるが，胆嚢胆液は貯蔵中に電解質の吸収をうけて中性ないしはpH5.6くらいの酸性になる．主要固形成分は*胆汁酸と*胆汁色素で，ほかにグリセリド・脂肪酸・コレステロール・レシチンなどの脂質や，ムチン，無機塩類を含む．酵素もアルカリ性ホスファターゼなど各種が見出されるが，消化酵素は含まれず，胆汁中で消化に貢献するのは胆汁酸である．胆汁の色は胆汁色素によるもので，ヒトでは黄金色であるが空気にふれると酸化して緑色・青色・褐色へとしだいに変化する．ウサギや反芻動物では最初から緑．胆汁の苦味は胆汁酸による．(⇒抱合胆汁酸)

e **胆汁アルコール** [bile alcohol] 魚類・両生類などにおいて，*胆汁酸に代わって胆液主成分となっているポリヒドロキシステロイド．胆汁酸と同じ構造の母核と，1～3個の水酸基のついた側鎖とをもつ．例えばサメやエイに特徴的な胆汁アルコールであるシムノール(scymnol)は，*コール酸と同一母核をもったC_{27}ヘキソールである．胆液中では胆汁アルコールはその側鎖末端水酸基に硫酸基がエステル結合したサルフェートの形で存在しており，*抱合胆汁酸と同様の生理機能をもつと考えられる．その所在・化学構造から見て，胆汁酸の進化的前駆体とされる．爬虫類以上の脊椎動物には胆汁アルコールは存在しないが，脳腱黄色腫症(cerebrotendinous xanthomatosis)と呼ばれるコレステロール代謝異常疾患では，C_{23}, C_{24}あるいはC_{25}に水酸化された胆汁アルコールが見出される．

シムノール

(5β-コレスタン-$3\alpha, 7\alpha, 12\alpha, 24, 26, 27$-ヘキソール)

f **胆汁酸** [bile acid] *ステロイド化合物の一類で，弱い酸の性質を示す脊椎動物の*胆汁の主要固形成分の一つ．哺乳類など脊椎動物の多くは*コラン酸のヒドロキシ誘導体である．ヒトの胆汁には*コール酸，*デオキシコール酸，*ケノデオキシコール酸，*リトコール酸などが含まれ，動物の種によって胆汁酸の種類・組成に若干の違いがある．胆汁中では*グリシンまたは*タウリンと結合した*抱合胆汁酸として存在．肝臓において*コレステロールから生合成され，胆液の主成分として小腸に分泌され，そこで脂質の消化吸収を助ける働きをする一次胆汁酸と，腸内細菌の代謝によってつくられる二次胆汁酸がある．腸内の胆汁酸の大部分は回腸で再吸収され，門脈を通って肝臓に返る*腸-肝循環をする．肝臓に達した胆液の胆汁分泌を促進するとともに，肝臓における胆汁酸生合成に対して調節的に働き，またコレステロールの生合成などにも影響を与える．腸-肝循環から外れた一部が大腸を経て糞便中に排出され，この排出量にみあう胆汁酸が肝臓で新たに生合成される．正常状態では尿への排出はほとんどない．ある種

の魚類や両生類，爬虫類などでは，コラン酸誘導体である通常の胆汁酸の代わりに胆汁アルコールや高級胆汁酸が胆汁主成分である．

a **胆汁酸塩** [bile salts] *胆汁酸(グリコール酸，タウロコール酸)のNa塩．肝臓でコレステロールからつくられ，胆液中に分泌される．分子内に極性部分と非極性部分をもつので，*界面活性剤として脂質を乳化し，その消化と吸収を容易にする．(⇌抱合胆汁酸)

b **胆汁酸生合成** [biosynthesis of bile acid] 脊椎動物の肝臓においてコレステロールから*胆汁酸が生合成されること．7α 水酸化に始まり母核の変換が先行し，*β 酸化により*コール酸または*ケノデオキシコール酸の CoA 誘導体となる．これに*タウリンまたは*グリシンが反応して*抱合胆汁酸を与える．腸内細菌により脱

胆 汁 酸 生 合 成

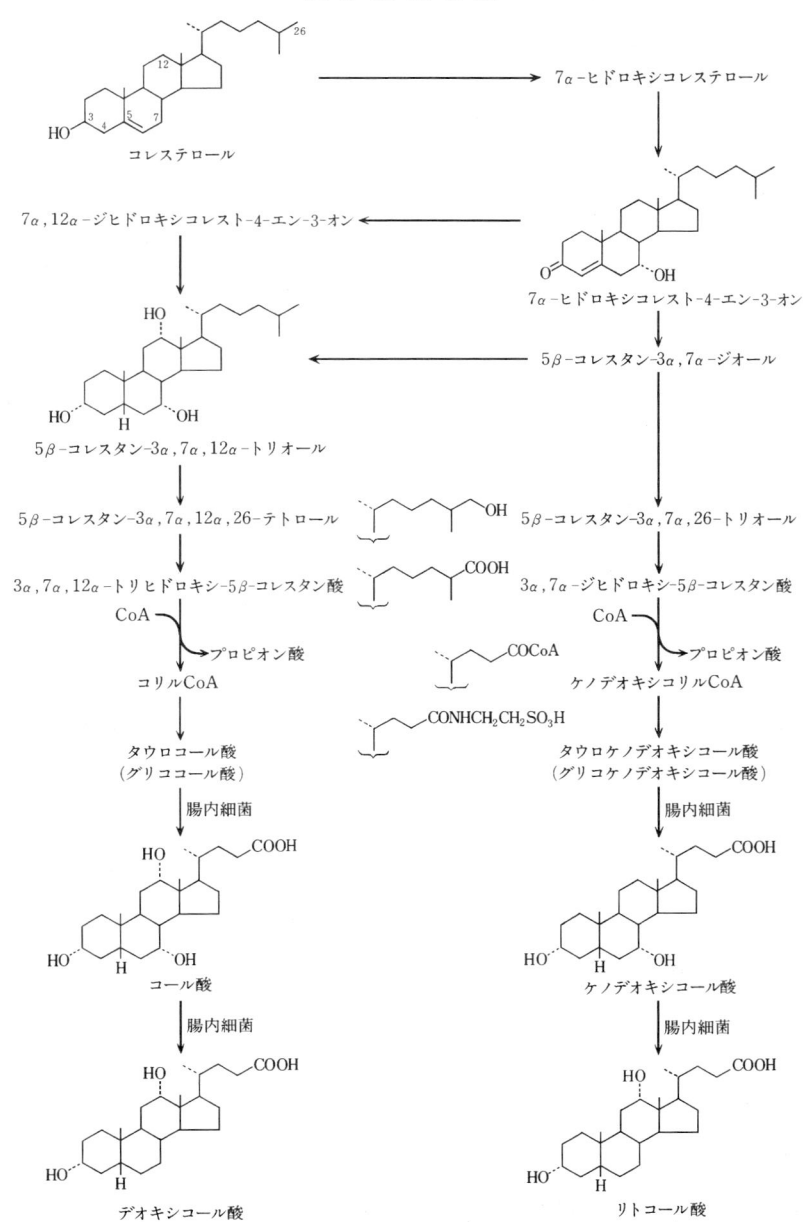

コレステロール → 7α-ヒドロキシコレステロール → 7α-ヒドロキシコレスト-4-エン-3-オン → 5β-コレスタン-3α,7α-ジオール

7α,12α-ジヒドロキシコレスト-4-エン-3-オン ←

5β-コレスタン-3α,7α,12α-トリオール

5β-コレスタン-3α,7α,12α,26-テトロール　　5β-コレスタン-3α,7α,26-トリオール

3α,7α,12α-トリヒドロキシ-5β-コレスタン酸　　3α,7α-ジヒドロキシ-5β-コレスタン酸

CoA → プロピオン酸　　　　　　　　CoA → プロピオン酸

コリルCoA　　　　　　　　　　　　ケノデオキシコリルCoA

タウロコール酸　　　　　　　　　　タウロケノデオキシコール酸
(グリココール酸)　　　　　　　　　(グリコケノデオキシコール酸)

↓腸内細菌　　　　　　　　　　　　↓腸内細菌

コール酸　　　　　　　　　　　　　ケノデオキシコール酸

↓腸内細菌　　　　　　　　　　　　↓腸内細菌

デオキシコール酸　　　　　　　　　リトコール酸

抱合し，さらにデオキシ体に還元される．十二指腸へ分泌された胆汁酸は脂肪の乳化に作用し，その吸収を促進する．

a 胆汁色素 ［bile pigment］ 動物の胆汁の主要固有成分の一つ．主として赤褐色の*ビリルビン(胆赤素)と青緑色の*ビリベルジン(胆緑素)とからなり，両者の量比および濃度によって胆汁に種々の色を与える．ヒトの胆汁はほとんど前者だけを含み，通常黄褐～赤褐色．一般に肉食動物の胆汁は前者が多く，草食動物は後者を多量に含むので，多少緑色を帯びる．ビリルビンはヘモグロビンの分解産物で，4個のピロール核が3個の炭素原子を介して結合した一連のテトラピラン(tetrapyrane)誘導体を総称する．図のプロトポルフィリン(ヘムでは中心に2価の鉄を配位している)は α 位でヘム酸素添加酵素によって開裂され，IXα-ビリベルジンになる．このビリベルジン分子が還元され，図の a, b, c の炭素の二重結合の数が0になればビラン(bilane, 例：ウロビリノゲン)，1ならビレン(bilene, 例：ウロビリン)，2ならビラジエン(biladiene, 例：ビリルビン)，3のままならビラトリエン(bilatriene, 例：ビリベルジン)のように分類される．このほか，カモメの卵殻の青色色素オーシアン(oocyan)，海藻のフィコエリトリン(phycoerythrin)，フィコシアニン(phycocyanin)，植物の*フィトクロムの発色団，蝶のプテロベルジン(pteroverdin)，昆虫の体液中などにあるメソビリベルジンなど，数種の胆汁色素系物質が知られている．

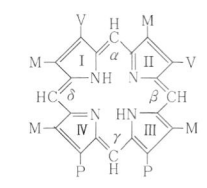

プロトポルフィリン

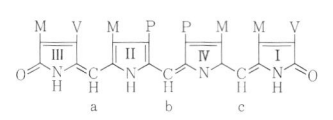

IXα-ビリベルジン
M：CH₃，V：CHCH₂，P：CH₂CH₂COOH

b 単収縮 ［twitch］ 《同》攣縮．単一の伝播性活動電位によって起こる，筋肉の速やかな一過性の収縮．神経刺激による筋肉の活動単位とみなされる．単収縮期間は筋繊維によって異なり7.5～100 ms で，等尺性単収縮(⇌等尺性収縮)の張力のピークに達する時間の方が，等張力性単収縮(⇌等張力性収縮)の短縮がピークに達する時間よりも短い．骨格筋では刺激強度を増すにつれて単収縮の大きさが増大するが，これは興奮する筋繊維の数の増加によるもので，個々の筋繊維の単収縮は*全か無かの法則に従う．心臓筋では筋繊維間に電気的結合があるため，この法則が全筋にあてはまる．神経刺激の場合，収縮は神経筋接合部でまず起こり，ついで両方向に伝播していく(両側性伝導)．伝播速度は活動電位のそれと等しく，カエル骨格筋で3～4 m/s である．単収縮が生体内で起こるのは膝反射や瞬眼反射などだけでむしろ例外的であり，大部分の運動は運動神経の反復活動による*強縮で

ある．

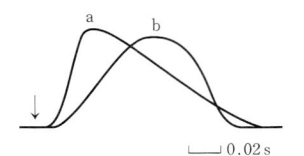

等尺性単収縮(a)と等張力性単収縮(b)の時間経過の比較．矢印は刺激点

c 単収縮繊維 ［twitch fiber］ 《同》速筋繊維(fast muscle fiber)．太い運動神経繊維に支配され，*全か無かの法則にしたがう活動電位を発生して*単収縮を起こす骨格筋繊維．通常は筋繊維は神経によって連続して刺激され，収縮が加重されてより強い収縮すなわち*強縮となり，単収縮の3倍以上の力を発揮する．哺乳類の骨格筋はほとんどがこの型の繊維から形成されているが，カエル骨格筋には，単収縮繊維のほかに，伝播性の活動電位を発生せず局所収縮を起こす遅繊維が存在する．

d 短縮核分裂 ［brachymitosis］ *核分裂の各期において，種々の原因により分裂中の染色体が分裂の進行を省略して*終期の状態になる現象．この結果，染色体縦裂がすでに終わっている場合には倍加核が形成される．薬品処理，強い光照射で引き起こされる異常な核分裂で，分裂の逆行(reversion)による復旧核とは別の現象である．

e 短縮減数分裂 ［brachymeiosis］ 第二分裂をともなわない異常な*減数分裂．

f 単純型細胞 ［simple cell］ *一次視覚野の神経細胞の中で，光刺激の点灯(on)と消灯(off)に対して異なる刺激位置が最適であるタイプの細胞．すなわち，これらの細胞の受容野には，on 領域と off 領域が分かれて交互に周期性をもって存在する．また，これらの領域は，特定の方位(orientation)に長く伸びており，その方位は細胞によって異なる．これらの特性が一次視覚野細胞の方位選択性(orientation selectivity)の基盤となっている．単純型細胞は，光の分布を受容野内の各場所から線形的に加算する細胞として機能モデル化が可能であり，線形フィルターの空間特性は二次元 Gabor 関数で近似されることが多い．最近では，一次視覚野の各単純型細胞は，画像の Gabor ウェーブレット変換の各成分を表現しているとの考えが一般に受け入れられている．Gabor 関数は，正弦波(sine wave)と正規分布関数(Gaussian)の積で表される関数である．また，Gabor ウェーブレット変換は，方位や大きさの異なる多数の相似な Gabor 関数の重合せにより，任意の画像を表現することを可能にする数学的変換の一つである．

g 単純脂質 ［simple lipid］ *脂肪酸と各種アルコールとのエステルの総称．*複合脂質と対する．(1)脂肪酸と*グリセロールとのエステルである*アシルグリセロール(*中性脂肪)としてモノ，ジおよびトリアシルグリセロール，(2)アシルグリセロールの変型としてのエーテル脂質，(3)脂肪酸とグリセロール以外のアルコールとのエステルである*蠟(wax)やコレステロールエステルに分類される．そのほか，トリテルペノイド，ステロイドなどの生合成前駆物質である*スクアレンやザメン(zamene)などの炭化水素を含めることもある．

h 単純ヘルペスウイルス ［herpes simplex virus］《同》ヒトヘルペスウイルス1(Human herpesvirus 1)，ヒトヘルペスウイルス2(Human herpesvirus 2)．*ヘ

ルペスウイルス科アルファヘルペスウイルス亜科シンプレックスウイルス属の病原ウイルス．ウイルス粒子は直径約180 nm．ゲノムは約15万塩基対長の二本鎖DNAで少なくとも74個の遺伝子をもつ．抗原性，生物学的性状などから1型と2型に区別される．1型は主として口唇病巣より，2型は生殖器病巣(性器ヘルペス)から分離されることが多いが，近年1型による性器ヘルペスが急増している．ヒトからヒトに接触感染し，最も広くヒトを冒すウイルスの一つであるが，不顕性であることが多く，臨床的には一部しか発症しない．口唇ヘルペス，角膜ヘルペス，ヘルペス性瘭疽，カポジ水痘様発疹症など種々の疾患，ときに髄膜炎や脳炎の原因となる．口唇ヘルペスは一般によく知られ，日やけや発熱，ストレスなど種々の刺激がきっかけとなって再発(回帰発症)が起こる．発育鶏卵の漿尿膜上で，またヒト，サル，ニワトリなど種々な動物由来の培養細胞でよく増殖する．

a **単子葉類** [monocotyledons, monocots ラ Monocotyledoneae, Liliatae] 胚における子葉が単数(1枚)の被子植物の一群．葉の主脈は通常平行，茎は不斉中心柱で通常形成層を欠き，花は三数性，胚は発芽後まもなく幼根を失って不定根と交代する．単系統群であり，約6万種を含む．(→被子植物)

b **淡色効果** [hypochromic effect] 《同》減色効果．ポリペプチドやDNAなどがらせん構造をとる際，ランダムコイルのときに比べて吸収極大の波長はあまり変化しないのに，吸光係数が大きく減少すること．蛋白質や核酸などの二次構造を形成している度合を推定するのに用いる．通常，未変性の吸光係数と完全に変性したものの吸光係数との比に100をかけた値で定量的に表す．完全に二次構造を組んでいる最大の淡色効果の度合は30～40%に達する．淡色効果を示すのは，モノマーの遷移モーメントが互いに平行もしくはそれに近い場合であって，遷移モーメントが互い違いに並ぶとむしろ*濃色効果を示す．

c **単肢類** [ラ Uniramia] ヤスデ類，エダヒゲムシ類，ムカデ類，コムカデ類，昆虫類の各綱を合わせた一群で，節足動物門の一亜門とされることがある．(→単肢動物)

d **胆膵管括約筋** (たんすいかんかつやくきん) [hepatopancreatic sphincter muscle ラ musculus sphincter hepatopancreaticae] 《同》オッディ括約筋(musculus sphincter Oddi, Oddi's sphincter muscle). *輸胆管(総胆管)と主膵管が合して十二指腸に開く位置にある括約筋．*平滑筋からなる．*胆汁および*膵液の十二指腸への流入調整に関与する．

e **タンズリー** TANSLEY, Arthur George 1871～1955 イギリスの植物生態学者．'New Phytologist'を刊行して，1902～1931年の間同誌を編集．また1913年にイギリス生態学会を創設．野外群落の研究(群落生態学)をし，イギリスの植生図を作成し生態学的な単位として生態系を提唱した．植生遷移における F. E. Clements の単極相説に対して多極相説を唱えた．[主著] The British islands and their vegetation, 1939.

f **単性** [adj. monogenic] 一方の性だけの子孫を生ずること．ショウジョウバエの一種 Drosophila affinis には雄ばかりの系統があり，これを他の系統と交配しても雌を生ぜず，雄だけを生ずる(T. H. Morgan ら，1922)．おそらくこの系統は，X染色体を含む精子を殺す遺伝子をもつと考えられている．D. bifasciata においては，雌だけを生む雌が見出されている．このほかミツバチやアリなどの生活史において*単為生殖により雄だけを生ずる現象も，単性である．

g **単星** [monaster] 単一で現れる*星状体．ウニ受精卵における正常な核融合の際にみられる．またウニ類の卵を麻酔剤や機械刺激で処理すると*中心体の分裂が妨げられ，単一中心体の周囲に単星が出現することがある．このような単星の出現は一種の病理的変化で，染色体は分裂しても両極に分離できず，また*細胞質分裂は起こらない．

h **単性花** [unisexual flower] 雌ずいか雄ずいの一方だけをもつ花，あるいは両方あっても一方だけが機能する花．*両性花に対する語．花被の有無には関係しない．不完全花(imperfect flower と表記される場合のみ)も単性花を指す．単性花雄ずいをもつ方を雄花(male flower, staminate flower)，雌ずいをもつ方を雌花(female flower, pistillate flower)という．ときには雄ずいも雌ずいももたない花もあり，それを*中性花という．雌花・雄花が同一個体上にあるとき*雌雄同株，別の個体上に生ずるとき*雌雄異株という．

i **弾性繊維** [elastic fiber] 支持組織の細胞外基質に認められる繊維の一種．蛋白質のエラスチンからなり，エラスチンにほぼ特異的にアミノ酸のデスモシン(desmocine)が含まれる．種々の太さのものがあり，著しい伸長性をもつ．レゾルシン-フクシンやアルデヒドフクシンで青紫色に染まる特徴がある．煮沸しても溶けず，酸・アルカリにも抵抗が強いが，トリプシンやペプシンには溶解．弾性繊維は，同じく支持組織に認められる*膠原繊維のコラーゲンを合成するものと同じく繊維芽細胞や動脈の平滑筋細胞によって作られ，細胞外において繊維化する．四肢動物にひろく見出され，これを多く含む組織は弾性組織と呼ばれる．発生学的には膠原繊維より遅れて形成が始まり，より早く形成が終わるので，一般に動脈などに見られるように，老化とともに弾力性を失う組織が多い．

j **弾性組織** [elastic tissue] *弾性繊維を比較的多く含み弾力性をもつ組織の総称．動脈や弾性軟骨にその例を見る．

k **弾性要素** (筋肉の) 筋肉の力学モデルにおいて，筋肉を伸長，解放した際に金属のばねのように純弾性的にふるまう要素．直列弾性要素(series elastic component, series elastic elenent)と並列弾性要素(parallel elastic component)に分類できる．*強縮中の筋の長さを急激に変化させた時の張力の急激な減少や加重を急激に減少させた時の筋の長さの急激な短縮は，収縮要素およびこれと直列につながった直列弾性要素を考えることにより説明されている．直列弾性要素はミオシンフィラメントからアクチンフィラメントへの架橋部分の弾性によるものであり，筋繊維の全長に渡って均等に分布している．静止時の筋を伸長するとき発生する静止張力(resting tension)を説明するには，さらに収縮要素に対して並列弾性要素を考えなければならない．並列弾性要素としては筋鞘結合組織やZ膜と太い筋フィラメントを結ぶ蛋白質*コネクチンなどが考えられる．

l **単生類** [ラ Monogenea] 扁形動物門新皮目の一群．体の前後端に付着器官をもち，表皮には繊毛はないが，微繊毛をそなえる．単一宿主からなる生活環をもち，主

として魚類への外部寄生性であるが，まれに両生類もしくは爬虫類の内部寄生性のものもある．

a **胆石** [gallstone] 胆道内で形成される結石．*胆汁液中の溶存成分が何らかの原因で非溶解性となり，結晶化または沈澱析出したもの．主要構成成分から*コレステロール系石，*ビリルビン系石，およびその他の成分を主とする稀石に三大別される．日本人の場合，従来はビリルビン系石の頻度が高かったが，最近は欧米と同じくコレステロール系石の頻度が増加しており，食生活の変化が主因と見られる．成因としては代謝異常・胆汁鬱滞・胆道炎症が挙げられる．コレステロール，胆汁色素はもともと水に不溶性であり，*胆汁酸，レシチンによるミセル形成によって溶存しているものである．上記の要因により，例えば胆汁酸の減少などの胆汁液組成変化からミセル状態の変化が導かれ，溶存成分の析出，胆石形成にいたるものと考えられる．胆石はヒト以外の動物にも見られる．古くから用いられている生薬の牛黄（ごおう）はウシの胆石である．

b **炭素** [carbon] C．原子量12.01の多量元素（⇒微量元素）．有機化合物として多種多様，極めて多くのものがある．動物の三大栄養素のうち，糖質・脂肪（脂肪酸）の骨格をなし，エネルギー代謝など，生命あるいは生命活動と不可分．生態系レベルでの*炭素循環が研究されている（⇒生物生産）．放射性同位体には ^{11}C，^{13}C，^{14}C があり，^{14}C は半減期が長いため，地中埋蔵物などの年代測定やトレーサーとして用いられる．（⇒炭素源，⇒炭素同化，⇒C/N比）

c **単相** [haplophase, haploid phase] *核相交代において，*減数分裂の終わった時期から受精までの間の*半数性の核相．原則として染色体を1組もつ．（⇒核相交代）

d **単相植物** [haploid plant, haplont] 《同》半数植物．*生活環の上で，*単相の*配偶体だけが発達し，複相になるのは*接合子のときだけである植物．*複相植物あるいは*単複相植物と対置される．したがって単複の核相交代はあるが，複相の接合子の最初の細胞分裂が減数分裂なので，複相の世代はつくられず，世代の交代はない（シャジクモ，アオミドロなど）．（⇒接合子還元）

e **単層培養** [monolayer culture] 細胞が培養基質に接着した状態で増殖し，1層のシートが形成される培養．足場依存性の増殖をする動物の組織細胞は，一般に1細胞のシートを形成する（⇒細胞培養）．トランスフォームした細胞は重層化するが，これも通常は単層培養と呼ぶ．

f **炭疽菌**（たんそきん）[*Bacillus anthracis*, anthrax bacillus]《同》脾脱疽菌(旧称)．*バチルス属細菌の一種 *Bacillus anthracis* の和名．好気性，芽胞形成，非運動性のグラム陽性桿菌で，連鎖状に生育することが多い．一つの細胞の大きさは $1.0〜1.2×3〜7\mu m$ で，細菌の中では大きい部類に入る．ウシやヒツジなどの草食哺乳類の致死的伝染病で，ヒトにも感染する炭疽(炭疽病 anthrax)の病原細菌として知られる．R. Koch(1877)が，平板培養法を用いた純粋培養に初めて成功した細菌で，それを動物に接種して発病させた．これは感染症と細菌との因果関係を実証した最初の例として微生物学史上有名．病症は内臓，特に脾臓の強い腫脹と，血管内における菌の著しい増殖が特徴である．炭疽によって起こる諸症状の直接の原因は，菌体外に分泌される3種類の蛋白質毒素であり，これらをコードする遺伝子はすべて毒素プラスミド pXO1上に存在する．栄養細胞は莢膜を形成し，白血球の貪食などから逃れる役割を担うなど，病原性の発揮と密接な関係にある．莢膜物質はグルタミン酸のポリペプチドからなり，酵素の作用を受け難く，一般的には抗原性も示さない．（⇒バチルス）

g **断続性運動** [saccade, saccadic movement]《同》衝動性運動，衝動性眼球運動(saccadic eye movement)，急速眼球運動，サッケード．視覚対象を中心視するための共役運動(共役眼球運動)の一つで，対象を中心窩にとらえるために行う急速な眼球の運動．視覚対象の位置が突然変わったり，視覚対象が新たに現れたときにその点に向ける運動で，その運動はステップ状に起こる．また，視野を随意的に(自由に)探索するときにもみられる．運動の頻度は $3〜5$ 回/s 程度であり，運動と運動の間に注視している時間は200 ms 程度である．これに対し，中心窩にとらえた動く対象を中心窩に保ち続けるための滑らかな眼球の運動を追随眼球運動という．断続性運動の開始前数十 ms から運動終了後数十 ms の間に，視力の低下する断続性運動抑制(saccadic suppression)と呼ばれる現象が現れる．したがって，視線の移動中には図形をみることができず，それぞれの注視点でサンプリングしながら図形全体をみているものと考えられる．断続性運動抑制の神経機構は不明な点が多い．なお，断続性運動は脊椎動物の眼球だけでなく，カニの眼柄やハエトリグモの中央眼(*走査眼)でもみられる．

h **断続平衡説** [punctuated equilibrium theory]《同》区切れ平衡説，分断平衡説．種の進化は，変化のない長期の安定期と，その存続期間に比べ相対的に著しく急速な種分化と形態変化によって特徴づけられるとする仮説．N. Eldredge と S. J. Gould (1972) が提出．化石記録中に認められる断続的な形態進化に基づいており，C. Darwin 以来，化石記録から進化を考えるうえでとられてきた進化観を，漸進的な見方(gradualism)として批判した．また彼らは，断続的な進化パターンをもたらす機構として，E. W. Mayr の周辺種分化説(⇒創始者原理)を用いた．その後，安定化淘汰や*発生的制約などが，形態の断続的進化をもたらす機構であると主張された．また，断続平衡説を土台として，化石記録に見出される*大進化のパターンを小進化とは独立の機構で説明しようとする試みがなされ，例えば種淘汰が形態の長期的な趨勢をもたらす機構として主張された．そのため，個体に働く自然淘汰を進化の主要な機構と考えるダーウィン説の立場の研究者との間に論争が行われた．

i **炭素源** [carbon source] 生体に吸収され，生体構成炭素として利用される炭素化合物．独立栄養をいとなむ植物や微生物の一部は炭素源として二酸化炭素を利用できるが，従属栄養微生物や動物は炭水化物やアミノ酸などの有機化合物でないと利用できない．菌類は培養が容易なため，炭素源として種々の炭素化合物を与えてその栄養価値が調べられている．それによると，カビでは，炭水化物，特に単糖・二糖などが最も吸収が速やかで，多糖はいったん菌体から分泌される体外酵素によって分解され比較的低分子量の糖として吸収される．多価アルコールや有機酸類もしばしば用いられる．環式有機酸は一般に利用されにくい．このほか窒素を含む有機化合物は同時に*窒素源をも兼ねる．

j **炭素循環** [carbon cycle] 炭素にかかわる*物質循

環．地球上の炭素循環過程では，大気中から海洋への二酸化炭素の溶けこみ，海洋中での炭酸塩の溶解平衡，火山からの二酸化炭素の放出などの地球化学的な過程のほか，呼吸，植物の光合成作用による大気中の二酸化炭素の固定(⇒炭素同化)，生物遺体の微生物による分解，植物プランクトンやサンゴの遺体の海底への堆積など，さまざまな生物学的過程が関与している．産業革命以降の人間による化石燃料の燃焼と都市化や農地拡大による土地利用形態の変化は，地球レベルの炭素循環に大きな影響を与えている．(⇒放射)

a **炭素同位体分別値** [carbon isotope discrimination value] 天然試料中に含まれる炭素同位体 ^{13}C の割合をアンモナイトの化石を国際標準試料として千分率偏差として計数化した値．次式から求められる．

$$\delta^{13}C\,(‰) = \left[\frac{試料中の\,^{13}C/^{12}C}{標準化石中の\,^{13}C/^{12}C} - 1\right] \times 1000$$

少量の植物材料でこの値を求めることによって，その植物の光合成的*炭素同化様式を判定できる．大気中には ^{13}C を含む分子量 45 の CO_2 が約 1% の割合で存在するが，*リブロース-1,5-ビスリン酸カルボキシラーゼ/オキシゲナーゼ(Rubisco)のカルボキシ化酵素反応が，基質として分子量 44 の CO_2 に対してより高い親和性を示す．そのため C_3 植物では，その植物体を構成する炭素中の ^{13}C の比率は大気組成よりも低くなる．一方，C_4 植物では最初の炭素同化酵素ホスホエノールピルビン酸カルボキシ化酵素が ^{13}C 分別作用を示さないので，C_4 植物体中の ^{13}C 含量は大気中の値に近くなる．$\delta^{13}C$ 値で表すと，大気中の CO_2 の値は $-8\sim-7‰$，C_3 植物は $-35\sim-24‰$，C_4 植物は $-17\sim-11‰$ と，はっきり区別される．一方，CAM 植物ではその炭素同化様式が環境条件によって大きく左右されるので $-34\sim-13‰$ と大きく変動する．

b **炭素同化** [carbon assimilation] 《同》二酸化炭素固定(炭酸固定 carbon dioxide fixation)，二酸化炭素同化(炭酸同化 carbon dioxide assimilation)．生物が二酸化炭素や炭酸水素イオンを還元して有機物を合成する(無機炭素を同化する)代謝の総称．*還元的ペントースリン酸回路，*還元的カルボン酸回路以外にも，酢酸菌 *Clostridium*，メタン細菌 *Methanobacterium* でみつかった還元的アセチル CoA 経路 (reductive acetyl CoA pathway)，*緑色糸状化細菌 *Chloroflexus* でみつかった3-ヒドロキシプロピオン酸回路(3-hydroxypropionate cycle)などが知られている．植物，藻類の光合成では，還元的ペントースリン酸回路で糖リン酸が合成され，最終的にショ糖，澱粉などの炭水化物やさまざまな生体物質の合成に利用される．従属栄養の細菌や動物組織も，二酸化炭素付加反応で既成の有機炭素化合物の炭素数を増やす炭素暗固定を行う．

c **炭疽病**(植物の) [anthracnose] 不完全菌類の *Colletotrichum* と *Gloeosporium* および子嚢菌類の *Glomerella* の各属に属する菌により起こる植物の病気．多くの植物の葉・茎・果実などに特徴的な病気を現し，葉では暗褐色の円形の病斑を，果実・茎では暗褐色のくぼんだ病斑を生じ，病斑上にしばしば鮭肉色の粘質物(*分生子の塊)を生ずる．炭疽病菌の中の *Glomerella cingulata* は宿主範囲の広い菌であるが，この菌がブドウに寄生した場合だけは例外的に晩腐病(おそぐされ病 ripe rot, bitter rot)と呼ばれ，ブドウの重要病害である．また英名の anthracnose には上記 3 属の病原菌による病気のほか，*Elsinoe* によるブドウの黒痘病なども含まれる．

d **短長日植物** [short-long-day plant] 《同》短長日性植物．短日条件に続く長日条件が与えられないと花芽を形成しない植物．両方の条件ともに必要で順序が逆になると花芽を形成しない点で*短日植物・*長日植物・*長短日植物と異なる．フウリンソウ(*Campanula medium*)やシロツメクサ，カモガヤがその例．

e **単糖** [monosaccharide] 加水分解してもより簡単な糖類を生成しない，*オリゴ糖・*多糖の構成単位となっている糖質．単糖は天然に 100 種類以上知られているがヘキソースとペントースが最も広く分布する．動植物界を通じてグルコースやフルクトースのように遊離状態でも存在するが，多くはグリコシド結合あるいはリン酸エステル結合でオリゴ糖・多糖・複合糖質・*配糖体，また，核酸やヌクレオチドの構成成分を形成する．炭素数が 3, 4, 5, 6, 7, …のものをそれぞれトリオース，テトロース，ペントース，ヘキソース，ヘプトース，…という．アルデヒド基をもつものをアルドース(aldose)，ケトン基をもつものをケトース(ketose)と区別する．例えば，ヘキソースはアルドヘキソースとケトヘキソースに分けられる．ケトース(−CO−基は第二炭素)を呼ぶのに，対応するアルドースの語尾オース(-ose)をウロース(-ulose)と変えて命名することが多い．例えば，リボース(ribose)に対してリブロース(ribulose)という．単糖は分子中に不斉炭素原子をもつため，数多くの立体異性体が存在する．例えば，アルドヘキソースでは 16 種類の異性体を生じる．アルデヒド基やケトン基から最も離れた不斉炭素の立体配置により D 系列と L 系列の糖類が区別される．各単糖は遊離したカルボニル基をもつ直鎖構造よりヘミアセタールまたはヘミケタールの環状構造をとり，五員環はフラノース(furanose)，六員環はピラノース(pyranose)とも呼ばれる．この複素環形成によりカルボニル炭素に由来する新たな不斉中心が加わり α, β の異性体(アノマー)が生じる．結晶した糖はいずれかの形をとるが，溶液中では $\alpha \rightleftarrows \beta$ の平衡が成立し，これに対応して変旋光の現象が見られる(⇒旋光性)．単糖はカルボニル基によってアンモニア性硝酸銀液，フェーリング液を還元する．ヘミアセタール性またはヘミケタール性の水酸基がほかの単糖，アルコール，フェノール性物質，リン酸などと結合すると，α, β のいずれかのグリコシド結合を生成する．この両型は化学的にも種々の差異が認められるが，生化学的にも極めて厳密に識別され，例えばグリコシド加水分解酵素には α 型，β 型の区別がある．澱粉・グリコゲンからホスホリラーゼ(加リン酸分解酵素)によって生ずるグルコース-1-リン酸はすべて α 型である．

f **短頭化現象** [brachycephalization] 《同》円頭化．人類の頭の上面観が現代人に向かってしだいに円頭化していく現象(⇒頭型)．かつては，頭型はもっぱら遺伝的に規定され，環境条件によってほとんど影響を受けない形質と考えられていたが，移民の研究や一卵性双生児の研究から，頭型もまた環境によって変化することがわかった．さらに南ドイツのいろいろな時代の人骨を調べた結果，中頭から短頭に移行していったことがわかった．一方 F. Weidenreich は，石器時代から現代に至る世界各地の頭蓋骨資料をもとにして，頭骨は長頭型から短頭型に向かって変化し，しかもこの現象は今日も進行して

いると説いた．鈴木尚は，日本においても頭型が変化していることを指摘した．縄文時代の日本人は中頭であったが，漸次長頭に傾き，中世にはその極に達した．以後はふたたび短頭化に傾き，今日では著しく短頭化が進んでいる．短頭化現象の原因が各種の生活環境の変遷にあることは疑いない．

a **単頭ミオシン** [single headed myosin] [1] 蛋白質分解酵素を用いた処理により，二つある*ミオシン頭部の片方を除いたもの．ミオシンを*パパインで不完全消化することにより得られる．ミオシンの頭部が二つ存在することの影響を除いた実験を行うために用いられる．[2] ＝ミオシンI

b **単独行動者** [solitary animal] *単位集団をもつ動物において，集団に所属せず，単独行動を行う個体．例えばサルでは，ヒトリザル，離れザル，孤猿などと呼ばれ，ニホンザルではほとんどの雄が生まれ育った群れを離れて（群れ落ち），単独行動者となり，のちに他の群れに入る．単独行動者の動きは，遺伝子の拡散と*近親交配の回避をもたらす．

c **タンニン** [tannin] 《同》鞣質（じゅうしつ）．蛋白質やアルカロイド，金属イオンと強い親和性があり，それらと難溶性沈澱を生成する植物起原のポリフェノールの総称．植物界に含量の差はあるが広く分布し，木部・樹皮・葉・果実・根などに含まれる．酸・アルカリやタンナーゼなどの酵素によって加水分解される加水分解性タンニンと，酸化カップリングにより高分子体に縮合した縮合型タンニンに大別される．(1)加水分解性タンニンはポリフェノール酸と糖・*キナ酸・*シキミ酸などの多価アルコールとのポリエステルである．ポリフェノール酸には，没食子酸とその二量体ヘキサヒドロキシジフェン酸（脱水閉環したものをエラグ酸という）の2種があり，前者をガロタンニン，後者をエラジタンニンと区別する．ガロタンニンでは五倍子タンニン（ヌルデの*虫癭）・没食子タンニンが代表的であり，エラジタンニンにはゲンノショウコのゲラニイン，*Terminalia chebula* の果実（訶子）のケブラグ酸などがある．そのほかコーヒー豆にはキナ酸のコーヒー酸エステルが含まれ，またシソ科植物にはコーヒー酸の縮合体が存在し，いずれも蛋白質との結合能（タンニン活性）を示すので，それぞれカフェータンニン・シソ科タンニンと称して加水分解性タンニンに含められる．以上のいずれのタンニンもポリフェノール部はシキミ酸経路により生合成される．一方，(2)縮合型タンニンはカテキン類が複数分子，4位と6位あるいは8位が酸化カップリングによりC–C結合した構造を基本とするが，水酸基の一部または大部分が没食子酸エステルのものもある．これらは酸や空気酸化に鋭敏でフロバフェン (phlobaphene, tannin-red) という暗赤褐色の難溶性物質に変化しやすく，分離・精製は容易ではない．生合成的にはシキミ酸と酢酸–マロン酸の複合経路で生成する．柿の渋味は縮合型タンニンによるもので，甘柿はタンニンがさらに重合して水に難溶となって渋味を感じさせなくなったものである．緑茶の渋味は，エピカテキンの没食子酸エステルによるものであって重合体ではないが，タンニン活性があり縮合型タンニンに含められる．ウーロン茶・紅茶にはその二量体や重合体が含まれるが，製造工程の発酵で二次的に生成したものである．ゲンノショウコなど下痢止め薬や整腸薬として古くから用いられてきた薬用植物の中にはタンニンを含むものが多いが，タンニンの収斂作用の結果と考えられている．

d **タンニン細胞** [tannin cell] タンニンを分泌する*分泌細胞の一つ．タンニンは液胞内に分泌される代謝の終末産物で，液胞の発達にともなってしだいにその量を増し，やがてタンニンは硬化してうす紫色の結晶体になる（カキの果肉）．主として茎または葉柄の維管束に沿った柔組織内に生じ（サトイモ科・バショウ科・マメ科），ニワトコの髄ではしばしばタンニン細胞が著しく伸長している．

e **胆嚢** [gall bladder ラ vesica fellea] 脊椎動物の*輸胆管の途中に付随する嚢．肝臓の分泌物である胆液を貯え，濃縮し，必要に応じて腸に放出する．発生学的には hepatic diverticulum の一部として生じ，肝臓の実質を作らない部分が胆嚢となり，胆嚢管により輸胆管に開く．胆嚢は通常，肝臓に隣接するが，肝臓中に埋没することもあり，種によってはそれを欠く．（→輸胆管）

f **蛋白細胞** [albuminous cell, Strasburger cell] 裸子植物の篩部放射組織あるいは篩部柔組織を構成する細胞の中で，篩細胞に隣接し，被子植物の*伴細胞と同様の形態と機能をもつ細胞．発生上，篩要素とは別の細胞に由来する点で，同じ細胞から由来する伴細胞とは異なる．

g **蛋白質** [protein] 《同》タンパク質．生物体を構成する主成分．生細胞では水（約70％）に次いで15〜18％を占める主要な高分子群であり，ヒト，シロイヌナズナ，大腸菌ではそれぞれ約2万，1万，4400種の蛋白質がみられる．その機能は，触媒（酵素），構造・骨格，収縮・弛緩，輸送，ホルモン，防御，電子移動，受容体，抑制因子，シャペロン，貯蔵，毒素など多岐にわたり (protein universe)，秒レベルから数カ月程度の寿命をもつ．20種の α-アミノ酸（19種の L-アミノ酸とグリシン）で，*ペプチド結合により連結してペプチド鎖を生成し，アミノ酸配列に対応した高次構造の形成と必要な修飾を経て一定の安定性と活性をもつ分子に成熟する．古細菌のメタン生産菌では，*セレノシステイン，*ピロリシンが21, 22番目のアミノ酸として使われる．アミノ酸のみで構成される単純蛋白質のほか，機能発現に不可欠な成分を結合する複合蛋白質として，金属蛋白質（Ca, V, Mn, Fe, Co, Ni, Cu, Zn, Se, Mo）や他種分子を結合した蛋白質がある（核蛋白質，糖蛋白質，リン蛋白質，リポ蛋白質，色素蛋白質）．既知の蛋白質の平均分子量は2万2000程度であり，大きなものでは筋肉繊維をつくる分子量378万のコネクチン（タイチン）などがある．多くの蛋白質は水溶性で，アルブミン（水に可溶），グロブリン（稀薄塩水），グルテリン（稀薄な塩や酸），プロラミン（アルコール水）の4種に分類される．正味電荷がゼロになるpH（等電点: pI）では溶解度が下がり，凝集して沈澱しやすい．既知の分子では，塩基性から弱酸性域にpIをもつものが多い．蛋白質は，一次構造（ペプチド鎖）が二次構造（α-ヘリックス，β-構造，β-ターン）を形成し，それらが折り畳まれて三次構造を組み立て，高次構造を完成する．この段階で単量体は機能を獲得する．さらに高次の四次構造をつくる蛋白質は，同種または異種の分子と会合してオリゴマーを構成し，高次構造を完成させる．蛋白質分子は，少なくとも1個の*ドメインをもち，必要に応じてモチーフ（二次構造が形成するサブ構造）やモジュール（ドメインより下位の構造単位．平均15残基ほどの連続した残基からなるコンパク

トな構造で，しばしば機能の単位にもなる）をもつ．これらの有機的な連携は高次の分子機能と効率的な発現を支える．成熟した蛋白質は，酸，アルカリ，尿素，グアニジン塩酸塩，有機溶媒のほか，熱，加圧により変性する．変性温度は 60℃ 前後が多く，高度好熱菌では 100℃ 前後である．腸炎ヴィブリオの溶血毒素のように，55℃ 前後で凝集・失活するが 90℃ 前後で毒性を回復する例もある．コラーゲンの熱変性で生じるゼラチンなどの二次産物は誘導蛋白質(inducing protein)という．蛋白質の立体構造，分子量，アミノ酸配列，修飾アミノ酸の種類と位置は，蛋白質とペプチド断片の質量分析，電気泳動，エドマン分析，超遠心分析により確定する（プロテオミクス）．静的・動的な立体構造情報は，X線結晶解析，核磁気共鳴，電子スピン共鳴，中性子散乱，ラマン散乱，円偏光二色性，カロリメトリーなどにより収集する．蛋白質の検出には，呈色法（ビウレット反応，ニンヒドリン反応），紫外吸収スペクトル，特異抗体法のほか，SDS−ゲル電気泳動では染色法(CBB)や銀塩法を用いる．細胞や組織内の挙動は，標識蛋白質(GFP，同位元素，抗体，アビジン−ビオチン結合など)と高性能の測定装置（蛍光・電子・レーザー顕微鏡，NMR）を用いて追跡する．

a **蛋白質合成阻害剤** [protein synthesis inhibitor] 蛋白質の合成を阻害する薬剤．原核生物の*リボソームのサブユニットに作用する薬剤としては，30S サブユニットに結合して 70S 開始複合体の崩壊を起こす*アミノ配糖体系抗生物質の*ストレプトマイシン，30S と 50S の両方のサブユニットに作用してペプチド鎖伸長過程の転座を阻害する*カナマイシン，*ゲンタマイシン，*フラジオマイシン，さらに 50S サブユニットに結合してペプチドの転移を阻害するエリスロマイシンやクロラムフェニコール，同じく 50S サブユニットに作用してペプチド鎖伸長過程の転座を阻害する*フシジン酸やチアゾール含有ペプチドであるチオストレプトンがある．ほかに，真核生物のリボソームの 60S サブユニットに結合して転座を阻害する*シクロヘキシミド，アミノアシル tRNA の 3′末端アナログとしてポリペプチド鎖の C 末端に取り込まれる*ピューロマイシンなどが知られる．細菌特異的に作用する蛋白質合成阻害剤は抗菌剤としても使用される．

b **蛋白質ジスルフィドイソメラーゼ** [protein disulfide isomerase] PDI と略記．《同》蛋白質ジスルフィド交換酵素(thiol:protein exchange enzyme)，蛋白質 S−S 架橋酵素．チオール・ジスルフィド交換反応を触媒し，小胞体内腔で新生蛋白質にジスルフィド結合を形成する酵素．誤って形成された結合の開裂や転位も行う．EC5.3.4.1．分子量約 5.5 万の可溶性蛋白質で小胞体残留シグナル（=小胞体局在化シグナル）をもつ．チオレドキシン様領域(a, b, b′, a′)を四つもち，そのうち二つ(a, a′)に活性中心となる Cys−X−X−Cys モチーフがある．ジスルフィド結合の形成は活性中心が酸化型（ジスルフィド）の酵素が行い，開裂や転位は還元型（ジチオール）の酵素が行う．還元型酵素の再酸化は Ero1 ファミリーに属する*フラビン蛋白質による．多機能分子であることが特徴で，単独でシャペロン活性をもつほか，プロリル−4−水酸化酵素やトリグリセリド移送蛋白質のサブユニットとしても機能する．なお，小胞体には PDI と類似した構造をもつ蛋白質(PDI ファミリー)が多く存在し，PDI 活性をもつもの(ERp57 や ERp72 など)も複数同定されている．

c **蛋白質生合成** [protein biosynthesis] 生細胞における蛋白質の合成．蛋白質は生体内で常に合成と分解の動的平衡の状態にある．各蛋白質はそれぞれ固有の速度で分解され，また新たに合成されている．細胞内で蛋白質の合成は遊離型*リボソーム，あるいは粗面小胞体に結合した膜結合型リボソームで行われている．前者は主として細胞質蛋白質(酵素)の合成が，後者では分泌蛋白質(酵素)および膜構成成分である蛋白質の生合成が行われる．蛋白質の一次構造すなわちアミノ酸配列は DNA の塩基配列によって規定されている．この遺伝情報は mRNA を介して伝達される．蛋白質生合成は，mRNA 上の遺伝情報を正確に*翻訳して定められた蛋白質を発現，産生する過程であり，次の 4 段階の反応から構成されている．(1)アミノ酸の活性化：各アミノ酸はそのアミノ酸に特異的な*アミノアシル tRNA 合成酵素の上で，ATP 存在下にアシル化され活性化される．続いて同じ酵素上で，対応する tRNA の 3′末端アデノシンにエステル結合して*アミノアシル tRNA を形成する．この段階は，アミノ酸とそのアミノ酸に対するアンチコドンを担った tRNA を結合する．すなわち遺伝情報とアミノ酸を正確に直接結びつける点で，蛋白質生合成の正確さを維持するのに重要な役割を果たす．(2)合成開始：すべての蛋白質生合成は*開始コドン(AUG)から開始される．開始コドンは，原核細胞では*ホルミルメチオニル tRNA(fMet-tRNA)，真核細胞ではメチオニル tRNA により認識される．まず翻訳開始因子・GTP の介助により，mRNA がリボソーム上の正しい位置に固

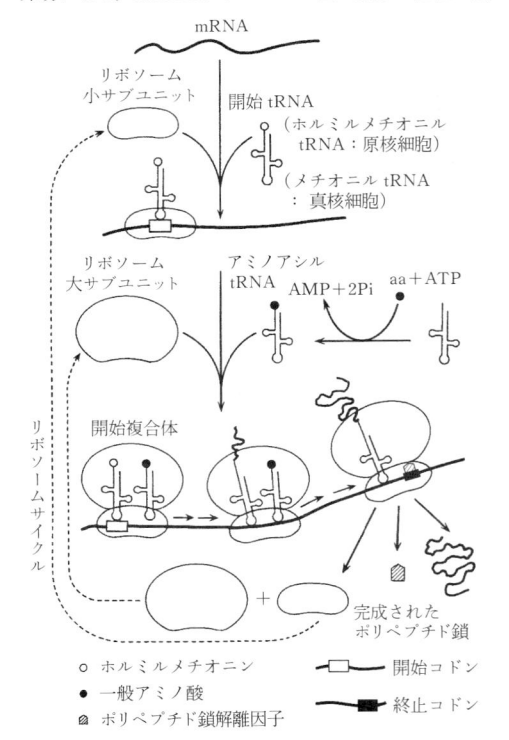

定され，mRNA 上の開始コドンに fMet-tRNA が結合した開始複合体が形成される（⇨翻訳開始因子）．(3) ポリペプチド鎖の延長：mRNA 上の次のコドンで規定されるアミノアシル tRNA が，ポリペプチド鎖延長因子・$GTP \cdot Mg^{2+}$ の介助により複合体上に結合し，次のコドンと塩基対を形成する．この段階で fMet は次のアミノ酸のアミノ基に転移しペプチド結合を形成する．この反応はリボソームサブユニット中の rRNA（原核細胞では 23S rRNA）により触媒される．次にリボソームは mRNA 上を1コドン分だけ 5'→3' 方向へ移動する．このサイクルを繰り返すことで，mRNA の示す遺伝暗号どおりにペプチド鎖は順次 C 末端方向に延長していく．mRNA の寿命は短く，またヌクレアーゼなどで分解されやすい．それで1本の mRNA に次々にリボソームが結合して*ポリソームを形成し，同時に翻訳されることで，短時間に大量の蛋白質が生合成される（⇨ポリペプチド鎖延長因子）．(4) 合成の終結：次のアミノアシル tRNA が入る位置に停止コドンが来ると，tRNA の代わりに*ポリペプチド鎖解離因子が結合し，新生ポリペプチド鎖を tRNA から切り離してリボソームから遊離させる．リボソームは次の蛋白質生合成に再利用される．遊離した新生ポリペプチド鎖は折り畳まれ，*プロセッシングや*翻訳後修飾を受け，最終的な生物活性をもった立体構造の蛋白質となる．

a **蛋白質代謝** [protein metabolism] 生体における循環的な*蛋白質生合成および分解系．蛋白質は生体内で常に合成と分解の*動的平衡の上にたっている．蛋白質の中には一度合成されるとかなりの期間安定に保持されるものもあるが，大部分の蛋白質は常に一定の速度で分解され，また新たに生合成されている．分泌蛋白質である種々の消化酵素，血漿蛋白質などを合成する臓器である肝臓・膵臓などでは蛋白質生合成が常に活発に行われている．またヒトの赤血球の平均寿命は約 120 日であるので，骨髄ではこれを補給するための蛋白質生合成が盛んに行われている．生体内での蛋白質分解は，経口的に摂取した食餌中の蛋白質の消化管内における酵素的分解と，細胞内における種々の蛋白質および酵素の*代謝回転の二つに分けて考えられる．消化管内において蛋白質は，胃液のペプシン，膵液のトリプシン，キモトリプシンなどの*エンドペプチダーゼの作用によりポリペプチドに分解され，ついで膵液あるいは小腸上皮中のペプチダーゼによってアミノ酸にまで分解される．アミノ酸は腸壁より吸収され，種々の臓器に送られ，その一部は蛋白質合成の素材として再利用される．糖質・脂質などのエネルギー源が欠乏すると蛋白質が分解され，アミノ酸がそれらの代わりに利用される．細胞内の蛋白質代謝は，例えばラット肝細胞の蛋白質は 4～5 日でその約 70％ が交代するといわれ，肝細胞の平均寿命は 160～400 日であるので，肝臓の大部分の蛋白質の分解は細胞の死を伴わずに行われる．種々の細胞内構造体の蛋白質部分の代謝回転の速度を測定すると，ミトコンドリア，リソソームなどでは半減期が平均 6.8 日と 7.1 日であるが，粗面および滑面小胞体・細胞膜などでは平均約 2 日と短い．その中の個々の構成蛋白質の回転率もおのおの異なっていて，例えば小胞体においてシトクロム b_5 の半減期は約 120 時間であるが，NADPH-シトクロム c 還元酵素のそれは約 80 時間といわれている．可溶性画分を含めて細胞内の種々の画分に存在する個々の酵素の回転率を測定すると，かなりの相違が見出される．例えば，コラーゲンはほとんど代謝回転を示さないが，ミトコンドリアの δ-アミノレブリン酸生成酵素は約 60 分という細胞内酵素としては最短の半減期を示す．（⇨リボソーム，⇨ユビキチン）

b **蛋白質定量法** [protein quantitation] 蛋白質の濃度決定の方法．測定原理の異なるいくつかの方法がある．主なものとして，(1) 色素結合法：別名 Bradford 法．クーマシーブリリアントブルー（CBB）色素を蛋白質に結合させたときの発色を吸光度で測定する．(2) ビウレット反応（biuret reaction）：銅（Ⅱ）イオンとペプチド結合による錯体が形成される反応である．この錯体の発色を測定することで蛋白質の量を定量する．この改良法であるローリー法やビシンコニン（BCA）法がよく用いられる．(3) 紫外吸収法：蛋白質に含まれるトリプトファンやチロシンなどがもつ 280 nm 付近の吸光度を測定．それぞれの手法で，検出感度，迅速性，妨害物質などが大きく異なる．

c **蛋白質の一次構造** [primary structure of protein] 《同》アミノ酸配列（amino acid sequence）．蛋白質分子の基本構造であるポリペプチド鎖中のアミノ酸配列を指す．特定の蛋白質はそれぞれ独自のアミノ酸配列をもっており，これは対応する遺伝子 DNA（ある種のウイルスでは RNA）中の塩基配列により規定されている．蛋白質の構造を一次，二次，三次構造などと分けて考えることは K. Linderstrøm-Lang (1952) が提案した．一次構造（アミノ酸配列）は蛋白質構造の集約表現であり，アンフィンセンのドグマによれば，一次構造の中に，二次構造，三次構造の情報がすべて埋め込まれていることになる．（⇨遺伝暗号，⇨蛋白質生合成，⇨エドマン分解法）

d **蛋白質の再生** [renaturation of protein] 変性した蛋白質が，その変性の原因の除去によってもとの立体構造・生物活性その他の諸性質を回復する現象．再生がみられることは，蛋白質の立体構造を決めるものは一次構造であるという説の有力な根拠とされる．蛋白質の立体構造に焦点を当てる場合には，refolding という用語を用いることが多い．（⇨蛋白質の変性）

e **蛋白質の三次構造** [tertiary structure of protein] 《同》蛋白質の立体構造（three dimensional structure of protein），蛋白質の天然構造（native structure of protein），蛋白質の天然状態（native state of protein）．球状蛋白質において1本のポリペプチド鎖がとる三次元的な立体構造．蛋白質の一次構造，二次構造と対比して三次構造と呼ばれる．天然の球状蛋白質のポリペプチド鎖（一次構造）は，フォールディング反応にしたがって，その膨大な数にのぼる可能な*コンフォメーションの中から，ただ一つを三次構造として選択する．まず，鎖の部分ごとに二次構造を形成していき，これらが組み合わされて三次構造を形成することが多い．形成された三次構造は，疎水性のアミノ酸が分子の内側，親水性のアミノ酸が分子の外側となるように配置される．このことは，側鎖の疎水結合が三次構造の安定化の主要な要因であるとして説明できる．多くの蛋白質では，三次構造を形成し安定な空間配置を得ることで，はじめてその分子機能を発揮する．このため，蛋白質の進化の過程において，一次構造に比べ三次構造の保存性は極めて高いことが知られている．一般に，一次構造の配列一致率が 30％ 以

上であれば，主鎖のおおまかな立体構造(フォールド)はほとんど変わらない．また，特定の三次構造をとるアミノ酸配列を人工的に設計することは極めて困難であることから，可能なアミノ酸配列のうち，三次構造が一意に決まる配列はごくわずかであり，*分子進化の過程でそうした稀な配列が残ってきたのだと考えられている．

a **蛋白質の二次構造** [secondary structure of protein] 〚同〛蛋白質の局所構造(local structure of protein). 蛋白質の主鎖構造に見出される規則的な繰返し構造である，主に*αヘリックスや*β構造のことを指す．二次構造は，蛋白質を階層的に捉えたとき，一次元情報であるアミノ酸配列(一次構造)と，三次元的な立体構造(三次構造)の中間に位置している．また，αヘリックスやβ構造はどちらも主鎖のC=O基とNH基の間に形成される水素結合によって安定化されているが，このときの水素結合のつくるネットワークは全体として平面(二次元)的なパターンとして表現できるという含意もある．蛋白質以外でも，例えばtRNAにおけるクローバー葉型構造は塩基間の水素結合によって安定化されており，同じように二次構造と呼ばれる．

b **蛋白質の変性** [protein denaturation] 蛋白質が種々の原因によって，その一次構造の変化を伴わずに，二次，三次，四次構造などの立体構造に変化を起こし，諸性質が変わる現象．原因としては加熱・凍結・乾燥・高圧・吸着・撹拌・超音波・紫外線・X線など物理的な処理，酸・アルカリ・尿素・塩酸グアニジン・有機溶媒・界面活性剤・重金属塩など化学薬品(変性剤)の作用があげられる．蛋白質分子を構成するポリペプチド鎖の部分間に働く*水素結合や疎水結合の状態を変化させることが，多くの場合変性の原因となる．変性に伴う変化は，溶解度の減少，生物活性(例えば酵素作用)の消失ないし低下，結晶化傾向の消失などで，分子量は不変のもの，何分の一または何倍かに解離あるいは重合するものなどがある．蛋白質分子中の各種の官能基(SH基，S-S基，フェノール基，インドリル基，アミノ基，カルボキシル基など)の反応性は，通常，未変性のときよりも上昇する．プロテアーゼ作用に対する感受性も変性により増大する．変性剤などの蛋白質の変性原因が取り除かれると蛋白質はアミノ酸配列が本来もつギブズエネルギー最小の立体構造，すなわち元の天然構造に再生できる(⇒蛋白質の再生，フォールディング)のが基本であるが，再生時に不可逆に分子間で会合してしまうと蛋白質凝集体となり，再生できないことも多い．

c **蛋白質の四次構造** [quaternary structure of protein] 〚同〛蛋白質複合体(protein complex). 蛋白質において，三次構造をとった複数のポリペプチドどうしがさらに会合して形成される立体構造．特に，安定した会合構造を形成し，その会合構造をとることではじめて本来の分子機能を発揮する場合に，四次構造と呼ぶことが多い．各ポリペプチド鎖をプロトマー(protomer)，その会合体をオリゴマー(oligomer)と呼ぶ．一般に，プロトマーの三次構造が形成された後，それらが会合して四次構造が形成されるが，三次構造と四次構造が同時に形成される例もある．同一の蛋白質が複数会合した構造をホモ多量体，異なる蛋白質が会合した構造をヘテロ多量体と呼ぶ．四次構造を保つ力としては，疎水結合が最も大きいと考えられるが，その他，水素結合，イオン結合が関係する場合もある．抗体，シャペロニン，フェリチンなど分子量の大きな蛋白質のほとんどは複数のプロトマーからなり，四次構造を形成してはじめて機能を発揮する．また，四次構造をとる蛋白質には，ヘモグロビンのほか，細胞内の代謝に関与する諸酵素や転写因子もあり，四次構造はそれらの代謝調節，特にアロステリックな性質を発現するのに重要な役割を果たしている．

d **蛋白質分解** [proteolysis] 蛋白質のペプチド結合を加水分解すること．構成アミノ酸にまで分解してしまう完全加水分解と部分加水分解がある．部分加水分解には二つの様式があり，一方は，蛋白質中のアミノ酸残基の種類やペプチド結合の種類に関係なく，非選択的に加水分解を進行させるとき，その加水分解の進行を途中で停止して，種々の配列をもつペプチドを生成させるものであり，他方は，特定のアミノ酸配列を含むペプチド結合を特異的に切断して一定の配列をもつペプチドを生成させるものであり，限定的加水分解(limited proteolysis)という．分解法には化学的方法と酵素法とがある．化学的分解法には酸やアルカリによる処理やアミノ酸残基特異的な切断試薬による処理がある．完全加水分解は，蛋白質のアミノ酸組成を決定する目的で行われる．化学的方法，例えば酸処理による場合には，不安定なトリプトファンが分解され，アスパラギンやグルタミンなどはそれぞれアスパラギン酸とグルタミン酸に変化するので注意を要する．*プロテアーゼを用いて分解すれば，構成アミノ酸の分解や変化を避けることができる．また，*トリプシンのようにアミノ酸残基特異的にペプチド結合を切断するプロテアーゼを用いる限定的分解は，蛋白質のアミノ酸配列の決定に用いられる．

e **蛋白腺** [albumin gland, albuminous gland, albumen gland] [1] 比較的大形の卵を産む腹足類において，両性腺と両性輸管との連絡部付近で*輸卵管に開口する舟形の大きな腺．卵細胞の被覆物を分泌する．[2] ヒル類において，総輸卵管の周囲にある柔らかい腺様組織．卵白様物質を分泌する．また貧毛類の*卵殻腺も蛋白腺という．[3] 鳥類・爬虫類の輸卵管壁にあって，卵白を分泌する腺．

f **蛋白多型** [protein polymorphism] 〚同〛蛋白質多型．一つの蛋白質あるいは酵素について，電気泳動的に識別される(蛋白質)分子種が共存すること．*遺伝的多型現象の一種．蛋白質をコードする遺伝子について，集団中に2種以上の*対立遺伝子が共存することにより観察される現象である．酵素に限った場合には，酵素多型(enzyme polymorphism)あるいはイソ酵素多型(isozyme polymorphism)とも呼ぶ．多くの場合，電気泳動法によって検出される変異を扱うので，そのような変異を電気泳動変異(electrophoretic variant)と呼ぶこともある．集団の蛋白多型に関する変異の量を表すには，一倍体，二倍体に関係なく計算できるヘテロ接合度を用いるのが一般的である．蛋白多型は集団遺伝学や分子進化の重要な研究対象である．

g **蛋白粒** [protein grain, protein body] 〚同〛蛋白顆粒．種子の貯蔵組織の細胞に見られる種子貯蔵蛋白質を主成分とする物質を含む細胞小器官．カボチャやシロイヌナズナの蛋白粒は特殊化した*液胞と考えられ，蛋白質蓄積型液胞(protein storage vacuole)と呼ばれることが多い．イネの胚乳細胞では，貯蔵蛋白質グルテリンは蛋白質蓄積型液胞に集積し，貯蔵蛋白質プロラミンは生合成の場である小胞体に蓄積した状態で蛋白粒となる．

トウモロコシの種子では，貯蔵蛋白質ゼインが小胞体由来の蛋白粒を形成する．蛋白粒の内部は無構造の場合が多いが（ソラマメなど），フィチンからなるグロボイド (globoid) と呼ばれる球状粒子や，蛋白質の結晶体 (crystalloid) をもつものもある（トウゴマ・カボチャなど）．

a **単板類** [Monoplacophora] 《同》単殻類，ネオピリナ綱．軟体動物門の一綱．低平な円錐形の貝殻（長さ3〜4 cm）は一見腹足類のヨメガカサなどに似るが，胎殻が*捩れを示す以外は軟体部も完全に左右相称で消化管も直走する．1列の鰓葉をもった5対の鰓，5対の腎管（うち2対は生殖輸管を兼ねる）が前後に体節的に配列し，背腹筋が頭部に着くもの3対，足に着くもの5対．神経系はヒザラガイ類（多板類）と同様に左右相称的であり，体腔は広大・明瞭であるが体節的区画はない．以上の諸点は軟体動物と環形動物の特徴を兼ねそなえたもので，いわゆる「失われた環」の一例とされる．多板類とともに*双神経類とされたこともあったが，近年では多板類との類縁性は否定される傾向にあった．しかし最近の分子系統解析では，多板類の内群となる結果も出ている．

b **単複相植物** [diplohaplont] *生活環の上で，体に配偶体と胞子体の2通りあり，それらが核相的に*単相 (n) および*複相 ($2n$) である植物．生活環のこのような様式は陸上植物に普遍的だが，後生動物にはない．種子植物や褐藻類の一部（コンブやワカメなど）では配偶体の縮小化と胞子体の発展が著しい．（→生活環）

c **端部繊毛環** [pre-anal band] →トロコフォア

d **断片化**（染色体の）[fragmentation] 染色体がいくつかの部分に切れる現象．自然界の進化過程や発生過程（カイチュウの体細胞系の集合染色体）においても起こり，また放射線，化学薬品，高温，ウイルス感染などでも起こる．テトラヒメナの接合において，不要なゲノムを取り除きゲノム再編成を行うために残ったゲノムの両端にテロメアを付加すること．生じた断片を*染色体断片または断片染色体という．多細胞生物の細胞にプログラムされた細胞死（アポトーシス apoptosis）が誘導されるときには，染色体 DNA が50〜300 kb の短いフラグメントに断片化される．

e **単胞子** [monospore] 胞子嚢（単胞子嚢 monosporangium）内にただ1個生ずる*不動胞子．紅藻や褐藻類で用いる．紅藻では母細胞の不等分裂によって形成されるものに限り，母細胞がそのまま胞子となるものは原胞子 (archeospore) と呼んで区別することがある（ウシケノリ類など）．

f **担胞子体** [sporophore] 胞子を生じ，または胞子をつけている生殖体の総称．いろいろの糸状菌類の分生子柄・胞子嚢柄や，子嚢菌類・担子菌類の子実体などをいう．（→子嚢果，→担子器果，→子実体）

g **担名タイプ** [name-bearing type] 《同》担名基準．国際動物命名規約において，種・亜種，属・亜属，あるいは*科階級群（科，上科，亜科などの）のランクにある*タクソンの*学名の適用を決定することができる客観的な基準となる標本，種，あるいは属．タクソンの学名はそのタクソンの担名タイプに一義的に帰属させられる．種および亜種については，ホロタイプ，レクトタイプ，シンタイプ，ネオタイプがそれにあたる（→タイプシリーズ）．なお，ネオタイプ（新基準標本 neotype）とは，ある種または亜種を客観的に定義する必要がありながらその担名タイプが全く現存しない場合に，担名タイプとして新たに指定される一つの標本である．属・亜属，科階級群については，それぞれタイプ種（基準種 type species），タイプ属（基準属 type genus）がそれにあたる．担名タイプは，国際藻類・菌類・植物命名規約および国際細菌命名規約における命名の基準（命名基準）ないし命名法上のタイプ (nomenclatural type) に相当する．（→タイプ法，→タイプ標本）

h **単面性** [unifaciality] 葉が，その特質である*背腹性を失い，本来の背軸面側の表皮を全面に現し，放射相称の軸状構造になる傾向．葉の大部分を占める場合を単面葉 (unifacial leaf, ネギやイグサでは断面が円く，アヤメでは扁平，*葉柄だけに出現すれば単面葉柄（ヤツデ）といい，全面が背軸面的性質を示す．維管束は内方に木部を向けて位置する．しかし通常，基部では鞘状に背腹性があり，単子葉類やセリ科などの維管束が多条のものに現れやすい．また葉の*向軸化に関わる遺伝子が異所的に過剰発現しても全面が向軸面的性質を示す単面葉を生じる（シロイヌナズナ *phabulosa 1-d* 変異体）．維管束だけは背腹性を維持する場合は等面葉 (equifacial leaf) といい（スイセンやガマ），単面葉と区別する．

i **単葉** [simple leaf] *葉身が1枚の連続した面から成り立っている葉．*複葉に対する．葉先，葉縁，*葉脚など各部分の形を問わないが，切れ込みの状態などによっては複葉との区別がむずかしい場合もある．同一の茎または個体に単・複両葉が生ずることはしばしばみられ，例えばインゲンマメの芽生えでは子葉と第一節の葉とが単葉で，第二節より先につく葉は3枚の*小葉をもつ複葉となる．なお*托葉は関係なく，托葉が大きく発達して一見複葉にみえる場合でも葉身が1枚なら単葉という．

j **単粒構造** [single grained structure] 土壌粒子が集合せず単一粒子として存在している*土壌構造．*団粒構造の対語．例えば砂だけからなる海浜の土壌あるいはナトリウム粘土からなる土壌で，水中に入れるとすぐに単一粒子に分かれる構造である．一般に土壌構造の単粒化は雨滴の衝撃，耕耘，有機物の分解消失などによって促進される．

k **団粒構造** [crumb structure] 土壌の単一粒子が集合して団粒 (aggregate) を形成している*土壌構造．*単粒構造と対置される．単一粒子間の小孔隙と団粒間の大孔隙ができるので，単粒構造に比べて全体の孔隙量が多い．小孔隙は水分を保持し，大孔隙に通気を確保するので，団粒構造の土壌は植物の根の良好な生育を支え，作物栽培に適すると共に土壌侵食の防止にも役立つ．自然条件下における団粒の生成機構は必ずしも明確ではないが，団粒の生成には粘土粒子が存在すること，これらの粒子が凝集すること，さらに凝集した粒子が安定した団粒になることが必要．具体的には乾湿の反復，維管束植物の根・土壌動物・菌類の活動，多くの微生物の分泌するポリウロニド，粘土鉱物，鉄・アルミニウムの水酸化物および腐植などの接着作用により生成される．

l **断裂** [plasmotomy] 原生生物のうち，いわゆるオパリナ類（カエルの直腸に寄生する *Opalina* など）および*粘液胞子虫類のある種などに見られる分裂の一特殊型．これらはもともと多核の個体であり，それが2個または多数に分裂して，それぞれ2個以上の核を含む

小個体を生ずる*無性生殖法.

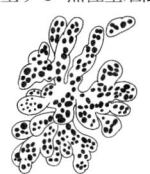

Ichthyosporidium hertwigi の断裂

チ

a **チアノーゼ** [cyanosis, cyanose] 《同》紫藍症，青色症．血管内の酸素の欠乏または還元ヘモグロビンの増加によって，粘膜や皮膚が暗紫青色ないしは青藍色を示す病的状態．口唇，爪床などで顕著に現れる．動脈血の酸素欠乏による中心性チアノーゼ(central cyanosis)と，動脈血中酸素飽和度は正常で静脈血で酸素欠乏が見られる末梢性チアノーゼ(peripheral cyanosis)がある．前者は，心臓または肺の障害が原因で起こる．この一種である心臓内逆短絡をもつ先天性心疾患において，チアノーゼは重要な所見となる．ほかに慢性肺疾患，肺炎，大気の酸素分圧の低下などがある．後者の原因は，末梢の血流が停滞して末梢組織における酸素摂取量が増加することによる．*心不全や*ショックによる心拍出量の低下や寒冷暴露などによって起こる．

b **チアミナーゼ** [thiaminase] 《同》アノイリナーゼ(aneurinase)．ビタミンB_1(*チアミン)を分解してチアゾール部を遊離する酵素．藤田秋治と沼田勇(1942)が貝類(特にハマグリ，シジミ，アサリ)や甲殻類(エビ，カニ)に含まれていることを発見．同様な酵素はほぼ時を同じくしてアメリカでコイから発見された(D. W. Woolley, R. R. Sealock)．これらの酵素は，その後ビタミンB_1がチアミンと呼ばれるようになるにしたがいチアミナーゼの名に統一された．本酵素は貝類や淡水魚の内臓に多く筋には少ない．ときとして脚気患者またはこれにかかりやすいヒトの大便中にチアミナーゼを合成する次の3種の特殊な細菌が見出される．(1) *Bacillus thiaminolyticus* Matsukawa et Misawa (MM菌)，(2) *Bacillus aneurinolyticus* Kimura et Aoyama (KA菌)，(3) *Clostridium thiaminolyticum* Kimura et Liao (KL菌)．B_1の分解のしかたには2種あり，動物，シダおよびMM菌，KL菌の場合は，B_1のチアゾール部が塩基(ピリジン，アニリンなど)と置換したB_1の置換体ができるが，KA菌の場合はピリミジン部とチアゾール部とに加水分解される．前者をチアミナーゼⅠ(EC2.5.1.2)，後者をチアミナーゼⅡ(EC3.5.99.2)として区別する．

c **チアミン** [thiamine] 《同》ビタミンB_1 (vitamin B_1)．$C_{12}H_{18}Cl_2N_4OS$(塩酸塩) 分子量337.27．ヨーロッパではアノイリンの名称も用いられ，抗神経炎性ビタミン(antineuritic vitamin)ともいう．最も早く発見されたビタミンで，白米を常食とすると脚気が起こりやすいことは古くから知られ(高木兼寛，1882)，鈴木梅太郎(1910)は米糠から脚気に有効な成分オリザニン(oryzanin)を抽出して，翌年C. Funkも同様な物質を得てvitamineと命名した．1926年結晶状にとりだされ，1936年までにA. Windaus, R. R. Williamsらによって構造決定，合成がなされ，ピリミジン部とチアゾール部がCH_2基で結合していることがわかった．現在は医薬用として，工業的に合成されている．蛍光を発する*チオクロムに変化させて，あるいはp-アミノアセトフェノン(p-aminoacetophenone)と反応させ発色させて定量を行う．緑色植物や微生物により合成される．植物では若い組織に存在して生理作用を活発にさせ，また種子，特に胚に集積されている．酵母には多量に含まれる．動物では内臓・眼球・卵黄を除いて一般に少ない．食品中には*チアミン一リン酸，*チアミン二リン酸，チアミン三リン酸の3種類のチアミンリン酸エステルが存在するが，消化管内のホスファターゼの作用により加水分解されてチアミンになる．しかし，チアミンは腸管から吸収された後，*チアミンピロホスホキナーゼの作用により再度リン酸化されてチアミン二リン酸に変換される．チアミン二リン酸は補酵素活性をもつ活性型ビタミンB_1であるが(⇒チアミン二リン酸)，チアミン二リン酸キナーゼの作用によりチアミン三リン酸に転換される．チアミンの欠乏症には主に次のものがある．(1) 脚気(beriberi)：東南アジアなど米を主食とする国に多発し，膝蓋およびアキレス腱の反射低下，知覚鈍麻などの末梢神経症状のほか，拡張期血圧の低下，第二肺動脈音亢進，心拍出量の増大などの心臓疾患が現れる．発展途上国の幼児にみられる衝心脚気は，急激な発疹と高度の心悸亢進，呼吸困難，嘔吐，無尿，チアノーゼの発症を特徴とする．(2) ウェルニッケ脳症(Wernicke disease)：欧米先進諸国に多発する中枢神経障害で，眼球運動麻痺，歩行運動失調，意識障害を起こし，脳の乳頭体，第三脳室，中脳水道の周囲，四丘体に病変が現れる．炭水化物の摂取が多い場合や重労働・妊娠・発熱など代謝亢進の際には特にチアミンが要求され，腸内のチアミナーゼ細菌によって欠乏を起こすこともある．成人の推定平均必要量は，消費エネルギー1000 kcal当たりチアミンとして0.35 mgである(厚生労働省2010年)．

チアミン(塩酸塩)

d **チアミン一リン酸** [thiamine monophosphate] *チアミンのモノリン酸エステル．細菌や植物のように自らビタミンB_1を合成できる生物ではB_1生合成の中間体である．これらの生物ではまずピリミジン部およびチアゾール部を合成し，ついで両者を縮合していったんチアミン一リン酸ができる．次にリン酸が切れてチアミンになる．*チアミン二リン酸のような補酵素作用はない．動物組織に存在するチアミン一リン酸はチアミン二リン酸が加水分解して生成したものである．

e **チアミン一リン酸キナーゼ** [thiamine-monophosphate kinase] *チアミン一リン酸とATPから*チアミン二リン酸を生成する酵素．EC2.7.4.16．大腸菌などの細菌に*チアミンキナーゼとともに存在する．未精製で，酵素化学的な詳細は不明．反応にはMg^{2+}, K^+またはNH_4^+を必要とする．この酵素の作用または他の経路で生成したチアミン一リン酸をビタミンB_1の補酵素型であるチアミン二リン酸に変換する．

f **チアミンキナーゼ** [thiamine kinase] 《同》ATP：チアミンホスホトランスフェラーゼ．Mg^{2+}存在下で*チアミンとATPから*チアミン一リン酸を生成する酵素．EC2.7.1.89．大腸菌などの細菌に*チアミン一リン

酸キナーゼとともに存在するが，*Paracoccus denitrificans* などの細菌や真核生物には存在しない．未精製で，酵素化学的な詳細は不明．細胞中で生成したチアミン一リン酸は，チアミン一リン酸キナーゼの作用によりビタミンB_1の補酵素型であるチアミン二リン酸に変換される．*チアミンピロホスホキナーゼのことをチアミンキナーゼと記載している文献もある．

a **チアミン二リン酸** [thiamine diphosphate] TPPと略記．《同》コカルボキシラーゼ(cocarboxylase)，チアミンピロリン酸(thiamine pyrophosphate)．チアミンの二リン酸エステル．K. Lohmann と P. Schuster が結晶化し，構造を決定した(1937)．酵母をはじめ広く生体に存在し，ビタミンB_1のうち，動物組織内では大部分が，植物体内では組織のちがいに応じて一定の割合が，このチアミン二リン酸というエステルの形で存在する．動物細胞内にチアミンが吸収されると，*チアミンピロホスホキナーゼの作用により ATP からピロリン酸を受けて，このエステルとなる．このため，チアミンに関する細胞内外の濃度差が維持され，チアミン吸収が継続して行われる．*ペントースリン酸回路のトランスケトラーゼ(*ケトール転移酵素)，ピルビン酸脱水素酵素，α-ケトグルタル酸脱水素酵素，分岐鎖α-ケト酸脱水素酵素の補酵素となり，脱カルボキシル反応ならびにケトール転移反応に関与する．この作用には，ピリミジン核の2位-CH_3，6位-NH_2，チアゾール核の4位-CH_3，5位-CH_2CH_2O-の存在が必要である．チアミンのチアゾール核4位のHは媒質中のH^+と高速に交換し，この4位置換体ヒドロキシエチルチアミン二リン酸が中間体として得られている．チアミンの細胞内での生理作用はこのチアミン二リン酸の形で行われるものとされる．

b **チアミンピロホスホキナーゼ** [thiaminpyrophosphokinase] 《同》ATP:チアミンピロホスホトランスフェラーゼ．*チアミンとATPからビタミンB_1の補酵素型である*チアミン二リン酸を生成する酵素．EC2.7.6.2．大腸菌などを除く細菌，動植物，酵母に広く分布する．脳や腸ではチアミンの細胞膜透過に関与していると考えられている．真核生物由来の酵素は，ヒト赤血球，ブタ心筋，ブタ脳，パセリから均一に精製された．酵母の本酵素をコードする遺伝子*THI80*は単離され，配列が決められている．原核生物由来の酵素は，*Paracoccus denitrificans* から均一に精製された．いずれの酵素も反応にMg^{2+}を要求する．

c **地域分岐図** [area cladogram] *固有地域に分布する生物相の構成種に基づく地域間の類縁関係を示した図．*分岐分類学に基づく分断生物地理学でまず用いられた用語．構成種の系統関係は種分岐図(species cladogram)で表されるが，これを地域分岐図に置き換えて，生物相のたどってきた進化史の復元を試みる．複数の生物群の種分岐図が同一の地域分岐図を導くならば，それらの生物群の分化を引き起こした歴史的共通要因を想定することができる．例えば，地域全体に作用した地史的な分断現象(vicariance event)はこの共通要因の候補と

なる．一方，それらの生物群の種分岐図が整合的な地域分岐図を導かないならば，個々の生物群に固有の歴史的要因(例えば偶発的な分散移住)が現在の地理的分布の形成に関与したと推測される．また，地域分岐図には，(1)ある群の代表種がそこに分布しない欠損地域(missing area)，(2)ある種が地理的境界を越えて分布する広域分布種(widespread species)，(3)異なる種が同所的に分布を拡大させた重複分布(redundant distribution) などが含まれることがあり，それらを含めた分析のための諸方法が考案されている．

d **地衣成分** [lichen substance] 《同》地衣酸(lichen acid)．*地衣類の共生菌が産出する二次代謝産物．700種類以上の化合物が知られており，培養株から見つかったものも含めると1000種類以上となる．ほとんどは地衣類に特有であるが，約50～60種類は他の菌類や陸上植物にも存在する．地衣成分は主として芳香族化合物であり，脂肪族化合物は少ない．主な地衣成分は，酢酸-マロン酸経路，メバロン酸経路，シキミ酸経路の三つの代謝経路で生成されると考えられている．酢酸-マロン酸経路では，デプシド類，デプシドーン類，ジベンゾフラン類，高級脂肪酸などが生成される．メバロン酸経路ではテルペン類が，シキミ酸経路ではプルビン酸などが生成する．一般的に地衣成分は水にほとんど溶けず，弱酸性を示す．無色の化合物の他に，黄，橙，赤色などを示す有色物質(*ウスニン酸，プルビン酸，ロドクラドン酸など)もある．地衣体の皮層や髄層の菌糸表面に結晶として沈着しているものが多く，地位体乾燥重量の0.1～10%程度を占めているが，ウメノキゴケの髄層に存在するレカノール酸などでは30%を超えることもある．生物学的機能として，抗菌・抗細菌作用，動物に対する忌避作用，共生藻に届く光の量の調整や紫外線からの保護，共生菌が共生藻の光合成産物を吸収しやすくする，などがある．地衣類の形態の違いと含有地衣成分との間に関連があることが以前より知られており，分類形質の一つとして重視されている．5000種以上の地衣類で調べられており，化学分類(chemotaxonomy)と系統進化との関係についての研究が多数ある．一般に，地衣体の皮層成分は属または科などの高次分類群で決まっているのに対して，髄層成分は同属内であっても種によって多様であることが多い．含有地衣成分を検定する方法としては，呈色反応法，顕微結晶法(顕微化学的検出法，ミクロ法)，薄層クロマトグラフィー，高速液体クロマトグラフィーなどが用いられている．薬理活性をもつ成分として，抗グラム陽性細菌作用を示すウスニン酸，プロトリケステリン酸，さまざまなオルシノール誘導体などが知られている．一方，プルビン酸誘導体やセカロン酸誘導体のように強い毒性を示す成分もある．

e **地衣類** [lichens] 《同》地衣化菌類(lichenized fungi)，地衣形成菌類(lichen-forming fungi)．藻類(シアノバクテリアも含む)と共生して地衣体をつくる菌類．熱帯から極域まで分布し，世界で約2万種が知られている．土，岩，樹皮，葉などの上に着生する．特有の地衣体構造や*地衣成分をつくるなど，他の生物群には見られない特徴をもつ．それらの特徴は，基本的には地衣化菌類と適合する藻類とが共生しなければ発現しない．一方，地衣化菌類の細胞や生殖器官の構造などは非地衣化菌類と基本的に違いはなく，菌類の分類体系の中に地衣類が特徴に応じて多系的に位置づけられている．地衣

類全体の約98％が子嚢菌門に所属しており，担子菌門は約0.4％である（残りは所属不明）．菌類分類群の中での地衣類が占める割合は，菌界では約20％，子嚢菌門では約42％，担子菌門では0.3％である．一般的に地衣類とは，子嚢菌門および担子菌門の菌類が細胞外で藻類と共生するものを指す．「藻菌地衣」と呼ばれていた*Geosiphon pyriforme*は，シアノバクテリアが細胞内共生したものであり，地衣類からは区別され，グロムス菌門に所属する．地衣類は生育形から，葉状地衣類，樹枝状地衣類，固着地衣類（痂状地衣類）などに分けられるが，これらの区分は系統を反映したものではない．例えば，ウメノキゴケ科（Parmeliaceae）におけるウメノキゴケ属（*Parmotrema*，葉状）とサルオガセ属（*Usnea*，樹枝状）のように，属内で一定のまとまりはあっても，同じ科の中で生育形が異なることも多い．地衣化菌類と共生している藻類（共生藻）は，わずかに約40属の藻類（シアノバクテリアを含む）に限られ，全体の約85％が緑藻であり，約10％がシアノバクテリア，約5％には両者が含まれている．さらに，褐藻類や黄緑藻を共生藻とする地衣類も数種報告されている．これらの中で最も頻度の高いものは，緑藻のトレボウクシア属（*Trebouxia*）である（全地衣類の約20％）．本属は自由生活の状態ではほとんど見つからないことから，地衣体内での生育に適応して進化した分類群であると考えられている．一方，スミレモ属（*Trentepohlia*）やネンジュモ属（*Nostoc*）など，地衣化した状態および自由生活の両方で見つかる藻類もある．地衣類の繁殖様式には，裂芽や粉芽などの菌・藻の両者を含んだ栄養繁殖器官を散布する方法と，地衣化菌類の胞子が飛散した現地で適合する藻類を獲得する方法とがある．地衣類の成長速度は，速いものでは年間10〜30 mm（最大90 mm），遅いものでは0.1 mm以下と種や属によって大きく異なるが，一般的には年間1〜6 mm程度である．基準となる地衣類の成長速度から基物の年代を推定する地衣計測法（lichenometry）が知られている．地衣類は大気汚染指標生物として優れた性質をもっており，亜硫酸ガスや重金属，放射性物質などについて世界各地でモニタリングに活用されている．その他の地衣類の利用として，食品，染料，香水，ジオラマ模型の装飾品などがあり，食用地衣類としてはイワタケ（*Umbilicaria esculenta*）が有名である．

a **チェザルピーノ** CESALPINO, Andrea 1519〜1603 イタリアの哲学者，医学者，植物学者．ピサで哲学と医学を学び，ピサの薬学教授，後に法王Clemens Ⅷの侍医．植物を分類する形質として花と果実の重要性を強調し，独創的な体系を発表して，後代のC. von Linné に影響を与えた．またその著'Quaestionum medicarium'（1593）で血液の循環を部分的に予見．

b **チェック** CECH, Thomas Robert 1947〜 アメリカの生化学者．原生生物テトラヒメナの細胞内でRNAのスプライシングが，蛋白質（酵素）の助けなしにRNA自身の触媒作用で起こることを見出し，リボザイムと名付けた．RNAに触媒作用があるとの発見で，S. Altmanとともに1989年ノーベル化学賞受賞．

c **チェックポイント制御** [checkpoint regulation, cell cycle checkpoint regulation] 細胞周期の制御機構．チェックポイントとは，細胞周期の進行を可逆的に抑制できる細胞周期の特定の時期に存在する移行点である．G_1期のスタートあるいはG_1/S期チェックポイント，G_2/M期チェックポイント，M期中期-後期移行あるいは紡錘体形成チェックポイントの三つがある．チェックポイント制御とはこれら移行点における制御機構を意味している．細胞周期のエンジンであるCDKの活性を制御することで適切な条件になるまで細胞周期の進行をそれぞれのチェックポイントで停止させるしくみがある．広義のチェックポイント制御は，細胞周期の過程を監視し，細胞周期の制御機構にシグナルを伝達するシステムとも解され，S期での複製起点の活性制御に関わるS期内チェックポイントやDNA損傷応答（DNA複製チェックポイント）もチェックポイント制御の一つと考えられる．損傷応答を構成する因子は，DNA損傷シグナルを認識するセンサー，シグナル変換の過程に関わるトランスデューサーやアダプター・メディエーター，シグナルを細胞周期制御装置に伝えるエフェクターに分類することができる．

d **チェトヴェリコフ** CHETVERIKOV, Sergei Sergeevich （Четвериков, Сергей Сергеевич）1880〜1959 ロシア-ソ連の遺伝学者．Stalin政権下で拘束され，解放後ゴーリキー大学生物学部長．ショウジョウバエの自然個体群に劣性遺伝子がヘテロ接合で多量に保有されていることや個体群内の遺伝的変動の進化的意義の洞察など，その業績は集団遺伝学を基礎づけるものだった．

e **チェルノーゼム** [chernozem] 《同》チェルノジョーム．狭義の*黒色土壌をいう．ロシアの南部，ヨーロッパ中部，北アメリカ中部の，温帯から冷温帯の亜湿潤気候（年降雨量400〜600 mm）下にある草原地帯に広く分布する土壌型．*A層は平均8〜10％の腐植を含み，黒色で交換性カルシウムに富む．*団粒構造が発達しており，これに淡色の漸移層が続き，その下に炭酸カルシウムの集積したC層が存在する．極めて肥沃な土壌で，コムギの生産力が高いので，この土壌型の分布する地帯は世界の穀倉といわれる．

f **チェルノブイリ原発事故** [Chernobyl nuclear accident] 旧ソビエト連邦で起きた大規模な放射線災害．1986年4月26日にチェルノブイリ原子力発電所4号炉で，短時間に出力が急上昇し，爆発により原子炉とその建屋が崩壊した．続いて黒鉛の火災が発生し，これらの結果，大量の放射性物質が環境中に放出され，現在のベラルーシ共和国，ウクライナおよびロシア連邦やヨーロッパの各地が汚染された．このため周辺30 km圏内の住民11万5000人が避難し，ベラルーシ共和国，ウクライナ，ロシア連邦の約22万人が移住を余儀なくされた．この事故により，初期消火作業従事者24万人のなかで，134名が急性放射線症と診断され，62名が死亡．さらに大気中に放出された放射性ヨウ素を牛乳を通じて摂取した18歳以下の小児の4000名に甲状腺腫瘍が発症，うち15名が死亡した．懸念されていた白血病の増加は見られなかった．また乳がんが増加しているとの報告もなされたが，確実なものではない．

g **チェルマク** TSCHERMAK, Erich von Seysenegg 1871〜1962 オーストリアの植物遺伝学者，育種学者．ベルギーのヘントの園芸場と大学でキセニアや雑種の研究に着手，ここでのエンドウの交雑実験はその後ウィーン近くのエスリンゲンの国営農場で続けられ，その成果の要約'Über künstliche Kreuzung bei *Pisum sativum*'（1900）はメンデルの法則再発見の業績となった．彼はこれを農業園芸上に適用，育種の効果を説き，自ら禾穀

類で多くの属間雑種をつくった．

a **遅延型過敏反応** [delayed hypersensitivity, delayed type hypersensitivity] ⇒過敏症

b **遅延蛍光** [delayed fluorescence] 通常の蛍光と同じ波長分布をもつが，蛍光の寿命(通常 10^{-9}〜10^{-6} 秒程度)よりはるかに長い寿命をもつ発光をいう．その寿命はしばしば 10^{-3} 秒を超える．光合成系では光照射後非常に弱い遅延蛍光が認められ，遅延発光(delayed light emission, afterglow)とも呼ばれる．葉緑体や緑藻の細胞では*クロロフィル a からの遅延蛍光が，光合成細菌では*バクテリオクロロフィルなどからの遅延蛍光が見られる．これらは光合成の*反応中心付近の初発過程の逆行によるクロロフィルの再励起によるものと考えられている．

c **澄江バイオータ**(チェンジャンバイオータ) [Chengjiang biota] 〔同〕澄江動物相(Chengjiang fauna)．中国雲南省の省都，昆明周辺に広がるカンブリア紀前期の堆積層から発見された化石群．澄江の帽天山(Maotianshan)では，最初に*バージェス頁岩型の化石が発見された．この化石産出層は，中国の層序区分では筇竹寺累層(Qiongzhusi Formation)に含まれる．バージェス頁岩から発見された多様な化石動物群に匹敵する多様な印象および軟体化石を含み，この解析から動物の急激な多様化の時期がカンブリア紀中期から同紀前期にまで遡る．澄江の堆積層では放射性同位体年代の測定はできないが，同等の地層と考えられる地域で約 5 億 1800 万年前の年代が与えられている．これまでおよそ 15 門約 200 種が発見されており，特に節足動物の初期多様化を示す化石や，最古の脊椎動物 Haikouichthys と Myllokunmingia，さらに雲南虫類(yunnanozoons)の Haikouella は，節足動物と脊椎動物の進化史の解明に重要．

d **遅延整流** [delayed rectification] 細胞膜に脱分極通電をするときに見られる整流作用が，通電の開始後少し遅れて発現する現象．神経や筋肉に通電を行ってその*膜電位を変化させる場合，電流が弱いときあるいは電流の方向が内向きで膜が過分極する際には，膜電流の大きさによって膜の電気抵抗は変わらず，通電電流の強さに比例した膜電位の変化を生じる．ところが外向き通電の場合には，それによってつくられる脱分極が大きくなるにつれ膜の電気抵抗が減少し，電流強度の割には小さな脱分極しか生じないようになる．これは膜が一種の整流作用をもつことを意味する．遅延整流が生じるのは膜に存在する*カリウムチャネルが開き K^+ に対する透過性が増大するためで，その増加は通電を続けるかぎり維持される．このカリウムチャネルを遅延整流性カリウムチャネルという．活動電位の発生するときはまず膜の Na^+ に対する透過性が増大し，それより少し遅れて遅延整流性チャネルによる K^+ に対する透過性が増すことによるもので，活動電位の急速な降下の一因となっている．分子実体としては，電圧依存性カリウムチャネルが相当する．なお，膜の K^+ 透過性が過分極時に見られる内向きの整流作用を異常整流(anomalous rectification)または内向き整流と呼ぶ．(⇒カリウムチャネル)

e **遅延着床** [delayed implantation] 単孔類を除く哺乳類において，受精後*着床に至るまでの時間が極度に長い場合をいう．正常の妊娠過程の一部として起こる場合と，実験的に誘起された場合とがある．ノロジカ，ミンク，アナグマなどでは繁殖期に交尾し，その後胚胞は数カ月もの長期にわたって発生を休止し，その間着床が起こらないまま子宮内に浮遊して留まる．このような現象は，分娩期が餌の得難い時期に当たるのを避けるための適応の結果であると考えられている．有袋類の大部分，ネズミやモルモットなどでは，分娩直後に発情と排卵が起こり，もしも交尾と受精が起これば，胚盤胞は哺乳刺激の継続する間着床せず，哺乳刺激が無くなるか，閾値以下になると着床する．実験的に誘発した遅延着床は特にラットについてよく研究されている．この種では，受精直後から本来着床が起こるタイミングの少なくとも 24 時間以前に卵巣を除去し，プロゲステロンを適当量投与し続ければ，その間着床は起こらない．着床はこのような動物に少量のエストロゲンを投与することによって誘発され，遅延着床となる．

f **チェンバーズ** Chambers, Robert 1802〜1871 イギリスのエディンバラの出版業者で思想家．唯物論の立場から，地球の形成から人間の出現までを説明した，'Vestiges of the natural history of creation'(1844)を匿名で著した．この書物は進化の観念を含んでおり，C. Darwin や A. R. Wallace などを含めて，極めて大きな反響を呼んだ．

g **チェンバーズ** Chambers, Robert 1881〜1957 アメリカの実験細胞学者．顕微操作装置を発明し，それを駆使して各種の細胞や原形質の物理的構造・物理化学的性質などを研究した．晩年には，がん組織・尿細管の分泌活動・化学走性現象などの研究がある．

h **遅延見本合わせ課題** [delayed matching to sample task] ヒトを含む動物の短期的な*記憶を調べるために用いる課題．まず，ある刺激を見本として短時間だけ提示し，その後一定の遅延時間が経過してから，見本と同じ刺激と異なる刺激を提示する．見本と同じものを選べば正解となる．用いる刺激は，視覚刺激，聴覚刺激，触覚刺激などさまざまある．なお同様の手続きで，見本と異なる刺激を選べば正解とする課題もあり，それを遅延非見本合わせ課題(delayed nonmatching to sample task)と呼ぶ．

i **4-チオウラシル** [4-thiouracil] 原核生物の tRNA に通常存在する*微量塩基．

j **チオクロム** [thiochrome] *チアミンのアルカリ性溶液にブロムシアンまたはヘキサシアノ鉄(Ⅲ)酸カリウム(フェリシアン化カリウム，赤血塩)を作用させるとき生ずる蛍光物質．チオクロムをアルカリ性でブタノールに移行させ，その青紫色の蛍光の測定によってチアミンの定量を行う．ビタミン B_1 としての活性はない．

k **チオシステイン** [thiocysteine] $C_3H_7NO_2S_2$ 分子量 153.22．シスタチオニンを加水分解してシステインと α-ケト酸，アンモニアの生成を触媒する酵素であるシスタチオニン γ-リアーゼ(cystathionine γ-lyase)がシスチンに作用し，ピルビン酸，アンモニアと共に産生するアミノ酸．チオシステインは，チオール化合物とのジスルフィド交換反応によって硫化水素を生成する．硫化水素は，NO， a **チオストレプトン** [thiostrepton] 放線菌 *Streptomyces azureus* の培養液から得られた含ラクトンペプチド系抗生物質. 代表的な飼料添加用抗生物質で, *Mycobacterium* を含むグラム陽性細菌に抗菌活性を示す. 類似の抗生物質としては, チオペプチン(thiopeptin), シオマイシン A(siomycin A)などがある. これらの抗生物質の作用機作は蛋白質合成阻害で, 70S リボソームの 50S サブユニットに作用し, *ポリペプチド鎖延長因子 EF-Tu 依存性の反応(アミノアシル tRNA の結合と GTP の加水分解)および EF-G 依存性の反応(転座と GTP の加水分解)を阻害する.

b **チオバチルス** [*Thiobacillus*] チオバチルス属(*Thiobacillus*)に分類される無色硫黄細菌の総称. *プロテオバクテリア門ベータプロテオバクテリア綱ヒドロゲノフィルス科(Hydrogenophilaceae)に属する. 基準種は *Thiobacillus thioparus*. 好気性, 中温性のグラム陰性桿菌($0.3 \sim 0.5 \times 0.9 \sim 4 \mu m$). 多くは極鞭毛による運動性を有する. 硫化物・固体硫黄・チオ硫酸・ポリチオン酸・チオシアン酸などの無機硫黄化合物の酸化で生成するエネルギーを利用して, 無機独立栄養的あるいは無機従属栄養的に生育する. 炭素同化にはカルヴィン-ベンソン回路(Calvin-Benson cycle, *還元的ペントースリン酸回路)が関わる. 一部は脱窒性を示す. 自然界に広く生息し, 特に硫黄化合物の豊富な環境にも多い. 以前は鉄酸化硫黄細菌(旧名 *T.ferrooxidans*)も含まれたが, ガンマプロテオバクテリア綱の *Acidithiobacillus* に移されている. (⇒硫黄細菌)

c **チオレドキシン** [thioredoxin] リボ*ヌクレオチドを酵素的に還元してデオキシリボヌクレオチドを生成する反応の特異的電子供与体ポリペプチド. P.Reichard (1963)が大腸菌から発見. 分子量約 1 万~1 万 3000. 1 対の機能的システイン残基をもち, その SH 基が直接基質を還元し, 自身は酸化されて分子内 S-S 結合をつくる. 酵母, がん細胞, 肝臓などにも存在. 熱に安定. 還元型はインスリンや酸化型グルタチオンなども非特異的に還元する. 光合成の炭素同化系酵素の活性調節などにも働いている. SO_4^{2-} の還元同化の一段階であるアデノシン三リン酸-5-ホスホ硫酸還元酵素の電子供与体として作用する.

d **チオレドキシン還元酵素** [thioredoxin reductase] 《同》チオレドキシンレダクターゼ. 還元型 NADP による*チオレドキシンの還元を触媒する酵素. EC1.6.4.5. 1 分子の FAD を含む. 酸化型チオレドキシンの*シスチン残基を還元して 1 対のシステイン残基とし, 後者はさらにリボヌクレオチド還元の電子供与体となる. 大腸菌, 酵母, 肝臓および腫瘍細胞に存在.

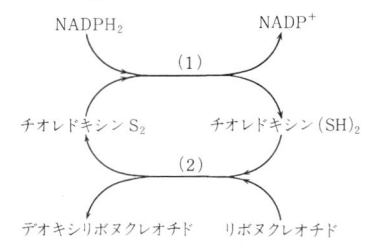

$$NADPH_2 \xrightarrow{(1)} NADP^+$$
チオレドキシン S_2 ⇄ チオレドキシン $(SH)_2$
$$\xrightarrow{(2)}$$
デオキシリボヌクレオチド ← リボヌクレオチド

(1) thioredoxin reductase
(2) ribonucleotide reductase

e **知覚** [perception] 現在の環境にある事物や事象, さらにそれらの変化を認知すること. 環境刺激は感覚器官を経て生体に受容されるが, 知覚された事象は, 環境刺激の受動的な写しではない. 知覚は, *感覚が統合されて具体的な意味をもち, 独自の時空間的構造をもつより高次の機能である. すなわち, 局所的な感覚よりはもっと広い刺激位置一般の状態, その種特有の神経系の性質, 個体の生理的および情動的状態, 先行経験の効果などの諸条件が影響を与えるから, それら全体の結果として知覚される事象は, たとえ同じ物であっても, 生体の種により, 個体により, 場合により異なったものとなる. 逆に, 感覚器官から送られてくる刺激に関する情報はその時々の条件で異なるにもかかわらず, いつもほぼ同じものとして知覚される恒常現象(constancy phenomena)も生じる. (⇒心理物理学)

f **知覚学習** [perceptual learning] 感覚刺激を区別または検出する能力が長期の学習により向上する現象. 主に*臨界期後の学習を指し, 強化信号を与えれば無意識に起きる. 課題を訓練したあとであれば, 刺激への暴露のみで学習が進展する. 視覚系では, 訓練した視野や方位, 空間周波数などでのみ学習が起き, 訓練しなかった条件では学習は起きにくい. そのため, 受容野が小さく, 方位や空間周波数などの特徴表現が明らかな初期視覚野において, 神経細胞の感度が上昇することで起きると考えられてきた. しかし一方で, 初期視覚野での可塑的変化は小さいため, そこでの感度上昇が起こるのではなく, もともとある感度の高い神経細胞から情報を特異的に解読できるようになるという考え方も有望である. 聴覚系や体性感覚系では, 学習した周波数や体部位に対応する一次感覚野の周波数地図や体部位再現地図の領域が広がる.

g **地下茎** [rhizome] 《同》根茎. 地中または地表面に成長する肥大した茎. 根と違って地中では斜めに伸びる. 茎の特徴である葉をつける節(node)があり, 通常は節と節の間(節間 internode)は短縮し, 葉も接近してつく短縮茎でもある. 節間が長いまるものは走出枝(stolon), 地下茎や走出枝の先が極度に短縮し, 体積が増大して澱粉などの貯蔵庫になったものを*塊茎と呼ぶ.

h **地下結実** [geocarpy] 地上で開花した花が受精後, 地下に入り結実する現象. 主として閉花受精を行い, ツユクサ, ウンラン, カタバミ, ナンキンマメ, ソラマメ,

タネツケバナ，スミレなどの諸属にみられる．ナンキンマメ(落花生)では受精後，萼と子房の間の子房柄が長く伸び，子房を地下に入れて結実し，成熟する．スミレ属の数種では受精後，花柄が伸びて花全体を地中に入れて結実する．

a **地下生命圏** [subsurface biosphere] 水圏，陸域，大気圏に次ぐ第四の生命圏．光が届かず，酸素の供給が絶たれているため，暗黒で還元的な環境が広がっている．温度は100 m につき3～4℃上昇する．海洋掘削研究で得られたデータから，膨大な微生物が地下圏に分布することがわかり，そのバイオマスは陸域や海洋を上回る．地下圏を含む微生物バイオマスは，全植物にも匹敵するほどになるとの推定もある．多くの微生物は失活または死滅しているのではないかとも考えられたが，海洋地下圏では海水が，陸域地下圏では雨水が，それぞれ1000 mより深まで浸透し，実際には環境に見合った微生物が活性を発揮していることが明らかになってきた．硫酸塩を多量に含む海水が浸透する海洋地下圏では，海底表層から浅部では硫酸還元活性が卓越し，その深部でメタン生成反応が進行する．陸域地下圏では，嫌気的な分解(発酵)の結果生じた水素やメタノールを基質とするメタン生成反応が，還元条件の発達した深度で見られる．また海洋地下圏では，アーキアがバイオマスとして卓越することが近年明らかにされた．土壌は，地下生命圏の最上層に位置すると考えることもできる．

b **力-速度関係**(筋肉の) [force-velocity relationship] 《同》荷重-速度関係．骨格筋の*等張力性収縮の際の荷重(張力) P と短縮速度 V との関係．A. V. Hill によればその関係は直角双曲線で，$(P+a)(V+b)=$ 一定 $=b(P_0+a)$ と表される．a, b は定数，特に a は熱定数，また P_0 は最大等尺性収縮張力である．この関係をヒルの特性式(Hill's characteristic equation)といい，種々の筋肉について近似的に成り立つことが認められている．上式を書き直すと $(P+a)V=b(P_0-P)$ となるが，この式の左辺は単位時間当たり筋から遊離するエネルギー量から維持熱を引いたもの(仕事+短縮熱)であり，この量は (P_0-P) に比例することを示している．Hill は，等張力性収縮の実験から得られた a, b の値は熱測定から得られた値と一致するとしたが，その後必ずしも一致しないこと，すなわち筋収縮における力学過程とエネルギー過程が単純には結びつかないことが示された．

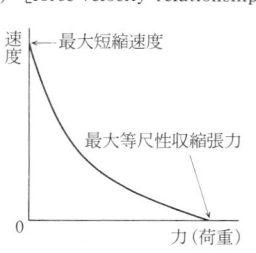

c **置換** [substitution] [1] 分子進化学において，突然変異を生じた遺伝子あるいはアミノ酸や塩基座位の新しい変異が古い型のものに取って代わり，その集団中の頻度が100%になることすなわち*固定すること．変異のレベルに従い，遺伝子置換，アミノ酸置換，塩基置換と呼ぶ．蛋白質をコードする塩基置換には，アミノ酸の変化をもたらす非同義置換(nonsynonymous substitution, amino acid replacement substitution)と，これをもたらさない同義置換(synonymous substitution)とがある．これらの置換は，*分子時計の速度を測るときに用いられ，その多くは一定性を示すので分子系統学には欠かせない変化である．置換の速度は，中立突然変異の場合には*突然変異率に等しい．これより速い置換速度は正の自然淘汰の作用を，遅い置換速度は負の自然淘汰の作用を測る目安となる．[2] 化学的な分野において，分子内の原子または原子の集まりを別のものに置き換えること．

d **恥丘** [mons pubis] 《同》陰阜．ヒト(女性)の腹部下方，恥骨結合前方の皮膚隆起．皮下脂肪が発達し，二次性徴として思春期以後には陰毛を生じる．

e **地球温暖化** [global warming] 地球規模で平均気温が上昇する現象．地球の放射収支(→熱収支)において，地上から宇宙空間への熱放射が雲や大気の微量成分のために逆向きの長波放射となり，放熱が妨げられる関係になること，すなわち温室効果(greenhouse effect)に起因する．この大気微量成分は CO_2, CH_4, N_2O, 各種フロンなどで，これを温室効果ガス(greenhouse effect gas)と呼ぶ．これにより，植物の開花時期や動物の繁殖時期などの*フェノロジー(phenology)，分布や個体数の変化が生じ，また海水の膨張や極氷・氷河の融解などによる海水面の上昇と，それにともなう干潟やサンゴ礁の消滅が起きる．さらには，熱波，竜巻，台風など，極端な環境事象であるカタストロフが多発・拡大し，生態系に多大な影響を及ぼす．そうした生態系への影響は，人間の食生活から産業，健康までおびやかすことになる．

f **遅筋** [slow muscle] 《同》緊張筋(tonic muscle)．脊椎動物の骨格筋のうち生理的収縮速度の遅いもの．持続的緊張を行い姿勢維持などに働くことから緊張筋ともいう．速筋と比べミオグロビン含有量が多いため，赤味が強く*赤筋と呼ばれる．収縮速度の遅い遅筋繊維(I型繊維 slow muscle fiber)から構成される(→速筋)．哺乳類ではヒラメ筋がI型繊維に富むが，遅筋繊維のみで構成された筋肉はごく少数である．遅筋と速筋の収縮速度の違いは，遅筋型と速筋型ミオシンのアイソフォームにおける異なったATPアーゼ活性による．遅筋繊維は神経支配のパターン，*筋小胞体や*Z膜の形状なども速筋繊維とは異なる．

g **畜産学** [animal science, zootechnical science] 畜産すなわち*家畜の改良・増殖・飼育ならびにその経済的利用に関する理論および応用を対象とする農学の一分野．繁殖学・育種学・飼養学・管理学・利用学・草地学などの分野がある．畜産業に対応した学問分野としてはじまったが，動物生命科学全般への貢献，野生動物の保全や伴侶動物の利用にもおよぶ分野となっている．

h **逐次的複製** [sequential replication] 《同》順続的複製．染色体 DNA がある定まった起点から*複製を開始し，一定の順序を追って*半保存的複製を進行させ，DNA のどの部分も過不足なく2倍になるように複製して完結する過程．複製が起点から両方向に進行する場合と片方向の場合とがある．

i **蓄積腎** [kidney of accumulation] 排出物質，特に含窒素性のものを体外に排出する代わりに，これをプリン塩基などの不溶性の形で多少とも長期にわたって自体内に蓄積・貯蔵し，その影響を体内の物質代謝系から排除する働きをする蓄積性の排出器官．動物界に散発的に知られ，専門の器官ではなく各種の器官や組織の副機能となっているものもある．冬眠中のカタツムリやある種の多毛類の体内には一時的な蓄積の器官があるが，ニワトリ胚の尿膜中に沈着し孵化に際し卵殻内に残留する尿

酸結晶のような永久的蓄積の例も多い．尿酸は昆虫の尿酸細胞内にも蓄積し，また特に被甲類ではその唯一の排出器官として心臓に近く特別な嚢状体をそなえ，体液から摂取した尿酸を濃縮して同心層状の結石を形成する．同様な蓄積腎は円口類，棘皮動物(中軸器官)，ある種の巻貝類でも知られている(キサンチン蓄積)．なお，魚類その他の体表や腹腔面にはグアニン結晶を蓄積するグアニン細胞が発達し，単なる排出装置から体色に真珠光沢を付与する色素胞への機能転化を遂げている．なお，植物細胞内の結晶体(鐘乳体 cystolith など．⇒結品細胞)は，蓄積腎と同様の意義をもつものとみられる．

a **地形的極相** [topographic climax] ⇒多極相説

b **治験薬** [investigational new drug] 動物実験においてその効果が確認され，ヒトにおいて臨床試験段階にある医薬品．医師の厳重な監視の下で投薬され，有効性と安全性が確認されれば厚生労働大臣の認可を受けて市販される．また，マラリアの治療・予防に用いるクロロキンのように，かつて他の疾病の治療に用いられたが薬害によって日本で製造・使用禁止になった医薬品も，治験薬として医師の監視下で使用されることがある．

c **致死遺伝子** [lethal gene] 突然変異により細胞もしくは個体に死をもたらす遺伝子．優性突然変異により生じた致死遺伝子は，その遺伝子をもつ個体すべてを殺すから研究が困難である．劣性致死遺伝子のときには F_2 での分離比が乱れる．ニワトリの羽と脚が極めて短くなる creeper 突然変異体と正常のものとを交雑した F_1 では両者が 1:1 に，creeper の自殖では creeper と正常が 2:1 に分離する．いま creeper の遺伝子 Cp に劣性の致死作用が伴っているとすれば，creeper はすべてヘテロでしか存在しないから分離比の説明がつく(W. Landauer, 1934)．ショウジョウバエでは多くの劣性致死遺伝子が見出され，自然集団における頻度もよく研究されている．致死作用がすべての個体に及ばず，一部が生き残るような場合を，半致死遺伝子(semilethal gene)という．このときには優性致死遺伝子も検出できる．伴性致死遺伝子(sex-linked lethal gene)をもつときには，性比に変動が生ずる．致死作用の出現する時期はいろいろで，配偶子で作用の生ずる*配偶子致死と接合体の発生・成長の過程で生ずる接合体致死(zygotic lethal)がある．接合体致死は，それが発現する時期により，胚致死，幼虫期致死などに分類される．致死作用は生命活動にとって必要な遺伝子産物の欠損による．(⇒致死突然変異)

d **致死相当数** [lethal equivalent] 《同》致死相当量．集団遺伝学において，遺伝的致死すなわち遺伝的欠陥によって生ずる個体の死の程度を表す一つの尺度．遺伝的死に到るには，一つの優性致死遺伝子あるいは同座性の二つの劣性致死遺伝子があれば十分であるが，個体によってはそれ以上の致死遺伝子をもつことがある．また，50％の確率で遺伝的死をもたらす遺伝子を二つないしそれ以上もつこともある．多くの場合，弱有害遺伝子を多数もつことによって遺伝的死が起こる．これらはいずれも一つの遺伝的致死として現れるが，その程度をより正確に表現するために，接合体に存在する有害遺伝子を一個体の死を単位として数える．致死相当数 10 をもつ一個体の死は，10 個相当数の劣性致死遺伝子を集団中から一気に除去する結果になる．

e **地質時代** [geologic time, geological time] 地球の誕生後，最古の岩石または地層が形成されてから現在までの期間．一般には有史以後は除く．現在知られている最古の岩石は 42.8 億年前とされる．時代区分の基準となるものは生物界の変遷で，特に海生動物の分類群が用いられる．現在用いられている区分の名称は，パリ万国地質学会議(1900)で採用された．

時代区分	代(era)	紀(period)	世(epoch)	期(age)
地層区分	界(group)	系(system)	統(series)	階(stage)

代は古い方から冥王代，*始生代，*原生代，*古生代，*中生代，*新生代と名づけられているが，冥王代，始生代，原生代は一括して*先カンブリア時代と称される．これと古生代の境は約 5.4 億年前とされる．地質時代の 4/5 は先カンブリア時代である．植物界での大変化は動物界より少し先行し，そのため植物に着目した区分は上記のものと少しずれ，*古植代(デボン紀よりペルム紀前期まで)，*中植代(古白亜紀まで)，*新植代と呼ばれる．

地質年代表

代	紀	世	始まり(10^6年前)	長さ
冥王代			4600	
始生代	(先カンブリア時代)		3800	
原生代			2500±	
古生代	カンブリア紀		542	2.9億年
	オルドビス紀		490	
	シルル紀		444	
	デボン紀		416	
	石炭紀		360	
	ペルム紀		299	
中生代	三畳紀		251	1.8億年
	ジュラ紀		200	
	白亜紀		145	
新生代	古第三紀	暁新世	66	4300万年
		始新世	56	
		漸新世	34	
	新第三紀	中新世	23	2000万年
		鮮新世	5	
	第四紀	更新世	2.6	260万年
		完新世	0.01	

f **地史的遷移** [geological succession] ⇒遷移

g **致死突然変異** [lethal mutation] 成長の途中の段階で生物個体が死ぬような突然変異．優性致死(dominant lethal)はヘテロ接合体でも致死効果を示し，劣性致死(recessive lethal)はホモ接合体になって初めて致死効果を現す．一倍体生物，例えば細菌では条件致死(conditional lethal，成育条件によってその生死が分かれるような突然変異体を生じる突然変異．例えば高温致死突然変異．*ナンセンス突然変異，⇒条件致死突然変異体)の形でしか致死突然変異は検出できない．一般に致死突然変異はその表現形質を問わず，その生物にとって不可欠な機能をもつ遺伝子の突然変異と考えられ，条件致死突然変異の利用によってこれらの必須遺伝子(essential gene)に対する解析が可能になり，細菌，ファージをはじめ真核生物の遺伝解析に画期的な進展をもたらした．また 2 回以上の突然変異によって致死になる場合を合成致死(synthetic lethal)といい，遺伝的に関連性がある遺伝子の*スクリーニングに用いる．

h **地上植物** [phanerophyte] 《同》挺空植物(旧称)．

低温や乾燥時を耐える休眠芽(抵抗芽)の位置が地表から30 cm以上にある植物．C. Raunkiaerの種子植物における*生活形の一つ．地上から高くなるにつれ低温や乾燥の害作用が強くなるから，高緯度あるいは高所に近づくほど減少し，特に大形のものや芽に鱗片をもたないものにその傾向がある．分類は次の通り．(1) 多肉茎地上植物(stem succulent)：熱帯に多く多肉茎で保護鱗片のない芽をもつ(サボテン，*Euphorbia antiquorum*)．(2) 草状地上植物(herbaceous phanerophyte)：熱帯に多く木化しない茎で保護されない芽をもつ(バショウ)．(3) 着生的地上植物(epiphyte)：高木や低木に着生あるいは寄生(ヤドリギ)．(4) 蔓性地上植物(liana)：他物にまきつき，地上高く芽をつける(キヅタ，フジ)．(5) 一般の高木や低木の類．これはさらに次のように分けられる．(a) 大型地上植物(megaphanerophyte)：30 m以上に達する大高木(ケヤキ・スギ・ヒノキ)．(b) 中型地上植物(mesophanerophyte)：8～30 mの高木(サクラ，クリ，カシ，シラビソ)．(c) 小型地上植物(microphanerophyte)：2～8 mの高木および低木(カエデの類)．(d) 矮形地上植物(nanophanerophyte)：0.3～2 mの低木(ツツジの類，ハイマツ)．なお大高木は成長の途中でいろいろの型を経過する．

a **地上部・地下部比率** [shoot root ratio] 《同》シュート・ルート比，s/r比．植物において，地上部にある生産の機能を担う器官に対する地下部にある支持の機能を担う器官の重さの比．生育環境に応じて，植物では，茎・葉と根への物質分配が変化する結果，この比も変化する．この比が大きい，すなわち地上部の割合が大きい植物は，光を巡る競争にさらされる一方，地下部の割合が大きい植物は，光は十分に受けているが，乾燥や貧栄養など，水や栄養塩が不足している環境下にあることが多い．地上部・地下部比率の値は，掘り取った植物を地表面で地上部と地下部に切り分け，それぞれの乾燥重量を計測して求める．その際，地下茎や根茎など貯蔵器官も地下部と扱われることが多い．

b **地床フロラ** [flora of forest floor] 《同》林床植物相．林床に見られる植物相，もしくは林床植物．林学ではこれを*土壌要因に対する指標植物とすることがある．例えばカタバミ，クサギ，イラクサ，ツリフネソウなどがあるときには地味が肥えており，ヤマツツジ，ワラビなどのときはやせているとされる．

c **致死量** [lethal dose ラ dosis letalis] 生物を死亡させるのに必要な最小の物質量．各個体にその物質の一定量を与えた場合，総個体数中の半数が死亡する量を半数致死量または50％致死量(*LD$_{50}$)とし，最も広く用いられる．一定条件下で動物を死亡させるに足る薬剤などの最小量を，MLD (minimum lethal dose，最小致死量)と呼ぶ．

d **地図距離** [map distance] [1] 遺伝的地図距離(genetic map distance)．同一染色体上にある遺伝子座相互の間隔を*交叉単位で表した染色体上の距離(T. H. Morgan, 1926)．交叉価(⇌交叉)に等しく，交叉単位すなわち地図単位(map unit)で表され，遺伝子間の交叉頻度はその距離に比例するとの考えに基づいている．実験的には*組換え価から推定するが，*二交叉などの関係から補正が必要である．補正法としてJ. B. S. Haldane (1919)は

$$x = 0.7y - (0.3/2)\ln(1-2y)$$

H. S. Jennings (1923)は

$$x = \log_{10}(1-2y)/(-0.0087739)$$

(xは交叉価，yは組換え価)を提案している．[2] 物理的地図距離(physical map distance)．塩基対の数によって表した遺伝子間の距離．遺伝的地図距離との対応は生物によって著しく異なる．例えば，物理的地図距離の1地図単位は，おおよそ，大腸菌では2.4 kb，酵母では3 kb，シロイヌナズナで200 kb，ショウジョウバエでは500 kb，マウスでは1800 kbである．

e **地層同定の法則**(化石による) [law of strata identified by fossils] 一つの地層には特有の化石が含まれ，それによってその上下の地層と区別が可能であるという法則．イギリスの測量技師W. Smithが地質調査の結果を著した著作で述べた(1816～1817)．地層を化石に基づいて区分する学問(化石層序学または生層位学)と年代対比の基礎を確立した法則で，*地層累重の法則と並ぶ層位学の基本法則とみなされる．化石としては当初*ジュラ紀のアンモナイトが用いられた．*示準化石によって地層の相対的年代対比の方法を樹立し，地史を地層の順序から読みとることの意義を明確にした点で重要であり実用的でもある．生物が時代とともに変化していることを，C. Darwinの進化論に先立って明確にした．

f **地層累重の法則** [law of superposition] 《同》ステノ‐スミスの法則(Steno-Smith's law)．地層が上下に積み重なっているとき，上位の地層のほうが下位にある地層よりも新しいという法則．N. Steno (1764)の提唱．断層や褶曲などで地層の積み重なりが乱されて堆積時の上下関係を示していない場合には適用されない．重なった二つの地層の上下関係から時間的前後関係を読みとるもので，*地層同定の法則とともに層位学の基本法則をなす．

g **遅滞遺伝** [delayed inheritance] 遺伝子は核にコードされメンデル遺伝をするにもかかわらず，形質自体は卵細胞の性質として母親の体内で形成されるものであるために子の表現型が常に母親の遺伝子型と同一になるような遺伝型式．*母性遺伝の一つで，カイコの卵の色，オナジマイマイの右巻きと左巻きの遺伝などがこの例．F$_2$において遺伝子型が3:1に分離していても表現型は分離せずに母親のものと同じになる．表現型の分離は一代遅れでF$_3$ではじめて現れる．

h **乳**(イチョウの) [chi-chi] イチョウの幹や枝から垂れ下がる器官．形が乳房に似ていることから名付けられた．雌雄を問わず大木になった古木によく見られる．乳は幹や枝の不定の位置から分かれ，人の背丈あるいはもっと伸びることがあり，着地すると*不定根や*不定芽を生じる．*気根と見られたことがあるが，形成層から過大に成長して生じた根とも典型的な茎ともいえない，木化した塊茎状器官(lignotuber)である．この乳は気乳(aerial chi-chi)といわれ，その他に基部乳(basal chi-chi)がある．基部乳は*実生の時に規則的に子葉の腋から生じ後に幹の中に埋もれるが，成長すると不定芽を生じる．基部乳は主茎が損傷を受けると成長し，そこから不定根や茎ができる．「乳盆栽」の材料にも使われる．

i **地中植物** [cryptophyte, geophyte] 抵抗芽が地中あるいは水中に保護されている植物．C. Raunkiaerの種子植物における*生活形の一つ．前者は狭義の地中植物(土中植物 geophyte, 記号G)で，後者には*沼沢植物(helophyte, 記号He)および*水生植物(hydrophyte,

記号 Hy)がある．芽のつく器官には地下茎(タケの類，アマドコロ)，塊茎(ジャガイモ，シクラメン)，塊根(サツマイモ，サギソウ)，鱗茎(ユリ，ヒガンバナ)がある．また沼沢植物にはハス・コウホネ・ヨシなど，水生植物には芽が切れて水底に沈下して越冬するクロモ・タヌキモなどと，泥中あるいは水底に近い茎上に芽をもつセキショウモ・フサモなどがある．低温に対する保護が良いために，高緯度の地や高山に比較的多いが，凍土地帯にはない．(⇒地下茎)

a **膣，腟** [vagina] [1] 哺乳類の雌性生殖輸管の一部で，子宮の遠位部を占める部位．*膣前庭に開口し，交尾器官と，分娩に際しての産道(parturient canal, birth canal)とを兼ねる．左右1対の*ミュラー管の下端が癒合し，子宮体原基となって尿生殖洞後壁に付着すると，そこが増殖し充実性の洞膣球(sinovaginal bulb)が発生する．その後，洞膣球内部に腔所が現れ全体が空洞化し膣となる(⇒処女膜)．2本の子宮をもつ有袋類では子宮と共に膣も重複している．膣上皮は発情ホルモンの効果を敏感に受け，上皮の増殖および角質化を示す(⇒発情周期，⇒膣スミアテスト)．[2] 無脊椎動物の，交尾器官となる膣の部分．

b **膣スミアテスト** [vaginal smear test] 《同》膣脂膏法．膣上皮に由来する剥離細胞や分泌物からなる膣内貯留物質をかきとったもの(膣スミア)を検鏡し，その像によって動物の発情状態を知る方法．膣スミアが発情周期と相関を示して変化する動物にネズミ，リス，モルモット，イヌ，ネコなどがあり，卵巣の内分泌機能，特に発情ホルモン(エストロゲン)分泌状態の検出に利用される．ブタ，ウシ，サル，ヒトなどでは周期的変化はあまり明らかではない．ネズミは4～5日で回帰する膣スミアの周期的変化を示し，排卵は発情前期と発情期の間に行われる．この時期に雄と交尾して妊娠が成立すると膣スミア像は周期性を失い，発情間期を維持する．

発情前期	発情期	発情後期	発情間期
14時間	1.5日	7～8時間	2日弱

ネズミにおける膣スミアの変化の例
左から順に有核上皮細胞，角質化細胞，角質化細胞と白血球，有核上皮細胞と白血球

c **膣前庭** [vaginal vestibule ラ vestibulum vaginae] 《同》陰門(vulva)．哺乳類雌の外部生殖器中央のくぼんだ部分．両側の小陰唇に囲まれ，発生学上は尿生殖洞尾部・*総排泄腔に由来．その中央には*膣が開口し，膣の前方には*尿道が開く．膣口の周囲には*前庭腺が開口する．また，小陰唇が前端で合する位置には*陰核がある．さらにヒトその他のいくつかの哺乳類では最外側に左右の大陰唇がある．(⇒生殖結節)

d **窒素** [nitrogen] N．原子量14.01の多量元素．アンモニア態窒素，硝酸態窒素として植物の生育(⇒生物生産)に，またアミノ酸，蛋白質，核酸などの骨格として生物体の構成，各種の情報伝達に不可欠．生態系レベルでは*窒素循環が研究されている．放射性同位体の^{13}N，^{15}Nはトレーサーとして用いられる．(⇒窒素源，⇒窒素固定，⇒窒素代謝)

e **窒素源** [nitrogen source] 生物がその体を構成する蛋白質・核酸その他の窒素化合物の材料として，外界からとり入れる窒素化合物または分子状窒素．分子状窒素を窒素源としうるものは窒素固定菌，ある種の放線菌，ある種の藻類などに限られており，維管束植物，糸状菌，藻類など，および一部の細菌は無機窒素化合物を窒素源として生育する．動物および一部の細菌は窒素源として有機窒素化合物なしには生育できない．植物の窒素源として重要な無機化合物は硝酸塩(硝酸態窒素)とアンモニウム塩(アンモニア態窒素)である．硝酸塩は，一般にアンモニウム塩にまで還元されてから有機物の中にとり入れられるが，生物の性質，環境により，窒素源としてアンモニウム塩がよい場合も，硝酸塩がよい場合もある．適当な濃度であれば亜硝酸塩やヒドロキシルアミンなども窒素源になりうる．窒素源としての有機化合物としてはアミノ酸，アミド，アミンなどがあるが，細菌などでは極めて特殊な窒素化合物を唯一の窒素源として培養されるものもある．なおビタミンなどの成長促進因子はごく微量しか必要としないが，これらは窒素化合物でも窒素源とはいわない．

f **窒素固定** [nitrogen fixation] 生物が空気中の不活性な分子状窒素をアンモニアに還元すること．窒素固定生産物であるアンモニアは，グルタミン酸などに同化される．単独で窒素固定をする生物は好気性細菌である*Azotobacter*，通性嫌気性細菌である*Klebsiella*，嫌気性細菌である*Clostridium*の各属の多くの種や各種光合成細菌，および多種類の藍色細菌がある．それ以外に，*根粒菌がマメ科植物と，ある種の*放線菌がハンノキやヤマモモと，いずれも*根と共生することにより窒素固定を行う．分子状窒素をアンモニアに還元するためには，反応を触媒する酵素*ニトロゲナーゼのほかにATPと電子供与体とが必要であり，細胞内での直接の電子供与体は*フェレドキシンまたはフラボドキシン(flavodoxin)である．窒素固定菌であっても，一般にアンモニアなどを利用して成長した場合には菌体内にニトロゲナーゼは生成されない．ニトロゲナーゼは酸素により速やかに失活するため，通性嫌気性細菌では無酸素下でのみ，好気性の場合は低酸素分圧下か，または細胞内で酸素濃度を低下させるための特別な機構をもつ場合(*Azotobacter*の細胞，藍色細菌の*異質細胞，根粒細胞)に，大気中で窒素固定が行われる．窒素固定を支配する遺伝子は*nif*遺伝子と呼ばれ，*Klebsiella*では20個近くの互いに隣接した遺伝子群からなっている．ニトロゲナーゼは分子状窒素以外にアセチレンをエチレンに還元するが，この反応は測定が容易であるため，菌体や菌抽出液での窒素固定能の検出にしばしば用いられる．

g **窒素循環** [nitrogen cycle] 自然界において，各種の窒素化合物が相互に関連をもちながら循環する現象．窒素は大気中の分子状窒素をはじめ，硝酸やアンモニアなどの無機化合物から蛋白質や核酸など生体構成物質に至るまで，極めて多様である．空中の分子状遊離窒素は*根粒菌(*Rhizobium*)や*Azotobacter*，*Clostridium*，各種光合成細菌，ある種の藍色細菌などにより固定(⇒窒素固定)され，アンモニアを経由して*窒素源として同化される．光合成を行う植物のほとんどすべて，および菌類や細菌の多くは，アンモニアや硝酸などの無機態の形で窒素を吸収し，同化して蛋白質や核酸などをつくる．

チノウ 907

動物のほとんどは無機窒素化合物を同化できないので，植物などが合成した有機窒素化合物をとり入れ，さらに複雑な窒素化合物につくり変える一方，それぞれの動物群によって尿素，尿酸あるいはアンモニアの形で窒素を排出する．動物および植物は死後の分解ではアミノ酸，アミド，アンモニアを生じ地中に返す．また多くの細菌はアミド，尿素，尿酸などを分解してアンモニアに変える．硝化菌のうち Nitrosomonas などの*アンモニア酸化菌はアンモニアを亜硝酸に，また Nitrobacter などの*亜硝酸酸化菌は亜硝酸を硝酸に酸化する．脱窒素細菌 Pseudomonas aeruginosa, Alcaligenes faecalis, Micrococcus denitrificans などは硝酸を還元して亜硝酸をつくり，これから分子状窒素を生ずる(⇒脱窒素作用)．循環の各過程のすべてについて，量的な測定がなされているわけではないが，例えば主な作物の吸収する年間の窒素量は 50〜90 kg/ha，広葉樹林では 55 kg/ha，針葉樹林では 35〜45 kg/ha 程度と推定され，畑地では約 25%，森林では約 80% が土壌に戻るといわれる．他方，窒素固定細菌の固定する窒素のほかに，降雨や塵などで運ばれる窒素化合物(NH_3, NO_2, NO_3)の中の窒素は毎年 2〜14 kg/ha 以上あって，これも植物の窒素源となる．生物的窒素固定量は地球全体で $0.5〜3.3×10^{11}$ kg/年(その 1/3 は大洋)と推定されているが，窒素肥料生産などの工業的な窒素固定量は $0.6×10^{11}$ kg/年である．地球全体での脱窒量もほぼ同程度($0.4〜7.2×10^{11}$ kg/年)と考えられている．

a **窒素代謝** [nitrogen metabolism] *窒素およびそれを含む生体物質の同化・異化・排出の総称．植物は一般にアンモニウム塩や硝酸塩などの無機窒素化合物を吸収し，硝酸塩もいったん*硝酸還元酵素と*亜硝酸還元酵素によりアンモニウム塩まで還元したのち，アミノ酸・蛋白質などの合成に用いる．このように外界の窒素成分を生体の構成物質に変える過程を窒素同化(nitrogen assimilation)という．一方，動物はアミノ酸や蛋白質などの有機窒素化合物でなければ窒素源として利用できない．動物は体内に吸収したアミノ酸などを素材としてその動物体自身に固有の蛋白質を合成する．しかし，有機窒素を利用する能力がないわけではない．細菌など大部分の微生物も化合態窒素を利用するが，*窒素固定を行うものもある．この際，分子状窒素は*ニトロゲナーゼによりアンモニアに変換される．また一部の細菌では硝酸塩が嫌気的条件で有機物酸化の最終電子受容体として利用され，多量の亜酸化窒素や窒素分子が生ずることもあり，硝酸塩呼吸あるいは脱窒素反応(*脱窒素作用)として知られる．さらに土壌中に生活していてアンモニウム塩や亜硝酸塩を酸化して硝酸塩を作る硝化作用を行うもの(硝化細菌)もある．アンモニアからアミノ酸への合成経路としては，グルタミン酸脱水素酵素によりアンモニアと α-ケトグルタル酸が還元的に結合してグルタミン酸を生じる系が一部の細菌や菌類で機能するが，多くの植物における主経路は(1)グルタミン合成酵素と(2)グルタミン酸合成酵素によるものであることが明らかにされた．グルタミン酸とケト酸との間でアミノ基転移を行えば，種々のアミノ酸が生成される．一方，アミノ酸はアミノ基転移・酸化還元などをうけながら脱アミノ反応をうけ分解される．ある種の嫌気性細菌は 2 種のアミノ酸の間で相互酸化還元反応すなわち*スティックランド反応を行う．細菌，特に腐敗菌はアミノ酸を脱カルボキシル化してアミンを生成する．アミノ酸の脱アミノ的分解によって生じたアンモニアは植物ではグルタミンやアスパラギンの形で体内に蓄積・再利用されるが，動物ではアンモニアのまま，あるいは尿酸や尿素に転化してから排出される．(⇒窒素循環，⇒蛋白質代謝)

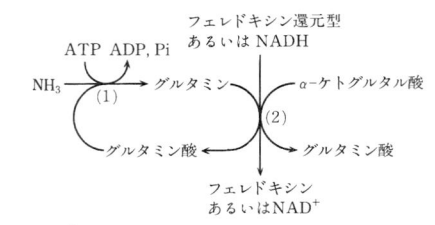

$$NH_3 \xrightarrow[(1)]{ATP\ ADP, Pi} グルタミン \xrightarrow[(2)]{フェレドキシン還元型 あるいは NADH} α-ケトグルタル酸$$
グルタミン酸 ← → グルタミン酸
フェレドキシン あるいは NAD^+

b **チップセック** [ChIP-Seq] 《同》チップシークエンス，ChIP-sequencing．クロマチン免疫沈降法(チップ法 chromatin immunoprecipitation, ChIP)により得られた DNA 断片を，次世代*シークエンサーにより網羅的に配列決定する方法．転写因子をはじめとする DNA 結合蛋白質の結合動態，あるいはヒストンのアセチル化やメチル化といったクロマチンの修飾状態をゲノムワイドに検出するのに用いる．シークエンサーの代わりに DNA チップを用いる ChIP-chip 法に比べて高感度，高精度で結合部位を同定できる．

c **知的所有権問題**(生物学研究における) [intellectual properties in biological research] 生物学を含む科学研究が生み出しうる，著作権や特許など知的所有権に関わる問題．特許は独立した行政概念で，新規性・有用性・発明性が認められればすべてが対象となりうる．しかし，熱帯多雨林などでの生物多様性を利用し，多国籍企業などが特許を取得し利益を独占するのに対し，現地の発展途上国は批判的で，これを生物資源収奪(biopiracy)と表現してきた．1992 年の生物多様性条約では生物の原産国主権が認められ，以降，生物の国外持出しが厳しく制限され，生物技術で得られる利益の原産国への還元が求められるようになった．ヒトゲノムを含め，配列のみでは特許対象にはならない．EU 特許指令では，倫理的理由で認めない場合もあるとされる．

d **チトーデ** 《同》無核細胞．[1] 細胞から核を除去したものではなく，モネラ(⇒ガストレア起原説)からの発展途上における想像上の無核の細胞質塊に対して，E. H. Haeckel (1866) が与えた名．[2] 極体放出直前の胚胞の消失したように見える細胞(卵母細胞)に対して P. J. van Beneden (1875) が，また一般に細胞分裂のときの核が消失したように見える細胞質塊に対して L. Auerbach (1876) がそれぞれ与えた名．

e **知能** [intelligence] 《同》知性．動物が未経験の事態に直面した時，それまでに蓄えた経験や情報に基づいて，すみやかに合目的的な行動を選びとる能力．試行錯誤による解決や，単に記憶を形成する能力をもっては知能とは呼ばない．しかし知能の定義はさまざまであり，ヒトを含む類人猿を対象とする場合と，広く動物を対象とする場合とで異なることが多い．前者の場合には，因果関係の理解，計画的行動，認知地図，道具使用，言語機能，他者の心の理解や操作など一連の具体的な状況を念頭に置くが，これらの活動に共通する一般的知能を想定する場合も多い．後者の場合にはより広く知能を捉え，「環境の変化に対する適応的な行動能力」と解する．生息

する固有の生態的環境の変化に対して，適応的な行動をすみやかにとる能力を強調するため，知能は動物ごとに特有であるとみなされる．ヒトに特有の抽象度の高い概念的な思考も，その複雑な社会的構造と言語機能の獲得に深い関係をもつ．古く常識的には，環境からの刺激に対する生得的・固定的な反応としての*本能行動と，ヒトの知能とは対立的な概念だと考えられてきた．しかし本能と*学習の理解が深まるとともに，両者は重なり合った能力であることが認識されている．ヒトとの系統的な近さに応じて動物の知能を順位づけることも，ヒトにおける知能の個体発達の諸段階を形式的に動物に当てはめることも，妥当ではない．

a **遅発突然変異** [delayed mutation] *突然変異原で処理後，一定の期間の後に現れる突然変異をいう．変異原によって DNA に損傷が生じても，ほとんどの場合，そのものがすぐに突然変異になることはなく，複雑な生物学的過程を経てはじめて突然変異が生じる．(→表現遅れ)

b **遅発優性** [delayed dominance] 個体発生の初期には現れず，後期になって対立形質を抑え優性となって発現する形質．

c **地表植物** [chamaephyte] 冬季あるいは乾期の休眠芽が地表と地上 30 cm の間にある植物．C. Raunkiaer の種子植物における*生活形の一つ．記号 Ch．常緑性および落葉性の匍匐性低木あるいは小低木(ヤブコウジ，イブキジャコウソウ)，団塊植物，茎の一部が残る草本(シロツメクサ)などがこれに属する．

d **チマーゼ** [zymase] 酵母抽出液中の*アルコール発酵に関わる一連の酵素群のこと．チマーゼには十数種の酵素と数種の*補酵素が含まれる．E. Buchner (1892) が，*酵母を磨砕・圧搾した汁液に，生きた酵母と同様，アルコール発酵能があることを発見し，この有効物質をチマーゼと命名した．この発見はアルコール発酵が生体(細胞)なしでは起こらないという考え方に対する決定的な反証であり，その後の発酵化学，酵素化学の画期的な発展の契機となった．

e **チミジル酸** [thymidylic acid] TMP と略記．《同》チミジン一リン酸(thymidine monophosphate)．チミンを塩基とするデオキシリボヌクレオチド．なお，チミジン-5′-二リン酸とチミジン-5′-三リン酸をそれぞれTDP, TTP と略記する．(→ヌクレオチド)

f **チミジル酸生成酵素** [thymidylate synthase] 《同》チミジル酸合成酵素，チミジル酸シンターゼ．5,10-メチレンテトラヒドロ葉酸をメチル基供与体としてデオキシウリジル酸をメチル化し，5′-*チミジル酸を生成する酵素．EC2.1.1.45．DNA 合成に必要なチミジル酸の生成に関与する重要な酵素．大腸菌や胸腺・がん細胞などの増殖組織で活性が高い．5-フルオロデオキシウリジンはこの酵素を生理的に阻害する作用をもつ．植物や原生生物の多くでは本酵素は*ジヒドロ葉酸還元酵素との融合酵素として存在する．

g **チミジン** [thymidine] 《同》デオキシチミジン．dT と略記するが単に T とする場合も多い．チミジンは通常デオキシヌクレオシドのものを指す．チミンにリボースが結合したものは*リボチミジンと呼び，区別する．(→ヌクレオシド)

h **チミジンキナーゼ** [thymidine kinase] チミジンの 5′ 位に ATP からのリン酸基の転移によりリン酸化し，*チミジル酸を生じる酵素．デオキシウリジン，デオキシシチジンも基質となる．EC2.7.1.21．ピリミジンの*サルヴェージ経路に属し，増殖の活発な細胞で活性が高い．動物細胞では，核のゲノムにコードされる酵素，ミトコンドリアゲノムにコードされる酵素とともに，ヘルペスウイルスなどのウイルスにコードされる酵素がある．モノクローナル抗体産生細胞など，細胞融合体の選択酵素として用いられるほか，抗ウイルス剤の標的酵素として用いられる．

i **チミン** [thymine] →塩基

j **チミン飢餓死** [thymineless death] チミン要求性の細菌をチミンの存在しない培地に移して培養を続けると細胞が死ぬ現象．チミン飢餓状態では DNA 合成は阻害されるが，RNA・蛋白質などの合成は続くため細胞の増殖に不均衡を来すと考えられるが，致死作用の詳しい機構はわかっていない．溶原菌をチミン飢餓状態におくと，ファージが*誘発されることが多い．

k **チミン二量体** [thymine dimer] *ピリミジン二量体の一つで，紫外線の作用で DNA 分子内の同一鎖の隣接したチミン塩基の間で共有結合を生じたもの．特に DNA をアセトフェノン(acetophenone, $C_6H_5COCH_3$)で処理し，310 nm の紫外線を照射すると特異的に生成され，通常 5 位および 6 位の炭素がこの結合に関与する．*DNA 損傷の一つで，DNA のこのような部分は複製が不能となり，また突然変異の原因となるが，細胞には酵素的にこの二量体を含む 12～13 塩基部分を切除し，新たに正常な塩基を充填する修復機作のあることが知られている．(→除去修復)．また光回復酵素が光を吸収して，紫外線によって形成された二量体間の共有結合を切り，もとのピリミジンに戻す修復機構も知られている．(→光回復)

l **チャイルド** Child, Charles Manning 1869～1954 アメリカの動物学者．東北帝国大学で講義(1930～1931)．刺胞動物・扁形動物など原始的な体制の無脊椎動物で形態調節・個体性・極性などを研究し，生理勾配の説を立てた．〔主著〕Individuality in organisms, 1915.

m **着合子嚢体** [aethalium] 《同》エタリウム．変形菌類の子実体で，胞子嚢が融合して団塊状になり，表面に殻皮をもっているもの．コホコリ目(Liceales)やモジホコリ目(Physarales)の一部の種などで見られ，Fuligo septica には径 20 cm に達する大形のものがある．(→屈曲子嚢体)

n **着床** [implantation, nidation] 《同》卵着床．胎盤形成の初期に胚が母親の組織(子宮壁)に定着する過程．単孔類を除く哺乳類では，受精卵は卵割後胚盤胞の時期に子宮内膜に着床する．一般的には胚盤胞表層の栄養芽層細胞表面と子宮上皮細胞表面とが接着することに始まり，子宮内膜細胞の増殖，栄養芽層細胞による内膜侵襲などがみられる．着床に黄体ホルモンが必要なことは古くから知られていたが，黄体ホルモンだけの存在下では着床はみられず，エストロゲンが必要である．ヒトを含む霊長類や齧歯類では，着床に伴って*脱落膜が形成される．着床によって，通常みられない遺伝的に異なる細胞間の相互作用が可能になる．そのためには母体の胎児に対する免疫反応は特異的に抑制される．胚が子宮腔内に入ってから着床を開始するまでの時間は，約 24 時間(マウスやラットなど)や約 1 週間(ヒト)から数カ月(オットセイ，ラッコ，ある種のシカ，カンガルー類など)

まで動物種によって異なる．着床に至るまでの時期が極度に長いもの，あるいは実験的にこの期間を延長したものを*遅延着床という．

a **着生植物**（ちゃくせいしょくぶつ）[epiphyte, air plant, aerial plant] 樹木や岩石など土壌以外のものの表面に根や*気根の多くを露出させて固着生活，すなわち着生（epoekie）する植物．宿主に対する栄養上の寄生関係はない．雨水・霧・水蒸気およびそれらに溶けている栄養塩類を根や葉面から吸収する．大気中の湿度が高く雨の多い山岳地帯（雲霧林）や熱帯多雨林などで多く見られる．ラン科・サトイモ科・パイナップル科では，半数以上の種が着生で，またシダ植物やサボテン科・ツツジ科・コショウ科などにも多い．葉面に排水組織（乾燥時には吸水）をもつもの（例えばノキシノブ）や，根が吸収機能を失い葉面の毛から水を吸収すると考えられているもの（例えば中南米産のパイナップル科の一群でエアープラント air plantと呼ばれる）もある．ラン科植物・シダ類・地衣類・蘚類に多く，スミレモやそのほかの単細胞藻類にも例がある．着生の方法には，巣根着生（オオタニワタリ），気根着生（ラン科植物），苔状着生（サルオセモドキ）などがある．C. Raunkiaer は着生植物を地上植物の一つとしているが（⇒生活形），この場合は樹幹に着生するものを指す．なお，epiphyte には*植物着生生物の意味もある．

b **チャップマン** CHAPMAN, Royal Norton 1889〜1939 アメリカの昆虫学者，動物生態学者．実験個体群研究のパイオニアの一人で，生物繁殖能力（増殖ポテンシャル）と環境抵抗の概念を中心に個体群増殖の理論を展開し，その後の個体群生態学の進歩に大きな影響を与えた．

c **チャレンジャー探検** ['Challenger' expedition] 19世紀後半にイギリスの調査船チャレンジャー号（2306tの帆走船，1234馬力の補助機関付）により行われた，画期的な大規模海洋調査探検．C. W. Thomson（1830〜1882, エディンバラ大学博物学教授）を隊長とし，J. Murray その他の科学者が参加した．当時最新の観測設備をそなえ，1872年12月21日ポーツマスを出港，1876年5月24日同港に帰るまで，大西洋・インド洋・太平洋の各所で，生物学的調査に加え物理的・化学的調査も行った（全航程6万9000海里，調査点354）．その成果は，Thomson, ついで Murray が主宰したチャレンジャー委員会（Challenger Society）によって刊行された（Challenger Reports, 50巻, 1885〜1895）．

d **チャンス** CHANCE, Britton 1913〜2010 アメリカの生化学者．ペルオキシダーゼと基質（過酸化水素）の結合体ができることを分光学的方法で示し，ミカエリスーメンテンの予言を実現．生体反応系での反応過程の進行にともなう速やかな分光学的変化を自動的に記録させるチャンスの方法を開発，ミトコンドリアの酸化的リン酸化などを研究した．

e **チュア** CHUA, Nam-Hai 1944〜 シンガポール出身，アメリカの植物分子遺伝学者．葉緑体において機能する蛋白質のうち，細胞核がコードする遺伝子の翻訳産物が葉緑体に輸送されるのに必要なシグナル（トランジット配列 transit sequence）の発見・命名，遺伝子発現制御におけるシス配列や各種転写因子の発見など，被子植物に関する分子遺伝学の発展に寄与．2007年国際生物学賞受賞．

f **注意** [attention] 認知における選択的過程．20世紀の初め，注意はある刺激に選択的に反応する能力と考えられ，実験心理学の重要な研究対象であった．その後 J. B. Watson らの急進的行動主義によって，注意は主観的なものとして排除されたが，1970年代になって再び重要な課題として客観的に取り扱われることになった．情報を能動的に取り込む意図的な注意は選択的注意（selective attention）と呼ばれる．例えば，イヤホンをつけた被験者に，一方の耳に入ってくるメッセージの追唱をするように指示する．その間，同時に別のメッセージが他方の耳に送られる．その後，被験者は，追唱されない方のメッセージを再生あるいは再認するように求められたが，その内容についてはほとんど思い出すことができなかった．しかし，自分の名前や，注意した方のメッセージに関係ある情報は，例外として思い出された．注意は刺激の突然の変化などによって不随意的に駆動されることもあり，刺激駆動型注意（stimulus-driven attention）と呼ばれている．極めて高速に駆動されるこの注意は，意図的な注意を一時的に抑制する．また，例えば航空機のレーダー監視作業のように，ある信号に対する注意が持続される状態をヴィジランス（vigilance）という．注意がどれほど持続されるかは，感覚の性質，信号の目立つ程度，信号が生じる割合，結果のフィードバックなどに依存するといわれる．

g **虫癭**（ちゅうえい）[gall, insect gall] 《同》虫こぶ，ゴール．植物体に昆虫が産卵寄生し，その刺激による異常発育で形成されるこぶ状の組織．アブラムシ，双翅類，膜翅類などの昆虫が植物の地上部に形成することが多い．線虫が根についたものも含めることがある．寄生者の種類によって虫癭の形が異なるところから，これによって寄生者の種類がわかる．寄生者の出す物質と寄生者の侵入による傷害とが細胞分裂を促進し，増殖とは異なるきたすと考えられている．虫癭組織は*タンニンを含み，五倍子・没食子などの生薬として利用されるが，一方，クリタマバチなどはクリの芽に侵入して丸い虫癭をつくって着花を妨げ，著しい害をあたえる．

h **中央核** [central nucleus, secondary nucleus] 《同》中心核．被子植物の胚嚢を構成する2個の*極核が融合した細胞核．卵細胞の近くに見られることが多い．のちに精核により受精されて胚乳核となるが，受精しないものでは，核内有糸分裂によってDNA量が異常に増大することがある．（⇒胚乳）

i **中央体** 【1】[midbody] 動物細胞の分裂終期に，両娘細胞間のくびれ部分に形成される微小管束の中央にできる構造体．*紡錘体に由来する*微小管が再構成されてできた平行な微小管の束と微小管結合蛋白質が密に集合してできる部位で，*細胞質分裂において重要な役割を果たす．
【2】⇒中心質[2]

j **中黄卵** [mesolecithal egg] ⇒卵黄

k **中隔** [septum] 一般に中空の器官において，内部を区切る隔壁．心臓中隔（cardiac septa）が特に顕著で，その形成様式は以下の二つに大別される．(1)能動的，すなわち中隔を形成する組織自体が発達する．(2)受動的，すなわち中隔となる組織の周辺が発達し，とり残されたかたちで中隔となる（図次頁）．哺乳類や鳥類の心臓では，次の7中隔が形成される．能動的なもの：房室管中隔（atrio-ventricular canal septum），円錐中隔（conus septum），総動脈幹中隔（truncus septum）．受動的なも

の):第二次心房中隔(septum secundum of atrium), 心室中隔筋性部(muscular portion of ventricular septum), 大動脈-肺動脈中隔(aorticopulmonary septum). また, 第一次心房中隔(atrial septum primum)は受動的に形成されるが, 最後に残る第一次孔は, 房室心内膜床由来とされる組織の発達により能動的に閉鎖される.

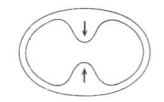

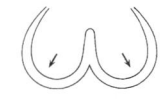

中隔の形成　能動的な形成　受動的な形成

a **中割球** [mesomere] 後生動物の卵割期の胚において, *割球の大きさに著しい差のある場合の中形の割球をいう. 端黄卵では, 一般に動物極より植物極に向かって, 割球は*卵黄をより多く含んで大形となる. しかしウニの16細胞期では*小割球が植物極端に形成されるので, 中割球は動物半球の8個の細胞であり, 後に外胚葉を形成する. (→大割球)

b **中間期** [interkinesis] ⇒減数分裂

c **中間形** [intermediate form] 分類学的に二つの類の中間に位置する生物. しばしば進化の観点から移行形とみなされる. ただし, 例えば*始祖鳥はすでに鳥であって, 爬虫類と鳥類の完全な中間形ではないというように, 真の中間形が容易に発見されないことが, 進化の様式に関して問題とされることがある. なお現生のある種に属する亜種どうしが, その接触地帯において交雑して中間的形態を生じることがあり, これも中間形の一種にほかならない. B. Rensch (1929) は, このような中間形が互いに形態的に区別される場合に, それぞれを*地理的品種とよび, その全体を*連繫群(品種環)と呼んだ. (→連続性の原理)

d **中間径フィラメント** [intermediate filament] 《同》10ナノメーターフィラメント(10 nanometer filament). 細胞質の繊維構造を形成する, 細胞骨格の構成要素. アクチンフィラメント(マイクロフィラメント, 直径7 nm)より太く, 微小管(直径24 nm)より細い, 10 nm前後のフィラメントの総称. 主なものに, (1)主に上皮由来細胞に存在する*ケラチンフィラメント, (2)筋細胞に広く存在する*デスミンフィラメント, (3)間葉系由来細胞, 腫瘍細胞, 培養細胞に広く存在する*ビメンチンフィラメント, (4)アストログリア細胞に存在するグリアフィラメント, (5)神経細胞に存在する*ニューロフィラメント, (6)核膜内側の裏打ち(核ラミナ)を構成する*ラミンフィラメント, がある. これらフィラメントの構成蛋白質は六つに分類されている. Ⅰ型:酸性ケラチン, Ⅱ型:塩基性ケラチン, Ⅲ型:ビメンチン, デスミン, グリアフィラメント酸性蛋白質(GFAP), ペリフェリン, Ⅳ型:ニューロフィラメント蛋白質, αインターネキシン, Ⅴ型:ラミン, Ⅵ型:ネスチン, シネミン. なお, ケラチンフィラメントはⅠ型とⅡ型が合わさり構成される. Ⅵ型は単独ではなく他の構成因子と共にフィラメントを形成する. これらの分子はいずれも棒状の分子で頭部・桿部・尾部の3領域をもつ. 中央の桿部は互いに共通し, この部位で平行配列し, フィラメントを構成する. 50 kDa前後のものが多いが, Ⅳ型で160 kDaや200 kDa, Ⅵ型で240 kDaのものも存在する.

生化学的性質は類似し, 極めて安定な構造で不溶性. その重合・脱重合はリン酸化によって調節される. 発現している構成因子の種類が細胞の分化状態をよく反映するため, ネスチンやケラチンなどは幹細胞やがん細胞病理診断のマーカーとして用いられる.

e **昼間視** (ちゅうかんし) [daylight vision] 《同》明所視(photopic vision). 明所での視覚様式をいう. *薄明視と対する. 網膜は明順応の状態にあり, 視感度は低下している. 脊椎動物の網膜では, *錐体が昼間視を担当し, 昼行性動物, 例えば多くの鳥類や爬虫類の網膜はこれに富む. 反対に夜行性動物では薄明視を担う桿体が多い(=二元説). 脊椎動物では昼間視に*網膜運動現象が補助的役割を演じている. 節足動物でも, 昼行動物の複眼(*連立像眼)は視力において優れた昼間視型, 夜行動物のそれ(重複像眼)は感受性において優る薄明視型をそれぞれ表し, さらに後者には, 網膜色素の移動反応に基づき, 連立像による昼間視勢に切り換える能力までそなわっているとされている.

f **中間湿原** [intermediate moor] 栄養塩が多く, 中性ないしアルカリ性の低層湿原から貧栄養で酸性の高層湿原に移行する途中に形成される中栄養湿原. 日本には発達したものは少ない. 泥炭層中に倒木の材を多くもつ.

g **中間中胚葉** [intermediate mesoderm] 《同》中間細胞塊(intermediate cell mass). 脊椎動物胚の中胚葉は背腹方向に3分節に分かれるが, そのうち中間の分節(中分節)から形成される構造(=沿軸中胚葉). のちに腎臓や副腎, 生殖腺の原基となる. 中間中胚葉は他の中軸組織と同様, 前方から後方へと分化が進行し, 羊膜類では, 前方から*前腎(pronephros), *中腎(mesonephros), *後腎(metanephros)を形成するが, そのうち後腎が成体の腎臓となる. 魚類や両生類では後腎は発達せず, 中腎(*後方腎ともいわれる)が成体の腎臓となる. 中間中胚葉の特に前方部においては, 体節ほど著しくはないが分節構成がみられることから, 中間中胚葉は腎節(nephrotome)と呼ばれる. また羊膜類では分節構造を示す前腎部分を腎節, 明瞭な分節構造のない索状組織である後方領域を腎原成索(nephrogenic cord)と呼んで区別することもある.

h **中期** [metaphase] 真核生物における*細胞周期の*M期あるいは*有糸分裂を5段階に分けたときの, 3番目の時期. 前中期に続く時期で, 紡錘体の赤道面にすべての染色体の動原体がならび, その動原体が分裂極に移動をはじめるまでの期間. 動原体微小管の各姉妹染色体における双極性結合(減数第一分裂時の相同染色体においては単極性結合)と両極からの張力のつり合いの成立は, *紡錘体チェックポイントによりMad2を中心としたセンサー系を介して監視されており, それによって染色体のすべてが赤道面に整列することが可能となる. このチェックポイントが満たされると, 中期から後期への移行が実行される(=後期促進複合体). 中期では染色体は分裂各期を通じて最も凝縮しているので染色体数を調べるのに最もよい時期である. 通常の体細胞分裂では時間的にごく短いと思われるが, 卵母細胞の減数分裂や一部の花粉細胞などでは数分から数時間ときには数日あるいはそれ以上に及ぶこともある. ノコダゾールやタキソールなどの微小管形成阻害剤処理により, 紡錘体チェックポイントを活性化させて, 細胞を人工的にこの時期に停止させることも可能である.

a **中期胞胚変移** [midblastula transition] MBTと略記.《同》中期胞胚遷移.ある種の両生類において,12回の*卵割後に中期胞胚期に至ると認められる胚の生理活性の変化.J. NewportとM. Kirschner(1982)が提唱した概念で,それ以前の,両生類の発生に関して重要な変化は囊胚期に起こるとされていた考えに対し,胞胚中期のもつ発生学上の重要性を指摘したものとして意義がある.アフリカツメガエルの卵割期ではG_1期がほとんどない状態で卵割が繰り返され,発生が進行する.卵割が12回繰り返された後に中期胞胚期に入るとG_1期が現れ,それと同調的であった卵割の非同調化,接合核からの胚当たりの転写活性の活発化,胚を構成する細胞の運動性の獲得などの変化が認められるようになる.したがって,これらの変化を総合的にみてMBTと呼んでいる.ただし,これらの変化が完全に軌を一にして突然に起こるというわけでもない.例えば,転写活性をみると,^{3}H-ウリジンなどでラベルされる不均一な大きさのRNA集団の合成は卵割期の終わり頃にすでに始まっているし,^{32}P-GTPなどを注入してRNAを抽出し,オートラジオグラフィーを長期にわたって行うと分子量の小さいRNA種の合成は卵割期の終わりにも検出できることがKirschnerら自身によっても示されている.他方,アフリカツメガエル受精卵に外来性DNAを注入する実験においても,そのDNAの転写が中期胞胚期から開始されるとする説も出されたが,注入DNAのプロモーターの種類によっては卵割期の後半にすでに転写が行われていることが示されるなど,MBTの概念は当初提唱されたほどには不連続的な変化ではないことが明らかになった.なお,ウニ卵では受精後に両生類と同様に活発な卵割を行うが,胞胚中期ではなく受精後間もなく各種遺伝子の転写が起こることが知られている.硬骨魚類においても,一般の接合核由来の遺伝子の転写が開始するMBTが存在する.

b **中胸** [mesothorax] 昆虫の第二胸節.1対の脚(*中肢)があり,また有翅昆虫類では前翅がある.気門の第一対はこの体節から発生するが,その最終的な形成位置が前胸の後部に移ることが多い.

c **中空幼生** [amphiblastula] 《同》アンフィブラスツラ,両域幼生.海綿動物石灰海綿類に多く見られる*胞胚期の幼生.体の前方は鞭毛をもった小形の細胞多数からなり,後方には少数の大形で顆粒をもった細胞が位置する.外観が前・後方で異なるため,アンフィブラスツラ(amphiは二つ,blastulaは胞胚の意)の名がある.幼生はしばらく遊泳した後,その前端で基底に付着し,図のような変態を開始する.付着部にはやがて顆粒細胞が移動して底面を作り,鞭毛細胞層は陥入して体内に入り,襟細胞に裏打ちされた胃腔を形成する.顆粒細胞からは成体を構成するその他の細胞が分化する.変態後,付着期に入って間もない頃の幼生,すなわち最幼若海綿をラゴン(rhagon)という.石灰海綿類ではアスコン型,尋常海綿類ではシリコン型をとり,間もなくリューコン型へ移行する.

ラゴン

d **中肢** [mid-leg] 《同》中脚.昆虫の特に*成虫・*若虫において,第二胸脚,すなわち*中胸の付属肢.前肢・後肢に比べて変形は少ないが,ミズスマシでは*後肢とともに非常に退化している.静止の際には一般に後方へ向くが,カゲロウ目の若虫やカワゲラ目の若虫・成虫にみられるように,前方へ向く場合もある.

e **中耳** [middle ear] 両生類ならびに羊膜類の耳の一部.サメにおける呼吸孔の位置にほぼ等しく,鼓室,鼓膜,エウスターキョ管,耳小骨で構成される.鼓室(cavum tympani,中耳腔 middle ear cavity)は第一咽頭囊腹側から発生し,外部を鼓膜により閉ざされる.哺乳類の鼓膜は鼓骨,もしくは外鼓骨(ectotympanic)と呼ばれる爬虫類の鼓骨の角骨に相同の被着骨にはり,音波を感受する.この振動を内耳に伝えるのが耳小骨(聴小骨,鼓室小骨 auditory ossicle)で,両生類・爬虫類・鳥類では耳小柱(columella auris)という1小骨がこれにあたり,その内側端が迷路の楕円窓に接し,振動が*膜迷路に伝えられる.哺乳類の耳小骨は3骨からなり,鼓膜につく骨を槌骨(つちこつ malleus),内耳の前庭窓につく骨を鐙骨(あぶみこつ stapes)といい,その間に砧骨(きぬたこつ incus)が介在する.

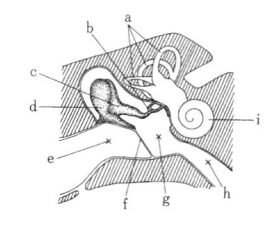

哺乳類の耳小骨
a 半規管
b 鐙骨
c 砧骨
d 槌骨
e 外耳道
f 鼓膜
g 鼓室
h 耳管(エウスターキョ管)
i 蝸牛窓

槌骨は鼓膜に密着,砧槌関節(incudomallear articulation)により砧骨に連結する.砧骨は体と長・短脚に区別され,体にある関節窩で槌骨頭と連結,鐙骨とは長脚の先端の豆状突起(lenticular process)で連結する(砧鐙関節).鐙骨は2本の脚と足板からなる鐙状で,足板は内耳の前庭窓にはまる.その小頭には鼓室後壁の骨質に埋まった鐙骨筋という人体最小の横紋筋が付き,鼓膜張筋と対抗して鼓膜をゆるめる.これら3骨の連結により音波振動は17〜20倍に強められ,密度の異なる物質の界面における伝達損失が20〜35 dBだけ防がれている.エウスターキョ管(ユースタキー管 Eustachian tube,耳管 tuba pharyngotympania,耳ラッパ管 独 Ohrtrompete,聴管 tuba auditiva)は,板鰓類など原始的な魚類の呼吸孔に起原し,四肢動物では鼓室下底に開口,咽頭に連なる.エウスターキョ管は,鼓室内に外気を流通させ,鼓室内の気圧を一致させ,鼓膜の位置を一定に保ち,圧の変動により音が聞こえにくくなるのを防ぐ.哺乳類の中耳はK. B. Reichert(1837)により比較発生学的に説明された.すなわち,鐙骨は舌顎軟骨に由来する耳小柱に,槌骨・砧骨は,爬虫類において顎関節を形成している関節骨(articular)・方形骨(quadrate)にそれぞれ相同とされた(ライヘルト説 Reichert's theory 独 Reichertsche Theorie).この説は大筋において定説となっている.本来の軟骨性の顎関節(一次顎関節)の要素が中耳に参入したことにより,被着骨要素に置き換わった哺乳類の新しい顎関節を二次顎関節と呼ぶ.

f **柱軸** [columella] [1]《同》軸柱.変形菌類の胞子囊や接合菌類ケカビ類の胞子囊,腹菌類の子実体の中に基部から突出して分化した無性部分.柱状,球形,卵形

のほか，腹菌類では樹状に分枝しているものもある．柱軸を形成するはずの未分化組織をトラベキュラ(trabecula)という．[2] 萌軸のこと．

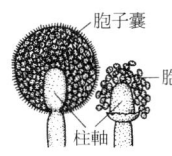

胞子囊
胞子
柱軸
左：ケカビ
右：クモノスカビ

a **中軸器官** [axial organ] 主として脊椎動物において，頭尾軸に沿い，体の背方中軸を形成する器官群の総称．一般に神経管・脊索・体節または後二者に由来する中軸骨格をいう．

b **虫室** [cystid] 虫体(polypide)と共に苔虫動物の*個虫(zooid, zooecium)を構成する体壁と外骨殻からなる構造．各属・種に固有の形態をそなえ，表面の棘など付属物の有無や虫室口の形状は分類上の標徴とされる．コケムシ類は*多型性群体をなすが，個虫と虫室の特殊化したものとしては，ほかに卵室(ovicell, ooecium)，鳥頭体，振興体がある．卵室は唇口類の一部に見られる，育房の機能をもつ虫室の一型であり，受精卵がこの室内で成長する．

c **中実幼生**（ちゅうじつようせい）[parenchymula, parenchymella] 《同》パレンキメラ．海綿動物の非石灰海綿類(六放海綿類や尋常海綿類)に多くみられる幼生．卵割の結果生じた細胞には大小があり，そのうちの大きい方が体の内部に入り，小さい方が体の外に配列して鞭毛をもつ幼生．この幼生の内部では，種類により発達の程度に細胞分化や骨片形成などが進行している．しばらく遊泳した後，幼生は体の前部または側部で基底に付着して変態を開始する．変態は基本的には分化した細胞の再配置という形で進行する．

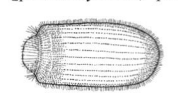

d **柱状大腿骨** [pilastering of femur] 《同》ピラスター大腿骨．大腿骨背側面を上下に走る粗線(linea aspera)がよく発達し，あたかも支柱のような観を呈する大腿骨．一般に先史時代人には高頻度で認められるが，現代人などでは少ない．

e **中植代** [mesophytic era] 《同》中植物代，裸子植物時代(age of gymnosperms)，ソテツ植物時代(age of cycads)．*ペルム紀後半から*白亜紀前半までの，針葉樹類，ソテツ類，イチョウ類など裸子植物が全盛を極めていた時代．特にソテツ類の絶滅群であるキカデオイディア類(cycadeoids)が優勢であった．時代とともにその植物群内容に差異が認められ，*三畳紀中期末と*ジュラ紀中期末を境に三つの植物群に分けられる．

f **中腎** [mesonephros, mid-kidney] 《同》ウォルフ体(Wolffian body 独 Wolffscher Körper)．脊椎動物の泌尿器系統の個体発生において，*前腎に次いで現れ，かつ前腎の後方に位置する腎臓．無羊膜類では前腎に代わってこれが成体の腎として機能するが，羊膜類ではさらに*後腎によって機能的に代置される(⇒後方腎)．形態学的に見ると中腎の主体をなす中腎細管(mesonephric tubule)の一端(外側端)は，前腎から後方へ向かって走る前腎管(これに応じて*中腎管といわれるようになる)に開く．発生的には中腎も前腎と同様に*腎節から形成され，本来体節ごとに左右1対の中腎細管が側方に向かって生じる．しかししばしば二次，三次の中腎細管が一次細管の背方に生じるために，分節性は不明となる(⇒中間中胚葉)．また中腎細管ははじめ腎口で体腔に開き，やがて腎口に近く腎小体が形成されると，腎口は閉じる．しかし多くの無羊膜類では腎口の痕跡を残す．羊膜類では，後腎の発達後に，中腎は雄では精巣上体(副睾丸)として残存，雌では退化する．(⇒腎臓，⇒水胞体)

g **中腎管** [mesonephric duct] 《同》中腎輸管，ウォルフ管(Wolffian duct)，ライディヒ管(Leydig's duct)．*中腎からの排出管で，*前腎とともに形成された前腎管が中腎の排出管として転用されたもの．多くの無羊膜類では中腎が成体の腎臓となり，中腎管は輸尿管となるが，雄の輸精管を兼ねる場合(輸尿精管)や輸精管に置き換わる場合(この場合，尿管は別に形成される)もあり，多様な分化がみられる．一方，羊膜類では中腎に代わって*後腎が形成され，新たに形成された後腎管が輸尿管となり，中腎管は雄ではやはり精巣と連絡して輸精管となるが，雌では退化する．

h **中心細胞** [central cell] [1] 部分割の脊椎動物胚(例：鳥類)の卵割の初期に*胚盤の中央部に生じる，周囲を完全に仕切られた細胞(*割球)．この割球群の周囲を周辺細胞(marginal cell)がとりかこむ．周辺細胞の割球の境界は不完全で，*周縁質により相互に連続している．中心細胞は自身の分裂と周辺細胞からの付加により増加し，その範囲を次第にひろげる．[2] 被子植物の*胚囊を構成する細胞のうち，極核を含む中央細胞．[3] ⇒造卵器

i **中心質** [centroplasm] [1] 《同》中心細胞質．*中心体を構成する細胞質を表す名称であるが，その実体は無い(⇒中心体，⇒中心小体)．[2] 《同》中心体(中央体 central body)．シアノバクテリアの細胞において中心部と周縁部で分化が見られる場合の中心部のこと．光学顕微鏡下で中心質は淡色であるのに対して，周縁部は*チラコイドが存在するため濃色であり，有色質(chromoplasm, chromatoplasm)と呼ばれる．また中心質には通常ゲノムが存在するため核質(nucleoplasm)とも呼ばれる．

j **中心小体** [centriole] 《同》中心粒，中心子．*中心体の中央部に存在する円筒状の細胞小器官．光学顕微鏡では，その分解能の限界から中心体の中央部に見られる色素で濃染される二つの小粒として命名されたが，電子顕微鏡観察の結果，多くは直交する円筒状の2本の中心小体からなる細胞小器官であることが明らかとなった．このような対をなす2個の中心小体を双心子(双心小体 diplosome)ともいう．十分に発達した中心小体は直径が$0.16 \sim 0.4 \mu m$であり，長さは細胞の時期によって変動する．特に，鞭毛の*基底小体として働く直前には著しく長くなる．*細胞周期のG_1からG_2期に中心小体は複製されM期に紡錘体の両極に位置することから，動物細胞で中心小体が紡錘体の形成・染色体の後期運動・分裂溝の形成と密接な関係がある．しかし中心小体が存在しない植物細胞でも紡錘体形成と染色体の後期運動は行われる．中心小体の最も重要な役割は鞭毛や繊毛の基底小体およびキネトソームの原基となることである．この場合には中心小体は自身の分裂によらないで de novo に出現することもできる．その化学的組成はRNA・脂

質・炭水化物と構造蛋白質のほか，かなり多量の酵素である．多くの動物細胞では，中心小体の周辺を取り巻くアモルファスな構造体（コロナ）を構成する物質（中心子周辺物質 pericentriolar materials）が存在し，微小管重合の核になる．（→微小管形成中心）

a **中新世** [Miocene epoch] 新第三紀の最初の時代．C. Lyell（1833）の命名．貝化石の総種数に対する現生種の比が20〜30%ある．2300万年前から530万年前までにあたる．この時代を含めて新第三紀は，現代の生物群の発展期で，今日のものに著しく近似したもの，あるいはその直接の祖先がみられる．草食動物は原野生活に適応して体は大きく，運動力を増して大いに栄え，またこれが食肉類の発展をうながした．ゾウなどの巨大化が目立つ．日本から北アメリカ西岸にかけて見られるデスモスチルスはこの時代特有の海生哺乳類である．古生代以来東西の海生生物の移住通路になっていた*テチス海がプレート運動によって完全に閉じられた結果，現在見られるような海洋生物地理区系ができあがった．日本付近では1600万年〜1500万年前に非常に温暖な時期があったことが知られている．植物界では古第三紀との間に大変化はなく，温暖湿潤な気候からやや乾燥気候に移ったといわれる．（→新第三紀）

b **中心束** [central strand, conducting strand] 《同》導束，道束．コケ植物蘚類の，茎の中心に見られる組織．組織分化の程度は多様で，スギゴケ科植物では中心にハイドロイド（hydroid）と呼ばれる*仮道管状の細胞群があり，その外側にレプトイド（leptoid）と呼ばれる*篩細胞に相当する細胞群が見られ，通導組織として機能している．中心束は胞子体の蒴柄にもあり，維管束植物との関連をうかがわせるが，中心束の細胞にはリグニンの生成は確認されていない．

c **中心体** 【1】[centrosome, central body] 動物細胞や藻類の細胞小器官．シダ植物や種子植物では体細胞内に存在せず，コケ・シダ・ソテツなど鞭毛や繊毛をもった精子をつくる精細胞内に出現する．当初の光学顕微鏡下で*中心小体とそれをとりまく明るい光学的に均質なミクロスフェアおよびその周辺部に放射状に発達する*星状体からなるものとして認められた．電子顕微鏡によってその実体が中心小体であることが明らかになった．
【2】[centrum] 《同》子嚢果中心体（ascocarp centrum）．子嚢菌の小房子嚢菌類（Loculoascomycetes）の小室（locule）内や，核菌類（Pyrenomycetidae）の被子器内にみられる構造すべてをいう．
【3】[central body] 節足動物の前大脳中央部に塊状に形成されている神経叢（neuropile）のこと．脳の各部から神経細胞の軸索が集まってきた個所で，昆虫では脳から腹部神経系への神経連絡の中継部の一つと考えられている．中心体は前大脳橋や小結節とともに中心複合体を形成する．中心複合体は定位運動や，偏光コンパスによるナビゲーションの中枢として，または運動活性や歩行運動を調節する中枢として働く．
【4】=中央体【1】

d **中心柱** [central cylinder, stele] 維管束植物の*内皮より内部の基本組織と*維管束とをまとめて一つの単位構造とみなしたもの．P. E. L. van Tieghem（1886）の提唱．のち E. C. Jeffrey（1899），E. Strasburger（1891），J. C. Schoute（1902），G. Brebner（1902），W. Zimmermann（1930）らの見解が加えられ，今日の分類ができた．維管束との関連を図に示す．シダ植物および若干の種子植物（キンポウゲ科）の茎，多くの維管束植物の根などでは維管束を含む部分のまわりに内皮があって，断面で見たとき一つのまとまりとして見られる．これが中心柱の見方を生んだ強い理由の一つであるが，内皮がない植物も多い．維管束植物の体の基本構造に中心柱を考え，その諸型の発達の跡づけにより維管束植物の最も基礎的な進化を追跡しうるとする学説を中心柱説（stelar theory）と呼ぶ．これによればデボン紀のリニア類の*原生中心柱が最古の型である．この中央に*髄を生じたものが*管状中心柱と見ることができる．一方，原生中心柱の木部が断面で星状に突出しその間に篩部が陥入し，ついに両部が交互に放射状の位置をとったのが*放射中心柱，また別の方向として髄を生じた原生中心柱に放射状に基本組織が加わって維管束が分かれたのが*真正中心柱，並立維管束が多数に基本組織内に散らばったのが*不整中心柱であるとの見方がだいたい受け入れられている．

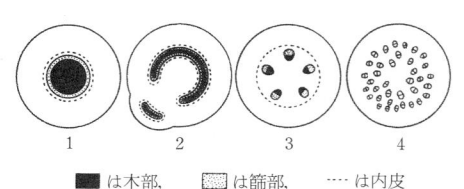

中心柱の諸型模式図
1 原生中心柱．維管束は単一，中心より木部・篩部・内皮がある．2 管状中心柱．維管束は管状となり，管状の木部の内外に篩部と内皮がある．3 真正中心柱．多くの並列維管束が管状に並び，一つの共通の内皮で取り巻かれる．裸子植物・被子植物の茎に一般的な型．4 不整中心柱．多くの並列維管束・内囲型維管束が不規則に散在し，一般に内皮を欠く．単子葉植物の茎に一般的．

e **中心嚢壁** [capsular wall, capsular membrane] *放散虫類（およびケルコゾア門ファエオダリア類）の細胞中央部を取り囲む嚢状構造．有機質（糖蛋白質）からなる多孔性の構造であり，細胞を核や多くの細胞小器官を含む内嚢（intracapsulum．原形質部分は嚢内原形質 endoplasm）と多数の液胞が存在する外嚢（extracapsulum．原形質部分は嚢外原形質 ectoplasm, calymma）に区画化している．二つの原形質は中心嚢壁の孔を通してつながっている．また有軸仮足は通常内嚢の表面付近から出てときに中心嚢壁の特殊な孔（fusule）を通して外へ伸びている．内嚢は中心嚢（central capsule）とも呼ばれるが，この語は中心嚢壁と同義に使われることもある．

f **虫垂** [vermiform appendix, caecal appendix, vermix ラ appendix vermiformis] 《同》虫様突起．哺乳類の盲腸先端部にある大腸の一部．多数のリンパ小節を含むためリンパ系器官とされることも．草食動物では盲腸とともによく発達するが，ヒトや類人猿では萎縮．大腸と同じ構成をもつが，腸としての完全な構造は退化し，内腔が狭くほとんど閉鎖していることもある．扁桃とよく似た構造を示すので腸扁桃（intestinal tonsil）と呼ばれることも．（→リンパ系）

g **抽水植物** [emergent plant] 《同》挺水植物．浅水に生え，根は水底の土壌中にあって葉や茎の一部または大部分が空中にのびている*生活形の植物の総称．ヨシ，マコモ，フトイ，ガマ，ミクリ，オモダカなどがこれに

属する．根の発達はさまざまで，蒸散に対する保護が少ないために耐乾性は小さい．(⇒抽水草原)

a **抽水草原** [emergent grassland ラ emersiherbosa]《同》沼地抽水草原，水沢草原，挺水草原．*抽水植物からなる，河川や湖沼の浅水に見られる草原群系．分布の限度は水深約1m．河川では上流よりは下流，湖沼では若い湖沼よりは老齢期というように，より*富栄養化した所に成立しやすい．構成種はこれに隣接する*湿地草原に比べて非常に少数．代表的な種類はヨシであるが，特に富栄養化した水域ではそれより深所にマコモやガマ類が密な帯を作る．群落内では，タヌキモのほかには沈水植物や浮葉植物はあまりなく，*底生動物や付着性の藻類が見られる．この群系の発達は植物遺骸の堆積のために陸化を早める．

b **中枢種** [keystone species]《同》キーストーン種．群集の食物連鎖において種間関係構造を決定するのに重要な役割を果たしている優占的な捕食者．この中枢種が群集における最上位の捕食者である場合，それを中枢捕食者(キーストーン捕食者 keystone predator)という．R. T. Paine (1966)は，北米太平洋岸の岩礁帯において中枢捕食者であるヒトデ(Pisaster ochraceus)の除去実験から，食物連鎖において栄養段階の最上位の捕食者であるヒトデが選択的に優占的な餌動物を食べる結果，栄養段階の下位の餌動物間での競争排除が妨げられ，群集の多様性が維持されていることを明らかにした．彼が用いた特定種の除去実験は，群集における種の生態的地位を明らかにするうえで重要な方法となっている．その後，各種の地域群集において中枢種の存在が報告されている．

c **中枢神経系** [central nervous system ラ systema nervorum centrale] 動物の神経系の集中化(⇒集中神経系)に際し，その形態上の中心部に，同時に機能上の中枢部として分化する部位．*末梢神経系と対置される．系統発生上の端緒は，クラゲ類の傘縁に沿って神経網の稠密化した神経集網に見出される．扁形動物になると神経細胞の神経節への集中の度が進み，頭神経節とその後方に並ぶ体節神経節とが分化し発達すると中枢神経系はまず各種の体運動のための反射中枢ないし反射相関中枢としての意義を確立する．神経系における形態的・機能的な集中化の傾向は，中枢神経系を構成する神経節そのものにも現れ，頭神経節は後方の諸神経節に対する機能上の上位性を確保し，ついには感覚の連合中枢を発達させるまでになる．一般に上位中枢の未発達な動物で，下位中枢の独立性が強く，動物の運動は機械的である．昆虫の原脳に付属する*きのこ体，頭足類の*食道上神経節の構成に関与する中央神経節や頭神経節などは，かなり高次の中枢神経機能をもつ．以上のような無脊椎動物の中枢神経系は神経節式中枢神経系(ganglionic central nervous system)と呼ばれる．これに対し脊椎動物では，個体発生上の*神経管に由来する神経系が中枢神経系の位置を占め，神経細胞やその間を連絡する神経繊維の密集する部位をなす．神経管の前方からは脳が，後方からは脊髄が分化し，それぞれ末梢神経系を*脊髄神経系・*脳脊髄神経から発出する．脳・脊髄の各部位は，個々の末梢機能に対応する諸中枢の機能局在を示し，また求心性・遠心性の各種の伝導経路を通過させる．脊椎動物の中枢系の形態的・機能的発達は脳において極めて著明であるが，哺乳類では大脳，特にその外層(大脳皮質)が異例の発達を遂げ，運動野・感覚野ならびにこの両者間を統合するさらに高次の連合野がそれぞれ分化し，記憶・知能などの心的活動の基盤をなす．(⇒大脳半球，⇒大脳皮質)

d **中枢性興奮状態** [central excitatory state] 求心神経からのインパルス到達により中枢部に成立し，その中枢による反射の生起または増強を結果するような生理的状態．C. S. Sherrington が想定した．運動ニューロンの興奮誘発には不十分な中枢興奮状態でも，求心神経への高頻度の反復刺激により*加重されて有効な準位に達することができる(⇒促通)．これに対し，中枢興奮状態とは拮抗的に作用し反射の減弱を来すような中枢状態を中枢性抑制状態(central inhibitory state)といい，その例も多数知られている．

e **中枢性パターン生成機構** [central pattern generator] CPGと略記．《同》中枢性リズム生成機構(central rhythm generator)．末梢や上位の中枢からタイミングをとる時間信号が与えられなくとも，主にリズム性の定型的な時空間パターンをそなえた運動出力を自律的に生成する神経機構．脊椎動物，無脊椎動物を問わず，遊泳，歩行，呼吸，咀嚼など数百 ms～数 s の周期をもつリズム性の運動を生成して運動ニューロンを駆動する．反射連鎖(chain of reflex)と対立する．筋活動や感覚入力を遮断した状態，すなわち反射を排除した状態でなお協調のとれたリズム性の活動パターンが生成できる場合，仮想的行動(fictive behavior)と呼び，リズムが中枢性に生成された根拠とみなす．リズムを刻む機構としては，個々のニューロンがペースメーカー電位を発生して自律的にリズム生成を行う機構と，シナプスを介した回路のダイナミックスとしてリズムが生成される機構の二つがあるが，両者はしばしば相補的にパターン生成に寄与する．

f **中枢性抑制状態** [central inhibition] 上位中枢あるいは末梢神経の求心信号によりある脊髄反射の起こり方が低下するとき，脊髄内部に生じていると想定される状態．*中枢性興奮状態と対する．このような抑制は，*抑制性シナプスの活動によるもので，その様式にはシナプス前抑制とシナプス後抑制の2種類が知られている．

g **中性花** [neuter flower, sterile flower] 雌ずい・雄ずいとも退化してなくなっているか，発育が不完全で不稔性の花．ガクアジサイの花序の周辺部の大形花や，キク科のアザミ，コウヤボウキ，コンギクなどの頭状花序の周辺部の管状花はこの例．

h **虫生菌類** [entomogenous fungi] 昆虫類や蛛形類などの節足動物に寄生する菌類の総称．古来，セミタケやセモタケなど*冬虫夏草として知られている子嚢菌類・不完全菌類をはじめ，多くの甲虫類の体表に固着して生活する子嚢菌類のラブルベニア類，ハエ類その他に寄生する接合菌類のハエカビ類，カの幼虫に寄生するボウフラキン属(Coelomomyces)，その他がある．なお養蚕上カイコにつく虫生菌類では，不完全菌類のハクキョウビョウキンをはじめ Beauveria, Paecilomyces, Verticillium などの種類が詳しく研究されている．

i **中性脂肪** [neutral fat] *グリセロールと脂肪酸とのエステルである，モノ，ジおよびトリアシルグリセロールをいう(⇒アシルグリセロール)．*単純脂質に属し，自然界に見出される脂肪酸誘導体の中では最も分布が広い．アシル基の種類によりそれぞれ多くの分子種が存在する．モノアシルグリセロールには1-および2-ア

シルが, ジアシルグリセロールには 1,2- および 1,3-ジアシルの区別がある. トリアシルグリセロールは膵リパーゼ(トリアシルグリセロールリパーゼ, EC3.1.1.3, →リパーゼ)により 2-アシルグリセロールを生じるが, アシル基転移によって 1-アシルグリセロールとなる. 長鎖モノアシルグリセロールは強い界面活性効果をもつため, 乳化剤として食品・医薬品・化粧品などに多く用いられる. また, 消化管内でも吸収*ミセルの形成に役立っている. 植物脂と動物脂に分類される.

a **中生植物** [mesophyte] 《同》適潤植物. 適潤の地域に生育し, *乾生植物と*湿生植物との中間的形質をもつ植物. 乾燥地でも湿地でもない地に生育する, 日常普遍的に見られる植物がこれにあたる.

b **中性植物** [neutral plant, day-neutral plant, indeterminate plant] 《同》中日性植物. 日照時間あるいは暗期の長さに関係なく花芽形成をする植物. エンドウやトウモロコシのように貯蔵物質に富む種子をつくるものや, 球茎・根茎をつくるものは, 一般にこれに属する. そのほかキュウリやハコベ, トマト, タバコの多くの変種のほか, ギンリョウソウなどの寄生植物もその例. またウキクサの花芽分化は, 環境の生理的条件, 特に金属イオンの有無により, 中性, あるいは光周期性誘導型に変化する.

c **中生代** [Mesozoic era] *古生代と*新生代の中間に位する地質時代. J. Phillips (1841) の命名. 約 2.5 億年前から 6500 万年前までの期間を占め, *三畳紀・*ジュラ紀・*白亜紀の 3 紀に区分される. 爬虫類, 両生類, 軟骨魚類, アンモナイト類, 二枚貝類 (特徴あるものが多い), ベレムナイト類, 六放サンゴ類, ウニ類の発展が著しい. また真骨類 (真骨魚類), 鳥類, 哺乳類が初めて出現した. 中生代に隆盛を極めた巨大な爬虫類 (*恐竜類など), *アンモナイト類・*ベレムナイト類はこの代の終わりに絶滅し, 汎世界的に大きな動物群の交代がある. 植物界では針葉樹類, ソテツ類, シダ類の発展が著しいが, 動物の様相に基づく区分である中生代と植物群の変遷による時代区分 (*中植代) との間には, かなりのずれが認められる. ヨーロッパではこの時代はその前後に比べると地殻変動の少ない静穏な時期であったが, 環太平洋地域では付加体の形成がはじまり随所に激しい変動と火成活動が知られている.

d **中生動物** [mesozoans ラ Mesozoa] 《同》プラヌラ様動物 (Planuloidea), 桑実胚様動物 (Moruloidea). 多細胞動物であるが, 後生動物のような複雑な体制をもたないとして提唱された微小な動物の一群. 現在では使われていない. E. van Beneden (1876) が, 二胚虫類に対して, 原生生物と後生動物をつなぐものとして中生動物門を立てた. 同様の体制レベルと考えられる動物が次々とこの門に編入されたが, その多くは, その後の研究で他の門に属する動物の生活環の一時期であることや原生生物であることなどが判明して除外された. 二胚類 (菱形類)・直泳類の 2 綱および正体不明として *Trichoplax*, *Salinella* などが残されたが, これらも互いの近縁性が疑問視され, 最近では二胚虫類 (菱形動物), 直泳動物, 板形動物 (*Trichoplax*) はそれぞれ独立の門とされる. (→二胚動物, →直泳動物, →板形動物)

e **中性胞子** [neutral spore] 紅藻ウシケノリ類における無性胞子. *単胞子 (原胞子) のことを指すこともあったが, 現在では配偶体の栄養細胞から体細胞分裂によって形成され, 発芽して再び配偶体になる胞子を指す. これに対して発芽して*コンコセリス期となる無性胞子は無配胞子 (agamospore) と呼ぶ.

f **中舌** [tongue ラ glossa, lingua] 《同》舌. *舐め型口器をもつ昆虫 (例: ハエ) などの口器の下唇の内縁を形成する管状物.

g **中足** [mesopodium] 軟体動物腹足類の足の中央部を占める主部. その前方は*前足, 後方は*後足である. 中足の上縁部が前後の方向に走る溝により分けられている場合, これを特に*上足と呼ぶ.

h **抽だい, 抽薹** [bolting, seeding] 《同》とう立ち (薹立ち). *花芽形成非誘導条件下で*ロゼット形を保ち栄養成長を続けていた植物が, 誘導条件下で花芽形成を行うとともに急激な花茎の伸長を示す現象. 低温要求性植物や二年生長日植物に多く見られる. 低温による春化現象を示す植物には, *ジベレリン (GA) 処理により抽だいするものが多い. ホウレンソウの花茎伸長には内生 GA_{20} の増加の関与が考えられている. 植物矮化剤やアブシジン酸による抑制が可能である. 花芽形成と茎の伸長は伴って起きるのが一般的であるが, 花芽の非誘導条件下でも GA により引き起こすことができる場合が多く, またある種のジベレリンは花芽の形成だけを引き起こし, 花茎の伸長は起こさないので, 両者は独立した現象と考えられる.

i **中腸** [mid-gut, mid-intestine ラ mesogaster] [1] 脊椎動物の腸において, 発生学的には前腸に続き, 胚体外の卵黄嚢に結合した部分. 哺乳類の十二指腸後半, 空腸, 回腸, 盲腸, 上行結腸および横行結腸の前半はこれに由来する. [2] 無脊椎動物において, 内胚葉により内張りされる部分. 外胚葉の陥入からなる前腸や後腸とは異なる. 胃や腸などに分化するが, 節足動物では成体でも中腸と呼ぶ場合が多い. キチン質の内張りを欠く, 胃盲嚢や中腸腺などの腺性盲嚢が付属し, 昆虫では腺, 乳糜胃 (chylestomach), 乳糜腸 (独 Chylusdarm) の名もある.

j **中腸腺** [mid-gut gland] [1] 《同》消化盲嚢 (digestive diverticulum), 肝膵 (liver). 軟体動物の*中腸に開口する, 多くは暗緑色から暗褐色を呈する複管状の腺様組織. 基本的には隙間なく枝分かれした盲嚢で, 食物の微粒細片をこの中に取り込み細胞内消化をするものであるが, 消化酵素の分泌やグリコゲンの貯蔵 (カキ類) などの機能がある. [2] 節足動物の*肝膵臓の別名. 軟体動物の中腸腺と相同とされる.

k **柱頭** [stigma] →雌ずい, 雌蕊

l **中毒** [intoxication] 動物が, 一般に比較的少量の物質で生体の恒常性 (ホメオスタシス) に障害を受け, ときには死に至る障害を受ける現象. その原因となる物質を*毒物という. 中毒は外来の毒物によって引き起こされるばかりでなく, 生体内における物質代謝の過程で生成された有害物質によっても起こる. 毒物が生物の健康を害する量を中毒量といい, 死をもたらしうる最少量が致死量である. 食品中毒には, フグ毒・キノコ毒のように自然に含まれた毒物によるものと, 細菌性食中毒すなわち混入したサルモネラ菌・ブドウ状球菌・ボツリヌス菌などの増殖と細菌が産生する毒素により起こるもの, 化学物質などの汚染によるものがある. 中毒の経過は毒物の量・濃度・吸収速度や, 除毒・排出の遅速により左右されるが, また他方, 毒物に対する個体の感受性ならび

に一般耐性によってもある程度は異なる．慢性中毒では，生体がその作用に対する抵抗性(耐性)をつけることにより，生体を保護する場合がある．またこの際，その投与を中止すると禁断現象を示す毒物(モルフィンなど)もある．一方，微量の毒物を持続して用いていると蓄積作用によって強い中毒症状を発することがある(ジギタリス・鉛など)．

a **中脳** [mid-brain, mesencephalon]《同》中脳胞．脊椎動物の個体発生において，三つの*脳胞の中央に位置するもの．発生学的には中脳後脳境界(mid-hind brain boundary)がオーガナイザーとして働き，そこに発現する $Fgf8$, En などの遺伝子が中脳の形成に関わる．中脳は基板(basal plate)をもつ最前端の脳部であり，床板(floor plate)を欠く．*間脳の後方に続き，小脳や*橋より前方に位置する．脳室は中脳では細くなっていて，中脳水道(aquaeductus mesencephali)またはシルヴィウス水道(aquaeductus Sylvii, Sylvian aqueduct)と呼ばれる．背側面は，鳥類以下の脊椎動物では左右の高まりを形成していて*視蓋と呼ばれ，円口類や魚類では視束がここに終わるが，爬虫類以上では間脳を介して視蓋に達する．哺乳類では視蓋に相当する上丘(colliculus rostralis)の後方に左右1対の下丘(colliculus caudalis)を生じ，いわゆる四丘体(corpora quadrigemina, quadrigeminal bodies)となり，上丘は視覚に，下丘は聴覚に関係する．中脳の腹側面には左右の大脳脚(crus cerebri)が発達し，その中を大脳皮質から下行する繊維が走り，その中間に間脳を挟む．中脳の内景は，四丘体と大脳脚の間を中脳被蓋(tegmentum mesencephali)といって動眼神経核や滑車神経核があるほか，*錐体外路系に属する赤核(nucleus ruber)と黒質(substantia nigra)が認められる．

b **虫媒伝染** [insect transmission] 病原体に感染した植物から媒介昆虫(insect vector)により病原体が伝搬され，健全植物に感染が成立すること．植物ウイルスでは自然界で最も主要な伝染形式である．伝搬様式には次の2型がある．(1)永続型伝搬：ウイルスを摂取した虫は虫体内潜伏期間を経て長い期間媒介能力をもち続ける．永続型伝搬されるウイルスの多くが虫体内で増殖する．ウイルスにより，保毒虫の卵を通じて次代個体に伝わる経卵伝染が起こる．(2)非永続型伝搬：ウイルスを摂取した虫は，直ちにウイルスを媒介することができるが，ウイルス保持期間は分～時間単位と短い．

c **中胚葉** [mesoderma, mesoderm] 大部分の後生動物(*三胚葉生物)の初期発生途上で，*外胚葉と*内胚葉との中間に現れる胚葉．多くの動物でその内腔は体腔として外胚葉と内胚葉との間に広がって，中胚葉は体腔壁を形成し，間充織(間葉)を生じて胚葉間の空隙を埋める．体節制を示す動物では，中胚葉は全部または一部が分節して体節として前後方向への反復的構造を示す．成体の器官や組織の中でその主要部が中胚葉より由来するものは，動物群によって多少の差があるが，筋肉系，結合組織，骨格系，循環系，排出系，生殖系などである．色素による標識実験，あるいは*細胞系譜の追跡などから，予定中胚葉細胞群が*原腸形成に先立って胚の特定の部位に存在していることが示されている．例えばウニ類では，中胚葉はミクロメア(小割球)に由来する細胞が胞胚腔にとび出して第一次間充織をつくることによって生じるし，イモリやアフリカツメガエルの場合，やはり胞胚期に植物極側の細胞が帯域の細胞を中胚葉化する(⇒中胚葉誘導)．その際，植物極側の特に背側帯域部分にニューコープセンターといわれる部分が生じ，それが動物極側の細胞群に働きかけて*形成体領域を決定すると考えられている．(⇌沿軸中胚葉，⇌沿腸中胚葉，⇌中胚葉マント，⇌周口中胚葉，⇌外中胚葉，⇌端細胞)

d **中胚葉化因子** [mesodermalizing agent]《同》尾方化因子(caudalizing agent：山田常雄による)，中胚葉誘導因子(mesoderm inducing factor：H. Tiedemannによる)．イモリ初期原腸胚の予定外胚葉に作用して，主に脊索，体節，前腎，血島，肢芽などの胴部中胚葉性器官原基の誘導を引き起こす因子．有効成分は蛋白質で，山田らによりモルモット骨髄から，また Tiedemann らによりニワトリ9～11日胚抽出液から精製された．両標品は酸性溶媒に対する溶解度や沈降定数においてたがいに異なるが，いずれも熱に不活性で，蛋白質分解酵素処理により不活性化する．また，両者とも中胚葉性組織だけでなく少量の神経組織および腸上皮のような内胚葉性組織をも誘導する．この因子の存在を最初に示したのは S. Toivonen(1953)で，彼は形成体作用をもつ物質の探求過程でアルコール処理後のモルモット骨髄が強い中胚葉組織の誘導効果をもつことを見出し，中胚葉化因子(独 Mesodermagens)と呼んだが，後に中胚葉化因子と改めた．同様の効果をもつ因子として，近年，細胞*成長因子(増殖因子)の中にこのような働きがあるものがわかってきた．J. M. W. Slack ら(1987)が b-FGF(FGF2)，浅島誠ら(1990)が*アクチビンに中胚葉化活性があることを報告した．中胚葉誘導については b-FGF は主として血球や体腔上皮を誘導するので腹側の中胚葉化因子と考えられ，アクチビンは脊索や筋肉などを誘導するので背側中胚葉化因子と考えられている．これらの成長因子関連蛋白質や遺伝子産物はともに未受精卵から存在することが知られている．Tiedemann のニワトリ胚からの抽出因子，J. C. Smith らの XTC-MIF と呼ばれた細胞培養上清の因子もアクチビンと同一であることがわかった．現在では，アクチビンとシグナル伝達を共有するノーダル(Nodal)が中胚葉および内胚葉誘導により重要かつ内在因子としての役割を果たしていると考えられている．中胚葉化因子の濃度勾配により，中胚葉の背腹の領域化が制御されていると考えられており，*形成体の誘導には中胚葉化因子と Wnt/β-catenin シグナル(⇒Wntシグナル(カノニカル経路))が関与する*背側化シグナルが必要である．中胚葉化因子の胚内での存在様式や活性化についてはまだ不明な点も多い．(⇌中胚葉誘導，⇌誘導物質，⇌形態形成のポテンシャル)

e **中胚葉節** [mesoblastic somite]《同》中胚葉体節(mesodermal somite)．環形動物と節足動物において，*中胚葉帯が二次的に分節し，形成される細胞塊．これから成体の各体節が形成される．

f **中胚葉帯** [mesodermal band] *トロコフォアの間充織(⇌間葉)中にあり，肛門付近から口の方向に向けて並ぶ，左右1対の中胚葉細胞の列．*原腸形成の際，胚体の卵割腔後端に入り込んだ*中胚葉母細胞(端細胞)の分裂により生じたもの．のちにトロコフォアの後方への成長にともなって分裂を再開し，環形動物では長さを増しながら分節する．やがて分節で生じた各細胞塊の内部に腔所が生まれ，細胞は薄い上皮を形成してこれを囲み，体腔を形成する(⇌裂体腔)．したがって環形動物で

は，体腔が体の左右に2列に並ぶことになる．軟体動物では，1対の細胞塊が形成されたのち，各細胞塊に体腔が形成され，後に左右が合体して唯一の体腔(*囲心腔)を形成する．

a **中胚葉母細胞** [mesoblast] 《同》中胚葉端細胞(mesoteloblast)，原中層細胞(独 Urmesodermzelle)．環形動物，軟体動物，節足動物において，中胚葉細胞を生み出す*端細胞の一種．環形動物や軟体動物では4細胞期のD割球に由来する4d割球．この分裂により生ずる割球が分裂を繰り返し，中胚葉細胞を生ずる．

b **中胚葉マント** [mesoderm mantle] *全割をする脊椎動物の胚，特に両生類の胚において，*原腸形成ののちに中胚葉が外胚葉と内胚葉との中間に薄い独立した層として現れる時期の中胚葉全体の呼称．完全な球を形成しないで前腹方にかなり広い空隙(無中胚葉域)をもち，ややマントの形に似ているところから名付けられた．この層は原口唇で外胚葉と，咽頭背壁で内胚葉との連続を保っている．

c **中胚葉誘導** [mesoderm induction] 正常胚発生において，ある胚域から他の胚域の影響で*形成体の特性をもつ中胚葉や中胚葉性の諸組織が誘導されることをいう．S. Toivonen (1953)はモルモットの骨髄をイモリの予定外胚葉に作用させると，中胚葉性器官である脊索や筋肉が誘導され分化してくることを明らかにした．その後，P. D. Nieuwkoop (1969)はメキシコサンショウウオの胞胚の*動物極キャップ(予定外胚葉)と植物極半球(予定内胚葉)を切り出し，単独あるいは組合せで外植体をつくり，単独培養のときは中胚葉を生じないが，組合せのときに中胚葉を生じることを発見した．彼は発生初期の両生類胚では帯域も外胚葉性であって，内胚葉からの誘導作用によって中胚葉に変わるとした．したがって，中胚葉誘導は内胚葉による誘導ということである．近年，中胚葉誘導に関わる因子として繊維芽細胞成長因子のb-FGF (FGF2)やノーダル(Nodal)などいくつかの*成長因子関連蛋白質がみつかっている．中胚葉誘導は胚発生での最初の誘導と考えられている．しかし，中胚葉は誘導によって生ずるのではなく，発生過程で自律的に分化能をもってくるとする考えもある．

d **昼夜移動** [daily migration, diel migration] 昼夜の交代周期にともなって繰り返される生物の*移動．水平移動としては，昼間は草原に出て活動し夜間は森林内で休息する昼行性動物やその逆の夜行性動物，垂直移動では，海産の動物プランクトンや湖沼のフサカ幼虫が夕方から夜間にかけて水面近くに浮上し，朝から昼間にかけて水深100 m以上の深所に移動する場合がその例．(⇒周期性)

e **中葉** [middle lamella, intercellular layer] 《同》中層．植物組織において相接する細胞を互いに接着している，どちらの細胞にも属さない薄い細胞間層．かつて木材解剖学で，厚い二次細胞壁をもつ細胞同士が接着している場合に，中葉を挟む両方の一次細胞壁をも含めて中葉と呼ぶような用語の混乱があったため，細胞間層に対して「真の中葉」という語も生まれた．Ca含量が一般に高くペクチン質を主成分とするが，その他の多糖・蛋白質も含む．これらは，植物における細胞間物質(intercellular substances)とみなすことができる．細胞分裂終期に現れる*細胞板にペクチン質が沈着して，初期の中葉が形成される．マセラーゼ(macerase)やポリガラクツロナーゼで中葉を溶解すると，細胞は遊離しやすくなる．自然に中葉が消失すると*細胞間隙ができる．

f **中立** [neutrality] ある遺伝子座の対立遺伝子にみられる変異が，個体の*適応度に関して等価で，相対的に有利・不利の差をもたらさないこと．これらの変異を自然淘汰に関して中立であるという．中立変異の概念はC. Darwinにまでさかのぼるが，*分子進化との関係で重要性が指摘され，今日では常識的な概念となったのは，木村資生(1968)の中立説(neutral theory)による．機能的な重要性が低い分子や分子の一部ほど，変異は中立的になりやすい．中立変異の進化の原動力は，突然変異と*遺伝的浮動である．(⇒中立進化)

g **中立進化** [neutral evolution] 進化において，正の自然淘汰が働かずに*中立突然異変が次々に固定してゆくことで，遺伝子や形質の時間的変化が生じること．負の自然淘汰(純化淘汰)によって現状が維持されている場合も，中立進化に含まれる．C. Darwinは『種の起原』(1859)において，現象としての中立進化が生じる可能性に消極的ながら言及した．20世紀になると，H. de Vriesが突然変異説を発表し，正の自然淘汰ではなく，遺伝子が変化する突然変異が進化に重要だと主張したが，この過程は現代風にいえば中立進化である．しかし，正の自然淘汰なしに突然変異が固定するメカニズムである遺伝的浮動の理論を踏まえて，1968年に蛋白質の進化速度が既存の自然淘汰論では説明できないとした木村資生から，真の意味での中立進化論が誕生した．現在ではゲノムレベルと蛋白質レベルでは，突然異変の固定の大部分が中立進化によることが明らかとなっている．遺伝的多型の大部分も，中立突然変異が消失あるいは固定するまでの途中の段階ととらえられている．また，ゲノム中の遺伝子が発現した蛋白質や発生により生じる形態や行動など，あらゆる形質で中立進化が生じ得ると考えられる．なお中立進化論では，時間的変化の大部分だが，正の自然淘汰による進化がわずかながら生じることを認めている．(⇒中立，⇒中立突然変異，⇒自然淘汰，⇒自然淘汰説)

h **中立突然変異** [neutral mutation] [1] 表現型(形質変化)に対して顕著な影響のない*突然変異．[2] *自然淘汰に有利でも不利でもない，いいかえれば個体の適応度に変化をもたらさない突然変異．分子レベルでの進化(⇒分子進化)において重要な役割を果たしている．(⇒非ダーウィン進化，⇒分子進化)

i **中輪形幼生** [mesotrochal larva] 環形動物多毛類の*トロコフォアのうち，口前繊毛環と端部繊毛環が退化し，代わりに口後繊毛環が発達したもの．(⇒トロコフォア[図])

j **中肋** (ちゅうろく) [midrib] 葉やコケ・藻類の葉状構造の中央を貫くすじ状の隆起．葉では内部に中央脈を含む．

k **中和抗体** [neutralizing antibody] 毒素やウイルスに結合し，その生物学的活性を抑制(中和)する抗体．通常，毒素やウイルスが細胞上の受容体へ結合することを阻害することにより作用する．例えば，インフルエンザウイルスの赤血球凝集素(hemagglutinin, HA)やグラム陰性菌の線毛に対する抗体，ジフテリア毒素に対する抗毒素はこれらの病原菌の感染を抑制したり，毒素の作用を阻害したりする．中和反応を用いて中和抗体の力価や抗原量を測定する試験を中和試験(neutralization test) という.

a **チューブリン** [tubulin] 細胞内の*微小管の構成蛋白質. はじめ原生生物の*繊毛から単離され(I. R. Gibbons, 1963), 毛利秀雄(1968)が命名. 分子量5.6万のαチューブリン, 5.3万のβチューブリンからなるヘテロ二量体(6S). グアニンヌクレオチドを1分子につき1分子結合している. *コルヒチンや*ビンクリスチンと特異的に結合する. Caのない状態で中性塩とGTPまたはATPを加えると, チューブリンが重合して微小管を形成する. その後, さまざまな動物および植物からも分離され, 細胞運動, 有糸分裂, 軸索内輸送などに関与し生物界に広く分布している. (→微小管結合蛋白質)

b **チューリングモデル** [Turing model] 1952年にイギリスの数学者 A. Turing によって提案された, 自己組織的なパターン形成を説明する力学的法則. 少数分子種間の簡単な化学反応と, それらの拡散によって, ほぼ一様な空間分布から周期的な空間パターンが生まれることを示した. この法則は, 2変数の反応拡散方程式系によって定式化されており, 次のような意味から「拡散不安定性」とも呼ばれる. すなわち拡散項を取り除いた常微分方程式系は安定な平衡状態をもつが, その平衡状態の空間一様分布は, 拡散項が存在することによって不安定になる. 具体的には, この性質をそなえた反応拡散方程式系を2次元空間で数値計算すると, パラメータや初期条件に応じて, 縞模様や斑点状などのさまざまな周期的パターンが現れる. チューリングモデルに含まれる仮定はごく少なく, この法則に基づいてなされる形態形成は体表パターンや羽毛パターン, 肢芽の軟骨形成など, 自然界において普遍的だと考えられている.

c **腸** [intestine ラ intestinum] [1] 脊椎動物では, 消化管のうち胃に続き末端に至るまでの, 消化・吸収機能の主要部. 広義には, 咽頭に続く前腸・中腸・後腸を一括して腸(gut)と呼ぶ. その後端は哺乳類(単孔類を除く)および硬骨魚類では肛門で外界に開き, それ以外のものでは総排泄腔に開く. 腸ではその前部に開口する肝臓や膵臓, また腸壁にある腸腺などの消化腺から分泌される消化液による消化が行われるほか, 栄養分や水分の吸収が行われる. その機能と関連して, 吸収面の増大への分化が見られる. その主なものの一つは腸の長さの増大で, 一般にそれは体腔の長さより長く, それに応じて腸の屈曲が見られる. また軟骨魚類などでは結腸内部にらせん弁(spiral valve)が発達し, 四肢動物では内壁にひだや絨毛が発達, さらにまた各上皮細胞の自由面に微絨毛と呼ばれる原形質突起をもち, 吸収表面積は極めて大きくなる. 腸は一般に前方の小腸と後方の大腸に大別され, その境には, 通常, 盲腸が発達する. 腸は典型的な管状器官の組織構成をもち, 内層は上皮およびそれに続く結合組織の粘膜層, 中層は輪走または縦走の筋層, 外層はわずかの結合組織とその外表面をおおう腹膜上皮よりなる漿膜層をもつ. [2] 無脊椎動物では, 一般に咽頭, 胃が区別される場合は胃に続く消化管. 脊椎動物のそれより著しく構造が簡単であるが, 前腸・中腸・後腸などの区分がされる場合もある. しばしば盲嚢や他の器官(中腸腺やマルピーギ管など)が付属する. 環形動物では体節ごとにくびれがあり, 扁形動物や刺胞動物では盲管に終わる.

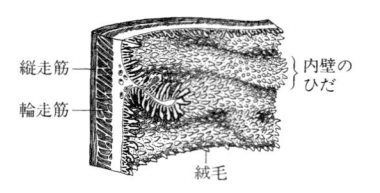

軟骨魚類の腸のらせん弁

縦走筋
輪走筋
内壁のひだ
絨毛

d **腸液** [intestinal juice] 腸管の分泌する分泌液の総称. 広義には腸管内に分泌される膵液・胆汁も含める. [1]脊椎動物では, 哺乳類の狭義の腸液の主なものは次のとおり. (1) 十二指腸液(duodenal juice):十二指腸に存在する*ブルンナー腺(十二指腸腺)と*腸腺(リーベルキューン腺)の分泌液の混合物. 無色で粘性があり, アルカリ性. 機械的刺激や腸内の脂肪などで分泌が増進する. (2) 小腸液(small intestine juice):腸腺から分泌されるもの. 遠心分離すると黄色で透明. アルカリ性(pH7.7)で, 比重は1.007内外. 大部分は水分で, 塩化ナトリウム0.58〜0.67%, 炭酸ナトリウム0.22%, およびリン蛋白質性の粘液を含む. 食物が腸に入ったときの腸粘膜の機械的刺激や化学的刺激, あるいは*血管作用性小腸ペプチド(VIP)などのホルモンの作用によっても分泌される. 生体から採取した小腸液は多くの消化酵素を含むが, これらは腸腺から分泌されたものではなく, 剥離した小腸上皮細胞の混入によるものである(→消化酵素). (3) 大腸液(large intestine juice):腸腺および表層に存在する杯細胞によって分泌される. 無臭で粘り気のある液で, ほぼ中性. 機械的刺激で分泌され, 内容の移動や大便の形成に関与. 魚類では腸からの分泌はない. [2] 無脊椎動物の腸液は, 軟体動物では晶桿体の溶解したもの, 甲殻類では中腸腺からの分泌液で, いずれも腸からの分泌ではない. 昆虫類の腸液は*中腸から分泌されたもので, 食性によって含有する消化酵素が異なる. 例えばゴキブリの中腸液にはアミラーゼ・マルターゼ・スクラーゼ・ラクターゼ(微量)・リパーゼ・プロテアーゼ(トリプターゼ・ペプチダーゼ)などがあり, クロバエではコラゲナーゼ・トリプターゼ・ペプチダーゼおよびリパーゼなどが主である.

e **超越分離** [transgressive segregation] *雑種の*分離世代で, ある形質に関して両親を超える個体が出現すること. 遺伝学的には両親に由来する遺伝子の累積的効果・補足的効果に基づくものとされる. 例えば, A, B, Cの三つの同義遺伝子が, 白花を赤花にするのに加算的に働いているとき, すなわち, 優性遺伝子の数によって紅色化する程度が決められるとき, AABBcc(程度4の紅色)とaabbCC(程度2の紅色)を交雑すれば, F_1植物はAaBbCc(程度3の紅色)で両親の中間となるが, F_2では程度がそれぞれ6, 5, 1, 0という, 両親のどちらよりも紅色の, あるいは白色の個体が, 程度4, 3, 2のほかに分離してくる. この現象は育種的には両親のいずれよりも優れた品種を育種する可能性を示すものであって, 育成種における高い生産力や早熟性などはこのようにして得られた場合が多い.

f **腸炎ヴィブリオ** [Vibrio parahaemolyticus]〚同〛腸炎ビブリオ. ヴィブリオ属細菌の一種Vibrio parahaemolyticusの和名. 食中毒の原因菌. 1951年に日本で発見された細菌で,「腸炎ヴィブリオ」の命名は福見秀雄による. グラム陰性, 通性嫌気性, 発酵性の桿菌で,

極鞭毛による運動を行うが，培養条件によっては極鞭毛より細い周鞭毛を同時に形成する．同じヴィブリオ属の*コレラ菌とは異なり，細胞はコンマ状を示さずほぼ桿状である．海水中に生息するため好塩性で，弱アルカリ性(pH7.5〜8)を好む．20°C以上で増殖するが，至適培養条件下では分裂時間がおよそ10分間に1回の割合となる．食中毒の原因として分離される腸炎ヴィブリオの多くは溶血毒と呼ばれる毒素を産生し，これが主要な病原因子となる．溶血毒は赤血球の細胞膜に孔をあけて溶血現象を引き起こすが，赤血球以外の細胞の細胞膜にも作用し，細胞傷害を起こす．本菌が付着した生鮮海産魚介類の摂取による経口感染が主．感染が成立するには約100万個以上の生きた菌の摂取が必要といわれ，食中毒菌の中では，感染・発病に比較的多数の菌を必要とする部類に属する．ただし増殖が非常に速いため，常温で放置した魚介類などでは2〜3時間のうちに発病菌数にまで達することがある．(⇒ヴィブリオ)

a **超遠心機** [ultracentrifuge] 極めて高速度で回転可能の遠心機の総称．T. Svedberg(1924)が最初に製作したものは油タービン駆動式のものであったが，現在はもっぱら電気駆動方式によりローターを真空中で回転させており，毎分6万回転以上，遠心力加速度は重力加速度の数十万倍に達する．次の2種に大別される．(1)分析用超遠心機:遠心力場における沈降過程を直接定量的に観測するもので，測定方法には高分子の沈降係数の測定・混合物の分析・純度検定などを行う*沈降速度法，分子量測定のための*沈降平衡法，高分子の浮遊密度を求める平衡密度勾配遠心法(⇒密度勾配遠心法)などがある．Svedberg以来高分子の研究手段として多大の役割を果たしてきた．観測手段としてはシュリーレン法，干渉法，光電走査法などにもっぱら光学的方法がとられる．(2)分離用超遠心機:高分子物質の分離精製を主目的とするもので，細胞化学の最も重要な武器の一つである．すなわちウイルスや蛋白質など低速の遠心機では沈降できないものを分離・濃縮し，また細胞のホモジェネートにつぎつぎと異なった速度で遠心操作を加えて細胞内の構造体を分画する．後者の操作は遠心分画(differential centrifugation)と呼ばれる．このほか密度勾配遠心法によって高分子を分離精製し，さらには分析用超遠心機と同様，沈降速度法による測定を行うことも可能である．

b **頂芽** [terminal bud, apical bud] 茎軸の先端に形成される芽の総称．*側芽と対比される．多くの種子植物では，頂芽からつくられる主軸に側芽を形成して複雑な分枝を起こす．頂芽は早期に休眠あるいは枯れて脱落して，その後の成長を側芽に譲ること(ブナ，ケヤキ，シナノキ)もある．(⇒頂芽優性)

c **聴覚** [auditory sense] 媒質(水や空気)中を伝わる音波を適刺激とする機械的感覚．視覚と比べ系統発生上はるかに遅れて出現し，動物界における分布も限られる．脊椎動物および昆虫類では，定位運動，空間認知や音声コミュニケーションに重要な役割をもつ．耳(迷路)や鼓膜器官が発音能力をもつ脊椎動物と昆虫類に限られる事実は意味深い(⇒発音)．哺乳類や鳥類では，空気振動は外耳から入って鼓膜を振動させ，中耳の耳小骨を介し前庭窓を通じて内耳に伝わり，蝸牛内のリンパからさらに基底膜を振動させて，基底膜上のコルティ器官の感覚細胞に刺激をあたえる(⇒膜迷路)．受容器に生じた信号は神経活動として中脳・間脳を経て大脳皮質の聴覚野に伝わる．途中で神経の一部が対側のものと交叉したり視覚系と一緒になりながら，大脳皮質側頭葉の聴覚中枢に到達し，ここに音の感覚が生ずる．単純音，複合音，さらに言語音に関する情報が蝸牛から大脳皮質に至る間の情報伝達機構や，大脳皮質から下降して末梢の蝸牛に至る遠心性制御機構が明らかになっている．これらによると蝸牛における音波の分析は完全でなく，情報が上行する間に分析が完成され，特に言語音においては片側半球の優位性がある．哺乳類の耳では，鼓膜や耳小骨の構造が最高度の発達を示し，内耳への到達前に音波を約60倍に加圧するという．同時に耳小骨に付着する鼓膜張筋・鐙骨筋の両者は，過度の強音の伝達を反射的に防止して内耳を保護する．耳介は音源方向の弁別能を増強する．(⇒音受容器, ⇒共鳴説, ⇒可聴範囲, ⇒骨伝導, ⇒蝸牛マイクロフォン作用, ⇒聴力)

d **潮下帯生物** [subtidal organism, sublittoral organism] 《同》亜潮間帯生物．潮下帯に生息する生物の総称．これを群集とみる時には潮下帯群集(subtidal community)と呼ぶ．潮下帯(subtidal zone)は潮間帯より深い海底で，年平均低潮線から藻場の生育限界の水深20〜60m付近の真光層(⇒海洋生態系)にあたる．陽光性の生物が卓越する．例えば岩礁底では，冷温帯・亜寒帯ではコンブ類，温帯ではホンダワラ類・カジメ類，熱帯・亜熱帯では造礁サンゴ類が，また砂泥底では，一般にアマモ類・ウミヒルモ類が代表的(⇒藻場, ⇒サンゴ礁群集)．なお潮下帯という語は，低潮線下の陸棚全体(⇒沿岸域)，潮周帯(⇒潮周帯生物)のみ，あるいは低潮線下数mの範囲のみを指すなど，さまざまに用いられることがある．

e **頂芽優性** [apical dominance] 《同》側芽抑制(lateral bud inhibition)．茎に頂芽と*側芽(*腋芽)とが共存する場合，頂芽はよく発育するが側芽は発育しにくい現象．頂芽を除くと側芽が発育を始めることが多いこと，また根からの距離に応じて頂芽側芽の抑制度合が異なることから，頂芽と根と双方から制御されていると考えられている．エンドウの解析から，頂芽でつくられたオーキシンが茎を下降する際，腋芽近傍でのサイトカイニン合成を抑制していることが判明している．この場合，頂芽を除去するとオーキシン供給が止まり，サイトカイニンの下方での濃度が上がるため腋芽は成長を開始する．またシロイヌナズナの変異体の解析から，根で合成される*ストリゴラクトンも，頂芽優性を司っていることがわかっている．

f **鳥冠** [crest] 鳥類の頭頂に形成される頭部付属物の総称をいい，ニワトリなど一部の鳥類の頭頂背側にある，羽毛を欠く肉質の隆起からなるものを鶏冠(とさかcomb)あるいは肉冠という．ほかに羽冠なども含む．鶏冠は雄において発達，性形質としてかつては雄性ホルモンの生物検定に用いられた(とさか試験)．形状により単冠(simple comb)・クルミ冠(walnut comb)・バラ冠(rose comb)・エンドウ冠(豆冠pea comb)などに区別され(図次頁)，それらの遺伝的関係は，バラ冠遺伝子R・エンドウ冠遺伝子Pはともに単冠遺伝子に対して優性，他方RとPが共在すればクルミ冠を生じ，補足遺伝子の代表例として有名．組織的には基本的に通常の皮膚と同じで，内部から順に結合組織繊維の束と血管を含む中心層，ゾル状の基質と比較的結合組織繊維に乏しい中間層または白色層，緻密な繊維をもつ周辺層があり，最外側

を薄い重層扁平上皮からなる表皮がおおう．

バラ冠　エンドウ冠　クルミ冠　単冠

a **腸–肝循環**　[enterohepatic circulation]　腸と肝臓をめぐる胆汁酸の代謝循環系．肝中には常時3～5gの胆汁酸が蓄えられ，胆汁に含まれて腸内へ出る．腸内では胆汁酸は脂質をミセル化し，その分解・吸収を助ける機能をもち，ごく一部を除き回腸で吸収され門脈から肝へ戻るという循環を1日6～10回行う．肝内の胆汁酸は，肝臓の胆汁酸合成とコレステロール合成をフィードバック制御する．また，回腸で吸収されない胆汁酸は1日500 mgほどで，糞便に混入して排泄される．コレステロール排出はこれにより行われる．

b **腸管神経系**　[enteric nervous system]　消化管に存在する神経繊維網の総称．縦走筋と輪走筋の間にある筋層神経叢 (myenteric plexus，アウエルバッハ神経叢 Auerbach plexus) と粘膜下神経叢 (submucous plexus，マイスナー神経叢 Meissner plexus) のこと．前者は平滑筋を支配し消化管運動を制御する．後者は腸腺・腸内分泌細胞を支配し腸液分泌を制御する．腸管神経系には知覚ニューロン・介在ニューロン・運動ニューロンが含まれ，その数は脊髄全体のニューロン数に匹敵する．腸管神経系は，交感神経および副交感神経により中枢神経系と連絡しているが，連絡を遮断しても独立に機能することもある．消化管機能のための中枢神経系とみなすこともある．

c **潮間帯生物**　[intertidal organism, eulittoral organism]　潮間帯に生息する生物の総称．これを生物群集として把握するときは潮間帯群集 (intertidal community) と呼ぶ．潮間帯 (intertidal zone) は，高潮線と低潮線に挟まれた海底の部分をいうが，潮間帯生物の広がりは波浪条件によって大きく変化し，潮差に厳密には対応しない．例えば，波浪の激しい岩礁海岸では，波しぶきのあがる上の方にも，フジツボやカメノテなどの潮間帯生物が分布する (⇒潮上帯生物)．温帯の岩礁海岸ではフジツボ類，砂浜海岸ではスナホリムシ類あるいはスナガニ類，内湾・河口の泥地ではオサガニ・シオマネキ類，熱帯・亜熱帯の岩礁海岸では造礁サンゴ，河口域の泥海岸ではマングローブなどが代表種となる．潮間帯では，環境条件に著しい勾配があるため (⇒生態勾配)，各生物種は狭い幅の帯状に分布し，潮間帯の中に帯状分布構造 (zonation) を示す．各生物の分布上限は，干出時における乾燥および温度・塩分の変化などの非生物的環境条件によって，また下限は捕食・*種間競争などの生物的環境条件によって規制されている場合が多い．

d **腸間膜**　[mesentery ラ mesenterium]　脊椎動物の腹膜のうち腸を懸吊・定着させている一部分．体の左右両側に生じた腹膜が腸の背側および腹側で合して，それがそれぞれ背側腸間膜および腹側腸間膜となる．後者は大部分消失し，背側腸間膜が残り，腸を脊柱に連結する．したがって腸間膜は二重の腹膜の癒着したもので，

薄いが強靭であり，腸に行く血管・神経が多数分布する．腸管の分化・伸長・屈曲に伴って腸間膜の形態は複雑化し，哺乳類では小腸間だけに狭義の腸間膜が残り，大腸部・直腸部はそれぞれ大腸間膜 (mesocolon)・直腸間膜 (mesorectum) と呼ばれる．胃部の胃間膜 (mesogaster) は*大網膜および*小網膜と呼ぶ襞として伸びている．同様に卵巣を脊柱に連結する部分を卵巣間膜，精巣のものを精巣間膜というが，後者は精巣下降によって陰嚢に入ると顕著でなくなる．

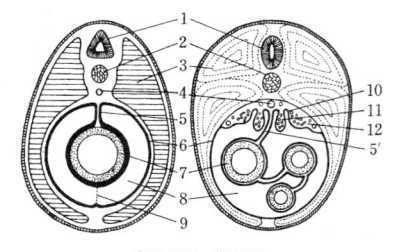

脊椎動物の腸間膜
左：発生初期　右：同後期
1 神経管　2 脊索　3 筋肉　4 背側大動脈　5 背側腸間膜　5′ 腸間膜　6 腹膜　7 腸　8 体腔　9 腹側腸間膜　10 卵巣(または精巣)間膜　11 卵巣(または精巣)　12 腎臓

e **腸間膜静脈**　[mesenteric vein]　腸管系からの血液を肝門脈へ導く静脈．上腸間膜静脈 (superior mesenteric vein) と下腸間膜静脈 (inferior mesenteric vein) からなり，前者は主に小腸系，後者は大腸系の血液を集め，膵臓付近で脾静脈 (splenic vein) と合して肝門脈となる．

f **腸間膜動脈**　[mesenteric artery ラ arteria mesenterica]　脊椎動物において，背側大動脈から発して腸間膜内を走り，消化管に分布する動脈．上腸間膜動脈，下腸間膜動脈からなる．前者は主として小腸，後者は結腸，大腸，総排泄腔などに分布．

g **長期増強**　[long-term potentiation]　LTPと略記．活発なシナプス伝達などを契機に，その後のシナプス伝達効率が長期にわたり (数時間～数日) 増強すること．これはシナプスの可塑性を意味し，学習，記憶の細胞レベルの基盤であると考えられている．T. Lømo (1966) により，ウサギの生体の海馬で最初に発見された．その後，長期増強は齧歯類の脳スライス標本で盛んに研究され，その典型例は，海馬のCA3からCA1のシナプスで検出される．すなわち，CA3の入力繊維の高頻度刺激により，CA1のシナプス後部のNMDA受容体を介した細胞内カルシウム濃度上昇による機能的なAMPA受容体の増加によると考えられる．長期増強は，その他，脳のさまざまなシナプスで検出され，メカニズムの異なるものもある．反対にシナプス伝達効率が減弱することを長期抑圧 (long-term depression, LTD) という．

h **蝶形花冠**　[papilionaceous corolla]　マメ科マメ亜科 (Papilionoideae) の花の蝶の形に似た花冠．5枚の花弁からなる．*花冠は左右相称で，花を正面から見て上方の大形の1枚を旗弁 (standard, vexillum)，側方の1対をなす花弁を翼弁 (wing, ala)，下方にある2枚の下縁が接着して，蕾の時には雌ずいと雄ずいの全体を包んでいる1対の花弁を竜骨弁 (keel, carina) という．昆虫が竜骨弁に着陸して花冠の奥に潜り込もうとして竜骨弁を押すと，内部の雌ずいの花柱と柱頭および雄ずいが上方

チョウシュ　921

に飛び出して昆虫の腹部などに接触して花粉を媒介する.

a **超高圧電子顕微鏡** [ultra-high voltage electron microscope] 一般に電子線の加速電圧が 200 kV 以上の電子顕微鏡をいう．現在では 3000 kV のものも製作されている．通常の電子顕微鏡では 100 nm 以下の極めて薄い試料の検索が行われているが，超高圧電子顕微鏡を用いると厚い試料や金属試料の観察が可能となる．また超高圧であるため，電子線の非弾性散乱による試料の損傷が少なく，自然に近い状態の試料の観察ができる．さらに電子線の波長は高圧になればなるほど短くなるので，電子顕微鏡の分解能が高くなるという利点もある．

b **腸呼吸** [intestinal respiration, gastric respiration] 水生動物において腸内腔に接する上皮細胞層を通じてガス交換の行われる現象，すなわち腸による空気呼吸および水呼吸．鰾（うきぶくろ）や肺が消化管から生じたものであるように，胃や腸に呼吸作用のあることが知られ，これは水生動物に限らず原理的にはヒトを含めた全動物に可能といわれる．腸呼吸は鰓および皮膚呼吸の補助としての効果が大きく，また直腸の排出運動を促進する効果をもっているが，環境水の溶存酸素量を常に飽和に保つなど，環境条件を好適にすると，腸呼吸に依存する度合が低下する．腸呼吸はドジョウやナマズが有名であるが，ドジョウは水表面に浮かび出て空気をのみこみ肛門から気泡を排出し，排出されたガスには O_2 が減少し CO_2 が増加している．ある種のユムシでは肛門から直腸に海水が取り入れられ，直腸の薄壁を通して体腔内の呼吸色素（ヘモグロビンやヘマチンなど）をもつ血球によってガス交換がなされている．カメ類の副膀胱（または排出腔嚢 cloacal sac），ナマコの呼吸樹，またトンボの幼虫の直腸気管鰓なども同様の機能であると解される．

c **超個体** 【1】《同》超個体的個体．多くの*社会性昆虫では，一つのコロニー全体が他の動物の個体と同位になるとしたもの．今西錦司 (1951) の造語．【2】[superorganism, complex organism] 《同》複合生物．複数の個体から形成される生物のこと（⇒生物群集）.

d **長骨** [long bone ラ os longum] 脊椎動物の大腿骨のように長い形状の骨の総称．両端部を骨端 (epiphysis) といい，その間の主部を骨幹 (diaphysis) という．骨幹が中空・管状なので長骨を管状骨 (tubular bone) とも呼ぶ．骨幹は表面は緻密骨質，内部は*海綿骨質からなり，骨幹壁は緻密骨質だけからなる．骨端の海綿骨質は，荷重による力線に一致した構造を発達させ，支持機能への適応を示す．骨端と骨幹は別個の骨化中心に由来する．一定の発育段階に達した後の長骨では，骨端と骨幹の間に板状の骨端軟骨 (epiphyseal cartilage) が残り，それが両側に向けて長軸方向の長骨の伸長すなわち*骨化を続ける．伸長完了に際しては，骨端軟骨も骨化し，骨端線 (epiphyseal line) として名残りをとどめることがある．他の骨と同様に外表面は骨膜で，腔壁は*骨内膜でおおわれる．

e **腸骨静脈** [iliac vein ラ vena iliaca] 脊椎動物において，静脈血を心臓に向かって送る主要な血管の一つ．魚類では腹鰭から発し，本静脈は側静脈に合流，四足類では後肢から発し，腹静脈・後大静脈のいずれかに合する．腸骨静脈は末梢に向かうにつれて大腿静脈 (vena femoralis)，膝窩静脈 (venae popliteae)，前脛骨静脈 (venae tibiales anteriores)，後脛骨静脈 (venae tibiales posteriores)，腓骨静脈 (venae fibulares) などの名がある．

f **超雌** [superfemale] 正常の雌より相対的にさらに多数の X 染色体をもつもの．最初にショウジョウバエで発見された．超雌は発生がおくれ，生活力が弱く，生殖能力もない．超雌と逆に常染色体が相対的に多数組で，雄性形質を正常以上に表現するものを超雄 (supermale) という．（⇒間性）

g **聴櫛**（ちょうしつ）[auditory crest ラ crista acustica] 《同》膨大部稜 (crista ampullaris)，聴峰，聴稜．*内耳の半規管膨大部 (ampulla) の内部にあって，管の軸と直角の方向に存在する堤防様の構造．この頂部は*有毛細胞により占められ，さらにその細毛の集合は薄膜（クプラ cupula）を形成する．個体が回転運動をするとき，その加速度により半規管内リンパ液の流動が生じ，クプラを変位させる．水平と垂直半規管において興奮の方向が異なり，水平半規管ではこれに続く前庭卵形嚢へ向かう流れが神経に対し興奮，逆方向の流れは抑制を生じ，両垂直半規管では逆の方向で興奮抑制が生ずる（エワルドの法則 Ewald's law）．このような方向性は有毛細胞における運動毛の局在性に基づき，水平半規管の聴櫛では全ての運動毛は卵形嚢に近い点に局在する．

h **長日植物** [long-day plant] 《同》長日性植物．限界暗期（⇒短日植物）より長い継続した暗期を含む光周期が与えられると，花芽形成しない，あるいは花芽形成が抑制される植物．光周期性に関して短日植物と逆の関係にある．自然界では比較的日長の長いときに花芽を分化する．例えばホウレンソウ，ヒヨス，ディル，ムシトリナデシコ，コムギ，ダイコン，シロイヌナズナなど．暗期さえ短ければ，それに伴う明期が短くても花芽を分化し，長い暗期が与えられても，途中適当な時期に短時間の光照射が行われると（⇒光中断），花芽を分化する．限界暗期の長さは植物によって異なるが 10〜14 時間のものが多い．なお，長日処理前に低温処理を要するものが多い．（⇒光周性）

i **潮周帯生物** [circalittoral organism] 潮周帯にすむ生物の総称．これを群集として見るときは潮周帯群集 (circalittoral community) と呼ぶ．潮周帯 (circalittoral zone) は水深 20〜60 m から陸棚縁の水深 200 m までの比較的平坦な海底を指す（⇒沿岸域）．潮周帯では潮下帯（⇒潮下帯生物）で生育している（⇒潮下帯生物）．潮下帯は姿を消し，大形海藻も極めて乏しい．岩礁底・砂礫底は，陰光性のイシモ類（小形紅藻）・カイメン・コケムシ類・刺胞動物などの固着生物が生息するが，潮周帯の大部分を占める泥底ではそれらも生息せず，多毛類・二枚貝類・クモヒトデ類などの埋在動物（⇒内在ベントス）が卓越する．これらの動物はいずれも，その栄養の大部分を表層や潮下帯など外部の植物の*一次生産に依存している．底生の底魚は多く，良好な底曳漁場となっている．（⇒海洋生態系）

j **張受容器** [stretch receptor] 《同》伸展受容器．筋の伸展度（張力）に関する受容器．動物の姿勢反射の起点として重要な働きをしている．【1】無脊椎動物で最もよく研究されたのは甲殻類の腹部体節を結ぶ小筋に見られるもので，J. S. Alexandrowicz (1951) が最初に記載．1 個の小縦走伸筋に大小（径 100 μm に達する）2 個の張受容細胞が見られる．どちらも短い樹状突起を出し，この突起に細い遠心性の抑制性繊維が数本きている．この受容細胞は神経細胞で，筋繊維の伸展収縮により樹状突

起に膜電位変化(受容器電位)が発生し,この変化は細胞体にも及び,さらに軸索に至って約500μm離れた部位から伝導性のスパイク放電を発生する.大細胞で軸索の太い方は放電の順応が速く,細い軸索の順応は遅い.このような2種の性質の異なる受容細胞の存在は受容器の最も簡単な形である.抑制性繊維は張受容細胞樹状突起とシナプス結合を行い,伝達物質は*γ-アミノ酪酸(GABA)とされる.[2]脊椎動物骨格筋の張受容器は筋紡錘および腱紡錘である.内臓平滑筋の張受容器についても報告されているが,運動自体は2種の自律神経系により支配されていて,張受容器には一定の構造をもつものは見られていない.(⇒筋紡錘,⇒腱紡錘)

a **頂上系** [apical system] ウニ類の反口側の中央部分にあり,殻板系(coronal system)の頂上に接する一連の骨片,すなわち頂上板系(apical plate system).正形類では,5枚の生殖板(genital plate)と5枚の終板(ocular plate, terminal plate)が交互に環状に配列し,さらに頂上寄りの囲肛部に囲肛系(囲肛板系)がある.不正形類では,タコノマクラ類は生殖板は融合して1枚となり5枚の終板が,ブンブク類は通常3〜4枚の生殖板と5枚の終板がある.囲肛部は殻の下側や後縁にある.いずれも,生殖板の1枚は*多孔板となる.

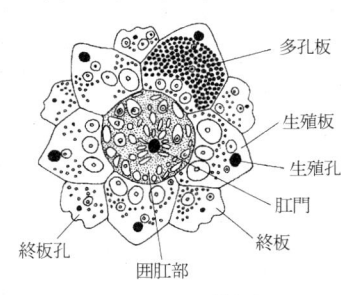

ムラサキウニの頂上系

b **潮上帯生物** [supratidal organism, supralittoral organism] 潮上帯に生息する生物の総称.これを生物群集として見るときは潮上帯群集(supralittoral community)と呼ぶ.潮上帯(supralittoral zone)は潮間帯(⇒潮間帯生物群集)の最上部で,平常は波浪のしぶきを浴びるだけの場所であり,飛沫帯(splash zone)とも呼ばれる.岩石海岸ではタマキビ類,砂浜海岸ではスナガニ類,内湾・河口の泥地ではベンケイガニ類などが生息する.潮上帯生物の分布は,波浪条件によって大幅に変化する.例えば岩石海岸では,フジツボ帯の上縁からタマキビ類の生息上限までが分布範囲とされ,波浪への露出度が中程度の海岸では,大潮平均高潮線付近から大潮高潮時あるいは荒天時に波で洗われる上限付近までの間に相当する.砂浜では,打ち上げられた海藻やゴミなどにハマトビムシ類などの動物群が見られ,これを wrack fauna と呼ぶ.潮上帯の生物は,物理的あるいは生理的乾燥に対して強い耐性を発達させており,海洋に起原しながらも海水中では長時間生きられない種も多い.

c **頂上板** [apical plate] [1] ウニ類の頂上系を構成する骨板.正形類では2種10板からなる(⇒頂上系).[2]=頂板

d **聴神経** [acoustic nerve ラ nervus acusticus] 《同》第八脳神経,内耳神経(nervus vestibulocochlearis).内耳から聴覚と*平衡覚を脳に伝える感覚性の脳神経.顔面神経に付随し,脊椎動物の側線系と発生学的にも形態学的にも類似する.この神経束中には数は少ないが細い遠心性繊維も含まれ,上行性神経情報の制御をする.内耳では二分し,そのうち蝸牛神経(nervus cochleae)は聴器から,前庭神経(nervus vestibuli)は前庭や半規管から起こり,両者ともに,それぞれ原始的な双極性神経繊維からなる蝸牛神経節および前庭神経節を経て,*菱脳中の終止核に達する.

e **張性** [tonicity] 細胞(または生物体)をある溶液に浸したときに見られる*浸透圧.この際,細胞が容積をそのまま保つか,収縮するか,または膨張するかによって,等張性・高張性・低張性の3概念がある.張性は,細胞膜の*半透性と細胞内液および細胞外液の浸透濃度によって決定される.細胞膜が理想的な半透膜であれば,張性は細胞内外の溶液の浸透濃度のみによって決定されるはずであるが,細胞膜は*選択透過性を示し,また動的に半透性を維持するために,張性は細胞膜のこのような条件にも関係している.(⇒高張液,⇒等張液,⇒等浸透液)

f **調整器** [adjustor] 《同》伝導器(conductor).受容器と効果器との中間にあって,前者で生じた興奮を後者にまで伝導ないしは伝達する器官.前記2語に形式を合わせて動物行動系の3構成要素を表示するために造られた語.事実上は神経系を指すものといってよいが,内分泌系まで包括させることもできる.

g **潮汐周期性**(ちょうせきしゅうきせい) [tidal periodicity] 潮汐に対応した生物活動の周期性.海岸では通常,潮の干満が12.4時間周期でみられ,さらに大潮・小潮の繰返しが約半月(14.8日)周期で起こる.これらに対応してみられる生物の活動が潮汐周期性であるが,特に後者に対応したものは半月周期性と呼ばれ,潮の干満に対応した狭義の潮汐周期性と区別される.狭義の潮汐周期性はフジノハナガイの移動,シオマネキの活動など海岸の動物に多くみられる.潮汐周期性は多くの場合恒常条件下で持続し,そのようなリズムは概潮汐リズム(circatidal rhythm)と呼ばれる.概潮汐リズムの*同調因子としては,ワタリガニ科のカニ *Carcinus* やギンポ科の魚 *Blennius* では水圧変化が,等脚類の一種スナモグリ(*Excirolana*)では水の撹乱が,それぞれ認められており,明暗のサイクルが主要な同調因子である*概日リズムの場合とは異なっている.潮間帯にすむコオロギの一種マングローブスズ(*Apteronemobius asahinai*)では,概潮汐リズムの水刺激に対する位相反応曲線(⇒位相変位)が得られているため,概潮汐時計(circatidal clock)が存在している可能性が高い.

h **長節** [merus, meropodite] [1] 一般に節足動物の*関節肢の第四肢節.[2] 昆虫の*腿節.

i **調節** [regulation] 【1】生物学において,生物の示す多様な調和的適合作用の総称.*制御の語もほぼ同様の意味でよく使われる.生体への物質の出入から,細胞・組織・器官・個体・個体群,またそれら相互のレベルにわたる広範な概念が含まれる.例えば,物質代謝に関係した酵素のアロステリック効果や,蛋白質生合成,ホルモン作用,再生や修復,代償性肥大,体温や呼吸数・脈拍の調節,群集における個体群密度の調節など.高度な体制をもつ動物では,神経系・運動系・内分泌系・免疫系などにおいて,各種の生理作用・運動・行動・成長・生体防

御などの調節が行われ，*ホメオスタシスが保たれる．
【2】発生学において，一つの発生系がその素材の一部を失ったか，あるいは増加された際，またはその正常の運動その他の行動を妨げられた場合にも，その系が正常同様な最終的状態に到達する場合．このような意味の調節は広く発生現象に認められる．例えばカエルの初期発生で原腸期前に将来の左右半分を分離して発生を継続させるときは，それぞれ完全な小形の幼生が得られる．多くの器官原基もその初期の段階では典型的な調節系であり，胚について上に述べた実験と平行した実験結果が得られる．また単に胚や原基の一部を除去するだけでなく，逆に発生系の量を適当な方法で増加するときにも調和の取れた単一の個体や器官が得られる場合もあり，これも調節現象として取り扱われている．例えば種々の動物で二つの卵または器官原基を癒合させて単一の胚や器官が得られている（⇒調和等能系）．ただしすべてこれらの初期発生の調節的現象には生物の種類，発生段階，実験手段によって著しい制限がある．
【3】視覚における遠近調節.

a **調節遺伝子** [regulatory gene, regulator gene] 《同》制御遺伝子．他の遺伝子の形質発現を調節する機能をもっている遺伝子．例えば，*リプレッサーや転写活性化因子などの構造を決定する遺伝子．

b **調節性分泌** [regulated secretion] 粗面小胞体で合成された蛋白質が*小胞輸送によってゴルジ体を経て分泌顆粒に貯蔵され，ホルモンなどの外部刺激により細胞が適切な刺激を受け取った時に，細胞膜と融合して分泌されること．外部要因により制御される細胞の分泌の方式．*構成性分泌の対語．（⇒エキソサイトーシス）

c **調節蛋白質** [regulatory protein] 広義には代謝や運動など，各種の生体における制御に関与する蛋白質をいう．特に筋肉において，筋原繊維の蛋白質を機能面で収縮性蛋白質と調節蛋白質とに分ける．*ミオシン・*アクチンは前者に属し，*トロポミオシン・*トロポニン・アクチニン・*M蛋白質・*C蛋白質が後者に相当する．（⇒アクチン調節蛋白質）

d **調節動物** [regulator] 温度や浸透圧などの要因について，外部環境の変化に際して体内環境を一定に維持する調節能力のある動物をいう．*一致動物と対置される．温度については*恒温動物，浸透圧については*恒浸透圧動物は通常これに当たる．（⇒浸透調節型動物）

e **調節卵** [regulation egg, regulative egg] 《同》調整卵．実験的に分離された多細胞動物の卵割初期の割球において，与えられた材料だけで調節的に完全なまたは完全に近い形態をもった胚を形成するような卵．*モザイク卵と対置される．例えばウニ卵を四細胞期に各割球に分離すると，それぞれの割球は小さいながらほぼ完全な*プルテウス幼生まで発生する．すなわち調節卵では分離された割球が予定された以上の発生可能性を実現するわけである．刺胞動物，紐虫類，棘皮動物，腸鰓類，脊椎動物などの卵が調節卵に属する．調節卵は必ずしもその細胞質のすべての部域が発生的に等質であることを必要としない．実際に棘皮動物卵では動物極から植物極へ向かって著しい差異があり，さらに脊椎動物では背腹の方向にも著しい差異がある．それにもかかわらず分離された割球が完全胚を形成するのは，第一および第二分割面が子午面に沿うために動物極域と植物極域とが相互に分離されないため，および脊椎動物の背半は腹半から分離されても調節して完全胚を形成する能力をもつためなどの事情による．実際，八細胞期のウニ卵を動物極の4割球と植物極の4割球に分離すると動物極のものは永久胞胚になり，植物極のものも完全な胚は形成しえない．調節卵とモザイク卵の概念は実験発生学の初期から存在したが，必ずしも対立する概念ではなく，割球の発生運命決定の時期の差異によるものと考えられる．（⇒調節【2】，⇒モザイク期）

f **調節領域** [regulatory region] 《同》シス作用エレメント (cis-acting element)．*転写因子（トランス作用因子）や*RNAポリメラーゼが塩基配列を認識して結合するDNA上の領域．転写の調節に関与する．原核生物にはプリブノーボックス（−10配列）と−35エレメント（−35配列）からなる*プロモーターや，*オペレーターなどがある．真核生物ではTATAボックス，CAATボックス，*GCボックスなどのプロモーターエレメントや*エンハンサー，サイレンサーなどが知られている．一つの調節領域に支配されて転写されるDNA上の領域を転写単位 (transcription unit) と呼ぶ．原核生物では一つの転写単位内に複数の遺伝子が存在する場合が多く，*オペロンを形成している．一方，真核生物では一つの遺伝子内に複数の転写単位が存在する場合があり，時間・空間特異的遺伝子発現が調節されている．（⇒プロモーター，⇒エンハンサー）

g **腸腺** [intestinal gland ラ glandula intestinalis] 《同》リーベルキューン腺 (glandula Lieberkühni, Lieberkühn's gland, crypt of Lieberkühn)，腸小窩（腸陰窩 intestinal crypt）．小腸および大腸の固有層中に多数存在し，*腸液を分泌する単管状腺．うち，小腸ではその腺底に特殊の好酸性顆粒をもつ*パネト細胞が存在．また真正の腺でなく単なる内腔上皮列の管状の落ち込みと見て腸小窩とも呼ぶ．なお十二指腸には，腸腺のほかに真正の腺として*ブルンナー腺がある．

h **聴側線系** [acoustico-lateralis system] *平衡覚と聴覚に関与する*内耳と，原始的な水生脊椎動物にみられる*側線器官とを合わせた総称．魚類では外耳と中耳を欠き，卵形嚢（通嚢）と球形嚢（小嚢），壺（ラゲナ）をそなえる内耳だけをもつ．これらは平衡覚をつかさどる．魚類では球形嚢と壺の一部で聴覚をつかさどるが，どちらも耳石器官であり，羊膜類にみられるような*基底膜構造はない．羊膜類では壺そのものに隣接する外リンパ管が伸長して蝸牛を形成し，内耳が聴覚器として大きな役割を担う．内耳の卵形嚢斑・球形嚢斑・壺斑に見られる有毛感覚細胞は構造的には魚類の側線系の神経丘と対比できる．また，発生学的には内耳は外胚葉性プラコードが体内に落ち込んで嚢を形成したものに由来し，側線系と起原が同じである．これらのことから，内耳は側線系の一部が体の内部に落ち込んで特殊化したものとみなすことができる．内耳のうち，膜迷路に注目した場合には，側線器官と膜迷路とを合わせて側線迷路系 (lateralis-labyrinth system) と呼ぶ．

i **腸祖動物** [gastraea] 《同》ガストレア．後生動物の祖先型として想定された，原腸胚（嚢胚）に相応する形態をもつ動物．（⇒ガストレア起原説）

j **腸体腔幹** [enterocoel series] 《同》原腸体腔幹．*真体腔をもつ動物のうち，腸体腔嚢が成体の体腔となる一群，すなわち発生の過程において原腸壁の細胞から体腔が形成される一群が，動物の系統樹の幹（枝）の一つ

を構成する動物群．新口動物にほぼ対応し，動物分類における系統樹の一つの幹をなすもの．毛顎動物，棘皮動物，半索動物，尾索動物，頭索動物，脊椎動物の各門がこれに属する．これらの動物をまとめて腸体腔動物(Enterocoela)ともいう．ただし脊椎動物は関与する細胞の数が多いため原形から異なった体腔形成をする．また最近は，毛顎動物は*旧口動物に属するという見方が受け入れられている．これに対し，*端細胞(または中胚葉原細胞 mesoteloblast)より作られた中胚葉帯(中胚葉条帯)の中に，二次的に生じた空所が成体の体腔となる一群は*端細胞幹(裂体腔動物 Schizocoela)に分類される．腸体腔動物に属する動物では，体腔形成の方法以外に，卵が放射的に分裂すること，発生中に原腎管ができることなく直接に腎管を生じること，原口が肛門になること(*新口動物)，などの共通性をもつ．一方端細胞幹の動物群は，卵がらせん卵割をすること，原口は原則として成体の口となること(旧口動物)，発生中に原腎管を形成すること，またはさらに腎管がこれに代わることなどの共通性をもつ．

a **腸体腔嚢** [enterocoelic pouch] 《同》原腸嚢(archenteric pouch 独 Urdarmtasche)．棘皮動物や半索動物の嚢胚期に続く発生段階において，原腸壁が左右に膨出して生じる嚢．後に原腸からくびり切れて，その内腔(腸体腔 enterocoel)は真体腔となる．腸体腔嚢はさらに前後方向に3部分にくびれるが，その前部のものを棘皮動物では軸体嚢(axocoel)，半索動物では前体腔(protocoel)，中央部のものをそれぞれ水腔嚢(hydrocoel)，中体腔(mesocoel)，後部のものをそれぞれ後部体腔嚢(somatocoel)，後体腔(metacoel)という．棘皮動物では，これらのうち右側(体背部から見て)の軸体嚢と水腔嚢は後に縮退する．左側軸腔嚢からは細管が背方に伸張して体壁に開口して水孔となり，多孔板や軸洞が形成される．また後方に細管(石管)が続いて左側水腔嚢(単に水腔嚢ということが多い)と連絡する．水腔嚢からは，成体の水管系の主要部分が形成される．左右両側の後部体腔嚢からは，成体の体腔や血洞系などが形成される．毛顎動物や頭索動物においても，その体腔は基本的には原腸壁から生じる腸体腔性のものである．

b **頂端–基部軸** [apical basal axis] 植物の発生において，細胞や組織の伸びる側(頂端)とその逆側(基部)を結ぶ軸．伸びる場所が複数あるときは，細胞内形態や組織形態が変わる部分を基部と呼ぶ場合が多い．陸上植物においては，胞子や受精卵が分裂してできる2細胞のうち，より早い時期に幹細胞を形成する方の細胞を頂端細胞，残りの細胞を基部細胞と呼ぶ．種子植物の花粉の場合は花粉管の先端を頂端，花粉殻側を基部と呼ぶ．維管束植物胞子体において，胚発生が進行し，シュート頂分裂組織や根端分裂組織が出来た後は，各分裂組織のある方を頂端，逆を基部と呼ぶ．主シュートの基部と主根の基部は，両者の接続部であり，側枝や側根の基部は，それぞれ，主シュート，主根との接続部である．コケ植物胞子体は根が無いので，胞子体の最も配偶体に近い部分を基部と呼ぶ．陸上植物胞子体ではオーキシンの極性輸送により頂端–基部軸が制御される．

c **頂端細胞** [apical cell] シダ植物の，茎と根の*頂端分裂組織の最先端に位置する始原細胞．一般に周辺の細胞より大きい1個の細胞を指す．シダ植物大葉類(マツバラン科，トクサ科を含む)の頂端細胞は一般に表面と三つの側面に囲まれた倒三角錐形(細長い四面体形)を示すが，例外的にワラビのシュート頂では表面と二つの凸面に挟まれた両凸を示す．四面体形の頂端細胞は，茎ではそのうちの3側面において，根ではすべての側面において，規則的に細胞分裂を行う．ゼンマイ科やリュウビンタイ科などでは頂端細胞が区別できず，2, 3個の大型の始原細胞が見られることも多い．シダ植物大葉類の葉原基も半レンズ形の頂端細胞をもち，始原細胞としてかなり長期間にわたって保持され，いわゆる「わらび巻き」形成に貢献する．C. W. von Nägeli (1845)は，シュートの諸組織は全て頂端細胞に由来するとしたのと同時に，これに類した細胞が広く維管束植物の茎や根の頂端分裂組織に存在するとする頂端細胞説(apical cell theory)を提唱した．しかし，その後，本説は種子植物のシュート頂構造の研究の進展とともに批判され，J. Hanstein (1868)の*原組織説の出現をみるに至った．また藻類とコケ植物の体の先端に見られる1個の大形の細胞も頂端細胞と呼ばれる．

d **長短日植物** [long-short-day plant] 《同》長短日性植物．長日条件に続く短日条件が与えられた方で花芽を形成しない植物．花芽形成のために両方の条件を必要とし，順序が逆になると花芽を形成しない点で*短日植物・*長日植物・*短長日植物と異なる．ベンケイソウ科のBryophyllum crenatum，ナス科のヤコウボクCestrum nocturnumがその例．

e **頂端受精** [acrogamy] 《同》珠孔受精．*花粉管が*胚嚢の中に珠孔を通過して侵入する場合をいう．迂回して反対側の胚嚢の基部，すなわち合点を通過する場合は基点受精または合点受精(chalazogamy)，また両者の中間型，すなわち胚嚢の側面から侵入する場合は中点受精(mesogamy)という．いずれの場合も花粉管は卵細胞のある胚嚢の珠孔側から胚嚢内へ侵入する．

f **頂端複合体** [apical complex] 《同》アピカル・コンプレックス．*アピコンプレクサ類などの細胞前端に存在する特殊な構造．スポロゾイトやメロゾイトなど少なくとも生活環の一時期に生じ，宿主細胞への接着や侵入に関わる．らせん状の微小管からなる筒であるコノイド(conoid, 閉じていない筒の場合は偽コノイド pseudoconoid)と微小管形成中心である極輪(polar ring：紅藻の*極環と同綴りなので注意)，酵素などを含む小胞であるロプトリー(rhoptry)やミクロネーム(microneme)からなる．ただしこのうちいくつかの要素を欠く場合もある(例：マラリア原虫はコノイドを欠く)．

g **頂端分裂組織** [apical meristem] 維管束植物において，成長軸の先端に存在し細胞を増殖する組織．側部分裂組織に対する．*シュート頂分裂組織と*根端分裂組織が存在．頂端分裂組織は，始原細胞(群)とそれから作られたばかりの未分化の細胞からなる前分裂組織，してこれに続く*一次分裂組織(前表皮，前形成層，基本分裂組織)から構成される．頂端分裂組織の境界を決めるのは難しいが，シュート頂では最も若い葉原基より上の部分に相当する．頂端分裂組織の構造は植物群によって異なる(→シュート頂分裂組織，→根端分裂組織)．また葉も発生初期に頂端分裂組織(葉頂端分裂組織 leaf apical meristem)をもつが，シダ植物大葉類に比べて種子植物では早期に消失するのが一般的である．

h **超沈澱** [superprecipitation] *アクトミオシンが低イオン強度下(0.03〜0.12)でATPにより著しく体積

が小さくなり沈殿を起こす現象．A. von Szent-Györgyi (1942)の発見．in vitroでの筋収縮モデルとみなされている．はじめFアクチンにミオシン分子が矢尻型に結合して水分を多量に含んでいたのが，ATPによりミオシンがアクチンフィラメントから解離してミオシンフィラメントを形成する．やがてミオシンフィラメントとアクチンフィラメント間の滑りがATPの加水分解を伴いながら起こり，同時に巨大な会合体が形成される．その結果アクトミオシンは脱水し，沈殿となる．この経過は660 nmでの吸光度の増加で追うことができる．超沈殿の際ATPアーゼ活性はMg^{2+}存在下で急激に増加する．

a **蝶番**（ちょうつがい）［hinge］《同》鉸装（こうそう）．二枚貝類の2枚の*貝殻が*殻頂下で関節する部分．殻の背縁のはさみ合った部分を鉸線（hinge line），殻頂の下の肥厚した部分を鉸板（hinge plate）といい，鉸板は鉸歯（hinge teeth）をそなえて両殻がかみ合う．蝶番の形式は種類により異なり，分類上の重要な標徴とされる．アカガイのように小さな同形の鉸歯が並ぶ多歯式（taxodonty）のもの，ハマグリやシジミのように主歯と側歯の別がある異歯式（heterodonty）のもの，1本の主歯が同大に分かれた分歯式（schizodonty）のもの，イガイ・ホタテガイ・カキのように鉸歯を欠く貧歯式（dysodonty）のものに大別される．

b **鳥頭体**［avicularium］→苔虫動物

c **腸内細菌**【1】［intestinal bacteria, enteric bacteria］動物の腸管内に常在する細菌類の総称．そのような細菌類の総体を腸内細菌叢（腸内フローラ intestinal flora）と呼ぶ．腸内細菌の大部分は通性嫌気性あるいは偏性嫌気性細菌で，その数は糞便1 g当たり10^{11}個に達する．分離培養の研究やメタゲノム解析からは1000種類以上の腸内細菌が存在すると推定されている．主なものとしてバクテロイデス属，*Eubacterium*，ビフィドバクテリウム属，*クロストリジウム属などに含まれる菌種が優占している．*大腸菌も常在菌であるが，全菌数の0.1%以下を占めるにすぎない．腸内細菌叢は宿主の年齢，食物習慣，疾病や精神的ストレスによっても変化し，消化管の部位によっても異なる．腸内細菌は食物の消化に補助的役割を果たし，外来の病原菌の発育を抑えるなど宿主の体調の維持に役立っているが，一方では菌の代謝産物中に発がん物質が見出されるなど，有害な生産物が各種の障害の原因になる場合もある．（→菌交代現象）

【2】［Enterobacteriaceae］グラム陰性通性嫌気性桿菌類の一科．エシェリキア（大腸菌）属，*サルモネラ，*エルシニア，プロテウス（*Proteus*），シゲラなどの各属を含む．

d **腸背壁溝**［typhlosolis ラ typhlosole］《同》盲樋．貧毛類において，腸の背面正中線の壁が腸の内腔に向かって突出した樋状の構造物．内部に*黄細胞を含む．腸の吸収表面積を拡大するものと解されている．

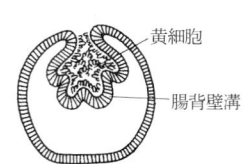

ミミズ（*Lumbricus*）の腸の横断面
黄細胞
腸背壁溝

e **超薄切片**［ultra-thin section］透過型電子顕微鏡で組織を観察するために作製された極めて薄い切片．現在，広く用いられている切片作製法はグルタルアルデヒドと四酸化オスミウムで二重固定した組織片をエポキシ樹脂などに包埋し，*ウルトラミクロトームに取り付けたガラスナイフかダイヤモンドナイフで，100 nm以下の超薄切片にする方法である．そのままではコントラストが低いので*電子染色し鏡検する．この方法によって，細胞内の数々の微細構造が明らかとなった．透過電子顕微鏡では，1～2 μm厚程度の厚めの切片（準超薄切片 semi-thin section）を切り出し，光学顕微鏡で観察して目的とする組織細胞が表面に露出されているのを確認してから，超薄切片を作製する．準超薄切片はパラフィン切片に比べて，組織の収縮も少なく，良好な像を得られるという利点があるため，近年では光学顕微鏡による組織観察にも多用されている（準超薄切片法）．

f **聴斑**［auditory macula ラ macula acustica］脊椎動物の*内耳の卵形嚢および球形嚢の上皮において，第八脳神経の端末が分布する部位．第八脳神経は2枝に分かれ，その1枝は前庭神経（nervus vestibularis）となる．これは内耳の迷路前庭に入り，さらに分かれて卵形嚢および球形嚢の上皮の聴斑に入る．ここは，炭酸カルシウムからなる*平衡石（魚類ではこの平衡石を星状石 asteriscus という）が有毛細胞の毛の上にのっていて，白色を呈する．球形嚢から分離した*つぼにおける聴斑を壺斑（macula lagenae）という．

g **頂板**［apical plate, cephalic plate］【1】《同》頭頂板，頂盤（apical disc）．水生無脊椎動物幼生のビリディウム・アクチノトロカ・トロコフォア・ドリオラリア・トルナリアなどの体の頂端にある構造．頂器官の主部をなす．外胚葉細胞が著しく肥厚して円盤状となったもので，中央に少数の長い鞭毛の束すなわち頂毛（apical tuft）がある．この鞭毛は，運動時に体表の繊毛のように波動することなく，ほとんど常に上方に伸びたままであり，頂板と体の各部とは細い神経線維や筋線維で連絡しているので，感覚器官，または運動方向を変える時の舵の役をするものと考えられている．この部分から成体の脳が形成される種類もある．【2】棘皮動物の*頂上系の一要素．

h **重複感染**（ちょうふくかんせん）【1】［superinfection］「じゅうふくかんせん」とも．《同》重感染．2種類のウイルス（同一種の異なる2系統，例えば野生株と変異株，または異種ウイルス）が，同一細胞に感染すること．ウイルス間に相互作用が起き，増殖の抑制または増強が起こることがある．例えばT4ファージなどでは，先に感染したファージもしくは*プロファージが菌体表面に変化を引き起こすことなどにより，重感染ファージのゲノム注入の阻止か加水分解による切断が起こる．これを重感染排除（superinfection exclusion）という．

【2】［multiple infection］《同》多重感染，二重感染（double infection），混合感染（mixed infection）．特に臨床面において，同じ臓器が複数種の病原体に同時に感染すること．ある特定の症状がこれで説明される場合もある．

i **重複奇形**（ちょうふくきけい）［double malformation, double monster］「じゅうふくきけい」とも．《同》重複（reduplication, duplication）．主として動物において，2個体が部分的に癒着ないし癒合している*奇形，あるいは個体の一部または器官などが重複して形成される奇形．前者は一般に一卵性双生児の分離不完全によるものと考えられ，結合双生児（conjoined twins，シャム双生児とも俗称される）ともいう．両個体が連結部位をのぞ

いて比較的安全な場合は相互に両側相称の関係にあるのが一般的で（外形だけでなく内臓も一方が内臓逆位を起こして両者間で相称となる），これを相称的結合双生児(diplopagus, cosmobia, equal conjoind twins)という．この場合，連結部位名に「一結合体」(-pagus)の語を付してその諸型を呼ぶ（例：頭結合体 cephalopagus）．また体の前方だけを重複し，後方の単一なものを前方重複奇形(duplicitas anterior, anadidymus)，逆に後方だけが重複するものを後方重複奇形(duplicitas posterior)といい，これらは総称で部分重複奇形(hemididymus)ともいう．ヒトや乳用牛などにみられる顔面重複奇形(diprosopus)や双頭奇形(double head)は前方重複奇形の一種である．また重複した体前半の両者に共通の*正中面が，同じく重複した体後半の両者に共通の正中面と直角をなすものを十字重複奇形(duplicitas cruciata)という．以上の相称的な場合に対して，両個体が対等でなく比較的完全な一方に他方のものが付随している型のものを不等結合双生児(unequal conjoined twins)といい，この場合前者を自生体(autosite)，後者を寄生体(parasite)という（例：寄生的頭蓋結合体 craniopagus parasiticus）．また寄生体が自生体の体内に封入されているものを胎児封入奇形(foetus in foetu, 封入奇形)という．実験的に1卵より重複奇形を形成することは，両生類初期胚における結紮実験，形成体移植実験，第一卵割前後の卵の転倒による「シュルツェの重複形成」(Schultze's double formation)などの古典的な例を含め数多く知られるが，これらは発生中の胚や器官の*軸性に関わる組織や遺伝子を実験的に重複させることで引き起こされる．また，カエルの肢などの器官再生過程で自然にあるいは実験的に重複奇形を生じることがあるが，これも再生芽の軸性の乱れ（重複）が原因である．植物でも花や葉の器官の一部または全部の重複奇形の諸例がある．（→双腹奇形）

a **重複子宮** [duplex uterus] →子宮
b **重複受精**（ちょうふくじゅせい）[double fertilization]「じゅうふくじゅせい」とも．被子植物特有の*受精形式で，一般に*胚嚢に*花粉管が到達すると，花粉管の先端部にある2個の精細胞（雄性配偶子）がそれぞれ卵細胞および中央細胞と受精する現象．S.G. Nawaschin (1898)がマルタゴンリリー(Lilium martagon)で発見，E. Strasburger (1900)が卵細胞と精細胞の受精後に起こる卵核と精核の合体（融合）を生殖受精，中央細胞と精細胞の受精後に起こる第二の精核と*極核の合体を栄養受精，この両者をあわせて重複受精と呼んだ．一般に花粉管の先端が胚嚢に達すると，花粉管の先端が破裂し，2個の精細胞を含む内容物が放出される．この際に2個の助細胞の片方の助細胞が退化し，受精の場を作る．二つの精細胞は卵細胞と中央細胞の表面に達し，重複受精する．受精前の精細胞や，卵細胞および中央細胞の受精が起こる部位には細胞壁が存在せず，膜融合が可能である．受精卵は$2n$性であるが，中央細胞は受精の結果，すぐ$3n$性の核になるもののほか，植物の種類によっては$n+n+n$, $2n+n$の状態のまま分裂するものや，また核相が$5n$や$7n$になるものなどがある．重複受精の結果できた受精卵は前胚から胚へと分化・成長し，中央細胞は*胚乳細胞となり分裂を繰り返して胚乳組織を作る．

c **重複像眼**（ちょうふくぞうがん）[superposition eye]「じゅうふくぞうがん」とも．小網膜と円錐晶体が離れ，その間に非屈折性の透明な媒体である円錐晶体糸(crystalline cone thread)があって，個眼が著しく長くなっている型の*複眼．甲殻類や多くの夜行性昆虫などに見られる．この眼では暗順応時に遠位色素細胞の色素が遠位（角膜側）に，近位色素細胞の色素が近位（網膜側）に移動して，個眼の軸に沿って入った光だけでなく隣接した若干数の個眼を通った光も小網膜に達することができるので，各個眼の小網膜には被視物体の像点が隣接個眼のものと部分的に重複して結ばれることになる．これを重複像(superposition image)という．明順応時には，遠位色素が網膜側に，近位色素が角膜側に移動して各個眼を仕切るため，像は連立像となる．しかしホタルなどの円錐晶体糸は光伝導繊維のように光を直接それぞれの感桿まで導く事実などから，像形成に関する複眼の光学的性質は再検討されている．むしろ，研究者によっては複眼を単に形態学的な特徴によって，円錐晶体糸のあるものとないものに，また感桿分体が融合しているもの（感桿融合型，バッタなど）と分離しているもの（感桿分離型，ハエなど）に分けている．（→連立像眼，→複眼[図]）

d **頂帽** [apical cap] 緑藻綱サヤミドロ類の糸状体細胞上部にある細胞壁の鞘状構造．この藻群では細胞分裂によって新たな細胞壁が母細胞上部に挿入されるため，この際めくれ上がった母細胞壁が鞘状の頂帽となる．またアオサ藻綱スミレモ属の糸状体頂端にある帽状の細胞壁層も頂帽と呼ぶ．

e **頂帽細胞** [cap cell] 針葉樹の*前胚の胚原細胞群の先端に生ずる先が尖っている特殊な細胞．前胚柄の伸長によって胚原細胞群が胚乳中に押し進められる際に，体支持に役立つと考えられる．ナンヨウスギでは胚原細胞が前胚の先端ではなく[前胚[図]]中央部にできるため，頂帽細胞に匹敵する部分ははるかに多数の細胞からなり，特に胚帽(embryonal cap)と呼ばれる．

f **腸盲嚢** [intestinal caecum] 無脊椎動物における，腸の盲状膨出部．一般に食物の貯蔵・消化・吸収の機能をもつ．扁形動物吸虫類のカンテツでは樹枝状に細かく分岐する．紐形動物では幽門と腸の接続部位から腸盲嚢が体前方へ延びることがある．線形動物の回虫類の一部の種では腸起始部から体前方に向かって1本ないし2本の腸盲嚢が分岐する．

g **腸門** [intestinal portal] 脊椎動物の部分割する胚や哺乳類の胚において，胚体が境界溝により胚体外域からくびれるにつれ，*前腸と*後腸は下壁を完成して管状になるが，この管状部の内方に向く開口部．それぞれの場合を前腸門(anterior intestinal portal)，後腸門(posterior intestinal portal)という．両腸門間の部位は初め下壁が形成されず前後に溝状になっていて腸溝(intestinal groove)と呼ばれるが，しだいに下壁が完成し，腸管は中腸の部位だけで細い卵黄柄によって卵黄嚢と連絡するようになる．

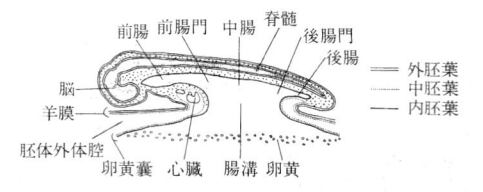

h **聴野** [auditory sense area] 《同》聴覚野．音の振

動数と強さをそれぞれ横軸と縦軸に対数目盛で記し，可聴範囲を上下2本の曲線で画した部分．図の下の曲線は聴覚の閾値を示す曲線で，中等度の振動数(ヒトでは1～3 kHz 付近)に極小がある．上の曲線は音感から痛覚に移行するところ(痛覚閾)で，最高痛覚閾は最低聴覚閾の約 10^{14} 倍に達する場合もある．聴覚閾には個人差があるが痛覚閾はほぼ同一．ヒトの言語音は聴野のほぼ中央(言語範囲)を占める．発声と聴覚には密接な関係があり，コウモリは通常の鳴声のほかに飛翔中には超音波(3～70 kHz)の鳴声を発し，その反射波を聴いて障害物を探知・回避することができ，イルカ類も水中で超音波を発しその反射波を利用していることが，また洞穴に生息するアブラヨタカ(oilbird)も，超音波ではないが，約2 kHz の音声の反射波を利用して*反響定位を行うことが知られている．

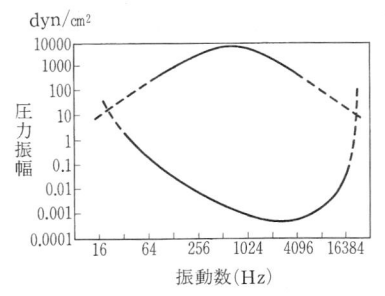

a **跳躍進化** [saltation] 進化は飛躍的過程として起こるという観念．現在では術語としてはほとんど用いられない．跳躍の程度は論者によりさまざまであるが，ある動物の卵からまったく異なった動物が孵化する(例えば爬虫類の卵から鳥類がうまれる)というような跳躍の考え方は，É. Geoffroy Saint-Hilaire, R. A. von Kölliker らに見られる．分子進化において短い繰返し配列がゲノム中に一気に増大する時にもこの表現が用いられることがある．

b **跳躍伝導** [saltatory conduction] 有髄神経繊維において，*興奮が*活動電流を媒介として髄鞘の絞輪から次の絞輪へと跳躍的に*伝導する現象．髄鞘は電気的絶縁体で，活動電流は隣接するランヴィエ絞輪間を流れるので跳躍伝導という．最初 R. S. Lillie (1925) が，後に加藤元一(1936) や田崎一二 (1939) が示し，A. F. Huxley および R. Stämpfli (1949, 1951) や B. Frankenhauser (1952) が確認した．有髄神経繊維は跳躍伝導を行うため伝導速度が速く，かつ興奮に際してのイオンの出入が絞輪部だけに限られるので，エネルギー消費の点でも経済的であるとされる．また伝導速度が繊維の直径に比例することも跳躍伝導と関係して説明される．

c **超優性** [overdominance] *ヘテロ接合体の*適応度が*ホモ接合体のそれより高いこと．A と a の二つの対立遺伝子がある場合，Aa 個体が，AA および aa のいずれも適応度の高いこと(→平衡多型)．なお，超優性は*雑種強勢の一因でありうるが，雑種強勢は超優性以外の過程で生じることがある．超優性がまれにしか生じないのに対して，逆にヘテロ接合体の適応度が低くなる低優性 (underdominance) は生殖隔離の結果として生じる，ありふれた現象である．

d **聴力** [auditory acuity] 音の強さに対する聴覚の感受性．刺激閾(通例 dB で表す)の逆数で表す．純音に対するものと，言語音に対するものを区別することがある．振動数により大差があり(→聴野)，中等位の音(ヒトでは2 kHz)の辺に極大値をもつ．聴力の小さい場合は難聴と呼び，中耳難聴では主として低音部の，迷路難聴では高音部の聴力が減じるとされる．老年のものは老人性難聴(presbyacusis)と呼ばれ，高音部において聴力の減退が著しい．全く聴こえない状態が聾である．同じ音が強く長く続くときその音に対する聴力が減退するのは聴覚疲労の現象であるが，その際異なる高さの音には疲労を認めないこと，音が一耳だけに作用しても疲労は両耳に生じることが知られている．

e **鳥類** [birds ラ Aves] 伝統的分類体系における脊椎動物亜門の一綱．主に飛翔生活者としてよく繁栄し，解剖学的に爬虫類との共通点が多いため，羽毛をもつ爬虫類ともいわれる．体表に羽毛をもつ前肢の変化した翼をはじめ，飛翔のための適応が著しく，胸骨には著大な竜骨突起が発達して翼筋の付着面を拡大している．肺は自ら伸縮しないかわり付属器である数対の気嚢が発達し，その一部は骨の髄腔中にまで入り込むため骨は中空となる．皮膚腺は尾腺のみ．一般に歯と前肢の爪がなく，前肢の前腕部と後肢の下腿部の骨格は複雑に融合して再編成されている．頭蓋骨は成体では固く融合して一体化し，後頭顆は1個，方形骨と関節骨を介し頭蓋と下顎が関節．外耳道をもつが，蝸牛の発達は悪く，耳小骨は1個．二次口蓋はなく，嗅覚器は発達しない．心臓は2心房2心室で，現生種では心室間中隔は完全に発達する．赤血球は有核で，大動脈弓は右側だけが発達．体腔は斜隔膜により不完全に胸腔と腹腔とに分かれる．代謝速度が極めて高く，恒温性で，体温は一般に 40～41℃ と全生物中最も高い．気管の分岐部に発達した鳴管によって発声する．食道の一部は嗉嚢として膨大し，胃の一部は砂嚢となる．盲腸が発達．排出器は後腎で，尿酸を排出する．ダチョウ類以外には膀胱はない．卵巣は左だけが発達し，卵は大形で卵殻は厚く，多黄卵で盤割し，羊膜・尿膜を生じる．系統的位置から鳥綱を認めず，爬虫類の主竜類とともに竜型類とする見解も．群としての極めて高い一様性により，爬虫綱との近似性を認めつつ慣習的に別綱を立てる．最近では，始祖鳥やエナンティオルニス類(いずれも化石種)を除いたものを真鳥類と呼称し，真鳥類からさらにヘスペロルニス類など(化石種)を除いたものを新鳥類(古口蓋類と新口蓋類)の2下綱に分類する．現生種はすべて新鳥類に分類され，ダチョウ目・ヒクイドリ目・キーウィ目・レア目(以上，完全地上性)・シギダチョウ目を含む古顎類を除いたほとんどの種は新顎類に分類される．現生約 9700 種．

f **鳥類学** [ornithology] 鳥類を対象とする動物学の一分野．

g **調和等能系** [harmonious equipotential system] ある発生系において，材料の除去，付加，あるいは組換えなどを行っても，常に完全な形態の胚に発する性質をもった系．H. Driesch による概念．ウニの発生に際し，その二細胞期に分離した各割球，四細胞期に分離した3個または1個の割球，あるいは逆に2個の卵を癒着させた場合のいずれも発生し，大きさには差はあるものの形態的には完全な幼生を生じる．調和等能系においては，その中の各点は可能な運命としての*予定能は等しいが，全体として完全なものになるように調和的に行

動するために，それぞれの場合で現実の運命としての*予定意義を異にしたことになる．すなわち，この系のある点の予定意義は，その点が全体の中で占める位置の関数であるともいうことができる．Driesch は上記のウニの実験，その他ウミヒドラ(Tubularia)や複合ボヤの Clavellina などでの再生実験の結果から，それらをこのような系の例とした．調和等能系は生物に独自のものとして，彼の生気論の重要な基礎になった．(⇒調節卵，⇒永久胚葉)

a **チョーク** [chalk] 西ヨーロッパや北米のメキシコ湾岸に広く分布する上部白亜系の地層，およびその堆積物，すなわち白亜．英仏海峡の両岸のものが典型で，*白亜紀の名称はこれに由来する．白亜は微細な多孔質の炭酸石灰質堆積物で，主として単細胞プランクトン(コッコリソフォリド)の遺骸(コッコリス)からなる．海綿の針，浮遊性有孔虫殻，アンモナイト，ベレムナイト，ウニ，貝化石など，海生動物の殻の化石を含む．浅海陸棚性堆積物で，よく円磨された石英砂粒がチョーク中に見出されることや，隣接地層に乾燥気候を示唆する植物化石を産することなどから，背後の陸地が比較的平で，例えば砂漠性の陸地に囲まれて陸源物質を運ぶ河川からの土砂の供給がほとんどなかったような海洋で形成されたと考えられている．コッコリソフォリド(円石藻ともいう)は鞭毛藻類の一種で，2本の同長の鞭毛をもち，5〜35 μm の大きさで球状をなす．その細胞表面をおおう多数の微小な石灰質殻がコッコリスで，1〜11 μm の円板状・楕円板状をなし，ときにトランペット状突起をもつ．

b **直泳動物** [orthonectids ラ Orthonectida] 《同》直游類，直遊類，変形体虫類(Plasmodiogenea)．後生動物の一門で，左右相称，極めて単純な体制を示す動物．世代交代をし，無性世代である無性虫とそこから育つ成熟以前の有性虫は，渦虫類・紐虫類・多毛類・二枚貝類・巻貝類(後鰓類)・クモヒトデ類・ホヤ類の組織内に寄生する．有性虫は，円筒形ないし楕円形で，体長は通常数百 μm．多くは雌雄異体で，雌の方が大きい．体は，繊毛をもち環状に並ぶ体皮細胞とそれに包まれた多数の生殖細胞からなる．体前端にある体表に生えた繊毛で，らせん状または直線状に泳ぐ．有性虫は成熟すると宿主を離れて海中で交接．母体内で受精した卵細胞が幼生に成長し，母体を離れて新たな宿主に入ると，体皮細胞を失う一方，内部の細胞は核分裂を繰り返してアメーバ状の多核体である無性虫 (multinucleated amoeboid plasmodium, amoeboid syncytial form, plasmodial stage)をつくる．ここから有性虫が発生するが，その過程はよくわかっていない．まれにしか発見されないため，生態，発生，系統関係などに不明な点が多い．分子系統学的解析によれば，原生生物や二胚葉動物よりは三胚葉動物に近縁とされ，単純な体制は寄生生活に伴うものらしい．現生既知約20種．(⇒中生動物，⇒二胚動物)

c **直接効果** [direct effect] 《同》直接作用．放射線と標的分子が直接的に相互作用することによって生じる効果．粒子線は標的自体の原子に直接作用して電離や励起を引き起こす．これにより生物学的な変化をもたらす一連の反応が始まる．速中性子線や重粒子線などの高 LET 放射線(⇒線エネルギー付与)ではこの作用が主な役割を果たす．

d **直接発生** [direct development] 《同》直達発生．個体発生において，幼生型形質の発現を省略し，成体型形質の発現時期を早める発生様式．発生過程において，削除を伴った*圧縮が生じた場合に起こる．幼生型形質の一部分を省略するものからほとんどすべてを省略するものまで，種によりさまざまの程度がある．対して，幼生段階に省略の起こらない様式を間接発生(indirect development) という．一つの分類群に属する生物種においても系統と無関係に直接発生と間接発生が現れることが多く，このような発生様式から系統関係を復元することは不適切とされる．また広義には，単に明瞭な幼生段階を伴わない発生過程を直接発生と呼ぶことがある．例えば多くの海洋無脊椎動物において，プランクトン生活をする初期のいくつかの発育段階をスキップして，プランクトン生活をせずにすぐに底生生活をする成体の段階になるような種がしばしばみられるが，これは直接発生によるものと考えられる．(⇒変態)

e **直線閾値無しモデル** [linear non-threshold model] 放射線が線量に応じ直線的に発がん頻度を上昇させるというモデル．放射線を全身被曝した原爆被爆者集団の疫学調査から，全がんの発病頻度は，0.5〜2 Gy の線量域で直線的に上昇する．一方，線量が 100 mGy 以下では，非被爆集団と比較しでがんの頻度から統計的有意差はない．しかし，放射線防護を考え法的に規制するためには，100 mGy 以下での放射線のリスクを推定する必要がある．そのため，放射線は線量域に関わらず，線量に応じた数の DNA 損傷を誘発するという事実に基づいて，がんの頻度も線量に対して直線的に上昇するという直線閾値無しモデルが提唱された．直線閾値無しモデルは，より安全な側に立つべき国際放射線防護委員会など，世界の放射線防護に関連する組織のほぼ全てが，低線量放射線の危険度の推定に用いられる．ただし，閾値が存在するという主張もあり，このモデルの妥当性がどこまであるのかはまだはっきりしていない．

f **直線走路** [straight alley] 迷路実験用装置の一つで，走路が直線だけのもの．複雑な迷路はしだいに使用されなくなり，選択点が1ヵ所である T 型迷路がよく用いられるようになった．それがさらに簡略化され，ついに選択点をなくして1本の直線の走路にしてしまったのがこの装置である．ネズミによる*学習実験によく用いられ，ネズミは出発箱を出て，約2mの直線の走路を走って目標箱に入ることを学習すればよい．トンネル式と高架式の2種がある．(⇒迷路学習)

g **直腸気管鰓** [rectal gill, rectal tracheal gill] 《同》直腸鰓．トンボ目不均翅類の幼虫の呼吸器官．*気管鰓の一種．直腸が籠状に膨大したもので，その内面の壁に気管が密に分布．肛門から出入する水との間にガス交換が行われる．

h **直腸腺** [rectal gland] 《同》終腸腺，肛門腺(anal gland)．直腸に開く腺様または嚢状器官の総称．動物群によってその形態・機能は大いに異なる．(1)多くのホシムシ類においては通常1個，まれには総状に多数が突出する，機能未詳の直腸盲嚢(rectal caecum)．(2)ユムシ類における排出と呼吸の機能を担うとされる通常1対の肛門嚢(anal vesicle)．(3)軟体動物の腹足類・掘足類・頭足類の直腸に開くやや分岐した腺．(4)節足動物等脚類の*肛門腺．(5)ヒトデ類の直腸嚢．(6)脊椎動物においては軟骨魚類の直腸に開口する盲嚢で，主に NaCl を分泌する*塩類腺．

i **直腸襞** [rectum pad, rectal pad, rectal papilla]

《同》レクタムパッド．昆虫の直腸の一部の内壁に見られる襞状の構造．通常6個あり，大きな核をもつ1層の細胞群からなる．体腔側から上皮細胞に多数の陥入構造があり，*ミトコンドリアを豊富に含んでいる．また密に*気管が分布する．糞尿からの水，イオン，アミノ酸の再吸収の機能を果たすと考えられる．トンボ類の幼虫では，この部分が*気管鰓(直腸鰓)となり呼吸器として機能する．

a **直立二足歩行** [erect bipedalism] 《同》直立歩行，直立姿勢．体幹を直立させ，下肢(後肢)を交互に踏み出すことにより体を前進させる態様．人類を規定する最大の特徴．この体勢は，人類の形態や生理機能，生活に革命的な変化をもたらした．本来は前進運動器官(locomotive organ)であった前肢が解放されて上肢となり，前進運動以外の動作，特に摂食活動，道具の作製・使用，ならびに身ぶり行動に活用されるようになった．これらの上肢および手の運動は類人猿や他の霊長類にもみられるものだが，彼らの前進方法は主として四足歩行である．直立体勢はそのほか，*大脳化を促進し，前後にS字状に彎曲する脊椎，内臓を支える広い骨盤，強大な下肢，蹠行に適した足，前後に扁平な胸部など，人体の細部に多くの重大な変化をもたらした．全身の重心の位置は高くなり，また下肢だけを歩行に使用するため不安定のようにみえるが，これは神経系の発達によって補われている．しかし貧血・胃下垂・腰痛・痔疾などは，ヒトがいまだ完全に直立に適していないことを示すものであろう．人類化石の場合，大後頭孔の位置，骨盤や下肢関節の形状から，直立姿勢(erect posture)であったかどうか知ることができる．直立二足歩行は類人猿の四足歩行に比べエネルギー消費が少なく長距離移動に適する．また，チンパンジーの垂直登攀時にヒトの二足歩行と類似した筋力運動が生じるので，これらの要素と食物や道具の運搬行動を結びつけて直立二足歩行の起原が論じられている．(→ヒト化)

b **直列線** [orthostichy] 《同》直列．葉が茎に付着している部分の中心点で葉の位置を代表させ，一定の節間を隔てる葉に関してそれらの点を連ねる線が茎軸に平行な直線となるとき，その線をいう．直列線の数は*葉序の形式によって異なり，例えば1/2互生では2本．(⇌斜列線)

c **貯水組織** [water tissue, water storage tissue, aquiferous tissue] 水の貯蔵を主な役目とする組織．貯蔵組織の一種．主に熱帯産あるいは乾地産の植物の葉や茎に発達する．細胞は特に大型で内部に水分を貯え，乾燥期に自らは水分を失い収縮して水分を他の組織に供給する．ムラサキオモト，シュウカイドウ，スナゴショウでは葉の表皮下の1ないし数層の細胞が貯水組織になっており，ロカイやリュウゼツランなどでは葉肉組織が貯水組織となる．乾地産のラン科，サボテン科，ツルナ科植物では，茎が多肉となり膨大して貯水組織をもつ．(⇌多肉植物)

d **貯精嚢** [vesicula seminalis, spermatheca, sperm reservoir, seminal vesicle] 環形動物，軟体動物の頭足類，ある種の昆虫類などに見られ，*輸精管にあって成熟した*精子を射精時まで貯える嚢．環形動物貧毛類では，精子は未完成の精細胞の塊(sperm ball という)として精巣を離れ，貯精嚢内ではじめて成熟する．毛顎動物でもほぼ同じで，その後貯精嚢の壁が破れて放出された精子塊は他の個体に付着してその体内に転送され受精に至る．頭足類の貯精嚢には内部に多数の溝があり，精子はこの溝の中で長さ2cmほどの束にまとめられ，精包囊内で精英になる．なお，哺乳類の雄でも*精嚢あるいは貯精嚢と呼ばれるものがあるが，貯精の機能はない．軟骨魚類の板鰓類では輸精管外端近くの膨大部を貯精嚢といい，またその外端壁から生じる1対の盲嚢を精嚢(sperm sac)と呼ぶ．

e **貯蔵組織** [storage tissue] 一般に生物が生活に必要な物質を蓄積させる組織をいう．狭義に貯蔵の目的のために特に分化した組織を指す場合がある．[1]動物では脂肪組織がその役割を果たすものが多く，ラクダのこぶはその典型とされる．[2]植物では柔細胞からなる組織(柔組織)の一種．多量の貯蔵物質を含有する細胞からなり，広く植物体に存在する．細胞の貯蔵物質はときに応じて消失・増減するが，長期にわたり貯蔵を行う組織は果実・根・茎などの貯蔵器官に見出される．葉に貯蔵組織が発達して肥厚した例は，タマネギやユリなどの*鱗茎に見られる．トウゴマなどの茎に見られる澱粉鞘，木本植物の茎に見られる澱粉粒を含む木部柔組織なども貯蔵組織である．カキの胚乳では貯蔵物質が細胞壁として貯えられるため，壁が肥厚する．貯蔵物質は主として澱粉(貯蔵澱粉)であるが，糖類や糊粉粒などもある．水を貯蔵する場合を特に*貯水組織という．

f **貯蔵多糖** [storage polysaccharide] 生物が主にエネルギー源として細胞内に貯蔵する多糖．多くは*グルカンであり，αグルカンの場合とβグルカンの場合がある．生物群によってその種類は多様であり，原核生物や後生生物，菌類，原生生物の一部はグリコゲン，灰色藻や紅藻，緑色植物，渦鞭毛藻，クリプト藻などは澱粉(一部アミロースを欠く)，ストラメノパイルなどはラミナリンまたはクリソラミナリン(以前はラミナランと呼ばれた)，ユーグレナ藻は*パラミロンを主に貯蔵することが多い．一般に細胞質基質中に存在するが，水溶性の多糖は小胞中に，緑色植物では色素体中に，クリプト藻では色素体周辺区画に貯蔵される．

g **貯蔵澱粉** [reserve starch, storage starch] 植物の根・地下茎・鱗茎・種子などの中に貯蔵物質として貯えられている澱粉．葉緑体中に生じた*同化澱粉が，可溶性の糖になって貯蔵器官に運ばれ，*アミロプラスト中で再合成されたもので，大小の粒状をなし，澱粉粒(starch granule)と通称される．澱粉粒は中心に臍(hilum)と呼ばれる小粒があり，これを中心に密度が異なる層状の構造が見られる．これは澱粉粒の形成に関与する含水量その他の変化が周期的であるため，あるいは昼間に合成された密度の高い澱粉層と夜間に合成された密度の低い澱粉層が交互に沈着するためとされる．澱粉粒の形状は植物の種によって特徴があるので得られた澱粉の源の識別に用いられる．澱粉粒の一部は結晶性をもち，X線回折像からA型澱粉(穀類など)，B型澱粉(根茎・球根など)，両者の混合したC型澱粉などに分けられる．種子や塊根，塊茎に安定に存在し，幼植物が発芽・生長を始めると分解されて，エネルギーや生体物質を作るために用いられる．食品や工業品として利用する澱粉も貯蔵澱粉である．

h **貯蔵物質** [reserve substance] 主にエネルギー源として動植物の体内に貯えられる物質の総称．動物の肝臓中に貯蔵されるグリコゲン，脂肪組織に貯蔵される脂

肪，植物種子の子葉や胚乳中または根や茎などに貯えられる澱粉，脂肪，蛋白質などはこの例．貯蔵物質の多くは水に不溶性のもの，または高分子化合物でコロイド状に溶存する物質で，このことは細胞の浸透圧を高めず，多量の物質を貯蔵する目的にかなっている．脂肪は，炭水化物や蛋白質と比べ，代謝したときに重量当たりに得られるエネルギーが大きいので，体重を支えて運動をする動物では脂肪を主な貯蔵物質とすることが多い．

a **チョムスキー** CHOMSKY, (Avram) Noam 1929～ アメリカの言語学者．マサチューセッツ工科大学教授．すべての人間の言語に普遍的な特性があるという仮説をたて，書換え規則を繰り返して適用することで作り出す生成文法を提唱した．その普遍的特性は人間がもって生まれた，すなわち生得的な，そして生物学的な特徴であるとする言語生得説を唱えた．1988年，京都賞基礎科学部門受賞．

b **チラコイド** [thylakoid] 《同》ラメラ(lamella). *葉緑体の内膜系の構造単位である扁平な袋状の構造．厚さ5～7 nmのチラコイド膜と，扁平な膜で仕切られた内腔(ルーメン，幅約10 nm)とからなる．「袋状のもの」の意味．大きさは多様．チラコイド膜が積み重なっている部分をグラナ(granum, *pl.* grana)という．光合成におけるNADP$^+$への電子伝達反応とそれに共役する*光リン酸化などがチラコイド膜上で起きる．グラナをもつ葉緑体では異なった大きさのチラコイドが積み重なり，あるいは複雑に折り畳まれて，グラナチラコイド(grana-thylakoid)とそれを連結する*ストロマに直接接するストロマチラコイド(stroma-thylakoid またはグラナ間ラメラ intergrana lamella)に分化している．光合成反応に直接関与する脂質成分(クロロフィル，カロテノイド，プラストキノンなど)，酸化還元蛋白質(シトクロム，プラストシアニン，鉄硫黄センター)，光化学反応中心，集光性クロロフィル蛋白質複合体がチラコイド膜に組み込まれている．チラコイド膜の脂質成分の80％以上が糖脂質(ガラクト脂質とスルホ脂質)であり，他の生体膜に多く含まれているリン脂質の割合は低い．

c **チラミン** [tyramine] 《同》*p*-ヒドロキシフェニルエチルアミン(*p*-hydroxy-phenylethylamine). 麦角アルカロイドと伴出，また動植物の腐切した組織中にも存在するアミン．融点161～163℃．刺激性が強い．チロシンが脱カルボキシル化されることにより生成する．生理的にはアドレナリンと類似の作用を示し，弱い血圧上昇作用がある．NADの遊離を起こすことにより間接的に交感神経作動薬として働く最も純粋な薬物の一つと考えられている．タコの後唾腺はチラミンを分泌する．植物においては，イソキノリンアルカロイドなど種々のアルカロイド生合成の前駆物質として用いられる．

d **地理情報システム** [geographic information system] GISと略記．電子地図上において，さまざまな地理的・空間的情報を統合し，それらを分析・編集・閲覧・検索するシステム．地理的・空間的情報には，地形，地質，水系，土地利用，交通網，気象などが含まれる．これらの情報を統合し解析することによって，例えば，ある種の動物の生息適合性という新たな地理的・空間的情報が生成される．GISは，国家的な土地利用図の作成を目的に，1960年代，カナダにおいて登場した．その後，コンピュータ，衛星リモートセンシング，全地球測位システム(GPS)，インターネット，携帯電話など，情報処理技術の発展に伴い，行政・防災・環境・商用分野において，GISの応用事例が数多く提供されるようになった．今では，生態学や野外生物の保全・管理ではよく用いられる．

e **地理的隔離** [geographical isolation] 地理的あるいは地形的な障壁によって生ずる*隔離．潜在的には相互交配の能力がある二つまたはそれ以上の数の集団が地理的障壁によって互いに分離されていることをいう．最も近縁な2種は，隣接するが地理的に隔離された場所に分布している傾向がしばしば認められ，この事実は*異所的種分化の重要な証拠とされる．ただし，地理的に隔離されている2集団が同種であるか別種であるかの客観的な判断はしばしば困難である．(→隔離機構)

f **地理的勾配** [geographical cline] ある遺伝子座のある対立遺伝子に関して，その頻度が南で低く北で高いといった地理的な勾配があること．このような勾配は，歴史による場合と自然淘汰による場合とがある．前者の多くは，それまで*隔離によって異なる遺伝的構成をもっていた集団間に交配が始まり，遺伝子の交換が生じることによる．後者では，地域的に異なる型の*自然淘汰が関係していることが多い．

g **地理的代置群** [vicariants, vicars] 《同》ヴァイカリアント，地理的姉妹群．一つの分類群の連続した生息域が何らかの地理的・気候的障壁の発達により複数の地域に分断された結果，分化して生じたと考えられる，相互に排他的な分布域をもつ近縁な二つまたはそれ以上の数の分類群．北米の南西部と南東部に分かれて生息するガラガラヘビ *Crotalus atrox* と *C. adamanteus* の2種はこの例．この語は本来，生息地の外的要因による分断で生じたものであることを前提にしている．したがって地理的分化の結果であっても，一部の少数個体が，隣接する地域(島など)へ*分散により到達し，そこで分化したような場合は厳密には地理的代置群とは呼べない．しかし分断で分化したか，分散に引き続いて分化したかの判断はしばしば困難であるので，広義の用法として，共通の祖先種から地理的分化により生じ，現在も排他的な分布を示している分類群の集合を一括して地理的代置群と呼ぶことも多い．なお，近縁種の排他的な分布は，種間競争の結果としても生じるので，これらを混同しないよう注意する必要がある．

h **地理的品種** [geographic race] 同一種の生物のなかで，地理的隔離によって形態的差異が生じた一群．分類階級のうえでは*亜種にあたるものが多い．地理的品種の生息範囲の大きさは場合によりさまざまで，同じ渓谷の違った場所にすむショウジョウバエが地理的品種とするに十分な差異を示す例もある．同じ地域内に同一種の二つの地理的品種が共存することは原則としてないが，まれには認められ，それは品種形成後の分布域の拡大による比較的新しい分布の重複と考えられる．シジュウカラ(*Parus major*)では，ヨーロッパの *P. major major* が東アジアの *P. major minor* とウスリー地方で共存し，インド系の *P. major cinereus* とイラン北方で交雑を起こしているのはこの例．

i **地理的分布** [geographical distribution, regional distribution] 広義には，地球的あるいは地域的規模における生物の*水平分布そのものを指すが，狭義には，

種またはその他の分類群に関して，その分布境界に重点をおいて考察する場合，あるいは地理的・歴史的要因（大陸や海洋の接続や分断など）を重要視する場合における生物の分布をいう．*生態分布と対置されるが，両者の間には明瞭な境はない．この方面の研究は従来主として分類学に伴って進められ区系が問題にされたので，生物分類地理学あるいは区系地理学と呼ばれることもある．植物ではH. G. A. Engler (1879〜1882)が，動物ではA. R. Wallace (1876)の業績が，最初の集大成とされる．

a **チリモ類** [desmids] 《同》デスミッド．接合藻に属する*緑色藻の一群．多くは単細胞性だが一部は糸状体．一般に細胞中央が大きくくびれ（地峡 isthmus），二つの半細胞（セミセル semicell）に分かれているが，ミカヅキモ (Closterium) のように地峡が無いものもいる．核は細胞中央（地峡部）に位置し，細胞分裂時にはここで分かれて新たな半細胞が二つ形成される．特に高層湿原などに多い．通常，チリモ目 (Desmidiales) にまとめられる．

b **チロキシン** [thyroxine] ⇒甲状腺ホルモン

c **チログロブリン** [thyroglobulin] ⇒甲状腺ホルモン

d **チロシン** [tyrosine] 《同》タイロシン．略号 Tyr または Y（一文字表記）．芳香族 α-アミノ酸の一つ．280 nm 付近の紫外線を吸収する．F. von Liebig (1846) がカゼインから発見．L化合物は多くの蛋白質に含まれ，絹糸やカゼインなどに多い．酵素の活性中心を構成している場合もある．遊離状態でもしばしば見出される．冷水に極めて難溶．キサントプロテイン反応（黄色）・ミロン反応（赤色）・パウリ反応（赤色）・フォリン反応（青色）の呈色反応により検出・定量される．加熱あるいは腐敗発酵の際にチラミンと一部はチロソール (tyrosol, $HOC_6H_4CH_2CH_2OH$) になる．ヒトでは可欠アミノ酸．哺乳類ではフェニルアラニン水酸化酵素 (phenylalanine hydroxylase) によるフェニルアラニンの非可逆的ヒドロキシル化によって合成される．酸化的分解は次の2経路をたどる．(1) アミノ基転移反応に始まる経路．ホモゲンチジン酸などを経てフマル酸（糖原性）とアセト酢酸（ケト原性）を生じる．(2) 芳香環の酸化に始まる経路．動物のドーパミン，ノルアドレナリン，あるいはアドレナリン（カテコールアミンと総称）を産生する神経では，チロシン水酸化酵素 (tyrosine hydroxylase) によりドーパが生成し，これを前駆体としてカテコールアミンが合成される．また，哺乳類のメラノサイトやその他の動植物に存在するチロシナーゼ (tyrosinase) は，チロシンからドーパを経てドーパキノンを生成し，ここから種々の異化産物の生成と重合が起こりメラニンを生成する．チロシンの代謝には先天的代謝異常症が多く，フェニルケトン尿症（フェニルアラニン水酸化酵素欠損症），新生児チロシン血症（p-ヒドロキシピルビン酸酸化酵素欠損症），チロシン血症I型（フマリルアセト酢酸ヒドロラーゼ欠損症），チロシン血症II型（チロシントランスアミナーゼ欠損症），アルカプトン尿症（ホモゲンチジン酸オキシダーゼ欠損症），白子症（チロシナーゼ欠損症）などがある．甲状腺ホルモンはチロシンのヨウ素化された誘導体であり，チログロブリンの翻訳後修飾によるヨウ素化と加水分解によって生成する．インスリン受容体や増殖因子受容体などの特定のチロシン残基はチロシンキナーゼの基質となり，細胞内情報伝達機構として機能する．植物，微生物では芳香や生理作用をもつ物質を含む多種多様な代謝産物が生成する．微生物と植物では，シキミ酸経路を通って生合成される（⇒芳香環生合成[図]）．蛋白質中のチロシン残基にチロシンキナーゼが作用して，側鎖の水酸基がリン酸エステル化されると，ホスホチロシン（チロシンリン酸 phosphotyrosine）が生成する（図）．蛋白質のチロシンリン酸化，脱リン酸化は，種々の蛋白質，特に成長因子受容体やがん遺伝子において情報伝達や機能調節に関与している．

$$HO-\bigcirc-CH_2-CH-COOH$$
$$\qquad\qquad\qquad NH_2$$
チロシン

$$HO-\underset{OH}{\overset{O}{P}}-O-\bigcirc-CH_2-CH-COOH$$
$$\qquad\qquad\qquad\qquad\qquad NH_2$$
ホスホチロシン

e **チロシンアミノ基転移酵素** [tyrosine transaminase] 《同》チロシンアミノトランスフェラーゼ (tyrosine aminotransferase)．チロシン分解の第一段階の酵素で，チロシン+α-ケトグルタル酸 $\rightleftharpoons$ p-ヒドロキシフェニルピルビン酸+グルタミン酸の反応を触媒する酵素．EC2.6.1.5．生物に広く存在し，動物では肝臓に主に存在．基質特異性は高く，トリプトファン，フェニルアラニンにもわずかに作用するともいう．肝臓から結晶状に精製できる．ピリドキサールリン酸を補酵素とする．ドーパミン（ヒドロキシチラミン），p-ヒドロキシフェニル酢酸，SH試薬で阻害される．本酵素は強い誘導を受け，ステロイド，グルカゴン，インスリンなどの各種のホルモンにより酵素量が数時間で数倍に増大する．悪性肝癌や胎生期肝臓には本酵素は見られない．

f **チロシンキナーゼ** [tyrosine kinase] 蛋白質のチロシン残基を特異的にリン酸化する*プロテインキナーゼの一群．がん遺伝子産物 Src に代表される細胞質型と，表皮増殖因子受容体(EGFR)，血小板由来増殖因子(PDGF)などの増殖因子受容体に代表されるレセプター型の2群に分類される多種の分子が存在する．これらはチロシン残基特異的なキナーゼであるが，サイクリン依存性キナーゼの阻害因子である weel や，MAP キナーゼキナーゼなどのように，セリン，トレオニンもリン酸化するチロシンキナーゼも存在する．この類は一次構造上もセリン・トレオニンキナーゼに近く，両特異性キナーゼ (dual specificity kinase，セリン・トレオニン-チロシンキナーゼ serine-threonine-tyrosine kinase) と呼ばれ，一般のチロシンキナーゼとは区別される（⇒MAPキナーゼ）．セリン・トレオニンキナーゼや両特異性キナーゼが真核細胞に広く存在するのに対し，チロシンキナーゼは多細胞生物にしか存在しない．細胞分化・免疫機能・神経機能など，細胞間相互作用をその基本とする高次生命現象への広範な関与が証明されている．

g **チロシンホスファターゼ** [tyrosine phosphatase, protein tyrosine phosphatase] PTP, PTPase と略記．《同》チロシン脱リン酸化酵素．蛋白質中のリン酸化チロシン残基を加水分解反応により脱リン酸化する酵素．例えばヒトゲノム中には約100種類の本酵素遺伝子が存在し，うち38種類はリン酸化チロシン残基を特異的に脱リン酸化する酵素（古典的チロシンホスファターゼ）で

あり，約60種類はリン酸化チロシンに加えてリン酸化セリン，リン酸化トレオニン残基も脱リン酸化する二重特異的ホスファターゼ(dual-specific phosphatase)である．いずれも活性部位に触媒基のシステイン残基を含むHis-Cys-X$_5$-Arg(Xは任意のアミノ酸)という特徴的な配列をもち，セリン・トレオニンホスファターゼとは区別される．古典的チロシンホスファターゼは，血球細胞表面抗原CD45などのレセプター型チロシンホスファターゼと，PTP1BやSHP1などの細胞質型チロシンホスファターゼに分類される．チロシンキナーゼによるチロシン残基のリン酸化とは逆向きの反応を触媒する酵素として，細胞の増殖，分化，運動など多様なシグナル伝達の調節に関わる．

a **チロース** [tylose, tylosis]《同》填充体．材のやや古い部分の道管要素または仮道管組織の内部に二次的に生じた細胞群．隣接する木部*柔組織あるいは放射組織の細胞の一部が境界の半有縁壁孔対(⇒有縁壁孔)を貫いて侵入し，気泡状に柔細胞として膨大したもので，多数発達したときは*道管を閉塞し，全体として組織のように見える．細胞壁は薄く，まれに厚壁木化する場合もある．植物体が傷を受けたとき，その近くの材に散発的に，しかも不規則に発達することがある．一般に耐久力の強い材に多いが，これは道管の閉塞により水分・空気・菌類などの侵入を妨げるためと考えられる．ウリ科その他の草本類にも古い道管に存在する．針葉樹類の樹脂道中にも類似の構造が見られる．

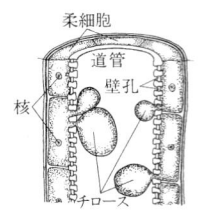

b **珍渦形動物**(ちんうずがたどうぶつ) [ラ Xenoturbellida]《同》珍渦虫類．後生動物の一門で，左右相称，無体腔の動物．ヨーロッパ海域の海底に生息する*Xenoturbella bocki* 1種のみを含む．体は紡錘状で，体長2〜3 cm．体表には，前方両側の縦走繊毛溝と体中央を環状に走る繊毛溝をもつ．繊毛系の微細構造は腸鰓類や渦虫類に似る．口は袋状の胃腔に直接通じ，肛門はない．平衡胞があるが，中枢神経系はない．雌雄同体．生殖腺は胃腔のまわりに分散するが，交接器官や生殖孔を欠く．扁形動物門の一員，左右相称動物の姉妹群との説のほか腸鰓類に類似した上皮，原始的な型の精子，ある種のナマコ類に類似した平衡胞に基づいて，*原腔動物がネオテニーを起こしたものとする説などがあり，系統的位置は定まっていない．近年の分子系統学的解析では，*新口動物の内群との結果も出ている．かつて扁形動物門に含められていた無腸類と皮中神経類を無腸型扁形動物門(Acoelomorpha)とし，珍渦形動物門と区別する体系を本書では採用している．しかし，これらを珍無腸動物門(Xenacoelomorpha)に統合する体系もある．

c **沈降係数** [sedimentation coefficient]《同》沈降定数．*沈降速度法において，溶質が単位遠心力場で沈降する速度．この係数は時間の次元をもつから，1×10^{-13} 秒を1スヴェードベリ単位(Svedberg unit)とし，単位記号Sで表す．溶媒の種類・温度などによって変化するので，通常20℃の純水中での値に換算し，さらに分子間相互作用のない濃度0に外挿した値$s^0_{20,w}$を用いるのが一般的．沈降係数は分子量，分子形状，水和などによって決まり，生体高分子の特徴づけとして重要．沈降係数は1〜20 Sの範囲に入る．

d **沈降説** [subsidence theory] 海洋島の*サンゴ礁地形の3区分，すなわち裾礁・堡礁・環礁の成因に関するC. Darwin(1842)の説．最初に，新しい火山島の周囲にサンゴ礁が発達(裾礁)，この火山島が沈降すると，サンゴ礁はその上面を海面近くに保つように上方へ，また造礁力の大きな外側へ成長して，島の沖合いにサンゴ礁の高まりができ(堡礁)，さらに火山島が沈降して島が海面下に没すると環礁になるとする．エニウェトック環礁が1400 mもの厚い礁性の石灰岩が積み重なって作られていることがボーリング調査によって確認され，この説の正しいことが検証された．これにより，氷期の低海面期に侵食された平坦面上にサンゴ礁が形成されたとした，R. A. Dalyの氷河制約説(glacial control theory)は否定された．しかし最近では，サンゴ礁の大地形は沈降説によって説明されるが，表面の微地形は海面変化に伴って形成されたと考えられている．

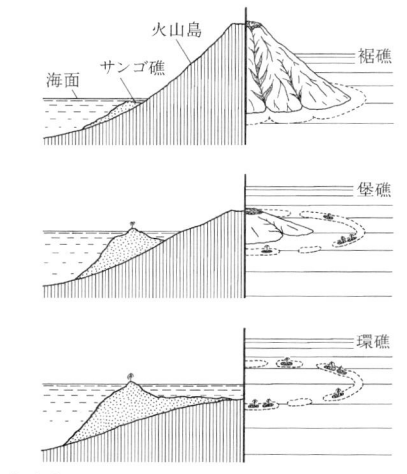

e **沈降素** [precipitin] 可溶性抗原と結合し，不溶性の複合体(沈降物)を形成する抗体．多価の可溶性抗原と抗体が結合することにより格子状の抗原抗体複合体が形成され沈降物が生じる．(⇒沈降反応)

f **沈降速度** [sinking rate, settling velocity]《同》沈澱速度．流体中で粒子の沈む速度．空気中の胞子や水中のプランクトンなど，流体中の粒子の沈降速度を計算で求めるときには，一般にストークスの式を使う．粘性率ηの静止流体の中を半径aの小さな球が速度Uで沈むときに受ける抵抗はストークスの法則(Stokes' law)で計算でき，これが球に働く重力と流体中での浮力の和に釣り合ったときの速度は下式で表される．ρ_1は球の比重，ρは流体の比重，gは重力加速度．

$$U = \frac{2(\rho_1 - \rho)ga^2}{9\eta}$$

大久保明(1972)によれば，空気中の1〜100 μmの胞子はこの式によく当てはまり，沈降速度は10^{-2}〜10^2 cm/sであり，水中の1〜250 μmのプランクトンの沈降速度は10^{-6}〜10^{-1} cm/sの範囲である．しかし現場での沈降速度は粒子のもつ性質だけではなく，その場での水の流れ(鉛直流や乱流)によって大きく左右される．また粒子によっては，沈降中に凝集するなどして，静水の中でも

この式に合わないものも多い．粒子を容器に入れて，静水の中での沈降速度を直接測定することも行われるが，実際の海洋などにおいて沈降速度を推定することは困難である．セディメントトラップ（沈降物トラップ sediment trap）と呼ばれる円柱状または上開きの円錐状の器械を海底に繋留したり浮きで海中に浮かばせておいて沈降粒子を集め，一定時間内に一定断面積内に入った沈降粒子の量，すなわち沈降フラックス（sedimentation flux, sinking flux）を測定できる．

a **沈降速度法** ［sedimentation velocity method］
*超遠心機による沈降測定法の一つで，十分大きな遠心力場のもとで溶質を沈降させ，その状況から分子量を測定するもの．沈降速度の測定から求められる高分子の*沈降係数は，分子量のほか，分子形状などの影響も受けるが，高分子の特徴づけとして重要である．この値と別に求めた拡散係数とを組み合わせることなどによって分子量が算出できる．また沈降係数の異なる成分を含んだ混合物の分析や，精製高分子試料の純度検定にも利用される．これらの測定には分析用超遠心機が用いられることが多い．ショ糖密度勾配遠心法も，上記の場合と目的は異なるが一種の沈降速度法である．（⇌密度勾配遠心法）

b **沈降反応** ［precipitation reaction］《同》免疫沈降反応（immunoprecipitation reaction）．可溶性の抗原と抗体が結合して，不溶性の抗原-抗体複合体の沈降物が形成される反応．これを利用して，抗原および抗体の定性あるいは定量法が種々開発されている．最も簡単な方法は，細いガラス管内に抗血清を入れ，その上に抗原液を静かに重ねる．短時間（1～2分以内）で，境界面に白い沈澱（沈降線）ができる（リングテスト）．また，抗原液と抗血清を，最適比において混和し，沈降物を遠心で集めてその量を測定することにより，抗体量あるいは抗原量を知ることもできる．アガロースなどのゲル内で行うと抗原と抗体が最適比のところで沈降線を生じるので抗体あるいは抗原の同定が出来る．抗原あるいは抗体の濃度や組成を調べる目的に広く応用されている．（⇌ゲル内拡散法，⇌沈降素）

c **沈降平衡法** ［sedimentation equilibrium method］
*超遠心機による沈降測定法の一つで，溶質の沈降と拡散の平衡時における濃度分布からその分子量を測定する方法．溶質のブラウン運動を無視しえないような比較的低い回転数で遠心を続けると，遠心力による沈降と逆方向の拡散とがつり合い，セル内の溶質の濃度分布が変化しなくなる．この状態が沈降平衡である．平衡時の濃度分布の解析から溶質の分子量が算出される．実験には分析用超遠心機を用い，濃度分布を干渉光学系あるいは光電走査装置を使って正確に求めることが必要である．各種生体高分子の分子量測定の最も標準的な方法とされている．蛋白質のサブユニットへの解離・会合などもこの方法で研究できる．核酸その他の高分子の浮遊密度を求める平衡密度勾配遠心法も，上記の場合と目的は異なるが一種の沈降平衡法である．（⇌密度勾配遠心法）

d **沈水植物** ［submerged plant, immersed aquatic plant, benthophyte］植物体の全部が水面下にあって根を水底に固着をする*水生植物．海産の藻類やアマモなどを含むこともあるが，一般には淡水のもの，例えばクロモやセキショウモ，ホザキノフサモ，マツモ，エビモ，シャジクモなどの水生植物をいう．葉や茎の機械的組織・クチクラ層・道管などの発達が悪く，軟質．葉は細長いかまたは線形に細分したものが多い．根茎（セキショウモ，ヒルムシロ），芽（クロモ，エビモ），種子（イバラモ）などで越冬する．

e **沈水草原** ［submerged grassland］*沈水植物からなる草原群系の一つ．

f **鎮痛薬** ［analgesic］痛覚の伝導を遮断して大脳皮質の知覚領の感受性を低下させて痛みを抑える薬物．麻薬性鎮痛薬（*モルフィン，*コデイン，メタドン，フェンタニールなど）と解熱鎮痛薬（*アスピリン，インドメタシン，フェナセチンなど）に大別される．麻薬性鎮痛薬はエンケファリンなどの内因性モルヒネ様ペプチドに対する受容体に結合して作用する．解熱鎮痛薬は*プロスタグランジンの生合成を阻害して痛みを抑える．また，解熱鎮痛薬は視床下部の体温調節中枢に作用して体温を下げる作用ももっている．

ツ

a 対鰭（ついき）[paired fins]「ついびれ」とも.《同》有対鰭.魚類の両体側にあって対をなす*鰭（ひれ）.水平翼として浮力を生じさせると同時に,体のローリングを防ぐ.また,前進,後退時の推進力やブレーキとしても働く.前方にある胸鰭(pectoral fin)と後方にある腹鰭(pelvic fin, abdominal fin)から成る.胸鰭が飛行（トビウオなど）や水底の歩行（ホウボウなど）に利用されるもの,腹鰭が交尾器（サメなど）や吸盤（ハゼなど）に変形しているもの,腹鰭（ウナギなど）あるいは全対鰭（ウツボなど）が無いものなど多様性に富む.四肢類の*前肢・*後肢の相同器官.クジラなど二次的に水中生活をするものの前肢も胸鰭（クジラの立羽（たつば））といわれる.

b 対合（ついごう）[synapsis, pairing, syndesis]「たいごう」とも.《同》シナプシス.減数分裂において*相同染色体が互いに接着する現象をいう.第一分裂前期の*ザイゴテン期に生ずる.*唾腺染色体のように,体細胞においても起こることがある.（⇌不対合）

c ツィッテル ZITTEL, Karl Alfred von 1839〜1904 オーストリアの古生物学者.アンモナイト類の進化的研究のほか海綿類や爬虫類（カメ類,翼竜類）の古生物学的研究でこの科学の発展を基礎づけ,またサハラ砂漠が更新世の氷期に陸地であったことを明らかにした.〔主著〕Handbuch der Palaeontologie, 1876〜1893.

d 痛覚 [sense of pain] 身体部分に傷害や炎症など一般に強い侵害のあるとき,これを刺激として生ずる感覚.*適当刺激はない.[1] ヒトでは,強い不快感情を伴う感覚として一般感覚にも数えられるが,皮膚痛覚などはある程度は外部受容の性格もそなえ,他の皮膚感覚や味覚と協同して,外物の硬さ・鋭さ・熱さ（熱痛）・冷さ（冷痛）・辛さなど,質の判断に役立つ.ヒトの痛覚は皮膚や粘膜以外に身体のほとんどあらゆる部分,すなわち胸膜,腹膜,内臓（内臓痛覚,脳を除く）,歯,眼,耳などに起こりうる.皮膚や粘膜では自由神経終末が痛覚だけをつかさどる受容器（すなわち痛点）が存在し,*感覚点のうちでその数が最も多く,平均100〜200個/cm²を数える.角膜の中央部および咽頭の後壁は痛点だけがあり,他の感覚点を欠く.痛刺激の起こりかたや受容器部位による多数の質（刺痛や鈍痛など）の差が存在し,痛覚の神経中にはAとBの神経繊維が区別され,それぞれ速い痛覚(A痛覚)と遅い痛覚(B痛覚)を仲立ちする.傷害を受けた組織から出る生産物が上記の神経終末に作用して痛覚を生じさせると解釈する説もある.感覚順応はほとんどない.他の皮膚感覚に比べ放散が多く,感覚の局在が不判明で,しばしば局所の錯誤を生じる.痛覚の中枢路は脊髄前側索を上行する毛帯系と,脊髄中心索を上行する毛体外路網様系とがあり,前者は速い局所的な痛みに関係し,後者は遅い瀰漫性（びまんせい）の痛みに関係すると考えられている.脊髄の痛覚入力は後角膠様質の変化することから,皮膚および内臓の痛覚の間の関係を説明するゲートコントロール説(gate control theory)がある(R. Melzack & P. D. Wall, 1962).痒感(itching)は痛覚受容器への弱い持続刺激に基因する感覚とされる.[2] ヒト以外の動物では,痛感には分化した受容器がないためその存否は類推以外に検証の手段がない.魚類や頭足類において,侵害性刺激に対して逃避や防御運動,体色変化,墨汁吐出などの反応が起こり,学習効果も認められるところから痛覚の存在が推定されている.頭足類の腹膜は傷害に敏感で,痛感に不感である.これに対し昆虫類では,体の傷害が正常の諸行動に影響せず,幼虫などには自体の傷口を食うものがあり,痛覚の存在が疑われる.ミミズの傷害時にみられる激しい反転運動なども,逃避反応に準じる単なる反射と解されうる.痛覚にかかわって*モルヒネ受容体,*モルヒネ様ペプチドの存在が知られている.

e 通気組織 [aerenchyma, pneumatic system] 植物にみられる,*細胞間隙が連続して網状あるいは管状となった空隙を多く含み,通気に役立つ組織.細胞から構成された組織ではないため,本来は通気間隙（空気間隙 air space）と呼ぶべきであるが,しばしば通気組織と呼ばれる.同化作用・呼吸作用・蒸散作用に必要な空気や水蒸気の通路となり,その生理的意義は大きい.*気孔によって外界と通ずる.特に浮葉および水生植物によく発達している.その成因には二つある.(1) 離生通気間隙(schizogenous air space):*離生細胞間隙で,網状連絡の程度のもの（葉の海綿状組織）から袋状あるいは管状に著しく発達したもの（イグサの葉,コウホネやホテイソウの葉柄,ミズキンバイの呼吸根,ハスの根茎（蓮根）の断面に見られる孔）などである.通気間隙に面する細胞の細胞壁上にはときに薄いクチクラが,また一部の細胞からは異常組織が生ずることがある.ウキクサなどの浮遊植物では通気組織が「うき」の役目を果たす.(2) 破生通気間隙(lysigenous air space):*破生細胞間隙で,皮層および髄に見られる大形の袋状あるいは管状のもので,その位置は植物の種によって一定している.通常,この組織ははじめ一部が離生的に生じるが,周囲の細胞の急激な成長に伴い細胞破壊が拡大され間隙は大きくなる.*髄では中心部に生じ,著しく大きくなった場合は*髄腔という.

f 痛点 [pain spot] 《同》疼痛点.*感覚点の一つで,ヒトの皮膚や粘膜に広く点状に分布し,特に痛覚に対し敏感な部位.他の感覚に対しても同様な点状分布が見られる.衣類に覆われず露出した部位に特に密に分布し,眼角膜にも見出される.

g 痛風 [gout] 四肢関節に繰り返し起こる疼痛と腫脹,関節滑液や組織内での尿酸塩の沈着（痛風結節,尿細管に沈着する痛風腎）などを主徴とする症候群.血中尿酸値の高い高尿酸血症(hyperuricemia)を基礎として発症するもので,単一の疾患名ではない.次の2型に分けられる.(1)一次性痛風:先天性のプリン代謝障害で,それに環境要因（高蛋白質食・アルコール摂取・薬剤）が加わり高尿酸血症を引き起こす.尿酸産生量の増加に関与する遺伝的要因としては,プリン生合成の*サルヴェージ経路の酵素ヒポキサンチン-グアニンホスホリボシルトランスフェラーゼ(hypoxanthine-guanine phosphoribosyl-transferase, HGPRT)の部分欠損,ホスホリボシルピロリン酸(PRPP)アミドトランスフェラーゼの活性上昇

など，8種の蛋白質レベルの異常が知られている．(2) 二次性痛風：ある原疾患の経過中になんらかの原因で高尿酸血症となり，発症するもの．尿酸産生過剰によるものとして，多血症・白血病・ダウン症候群，尿酸排泄障害によるものとして，糖尿病Ⅰ型・慢性腎疾患などがある．急性発作時には*コルヒチンや非ステロイド性抗炎症薬投与が有効．

a **つがい外交尾** [extrapair copulation] EPC と略記．《同》婚外交尾，ペア外交尾．一夫一妻，一夫多妻を問わず，動物において，配偶相手以外の異性と*交尾すること．鳥類では，なわばりを構えて分散的に繁殖する種でも，コロニーを形成して集団で繁殖する種でもつがい外交尾が起こり，実際にそれによる子が生まれることが確かめられている．つがい外交尾が*強制交尾によって達成されているとの報告も多いが，一方，雌が積極的につがい外交尾の相手を選んでいて，順位の高い雄ほどつがい外交尾に成功する確率が高いとする研究もある．雌がつがい外交尾によってどのような形で利益を得ているのかには諸説がある．

b **接木** [grafting] 同一植物個体または異なる個体の組織どうしを接着癒合させ，成長する植物体とする操作・技術，またはその植物体．一般に，切りとった芽や枝を根のある植物の茎などに接ぐが，接ぐ方を接穂(穂木 scion)，根のある方を台木(rootstock)という．無菌的に得たシュート頂や組織培養で得たシュートを，試験管内で無菌的に成長する小植物体に接ぐ方法をミクロ接木(micrografting)という．接穂と台木が接触する面には，初めカルスが形成され，その後，カルス中に道管，篩管などの維管束が分化，それによって両者の組織が連絡し，水や養分，植物ホルモンの移動が可能となる．異なる種類間での接木の容易さを接木親和性(graft compatibility)と呼び，特に活着が困難な場合を不親和(incompatible)という．一般に近縁種間では親和性が高い．接木の成功率は，親和性の有無のほか，接穂や台木の栄養，発育・休眠などの状態によって影響される．また接木の極性も関係し，枝を上下逆にした接木は不可能または困難である．接穂と台木は接木面を介して植物ホルモンのような低分子化合物のみならず，低分子RNAや蛋白質が輸送されるため，形質の変化もみられることが多い．例えば，矮性の系統のリンゴを台木にすると，接穂の成長が抑制されるとともに花芽分化しやすくなることから，矮性台木を用いた接木が普及している．また，野菜では土壌伝染性病害の回避や低温伸長性などの付与のために，スイカとユウガオ台木の組合せなどが用いられている．

c **接木伝染** [graft transmission] 植物ウイルスなどの病原体に感染している台木か穂木(⇒接木)から，病原体が結合部を通じて健全部にうつる現象．植物ウイルスでは，感受性植物を用いればほとんどのウイルスが伝染するので，他の方法では接種が困難なウイルス，例えば果樹ウイルス病の検定および*生理病との識別などに用いられる．

d **ツツガムシ病病原体** [*Orientia tsutsugamushi*] リケッチア科細菌に類似する菌種 *Orientia tsutsugamushi* の和名．ツツガムシ病の病原体．以前はリケッチア属の菌種 *Rickettsia tsutsugamushi* として記載されていたが，1995年に系統的差異に基づいて新属 *Orientia* の菌種として再分類された．ツツガムシ病は日本河熱(Japanese river fever)とも呼ばれ，地方病(秋田・山形・新潟県下の河川流域)としての認識があったが，発生は全国に広がっており，アジア各地でも発生している．*O. tsutsugamushi* の自然界における宿主はツツガムシで，草叢や林の土の中を生息地とする．ネズミの耳介に多く寄生するツツガムシによって媒介され，高熱・発疹などの症状を起こし，しばしば致命的である．治療にはテトラサイクリンやクロラムフェニコールが有効であるが，ペニシリンをはじめとする β-ラクタム系抗生物質は無効．(⇒リケッチア)

e **ツツジ科低木林** [ericifruticeta] へりが外側に巻いた針形あるいは線形の葉をもつツツジ科やそれに類似した低木からなる植物群系．*ヒースまたはハイデと呼ばれることもある．日本ではガンコウラン科のガンコウランを主とするものが多く，北海道や本州中部の高山帯に見られる．

f **ツニカマイシン** [tunicamycin] ⇒糖鎖生合成阻害剤

g **角** (つの) [horn ラ cornu] 特に反芻類の多くのもので見られ，頭部にある角質または骨質の突出物．また，一般に昆虫その他に見られる類似の付属物も角という．攻撃・防御に用いられ，雄性の特徴であることも多い．サイ以外は一般に左右1対ある．ウシやヒツジなどの角は，前額骨の突起すなわち角心(horn core)を角質の角鞘(horn sheath)が覆っていて，洞角(hollow-horn)といわれる．キリンでは短い角心を皮膚が覆う．シカの類では原則として角は雄だけにあり，分枝していて枝角(叉角 antler 独 Geweih)といわれ，毎年脱落・更新する．生えはじめは骨性の角心が皮膚で覆われ(袋角)，しだいに分枝するが，やがて皮膚は乾燥・脱落して角心が露出する．枝の数は年齢の進んだものほど多くなる．サイでは頭部正中線上に1個または2個の角を有するが，これは角質だけからなり骨性の角心を欠く．

h **ツノゴケ類** [Anthocerotopsida, Anthocerotae] ツノゴケ植物門(Anthocerotophyta)とされる一群．配偶体は扁平で背腹性のある葉状体で，苔類によく似ているが，細胞には通常1個の盤状の葉緑体があり，しばしば*ピレノイドを有する．*原糸体は塊状で，蘚類ほど発達しない．仮根は単細胞で分枝しない．細胞は油体を欠く．蘚帽(⇒カリプトラ)も*偽花被もない．胞子体は基部の分裂組織により成長し，胞子嚢を欠く．蒴には気孔と軸柱があるが蒴歯はなく，胞子を形成する部分は*アンフィテシウム起原で，胞子と弾糸を生じるが，胞子は蒴の先端部から成熟する．蒴は頂端から縦に二つに裂け，胞子は比較的長期間分散される．世界に約150種，日本には約20種が知られる．(⇒コケ類)

i **翼** (つばさ) [wing] 「よく」とも．[1] 空中を飛ぶのに適応して変形した，脊椎動物の*前肢に由来する器官．鳥類においては翼後縁にならぶ大形のおおばねを風切羽(remiges, wing-quill)，あるいは飛羽(flight feather 独 Schwungfeder)という．それを覆い，かつ順次後方のものを覆って前縁にいたるすべてのおおばねを，雨覆羽または翼覆(tectrices, wing coverts)という．風切羽のうち，手に相当する部分から生じ，最外側にあるおおばねを初列風切羽(一次風切羽 primaries)，主翼羽あるいは

手羽(hand-wing)といい, 通常 10 枚ある. その内側, すなわち腕相当部からのものを次列風切羽(二次風切羽 secondaries), 副翼羽あるいは腕羽(cubital remiges, arm-wing)といい, 6～30 枚ある. そのうち体側に近い数枚の羽毛のことを三次風切羽(tertiaries)と呼んで区別することもある. なお第二指骨に付着する強直な小羽を*小翼という. また翼の基部背側にあって翼を覆う一群の羽毛を肩羽(scapular)という. [2] 昆虫類の翅も単に翼と呼ばれることがある.

a **ツベルクリン反応** [tuberculin reaction] 《同》ツベルクリン皮膚テスト(tuberculin skin test), マントー反応(Mantoux reaction). ヒトあるいは動物の皮内にツベルクリン(結核菌培養濾液あるいはそれから精製した蛋白質)を注射して, 24～48 時間後に発赤硬結が見られる反応. C. Mantoux (1908) の発見 (なお同年, 独自に F. Mendel も発見). ツベルクリンは結核菌の培養液から作られる. 加熱滅菌後, 菌体を濾過し, 濾液を加熱濃縮したものを旧ツベルクリン(old tuberculin, OT)と呼び, ヒトに用いる場合にはこの 2000 倍稀釈液を 0.1 mL 皮内注射する. 濾液から蛋白質分画を精製したものを PPD (purified protein derivative of tuberculin) と呼び, 現在ではもっぱらこれが用いられる. PPD の 0.1 µg の活性は 2000 倍に稀釈した OT 0.1 mL の活性に相当する. PPD もいくつかの蛋白質の混合物である. この反応が陽性の個体は, ツベルクリンに対して遅延型*過敏症態にある. すなわち過去に結核菌に感染した経験があるか, 現在感染していることを示す. しかし, 反応陽性が必ずしも結核の発病状態を示しているわけではない.

b **ツベルクロステアリン酸** [tuberculostearic acid] 《同》D-10-メチルオクタデカン酸(D-10-methyloctadecanoic acid). メチル分枝脂肪酸の一種で, *Mycobacterium*, *Nocardia* および *Streptomyces* の各属の細菌の主要な脂肪酸. ヒト型結核菌のアセトン可溶性脂肪部分から R. J. Anderson ら (1929) が分離. K. Bloch ら (1962) によって *M. phlei* を用いて, *オレイン酸のメチル化により生合成されることが明らかにされている.

$$CH_3(CH_2)_7CH=CH(CH_2)_7COOH + CH_3 \text{供与体}$$
$$\text{オレイン酸} \qquad \text{メチオニン}$$
$$\longrightarrow CH_3(CH_2)_7-CH-CH_2-(CH_2)_7COOH$$
$$CH_3$$
$$\text{ツベルクロステアリン酸}$$

c **つぼ**(内耳の) [lagena] 《同》つぼ突起. *内耳の膜迷路を構成する球形嚢の膨出によって後方に向かってできた盲嚢. *聴斑の一種である壺斑(macula lagenae)をもつ. つぼは内耳のうち聴覚機能のため特殊化した部分で, 魚類・爬虫類・鳥類の順にしだいに発達して*蝸牛管となり, 哺乳類でその極に達する.

d **坪井正五郎**(つぼい しょうごろう) 1863～1913 人類学者. 東京帝国大学理学部教授. 自然人類学の講座をはじめて担当した. 日本人類学会を創設. 縄文土器や弥生土器などの遺物を研究するとともに, 日本石器時代人コロボックル説をとなえた. [主著] 工商技芸看板考, 1887.

e **ツボカビ類** [ラ Chytridiomycota] 《同》尾型一毛菌類. 尾型鞭毛が後端に 1 本ある遊走子や配偶子を生ずる菌類. ツボカビ綱(Chytridiomycetes)とサヤミドロモドキ綱(Monoblepharidomycetes)の 2 網よりなり, 105 属 706 種がある (P. M. Kirk ら, 2008). *全実性のものでは菌糸と仮根を欠き, 菌体全部が遊走子または配偶子に変わる. 分実性のものでは, 宿主体に表在性または内在性の単一の胞子嚢が, どちらも仮根を宿主細胞内にもつか, または仮根状菌糸体を生じてその上に複数の胞子嚢が発達する. 菌糸体は隔壁のない多核菌糸体である. 無性生殖は遊走子(ツボカビ目では顕著な油滴をもつ)による. 有性生殖では, 配偶子が同形の同形接合, 配偶子が雌雄に分化した異形接合, さらに精子と卵とが分化した真性生殖という一連の進化が見られる. 接合子は休眠後減数分裂を経て遊走子を生じる. 大多数は淡水中で寄生または腐生, 少数は海産である. サビツボカビ属(*Synchytrium*)のように陸生植物に寄生するものもある. またサヤミドロモドキ綱は単相生物であるが, 他の菌類では見られない卵と精子の受精による卵生殖を行う.

f **蕾**(つぼみ) [flower bud, floral bud] 花芽が発育し開花に近づいた状態のもの. 英語では*花芽と同義.

g **積上げ法** [summation method] 《同》収穫法(harvest method). 植物群落の総生産速度および純生産速度を, 主に植物体量を測定することによって求める方法. *光合成速度の直接測定法や微気象測定に基づく推定法などを適用することが困難な植物群落の, 長期にわたる*生産速度の推定に用いられる標準的な方法であって, 主に森林について開発され適用されている. ある時刻 t_1 から t_2 までの期間を Δt, t_1, t_2 での群落現存量をそれぞれ y_1, y_2, Δt 間の成長量を $\Delta y = y_2 - y_1$, 群落の純生産速度を ΔP_n, 総生産速度を ΔP_g, 群落呼吸速度を ΔR, 枯死脱落速度を ΔL, 植食動物による被食速度を ΔG とすると, $\Delta P_n = \Delta y + \Delta L + \Delta G$, $\Delta P_g = \Delta R + \Delta y + \Delta L + \Delta G$ となる. 右辺の各項を測定または推定し, それらを加えることによって左辺の純生産速度, 総生産速度を求めるため積上げ法と呼ばれる. (→生産速度)

h **積箱試験**(つみばこしけん) [box-stacking test] 動物の*知能を調べる実験法の一つで, W. Köhler がチンパンジーに対して行ったもの. チンパンジーは高い所に吊るされたバナナを取るため, 複数の箱を積み重ねた. (→道具使用)

i **爪** 【1】[nail, claw ラ unguis] 脊椎動物の, 指趾の末端をおおう板状の*角質形成物. 爬虫類, 鳥類, 哺乳類でよく発達. 哺乳類の爪は形状により扁爪(平爪(ひらづめ), unguis, nail 仏 ongle 独 Nagel, Plattnagel), *鉤爪(かぎづめ claw), 蹄(ひづめ ungula, hoof 仏 sabot 独 Huf)の 3 種を区別. いずれも同一の基本構造をもち, 背側に堅い爪板(そうばん, 爪体 corpus unguis), 腹側にそれに比べて柔らかな爪蹠(そうしょ subunguis, 爪床 nail bed 独 Nagelbett)がある. 爪板

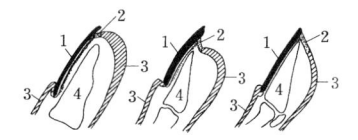

```
         2          2          2        1 爪板
    1 ─┐        1 ─┐       1 ─┐      2 爪蹠
   3     3      3     3     3     3    3 表皮
        4            4            4    4 指骨

    扁爪        鉤爪         蹄
      (いずれも指端の縦断面)
```

はその基部の爪根(radix unguis)で絶えず成長する．鉤爪は多くの哺乳類のほか鳥類や爬虫類にも見られ，爪板は前後にも両側にも彎曲し，爪蹠はその下面をなす．扁爪は霊長類で見られ，爪板の彎曲はゆるく，爪蹠は退縮してわずかに先端部に残る．蹄は有蹄類に見られる型で，これでは爪板は指趾端を囲み，爪蹠は蹠面ともいうべき部分をなす．なお原始的な霊長類には扁爪と鉤爪をあわせそなえるものがある．爪ははじめ爪を乗せる表皮全面の角質化によって形成されるが(偽爪 false nail)，後に形成部が爪母基(nail matrix)として基部に集約され，これに伴い指趾の先端に向かう方向に伸びる真爪(true nail)にかわる．
【2】[claw] 昆虫類の爪(→先附節)のこと．
【3】[claw] →花弁

a **強さ-期間曲線** [strength-duration curve] 《同》i-t 曲線 (intensity-time curve, i-t curve)．神経繊維などの興奮性細胞を直流通電により刺激する場合，活動(興奮)を引き起こすのに必要とされる電流の大きさとその持続時間との関係を示す曲線．細胞の種類によって絶対値は異なるが，いずれもほぼ直角双曲線となり，ワイスの実験式 $i=a+b/t$ がよくあてはまる(i は電流の強さ，t はその持続時間，a と b は正の定数)．t を利用時ともいうが，$t\to\infty$ の場合 i は基電流と呼ばれ a に等しく，また $i=2a$ に対する t は*時値で b/a に等しい．興奮性細胞の膜は絶縁のわるいコンデンサーと似た電気的特性をもつので，それに定電流を流すと膜電位(コンデンサー両端の電位差)はほぼ指数関数に従って変化する．強さ-期間曲線は，その変化が一定の値(閾値)に達するまでの時間と電流強度との関係を示す曲線であると考えられる．膜の時定数が大きいと電位変化の時間経過がゆるやかになり，時値も大となる．

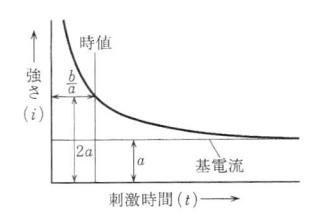

b **ツールキット遺伝子** [toolkit genes] 生物の発生において，主として器官形成や*ボディプランの成立にかかわり，種を越えて同様な発生文脈において機能する重要な遺伝子群．明確な定義はないが，分類群を越えた生物種間において同一，あるいは比較可能な機能をもつマスターコントロール遺伝子が含まれることが多い．動物の体軸上での位置価を特異化する Hox 遺伝子群，付属肢の形成に機能する Distal-less 相同遺伝子群などはそのような遺伝子の例．また，祖先において成立し，その後の系統で頻繁に使い回された遺伝子群をツールキット遺伝子として認識し，それらの機能の総体として共通祖先の発生的ボディプランを復元する試みがなされることもある．このような遺伝子の多くは，進化の成立した特定の制御ネットワークのもとに細胞群や組織に特異的な発現パターンを獲得し，さらに*コ・オプションによる新規形態の獲得にあっては，あるグループのツールキット遺伝子群が一団となって新しい発現ドメインを獲得することも多い．(→進化的新機軸，→コ・オプション)

c **つる植物，蔓植物** [climbing plant] 《同》攀縁植物，攀援植物．自身の茎で直立せず，他の植物に寄りかかって伸長する植物の総称．A. Gentry(1991)は木本性つる植物(liana)，草本性つる植物(vine)，木本性半着生植物(woody hemiepiphyte)，草本性半着生植物(herbaceous hemiepiphyte)の四つに分けた．*半着生植物は全部がつる状ではないが，例えばしめ殺し植物(strangler)などは着生植物として成長し，*不定根を伸ばして自身を確保するという特異なつるともいえる．熱帯地方の森林には種類も個体数も多い．茎が寄りかかる形式に2様式がある(→よじのぼり茎)．回旋茎の場合，巻きつく性質は茎の側面重力屈性の変化による(→巻きつき植物)．ホップ，カナムグラ，ノダフジなどは左巻き(下から上へ反時計回り)，アサガオ，インゲンマメ，ヤマフジ，ヤマノイモなどは右巻き(下から上へ時計回り)で，左右両方に巻くものにネナシカズラ，ツルニンジンなどがある．狭義の攀縁茎の場合には，側枝・小葉・托葉の変態した*巻きひげ(ブドウ，ヤブカラシ，エンドウ，サルトリイバラなど)，鉤(カギカズラなど)，剛毛(カナムグラ)，攀縁根(キヅタ，ノウゼンカズラなど)を生じ付着して上昇する．

d **ツンドラ** [tundra] 極地方で森林限界よりも極側に位置する高木が分布しない地域，また，そこに発達する群系．気候帯の一つで，低温のため高木が生育しないが，植生は連続した草原ないし，低木を交えた草原で，フィンランド語で木のない丘を意味する tuntri に由来．北限は7月の平均気温6°C，南限は10°C前後．永久凍土(permafrost)地帯または年平均気温が0°C以下の地域がほぼ相当する．寒帯の南半分を占める．ほとんどはシベリアや北極圏にあり，最も幅の広いシベリアのタイミール付近で約700 km．南側は樹木が散生する森林ツンドラ(forest tundra)，北は極荒原(arctic desert)に接する．W. P. Köppen の気候帯におけるツンドラ気候は最暖月平均気温0～10°Cとなっているが，植生景観としてのツンドラは6°C付近で終わり，それより寒冷な地域は植被の割合が低く極荒原と呼ぶ．C. Troll の気候区分ではこの6°Cをツンドラの北限としている．氷河期には氷床の下にあって，氷河の退行後生物が侵入してから8000～1万2000年しか経っていない．永久凍土層があり排水が良くないのでグライ化作用のもとで形成される酸性で貧栄養のツンドラ土壌が卓越する．低温と過湿のため分解が阻害され排水の悪い凹地状の立地では泥炭の堆積が著しい．永久凍土の表面が融解したところに成立するコケのマット状植生が卓越し，地衣類も多い(コケツンドラ moss tundra と地衣ツンドラ lichen tundra)．種子植物はスゲ・ワタスゲなどのカヤツリグサ科のほか，低木性のヤナギ・カンバ・ハンノキ，ツツジ科などが混じる．広大な地域を占めるので群落も多様であり，アメリカ大陸では立地条件によってヤナギ・ハンノキ・カンバなどの生える高さ2～5 mの低木ツンドラ(shrub tundra)，ツツジ科・ガンコウラン科・イワウメ科などの生える20 cm程度の高さの矮生低木ヒースツンドラ(dwarf shrub heath tundra)，カヤツリグサ-コケツンドラなどに区分される．動物では，昆虫ではブユ，哺乳類ではレミング，トナカイが多い．低緯度の高山に見られるコケ類や地衣類を主体とするものは高山ツンドラ(alpine tundra)と呼ぶ．

a **ツンベルク管**［Thunberg tube］ 空気のない状態で酵素反応を行わせるためのガラス製の密閉試験管. 1920年代にT. Thunbergが考案. 例えば脱水素酵素の実験では主室に酵素標品と緩衝液を, 側室に基質とメチレンブルーを入れ, 摺り合わせ部にグリースを塗って側室をはめこみ, ポンプで管内を真空にしてから, 側室を回して排気孔を閉じる. 管を倒して内容を混合させて反応を開始する. 還元によりメチレンブルーは無色になり, その反応時間を測定する.

テ

a **手** [hand ラ manus] 四肢類の*前肢末端部. すなわち，上腕・前腕を除いた手頸(wrist)，掌(palm)，指(finger)の各部．それぞれ，手根骨(腕骨)，中手骨(掌骨)，指骨を含む（⇌自由肢）．広義には*後肢に対し前肢全体．木に登り物をつかむ習性の動物では特に手が発達し，指も長く，その末端を保護する*爪が伸びる．翼手類に属するコウモリなどでは親指(第一指)に鋭い*鉤爪があり，他の4指が非常に長く，その間に飛膜が発達している．クジラ・カイギュウ・オットセイなどの手は，魚類の*鰭のようになっており，しばしば相同器官の例とされる．四肢類以外の動物で，手と形態や機能の似た体部が，*触手などと呼ばれる.

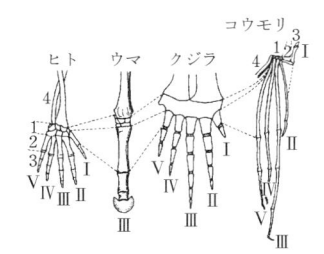

諸種の哺乳類の手
1 手根骨
2 中手骨
3 指骨（I〜Vは指の番号）
4 前腕骨

b **L-テアニン** [L-theanine] γ-グルタミルエチルアミドにあたる．チャの葉からY. Sakato(1950)が発見．合成はグルタミン合成と同様の機構による．

$$CH_3-CH_2NH-CO-CH_2CH_2-\underset{NH_2}{CH}-COOH$$

c **Tiプラスミド** [Ti plasmid] ⇌アグロバクテリウム

d **ディアキネシス期** [diakinesis stage]《同》移動期，肥厚期．*減数分裂の第一分裂前期の最終期．染色体は著しく短縮肥厚し，*キアズマの末端化も進行する．*核小体は徐々に解体し，核小体物質は分散する．同時に染色体の染色性も著しく増加する．*二価染色体は核の周辺に移動し，やがて*紡錘体の形成にともなって核膜が見えなくなる．二価染色体を構成している相同染色分体（⇌四分染色体）は相互間にキアズマを保ちつつ互いに離れるため，環状を呈することが多い．その後二価染色体は紡錘体の赤道面に配列して，第一分裂中期に入る．

e **D-アミノ酸** [D-amino acid] L-アミノ酸の光学異性体．蛋白質はL-アミノ酸のみから生合成されるが，D-アミノ酸も生物界に多様な形態で存在している．哺乳類の脳における遊離D-セリンのN-メチル-D-アスパラギン酸(NMDA)受容体のコアゴニストとしての働き，脳内のD-セリンと統合失調症やアルツハイマー病との関連，遊離D-アスパラギン酸とメラトニンの分泌抑制作用やプロラクチン分泌の活性化などが報告されている．D-アラニンとD-グルタミン酸は，細菌細胞壁のペプチドグリカンの構成成分である．さらに，アルツハイマー病や白内障，動脈硬化などの加齢性疾患と関連蛋白質中のアスパラギン酸やセリン残基のラセミ化との関係が指摘されている．

f **tRNA様構造** [tRNA-like structure] ある種のRNAウイルスやファージのゲノムの，3′末端における構造の一タイプ．tRNAと同様，3′末端が-CCAであり，約200塩基で形成される高次構造がtRNA構造に似る．ウイルス複製酵素はこの構造を認識して相補鎖の合成を開始する．*アミノアシルtRNA合成酵素に認識され，アミノアシル化され，この構造が宿主の翻訳因子や伸長因子と相互作用することで複製に関わるとされる．ただし，ウイルスによっては3′末端がこの構造をとらない場合や，ポリAであることもある．なお，真正細菌に存在するtmRNA(tRNAとmRNAの機能をキメラ状に合わせもったRNA)の5′末端と3′末端によって形成される構造や翻訳伸長因子Pも，広義ではtRNA様構造とされる．

g **DRF** dose-reduction factor (線量減効率)の略．放射線防護物質の有効度を表す指標の一つで，同一の照射効果を得るのに必要な放射線量の比．防護物質の効果は投与量，防護する対象，照射する放射線のLET(*線エネルギー付与)などによって異なるが，DRFで防護能力を相対的に表現するのが最も一般的．例えば防護物質を投与した動物のLD$_{50/30}$が1200R，対照区のLD$_{50/30}$が600Rの場合，この防護物質のDRFは1200/600=2.0．

h **定位** [orientation] 生物体が自身の体位を，体軸を環境空間内の特定方向におくように，能動的に定めること，およびその行動．（⇌走性）

i **DEAE-セルロース** [DEAE-cellulose] ⇌イオン交換

j **T遺伝子座** [T-locus] マウスの17染色体上のH-2遺伝子座の近くにある遺伝子座．多くの劣性突然変異および優性突然変異の存在が知られている．優性突然変異遺伝子Tをヘテロにもつマウス(T/+)は短尾（⇌ブラキュリ）となり，ホモ(T/T)では致死となる．劣性突然変異遺伝子tをヘテロにもつ個体(t/+)は正常な長い尾をもつが，ホモの場合(t/t)にはtの種類により致死，半致死あるいは正常となる．TとtをヘテロにもつマウスTt/Tt)にもつと尾のないマウスが生ずる．劣性突然変異遺伝子tは野生のマウスの集団中にかなり高い頻度で存在する．異なる集団から分離されたt遺伝子をもつマウスどうしを交雑し，遺伝的相補性を調べると，六つのグループに分けられる．これら機能的に異なるtおよびT遺伝子は胚発生の異なる時期に働き，*外胚葉の正常な移行・分化を妨げて，胚に致死的な影響を及ぼす．また，t遺伝子は精子の形成時にも働きその機能を変える．そのためtは*メンデルの法則に従わない型で次の世代に伝達される．致死・半致死のt遺伝子は一般に75〜97%の高頻度で，その他のものは50%の正常，あるいは15〜40%の低頻度で伝えられる．このような胚の発生異常，その停止，精子の機能異常による伝達比の違いは，tまたはT遺伝子をもつ細胞膜機能の欠陥に基づくものとされ，したがってT遺伝子座に存在する遺伝子群はこれらの細胞膜構造を支配していると考えられている．特に胚発

生では，これらの遺伝子は初期の異なる一連のプロセスに順次発現し，細胞の相互認識など細胞間コミュニケーションを支配することにより，胚発生に伴う細胞群の移動，分化，形態形成の過程を支配しているものと思われる．アフリカツメガエルの*中胚葉誘導において，マウスブラキュリのホモログである Xbra は，誘導後極めて速い時間に発現することが知られている．

a **定位反応** ［orienting response］ 生物学的に重要な刺激（餌・捕食者・同種の繁殖相手）に遭遇したとき，動物がそれに向き直りあるいは遠ざかるように起こす運動反応．刺激が新しいか既知であるかは問わない．体幹や付属肢（あるいは感覚器のみ）の位置が，刺激の方位に依存して変化する．動物は定位反応のあと捕食・逃避・求愛・交尾などの完了行為(consummatory act)をとるが，完了行為は方位によらない定型性をそなえており，定位反応と明確に区別できる．刺激が報酬や罰などの重要な帰結を伴わないまま繰り返し提示された場合*慣れの現象が生じる．その結果，定位運動の生起確率が下がりあるいは不完全な定位で終わることがある．この慣れの度合を測ることによって動物の注意を定量的に扱うことができる．直接に観察される運動のみを指し，脳波，筋電図，皮膚電気抵抗，心拍などのようにその変化から動物の注意を推定することができる生理的指標は定位反応と呼ばない．(⇒慣れ，⇒注意)

b **定位飛行** ［orientation flight］ 動物が*定位のために行う飛行．ミツバチが全く未知の場所に巣箱を移されると，若い*ワーカー（働き蜂）はただちに遠方には飛行せず，頭を巣の方に向けて高く低く群飛する．これを経ると，遠方から帰巣する能力を得るようになる．上記のような動物の飛行で，方位を定めるための飛行という意味でこう呼ぶ．蜜源を見つけた働き蜂がそこから飛び立つときにも，すぐに巣の方向には飛ばず，しだいに高度を増しながら輪を描いて飛ぶ．これも一種の定位飛行で，巣穴を掘る狩りバチやデンショバトなどが飛び立つときにもこれがみられる．

c **DN アーゼ高感受性領域**（ディーエヌアーゼこうかんじゅせいりょういき）［DNase hypersensitive sites］ 染色体 DNA 上で DN アーゼ I により切断されやすい領域．一般に，遺伝子の転写活性が高くクロマチン構造がゆるんでいる領域では，DN アーゼ I に対する感受性が高い．

d **DNA** deoxyribonucleic acid の略．《同》デオキシリボ核酸．糖成分が D-2-デオキシリボースである*核酸．核酸研究の初期に，DNA は胸腺から大量に抽出できることから胸腺核酸(thymonucleic acid, thymus nucleic acid)と呼ばれた．遺伝子の本体．塩基としてアデニン，グアニン，シトシン，チミンのほか，少量のメチル化塩基，すなわち 5-メチルシトシン，6-メチルアミノプリンなどが含まれる．ある種のファージの DNA はシトシンの代わりに 5-ヒドロキシメチルシトシン，チミンの代わりに 5-ヒドロキシメチルウラシルあるいはウラシルを含む（⇒メチル化塩基，⇒微量塩基）．一般に DNA は，ヌクレオシドが 3′,5′-リン酸ジエステル結合で連なった 2 本のポリヌクレオチド鎖が，塩基間の水素結合により右巻きの二重らせん(double helix)構造を形成している．二重らせん構造は塩基間の水素結合形成（⇒塩基対合則）と上下に隣接する塩基同士の積み重なりの力（⇒スタッキング）とにより安定化され，らせんを取り囲む水和分子の集まりによってその立体構造が保持されている．周囲の相対湿度の変化に応じて DNA 繊維の規則構造は段階的に変化する．X 線回折図の解析から，数種(A, B, Z など)の型の構造状態が知られている．B 型の構造は湿度 90% 以上（水中状態）に相当し，二重らせん分子の太さは直径 2 nm で，*ワトソン-クリックのモデルに該当する．相対湿度が減少するとらせんは中心軸方向に縮み，塩基対間隔のせまい A 型となる（表）．A，B 間の変換は可逆的である．他方 RNA が二本鎖状態をとる場合には A 型構造だけをとる．高塩濃度下でグアニンとシトシンを交互に連鎖したものを結晶化すると左巻きらせん構造が見られる．この構造は溶液中の塩濃度が変われば B 型に変換する．左巻きらせん上ではリン酸基間を結ぶ線がジグザグ(zig-zag)状なことから，Z 型 DNA(Z-form DNA, Z-DNA)と呼ばれるが，シトシンがメチル化されると生理条件に近い状態で DNA 二重らせんは Z 型の構造をとりやすく，その実在が示され，生体内機能との関連が注目されている．二本鎖 DNA は熱処理やアルカリ処理により 2 本の一本鎖 DNA に解離すなわち変性する（⇒DNA の変性）．ウイルスゲノムとしての DNA の分子量は $1\sim200\times10^6$ で，通例ウイルス粒子 1 個中に 1 分子の核酸が含まれる．環状一本鎖 DNA を核酸成分とするファージも存在する．ほとんどの細菌の染色体は 1 分子の DNA からなり，大腸菌の場合その分子量は約 2.5×10^9．また，自己増殖性のプラスミド DNA も知られている．真核生物の細胞では，DNA の大部分が核，特に染色体に局在し，塩基性蛋白質（ヒストン，プロタミンなど）その他と結合してデオキシリボ核蛋白質として存在する（⇒ヌクレオソーム，⇒クロマチン）．細胞質中のミトコンドリア・葉緑体などにも核の DNA とは異なる独自の少量の DNA が存在し，細胞質遺伝の要因となっている（⇒ミトコンドリアゲノム）．現在では，*組換え DNA 実験技術と*DNA 塩基配列決定法により，DNA 上の遺伝情報が具体的な塩基配列として把握されている（⇒核酸）．(図次頁)

構造	金属塩*	相対湿度	塩基対周期当たり	間隔(nm)
A-DNA	Na, K, Rb	75%	11 対	0.256
B-DNA	Li, Na	92%	10	0.34
Z-DNA▽	Na / Mg	(2.5 M 塩以上) Mg > 0.7 M	左巻 12	0.37
A-RNA	Na	—	11	0.282

*リン酸基を中和するイオン種，▽合成物(dGC)

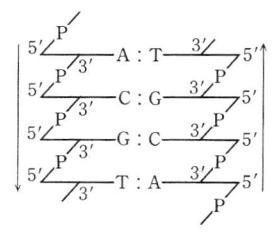

```
5′  P           3′  5′
  ╲ ╱ A : T ╲ ╱
  ╱ ╲       ╱ ╲
5′  3′          P  5′
5′  P           3′  5′
  ╲ ╱ C : G ╲ ╱
  ╱ ╲       ╱ ╲
5′  3′          P  5′
5′  P           3′  5′
  ╲ ╱ G : C ╲ ╱
  ╱ ╲       ╱ ╲
5′  3′          P  5′
5′  P           3′  5′
  ╲ ╱ T : A ╲ ╱
  ╱ ╲       ╱ ╲
5′  3′          P  5′
```

核酸の二本鎖構造．鎖状構造は略記法を用いて示してある．

e **DNA-RNA ハイブリダイゼーション** ［DNA-

RNA hybridization〕 相補的な塩基配列をもった一本鎖 DNA と一本鎖 RNA を混合して適当な塩濃度・温度条件を与えることにより, 塩基間で水素結合を形成して, ちょうど二本鎖 DNA のように DNA-RNA 間で雑種二本鎖構造を形成する手法. これを用いて次のような技術が開発されている. 標識した DNA あるいは RNA プローブを用い, 二本鎖を形成させることにより相補性のある RNA あるいは DNA を同定できる (⇌プライマー伸長法). また, オリゴ dT カラムを用いて mRNA を単離・濃縮でき, さらに mRNA を鋳型にオリゴ dT をプライマーとし, 逆転写酵素で cDNA を合成できる (cDNA ライブラリー). また, 標識した RNA を用いて全胚や組織切片の mRNA と RNA-RNA ハイブリダイゼーションを行い, 組織内の特定の RNA の分布を調べることができる. これを*in situ ハイブリダイゼーションという. RNA と一本鎖 DNA 間の雑種二本鎖分子の形成速度から, ある細胞や組織に存在する RNA が, 全体としてゲノム DNA のどのくらいの部分から転写されているかなどを解析する方法すなわちロット解析 (Rot analysis) もあるが, 現在では*ノーザン法などにより特定の RNA 量を測定できるので使われなくなった.

a **DNA 塩基配列決定法** 〔DNA sequencing〕 生化学的方法を用いて DNA の塩基配列を決定する方法. 次の方法がある. (1) マクサム-ギルバート法 (Maxam-Gilbert's sequencing method, 化学分析法):まず*制限酵素切断で得た DNA 断片の 5′ 末端を 〔γ-^{32}P〕ATP と

ポリヌクレオチドキナーゼを用いて ^{32}P で標識する. 次に二本鎖を分離するか, あるいは他の制限酵素で切断して二本鎖の一方の末端だけが標識されたものをつくる. このような DNA 鎖を塩基特異的な化学分解反応を用いて部分分解する. 例えばグアノシン残基に特異的な反応を用いて部分分解すると, ^{32}P で標識された 5′ 末端からそれぞれのグアノシン残基の位置で分解されたものの混合物が得られることになる. アデノシン, シチジンおよびチミジン残基についても同様な部分分解産物をつくる. このような部分分解産物を並列して*ポリアクリルアミドゲル電気泳動法により鎖長に応じて分離する. 泳動後, *オートラジオグラフ法によって 5′ 末端に ^{32}P をもつ DNA 断片だけをはしご状のバンドとして検出する. 5′ 末端からそれぞれのヌクレオチドが出現する位置にバンドが検出されるので, 移動度の順にバンドを読み取れば塩基配列がわかる. 5′ 末端のかわりに 3′ 末端を標識して分析する方法も用いられる. (2) サンガー法 (Sanger's sequencing method, 酵素法, ジデオキシチェーンターミネーター法 dideoxy chain termination method):酵素 DNA ポリメラーゼの修復反応を利用して行う. F. Sanger ら (1975) がプラスーマイナス法として発表して以来, 種々の改良が加えられて現在最も一般的な方法になっている. まず一本鎖 DNA にプライマーとなる短い相補鎖を加えてヘテロ二本鎖をつくる. クレノウ酵素 (Klenow enzyme, DNA ポリメラーゼ I ラージフラグメント) など 5′→3′ エキソヌクレアーゼ活性を

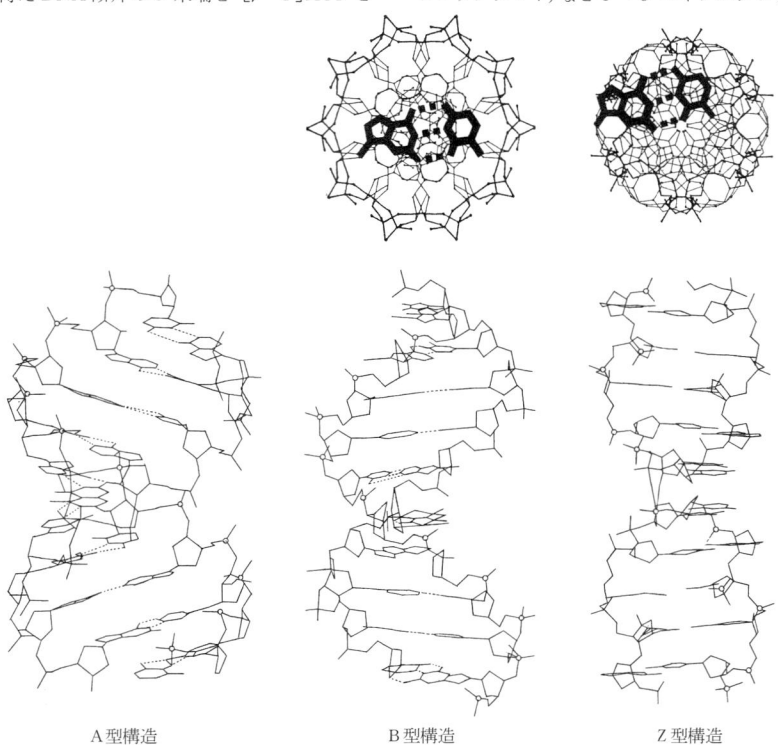

A 型構造　　　　　　　B 型構造　　　　　　　Z 型構造

1 周期の長さの DNA (片方の鎖のリンを○で示した). 上段の図は B 型と Z 型を上部から見たもの. A.H.J.Wang ら (1981) による. 塩基対の一つを太線で示す.

もたない DNA ポリメラーゼと 4 種のデオキシリボヌクレオシド三リン酸を加えて，プライマーの 3′ 末端から DNA 合成を行わせる．このとき 1 種類の DNA 伸長阻害剤のジデオキシヌクレオシド三リン酸を少量加えておくと，これが取り込まれた所で DNA 鎖の伸長が停止する．ジデオキシヌクレオチドはランダムに取り込まれるので，プライマーからいろいろの長さの DNA 鎖が生成することになる．4 種のジデオキシヌクレオチドを個別に加えて合成させた反応生成物を，ゲル電気泳動法で分析して塩基配列を読み取る．泳動から塩基配列の読み取りまでが自動化された DNA シークエンサー(DNA sequencer) が開発され，さらに多量サンプルを一気に処理する次世代型シークエンサーが登場し，*ゲノム計画を強力に推進した．(3) 次世代シークエンシング法：サンガー法をシークエンシングの第一世代ととらえた場合，その後に出現したさまざまな方法を総称してこう呼ぶ．塩基配列の長さを指標とせず，塩基伸長反応を用いるため，微量分子を大量に扱うことができる．そのため，システムによって異なるが，数十塩基から，サンガー法と同程度の数百塩基までの DNA 塩基配列を，短期間で数万〜数百万個生成することができる．近い将来には，サンガー法で可能な 1 kb をはるかに上回る塩基配列を，一度に多数決定できる方法が普及するといわれている．

a **DNA クローニング** ［DNA cloning］《同》クローン化，クローニング(cloning)．組換え DNA 実験において，特定の DNA 断片を*ベクター DNA に結合して宿主細胞に導入し，その DNA 断片を増幅させる操作．特定の遺伝子を対象とする場合には，遺伝子クローニング(gene cloning) という（⇄クローン）．実験の目的や性格などに応じて適当な宿主との組合せを用いる（⇄宿主-ベクター系）．大腸菌 K12 株とそのプラスミドまたはファージを用いる EK 系はその代表例．組換え体 DNA を宿主細胞に導入するには，通常は DNA を直接用いるが，*λ ファージベクターの場合には導入効率を向上させるために，頭部に組換え体 DNA をパッケージング(packaging) したファージ粒子を試験管内で人為的に形成して大腸菌に感染させる方法が用いられる．

b **DNA 結合モチーフ** ［DNA binding motif］
DNA 結合蛋白質の DNA 結合領域における，DNA との結合に関与する特定のアミノ酸配列からなる部分．1980 年代のはじめに X 線構造解析により細菌の数種の転写調節蛋白質の DNA 結合ドメインには短いターンを挟んで 2 つの連続する α ヘリックスが共通して存在することが発見され，ヘリックス＝ターン＝ヘリックスモチーフ(helix-turn-helix motif, HTH motif) と命名された．HTH モチーフの一つのヘリックスが B 型 DNA の主溝にはまりこむようにして DNA に結合することが，蛋白質-DNA 複合体の構造解析により証明されている．HTH モチーフは，*ホメオボックス蛋白質など真核生物の DNA 結合蛋白質にも存在することが知られている．また，さまざまな生物種の DNA 結合蛋白質の構造研究から，HTH 以外にも*ジンクフィンガー，*ロイシンジッパー，ヘリックス＝ループ＝ヘリックス (helix-loop-helix)，β リボン (β-ribbon) など多くの種類の DNA 結合モチーフの存在が明らかになっている．

c **DNA 合成依存的単鎖アニーリングモデル** ［synthesis-dependent single-strand annealing model, SDSA model］相同組換えのモデル（⇄遺伝的組換え）の一つ．DNA 二重鎖の切断後，末端が削られ 3′ 末端が突出した単鎖 DNA 領域が生じ，この単鎖 DNA が相同な二重鎖 DNA 中に侵入して，*D ループができる．ここまでは*DNA 二重鎖切断修復モデルと同じであるが，D ループ形成後にホリデイ構造（⇄ホリデイモデル）が形成されず，侵入した DNA 鎖の 3′ 末端がプライマーとなって DNA 合成後，直ちに新生鎖が D ループからはがれ，もう一方の DNA 二重鎖切断末端とアニーリングした後，ギャップが埋められ，組換え体ができる．その結果この反応経路では非交叉型組換え体のみしかできないという特徴がある．出芽酵母の減数分裂時組換えでは，DNA 二重鎖切断修復モデルに従う経路が交叉型組換え，DNA 合成依存的単鎖アニーリング経路が非交叉型組換えの生成経路であると考えられている．一方，多くの生物における体細胞分裂時の組換え修復では，DNA 合成依存的単鎖アニーリング経路が DNA 二重鎖切断を修復する主要な遺伝的経路である．

d **DNA 合成阻害剤** ［DNA synthesis inhibitor］
DNA の合成を阻害して細胞の複製の過程を阻害する物質の総称．細菌選択的に作用する物質と，動物細胞に作用する物質がある．*ナリジクス酸などのキノロン系抗生剤(ピリドンカルボン酸系剤)や*ノボビオシンは，細菌の*DNA ジャイレースを選択的に阻害して細菌の増殖を阻害．一方，5-フルオロウラシル(5-FU) はチミジル酸合成酵素，6-メルカプトプリン(6-MP) はプリン合成，シタラビン(AraC) は DNA ポリメラーゼ，植物アルカロイドであるカンプトテシンはトポイソメラーゼ I，植物から発見されたポドフィロトキシンはトポイソメラーゼ II をそれぞれ阻害して動物細胞の増殖を阻害する．5-FU，6-MP，AraC は代謝拮抗剤と呼ばれる．

e **DNA ジャイレース** ［DNA gyrase］《同》ジャイレース．細菌に存在する II 型トポイソメラーゼの一種（⇄DNA トポイソメラーゼ）．酵素分子単独で二重らせん DNA の撚りを戻し，負のスーパーコイル(超らせん)を導入する，すなわちライジング数（⇄DNA トポロジー異性体）を負の値にする特異な活性をもつ酵素．大腸菌のジャイレースは二つの遺伝子 gyrA と gyrB の産物である分子量 11 万 5000 と 9 万 5000 の 2 種のポリペプチド鎖 2 分子ずつからなる四量体で，トポロジー異性体化は両鎖の漸次的切断によって行う．すなわち，4 ヌクレオチド対離れた相補鎖にまたがる切れ目を入れ，3′-OH 遊離端と切断鎖末端に酵素分子が共有結合した形状をとる．この酵素の行う反応として，次のようなものが明らかにされている．ATP の存在下で，弛緩型閉環状 DNA(relaxed circular DNA) の負のスーパーコイル DNA への転換(図の(1)) を，切断-再結合反応ごとにリンキング数を二つずつ変化させて行う．また，ATP 存在下で，二つの閉環状二本鎖 DNA の連環状 DNA への転換(*カテネーション)とその逆反応(デカテネーション)を触媒したり(図の(2))，閉環状 DNA に結び目を作る反応(knotting)やそれを解く反応(unknotting)を触媒する(図の(3))．ジャイレースには特異的阻害剤が知られており，これらに対して抵抗性をもった大腸菌株の遺伝解析から，オキソリン酸(oxolinic acid)と*ナリジクス酸はジャイレース分子の gyrA の遺伝子産物部分と相互作用し，クママイシン(coumermycin)とノボビオシン(novobiocin) は gyrB 産物と相互作用してジャイレースの触媒作用を阻害することが明らかになっている．オキ

ソリン酸とナリジクス酸は図(1)～(3)のすべての反応を阻害し，クママイシンとノボビオシンはATP依存性の反応だけを阻害する．

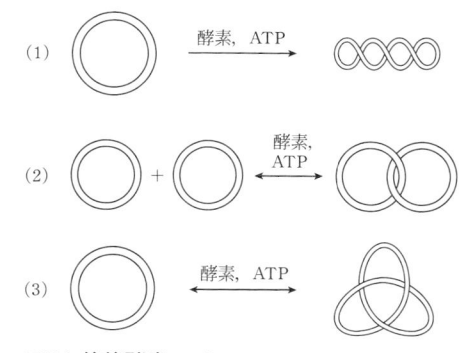

(1) ○ —酵素, ATP→ ⧖

(2) ○ + ○ —酵素, ATP→ ⚭

(3) ○ —酵素, ATP→ ☘

a **DNA修飾酵素** ［DNA modification enzyme］ *制限・修飾現象において宿主支配性修飾（主にDNAのメチル化）を行う酵素．(→制限・修飾, ⇒DNAメチル基転移酵素, ⇒制限酵素)

b **DNA修復** ［DNA repair］ 細胞の染色体DNAの損傷やDNA複製時の塩基対合の誤りなどを認識し，それらを正常に修復する機構．遺伝情報を担うDNAは，放射線や環境中の突然変異原さらには代謝の過程で生じる活性酸素などにより絶えず傷つけられている（⇒DNA損傷）．これらの損傷はDNA複製や転写を阻害し，あるいは細胞死をもたらすとともに突然変異を誘発する．また，複製時の誤った塩基の取込み（複製エラー）によっても突然変異は生じ，これらの突然変異は遺伝情報を変化させ，ひいては発がん・老化・遺伝的欠損症の原因になっている．すべての生物はこれらのDNA損傷や複製エラーを修復し，遺伝情報を安定に維持するために多様な修復機構をもつ．この機構は作用の様式から次のように大別できる．(1)特殊な酵素の働きでDNA上の傷を消去するもの：紫外線でできたピリミジン二量体を，*光回復酵素の作用で元のピリミジンに戻す*光回復や，アルキル化剤の作用でメチル化されたDNA塩基からメチル基をとり除くメチル基転移酵素による修復がこれにあたる．(2)*除去修復：損傷した塩基を含むヌクレオチドの一部を切り出し，正常な他方のDNA鎖を鋳型として修復合成によって元に戻す機構．これには，まず損傷塩基をとり除き比較的短い部分の修復合成を行う塩基除去修復(base excision repair)と，損傷した部分を含む比較的長い領域を切り出したのち修復するヌクレオチド除去修復(nucleotide excision repair)とがある．DNA複製時に生じたエラーを修正するミスマッチ修復(mismatch repair)も基本的には後者の機構をとる．(3)*組換え修復：二本鎖DNA上の両鎖にまたがって傷がある場合には，二つの相同なDNA分子の組換えによって修復が行われる．DNA上の傷のために，それを鋳型にしてつくられる新しいDNAでは，傷の向かい側にギャップを生じるが，その部分へ旧DNAの無傷の方の鎖(sister strand)から転移が起こるので，遺伝的組換え機構と部分的に重複する．

c **DNA修復酵素** ［DNA repair enzymes］ 《同》修復酵素(repair enzyme)．DNA修復におけるいくつかの機構のそれぞれの過程を触媒する特異的な酵素の総称．

最も単純な*光回復には，DNAに生じたピリミジン二量体を開裂して元の単量体に戻すデオキシリボピリミジンフォトリアーゼ(deoxyribopyrimidine photolyase, EC4.1.99.3)が知られ，*光回復酵素と呼ばれる．またアルキル化剤によりO^6-メチルグアニンのような修飾を受けたDNAの修復には，O^6-メチルグアニンDNAメチル基転移酵素(O^6-methylguanine-DNA methyltransferase)が関与する．塩基除去修復では，DNA上の損傷（異常塩基）を見つけて異常塩基のデオキシリボースとのN-グリコシド結合を加水分解するDNAグリコシラーゼ(DNA glycosylase)とその脱塩基部位を認識して3′側あるいは5′側のホスホジエステル結合を切断するAPエンドヌクレアーゼ(AP endonuclease, apurinic/apyrimidinic endonuclease)が知られる．その後，もう一方のDNA鎖を鋳型とし，DNA依存性DNAポリメラーゼ（修復ポリメラーゼrepairing polymerase，狭義の修復酵素），DNAリガーゼによりDNAが復元され，修復が行われる．高発がん性や精神神経症状の合併を臨床的特徴とする遺伝性疾患である色素性乾皮症やコケイン症候群はヌクレオチド除去修復に異常をもつ．また，DNAの二本鎖切断はDNAの相同組換え機構を用いた組換え修復機構により修復される．複製エラーはミスマッチ修復酵素系（不適正塩基対修復酵素系）により修復されるが(⇒ミスマッチ修復)，この修復酵素遺伝子の異常が，ヒトの遺伝性非ポリポーシス大腸癌(hereditary nonpolyposis colon cancer, HNPCC)の原因であることが明らかになっている．細菌の場合には，DNA損傷がシグナルとなってDNA修復酵素系が誘導される．アルキル化剤に対する適応応答(adaptive response)も知られている．

d **DNA診断** ［DNA diagnosis］ 遺伝病の原因となる遺伝子の構造変化を検出することによる当該遺伝病の予知・診断．個人のゲノム配列を安価に決定できるパーソナルゲノムの時代が近づいており，DNA診断も全ゲノム配列データを用いるようになることが期待される．

e **DNA損傷** ［DNA damage, DNA lesion］ DNA分子に生じる傷（正常でない構造）．ただしDNA複製後に細胞内酵素によって起こる塩基修飾（例：メチル化）などの変化は正常とみなして，損傷に含めない．塩基損傷と鎖損傷に大別できる．(1)DNA塩基損傷(base damage)：さらに(i)対合性損傷(pairable damage)と，(ii)非対合性損傷(nonpairable damage)とに区分される．前者は塩基の小さな変化を指し，複製のときの鋳型としての能力は保持しているが，正常塩基よりも高率に対合誤りを起こすものから，全く正常塩基と同じものまで含まれる．後者はDNA複製のとき鋳型となりえないほど大きい塩基の変化を指し，さらに(a)塩基の脱落まで含む破壊的化学変化，(b)塩基への他の化合物の付加体(adduct)，(c)隣接する塩基の結合で生じる二量体(dimer)，(d)両鎖の塩基が直接または他の化合物を仲介にして共有結合することにより生じる*架橋，などに分類できる．例えば，自然状態に長く放置したDNAやアルキル化剤処置を受けたDNAではプリン（特にグアニン）の脱落(脱プリンdepurination)が起こる．4NQO(4-ニトロキノリン-1-オキシド)を in vivo で作用させるとプリン-4NQO付加体が生じ，紫外線照射では*ピリミジン二量体が生じ，マイトマイシンCを in vivo で作用させると，その仲介によりグアニンとグアニンの間

に鎖間架橋が生じる．また，*ソラレンと光照射によってピリミジン間の架橋が形成される．(2) DNA 鎖損傷 (strand damage)：主なものは一本鎖切断と二本鎖切断．糖の変化も，小さなものは DNA 複製に全く影響を与えないであろうが，少し大きな変化はつぎつぎと変化を呼び起こし，最終的には一本鎖切断へ導くことが多い（例：X 線照射で水が分解して OH・遊離基が生じ，それが糖を攻撃し，やがて一本鎖切断へ導く）．上述の脱プリンもしばしば一本鎖切断へ導く．もちろん，リン酸エステル結合の化学変化もしばしば一本鎖切断へ導く（例：X 線照射，とり込まれた ^{32}P の自然崩壊による ^{32}S への原子核変換）．一本鎖切断には必ずといってよいほどある確率で二本鎖切断をともなう．後者が致死の主因であることが多い．これらの一次損傷は，二次的に DNA の塩基置換，ある部分の欠失などの DNA の安定した変化をもたらすが，一般に，このような二次損傷は DNA 損傷には含めない．(⇌DNA 修復，⇌突然変異生成)

a **DNA–DNA ハイブリダイゼーション** ［DNA-DNA hybridization］《同》DNA 雑種法．熱変性させて一本鎖の状態にした二本鎖 DNA を適当な塩濃度・温度条件を与えることにより，再び塩基間の水素結合によって元のワトソン-クリック型の二本鎖構造に戻す手法．異なった種類の DNA 鎖間では，塩基配列が異なり，相補的な塩基配列部位が対応して並ばないため，二本鎖構造を形成しない．したがって，標識した DNA プローブと二本鎖構造を形成させることによって，相補性のある DNA 断片 (*サザン法)，あるいは遺伝子クローン（ブロークハイブリッド法，コロニーハイブリッド法），染色体上の遺伝子 (*蛍光 in situ ハイブリダイゼーション法) をそれぞれ同定できる (⇌物理的遺伝子地図)．あるいは合成オリゴヌクレオチドに二本鎖構造を形成させ，DNA ポリメラーゼ (Taq ポリメラーゼ) を作用させることによって，特定の DNA 断片を増幅することができる (⇌PCR)．また，互いに相補的な塩基配列をもつ二つの一本鎖 DNA の間で二本鎖分子を再構成する速度の解析から，DNA の塩基配列の複雑さ (sequence complexity)，配列の繰返し頻度などを解析することができる (コット解析 Cot analysis)．塩基配列が容易に決定できる現在，コット解析は使われなくなったが，この解析から動物細胞の反復配列 (Alu 配列) などの存在が明らかにされた．分子進化学では，ゲノム全体の DNA の相同性を比較的簡便に求めるために，1970～1980 年代にはこの手法が用いられた．(⇌アニーリング)

b **DNA データベース** ［DNA database］《同》塩基配列データベース (nucleotide sequence database)．大型コンピュータにデータとして収録されサーバーで公開されている DNA の塩基配列．解析された DNA の塩基配列は，転写開始点や読取り枠などの遺伝子のもつ情報を含めて国際的な機関に登録され，全研究者がコンピュータネットワークを通じて，あるいは情報の収録されたディスクから DNA の塩基配列を検索できるシステムが確立されている．ヨーロッパ分子生物学研究所 (EMBL) に DNA の塩基配列の収集と管理運営の機関としてデータバンクが設立され (1980)，次いでアメリカに GenBank，日本に DDBJ (DNA DataBank of Japan) が 1980 年代に設立された．現在は，EMBL データベースはイギリスの EBI (European Bioinformatics Institute)，GenBank データベースはベセスダの NCBI (National Center for Biotechnology Information)，DDBJ データベースは三島の国立遺伝学研究所で運営され，INSD (International Nucleotide Sequence Database) として三機関で共同構築している．また，国際諮問委員会で全体の運営に関する指導助言，国際実務者委員会で実務が管理されている．現在では多数の生物のゲノム配列決定が進行中であり，DNA データベースは急速に増大している．

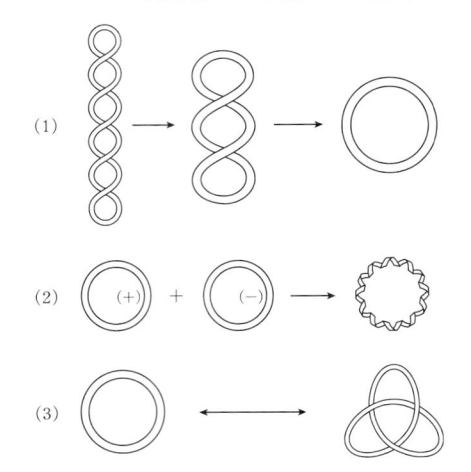

c **DNA トポイソメラーゼ** ［DNA topoisomerase］ *DNA トポロジー異性体間の相互転換，すなわち DNA 鎖の共役的な切断 (DNA nicking-closing) 反応を触媒する酵素の総称．in vitro での反応機構の解析には，環状 DNA を基質に用いて行われる．閉環状二本鎖 DNA のトポロジー転換には反応過程での漸次的な DNA 片鎖または両鎖の切断が必要であり，どちらの様式によって異性体化を行うかによって二つの型に分けられる．片鎖の切断でトポロジーを変えるものを I 型トポイソメラーゼ (type I topoisomerase)，両鎖の切断で行うものを II 型トポイソメラーゼ (type II topoisomerase) と呼ぶ．I 型トポイソメラーゼは，大腸菌の ω 蛋白質 (ω-protein，分子量 11 万の単一ポリペプチド鎖からなる)，種々の真核細胞から見出されている．II 型トポイソメラーゼとしては，細菌で見出されている *DNA ジャイレース，ファージの T4 トポイソメラーゼ II (T4 topoisomerase II)，真核細胞の ATP 依存性トポイソメラーゼ II (ATP-dependent topoisomerase II, ATP 依存性 DNA 緩和酵素 ATP-dependent DNA relaxing enzyme) などがある．また，λ ファージの int 遺伝子産物やファージ φX174 の遺伝子 A の産物なども切断-再結合酵素活性をもち，I 型トポイソメラーゼの一種である．I 型は反応に ATP を必要とせず，II 型は ATP を必要とするものが多いが，いずれにも例外がある．トポイソメラーゼは，反応の中間体として切断端の一方に酵素がリン酸ジエステル結合した形状をとる．このエステル結合に蓄えられたエネルギーが切断の再結合に用いられると考えられている．I 型トポイソメラーゼが触媒する反応として次のようなものが知られている．スーパーコイル DNA を切断-再結合反応ごとにリンキング数 (⇌DNA トポロジー異性体) を一つ変化させて弛緩 (relaxation)させる(図1).互いに相補的な一本鎖環状DNAをらせん構造をもつ二本鎖環状DNAに転換する(図2).一本鎖DNAに結び目(topological knot)を作ったり,それを解いたりする反応をする(図3).また,二つの環状二本鎖DNAの一方の分子の片鎖切断がある場合,連環状二量体になった分子(カテナン)を形成する(⇌カテネーション).Ⅱ型トポイソメラーゼのうち,DNAジャイレースは酵素分子単独で閉環状DNAにスーパーコイルを導入できる点でユニークな酵素である(⇌DNAジャイレース).他のⅡ型の酵素はスーパーコイル導入を行わない.真核細胞のトポイソメラーゼⅠは*ヌクレオソームの形成に関与し,細菌のω蛋白質は*転写やある種の*トランスポゾンの組込みに関与している.ジャイレースとT4トポイソメラーゼⅡはDNA複製や転写過程に関与する.真核生物のⅡ型トポイソメラーゼは染色体の複製,細胞分裂時の染色体の分離などに働く.なお,二本鎖DNAに切れ目を入れてスーパーコイルを緩和する活性をもつ酵素を総称して,スウィベラーゼ(swivelase)と呼ぶ.

a **DNAトポロジー異性体** [DNA topoisomer] 二重らせん構造をもつ環状のDNA分子に見られる,2本のポリヌクレオチド鎖の絡み合いの程度などに関する多様な形状の異性体.例えば,切れ目のない二本鎖環状DNAの一方の鎖を切断し,その一端を他方の切断しなかった鎖をくぐらせてから(らせんを巻き戻してから,あるいは巻き込んでから)再び元の端と結合すると,DNA分子全体に歪みが導入されることになり,二本鎖DNAをさらに捩るようにスーパーコイルすることや,鎖の一部が他の部分に巻きつくことなどによってDNAの骨格に蓄積した歪みエネルギーが最小となる.この際,鎖をくぐらせる方向や回数などに応じて高次構造上の多様性が生じる.このようなスーパーコイルDNA(超らせんDNA supercoiled DNA)としてのトポロジー異性体は,環状DNAに限らず,線状DNA上の固定された2点間についても形成され,細胞内におけるDNAの複製・転写・組換えなどの諸過程に重要な関連をもつ.閉環状二本鎖DNAのトポロジー異性体は幾何学的な次の三つのパラメータで表される.(1)リンキング数(linking number, L):2本のポリヌクレオチド鎖が互いに何回絡み合っているかを示し,常に整数値.リンキング数はDNAに切れ目を入れないかぎり分子をどのように変形しても変化しない.(2)ツイスト数(twist number, T):二重らせんとして右巻きに何回巻いているかを表し,B型DNAでは約10塩基対につき1である.(3)ライジング数(writhing number, W):スーパーコイルの巻き数(らせん軸の巻き数)で,左巻きの場合は正,右巻きの場合は負の値.これらのパラメータの間には$L=T+W$の関係がある.例えば,二重らせんの巻戻しが起きた後に閉環状となったDNAは,ツイスト数に比べリンキング数が不足したトポロジー異性体となり,DNA分子に歪みが導入されたことになるが,この歪みエネルギーはライジング数が負の値をとることで,DNA分子全体が右巻きにスーパーコイルすることで解消する.さらに,環状一本鎖,二本鎖DNAについて結び目(knot)の数が異なる異性体,二つの環状DNAの間で絡み合い数の異なる異性体(カテナン catenane)があり,いずれも数学的なパラメータで表現できる.(⇌DNAトポイソメラーゼ,⇌DNAジャイレース)

b **DNA二重鎖切断修復モデル** [DNA double strand break repair model, DSBR model] 1983年にJ. W. Szostakらによって提唱された相同組換えのモデル(⇌遺伝的組換え).DNA二重鎖の切断後,末端が削られ3'末端が突出した単鎖DNA領域が生じることが組換え反応の開始となる.まず,単鎖DNAが相同な二重鎖DNA中に侵入して,*Dループができる.この反応がさらに進行することによって,ホリデイ構造(⇌ホリデイモデル)が形成される.Dループ内に侵入したDNA鎖の3'末端がプライマーとなってDNA合成が進む.それに伴い,もう一方の二重鎖DNA切断末端も相補的なDNAと対合が可能となりDNA鎖を交換して合計2個のホリデイ構造が形成される.このことから,本モデルは,ダブルホリデイモデルとも呼ばれる.2カ所のホリデイ構造がDNA交叉部位で対称に切断され組換え体が生成される.オリジナルのモデルでは,その切断の方向性によって*交叉型組換えと交叉を伴わない*遺伝子変換型組換えの2種類の組換え体の生成を予測した.しかし,最近の出芽酵母の研究から,減数分裂においてはDNA二重鎖切断修復モデルに従う反応経路では交叉型組換えが主に生成され,交叉を伴わない遺伝子変換型組換えは,*DNA合成依存的単鎖アニーリングモデルに従う反応経路によって生成されることが示されている.(⇌DNA合成依存的単鎖アニーリングモデル,⇌切断-再結合モデル)

c **DNAの変性** [DNA denaturation] 《同》DNAの融解(DNA melting).二本鎖DNAを加熱したり,pHやイオン強度などを変えたときに,水素結合が切れて一本鎖の状態になる現象.変性により塩基の*スタッキングは弱まり,紫外線吸収が増加する.(⇌濃色効果,⇌アニーリング)

d **DNAバーコーディング** [DNA barcoding] 広く動物や植物で進化的に保存されている短いDNA塩基配列を種の検索キーとして,生物を同定する技術.この際に使われる配列をDNAバーコードと呼ぶ.DNAバーコーディングでは,まず同定済み生物のDNAバーコード塩基配列を決定して参照データベースに蓄積,そして未同定の生物サンプルからDNAバーコード領域の塩基配列を決定し,参照データベースを検索して,塩基配列が一致した標本の種名を同定結果とする.DNAバーコードは,できるだけ多くの生物で共通して使用できるものである必要があり,標準的バーコード領域として,動物ではミトコンドリアCOI遺伝子が,植物では葉緑体$rbcL$遺伝子と$matK$遺伝子が定められているが,その活用についてはまだ議論がある.

e **DNA複製** [DNA replication] 遺伝情報の担い手であるDNAを*複製すること.DNA複製は,細胞から細胞へ,さらに多細胞生物では生殖細胞を介して次世代へ遺伝情報を保存・継承し,生命の連続性を保証する過程である.遺伝情報はあらゆる生命現象の基本であり,種の保存のためにどの生物も正確な複製機構をそなえている.真核細胞のDNAは細胞周期の決まった時期(S期)に複製され,細胞の増殖とカップルして厳密に制御されている.複製機構に関しては,*ワトソン-クリックのモデルと共に*半保存的複製機構が提唱され,のちに実験的に証明された(⇌メセルソン-スタールの実験).*DNA複製開始点とそれを認識する複製開始蛋白質の構造遺伝子を含む最小の複製機能単位はレプリコンと呼

ばれる(⇌レプリコン説).原核生物やプラスミド,ウイルスなどのゲノムはそれぞれ単一のレプリコンであり,真核生物の染色体は,多数のレプリコンが連なったものと考えられている.レプリコンの複製は,その開始の仕方によっていくつかの様式に分類される.開始点から二本鎖が開裂し,電子顕微鏡で観察できる,複製の目(replication eye),あるいは複製の泡(replication bubble)などと呼ばれるところから,一方向または両方向に伸長が進行するケーンズ型(⇌ケーンズモデル),環状型のレプリコンで二本鎖の一方に部位特異的な切断が起こり,切られた鎖の5′末端側は順次引き剥がされ,3′末端ではそれをプライマーとして切断されていない鎖を鋳型として合成するローリングサークル型(⇌ローリングサークルモデル),直線型レプリコンで蛋白質やtRNAがプライマーとなって開始するものなど,多様である.原核生物,真核生物の染色体の複製はいずれもケーンズ型で複製が開始し,複製フォーク(replication fork)モデルで伸長反応が進行すると考えられている.*DNAポリメラーゼは5′→3′へしか合成できないため,相補的な二本鎖DNAの複製では,複製の進行方向と同方向に合成が進むDNA鎖(リーディング鎖)においては連続的な複製が行われるが,逆方向に進行するDNA鎖(ラギング鎖)では,*岡崎フラグメントと呼ばれる短いDNA断片ずつ逐次的に複製される(⇌不連続複製).複製フォークでの反応は,(1)*DNAヘリカーゼによる二本鎖DNAの巻戻し,(2)*一本鎖DNA結合蛋白質による一本鎖DNAの安定化,(3)ラギング鎖における*プライマーRNA合成に続くDNA鎖伸長,リーディング鎖ではプライマーRNA合成を介さないDNA鎖伸長,(4)*リボヌクレアーゼHによるプライマーRNA除去,(5)DNAポリメラーゼによるギャップの合成,(6)DNAリガーゼによる岡崎フラグメントの連結と進む.真核生物の場合,DNAは*ヌクレオソーム構造をとっており,上の反応に先立ちヌクレオソームが解離し,反応後は再びヌクレオソーム構造が形成される.複製反応にはこうした一連の素過程があり,複雑な反応を複製フォークにおいて効率よく行うため,複製に関与する多くの蛋白質が集まって一つの複合体レプリソーム(replisome)を形成していると考えられている.レプリソームは大腸菌では20種以上の蛋白質からなるが,DNA複製を行っているときだけ安定な複合体として存在するようで,実際には完全な形での単離精製は困難である.直線状の二本鎖DNAの場合,ラギング鎖の末端部(例えば最後の岡崎フラグメントのプライマーRNAに相当する部分)の

DNAは複製されないことになる.そのため染色体末端部の*テロメアは複製を繰り返していくことによってしだいに短くなる.

a **DNA複製開始点** [DNA replication origin]
《同》複製起点,レプリケーター(replicator).*DNA複製が開始する染色体上の特定領域.原核生物の染色体の複製は,通常,染色体上の1カ所の複製開始点から開始する.一方ゲノムサイズの大きな真核生物では多数の複製開始点が染色体上に散在する.酵母の場合には約500,マウスの場合には約2万5000の複製開始点がある.原核生物では*自律複製配列の同定,無細胞DNA複製系の利用,さらに精製蛋白質の再構成実験により,複製開始に関与する配列,蛋白質因子の同定,機能の解明などが進んでいる.大腸菌の染色体の複製開始点は*oriC*と呼ばれ,染色体地図上84分の位置にあり,複製開始に必要な最小サイズは245塩基対である.原核細胞の一般的な複製開始の反応は,それぞれのレプリコンを特異的に認識する開始蛋白質が複製開始点内の領域に結合し,さらにそこに複製開始に必要な因子群が作用するところから始まる.*DNAヘリカーゼが複製開始点近傍に存在するATに富む領域のDNA二本鎖をほぐす.一本鎖になった部分は*一本鎖DNA結合蛋白質が保護し,プライモソーム(primosome)と呼ばれる複製開始複合体(DNAヘリカーゼおよびプライマーゼ)によってRNA*プライマーが合成され,続いて*DNAポリメラーゼによりDNA合成が進む.真核生物の複製開始点の解析は,遺伝学的解析,二次元電気泳動(two-dimensional gel electrophoresis)による複製中間体の解析,自律複製配列の検索などから,酵母(*Saccharomyces cerevisiae*)において最も進んでいる.酵母の複製開始点はATに富む11塩基対の必須なコア配列と,その3′側下流にエンハンサー配列として,コア様配列の繰返し,折曲がり(ベント)構造をとる配列,二本鎖DNAがほぐれやすい配列,転写制御蛋白質の結合配列などが構成されている.コア配列に結合する複製開始点認識複合体(origin recognition complex, ORC,⇌複製前複合体)が単離され,これと相互作用する因子を手がかりに酵母での複製開始の機構の解明が急速に進みつつある.動物細胞では,複製は染色体DNA上の特定の領域から開始されているが,未だ共通のDNA塩基配列は見つかっていない.染色体上に多数存在する複製開始点は,DNA合成期(S期)中で同時に活性化され複製が開始するのではなく,いくつかの時期に分散して活性化される.また,1細胞周期の中で1回しか活性化しないように制御されている.発生途上の卵割時には細胞分裂に要する時間が短く,複製開始点の数を増やすことでDNA複製に要する時間を短縮している.ショウジョウバエ(*Drosophila melanogaster*)では,受精後の卵割時のS期は約4分で,複製開始点間の平均距離は8000塩基対であるのに対し,蛹の脳細胞の場合,S期は約12時間,複製開始点間の距離は約10万塩基対である.複製開始反応は複雑に制御を受けているが,その制御機構に関してはほとんど明らかになっていない.

b **DNA複製酵素** [DNA replicase] 《同》DNAレプリカーゼ.ファージやウイルスのDNAあるいは染色体DNAの複製に関与する*DNAポリメラーゼ.*DNA修復やDNA組換え時のDNAポリメラーゼ,ミトコンドリアDNA(⇌ミトコンドリアゲノム)の複製を行う

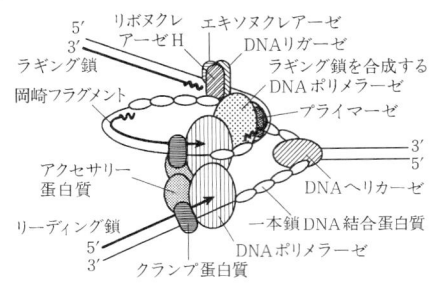

複製フォークでDNA複製に関与する蛋白質
(B. Stillman, 1994による)

DNA ポリメラーゼなどと区別するために用いられる．いわば生命活動の基本である*DNA 複製を行う装置であり，進化的に種を越えて機能および構造がよく保存されていることが指摘されている．DNA 複製酵素は DNA ポリメラーゼや 3′→5′ エキソヌクレアーゼなどの酵素活性をもつもの（コア酵素），酵素の鋳型上の進行を効率よくするもの（processivity factor），プライマーを認識して複製複合体を形成させるもの（accessory complex）の 3 成分から構成されている．原核生物の大腸菌の場合，見つかっている DNA ポリメラーゼのうち，DNA ポリメラーゼⅢホロ酵素が DNA 複製酵素に当たる．この酵素は複数のサブユニットから成る．このうち，α，ε および θ サブユニットはコア酵素として働き，β サブユニットはドーナツ状の二量体を作って DNA を取り囲み，酵素が鋳型から離れにくくする processivity factor として働き，γ サブユニットは合成開始のための複合体形成をさせる accessory factor として働く．一方，真核生物では DNA ポリメラーゼ α，δ，ε が DNA 複製を行っている．α はプライマーゼと強固に結合し，DNA 合成の開始を担い，δ，ε はラギング鎖とリーディング鎖の合成をそれぞれ担っている．また増殖細胞核抗原（proliferating cell nuclear antigen, PCNA）は，構造的に大腸菌の DNA ポリメラーゼⅢの β と似ており，DNA ポリメラーゼ δ と ε の processivity factor に対応，また複製因子 C（replication factor C, RF-C）が accessory complex に対応する．（→DNA ポリメラーゼ）

a **TNF ファミリー** ［TNF family］《同》腫瘍壊死因子ファミリー．腫瘍壊死因子 α（tumor necrosis factor α, TNF-α）に相同性のある一群の膜貫通蛋白質．サイトカインファミリーの一つ．細胞の分化・増殖，細胞死，炎症反応など，生体のさまざまな生理作用に関わる．ヒトには少なくとも 19 種類の TNF ファミリー分子が存在し，その受容体として少なくとも 30 種類の TNF 受容体ファミリー分子が存在．ショウジョウバエにはそれぞれ 1 種類の TNF/TNF 受容体ファミリー分子があるが，線虫にはない．TNF ファミリー分子は三量体を形成し，細胞表面上で三量体を形成した TNF 受容体ファミリー分子に結合してシグナルを細胞内に伝達する．細胞質領域にデスドメイン（death domain）をもつ TNFR1 や*Fas などの TNF 受容体ファミリー分子にリガンドが結合すると，*カスパーゼの活性化とそれに伴うアポトーシスが引き起こされる．

b **DNA ヘリカーゼ** ［DNA helicase］《同》DNA 巻戻し酵素（DNA unwinding enzyme）．DNA 依存性 NTP 加水分解活性を伴って，二本鎖 DNA の塩基対間の水素結合を開裂し，一本鎖 DNA に巻き戻す酵素の総称．これらの酵素は NTP 加水分解のエネルギーを用いて，DNA のらせん構造を不安定化する．これらの酵素の DNA のらせん構造をほどく機能は，二本鎖 DNA の複製に先立ち必須である．そのほかに*DNA 修復，*遺伝的組換えにも働いている．*転写，*翻訳，RNA スプライシングなどの過程で DNA-RNA ハイブリッドや二本鎖 RNA を巻き戻す酵素もヘリカーゼと考えられる．DNA ヘリカーゼは多数知られており，大腸菌には少なくとも 10 種類のヘリカーゼ活性をもつ酵素がある．ただし，多機能酵素が DNA ヘリカーゼ活性を併せもつ場合に，DNA ヘリカーゼと呼ばれないことがある．広くウイルスから細菌・酵母・哺乳類に至る生物に存在．多くは二本鎖 DNA の端に一本鎖部分を必要とし，まずその一本鎖部分に触媒的に，または化学量論的に結合し，3′→5′，または 5′→3′ のそれぞれの酵素に特有な方向に二本鎖 DNA を開いていく．その場合に，連続移動的（processive）に巻き戻していくものと，分布的に（distributive）結合したり離れたりしながら開いていくものがある．ちなみに，大腸菌の複製における主要なヘリカーゼである DnaB 蛋白質は，ATP 存在下に一本鎖 DNA 部分に触媒的に結合し，5′→3′ 方向に連続移動的に二本鎖 DNA を巻き戻し，複製フォークにおける*プライマーゼや*DNA ポリメラーゼの反応を促進する．修復に関与するヘリカーゼⅡは，巻き戻される塩基対数に比例して化学量論的に DNA に結合し，酵素の転位と巻戻しは 3′→5′ の方向に進行する．組換えに関与している RecBCD 酵素の場合は一本鎖部分を必要とせず，平滑末端（blunt end）をもつ線状の二本鎖 DNA に最も結合しやすい．真核細胞からもすでに多くのヘリカーゼが単離されている．例えば，DNA 複製には六つの異なるサブユニットから成る MCM（Mcm2～7）がヘリカーゼとして働く．（→複製前複合体）

c **DNA ボディ** ［DNA body］ある種の動物の卵原細胞に見出される高密度な DNA と塩基性核蛋白質から成る球状体．その存在はゲンゴロウ科昆虫 Dytiscus marginalis の卵細胞で発見された．DNA ボディは，通常核小体内にある rRNA 遺伝子を含む DNA がある特定な時期に一時的に増加することによって形成されると考えられている．

d **DNA ポリメラーゼ** ［DNA polymerase］《同》DNA 依存性 DNA ポリメラーゼ（DNA-directed DNA polymerase）．4 種のデオキシリボヌクレオシド-5′-三リン酸からピロリン酸を遊離して，DNA を重合する反応を触媒する酵素．EC2.7.7.7．*鋳型としての DNA を必要とし，合成される DNA は鋳型に相補的な塩基配列をもっている．DNA の複製・修復に関与する重要な酵素で，種々の細胞から分離・同定されている．例えば，ヒトからは 15 種類の DNA ポリメラーゼが同定され，アミノ酸配列の類似性から A, B, X, Y の四つのファミリーに分類されている．A ファミリーにはミトコンドリア DNA の合成を行う DNA ポリメラーゼ γ が，B ファミリーには染色体 DNA 合成を行う DNA ポリメラーゼ α, δ, ε が含まれる．X ファミリーに属する DNA ポリメラーゼは塩基除去修復（base excision repair, →DNA 修復），→除去修復）や DNA 二重鎖切断時の修復に，Y ファミリーに属する DNA ポリメラーゼは損傷乗越え合成（translesion synthesis, →複製後修復）に関わる．さらに，大腸菌の複製酵素 DNA ポリメラーゼⅢは C ファミリーに，古細菌のポリメラーゼの一つは D ファミリーに分類されている．多くの DNA ポリメラーゼは 3′→5′ のエキソヌクレアーゼ活性をもち，この活性は DNA 合成過程で誤って取り込んだ塩基を取り除き，正しい塩基を取り込むという，校正機能（proofreading）を果たすためのものである．

e **DNA ミスマッチ修復遺伝子** ［DNA mismatch repair genes］リンチ症候群（Lynch syndrome），別名遺伝性非ポリポーシス大腸癌（hereditary nonpolyposis colorectal cancer, HNPCC）の原因遺伝子．本病は，大腸癌高発家系として，その存在が A. S. Warthin（1913）によって報告され，H. T. Lynch（1971）によって癌家系 G

と，さらに1984年にリンチ症候群と名付けられた遺伝性疾患で，大腸癌のほかに子宮内膜・胃・尿路・小腸・卵巣などの癌の発生がみられる．全大腸癌の1%以下に相当する家族性大腸ポリポーシス(⇨家族性腫瘍)を原因とする大腸癌と区別するためHNPCCとも呼ばれる．全大腸癌の2〜3%がリンチ症候群である．リンチ症候群のすべて，また散発性，遺伝性の全大腸癌の12〜15%において，ヒトゲノム上に存在するCA繰返し配列などのマイクロサテライト配列の繰返し単位の数が，癌組織特異的に変動するマイクロサテライト不安定性が発見されたこと，および出芽酵母のDNAミスマッチ修復遺伝子変異が1または2塩基繰返し配列の不安定性をもたらす事実を契機に，リンチ症候群がDNA修復の誤りが原因であることが明らかになった．DNAミスマッチ修復遺伝子は連鎖解析から，ヒト染色体2p21と3p21-p23に存在することが示唆され，染色体2p21からは*MSH2*遺伝子が，染色体3p21から*MLH1*遺伝子が単離されている．これらの遺伝子の産物は，ミスマッチ修復に関与する酵素であるが，さらに，関連する蛋白質の遺伝子，*PMS2*遺伝子が染色体2q31-q33，7p21に存在することが明らかにされている．リンチ症候群の約65%にこれらの遺伝子のいずれかの変異がみつかる．検出された変異の約50%が*MLH1*遺伝子，約30%が*MSH2*遺伝子，約10%が*MSH6*遺伝子で*PMS2*遺伝子変異は少ない．リンチ症候群患者では，これらの遺伝子における変異を遺伝的に継承しているが，その癌部では，正常対立遺伝子に新たに異常が加えられている．*MSH2*遺伝子は，934アミノ酸の蛋白質をコードする．MSH2蛋白質はDNA上の1塩基のミスマッチあるいは挿入・欠失によるループ位置に結合する．MSH2蛋白質とヘテロ二量体を形成する蛋白質として，G-TミスマッチのみならずMSH6がさらに発見されている．*MSH6*遺伝子は染色体2p21の*MSH2*遺伝子の近くに存在する．*MLH1*遺伝子は，756アミノ酸の蛋白質を，*PMS2*遺伝子は，862アミノ酸の蛋白質をコードする．これら遺伝子における変異のほとんどは，蛋白質生合成を中断させる点突然変異，フレームシフト，塩基配列の挿入あるいは欠損である．

b **DNAメチル化** [methylation of DNA] DNAメチル化酵素(⇨DNAメチル基転移酵素)によってDNAの塩基にメチル基が付加されること．細菌のゲノム中では，自己のもつ*制限酵素の認識配列はアデニンまたはシトシン残基のメチル化により切断から保護される(⇨制限・修飾)．一方，哺乳類やその他多くの真核生物のDNAではCpG配列中の特定のC残基が5-メチルシトシンへの修飾を受け，そのメチル化のパターンはDNA複製にともない娘細胞に継承される．メチル化された遺伝子はクロマチン構造の変化を介して強く不活性化されるため，これは細胞の記憶を形成する機構の一つであると考えられる．(⇨ゲノムインプリンティング)

b **DNAメチル基転移酵素** [DNA methyltransferase] DNAの塩基にメチル基を付加するDNAメチル化酵素(DNA methylase)，または塩基のメチル基を除去する脱メチル酵素をいう．細菌から哺乳類に至る生物種で存在が知られている．原核生物のメチル化酵素では，アデニンのN-6位にメチル基を付加する酵素とシトシンの5位にメチル基を付加する酵素が知られている．一方，真核生物のメチル化酵素はシトシンの5位にメチル基を付加する．いずれの場合もメチル基の供与体は*S-アデノシルメチオニンである．多くの場合，メチル化はそれぞれの酵素に特有な塩基配列の部位で行われる．原核生物のメチル化酵素の機能は*ミスマッチ修復での鋳型DNAの目印，ファージ感染に対する*制限・修飾での修飾が挙げられる．一方，哺乳類では細胞分化や*ゲノムインプリンティングなどにおいて，遺伝子の転写レベルでの発現抑制とその維持に働くといわれている．さらに，カビ類では減数分裂の直前に起こる重複遺伝子の不活性化(MIPing)や高頻度の突然変異誘発(RIPing)にも働く．脱メチル酵素は，傷として働くグアニンのO-6位のメチル基を取り除き，DNAを修復する蛋白質である．O^6-メチルグアニンはチミンと塩基対を形成するので，修復されずにDNAが複製されるとG≡CからA=Tへの突然変異を引き起こすことになる．この蛋白質は脱メチル反応においてメチル基の受容体として働き，一度の反応で失活し，触媒機能はないので正統な意味では酵素ではない．

c **DNAリガーゼ** [DNA ligase, DNA joinase] 《同》DNA連結酵素．隣接するDNA鎖の3′-OH末端と5′-リン酸末端を*リン酸ジエステル結合で連結する酵素．DNAの複製・修復・組換えなどに不可欠な酵素として細胞内で重要な役割を果たしている．補助因子により次の2種に区別される．(1)大腸菌から見出されたものは，NADを必要とする．EC6.5.1.2．(2) T4ファージ感染菌から見出されたものは，ATPを必要とする．EC6.5.1.1．連結の機構は，まずこれらの酵素がNADまたはATPと反応して酵素-AMP複合体を形成，次にこの複合体からAMPがDNA鎖の切れ目にある5′-リン酸末端に転移してピロリン酸結合を作り，これが近接しているDNA鎖の3′-OH末端と反応してAMPを遊離し，リン酸ジエステル結合を形成する．大腸菌のDNAリガーゼは相補鎖上で隣接しているDNA末端(DNA nick)を連結する．一方，T4ファージのリガーゼは完全に対合した二本鎖末端(blunt endまたはflush end)も連結する．大腸菌のDNAリガーゼは(a)のように制限酵素の切断で生じた相補的な一本鎖領域をもつDNA末端(cohesive endまたはstaggered end)を連結する(cohesive end ligation)．これに対してT4のDNAリガーゼは(a)のほか(b)のようなblunt endも連結する(blunt end ligation)．T4の酵素を用いると特異性の異なる*制限酵素で切り出したDNA断片も連結できる．

(a) (5′)-A   AGCTT-(3′) DNAリガーゼ -AAGCTT-
    (3′)-TTCGA +   ⇌   -TTCGAA-
                  A-(5′)   制限酵素

(b) (5′)-GG   CC-(3′)   DNAリガーゼ -GGCC-
    (3′)-CC   +   ⇌   -CCGG-
                  GG-(5′)   制限酵素

d **DNAワクチン** [DNA vaccine] 抗原蛋白質をコードする遺伝子を組み込んだ細菌プラスミドを生体に投与することにより，抗原に対する免疫反応を誘導する効果を出すDNA．すなわちDNAワクチンは*アジュバント効果をもつが，これは，TLR9非依存性の二本鎖DNA認識機構によるTBK1-IRF3を介した自然免疫活性化によって説明される．適切なアジュバントを添加することにより，DNAワクチンの免疫原性をさらに高めることができる．エイズやインフルエンザなどの感染症，

がん, *自己免疫疾患, アレルギー, アルツハイマーなどの疾患に対する治療薬として開発が進められている.

a DNA ワールド [DNA world] 大部分の生命の遺伝情報の複製や蓄積が主に DNA によって担われるようになった時代のこと. *RNA ワールドから RNP ワールドを経て DNA ワールドになったと想定されている. 35億年前後の微化石が発見されているので, 少なくともそれ以降は DNA ワールドであると考えられる. RNP ワールドにおいて, RNA ゲノムを DNA に転写する*逆転写酵素が出現したことが, DNA ワールド生成の鍵となったと考えられている. 遺伝情報の RNA から DNA への移行により, ゲノムは安定化し, 多くの情報の集積が可能となり, より高度な生命体が作られるようになったとするが, 仮説にとどまっている. (→RNA ワールド)

b Tfm 遺伝子 [*Tfm* gene] マウス X 染色体上の遺伝子の一つ. この遺伝子をもつ XY 個体は, 精巣をもつにもかかわらず, 表現型は雌型になる. *Tfm* 遺伝子座はアンドロゲン受容体をコードしている. *Tfm* 遺伝子座に変異が起こると, 雄マウスは遺伝的には Y 染色体をもつため, 精巣決定遺伝子の発現により精巣が分化し, アンドロゲンは分泌されるが, 前立腺や外部生殖器に受容体がないので, 正常な雄型の分化ができず, 外部生殖器は雌型となる. ラットにも *Tfm* 遺伝子の存在が知られており, またこの遺伝子はヒトの精巣性女性化症候群 (testicular feminization syndrome) を引き起こす遺伝子座に相当するとされ, *Tfm* マウスや *Tfm* ラットは疾患モデル動物として重要である. なお受容体の欠損とは別に精巣から分泌されるアンドロゲン (テストステロン) を生殖輸管系での活性型アンドロゲン (ジヒドロテストステロン) に転換する酵素の欠損によっても同様の雌化現象が起こることも知られている.

c ディオーキシー [diauxie] 微生物に 2 種類の代謝基質を与えて培養する際, その基質の一方の代謝には酵素系の誘導的な形成が必要であると, その微生物の発育の時間的経過が 2 段階に分かれて進む現象. J. L. Monod (1942) が報告し命名. 例えば, 大腸菌をグルコースとラクトースとで培養した場合に, 使われやすい方の基質 (グルコース) が利用されている間は他方の基質を代謝する酵素の誘導が起こらず, 前者が消費された後に, その誘導が開始される.

d ディオスコリデス Dioscoridés, Pedanius 1 世紀のギリシアの医師で本草学者. 軍医として各地を旅行し, 植物・薬物を実地に学ぶ. 500 種以上の植物を正名, 異名, 産地をあげて記載した 'De materia medica' (5 巻) を著した. 分類は用途別. この書は中世にギリシア語, ラテン語, アラビア語で非常に広く用いられた.

e 低温感受性突然変異体 [cold-sensitive mutant] →温度感受性突然変異体

f 低温殺菌 [pasteurization] 主に牛乳に対し, 衛生上有害な病原菌を殺し, しかも乳質の変化を最小にするために用いられる殺菌法. 最も高温に耐える結核菌の加熱殺菌曲線と, 乳質のうち最も高温に害されやすいクリーム分離状の加熱被害曲線との間, すなわち中立帯で加熱するのを原則としている. 63〜65℃, 30 分以上の加熱が牛乳の低温殺菌に用いられているが, 完全殺菌でないため 10℃ 以下の保存が義務づけられている. これに対し, 乳質に多少の変化があっても高温に加熱して殺菌効果を大きくしようとする方法を高温殺菌 (sterilization) といい, 95℃ 以上で 20 分加熱するものである. 牛乳のほか果実ジュース, 酒, 液状卵にも用いられる.

g 低温ショック蛋白質 [cold-shock protein, cold-induced protein] CSP と略記. 生育に適した温度よりも低い温度にさらされた (低温ショック) 時に合成が誘導される一群の蛋白質, およびこれらと高い相同性を示す蛋白質. RNA シャペロン (→分子シャペロン) として働く RNA 蛋白質がよく知られており, 低温下での蛋白質合成を促進する. 低温ショックで誘導される一群の蛋白質には DNA・RNA の結合に重要である特徴的な低温ショックドメイン (cold-shock domain) が見られ, このドメインをもつ蛋白質を, 広く低温ショック蛋白質と呼ぶ場合もある.

h 低温生物学 [cryobiology] 一般に 0℃ 以下かまたは 0℃ に近い温度での生命現象を研究する科学. 常温での現象とは異なる問題が少なくない. 古くは植物の凍害, 細菌や昆虫の耐寒性の研究が主であったが, 後に細胞レベルにおける基礎的な研究がすすみ, 1930 年代にはかなり広い範囲の生物または食品を含む生物材料による研究, 1950 年ごろからは精子や血球, 組織などの医学的材料を生かして凍結保存する目的で応用研究が急増した. 現在では大別して, 自然状態の生物の耐寒性・耐凍性 (→温度耐性) の機構の解明, および脊椎動物を含む生物の細胞・組織・器官・個体などを人工的に凍結保存する方法の開発という二つの研究の方向が顕著であるが, 近年は食品・医薬品の低温保存や低温を用いた外科的手術といった研究も行われている. (→抗凍結物質)

i D 型幼生 [D-shaped larva] 軟体動物二枚貝類の初期*ヴェリジャー. *トロコフォアの背部に生じた殻腺から分泌される左右 2 枚の貝殻がちょうど軟体部を覆い尽くす頃, 貝殻の外観が D 字形になるのでこの名がある.

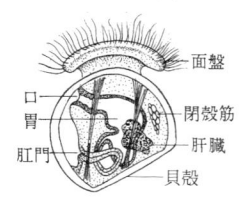

j T 管 [T tubule, transverse tubule] 《同》横行小管. 筋原繊維を哺乳類骨格筋では*A 帯・*I 帯の境界部分で, 心筋では Z 膜部分で取り巻く*筋小胞体に達する細胞質由来の細管. *興奮収縮連関の仲介をする. 平たい袋状で長径 12〜50 nm, 短径 3〜5 nm. 三つ組構造では二つの筋小胞体の間にあって筋原繊維を取り囲んでいる. 筋原繊維の軸に直角に断面をとると網目状になっており, 総体として T 系 (T system) とも呼ぶ. 骨格筋では神経筋接合部に達した神経刺激がジヒドロピリジン受容体を介して筋小胞体の*リアノジン受容体を活性化し, 筋小胞体からの Ca^{2+} の放出を引き起こす. 一方, 心筋では T 管系の興奮がジヒドロピリジン受容体を活性化し, 細胞外から Ca^{2+} が流入する. その結果, 筋収縮が起こる.

k ティガン Tieghem, Philippe Édouard Léon van 1839〜1914 フランスの植物学者. 植物解剖学にくわしく, 植物体を表皮・皮層・中心柱の 3 部に分け, 中心柱説を唱えた. また胚珠による植物分類体系を立てた. 細菌, 子嚢菌, 発酵についても研究した. [主著] Éléments de botanique, 1855〜1858.

l 低γ-グロブリン血症 [hypogammaglobulinemia]

先天的あるいは後天的(白血病など)に，血清中の一部あるいはすべてのクラスの*免疫グロブリン濃度が正常人に比べて著しく低い状態．*無γ-グロブリン血症も含めて低γ-グロブリン血症と呼ぶことが多い．ヒトでは出生後6カ月頃までは γ-グロブリンの産生が高くなり，また，母体から胎盤を通して胎児期に移行した母体由来のγ-グロブリンも減少してゆくため，生後6カ月頃に一時的に低γ-グロブリン血症状態になる．これを生理的低γ-グロブリン血症という．

a **定型行動** [stereotyped behavior] 可塑性のない，しばしば繰り返される，型にはまったような行動．シオマネキの雄が鋏脚を振る運動やハトの鳴き声のように*生得的な行動で多く見られるが，小鳥の*さえずりなどに*学習に基づくものもある．また，隔離飼育下の動物や，檻に入れられた動物もしばしば同じ行動を繰り返す．例えば，動物園のクマが同所を往復するような行動で，常同行動ともいい，意味や目的が明確でない．ニホンザルの定型行動としては，指や掌・腕・脚・ひざ・陰茎などへの口唇部による接触(指しゃぶりなど)，四肢や体幹の一部を持続的に握りしめる，体を連続してゆっくりかく，首を振る，体を前後左右に振るなどの行動がある．人間の場合にも，例えば自閉症児の行動特徴としてこのような定型行動があげられる．

b **T系ファージ** [T-phage] 大腸菌を宿主とする7種(T1〜T7ファージ)のDNA型*ヴィルレントファージの総称(Tはtypeの略)．偶然にもこのうちT2, T4, T6は多くの類似点をもつことが見出され，これらをT偶数ファージ(T even phage)という．これらのファージでは，DNA分子の多くの部分が相同である．これに対し，T1, T3, T5, T7をT奇数ファージ(T odd phage)という．T3とT7のDNAにはわずかの相同部分はあるがT奇数ファージ間にはほとんど類似性がない．(→付録：ウイルス分類表)

c **低血糖** [hypoglycemia] 血糖値が正常値よりも異常に低い現象をいう．通常，血糖はヒトでは80 mg/100 mL以下にはならないよう調節されているが，*インスリンの過剰投与などの場合，これ以下に下がり，脳組織に十分グルコースが補給されないため，痙攣や意識混濁を起こす．インスリンのほかにも，スルホンアミド系の薬剤あるいはフェニルビグアニドの投与後にも低血糖が起こる．

d **抵抗覚** [sense of resistance] →力覚

e **T抗原** [T-antigen] DNAがんウイルスの遺伝子産物で，ウイルス感染による細胞のトランスフォーメーションが起きる際に細胞に発現する特異抗原の総称．腫瘍抗原ともいう．ウイルス粒子を構成する蛋白質ではなく，腫瘍に関与するところから命名された．ウイルスが宿主細胞に感染した後に，ウイルスDNA合成開始前に合成される初期蛋白質であり，ポリオーマウイルス属のSV40のlarge T抗原，small T抗原，ポリオーマウイルスのlarge T抗原，middle T抗原，small T抗原，アデノウイルスのE1A, E1Bなどがある．large T抗原はsmall T抗原とともに細胞をトランスフォームする．またウイルス増殖に際しては，ゲノムDNAの複製起点(ori領域)に結合し，DNA合成を促進するなど多機能の蛋白質である．トランスフォーメーションの場合，large T抗原はp53蛋白質など細胞側のがん抑制遺伝子産物に結合し，その活性を抑制する作用がある．

f **定向進化** [orthogenesis] 《同》直達，直進．進化において，形質の変化が一定の方向をもつ現象(進化の定向性)，およびそれが生物体の内的要因に帰因するとする説(定向進化説)．W. Haacke(1893)の造語．その後 L. Plate, T. Eimer, E. D. Cope, H. F. Osborn, D. Rosa らによって展開された．Plateは，定向的な進化を包括する語としてOrthoevolutionを提唱し，これを生物の定向発達(独 Orthogenese)と環境の作用する定向淘汰(独 Orthoselektion)とに区別した．Copeは，生物の一系統が体制や機能の発達したものに進化していくとするアナゲネシス(前進進化 anagenesis)と，それに対して逆の方向，つまり一見退化的な方向への変化を指すカタゲネシス(katagenesis)を提唱した．Osbornは，一定の方向に向かっての進化が，適応的に生じる突然変異によって起こることをアリストゲネシス(aristogenesis)と呼んだ．これらの定向進化に関する用語は今日ほとんど用いられない．定向進化説の基本的な思想はすでにJ. B. Lamarckにみられるが，あらゆる定向進化説を通じて，そこになんらかの神秘的な観念が包含されているか否かが問題とされてきた．例えば，イディオプラスマ中に存在する「完成化の力」によって生物の発達が一定の方向へ導かれるという，C. Nägeli(1884)の完成化の原理(独 Vervollkommnungsprinzip)が神秘的な観念を含む一方で，HaackeやEimerらが念頭においた説は，物理的・化学的な過程をふまえている．いずれにしても，進化の定向性という現象と定向進化説という要因論とがしばしば混同されたことが，議論を困難にしてきた傾向がある．進化の定向性は，環境の一定性または一様の変化を仮定すれば，*自然淘汰説によって説明されうる．一方で，生物進化において形態の特殊化が進みすぎ，ついに種の絶滅に至る過大特殊化(overspecialization)については自然淘汰でも説明できず，定向進化を支持する事実という主張も依然として存在する．

g **抵抗性獲得** [acquisition of resistance] 《同》耐性獲得．病因となる環境条件や薬剤の作用，微生物の侵襲，異種細胞の移植などに対して生物の抵抗性が増大する現象．広範囲の生体防御機構(免疫系の増強など)が関係している，1個体が獲得するものと，数世代にわたる過程で遺伝的に獲得するものがある．また，微生物が環境条件や薬剤に対して抵抗性(耐性)を獲得する場合にも用いられる．(→薬剤耐性, →R因子)

h **抵抗モデル**(拡散過程の) [resistance analogue model of diffusion processes] 《同》電気回路モデル [electrical circuit analogue model, circuit model]．*光合成や*蒸散における気体や水の輸送過程を電気回路におけるオームの法則を適用して解析するモデル．光合成速度，蒸散速度，*拡散流量(電流に相当)は，葉の内外の気体濃度あるいは*水ポテンシャルの差(電圧差に相当)に比例し，*境界層抵抗，気孔抵抗，通水抵抗など各種の抵抗(電気抵抗に相当)に反比例する．葉の光合成におけるCO_2は，外気→境界層(葉面境界層)→気孔→細胞間隙→細胞壁→細胞内→葉緑体と拡散し，CO_2固定酵素によって固定される．これらの移動過程をそれぞれ抵抗器で表現して電気回路を作り解析する．既知のCO_2のフラックスと濃度差から各過程の抵抗を求めたり，各過程の抵抗の値を与えておくことで光合成速度や葉内CO_2濃度の分布を求めたりすることができる．植物をめぐる水の移動は，土壌-植物体-大気の連続体(SPAC, soil-plant-atmosphere continuum)を通して行われる．それぞれの過程を抵抗器で表して直列回路を作り，環境の変化と*水輸送の速度の関係を算出する．個体レベルの水の移動では枝や葉の貯水機能をコンデンサーによって表現することがある．群落レベルの水や CO_2 の移動についても抵抗モデルを用いる．用語として抵抗の代わりにその逆数であるコンダクタンスを用いることも多い．

a **テイコ酸** [teichoic acid] 《同》タイコイン酸，タイコ酸．グラム陽性菌の細胞膜に埋め込まれている，グリセロールリン酸またはリビトールリン酸のポリマーの総称．名称はギリシア語の壁(teichos)に由来．主としてペプチドグリカンと共有結合して細胞壁より表面の層を形成するが，細胞膜に結合したものもあり，これは膜テイコ酸またはリポテイコ酸(lipoteichoic acid)と呼ばれ，グリセロールリン酸型である．グラム陽性菌の細胞表面を負に荷電させ，陽イオンの結合や，菌の生理状態，成長や形態の維持，他の物質の吸着やバイオフィルムの形成にも関係すると考えられる．

b **T細胞** [T cell] 《同》Tリンパ球(T lymphocyte)．リンパ球の一種．骨髄の造血幹細胞に由来し，胸腺中で分化して成熟T細胞となり末梢リンパ組織へ移行する細胞．胸腺内にあるうちは未成熟で，胸腺細胞または胸腺リンパ球と呼ぶ．脾臓，リンパ節の*胸腺依存域に分布する．これらの組織あるいは血液中のリンパ球のうち 60～70％を占め，*B細胞よりやや多い．形態的にはB細胞と区別できないが，細胞表面抗原(CD4, CD8, CD3 あるいはマウスではThy1抗原など)のちがいにより同定分離することができる．T細胞はB細胞と同程度またはそれ以上の精密さで抗原特異的に異物を認識するが，T細胞の抗原認識は細胞表面に発現するT細胞受容体(TCR)を介して行う．末梢血および末梢リンパ組織に存在する大部分のT細胞は，αβ型TCRを抗原受容体として発現している．αβT細胞は，細胞表面に発現する抗原CD4およびCD8分子によって，CD4陽性T細胞とCD8陽性T細胞とに大別される．この前者に属する*ヘルパーT細胞，遅延型過敏反応を媒介する細胞，後者に属するキラーT細胞(killer T cell, ⇌キラー細胞)など機能の異なるいくつかの亜集団に分けられる．αβT細胞のTCRはB細胞と異なり，抗原分子を直接認識するのではなく，抗原提示細胞が発現する主要組織適合抗原遺伝子複合体(MHC)のクラスIまたはクラスII分子上の溝(groove)にはさまれた9～15アミノ酸からなるペプチドの一部とMHC分子の一部を認識する(⇌T細胞受容体)．皮膚や粘膜など外界と接する組織には，もう一つのTCRであるγδ型TCRを発現しているγδT細胞が存在する．γδT細胞では抗原認識におけるMHC拘束性はない．自然免疫に近い早期の応答を惹起するT細胞であると考えられている．

c **T細胞受容体** [T cell receptor] TCRと略記．《同》T細胞抗原レセプター．T細胞が抗原を認識する受容体．*T細胞(Tリンパ球)も，抗体を作る*B細胞(Bリンパ球)と同じく個々の細胞は1種類の抗原だけを認識する．したがって，多種多様な抗原に対応できるよう，T細胞はそれぞれ少しずつ異なる構造をもつTCRを発現する多数のクローンの集団を形成している．そのような多様性を発現させるために，TCR遺伝子(図)は*免疫グロブリン遺伝子と同様な複雑な構造をしている．T細胞は α 鎖と β 鎖でTCRを構成する αβT 細胞と γ 鎖と δ 鎖でTCRを構成する γδT 細胞に二大別される．ヒトやマウスなどの哺乳類では γδT 細胞は皮下や粘膜下組織に分布し，脾臓やリンパ節のT細胞のほとんどは αβ 型である．α, β, γ および δ はいずれも，免疫グロブリン遺伝子の場合と同じく V, (D), J 遺伝子領域の再構成，さらに再構成に伴うヌクレオチドの挿入あるいは欠落によって構造の多様性が作られる．TCRα 鎖と β 鎖はいずれも 45～50 kDa の蛋白質で，C末端の数個のアミノ酸残基からなる細胞質部をもち，他の大部分は細胞外に出ている．α 鎖と β 鎖は S-S 結合でつながっている．TCRにはCD3と呼ばれる γ, δ, ε, ζ, η 鎖からなる複合体が非共有結合で会合しており，TCRが抗原を認識したシグナルを細胞内へ伝える役割を担っている(⇌CD)．*ヘルパーT細胞(CD4$^+$CD8$^-$T細胞)においては，TCRはMHCクラスII分子を発現する抗原提示細胞(樹状細胞，マクロファージ，B細胞など)表面のクラスII分子上の溝(groove)に結合しているアミノ酸十数個のペプチドを，クラスII分子の一部と共に認

ヒトのTCR遺伝子

識する．細胞傷害性T細胞（CD4⁻CD8⁺T細胞）では，TCRは体内の多数の細胞が発現するMHCクラスI分子上の溝に結合しているアミノ酸約9個のペプチドをクラスI分子の一部と共に認識する．ヘルパーT細胞ではCD4分子が，細胞傷害性T細胞ではCD8分子が発現しており，CD4陽性T細胞，CD8陽性T細胞と呼ばれる．CD4，CD8分子はそれぞれクラスII，クラスI分子と結合する．

a **低酸素応答** [hypoxic response] 低酸素に陥った際，臓器・細胞・分子レベルで生じるさまざまな反応の総体．秒単位で起こる肺動脈平滑筋の収縮や頸動脈小体の興奮にはカリウムチャネルが，時間や日の単位で起こる低酸素誘導性遺伝子応答ではヒトの場合，転写因子HIF（低酸素誘導因子 hypoxia-inducible factor）が重要な役割を果たす．HIF-1は正常な酸素圧下ではプロリン残基とアスパラギン残基が水酸化され蛋白質分解調節を受けるHIF-1αと恒常的に存在するHIF-1βのヘテロ二量体として働く．解糖系・血管新生・鉄代謝および赤血球産生・細胞死抑制などに関わる遺伝子の発現制御領域に存在するHRE（低酸素応答配列 hypoxia-responsive element）に結合し，転写を誘導．

b **TCID₅₀** tissue culture infectious dose の略．《同》TCD₅₀．ウイルスの*細胞変性効果の測定指標．一定系列のウイルス段階稀釈液を同様な条件下で培養した多くの細胞培養に接種して，細胞変性効果の現れた培養瓶を数えたとき，50％の培養瓶に細胞変性効果の現れるウイルス稀釈倍数がTCID₅₀である．計算法は*EID₅₀の場合と同様に，Reed-Muench法で行う．1950年代に，細胞培養法の確立とともにTCID₅₀による定量法も確立した．

c **TGF** ⇒形質転換成長因子

d **TGF-β 経路** [TGF-β pathway] Transforming growth factor β（TGF-β）スーパーファミリーのリガンド分子を介して細胞増殖，分化，形態形成などを制御するシグナル経路．TGF-β の主たる活性は，細胞増殖抑制作用であることから，TGF-β 経路に関わる分子の機能欠損ががん化の原因となっている例が多数知られる．動物界で保存され，哺乳類では約40ものTGF-β 関連分子が，bone morphogenetic proteins（BMPs），growth and differentiation factors（GDFs），Activin，TGF-β などのサブファミリーに分類される．各分子の受容体にはI型とII型がある．各リガンドは二量体として細胞外で特定のII型受容体に結合し活性化させる．活性化II型受容体は，I型受容体をリン酸化し，活性化したI型受容体はさらに receptor-regulated SMAD（R-SMAD）をリン酸化する．リン酸化R-SMADはcommon-mediator SMAD（Co-SMAD，SMAD4）と結合して核内へと移行し，標的遺伝子のSMAD binding element（SBE）と結合して，CBPなどのCo-Activatorと共にその転写を制御する．哺乳類では，II型受容体は5種，I型受容体は7種見つかっている．R-SMADは，SMAD1，SMAD2，SMAD3，SMAD5，SMAD8/9の5種類が知られ，BMP，GDF系はSMAD1，SMAD5およびSMAD8/9を，TGF-β，Activin系はSMAD2およびSMAD3を介する．SMAD6およびSMAD7は，inhibitory SMAD（I-SMAD）と呼ばれ，SMAD6はCo-SMADと，SMAD7はR-SMADと結合し，シグナルを抑制．他にもTGF-β 経路はさまざまな段階で制御を受ける．例えばChordinやNogginはBMPと結合し，BMPとII型受容体の結合を阻害する．同様にFollistatinはActivinの拮抗因子，Cerberus，DAN，GremlinなどのDANファミリーはTGF-β の拮抗因子として働く．哺乳動物胚左右軸の決定因子として知られるLeftyは，R-SMADのリン酸化を阻害し，TGF-β シグナルを制御する．またSMAD ubiquitin regulatory factors（SMURF）と呼ばれるR-SMAD特異的なE3 ubiquitin ligaseは，SMURF1がSMAD1およびSMAD5を，SMURF2がSMAD1，SMAD2，SMAD3，SMAD6，SMAD7の蛋白質量を調整することで，シグナル伝達を制御．低分子量GTP アーゼ Rho，Rac，Cdc42を介する経路や，TAK1，MLK3，MEKK1などのMAPK経路を介する経路など，SMADを介さないTGF-β 経路もある．

e **低出葉** [cataphyll] シュート形成の初期（すなわち茎の基部に近いところ）に生ずる，普通葉と異なる葉．*異形葉の一種．茎上の位置で規定された概念で，*高出葉に対する．形態はさまざまある．単子葉類（ヨシやサトイモ）や草本性の双子葉類（ナス科やゴマノハグサ科）では，種子の芽生えで地面に近い葉には多少とも*葉身の成長抑制がみられ，著しい場合には*鱗片葉となる．

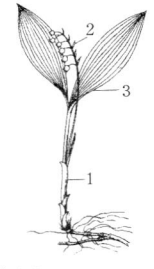

スズラン
1 低出葉
2 高出葉
3 普通葉

f **停所的種分化** [stasipatric speciation] 《同》定所的種分化．種分化のモデルで，染色体配列換え（chromosome rearrangement）を伴う*側所的種分化の一型．無翅のバッタなど移動性の低い生物群にしばしば見られる著しい核型分化とその地理的パターンに基づいて，M. J. D. White（1968, 1978）が提唱．このモデルではヘテロ接合状態で妊性を減少させるような新たな核型をもつ集団が分布域の内部に生じ，淘汰，遺伝的浮動，*マイオティックドライブのいずれかで祖先型の核型をもつ周囲の集団との間で交雑帯を形成しながら分布を拡大していくことで，発端的な種分化が進行するものとする．派生的な核型が分布域の中央側に出現するという移動性の低い生物群によくみられる染色体の地理変異パターンの説明として，このモデルは一定の意義をもっている．しかし，集団遺伝学的な検討ではヘテロ接合の状態でも妊性がほとんど減少しない場合にしか，このような過程は進行しないとされ，このモデルは種分化モデルとしてはあまり受け入れられていない．

g **定数群体** [coenobium] 《同》ケノビウム，シノビウム．ほぼ決まった数の複数（2～数千）の細胞が決まった配列で並んでできている*群体．緑藻綱のヨコワミドロ目（イカダモ，クンショウモなど）やオオヒゲマワリ目（オオヒゲマワリなど）に見られる．通常，親群体と同様な娘定数群体（daughter coenobium，娘群体 daughter colony）をつくって無性生殖を行う．イカダモ

などでは全ての細胞が娘定数群体を形成し細胞分化がわずかであるが，オオヒゲマワリなどでは体細胞と娘定数群体をつくる生殖細胞(ゴニディア gonidium, pl. gonidia)が分化している．イカダモでは母細胞内で*自生胞子が集合して娘定数群体(自生定数群体 autocoenobium, 内生群体 autocolony)となり，クンショウモでは囊状体に包まれた遊走子が放出されてその中で遊走子が集まって娘定数群体になる．オオヒゲマワリではゴニディアが分裂して最初平板状，後に壺状のプラケア(plakea)となる．この段階では鞭毛が内側，新たなゴニディアが外側に位置するが，陥入(invagination)，壺の口の部分(フィアロポア phialopore)を通して裏返し(インバージョン inversion)になることで親群体と同じ体制の娘定数群体が形成される．

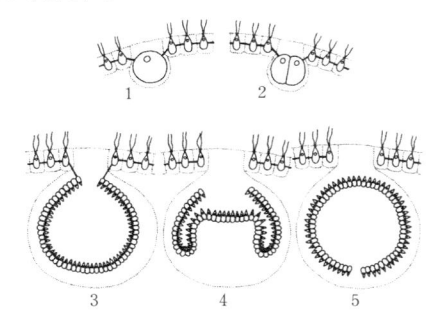

オオヒゲマワリの gonidium からの娘定数群体の形成過程．1は gonidium，特に3,4,5は形成途上の定数群体が裏返しになるところを示す

a **ディスク電気泳動法** [disc electrophoresis] 垂直に保った円筒状ガラス管中にゲルを入れ，両端に緩衝液槽を設置し，通電して荷電物質を分離するゾーン電気泳動法(⇒電気泳動)．支持体(⇒キャリアー)にはアガロースゲルやポリアクリルアミドゲル(⇒ポリアクリルアミドゲル電気泳動法)が用いられる．ゲルの取出しが容易なため，*二次元ゲル電気泳動法の一次元目として*等電点電気泳動法に用いる場合が多い．ディスクの名は，分離された試料成分が円盤状であること，円筒内に積層したポリアクリルアミドゲルの濃縮用ゲル(上層)と分離用ゲル(下層)で性質の違いがあるという不連続性が存在することに由来するとされる．スラブ電気泳動法(垂直に保った平板法)と異なり，隣接して添加される試料と混ざり合わない利点がある．なお，アガロース，アンフォライト(⇒等電点電気泳動法)，尿素(蛋白質の可溶化剤)で作製した等電点電気泳動法のゲルが市販されている．

b **ディスプレイ** [display] 《同》誇示．動物間の*コミュニケーションに用いられる定型的な動作パターン．相手に自分を評価する判断材料や時間を与える機能を果たしていると考えられる．魚類が互いの身体を見せあうようにして横並びに位置する場合を，特に側面誇示(lateral display)という．多くは生得的であり，種類異的である．威嚇のディスプレイでは，自己を大きく見せ，自分の武器が目立つような姿勢ないし動作をとるが，求愛のディスプレイでは，逆に武器を隠すような姿勢をとることもある．

c **底生植物** [phytobenthos, benthic plant, benthonic plant] 《同》植物ベントス，フィトベントス．*ベントスのうちの植物の総称．大形の底生植物は macrophyte と呼び，海では緑藻・褐藻・紅藻のほか，アマモ・スガモなどの*海草があり(⇒藻場)，淡水ではエビモ・イバラモ・セキショウモなどの顕花植物とシャジクモ類が重要である(⇒水生植物)．水底に根を下ろし，水中に著しく伸び出している植物は，特に rhizobenthos といわれる．微細な珪藻・シアノバクテリアは海水・陸水ともに一般的で，底表面のほか，他の植物体上(⇒植物着生生物)や岩石上に付着生息することも多く，付着藻類(attached algae, sessile algae)と呼ばれる．生育に光を必要とするので分布は沿岸域(真光層)に限られるが，その範囲内では生物体量・生産速度とも，植物プランクトンに比べて大きい値を示す．

d **底生動物** [benthic animal] 《同》動物ベントス．*ベントスのうちの動物の総称．狭義のベントス．這いまわったり泳いで生活するもののほか，岩などの硬い基底に固着するもの(⇒付着生物)，砂泥などの軟らかい基底に埋没するものも多く，さらに植物や他の底生動物の表面に付着するもの(⇒表生ベントス，⇒植物着生生物)もある(表)．分布は，浅所から湖水深底部や大洋底，さらには海溝の深所に及ぶ．大きさによってメガベントスからピコベントスのように区分される(⇒ベントス[表])．摂食の仕方には，植物食，*デトリタスの懸濁物食(suspension feeding)と堆積物食(deposit feeding)，肉食があり，そのうちデトリタス食者の多いことが特徴的．サンゴ礁では造礁サンゴ類，シャコガイ類，有孔虫類のように褐虫藻と共生し，独立栄養的となる種も多い．

基底との関係による分類

名　称	基底との関係	例
真性底生動物 (eubenthos)	基底から離れることなく生活	サンゴ類・ゴカイ類・イトミミズ類・貝類・水生昆虫類幼虫・ウニ・ナマコ類
浮遊性底生動物 (planktobenthos)	底表面付近で浮遊と底生の相互移行的な生活	アミ類
遊泳性底生動物 (nektobenthos)	遊泳力をもち遊泳と底生の相互移行的な生活	エビ類・魚類
葉上動物 (phytal animal)	植物(葉とは限らない)に付着	端脚類・エビ類

e **底節** [coxa, coxopodite] [1] 一般に，節足動物の*関節肢の脚基をなす肢節．*亜底節と狭義の底節(coxa)に二分している場合もある．外方に副肢と称する突起をそなえ，その上に鰓などをもつ場合も多い．[2] 昆虫では上記の肢節を基節と呼ぶ．

f **ティセリウス** TISELIUS, Arne Wilhelm Kaurin 1902〜1971 スウェーデンの化学者．移動界面法による電気泳動装置を考案，血清蛋白質の分離に成功した．γ-グロブリンと抗体生成の関係，アミノ酸・蛋白質の吸着分析などの研究があり，1948年ノーベル化学賞受賞．

g **ティセリウスの電気泳動装置** [Tiselius' electrophoresis apparatus] ⇒電気泳動

h **T染色体** [T-chromosome] 正常の動原体のほかに，減数分裂においてテロメア末端部(T端 T-end)が動原体的機能(二次動原体 secondary kinetochore)を現す染色体．G. Kattermann(1939)がライムギで発見した．

(⇒テロメア)

a **低層湿原** [low moor] 《同》ヨシースゲ湿原. 草原の群系の一つで, 湖沼や河の水辺や地下水の非常に浅い水湿の地にできた平坦な*湿原. 構成種はヨシ・スゲの類を*優占種とする. 地下水などで無機塩類(特にアルカリ塩類)が供給され, そのイオンで腐植質が飽和されて中性の泥炭を生じ, ミズゴケが生えないことや富栄養的であることなどで*高層湿原と区別される. 泥炭が生成しつつある湿地を泥炭地(peat bog)という. 低層湿原は, 日本では関東・中部地方以南の平地に小規模のものが散在する. 高地あるいは高緯度の寒冷な気候の下では, 泥炭の堆積とともに地下水から離れ, やがて高層湿原に移行する.

b **泥炭地**(でいたんち) [peat bog] ⇒低層湿原

c **低地草原** [lowland meadow] 河岸や湖沼の岸付近の低地で, 地下水位が1m内外の比較的湿った地に発達する草原を指す一般的な語. 日本の低地草原の代表者はオギで, これにヨシ・ノカラマツ・ワレモコウなどが加わり, *標徴種としてはサクラソウ・ノウルシ・チョウジソウなどがある. ヨシは地下水位が高くなると競争種が減って増加の傾向を示す. 増水による一次的浸水は自然による*撹乱で, これによって生じる裸地には一年生植物がすみやかに侵入する. 地下水位がずっと高くなれば, 低地草原は*湿地草原, *抽水草原に移行する.

d **定着**【1】[establishment, ecesis, oikesis] 生物のある種類が新しい場所に移動し, そこで繁殖するようになること. ときには1個体の場合にもいう. 裸地へ定着する*先駆植物は, 一般に生活可能な環境の幅が広く, 繁殖力および移動力が大きい侵入種であるが, そのうちアメリカアリタソウ, ハキダメギク, ハルジョオン, ドクムギ, セイタカアワダチソウなどの日本への定着は比較的新しい.
【2】[colonization] 医学において広義では, 微生物が皮膚や口腔内, 腸管などに存在していること全般を意味する. 健常人にも定着している微生物は多く, それらは常在菌と呼ばれる. 狭義では, 病原微生物であっても, 疾患を引き起こさずに人の体内あるいは皮膚表面に存在している状態を指し, 治療対象とならない場合も多いため, *感染と区別して用いられる.
【3】[settlement] 海洋生物学において, プランクトン幼生が成体の生息地に到来し, おちつくこと.

e **定着適地** [safe site] 《同》セーフサイト. 種子の発芽や芽生えの定着に必要な条件をそなえた場所. 種子発芽や実生の生存・成長の環境条件要求性によって決まり, 植物の種類ごとに異なる. 病原体や捕食者の作用がそれほど大きくないことも定着適地の条件となる. 光要求性の高い多くの雑草や二次遷移の先駆種にとっては, 植被の隙間すなわちギャップ(gap)が定着適地となる. 種子繁殖による植物個体群の更新は, 生産される種子の数だけでなく, 定着適地の時空分布によっても大きく制限される.

f **ティッシュエンジニアリング** [tissue engineering] 《同》生体組織工学. 人工的に組織を再生させたり, 再生組織を作るために必要な工学的な技術. 1990年代初頭にアメリカの工学者と医師が共同で提案した考え方. これまでの代替組織では, 人工的な材料のみで構成したものを生体に移植していたが, 十分に機能を発揮することができなかったり, 長期間の埋込みによって変性し, 生体に障害を与えることさえ起こった. そこで, 生体のもつ細胞の機能を十分に活用すべく人工的に作製した足場材料と組み合わせ, 細胞の活性を増進する*成長因子を作用させ, 再生組織を作るようになった. 皮膚や粘膜, 骨や軟骨などが作られるようになっており, さらに膵臓, 肝臓などの実質臓器の作製も試みられている.

g **ディッセ腔** [space of Disse] 《同》血管周囲腔(perisinusoidal space). 肝細胞とそれに接する洞様毛細血管の間に介在する幅0.5μm程度の腔所. 毛細血管の内皮細胞は多数の小孔をもつため, この腔所は常に血漿にみたされ, また肝細胞はこの腔所側に微絨毛をもつので直接血漿と接することになる. *伊東細胞がここにあってビタミンAを血中から取り込み, 貯蔵する.

h **ティーネマン** THIENEMANN, August Friedrich 1882~1960 ドイツの陸水生物学者. ヨーロッパ各地の湖沼・河川やスンダ列島の陸水生物学的調査を行う. ライン河中流域アイフェルでのマール(小火口湖)の研究はのちに湖沼類型の概念へと発展した. またユスリカ類, プラナリア類, コレゴヌス類などを研究した. ヨーロッパにおける陸水動物の地理的分布について詳細な歴史的分析と考察を加えたほか, 生物生産や群集をめぐる諸概念の理論的な検討を行った. [主著] Die Binnengewässer Mitteleuropas: Eine limnologische Einführung, 1925.

i **ディファレンシャルディスプレイ法** [Differential Display] DDと略記. 違う組織, 違う細胞間で特異的に発現する遺伝子を同定する方法. 比較したい複数の試料に対して, それぞれ, 適当に選んだ短いプライマー(10~13 mer)の組合せに対し, 低いアニーリング温度で*RT-PCRを行う. 最適化した条件では, 数万種類の転写産物の中から100程度の産物がランダムに選ばれ, ゲルのバンドとして可視化される. これらのバンドパターンを比較してサンプル間で異なるものを見つける. 特別な装置を必要とせず, 比較的簡便, 高感度でスクリーニングを行えるが, その確率的な性質上, 網羅性は低い. ゲノム情報の蓄積した現在では同種のスクリーニングは, マイクロアレイ解析や, 次世代*シークエンサーを用いて転写産物のcDNAを網羅的に配列決定するRNA-seqなどの手法で可能である.

j **ディプリュールラ** [dipleurula] *新口動物がもつ幼生の型を示す語. 口を取り囲む繊毛帯をもち, 体は3対の体腔嚢をもつ. 棘皮動物の*プルテウス, *オーリクラリア, *ビピンナリア幼生や半索動物の*トルナリア幼生などはディプリュールラ型とされる. 元々, 棘皮動物の左右相称の幼生の基本型としてE. H. Haeckelが想定した架空の幼生形である. 棘皮動物では, これらの幼生期に, 前・中・後の3対の体腔嚢(それぞれを, 軸腔・水腔・体腔とも呼ぶ)が消化管から形成される(⇒腸体腔嚢, ⇒腸体腔幹). 一般的に, 左の前体腔嚢は左の中体腔嚢と細管でつながったままで, 左の前体腔嚢は水孔(背孔)で体外へとつながっている. 発生が進むと, 左の中体腔嚢から水管系が, 左の前体腔嚢から軸器官が生じて多孔

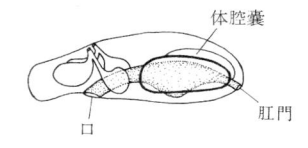

板へとつながり，右の前・中体腔嚢は退化してしまう．後体腔嚢は成体の体腔などになる．

a **ディプロテン期** [diplotene stage] 〚同〛複糸期，双糸期，二重期．*減数分裂の第一分裂前期において，*パキテン期につづく時期．密着した2本の*相同染色体の分離が始まる．すでにパキテン期末までに完了していた組換えの一部が固定され可視的に*キアズマとして観察できるようになる．この時期にはじめてキアズマの部分を残して*シナプトネマ構造が解離し相同染色体が相互に遊離するので2本の染色分体から成り立つことが観察できるようになる．染色分体は染色性を増し，らせん状によじれて短くなる．この期の染色糸をディプロネマ(diplonema)という．

b **ディプロモナス類** [diplomonads] 嫌気的環境に生育する鞭毛虫の一群．1核・4鞭毛のセット(karyomastigont)を二つもつもの(diplozoic)が多いが(名の由来)，これを1セットしかもたないもの(monozoic)もいる．典型的なミトコンドリアを欠き，*マイトソームをもつ．底泥などからも見つかるが，後生動物の腸管に共生するものがある．ランブル鞭毛虫(Giardia intestinalis)は吸着円盤(adhesive disc, sucking disc)によってヒトの腸管に付着し，胃腸炎(ジアルジア症 giardiasis)を引き起こす．*エクスカバータに属し，一般にメタモナス門トレポモナス綱(Trepomonadea)に分類される．

c **低分子RNA** [small RNA] 比較的小さなRNA分子の総称．核内低分子RNA(snRNA)，*核小体低分子RNA，トランスファーRNA(tRNA)や，エピジェネティックな遺伝子発現制御に関わる20〜30塩基程度の small interfering RNA (siRNA)，micro RNA (miRNA)，Piwi-interacting RNA (piRNA)などが含まれる．siRNAは，内在性，あるいは外来の長鎖二本鎖RNAから産生され，RNAi経路を介してArgonaute蛋白質を含むRISC複合体(RNA-induced silencing complex)に取り込まれ，相補的な配列をもつmRNAの特異的な切断を誘導する(⇒RNA干渉)．一方miRNAは，miRNA部分を含む前駆体RNA(primary microRNA, pri-miRNA)として転写され，これがプロセッシングを受けて，成熟型miRNAに変換される．RISCに取り込まれた後，主として相補的な配列をもつmRNAの翻訳を阻害あるいは特異的な切断を誘導する．piRNAは，生殖細胞系列特異的に発現しているPiwi(Argonauteファミリー蛋白質)と結合している低分子RNAであり，独自の生合成過程を経て増幅され，生殖細胞でのトランスポゾンの抑制に働く．

d **低分子量GTPアーゼ** [small GTPase, small GTP-binding protein, small G protein] 〚同〛低分子量GTP結合蛋白質，低分子量G蛋白質．分子量が2万〜4万の，単量体でGTP/GDP結合能とGTPアーゼ活性をもつ一群の蛋白質．Ras, Rho, Rab, Sar/Arf, Ran，およびその他の六つのファミリーに分類される(⇒Rasスーパーファミリー，⇒Rho ファミリーGTPアーゼ)．酵母からヒトに至る全ての真核細胞に存在し，ヒトでは150以上のメンバーが存在．これらの蛋白質は，GTPとGDPの結合によりそれぞれ活性化状態と不活性化状態をとり，「分子スイッチ」として機能し細胞内のシグナル伝達のon/offを制御し，細胞増殖，細胞分化，細胞運動，細胞接着，小胞輸送，細胞核細胞質間の輸送など，多様な細胞機能に関わる．GTPとGDPの結合は，GEFおよびGAPにより制御される．活性化状態の蛋白質はそれぞれ独自のエフェクター(標的蛋白質)に結合し，それらを活性化または不活性化することにより細胞機能の発揮に関与する．

e **低木** [shrub] 〚同〛灌木．樹木のうち，一般には2m以下のもの．高木と対置されるが，その区別は便宜的．根本ないし地下部で数本の幹に分かれて枝分かれした幹(deliquescent)の形式をとるものでは，各々の幹の寿命は比較的短く，枯れては根本から新しい幹が立つことが多い．ウツギでは7〜8年，ミヤマハンノキでは50年程度で1本1本の幹は枯れ新しい幹と交代するが，株自身はずっと寿命が長い．特に，低木的な姿勢ではあるが幹の根本だけが木質で地上に平たく這った状態のものを亜低木(suffrutex)として区別し，ダンチク，コケモモ，キダチチョウセンアサガオなどがその典型例．

f **低木層** [shrub layer] *高木層の下に発達する，低木が枝葉を広げている層．高さはさまざまだが1〜5m程度の範囲．下層で成木に達し，繁殖する本来の低木種と高木の稚樹が混在する．

g **低木林** [scrub ラ fruticeta] 低木の生活形が群落の最上層を構成し，優占する植生．一般に高木林よりも条件の悪い環境に発達．E. Rübel (1930)は世界の低木林を高木林の場合に対応して次の七つに大別した．(1)熱帯多雨低木林，(2)常緑広葉低木林，(3)硬葉低木林，(4)ツツジ科低木林，(5)夏緑低木林，(6)雨緑低木林，(7)針葉低木林．(⇒樹林群系)

h **デイホフ** DAYHOFF, Margaret Oakley 1925〜1983 アメリカの生化学者，分子進化学者．1965年からアミノ酸配列データベースであるAtlas of Protein Sequence and Structureの構築を開始した．PIR (Protein Information Resource)を経て，ヨーロッパとアメリカとの共同事業であるUniProtデータベースに継承された．また，遠縁の蛋白質間のアミノ酸置換数をより正確に推定するアミノ酸置換行列や，アミノ酸配列から系統樹を最節約的に求める手法を開発した．

i **ティマン** THIMANN, Kenneth Vivian 1904〜1997 イギリス生まれのアメリカの植物生理学者．植物ホルモン，特にオーキシンの種子植物における存在，その細胞代謝に対する作用を研究し，オーキシンに対して明確な定義を与えた．F. W. Wentとともに植物ホルモン研究の基礎を確立．[主著] Phytohormones (F. W. Wentと共著), 1937.

j **低密度リポ蛋白質** [low density lipoprotein] LDLと略記．〚同〛βリポ蛋白質．密度1.019〜1.063 g/Lの血漿リポ蛋白質．血清蛋白質の一種で，動脈硬化の促進因子と考えられている．血清中に約300 mg/dL含まれ，*コレステロールと，アポBと呼ばれる蛋白質を含む．(⇒高密度リポ蛋白質)

k **低密度リポ蛋白質受容体** [low density lipoprotein receptor] 〚同〛LDL受容体．*低密度リポ蛋白質(LDL)と結合してLDLを細胞内に取り込む機能をもつ受容体．860個のアミノ酸からなり，N-グリコシド結合およびO-グリコシド結合した糖鎖を含む分子量約16万の糖蛋白質．システインに富んだLDL結合部位領域(N-糖鎖結合部位が存在する)，表皮成長因子(EGF)前駆体と相同性のある領域，O-糖鎖付着部位，細胞膜貫通部位および細胞質内領域からなる．主に肝細胞表面

(の*クラスリンで裏打ちされた被覆ピット)に局在する．LDL 受容体は LDL の蛋白質部分のうちアポ B を認識して LDL と結合し，受容体-LDL 複合体は*エンドサイトーシスにより細胞内に取り込まれる．細胞内で LDL はリソソーム中に遊離され，アポ B はアミノ酸に，コレステロールエステルは遊離コレステロールに分解された後，受容体は再び細胞表面に戻り LDL 輸送体として機能する（リサイクリング）．この受容体は LDL 蛋白質部分のアポ B およびアポ E も認識するので，これらのアポ蛋白質を含有するリポ蛋白質も LDL 受容体に結合して細胞内に取り込まれる．アポ蛋白質の LDL 受容体への結合にはアポ蛋白質のリジンおよびアルギニン残基が重要とされている．ヒト LDL 受容体遺伝子は，第 19 染色体短腕近位部に存在し，全長約 45 kbp で 18 個のエクソンからなる．LDL 受容体の遺伝的欠損症として家族性高コレステロール血症（familial hypercholesterolemia）が知られている．

a **ティミリャーゼフ** Tɪᴍɪʀʏᴀᴢᴇᴠ, Kliment Arkadievich（Тимиряеᴠ, Климент Аркадьевич） 1843～1920 ロシアの植物生理学者．植物生理学の研究に従事し，炭素同化に及ぼす光の作用を調べ，特に光合成と光の波長との関係を明らかにし，スペクトルの青色帯が光合成において第二の極大効果をもつことを発見した．またガス分析法や純単色光の照射法などに関し，新しい方法を発表した．ダーウィン学説のロシアへの紹介者としても知られる．[主著] Чарльз Дарвин и его учение, 1865; Жизнь растений, 1878; Наука и демократия, 1920.

b **ティモフェエフ-レソフスキー** Tɪᴍᴏꜰᴇᴇꜰꜰ-Rᴇssovsᴋʏ, Nikolai Vladimirovich（Тимофеев-Ресовский, Николай Владимирович） 1900～1981 ソ連の遺伝学者．Stalin 政府により拘束され，解放後オブニンスクの放射線医学研究所所長．集団遺伝学的に進化の機構について考察し，遺伝子の多面発現を観察し，また遺伝子の物理的モデルに関し M. Delbrück らと共同研究をした．

c **ティラノサウルス** [*Tyrannosaurus*] 《同》暴君竜．爬虫綱の化石動物で，竜盤目（→恐竜類）獣脚亜目ティラノサウルス科の一属．百竜の王といわれるが，アフリカ産のスピノサウルス（*Spinosaurus*）などさらに大きかったと思われる肉食恐竜も確認されている．全長約 13 m，頭蓋骨長が約 1.2 m．前肢は極端に小さく，ほとんど用をなさなかったと思われるが，後肢は太く丈夫で，全身を支えられる．前肢に 2 本，後肢に 4 本（そのうち 3 本が強く発達）の指肢をもち，鋭い爪が発達している．頭蓋骨は大きく重厚にできており，非常に強い力で嚙むことが可能であった．歯は歯根も含めるとバナナの果実のように重厚であり，その前後縁は鋸歯状となり，歯冠の長さは約 12 cm．ティラノサウルスが肉食であったことは確実であるが，生態の詳細は不明である．北アメリカの白亜紀末から知られており，最後に生きていた恐竜としても有名である．タルボサウルス（*Tarbosaurus*）など同科の近縁種は白亜紀のアジアにもいた．

d **D ループ** [D loop] displacement loop の略．DNA 二本鎖の一部に，相補性のある*一本鎖 DNA が結合した場合に生ずる輪状構造をいう．DNA 複製の開始にあたり，もとの二本鎖のうちの一方だけの上で新たに短い DNA 一本鎖が合成された場合，あるいは相同組換えの初期過程などに見られる．人工的にも，このような構造をつくることができる．動物のミトコンドリア DNA のなかで，複製開始点を含み，蛋白質や RNA 遺伝子をコードしていない領域を D ループと呼ぶことが多い．（→R ループ）

e **ティルマンモデル** [Tilman's model] *種間競争のモデルで，生物の生活に必須な資源の量を組み合わせた座標平面上に，集団が増加できる臨界値であるゼロアイソクラインを種ごとに描いて，平面上の領域ごとにどちらの種が消滅するか，あるいは共存するかを予測したもの．D. Tilman (1982) の提出．資源の量としては，例えばある栄養塩の濃度などが用いられ，主に植物プランクトンを対象に検証された．ある生態系を資源供給量がわずかに異なる局所系の集まりとすると，資源供給が増大すると共存できる種数が低下することが説明される．イネ科草本群落など同一栄養段階の種の共存を理解する上で基本モデルとなっている．

f **ディーン** Dᴇᴀɴ, Bashford 1867～1928 アメリカの動物学者，古生物学者．コロンビア大学教授．魚類の形態・発生・化石などを研究．ヌタウナギの発生を初めて記載．

g **ティンダル** Tʏɴᴅᴀʟʟ, John チンダルとも．1820～1893 アイルランド生まれのイギリスの物理学者．極めて多方面の学者．ティンダル現象の発見者として著名．土木技術者から転じて自然科学と数学を学ぶ．空気中の懸濁粒子の研究によって，微生物に熱抵抗のある芽胞の存在を初めて示し，そのために煮沸した枯草浸出液にも細菌が発生しうることを科学的に説明，自然発生説の否定に決定的な役割を演じた．現在耐熱性の芽胞を一度発芽させる期間をおいた後に再度加熱滅菌する間歇滅菌法（intermittent sterilization）は，彼の名を冠して tyndallization と呼ばれている．[主著] The floating matter of the air in relation to putrefaction and infection, 1881.

h **ティンバーゲン** Tɪɴʙᴇʀɢᴇɴ, Niko (Nikolaas) 1907～1988 オランダ生まれのイギリスの動物行動学者．トゲウオ，ハイイロジャノメチョウ，セグロカモメなどでの本能とその解発機構の研究が知られる．実験室と野外とを結びつけた実験によって，生得的解発機構における階層性を明らかにした．1973 年，動物行動学を確立した業績で，K. von Frisch, K. Z. Lorenz とともにノーベル生理学・医学賞受賞．その後，自閉症の研究を行う．[主著] The animal in its world, 2 巻, 1972～1973.

i **デオキシコール酸** [deoxycholic acid] 《同》$3\alpha, 12\alpha$-ジヒドロキシ-5β-コラン酸．$C_{24}H_{40}O_4$ 胆液中に*グリシンあるいは*タウリンと結合したグリコデオキシコール酸（glycodeoxycholic acid）またはタウロデオキシコール酸（taurodeoxycholic acid）として存在する*胆汁酸の一種．*コール酸から腸内細菌の代謝によって生成

した二次胆汁酸で，多くの有機化合物と安定な分子化合物の*コレイン酸を形成する．また Na 塩は水によく溶け，界面活性作用が強いので，細胞を壊して酵素などを抽出するために用いられる．

a **11-デオキシコルチコステロン** ［11-deoxycorticosterone］ ⇒グルココルチコイド

b **デオキシシチジル酸ヒドロキシメチル基転移酵素** ［deoxycytidylate hydroxymethylase］ T 偶数ファージ（⇒T 系ファージ）がコードする酵素で，デオキシシチジル酸とホルムアルデヒドからデオキシヒドロキシメチルシチジル酸をつくる反応を触媒する．ウイルス感染によって宿主細胞内に，ウイルスゲノム上にコードされる酵素が発現されることが証明された最初の例．

c **デオキシリボース** ［deoxyribose］ 通常は 2-デオキシ-D-リボースを指す．DNA の構成成分として，広く生体に見出される．また，dTDP-ラムノース（⇒ラムノース）などの構成成分として見出される．デオキシリボヌクレオチドは，対応するリボヌクレオチドの還元によっても生成する．

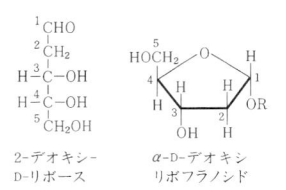

d **デオキシリボヌクレアーゼ** ［deoxyribonuclease］ DN アーゼ（DNase）と略記．DNA に特異的に作用し，ヌクレオチド間のリン酸エステル結合を加水分解し，解重合化を起こす酵素（一種のリン酸ジエステラーゼ）の総称．いろいろな生物種および組織から分離されているが，それら酵素の細胞における役割はまだ明らかでない．DN アーゼはその作用機構にしたがって，分子鎖内部のリン酸ジエステル結合を加水分解する*エンドヌクレアーゼ（*デオキシリボヌクレアーゼⅠなど）と，分子鎖の末端から段階的に作用してモノヌクレオチドを生ずる*エキソヌクレアーゼとに大別される．

e **デオキシリボヌクレアーゼⅠ** ［deoxyribonuclease Ⅰ］ DN アーゼⅠと略記．《同》膵デオキシリボヌクレアーゼ（pancreatic deoxyribonuclease）．最も代表的な*エンドヌクレアーゼで，一本鎖および二本鎖 DNA を分解して，5′-リン酸末端をもつ分解物を生ずる機能をもつ酵素．EC3.1.21.1．M. Kunitz が膵臓から結晶化．分子量約 3 万 1000，等電点 pH4.7，最適 pH7 付近，Mg^{2+} または Mn^{2+} を要求する．通常の反応条件では分解物はジヌクレオチドから 8〜12 個のオリゴヌクレオチドまでを含み，平均してテトラヌクレオチドの大きさをもつ．反応の初期にはデオキシプリンヌクレオシドとデオキシピリミジンヌクレオシド間の結合が優先的に分解される．二価イオンの存在によって切断の様式は著しく左右される．分子種は A，B，C，D の 4 種あるが酵素活性に差はない．この酵素は結晶標品の入手が容易なので核酸研究に広く用いられている．

f **デオキシリボヌクレアーゼⅠ高感受性部位** ［deoxyribonuclease Ⅰ hypersensitive site］ 《同》DN アーゼⅠ高感受性部位．*クロマチン状態の DNA を*デオキシリボヌクレアーゼⅠ（DN アーゼⅠ）で消化したとき，高い感受性が見られる部位．多細胞生物の細胞核あるいはクロマチンを DN アーゼⅠで消化すると，転写されて活性クロマチン構造をもつ遺伝子は，その全長にわたって DN アーゼⅠ感受性が高い．転写活性のない遺伝子は，より凝縮した不活性クロマチン構造をもつ．活性クロマチンには，*ヒストン H1 が見られず，非ヒストン蛋白質の HMGN に富む．DN アーゼⅠ感受性領域をさらに詳しく調べると，数十塩基にわたって DN アーゼⅠに特に高い感受性部位が遺伝子の 5′ 側と 3′ 側にある．この部位はヌクレオソーム構造が見られず，DNA には転写因子や，核マトリックスが結合している．

g **デオキシリボヌクレアーゼ阻害剤** ［deoxyribonuclease inhibitor］ 《同》DN アーゼインヒビター（DNase inhibitor）．デオキシリボヌクレアーゼⅠと結合してこれを失活させる物質．酵母，ヒトの白血球・骨髄・胸腺など，ハトの嗉嚢抽出液などに含まれて，その分布は広く，いずれも蛋白質性で，DN アーゼⅠに特異的．子ウシの脾抽出液から高度に精製されたものは，分子量 5 万 7400 で DN アーゼⅠと化学量論的な複合体（1：1）を作り，この本体はアクチンと判明した．DN アーゼⅡについても特異的に阻害する物質がヒトの尿中に知られているが，これは透析性の小さい分子で，熱に安定である．また，*Streptomyces* や *Micromonospora* などの放線菌が生産する低分子化合物の DN アーゼ阻害剤も存在する．

h **デオキシリボヌクレオシド** ［deoxyribonucleoside］ ⇒ヌクレオシド

i **デオキシリボヌクレオシド三リン酸** ［deoxyribonucleoside triphosphate］ ⇒ヌクレオシド-5′-三リン酸(表)

j **デオキシリボヌクレオチド** ［deoxyribonucleotide］ ⇒ヌクレオチド，⇒デオキシリボース

k **テオフィリン** ［theophylline］ 《同》1,3-ジメチルキサンチン（1,3-dimethylxanthine）．$C_7H_8O_2N_4$ チャの葉に含まれる白色・不整形・結晶様アルカロイド．キサンチン誘導体で，テオブロミンの異性体．融点 274〜275°C．作用・構造ともにカフェインに類似し，カルシウムチャネルへの作用，環状 AMP を加水分解する環状ホスホジエステラーゼの阻害作用，アデノシン受容体遮断作用などをもつ．また，平滑筋弛緩作用，心筋興奮作用，利尿作用がある．副作用として悪心，嘔吐，めまいが起こることがある．（⇒カフェイン）

l **テオフラストス** Theophrastos 前 372 頃〜前 288 頃．ギリシアの哲学者，博物学者．レスボス島の生まれ．アテナイに出て Platōn の学園（Academeia）に学び，後に Aristotelēs の門人かつ友人となり，彼の学園（Lyceion）の後継者となった．博識で，すぐれた観察者であり，'Historia plantarum' を著し，500 種類におよぶ植物を記載し，植物学の祖といわれる．

m **テオレル** Theorell, Axel Hugo 1903〜1982 スウェーデンの生化学者．初期の研究は血清脂質に関するもの．のちミオグロビンの結晶化に成功．さらに酸化酵素の本体および作用機構の研究に進み，それにより 1955 年ノーベル生理学・医学賞受賞．

n **テカ** ［theca, *pl*. thecae］ さまざまな原生生物がもつ薄く明瞭な*細胞外被の総称．渦鞭毛藻，珪藻（半*被殻のこと），ペコラ藻，緑色藻，襟鞭毛虫などの細胞外被がテカと呼ばれることがある．その性状や組成は生物

a **デカルト** DESCARTES, René 1596〜1650 フランスの哲学者，数学者．生物学への影響も大きい．物心二元論を唱え，同時代の医理学派に大きな思想的根拠を与えた．その著 'Traité de l'homme' (1632) は，すべての生体過程を機械的法則から説明しようとした最初の試みであり，Galenos の解剖学と 17 世紀物理学との結合とされる．神経は霊魂精気 (spiritus animalis) を通導し，筋はこの精気の注入により収縮を起こすと考え，神経相関や反射応答の機械的本性を洞察し，反射 (reflex) の語を物理学から生物学に導入した．動物は単なる自動機械で，人間だけが霊魂（精神）を宿すと説き，松果体が（脳中の唯一の不対器官という理由で）霊魂の座で，神経への霊魂精気もここに発すると述べた．生命機械論は 'Discours de la méthode'（方法序説，1637）にも顕著．(→機械論)

b **適応** [adaptation] 生物学では次のような内容が含まれる．(1)生物のもつ形態，生態，行動などの諸性質が，その環境のもとで生活していくのに都合よくできていること，あるいは生物個体の生存と繁殖の成功に寄与する生物個体の性質．(2)生存や繁殖の向上をもたらす進化的な変化の過程．(3)*自然淘汰によって起こる個体群内の遺伝的変化の過程で，それによって，個体の遺伝的な性質が向上すること．(4)淘汰上の有利性のために個体群内にひろまった特性．適応と自然淘汰との関係をどう定義するかは研究者によって異なる．上記の(3)と(4)は適応を自然淘汰による過程あるいは結果とみなしている．適応を自然淘汰と関連させて定義する場合，自然淘汰は必ずしも個体の生存や繁殖に有利な性質をつくるとは限らない点と，偶然に個体の生存や繁殖を向上させる場合も存在することに注意が必要である．また，適応，適応的という言葉は個体の性質だけでなく，遺伝子レベルや集団レベルについても使われることがある．(1)についてはアプテーション (aptation) と呼ぶことがある．また，現在ある機能に都合よくできている性質で，自然淘汰が別の機能に対して働いて進化した性質を*イグザプテーション（外適応）と呼ぶことがある．なお，適応的でないことを maladaptation という．また表現型可塑性や学習など生物が一生のうちに，遺伝的な変化を伴わないで，周囲の環境に対応していくことは*順応と呼ぶことが多い．(→適応進化，→適応度，→自然淘汰)

c **適応価** [adaptive value] 《同》生存価 (survival value)．個体の示す各種の特性が*適応度を高める上で果たしている機能あるいは効果のこと．行動・形態・色彩などに関する特性と，生物の生存率・繁殖成功度との関係を論ずる際に，*動物行動学や*生態学でよく使われた．今日では，適応度の構成要素に与える影響として定量的に取り扱われることが多い．なお N. Tinbergen は，行動の生存価の分析を，機能 (function) の解析と呼んだ．(→適応度，→行動生態学)

d **適応主義** [adaptationism] 生物のもつ形態，生理，行動など，ほとんどすべての形質は適応的で，最適に近い状態にあるとする考え方．歴史は古いが，現代では特に，生物の形質をつくりだすうえで*自然淘汰の力を重視する立場をいう．しばしば批判的に用いられる．S. J. Gould と R. C. Lewontin (1979) は，研究戦略としての適応主義を適応主義者のプログラムと呼び，発生的制約など，適応に対するさまざまな制約を無視しがちで，ある形質の適応的説明に失敗しても，適応主義の枠を超えた代替説明を用意しないなど，適応万能論者のパラダイム (panglossian paradigm) に陥っていると批判した．これに対して，適応主義は生物の形質の機能について多くの知見をもたらす発見的な方法論であるという，積極的な主張もなされる．

e **適応進化** [adaptive evolution] 適応的な性質，すなわち生存や繁殖を向上させるような性質の獲得や改善の方向への進化．進化には，進化による変化が機能的には同じであるような*中立進化や，ある性質が不適応な進化をしたとき，他方の性質は生存や繁殖上不都合な方向に進化するような非適応的な進化があるので，それらの進化と区別するうえで使われることが多い．(→適応)

f **適応制御** [adaptive control] 目標値や外から入る信号の性質が変わったり，あるいは制御系のおかれた環境の影響を受けて制御系の特性が変化するような場合に，それらの変化に応じて制御装置の特性をある所要の条件を満たすように変化させる制御．生物システムではほとんどが多かれ少なかれ適応制御様式をとっていると考えられる．典型的な例は，ストレスの際にみられる下垂体前葉の分泌活動の変化（ストレス偏移）である．

g **適応戦略論** [adaptationist program] 《同》適応論的アプローチ．自然淘汰や性淘汰などを進化の主要因として考える見方．もともとは，このアプローチを批判する目的で R. C. Lewontin と S. J. Gould (1979) が用いたので適応万能論と訳すこともある．1970 年代に始まる J. R. Krebs らの行動生態学，E. O. Wilson らの社会生物学，R. H. MacArthur や E. R. Pianka らの進化生態学などは，共に最適化の理論に基づく適応戦略の考え方を基盤に据えている．

h **適応帯** [adaptive zone] 一つの近縁な（通常は単系統の）生物群によって占められる類似した*生態的地位（ニッチ）の集合．例えばコブラ科中の単系統群と考えられているウミヘビ類は，種によって食性や生息場所が少しずつ異なるが，グループ全体として，他の陸生コブラとは海中に生息する点でニッチが顕著に異なり，別の適応帯を占めているといえる．進化史上では鍵となる形質が変化し（例えば，ウミヘビにおける海中生活を可能にする生理的変化，鳥類における翼，クモ類における円網の獲得など），新たな適応帯に侵入することによって*適応放散したとみられる例が極めて多い．

i **適応地形** [adaptive landscape] 生物と環境との適応的な関係を地形図状に表現したもの．その図を適応地形図 (adaptive topography) と呼ぶ．地形図が生物の何を意味しているかについては，以下の見解がある．(1)高さは個体の適応度を表し，平面状の位置は，集団中の個体のもつ遺伝子の組合せを示す (S. Wright, 1932)．(2)高さは，集団の平均適応度を示し，位置は，集団の遺伝子頻度を示す（同，1935）．ここで，遺伝子の組合せを二次元の上の点として表現し，集団の平均適応度が等しい点を等適応度線で結ぶと，集団の平均的形質と適応度の関係は地形を地図で表現したようにみることができる．ある種の*頻度依存淘汰がなく，*遺伝的浮動の効果が無視できれば集団は平均適応度が高くなる方向へ進化する．適応地形図では，これはまわりよりも高いところ，つまり適応の峰 (adaptive peak) に登っ

ていくことと表現される．また，まわりより低くなっている適応の谷(adaptive valley)を越えて向こう側へ行くには遺伝的浮動などが必要であることになる(⇒遺伝的アルゴリズム)．(3)位置は個体の表現型を示す(G.G. Simpson, 1944)．(4)位置は個体の表現型や遺伝子の組合せではなく，属の中の種の位置を表す．生物個体あるいは生物集団は地形図のピークに自然淘汰によって押し上げられる．地形の形は，環境や生物自体の要因によっても変化する．(5)多くの場合平面など低次元の空間の上になめらかな関数として適応度が描かれるが，塩基配列空間のそれぞれに適応度を表示する場合には，平面ではなく非常に高い次元の空間を考えることになる．ウイルスや大腸菌などを用いた実験的研究の例では，適応度はなめらかではなく，非常に凸凹の激しい地形をしていることが示されている．

a **適応度** [fitness] 《同》ダーウィン適応度(Darwinian fitness). 自然淘汰に対する，個体の有利・不利の程度を表す尺度．特定の遺伝子型(または表現型)の適応度はそれに属する個体当たりの次代に寄与する子供の数(ただし生まれる総数でなく，生きかつ生殖年齢に達する子の数)によって表す．一般に，子供を数える時期(発育段階)は親を数えたのと同じ時期でなくてはならない．ヒトでは，母親当たりの成長した娘の数を用いる．適応度は生存率(viability)と稔性(妊性 fertility)の二つの要素からなる．厳密にいうと，適応度の測り方は一年生植物のように不連続な世代構造をもつ場合と人類のように連続的な世代構造の場合とで異なる．不連続構造のときは各遺伝子型の個体が次代に残す平均の子供の数によって測り，S.Wright にしたがって淘汰値(selective value)と呼び通常 w で表す．集団遺伝学においては多くの場合，絶対的淘汰値は不要で，その相対値さえ与えられればよい．このときある遺伝子型の淘汰値を規準とし，これを1に取り，他の(i番目の)遺伝子型の淘汰値を $1+s_i$ または $1-s_i$ の形に表す．この s_i は i 番目の遺伝子型の淘汰係数(selection coefficient)と呼ぶことがある．世代構造が連続の場合は集団の幾何級数的増減率に対する寄与によって測り，R.A.Fisher にしたがってマルサス係数(Malthusian parameter)と呼び，これによって適応度を表す．しかし，連続的な世代構造のときも，平均生殖年齢を世代の単位に取れば，近似的に不連続な世代構造の扱いができる．以上のほかに適応値(adaptive value)の語も用いられるが，これは適応度と同義と見なしてよい．(⇒生命表)

b **適応度地形** [fitness landscape] 個体の*遺伝子型もしくは*表現型に対して，縦軸にその個体の*適応度を対応させて描いたグラフのこと．適応度の高低がグラフの高低で視覚的に表現され，あたかも地形のように見えることからその名がついた．進化とともに適応度が上昇する様子が適応度地形の山を登ることに対応するので，進化の様子を直観的に理解するのに役立つ．

c **適応放散** [adaptive radiation] 同一種の生物が，異なった地域におけるさまざまな環境に最も適応した形質を進化させていくことにより，種分化を起こして多数の異なった系統に分岐し，時間の経過とともにその分岐の程度が強まることをいう．H.F.Osborn(1917)がティタノテリウム類(Titanotheres)の研究から提唱した．生活場所については，地上(terrestrial)・地下(fossorial)・樹上(arboreal)・空中(volant)・水中(aquatic)・半水中(natatorial)などへ，また時間的には昼行性(diurnal)や夜行性(nocturnal)へ，さらに食性については，肉食性(carnivorous)・虫食性(insectivorous)・植食性(herbivorous)・雑食性(omnivorous)などへの多様化があり，地質時代を通じて数多く起こったと考えられている．上記のティタノテリウム類は始新世から漸新世にかけて北アメリカに非常な発展をした奇蹄目の一上科で，朝鮮半島やモンゴル，ミャンマーなどにもその産出が知られている．この類は食性の差異・角の発達の程度・生活場所の相違 などから，*Titanotherium*, *Megacerops*, *Symborodon*, *Brontotherium* の4型に放散した．このほか有袋類や有胎盤類のそれぞれの多様性も適応放散によって生じたものとされることが多い．さらに中生代の爬虫類が恐竜類・翼竜類・魚竜類・首長竜類として分岐したのも，適応放散の顕著な例と考えられている．古生代以前における動物諸門の分岐を，最初の大適応放散と呼ぶこともある．ただし，「放散」は系統の分岐を記述するものだが，「適応」は多変量解析による種間比較やそれらの形質を生じる遺伝子の変化の特定など，さまざまな付加的な情報を知らなければ，最終的に断言するのは困難である．

d **摘芽** [disbudding] *頂芽や*腋芽を一部または全部取り除く操作．この操作によって植物体の栄養およびホルモンのバランスを変え(⇒頂芽優性)，主軸，特定の枝・花・葉あるいは果実または地下部・塊根などの発生・発育を調節することができる．特に頂芽やシュート頂部分を除くことを摘心(心止め pinching, topping)，蕾を除くことを摘蕾(disbudding)という．

e **適格名** [available name] 国際動物命名規約の諸規定に合致し，ある*タクソンにとっての唯一の正式名称である*有効名がその中から選ばれる資格をもつ*学名．国際藻類・菌類・植物命名規約および国際細菌命名規約における合法名(legitimate name)にほぼ相当する．なお，適格名でないものを不適格名(unavailable name)，合法名でないものを非合法名(illegitimate name)という．(⇒先取権)

f **適合度** [fidelity] それぞれの種が示す特定の植物群落への結びつきの度合を指す．正式には群落適合度という．高い適合度を示す植物はその群落の*標徴種となる．したがって，植物社会学的植生区分(群落分類)においてある群落(植分群)の標徴種を探すということは，その群落に対して適合度の高い植物を見出すということにほかならない．適合度は次の5階級に分けられ，*常在度，*優占度，*活力度などから判定される．適合度5:全くあるいはほとんど全くその群落だけに結びついている．4:その群落に明白に結びつくが多少は他の群落にも出現する．3:多くの群落に出現するがその群落に生育の最適点をもつ．2:その群落に特別な結びつきは示さない．1:その群落では偶然に生育する．適合度5～3のものはその群落の標徴種，2のものは伴生種(companion species), 1のものは*偶生種となる．

g **適者生存** [survival of the fittest] 《同》最適者生存．*生存競争において，環境に最も適した(著しく適合した)者が生存の機会を保障されること．H.Spencer(1864)の造語．C.Darwin は『種の起原』の第4版以降において，自然淘汰に関し，「適者生存という表現はさらに的確であり，ときには便利でもある」としている．しかしその後，生存者すなわち適者とする同語反復であり循環論法であるとする批判が研究者間に高まり，今日では

a **デキストラン** [dextran] 細菌性多糖の一つでα-1,6-グルカン．ショ糖溶液で培養した細菌 (*Leuconostoc mesenteroides*) は，その酵素デキストランスクラーゼ (dextran sucrase) によって

nショ糖 ⟶ デキストラン＋nフルクトース

の反応を触媒してデキストランを合成する．デキストランの種類は多いが，D-グルコースだけからなり，α〈1,6〉結合が主体でα〈1,4〉またはα〈1,3〉で枝分かれをもつものもある．後者はムタン (mutan, α-1, 3-1, 6-グルカン) と呼ばれ，う歯(虫歯)原因菌とされる *Streptococcus mutans* がスクロースから産生する歯垢 (bacterial plaque) の主成分．白色粉末でやや水に溶け右旋性が強い．医療上，血漿増量剤に用いられる．また，これを架橋により不溶化したものはゲル濾過電気泳動などに多用される (商品名セファデックス Sephadex)．(⇒プロテオグリカン)

b **敵対行動** [agonistic behavior] 《同》反発行動．社会的に対立関係にあるときに現れる行動の総称．攻撃と逃避を両極端とし，その間に威嚇・なだめ・服従などのさまざまな形をとる．

c **滴虫型幼生** [infusoriform larva] *二胚動物の幼生．卵形で，*蠕虫型幼生よりも小さく体長は20～50 μm．前端は丸く，後端はやや尖り繊毛が生える．体の前端にある頂端細胞は屈光体という小体を含む．体の細胞数は種によって決まっており，通常35, 37または39．内部には4個の芽胞嚢細胞があり，その細胞内には入れ子状に各1個の芽胞細胞(生殖細胞)をもつ．ロンボジェン(菱形無性虫)と呼ばれる成体から有性生殖によって生じる．頭足類の腎嚢内から海中へと泳ぎ出ると考えられている．

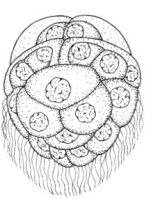

d **滴虫類** [infusorians ラ Infusoria] 《同》浸滴虫類．「干草などの浸出液中に出現する小動物」として命名された生物群．*繊毛虫類とほぼ同義に用いられたが，鞭毛虫や微細後生動物を含んでいたこともあり，現在では分類群名として用いられることはない．

e **適当刺激** [adequate stimulus] 《同》適刺激，適合刺激．それぞれの受容器(感覚器官)が最も敏感に応じうる刺激の種類．例えば，蝸牛の有毛細胞に対して音，網膜の桿体・錐体に対して光など．視覚，聴覚などおのおのの感覚の種(⇒モダリティー)に対し決まった適当刺激がある．

f **テスト細胞** [test cell] *尾索動物ホヤ類において囲卵腔に多数見られる小形の体細胞．放卵前の卵母細胞では，ビテリン層内で細胞質中に半ば埋まって卵母細胞表面を被覆しているが，卵が海水に触れて卵膜が拡大するにつれ囲卵腔に放出される．*被嚢が発達すると被嚢の表面に分布して，一部のホヤ類では孵化前に親水性に関係した物質を分泌する．孵化後は被嚢表面に存在し続けて，正常な変態に関与する可能性もある．被嚢に認められることからテスト(test, 被嚢・薄鞘)細胞と呼ばれるが，複数の細胞種からなる被嚢細胞(tunic cells)とは別の細胞である．

g **テストステロン** [testosterone] 17β-hydroxy-androst-4-en-3-one のこと．精巣から分泌される代表的な*アンドロゲン．精巣内でアンドロステンジオンから17β-ヒドロキシステロイド脱水素酵素により (Δ^4-経路)，またデヒドロエピアンドロステロンからΔ^5-3β-ヒドロキシステロイド脱水素酵素とΔ^5-Δ^4-イソメラーゼ (Δ^5-経路) によってつくられる．テストステロンは二次性徴の発現，蛋白質同化作用，筋肉の発育促進などの機能をもつ．また，下垂体に働いて*生殖腺刺激ホルモンの分泌を抑制するので血中のテストステロン濃度はフィードバック機構により調節される．標的細胞内で，テストステロンは5α-還元酵素により5α位の還元を受けた後，*5α-ジヒドロテストステロンとなりアンドロゲン受容体と結合して核内に入り，遺伝子の活性化を介して作用を示す．

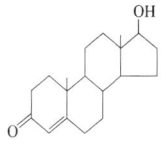

h **デスミン** [desmin] 《同》スケルチン (skeltin)．*中間径フィラメントの一種で，約53 kDaのデスミンフィラメントの構成蛋白質．名称は筋原繊維どうしをつないでいることからlink, bondを意味するギリシア語 δεσμός (desmos) に由来．遺伝子構造から*ビメンチン，グリアフィラメント酸性蛋白質 (glial filament acidic protein, GFAP) とともにⅢ型の中間径フィラメント蛋白質に属する．デスミンは筋細胞(ただし筋上皮細胞ではケラチン)および一部の培養細胞に存在している．デスミン単独で重合，またはビメンチンと共重合して中間径フィラメントを形成する．デスミンフィラメントは骨格筋・心筋のZ膜部に局在し，筋原繊維を束ねている．心筋細胞では*デスモソームにも結合し，細胞どうしの接着にも関与している．平滑筋では*デンスボディやデンスプラーク (dense plaque) に結合しており，細胞を力学的に統合していると考えられている．

i **デスモソーマルカドヘリン** [desmosomal cadherin] カドヘリンスーパーファミリーに属する*デスモソームの接着分子．デスモグレインとデスモコリンからなる．どちらも細胞外はクラシカルカドヘリンと似るが，細胞質領域は少し異なり，プラコグロビン，プラコフィリン，デスモプラキンなどを介して*中間径フィラメントと結合している．デスモソームを形成するにはどちらの分子も必要だが，この2種類の分子の相互作用の詳細は未だ不明．デスモグレインには1～4の4種類のアイソフォームが存在し，1と3は重層扁平上皮，2はデスモソームをもつほとんど全ての組織，4は主に毛包に発現する．デスモグレイン1と3はそれぞれ落葉状天疱瘡と尋常性天疱瘡という*自己免疫疾患の抗原であり，水疱性膿痂疹(とびひ)とブドウ球菌性熱傷様皮膚症候群(SSSS)の原因毒素は，デスモグレイン1を特異的に分解する蛋白質分解酵素である．デスモコリンには1～3の3種類のアイソフォームが存在し，さらにそれぞれのアイソフォームとして，オルタナティブスプライシングにより細胞質領域が異なる2種類の分子が存在する．

j **デスモソーム** [desmosome] 《同》接着斑．上皮細胞などにみられる*細胞間接着装置の一つで，細胞膜上の直径約0.5 μmの円形の領域．断面をみると向かい合った二つの細胞の細胞膜は20～25 nm離れて互いに厳密に平行している．細胞膜の下には厚さ10～20 nmの電子密度の高い付着板 (desmosomal plaque) があり，デ

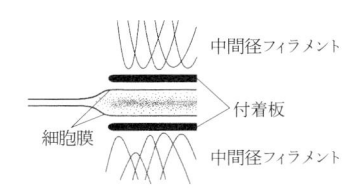

スモプラキン (desmoplakin) やプラコグロビン (plakoglobin) などが存在する．付着板に向かって*中間径フィラメントが近寄り，ループを描いて細胞質内へ戻っている．細胞間には電子密度のやや高い物質が存在し，デスモコリン (desmocollin) およびデスモグレイン (desmoglein) と呼ばれるカドヘリンスーパーファミリーに属する接着分子からなる．デスモソームは細胞間の機械的結合を強める働きをしていると考えられている．デスモソームのカドヘリン様分子の一部は，自己免疫疾患の一種である天疱瘡 (pemphigus) の抗原となる．(⇒ヘミデスモソーム，⇒カドヘリン，⇒アドヘレンスジャンクション)

a **デゾル幼生** [Desor's larva] 紐形動物の*ピリディウムの特殊化した幼生．異紐類の *Lineus viridis* などで知られる．やや細長い卵形．卵栄養で卵殻の中で成長し，遊泳しない．変態の際には，幼生の外胚葉の陥入はピリディウムと同じように生じる．変態が完了し，幼生の内部に成体の上皮を完成した後に，卵殻を破って孵化し，そのまま底生生活に入る．

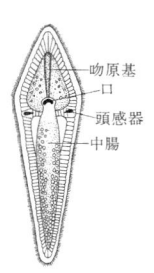

b **データマイニング** [data mining] 膨大なデータから特徴を抽出すること．生物学においては，例えば，配列，構造，発現，遺伝子ネットワーク，パスウェイ，リガンドなど，各種データベースが充実している．これらから，遺伝子領域，ある環境下の発現に共通する配列モチーフ，蛋白質と蛋白質・DNA・リガンドとの結合に特徴的なパターン，表現型の変異と遺伝的変異の関連を予測する．ゲノムは長い進化の過程で変異し，種々のパターンが適応度マップに分布している．「堅い」モデルを当てはめるのではなく，全体の傾向を頑健に抽出するトップダウンではないボトムアップ方法が求められる．このため，機械学習，*ニューラルネットワーク，サポートベクターマシンなどの手法が開発されている．

c **デターミナント** [determinant] [1] 《同》決定因子．卵形成時に作られて受精卵の一定の細胞質領域に局在し，*卵割によってそれらの領域を含むようになった細胞が部域特異的に分化するように核に作用する因子．ホヤでは筋肉分化に作用する因子はマイオプラスム (筋形成質 myoplasm) と呼ばれる細胞質に含まれ，*黄色三日月環の領域に存在．またショウジョウバエの生殖細胞のデターミナントである極細胞質については解析が進み，有効成分の一つは，ミトコンドリアの lrRNA と同定された．また，両生類や魚類では卵黄植物極に背側を決定するデターミナントが存在すると考えられている．[2] 《同》デテルミナント，決定子．A. Weismann (1891) が彼の*生殖質説において仮定した，生物の遺伝・発生を支配する細胞内基本構造．最小の生活単位である*ビオフォアからなり，他方デターミナントが複合してイド (独 Id) を形成する．さらにイドの集合体がイダント (独 Idant) で，これが現在の*染色体に相当する．Weismann が*イディオプラスマと呼んでいるのは，構造的には核の染色物質で，それがつまりビオフォアからイダントまでの順次の複合で形成されていることになる．イディオプラスマ以外の原形質 (主に細胞質) は，モルフォプラスマ (独 Morphoplasma) と呼ばれる．

d **テータム** TATUM, Edward Lawrie 1909～1975 アメリカの生化学者．G. W. Beadle とともにアカパンカビの突然変異株の栄養素要求性を研究．のち J. Lederberg とともに細菌における遺伝子の組換えの存在を明らかにした．Beadle, Lederberg とともに 1958 年ノーベル生理学・医学賞受賞．

e **テチス海** [Tethys sea] 《同》古地中海．チモール，スマトラ，インドシナ半島，ヒマラヤ，パミール，ヒンズークシ，小アジア，地中海方面に広がっていた*古生代～*古第三紀の古海洋．E. Suess の命名．この海を隔てて*アンガラ大陸が北に，*ゴンドワナ大陸が南に位置していた．この海域には熱帯・亜熱帯性海生生物群を含む浅海～遠洋性の堆積物が堆積している．日本もときにこの古生物地理区に含まれた．古第三紀に北上したインド亜大陸とユーラシア大陸との合体によってこの海域は東西に分断された．現在の地中海はこのテチス海の名残りとされる．

f **鉄** [iron] Fe．原子量 55.85, 原子番号 26 の，すべての生物にとって必須の多量元素．正常な成人男性 (70 kg) では 4～5 g (60～70 ppm) の鉄が存在する．脊椎動物の体内では鉄は蛋白質と結合して存在し，イオン形の鉄は少量である．哺乳類の血清中にある*トランスフェリンは 1 分子当たり 2 個の Fe^{3+} と結合して，鉄の運搬体として働く．Fe^{3+} と結合したトランスフェリンは小腸上皮にある受容体に結合し細胞内に取り込まれ，酸性化した小胞内で Fe^{3+} が解離して細胞質に受け渡される．鉄は数多くの蛋白質や酵素の補欠分子族として存在し，酸素の運搬と貯蔵，電子伝達，活性酸素からの防御，酸素添加反応など，その機能は広範で重要．赤血球中で酸素の運搬体として働く*ヘモグロビンは 1 分子当たり 4 個の鉄原子をそのプロトポルフィリン中にもつ．ここでは鉄は Fe^{2+} として安定性され，可逆的に酸素と結合することができる．同様に無脊椎動物の色素*ヘムエリトリン・クロロクルオリンなどにも含まれる．生体内での鉄の貯蔵は*フェリチンや*ヘモシデリンなどが行う．*ミオグロビンは筋肉中に存在し，酸素の運搬貯蔵に働く*ヘム蛋白質である．*シトクロム類もヘム蛋白質で，電子伝達系の中でも比較的電位の高い部分を受けもつ．一方，*フェレドキシンは鉄と硫黄が結合した核を含む蛋白質で，細菌や葉緑体中での電子伝達に働くが，還元電位は低い．シトクロム P450 やカタラーゼなどもヘム蛋白質である．植物では，特に葉緑体のストロマに高濃度に見られ，クロロフィルの合成に役立つ．鉄欠乏は，植物の白化，ヒトの貧血を起こす．

g **鉄還元菌** [iron-reducing microbe] 《同》鉄呼吸菌 (iron-respiring microbe)．3 価の鉄イオンを還元して生育する原核生物の総称．酸化鉄を最終電子受容体とする嫌気呼吸によって得られるエネルギーを利用して生育．加えて酸化マンガン，硝酸塩などを電子受容体として利用するものが多い．代表的な鉄還元菌としては，デフェ

リバクター門(Deferribacteres)に属する *Deferribacter*, *プロテオバクテリア門に含まれる *Albidiferax*, *Geobacter* が挙げられる. *アーキアのなかでは，例えば *Geoglobus* が独立栄養的および従属栄養的に生育する超好熱性鉄還元菌として挙げられる.

a **鉄酸化細菌** [iron-oxidizing bacteria] 二価鉄イオンを三価鉄イオンに酸化し，そのエネルギーを利用して*炭素同化を行う化学無機栄養細菌の総称. 従来，鉄細菌とも呼ばれてきたが，酸化鉄の還元を行う原核生物もいるので，混同を避ける意味で一般には鉄酸化細菌と呼ばれる. *Gallionella*, *Leptothrix*, *Siderocapsa* などの各鉄細菌は，菌体の周辺に水酸化鉄を多量に蓄積するため古くから鉄細菌として注目されてきたが，炭素同化の能力をもつ可能性があるのは *Gallionella* だけと考えられている. また中性からアルカリ側で生育するこれらの菌の場合，二価鉄イオンの無生物的な酸化が起こる. 炭素同化を行わない場合には，化学無機従属栄養的に生育する. *Acidithiobacillus*（旧名 *Thiobacillus*）*ferrooxidans* は 1954 年に報告された鉄酸化細菌で，酸性条件下で二価鉄を酸化して二酸化炭素を固定する. この菌は硫黄や無機の硫黄化合物も利用可能であり，生育の至適 pH は 2.5～4.0 付近. 鉄イオンの酸化には硫酸イオンを必要とし，反応は

$$4FeSO_4 + O_2 + 2H_2SO_4 \rightarrow 2Fe_2(SO_4)_3 + 2H_2O$$

で表される.

b **デーデルライン** DÖDERLEIN, Ludwig 1855～1936 ドイツの動物学者. 1879 年来日し，大学南校でドイツ語を教え，日本産魚類を採集・研究. 帰国しシュトラスブルク大学の標本管理者などを経てミュンヘン動物博物館館長. 動物学名に関する国際規約création尽力した.

c **テトラサイクリン系抗生物質** [tetracycline antibiotics] 放線菌によって生産される四環性の抗細菌抗生物質. 最初 *Streptomyces aureofaciens* の培養液からオーレオマイシン(aureomycin)として発見された. グラム陽性菌から陰性菌まで抗菌スペクトルは広いが，繁用の結果，耐性菌が多くなった. しかし，β-ラクタム系やアミノグリコシド系抗生物質が無効であるリケッチア，クラミジア，マイコプラズマなどにも活性を示す. 黄色の抗生物質で天然型と半合成のものがあり，半合成のミノサイクリンとドキシサイクリンはテトラサイクリン耐性のブドウ球菌にも有効で，*MRSA にも用いられる. チゲサイクリンはグリシルサイクリン系抗生物質と呼ばれる新しい抗生物質で，広範囲な抗菌力を示し，テトラサイクリン耐性菌にも有効である. 作用機作は蛋白質合成阻害で，原核細胞の 70S リボソームの 30S サブユニットに作用してアミノアシル tRNA が mRNA コドンに依存してリボソームのアミノアシル座(A 座)に結合するのを阻害する.

d **テトラヒドロ葉酸** [tetrahydrofolic acid] THF, H_4FA などと略記. 《同》補酵素 F (coenzyme F), テトラヒドロプテロイルグルタミン酸(tetrahydropteroylglutamic acid), 5,6,7,8-テトラヒドロ葉酸. *葉酸(FA)の*補酵素型. 葉酸の還元体であり，空気に触れると容易に酸化される. 葉酸の NADPH による 2 段階の還元によって生成する. 第一段階で生成するのがジヒドロ葉酸(DHF, H_2FA などと略記)であり，これがジヒドロ葉酸レダクターゼによってテトラヒドロ葉酸に還元される. 生体内ではテトラヒドロ葉酸(H_4FA)の誘導体，すなわち N^5-ホルミル H_4FA, N^{10}-ホルミル H_4FA, $N^{5,10}$-メテニル H_4FA, $N^{5,10}$-メチレン H_4FA, N^5-メチル H_4FA などが存在し，これらは相互に転移や還元反応によって変化するとともに，活性 C_1 単位(active C_1 unit)であるホルミル基，ヒドロキシメチル基，メチル基などを授受する中間体として，各種の酵素反応において補酵素として機能する. 特に*プリン生合成経路および*ピリミジン生合成経路で機能することから，ジヒドロ葉酸レダクターゼの阻害剤であるメトトレキセートは，抗腫瘍薬として使われている. その他，グリシン－セリンの相互転換，メチル基の供給(生成・転移)，ヒスチジンの分解などで重要な機能をもつ. (⇒N^5-メチルテトラヒドロ葉酸, ⇌メチル基転移反応, ⇌ビタミン拮抗体)

e **テトラピロール** [tetrapyrrole] ピロール(pyrrole)を四つ有する化合物の総称. *ヘムや*クロロフィル，*シアノコバラミン(ビタミン B_{12})のような環状テトラピロールと，*ビリベルジンや*フィコビリン，*フィトクロムの発色団であるフィトクロモビリンなどの開環テトラピロールがある. 開環テトラピロールは，ヘムの酸化的開裂によって合成される.

環状テトラピロール（ヘミン）　開環テトラピロール（フィコエリスロビリン）

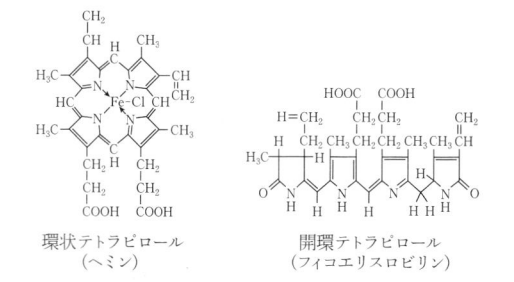

f **デトリタス** [detritus] 《同》デトライタス. 生物体の破片・死骸・排出物ならびにそれらの分解産物一般. ただし実際には，それに微生物などが付着し，まじり合って構成されており，それらの分離が容易ではないこと，かつ分離して扱うこと自体に問題があることなどから，

無機物をも含めた全体を指すことが多い．生物を含めたデトリタスを集塊(aggregate)，デトリタスから微生物を除いたものをデブリ(organic debris)と呼んで区別することもある．デトリタスは，陸上・水中を問わずあらゆる場所に広くかつ多く存在しており，細菌などの微生物活動の場となっているとともに，*食物連鎖の中でも重要な位置を占める．(⇌セストン)

a **テネイシン** [tenascin] 〔同〕筋腱結合部位抗原，ヘキサブレイキオン，サイトタクチン，GMEM，Neuronectin．動物の*細胞外マトリックス分子の一種で，*細胞接着関連糖蛋白質．分子量25万の単量体が6個会合した分子量150万のヒトデ形の巨大分子．R. Chiquet-Ehrismann (1986)が命名．胚組織やがん組織などに存在する．神経系ではグリア細胞が分泌し，ある種の神経細胞が特異的に結合する．*RGD配列をもち，細胞接着活性を示すが，RGD配列以外の部位が活性部位だといわれている．細胞が*フィブロネクチンに接着するのを阻害する細胞接着阻害活性も示す．脊椎動物では，TN-C, X, R, Wの四つの分子がテネイシンファミリーとして知られている．

b **7-デヒドロコレステロール** [7-dehydrocholesterol] 〔同〕cholesta-5,7-dien-3β-ol. $C_{27}H_{44}O$ 生体中に*コレステロールにともなって少量存在する*ステロールの一つ．プロビタミンDの一つで，紫外線によりビタミンD_3になる．コレステロールから生合成されると考えられていたが，むしろコレステロールの前駆体と見られる．ジギトニド(⇌ジギトニン)をつくるが，他のステロールジギトニドに比べると溶解性がやや高い．

c **デフォンテーヌ** DESFONTAINES, René Louiche 1750〜1833 フランスの植物学者．医学，後に植物学を学ぶ．1783〜1785年チュニスやアルジェリアに研究旅行し，1786年，パリの国立自然史博物館の教授となる．単子葉植物といわゆる双子葉植物の茎の解剖学的相違を初めて観察．〔主著〕La flore atlantique, 1798〜1800．

d **デプシペプチド** [depsipeptide] 構造中に，二つ以上のα-アミノ酸からなる*ペプチドと，少なくとも一つのαまたはγ-ヒドロキシカルボン酸の配列を含有し，少なくとも一つアミド結合(-CONHR-)がヒドロキシカルボン酸から誘導されたエステル結合(-COOR)を介して結合したペプチド化合物(⇌ペプチド系生物質)．環を一つ以上含む環状デプシペプチドと，含まない鎖状デプシペプチドに分類される．有名な環状デプシペプチドとして *Metarhizium* などの真菌が生産する殺虫活性物質デストラキシン類がある．

e **デボン紀** [Devonian period] *シルル紀につぐ約4.2億〜3.6億年前に相当する*古生代の一紀．R. I. MurchisonとA. Sedgwick (1840)が命名．イギリスの地名からとられた．陸上植物が多数繁茂したこと，多数の魚類の出現がこの紀の大きな特徴である．その他腕足類のうち*スピリファーが栄え，節足動物では三葉虫類が栄えていたが，陸上植物の発達とともに昆虫類も増

加していった．後期には総鰭類(シーラカンスの類)から進化したと思われる両生類が出現した．日本では北上山地，阿武隈山地，飛騨山地，黒瀬川構造帯に，この時代の地層が分布．

f **テミン** TEMIN, Howard Martin 1934〜1994 アメリカのウイルス学者．協力者とともにラウス肉腫ウイルス定量法を確立，RNA腫瘍ウイルスであるラウス肉腫ウイルスが感染細胞内でDNAプロウイルスを作るとの説を唱えた．1970年水谷哲と逆転写酵素を発見．1975年D. Baltimore, R. Dulbeccoとともにノーベル生理学・医学賞受賞．

g **デーム** [deme] 〔同〕ディーム．[1] 遺伝的に分化した小集団によって構成されている，一つの生物種の最小交配単位．近代遺伝学の進歩に伴い*種が遺伝的には必ずしも均質でないことが認識されるようになり，G. S. L. GilmourとW. B. Gregory (1939)が種を構成する交配単位として提唱．動物においては，デーム内では任意交配が行われているとみなすことが多く，この場合にはデームは*メンデル集団と同義である．しかし自家受粉が一般的な植物においては，デームはメンデル集団と区別されることが多い．[2] 集団遺伝学において，理論的に仮定される最小交配単位をいう．(⇌群淘汰)

h **デメレッツ** DEMEREC, Milislav 1895〜1966 アメリカの遺伝学者．ショウジョウバエやヒエンソウの易変遺伝子について研究．紫外線が突然変異誘発に有効であること，ジベンゾアントラセンが致死遺伝子や染色体異常を誘発することなどを発見．またX線による染色体の切断，さらに微生物の抵抗性獲得やアミノ酸要求性突然変異を用いた形質導入による遺伝子微細構造の研究をした．T_1〜T_7バクテリオウイルスは彼の命名．

i **デュ＝ヴィニョー** DU VIGNEAUD, Vincent 1901〜1978 アメリカの生化学者．含硫アミノ酸の代謝，メチル基転移，ビオチンおよびペニシリンGの合成や構造を研究．また下垂体後葉ホルモンの構造が環状ペプチドであることを証明．オキシトシン合成で，1955年ノーベル化学賞受賞．

j **テュクセン** TÜXEN, Reinhold 1899〜1980 ドイツの植物学者．植物社会学の創始者の一人で，潜在自然植生の概念を提示, 'Vegetatio' および 'Phytocoenologia' の刊行を通じて，この分野の発展に貢献．〔主著〕Die Pflanzengesellschaften Nordwestdeutschlands, 1937．

k **デュジャルダン** DUJARDIN, Félix 1801〜1860 フランスの動物学者．原生生物，節足動物などを研究．有孔虫が軟体動物でなく，原生生物であることを明らかにした．原生生物の体を構成する物質，すなわち後の原形質に対して，サルコードという名称を与えた．〔主著〕Histoire naturelle des Zoophytes, Infusoires, 1841．

l **デュボア** DUBOIS, Eugène 1858〜1940 オランダの解剖学者，古人類学者．人祖化石の発掘を目的に，マレーシア，インドネシアに赴き，ジャワのトリニールから頭骨と大腿骨の他の化石を発見．E. H. Haeckelがヒトとサルとの間の，失われた環に与えた仮想的な名称を用い，*Pithecanthropus erectus*(直立猿人)と名付けて発表した．〔主著〕*Pithecanthropus erectus*, eine menschenähnliche Übergangsform aus Java, 1894．

m **デュ＝ボア＝レモン** DU BOIS-REYMOND, Emil Heinrich 1818〜1896 ドイツの生理学者．C. Matteucciの

動物電気の論文(1840)の追試実験を行い，多くの誤謬を正し，電気生理学に基礎を与えた．精密電気計器，不分極電極，誘導コイルなどの導入者・考案者，また科学の普及者・思想家としても活躍．'Über die Grenzen des Naturerkennens'(1872), 'Die sieben Welträtsel'(1882)の2著はひろく読まれ，前者は'ignoramus, ignorabimus'(われらは知らず，知らざるべし)の合言葉で有名．不可知論的立場から素朴唯物論の欠陥をつき，形而上学的な生命力の原理を批判．

a **デュボス** DUBOS, René Jules 1901〜1982 フランス生まれのアメリカの細菌学者，環境医学者．*Bacillus brevis* からチロトリシンを分離，これは土壌微生物から抗生物質を得た最初期の業績の一つである(⇒グラミシジン)．抗生物質を微生物間の生態学的相互作用の観点から見るなど，広い視野を特徴とする．[主著] The bacterial cell, 1954.

b **DELLA遺伝子族**(デラいでんしぞく) [DELLA gene family] 植物において*転写因子をコードするGRAS超遺伝子族のサブグループにあたる遺伝子群．DELLAというアミノ酸モチーフをもつことからこの名をもつ．イネの *Slender Rice-1*(*SLR1*)やシロイヌナズナの *GA-INSENSITIVE*(*GAI*)などが代表的な遺伝子であり，*ジベレリンのシグナル伝達において，負の制御因子として機能する．ジベレリン応答遺伝子群は，ジベレリン非存在下でこれらの DELLA 蛋白質によってその発現が抑制されているが，ジベレリンがジベレリン受容体(GID1)に結合すると，GID1は DELLA 蛋白質と相互作用し，26S プロテアソームにより DELLA 蛋白質を分解させる．その結果，ジベレリン応答遺伝子群の発現抑制が解除され，ジベレリン応答遺伝子が発現できるようになる．

c **デール** DALE, Henry Hallett 1875〜1968 イギリスの生理学者，薬理学者．チラミン，ヒスタミン，アセチルコリンなど子宮刺激剤の研究に従事．特にアセチルコリンの生理作用を明らかにし，O. Loewi とともに1936年ノーベル生理学・医学賞受賞．[主著] Adventures in physiology, 1953.

d **デルブリュック** DELBRÜCK, Max 1906〜1981 ドイツ，のちアメリカの物理学者，分子生物学者．ファージグループを作り，分子生物学の発展の基礎を築いた．S. Luria とともに細菌の突然変異発生の特性を明らかにし，ファージの遺伝的組換えを発見．1969年，Luria，A. D. Hershey とともにノーベル生理学・医学賞受賞．

e **デルマタン硫酸** [dermatan sulfate] 《同》コンドロイチン硫酸B(chondroitin sulfate B)．哺乳類の真皮から発見された*グリコサミノグリカンの一種．真皮では成熟したコラーゲン繊維が豊富に存在する層に*プロテオグリカン，つまり蛋白質との結合体(デルマタン硫酸プロテオグリカン)の形で存在している．コラーゲンなどの細胞外マトリックス分子とともに，一定の空間配列をとって集合し，架橋結合によって繊維構造をつくりあげる．皮膚以外にも大動脈，臍帯，心臓弁，肝臓，半月板などから分離されている．L-イズロン酸と N-アセチルガラクトサミン-4-硫酸からなる二糖単位の繰返しが主体となっているが(図)，ウロン酸の一部は L-イズロン酸硫酸あるいは D-グルクロン酸となっている．また N-アセチルガラクトサミン-4-硫酸の一部は硫酸化されていないもの，4,6-二硫酸化されたものなどによって置きかえられている例が多く，このような微細不均一性は組織によって異なる．このL-イズロン酸残基は UDP-グルクロン酸からまず D-グルクロン酸残基が多糖鎖に入り，そのあと5-エピ化が起こって生成する．換言すればこのエピ化によってコンドロイチン硫酸とデルマタン硫酸との本質的な差がつけられることになる．遺伝性疾患ムコ多糖代謝異常症(mucopolysaccharidosis, MPS)のうち，性染色体性劣性のハンター症候群(Hunter syndrome)および常染色体性劣性のハーラー症候群(Hurler syndrome)はいずれもデルマタン硫酸の分解系に異常があり，前者は L-イズロン酸に結合した硫酸基を加水分解するスルファターゼ，後者は非還元末端から L-イズロン酸を外すリソソーム酵素 α-L-イズロニダーゼ(α-L-iduronidase, EC3.2.1.76)が欠損している．どちらの病気も顔貌・骨格系の異常，肝脾腫大，知能障害を主徴とし，尿に異常に多量のデルマタン硫酸およびヘパラン硫酸が見出される．

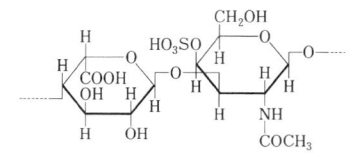

デルマタン硫酸の主要繰返し単位
(α-L-イズロノシル-(1→3)-N-アセチル-β-D-ガラクトサミン-4-硫酸)

f **テルムス** [Thermus] 《同》サーマス．*好気性の好熱菌であるテルムス(サーマス)属(*Thermus*)に含まれる細菌の総称．デイノコックス・テルムス門(Deinococci-Thermus)デイノコックス綱(Deinococci)テルムス目(Thermales)テルムス科(Thermaceae)に属する．グラム染色陰性，非運動性の直桿菌(細胞径0.5〜0.8μm)で，*呼吸鎖キノンとしてメナキノン-8，細胞壁ペプチドグリカンの構成アミノ酸としてオルニチンを含む特徴をもつ．多くは黄色のコロニーを形成．従属栄養性であるが一部の菌種は硫黄酸化能をもつ．高度好熱菌の代表で，熱水噴出孔，温泉，高温状態にあるコンポスト化処理系などに生息する．基準種の *Thermus aquaticus* は *PCR で使われる耐熱性酵素 *Taq* DNA ポリメラーゼの生産菌．

g **テレオモルフ** [teleomorph] 地衣化しない子嚢菌類および担子菌類の生活環で，有性胞子を生じる時期，すなわち完全世代の形態．子嚢胞子・担子胞子を形成する有性生殖の形態である．これに対し，無性胞子を生じる時期，すなわち不完全世代の形態をアナモルフ(anamorph)と呼ぶ．テレオモルフとアナモルフを含めた一つの種の全形態をホロモルフ(holomorph)という．(⇒多型性)

h **デレル** D'HÉRELLE, Félix Hubert 1873〜1949 カナダ生まれの細菌学者．F. W. Twort と独立にバクテリオファージを発見．[主著] Le bactériophage, son rôle dans l'immunité, 1921.

i **テロム説** [telome theory] 茎と葉との分化に関する仮説で，原始的な維管束植物 *Rhynia* をモデルとし，*二又分枝を続ける体の最終分岐点から先の部分をテロム(telome)，分岐点から次の分岐点までの部分をメソム(mesome)と呼び，維管束植物の体はすべてテロムおよびメソム単位から構成されたものとみる考え．W. Zimmermann(1930)が唱え，1945年に改めた．体の末端を構成する単位テロムのうち，胞子嚢をもたないものをフィロム(phyllome)という．これらの単位が，*主軸形成，扁平化(テロム全体としても，また個々の軸の厚さとしても)，相互間の癒合，退化ないし単純化，反転，内部での維管束間の癒合(これによって原生中心柱は網状中心柱ないし真正中心柱になる)の過程を経てより複雑な枝・葉，ことに造胞器官・花器の部分になったと考えられた．大葉・小葉すべて一元的に二又分枝の枝系(すなわちテロム)から出発し進化したと限定する点に問題があるが，大葉の系統発生の過程はテロム説で説明でき，化石記録とも矛盾しない．

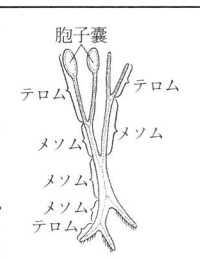

a **テロメア** [telomere] 染色体の両末端．テロメア配列は，特徴的な短い塩基配列の繰返しで構成される(例えば，哺乳類の場合5′-TTAGGG-3′が数千回)．二本鎖部分と一本鎖部分から成り，ほとんどの領域で二本鎖鎖であるが，最末端ではテロメア配列の3′末端が一本鎖として突出する．二本鎖部分と一本鎖部分には，それぞれ特有のテロメア結合蛋白質が結合し，特殊なクロマチン構造を形成する．これによって，染色体末端の損傷や融合をふせぎ，安定性を維持している．DNA 複製において，DNA ポリメラーゼではテロメア配列を完全に複製することができない．そのままでは，細胞分裂を繰り返すとテロメアが短くなっていくことになる．これが，細胞分裂の回数に一定の限度があること，すなわち細胞寿命と関係していると考えられる．(→テロメラーゼ)

b **テロメア結合蛋白質** [telomere-binding protein] *テロメアに結合する蛋白質の総称．テロメアの二本鎖部分と一本鎖部分には，それぞれ特有のテロメア結合蛋白質が結合し，特殊なクロマチン構造を形成する．これによりテロメアを二本鎖切断と区別し，染色体末端の損傷や融合をふせぎ，染色体の安定性を維持する．一本鎖部分に結合する蛋白質は，生物種により多様．二本鎖部分に結合する蛋白質のうち，よく保存されているものとしてRap1蛋白質が知られる．また，テロメア近傍にはヘテロクロマチン形成に関わる蛋白質が集積．

c **テロメラーゼ** [telomerase] *テロメア DNA を複製する酵素．DNA 複製において，通常の DNA ポリメラーゼでは，染色体末端にあるテロメアの5′末端を完全には複製できないため，そのままでは細胞分裂を繰り返すたびにテロメアが短くなっていく．これを補うものとして，テロメアの3′末端にテロメア配列を付加するテロメラーゼがある．この酵素は，蛋白質成分に加え，RNA 成分を含み，付加する DNA 配列と相補的な RNA 配列をもつ一種の RNA 依存性 DNA ポリメラーゼで，この RNA 配列を鋳型として，テロメアの DNA 配列を付加する．動物においては，多くの体細胞ではテロメラーゼは発現しないが，造血幹細胞や生殖細胞など盛んに増殖が必要な細胞ではテロメラーゼが発現し，テロメアの短小化を防いでいる．

d **電圧依存性チャネル** [voltage-dependent channel] 《同》電圧作動性チャネル(voltage-gated channel)，電位依存性チャネル．膜電位の変化によって開閉が制御される*イオンチャネル．通常は脱分極により活性化される．ただし，過分極によって活性化され，Na⁺とK⁺の透過性を示すタイプのHCNチャネルと呼ばれるチャネル分子も存在する．最もよく研究されているイオンチャネルで，神経の興奮，信号の伝達に関係しているナトリウムチャネル，カリウムチャネル，カルシウムチャネルなどのカチオンチャネルが代表であり，電圧依存性カリウムチャネルについてはX線結晶解析により蛋白質立体構造が明らかにされている．6回の膜貫通領域(S1〜S6)から成り，カリウムチャネルの場合は一つのサブユニットがS1〜S6をもち，四つのサブユニットが会合することで一つのイオンチャネル分子として機能する．ナトリウムチャネルやカルシウムチャネルでは1分子内に四つのリピートをもち，各リピートはS1〜S2をもつ．N末端側のS1〜S4が電位センサードメインであり，膜電位を感知する．S5〜S6がポアドメインであり，イオンの透過を担う．S1〜S4のみから成りポアドメインをもたない蛋白質も知られ，電圧依存性プロトンチャネルとして機能する．この場合は，電位センサードメインが膜電位の感知とイオンの透過の二つの機能を担う．また，電位センサードメインとホスファターゼが一体となっている電圧依存性ホスファターゼも知られる．

e **転移** [metastasis] 腫瘍細胞が原発部位から離れた場所に移動し，そこに定着し増殖する現象．転移は悪性の一つの指標とされ，リンパ管を介するリンパ行性転移，血管を介する血行性転移，管腔を介する管腔転移，さらに胸腔などの漿膜面に遊離して定着・増殖する播種性転移などがある．一般に癌腫はまずリンパ行性転移を起こし，さらに血行性転移を起こして全身に広がることが多い．転移が起こるには，まずがん細胞が増殖する必要がある．その後もがん細胞が原発巣からの離脱と周囲組織への浸潤，脈管内への浸潤と運搬，脈管壁への定着と管外への脱出，さらにその部位での増殖と，さまざまな過程を経なければならない．転移の過程にはE-カドヘリンなどの接着因子と*マトリックスメタロプロテアーゼなどの細胞間質に対するさまざまな蛋白質分解酵素の分泌の関与が認められている．最近ではCD44やCXCR4/CXCL12が転移に深く関わっていることが明らかとなっている．がんの種類によって特徴的な転移臓器のパターンを示し，転移の臓器特異性と呼ぶ．転移の臓器特異性はがん細胞を運ぶ血行動態とがん細胞がある臓器で選択的に増殖しうる特性という二つの要素が関係している．このがん細胞がある臓器で選択的に増殖しうる特性は土壌と種論(soil and seed theory)の「がんの転移成立はがん細胞の増殖に適した微小環境を有する臓器にのみ可能である」で説明されている．このようなメカニズムについても増殖因子やサイトカインの影響などの解明が行われつつある．

f **転移因子** [transposable element] 《同》可動性遺伝子(mobile genetic element)．DNA上のある部位から他の部位へ転移可能な，定まった構造をもつDNA配列．レトロトランスポゾン(retrotransposon)とDNAトランスポゾン(DNA transposon)の二つのタイプに分類される．前者は主に真核生物のゲノム中に存在し，自身の配列から転写されたRNAの逆転写反応を介して転移する．この転移様式をレトロトランスポジション(retrotransposition)と呼ぶ．後者は原核生物および真核生物のゲノム中に広く存在し，自身のDNA配列が直接または複製して転移する．この転移様式をトランスポジシ

ョン (transposition) と呼ぶ. 転移因子は, 宿主生物ゲノムに, 挿入変異や, 重複, 欠失などのさまざまな改変を引き起こすことで生物の進化に深く関与していると考えられている. (⇒トランスポゾン)

a **転移荒原** [mobilideserta] 風, 水, 重力などの作用で土壌が移動しているところに植物が疎生してできる荒原. 土壌は一般に砂質または砂礫質で, 耐乾性の比較的強い, 匍匐枝をもった植物が生える. 海岸の砂丘ではコウボウムギ・ハマヒルガオ, 河原ではツルヨシ・クズ, 高山ではタカネスミレ・オンタデなどがその例. 植物の生育にともなって土壌の移動が阻止されると, 他の密な群落に変化していく (高山では乾性のお花畑).

b **転移酵素** [transferase] 《同》トランスフェラーゼ, 移転酵素. 酵素分類上の主群 (EC2 群) の一つで, 基転移反応を触媒する酵素の総称. 基転移反応は A-B+C-H ⇌ A-H+C-B のように, 一つの化合物 (供与体) から基 B が他の化合物 (受容体) に転移する形で行われる. この転移基の種類によって次のように分類される (以下の数字は酵素番号第 2 位). (1) C_1 の基 (例: メチル基, ヒドロキシメチル基とホルミル基 (テトラヒドロ葉酸が関与), カルボキシル基 (ビオチンが関与) またはカルバモイル基, アミジノ基), (2) アルデヒド, ケトンの基 (例: ケトール転移酵素 (トランスケトラーゼ), アルドール開裂転移酵素 (トランスアルドラーゼ)), (3) アシル基とアミノアシル基 (例: アセチル基転移酵素), (4) グリコシル基 (例: グリコーゲン生成酵素, α-グルカンホスホリラーゼ), (5) アルキル基, (6) 窒素を含む基 (例: アミノ基転移酵素), (7) リン酸を含む基 (例: ヘキソキナーゼ・クレアチンキナーゼなどリン酸転移酵素, RNA ポリメラーゼ・DNA ポリメラーゼなどヌクレオチジル基転移酵素), (8) 硫黄を含む基. 転移する基の種類によって特定の基質あるいは補酵素を必要とすることもある. 加水分解は水への基転移と考えられ, 実際にある種の加水分解酵素は基転移反応も触媒する. 基転移反応は加水分解や合成反応と比べてエネルギーの出入が少ないことが多く, 種々の生体物質の生合成に用いられることも多い. また高エネルギー化合物からの基転移は平衡が生成系の方に有利に傾くのでよく利用される.

c **転位行動** [displacement behavior] 二つの相反する衝動の葛藤状態の結果として解発される, 全く別な第三の行動. もともとこの形の行動は古くから知られていたが, N. Tinbergen と J. J. A. van Iersel (1947) が displacement behavior ないし displacement activity と呼び, 日本ではこれがよく使われる. 闘争中のニワトリが突如として地面をつついたり, なわばりの境界で威嚇しあっているトゲウオが急に逆立ちして水底の砂に穴を掘る行動を始めたりすることがある. これは攻撃と逃避という衝動が拮抗した結果, 全く関係のない摂食または巣作りの行動パターンが解発されたためである. 転位行動はその本来の目的とは関係なく, その生起の原因についても諸説があるが, これが*儀式化されることにより, 二次的に威嚇や求愛における*リリーサーとなっていることも多い. (⇒転嫁行動)

d **電位固定** [voltage clamp] 神経などの*膜電位を任意のレベルに保持し, そのとき流れる膜電流を測る方法. K. Cole と J. Moore (アメリカ) により発明され, その後 A. L. Hodgkin と A. F. Huxley (1950〜1952) によりイカの巨大軸索に適用され, 活動電位発生機序を解明するうえで貢献した. 神経繊維は, 等価回路的には容量・起電力・抵抗などからなる素子が長軸に沿って抵抗を介して多数つながっているものとして表されるが, そこをインパルスが伝わる際, 細胞内電位は時間とともに, また距離とともに変化し, *活動電流も時間的に変化しながらこれらのすべての素子にわたって流れる. 電位固定法はこのような情況を簡略化するための方法である. 膜電位を一定にすることで容量性電流とイオン電流を区別して計測を行うことができる. そのため第一に軸索の内部に金属線を挿入して長軸方向に沿って電流が流れることをなくし (空間的に電位固定された軸索 space clamped axon という), 第二にフィードバックをかけた増幅器を使うことにより神経の膜電位を任意のレベルに固定し, 神経活動による内部の電位の変動を防ぐことが行われた. 膜電位のレベルの変更は瞬間的に行われ, その間は膜容量を通る電流が流れるが, それ以後はイオン電流だけとなり, それらの大きさや時間経過などが容易に観察される. 例えば, 膜に中等度の脱分極を与えてそのレベルに保持するとき, 膜にはまず一過性の内向き電流 (Na^+ 電流) が流れ, 次いで長時間維持する外向き電流 (K^+ 電流) が流れる (⇒遅延整流) ことがわかる. ヤリイカの巨大軸索で最初に行われた微小電極を用いた手法のほかに, パッチ電極を用いた*パッチクランプ法がよく用いられる. (⇒ケーブル説, ⇒イオン説)

e **電位センサー蛋白質** [voltage sensor protein] 細胞の膜電位を感受する膜貫通蛋白質. 神経細胞や筋細胞に存在する*イオンチャネルの最初の四つの膜貫通領域は, すべての電位依存性チャネルで保存され, 電位センサーとしての機能をもつ. 電位センサー蛋白質は, 長くイオンチャネル特有の構造と考えられていた. 近年, カタユウレイボヤにおいて細胞質内の*ホスファターゼと結合し, 膜電位の変化に応答して*ホスファチジルイノシトールの代謝回転を促す役割や, 哺乳類の水素イオンチャネルと結合し, 膜電位によって水素イオンの透過性が調節されることなどが判明した.

f **展開説** [evolution theory] 微小で不可視的に折り畳まれていた構造がくりひろげられ可視的になる過程として個体発生を考える立場. 広義には*前成説と同意語だが, 狭い意味では前成説のうちの極端な立場と考えることもできる. 今日主として進化の意に用いられる evolution の語は, 元はこのような展開の意味で用いられていた.

g **電荷移動錯体** [charge-transfer complex] 《同》電荷移動複合体. R. S. Mulliken (1952) の理論において, 電子供与体 D と電子受容体 A とを適当に組み合わせたとき, D から A へ電子が部分的に移動して, 両者の間に結合力が生じ, それによって作られる化合物. その結合力は, D から A へ電子が移動したことによる電荷移動構造 (dative structure) D^+-A^- が D と A が単に静電的に相互作用していることによる非結合構造 (no-bond structure) D…A と共鳴して, 系全体を安定化させることに起因している. この安定化による結合力を電荷移動力 (charge-transfer force) という. この錯体は, 主として非結合構造からなる基底状態と主として電荷移動構造からなる励起状態をもつので, 光を吸収すると A または D 単独では決して見られない電荷移動スペクトル (charge-transfer spectrum) が観測される. 電荷移動錯体の例としては, 芳香族炭化水素 (D) とヨウ素 (A), ア

ミン類・エーテル類(D)とヨウ素(A),芳香族化合物(D)とキノン類(A)の錯体がよく知られている.

a **転嫁行動** [redirected behavior] 正当な対象でないものに向けられた行動.闘争中の魚が相手でなく代理の対象である砂に咬みついたり,上位の個体に攻撃された個体がその反撃を下位の個体に向けたりする場合をいう.*転位行動と同じく,衝動の葛藤情況において生ずる.

b **てんかん,癲癇** [epilepsy] 意識喪失,全身の痙攣発作を主徴とする疾患の総称.内因性で原因不明の本態性てんかんと,脳腫瘍・頭部外傷・脳梅毒・尿毒症・アルコール中毒などを原因とする症候性てんかんの2種を区別するが,その症状は同じで区別は必ずしも明らかではない.(1) 典型的な痙攣発作(大発作)は,短時間の前兆ののち突然意識を喪失し,体をつっぱるような強直性痙攣,つづいて収縮と弛緩を繰り返す間代性痙攣を経て睡眠期に入る.その際,数多くの脳神経細胞が不可逆的な損傷をうけるという.一定の筋群から痙攣が始まり全身に及ぶものをジャクソンてんかん(Jacksonian epilepsy)といい,これはその筋群の中枢に当たる大脳皮質に破壊があるために起こる.(2) 軽い不完全型の小発作や,短時間の意識喪失に止まる欠神(absence)などの非定型発作,点頭性てんかん,痙攣発作の機序については,脳の血管攣縮説や内分泌障害説,脳組織物質代謝障害説などがあるが,いずれも十分な説明にはなっていない.てんかん患者には特徴のある種々の脳波がみられる.

c **電気泳動** [electrophoresis] 荷電した粒子を電場の中に置くと,粒子が自身の電荷とは反対の極性をもつ電極に向かって溶媒中を移動する現象.電気泳動法は,試料溶液から電荷をもつ溶質分子を移動させる移動界面電気泳動法(moving boundary electrophoresis)と,少量の試料溶液を支持体にバンド状にしてのせるゾーン電気泳動法(zone electrophoresis)に大別される.移動界面電気泳動法の原理に基づいたティセリウスの電気泳動装置(Tiselius' electrophoresis apparatus)では,U字管の中に試料高分子の溶液を入れ,溶媒を積層して界面を形成させて電場に置くと,界面が移動して試料成分が分離される.しかし,大量の試料溶液が必要な上,分離が不十分である.それに対して,ゾーン電気泳動法は支持体を用いる方法が一般的であり,試料成分どうしの十分な分離が可能である.支持体には,濾紙,セルロースアセテート膜,澱粉ゲル,寒天ゲル,アガロースゲル(⇒アガロースゲル電気泳動法),ポリアクリルアミドゲル(⇒ポリアクリルアミドゲル電気泳動法,⇒SDS-ポリアクリルアミドゲル電気泳動法)が用いられる.例えば,濾紙電気泳動法(paper electrophoresis)では,*緩衝液で濡らした濾紙を水平にして支持板上に置き,その両端をそれぞれ別の電極緩衝液槽に入れ,濾紙上に試料溶液をバンド状に塗布した後,通電すると,試料成分が移動してバンド状に分離される.支持体を保持するには,水平に保った平板,垂直に保った円筒(*ディスク電気泳動法)や平板(スラブ電気泳動法)あるいはマイクロチップを用いる.また,*アガロースゲル電気泳動法では水平サブマリン型が用いられる.現在では一般的に,核酸の分離にはアガロースゲル電気泳動法,蛋白質の分離にはSDS-ポリアクリルアミドゲル電気泳動法,低分子,アミノ酸,ペプチドの分離にはキャピラリー電気泳動法が使用されている.

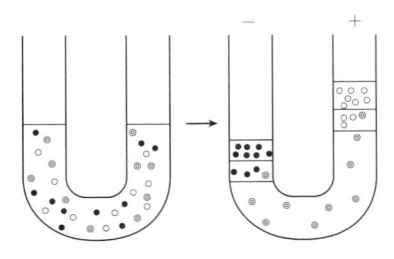

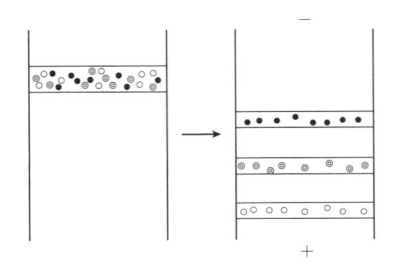

移動界面電気泳動法

ゾーン電気泳動法

d **電気泳動的適用法** [iontophoretic administration, ionophoretic administration, electrophoretic administration] 生理活性物質などを,限られた部分に適用するための方法.先端が数μm以下の微小ガラスピペットに薬液をつめ,ピペットを通して電流を流すと,薬物イオンがイオン泳動により,また中性分子も電気浸透により移動して先端から放出される.したがってこのピペットを細胞表面から数μmの所に置けば,その細胞だけに,一定時間,一定量の薬物を適用することができる.微小電極による記録法を併用することにより,神経伝達物質や各種の物質の作用の研究において極めて有力な方法となる.筋繊維のアセチルコリン感受性は終板部に局在し,側方へ5μm離れただけで感受性が1/10以下になることなども検出できる.中枢神経系では直視下で実験できないので,通常,薬液ピペットと記録用電極を接着固定したものを用いる.また2～5管の薬液ピペットを接着させたものを用いることにより,2～5種類の薬物の効果を同一の細胞について調べることができる.

e **電気記録図** [electrogram] 生体の発電経過を記録した曲線.神経,筋肉,種々の臓器の活動電位の曲線などがこれである.生体の発電は微弱かつ過渡的であるのが一般的であるため,増幅して電磁オシログラフ・ブラウン管オシロスコープなどを用いて記録する.心臓の活動電位曲線は心電図,筋肉のものは筋電図,脳のものは脳波または脳電図という.

f **電気緊張** [electrotonus] 一般に通電によって神経の*膜電位が変えられること,あるいは膜電位の変えられた状態.神経に直流通電を行うとき,通電電極の付近では神経繊維の膜を通って電流が出入し,膜電位が変えられる.それに伴って生じる興奮性の変化その他の現象も合わせて電気緊張と呼ぶことが多い.E. H. du Bois-Reymondの命名.回路を閉じた瞬間には,陰極の付近では興奮性が増大し,同時にそこを通って伝導して

いく*活動電位の振幅の減少や伝導速度の増大が見られ，陽極付近では興奮性の低下，活動電位振幅の増加，伝導速度の減少が起こる．前者を陰極電気緊張(catelectrotonus)，後者を陽極電気緊張(anelectrotonus)という．一定時間通電を行った後に回路を開くと，その瞬間にはちょうど逆の興奮性変化が現れる．通電開始時の陰極，または開放時の陽極でみられる興奮性の増大が著しいときには，そこから活動電位が発生する．電気緊張の効果は膜電位変化という直接的影響と，膜電位が変化した状態に応答して膜に形成されてくる反応性の変化という影響の両面から説明される．通電開始時の陰極では膜電位が減少(脱分極)するために刺激に応じやすくなり，陽極付近では膜電位が増大(過分極)するために興奮性が低下する．しかし通電を続けていると，陰極付近では膜の反応性の減退(Na^+透過機構の不活性化)が起こり，陽極付近では逆にそれの亢進(透過機構の活性化)が起ってくる．そのような時に通電を中止すると，陰極付近では反応性の減退だけが残るが(陰極抑圧 cathodal depression)，陽極付近ではすでに反応性の亢進している膜の膜電位が脱分極に変化するため，興奮性の増大が起こる(陽極開放刺激)．陽極開放刺激は静止膜電位が低下しているときに顕著に現れ，もともと静止膜電位の高い状態のものでは起こりにくいといわれる．また，これと関連して通電の条件により活動電位や局所応答が生じるが，そのような膜の能動的な応答としての膜電位変化を除外し，受動的に生じた電位変化を電気緊張性電位(electronic potential)と呼ぶ．神経繊維のケーブル様の性質のため(⇌ケーブル説)，膜電位変化は通電を行った局所に限局してつくられるのではなく，繊維の走行に沿って両側に広がる(電気緊張性伝播)．しかし膜電位変化の大きさは距離とともに小さくなる．また膜電位変化の起原が活動電位であっても，それが受動的に伝播して生じた電位変化は電気緊張性電位に含める．活動電位の伝導が遮断された場合にはその点から以遠の部位では電気緊張性電位だけが検出される．その意味では，シナプス電位は，電気緊張性電位である．(⇌極興奮の法則，⇌ケーブル説)

a **電気緊張的結合** [electrotonic coupling, electrical coupling]《同》電気的結合．電流が一つの細胞内から他の細胞内に流れ伝わること．一般に個々の細胞は互いに電気的に独立である．したがって，電気緊張的結合が存在する場合，2細胞間の*ギャップ結合を通してイオンや物質の細胞間移動が行われていると考えられる．イオンが直接流れることによって興奮が起こるため，非常に速い(～0.1 ms)シナプス伝達が可能になる．最初にザリガニ類の神経系で発見されたが，事実上活動電位がそのまま流れ込むのと等価であり，このような速い興奮伝播は，ザリガニが捕食者から瞬時に逃避するのに役立つ．しかし，最近では哺乳類の中枢神経でも見つかっている．例えば，脳幹の呼吸中枢に関与する神経では，ギャップ結合した複数ニューロンが同時に発火することは呼吸リズム形成に重要であると考えられるし，また視床下部のホルモン分泌ニューロンでもギャップ結合した細胞の同時発火は効率的なホルモン分泌に役立つと考えられる．さらに海馬や大脳皮質でも，特に抑制性細胞同士でギャップ結合が見られ，同期的発火を促していると考えられるが，その機能の詳細は不明である．(⇌電気シナプス，⇌細胞間連絡)

b **電気格子** [electric grid] 嫌悪刺激からの*逃避訓練，*回避訓練などで，動物に電気ショックを与えるために用いる装置．ネズミに通常用いるものは，床に裸の銅線を，プラス・マイナスが交互になるように並べ，ネズミの足が二つの線に必ずまたがるような幅にしておくものが多い．

c **電気シナプス** [electric synapse] シナプス前膜とシナプス後膜との間に電気緊張的結合が存在し，シナプス前に発生した活動電流の一部がギャップ結合チャネルを介してイオンが通ることによりシナプス後に流れ込み，その興奮性を変化させる型のシナプス．神経終端とシナプス後ニューロンとの伝達が伝達物質に依存しない．甲殻類や魚類(キンギョのマウスナー細胞)でよく調べられ，哺乳類でも電気的伝達によるものが知られている．(⇌シナプス)

d **電気受容器** [electroreceptor] 水生動物の体表にあり，体外の電場に対する受容器．電気受容は，円口類のヤツメウナギ，軟骨魚類，硬骨魚類と両生類の一部，哺乳類のカモノハシでみられる．(1)広く存在するのは軟骨魚にみられる*ローレンツィニ器官で，体表に無数の開口部をもつ細管が集合して瓶部をつくり，中に受容細胞をもつ．元来機械受容器である側線器(*側線器官)の一種で，したがって機械的刺激にも応じる．(2) Gymnotidae, Mormyridae, Gymnarchidae の各科の淡水魚は弱電気魚と呼ばれ，これらのうち，アイゲンマニア (*Eigenmannia virescens*)は尾部に発電器をもち250〜600 Hzの放電を行って体周辺に電場をつくり，電導体や不導体が近づいた際の電場の乱れを体表にある電気受容器により検出する(⇌電場定位)．この受容器は側線器の変形したものでローレンツィニ器官とやや異なり，皮膚の開口部はもたず皮下に埋没している．放電の頻度は種類により異なるが，電気の感受性は $0.1〜100\,\mu V/cm$ の範囲にあるとされている．形状により瓶器(ampullary organ)，こぶ状器(tuberous organ)またはその中間型が区別される．モルミルス目では瓶器，クレノン器，モルミロマストの3種類の受容器があり，それぞれ異なった形態と機能をもつ．この魚の菱脳背側には極めてよく発達した電気感覚葉がみられ，上述の3種の受容器からの情報は，それぞれ特定の領域に入力する．

e **電気生理学** [electrophysiology] 生体に対する電気の作用と生体における電気発生の現象を主要な対象とする生理学の一分野．神経などの器官・組織の興奮に伴って起こる*活動電位はそれらの活動の指標として最も捉えやすい現象であることから，活動電位を捉えて神経系などの機能を追究することがしばしば行われる．近代電気生理学の発展は細胞内電極および真空管・トランジスターなどによる増幅技術の発達に多くを負っていたが，最近では*パッチクランプ法などの開発により1個のイオンチャネルを流れる電流が測定できるようになり，また細胞小器官や精子の細胞膜など小さな対象からも膜の電気的性質を調べられるようになり大きく発展している．

f **電気穿孔法** [electroporation]《同》エレクトロポレーション．細胞をDNA溶液中に懸濁して直流高電圧のパルスをかけると，細胞内にDNAが導入されることを利用した遺伝子導入法の一つ．加電によって細胞膜に穴があき，同時にDNA分子が電気泳動の作用で細胞内に導入されると考えられている．動物・植物・微生物を問

わずさまざまの細胞種に適用可能である.（→遺伝子導入）

a **電気的興奮** [electrical excitation] 神経の*活動電位あるいはそれと発生機序を同じくする膜の興奮現象のこと．それらはいずれも膜に生じた電位変化（特に*脱分極）がきっかけとなって発生するため，化学物質（神経伝達物質）の作用によって発生する*シナプス後電位などの化学的興奮と区別してこのように呼ばれる．最近の研究によって，電気的興奮は電圧依存性のイオンチャネルの開閉により起こり，化学的興奮はリガンド作動性のイオンチャネルの開閉によって起こることが明らかにされた（→イオンチャネル）．電気的興奮に関与する機構は化学的興奮に関与する機構と薬物の作用によっても区別され，例えば，*フグ毒（テトロドトキシン）は電気的興奮を抑えるが，化学的興奮には作用しない．逆に*クラーレは神経筋接合部のアセチルコリン感受性を抑えるが，神経繊維あるいは筋繊維の活動電位発生（電気的興奮）には全く影響を与えない．電気的興奮に関与する部位は化学的興奮に関与する部位とは別になっており，それらが膜にモザイク状に存在していると考えられる．

b **電気的定数** [electric constant] 細胞においては，単位面積当たりの*膜容量（C_m），*膜抵抗（R_m），細胞内原形質の比抵抗（R_i）など受動的な電気特性を規定する定数を指す．神経繊維や筋繊維のような細長い細胞においては，このほか軸にそって単位長さ当たりの膜容量（c_m），膜抵抗（r_m），原形質の抵抗（r_i）や，単位長さ当たりの外液の抵抗（r_o），時定数（$\tau = c_m r_m$），長さ定数（$\lambda = \sqrt{r_m/(r_i+r_o)}$）なども電気的定数である．

c **電気ピンセット** [galvanic pincette] 亜鉛片と銅片をピンセット様に一端でハンダづけした実験器具．この開いた両端で神経や筋肉に触れれば，弱い直流が流れて電気刺激となる．L. Galvaniの歴史的な実験のように異種の金属が組織の電解質溶液に触れて電池を形成する結果，電流は亜鉛片から出て神経や筋肉を流れ，銅片に入る．

d **デングウイルス** [dengue virus] *フラビウイルス科フラビウイルス属に属する*アルボウイルスで，デング熱の病原ウイルス．ウイルス粒子は直径50 nmの球状．ゲノムは1万696塩基長の＋鎖RNA．*エンベロープをもつ．デング熱は1週間くらい続く高熱や皮膚の発疹を特徴とし，熱帯地域に多い病気で，第二次大戦後，日本でも一時流行したことがある．主としてネッタイシマカによって媒介される．有熱期の患者の血液を幼弱なマウスの脳内に接種することにより分離固定される．有効なワクチンはない．

e **転形** [modulation] 一定の形態と行動性を示している組織細胞が可逆的に異なった形態と行動性を示す現象．例えば哺乳類の神経鞘細胞はその胚的状態では紡錘形であるが，成体においても神経が切断されたときには紡錘形となり，さらにそれを組織培養したときには星形細胞や扁平・円形の大食細胞その他の形態をとる．これらの形態的転形は可逆的であることが示され，または予想される．すなわち，本質的には同一の特性をもつ（換言すれば同一の基本的分化型に属する）細胞が異なった存在条件に対応して示す形態や行動の変化であると考えられ，その点で*化生と区別される．（→分化）

f **転座** [translocation] *染色体異常の一つで，染色体の一部分が同じ染色体の他の部分または他の染色体上に位置を変えること．同じ染色体の内部で起こった転座を特に転位（transposition）という．1個の染色体の一部分が他の染色体に付着した場合を単純転座，2個の非相同の染色体が互いに部分を交換した場合を*相互転座と呼ぶ．通常，染色体の断片は染色体の正常な末端には付着しないので，転座は多くの場合，相互転座の形をとる．3個の異なる染色体に切断が生じ，それぞれの断片が順送りに位置をかえて癒合した場合は，順次転座（progressive translocation）または循環転座（cyclical translocation）という．また，2個の末端動原体染色体がそれぞれの動原体が向き合った状態で融合したものがロバートソン転座（ロバートソン型転座 Robertsonian translocation）である．ヒト体細胞に形成された相互転座は，キメラ遺伝子の形成による遺伝子構造異常や転座切断点付近に存在する遺伝子の発現調節障害を引き起こし，白血病やがんの原因となる．前者の例としては，慢性骨髄性白血病で9;22転座による *ABL* と *BCR* が融合して形成される *BCR-ABL* 融合遺伝子があり，蛋白質リン酸化酵素 ABL が恒常的に活性化されることが白血病発症に繋がるとされている（→フィラデルフィア染色体）．また，後者の例としては*バーキットリンパ腫ではリンパ球系細胞で活性化されている免疫グロブリン遺伝子の発現調節機構の支配下に8;14転座によりがん遺伝子 *c-myc* が配置され過剰発現されることが知られている．

g **電子顕微鏡** [electron microscope] 電顕と略記．光線の代わりに電子線を利用し，光学レンズの代わりに電磁レンズを用いて微細な構造体の拡大像を得る装置．電子顕微鏡には透過型電子顕微鏡と走査型電子顕微鏡が知られているが，一般に電子顕微鏡といった場合は透過型電子顕微鏡を指すことが多い．電子波は可視光よりもはるかに波長が短いため，光学顕微鏡では達せられない高分解能（理論的に0.1 nm程度）が得られる．また電子顕微鏡の解像力の向上に伴って，*超薄切片作製や*電子染色技術も向上し，これによってウイルスや細菌，動植物の細胞の微細構造の研究，さらにDNAやRNA分子

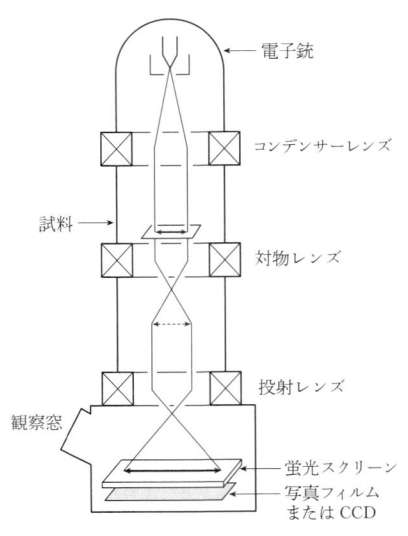

透過型電子顕微鏡
（電子銃，コンデンサーレンズ，試料，対物レンズ，投射レンズ，観察窓，蛍光スクリーン，写真フィルムまたはCCD）

などの生体高分子の構造の研究が飛躍的に進み，新しい研究分野がひらけた．（→超高圧電子顕微鏡，→走査型電子顕微鏡）

a **電子スピン共鳴** [electron spin resonance] ESRと略記．電子は1/2のスピンをもつので，外部から磁場をかけると，エネルギー準位が二つに分裂するが，このエネルギー差に等しい周波数をもつ電磁波をかけたとき，準位間の遷移が誘起される現象．また，それに伴って生じる電磁波の吸収をESR吸収という．ESRの起こる条件は，ν_0(MHz)＝1.4g・H_0（ガウス）．ν_0は電磁波の周波数，H_0は外部磁場の大きさ，gはg因子（g factor）またはg値である．分子には多数の電子が存在するが，通常その2個ずつが互いにスピンを逆向きにして打ち消しあい，正味のスピンが0であることが多い．しかし，遊離基（ラジカル）は奇数個の電子をもつので，スピンを打ち消す相手のない電子（不対電子）が存在する．また偶数個の電子をもつ分子でも，2個の電子のスピンが同じ向きになり，正味のスピン1をもつものもある（例えば酸素分子）．原子やイオンにも正味のスピンをもつものがある．Cu^{2+}, Fe^{3+}, Mn^{2+}などの常磁性イオンがその例．これらの原子・分子がESRの研究対象である．電子スピンが原子核のスピンと相互作用して，ESRが数本の線からなる構造をもつことがある．これを超微細構造（hyperfine structure）という．g因子および超微細構造ともに原子・分子の電子状態に関する詳細な知見を与える．あるいは遊離基などの同定をすることができる．またESR吸収の大きさから遊離基などの定量をすることができる．電子スピンの緩和は原子・分子の回転などの運動に依存するので，ESRの線幅などの測定から原子・分子の動的性状を知ることができる．

b **電子染色** [electron stain] 電子顕微鏡観察を行う際に，細胞または組織の微細構造のコントラストを高めるために行う重金属塩（ウラン塩や鉛塩など）による染色をいう．電子染色法として，樹脂包埋前の組織片を染色液に浸漬し染色する方法（ブロック染色法）と，*超薄切片を染色する方法（切片染色法）の二通りある．現在，切片染色法ではウラン塩で前染色後，鉛塩で後染色するいわゆる二重染色法が，一般に広く用いられている．

c **電子伝達** [electron transfer, electron transport] 生体酸化還元反応における電子の移動．反応の際に電子を与える物質を電子供与体（electron donor, 水素供与体 hydrogen donor），電子を受け取る物質を電子受容体（electron acceptor, 水素受容体 hydrogen acceptor），これらを総称して電子伝達体（electron carrier）という．酸化還元反応には酸素の伝達・水素の伝達・電子の伝達があるが，生体酸化還元反応にも同様の型がある．酸素添加酵素の場合は酸素の伝達であるが，水素の伝達は電子および水素イオンの移動と考えられ，電子伝達と本質的な差はない．*ピリジンヌクレオチドを補酵素とする脱水素酵素の場合も，基質から移動するのは水素原子1個だけで，他は電子＋H^+としてピリジン補酵素へ伝達される．呼吸における分子状酸素も*シトクロム系を通じての電子伝達を受け，H^+と結合して水を生じる．シトクロム間の酸化還元はヘム鉄の2価-3価の変化による電子伝達で行われる．通常，基質の酸化は基質から酸素に至る多段階の電子伝達によって行われ，全体として*呼吸鎖（電子伝達系）を形成する．光合成における電子伝達については，→光合成の電子伝達系．

d **電子伝達系阻害剤** [electron-transfer inhibitor] 《同》呼吸鎖阻害剤．*ミトコンドリアの*電子伝達系（*呼吸鎖）を構成する各酵素に対する選択的阻害剤の総称．複合体IのNADH：ユビキノン還元酵素を阻害するロテノンやピエリシジンA，コハク酸：ユビキノン還元酵素を阻害するアトペニン，複合体IIIのユビキノール：シトクロムc還元酵素を阻害するアンチマイシンA，シトクロムcオキシダーゼを阻害するシアン化合物や一酸化炭素が含まれる．

e **電子密度** [electron density] 《同》電子線密度．電子線を散乱する物質の密度をいう．透過型電子顕微鏡で試料を観察した場合，電子線を散乱する力が強い部分ほど黒く観察されるが，このような部分を一般的に，電子密度が高いという．

f **転写（遺伝情報の）** [transcription] 遺伝子*形質発現の第一段階で，遺伝子DNAのヌクレオチド配列を相補的RNAとして写しとる反応．形質発現の調節の多くはこの段階で働く．細胞のrRNA，tRNA，mRNA（hnRNA），snRNAなどは，すべて対応する遺伝子部位から転写される．このときDNA二本鎖のうち各遺伝子ごとに決まった一方の鎖だけが読みとられ（*非対称的転写），RNA鎖は5'から3'の方向に向けて合成される．細菌・ウイルスなどでは機能的に関連の深い数個の遺伝子が一つの単位（*オペロン）として連続して1本のRNA鎖に転写されることが多く，オペロンごとに特定の開始部位（プロモーター）から始まり，特定の終結点で終わる．転写はDNA依存性*RNAポリメラーゼによって触媒されるが，その開始と終結が種々の調節因子の関与により，それぞれの遺伝子の機能に応じた合理的な調節を受けている．なおRNAウイルスの場合のように，RNAを鋳型とするRNA合成反応でも，mRNAを合成する反応は転写と呼ばれる．また*RNA依存性DNAポリメラーゼによる，RNAを鋳型とするDNA合成反応は逆転写（reverse transcription）という．（→蛋白質生合成，→翻訳）

g **転写因子** [transcription factor] 《同》転写制御因子（transcriptional regulator），トランス作用因子（trans-acting factor）．DNA上の*調節領域（シス作用エレメント）に塩基配列特異的に結合して転写を制御する蛋白質．分子内にヘリックス＝ターン＝ヘリックス，*ジンクフィンガー，ロイシンジッパー，もしくはヘリックス＝ループ＝ヘリックスなどのモチーフ（→DNA結合モチーフ）をもっている場合が多い．代表例として，ファージや大腸菌の*リプレッサー，形態形成に関わるホメオドメイン蛋白質，種々のホルモンやビタミン受容体，*GCボックスに結合するSp1（→Sp1蛋白質），CAATボックスに結合するC/EBP，筋細胞の分化を支配するMyoDなどがある．多くの場合，転写因子はDNA非結合性のメディエーターを介して基本転写因子やRNAポリメラーゼに作用する．

h **転写減衰** [attenuation] DNA上の転写開始領域（*プロモーター）から*RNAポリメラーゼによって一旦開始された転写反応が，*オペロン内部の特定の領域（転写減衰域 attenuator region）でほとんど停止し，それ以後の領域の転写量が著しく減少すること．細菌のアミノ酸合成系オペロンで発見された転写段階での調節機構の一様式．*リプレッサーと*オペレーターの相互作用による負の調節機構と共に，形質発現の調節に重要な役割を

もつ．アミノ酸合成系オペロンでリプレッサーによる調節がみられない場合には，この機構による調節がその主要なものと考えられている．多くのオペロンでは，プロモーターからみて最初の構造遺伝子の前で減衰が起こり，そのオペロンに属するすべての遺伝子の発現が影響を受けることになるが，オペロンによってはいくつかの構造遺伝子の後で起こる場合もある．大腸菌のトリプトファン合成系オペロンの例では，プロモーターから始まり転写減衰域付近まで転写されてきた mRNA の合成が，細胞内のトリプトファン濃度がある程度以上高いときにはその位置で終末し，トリプトファン濃度が低いときにはその点を通過して mRNA の合成が進行する．このオペロンでは，最初の構造遺伝子が mRNA の 5′ 末端から数えて 163 番目の塩基から始まるのに対し，転写減衰域はその少し手前の約 130 番目付近に存在する．この領域の前に，14 個のアミノ酸からなる小ペプチドを作る情報があり，そのうちの 2 個はトリプトファンに対応する遺伝暗号である．そのためトリプトファンが欠乏すると，このペプチドの合成がその位置で停滞または停止することになり，ペプチド合成に関与したリボソームが減衰域に接近するのが妨げられる．逆にトリプトファン濃度が高いとリボソームがその領域に接近し，それにつれて mRNA 上の減衰域（*パリンドローム構造がみられる）が転写終末に適した二次構造を取ることになり転写が停止するものと考えられている．同様の小ペプチドに対する情報は他のオペロンにもみられ，例えばヒスチジンオペロンでは 16 個のアミノ酸中 7 個がヒスチジン，フェニルアラニンオペロンでは 15 個中 7 個がフェニルアラニンの遺伝暗号となっている．このようにしてアミノ酸合成系のオペロンでは，翻訳機構を用いてそのオペロンの合成するアミノ酸の濃度をモニターし，それに応じて mRNA 合成を継続するかどうかをチェックする機構がそなわっていることになる．

a **転写後抑制** [post-transcriptional gene silencing] PTGS と略記．《同》転写後遺伝子サイレンシング，RNA サイレンシング．遺伝子が転写された後にその mRNA の翻訳が抑制される現象．遺伝子の転写段階での抑制現象（transcriptional gene silencing）と区別して用いられる．多くの真核生物種において，内在性の遺伝子と相補的な配列をもつ二本鎖 RNA や DNA を細胞内に導入すると，その遺伝子種の転写には影響を与えず転写後の mRNA が特異的に分解，あるいはその翻訳が抑制される．*RNA 干渉，*共抑制，*クエリングなどがその例である．もともと植物で見出され，現在ではさまざまな生物種で知られる．分子機構としては，細胞質で起きる mRNA の分解からリボソーム上での mRNA の翻訳抑制，さらには核内での転写抑制と共役する機構など多様だが，多くの場合*低分子 RNA と Argonaute ファミリー蛋白質が中心的役割を果たす．

b **転写調節** [transcriptional control] 遺伝子の*形質発現を mRNA の合成，つまり*転写の段階で制御すること．多くの遺伝子の形質発現における主要な調節の段階．（⇒オペロン，⇒転写減衰）

c **伝承** [tradition] ある行動様式が，*学習によってある集団に保持され，集団の中で次の世代に伝わっていく現象．このような行動には適応的なものが多く，種内で行動に差異を生ずる．野生チンパンジーのシロアリ釣り，オオアリ釣り，石を用いた堅果割りなどの道具利用行動はその例であり，行動の地域差がみられる．ヒトでは，ありふれた現象である．（⇒伝播，⇒文化的行動）

d **デンスボディ** [dense body] 《同》稠密体，濃密体．*平滑筋にみられる微細構造で，骨格筋の*Z 膜に相当するもの．細長い回転楕円形をしており，両端からアクチンフィラメントが伸びる．収縮時にはミオシンフィラメントがアクチンフィラメントを引き込むために，このデンスボディ間の距離が短くなる．

e **転節** [trochanter] 昆虫の脚の第二節で，体節の*側板に着く*基節と*腿節とに挟まれた小形の肢節．基節と二つの*関節丘で関節する．トンボでは 2 片に分かれ，基部の方の小片を小転節（trochantin）という．膜翅目でも 2 片に分かれているが，この外見上の第二転節は腿節の一部と考えられている．

f **伝達** 【1】 [transmission] 神経繊維の興奮がシナプスや神経筋接合部を介して，次のニューロンまたは筋などの効果器細胞に伝えられる現象．一つの神経繊維・筋繊維内を興奮が伝わる過程である*伝導と区別される．伝達は通常，一方向であり，シナプスを形成する 2 細胞間の情報を伝達の方向によりシナプス前とシナプス後（⇒シナプス）とに分ける．伝達には，シナプス前から分泌される神経伝達物質による化学的伝達と，電気による電気的伝達とがある．シナプスでは前者によるものがほとんどである．
【2】 [communication] ＝コミュニケーション

g **伝達関数** [transfer function] 線形特性をもつ対象の入力と出力との間の関係を表す関数（出力波形のラプラス変換と入力波形のラプラス変換との比）．本来は制御工学の用語であるが，生理学で心臓，呼吸器，瞳孔などの機能の特性の表現に用いることがある．

h **天敵** [natural enemy] ある生物種の個体群に対して，自然界で食物連鎖の上位にあって死亡要因として働く他種生物のこと．主に病害虫防除に関連して使用されてきた語で，ある動物種の個体群に対して働く捕食者・寄生者（捕食寄生者）および病原微生物を意味することが多い（⇒生物農薬）．ただし雑草防除の場合には，それを食う植物性動物を指す．

i **伝導** [conduction] *興奮が筋肉・神経などの同一細胞内を伝わること．細胞間での興奮の伝達と区別する（⇒伝達）．神経や筋肉における伝導は*活動電流によって媒介され，ある部位の興奮によって起こった活動電流が隣接の静止部を刺激して興奮させ，このようなことが繰り返されて興奮が伝導されていく．しかし伝導は植物や単細胞生物でも行われる過程で，オジギソウが刺激されて小葉が一方から徐々にたたまれていく際にも興奮伝導の過程がみられる．根足虫類の仮足では，機械的刺激による収縮波が伝導される．興奮伝導の速度は細胞の種類によって異なり，上記の仮足では顕微鏡下で収縮波の伝導を追跡できるほど遅いが，筋肉や神経ではずっと速い（例えば，平滑筋では 2〜3 cm/s，横紋筋では 1〜13 m/s，神経ではさらに速い，⇒インパルス）．神経や筋肉における伝導は途中で興奮の大きさや速さが減ずることのない不減衰伝導（regenerative conduction, decrementless conduction)であるが，仮足のものは減衰伝導(conduction with decrement)である(⇨不減衰伝導説)．特に，神経繊維における活動電位の伝導において，一般の生理的状態で見られるような，軸索起始部や細胞体，あるいは樹状突起で発生し，軸索方向に進む伝導を順方向性伝導(orthodromic conduction)と呼ぶ．これに対し，電気刺激などにより軸索で活動電位が発生し，細胞体方向へと進む伝導を逆方向性伝導(antidromic conduction)と呼び，これを手がかりに神経繊維の走行などを調べることができる．なお，生理的状態でも見られるような細胞体から樹状突起への活動電位の逆伝播(back-propagation)は，逆方向性伝導とは区別される．

a **伝導遮断** [conduction block] 神経の興奮*伝導が中断されること．人為的に伝導遮断を起こすには神経にプロカインを始めとする種々の局所麻酔薬を作用させるのが最も一般的であるが，その他神経を圧迫・挫滅したり，低温や陽極電気緊張を与えることもある(⇨ブロック)．また酸素欠乏や媒質の低ナトリウム，あるいは不応期の影響も伝導遮断を起こりやすくする．正常な神経では十分な安全率をもって確実に伝導が行われるが，上記のような操作を加えると，まず安全率が低下し，作用が進めば伝導が遮断される．伝導遮断には可逆的な場合と不可逆的な場合とがある．

b **点突然変異** [point mutation] *塩基対置換と短い塩基の挿入・欠失による*フレームシフト突然変異の総称．もともとは，遺伝子内の点とみなしうるほど小さな部分の変化に基づく突然変異で，多数の突然変異体と組換えができるものとして定義された．塩基配列が決定できるようになってから，この用語はあいまいなので使われる頻度が減ってきている．

c **デントン** DENTON, Eric James 1923～2007 イギリスの海洋生物学者．海洋生物の生理学におけるさまざまな業績に対して，1989年国際生物学賞を受賞．

d **天然記念物** [natural monument] 文化財保護法に基づき，学術上価値の高い動植物(生息場所を含む)や地質・鉱物のうち重要なものとして国の指定したもの．そのうち特に重要なものは特別天然記念物に指定されている．珍しく貴重な稀少種，また絶滅危惧種，代表的あるいは固有の植生，巨樹などが天然記念物の指定の対象となる．指定された天然記念物は保護され，原則として現状の変更は許されない．

e **天然更新** [natural regeneration] 植生を構成する個体が単独あるいは集団で枯れた跡に同種の植物が定着し成長し，同じ植生が維持されること．林学では，森林を伐採した跡に同じ*優占種の森林が自然に再生する場合，手入れによって優占種の森林を維持させることをいい，他樹種を植林して形成する人工造林(artificial regeneration)と対置される．

f **天然生林** [naturally regenerated forest] 伐採などの撹乱の後に天然更新した森林．林学用語で人工林の対語．生態学でいう半自然林(seminatural forest)に近い．広義には未利用林である原始林(原生林 primeval forest, primary forest, virgin forest, 自然林 natural forest)を含む．

g **天然変性蛋白質** [intrinsically disordered protein, natively unstructured protein] 《同》不定形蛋白質，不規則性蛋白質．固有の立体構造に折り畳まれておらず，三次構造を形成しない変性状態で，細胞内の常態である蛋白質，あるいはそのような変性領域を部分としてもつ蛋白質．多くは，三次構造をもつ球状蛋白質のドメインと不定形の領域が組み合わさって存在する．また，単独では不定形だが，他の蛋白質と結合することで安定した立体構造を形成するものも多い．一般の蛋白質と異なり，三次構造を形成しなくても特定の分子機能をもつ例が見出され，注目を集めるようになった．例えば，転写開始活性化作用を有する真核生物転写因子の機能部位やある種のキナーゼのインヒビターとして働くp27などがある．天然変性蛋白質のアミノ酸組成は，リジン，グルタミン酸，プロリン，セリン，グルタミンなど親水性残基に偏る．こうしたアミノ酸組成の偏りを利用してアミノ酸配列から天然変性領域を予測するプログラムも数多く開発されている．予測プログラムを大規模な配列データベースに適用した結果，天然変性蛋白質は，原核生物では1割以下しか存在しないが，多細胞の真核生物では多く存在し，ヒトの蛋白質では3割以上を占めることが推定されている．特に細胞核内に局在する核蛋白質や細胞内のシグナル伝達に関与する蛋白質に多い．

h **伝播** [propagation, diffusion, spread, transmission] [1] ある行動様式が，ある集団の一部の構成員からその他のものに遺伝によらずに伝わっていく現象．文化伝播(cultural transmission)ともいう．主に親から子に伝わる垂直伝播，親以外の上の世代の個体から子に伝わる斜行伝播，同じ世代で伝わる水平伝播などがある(⇨伝承，⇨文化的行動)．[2] 侵入生物が新たな生息地で急速に広がっていく現象(⇨生物拡散)．[3] 病原体が他の宿主個体に感染すること．

i **伝播生殖** [propagative reproduction] 《同》スポロゴニー(sporogony)．原生生物*胞子虫類の生殖環の一段階で，*配偶子母細胞から*種虫(スポロゾイト)の形成までの過程．この過程は新たな感染に不可欠であるため，伝播生殖と呼ばれる．配偶子母細胞は有性的な配偶子を形成し，雌雄の配偶子は合体して接合子を生じる．接合子は減数分裂を経たのち，多数の種虫となり，新たな感染を起こす．なお，感染により宿主の体内に入った種虫は，無性的にだけ生殖する栄養体(トロフォゾイト trophozoite)となり，増員生殖(multiplicative reproduction, シゾゴニー schizogony)を行う．これにより，シゾント(schizont 分裂前体)の段階を経て，多数のメロゾイトを生じる．ときにはこの過程が何度か繰り返されて，さらに多くのメロゾイトが形成される．最終世代のメロゾイトは，やがて配偶子母細胞となり，再び伝播生殖に入る．(⇨マラリア)

j **電場定位** [orientation by electric fields] 《同》電気定位．動物が視覚・聴覚によらず自らの放電により周囲に電場を形成し，この電場が付近の導体・不導体の存在により歪みを受け，それを感知して定位を行うこと．水生動物にみられる．現在知られているのは，H. W. Lissmann(1958)らが見出したアフリカ産淡水小形の弱電気魚で，これらはGymnotidae, Mormyridae, Gymnarchidaeの各科に属する．ともに体側筋の変形によって生じた発電器をもち，絶えずパルス放電を行っている．放電頻度はさまざまで，毎秒数回から数百回に及び，多くは恒常的に周囲の水域に電場をつくっている．この放電の受容器は側線器の一種で，瓶器(ampullary organ)か，こぶ状器(tuberous organ)に属し，電気的感受性は$0.1〜100\mu V/cm$に達する．電導体や電気伝導度に乏し

a **澱粉** [starch] 貯蔵多糖として種子植物の種子・根・根茎などに含まれるα-*グルカン．組織中では澱粉粒の形をとる（⇒貯蔵澱粉）．コムギ・イネ・トウモロコシなどの穀類の種子の成分の70％以上に達し，イモの澱粉とともに主要な食糧となり，また各種工業の原料とされる．α-1,4結合したD-グルコースからなる*アミロース（含量20〜25％）と，グルコース残基の6位に枝分かれをもつ*アミロペクチン（75〜80％）で構成される．モチゴメ・モチトウモロコシなどは，ほとんどアミロペクチンからなる．紅藻・細菌・原生生物にも類似のグルカンが見出される．脊椎動物の貯蔵多糖であるグリコーゲンも同族体とみなされるが，澱粉よりも多くの分枝構造をもつ点で区別される．澱粉粒にはADP-グルコース（またはUDP-グルコース）から既存のグルカンプライマーの非還元性末端にグルコースを転移して鎖の伸長を行う酵素が存在している．アミロペクチンはアミロースに*分枝酵素（Q酵素）が作用すると生成する．一方，澱粉の分解酵素としてはα-1,4結合を加水分解するα-アミラーゼとβ-アミラーゼ，同じく加リン酸分解するホスホリラーゼ，さらにα-1,6結合に作用して分枝を取り除く枝切り酵素（脱分枝酵素）のプルラナーゼ（R酵素，α-デキストリンエンド-1,6-α-グルコシダーゼ，EC3.2.1.41），イソアミラーゼ（EC3.2.1.68）などが見出されている．光合成による澱粉合成は，ADP-グルコースピロホスホリラーゼがグリセリン酸-3-リン酸により活性化されたりオルトリン酸により阻害されることによって調節されている．

b **澱粉合成酵素** [starch synthase] アデノシン二リン酸グルコース（ADP-Glc）をグルコース供与体とし，グルコース重合体に対しα(1→4)結合で*グリコシル基転移する酵素．EC2.4.1.21．ADP-Glcはグルコース-1-リン酸＋ATP→ADP-Glc＋PPiという酵素反応（グルコース-1-リン酸アデニリル転移酵素（ADP-Glcピロホスホリラーゼ，EC2.7.7.27））によって生成する．澱粉粒子と結合した顆粒性と可溶性のものとがある．ウルチ型（アミロース20％，アミロペクチン80％）のトウモロコシやイネの澱粉合成酵素は顆粒性であり，モチ型種子（アミロペクチン100％）ではほとんどすべての活性が可溶性区分に存在し，澱粉粒子にはほんのわずかの活性しか認められない．ホウレンソウ葉緑体には可溶性および顆粒性の澱粉合成酵素が存在する．この酵素が働くためにはグルコース受容体としてグルコース重合体が存在しなければならない．グルコース受容体に対する要求性は，澱粉合成酵素の由来によって異なるが，一般に可溶性酵素はアミロペクチン，グリコーゲンなどの高分子を必要とするのに対して，顆粒性のものはオリゴ糖を基質とすることができる．これらの澱粉合成酵素の触媒する反応は次式で示される．

ADP-Glc＋（グルコース）$_n$ ⇌ （グルコース）$_{n+1}$＋ADP（$n≧2$，顆粒性酵素）

グルコース供与体としては，ADP-Glc以外に，ウリジン二リン酸グルコース（UDP-Glc）も働きうるが，一般にUDP-Glcの転移率は，ADP-Glcのそれよりはるかに低い．澱粉合成は，合成酵素の反応段階では調節をうけず，ADP-Glc供給段階で調節をうけると考えられている．

c **澱粉葉** [starch leaf, amylophyll] 光合成（炭素同化）による同化産物が*澱粉の形をとって葉緑体中に蓄積するような葉．光合成の結果生ずる同化産物は炭水化物で，しかも大多数の場合に葉緑体中に澱粉粒（同化澱粉）の形成が見られる．しかしその蓄積の程度には種々の段階がある．澱粉のほとんど生じない葉（単子葉類）では同化産物が単糖・二糖の形で蓄積する場合が多く，この種の葉を糖葉（sugar leaf, saccharophyll）という．

d **天変地異説** [theory of catastrophe, catastrophism] [同] 天災説，激変説．天変地異（catastrophe）が地質時代を通じて幾度か繰り返され，そのたびに前の時代の生物群はほとんど死滅し，地球の一隅に残存した生物群が新たに広く分布したとする説．G.L.Cuvierの提唱．彼はパリ盆地の白亜系上部および古第三系の化石が層準ごとに異なることをその例証とした．J.L.R.AgassizやA.D.d'Orbignyは，Cuvierの説をさらに極端化し，天変地異のたびに全生物が死滅して新たな創造がなされたととなえた．これらの説は創世記の物語を地球の歴史の科学的解釈に移入したもので，この説に対してJ.HuttonやC.Lyellの*斉一説やC.Darwinの進化論が生まれた．

e **転流**（てんりゅう）[translocation] 植物体内で，吸収された無機塩，光合成産物およびその代謝産物が，ある組織（器官）からはなれた他の組織（器官）に運搬されること．主に維管束組織を通して起こり，*木部輸送と*篩部輸送とに区別されるが，これらによらない組織間の短距離物質移動もある．一般に転流物質の濃度は受容側よりも供給側で高い．物質を供給する組織や器官をソース（source），物質を受け入れる組織や器官をシンク（sink）と呼ぶ．光合成産物の転流では，光合成を行う葉，根や茎の貯蔵器官などがソースになり，シンクとなる成長する組織や呼吸を行う根や茎，果実，塊根などには篩部輸送を通して運ばれる．組織が老化した際には，炭水化物や蛋白質，無機塩などを分解・回収（resorption）し，新たに作られる組織への転流が起きる．葉の老化では古い葉の窒素やリンのうち50％程度が回収され，新たな葉や実へと転流されて再利用される．（⇌ソース-シンク関係）

f **電流眼閃**（でんりゅうがんせん）[electrical phosphene] 網膜の電気刺激により生じる*閃光をいう．眼の近傍（眼瞼や眉上部など）と後頭部との間に直流を通すと，回路の開閉ごとに被検者は白色ないし淡青色（まれに帯赤）の閃光を感じる．通電中は視野に明るさや色調の変化をみるだけで，光刺激時のような連続的感覚は起こらない．150Hzぐらいまでの交流も有効．閃光は通常は網膜周辺部に起こるが，条件しだいでは中心窩にも生じる．

g **電流電圧曲線** [current-voltage relationship] 細胞内電極を使って膜に通電を行う場合などにおいて，通電電流と*膜電位変化との間にみられる関係をプロットしたグラフ．通常，電流量の小さい範囲では静止時の

*膜抵抗を示す勾配をもった直線になるが，外向き電流の場合，通電強度を大きくして整流作用が現れると，電流の増加分に対する電圧の変化が小さくなるので，曲線は電流軸に平行になる方向に曲がる．電圧が過渡的な変化を示す場合には，通電後一定の時間経過後に測定した値をプロットする．*イオンチャネル分子の特性を比較する際有用であり，電流の代わりにコンダクタンスを求めて電圧に対してプロットする場合もある(コンダクタンス曲線)．

ト

a ドイジ Doisy, Edward Adelbert 1893〜1986 アメリカの生化学者. 卵巣ホルモンの抽出やホルモン物質の代謝を研究. ビタミンKの発見と合成により, 1943年, C. P. H. Dam とともにノーベル生理学・医学賞受賞.

b ドイセンス Duysens, Louis Nico Marie 1921〜 オランダの生物物理学者. 光合成色素系, 光化学系の生物物理学的解析で多くの業績. 生体内の光合成色素の発する蛍光を指標とした色素間のエネルギー転移の解析が, 光合成色素系での励起エネルギー移動機構の研究の原点となった. また, 蛍光の速度論的研究から光化学系IIの初期電子受容体Qを発見, 生体内でのc型シトクロムの酸化還元反応の解析から二光反応モデル(⇌光化学系)を実証した.

c 胴 [trunk ラ truncus] [1] 脊椎動物の頭, 頸, 尾, 肢や翼などを除いた体部の一般的名称. 動物体の中心的な部分で, 内臓諸器官は通常胴部にある. [2]《同》体幹, 体幹部. 脊椎動物胚において, 体節中胚葉のならぶ後方の部分の発生学上の名称, あるいはこの部位から発生する体の部位. 咽頭弓が現れ, 頭部神経堤細胞の分布する頭部に対していい, 成体では脊髄神経の分布する領域にあたる. [3] 無脊椎動物においても, 体の中心部に対する一般的な呼称.

d 銅 [copper] Cu. 原子量63.55, 原子番号29の, すべての生物に必須の*微量元素. 健康な成人(70 kg)の体内には約80 mgの銅が存在. 動物では筋肉・肝・脳をはじめとして種々の組織に広く存在する. 生体内で銅は多種類の*銅蛋白質や銅酵素として存在し, 電子伝達, 酸素運搬, 酸化還元などの広範で重要な機能を担う. アズリンやプラストシアニンなどの濃青色を呈するブルー銅蛋白質は, 細菌や葉緑体の電子伝達にかかわり, また甲殻類や軟体動物の血リンパ液に含まれる*ヘモシアニンは酸素運搬を行う銅蛋白質の顕著な一例. この蛋白質は多数のサブユニットからなる高分子で, 酸素結合部位は2個の銅原子に1分子の酸素が結合する. 酸化酵素のセルロプラスミンは, 含有する2価の銅を1価に還元することで2価の鉄イオンを3価にする. この作用によりトランスフェリンと鉄イオンの結合が可能となる. これらのほか, チロシナーゼ, シトクロムオキシダーゼ, ラッカーゼなど, 多種類の銅蛋白質や銅酵素が存在する. 銅の欠乏により, 植物では葉の先端にしおれが生ずる. 銅イオンは胞子などにとって有毒である. ウィルソン病(Wilson disease)はヒトの先天性銅過剰蓄積症として知られる.

e 同位体 [isotope]《同》アイソトープ, 同位元素. 同じ元素すなわち同じ原子番号をもち, 質量数の異なる原子あるいは原子核を互いに同位体という. 化学的にはほとんど同じ行動をとるので, *トレーサーとして生物現象の解明に広く利用されている. 代表的なものは安定同位体としては^{2}H(またはD), ^{15}N, ^{18}Oなど, 放射性同位体としては^{3}H(またはT), ^{14}C, ^{22}Na, ^{32}P, ^{35}S, ^{42}K, ^{59}Fe, ^{125}Iなどである. 質量数が異なるために生じる, 物理的性質(一部化学的性質)のわずかな差異(同位体効果)は, トレーサー利用における問題点の一つであるが, これを逆に利用すると生物現象の有力な解析手段となる. 同位体効果はある酵素の反応機構の解析に, 放射能交換反応はある種の酵素の活性測定や酵素と基質の結合反応の解析に, 放射線効果は放射性同位体を細胞内の特定構造や成分に「微小線源」としてとりこませる内部照射の実験に, また元素変換効果は^{32}PをDNAにとりこませた生体(ウイルス・細胞など)を放置し, 崩壊に伴いDNA鎖を切断させてその生物学的効果をみる「自殺実験」に利用される. トリチウム(tritium, ^{3}HあるいはT)は質量数3の水素の放射性同位体で, 半減期約12.33年でβ^-崩壊する. 宇宙線による核反応によって大気の上層で作られ, 大気中や雨水中に0.1〜10 TU(1 TUはT/H=10^{-18})の濃度で存在する. 核爆発実験や原子炉からも環境中に放出されるおそれがある. 水素のトレーサーとして, 特に電子顕微鏡を用いた超ミクロオートラジオグラフ法によって, 構造と機能の関係を核や染色体レベル, さらにDNAのような生体高分子レベルでとらえるのに利用される. 細胞内の水の動態と機能の研究もD_2Oに加えてTHO(トリチウムラベルの水)の利用で進展が期待できる. (⇌同位体トレーサー法)

f 同位体トレーサー法 [isotope tracer technique] ある元素または物質の生体内での挙動や変化を, それらと挙動を全く共にする*トレーサー(追跡子)を外部から加えて追跡する方法. G. von Hevesy(1923)が植物の鉛吸収機構を研究したのが発端. 放射性同位体を用いるとトレーサーは極めて微量で済み, 生体成分を量的に乱すこともない. *オートラジオグラフ法は組織・細胞のレベルで物質の動態をとらえる技法だが, 飛程の短い^{3}H(トリチウム)標識化合物と電子顕微鏡とを導入すれば, 構造と機能の関係を, 細胞小器官のレベル, DNAのような生体高分子のレベルで把握することができる. 抗原抗体反応に同位体を導入した*ラジオイムノアッセイは, 蛍光抗体法より敏感で定量も容易である. 一方, 安定同位体は巧妙な分離分析法と組み合わせて用いるのも極めて有力で, ^{15}Nや^{18}Oの利用で, DNAの複製方式や光合成におけるO_2発生機構が解明された. 一般に安定同位体の検出測定は困難であったが, 発光分光分析法や*核磁気共鳴法の開発によって^{15}Nの検出は感度が向上し, しかも簡便になり利用度が高まった. 2種類以上の同位体を組み合わせて用いるのは二重標識法という. なお同位体トレーサー法には同位体そのものの性質に由来するいくつかの欠点, すなわち同位体効果・同位体交換反応・放射線効果などがあり, 注意が必要.

g 同位体標識 [isotope labeling] [1] 核酸や蛋白質などの検体の構成元素を質量の異なる同位体で置き換えて, 質量の異なる分子をつくる標識法. 重水素(^{2}H, D)・重窒素(^{15}N)・重炭素(^{13}C)などの安定同位元素で標識し, その質量差を利用して標識されていない分子から分離することができる. 生体内での物質の合成や代謝の過程を調べるのに応用される(⇌メセルソン-スタールの実験). [2] ⇌トレーサー, ⇌同位体トレーサー法

h 動因 [drive] [1] 動物が行動を起こすとき, その内部に生じる行動への心理学的な傾向. 動物がその内部

の条件によって何らかの要求ないしは*欲求の状態にあるとき，それを充足させて平衡状態にもどる方向に向けて，動物を行動に駆り立てる一種の行動の原動力とでもいうべき傾向が動物の内部に生じる．動物の外部にあって，その要求を充足させる対象物または事件を*誘因または目標といい，動物内部の行動への傾向と外部の条件との関係で，動物は一定の方向へ，一定の強さで行動を起こす．C. L. Hull らの行動主義心理学者たちによりその行動的側面が強調された．類似の用語として，動機・欲求・要求・気分があるが，動物の生起を目的論的にいうときに動機ということが多い．欲求はどちらかといえば心理的色彩が，また要求は生理的色彩が強い用語である．気分は漠然とした生理的状態を指す（⇒動機づけ，⇒生理的気分）．[2]《同》衝動．動物を一定の目的に向かった行動に駆り立てる内部から生じる傾向または状態．心理学では行動主義心理学の発展とともに，行動を引き起こす原動力という意味をこめて動因という概念に含まれるようになった．飢えとかホルモンの血中濃度の高まりといった比較的生理的な条件によって生じる．*ホメオスタシス性のものもあり，社会的ないしは二次的に習得されるものもある．一般に生得的行動は，一定の衝動の働いているところに信号刺激が与えられて解発される場合が多いが，衝動がはなはだ強まると，信号刺激を待たずに，目的の事物のないところに行動を解発してしまうことがある．性衝動・飢餓衝動・母性衝動などの種類がある．すべての衝動はその行動が指向する目的の達成によって消滅する（⇒生得的）．

a **糖液間隙技術** [sucrose-gap technique] 神経あるいは筋繊維から*静止電位あるいは*活動電位を導出する方法の一つ．細胞外液をショ糖の等張液で置換するとショ糖液は電気伝導度が低いので膜電位が組織液で短絡されることが少なくなり，細胞外記録であるにもかかわらず細胞内から記録するのと遜色のないくらい大きな電位が導出される．平滑筋や心筋の条片あるいは無髄神経繊維などにしばしば適用され，それらの材料をT字型のガラス管の直線部分に両端が露出する形で通し，側管から糖液を流す．電位の記録は標本のガラス管から露出した部分の間で行うが，多くの場合その一方には等張KCl を作用させておく．

b **等黄卵** [isolecithal egg, homolecithal egg] ⇒卵黄

c **トウォート** TWORT, Frederick William 1877〜1950 イギリスの細菌学者．F. d'Hérelle と独立にバクテリオファージの発見者として知られる．畜牛の Johne 病の病原菌を分離．ファージは *Staphylococcus* で発見したが，それは酵素様の因子であると考え，生物性の因子であることは明らかにできなかった．

d **豆果** [legume] マメ科植物のほとんどにみられる*乾果・裂開果の一種．一心皮性の子房から発達し，成熟時に真の縫合線（腹縫線 ventral suture, 内縫線 inner suture) と心皮の中肋（背縫線 dorsal suture, 外縫線 outer suture) にそって二分する．種子は腹縫線の両側に並んでいて，果皮の裂開によってはじけて散布される．ネムノキなどほとんど裂開しないものもある．ウマゴヤシのように果実全体がねじ状にまいているものをらせん状豆果(cochlea)と呼び，また，裂開せずに横に分節して1種子を含む部分ごとに分かれるもの（ヌスビトハギやオジギソウ）を*節果と呼んで豆果と区別する．

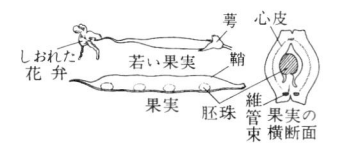

e **頭化** [cephalization] 《同》頭形成．左右相称の動物において，系統発生的に体の前端部が頭部として分化し，特に神経系の支配中枢が頭部に集中していく現象．摂食行動と関連して生じたものとされる．貧毛類では脳神経節は感覚性の情報を中継する中枢にすぎず，これを除去しても運動性機能に支障はない．多毛類では脳神経節は抑制の，食道下神経節は運動の中枢となり，両者が協同して全身の運動を支配している．昆虫の成虫においては，脳と食道下神経節は合一して一つの大きな神経塊となり，感覚や行動発現の中枢となっている．（⇒頭）

f **同化【1】**[assimilation] 生物体が外界から摂取した物質に特定の化学変化を加え，それ自身に特徴的なまたは自己に有用な物質に作り変えること．**【2】**[anabolism] 《同》同化作用．物質代謝において，原料物質の化学的複雑さを増加する化学変化．*異化作用と対置される．通常この過程は，自由エネルギーの増加を伴う（吸エルゴン的）反応であるため，並行して進行する*発エルゴン反応（異化作用）から供給される自由エネルギーによって進められる．独立栄養のものでは，このエネルギーを外部から吸収する．

g **冬蓋** [epiphragm] 《同》障子（俗称）．軟体動物有肺類の柄眼類（カタツムリ類など）において，殻口をおおう粘液質または稀に石灰質の薄膜．蓋を欠くものに見られ，*冬眠または夏眠中などの休息時に形成される．多数の通気孔があって空気は出入しうる．

h **頭蓋**（とうがい）[cranium, skull] 「ずがい」とも．脊椎動物頭部の骨格．脊椎動物を特徴付ける形質の一つ．軟骨要素，もしくは多数の頭蓋骨(cranial bones) の結合により構成され，要素骨数は系統発生の経過途中に漸減する傾向をもつ．哺乳類では顎関節(articulus mandibularis) および耳小骨相互間の関節だけが可動結合．頭蓋を脳，嗅覚器，視覚器および聴平衡覚器を容れる*神経頭蓋と，口腔，咽頭を囲む内臓頭蓋（⇒内臓骨格）とに区別する．軟骨のみからなる*軟骨頭蓋は，円口類や板鰓類に見られるが，胚発生途上に見られる頭蓋の軟骨原基を指すこともある．頭蓋の形成には軟骨の骨化による軟骨性骨（一次骨）と，結合組織から直接硬骨を形成した*被蓋骨（二次骨）とが加わる．昆虫の頭部は多くの溝(groove, suture) で区切られ，便宜上ヒトの頭蓋から割り出した名称を付けている．（⇒骨化）

i **頭蓋椎骨説** [theory of vertebrate skull] 頭蓋骨が一群の椎骨の変化により成り立っているとする説．L. Oken (1807), R. Owen と J. W. von Goethe (1824) の提唱．その椎骨の数について，Goethe は 6, Oken は初め 3, 後に 4 とした．さらにその後，É. Geoffroy Saint-Hilaire は 7, Owen は 4 を唱えた．この説は，まず G. L. Cuvier が頭骨のあるものが椎骨に似ているのは，機能の類似のためにすぎないと反論，後に T. H. Huxley (1858) が発生学的に反証した．ただし頭蓋骨の一部は椎骨の変化で生じたものと考えられる．（⇒神経頭蓋）

インゲンの豆果
（しおれた花弁／萼／心皮／若い果実／鞘／果実／胚珠／維管束／果実の横断面）

a **凍害防御物質** [cryoprotectant] ⇒抗凍結物質

b **頭蓋容量** [cranial capacity] 《同》脳容積. 頭蓋腔の内容積. 脳の大きさを間接的に表す量として, 頭蓋計測により推定される. 検査すべき頭蓋の開口部をふさぎ, 大後頭孔より粟粒などをいれて充満させ, その量を計る. また, 頭蓋骨外面の計測値を求めて計算する方法もあり, 頭蓋最大長・頭蓋最大幅および頭高(バジオン-ブレグマ高または耳ブレグマ高)の積にある定数を掛けて算出する. しかし, 頭骨の厚さや形を無視するため誤差が大きい. 平均頭蓋容量(括弧内は変異幅)は, P. V. Tobiasによると, チンパンジー 394 cm³ (320~480), オランウータン 411 cm³ (295~475), ゴリラ 498 cm³ (340~752), 猿人 508 cm³ (435~600), 原人 978 cm³ (775~1225)である. 旧人類や新人類では 1400~1500 cm³ だが, 集団により多少異なる. 頭蓋容量は進化の目安にはなるが, 知能と直結して考えることはできない.

c **同核状態** [adj. homokaryotic] 菌類において, 菌体内の核がすべて同一の遺伝子型からなる状態. 多核体にも単核体にも用いられる. 担子菌類では, 単一の担子胞子から生じた同核状態の菌糸を特別に*一次菌糸と呼ぶ. 一次菌糸の細胞は, すべての細胞が同じ核を細胞当たり1個含み, 一核体(モノカリオン monokaryon)と呼ばれる. これに対し, 担子菌類の一次菌糸を除き, 菌類では配偶体に相当する菌糸も基本的に多核体からなることが多く, 異核共存体(*ヘテロカリオン)と呼ばれる. 特に, 担子菌類の二次菌糸においては, 一つの細胞あたり, 対となる2核が含まれるため, 特に二核共存体(dikaryon)という. 担子菌の二核共存体では2核が共役分裂(conjugate division)を行い, *かすがい連結の形成により正確に2核状態が維持されている. その他, 二核共存体は, 子嚢菌類では造嚢糸から子嚢が形成される際みられる. なお, 菌類においては複数核をもっていても, それらは同質である場合もあり, この状態を*ホモカリオンといい, ヘテロカリオンの対語である.

d **透過酵素** [permease] 《同》パーミアーゼ, ペルミアーゼ, 担体蛋白質(carrier protein). ある溶質を選択的に結合し, 膜の片側から反対側へ輸送する膜蛋白質. 基本的には溶質の結合部位を膜の一方に向けて開いた構造と, 逆向きに開いた構造の二つを切り替えて輸送を行う. 糖, アミノ酸, 脂質など多様な溶質に特異的なものがあり, 多くは ABC 輸送体(ATP-binding cassette transporter)や MFS 輸送体(major facilitator superfamily transporter)に分類される. 前者は ATP の加水分解サイクルに連動した構造変換を駆動力とする一次性能動輸送体であり, 後者は溶質や共役イオンの電気化学勾配を利用する単輸送体や二次性能動輸送体である.

e **同化根** [assimilation root] 光合成(*炭素同化)を営む根. ごく特殊な植物にみられる. カワゴケソウ科の植物 *Dicraea stylosa* は葉が退化して, 根が扁平な葉状となって葉緑体をもち, *D. elongata* では葉のない茎上に多数の糸状の不定根を生じ, 炭素同化を行う.

f **透過性** [permeability] 一般にある物質相または構造が, ある物質分子やイオンの透過を許容する性質, あるいはその度合(速度). 細胞の透過性は細胞膜の透過性によって規定される. 植物細胞における液胞までの物質透過は細胞膜と液胞膜の二つの膜の透過性により律速される. 物質透過の原動力は非電解質にあっては膜を介しての物質の濃度差に基づく化学ポテンシャルの勾配であり, イオンにあっては濃度差と電位差に基づく電気化学ポテンシャルの勾配である. 透過性の度合は, 膜を介して単位濃度勾配が存在するとき, 単位面積を通って単位時間に移動する物質の量を示す透過係数(permeability coefficient)で表される. 細胞に対する物質の透過量の測定法には, 物質の透過により浸透平衡が破れ, 水が動いて細胞あるいは*プロトプラストの体積が変わることを利用する間接法(原形質測定法)と細胞内外の物質の濃度変化を測定する直接法とがある. 特に微量でかつ透過性の低い物質の透過量を比較的短時間で測定するには, 放射性同位元素を用いるのが便利である. また膜の電気抵抗(膜抵抗)はイオン透過性の指標となる. 物質によって膜透過性が異なることを*選択透過性という. 水, 非電解質, イオンの透過についてはそれぞれ, ⇒水輸送, ⇒リポイドフィルター説, ⇒イオン輸送, また濃度勾配に逆らう物質輸送については, ⇒能動輸送.

g **同化組織** [assimilation tissue] 細胞内に多数の葉緑体を含み, もっぱら光合成を営む*柔組織の一種. 葉肉の*柵状組織・海綿状組織がこの例. また草本植物では一般に茎の皮層細胞も葉緑体を含有し, 同化組織とみなされる.

h **同化澱粉** [assimilation starch] 光合成(炭素同化)によって葉緑体中に生ずる澱粉. *アミロプラストの*貯蔵澱粉と区別する. 同化澱粉は昼間, 光合成によって増加し, 夜間は消費や転流のために分解されて減少する. (⇒移動澱粉)

i **透過度** [transmittance] 試料を透過したエネルギーと試料を透過する前に与えられたエネルギーとの比.

j **頭眼** [cephalic eye] 軟体動物の種々の型の光受容器のうち, 頭部にある1対の眼. 柄眼類では第二触角上に, 基眼類などでは触角の基部にある. 光受容器にはほかに, 外套にある外套眼や, 背眼, 殻眼などがある.

k **道管, 導管【1】** [vessel, trachea] 縦に並んだ道管要素(vessel element, vessel member)が上下の隔壁の消失, すなわち*穿孔により相連なって長い管となった組織. 被子植物の木部の主要素. 水分の通路となる. 横断面は通常, 円形もしくは楕円形であるが, 隣接細胞が大形の場合は多角形となる. 長さは確認するのが困難な場合が多く, 一般に 10 cm 程度で, つる植物では 1 m, カシの類では 2 m に達する. 直径は, カシでは 0.25 mm, シナノキでは 0.06 mm, つる植物では 0.7 mm に達する. 道管は*前形成層あるいは*形成層に由来し, その縦に連なる細胞は急激に太さを増し, ときには伸長する場合もある. 細胞壁は二次肥厚を起こすが, その肥厚の仕方によって成熟した道管にさまざまな模様を生じ, 環紋道管, *らせん紋道管, *階紋道管, *網紋道管, *孔紋道管などがある. のちに穿孔を生ずる部分の細胞壁は二次肥厚を起こさず, 一次細胞壁のままである. 他の部分の二次肥厚が完了し木化するにつれて原形質は消失し, 末端壁(end wall)では一次壁も消失し穿孔ができる. 系統発生的には道管は*仮道管より由来し, 穿孔を生じて連続した管となったとされる. シダ植物および裸子植物には道管がないが, マオウ類では隔壁の有縁壁孔が, クラマゴケやワラビでは階紋壁孔が貫孔して一次壁が消失するため道管をもつ

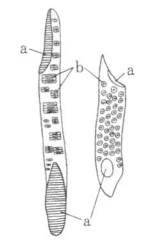

a 穿孔 b 壁孔

とされる．一方，被子植物ではヤマグルマ属，シキミモドキ科，スイセイジュ科などに道管が発達せず，仮道管組織をもっている．

【2】[excretory duct, excreting duct] 《同》排出管． ⇒外分泌腺

a **頭感器** [cerebral sensory organ] 紐形動物の脳域にあって*頭溝や*頭裂を経て外に通じる感覚器官．頭溝や頭裂につながる細長い管(cerebral canal)と，これを包む嚢状部から構成される．管は頭溝などの陥入ででた外管と長い繊毛による上皮細胞の内管からなる．内管のまわりを多くの腺細胞と神経細胞が取り巻く．これは神経繊維を介して，あるいは直接，脳に連絡している．*化学受容器の一つの型とされる．（⇒成虫盤）

b **同義遺伝子** [multiple genes, polymeric genes] 共通した形質を発現する作用をもつ，座の異なる二つあるいはそれ以上の遺伝子(H. Nilsson-Ehle, 1909)．各遺伝子の作用が補足的に働く場合と累積的に働く場合とがある．オオバコのある斑入りの系統を正常の緑色の系統と交雑すると，F_2で緑色対斑入りが15:1に生ずる．連鎖しない2対の*対立遺伝子を考え，1個でも優性対立遺伝子をもつ個体は緑色に，そうでない2対の対立遺伝子の優性のものは相互にその作用を対等に代行しうる，あるいは一方の優性対立遺伝子は他方が劣性であるときにその作用を補足できるとすれば，(9+3+3):1の分離比となって説明がつく．オオバコの斑入りの場合には優性対立遺伝子の数による*表現度の変化はないが，コムギの粒の色の遺伝の場合には3対の同義遺伝子が関係しており，しかもおのおのの優性対立遺伝子の作用が等価的に加算されるために，F_2では図のように6階級の色調に分離してくる．しかも2対の優性対立遺伝子をもつ階級の中でも環境による変異があるので，事実上は連続した変異として現れる．この連続性は同義遺伝子対が増すに従って著しくなる．対の多いときは多数同義遺伝子という．*ポリジーンは同義遺伝子の数が多い場合ともみなされる．同義遺伝子がn対あるとき，F_2に生ずる純粋に劣性形質の個体の分離比は$(1/2)^{2n}$である（例えば同義遺伝子が3対なら1/64，4対なら1/256）．同義遺伝子による場合と環境変異の場合とは分離する各階級の子孫を*自殖すれば識別できるし，また関係する同義遺伝子の数が多くないときには，F_2の各階級の分離比から，その数を推定することができる．

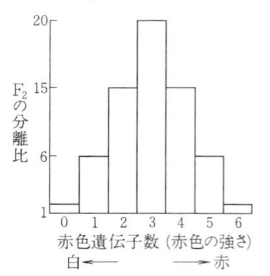

c **動機づけ** [motivation] 動物に行動を起こさせ，その行動を目標達成まで方向づけ，持続させる動物の内部的過程．動機については，動物の行動発現に向かわせる内部的な原因を総称していう場合が多いが，動機と動機づけの区別は必ずしも明確でない．類似のことばに*動因・*欲求・要求などがある．

d **道具使用** [tool use] 自分の身体を使うだけでは達成できない目標を，環境から切り離された物体を利用して達成すること．エジプトハゲワシが嘴で石をもち上げて落としダチョウの卵を割る行動，ダーウィンフィンチの一種がサボテンの棘を嘴にくわえて木の中の昆虫をつつき出す行動，ラッコが石で貝類を割る行動など，多様な系統群の動物で多くの道具使用が知られている．道具を製作する動物もいる．ニューカレドニアガラスは枝を折りとってフック状に加工し，幼虫をつり上げたり，幅広の葉を細長く齧り取って，植物の葉の隙間に差し入れてナメクジなどを捕らえる．チンパンジーでは，わき枝を払って加工した木の枝やつるをアリやシロアリの巣に差し込み，それに咬みついたアリやシロアリを釣って食べる．フサオマキザルやチンパンジーでは，台石の上に堅いナッツを置いて，別の石をハンマーのように使って割る行動が知られる．こうした行動が，どれほど物理的な因果認識に基づいたものかについては，容易に判断は下せない．W. Köhlerはチンパンジーの道具使用の実験をはじめて行った(積箱試験)．餌を手の届かないところに置くと，チンパンジーは棒やその他のもので引きよせる．餌を天井からつるし，部屋の一隅に箱を置くと，箱を餌の下まで運んできて踏み台として利用し，餌がもっと高くつるされると，いくつかの箱を積み，より高い踏み台をつくることもできる．これは道具のための別の道具，すなわちメタ道具(meta tool)の使用である．Köhlerはこれらの実験から，*洞察という，ゲシュタルト心理学の重要な概念を導き出した．同様の意味のメタ道具は，西アフリカの野生チンパンジーにも見られ，彼らは石台に堅果をのせて石・棒で割って食べるが，石台が傾いているときその下に別の石を敷いて台を安定する．雄間の順位争いでは相手と対抗するために自己を支援する同盟者の形成や結束をはかる行動が見られるが，これは他個体を道具として使用する能力と見ることができる．

e **洞窟生物学** [speleobiology, biospeleology] 《同》洞穴生物学．洞窟生物，特に真洞窟生物を対象とする生物学の一分科．フランスのR. Jeannelによって大成され，ムーリの洞窟研究所(Laboratoire souterrain)は研究活動の重要な中心．

f **洞窟動物** [cavernicole, cave animal] 《同》洞穴動物．石灰洞，溶岩洞，坑道，深い地下の間隙など，洞窟的環境にすむ動物の総称．一般には井戸水や伏流水など地下水中に生息する地下水動物(phreatobiontic animal)をも含め，次の4群に大別するが，狭義にはこのうち(3)と(4)だけを指す．(1) 外来性洞窟動物(accidental cave animal)：本来の洞窟動物ではなく，偶然の機会に洞窟の中へ迷いこんだもの．(2) 周期性洞窟動物(trogloxene)：コウモリのように，ねぐらや繁殖場所として洞窟を利用する動物で，昼間は内にひそみ，夜になると外へ出て食物を探すもの．糞を洞窟内に落とすので，他の動物に対する栄養供給者としても重要である．(3) 好洞窟性動物(troglophile)：地上でも洞窟内でも正常な生活を営めるもの．形態的・生態的に地上種とほとんど異ならないから，色素を失い，生理的にも特殊化した，洞窟外ではほとんど見られないものまである．次の(4)項のものとの間に厳密な境界はない．なおこの中にはコウモリのグアノだけを食うために洞窟内にすんでいる種類があり，これをグアノ動物(guanobiont)という．(4) 真洞窟性動物(troglobiont)：一生を洞窟の中で過ごし，

洞窟外では生存できないもの．眼はなく，皮膚は薄く色素も存在せず，呼吸器官は退化変形し，物質代謝は緩慢で，肢や触角や触毛は細長いなど共通の特性がある．これらは洞窟内の特殊な環境，特に日光の欠如，飽和に近い高湿度，恒温状態，局限された栄養源などの条件に適応的な性質である．地下水性動物のほとんどがこの(4)群に含まれる．さらに水生のものと陸生のものとの境界が明らかでなくなり，昆虫類では幼虫期に脱皮・摂食が行われなくなるものも多く，また一般に*産卵数が減少し，寿命は長くなる．真洞窟性動物は比較的限られた動物群にみられ，本来はすべて肉食性か雑食性．洞窟動物は，ある拡がりをもった地下の狭い間隙に定着して，特殊な進化を遂げた祖先に由来すると考えられる．陸生種の場合の地下浅層，水生種の場合の河川ないし海浜間隙水層がこの原生息域で，不透水層などにより完全に隔離されるので，種や亜種の分化が起こりやすく，個々の洞窟的環境にそれぞれ独自の真洞窟種を生じている場合が少なくない．特殊化が進む一方で，原始的な形質をそのまま保存している種も多い．このことは海水中の洞窟に生息する水生動物にもあてはまる．

a **道具的条件づけ** [instrumental conditioning] ⇒ オペラント条件づけ

b **頭型** [head form] 《同》頭蓋型．人類学において，生体の頭部上面観の形を類型的に表現するのに用いる語．頭型を表すのには，頭長幅示数または頭示数(cephalic index)が一般に用いられる(⇒人類学的示数)．頭示数は(頭最大幅×100)/頭最大長によって与えられ，70～90が一般的だが，まれにこの範囲を出ることもある．この数値に基づき，頭型を区分する．生体が頭骨より数値が大きいのは，頭骨をおおう軟部の厚さが影響したものである．遺伝的に変化の少ない人類集団において短頭化の進む現象が知られており，生育環境の影響が強い．人類集団の系統分類には有効ではない．(⇒短頭化現象)

頭 型	頭 骨	生 体
超長頭型 (ultradolichocephal)	～64.9	―
過長頭型 (hyperdolichocephal)	65.0～69.9	―
長 頭 型 (dolichocephal)	70.0～74.9	～75.9
中 頭 型 (mesocephal)	75.0～79.9	76.0～80.9
短 頭 型 (brachycephal)	80.0～84.9	81.0～85.4
過短頭型 (hyperbrachycephal)	85.0～89.9	85.5～
超短頭型 (ultrabrachycephal)	90.0～	

c **同系交配** [inbreeding] 同一系に属する個体間の交配．植物の*自殖はその極端な場合である．また，近縁系統間の交配をも含めることがあり，異系交配との境界は必ずしも厳密でない．その中でも，動物においては，親子や同胞など血縁の近い個体との交配を特に*近親交配という．同系交配を繰り返すとしだいに生活力が低下するといわれているが，各対立遺伝子のホモとなる程度が増すために，それまでかくされていた劣性形質が表面に現れ，これらの中で有害な作用をもつ劣性遺伝子の作用が現れることによると一般に説明されている．しかし，同系交配を用いてこのような不利な遺伝子を集団内から完全に取りのぞいていくこともできる．(⇒近親交配，⇒近交弱勢)

d **同型性** [homogametic sex] 性に関してただ一型の配偶子を生ずる性．例えばヒトやショウジョウバエの雌は性染色体としてXXを，雄はXYをもつから，雌は同型性であり，雄は*異型性である．

e **同型配偶子** [isogamete] 《同》等大配偶体，同型配偶子．原生生物などの*合体に関係する配偶子が同形・同大・等質である場合，この両配偶子は互いに同形配偶子であるという．*異形配偶子と対置される．同形配偶子による合体を同形配偶(isogamy)という．有孔虫類のほとんど，胞子虫類の *Monocystis*, *Schizocystis*, 緑藻類の *Chlamydomonas* のある種，藻菌類のカワリミズカビ属にみられる．

f **凍結回避** [freezing avoidance, freeze avoidance] [1] 氷点下の温度に曝された生物が，積極的に外気温より体温を高く保つことにより凍結を回避する現象．元来凍結に耐えない組織でも，呼吸熱を利用して体温を高めることにより凍結を回避できる．例えばザゼンソウの肉花穂の温度は外気温よりも高い．[2] 生物の耐寒性機構の一つ．耐凍性をもたない生物は凍結を防ぐため，*抗凍結物質の蓄積や体内からの*氷核の排除によって*過冷却を引き起こし凍結を回避する．なお，凍結が起きても，形成される氷核が微細でかつ均質であれば，障害が回避されることも多い．植物では，均質核形成状態に保たれる最低温度は−38～−47℃といわれている．

g **凍結乾燥** [lyophilization] 組織や試料溶液などを凍結させた後，低温下真空中で水分を昇華乾燥すること．酵素などの蛋白質の場合，水分を除くことにより，水中で行われる分解反応が起こらないため，凍結乾燥して保存する方が水溶液として保存するより安定である．そのため酵素などの長期保存を目的に行われることも多い．生物学の実験では，蛋白質などの精製の過程などでサンプルを濃縮する際にも利用される．*限外濾過と異なり，溶液中の塩類も濃縮されるが，限外濾過では濃縮できないような低分子量の蛋白質の濃縮が可能である．しかし，酵素によっては凍結乾燥により活性が大きく低下する場合がある．凍結乾燥後，少量の水を加え溶解することにより，目的試料の濃縮溶液を得る．

h **凍結乾燥法**(顕微鏡観察の) [freeze-drying method] 試料を瞬間的に凍結させる固定法．R. Altmann (1890)が考案し，I. Gersh (1932)が改良．細胞化学・組織化学の研究に広く用いられる．通常用いられている固定法では，操作の過程で細胞内の構成物質の溶出・拡散，酵素の不活性化が生ずる．これらの欠点を除くために，小塊または薄片にした組織を，液体窒素で冷却したイソペンタンなどで瞬間的に凍結させる．この操作によって大きな氷の結晶の生成を妨げるとともに，細胞内の構成物質の固定を行うことができる．ついで低温下で減圧し，細胞内の水分を昇華乾燥する．光学顕微鏡用には真空中でパラフィンに包埋し，電子顕微鏡用には乾燥組織片を樹脂に包埋し重合する．凍結乾燥法より操作が簡単でしかも同程度の効果のあるものに，凍結置換法(freeze-substitution method)がある．

i **凍結曲線** [freezing curve] 水溶液などを冷却して凍結させる場合，その液の温度−時間曲線．生物の凍結曲線の場合は，主として小形の個体または組織片などの過冷却能力や凍結過程を調べるために利用される(図次頁)．昆虫などでは過冷却点(supercooling point)が−20℃以下になることも珍しくない．植物組織片などでは凍結開始直後に顕著なピーク(A)がしばしば現れ第

一氷点と呼ばれる．水分の多い組織では第一氷点のあとに平坦部(B)が続き，これを第二氷点と呼ぶ．しかしこれらの温度は実験条件により変化し，組織液などの氷点を表すものではない．一方，昆虫個体などの場合は，凍結を意味する温度上昇は単一の山形の場合が多く，再反転点(rebound point)と呼ばれることもある．

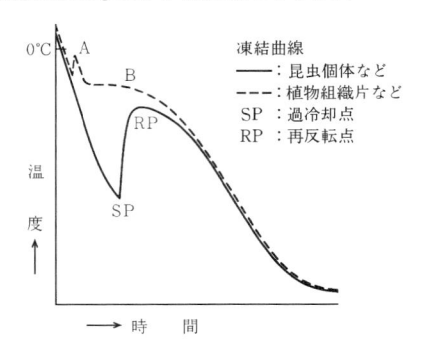

凍結曲線
―― 昆虫個体など
--- 植物組織片など
SP : 過冷却点
RP : 再反転点

a **凍結融解法** [freezing and thawing method] 凍結・融解を繰り返すことによって，組織を細胞にほぐす，あるいは細胞を壊し酵素・毒素・核酸などを穏やかに抽出する方法．細胞懸濁液を寒剤(粉末ドライアイス，アセトンドライアイス混合液)につけて凍結させ，ついで30～40℃の温湯中で融解する．この凍結・融解の操作を繰り返すと，主にそのときにできる氷の結晶によって細胞は破壊され内容成分は液中に溶出するので，これを分離抽出する．(→ホモジェナイザー)

b **糖原性アミノ酸** [glycogenic amino acid] 脱アミノ反応やアミノ基転移反応を受けた後の炭素骨格が，糖代謝経路へ入るアミノ酸．対して，炭素骨格からアセチルCoAやアセト酢酸が生成されて脂質代謝経路へ入るアミノ酸をケト原性アミノ酸(ketogenic amino acid)という．アラニン・システイン・グリシン・セリン・トレオニンはピルビン酸を，アルギニン・ヒスチジン・グルタミン・グルタミン酸はα-ケトグルタル酸を，メチオニンやバリンはスクシニルCoAを，またアスパラギンやアスパラギン酸はオキサロ酢酸を経て糖代謝経路に入り，プロリンはグルタミン酸に変換された後に入る．イソロイシン，リジン，フェニルアラニン，トリプトファン，チロシンは糖と脂質両方の代謝経路に入りうる．よって，ケト原性だけを示すアミノ酸はロイシンだけである．ロイシンはα-ケトイソカプロン酸を経てアセチルCoAとアセト酢酸に分解される．*糖新生経路へ入ることが生理的に重要なアミノ酸はアラニンで，肝臓で糖に転換され，糖尿病や飢餓などでは血糖の半分を供給する．

c **動原体** [kinetochore] 《同》キネトコア．分裂期の染色体中に形成される，直径0.3～0.8μmの構造体．分裂極から伸びた微小管が結合する．多くの生物の染色体では，染色体分体あたり一つの動原体が形成され，これを局在型動原体と呼ぶ．線虫などでは染色体全体に動原体が形成され，これを*分散型動原体あるいはホロセントロメアと呼ぶ．動原体が形成される染色体領域は，*セントロメアと定義されている．電子顕微鏡を用いて動原体の微細構造を観察するとインナープレート，中間層，アウタープレートと呼ばれる3層の円盤状構造が見られる．アウタープレートには，動原体微小管と呼ばれる微小管が直接結合しており，インナープレートはセントロメアDNA上に観察される．この3層構造の形成に関わる蛋白質群は長年謎であったが，プロテオミクスの発展により，近年複数の動原体構成蛋白質が同定された．インナープレートを形成する蛋白質はセントロメア領域のクロマチン蛋白質であり，細胞周期を通じてセントロメア領域に局在する15種類程度のCCANと呼ばれる蛋白質複合体である．一方，動原体微小管と結合するアウタープレートの形成には，Ndc80複合体と呼ばれる蛋白質複合体が関与している．Ndc80複合体は，試験管内においても微小管と直接結合する活性をもつが，リン酸化されることによってその結合力が低下する．赤道面に整列前の染色体の動原体領域に局在するNdc80は高度にリン酸化されているが，微小管が結合して両極への分離が行われている染色体上のNdc80は脱リン酸化状態である．このように，動原体と微小管の結合は動原体構成蛋白質のリン酸化によって制御される．

d **動原体距離** [centromere distance] ある遺伝子と動原体との間の染色体地図上での距離．アカパンカビのように子嚢胞子が子嚢中に直線的に配列しているような種では，減数第二分裂によりできる娘細胞が子嚢の一端に並ぶので，四分子分析によって減数第一分裂分離と第二分裂分離とを区別できる．すなわち，+とaの対立遺伝子について四分子の配列が(+, +, a, a)か(a, a, +, +)ならば第一分裂分離であり，(+, a, +, a), (a, +, a, +), (+, a, a, +), (a, +, +, a)ならば第二分裂分離である．第二分裂分離はその遺伝子と動原体との間での組換えによって生じる．したがって，その動原体距離は第二分裂分離の見られる子嚢の出現率(%)の1/2として計算できる．四分子が直線的に配列していない種においても，動原体にごく近い遺伝子すなわち動原体標識(centromere marker)を用いれば，テトラ型の出現頻度が第二分裂分離の頻度となり動原体距離を決定できる．また動原体に近い適当な遺伝子がない場合の動原体距離を概算する方法も知られている．

e **動原体糸** [kinetochore fiber, K-fiber] 《同》染色体糸(chromosomal fiber)，牽引糸(traction fiber)．紡錘体内における染色体の動原体部位と極との間の糸状構造で，直径20 nm前後の*微小管の束．前中期から動原体部位より発達．微分干渉顕微鏡で生体分裂細胞でも動原体糸の実在の構造が確認でき，偏光顕微鏡では著しく強い複屈折性を示す．細胞を低温にすると多くの微小管の束は脱重合を起こすが，動原体と結合している動原体糸は安定に残っている．したがって微小管と動原体の結合の安定性を調べるために，細胞を低温処理して動原体糸の有無を調べるアッセイ法が用いられる．

f **動原体-微小管結合** [kinetochore-microtubule interaction] 細胞分裂が遂行されるために，微小管が動原体へ適切に結合した状態．微小管と結合する動原体構成蛋白質は複数知られているが，Ndc80複合体と呼ばれる蛋白質複合体が主要な成分である．Ndc80複合体は，酵母からヒトまで保存されており，Ndc80, Nuf2, Spc24, Spc25の四つの蛋白質からなるヘテロ四量体である．Ndc80のN末端付近が微小管との結合領域であることが明らかにされている．このN末端領域には，*分裂期キナーゼの一つであるオーロラキナーゼB (Aurora Kinase B)によりリン酸化されるアミノ酸残基が複数存在している．分裂前の染色体ではNdc80は

高リン酸化状態にあり，分裂中は脱リン酸化状態である．これに対応してオーロラキナーゼBは，分裂前の染色体では動原体に局在するが，分裂後期になると染色体から離れる．また，間違って微小管が動原体と結合してしまった場合は，高リン酸化状態が維持され，動原体-微小管相互作用のエラー修正としての役割をリン酸化は担っている．オーロラキナーゼBが染色体から離れることに加えて，分裂期に，脱リン酸化酵素であるプロテインホスファターゼ1(PP1)が動原体へ局在化してNdc80の脱リン酸化に関わっている．リン酸化および脱リン酸化の制御機構は複雑であり，すべての分子機構は解明されていないが，動原体構成タンパク質のリン酸化状態によって微小管との結合力は制御されている．

a **糖原病** [glycogen storage disease, glycogenosis] 糖原(*グリコゲン)代謝に関与する酵素の先天的な異常に基づいて，生体組織にグリコゲンの異常蓄積を生ずる疾患の総称．異常酵素の種類により8型に分類される．(1) I型：フォン＝ギールケ病(von Gierke's disease)．*グルコース-6-リン酸ホスファターゼ活性低下により，グリコゲンが蓄積する．主な罹患臓器は肝・腎・小腸．(2) II型：ポンぺ病(Pompe's disease)．α-1,4-グルコシダーゼ異常．心筋に主にグリコゲンが蓄積する．主に肝・筋・心・白血球・膵・脾・腎・神経系・副腎・甲状腺を冒す．(3) III型：フォーブス病(Forbes disease)．枝切り酵素異常．グリコゲンの分解が完全に行われずに蓄積する．肝・筋肉・白血球を冒す．(4) IV型：アンダーソン病(Anderson's disease)．分枝酵素異常．肝・脾・白血球を冒す．(5) V型：マッカードル病(McArdle's disease)．筋グリコゲンホスホリラーゼ異常．骨格筋を冒す．(6) VI型：肝グリコゲンホスホリラーゼ異常でHers病ともいう．肝・白血球を冒す．(7) VII型：タルイ病(Tarui disease)．筋フルクトースリン酸キナーゼ異常．骨格筋・赤血球を冒す．(8) VIII型：肝ホスホリラーゼキナーゼ異常．肝・白血球・赤血球を冒す．グリコゲンの構造はIII型とIV型では異常だが他の型では正常．I～VII型は常染色体劣性遺伝，VIII型は伴性遺伝と常染色体劣性遺伝の2型が知られている．糖原病の型を鑑別するにはJ. Fernandesらのグルコースの負荷試験法が用いられる．

b **頭腔** (とうこう) [head cavity 独 Kopfhöhle]「とうくう」とも．脊椎動物顎口類のあるものにおいて胚の頭部に出現する真体腔．古くは体幹における*沿軸中胚葉と比較されたが，現在では否定的．頭部中胚葉由来．口の前の顎前腔(premandibular cavity)，下顎腔(mandibular cavity)，舌骨腔(hyoid cavity)に加え，板鰓類のあるものでは最前方にPlattの小胞が現れる．総じて外眼筋と神経頭蓋の一部を分化する．羊膜類でも頭部沿軸中胚葉の擬似的な分節が報告されたことがあり，頭部ソミトメアと呼ばれたが，その存在は疑問視される．むしろ多くの羊膜類胚で明瞭な上皮性の頭部腔が報告されている．

c **頭溝** [cephalic groove]《同》頭横溝(cephalic furrow)，感覚溝．紐形動物の頭部を横切るように走る上皮の溝．多くの紐虫の頭部を背腹方向に，または腹面だけ左右に走る1～2対

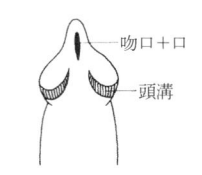

*Drepanophorus*の一種の頭部

の浅い溝を指す．繊毛上皮からなり腺細胞を欠く．頭裂と同じく*化学受容器とされる．(→頭裂，→繊毛溝)

d **統合** [integration] [1] 多数の感覚受容器からの入力情報を集め，総和計算，積算，除算などの変換をほどこして，その結果を然るべき神経路ないし実行器に向け出力情報として伝え，それによって生体活動の全体性・統一性を保証する中枢神経系の機能．[2] 脊髄反射系において，個々の要素的な反射を集め複雑な運動を形成する働き．C.S. Sherringtonの命名．

e **瞳孔括約筋** [sphincter of pupil ラ musculus sphincter pupillae] *虹彩中央の瞳孔周囲を輪状に走る平滑筋．眼杯の外胚葉に由来，すなわち虹彩支質ではなく虹彩色素上皮層の上皮細胞から分化する．*瞳孔散大筋と拮抗関係にあり，収縮すると瞳孔が縮小する．*副交感神経により支配される．

f **瞳孔散大筋** [dilator of pupil ラ musculus dilatator pupillae] *虹彩中の*瞳孔括約筋の周辺部から放射状に走る平滑筋．瞳孔括約筋と同じく眼杯の外胚葉に由来．瞳孔括約筋と拮抗関係にあり，収縮すると瞳孔が開く．*交感神経により支配される．

g **統合失調症** [schizophrenia] 思春期～青年期に好発し，進行性で，思考，意欲，感情などの高次脳機能が障害される精神疾患．E. Kraepelinが疾患単位としての概念(早発痴呆)を確立(1896)し，E. BleulerがSchizophreniaと命名(1911)．日本では2002年に精神分裂病から統合失調症に名称変更がなされた．発症危険率は約0.8％であり，この値はほぼ全世界共通である．幻覚，妄想，思考障害などの陽性症状と感情の平板化，意欲低下，自閉などの陰性症状で症状が構成される．いくつかの亜型が存在し，WHOの分類では妄想型，破瓜型，緊張型，鑑別不能型，残遺型，単純型に分けられる．病因は解明されていない．遺伝的要因が重要とされるが，それだけで限定されるのではなく，環境要因の関与も重要である．病因・病態モデルとしては，脆弱性-ストレスモデルが有力である．主な成因に関する仮説としては神経発達障害仮説のほか，発病前の神経発達障害に発病後の進行性変化が加わるtwo hit model，ドーパミン仮説，興奮性アミノ酸仮説，視床フィルター障害仮説などがある．治療は薬物療法と心理社会的療法を組み合わせて行われる．予後は約半数が完全に，あるいは軽度の障害を残して回復する．

h **胴甲動物** [loriciferans ラ Loricifera]《同》コウラムシ類．後生動物の一門で，左右相称，擬体腔をもつ旧口動物．R. M. Kristensen(1983)が新門として記載．体長250μm前後，体は棘冠をそなえた頭部，頸部および被甲に被われた胴部からなり，頭部・頸部は胴部に引き込むことができる．口は口針で取り囲まれた口錐の前端にあり，消化管および生殖器は体の後端に開く．原腎管をもつが，摂餌，繁殖，発生様式などについて詳しいことは不明．鰓曳動物の幼生に似たヒギンズ幼生(Higgins larva)が知られており，動吻動物および類線形動物の幼生とも形態的類似点をもつ．浅海から深海までの砂泥表層から，現在までに約30種が知られる．

i **瞳孔反射** [pupillary reflex] 脊椎動物と頭足類において，種々の刺激によって瞳孔の直径が変化する反射．縮小した状態を縮瞳(miosis, myosis)，散大した状態を散瞳(mydriasis)という．虹彩には2種類の平滑筋(鳥類では横紋筋)があって，環状の瞳孔括約筋により縮瞳，

放射状の瞳孔散大筋により散瞳を起こす．前者は副交感神経支配，後者は交感神経支配を受ける．両筋の発生は例外的で神経性外胚葉に由来する．眼に入る光の強さが増すときは縮瞳し（潜伏時間 0.2〜0.5 秒，1 秒以内で完了），光が減ずると散瞳（5 秒で完了）して網膜に達する光の量を調節する．これを瞳孔の光反射（light reflex）という．ヒトでは瞳孔の直径は 1.3 mm から 10 mm ぐらいまで変化する．この反射は，視束が半交叉する霊長類などの一部の哺乳類では光を受けた側の眼に起こる（直接反射 direct reaction）だけでなく，他方の眼にも起こる（共感性反射 consensual reaction）．しかし視束が完全交叉する大部分の哺乳類，トカゲ類，無羊膜類では，反応が各側別々に起こる．哺乳類では光感受性網膜神経節細胞（ipRGC）が視細胞から網膜二次ニューロンを介して光入力を受け，また同時にこの細胞内に存在する光受容蛋白質メラノプシンの働きによって興奮する．ipRGC からの中枢への投射は，視束のうしろ 1/3 のところで分かれて視蓋前域へゆきシナプスを作る．二次ニューロンは動眼神経核の一部であるエディンガー・ウェストファル核（Edinger-Westphal nucleus）へ入り，遠心性経路は動眼神経→毛様体神経節→瞳孔括約筋である．散瞳を支配するのは交感神経系であり，中枢は脊髄の頸胸部にあり，上部交感神経節でシナプスを作り，瞳孔散大筋に至る．交感・副交感両神経系は拮抗的に働き，瞳孔の大きさを一定に保つが，覚醒時には他の知覚性および情動的刺激により絶えず多少動揺する（瞳孔不静 pupillary unrest）．光反射以外の縮瞳反射はまた近くを見るときにも起こり，これを近距離反射（near reflex）という．これは輻輳反射および遠近調節と協調した反射で，眼の焦点深度を増し，色収差・球面収差を減少させるのに役立つ．魚類や両生類では虹彩自身が光感受性をもち，視束を切断しても，また摘出した虹彩でも光刺激に応じて瞳孔括約筋が収縮し，縮瞳を起こす．

a **頭骨**　[cranial bones　ラ ossa cranii]　頭蓋の骨の一般的な総称．（→頭蓋）

b **頭骨計測**　[craniometry]　《同》頭蓋計測．人類学で頭骨の形態を定量的に表現するための計測．計測の際，頭骨はつねに*耳眼面に固定される．主な計測点を図に示す．なお計測器は，触角計（spreading caliper）・滑動計（sliding caliper）によって直線距離を，巻尺によって周径を，座標計（coordinate caliper）によって弦長と弧の高さを同時に知り，下顎計（goniometer）で下顎角その他の角度を測る．

c **頭索動物**　[lancelets, amphioxus　ラ Cephalochordata]　《同》ナメクジウオ類，頭索類，無頭類，全索類（Holochorda），薄心類・狭心類（Leptocardia）．脊索動物門の一亜門．体長数 cm，細長く，左右相称で左右に扁平となり，両端の尖った魚形．頭部は分化せず，眼をもたない．正中に大きな背鰭・尾鰭・腹鰭はひと続きとなる．腹鰭は出水孔より後方にあるが，さらに前方では腹面が平坦となり，両脇に低い隆起，すなわち腹襞（metapleura）が発達する．腹襞を脊椎動物の対鰭の原型とする見解があるが，対鰭自体は見られない．体側背半部に「く」の字形の筋節（myotome, myomere）が体節的に多数並ぶのがクチクラ化して透明となった表皮を透けて見える．脊椎骨を形成せず，*脊索を終生体全長にわたってもつ．脊索の背方にそって中空の神経管があるが，前端部は分化も拡大するにすぎない．口は体端腹面に開き，消化管は腹方を直走して尾鰭の付け根にある肛門で直接外界に開く．咽頭は，側壁に多数の*鰓裂をもち腹正中に*内柱をそなえ，かご状に発達して鰓嚢（branchial sac）となり，餌である微小プランクトンなどの濾過装置となる．*囲鰓腔は鰓嚢や腸を包んで腹部のほぼ全域に広がり，出水孔で外界に開く．真体腔は当初形成される前方の数対では典型的な腸体腔であるが，その後方では裂体腔で形成され，合一して脊索下腔（subchordal coelom）として広がるほか，腸の周囲その他に散在．ナメクジウオ型循環系（amphioxus-plan of circulatory system）と呼ばれる不完全な閉鎖血管系をもち，心臓はないが一部の血管壁が脈動する．呼吸色素なし．老廃物は特異な形状をした*籠足細胞によって囲鰓腔に排出．雌雄異体．生殖腺は腹側部に体節的に並び，配偶子は囲鰓腔を経て体外で合体する．浮遊幼生は表皮に生える繊毛により摂食して成長するが，口や鰓裂は当初著しく左右不相称に形成される．すべて海産で，全世界の主に温暖な浅海底の砂中に生息．現生既知約 30 種．

d **糖鎖生合成阻害剤**　[carbohydrate processing inhibitor]　糖鎖の生合成を阻害する薬剤．糖鎖は，糖残基が 1 残基ずつ付加あるいは除去されながら，数多くの段階を経て生合成される．各段階の反応は，それぞれ別々の酵素を触媒としている．細菌や植物などから，これら個々の酵素の阻害剤が単離されており，多くは*N 型糖鎖生合成の阻害剤である（表次頁）．これら阻害剤の構造は，基質や供与体となる糖の類縁体であり，ほかにも人工的に化学合成した糖類縁体の阻害剤も開発されている．これらの薬剤を細胞などに処理することにより，細胞表面上の糖鎖や分泌蛋白質に付加する糖鎖を，さまざまな構造に変化させることができる．一方，*O 型糖鎖など，ゴルジ体における糖鎖プロセッシングに関わる酵素の阻害剤は，あまり知られていない．この過程は，遺伝子重複などにより複数の類似の酵素が存在するために，ある酵素を阻害しても，他の酵素が補完してしまうためと考えられる．また程度の違いはあるものの，リソソームや消化液に含まれるグルコシダーゼの活性も阻害する．

e **洞察**　[insight]　《同》見通し．動物が，直面する状況の特定の要素に着目して，目標に向けて新規かつ適切

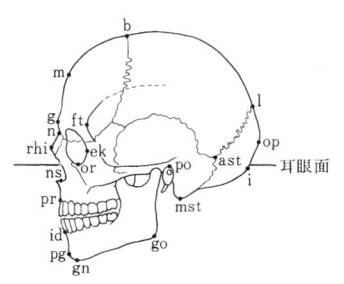

ast: asterion　b: bregma　ek: ektokonchion
ft: frontotemporale　g: glabella　gn: gnathion　go: gonion　i: inion　id: infradentale
l: lambda　m: metopion　mst: mastoidale　n: nasion　ns: nasospinale　op: opisthokranion
or: orbitale　pg: pogonion　po: porion　pr: prosthion　rhi: rhinion．耳眼面は or, po を結ぶ横線

な動作を直ちに構築し実現する能力．試行錯誤を多数回繰り返すことによって目標動作を徐々に獲得していく場合には，洞察によるものとは考えない．一般には哺乳類や鳥類の一部の動物にだけ期待され，*知能の指標と見なされる．例えば迂回路課題（まわり道実験）の場合，目標物（餌など）を金網へだて，餌は見えるが直線的には近づけず，餌にたどり着くためにはまず餌から遠ざかることを要する状況に，動物を置く．動物が少数回の試行錯誤の後，身をひるがえしてまわり道を選び餌にたどり着いた場合，全行程に対する洞察がなされたと考える．道具の使用の場合，たとえ用い慣れている道具であっても，新規な用法や組合せによって手の届かない餌を獲得できた場合，洞察がなされたと考える．いずれの場合も，物体と目標との新しい結びつきが，内的な洞察によって生まれたと見なす．しかし観察された行動が洞察によるものだと判断するためには，十分な注意が必要である．迂回路課題は洞察によらずとも，単にランダムな行動を発現する頻度が高いほど解きやすい．道具の使用の場合でも，先立ってその道具をもてあそぶ機会が高いほど解きやすい．新規な採餌行動のイノベーションが疑われる場合でも，その行動があらかじめ*生得的に組み込まれている場合がある．

a **凍死** [cold death, freezing death, frost-killing（植物）] 体温の低下が原因で生物が死ぬこと．次の場合がある．(1)凍結:生物が*細胞内凍結を起こしたり，*細胞外凍結がある程度以上すすんだときに細胞死が起こり，これによる傷害が代償不可能な場合．(2)冷却:生物が0℃付近またはそれ以下の温度まで冷却されたとき，凍結することなしに死ぬ場合が多い．この原因は物質代謝の変調（やや長時間に及ぶ場合）や，原形質の物理化学的変化（短時間にすすむ）などによると考えられる．後者の場合は冷却の速度が害の程度に大きな影響を与えると考えられる．(3)恒温動物の場合には，産熱（熱発生）と熱発散の収支がくずれその体温より 10〜20℃くらい冷却されると，代謝に障害が起こり，凍結と関係なく0℃よりはるかに高い温度でも死に至る場合が多い．この場合も凍死と呼ばれ，特に激しい疲労などにより産熱が熱発散に追いつかなくなる場合，疲労凍死ということがある．

b **頭糸** [cephalic filament, captacula] 軟体動物の掘足類（ツノガイ類）において，頭部の左右にある葉状部，すなわち触手葉（tentacular lobe）の縁から生ずる多数の細い糸状の器官．繊毛上皮におおわれ，末端は棍棒状に広がり，側面に凹みがある．四方に広がり，感覚器官であると同時に繊毛の運動により有機物を餌として集める．自切性がある．

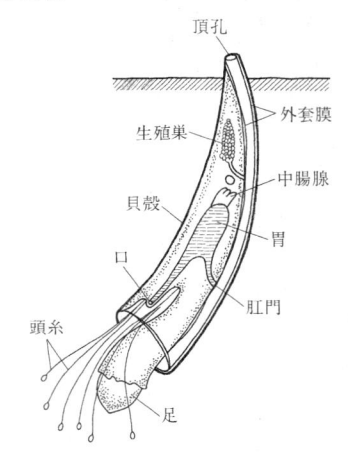

c **糖資化性** [sugar assimilation] 微生物が炭水化物を分解し，生育のための栄養源として利用できるという性質．唯一の炭素源として1種類の炭水化物を添加した合成培地で被検菌を培養し，その生育の有無で判定する．炭水化物が分解されるときに酸が生成することを利用して，培地中のpH低下をpH指示薬で見る場合もある．炭水化物としては，単糖類，オリゴ糖類，多糖類，および多価アルコールが用いられる．これらの糖類は，被検菌の種類に応じて，それぞれに適した基礎培地に0.2〜1.0％の割合で添加して用いられる．特に好気および嫌気の両条件においてブドウ糖からの酸生成をみる検査をO-F試験（O-F test, Hugh-Leifson's test）という．

d **同時形質導入** [co-transduction] 《同》連関形質導入（linked transduction）．二つ以上の遺伝子が1個のファージ粒子によって*形質導入される場合をいう．同時形質導入のあった遺伝子群は，*供与菌染色体の上で密

N型糖鎖生合成阻害剤	阻害する酵素
1-デオキシマンノジリマイシン（1-deoxymannojirimycin）	小胞体 α マンノシダーゼ I（ER α-mannosidase I） ゴルジ体 α マンノシダーゼ I, II（Golgi α-mannosidase I, II）
1-デオキシノジリマイシン（1-deoxynojirimycin）	α グルコシダーゼ I, II（α-glucosidase I, II）
ノジリマイシン（nojirimycin）	α グルコシダーゼ I, II
スワインソニン（swainsonine）	ゴルジ体 α マンノシダーゼ I
ツニカマイシン（tunicamycin）	N-アセチルグルコサミン 1-リン酸転移酵素 （UDP-GlcNAc: dolichyl phosphate GlcNAc-1-phosphate transferase）
カスタノスペルミン（castanospermine）	α グルコシダーゼ I, II ※ⅡよりⅠに対してより強く作用する

N型糖鎖生合成阻害剤とそれが阻害する酵素

a **同時枝** [sylleptic branch] 側芽が休眠することなく,その主軸と同時に伸長して作る枝.これに対して,側芽が休眠期を経たのち伸長して作る枝を先発枝(proleptic branch)という.

b **糖脂質** [glycolipid] 《同》グリコリピド.糖を構成成分として含む脂質群の総称.*リン脂質とともに*複合脂質界を二分する.動物界・植物界・菌界・細菌類に広く存在.リン脂質より存在量は少ない.通常,白色結晶性の粉末として得られる.水とは安定なエマルションを形成するが,糖残基数の増加につれて透明な*ミセル溶液となる.糖脂質はスフィンゴシン塩基(長鎖塩基)を共通成分とする*スフィンゴ糖脂質と,*グリセロールを共通成分とする*グリセロ糖脂質とに二大別される.前者は主に動物界を,後者は主に植物界・細菌界を特徴づける.前者を代表するものとしては*ガラクトセレブロシド,*グルコセレブロシド,グロボシド(globoside)などの中性スフィンゴ糖脂質,*ガングリオシドなどの酸性スフィンゴ糖脂質があり,グリセロ糖脂質にはモノおよびジガラクトシルジアシルグリセロールなどがある.また,ウロン酸を含むもの(*ウロン酸含有糖脂質)や,ホスホン酸を含む*ホスホノ脂質(→ホスホノ脂質),リン酸を含む*リン糖脂質も見出されている.糖脂質のほとんどが*生体膜の主要な構成成分として膜の表面に存在し,細胞の膜抗原や血液型物質,相互識別,増殖制御など,重要な膜機能に関連することが指摘されている.

c **糖質** [carbohydrate] 《同》炭水化物.$C_m(H_2O)_n$,すなわち見かけ上炭素と水とからなるような組成をもつ化合物の総称.多価アルコールのアルデヒド,ケトン誘導体,それらに近縁の誘導体や縮合体も含める.糖は元来は天然の甘味成分を意味した.糖質の基本は*単糖で,これらがグリコシド結合で縮合した化合物を,その糖残基の数により*オリゴ糖および*多糖に分類する.また,これらが蛋白質や脂質などと共有結合したものを*複合糖質と呼ぶ.単糖やオリゴ糖の還元基にアルコール,フェノール,サポニン,色素などのアグリコンが結合した*配糖体も天然に広く分布する.糖質の生理機能としてエネルギーの貯蔵・運搬(*グリコーゲン,*澱粉,グルコース,ショ糖など),構造支持(*セルロース,*キチン,*ペプチドグリカン,*プロテオグリカンなど)に加え種々の細胞間相互作用や生物的認識の過程で糖質(複合糖質)が特異的なマーカーやシグナルとして重要な役割を果たしている.

d **同質遺伝子系統** [isogenic line, isogenic strain] 全く同一な遺伝子構成をもつ個体群の全員をいう.例えばクローン,一卵性双生児,ホモ純系など.(→純系)

e **糖質生合成** [biosynthesis of carbohydrates] 糖質は生体成分の重要な一つとして広く生物界に存在しており,その構造や生合成経路はさまざまある.(1)多糖は,いくつかの単糖がグリコシド結合を介して合成される.これらは,単糖がまず蛋白質中のセリンやトレオニンやチロシンに*糖転移酵素によって転移され,前駆体ができる.この前駆体に同じあるいは異なった糖転移酵素が機能して,一つずつ糖残基を積み重ねていく.この場合,糖残基は通常,ヌクレオチドに二リン酸か一リン酸を介して結合した糖ヌクレオチドとして存在しているものが,供与体として機能する.(2)糖脂質は,蛋白質の代わりにグリセロールやセラミドに単糖が転移され,それに次々と糖残基を積み上げていくことによって生合成される.(3)ペプチドグリカンやリボ多糖は,多糖が二糖あるいは三糖の繰返し構造をもっている場合,まず単糖がイソプレノールに転移され,それに次々と単糖が転移されることによって,二糖や三糖単位が重合した糖鎖がイソプレノールに結合した脂質中間体ができる.脂質中間体は,蛋白質に結合している前駆体に全体として(en bloc)転移されて,ペプチドグリカンの骨格構造を作る.(4)糖蛋白質の生合成様式が最も複雑で,ドリコールにマンノース9残基,グルコース3残基,N-アセチルグルコサミン2残基が結合した前駆体が(次頁図のa)ペプチドのアスパラギン残基に全体として転移される(図のb).こうして転移された糖鎖は,まずグルコース,次いでマンノースがそれぞれに特異的なグリコシダーゼによって除かれ(図のc, d, f),その後,N-アセチルグルコサミン,ガラクトース,シアル酸が順次転移されることによって複合型の糖鎖が生合成される(図のe〜l).これらの生合成の各段階で,特定の反応をつかさどる糖転移酵素が特定の受容体と特定の糖ヌクレオチドを要求することから,特異的な構造が生合成される.すなわち,生合成のある段階でできあがった特異的構造が次の段階での特異的な受容体となり,次の段階での糖転移酵素が働いて,もう一つ糖残基が積み重ねていくことになる.このように単純多糖を除いては,糖鎖は糖転移酵素が順次働くことによりさまざまな構造を生み出す.このとき,糖蛋白質の糖鎖においてはさらに側鎖の数と側鎖を修飾することによって生ずる構造の違いなどが,細胞や組織に特異的な糖鎖構造を生み出し,ひいては細胞認識における役割を担うことになる.(→糖新生)

f **同質誘導** [homoiogenetic induction] 《同》同発生誘導,同化誘導(assimilatory induction).発生における*誘導現象において,*誘導者(作用系)と誘導される構造とが同一の組織または*原基である場合をいう.両生類の*神経板において,実験的に同質誘導が起こることが示されている.(→異質誘導)

g **盗刺胞** [cleptocnida] もともと*刺胞のない動物がそなえる,*刺胞動物に由来する刺胞.有櫛動物フウセンクラゲ類(*Euchlora rubra*)の触手の外胚葉層および触手水管の壁や扁形動物渦虫類の *Microstomum*(淡水産)の体表,軟体動物ミノウミウシの背角先端の刺胞嚢(cnidosac),ある種のタコなどに見られる.いずれもこれらの動物が捕食した刺胞動物から消化管を経てそれぞれ一定の場所に移動したもので,ミノウミウシなどの場合には捕食者に対する防御機能も証明されている.

渦虫類 *Microstomum* の表皮下にある盗刺胞

h **投射** [projection] [1] 感覚*受容器の*刺激により生じた*感覚が中枢神経系に到達し,その刺激の所在や作用方向に相当した空間上の一定の位置に感じられること.中枢の事象である感覚が体表または外界へ投影されるという意味であり,例えば聴覚・視覚はそれぞれ音源・光源に,また触覚は皮膚の接触部位に投射される.外来の刺激なしに生じる感覚(残像・内聴など)までも,多くは同様に投射される.[2] 《同》軸索投射.脳の中のある領域の神経細胞が,別の領域に軸索を伸ばして神経連絡を形成すること.末梢への神経支配はこれに含め

糖蛋白質の生合成

ない.

a **等尺性収縮** [isometric contraction] 《同》等長性収縮. 短縮をほとんど許さないように両端を固定した筋肉を刺激するときにみられる張力の発生経過. *等張力性収縮に対比される. A. V. Hill の二要素モデルによれば, 等尺性収縮張力は収縮要素によって引き伸ばされた直列弾性要素の張力である. 等尺性収縮の際に解放されるエネルギーは機械的仕事に消費されることなく, ほとんどすべて熱に変じるもので, 筋肉の長さを L, 発生する全張力と熱量とをそれぞれ T, H とすれば, 同一筋種・同一条件下では TL/H はほぼ一定であることが知られている. そのため張力曲線はエネルギー曲線とも呼ばれる. ただし, 筋肉の内部では局所的な短縮と受動的伸長とが共存できることに注意しなければならない. 生体内の筋収縮では, 純粋に等尺性・等張力性であることはともに稀である.

b **同種間阻害** [allogeneic inhibition] 培養細胞にリンパ球を加えることによって培養細胞が受ける障害の一つ. A, B という 2 系統の純系マウスから一代交配雑種 A×B を作り, A のリンパ球を A×B から得た培養細胞(非リンパ系細胞)に加えると, A のリンパ球は B 由来の抗原を認識するため, 免疫反応が起こり, 培養細胞は障害を受ける. 一方, A×B のリンパ球を A から得た培養細胞に加えた場合は, A 由来のすべての抗原を A×B の個体がもっているはずであるから, 免疫反応は考えられない. しかしながら, その場合にも培養細胞の障害が認められることがあり, これを同種間阻害と呼ぶ.

c **同種寄生** [autoecism, *adj.* autoxenous, monoxenous] 生活史の中で, 寄生による過程を同一の宿主の上で過ごす場合をいう. 例えば, ヒマワリノサビキン(*Puccinia helianthi*)やソラマメノサビキン(*Uromyces fabae*)などは, それぞれヒマワリ・ソラマメ以外には寄生しない. (⇌異種寄生)

d **登熟** [ripening, grain filling] 植物が開花・受精後, 子房が発達して胚, 胚乳, 子葉などを形成し種子として成熟する過程. また, この期間を登熟期という. *穀類では, 登熟の過程で胚乳に主に澱粉を蓄積する. 例えばイネでは, 胚乳の状態と籾の色の変化から, 登熟期を乳熟期, 糊熟期, 黄熟期, 完熟期, 枯熟期に分ける. 受精の翌日から子房は縦に伸長し, 5〜6 日後には玄米の長さが決まる. その後, 横に伸長し, 腹部が肥大して 15〜16 日後には幅が決まる. 厚さはゆっくり増加して 20〜25 日後にほぼ決まる. イネの胚乳に蓄積される澱粉は主に登熟期に葉で同化された光合成産物に由来するが, 出穂前に稈および*葉鞘に蓄積した澱粉などの非構造性炭水化物も一定の貢献(全炭水化物の 20〜40%)をしている.

e **導出電極** [recording electrode, leading electrode]

《同》誘導電極. *生体電気を計測・描記するための電極. 器官または組織の活動部位に2本の電極を置く場合を双極導出(bipolar lead)といい, 1本を活動部位に, 他の1本(不関電極 indifferent electrode)を電位変動のない他の部位に置く場合を単極導出(monopolar lead)という. 電極には通常, 銀線や白金線, あるいは電解液を充填したガラス細管などが用いられる. 導出の目的によっては, 生体に付着した液と電極との間の分極を防ぐために*不分極電極を用いる顧慮が必要である. 単極導出に際して, 非常に限局した部分から電気変化を取り出したり, 電極を細胞内に刺入して細胞内の電気変化を導出するために, 種々の*微小電極が用いられる.

a **頭楯** [cephalic shield] 後鰓類の頭楯亜目の頭部に見られる肉質の盤状構造. 触角の融合したものと考えられ, その背面に眼が位置し, 前鰓類のタマガイ科に見られる前足に似る. 頭楯は動物が砂泥中を潜行する際に役立つ.

b **頭状花序** [capitulum, head] 《同》頭花. *総穂花序の一つで, 花序軸の先端に無柄の花が集合した花序をいう(⇒花序[図]). 花序軸の節間成長がほとんどないために単純に花が集合している場合(アカシア, シロツメクサ)や, 花序軸の先端部が拡張し, 個々の側花の*苞葉とは別に花序全体を取り囲む総苞片(involucral bract)の集まりである*総苞をもつ場合(キク科, マツムシソウ科)がある. 特にキク科では舌状花(ligulate flower)からなる周辺小花(ray floret)と管状花(tubular flower)からなる中心小花(disk floret)とに分化して花序全体が1個の花に似る*偽花となるものも多い. また二次的に花数が減少して総苞内部に1花だけとなることもある(ブタクサ, クサヤツデ).

c **頭状体** [cephalodium] *地衣類の体上または内部に生じるコブ状の構造物. 緑藻とシアノバクテリアの両方を共生藻にもつ地衣類に見られ, 頭状体にはシアノバクテリアのみが含まれている. キゴケ属やツメゴケ属などでは地衣体上に生じ, カブトゴケ属やヨロイゴケ属などでは地衣体内部に埋もれており, 特に内部頭状体(inner cephalodium)という.

d **同所性** [sympatry] 《同》シンパトリー. 二つの種あるいは集団が互いに交配の機会を得られるような同一の地理的領域を占めて生息している状態. 2集団は交雑を伴わないで同所的(sympatric)に生息しているときだけ, 客観的に別種とみなされうる. 同所的に生息していても生息地が異なる場合(例えば同じ森林でも, A種は土壌リター層(*落葉落枝層)だけで生活し, B種は樹幹だけで生活するようなとき)は, 両者の分布は異地的(allotopic)であるとして, 生息地の点でも異ならない同地的(syntopic)分布と区別される.

e **頭触角** [cephalic tentacle] 無脊椎動物, 特に軟体動物において, 頭部から出る触角の総称. これに対し, 外套にある触角は外套触手(mantle tentacle), 上足のものを上足触手(epipodial tentacle)という. 主として触覚をつかさどる. 後鰓類には前後の2対があり, 前頭触角は純粋の触角であり, 後頭触角は*嗅覚突起(嗅角)となる. 有肺類では, 基眼類の頭触角は1対でその基部に眼があり, 柄眼類には2対あって後頭触角の先端に眼がある. 口の周辺に生じているものの総称を口触角(oral tentacle)と呼ぶ.

f **同所的種分化** [sympatric speciation] 地理的隔離を全く伴わずに任意交配する一つの集団の分布域内で起こる種分化. この種分化のモデルには漸進的な過程を想定するものと染色体の倍数化などによる即時的な変化に基づくものが含まれるが, 一般には前者の漸進的過程での種分化を指すことが多い. 分断淘汰に基づく漸進的な同所的種分化は理論的には可能であり, 植食性昆虫などでは, それを示唆する例がある. しかしそれが起こりうる条件はかなり厳しいので(寄主あるいは配偶者の選好性が単一の遺伝子座支配であることと, かなり強い分断淘汰の存在が必要), 同所的種分化は普遍的に起こる過程とはみなされていない. また, 2種の異所的個体群間よりも同所的個体群間のほうが形質の差異が大である現象を形質置換(character displacement)と呼ぶ(E. O. Wilson ら, 1956). ガラパゴス諸島産のフィンチ類の嘴高などいくつかの例が知られ, 種間競争による自然淘汰圧の作用により, それぞれの種が異なるニッチ(餌)を占有するようになったことが原因とされる.

g **頭神経節** [cephalic ganglion] 《同》脳神経節(cerebral ganglion). 頭部, 消化管の背方にある大型の神経節の総称. 各種の環形動物, 軟体動物, 節足動物などのように頭部の構成が複雑となり, 数個の基本的神経節が融合を起こして格段の複雑さをもつ場合には脊椎動物にならって単に脳と呼ばれるが, 特に扁形動物などのように, 頭部が単純で神経節にも融合の見られぬ場合には, 頭神経節(または脳神経節)の名のほうが用いられる. (⇒食道上神経節)

h **糖新生** [gluconeogenesis] *グルコースがアミノ酸, 乳酸, *グリセロール, *ピルビン酸などの炭水化物以外の物質から生成すること. [1] 動物では, 特に脳はエネルギー源としてグルコースしか利用せず, しかもエネルギー不足の状態に陥ると脳細胞は不可逆的な機能障害を起こす. このため哺乳類などでは糖新生により血糖濃度が一定値以下になることを防いでいる. 動物では, 糖新生はミトコンドリア内と細胞質で行われ, 細胞質での反応の大部分は*解糖系の酵素反応が解糖の場合と逆向きに進行することによって行われる. 糖新生に必要なすべての酵素が十分にそなわっているのは肝臓と腎臓だけであり, この二つの臓器でしか糖新生は行われない. 代謝が解糖に向かうか糖新生に向かうかはホルモン分泌によって決定され, 糖新生を促進する代表的なホルモンとしては*グルカゴン, *アドレナリン, *グルココルチコイドがあげられる. 筋肉で生じた乳酸が最もよく使われる基質であるがアミノ酸から供給されたピルビン酸や*クエン酸回路の中間体も基質として利用される. 反芻動物では発酵で生じたプロピオン酸が主な基質となり, *スクシニルCoAとなってクエン酸回路に入り利用される. 図には乳酸, アミノ酸, プロピオン酸からの糖新生経路を示す. 図中太い矢印は糖新生を行う組織だけで多量に存在する酵素の反応を示す. これら四つの酵素はすべて活性調節を受けている. 特に, フルクトース二リン酸ホスファターゼ(FDPアーゼ)は摂食後は*フルクトース-2,6-二リン酸により強く阻害されているが, 空腹時にはグルカゴンの作用でフルクトース-2,6-二リン酸濃度が低下すると活性を示し, 糖新生が進行する(⇒フルクトース-2,6-二リン酸, ⇒フルクトース-6-リン酸-2-キナーゼ). グルカゴンはまた*Aキナーゼを介してピルビン酸キナーゼをリン酸化することによりこの酵素活性を抑制し, ホスホエノールピルビン酸がピルビン酸

となるのを防ぐ．[2] 植物では，トリアシルグリセロールからグリセロールを経て，あるいは二酸化炭素固定から3-ホスホグリセリン酸を経て，澱粉およびショ糖が生合成される過程をいう．（⇒糖ヌクレオチド，⇒澱粉生成酵素）

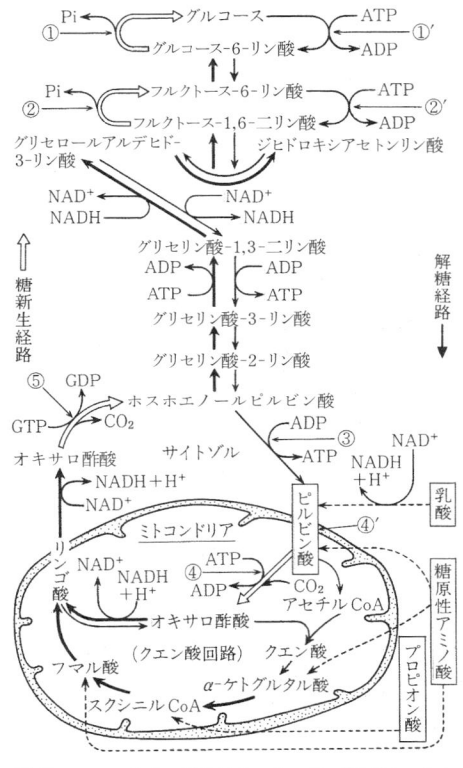

①グルコース-6-リン酸ホスファターゼ　①′グルコキナーゼ　②フルクトース二リン酸ホスファターゼ　②′ホスホフルクトキナーゼ　③ピルビン酸キナーゼ　④ピルビン酸カルボキシラーゼ（アセチルCoAで活性化）　④′ピルビン酸デヒドロゲナーゼ複合体（アセチルCoAで阻害）　⑤ホスホエノールピルビン酸カルボキシキナーゼ

a **同親対合** [autosyndesis, autosynapsis] 《同》同親接合，同親和合，同質接合．倍数体や異数体の減数分裂の第一分裂において，同祖性の（同一ゲノムに属する）染色体どうしの間に起きた*対合．同質倍数体および部分的異質倍数体（⇒倍数体）であることの判定に用いられる．（⇒異親対合）

b **等浸透液** [isosmotic solution, iso-osmotic solution] ある基準の溶液と*浸透濃度の等しい溶液．二つの等浸透液の間に理想的な半透膜を置けば，正味の水の移動はない．しかし，生体膜は完全な半透膜ではなく，膜の構造や荷電などが原因となり，溶質に対してある程度選択的な透過性を示し（⇒選択透過性），またある種のイオンを能動輸送することによって，動的に半透性を維持している．したがって，ある細胞に対して等張性（⇒等張液）を示す溶液は，その細胞内の溶液と等浸透性であるとは限らない．等浸透液と等張液とは区別して使う必要がある．また，溶液の浸透濃度を比較するとき，浸透濃度のより高い溶液を高浸透液（hyperosmotic solution），より低い溶液を低浸透液（hyposmotic solution）という．

c **同性花** [homogamous flower] 植物が1種類だけの花をもつ場合の花，またはキク科の*頭状花序が1種類の花だけで構成される場合の小花をいう．頭状花序が2種類以上の小花で構成される場合には異性花（heterogamous flower）という．また，雄ずい（あるいは葯）と雌ずい（あるいは柱頭）が同時に成熟する雌雄同熟花のことも指し，この場合は雌雄異熟花（dichogamous flower, heterodichogamous flower）に対する．

d **同性配偶** [homosexual mating] 同性の2個体が永続的なつがい関係を続けたり，*配偶行動を行ったりすること．昆虫や鳥類，哺乳類などで広く見られる．イルカや霊長類では社会集団のメンバー間の連携向上に役立っていると考えられる．昆虫の雄では，他の雄と交尾して精子を渡し，後者の雄が雌と配偶する際に間接的に精子を雌へ渡す機能がある．また，雄が少ないカモメでは，雌どうしでペアをつくって営巣し，ときには雄とも交尾することで多少の繁殖成功をあげ，性比が著しく雌に傾いたときの*次善の策となっていると考えられる．しかし，その適応的意味がよくわからない場合も多い．

e **透析** [dialysis] 一定限度以下の低分子の溶質だけが透過できる半透膜（透析膜，⇒半透性）を用いて高分子物質と低分子物質とを分離する操作．透析膜には，再生セルロース，セルロースエステル製のものがよく用いられる．分画分子量（MWCO, molecular weight cut-off）は100から10万のものまで各種市販されている（⇒限外濾過）．よく用いられるものはチューブタイプのもので，チューブの中に試料溶液を入れ，チューブの両末端を縛り，純水または適当な緩衝液などに浸しておくと，低分子の塩などが次第に除かれる．チューブの太さは種々のものが市販されている．また，微量透析用にカップに透析膜を張り付けたカプセルタイプのものや四角枠の両面に透析膜を張り付けたカセットタイプのものが市販され，簡単に透析を行える．腎臓の機能には透析の要素があり，腎疾患によってこの機能が低下した際にこの原理を応用して腎不全患者の血液を浄化する治療を透析（透析療法，人工腎臓）という．類似の方法で，色素など低分子物質の高分子物質に対する結合量の測定（透析平衡法）が行える．また透析膜の外側を陰圧にして高分子溶液を濃縮することも可能である．

f **透析培養** [dialysis culture] 微生物の培養を*透析膜で包み，外側に新鮮な培養液を流しながら行う培養法．この方法によって微生物は絶えず新しい栄養分の補給を受けると共に老廃物が除去されるので対数的増殖を長く続け，定常期に入ったときの細胞収量が増大する（⇒増殖曲線）．また，外液の培地成分を変えることによって微生物の栄養環境を徐々に変化させたり，膜を隔てて2種の微生物を培養して生成物を介しての相互関係を知ることにも利用される．

g **糖穿刺** [sugar puncture] 《同》糖刺．哺乳類の第四脳室底を刺傷して延髄の糖中心を刺激する操作．C. Bernard（1855）が最初ウサギで行った有名な実験．これにより強度の過血糖や*糖尿が起こる．これは延髄の刺激が交感神経により副腎に達し，アドレナリンの過剰分泌を促し，それが肝臓における糖生成を増大させるため

で，アドレナリン性糖尿症に属する．

a **痘瘡ウイルス** [smallpox virus, Variola virus] *ポックスウイルス科コルドポックスウイルス亜科オルトポックスウイルス属に属する痘瘡の病原ウイルス．ウイルス粒子は大形で，ゲノムは二本鎖 DNA．感染細胞内の小体は，J. B. Buist (1886) が発見し，E. Paschen が詳しく観察し，パッシェン小体 (Paschen corpuscle) と名づけた．これは塩基好性の細胞質内*封入体でウイルスの核酸と蛋白質が粒子組立ての部位に集合したものである．痘瘡 (天然痘) は全身の皮膚に特有の膿疱性の発疹を作る死亡率の高い疾病で，回復しても斑痕を残す．WHO を中心とした，世界規模でのワクチン投与による痘瘡撲滅運動により自然界からの根絶宣言がなされた．ウシの痘瘡性の病気に牛痘ウイルス (cowpox virus) の感染による牛痘 (cowpox) があり，ヒトは一度牛痘にかかれば痘瘡に対して免疫となる．E. Jenner (1798) は，この現象を利用して種痘による天然痘予防法を発明した．ワクチンに利用されているのは*ワクチニアウイルスである．ヒトに疱瘡様の感染症を起こすウイルスとしてサル痘ウイルス (monkeypox virus) が近年注目されている．自然宿主はリスやネズミなどの齧歯類とされている．(⇒ポックスウイルス)

b **逃走距離** [flight distance] 何かが近づいてきたとき，動物が逃避行動を起こす距離．H. Hediger の造語．たいていの動物は，他の動物や物体が近づいてくると，しばらくはそれを注視しているが，ある距離を越えて接近してくると，急いで逃げだす．逃走距離はほぼ決まっているが，一般に大形の動物ほど大きいが，経験によっても異なる．(⇒攻撃距離)

c **同側性** [adj. ipsilateral] ⇔対側性

d **頭足類** [cephalopods ラ Cephalopoda, Siphonopoda] 《同》イカ綱．軟体動物門曲体亜門の一綱．現生はオウムガイ類と鞘形類 (コウイカ類・ツツイカ類・コウモリダコ類・タコ類) の2亜綱からなる．四鰓類 (オウムガイ類やアンモナイト類など) と二鰓類 (イカ類) に大別し，コウイカ類とツツイカ類を十腕類，タコ類を八腕類と呼ぶこともある．よく発達した頭には構造の複雑な1対のカメラ眼があり，足縁の変形によって生じた8本または10本または多数 (オウムガイ類) の腕がつく．外套膜は円錐形または嚢状で，内臓塊を完全に包んで胴を形成し，その分泌した貝殻はオウムガイや化石種では外在して軟体部を包み多数の室からなるが，十腕類では甲またはペンとして内在し，あるいは欠如する．体表の色素胞の収縮・拡張による体色変化が著しい．外套腔内の水を足の一部 (上足) の変形によって生じた*漏斗から排出し，その反動により移動する．*櫛鰓は2個または4個で，それに応じて体心臓は2心耳・1心室，あるいは4心耳・1心室である．鰓の基部に*鰓心臓がある．口腔に歯舌と顎歯がある．神経系の中枢化が著しい．雌雄異体で，一般に雌雄異形が顕著で雌は雄よりも著しく大形．多黄卵・端黄卵で，左右相称型の卵割をなし，直接発生する．

e **同祖性** [homoeology] 同一祖先から由来したために遺伝的相同性を一部保持しつつも，他方ではこれまでに生じた突然変異によって相互に多少の遺伝的分化を生じた2個以上のゲノム，染色体あるいは遺伝子の関係．原語の意は部分相同性である．例えば，パンコムギ (2n=42) のゲノムは21本の染色体からなるが，これは共通の起原をもつ A, B, D の3ゲノム (それぞれ7本の染色体) で構成される．したがって，A, B, D は同祖ゲノムと考えられ，さらにそれぞれのゲノムに属する 1A 染色体，1B 染色体，1D 染色体は遺伝的機能が似ていること，潜在的に対合する能力をもっていることなどから同祖染色体 (homoeologous chromosome) と考えられる．

f **淘汰** [selection] 《同》選択．生物集団中に遺伝子型の異なった個体があり，その間で生存率や妊性 (一般には*適応度) に差があるとき淘汰が働くといい，そのような差を引き起こす作用または操作を淘汰という (⇒自然淘汰，⇒人為淘汰)．淘汰作用を統一的に理解する目的で各種の分類法が提唱されている．まず，淘汰は正の淘汰 (positive selection) と負の淘汰 (negative selection) とに分けて考えることができる．正の淘汰とは集団中に適応度を高める突然変異が出現したとき，その突然変異遺伝子が次第に頻度を増し，集団全体に拡がっていく場合の淘汰で，ダーウィン淘汰 (Darwinian selection) とも呼ばれる．これに対し，集団中に有害な遺伝子が出現したとき，これをもった個体の生存力や妊性がそこなわれ，その遺伝子が集団から除去されるのが負の淘汰である．昆虫の*工業暗化における黒色型遺伝子の増加や農薬の連続使用に伴う抵抗性遺伝子の増加などは正の淘汰で，劣性致死遺伝子や有害遺伝子に働くのは負の淘汰である．かつては遺伝子型と淘汰とをはっきり結びつけることは困難だったが，現在では DNA レベルでの詳細な解析が可能になった．形態など量的形質にかかる淘汰を安定化淘汰，方向性淘汰，分断性淘汰の三つに分ける方法がある．安定化淘汰 (stabilizing selection) は，量的形質について集団平均の個体が最も適応度が高く，それから正または負の方向に隔たるに従って個体の適応度が低下する場合で，一口にいえば極端な個体を除去する淘汰である．これは現状維持的な役割を果たしていると考えられ，求心性淘汰 (centripetal selection) または正常化淘汰 (normalizing selection) と呼ばれることがある．方向性淘汰 (directional selection) は量的形質の平均値が最適値とは違った位置にある場合に働く淘汰で，これによって集団平均は最適値に向かって変化していく．分断性淘汰 (disruptive selection) は，一つの集団に対して，最適値が二つ以上あるときに起こる淘汰であり，量的形質の分布曲線は通常の山形でなく双頂になる可能性もある．これは遠心性淘汰 (centrifugal selection) と呼ばれることがある．世代ごとに淘汰の向きが逆転するような場合は分断性淘汰とはいわない．

g **淘汰圧** [selection pressure] 《同》選択圧．*淘汰 (選択) の作用を，物理学的な圧力に類比して表す語．集団遺伝学などにおいて用いられる．

h **淘汰勾配** [selection gradient] 《同》選択勾配．互いに相関がある複数の形質において，ある形質に*淘汰が働いて形質の平均値に変化が生じて他の形質でも平均値に淘汰の前後で差が生じる場合，他の形質に働くこの淘汰を統計的に分離し，その形質に直接に働く部分だけを表現する量．適応度の対数の形質値に対する微分係数で表される．n 個の形質があるとき，i 番目の形質の淘汰差を S_i，淘汰勾配を β_i とすると，i 番目の形質と j 番目の形質の表現型値の共分散を P_{ij} として，

$$S_i = \sum_{j=1}^{n} P_{ij} \cdot \beta_i$$

と表される．このうち，i 番目の形質に直接働く部分は $P_{ii}\cdot\beta_i$（P_{ii} は i 番目の形質の分散）だけで，他の $n-1$ 個の項は他の形質への淘汰が形質間の表現型相関を介して間接的に作用する部分を表すと解釈できる．

a **淘汰の単位** [unit of selection] 《同》選択の単位．*自然淘汰が生じる生物学的な実体あるいは単位．個体は周りの環境や他の個体と相互作用することにより，繁殖や生存の成功に差が生じる．個体の繁殖と生存の差の原因となった性質が，遺伝子の複製により次世代に引き継がれる．このように*個体淘汰では相互作用子は個体であり，複製子は遺伝子である．一般に自然淘汰の単位というとき，相互作用子として機能する生物学的単位は何か，複製子として働く単位は何かということが問題になる（→レプリコン説）．*利己的遺伝子の概念は，複製子が遺伝子であるという主張であり，集団が淘汰の単位であるという議論は，相互作用子が集団であるという観念である．そのほか自然淘汰が，どのレベルの生物学的な単位に対して働くと考えると有効かについては多くの意見がある．

b **頭端器官** [frontal organ, apical organ, frontal sensory organ] [1] 扁形動物渦虫類において，頭部の先端の繊毛窩に開口し，粘液や棒状小体などを分泌する頭腺 (frontal gland) と感覚細胞の複合体のこと．多岐腸類では幼生時に限って脳の直前に認められ，前脳器官 (apical organ) とも呼ばれる．いずれの場合も機能は付着・防御・移動に関わると考えられるが，詳細は不明．類似の構造はある種の条虫類の幼生にも認められる．[2] 無腸型扁形動物の皮中神経類と無腸類に特徴的な頭部最先端に開口する粘液分泌腺のこと．[3] 紐形動物において，頭端の吻道口上部にある凹み．長い繊毛をもち，そこに頭腺 (frontal gland, cephalic gland) が開口することもある．[4]《同》前頭器官，指状突起 (digitate process)，乳頭突起 (papilliform process)．一部の星口動物の脳前端部にある多くの指状ないし乳頭状の突起．神経分泌物質の貯蔵と放出の場とされる．確証はない．[5]＝前頭器官

c **糖蛋白質** [glycoprotein] 《同》グリコプロテイン．ポリペプチド鎖の特定アミノ酸残基に共有結合したヘテロ糖側鎖をもつ蛋白質の一群．二糖単位の比較的規則正しい繰返し直鎖構造をもったグリコサミノグリカンを側鎖とする蛋白質は*プロテオグリカンと呼んで区別する．糖鎖とペプチドとの結合様式としてセリンまたはトレオニンの水酸基とグリコシド結合した O 型，アスパラギンのアミド基に結合した N 型，ヒドロキシリジンの水酸基に結合した*コラーゲン型がある．糖鎖は蛋白質1分子当たり1〜複数のもの，さらに単糖からオリゴ糖，長い直線状あるいは分枝状の多糖など多種多様．もともと蛋白質の特殊な一群として扱われていたが，糖側鎖をもたない「純蛋白質」の方が少ないと考えられている．生理機能も多様で，血漿（トランスフェリンなど）・卵白（オボムコイドなど）・乳（γ-カゼインなど）のように細胞外分泌性蛋白質の主体となっているほか，コラーゲンなどの繊維蛋白質，ゴナドトロピンなどのホルモン，細胞接着因子や血液型物質のような細胞膜成分，免疫グロブリン（抗体），一連のサイトカイン，酵素も含まれる．これら糖蛋白質はリボソームによるペプチド合成の後，粗面小胞体，シスゴルジからトランスゴルジへの輸送の過程で数多くの厳密な基質特異性を有する糖転移酵素およびグリコシダーゼ（糖加水分解酵素）によって糖鎖部分が合成される．このように合成された蛋白質糖鎖の生理的意義については特に二つの点が重要視されている．一つは蛋白質の物性に関わっており，糖鎖の結合によって蛋白質の親水性を増大させたり，特定の立体構造を形成してプロテアーゼに対する抵抗性を高める．あるいはシアル酸や硫酸基の付加により蛋白質の負電荷を高める．もう一つは血液型物質の研究で示されているように，細胞内外での分子および細胞間認識における重要性である．リソソーム酵素の細胞内転送，糖蛋白質の細胞外への分泌，肝細胞への血漿糖蛋白質のとり込み，炎症時における血管内皮細胞への白血球接着機構，細胞膜のレクチン様受容体を介したウイルスや細菌の付着などが知られている．これらの現象に直接または間接に関与する各種の糖転移酵素や糖加水分解酵素の基質特異性や性状だけでなく，遺伝子レベルでの解析も進んでいる．

d **銅蛋白質** [copper protein] 銅イオンを含む蛋白質．特徴的な青色を呈するものが多い．銅含量は 0.2〜0.3％．生理機能は多様で，電子の授受（アズリン，フィトシアニン），酸素の輸送（*ヘモシアニン），酸化還元（シトクロム c オキシダーゼ，*ラッカーゼ），酸素添加酵素（ドーパミン-β-ヒドロキシラーゼ，メタンモノオキシゲナーゼ）などの酵素群が銅イオンを必須とする．セルロプラスミン (ceruloplasmin. 分子量13万2000，四量体) は，血漿中の銅の9割以上を結合する銅イオンの輸送体であり，Fe^{2+} の酸化酵素である．銅イオンの配位子4個のうち3個がアズリン（azurin. 分子量1万4000，Cu^+ は無色，Cu^{2+} は青色）で青色を示す．同じ配位子構成のアスコルビン酸オキシダーゼ，ラッカーゼ，フィトシアニンも青色蛋白質である．

e **冬虫夏草** [vegetative wasp, plant worm] 《同》夏虫冬草．広義には昆虫類や蛛形類に寄生してその体上に著しい子実体を形成するノムシタケ属 (Cordyceps) や Hirsutella などの菌類（→虫生菌類）をいうが，狭義には中国においてコウモリガ科の幼虫に生じる Ophiocordyceps sinensis を虫体とともに取って乾燥した生薬．宿主は死ぬが，それが生活していた場所や習性に従い，土中，樹皮内，蘚類の間，葉や樹枝上などに固着して生じ，大きさ・形・色などは多様．鱗翅目の幼虫につくサナギタケ，セミ類につくセミタケ，カメムシ類につくカメムシタケ，トタテグモにつくクモタケなどがよく知られる．

f **頭頂** [vertex] 頭をもつ動物の頭部の頂面．昆虫では左右の複眼の間およびその後方の部分．後方は後頭に，前方は額に連なる．

g **頭腸** 脊椎動物の胚において，頭部に属する腸管（消化管）の部分．前腸の前端部にあたる．広義には口腸と*鰓腸を合したものをいい，狭義には口腸と同義に用いる．必ずしも明確に定義されていない．（→胴腸）

h **同調** [1] [synchronization] 《同》同期，引込み (pull in)．物理学的には周期振動をしている*自励振動系に対して，周期がそれとわずかに異なる周期的な外力が加えられるとき，自励振動系の周期が変化して，外力と同じ周期になる現象．生物時計にみられる同調 (entrainment，本項目【2】参照)，細胞周期の同調（→同調培養法）や熱帯地方のホタルにみられる一斉な明滅など

はこの物理現象をモデルとして説明することができる．周波数がわずかに異なる複数個の自励振動系を相互に結合すると，すべての自励振動系がある特定の周波数で振動するようになる同調もある．例えば，カエルの心臓では，静脈洞・心房・心室の順に自動性の拍動リズムの周波数が低くなるが，これらが結合された状態にある正常の心臓では，静脈洞が*ペースメーカーとなって，他の二者はそのリズムに同期して拍動している．これらの生物学的な同期現象はいずれも物理モデルでは自励振動系の非線形性で説明できる．

【2】[entrainment] 《同》エントレインメント．内因的なものである*生物リズムが，他のリズムの影響を受けてそれと一定の位相関係になる現象．外界の環境サイクルに同調する場合によく使われるが，体内の他のリズムに同調する場合や他の生物のリズム，あるいは同種他個体のリズムに同調する場合(社会的同調)もある．外界の環境サイクルに同調するとき，この外界からの信号を*同調因子と呼ぶ．また，独立のリズムがたがいに同調しあうものは特に mutual entrainment と呼ぶ．同調するときには*位相変位が起こる．一般には，生物リズムとそれに影響するリズムの周期があまりかけ離れていない場合に同調が成立し，その場合には両者の周期は一致する．例えば*概日リズムでは，外界の周期が 24 時間から±4 時間以上隔たると同調できなくなるのが一般的である．しかし，片方の周期がもう片方の整数倍となって同調が成立する場合もある．概日リズムが 24 時間の周期を保って，6 時間あるいは 12 時間といった周期に同調することを周波数非増加(frequency demultiplication)同調と呼ぶ．

a **同腸** [1] 脊椎動物の胚における消化管の一区分で，頭腸に対してそれより後方の部分．両者の境界は咽頭と食道の境界ともされるが，一定の規準はない．[2] 無脊椎動物の*胃．

b **同調因子** [zeitgeber] 《同》ツァイトゲーバー．環境要因の周期的な変化が生物リズムに影響を与え，それを自らの振動に*同調させるとき，その環境要因の周期的な変化．*概日リズムの場合，代表的な同調因子は 1 日の光周期(明暗サイクル)であるが，温度周期が同調因子になる例も知られ，ヒトやミツバチでは同種他個体との接触も同調因子として働く(社会的同調)．また，潮汐リズムでは潮の干満，月周および*半月周期性では月光，概年リズムでは光周期(日長)の変化が代表的な同調因子として知られる．

c **等張液** [isotonic solution] 血液，細胞膜などと*浸透圧が等しい溶液．細胞(または生物体)を浸すと，正味の水の移動が全く見られない．この溶液は細胞または細胞内液に対して等張(isotonic)であるともいう．それぞれの生活系に対し，実際に水分平衡をもたらす溶液が等張液であって，生体膜は理想的*半透性をもっていないので，等張液は必ずしも*等浸透圧ではない．

d **頭頂眼** [pineal eye, pineal organ] 《同》顱頂眼．副松果体が特に発達して眼に類似した構造をもった器官．俗に「第三の眼」と呼ばれることも．爬虫類のうち，トカゲ類の特定のいくつかのグループにみられる．頭蓋骨の頭頂付近の正中線上にある小さな孔(顱頂孔 parietal foramen)にはまって存在し，円板状で濾杯構造をもつ．濾杯構造の前壁はレンズの役目をし，後壁には外節をもつ光受容細胞と，その興奮を伝える神経とがある．顱頂孔上の皮膚は透明になって角膜の役割を果たしている．Sceloporus occidentalis というトカゲは特に発達した頭頂眼をもつことで有名．太陽光線の線量計の機能をもつとされ，体温調節に役立っているとする考えや時刻と太陽の位置から方位情報を取得する太陽コンパスにも関与すると考えられている．網膜では，視細胞(一次ニューロン)と視覚情報を脳に伝える神経節細胞(三次ニューロン)の間に双極細胞などの二次ニューロンが介在するが，頭頂眼では神経節細胞が二次ニューロンであり，光受容細胞は直接これに接続している．網膜では一般に一つの視細胞には 1 種類のオプシンしか発現しない．一方，トカゲの頭頂眼の光受容細胞には，青色感受性のピノプシンと緑色感受性のパリエトプシンが共存し，両者が異なる細胞内情報伝達経路を活性化する．これにより，感色性の応答が可能となっている．

e **等張係数** [isotonic coefficient] 《同》i＝フリースの等張係数(De Vries' coefficient)．モル濃度の等しい電解質溶液と非電解質溶液とが，等しい*浸透圧を示すときにおかれる係数．物理化学におけるファントホッフの係数(van't Hoff's coefficient)に相当する．*原形質分離を起こさせるのに電解質溶液を用いると，最小程度の原形質分離の見られる限界濃度は非電解質の場合に比べて必ず低い．これは電離によって生ずるイオンが浸透的に働くためである．非電解質(例えばショ糖)，電解質(例えば塩化カリウム)のモル濃度をそれぞれ C_n，C_e とすれば非電解質溶液の浸透圧は $C_n RT$，電解質溶液の浸透圧は $iC_e RT$ の関係(R は気体定数，T は絶対温度)が成立し，両者の濃度が異なっても同じ浸透圧を示す場合 $i=C_n/C_e$ で，この i を等張係数という．

f **同調行動** [synchronization] 対面交渉している 2 個体以上の動物個体が，同じ動作や発声をほとんど同時に行うこと．発達心理学・人間行動学で用いられる．ヒトでは特に同調機能が発達しており，新生児段階から対面者の口や手の運動に対する同調的な反応が見られ，これを共鳴動作と呼ぶ．笑いや舌出しなどの顔の表情の共鳴動作はチンパンジーの新生児にも起こることがわかっている．談笑している 2 者間では，無意識のうちに表情・うなずき・顔や上半身の運動などがほとんど一致して現れ，この同調の動きは会話ダンスと呼ばれる．この場合の同調は関心の対象とコンテクストを共有していることを示し，コミュニケーションの達成感と一致すると考えられる．ヒトの場合，同調はスポーツ，音楽，演劇の行為者と観客との間においても現れることがある．同調が強く現れる場では参加者相互に強い一体感が生じる．

g **同調的酵素合成** [coordinate enzyme synthesis] ある条件を与えることによって，その合成速度が同時に，一斉に変化するような酵素群の合成．例えば，大腸菌を β-ガラクトシドのない培地で培養しておき，これに β-ガラクトシドのような*誘導物質を加えると，*β-ガラクトシダーゼ，ガラクトシド透過酵素，ガラクトシドアセチル基転移酵素の三つの酵素が同調して合成される．同一*オペロン上や同一*レギュロンに属する遺伝子産物は，おおむねこのような同調的な合成を行う．

h **同調培養法** [synchronous culture method, synchronized cell culture] *細胞周期を同調させるようにして行う培養法．同調は原理的には，細胞周期のある特定の時期にある細胞のみを単離する方法と，細胞周期を，ある特定の時期に停止させ，すべての細胞がそこに達し

た後に再開する方法の二つがある．前者には，足場依存性の増殖をする細胞が M 期には球形になり基質から剝がれやすくなることを利用して，M 期の細胞のみを集めるやり方がある．後者には，培地から生育に必要な栄養源を除去する方法，温度処理法，あるいは，DNA 合成を阻害する薬剤を加える方法などがある．細胞周期の研究には必須の手法である．

a **同調分裂** [synchronous division] 細胞集団のすべての細胞が同じ細胞周期で細胞分裂を繰り返す現象．多くの場合，受精卵の初期卵割，生殖細胞形成のときの減数分裂，胚乳細胞の初期分裂などは自然状態で同調分裂している．もちろん動植物の種類，細胞の内的要因や環境条件によって同調率は異なる．多核体（例えば変形菌やショウジョウバエ初期胚）では核は同調分裂することが多い．同調分裂は細胞分裂のメカニズムを知るための細胞生物学研究上不可欠であり，これを人為的に行うのが *同調培養法である．温度処理・栄養飢餓処理・薬物処理（代表例としては，アフィジコリン・ヒドロキシン尿素・チミジンによる S 期同調や，ノコダゾール・コルヒチンによる M 期同調）などによってかなり高率の同調分裂を数回にわたって誘起することができる．

b **等張力性収縮** [isotonic contraction] 筋肉の*収縮の経過中，その筋肉に加わっている力(荷重)が終始不変に保たれる（等張力）場合における収縮．等張力性収縮の経過は，筋短縮曲線として記録される．純然たる等張力性収縮は，生体内での自然な筋活動に際しては稀にしか実現されない．等張力性収縮の短縮速度は収縮期のかなりの部分についてほぼ一定であり，張力(荷重)と短縮速度との間の関係が研究されている（⇒力-速度関係）．等張力性収縮では直列弾性要素の長さは不変なので，短縮速度は筋フィラメント相互の滑りの速度を反映すると考えられる．（⇒滑り説，⇒尺性収縮，⇒増張力性収縮）

c **同定** [identification] 生物学においては，化石を含む生物個体を既知の分類体系の中に位置づけること．具体的には，対象個体の形質(主に形態形質)を調べ，記載論文，*検索表，図鑑などにある記載，さらに必要に応じて*担名タイプ標本やそれに準ずる標本と比較検討し，学名を決定すること（⇒タイプ標本）．通常，種（あるいはそれより下位）の*階級で，記載に合致する*タクソンが見つかれば，その学名をその個体に付けて同定作業は終わるが，合致するものがなければ新タクソンの設立という分類学的研究に発展する．また，合致するタクソンが見つかっても，そのタクソンに関する新事実が当該個体から発見された場合，再記載や系統分類学的検討が行われる．（⇒分類）

d **童貞生殖** 【1】[androgenesis] 植物において雄性配偶子が単独に細胞分裂して発達し胚を形成する現象．広義の*単為生殖の一つ．マツヨイグサ属，オニタビラコ属，ツツジ属などの種間雑種では，雄性配偶子が核のない卵細胞または核の退化した卵細胞の中に入り胚をつくる．ホンダワラ科の藻類で卵細胞を破壊して核を含まない破片をつくり，精子をかけると，その破片の中で精子が分裂して小さな個体を形成した(H. Winkler, 1908)．これは人工的な童貞生殖の例である．最近は花粉の人工培養（⇒花粉培養）によって半数体が育成されるようになってきており，これも人工的な童貞生殖と見なすことができる．

【2】[ephebogenesis] ⇒雄性発生

e **動的最適化モデル** [dynamic optimization model] 各時刻において複数の可能な選択肢がある状況で，与えられた目的関数を最大化するための方針を探る数理モデル．生物学への応用では，目的関数は終端時刻における資源量や子孫数であることが多い．*生活史戦略の解析に用いられる．短期的な利益を追求するとかえって長期的に損になるような状況をモデル化する場合，動的最適化モデルが必要になる．非動的モデルでは最適解はある戦略 x であるが，動的モデルでは最適解は時間 t とともに変化する戦略 $x(t)$ である．動的計画法（ダイナミックプログラミング）やポントリャーギンの最大原理が主要な解法の一つである．

f **動的分類系** [dynamic system of classification] 早田文蔵(1921)が提唱した植物分類系．生物には系統や進化はなく，生物群相互の関係は網状関係(net-like relation)であり，生物群の成立は多数多種の因子の自由な結合によると考える．各因子を一つずつ分類の指標とすることにより分類系を順次に作り，その総合として目的の分類系とする．系統を否定しており，現在は用いられない．

g **動的平衡** [dynamic equilibrium] 生体の形態・成分が外見上一定に保たれている状態．生体内の物質が絶えまなく変化していることは，蛋白質に代謝回転が存在することからも証明される．その系の中では反応が進行しているので，化学でいう平衡と異なる．化学反応における平衡では，原系から生成系への反応速度が生成系から原系への逆反応速度と等しく，自由エネルギー変化の最小の状態にある．生体系は外界とエネルギーおよび物質の交換を行う*開放系であるから，反応の進行に伴う自由エネルギー減少を伴っても一定の状態を保てる．動的平衡よりもさらに厳密な定義として定常状態という用語があり，系内の反応速度の時間的変化のない状態を指す．この状態では自由エネルギー損失量が最も少ない．F. G. Hopkins は，「生命は多相系における動的平衡である」と定義したが，「生命の本質的契機は蛋白質を囲む外界との不断の物質代謝である」という F. Engels の命題も，動的平衡の内容を表現したものと受けとめられている．（⇒流動平衡）

h **糖転移酵素** [glycosyltransferase] 蛋白質，糖質，脂質，ステロイド，アルコールなどの糖受容体(sugar acceptor)に，糖供与体(sugar donor)すなわち糖ヌクレオチドや脂質中間体(糖結合ドリコール)から糖を転移し，*複合糖質や多糖を合成する酵素の総称．多くの酵素はその活性発現に，二価陽イオンを必要とする．受容体，供与体双方に高い特異性を示すものが多い．転移する糖の種類により，シアル酸転移酵素，ガラクトース転移酵素，N-アセチルグルコサミン転移酵素，N-アセチルガラクトサミン転移酵素，マンノース転移酵素，グルコース転移酵素，フコース転移酵素，グルクロン酸転移酵素などに大別される．さらに各酵素は形成するグリコシド結合の様式により，例えば α-1,3-ガラクトース転移酵素，β-1,4-ガラクトース転移酵素，β-1,3-ガラクトース転移酵素，β-1,6-ガラクトース転移酵素などに区別される．これら多くの酵素は小胞体からゴルジ体にかけて膜に結合して存在し，蛋白質や脂質に糖を付加する．一部の酵素はプロテアーゼの作用により膜結合部位を失い，血液，乳汁，脳脊髄液，精液，羊水などの体液中に

可溶性酵素として存在している．このほか，酵素活性は細胞膜，核，ミトコンドリアなどにも見出され，特に細胞膜に存在する酵素は隣接細胞の表面糖鎖と結合し，細胞間接着に関与していると考えられている．ABO式血液型の遺伝子も，糖転移酵素をコードしている．

a **等電点** [isoeletric point] 溶媒のpHによって正負の電荷の数が変わる，蛋白質やリン脂質のような両性電解質において，正負の電荷の数が等しくなり，全体としての電荷を失って電気泳動移動度が0になるような特定のpHをいう．pIと略記することもある．実験的には*等電点電気泳動法で等電点を求めるのが一般的．蛋白質の溶解度は等電点で最小になることが多く，分離精製に利用できる場合もある(等電沈殿)．また粘度・浸透圧は等電点で最小になり，泡立ちなどの性質は最も強くなる．蛋白質の等電点は5～7付近のものが多いが，種類によってはこれからかなりずれたものもある．等電点は溶媒に用いた緩衝液の種類や濃度によって変化することがある．これは電解質イオンの吸着が起こるためである．蛋白質溶液から塩イオンを完全に除いたときに示されるpH，すなわち等イオン点(isoionic point)はこの点で区別される．

b **等電点電気泳動法** [isoelectric focusing] IEFと略記．蛋白質を等電点の違いによって分離する電気泳動法(⇌電気泳動)．ポリアクリルアミドゲル(⇌ポリアクリルアミドゲル電気泳動法)または寒天ゲル(アガロースゲル)に，ポリアミノポリカルボン酸やポリアミノポリスルホン酸などのアンフォライト(ampholite)と呼ばれる低分子の両性電解質を混合したゲル，あるいは固定化pH勾配ゲルを支持体(⇌キャリアー)に用いる．アンフォライトは通電するとゲル内を移動し，pH勾配を形成する．陽極側のアンフォライトは負に帯電してpHを低下させ，陰極側のアンフォライトは正に帯電してpHを上昇させる．試料蛋白質は，pH勾配をもつゲル内を移動し，等電点と同じpHの位置まで泳動される．アンフォライトによるpH勾配は高電圧，高塩濃度などの影響で崩れやすく，この問題点を解決するため，解離基をポリアクリルアミドゲルに導入し，あらかじめpH勾配を形成させた固定化pH勾配ゲルが開発されている．なお，寒天ゲルはポリアクリルアミドゲルよりも排除限界が大きく，高分子の蛋白質の分離に有効である．*二次元ゲル電気泳動法の一次元目に*ディスク電気泳動法として用いられる．

c **頭突起** [head process] 脊椎動物羊膜類，特に鳥類や哺乳類の発生初期に，*原条の前方正中に現れる前後に細長い不透明な部域．これはすでに陥入した脊索原基であって，著しく伸長し将来の体の主軸を形成する．頭突起の後端は原条の前端すなわち*ヘンゼン結節と接続する．頭突起は外胚葉の下にあり，頭突起に接している外胚葉は後に肥厚して*神経板となる．(⇌原条)

d **頭軟骨** [cephalic cartilage, cranial cartilage] 頭足類の頭部内にあって，中枢神経を包む軟骨様の構造．

e **糖尿** [glycosuria, glucosuria] 血液中のグルコース(血糖)が何らかの原因で尿細管の再吸収能力を超え，尿中に大量のグルコースが出てくる現象．正常尿中にはグルコースは極めて微量(ヒトでは0.01～0.07%，平均0.05%．1日量は約0.5g．そのほか0.5gの他種の糖がある)しか含まれていない．しかし，何らかの原因で血糖が0.17%を超えると再吸収の能力を超えるので尿中にグルコースがそれ以上出てくる．再吸収能力には個人差があるが，特に妊娠中は低下する(一般には250～350 mg/min)．これが病的状態と認められるようになると糖尿病(diabetes mellitus)と呼ばれる．糖尿はインスリン不足，例えば膵臓の実験的摘出の場合やアロキサン投与によって膵臓ランゲルハンス島のB細胞を破壊したとき(膵臓性糖尿，後者を特にアロキサン糖尿 alloxan diabetes という)に起こり，尿細管の再吸収能力の低下でも起こる(腎性糖尿)．正常人でも大量の糖を摂取すると糖尿が起こるといわれ，これを食餌性糖尿と呼ぶが，多くの場合インスリンの分泌不足をともなっていることがわかっている．

f **糖ヌクレオチド** [sugar nucleotide, nucleotidyl sugar] 《同》活性糖(active sugar)．糖の還元基がヌクレオシド一リン酸または二リン酸の末端リン酸基とエステル結合した形の物質．前者はシチジン一リン酸－N－アセチルノイラミン酸だけが知られ，ほかはすべて後者の形をとる．これらの物質の生理的意義には次の二つがある．(1)単糖の構造変換における中間体としての役割．例えばウリジン二リン酸グルコース(UDP-グルコース)はそれぞれ特異的な酵素によりグルコース部分をガラクトース(4-エピ化)やグルクロン酸(6-酸化)に変える．(2)*配糖体や多糖の生合成で糖残基の供与体となること．例えばUDP-グルコースはグリコーゲン生合成の前駆体であり，ウリジン二リン酸グルクロン酸はヒアルロン酸をはじめとするグリコサミノグリカンのウロン酸部分の供与体である．一般に細胞はそれぞれの生理的要求に対応して各種の糖ヌクレオチドを適当量ずつ貯えている．既知の糖ヌクレオチドの種類は60種を超える(表次頁)．

g **套皮** [epimatium] マキ科の種子を包む特殊な構造で，*種鱗に由来する．種子を完全に包むとともに種皮と癒合するもの(イヌマキ，ナギ)，あるいは半ば種子を包むもの(*Dacrydium*)，肉質で目立つ色になり種子散布に貢献するもの(*Prumnopitys*)もある．

h **逃避訓練** [escape training] 負の*強化によって獲得されるオペラント行動(⇌オペラント条件づけ)の一種．N. E. MillerとO. H. Mowrerの創始．細長い部屋を中央で仕切り，一方の床には*電気格子があって，電気ショックを与えられるようになっている．ネズミをその部屋に入れ電気ショックを与えると，ネズミは隣の部屋に逃げることを*学習するに至る．このような訓練を逃避訓練といい，その際，電気ショックから逃れることが負の強化として働き，逃避のためにてこを押したり輪を回したりして，境のドアを開けることなどをも学習させることができる．これに対し，あらかじめ随意的な反応を自発して，嫌悪刺激の出現を防止するあるいは延期する訓練を*回避訓練と呼ぶ．

i **頭尾勾配** [cephalo-caudal gradient] 《同》前後勾配(antero-posterior gradient)．動物の胚，またはプラナリアなどで認められる*頭尾軸に沿った物質濃度，生理的または生化学的活動性などの仮想的勾配．C. M. Childの学説より発展した J. S. Huxley および G. R. de Beer の勾配学説では，頭尾勾配は背腹勾配と並んで胚の*軸性の決定に一義的な重要性をもつ．勾配の実体については不明の点が多いが，脊椎動物の多くのホメオボックス遺伝子の発現パターンは中枢神経において一種の頭尾勾配を示す．(⇌軸勾配)

a **頭尾軸** [craniocaudal axis] 《同》前後軸(antero-posterior axis), 縦軸(longitudinal axis). 左右相称動物の成体または胚における主軸すなわち頭部と尾部を結ぶ軸. 左右相称動物では, 主軸の一方の端に感覚器などが集中した頭が形成され(→頭化), 付属肢や消化器官など各器官がもう一方の端である尾部に向かって特定の位置に形成される. このような頭部軸に沿った*部域性を頭尾性(craniocaudality)という. 頭尾軸は, 受精卵ある

代表的な糖ヌクレオチド

ウリジン二リン酸-N-アセチルグルコサミン uridine diphosphate N-acetylglucosamine, UDP-GlcNAc

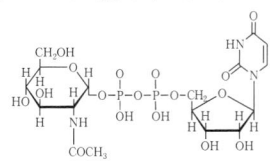

N-アセチルグルコサミン-1-リン酸とUTPから生合成される. 細菌のペプチドグリカン・リポ多糖, 動物のヒアルロン酸・ヘパリン・糖蛋白質・糖脂質の生合成に N-アセチルグルコサミン残基の供与体として利用される. またエピ化酵素によってUDP-N-アセチルガラクトサミンへ変換され, この生成物はコンドロイチン硫酸・デルマタン硫酸・糖蛋白質・糖脂質の生合成に利用される.

ウリジン二リン酸ガラクトース uridine diphosphate galactose, UDP-Gal

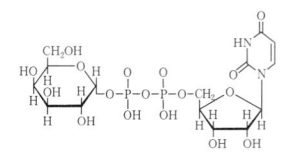

微生物, 動植物細胞内に広く分布. 各種配糖体・多糖・糖蛋白質・糖脂質の生合成におけるガラクトース供与体. これらの生合成にはそれぞれ特異的なガラクトシル基転移酵素が関与する. ヘキソース-1-リン酸ウリジリル基転移酵素によってα-D-ガラクトース-1-リン酸とUDP-グルコースから作られるほか, エピ化酵素によりUDP-ガラクトースとUDP-グルコースの相互変換も起こる. またUDP-ガラクトースピロホスホリラーゼをもつ細胞では, α-D-ガラクトース-1-リン酸とUTPから生合成される.

ウリジン二リン酸グルクロン酸 uridine diphosphate glucuronic acid, UDP-GlcU

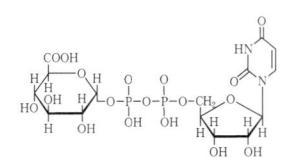

UDP-グルコースのC6-酸化を触媒する脱水素酵素により生合成される. 肝臓でのフェノールやステロイドのグルクロン酸抱合は, この糖ヌクレオチドを基質とするグルクロン酸転移酵素の作用である. また微生物や植物のグルクロン酸含有配糖体や多糖, 動物のグルコサミノグリカンの生合成の供与体である. 他にUDP-グルクロン酸脱カルボキシル酵素の作用でUDP-D-キシロースに変換し, さらにエピ化酵素反応によりUDP-L-アラビノースとなる.

ウリジン二リン酸グルコース uridine diphosphate glucose, UDP-Glc

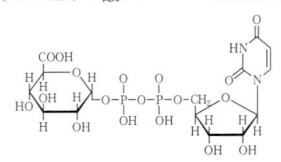

微生物, 動植物細胞内に広く分布する. UDP-グルコースピロホスホリラーゼにより, α-D-グルコース-1-リン酸とUTPから生合成される. 各種配糖体・オリゴ糖・多糖・ドリコールリン酸グルコースの生合成のグルコース供与体として用いられる. このほか単糖の相互転換やウロン酸生成の中間物質として糖代謝の重要な分子である.

グアノシン二リン酸マンノース guanosine diphosphate mannose, GDP-Man

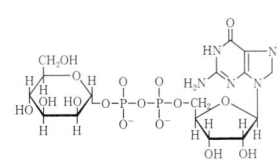

マンノース-1-リン酸とGTPから生合成される. マンノース配糖体・マンナン・糖蛋白質・ドリコールリン酸マンノースの生合成のマンノース供与体である. また特定細胞内では逐次, 酸化→還元→異性化反応によってGDP-L-フコースになり, 糖蛋白質や糖脂質にフコースを導入する前駆体となる.

シチジン一リン酸-N-アセチルノイラミン酸 cytidine monophosphate N-acetylneuraminic acid, CMP-NeuAc

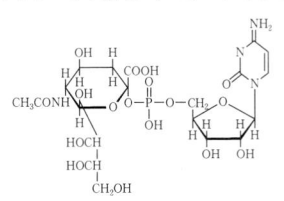

特異的ピロホスホリラーゼによって N-アセチルノイラミン酸とCTPから生合成される点で, 他の糖ヌクレオチドの生合成と異なる. N-アセチルノイラミン酸は多細胞動物の糖蛋白質や糖脂質の糖鎖の末端に広く分布し, CMP-N-アセチルノイラミン酸を供与体としてシアリル基転移酵素により転移される.

いは未受精卵のうちから卵に分布する蛋白質の勾配や局在など，なんらかの性質の違いにより区別できることが多い．脊椎動物では，発生初期には頭尾軸と背腹軸は密接に繋がっており，原腸形成の過程を経て各軸が明瞭となる．頭尾軸方向の部域分化には*Hox コードと呼ばれるHox 遺伝子群の入れ子式の発現が深く関わっている．（⇒共線性）

a **胴尾部形成体** [trunk-tail organizer] 両生類*原腸胚において，予定外胚葉に作用して脊髄，脊索，体節，前腎，尾芽，鰭をそなえた尾など髄尾域特有の外胚葉性および中胚葉性器官原基を誘導するもの（⇒部域性）．原腸胚各期の未陥入原口上唇部，神経胚原腸蓋の前方から4/5 位置付近の中軸中胚葉，アルコール処理されたモルモット腎臓や新鮮なイモリ肝臓などがこうした作用をもつ．H. Spemann は，脊髄，脊索，体節などをもつ胴部を誘導する中・後期原腸胚の未陥入原口上唇部を*胴部形成体と呼んだが，胴部器官と尾部は一緒に誘導されることが多く，部域名を冠した胴尾部形成体という名称が用いられるようになった．（⇒形態形成のポテンシャル）

b **頭部形成体** [head organizer] 脊椎動物胚の*形成体の一部で，予定外胚葉に作用して頭部の器官（脳，眼，鼻など）を*誘導する胚域．*原腸形成で最初に胚内で最も前方に移動する前方内胚葉・脊索前板がこれにあたる．頭部形成体は予定外胚葉における Wnt 蛋白質と BMP 蛋白質を阻害することで頭部を誘導すると考えられている．（⇒胴部形成体）

c **胴部形成体** [trunk organizer] 脊椎動物胚の*形成体の一部で，予定外胚葉に作用して胴部の器官（脊髄・体節など）を*誘導する胚域．*原腸形成で後に胚内に移動する*脊索中胚葉がこれにあたる．胴部形成体は表皮形成に作用する BMP 蛋白質を阻害するが，胴部形成を誘導する Wnt 蛋白質を阻害しないことで胴尾部形成に作用すると考えられている．（⇒頭部形成体）

d **頭部中胚葉** [head mesoderm] 脊椎動物の胚発生において，頭部に見られる無分節の中胚葉領域．頭部前端からおおよそ耳胞のレベルにまで見られる．頭部中胚葉は咽頭嚢や耳胞の存在により二次的に幾つかの領域に分断され（領域化），最も前方にあって多くの外眼筋をもたらす顎前中胚葉（premandibular mesoderm），その後方にあって咀嚼筋，上斜筋をもたらす顎骨中胚葉（mandibular mesoderm），表情筋，外側直筋をもたらす舌骨中胚葉（hyoid mesoderm）に区別される．加えて，これらに属さず，体幹の体節にも取り込まれない中胚葉性間葉が耳胞と後方咽頭嚢の周囲にも存在するとされる．ナメクジウオの中胚葉は前後軸すべてにわたって分節し，無分節の中胚葉領域をもたないため，頭部中胚葉は脊椎動物独特の構造と呼ぶことができる．初期胚の頭部中胚葉に，頭部ソミトメア（⇒ソミトメア）という不完全な分節構造が見られ，本来頭部にも存在した体節（頭部体節）の発生を反映するという見方もあったが，今では疑問視されている．同様に，板鰓類に明瞭に見られる頭部中胚葉性の上皮性体腔（頭腔）が頭部体節の痕跡であり，そのそれぞれがナメクジウオの前方の数体節に相当するという見解もあるが，対して頭腔がむしろ顎口類以降に成立した二次的な胚構造であるという見方もある．このように，頭部中胚葉の仮想的分節パターンをめぐる議論は，脊椎動物のボディプランの起源や，頭部分節性という形態学の問題と密接に結びついている．また，発生初期において頭部中胚葉は後続する体節との境界が不明瞭であるため，それを全て体幹部の沿軸中胚葉（＝体節）とする見解がある一方，咽頭胚期になると頭部中胚葉には，神経管，並びに脊索の外側にあって外眼筋群や神経頭蓋をもたらす真の沿軸的部分と，咽頭弓の中に閉じ込められ，のちに鰓弓筋系を分化する咽頭弓中胚葉部が認められる．これらの領域はそれぞれ独特の遺伝子発現パターンを伴い，明瞭に背腹に分極するため，これらをそれぞれ体幹における中胚葉の体性部（体節由来）と臓性部（側板由来）に対応させるという古典的な形態学的解釈も残っている．

e **動物** [animal] *生物をいくつかに大別したときの1群．生物を動物と*植物とに分けるのは諸民族での伝統で，Aristotelēs も中間的存在を認めつつこの区分を採用した．これを霊魂の質的差異によって理論的に説明しようと試み，感覚と運動の能力は動物にだけ見られるとした．そして動物を赤い血をもつ有血動物（現在の脊椎動物に相当）とそれがない無血動物とに二分し，さらに発生様式と足の数を主要な基準として体系的に細分した．18 世紀の C. von Linné の体系では，生物は感覚をもたない植物界（Plantae）と感覚および移動能力をそなえ従属栄養的である動物界（Animalia）に区分された．これを生物二界説と呼ぶ．動物界では，哺乳綱・鳥綱・両生綱（爬虫類を含む）・魚綱・昆虫綱および蠕虫綱（*蠕形動物など）に分けられたが，これを改革し現代的分類体系の基礎を作ったのは J. B. Lamarck と G. L. Cuvier である．彼らは*脊椎動物と*無脊椎動物（今日の単細胞生物を含む）とを区別し，無脊椎動物を 12 群（Lamarck, 1815）あるいは 3 群（Cuvier, 1816）に分けた．1830 年代以降*細胞説や*単細胞生物の概念，さらに進化論が登場すると，伝統的な二界説を改善する動きが活発となる．この間 E. H. Haeckel（1874）は単細胞性の*原生動物と多細胞性の*後生動物を区別した．明治以前の日本においては，中国本草学の影響から土・草・虫・魚・獣などのように無生物とともに生物各群を並列的にあつかうのが一般的であり，動物・植物に二分する方式は西欧の学問が流入してから普及した．今日までさまざまな高位分類体系が提唱されているが，1959 年の R. H. Whittaker の 5 界説における 1 界として扱われることが一般には多い．（⇒生物，⇒単細胞生物，⇒自然の階段）

f **動物園** [zoo, zoological garden, zoological park] ひろく動物を集め飼育・展示して，知識の普及ならびに娯楽に資する施設．供覧する種類は主として哺乳類や鳥類が主眼になっているが，園内に水族館や昆虫室などを併置する場合もある．ウィーンの Schönbrunn 動物園は 1753 年の開園で最も古い歴史をもつ．日本では 1882（明治 15）年 3 月 20 日に東京上野に開設されたのが最初で，ついで 1903（明治 36）年に京都動物園が開設された．飼育・展示は自然での生育環境を考慮した形式が多くなっている．

g **動物学** [zoology] 動物を対象とする生物学の総称．歴史的には*博物学の一分野として発し，発展してきた．形態学・生理学・生態学，そのほか生物学の諸分科において動物を対象とする場合，一般には動物形態学などのようにそれらに「動物」の字を冠し，または古動物学（palaeozoology）のように呼ぶ．動物学は，研究対象とする動物によって分野に分けることができる．その場合，ヨーロッパ語ではその対象のギリシア語系の名に -ology（学）をつけて命名することが多い．哺乳類学（mammalogy），魚類学（ichthyology），馬学（hippology）などはその例．

a **動物極** [animal pole] 多細胞動物の卵細胞において，極体（⇌卵形成）の生ずる極，および発生初期の胚でこれに相当する極．受精卵または胞胚期までの胚を重力に平衡した状態においた際に上方に位置する極をいうこともあり，これは上の定義による極と必ずしも一致しない．卵母細胞においては胚胞が動物極にかたよって位置することがしばしばある．この極の付近から後に動物的器官（神経系，感覚器官，運動器官）が形成されると考えられて，中世紀以来この名称が与えられたが，現在の知見からそれほど適当でない場合がある．動物極を囲む部域すなわち動物極域からは多くの場合に外胚葉が生じるが，これに由来する外胚葉性器官の種類は，ウニ卵では頂毛，ホヤ卵では前方表皮，イモリ卵では眼および前頭，カエル卵では頭部表皮というように，動物の種類により異なっている．卵の赤道面で仕切られた動物極側の半分を動物半球（animal hemisphere）と呼ぶ．（⇌植物極，⇌二重勾配説）

b **動物極化** [animalization] 主として棘皮動物の初期発生において，本来は動物極付近だけに起こるべき造形過程や分化が実験的条件下で他の胚域にもひろがり，場合により胚全部が動物極的発生様式を示す現象，またはそれを引き起こす操作．例えばウニ卵を受精前にロダン酸ナトリウムなどで処理しておくと，原腸の*陥入，内胚葉細胞や骨格の形成など，植物半球の胚域に起こるべき過程がまったく起こらず，いわゆる*永久胞胚となり，長い繊毛（頂毛）が胚表のかなりの部分をおおう．また動物半球を分離して培養したときには，本来よりいっそう動物極的な発生が行われるが，これも動物極化の一例とされる．動物半球は本来は外胚葉の形成にあずかるので，動物極化を外胚葉化（ectodermization）ともいう．（⇌二重勾配説）

c **動物極キャップ** [animal cap] 《同》アニマルキャップ．*桑実胚または*胞胚の動物極周辺の多能性の細胞からなる予定外胚葉領域．動物極キャップは原基分布図のうち帯域の部分（中胚葉）を含まない動物極側の細胞集団であり，キャップ（帽子）に似ていることからこの名がある．イモリ胚では比較的均一な細胞集団から成り立っているが，ツメガエル胚などでは少なくとも外層と内層の2種類の異なる細胞集団からできている．動物極キャップだけを切り出して単独で生理食塩水中で培養すると不整形表皮となり特定の分化は起こらない．このとき溶液中に特定の因子を加えて培養することによって，その因子の分化誘導能を調べることができる（動物極キャップ検定法）．（⇌中胚葉誘導）

d **動物行動学** [ethology] 《同》エソロジー．比較行動学，習性学．動物の行動を研究する生物学の一分科．その意味で行動生物学と呼ぶ場合もある．行動は一つの包括的な生物現象であり，動物行動学も単に行動の記載や生態学的研究に限られるものではなく，行動の総合的理解をめざすものである．ethology とは，もともとは I. Geoffroy Saint-Hilaire（1859）の造語で，彼の定義では「生物の本能・習性およびその他一般に生物が表す行動と外界環境との関係を研究する科学」であった．その後，行動の比較研究を行ったヨーロッパの動物学者に用いられるようになった．現代の動物行動学の基礎は K. Z. Lorenz と N. Tinbergen によって確立された．Tin-bergen は動物行動学の研究分野として因果関係，発達，生存価，進化の四つをあげている．現在は行動の神経生理学的側面を研究する*神経行動学と自然淘汰による適応的進化の結果として行動を理解しようとする*行動生態学あるいは*社会生物学が発展してきている．日本では1970年代までは，動物の社会を対象とした生態学の分野を動物社会学（animal sociology）と呼んでいたが，この用語は現在ではほとんど用いられない．（⇌個体群生態学）

e **動物実験** [animal experimentation, animal experiment] ヒト以外の動物を用いる試験および研究．特に，医学生物学研究や医薬品などの開発・安全性評価などにおいて行われている．ヒトとそれ以外の動物との間にはゲノムの相同性があるので，動物実験によって得られた結果は，ヒトに当てはめることができることが期待される．ヒトに当てはめて考えることが困難な相違が見つかれば，逆にそれは生体機能をより深く知るための手立てとなる．このようにして，動物実験は生命科学，特に医学・医療の発展に大きく貢献してきた．動物福祉を考慮した適正な動物実験が求められている．W. M. S. Russell と R. L. Burch が提唱した3R，すなわち，動物使用数の削減（Reduction），動物実験以外の方法への代替（Replacement），洗練された実験手技の使用と苦痛軽減（Refinement）は，国際的に動物実験の基本理念となっている．

f **動物神経症** [animal neurosis] 動物が環境に適応できないために生じる心身の機能障害．イヌにおいて（おそらく他の哺乳類でも）自然的にも起こることが知られている，実験神経症と同様の変化をいう．例えば I. P. Pavlov らの実験用のイヌが1924年に洪水に襲われたときには，すべてのイヌにおいて皮質過程に強い一時的な*制止が発生し，その後も制止の起きやすい型の神経系，「性格」のイヌには，実験神経症と全く同一の異常が起き，長く継続した（⇌神経系の型）．また正常に回復したのちにも，実験室にいるイヌの付近に水を流しこむと，直ちに強い制止が発生し，イヌの行動に異常が生じた．

g **動物心理学** [animal psychology] 動物の行動を特に実験的側面に立って記述分析し，行動の法則性を明らかにする科学．学習理論など心理学の一般理論の検証のために実験的に動物を用いる傾向が強く，比較心理学とほぼ同義に使われることがある．主としてアメリカで発達した．これに対し，動物を主として自然の状態で把握し行動の法則性を追求する立場は*動物行動学（エソロジー ethology）と呼ばれる．動物行動の研究は，C. Darwin によってそれまでの擬人的な逸話的方法から脱し，自然科学的な実験の時代の幕明けとなったといわれる．近年では，動物の認知機能を実験的に明らかにしようとする比較認知科学（comparative cognitive science）あるいは比較認知論（comparative cognition）といわれる領域の研究も盛んに行われている．（⇌比較心理学）

h **動物性機能** [animal function] 生体の示す諸機能のうち，特に動物体において顕著な発達をみる種類の機能で，運動（ないしは一般に分泌を除く効果器の活動）・感覚・神経相関の三者を指す．古くからの生理学（ことに人体生理学）用語で，*植物性機能と対する．この機能にたずさわる器官を動物性器官（animal organ）という．これらの動物性機能は，植物性機能が供給する物質およびエネルギーの基盤の上に立って，生体の対外的・能動

a **動物相** [fauna] 《同》ファウナ，フォーナ．ある特定の環境または地域に見出される動物もしくは動物群の全種類．植物相(*フロラ)と合わせて*生物相を構成する．特定の動物群については昆虫相(insect fauna)や軟体動物相(molluscan fauna)のようにいい，また特定の環境・地域については，深海動物相や洞穴動物相，あるいは日本の動物相などのようにいうこともある．

b **動物地理区** [zoogeographic region, faunal region] 地球上の大陸や島などで，他と区別できる特徴ある*動物相をもつ動物地理学上の区域．その最高単位は界(realm)で，各界はそれぞれがさらに区(region)，亜区(subregion)，地方(province)，亜地方(subprovince)のように低次のいくつかの単位に分けられる．陸上における動物地理区の設定は L. Schmarda (1853) や P. L. Sclater (1858) によって先鞭をつけられ，A. R. Wallace (1876)の『動物の地理的分布』2 巻により大成され，その後 E. L. Trouessart (1890)，R. Lydekker (1896) らによる部分的修正を経て，G. de Lattin (1967) の区分にいたっている．現在一般に行われているのは3界方式で，陸上を*北界・*新界・*南界に分ける．そして，北界は①*全北区と②旧熱帯区，新界は③新熱帯区のみ，南界は④*オーストラリア区と⑤大洋区に分け，以下亜区，地方などに細分していくというものである(図)．ただし近年は，上記の①〜⑤を界に格上げし，それに伴って以下の区域も1ランクずつ上げて用いる方式も行われており，この場合には*植物区系の方式との間で，それぞれの区域に付けられたランクの水準がほぼ揃うことになる．各動物地理区の動物相は，プレートテクトニクスによる陸地の接続や分離，生活形を異にする動物群による分散能力の違いなどのために，推移帯も多く認められる．なお海洋については，陸上のものとは異なった地理区の設定がなされている．(⇒生物地理学，⇒海洋生物地理区)

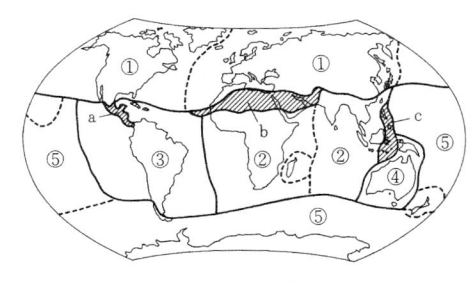

①全北区と②旧熱帯区とで北界，③新熱帯区のみで新界，④オーストラリア区と⑤大洋区とで南界を構成する．破線は各界内における亜区の境界，斜線部は主な推移帯(aカリブ推移帯，bサハラ-イラン推移帯，cウォレシア)を示す．⑤大洋区内の南極亜区を界として独立させる意見や推移帯のaカリブ推移帯を全北区に含めて扱う意見もある．

c **動物の社会** [animal society] [1] 動物個体の行動を介して起こっている相互関係に重点をおいて見た場合の*個体群．基本的にはすべての動物には繁殖行動などの*社会行動があり，したがって社会が認められる(R. Trivers, 1985 ほか)のだが，集合して生活する動物を中心に考察されることも多い(E. O. Wilson, 1975 ほか)．[2] ⇒種社会

d **動物媒** [zoophily, animal pollination] *花粉が動物によって運ばれる送粉様式．花粉媒介を担う動物を送粉者(pollinator)と呼ぶ．動物媒花は，報酬を用意して送粉者を誘引し，送粉者に送粉を委託している．動物媒花の提供する報酬には，*花蜜，花粉，油脂，芳香物質などがある．動物媒花と送粉者の相利共生関係を送粉共生(pollination mutualism)と呼ぶ．しかし動物媒花の中には，報酬を提供せずに，送粉者を匂いでだまして送粉サービスを享受するものがあり(この場合は共生関係ではない)，ハチの雌のフェロモンに擬態した匂いを放出して，交尾しようと訪花したハチの雄に送粉されるランなどはその一例である(ハチが花で示すこの行動を偽交尾という)．訪花者(flower visitor)の中には，送粉を果たさずにこれらの報酬をもち去るもの(盗蜜者など)があるので，訪花者は必ずしも送粉者とはかぎらない．送粉者群によって，虫媒(entomophily)，鳥媒(ornithophily)，コウモリ媒(chiropterophily)，カタツムリ媒(malacophily)に分けられ，虫媒はさらに，ハナバチ媒(melittophily)，アリ媒(myrmecophily)，チョウ媒(psychophily)，ガ媒(phalaenophily)，甲虫媒(cantharophily)，ハエ媒(myophily)などに区別される．ハナバチ(bee)は花蜜と花粉だけで幼虫を育てるようになった膜翅目昆虫で，現在世界で最も普遍的に見られる送粉様式はハナバチ媒である．ハナバチの伸長した口器は吸蜜に，分枝した体毛は集粉(花粉集め)に適応したもので，後者は送粉効率を高めることに貢献している．植物の送粉様式と，花の形態・機能にはきわだった対応関係が見られ，その対応関係を送粉シンドローム(pollination syndrome)と呼ぶ．ハナバチ媒花は白か黄色の花被をもつことが多く，花はしばしば，左右相称になり，訪花者を蜜源に誘導する蜜標(nectar guide)をもつ．コウモリ媒花とガ媒花は，夜間に開花し，匂いで送粉者を誘引する傾向が強く，スズメガ類によって訪花される花では，スズメガの口吻の長さとの軍拡競走によって，著しく伸長した花筒や*距をもつ花(例えばマダガスカルのラン Angrecum の一種)が知られている．鳥媒花は，赤い花被や苞をもち，糖度の比較的低い花蜜を多量に分泌するものが多い．動物媒花の中には，幼虫がその胚珠(または種子)を食べて育つ昆虫によって特異的に送粉されるものが知られており，そのような1対1の種特異的な送粉様式は絶対送粉共生(obligate pollination mutualism)と呼ばれている．イチジクコバチ類によって送粉されるイチジク属(Ficus)，ユッカガ類によって送粉されるユッカ属(Yucca)，ハナホソガ類によって送粉されるコミカンソウ科などがその例で，それらの植物では送粉者との間に相乗多様化が進行している．

e **動物福祉** [animal welfare] 動物をみだりに殺し，傷つけ，または苦しめることのないようにするのみなく，その習性を考慮して適正に取り扱うようにすること．日本では，「動物の愛護及び管理に関する法律」第二条に定められている．歴史的には，世界に先がけて，江戸時代には徳川綱吉により「生類憐れみの令」(1687)が出さ

れたが，異常ともいえる愛護のため，綱吉は大公方と非難された．動物福祉の考えが定着するには，不必要な精神的・肉体的な苦痛を意図的に与えることを嫌悪する考えが一般化し，その嫌悪が人間に対してだけでなく，他の動物たちにも及ぶ必要がある．イギリスのマーティン法(1822)は，その先鞭をつけた．比較生物学は人間だけでなく，神経系の発達した動物も痛みを感じる可能性があることを示し，また進化論の普及は人間だけが特別の存在ではないという意識を高めることで動物福祉に貢献した．現在，動物福祉の対象となる動物は，愛玩動物や産業動物だけでなく，生物学・医学用の実験動物にも及んでいる．学術雑誌の多くは動物福祉に反する動物の取扱いを行った論文を受理しない編集方針をとっている．また研究機関は実験動物の取扱いに関する指針を定めるか，または定めつつある．さらに野生動物に対しても，絶滅の危機を防ぐという環境保全の観点からだけでなく，動物福祉の観点からの保護が強まっている．いわゆる動物愛護(animal prevention)は，動物福祉とほぼ同義的ではあるが，愛護の方が感性により重点を置いた使い方をされることが多い．また近年，人権と対置するものとして動物権(animal right)を主張する立場があり，その中には，動物の「利用」を一切認めないという極端なものもある．

a **動物レクチン** [animal lectin] 動物由来の*レクチン．植物由来のものと区別していう呼称．糖鎖と結合する性質をもつ，*免疫グロブリンや糖関連酵素以外の蛋白質はレクチンと総称され，マメ科植物の種子などに多数見出されてきたが，近年動物の体液，組織中にも同様の性質を示す蛋白質が数多く存在することが示され，これらは動物レクチンと呼ばれるようになった．K. Drickamer(1988)は，動物レクチンを次のように分類した．(1)C型レクチン：糖結合活性にカルシウムイオンを必要とするもの．代表的なものとしては，肝細胞に存在する*アシアロ糖蛋白質受容体などの*エンドサイトーシス受容体や，血液型関連糖鎖抗原に特異的に結合する細胞接着因子*セレクチンなどが知られている．(2)S型レクチン：糖結合活性に*SH試薬を必要とするもの．種々の組織に分布する可溶性の蛋白質であるが，内在性のβ-ガラクトシドを含む*リガンドと複合体を形成して存在するため，抽出にはラクトース溶液などが用いられる．*マクロファージの細胞表面マーカーとして知られるMac-2抗原はその代表例．

b **頭部腹面腺** [ventral head gland] 《同》腹面腺(ventral gland)，頭部腺(head gland)．不完全変態昆虫の胚ならびに幼虫(若虫)にみられる内分泌腺．完全変態昆虫の*前胸腺の原始的な形と考えられる．胚期において，*アラタ体の後方に下咽節から生じ，最終的には後頭部の腹面に位置する．散在した細胞からなる場合(オオサシガメ)もあるが，多くは円形の小さな腺．バッタ類ではすでに胚期に脱皮を惹起する．ある類では，幼虫期になるとこれがさらに前胸腺へ移行し，*胸腺腺と呼ばれる．甲殻類の*Y器官がこの腺と相同の機能をもつとされている．

c **頭部付属肢** [cephalic appendage] 節足動物において，触角(1対，2対，または無し)，大顎，小顎(1対または2対)を併せた，頭部を構成する体節に属する付属肢．大顎と小顎は特に口肢と呼び，*口器を構成する．

d **動吻動物** [kinorhynchs ラ Kinorhyncha, Echinodera] 《同》キョクヒチュウ類，動吻類，動物門．後生動物の一門で，左右相称，擬体腔をもつ旧口動物．体長1mmにみたない．体は長紡錘形で，体表に繊毛はない．外観上13(ときに14)の体節的区分が認められるが，内部は擬体腔で体節の隔壁はなく，腹面の縦走神経幹が数珠状にくびれているにすぎず，真の体節構造ではない．1対の原腎管がある．体表をおおうクチクラがよく発達し，各節ごとに後方に向かう棘の列がある．第一節は球状の頭部で棘冠と吻をそなえ，第二節が頸部，第三～十三節が胴部をなす．雌雄異体で，体内受精が行われると考えられるが，この初期発生とともに詳しいことは不明．古くは広義の輪形動物の一綱として扱われたが，現在は独立の門とされる．海底の微細な砂泥の表層に生活．現生約160種．

e **同方向屈曲反射** [homostrophic reflex] 《同》同向反射．ミミズ，ゴカイ，昆虫の幼虫などでみられる反射で，前進運動中に後体部が一方の側に他動的に屈曲させられると，反射的に頭部を反対側に屈曲して頭部と後体部の体軸とをほぼ平行な線上に定位するもの．体壁筋内にある内受容器の機械的刺激が中枢神経系を経て前方体部の体壁筋へ伝達されることにより起こり，遠心性経路は前方の諸体節だけに限定される．接触走性による屈曲反応とは作用が対立的で，接触走性の反応を現している動物から接触刺激をとりさるとただちにこの反射が現れる場合がある(ゴミムシダマシ幼虫)．

f **同胞種** [sibling species] 生殖的に隔離されており，同所的に生息するが，形態的にはほとんど区別できない近縁な2種(あるいは近縁種の一群)．ウスグロショウジョウバエ(Drosophila pseudoobscura)とその近縁種 D.persimilis が古典的な例として有名．同胞種は E. Mayr のいう生物学的種概念の条件を完全に満たしているので，例え形態的にほとんど識別できないとしても，互いに独立種として命名される資格をそなえている．しかし，最初は同胞種とされたものも，研究の進展にともなって明瞭な形態的差異が後から検出される場合が少なくない．

g **動脈** [artery ラ arteria] 血液を心臓から体各部に送り出す血管．古くは，屍体の動脈が空虚であるとの観察から，動脈は空気または生気(spiritus vitalis)を通すとされた．原始的な脊椎動物では，心臓から1本の動脈幹(truncus arteriosus)として出て数対の鰓動脈を派出する．空気呼吸の脊椎動物では，肺動脈と*大動脈との2本の太い動脈が出てそれぞれ肺循環と*体循環の始原を形成する．体循環系では，動脈を流れる血液は酸素の含有量が大で鮮紅色を呈するいわゆる動脈血だが，肺循環系では肺動脈は酸素を失い暗赤色となった静脈血を運ぶ．動脈の管壁は静脈のそれより厚く，3層からなり，内膜と外膜は主に結合組織から，また中膜は輪状に走る平滑筋繊維および弾性繊維からなり，内膜の内面は内皮に被われる．幹部の動脈は弾性繊維が優越して弾力に富み，末梢の動脈は平滑筋の作用が優越し，壁筋の緊張性によってその口径が変わる．動脈内の圧(血圧)は心臓に近い幹部動脈で最も高く，ヒトでは心臓収縮時に130～140 mmHgに達する．心臓から遠ざかるとともに圧が下がり，小動脈で急に低下する．

h **動脈円錐** [arterial cone ラ conus arteriosus] 《同》心球，心臓球．サメやエイなど板鰓類，チョウザメ類および両生類の心臓の一部で，心室から前方に出る動

脈幹(腹行大動脈)の基部をなす膨大部．筋性壁をもち，収縮性があり，心臓活動の補助器官．その内面には1ないし数個の環状に配列した半月形の小弁膜をそなえ，血液の逆流を防ぐほか，血液の周期的な流れをより規則正しくさせる機能をもつ．硬骨魚類(⇨動脈球)や両生類では著しく退化し，弁膜も少数となる．円口類や羊膜類にはない．ただし，羊膜類の心臓において右心室における肺動脈基部近傍の同様の膨らみをこの名で呼ぶこともある．

a **動脈球** [aortic bulb ラ bulbus arteriosus, bulbus aortae] 《同》大動脈球．硬骨魚類の心臓において，心室から前方に出る動脈幹(腹行大動脈)の始部の球状に肥厚した部分．心臓の補助器官で，平滑筋線維からなる強靱な筋壁をもち，収縮して血液を送る．動脈壁と位置は同じだが，弁膜列がない．動脈円錐に続いて動脈球をもつものもあるが，一般に両者の共存はまれである．

b **動脈硬化症** [arteriosclerosis] 《同》動脈硬化．動脈壁，特に内膜が脂質の沈着や結合組織の増殖によって肥厚し，硬化する病的状態．大動脈に起こりやすい粥状硬化(atherosclerosis)，筋型動脈中膜石灰化(medial calcific sclerosis)，小・細動脈にみられる細動脈硬化(arteriolosclerosis)の三つの病変で大別される．動脈壁に石灰沈着・潰瘍・出血などの病変を伴うこともある．脳動脈や冠動脈などに起こりやすく，内腔の狭窄による循環不良のため脳軟化症，*心筋梗塞などの虚血性心疾患(ischemic heart disease, IHD)の原因となる．ヒトでは生活習慣病の原因の一つとして重要であるが，家畜では比較的少ない．

c **冬眠** [hibernation] 動物が生活活動をほとんど停止した状態で冬をすごすこと．一般には恒温動物の季節的な非活動状態を指すが，広義には陸生の変温動物(節足動物，陸生貝類，両生類，爬虫類など)の越冬(wintering あるいは overwintering)にも適用される．恒温動物のうち冬眠動物(hibernator)はハリネズミ，リス，ヤマネ，コウモリなど小形の哺乳類である．これらは大形の動物に比べて体積に対する体表面積の比が大きく，したがって放熱の割合も大きい．冬期には体温維持のためのエネルギー需要を，乏しくなった食物によってまかなうことができなくなる．冬眠はこのような事態に対する適応である．キンイロジリス(*Spermophilus lateralis*)では，冬眠の誘起が*概年リズムによって支配されていることが明らかになっている．冬眠の準備として体内で多量の脂肪が合成されるか，巣に食物が蓄えられる．組織の脂肪は不飽和度が高まって融点が下がる．体温は徐々に下がり，外温より 0.5〜2.0°C 高いだけの変温状態となる．心拍数，呼吸数，代謝量は数十分の1になる．血糖量も下がるが，血漿中の Mg^{2+} は増加する．冬眠動物は非冬眠動物に比べて，また冬眠期の動物(hibernant)は非冬眠期の動物に比べて組織の寒冷抵抗性が大きく，特に細胞膜の機能は極端な低温においても正常に保たれる．冬眠中も体温調節機能が全く失われるのではなく，体温がある限度以下になると調節作用が働き，そかにはめざめる活動を始めるものもある．この点で変温動物とは大きく異なる．多くの種は冬眠期間中，定期的にめざめて排出や摂食を行う．冬眠に入る場合の体温の低下に比べて，めざめるときの体温の上昇は速い．交感神経系の指令のもとに，頸部や肩甲部にある*褐色脂肪組織が活性化して多量の熱を発生する．この熱は血流によって体の各部に伝えられる．なお，クマやスカンクの冬眠は，小形の哺乳類の冬眠とは異なり，体温の降下は数°C 以内である．そのため外からの刺激にすぐ反応することができる．シマリスでは，冬眠を制御する蛋白質がある．

d **同名** [homonym] 《同》異物同名，ホモニム．一般に，同じ*階級にあって*担名タイプが異なる複数の*タクソンに与えられた全く同じ，ないしはよく似た(植物においてのみ)，綴りの学名のそれぞれをいう．ただし，国際藻類・菌類・植物命名規約においては，同じ属の属より下位の階級(亜属，*節，*族など)にあるタクソン，あるいは同じ種よりも下位の階級(*亜種，*変種，*品種など)にあるタクソンに関するかぎり，階級が異なっていても同名として扱う．また，国際動物命名規約では，*科階級群については綴りの接尾辞だけが異なる場合も同名とみなし，種・亜種にあるタクソンについては階級が異なっていても同名とする．同名のうち早く公表されたものを古参同名(senior homonym. 植物では先行同名 earlier homonym)，遅く公表されたものを新参同名(junior homonym. 植物では後続同名 later homonym)という．新参同名(後続同名)はそれぞれのタクソンの唯一正式な学名である正名ないし*有効名となりえず，綴りの違う別の名称に置換しなければならない．植物では，後続同名は，それと同じ担名タイプをもつ新しい学名(新名 nomen novum ないし新置換名 new replacement name という)で置き換える．他方，動物では，綴りの違う別の名称を，*異名の関係にある*適格名のなかから*先取権の原理によって選定するが，そのような異名がない場合には，新名(新置換名)が提唱される．なお，動物では，種名あるいは亜種名において，すでに原記載時に同名だったものを一次同名(primary homonym)，後に*新組合せによって同名となったものを二次同名(secondary homonym)として区別している．

e **同盟** [alliance] 《同》連合．特に霊長類などに見られる，特定の個体どうしが互いに助けあう関係．ヒヒやチンパンジーなどでは，個体間の1対1での優劣関係とは別に，複数の特定の個体が力を合わせることで他個体に対して優位に立つことがある．このような関係は血縁に基づくこともあるが，むしろ非血縁個体間の*互恵的利他主義によって成立している場合が多いとされる．

f **透明層** 【1】[clear layer ラ stratum lucidum] 《同》淡明層．哺乳類の，厚い表皮に特有な層の一つ．角質層と顆粒層の間にある．その細胞では顆粒層に見られるケラトヒアリン顆粒は消失し，細胞は透明度を増し，核の退化はさらに進んでいる．
【2】[hyaline layer] 《同》透明膜(hyaline membrane)．ウニ類の受精卵の表面，受精膜の下に生じ，可視的顆粒を含まない透明な層．割球が相互に密着するために必要．受精後まもなく生じ，微細形態および抗体染色から内外2層が区別される．

g **透明帯** 【1】[clear zone] 有糸分裂の前期の終わりから前中期にかけて核の周囲に出現する帯状の部分で，周辺の細胞質と比べて顆粒状構造を含まないため，位相差顕微鏡観察で「透明」に見える部位．電子顕微鏡的にも，細胞質含有物やミトコンドリアなど細胞質顆粒は存在しない．
【2】[zona pellucida] 哺乳類の卵を被う透明な膜．その外側を卵丘細胞がとり巻く．主に糖蛋白質(マウス

では ZP1, ZP2, ZP3, ヒトでは ZP1, ZP2, ZP3, ZP4)から成り, 卵を保護し, 精子受容体(sperm receptor)として機能する. また, 多精拒否機構にも関与する. 受精卵が子宮に入ると, 溶解酵素(zona lysin)の働きで溶解され, 着床にそなえる.

a **透明帯反応** [zona reaction] 受精の際, 哺乳類の卵に1個の精子が侵入すると, 透明帯の性質が変化し, 以後精子の*透明帯への結合や*囲卵腔内への侵入が不可能となる現象. *多精を防ぐ重要な機構の一つ. 動物種により, 完全な侵入阻止反応を起こすもの(イヌやハムスターなど)と囲卵腔内に精子の侵入を許す不完全な阻止反応しか起こさないもの(マウスやラットなど)とがある. またウサギのように, 透明帯反応が全く起こらない種もある. 透明帯反応には卵の*表層粒の崩壊が関与しており, ウニやカエルの卵で見られる受精膜形成(透明層の形成を含む)の機構と類似した点が多い. (→卵表層変化)

b **透明度** [transparency, Secchi disk reading] 海や湖の水の澄んでいる度合を示す尺度. 通常, 直径25~30 cm 程度の白色のセッキー円板(Secchi disk)を水中に沈め, 識別できなくなる水深で示す. 一般に光減衰係数(k)は水深によって大きな変化を示さないから, 深さ t の光の強さ I_t は, 表面の光の強さを I_0 とすれば, $I_t = I_0 e^{-kt}$ で示される. 円板が識別できなくなる深さ t' と k には $t' ≒ 1.7/k$ の関係がある. 透明度は主に*セストンやプランクトン量に依存して変化する. OECD(1982)の基準では, 透明度が年間平均値 6 m 以上の湖沼を*貧栄養湖, 1.5~3 m を*富栄養湖, 1.5 m 以下を過栄養湖としている. 水生植物の分布下限や補償深度は透明度の約2.5倍の深さ(相対光量約1%)とほぼ一致する.

c **頭葉** 【1】[head-lobe] 環形動物の体の最前部. *口前葉に同じ. 【2】[dorsal fold, cephalic fold, anterior fold, cephalic hood] フナクイムシなど穿孔性二枚貝類で口の背方の外套膜が左右に襞をなして広がった部分.

d **洞様血管** [sinus, sinusoid] 《同》類洞, 洞様毛細血管. 毛細血管の拡大部. 直径20~50 μm に達する. *血洞という場合は, より広義に解され, さらに太い血管の拡大部をも含めることが多い.

e **倒立** [resupination] 植物において, ある器官が, 本来の位置・方向と反対になる状態. 主に*花冠の形態の表示に使用する. 例えばシオガマギクの花冠の上部裂片はひどく側方へねじれ倒れるので学名を *Veronica resupinata* という. しかしどちらの向きを本来とみるかは習慣的あるいは外観的で, ラン科では下位子房が180°ねじれて, 本来向軸側の*唇弁が背軸側に移り, 垂れ下がるのが一般的であるため, むしろトラキチランなどのねじれがなく直立するものを倒立と呼ぶ.

f **倒立顕微鏡** [inverted microscope] 試料を上から見る一般的な光学顕微鏡(正立顕微鏡)の光学系の上下を逆位にした顕微鏡. 上部から透過光を照射するので, シャーレに液体を入れた状態で上から観察ができる. したがって液体内の試料, 培養細胞や水中微生物の生体観察には不可欠である.

g **倒立色素杯単眼** [inverted pigment-cup ocellus] 渦虫類の頭部にある1ないし数十対の単眼. 体表の表皮層の直下に斜上方に開いた椀形の色素細胞層, すなわち色素杯(pigment cup)があり, この内腔に一群の視細胞の感桿が進入し, 視細胞に続く神経繊維が脳に達する. 表皮層を通じて進入してきた光線は視細胞の細胞体を通過し, 色素杯に遮られる前に感桿を刺激し, 興奮は光線の進入方向とは逆に, 感桿→視細胞の細胞体→神経繊維→脳の方向に伝導されるから「倒立」であるという. 脊椎動物の眼も「倒立」である点ではこれと一致する.

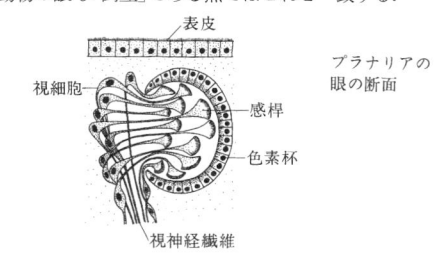

プラナリアの眼の断面

h **ドゥーリン** [dhurrin] モロコシ(*Sorghum*)の葉に含まれるシアン配糖体. 化学名 *p*-ヒドロキシ-(*S*)-マンデロニトリル-β-D-グルコシド. *チロシンから生合成され, 葉の表皮細胞に蓄積する. 昆虫による摂食など葉組織が破壊されたとき, β-グルコシダーゼが作用して糖結合を分解し, *アグリコンのヒドロキシマンデロニトリルを遊離する. このアグリコンは化学的に不安定で容易に分解してシアン化水素と *p*-ヒドロキシベンズアルデヒドを発生する. チロシンを前駆体とし, アルドキシム, シアンヒドリンを経て, グルコシデーションされて生合成される.

i **同類交配** [assortative mating] 特定の表現型についての雌雄間の類似が, 任意交配で期待されるよりも大きいような交配. ヒトでは夫婦間の身長に相関が高いことが知られている. 近親交配ではゲノム中のすべての遺伝子座が同じ影響を受けるのに対し, 同類交配では着目された形質にかかわる特定の遺伝子座だけが影響を受け, 任意交配の場合よりもヘテロ接合型の頻度が低下することが期待される. 逆に, 表現型の異なる相手が好まれる場合を異類交配(disassortative mating)という. (→近親交配)

j **トゥールヌフォール** TOURNEFORT, Joseph Pitton de 1656~1708 フランスの植物学者. 神学教育を受け, 後に植物研究に進む. またモンペリエで医学を学ぶ. ヨーロッパ各地, 小アジアに採集旅行をし, この間パリの王立植物園の教授, 兼コレージュ=ド=フランスの医学教授. 多数の新種を発見し, 花冠による人為分類の新体系をつくり, 属の概念を導入. その体系は C. von Linné 以前における最もすぐれたものである.

k **頭裂** [cephalic slit] 《同》頭縦溝(horizontal cephalic furrow). 紐形動物において, 頭部両側面を前後に走る上皮の溝. 異紐虫類の頭部に1対認められ, 吻道口から口あるいは脳域まで及ぶ. 比較的深い溝となることがある. 繊毛上皮からなる. その後端あるいはその近くに*頭感器の外管が開く. 頭溝と同じく*化学受容器とされる. (→頭溝, →繊毛溝)

a **同腕染色体** [isochromosome] 転座や欠失による染色体再編成により生じた，両腕が遺伝子の種類・量・配列について対称的に相同な染色体．再編成が起きる部位により，*動原体を一つまたは二つもつ場合がある．いずれも減数分裂において両腕間の対合が起こり，このためキアズマ形成によって形態的変化を生じ，不安定である．体細胞分裂においては動原体を一つもつものの多くは安定しているが，これを二つもつものは不安定である．一動原体同腕染色体の形成は，まず動原体の誤分裂によって動原体のところで二分されて一腕と半動原体とからなる末端動原体染色体が形成され，つぎに不分離によって一つの核に含まれ，ついで*姉妹染色分体が動原体を挟んで対称的に開いて両腕となり一染色分体からなる両腕の等しい染色体が形成されるという3段階を経てつくられる．以上は，分裂期での形成であるが，間期では動原体切断と核内有糸分裂とによっても形成される．自然にも形成されることがあるが，雑種の減数分裂，放射線・化学物質などによって人工的につくられることもある．

b **トゥーンベリ** THUNBERG, Carl Peter ツンベルクとも．1743〜1828 スウェーデンの植物学者．1761年ウプサラ大学に入り C. von Linné に学ぶ．のちパリおよびオランダに遊学し，オランダの東インド会社の船医となる．1775年12月長崎に上陸，約1年日本滞在中に植物800余種を採集・記載し，日本の*フロラを世界に示した．中川淳庵・桂川甫周らは彼から外科手術を習った．［主著］Flora Japonica, 1784.

c **トガウイルス** [togavirus] ウイルスの一科．ウイルス粒子は*エンベロープをもつ．その形を古代ローマで用いられた衣服(トガ)にみたてて，この名前がついた．ゲノムは1万1000〜1万2000塩基長の一本鎖の+鎖RNAで，5′末端にキャップ構造と3′末端にポリA配列をもつ．アルファウイルス属とルビウイルス属があり，アルファウイルス属は節足動物の媒介によって脊椎動物に伝播される*アルボウイルスである．不顕性感染が多いが，発症すると脳炎，発熱，発疹，関節炎などの症状を呈する．東部ウマ脳炎ウイルス，西部ウマ脳炎ウイルス，ベネズエラウマ脳炎ウイルスは脳炎を，チクングニヤウイルス，シンドビスウイルスは発熱，筋痛，関節炎を発症する．ルビウイルス属は*風疹ウイルスの1種のみで，ヒトを唯一の宿主とし，風疹(三日はしか)を起こす．数週間の潜伏期ののち，中程度の発熱，発疹を発症する．風疹そのものは軽い疾患であるが，妊娠初期の妊婦が感染すると先天性風疹症候群を発症し，新生児に奇形や障害をもたらす．予防法として生ワクチンが存在する．

d **ド=カンドル** DE CANDOLLE, Augustin Pyrame 1778〜1841 スイスの植物学者．パリに出て植物学を研究，J. B. Lamarck や G. L. Cuvier に親近し，薬用植物の成分の研究を行う．全世界の植物誌の完成を目指し，'Prodromus systematis naturalis regni vegetabilis' を発刊．はじめ完成はしなかったが，子の Alphonse Louis Pierre Pyrame de Candolle (1806〜1893) と2代かかって100以上の科をまとめた．それに従って多くの植物誌も書き，7000以上の新種，500以上の新属を記載．彼の分類は B. de Jussieu をつぐもので，G. Bentham および J. D. Hooker の分類学の基盤となった．［主著］Théorie d'élémentaire de la botanique, 1813; Organographie végétale, 2巻, 1827.

e **トキソイド** [toxoid] 《同》変性毒素．ホルマリンや抗毒素を加えるなどの種々の方法で処理し，抗原性を変化させないで毒力を減弱させた菌体外毒素．P. Ehrlich の命名．一般に，細菌性毒素に対して生体に能動免疫を与えるための抗原として使われる．(⇒ワクチン)

f **ドーキンス** DAWKINS, (Clinton) Richard 1941〜イギリスの進化生物学者．捕食者と被食者が互いに攻撃力と防衛能力を過剰に進化させて，最適な形質から外れることを指摘(⇒共進化)．1976年の著書 'The selfish gene' の中で，生物個体の形質は生存機械であり，自分の複製を増やしやすい遺伝子が進化していくという自然淘汰説をわかりやすく説明した．コスモス国際賞を受賞．

g **特異性** [specificity] ある生物学的現象が二つ(あるいはそれ以上)の要素の働き合いで起こるとき，このような要素相互の選択性または要素と現象との対応性．要素の生物学的由来(種類・系統・組織・細胞など)，化学的性質(酵素反応における基質の性質)などにその現象の生起・性質などが依存することが多い．特異性の基盤をなすものに従って，種特異性・臓器特異性(器官特異性)・組織特異性・(酵素反応の)基質特異性・(血清反応の)抗原特異性などが起こりうる．特異性が絶対的な場合から，緩い場合まで多様．例えば脊椎動物のホルモンの作用は脊椎動物の範囲内では著しい種特異性を示さない．しかし一般に，免疫特異性にみられるように特異性が極めて高いことが生物学的反応の特色の一つといってよい．その原因は蛋白質・核酸・多糖など複雑な生体物質の微細かつ動的な構造上の特殊な差異に帰せられている．

h **特異的遺伝子増幅** [specific gene amplification] 《同》選択的遺伝子増幅．特定の遺伝子が，染色体内または染色体外でコピー数を増やす現象．アフリカツメガエルの卵母細胞の核(卵核胞)の中で，染色体外に*リボソームRNAの遺伝子(rDNA)が1500倍程度に増幅されていることが見出されたのが最初の例．この増幅の結果生ずる染色体外の rDNA は転写され，通常なら四倍体のDNA量をもつことから4個の*核小体が現れるはずのところに，数十個もの核小体が生ずる．このような増幅現象は当初は例外的なものと考えられたが，キイロショウジョウバエの*濾胞細胞でコリオン蛋白質遺伝子が増幅されること，その培養細胞でも，例えば葉酸の4-アミノ類縁体であるメトトレキセートを加えた条件下でも死滅せず生き残る細胞の核に，*ジヒドロ葉酸還元酵素遺伝子が約200倍も増幅しているのが見出されるなど，特殊条件下ではしばしば起こる現象である．(⇒遺伝子増幅)

i **毒牙** [poison fang, poison-injecting tooth] 一般に有毒物質を相手に注ぎこむ機能をもった歯．ただし，牙は正式には哺乳類の犬歯のみを指す．[1] 脊椎動物の特に有毒爬虫類に顕著で，毒ヘビでは，*毒腺と連絡した大きく鋭い歯で，左右の上顎骨に1個ずつある．毒液の通路として，コブラ・エラブウミヘビのように前面を縦走する溝をもつ溝牙(grooved fang)と，マムシ・ヒャッポダ・ハブ・ガラガラヘビのようにそれが閉じて管になった管牙(perforated fang, tubular fang)とがある．管牙にはその直後に若干の副牙(reserve fang)があって，作用中のものが損傷したときに代わって作用する．[2] 無脊椎動物ではクモ類やムカデ類にも毒牙が見られる．

a **トクサ類** [horsetails ラ Equisetopsida] 《同》有節類，スフェノプシダ(Sphenopsida)．緑色植物*維管束植物の一群．直立する茎は一般に中空で節があり，節から*小葉および小枝が輪生する．根茎も有節で，節部から根と鱗片状の小葉を輪生する．茎葉の表皮細胞壁にはケイ酸質を含む．*胞子葉はシュート頂に群生し球果状の花葉穂となる．胞子は同形，弾糸が付着する．*前葉体は緑色の葉状体で，中央に大きく発達した中裂のまわりに数個の裂片を出す．雌雄性があり，それぞれ造卵器と造精器を生ずる．精子の鞭毛は多数．胚は胚柄をもたず，外向的に発生する．現生種は 20 種弱．化石種として以下の 2 群が知られる．楔葉類(Sphenophyllales)は，楔形の 1～2 cm の葉を輪生し，茎は中実，三つの原生木部を頂点とする三角形の一次木部が分化し，その周囲に二次木部が少し発達する．小形の草本で，石炭紀のはじめに出現し，ペルム紀に絶滅した．蘆木類(Calamitales)は，トクサを大形にした形を示し，茎は中空で，節の所だけ中実となる．トクサ類によく似た胞子嚢穂を生ずる．節部に癒着して鞘状になった小形の葉を形成する．二次組織が発達し，高さ 10 m に達する高木となる．石炭紀からペルム紀末まで生存．また三畳紀からジュラ紀になると，*Calamites* によく似て，いっそうトクサ類に近い形をもつ小形の草本のネオカラミテス(*Neocalamites*)が現れた．

b **特殊感覚勢力の法則** [law of specific energy of sense] 《同》ミュラーの法則(Müller's law)．受容器から求心神経を経て中枢に至る感覚経路は，どの部分をいかなる方法で刺激されても，常に同一の，すなわちその*モダリティーに属する感覚を起こすという法則．J.P. Müller(1826) の提唱．例えば網膜や視神経の電気的刺激はいずれも，光の感覚を起こさせる．また，感覚神経繊維上を走る神経インパルスの性状には，受容器の種別による特殊性は認めがたく，感覚の種別は脳のいかなる局在性中枢にインパルスが送られるかにより決まるとされる．現在ではこのあとの方の事実を指示する命題として，特殊活力の法則(特殊神経活力の法則 law of specific energy of nerve) と呼ばれることが多い．勢力・活力(エネルギー) という語の使用は歴史的なものである．

c **特殊創造説** [special creation theory] 《同》創造説(creationism)．生物のおのおのの種は天地創造の 6 日間に個別につくられ，それから今日に至るまで変化していないという創世記の説．現代生物学ではまったく否定されている．

d **毒針** [sting] 広くは動物体から毒を出す針状構造を総称するが，狭義には膜翅目昆虫の特殊化した産卵管をいう．刺針の主体(stylet)・導溝・針鞘からなる．腹部

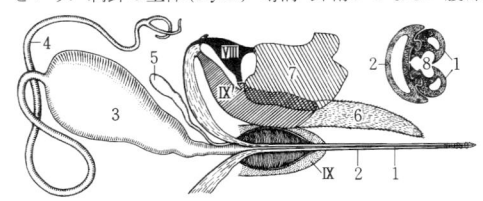

1 毒針　2 毒針鞘　3 毒囊　4 毒腺　5 アルカリ腺　6 付属突起　7 方形板　8 中央腔　VIII 変形した第八腹節(三角板)　IX 第九腹節　IX′変形した第九腹節　(右上は毒針の断面図)

にある毒腺などから毒液を敵動物内に注入する．毒液の毒成分は種によって異なるが，ハチ毒(bee venom)としては*ヒスタミン，溶血を起こすポリペプチドのメリチン(mellitin)，神経毒のアパミン(apamin)や酵素の*ホスホリパーゼ A_2 などが，またアリ類のものとしては蟻酸その他の脂肪酸が知られている．

e **毒性の進化** [evolution of virulence] ある病原体について，その感染による宿主の死亡率の程度が，自然淘汰(natural selection) によって変化すること．古典的な数理モデルによれば，病原体はその基本再生産数(basic reproduction number) R_0 を最大化する方向へ進化することが予測される．R_0 は初期に感染した 1 個体が，二次的に感染させうる個体数として定義され，毒性が小さい病原体ほど宿主を延命し，多くの二次感染の機会を確保できるので R_0 は大きい．したがって毒性と他の形質にトレードオフ(trade off) が存在しない場合，毒性は限りなく小さくなる方向に進化すると考えられる．しかし実際には，毒性と感染率や宿主の回復率の間にはトレードオフが存在し，さまざまな毒性が進化し得る．また宿主の空間構造も毒性の進化に影響を与えることが知られている．例えば感染が地理的に局所的に起こる場合，毒性の強い病原体は利用可能な宿主の局所的絶滅により淘汰されるので，毒性は低下するように進化する．反対に飲料水を媒介とする感染症などでは，病原体が広域に分散でき利用可能な宿主を見つけやすいため，強毒性が保たれる傾向が見られる．

f **毒腺** [poison gland ラ glandula venenata] 他動物に対して有毒な作用をもつ物質を分泌する腺の総称．[1] 脊椎動物では，毒ヘビ類のものは唇腺(➡唾液腺)

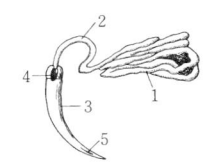

毒ヘビの毒腺
1 毒腺
2 導管
3 毒牙
(4, 5 はそれぞれ上下の開口部)

の変形物で，毒牙と連絡する(➡ヘビ毒)．ドクトカゲの毒腺は舌下腺で，下顎前方の有溝の牙に開口する．両生類には*皮膚腺として毒腺をもつものがある．ヤドクガエルの皮膚腺，ヒキガエルの*耳傍腺はその例．魚類では，ゴンズイやハオコゼが背鰭の*鰭条の基部に，アカエイでは背正中線上の強棘の基部に猛毒をもつ毒腺がある．[2] 無脊椎動物では，節足動物のハチなど膜翅類の昆虫の多くのものは腹部に毒腺があり，*毒針に開口．ムカデなどの唇脚類では，口器の第四対すなわち第一胸節の付属肢が毒顎(toxognath) または毒爪(poison claw) と呼ばれる強大な突起で，その末端(tarsungulum) は鋭い鉤状を呈し，その内部に毒腺が開口．サソリ類の尾節やクモの上顎にも毒腺がある．ウニ類のガンガゼの長い棘は内部が二次的に中空となり，中胚葉組織が毒腺に変化．ラッパウニには*叉棘(さきょく)の特殊化した毒叉棘(poisonous pedicellaria) があり，その先端はラッパ状に広がり，3 対の毒腺と爪および腺の分泌物を押し出す筋肉がある．イイジマフクロウニのものは猛毒．巻貝類イモガイ科のアンボイナガイ類は歯舌に毒腺があり，致命的な猛毒を分泌する．

g **毒素** [toxin] 《同》トキシン．高い毒性すなわち生体の生理作用に何らかの障害を与える物質．特に高分子

の生体由来のものをいうことが多く，そうした意味で，無機低分子物質を含めた毒物(poison)と区別されることもある．種々の植物毒素(phytotoxin)，*ヘビ毒やサソリ・クモ・ハチの毒などの動物毒素(zootoxin)が知られている(動物の毒腺から毒液となって出るものは一般にvenomという)．toxinの語原はギリシア語系のtoxiconで，toxon(矢)のtoxicosすなわち*クラーレを指したものと考えられる．蛋白質性のものはホルマリンでアミノ基をふさぐと毒性がほとんど消失するが，抗原性は保存される．⇔細菌毒素

a **毒素蛋白質** [toxic protein, protein toxin] 蛋白質性の毒性物質の総称．リボソームの蛋白質合成機構を阻害するもの(志賀毒素(ベロ毒素とも))，ADPリボシル化により特定の蛋白質の機能を失わせるもの(*ジフテリア毒素，*百日咳毒素，*コレラ毒素)，細胞膜にイオンチャネルを形成して細胞死をもたらすもの(ウェルシュ菌エンテロトキシン)，アセチルコリンの放出阻害(β-ブンガロトキシン β-bungarotoxin，*破傷風毒素，*ボツリヌス毒素)やアセチルコリン受容体機能の阻害(α-ブンガロトキシン α-bungarotoxin，エラブトキシン erabutoxin)により神経毒性を引き起こすものなどをはじめ，多様な毒素蛋白質が知られる．また，*ヘビ毒，サソリ毒，ハチ毒の成分も蛋白質．

b **特徴抽出性** [feature detection property] 感覚系ニューロンが特定の刺激特徴に選択的に反応する性質のこと．例えば視覚ニューロンであれば光刺激の特定の傾き(方位)，動きの方向，長さ，波長(色)，空間周波数，両眼視差などさまざまのパラメータの範囲を*適切刺激(適刺激)とし，また聴覚ニューロンであれば特定の高さ(周波数)の音を適切刺激とする．環境内の感覚刺激はその刺激特徴に選択性を示すニューロン群の応答の組合せとして脳内表現される．

c **特定外来生物** [invasive alien species] 日本の生態系に被害を及ぼす，もしくは及ぼす恐れがある，と外来生物法(特定外来生物による生態系等に係る被害の防止に関する法律，2005年施行)に定められた*外来種．飼育，栽培，保管，輸入などが原則禁止される．例としてアライグマ，ウシガエル，ブルーギル，セアカゴケグモ，オオキンケイギクなど．

d **毒物** [poison] 生物体になんらかの作用を現し，その作用が広い意味で生物体の生命維持に障害を及ぼす性質をもつ物質．しかし障害作用は用いる量によるので，物質の作用の本質を示す表現ではない．便宜的に極めて少量でも生命に障害を及ぼす物質をいう．フグ毒，キノコ毒，シアン化合物などがその代表例である．日本薬局方では医薬品中の劇薬と毒薬とを意味する．毒薬と劇薬とは，極量(薬事法では規定されている)が致死量に近いか，極量以下では医薬として使用されるがそれ以上では有毒であるかによって区別されている．薬事法では経口急性毒性をLD_{50}で表現した場合，毒物は30 mg/kg以下，劇物は300 mg/kg以下である．

e **独立栄養** [autotrophy] 〚同〛自立栄養，自養．栄養源を無機物のみで充足できる*栄養形式．*従属栄養と対する．無機物から得られる還元力を利用して二酸化炭素を固定し，有機物を合成することから，食物連鎖上の一次生産に相当する点に重点をおいた呼称にあたる．一方，物質面で特に無機物の電子供与体に重点をおいたときは無機栄養(lithotrophy)という．独立栄養を行う生物を総称し，独立栄養生物(autotroph)という．独立栄養生物は，エネルギー源として無機物の酸化エネルギーを利用する化学合成生物(化学独立栄養生物)と，光エネルギーを利用する光合成生物(光独立栄養生物)とに分けられる．前者は*硫黄細菌・*硝化菌・*水素細菌・*鉄酸化細菌などを含み，後者は緑色植物・藻類・藍色細菌・紅色硫黄細菌および緑色硫黄細菌などを含む．独立栄養生物の中には，有機物があれば条件的に従属栄養に転換する生物もある．

f **独立効果器** [independent effector] 受容器の機能を兼ねそなえ，受容した刺激に自らただちに応答する効果器．したがってその個体との相関から独立して存在する(ただし神経性・内分泌性などの副次的な制御は存在しうる)．イソギンチャクのある種の上皮筋細胞はその一例で，G. H. Parkerは，それから感覚上皮細胞(受容器)と筋細胞(効果器)の分離および神経細胞(調整器)の分化を経て散在神経系の完成に至ったとの説を立てた．海綿類の小孔細胞や刺胞動物の刺細胞も独立効果器とされ，両生類の虹彩筋(光刺激を感受)や脊椎動物の胚の心臓筋などの例もある．

g **独立の法則** [law of independence] 異なる*遺伝子座の*対立遺伝子は互いに独立に各*配偶子に分離し，雌性および雄性配偶子は遺伝子型に関係なく偶発的に組み合わさるという法則．*メンデルの法則の一つ．したがって，遺伝子型が$AaBb$のF_1ではAB, Ab, aB, abの4種類の配偶子が同数ずつできる．また，単純な優劣関係が対立遺伝子の間にあるときは，F_2で9:3:3:1の形質の分離比が得られる．しかし，同一染色体上に存在する遺伝子の間では通常，*連鎖がみられ，組合せが独立に起こらない．この点，*分離の法則と異なり，独立の法則は普遍性に欠ける．

h **棘** (とげ) [spine] [1] 維管束植物の体表から突起して先が鋭く尖った構造の総称．茎が針状になった*茎針(例:サイカチ)，葉が針状になった*葉針(例:サボテン)，根が針状になった*根針(例:ヤシ科)など．バラのとげなどの毛状体(⇔毛)も指す．[2] 菌類の子実体や胞子の表面に突出した，細くて先端が鋭く尖った構造．

i **時計遺伝子** [clock gene] 〚同〛概日時計遺伝子(circadian clock gene)．*生物時計における振動(⇔生物リズム)の発生において決定的な役割を果たしている遺伝子．1971年にキイロショウジョウバエの概日リズムに異常を示す突然変異体の研究から，その変異されるる遺伝子として*period*(*per*)遺伝子が発見され，1984年に時計遺伝子として初めてクローニングされた．これまでに概日時計に関係するさまざまな遺伝子が，昆虫，脊椎動物，被子植物，コケ，カビ，シアノバクテリアで発見されている．時計遺伝子が発現して作られる蛋白質を時計蛋白質と呼ぶ．キイロショウジョウバエでは，*per*遺伝子の産物であるPer蛋白質は，もう一つの時計遺伝子*timeless*(*tim*)の産物であるTim蛋白質とヘテロ二量体を形成して核内に移行し，他の時計蛋白質と相互作用して*per*遺伝子と*tim*遺伝子の転写を抑制することによって，これらの遺伝子の発現に周期的変動をもたらす．この周期的変動が概日時計の振動の本体である．このように時計遺伝子の産物である時計蛋白質が，核に移行してその時計遺伝子の発現を抑制する経路は，負のフィードバックループを構成する．フィードバックの間に生じる時間的遅れの結果として時計遺伝子の発現や時

計蛋白質の量に約24時間周期の振動が起こることで，概日時計が駆動される．時計蛋白質のリン酸化をともなう分解や核移行の速度が，フィードバックの時間的遅れを決定し，時計の周期を決めている．per 遺伝子は昆虫だけではなく哺乳類や鳥類，魚類でも見つかっているが，脊椎動物では Per 蛋白質がヘテロ二量体を形成する相手は，*クリプトクロムである．一方，シアノバクテリアでは時計蛋白質 KaiC のリン酸化状態の変動が概日時計の振動そのものと考えられ，この振動は転写・翻訳を停止させている．時計遺伝子は，中枢神経系に存在する概日時計ばかりではなく，さまざまな末梢組織でも発現している（⇒末梢時計）．概日時計以外の生物時計の振動に関わる遺伝子は不明である．

a **都市生態学** [urban ecology] 都市を生態学的に研究する生態学の一分野．都市の中の*生物群集を対象とする生態学的研究というアプローチと，都市を人間を含めて生態系ととらえ，その中の物質循環や生態系としての構造・機能・変化について，都市の社会経済的側面も含めて研究するアプローチとがある．前者の都市の中の生物群集に関しては，残存林や都市雑草，あるいは都市鳥や衛生害虫なども都市固有の生態を示す．後者の見方では，例えば都市は生態系構成要素のうち，一次生産者（⇒生産者）と*分解者を欠いたほとんどが*消費者だけからなる系であり，その維持には周辺の農林業地域から海外までも含めた食料・水・エネルギーなどの供給源に依存せざるをえない特殊な生態系ということになる．都市生態学は都市と自然の共生，都市計画などのための生態学的基礎を提供する．

b **土壌** [soil] 《同》土．[1] 母材が，水分・温度・空気などの気候，維管束植物および土壌生物，地形などの総合的影響を受けて生成した，地殻表面の非固結物質の最表層部分（アース earth あるいはレゴリス regolith）．非固結物質が主として鉱物質からなる場合，上記の影響要因を土壌生成要因（soil formation factor）と呼び，その影響の結果として，地表面に平行に性質が異なる土壌層位が出現，上から*A 層，*B 層および*C 層が区別される（⇒土壌断面）．この層位の状態により，*ポドゾル，*チェルノーゼム，*褐色森林土などの土壌型（soil type）が分類される．土壌のこのような生成に注目した区分を土壌分類と呼び，生物の種分類に似た方法がとられることがある．土壌は固体・液体・気体の三つの相から構成されており，固相は鉱物粒子群と有機物からなり，固相間の孔隙が液相（土壌水）と気相（土壌空気）により占められている．[2] 地殻表面の未固結物質の中で，植物の根が現に伸長している範囲か，あるいは根が伸長しうる部分．特に陸上植物の生育の培地としての機能面を重視していう．（⇒土性）

c **土壌汚染** [soil pollution] 生物，特に農作物，人間に対して有害な物質が土壌に侵入すること．日本では近年，鉱工業廃棄物の銅，カドミウム，ヒ素，クロム，水銀，ニッケル，鉛，亜鉛などの重金属類，有機塩素系殺虫剤を中心とする合成農薬および家畜の排出物や都市下水などの有機物による土壌汚染が拡がりつつある．事例として，古くは足尾銅山の銅の採掘に伴う渡良瀬川への銅の流入による下流地域の土壌汚染，昭和に入ってからは富山県神通川流域のカドミウム汚染などがある．農用地土壌汚染防止法では，農用地に限定されていたが，2002年に土壌汚染対策法が制定され，工場跡地なども法規制の対象となった．

d **土壌感染** [soil-borne infection] [1] 病原体が何らかの形で長時間土の中に残っていて，これが体内に入り病気を引き起こすこと．破傷風などの細菌，糸状菌・ウイルス・線虫などの各類にわたって問題となる．[2]《同》土壌伝染 (soil transmission)．植物病理学分野では，植物病原菌が土壌を経由して植物に感染すること．土壌感染性病害は土壌病害（土壌病 soil disease）ともいわれ，植物の病害の中でも防除が非常に困難なものの一つ．宿主による作物を連作すると，しばしば土壌中の病原要因の密度が増加して，被害を増す．⇒連作障害）

e **土壌構造** [soil structure] 土壌粒子の結合状態と空間的配列の様式．[1] 土壌生物群集とのかかわりにおいて，土壌の示す微細構造．*単粒構造・*団粒構造など．[2] *土壌断面の示す構造．*A 層，*B 層，*C 層などに分けられる．また，その調査の際に見られる板状，柱状，塊状などの形状も含まれる．

f **土壌呼吸** [soil respiration] 土壌生物全体の呼吸量．現象的には土壌から大気中に CO_2 が排出されること．維管束植物の根や土壌中の細菌・菌類・地中動物の呼吸で排出される CO_2 は拡散などで大気中へ返還され，炭素循環の一経路をなす．よく根の発達した群落では根の呼吸は土壌呼吸の約30%にもなるが，一般にはずっと小さく，好気的な微生物の呼吸によるものが主である．土壌中の多量の有機物，栄養塩類の施肥，適当な土壌気候（soil climate，土壌中の水分・空気・温度などの環境条件）は菌類や好気性細菌を活動させ，土壌呼吸を大にする．単位面積・時間当たりの土壌呼吸の量，すなわち土壌呼吸速度（soil respiration rate，単位は $CO_2/m^2/hr$）は熱帯多雨林で 0.4〜1.0，暖帯照葉樹林で 0.2〜0.6，温帯落葉樹林で 0.15〜0.4．土壌微生物による呼吸部分は溶解性の有機炭素量と密接に関係する．

g **土壌固有** [edaphic endemism] 特有の土質をもった土壌に限って固有の生物が生育する性質で，定着性の植物に顕著に認められる．植物は生涯そこで生育する土地の土壌から養分・水分を吸収するため，生育と分布は土壌の影響を強く受ける．植物は石灰岩地帯や蛇紋岩地帯などには一般に侵入しにくく，一方，土壌固有植物は生育できる．このような地帯には特有の組成成分が大量に含まれ，一般の植物にとっては有毒であるが，ハヤチネウスユキソウ，キタダケソウ，ヒメフウロ，クモノスシダのような土壌固有植物はそれに対して耐性をもっている．土壌固有種は石灰岩植物，*蛇紋岩植物，強酸性・貧栄養でケイ素が多い砂質の土壌に発達するケランガス（ヒース）林などに多い．

h **土壌侵食** [soil erosion] 土壌が水や風などによって剥離および移動される現象．水食と風食に大別され，前者は裸地化した傾斜地の土壌の降雨による流去，後者は風による土壌の飛散である．いずれも肥沃度の高い表層土が剥脱されるので，植物などの生育には悪影響を与える．

i **土壌図** [soil map] 土壌調査に基づいて一定地域の土壌を分類し，地形図にその分布の範囲を表示したもの．日本では国土地理院の5万分の1の地形図を原図にした国土調査事業による大縮尺土壌図，縮尺20万分の1の都道府県別の土壌図の作成が進められ，縮尺50万分の1の全国土壌図が完成 (1969)．世界的には縮尺500万分の1の世界土壌図が FAO（国連食糧農業機関）

とユネスコの共同により完成(1974), そのデータベース化も行われている.

a **土壌水分** [soil moisture] 《同》土壌水(soil water). 土壌中, 特に土壌粒子間の孔隙に存在する水. 土壌水は種々の強さで土壌粒子の表面に結合しており, この結合力の強弱によって植物に吸収される難易や土壌の理化学性に及ぼす影響も異なる. 土壌粒子との結合力の大きい順に次のように区分されている. ただし, それらの境界は必ずしも明確ではない. (1)*結合水:固形分中に化学的に結合, (2)吸着水(adsorption water, 吸湿水 hygroscopic water):土壌粒子の表面に分子間引力で吸着, 土壌コロイド粒子表面の解離イオンによって保持されている水, (3)毛管水(capillary water):毛細管力で保持, (4)重力水(gravitational water):重力により粒子間を移動, (5)水蒸気の状態のもの. 植物が根から吸収する水は主として毛管水で, 結合水・吸着水は利用されない. 単位量の土壌中に含まれる水分量を含水量と呼ぶ. 土壌の水ポテンシャルは容水量を超えた場合は重力ポテンシャル, 容水量以下では*マトリックポテンシャルにより支配され, 浸透ポテンシャルは塩類の特に多い土壌でなければ大きな要素にならない. 蒸散の弱いときには水ポテンシャル-15 hPaにいたるまでの水が植物に利用可能な量の目安を与える.

b **土壌生物群集** [community of soil organism] 《同》エダフォン(edaphone), 土壌群集(soil community), 地中生物群集. 土壌中で生活する生物群の総称. この生物群には動物すなわち動物性エダフォン(⇒土壌動物)と, 植物すなわち植物性エダフォンがあり, それぞれ土壌ファウナ(地中動物相 soil fauna), 土壌フロラ(地中植物相 soil flora)を形成する. 植物は菌類や藻類などに加え, 維管束植物の根も含まれる. 陸上群集の栄養動態において, 土壌生物群集は植物の枯死体, 動物の排出物や遺骸などの有機物を, 腐食連鎖(⇒食物連鎖)を通じて分解, 再び無機物に還元する機能を担う. 土壌生物群集総体の呼吸量を*土壌呼吸といい, その大部分を*土壌微生物と根の呼吸が占め, 土壌における生物活性の指標とされる.

c **土壌断面** [soil profile] 土壌において, 表層部から母材に至るまでの垂直断面, あるいは垂直方向の土壌の性質の変化. 土壌は垂直方向に理化学性の互いに異なるいくつかの層を分化させるが, これらの土壌の生成の来歴を示す土層を土壌層位(soil horizon)と呼ぶ. 土壌断面形態の観察は土壌の生成や性質を調べ, その土壌の分類上の位置を知り, 土壌と植生との関係を知るために必要なことである. 上から*A層, *B層, *C層を分けて呼び, これら鉱物質層の上に有機物層である*A_0層(O層)がある場合もある. また, 母材の異なった土壌層がある場合, それを D層(D horizon), 還元鉄を含む層を G層(⇒グライ土)と呼ぶ.

d **土壌的極相** [edaphic climax] ⇒多極相説

e **土壌動物** [soil animals] 《同》地中動物. *土壌生物群集を構成する動物の総称. 腐植食性のミミズ類・陸生等脚類・トビムシ類・ダニ類と, その捕食者クモ類・ムカデ類などからなり, 環境への作用としては次の2群に分けられる. (1)直接作用:有機物や微生物を摂食, 分解に直接寄与する. (2)間接作用:糞塊排出により土壌の*団粒構造をつくり, また菌体・胞子の地中での拡散に寄与し, 土壌微生物の活動を間接的に助ける. なお, 日本の自然土壌における生息個体数は, 1 m² 当たりそれぞれ, 大形土壌動物(ミミズ類, ヤスデ・クモなどの節足動物): 10^2, 双翅目幼虫: 10^3, ヒメミミズ・ダニ・トビムシ類: $10^4 \sim 10^5$, 自由生活性線虫類: $10^5 \sim 10^6$ とされる. (⇒土壌微生物)

f **土壌微生物** [soil microbes, soil microorganisms] 地表面あるいは土壌粒子間隙や粒子表面に生存する微生物の総称. 細菌類, 放線菌類, 子嚢菌類, 担子菌類, 酵母菌類, 藻類, 原生生物など多くの種類が見出されている. 種類および個体数は表層からの深さ, 水素イオン濃度, 温度, 湿度, 季節などで著しく変化する. 藻類は地表面あるいはその直下にいて光合成を行う. 硝化菌, 鉄酸化細菌, 硫黄酸化細菌などは化学合成による独立栄養, 他のものは従属栄養的生活をいとなむ. また深層土壌など特別な条件の場所にも特別の化学合成無機栄養細菌が発見されるが, 一般に細菌類は中性ないし弱アルカリ性土壌に多く, 好気性のものは上層に, 嫌気性のものは下層に多い. 日本の自然土壌では表層土乾燥重1 gあたり細菌は $10^6 \sim 10^7$ の程度で, また菌類は酸性土壌に多く, 10^5 の程度(菌糸の総延長は $1 \sim 6$ km)に及ぶ. 枯草菌群, シュードモナス, クロストリジウム, 腸内細菌, セルロース分解細菌, 放線菌, 各種の菌類など, 従属栄養的生活をするものは, 土壌中の有機物を分解し, 分解者として自然界(生態系)における物質循環の中で大きな役割を果たす. すなわち土壌微生物による呼吸は炭素循環に, 窒素固定・*硝化作用・硝酸塩還元作用・脱窒素作用などは*窒素循環に深くかかわっている(⇒土壌呼吸). 生物体内に保持される*栄養塩類も土壌微生物による分解の結果として無機物化し, 再び植物が利用できる形に戻る.

g **土壌腐植** [soil humus] 広義には土壌有機物のうちの*腐植質. 前者は腐植質のほかに, いろいろな分解段階にある動植物の遺骸および土壌中に生息する生物の遺骸(⇒腐植化), 土壌生物が合成する物質などを含む. また, 土壌中での機能から, 栄養腐植(独 Nährhumus)と耐久腐植(独 Dauerhumus)に区別され, 前者は土壌生物によって容易に分解されてアンモニア, リン酸などの植物養分を放出する有機物群を, また後者は鉱物成分と複合体を形成して土壌中で安定に存在している腐植質を意味する. 土壌腐植の量は保水, 通気, pH, イオンの吸着など, 土壌のさまざまな性質に影響を与える.

h **土壌要因** [edaphic factor] 土壌中および土壌の上に生活する生物に影響を及ぼす, 物理的・化学的および生物的な土壌の性質. 物理的性質で特に重要なのは土壌の粒度(⇒土性)で, これと*腐植質の量とは土壌の通気・容水量などを決定する. 土壌の色は通気・含水量とともに地温に大きな影響を及ぼす. 土壌の含む水に溶けている化合物の性質により土壌のpHや栄養塩類濃度などが決定される. 一般に過湿の地では酸性に, 海岸・乾燥地ではアルカリ性に傾き, pHは土壌溶液中の化合物の解離やコロイド状態に影響するとともに, 土壌微生物の活動にも影響する. 多くの場合, 酸性は菌類に, 中性ないし弱アルカリ性は細菌に有利. 土壌の物理的・化学的性質は群落の分布や相観に関係があり, 一般に広葉樹は針葉樹に比べて肥えた地を必要とする. 土壌動物や微生物の*反作用が果たす役割も大きい. ある元素が土壌中に特に多いと(例えば Mg, Al, Cl), 限られた植物のみがまばらに生育するだけになる. (⇒蛇紋岩植物)

a **ドーセ** Dausset, Jean 1916～2009 フランスの医学者．ヒトの主要組織適合性抗原(HLA)の一つ(現在のHLA-A2)を最初に発見し，その後も HLA の対立形質を分析した．1980年 B. Benacerraf，G. D. Snell とともにノーベル生理学・医学賞受賞．

b **土性** [soil texture] 土壌の無機成分を粒径によって砂，シルト(微砂・沈泥 silt)，粘土の3群に分け，各群の含有割合による土壌の分類．日本で用いられる国際法の粒径区分では，砂 2～0.02 mm，シルト 0.02～0.002 mm および粘土 0.002 mm 以下と規定される．土壌中の砂・シルト・粘土の割合を百分率で算出し，三角図表によって土性を区分する．土性は土壌の養分保持・供給だけでなく，水と空気の供給や耕耘の難易など，植物の生育と密接な関連をもっている土壌の基本的性質である．

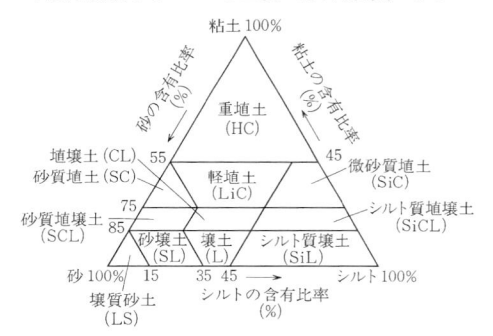

国際法による土性の区分

c **突起説** [enation theory] 《同》隆起説．葉の起原について，原始的な維管束植物の茎の表面の突起が徐々に発達して葉になったと推定する説．F. O. Bower(1908)が提唱．*テローム説に対立する．*Psilophyton* などの茎の表面突起から，*Asteroxylon* の突起のように維管束に短い分岐の見られるものを中間型として，*Baragwanathia* のような葉が完成したという．最近では，*大葉はテローム説でいうような過程で形成されたのに対し，*小葉【2】は突起成長によって形成されたと推定されている．

d **凸性**(分類群の) [convexity] ある系統樹のうえで分類群 G に属する任意の種を連結する線上のすべての種すなわち末端種(OTU)と仮想的共通祖先(HTU)がやはり G に属している場合を指す．G. F. Estabrook(1978)の提唱．*単系統群(完系統群)と*側系統群が凸性をもつ分類群ということになる．

e **突然変異** [mutation] 《同》ミューテーション，変異．ゲノムを構成する染色体や核酸分子の一部に生じる永続的な変化．核酸分子の構造変化は，*遺伝子変換や*遺伝的組換えによって，すでに生物集団中に存在する変異が伝達されたり，新しい組合せが起こることでも生じるが，これらは狭義の突然変異には含まないことが多い．突然変異の最小単位は一つのヌクレオチドで，DNA 分子に変化を生じた部位を突然変異部位(mutation site)と呼ぶ．あるヌクレオチドが別のヌクレオチドに置き換わることを*塩基置換と呼び(⇌トランジション，⇌トランスバージョン)，その点での*コドンが変化する．また，1塩基の*欠失や*挿入が翻訳領域で起こると，コドンの読み枠がずれ，それ以降の遺伝情報が意味をなさなくなることがある(⇌フレームシフト突然変異)．しかし，欠失や挿入の起こる単位は一つのヌクレオチドとは限らず，数塩基長からときには長大な DNA 領域にわたることもある．さらに，不等交叉や不等価姉妹染色分体間組換えが起こると，*遺伝子重複がもたらされる．直列した重複遺伝子は，ゲノム全体の遺伝情報の位置関係を乱すことはないが，その遺伝子産物の量に不調和をきたすことがある．これに対して，染色体レベルでの*逆位や*転座は，遺伝情報の位置関係を変え，染色体の対合にも影響を及ぼす．一般に上記のような構造変化が大きい(大変化)ほど個体の生存に有害な結果をもたらすといわれる．突然変異は体細胞，生殖細胞を問わず起こる．体細胞突然変異が個体発生の初期に起こると，その個体はある形質に関し*モザイクになる．組織特異的な体細胞突然変異は*免疫グロブリンや*T 細胞受容体の分子などに見られる多様性の獲得に寄与している．また特定の遺伝子における突然変異が細胞のがん化(発がん)を誘発する．生物進化のうえで重要な突然変異は，生殖細胞で生じた，後代に伝達されるものである．体細胞と生殖細胞が未分化な植物の例もあるが，一般には体細胞突然変異が後代に伝達されることはなく，したがって*獲得形質は遺伝しない．なお蛋白質分子のアミノ酸配列の生物種間の比較などから，形質変化をほとんどともなわない変異，すなわち*中立突然変異がしばしば起こることが知られている．(⇌突然変異生成)

f **突然変異育種** [mutation breeding] 人為突然変異によって生ずる有用な形質を利用する育種．突然変異育種は，*突然変異原としては主に γ 線・X 線・β 線・中性子線などの放射線のほか，エチルメタンスルホン酸(ethyl methanesulfonate, EMS)やアジ化ナトリウムなどの化学物質も用いられる．中心に放射線源を置いた特殊圃場に植物を植えて長期にわたって生育中植物体に照射することも行われ，ガンマフィールド(gamma-field)と呼ばれている．種子を処理することが多い．突然変異によって生ずる形質は，白子・矮小・不稔など実用的には劣悪な形質が大部分であるが，多くの作物で早生や短稈の突然変異体を得ることは割合に容易である．現在，世界でイネ，オオムギ，ダイズ，リンゴ，ナシ，キク，ダリアなど 70 種以上の植物で，短稈・早生・病害抵抗性・優れた花色などの有用形質をもった品種が 1000 品種以上育成されている．

g **突然変異確立** [mutation fixation] 突然変異原で生じた*DNA 損傷が，修復その他の原因によって非変異性のものになる不安定な状態(この状態を積極的に保持することによって起こる突然変異頻度低下を mutation frequency decline という)を超えて，不可逆的な変異生成(mutagenesis)の段階にまで達したことをいう．DNA の損傷は，ほとんどの場合そのままでは変異にならず，変異生成の段階にまで達するのはまれである．分子レベルでいえば，変化した DNA 塩基配列ができあがることを意味するが，それを直接検証するのはむずかしいので，上述のように定義されている．(⇌表現遅れ，⇌抗突然変異原，⇌修復エラー)

h **突然変異原** [mutagen] 《同》変異原，突然変異誘発要因．自然突然変異頻度よりも高い*突然変異頻度を生じさせるような物理的または化学的作用原．その主なものは放射線(⇌放射線突然変異生成)，ある種の化学物質などである．(⇌化学的突然変異生成)

a **突然変異生成** [mutagenesis] 突然変異が生じる過程および生じた状態のこと．自然に起こるものを自然突然変異(spontaneous mutation)，人工的に起こしたものを誘発突然変異(induced mutation，人為突然変異 artificial mutation)という．自然突然変異は，栄養条件のよいときはDNAの*複製誤りが主な原因となって起こるが，栄養条件がわるいときやDNA複製がない状態では，時間に比例したある確率でDNAに自然に傷がつき，それがもとで複雑な生物学的過程をへて突然変異が生成されるとされている．誘発突然変異は，放射線・化学物質などの突然変異原により，DNA損傷の修復エラー，DNA塩基の軽い傷による対合誤り，複製誤りを増加させるような傷の生成，などの生物学的過程が引き起こされることで生じるとされている．(⇒放射線突然変異生成，⇒化学的突然変異生成，⇒修復エラー)

b **突然変異説** [mutation theorie] H. de Vries (1901) が立てた進化学説．彼はオオマツヨイグサを栽培して交雑実験などをするうち，同属の新種が中間形を経ずに出現するのを観察し，それが進化の重要因であるとして*突然変異と呼んだ．その説は大きな波紋を生物学界に起こしたが，やがてこの植物の染色体の遺伝的構成は極めて複雑なことが判明し，De Vriesの観察には異なった説明が与えられた．他方，突然変異の語はT. H. Morganの遺伝学体系のなかで新たな定義づけがなされ，その基本概念の一つとなった．

c **突然変異体** [mutant] 突然変異が生体の形質的変化として現れている個体，細胞またはウイルス粒子．また突然変異を起こした遺伝子それ自体をいうこともある．変化した形質によって，可視的な形質が変化する形態的突然変異体(morphological mutant)，代謝系に関与する酵素活性が低下または欠損する生化学的突然変異体(biochemical mutant)，行動に変化をもたらす行動突然変異体(behavioral mutant)などに区別する．突然変異体において，ある遺伝子機能が欠損あるいは低下した結果，生体内反応がその段階で止まることを遺伝的閉鎖という．例えば，ある酵素反応に関して遺伝的閉鎖が起こるとその酵素反応の産物が合成されなくなるか，また不十分な量しか合成されなくなり，その結果，その反応以前の代謝産物である前駆物質が細胞内または培養液中に蓄積する．遺伝的閉鎖はそのような前駆物質の生産や代謝経路などの解析に広く利用されている．突然変異による遺伝的閉鎖が不完全で，その遺伝子に支配される反応が野生型ほどではないが多少は進行するのを漏出(leakage)といい，その性質をもつ突然変異体を漏出性突然変異体(leaky mutant)あるいはブラディトローフ(bradytroph)という．これは通常，点突然変異で，突然変異型遺伝子によりコードされる蛋白質がある程度の活性をもつことによることが多い．

d **突然変異頻度** [mutation frequency] 集団中に含まれる突然変異体の頻度．この頻度は1代当たり新たに突然変異体が生ずる率(*突然変異率)とは一般に一致しない．その理由は，集団中に現在含まれる突然変異体の多くは通常前の代からもち越されたもので，新たに生じたものでないからである．

e **突然変異率** [mutation rate] 突然変異の発生率．通常，ある突然変異事象が生物学的単位1世代当たりに起こる率で表す．年当たりや細胞分裂当たりで測る場合もある．自然突然変異は主にDNA複製のときに起こるとされている．ヒトなど有性生殖をする生物で，ある遺伝子座について配偶子当たり世代当たりの自然突然変異率は，一般に成熟精子(あるいは卵)中の新しい(すなわち先祖から受け継いだものでない)突然変異をもつ精子(卵)の割合に等しい．しかしこの量は，細胞レベルでいえば，性細胞集団における自然突然変異頻度f(細胞集団中の突然変異細胞の割合)であって，細胞世代当たりの自然突然変異率u(突然変異事象が細胞世代当たりに起こる確率)とは異なる(⇒突然変異頻度)．uの量は$u=f/g$で表される．gは有効細胞世代数で，その厳密な推定は困難だが，成熟精子(卵)中に突然変異体として現れているものは，その原因となる突然変異事象が性細胞形成過程で最高何世代前に起こったかを示す数にほぼ等しい．遺伝子の1代当たりの自然突然変異率(遺伝子座/配偶子または細胞)は，通常10^{-8}〜10^{-9}(大腸菌)，〜10^{-5}(ショウジョウバエ)，〜10^{-6}(マウス)で，細胞世代当たり(分裂当たり)の自然突然変異率はこれを有効細胞世代数で割らなければならない．放射線により生じる突然変異のときは，単位線量当たりの誘発突然変異率(induced mutation rate, 1 Gy 当たりの遺伝子座)を用いる．その値は通常10^{-9}〜10^{-10}(大腸菌)，〜10^{-8}(ショウジョウバエ)，〜10^{-7}(マウス)．(⇒放射線突然変異生成)

f **トッド** Todd, Alexander Robertus 1907〜1997 イギリスの生化学者．ビタミンB_{12}のほか，ビタミンB_1，Eの構造決定，さらにヌクレオシドの塩基-糖結合およびヌクレオチドの糖-リン酸の結合の解明・合成などの業績に対して1957年ノーベル化学賞受賞．

g **トップ交雑** [top cross] 多数の雌親系統にある共通の雄親系統を交雑，またはその逆．共通親には品種，*近交系，単交系などが用いられる．一般に共通親の一般*組合せ能力の検定に有効である．一方，共通親に優良系統を用いれば，非共通親の中から特定組合せ能力の高い系統を選抜できる．トウモロコシ，ソルガム，イネの*ヘテロシス育種に適用されている．

h **ド=デューヴ** De Duve, Christian René Marie Joseph 1917〜 ベルギーの細胞生化学者，細胞病理学者．ラット肝臓の細胞中の小粒が酸性ホスファターゼを包含することを発見，リソソームと命名．この顆粒と細胞の活動や病変との関連について研究，また酸化酵素を含有する別種の顆粒ペルオキシソーム(ミクロボディ)を発見．1974年，A. Claude, G. E. Palade とともにノーベル生理学・医学賞受賞．[主著] Glucose, insulin et diabete, 1945.

i **ドナン効果** [Donnan's effect] 《同》ギブズ-ドナン効果(Gibbs-Donnan's effect)．*ドナンの膜平衡およびこれによって生ずる生物学的効果の総称．生体膜の両面において発生する界面電位，原形質と外液との間のイオンの不均等分布，植物細胞の細胞壁の外液に対してもつ細胞壁電位など，生物にもドナン効果の現れる多くの現象がある．

j **ドナンの膜平衡** [Donnan's membrane equilibrium] 《同》ギブズ-ドナンの膜平衡．半透膜の片側に不透過性のイオンが存在すると，透過性のイオンの分布が平衡時でも不均等になること．例えば，半透膜の片側(I)に，$AB \rightleftarrows A^+ + B^-$，$RB \rightleftarrows R^+ + B^-$ のように解離するイオンを入れ，R^+ だけがこの膜を通らないとすれば，A^+ および B^- は膜を通ってもう一方の側(II)に移

るが，R^+ の存在によって(I)(II)における A^+，B^- の濃度に不均等を生じて平衡に達する．このとき

$$\frac{[A^+]_I}{[A^+]_{II}} = \frac{[B^-]_{II}}{[B^-]_I} = \lambda$$

の関係が成り立つ．[ ]はそれぞれ稀薄溶液の濃度(理想溶液でない場合は一般に活動度)を表し，λ は濃度に無関係で，温度と圧力だけの関数である．F. G. Donnan (1911)が研究した．平衡時には膜の両側の電解質の分布は均等でないことから，両液間には次式で表される電位差が生じ，これをドナンの膜電位(Donnan's membrane potential)という．

$$E = \frac{RT}{F}\ln\frac{[A^+]_I}{[A^+]_{II}} = \frac{RT}{F}\ln\frac{[B^-]_{II}}{[B^-]_I} = \frac{RT}{F}\ln\lambda$$

R は気体定数，T は絶対温度，F はファラデー定数を表す．この関係は神経や筋肉に見られる静止膜電位の説明に利用される．上式は膜を透過するイオン種について成立する関係であって，膜不透過のイオン種は式に含まれない．実際の場合，神経や筋の細胞外液には Na^+ と Cl^- が多く含まれ K^+ は少ないが，細胞内液には K^+ が多く Na^+ や Cl^- は少なく，その代わり有機的な陰イオンが多量に含まれている．有機陰イオンはもちろん膜不透過であるが，静止時の膜は Na^+ もあまり通さない．したがって上式の A^+，B^- は一応 K^+ と Cl^- とを表すと考えてよく，計算値が細胞内電極で測定した値とよく合致する．しかし，細胞の内外でイオンは完全な平衡にあるのではなく，膜電位はドナン電位としてよりも拡散電位として説明される．(⇌ゴールドマンの式，⇌拡散電位)

a **利根川進**(とねがわ すすむ) 1939〜 分子生物学者．マサチューセッツ工科大学癌研究所教授，RIKEN-MIT 神経科学研究センター所長．スイスのバーゼル免疫学研究所で穂積信道や坂野仁らと行った多様な抗体を生成する遺伝的原理の解明により，1987年ノーベル生理学・医学賞を受賞．その後マウスを用いた脳科学の研究を推進した．

b **ドーパ** [DOPA] 3,4-ジヒドロキシフェニルアラニン(3,4-dihydroxyphenylalanine)の略記．α-アミノ酸の一つ．M. Guggenheim(1913)がソラマメの莢から発見．マメ科植物のソラマメ属・ハッショウマメ属・エニシダ属などに遊離の状態で存在し，特にハッショウマメの茎葉にはかなり多量(生量の約1%)に含まれる．水溶液はかなり不安定で，特にアルカリ性溶液は空気中で容易に酸化を受け，赤色を経て黒色に変じ，*メラニンを生ずる．*ポリフェノール酸化酵素によって容易に酸化される．ドーパを含む植物体を傷つけたときに黒変するのはこの過程による．動植物組織内でのメラニン生成の過程ではチロシンがモノフェノール一酸素添加酵素によって酸化されてまずドーパを生じ，さらにドーパキノンを経て酸化が進むと考えられる(⇌メラニン[図])．ポリフェノール酸化酵素が呼吸の末端酵素となっているとみなされる植物では，ドーパは水素の伝達体となりうる．また動物体内でのアドレナリン生成にはチロシンのドーパへの酸化，ドーパのドーパミンへの脱カルボキシルの過程が含まれる．

c **トパキノン** [topa quinone] TPQ と略記．〘同〙6-ヒドロキシドーパキノン．2,4,5-トリヒドロキシフェニルアラニン(トパ topa)のキノン体で，*キノン補酵素の一つ．遊離のトパキノンは非常に強い細胞毒性，神経毒性を示す．還元型のトパは極めて酸化されやすい．また，トパキノンもアミノ酸などとの反応性に富む．1990年にウシ血清中の銅含有アミンオキシダーゼの共有結合型補酵素として同定された．ポリペプチド鎖中のアミノ酸残基の一つとして含まれている．その後，他の動植物，微生物由来の同酵素中にも補酵素として含まれることが明らかにされつつある．これらの酵素の遺伝子中ではトパキノンはチロシン残基としてコードされており，蛋白質の翻訳後修飾を受けてトパキノンに変換される．Arthrobacter globiformis の酵素(フェニルエチルアミンオキシダーゼ，ヒスタミンオキシダーゼ)では，結合銅イオンの関与のもとに前駆体チロシン残基が自動酸化を受けて，自己触媒的にトパキノン補酵素が生成することが最近証明された．トパキノンの同定には，安定なフェニルヒドラゾン誘導体にした後，吸収スペクトルや共鳴ラマンスペクトルを測定する必要があるが，簡便な検出法としてアルカリ溶液中でグリシン-ニトロブルーテトラゾリウム塩を用いる染色法がある(ただし，他のキノン化合物と区別できない)．(⇌キノン補酵素)

トパ　　　　　トパキノン　　共有結合型トパキノン
(topa)　　　　(TPQ)

d **ドーパ脱カルボキシル酵素** [DOPA decarboxylase] 〘同〙ドーパデカルボキシラーゼ，芳香族-L-アミノ酸デカルボキシラーゼ．ドーパから*ドーパミン(ヒドロキシチラミン)を生ずる反応を触媒する酵素．EC4.1.1.26．動物の腎臓や肝臓などに見出され，特にモルモットやウサギの腎臓に多い．この酵素はドーパだけに特異的でなくフェニルアラニンのオルトまたはメタの位置に OH 基をもつ誘導体にも，速度はやや遅いが作用する．ピリドキサールリン酸を補酵素とする．ヒドロキシルアミンなどのアルデヒド試薬で阻害される．最適 pH は6.8で，活性をもつ pH 範囲は狭い．

e **ドハーティ** DOHERTY, Peter Charles 1940〜 オーストラリアの獣医学者．免疫系の T 細胞が MHC (*主要組織適合遺伝子複合体)の蛋白質と共同で外来ペプチドを認識するメカニズムを発見．その功績により，R. Zinkernagel とともに1996年ノーベル生理学・医学賞受賞．

f **ドーパミン** [dopamine] 〘同〙4-(2-アミノエチル)-1,2-ベンゼンジオール (4-(2-aminoethyl)-1,2-benzendiol)．$C_8H_{11}NO_2$ カテコールアミンの一つで，*アドレナリン，*ノルアドレナリンの前駆体．脳内の特

定のニューロン（ドーパミン作動性ニューロン）に含まれ，*神経伝達物質として働く．例えば中脳の黒質のニューロンから大脳半球の尾状核へ投射する神経繊維はドーパミンを含み，パーキンソン病では黒質のドーパミンニューロンが減少し，尾状核でのドーパミンが低下することが知られている．シナプス小胞から放出されたドーパミンはドーパミントランスポーターによりシナプス前部分に取り込まれ再利用される.

a **ドーパミン受容体** [dopamin receptor] *ドーパミンと特異的に結合し細胞内に生理的変化をもたらす細胞膜上の受容体．アデニル酸シクラーゼ-cAMP 系を*セカンドメッセンジャーとする 2 種類（D_1, D_2）の受容体が存在し，D_1 受容体刺激で cAMP レベルは上昇，D_2 受容体刺激で低下する．また，後者には*イオンチャネルに作用し，Ca^{2+} コンダクタンスの低下や K^+ コンダクタンスの増加を引き起こすものもある．脳内にあるドーパミン作動性シナプスの後膜や自己受容体としてドーパミン作動性ニューロン自身に存在する．脳内ドーパミン作動性ニューロンの過剰活動は統合失調症様症状の一因となるが，ドーパミン受容体の*アンタゴニストであるブチロフェノンやクロルプロマジンは精神病の治療薬として用いられる．反対に*アゴニストのアンフェタミンは統合失調症様行動を誘導する．

b **ド＝バリ** De Bary, Heinrich Anton 1831〜1888 ドイツの植物学者．ハイデルベルクで A. Braun の植物学に影響を受けた．菌類や藻類の生活史，粘菌類や地衣類の分類・形態・生理学を研究．植物の比較解剖学の体系化にも貢献．[主著] Vergleichende Anatomie der Vegetationsorgane bei den Phanerogamen und Farnen, 1877.

c **ド＝ビーア** De Beer, Gavin Rylands 1899〜1972 イギリスの動物発生学者．ロンドン大学教授を経て大英博物館自然史館館長．脊椎動物発生学・実験発生学の研究に従事し，発生学を新たな基盤にのせることに努力した．進化に関し幼形進化などヘテロクロニーの諸様式を区別して整理し，また始祖鳥に関してモザイク進化説を立て爬虫類と鳥類の形質の共存を説明した．[主著] An introduction to experimental embryology (J. Huxley と共著), 1926; Embryos and ancestors, 1940 (初版 Embryology and evolution, 1930).

d **飛越え様式**（種分化の）[transilience modes] → 種分化

e **ドーピング** [doping] スポーツ競技で好成績をあげるために薬物を服用すること．不正行為として禁止されており，競技終了後，競技者の尿や血液を採取してドーピング検査が行われている．ドーピングで使われる薬品には，筋肉増強効果をもつ*アナボリックステロイドやアンフェタミン（amphetamine）などの興奮剤から，これらの使用痕跡をなくす利尿剤，さらにはもともと生体内に存在し，赤血球の生成を促進することで持久力を高める*エリトロポエチンまで，さまざまなものが含まれる．ドーピング禁止が厳格になるにつれて，さらに検出されにくい薬物を使用する例が増えている．一方，通常使われる風邪薬などにもドーピング指定薬物が含まれており，スポーツ選手の健康管理における新たな問題が生じている．ドーピングは競技者のみならず競走馬，競走犬でも古くから問題になってきた．

f **ドブジャンスキー** Dobzhansky, Theodosius 1900〜1975 アメリカの遺伝学者．ロシアの生まれ．コロンビア大学で T. H. Morgan に師事．ショウジョウバエを材料としての集団遺伝学的研究を行い，自身の発見した平衡多型現象をもとにして平衡仮説を提唱し，進化の新総合説一派を主導した．[主著] Genetics and the origin of species, 初版 1937, 3 版 1951; Evolution, genetics and man, 1955.

g **ドフライン** Doflein, Franz 1873〜1924 ドイツの動物学者．ミュンヘンの R. Hertwig のもとで研究に従事．ブレスラウ大学教授．原生生物や甲殻類のほか，動物の生態や心理の研究もした．世界各地（西インド，北アメリカ，極東）を旅行し，日本（1905〜1906）では相模湾付近の深海生物の生態学的特色を明らかにした．[主著] Fauna und Ozeanographie der japanischen Küste, 1906; Lehrbuch der Protozoenkunde, 1906.

h **ド＝フリース** De Vries, Hugo 1848〜1935 オランダの植物生理学者，遺伝学者．その前半生は植物生理学者として多大の業績をあげ，呼吸・成長・膨圧その他について研究．「原形質分離」は彼の造語．後半生は植物雑種の研究に捧げられ，細胞内パンゲン説を発表して遺伝子説に先駆．1900 年に C. E. Correns, E. von S. Tschermak とそれぞれ独立にメンデルの法則を再発見し，また，オオマツヨイグサの交雑実験の結果をまとめて 1901 年に*突然変異説を発表した．[主著] Die Mutationstheorie, 1901〜1903.

i **ドーマク** Domagk, Gerhard 1895〜1964 ドイツの医学者，化学者．新染料の組織的研究の間に，スルホンアミド剤の赤色プロントジルが化学治療剤として卓効をもつことを発見．1939 年ノーベル生理学・医学賞を与えられたが，ナチスの干渉で辞退，1947 年に受賞．

j **トーマス** Thomas, Edward Donnall 1920〜 アメリカの医学者．イヌを使って骨髄移植実験を重ねヒトでも成功．移植の条件を解明し，移植片と宿主の反応を減少させる研究を発展させた．さらに，骨髄細胞が静脈注射で移植できることを突き止め，白血病や再生不良性貧血などの治療法を開拓．1990 年 J. E. Murray とともにノーベル生理学・医学賞受賞．

k **塗抹検査** [smear examination] 検体をスライドに塗りつけ，顕微鏡下で観察する検査法．喀痰，尿，血液，髄液，骨髄液，関節液および膿などが主な検体となる．微生物検査においては，*培養検査よりも迅速性に優れている．皮膚真菌症に対する直接鏡検法などの一部を除き，ほとんどの検体は染色を行い観察する．代表的な染色法には，グラム染色（→グラム染色法），チール・ニールセン染色，ヒメネス染色，墨汁染色，グロコット染色，パパニコロウ染色，メイ・ギムザ染色などがある．

l **塗抹法** [smear method] 《同》おしつぶし法（squash method），なすりつけ法．血液や腹水細胞・骨髄細胞・培養細胞などの懸濁液をスライドグラス上に塗りひろげ速やかに乾燥させ，固定・染色する方法．光学顕微鏡プレパラートを簡単な操作で短時間につくり，細胞全体が観察できる．葯や精巣の内容物をスライドグラス上に押し出して，*酢酸カーミンや酢酸オルセインなどの染色固定液をかけると花粉母細胞・精母細胞の減数分裂像の各時期が手軽に観察できる．

m **ドミナントネガティブ** [dominant negative] 《同》優性阻害．変異遺伝子の転写産物が野生型遺伝子の転写産物の機能を阻害すること．その結果，野生型の形

質が欠損する．変異遺伝子が野生型遺伝子に対してドミナント(*優性)かつ抑制的に作用することからドミナントネガティブという．また，このような変異をドミナントネガティブ変異(ドミナントネガティブ型変異)という．例えば，ホモ二量体で機能する蛋白質において，二量体形成は正常に起こるが DNA 結合ドメインなどの機能ドメインに異常があるドミナントネガティブ型変異蛋白質は，野生型蛋白質と二量体を形成することで，野生型蛋白質の正常な機能を阻害する．自然突然変異のほか，ドミナントネガティブ型変異をもつ遺伝子を人工的に作製し，細胞や個体に導入するという機能欠損実験が，遺伝子機能解析の方法の一つとして広く行われている．

a **トム** Thom, René Frédéric 1923〜2002 フランスの数学者．ストラスブール大学教授．生物学や哲学に関心をもち，形態形成を説明する*カタストロフィ理論を創始した．

b **トムソン** Thompson, D'Arcy Wentworth 1860〜1948 イギリスの生物学者．生物の形態を数学的に処理する独自の見解を示し，相対成長研究の端緒を作った．また動物の形態の進化的変化を個体が一生の間に受ける物理的な力で説明しようとした．Aristotelēs の訳者，研究者としても知られる．[主著] On growth and form, 1917．

c **ドメイン**(蛋白質の) [domain] 《同》蛋白質の領域．進化，立体構造，機能の単位となる蛋白質の部分領域．その領域を単位として多くの異なる蛋白質において繰り返し現れること(進化的単位)，その領域だけで安定したコンパクトな立体構造を形成すること(構造的単位)，その領域だけである分子機能を担うこと(機能的単位)，のいずれかの意味で独立した単位と見なされる．多くは 50〜200 程度のアミノ酸長の領域として定義され，互いに相同な関係にあることが前提とされる．*EF ハンド，*ジンクフィンガー，*ロイシンジッパーなど多くのドメインが知られている．ドメインと似た概念としてモチーフ(motif)やモジュール(module)があるが，これらはドメインよりも小さな単位を指すことが多く，相同な関係を前提としないことが多い．ドメインの情報は，多重整列されたドメイン配列を集めたデータベース(Pfam など)や，ドメイン単位の立体構造分類データベース(SCOP, CATH など)にまとめられている．ドメインの数やその境界は必ずしも明確に定義されず，進化，構造，機能のどれを重視するかにより違いが生じることも多い．分子進化の過程で，ドメインを破断せずに欠失・挿入が起き，ドメインの順序や組合せが変化することをドメイン・シャッフリング(domain shuffling)と呼ぶ．真核生物では，イントロンとエクソンをもつ遺伝子構造の特性から，特にドメイン・シャッフリングが頻繁に生じたとされる．

d **共食い** [cannibalism] 《同》種内捕食(intraspecific predation)．動物が同種の他個体を食うこと．アリやシロアリなど*社会性昆虫では幼虫・成虫による卵・小形幼虫・蛹の捕食がよくみられる．他の無脊椎動物や魚類，鳥類や哺乳類などでもしばしば観察される．共食いの適応的意義については，餌としての価値に重点がある場合(非血縁のヒナを食うセグロカモメなど)と，同種個体を殺すことに重点がある場合(*きょうだい殺しに続く共食いなど)，その両者を兼ねた場合(輸卵管内できょうだいを食べるアルプスサンショウウオ)が考えられる．また，

親が自分の子を共食いする現象は，フィリアルカニバリズム(filial cannibalism)と呼ばれるが，親が現在の繁殖を犠牲にして将来の繁殖を有利にし，生涯*繁殖成功を高める効果があるとされる．

e **外山亀太郎**(とやま かめたろう) 1867〜1918 動物学者．日本の遺伝学の先達の一人．東京帝国大学教授．メンデルの法則の再発見後，はじめて動物を使ってこの法則を確認した．養蚕指導のためシャム(現在のタイ)に招かれカイコの遺伝研究から雑種強勢の現象を発見．カイコの母性遺伝に関する研究が著名．

f **トラウマチン** [traumatin] 植物の*傷ホルモンと同義．J. English, J. Bonner (1937) によってインゲン幼果の莢の細胞分裂を誘導する活性をもつ物質に名づけられた．植物には広く分布するが動物には存在しない．

g **トラコーマ病原体** [*Chlamydia trachomatis*, trachoma germ] 一般に*クラミディア属の細菌の一種 *Chlamydia trachomatis* を指す．濾胞性の結膜炎を主とする眼の疾患であるトラコーマ(顆粒性結膜炎 trachoma)の原因菌である．病巣の結膜および角膜上皮細胞内には特有の細胞質封入体が見られる．病原体に対してはエリスロマイシン，テトラサイクリン系の抗生物質が有効であり，主として軟膏が用いられる．*C. trachomatis* 以外のクラミディア細菌(*C. psittaci*, *C. pneumoniae*)とトラコーマとの関連性についても報告されている．(→クラミディア)

h **ドラージュ** Delage, Yves 1854〜1920 フランスの動物学者．卵片発生や人為単為発生などの研究をした．発生に関しては化学的後成説をとり，粒子論的立場に反対して遺伝・進化の問題を論じた．動物各論についての大著 'Traité de zoologie concrète' (E. Hérouard と共著, 1896 年以降 6 巻まで出されて未完)があり，また抄録年報 'Année biologique: Comptes rendus des travaux de biologie générale' を刊行した．

i **トラベキュラ** [trabecula] 生物体組織を支える棒状の小構造．原義は小さい梁．さまざまな訳語が与えられており，例えば動物の心室内壁にあり心筋の束によって構成される「肉柱」や脾臓の結合組織性の「脾柱」，リンパ節の結合組織による「小柱」などがこれにあたる．また特に「梁軟骨」(独 Schädelbalken)と訳す場合，神経頭蓋の前方部を構成する顎前弓内臓骨要素を指す．(→軟骨頭蓋)

j **トランジション** [transition] 《同》転位．ピリミジンが別のピリミジンへ，プリンが別のプリンへ変わる突然変異で，*塩基対置換の一種．すなわち，AT ⇄ GC または TA ⇄ CG (A はアデニン, T はチミン, G はグアニン, C はシトシン)．ヒドロキシルアミン，塩基アナログ，メタンスルホン酸エチルなどは，ファージに対しトランジションを起こす．多くの生物では*トランスバージョンよりも発生率が高い．(→化学的突然変異生成)

k **トランスキャプシデーション** [transcapsidation] あるウイルスのゲノムが別のウイルスの*キャプシドに包み込まれる現象．ファージにみられる*表現型混合と同種の機構によるもの．

l **トランスクリプトーム** [transcriptome] ゲノム DNA から転写(transcription)によって産生される RNA の全体(接尾語 -ome で表す)．組織ごと，あるいは発生段階ごとに一つの単位と考えることが多い．多く

の場合，蛋白質をコードする mRNA が主体だが，非コード領域の DNA が転写されて，トランスクリプトームの一部として報告される場合もある．(⇒トランスクリプトーム解析)

a **トランスクリプトーム解析** [transcriptomics]
RNA 転写量を遺伝子，細胞，組織，個体，あるいは種レベルで比較分析し，あるいは異なる条件下にある転写量を比較分析し，発現調節を通したストレス応答や生体反応を調べること．DNA マイクロアレイや次世代シークエンサーにより全遺伝子の RNA 転写量を同時解析する．転写量の組織特異性や環境応答のパターンが類似している遺伝子群は，機能的に関連していると推測される．この遺伝子群間のモチーフを探索することにより，これらを制御する転写因子の結合部位を推測する．逆に，特定の転写因子に突然変異を導入させることにより転写量が影響を受ける遺伝子は，その転写因子により発現を調節されていると推測される．また，表現型の変異と発現の変異を結び付けた解析では，発現に変異をもつ遺伝子を多くもつ遺伝子ネットワークやパスウェイを抽出することにより，遺伝子単体ではなく，表現型の変異に関わる機能を推測することができる．

b **トランスゴルジ網** [trans Golgi network] TGN と略記．《同》トランスゴルジ網状構造体．*ゴルジ体のトランス槽の外側に広がる網状の構造体．これに対し，ゴルジ体のシス槽側の網状の構造をシスゴルジ網 (cis Golgi network, CGN) と呼ぶ．ゴルジ体のトランス面に存在する．酸性ホスファターゼ活性に富む嚢状領域で，かつてはガール (GERL) とも呼ばれた (⇒ゴルジ体)．TGN では，小胞体で合成されたリソソーム蛋白質・調節性分泌蛋白質・構成性分泌蛋白質・細胞膜蛋白質などが選別され，リソソーム小胞・*分泌顆粒・*分泌小胞などによっておのおのの目的地へ輸送される．TGN には，フューリンなどのエンドプロテアーゼが局在し，限定分解による蛋白質のプロセッシングが行われる．TGN の内腔は pH が約 5～6 と弱酸性であり，この酸性環境が蛋白質のプロセッシングや調節性分泌蛋白質の濃縮過程に重要であると考えられている．TGN は蛋白質を輸送するだけでなく，エンドソーム，リソソームからの逆行輸送によって運ばれる蛋白質を受けとる場でもある．そのため，TGN は分泌経路 (*エキソサイトーシス経路)，*エンドサイトーシス経路が交差するオルガネラであると考えられている．(⇒小胞体輸送，⇒サイトーシス)

c **トランスサイトーシス** [transcytosis] リガンドや受容体が細胞膜のある側面から別の側面へ輸送される*エンドサイトーシスの一種．例えば，極性細胞である肝実質細胞では，血液中の IgA 多量体は，側底 (basolateral) 側細胞膜の受容体に吸着されてエンドサイトーシスし，頂端 (apical) 側細胞膜へ輸送され分泌される．(⇒小胞輸送)

d **トランスジェニック生物** [transgenic organism]《同》形質転換生物．単離した遺伝子を胚的な細胞に注入し，その遺伝子を新たに組み込んだ生物個体のこと．遺伝子が注入されたすべての個体が組み込むわけではない．組み込まれる染色体上の位置で特定することはできないが，多くの場合 1 カ所である．組み込まれるのは発生のごく初期であり，したがって生殖細胞も含む体を構成するすべての細胞が遺伝子を組み込んでいる．このため次の子孫がこの遺伝子を受け継ぐことができる．多くの場合，導入した遺伝子は遺伝子内に含まれる発現調節領域によって支配された組織特異的・時期特異的発現パターンをとる．しかし，組み込まれた場所の影響を受けて発現パターンが変化する (⇒位置効果)．

e **トランススプライシング** [trans-splicing] 二つの異なる RNA 分子間で行われる*スプライシング反応．トリパノソーマの mRNA は，5′側*エクソンを含む mRNA 前駆体と，複数の遺伝子の 3′側エクソンが直列に連なった状態で転写された mRNA 前駆体との間でスプライシング反応が起こり，5′側と 3′側が連結されて形成される．トリパノソーマ以外にも寄生性の線虫 (回虫) やユーグレナ，植物の葉緑体遺伝子などでトランススプライシングが観察されている．哺乳類細胞は in vivo でトランススプライシング反応を行うという報告はないが，抽出液中で適当な基質を加えることによりトランススプライシング反応が起こる．

f **トランスデューシン** [transducin] ⇒光情報伝達 (視覚の)

g **トランスバージョン** [transversion]《同》転換．ピリミジンがプリンと入れ替わる塩基対置換突然変異．T A ⇄ AT ⇄ CG ⇄ GC ⇄ TA (A はアデニン，G はグアニン，T はチミン，C はシトシン)．大腸菌の *mutT* および *mutY* 変異では AT → CG および GC → TA のトランスバージョンがそれぞれ増加する．多くの生物では，トランジションよりも発生率が低い．

h **トランスファー RNA** [transfer RNA] tRNA と略記．《同》転移 RNA．*蛋白質生合成の過程で*メッセンジャー RNA (mRNA) 上のコドン (*遺伝暗号) をアミノ酸に対応づける役割をもち，塩基配列としての遺伝情報をリボソーム上で蛋白質のアミノ酸配列に翻訳するのを仲介する RNA．P. C. Zamecnik ら (1957) が発見．各アミノ酸と核酸上の塩基配列の両方を識別できる機能をもつ仲介分子が遺伝情報の伝達に関与するという F. H. C. Crick (1957) のアダプター仮説の仲介分子の実体が，tRNA であることが明らかにされた．細胞内には 20 種類のアミノ酸に対して，それぞれ 1 種またはそれ以上の分子種 (isoaccepting tRNA) が存在する．tRNA は沈降係数 4S，分子量 2 万～3 万，ヌクレオチド数 70～90 程度の比較的小さい RNA であり，多くの修飾塩基 (⇒メチル化塩基，⇒微量塩基) を含有している．tRNA のヌクレオチド配列 (一次構造) は分子種によって互いに異なるが，いずれも塩基対として*クローバー葉モデルをとりうるような配列であり，それが折り畳まれて図のような L 字型三次構造をとっている．なおこの L 字構造は酵母フェニルアラニン tRNA の結晶を用いた X 線回折から決定されたものであるが，tRNA の一般的構造として支持されている．tRNA 分子の 3′末端はいずれも -CCA_OH であり，各アミノ酸に特異的な*アミノアシル tRNA 合成酵素によって，各 tRNA 種に対応したアミノ酸が 3′末端のアデノシンにエステル結合し，*アミノアシル tRNA となる．各 tRNA 分子のほぼ中央部に，コドンと相補的な三つのヌクレオチド配列 (アンチコドン) があり，3′末端にそれぞれ特異的なアミノ酸を結合したアミノアシル tRNA が，リボソーム上で mRNA のコドンと相補的な塩基対を形成し次々とコドンをアミノ酸に対応づけていく (⇒蛋白質生合成，⇒開始 tRNA)．tRNA 中に含まれる種々の微量塩基成分 (修飾塩基) のうちのあるもの

は，コドン認識に関与していることが知られている．このほかtRNAは，ユビキチンの関与する蛋白質の分解系やクロロフィルや細胞膜の生合成，さらには転写の制御などにも関与していることが明らかになっている．また，レトロウイルスの複製の最初のステップである逆転写の際には，tRNAが*プライマーとして用いられることが知られている．ゲノム中に存在する散在性の*レトロポゾンはtRNAを起原として進化してきたことが明らかになっている．通常，tRNA前駆体として転写され，いくつかのリボヌクレアーゼによるプロセッシングを受け，塩基の修飾やヌクレオチドの付加反応により成熟tRNAとなる．

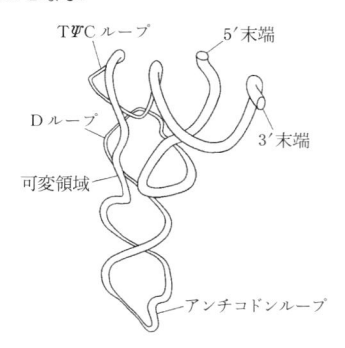

L字型三次構造（図：TΨCループ，5′末端，Dループ，3′末端，可変領域，アンチコドンループ）

a **トランスフェクション** [transfection] 遺伝子DNA，プラスミドDNA，ウイルスDNA・RNAなどを，ウイルス粒子などの形をとらない裸に近い状態で細胞の培養，もしくは細胞の懸濁液に加えて細胞に取り込ませ，*遺伝子導入・感染を行うこと．これを行う方法は生物種ごとに異なる．例えば大腸菌では，スフェロプラスト化（⇌プロトプラスト）やカルシウム処理をした細胞懸濁液にDNAを直接加える．培養動物細胞では，A. J. van der Eb (1973)が最初に用いたリン酸カルシウム−DNA共沈澱法（calcium phosphate-DNA coprecipitation method）が一般的である．DEAE-デキストラン法（DEAE-dextran method）なども用いられる．*電気穿孔法をトランスフェクションに含めることもある．リン酸カルシウム−DNA共沈澱法では，塩化カルシウム液をリン酸ナトリウム液に滴下してヒドロキシアパタイトの沈澱を生ずる際にDNAを共存させて共沈澱物をつくり，それを動物細胞の培養に直接加えてトランスフェクションを成立させる．細胞質に取り込まれた共沈澱物の一部が核に移行する．核に移行したDNA上の遺伝子は，その細胞における転写制御状態が許せば，高い効率で転写され遺伝子発現をもたらすが，それは2日程度の短期間持続するにすぎない．これを一過的発現（transient expression）という．その後，取り込まれたDNAの大部分は崩壊するが，一部は細胞の染色体中に組み込まれる．組み込まれた細胞の一部は低い効率ではあるが発現され続ける．これを永続的発現（permanent expression）という．薬剤耐性遺伝子などがトランスフェクションによって導入され，永続的に発現されるようになった場合には，その細胞の*クローンをその薬剤耐性などによって選択的に増殖させることができる．これをポジティブ選択（positive selection）という．（⇒遺伝子導入）

b **トランスフェリン** [transferrin] βグロブリンの一種で，血清中に吸収された2分子の三価鉄イオンを結合して，細胞増殖やヘモグロビン産生に必要な鉄をトランスフェリン受容体を介して細胞内に供給する鉄運搬蛋白質．増殖因子としての作用もある．蛋白質部分の分子量7.7万の糖蛋白質．血清中の鉄の99%以上はトランスフェリンと結合している．正常ではトランスフェリンの約1/3が鉄と結合しており，残りの鉄と結合していないトランスフェリンの量を不飽和鉄結合能（unsaturated iron binding capacity）という．慢性失血においてはトランスフェリンが増加し，総鉄結合能と不飽和鉄結合能が増加するため飽和指数が著しく低下する．感染症や悪性腫瘍および膠原病の場合には，逆にトランスフェリンは減少し，総鉄結合能が低下する．遺伝的欠損症の先天性無トランスフェリン血症がある．トランスフェリンは動物細胞の培養においては，インスリン，亜セレン酸とともに血清培地への3必須添加物の一つとして，また，骨格節分化の促進因子として重要な活性物質である．

c **トランスフォーメーション** [transformation]
【1】＝形質転換
【2】[neoplastic transformation]《同》細胞形質転換．細胞が培養中にがん細胞に似た形質に変換する現象．トランスフォームした細胞は*接触阻止の喪失，足場非依存性増殖，細胞寿命を超越した無制限増殖能などがん細胞と類似した形質をもつが，必ずしもがん化したとはいえない．トランスフォーメーションは基本的に試験管内の現象であり，生体内の定義であるがんとは区別して用いる．

d **トランスポゾン** [transposon] [1]*転移因子一般を指す．[2]転移因子の二つのグループ，DNAトランスポゾンとレトロトランスポゾンのうち，特にDNAトランスポゾンを指す．[3]原核生物の染色体やプラスミド上に存在するDNAトランスポゾンのうち，特に，薬剤耐性遺伝子のようなマーカー遺伝子をもつもの．その由来やマーカー遺伝子の種類によりTn1，Tn2，Tn3，…と分類される．

e **トランブレー** TREMBLEY, Abraham 1700〜1784 スイスの博物学者．生地ジュネーヴ，さらにオランダ，イギリスなどで学ぶ．生涯の多くは私学者．顕微鏡の研究によりヒドラを発見して，その動物的性質を明らかにし，その再生や被刺激性，また癒合あるいは裏返しなどの実験を行った．ヒドラの細分した断片からの再生（1744）は，当時の前成説的観念に問題を投じた．[主著] Mémoires pour servir à l'histoire d'un genre des Polypes d'eau douce, 1744．

f **トリアクシン** [triacsin] 放線菌 Streptomyces sp.の培養液中に見出された，アシルCoA合成酵素の阻害活性を示す脂肪酸アルケン誘導体．供田洋・大村智ら（1986）の発見．得られている成分A〜Dの4種のうち成分Cが最も強い阻害活性を示し，いずれも末端にヒドロキシトリアゼン構造をもつ．微生物・ラット肝およ

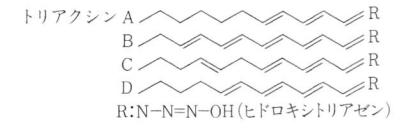

トリアクシンA〜〜〜〜R
      B〜〜〜〜R
      C〜〜〜〜R
      D〜〜〜〜R
R:N＝N−N−OH（ヒドロキシトリアゼン）

び動物培養細胞などに由来する長鎖アシル CoA 合成酵素，アラキドン酸に特異的なアシル CoA 合成酵素を阻害し，アセチル CoA 合成酵素には影響を与えない．この阻害活性は長鎖脂肪酸に拮抗．生化学試薬として市販されている．

a **鳥居龍蔵**(とりい りゅうぞう) 1870～1953 人類学者，考古学者．東京帝国大学理学部生物学科助教授，國學院大學教授．千島のアイヌ，台湾の先住民の調査を行ったほか，東北アジアの考古学を現地に滞在して研究した．日本人起源論として現代の定説である混血説の提唱者の一人．[主著] 人類学上より見たる我が上代の文化，1925.

b **トリオース** [triose] 《同》三炭糖．炭素原子 3 個をもつ最も小さな単糖．グリセルアルデヒド $CH_2OH-CHOH-CHO$ とジヒドロキシアセトン $CH_2OH-CO-CH_2OH$ が存在する．生体中では主としてリン酸とエステル結合した形で存在する．

c **トリオースリン酸異性化酵素** [triosephosphate isomerase] 《同》トリオースリン酸イソメラーゼ．D-グリセルアルデヒド-3-リン酸とジヒドロキシアセトンリン酸との間の相互変換を触媒する酵素．EC5.3.1.1. 筋肉，酵母，エンドウの種子などに広く存在しており，特に筋肉からよく精製されている．*解糖および*アルコール発酵の過程中で，*アルドラーゼによって生じたジヒドロキシアセトンリン酸をD-グリセルアルデヒド-3-リン酸に変える働きをするほか，*ペントースリン酸回路，光合成における*還元的ペントースリン酸回路の中で重要な働きをしている．この反応の平衡はジヒドロキシアセトンリン酸側に偏っている（平衡定数 22）．

$$\begin{array}{c} CHO \\ | \\ HOCH \\ | \\ CH_2O-PO_3H_2 \\ (4\%) \\ \text{グリセルアル} \\ \text{デヒドリン酸} \end{array} \rightleftarrows \begin{array}{c} CH_2OH \\ | \\ C=O \\ | \\ CH_2O-PO_3H_2 \\ (96\%) \\ \text{ジヒドロキシア} \\ \text{セトンリン酸} \end{array}$$

d **ドリオラリア** [doliolaria] 《同》ヴィテラリア (vitellaria). 棘皮動物において，腕をもたない樽形の幼生．非摂餌型幼生で，繊毛環をもつ．[1] ウミユリ類では樽形または卵形で，4～5 本の繊毛環と前端に長い鞭毛束をもつ．体は二重の袋状で，口はない．有柄ウミユリ類では*オーリクラリア幼生に次ぐ．やがて後方に*ペンタクリノイド期の茎（柄）を作る骨板の原基を生じると，前端部で海底の基質に付着し，シスチジアン幼生と呼ばれるようになる．[2] ナマコ類では樽形または卵形で，一般に 2～5 本の繊毛環をもつ．囊胚から直接ドリオラリア幼生になる場合と，オーリクラリア幼生から 1 本の繊毛帯が複雑に離合して繊毛環になることによりドリオラリアになる場合がある．発生が進むと*ペンタクツラ幼生となる．[3] クモヒトデ類の浮遊幼生の一つ．卵黄に富む大形の卵を作るものによく見られる．扁平な樽形で 4～6 本の繊毛帯をもち，これを用いて泳ぐ．

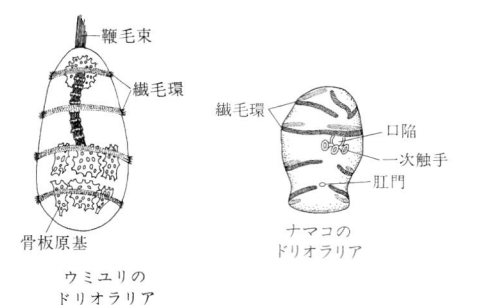

e **取木**(とりき) [layering] 植物の無性繁殖法(*栄養繁殖法)の一種で，枝を母植物につけたままその一部から発根するのを待って母植物から切りはなす方法．発根させる部位を土やミズゴケなどで覆う操作が施される．

f **トリケラトプス** [*Triceratops*] 《同》三角竜，三䱉竜．爬虫綱の化石生物で，鳥盤目(＝恐竜類)角竜下目ケラトプス科の一属．北アメリカの白亜紀末の地層から産出，最後の恐竜の一種であり，ティラノサウルスと共存していた．全長約 9 m，体重は 4 t に達したと推定されるが，その頭蓋骨は特に大きく，長さ 2.5 m に及ぶ．3 本の角をもつ．1 対が眼窩の上にあり，他の 1 本は鼻端にあって，前方に突き出る．頭蓋骨の後部は長く伸び，頸部を保護するフリルを形成する．両顎の後縁には植物食に適した裁断機のような頰歯列がある．顎の前方には歯がないが，角質の嘴がよく発達していたと思われる．四足歩行するが，前肢は後肢に比べて短く，四肢の末端には蹄が発達する．

g **ドリコール** [dolichol] イソプレンが重合したポリイソプレノールの一種で，酵母や動物組織に見出される 14～22 個のイソプレン単位（プレニル基）をもつものの総称．アセチル CoA からメバロン酸を経て生合成される．水酸基をもつ末端（α位）のイソプレン単位だけが飽和構造をもつ特徴がある．全ドリコール中の 10% 前後はリン酸エステルの形で存在する．イソプレン残基の数は生物種，組織によって異なる．組織中では主としてリソソームに存在する遊離型，脂肪酸と結合したエステル型，小胞体・ゴルジ体に存在するリン酸エステル型がある．オリゴ糖のリン酸エステルの形で存在するものは，糖蛋白質の生合成において糖を運搬する脂質中間体として機能する（＝ポリプレノール）．UDP-グルコースや GDP-マンノースなどから糖部分がドリコールリン酸に移されたジエステル体や，UDP-*N*-アセチルグルコサミンとドリコールリン酸からつくられるドリコールピロリン酸-*N*-アセチルグルコサミンは，*N 型糖鎖の生合成中間体であるドリコールピロリン酸オリゴ糖の生合成に関与する．

$$\underset{(n=12\sim20)}{CH_3C=CHCH_2(CH_2\overset{CH_3}{C}=CHCH_2)_n CH_2\overset{CH_3}{C}HCH_2CH_2OH}$$

h **ドリーシュ** Driesch, Hans 1867～1941 ドイツの動物学者，哲学者．E.H.Haeckel のもとで学位取得，しかし Haeckel の学風にあきたらず，ナポリの臨海実験所で実験発生研究を行い，その先駆者の一人となる．のち哲学に転じる．ウニの割球を分離して完全胚を生じさせる実験は衝撃的で，胚の部分が全体を編成する能力をもつ調和等能系であるという新生気論に到達し，その原理として*エンテレヒーの概念を立てた．[主著] Die Biologie als selbständige Grundwissenschaft, 1893; Der Vitalismus als Geschichte und als Lehre, 1905; Philosophie des Organischen, 2 巻, 1909.

a **トリプシン** [trypsin] プロテアーゼの一種で，脊椎動物においては*消化酵素として働く酵素．EC3.4.21.4. 膵臓で酵素前駆体トリプシノゲン(trypsinogen. ウシでは246アミノ酸残基，分子量2万6000)として生合成される．膵液の一成分として分泌され，エンテロペプチダーゼ(エンテロキナーゼ)またはトリプシンによる限定分解を受けてトリプシンとなる．エンドペプチダーゼであり，ポリペプチド鎖中のリジンおよびアルギニン残基のC末端側のペプチド結合を切断する．キモトリプシノゲン，プロカルボキシペプチダーゼ，プロホスホリパーゼなど他の酵素前駆体を限定分解して活性化する役割もある．特異性の最も厳格なプロテアーゼの一つで，60番ヒスチジン，107番アスパラギン酸，200番セリンが触媒活性中心で，194番アスパラギン酸が特異性を決定している．活性部位のセリン残基が不可欠なセリンプロテアーゼである．脊椎動物以外にもカイコ，ヒトデ，ザリガニ，放線菌など広い範囲の生物に存在している．また脊椎動物の血液凝固や炎症などに関与するトロンビン，プラスミン，カリクレインなどのプロテアーゼは化学構造や特異性などの点でトリプシンと密接な関連があり，これらは共通の祖先酵素から進化の過程で分化してきたものと考えられる．キモトリプシンやエラスターゼとも構造および触媒機構の点で関連が深いが，特異性は全く異なる．

b **トリプタミン** [tryptamine] トリプトファンの脱カルボキシルでできるアミン．融点114〜119°C. アミン酸化酵素で酸化される．ハルマン(*ハルマンアルカロイドの骨格)の前駆体となる．5-ヒドロキシ誘導体(*セロトニン)は哺乳類の血漿や両生類の皮膚などに含まれ，血管収縮作用をもつ．

c **トリプトファン** [tryptophan] 略号 Trp または W(一文字表記)．芳香族 α-アミノ酸の一つ．280 nm 付近の紫外線を吸収する．F. G. Hopkins(1901)らがカゼインから発見した．L化合物は広く種々の蛋白質に含まれるが，その含有量は低くコラーゲンやフィブロインには存在しない．チロシンと同様に硝酸で黄色を呈する．ホプキンス・コール反応(Hopkins-Cole reaction, 青紫色)，臭素水による赤紫色反応(古武反応)，その他種々の呈色反応によって検出される．ヒトでは不可欠アミノ酸の一つで，生理学上極めて重要．分解は哺乳類では主としてトリプトファン酸素添加酵素またはインドールアミン-2,3-二酸素添加酵素(indolamine 2,3-dioxygenase)でインドール環がホルミルキヌレニンに酸化された後，キヌレニン，α-ケトアジピン酸などを経てアセチルCoA に至る経路(キヌレニン経路)による．一部は途中で分岐してキノリン酸となり，ニコチンアミドと結合して NMN を生成し，NAD^+ に至る．脳では水酸化，脱炭酸の後，セロトニン，メラトニン，トリプタミンなどに変換される経路がある(セロトニン経路)．植物ではインドール酢酸や種々のアルカロイドの前駆体ともなる．微生物でも代謝過程で種々のインドール化合物が生成される．生合成は微生物と植物においてシキミ酸経路を通して行われる(→芳香環生合成[図])．トウモロコシにはトリプトファンもニコチン酸も少ないため，他の食品からの補給がないとニコチン酸が不足するおそれが生じる．

d **トリプトファン開裂酵素** [tryptophanase] 《同》トリプトファナーゼ．トリプトファンを嫌気的に分解してインドールとピルビン酸およびアンモニアを生ずる反応を触媒する酵素．EC4.1.99.1. 微生物，特に大腸菌に多く存在し，動物には存在しない．ピリドキサールリン酸を補酵素とする．システイン，セリンにもある程度働く．

e **トリプトファン酸素添加酵素** [tryptophan oxygenase] 《同》トリプトファンオキシゲナーゼ，トリプトファン-2,3-二酸素添加酵素(tryptophan 2,3-dioxygenase)，トリプトファンピロラーゼ(tryptophan pyrolase)，トリプトファンオキシダーゼ(tryptophan oxidase)，トリプトファンペルオキシダーゼ(tryptophan peroxidase). L-トリプトファンのインドール核を開裂してL-*ホルミルキヌレニンを作る反応を触媒する酵素. EC1.13.11.11. 広く生物に分布し，動物では肝臓に存在する．ヘムを補酵素とし，アスコルビン酸などの還元剤で活性化される．基質であるトリプトファンが存在するとヘミンの結合が増大し，酵素が安定化する．このため動物にトリプトファンを与えるとこの酵素の体内半減期が延長し酵素量が増加する．別に副腎皮質ホルモンも酵素合成を増加させる．

f **トリプトファン生成酵素** [tryptophan synthase] 《同》トリプトファンシンターゼ．インドール化合物とセリンからトリプトファンを合成する酵素．EC4.2.1.20. 細菌やカビ類に見られる．大腸菌では α と β の二つの蛋白質からなり α サブユニットは単独で(3)の反応を，β サブユニットはピリドキサールリン酸を含み(2)と(4)の反応を行うことができる．両者を合わせると(1)の反応が最も強く起こるので(1)の反応が真の反応と考えられる．大腸菌では α サブユニットは分子量2万9500，β サブユニットは 10万8000，いずれも二つずつのサブユニットからなる $\alpha_2\beta_2$ の四量体を形成している．

(1) インドールグリセロリン酸＋セリン ⟶ トリプトファン＋グリセルアルデヒド-3-リン酸
(2) インドール＋セリン ⟶ トリプトファン
(3) インドールグリセロリン酸 ⟶ インドール＋グリセルアルデヒド-3-リン酸
(4) セリン ⟶ ピルビン酸 ＋NH_3

g **トリプトファントリプトフィルキノン** [tryptophan tryptophylquinone] TTQ と略記．《同》トリプトファントリプトキノン．2,4′-ビトリプトファン-6′,7′-ジオンの略称．*キノン補酵素の一つ．蛋白質に共有結合した形で存在し，遊離のものは知られていない．*Methylobacterium extorquens* AM1, *Paracoccus denitrificans*, *Thiobacillus versutus* などのグラム陰性菌(主にメチロトローフ)のメチルアミンデヒドロゲナーゼの新規補酵素として，1991年に構造決定された．また，最

近，*Alcaligenes faecalis* の芳香族アミンデヒドロゲナーゼの補酵素も TTQ であると報告された．同一ポリペプチド鎖中で約 50 残基離れた 2 個のトリプトファン残基が架橋した形で存在し，*トパキノン（TPQ）と同様，おそらく蛋白質の翻訳後修飾によって生成すると考えられるが，その生成機構は不明である．他の遺伝子産物の関与が推定されている．（→キノプロテイン）

a **トリプレットリピート病** [triplet repeat disease] 3 塩基リピートの異常による疾患群．1993 年ハンチントン病の原因遺伝子が*位置クローニングの手法により同定され，ハンチンチンと名付けられた．この遺伝子の第一*エクソンには，CAG コドンに対応するグルタミン残基リピートの異常伸長が観察された．リピートが 40 個以上あると発症にいたる．グルタミンリピートを有する異常な蛋白質が蓄積することにより，成人での発症かつ優性遺伝を示すハンチントン病の病態を説明できる．このような 3 塩基リピートの異常伸長に伴うカテゴリーの疾患をトリプレットリピート病という．他にも脊髄小脳変性症，脆弱 X 症候群，筋強直性ジストロフィー，フライドリッヒ失調症などがある．トリプレットリピート病では加齢による表現促進がみられ，細胞分裂に従いリピートが伸長する傾向がある．例えばハンチントン病では男性の生殖細胞において年齢とともにリピート数が増大し，またリピート数が大きくなると増加する突然変異率が極めて高くなるので，父よりも息子，そして孫の方がより重症である．

b **トリメチルアミンオキシド** [trimethylamine oxide]《同》トリメチルオキサミン（trimethyloxamine）. $(CH_3)_3NO$ 海産動物の体内に広く分布している．甲殻類や魚類の体内ではトリメチルアミン $(CH_3)_3N$ から合成される．軟骨魚類では組織や体液に含まれ，尿素と同様に*浸透調節に役立つ．海産硬骨魚類の組織や体液中にも存在するが，浸透調節に役立つほどの量ではない．この場合，与え餌中に存在し毒性のあるトリメチルアミンが，浸透圧の関係で淡水中のようには排出されないため，それを解毒した産物であると考えられている．

c **2,3,5-トリヨード安息香酸** [2,3,5-triiodobenzoic acid] TIBA と略記．*オーキシン極性輸送の阻害剤の一つ．弱いオーキシン作用をもつ．P.W. Zimmermann と A.E. Hitchcock (1942) がトマト幼植物体に対する作用により見出した．N-1-*ナフチルフタラミン酸（NPA）とともに，オーキシン極性輸送の機構研究によく用いられる．

d **3,5,3'-トリヨードチロニン** [3,5,3'-triiodothyronine]．→甲状腺ホルモン

e **TOR 経路**（トルけいろ） [TOR pathway, Target of rapamycin pathway] TOR を介した細胞内シグナル経路．TOR はマクロライド系抗生物質ラパマイシンの標的として発見された約 280 kDa の蛋白質で，ラパマイシン-FKBP12（FK506-binding protein 12）複合体との結合ドメインならびにセリン・トレオニンキナーゼドメインを含む．生物種に広く保存され，酵母には 2 種，線虫や哺乳類，シロイヌナズナには 1 種の遺伝子が存在，哺乳類オルソログは mTOR (mammalian TOR) と呼ばれる．特異的結合蛋白質との会合により独立した二つの複合体 TOR complex 1 (TORC1)，TORC2 を形成し，それぞれ異なるシグナル経路に関与する．TORC1 は栄養素やストレスの制御を受け，mRNA の転写と翻訳，オートファジーなどの細胞応答を調節，そのプロテインキナーゼ活性はラパマイシンにより抑制を受ける．TORC2 はラパマイシンによる制御を受けず，その上流機構の詳細も不明だが，他のプロテインキナーゼをリン酸化する．シロイヌナズナでは FKBP12 がラパマイシンと TOR との複合体形成能を失っているため，ラパマイシン非感受性となる．一方，クラミドモナスはラパマイシンに感受性を示す．

f **ドルーデ** DRUDE, Oscar 1852～1933 ドイツの植物地理学者．分類学的・形態学的な生活形を採用し，植物生態地理学の発展に大きな功績があった．[主著] Handbuch der Pflanzengeographie, 1890.

g **ドルトン** [dalton]《同》ダルトン．単位記号 Da. 質量の単位で，原子や素粒子などの領域で用いられる原子質量単位 (amu) と同じ．炭素の同位体 ^{12}C の 1 原子の質量が 12 Da であり，したがって 1 Da は 1.661×10^{-24}（=アボガドロ数の逆数）g に相当する．分子の場合，その 1 個の質量をドルトン単位で表すと，数値的には分子量に等しい．しかし，分子量は問題の物質の質量と ^{12}C 原子 1 個の質量の 1/12 という比で定義される無名数なので，「蛋白質 A の分子量が x Da である」という表現は誤りである．ドルトンはリボソーム，ミトコンドリア，クロマチン，ウイルスなどのように分子量の概念が当てはまらないものの質量を表すのに特に都合がよい．例えば多種類の蛋白質，RNA から構成されるリボソーム（大腸菌）の質量は 2.6×10^6 Da である．

h **トルナリア** [tornaria] 半索動物ギボシムシ類（腸鰓類）のうち間接発生をするものの幼生．体はどんぐり形で，その頂点に頂板があって長い繊毛の束をそなえる．口は腹面の中央付近に開き，体の後端に肛門がある．口の前および後ろを通って複雑な屈曲を示す繊毛帯があるほか，肛門の周囲に端部繊毛環があって，その構造は*トロコフォアと類似する．前端部に 1 個，そして消化管に沿って 2 対の計 5 個の体腔嚢を生じ，その一部が細く管状に伸び，体の背面で外界に開く（水孔）．これら

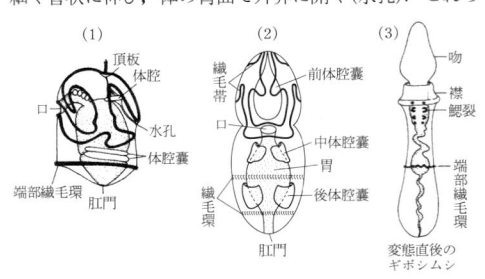

の点はナマコ類の*オーリクラリア，ヒトデ類の*ビピンナリアとほぼ一致し，しばしば*棘皮動物との類縁を示す例として引かれる．繊毛の運動により体を回転させながら海中を遊泳する．変態は棘皮動物の複雑な過程と異なり，前体腔嚢を吻部に，中体腔嚢を襟部に，後体腔嚢を後体部にそのまま取り込んで完了する．

a **ドルビニ D'Orbigny**, Alcide Dessalines オルビニとも．1802～1857 フランスの動物学者，古生物学者，層位学者．パリ自然史博物館古生物学教授．中生代無脊椎動物，特に有孔虫の研究が著名で各地の中生界の対比を行った．G. L. Cuvier の天変地異説を極端化し，世界には 27 回の創造が行われたと唱えた．[主著] Paléontologie française, 1840～1860.

b **トールボットの法則** [Talbot's law] 《同》トールボット-プラトーの法則(Talbot-Plateau's law)．速やかに断続する光もしくは交代する白黒両色をヒトの眼に作用させて，一様な明るさ，すなわち光覚の融合(⇒フリッカー)が成り立つ際に，照射期間を a，遮断期間を b，光の強さを I とすると，その明るさは $aI/(a+b)$ という持続光の明るさに等しいという経験法則．E. W. Talbot (1834) の提唱．この際には，間歇的刺激光の総量 (aI) が総刺激期間 ($a+b$) 上に一様に分布するとした場合に，同一の感覚を生じることになる．明るさの感覚の強さが，ごく短い刺激時間 Δt については $I\Delta t$ に比例するという事実とも関係づけられる．実験には，例えば H. L. F. von Helmholtz の白黒円板を混色用回転器にかけて用いるが，この場合には白色扇形・黒色扇形の弧の長さが上式のそれぞれ a と b にあたる．この実験を扇形実験 (sector experiment) という．なおトールボットの法則は，閾下の刺激時間の加重様式に関してオオノガイの光反応にも成り立ち，植物の光屈性や，さらに重力屈性にまで適用しうるともいわれる．

c **Toll 様受容体**(トルようじゅようたい) [Toll-like receptor] TLR と略記．微生物感染を感知する一群の膜蛋白質．マクロファージ，樹状細胞などの抗原提示細胞や上皮細胞に発現．1996 年，J. Hoffmann は Toll 遺伝子に変異のあるショウジョウバエが，細菌やカビに容易に感染して死ぬことを見出し，Toll 分子の活性化が昆虫での病原体防御に必須であることを発見した．1998 年に，B. Beutler は*リポ多糖に反応できないマウスではショウジョウバエの Toll に似た遺伝子，Toll-like receptor gene (TLR) に変異があることを見出し，哺乳類においてもショウジョウバエの Toll と類似の分子 TLR が，病原体に対する防御すなわち自然免疫系に重要な役割を果たすことを発見した．この功績により，Hoffmann と Beutler は 2011 年ノーベル生理学・医学賞を受賞した．ヒトでは 10 種類 (TLR1～10)，マウスでは 13 種類 (TLR1～13) 存在する．各 TLR は，ロイシンに富む繰返し構造 (leucine-rich repeat) を有する細胞外領域により，微生物由来の多様な構成成分に結合する．TLR4 が細菌壁の構成成分であるリポ多糖を認識するのをはじめ，TLR1, TLR2, TLR6 による複合体は細菌壁の種々のリポペプチドやリポ蛋白質，ペプチドグリカンを，TLR5 は鞭毛を構成する蛋白質成分フラジェリンを，TLR9 は細菌の遺伝子に豊富な非メチル化シトシンとグアニンが隣り合った配列 (CpG) を含む DNA を，TLR7 および TLR8 はウイルス由来の一本鎖 RNA を，TLR3 は二本鎖 RNA を，それぞれ認識する．リガンドに結合した TLR は，IL-1 受容体ファミリーと相同の構造 (Toll/IL-1 受容体相同性領域) を有する細胞質内域によってシグナル伝達経路を活性化し，炎症性*サイトカイン，一酸化窒素，I 型インターフェロンなどの産生を介して，炎症反応やウイルス感染防御応答などの自然免疫応答を誘導する．さらに，抗原提示細胞における抗原提示能力の促進や共刺激分子の発現増強，IL-12, IL-23 など T 細胞の分化に関与するサイトカイン産生誘導を介して，獲得免疫の成立にも重要な役割を果たす．

d **ドールン Dohrn**, Anton 1840～1909 ドイツの動物学者．父 August Dohrn (1806～1892) は昆虫学者．イェナ大学で E. H. Haeckel に学ぶ．私財を投じてナポリ臨海実験所を建設．Haeckel の影響で進化に関心が深く，甲殻類の系統について論じ，さらに機能転換の説を立て，それに基づいて毛足類が脊椎動物の祖であると唱えた．またのちに，脊椎動物の頭部が体節構造をなすかの問題なども扱った．[主著] Über den Ursprung der Wirbeltiere und das Prinzip des Funktionswechsels, 1875.

e **奴隷使用** [slavery] 一部のアリにみられる一種の社会寄生．例えば Polyergus の*ワーカー(働き蟻) は，ヤマアリ類の巣をおそってそのサナギを持ち帰り，それから羽化したワーカーに自分たちの子の子供の育児をさせる．このような社会寄生現象を dulosis ということもある．

f **トレイトグループ** [trait group] 《同》形質グループ．ある特定の性質に関して相互作用が生じている同種個体の集団．例えば，昆虫の幼虫が，同じ葉の中で餌をめぐって競争関係にあるとき，それらは餌の競争に関する性質についてのトレイトグループである．トレイトグループは通常，*デームより小さく，存続は 1 世代よりも短いことが多い．個体がその属するトレイトグループにより増殖率が異なることに起因して生じる遺伝子頻度の変化や形質の頻度変化をトレイトグループ淘汰(デーム内淘汰)という．(群淘汰)

g **トレヴィラヌス Treviranus**, Gottfried Reinhold 1776～1837 ドイツの博物学者．ブレーメンで医者をして比較解剖学および組織学を研究し，また自然哲学に関心をもった．J. B. Lamarck と同時期に 'Biologie' の語をはじめて用いた (1802) とされてきた (⇒生物学)．以前には進化論の先駆者とされたこともある．[主著] Biologie oder Philosophie der lebenden Natur, 3 巻, 1802～1806.

h **トレオニン** [threonine] 略号 Thr または T (一文字表記)．《同》スレオニン．ヒドロキシ-α-アミノ酸の一つ．W. C. Rose ら (1935) がフィブリンから発見．分子内に 2 個の不斉炭素原子をもつので 4 個の立体異性体 (L, D, L-アロ, D-アロ) がある．天然に得られるのは L 型で，多くの蛋白質に広く分布．不可欠アミノ酸．分解は，(1) トレオニン脱水酵素 (threonine dehydratase) で α-ケト酪酸に変換された後，スクシニル CoA に至る，(2) トレオニン脱水素酵素 (threonine dehydrogenase) で 2-アミノ-3-ケト酪酸に変換された後，グリシンとアセチル CoA に変換される，(3) トレオニンアルドラーゼ (threonine aldolase) によってグリシンとアセトアルデヒドに開裂する，の 3 経路が知られており，どれが優位かは生物によって異なる．微生物や植物ではアスパラギン酸からホモセリンなどを経て合成される．蛋白質中のトレオニン残基はセリン・トレオニンキナーゼの基質となり，側鎖水酸基がリン酸化されてホスホトレオニ

ン(トレオニンリン酸 phosphothreonine)となる(図).
リン酸化および脱リン酸化されることにより,種々の蛋白質の活性が調節され,細胞内の情報伝達が制御されている.

```
H3C-CH-CH-COOH          H3C-CH-CH-COOH
    |  |                     |  |
    OH NH2                   O  NH2
                             |
                             O=P-OH
                             |
                             OH

    トレオニン                ホスホトレオニン
```

a **トレオニン脱水酵素** [threonine dehydratase] 《同》トレオニンデヒドラターゼ,トレオニンデアミナーゼ(threonine deaminase). トレオニンを脱水的に分解しアンモニアとα-ケト酪酸にする反応(トレオニン→NH_3+α-ケト酪酸)を触媒する酵素. EC4.3.1.19. 補酵素はピリドキサールリン酸. 微生物に分布するが,動物でもヒツジの肝臓にある. トレオニン,アロトレオニンのほかにセリンにもわずかに作用する. AMP をはじめリボヌクレオシド-5'-リン酸で活性化され,嫌気的培養で菌体に増加する. *Clostridium tetanomorphum*(破傷風菌)では ADP によって活性化され,ATP で阻害される. この酵素はトレオニンを分解してエネルギー源にするために必要と考えられ(分解用酵素 degradative enzyme, catabolic enzyme),別にイソロイシン合成に必要な*アイソザイムがある(合成用酵素 biosynthetic enzyme). これはイソロイシンでフィードバック阻害を受けるが,前者の酵素はこの阻害を受けない. いずれもアロステリック酵素である.

b **トレーサー** [tracer] 《同》追跡子. 化学反応系・生体内・環境中などにおける物質の挙動を追跡するために添加される物質. 追跡するのに都合のよい色素や蛍光物質なども含まれるが,各種の*同位体を指していう場合が多い. 目的に応じて放射性同位体(radioisotope)もしくは安定同位体が,単体あるいは物質の成分元素を同位体で置換した標識化合物として用いられ,放射線や質量の差が目印となる(⇌同位体トレーサー法). 行動学や生態学の研究では,特定の物質を個体に注入して追跡することはほとんどない. また放射性同位体は野外では用いることができないので,トレーサーとしての使用は限られている. ただし安定同位体比を利用して,その個体が採餌した餌生物の生息地を特定したりするのに利用されることはある.

c **トレードオフ** [trade off] コスト-ベネフィット関係(⇌コスト)において,一方でベネフィット(利益)が上がるようにすると,それによって他方にコストがもたらされる場合. 例えば産卵数を多くすると卵径が小さくなるといった,物質・エネルギー・時間などの限られた資源を複数の目的に配分する場合や,採餌活動を多く行うと捕食による死亡率が上昇するといった矛盾する二つの要素をともに満足させる必要がある場合に生じる. トレードオフが成立しているとの前提に基づけば,最適な配分が理論的に求められるが,実際にトレードオフの関係にあることを確認するのは困難なことが多い.

d **トレハラーゼ** [trehalase] トレハロースに特異的に作用して 2 分子のグルコースに加水分解する*α-グルコシダーゼの一種. EC3.2.1.28. 細菌,カビ,植物,動物に広く分布する. ヒトでは腎・腸・肝・胆液・尿のほか血漿 $α_2$-グロブリン画分にこの活性が見出される. 特に腎では活性が強い.

e **トレハロース** [trehalose] 《同》ミコース (mycose). D-グルコース 2 分子が 1,1-結合した非還元性二糖. グルコ二糖類の一つ. 化学的には α,α-,α,β-,β,β- の 3 型が存在するが,天然から得られるものは α,α-型. はじめ麦角から得られたが,菌・酵母に多量に含まれ,昆虫の体液・卵などにも見出され,植物も合成する. 昆虫のエネルギー源や貯蔵炭水化物として働いているほかに,長時間乾燥に耐える性質を付与する. 結核菌(*Mycobacterium tuberculosis*)の毒性と関連するコードファクターは,細胞壁を構成するトレハロース 6,6'-ミコール酸である. 食品を冷凍する際に,細胞を破壊せず鮮度を保つ目的で添加したり,化粧品の保湿成分として利用されている.

```
    CH2OH                    OH
     O                      O
   /   \(α)            (α)/   \
  OH    \--------------/    HOH2C
 HO      OH          OH
```

f **トレンチング試験** [trenching experiment] 植物の地下部における水分・栄養塩類に関する競争を明らかにするために行う実験. 植物の周囲に溝(trench)を掘り,周囲から侵入してくる他植物の根を切断したあとで埋め戻し,植物の成長や土壌環境の変化を調べることによって競争関係を知る.

g **ドロ** DOLLO, Louis 1857~1931 ベルギーの古脊椎動物学者. フランス生まれ. Bernissart のイグアノドンの研究に力をそそいだ. 進化学上,ドロの法則と呼ばれる「進化非可逆の法則」を立てた. [主著] Les lois de l'évolution, 1893.

h **トロコフォア** [trochophore] 《同》トロコフォラ (trochophora),担輪子幼生. 環形動物,ユムシ動物,軟体動物および星口動物の原腸胚期に続く浮遊性の幼生. 体は球形やこま状で,典型的には体を横断するように走る三つの繊毛環と,前端に頂毛と呼ばれる繊毛束をもつ. 体の腹面中央に口があり,食道・胃・腸を経て体の後端に肛門が開く. 三つの繊毛環はその生ずる位置から口前繊毛環(prototroch),口後繊毛環(metatroch),端部繊毛環(telotroch)と呼ばれ,体表全体の繊毛とともに遊泳のためにもちいられる. 発生過程では口前繊毛環,端部繊毛環,口後繊毛環の順に形成される. 体の前端には*頂板と呼ばれる細胞群があり,そこから生じる頂毛や,神経繊維とともに頂器官(頂端器官 apical organ)を形成する(頂器官は感覚器官で,着底の際に重要な役割を果たすとされる). 肛門の左右割腔内には中胚葉母細胞が

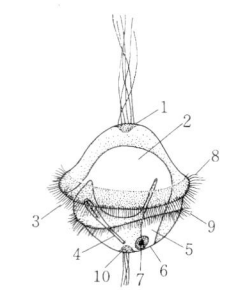

1 頂板
2 胃
3 口
4 原腎管
5 腸
6 肛門
7 中胚葉母細胞
8 口前繊毛環
9 口後繊毛環
10 端部繊毛環

あり，*中胚葉帯の起原となる．排出器官として原腎管をもつが，のちに退化して，かわって腎臓が生ずる．環形動物では端部繊毛環の前方に新体節が形成されて延長し*ロヴェーン幼生になる．軟体動物では*ヴェリジャーとなるが，これを経ずに成体となるものもある．紐形動物の*ピリディウム幼生や内肛動物の幼生もトロコフォアに似ており，これらをあわせてトロコフォア型幼生と呼ぶこともある．

a **トロポニン** [troponin] TN と略記．骨格筋の収縮調節をつかさどる主要な蛋白質．江橋節郎 (1965) の発見．筋原繊維の蛋白質の約5%を占め，細いフィラメントにおいて，分子比*アクチン 7:*トロポミオシン 1:トロポニンの割合で含まれる．トロポニン C (TN-C)，トロポニン I (TN-I)，トロポニン T (TN-T) の3成分からなる．アクチンフィラメント上に 38 nm の周期でトロポミオシンおよびアクチンと結合している．筋小胞体から放出された Ca^{2+} がトロポニンに結合して構造を変え，それまで抑制されていたアクチンとミオシンの相互作用が開始され筋収縮が起こる．カルシウムが除去されると，トロポニンは元の状態に戻って筋肉は弛緩する．ウサギ骨格筋では，TN-C はアミノ酸 159 残基からなる分子量1万 7965 の蛋白質で，1分子当たり Ca^{2+} を4個まで結合する（Mg^{2+} 存在下の結合定数 $10^6 M^{-1}$ のオーダー）．TN-I は同じく 178 残基，分子量2万 864 で，TN-T とトロポミオシンの存在下でミオシン-アクチン相互作用を阻害し，ATPアーゼ活性を抑制する．TN-T は 259 残基，分子量3万 503，トロポミオシン，TN-C，TN-I と結合する．筋収縮の Ca^{2+} による調節は，トロポニン3成分とトロポミオシンとが存在してはじめて可能となる．

b **トロポミオシン** [tropomyosin] TM と略記．筋肉の*アクチンフィラメントに存在し，収縮の制御に関与する蛋白質の一つ．K. Bailey (1946) の発見．ウサギの骨格筋では，284 残基のアミノ酸からなる分子量約 3.3 万のサブユニットで，α と β の2分子によって形成され，α-β，α-α の組合せで分子中に存在する．どちらのサブユニットもほとんど*α ヘリックスからなり，二重コイル構造をとり，幅 2 nm，長さ 40 nm の分子を形成する．筋原繊維のアクチンフィラメントに存在し，アクチンの二重らせんの溝の部分に沿って末端結合した繊維会合体（アクチン-トロポミオシン複合体）として1対が向かいあっている．量比はアクチン 13 分子に対して2分子．トロポミオシンの一次構造では 40 残基ごとに 10 残基の酸性アミノ酸が少ない部分が七つ存在しており，この部分にそれぞれアクチン分子が結合していると考えられる．骨格筋や平滑筋，また無脊椎動物の筋肉，さらに非筋細胞にも広く存在し，アクチンフィラメントに結合していることが知られている．筋収縮における役割は，特定部位に*トロポニンを結合して Ca^{2+} による制御を受けるようにすることである．トロポニンが 38 nm の周期的な局在を示すのは，トロポミオシンの分子の特定部位にそれが結合しているためである．アクチンに結合することによって，アクチンフィラメントとしての構造を強固にする．（→トロポニン）

c **トロポロン** [tropolone] 《同》シクロヘプタトリエノロン (cyclohepta trienolon), 2-ヒドロキシトロポン．$C_7H_6O_2$ 炭素七員環化合物で，弱酸の一つ．特にフェノール類と同様に種々の芳香族性を示し，二重結合性やケトン性は微弱である．天然物として十数種知られている．ヒノキチオール (hinokitiol) はタイワンヒノキの材に赤色の鉄錯塩ヒノキチン $C_{30}H_{33}O_6Fe$ として含まれる．α-および γ-ツヤプリシン (thujapricin, β-体はヒノキチオールと同一) はヒノキや針葉樹類植物に含まれ，Thuja に属する植物の抗菌物質として木材の腐朽を防ぐ作用をもち，α-および β-体はヒバの精油中に見出される．スチピタチン酸 (stipitatic acid, 6-ヒドロキシトロポロン-4-カルボン酸) はアオカビ属のある種の代謝生成物としてつくられ，抗菌性をもつ．カシ属植物の*虫癭中に配糖体として存在するプルプロガリン (purpurogallin) はフェノール酸化酵素試験に利用される．このほか，Chamaecyparis nootkatensis の心材中に含まれるノートカチン (nootkatin) がある．また，細胞分裂阻害物質である*コルヒチンその他類似のイヌサフランの副アルカロイド類には特殊な生物学的作用も見られる．*トロポロンの化学は日本で野副鉄男ら (1936 年以降) のヒノキチオールの研究に始まり，ヨーロッパ・アメリカではこれと全く独立にスチピタチン酸やコルヒチンに対する M. J. S. Dewar (1945) のトロポロン構造の推定に端を発して，主として 1948 年以降に急速に発展した．

d **トロール** TROLL, Wilhelm 1897〜1978 ドイツの植物形態学者．A. Arber (1879〜1960), W. Zimmermann (1892〜1980) とともに，特に比較形態学の発展に貢献．Zimmermann がテローム説に代表されるように進化系統に基づく考察を進めたのに対し，花序の比較形態学などを中心に，概念的な原型の推定を特徴とする．[主著] Die Infloreszenzen, 1964.

e **トロンビン** [thrombin] *血液凝固に関与し，L-アルギニンのペプチド，アミド，エステル類を加水分解するプロテアーゼの一つ．EC3.4.21.5．血管の損傷や出血時に血液中にある*プロトロンビンは活性化されてトロンビンになり，トロンビンはフィブリノゲン分子の N 末端側の α および β 鎖の Arg-Gly 結合を加水分解してフィブリンとフィブリノペプチド A および B にする．また血液凝固第 V，第 VII，第 VIII，第 XIII 因子に作用してそれらを活性化する．トロンビンは Ca^{2+} の共存の下に第 XIII 因子にも作用して活性化第 XIII 因子とする．その他，血小板のトロンビン受容体を限定分解して活性化し，血小板凝縮反応を引き起こす．フィブリノゲンを基質とするトロンビンのペプチダーゼ作用の至適 pH は 8〜9，至適イオン強度は 0.1，至適温度は 30〜40℃．活性中心では 406 番ヒスチジン，426 番アスパラギン酸，568 番セリンで代表的なセリンプロテアーゼである．トロンビンをアセチル化すると凝血活性を失う．ヒトのトロンビンには分子量 3.7 万の α-トロンビンのほかに β-トロンビン，γ-トロンビン (ともに分子量 2.8 万) が知られてい

る．β-トロンビンはα-トロンビンの自己分解産物で，γ-トロンビンは*プラスミンなどのプロテアーゼによって生じた二次産物である．トロンビンはフィブリンによってその活性を失い，また各種のアンチトロンビン，ヘパリン，*ヒルジンによっても凝固活性は失われる．

a **トロンボステニン** [thrombostenin] 〖同〗血小板アクトミオシン（platelet actomyosin）．血餅収縮作用をもつ，血小板中に含まれるアクトミオシン．血小板凝集にも関与し，止血に重要な因子である．

b **トロンボプラスチン** [thromboplastin] *血液凝固の第一相に関与する血液凝固因子．通常，その機序の違いから次のように二分される．(1)組織トロンボプラスチン（tissue thromboplastin, 組織因子 tissue factor）：第Ⅲ因子（blood coagulation factor Ⅲ）のこと．組織液中に存在するリン脂質を30～45％もつ分子量5万～30万の糖蛋白質．血管壁の障害が起こると血液と混和され，血漿中の外因性凝固開始因子である第Ⅶ因子とCa^{2+}を介して複合体を形成し第X因子および内因性の血液凝固因子である第Ⅸ因子を活性化する．(2)血漿トロンボプラスチン（plasma thromboplastin）：内因性血液凝固過程で生成される第Ⅺ因子（blood coagulation factor Ⅺ，血漿トロンボプラスチン前駆因子 plasma thromboplastin antecedent, PTA），第Ⅸ因子（blood coagulation factor Ⅸ，血漿トロンボプラスチン成分 plasma thromboplastin component, PTC）がこれにあたる．いずれも第X因子を活性酵素であるXaに転化する作用をもつ．

c **トロンボモジュリン** [thombomodulin] TM と略記．血管内皮細胞の膜表面に存在する557アミノ酸残基，分子量10.5万の1回膜貫通型の糖蛋白質．*トロンビンと1:1の割合で結合してその活性を阻害するとともに，トロンビン-TM複合体はプロテインC（protein C）を活性化する．活性化されたプロテインCはその補因子のプロテインS（protein S）とともに，活性化第Ⅴ因子と活性化第Ⅷ因子を分解して，血液凝固を阻害する．（→抗凝血物質）

ナ

a **ナイアシン** [niacin] ⇨ニコチン酸

b **内因子** [intrinsic factor] IFと略記．胃底腺壁細胞から分泌される糖蛋白質．構成蛋白質の単鎖分子量4.4万の二量体．1分子が2分子のビタミンB_{12}(⇌コバラミン)と結合して複合体を形成し，回腸の微絨毛にある受容体(キュビリン)と結合，エンドサイトーシスによって体内に吸収される．上皮細胞内でビタミンB_{12}は内因子から離れ，トランスコバラミンⅡと結合し門脈血へ出る．W. B. Castle (1927)は悪性貧血の治療に有効な因子は食物中にある成分である外因子(extrinsic factor)，すなわちビタミンB_{12}と胃液中にある必要成分すなわち内因子との二つが必要で，両者が結合して初めて吸収され赤血球の成熟をきたすとした．悪性貧血は外科的胃摘出のあとなど内因子の生産ができないとき，あるいは何らかの原因で内因子抗体の産生が起こるなどの障害に起因する．

c **内因性信号イメージング** [intrinsic signal imaging] 《同》内因性光学信号イメージング (intrinsic optical signal imaging)．神経活動を光学的に観察する手法の一つで，電位感受性色素などを外部から投与することなく観察する．一般的には，神経活動に伴う血流成分の変化を，赤色光に対する反射光の変化として観察する．血流成分変化には，*ヘモグロビン酸素飽和度の変化，血管体積の変化，血流量変化が含まれる．神経組織の光散乱変化も寄与する．この手法を用いることで，脳表面の数mmに広がる範囲の神経活動を可視化できる．空間分解能は，組織中の血管分布様式に依存し，0.1mm程度．別の手法として，神経活動による細胞内カルシウムイオン濃度上昇によって引き起こされる，ミトコンドリア電子伝達系のフラビン酸化に伴う蛍光変化を利用したものもある．

d **内因性リズム** [endogenous rhythm] ⇨生物リズム

e **内縁脈** [jugal, jugal vein] 略号JuまたはJ．昆虫の*翅脈の一つで，肛脈が二次的に変化したものとされる．多くの昆虫には欠如している．(⇨翅脈相)

f **内温性** [endothermy] 動物の体温が主として体内で生じる代謝熱によって維持されている状態もしくは特性．*外温性と対する．このような状態をとる動物を内温動物 (endotherm)という．産熱量が比較的大きく，体殻部や体表部の熱伝導率が小さい種では代謝熱の体外への放出に時間がかかり，熱がある程度体内に保たれるために，その体温は一般に環境の温度より高くなる．*恒温動物以外にも，大形の爬虫類，大形の回遊魚類，活発に飛行する昆虫類などは内温性である．

g **内眼角襞** [epicanthic fold] ヒトの上眼瞼被蓋襞から内眼角直下の皮膚に向けて斜め内側下方に走る襞．襞の発達の程度に応じて，内眼角にある涙丘(caruncula lacrimalis)の一部または全部が襞によって隠される．西ユーラシア人では少なく東ユーラシア人で非常に多く見られることから，従来はモウコ襞とも呼ばれた．特に日本人や中国人では70%以上の者で認められるが，東南アジアの人では多くはない．内眼角襞を有する眼瞼はその内部に脂肪層をもっており，そのため，寒冷適応を示すものと考えられている．

h **内肛動物** [entoproct, entoprocts ラ Entoprocta] 《同》曲形動物(Kamptozoa, Endoprocta, Calyssozoa)．後生動物の一門で，左右相称，体腔をもたない旧口動物．C. Cori (1921)の創設．単体または群体性，固着性．体は5mmに満たず，やわらかくて，尊部(本体部)と柄部からなる．触手冠とU字形の消化管をそなえる点が*苔虫動物に似ているが，肛門が触手冠の内側に開くこと，原腎管をもち体腔を欠くこと，卵割はらせん形であることなどによって区別される．一般に雌雄異体．少数の陸水産のほかはすべて海産．現生約150種．

i **内在性レトロウイルス** [endogenous retrovirus] 生殖細胞に感染することにより動物細胞ゲノムの一部となった，*レトロウイルスの*プロウイルス．ウイルスゲノムの全体あるいは一部など，いろいろな形での保持があり，ウイルス遺伝子の発現も多様である．プロウイルスの発現は，生体あるいは培養細胞の状態，発がん物質や放射線照射による誘発などがあげられるが，ウイルスとしての増殖は生体の免疫活性に支配される．内在性レトロウイルスの実験的誘発には，5-ブロモ-2′-デオキシウリジン(BrdU)，ニトロキノリンオキシド(4-nitroquinoline-1-oxide, 4NQO)などがよく用いられるが，肉腫ウイルスや白血病ウイルスの感染によって誘発されることもある．プロウイルスは精子や卵を通じて遺伝する．マウス胎生初期にマウス白血病ウイルスを感染させ，実験的に内在ウイルス化させることに成功している．

j **内在ベントス** [endobenthos] *ベントスのうち基底内部に生息する生物の総称．岩や他の生物の骨格に穴を穿って生息する生物を穿孔生物，他動物の巣穴にひそむ生物を隠孔生物という．埋在動物(インファウナ infauna)の語は，広義には内在ベントスとほぼ同義であるが，狭義にはそのうち砂泥底の穿掘型の動物だけを指す．

k **内枝，内肢** [endopodite, endopod] 甲殻類の二枝型*付属肢において，*原節(底節+基節)から出る内外2本の分岐部のうち，その内方(体の正中線に向かう方向)に出る枝．二枝型でない基本型の付属肢(例：昆虫の脚)はこの内枝に相当し，*坐節，*長節，*腕節，*前節，*指節の5節からなる．(⇨関節肢)

l **内耳** [inner ear ラ auris interna] 《同》迷路(labyrinth)．脊椎動物の耳の最内部に位置し，音受容や位置覚をつかさどる主要部．表皮性の耳プラコードが陥入してきた*耳胞から発生したもので，耳胞はくびれて卵形嚢および*球形嚢の2個の嚢状器官になる．これらの両嚢には膨出により付属器官が生じる．すなわち卵形嚢には*半規管，球形嚢には*蝸牛管が付属する．また両嚢は連繋管(ductus utriculosaccularis)により連絡されている．迷路の名はこのように非常に複雑な内部形態に由来し，この内部構造は*膜迷路と呼ばれる．また膜迷路を収める骨性のトンネルを骨迷路という．球形嚢，卵形嚢および三半規管は体位および姿勢・運動に関係し，脊椎動物全部を通じて著しい差はないが，球形嚢の一部で

ある基底乳頭(papilla basalis)は魚類より哺乳類に至る間著しい変化を示し，最初の突起は管状となりさらにらせん形を示し哺乳類の蝸牛にまで発展する．これは陸生動物における聴覚の進化を示すものである．

a **内質** [endoplasm] 《同》顆粒質．*細胞質の内部にある，顆粒に富み，ブラウン運動や*原形質流動の著しい部分．光学顕微鏡で認められるもので，細胞質の大部分を占め，*外質につつまれている．外質に比べて粘性が低くゾルの状態にある(⇨原形質ゾル)．通常水の数十倍から数百倍の粘性をもつ．アメーバや変形菌の*変形体では，内質は可逆的に外質に転換される．(⇨ゾル-ゲル転換)

b **内受容性感覚** [interoceptive sense] ⇨感覚

c **内鞘** [pericycle] 《同》周囲形成層(pericambium)．維管束植物の*内皮(2輪あるときは外輪だけ)のすぐ内側に存在する通常1細胞層の*柔組織．茎または根に見られるが，往々欠くものもある．根では内鞘の数細胞が二次的に活動をはじめて，外方へ伸びて*並層分裂をはじめ側根の原基となる．通常，側根は根のまわりに縦の数列となって生ずるが，その列の数は原生木部の数に応じ，原生木部あるいは原生篩部に接してn列に縦生する(ダイコンで2，サツマイモで5)のが一般的．

d **内翅類** [ラ Endopterygota] 幼虫期間中は翅が外部に現れない昆虫の総称．*完全変態類に該当．外翅類(Exopterygota，不完全変態類に相当)と対置される．

e **内生菌根** [endomycorrhiza, endotrophic mycorrhiza] 一般に植物の根の皮層細胞内に菌糸が侵入する菌根．(⇨菌根)

f **内臓** [viscus, pl. viscera] 動物の体腔中にある諸器官の総称．脊椎動物についていえば消化呼吸系および泌尿生殖系の器官が主．なお，形態学的には，発生学的には咽頭および腸に付随する骨格系や神経系などの諸構造を形容する際，内臓性，もしくは臓性(visceral)の語を付す．これに対し，体壁・中軸構造を体性(somatic)と形容する．

g **内臓位** [ラ situs viscerum] 内臓相互の位置関係．外形が相称の動物では，一般に内部構造も基本的にはそれに相応する相称関係を示し，左右相称の動物では原則的に無対の器官は正中上に，対をなすものは正中線をはさんで鏡像的配置を示すのが一般的．内臓の相称関係は二次的に失われていることも多く，ヒトでも心臓の位置は左にかたより，肺も左右で形が異なる．ヘビでは体軸の前後方向にふり分けられ，かなりの不相称が見られる．以上のような正常な不相称的配置に対し，鏡像の関係を示す現象を内臓逆位(visceral inversion, situs inversus viscerum)，もしくは逆位という．先天性の奇形，また両生類胚における種々の実験(胚部除去，胚部逆転，リチウム処理など)で誘発される．この際に内臓逆位にほぼ平行して間脳の手綱核(nuclei habenulae)の左右不相称性にも逆転が起こる．イモリの卵の結紮実験による双体形成に際しては右側個体で内臓逆位が起こり，両個体が相互に鏡像関係をとろうとする傾向がある．この現象はヒトの双生児でも認められることがある．右側個体にそれが多く見られることを左側の優位という．

h **内臓感覚** [visceral sense] 内臓や体膜壁などにおける受容すなわち内受容(interoception)に基因し，かつその部位に投射される感覚．血管や脳膜のそれは深部感覚に入れられる．広義には器官感覚も含められる．これらの部位には感覚神経が少なく平時にはほとんど無感覚の状態にあるが，ときに重苦しさや胸苦しさなどの不明瞭な感覚が起こり，さらに一種の痛覚すなわち内臓痛覚(visceral pain sense)を生じる．適当刺激は器官自体の活動や病的状態で，特にその刺激が強く持続的であれば特殊な中枢興奮として痛覚をきたすと考えられる．その受容器は内受容器(interoceptor)と呼ばれるが，投射部位は不明瞭である．内臓痛覚は，肺や脾臓を除くあらゆる体内部位(歯，眼，耳なども含む)に存在するが，張力や圧力に敏感な反面，しばしば切傷に無反応(例:脳膜，腸)である点が，皮膚痛覚と異なっている．内臓痛覚は局在性が極めて不明瞭であり，局在が誤られ，皮膚の痛みとして感じられることがある．これは内臓の感覚繊維に起こる激しい興奮が脊髄で発散し，同じ分節内の皮膚からくる感覚繊維の経路に広がり，投射によりその皮膚部分に痛みを感じさせる，あるいは痛覚過敏症をきたすと考えられる．これを発散投射説という．それぞれの内臓に対応する皮膚節は，ヘッドの帯(Head's band, 痛帯)と呼ばれる．例えば肝臓の異常時には，第八および第九胸椎の背根の支配する皮膚部分が痛む．このようなヘッドの帯の痛みは感応痛または連関痛(referred pain)と呼ばれて，内臓疾病の診断に役立ち，またその治療が逆に内部へ感応を及ぼすこともある．

i **内臓弓** [visceral arches] 《同》独 Schlundbogen，鰓弓(広義)．発生的に咽頭弓内に発した骨格成分．内臓頭蓋(⇨内臓骨格)の構成要素．本来は濾過装置であったものが，進化上，呼吸器官，咀嚼器官，音響伝達装置(哺乳類の中耳)などへと形態変化を遂げたとされる．比較形態学的には内臓弓のうち，最前のものを顎骨弓(顎弓 mandibular arch)，第二のものを舌骨弓(舌弓 hyoid arch)，以下を鰓弓(branchial arches)と呼び，改めて第一から順次番号をふる習わしに対して，混乱を招きやすく，また「内臓」の語も定義が不明確であるため，顎骨弓を第一内臓弓(first visceral arch)とし，統一的に番号をふるのがふさわしい．内臓弓の基本的な形態パターンは原始的な魚類の鰓弓に求められることが多く，それは上下の咽頭鰓節(supra- and infrapharyngobranchials)，上鰓節(epibranchials)，角鰓節(ceratobranchials)，下鰓節(hypobranchials)，底鰓節(basibranchials)からなるとされ，この基本要素がそれぞれの弓において機能に応じ，各動物群において形態分化を遂げたと説明される．これら基本要素の発生は，咽頭弓の神経堤間葉におけるDlx遺伝子群の発現パターンによるとされるが，これに類した発生パターンは円口類には知られていない．内臓弓数は動物により異なるが，一般的傾向として，進化段階を経るに従い減少する傾向にある．顎の前に内臓弓があったとの説もあったが，顎骨弓以降のものだけを数えれば，ヤツメウナギでは9対，軟骨魚類では7〜8対，羊膜類では6対となる．哺乳類の咽頭を構成する骨格要素にも，内臓弓の分化したものが含まれているとされる．

j **内臓筋** [visceral muscle] 脊椎動物の内臓諸器官の筋肉．*骨格筋に対する．心筋以外は大部分が平滑筋．各種器官の中層を構成する．また，鰓弓筋は骨格筋だが，これを特殊内臓筋(special visceral muscles)と呼ぶこともある．

k **内臓骨格** [visceral skeleton] 《同》鰓弓骨格(branchial arch skeleton)．内臓弓の中に発生する骨格で，

内臓頭蓋(splanchnocranium, visceral cranium)を構成する軟骨，あるいはその骨化した各骨要素を含む骨格．顔面頭蓋(facial cranium)と同義に使われることもあるが，後者は*神経頭蓋の一部を含む．顔面頭蓋は特に哺乳類頭蓋において脳を容れる器としての機能的神経頭蓋に対する語で，形態学上，発生学上の意義はない．内臓骨格は神経堤細胞に由来する．円口類や軟骨魚類では一生のあいだ軟骨のままであるが，他の顎口類では骨化が起こる．板鰓類では各内臓弓に背方より上下の咽頭鰓節(pharyngobranchial), 上鰓節(epibranchial), 角鰓節(ceratobranchial), 下鰓節(hypobranchial)の成分が生じ，両側の下鰓節は腹側正中線に縦にならぶ底鰓節(basibranchial), または結合骨(copula)によって結合．顎骨弓(mandibular arch)の骨格は強大となり，口蓋方形軟骨(palatoquadratum)および下顎軟骨(mandibular cartilage, メッケル軟骨 Meckel's cartilage)が原始顎をつくる(⇒軟骨頭蓋)．舌骨弓(hyoid arch)では，舌顎軟骨(hyomandibular)と舌軟骨(hyoid cartilage)を生じ，前者は耳殻に関節し後者は原始顎に付く．内臓骨格が骨化する動物では口蓋方形軟骨は皮骨性の前上顎骨と上顎骨の形成により後内方に転位，前部は口蓋骨(palatine)と翼状骨(pterygoid)に交代され，後部は骨化して方形骨(quadrate)となる．下顎軟骨は歯骨(dental)という皮骨と交代し，後端だけが骨化して関節骨(articular)として残る．哺乳類の下顎骨(mandibular)とはこの歯骨のこと．第四内臓弓以降に対応する内臓骨格は哺乳類では発生せず，喉頭骨格は進化上二次的に生じたもの．なお哺乳類耳小骨の槌骨は関節骨，砧骨は方形骨，鐙骨は舌顎軟骨に由来する．また，本来顎骨弓の前に位置していたと考えられる梁軟骨，さらにそれに付随する被蓋骨の鋤骨も内臓骨格に加えることもある．

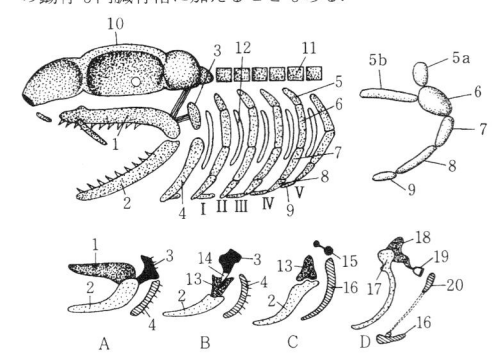

上段：サメ類(左)の軟骨頭蓋ならびにチョウザメ(右)の内臓骨格
下段：内臓骨格の進化
A サメ類　B 硬骨魚類　C 両生類・爬虫類・鳥類　D 哺乳類
I～V 第一～第五内臓弓　1 口蓋方形軟骨　2 下顎軟骨　3 舌顎軟骨　4 舌軟骨　5 咽頭鰓節(5a 上咽頭鰓節 5b 下咽頭鰓節) 6 上鰓節　7 角鰓節　8 下鰓節　9 底鰓節　10 神経頭蓋　11 脊椎骨　12 鰓裂　13 方形骨　14 接続骨　15 耳小柱　16 歯骨の一部　17 鐙骨　18 砧骨　19 鐙骨　20 翼突起

a **内臓神経節** [visceral ganglion] 軟体動物において，脳神経節，側神経節(外套内臓神経節)，足神経節よりかなり後方に1対ある内臓神経の中枢．有肺類では足神経節と融合．二枚貝類中の原始的な類では明らかに左右2個に分かれるが，派生的なものでは左右が直接連絡する．脳神経節の後退にともない内臓神経節が発達し，翼形類では両者の融合が見られる．

b **内臓嚢** 【1】[visceral sac, visceral mass] 《同》内臓塊(visceral mass), 背隆起(dorsal hump). 軟体動物において，背面に見られる外套膜でおおわれた消化管・生殖腺などの内臓諸器官を収める膨大部．この部分の膨大は軟体動物の消化吸収に関与する中腸腺の発達に起因し，内臓隆起(visceral hump)の実体．
【2】[visceral pouch] ⇒鰓裂

c **内臓反射** [visceral reflex] *脊髄反射のうち内臓器官を効果器とする自律神経反射．

d **内臓葉** [splanchnopleure] ⇒側板

e **内側縦束** [medial longitudinal fascicule ラ fasciculus longitudinalis medialis] 脊椎動物神経管の床板両側に接して発する伝導路，またはその原基．*終脳を除く神経管のほぼ全域に見出される．個体発生上，最も早く現れる伝導路の一つであり，基本的神経回路(early neuronal scaffold)の一つに数えられ，発生後期に生ずる複雑な神経回路の発生における足場となると考えられている．同時に，進化的にも最も古い経路として知られ，円口類のヤツメウナギにおいてすでに見られる．上行性，下行性両者の神経繊維を含むが，本来，前庭神経核から体性運動核(外眼筋神経核をも含む)へ連絡し，平衡運動に機能する．

f **内柱** 【1】[endostyle] *頭索動物や尾索動物，脊椎動物ヤツメウナギ類のアンモシーテス幼生の咽頭底(*鰓嚢底，ホヤ類では反出水管側に当たる)正中を縦走する*繊毛溝で，粘液分泌細胞が多くを占め，一部ヨウ素を蓄積する細胞からなる．浮遊物食の脊索動物には共通に見られ，主に分泌した粘液で食物粒子を捕捉する機能を有すると考えられる．アンモシーテスでは変態とともに咽頭との連絡が狭くなり，*甲状腺に移行する．*囲咽頭溝が腹側で合流して咽頭底正中に伸びた鰓下溝と同一．ヤツメウナギ類に見られる成長過程や，脊索動物で共通する分子や遺伝子発現から，内柱と甲状腺が相同器官であるとする説がある．
【2】＝軸柱【1】の[2]

g **内胚葉** [endoderm, entoderm] 後生動物の発生途上に現れる*胚葉のうち，最も内方または下方に位置するもの．一般に内胚葉は*原腸形成の際に*外胚葉から分離する．羊膜類ではそれより前に胚盤葉上層から胚盤葉下層が分離し，これも内胚葉とされるが，これは消化管内壁などの胚体組織をつくらない(⇒胚体外内胚葉)．内胚葉は消化管の内壁のほか，脊椎動物ではその付属器である肝臓・膵臓・肺などに加え，頭部では胸腺・甲状腺などの咽頭派生体の原基ともなる．一般に内胚葉は卵の*植物極およびその付近の細胞質に由来し，他の胚葉の細胞より*卵黄を多く含むため大きい．系統発生的には二胚葉性の刺胞動物などにも存在し，外胚葉とともに*一次胚葉と考えられる．線虫や脊椎動物などでは内胚葉は中胚葉と共通の前駆細胞(中内胚葉 mesendoderm)に由来すると考えられており，脊椎動物ではその形成にNodal シグナルが関わる．

h **内胚葉胚** [holoentoblastula] ウニ卵をリチウム処理などで*植物極化するときに得られる最も極端と考えられる奇形の系列．C. A. Herbst の造語．外胚葉がほとんど形成されず，囊状の胚の大部分は裏返った原腸の上皮からなり，その中には間充織が認められるが，骨格

は生じない．

a **内皮**【1】[endodermis] 維管束植物の，通常，皮層の最内層として扱われる鞘状組織．内皮はシダ類には茎・根・葉に一般に見られるのに対して，種子植物では根には一般的に見られるが，茎および葉では少ない．茎の原生中心柱や真正中心柱や根の放射中心柱では内皮が外側にしか存在せず，1輪の外立内皮(external endodermis)が一般的であるが，管状中心柱のように内方にもう1輪もって両立内皮(double endodermis)となったり，独立した維管束ごとにそれぞれ1輪がある自立内皮(individual endodermis)となることもある(⇒中心柱[図])．トクサ属では両者の例が見られる．内皮細胞には放射方向と上下の壁にスベリンを沈着させたカスパリー線があるのが特徴．細胞壁は成熟するとしばしば内側に分厚い二次壁をもつが，薄い細胞壁のままで残る細胞が内皮の所々に存在する．これを特に通過細胞(passage cell)と呼ぶ．また，内皮になるべき皮層最内層が多様な形態をとることがある．多量の澱粉粒を含む時は澱粉鞘(starch sheath)，葉緑体が集中する時は葉緑鞘，あるいは付近の細胞より大型の列をなす場合は柔組織鞘(parenchyma sheath)と個々に呼ばれるが，これらは発生学的には内皮と同じと考えられる．シロイヌナズナでは茎の内皮において澱粉粒を*平衡石として重力感知していることが知られている(⇒重力屈性)．またイネ科などの根では内皮の細胞すべてが分厚い二次壁をもった後，皮層が完全に脱落して内皮がむき出しとなり根の保護に当たることがあり，これを保護鞘(protective sheath)という．

【2】[endothelium] 脊椎動物において，外通せず閉鎖された内腔面をおおう単層扁平上皮．心臓・血管・リンパ管などのものをいい，外通する消化管・呼吸道などのものは含めない．

b **内被** [endothecium] 《同》内側壁．葯の表皮と*タペータムとの間に位置する細胞層．表皮細胞のすぐ内側の細胞で，若いときはタペータム細胞や表皮細胞などと区別しにくい．葯の成熟に従って各細胞は放射方向に伸長，容積も大きくなり他の細胞と区別される．この細胞の接線方向の中心に近い壁は二次的に部分肥厚し，縞状ないし稜状構造となり，放射方向に走り，表皮側の壁に達する．成熟時にこの各細胞が水分を失うと，肥厚した内側の壁より，表皮側の壁の方が強く収縮するため，葯壁は外側にはじけ，花粉が露出する．しかし例外的に内被細胞層をもたないものもある．

c **内皮膜** [inner veil, partial veil] 《同》内蓋膜．担子菌類ハラタケ目の若くてまだ子実層が発達していない子実体で，傘の縁と柄とを連絡して子実層をおおう薄い膜．子実層が成熟するまでクモの巣状になって子実層をおおうくもの巣膜(コルチナ cortina)を形成することもあるが，一般には傘が開くときその縁の部分で内皮膜は切れ，一部は柄につば(annulus)となって残ることもある．

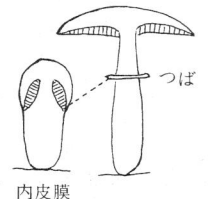

d **内部環境** [internal environment] 《同》内部媒質(internal medium)．多細胞動物個体において，組織細胞を直接浸し，その生命の支持条件をなす媒液すなわち*体液(細胞外液)のこと．個体を外面から包む外部環境(仏 milieu extérieur)，すなわち生態学的な環境(外部媒質)に対して，C. Bernard(1865)が初めて内部環境(仏 milieu intérieur)という理念と用語とを提唱した．彼は，これこそが各生物に固有な真の「生理学的環境」であって，外界からの影響もすべてこの内界を通してのみ生活細胞に到達しうるという，その重大な意義を指摘し，「内部環境の固定性(⇒ホメオスタシス)こそ自由な生活のための条件」と説いた．*内分泌に関する彼の思想も，この内部環境の別な一機能と関連して生まれた．

e **内部共生説** [endosymbiosis theory] Thermoplasma のような好熱性古細菌が核となり，これに幾種類かの真正細菌が内部共生することによって(例えば好気性細菌がミトコンドリアの起原となるなど)真核生物が形成されたとする説．連続共生進化説(serial symbiosis theory)ともいわれる．19世紀にロシア人科学者の間でこの考えが生まれ，1970年代に L. Margulis が内部共生説としてまとめあげた．真核生物の核のリボソーマル RNA が 80S 型であるのに対し，ミトコンドリアや葉緑体のそれは原核生物と同じ 70S 型であることがその証拠とされた．

f **ナイーブ細胞** [naive T cell, naive B cell] 一度も抗原刺激を受けていないリンパ球．ナイーブT細胞は胸腺で成熟後，血流，末梢の*二次リンパ組織を循環し，抗原の侵入にそなえており，$CD44^{low}CD62L^{high}$ の表現型を示す．一般に抗原刺激に対する応答は記憶T細胞と比較して弱く，*サイトカイン産生能も低い．ナイーブT細胞はいったん活性化すると自ら IL-2 を産生してクローナルに増殖し，活性化応答が終焉すると一部は記憶T細胞となって次回の同一抗原の侵入時に迅速な応答を惹起すべくそなえる．同様に，ナイーブB細胞もリンパ器官を循環しており，*クラススイッチを起こす前段階であるため，細胞表面には IgM と IgD を発現する．

g **内部帯域** [internal marginal zone] 《同》内部周辺帯．不等全割する脊椎動物の初期胚において，胞胚腔に面した帯域の内面の部域．両生類の胚での実験的研究によると，心臓，*血島，*前腎，体腔壁などは内部帯域に由来するという．

h **内部被曝** [internal exposure] 生体内に取り込まれた放射性核種から発する放射線による生物体の被曝．一般に γ 線放射体ではその飛程が長いので，影響は，外部から被曝を受けた場合と大きな相違はない．しかし β 線や α 線を出して崩壊する核種の場合，局所的にエネルギー吸収が起こるため，核種の組織内分布や細胞内分布により，影響のタイプと程度が異なってくる．内部被曝の線量は，問題になる核種の物理学的半減期と，それを含む物質の代謝などや排出の速度に規定される生物学的半減期(biological half-life)とで，決定される．このような被曝の時間的要因もまた内部被曝に特有である．内部被曝は，骨親和性のストロンチウムによるがん患者の疼痛治療に用いられている．さらに 1986 年に起きた*チェルノブイリ原発事故で放出された放射性ヨウ素では小児甲状腺がんの高率な発症が問題になっている．

i **内分泌** [internal secretion] 組織がその産生物質を導管によらず直接血液(体液)中に分泌する現象で，一般には内分泌腺による*ホルモンの分泌のこと．外分泌と対置される．C. Bernard(1859)の命名で，当初，肝臓

がブドウ糖を血液中に放出する現象について考え出された概念.

a **内分泌学** [endocrinology] 内分泌の現象，つまり*ホルモンとその機能を研究する生理学の一分科．ニワトリの雄における去勢の影響が精巣の移植によって回復するのを見た A. A. Berthold (1849) の実験をその草分けとする．C. Bernard (1859) による「内部環境」および「内分泌」の概念の樹立，C. E. Brown-Séquard による精巣移植の実験(1889)ならびに液性相関説の提唱(1891)によってその方面の研究が活発となり，W. M. Bayliss と E. H. Starling (1902) によりホルモンの定義がなされた．

b **内分泌撹乱物質** [endocrine disruptors, endocrine disrupters, endocrine disrupting chemicals, environmental endocrine disruptors] 《同》環境ホルモン．ステロイドホルモンや甲状腺ホルモンなどに対して，その受容体に結合することで，必要のない時期にホルモン様作用やホルモン阻害作用を示したり，またはホルモン合成酵素の作用を乱すことにより，胚の発生や成長，生殖に悪影響を及ぼす物質のこと．1950年代には，植物性女性ホルモン様物質(phytoestrogen)を含む植物を多量に食することによりヒツジなどが不妊となる現象や，一部の農薬に女性ホルモン作用があることが報告され，1970年代には，欧米で流産防止として合成女性ホルモン(ジエチルスチルベストロール diethylstilbestrol)を投薬された妊婦から生まれた女子に，低率ながら膣癌や子宮形成不全が起こることが報告されていた．このため1970年代には，環境中の女性ホルモン様物質問題としてとらえられていた．1990年代後半には，プラスチックの材料や界面活性剤の代謝物から女性ホルモン様作用を示す化合物が，また農薬からは抗雄性ホルモン様作用を示す化合物も見出された．界面活性剤の代謝物や，排卵抑制剤に含まれる合成女性ホルモン(エチニルエストラジオール 17α-ethinylestradiol)は河川水からも検出されており，イギリスの河川に生息するコイ科の魚では精巣内における卵の形成が報告されている．環境中に出ている物質の中には，その他にも，甲状腺ホルモンの合成や作用を乱す物質や脂肪細胞分化を促進する物質，肝臓での解毒に影響する物質も見出され，広く内分泌撹乱物質問題ととらえられている．また，化学物質の発生期(胎児期)の影響が成体になって表面化することから，fetal basis of adult disease や developmental origins of health and disease という概念にも関連している．

c **内分泌器官** [endocrine organ] 一個の器官として独立した*内分泌腺．

d **内分泌腺** [endocrine gland] ホルモンを産生し，それを直接血液中へ放出する*腺．*外分泌腺と異なって導管がなく(無導管腺)，この部位の血管壁は他と比べ厚い．主な内分泌腺は脊椎動物の下垂体・甲状腺・副甲状腺・副腎・膵臓のランゲルハンス島・精巣・卵巣・胎盤，尾索類の*神経腺，甲殻類の*Y器官，昆虫の*アラタ体，*前胸腺など．そのほか脊椎動物の消化管の細胞では十二指腸，胃，唾液腺などにも内分泌腺としての機能が認められている(⇨神経分泌)．従来，内分泌腺から血液中に分泌され標的器官に達して作用する物質(内分泌物質)をホルモンと定義していたが，拡散により分泌器官周辺の標的細胞に達して作用する物質(傍分泌物質 parasecretory substance)および神経伝達物質あるいは神経調節因子をもホルモンに含める概念の拡張が提唱されている．(⇨ホルモン)

e **内分泌相関** [endocrine correlation] *液性相関のうち，内分泌系の関与するもの．例えば，下垂体前葉から分泌される生殖腺刺激ホルモンは卵巣に作用してエストロゲンを分泌させるが，一方このエストロゲンはまた視床下部を介して下垂体前葉に働き，その生殖腺刺激ホルモン分泌を抑制する．同様な関係は下垂体前葉と精巣・副腎皮質・甲状腺との間にもみられ，それぞれ相互に分泌活動を規定しあっている．このような現象を内分泌相関という．内分泌腺の*代償性肥大現象も，この内分泌相関から説明される．

f **内膜** [intine, endospore] 《同》内壁．胞子や花粉粒の内外2層の壁の内層．ヨウ素で着色せず濃硫酸で溶解する．無色透明の比較的やわらかく抵抗力の少ない薄い膜．通常この外側に抵抗力の強い*外膜が存在するが，発芽孔の部分は内膜だけで，外膜を欠く．したがって低張液中ではこの部分から原形質が吐出されやすい．まれに全体に外膜を欠く花粉があり，この場合は内膜だけが花粉粒の壁をなす．

g **内幼生型変態** [morphogenesis of endolarva] 環形動物多毛類の幼生における*変態の一様式．外幼生型変態(⇨ロヴェーン幼生)と対置される．*トロコフォアの後端部が伸びて体節がまず体内へたたみ込まれるように形成され，十数体節がそろったときに全体節が一挙に外へ飛び出して，全体が*若虫状に変わり，着底する．イイジマムカシゴカイ類にみられる．

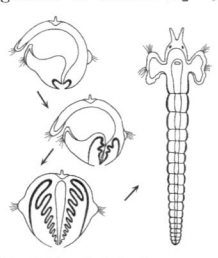

h **ナヴァシン** NAWASCHIN, Sergei Gavrilowitsch (Навашин, Сергей Гаврилович) 1857～1930 ロシアの植物学者，細胞学者．K. A. Timiryazev の影響をうけ，その苔類と菌類の分類学に従う．寄生菌の生活史および植物の受精過程を研究し，重複受精をユリで発見．ついで染色体の構造について，Galtonia candicans で染色体の付随体を，また Fritillaria tenella で規則的な狭窄を発見，個体性の説に証左を与えた．

i **ナウマンゾウ** [Naumann's elephant ラ Palaeoloxodon naumanni] 長鼻目ゾウ科に分類される絶滅した化石ゾウの一種．更新世中期から後期(今から約35万～2万年前，⇨第四紀)，中国から日本にかけての温帯域に生息した．日本での最も代表的な化石ゾウで，北海道から沖縄の宮古島まで全国から産出する．系統的にはインドゾウに近縁と考えられているが，独立の属とされている．肩高3 m．牙は下方から上方へ内側から外側へねじれる．森林適応型と考えられる．中国東北地方ではマンモスとともに生存していたといわれるが，一般にはマンモス分布圏より南の温帯北部地域を特徴づける．アオモリゾウ，ヤベゾウ，ワカトウナガゾウ，トクナガゾウはナウマンゾウの異名で，年齢差・地域差を示すにすぎない．静岡県浜名湖畔から産出したものをホロタイプとし，日本の化石長鼻類研究の草分けである E. Naumann の名をとり命名された(槇山次郎，1924)．

j **中井猛之進** (なかい たけのしん) 1882～1952 植物分類学者．東京帝国大学理科大学教授，小石川植物園園長，ボイテンゾルグ植物園(現ボゴール植物園)園長，国

立科学博物館館長．日本・朝鮮そのほか東アジアの植物のフロラ調査研究に多くの業績を残した．[主著] 日本樹木誌 I, 1922.

a 長さ-張力曲線(筋肉の) [length-tension curve]《同》張力-長さ曲線(tension-length curve). 骨格筋または骨格筋繊維の長さとその静止および強縮張力との関係を示す曲線．通常，筋肉の生体内での長さ，すなわち体内長(body length)あるいは静止長(resting length)を100％として，種々の長さにおける静止張力(resting tension)および等尺性強縮張力を測定する．静止張力は図の曲線 a のように筋の伸長にともない増大する．曲線 b は各筋長における静止張力と強縮張力との和を示

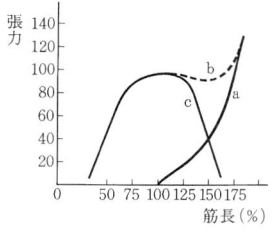

全筋の長さ-張力曲線
a 静止張力
b 全張力
c 強縮張力

す．曲線 c は曲線 b から曲線 a を差し引いたもので筋長と強縮張力との関係を示す．骨格筋の強縮張力は静止長付近で最大で，筋長がこれより短くても長くても減少する．筋を引き伸ばした際の強縮張力減少はアクチンとミオシンの 2 種のフィラメントの重なりあいの減少に対応させるとよく説明できる．(⇒滑り説)

b 長さ定数 [length constant]《同》空間定数(space constant). 長くのびる神経繊維上の 1 カ所でその*膜電位に変化を加えるとき，電位変化がその部にとどまらず，その両側に波及する程度を規定する定数．*ケーブル説において $\lambda=\sqrt{r_m/(r_i+r_o)}$ で表される．ただし r_m, r_i, r_o はそれぞれ，単位長さ当たりの*膜抵抗，細胞内および外の抵抗．ある点の膜電位に大きさ V_0 のステップ状の電位変化を与える場合，その点から距離 x だけ離れた部位でみられる膜電位変化 V_m は定常状態において $V_m=V_0\exp(-x/\lambda)$ で表され，距離 λ ごとに $1/e$ 低下する．さらに $r_o \ll r_i$ の場合(例えば電導性のよい多量の塩類溶液中にある場合)，λ は次式に変換される：$\lambda=\sqrt{R_mR_A/4\rho}$. R_m は単位面積当たりの膜抵抗，A は繊維直径，ρ は軸索漿の比抵抗．すなわち λ は膜の比抵抗と直径の平方根に比例して大となることがわかる．(⇒ケーブル説)

c 中原和郎(なかはら わろう) 1896～1976 がん生物学者．癌研究所所長，国立がんセンター研究所長．がんの成因・治療の研究を続けた．

d 仲間 [companion] ただ一つの機能環の中においてだけ同一物として扱われる同種他個体．J. J. Uexküll の定義．育児，求愛，闘争あるいは摂食というような，一つの目標をもつ複数の行動パターンのシステムを Uexküll は機能環(独 Funktionskreis)と呼んだ．主体となる動物は個々の機能環においてそれぞれ特定の特徴を標識として客体と結びついている．客体が同種他個体(conspecific)である場合には，鳥において典型的にみられるように，主体は個々の機能環ごとに同種他個体を異なった形で認めており，一つのまとまりをもった対象としては認知していないことが多い．このとき同種他個体は，あるときは子としての仲間，あるときは異性としての仲間などとして主体の環境世界の中に現れてくることになる．(⇒環境)

e 流れ藻 [drifting seaweed, floating seaweed] 本体からちぎれたり基盤から離れたりして，水面付近を漂流している大形の*底生植物．冬に成長したホンダワラ類は胞子放出後弱り，春の荒天時に大量に岩礁から離れ，*潮目に集まって典型的な流れ藻を形成する．内湾では夏の終わりにアマモが枯れて，大量の流れ藻となる．流れ藻には*藻場で生息していた葉上動物(⇒ベントス)や魚類などの一部が随伴して生活し続けるが，外洋性の魚類の稚魚や甲殻類もそれに加わって生息するため，流れ藻になってから時間とともに葉上動物の組成は変化する．流れ藻はいくぶんか成長するにしても死滅・消失するまでの漂流物であるが，年々定常的に形成される点で安定した*生息地としての意味をもち，流れ藻に産卵する習性をもつ魚もある．しかも，移動する生息地として沿岸動植物の分布拡散に貢献しており，これを筏効果(raft effect)という．西北大西洋のサルガッソ海(Sargasso Sea)では，流れ藻に由来するホンダワラ類が浮漂したままで繁殖し続けており，その中で生活するのに適応した色や形の魚類・甲殻類などが分化するまでになっている．

f 鳴き交わし [antiphonal song] 動物のつがい形成やつがいの維持に際して，パートナー間で行われる鳴き声による儀式・儀式化．パートナー同士は，リズム，歌のタイプなどを互いにうまく合わせながら，鳴き交わす．多くの鳥でよく知られているが，一夫一妻の哺乳類(例えばシアマン，ある種の齧歯類など)にもみられる．

g ナギラクトン [nagilactone] マキ科の植物(Podocarpaceae)から単離された一連の構造の類似したノルジテルペン系の植物成長阻害物質．ナギラクトン A, B, C, D やイヌマキラクトン(inumakilactone)，ポドラクトン(podolactone)，ポナラクトン(ponalactone)がある．のちに，さらに生理作用の強いナギラクトン E, F も単離されている．これらの物質は植物の細胞分裂や細胞伸長を低濃度で阻害する．また，ナギラクトンのなかには*アベナ屈曲試験法により抗オーキシン作用を示すものがある．

nagilactone A : R_1=OH, R_2,R_3=H, R_4=OH, R_5=CH$_3$
nagilactone B : R_1,R_2,R_4=OH, R_3=H, R_5=CH$_3$
nagilactone C : R_1,R_2=O, R_3,R_4=OH, R_5=CH$_3$
nagilactone D : R_1,R_2=O, R_3=OH, R_4=H, R_5=H

h ナサノフ腺 [Nassanoff's gland] ミツバチの*ワーカー(働き蜂)の腹部第六節背面に開口する分泌器官．多数の分泌細胞からなり，分泌物は袋状の凹所に貯えられる．この分泌物は働き蜂に強い誘引性があり，ミツバチの道しるべフェロモンとして作用する(⇒フェロモン)．分泌物にはゲラニオール，ネロリ酸，ゲラニウム酸(geranic acid)，シトラールが含まれ，これらが混合して道しるべフェロモンとして働くと考えられる．

a **ナシ状果** [pome] 下位子房が果実へと成長するとき，心皮とそれを包んで合着した花床の部分のうち*花床が特に大きく成長する*液果の一種．バラ科ナシ亜科の果実がこの例．受精後，花床が肥大成長して多汁の果肉となる．内果皮が硬い組織になる点で*漿果とは区別される．心皮以外の組織が果実の構成に加わるので*偽果の一種である．花床内には心皮以外に萼片，花弁などへの維管束が分枝していくことから，雌ずいと他の花器官との合着による下位子房形成の過程が維管束に保存されているとみて，肥大するのは*ヒパンチウムとする見解もある．

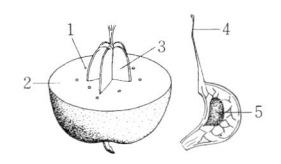

ナシの果実（右は心皮の拡大図）
1 維管束
2 花床の肥大した部分
3 心皮
4 花柱
5 種子

b **ナース** Nurse, Paul 1949～ イギリス生まれの細胞生物学者．バーミンガム大学，イースト・アングリア大学で学ぶ．オックスフォード大学教授，ロックフェラー大学学長．分裂酵母の細胞周期制御機構の研究に従事，Cdc2 を発見，これが*サイクリンと協調して G_1 期から S 期への移行を制御することを見出した．2001 年に L. Hartwell, T. Hunt とともにノーベル生理学・医学賞を受賞．

c **ナース細胞** [nurse cell] 一般に，ある未分化細胞の増殖と分化を助ける，その細胞に近接あるいは癒合した他の細胞の総称．[1] 動物では，ショウジョウバエなどの昆虫で，卵母細胞が卵に成長するのを助ける哺育細胞（栄養細胞）として知られており，卵母細胞とともに卵原細胞に由来するが，自らが卵に成熟するのではなく卵母細胞に栄養を提供する．(2) 人獣共通感染症の旋毛虫感染症（トリヒナ症 Trichinosis）において，寄生虫トリヒナ Trichinella spiralis の幼虫に寄生された筋肉細胞が，幼虫に栄養を与えて育てるように特化した細胞のこと．(3) 胸腺のなかで，数個から数十個のリンパ球を包み込んでいる大型の上皮系細胞を胸腺ナース細胞と呼ぶ．*T 細胞の成熟や選択に重要と考えられているが多くは不明．[2] ⇒助細胞

d **なだめ行動** [appeasement behavior] 《同》宥和行動．同種他個体の攻撃性を和らげる行動．集団で生活する動物では，*挨拶行動が代表的な例．なだめ行動には子供らしい身ぶりや動作（イヌなどが小さく身をかがめたり，鼻先をふれあったりする動作）か，雌の性的姿勢（ヒヒやニホンザルが尻を見せる動作）が含まれている．それによって相手の攻撃とは両立しない別の行動パターンの解発をもたらし，相手の攻撃を避ける（⇒服従行動）．哺乳類の子や鳥類のヒナは，口吻部が短く，耳や嘴などの突出部がごく小さいという一見して「子供らしい」特徴をそなえており，このような外見すなわち*幼児図式それ自体も親の攻撃をなだめる要素となっている．

e **ナチュラルキラー細胞** [natural killer cell] NK 細胞 (NK cell) と略記．《同》ナチュラルキラー．正常のヒトや動物において，*リンパ球の一部は，あらかじめ感作されていないにもかかわらず，ある種の腫瘍細胞やウイルス感染細胞を殺す活性，すなわちナチュラルキラー活性（NK 活性）をもっており，この活性を担うリンパ球．NK 細胞は，*T 細胞や*B 細胞と異なり特異的な抗原受容体を保有しないので，これらとは別系列のリンパ球と考えられている．形態学的には中～大型で比較的細胞質に富み細胞質内に特徴的なアズール好性顆粒をもつ．この顆粒中には，パーフォリンなどが多量に含まれ，これらの分子を介してキラー活性を発現する．また，細胞表面には IgG *Fc 受容体を保有しており，抗体で感作された細胞に対しては強い抗体依存性細胞傷害活性 (ADCC) も示す．NK 活性は，インターフェロンやインターロイキン 2 によって増強される．また，MHC クラス I を認識する抑制性受容体をもち，MHC クラス I に抗原を提示できない異常な自己細胞（ウイルス感染細胞，がん細胞）などを殺す機能も有している．NK 細胞は，個体のがんに対する免疫監視機構や，ウイルス感染時における防御機構において重要な役割を担っていると考えられている．

f **NAC 遺伝子族**(ナックいでんしぞく) [NAC gene family] NAC ドメインをもつ*転写因子をコードする遺伝子の一群．NAC ドメインは N 末端側に存在する 150～160 アミノ酸からなる高度に保存された領域で，このドメインをもつ蛋白質はコケ類以上の進化段階の植物に固有．ペチュニア NAM 遺伝子とシロイヌナズナの ATAF1, 2 および CUC2 遺伝子がコードする蛋白質に共通して存在するドメインとして，これら遺伝子の頭文字をとった呼称．C 末端側は保存性が低く，同じサブファミリーに属する蛋白質間では，保存領域がブロック状に存在する．シロイヌナズナでは，100 以上の遺伝子からなる非常に大きなファミリーであり，発生，分化，防御やストレス応答などに関与する．発生・分化に関しては，*シュート頂分裂組織の形成，側生器官の分離，*維管束の形成，花器官の分化など，多岐にわたる．シロイヌナズナの CUP-SHAPED COTYLEDON1 (CUC1) や CUC2 遺伝子の場合は，*低分子 RNA の一つ miR164 により mRNA の蓄積が負に制御される．

g **夏鳥** [summer resident] 春から初夏のころ越冬地から一つの地方へ渡来して営巣・繁殖し，交尾・産卵・育雛を行い，秋季にふたたび温暖な越冬地へ去る*渡り鳥．*冬鳥と逆の関係で，日本ではツバメ・ホトトギスなどが代表的な例．

h **夏胞子** [urediniospore, uredospore, summer spore] 担子菌類のサビキン類に見られる，二核性の無性的胞子．さび胞子から生じた，対核をもつ菌糸体から形成される夏胞子堆（夏胞子器 uredinium）内に多数生ず る．初め宿主表皮下に生ずるが，のちにその表皮を破って裂開し外に散布される．通常，柄 (pedicel) 上に単生

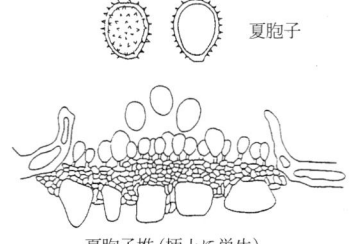

夏胞子

夏胞子堆（柄上に単生）

a **ナトリウム** [sodium] Na. 原子量22.99のアルカリ金属元素の一種で，全ての生物に必要な多量元素（⇌微量元素）．生体内では主として細胞外電解質の成分で，1価の陽イオンNa$^+$として，浸透調節や細胞内pHの調節などホメオスタシスの維持や神経伝達に重要な役割を担う．細胞内濃度は低く，哺乳類では5〜15 mMで細胞外の1/10程度．細胞膜にはK$^+$との能動的な交換輸送を行う*ナトリウムポンプが存在するほか，Na$^+$輸送性F$_0$F$_1$-ATPアーゼやNa$^+$輸送性液胞型ATPアーゼなどの存在が知られている．神経軸索でのインパルスの伝達は，細胞膜上のNa$^+$のチャネルが開きNa$^+$が一時的に細胞内に流入することで生ずる．このほか，繊毛運動，心臓の拍動，筋収縮，色素胞の収縮などのいわゆる興奮性の細胞運動には必須の役割を果たす．またグルコースやアミノ酸などの栄養物質を能動輸送する共役イオンとしても重要である．脊椎動物では副腎皮質ホルモンのうち鉱質コルチコイドによってナトリウムの代謝が調節されており，腎臓の尿細管からK$^+$の排出と共役しNa$^+$の再吸収を増加させる．植物でもナトリウムポンプによるホメオスタシスの維持をうけており，特にサトウダイコンなど塩生植物の生育には不可欠．欠乏により脱水症状や低血圧を伴う副腎皮質機能低下症を起こす．（⇌カリウム）

b **ナトリウムポンプ** [sodium pump] 《同》ナトリウム-カリウムATPアーゼ（Na$^+$・K$^+$-ATPase）．細胞膜に存在して，Na$^+$とK$^+$の交換的能動輸送を行っている酵素．J.C. Skou（1957）の発見．動物細胞膜にはネコやイヌなどの赤血球膜などわずかの例外を除きすべて存在するほか，ラフィド藻のHeterosigma akashiwoも保有する．分子量11万のα，4万のβのサブユニットからなる．カルシウムATPアーゼなどと相同のATP結合部位をもち，αサブユニットは細胞膜を8回，βは1回それぞれ貫通する構造をもつ．Mg^{2+}のほかにNa$^+$とK$^+$が共存するとき活性化され，ATPを分解するとともに酵素分子が変形（コンフォメーション変化）を生じて，結合しているNa$^+$とK$^+$を細胞膜の内→外，外→内へそれぞれ転位する．分子が1回転動作すると，Na$^+$が3個，K$^+$が2個輸送される．*ウワバインによって阻害される．（⇌イオンポンプ）

c **ナフタレン酢酸** [naphthaleneacetic acid] NAAと略記．《同》1-ナフタレン酢酸，1-ナフチル酢酸．合成*オーキシンの一つ．天然オーキシンである*インドール-3-酢酸と類似の構造をもつ．そのナトリウム塩は広範囲の作物に対し，高いオーキシン作用性と安全性をもつ植物成長調整剤として知られる．シロイヌナズナのオーキシン受容体TIR1蛋白質と結合することが示されている．

d **ナフチルフタラミン酸** [naphthylphthalamic acid] NPAと略記．《同》N-1-ナフチルフタラミン酸，N-（1-ナフチル）フタルアミド酸．*オーキシン極性輸送の阻害剤．細胞膜上でオーキシン排出輸送体の周囲に存在する蛋白質と結合し，極性輸送を阻害すると考えられているが，その詳細な作用機構は不明である．

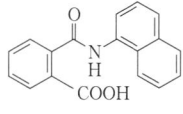

e **ナフトキノン** [naphthoquinone] 《同》ナフタレンジオン（naphthalenedione）．C$_{10}$H$_6$O$_2$ ナフタレンから誘導されるキノンでα，βの2異性体がある．α-ナフトキノン（1,4-ナフトキノン）の誘導体にはムラサキ（Lithospermum erythrorhizon）の根から得られる紫色の色素シコニンがあり，植物体中ではエステル体として存在する．口紅の色素として，植物組織培養法を用いて工業生産された唯一の有用物質である．コリスミ酸に由来する．

f **ナマコ類** [holothurians, sea cucumbers ラ Holothuroidea] 《同》海鼠類．棘皮動物門の一綱．体は円筒状で，前端に口，後端に肛門が開き，背腹軸に対して左右相称性を示す．多くの種では，大きな骨板はなく，顕微鏡的な大きさの骨片が体壁中に散在する．ただし食道の周囲には石灰環（calcareous ring）と呼ばれる内骨格が発達．棘や叉棘はない．管足は体の前後軸に平行して走る5本の歩帯に列生するが，背側では退化あるいは疣足などへの分化が見られる．無足類では管足は全くない．多孔板は体内にある．口を環状に取り囲む触手（口触手）を使って，餌であるデトリタスを取り込む．腸管の肛門端付近に*呼吸樹や*キュヴィエ器官をもつことがある．生殖巣は種により1個から2対．多くは雌雄異体だが，まれに雌雄同体の種もある．体外受精の結果浮遊性の*オーリクラリア，*ドリオラリア，*ペンタクラ，の各幼生期を経て稚ナマコとなる種と，オーリクラリアを省略する種がある．種によっては幼生を多様な様式で保育する．分裂による無性生殖を行う種もある．内臓放出後の再生現象が知られる（⇌自切）．ほとんどの種が底生で深海では優占種ともなる．浮遊性の種もある．現生約1500種．

g **波うち膜** [ruffled membrane, undulating membrane] 動物細胞の運動に際して，特に進行方向の側で細胞の表面が間断なく突起を出して，これの先端で培養基質に接着し，表面が波うったようにみえる構造体．特に基質上に培養した細胞ではっきりと観察される．その運動には*アクチンの関与が考えられている．

h **舐め型口器** [licking mouthpart] 液状の食物を舐めとるのに適した形態をもつ昆虫の口器の一型．むしろ，舐め-吸い型口器というほうが正しい．ハエ類の成虫に見られるものが最も典型的で，口器は前下方に突出可能となり，下唇，下咽頭，上唇がよく発達して平たいゴム印状の器官となる．この下面には多数の襞と毛があり，液状物だけを濾しわけて吸いとる．また，イエバエなどによく発達している先端肥大部を特に唇弁（感荒葉 labellum）と呼ぶ．ミツバチ類や鞘翅目（カブトムシ）では舌が発達している．

i **ナリジクス酸** [nalidixic acid] 特にグラム陰性菌に対し強い効果を示す抗細菌性合成化合物の一種．動物・ヒトには毒性が低い．細菌のDNAジャイレースのAサブユニットに作用することにより細菌のDNA複製

を阻害する．同じくBサブユニットに作用するものに，クマイマイシン（coumermycin）とノボビオシンがある（⇨DNAジャイレース）．キノロン骨格をもつ一群の抗菌剤が開発されている．

a **慣れ** [habituation] 特定の反射を引き起こす刺激を反復して提示すると，次第に反射が減弱していく現象．馴化ともいわれる．環境内の重要ではない刺激を無視するという意義をもち，生体の環境への順応のよい例．例えば，トゲウオの*なわばり内に他のトゲウオが入ると攻撃行動が生じるが，これを繰り返すとしだいに攻撃行動は減少する．この減少は，侵入したトゲウオという特定の刺激に限定される（stimulus-specific）．これを刺激特異性という．これに対し，疲労や満足による反応の減少は刺激の性質とは無関係に生起し，反応に限定される（response-specific）過程である．

b **なわばり** [territory] 《同》テリトリー．動物の個体・つがい・*群れなどが，同種や他種の個体などを排除して防御する空間．*順位と並んで動物の社会にみられる秩序の典型的な一つと考えられており，これを制度的とみてなわばり制（territoriality）と呼ぶこともある．定住生活をするもののみに成立し，*行動圏の一部あるいは全部がこれにあたる．脊椎動物や昆虫の一部に広くみられる．なわばりの所有者は侵入者を直接攻撃して追い払うが，儀式的な*ディスプレイ行動によってなわばりを防衛しようとすることも多い．例えば，小鳥類はなわばり宣言歌（territory song）を歌い，多くの哺乳類は特定の場所（サインポスト sign post）に発香腺の分泌物をすりつけたり，糞や尿をして化学的なマーキングをする．これらの行動をなわばり行動（territorial behavior）と総称する．なわばりにおいて防衛すべき資源に注目して繁殖なわばり，採餌なわばりなどのように分類することもあるが，厳密に区別できない場合も多い．一方，侵入者が多すぎるなど，なわばり防衛のコストが資源を守ることによる利益よりも大きくなった場合，なわばりは放棄される．なお一度なわばりが成立すると，所有者は同種の他個体に対して自分のなわばり内では優位になるが，これを先住効果という．

c **南界** [Notogaean realm] 陸上における*動物地理区の三大単位の一つで，オーストラリア，ニューギニア，ニュージーランドおよび西南太平洋の諸島および南極大陸（ただしこれを除外する考えもある）を含む地域．西北部は推移帯ウォレシア（⇨ウォレス線）を介して北界に接する．南界は新生代古第三紀の発達した哺乳類の出現以前から海洋障壁によって他の大陸と隔離されていたため，真獣類の有胎盤類（Placentalia, placental mammals）の侵入がなく，カモノハシやハリモグラなどの単孔類（Monotremata, monotremes）が残存し，カンガルーなどの有袋類（Marsupialia, marsupials）が盛んな分化を遂げているほか，エミューやヒクイドリ，キーウィなどの走鳥類，*Neoceratodus forsteri* などの肺魚類（Dipnoi）の存在により特徴づけられる．本界はさらに*オーストラリア区と*大洋区に区分される．このうち，オーストラリア区はA.R.Wallace以来，最も特徴的な*生物相をもつ界として認められているが，これと若干の類似点をもつ*北界の東洋亜区と合わせてインド-オーストラリア界（独 indo-australisches Reich）とする意見（F. Dahl, 1921）もある．（⇨動物地理区）

d **軟顎蛹** (なんがくよう) [pupa adectica] 昆虫の蛹の一型で，*大顎が硬化しておらず，したがって可動でないもの．*硬顎蛹と対する．大部分の蛹はこの型であり，さらに*裸蛹と*被蛹とに分けられる．（⇨裸蛹，⇨被蛹）

e **軟寒天培養** [soft agar culture] 0.33%前後の軟らかい寒天培地の中に細胞を浮遊させる培養法．I. Macpherson と L. Montagnier (1964) の創始．このような状態では正常細胞は増殖できないが，トランスフォームした細胞（⇨トランスフォーメーション）は増殖してコロニーを作る．この差を利用してトランスフォームを検定できる．寒天層の中のガラスビーズの表面では正常細胞でも増殖できるので，軟寒天の中で正常細胞が増殖できないのは足場がないためと考えられる．このため，増殖において正常細胞の示す性質を足場依存性増殖（anchorage-dependent growth），トランスフォーム細胞の示す性質を足場非依存性増殖（anchorage-independent growth）という．

f **軟骨** [cartilage ラ cartilago] 動物の，*軟骨組織からなる支持器官．脊椎動物においてよく発達し，一般にはその成体の骨格の一部や呼吸道などの管状器官壁，関節の摩擦面などにみられる．発生初期には骨格の大部分がいったん軟骨によって構成され（軟骨模型 cartilage model），のちに骨組織で置換されるが（⇨骨化），軟骨魚類では成体においても大部分の骨格は軟骨からなる．無脊椎動物では軟体動物の頭足類でよく発達．軟骨周辺は，一般に繊維性結合組織の軟骨膜（perichondrium）でおおわれる．これは軟骨が骨組織に置換されると*骨膜に転化する．

g **軟骨化** [chondrification] 脊椎動物胚において，*間葉が一定の部域で*軟骨を形成する過程．頭部においては中胚葉ならびに神経堤細胞が*軟骨頭蓋を，胴尾部の中軸においては体節の硬節に由来する間葉が軟骨性脊椎を形成する．組織学的には，まず間葉が密集して軟骨芽細胞（chondroblast）に分化し，次いで軟骨芽細胞が個々の周囲に膠原繊維または弾性繊維と軟骨基質を分泌し，繊維や基質の増加とともに軟骨細胞としてその基質にとり囲まれ相互の間隔が広がり，ふたたび分散するに至る．軟骨周辺で間葉は繊維芽細胞に分化し，繊維性結合組織の軟骨膜を形成する．多くの脊椎動物種では個体発生の一定時期，一定の部域で軟骨は骨と置きかえられる．（⇨骨化）

h **軟骨魚類** [cartilagenous fishes ラ Chondrichthyes] 脊椎動物亜門顎口上綱の一綱．内骨格は軟骨性で，しばしば石灰化した脊柱と軟骨頭蓋をもつ．*板皮類と近縁．サメ・エイ類など多数を含む板鰓類と，ギンザメを含む軟頭類（全頭類）との2亜綱からなる．前者は別々に開口する5対以上の鰓をもち，多くは噴水孔（spiracle）をそなえ，総排泄腔を形成するのに対し，後者は膜質の鰓蓋をもつ4対の全鰓で，噴水孔は成体では消失，総排泄腔を欠く特徴で区別される．一般に尾鰭は異尾で，少なくとも幼期には歯と同様の構造の楯鱗をもつ．口と鼻孔は腹面に開き，雄は交尾器（clasper）をもち体内受精する．腸にはらせん弁があるが幽門垂はなく，心臓には心臓球があるが動脈球はない．また鰾（うきぶくろ）ないし肺類似の器官が全くない．成

体の排出器は中腎で, 尿素を排出する. 生殖輸管は独立せず, 泌尿管が代行する. 体液の浸透圧は海水よりも高い(⇒トリメチルアミンオキシド). 卵は一般に極めて大形で, 特有の卵嚢に収められるものも多い. ほとんどの種類は海生であり, かつ通常は捕食性. デボン紀中期から繁栄し始め, 現世に至る. 現生約900種.

a **軟骨組織** [cartilage tissue] 軟骨細胞と軟骨基質とからなる繊維性*結合組織の一種. 弾力性に富み圧力に対して抵抗力をもち, 弾力性を保ちながら急速に増殖することが可能. 脊椎動物でよく発達し, 無脊椎動物でも頭足類にも存在. 基質はゲル状で神経および血管をもたず, このために必要な栄養物などは基質内を拡散して軟骨細胞に達する. 軟骨細胞(chondrocyte, cartilage cell)は基質の腔所である軟骨小腔(cartilage cavity, cartilage lacuna)に存在, 軟骨基質を合成・分泌し, 粗面小胞体やゴルジ体がよく発達する. これは骨小腔に相当する. 軟骨細胞の外形は軟骨小腔と一致し, 軟骨膜下および関節軟骨表層では長楕円形あるいは扁平, 深層部では半円形あるいは多角形, 軟骨細胞の細胞膜には多糖体や蛋白質の複合体が結合する. この複合体は基質の多糖体や繊維と立体的に結合しているため, 軟骨細胞は基質中に浮遊する(⇒血球新生). 軟骨基質(cartilage matrix, matrix of cartilage)は軟骨細胞によって合成・分泌され, 軟骨に適当な弾力を与えているゲル状物質. 成分の約70%はNa・K・Clを含む水分. コロイドになる部分はⅡ型の*コラーゲンのほか, ヒアルロン酸・コンドロイチン・コンドロイチン-4-硫酸(コンドロイチン硫酸A)・コンドロイチン-6-硫酸(コンドロイチン硫酸C)・デルマタン硫酸・ケラタン硫酸・ヘパラン硫酸などのグリコサミノグリカン, *プロテオグリカン, 糖蛋白質からなり, これらを軟骨質(chondrin)と総称. 軟骨小腔の壁を構成する基質は特に好塩基性を示し, 細胞領域基質(territorial matrix)といい, 小腔内の軟骨細胞とあわせて軟骨単位(chondron)と呼ぶ. また細胞領域基質の間にある基質は染色性が弱い領域間基質(interterritorial matrix)である. コンドロイチン-4-硫酸および-6-硫酸は細胞領域, ケラタン硫酸は細胞間領域に多い. 加齢とともにケラタン硫酸の占める割合が多くなる. また軟骨中の水分はプロテオグリカンと結合し, 軟骨細胞の代謝産物の輸送などに関与. プロテオグリカンはコラーゲンと結合し, コラーゲンの重合の度合を調節するとされる. 軟骨の成長には付加成長(軟骨膜から生じる)および間質成長(軟骨細胞の分裂による成長)がある. 生体では次の3種がある. (1) ガラス軟骨(hyaline cartilage, glasslike cartilage):基質が均一でガラス状. 胎児の骨格・肋軟骨・気管(気管支), 軟骨魚の骨格. (2) 繊維軟骨(fibrocartilage, fibrous cartilage, 結合組織軟骨 独 Bindegewebesknorpel):基質に多量の膠原繊維を含む. 椎間円板, 関節円板, 恥骨縫合, 腱と骨との移行部. (3) 弾性軟骨(elastic cartilage, 網状軟骨 reticular cartilage):基質に弾性繊維を含む. 耳介や喉頭蓋.

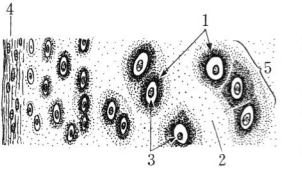

b **軟骨頭蓋** [chondrocranium] 《同》原頭蓋(primordial cranium). 脊椎動物の脳, 嗅覚器, 視覚器, 聴平衡覚器および*咽腸をとり囲む軟骨性の骨格. 羊膜類では胚期だけに軟骨性の頭蓋原基をもち, 後にそれが*骨化する. 無羊膜類では, 成体でも全く軟骨性の*頭蓋だけをもつか(円口類や板鰓類), あるいは胚・幼生期だけ軟骨頭蓋をもち, 成体では骨性の頭蓋をもつ. 一般に頭蓋は*神経頭蓋と内臓頭蓋(⇒内臓骨格)とに分けられるが, 前者は脊索の前端左右に生じる傍索軟骨(parachordal cartilage)とその前方で脳の左右に生じる梁軟骨(trabecula, trabecula cranii 独 Schädelbalken)が主要素となり, これに感覚器原基を囲む鼻殻(鼻嚢 capsula nasalis, nasalis capsule), 耳殻(耳嚢 ear capsule, auditory capsule, otic capsule)などが付加され, 梁軟骨の外側, 鼻殻と耳殻とにはさまれた部分は眼窩(pars orbitalis)となる. 内臓頭蓋は顎弓・舌骨弓・鰓弓を基本要素として形成され(⇒内臓弓), 顎弓は口蓋方形骨および下顎骨(メッケル軟骨 cartilago Meckeli, Meckelian cartilage, Meckel's cartilage)からなる. これら内臓骨格の大部分は, 神経頭蓋の前半部とともに, 神経堤細胞に由来する*間葉に由来する. また, 耳殻は中胚葉, 神経堤両者に由来する. 内臓骨格の軟骨化には内胚葉上皮の存在が不可欠である.

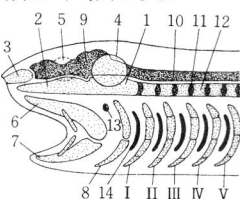

1 傍索軟骨　2 梁軟骨　3 鼻殻　4 耳殻　5 眼窩(以上神経頭蓋)　6 口蓋方形軟骨　7 下顎軟骨　6+7 顎弓　8 舌骨弓　Ⅰ～Ⅴ 第一～第五内臓弓(以上内臓頭蓋)　9 脳　10 脊髄　11 脊索　12 脊椎骨　13 呼吸孔　14 鰓裂

c **軟骨様組織** [chondroid tissue] 《同》胞状支持組織(vesicular supporting tissue), 偽軟骨(pseudocartilage). *軟骨に比べて基質に乏しく, 比較的大形の細胞に富みガラス様に透明で小胞状となった組織. 胎児などで未分化なガラス軟骨がこの形をとるが, 成体でも見られることがあり, カエルのアキレス腱につく種子軟骨(sesamoid cartilage)などがその例. *脊索も一般の軟骨とはその発生起原が異なるがこれと類似の構造を示す. なお無脊椎動物でも類似した構造を同じ名で呼ぶことがある. (⇒軟骨組織)

d **ナンセンスサプレッサー** [nonsense suppressor] *ナンセンス突然変異に対するサプレッサー(⇒サプレッション). ナンセンス突然変異の結果, 本来なら変異部位で停止してしまう蛋白質合成が, 別の遺伝子の突然変異(サプレッサー突然変異)の結果生ずる細胞内分子によってついに続行させられ, ナンセンス突然変異の表現型は野生型またはそれに近いものとなる. 大腸菌の場合, tRNA遺伝子の突然変異に起因するもの, リボソームや集結因子遺伝子の突然変異に起因するものが知られている. 一般にナンセンスサプレッサーは, *終止コドンの種類によって, アンバーサプレッサー(amber suppressor), オーカーサプレッサー(ochre suppres-

ガラス軟骨
1 細胞領域 ｜軟骨
2 領域間基質 ｜基質
3 軟骨細胞
4 軟骨膜
5 軟骨単位

sor），オパールサプレッサー（opal suppressor）の三つに分類される．このうち，アンバーサプレッサー，オパールサプレッサーは，それぞれアンバー突然変異（UAG），オパール突然変異（UGA）に特異的であるが，オーカーサプレッサーは，オーカー突然変異（UAA）だけでなくアンバー突然変異にも活性がある（⇨ゆらぎ仮説）．tRNA の構造遺伝子のサプレッサー突然変異によって生ずる変異 tRNA はサプレッサー tRNA と呼ばれ，一般的にナンセンスサプレッサーを代表するものである．サプレッサー tRNA は，一般にあるアミノ酸コドンに対応するtRNAの遺伝子が複数個存在する場合，その一つに突然変異が起こったもので，通常は，tRNA のアンチコドン部位に塩基置換が起こった結果，終止コドンに対応できるようになったものが多い（まれにアンチコドン以外の部位の変異によってサプレッサー tRNA となるものもある）．したがってサプレッサー tRNA の種類によって，終止コドンに対して挿入されるアミノ酸種が決定されることになる．

a **ナンセンス突然変異** [nonsense mutation] 塩基置換によって，あるアミノ酸のコドンが*終止コドン（ナンセンスコドン）に変化した突然変異．例えばロイシンのコドン UUA は，中央の U が A に変わる一塩基変異によって終止コドン UAA を生ずる．この変異の結果，蛋白質生合成は変異部位で未完成のままで停止することになる．生じた終止コドンの種類により，UAG の場合はアンバー突然変異（amber mutation），UAA の場合はオーカー突然変異（ochre mutation），UGA の場合はオパール突然変異（opal mutation）と呼ぶ．またそれぞれの終止コドンをアンバーコドン，オーカーコドン，オパールコドンと呼ぶ．UAG を生じるナンセンス突然変異株の最初の分離に参画した人物の名字（Bernstein）が，琥珀（amber）を意味することから，アンバー突然変異と呼ばれるようになった．オーカー突然変異とオパール突然変異は，それに対応してつけられた呼称．（⇨条件致死突然変異体）

b **軟体動物** [molluscs ラ Mollusca] 後生動物の一門で，左右相称，裂体腔性の真体腔をもつ旧口動物．体は頭（二枚貝類にはない）・足・内臓塊よりなり，腹足類では内臓塊の*捩れにより二次的に左右不相称となる．内臓塊の表皮は伸びて外套膜となり，それと内臓塊との間の空所が外套腔で，その中に鰓が包まれ，消化管の末端と排出器が開く．体節構造は全くなく，体内の不規則な空所は*血体腔で，真体腔は間充織の発達のため狭められ，囲心腔・腎管の内腔・生殖腺の内腔（生殖腔）だけとなる．頭部には眼などの感覚器と口があり，運動器官である足の筋肉は運動が緩慢であることと関連して平滑筋であり，墨汁嚢壁には斜紋筋がある．外套（外套膜）は外方に*貝殻を分泌する．貝殻は綱により数・形状を異にする．消化管は長く，口腔には一般に歯舌と唾液腺がある．胃に中腸腺が開く．*櫛鰓 1 対をもち，それに応じて心臓は 2 心耳・1 心室が原則であるが，頭足類のうち櫛鰓 2 対をもつものでは 4 心耳，腹足類では内臓塊の捩れに関連して櫛鰓 1 個のものがあり（心臓は 1 心耳・1 心室），さらに櫛鰓が全く消失して外套鰓がこれに代わるものがある．また陸生腹足類中のマイマイ亜綱（有肺類）では外套膜の一部が変化し肺となる．開放血管系で，呼吸色素として多くはヘモシアニンを，アカガイやヒラマキガイなどはヘモグロビンをもつ．排出器官は腎臓（ボヤヌス器）が主であるがケーベル器官をもつもの（二枚貝類）もある．神経系は特異な型で，食道上の 1 対の頭神経節のほかに，側神経節・足神経節・内臓神経節などが各 1 対あり，同種の神経節は横連神経により，頭神経節と他種神経節とは縦連神経により連絡する（⇨集中神経系）．雌雄同体のものと異体のものとがあり，カキ・フナクイムシ・アワブネなどでは性の転換が見られる．頭足類以外はらせん型卵割を行い，トロコフォアやヴェリジャーを経過するが，頭足類では卵割は左右相称型で，直接発生する．現生約 10 万種のほか，多数の化石種が知られる．

c **軟体動物学** [malacology] 軟体動物を対象とする動物学の一分野．頭足類を扱う頭足類学（teutology）なども含まれる．貝殻を主にして分類・形態の研究を行う貝類学（conchology）に対置して主に軟体部の研究を強調して意味することもある．

d **軟泥** [ooze] 主として*プランクトンの生物遺骸に由来する物質を 30% 以上含んだ，遠洋性堆積物（⇨海底堆積物）で，微細粒の軟らかい泥．生物に由来する主な物質は，分解されずに残った骨格などの石灰質とケイ質である．炭酸カルシウムからなるものを石灰質軟泥（calcareous ooze）と呼び，炭酸カルシウムの溶解速度と降り積もる速度とが一致する深さ，すなわち炭酸カルシウム補償深度（calcite compensation depth）より浅い深海底に分布する．石灰質遺骸を構成する主な種類によって，有孔虫軟泥（foraminifera ooze）や翼足類軟泥（pteropod ooze），コッコリス軟泥（coccolith ooze，ナノ軟泥 nanno ooze，⇨円石藻）が区別され，前者ではさらにグロビゲリナ軟泥（globigerina ooze）やグロボロタリア軟泥（globorotalia ooze）などが区別される．ケイ質からなる珪質軟泥（siliceous ooze）は，生物生産量が大きな南極周辺海域や赤道海域に分布し，珪藻軟泥（diatom ooze）や放散虫軟泥（radiolarian ooze）に区別される．

e **軟腐病**（なんぷびょう）[soft rot] *Erwinia*（*Pectobacterium*）に属する細菌によって起こる，葉・茎・果実・根などの組織が軟化・腐敗してくずれる植物の病気．特に野菜類の被害が問題視される．病原細菌の分泌するペクチナーゼ（主にペクチン酸リアーゼ）によって，細胞間中層のペクチンが溶解し，細胞の結合が解けて軟化が起こる．非病原性の細菌変異株が発見され，農薬として軟腐病の防除に利用されている．

ニ

a **二価金属トランスポーター** [divalent metal transporter] DMT と略記. 《同》二価金属陽イオントランスポーター(divalent metal cation transporter). Fe^{2+}, Mn^{2+}, Co^{2+}, Ni^{2+}, Cd^{2+}, Pb^{2+}, Cu^{2+}, Zn^{2+} などの2価金属イオンを輸送する膜蛋白質の総称. 十二指腸で主に Fe^{2+} を輸送する DMT1(NRAMP2), 脳・腎臓・胎盤で Mg^{2+} を輸送する金属トランスポーター CNNM2(metal transporter CNNM2), *マクロファージで Fe^{2+} と Mn^{2+} を輸送する NRAMP1 などがある. DMT1 は鉄イオンの吸収に重要である. 腸管腔側の微絨毛にある Fe^{3+} 還元酵素によって生成した Fe^{2+} は DMT1 を介して小腸上皮細胞内へ輸送され, さらにフェロポーチン1(ferroportin 1, FP)によって側底液に出る. このときヘフェスチン(hephaestin, Hp)が FP に結合して輸送活性を上昇させる. Fe^{2+} は血漿中で Fe^{3+} に酸化され*トランスフェリンに結合して運ばれる. Fe^{2+}, Mn^{2+}, Ni^{2+}, Cu^{2+}, Zn^{2+} は植物の必須元素であり, NRAMP1, NRAMP2, ZIP ファミリー, HMA ファミリーに属する輸送体が, 土壌からの吸収や植物体内での移行に関与している.

b **二価染色体** [bivalent chromosome] 減数分裂の第一分裂におけるザイゴテン期から中期にかけて現れる2個の*相同染色体の対合像. 通常1ないし数個の*キアズマを形成している. 各染色体は2個の染色分体に分かれているから, 二価染色体は4個の染色分体によって作られていて, 四分染色体と呼ばれることがある. 二倍体や複二倍体では二価染色体の数は半数染色体数(n)に一致する.

c **肉隔壁** [sarcoseptum] イシサンゴ類の隔膜. この類の胃腔内には, 花虫類のほかの類と同様な肉質の隔膜とは別に炭酸カルシウム性(あられ石)の*骨隔壁があるので, 後者に対して前者を肉隔壁と呼ぶ.

d **肉芽組織** [granulation tissue] [1]《同》肉芽. 動物の創傷治癒の過程に一過性に形成される比較的未分化な組織. 哺乳類では, 繊維芽細胞と毛細血管, 食作用をもった遊走細胞などからなり, 組織の修復後も, この繊維芽細胞によって新生された繊維が瘢痕として残ることが多い. 一般に神経組織の新生・増殖を伴わないために感覚に欠け, また出血しやすい. [2] = カルス

e **肉質虫類** [sarcodinians] *仮足によって運動, 捕食する単細胞性真核生物に対する慣用名. かつては*原生動物の一分類群(肉質虫亜門 Sarcodina)とされ, 仮足の形態などに基づいて根足虫上綱(Rhizopodea, アメーバ, 粘菌, *有孔虫類など), 軸足虫上綱(Actinopodea, *放散虫類や*太陽虫類など)に分けられていた. また仮足と鞭毛を同時にもつものや生活環の一時期に鞭毛をもつなど*鞭毛虫類との境界が不明瞭であったため併せて肉質鞭毛虫門(Sarcomastigophora)とされてもいた. これらの分類群はいずれも非単系統群であり, 現在では分類群名として用いられることはない.

f **肉腫** [sarcoma]《同》骨・軟部腫瘍. 生体の支持組織である非上皮組織(通常骨髄リンパ組織を除く)から発生する悪性腫瘍の総称. 最近は骨・軟部腫瘍ということが多い. 肉限的に割面は黄白色調を呈し, 肉様の外観を示すことが多い. 上皮組織から発生する癌腫に比べ発生頻度ははるかに低いが(1/50 以下), 若年者に発生することが多い. 組織学的になんら分化的特徴を示さない分化の低い肉腫も存在するが, 通常はその発生部位および腫瘍組織の形態から発生母地の細胞名を冠して分類され, 繊維肉腫, 脂肪肉腫, 平滑筋肉腫, 横紋筋肉腫, 血管肉腫, ユーイング肉腫(Ewing sarcoma), 骨肉腫などと呼ばれる. しかし, 組織発生的な分類は必ずしもその腫瘍由来細胞を意味するとは限らない. 例えば悪性軟部組織腫瘍で最も頻度の高い肉腫は悪性繊維性組織球腫(malignant fibrous histiocytoma)と呼ばれているが, この腫瘍の真の由来母細胞は未だに不明. 以前から, ニワトリやマウスをはじめ, 各種動物で肉腫を起こす*肉腫ウイルスが知られていたが, そのうちのニワトリに肉腫を引き起こすラウス肉腫ウイルスから最初のがん遺伝子である src 遺伝子が発見された.

g **肉汁** [bouillon, meat extract, broth]《同》ブイヨン. 獣肉または魚肉の浸出物. 主として有機栄養の細菌の培養に用いる. 通常, 肉エキス 0.3% にペプトン 0.5%, 場合によってさらに 0.5% 酵母エキス, 0.8% 食塩などを加え, pH7 付近に調整したものを基本培地とする. これらに寒天 1.5% を加えて固形培地にすることが多く, これを通常, 寒天培地と呼ぶ. L. Pasteur をはじめとして多くの研究者に広く用いられてきたもの. この培地に発育する細菌の種類は多様であるが, 自然界の従属栄養細菌群集のごく一部にすぎない.

h **肉腫ウイルス** [sarcoma virus] SV と略記. *レトロウイルス科に属する肉腫の原因ウイルスの総称. *in vivo* では非上皮性固形腫瘍(肉腫)を作り, 培養細胞系では繊維芽細胞をトランスフォームする. F. P. Rous (1911)がニワトリの可移植性腫瘍(ラウス肉腫)から原因ウイルスであるラウス肉腫ウイルス(Rous sarcoma virus, RSV)を分離して以来, 数多くのトリ肉腫ウイルス(avian sarcoma virus, ASV), マウス肉腫ウイルス(murine sarcoma virus, MuSV)が分離されている. ほかにネコ肉腫ウイルス(feline sarcoma virus, FeSV), サル肉腫ウイルス(simian sarcoma virus, SiSV)などもある. これらには RSV のように独自で増殖できるウイルスもあるが, その多くはウイルスとしての増殖能を欠失しているため, *ヘルパーウイルスとして白血病ウイルスまたは内在性ウイルスの介助の必要な不完全ウイルスである. 肉腫ウイルスは, 細胞のトランスフォーム能力とその維持をも支配する遺伝情報をもっているが, その機構はさまざまで, *プロウイルスとして細胞染色体に挿入されたとき, ウイルス転写プロモーターによって染色体上のがん遺伝子が発現誘導される場合と, ウイルスゲノムのなかにがん遺伝子を含む場合とに大別される. トリで *src*, *fps*, *yes*, *ros* など, マウスで *mos*, *fos*, *ras* など, サルで *sis* などががん遺伝子として同定されている. 正常細胞をトランスフォームする能力を利用して肉腫ウイルスを定量することができる(⇒フォーカス形成単位). トランスフォームした細胞には, 感染力をもっ

た肉腫ウイルスを産生しているもの，欠損肉腫ウイルスを産生しているもの，ヘルパーウイルスである白血病ウイルスを重感染させると感染性肉腫ウイルスを産生するものがある．

a **肉垂** [wattle] 《同》肉髯(にくぜん)．ニワトリなど一部の鳥類の雄において，頭部腹側に垂下する羽毛を欠く肉質の隆起．とさかと同様に，*性徴として雄性ホルモンの影響により形状や大きさが変化する．組織構造もとさかと同じく基本的には皮膚．外観的に類似のものが尾肉垂にあるが，本質は異なる．

b **肉穂花序** [spadix] 花序軸が多肉となり，無柄の花が表面に密集した花序．*総穂花序の一つ(→花序[図])．サトイモ科やヒルムシロ科などにみられる．前者では大形の苞葉を1個伴うことが多く，花序と*苞葉との関係を仏像とその火焰光背にたとえ，特に仏炎苞(spathe)という．

c **肉帯** [girdle, notum] 軟体動物の多板類において，背面にある8枚の殻をとりまく厚い肉質の部分．表面には石灰質あるいはクチクラ性の鱗状・棘状・針束状など種々の形態の装飾をもつが，分類上重要な標徴となる．

d **二形性，二型性** [dimorphism] 同一生物が(場合によっては同一個体内で)二つの異なった形質を示す状態．*多形性の一つで，以下の場合にみられる．(1) *群体を構成する動物において，その群体に異なる二形がある現象：原生生物の *Volvox* の栄養個虫と生殖個虫，刺胞動物の花虫類の常個虫と管状個虫の群体はその例．このような群体を二形性群体(dimorphic colony)という．(2)雌雄の形態が明らかに異なる*性的二形：植物の場合には，雌花と雄花の花形の異なるときなどに用いる(→異形花)．(3)同性において性が機能の相違に関連する形態の差異がある場合：ミツバチのワーカーとクイーンはその例で，不稔二形性(独 Sterilitätsdimorphismus)という．(4)生活環内の異なる生殖法に関連して二形が存在する現象：多室性有孔虫類における大球形と小球形の存在，また輪虫などのヘテロゴニーにおける両性生殖雌虫と単為生殖雌虫の存在はその例．世代二形性(独 Generationsdimorphismus)という．また菌類ミズカビの二等頂鞭毛をもつ遊走子と二側面鞭毛をもつ遊走子の存在や，不完全菌類の *Sporotrichum* や子嚢菌類の *Histoplasma* の酵母型と菌糸型がある．(5)季節による形態の相違：チョウ類の春型と夏型・輪虫・ミジンはその例で，季節的多型の一つ，季節二形性(seasonal dimorphism)という(→形態輪廻)．(6)原生生物の真繊毛虫類において大核と小核の2種が存在する現象(*異形核)：核の二形性(nuclear dimorphism)という．

e **二元説**(視覚の) [duplicity theory] 脊椎動物の視細胞のうち錐体は*昼間視に関与して色感覚をつかさどり，一方，桿体は*薄明視を担当して色感覚を欠くという説．M. Schultze (1866) が解剖学的に，H. Parinaud (1881) が病理学的に，V. Kries (1895) が生理学的に研究し，今日では定説となっている．網膜の中心窩には錐体だけで桿体が存在せず，周辺部にいくにつれて錐体が減じて桿体が多くなるという解剖学的所見に対応し，二元説を裏づけるような種々の生理学的・心理学的事実がある．そのほか，昼間活動性の爬虫類や鳥類は錐体が多く桿体は少なく，逆に夜間活動するものは桿体が多く錐体が少ない，ということがわかっている．最も客観的な証拠は，微小電極法により単一の錐体のスペクトル応答曲

線を求めた実験および単一錐体外節の顕微測光により，錐体には青・緑・赤に感度および吸収極大をもつ3種類のものがあり，ヤング–ヘルムホルツの三原色説が裏づけられたことである．桿体のスペクトル応答曲線はその動物の桿体色素(ロドプシンまたはポルフィロプシン)の吸収スペクトルに一致する．病理学的根拠として重要なのは夜盲症と全色盲(桿体一色型色覚)で，前者は桿体，後者は錐体の機能障害としてよく説明される．夜盲者および全色盲者の視感度曲線が，それぞれ正常者の明順応時・暗順応時の曲線とよく一致する点，ならびに全色盲者では網膜中心窩の機能が不全である点などが特に重視される．

f **二交叉** [double crossing-over] 《同》二重交叉，二重乗換え．*相同染色体上の2対の遺伝子の間で2個の*交叉が起こる現象．2個以上の交叉が起こる場合は多交叉(多重乗換え multiple crossing-over)と呼ぶ．4本の染色分体のうち，二つの交叉に関与する*染色分体の数によって，二糸型・三糸型および四糸型に分けられる．二つの交叉が関与する染色分体に関して独立的に起こると，二交叉に占める二糸型・三糸型・四糸型の割合は1:2:1になる．同一染色体に三つの遺伝子 A, B, C がこの順序にならんでおり，AB 間の交叉価(→交叉)を x, BC 間の交叉価を y とすると，AC 間の交叉価は $x+y$ になる．一方，両遺伝子間の組換え価 z は次のようになる．

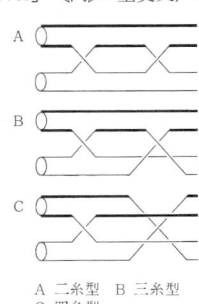

$$z = x+y-2xy$$

つまり，AC 間の組換え価はその間の交叉価より $2xy$ だけ小さくなる．これは二交叉の2倍の頻度の交叉が互いに打ち消しあって，交叉が起きているのに AC の組換えとはならないためである．AC の交叉価が5〜15単位(→交叉単位)以下になると，AB 間の交叉が BC 間で交叉の起こることをいろいろの程度に抑制する．この場合，z は次式で与えられる．

$$z = x+y-2Ixy$$

この I は二交叉の期待値に対する観察値の割合を示す．これを併発指数(coefficient of coincidence)と呼ぶ．*干渉がある場合，I は1以下0までの値をとる．$I=1$ のときは干渉が全くない．I が1を超える場合，負の干渉という．

A 二糸型　B 三糸型　C 四糸型

g **二項分布** [binomial distribution] ある事象が起こる確率が p, 起こらない確率が q, したがって $p+q=1$ であるとき，N 回の互いに独立な試行でこの事象が r 回起こる確率が

$$P(r) = \binom{N}{r} p^r q^{N-r} = \frac{N!}{r!(N-r)!} p^r (1-p)^{N-r}$$

で与えられる分布．離散的確率分布の一つ．$p+q=1$, $r=0,1,2,\cdots,N$. $(p+q)^N$ の展開の一般項が上式と一致するところから二項分布と命名された．この分布の平均は Np, 分散は Npq である．動物の生死や雌雄の出現，また，ある生物がある区画に存在するかしないか，反応があるかないかといった二者択一の性質の出現確率が，この分布に従う．$p=1/2(=q)$ のときは左右対称な形に

なるが一般には非対称な分布である．Np または $N(1-p)$ が5以上のときは上記の平均と分散をもつ正規分布として，また $Np≤5$ ならば N が20以上で*ポアソン分布として扱って実用上さしつかえない．（⇌正規分布，⇌分布型）

a **2-5A 合成酵素** [2′-5′-oligoadenylate synthetase] 二本鎖RNA，ATP存在下に通常の核酸には見出さない $2′→5′$ ホスホジエステル結合をもつオリゴヌクレオチド(p) ppA2′(p5′A)$_n$，すなわち 2-5A を合成する酵素．I. M. Kerr ら (1978) がインターフェロン処理細胞抽出液中に発見．この酵素活性は種々の細胞，組織で見出され，インターフェロン処理により活性が著しく上昇する．2-5A は RNA 分解酵素を活性化し mRNA を分解することにより，無細胞系での宿主およびウイルスの蛋白質合成を阻害する．

b **ニコチアナミン** [nicotianamine] すべての種子植物体中に存在する金属キレーター．主に2価の重金属をキレートする．一部のカビからも見つかる．*S-アデノシルメチオニン3分子から生合成される．ニコチアナミン含量が著しく低い植物では，葉の金属含量が低下し，葉や花の形態異常が起こることから，植物体内での金属の移行に重要な物質であると考えられる．*アンギオテンシンⅠからⅡへの変換酵素の活性を阻害することで血圧降下作用をもつ．鉄を土壌から獲得するために，イネ科植物はニコチアナミンの末端のアミノ基を水酸化し*ムギネ酸として根から放出する．

c **ニコチン** [nicotine] $C_{10}H_{14}N_2$ タバコの主アルカロイド．塩基は油状液体で水や有機溶媒に可溶であるが，実験には酒石酸塩などの結晶として用いる．臨床的な応用はない．光・空気によって褐変．光学異性体を示し，天然品は l 型．沸点 247℃（745 mmHg，一部分解）．特臭をもち，極めて苦い．タバコの葉にクエン酸やリンゴ酸と結合して2〜8%程度存在する．強烈な毒性をもっており，体重 1 kg あたり 0.001〜0.004 g で中毒症状を呈させる．交感神経および副交感神経の神経節を，初めは刺激（血圧上昇，悪心，めまい，精神錯乱）し，後に麻痺（血圧下降，呼吸困難，痙攣，呼吸麻痺）させ，死に至らせる．アセチルコリンの神経節接合部での伝達を阻害して，筋弛緩，横隔膜呼吸筋麻痺による呼吸障害を起こす．特に自律神経系に対する神経節遮断作用は*ニコチン様作用とも呼ばれる．大量のニコチンは身体に有害に作用する．この硫酸塩である硫酸ニコチン剤は，殺虫剤として使用される．

d **ニコチン酸** [nicotinic acid]《同》ナイアシン (niacin)．抗ペラグラ因子 (pellagra-preventive factor) として働くビタミンB群の一つ．ナイアシン活性を有する主要な化合物はニコチン酸，ニコチンアミド（ニコチン酸アミド nicotinamid, nicotinic acid amid），*トリプトファンである．化学的には1867年以来知られており，1911年に鈴木梅太郎，C. Funk が単離した．これがビタミンであることは C. A. Elvehjem (1937) によって明らかにされた．酵母，肝臓，獣鳥肉類，葉菜類に多い．動物およ び菌類でトリプトファンからキヌレニン，3-ヒドロキシアントラニル酸を経て生成されるので，トリプトファン含量の多い蛋白質を摂取すれば欠乏は起こりにくい．トリプトファン 60 mg はニコチンアミド 1 mg に相当するといわれる．植物や細菌ではアスパラギン酸と C_3（グリセロール近縁代謝物質）の縮合によって生成するといわれている．体内でニコチンアミドに変化，あるいはニコチン酸アデニンヌクレオチドを経て，NAD（*ニコチン(酸)アミドアデニンジヌクレオチド），NADP（*ニコチン(酸)アミドアデニンジヌクレオチドリン酸）の構成成分になる．ニコチン酸は主として N^1-メチルニコチンアミド，N^1-メチル-4-ピリドン，N^1-メチル-6-ピリドンになって尿中に排出されるが，グリシンと結合したニコチヌール酸もみられる．微生物にもニコチン酸を要求するものがあり，Lactobacillus arabinosus, Bacillus dysenteriae などが定量に利用される．欠乏症はペラグラ (pellagra) でその症状は皮膚炎 (dermatitis)・下痢 (diarrhea)・認知症 (dementia) の三つのDが特徴である．イヌでは黒舌病が起こる．ナイアシンはエネルギー代謝に関与することから成人の推定平均必要量は消費エネルギー 1000 kcal 当たり 1 日 4.8 mg（トリプトファン由来のものを含む）と消費エネルギー当たりで表示される（厚生労働省 2010 年）．

e **ニコチン(酸)アミドアデニンジヌクレオチド** [nicotinamide adenine dinucleotide] NAD と略記．《同》ジホスホピリジンヌクレオチド (DPN)，コデヒドロゲナーゼⅠ（補脱水素酵素Ⅰ），補酵素Ⅰ（いずれも旧称）．*補酵素の一種．260 nm に極大をもつ紫外吸収スペクトルを示す．酸化型 (NAD$^+$) と還元型 (NADH) の2種がある．NAD$^+$ は各種の脱水素酵素により基質から水素原子1個と電子1個を受け取り，NADH になる．$E°′=-0.32$ V．このときピリジニウム環が還元されて，340 nm に極大をもつ吸収帯を示すようになるので，反応の進行を測定できる．この反応は可逆的にも行われる．したがって NAD$^+$ は各種の脱水素酵素に共通する一種の基質であるが，2種の脱水素酵素の間に作用して，微量の存在で2種の基質の間の酸化還元（電子伝達）を触媒することとなる．発酵はその例．

AH$_2$（グリセルアルデヒド-3-リン酸）+H$_2$PO$_4^-$+NAD$^+$
　→A（グリセリン酸-1,3-二リン酸）+NADH+H$^+$
B（アセトアルデヒド）+NADH+H$^+$
　→BH$_2$（エタノール）+NAD$^+$

また NADH は直接分子状酸素によって酸化されないが，NADH 脱水素酵素によって脱水素されて NAD$^+$ となる．*呼吸鎖においてはこれによってフラビン，キノン，シトクロムが逐次還元されて，結局酸素が水に還元される．このように NAD の仲介で基質が酸素によって酸化される経路は好気的生物に見られる主要な有機物酸化の道筋である．NAD は，ニコチン酸アミドヌクレオチド+ATP→NAD$^+$+PPi の反応により，あるいはグルタミン，ATP 存在下でニコチン酸アデニンジヌクレオチドのアミド化で生成する．NAD は酸化還元反応以外に，数多くの機能をもっている．例えば細菌の*DNA リガーゼの場合，NAD が，動物やバクテリオファージの酵素の場合の ATP の代わりに，活性中間体を作るのに使われる．また，蛋白質の修飾の一種である*ADP リボシル化の基質として，さらに，カルシウムシグナルの細胞内情報伝達に働く環状 ADP リボースの材料として機

能する.

酸化型（略号NAD⁺）　　還元型（略号NADH）

a　**ニコチン（酸）アミドアデニンジヌクレオチドリン酸**　[nicotinamide adenine dinucleotide phosphate]　NADP と略記.《同》トリホスホピリジンヌクレオチド(triphosphopyridine nucleotide, TPN), コデヒドロゲナーゼⅡ（補水素酵素Ⅱ, codehydrogenase Ⅱ), 補酵素Ⅱ(coenzyme Ⅱ, co Ⅱ, 旧称). *ニコチン（酸）アミドアデニンジヌクレオチド (NAD) にさらにリン酸1分子がエステル結合した*補酵素の一種. 生物界に広く存在. 化学的性質・吸収スペクトル・酸化還元の形式などは NAD に類似する. *グルコース-6-リン酸脱水素酵素(EC1.1.1.49), グルコン酸-6-リン酸脱水素酵素(EC1.1.1.44), *イソクエン酸脱水素酵素など多くの脱水素酵素によって可逆的に還元され, 還元型 NADP (NADPH)となる. しかし, NAD を利用する多くの脱水素酵素とは必ずしも反応せず, *呼吸鎖によっても直接酸化されず, 好気的生物の細胞内でも NAD と異なり主に還元型で存在する. トランスヒドロゲナーゼ(EC1.6.1.1)によって,

NADPH+NAD⁺→NADH+NADP⁺

が行われ酸化されてNADP⁺となるが, このとき ATP の生成が伴うこともある. また NADPH は脂肪酸, ステロイドの生合成過程の還元段階など合成的還元に用いられるほか, 2個の基質を要する酸素添加酵素の基質の一つとしても用いられ, 解糖などの分解によるエネルギーに関与せず, 細胞内での役割は NADH とは異なる. NAD⁺ の ATP によるリン酸化により酵素的に合成される.

b　**ニコチン様作用**　[nicotine action, nicotinic action]《同》ニコチン作用. *アセチルコリンが神経筋接合部および自律神経節に興奮効果を起こさせる作用. この作用が*ニコチンの効果に似ているところから H. H. Dale が命名. *カルバコールなどアセチルコリン関連化合物の示す同様の作用もニコチン様作用と呼ぶ. (→ムスカリン様作用)

c　**二語名法**　[binomial nomenclature]《同》二名法, 二命名法. 種の*学名をラテン語で属名と種小名（種形容語）との2語の組合せ, すなわち二語名（二名式名, 二名 binomen, binominal name)で表現する方式. 例えば, アカマツ Pinus densiflora, ラット Rattus norvegicus, 黄色ブドウ球菌 Staphylococcus aureus. 種の学名の後に命名者名や命名年をつけることが推奨されている（→種名）. 種よりも上位の*タクソンの学名は1単語で表現する一語名（単名式名, 単名 uninomen, uninominal name)である. なお, 国際動物命名規約において, 亜種は三語名(trinomen, trinominal nomenclature), すなわち属名と種小名の後に亜種小名を付して表す. (→亜種)

d　**ニコル**　NICOLLE, Charles Jules Henri　1866～1936　フランスの細菌学者. カラアザール病（インドなどでの原虫 Leishmania による地方病）および発疹チフスの研究を行い, 1928年ノーベル生理学・医学賞受賞. [主著] Éléments de microbiologie générale, 1901.

e　**ニコルソン**　NICHOLSON, Alexander John　1895～1969　オーストラリアの動物生態学者, 昆虫学者. アイルランド生まれ. 個体群動態論における平衡学説の代表者. 被食者-捕食者相互作用の数学的モデル（ニコルソン-ベイリーモデル）を発表, またヒツジキンバエの実験個体群を用いて個体数制御機構を研究, すべての種の個体群は種内競争によって終局的に制御されると唱えた.

f　**ニコルソン-ベイリーモデル**　[Nicholson-Bailey model]　寄主昆虫と捕食寄生者（寄生蜂など）を対象とした, 不連続世代をもつ被食者-捕食者系の理論モデル. オーストラリアの A. J. Nicholson と V. A. Bailey (1938)の考案. t 世代の寄主の個体数を H_t, 捕食寄生者のそれを P_t とし, 寄主の世代当たりの増加率を λ, 1匹の寄主が1匹の捕食寄生者に遭遇する確率を a, 寄生された寄主1匹から捕食寄生者が c 匹羽化するとおくと, この寄主と捕食寄生者の個体群動態は, 一般に次の式で記述される.

$$H_{t+1}=\lambda f(H_t, P_t)H_t, \quad P_{t+1}=c\{1-f(H_t, P_t)\}H_t$$

関数 $f(H_t, P_t)$ は寄主が1回も捕食寄生者に遭遇しない確率を表す. 1寄主当たりの捕食寄生者との遭遇回数にランダムな確率分布, すなわち*ポアソン分布を仮定すると, $f(H_t, P_t)=\exp(-aP_t)$ となり, これがもとのニコルソン-ベイリーモデルである. このモデルは, 平衡状態から少しでも離れた初期個体数から出発すると, 振動がどんどん増幅するという不安定な性質をもつ. しかし λ に密度効果を導入したり, a に*機能的反応のⅢ型や捕食寄生者の相互干渉を導入したり, $f(H_t, P_t)$ を負の二項分布（集中寄生）に代えると, さまざまに安定な動態が得られる. この扱いやすさのために, 当初のモデル

をM.P.Hassell(1978)などが大きく発展させ，個体群生態学に貢献した．なお，このモデルは一年生植物とそれを宿主とする病原体のように，季節的環境での動態にもしばしば用いられる．

a **二酸化炭素受容** [carbon dioxide reception] 動物が二酸化炭素を受容すること．吸血性のカなどは二酸化炭素を受容することによって宿主の位置を特定し，スズメガは寄主植物の質を二酸化炭素濃度で区別する．また，ミツバチは巣内の二酸化炭素濃度の上昇を感知し，巣の換気を行う．二酸化炭素は*触角や小顎鬚(⇒小顎)，*下唇鬚などで受容される．キイロショウジョウバエでは，触角にある一群の嗅覚ニューロン内に発現する味受容体ファミリー(gustatory receptor family)に属する蛋白質Gr21aとGr63aがヘテロダイマーを形成し，二酸化炭素受容体として機能する．ガンビアハマダラカでは，小顎鬚の嗅覚ニューロン内に配列の似たAgGr22とAgGr24が同定され，これらが同様にヘテロダイマーを形成し二酸化炭素受容体として機能する．

b **二酸化炭素濃縮機構** [carbon dioxide concentrating mechanism, CO_2 concentrating mechanism] 《同》無機炭素濃縮機構 (inorganic carbon concentrating mechanism). C_4植物，CAM植物，緑藻，シアノバクテリアなどがもつ，*リブロース-1,5-ビスリン酸カルボキシラーゼ/オキシゲナーゼ(Rubisco)近傍のCO_2濃度を高める機構．C_4植物では*C_4光合成回路の作用で，CAM植物(⇒CAM型光合成)では昼間気孔が閉じた葉内で*リンゴ酸を脱炭酸するため，CO_2濃度が高められる．これらの植物では，大気CO_2濃度の数倍あるいはそれ以上に濃縮される．緑藻とシアノバクテリアの二酸化炭素濃縮機構はCCM (carbon concentrating mechanism)と呼ばれ，細胞中のCO_2を環境中の数十～数千倍にまで濃縮する．この場合はエネルギー依存性のCO_2取込み系(ポンプ)と炭酸水素イオン(HCO_3^-)輸送体が主要な役割を担う．細胞内に取り込まれた無機炭素はHCO_3^-として蓄積された後，Rubiscoが局在する構造体(緑藻ではピレノイド，シアノバクテリアではカルボキシソーム carboxysome)内部で炭酸脱水酵素(カルボニックアンヒドラーゼ)によりCO_2に変換される．

c **二酸化炭素要因** [CO_2-factor, carbon-dioxide factor] 大気中の二酸化炭素にかかわる*環境要因．一般に*C_3植物の光合成に対する最適CO_2濃度は大気中の約350 ppmよりはるかに高いところにある．大気のCO_2濃度は光合成で減少し，他方生物の呼吸，特に微生物による*土壌呼吸，そのほか化石燃料の燃焼のような酸化によって増加する．最近ではCO_2の放出量が光合成によるCO_2吸収や海洋によるCO_2濃度の調節的作用を上回り，年々増加している．(⇒炭素循環)

d **二次維管束組織** [secondary vascular tissue] *形成層の活動によってその内外に新しく形成される維管束組織．内側へ*二次木部，外側へ*二次篩部が作られるのが通常である．形成層細胞の並層分裂により作られるため，放射方向に規則的な配列をなす(特に裸子植物で明瞭)が，真正双子葉類などでは道管要素が他の細胞より大きくなるため多少その配列が乱れる．また，形成層を貫いて木部と篩部にまたがり放射状に水平に走る*放射組織も存在する．

e **二次鰓** [secondary gill] 軟体動物において本鰓(*櫛鰓)が消失し，これにかわって二次的に形成された鰓．多くの裸鰓類(ウミウシの類)の背鰓(はいさい dorsal gill)，ミノウミウシ類の*背角，タテジマウミウシにおいて外套膜の下方や足の側方に多数列生しているものおよび前鰓類ツタノハガイ類の外套膜下面にある外套鰓(pallial gill)などがその例．

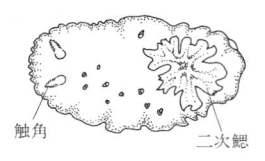

触角　　二次鰓

f **二次応答** [secondary response] 《同》既往反応 (anamnestic response)，二次免疫応答 (secondary immune response). 動物に1回目の抗原刺激をあたえたときの*免疫応答，すなわち一次応答 (primary response, 一次免疫応答 primary immune response)が減衰した後に，同じ抗原や類似の抗原で再刺激するときに起こる反応．一次応答において活性化されたT細胞やB細胞の一部は，抗原特異性を保持したまま免疫記憶T細胞や免疫記憶B細胞へと分化し，一次応答後も体内で生き残る．二次応答においては，これらの細胞がふたたび同じ抗原によって活性化されるため，一次応答に比べて急速で強い反応が起きると考えられている．(⇒免疫記憶)

g **二次感染** [secondary infection] ある病原体の感染の経過中に他の病原体による感染を受ける現象．最初の感染を一次感染(初感染 primary infection)といい，その際に，生体の抵抗力が減弱したことが二次感染の原因となる場合が多い．感染の継起を明らかに区別できない場合には，混合感染 (mixed infection)という．(⇒重複感染)

h **二次菌糸** [secondary hypha] 《同》二核菌糸，重相菌糸．担子菌類において，対応する性の*一次菌糸が体細胞接合を行ってできる菌糸．二次菌糸が分枝したものを二次菌糸体(secondary mycelium)という．菌糸細胞内に単相(n)の1核をもつ一次菌糸の体細胞接合後，核合体がすぐには行われないため，両親からの核は対核となって細胞内にあり，菌糸の成長にあたっては2核が同時にそれぞれ分裂する共役核分裂 (conjugate nuclear division)を行って，2核状態(n+n)を維持する．この核相は二核相(重相 dikaryophase, dikaryotic phase)といわれる．共役核分裂のときに*かすがい連結を行うものも多い．二次菌糸ははじめ栄養菌糸として増殖するが，やがて子実体を形成し，そこに生ずる担子器においてはじめて核合体が起こって複相(2n)となる．子嚢菌類では二次菌糸は発達せず，造器糸から生ずる*造嚢糸が二相となる．

i **二枝型付属肢** [biramous appendage] 《同》二叉型肢，叉肢，分叉肢，裂脚．節足動物*関節肢において内肢と外肢をそなえ，特にその両者の形態がほぼ近似である型．甲殻類ではエビ類の腹部遊泳肢(pleopod)や枝角類の鰓脚，蔓脚類の蔓脚などに見られ，節足動物の肢の原型と考えられる．この型では，内外両肢は*基節の末節から分かれて出るので，*底節と基節とをあわせ*原節と呼ぶ．(⇒関節肢)

j **二次元ゲル電気泳動法** [two-dimensional gel electrophoresis] 分離原理が異なる2種類の電気泳動

法を組み合わせて分離する方法. 蛋白質の分離では, 一次元目に*等電点電気泳動法, 二次元目に*SDS-ポリアクリルアミドゲル電気泳動法(SDS-PAGE)を行う. 最初に蛋白質をディスク等電点電気泳動法で荷電の違いにより分離した後, ドデシル硫酸ナトリウム(SDS)で処理し, ついで電気泳動の方向を直交させ, スラブ SDS-PAGE で分子量の違いにより分離する. これより X 軸方向に等電点, Y 軸方向に分子量に基づいた分離が行われる. また核酸の分離では, 一次元目に DNA を*アガロースゲル電気泳動法で分離後, 制限酵素でさらに鎖長の短い断片に切断し, 二次元目に*ポリアクリルアミドゲル電気泳動法を行う. 線状以外の DNA を検出するには, 二次元 DNA アガロースゲル電気泳動法(two-dimensional DNA agarose gel electrophoresis)を用いる. この手法により, DNA の複製や組換えの中間体, 環状の DNA を分離することができる. 一般的に用いられる条件は, 一次元目に低ゲル濃度・低電圧で DNA の分子量に強く依存した泳動を行い, 二次元目に高ゲル濃度・高電圧さらにエチジウムブロマイドを加えて DNA の構造的な特徴が泳動速度に影響を及ぼすように行う. 例えば DNA 複製中間体のように Y 字形をした分子は二次元目で線状 DNA に比べて遅く流れ, 分離される.

a **二次口蓋** [secondary palate] ある種の爬虫類(ワニ)および哺乳類において, 上顎に属する被蓋骨が内側へ張り出し, 背側に鼻道および鼻腔を隔ててできた新しい口蓋. 対し, 他の脊椎動物では神経頭蓋の底がそのまま口蓋(一次口蓋)をなす. 二次口蓋の形成の結果, 口蓋への鼻道の開口, すなわち内鼻孔(choana)は口蓋骨の後方へと大きく移動し, 喉頭蓋(epiglottis)との協調的な働きにより, 口腔および食道からは独立した気道が成立する.

b **二次篩部** [secondary phloem] 《同》次生篩部, 第二期篩部. *形成層の細胞分裂により形成される篩部. 通常は形成層から外側へ作られる. *一次篩部と本質的な差はないが, 一般に細胞の配列が放射方向に規則的で篩管要素, 篩細胞の密度も高くその長さは短い. 細胞壁も一般に厚くなり篩板や側壁の構造が複雑な場合が多い. また二次篩部は形成層をはさんで木部*放射組織と連絡する篩部放射組織や厚壁細胞・分泌細胞・乳管・樹脂道などをもつ場合がある. 双子葉類では一般に二次篩部の通道機能が 1 年で終わり, 篩管は肉状体(callus)で塞がったり内部から新生される部分の肥大のためにおしつぶされたりするが, 篩部放射組織は貯蔵組織として長く機能を保持する.

c **二次心臓領域** [secondary heart field] 《同》前方心臓領域(anterior heart field). 脊椎動物の心臓の発生において, 原始心筒形成後に心臓形成に参加する領域. 脊椎動物の心臓前駆細胞は主に中胚葉組織から成るが, 原腸陥入期に胚の頭部前方に存在する原始心筒形成領域(一次心臓領域)は, 発生とともに腹側正中に移動し円筒状の原始心筒を形成する. 二次心臓領域は, 原腸陥入期には一次心臓領域の内側にあり, 原始心筒形成時には原始心筒背側に位置する. 鳥類と哺乳類では, 原始心筒は主に左心室をつくり, 二次心臓領域は右心室と心房の大部分と流出路(outflow tract)をつくる. 無顎類, 魚類, 両生類においても二次心臓領域と類似した領域が存在し, 二次心臓領域は脊椎動物の進化の過程で新たに心臓形成に加わった領域と考えられているが, この領域の実在についての疑問も残る.

d **二次生産** [secondary production] *従属栄養生物の生物体生産のこと. 細菌, 糸状菌, 動物などがこれにあたる. *消費者, *分解者と呼ばれるものも自己の体を生産しているという意味で, これを二次生産と呼ぶ考えが定着している. 有機物生産の意味での一次生産とは正確に対置される語ではない. なお二次生産という語の最初の提唱者は G. Winberg(1936)であるとされ, そのときは従属栄養生物の種あるいは生活様式群についての用語であった.

e **二次性収縮** [secondary contraction] 新鮮な二つの*神経筋標本 I, II において, I の筋肉の上に II の神経を置き, I の神経を刺激すると, I ばかりでなく II の筋肉も収縮する現象. C.Matteucci(1842)の発見. I が単収縮を行えば II も単収縮を起こし(二次性単収縮), I が強縮ならば II も強縮である. これは, I の筋肉の興奮による活動電流によって, II の神経が刺激される結果である. 同年になされた E. H. du Bois-Reymond の活動電流の研究とともに, *生体電気の確実な最初の証明であり, 電気生理学の歴史的実験の一つである.

f **二次遷移** [secondary succession] 既存の植物群落が火事, 洪水, 崖くずれ, 風倒, 人間の働きなどで大部分失われたあとに起こる*遷移. 残存する根株や土壌中の種子などからの植物の再生が主となるが, 周辺の植生からの侵入も同時に起こる. *一次遷移との著しい違いは, 既存の植物群落の一部が残っている点, 土壌がすでに形成されていて, 窒素, リンなどの栄養塩が土壌中に存在する点, さらには埋土種子集団も存在する点である. この場合に次々に起こる遷移の系列を二次系列(二次遷移系列 subsere)という.

g **二次組織** [secondary tissue] 《同》第二期組織. 維管束植物で, *二次分裂組織から新たに作られる組織の総称. 形成層から生ずる*二次維管束組織や, 茎や根の周辺部に生ずる*コルク形成層から作られるコルク組織などがこれにあたる.

h **二次代謝** [secondary metabolism] 限られた範囲の生物だけに特異的にみられる代謝. これに対し多くの生物に共通してみられる生化学的反応, 例えばエネルギー代謝とか, アミノ酸・蛋白質・核酸の生合成などを一次代謝(primary metabolism)という. 二次代謝産物は, 動植物の作る*色素, カビや細菌の作る*抗生物質など, 人間にとって有用なものが多く含まれるが, 生産している生物自身にとっても重要な役割を果たしている. 例えば, 植物体に蓄積するアルカロイド, テルペノイド, タンニンは苦味や臭気, 毒性をもち, 植食者に対する防御の効果をもつ.

i **西塚泰美**(にしづか やすとみ) 1932~2004 生化学者. 神戸大学医学部教授, 学長. プロテインキナーゼ C (PKC)を発見, 細胞増殖やがんにおける PKC の役割を明らかにし, 細胞内情報伝達の機構解明に貢献. 1992 年, 京都賞基礎科学部門受賞.

j **二次的接触** [secondary contact] 地理的隔離により何らかの形質において互いに分化した同種の 2 集団が, その隔離要因の消失で再び分布域が接触し, そこで交雑すること. *交雑帯を挟んで性質の異なる 2 集団が側所的に分布している場合(⇌側所性), もしその交雑帯を横切って, 複数の独立した形質で類似するクライン(勾配)が観察される場合には, その交雑帯は二次的接触に

よって生じた可能性が高い．一方，交雑帯で変化する形質が単一の場合には，それが二次的接触によるのか，それともその場所で異なる環境要因などに応じて側所的に分化した結果かを判定することは通常，困難である．後者に起因する移行地域を交雑帯と呼ぶことは厳密には好ましくなく，その場合には一次的相互移行帯(primary zone of intergradation)といい換えられることが多い．

a **二次的微生物相** [secondary flora of microorganisms] 動物体に正常の状態で出現する寄生微生物の*フロラが，その宿主の機能状態や環境などの変化に伴って置換されて形成されたまったく異なったフロラ．一般に自然界において，土壌その他の状態があるフロラの極相を実現し，それが他のフロラに遷移する現象が見られるが，哺乳類の組織環境は*ホメオスタシスのため，一定の寄生微生物相が保障されている．しかし，乳栄養から食事による栄養摂取への転換や，ヒトにおいて病的な状態，抗生物質などの大量の投与などによって二次的微生物相が生じる．例えばコレラ・赤痢など急性消化管感染症の場合には，大腸菌を主とする腸内の正常な微生物相が病原菌で置き換えられる．

b **二次軟骨** [secondary cartilage] 脊椎動物の発生において，通常の軟骨性骨原基に遅れて発生してくる軟骨の総称．哺乳類の下顎骨における関節突起・筋突起，頭蓋冠被蓋骨間門(泉門)に一過性に現れる軟骨，蝶形骨翼状突起に付随する軟骨などがこれにあたり，幼い段階の軟骨組織に似た組織を示すことが多い．二次軟骨の由来には進化上新しく生じたもの，退化途上の骨要素の名残などが考えられた．(⇒神経頭蓋)

c **二次胚** [secondary embryo] 主として脊椎動物の初期胚への形成体の移植により，その胚体の本来の*中軸器官とは別の部位に*誘導された第二の中軸器官を中心とする胚体部．これに対して本来の中軸器官を中心とする胚体部を一次胚(primary embryo)という．二次胚では，脊索と神経・体節の一部は形成体に由来するが，他の要素は宿主の組織に由来し，形成体が宿主組織を動員して二次胚を形成させたことがわかる．

d **二次分裂組織** [secondary meristem] 《同》第二期分裂組織．維管束植物において，*一次分裂組織からすでに分化した組織の一部から新たに作られた分裂組織の総称．二次組織を作る．*形成層と*コルク形成層がその主なものである．しかし，形成層を一次分裂組織の一つである前形成層が分裂能力を保持したものと考える場合，厳密には二次的とはいえない．

e **二次木部** [secondary xylem] 《同》次生木部，第二期木部．*形成層の並層分裂により作られる木部．形成層から内側へ作られる．形成層の紡錘形始原細胞(fusiform initials)から生じた縦方向の組織(道管・仮道管・木部繊維組織・木部柔組織)，および放射組織始原細胞(ray initials)から生じた二次放射組織からなる．裸子植物と被子植物の本木の材は大部分が二次木部から構成されるが，通常前者では二次木部に道管を欠き，後者では道管があり一般にその構成要素も多様．一次木部と区別しがたいこともあるが，一般に二次木部では細胞が放射方向に規則的に配列する．

f **二重勾配説** [double gradient theory] ウニ胚の形態形成において，動物極と植物極とにそれぞれ頂点をもった二つの質的に異なった物質または活性の勾配があり，互いに拮抗的に働き，正常な発生はその相互作用によって決定されるとする仮説．J. Runnström (1928)やS. Hörstadius (1935)が提唱．卵を動物半球と植物半球に切って受精させ発生させると，動物半球からは長い繊毛をそなえた球状の胚を生じ，植物半球は腸管や間充織・骨格をそなえた胚になる．同様な結果は，受精後または卵割初期に分離された動物半球や植物半球についても得られる．しかし動物極の割球と植物極の割球を適当に組み合わせるとほとんど正常な胚を生ずる．またウニ卵をLiClで処理すると全体が植物半球と同様な発生を行い(植物極化)，ロダン酸ナトリウム(NaSCN)で処理すると動物半球と同様な発生を行う(動物極化)．動物半球が長い繊毛をもつ胚をつくるのは，二つの勾配のうち植物極勾配が弱まり，全体として動物極の発生様式が支配したためだとされ，植物半球の発生様式は逆に植物極側の勾配の優位によって説明される．この説の特徴は，将来分化すべき器官に対応する物質がウニ卵の各部域に局在すると考えず，二つの質的に異なった勾配の量的な組合せ(拮抗作用)によって各部域の発生様式が決定されるという点にある．分子発生生物学の研究から，植物極化は，小割球でのβカテニンの核の極在に端を発し，Notch-Deltaを介した非骨片形成中胚葉細胞の誘導などによって引き起こされることがわかってきている．動物極化因子としてはFoxQ2が動物極側から発生する神経細胞の分化などに必要であることがわかっているが，詳細に関しては不明な点が多い．なお，二重勾配説によって体制の決定が説明されるのはウニだけではなく，例えば昆虫のヨコバイなどでも胚前端からは前方化因子が，後端からは後方化因子が放出されてそれぞれ勾配をなし，それによって前後軸が決定されると考えられる．

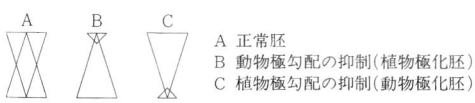

A　正常胚
B　動物極勾配の抑制(植物極化胚)
C　植物極勾配の抑制(動物極化胚)

ウニ卵の勾配模式図(J. Runnström)

g **二重鎖切断** [double-strand break] DSBと略記．DNA二重らせんの両方の鎖が切れる現象．化学物質や紫外線などにより*DNA損傷として起こる場合と，減数分裂やT細胞受容体・B細胞受容体の再編成などにおいて生理的なプロセスとして起こる場合がある．DSBはATMやDNA-PKcsといったキナーゼによって検知される(⇒放射線効果)．その結果，*チェックポイント制御が活性化されて細胞周期の進行が止まり，DSBの修復が行われる(⇒DNA二重鎖切断修復モデル)．

h **二十四綱分類法** [sexual system of plant classification, sexual system] C. von Linnéが雌ずいと雄ずいの数の関係から設立した植物の分類法．植物界を24の綱に分類した．英語のsexual systemはこの分類法が有性器官を特徴に使用したため．(⇒分類)

i **二重神経支配** [double innervation] [1] 同一の効果器または内臓器官を，2種類の機能的に異なる遠心神経が拮抗的に支配すること．一方が抑制神経，他方が興奮神経または促進神経であるのが一般的．脊椎動物の心臓・血管など内臓器官における交感神経系と副交感神経系とによる二重支配はよく知られた例．同一効果器が二重支配を受ける場合(例:心臓筋)と，拮抗関係にある二つの効果器がそれぞれ一方の神経に支配される場合(例:虹彩筋)とが区別される．無脊椎動物では，節足動

物の多くの筋肉の個々の筋繊維が興奮・抑制の両種神経繊維に支配される．[2]《同》**多重神経支配**(multiple innervation)．骨格筋繊維が運動神経繊維に支配される場合に，1本の筋繊維が二つまたはそれ以上の神経繊維に支配されるような場合．[1]の節足動物の筋肉ではこのことも認められ，遅速両様の収縮がこれにより可能になっている．

a **二次誘導** [secondary induction, second-grade induction] 主として脊椎動物の発生初期に起こる*誘導現象のうち，*形成体によって起こる*一次誘導に対し，それによって生じた*原基がさらに他の胚域に働いて起こす誘導．ただし，形成体による一次誘導は一番最初に起こる誘導ではないことが分かり，現在では二次誘導は二番目というよりむしろ主要な誘導現象の後に続いて起こる副次的誘導の意味で用いられる．また，一次，二次，三次……と誘導された原基が順に次の原基を誘導することを誘導連鎖(chain of induction)という．

b **二重保証** [double assurance] 個体発生において，一つの器官原基の形成が二つの別個の機構のいずれにあっても可能であり，一方が成立しない場合にも，他方のみが働いてその原基が形成されうる状態．例えばレンズは多くの場合，眼原基(眼杯)からの誘導作用によって表皮から形成されるが，ある種の両生類では発生初期に眼原基を取り去っても，表皮からレンズが生じる．一方この眼杯を移植すれば，ほかの表皮域にレンズを誘導する．H. Spemannはこの両生類ではレンズの形成が予定材料の自主分化と眼原基からの誘導との二つの機構で保証されていると考え，二重保証の原理を提唱．一般に，器官形成には互いに少しく異なった二つ以上の誘導作用があずかると考える場合が多い．二重保証はこのような*多元統一作用の一例とされる．

c **二次リンパ組織** [secondary lymphoid tissue] 《同》末梢性リンパ組織(peripheral lymphoid tissue)．成熟したリンパ球やその他の免疫細胞が組織化されて集積し，*獲得免疫応答が誘導される組織．*リンパ節，*脾臓，および各種の粘膜付属リンパ組織などが含まれる．リンパ球の発生と分化を司る骨髄や胸腺を*一次リンパ組織(中枢性リンパ組織)と呼ぶのに対する語．*T細胞と*B細胞が組織内の異なる領域に明確に分離して局在し，特にB細胞の明瞭な*リンパ濾胞を形成する．樹状細胞などの抗原提示細胞も配置され，組織から抗原を効率よく輸送するためのルートも存在する．リンパ球は血管，リンパ管を介して全身の諸組織と二次リンパ組織の間を再循環し，免疫監視を行っている．

d **二成分制御系** [two-component systems] 《同》リン酸リレー情報伝達系．原核生物・菌類・植物に広く見られる環境シグナル検知・細胞内情報伝達様式の基本機構の総称．シグナル受容体として働くヒスチジンキナーゼと，それによりリン酸化修飾を受けることで活性が調節される因子(レスポンスレギュレーターと総称)が対になり情報伝達に関わることから，二成分制御系と総称．シグナルを検知したヒスチジンキナーゼが分子内ヒスチジン(His)残基を自己リン酸化することで反応が開始し，次いで特異的レスポンスレギュレーターのアスパラギン酸(Asp)残基にリン酸基を転移することで情報が伝達される．したがって，真核型受容体キナーゼによるセリン，トレオニン，チロシン残基のリン酸化を介した情報伝達系とは基本的に異なり，His→Aspリン酸転移反応を基本とする．リン酸転移仲介因子(HPt因子と総称)を介したHis→Asp→His→Asp残基間での多段階リン酸転移により情報が伝達される場合もあり，リン酸リレー情報伝達系ともいう．レスポンスレギュレーターは転写因子である場合が多いが，酵素や分子スイッチとして機能することもある．原核生物において最も普遍的に用いられる環境応答・情報伝達機構で，例えば大腸菌は30種類近くのヒスチジンキナーゼをもつことで，窒素やリン酸の欠乏，高浸透圧や嫌気条件など，さまざまな環境に応答した制御系を張りめぐらせている．植物ホルモンの*サイトカイニン受容系などもこれによっている．

e **二相称卵割** [disymmetrical cleavage] *割球の配置に関して二つの相称面が想定される動物の*卵割型の一種(例：クシクラゲ)．

f **ニーダム** NEEDHAM, John Turberville 1713～1781 イギリスの司祭，博物学者で，特に顕微鏡的研究に従事．煮沸した肉汁内に再び微生物がわくことを認め，生物の自然発生を主張してL. Spallanzaniと対立した．

g **ニーダム** NEEDHAM, Joseph 1900～1995 イギリスの発生学者，生化学者．第二次大戦中イギリス科学使節団団長として中国にあり，戦後も新中国を訪問．胚発生を調節する化学物質を研究するなど発生生化学を基礎づけ，また中国科学史の大著がある．[主著]Chemical embryology, 3巻, 1931; Chinese science, 1945.

h **日華植物区系区** [Sino-Japanese floral region] 《同》シナ-日本植物区系区．アジア東部の南千島，南樺太，興安嶺以東の中国東北(満州)，日本(トカラ群島以南・小笠原を除く)，中国東部，西南部から，いわゆるヒマラヤ回廊を経てアフガニスタン・ヌーリスタンに及ぶ地域．全北植物区系界の一区系区．面積が広く，世界最高の山地をもち，地形的に多様な生育環境に富み，氷期に氷河活動が近接のヨーロッパおよび北アメリカに比べてはるかに小規模にとどまったこと(⇒植物区系要素)，そのうえ中国西南部に縦谷が発達して気温低下の際も多くの植物の南北移動を容易にした点とから，維管束植物の種類の*遺存と分化をときたし，種類は多く(中国だけで約3万種)固有属は600を超える．イチョウ(浙江省)，メタセコイア(中国西南)，スイショウ(広東省)，コウヨウザン(中国東南および台湾)，コウヤマキ(日本)，タイワンスギ(雲南および台湾)，カツラ(四川省と日本)，ヤマグルマ(ヒマラヤ，台湾と日本)，スイセイジュ(中国)，フサザクラ(四川省と日本)などの樹木がある．トチュウ，ヤマブキ，ケンポナシ，ヤツデ，アオキ，ハンカチーフノキ，キリなども固有属．亜熱帯林はクスノキ属，暖帯林はシイ・クリ・カシ・タブの諸属，落葉高木林はサクラ・カエデ・カンバ・シデ・ナラ・ブナの諸属(地味が悪いとマツ属)，針葉樹林は常緑のシラビソ，ツガ，トウヒおよび落葉のカラマツの諸属が主である．高山帯はミヤマハンノキ，ダケカンバ，ハイマツの類縁種からなり，落葉樹林以上は北アメリカおよびヨーロッパの区系区と相観は似てくるが，種は異なる．林下のシャクナゲやユリ，高山帯のシオガマやサクラソウの諸属はことに種分化が著しく，多くの園芸種の発祥地となった．北アメリカ大西洋岸植物区系区との著しい類似はA. Gray(1859)の指摘以来認められ，上述の各属にそれぞれ対応種があるほか，ユリノキ，サッサフラス，ニッサなどが著しい隔離分布を示す．高山帯にはヒマラヤ，台湾，日本などにキバナノコマノツメ，キンロバイ，ジンヨウスイバ，チシ

a **ニッケル** [nickel] Ni. 原子量58.69, 原子番号28の鉄族に属する金属元素. *微量元素の一つ. リンゴ酸およびグルコース-6-リン酸脱水素酵素や, マメ科植物に含まれるウレアーゼはニッケル酵素である. ほかにもニッケル結合蛋白質が存在する. DNA, RNA中にも相当量存在し, 核酸の三次構造安定化に関与していると考えられる. ニッケル欠乏により, ラットのプロラクチン産生に障害が起こること, 鉄の吸収が悪くなり赤血球数・ヘモグロビン含量の低下, 貧血を起こすことが知られる.

b **日周期性** [daily periodicity] ⇒概日リズム

c **日周垂直移動** [daily vertical migration] 深い湖などで主に甲殻類動物プランクトンが昼間は深層, 夜間は表層に移動する現象. 夜間に表層で豊富な餌資源である植物プランクトンを食べ, 昼間は薄暗い下層に移動することで, 視覚探査型のプランクトン食魚からの捕食を避ける行動として進化したと考えられている. 移動にかかるコストが, 日中表層での摂食により得られる利益より低ければ適応度は増す. そのため, 移動は捕食リスクと餌濃度が双方ともに下層より表層で高いという湖でのみ観察される. 実際, 甲殻類動物プランクトンの日周垂直移動は, 魚が導入されていない湖や表層と下層で餌濃度に違いがない湖では見られず, 魚が導入された後, 数十年の湖では小深度へ, 数百年以上経過した湖では大深度への日周垂直移動が観察されている.

d **ニッスル小体** [Nissl bodies] 《同》虎斑質 (tigroid body). 種々の脊椎動物および無脊椎動物の神経細胞にある好塩基性の顆粒群. G. Retzius および A. Key (1876)の発見で, F. Nissl が1880年代にまず初期の固定染色方法を確立, M. von Lenhossék (1896)が命名. 神経形質の内部に虎斑状 (tigroid, 特に脊髄前角の運動神経細胞において典型的)・顆粒状・微粒子状に分散している. 軸索およびその起始丘 (axon hillock) には含まれていない. 軸索の切断, 過剰刺激, 加齢により, 顆粒は壊れてしだいに消失する. これを虎斑融解, あるいは染色質融解, ニッスル小体消失という. 切断後の軸索の再生・伸長にも相関連した変化がニッスル小体に見られ, かつのちに最初の量が徐々に回復する. 細胞質内に再現するときは, まず核の近辺より新生が起こり, 細胞周辺に進行する. かなり古くからこの物質は核蛋白質であると推定されて, 神経細胞の機能的活性を示す形態的指標として注目されたが, 後にこれが粗面小胞体のリボソームであることが確認された. 光学顕微鏡像はこれが標本作製の過程で変化したものと思われる.

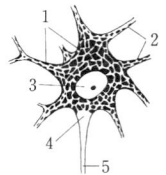

1 ニッスル小体
2 樹状突起
3 核
4 起始丘
5 軸索

e **ニッチ分化** [niche segregation, niche separation] 《同》資源利用の分割. 同一の資源を要求する異種生物が, 互いに資源利用を分けあって共存する現象. この場合, ニッチは資源利用パターンの意味で使われている. 一般に似たような餌や生息地などの資源を要求する異種同士は, 平衡状態において長く共存することはできない. この場合, 競争による排除が生じやすいからである. これをニッチの類似限界説という. 餌や生息地を分かつこと, すなわち餌の*食いわけや*すみわけなどのニッチ分化により, 競争関係にある種での共存も可能となる. 例えば北米産の Orconectus の 2 種のザリガニは, 上流に O. imunis 種が, 下流に O. virilis 種が生息している. 両者とも単独で生活している場所では, どちらも石がゴロゴロした底を好むが, 同所的にすんでいる中流域では, O. imunis が泥質の場所に生息地を移すというすみわけが見られ, その結果, 同所的に共存している. ニッチの類似限界説およびニッチ分化の事例の多さは*群集理論の発展の基礎となった.

f **二動原体染色体** [dicentric chromosome] 二つの局在型*動原体をもつ染色体. (1)二つの染色体間に同時に切断が起こり, 動原体を含む染色体断片が再融合して生ずる. (2)偏動原体逆位において逆位部分に交叉が起きた場合に生ずる. (1)は体細胞分裂・減数分裂ともに起こる可能性があるが, (2)は減数分裂に限る.

g **ニトロゲナーゼ** [nitrogenase] *窒素固定において, 適当な電子供与体とATPの存在下で分子状窒素がアンモニアに還元される反応を触媒する酵素. Clostridium と Azotobacter から抽出精製されている. 分子量22万〜25万で鉄と*モリブデンをもつため鉄-モリブデン蛋白質またはニトロゲナーゼⅠと呼ばれる成分と, 分子量5万5000〜7万で鉄だけを含むの鉄蛋白質またはニトロゲナーゼⅡと呼ばれる成分とからなる. 鉄-モリブデン蛋白質は窒素分子を直接活性化し, 鉄蛋白質は鉄-モリブデン蛋白質に電子を供給し, またATPを結合する. 鉄-モリブデン蛋白質からはモリブデンと鉄と硫黄原子を含む低分子の鉄-モリブデン補助因子(Fe-Mo cofactor)が分離できる. ニトロゲナーゼは空気中の酸素により速やかに失活する. このため窒素固定生物による固定反応が酸素の存在下で起こるためには, 細胞内にニトロゲナーゼの酸素による失活を防御する特別な機構を必要とする. ニトロゲナーゼの基質としては分子状窒素以外に, アセチレン, 水素イオン, 酸化窒素, *アジドなどが使われ, アセチレンからはエチレン, 水素イオンからは分子状水素が生じる. ニトロゲナーゼの細胞内の合成は培地中にアンモニアなどがあるときには抑制をうける. (⇒窒素固定)

h **o-ニトロフェニル-β-D-ガラクトピラノシド** [o-nitrophenyl-β-D-galactopyranoside] ONPGと略記. *β-ガラクトシダーゼの活性を測定するための基質として広く利用される物質. 加水分解されて o-ニトロフェノールを遊離し, これがアルカリ性で黄色(420 nmの吸収)を呈するので, 容易に比色定量できる. また, この性質を利用して, 微生物のラクトースオペロンの種々の調節変異株を分離するのにも使用される.

i **二年果** [biennial fruit] 受粉から成熟まで足かけ2年かかる果実. 例えばブナ科には受粉の年に果実(殻斗果, どんぐり)が熟するものと, 翌年のものとがある. 類似の現象にマツ科があり, 受粉の翌年に種子が熟する.

j **二年生** [adj. biennial] 発芽から開花結実するま

でに1年以上約2年を要しその後枯死すること．植物体の生活期の長さを示す語．*一年生および*多年生と対する．多年生のうち，一回繁殖型で比較的短い生涯をもつものといえるが，研究者によっては多年生には含めない用法もある．マツヨイグサやアレチノギクなどがこの例．ムギやアブラナのように秋に発芽し，冬を越して春に開花結実して終わる植物は越年生といい，冬季一年生植物(winter annual)であるが日本の数え年に準じて二年生植物とされることもある．実際には冬季一年生植物も小さい個体は*抽だいせず結果的に二年生植物になるものがあるから，一年生・二年生の違いは遺伝的特性と環境要因の両者によって規定される．また，二年生植物とされているものの多くは*ロゼットの成長が悪いと抽だいが3年目，4年目にずれこむ可変性二年草(facultative biennial)である．これに対し，生育条件によらず常に二年生の生活史を示す植物を真性二年草(obligate biennial)と呼ぶ．なおこれらの区別は個体全体だけでなく，葉，枝，根，果実などの部分にも適用される．

a **二倍性単為生殖** [diploid parthenogenesis]《同》倍数性単為生殖．ミジンコ・輪虫など*ヘテロゴニーをする動物において，減数第一分裂まで終え第二分裂の完了しないのに染色体数が半減しない卵(=雌卵)がうまれ，*単為生殖的に発生すること．それで生じた個体は雌となる．雌卵をうむ雌は単為生殖雌虫(female producer, amictic female)と呼ばれ，♀♀と記される．これに対し染色体数の半減した*雄卵と耐久卵をうむ雌は両性生殖雌虫(male producer, mictic female)と呼ばれ，♀♂と記され，雄卵が単為生殖的に発生して雄虫となることを半数性単為生殖(haploid parthenogenesis)という．雄虫は半数体である．

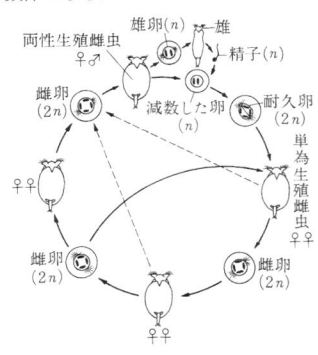

輪虫の生活環

b **二倍体** [diploid, diplont]《同》複相体，複相．*生活環の中で相同または異種の染色体組を2組もつ時期の細胞または個体．*倍数性の数系列の一つ．異種の染色体組(AB)の場合は成因によって二倍雑種，二基二倍体(木原均, 1947)などと区別することがある．ゲノム構成が不明のものは，*基本数の2倍の染色体数をもつ個体，もしくは配偶子が接合して配偶子の2倍の染色体数をもつ*全数性の個体(全数体)を指す．しかし，全数体は必ずしも二倍体ではない．(=倍数性)

c **二倍体細胞** [diploid cell] 染色体構成が二倍体であり，細胞としての一般的性質を保つ細胞．細胞寿命をもつ．株細胞(=樹立細胞株)と対する．動物細胞を生体から分離し，体外培養に移植すると，一定期間は増殖を続けるが，やがて増殖力が低下し，死滅する．増殖可能な期間は動物の種によって異なり，マウスやハムスターでは約1ヵ月，ヒトでは10ヵ月である．このような培養期間に限界のある細胞は，「正常性」を保ち，染色体数が二倍体であるところから，二倍体細胞と呼ばれている．二倍体細胞の限られた培養期間を細胞寿命(cellular life span)と考え，寿命研究の細胞モデルとして研究されている．株細胞やがん細胞では多くの場合，染色体数が正常な二倍体から増減しており，異数体細胞(aneuploid cell)と呼ばれる．

d **二胚動物** [dicyemids ラ Dicyemida]《同》菱形動物(Rhombozoa)，二胚虫類．後生動物の一門で，左右相称，極めて単純な体制を示す微小動物．頭足類の腎嚢中に寄生し，尿を栄養とする．成虫は細長い円筒形で体長は最大数mm．体を構成する細胞は最大43個で，後生動物中最少であり，中心部にある1個の*軸細胞を繊毛の生えた*体皮細胞が鱗状に覆うのみ．軸細胞の細胞質中で*蠕虫型幼生と*滴虫型幼生(infusoriform larva)という形態が明瞭に異なる2種類の胚を作ることから，二胚動物と呼ばれる．生息密度が低い時には蠕虫型幼生が無性的に作られ，親から離脱して成虫に成長する．生息密度が高くなると，軸細胞内で両性生殖器ができ，そこで作られた卵と精子が自家受精して滴虫型幼生となり，成虫から離脱し宿主からも離れて自由に遊泳する．かつては*直泳動物とともに*中生動物を構成したが，現在では，両者に近縁性が認められないとしてそれぞれを独立の門とする．系統的位置については，単純な体制が本来のものか(繊毛虫類と近縁との説まである)あるいは寄生生活による特殊化か(例えば扁形動物の一員とする説がある)をめぐって論争が続いているが，近年の分子系統学的研究では左右相称動物のなかの冠輪動物に含まれるとする説が有力である．現生既知約100種．(=軸細胞，=付録:生物分類表)

e **二胚葉動物** [ラ Diploblastica] 真正後生動物のうち，成体の構造が内胚葉と外胚葉の2胚葉だけに由来する動物群の総称．E. R. Lankester (1873)の提唱．刺胞動物と有櫛動物を含む．(=三胚葉動物)

f **二分子** [dyad] [1]《同》退行二分子(regression-dyad)．退行現象などによって，*減数分裂の結果1個の母細胞から4細胞(*四分子)ではなく2細胞しか生じない場合，その2細胞をいう．[2] *二分染色体を指すこともある．

g **二分染色体** [chromosome dyad, dyad] 減数分裂の第一分裂で対合した二価染色体は，そのおのおのが2本の染色分体からできているので，全体として4本の染色分体からなるが，この*四分染色体(tetrad)が分離したもの．二分染色体はさらに第二分裂で縦裂して1本ずつの一分染色体(monad)となる．通常分裂では分裂前期で新しい縦裂が生じるから，結果として二分染色体の形が常に保たれる．これに反して四分染色体は減数分裂に特有な構造である．

h **二分の三乗則** [three by two power law of natural thinning]《同》自然間引きに関する二分の三乗則．単層の立体構造をもつ植物個体群において，初期密度が十分大きくて成長とともにさかんに*自然間引きが起こっている場合に成立する法則．個体群密度をρ，平均個体重をwとすれば，

$$w\rho^\alpha = K (= \text{const.}) \qquad \alpha \fallingdotseq 3/2$$

で表される(Yodaら,1957). 自然間引きによって個体密度が減少する速さよりも平均個体重の増加が速いために面積当たりの総個体重は増加する. 上記の関係式は, 個体は成長の段階に関係なく相似形で比重が等しく, かつ自然間引きは被度が100%をこえた場合にのみ起こり, また被度を100%に保つように起こると仮定することによって導きうる. ただし, *最終収量一定の法則が成り立つときは$\alpha=1$になる. 上式のwの代わりに, 群落高や胸高直径(一次量), 幹の胸高断面積(二次量), 幹材積(三次量)などの平均値(すべてxで示す)をとっても, 同じ形の関係式

$$x\rho^\beta = K'(=\text{const.})$$

が成立する.

a **二分裂** [binary fission, binary division] 細菌, 鞭毛植物, 珪藻, 緑藻植物や原生生物など単細胞生物の*分裂に際して, 1個体がほぼ同じ大きさの二つの娘個体に分裂する*無性生殖法の一型. *多分裂と対置される. できる個体が不等な場合には*出芽という. 通常は*横分裂であるが, ミドリムシ, トリパノソーマなどでは*縦分裂を行う.

b **二歩帯区** [bivium] →棘皮動物

c **日本脳炎ウイルス** [Japanese encephalitis virus] *フラビウイルス科フラビウイルス属に属する*アルボウイルスで, 日本脳炎の病原ウイルス. ウイルス粒子は直径40 nmの球形. *エンベロープをもつ. ゲノムは1万969塩基長の+鎖RNA. マウスの脳内でよく増殖し, ニワトリ胚初代培養細胞やHeLa細胞などの株化細胞で増殖する. 主にコガタアカイエカの吸血により媒介される. 日本脳炎は不顕性感染が多いが, 発熱・頭痛を伴い急激に発症し, 頸部硬直・痙攣・意識障害・嗜眠・昏睡・麻痺などの症状を呈し, 致命率が高い. 自然界ではウマ, 実験的に脳内接種をすればマウスやハムスター, サルにも脳炎を起こす. 日本脳炎ウイルスはブタの体内で非常によく増殖し, 感染したブタの血液を吸血したカがヒトを吸血する際にウイルスを伝播する. ヒトからヒトへの感染はない. ブタは日本脳炎ウイルスを体内で大量に増幅するが症状は軽く, このような動物を増幅動物と呼ぶ. これまで乳飲みマウスの脳内で増やしたウイルスを精製し, 不活化したワクチンが用いられてきたが, アフリカミドリザルの腎臓由来株化細胞で増やしたウイルスを用いた, より安全性の高いワクチンが導入された.

d **日本の植物区系** [floral provinces in Japan] 日本における植物の分布区系. 日本は植物区系のうえでは*日華植物区区に属しており, 島であるため一つの独立区のようにみえるが, 北日本と西南日本とでは相当に相違がある. これは気候の相違もあるが, 地史的な背景に基づくと思われ, 前川文夫(1948)は中新世に本州を横断していたフォッサマグナによる不連続をその原因の一つと考え, この線を牧野線とした(→マキネシア). この線以西の山地植物はシイ-タブ帯およびクリ-ブナ帯に固有種が多く, しかもその中でイワユキノシタ, キレンゲショウマ, バイカアマチャ, マルバノキ, シライトソウなどが揚子江流域や南朝鮮にも分布するなど, 大陸との関連が強い. 牧野線以北では秩父, 朝日-飯豊, 日光, 阿武隈, 早池峰などの山地に比較的種類の集中があり, 固有のものにはサンカヨウ, オサバグサ, シラネアオイ, キヌガサソウ, ミヤマホツツジなどシラビソ帯を中心にしたものが多い. 上記の2地域を通じて, 日本海斜面には冬季の深雪という気候条件を反映する一つの生態区系として日本海地区(Sea of Japan region)がある. 札幌低地帯以北は純粋の北方要素に富み, 津軽海峡以南は本州要素が明瞭. 渡島半島はその推移区域であるが, 日本的な要素はなお東進して南千島に入り宮部線で, 北進して樺太ではシュミット線で, おのおのシベリア区系区と境する. 西南日本の太平洋側にはソハヤキ要素(襲速紀要素 Sohayaki elements, 小泉源一)の生育する地域がある. 屋久島と奄美大島間の渡瀬線は山地植物を標準とした場合に東洋区あるいはインド-マレー区との境界になるが, 低地の植物をとれば北方に次第に種類を減じて明瞭な境界は生じていない. 対馬には朝鮮要素も多い. 小笠原諸島は固有種に富み, 一区をなす. なお, 分子系統地理学の知見では, 広域に分布するブナなどの種内においても, 上記の区系に該当する分化が見出されている.

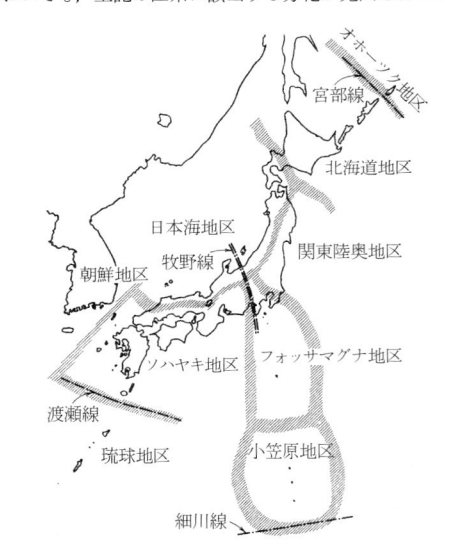

(図: オホーツク地区, 宮部線, 北海道地区, 日本海地区, 朝鮮地区, 牧野線, 関東陸奥地区, ソハヤキ地区, フォッサマグナ地区, 渡瀬線, 琉球地区, 小笠原地区, 細川線)

e **日本列島人** [People on Japanese Archipelago] 過去から現在にわたり, 日本列島に住んできた人間の総称. 日本列島は氷河期にはユーラシア大陸とほとんど地続きだったが, 現在は海で分断され, 大きく北から千島列島, 北海道, 本州, 四国, 九州の主たる四島と樺太島, および南西諸島の三弧から形成される. 厳密な定義はなく, 周辺の島嶼を含んで考える場合が多く, 現在の日本国の領域とは必ずしも一致しない. 約4万年前の旧石器時代にはすでに日本列島に人間がユーラシア大陸から移動してきており, 約3万年前には列島一面に人間が分布していたことが遺跡からわかっている. 現在日本列島で最も古い人骨はそのころに西南諸島で生存していた人間のものである. その後約1万6000年前に縄文時代がはじまり, この時代の日本列島人を*縄文人と呼ぶ. 3000年ほど前に始まった弥生時代以降, 平安時代のころまで, 朝鮮半島や中国沿岸部から稲作文化などの大陸の文化をたずさえた人々の移住があり, 日本列島の中心部は彼ら渡来人の子孫と縄文人の子孫との混血が生じた. 列島の南北ではこの混血の程度が弱かったので, 現在北海道に主として居住する*アイヌ人と南西諸島に主として居住する沖縄人は, 本土人よりも縄文人

の遺伝子を色濃く残している．

a **二枚貝類** [bivalves ラ Bivalvia] 《同》双殻類，斧足類（おのあしるい，ふそくるい）(Pelecypoda)，無頭類(Acephala)，欠頭類(Lipocephala)．軟体動物門直体亜門の一綱．クルミガイ，キヌタレガイ，イガイ，サンカクガイ，ハマグリ，ウミタケガイモドキの6亜綱からなる．原鰓類・*弁鰓類・隔鰓類の3群に分けられることもある．体は左右相称で，左右に側扁し，2枚の外套膜は体のほとんど全部をおおい，左右2枚の同形の貝殻を分泌する．貝殻は背端（殻頂）の関節歯により関節し，前後2個の閉殻筋（貝柱）の収縮により腹縁が閉じ，背縁の外面（または内面）にある靱帯の弾性と閉殻筋の弛緩により開く．閉殻筋および，外套縁を退縮させる外套筋の貝殻内面への付着痕をそれぞれ，閉殻筋痕(adductor scar)および外套筋痕（外套痕 pallial scar, mantle scar）という．足は先端が尖り側扁形の斧状で匍匐面はなく，砂中への挿入に適する．*足糸により体を他物に固着させるものがある．頭部がなく，ホタテガイなどの外套眼を除き眼はなく，触角もない．2個の*櫛鰓は弁状で構造は複雑であり，*唇弁とともに摂食にも役立つ．口腔に歯舌・顎板などはなく，腸は長く回旋し，*晶桿体がある．腎管のほかに囲心腔腺のケーベル器官をもつものがある．雌雄異体のものも同体のものもあり，交接は行わない．幼生形としてトロコフォアおよびヴェリジャーを経過する．

b **2μプラスミド** [2μ plasmid] 《同》2ミクロンプラスミド．出芽酵母(*Saccharomyces cerevisiae*)に見出される内在性の多コピープラスミドで，全長が 2μ (6.3 kb)の環状 DNA．コピー数(copy number)すなわち1細胞当たりのプラスミド数は数十．599塩基対からなる逆向き反復配列をもち，二つの配列間で高頻度に部位特異的組換えを起こすため，2種の異性体が混在する．複製は染色体 DNA と同様，細胞周期 S 期にそれぞれのコピーが倍加する．DNA による酵母形質転換の際に利用されるベクターとして開発された YEp 型ベクター(yeast episomal plasmid vector)は，この 2μ プラスミドの一部（複製開始部位と STB 安定化領域）と酵母選択マーカーを含む比較的安定な多コピープラスミドで，形質転換効率も高い．2μプラスミドと大腸菌プラスミドとの混成プラスミドは，酵母と大腸菌の双方で増殖可能なシャトルベクター (shuttle vector) として，酵母ツーハイブリッド (two-hybrid) 法などを含めて広く用いられている．これに対し，大腸菌プラスミドに酵母選択マーカーだけをもつ YIp 型ベクター(yeast integrative plasmid vector)は自律複製できないため，染色体 DNA に組み込まれて初めて安定に保持される．2μ プラスミドがコードする FLP は部位特異的組換え酵素(recombinase)で，逆向き反復配列内の認識配列 FRT (FLP recognition target)で部位特異的組換えを引き起こす．この FLP–FRT 組換え系は，Cre–Lox 組換え系とともに，他生物での組換え系として広く利用されている．

c **二毛菌類** [ラ Dicontomycetes] *藻類中の Woroninales, Ancylistales, Saprolegniales, Peronosporales の4目をまとめて独立させた一群に対する旧名．前川文夫(1947)により提唱．のちには，羽型と尾型の2本の鞭毛をもつ卵菌類と，鞭毛は羽型の1本であるが他の尾型の1本が退化したという考えからサカゲツボカビ類とをまとめたものとなった．現在では，この類は系統的に異質な菌群からなり，独立した分類群ではないとされている．

d **乳管** [laticifer, latex tube, latex duct, laticiferous vessel] 乳細胞が単純な管状に伸長，または複雑な網目状に連絡し，内部に乳液を貯える管．トウダイグサ科，アカテツ科，クワ科，キョウチクトウ科，キク科，ガガイモ科などに広くみられる．他の*分泌道とは異なり，細胞間隙に乳液が溜まったものではない．発生様式によって有節乳管と無節乳管に分けられる．(1) 有節乳管 (articulated laticifer)：分裂組織内に細胞の縦列として生じた後，細胞間の隔壁の一部あるいは全部が消失して管状となったもの（タンポポ属・ケシ属）．ときに乳管相互の横の連絡も作られ網状構造をとる．植物の成長とともに求頂的に分化を続け，葉だけでなく花や果実にも及ぶ．二次成長を行うものでは二次篩部内にも分化する．有節乳管のように同じ性質の細胞が縦または横に連なり，各細胞管の隔壁が消失して互いに連絡し，細長い管状の組織となる発生様式は道管や篩管と同様であることから，これらをまとめて管状組織 (tubular tissue) と呼ぶことがある．(2) 無節乳管 (nonarticulated laticifer)：分裂組織内に一つの細胞として生じたのち，周囲の細胞間を縫うように速やかに伸長し，分枝も繰り返して植物体の全ての組織に及ぶ．その間，核は分裂を続けるが細胞質分裂を行わないため，全体として多核の1細胞（乳細胞）からなる．トウダイグサ科にみられる．乳管内の乳液の成分はいろいろで，例えばパラゴムノキの乳液(latex)は弾性ゴム 20〜30％の他に，蛋白質，樹脂，炭水化物を 1〜2％ずつ，さらにペルオキシダーゼ，カタラーゼ，プロテアーゼなどの酵素も含まれている（⇒植物ゴム）．トウダイグサ科の乳液には骨状・亜鈴状など特異な形の澱粉粒を含み，ケシ科ではアルカロイドの一種モルフィンを含んでいる．色は乳白色が多いが，タケニグサ，クサノオなどケシ科では黄褐色．乳液の生理的意義は不明．

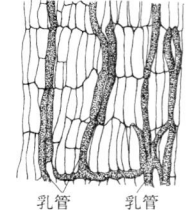

タンポポの主根の二次篩部（縦断面）

e **乳癌** [breast cancer] 乳腺に発生する*癌腫．欧米に多いが，近年日本でも急激に増加しており死亡数はこの20年間で倍増している．稀に男性にもある．発生と増殖には，エストロゲンレベルが重要な働きをしており，内因性エストロゲンレベルが高いこと，外因性ホルモンとして経口避妊薬の使用，閉経後のホルモン補充療法が危険因子である．生理・生殖要因としては，初経年齢が早い，閉経年齢が遅い，出産歴がない，初産年齢が遅い，授乳歴がないことが危険因子となる．家族性乳癌ではがん抑制遺伝子である *BRCA1* と *BRCA2* の異常が関連することが知られている．罹患率は 30 歳代から増加し 50 歳前後をピークとして漸減する．初発症状の 80％以上はしこりの触知で，疼痛が 10％程度に認められる．進行するとリンパ行性転移で所属リンパ節へ転移し，さらに進行すると肺，肝，骨，脳など全身に血行性転移を生じる．死亡数の減少のためにマンモグラフィーや超音波での検診の普及による早期発見の増加が望まれる．腫瘍組織におけるエストロゲン受容体(estrogen receptor)・プロゲステロン受容体(progesteron receptor)の発

現の程度, HER2受容体の発現の程度は, 予後因子であるとともに治療法の選択に重要となる. 動物ではマウスに特に多く, またイヌやシロネズミにも比較的多く発生する. ウシやウマには少ない. マウスの乳癌発生には遺伝因子, ホルモンによる刺激, 母乳を通じて伝達される乳癌ウイルス(乳因子 milk factor)の3条件の関連が証明されている.

a **乳癌ウイルス** [mammary tumor virus] *レトロウイルス科ベータレトロウイルス属に属するRNAウイルスの一群. ホルモン依存性乳腺腫(乳癌)を作る. J.J. Bittner(1936)が, 乳癌好発系として選択されたC3H系マウスの母乳中に乳癌を起こす乳因子(milk factor)として見出した. その後数種のマウス乳癌ウイルス(mouse mammary tumor virus, MMTV)が発見されている. マウス以外の動物からは分離が困難. ゲノムは, 約9000塩基長の+鎖RNA. 約1300塩基の長い末端反復配列(LTR)をもち, そのなかに約960塩基の*オープンリーディングフレームをもつという特徴がある. 逆転写によって合成されたDNAは, 宿主染色体に組み込まれる. ウイルスは母から子へ垂直伝播される. (1) MMTV-S:BittnerがC3H系のマウスから発見した乳因子で, 通常母乳を通じて経口感染し発癌率は高い. (2) MMTV-L:内在性ウイルスとして垂直感染するが発癌率は低い. (3) MMTV-P:GR系マウスで発見されたウイルスで, 妊娠に伴い, 高頻度でホルモン依存性乳腺腫を作り発癌に至る. 母乳を通じて腸管に侵入したウイルス粒子はリンパ球に感染し, 乳腺に達する. その際にウイルスがコードするスーパー抗原によりリンパ球が活性化し, 効率的な感染が起きる. 乳腺腫全体として, 発生過程には宿主の遺伝的抵抗性やホルモンなどが関与することが知られている. MMTVの完全ウイルス粒子をB粒子, 細胞質内にある未熟型または不完全型のものをA粒子と呼ぶ.

b **入鰓血管**(にゅうさいけっかん) [afferent branchial vessel] [1] 《同》鰓動脈. 鰓呼吸の無脊椎動物において, 全身から戻ってきた血液を*鰓に送りこむ血管. 生理学的には静脈血を運ぶ. 入鰓血管は鰓弓中で多数の小枝に分かれ, 鰓小葉の表面でガス交換を行い, 出鰓血管に集められる. 節足動物ではそれから囲心腔を経て心門から心臓に入り, 全身に送られる. 軟体動物では出鰓血管は直接に心耳・心室に連なる. 頭足類では入鰓血管が鰓に入る直前に鰓心臓があって, 静脈血の鰓への流入を助ける. [2] 《同》導入鰓動脈. 脊椎動物において, *鰓動脈のうち鰓に血液を導くまでの部分.

c **乳酸** [lactic acid] α-ヒドロキシプロピオン酸. L型(図)は*解糖の最終生成物であり, *乳酸脱水素酵素の作用により*ピルビン酸の還元によって生成される. 激しい筋肉運動が行われると筋肉内に乳酸が蓄積し, その一部は血流を介して肝臓に到達し, グルコースに再合成される(*糖新生). 乳酸はまた乳酸菌の*乳酸発酵や*大腸菌・*クロストリディウムの発酵で大量につくられ, 漬物や乳酸飲料の酸味の主成分になっている. その際, 生物の種類によってL型, D型, ラセミ体の生じる場合がある. 動物・微生物では炭素源としてよく利用される物質の一つ.

CH₃
HC-OH
COOH

d **乳酸菌** [lactic acid bacteria] 糖を発酵して乳酸を生成する, いわゆる*乳酸発酵を行うグラム陽性細菌の一群. *ファーミキューテス門バチルス綱(Bacilli)ラクトバチルス目(Lactobacillales)に属し, 形態的に球状の細胞を有する乳酸球菌(*Streptococcus* など)と桿状の細胞を有する乳酸桿菌(ラクトバチルス *Lactobacillus*)とに分かれる. このほか, アクチノバクテリア門に属し, 菌体の多型性を示すビフィズス菌(ビフィドバクテリウム属細菌)も含まれる. *Streptococcus* の数種を除き病原性はないとされている. 一般に酸性(pH3〜4)に対する耐性が強く, 嫌気的条件下で発酵的生育を行う. また, 多くは酸素耐性菌で好気条件下でも乳酸発酵で生育するが, 外界からヘミンやキノンなどの成分が供給されると呼吸能力も示す. 発酵生産物として乳酸のみを生成するホモ型乳酸発酵菌と乳酸以外の混合物も生成するヘテロ型乳酸発酵菌とがある. 動物の消化管内や植物体表面に生息するほか, 食品の発酵・酸敗に寄与する. また乳酸の製造にも利用され, 整腸薬, プロバイオティクスとしても利用される.

e **乳酸脱水素酵素** [lactate dehydrogenase] 《同》乳酸デヒドロゲナーゼ. 一般には, NADHを用いてL-乳酸を脱水素して*ピルビン酸とする細胞質酵素で, *解糖の最終段階を触媒する際にNADHを用いてピルビン酸を還元しL-*乳酸とする酵素がある. EC1.1.1.27. ΔG°′=-6.0 kcal. 分子量約14万. 動物には5種のアイソザイムが存在する. それらは2種のポリペプチド鎖MとHの異なる組合せの四量体(M_4, M_3H, M_2H_2, MH_3, H_4)である. 微生物などには, 異なる型の酵素のD-乳酸脱水素酵素(EC1.1.1.28)や, FMNおよびヘム含有L-乳酸脱水素酵素(*シトクロム b_2, EC1.1.2.3)なども存在している.

f **乳酸発酵** [lactic acid fermentation] 微生物の作用により糖質から主として乳酸を生成すること. ホモ乳酸発酵とヘテロ乳酸発酵の二つの形式が存在する. ホモ乳酸発酵はほとんど乳酸のみを生成するものであり, ヘテロ乳酸発酵は乳酸以外の生成物(酢酸, エタノール, 二酸化炭素など)を相当量生成するものである. 発酵形式は菌種や菌株に固有のものではなく, 培養条件などによっても異なる. 狭義の乳酸発酵は微生物による乳酸の生産であるが, 微生物による乳酸の生成は醸造, 漬物の製造, 乳酸飲料の製造など食品製造と密接な関係がある. 乳酸発酵を行う微生物としては, *乳酸菌と呼ばれる *Lactococcus*, *Streptococcus*, *Leuconostoc*, *Pediococcus*, *Lactobacillus* などの細菌や糸状菌に属する *Rhizopus oryzae* などの *Rhizopus* が知られている. 乳酸菌は, 嫌気的に乳酸を生成するが, *Rhizopus* は好気的に生成する. ホモ乳酸発酵では, エムデン-マイエルホーフ経路で生成したピルビン酸から乳酸脱水素酵素の作用で乳酸が生成する. これは筋肉における*解糖と非常に類似している. ヘテロ乳酸発酵では, ペントースリン酸回路の一部と解糖系の一部を経由して生成したグリセルアルデヒド-3-リン酸からピルビン酸を経て乳酸が生成し, アセチルリン酸からエタノールや酢酸が生成する. グルコースからグリセルアルデヒド-3-リン酸とアセチルリン酸が生成する経路を以下に示す.

グルコース ⟶ グルコース-6-リン酸 ⟶ グルコン酸-6-リン酸 $\xrightarrow{CO_2}$ リブロース-5-リン酸 ⟶ キシルロース-5-リン酸 ⟶ グリセルアルデヒド-3-リン酸 + アセチルリン酸

乳酸には鏡像異性体が存在するが, 生成される乳酸は微

生物の種類によってL(+)-乳酸, D(-)-乳酸, この両者などさまざまである. 食品や医薬品への利用のほか, 化成品(ポリ乳酸など)の原料として用いられている.

a **乳汁** [milk] 《同》哺乳類雌親の乳腺から分泌される液体. 蛋白質, 脂肪および炭水化物のほかにビタミンや無機物を含み, 特に脂肪(乳脂)は乳汁中にコロイド状に分散し, そのために乳白色に見える. 生まれたばかりの子は当分のあいだ乳汁だけを食物として育つ. 種によって, また出生時の発育度の違いにより栄養要求が異なるので乳汁の組成も異なる. また授乳期の進行に伴い, 初乳, 常乳, 末期乳と変化する. 牛乳の組成の平均的数値は, 水89%, 蛋白質3%, 脂肪3%, 炭水化物5%, 無機質0.7%, 熱量は1kg当たり600 kcalである. 牛乳の脂肪には飽和酸が多く, ビタミンAと少量のビタミンDを含む. 蛋白質は80%がカゼインで, ほかにラクトアルブミンとラクトグロブリンがある. 炭水化物はラクトースである. 無機物はCa, P, K, Na, Cl, Mgなど. Feはあるが少量. ヒトの乳汁は牛乳に比べて蛋白質が少なく(1.4%), 炭水化物が多い(7.2%)のほか, ラクトアルブミンが多い. 乳腺の発育と乳汁の分泌は, 主に雌性ホルモンと下垂体前葉のホルモンによって支配されている(→泌乳). 哺乳類以外の動物のうちにも, 例えばハトの嗉嚢からの吐きもどしである嗉嚢乳(crop milk)のように, 幼い子の餌となる液体を親の体から出すものがある.

b **乳漿蛋白質** [whey protein] 《同》乳清蛋白質. 乳蛋白質からカゼインを除いた可溶蛋白質成分. ウシ乳漿蛋白質の主成分はβ-ラクトグロブリン(β-lactoglobulin, β-LG. 含有量10%)とα-ラクトアルブミン(α-lactoalbumin, α-LA. 4%)で, 免疫グロブリン(0.6～1%), 血清アルブミン(0.1～0.4%)とκ-カゼインのプラスミン分解物(0.2～2.0%)を含む. β-ラクトグロブリンは, リポカリン族に属す疎水性分子の運搬体. ウシ乳β-LGは分子量1.8万の単純蛋白質で, ビタミンAやD3と結合できる. 胃では消化されず, ミルクアレルゲンとなる. 一方, ヒト乳はβ-ラクトグロブリンを含まないがα-ラクトアルブミンの含有量が高く, ウシの2倍. ウシ, ヒトともに123残基の単鎖構造でCa^{2+}とN型糖鎖を含む. リゾチームと相同(30～40%). 授乳期にはゴルジ装置に存在し, 乳腺上皮細胞のβ-1,4-ガラクトース転移酵素と結合して(制御サブユニット)基質ブドウ糖の結合能を下げる(3桁), ラクトース合成酵素に転換する. ヒトやウシのα-LAとオレイン酸の会合体(HAMLET: Human alpha-lactoalbumin made lethal to tumor cell)は, 腫瘍細胞死を誘導する.

c **乳腺** [mammary gland] 哺乳類の, *乳汁を分泌する*皮膚腺. 雄では痕跡的, 雌では性的成熟につれて発達し, さらに妊娠により著しく発達して分娩後は乳を分泌し, 新生児の哺育を可能にする. 複合胞状腺(→多細胞腺)で離出分泌腺であり, 汗腺の変形したものと考えられる. 発生学的には乳腺堤(mammary ridge, 乳腺隆起, 乳線 milkline)に由来し, その部の表皮が細胞索として真皮中に伸びて形成される. 乳腺堤は胚の前後肢芽の基部間腹面を前後に走る2条の外胚葉の肥厚で, この線上の一定部分で一定数の乳腺原基が分離する. ヒトでは受胎6週間目の胎児で認められる. 多くの動物でこの乳腺堤上に本来退化すべき乳腺原基が残存し, 乳頭(mammary papilla, nipple, teat, 乳嘴)を生じることがある. 過剰の乳腺を副乳腺(accessory mammary gland)といい, 乳頭だけが過剰に形成されたものを多乳頭(polythelia)や副乳頭という. またある程度発達したものを過剰乳房(hypermastism), 成体に過剰乳房が残存する現象を多乳房(polymastia)という. それらは乳腺堤以外にも形成されることがある. 乳腺開口部を乳区(milk area)というが, 単孔類のカモノハシでは左右1対ありその部位は平坦なままである. またハリモグラでは生殖時期にその部位がやや陥入して乳嚢(mammary pouch)となり, *育児嚢を形成する. その他の哺乳類で生じる乳頭は乳区の皮膚の突出で, 雄では痕跡的. 雌成体ではよく発達し, 乳児が乳汁を吸うのを助ける. 乳頭には乳区そのものが隆起したもの(例: 霊長類や有袋類)と, 乳区の周囲が隆起して管状の突起となり乳腺はその低部に開口するもの(例: 食肉類や反芻類)が区別され, 後者を偽乳頭(pseudo-nipple, false nipple)ということもある. クジラ類では偽乳頭が平らで, 乳腺は体表からの凹みの底部にあり, 子は口先を中にさしこみ, 母体より押し出される乳をうける. 乳腺の発育と*泌乳は*下垂体と雌性ホルモンの支配下にあり, 乳頭を吸う刺激が神経を介して視床下部-下垂体系に伝えられ, 下垂体前葉から分泌される乳腺刺激ホルモン(*プロラクチン)により乳汁の分泌が維持される. 乳腺とそれを取り囲む隆起部分全体を乳房(udder)といい, 泌乳時に特に発達する. 乳腺周囲の間質には, 乳腺管, 血管, リンパ管, 神経, 脂肪組織がある. ヒト・ウマ・ヤギ・ヒツジは1対, ウシは2対, ネコは4対, イヌは5対, ブタは5～8対の乳房をもつ.

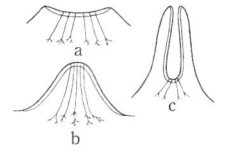

d **乳腺堤** [mammary ridge] →乳腺

e **乳腺発育ホルモン** [mammogen, mammogenic hormone] →プロラクチン

f **乳頭突起** [papilla] [1]《同》絨毛, 乳頭毛. 植物の表皮細胞から作られた毛状突起のうち最も短く, 先端は円頭～鈍頭をなすもの. 機能的には水の接着を防ぎ(ハスの葉面), 外観的には特殊の光沢(パンジーの花弁内側), 霜白色の色感(ミヤマシラスゲの果嚢の表面)を伴う. [2]《同》パピラ. コケ植物の細胞表面にある突起. 丸かったり尖っていたり, 分枝したりさまざまな形を示すので, 分類形質として使われる. これに対して細胞表面にある凸レンズ状のふくらみはマミラ(mammila)と呼んで区別する. [3]藻菌類のミズカビ科やブラストクラディア科などの遊走子嚢に生じる突起. この部においては遊走子嚢の膜が薄くなっており, 遊走子が成熟すると破れて, ここに遊走子の逸出孔ができる. [4]サビキン類の冬胞子先端に見られる突起.

g **乳糜管** (にゅうびかん) [chyle duct, lacteal duct, chyliferous vessel] 腸管および腸間膜に分布し, 脂肪の吸収に重要な役割をもつリンパ管. 腸で脂肪酸とグリセロールに分解された脂肪はこの中に吸収されて小脂肪滴に戻り, また一部は脂肪のままでも吸収される. したがって消化時にはこの中のリンパは乳白色に濁っており乳糜と呼ばれる. 小腸の絨毛の中心部を縦走する中心乳糜管(central lacteal)に始まる. 中心乳糜管は拡張している状態では毛細血管より太く, 内壁は内皮細胞により

覆われる．平滑筋がゆるいらせん状に取り囲む．

a　ニューカッスル病ウイルス　[Newcastle disease virus]　NDV と略記．*パラミクソウイルス科パラミクソウイルス亜科アビュラウイルス属の，鳥類の病原ウイルス．T. M. Doyle(1927) の記載．ウイルス粒子は直径 150〜200 nm で，*エンベロープをもつ．粒子に RNA ポリメラーゼをもつ．ゲノムは約 1 万 5000 塩基長の一鎖 RNA．ニワトリニューカッスル病の病原体で，伝染力が強く，気管支炎・肺炎・下痢や痙攣・麻痺などを起こし，死亡率が高い．他の鳥類にも致死病変をきたし，ヒトにも結膜炎を起こす．発育鶏卵の漿尿膜およびニワトリ胚，ウシ腎臓，ヒト胎児，HeLa 細胞などの各種培養細胞で増殖する．各種動物の赤血球を凝集し，細胞融合も起こす．*インターフェロンの産生を誘導する効率が高いため，*センダイウイルス (HVJ) とともにインターフェロンの試料作製用にしばしば用いられる．

b　ニューコープ　Nieuwkoop, Pieter Dirk　1917〜1996　オランダの発生生物学者．アフリカツメガエルの正常発生表を作成し，イモリ胚を用いて神経誘導を研究，両生類胚における背側中胚葉を誘導する植物極背側領域の機能を発見．

c　ニューストン　[neuston]　《同》ノイストン，水表生物．海洋，湖沼，河川などの水域の生物のうち，水の表面張力でできた表面膜に付着して，その直上(epineuston, supraneuston) あるいは直下(hyponeuston, infraneuston) に生活する生物の総称．表面膜は，そこに生息する生物に付着基板と良い餌環境を提供する．表面膜には低分子の有機物や空気中から懸濁態有機物が集まりやすく，これらを利用する細菌が増えるためである．ただし，表面膜にある物質や生物は有害な紫外線にさらされやすい．鞭毛虫，ヒカリモ，アメンボなどの他，ボウフラ，稚魚など，幼期だけ水面直下で過ごすものも含む．やや大形の生物で自らの浮力で水面に浮き水面上・水面下にまたがって生息するものは，プリューストン（浮表生物・プロイストン pleuston, マクロプリューストン macropleuston）と呼ばれ，ウキクサ類やカツオノエボシ，ギンカクラゲがその例である．水鳥を pteropleuston と呼ぶこともある．ニューストンは元来 E. Naumann (1917) の造語で，池などの小さな水域では，水表面薄層で生育する特有の水生微生物が顕著に見られるとして，プランクトンや他生物と区別したのが原意．またプリューストンは元来 C. Schröter と O. Kirchner (1896) が水生植物（浮水植物，ウキクサ・サンショウモ・ホテイアオイなど）について提唱した語．

d　ニュスライン゠フォルハルト　Nüsslein-Volhard, Christiane　1942〜　E. B. Lewis のホメオティック遺伝子による胚発生の支配説に刺激を受け，E. Wieschaus とともにショウジョウバエの突然変異株の分離に専念，150 頭の体節変異個体を拾い出し，15 の遺伝子群を含むことを明らかにした．初期胚発生の遺伝的支配の発見により，Lewis, Wieschaus とともに 1995 年ノーベル生理学・医学賞受賞．

e　ニューラルネットワーク　[neural network]　《同》人工ニューラルネットワーク，ニューラルネット．*ニューロン（神経細胞）の入出力特性を数学的に記述し，それらを多数結合させて構成した神経回路モデル．1943 年に W. S. McCulloch と W. Pitts がニューロンを，活動時の出力を 1，休止時の出力を 0 で表現する素子に近似し，それらの素子間を結合させた神経回路モデルを提案したのが最初．入力側から出力側へ前向き方向のみに信号が伝播するフィードフォワード型と双方向に信号が伝播するリカレント型に大別される．ネットワークの入出力特性は素子間の結合の強さを繰り返し修正するという学習により決定される．ニューラルネットワークは複雑かつ高次元の非線形特性（例えば，音声，文字，画像など雑多な情報を含むデータの中から意味をもつ対象を選別するパターン認識）を表現する能力があり，脳科学，情報科学，システム科学，ロボティクスなど幅広い分野で応用される．

f　ニューロキニン A　[neurokinin A]　《同》K 物質，サブスタンス K，ニューロキニン α，α-ニューロキニン，ニューロメジン L．H-His-Lys-Thr-Asp-Ser-Phe-Val-Gly-Leu-Met-NH$_2$ *サブスタンス P の*アゴニストとして構造決定された*タキキニンの一つ．ニューロキニンとサブスタンス P は細胞内に共存し，共通のプレプロタキキニンから合成される．ニューロキニン A の受容体は*G 蛋白質結合型で*ロドプシンとの共通性が高い．

g　ニューロコンピューティング　[neurocomputing]　神経細胞をモデル化した*闘素子を構成要素とした計算機構による情報処理．闘素子（マッカロ-ピッツの神経モデル）の結合様式を大別して，層状のフィードフォワード型と相互結合型を考えることが多い．前者の代表的なものが*パーセプトロンおよびその多層化されたもので，パターン分類，パターン変換などの処理を行う．後者は相互に結合されたネットワークの平衡状態としてパターンを記憶し，適当な入力パターンに対してあるパターンを想起したり，問題の解となるパターンを示したりする．闘素子が取りうる状態は {0,1} のような離散値か，区間 (0,1) の点のような連続値が考えられる．このような種々の枠組みに共通して，情報処理や計算のアルゴリズムは，結合の重み，すなわち素子間の結合の有無やその強弱の値によって表現される．処理の様式は分散並列処理であり，結合の重みは可塑的であって，必要に応じて学習により改善できる．

h　ニューロステロイド　[neurosteroid]　脳内の神経細胞において合成される*ステロイドホルモンの総称．コレステロールからプレグネノロンを経て，エストラジオール，*テストステロンをはじめさまざまなステロイド化合物が合成される．その生合成経路は末梢内分泌腺におけるステロイドホルモンのものと類似であるが，末梢内分泌系とは独立にグリア細胞や小脳のプルキニエ細胞などで合成，分泌される．ニューロステロイドは，分泌した細胞自身およびその近傍の細胞に対して作用すると考えられている．（⇌オータコイド）

i　ニューロテンシン　[neurotensin]　pyroGlu-Leu-Tyr-Glu-Asn-Lys-Pro-Arg-Arg-Pro-Tyr-Ile-Leu ウシの視床下部から抽出された脳-腸管ペプチドの一つ．脳内では視床下部・基底核・扁桃核など，消化管では回腸の内分泌細胞で生産される．後者は脂肪食により放出され，胃酸分泌や消化管運動を抑制する．そのほかに，体温低下や成長ホルモン，および*プロラクチンの放出促進，血管拡張，鎮痛作用が知られている．

j　ニューロパイル　[neuropile]　神経組織において，細胞体が存在せずニューロンおよび*神経膠細胞の突起が密集している部位．特に無脊椎動物における神経中枢

である*神経節で顕著で，ここでシナプス前繊維(軸索やその側枝)とシナプス後ニューロンの樹状突起が集まってシナプスが形成される．

a **ニューロフィラメント** [neurofilament] 《同》神経細糸，神経繊維．ニューロンに多量に含まれている*中間径フィラメント．ニューロンの形態を維持する細胞骨格として機能すると考えられる．フィラメントの表面にはケバ様の構造が見られる．軸索内のようにニューロフィラメントが平行に走る場合でも，このケバによって1本1本のフィラメントにある距離が保たれている．哺乳類ニューロンのフィラメントは分子量20万，16万，6万8000の3種類のポリペプチドからなり，これらの蛋白質は一群となって軸索内を極めてゆっくりした速度(1日当たり1mm)で移動する(⇒軸索内輸送)．ニューロフィラメントと微小管の量比は，若い動物では低く，成熟につれて増加する．また変性あるいは老朽化したニューロンでは，ニューロフィラメントの異常な増加や変形が認められる．原始的なものでは，哺乳類の場合とは異なり，2種類(または1種類)のポリペプチドから構成されている．

b **ニューロメジン** [neuromedin] 脳および脊髄に存在する平滑筋収縮(あるいは弛緩)作用をもつ一連の神経ペプチドの総称．多くは，多蛋白質前駆体遺伝子によってコードされ，高分子量の前駆体蛋白質のプロテアーゼによる切断によって生ずる．タキキニン(tachykinin)系のニューロメジンK，L，ボンベシン(bombesin)系のニューロメジンB，*ニューロテンシン系のニューロメジンN，およびニューロメジンU，Sに分類される．タキキニン系ニューロメジンには運動神経の興奮や平滑筋収縮の作用が示されている．ニューロメジンLはこれらの薬理作用に加え，細胞増殖作用もある．ボンベシン系ニューロメジンは子宮筋を収縮させるが，ボンベシンに比べてはるかに弱い．ニューロメジンUには非常に強い子宮筋の収縮作用のほか，摂食抑制，生物時計調節，ストレス応答作用がある．ニューロメジンSは視交叉上核に特異的に分布し，*概日リズムを調節する．

c **ニューロン** [neurone, neuron] 《同》神経単位．細胞体とそれから出る突起とをあわせた神経系の構造的および機能的単位．W. Waldeyer (1881) の命名．単に*神経細胞というべきだが，ニューロンが単一の細胞であることがわからなかった当時の用語である．細胞体は核とその周囲の細胞質とからなり，また突起には通常，短い樹状突起(dendrite)と長い*軸索(軸索突起 axon)の2種類がある．神経繊維は後者によりつくられる．正常な興奮の伝導は樹状突起・細胞体から軸索に向かって起こり，*シナプスを経て伝達され，次のニューロンの樹状突起・細胞体または効果器に興奮が伝えられる．このようにニューロンはシナプスによって他のニューロンと機能的連絡をもち(シナプス結合)，神経系としての機能を発揮する．軸索の末端は多数に細かく分岐し，次のニューロンの樹状突起に終わる．あるものはさらに細かい分岐をなして細胞体に終わり，その先端は膨らみをもつことなどで他と形態を異にし(哺乳類では0.5μmほどの大きさ)，終末ボタン(terminal button)となり，細胞膜に密着する．このようにして樹状突起および細胞体上にはいくつかの軸索からきた無数(大きい細胞体では数千個に達する)のボタンが付着する(⇒シナプス)．中枢神経系は極めて多数のニューロンがそれぞれ独立の素子として連なりあってできており，各ニューロン内部には部位的な機能の分化がある，という考えはS. Ramón y Cajalらが提出し，ニューロン説と呼ばれた．

d **ニューロン新生** [adult neurogenesis] ニューロン発生(neurogenesis)のうち，胎生期，発達期ではなく，通常，成体でニューロンが新たに生成されること．従来，成体におけるニューロン新生は否定されていたが，J. Altman (1962) は，³H-チミジンを用いて分裂細胞をラベルし，ラット成体脳でニューロンが新生することを発見した．齧歯類では，成体になっても，海馬の歯状回の顆粒下帯(SGZ)と側脳室外側壁の脳室下帯(SVZ)に神経幹細胞が存在し，前者は顆粒細胞を，後者は主に嗅球の介在ニューロンを産生しつづける．成体ニューロン新生は，ヒトを含む哺乳類のほか，鳥類の高次発声中枢や，魚類のより広範囲な脳領域で報告されている．成体ニューロン新生は環境や神経活動によって変動し，学習，記憶など精神活動との関連が注目されている．

e **尿** [urine] 排出器官により体液から濾過・分泌などの過程で捕集(尿分泌・尿生成)され体外に出され，特に同時に*排出される水分とともに溶液状態をなす排出物質．一般に，大量の水を摂取する淡水産動物の尿は低張かつ多量であり，これに反し陸生動物の尿は高張で量も乏しく，砂漠動物ではそれが著しい．尿酸を主要な排出物質とする昆虫類，陸生爬虫類，鳥類では，排出器官での濃縮の仕事が容易であり，固形の排出物を生成し，体の水分平衡を有利にしている．脊椎動物の腎臓での尿生成(⇒濾過-再吸収説)において，アンモニアなど限られた成分は腎臓組織自体の中で作られるが，他はすべて体内の他の諸器官で形成され，血漿中に既に存在する．尿細管内の濃縮率は成分ごとにまちまちである(表，クリアランス)．血漿中の濃度が一定値(ヒトではグルコースで約0.17％)を超えてはじめて尿中に出現するような成分は閾物質(threshold substance)と呼ばれ，Na⁺，K⁺やグルコースなどがこれに属する(⇒再吸収)．蛋白質分解産物，特にクレアチニンやSO₄²⁻は，このような閾がみられない非閾物質(nonthreshold substance)である．ヒトの全尿量は通常は1日1000～2000mL，尿の比重は1.001～1.040間を変動(多くは1.015～1.020)する．正常人尿のpHは5～8(通常6)の間にあって，植物性食品の摂取時にはアルカリ性(主にKHCO₃のた

健康人の血漿成分と尿成分の濃度

	成　　分	血漿(％)	尿(％)	濃縮率(倍)
有機成分	蛋白質	7～9	―	―
	グルコース	0.10	―	―
	尿　素	0.03	2	70
	尿　酸	0.004	0.05	12
	クレアチニン	0.001	0.075	75
無機成分	Na⁺	0.30	0.35	1
	K⁺	0.020	0.15	7
	Ca²⁺	0.008	0.015	2
	NH₄⁺	0.001(?)	0.04	40
	Cl⁻	0.37	0.6	2
	PO₄³⁻	0.009	0.15	16
	SO₄²⁻	0.003	0.18	60

め)に，肉食時には酸性(主にNaH_2PO_4)に傾いて血液の酸塩基平衡を保持させる．一般に肉食脊椎動物の尿は透明で酸性(NaH_2PO_4，硫酸塩)であり，これに対し草食動物ではアルカリ性でかつ混濁(Ca，Mgのリン酸塩や炭酸塩)している．

a **尿酸** [uric acid] 《同》2,6,8-トリヒドロキシプリン．ケト型とエノール型の間の互変異性をもつ，弱い二塩基酸(pK_1=5.4，pK_2=10.6)．水にはごく微量溶け(約0.0025%)，アルコールやエーテルにはほとんど溶けない．加熱しても溶融せず400℃以上で分解する．鳥類，陸生爬虫類，昆虫類(双翅目を除く)では窒素代謝の主要な最終生成物として排出される．軟体動物の二枚貝類や，哺乳類でも霊長類ではかなり排出され，比較生化学の観点から注目される(酵素欠如現象)．痛風患者の尿や血液に多い．チョウの翅などにも遊離して含まれ，またヒトやウシの赤血球には9-D-リボヌクレオシドの形で見出されている．プリン塩基分解の重要な中間体で，キサンチン酸化酵素によってキサンチン，ヒポキサンチンが酸化されて生じ，尿酸酸化酵素によってアラントインに酸化される．(⇒尿酸形成)

ケト型　　エノール型

b **尿酸形成** [uricogenesis] 生体が窒素代謝の過程において尿酸を産生する現象．尿酸をつくって排出することを尿酸排出(uricotelism)といい，それを行う動物を尿酸排出動物(uricotelic animal)という．蛋白質代謝およびプリン代謝によって生ずるアンモニアは生体に有害なので，多くの動物ではそれを尿素に変えて排出するが，鳥類やヘビやトカゲ類，多くの昆虫では尿酸を最終産物としてつくり排出する．これは生殖・発生の方法と関連するもので，閉鎖卵内で発生するこれらの動物の場合には，多量の尿素の形成は尿毒症を引き起こすので，これを不溶性の尿酸に変える機構が発達してきたものと解釈されている．尿酸合成の経路は，肝細胞のミトコンドリアで窒素代謝によってグルタミンを形成する段階から始まり，これが細胞質に出てホスホリボシル二リン酸と反応しホスホリボシルアミンが合成される．ホスホリボシルアミンとグリシン，グルタミン，アスパラギン酸，二酸化炭素からイノシン一リン酸が，さらにヒポキサンチンが合成され，このヒポキサンチンが酸化されてキサンチンとなり，さらに酸化を受けて尿酸となる．プリンであるアデニンとグアニンはそれぞれ脱アミノ基作用によりヒポキサンチンとキサンチンになり，最終的に尿酸となる．窒素代謝最終産物として尿素を生ずるか尿酸を生ずるかは，進化に関係の深い問題であるが，それとともに生態的な関係もあり，水の少ないところにいるものは排出に水を必要としない尿酸をつくる傾向がある．(⇒尿素形成)

c **尿酸酸化酵素** [urate oxidase] 《同》ウリカーゼ(uricase)．尿酸の酸化を触媒する酵素．EC1.7.3.3．尿酸を酸化してアラントイン，CO_2と過酸化水素を生成する．

尿酸+$2H_2O$+O_2→アラントイン+CO_2+H_2O_2

哺乳類では肝臓・腎臓・脾臓などに局在し，また魚類・両生類・斧足類・腹足類・甲殻類・双翅類・刺胞動物・棘皮動物などの動物，*Aspergillus*などの糸状菌にも見出されている．ヒトはじめ多くの霊長類の組織内にはこの酵素は見出されておらず，排出される尿成分は尿酸が主で，アラントインは存在しない．

d **尿素** [urea] 《同》カルバミド(carbamide)．$CO(NH_2)_2$ 炭酸のジアミド．ヒトの蛋白質終末分解産物の中で最も大きな割合を占め，通常食で1日尿中に25～30g排出され，尿中総窒素量の87%近くに達する．両生類の成体，軟骨魚類，哺乳類について一般に同じ傾向が存在する．これらの生体における尿素の形成は尿素回路による．*ウレアーゼにより加水分解して二酸化炭素とアンモニアを生ずる．尿素は窒素肥料としても重要である．

e **尿素回路** [urea cycle] 《同》オルニチン回路．一回転するとNH_3，CO_2とアスパラギン酸のアミノ窒素から尿素が生成する回路(図次頁，⇒尿素形成)．H. A. KrebsとK. Henseleit(1932)が哺乳類の肝臓における尿素形成の機構を解明した．肝臓においては(1)の反応でNH_3とCO_2から2分子のATPを用いてカルバモイルリン酸が生成する．この反応には微量の*N*-アセチルグルタミン酸を必要とする．アセチルグルタミン酸の生成はアルギニンにより阻害され，系全体が調節をうける．(2)の反応ではオルニチンとカルバモイルリン酸が反応してシトルリンとなり，(3)でこれとアスパラギン酸がATPのエネルギーを用いて縮合してアルギニノコハク酸となる．(4)の反応でアルギニノコハク酸はアルギニンとフマル酸に分解され，(5)の反応でアルギニンは尿素とオルニチンに分解される．植物や細菌にも尿素回路の全酵素が存在する．

f **尿素形成** [ureogenesis] 生体が窒素代謝の過程で尿素を生産する現象．窒素代謝の最終産物として尿素をつくり排出することを尿素排出(ureotelism)，そのような性質の動物を尿素排出動物(ureotelic animal)といい，無尾類，哺乳類，爬虫類中のカメ類，魚類中の軟骨魚類，肺魚類(夏眠中)などがこれに属する．一般に動物の尿素形成能は生育環境，特に水と密接な関係にある．水の少ない環境に住む陸生動物では，アンモニアを毒性のほとんどない尿素に変えて解毒する能力が適応的に形成されたと考えられ，オタマジャクシがアンモニア排出性であるのに，カエルになると尿素排出性になるのはこのよい例．また，水生のカメは尿素だけだが，陸生のカメは尿素と尿酸，硬骨魚類や肺魚類(水中生活)はアンモニアと尿素とを生ずる．無脊椎動物ではカタツムリなど陸生の腹足類は尿素の排出量が多い．尿素形成は通常肝臓で行われ，その機構は尿素回路による．植物，ときとして微生物(アカパンカビなど)の体内にも尿素が見出される．(⇒尿素浸透性動物，⇒尿酸形成)

g **尿素血** [uraemia] 尿素浸透性動物の血液中に多量の尿素が含まれる現象．海産の軟骨魚類の血液は硬骨魚類の血液とほぼ等量の塩類を含むが，さらに2%あるいはそれ以上の尿素を含み，この尿素は血液の浸透調節にあずかる(⇒尿素浸透性動物)．淡水の軟骨魚類の血液は約0.6%の尿素を含み，海産軟骨魚類の血液の性質がある程度残存することを示す．いずれの軟骨魚類も尿素がなくては心臓の拍動を続けられない．

h **尿素浸透性動物** [ureosmotic animal] 尿素を含

むことにより体液や組織の浸透濃度を外界(海水)のそれとほぼ等しく保っている動物.サメやエイなどの海産軟骨魚類,総鰭類のシーラカンス,両生類では海岸にすむカニクイガエル(*Fejervarya cancrivora*)がこれに属する.板鰓類の体液浸透濃度はおよそ無機イオン55％,尿素35％,トリメチルアミンオキシド10％の割合で保たれている.肝臓における尿素合成(→尿素回路)は盛んであるが,肝臓だけでなく筋肉,胃,腸で尿素を合成する種も知られている.一方,腎臓では硬骨魚類のように海水から入る塩類を活発に体外に排出する働きはないが,逆に尿素に対しては不透過性の鰓をそなえ,また尿細管には尿素の再吸収を行う特別の節が発達し,尿素の体外流出を防いでいる.

a **尿道** [urethra] 哺乳類における尿の排出路の一部で,膀胱から外尿道口までの単一の管.雄では陰茎の中を縦走しその先端に開口し,尿だけでなく途中で輸精管と合して精液の通路をも兼ね,泌尿生殖輸管(urogenital duct)をなす.雌では膣前庭において膣口前に開口し,尿のみの通路をなし,雄のそれに比し短い.

b **尿道球腺** [bulbourethral gland ラ glandula bulbourethralis] 《同》球尿道腺,カウパー腺(Cowper's gland).大部分の哺乳類の雄の*尿道に開口する腺.1対あり,*尿道腺から分化.その分泌物は無色透明の粘液で,精液の液体成分の一つ.雌の大前庭腺(バルトリン腺 gland of Bartholin)に相当.

c **尿道腺** [urethral glands ラ glandulae urethrales] 《同》リトレ腺(Littré's gland).哺乳類雌雄の*尿道の諸所に開口する複合管状腺.*粘液を分泌する.(→尿道球腺)

d **尿膜** [allantois, allantoic membrane] 脊椎動物羊膜類において,胚体の後腹方の内臓葉(内胚葉+内臓中胚葉)の膨出として生じる*胚膜.速やかに拡大して漿膜腔中に広がり,薄い膜の壁をもった嚢として尿嚢(allantoic sac, allantoic vesicle)を形成し,細い柄すなわち尿嚢柄(allantoic stalk,尿嚢管)によって胚体の消化管と連続する.排出器官(老廃物の貯蔵)として働くが,鳥類や爬虫類では後に漿膜と合して卵殻の下に広がり,血管網を発達させ呼吸器官としても働く(→漿尿膜).哺乳類では尿膜の血管は絨毛膜の絨毛の中に入り,*胎盤の形成にあずかる.ただしヒトなどでは尿膜の発達は悪く,胎盤の形成にはほとんど関与しない.

e **ニーレンバーグ** NIRENBERG, Marshall Warren 1927～2010 アメリカの生化学者.UUUの配列がフェニルアラニンの遺伝暗号であることを明らかにし,遺伝暗号解析の突破口を開いた.この発見が引き金となり,遺伝暗号表が完成.この業績によって,H. G. Khorana, R. W. Holley とともに1968年ノーベル生理学・医学賞受賞.その後,神経生物学に移り,神経細胞の分化の問題について研究.

f **任意交配** [random mating] 《同》無作為交配.集団遺伝学の用語で,集団中の個体の間で選り好みなく交配の行われること.与えられた遺伝子座について,任意の二つの遺伝子型の交配する確率がそれぞれの遺伝子型の頻度の積に等しい場合には,この遺伝子座について任意交配が行われている.このため,ある遺伝子座に関しては任意交配でも,別の遺伝子座については任意交配でない場合もありうる.任意交配は本質的には集団中での配偶子間の無作為的結合と同等である.(→同類交配,→ハーディ-ワインベルクの法則)

g **人間工学** [human factors, ergonomics] 機械の設計や運用に人間の特性をとり入れることによって人間と機械との調和をはかり,事故やミスを軽減し,人間-機械系(man-machine system)全体としての性能を高めることを目的とする学問.

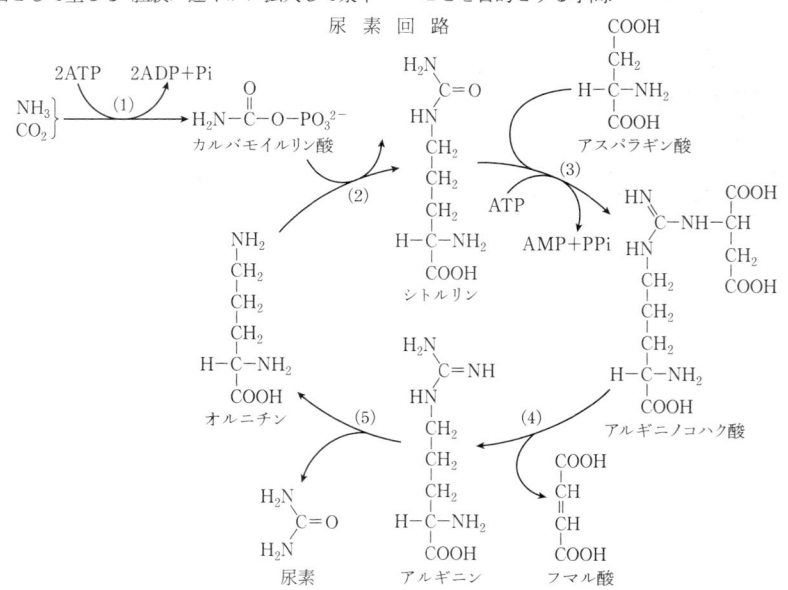

尿素回路

(1) carbamoylphosphate synthetase (2) ornithine carbamoyltransferase (3) argininosuccinate synthetase (4) argininosuccinate lyase (5) arginase

a **認識** [recognition] 【1】感覚情報に基づいて，対象物が何であるか，どこにあるかを知る能力．例えば，視覚情報に基づいて対象物を同定する能力を視覚物体認識と呼ぶ．同種動物の間の個体認知(individual recognition)，雌雄の認識，表情の認識なども含まれる．【2】生体が自己あるいは自己に適合するものと非自己とを識別すること．生体が何らかの刺激を受容体で受容し，識別した結果起こった変化・反応を含めていう．抗原攻撃を受けた免疫担当細胞に起こる変化(免疫的認識 immunological recognition)はその例である．

b **認識色** [recognition coloration] 動物の*標識色の一種で，それによって仲間どうし目につきやすく，社会的行動の*リリーサーとして役立つ色彩や斑紋．雌雄間の信号として機能するものでは，ミドリヒョウモンのオレンジ色の翅や，アカスジドクチョウの翅の赤い帯，雄間の闘争を引き起こすトゲウオの赤い腹やヨーロッパコマドリの赤い胸の羽毛，また育児に関わるものの例では，サルの仲間のルトンの子のオレンジ色の体毛などが知られている．なお，サンゴ礁に生息するサザナミヤッコやタテジマキンチャクダイの幼魚が成魚と著しく異なる色彩をしているのは，攻撃回避に役立つと考えられている．

c **妊娠** [gestation, pregnancy] 一般には哺乳類の*胚が母体との間に*胎盤を形成し発生を進める現象およびその状態．*胎生のサメ類・硬骨魚類・爬虫類などにおいても，胎盤あるいはそれに類似したものを形成して胚と母体との連絡を生ずる場合は妊娠と呼ばれる．哺乳類では，*胚盤胞の状態で子宮におりてきた胚は，はじめは子宮腔に遊離状態で存在する．一方，*排卵した卵巣の*黄体(妊娠黄体)は*黄体ホルモンを分泌するに至り，このホルモンの影響下に*子宮内膜は機械的な刺激に反応して*脱落膜を形成する能力を与えられ，そこに胚が*着床する．着床前に黄体を除去すれば，黄体ホルモンを補給しないかぎり着床は起こりえない．ラットやマウスでは着床に発情ホルモン(⇌エストロゲン)の関与も証明されている．胚盤胞は脱落膜にとりまかれるが，やがて胎盤が発達してくると脱落膜はしだいに縮小し，結局は胎盤底部に母性胎盤として残留するだけになる．着床後の妊娠の維持についても黄体ホルモンが重要な役割を果たし，黄体の除去はしばしば妊娠中絶(胎児の吸収・流産)を引き起こす(ネズミ，ウサギなど)．黄体を除去しても妊娠の進行に影響のない動物(ヒト，モルモット)もあるが，これらでは胎盤が黄体ホルモンを分泌するからである．胎生のヘビやサメなどでも黄体には黄体ホルモンがあり，黄体除去は妊娠中絶を起こすが，種による差がある．妊娠期の長さはゾウが20カ月余，キリン14カ月，ウマ11～12カ月，ウシ9カ月，イヌ約2カ月，ネコ約2カ月，ネズミ約3週．ネコやネズミなどでは胎児を除いても胎盤は子宮壁について成長し，予定の妊娠期間の終わりに放出されるので，妊娠期間を決定するものは胎盤であるとされる．*分娩のときには黄体ホルモンの効果が減少し，子宮収縮の起こる条件がそろって胎児が娩出される．分娩の発来に*プロスタグランジンが関与していることがヒツジで知られている．妊娠中には胚の発育に適するようないろいろな物質代謝の変化が母体に起こる．

d **妊娠黄体** [corpus luteum of pregnancy] 妊娠中の動物の*卵巣にみられる*黄体．各種の黄体のうちで最も大きい．黄体ホルモンを分泌して，妊娠の継続に関与する．妊娠黄体は通常，分娩のときまでその活動を続ける．

e **認知心理学** [cognitive psychology] 生体の行動を一種の情報処理システムと見なし，注意，知覚，学習，記憶，思考といった種々の処理について明らかにしようとする心理学．刺激と反応の間の関係に強調点を置く*行動主義心理学と対する．認知心理学における代表的な学者として，J. Piaget や J. S. Bruner があげられる．

f **認知地図** [cognitive map] 動物が，経験によって環境のなかの対象間の位置関係を把握して，意識のうえで形成する環境についての認知的な地図．E. C. Tolman が最初に用いた．(⇌場の理論)

g **ニンヒドリン** [ninhydrin] $C_9H_6O_4$ 分子量178.14. 1,2,3-インダントリオンの水和物で，アミノ酸の鋭敏な呈色試薬．α-アミノ酸をニンヒドリンと加熱すると一級アミンでは青紫色を呈する．しかし，二級アミンのプロリンやヒドロキシプロリンでは黄色を示す．これをニンヒドリン反応(ninhydrin reaction)といい，この反応は濾紙*クロマトグラフィーや濾紙*電気泳動上でのアミノ酸やペプチドの同定，およびアミノ酸自動分析における定量などに用いる．

ヌ

a **ヌクレアーゼ** [nuclease] 核酸やその分解物であるヌクレオチド，ヌクレオシドを加水分解する酵素の総称．狭義には，(1)高分子量の核酸のリン酸ジエステル結合を加水分解するホスホジエステラーゼ(すなわちヌクレオデポリメラーゼ，ポリヌクレオチダーゼ(polynucleotidase)，EC3.1.11群～3.1.30群)を指す．基質特異性の点から，RNAに作用するリボヌクレアーゼ(RNアーゼ)，DNAに作用するデオキシリボヌクレアーゼ(DNアーゼ)，両者に対して作用するものに分類できる．これらは，二本鎖のDNAやRNAに作用するものと一本鎖のDNAやRNAに作用するものに分類できる．さらに反応の機構により，基質の3′末端または5′末端からヌクレオチド単位で切り出す*エキソヌクレアーゼと基質の内部にあるリン酸ジエステル結合を切断する*エンドヌクレアーゼに分類される．それ以外に，(2)ヌクレオチドを加水分解する*ヌクレオチダーゼ，(3)ヌクレオシドを加水分解または加リン酸分解する*ヌクレオシダーゼ(ヌクレオシドホスホリラーゼを含む)，(4)ヌクレオチドの塩基を脱アミノするヌクレオチド脱アミノ酵素などがある．

b **ヌクレオシダーゼ** [nucleosidase] ヌクレオシドの N-グリコシド結合を加水分解して糖(一般にD-リボース)と塩基にする酵素の総称．EC3.2.2群に属する．狭義には，プリンヌクレオシダーゼ(EC3.2.2.1)を指す．ジャガイモ，酵母，細菌などから抽出されている．基質特異性は材料によって異なり，プリンヌクレオシドに作用するもの，イノシンヌクレオシドだけに作用するもの(イノシンヌクレオシダーゼ inosine nucleosidase, EC3.2.2.2)，ウリジンヌクレオシドだけに作用するもの(ウリジンヌクレオシダーゼ uridine nucleosidase, EC3.2.2.3)，およびプリンヌクレオシド，ピリミジンヌクレオシドの両方に作用するものなどが見出されている．デオキシヌクレオシドは分解しない．

c **ヌクレオシド** [nucleoside] 塩基と糖とが N-グリコシド結合をした化合物．糖がD-リボースのものがリボヌクレオシド(ribonucleoside)で，そのうちプリン塩基を含むプリンリボヌクレオシド(一般にはプリンヌクレオシド)には，アデノシン(A)，グアノシン(G)，イノシンなどがあり，ピリミジン塩基を含むピリミジンヌクレオシドにはシチジン(C)，ウリジン(U)，チミジン(T)などがある．RNAの分解によって得られる．糖がD-2′-デオキシリボースのものをデオキシリボヌクレオシドといい，DNAの酵素分解によって得られる．DNAおよびRNAの成分として含まれるヌクレオシドの主要なものの名称を表に示した．なお，デオキシリボヌクレオシドの一文字英語略記は，同じ塩基のリボヌクレオシドの略記の前にdをつける(dAなど)が，DNA中にあることが明らかなときにはdを略する場合が多い．またこれらの略記は便宜的に塩基を示すために使われることも多い．(⇌ヌクレオチド)

	デオキシリボヌクレオシド
DNA	デオキシアデノシン(dA,A)　デオキシシチジン(dC,C) デオキシグアノシン(dG,G)　(デオキシ)チミジン(dT,T)
	リボヌクレオシド
RNA	アデノシン(A)　　　シチジン(C) グアノシン(G)　　　ウリジン(U)

d **ヌクレオシドキナーゼ** [nucleoside kinase] ヌクレオシドのリボースまたはデオキシリボースの5位のヒドロキシル基をリン酸化する酵素の総称．転移酵素のEC2.7群に属する．一般に基質ヌクレオシドの塩基と糖部の双方に特異性をもつが，特異性の高いものから広いものまで種々存在する(例：チミジンキナーゼ(EC2.7.1.21)，アデノシンキナーゼ(EC2.7.1.20))．リン酸基の供与体は主としてATPであるが，GTP，CTP，ピロリン酸などを供与体とするものもある．ヌクレオチド合成の*サルベージ経路の一部を担う．また，抗がん剤や抗ウイルス剤として用いられるヌクレオシドのアナログ化合物が効果を発揮するためにはまず，本酵素によりリン酸化されることが必要．広く細菌，植物，動物に存在．培養細胞・ウイルス感染細胞および胸腺・再生肝・がん組織など増殖の盛んな組織において高発現する．

e **ヌクレオシド系逆転写酵素阻害剤** [nucleoside analogue reverse transcriptase inhibitor] NRTIと略記．(同)核酸系逆転写酵素阻害剤．ヒト免疫不全ウイルス(HIV)に有効なヌクレオシド誘導体．HIVの*逆転写酵素の基質となり，cDNAの伸長過程を阻害．アジドチミジン(ジドブジン)，ジダノシン，ザルシタビン，ラミブジン，サニルブジン，アバカビル，エムトリシタビンは，2′,3′-ジデオキシリボースまたはその類縁体を分子中に有し，細胞内に取り込まれたのち5′位が3リン酸型に活性化される．また，テノホビルDFは生体内でテノホビルに代謝された後リン酸化される．テノホビルの含有する核酸は厳密にはヌクレオチドであるが，NRTIに分類される．これらの化合物のHIV逆転写酵素に対する親和性は正常細胞のDNAポリメラーゼに比べて数十倍高いため，選択的な抗ウイルス活性を示す．

f **ヌクレオシド-5′-三リン酸** [nucleoside 5′-triphosphate] *ヌクレオチドのうち5′-三リン酸エステルの総称．2個の高エネルギーリン酸結合をもち，生体内エネルギー転移，リン酸供与体，補酵素および*核酸生合成の直接の前駆体などとして重要な役割をもつ．DNAおよびRNAの生合成の前駆体となるヌクレオシド-5′-三リン酸の種類と略記号を，表(次頁)に示した(⇌アデノシン三リン酸)．通常，対応する塩基をもったヌクレオシド-5′-二リン酸のATPによるリン酸化により生成する．また，ヌクレオシド-5′-二リン酸は，通常，ヌクレオシド-5′-一リン酸のATPによるリン酸化により生成する．(図次頁)

g **ヌクレオシドホスホリラーゼ** [nucleoside phosphorylase] リン酸存在下で*ヌクレオシドを加リン酸分解して，プリン*塩基，ピリミジン塩基とペントースリン酸を生ずる反応(ヌクレオシド+オルトリン酸 ⇌ 塩基+リボース-1-リン酸)を触媒する．この反応は可逆で，ヌクレオシドの分解と合成双方に関与する．基質

構造式(例：GTP)

DNA生合成の前駆体

デオキシリボヌクレオシド三リン酸	
デオキシアデノシン三リン酸	(dATP)
デオキシグアノシン三リン酸	(dGTP)
デオキシシチジン三リン酸	(dCTP)
(デオキシ)チミジン三リン酸	(TTP)

RNA生合成の前駆体

リボヌクレオシド三リン酸	
アデノシン三リン酸	(ATP)
グアノシン三リン酸	(GTP)
シチジン三リン酸	(CTP)
ウリジン三リン酸	(UTP)

ヌクレオシド-5′-三リン酸

特異性の異なるものがいくつか知られており，例えばプリンヌクレオシドホスホリラーゼ(EC2.4.2.1)はグアノシン，デオキシグアノシン，イノシン，デオキシイノシンに働き，脾臓・肺・肝臓・心筋・赤血球・酵母に存在し，小腸・血液にも少量ある．ピリミジンヌクレオシドホスホリラーゼとしてはウリジンとチミジンにそれぞれ特異的な酵素が知られている．生理的にはヌクレオシドの分解，あるいは他種ヌクレオシド生成のためのリボースリン酸を供給する役割をもつと推定されている．

a **ヌクレオソーム** [nucleosome] *クロマチンの基本構成単位となるDNA-ヒストン蛋白質構造体．ヌクレオソームは*ヒストンH2A, H2B, H3, H4のそれぞれ2分子ずつからなるヒストン八量体(histone octa-mer)，すなわちヒストンコア(histone core)の周囲にDNAが巻きついた構造を基本とする．マイクロコッカルヌクレアーゼなどでDNA切断処理することで生じるヌクレオソームコア粒子(nucleosome core particle)とコア粒子間をつなぐリンカーDNA (linker DNA)の二つの部分に分けられる．コア粒子はヒストンコアとその周囲に長さ146ヌクレオチド対のDNAが左巻きに2周分(1周80ヌクレオチド対の長さで)巻きついて構成され，図のようなシリンダー状の形をしている．モノヌクレオソーム(mononucleosome)はヒストンコア粒子とこのDNAより約20ヌクレオチド対だけ長くなったリンカーDNAの部位にヒストンH1の分子が1個結合した構造体である．クロマチンはヌクレオソームがビーズ状(数珠状)に連なったもので，ヌクレオソーム間の距離はランダムではなく，かなり規則正しい間隔で分布している．リンカー部まで含むDNAの長さは細胞の種類で異なり，カビ，ウサギの大脳皮質ニューロンの約160ヌクレオチド対からウニの精子の241ヌクレオチド対の範囲にある．ヌクレオソームは連なって，まず直径約10 nmの繊維を形成し，これが1周約6か7ヌクレオソームになる形でソレノイド状に巻いた高次構造が30 nmの繊維を形成している．ヒストンH1分子はこの30 nmの繊維にさらに結合し，この構造体を安定化させていると考えられている．ただし30 nm繊維は人為構造とする報告もある．コアヒストンのアセチル化，メチル化，リン酸化などにより相互作用する蛋白質が大幅に変化し(ヘテロクロマチン，ユークロマチンなど)，ヌクレオソームの高次構造形成，転写活性，染色体機能やそれらの維持機構に根本的な影響を与える．

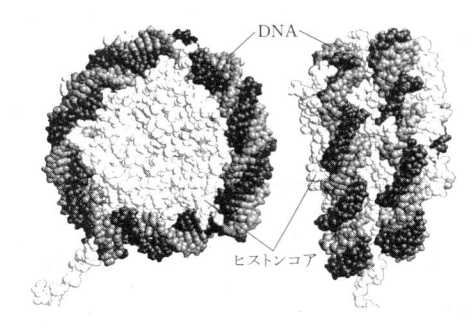

b **ヌクレオソーム配置** [nucleosome positioning] 《同》ヌクレオソーム分布．ゲノム上において*ヌクレオソームの位置がある一定の規則性をもって分布していること．折れ曲がりやすいDNAはヌクレオソームを形成しやすく，このゲノム上の分布によりヌクレオソームの形成位置が決まると考えられる．ヌクレオソームの形成位置により転写などの反応が調整される可能性がある．

c **ヌクレオチダーゼ** [nucleotidase] モノヌクレオチドの糖とリン酸との間のリン酸エステル結合を加水分解し，無機リン酸とヌクレオシドを生成する酵素．特異的ホスファターゼ．5′-ヌクレオチダーゼ(EC3.1.3.5)は広く生物界に存在する．アデノシン(イノシン)-5′-リン酸などに作用し，3′-リン酸には作用しない．前立腺，精液，脳，網膜，ヘビ毒，ジャガイモ，酵母，大腸菌などに含まれる．大腸菌ではペリプラズム(periplasmic space)に局在する酵素の代表例とされているほか，真核細胞でも，通常，膜構造に結合して存在するという．3′-ヌクレオチダーゼ(EC3.1.3.6)はアデノシン-3′-リン酸などを加水分解する酵素で，麦芽，ジャガイモ，枯草菌などに見出される．ラット肝リソソームから，2′-，3′-，5′-ヌクレオチドに対して作用する広い特異性のもの(EC3.1.3.31)が見出されている．T偶数系ファージ感染大腸菌から3′-デオキシヌクレオチダーゼ(EC3.1.3.34)が見出されているが，これはリボヌクレオチドには作用しない．

d **ヌクレオチド** [nucleotide] 糖部分が*リン酸エステルになっている*ヌクレオシド．核酸は塩基がピリミジン塩基またはプリン塩基のヌクレオチド(ピリミジンヌクレオチド pyrimidine nucleotideおよびプリンヌ

クレオチド purine nucleotide) の重合体（ポリヌクレオチド）である．天然にはヌクレオチドは核酸合成の前駆体やリン酸供与体，アロステリック効果因子として遊離状態で存在するほかに，いろいろな補酵素，または補酵素の構成成分になっているものが多い．糖部分が D-リボースのものをリボヌクレオチドといい，糖部分が D-2′-デオキシリボースのものをデオキシリボヌクレオチドという．ヌクレオチドは通常アデニル酸，デオキシアデニル酸などと呼んでいるが，正確にはヌクレオシドの糖部分に結合しているリン酸の位置とリン酸の数を示して，アデノシン-5′-一リン酸(5′-AMP と略記．以下同様)，デオキシアデノシン-5′-一リン酸(5′-dAMP) などと呼ぶ（なお，ヌクレオシド-5′-二リン酸は，ADP，dADP などと略記する）．DNA の加水分解により生成するものは 3′-dNMP か 5′-dNMP，RNA から生ずるものは 2′-NMP，3′-NMP または 5′-NMP であり，アルカリ加水分解で生じる 2′-NMP と 3′-NMP は 2′,3′-無水物を経て生成する(N=A, G, C, T あるいは U)．生体内には 3′,5′-環状 AMP(cAMP) のようにリボースの 3′ と 5′ の間で環状のリン酸エステルを形成している環状ヌクレオチド (cyclic nucleotide) も存在する．DNA および RNA の加水分解により生成する主なヌクレオチドの種類と略記号を表に示した（ただしリン酸の結合位置は略）．(⇨ピリミジン生合成経路，⇨プリン生合成経路，⇨サルベージ経路)

DNA	デオキシアデニル酸	dAMP
	デオキシグアニル酸	dGMP
	デオキシシチジル酸	dCMP
	(デオキシ)チミジル酸	TMP
RNA	アデニル酸	AMP
	グアニル酸	GMP
	シチジル酸	CMP
	ウリジル酸	UMP

a **ヌクレオチドピロホスファターゼ** [nucleotide pyrophosphatase] NAD$^+$, NADP$^+$, FAD, ATP, ADP, チアミン二リン酸などのヌクレオチドピロリン酸結合を切る反応を触媒する酵素．EC3.6.1.9. 無機二リン酸やそのモノエステルには作用しない．生物界に広く見出される．

b **ヌクレオヒストン** [nucleohistone] DNA と塩基性蛋白質*ヒストンとの複合体で，核蛋白質の一つ．その結合は主としてヒストンの塩基性アミノ酸残基の側鎖と DNA のリン酸基間のイオン結合によると考えられている．真核細胞の核内 DNA はこのヌクレオヒストンを主成分とする DNA-蛋白質複合体がデオキシリボ核蛋白質または*クロマチン（染色質）であり，これが細胞分裂期に棒状形態をとったものがクロモソーム(*染色体) である．DNA とヒストンの重量比は 1:1 で，0.5〜0.6 M 食塩水ではヒストン 5 成分のうち H1 が選択的に解離し，それ以上の食塩濃度では H2A, H2B が H3, H4 より解離しやすいがその区別は明確ではない．2 M 以上の食塩水でほぼ完全にヒストンと DNA に解離し可溶化する．食塩濃度を下げていくと再結合し，0.14 M 食塩水で完全に結合して白い糸状沈澱となるが，さらに低い濃度の食塩水では解離せずに溶ける傾向がある．(⇨ヒストン，⇨ヌクレオソーム)

c **ヌクレオプロタミン** [nucleoprotamine] DNA と強塩基性蛋白質*プロタミンがイオン結合した核蛋白質の一つ．ある種の魚類や鳥類の成熟精子核の主成分をなす．水に難溶．1 M 以上の食塩水には両成分に解離して溶け，食塩濃度を 0.14 M に下げると，ふたたび結合して白い糸状沈澱となる．ニシン・サケ・マスからのものは，60〜70％の核酸と 30〜40％のプロタミンからなり，核酸のリン酸基とプロタミンのアルギニン残基とはほぼ 1:1 の当量関係で存在する．

d **ヌクレオポリン** [nucleoporin] 核膜孔複合体を構成する蛋白質の総称．略して Nup と呼び，それに分子量を付記したものが各 Nup の名称（例：Nup62, Nup153, Nup107 など）となっている．種間でアミノ酸配列上の類似性は低いが，機能と形状が保存されたサブコンプレックスを形成する．核膜孔複合体の中央本体部は，三つのリング状構造をつくるヌクレオポリン (scaffold Nups) とそれを核膜にアンカーする膜貫通型のヌクレオポリンから構成される．中央部の permeability barrier は central Nups と呼ばれるヌクレオポリンで形成され，細胞質繊維や核質側バスケット構造は peripheral Nups と呼ばれるヌクレオポリンで形成される．scaffold Nups の核膜孔複合体内のターンオーバー時間は数時間から数十時間と長いのに対し，peripheral Nups のターンオーバー時間は数秒から数分と短い．open mitosis を呈する真核細胞では，ヌクレオポリンの中には核膜と核膜孔複合体が崩壊した細胞分裂期にキネトコアに局在し，紡錘体の安定性や染色体分配に寄与するなど，核輸送以外に重要な機能をもつものが多い．

e **ヌクレオモルフ** [nucleomorph] 二次共生起源の色素体において共生者の核が残存した構造．*クリプト植物や*クロララクニオン藻に見られる．これらの生物において色素体内側 2 枚と外側 2 枚の膜の間は共生者の細胞質に由来すると考えられ色素体周辺区画（葉緑体周辺区画 periplastidal compartment) と呼ばれ，ヌクレオモルフと真核生物型リボソームが存在する．核膜と核孔および核小体様構造をもつ．ゲノムは 0.3〜1 Mb，主に*ハウスキーピング遺伝子を含み，数本の染色体からなる．ヌクレオモルフの分裂に紡錘体の関与は見つかっていない．

f **ヌードマウス** [nude mouse] 1962 年に N. R. Grist によってアルビノ系のマウスの群れから偶然に発見された無毛，無胸腺の遺伝子異常マウス．ホモの nu/nu の表現型質は，毛の角質化異常による無毛と，第三咽頭嚢の外胚葉に由来する胸腺原基の発生異常による胸腺ストローマ（胸腺上皮）細胞分化の先天的欠如による成熟*T 細胞の欠損である．これらの異常は第 11 番染色体上の遺伝子 *Foxn1* の点突然変異によるもので劣性支配される．マウスの正式名称は *Foxn1nu* である．胸腺上皮が形成されないため胸腺での T 細胞分化が生じないので成熟 T 細胞が欠損しているが，造血幹細胞から T リンパ球への潜在的な分化能力は正常である．従って T 前駆細胞自体には異常はなく，ヌードマウスの骨髄細胞を*SCID マウスあるいは全身致死量 X 線照射正常マウスに移植すると，正常に T 細胞が生成されてくる．一方，B 細胞の分化，機能は正常である．*マクロファージ，*ナチュラルキラー(NK) 細胞の機能も正常である．ヌードマウスでは第三咽頭嚢から発生する副甲状腺などの他の器官には異常は見られない．この点は，ヌードマウスと比較されるヒトの先天性免疫不全症であるディジョージ症候群 (Di George's syndrome) とは異

なっており，ディジョージ症候群では胸腺欠損の他に心臓と顔面の奇形，副甲状腺などの内分泌異常を伴っている．T細胞がほとんど存在しないので，同種異系や異種の移植片拒絶反応やIgG抗体産生などのT細胞機能に依存する免疫応答能が欠如している．特に，ヒトのがん細胞，がん組織や種々の組織を比較的高率に移植することができるため，T細胞機能の免疫学的研究だけでなく，腫瘍，移植などの研究に広く利用されている．しかし，老齢化やウイルス感染に伴って，ヌードマウスにもかなりのT細胞が出現する(leaky)ことが明らかになっており，また一部のT細胞(例えばγδT細胞)は胸腺外環境でも分化しうると考えられており，そのようなT細胞は正常に存在する．近年，*RAG1およびRAG2ノックアウトマウスなどの獲得免疫系がより完全に欠損したマウスの利用が増えてヌードマウスの使用機会は減少傾向にある．なお，先天的に体毛欠損をもつマウスの系(例えばshaven(sha)，hairless(hr)など)もあるが，これらは胸腺を正常にもっており，ヌードマウスとは区別される．

a **沼正作**(ぬま しょうさく) 1929〜1992 生化学者．京都大学医学部教授．神経伝達物質受容体とイオンチャネルの分子構造を解明．筋興奮収縮関連の研究にも尽力したほか，エンドルフィンが小型ペプチドであることを証明．

b **ヌムリテス** [nummulites ラ Nummulitidae]《同》貨幣石類．リザリア下界有孔虫門 Nummulitidae の一属．J. B. Lamarck (1801) により命名された．大型有孔虫のヌムリテスは，その形態から貨幣石と呼ばれる．*古第三紀の*示準化石．エジプトのピラミッドなどの石材にも含まれる．ヌムリテスは単細胞なので微化石に分類されるが，数cmを超える殻径をもち，ときに10cmの大きさに達することもある．*新生代古第三紀暁新世に出現し，始新世中期に繁栄し，漸新世に絶滅した．テチス海を起原とし，カリブ海，太平洋にも分布を広げ，日本では小笠原諸島，天草，沖縄など熱帯・亜熱帯地域の石灰岩から産出する．

ネ

a **根** [root] [1] 維管束植物において，茎とともに軸をなす器官．通常は体の支持および水の吸収を主な機能とし，地下にある．初期の陸上植物で茎の方が先に存在することなどからみて，陸上植物への進化により発達した器官と考えられる．他の植物器官に比べて形態的一致が著しく，これは地中の環境に変化がとぼしいためと考えられる．先端に*根冠があり，内部には内皮に囲まれた放射中心柱がある．分枝は常に内皮の内側の*内鞘から内生的に生じ，茎および葉が外生的に形成されるのと極めて対照的（⇔側根）．裸子植物と単子葉類を除く被子植物とでは幼根が伸長して主根となり，木生のものは形成層を生じて肥大する．単子葉類では幼根の成長は発芽後まもなく停止し，不定根の伸長により*ひげ根となるのが普通．先端から少し後方に，表皮細胞の変形としての*根毛がある．肥大して貯蔵の役をするようになった根を貯蔵根という．なお根の変型として*根針・*気根・*呼吸根・*同化根などがある．[2]藻類や固着動物などが基盤に固着している部分を，形態的類似から便宜的に根と呼ぶことがある．

b **ネーアー** NEHER, Erwin 1944〜 ドイツの生物物理学者．パッチクランプ法を開発し，生体膜にイオンチャネルが存在することを立証して，その機能を明らかにした．B. Sakmannとともに，1991年ノーベル生理学・医学賞受賞．

c **ネアンデルタール人** [Homo sapiens neanderthalensis, Neandertals] 狭義にはドイツのデュッセルドルフに近いネアンデル渓谷の石灰岩洞窟から1856年に偶然に発見された化石人骨．広義には今から20万〜3万年前の中期旧石器時代に，ヨーロッパから中近東，さらには中央アジアに分布した旧人類の地方グループ．これを研究したボン大学のH. Schaaffhausenは，現生人類に比べて原始的特徴が多いところから，かつてヨーロッパに住んだ先史人の遺骨とみなした．これに対しR. Virchowが，原始的形質と見られた特徴はいずれも病的または老人性の変形であるとして強く反対したため，その人骨はその後40年以上もボンの州立博物館に放置された．20世紀初頭に至り，G. Schwalbeは，Virchowが病的と考えたのはすべて原始人類の特徴であると結論した．この仲間の化石人骨はスピー（1886），クラピナ（1895〜1905，⇒クラピナ人骨），ル・ムスティエ（1908），ラシャペローサン（1908，⇒ラシャペローサン人骨）などのヨーロッパ，カルメル山（1934）などの中近東の各地から合計1000体分以上発見されている．これらの人骨は頭蓋容量が1300〜1600 cm^{3}で，頭高は低く，眼窩上隆起が強く，下顎前面は前方に著しく傾斜しているため，頤（おとがい）隆起が認められない．埋葬など高い精神性を示す証拠を遺している．リス-ヴュルム間氷期およびヴュルム氷期第II期に生存したと考えられている．ネアンデルタール人は，Homo neanderthalensisという独立の種を形成するものと考える研究者がいる一方，現生人類と同じく*ホモ=サピエンスの中に分類する研究者がいる．なお一部の学者は，ヨーロッパのヴュルム氷期第II期に属するもののみをネアンデルタール人として厳密に区別する．（⇒ホモ=サピエンス，⇒人類の進化）

d **ネアンデルタール人論争** [Neanderthal dispute] *ネアンデルタール人と新人型ホモ=サピエンス（⇒ホモ=サピエンス）との間の系譜関係にかかわる論争．ネアンデルタール人は，脳頭蓋は大きいが低く，額が傾斜し，眼窩上部に太い隆起があり，口もとが突出して頤（おとがい）隆起がないなど，すぐ後の時代の*クロマニョン人などの新人とは形態的な特徴が著しく異なるため，ネアンデルタール人の位置づけについて19世紀の終わり頃から激しい論争が繰り返された．G. SchwalbeやA. Hrdličkaらは，ネアンデルタール人は，クロマニョン人に変容して現在のヨーロッパ人の直接の祖先となったと考えた．他方，ヨーロッパの多くの人類学者は，進化の袋小路に入って特殊化しすぎた結果，クロマニョン人などのより進化したグループによって絶滅させられた人びとであるとした．この論争はネアンデルタール人ゲノムが解読された現在でもなお続いている．

e **ネイサンズ** NATHANS, Daniel 1928〜1999 アメリカの分子生物学者．バクテリアのポリペプチドの伸長因子の発見，ピューロマイシンの阻害機構の解明，無細胞蛋白質合成系でファージRNAがコート蛋白質の合成を指令することなどの発見をした．SV40の研究を行い，ウイルスDNAの構造と機能の研究にはじめて制限酵素を導入し，その後のDNA研究に大きな変革をもたらした．1978年，H. O. Smith, W. Arberとともにノーベル生理学・医学賞受賞．

f **根井正利**（ねい まさとし） 1931〜 日本出身のアメリカの進化学者．ペンシルヴァニア州立大学進化遺伝研究所所長．生物集団間の分岐年代を推定できる根井の*遺伝距離を提唱するなど，多くの有用な手法を開発した一方，大量の分子データを解析し*中立進化が分子進化の基本であることを示した．2002年国際生物学賞を受賞．[主著] Molecular population genetics and evolution, 1975; Molecular evolutionary genetics, 1987.

g **Neo 遺伝子**（ネオいでんし）[Neo gene] 大腸菌トランスポゾンTn5のもつ，アミノグリコシド3′-ホスホトランスフェラーゼをコードする遺伝子．この発見によって*カナマイシン，ネオマイシンなどアミノグリコシド系抗生物質のリン酸化による不活性化に関与する．動物細胞で発現させた場合，カナマイシンやネオマイシンに類似の構造をもち動物細胞の80Sリボソームに働く蛋白質生合成の阻害物質であるG418に対して耐性となる．*Ecogpt遺伝子と同様，Neo遺伝子を細胞への遺伝子導入の優性選択マーカーとして作製された形質導入ベクターをpSV2neoという．また，同様にアミノグリコシド系抗生物質を不活化するアセチルトランスフェラーゼやヌクレオチジルトランスフェラーゼが，抗生物質耐性菌から見出されており，アミノグリコシド修飾酵素（aminoglycoside modifying enzyme）と総称される．これらをコードする遺伝子も，各種のマーカーとして用いられる．

h **ネオカリマスチクス門** [Neocallimastigomycota,

Neocallimastigomycetes] 尾型鞭毛が後端に1本または多数ある遊走子を生じる菌類．広義のツボカビ類から分割されて設立された．6属20種がある．当初，ウシやヒツジなどの反芻動物のルーメン（第一胃）から見つかったため，ルーメン菌とも呼ばれる．反芻動物やウマやゾウなどの後腸発酵動物の消化管内に生息し，それらの動物が摂食した植物質を分解することによって宿主の栄養摂取に貢献している．ミトコンドリアを欠き，酸素の存在下では生育できない偏性嫌気性菌．菌体は分実性で，遊走子嚢と仮根からなる．有性生殖は不明．

a **ネオカルチノスタチン** [neocarzinostatin] 放線菌 Streptomyces carzinostaticus が生産するクロモペプチド系の抗腫瘍抗生物質．グラム陽性菌にも有効．不安定なクロモフォア部分（図）と，それを安定化する蛋白質部分（109個のアミノ酸からなり，分子量約1万700）．エンジイン（3重）部位の Bergman 環化によりラジカルが生成し，DNA鎖の切断をすることで抗腫瘍作用を示す．塩基対 A-T に親和性が高い．

b **ネオダーウィニズム** [neo-Darwinism] [1] 生物進化のメカニズムとして C. Darwin が提唱したさまざまな説のうちで，自然淘汰の原理のみを強調した見方．A. R. Wallace と A. Weismann が19世紀末に提唱した．彼らは，生殖質の独立と連続の思想に基づき，獲得形質の遺伝，つまりいわゆるラマルキズム的要因を否定した．また Weismann は，生物体内の諸部分間（例えば*デターミナント間）にも生存闘争が行われると考え，それが進化およびそれに関係する生物現象の普遍的要因であるとした（自然淘汰の万能）．その基礎には，デターミナントが分裂しながら増殖するとき，強力場デターミナントは多量の栄養をとってますます強力になり，弱いものはその逆になるとする生殖質淘汰（germinal selection）の考えがある．これは発がん過程を体細胞間に働く淘汰過程の考えで解析する最近の理論的考察に生かされている．[2] 1930〜1960年代に確立した進化の*総合説の別名．*メンデルの法則とダーウィンの*自然淘汰説を組み合わせた集団遺伝学理論を枠組みとした．現代の進化論でも適応的形質は自然淘汰によって形作られたものと考えるため，ネオダーウィニズムといえる．[3] 1960年代に明らかになった核酸や蛋白質分子の配列の多様性と進化について，すべてを自然淘汰によって説明しようとした考え．その後の研究により*中立進化論にとって代わられた．

c **ネオテニー** [neoteny] 《同》幼形成熟，幼生成熟．動物において，体器官の個体発生が生殖巣に比して遅れる現象．J. Kollmann（1885）の命名．K. E. von Baer（1866）の命名による幼生生殖（pedogenesis）とは区別される．後者は体成長に対し性的成熟が早まったと解釈される進化現象で，単為生殖的発生の場合もあり，吸虫類の二生類（⇌アロイオゲネシス）やタマバエ類（Miastor, Oligarces）はその例．ネオテニーの例として，メキシコサンショウウオ（Ambystoma mexicanum）は，産地により，一般の両生類が示すような変態を起こさずに幼生形のまま成熟する（これをアホロートル axolotl という）．環境条件の変化により変態するが，甲状腺ホルモン投与によりこの変態を起こさせうるので，この場合のネオテニーは甲状腺ホルモンの産生機構の不全によると考えられる．しかし別の有尾両生類 Necturus maculosus のネオテニーは，ホルモンの異常ではなく組織の反応性の欠如による．無脊椎動物では，イソギンチャク類の数種で幼期に生殖細胞が熟する場合や，イラモのスキフラ幼生に生殖腺が成熟する現象（のちに退化する）などがネオテニーの例とされ，ヤドリクシクラゲは他種のクシクラゲのネオテニーであるとの解釈もある．ネオテニーが進化に重要な役割を演ずるとの説が有力で，ヒトの進化は胎児化によるといわれる．G. R. de Beer は進化過程におけるネオテニーを，一般体部の発生が生殖器官の発生に比し遅れる現象と説明した．

d **ネオニコチノイド** [neonicotinoide] 《同》新規ニコチン様物質．クロロニコチニル系殺虫剤の総称．イミダクロプリド，アセタミプリド，ジノテフランなどが含まれる．タバコの葉に含まれるニコチンとその類縁物質ニコチノイドは，古くから殺虫作用が知られている．ネオニコチノイドは，ニコチンと同様に，昆虫の神経系シナプスの後膜に存在するニコチン性アセチルコリン受容体（nAChR）に結合して神経を興奮させ続けることによって死に至らしめると考えられる．ヒトなどの恒温動物も中枢神経系や末梢神経系に nAChR をもつが，ネオニコチノイドに対する感受性が低いため，恒温動物に対するネオニコチノイドの毒性は低い．しかし，昆虫に対しては選択的で高い効果を示すため，現在広く使われている農業用殺虫剤の一つである．

e **ネオラマルキズム** [neo-Lamarckism] J. B. Lamarck の学説の発展として主唱される進化学説の総称．A. S. Packard（1885）の造語．19世紀における進化論の確立以後，フランスとアメリカにおいてネオラマルキズムの有力な流派が形成された．*獲得形質の遺伝の主張が中心であるが，Lamarck の学説自体が多くの要素を包含していることを反映して，ネオラマルク派（neo-Lamarckians）と呼ばれる学者のなかには，種々の見解の者が包含されている．例えば E. D. Cope は，生物体にもともとそなわっている進化の原動力としての成長力（growth force）を認め，C. W. von Nägeli もほぼ同様の立場で完成化の原理を説き，*定向進化の思想に発展しているし，獲得形質の遺伝と定向進化の両思想を結合した，Lamarck 本来の思想に極めて接近した論者も多い．（⇌ラマルキズム）

f **ネキシンリンク** [nexin] *繊毛や*鞭毛において，軸糸内の9本の周辺微小管どうしを結合する構造（周辺微小管リンク interdoublet link）．R. E. Stephens により 16.5 kDa のネキシン蛋白質が考えられているが，その蛋白質としての実体は不明．鞭毛微小管が往復滑り運動を行うことから，ネキシンリンクは収縮性に富んだ構造であると考えられている．

g **ネクトケータ** [nectochaeta] 環形動物多毛類の後期*トロコフォア幼生．特にケヤリムシ目多毛類の後期幼生を指すことが多い．トロコフォアの発生が進むと，

その上体(口前繊毛環から上の部分，⇒トロコフォア[図])を口前葉，下体(口前繊毛環から下の部分)を囲口葉とし，さらにその後方に順次剛毛節がつけ加えられていく．また各剛毛節の左右に遊泳剛毛(nectochaeta)をそなえた*疣足の原基が形成される．こうして3対の剛毛束をそなえた時期以降の幼生をネクトケータと呼ぶ．

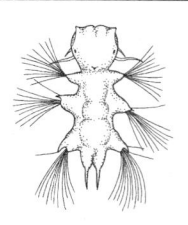

ゴカイの一種のネクトケータ

a **ネクトン** [nekton] 《同》遊泳生物．海洋，湖沼，河川などの水域の生物のうち，移動力が大きく，水の動きなどに逆らって水中を自由に遊泳して生活する生物の総称．*プランクトンに対置するものとしてE.H.Haeckel(1891)が*ベントスとともに提唱した造語で，その水域の遊泳生物の集合，いわば遊泳生物群集を意味するのが本義．水生生物に見られる多様な生活様式を類型化する場合に把握される生態群で，生物の種を類別する概念ではない．魚類や鯨類などのほかウミガメ類，頭足類，さらにペンギンなどの鳥類も含まれる．

b **ネーゲリ** NÄGELI, Carl Wilhelm von 1817〜1891 スイスの植物学者．茎と根の起原や成長，茎内維管束の走向，花粉や藻類の細胞分裂を記載．また細胞膜や澱粉粒の偏光顕微鏡による研究からミセル説を唱え，細胞はすべてミセル構造であるとし，さらにそれに基づきイディオプラスマ説を立てた．また，いろいろのミセルの集合によって，まれにではあるが，原始生物(probiae)が自然発生するとした．生物は完成の過程が停止すると死滅し，而して自然発生した種族に席を譲る．したがって現生生物の種類間にはなんら類縁関係はない．これはJ.B.Lamarckの思想に近い．自然淘汰説に対しては反対した．[主著] Mechanistisch-physiologische Theorie der Abstammungslehre, 1883.

c **ネコブカビ類** [Plasmodiophoromycetes, Plasmodiophorina] 被子植物・藻類・菌類に寄生，栄養体は多核の*変形体で菌糸をもたず，宿主細胞内で寄生生活をする，絶対寄生性の一群．変形体は減数分裂の後に単相核をもった遊走子嚢となり，遊走子を出す．遊走子は長短2本の尾型鞭毛をもつのでかつて変形菌類に置かれたが，現在では原生生物(リザリア)に分類される．遊走子は宿主体に侵入して変形体(単相核)となるか，配偶子となって接合して複相核の変形体を生じる．植物に異常肥大を起こすものがある．

d **捻れ(体軸の)** [torsion] [1]《同》扭転，捻転．軟体動物腹足類の正常発生で見られる，その初期に体軸が180°捻れる現象．ヴェリジャー期に筋肉が発達してくると90°ずつ2度にわたって捻れを生ずる．この結果，成体では肛門が頭の背面に来，神経は8の字を描いて交叉するため捻神経類(streptoneura)とも呼ばれた．捻れによって外套腔の開口や鰓もともに前方に向き，心耳が心室の前方に移動することから前鰓類の名がある．もともと右後方にあって左前方に移った鰓と心耳を残して他の側は退化消失している群もある．腹足類のうち後鰓類では一般に，個体発生中にいったん起こった捻れが戻る．このことを捻れ戻り(detorsion)と呼ぶ．後鰓類では90°あるいはそれ以上も捻れが戻り，外套腔およびそれに付属する鰓や肛門は体の右側または正中線上後ろ

向きに戻るため心臓の後方に鰓がある．有肺類と合わせて直神経類(Euthyneura)として一括されたことがある．[2] 植物の茎や花柄などの軸が，本来の位置から捩れる現象．ラン科の花柄などに見られる(⇒唇弁)．

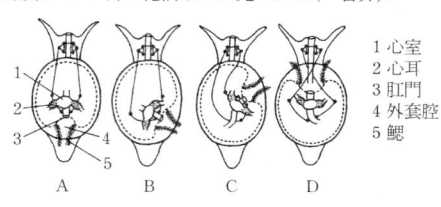

1 心室
2 心耳
3 肛門
4 外套腔
5 鰓

捻れによる神経交叉の模式想定図
A：捻れがない場合．捻れが起こると程度に応じて，B，Cのように神経・心臓・鰓の位置がずれると考えることができる．D：完全に捻れが起こったもの(オキナエビスなどの双鰓類)．腹足類のある類ではこれに加えて一側の鰓その他が退化し，捻れ戻りが起こっている．

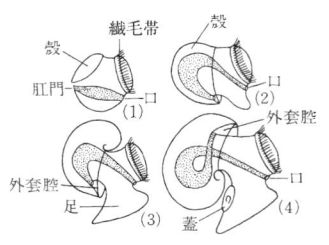

腹足類の発生初期における捻れの進行(1〜4)

e **ネース=フォン=エーゼンベック** NEES VON ESENBECK, Christian Gottfried 1776〜1858 ドイツの植物学者．自然哲学の代表者の一人で，動物学でL.Okenが果たした役割を植物学で演じた．熱帯の植物誌，特にコケ植物を研究．J. W. von Goetheの友人．[主著] Handbuch der Botanik, 1821.

f **ネズミチフス菌** [Salmonella enterica serovar Typhimurium] サルモネラ属細菌 Salmonella entericaのO抗原とH抗原の組合せによる血清型(serovar)に基づく病原性菌の一つ．人獣共通の病原菌であり，ウマの伝染病であるネズミチフス菌感染症の原因になるとともに，ヒトにも感染して食中毒を起こす．ネズミが媒介することに名の由来がある．通性嫌気性のグラム陰性桿菌で，周鞭毛による運動性を有する．1952年にネズミチフス菌LT2株とP22ファージの系で形質導入の現象が最初に発見され，それを利用して遺伝子微細構造の解析や形質発現の調節機構の研究などが大きく進展した．また*溶原化変換の現象もこの菌で発見され，上記O抗原を含むグラム陰性細菌の表層構造(⇒リポ多糖)のが，H抗原に対する鞭毛の研究，さらに最近では*エイムズ試験による変異原物質の検定など多方面の研究に広く利用されている．(⇒サルモネラ)

g **熱死** [heat death] 生物が高温環境下などで熱のために死ぬこと．致死温度は高温の作用時間に左右される．熱抵抗性は種によって大きな差があり，かなりの高温に耐える*温泉生物などそれぞれの種の生活環境と関連がある．同一種でも，性，発育段階，栄養，ホルモン，遺伝的変異，順応などの内因，環境の酸素濃度や浸透圧

などの外因によって変化する．組織間にも抵抗性の差があるが，一般に酵素，酵素系，組織細胞，末梢神経系，中枢神経系，個体の順に抵抗性が低くなる．熱死の原因としては次のようなものが考えられる．環境の酸素欠乏（水呼吸の場合）や呼吸色素と酸素の親和性の低下による窒息，それに伴う中枢神経系の麻痺による調節・協関機能の喪失，水分の蒸発による脱水，体内における有害物質などの代謝不良，塩分やイオンなどのバランスの不良，血液濃度上昇による循環不良，また細胞以下のレベルでは，脂質，特に細胞膜構成脂質の変化による透過性の増大，蛋白質や核酸の変性などが挙げられる．脂肪の融点は熱抵抗性に関係があり，飽和度の高い，すなわち融点の高い脂肪を食物として与えると熱抵抗性が増すという報告がある．特定の酵素の K_m 値や熱安定性，コラーゲンなどの蛋白質の熱安定性と細胞や個体の熱抵抗性の間に並行関係が見出される例も少なくない．(→火傷)

a **熱収支** [heat budget, heat balance] 〔同〕エネルギー収支 (energy balance)．物体(生物体を含む)と周囲の環境とのエネルギーの出入り．その関係を熱収支式 (heat balance equation) で表すことができる．熱収支の基本的な部分は放射収支 (radiation balance) である．森林や草原など生物の群集・個体，あるいは1枚の葉，動物，地球全体など任意の物体を考え，この物体に周囲から入ってくる放射 R_{in} と，その物体から出ていく放射 R_{out} との差を純放射(正味放射 net radiation)と呼び，R_n で表す．例えば森林について，R_{in} の内容は太陽からの短波放射 S_t (波長範囲はほぼ 0.3～3μm) と，雲や水蒸気・二酸化炭素・メタンなどの大気微量成分すなわち温室効果ガス(→地球温暖化)に由来する下向きの長波放射 L_d (波長範囲はほぼ 3～30μm) とから成り立つ．一方 R_{out} の内容は，物体表面で反射される短波放射 S_r と，物体表面から出される上向きの長波放射 L_u (絶対温度で表した物体の表面温度の4乗に比例)とからなる．以上の関係は次式で表され，これを放射収支式 (radiation balance equation) と呼ぶ．

$$R_n = R_{in} - R_{out} = (S_t + L_d) - (S_r + L_u) \quad (1)$$

物体の短波放射に対する反射率，すなわち S_r/S_t が*アルベドである．森林の熱収支を考えると，(1)式の R_n がエネルギー源となり，*蒸発散に由来する潜熱 (latent heat) λE (ここで λ は水の気化潜熱で，1gの水を蒸発させるのに，約2500Jの熱を要する)，大気を温める顕熱 (sensible heat) C，植物体や土壌を温める貯熱 (heat storage) G に使われる．これらの関係は次式の熱収支式として表される．

$$R_n = \lambda E + C + G \quad (2)$$

厳密には，(2)式には光合成で固定されるエネルギーも含まれるが，その値は他の項と比べるとはるかに小さいので，一般には無視される．また貯熱量は，丸1日，丸1年といった1周期を考えれば0とみなしうる．野外での熱収支は，(2)式における水蒸気も熱も大気の*乱流拡散で運ばれることから，水蒸気の拡散係数も熱の拡散係数も等しいと考えることができる．この仮定のもとに，森林や草原上などで，水蒸気や気温の傾度を測るとともに，純放射や貯熱量変化の微気象学的な測定から，λE と C を求めることができる．一般に，潜熱に対する顕熱の比，$C/\lambda E$ をボーエン比 (Bowen ratio) と呼ぶ．この比が小さいほど相対的に蒸発散が活発なことを意味し，逆に大きいほど顕熱輸送が支配的であることから，ボーエン比はその場の乾湿度を表す有効な指標として使われる．環境問題として注目されている*地球温暖化は，温室効果ガス濃度の増加に起因する(1)式の L_d の増加による．なお，熱収支は個体における熱発生と熱発散の出入りについてもいわれ，そのバランスの破綻により熱死，凍死といった傷害が引き起こされる．

b **熱ショック蛋白質** [heat shock protein] HSPと略記．細胞・組織あるいは個体が生理的温度より5～10℃高い温度（熱ショック）にさらされたとき，合成が誘導される一群の蛋白質．*ストレス蛋白質の代表的な例で，大腸菌から植物，脊椎動物にいたる全ての生物に共通．各蛋白質を表記する際には，HSP にその分子量の1000単位の数字を付し，例えば代表的な分子量7万の熱ショック蛋白質は HSP70 と称する．分子量と機能的な違いから HSP100 (分子量10万)，HSP90 (分子量9万)，HSP70 (分子量7万)，HSP60 (分子量6万)，HSP40 (分子量4万)，small HSP (sHSP，分子量3万以下)に大別される．熱ショック蛋白質は高温ばかりでなく，重金属やエタノール，酸素欠乏など，各種の細胞に対するストレスによっても合成が誘導される．高温をはじめとするストレスは細胞の蛋白質を変性させ，不溶性沈殿を形成して細胞に致命的な障害を与えるが，熱ショック蛋白質はこの害を除く機能をもつ．作用機作から次の2タイプに分けられる．(1)異常な構造をもつ蛋白質に結合し，沈殿形成を防ぐと同時にその再生を補助する HSP70 (大腸菌では DnaK)，HSP60 (GroEL) など．(2)変性蛋白質の再生を補助するとともに分解活性も併せもつ HSP100 (Clp) など．熱ショック蛋白質をコードする遺伝子の発現誘導は，熱ショックによって活性化された転写因子 (heat shock factor, HSF) の働きによって起こる．その誘導は転写レベルの調節によるものが主である．一方，熱ショック蛋白質のもつ変性蛋白質の再生を補助する機能は，平常時の細胞における新生蛋白質の折畳みにも必須であり（→分子シャペロン），したがって熱ショック蛋白質はストレスがなくても一定量蓄積している．さらに，細胞質・核，ミトコンドリア，小胞体，葉緑体にそれぞれアイソタイプの異なった熱ショック蛋白質が蓄積している．多くの熱ショック蛋白質の遺伝子は進化の過程で重複し，一方の遺伝子は熱ショックによってはじめて発現が誘導され，別の遺伝子は恒常的に発現するなどの使いわけや，遺伝子産物の細胞内局在が異なるなどの使いわけがある．

c **熱水生物群集** [hydrothermal-vent community] 海底から噴出する熱水に含まれる物質に依存する生物群集．世界各地の，プレートが接するなどで火山活動が活発な海底に見られる．光合成生物に依存する一般の生物群集と異なり，ブラックスモーカー (black smoker) などから噴出する熱水に含まれる高濃度の硫化水素などを利用して増殖する化学合成細菌が，この群集の一次生産者である．特にこれらの細菌が体内に共生しているハオリムシ類 (*Vestimentifera* spp.) やシロウリガイ類 (*Calyptogena* spp.) などの密度は極めて高く，現存量は熱水のない周辺の1万倍以上に達する．そのほかにも，シンカイヒバリガイ類 (*Bathymodiolus* spp.)，シンカイコシオリエビ類 (*Munidopsis* spp.)，蔓脚類 (*Neolepas* spp.) など，この群集に特徴的な動物群がある．また，さまざまな地質学的要因から，硫化水素やメタンを含む冷湧水が存在する海域にも，これらの動物群からなる類

似の冷湧水生物群集(cold-seep community)が見られる.

a **熱帯** [tropical zone] 赤道を含む最も高温の気候帯で，低温側は温帯と接する地域．W. P. Köppen は最寒月平均気温18°C 以上を熱帯，L. R. Holdridge は生物気温（平均気温が氷点下にならない地域では年平均気温と同じ）24°C 以上を熱帯，17〜24°C を亜熱帯とした．南北緯10°付近までは日変化気温で，年較差より日較差が大きく赤道帯(equatorial zone)として区別することがある．乾湿度に応じて熱帯雨林，熱帯モンスーン林，サバンナ，熱帯夏季少雨林などに区分される．土壌は鉄やアルミニウムの多い赤色土・ラテライトなどである．植物相のうえでは旧熱帯界(Paleotropical kingdom)と新大陸の新熱帯界(Neotropical kingdom)とに分ける．

b **熱帯多雨林** [tropical rain forest ラ pluviilignosa] 《同》熱帯雨林．一年中高温多雨の熱帯地方に見られ，常緑樹からなる植物群系．東南アジア，アマゾン流域，中部アフリカ，ニューギニアなど，赤道から南北へ約20°付近に及び，年降雨量 2000 mm 以上，かつ各季に平均に降雨がある地方に分布する．標高 1000 m 以下のものを指し，それ以上の標高のものは熱帯山地多雨林と呼ぶ．面積は大体 970 万 km^2 と推定される．鬱閉した林冠は 30〜50 m，超高木(emergent)と呼ばれる 45〜70 m の樹木が挺出している．成長は速く，一般に種類組成は非常に多様で*優占種がはっきりしない．芽は保護芽鱗をもたず，葉は無毛で厚く光沢のあるものが多い．群落内部は非常に暗くクチクラ層の発達が悪い．また葉の先端が尖ることがあり，滴下先端(drip-tip)をなし，葉につく水のきれをよくするというが，明らかでない．幹が地表付近で板状に広がった板根(buttress root)をもつものや，幹に直接花がつく幹生花(cauliflory)など特徴的な形態をもつ植物がある．林内が 80〜90% の湿度を保ち，*着生植物や*つる植物が多い．分解が速やかなため，地上の植物の遺体は長く堆積することなく，落葉落枝層の発達が悪い．多少乾燥したり，土壌条件が悪かったりするときには優占種がはっきりする．有機物の年生産量はタイの熱帯多雨林で 28.6 t/ha にものぼる．

c **熱中症** [heat stroke] 《同》熱射病，鬱熱症(heat retention)．高温環境下で，生体の熱放散が不足して熱収支が破綻することに起因する病的状態．水分・塩分やエネルギーの収支にも障害が生じ，体温上昇・発汗停止・意識不明などの全身症状を現し，対応が遅れると死に至る（⇒熱死）．激しい日射に因るものを特に日射病(sun stroke)という．

d **熱的中性域** [thermoneutral zone] ⇒代謝-温度曲線

e **ネットプランクトン** [net plankton] プランクトンネットで採集された，あるいは採集できる生物の生態群．通常のプランクトンネットの網目(0.1〜0.3 mm)で採集される小形プランクトンより大きいものがこれに相当するが，小形プランクトンと同義に用いることもある．ネットで採集されにくいマイクロネクトンも多く，網目を抜け通る微小および極微小プランクトンも多く，後者は沈澱法や濾過法で採集され，一括してナノプランクトン(nanoplankton)と呼ばれることも多い．

f **ネットワーク** [network] 頂点の集合とそれらをつなぐ枝の集合からなるシステム．1本の枝は二つの頂点が関係性をもつことを表す．例えば，頂点を人，枝を知人関係とすると，人間関係のネットワークとなる．頂点を生物の種，枝を捕食-被食関係とすると，食物網となる．枝には，方向や関係の強さに対応する重みを仮定する場合もしない場合もある．ネットワークは，離散数学でグラフと呼ばれるものと同一である．生態系や分子生物学などに現れるネットワークは総じて複雑である．そのようなネットワークを扱う分野を，複雑ネットワークないしネットワーク科学と呼ばれる．

g **ネットワーク説** [network theory] *クローン選択説を前提としたうえで，個々のリンパ球クローンはそれぞれ無関係に存在しているのではなく，互いに抗原受容体の特異構造を認識し合うことにより互いに影響し合い，その結果，個体内のリンパ球集団は全体として巨大な閉鎖系のネットワークを形成しているとする説．免疫理論の一つ．N. K. Jerne(1974)の提唱．リンパ球の抗原受容体の抗原結合部位は，それぞれのクローン間でアミノ酸配列が少しずつ異なり，それがそのクローンが認識して結合すべき抗原の特異性を決定しているが，その部位は同時にそのクローン特有のアミノ酸配列であることから，他のクローンによって認識される特有の抗原型（イディオタイプ）となる．そのイディオタイプを特異的に認識できる抗原受容体を発現している別のクローンがそのイディオタイプに結合する．こうして免疫系の発生の過程において，リンパ球クローン相互がイディオタイプを認識し合う連鎖反応によってネットワークが形成される．あるリンパ球クローンが外来抗原刺激に応答して活性化され増殖すると，その免疫細胞が発現している抗原受容体のイディオタイプを認識する別のクローンが刺激される．さらに連鎖的に別のクローンが次々とイディオタイプネットワークを介して刺激される．こうして外来抗原による刺激は免疫ネットワークに連鎖的に波紋のように広がり一時的な撹乱をもたらす．これが免疫応答として現れる．もし，その刺激されたクローンが前者の働きを抑制するような場合だと，連鎖的な波紋の広がりが抑制される．こうした調節作用によって，ネットワークの一時的撹乱は再び静的状態に戻り免疫反応は終息に向かう．以上がネットワーク説の骨子である．しかし，イディオタイプおよびそれに対する抗体の存在は証明されているがネットワークの存在そのものは未だ証明されていない．（⇒免疫理論）

h **ネットワークモチーフ** [network motif] 遺伝子発現制御ネットワークにおいて頻出するサブネットワークのパターン．遺伝子発現制御系は，各構成遺伝子を一つの節(node)として，遺伝子間の制御関係を節どうしを結ぶ辺(edge)と表すことでネットワークとして表現できる．まず対象とするネットワークにおいて，n個の節から構成されるあるサブネットワークが含まれる個数を数える．それがランダムネットワーク内に現れる期待値と比較して十分に大きい場合，それをネットワークモチーフと呼ぶ．比較するランダムネットワークの選び方には，代表的なものとして，節と辺の数や次数分布（次数とは各節がもつ辺の数のこと）が元のネットワークと同じものの集合が挙げられる．

i **熱発光** [thermoluminescence] 準安定状態に固定されていたエネルギーが，温度の上昇に伴って活性化され発光中心を励起して発光する現象．植物の葉や葉緑体を温度を下げながら光照射した後，温度を上げると，光化学反応により分離した電荷の再結合により*クロロフ

ィルが励起され，熱発光が観察される．温度を横軸に，発光強度を縦軸にプロットしたものはグロー曲線と呼ばれ，この解析により光化学系Ⅱのまわりの電子伝達成分（⇌光合成の電子伝達系）の性質を知ることができる．

a **熱発生**(筋肉の) ［heat production］ 骨格筋が静止時および収縮時，弛緩時に熱を発生する現象．それぞれの筋肉の活動により区別される．静止時に発生している熱を静止熱(resting heat)といい，静止時の代謝過程の現れと考えられる．収縮中の熱を初期熱(initial heat)といい，さらに*単収縮の短縮開始に先行して発生する活動化熱(activation heat)と，短縮に伴って発生する短縮熱(shortening heat)とに区別される．短縮熱はアクチンフィラメントと*ミオシンフィラメントの重なりに比例することから，*架橋によるATP加水分解と直接共役した熱化学反応に由来すると考えられ，*強縮の場合には，活性化熱の加重により維持熱(maintenance heat)を形成すると考えられる．維持熱は強縮時の短縮が完了した後も発生し続ける熱をいい，*等尺性収縮時の発熱に相当する．初期の条件に関わらず，一定の割合で持続して発生する．また，筋肉が弛緩するときに発生する熱を弛緩熱(relaxation heat)といい，*等張力性収縮では筋の代謝過程とは無関係に筋が負荷によって引き伸ばされるために起こる受動的なもの，等尺性収縮では筋の弾性要素の解放による熱弾性効果(thermoelastic effect)によるものと考えられる．収縮が完了した後に発生する熱を回復熱(recovery heat，遅延熱 delayed heat)といい，有酸素条件下では初期熱と等量で，無酸素条件下ではほとんど消失する．収縮に用いたエネルギーの補充のための代謝過程の現れと考えられる．

b **熱ヒステリシス** ［thermal hysteresis］《同》熱的ヒステリシス．相転移を起こす温度が昇温方向と降温方向で異なる現象．例えば，純粋な水の凝固点と融点は同一であるが，熱ヒステリシスを引き起こす物質の存在下では，凝固点と融点に差が見られ，前者がより低い値になる．*凍結回避が生存にとって必須である非耐凍性生物は，抗凍結蛋白質（⇌抗凍結物質）のような熱ヒステリシスを引き起こす物質を用いて，体液の凝固点を融点よりも低くしている．

c **熱力学第二法則** ［second law of thermodynamics］「孤立系(閉鎖系)内ではエントロピー変化(dS)は，不可逆変化により負ではありえない」という法則．この法則には種々の表現があるが，生物学には上記の表現が最も有用である．生体は開放系であるから，I. Prigogine(1947)は概念を拡張して，系内でのエントロピー変化(d_iS)のほかに，系内外間のエントロピーの輸送(d_eS)を考え，$dS=d_iS+d_eS$として，生体が一見，第二法則に逆らうことを説明した．

d **熱量計** ［calorimeter］《同》カロリーメーター．生物学では特に栄養素が酸化分解するときに発生する熱量の測定や，物質代謝やエネルギー代謝の研究に使用する熱量測定装置をいう(bio-calorimeterの語も用いる)．次の2方式に大別できる．(1)直接熱量計：栄養素を燃焼させて発生する熱量を直接測ったり，生物を気密な室に入れておいて放散される熱量を測定したりする装置．(i) Berthelot-Mahlerのボンベ熱量計(bomb-calorimeter，鉄筒熱量計ともいう)：栄養素を直接燃焼させるものであるが，この際は蛋白質については適当な補正が必要である．(ii) Atwater-Rosa-Benedictの熱量計：ヒトを金属製の室に横臥させ，ポンプで室の周囲に水を循環させ，循環水が人体から放散される熱で上昇した温度を測定し，同時にガス交換をも測定できる．(2)間接熱量計：ガス交換を測定し，その結果からエネルギー代謝を算出する．主なものはKrogh式レスピロメーターを使った呼吸測定器やBenedict式呼吸測定装置がある．

e **ネブリン** ［nebulin］ 脊椎動物の骨格筋にみられる巨大な繊維状蛋白質．K. Wang(1980)の発見．分子量70万～90万．強い塩基性蛋白質で中性塩溶液に溶けにくく，また蛋白質分解酵素によって分解されやすい．αヘリックスの二重コイルからなるネブリン1分子は，筋原繊維*サルコメアのアクチンフィラメント全長(ほぼ$1\mu m$)にわたって結合している．ネブリンは筋細胞内でアクチンフィラメントを一定の長さに揃える役割を果たすと考えられている．ネブリンがない心筋のアクチンフィラメントは，$0.4～1.6\mu m$と長さが一定でない．

f **ネフローゼ症候群** ［nephrotic syndrome］《同》尿細管変性症，エプスタイン症候群(Epstein's syndrome)．腎臓疾患のうち，多量の蛋白尿，低アルブミン血症，高コレステロール血症，浮腫を示す病態．病変として糸球体毛細血管基底膜の変化，肥厚を伴うもので，これにより蛋白質などの高分子物質の透過が異常に亢進され，持続的に多量の蛋白質を喪失するため他の病状も誘発される．原発性(一次ネフローゼ)と他の病気によって続発したもの(二次ネフローゼ)がある．一次ネフローゼの原因疾患には，原発性糸球体腎炎，慢性腎炎，膜性増殖性腎炎，巣上性糸球体硬化症など，二次ネフローゼには，糖尿病，*全身性エリテマトーデス，*アミロイドーシス，多発性骨髄腫，腎静脈血栓症，中毒性腎症，心不全，妊娠中毒，移植腎，*マラリアなどの感染症などがある．治療は，原病があればその治療とともに，利尿剤や良質高蛋白質の投与などを行う．かつては，腎の尿細管の変性を原発性病変とすると考えられ，糸球体腎炎と区別するために，ネフローゼと呼ばれたが，その後必ずしもすべてが尿細管の変性が原因でないことが判明したため，現在ではネフローゼ症候群と呼称される．

g **ネフロン** ［nephron］《同》腎単位(kidney unit)．脊椎動物の腎臓の個々の腎小体とそれに連なる尿細管(細尿管 uriniferous tubule，腎細管 tubulus renalis，renal tubule)をあわせた，腎臓の構造・機能上の一単位．ヒト腎臓のネフロンの数は，一側で約100万．尿の生成は，個々のネフロンで，腎小体における濾過と尿細管における再吸収(濾過－再吸収説)や分泌(分泌説)により行われる．

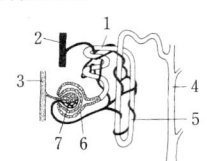

1 尿細管
2 腎静脈
3 腎動脈
4 集合管
5 ヘンレ係蹄
6 ボーマン嚢
7 糸球体
6,7 腎小体

h **ネマテシウム** ［nemathecium］ 真正紅藻類において，生殖器官(四分胞子嚢または造果枝)が群をなして体内に生じ，その所在が隆起となって肉眼にみえるもの．主に鑑別用の言葉．細かい枝上に四分胞子嚢が生じて特殊な枝としてみえるときにはスティキジウム(stichidium)という．

i **ネリネア** ［Nerinea］ 腹足綱の一科(Nerineidae)

をなす化石動物．M. J. L. De france (1825) の記載．ジュラ紀のバジョシアン (Bajocian) 期から白亜紀のマエストリヒシアン (Maestrichtian) 期の間に生存し，海生．柱状に長く伸びた殻をもち，殻は厚く表面は平滑，ときには2列の疣を縫合線沿いにもつ．軸柱は太く，殻の内部には厚い炭酸石灰の沈着があり，強い殻が発達している．殻の縦断面には特異な模様が現れ，分類上の標徴とされる．礁の近くに生息していたと考えられる．日本では白亜紀層に多く，海山，特に平頂海山（ギョー guyot）の頂部からも発見されている．

a **ネルヴィズム** [nervism] 生体内の諸機能の調節が根本的には中枢神経系の作用によって行われていることを強調する思想．S. P. Botkin の提起を，I. P. Pavlov が発展させた．また後年 K. M. Bykov の皮質内臓病理学などの成果をうみ，当時のソ連医学の代表的な基礎理論であった．ネルヴィズムによれば，内臓の神経性調節にしても，植物神経系だけの働きに帰せられるものではなく，さらに高位部の大脳皮質や皮質下部の機能にも関係をもつといわれる．

b **ネルンストの式** [Nernst's equation] 膜をはさんでイオンの濃度差が存在するとき，*平衡電位を与える式．例えば陽イオンだけを通す膜で濃度を異にする二つの NaCl 溶液が境されている場合，Na^+ は濃度勾配に従って移動するが，相伴うべき Cl^- が膜を通れないため2液間に電位差を生じ，Na^+ のそれ以上の移動が妨げられる．この際，平衡の条件は2液間で Na^+ に関する電気化学ポテンシャルが等しいことであるが，そのようにして求めると拡散による移動を止めるために必要な電位差 E はネルンストの式

$$E = \frac{RT}{zF} \ln \frac{c_1}{c_2}$$

で表される．R は気体定数，T は絶対温度，F はファラデー定数，z はイオン電荷数，c_1, c_2 は2液の濃度を表す．実際の生体膜では単一のイオン種だけを通すことはなく，したがってこの式による値は現実の*膜電位と必ずしも一致せず，それより問題とするイオン種についての平衡電位の値を表すものである．$z=1$ で温度20°Cの場合，上式は

$$E = 58 \log_{10} \frac{c_1}{c_2} \quad (mV)$$

となり，10倍の濃度変化に対し 58 mV の電位変化が対応することになる．（⇒イオン輸送）

c **粘液** [mucus, mucilage, slime] 生物体内で生成される粘り気のある液の総称．それを生産し分泌する腺を粘液腺という．植物の粘液腺は表皮中に分布していることが多く，ムシトリナデシコの茎，ムシトリスミレの葉面，モウセンゴケの葉にみられる腺毛などがその典型例（⇒食虫植物）．環形動物・軟体動物・両生類の皮膚の表皮細胞間に介在している皮膚腺も粘液腺の一種である．粘液は体表や消化管内壁を保護するばかりでなく，感覚を助けるなど多様な働きをしている．粘液を構成する成分（⇒ムチン）は生物によってさまざまであるが，糖蛋白質，糖類，無機塩類などが主なものである．以上のほかに，細菌の*莢膜を構成する物質も粘液の一種とされることが多い．

d **粘液細菌** [myxobacteria] 粘液を分泌しながら固体表面を滑走運動し，子実体形成を行うグラム陰性従属栄養細菌の一群．一部の菌種を除いて絶対好気性．分類学的には*プロテオバクテリア門デルタプロテオバクテリア綱ミクソコックス目（粘液細菌目 Myxococcales）に集中して存在する．代表的な属として *Myxococcus*, *Archangium*, *Cystobacter*, *Polyangium* など．栄養に富む環境では栄養細胞が二分裂で増殖するが，環境条件が悪くなると滑走運動により個々の細胞が集合し，子実体 (fruiting body) を形成する．子実体の中には多数の粘液胞子 (myxospore) が含まれ，栄養条件が良くなると子実体から放出され再び栄養細胞を生じる．動植物の遺骸，糞，腐植土などに付着しながら腐生栄養的な生活をする．（⇒滑走細菌）

e **粘液腺**【1】[mucous gland, slime gland] 一般に粘液を分泌する外分泌腺の総称．通常，多くの粘液細胞 (mucilage cell) からなる．杯細胞 (goblet cell) は1細胞からなる粘液腺．漿液腺の対語．動植物体に広く分布し（⇒粘液），羊膜類では口腔・鼻腔・気道・食道・胃・腸・排出器官などに多数存在，粘膜の形成に関与．粘液細胞はムチン前駆体 (mucigen) の小滴を含み，ヘマトキシリン-エオシン染色では粘液細胞が赤く，漿液細胞が青く染まることが多く，またムチカルミン染色では前者は赤く（ムチンの反応），後者は染まらない．粘液腺のうちには漿液細胞を混じた混合腺もある（唾液腺など）．
【2】[colleterial gland, collateral gland, mucous gland, oviducal gland, digitiform gland] [1] ＝蛋白腺[1] [2] 昆虫類の雌の腟に開口する左右1対の指状の腺．卵を他物に付着させ，または多数の卵を互いに粘着させ，あるいは卵塊の上をおおう物質を分泌する．

f **粘液層** [mucous layer ラ stratum mucosum] [1] 上皮の表面を覆う厚い粘液の層．動物の気道粘膜や胃粘膜に見られる．[2] 両生類や爬虫類が脱皮する際，新旧角質層の間にある細胞が解離し，粘液化した層．

g **粘液道** [mucilage canal, mucilage duct] 《同》粘液管 (mucilage tube)．*分泌道の一つ．内部に粘液を貯えている．茎の皮層や髄，葉の葉柄，根の木部柔組織などにみられる（サボテン科・カンナ科など）．このうちあまり細長くない細胞間隙に粘液を貯めた嚢状構造となったものは特に粘液嚢 (mucilage cavity) と呼ぶ．粘液道の中で主にゴム質（⇒植物ゴム）を貯めた分泌道をゴム道 (gum duct) と呼び，主として被子植物の材部にみられる．ゴム質は炭水化物で，主として澱粉の分解物に由来する．植物体が機械的傷害を受けた時や菌・ウイルスによって引き起こされる病気時に，ゴム質が溢れ出て表面を覆うことがあり，この現象をゴム漏出 (gummosis) という．例えばミカン属 (*Citrus*) の樹木では菌 (*Phytophthora citrophthora*) の攻撃に反応して，ゴム道が形成層と二次木部内に破生的に形成を始める．また褐藻類のコンブがもつ粘液腔を指すこともある．

h **粘液嚢** [mucilage sac, mucilage cavity] [1] ⇒粘液道 [2] 円口類のヌタウナギ類において，表皮中の単細胞*粘液腺のほかに体側の各筋節ごとに存在する多細胞性の粘液腺．腺は，糸細胞 (thread cell) という特異な細胞からなり，細胞内の長さ数 cm，幅 1～3 μm の粘液糸 (mucous thread) を多量の粘液とともに放出して水中に粘液網を張り，捕食，外敵からの防御に使われる．

i **粘液胞子虫類** [myxosporeans] 複数の細胞からなる胞子を形成する細胞内寄生性真核生物の一群．*Myxobolus*, *Kudoa* など産業上深刻な被害を与えるものを含む．脊椎動物（主に魚）と無脊椎動物（主に環形動

物)の間を宿主交代する複雑な生活環をもつ. 脊椎動物に寄生する世代を粘液胞子期と呼び, 粘液胞子(myxospore)を形成する. 無脊椎動物に寄生する世代は放線胞子期と呼ばれ有性生殖を行い, 錨形の放線胞子(actinospore)を形成する. いずれの胞子も複数の細胞からなり, 刺胞動物の*刺胞によく似た極嚢(polar capsule)をもつ. 極嚢中のらせん状に折り畳まれた極糸(polar filament)が放出されて宿主に付着する. この二つの世代は別の生物と見なされていたが(それぞれ粘液胞子虫綱と放線胞子虫綱に分類), 同一生物群の異なる世代であることが判明した. 古くは原生生物に分類されていたが, 現在では極度に単純化した後生動物であると考えられており, 刺胞動物門粘液胞子虫類(Myxosporea)に分類される. 近縁の軟胞子虫類は複雑な多細胞体をもち, 併せてミクソゾア類(Myxozoa)に分類される.

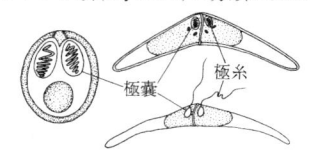

左: *Myxobolus pfeifferi* の胞子
右: *Ceratomyxa tenuis* の胞子

a **粘菌アメーバ** [myxamoeba] *粘菌類において, 胞子が発芽後にアメーバ型の生活相を呈するにいたったもの. 粘菌アメーバは自由生活を行い, 細菌などを摂食して, 二分裂によって増殖する. また同形配偶子でもあり, 性の異なるものと出会うと接合し, 接合子となる. 変形菌類では, 接合子は成長して, 大型で多核の*変形体となり, 自由生活を行う. *細胞性粘菌類では, 冠水などの環境の変化が引き金となって, 接合が行われ, *マクロシストが形成される.

b **粘菌類** [slime molds ラ Myxomycota, Myxomycetes] 《同》動菌類. アメーボゾアの一分類群. 粘菌類の栄養体は単細胞でアメーバ状であり, 繁殖のために子実体を形成し胞子を散布する. 主に植物遺体や土壌中で細菌や菌類, 有機物を摂食して生育する. 変形菌類(真正粘菌類), プロトステリウム類(原生粘菌類), タマホコリカビ類(細胞性粘菌類)が含まれる. 変形菌類では, 胞子が発芽すると単細胞単核の粘菌アメーバまたは前端に長短2本の尾型(むち型)鞭毛をもつ遊走子となる. これらは細菌などを摂食し, 二分裂によって増殖する. 粘菌アメーバあるいは鞭毛細胞は同形配偶子として接合し, 複相のアメーバ状多核体である変形体となる. 成熟した変形体は, 種類により種々の色彩・形状の子実体を形成し, 内部で胞子を多数生じる. 多くの種類で, 子実体内には胞子とともに細毛体を生じ, 胞子散布を補助している. プロトステリウム類では, 子実体はより微小で, 生じる胞子も少数である. タマホコリカビ類は, 鞭毛細胞変形体を形成せず, 無性的に累積子実体を形成する. 変形菌類は59属約800種, プロトステリウム類は16属35種, タマホコリカビ類は4属約110種が知られている.

c **粘着器** [sucker] 《同》セメント腺(cement gland). 無尾両生類の幼生(オタマジャクシ)の頭部腹面・口の後方に左右対をなす表皮性粘着細胞の集団からなる付着器官. 幼生が水草などに静止するとき, この粘液により付着するとされる(俗に吸盤, 吸着器と呼ばれるが, 吸盤によるのではない). 他の外胚葉組織と異なり, 分離された予定外胚葉から, 表皮とともにこの組織だけが生じてくる点で注目される. なお肺魚類・硬鱗魚類・硬骨魚類の一部の幼生にも類似の器官がある. 肺魚類のものは外胚葉性, 硬鱗魚類のものは内胚葉性.

d **粘着細胞** [adhesive cell, glutinant] 《同》膠胞, 膠着胞(colloblast). 有櫛動物に特有の顕微鏡的な摂食装置で, 単一の細胞が変形したもの. 刺胞動物の刺細胞に対応する. 触手の表皮層に見られる. 粘着細胞の表面には鐘状の主部があり, その外面には粘着粒が並ぶ. 主部の下面(凹面)からはまっすぐな軸糸と, それをらせん状に取り巻くらせん糸が出る. 両者は下端で合して表皮層の基底膜に着く. 餌動物が粘着粒に触れると主部はそれに付着し, 動物が逃げようとしてもらせん糸の弾性により引き戻され捕えられる. なお glutinant は粘着刺胞の意味もある.

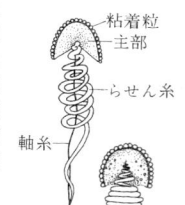

e **粘着体** [viscidium, viscid disc] ラン科の*ずい柱において, 小嘴体に分化する粘着物質を分泌する部分. 花粉塊柄を介して花粉塊を昆虫に付着させて受粉に積極的な役割をする. 柱頭が拡張して粘着体や花粉塊柄を包む袋状の粘着体嚢(bursicle)がしばしば見られ, 例えば *Orchis* にあるが, *Gymnadenia* にはない.

f **粘土栄養湖** [argyllotrophic lake] 粘土が常に水中に懸濁していて特殊な環境を形成する湖. 透明度は小さく, 栄養塩類が粘土質に吸着されるため, 生物の生産力は非常に小さい. 山間の小池や人工池にしばしば見られる. (⇒湖沼型)

g **粘膜** [mucous membrane ラ mucosa] 脊椎動物において, 消化器, 呼吸器, 排出器, 生殖器など特に外通性の中腔器官の内壁. 粘液によって表面が湿潤に保たれているのでこのように呼ばれることが多い. 一般に粘膜の結合組織は粘膜上皮(mucosal epithelium)から深部に及ぶにつれて, 結合組織繊維が少なくなる傾向があり, 粘膜固有層(lamina propria mucosae), 特異な平滑筋層である粘膜筋板(muscularis mucosae)および粘膜下組織(submucosa)を区別する. 粘膜はしばしば杯細胞(杯状細胞 goblet cell)と呼ばれる粘液分泌細胞や多細胞性の粘液腺をもつ. 杯細胞は典型的な単細胞腺で, 分泌する粘液またはその前段階物質を細胞内に貯めた状態では, ワイングラスのように核のある基部が細く分泌物の貯留部の自由縁に近い部分がふくらんだ形をとる. 脊椎動物の腸上皮においては, グルコースおよびアミノ酸を積極的に取り入れ, これをプロテオグリカンに仕上げて杯状部に溜め, 管腔内に放出する. ちなみに, 鱗翅目昆虫の中腸上皮にも杯状細胞と呼ばれるものがあり, 杯状部内腔によく発達した*刷子縁をそなえ, 腸管腔と体液との間の陽イオン交換作用を果たす.

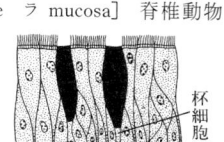

腸粘膜の杯細胞

h **粘膜筋板** [muscularis mucosae, tunica muscularis mucosae] ⇒粘膜

i **粘膜免疫系** [mucosal immunity] 消化管や呼吸器, 泌尿器といった粘膜組織に存在する免疫システムの総称. 異物を全て有害物質として認識し排除することが

基本原則となっている体内の免疫システムとは異なり，常時，環境因子や食餌性成分，共生細菌などの有益異物に晒されており，有害異物に対する排除と有益異物に対する寛容・共生を可能にするための特殊な免疫機能をもっている．特徴的な機構として，粘膜関連リンパ組織(mucosa-associated lymphoid tissue, MALT)をもち，粘膜免疫系には粘膜以外の全身のリンパ組織とほぼ同数のリンパ球が保持されていると推定されている．腸管粘膜には腸管関連リンパ組織(gut-associated lymphoid tissue, GALT)があり，小腸のパイエル板に代表されるように特殊化した構造のリンパ組織が発達している．そこでは，粘膜上皮細胞層に存在し腸管腔からの抗原取込みを専門にしている M 細胞があり，消化管腔から抗原が取り込まれて免疫応答が惹起される．また，粘膜関連リンパ組織で産生される抗体は IgA 抗体が主要であり，上皮細胞を介して管腔中に分泌型 IgA として再び分泌される．腸管腔中の IgA 抗体は病原微生物などのさまざまな外来異物に反応するが，他の抗体と異なり炎症反応をほとんど誘導しない．さらに，抗体産生においては，獲得免疫系が機能して産生される T 細胞依存的 IgA 抗体だけではなく，脂質抗原などの T 細胞に非依存的に産生される IgA 抗体の占める比率が高い．後者は共生細菌や病原性細菌に共通に発現している分子の認識に働き，抗原非特異的で自然免疫的な生体防御として機能する．加えて，制御性 T 細胞を優先的に誘導できる樹状細胞など，（共生常在細菌など有益異物に対する）免疫の抑制に働くための制御メカニズムが発達していることも特徴的である．身体の各所に分布する粘膜での免疫組織はこうした粘膜免疫系としての共通の性質を示す一方で，各粘膜関連リンパ組織の形成メカニズムや免疫担当細胞の比率などについてはそれぞれ特有の性質を示す．粘膜免疫系は病原微生物，環境因子などの外来有害異物に対する排除と共生常在細菌など有益異物に対する寛容のメカニズムを発達させているだけではなく，同時にこれら外来異物からの刺激を自らの免疫系の発達に用いている．例えば，共生細菌をもたない無菌マウスでは免疫系の発達不全が観察される．また，粘膜免疫系がもつ恒常性維持の機構の破綻は，*花粉症や食物アレルギーなどのアレルギー疾患や喘息，炎症性腸疾患などの炎症性疾患といった，局所性あるいは全身性の免疫疾患の発症につながる．

a **年輪** [annual ring] [1] *形成層の活動により材(二次木部)をつくる樹木において，1年間に形成された材の部分．しばしば年輪の境界線である年輪界(annual ring boundary)と混同される．形成層の活動は温度などの環境条件に支配されやすいので，一般に温帯の樹種では春に作られる*早材(春材)と遅れて作られる晩材(夏材，秋材)とで材をつくる細胞の数や大きさが異なることが多く，晩材と次の年の早材との間に明瞭な年輪界をつくる．これに対し，熱帯の樹種では年輪界の認められないものが多いが雨季と乾季に対応して年輪に似た成長輪(growth ring)をつくる．なお，化石植物の *Cordaites* や *Lepidodendron* では年輪界が見られないが，これはその時代の気候の影響と考えられる．[2] 動物体の硬質の構造，例えば魚の鱗や獣の角などに見られる一種の*成長線．細かい部分(冬帯という)と広い部分が区別される．

b **年齢** [age] ある生物が任意のある時期までに生存してきた時間．日常用いられる年齢は暦年齢であるが，必ずしも年を単位にするとはかぎらない(⇌齢)．物理的時間の生物に対する意味は場合によって異なるので，生物学的時間を基準にした生物学的年齢・生理学的年齢・身体発育年齢なども提唱されている．その尺度としては，生体測定(身長，体重，胸囲など)，二次性徴の出現(体毛，変声，月経，乳房の発育など)，生歯期および骨化の進行程度(*骨年齢)などが考えられている．ヒトその他の哺乳類では，年齢は通常，出生時より計算されているが，胎児期間の長さおよび出生時の発育状態には種差ばかりでなく個体差も大きく，これを無視することはできない．

c **年齢鑑定** [age determination, estimation of age] 《同》齢鑑定．動物やヒトの骨，化石の齢を特定すること．特に種々の農業動物に関ししばしば要請される．外貌，角の輪の数でもほぼ推定はできるが，歯，特に下顎の切歯(門歯)の発生，換生，歯面の磨滅，形状，方向などを検査するのが最も理論的で正確な方法として多用される．魚類では体長，体重および鱗や耳石の輪紋が主要な鑑定項目となる．特に仔稚魚の耳石(*平衡石)には1日1本日周輪が形成されることが判明し，日齢鑑定が可能となった．(⇌年輪，⇌化石年代決定)

d **年齢キメラ** 年齢あるいは発生時期の異なった部分からできた*キメラの個体．W. Vogt は両生類の胚を用い，温度勾配または表面の部分的遮蔽によって部域的に発生の速度を変化させて年齢キメラを作り，形態形成の分析の資料にした．例えば右側半分に神経板が生じ，しかも左側半分はなお原腸期の状態にあるようにした場合，右の神経板は右側半分として発生し，結紮実験の場合のように調節的に左右相称の完全な神経管となることがない．

ノ

a **ノイラミニダーゼ** [neuraminidase] 《同》シアリダーゼ(sialidase), レセプター破壊酵素(receptor destroying enzyme, RDE). エキソグリコシダーゼの一つで, *シアル酸を非還元末端にもつオリゴ糖, 糖蛋白質, ムチンおよび糖脂質に作用し, そのケトシド結合を加水分解してシアル酸を遊離する酵素の総称. ウイルス, 細菌, 原生生物, 動物臓器などに見出される. 特に*インフルエンザウイルスや*コレラ菌などからは純度の高い結晶酵素が調製されており, 複合糖鎖の構造や機能の研究の有用な試薬として用いられる. ウイルスでは, *オルトミクソウイルスと*パラミクソウイルスの表面に存在する表面抗原として知られる. 赤血球や一般細胞からこれらのウイルスが遊出する際に働くので, レセプター破壊酵素(RDE)とも呼ばれる. ノイラミニダーゼの有無やその抗原性の差異はウイルス分類の一つの指標とされている. ノイラミン酸のアミノ基に結合するアシル基がアセチルのものもグリコリルのものも区別はしないが, 水酸基がアセチル化されたシアル酸に対しては活性が低い. ウイルスや細菌に比べると動物のノイラミニダーゼは活性が弱い. しかし血漿, 肝, 神経の細胞膜などに見出されている. 糖蛋白質などの構造変換に関係し, 神経伝達ホルモン作用などの細胞間シグナルの伝達や, 受精などの細胞間認識に重要な機能をもつことが示唆されている.

b **脳** [brain ラ encephalon] 動物の神経系において, 神経細胞が集合し神経作用の支配的中心となった部分 (⇌中枢神経系). [1] 脊椎動物では脊髄の前方に続き, 脊髄とともに身体の背側正中部にある. 同部の外胚葉の陥没によって生じた*神経管から発生する. その複雑化に伴い, 脳は直接には脳膜に包まれ, さらに軟骨や骨からなる頭蓋に保護される. なお, 脊索動物の頭索類では前脳と続脳とからなるが, 脊髄との境界は不明瞭. 円口類以上では脳は膨隆して脊髄から明らかに区別され, かつ*前脳・*中脳・菱脳に区分される. さらに前脳は*終脳と*間脳に, 菱脳は*後脳(背側は*小脳, 腹側は*橋を形成する)と延髄に分かれる. これら5区分のうち, 終脳は系統発生的に大きな差がある. 円口類では終脳は嗅覚に関係する*嗅脳が大きく, その他の領域は小さい. 魚類では嗅覚以外にも視覚や*体性感覚などの入力も多くみられるようになる. 両生類の終脳は他の脊椎動物に比べそれほど発達せず, 爬虫類や鳥類では高次機能に関与する背側外套が発達する. また, これらの動物では背側脳室隆起の著しい発達がみられる(⇌外套). 哺乳類で新皮質は著しく発達する. 哺乳類の新皮質では独自の発生機構によって6層の細胞層が生ずる(⇌大脳皮質, ⇌大脳半球). [2] 無脊椎動物では一般に*頭神経節を脳という(⇌中枢神経系).

脊椎動物の脳縦断模型図
A 硬骨魚類
B 両生類
C 鳥類
1 終脳
2 間脳
3 中脳
4 延髄
5 後脳

c **膿**(のう) [pus, matter] 「うみ」とも. 炎症の際にその浸出液中に多量の白血球が集まって形成された黄色ないし緑色の液体. 膿を生ずる過程を化膿(suppuration)という. 浸出液中には種々の段階の変性像, すなわち原形質中の大小の脂肪球や水胞形成, 核の濃縮または崩壊が見られる. これらの変性白血球は膿球(pus cell), その他の液体成分は膿清と呼ばれる. 病原体感染によって生じた膿中には病原体が多数存在している. ブドウ菌による膿の場合は黄色で臭気が弱く, 緑膿菌の場合は緑色で青臭いなど, 肉眼的に原因菌が推定される場合もある. 膿は細菌毒素による以外にクロトン油, 松脂, 巴豆油, 5〜10%硝酸銀などの化学物質を注射しても生ずる. 膿中の白血球が崩壊していく場合に, プロテアーゼ, ペプチダーゼ, リパーゼなどの酵素が遊離されて, 細胞や種々の組織成分の消化処理に加わる. そのため膿清中にはアルブミンやグロブリンなどの蛋白質のほかに, コレステロール結晶, レシチン, 中性脂肪などの壊死産物が含まれている. 膿には特有な粘性があるが, これは主として顆粒白血球の核に由来するDNAなどの存在による. F. Miescher(1869)によってヌクレインとしてDNAが最初に分離されたときの材料には, 膿が使用された.

d **嚢** 【1】 [cisterna, pl. cisternae] 《同》槽, 層板. 細胞内の膜が三次元的に閉じて袋状になったもの. *小胞体や*ゴルジ体の構成要素となる. 一般には袋状のものをすべて指すのではなく, 特に扁平な広がりをもつものを指すことが多い. その場合, 球状の嚢の小さいものを*小胞, 大きいものを*液胞と呼んで区別している.
【2】 [bursa] 袋状の組織, 器官.

e **脳炎** [encephalitis] 脳実質の炎症. 多くは全身的な病変の一部を占めるものであるが, 脳を中心とする神経系の病変が病像を支配している. 病原因子は数多くさまざまで, 寄生虫, 細菌, リケッチア, ウイルスなどを含む. 脳炎は髄膜炎と密接な関係があり, 通常合併して起こる. 脳炎の分類には臨床的な分類や, 病理解剖学的分類など種々あるが, ウイルスを病原体として原発する脳炎には以下のものがある. (1)流行性脳炎:エコノモ脳炎, 日本脳炎(⇌日本脳炎ウイルス), セントルイス脳炎の3種の病型が認められている. (2)ロシア春夏脳炎または森林脳炎. (3)ベネズエラ馬脳炎. (4)アフリカ脳炎. (5)出血性脳炎. (6)ヘルペス脳炎(⇌ヘルペスウイルス).

f **農学** [agriculture, agricultural science] 農業の発展を直接の目的とする応用生命科学の一分野. 畜産・水産・林産・養蚕などを加えた広義の農(agriculture)に

関わる学問領域を示す場合や，農業経済・農業政策などまでも含める場合もあるが，最も狭義には，作物の栽培・育種・病害虫防除に限られる．agronomy の語は土や肥料の取扱いまでを含めた作物の栽培技術に関する学問をいい，ほぼ最狭義の農学に相当する．

a **脳幹** [brain stem] 脳のうち大脳半球と小脳を除いた細長い部分の総称．*延髄, *橋, *中脳, *間脳をあわせていう．脳の中軸をなし，生命維持に関する重要な機能中枢はここに含まれている．

b **脳間部-側心体-アラタ体系** [pars intercerebralis-cardiacum-allatum system] 昆虫類において，前脳の脳間部(pars intercerebralis)に存在する顕著な神経分泌細胞と，その軸索を受け入れている*側心体および*アラタ体とが構成する重要な神経分泌系．神経分泌物は側心体神経(nervus cardiacus)の繊維を経由して側心体の細胞間隙に放出されるばかりでなく，さらにアラタ体神経(nervus allatus)によってアラタ体にも送られる．この神経分泌系の分泌物はアラタ体刺激ホルモンや*前胸腺刺激ホルモンなどの腺刺激ホルモン物質を代表するほか，卵巣成熟および卵母細胞での卵黄形成の抑制，脂肪体でのグリコゲンの蓄積，中腸壁でのプロテアーゼ生成の促進，血中蛋白質の上昇，脂肪体中の循環アミノ酸からの血中蛋白質の合成を誘導するなど種々の代謝を調節する作用が知られている．なお，不完全変態昆虫の*頭部腹面腺, *前胸腺，イシノミ類の*前頭器官なども含めてこれらを脳後方内分泌腺群(retrocerebral endocrine glands)と呼ぶ．

c **農業生態学** [agroecology] 自然生態系に作物生産などを目的とした人為的な影響が加えられた生態系である農業生態系(agroecosystem)の，作物，雑草，昆虫，土壌微生物など各種生物の相互作用を取り扱う学問分野．*生態学(ecology)と*農学(agronomy)の融合領域である．持続的で環境と調和した食料生産や*生物多様性の保全など，農業が果たすべき役割を実現するための理論的な基盤を提供する．

d **脳屈曲** [cranial flexure, cephalic flexure] 《同》脳彎曲，脳褶曲．脊椎動物胚の脳原基において，その前後軸の腹方または背方に向かって生ずる屈曲．脊椎動物全体を通じて見られるのは，前脳の底が腹方に曲がり，より後方部の脳底に近づくもので，この屈曲を頭頂屈曲(主脳曲，cephalic flexure)という．この屈曲により生ずるしわを腹側脳褶(plica encephali ventralis)と呼び，脊索の前端も腹側脳褶までしか達していない．哺乳類ではこの屈曲により中脳背側が脳の最高点となる．次に脳の後方が軽く腹方に向かって曲がるが，それを頸屈曲(cervical flexure)という．また両者の中間に後脳の橋の付近で背方に向かう屈曲があり，これを橋屈曲(pontal flexure)という．頸屈曲と橋屈曲は，無羊膜類では見られてもごくわずかで，成体までは持続しないが，羊膜類では頭屈曲も含め著しくかつ成体まで持続する．(⇒胞胚)

e **農耕** [agriculture] 《同》農業．植物を栽培することによって，食物をはじめとする有用な生産物を作りだす生業形態．人類史の中では長い狩猟採集時代の後，約1万年前に*牧畜とほぼ同時に開始されたと考えられている．狩猟採集，牧畜と比較した農耕の特徴は，生産地を容易に移動できないこと，比較的安定した生産が見込めること，大規模な労働力を投入すれば生産が飛躍的に増大できることなどである．農耕の開始により，定住化の促進，人口の集中・増大，生産の増大，社会階層の発生などが引き起こされた．最初に栽培化された植物は，西アジアでコムギとエンドウ，東アジアでイネとアワ，ニューギニアでサトウキビとバナナ，中央アメリカでトウモロコシ，インゲンマメ，カボチャ，南アメリカのアンデスおよびアマゾン川流域でキャッサバとジャガイモ，アフリカのサヘル地域でモロコシ，熱帯西アフリカでアブラヤシなどがある．

f **脳梗塞** [cerebral infarction] 脳動脈が何らかの原因で閉塞し，灌流領域の脳細胞に血液が充分供給できず脳細胞が壊死した状態．症状は，壊死した脳細胞の領域に依存し，片側の上肢，下肢が麻痺する片麻痺，*失語症などが多い．脳梗塞の生じる機序には2通りあり，脳血管が動脈硬化を起こして細くなり，血栓ができて血流が途絶える場合を脳血栓，心臓や血管内に生じた血液のかたまりが脳血管につまる場合を脳塞栓と呼ぶ．脳血栓は高齢者に多く，症状は徐々に進行し，脳塞栓では突然に半身の麻痺や言語の障害が生じる．脳塞栓と関係が深い心疾患として心房細動があげられている．

g **脳室** [cerebral ventricle ラ ventriculus cerebri] 脊椎動物の脳の内部にあり*脳脊髄液を満たす腔所．脊髄の中心管の続きで，脳の分化に伴って大脳半球中の側脳室(右側を第一脳室，左側を第二脳室という)，間脳中の第三脳室，中脳中の中脳水道と菱脳中の第四脳室に区分される．側脳室は各側とも空間孔(foramen interventriculare)によって第三脳室に連なる．成体のヌタウナギでは終脳の著しい肥大により側脳室は押しつぶされ，ほとんど観察できなくなる．

h **脳室周囲器官** [circumventricular organs] 脊椎動物の*脳室周囲にみられる，構造的にも機能的にも特殊化した領域の総称．一般に血管に富み，多くのものでは*血液脳関門が発達しない．脈絡叢(choroid plexus)などの膜様器官以外では，脳室側から軟膜側へ長い突起を伸ばした*上衣細胞(ependymal cell)を伴う．*網膜も発生的には脳室周囲器官の一つである．神経血液器官，本来の感覚器官，脳室内への分泌器官など，脳実質と外部環境・内部環境との間の情報伝達，*ホメオスタシスに関与するとされ，「脳に開いた窓」ともいわれる．側脳室から第三脳室にかけては脈絡叢と脳弓下器官(subfornical organ)，第三脳室背壁には*松果体，副松果体，脈絡叢および脈絡叢類似の膜様器官(副生体 paraphysis, 背嚢 dorsal sac など．⇒松果体[図])，第三脳室腹壁には前方から後方へ終板器官(organum vasculosum laminae terminalis)，神経下垂体，血管嚢(saccus vasculosus)，第三脳室側壁には傍脳室器官(paraventricular organ)，第三脳室から中脳水道にかけては*交連下器官，第四脳室背壁には脈絡叢およびその後方に最後野(area postrema)を数える．脳弓下器官，終板器官，傍脳室器官，最後野は未発達のことも多く，血管嚢は魚類にしかみられないが，脳弓下器官は魚類からは遠く離れている，魚類脊髄後端腹側の尾部下垂体(urophysis, hypophysis caudalis)も脳室周囲器官の一つ．脳弓下器官はアンギオテンシンⅡによる水飲み行動との関連が考えられる．血管嚢は特異な小冠細胞(coronet cell)をもち，イオン輸送に関与するとされる．

i **濃縮係数** [accumulation factor] 環境中の種々の物質が生物体内に高濃度に濃縮される場合，その程度を

示す係数. 実際上, 正確に濃度の測定が可能な放射性物質の場合についてまず研究が進み, しかも水中に溶存する放射性同位元素が, 水中に生息する生物に蓄積するようなときによく用いられる. 一定濃度 C_W の物質を含む水中にすむ生物がしだいにこれをとり入れ, 最終的に外界と平衡に達したとき生物体内の濃度が C_B とすれば濃縮係数 C_F は C_B/C_W で示される. しかし, 生物体内の場所(器官)によって濃度は大幅に異なることが多いので, 器官別にこれをとる. また実際問題として平衡に達するまでの時間は極めて長いことが多く, 水中に溶存する物質よりも, 食物としてとり入れられる物質が問題となることが多いので, 取扱いは極めて複雑になる. 今日では放射性物質に限らず, 環境中の有害物質や重金属類の生物への取込みについて広く用いられ, *食物連鎖を経て生物体内に蓄積される濃度の上昇が問題とされている.
(→生物濃縮)

a **脳出血** [cerebral bleeding] 脳の血管が, 動脈硬化によって脆くなっているところに高血圧が加わり, 動脈が破綻して脳内で出血が起こること. 症状は出血が起こった部位や大きさにより異なるが, 重症な場合, 突然意識を失って倒れ, 深い昏睡に陥る. 軽症の場合でも片麻痺を生じることが多い. 脳出血を起こす部位は大脳が約85%, 小脳が約10%, 脳橋が約5%ほどであるが, 大脳の被殻と呼ばれる部分が最も多い. 被殻に出血するとその反対側の手足が麻痺する. 特殊な脳出血のタイプとして, 脳の表面にある軟膜とクモ膜の間に出血を起こす場合をクモ膜下出血と呼ぶ. 有効な予防策は高血圧の治療.

b **嚢状体** [cystidium] 《同》シスチジア, 剛毛体. 担子菌類の子実層や実質, かさや柄の表面で菌糸の末端に形成される不稔の細胞. 糸状, 円柱状, 紡錘形, フラスコ形など. 単一または分枝し, 無色のときに有色, 薄壁, 結晶を被っている場合がある. 形成される菌体の部位によって, かさ嚢状体(pileocystidium), 柄嚢状体(caulocystidium), 子実層嚢状体(hymenial cystidium), 実質嚢状体(tramal cystidium), ひだや管孔の側面の側嚢状体(pleurocystidium), ひだや管孔の縁にある縁嚢状体(cheilocystidium)と呼ばれ, また内容物の状態によって, 粘性の内容物を含む粘嚢体(gloeocystidium), 内容が黄金色の黄金嚢状体(chrysocystidium), 油性・樹脂状の油性嚢状体(oleocystidium)などと呼ばれる. 子実層に生じ, 担子器と同形で同じからより高く伸長する嚢状体は小嚢状体(シスチジオール cystidiole)という. (→担子器[図])

c **嚢状葉** [ascidial leaf, ascidium, pitcher] 《同》杯葉, 杯状葉(ascidial leaf, ascidium). 広義では*葉身の全体または一部が浅い杯状～深い嚢状のくぼみをなす形態の葉. 狭義では食虫植物の*捕虫葉のように袋状・瓶状または漏斗状の腔所を顕著に発達させた葉(pitcher)を指す(ウツボカズラ, フクロユキノシタ, タヌキモなど). このうち漏斗型のものは漏斗葉(infundibular leaf)と呼ばれる(サラセニア). ヤマウツボのように捕虫しないものもある. 発生的には左右の葉脚が合着し葉身が平面的に成長したものが*盾状葉, 立体的に成長したものが嚢状葉と解釈される. 葉の向軸側にくぼむ上面杯葉(epiascidium)が一般的であるが背軸側にくぼむ下面杯葉(hypoascidium)もある(ペラルゴニウムやノランテアの苞葉). 嚢状葉は通常の葉をもつ種においても奇形的に生じる例が古くから知られている(ヘンヨウボク, イチョウなど)ほか, 葉の*背腹性の決定に関わる遺伝子の異常や*2,4-ジクロロフェノキシ酢酸などのオーキシン処理で誘導されることから, 嚢状葉と通常の葉の形成機構面での差は僅少で少数の要因により嚢状葉化が起こると推定される.

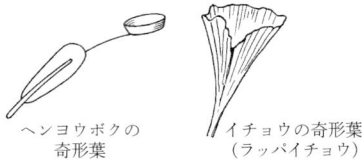

ヘンヨウボクの奇形葉　　イチョウの奇形葉(ラッパイチョウ)

d **嚢状卵胞** [cystic follicle, follicle cyst, follicular cyst] 《同》卵胞嚢胞. 成熟しきった卵胞が排卵を起こさず, 多量の濾胞液をみたしたまま過大に成長し, 顆粒膜が消失して内莢膜が直接に濾胞腔に接し, 卵も退化してしまったもの. 思春期から閉経期までの女性に時として見られ, 自然に消失することも多い. *連続発情を示すネズミにも見られる. 濾胞刺激ホルモンばかりが卵巣に働いたときなどに起こると考えられる.

e **濃色効果** [hyperchromic effect] 《同》増色効果. 本来は, 高分子が高次構造をとることにより吸光係数は増加するが, 吸収極大はあまり変化しない場合のことをいう. *淡色効果と対置される. ある吸収帯で濃色効果がみられる場合には, どれか別の吸収帯では淡色効果が起こっている. 濃色効果が現れるのは, モノマーの遷移モーメントが同方向で互い違いに並ぶように配列している場合である. このような濃色効果とは別に, 規則構造をとることによって淡色効果を示している高分子が変性して, ランダムコイルになる場合には, 淡色効果が消失することを濃色効果という場合がある. 規則構造を基準にとれば, 吸光係数が増大するからである.

f **脳神経** [cranial nerves] 脊椎動物において, 脊柱ではなく頭蓋から出る末梢神経の総称. *脊髄神経に対する. 一般には嗅・視・動眼・滑車・三叉・外転・顔面・内耳・舌咽・迷走・副・舌下の各神経の12対とされるが, 視神経は本来は脳の一部であり, 末梢神経ではない. 他方, 嗅神経の前方に存在する終神経が脳神経に加えられる. また, 内耳神経を顔面神経の一部とする考えもある. 三叉・顔面・舌咽および迷走神経は, 発生途上, 各内臓弓に分布するため*鰓弓神経と呼ばれる. 動眼・滑車・外転の三神経は*外眼神経群と呼ばれ外眼筋を支配する. 舌下神経(第十二脳神経 hypoglossal nerve)は脊髄神経の変形したもので, 延髄の舌下神経核(hypoglossal nerve nucleus)に起始した脊髄神経腹根様のものがいくつか集まって形成され, 頸神経叢と共に鰓下筋系を支配する. また, 顎口類にだけ存在する副神経(第十一脳神経 accessory nerve, accessorius nerve)は, 僧帽筋群(cucullaris muscles)を支配する純運動性の神経で, 迷走神経の一枝として扱われるが僧帽筋群は鰓弓筋ではないため, 舌下神経に近いとの考えもある. 僧帽筋群の支配には頸神経が加わる.

g **脳脊髄液** [cerebrospinal fluid ラ liquor cerebrospinalis] 脊椎動物の*脳室を満たす弱アルカリ性の透明な水様液. 脳室壁の一部を占め, 神経成分がなく, 血管に富んだ脈絡叢から分泌される. 脳室を満たし, 第四脳室の*菱脳正中口と菱脳外側口よりクモ膜下腔に達し,

脊髄の周囲を下って機械的保護作用に関与するほか，中枢神経系の代謝産物の排出路ともなり，最終的には静脈系統に吸収される．1 mL 中に 1〜5 個のリンパ球を含む．

a **脳脊髄神経系** [cerebrospinal nervous system] 《同》随意神経系(voluntary nervous system)，動物性神経系(animal nervous system)，体性神経系．脊椎動物の*末梢神経系の主要部分を構成する*脳神経と*脊髄神経とをあわせていう．*随意運動や*体性感覚などいわゆる*動物性機能に関与し，不随意神経系としての*自律神経系に対置される．

b **脳脊髄膜** [meninx, pl. meninges] 《同》髄膜．脊椎動物の中枢神経を包む膜様の組織．脳膜(meninges encephali)と脊髄膜(meninges spinales)からなり，両者は大後頭孔で続いている．魚類ですでに血管に富む一次髄膜(meninx primitiva)が現れ，これと頭蓋や脊柱管の軟骨膜ないしは骨膜である頭蓋内膜(endocranium)や脊椎内膜(endorhachis)との間には脂肪組織をもった疎性結合組織が梁状に張られている．両生類や爬虫類・鳥類では，髄膜は，外側の硬膜(dura mater, pachymeninx)と内側の軟膜(leptomeninx，一次柔膜 pia mater primitiva)とに分かれ，硬膜と骨膜との間に硬膜上腔(cavum epidurale)，硬膜と軟膜との間に硬膜下腔(cavum subdurale)ができるが，いずれも梁状の組織で連絡しか脳脊髄液によって満たされている．哺乳類では軟膜はさらに外側のクモ膜(arachnoides)と脳や脊髄に密着する柔膜(pia mater，二次柔膜 pia mater secundaria)とに分化し，両者間にクモ膜下腔(cavum subarachnoides)があって脳脊髄液を満たすが，両者は硬膜と軟膜との連絡よりはるかに緊密で，諸所で 1 枚の膜になっている．哺乳類の硬膜は大小脳半球の間に侵入して大脳鎌(falx cerebri)や小脳鎌(falx cerebelli)を作り，あるいは大脳と小脳との間に侵入して小脳テント(tentorium cerebelli)を形成する．

c **嚢虫** [bladder worm, metacercoid] 扁形動物真正条虫類に属する円葉類の一幼生期．中間宿主の体内に見いだされる．外界に排出された虫卵にはすでに*六鈎幼虫を含んでおり，これが中間宿主に摂取されると孵化し，やがて消化管壁を穿通して循環系によって種特異性のある寄生部位に運ばれ嚢虫となる．嚢虫は液体を満たした嚢で，*嚢尾虫(テニア科の条虫類)と*擬嚢尾虫(テニア科以外の円葉類)に分けられる．前者はその原頭節が裏返しであり脊椎動物，特に哺乳類に見られるのに対し，後者は原頭節が裏返しでなく昆虫類やダニ類などに見られる．嚢虫が終宿主に摂取されると，原頭節は頭節となり片節を生じて成虫となる．

d **脳定位固定装置** [stereotaxic apparatus] 《同》脳固定装置．動物実験において脳の機能を電気的方法で調べたり，標識物質を注入したりする実験の際に，電極や術具を標的部位に正確に挿入する目的で，頭部を固定し一定位置に保つ装置．各種の動物について種々の型のものが考案されている．Horsley-Clarke の装置の場合，両耳孔と眼窩下縁とで頭部を固定し，この固定点を結ぶ平面を水平の基準面とし，両耳孔の中心を結ぶ直線を含み水平の基準面に垂直な面と，頭骨の矢状断面とを，二つの垂直の基準面に決める．これら三つの基準面を座標面にとると，脳のすべての部位は三つの座標点で表すことができる．したがって，あらかじめその動物の脳の組織学的標本に基づいたこのような座標図(脳座標図)を作っておけば，それをたよりに任意の部位に電極を挿入することができる．なお，医療上の検査や手術の際にも一種の脳定位固定装置が用いられる．

e **能動輸送** [active transport] 細胞内外の化学ポテンシャルあるいは電気化学ポテンシャルの勾配に逆らって物質をとり入れたり排出したりする機構．こうしたポテンシャル差にしたがって起こる物質の輸送(*受動輸送)とは区別される．能動輸送はエネルギー代謝と密接に関連しており，低温・無酸素状態・阻害剤などにより呼吸や解糖あるいはそれにともなうリン酸化を抑制すると，能動輸送は低下する．能動輸送を証明した，カエルの皮膚を用いた H. H. Ussing と K. Zerahn (1951) の歴史的な実験では，皮膚の両側に等濃度の NaCl 液を置きかつ両側を電気的に短絡し，両側の電気化学的ポテンシャルを等しくした条件下でも，Na^+ の内向きの流れが起こることが示された．能動輸送するためには膜に何らかのエネルギー伝達機構が必要であり，これをポンプと呼び，特にイオンの能動輸送の場合を*イオンポンプという．イオンポンプの実体が明らかとされているものとして，膜に存在する輸送 ATP アーゼがある．動物細胞での Na^+ の排出と K^+ の取込みを駆動するナトリウム-カリウム ATP アーゼ(*ナトリウムポンプ)，筋小胞体での Ca^{2+} の取込みを駆動するカルシウム-マグネシウム ATP アーゼ，細胞に普遍的に存在するプロトン ATP アーゼなどがある．これらはエネルギーの共役機構とイオン輸送機構を兼ねている比較的単純な能動輸送系と考えられ，これを一次能動輸送と呼ぶ．一方，一見エネルギーを消費して能動輸送されているように見えても，実は他の能動輸送系に依存して輸送されている場合がある．これを二次能動輸送と呼ぶ．小腸上皮における糖やアミノ酸の濃度勾配に逆らう取込みはナトリウムポンプの働きと密接な相関があり，このポンプを止めるとこれらの輸送も止む．このように二つ以上の物質が共役して同一方向に輸送される現象を共輸送(cotransport)という．細菌におけるアミノ酸や糖の能動輸送には，これらを結合する輸送蛋白質(carrier protein, transport protein)がある．

f **脳波** [electro-encephalogram] EEG と略記．《同》脳電図．脳の神経細胞の電気活動により生じた電流双極子が引き起こし，頭皮上から記録される数十 μV の微弱な電位変動．大脳皮質の表面に向かって垂直にのびる錐体細胞の尖端樹状突起が電流双極子を形成する主要な要素．尖端樹状突起上の長軸方向の一部に生じたシナプス後電位発生に伴う細胞外電流に起因する電位変動が，頭皮上で脳波として記録される．R. Caton (1875) がウサギ，サルなどの大脳皮質の電位変動を観察したことに始まり，H. Berger (1929) がヒトの頭皮上からの記録に成功したことから研究が盛んとなり，てんかんや脳腫瘍などの診断，睡眠レベルのモニターなど臨床目的でも用いられる．脳波の波形は一見して不規則で，さまざまな周波数成分を含む．8〜13 Hz 前後のやや規則的な成分は α 波(高振幅徐波 α wave)と呼ばれる．14〜28 Hz 周波数で振幅が不規則で小さい成分は β 波(低振幅速波 β wave)と呼ばれ，個々のニューロンが独自活動を行うことによるとされる．28〜40 Hz の帯域は γ 波(γ wave)と呼ばれる．脳波の型(パターン)は意識の状態により変化し，種々の精神状態や覚醒睡眠状態にそれぞれ特有な型が対

応する．眼を閉じて安静にしていると α 波が出るが，視覚刺激を与えたり，計算をさせると振幅の小さな β 波に変わる．睡眠，麻酔などのときには波の変動が大きく，ゆっくり (4 Hz 未満) となり δ 波 (δ wave) と呼ばれる．成人では δ 波は睡眠時だけにみられ，もし覚醒時に出現すれば異常とされるが，幼児では覚醒時にもみられる．4～8 Hz の周波数帯の脳波は θ 波 (θ wave) と呼ばれる．δ 波と同様，正常人の睡眠時に強く，覚醒時に α 波と同程度の振幅で現れるのは異常とされる．若い女性では覚醒時にも低振幅の θ 波がみられることがある．小児では覚醒時にも，ことに不快・落胆状態や睡眠から覚めるときなどにみられる．大脳皮質の興奮水準が高まって脳波が速波の型に変化する反応を覚醒反応 (arousal reaction) と呼ぶ．ヒト以外の動物でも種々の感覚刺激を与えたり，あるいは上行性網様体賦活系の起始部である脳幹網様体を電気的に刺激したりすると，徐波の多い脳波が速波の型に変化する．

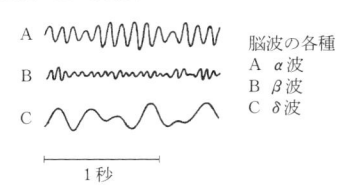

脳波の各種
A α 波
B β 波
C δ 波
1 秒

a **囊尾虫** [cysticercus] 《同》シスチセルクス，シスチケルクス．扁形動物真正条虫類に属する円葉類の幼生，すなわち*囊虫の一型．テニア科条虫の一幼生期．中間宿主である脊椎動物，特に哺乳類の体内に見いだされる．ここでは囊尾虫の中で最も基本的な構造をもち，狭義の囊尾虫ともいうことができる単尾虫 (monocercus) について述べる．単尾虫は液体を満たした囊状で，4 個の吸盤と種によっては鉤をそなえた 1 個の原頭節が裏返しになって懸垂する．原頭節は終宿主に摂取されると反転して頭節となり，片節を生じて成虫となる．*共尾虫や*包虫は，この単尾虫と共に囊尾虫の一型である．

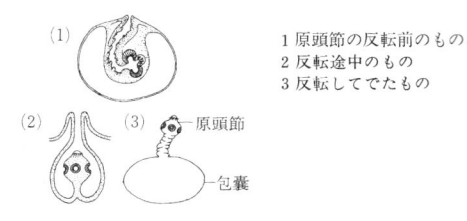

1 原頭節の反転前のもの
2 反転途中のもの
3 反転してでたもの
原頭節
包囊

b **脳胞** [brain vesicle, cerebral vesicle] 脊椎動物の発生初期に，*神経管前端の脳形成部位において相互に浅いくびれによって境され頭尾方向に並ぶいくつかのふくらみ．脳の初期の分化を示すもの．通常最初に原脳胞または一次脳胞として，前方から順に*前脳・*中脳・*菱脳といわれる 3 脳胞を区別する．菱脳は後脳 (hindbrain) と表記されることもある．場合によっては，脳底に生じた脳底褶 (plica encephali ventralis, ventral cephalic fold) と峡 (isthmus) を結ぶ線を境として，その前方を*原脳，その後方を*続脳といい，のちに前者が前脳と中脳に分かれ，後者が菱脳になるとする考えもある．前脳はさらに終脳と間脳に分かれ，中脳はそのままであるが，菱脳も後脳と髄脳に分かれて，結局前後に並ぶ 5 個の脳胞が区別され，それぞれがさらに分化を続けて脳の各部が構成される．

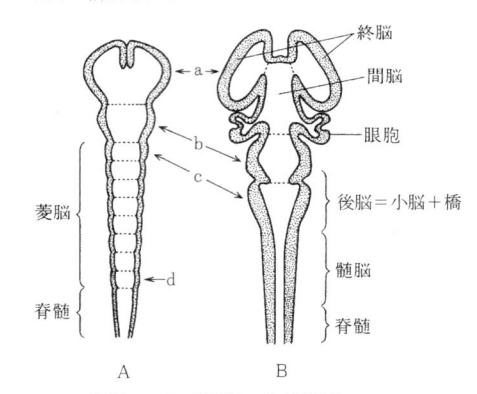

脳胞　A 初期胚　B 後期胚
a 前脳　b 中脳　c 第一菱脳分節
d 第八菱脳分節

c **囊胞** [cyst] 《同》シスト．結合組織などからなる固有の壁をもち，中に流動体などを含んだ袋状の構造物．主として組織学的な意味で用いる．囊胞の内壁が上皮細胞の場合には真性囊胞，繊維性結合組織だけの場合には仮性囊胞という．囊腫と異なり，腫瘍ではない．先天性のものには胎生期の管裂，例えば*鰓裂が囊状に拡張して残存するものや，囊胞腎・囊胞肝のように臓器官の発生障害によって生じたもの，後天性のものには皮脂腺・膵臓・腎臓などの腺排出管閉塞による貯留囊胞 (retention cyst) と，甲状腺・卵巣などの内分泌腺に生じた濾胞性囊胞 (follicular cyst) のほか，寄生虫，例えば単包条虫 (*Echinococcus granulosus*) の寄生による囊胞がある．なお cyst の語には囊子 (*シスト) の意味もある．

d **農薬** [pesticide] 一般に農業に関係があり，特に日本では農薬取締法で規定されている薬剤．すなわち，農作物 (樹木および農林産物を含む) を害する菌，線虫，ダニ，昆虫，ネズミその他の動植物またはウイルス (「病害虫」と総称) の防除に用いられる殺菌剤・殺虫剤その他の薬剤，および農作物などの生理機能の増進または抑制に用いられる成長促進剤・発芽抑制剤その他の薬剤．上記の「病害虫」(pest) の防除のために利用される天敵も，この法律の適用上は農薬 (生物農薬) とみなされている．天然の物質と人工合成されたものとがある．*フェロモンなどが昆虫類に対する行動制御物質として病害虫防除に応用されている．(⇒交信攪乱法)

e **膿瘍** [abscess] 生体組織が破壊され，膿が限局性に貯留したもの．感染性，非感染性に分けられるが，そのほとんどは前者である．生体内のいずれの部位にも起こりうる．局所の持続的な炎症反応に伴い組織が融解されることによって形成される．深部臓器膿瘍の診断には，画像検査を要する．治療は，膿の外科的除去や排膿ドレナージ，細菌感染の場合は抗菌薬治療などが行われる．

f **ノカルディア** [*Nocardia*] 《同》ノカルジア．*放線菌の仲間であるノカルディア属 (*Nocardis*) 細菌の総称．アクチノバクテリア門放線菌目コリネバクテリア亜目ノカルディア科に属する．グラム陽性・絶対好気性・非芽胞形成・非運動性．菌糸状・分岐状の細胞形態を示し，

培養時間の経過とともに断裂して短桿菌状になる。一部の種は気中菌糸を形成する。細胞表層にミコール酸を含み，その炭素鎖長は 42～64。基準種の *Nocardia asteroides* を含め，*N.brasiliensis*, *N.farcinica* などの病原菌が存在し，ノカルディア症を起こす。日和見感染が主であるが，健常者への感染も起こることがある。土壌中に広く生息し，ヒトに吸引されることによって肺感染症を，皮膚の傷口からの侵入によって皮膚感染症を起こす。

a **野口英世**（のぐち　ひでよ）　1876〜1928　細菌学者。アメリカのロックフェラー医学研究所にて研究に従事。ヘビ毒の研究，血清反応の研究，オロヤ熱の病原体分離などのほか，梅毒スピロヘータの証明により知られる。黄熱・トラコーマ・ポリオその他にも研究の跡を残した。肖像が千円札に使われている。

b **ノーザン法**　[Northern method]　ゲル電気泳動法で分画した RNA を，その泳動状態を保ったまま，ニトロセルロースあるいはナイロンフィルターに移す技術。mRNA の検出・定量などに利用される。放射性同位元素で標識した DNA をプローブとして*ハイブリダイゼーションを行い，相補性をもつ RNA 鎖を同定する。この方法は，先に E. M. Southern によって開発された DNA を移すサザン法とは逆に，RNA をフィルターに移すことから，southern（南）に対応させて northern（北）法と呼ばれるようになった。（⇒サザン法，⇒DNA-RNA ハイブリダイゼーション）

c **ノシセプチン**　[nociceptin]　《同》orphanin FQ, N/OFQ。オピオイド受容体様受容体（opioid receptor-like 1 receptor, ORL1 receptor）のリガンドとしてブタやラットの脳から単離されたペプチド。ダイノルフィン A と配列の似た 17 個のアミノ酸残基からなる。マウスの脳内に投与すると，他の*オピオイドとは異なり，痛覚過敏を引き起こす。ラテン語の noceo（傷つける，痛める）からノシセプチンと命名された。ノシセプチンの前駆体であるプレプロノシセプチンの配列はラット，マウス，ヒトで保存性が高く，脳や脊髄で多く発現，痛みの伝達に関与すると考えられる。そのほか，神経内分泌機能，ストレス，性行動，記憶・学習，移動行動，体重やエネルギーバランスの調節などの生理作用に関与。オピオイド受容体様受容体は，現在はノシセプチン受容体（nociceptin/orphanin FQ peptide receptor）と呼ばれる。

Phe-Gly-Gly-Phe-The-Gly-Ala-Arg-Lys-Ser-Ala-Arg-Lys-Leu-Ala-Asn-Gln

d **ノースロップ**　Northrop, John Howard　1891〜1987　アメリカの生化学者。ペプシンの結晶化に成功し，M.Kunitz と協同してトリプシン，トリプシノゲン，キモトリプシン，キモトリプシノゲンなど蛋白質分解酵素をつぎつぎに結晶化，またウイルスの純粋化にも貢献。1946 年，J. B. Sumner, W. M. Stanley とともにノーベル化学賞受賞。［主著］Crystalline enzymes（Kunitz と共著），1939。

e **KNOX 遺伝子族**（ノックスいでんしぞく）　[KNOX gene family]　トウモロコシの *KNOTTED1*(*KN1*)遺伝子に類似性の高い*ホメオボックスをもつ遺伝子の一群。KN1 蛋白質のホメオドメインは，TALE サブファミリーに属し，緑藻以上の進化段階の植物に固有。ホメオボックスとの類似性から，さらにクラス I とクラス II に分類され，クラス I には，細胞分化，器官形成，節間伸長，頂芽優勢など，植物の発生を制御する重要な遺伝子が含まれる。トウモロコシの *KN1* やシロイヌナズナの *SHOOT MERISTEMLESS*(*STM*)は*シュート頂分裂組織で発現し，細胞が多分化能を維持し，特定の細胞へと分化しないように制御する。

f **Notch シグナル**（ノッチシグナル）　[Notch signal]　Notch 受容体を介した細胞接触依存型のシグナル伝達系。動物の発生，再生，恒常性の維持において重要な役割を担う。Notch は，進化的に広く保存された 1 回膜貫通型蛋白質である。Notch のその細胞外ドメインには，epidermal growth factor (EGF) 様の構造モチーフの繰返しと negative regulatory region (NRR) が，細胞内ドメインには，RBPjκ association module (RAM) ドメイン，ankyrin リピートがある。脊椎動物の Notch はゴルジ体において切断後，断片が NRR 内で会合した状態で細胞表面に輸送される。Notch に対するリガンドの多くは 1 回膜貫通型蛋白質だが，線虫では分泌型のものもある。主要なリガンドの細胞外ドメインとしては，Delta/Serrate/LAG-2 (DSL) モチーフ，Delta and OSM-11-like protein (DOS) ドメイン，EGF 様リピートが存在する。システインに富む領域を含むリガンドは Serrate/Jagged 型，これを欠くものは Delta 型に分類される。リガンドは，DSL モチーフと DOS ドメインを介して，隣接する細胞表面上で Notch の EGF 様リピートに結合し，a disintegrin and metalloprotease domain 10 (ADAM10) による NRR 内での再切断を誘起する。細胞外ドメインを失った Notch は，エンドサイトーシスにより初期エンドソームに輸送され，γ-セクレターゼによって膜貫通ドメイン内でさらに切断される。生じた Notch 細胞内ドメイン (Notch intracellular domain, NICD) は核に移行して RAM ドメインと ankyrin リピートを介して，DNA 結合転写因子 CBP1/RBPjκ/Su(H)/Lag-1 (CSL)，Mastermind と複合体を形成し，Enhancer of split (E(spl)) や hairy and enhancer of split (HES) などの標的遺伝子の転写を活性化する。同一細胞にある Notch とリガンドが結合すると，Notch シグナルの抑制が起こる（シス抑制）。リガンドに依存しない Notch の非特異的活性化は，エンドサイトーシスを介した Notch の分解により抑制される。細胞分化における側方抑制では，等しい細胞分化能をもつ細胞集団において，いち早く分化を開始した細胞で Notch リガンドの発現が高まり，隣接する細胞で Notch シグナルを昂進させる。集団内の Notch シグナルの活性レベルの差は Notch シグナルとリガンドの間での負のフィードバックによって増幅され，単一のリガンド発現細胞が選択される。Notch の EGF 様リピートは，Fringe などによる O 型糖鎖修飾を受けると Serrate/Jagged 型リガンドとの結合能が低下し，Delta 型リガンドとの結合選択性が増す。リガンドと Fringe の発現が領域特異的に制御されることで Notch シグナルが時間，空間特異的に調整される。脊椎動物の体節形成においても Notch シグナル構成遺伝子の周期的発現変動が重要な働きを果たす（⇒体節時計）。Notch シグナルは，幹細胞の維持，ニッチ形成，細胞の非対称分裂などに必須で，ヒト Notch シグナルの異常は，T 細胞性急性リンパ性白血病などのがんの発症と関連する。

g **喉**（のど）　[throat　ラ jugulum]　一般に，頸部の腹面，または消化管のうち口腔につづく部分。哺乳類では，

頸部前方にあたる胸骨上端の上部の窪んだ部分として外部からもその位置がわかる．すなわち，軟口蓋および舌根による狭い部分（咽峡または口峡峡部 isthmus faucium という）にはじまる口腔より奥の部分を狭義に咽喉（throat, fauces 独 Rachen）と呼ぶ．咽喉の始部から鼻腔・食道・気管に連なる部分が*咽頭で，魚類では通常，鰓裂がここにあり，円口類ではここで鰓嚢が体外に開く．顎口類とヌタウナギ類では食物は咽頭を経て食道へ送られる．四肢動物の気管の始部に当たる個所は*喉頭で，軟骨によって支持され，哺乳類では発音器官の役をも果たす．頭索類の咽頭には鰓裂が発達し，多くの無脊椎動物でも，腸の前方の部分で筋肉性の個所を咽頭といい，渦虫類では複雑な構造をもつ．原生生物のうち繊毛虫類の多くでは，漏斗状をした陥入部が体表に見られ，細胞咽頭と呼ばれる．

a **ノトバイオート**　[gnotobiote]　もっている微生物のすべてが明らかな実験動物．無菌動物に既知の微生物を投与し定着させて作製する．ノトバイオートは，無菌動物を飼育するためのアイソレータ内にて維持繁殖される．（→無菌動物）

b **ノープリウス**　[nauplius]　節足動物甲殻亜門に共通の幼生期のうち最初のもの．原始的な甲殻類はこの時期に孵化する．派生的なもの（十脚目の多く）では大きな卵の一部に形を現すだけであるため，*卵ノープリウスと呼ばれる．体はまだ頭・胸・腹部に分かれていない．3対の機能的な頭部付属肢（第一触角，第二触角，大顎）をもつ．これより後方の付属肢は原基状または欠如する．付属肢は全て数個の関節からなり，遊泳剛毛をもつ．正中前方に1個のノープリウス眼，その後方に口と消化管をもつ．原始的な甲殻類では脱皮により直接稚個体を生じるが，多くの場合*ゾエア期に続く．

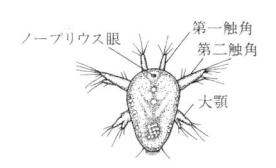

c **ノープリウス眼**　[nauplier eye]　甲殻類のノープリウス幼生において，体の前端正中線上に1個ある眼．中央眼（→側眼）の一例で，3個のレンズとX字形の赤・黒などの色素をもつ．構造の簡単な明暗視器で，変態に際し退化・消失して成体には残らないのが一般的であるが，橈脚類では成体にも残る．

d **ノボビオシン**　[novobiocin]　細菌の*DNAジャイレースを特異的に阻害する抗生物質．グラム陽性菌および陰性菌に対して抗菌活性を示す．染色体の複製，ファージやプラスミドDNAの複製，種々の遺伝子の転写，λファージDNAの染色体への組込みなどを阻害する．これらの作用は，DNAジャイレースのBサブユニットに作用することによって引き起こされる．

e **海苔**　[laver, nori]　元来は着生性藻類の総称．現在ではアマノリ類（*紅色植物）の海藻およびその乾製品のこと．ときに食用とするアオノリ，ヒトエグサ，カワノリ（緑藻植物）なども含めて呼ぶ．

f **ノルアドレナリン**　[noradrenaline]　《同》4-(2-アミノ-1-ヒドロキシエチル)-1,2-ベンゼンジオール，ノルエピネフリン（norepinephrine），l-アルテレノール（l-arterenol）．副腎髄質から*アドレナリンとともに分泌されるホルモン（広義）．哺乳類では交感神経の末端から*神経伝達物質として分泌される．アドレナリンからN-メチル基のとれた物質で，*ドーパミンから生成されるカテコールアミンの一種．ウシの副腎髄質では，1部のノルアドレナリンに対して4部のアドレナリンが含まれ，また市販のアドレナリンは10〜20%のノルアドレナリンを含む．その作用はアドレナリンと似ているが量的にも質的にもやや差がある（表）．副腎内にある酵素とATPを必要とする反応によりメチル基転移に基づいてアドレナリンとなる．髄質以外の好クロム組織からはノルアドレナリンが分泌されている．

ノルアドレナリンの作用

作　用	影　響 アドレナリン(A)	影　響 ノルアドレナリン(NA)	作用能の比 (A/NA)
収縮期血圧	増	増	0.5
拡張期血圧	作用なし	増	―
血　管	拡　張	収　縮	
末梢血管壁抵抗	減	増	
心　拍	増	わずかに増	20
血液拍出量	増	作用なし	
冠状動脈	拡　張	拡　張	1
細気管支	拡　張	拡　張	20
血　糖	増	増	4
瞳孔散大	促　進	促　進	15
小　腸	抑　制	抑　制	2
大　腸	抑　制	抑　制	1
子宮筋肉	抑　制	抑　制	100

g **ノルバリン**　[norvaline]　$CH_3(CH_2)_2CH(NH_2)COOH$　α-アミノ吉草酸にあたる非天然のアミノ酸．

h **ノルロイシン**　[norleucine]　$CH_3(CH_2)_3CH(NH_2)COOH$　α-アミノ-n-カプロン酸にあたる非天然のアミノ酸．

i **ノンバーバルコミュニケーション**　[non-verbal communication]　言語によらない*コミュニケーション形態の総称．媒体は，*身ぶり・表情・身体接触・空間的近接・声調・匂いなど多様．人間の表情には2万種以上の異なる信号の発信能力があるとの説もある．送り手側にメッセージ発信の意図が伴わない場合が多いこと，メッセージが多義的となり受け手の解釈に依存しがちであることが特徴．体系化された分野としては，E. T. Hallによるプロクセミクス（proxemics, 空間的近接を扱う），R. L. Birdwhistellによるキネシクス（kinesics, 身ぶりを扱う）がある．動物行動学の関心と重なる部分も多く，近年は表情や身ぶりと認知機能の研究が盛んである．

ハ

a **葉** [leaf] 維管束植物の*胞子体に形成される，一般に茎に側生する扁平な構造の器官．発達した同化組織により光合成をいとなみ，活発な物質転換，水分の蒸散などを行うのが一般的．しかし葉の形・機能・起源は多様を極め，古くより何を葉と定義するべきかについて議論が絶えず，茎との関係も簡単ではない（⇒シュート）．J. W. von Goethe以来，抽象的な概念で葉を規定しようとする試み（原葉，フィトン説，周茎説など）が多くの形態学者によってなされてきたが，J. von Sachs（1860）以来，むしろ葉の発生過程や生理的な機構，物質代謝，また最近では，遺伝子の発現や機能などに解明の重点がおかれるようになってきた．葉はシュート頂から外生的に側生器官として現れる（⇒葉原基）．葉原基の発現する位置によって茎上における葉の配列様式が決まる（⇒葉序）．同じ*シュート頂分裂組織から由来するが，茎は軸状構造で無限成長をするのに対し，葉は一般に背腹性を示し有限成長性であり，腋芽を生じない．葉原基は発生の進行に伴い*葉身・*葉柄・*托葉が分化し，同時に表皮系・基本組織系・維管束系などの組織分化が進行する．表皮系はクチクラや蠟に被覆され，気孔・水孔や毛が分化する．基本組織系は*葉肉と呼ばれ，葉緑体に富み同化やガス交換に都合よい組織（*柵状組織，*海綿状組織）への分化が一般的にみられる．維管束系は*葉脈といい，茎の維管束と接続し（*葉跡），葉肉内における葉脈の分岐のしかた・構造・配列は多様（⇒脈系）．葉身の形により*単葉・*複葉が，また機能や位置により*子葉・第一葉・*前出葉・*低出葉・普通葉・*鱗片葉・*苞葉，*高出葉・*低出葉などが区別される（⇒異形葉）．また特殊に変態した葉もあり（捕虫葉・浮葉・仮葉・葉針など），生殖器官を分化する*胞子葉や*花葉も葉の一種である．葉は二次肥大成長を行わず，一定の時期がくると茎との境に離層を分化して母体から脱落し，茎面に葉痕を残す（⇒落葉）ことが多い．進化史的観点からは，シダ類や種子植物の葉（*大葉）とヒカゲノカズラ類などの葉（*小葉【2】）の区別などがある．

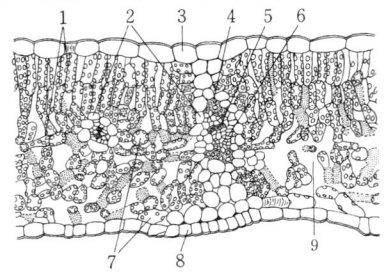

ナシの葉の横断面
1 柵状組織　2 維管束鞘　3 表皮（上面）　4 繊維
5 木部　6 篩部　7 海綿状組織　8 表皮（下面）
9 細胞間隙

b **歯** [tooth] 〘同〙真歯．【1】脊椎動物において無機塩を多く含む高度に石灰化した消化器官で，無機塩は主にヒドロキシアパタイト $Ca_{10}(PO_4)_6(OH)_2$ の結晶．広義にはウニの口器や巻貝の歯舌（炭酸カルシウムからなる），ヤツメウナギなどの角質歯を含むが，これらと区別する意味で「真歯」ともいう．一般に顎口類の口腔に存在し，魚類では咽頭・鰓にもあり，さらにサメの楯鱗は発生様式や構造が歯と同じで皮歯とも呼ばれ，歯の進化的起源を示唆する．(1)歯の形態：哺乳類以外の歯の形態は円錐形で，このような一様な歯をもつことを同歯性（同形歯性 homodonty）という．哺乳類では位置特異的形態分化をとげ，異歯性（異形歯性 heterodonty）を獲得，正中より両側に切歯・犬歯・臼歯（前臼歯・後臼歯）を区別する．歯クジラ類の歯は二次的に同歯性となり，数も増す．哺乳類各種における各歯種の数と配列パターンを表す式を歯式（dental formula）といい，分類学上重要な基準とされる．上顎・下顎の半側の切歯・犬歯・小臼歯・大臼歯の数を左より順次以下のように表す．

例：イヌ　$\dfrac{3 \cdot 1 \cdot 4 \cdot 2}{3 \cdot 1 \cdot 4 \cdot 3}$　ウシ　$\dfrac{0 \cdot 0 \cdot 3 \cdot 3}{3 \cdot 1 \cdot 3 \cdot 3}$　ヒト　$\dfrac{2 \cdot 1 \cdot 2 \cdot 3}{2 \cdot 1 \cdot 2 \cdot 3}$

哺乳類の一般型　$\dfrac{3 \cdot 1 \cdot 4 \cdot 3}{3 \cdot 1 \cdot 4 \cdot 3}$

次のような表し方もある．

イヌ　$i\dfrac{3}{3} c\dfrac{1}{1} p\dfrac{4}{4} m\dfrac{2}{3}$

切歯（incisor）は前上顎骨に殖立する歯と，それと咬合する下顎の歯．口腔の入口にあることから門歯ともいう．歯根は単一．近いのものは中切歯，遠心では側切歯という．犬歯（canine）は側切歯と第一小臼歯の間に1本生ずる．歯冠が長く歯縁の中央部で突出し尖頭を形成．歯根は単一．肉食性哺乳類でよく発達する．続く小臼歯（前臼歯 premolar）は，ヒトでは舌側および頰側の咬合面（occlusal surface）に一つずつ高まり，すなわち咬頭（cusp）をもつので双頭歯とも呼ばれる．類人猿では頰側の咬頭が発達，犬歯の補助をする．歯根は通常単一だが扁平で2根管の場合もある．最後方にあるのが大臼歯（後臼歯 molar）で，ヒトでは第三大臼歯（智歯）が萌出しない場合がある．大臼歯の咬頭数とパターンは種特異性があり，オナガザルでは4咬頭だがヒト科では上顎4咬頭，下顎5咬頭．ヒトの進化では，咬頭は低く数も減る傾向にある．隆起の形状から，丘状歯（bunodont），横堤歯（lophodont），半月歯（selenodont）などを区別する．歯式に示された定数以上に発生した歯を過剰歯（supernumerary teeth）といい，ヒトでは大臼歯部最後方や上顎中側の切歯部に多い．また，牙（tusk）とは，歯式上の分類とは関わりなく攻撃・防御や餌の捕獲などに用いられる長く強大に発達した犬歯または切歯をいう（広義には毒蛇における毒牙も含む）．多くの食肉類では上顎犬歯が牙となる一方，象牙はゾウの上顎門歯に相当．*Dinotherium* の下顎は前部が下向し，下顎門歯が牙となり，下向に短剣状に伸びる．イノシシも雄の下顎犬歯が上内向に突出し牙となる．バビルサ（*Babirusa*）では上下の犬歯とも発達，特に雄では上牙が顔面の皮膚を貫いて上後方に曲がり，下牙も口外に出る．歯の更新を換歯（replacement of teeth）という．哺乳類以外では，消耗にともなって何度でも換歯する多生歯性（多換歯性

polyphyodonty).哺乳類では通常1回換歯するだけの一換歯性すなわち二生歯性(diphyodonty)で,最初のものを乳歯(milk teeth)または脱落歯(deciduous teeth),乳歯に換わり萌出した歯を代生歯(successional teeth)といい,大臼歯のように乳歯列後方に付加する歯を加生歯(独 Zuwachszahn)という.つまり大臼歯は発生学的に乳歯に属すが,乳歯列には現れない.代生歯と加生歯をあわせて永久歯(permanent teeth)または置換歯と呼ぶ.乳歯の脱落は原則的に乳歯の生じた順に起こる.乳歯はヒトでは20本あり,乳切歯・乳犬歯・第一および第二乳臼歯がある.永久歯に比べ原始的な形態を保ち,歯髄腔が大きいのに対しエナメル質は薄く,また歯頸部を取り巻く帯状の膨隆部である歯帯が発達している.また歯根は強く唇側に屈曲し,乳臼歯では開離し,後継代生歯の歯胚が発育するのに必要なスペースを与える.一部の哺乳類では換歯が行われず,これを不換歯性または一生歯性(monophyodonty)といい単孔類・クジラ類・カイギュウ類に知られる.歯列(歯並び row of teeth)は,切歯および犬歯の切縁を連ね,大小臼歯の頰側咬頭の尖端を結んだ左右対称の弓形曲線を構成,歯列弓(dental arch)をなす.これと似たものに歯槽弓(alveolar arch),すなわち上下顎骨の歯槽の中心を順次結んだ線がある.類人猿の歯列弓は幅に比べて奥行が深く,左右の臼歯列は平行であり,全体としてU字形であるが,猿人から新人にいたる間に漸次放物線を描くようになり,奥行も浅くなる.現代人においては集団間変異が見られ,一般にヨーロッパ人などの歯列は小さく,オーストラリア先住民などでは奥深い.顎骨に比べ歯が大きい場合,歯列は乱れ,歯列不整合(discrepancy)となる.サルの場合,上顎では側切歯と犬歯,下顎では犬歯と第一小臼歯の間に犬歯隙(diastema)が見られるが,これはそれぞれ対向する顎の長い犬歯をいれる間隙である.(2)歯の組織:歯を囲む結合組織を歯肉(gum)といい,繊維芽細胞および膠原線維に富む.表面は歯肉上皮(gingival epithelium)によって覆われる.歯は露出している歯冠(corona dentalis, crown)と,歯槽に埋まり顎に固定する部分である歯根(radix dentalis, root of tooth)からなる.両者の移行部を歯頸(collum dentis)という.歯の硬組織の大部分は象牙質からなり,歯冠部はエナメル質,歯根部はセメント質で覆われる.内部には歯髄腔(pulp cavity)があり,血管や神経が豊富な歯髄(pulp pulp)によって満たされる.この軟組織には,歯髄腔の先端である歯根尖孔から進入した神経・血管,膠原線維と繊維芽細胞である歯髄細胞(pulp cell)・マクロファージが存在,象牙質に接する部位には象牙芽細胞が配列する.歯髄の神経は歯の痛みを感じる知覚神経である.象牙質(ivory)は,黄色を帯び緻密骨よりも硬く,歯の形成後もゆるやかに作り続けられ,歯髄腔は生涯を通して狭窄する.咬合など生理的刺激により作られる象牙質は第二象牙質(secondary dentin),咬耗・磨耗など歯に加えられた物理的刺激や化学的刺激に対して作られるものは修復象牙質(reparative dentin)と呼ばれる.無顎類・両生類・爬虫類や哺乳類の歯のように象牙細管をもつものを真性象牙質(orthodentin)と呼ぶが,象牙質の構造には変異も多く,半象牙質(mesodentin, 例:節頸類の皮甲や歯),骨様象牙質(osteodentin, 例:ネズミザメやサワラ),均質象牙質(homogeneous dentin, 例:アユやマス),脈管象牙質(vasodentin, 例:タラやフクロオオカ

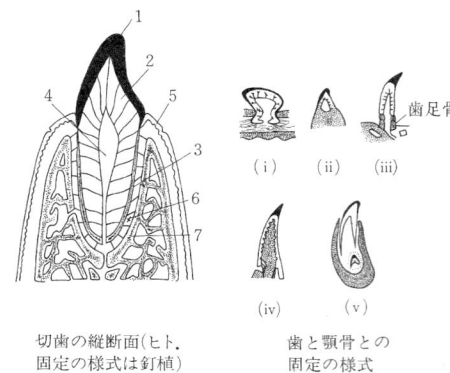

切歯の縦断面(ヒト. 固定の様式は釘植)
1 エナメル質 2 象牙質
3 セメント質 4 歯髄
5 歯肉 6 歯根膜
7 歯槽骨

歯と顎骨との固定の様式

ミ)が区別される.歯髄面からエナメル質にいたるまで象牙全層を象牙細管(歯細管 dental tubule)が放射状に走行する.S字状に彎曲し,走行中に分枝・側枝・終枝の枝分かれをもつ.細管の走行は,象牙芽細胞が象牙質形成中に細い突起を残しながら歯髄側に後退して入った道筋を示す.内部には象牙芽細胞の突起であるトームス繊維が入っている.細管内には内部を輪状に裏打ちする高石灰化した管周象牙質(peritubular dentin)がある.象牙細管は,虫歯などにより象牙質が侵食されると細菌その他の物質の通路になり,歯髄が侵される原因となる一方,原形質の流れなどによる刺激伝達や防御反応などの機能をもつ.エナメル質(enamel)は歯冠部の表層を覆う,生体で最も高度に石灰化した硬組織.血管および神経をもたず,自己修復能はない.無機質は他の硬組織と同じくヒドロキシアパタイト,有機質はアメロゲニンおよびエナメリンにより構成.多くの場合エナメル質の最表層に有機質を含み,エナメル質を化学的刺激から保護する歯表皮(dental cuticle)が存在する.哺乳類のものは小柱エナメル質(prismatic enamel)で,直径約4〜6 μm のエナメル小柱からなる.爬虫類や一部の両生類では,エナメル小柱が見られない無柱エナメル質(aprismatic enamel).魚類では中胚葉から生じる象牙芽細胞もこの形成に関与するとしてエナメロイド(enameloid),中胚葉性エナメル(mesodermal enamel)などと呼ばれる.また魚類・有袋類・食虫類では象牙細管やエナメル細管を含むものがあり,有管エナメル質(tubular enamel)という.齧歯類ではエナメル質に鉄が含まれ着色エナメル質(pigmented enamel)という.哺乳類の歯根表面の硬組織がセメント質(cement)で,細胞が含まれる有細胞性セメント質(cellular cementum),含まれない無細胞性セメント質(acellular cementum)を区別する.セメント質と歯槽骨壁を結合する結合組織性の繊維膜を歯根膜(periodontal ligament)といい,歯の長軸に平行あるいは斜めに走行する膠原繊維である主繊維(principal fiber)と,これと連続し両端が硬組織に埋め込まれたシャーピー繊維(Sharpey's fiber)の束からなる.これにより,歯は弾性的に顎骨に固着される.顎骨とのこのような結合様式を釘植(gomphosis, 図左)と呼ぶ.歯根膜は食物を咬んだときに生じる圧力を緩衝する

だけではなく，血管や神経に富み，栄養供給や知覚にも関与する．脊椎動物における顎骨と歯の固定には，他にも以下の様式がある（前頁図右）．(i) 繊維性結合 (fibrous attachment)：繊維の束からなる結合組織により固定．(ii) 骨性結合 (ankyrosis)：歯根と歯の下にある骨が癒合．(iii) 歯足骨性結合 (pedicellate attachment)．(iv) 蝶番性結合 (hinged attachment)：歯根に結合する繊維により，歯が蝶番のように動く．(v) 槽生 (thecodont attachment)：歯根に形成されたセメント質と顎骨が繊維により結合．なお，歯は総体として摂食・捕食などの際に極めて豊富な感覚情報を得ることができ，その意味では感覚器の一つともいえる．②歯の発生：哺乳類胚の歯列弓になる口腔上皮が分裂を繰り返し，間葉に向かって肥厚した部位，すなわち歯堤 (dental lamina) を作る．このうち，歯が形成される部位，エナメル上皮 (enamel epithelium) はさらに深層に陥入，歯芽 (tooth bud) となる（蕾状期）．歯芽は急速に成長，杯状をなし，乳歯のエナメル器 (enamel organ) を形成する．他の部分は永久歯の歯堤となり，乳歯胚の舌側に伸び，永久歯のエナメル器を形成する．エナメル器下雷の間葉は密集し，歯乳頭 (dental papilla) となる（胚状期）．エナメル器と歯乳頭を取り囲む間葉は歯小嚢 (dental sac, dental follicle) と呼ばれ，歯周組織（歯肉・歯根膜・セメント質および歯槽骨）を形成する．エナメル器，歯乳頭および歯小嚢を合わせて歯胚 (tooth germ, dental germ) と呼ぶ．やがてエナメル器に面している歯乳頭の1層の細胞が象牙芽細胞 (odontoblasts) となり，象牙質の基質を構成する

蛋白質・多糖体を合成・分泌する．象牙芽細胞はこの未石灰化の象牙前質 (predentin) に接し，歯髄の周縁部で円柱状となり，トームス繊維 (Tomes' fiber)，トームスの突起あるいは歯細繊 (fibra dentalis, dentinal fiber) と呼ばれる細長い細胞質突起を象牙細管内に伸ばす．これは象牙質の石灰化にも関与する．象牙前質の石灰化の後，象牙質に面するエナメル器であるエナメル上皮は細胞の背丈を増し，エナメル芽細胞（分泌期エナメル芽細胞 ameloblast）に分化，象牙質外層にエナメル質を形成し歯冠をつくる（鐘状期，図）．さらに発生が進むと，唇側および頬側の歯堤に代生歯堤，代生歯堤および代生歯胚ができる．歯根形成の際，エナメル器の内外エナメル上皮が接する部位が歯根の外形に沿って伸び出しヘルトヴィヒ上皮鞘 (Hertwig's epithelial sheath) となり，この内側に沿って歯根部の象牙質が形成される．エナメル器は歯が口腔内に萌出した後も歯頸部に留まり，歯頸部エナメル質と密に結合して接合上皮 (junctional epithelium) となるが，やがてそれは口腔上皮と置き換わる．セメント質を形成するセメント芽細胞 (cementoblast) は歯小嚢にある繊維芽細胞（神経堤由来と考えられる）が分化したもので，コラーゲンに富むセメント質基質の合成と石灰化を行う．

【2】[teeth] 植物の鋸歯．(→葉身)

a **場**（発生の）[field] 発生学における秩序の体系としての一概念．P. A. Weiss (1939) および A. G. Gurvich (1944) によって別個の立場から導入され，のちに多くの実験発生学者により Weiss の線に沿った意味で用いられるが，その意味は必ずしも明確でない．Gurvich は，胚構造や物質の配列が乱されても調節的に正常発生が起こりうることや，初期胚では部分の形態形成が全体との関係によって規定されることから，有機体の不可逆的過程がその構成材料の物質的配列により一義的に決定されていないと主張．部分的要素（例えば細胞）の運動はその要素に固有な準備態勢と，それに系全体から働きかける因子すなわち場の働きの総合作用であるとした．Weiss は再生芽の決定変更の研究から，場とは，編制された系から未編制の素材に向かって発せられる造形的な働きかけの総体であるとした．空間的な分化における彼の「場の法則」としては，(1) すべての場は異極的な軸性をもつ，(2) 場を保持する系から一部の素材が取り去られると，残りの素材が場を典型的な形で保つ，(3) 編制可能なしかし未編制の素材がある場の作用範囲に与えられれば，これは場の中に取り入れられる，などがある．具体的には，肢・眼・耳などの形成部域はそれぞれの器官形成の場をもつと考えられ，上にあげた3法則が成立する．場の概念を初期発生に適用し，胚内に一つの原基が出現する前にその予定材料の部域を中心に一定の広さをもった非可視的に存在する「器官の場」(organ field) を想定した研究はかつて実験発生学において広く行われた．

b **バー** [*Bar*] 《同》棒眼，棒状眼．キイロショウジョウバエの代表的な優性突然変異．はじめ C. B. Bridges (1936) によって詳細に研究された．野生型では複眼を構成する単眼の数が雄で740±，雌で780±あるが，バーの雄では90±，ホモの雌で70±，ヘテロの雌では360±となる．このバー遺伝子（記号 *B*）は第Ⅰ連鎖群（X 染色体）の57.0の位置にあり，伴性遺伝をする．唾腺染色体の細胞学的観察によって，横縞数個からなる染色体の小部分（バー部位 *Bar* region）の重複であるこ

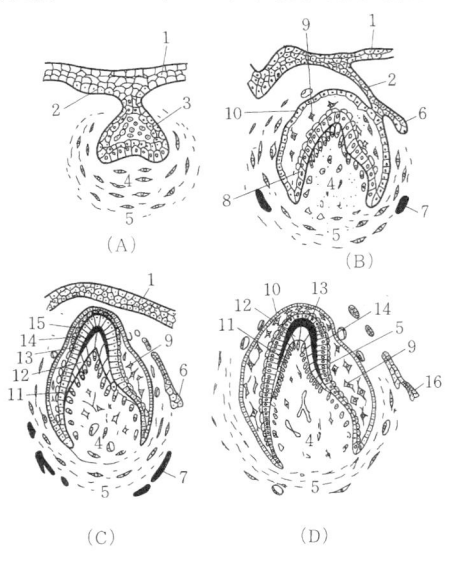

A 蕾状期の歯胚　B 胚状期の歯胚　C と D 鐘状期の歯胚

1 口腔上皮　2 歯堤　3 エナメル器　4 歯乳頭　5 歯小嚢　6 代生歯堤　7 歯槽骨　8 内エナメル上皮　9 星状網　10 外エナメル上皮　11 象牙芽細胞　12 象牙質　13 エナメル質　14 エナメル芽細胞　15 中間層　16 代生歯胚

とがわかった．バー部位が1個のとき正常対立遺伝子，2個のときバー遺伝子であるが，このほかに，バー部位が3個重なったダブルバー（double *Bar*），および5個重なったクオドループルバー（quadruple *Bar*）遺伝子も発見されている．バー部位の重複の度が進むにつれて複眼を構成する単眼数が減少する．

a **胚** ［embryo］《同》胚子．多細胞生物の個体発生における初期の状態．［1］多細胞動物においては，卵割をはじめて以降の発生期にある個体，胚葉の分化が現れて以降のもの，あるいは器官原基の出現以後のものなど，広狭さまざまに使用される．動物の部類によって胚の時期の長短，あるいはその間における変化の多様性は異なっており，研究の便宜上から早期胚（early embryo）と後期胚（late embryo）を区別することも多く，*桑実胚・*胞胚・*原腸胚は前者に属する．脊椎動物では神経管の形成過程にともない，*神経胚の時期があり，器官発生が起こる．一般に個体が独立し食物をとりはじめると，胚とは呼ばれなくなる．胎外発生をする動物の場合，孵化する前の卵膜内にいる状態を一般に胚と呼ぶ．多くの動物で胚と成体の間に*幼生や胎児（foetus）（⇒分娩）の時期が認められる．胚期は盛んな細胞増殖・細胞移動・細胞分化などで特徴づけられ，個体発生の過程の中では一般に短い期間を占める（⇒胚発生，⇒胚組織）．［2］植物では，受精卵に由来する若い胞子体．胚発生では，受精卵からまず*前胚ができ，*オーキシンの極性輸送の働きで*頂端-基部軸が成立すると，前胚の先端の細胞が分裂を続け球状の胚となる．基部の細胞は*胚柄となり，球状の胚を胚嚢内に押しすすめる．その後，放射軸方向などに*パターン形成を遂げ，その結果，種子植物では通常，根端分裂組織をもつ幼根，*シュート頂分裂組織とこれをとりまく1ないし十数個の子葉，そしてシュート頂分裂組織と幼根の間に*胚軸を分化する．しかし種類によって，組織分化の程度に差がある．真正双子葉類では，球状の胚の先端に外的に2個の葉原基ができ子葉になる．幼根は胚柄と胚の本体の間に発生し，胚柄を圧しながら成長する．また前形成層は胚の主軸からはじまり，子葉へ，幼根へと向けて分化する．単子葉類では球状の胚の一側面にくびれができ，くびれより上部がのびて子葉となる．くびれの奥に上胚軸の原基ができる．イネ科では胚盤が発達して，発芽時に胚乳から養分を吸収し，上胚軸原基の外側に輪状の葉的器官が発生する．したがってイネ科の胚には幼芽の外側に子葉鞘が，また内生的にできた幼根の外側に幼根鞘が分化するという特徴がある．裸子植物では胚柄が長く伸び，数列の細胞からなる．その各列の先端に球状の胚が分化し，通常その中の一つが発達する．イチョウでは主軸の一端は胚軸で終わり，幼根は発芽時に分化する（E. Ball, 1957）．ラン科の胚は種子散布のときもまだ完全には分化しておらず，発芽時に菌類との共生によりはじめて分化する．

b **肺** ［lung ラ pulmo］［1］脊椎動物における*空気呼吸のための器官（呼吸器官）．発生的には*鰓裂直後の消化管腹壁の膨出の先端部よりの分化で，基部は*気管となる．肺は左右1対ある．原始的なものでは囊状なすだけで，内壁に単に血管を収める網状の襞があるにすぎない．しかし特殊化したものでは，その襞が高まり，また，襞にさらに襞を生じて海綿状になり，内部の表面積を著しく増大にいたる．哺乳類では，気道管である*気管支は肺実質内でさらに分枝して細気管支となり，

以後分枝を重ねて，その末端は呼吸部である半球状の膨出部，すなわち肺胞（alveoli pulmonis, alveoli）に終わる．肺胞上皮（alveolar epithelium）は扁平肺胞細胞（small alveolar cell, 肺胞上皮細胞 pulmonary epithelial cell, pneumonocyte type I）と大肺胞細胞（great alveolar cell, septal cell, pneumonocyte type II）からなり，扁平肺胞細胞が基底膜を介し毛細血管の単層扁平上皮に接する．ガス交換はこの細胞を通して行われる．大肺胞細胞は立方形の大型細胞で肺胞壁内に散在，層板小体を核上部にもつ．この層板小体は肺胞腔に分泌され，表面活性剤として働き，肺胞表面の表面張力を低下させ，肺胞腔が開放されている状態を維持する．肺胞の形成により，呼吸面積は極度に増大され，ヒトでその表面積は100 m^2 にのぼる．爬虫類の肺では肺胞に近い形態を獲得したものもある．鳥類では気管支は分枝して，最後にそれら分枝は互いに平行に走る*肺管という小管で連絡されて網目状になる．肺管は細気管支に相当し，それから放射状に肺胞群に相当する盲嚢を出す．なお鳥類の肺には気嚢という数個の膜状の盲嚢が付属する．魚類の*鰾（うきぶくろ）は肺と相同器官．［2］《同》肺嚢．腹足類有肺類の呼吸器官．頸部の外套膜に包まれた外套腔の一部で，特にその背壁に血管が密に分布し，呼吸孔を経て流入した空気と血管内の血液との間にガス交換が行われる．水中生活をするものでは，この肺に相当する外套腔は空気で充たされ，体の浮沈を調節する器官（hydrostatic organ という）にもなる．

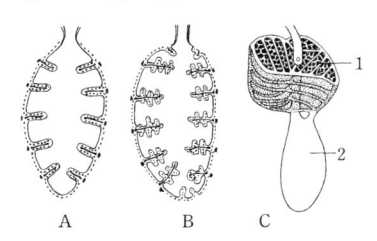

A 一部の両生類　B 一部の両生類および爬虫類　C 鳥類（1 肺管　2 気嚢）

c **ハイアット** HYATT, Alpheus　1838～1902 アメリカの古生物学者，動物学者．ボストン大学教授．特にアンモナイトなど頭足類化石の分類学が重要な業績．E. Morse らとともに 'American naturalist' を創刊し，初代編集長．（⇒シンプソン）［主著］Genera of fossil Cephalopoda, 1883.

d **胚移植** ［embryo transplantation］［1］植物では，有胚乳種子の成熟胚または幼胚を摘出して，ほかの種子の胚乳に移植すること．胚の発育に対する胚乳の影響を研究する手段として用いられる．また同様な操作によって胚接木を行う．［2］《同》受精卵移植・卵子移植（ovum transfer），人工妊娠．哺乳類において，供胚動物（ドナー）の生殖器から着床前の受精卵や胚を取り出して，他の受胚動物（レシピエント）の生殖器内に移し，人為的に着床，妊娠，分娩させる繁殖技術．1890年にウサギで成功したのが最初とされ，1970年代にウシで実用化．優秀な遺伝的形質をもつ雌から一度に多数の胚を取り出して移植することにより，その雌の子を多数生産できるので，家畜の増殖や改良の目的に有効な方法として特にウシで広く普及している．一般的には，ホルモン製剤な

どによる過剰排卵処置を施した供胚動物に人工授精を行い，数日後に受精卵(胚)を回収し，これをいったん凍結保存してから必要なときに解凍して，あるいは回収後すぐに発情を同期化した個体に移植する．ヒトの不妊治療にもこの技術が用いられるほか，哺乳類における*トランスジェニック生物作製には不可欠の技術となっている．

a **灰色三日月環** [grey crescent] 《同》灰色新月環，灰色半月環．多くの両生類卵において，受精ののち第一卵割の始まる以前，植物極と赤道との中間にある一つの子午線を中心としてその左右に相称的に末端をもって出現する三日月状の模様．受精後，動物半球を覆っていたメラニン色素を含む表層細胞質が内部の細胞塊に対して約30°回転し，この表層細胞質に隠れていた部分が露出して灰色を呈する．標識実験によりこの模様の中心を通る子午線が将来の胚の正中面になることが示された．すなわち，これまで卵の動物極と植物極とを結ぶ主軸だけをもった単軸的構造の胚が，灰色三日月環の出現とともに背腹の軸を新たに獲得したこととなる．三日月環は妨げられない状態では精子の侵入点の反対側に生じるが，受精後一定の時期に卵を一定の方向に回転することにより三日月環の中心を通る子午線を任意に変更できるといわれる．卵割の進行に伴い三日月環は次第に不分明となる．また三日月環の部域はのちの背方帯域すなわち形成中心に一致すると見られている．ただし灰色三日月環の細胞質そのものが囊胚形成を引き起こすのではないと考えられている．なお受精しない卵にも三日月環様の模様が生じることがある．

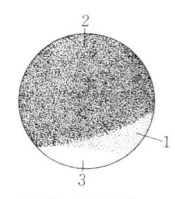

1 灰色三日月環
2 動物極　3 植物極

b **胚運動** [blastokinesis] 昆虫の胚発生過程において，多くの種類で見られる卵殻内で胚が行う一定の運動．胚運動の結果，胚の*卵殻との相対的位置が著しく変化する．最も顕著な例(トンボやキリギリスなど)では，発生の初期に胚が尾端から逆さまになって卵黄内に深く入り込む(この運動をアナトレプシス anatrepsis という)ので，頭部は卵の後端に位置するようになる．次いで胚はふたたび頭を先にして卵黄から脱出する(これを胚反転・カタトレプシス katatrepsis という)ので，頭部は卵の前端に位置する．また，卵の長軸に沿って回転する例(シロアリやカメムシなど)や単に体の屈曲方向が変わる程度のもの(カイコ，⇒反転期)，あるいは胚運動が観察されないもの(ハエ)などがあり，一般に不完全変態昆虫において胚運動が著しい．この運動の発生学的な意義は不明であるが，胚自身の自発的な運動であることは羊膜や漿膜を破ってもなお運動が起こることによって知られる．

c **パイエル板** [Peyer's patch] 哺乳類小腸の腸管膜反対側に見られる集合リンパ小節の一種．リンパ球や形質芽細胞(多くは IgA 産生形質細胞へと分化)を含んでおり，腸内抗原に対する生体防御に関与している．体内のリンパ節と異なり，抗原の取込み口となる輸入リンパ管がない．その代わり，上皮細胞層に抗原の取込みに特化した M 細胞(M cell)が存在する．(⇒リンパ系器官)

d **肺炎連鎖球菌** [*Streptococcus pneumoniae*, pneumococcus] 《同》肺炎球菌(pneumococcus)，肺炎双球菌(旧称)．グラム陽性球菌であるストレプトコックス属細菌の一種 *Streptococcus pneumoniae* の和名．ストレプトコックス肺炎(pneumonia)，すなわち肺炎および気管支の炎症の病因になるほか，敗血症，髄膜炎なども起こすが，健康人の気道粘膜からも頻繁に検出される．肺炎球菌の通称がある．L. Pasteur(1881)が最初に分離した．ストレプトコックス属の他の菌種が連鎖状球菌であるのに対し本種は*双球菌であるため，古くは *Diplococcus* と呼ばれた．カタラーゼを欠く酸素耐性菌であり，好気条件でも嫌気条件でももっぱら糖を乳酸発酵して生育する．通常の培地には概して生えにくいが，血液寒天によく生育し，α溶血性を示す．寒天上のコロニーは中央がくぼんだ特徴的な形状をもつ．菌体表面に莢膜と呼ばれる多糖体を有する菌体構造をもち，現在90種類以上分類されているが，莢膜の形成は菌株や環境条件により異なる．F. Griffith(1928)による形質転換の発見，O. T. Avery(1943)による形質転換物質が DNA であるという発見にも用いられ，遺伝学の発展に大きな影響を与えた実験材料としても知られている．(⇒連鎖球菌)

e **バイオイメージング** [bioimaging, biomedical imaging] 生体の構造や機能の動態を画像として解析する技術で，その範囲は分子・細胞レベルから器官・個体レベルに及ぶ．顕微鏡技術の高度化・高性能化や蛍光蛋白質(例えば*GFP)などの改良による多様な蛍光プローブの開発により，1分子レベルから細胞内蛋白質のリアルタイムでの動的挙動が観察可能となり，蛋白質や細胞の機能解析が大いに進んでいる．代表的な光学技術としては，共焦点レーザー走査型顕微鏡(⇒共焦点レーザー顕微鏡)の発達が挙げられ，同時に複数の蛋白質の挙動観察や，FRAP，FRET による蛋白質の動的機能解析が可能となっている．(⇒蛍光イメージング計量法)．このほか，全反射顕微鏡を用いた近接場光の利用による局所観察や，多光子励起レーザー走査型顕微鏡による深部観察など，研究者の用途に応じた多様な機器を用いた画像化が可能となっている．器官や個体レベルでは，PET，MRI，X線CTなどを駆使して動物やヒトを対象とした画像化技術が進んでおり，疾病の早期診断や薬物動態などへの応用が期待される．

f **バイオインフォマティクス** [bioinformatics] 《同》生命情報科学．情報科学，統計科学，応用数学の技術と知見を動員して，生命科学の諸問題を解明することに取り組む分野．ゲノムアノテーション，相同性検索，モチーフ検索，進化系統樹の推定，発現解析，蛋白質立体構造予測，相互作用解析，遺伝子ネットワークの解析，*システム生物学など，多岐にわたる手法が開発されている．情報爆発といわれるほどに多様なデータベースが急成長していることから，実験により得られる膨大な知見を取り込んだ解析とともに，それらから生命現象の理解に本質的な法則を抽出すべく，数理モデルからの推測との比較が重要となる．

g **バイオシステマティクス** [biosystematics] [1] 《同》生物系統学，生分類学，系統生物学，種分類学．分類学的研究は生きたままの生物を対象に行い，資料標本からの情報でそれを補完すべきとする立場，もしくは学問的手法．分類学の研究が腊葉標本に偏重することの危険を指摘し，J. S. Huxley(1940)が造語．1940年頃から種についての細胞遺伝学的研究が発展し，また遺伝的形質の生態的環境による修飾を実験的に解明しようとする*実験分類学の手法が用いられるようになってきたため，

バイオシステマティクスは種分類学と訳されたこともある．[2] [1]のような考え方をさらに特殊化して，植物において交雑による雑種第一代(F_1)の稔性度によって分類群相互の関係を客観化しようとする方法(biosystematy)を指すこともある．

a **バイオストローム** [biostrome] 《同》層状生礁．サンゴ，コケムシ，二枚貝などの骨格生物の成長や，それらの生砕物の集積によって，地層中に成層して産する層状岩体を指す．レンズ状・丘状のように地形的な高まりを示さない．(⇒バイオハーム)

b **バイオセンサー** [biosensor] 生体のもつ諸機能を応用した検出装置もしくは素子．主に生体のもつ優れた識別や情報受容の機能を物理化学的機器の一部に組み込んだ系として用いられる．酵素，抗原や抗体，受容体などの蛋白質分子のほか，細胞や組織を用いる．

c **バイオチップ** [biochip] 基板上の多数のスポットにそれぞれ異なる生体分子などを固定し，試料と接触させることにより，試料中に含まれる生体分子などと各スポットとの相互作用を蛍光などの形で同時並列的に読み取って解析できるようにした装置．*ハイブリダイゼーションによって特定の遺伝子配列を検出するDNAチップ(DNAマイクロアレイ)がその代表的なもので，ほかにプロテインチップ，糖鎖チップ，細胞チップなどが研究されている．なお，*バイオセンサーなど何らかの生体計測機能や生体分子機能などを組み込んだ小型の装置を，バイオチップと称することもある．

d **バイオテレメトリー** [biotelemetry] 《同》テレメトリー(telemetry)．動物の体に電波発信機(テレメーター telemeter)をとりつけ，その電波を受信・解析することによって離れたその動物の位置，行動，状態などを知る方法．野生動物の行動範囲や移動の実態・個体群密度などを知るうえで極めて有効であり，電池の小型化や回路のIC化によってごく小型の発信機が作られ，多くの動物に適用されている．

e **バイオトロン** [biotron] 温度，湿度，光，気体組成など，環境条件のコントロールが可能な比較的大規模な生物育成装置．多くは自動制御装置およびそのプログラムをそなえている．環境と生物との関係を研究する場合に用いられる．植物専用の場合にはファイトトロン(phytotron)，昆虫専用の場合にはインセクトロン(insectron)，菌類専用の場合にはファンジトロン(fungitron)，生態系全体の場合にはエコトロン(ecotron)，また無菌あるいは既知の微生物だけを含む条件をつくり出すものをノトバイオトロン(gnotobiotron)などと呼ぶ．

f **パイオニアニューロン** [pioneer neurone] 《同》開拓神経(pioneering nerve)，開拓繊維(pioneering fiber)，探険繊維(exploratory fiber)．発生中の神経軸索が，将来それが支配する表皮や筋肉などの末梢組織に向かって伸長する場合，最も早く伸長をはじめるニューロン．軸索先端(成長円錐)から伸縮性の仮足様突起を出し，末梢組織中の標的細胞に到着するまで組織環境中を伸長しつづける．この時期を開拓期(pioneering phase)という．パイオニアニューロンが標的細胞に結合すると，後続のニューロンの先端はパイオニアニューロンに付着し，それに沿って伸長しながら標的細胞に到達する(適用期 application phase)．これらの一束の神経繊維は，末梢組織の発生に伴う移動につれてさらに伸長する(曳綱期 towing phase)ことにより，最終的な神経路が完成する．(⇒標識進路説)

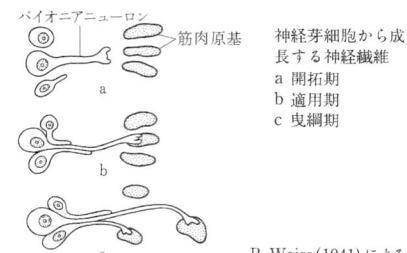

神経芽細胞から成長する神経繊維
a 開拓期
b 適用期
c 曳綱期

P. Weiss (1941)による

g **バイオニクス** [bionics] 生体のもつ優れた情報処理機能を解析し，その機能を工学的に実現しようとする学問領域．N. Wiener (1894〜1964)の提唱した*サイバネティクスから派生した．生体の視覚，聴覚などの感覚器の機能，その後の生体内の情報の流れ，処理，働きなどが主たる対象となる．1960年代には神経細胞や神経回路における信号伝送や処理などに関心が集まり，最近では，脳における記憶，学習，想起といった高次機能が研究対象となっている．

h **バイオハザード** [biohazard] 《同》生物災害．生物，実際には病原微生物や寄生虫などが引き起こす災害．特に，研究者が実験室で病原微生物に感染する実験室内感染と，病院で医師，看護人，患者が感染する*院内感染が問題になっている．最近では，遺伝子操作技術の発展の結果，自然界に存在しなかった生物や新種の病原体の作製が可能になり，これらの拡散や汚染による生物災害の危険性が出てきた．これらに対する防止法は活発に議論されており，遺伝子組換え実験指針の制定などの対策が施されている．(⇒物理的封じ込め)

i **バイオハーム** [bioherm] 《同》生物生丘，塊状生礁．主として原地性の生物起源の集積体を指し，レンズ状，丘状，塊状の産状で地層中に存在する．周囲の岩石とは異なった岩相を示す場合がある．底生生物である，サンゴ，コケムシ，海綿，二枚貝，石灰藻など骨格が主体であることが多い．(⇒バイオストローム)

j **バイオバンク** [biobank] 広義には，ヒトを含む動物，植物，微生物などの標本試料を研究資源として収集し，将来の研究活動に供給する目的で体系的に管理する事業や研究基盤．狭義には，人間の生物学的試料をその個人に関する情報とともに収集した，医学生物学研究の基盤組織またはそのための活動．近年では後者の意味で用いられることが多い．特に遺伝子の配列情報の解析技術の発展と共に，人間の遺伝子試料と病歴などの医学的情報や生活背景に関する情報を大規模に収集し，特定の疾患に関する死亡や罹患，医薬品の薬効や副作用などに影響する遺伝的要因を探究するための資源としての用途に期待が高まっている．一方で多数の個人の試料や情報を大規模かつ長期にわたり多様な用途で用いることから，いち早く国家事業として先鞭をつけたアイスランドでバイオバンクの合憲性が問題になったように，個人の同意や試料の所有など*研究倫理上の論点も浮上している．

k **バイオファクター** [biofactor] 《同》生体微量因子．生物が生命現象を営むうえで微量にして必要不可欠な生体物質の総称．その摂取方法や作用機序，生物種，あるいは「微量」と目される濃度などは各様である．通常

酵素はこれに含めない．したがってバイオファクターには，*ビタミンや*ビタミン様作用物質，*微量元素などの微量栄養素，補酵素，ホルモン，情報伝達物質，植物ホルモン，フェロモン，サイトカインなどの分子が含まれる．

a **バイオフィルム** [biofilm] 《同》生物膜，菌膜 (pellicle). 物質表面に付着した微生物同士の集合体と，それを覆う細胞外物質からなる構造物．細胞外物質は微生物自身から分泌され，その多くは多糖類や蛋白質を含む．これを形成した細菌や真菌は，抗菌薬や抗真菌薬に対する感受性が著しく低下するため，感染症領域では治療に影響を及ぼす．

b **バイオプシー** [biopsy] 《同》生検．病理診断のために生体の一部を切除ないし吸引することによって組織片を採取すること．死体に対して行われる剖検(autopsy)や屍検(necropsy)と対をなす用語である．外科的に病巣の一部を試験的に切除する切開生検(incisional biopsy), 周囲健常組織を含め病巣をすべて切除する切除生検(excisional biopsy), 皮膚などを摘み上げ削ぐように切り取る薄片生検(shave biopsy), 小さな円筒形の器具を皮膚その他の器官に直接押し込み組織を採取するパンチ生検, 細い注射針を差し込んで組織を採取する針生検(needle biopsy), 消化管などの管腔臓器に対して内視鏡下で鉗子を用いて組織を採取する鉗子生検(forceps biopsy)などがある．針を差し込み内部組織や細胞を吸引し病理学的に検索する手段を吸引生検(aspiration biopsy)と呼ぶこともあるが，実際には吸引細胞診(aspiration cytology)である．

c **バイオマット** [biomat] 《同》微生物皮膜．固体表面に付着した細菌が生産する細胞外多糖類などの粘着物質に，さらに他の細菌が付着するなどして形成される構造．一般には薄い皮膜状のものを*バイオフィルムといい，微生物バイオマスが増大し，あるいは複数種の微生物が層構造を作って，目視できるようになったものをバイオマットと呼ぶ．バイオマットを構成する微生物間には代謝上の関連が認められ，有機的な集合体として*微生物コンソーシアムを形成している．成長したバイオマットには層構造の鉛直方向に光，温度，還元物質濃度などの環境勾配が観測される．微生物群集が高い機能を発揮する存在様式であることから，工学利用の面からも注目される．また，食品汚染などにもバイオフィルムが関連することが指摘されている．地熱地帯に形成されるバイオマットには化学合成細菌，光合成細菌，従属栄養細菌などが高温環境下で多様性の高い微生物群集が形成され，生物の初期進化を考える上で貴重な対象となる．

d **バイオマテリアル** [biomaterial] 《同》生体材料．損傷あるいは損失した人体機能の回復や再建に用いられる生体用デバイスを構成する材料．正常な皮膚を除く生体組織と直接接触して用いられる材料のこと．生体組織から得られる材料である生体由来材料および人工材料の両者を含む．人工材料には，大きく金属，セラミックスおよび高分子，これらの複合材料がある．実用されている体内埋入型の生体用デバイス(インプラント)の構成材料としては，金属(チタンおよびチタン合金，コバルトクローム合金，ステンレス鋼など)が最も多用されており，全体の約70％を占める．バイオマテリアルで構成される生体用デバイスとしては，人工関節，人工心臓などの*人工臓器，注射器，カテーテルなどのディスポーザル製品，縫合糸，止血剤などの手術用具，*バイオセンサー，マイクロアレイなどの診断デバイス，薬物送達システム(drug delivery system, DDS)などの投薬治療デバイスがある．

e **バイオミネラリゼーション** [biomineralization] 《同》生体鉱化作用．生物が鉱物を形成する過程．その結果作られた鉱物をバイオミネラル(biomineral)あるいは生体鉱物という．バイオミネラリゼーションは，代謝と環境の相互作用で二次的に形成される「誘導型バイオミネラリゼーション」と，有機基質などの関与により高度に制御された「制御型バイオミネラリゼーション」に分けられる．バイオミネラルを構成する鉱物は約70種が知られるが，主なものは炭酸カルシウム(貝殻，サンゴ，ココリス), リン酸カルシウム(歯，骨), シリカ(放散虫，珪藻)など．バイオミネラルには，捕食者からの防御，体の構造の支持，捕食や咀嚼，カルシウムなどの貯蔵，地磁気や重力の感知などの機能がある．

f **バイオミメティクス** [biomimethics] 《同》バイオニクス(bionics), バイオインスパイアード(bioinspired). 生物のもつ構造，機能や運動を工学に応用して役に立つものを作り出すやり方．目的により，どの生物の，どのような機能を使うのかが異なり，対象とする生物を忠実に作り出すのではなく，生物の構造，機能や運動を利用する．生物が敵から逃れるための「擬態(mimesis)」が語源だが，模倣するだけではバイオミメティクスとはいわず，工学製品に応用することが必要．動物のみならず植物の機能も利用する．最も成功した事例としては，植物のオナモミの総苞が棘によって毛につくこと(このことからひっつき虫と呼ばれる)をヒントに作られた面ファスナー(マジックテープ)がある．その他，新幹線のパンタグラフの騒音を低減するのに，フクロウの羽の形状をヒントにした例がある．生物の微細構造を応用する例として，熱帯の鳥や昆虫がもつ金属的な光沢を放つ色彩や蓮の葉の水をはじく機能(ロータス効果 lotus effect)に着目した製品もある．また，生体から発想を得て何かを創り出すことをバイオインスパイアードという．

g **バイオーム** [biome] 主として気候条件によって区分された特定の相観をもつ極相群集によって特徴づけられる生活帯(life zone)の範囲内に存在する生物*群集の最も大きな単位．生活帯はツンドラ，夏緑樹林，熱帯多雨林，サバンナなどと分けられた．F. E. Clements (1916)の造語．そのときは一般に生物群集のことを指し，それが生息地との関連において，一定の構造をもち，極相へ向かって発展することが強調された．しかし V. E. Shelford (1932) 以後, 植物群系に対応する大きさの動物と植物とからなる群集(生物群系 biotic formation)に限定して用いられることが多い．Clements と Shelford (1939)などは，植物の極相によって相観的に特徴づけられ，また動物の*影響種によっても識別されうる群集とし，命名にもその二つを組み合わせて，例えば Stipa-Antilocapra 群集というように呼んだ．しかし現在では，これを群集の基本的単位とする考えはほとんどなく，むしろ気候区分によるバイオーム型(biome type)として，類型区分的に用いられ，また動物・植物間の関係も特には追究されずに，もっぱら種類組成，*生活形あるいは*生活型組成，相観などが論じられる傾向が強い．

h **バイオメカニクス** [biomechanics] 《同》生体力

学，力学を用いて，生体の構造と機能を理解し，医学，生物学や理工学に応用する学問領域．この用語は古くは19世紀後半にヨーロッパで使用され，主に動物の飛行，遊泳，走行などの運動解析を対象とした．1960年代からはアメリカを中心に生体の組織や器官などの力学解析が盛んに行われるようになった．この背景には，人類を月に送るアポロ計画や交通事故の急増などが挙げられる．最近では，医療への積極的な応用が展開され，血管壁の硬さの非侵襲的な計測と診断，骨強度の解析や診断，人工関節の開発などに利用される．さらに，スポーツを対象としたバイオメカニクス研究も盛ん．

a **バイオリアクター**［bioreactor］《同》生体反応利用装置．微生物・動植物細胞などの生体触媒を利用して，物質の合成や分解などの工業プロセスを行うための装置の総称．固定化酵素や固定化菌体，細胞集塊などを反応装置に充填したシステムを指すことが多いが，生きている微生物や培養細胞をそのまま利用したものも含まれる．常温・常圧で特異性の高い反応を触媒する酵素の特性により，穏和な条件で反応が行える，副生成物が少ない，工程が少ない，収率が高い，などの利点があることが多い．有用物質の工業的規模での生産や，特定の生体成分の微量定量による病気の診断用に用いられている．微生物を利用した下水処理施設やメタン発酵装置などもバイオリアクターの一種といえる．

b **バイオレメディエーション**［bioremediation］微生物や植物の機能を用いて，目的とする環境を汚染から修復する方法．特に植物を用いる場合はファイトレメディエーション（phytoremediation）ともいう．土壌や地下水の本来の環境を損ねる有害物質による汚染が，主な対象．生物がもつ濃縮機能や，微生物のもつ好気的あるいは嫌気的な分解機能などが活用される．微生物利用では，対象とする環境中に既に存在する特定の微生物を増殖させて，機能の発現を最大化する方法と，外部から微生物を新たにもち込む方法がある．後者では，機能を有する微生物が環境に定着するかどうか，また機能を発揮した後現場の微生物群集と調和をとり，生態系機能を損なうことがないかが，問題となる．カルタヘナ議定書に基づいてその使用は制限されており，遺伝子組換えによって機能を増幅した微生物を用いる際には，慎重に事後評価を含めた検討が求められる．

c **背角**［dorsal papilla］《同》蓑（みの，俗称）．軟体動物腹足類のミノウミウシ類にある，体背面の外套の突起．細長い紡錘形をなし，一定の順序で配列する．中には腸に連なる肝盲嚢（hepatic caecum）があり，さらにこれと細管でつながる刺胞嚢がある．背角の表面は皮膚呼吸の機能をもち（*二次鰓），また先端の小孔から外界の水が背角内に出入し，直腸呼吸に類する方法で呼吸が行われるという．背角は自切しやすい．

d **胚下腔**［subgerminal cavity］部分割する羊膜類卵において，*胚盤葉の中央（中心細胞群）の下に卵割期の途中より生じてくる空隙．その上縁は胚盤葉の細胞層の内面により，その下面は液化しつつある卵黄塊により区切られている．しばしばこれは*胞胚腔と同一視されるが，胚盤葉下層がその上方に生じる点から，両者は別個のものと考えるべきである．

e **倍加時間**［doubling time］[1] 動物体の大きさ（主として体重）が出生時の2倍になるまでに要する時間．一般の哺乳類では，乳汁中の蛋白質および鉱物質が多いほど倍加時間は短い．倍加時間は出生後の状況により影響される．

動物の倍加時間（L.V.Heilbrunn）

動物名	倍加時間	動物名	倍加時間
アメーバ	8時間	ネコ	9.5日
ゾウリムシ	7〜24時間	ヒツジ	10日
ハエ幼虫	13時間	ブタ	18日
カ幼虫	2〜3日	ヤギ	19日
ネズミ	6〜7日	ウシ	47日
ウサギ	7日	ウマ	60日
イヌ	8日	ヒト	180日

[2] 細胞数が2倍に達する時間．特に微生物や培養細胞系においてよく用いられる．増殖期には原則的には細胞周期と一致するが，他の多くの要因，特に分裂に参加する細胞の割合によって変化する．[3] 個体数が2倍になるのに要する時間．（⇒増殖率）

f **倍加線量**［doubling dose］広義には，自然に生じている医学生物学的な現象の頻度を2倍にするのに必要な放射線の量．しかし実際に使用されるのは，放射線の遺伝に及ぼす影響を記述する場合にほぼ限定されている．それゆえ倍加線量は，自然突然変異率と同じだけの量の突然変異を1世代の間に生じさせるのに必要な放射線の量ということになる．ゲノム解析技術の急速な進展により，ゲノム全体を対象として，自然突然変異率が推定されているので，モデル動物を用いて自然および放射線照射でどれだけ*一塩基多型（SNP）やコピー数多型（CNV）が増加するかが分かれば，分子レベルでゲノムにおける倍加線量が明らかになる．特定遺伝子法を用いた以前の研究では，マウスの劣性突然変異誘発率は，1 Gy当たり約 1×10^{-5}/遺伝子という推定がある．半数体ゲノムの遺伝子総数は約3万個と見積もると，1 Gyで半数体当たり0.3個の突然変異という予想になる．

g **倍加半数体**［doubled haploid］*半数体を染色体倍加した個体．植物では，葯培養や異種間交配などの方法により得られる雄性配偶子由来の半数体を，コルヒチン処理などにより染色体を倍加して作出する．ゲノム全体について遺伝的に同型接合であると考えられる．自殖性作物の育種において，F₁世代での倍加半数体を利用することにより，*分離個体の遺伝的*固定が一挙に可能となり，育種年限の大幅な短縮に役立つ．この育種方式を半数体育種法（haploid breeding）といい，イネやタバコなどの改良に応用されている．ただし，連鎖する多数の遺伝子座が関与する形質の改良には最適ではない．

h **胚環**［germ ring］主として脊椎動物の無羊膜類において，*原腸形成過程として動物極側の*卵黄を含まない小形の細胞が植物極側の卵黄塊の表面を被包していく場合，被包する細胞群の下縁の胚を環状に取り巻く部位．動物極側の細胞は魚類では胚盤葉をなし，植物極側の卵黄塊は円口類・両生類では大形細胞の集塊，魚類ではまったく細胞になっていない．胚環はやがて原口唇を形成しつつ胚内に*陥入する．両生類では帯域が胚環部位にあたり，また魚類では胚盤葉周縁をなすこの部位は堤状にふくれていて，*周縁堤ともいわれる．（⇒卵黄栓）

i **肺管**［lung-pipe］《同》肺笛，側気管支（parabronchus）．鳥類の肺の*気管支の末梢をなし，互いに平行に走る多数の細管．哺乳類などの細気管支に相当し，肺管を中心に肺胞群に相当する多数の盲嚢が放射状に出る．

鳥類では，気管支は肺内に入って主気管支（独 Hauptbronchus），すなわち中気管支(mesobronchus)となり，それらは数本の副気管支（独 Nebenbronchus）を出す．副気管支には，背方に向かう背気管支(dorsobronchus)，すなわち外気管支(ectobronchus)と，腹方に向かう腹気管支(ventrobronchus)，すなわち内気管支(entobronchus)があるが，両者はそれとほぼ直角をなす肺管によって結びつけられる．

a **背眼** [dorsal eye] 有肺類イソアワモチにおいて，背面に多数生じた疣状組織の中のあるものの末端に1ないし数個存在する光受容器．上皮から連なる角膜，環状および放射状筋肉をそなえた虹彩様の角膜下組織(subcorneal tissue)，数個の細胞からなるレンズ，ならびに網膜とそれに連なる視神経をそなえ，多数の細胞からなる色素杯(pigment cup)の中に収まり，その周囲は強膜様の結合組織でおおわれている．レンズは球形で，1個の細胞からなる主レンズと，不規則で数個の細胞からなる副レンズとに分けられる．網膜の視細胞は光に対し背向し，このため視神経は色素杯の中央を貫通する．このことは，光に対向し視神経が色素杯を貫かない一般の軟体動物の眼に対し，ホタテガイ類の外套眼とともに例外をなしている．なお，ヒザラガイ類の*殻眼もこの一種とされる．

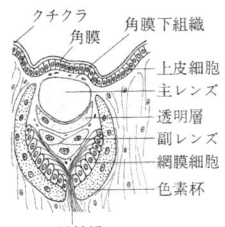

b **肺癌** [lung cancer, pulmonary carcinoma] 肺に生じる上皮性悪性腫瘍．国内のがん死の第1位である（男女とも第1位）．今後も増加が予想されているが，年齢調整死亡率は1990年代半ばから減少に転じている．発症のピークは70歳代．喫煙による肺癌発症リスクは日本人では4倍で，欧米の20倍に比べて相対的に低い．癌の発生母地は気管支粘膜上皮と肺胞上皮である．肺癌は組織学上，扁平上皮癌・腺癌・大細胞癌の非小細胞癌と小細胞癌に分類され，扁平上皮癌と小細胞癌は肺門に近い太い気管支に，腺癌と大細胞癌は末梢肺に発生することが多い．実際の肺癌症例と喫煙との関連は，肺癌組織型によって異なり，扁平上皮癌や小細胞癌ではその関連性が強く，女性に比較的多く発生する腺癌では弱いとされている．そのほか職業的にアスベスト(石綿)，クロムやニッケル化合物，放射性物質などを取り扱う労働者に肺癌が発生することが知られている．肺癌は肺門部や縦隔などのリンパ節にまず転移し，さらに鎖骨上窩や頸部などのリンパ節に達する．血行性には脳・骨・肝・副腎などに転移し，脳転移で肺癌が発見される場合も多い．また腺癌などでは胸膜に播種し，癌性胸膜炎を引き起こす．早期発見や外科手術の進歩にもかかわらず，依然として死亡率が80％前後と高いがんの一つである．ヒト肺癌の分子生物学的研究が進み，特に小細胞癌では染色体3番短腕(3p)，13番長腕(13q)，17番短腕(17p)の一部に欠失が存在することが明らかとなり，13qにおける*RB*，17pにおける*p53*がん抑制遺伝子の変異がその発生に関与することが明らかにされている．一方，東アジア人腺癌の約3割に上皮成長因子受容体チロシンキナーゼ(EGFR-TK)をコードする遺伝子に活性化変異が存在し，EGFR-TK阻害剤が著効することが最近明らかとなっ

た．また腺癌の5％に*EML4-ALK*の融合遺伝子が見つかり，この阻害剤が開発されている．

c **排気組織** [pneumathode] 植物において代謝の結果，体内に生じたガス状物質の排出に役立つ組織の総称．*通気組織の一つ．葉の表皮系に見られる*気孔は代表例．そのほか樹皮に見られる*皮目，呼吸根の髄腔，苔類の気室孔，気孔に伴う呼吸腔がこれに属する．しかし，これらは当然吸気も行うので，実際上は通気組織とほぼ同じものを指す場合が多い．

d **胚球** 被子植物の*前胚の形成において，胚柄と分かれて形成される球状の細胞塊（⇒前胚［図］）．発達して胚本体(embryo proper)を作る．受精卵は，まず横の分裂面で*頂端細胞と，基部細胞とに分かれ，さらに続けて分裂が行われたのち，胚本体のもととなる胚球と1細胞列の*胚柄とに分化する．通常，胚球は頂端細胞から，胚柄は基部細胞から由来するが，植物によっては必ずしも胚球と胚柄の境界と，頂端細胞と基部細胞の境界とが一致しない．

e **配偶行動** [mating behavior] 通常，動物の雌雄が出合い，*求愛などを経て*交尾に至る過程を指す．異性を探す*欲求行動を含める場合もあり，また逆に交尾行動だけを指す場合もある．

f **配偶子** [gamete] 《同》配子，生殖体．動物および植物を通じて*合体や*接合を行い，ゲノムセット(⇒ゲノム)の一部を混合あるいは交換し，一個体として発生できる*生殖細胞．ホロガメートとメロガメート(⇒ホロガミー，⇒メロガミー)，*同形配偶子と*異形配偶子，大配偶子と小配偶子などの区別がある．また，卵や不動精子のような不動配偶子(aplanogamete)と，鞭毛をもつ運動性配偶子(zoogamete, planogamete)が区別される．配偶子の核相は*n*であるが，*核相交代の上からいって，*配偶子形成のときに減数分裂が行われる*配偶子還元と，通常の核分裂による*胞子還元，*接合子還元の3形式がある．一般に配偶子は単独では新個体にならないが，ときには*単為生殖を行って新個体となることがある．(⇒有性生殖，⇒接合子，⇒配偶体)

g **配偶子還元** [gametic reduction] 《同》終端還元．生物の生活環の中で配偶子形成のときに*減数分裂が行われること．

h **配偶子形成** [gametogenesis] 配偶子がつくられるまでの過程をいう．(⇒精子形成，⇒卵形成，⇒花粉，⇒胚嚢)

i **配偶システム** [mating system] ある種の個体群における配偶者獲得すなわち配偶相手の決定と交尾成功率に関係するすべての過程．S. T. Emlen と L. W. Oring(1977)の定義．通常，まず，片方の性が獲得する配偶者数によって一夫一妻(単婚 monogamy)，一夫多妻(polygyny)と一妻多夫(polyandry)，両者を合わせたものとして複婚(多婚 polygamy)，また雌雄とも複数の異性と配偶する乱婚(promiscuity)などと分類する．また，一夫多妻については，雄による雌の獲得方法に着目し，資源防衛型，メス防衛型(*ハレム)，*レック，早いもの勝ち型（スクランブル型）などにさらに分類することがある．配偶システムと資源の分布や利用，子の保護について解析が進んできた．つがいの結合や子の保護に注目するか遺伝上の親子関係に注目するかで配偶者数が異なる例が多く知られるようになった(*つがい外交尾，種内托卵)．またヨーロッパカヤクグリのように1個体群内

ハイクウシ

にさまざまな配偶システムが見られることもある．配偶システムは本来は雌雄それぞれの交尾相手の数に基づいて分類されるべきものであるが，実際には上記のような基準によることが多い．したがって配偶システムは実際の子の残し方を必ずしも反映しない．なお，より広く*子の世話および子育てに関する行動を含むときは，繁殖システム(breeding system)という．

a **配偶子生殖** [gamogony, gamocytogony] ⇨生殖

b **配偶子接合** [gametogamy, gametic copulation] *配偶子が合一して*接合子をつくること．

c **配偶子致死** [gametic lethality] 受精前の卵または精子が遺伝的要因によって死ぬ現象．受精卵が死ぬ接合体致死と区別される．*不稔性の原因の一つになる．

d **配偶子取り引き** [gamete trading] 2個体の同時雌雄同体動物が，互いに雌雄の役割を交代しながら配偶子を受け渡しあうこと．*互恵的利他主義の一つで，卵の取引きを行うハタ科の魚ハムレット，精子の取引きを行うウミウシの一種 Navanax inermis がこの例．体外受精のハムレットでは生産によりコストのかかる卵が，体内受精のウミウシの際にも栄養源としても転用できる精子が，それぞれ貴重な資源となるので，それを一方的に相手に渡してしまわないよう，*性的役割を交代しながら少しずつ受け渡しするようになったと考えられている．(⇨囚人のジレンマゲーム)

e **配偶子嚢** [gametangium] その中に配偶子を生じる嚢状の器官．陸上植物の配偶体，多細胞性の藻類・菌類などに見られる．形成する配偶子の型によって，大配偶子を生ずる大配偶子嚢(macrogametangium, megagametangium)，小配偶子を生ずる小配偶子嚢(microgametangium)，同形配偶子を生ずる同形配偶子嚢(isogametangium, homogametangium)，異形配偶子を生ずる異形配偶子嚢(anisogametangium, heterogametangium)と区別する．藻類・菌類の大配偶子嚢は生卵器，小配偶子嚢は造精器と呼ばれる．陸上植物の大配偶子嚢は造卵器，小配偶子嚢は造精器と呼ばれる．裸子植物・被子植物では造精器は退化し花粉管細胞の中で配偶子(精細胞)が形成される．被子植物の助細胞は造卵器の一部と相同だと考えられている．

f **配偶子嚢接合** [gametangiogamy, gametangy, gametangial copulation] 有性生殖の一型で，二つの*配偶子嚢が配偶子を出さずに直接に接合する場合をいう(⇨接合【2】)．配偶子嚢が生卵器と造精器のように形態的に雌雄の区別のあるもの(ミズカビ属，ワタカビ属，フハイカビ属)と，ほとんど区別のないもの(ケカビ属，ヒゲカビ属，クモノスカビ属)とがある．

g **配偶子配偶子嚢接合** [gameto-gametangial copulation] 有性生殖の一型で，1核をもつ配偶子と，遊離した配偶子を生じない*配偶子嚢との接合．配偶子は種類により雄のことも雌のこともあり，配偶子嚢内に生ずる．ツボカビ類のサヤミドロモドキで見られ，また子嚢菌でも起こる．

h **配偶子不稔性** [gametic sterility] 機能をもった配偶子を生じえないことによる*不稔性．*接合体不稔性の対語．植物体の栄養条件や染色体構成・外部からの刺激・遺伝子の支配など，いろいろの要因の影響で起こる．シロイヌナズナ，イネなどで，配偶子不稔性原因遺伝子が単離・解析され，配偶子形成における機能が解明されつつある．また，個々の遺伝子の機能部位を分類すると，雄性配偶子のみ，雌性配偶子のみ，雌雄の双方の配偶子という場合がある．(⇨配偶子致死)

i **配偶子母細胞** [gametocyte] [1] =生殖母細胞 [2] 《同》配偶子母体．原生生物におけるメロガメート(⇨メロガミー)の形成に際し，構造の変化などが著しい場合に，減数分裂前の個体つまり*無性生殖による最終の個体にあてる呼称．胞子虫類では特にスポロント(sporont)と呼ぶ．例えばマラリア病原虫 Plasmodium では，ヒトの血液中で無性的に分裂・増殖を続けて生じた多数の*メロゾイトは，ある条件下では分裂を停止し大配偶子母細胞(macrogametocyte)と小配偶子母細胞(microgametocyte)とになり，これらがハマダラカの消化管中に人血とともに移ると減数分裂が行われて，前者からは大配偶子，後者からは小配偶子を生じて合体が行われる．(⇨ガモント)

j **配偶子母細胞嚢** [gametocyst] 《同》ガメトシスト，配偶体嚢，配偶子母体嚢．アピコンプレクサ門グレガリナ綱グレガリナ類の*有性生殖の際に，2個の*配偶子母細胞(*ガモント)が接着した後，周囲に分泌した共同の被膜，またはその内容をあわせたもの．この被嚢内で各配偶子母細胞は独立に*減数分裂を行い，さらに多分裂により多数の配偶子を形成する．ついで異なった配偶子母細胞に由来する配偶子相互のあいだに*接合が行われて*接合子を形成し，この接合子がさらに分裂して*胞子を作って伝播する．(⇨連接)

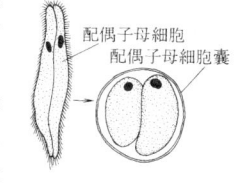

Monocystis の配偶子母細胞嚢

k **配偶者ガード** [mate guarding] 《同》配偶者防衛．雄が交尾前・後の雌と，常に一緒にいることで他の雄の接近を防ぐこと．トンボの尾つながり(タンデム)のように雌に接触していることもあれば，ただ近くにいるだけのこともある．トンボのように他の雄によって精子が置換されてしまう恐れがあったり，最後に交尾した雄の精子が受精に使われる可能性が大きい場合には，交尾から産卵までの交尾後ガードが行われる．一方，多くの甲殻類のように最初に交尾した雄の精子が受精に使われる可能性が大きい場合，あるいは脱皮直後など雌の交尾可能期間が短い場合には，交尾に至るまでの交尾前ガードが行われる．カメムシなどに見られる極めて長時間に及ぶ交尾も一種の交尾後ガードと見なされる．

l **配偶者選択** [mate choice] 配偶相手を何らかの基準に基づいて選ぶこと．一般的には雌による雄の選択(female choice)をいい，選ぶことによって豊富な餌資源や雄による子育てなどの利益を得る場合もあれば，雄から子への遺伝的(間接的)利益を得る場合もある．後者の遺伝的利益による配偶者選択の進化は，*ハンディキャップ説や*ランナウェイ説によって説明されている．近年は，交尾後に雌体内で行われる選択(cryptic female choice)への関心が高まっている．配偶者選択は，配偶相手の獲得を巡って同性個体が争う性内淘汰すなわち同性間競争(intrasexual competition)と並んで，*性淘汰の構成要素となっている．

m **配偶体** [gametophyte] *配偶子を作って*生殖を行う*世代の生物体．この世代を配偶世代(gametophytic generation)と呼ぶ．配偶体は，一般に動物では*複

相(核相2n), 植物では*単相(核相n)である. (→胞子体)

a **胚形成** [embryogenesis] 《同》胚生成. *胚発生とほぼ同義で, 個体発生の初期における種々の段階の胚の形成過程.

b **背景絶滅** [background extinction] 地質時代に起きた小規模の絶滅. *大量絶滅と対置される. 背景絶滅の大きさは地質時代を通じて徐々に減少してきたと考えられている. 大量絶滅と背景絶滅では絶滅を免れた生物群の性質が異なっているため, 両者は質的に異なる要因で起きたとする説が有力である.

c **敗血症** [septicemia, sepsis] 細菌(時に真菌)が, 絶えまたは周期的に血液中に侵入し全身性の感染を起こした状態. 必ずしも血液中から菌が検出される必要はない. 一方, 菌が血液中に存在している状態を菌血症(bacteremia)と呼ぶ. また, 病原菌が血中に侵入していなくとも感染による*SIRSを呈している場合はセプシス(sepsis)という. そのため, 細菌だけでなく, ウイルス血症や寄生虫血症でもSIRSであればセプシスと呼ばれる.

d **背孔** [dorsal pore] 陸生貧毛類において, 体節の境界背面にある小孔. 体腔に通じるが, 管には繊毛は認められない. 黄色または白色の体腔液を排出し, オーストラリア産の巨大なミミズ(*Megascolides australis*)では, 刺激を加えると数インチの高さに体腔液を噴き上げるという. 排出された粘液は, 移動の際の滑剤として, また皮膚呼吸のための体表の湿潤化, および体表に付着する微生物の殺菌などに役立つとされる. 淡水産の貧毛類には背孔はなく, 頭部に頭孔(head pore)と呼ぶ小孔があり, 体内の水分の量を調節する機能をもつとされる.

e **肺呼吸** [pulmonary respiration] 肺を用いてガス交換をする外呼吸. 呼吸運動により肺内に入ってきた空気と血管内の血液との間でガス交換が行われる. 無脊椎動物では腹足類有肺類で, 脊椎動物では肺魚類や一部の硬骨魚類, および両生類以上で見られる. なお, 脊椎動物の肺は原始的な硬骨魚の咽頭が膨出することにより生じ, それが多くの種では二次的に鰾(うきぶくろ)に転じたとされる. (→咽頭, →鰾)

f **肺呼吸型循環系** [lung-plan of circulatory system] 脊椎動物のうち肺呼吸をする四肢動物に見られる循環系. 肺循環, 体循環の血流の分離が進み, 心臓の2心房, 心室の分化, 鰓弓動脈系の変形が伴う. 静脈系の主体は体壁系から内臓系へと移行し, それに付随して皮静脈系・リンパ管系が発達する. 血液が心臓の右心室(両生類では心室)から肺動脈に出て, 肺表面に分布する肺毛細血管を通って肺静脈に入り, 左心房に戻る循環経路を肺循環(pulmonary circulation, あるいは小循環)という. 肺動脈(pulmonary artery, arteria pulmonalis)は肺動脈幹ともいい, 静脈血を心臓から肺に導く. 両生類では, 1対の第六大動脈弓が背行大動脈に合一することなく肺に入る. 爬虫類においても一般に第六大動脈弓に起源し, 心室を発するときは1条の肺動脈幹として左右の大動脈弓とともに動脈幹を構成し, のちに左右の肺動脈に分かれる. ワニ類, 鳥類および哺乳類では, 左右両心室の分化に伴い, 肺動脈は右心室から発する. いっぽう, 肺静脈(pulmonary vein, vena pulmonalis)は, 肺から動脈血を心臓に送り返す. 本来左右1対あり, 両者が合わさってただちに左心房または心房左側に開く. 血液は肺胞で毛細血管の内皮と肺胞の上皮細胞とを通して肺胞気との間でガス交換を行う. この循環において, 魚類では鰓の毛細血管を通った血液は心臓に戻ることなく全身を循環する. また両生類でも幼生は肺循環を欠く. (→体循環)

g **バイコンタ** [Bikonta, bikonts] T. Cavalier-Smith (2003)によって提唱された真核生物における大きな系統群. *オピストコンタと*アメーボゾア以外の真核生物(植物界, *ストラメノパイル, *アルベオラータ, *リザリアなど)は, *ジヒドロ葉酸還元酵素と*チミジル酸生成酵素の遺伝子が融合しており, その産物が多機能酵素として働くという特徴を共有しているので, これをもとに提唱された. 当初は鞭毛世代をみた場合, 2本の鞭毛(名の由来)のうち親から受け継いだ鞭毛が後鞭毛になる共通点もあるとされたが, この特徴はアメーボゾアにも見られる. バイコンタに対峙するものとして, オピストコンタとアメーボゾアをまとめたユニコンタ(Unikonta, unikonts)がある. これらの系統群の妥当性については定まっていない.

h **胚細胞性腫瘍** [germ cell tumor] 原始胚細胞を発生母地とする腫瘍の総称. *奇形腫や, 幹細胞が未分化のまま増殖し続ける悪性の胚性癌腫(胎生癌 embryonal carcinoma), *ウィルムス腫瘍などがこの例. (→胚性癌腫細胞)

i **バイサルファイトシークエンス法** [bisulfite sequencing] DNAのシトシンのメチル化を解析するための手法. バイサルファイト(重亜硫酸塩)でDNAを処理すると, メチル化されていないシトシンはウラシルに変換される一方, メチル化されたシトシンは変換されない. そのためバイサルファイトの処理前と処理後のDNAの配列を比較することで, どのシトシンがメチル化されたかを特定することができる.

j **胚軸** 【1】[hypocotyl] 《同》下子葉部. 維管束植物の胚的器官で子葉付着部以下に生ずる最初の茎的部分. 下方は*幼根につづく. 幼根との境は外部形態的にも黒色の色素の沈着の有無(カキの幼根は真黒い), 稜の存在(インゲン), 太さの相違(アズキの幼根は急に細くなる)などにより区別がつくこともある. 子葉より上部の茎を区別するときは, これを上胚軸という.

【2】[embryonic axis] 胚体に想定できる軸. 胚を立体としてとらえると, 三つの胚軸すなわち前後軸・背腹軸・左右軸である. 胚軸を最初に想定できる時期は動物の種によって遅速があり, 卵の構造により決定される. 未受精卵がすでに左右相称性をもつ頭足類や昆虫類では*卵軸が胚軸に一致する. ホヤやカエルでは, 精子の侵入と同時に卵物質の移動が起こって相称面が決まり, 将来の胚軸が示される. 両生類の場合, 精子侵入点と反対側に卵物質(背側決定因子)が移動することで, 背腹軸が形成されるが, 他の脊椎動物での精子侵入点と胚軸形成の関与は明らかでない. 背腹軸・前後軸とも, 原腸胚で形成される背側形成体(オーガナイザー)の働きにより形成されるとされる. 多くの動物の場合は, 卵の動−植物極の軸が前後軸と一致するが, 実際には原腸形成の際に, 形成体と(形成体以外の)中胚葉・内胚葉からの誘導因子の作用により背腹・前後軸が形成され, 胚軸に沿った組織の運命が決定される. 物理的には, 背腹軸が形成された段階で左右軸が想定されるが, 原腸胚後期から神経胚の初期にかけて左右軸が形成される動物が多い. 無脊椎動

物の場合においても，精子侵入が胚軸を決定するのに重要な役割を果たすことが知られる(例:線虫において精子侵入は胚前後軸の決定に関与)．哺乳類の胚軸は原腸胚になって明確になるが，卵割胚で決まるかどうかは明らかでない(胞胚期ないし胚盤胞では，前後軸が決まっているという報告がある)．

a **媒質** [medium] 《同》媒体．一般に生命系の外周を包囲し，その表面と直接の接触を保ち，いわばその系の生の場となる物質．生物はすべて物質代謝の結果として，媒質との間に物質交換を行う．活動している細胞の媒質は一般に液体であって，特に媒液と呼ばれる．陸生生物では個体としては一般に空気が媒質であり，地中生物では土壌や砂泥が媒質である．多細胞生物の体では，構成細胞の直接の媒質となる体液が発達しており，特に真性後生動物には，この媒質つまり*内部環境に対し，外部媒質からの独立性•*ホメオスタシスを与えることで，各種の環境への適応能力を増大している．(→環境)

b **胚珠** [ovule] 後に種子となる器官．種子植物にみられる．典型的な胚珠は，雌性配偶体(megagametophyte, female gametophyte，被子植物では*胚嚢という)と，それを包む珠心(nucellus)，さらにそれを包む珠皮(integument)，胎座とつながる珠柄(funiculus)の部分からなる．被子植物の多くは，内珠皮と外珠皮の2枚の珠皮をもつ．裸子植物は1枚の珠皮をもつ．珠心が珠皮に包まれずにいる部分を珠孔(micropyle)といい，一般に花粉管は珠孔を通って雌性配偶体に達する．胚珠の基部で珠心と珠皮が合流している箇所を特に*合点という．胚珠の形態は多様であり，珠孔と珠柄の位置関係から胚珠の姿勢を分けて，直生(atropous, orthotropous)，倒生(anatropous)，半倒生(hemitropous)，曲生(amphitropous)，湾生(campylotropus)という．また，トレニアのように雌性配偶体の一部が珠孔から突出している植物もある．

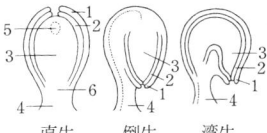

```
1 外珠皮
2 内珠皮
3 珠心
4 珠柄
5 胚嚢
6 合点
直生  倒生  湾生
```

c **排出** [excretion] 《同》排泄．生体が物質代謝の不用産物や体内に生じた有害物質を体外もしくは代謝系外に排除する現象もしくは過程．動物では，*排出物質は前もって特定器官(肝臓や中腸腺)内で解毒的変形(排出物形成)を経る場合が多い．体内の組織細胞から体液中に出されるこれら排出物質を捕集し，尿として体外に放出する*排出器官は，脊椎動物では腎臓で高度の構造と機能をもっているが，無脊椎動物ことに水生のものでは，体液内の排出物質が呼吸気体と同様に一般体表から自由に出される散漫排出が行われ，特別の器官は発達していない．原腎管や腎管など脊椎動物の腎臓と相同ないし相似と見られてきた器官も，その排出機能，特に含窒素性物質のそれは，かならずしも証明されていない．他方，*浸透調節に関係する水分•塩分の排出(ならびに吸収)も，無脊椎動物ではしばしば他の器官によっていとなまれる．魚類においても鰓がこの機能をもつ．排出過程の根底にはつねに拡散ないし能動輸送による膜透過の問題があり(→濾過)，これに加えて吸収(→再吸収)，

分泌の問題がある．排出物質の有用性や不用性などはもともと相対的なもので，哺乳類の汗腺や趾足類の皮膚腺のように，分泌と排出の双方の意義をもつ例も少なくない．なお以上のほか，動物の排出器官としてあげられるものに*蓄積腎や排出細胞があり，また哺乳類の大腸や汗腺からは鉄分などの金属を，同じく肝臓からはヘモグロビンの分解産物を，硬骨魚類の鰓の呼吸上皮からはアンモニアと尿素を排出する．[2] 植物では，排出については統一的知見が乏しいが，一般に動物の場合の蓄積腎的な方式がとられるものと見られる．すなわち，シュウ酸は多くの植物で排出物質と考えられ，特殊な場合，不溶性のカルシウム塩として体内に大量に蓄積される．植物は尿素の形で窒素を排出することはなく，体内で脱アミノ反応から生じるアンモニアがアミド形に結合し解毒されると考えられている．

d **排出器官** [excretory organ] 動物における排出を営む器官．[1] 脊椎動物では*泌尿器とも呼び，水分平衡あるいは浸透調節の主要器官をも兼ねる．典型的な排出器官は*腎臓で，体腔ないし循環系と緊密な接触をもつ腔系または管系．排出器官の諸型を通じ，管系の遠位寄りにはしばしば輸管(輸尿管)や貯留所(膀胱)が分化し，また排出輸管から*生殖輸管への機能転換も行われる(→泌尿生殖系)．排出物質の形成は，少数の例外を除き，これら排出器官以外の器官(例えば肝臓)で行われる．体内諸組織から体液中に放出される排出物質を繊毛流や濾過•分泌(集受細胞 athrocyte)により濃集し，これを尿として体外に導く．原体腔をもつ動物の体腔内にある*原腎管が原始形で，真体腔の出現に伴い*腎管(後生腎)が発達する．[2] 無脊椎動物では，諸々の体節器，ボヤヌス器官，腎嚢，触角腺，小顎腺，殻腺などがあり，これらは腎管もしくはその変形物と見られる．しかし，陸生節足動物の*マルピーギ管と線虫類の側線管は，それらとは起原が異なるとされる．以上の多くは体液の浸透圧やイオンのバランスの調節をむしろ元来の機能とするらしく，含窒素性排出機能は証明されていないものも多い．主として原始的な動物では腎臓に協力または独立に機能する特殊な排出器官や排出機能を併有する器官が見られる．

e **排出孔** [excretory pore] [1] *原腎管の体外への開口．なお，腎管•中腎細管の開口は特に*腎口という．[2] そのほか一般に排出器官ないし導管の外開口．

f **排出腔窩** (はいしゅつこうか) [cloacal pit] 《同》排出腔陥．脊椎動物における肛門腔(*肛門陥)を*総排泄腔の形成に対応していう語．これと，盲端に終わる消化管などの末端部との隔壁(内胚葉と外胚葉からなる)を排出腔膜(cloacal membrane)または広義の肛門膜(membrana analis, anal membrane，肛門板 anal plate)という．しかし哺乳類では会陰の形成により肛門と泌尿生殖口の分離が起こるため，それに応じて排出腔膜も狭義の肛門膜と泌尿生殖膜(membrana urogenitalis, urogenital membrane，泌尿生殖板 urogenital plate)とに分かれる．これらの膜はいずれも将来開口して，総排泄腔あるいは肛門と泌尿生殖口が形成される．

g **排出嚢** [excretory bladder, excretory vesicle, excretory ampulla] [1] 無脊椎動物において，*総排泄腔の膨張部，あるいは，それにつながる膨張部の一般的な総称．それぞれに腎管(原腎管)が開口する．輪虫類の総排泄腔膀胱(cloacal bladder)，ユムシ類の肛門嚢

ハイスウセ　1081

(anal vesicle) などを指すことがある．[2]《同》排泄囊，膀胱 (bladder)．*原腎管が排出口に開く直前にある膨張部．形態は多様であるが，排出物の一時的貯蔵の機能をもつ．海産渦虫類，吸虫類，条虫類に認められる．

a **排出物質** [excretory substance]《同》排泄物．排出により体外へと出される物質．ただし二酸化炭素は除外し，含窒素性化合物の分解に由来するものに限るのが一般的であるが，塩分や水分を含めることもある．無機生活を営む内部寄生虫 (例: カイチュウ) などでグリコゲン代謝の産物として出される各種の脂肪酸や，脂質代謝の終産物として生じるアセトン体も排出物質に属する．含窒素性排出物質は主としてアミノ酸の脱アミノで生じ，多くの水生動物では，少なくともかなりの部分が遊離態のアンモニアのままで出される (⇒アンモニア排出動物)．しかしアンモニアの停滞・蓄積は生体に有害であり，水分供給の制限された陸生動物や海産恒浸透性動物では無害化の機構が発達しており，肝臓その他でその一部または全部を尿素や尿酸などのより高分子で害の少ない物質に変形してから，体外に出す (⇒尿素形成，⇒尿酸形成)．クモ類ではグアニンが他動物における尿酸の位置を占める．尿酸の酸化物アラントインも分布が広く，哺乳類一般 (霊長類を除く)，腹足類 (例: ヒラマキガイ)，肉食性のハエ類 (例: ニクバエ) の排出物質として知られている．プリン体に属するこれら尿酸群物質は爬虫類・鳥類を除く脊椎動物ではすべて核酸代謝からの産物とされる．草食性哺乳類の尿に含まれる馬尿酸は大腸内で生じる安息香酸のグリシンによる解毒の産物である．

b **胚盾，胚楯** [embryonic shield] *部分割をする脊椎動物の胚において，*胚盤葉の表面に認められる将来胚形成の起こるべき部域．やや肥厚して多少とも不透明のために周辺部域より明らかに区別される．無羊膜類はここを中心として*原腸形成が起こり，爬虫類では脊索中胚葉管が，鳥類および哺乳類では*原条が形成される．鳥類の胚盤葉では胚盾の中心は不透明な楕円形の部域として区別される．

c **杯状花序** [cyathium] 雌ずいあるいは雄ずい1本ずつからなる有柄の雌花および雄花が壺状をなす5枚の*苞葉由来の*総苞内に包まれている花序 (⇒花序[図])．*集散花序の一変型で，トウダイグサ科に特有．類縁属をたどると花序が集合してきた過程を追求できる．壺の口には蜜腺があり，種々の形を示し，分類上よい標徴となる．

d **杯状体** [gemma cup] コケ植物苔類ゼニゴケ属の葉状体背面に形成される無性芽を生ずる無性芽器で，縁に鋸歯をもつコップ状の器官．*気室が変形したもの．

e **排水** [guttation]《同》出滴．植物体の*排水組織から陽圧によって水滴として排出される現象．菌類でも認められる．維管束植物では*水孔・排水細胞・排水毛からの排水が起きる．*根圧による水の上昇に起因し，細胞が水を吸収しきれなくなると水が水孔から押し出される．野外では*蒸散速度の低い夜から早朝にかけて起こり，排水組織のある葉の先端や鋸歯に水滴ができる．排水組織をふさぐと葉内間隙に水が浸潤することから，葉における排水は根圧による水の上昇に対して葉内間隙の気相を保つ機能があると考えられている．排水された水液には無機物が少なく，有機物も痕跡程度のことが多い．排水毛から出る水液は無機物と有機物を含むことが多く，細胞表面で水液が蒸発・濃縮して細胞内に浸透的に水を移動させる．*塩生植物では，排水された水液に無機塩を多く含む．この無機塩は，主に炭酸カルシウムで，同時にナトリウム塩・ケイ酸塩なども含量が高いことから，塩生植物の排水を行う組織である排水腺を石灰腺，あるいは*塩排腺と呼ぶことがある．排水腺は，花外蜜腺・花内蜜腺あるいは食虫植物の消化腺と同様に，輸送細胞をもち，能動的に溶質を排出する生理的な組織である．

f **排水組織** [hydathode] 維管束植物の体内の水分を体外に排出する構造．*分泌組織の一つ．葉先や葉縁に見られる*水孔が主なものだが，特定の植物の葉面に生じる排水細胞 (hydathodal cell) や排水毛 (hydathodal hair, hydathodal trichome) も含まれる．排水細胞は表皮細胞の外壁の一部が突出しその先端より水滴を溢出するもので，クロタキカズラ科の *Gonocaryum* やツヅラフジ科のアオツヅラフジ属などに見られる．イソマツ科では多少変形したいくつかの表皮細胞が集合して小組織を形成し，そのなかのある細胞が水分を分泌する．排水毛は，表皮の一部から1〜数個の細胞が突出して毛状となり，先端あるいは途中の細胞から水分を分泌する機能をそなえたもので，マメ科・コショウ科・ヒルガオ科・ノウゼンカズラ科などに見られる．

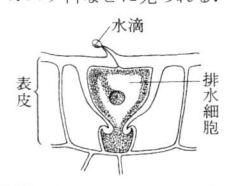

Gonocaryum pyriforme の排水細胞

g **倍数種** [polyploid species] *倍数性を示す種．動物では倍数体の種または系統が存在しているのは，ほとんど*単為生殖のものにかぎられる．ホウネンエビ (*Artemia*) の一種には四倍体・八倍体の系統，シャクトリガ (*Solenobia*) の一種には四倍体の系統があり，バッタの一種 *Saga pedo* は四倍体と認められる．これに対し，植物では近縁の種の間に種 (または系統) 固有の染色体数が倍数系列 (polyploid series) を示すものが多く知られ，変異や種の形成の一因となっている．被子植物の種の40%以上は倍数種であるともいわれる．キク属では $10x$ ($x=9$) まで，スイレン属では $32x$，コムギ属では $6x$ (いずれも $x=7$) までが知られている．これらの倍数体には同質倍数性と異質倍数性とがある．人為交雑の雑種だけでなく，種や品種そのものが自然に交雑・倍数化して雑種的性格をもつものが少なくない．倍数化した系統や種は環境に対する適応性が大きく，分布も一般に広い．例えば，北方高緯度地方ほど被子植物，特に単子葉植物の倍数体率が高い．また倍数体は無性生殖によるほうが容易に維持されるので，生殖法の変化とも関連する．イチゴでは異質倍数体は有性生殖で，同質倍数体は無性生殖で繁殖し，同質異質倍数体は中間の生殖法を示すことが知られている．進化の過程で倍数体，ことに異質倍数体が新しい種の出現の一方法になったとされる．(⇒倍数性)

h **倍数性** [ploidy, polyploidy] 種内，種間において，染色体の*基本数に倍数的な増減がみられる現象．H. Winkler (1916) の提唱．基本数の完全な整数倍のものを多倍数性 (polyploidy: 単に倍数性と呼ぶこともある)，不完全なものを*異数性 (aneuploidy) という．また同一

個体中の組織・細胞間にも倍数性に違いがみられる場合があり，*混倍数性，体細胞多倍数性と呼ばれる．通常，倍数性は正倍数性に同義．基本数は*ゲノム1組の染色体数に相当することから倍数性はゲノムが重複する現象といえる．重複するゲノムの数により一倍性(*半数性)，二倍性，三倍性，…といい，非相同ゲノムの種類数により一基，二基，三基，…という．一般にはゲノムを2組もつ*二倍体を基準として，一倍体を*半数体，2倍より倍数が多いものを倍数体(ploid, polyploid, polyplont)と呼ぶ．自然界で倍数性を示す種が倍数種である．植物では倍数体の人為的な作出が比較的容易で，切断法・温度処理法・アセナフテン法などが用いられ，特に*コルヒチン処理は育種にも多用される．倍数性は基本数(x)によって，一倍性，二倍性をそれぞれx, 2xと表し，nと2nはそれぞれ*単相世代，*複相世代を示すので，四倍体の種が2n=36の場合は2n=4x=36と表記される．倍数性は，それを構成するゲノムの種類により，以下のように同質倍数性(autoploidy, autopolyploidy)と異質倍数性(alloploidy, allopolyploidy)に分けられる．また，倍数性個体において一部の相同染色体で由来が異なり，同質倍数性と異質倍数性の中間型の特徴を有する倍数性を部分異質倍数性(segmental allopolyploidy)と呼ぶ．同質倍数性は，同じ(相同ゲノム)の倍加により生じた倍数性で，基本ゲノムの3, 4, …n倍のゲノムをもつ個体を，それぞれ同質三倍体(autotriploid)，同質四倍体(autotetraploid)，…同質n倍体(auto n ploid)と呼び，それらを同質倍数体(autopolyploid)と総称する．その成因は，一つの基本種の体細胞染色体の倍加，あるいは非還元性配偶子の受精にある．切断法やコルヒチンなどの薬剤による化学処理法で作られた人為倍数体の多くがこれである．特にコルヒチン処理による同質倍数体の作出は簡便で，この方法で作出された例は多い．一方，自然界にも多数の同質倍数体の例が発見されている．これらの同質倍数体は一般に独立の種とされていない．同質倍数性の特徴は，(1)諸形質は基本種とほぼ同じだが，細胞が大きく，器官の増大をきたした巨大型(gigas)を示すことが多い．(2)成熟分裂に際してはその倍数性にしたがって相同染色体間に多価染色体が形成されるが，それが中期において基本数に等しい数となることは稀．種類によっては二価染色体だけみられる場合もある．(3)同質倍数性の稔性は一般に低く，特に三倍性植物では不稔性で，*栄養繁殖を行う，など．一方，異質倍数性は，異種のゲノムが組み合わさって生じた染色体の倍数的変異(H. Kihara, T. Ono, 1926)で，その構成ゲノム数に応じ，それぞれの異質三倍体(allotriploid)，異質四倍体(allotetraploid)，異質n倍体(allo n ploid)と呼び，それらを異質倍数体(alloploid, allopolyploid)と総称する．近縁種間に発見される自然倍数種の多くはこれに属する．その成因には，種間交雑によって生じた胚に倍加が起こる，または雑種の非還元性配偶子が接合して倍加が起こることが考えられる．種間交雑の結果として異質倍数種ができた例として，動物ではアフリカツメガエル(*Xenopus laevis*)が異質四倍体の例として有名で，染色体数18本の2種の祖先種の交雑によって生じたと考えられ，二倍体種と比較して巨大型となる．近縁種に異質八倍体や異質十二倍体が存在することも知られている．ゲノム倍加の形質への作用は種・遺伝子型・環境条件で異なり一定ではないが，概して同質倍数体では4x(〜6x)まで細胞や形質が増大，それ以上の高次ではむしろ減少する．一般に，奇数倍数体では稔性が低い．異質倍数体の一般的特性は，同質倍数体と異なり複雑であるが，その形質が由来した基本種の中間型を示すか，あるいはトランスグレッション(超越効果)やエピジェネティクス的効果などで新たな形質をそなえること，種間雑種は稔性が低いが，*複二倍体になると一種の雑種強勢で生育力も強く，成熟分裂では二価染色体が形成されて稔性が高く，完全な独立種を形成することなどの性質がある．

a **倍数体育種**［polyploid breeding］倍数体のもつ有用な形質を利用する育種．植物や魚類の改良に用いられる．倍数体は*二倍体に比べると多くの場合に体の全体の大きさや個々の器官の大きさが増大しており，このような形質を導入して実用的価値の高い個体を得る．人為的に倍数体を作るには，種子あるいは幼植物をコルヒチン溶液で処理する方法が成功率が高く，広く用いられる．同質倍数体は不稔性が高く，種子を目的とする作物の場合には実用的価値はない．三倍体の種なしスイカは奇数倍数体の高い不稔性を利用した例．

b **倍数体複合**［polyploid complex］ある植物の種の集団のなかに種々の倍数性(同質および異質，≧倍数性)が混在している現象，あるいはその種または集団．二倍体の祖先種とその近縁種の間で雑種が生じ，その二倍体雑種が不稔性であってもその複二倍体(同質異質四倍体)が稔性をもつことによって二倍体雑種では不可能であったゲノム間の遺伝子交換が可能となる．このように異なる起原をもつゲノムが混合し，さらに高次倍数体をつくるに及んで，形質の変異が連続することによって，原種間の外部形態的区別も不可能になる．倍数体複合が一つの種と見なされるのは，原種が絶滅したか，または不明の場合である(例えば *Erophila verna*，染色体数 n=7, 12, 15, 16, 17, 18, 20, 26, 29, 32)．原種が共存している場合には，属(例えば *Crepis*, *Brassica*)や亜属(例えばスノキ属の *Cyanococcus*)として区別されることが多い．

c **バイスタンダー効果**［bystander effect］細胞集団のごく一部が放射線を受けた場合に，その周辺の放射線を受けていない細胞が，放射線を受けたがごとき反応を示す現象．照射を受けた細胞では，TGF-β1や炎症性サイトカインのTNF-α，さらにはNO(一酸化窒素)などの各種の活性酸素種を放出する．これらの因子は，さまざまな経路で隣接細胞や離れた細胞に作用し，損傷応答，突然変異，細胞死などを引き起こす．バイスタンダー効果は，培養細胞において低線量の放射線により誘導されるが，生体内で効果がみられるかについては不明．

d **媒精**［insemination］《同》授精，助精．特に多細胞動物において，精子と卵とが同じ液体の媒質中におかれなければならないという受精の前提条件がみたされること．一般に精子は液体の中でのみ運動できるので，媒精が必要となる．陸生の動物では，媒精のために雄が直接雌の体内に精子を送りこむ目的で*交尾が行われる．それに対して水生動物の場合は，雌雄がそれぞれ卵と精子を水中に放つこと(放卵・放精)によっても媒精が行われる．しかし放卵・放精にあたっても雌雄の個体が互いに近づき，さらに生殖輸管の開口部を近づけ，あるいは交尾を行えば，いっそう媒精の効果はあがる．この

ように，媒精の方法には単なる放卵・放精から交尾にいたる種々の段階が見られる．受精がその動物の生息する水中で行われるのを*体外受精(external fertilization)といい，それに対し交尾などによって受精が雌の体内で行われるのを体内受精(internal fertilization, entosomatic fertilization)という．(→人工媒精，→抱接，→交接腕，→精包)

a **胚性幹細胞** [embryonic stem cells] 《同》ES細胞，胚幹細胞．マウスの胚盤胞内細胞塊から樹立された，多分化能をもつ培養細胞株．M. J. Evansと M. H. Kaufman，それに G. R. Martin ら (1981) は，受精 3.5 日目マウス胚の内細胞塊を in vitro で培養に移し，解離と継代を繰り返すことにより，多分化能 (pluripotency) を保持し，正常核型を維持したまま無限に増殖しつづける多能性幹細胞を樹立することに成功した．ES細胞の多分化能を維持するには，STO細胞株やマウス胎児から調製した初代培養繊維芽細胞などのフィーダー細胞が必要である．また，ES細胞の分化を抑制する因子として leukemia inhibitory factor (LIF) を培養液に添加するとES細胞の分化が抑制される．ES細胞は8細胞期胚または胚盤胞の割腔へ注入されると，宿主胚の細胞と混ざりあって*キメラマウスを作る能力がある．さらに，ES細胞が*始原生殖細胞の分化に寄与した場合には生殖系列キメラ (germ line chimera) ができる．このキメラマウスを交配することによりES細胞由来のマウス個体が得られ，特定遺伝子の個体レベルでの役割を解析することが可能となっている．哺乳動物のクローン胚の創出 (I. Wilmut ら，1997) とあいまって，ヒトES細胞の再生医療への応用が期待されるが，ヒトES細胞の作製には倫理的問題があるため多くの国でその研究が制限されている．多能性幹細胞には他に*iPS細胞があり，これはヒト再生医療研究にも用いられる．

b **胚性癌腫細胞** [embryonal carcinoma cell] EC細胞 (EC cell) と略記．《同》奇形腫細胞 (teratocarcinoma cell)，奇形癌幹細胞 (teratocarcinoma stem cell)，胚性腫瘍細胞 (embryonic carcinoma cell)．悪性奇形腫 (奇形癌腫) から樹立された未分化で多分化能を有する未分化細胞を細胞株化したもの．129系マウスでは精巣に奇形癌腫が自然発生するが，その腫瘍細胞を培養することによって種々の細胞に分化可能な初期胚性全能性細胞に似た性質をもつ多能性細胞が樹立されるが，細胞株によってその分化能には差がある．胚性癌腫細胞をマウスの正常初期胚に注入したり，初期胚と集合して発生させると，正常なさまざまな器官や生殖細胞へも分化することが可能であり，キメラマウスやトランスジェニックマウスの作製に利用される．胚性幹細胞とは異なり，生殖細胞を通して子孫へとその遺伝子は伝達されない．

c **媒精反応** [insemination reaction] ショウジョウバエ (Drosophila) の雌の膣に見られる反応で，交尾に際し雄の精液 (精子には関係なく) に感受して急に分泌物がたまり，膣 (特に vaginal pouch の部分) が拡大する現象．ショウジョウバエの種間 (または系統間) における遺伝子の交流を妨げる*隔離機構の一つとして，J. T. Patterson (1946) が示した．交尾後まもなく起こるのが一般的であるが，種によってはまだ交尾が終わらないうちから始まることがある．この反応は同系交配でも起こるが，その場合は拡大した膣内の内容物は軟らかなままでいて，やがてそこから排出される．膣は通常は数時間後にはもとの大きさに戻る．ところが*異系交配においては，この反応によって生じた膣内の内容物が固くなって長い間そこに停滞する．そのために異系交配が行われても正常な受精が妨げられ，雑種の子孫が産み出されにくい．

d **バイセクト** [bisect] →ライントランセクト法

e **胚腺** [germarium, germinal gland] [1]《同》卵腺，卵巣．*複合卵を産む扁形動物 (三岐腸類や新皮類) において，卵細胞をつくる方の生殖巣．これに対し*卵黄細胞だけをつくる方の生殖巣を*卵黄腺と呼ぶ．これらの動物では，単一卵を産む他の動物の卵巣に相当するものは卵腺と卵黄腺とに分離している．ただし両者が同一生殖腺の異なった部分として互いに連続している場合，またはただ 1 個の腺の中で卵細胞と卵黄細胞とが同時につくられる場合には，この同一生殖腺を胚卵黄腺 (germovitellarium) と呼ぶ．なお，胚腺でつくられた卵細胞は輸卵管により，卵黄腺からの卵黄細胞は卵黄輸管により，*卵形成腔に達して複合卵が完成する．[2] 昆虫の卵巣・精巣の最末端部の卵原細胞・精原細胞を蔵する部分 (germarium)．[3] なお，一般に生殖腺 (→生殖巣) と同義語として使われる場合がある．

f **媒染剤** [mordant] 細胞や組織を染色する際，色素液だけでは染まらないことがある場合に細胞・組織と色素とを結びつける働きをする試薬．媒染剤と色素が結合して水に不溶の有色物質 (レーキ lake) を形成する．媒染剤を色素液に混合して染色するか，あるいは媒染剤で前処理後色素液で染色する．ヘマトキシリン染色法におけるカリ明礬・クロム明礬・鉄明礬，アザン染色におけるリンタングステン酸などがある．

g **背側プラコード** [dorso-lateral placode] →プラコード

h **胚組織** [embryonic tissue] 一般には動物の胚の組織をいう．増殖と分化を行うのがその特徴で，ごく初期には発生的に*多能性をもつ．

i **胚帯** [germ band] 《同》胚条，原始索 (germinal cord)．表割を行う多くの節足動物卵の発生において*細胞性胚盤葉に出現する，将来胚と*羊膜を形成する部位．これらの卵では，分裂核は割球の進行にともなって卵表層に接近し，周辺細胞質 (periplasm) に達してこれと一体となり，1 層の細胞層を形成する．この細胞層を*胚盤葉 (胞胚葉) という．胚盤葉を形成する細胞は，最初一様の形態を示しているが，しだいに卵腹側の細胞は互いに密接して厚い上皮を層形成し，他の扁平な細胞層と明瞭に区別することができるようになる．この卵腹側の細胞群が胚帯で，胚帯形成に参与しないその他の扁平細胞層は胚を保護する*漿膜となる．

j **胚体域** [area embryonalis, embryonic region, embryonic area] 主として発生初期に*胚盤葉を形成する魚類や羊膜類などの脊椎動物の胚において，孵化後または出生後の体をつくる材料となる領域．*胚体外域との対比で用いられる．胚体域はやがて盤状の胚盤葉からもち上がるが，胚体を囲む胚体外域との境界部に生じたくぼみを境界溝 (limiting sulcus) といい，その部位に応じて頭褶 (head fold, cephalic fold)，側褶 (lateral field, lateral body field)，尾褶 (tail fold, caudal fold) という．あるいは頭褶・尾褶はそれぞれの境界溝から外側に突き出た頭部・尾部を示していう場合もある．表割を行う多くの節足動物胚では，胚盤葉 (胞胚葉) から*胚帯と呼ばれる胚帯域と胚膜となる胚体外域が形成される．(→胚

盾，⇨体壁柄)

a **胚体外域** [extraembryonic region, extraembryonic area] 《同》胚体外胚盤葉(extraembryonic blastoderm). 脊椎動物胚の*胚盤葉のうち，*胚体域の周辺にあって胚体の形成に関与しない部域. 胚体外域は胚体域の外胚葉・中胚葉・内胚葉のそれぞれの延長からなり，著しくひろがりながら卵黄表面を覆う. 胚体外中胚葉をなすものは側板の腹側部で，体壁板・内臓板の間には体腔があり，これを胚体外体腔(extraembryonic coelom, exocoelome)という. 胚体外中胚葉は多量の血管を分化するが(胚体外血管 extraembryonic blood vessel)，これは胚体内血管(intraembryonic blood vessel)に続く(⇨血管系). 無羊膜類では胚体外域は卵黄嚢を形成するだけだが，羊膜類では胚付属器としての羊膜・漿膜・卵黄嚢などが形成される. さらに胚付属器としての尿嚢は胚体内に由来するが，胚体外体腔中にひろがっていく. 無脊椎動物では昆虫類で胚盤葉に胚体域と胚体外域が区別される.

b **胚体外内胚葉** [extraembryonic endoderm] 羊膜類の胚発生期において*胚体外域を形成し胚体の形成には関与しない*内胚葉. *卵黄嚢および*尿膜(尿嚢)の構築に参加する. 哺乳類では発生初期の胚体外内胚葉は臓側内胚葉(visceral endoderm)と壁側内胚葉(parietal endoderm)に分かれ，臓側内胚葉の最も遠位側は前方に移動して AVE(anterior visceral endoderm)となり，隣接する胚盤葉上層に作用して頭部形成に働く. (⇨胚盤葉上層)

c **胚体外膜** [extraembryonic membrane] [1] 羊膜類において，*胚体外域起原の胚葉から形成される*胚膜. すなわち*羊膜，*漿膜，*卵黄嚢，さらに起源は胚体内であるが発生の過程で胚体外体腔中へ伸び広がる*尿膜(尿嚢)を指す. [2] 昆虫類胚において，胚体外胞胚葉(extraembryonic blastoderm)から発生する羊膜および漿膜.

d **胚帯伸長** [germ band extension] 昆虫の胚発生過程における*胚帯の形態変化の一つで，胚帯が頭尾軸方向に伸長する運動. この後に胚帯が短縮する運動を胚帯短縮(germ band retraction, germ band shortening)と呼ぶ. *胚運動であるアナトレプシス(anatrepsis)と胚反転(カタトレプシス katatrepsis)とは別の形態変化とされる. 胚運動が観察されるショウジョウバエでは，後部中腸原基の陥入にともなって胚帯が背側に屈曲しながら伸長することにより，卵の後端部にあった尾端が卵の前方へ移動する. 卵前方に移動した尾端は胚帯短縮により卵後端に戻る. この胚帯伸長は，細胞の形態変化や分裂に加えて，細胞の胚帯中央部への集積によって主に引き起こされる.

e **胚体内体腔** [intraembryonic coelom, endocoelome] 主として脊椎動物胚において，胚体内に取り入れられる体腔(内臓腔)の部分(*中間中胚葉に近い部分). その延長は胚体外の胚体外体腔に続く. 成体では大部分は腹腔(腹膜腔)となる. (⇨側板)

f **胚脱皮** [embryonic molting, embryonic ecdysis] 昆虫などの節足動物において，胚表に分泌された胚*クチクラを脱ぐ脱皮. その際脱いだうすいクチクラは孵化の時まで胚のまわりに残存している. カマキリなどではこの状態(前幼虫)のまま孵化し，すぐに脱皮殻を捨てて一齢幼虫となる. 厳密にいえば胚脱皮を終えた胚(pronymph)を一齢幼虫と見なすべきであろうが，実際には孵化後のものを一齢と数えるのが一般的である.

g **培地** [medium, culture medium] 《同》培養基，培養液. 動植物の細胞・組織・器官の培養や微生物・菌類・昆虫など生物体のガラス器内培養飼育のため，栄養物を組み合わせ，また支持その他特殊な目的のための物質を加えた混合物. 生物は生存発育に不可欠な水をはじめ，少なくとも生体の構成分である C, H, O, N, P, S, K, Ca, Mg, Mn, Fe などの元素を要求するが，このうち気相から得られるものを除き，他はすべて無機または有機化合物として培地から与えなければならない. どんな化合物を必要とするかは生物の栄養の形式(例えば独立栄養，従属栄養または寄生)に対応して多様である. 通常，栄養源要因を炭素源・窒素源・無機塩類・発育因子(増殖因子)に分けて考える. 栄養物が生物体から抽出された比較的複雑な物質の場合を天然培地(natural medium)といい，細菌では肉汁・血清など，カビでは麦芽エキス，動物細胞では血清や抽出液などが多く使われる. 一方，無機塩だけまたは既知の有機化合物を炭素源(エネルギー源)や窒素源とした組成の明らかな場合を*合成培地と呼ぶ. 合成培地に天然培地を混合したものを用いる場合も多い. 不純物や雑菌の混入に注意が必要であり，雑菌感染を予防する目的で，あらかじめ適当な抗生物質などの薬剤が添加される場合が多い. 大量培養に適した*液体培地，株の保存や分離，また動物組織細胞の培養に適した*固形培地，嫌気的環境をつくり出すための*穿刺培養など，その目的によって支持物質の形態にも工夫がされている. なお，生細胞でしか増殖しないウイルスなどの培養には，上記の培地で培養した細胞や組織，胚などが培地とされる.

h **背地効果** [background effect] 《同》バックグラウンド効果. 地面や水底面など背地からの反射光が動物の体色にもたらす特殊な効果. 無脊椎動物および脊椎動物に広く見られ，眼による光受容をもとに体色の背地色調への積極的類似すなわち背地適応が起こる. *光受容器の受ける総光量の刺激効果とは異なる. 動物を暗い背地上においたときの暗色*色素胞，特に黒色素胞の拡散(体色暗化)，つまり黒色背地反応と，反対に明るい背地上でのそれらの色素の凝集(体色明化)，つまり白色背地反応とからなる. 暗黒中または失明した個体はかえって明・暗の中間の体色をとることが多くの動物で知られており，また眼の下半分を塗りつぶせば黒色背地応答を生じることなどから，背地効果の成因は眼における何らかの背腹的分化にあると考えられる. 上方からの投射光を受ける網膜の腹側部は黒色背地反応を，下方からの反射光だけを受ける網膜背側部は白色背地反応を引き起こし，しかも後者が前者に優越するという仮説がたてられている. 背地効果は多種類の色素胞の存在により，明暗以外に赤・黄・青・緑など諸色背地への体色適応にまでも及ぶことが知られているが，これらでは網膜背側部がさらに波長の識別能力をそなえ，反射光の波長ごとに特異的な体色応答をもたらすものと考えられる. さらにヒラメ類では，背地の色調だけでなく，その模様の模倣能力までも示す. 背地適応はしばしば形態的体色変化をも引き起こす.

i **胚抽出物** [embryo extract] 《同》胚圧搾汁(embryo juice). 培地に添加される，胚の生理食塩水による抽出物. 組織培養の技術が開発された初期には，培養さ

れた組織を増殖させるためにこれを加えることが必要とされていた. 現在ではウシ胎児血清やさまざまな増殖因子で置き換えられるが, ときに使用される場合もある.

a **胚中心** [germinal center] 《同》芽中心, 反応中心 (reaction center). *脾臓や*リンパ節において, 活性化したB細胞がリンパ濾胞 (リンパ小節) の中央部に集積して形成した領域. 脾臓やリンパ節の皮質には, B細胞の集合体であるリンパ濾胞が散在する. 感染などの抗原刺激によって活性化された脾臓やリンパ節では活性化したB細胞, すなわちリンパ芽球 (lymphoblast) が分裂を重ね, 分化・成熟し胚中心, つまり二次リンパ小節となる. 胚中心は, 大型の分裂細胞の集まりである明中心 (light staining center, 明領域 light zone, light region) と, その周辺のリンパ芽球の集合する暗領域 (dark zone, dark region) からなる. 抗体の多様性獲得に重要なクラススイッチや体細胞突然変異は主に胚中心で起こることが知られている. また記憶応答に必須である記憶B細胞の生成も主に胚中心で起こることが知られている.

b **背中腺** [dorsal gland] 両生類の, 単細胞腺が集合した孵化酵素腺. 有尾類では前額正面にかたまっているので特に前額腺 (frontal gland) という. 無尾類のヒキガエル類やアカガエル類では, 前額から背側の中央を尾部近くまで走っており, アオガエル類ではナシ状の細胞が前方背中腺にかなり幅広く散在する全分泌腺. 哺乳類のハイラックスやペッカリーにおける背中の*臭腺, あるいは線虫の dorsal esophageal gland も dorsal gland と呼ぶことがある.

c **ハイツ** Heitz, Emil 1892〜1965 ドイツの植物学者. 染色体の異質染色質, 染色体と核小体の関係などにすぐれた業績がある. H. Bauer とともにメスアカケバエ幼虫で唾腺染色体の細胞学的意義を T. S. Painter とは独立に指摘.

d **ハイデルベルク人** [Homo erectus heidelbergensis] 《同》ハイデルベルク原人, マウアーの下顎骨. ハイデルベルク市郊外のマウアーから1907年に発見された化石人類の下顎骨. *ネアンデルタール人に比べ頑丈で, 非常に原始的である点から, これを研究したハイデルベルク大学教授 O. Schoetensack は Homo heidelbergensis の学名を与えた. 現在ではネアンデルタール人の中に含められており, ミンデル氷期中の亜間氷期に相当する地層から出土したとみられることから, 原人類の一分枝と考えられ, 表記のように三名法で表される.

e **ハイデンハイン** Heidenhain, Martin 1864〜1949 ドイツの組織学者. Rudolf Heidenhain (1834〜1897, ブラスレウ大学生理学教授) の子. 筋, 唾液腺, 甲状腺などの顕微解剖学に従事, 鉄ヘマトキシリンなど新たな染色法を開発. また総合形態学の名のもとに体制の発展と新機能の成立の関係について論じた. [主著] Plasma und Zelle, 2巻, 1907〜1911.

f **配糖体** [glycoside] 《同》グリコシド. 植物成分として広く分布し, 糖の*ヘミアセタールまたはヘミケタール性水酸基と, 糖以外の二次代謝成分 (*アグリコン) の各種アルコールあるいはフェノール・カルボン酸などの反応基との脱水縮合で生成した結合, すなわち配糖体結合 (glycosidic bond) した物質の総称. アグリコンの種類によりあるいは配糖体としてさまざまな特性や生物活性を示すものがあり, 例としてシアン配糖体, *強心配糖体, *サポニンなどがある. 糖が直接結合する原子の種類により, O-グリコシド (酸素原子に糖鎖が結合), S-グリコシド (同硫黄原子) や N-グリコシド (同窒素原子), C-グリコシド (同炭素原子) に分類する. S-グリコシドの例として, アブラナ科に多いシニグリン (sinigrin)・シナルビン (sinalbin) などのグルコシノレート (glucosinolate, 芥子油配糖体), N-グリコシドには各種ヌクレオシド, C-グリコシドにはユリ科アロエ (Aloe) の瀉下作用成分バルバロイン (barbaloin) やマメ科クズ (Puerralia lobata) の根 (葛根) のイソフラボン配糖体プエラリン (puerarin) などが知られる. 糖成分の種類としてアルドース (aldose) とケトース (ketose) があるが, 配糖体を構成する単糖の大半は D-グルコース・D-ガラクトース・D-マンノース・L-アラビノース・D-リボース・L-ラムノース・D-フコースなどのアルドースであり, ケトースは D-フルクトース (fructose, 果糖) のほかごくわずかである. そのほか*グルクロン酸 (glucuronic acid) のような酸性糖も少数ながら存在する. 単糖からなる配糖体は糖成分の名称の語幹に -oside をつけ, グルコシド・ガラクトシド・マンノシドのように命名される. 各単糖には, 直鎖型と環状型とがあり, 後者はさらに六員環のピラノース型と五員環のフラノース型の2型がある. 配糖体の糖はほとんどが環状型である. アグリコンが結合するヘミアセタールまたはヘミケタール性水酸基の位置する1位炭素原子 (アノマー炭素) は不斉なので, α 配位と β 配位の2種の立体異性体があり, それぞれを α-グリコシド, β-グリコシドと称し, 天然には β-グリコシドが多い. 配糖体糖部の表記は, グルコースを例にあげると, ピラノース型で α 配位のものは α-D-Glucopyranose のように記述する. C-グリコシドを除く配糖体は酸またはグリコシダーゼにより糖とアグリコンに加水分解されるほか, ホスホリラーゼにより加リン酸分解をうけ, またグリコシル基転移酵素によって転移が行われて, 糖成分の交換や重合が起きる.

g **梅毒** [syphilis] *スピロヘータ科に属するトレポネーマ属細菌の一種, 梅毒トレポネーマ (Treponema pallidum) の感染によって起こる慢性の性病の一種. 試験管内の培養が困難であるため, 病原性の機構の詳細は明らかにされていないが, 1998年には梅毒トレポネーマの全ゲノムが解読されている. もと西インド諸島の地方病であったのを C. Columbus の一行がヨーロッパにもち帰ってから (1492), 世界各地に蔓延した (日本にはその20年後) とする説が有力である. 感染は性行為が主原因であり, 皮膚または粘膜の小傷からの侵入によって起こる. ヒトにおける梅毒の経過は4期にわけられ, 症状のない潜伏期と症状が現れる顕症期を繰り返すことが特徴である. すなわち, 感染後3週間の最初の潜伏期を経て3カ月までを第1期, 3カ月から3年までを第2期, その後無症状の後期潜伏期から3年から10年を第3期, 10年を過ぎた場合を第4期という. 梅毒の際に組織に現れる炎症性の病変は, 繊維芽細胞・リンパ球・形質細胞の強い増殖と軽度な壊死を伴う肉芽組織の形成を特徴とするが, これが限局性にゴム腫 (gumma) を生ずる場合と瀰漫性に間質性増殖炎を示す場合とがある. *ワッセルマン反応その他の梅毒血清反応は, 感染後約6週間を経てから陽性となる. 母子感染による先天性梅毒では内臓その他皮膚以外の諸器官の変化が著しく, 例えば肺には白色肺炎を, 骨には梅毒性骨軟骨炎を

みる。類人猿ではヒトに似た症状を起こすが、ウサギでは通常、眼・陰嚢で発症させて研究する。またネズミ類に潜在的に菌を保存させることができる。細菌としては極めて抵抗性が低く、41.5℃の熱で死ぬ。治療にはかつてクロラムフェニコールが有効とされていたが、副作用が強いため現在は使用されておらず、ペニシリン系の抗生物質の投与が行われる。（→スピロヘータ）

a **ハイドロゲノソーム** [hydrogenosome]《同》ヒドロゲノソーム。一部の嫌気性原生生物がもつ細胞小器官。二重膜に囲まれ、酸素呼吸系やクリステを欠くが、おそらくミトコンドリアが変化したもの。一般にゲノムも欠くが、これを残しているものもいる。ピルビン酸フェレドキシン酸化還元酵素またはピルビン酸蟻酸リアーゼによってピルビン酸を酸化し最終的に ATP と水素を生成する。*副基体類や一部の繊毛虫（Nyctotherus など）、菌類（ネオカリマスティックス類）などに存在する。

b **ハイドロパシー** [hydropathy] 蛋白質を構成するアミノ酸残基の疎水性/親水性の度合。J. Kyte と R. F. Doolittle (1982) は，20種類のアミノ酸残基に対して疎水性/親水性の度合を示すハイドロパシー指標を定義し，これを用いて蛋白質のアミノ酸配列に沿って指標の値（正確には局所配列ごとの平均値）をグラフに描くハイドロパシー・プロット (hydropathy plot) を考案した．ハイドロパシー指標は広い意味の疎水性指標 (hydrophobicity index) の一種と考えてよい．一般に疎水性の高い部分は蛋白質分子の内部に，逆に疎水性の低い（親水性の高い）部分は分子表面を占める傾向があるので，ハイドロパシー・プロットから立体構造の表面/内部とアミノ酸配列の大まかな対応関係がわかる．特に，膜蛋白質の膜貫通ヘリックスは疎水性の高い値が連続したパターンとして表されることが多いので，アミノ酸配列から膜貫通ヘリックスの位置を予測する簡便な方法となった．

c **胚乳** [albumen, endosperm] 種子植物の種子を構成する一組織。発芽の際に，胚に養分を供給する。澱粉が主成分のものが多いが，脂質や蛋白質を貯蔵するものもあり，人類の食料の主な供給源である。多くの被子植物では，重複受精の結果，中央核と雄核が合体した三倍体の胚乳が発生する（二次胚乳）．一般に核分裂ののちに，一斉に細胞壁が形成されるが，発生様式は種によってさまざまである．イネ科では，胚乳の最外層が糊粉層 (aleurone layer) に分化して蛋白質を貯蔵する。裸子植物では，多細胞の雌性配偶体のうち*造卵器以外の細胞群が胚乳となる（一次胚乳）．一次胚乳と二次胚乳ともに雌性配偶体内に生ずるという意味で内乳（内胚乳，endosperm）という。一方，一部の被子植物は，雌性配偶体（胚嚢）以外の親の複相の組織，例えば珠心組織が発達して胚をつつみ養分を蓄える周乳（外乳・外胚乳，perisperm）をもつ。英語の albumen は組織よりも貯蔵物質としての意味が強い。英語の endosperm は本来は被子植物の内乳を指す言葉だが，広く胚乳を指すこともあり，定義は明確でない。

d **胚嚢** [embryo sac] 被子植物の雌性配偶体 (megagametophyte, female gametophyte)．多くの型が存在するが，典型的には珠珠の珠孔部分に生ずる胚嚢母細胞 (embryo-sac mother cell) が減数分裂して生じる四つの半数体細胞のうち，3個が退化し，残った1個の胚嚢細胞の核が3回分裂して8核となったのち，細胞質分裂により7細胞となり生ずる。珠心側には1個の卵細胞 (egg cell) と2個の*助細胞からなる卵装置 (egg apparatus) がつくられ，*合点側には3個の反足細胞 (antipodal cell)，中央部には中央細胞（中心細胞，central cell）がつくられる．中央細胞の二つの*極核 (polar nucleus) は融合して*中央核となる．助細胞は花粉管を誘引する働きをもち，助細胞の珠孔側の部分には細胞壁が細胞内に突出した繊形装置 (filiform apparatus) という構造がみられる．*重複受精により，卵細胞は核相が2nの胚に，中央細胞は3nの*胚乳（内乳）になる．裸子植物では雌性配偶体の珠孔側の細胞から*造卵器が分化し，他の部分は胚乳となる．

e **胚嚢細胞** [embryo-sac cell] 種子植物の大胞子で，胚嚢母細胞の減数分裂によってできる単相細胞．コケ植物およびシダ植物の大胞子に相当（→胞子）．減数第一分裂は胚珠の軸に直角に起こる．第二分裂は直角に起こる型と平行に起こる型とがあって，その結果四分子の配列は線型・T型・⊥型が生ずる．線型とT型は同じ子房内の胚珠にもみられるが，⊥型は特殊な群（アカバナ科）にしかみられない．通常は線型配列でその中の合点側の1個が大きくなり，内容充実し胚嚢細胞となり，さらに分裂して多細胞の胚嚢をつくる．四分子において合点側以外の細胞が発達する例には，珠孔側の細胞の発達するバラ属，珠孔側から3番目の細胞の発達するクルミ属やホルトノキ科の一種，両端の細胞が発達するユリグルマ属・アサダ属・イチゴツナギ属などがある．いずれも最後は1個を残して3個が退化消滅する．減数分裂時に細胞壁ができないで単相の四核性 (tetrasporic) 胚嚢細胞となる現象がユリ科・キク科の数種などでみられる．また第二分裂に壁形成が起こらず二核性 (bisporic) となる例がネギ属・ハマオモト属などで知られている．

f **π-π* 遷移** [π-π* transition] π軌道の分子がπ* 軌道へ遷移すること．C=Cに代表される二重結合はπ電子をもっている．通常，結合性のπ電子は，エネルギーの高い分子軌道（π軌道）にある．その次に高いエネルギーをもつ分子軌道は，反結合性の分子軌道（π* 軌道）である．二重結合性が共役していると，π軌道とπ* 軌道のエネルギー差は小さくなり，より小さなエネルギーの吸収で遷移が起こるため，カロテンなど長い共役二重結合をもつ化合物は，可視光を吸収するものが多く，色をもっている．

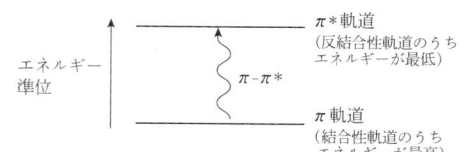

エネルギー準位　　　　　　　π-π*　　　　　π* 軌道
　　　　　　　　　　　　　　　　　　　　（反結合性軌道のうちエネルギーが最低）
　　　　　　　　　　　　　　　　　　　　　π 軌道
　　　　　　　　　　　　　　　　　　　　（結合性軌道のうちエネルギーが最高）

g **胚培養** [embryo culture] 一般には，卵殻，子宮あるいは種子から摘出分離した動物・植物の胚を適当な実験条件のもとで成長・発育させる技術．動物では卵細胞を器内で増殖させる各種の発生学的実験が古くから行われており，さらにヒトを含む哺乳類の体外受精後子宮に戻すまでの間の培養もこの一種といえる（→胚移植）．植物での近代的研究は E. Hannig (1904) に始まる．子宮より取り出した哺乳類の胚・胎児を回転培養装置内で培養する全胚培養もある．植物では子葉が分化した torpedo期以後の胚で培養が可能である．有胚乳種子（例：イネ・ムギ・カキ）では胚乳と胚とを分ければよいが，無胚

乳種子(例:マメ科・クリ)では子葉を除いた残りの胚,すなわち除子葉胚(decotylated embryo)を用いる.培養方法や培地は組織培養と大差ない.胚培養の用途は極めて広く,通常,遺伝学・育種学では,種子の形成がすぐ止まってしまう系統の雑種の胚を早くとり出して無菌培養を行い(⇌接合体不稔性),正常な個体にまで発育させ,子孫を得ている.発生学や生理学では胚発生に必要な条件を培養で分析し,胚の発育相や物質代謝の研究が行われる.また*種子休眠や春化処理の機能中心が胚に存在することも,この方法で証明された.

a **胚発生** [embryogeny, embryogenesis] 生物において*胚の形成される過程を総合して呼ぶ語.動物および植物(一般にコケ類以上の有胚植物)で受精卵の成長および分化過程が胞子のそれと著しく異なるものに対して使う.全植物の接合子からの成長・分化に拡大使用することもある(C.W.Wardlaw).胚の起原と発達過程を形態学の上から見たとき*胚形成という.

b **胚斑** [germinal spot, macula germinative] 動物の卵母細胞の核の胚核胞に認められる核小体.卵核胞の核小体の数・形・位置は卵成長の時期や動物の種類で大いに異なるが,ウニ類・哺乳類におけるように卵黄が少ないときには核小体の形は大きくなってもその数は1～2個である.魚類・両生類・爬虫類・鳥類およびある種の昆虫のように卵黄が多く巨大な卵核胞をもつ卵では,その中の核小体の数は非常に増加し,アフリカツメガエルの卵の場合,数百から1000個以上の胚斑が形成される.両生類の卵母細胞では,卵成熟のごく初期(ザイゴテン期からパキテン期)に染色体の*核小体形成体を構成するrRNA遺伝子だけが複製・増幅され,環状化して染色体外で胚斑を形成する.卵成熟過程(ディプロテン期)では,環状DNAから盛んに前駆体rRNAの転写が起こり,胚斑は体細胞の核小体と同様の構造を形成する.

c **背板** [tergum, tergite] [1] 《同》背被.節足動物の胸部および腹部の各体節の背面を覆い側板を経て腹板に連なるキチン板.2個以上の小板に区分されていることも多い.昆虫では体節の背面硬化部をいうが,特に胸部の背板は胸背板(notum)と呼びかえられる.前胸背板(pronotum),中胸背板(mesonotum),後胸背板(metanotum)に区別する.また,翅をもつ中胸と後胸の背板は複雑に変化し,端背板(acrotergite),前盾板(prescutum),盾板(scutum),小盾板などと呼ばれる板片に分割されている(⇌小盾板).[2] 蔓脚類の殻板の中で背上方にある左右1対の板.

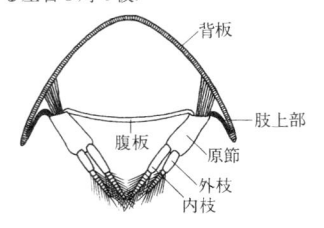

甲殻類腹部の横断面

d **胚盤** 【1】 [scutellum] 胚乳に密着して発達し,発芽時に胚乳分解物質の吸収に関与するイネ科特有の胚的器官.胚中で最大の体積を占め,胚の本体から維管束が1本入り,やがて分岐して拡がる.幼植物では胚盤の付け根と子葉鞘の付け根の間の節間が伸長し,胚盤と子葉鞘を分ける中胚軸(mesocotyl)と呼ぶ部分が形成される.イネやカラスムギなどでは中胚軸の頂端で,維管束が上下に分離し,1本は上の子葉鞘へ,もう1本は下降して胚盤へ入る(図).したがって中胚軸では胚盤への維管束と幼根への維管束の2本が逆行して平行に走ることになる.胚盤と子葉鞘へ入る維管束を,それぞれ葉の中央脈と側脈とみなせば,胚盤は子葉の一部が変形したものと考えられる.

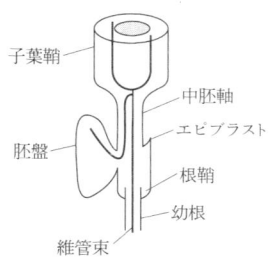

【2】 [blastodisc] 脊椎動物の部分割をする端黄卵(例:鳥類・爬虫類・魚類)において,動物極付近の卵核を中心とした,原形質の多い,卵黄の少ない区域.のちに卵割して漸次多数の細胞に分裂・増殖し,*胚盤葉となる.胚盤葉は後に外胚葉・中胚葉・内胚葉となり,胚の形成に関与する.なお,しばしば胚盤と胚盤葉とは明確に区別されずに用いられる.

【3】 [imaginal disc] ⇌成虫盤

e **胚盤胞** [blastocyst] 哺乳類の初期発生で,卵割期の終わった胚.哺乳類卵は無黄卵で全割をし球体の集塊を形成するが,32細胞期には集塊の外側を包む*栄養芽層と内側の内部細胞塊(inner cell mass)に分かれる.同時に集塊内に腔所を生じ,拡大して*胞胚腔となる.この段階で子宮壁に着床することが多い.内部細胞塊は胚結節(embryoblast)ともいう.栄養芽層と内部細胞塊の分離は16細胞期に始まり,このとき内部にあって外界に接しない2～3個の細胞群が内部細胞塊に分化する.外側の細胞どうしは密着結合で結合されているのに対し,内部細胞塊の細胞は*ギャップ結合をもち,細胞間に物質交換があると考えられる.内部細胞塊は他の羊膜類における胚盤部位にあたり,のちにここから胚体とそれに付随した胚膜(*羊膜,*卵黄嚢,尿嚢)が形成される.胞胚腔は,他の羊膜類の卵黄塊のある部位にあたり,蛋白

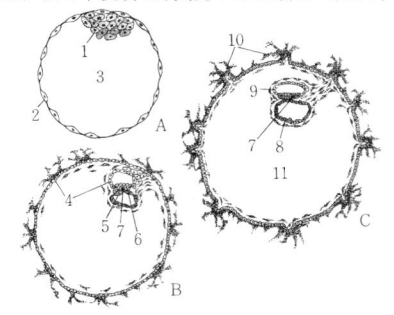

ヒトの胚盤胞(A,B,Cの順)
1 内部細胞塊 2 栄養芽層 3 胞胚腔 4 外胚葉
5 内胚葉 6 中胚葉 7 胚体形成部位 8 卵黄嚢
9 羊膜 10 柔突起(絨毛) 11 胚体外体腔

質を多量に含んだ液体で満たされている．胚盤胞は速やかに膨大し栄養芽層は極めて薄くなる．それとともに胚盤胞の形は球形に近いままのものもあるが，非常に細長くなるものもある．

a **胚盤葉** [blastoderm] 脊椎動物の卵のうち部分割する端黄卵(⇒胚盤【2】)においては，卵割の結果として胚盤の部位だけ多数の細胞に分かれるが，この卵割細胞が盤状に配列したもの．後にこの部位に胚体が形成される．胚盤と胚盤葉の語はしばしば区別されずに用いられる．胚盤葉はやがて*原条または*原口を生じ，*原腸形成を経て*胚葉を分化する．形成された原腸胚は盤状原腸胚 (discogastrula) と呼ばれ，そこにはごく小さな胚盤腔と原腸腔が形成されるか，あるいはこれらの腔所はほとんど形成されない．胚が形成されたのち，それを取り囲む薄い胚葉域はやはり胚盤葉(胚体外胚盤葉)と呼ばれる．なお blastoderm の語は，広義には胞胚葉の意に用いられる(⇒胞胚)．また昆虫のような表割卵においても，その初期発生時には分裂核が卵の表面に移動して卵全体を覆う1層の細胞層を作り上げる．これを胚盤葉または胞胚葉という．その内の一部(腹面)が特に肥厚したものが*胚帯で，残りの部分は胚体外組織(羊膜や漿膜など)になる．(⇒胚盤葉上層，⇒胚下腔，⇒明域，⇒暗域)

b **胚盤葉上層** [epiblast] 《同》エピブラスト．*胚盤葉が2層に分離したときの上側(背側)の層．分離前の胚盤葉ももとに胚盤葉上層(エピブラスト)と呼ばれる．下の層は胚盤葉下層(ヒポブラスト hypoblast)という．鳥類胚において，胚盤葉上層の複数個所で細胞が単独あるいは集団で剥離，遊走して胚盤葉下層になることが知られ，これを多点移入(polyingression)という．またこれに遅れて胚盤葉後端の"コラー"の鎌から細胞が前方に移動し，多点移入した細胞とともに二次胚盤葉下層(endoblast ともいう)を形成する．*原腸形成が始まると，*原条を通り移動してきた胚盤葉上層由来の内胚葉細胞によって胚盤葉下層の細胞は周辺部に押しやられ，胚体外内胚葉の一部となる．胚盤葉上層から原条を通り上層と下層の間に移動した細胞は中胚葉となり，胚盤葉上層に残った細胞は外胚葉となる．*胚盤胞をつくる哺乳類においても，臓側内胚葉(visceral endoderm)に裏打ちされた内部細胞塊由来の細胞層を胚盤葉上層といい，鳥類胚と同様に胚体はすべて胚盤葉上層から形成される．臓側内胚葉を胚盤葉下層，胚盤葉上層と臓側内胚葉を合わせて*胚盤と呼ぶこともある．

c **背腹筋**(はいふくきん) [dorsoventral muscle] 無脊椎動物において，体の背面から腹面の方向に貫いて走る筋肉の総称．扁形動物では間充織にあり，腸管の側部や片節の縁で著しい．動吻動物や軟体動物の溝腹類ではその胴体部に分節的にそなわる．軟体動物の多板類や単板類では殻から足に及ぶ筋肉で，分節的に分布し，それぞれ16対，8対に収束している．また環形動物のヒル類や舌形動物でもその発達は顕著であり，いずれの動物群においても匍匐や遊泳に深く関与する．(⇒皮筋)

d **背腹軸** [dorso-ventral axis] 《同》厚軸(独 Dickenachse)，矢状軸(sagittal axis 独 Pfeilachse)．多細胞生物の体制の記述において，背側と腹側とを結ぶ軸，また背腹体制をもつ胚や器官原基において，将来の背側および腹側を結ぶ軸をいう．昆虫卵などでは背腹軸は受精する前から決定されている．脊椎動物では背腹軸は受精後に現れ，また，両生類胚では精子侵入点によって決定される．植物の葉原基においてはシュート頂に面した側(背軸側・向軸側)と反する側として決定される．(⇒背腹性)

e **背腹性** [dorsiventrality] [1] 地面など物体に対して動物体の面が一定している場合，それらの面の相互関係．しばしば物に対する面とその反対面の間では形態や色彩などに差を生じ，内部構造もその両面間で一定の配列を示すようになる．このような場合，物に対する面を腹(venter)，その反対の遊離面を背(dorsum, back)といい，背腹方向の極性のあることを背腹性があるという．また，背腹の方向に想定される軸を*背腹軸という．脊椎動物の場合，背腹軸は受精後まもなく発現し，*原腸形成に際しての形態形成運動の方向性を定める(⇒背側化)．[2] 植物でも葉その他にみられる同様の関係を背腹性という．ただしシュート上の側生器官については，その原基の段階でのシュート頂に対する関係を向背軸とみる．したがって葉の場合はいわゆる表の面が向軸面(adaxial surface)，裏の面が背軸面(abaxial surface)である．なお着生種などで茎に背腹性がみられる場合は，動物と同様に基質に対する面を腹面とみなし，遊離面を背面とみなす．

f **パイプモデル** [pipe model] 植物体における葉と茎の関係を表すモデル．茎の断面積と，その先にある同化器官量との間に直線関係があることに注目して，篠崎吉郎ら(1964)が提唱．陸上植物では，単位量の同化器官(葉)を力学的・生理的に支えるには一定の太さの非同化器官のパイプが必要であり，植物体全体の構造は，この葉とパイプからなる構造単位が束ねられたものとして理解するとするもの．

g **ハイブリダイゼーション**(核酸の) [hybridization of nucleic acid] DNAやRNAに対し，相補的な塩基配列を利用して人工的に二本鎖の雑種核酸分子を形成させる技法．*サザン法，*ノーザン法，*プラークハイブリッド法，*コロニーハイブリッド法，*in situ ハイブリダイゼーションなど，標識した核酸分子(プローブ)を用い，それと相補的な塩基配列をもつ核酸分子の検出・分離などに広く利用されている．(⇒DNA-RNA ハイブリダイゼーション，⇒DNA-DNA ハイブリダイゼーション)

h **ハイブリドーマ** [hybridoma] 一般には*形質細胞腫と*B細胞(Bリンパ球)を細胞融合させることによって得られた体細胞雑種の株細胞．免疫した個体から分離したB細胞は形質細胞腫細胞と融合することにより，抗体を培養内で永遠に作りつづけることができる．このような抗体は1個のリンパ球に由来する*モノクローナル抗体であり，高い特異性をもつ．その他に，*T細胞の機能解析のため，T細胞とTリンパ腫との雑種細胞形成が行われたりする(T細胞ハイブリドーマ)．

i **配分** [allocation] 《同》アロケーション，資源配分(resource allocation)．個体が得た*資源が代謝・成長・繁殖・天敵に対する防衛などの個体のさまざまな生理的機能に配分されること．資源が一定量に制限されている場合，個体の*適応度が最大になるような配分を求めるのが最適配分問題(optimal allocation problem)で，生物は適応進化の結果，最適配分をするようにデザインされてきたという考えに基づく．得られたエネルギー資源を成長と繁殖にどのように配分するかが，典型的な*生

ハイヨウサ 1089

活史戦略のスケジュールである．また，繁殖にまわされた資源を，雄の機能と雌の機能にどう配分するかが性配分(sex allocation)で，例えば動物の場合には産む子の性比であり，植物の場合は花粉と種子への投資量の配分となる．

a **胚柄** [suspensor] 《同》懸垂糸．数種のシダ植物および種子植物の胚発生初期に見られる細胞あるいは細胞群．[1] シダ植物(イワヒバ属・ヒカゲノカズラ属・ハナワラビ属)では受精卵の第一分裂によってできた2細胞のうち基部の1細胞をいい，先端の1細胞は分裂を繰り返して幼植物となる．したがって1細胞の胚柄の先に多細胞の幼植物がつく形になる．[2] 裸子植物では，*前胚から胚に分化する時著しく伸長し，その先端に分化する胚を胚乳(配偶体)の中に押し込む役割を果たす細胞群．特に針葉樹では束状(マツでは4細胞列の束)になり懸垂糸という独特の言葉を使うことがある．マツ科では4層(段)各4細胞(計16細胞)からなる前胚の，先端から2層目が長く伸長し一次胚柄(一次懸垂糸)となり，先端の胚原細胞群を押し出す．スギ科・ヒノキ科・マキ科などでは，前胚は3層(段)で，中間層が一次胚柄を作る．一次胚柄後，胚原細胞がさらに分裂して一次胚柄との間に新細胞を切り出し，これが伸長して二次胚柄(二次懸垂糸)をつくることがある．二次胚柄数個が集まって短い管状に先端の胚原細胞群を取り囲む場合，胚管(束胚管 embryonal tube)という．[3] 被子植物では受精卵の第一分裂によってできた基部細胞がさらに数回分裂して1列に並んだ多細胞となることが多く，先端に胚の本体となる*胚球をもつ．胚の発達につれて細胞分裂を重ねまた伸長して長くなり，胚を胚乳内に，また無胚乳種子では胚嚢内部に押しやる．胚柄細胞の内容は原形質に富み胚に栄養物を与え，胚の完成に伴って退化する．胚柄細胞が多核細胞からなるもの(エンドウ)，胚の細胞と大きさ・形とも区別のつきにくいもの(インゲン)，胚より大きくなるもの(フサモ)，吸盤の働きをするもの(エンゴサク)などもある．胚柄と胚本体との境界が受精卵の第一分裂の面と一致しない場合も，多くの被子植物で知られている．

b **肺胞** [alveoli ラ alveoli pulmonis] ⇒肺

c **背方化** [dorsalization] 動物の発生において，ある胚域がそれ自身腹側もしくは体側側の構造を形成するように発生様式が決定している状態にあるとき，胚域外部からの物理的・化学的影響により背方の発生様式に変更される現象．動物卵では多くの場合，発生のごく初期から将来の背側になる細胞群と腹側になる細胞群が決定している．しかし原腸蓋または*形成体は，予定外胚葉が元来表皮的な分化をする傾向があるにもかかわらず接触によりそれを変更させ，より背方の発生様式である中枢神経系・感覚器官・外胚葉性中胚葉などの分化を引き起こすという意味で，背方化作用をもつといえる．現在では，形態形成そのものの変化として必ずしも把握できない場合でも，胚の背側で強く発現する遺伝子の活性が，特異的に高められる場合や，さらにショウジョウバエのスネーク(*snake*)などの突然変異体に見られるように，遺伝子の変化のために背側構造の異常な発達が引き起こされるような場合にも背方化と呼ばれる．(⇒背側化)

d **肺胞上皮** [alveolar epithelium] ⇒肺

e **胚膜** [embryonic membrane ラ embryolemma] 《同》胚付属膜．動物の胚に付随して胚盤葉材料から形成される細胞性の諸種の膜の総称．胚の保護・栄養・呼吸および排出などに重要な役割を演じる．*羊膜，*漿膜，さらに羊膜類の場合は*尿膜を構成する膜も胚膜と考えられる．羊膜・漿膜は胚体外域の襞として胚体を包み，尿膜は胚体消化管腹壁の膨出として生じる．哺乳類では以上の膜と関連して形成される絨毛膜および胎盤などをも含めることがあり，またすべてを胎膜，胎児付属膜(foetal membrane)，胎児器官(foetal organ)などの名で呼ぶこともある．

f **背脈管** [dorsal vessel] 昆虫の心臓と大動脈を合わせていう語．一般に背部正中線に沿って前後に走る長い管状をなすのでこの名がある．(⇒心臓)

g **杯葉** [ascidial leaf, ascidum] ⇒囊状葉

h **胚葉** [germ layers] 多細胞動物の初期胚で卵割によって形成される多数の細胞が漸次規則的に配列して生じる，各上皮様構造をいう(⇒胚盤葉)．こうして現れた細胞層は原腸期の形態形成運動によって著しい移動を起こし，その相対的位置・卵黄含量・細胞の大きさなどで区別されるこれら2または3の細胞層は，それぞれ特定の細胞型を形成する．多くの場合，胚葉を*外胚葉・*中胚葉・*内胚葉に区別する．進化的には外胚葉と内胚葉が由来の古い一次胚葉で，由来の新しい中胚葉ともいわれる．外胚葉からは表皮・神経系・感覚器官など，中胚葉からは筋肉・腎臓・結合組織その他多くの器官や組織，内胚葉からは消化管とその付属腺の上皮組織などが生じる．間充織は中胚葉に入れることも，別個に取り扱うこともある．古典的発生学においては胚葉は相互に独立で，異なった動物間の同一胚葉は相同と考えられた(胚葉説)が，のちに中胚葉，もしくは間葉系の細胞系譜について疑義が生じた．さらに実験的研究によって脊椎動物や棘皮動物では初期胚の外胚葉と内胚葉が相互に転換することが示され，特に予定外胚葉に中胚葉組織や内胚葉組織の分化を引き起こすことができるように，胚葉の区別は絶対的ではない．(⇒一次胚葉, ⇒中胚葉誘導)

i **培養** [culture] 微生物・植物・動物卵(または胚)あるいは動植物の組織の一部を外的条件(栄養条件を含む)を制御して人工的に生活・発育・増殖させる操作もしくは手法．特に大形の植物を自然に近い条件で土壌などに生育させるときには，culture に対しては*栽培の語があてられる．微生物の培養や多細胞生物の細胞培養あるいは組織培養では，環境要因として多くの場合，温度・光・浸透圧などの物理的，および酸素・二酸化炭素・栄養物質・水素イオン・酸化還元電位などの化学的環境条件の個々が問題となり，栄養物質に関することが特に複雑である(⇒培地)．なお，ウイルスの培養法としては孵化鶏卵培養法・メトランド培養法・細胞培養法などがある．

j **培養検査** [cultivation test] 検体を培地に接種し，微生物を増殖させる検査法．検体中の微生物の存在診断や菌種の同定検査として行われる．多種の菌が混在した検体から単一の菌を分離する目的で行う分離培養や，単一菌のみを増殖させる純培養などがある．用いられる培地は非選択培地と選択培地に大別される．選択培地では，目的とする微生物のみが生育する環境を作るために，用途に応じて培地成分の調整や抗菌薬の添加を行う．菌が増殖してコロニーが形成されるまで日数を要するため，*塗抹検査と比較して迅速性に欠けるが，*薬剤感受性試験を行うには本検査が必須である．

k **培養細胞** [cultured cell] それ自身が属する個体

より切り離されて*培養維持されている細胞. 完全に人工的な環境である in vitro 培養によるもののほか, ニワトリ卵の*漿尿膜や, マウスなどの前眼房, あるいは腹膜腔中に移植するような in vivo 培養によるものがある.

a **培養体細胞株** [cultured somatic cells] 体細胞から樹立された培養細胞株. 個体における遺伝現象をこれらの培養体細胞株を用いて解析でき, それを*体細胞遺伝学と呼ぶ. 遺伝疾患患者由来の培養体細胞株の樹立, 人為的突然変異細胞株の分離が体細胞遺伝学の基礎になっている. そして, これらの変異株の表現形質が劣性の場合, 異なる培養体細胞株間の細胞融合により遺伝的*相補性検定を行うことが可能である. さらに, 染色体 DNA や cDNA ライブラリーを変異株に導入して該当する遺伝子を発現させ正常形質に転換した細胞を選別し, そこから遺伝子クローニング法により形質転換遺伝子すなわち変異株の原因遺伝子を分離できる. 遺伝疾患の原因遺伝子, がん抑制遺伝子などがこの方法により多数クローニングされている. さらに, これらの培養体細胞株は, 人工的に修飾した遺伝子の細胞内発現の研究や体細胞での遺伝子組換えの研究などにも応用されている.

b **肺容量** [lung capacity] 肺の中に含まれている空気量をいう. 安静呼吸時の1回の呼吸気量を一回呼気量(tidal volume)といい, 成人では350～600 mL, 通常, 約500 mL である. 安静吸息終了ののちさらに吸入できる最大空気量を吸気予備量(予備吸気量 inspiratory reserve volume)といい, 平均 1500 mL である. また普通の呼息のあとさらに呼出できる空気の最大量を呼気予備量(予備呼気量 expiratory reserve volume)といい, 同じく平均 1500 mL である. 以上三者を合わせて肺活量(vital capacity)という. 最大呼気をしても肺胞内の空気をすべて呼出することはできず, 約 1000 mL が残る. これが残気量(residual volume)である. 残気量と呼気予備量の和を機能的残気量(functional residual capacity)といい, 残気量と肺活量を合わせたものを全肺容量(total lung capacity, total lung volume)といい約 4500 mL である. また吸気予備量と一回呼吸気量の和を補気量(inspiratory capacity)といい, したがってこれに機能的残気量を加えたものが全肺容量になる. 一回呼吸気量に毎分の呼吸数を乗じたものを毎分呼吸量(respiratory minute volume)といい, 通常, 成人では4～8 L/min, 運動時には 60 L/min にもなる. (⇒死腔)

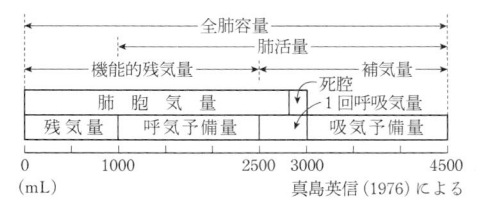

c **排卵** [ovulation] 動物において, 一定の成熟段階に達した卵細胞が卵巣から排出されること. 脊椎動物に関して用いられることが多い. 脊椎動物では, 排卵された卵はいったん体腔(腹腔)中に出て, やがて輸卵管に(その腹膜口を経て)入る. 無脊椎動物では卵巣を出た卵は, いったん体腔中に出されるもの(例:環形動物の多毛類), 卵巣に直接続く輸卵管に入るもの(例:昆虫)など, 種々の場合がある. 脊椎動物の排卵は直接的には下垂体前葉から分泌されている*生殖腺刺激ホルモン(濾胞刺激ホルモン(FSH)と黄体形成ホルモン(LH))の支配を受けるが, 性周期に伴い自発的に排卵するものと交尾の刺激を必要とするもの(例:ウサギやネコ)がある. 哺乳類では胎生と関連して排卵した濾胞から黄体が形成され, 受精卵が子宮に着床すると, 黄体は活発に黄体ホルモンを分泌して, 間接的に生殖腺刺激ホルモンの分泌様式を変え排卵を抑制する.

d **杯竜類** [cotylosaurs ラ Cotylosauria] 《同》固頭類, 頬竜類. 爬虫綱の化石動物で, 無弓亜綱の一員とされた群で, 石炭紀後半から*三畳紀末に生存. 爬虫綱の放散の基となる種族とされた. 近年の研究により, 杯竜類には, 真の爬虫類である側爬虫類(Parareptilia)や, 両生類と考えられるシームリア型類(Seymouriamorpha)やディアデクテス型類(Diadectomorpha)などを含んでいたことが判明した. その結果, 杯竜類という分類群は用いられなくなっている. 側爬虫類には, 比較的小形で昆虫食ないし雑食のカプトリヌス類(Captorhinomorpha), 大形で植物食のパレイアサウルス類(Pareiasauria), 特殊化した小形のプロコロフォン類(Procolophonia)などが含まれる. カメ類を側爬虫類に含める伝統的な見解があるが, 近年の分子解析や卵殻構造の研究は, 双弓亜綱の*主竜類に近縁であることを示している. (⇒シームリア)

e **配列循環変異** [circular permutation] 《同》循環置換. 蛋白質のアミノ末端とカルボキシ末端を何らかの方法で結合して環状とし, 元とは異なる部位で切断することによって生じる変異. 新たなアミノ末端とカルボキシ末端をもつが, 切断前のアミノ酸配列は同じ. 代表的な例として逆平行β構造の連続からなるコンカナバリンAがある. 全体はバレル(円筒)状を成すため, その構造はどこから始まっても同じように見える. 一般に, このような変異体が生じるためには, アミノ末端とカルボキシ末端が構造的に近い位置関係にあることが必要である. 人為的に作製された配列循環変異体が, 蛋白質の立体構造形成機構の解析などに利用される.

f **ハインツ小体** [Heinz body] 赤血球内に生じる変性した異常ヘモグロビンの不溶性凝集物で, ニューメチレンブルー, メチルバイオレットなどの色素で超生体染色される顆粒. ニトロベンゼン, アニリン, フェニルヒドラジンなどの血液毒によって起こる中毒性貧血のほか, サラセミア(地中海貧血), 不安定ヘモグロビン症などの遺伝性貧血症で見られる. ヘモグロビンが酸化されメトヘモグロビンになり, ヘムを遊離してグロビン鎖を二量体に解離し, 変性沈殿する. この二量体が集合してハインツ小体となる. ハインツ小体は赤血球膜に結合し, 赤血球の弾力性を低下させ, 溶血の原因となる.

g **ハインロート** HEINROTH, Oscar 1871～1945 ドイツの鳥学者. 妻 Magdalena Heinroth とともに鳥類の行動を研究. 刷り込みの現象を発見, K.Z. Lorenz に先駆した. 鳥類の分類学にも貢献. [主著] Aus dem Leben der Vögel, 1938.

h **ハヴァース系** [Haversian system] 《同》骨単位(osteon). 脊椎動物の緻密骨において, 骨幹を縦走する多数のハヴァース管(Haversian canal)を中心とした層板(ハヴァース層板 Haversian lamella)からなる円筒状

真島英信(1976)による

の構造．ハヴァース管は直径約20～100μmで，それを中心に数層から20～30のハヴァース層板が同心円状に取り巻き骨小筒（独 Knochenröhrchen）を形成．層板に沿って内部に骨細胞を収める骨小腔が連続的に配列する．ハヴァース層板中の*膠原繊維も，ハヴァース管の軸に対して一定の傾きをもって規則正しく平行かつ層状に配列し，隣接する層板では繊維の配列は交互にほぼ直角をなす．ハヴァース管はこれとほぼ直角方向（長骨では骨の長軸方向）に走行するフォルクマン管（Volkmann's canal）と連結，骨膜や骨髄腔と交通し，骨組織に分布する血管，神経，リンパ管などの通路にあたり，内部の動脈は骨の代謝に必要な物質を運ぶ．（⇒骨組織）

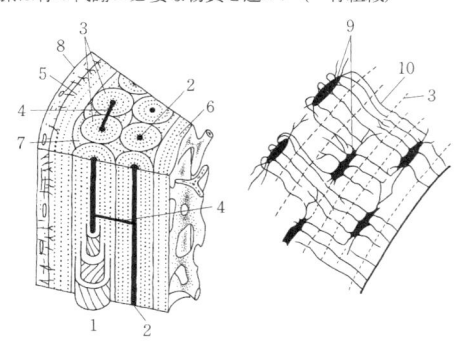

長骨の断面　　　長骨横断面の拡大

1 ハヴァース系　2 ハヴァース管　3 ハヴァース層板　4 フォルクマン管　5 外基礎層板　6 内基礎層板　7 介在層板　8 骨膜　9 骨小腔　10 骨小管

a **ハーヴィ** Harvey, William　1578～1657　イギリスの医学者，生理学者．ケンブリッジ大学を卒業後イタリアに遊学，パドヴァ大学で H. Fabricius に師事し医学を修めた．1628年に著作 'Exercitatio anatomica de motu cordis et sanguinis in animalibus' を発表，血液が循環すること，その原動力は心臓の拍動にあることを明らかにした．Fabricius が静脈弁の発見者であったことは，重要な動機となっている．後年には発生学に没頭，1651年 'Exercitationes de generatione animalium' を著し，すべては卵から生ずる（ex ovo omnia）とした．実験医学の祖とされる一方，Aristotelēs が循環を神聖な天界の現象としたことや，発生学の後成的観念に影響を受けたともいわれる．

b **ハウエル−ジョリー小体**　[Howell-Jolly body]　赤血球中にギムザ染色などで見られる紫赤色の球状構造物．一つの赤血球に通常1個，まれに数個見られ，大きさは0.5～1μmで大小さまざまである．悪性貧血，脾臓摘出後，高度の溶血性貧血に出現し，赤芽球の病的な核分裂に基づく核 RNA の残渣とされる．

c **ハウエルズ** Howells, William White　1908～2005　アメリカの形質人類学者．自然人類学の多方面にわたる研究に従事し，特にコンピュータを駆使した多変量解析法を形質人類学研究に導入．[主著] Cranial variation in man, 1973.

d **ハウスキーピング遺伝子**　[housekeeping gene]　《同》必須遺伝子（essential gene, indispensable gene, constitutive gene）．どの細胞でもほぼ構成的に発現し，細胞の生命活動に必須な機能を果たす蛋白質をコードする遺伝子の総称．*遺伝子発現や*DNA 複製，*細胞分裂などの基礎機構に関与するもの，細胞のエネルギー代謝，物質代謝を支えるものなど多数の遺伝子がこれにあたる．遺伝子族をなすことも多いので，個々の遺伝子についてみれば必ずしも構成発現するとは限らない．

e **バウル** Baur, Erwin　1875～1933　ドイツの遺伝学者．人間および家畜のための作物の新品種を多く育成，またキンギョソウの遺伝子分析や突然変異を研究．モンテンジクアオイの斑入りの遺伝についての研究も有名．[主著] Einführung in die experimentelle Vererbungslehre, 1911.

f **パヴロフ** Pavlov, Ivan Petrovich（Павлов, Иван Петрович）　1849～1936　ロシアの生理学者．初期には循環・消化生理に関する研究を主とし，消化液分泌の神経支配の解明に対し，1904年生理学者として初のノーベル生理学・医学賞受賞．胃や唾液腺の瘻孔手術をほどこしたイヌを用いた実験で心理的刺激の効果に注目，条件反射学の分野を開拓した．[主著] Лекции о работе больших полушарий головного мозга, 1927.

g **破瓜型**（はかがた）　[hebephrenia]　*統合失調症の一型．多く青年期（破瓜期）に始まり，情意の鈍麻，自閉傾向などの陰性症状を主症状とする．幻覚や妄想はないかあってもわずか．しだいに神経衰弱的状態，鈍感な無為，衝動行為，児戯性を増し，荒廃状態に陥る．DSM-IV-TR では解体型が相当する．

h **パーカー効果**　[Parker effect]　硬骨魚類の鰭に鰭条を横切る方向に切れ目を入れると，末梢側に暗色の帯状部が形成される現象．この部分は尾帯（caudal band）あるいはパーカー帯（Parker band）とも呼ばれる．鰭条に平行に走る黒色素胞凝集神経が切断されたため，その支配下にある黒色素胞がその影響を失い，細胞内のメラノソームが拡散することにより生じる．G. H. Parker（1948）が魚類についてその機構の解析を試みたのでその名があるが，もともと E. Brücke（1852）がカメレオンについて記載したもので，黒色素胞凝集神経が存在する動物の皮膚では神経の切断に際して一般的にみられる．Parker は，この現象を切断されたコリン作動性黒色素胞拡散神経の持続的興奮によって生じると結論し，色素胞の二重神経支配説の根拠とした．しかし，この色素拡散はむしろ受動的なものであり，メラニン細胞刺激ホルモン，あるいはアドレナリン性β受容器を刺激する生体アミンなどから増強されると考えるのが妥当であろう．（⇒色素胞神経）

i **バーキットリンパ腫**　[Burkitt's lymphoma]　中央アフリカ低地の小児に好発する悪性リンパ腫．D. Burkitt（1962）が記載．顎の腫瘍を特徴とし，伝染性腫瘍が疑われ，その原因としては*EB ウイルスが考えられている．アフリカ以外にニューギニアでも発生頻度の高い地域がある．類似の腫瘍は散発的には世界各地でみられる．バーキットリンパ腫には特徴的な染色体遺伝子転座がみられる．つまり，染色体8番に存在するがん遺伝子 c-myc と免疫グロブリン H 鎖遺伝子部位が存在する染色体14番との転座が約90％のものにみられる．そのほか染色体8番と2番や22番との転座がみられるが，これらは免疫グロブリン L 鎖である κ ならびに λ の遺伝子部位に相当する．

j **パキテン期**　[pachytene stage]　《同》太糸期，厚糸

期，合体期．*減数分裂の第一分裂前期において，*ザイゴテン期につづく時期．染色体の*対合が完成した2本の*相同染色体は，互いに密着しさらにからみ合い，太く短い1本の染色体となる．その結果，この期以後では，外見上，染色体数が半減する（偽減数 pseudo-reduction）．固定像でいわゆる染色小粒が最もよく現れる時期である．この期の染色体をパキネマ（pachynema）という．

a **バキュロウイルス** [baculovirus] 昆虫を宿主とするバキュロウイルス科（Baculoviridae）のウイルス．13万塩基長の環状の二本鎖 DNA をゲノムとしてもつ．封入体の形態によって，核多角体病ウイルス（Nuclear polyhedrosis virus, NPV）と顆粒病ウイルス（Granulosis virus, GV）に分類される．NPV は*封入体中に多数のウイルス粒子を含むが，GV は通常1個のウイルス粒子を含む．ヨトウガの核多角体病ウイルス（AcNPV）の強力なポリヘドリン*プロモーターを利用したバキュロウイルスベクター（baculovirus vector）は，翻訳後修飾され生物学的活性を保持した蛋白質を大量に発現することから，蛋白質発現系として汎用される（⇒ウイルスベクター）．バキュロウイルスの宿主は昆虫などの節足動物に限られていたが，哺乳動物細胞で働くプロモーターを使うことにより，哺乳類細胞への遺伝子導入が可能であることが示されている．

b **パーキンソン病** [Parkinson's disease] 中高年者に生ずることの多い神経変性性疾患．運動症状として，静止時のふるえ・筋のこわばり・緩慢な動作・姿勢保持障害などを示す．また，自律神経障害や認知機能障害（病的賭博や表情認知の障害）などの非運動症状もみられる．1817年の J. Parkinson による論文「振顫麻痺について」が，疾患概念の確立に寄与した．病因不明の孤発型パーキンソン病の他に，遺伝子変異による家族性パーキンソン病も多種知られる．病理学的には，黒質線条体のドーパミン神経の変性およびレヴィ小体が認められる．レヴィ小体（Lewy body）とは，神経細胞の細胞体や突起の中に見られる直径5～20μm 程度の円形～楕円形の構造体で，α-*シヌクレインを含む．1912年にドイツの F.H. Lewy によって発見された．パーキンソン病の治療には薬物療法に加えて，深部脳刺激といった手術療法やリハビリテーションなどの非薬物療法も行われている．

c **バーグ** BERG, Paul 1926～ アメリカの分子生物学者．tRNA の基本構造と機能，アミノ酸活性化酵素の構造と機能についての研究，蛋白質合成の初期反応の解明に貢献．また初めて RNA ポリメラーゼを純化．生化学的手法を用いて SV40 と大腸菌の遺伝子の組換え体を作り，初めての組換え DNA 実験を行った．同時に組換え DNA 実験の潜在的な危険性について警告を発し，1975年のアシロマ会議を主催．組換え DNA に関する業績によって1980年ノーベル化学賞受賞．

d **白亜紀** [Cretaceous period] *中生代の3区分のうち，約1.5億年前から6550万年前に相当する最新の一紀．J.J.d'Halloy（1822）の命名．ヨーロッパでこの時代の地層が*チョークからなっていることが多いことに由来．白亜紀は全地質時代の中で海が著しく広がった時期であったが，末期には逆に世界的に海退と陸地の上昇が起こっている．現在世界各地に見られる大山脈は，このころ完成したものが多い．陸上の動物界では*ジュラ紀に引き続いて爬虫類が全盛で，*恐竜類が最も著しい．哺乳類は小形でおそらく夜行性であった．海では*アンモナイト類が栄えていたが，巨大化，縫合線の単純化，巻き方の異常化などが目立つ．白亜紀末の大量絶滅は海陸に起こり，メキシコのユカタン半島付近に小惑星が衝突したことによって生じた大規模な環境変動が主な要因と考えられている．海洋では海トカゲ類や長頸竜類などの海生爬虫類，アンモナイト，ベレムナイト，二枚貝のイノセラムス類，厚歯二枚貝類など全体の約50％の属が姿を消したほか，陸上でも恐竜類が絶滅して哺乳類が大規模に適応放散するきっかけを作った．植物界では，被子植物が白亜紀中ごろから急激に栄え始め，植物群が現代的要素に変わった．（⇒新generation代）

e **白化** 【1】[chlorosis] 《同》黄白化．光合成組織が*クロロフィルを失い，白くなること．クロロフィルの生合成が阻害された場合や，強光などによって，光化学系が破壊されクロロフィルが分解し白化する．また，除草剤や硫黄酸化物によっても白化する．鉄，マンガン，マグネシウムなどの過剰摂取や欠乏などによっても引き起こされる．
【2】[albinism] ⇒アルビノ
【3】[bleaching] 水温の上昇などにより，サンゴが共生藻類を放出して死亡すること．

f **白質** [white matter ラ substantia alba] 中枢神経系において，主に有髄神経線維からなり，肉眼的に白色に見える部分．*灰白質と対する．脊髄では灰白質を囲んでその外側にあり，種々の伝導路を含む．脳では延髄のほかは灰白質の内方に位置する．

g **白色体** [leucoplast] 《同》ロイコプラスト．色素を含まない*プラスチドの総称．色素をもたないプラスチドである*アミロプラストやエライオプラストなども白色体の一形態と考えることができ，茎や胚乳，白い花弁や根などさまざまな組織に存在する．狭義には，アミロプラストなどの名称があるプラスチドは除き，更に*プロプラスチドとは異なり，分裂・増殖を停止した色素を含まないプラスチドを指す．内部の膜構造が未発達であり，光合成は行わないものの，細胞の生存に重要な脂肪酸やアミノ酸の代謝などのプラスチドが関わる機能を果たしていると考えられている．

h **ハクスリ** HUXLEY, Andrew Fielding ハックスリとも．1917～2012 イギリスの生理学者．A.L.Hodgkin, B.Katz と神経の興奮伝導の機構を Na, K の透過性の変化で説明，Hodgkin, J.C.Eccles とともに1963年ノーベル生理学・医学賞受賞．また，形態学ならびに生理学的研究から筋収縮の滑り説を提出・展開．

i **ハクスリ** HUXLEY, Hugh Esmor ハックスリとも．1924～ イギリスの生物物理学者．J.Hanson とともに（A.F.Huxley とは独立に）筋収縮の滑り説を提唱．筋肉の微細構造(1957)，ミオシンフィラメントの構造，収縮時のフィラメント構造の変化のX線による研究が代表的な業績．

j **ハクスリ** HUXLEY, Julian Sorell ハックスリとも．1887～1975 イギリスの生物学者．鳥類の行動や動物の相対成長の研究で知られる．生物学の新たな知識の進化に基づいた総合化を進めた．科学的人生観についても論じ，'evolutionary humanism' を従来の宗教に代わるものとして提唱した．[主著] Problems of relative growth, 1932; Evolution: the modern synthesis, 1942.

k **ハクスリ** HUXLEY, Thomas Henry ハックスリとも．

1825〜1895 イギリスの動物学者．ロンドンのチェアリングクロス病院で医学を修め，海軍軍医としてラトルスネーク号に乗船し，オーストラリア方面に航海，海産動物，特にクラゲ類など無脊椎動物について研究．刺胞動物の内外両層と左右相称動物胚の内胚葉・外胚葉の相同を示すなど分類学に革新をもたらし，また脊椎動物に関し頭蓋椎骨説の誤りを指摘．C.Darwin の友人で，その進化論が発表されるや，これを支持して，普及に努力し，「ダーウィンのブルドッグ」と呼ばれた．人間の起原について初めて明言し，この問題について反対論者と論争した．また民衆の科学的啓蒙にも努力し，その方面の著述も多い．若き日の H. G. Wells が彼の講義を受けた．《主著》Evidences as to man's place in nature, 1863.

a **バクセン酸** [vaccenic acid]《同》11-オクタデセン酸 (11-octadecenoic acid)．CH$_3$(CH$_2$)$_5$CH=CH(CH$_2$)$_9$COOH　炭素数 18 で 11 位に二重結合をもつ直鎖モノエン*脂肪酸．trans 型および cis 型共に自然界に存在する．trans-バクセン酸は動物脂に含まれるが，*リノール酸および*リノレン酸を前駆体として生物学的水素添加の結果生じると考えられる．一方，cis-バクセン酸は動植物および微生物界に*オレイン酸とともに広く分布しており，おそらく*パルミトオレイン酸 (cis) の鎖長延長の結果生じたものと思われる．

b **白体**【1】[corpus albicans] 卵巣の*黄体が完全に退化して，白色繊維状の小塊になったもの．
【2】[corpus album, white body]《同》偽気管 (pseudotrachea)．陸生甲殻類，ワラジムシ類の腹肢の一部にある空気呼吸器官．

c **バクテリアドメイン** [Domain Bacteria]《同》細菌ドメイン，バクテリア超界，細菌超界．16S rRNA に基づく分子系統樹によって示される生物界の三大系統群の一つ．原核生物のうち，*アーキアを除く菌種を包括する系統群．古典的には*真正細菌と呼ばれた菌群だが，現在は*アーキアドメインと対置してバクテリアドメイン (細菌ドメイン) という．

d **バクテリオクロロフィル** [bacteriochlorophyll] Mg を結合する Mg-バクテリオクロロフィル a, b, c, d, e, g と Zn を結合する Zn-バクテリオクロロフィル a が知られており，すべての光合成細菌のみに存在し光合成色素として働いている．このほかバクテリオクロロフィル e の合成中間体と考えられるバクテリオクロロフィル f が知られている．Mg を結合するバクテリオクロロフィル a, b, g は*テトラピロール生合成においてB環，D環が還元されたバクテリオクロリン環をもち，バクテリオクロロフィル c, d, e, f は D環のみが還元されたクロリン環をもつ．バクテリオクロロフィル a は多くの光合成細菌で光化学反応を起こす反応中心色素として働き，バクテリオクロロフィル b は Blastochloris viridis (Rhodopseudomonas viridis) を含む数種の*紅色光合成細菌で，バクテリオクロロフィル g はヘリオバクテリアで反応中心色素として働いている．また，バクテリオクロロフィル a や b は紅色光合成細菌の集光色素にもなっている．バクテリオクロロフィル c, d, e は*緑色硫黄細菌や*緑色糸状性細菌の*クロロソームの主要色素である．これらは 3^1 位に OH 基をもち，隣のバクテリオクロロフィルの Mg に配位することができ，色素だけの大規模な集積を可能にしている．Zn-バクテリオクロロフィル a は紅色光合成細菌の好酸性好熱性 Acidiphilium のみに分布する．エステル結合している長鎖のアルコールはバクテリオクロロフィル a, b では通常*フィトールである．バクテリオクロロフィル c, d, e ではファルネソールが主で，バクテリオクロロフィル g ではゲラニルゲラニオールである．バクテリオクロロフィルの吸収帯は，生細胞中では有機溶媒中より大きく長波長側にずれている．例えばバクテリオクロロフィル a はエーテル中では 357.5 nm と 770 nm に主吸収帯をもつが，生細胞中では 380 nm と 890, 870, 850, 800 nm 付近に極大をもつ数種の存在状態のものに分かれる．各種の光合成色素に吸収される光のエネルギーは，近赤外部の吸収帯が最も長波長にあるバクテリオクロロフィル (反応中心バクテリオクロロフィル) に渡されて利用される．

バクテリオクロロフィル a

e **バクテリオシン** [bacteriocin] ある細菌株によって生産され，他の細菌株に活性を示す蛋白質性の抗菌性物質の総称．大腸菌 (Escherichia coli) のものを*コリシン，緑膿菌 (Pseudomonas aeruginosa (=P.pyocyanea)) のものをピオシン (pyocin)，Bacillus megaterium のものをメガシン (megacin) などと呼ぶ．一般に近縁の細菌に対して活性を示し，感受性細菌上の特異的な受容体に吸着することによって作用を発揮する．1 粒子で 1 個の細菌を殺しうるほどの高い抗菌性作用をもっているものが多い．

f **バクテリオファージ** [bacteriophage]《同》ファージ (phage)，細菌ウイルス (bacterial virus)．細菌を宿主とする一群のウイルス．F. H. d'Hérelle (1917) と F. W. Twort (1915) が独立に発見し，d'Hérelle が「細菌を喰う」生物という意味でバクテリオファージと命名した．M. Delbrück らにより自己増殖，ゲノム複製などの研究のモデル系として取りあげられ，分子生物学のさきがけとなった．(⇨繊維状ファージ，⇨RNA ファージ，⇨T 系ファージ，⇨付録：ウイルス分類表)

g **バクテリオロドプシン** [bacteriorhodopsin] 好塩古細菌の一種 Halobacterium salinarum の*紫膜に存在する色素蛋白質．分子量 2 万 6000 で，1 分子中に 7 本の α ヘリックス鎖部分をもち，各鎖が膜を横切るような形で紫膜に組み込まれた内在性 (intrinsic) 膜蛋白質である．発色団として，動物の眼の感光色素*ロドプシンと同じくレチナール 1 分子を含み，その化学的性質がロドプシンと似ているところから命名された．緑 (570 nm) の光を吸収するとバクテリオロドプシン内のトランス型レチナールはシス型に変換され，この時電子を細胞外へ排出する．その結果，膜を介した水素イオン濃度勾配が形成され，この濃度勾配を利用して，ATP

アーゼが ADP と無機リン酸から ATP を合成する(⇄化学浸透仮説). *H. salinarum* は, 嫌気的条件下で以上のような機構により, 光エネルギーを利用して ATP 生産を行うが, 光合成生物の光リン酸化反応と異なり電子伝達系は関与しない.

a **バクテロイデス門** [phylum *Bacteroidetes*] *バクテリアドメインに属する門(phylum)の一つ. バクテロイデス綱(Bacteroidetes), フラボバクテリア綱(Flavobacteria), スフィンゴバクテリア綱(Sphingobacteria)で構成される. グラム染色陰性の好気性菌および嫌気性の従属栄養細菌から構成され, 好気性のものはカロテノイド色素を産生するものが多い. バクテロイデス綱には, ヒトを含む動物消化管内や嫌気環境に生息する絶対嫌気性の菌種が含まれる. バクテロイデス科(Bacteroidaceae)の *Bacteroides* がその代表. フラボバクテリア綱には, 好気性および通性嫌気性細菌の菌属が多く含まれる. *フラボバクテリウム, *Chryseobacterium* などが代表的で, 自然環境や食品などからの分離例が多い. また, *Capnocytophaga* には*人獣共通感染症の病原菌や歯垢からの検出菌を含む. スフィンゴバクテリア綱には, 海洋, 土壌, 廃水処理系などに分布する好気性あるいは通性嫌気性の細菌種が多く含まれ, *Sphingobacterium, Flexibacter,* *シトファーガなどが代表的. (→付録:生物分類表)

b **バクトプレノール** [bactoprenol] 《同》バクトイソプレノール(bactoisoprenol). 特に細菌に分布する*ポリプレノール. 細胞壁を形成するペプチドグリカンの前駆体に結合し, これを細胞膜を透過させペプチドグリカンの形成へつなぐ. 11個のプレニル基をもつウンデカプレノール(undecaprenol)は, 細胞壁リボ多糖のO抗原側鎖, 細胞壁ペプチドグリカンの多糖骨格, その他莢膜多糖やマンナンの生合成に中間体として関与する.

c **白内障** [cataract ラ *cataracta*] 眼の水晶体質あるいは水晶体嚢が灰白色に濁り, その透明性が失われる病気. 入射光は混濁部で散乱し, また透過光が減少するから, 視力が低下する. 原因は諸説あり, まだ不明の点が多い. 種々の病型があるが, 出生時から存在する先天性白内障, 老年者に自然に現れる老人性白内障, 他の眼疾患を伴って生じる併発性白内障などがある. 薬の副作用でも起こることがある. 老人性白内障は, 50歳代から起こりやすく, ほとんど両眼性であって進行性の視力障害を訴える. 薬物療法は進行を遅らせるが治療効果が期待できず, もっぱら外科的に混濁した水晶体の水晶体質を摘出し, 残った水晶体嚢の中に眼内レンズを挿入して視力を矯正する.

d **爆発的進化** [explosive evolution] 《同》爆発的発生(独 explosive Entwicklung). 地質学的に比較的短い期間に, 生物のある類から一時に多数の類が生じる現象. O. H. Schindewolf の造語. それは必ずしも*適応放散ではなく, むしろ無方向的のものと考える者も多い. Schindewolf は, 生物の歴史は, 型発生・型安定・型崩壊の3相が循環することにより進行するという型循環説(typostrophism)を提唱し, 爆発的進化は型発生にあたるとしたが, 現在では爆発的進化という語は, Schindewolf の概念を越えて, 一般的に用いられる. カンブリア紀におけるオウムガイ類, 三畳紀初期やジュラ紀初期におけるアンモナイト類の爆発的進化は著明である. 南アメリカに産する南蹄目(Notoungulata)にも, 爆発的進化のよい例が認められる. 南蹄目は始新世に11科二十数属に分化したが, そのうちわずかの種族が新第三紀(漸新世・中新世)に生き残り, 更新世に達したものは3科にすぎない. 古生代には有孔虫類などの爆発的進化があり, 白亜紀から新生代の初期にかけては単孔宮哺乳類の爆発的進化がみられる. なお P. E. Cloud は同じ現象を噴火的進化(eruptive evolution)と呼んだが, 噴火は爆発より静かで継続的な現象の意味をもつ.

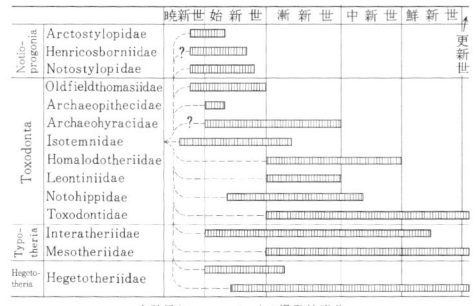

南蹄目(Notoungulata)の爆発的進化

e **博物学** [natural history] 《同》博物誌, 自然誌, 自然史. 自然物すなわち動物・植物・鉱物の種類・分布・性質・生態などの記載を主とする学問. 東洋でも西洋でも自然に関する最も古い学問の一つ. 近世以降, しばしば物理学の意味になる natural philosophy と対立する語でもあった. *本草学・殖産学とも歴史的に関係が深い. 生物学およびその新分野の発達にともない, 19世紀後半以降には博物学として総括する意味が稀薄となり, 20世紀には学問の名称として使われることが少なくなったが, ゲノム計画などの生物現象を枚挙する博物学的手法は, 21世紀になって再び活発になっている.

f **白膜** [tunica albuginea] 器官の被膜のうち, 比較的厚く血管の発達が悪い密性結合組織の膜. 腱のように白色に見えるので, こう呼ばれる. 精巣白膜など.

g **薄明視** (はくめいし) [twilight vision, dimlight vision, scotopic vision] 《同》暗所視. 薄暗がり, すなわち外界から眼に入る光の強度が低いときに働く視覚. *昼間視と種々の対立的な性質を示す. [1] 脊椎動物では, 光感度は非常に高いが, 分解能が低く, しばしば明暗だけを感じる視覚といわれる. また, 色識別の能力もない. 桿体が薄明視をつかさどる視細胞で, 実際, 薄明視感度曲線は桿体の視物質である*ロドプシンの吸収スペクトルと一致する. 夜行性動物, 例えばコウモリ, ネズミ, フクロウなどの網膜には桿体が多い. 一方ヒトなどでは網膜の中心部(中心窩, 黄斑ともいう)には錐体が多く, 周辺部には桿体が多いので, 薄明視の能力は周辺部が高い. 種々の脊椎動物のロドプシンおよび錐体視物質のアミノ酸配列が決定され, ロドプシンの分子進化について考察されている. それによると, 先祖型の視物質はまず4種類の錐体視物質に分岐し, そのうちの一つのグループからロドプシンが分岐してきたことが示されている. すなわち, 薄明視は昼間視(あるいは色覚)よりも後になって進化してきた視覚であることが示されている. [2] 無脊椎動物では, 薄明視・昼間視が細胞レベルで分担されているかはわかっていない. しかし, 甲殻

類や夜行性昆虫の*重複像眼は，網膜色素の移動反応により，昼間視・薄明視間の転換を増幅する．同様な機構は脊椎動物でも*網膜運動現象として知られている．

a　**パクリタキセル**　[paclitaxel]　《同》タキソール(taxol)．北米大陸西部に生育するイチイ科 *Taxus brevifolia* の樹皮から最初に得られた抗腫瘍性ジテルペン誘導体．後に同属各種にも含まれていること，そして1993年にはイチイ属植物に共生する *Nodulisporium sylviforme* などカビ類によって生産されることもわかった．ゲラニル二リン酸を前駆体とし，センブランカチオンを経て，イソプレノイド経路で生合成される．パクリタキセルの構造のうち，オキセタン(oxetane)を除いた3環性の基本骨格(A・B・C 環部)をタキサン(taxane)と称し，イチイ属植物に広く分布する．イチイ属および近縁植物には一部の結合が転移した構造の類縁成分が含まれ，これらをタキソイド(taxoid)と総称する．パクリタキセルはアメリカ国立がん研究所(NCI)による大規模な抗がん物質スクリーニングプログラムの一環として1967年に発見された．当初から抗がん物質として有望視されていたが，*T.brevifolia* における含量は極微量でしかも資源量が限られていることから，治験に十分な量を確保するのが危ぶまれた．その結果，代替ソースの探索研究が進み，フランスの P. Potier らにより欧州に一般に分布するセイヨウイチイ(*Taxus baccata*)の葉に比較的豊富に含まれる 10-デアセチルバッカチンⅢを原料とし，15位の側鎖のみを合成して結合させる半合成法が確立された．現在ではセイヨウイチイの培養細胞の増殖による工業的生産も行われている．この代替法の確立により非天然型のより活性の強いドセタキセル(docetaxel，タキソテール taxotere)などの非天然型タキサン系抗腫瘍薬の開発が可能となった．ドセタキセルの作用機序は，チューブリン(tubulin)のβサブユニットに結合して微小管を安定化させて脱重合するのを阻害し，細胞周期を G_2/M 期で停止させ，腫瘍細胞の増殖を阻害することによる．そのほか Bcl2という*アポトーシスを防ぐ役割の蛋白質に結合して腫瘍細胞のアポトーシスを誘導する作用が知られている．乳癌・卵巣癌・非小細胞肺癌・カポジ肉腫などの治療に単独あるいは他剤と組み合わせて用いられている．水に難溶性のため，投与には補助溶剤としてクレモフォア EL (Cremophor EL)を用いるので，その副作用防止のためステロイド剤などの事前投与が必要である．最近，アルブミン結合パクリタキセルという補助溶剤を必要としないDDS製剤が開発されている．

b　**爬型類**　[ラ Reptilomorpha]　[1] 伝統的分類体系における脊椎動物の両生類を除く四肢類を，通説とは異なった体系で3分するときの一綱で，無弓類・魚鰭類・広弓類(→爬虫類)をあわせた一群．*竜型類・*獣型類に対置．F. Huene(1948)が提唱．爬虫類のみを三大別するときの1亜綱名に転用されることもあった．[2] 化石種を含めた分類体系において使われる脊椎動物のグループで，ディアデクテス型類，シームリア型類(セイムリア型類)，炭竜類が含まれる．前期石炭紀から中期三畳紀にかけて生息していた．これに羊膜類を含める立場もあるが，その場合は当然現生種まで含まれることになる．

c　**ハーゲン-ポアズイユの式**　[Hagen-Poiseuille equation]　長く細い管中での流体の流量 F は管の径 r の4乗と両端の圧差 ΔP に比例し，流体の粘性 η と管の長さ L に反比例することを示す式．$F=\pi r^4 \Delta P/(8\eta L)$ で表される．径が2倍になると流量は16倍に，抵抗 $\Delta P/F$ はもとの6.25%になる．例えば血液循環において，細動脈の径が18.9%増加すると流量は倍になり，径が84.1%に減少すると流量は半減する．このように，細動脈径のわずかな変化は血流量を効果的に制御し，局所的な血液分布の調節に大きな役割を果たす．(→末梢抵抗)

d　**破骨細胞**　[osteoclast]　*骨組織の吸収機能をもつ大形の細胞．血液の単核細胞(おそらく単球)の合体により生じ，細胞内に多数の核を含み，好酸性の細胞質をもつ．骨表面のハウシップ窩(Howship's lacuna)に見られ，この陥凹部位が破骨細胞による骨組織の吸収を示すとされる．骨吸収を活発に行っている破骨細胞ではリソソームやミトコンドリアが豊富で，骨と接する部位に細胞膜が波状に陥入した波状縁(ruffled border)をもつ．骨組織は生体の Ca, P など無機イオンを貯蔵しているが，必要なたびに骨組織から破骨細胞などによって血液に供給される．この機能はホルモンによる影響を強く受け，*副甲状腺ホルモンにより機能は高まり，*カルシトニンにより抑制される．

e　**箱虫類**(はこむしるい)　[cubozoans　ラ Cubozoa]　《同》立方クラゲ類(Cubomedusa)．刺胞動物門の一綱．従来は鉢虫綱の一目(立方クラゲ目)とされていたが，生活環の解明によりポリプの*横分体形成が見られないことなどから独立の綱とされる．ポリプは体長1 mm前後の小形で，単立性のヒドロポリプに類似する．各ポリプは*鉢虫類とは違って横分体形成によるエフィラの産出を起こさず，そのまま1個体の幼クラゲに変態する．クラゲはその傘形から立方クラゲあるいは箱形クラゲ(box jelly)と呼ばれ，傘の高さは25 cmに達する．概して鉢クラゲと同様の体制であるが，傘縁を巡る環状の薄膜である擬縁膜(velarium)をもつ点および触手基部に*葉状体と呼ばれる広がりをもつ点で他綱のクラゲと異なる．擬縁膜にはヒドロクラゲの縁膜と異なり環状筋はなく，内傘面の下方から出る繋帯(frenulum)と呼ぶ細い帯状構造で吊るされ，胃水管系の延長した細管が分布している．四放射相称で，口腕や縁弁はない．生殖巣は内胚葉に由来し，間軸部に葉状に形成される．刺胞毒が極めて強く，人を死に至らしめる場合もある．すべて海産で，約30種が知られる．

f　**鋏，螯**　[chela]　甲殻類の第一胸肢のうちの先端2

節(*指節と*前節).変形して鋏となり,食物摂取用あるいは武器としての機能をもつ.左右で著しく大きさ・形態が異なるものがあり,これを異鋏性(heterochely)といい,大きいほうを除去すると代償的に小さいほうが大きくなる現象がしばしば見られる.雌雄でもそのような形態のちがいが見られるが,これは二次性徴の一つ.鋏には開筋と閉筋がそなわり,それぞれに興奮性神経繊維と抑制性神経繊維が分布し,交互に拮抗的に作用すると考えられている.なお鋏角類に属するものでは頭胸部にある第一対の*付属肢が2～3節からなった鋏状になるものが多い.これは*鋏角(きょうかく)と呼ばれ,*毒腺を伴うものもある.なかでも剣尾類では,第一対の付属肢は鋏角で,残余の第二～第六対のうち最後の1対を除いて,すべて先端が鋏となっている.またサソリの類では,鋏角が小形で鋏状となっていないかわりに,第二対の付属肢である*脚鬚(きゃくしゅ)が強大で,先端が鋏状となるものもあり,鋏鬚と呼ばれる.昆虫類には,腹部末端,第十または第十一節に1対の尾葉をもつものがあり,ハサミムシ類ではこれが著しい鋏状となり,尾鋏(forceps)といわれる.

a **ハーシェイ** HERSHEY, Alfred Day ハーシーとも.1908～1997 アメリカの分子生物学者.M. Delbrückとは独立にファージでの遺伝的組換え現象を見出した.ファージの遺伝物質がDNAであることを立証(⇒ハーシェイ-チェイスの実験).ファージゲノムとしてのDNA分子の形状にも,種特異性ならびに個体特異性がそなわっていることをも明らかにした.1969年,Delbrück, S. E. Luriaとともにノーベル生理学・医学賞受賞.

b **バージェイ式分類** [Bergey's classification]《同》バーギー式分類.'Bergey's manual of systematic bacteriology'による原核生物の分類方式.この分類方式を記載した書は当初'Bergey's manual of determinative bacteriology'の名称で発行された.D. H. Bergeyとアメリカ細菌学会内の委員会との協力により,細菌の同定・検索の手引書として役立たせることとともに,細菌の合理的な分類体系の確立も目的の一つだった.第5版(1939)以降の出版はアメリカ細菌学会と離れたが,執筆者が世界中に広がるとともに分類体系は徐々に修正され,特に第7版(1957)の分類体系は国際的に広く引用されるに至った.第8版(1974)では,細菌を原核生物界中の細菌門として位置づけ,その後1984年に現在の名称である'Bergey's manual of systematic bacteriology'に変更され,その第1版が出版された.これは分子系統を含むあらゆる情報に基づいた分類の体系化を目指そうとする姿勢の現れである.2005年には第2版が出版され,系統群ごとに巻として年を隔てて出版されるようになった.第2版では,ほとんどすべての種の基準株の16S rRNA配列データの登録番号が記載され,全菌種の系統学的情報に基づいた階層分類体系(ドメイン(超界)→門→綱→目→科→属→種)が一通り完成している.

c **ハーシェイ-チェイスの実験** [Hershey-Chase experiment] *遺伝情報が*DNAに担われていることを証明した実験の一つ.A. D. HersheyとM. Chase(1952)による.DNAを^{32}P で,蛋白質を^{35}S で標識したT2ファージ(⇒T系ファージ)を大腸菌に吸着させ,ブレンダーで剪断力をかけると,ほとんどすべての^{35}S 活性は細胞から引き離される.一方 ^{32}P の大部分は細胞内に注入され,ファージ増殖は正常に進行する.さらに細胞内に入った少量の^{35}S は子孫ファージ粒子にとりこまれないのに反して,^{32}P の半分以上は子孫ファージのDNA中に見出される.すなわち,ファージの蛋白質部分ではなくDNAが細胞内に新しい情報をもちこみ,その情報によってファージ増殖に必要なすべての条件がつくられ,親ファージと全く同じ遺伝的性質をもつ子孫ファージを生成することを明らかにした.この実験によりファージのDNAが遺伝的特性を決定する物質であることが示された.

d **バージェス頁岩**(バージェスけつがん) [Burgess Shale] カナダのブリティッシュコロンビア州のロッキー山脈中に発達し,中部カンブリア系のスティーブン層中の暗灰色ないし黒色で緻密な頁岩.他域に多産する三葉虫や腕足類のほかに,通常は岩石中に保存されにくいような藻類,珪質海綿,真正クラゲ,翼足類,毛顎類,多毛類,原始節足動物(Aysheaiaのような有爪類に近縁なもの)などが,層理面上に炭質の薄膜になって保存されている.D. E. G. BriggsとD. H. Erwinによれば127属171種を数える無脊椎動物の主な門の代表者を網羅するとされたが,最近再研究され,既存の名称の与えられた門・綱には含めがたい種属も多いことが明らかになった.これらは,すでに*カンブリア紀に極めて多様な生物が生存していたことを証明する重要な動物群である.産状からみて,酸素に乏しく硫化水素の発生するような,底生生物のほとんどすまない軟腐泥質の静かな海底に堆積したものと推定される.

e **はじきだし運動** [sling movement] 成熟した果実が種子をはじきだす運動.刺激運動ではなく,組織張力の平衡が機械的にやぶられて起こるものと,*乾湿運動によるものがある.ホウセンカなど,ツリフネソウ属植物の果実は,前者の代表的な例である.この果実の5枚の心皮は,それぞれ,内側の厚膜繊維状組織と外側の*柔組織(成熟とともに*膨圧が高まる)からなり,内側に屈曲する力が働いているが,中軸に付着した状態では屈曲することなく平衡が保たれている.軽い衝撃で心皮が中軸から離れると瞬間的に内側に巻き,中軸についている種子をはじきとばす.(⇒散布体)

f **梯子形神経系**(はしごがたしんけいけい) [ladder-like nervous system] *散在神経系が腹部に集中し,梯子状をなす中枢神経系の型(⇒腹神経索).前口動物の多くの種で見られる.

g **バーシコン** [bursicon] 昆虫の脱皮後,*クチクラのタンニング(tanning,なめし現象すなわち硬化と色素沈着)を起こさせる蛋白性のホルモン.バーシコン様活性は,脳,腹側神経節,側心体に存在し,側心体や腹部末端神経節から分泌される.分子量3万8000～4万で,熱に不安定であり,未だに純化されていない.羽化直後のハエの頭胸部間を結紮すると胸腹部のタンニングは起こらなくなるが,これにバーシコンを注射するとタンニングが起こる.

h **バシトラシン** [bacitracin] 細菌 Bacillus licheniformis の培養液から得られるポリペプチド系抗生物質.性質の類似した同族体A,B,C,D,E,F_1,F_2,F_3,G などがある.グラム陽性菌とNeisseriaに有効.バシトラシンの作用機構は,Ca^{2+},Mg^{2+} などの2価の金属イオンとともにリピドーピロリン酸と複合体を形成し,

リピド-ピロリン酸の脱リン酸化反応 PP-lipid→P-lipid+Pi を阻害することにあり，その結果，細菌の細胞壁合成が阻害される．

バシトラシンA の構造式

a **橋本春雄**(はしもと はるお) 1904〜1976 農学者．農林省蚕糸試験場で研究を続ける．性決定機構に関する*染色体説を提唱．田島弥太郎とともに上位性性決定機構を実証，性決定の遺伝学的研究の端緒を開いた．

b **破傷風菌** [*Clostridium tetani*, tetanus bacillus] *クロストリディウム属細菌の一種 *Clostridium tetani* の和名で，人獣共通感染症の一つである破傷風の病原体．グラム陽性の運動性桿菌($0.5〜1.1×2.4〜5.0\mu m$)で栄養細胞の末端に丸い芽胞を形成する．E. A. von Behring と北里柴三郎(1889)が純粋分離に成功した．典型的な偏性嫌気性菌で，穿刺培養の技術が開発されるまでは培養は困難だった．一般に土壌中や汚泥などに芽胞として生息し，動物の糞中にもしばしば発見される．傷口から体内に侵入して感染し，その深部嫌気状態で特に他の細菌と共生的に生育(混合感染)して局所膿瘍をつくる．生育に伴い，外毒素として神経毒であるテタノスパスミン(tetanospasmin)と溶血毒であるテタノリジン(tetanolysin)を産生する．テタノスパスミンは毒性が強く，脳や脊髄の運動抑制ニューロンに作用し，重症の場合は全身の筋肉麻痺や強直性痙攣を引き起こす．テタノスパスミンは分子量約15万の蛋白質で，高い抗原性を示す．ホルマリン処理により容易に失活し，これを用いて破傷風トキソイド(ワクチン)が作られている．毒素に対する細胞の受容体は*コレラ毒素*セロトニンとともにガングリオシドであることが明らかにされている．

c **破傷風毒素** [tetanus toxin] 《同》テタヌストキシン．*破傷風菌の産生する蛋白質毒素の一つ．破傷風の病原因子となる神経毒素で，分子量約15万の一本鎖ポリペプチドとして菌体内で合成される．菌の自己融解によって分子内に切断が入り，アミノ末端側の L 鎖(分子量約5万)とカルボキシル末端側の H 鎖(分子量約10万)がジスルフィド結合で結ばれた毒素として菌体外に放出される．本毒素の H 鎖は標的細胞の細胞膜との結合に関与するが，神経毒素としての作用は L 鎖による神経伝達物質の放出阻害にある．L 鎖分子内には Zn^{2+} によって活性化されるプロテアーゼ活性が存在し，この金属プロテアーゼが神経伝達物質を貯蔵しているシナプス小胞の構成蛋白質を分解する結果，シナプス小胞とシナプス膜の融合を介した神経伝達物質の分泌(*エキソサイトーシス)を阻害すると考えられている．

d **場所細胞** [place cell] 《同》場所ニューロン(place neuron)．動物が環境内を動き回る時，ある特定の場所に来た時のみ強く活動する神経細胞．特にラットの海馬に多くあることが知られ，1978年に J. O'keefe により初めて報告，命名された．空間情報はそれら海馬の場所細胞により符号化されることで，周囲の空間に関する認知地図(cognitive map)が作られると考えられる．

e **ハース** HAWORTH, Walter Norman 1883〜1950 イギリスの有機化学者．その研究は糖類の全領域にわたり，単糖類の環式構造，多糖類の鎖状構造，Q 酵素，グルコサミン，細菌多糖類などの発見や研究の先駆的業績がある．さらにビタミンCの構造を決定してアスコルビン酸と命名した．これにより，P. Karrer とともに1937年ノーベル化学賞受賞．

f **パス解析** [path analysis] 複雑に相互作用する変量間の相関関係の背後にある因果関係をグラフ表現によりモデリングし，ある変量の他の変量に与える直接効果および間接効果を推定する方法．各節に対して隣接する親節からの因果関係の強さ(パス係数)は，重回帰分析による標準偏回帰係数により与えられる．二つの節を結ぶ特定の経路上の因果の連鎖の強さは，パス係数を乗じることにより得られる．2変量間の相関関係は，この因果の連鎖の強さを二つの節を結ぶ可能な経路についてすべて足し合わせたものとなる．これにより，特定の経路の寄与率などを見積もることが可能となる．もともとは近交係数の算出のために S. Wright により提案され，遺伝形質や一般に生物学的データの解析にとどまらず，心理学，社会学など広い分野の実証分析で適用されている．さらに，観測されない要因を潜在変数として取り入れたものは構造方程式モデルと呼ばれ，広く用いられる．

g **パストゥール** PASTEUR, Louis 1822〜1895 フランスの化学者，微生物学者．近代微生物学・免疫学の創始者．酒石酸塩の旋光性を研究，その関与に生物の働きが関係をもつことから微生物学への関心が生まれ，発酵の原因の考察に進んだ．発酵ないし腐敗が微生物の作用によることを確証，フランスの産業的問題であったカイコの微粒子病やブドウ酒の酸敗にその知識を応用して原因を解明．酸敗防止に関しては pasteurisation(低温殺菌法)を発明．こうした研究で R. Koch と並んで伝染病学の確立者となり，ニワトリコレラ，炭疽病および狂犬病の病毒減弱現象の利用による弱毒生ワクチンの発明など，科学的医学の発展に貢献．感染病に対する特異的免疫性の一般法則の確立，そのほか多くの重要な研究がある．生命の自然発生の問題について，スワン首フラスコと呼ばれる装置でそれを否定したことも有名．

h **パストゥール効果** [Pasteur effect] 生物の細胞や組織による糖の発酵が酸素によって抑制される現象．L. Pasteur が酵母のアルコール発酵量と酸素分圧との関係の研究から発見した現象であるが，微生物に限らず動物細胞など多くの細胞で見られる．嫌気的条件下では細胞は*発酵により糖を分解して ATP を生成するが，好気的条件下では*呼吸により糖を完全酸化して，はるかに多量の ATP を生成できる．よって，酸素のある場合には無酸素の場合よりも少量の糖の消費で生命維持に必要なエネルギーを生産できるため，細胞は酸素の有無によって糖の分解量を調節し，糖を効率的に利用していると解釈できる．パストゥール効果の機構については，*解糖系の律速酵素であるホスホフルクトキナーゼの活性調節が知られている．本酵素はアロステリック酵素であり，ATP，クエン酸などによって阻害され，ADP，

AMPなどによって活性化される．酸素存在下ではATP，クエン酸の濃度の上昇およびADP，AMPの濃度の低下により，ホスホフルクトキナーゼ活性が低下するため解糖が抑制される．

a **パス反応** [PAS reaction] PASはperiodic acid Schiffの略．多糖を過ヨウ素酸(periodic acid, HIO$_4$)で酸化して，アルデヒド基を形成させ，*シッフの試薬(Schiff's reagent)を作用させて呈色させる反応．J. E. A. McManus (1946, 1948)，R. D. Hotchkiss (1948)以来，多糖の組織化学的検出に用いられている．固定した切片をアルコールおよび水で処理し，HIO$_4$を十分に洗いだしてからシッフの試薬を作用すると，多糖の部分は赤く染まる．この反応は1,2-グリコール基(-CHOH-CHOH)の存在に基づくもので，大部分の多糖に陽性に現れるが，多糖以外にある種の脂質や蛋白質にも陽性を示すので，対照としてこれらを除去したプレパラートを作る必要がある．核酸は1,2-グリコール基をもたないので陰性である．動物組織ではムチン，植物組織ではセルロース・澱粉粒がよく染まる．切片作製の際の流出をあらかじめ防いでおけば，グリコゲンの検出に用いるも有効である．

b **破生細胞間隙** [lysigenous intercellular space] 植物において，初め互いに密接していた組織細胞が組織の成長にともない溶解によって消失したために生じた*細胞間隙．また広義には細胞が破裂してできる崩壊細胞間隙(rexigenous intercellular space)を含む．*離生細胞間隙と対する．間隙の輪郭は不鮮明なのが特徴．間隙内に空気を含む場合には一種の*通気組織となり(イネ科・トクサなどの茎の中央にある髄腔)，粘液および油脂などの物質を含む場合には分泌組織となる(ミカンの油胞)．

c **バセドウ病** [morbus basedowii, Basedow disease]《同》グレーヴズ病(Graves' disease)．*甲状腺の肥大，眼球突出，心拍の急増を伴う甲状腺機能亢進症．全身的な代謝が異常に盛んになる．K. A. von Basedow (1840)，およびアイルランドの医師R. B. Graves (1835)の記載に基づく．甲状腺にある甲状腺刺激ホルモンの受容体に対する抗体が産生され，それが受容体を刺激することによって甲状腺の機能が亢進する，一種の*自己免疫疾患と考えられている．

d **パーセプトロン** [perceptron] 学習能力をもつパターン分類装置．神経細胞をモデル化した素子(⇒マッカローピッツの神経モデル)が層状に配置され，入力層・連合層・出力層を構成し，信号はこの順序で処理される．F. Rosenblattの提案．連合層が入力パターンの特徴を抽出し，連合層から出力層への結合の重み(⇒ニューロコンピューティング)が学習によって変化する．与えられたパターン分類がこの連合層から出力層への結合の重みを適当に選ぶことによって実現されるなら，有限回の誤り訂正学習によって正しいパターン分類が行えるようになる．これをパーセプトロンの収束定理という．小脳皮質の神経回路を簡単に，苔状繊維層・顆粒細胞層・プルキンエ細胞層の3層構造とするパーセプトロン模型(小脳パーセプトロン)も提出されている．なお，出力層に結合する重みだけでなく，任意の多層の回路網における結合の重みを学習する方法として誤差逆伝搬学習法がある．これは出力における誤差の二乗平均値を極小にする．

e **長谷部言人**(はせべことんど) 1882〜1969 人類学者，解剖学者．東北帝国大学医学部教授，東京帝国大学理学部教授．「日本人小進化説」を唱えたほかミクロネシア島民の生体学的調査，日本犬の研究などを行った．[主著]日本民族の成立，1949．

f **バソプレシン** [vasopressin]《同》抗利尿ホルモン，血圧上昇ホルモン．神経下垂体ホルモンの一つ．哺乳類の腎臓の尿細管における水の再吸収を促進させるため抗利尿ホルモン，また毛細血管や細動脈を収縮させて血圧を上昇させるため血圧上昇ホルモンとも呼ばれる．*副腎皮質刺激ホルモンの分泌を促す作用もある．9個のアミノ酸からなるペプチドで，大部分の哺乳類はC末端から2番目にアルギニン残基をもつが(アルギニンバソプレシン)，ブタなどではこれがリジン残基に置き換わっている(リジンバソプレシン)(⇒神経下垂体ホルモン)．バソプレシンは視床下部の視索上核，室傍核で合成され，軸索内を流れて神経葉に貯えられた後，血液中に放出される．平常時は体液の浸透圧のわずかな変化を*浸透圧受容器が感知して微妙にバソプレシン分泌を調節して，体液の浸透圧の恒常性を保っている．一方，出血などによって急激に細胞外液が減少したときには，血圧受容器あるいは血管の伸展受容器が作動してバソプレシンが分泌され，*抗利尿作用と血管収縮作用が協調して細胞外液量と血圧を保つ．バソプレシン受容体には少なくとも3種類ある．血管収縮作用の受容体(V_{1A}受容体)はホスホリパーゼCを介して作用を発揮する．一方，抗利尿作用の受容体(V_2受容体)はアデニルシクラーゼを活性化して尿細管細胞内のcAMPを増加させ，細胞膜の水透過性を増大させる．下垂体前葉からの副腎皮質刺激ホルモンの分泌を促すのはV_{1B}受容体の作用による．バソプレシンやオキシトシンと同じ分泌顆粒に含まれる蛋白質ニューロフィジン(neurophysin)は，かつてこれらのホルモンの運搬・貯蔵の機能をもつと考えられていたが，現在では単に前駆体分子の一部であることがわかっている．

g **ハーダー腺** [Harderian gland]《同》ハルダー腺．哺乳類に限って見られる，脂質を分泌する*顔面腺．J. J. Harderがシカで記載．原則的に内眼角に1本の導管をもって開くが，例外的にクジラ目のように内外2個のハーダー腺からそれぞれ複数の導管を出すものもある．分泌物の意義は種によって異なり，水生哺乳類では眼の保護，齧歯類やウサギ類では皮脂腺や誘引物質の分泌腺としての機能が考えられる．他の脊椎動物に存在する*瞬膜腺とは別系統のものとされ，哺乳類は両腺を共にもつ．

h **パターソン** PATTERSON, Colin 1933〜1998 イギリスの大英博物館の比較動物学者，古生物学者，進化生物学者．魚類の進化系統に関する研究で知られる．

i **パターン形成**(発生の) [pattern formation] 生体中で異なる細胞集団が幾何学的に一定の規則をもって配置されるとき，そのような配置の様式(パターン)が形成されること．生体の体表の模様や体節動物の各体節における付属物の配置，さらに広くすべての動物の体制をパターンとみなすことも可能である．また成体における固定したパターンとは別に，発生過程では諸パターンが時間経過と共に変化する．発生過程に表れるパターンはもちろん成体におけるパターンの多くも胚発生の過程で形成されるが，L. Wolpert (1969)はこのパターン形成を*位置情報の概念を用いて説明している．すなわ

ち，ある細胞集団中の各細胞はその位置に応じて*位置価を獲得し，それをもとに分化することで空間的なパターンを形成するというもので，*フランス国旗モデルによって説明されるように，その位置価を獲得するための情報(位置情報)の一つとして，細胞集団内に形成される情報物質*モルフォゲンの濃度勾配が挙げられる．パターン形成を説明するモデルには他にゴキブリやイモリの過剰肢形成を基に提唱された*極座標モデル，脊椎動物の皮膚模様などのパターンを説明する反応拡散モデルなどがある．

a **パターン認識** [pattern recognition] 図形・物体・音声情報として識別し認知すること．そのような諸情報をパターン情報と呼ぶ．例えば人間は，手書きの文字を見てそれが何という字かを識別し，認知できるが，その際どういう手続きに従ってそのように識別・認知しているかはまだあまり明らかでない．人間以外の動物の行動もパターン認識能力に支えられていることが多い．これは機械と対比される生物のすぐれた特性である．パターン認識機械についても種々の研究が進められている．(→特徴抽出性)

b **パターン分岐学** [pattern cladistics] 進化過程に関する仮定をできるだけ排除して*系統発生の分岐パターンを発見しようとする*分岐分類学の一分野．W. Hennig の分岐分類学に由来する．J. Beatty (1982) の造語．C. Patterson (1980) はこれを変形分岐学 (transformed cladistics) と呼んだ．Hennig の初期の系統推定の手続きは，いくつかの進化仮定，例えば祖先種が厳密に二分岐的に種分化するという仮定，姉妹種の一方は他方に比べてより派生的であるという*偏差則，そして派生的な子孫種ほど発祥地 (center of origin) から遠くに分布するという前進則 (progression rule) などを含んでいた．1970年代半ばに G. Nelson は，分岐図は祖先子孫関係を表示する*系統樹ではなく，*共有派生形質の分布パターンを表示する抽象的グラフであると主張し，Hennig の初期理論からの発展の契機となった．この理論発展の特徴は，分岐分類学における系統推定の手続きから進化過程に関する不確実な仮定をできるかぎり排除し，極力，*最節約原理のみに基づく系統発生パターンの推定法を構築しようとすることにある (N. Platnick, 1979)．この結果，分岐図構築の手続きが形式化されると同時に一般化され，系統学や体系学のみならず分散生物地理学の理論的基礎の構築に貢献した．パターン分岐学は生物進化の仮定それ自体さえ否定した表型的分類にほかならないと非難されることがあり，進化を前提にした分岐学は系統分岐学 (phylogenetic cladistics) と呼ばれることがある．しかし，パターン分岐学の本質は，進化的な仮定や理論とは独立に，分岐図や系統樹に関する一般的なグラフ理論(→分岐成分分析)の構築にあったと考えるべきだろう．

c **パチーニ小体** [Pacinian corpuscle] 《同》ファーター・パチーニ小体 (Vater-Pacini corpuscle)，層板小体 (corpuscula lamellosa)．圧受容性の*終末器官の一つ．哺乳類の皮下・深部(筋，骨膜，腸間膜)などに広く見られ，高い周波数の振動にも敏感に応ずることから振動受容器と考えられる(→触受容器)．特殊な構造をもち，単一神経繊維の終末(長さ 0.5 mm を超える)を弾性に富んだ上皮細胞がタマネギ状に取り囲み，この部分が神経終末を保護するとともに，振動刺激に対し高い周波数までの応答を可能にしている．米粒状の巨大な単一受容器で肉眼でも認められ，長径は 1 mm を超える．神経終末を包む上皮細胞の外被が圧刺激に応ずる．すなわち変形に応じて膜電位が変化する単位が分布し，この膜電位の変化が最初のランヴィエ節部(ランヴィエ絞輪)で神経放電を開始させると考えられている．機械刺激に対しては 1 μm の変異にも応じ，振動刺激に対しては 1 kHz にも応ずる．

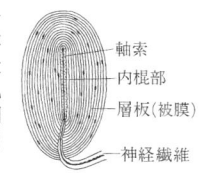

図の注記: 軸索，内根部，層板(被膜)，神経繊維

d **鉢虫類**(はちむしるい) [scyphozoans ラ Scyphozoa, Acalephae] 《同》鉢クラゲ類 (Scyphomedusae)，真正クラゲ類，無縁膜クラゲ類 (Acraspedota)．刺胞動物の一綱．*ポリプは鉢ポリプ (scyphopolyp) と呼ばれ，体は洋杯状で下端の足盤で他物に着生する．体長数 mm 程度の小形の単体性で，包皮の発達は悪く，群体を形成するものはイラモなどごく少数に限られる．胃腔部にある 4 枚の隔膜により，ポリプは四放射相称型をとる．クラゲは大型の鉢クラゲ (scyphomedusa) であり，傘は縁膜を欠き，直径 1 m を超すものもある．縁弁器官・口腕をそなえ，四，六あるいは八放射相称型．鉢クラゲ特有の構造として，鉢ポリプの漏斗と相同な性巣下腔(生殖巣下腔・胃下腔 subgenital pit, subgenital porticus, 内傘窩 subumbrellar pit) がある．これは内胚葉に由来し胃壁壁に発達する生殖巣の下にあるもので，生殖巣が熟すると性巣下腔と胃腔との境界部の薄膜に孔を生じ，配偶子が胃腔から口を通らずにこの孔を経て直接外界に出ることが多い．旗口クラゲ類，根口クラゲ類，冠クラゲ類，ジュウモンジクラゲ類がある．旗口クラゲ類の口腕はリボン状であるが，根口クラゲ類のそれは複雑化し表面には無数の小孔(吸口または吸収口 suctorial mouth) が形成され，そこから微小なプランクトンを食物として取り入れる．冠クラゲ類は，外傘面の下方を環状に取り囲む溝(冠溝 coronal groove, ring furrow) をもつことが特徴とされる．冠溝により傘は上方の中心盤 (central disc) と下方の環部 (corona) に分けられる．一般にポリプの無性生殖(横分体形成)によりエフィラを生じ，これが成熟して有性世代のクラゲとなる(真正世代交代)が，ポリプ形を経ないでプラヌラから直接エフィラに発達するものもある．ただしジュウモンジクラゲ類だけは世代交代をしない．近年，ジュウモンジクラゲ類を独立した綱と考える．この類は，縁弁器官に相当する錘(錨状体 anchor)を萼部の正対称面(正幅)および間対称面(間幅)にもつ．すべて海産で現生約200種が知られる．

e **爬虫類** [reptiles ラ Reptilia] 伝統的分類体系における脊椎動物亜門の一綱．皮膚は一般に硬く，羽毛をもたず，表皮の変形した角質鱗で覆われており，あるものではその下に皮膚性の外骨格が存在．骨格形成が両生類よりも著しく，丈の高い頭骨をもち，頭頂骨より後方の骨は大きくは発達しない．後頭顆は通例大後頭孔の腹側に1個存在し，下顎はその関節骨と上顎の方形骨とを介して頭蓋と関節する．一般に二次口蓋は発達せず，歯は一般に同形多生歯性で，また，中耳の耳小骨は1個．鰓は幼体にもなく，終生肺呼吸を行う．心臓は現生種では2心房2心室であるが，心室間の中隔は多少とも不完全．大動脈弓は左右ともに存在する．成体

の排出器は後腎で，一般に尿酸を排出．一般に卵生であるが，卵胎生のものも少なくなく，真の胎生に近いものもある．総排泄腔がある．卵には羊膜・尿膜が発生し，かつ卵殻は厚く，大形の多黄卵で，盤割する．発育過程で変態を行わない．石炭紀後期に両生類中の迷歯類の一部から進化したと推定され，特に中生代全般にわたって陸上・水中・空中のすべてに著しく*適応放散して栄え，さまざまな生態的地位を占めたが，中生代末に急激に衰退し，現在は4目が残存しているにすぎない．爬虫類は，眼窩の後方にある側頭窓と呼ばれる穴と後眼窩骨・鱗状骨の2骨との関係における違いによって，以下の3亜綱に分類するのが一般的．(1)側頭窓が一つで，2骨がその上縁に位置する単弓類（犬歯類など），(2)側頭窓が見られない無弓類，(3)側頭窓が2骨で仕切られる結果各側二つとなる双弓類（ヘビ，トカゲ，ムカシトカゲ，ワニ類など）．現生種は変温性であるが，絶滅種のうち単弓類と主竜類の一部は恒温性であったとの説も．なお，鳥類は双弓亜綱主竜類（ワニ類と恐竜類とを含む）から，哺乳類は単弓類から派生したもの．現生約9300種．(⇌爬型類，⇌竜型類，⇌獣型類)

a **爬虫類学** [herpetology] 爬虫類を対象とする動物学の一分野．通常は両生類の研究も含めた語（両生爬虫類学）だが，これは歴史的に，昔の動物学において両生類が爬虫類として一括されていたためである．

b **バチルス** [bacillus] [1] バチルス属(*Bacillus*)に分類される細菌の総称．*ファーミキューテス門バチルス綱(Bacilli)バチルス科(Bacillaceae)に属する．好気性または通性嫌気性のグラム陽性芽胞形成桿菌($0.5～2.2×1.5～7.0\mu m$)．環境条件に応じて，菌体内に構造的変化を生じ，1個の芽胞を形成する．芽胞は熱・放射線・化学物質などに対する抵抗性が強く，栄養細胞には存在しない*ジピコリン酸のカルシウム塩を多量に含む．構造的には胞子は原形質の外部を，内側から厚い皮層(cortex)・胞子殻(spore coat)・エキソスポリウム(exosporium)の順で3層の膜で取りまかれている．基準種の*Bacillus subtilis*(枯草菌)のほか，炭疽病の起因菌である*B. anthracis*(*炭疽菌)，食中毒の原因菌である*B. cereus*(セレウス菌)など多数の種が記載されている．かつてバチルス属は，胞子の形と菌体内での位置や炭素源の利用性を含む表現型に基づいて多数の種を包括していたが，16S rRNAの系統解析に基づいて，1990年代から創設された*Alicyclobacillus*, *Brevibacillus*, *Geobacillus*, *Paenibacillus*, *Viridibacillus*などの新属に多数の種が移行されている．元来，土壌細菌であり，塵や埃に混じって空中からもよく検出されるほか，コンポスト化処理系，食品などからも分離例が多い．[2] 一般的用語として桿菌のことをいう．(⇌桿菌)

c **発育限界温度** [developmental threshold temperature] 《同》発育ゼロ点（発育零点 developmental zero）．外温生物において発育が可能な最低温度．この温度以下では，生存はしているものの発育は進まないと考える．*有効積算温度の算出の際に重要．算出方法にはいくつかあるが，その最も簡単なものは以下の通り．任意に設定したいくつかの一定温度区で生物を飼育し，各温度区における発育日数 D を求め，さらに発育速度 $V(V=1/D)$ を求める．温度 t を X 軸，発育速度 V を Y 軸としてプロットすると，t と V の関係はS字状になる．曲線を示す両端部を除いた直線部から回帰直線を求め，外挿部が X 軸と交わる点から求める．

d **発育阻害ペプチド** [growth-blocking peptide] GBPと略記．内部寄生蜂に寄生された際，寄主のチョウ目昆虫幼虫の*血リンパ中に現れ，幼虫の成長や蛹化を遅らせる25個のアミノ酸残基からなるペプチド．幼若ホルモンエステラーゼ活性を抑制することにより，幼虫の成長遅延を起こす．このペプチド遺伝子は寄主のゲノム内にあり，未寄生の幼虫ではC末端の2残基が欠損した1-23GBPが早い時期に現れ，低濃度で幼虫の発育を促し，高濃度では発育を阻害する．カリヤコマユバチに寄生されたアワヨトウにおいて発見されてから，これまでに多くの発育阻害ペプチド様ペプチドが同定され，N末端の共通配列(Glu-Asn-Phe)より，ENFペプチドファミリーとして分類される．発育遅延の他に，プラズマ細胞の活性化や麻痺などにも関連する多機能のペプチドであり，昆虫の*サイトカインとして知られる．

Glu-Asn-Phe-Ser-Gly-Gly-Cys-Val-Ala-Gly-Tyr-Met-Arg-Thr-Pro-Asp-Gly-Arg-Cys-Lys-Pro-Thr-Phe-Tyr-Gln

e **発育段階** [developmental stage] 生物の発育過程の区分で，特に形態・生理・生態などが質的に異なるもの．一般に性成熟を境として，繁殖能が潜在的な段階と，それが顕在化する段階とが大きく区別される．*変態のような形態的に顕著で急激な変化が起こらない場合でも，この両者はさらにいくつかの発育段階に区分できるのが一般的．植物の発育にともなう栄養要求の変化も，段階的に進行することが知られている．魚類の発育過程では，生態に関係した*エタップ理論と，その発展といわれるE. K. Balon (1979)の跳躍説(saltation theory)が知られている．発生段階は，一般に形態形成の進行の面から形態的に識別される発育過程の区分で，特に胚発生についていわれることが多い．したがって，発生段階が常に発育段階として認められるとは限らない．

f **発エルゴン反応** [exergonic reaction] ギブズエネルギーの減少($\Delta G<0$)を伴う反応(⇌平衡定数【2】)．生物での異化作用は多くは発エルゴン的であり，反応生成物を利用するのではなく，遊離されるエネルギーを利用するためのものである．発エルゴン反応Aが他の*吸エルゴン反応Bと組み合わされた*共役反応系では，単独では起こりにくい反応Bが容易に進行しうる．これは生体内代謝反応の重要な一形式である．この場合の反応Aをエネルギー供給反応(energy-supplying reaction)という．

g **発音** [phonation, sound production] 動物が能動的な機能として音を発すること．筋音・心音のように筋肉運動自体が音を発生する場合は除くのが一般的．多くは同種・異種の個体間の誘引・警告・威嚇などに役立つ「鳴き声」としての生物学的意義をもつものとされ，多少とも分化した器官(発音器官 sound-producing organ, sounding organ)の発達を伴う．筋肉自身が高頻度の反復的収縮を行う場合もあれば，また特別な振動発生装置をそなえて筋肉運動を音振動に転じ，さらに音の増幅・変形をする共鳴管構造が付属する場合もしばしばある．ギギやホウボウなど，胸鰭の摩擦や鰾(うきぶくろ)の隔膜の振動によって発音する魚類もあるが，発音動物の大部分は陸生脊椎動物と昆虫類であることは，発音が陸生動物の*コミュニケーションの手段として発達したことを示す．発音の方法は以下のように大別される．

(1)摩擦音(frictional sound):*摩擦器によるもの．(2)振動音(vibrational sound):膜状体の振動によるもの．(3)打撃音(tapping sound):ものを体の一部でたたくもの．(4)爆発音(explosion sound):空気を開口部から出すもの．(⇒発声, 鳴管)

a **発芽** [germination] 種子中の胚, 胞子, 花粉などの成長の開始. ただし園芸などの分野では, 休止していた腋芽などが成長を開始する現象を含めていうこともある. [1]種子植物では, 発芽には吸水は不可欠の条件である. また適温および酸素を必要とする. 発芽に光を要求する種子もあり, *光発芽種子と呼ばれている. 種子の休眠打破にはアブシジン酸およびジベレリンが関係しており, アブシジン酸は休眠を維持し, ジベレリンは DELLA 蛋白質による成長抑制をうち消すことにより休眠を打破する. 発芽の光依存性は*フィトクロムの働きによる. 形成された種子をすぐに蒔いて発芽する場合もあるが, 一定の休眠期間を経ないと発芽できない場合もある (⇒種子休眠). 休眠期間の人為的な短縮のために, 温浴法, 0°C に数日間保つ冷却法, エチレンクロルヒドリン, シアン化水素ガス, アルコール, 種々の有機酸などによる処理がとられる. 種皮が堅くて水の透過性の悪い場合には, 95％の硫酸に 15〜60 分つける硫酸法, 機械的にあるいは火焼などの手段で種皮に傷をつける方法などもある. 発芽した数の全体に対する百分率を発芽率(germination rate)という. [2]多くの真正シダ類胞子はフィトクロムが P_{FR} になると発芽するが, その発芽は近紫外–青色光の短時間照射によって抑えられる. フサシダ科胞子は暗所でもジベレリンを与えると発芽する. [3]菌類の胞子は適当な条件におかれると, まず球形を維持したまま肥大する球状成長(spherical growth)または膨潤(swelling)と呼ばれる過程があって, 次いで極性をもった成長が始まり, やがて発芽管が出現する. 発芽に必要な栄養源があれば特別の処理を要しないものもあるが, 一方, 高温・低温・有機溶剤などによる活性化処理を必要とするものも多い (⇒胞子). [4]細菌では, バチルス属の場合, 胞子が休眠状態から離脱し耐熱性を失う段階を発芽と定義し, それに続く栄養細胞の出現にいたる過程を発芽後成長(outgrowth)と呼んで区別する. 発芽はアラニン, グルコースなどの発芽誘起物質によって起こるが, 胞子を 60〜70°C に数分から数十分加熱して活性化すると発芽率を高めることができる.

b **発芽管** [germ tube] 胞子が発芽するときに伸びて出る無隔膜の細管状構造. 核が発芽管の中で分裂したのち壁が作られて発生体となる. 胞子の壁の一定のところに小孔があって, ここから発芽管が伸びる場合, この小孔を発芽孔(germ pore)あるいは発芽スリット(germ slit)という.

c **麦角** (ばっかく) [ergot] ライムギやオオムギなど, 多くのイネ科植物の穂に子嚢菌の一種麦角菌(Claviceps purpurea)が寄生して形成される菌核. 穂に黒い角が生えたように見える. ムギ類, 主にライムギなどに寄生し形成された菌核を食すると, その中に含まれる毒性の強いアルカロイド類(麦角アルカロイド)により中毒症となる. また, 薬効についても注目され, 低血圧などの生薬としても用いられる.

d **麦角アルカロイド** (ばっかくアルカロイド) [ergot alkaloid] オオムギその他の穂に寄生する麦角菌の菌核である*麦角の有効成分をなす*アルカロイド. 麦角は強い子宮収縮作用, 分娩の促進および分娩時における止血作用をもち, 古くから生薬として用いられている. 麦角アルカロイドとしては, *リゼルグ酸およびその立体異性体であるイソリゼルグ酸を母体とする 7 対の異性体, 計 14 種が知られている. リゼルグ酸を母体とするものは生理作用が強いが, その立体異性体は作用性が弱い. 構造上エルギン(ergine)型, エルゴメトリン(ergometrine)型およびエルゴタミン(ergotamine)型の 3 群に区分される.

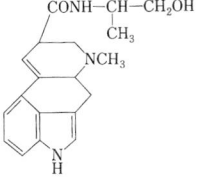

エルゴメトリン

e **麦角菌** (ばっかくきん) [Claviceps purpurea] 子嚢菌類の核菌綱バッカクキン属(Claviceps)の菌類. 多くのイネ科植物(ライムギ, オオムギ, コムギなどの作物およびヨシ, スズメノチャヒキ, キツネガヤ, カモジグサ, ササなど)の小穂に寄生. その菌核を*麦角といい, 生薬とする. (⇒麦角アルカロイド)

f **パッカード** PACKARD, Alpheus Spring 1839〜1905 アメリカの動物学者. 節足動物の発生・解剖・行動などの研究から獲得形質の遺伝を唱えた. アメリカのネオラマルキズムの代表者の一人. 雑誌 'American naturalist' を創刊, その主幹となる. [主著] Textbook of entomology, 1898.

g **発汗** [sudation, sweating] 皮膚の汗腺から汗を体表に分泌すること. 汗腺はヒトにおいて最もよく発達しているが, ヒトの発汗には 2 種の区別がある. (1)温熱性発汗(thermal sweating):外界温度の上昇によって手掌および足蹠以外の全皮膚面に現れ, その蒸発熱によって体温調節が起こる. (2)精神性発汗(心因性発汗 mental sweating):精神興奮または痛覚などの刺激などが原因で交感神経系の刺激の結果として発汗する. 主に手掌・足蹠および腋窩の 3 部に現れる. 恒温動物の中でもヤギとウサギは発汗せず, ネコとイヌは足蹠だけから, またウシとブタは鼻の先だけから発汗する. これらの動物では*あえぎ呼吸で熱を発散させて体温を調節する. 動物の足蹠の発汗は, 獲物を捕える際の滑りをとめるなど, 生活上の適応と考えられる. 汗腺の分泌神経は交感神経であるが, コリン作動性神経である. 温熱性発汗中枢は諸動物で脊髄と視床下部などにあるといわれ, またヒトで精神性発汗の中枢が大脳皮質にあると推定されている. 汗は約 0.2％の NaCl のほか, K^+, ピルビン酸, 乳酸, 糖, クレアチニン, アンモニアなどを含む. このほか, ヒトでは辛味刺激により額や鼻から発汗する味覚性発汗(gustatory sweating)も知られる.

h **発がん** [carcinogenesis, oncogenesis] 《同》がん化. 正常の細胞ががん細胞(腫瘍細胞)に変化する現象で, がんの原点をいう. この機構は未だ完全に解明されていないが, がんを細胞の遺伝子の構造変化, すなわち遺伝的な変化として捉える突然変異説(mutation theory), それとかかわって, さらにがんを細胞分化過程の変化と捉える分化異常説(disdifferentiation theory)がある. 現在では, 大部分のがんは, 化学発がん物質, 放射線, 紫外線, ウイルスなどが細胞に遺伝子変化を引き起こすことで発生するとされ, 突然変異説が主流となっている. また最近は, がんは単一の遺伝子変化によって引き起こ

されるのではなく，がん遺伝子やがん抑制遺伝子など複数の遺伝子変化が積み重なり，多段階的に発生するとする多段階発生論が有力である．しかし，がん細胞に分化誘導物質を作用させるとがん細胞が正常に分化する例の存在や，マウス*奇形腫細胞を用いた B. Mints の実験結果などは，発がんは遺伝子上の変化というより，むしろ遺伝子の情報発現の異常に基づくと考えられ，分化異常説を支持する根拠の一つとされている．(⇒イニシエーション, ⇒プログレッション)

a **発眼期** [eyed period] 魚卵の発生過程中，眼胞に黒色素が生じ，そのため眼膜を通して眼の所在が明らかに認められるようになった時期をいう．一般に発生初期の魚卵は機械的障害に対する抵抗力が弱いが，発眼期を過ぎる頃にはかなり強くなるので，人工授精したサケ・マス類の卵の，遠方への運搬などは発眼期以後に行う．昆虫，特にカイコ卵の発生過程の一時期についても用い，養蚕ではこの時期を「眼が着く」という．

b **発がん物質** [carcinogen, cancerogenic substance]《同》がん原性物質．がんの原因となる物質．次のようなものが発がん物質として知られている．(1) 多環性炭化水素：タールがんに関係が深く，タール中より抽出された 3,4-benzopyrene もこのなかに入る．1,2-benzanthracene の誘導体で，1,2,5,6-dibenzanthracene (DBA), 9,10-dimethyl-1,2-benzanthracene (DMBA), methylcholanthrene (MCA). (2) アゾ色素：アニリン誘導体の o-aminoazotoluene (OAT) は佐々木隆興と吉田富三 (1932) が，p-dimethylaminoazobenzene (butter yellow, DAB) は木下良順 (1936) がラットで発がん性を証明した．(3) 芳香族アミン：β-naphthylamine, benzidine などが主として泌尿器系における発がん剤として知られ，ほかにも 2-acetylaminofluorene などがその異性体がある．(4) ニトロソ化合物：N-methyl-N'-nitro-N-nitrosoguanidine (MNNG), dimethylnitrosoamine (DMNA), nitrosomethylurea (NMU). (5) 4-nitroquinoline-1-oxide (4NQO) とその誘導体．(6) nitrogen mustard などアルキル化剤．(7) 自然界の植物や細菌から抽出されたサイカシン (cycasin) やアフラトキシン (aflatoxin). (8) 食品中に生成されるニトロソ化合物やアミノ酸や蛋白質の加熱分解産物中にも発がん性をもつものがある．(9) アクチノマイシンなどの抗生物質，ウレタン (urethane, ethyl carbamate) などの薬剤．(10) 無機物質では As, Cr, Ni, Cd, Be, アスベストなどによる発がんが知られている．(11) 女性ホルモンは乳癌発生に関係あることが知られている．発がん物質によるがんの発生機転は，まだ十分に解明されていない．(⇒発がん, ⇒化学発がん, ⇒突然変異原, ⇒抗がん剤)

c **白金耳** (はっきんじ) [platinum loop] 微生物の植継ぎなどで，細胞の集塊を取り扱うのに使う器具．径 0.5 mm，長さ 7 cm 程度の白金線を棒の柄の先につけたものを白金針 (platinum needle) といい，その端を曲げて径 1〜2 mm くらいの輪にしたものを特に白金耳という．白金線の方は穿刺培養にも使う．その先をバーナーで白熱して滅菌して使用する．

d **BAC** (バック) bacterial artificial chromosome の略．《同》バクテリア人工染色体．バクテリア (通常は大腸菌) の中にバクテリアゲノムと共存して独立に複製できる，ある別の生物のゲノムの一部分 (150〜300 kb) が挿入された*プラスミド．*YAC の改良版として登場したので，似た名前となっている．哺乳類のように大きなゲノムをもつ生物では，BAC*クローンライブラリーをまず作成することが一般的である．ヒトゲノム配列のかなりの部分は，多数の BAC の塩基配列を決定し，それらのあいだで重複する配列を見つけて BAC の*コンティグを作成することによって完成された．

e **白血球** [leukocyte, white blood cell] 血液中に見られる*呼吸色素をもたない有核血液細胞の総称．*赤血球の対語．脊椎動物の血液中には，形状や性質を異にする数種類の白血球が存在する．赤血球や，*巨核球由来の*血小板と異なり，白血球は血管内だけでなく血管外の組織で機能を示すものが多く，個々の白血球が血管内に存在する時間は必ずしも長くない．核の形と顆粒の含有が特徴的な多形核白血球 (*顆粒白血球) と単形核白血球 (単核白血球・*無顆粒白血球：顆粒をもたないという意味より，顆粒球ではないという意味) すなわち*リンパ球と*単球が存在する．成人では骨髄の造血幹細胞から由来し，増殖・分化して血液中に出てくる．顆粒白血球は顆粒のメチレンブルー・エオシン色素に対する染色性から，好中球，好酸球，好塩基球に分類され，それぞれ特徴的な機能をもっている．*T 細胞 (分化には*胸腺を必要とする), *B 細胞, *ナチュラルキラー細胞などのリンパ球は免疫機構に強く関与し，血液中だけでなく，リンパ組織中に多数存在する．単球は血液中に 2〜10% 存在し，*食作用が強く，マクロファージや組織特異的な細胞，肺胞マクロファージ，肝臓*クッパー細胞，皮膚*ランゲルハンス細胞などの樹状細胞，骨組織の破骨細胞，神経系の小膠 (ミクログリア) 細胞などへと分化すると理解されている．*マスト細胞は好塩基球と共通の前駆細胞が最近，単離されたが，血中には成熟した細胞は存在せず，未熟前駆細胞のまま移行して組織に至り成熟・分化するとされている．呼吸色素をもたない生物種の中にも血液細胞と同様の*細胞系譜が存在する．これらすべてを総括して白血球と呼ぶこともある．

f **白血病** [leukemia] 未熟な造血細胞の腫瘍性増殖を伴う疾患．増殖する白血球細胞が骨髄系かリンパ系かにより，骨髄性白血病とリンパ性白血病に大別される．(1) 骨髄性白血病 (myelogenous leukemia)：臨床的に急性と慢性に分類される．未熟な白血球の腫瘍性増殖と蓄積を伴うだけでなく，正常の骨髄細胞の増殖や分化過程も抑制することが知られ，単一な疾患ではない．特に，慢性骨髄性白血病は骨髄幹細胞の腫瘍化によると考えられ，腫瘍細胞は多分化能をもち，さまざまな分化段階の腫瘍細胞が認められる．この腫瘍には*フィラデルフィア染色体 (Ph¹ 色素体) の存在が特徴的に認められる．これは染色体 9 番と 22 番の長腕の相互転座により生じる長腕の一部が欠損した 22 番染色体である．分子生物学的解析により，9 番染色体に存在した *ABL* がん遺伝子が 22 番染色体の *BCR* 遺伝子近傍に結合して融合遺伝子を形成し，キメラ *ABL-BCR* 遺伝子産物が骨髄細胞の形質転換に関与していることが明らかとなった．急性骨髄性白血病は骨髄球の各成熟段階の未熟骨髄細胞の腫瘍性増殖からなり，その特殊なものとして，急性前骨髄性白血病や急性単球性白血病などがある．慢性骨髄性白血病と同様，骨髄，肝臓，脾臓などを侵し，一般に経過は悪い．急性骨髄性白血病は家族集積性も報告されており，さまざまな染色体異常を伴うことが知られている．最も多い染色体異常は染色体 17 番に見られ，染色体 15

番との転座を起こしている場合が多い．急性骨髄性白血病の形態学的診断指標とされてきたアウエル小体(Auer's body)は骨髄芽球・前骨髄球などの細胞質にギムザ染色などで紫赤色の点状ないし針状の構造物として認められるが，現在の知見では必ずしも骨髄性白血病に特徴的であるとはいえない．一般に，骨髄性白血病は年齢とともに増加する．(2)リンパ性白血病(lymphocytic leukemia)：若年者に見られることが多く，その大部分は急性リンパ性白血病である．腫瘍細胞はB細胞(Bリンパ球)またはT細胞(Tリンパ球)の形質を示すものと，それをもたないものとがある．腫瘍細胞は骨髄，肝臓，脾臓，全身のリンパ節などを侵し，経過は悪い．骨髄性白血病と異なり染色体異常は少ないが，約4%の症例にPh[1]染色体が認められる．日本の九州地方やカリブ海沿岸諸国に見られる*成人T細胞白血病は50歳前後の成人に見られる慢性リンパ性白血病である．*レトロウイルスのHTLV-1がCD4リンパ球に感染して発生する．主な感染経路は母子感染で，現在日本には約100万人の感染者が存在し，約100人に1人の割合で成人T細胞白血病が発生すると考えられている．動物では一定のがん物質や放射線で白血病を生じたり，細胞移植によって他の動物に発生させることができる．ハツカネズミや鳥類などの自然発生白血病や実験的に起こした白血病には，ウイルス性のものが多い(⇒白血病ウイルス)．ヒトでも慢性の放射線障害により本症に罹患する例があり，原爆被爆者の白血病発生率は対照に比べ著明な増加を示している．療法としては，代謝拮抗剤・アルキル化剤・一部の抗生物質・植物アルカロイド・副腎皮質ホルモンなどの投与が行われる．

a **白血病ウイルス** [leukemia virus, leukosis virus] *レトロウイルス科オルソレトロウイルス亜科に属する一群．V. EllermanとO. Bang(1908)が最初にウイルスを確定した．臨床症状から次の二つに分類される．(1)急性白血病ウイルス：感染後数日から1カ月以内に発症．がん化標的細胞の違いによって骨髄芽球症ウイルス(myeloblastosis virus)，赤芽球症ウイルス(erythroblastosis virus)，骨髄球症ウイルス(myelocytomatosis virus)などと呼ばれるほか，マウス赤芽性白血病を起こすフレンドウイルス(Friend virus)とラウシャーウイルス(Rauscher virus)，マウスミエローマを起こすアベルソン白血病ウイルス(Abelson leukemia virus)など，人名を冠した名で呼ばれもする．そのがん化は，ウイルスゲノムに組み込まれて存在する細胞由来のがん遺伝子による．ウイルスは種類ごとに特異ながん遺伝子(マウスの*abl*，トリの*myc*など)をもっているが，一般に増殖能欠損型で，*ヘルパーウイルスの助けをかりて増殖する．(2)慢性白血病ウイルス：感染後早くても数カ月，ふつうは1年以上経過して発症．レトロウイルスの基本的なゲノム構造(構造蛋白質，逆転写酵素，エンベロープ糖蛋白質の遺伝子，すなわちそれぞれ*gag*, *pol*, *env*と，蛋白質をコードしない3'と5'の末端に重複したLTR構造)をもっているが，明émながん遺伝子をもたない．慢性白血病ウイルスの発がんは，ウイルスのcDNAが細胞ゲノムに挿入されたときに，ウイルスの転写プロモーターが細胞内がん遺伝子の発現を誘導したために起こる．その結果，単一のがん細胞クローンが，増殖して腫瘍を形成する．したがって，感染後，長い潜伏期を経てリンパ性白血病を起こす．ヒトT細胞白血病ウイルスも長い潜伏期の後に白血病を起こすが，その発がん機構は不明である．白血病ウイルスは肉腫ウイルスや不完全型急性白血病ウイルスのヘルパーウイルスとしても働く．生殖細胞ゲノムを通じて子孫に受けつがれていくものを内在性レトロウイルスと呼ぶ．

b **発酵，醱酵** [fermentation] 狭義には生物のエネルギー獲得様式の一つであり，嫌気条件下で有機化合物を酸化してATPの生成を行うと同時にNADHを酸化してNAD$^+$を再生産する反応．もう少し広い意味では，嫌気的条件下，微生物によって有機化合物が分解される現象．さらに広義には有機化合物が微生物によって代謝され，人類に有益な物質(化合物)が生産される現象全般(⇒腐敗)．微生物の培養において，特定の代謝産物が培養液中あるいは菌体内に蓄積する場合，その代謝産物の名を冠した発酵と呼ぶが，エネルギー獲得様式上の「発酵」に当てはまる場合と当てはまらない場合がある．前者では，酵母による*アルコール発酵，*グリセロール発酵，乳酸菌による*乳酸発酵，クロストリディウム属細菌によるアセトン・ブタノール発酵，*酪酸発酵，プロピオン酸菌によるプロピオン酸発酵，大腸菌などによる混合有機酸発酵が代表的な例である．後者の例の一つは，分子状酸素が関与した有機化合物の不完全酸化により中間代謝産物が蓄積する場合(*酸化発酵)であり，酢酸菌による*酢酸発酵，*グルコン酸発酵，ソルボース発酵，糸状菌による有機酸発酵(例：*クエン酸発酵，フマル酸発酵)などがこれに該当する．*アミノ酸発酵や*核酸発酵も後者の代表例である．メタン発酵は嫌気的な環境下で複数の微生物の作用により有機物が分解されてメタンが発生する現象であるが，メタン生成古細菌による水素の酸化に伴うメタン生成(二酸化炭素の還元)も，エネルギー獲得様式上は「発酵」ではない．一方，代謝産物ではなく基質の名を冠して発酵という言葉を使うこともあり注意が必要である．例えば，メタノール発酵はメタノールを培養原料とした微生物による物質生産を意味しており，糖発酵能は嫌気的に糖類を分解する能力を指す．発酵現象は有史以前から知られており，人類は経験的にこれを利用してワイン，ビール，パン，チーズなどの発酵食品を製造してきたが，発酵に微生物が関与していることが明らかになったのは19世紀に入ってからである(⇒醸造)．L. Pasteurは乳酸発酵やアルコール発酵が固有の微生物の作用によって引き起こされることを明らかにし，発酵を「酸素のない状態での微生物の生き方」と表現している．その後，有用微生物の探索と利用により，発酵工業は大きな発展を遂げた．アミノ酸発酵や核酸発酵といった独自の発酵工業を生み出すなど，この分野における日本の貢献は極めて大きい．現在では，組換えDNA技術の進歩や多くの生物のゲノム解読などにより，本来，微生物では作られない化合物や非天然型化合物の微生物生産が可能になり，微生物による有用物質生産(広義の発酵)は新たな時代に入っている．

c **発酵管** [fermentation tube] 微生物(酵母や細菌など)の発酵などによるガス発生を検出する器具．ダーラム発酵管は一端を閉じた小ガラス管であり，開口部を下にして液体培地中に入れて発生したガスを捕集する．キューネ発酵管(アインホルン発酵管)はU字型のガラス製培養容器であり，一端には綿栓などを使用する．もう一方の閉じた側に空気が入らないように培地を入れ，培養中に発生したガスを閉じた端で集める．ガス捕集部

分に目盛をつけることで生成するガス量を簡便に知ることができるが、発酵強度を精確に測定するには適さない。

a **発光器** [luminous organ, photogenic organ]《同》発光器官. 生物発光のための特別な器官として発光動物の多くのものにそなわる構造,すなわち発光活動の効果器. ウミサボテンやツバサゴカイのように,発光細胞が体表の全面に分布するものでは,ヤコウチュウなどの単細胞生物や発光植物の場合と同様に,特に発光器と呼ぶべきものは存在しない(ただしヤコウチュウの脂質性発光顆粒は発光の細胞器官ともいえる). また発光部位が局在する場合でも,体外発光型のものでは発光装置は単細胞性ないし小形・多細胞性の発光腺に止まる. 体内発光型ではホタルのように各種の補助装置をそなえているものもある. ホタルの発光器は,顆粒性の発光細胞層と,その背後に位置する尿酸塩結晶に富んだ反射細胞(reflecting cell)の層からなる反射器(reflector)とで構成され,いずれも中胚葉性で,*脂肪体に由来すると見られる. 発光器前面のクチクラは色素を欠いて透明化し,よく光を通す. 発光細胞層には気管の細枝と神経繊維とが細かく入りこみ,発光に不可欠な酸素を供給し,発光を指令すべき神経インパルスを伝達する. サクラエビ,ホタルイカ,発光性深海魚類(ハダカイワシ・ホテイエソ)などでは,表皮性であるが同様な構成の発光器があり,さらに前面にクチクラ性水晶体,背面に色素層が発達し,光受容器の眼に匹敵するほどの構造分化が見られる. このような発光器が,サクラエビでは尾脚上に左右1対そなわり,イカや魚類では体表一面に散布する. 深海魚のホウライエソの一種は,虹彩しぼりをそなえる発光器の例が知られ,虹彩筋の神経的制御による開閉で閃光効果を生じるという. 他方,神経分布を全く欠いて,完全なホルモン支配によるとされる発光器も存在する. また,上記のものと外観が類似の光器官内に*発光細菌(マツカサウオの下顎にある発光器では Vibrio monocentris)を共生させる形式の発光器をそなえるものがあり,このような発光様式を共生発光と呼ぶ. 深海魚以外の発光魚類の多くはこれにあたる. 共生発光器が体内深部にあって間接照明効果を生じるホタルジャコの例もある. 共生発光は発光イカ類にも見られる.

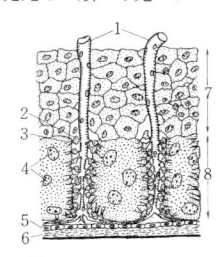

ホタルの発光器
1 気管
2 気管の末端細胞
3 細気管
4 発光細胞の核
5 表皮(下皮)
6 クチクラ
7 反射層
8 発光細胞層

b **発光菌類** [luminous fungi] 菌糸や子実体などが発光する真菌類の総称. 発光部位は菌糸,子実体,胞子などさまざまだが,日本ではツキヨタケの子実体の傘やナラタケの菌糸が身近. Panus stipticus の子実体は乾燥すると光らなくなるが,水を与えると再発光する. また湿度だけでなく温度もその発光に関係をもち, P. stipticus については発光の最低温度は−2〜+4°C,最高は35〜37°C,最適温度は10〜25°Cである.

c **発光細菌** [luminescent bacteria, luminous bacteria] *生物発光を示す細菌の総称. 多数の菌類が存在するが,特に*プロテオバクテリア門ガンマプロテオバクテリア綱に属するものが多く,代表的な菌種としてAliivibrio fischeri, Photobacterium phosphoreum, Vibrio harvey がある. A. fischeri では,発光の極大波長は490 nm である. 海洋性,陸生の両方の種が存在するが,海産種では死魚や水産加工食品の表面が空気中の暗所で発光する現象の原因となる. 好低温性で15〜20°Cが適温,37°C以上では発光しなくなる. 発光魚やイカのあるものは発光細菌と共生し,その発光を利用している. 発光は $FMNH_2 + O_2 + RCHO \rightarrow FMN + RCOOH + H_2O + Light$ で表されるように酸素が必要な反応であり,ホタルなどの他の発光生物同様に*ルシフェラーゼで触媒される. ルシフェラーゼの誘導にはある一定以上の菌密度が必要であり,いわゆる*クオラム・センシングによって制御されていることが,一部の菌種で明らかにされている.

d **発光植物** [photogenic plants, luminous plants] 生物発光を行う植物. 細菌植物(⇒発光細菌),担子菌類(⇒発光菌類),鞭毛植物などが知られ,うち鞭毛植物中の発光種(ヤコウチュウ, Ceratium, Pyrocystis など)はいずれも原生動物にも編入されるものである. 全体として発光の生物学的意義は明瞭ではなく,むしろエネルギー代謝の偶発的副産物とする見解が有力である. なお,発光動物(昆虫の幼虫やミミズ)の共生による発光キノコや,発光性昆虫 Neanura の寄生で光る樹木は共生発光・寄生発光の例である. 深海産の海藻類には,発光性ウミサカヅキの寄生により暗所でよく光合成を行うものがあるという. ヒカリゴケは反射によるもので,自ら発光するのではない.

e **発光蛋白質** [photoprotein, luminescent protein] 発光生物から分離される発光性の蛋白質で,発見者下村脩(2008年ノーベル化学賞受賞)により photoprotein と命名された. 複合蛋白質である*エクオリンのように,蛋白質ならびにそれに結合した原子団(セレンテラジン)がカルシウムイオンなどの濃度変化に応じて構造変化を起こし,それが引き金となって結合原子団が励起状態の酸化体となり,これが基底状態に戻る時に発光する. ルシフェリンがルシフェラーゼで酸化されて生じた励起状態の酸化体が基底状態に戻る時にも同じ化学的機構で光を発するため,ルシフェラーゼを含めることもある. 励起光を当てた時に蛍光を発する緑色蛍光蛋白質(*GFP, green fluorescence protein)などとは発光の機構が異なり,区別される. ウミシイタケ(Renilla)も同様な発光蛋白質をもち,この物質はルミゾーム(lumisome)と呼ぶ細胞内顆粒に含まれている. (⇒GFP)

f **発光動物** [photogenic animals, luminous animals] *生物発光の能力をもつ動物. 動物界におけるその分布は,散発的かつ無系統である. すなわち,原生生物(ヤコウチュウ),刺胞動物(ヒカリウミエラ,ウミサボテン,ウミシイタケ,オワンクラゲ),紐形動物(ヒカリヒモムシ),環形動物(ツバサゴカイ),軟体動物(カモメイカ,ホタルイカ),甲殻類(ウミホタル),多足類(ヒカリムカデ),昆虫類(ホタルやホタルコメツキ),外肛動物(ヒラハコケムシ),棘皮動物(発光性クモヒトデ),半索動物(ギボシムシ),尾索動物(ヒカリボヤ),魚類(ハダカイワシ,マツカサウオ,チョウチンアンコウ)など諸門にわたる. 自身の産生する発光物質による自己発光すなわち一次発光と,寄生ないし共

生者の発光に依存する二次発光とが区別される．共生発光は主として発光細菌による．自己発光動物の発光はしばしば間欠性で，外的刺激(ヤコウチュウやウミサボテン)や神経刺激(ホタルやホタルイカ)に対する応答である．ホタルなどでは同種雌雄間の合図(信号刺激)としての閃光の役割と緊密に関連する．しかし発光の生物学的意義はかならずしもつねに明白ではなく，生体内で生じた活性酸素種の代謝により偶発的に獲得された機能と考えられている．(⇒発光器)

a **発香鱗**(はっこうりん) [androconium, scent scale, odoriferous scale] 鱗翅類の雄の翅にしばしば見られる発香性の鱗粉．形は通常の鱗粉とは異なり，翅全面に混在，あるいは特定の部域に密集(ヒョウモンチョウなど)する．下部の発香腺と連絡し，その分泌物の排出口となっている．発香鱗から発する香りは種によって異なり，ある種のジャノメチョウでは求愛行動の*リリーサーの一つとなる．

b **ハッサル小体** [Hassall's body, Hassall's corpuscle] 哺乳類の胸腺髄質に見られる上皮細胞の小集団．ヒトやモルモットではよく発達．胸腺上皮細胞はほぼ同心円状に並んで大小不同の球状体をなす．退化した胸腺上皮細胞の集まりとされる．

c **発情** [estrus, oestrus, heat, rut] 動物が交尾可能な生理的状態にあること．主に哺乳類についていう．*春機発動期を過ぎた動物は，すでに性的には成熟しているわけであるが，ヒトやラットなどを除いて発情するのは一定の時期(*繁殖期)に限られる．さらに雌では繁殖期中にも発情している時期(発情期)と非発情期とが周期的に繰り返されるものがある(⇒発情周期)．発情は主として雌雄それぞれの*性ホルモンによって引き起こされる現象である．

d **発情周期** [estrous cycle, oestrous cycle] 反復される非妊娠の生殖活動の周期で発情状態が周期的に出現する場合，この周期を発情周期という．一般に哺乳類の雌は常時雄と同居させると，(1)濾胞成長，(2)排卵，(3)妊娠前期的変化，(4)妊娠，(5)分娩，(6)哺育の一連の過程を繰り返す．しかし成熟雌が雄と分離されている場合にはこの過程の前半(1)，(2)あるいは(3)までが回帰する発情周期を示す．ウサギ，ネコ，イタチなどでは繁殖期中は卵巣の濾胞が次々と成長しては退化するが，交尾しなければ排卵はみられず常に大きな濾胞(グラーフ濾胞)が存在し，発情ホルモン(*エストロゲン)がつづいている．この期間中の大部分が雄を許容しうる発情状態にある．このような動物では発情周期はない．ネズミでは濾胞が成熟する時期に卵巣から発情ホルモンが分泌され，生殖器系はその作用のもとに変化して動物は発情し(発情期 estrus)，同時に排卵が起こる．つづいて濾胞は黄体化し，発情ホルモンの分泌は止んで発情がとまり，生殖器系も発情期の様相を失い始める(発情後期 metestrus)．黄体は1～2日持続しているが，黄体ホルモンの分泌は一時的である．動物はしばらくのあいだ発情せず，生殖器系も退化したままである(発情間期 diestrus)．やがて別の新しい濾胞の成長とともに発情ホルモンの分泌が始まり，生殖器系が活性化され，例えば膣上皮の増殖(発情前期 proestrus)および角質化が起こり動物はふたたび発情状態になる．ネズミでは1発情周期は4～5日であり，その経過を*膣スミアテストによって知ることができる．ウシ，ウマ，イヌなど多くの哺乳類でも発情周期を繰り返すが，発情期の排卵と黄体形成につづいてプロラクチンの分泌が起こり黄体ホルモンの分泌がしばらくつづき，その周期が長いという点で，ネズミと異なる．ヒトを含む霊長類では，発情周期に*月経を伴い月経周期と呼ばれる．

e **発情ホルモン物質** [estrogenic substance] 発情ホルモン様の作用をもつ物質の総称．その起原は問わない．発情ホルモン(*エストロゲン)はもちろん，その代謝産物の一部(例えば，エキリン・エキレニンなど)や，それらの置換体(エチニルエストラジオールなど)．

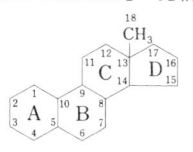

エストラン系の C_{18} ステロイドは，もともと動物起原のものであるが，これらの物質のあるものは，ヤシの実やアスファルトなどにも存在している．植物(アルファルファや大豆)などに含まれるゲニステイン，ダイゼインといった植物性発情ホルモン様物質(phytoestrogen)やカビなどに含まれる同様の物質も知られており，多量に食すことにより動物が不妊となる現象が報告されている．化学的に合成された発情ホルモン物質として，ステロイド構造をもたない物質，例えばスチルベン誘導体のジエチルスチルベストロール・ヘキセストロール(hexestrol)・ベンゼストロール(benzestrol)などや，エストロン類のD環を酸化して開環させたドイジノリン酸(doisynolic acid)系物質，あるいはエストロンのD環を六員環に変えたホモエストロン(homoestrone)系物質なども知られている．これら構造の異なる物質がいずれも発情ホルモン受容体と結合する能力をもつと考えられている．発情ホルモン物質の検定には，*アレン-ドイジ試験や子宮重量法などがある．

ドイジノリン酸　　　D-ホモエストロン

f **発色基質** [chromogenic substrate] 《同》発色性基質．酵素の人工基質の一種．酵素の作用を受けて遊離または変化した化合物が発色性をもつ基質．特定の化学結合をもつことのみを基質の要件とする，群特異的な酵素の場合，人工的な分子団を結合させた合成化合物も基質となる．例えば，アルカリ性ホスファターゼ(EC 3.1.3.1)の場合，モノリン酸エステル化合物であれば基質となるので，p-ニトロフェノール(PNP)とのリン酸エステルに作用するとこれを加水分解してリン酸と PNP を生成する．遊離した PNP は電荷状態が変化して強い黄色に発色するので，酵素反応の進行を分光学的に追跡するのに利用される．また，ウエスタンブロット解析や組織化学的解析の場合には，発色物質が不溶性である必要があるため，5-ブロモ-4-クロロ-3-インドリルリン酸などが用いられる．ほかに，電子供与体に対する基質特異性が低いペルオキシダーゼ(EC1.11.1.7)の場合には，過酸化水素との反応により酸化されて発色する基質としてグアヤコールや3,3',5,5'-テトラメチルベンジジンなどが用いられる．

g **発生** [development] 多細胞生物において，受精

卵または単為発生卵あるいは無性的に生じた芽や胞子などを出発点として，それらが成体に到達する過程．

a 発声 [phonation, vocalization] 脊椎動物において，呼吸運動と関係した気道内の空気流(主として呼気)が，気道の特定部位にある薄膜(広義の*声帯)を振動させて行う発音．その音を音声(声 voice)という．鳥類・哺乳類では声帯や共鳴装置の構造の高度化とともに，発声の神経的制御機作が発達して，音の高さや音色の変化に富んだ音声を生じる．この音声および制御の過程を調音(articulation)という．音源の発生(発振)部位は，鳥類では気管支の分岐部(下喉頭)の管壁自身が薄膜状になって形成された*鳴管，哺乳類では気管の起始部(喉頭)の内壁から左右1対の薄膜状の襞として内腔へ張り出した声帯である．ヒトでは，音声は声帯の振動音が鼻腔・口腔・咽頭腔および胸腔などの共鳴や摩擦によって特に著しく変形し，極めて多様な強さ・高さおよび音色を生じるばかりでなく，*言語音となって言語の形成に関与する．声門は正常呼吸時には開いているが，発声時には閉ざされ，呼出気流がこれを一時的に左右に押しひろげる際，声帯が自身の弾力によって振動し，その気流中に粗密波を生じ，音声の基礎となる．発声は*コミュニケーションの手段として重要であり，また，コウモリやイルカでは特殊な発声器官により周波数変調を伴う超音波を発し，*反響定位に利用している．

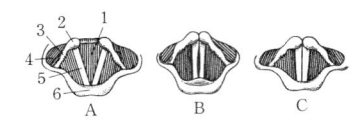

喉頭内景(喉頭鏡で上から見たところ)
A 安静呼吸時 B 頭声発声時 C 胸声発声時
(ただしB，Cは声帯の運動期，閉鎖期を通しての平均的様相を示す)
1 声門間隙 2 小角軟骨 3 楔状軟骨 4 梨状窩 5 声帯 6 会厭(喉頭蓋)

b 発生遺伝学 [developmental genetics] *発生における遺伝子の作用を解明しようとする生物学の一分野．「発生現象をつかさどるのは，胚の部域を異にし，発生段階を異にしつつ，予定された通りに秩序正しく機能を発現する各種の遺伝子作用の総体である」との立場をとる．遺伝子操作技術の展開につれて，各種分化形質の遺伝子をはじめ，多数の遺伝子を分子生物学的ならびに生化学的に解析できるようになったために，遺伝子作用の解析から発生の各段階を詳細に記載していくことが可能となった．遺伝子のクローニング(→DNAクローニング)や*逆遺伝学を通じて発生現象の分子機構的な解明が進められる．

c 発生学 [embryology] 個体発生を研究する学．特に哺乳類の場合には胎生学と呼ぶことがある．19世紀末頃まで，発生の研究は発生で起こる形態上の変化を記述することだったので，とりわけ比較発生学は形態学の一分科であるかのようにみなされてきた．現在では，発生を研究する学問をより広く発生生物学と包括的に呼ぶ．(→発生生物学)

d 発生機構学 [独 Entwicklungsmechanik] →実験発生学

e 発生期特異性 [phase specificity] 生物個体またはその一部が，発生時期が異なるにつれて同一の実験的処理または環境条件に対して異なった反応または態度を示す現象．例えば孵化中のニワトリの卵にホウ酸を注射すると著しい奇形のヒナが生まれるが，その型は注射の時期により異なり，尾椎の欠如・頭部の奇形・肢の異常などが起こる．発生期特異性は動物・植物を通じて極めて一般的現象で，個体発生の進行に伴い物質代謝・原形質の構成などが変化していくことから当然予想される．

f 発生逆行 [retrogressive development] 《同》還元(reduction)，退縮．発育した個体が大きさを減じ(逆成長)，分化を失って(逆分化)，胚的な状態に逆行する現象．発生的変化は一般に不可逆的に進行するが，生物によっては発生逆行がみられる．例えば種々の刺胞動物，プラナリア，ある種のホヤ(Clavellina)などを飢餓や酸素不足の悪条件におくと，著しい逆成長・脱分化が進んで，無分化の小塊(還元体 reduction body)となる．これを再びよい環境に戻すと，新たに生活環を開始し，それぞれの成体の形や大きさを再現する．これを再構成(restitution)という．発生逆行が極端に進んで胚的な状態に帰ることを一般に胚化(embryonalization)という．

g 発生生物学 [developmental biology] 生物の*発生を研究する生物学の分野．1940年代では*発生学，*比較発生学，*実験発生学，*化学的発生学，*発生生理学などに細分されていたが，これらが統合すべきものであると1950年代に入って強く認識され現在に至る．発生現象は単に胚の発生だけではなく，再生，細胞の変化なども含めて，生体内で起こる細胞の増殖・分化・形態形成も包含し，このような見地からすれば，embryology(日本語訳を発生学として区別することもある)という呼称は十分に学問内容を表現していないことにもなる．以上のような理由から，1950年代の初めにアメリカの研究者たちによって発生を研究する分野を発生生物学と呼ぶことが提唱され，定着している．

h 発生生理学 [developmental physiology] 個体発生に関連した生理学．[1] 生理学を広い意味に解して個体発生の因果分析的研究のすべてを包容する分野で，実質的に発生機構学，*実験発生学と一致．[2] 個体発生における諸現象のうちで生理学的現象を扱う学問．

i 発生段階表 [normal plate, table of normal stages] 《同》発生規準表．一つの生物の個体発生の進行を，一定の段階に区切って番号をつけ，各段階の図を順次に並べた表．一般には全胚の外形だけを対象とするが，それに簡単なまたは詳細な説明を加えることが多い．例えば両生類では変態にいたるまでを約50期，ウニでは幼生完成までを約15期程度に分けている．代表的な発生段階表には次のようなものがある．(1) 魚類(*Fundulus heteroclitus*)：J. M. Oppenheimer, Anat. rec., **68** (1937). (2) 両生類有尾目(イモリ *Triturus pyrrhogaster*)：岡田要・市川衞，実験形態学年報，**2** (1947), (*Ambystoma punctatum, A. maculatum*)：R. G. Harrison (V. Hamburger, A manual of experimental embryology, Univ. Chicago Press (1950)に転載). (3) 両生類無尾目(アフリカツメガエル *Xenopus laevis*)：P. D. Nieuwkoop, J. Faber 編, Normal table of *Xenopus laevis*, North-Holland Pub. Co. (1967). (4) 鳥類(ニワトリ *Gallus gallus v. domesticus*)：V. Hamburger, H. L. Hamilton, Journal of morphology, **88** (1951) (H. L. Hamilton, Lillie's development of the chick, Rinehart and Winston (1952)に転載). (5) 哺乳類(マウス *Mus* *musculus*）: K. Theiler, The house mouse, Springer-Verlag (1972). なお, 脊椎動物に関しては, 岡田節人編『脊椎動物の発生』(上), 培風館 (1989) に各動物群の発生段階表が付されている.

a **発生的制約** [developmental constraints] 《同》発生拘束. 発生システム上の要因によってもたらされる表現型変異性に対する制限・制約, または, 表現型の変異体が生じるときのバイアス. 発生システム上の要因としては, 遺伝子の保守性, 発生に際して用いられる材料の欠如, 構造の安定性あるいは構造に働く物理的な力, 発生経路の制限によるものなど, さまざまなものが考えられている. すべての生物にあてはまる物理的な法則による制約を普遍的制約 (universal constraints), 特定の分類群にだけあてはまる制約を局所的制約 (local constraints) と呼ぶ. 特に後者の場合, 自然淘汰の方向や遺伝的な変異の欠如によって変異の幅が制約されている場合と区別を要する. 発生的制約は近縁の分類群が類似した構造をもつ理由, 形態的相同性の現れる理由, 進化の方向性, 変異性の問題を説明するため, また種の長期間の安定性を説明するためにも援用される.

b **発生能** [potency, developmental potency] ある発生段階にある一胚域のもつ発生的可能性の総和. 本来 H. Driesch が導入した*予定能と同じであるが, P. A. Weiss は発生能の中に形成能 (独 Organisationspotenz) と*分化能とを区別し, 前者は能動的に胚域に働きかけて編制された発生過程を引き起こす能力, 後者は受動的に与えられた条件下でそれに対応した分化過程を遂行する能力とした. さらにある胚部がそれ自身で積極的にもっている発生可能性 (例えば外植実験で示されるもの) と受動的にもっている可能性 (例えば誘導実験で示されるもの) とを区別するためにそれぞれ積極的発生能 (独 aktive Entwicklungspotenz) と受動的発生能 (独 passive Entwicklungspotenz) という場合もある.

c **発生負荷** [developmental burden] 発生の途中で現れる, あるパターンやプロセスが, その後の発生の特定の状態の実現にとって決定的, 特定的に必要なため, 進化的に容易に変化できない状態にあること. 例えば, 脊椎動物における脊索は発生過程における中胚葉や神経管のパターン形成の前提となっているため, 祖先の成体において果たしていた本来の役目が不要となってもなお, 陸上脊椎動物の個体発生過程から消去することができなくなっていると考えられることがある. R. Riedl (1978) の提唱した概念で, 生物がしばしば反復発生を行うように見えることの機構的要因と考えられる.

d **八田三郎** (はった さぶろう) 1865～1935 動物発生学者. 帝国大学にて箕作佳吉に学び, ヤツメウナギの発生学を研究した. 札幌農学校教授を経てドイツに留学. イギリスの学者 T. W. Blakiston による「ブラキストン説」に対する反論として提出された「八田線」の提唱者. [主著] 比較発生学, 1931; 脊椎動物系統発生学, 1932.

e **ハッチ** Hatch, Marshall Davidson 1932～ オーストラリアの植物生理学者, 生化学者. C_4 光合成の鍵となる酵素を発見し, 葉肉細胞と維管束鞘細胞の 2 種の葉緑体をもった細胞が異なった機能をもって協同的に働き, C_4 経路と還元的ペントースリン酸回路の二つの系の働きにより C_4 光合成が成立していることを明らかにした.

f **パッチクランプ法** [patch clamp method] 細胞膜などの一部を細いピペットの先端に取り出し, ここを流れる電流を測定する方法. E. Neher と B. Sakmann が開発 (1976) し, 改良 (1981) した. これにより 1 個の*イオンチャネルを流れる電流が測定できるようになり, 今まで仮想されていたイオンチャネルが実態としてわかるようになってきた. その方法は図に示すように四つに分けられる. (1) 先端のきれいなガラスピペットを細胞膜に押しつけ少し陰圧をかけると $10^{10}\Omega$ 程度の高い抵抗で細胞膜とガラス管が接着しシールされる. この状態をセルアタッチパッチ (cell-attached patch) という. (2) この状態で電極を細胞から引き離すと, 電極内の膜だけがちぎれる. これがインサイドアウトパッチ (inside-out patch) で, パッチ膜にイオンチャネルがあれば, その単一分子の挙動を調べることができる. (3) 次に, セルアタッチパッチの状態から電極にさらに陰圧をかけると, パッチ膜が破れてホールセルレコーディング (whole-cell recording) の状態になり, 1 個の細胞の全チャネルを調べることができる. (4) 最後にこの状態で電極を細胞から引き離すと, 電極の周囲の膜が電極について伸び, 最終的にちぎれて互いにくっついて細胞膜の外側が外側になった膜を形成する. これがアウトサイドアウトパッチ (outside-out patch) である. 脳のスライス標本に対してパッチクランプ法を適用し, 神経回路を保った状態で解析する方法をスライスパッチ法と呼ぶ. さらに脳をとり出さずに個体のまま記録する方法を *in vivo* パッチ法と呼ぶ. 目的に応じて使い分けられている.

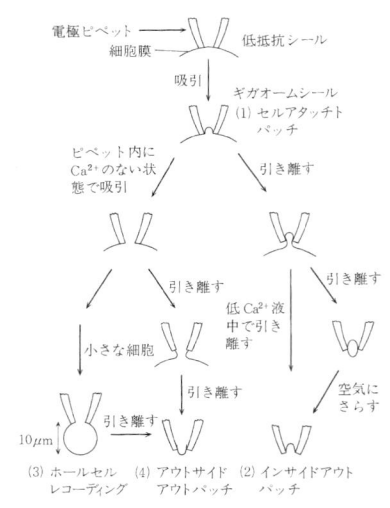

g **バッチ培養** [batch culture] 《同》回分培養. 微生物や動植物の細胞を一定量の培地中で培養する方法. *連続培養と対する. バッチ培養で培養された細胞は, 通常, 誘導期・対数期・定常期を経て成長する (⇒増殖曲線). 定常期の細胞を新しい培地に植え継ぐと再び成長のサイクルを繰り返す. 培養過程で培地成分や細胞密度が変化して細胞の環境は一定でない欠点があるが, 連続培養に比べ装置や方法が簡便なのでよく用いられる. 回分培養という訳語は動植物の培養ではあまり用いられない.

h **ハッチンソン** Hutchinson, George Evelyn 1903

~1991 イギリス生まれのアメリカの生態学者，陸水生物学者．初期には世界各地の湖沼を研究，特に堆積物をも含めた総合陸水学の樹立に寄与．中期には，主として陸水を対象に生産生態学を深め，さらに Odum 兄弟らによる戦後の生態系生態学を指導，特に群集における種の多様性や生態的地位の問題について論じた．1986年，京都賞基礎科学部門受賞．〔主著〕An introduction to population ecology, 1978.

a **発電器官** [electric organ]《同》電気器官．*発電魚の，発電力をもつ器官．筋肉または軸索が分化して形成される．シビレエイや弱発電魚のアイゲンマニアなどでは頭の両側，デンキウナギやシビレナマズでは胴部，ガンギエイでは尾部にある．電函（electroplaque）または電気板（electroplate）と呼ぶシンシチウムが最小単位で，電函が積み重なって電気柱となり，多数の電気柱が平行に並んで1個の発電器官を形成する．電函の一側面は神経支配を密に受けており，この神経伝達物質はアセチルコリンである．デンキウナギでは終板電位に相応するシナプス電位とこれにつづく活動電位の発生によって神経支配面は外側が -70 mV になり他の面では静止電位が保たれ外側が $+80$ mV であるから，一つの電函を挟んで 150 mV の電位が発生する．電気柱は 5000～6000 の電函が同方向（直列的）に重なっているが，活動電位が同期して発生すると 600～860 V の電圧を発生させる．なお活動電位の持続は神経や筋と同じくミリ秒のオーダーである．シナプス電位だけで活動電位を発生しない種類のものもあり，電気柱を構成する電函の数も数十から数千にわたるので全起電力も 1～3 V のものから，デンキエイ類 30～80 V，シビレナマズ 400～450 V とまちまちである．なおシビレナマズのものは皮膚の腺組織が分化したものといわれ，電函の起電力の方向が逆である．発電魚は，発電器官を使って短い時間間隔で自らの周囲に電場を形成し，その電場の乱れを感知して餌や外敵の存在を知るとされる．（→サックス器官）

b **発電魚** [electric fish]《同》電気魚．*発電器官をそなえた魚類．系統的には少なくとも6回独立に出現しており，進化における収斂の例として知られる．これらは発電力の強さによって次のように二つに大別できる．(1) 強い発電力をもつもの：日本産のシビレエイ（*Narke japonica*），太平洋や地中海に産するエイ（*Torpedo marmorata*），北アフリカの河川に産するデンキナマズ（*Malapterurus electricus*），南アメリカや南アフリカの河川にすむデンキウナギ（*Electrophorus electricus*）など．これらの魚の数百 V にも及ぶ起電力は，他の動物を倒すという攻撃的・防衛的役割を果たす．(2) 弱い発電力をもつもの：ニシン目の *Mormyrus* や *Gymnotus* で 1 V 程度の放電を 50～750 Hz の頻度で出すものがある．これらの魚では別に電気を受容する感覚器官（*電気受容器）をそなえており，放電によって周囲に形成される電場を感知し（電場定位），障害物や外敵の接近を知る方向探知機構として用いられている．

c **HAT 培地**（ハットばいち） [HAT medium] HAT，すなわちヒポキサンチン（hypoxantin），アミノプテリン（aminopterin），チミジン（thymidin）を含む細胞培養用の選択培地．DNA 合成の材料となるヌクレオチドをつくるのに，細胞内には新生経路（*de novo* pathway）と，再生経路（*サルヴェージ経路）とがある．アミノプテリンは新生経路を阻害するので，これが培地に含まれていると，細胞は再生経路だけによってヌクレオチドを供給しなければならず，再生経路に欠損をもつ細胞は，増殖できず死滅する．正常細胞は再生経路の材料としてヒポキサンチンとチミジンを用いて生存・増殖できる．この現象を利用して，ある細胞集団に混じった正常な細胞だけを，試験管内の培養で選択する．例えば，プリンの再生経路の欠損株とピリミジンの再生経路の欠損株とは，互いに相補的なので，この両者の体細胞雑種細胞には，アミノプテリン存在下でも増殖できるものがある．このような場合，HAT 培地を用いて雑種細胞だけを選択することができる．また体細胞雑種形成の一方を再生経路の欠損株，もう一方を通常では増殖困難な体細胞としても雑種細胞が選択できる．*ハイブリドーマ形成はその例である．

d **発熱原** [pyrogen]《同》パイロジェン，発熱因子，発熱物質（pyrogeneous substance）．体温上昇を起こす物質．*産熱とはまったく別の機作による．以下の2種類に大別される．(1) 内在性発熱原（endogenous pyrogen）：視床下部の温度中枢に作用して体温を上げる機能をもつ蛋白質．感染症などでの発熱現象の解析において，P. B. Beeson (1948) がはじめてウサギの顆粒白血球から抽出し存在を示した．顆粒白血球や単球，マクロファージが，外来性発熱原や抗原抗体複合体などの刺激を介して合成・放出する．(2) 外来性発熱原（exogenous pyrogen）：発熱の原因となる外来性物質で，一般に発熱物質といえばこれを指す．通常，内在性発熱原の誘発をとおして作用を示す．グラム陰性菌のエンドトキシンが代表的．種々の微生物由来物質，ある種のウイルス，ステロイドなど多様なものがある．これらの物質は，体温を高めることによって，病原体に対する生体防御の一端になっている面もある．

e **馬蹄鉄腎**（ばていてつじん） [horseshoe kidney ラ ren unguliformis]《同》馬蹄腎，蹄鉄腎．臓器奇形の一つ．*後腎を永久腎とする動物では，両側の腎臓は形成後やや頭側に移動して位置を変えるが，その過程でそれぞれが左右から接近し，ときに部分的に癒合したまま大動脈を中心に U 字形すなわち蹄鉄形のままに終わる．

f **ハーディー-ワインベルクの法則** [Hardy-Weinberg's law] *任意交配の下では各種遺伝子型の相対頻度は関与する対立遺伝子の頻度の積に等しい，という集団遺伝学における法則．イギリスの数学者 G. H. Hardy とドイツの医者 W. Weinberg が 1908 年に独立に発表した．常染色体上にある遺伝子座を考え，対立遺伝子 A と a の集団中における相対頻度を p および q とすると（$p+q=1$），任意交配の下では，3種の遺伝子型 AA，Aa，aa の相対頻度は p^2，$2pq$，q^2 となる．これを $(Ap+aq)^2=AAp^2+Aa2pq+aaq^2$ と表し，ハーディー-ワインベルクの式と呼ぶことがある．ここで，p^2+q^2 は集団中のホモ接合体頻度，$2pq$ はヘテロ接合体頻度である．現在，ハーディー-ワインベルクの法則として，(1) 突然変異・自然淘汰・移住・偶然的変動（→遺伝的浮動）がなければ遺伝子頻度 p と q は世代と共に変化せず，(2) 任意交配の下では接合体（遺伝子型）の頻度は配偶子（遺伝子）の頻度を二乗して併記することが普通で，ときには (1) に重点があるかのような説明が行われる．遺伝学発達の初期にはメンデルの法則が正しければ交配を繰り返していくうちに集団内で優性形質が増加し劣性形質が減少するという誤解が存在したので，(1) を

強調する意味もあったと思われる．しかし，こうした歴史的な役割を除けば，今では，遺伝子が自己増殖し，メンデル機構，特に相同染色体の均等分離だけでは頻度が変わらぬことを考えれば，(1)は当然のことで，法則として実際の役に立つものは含まれていない．現在，法則として役に立つのは(2)の部分だけである．この狭い意味でのハーディ・ワインベルクの法則は，たとえ p と q が世代と共に自然淘汰などにより変化していくときでも，毎代近似的に成り立ち有用である．ただし，この場合，遺伝子型の頻度は受精直後のものを用いる．それは，もし発育の過程で生存についての淘汰が働けば遺伝子型の間の相対頻度が変わり，ハーディ・ワインベルクの式は成り立たなくなるからである．なお上の式は2個の対立遺伝子を仮定した場合であるが，一般に n 個の複対立遺伝子 $A_1, A_2, \cdots, A_n$ が $p_1, p_2, \cdots, p_n$ の頻度で集団中に存在すれば，任意交配の下における各種遺伝子型の頻度は，$(p_1A_1 + p_2A_2 + \cdots + p_nA_n)^2$ の展開によって与えられる．このときホモ接合体頻度は $p_1^2 + p_2^2 + \cdots + p_n^2$ であり，ヘテロ接合体頻度は $1 - (p_1^2 + p_2^2 + \cdots + p_n^2)$ である．

a **ハーディング** [herding] 《同》囲いこみ行動．雄が発情期に，自分の*なわばりに入ってきた雌を囲いこむ行動．シカ科，ウシ科などの有蹄類にみられる*配偶行動の一つで，雄は雌のあとを追っていって威嚇しながら群れから引き離し，自分のなわばり内に囲いこんで*交尾する．

b **バテリ腺** [Batelli's gland] アワフキムシの幼虫の背面の皮下に不規則に存在する単細胞腺．粘液を分泌する．虫は腹部を盛んに動かして空気をこれに混入し，アワフキムシ特有の泡状塊を作る．

c **波動膜** [undulating membrane] 《同》波状膜．[1] 一部の鞭毛虫において細胞に沿って伸びる鞭毛と細胞の間に形成された波状にうねる膜状構造．一般に細胞の突出構造であり，鞭毛との接点や鞭毛には特別な構造が見られる．*Trypanosoma*（キネトプラスト類）や *Trichomonas*（*副基体類）など寄生性鞭毛虫に見られ，おそらく粘性のある基質内での移動に用いられる．[2] 種々の*精子の尾部の軸糸にそって波状にうねっている膜．イモリなどの両生類，カマスなどの魚類のものに見られ，精子の移動に役立つ．

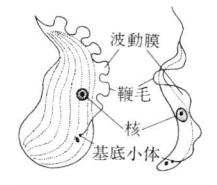

Trypanosoma rotatorium T. brucei

d **ハドソン** HUDSON, William Henry 1841～1922 アルゼンチン生まれのイギリスの博物学者．青少年時代からパンパスの動植物の生態を熱心に観察，イギリスに渡り，文筆で生活．野生動物についての観察は，動物生態学上長く価値を認められている．'The naturalist in La Plata'(1892)や小説『緑の館』は広く読まれる．

e **ハードニング** [hardening] 広義には耐性を高めるという意味であるが植物の耐寒性や*耐凍性を高める処理を指す語としてよく用いられてきた．本来はフロストハードニング (frost hardening) というのが正しい．例えば樹木はかなり高い耐凍性を遺伝的にもっているものが多いが，これは暖地にあれば発現しない．これらの植物は秋の成長停止後 −3°C くらいまでの低温に十分な時間さらすと，当初予ていた耐凍性をはるかに高めることができる．ハードニングと反対に，加温保存などによって生物の耐寒性を低下させる処理をデハードニング (dehardening) という．（⇒温度順化）

f **ハートライン** HARTLINE, Haldan Keffer 1903～1983 アメリカの生理学者．カブトガニの複眼の視神経から単一神経繊維を分離して，活動電位を検出．カエルの単一視神経繊維について研究し，網膜の光照射に異なって反応する3種類の神経繊維を発見した．1967年，R. A. Granit, G. Wald とともにノーベル生理学・医学賞受賞．

g **花** [flower] 被子植物の有性生殖に関与する器官の集合で，茎に相当する*花軸と葉に相当する*花葉とからなると考えられる．すなわち，一つの花は一つのシュートまたはその先端の一部に相当し，花葉は*花被片（萼片・花弁），*雄ずい，心皮（*雌ずい）に分化している．花を花軸と花葉とからなるとみる考えは C. F. Wolff (1768) にもあったが，J. W. von Goethe (1790) の変態説以来，一般に認められてきた．近年，花の器官決定に関する分子遺伝学的研究から提案された*ABCモデルは葉から異なる発生運命に変更されて花葉が形成されることを示して，これまでの花とシュートとの相同関係を支持している．花の進化的な起原については，花葉への変形が考えられる胚珠をつけた構造をもつ裸子植物の祖先が想定され，2億8000万年前の二畳紀の化石グロッソプテリス類が有名である．初期の被子植物の化石は中国の1億3000万年前の下部白亜紀層から発見された *Archaefructus* で，種子を内蔵した果実をつけており，長い花軸に多数の雄ずいと心皮のある花を水の上に出す水生植物と考えられている．花が生殖器官であることが18世紀の初めに認められてから，花の形態は被子植物の分類系上の標徴とされている．花の構成は*花式や花式図で表される．花の型はいろいろにある．花のつく位置により頂生花・側生花，また一つの花を構成する各花葉の有無により*完全花・不完全花，あるいは特に雌ずい・雄ずいの有無を重視して*単性花（雄花・雌花）・*両性花の区別がある．花被間の関係により同花被花・異花被花，また花の形の相称性からは大きく分けて*放射相称花・*左右相称花・無相称花，また同一種内での花の形からは同形花・*異形花があり，受粉の様式については風媒花・虫媒花・鳥媒花・水媒花などがある．一般に認める進化の傾向としては花葉の多数→少数，相称面の多数→少数であり，これに花葉相互間の合着が加わり，さらに子房の位置の子房上位→子房下位とされる．花の集まりは*花序と呼ぶ．

h **鼻** [nose ラ nasus] 脊椎動物の嗅受容器．顎口類胚においては神経板の出現前後に体先端の神経板の前端付近で，正中線の左右で表皮の一部が一対の鼻プラコード (lamina nasalis, nasal placode, olfactory placode) として発生とともに著しく肥厚，そこに嗅細胞 (olfactory cell) とその支持組織からなる嗅上皮 (olfactory epithelium) が発し，嗅神経の神経細胞の軸索を終脳へ向けて伸長し嗅神経となるほか，終脳から視床下部へと至る生殖腺刺激ホルモン放出ホルモン (GnRH) を分泌する神経細胞の起原ともなる（⇒視床下部）．表面では陥没部位が凹みとなり鼻窩といわれ，さらにそれが囊状になってその狭い内腔は前端の開口（外鼻孔）によって外部に開くようになる．嗅窩がひろがるとこれを鼻腔 (cavum nasi, nasal cavity 独 Nasenhöhle) という．円口類では鼻プラ

コードは腺性下垂体のプラコードとともに鼻下垂体という正中単一の原基として由来する嗅覚器官はさらに深く落ち込み,鼻管という盲管を形成,ヌタウナギではさらにこれが咽頭に通ずる.板鰓類では鼻は吻下面にあり,口腔と連絡.他の魚類では両側に鼻孔(nostril, nares, pl. naris 独 Nasenloch)があるが,口腔と連絡せず,外鼻孔(external nares)だけをもつ.四肢動物では外鼻孔にはじまり,内鼻孔(internal nares)で口腔に通ずる.羊膜類では鼻孔も長く複雑で,多くの室に分かれた複雑な鼻腔を形成し,嗅上皮の面積を広げるが,鳥類や霊長類では退化傾向にある.哺乳類では鼻の外側部と後方内部が分かれ,前者は動物種により延長して吻となる.鼻腔は索前領域の神経堤性の神経頭蓋(篩骨部)により支持され,中央には篩骨の一部と軟骨板(鼻中隔軟骨 septal cartilage)により形成された隔壁,鼻中隔(nasal septum)がある(⇒神経頭蓋).鼻腔内壁は粘膜に覆われ,鼻甲介(nasal concha)と呼ばれる襞が内側に伸び出し鼻腔壁面積の増大に役立つ.嗅覚の鋭敏な有蹄類や食肉類では著しく発達し,嗅覚が劣る霊長類では鼻甲介の数も少なく,嗅神経もその上部の一小部分,嗅部(olfactory region, regio olfactoria)に分布するのみ.嗅部に対し,他の部分を呼吸部(respiratory region, regio respiratoria)と呼ぶ.鼻甲介はその属する骨により顎骨甲介,鼻骨甲介,篩骨甲介に区別される.羊膜類のあるものでは鼻腔をかこむ骨の内部に副鼻腔(paranasal sinus)があり,鼻腔に連絡する.鼻腔には散在する小腺のボーマン腺(Bowman gland)と,鼻底の外側方にある大きなステンソン腺(Stenson gland)の2種の腺があるが,哺乳類の多くでは退化傾向にある.鼻は呼吸気の出入孔として吸気を加温・加湿,埃を防ぐ作用もある.

a **バナジウム** [vanadium] V.原子量50.94,原子番号23の第一系列主遷移元素.生体内では3～5の原子価をとりうる.ヒヨコやラットにおいて生元素であることが判明した.海藻のブロムペルオキシダーゼ,シアノバクテリアやバクテリアのニトロゲナーゼの補欠分子族.ホヤ類のなかには,バナジウム細胞(バナドサイト)中に海水の約1000万倍の350 mM 濃度のバナジウムを濃縮,含有する種があるが,その生理的な役割は不明(⇒生物濃縮).5価のバナジウムはリン酸化型ATPアーゼを特異的に阻害する.糖尿病のラットにバナジウム化合物を投与すると血糖値が低下するが,詳細な作用機序は不明.

b **バナジウム細胞** [vanadocyte] *尾索動物ホヤ類の血液中にある9ないし10種類の血球細胞のうち,バナジウムを濃縮している細胞.液胞細胞群がバナジウムを蓄積しているといわれるが,その中でどの細胞が蓄積しているかについては,種や研究者によって見解が異なる.モルラ細胞,シグネットリング細胞,コンパートメント細胞,液胞アメーバ細胞,顆粒アメーバ細胞が候補としてあげられたが,X線解析によりモルラ細胞は除外されている.シグネットリング細胞内の濃度が最も高く,バナジウムボヤ(*Ascidia gemmata*)では 350 mM と海水中の 10^7 倍にもなる.バナジウムは硫酸や液胞内に三価イオンのかたちで濃縮される.バナジウム結合分子は化学的状態でいくつかの色を示すことから,以前はヘモグロビンなどの呼吸色素との生理的関連性が疑われたが,現在は否定されている.バナジウムの濃縮機構,およびバナジウム濃縮の生物学的機能はまだ解明されていない.

c **バナジウム色素原** [vanadium chromogen] 《同》バナドクロム(vanadochrome),ヘモバナジウム(hemovanadium).ホヤ,ウミウシ,アメフラシ,イソアワモチ,カイメン,ナマコの類などのある種の体内において,生物濃縮されて存在するバナジウムを含む呼吸色素類似物質の色素部分.一部のホヤでは血球内で淡緑色の溶液の形で存在するが,溶血により褐色の赤色ヘモバナジンになる.これは酸性(pH2.4)で安定であるが,酸性度が失われると青色ヘモバナジンになる.ヘモバナジン(hemovanadin)は内部にバナジウム原子の2倍の硫酸基を含む分子で,蛋白質のアミノ基とキレート結合している.ヘモバナジンは酸化還元能力をもっているがヘモグロビンのような酸素運搬機能はなく,生理機能は不明.

花生態学 [floral biology, floral ecology] 送粉者(ポリネーター)と花の構造および機能との関係を追究する研究分野.花の複雑な多様化を,送粉との関連で理解しようとする立場から,形態や*フェノロジーなどの花形質と植物の繁殖成功との関係に着目した解析を行う.理論研究と野外研究の両面において,植物における進化生態学の中心的課題となっている.また,花形質は,植物における生殖隔離形質として種分化に関与することにも着目されている.近年では,ポリネーターの転換を引き起こした花形質の遺伝子を同定するための分子生態学的研究もすすめられている.

e **花束期** (はなたばき) [bouquet stage] *減数分裂の第一分裂前期の*レプトテン期後半から*ザイゴテン期,*パキテン期頃までに見られる,*染色糸が花束状を呈する時期.一般にザイゴテン期の動物細胞に多く観察される.各染色糸の端部が核膜の限られた部位に付着することにより,一端の場合は放射状,両端の場合はループ状となる(これをブーケ型染色体またはブーケ型染色体という).植物細胞でもヒメスイバ,ムラサキツユクサ,マツバラン,ヒバマタなどで知られている.

f **鼻プラコード** [nasal placode, olfactory placode ラ lamina nasalis] ⇒鼻

g **花虫口道** (はなむしこうどう) [actinopharynx] ⇒ポリプ

h **花虫類** (はなむしるい) [anthozoans ラ Anthozoa]「かちゅうるい」とも.《同》サンゴ虫類(Actinozoa).刺胞動物門の一綱.八放サンゴ亜綱(ウミトサカ類,ウミエラ類,ヤギ類など)と六放サンゴ亜綱(イソギンチャク類,イシサンゴ類,ツノサンゴ類など)に分かれる.世代交代を行わず,ポリプ形(花ポリプ anthopolyp)だけがありクラゲ形がなく,底生で付着生活を送る.分裂・出芽により無性生殖を行うことが多い.外胚葉由来の外骨格または内骨格が発達しているものもある.花ポリプは,その内部構造から見て左右相称.よく発達した口道(stomodaeum)と1～2本,あるものでは複数の管溝(siphonoglyph)がある.胃腔には8枚(八放サンゴ亜綱),6枚または6の倍数(六放サンゴ亜綱)の完全隔膜(花虫口道 actinopharynx に達する隔膜)もしくは不完全隔膜がある.特に六放サンゴ類のポリプにおいて,口道の背腹端にある2対あるいは1対の隔膜を方向隔膜(指示隔膜 directive mesentery, directive septum)と呼ぶ.方向隔膜上の縦束筋の束である筋旗(muscle banner, retractor muscle)の位置が向かい合わせになっていないので(他の隔膜とは逆),他の隔膜から識別できる.

方向隔膜により，ポリプの背腹・左右の関係を知ることができる．方向隔膜とスリット状の口腔外口の中央を縦断する面は，体の左右相称面であるから方向軸(directive radius)という．胃腔は隔膜によりさまざまな放射腔に分けられているが，六放サンゴ類では，1対の完全隔膜に囲まれた細長い小室を内腔(内房 entocoel)と呼び，これに対し隣りあう同じ組の2対の完全隔膜に囲まれた，内腔より著しく広い室を外腔(exocoel)と呼ぶ．2対の隣りあう一次隔膜に囲まれた外腔の中央には二次隔膜が1対形成され，次に二次隔膜と一次隔膜との間，すなわち二次隔膜の外腔の中央に三次隔膜が1対形成され，放射腔を規則的に区切る．隔膜の縁に隔膜糸をもち，刺胞をそなえる．隔膜糸のうち胃腔内に突出しているものを槍糸(acontium)という．イソギンチャク類では隔膜下端部の遊離片に細長い糸状物も槍糸と呼ぶ．これは刺胞が密集しているために白色，ときには桃色を呈し，刺激に応じて口あるいは体壁にある壁孔から射出され，外敵に対する防御・攻撃に用いられる．間充ゲルは間葉性．生殖巣は内胚葉に由来し，隔膜上に生じる．花虫類には群体を構成するものが多数いる．各個虫はよく発達した共肉部によって連続し，各個虫の胃腔は共肉内部を走る細管の腔腸溝系(溝道，共肉溝系 pl. solenia)で連絡している．群体が形状の異なる2型の個虫で構成されている場合，ポリプとしての典型的な構造をもつものを常個虫(通常個虫・通常個員 autozooid)と呼び，口および管溝が著しく発達していて体の大部分を占め，触手および隔膜が退化し，水の出入れの機能をもつものを管状個虫(管状個員 siphonozooid)と呼ぶ．種類によって管状個虫に生殖巣ができる．ほとんどが海産，稀に汽水産のものがある．現生の刺胞動物のうち約2/3，約6000種がこの類に属する．かつての呼称であるサンゴ虫類(Actinozoa)は，タクソンの名称としては用いられない．古生代を中心に，四放サンゴ類や床板サンゴ類などの化石種が多数知られている．

a **バナール** **Bernal**, John Desmond 1901～1971 イギリスの生物物理学者．W. H. Bragg のもとでX線による構造解析法を学ぶ．金属や氷の結晶構造，ビタミンD・ホルモン・蛋白質の立体構造の研究を行った．また，粘土上に生命の発生を仮定した生命の起原説を提唱．[主著] Origin of life, 1967.

b **ハニーガイド** [honey guide] 《同》蜜標，蜜しるべ．多くの花に見られる，蜜の分泌部位を目立たせるような特別な色彩配置．他と異なる色や花被にある斑点や模様があたかも分泌部位を指示するような配列が見られ，これが訪花昆虫が蜜に到達するのを助ける機能を果たしていることは，実験的にも証明されている．なお，植物種によっては，ハニーガイドが可視光の色でなく紫外線反射率のちがいによって生じている場合もあり，また局部的な匂いによるハニーガイドもありうると考えられる．

c **パニコイド型** [panicoid type] イネ科のうち，葉の同化組織が葉肉だけでなく維管束を取り巻く内皮(維管束鞘)にもあり，表皮のケイ酸細胞が鞍形にくびれ，2細胞からなる毛をもつ形質の集団をもつ群．これに対し，同化組織が葉肉間の葉肉に限られ，ケイ酸細胞にくびれがなく，2細胞からなる毛がない，という形質の集団をもつ群はフェスツコイド型 (festucoid type)という．H. Prat (1936)が同化組織の形質について見出した．その後，染色体の大小・基本数・光合成のタイプ(C_4型/C_3型)も両者で異なることが分かった．キビ亜科(キビ，メヒシバ，トウモロコシ，サトウキビ)とウシノケグサ亜科(コムギ，カラスムギ，スズメノカタビラ)はそれぞれの典型．

d **パニッツァ孔** [Panizza's foramen, foramen of Panizza ラ foramen Panizzae] ワニ類の心臓の左右心室から出る右および左大動脈弓の基部にある短絡孔．ワニ類の心臓は他の爬虫類とは異なる特有の構造をもち，心室は隔壁によって左右2室に完全に分かれており，右心室は肺動脈幹と左大動脈弓とを出し，左心室は右大動脈弓を出す．これら左右大動脈弓はパニッツァ孔で通じ，右心室から出る左大動脈弓は静脈血を多く含み，左心室から出る右大動脈弓は動脈血を多く含む．この孔があるため両血管の血液は多少混合し，その血液が体内を循環する．

e **埴原和郎** (はにはら かずろう) 1927～2004 自然人類学者．東京大学理学部生物学科教授．人骨データの解析から，現在の定説である日本人の二重構造説を主唱した．[主著] 日本人の成り立ち, 1995.

f **馬尿酸** [hippuric acid] $C_6H_5CONHCH_2COOH$ ベンゾイルグリシンに当たる．ウマそのほか草食動物の尿に多く含まれ，ヒトの尿にも少量含まれている．食品添加物などで摂取した安息香酸が肝臓に運ばれ，ATP，Mg^{2+}，CoAの共役下でグリシンとペプチド結合で結ばれて生ずる．この合成はイヌでは腎臓で行われるが，他の動物では肝臓で合成され，肝臓から抽出した酵素標品では試験管内でも合成できる．馬尿酸を分解する酵素をヒップリカーゼ(hippuricase)という．

g **羽** 鳥類の*羽毛や*翼，昆虫類の*翅など，また植物ではカエデの果実(→翼果)の翼などの総称．

h **翅** [wing] 昆虫の中胸部・後胸部に各1対ある飛翔器官．*中胸に生ずるものが*前翅，後胸のものが*後翅．古生代に生息した古網翅目(Palaeodictyoptera)のあるものでは，前胸にもかなり大きな突起がみられるが，これは翅の進化過程を示すものといわれる．翅は嚢状で，表裏にクチクラ上皮をもち，その内腔には*血体腔が入りこみ，翅の基部にある補助拍動器官の働きによって血液が循環(翅部から血液が吸い出される)しているのが一般的である．翅の基部から先端に向かって硬化の進んだ大小の管状の隆起が走り，*翅脈と呼ばれる．翅脈の配列の様子は*翅脈相と呼ばれるが，これは昆虫の群によって異なり，原始的なものほど横脈が多く複雑である．翅の基部は複雑な関節を形成し上面では*背板，下面では*側板に接続する．腹面から背板または翅の基部下面に付着した翼筋(翅筋)の伸縮により，翅が間接または直接に振動し，飛翔のための浮揚力と推進力とを生ずる．翅の振動数は昆虫の種によって異なるが，概して原始的な昆虫において少ない．また前翅と後翅で異なることも多く，その場合，前翅のほうが一般に振動数が少なく，鞘翅類のようにほとんど振動しないものもあるが，連翅装置により両者が同時に振動する昆虫もある．翅の運動は複雑で，方向を変える場合には腹部の運動の助けをかりる例(チョウなど)も知られている．翅の表面に毛や*鱗片をもつものも多く，また周縁には*縁毛がみられる．これらが斑紋を形成して*隠蔽色や*標識色として役立つ場合もある．翅は幼虫/幼生期において，背面上皮の嚢状突出物(*成虫原基)として生じ，それが次

第に発達して成虫化の際に完成する．この成虫原基は，*不完全変態昆虫（外翅類）では体表に突出しているが，完全変態昆虫（内翅類）では逆に体内へ陥入しており，蛹化に至って体表へ現れる．

a **跳ね返り現象** [rebound phenomenon] 《同》反跳現象．作用が終わった後に生体が逆の反応を示すこと．[1] 特に神経系において，興奮にひきつづき抑制が，抑制にひきつづき興奮が惹起される例がしばしば見られる．脊髄反射について研究した C. S. Sherrington（1906）は，同じ肢に強い屈曲反射を惹起させた後に交叉伸展反射の強度が著しく亢進することなど，このカテゴリーに属する現象を種々観察し，視覚における継時対比に対応するものとしている．しかし継時対比に限らず，網膜の神経節細胞は活動様式から on 型と off 型（⇒オフ反応）とに区別され，跳ね返りに属する活動様式を基本としていると考えられる．[2] 臨床などにおいて，薬物投与などを急に中止することによって引き起こされる不都合な生体反応．

b **羽づくろい** [preening] 水浴後などに鳥が羽毛を整える行動．鳥にとって水浴や羽づくろいは，よごれや寄生虫をとり除き，羽毛を清潔にしておくうえで欠かせない習性である．羽づくろいの際，鳥は嘴の先で羽毛をすき，小羽枝の乱れまでなおし，*尾腺から分泌される脂肪を羽毛にぬりつける．嘴の先が届かない頭の上や顔の羽毛は，脚でかいて整える．頭のかき方には，脚を直接頭にもっていく直接法と，脚を翼と脇の間から出して頭にもっていく間接法または翼越し法の2通りがある．どちらの方法を使うかは分類群ごとにかなり固定的に決まっているが，その違いの意味についてはわかっていない．

c **バーネット** BURNET, Frank Macfarlane 1899～1985 オーストラリアの医学者．インフルエンザ A ウイルスの分離，バクテリオファージの研究ののち免疫学に進み，ウイルスを接種したニワトリ胚が適切な抗体を作らないことから，免疫の抗体産生についてのクローン選択説を提唱，現代免疫学に展望を開いた．P. B. Medawar とともに，後天的免疫トレランスの発見で 1960 年ノーベル生理学・医学賞受賞．［主著］Clonal selection theory of acquired immunity, 1959.

d **パネット** PUNNETT, Reginald Crundall 1875～1967 イギリスの遺伝学者．W. Bateson とともにスイートピーの交雑実験で存不存仮説を立てた（⇒ベイトソン）．

e **パネート細胞** [Paneth's cell] 哺乳類のうち，霊長類，齧歯類，翼手類，反芻類において，小腸の自然免疫に関与する細胞．塩基性蛋白質や糖蛋白質を含む分泌顆粒をもつ．

f **場の理論**（心理学の）[field theory] 《同》場理論．心理現象はそれを構成する要素の単なる集まりではなく，全体として一つの場をつくっているものであり，その内部は相互に力動的に関連しあっていると考える理論．物理学における「場」の考え方を心理学にとり入れたのは*ゲシュタルト心理学である．ゲシュタルト心理学全体に場の考え方が浸透しているが，*学習の領域でアメリカ行動主義心理学との論争が盛んになるにつれて，ゲシュタルト的な学習理論を総称して場の理論または認知説（cognitive theory）ということがある．その代表的人物はゲシュタルト心理学の創設者である W. Köhler とその後継者 E. C. Tolman である．Tolman によれば，認知とは対象間の相互関係や意味関係をも含むものであり，対象間の手段-目的関係（means-end relation）に対する期待（means-end expectation）という形で成立する．動物にとって重要な意味をもつ対象は意味体（significate）と呼ばれ，それらの手段となる対象は記号（サイン sign）といわれる．この両者の間には，経験によって意味づけられた手段-目的関係が成立し，この成立した全体をサイン-ゲシュタルト（sign-gestalt）と呼ぶ．学習とは，C. L. Hull のいうような刺激-反応結合の成立（⇒S-R 理論）によるのではなく，このサイン-ゲシュタルトの成立をいうのである．それでこの説をサイン-ゲシュタルト理論（sign-gestalt theory）という．（⇒認知心理学）

g **ハーパー** HARPER, John Lander 1925～2009 イギリスの植物生態学者．雑草防除の研究から出発し，自然の中での植物の生態を解明するうえで数の重要性に早くから着目し，動物を中心に発達した個体群生態学のアプローチを植物個体群の研究に導入する努力を続け，植物個体群生態学の発展を方向づけた．［主著］Population biology of plants, 1977.

h **パパイン** [papain] パパイヤ果実の乳液中に存在するシステインプロテアーゼ（EC3.4.22.2）．分子量3万9000 の前駆体として生合成されたのち，限定分解により分子量2万3406の一本鎖ポリペプチドとなり，活性型となる．基質特異性は広く，特に疎水性アミノ酸に続くリジンやアルギニンなどの残基の C 末端側で切断する．活性型酵素の等電点は 8.75, 至適 pH は 6.0～7.5, 高い安定性をもち，8 M の尿素中でも活性を保持．活性化にはシステインなどの SH 試薬を添加することが必要．阻害剤は各種 SH 基修飾薬剤，Hg^{2+} などの重金属イオン，E-64, アンチパイン，ロイペプチンなど．パパインを免疫グロブリン（IgG）に作用させると，抗体の Fc ドメインと Fab ドメインに分割され，後者は免疫沈降を起こさない一価性分子として利用される．植物にはパパインと類縁のシステインプロテアーゼがいくつか知られており，パイナップルのブロメラインは肉を軟らかくするテンダライザーとして料理にも利用される．

i **ハーバーラント** HABERLANDT, Gottlieb 1854～1945 ドイツの植物生理学者．植物の解剖学と発生学を機能的見地から研究する先駆をなし，またジャガイモの塊茎・コールラビの球茎などの切口から傷ホルモンが出ると唱えた．不成功に終わりはしたが，組織培養の先駆的な試みをし，刺激生理学の研究も行った．［主著］Physiologische Pflanzenanatomie, 1884.

j **ハーバリウム** [herbarium] 《同》腊葉庫（さくようこ）．植物標本を蒐集保存し，それに基づいた研究を行う施設．図書室や研究室を含むのが一般的で，*植物園に併設されることによって，生きた材料による解析的な研究と大量の標本による変異の研究とが並行して行えるようになっている施設も多い（イギリスのキュー，ドイツのベルリンのダーレム，アメリカのミズーリなど）．植物標本は古く本草学の時代から作られていたが，ハーバリウムが現在のような形をとるようになったのは，パリ自然史博物館（1635）やロンドンの大英自然史博物館（1753）のような博物館の自然史部門（⇒自然史博物館）が設立されてからである．現在，キュー，ロンドン，パリ，サンクトペテルブルグ，ジュネーヴなどの主要ハーバリウムには 500 万点あるいはそれ以上の資料標本が

所蔵されており，世界中の研究者に活用されている．日本では，東京大学理学部や京都大学のハーバリウムが最大で，それぞれ100万点をこえる標本を所蔵する．

a バーバンク BURBANK, Luther 1849〜1926 アメリカの育種家．C. Darwinの著作に影響され，独学で育種事業に専心，交配と集団淘汰法とを組み合わせた種々の独創的手法を用い，種なしスモモ，棘なしサボテン，芳香性ダリアをはじめ，トマト，イチゴ，ブドウ，クルミ，クリなど，多数の新品種を作り出した．〔主著〕How plants are trained to work for man, 1921.

b パピローマウイルス [*Papillomaviridae*] 《同》乳頭腫ウイルス．ウイルスの一科．従来は*ポリオーマウイルスとあわせパポーバウイルス科として分類されていたが，各々独立の科となった．さらに16属に分類される．ウイルス粒子は，直径約55 nmの正二十面体で72個のキャプソメアからなる．ゲノムは，約6800〜8400塩基対の二本鎖環状のDNA．ゲノムは8〜10個の蛋白質をコードし，後期遺伝子産物 L1, L2が*キャプシドを構成する．宿主特異性が強く，さまざまな動物（ウシ，ヒツジ，シカ，ウサギ，ヤギ，ウマ，イヌ，サル，ヒトなど）に種固有のパピローマウイルス（papillomavirus）が存在する．接触によって伝染し，宿主の皮膚や粘膜に良性腫瘍（乳頭腫）を形成する．ウサギの口部に乳頭腫を起こすパピローマウイルス（rabbit oral papillomavirus）はR. E. Shope (1933) によって発見されShope papillomavirusとして有名である．ヒトパピローマウイルス（HPV）には100種以上の型が知られており，16, 18, 33型などは子宮頸癌の原因ウイルスとして重要である．HPVによるがん化には初期遺伝子E6, E7にコードされる蛋白質が関わり，それぞれ細胞の*がん抑制遺伝子産物p53およびRbの機能を抑制する作用をもつ．HPV16型，18型に対するワクチンが開発され，子宮頸癌に対して予防効果があることが判明した．

c パフ [puff] 《同》染色体パフ（chromosome puff）．ユスリカやショウジョウバエなど双翅目の幼虫の唾液腺，腸あるいはマルピーギ管などの細胞核内にある*多糸染色体の横縞の特定の場所に見られる不連続なふくらみ構造．発生過程のある決まった時期に，染色体上の定まった場所に，一定の順序に従って出現する．可逆的であり，次の発生段階で元に戻る．また，組織によってもパフ形成の時期および場所が異なる．多糸染色体の上で，RNA合成が盛んな部分が選択的にゆるむことによって生じ，遺伝子の転写活性を可視的に示している．

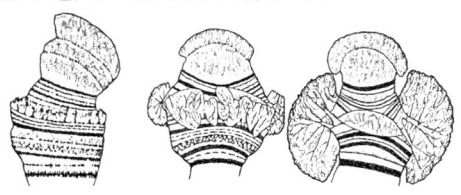

ユスリカのパフの発達（W. Beermann, 1952による）

d ハプテラ [haptera, *pl.* haptera] 《同》テナキュラ（tenaculum, *pl.* tenacula），付着器（holdfast），仮根．藻類などにおいて，基物に付着するための構造．特殊化した細胞やその一部である場合から，コンブ類のように複雑な器官である場合まである．

e ハプテン [hapten] *抗体と結合できるが，それ自体は免疫反応を誘起する能力（免疫原性）をもたない物質．1910年代以後，K. Landsteinerは芳香族化合物，糖類などの*抗原となりえない低分子物質を蛋白質に結合させたものを抗原として用い，前者に対する抗体と後者に対する抗体とが独立的に生成されることを確かめ，それらの低分子物質をハプテンと総称し，そのときに用いた蛋白質を担体（carrier）として概念的に区別した．この研究により，自然抗原でも，抗体の標的となるのは抗原分子全体ではなく，その一部であることが推測され，これが*抗原決定基として確定した概念となった．それゆえ，ハプテンとは人工抗原決定基と定義することができる．近年，ハプテン化蛋白質をマウスに免疫して得られる抗ハプテン抗体の産生を指標にして，抗原特異的な抗体産生量や親和性成熟を詳細に解析する方法が開発され広く利用されている．

f ハプト植物 [haptophytes] 《同》ハプト藻．真核生物における系統群の一つ．基本的に単細胞性．紅色植物との二次共生に由来する葉緑体はクロロフィル a, c_1, c_2, *フコキサンチンを含み，核膜につながる色素体ERを含む四重膜で囲まれる．2本の鞭毛の間にハプトネマ（haptonema）と呼ばれる鞭毛よりやや細く内部に小胞体と樋状に配列した6〜9本の微小管を含む細長い構造をもつ．ハプトネマは屈曲，コイリング，付着などの運動性を示し，ときに捕食に用いられるが，極めて退化的な種もいる．細胞は通常，有機質の鱗片で覆われ，ときに石灰化した鱗片（円石）をもつものもいる（*円石藻）．多くが海にプランクトンとして生育し，生産者として極めて重要な存在．一部は細菌などを捕食する混合栄養性．また揮発性硫黄化合物を生成し，硫黄循環や雲の生成による気候変動にも大きく関わる．ハプト植物門（Haptophyta）に分類され，パブロバ藻綱とコッコリサス藻綱（またはプリムネシウム藻綱）に分けられる．真核生物内でのハプト植物の位置ははっきりしていないが，クリプト植物や*太陽虫類，テロネマなどとの近縁性が示唆され，これらを併せたハクロビア亜界（Hacrobia）という分類群が提唱されているが，その単系統性は定かではない．

g ハプロタイプ [haplotype] 半数体の遺伝子型（haploid genotype）を意味する略語．一つの染色体上，あるいは半数性ゲノムの単一または複数の遺伝子座の対立遺伝子構成や塩基配列のことをいう．*半数性である*ミトコンドリアゲノムの場合，塩基配列解析や*制限酵素切断地図によってゲノムの遺伝子型が同定できるため，ミトコンドリアゲノムの遺伝子型をハプロタイプと呼ぶこともある．核DNAの場合，ゲノム解析技術の発達によって大量のSNPs（≒一塩基多型）データが得られるようになり，そうしたSNPsの連鎖群としてハプロタイプが同定されるようになった．ヒトゲノムのハプロタイプ地図を作製することで病気の原因遺伝子などの同定を容易にする試みも行われている．

h ハマオモト線 [*Crinum* line] 日本の海岸植物として景観的に顕著なハマオモトの自生北限界を連ねて得た分布境界線．小清水卓二（1930）の提唱で，日本暖地植物の分布標示上意味をもつと主張された．年平均気温14°Cの等温線とほぼ一致し，日本海岸の敦賀湾から伊勢湾・東海道を経て銚子に至る．

i ハミルトン HAMILTON, William Donald 1936〜2000 イギリスの進化生物学者．血縁淘汰を発見し，包

括適応度概念を提唱．局所的配偶者競争 (local mate competition) の理論，利己的な群れ (selfish herd) の理論，移動分散理論，協力の進化，有性生殖の進化に関する「赤の女王」仮説など，数々の理論を提唱した．動物行動学や生態学に大きな影響を与えた．1993年，京都賞基礎科学部門受賞．

a **早田文蔵**（はやた ぶんぞう）　1874〜1934　植物分類学者．東京帝国大学植物学科教授，小石川植物園園長．台湾やインドシナの植物フロラを調査．動的分類系を提唱した．[主著] 植物分類学Ⅰ, 1933．

b **腹**　【1】[venter, ventral side] 左右相称動物体において背に対し，重力の方向を向く面．あるいは，口の開口する方向．
【2】[abdomen, belly] 積極的に位置運動をし，それに応じて体の前端に*頭が分化し，ついで*胸が区別される場合，一般に胸の後方，*尾の前方の部位をいう．体における腹の部位をいう．昆虫では環状に連なった有節構造(*分節)からなり，多いものでは10〜11体節からなり，第一，第二腹節が縮小したり，末端のいくつかの体節が小さくなり併合され，4, 5節しか見分けられないものもある．第九腹節には，雄では外に通ずる室すなわち生殖室 (genital chamber) があり中に挿入器(陰茎)を収め，この節の後下部に把握器が関節するものが多い．雌では第八腹節から1対，第九腹節の下部から2対の突起が出，この3対で産卵管を合成する(⇒交尾器官)．各腹節は上面の硬皮板である背板，下面の腹板と，その間の軟らかい側膜とからなり，脚はない．

c **ハラー** HALLER, Albrecht von　1708〜1777　スイスの解剖学者，生理学者．ゲッティンゲン大学の植物学・解剖学・医学の教授．血管解剖学上にハラーの腹腔三脚 (tripus Halleri) などの発見．また，大著 'Elementa physiologiae corporis humani' (人体生理学要綱, 8巻, 1756〜1766) で筋肉の被刺激性と神経の感受性とを区別した．刺激生理学の開祖とも呼ばれる．解剖学上の著作としては 'Icones anatomicae' (1777〜1778) があり，植物学の分野では 'Bibliotheca botanica' (2巻, 1771〜1772) を著した．

d **パラアミノ安息香酸**　[para-aminobenzoic acid, *p*-aminobenzoic acid] PABAと略記．$C_7H_7NO_2$　分子量137.14. $H_2N-C_6H_4-COOH$ ビタミン様作用物質の一つで，この欠乏によりネズミの体毛が退色するので抗灰色毛因子 (anti-gray hair factor) の名がある．またその欠乏でヒナの発育が低下する．微生物の発育にも重要な因子であり，ビタミンH′ (vitamin H′) といわれ酵母から分離されている．定量法としては *Neurospora crassa* の微生物法がよく用いられる．*Streptococcus* など細菌の増殖に必要だが，構造上類似するスルホンアミドが葉酸合成の際に拮抗的に阻害する．ヒトの栄養にPABAが必要かどうかは疑わしく，ビタミン様作用物質としてあげられる．N-アルキル体のアルキルエステルは局所麻酔剤として利用される．

e **パラアミノ馬尿酸**　[para-aminohippuric acid, *p*-aminohippuric acid] 《同》PAH. $H_2NC_6H_4CONHCH_2COOH$ *馬尿酸の誘導体で，アミノベンゾイルグリシンにあたる．腎血漿流量 (renal plasma flow, RPF：実際に濾過に関与した血漿量) の算出に用いられる物質．生体内で分解されることがなく，*糸球体を自由に通過するとともに，濾過されずに血漿中に残ったそのほとんどが尿細管中に分泌される．よって，単位時間当たりの尿量 V，血中PAH濃度 P，尿中のPAH濃度 U とRPFの関係は，RPF$=U \cdot V/P$となる．また血液の*ヘマトクリット値をa%とすると，腎血流量 (renal blood flow, RBF) はRBF$=$RPF$(1/(1-0.01a))$となる．また，尿中に現れるPAH量は濾過と分泌の合計量となるため，血中にPAHを注射し，尿中のPAH量と濾過されたPAH量を比較することで，その生物で分泌による排出が行われているかどうかを調べることができる．
(⇒クリアランス)

f **パラケルスス** PARACELSUS, Philippus Aureolus　本名 Theophrastus Bombastus von Hohenheim　1493〜1541　スイスの医師．医化学派の祖．青少年時代に，チロルで鉱山と冶金の技術を，またウィーンとフェララで医学と錬金術を学んだ．ヨーロッパ各地を遍歴しながら講述・著作・医療に当たった．Galenos を教条主義的に祖述する「伝統医学」を強く拒否，実証を重んずる一面，新プラトン主義の影響をも受け，鉱物の晶出や精錬の過程との類比による化学的生命観・医学説を唱え，水銀・硫黄・塩を基本とする鉱物性の薬剤を多用した．[主著] Chirurgia magna, 1536; Liber paragranum, 1530執筆，死後出版．

g **パラコアグレーション**　[paracoagulation] フィブリノゲンおよびフィブリンのプラスミンによる分解産物である*FDPのうち，X, Y分画が，トロンビンまたは硫酸プロタミンを加えるとフィブリン様のゲル状物質を形成する現象．この現象を引き起こす物質として，ほかにトルイジンブルー，アニリン，グリシン，塩化水銀，*p*-ニトロフェノール，ニンヒドリン，食塩，硫酸ナトリウム，チラミン，硫酸亜鉛などが知られている．また，パラコアグレーションを呈する物質には，FDPのほかに*可溶性フィブリンモノマー複合体があり，血栓性疾患の際に血中に出現する．

h **パラコート**　[paraquat] 《同》メチルビオローゲン (methyl viologen). 1,1′-dimethyl-4,4′-bipyridinium dichloride にあたる．接触型非ホルモン性の除草剤．茎葉処理で非選択的に作用を示す．パラコートは，光合成系Ⅰの電子伝達系から生じるNADPH (⇒ニコチン(酸)アミドアデニンジヌクレオチドリン酸) によりフリーラジカルとなる．これが酸化により，もとのイオンに戻るときに生ずる $OH^{\cdot}$ や O_2^{-} ラジカルにより殺草作用を示す．NADPHと反応するため，哺乳類に極めて有毒で，肺・腎臓などを冒す．

$$[CH_3-{}^+N\!\!\!\bigcirc\!\!\!\bigcirc N^+-CH_3] \cdot 2Cl^-$$

i **バラージ現象**　[barrage phenomenon] 《同》バラージ反応．寒天培地上に並んで成長した菌糸体のコロニーの間に狭い幅の境界が現れる現象．最初，木材腐朽菌のカイガラタケの単胞子培養で得られた菌糸体の間で見出された (R. Vandendries & H. J. Brodie, 1933). 異属または異種に属する二つの菌の菌糸体が隣りあってコロニーを生じた場合や，同一種の二つの胞子から生じた二つのコロニーの間で見られることもある．二つのコロニーからの菌糸はこの境界を越えて成長することはほとんどなく，特に気生菌糸がここでは乏しいので，ほとんど一直線をなす境界が目立つ．この原因としては生産される特異な作用物質が考えられるが，まだ境界が現れない

ときに二つのコロニーの間の寒天中に薄いガラス板(寒天面からわずかに出るくらいの高さ)を入れ両者を隔てても同様の現象が現れることから,発生するガス体が原因だとされている.ヒラタケなどでは遺伝的に説明されるが,一般化されえない.二次菌糸体と一次菌糸体との間にも起こることがあるが,一般に二次菌糸体の盛んな成長のためにすぐ消えてしまうことが多い.

a **バラ状果** [cynarrhodion, hip] 子房周位花の壺状の*花床が,多数の*痩果とともにこれを内部に包んで発達した*偽果.バラ属で一見して果実状にみえる部分は,壺状の花床が受精後に厚く発達したものであり,内部に痩果の集団がある点では*集合果の一種.花床が壺状を呈する点,イチジクの場合と同じにみえるが,イチジクの場合は内部に多数の花があった*複合果である.

b **パラス** PALLAS, Peter Simon 1741〜1811 ドイツの博物学者.ハレ,ゲッティンゲン両大学で学び,イギリスとオランダで動物学を研究.ペテルブルグのアカデミーに招かれ,ウラル,シベリア,アムール地方,後にクリミアを調査探検,多数の生物観察をした.生物の地理的変異に注目し,ヨーロッパとシベリアに対応的な種が存在することに気づき,また樹枝状の類縁図を考えるなど,進化論の先駆となる思想として評価される.

c **パラーデ** PALADE, George Emil パラディ,パレードとも.1912〜2008 アメリカの細胞生物学者.電子顕微鏡により細胞内の微細構造を研究し,ミクロソームが膜構造をもつことを明らかにした.また,それがRNAを多量に含んでいることを発見,リボソームと呼ばれるようになった.A. Claude, C. R. M. J. de Duveとともに1974年ノーベル生理学・医学賞受賞.

d **パラトース** [paratose]《同》3,6-ジデオキシ-D-グルコース.細菌の細胞壁を構成しているリポ多糖(lipopolysaccharide)の側鎖に結合している糖の一種.

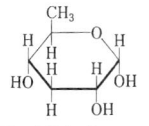

e **バーラーニ** BÁRÁNY, Robert 1876〜1936 オーストリアの医学者.ヒトの耳に体温より低い温度の水を入れて冷やすと眼球振盪を起こすことを発見,これが内耳の迷路反射によることを明らかにし,この現象を耳の病気の診察に用いた(バーラーニ試験).1914年,この研究でノーベル生理学・医学賞受賞.航空生理学にも貢献.

f **パラニューロン** [paraneuron] 分泌性の顆粒や小胞をもち,刺激を受容すると脱分極して分泌物質を放出する性質をもつ細胞.そのような性質が*ニューロンに類似しているので,多種多様の分泌細胞の統一的理解のため,藤田恒夫(1975)が提唱.味細胞・嗅細胞,気管支や腸上皮の顆粒細胞のようなものから,副腎髄質のアミンをホルモンとして分泌している細胞やランゲルハンス島のペプチドホルモンを分泌している細胞などにいたるまで,多種の細胞が含まれる.

g **パラビオーシス** [parabiosis]《同》並体結合.動物の2個体以上を体液的に結合させる実験.性決定の機構を調べる目的で両生類胚を結合させたり,ホルモンの作用を調べるため哺乳類の血管を連絡させる実験が行われてきた.昆虫は開放血管系と硬いクチクラをもつため,パラビオーシスに都合がよい.そのため,直接あるいはガラス管などで2個体以上を結合させる実験が行われ,昆虫内分泌学の発展に貢献してきた.

h **腹襞**(はらひだ) [metapleure, metapleuric fold] *頭索動物の*囲鰓腔壁の腹外側を縦走する左右1対の襞.発生学的に囲鰓腔壁出現時の襞も腹襞と呼ぶ.腹襞は初め腹側に伸び,その後,基部よりわずかに内側に向かって水平に伸びる襞が出現する.この内側に伸びる襞より遠位に残された部分が残存して成体の腹襞になる.1774年に初めてナメクジウオを記載したドイツ人博物学者で,ロシアのサンクトペテルブルグで研究したP. S. Pallasは,この腹襞をナメクジの脚と誤認して,ナメクジウオをナメクジの1種に分類した.

i **パラ胞子** [paraspore] 真正紅藻類の*四分胞子体において,胞子嚢(パラ胞子嚢 parasporangium)中に多数形成され栄養繁殖を行う無性胞子.枝状に形成される同様の無性胞子を枝胞子(seirospore)と呼ぶ.イギス目の一部に知られる.

j **パラミオシン** [paramyosin] 軟体動物や環形動物など無脊椎動物の筋肉の主要構造蛋白質の一つ.筋肉の太いフィラメントの芯を形成しているとされる.約220 kDa,長さは135 nmで,ほとんど*αヘリックスからなる分子量約11万の二本鎖からなり,その二本鎖はS-S結合を形成している.濃い塩溶液に溶け,低塩溶液で容易に偽結晶(paracrystal)となる.貝の閉殻筋では太さ15〜60 nm,長さ10〜30 μmの棒状会合体をつくり,表面に*ミオシンを結合させている.

k **パラミクソウイルス** [*Paramyxoviridae*] ウイルスの一科.ウイルス粒子は直径150〜300 nmの球形で,*エンベロープの内側にらせん形ヌクレオ*キャプシドを含む.ゲノムは約1万5000塩基長の一鎖一本鎖RNA. *オルトミクソウイルスと形態が似ているのでこの名があるが,ゲノムは分断されていない点,また血液凝集活性と*ノイラミニダーゼ活性(すべてのパラミクソウイルスがこれらの活性をもつわけではない)が同一ポリペプチド上にあるところが異なる.ウイルス粒子内にRNAポリメラーゼがあり,それにより感染直後のウイルスmRNAがつくられる.細胞質で増殖する.ヒトや動物の呼吸器疾患を起こすものが多い.所属ウイルス:パラインフルエンザウイルス(Parainfluenza virus) 1, 2, 3, 4型,*ニューカッスル病ウイルス,*おたふくかぜウイルス,*麻疹ウイルス,牛疫ウイルス,*ジステンパーウイルスなど.紫外線で不活化した*センダイウイルス(HVJ)は雑種細胞の形成(*細胞融合)に用いられる. (⇨付録:ウイルス分類表)

l **パラミューテーション** [paramutation] ヘテロ接合体において対立遺伝子の一方が他方の遺伝子を非常に高頻度に自分と同じ遺伝子に恒久的に変える遺伝子変換の非常に特殊なケース.R. A. Brink(1956)がトウモロコシの着色を支配するR遺伝子座において発見した現象で,R^r遺伝子はホモ接合体においては安定であるが,ヘテロ接合体$R^r R^{st}$にあっては$R^r→R^{st}$への突然変異を起こし,その頻度は100%に達する.

m **パラミロン** [paramylon, paramylum] *ユーグレナ藻の貯蔵物質で,$β-1, 3-$グルカンからなる不溶性炭水化物.ミドリムシ(*Euglena*)の細胞内に蓄積される物質は,養分摂取の方式とは無関係に脂肪とパラミロンである.パラミロンは皿状・環状・棒状・球状の顆粒で,かなり大きくなることもある.光学的には澱粉同様の層状構造が見られるが,これはパラミロンの長くなったミセルがらせん状になっているためと考えられるもので,澱粉検出の試薬には反応しない.

a **ハリソン** Harrison, Ross Granville 1870〜1959 アメリカの動物学者.脊椎動物の神経細胞の発生を研究し軸索が神経細胞の突起であることを確認.また神経の組織培養法を創始し,さらに付属肢の側性などの実験発生学的研究を行った.'Journal of experimental zoology'を創刊,長く編集にあたった.

b **バリン** [valine] 《同》ヴァリン.略号 Val または V (一文字表記).分岐鎖 α-アミノ酸の一つ.P. Schützenberger (1879)がアルブミンから発見.L 化合物は多くの蛋白質に含まれ,アマ種子の蛋白質中には最も多く約 12.7% 含まれる.ヒトでは不可欠アミノ酸.分解は(哺乳類では主に筋肉で)アミノ基転移反応,分岐鎖ケト酸脱水素酵素 (branched-chain α-keto acid dehydrogenase) によるイソブチリル CoA への変換後,スクシニル CoA となる.したがって糖原性.細菌,植物などではピルビン酸の 2 分子縮合から 2-アセチル乳酸,α-ケト酸を経て合成される.他の分岐鎖アミノ酸と共通の生理的意義をもつ.(⇨分岐鎖アミノ酸)

$$CH_3\!\!-\!\!CH\!-\!\!CHCOOH$$
$$CH_3\quad NH_2$$

c **パリンドローム** [palindrome] DNA 上で塩基配列が逆方向に繰返し(二回回転対称)があり,一種の回文的構造(左から読んでも右から読んでも同じような配列)をなす部分.変性させた DNA を再生させると,パリンドローム部分だけが速やかにヘアピン構造の二重鎖となるので容易に検出される (⇨反復配列).また*制限酵素をはじめ塩基配列特異的 DNA 結合蛋白質などによって認識される DNA 塩基配列は,パリンドローム構造をもっていることが多い.

d **バール** [BAL, British anti-lewisite] $CH_2OHCHSHCH_2SH$ 糜爛性毒ガスの一種ルイサイト $ClCH=CHAsCl_2$ の解毒剤の一つである 2,3-ジメルカプトプロパノール (2,3-dimercaptopropanol).解毒の機構として SH 基の存在が特に重要で,これがいわゆる SH 酵素のルイサイトによる阻害を回復させるためであることが判明している.

e **パール** Pearl, Raymond 1879〜1940 アメリカの実験生態学者,人口学者.L. J. Reed とともに人口増加がロジスティック曲線となることを発表 (1838 年に P. E. Verhulst が発見していたため,フェルフルスト—パールのロジスティックモデルとも呼ばれる).1922 年には S. L. Parker とともに,ショウジョウバエが飼育ビン中でロジスティック曲線に従って増加することを確認,「動物の人口学」としての個体群生態学の端緒をひらいた.'Quarterly review of biology'と'Human biology'の 2 雑誌を創刊.[主著] The biology of population growth, 1925.

f **バルジ** [bulge] 《同》毛隆起.哺乳類の毛をつくる器官である毛包にみられる隆起構造.立毛筋が付着する.毛包は上部の恒常部と下部の移行部に分けられ,移行部は毛周期に伴い成長と退縮を繰り返す.バルジは恒常部の最下部の外毛根鞘(毛包の最外層)に位置し,成長期の移行部で毛包組織の再形成に必要となる細胞を供給するための*体性幹細胞である毛包幹細胞を内包する.また,毛に色を付ける色素細胞の幹細胞(色素幹細胞)の一部もバルジに局在する.バルジはこれらの組織幹細胞の幹細胞ニッチの役割をもつと考えられ,これらの組織幹細胞はバルジ内でほとんど分裂せずに幹細胞としての性質を維持する.

g **パルスチェイス分析法** [pulse-chase analysis] ある分子の生合成の際,放射性同位元素を含む基質などを使って反応生成物をラベルできる場合に,短時間だけラベルをもつ基質を与えること(パルス)と,そののちに過剰の非ラベルの基質を用いてラベルをもつ基質の取込みを阻害すること(チェイス)を組み合わせた,生合成経路の分析法.中間体の蓄積が見られ,その分解が遅い場合は,その中間体の検出が可能で,さらにチェイス後の経時変化を取れば,その分解速度も決定できる.この場合,パルス時間の長さを変えることにより中間体の蓄積量の変化が検出できれば,合成速度も決定できる.逆に,最初に非ラベルの反応をさせておいてから,チェイス時にラベル反応物を入れる逆パルスチェイス法では,最終生成物が異なる複数の反応経路の存在を示すことができる.

h **パルスフィールドゲル電気泳動法** [pulsed-field gel electrophoresis] 電場の方向の切替えを繰り返すと巨大 DNA が分子の大きさに応じて分離される原理を応用した電気泳動.DNA はリン酸基の負電荷によって,電場の中では陽極の方向に移動する(*電気泳動).アガロースゲルを支持体にした電気泳動(*アガロースゲル電気泳動法)では,数万塩基対以下の DNA (6 塩基認識の*制限酵素による切断断片など)が分離される.ところが巨大 DNA に対しては,この方法では分子がアガロースゲルに入るまでの時間だけが分子の大きさに依存し,アガロースゲル内では分子は電場の方向に長く伸びた状態で移動するので,移動速度は分子の大きさにはほとんど依存しないため分離することはできない.しかし,DNA が長く伸びた状態で電場の方向を切り替えると,分子は形態が変化して新しい方向に動き出すまでその場にとどまる.このとき再度動き出すまでの時間は分子の大きさに依存する.したがって電場の方向の切替えを繰り返すパルスフィールドゲル電気泳動により,分離することができる.電場を切り替える角度や電場の状態によっていくつかの方法に分けられる.OFAGE (orthogonal field alteration gel electrophoresis) では電場の方向を 90°切り替えるのに対して,FIGE (field inversion gel electrophoresis) では 180°の切替えをする.また,ゲルを回転して電場の方向を変える方法もある.さらに,電極を六角形に配置した CHEF (contour-clamped homogeneous electric-field electrophoresis) や,ゲルを垂直に立て,電場を立体的に切り替える TAFE (transverse-alternating field electrophoresis) も開発されている.パルスフィールドゲル電気泳動は泳動温度,アガロースゲル濃度,電場方向切替え角度,電場方向切替え間隔,全泳動時間などによって最適の分離ができる DNA の大きさが異なる.現在,出芽酵母の染色体(約 20 万〜200 万塩基対の DNA)や分裂酵母の染色体(約 500 万〜1500 万塩基対の DNA)を分離する条件が確立されている.したがって,これらの生物では染色体長 DNA の*サザン法によって,クローニングした遺伝子がどの染色体に乗っているかを解析できる.このほか菌類や原虫の染色体の研究にも応用されており,特に,菌類ではパルスフィールドゲル電気泳動によるバンドパターンは電気泳動核型 (electrophoretic karyotype) と呼ばれ,分類の基準になりつつある.

i **バルツァー** Baltzer, Fritz 1884〜1974 スイスの動物学者.*Bonellia* の性決定において,成熟した雌

の組織から出る物質が，雌に付着する幼生を雄にする効果をもつ環境性決定を明らかにした．また共同研究者とともにイモリやウニで，主として核の発生的役割を分析し，致死的種間交配の胚の一部を正常な胚に移植すると，その移植体が分化発生することがあるなどの事実を見出した．さらに有尾類と無尾類の間の交換移植によって系統的に遠い細胞や組織間の交互作用を研究し，系統発生における造形因子の分析の道を開いた．

a **ハルトゼーカー** HARTSOEKER, Nicolaas 1656～1725 オランダの数学者，物理学者．ロッテルダムでレンズ職人として生計を立て，のちに A. van Leeuwenhoek の指導により，顕微鏡を作製．精子の中にホムンクルスを見たと主張したことで有名．*前成説を唱えた学者のうちの*精子論者の一人に数えられる．

b **バルトネラ** [bartonella] バルトネラ属（Bartonella）細菌の総称．バルトネラ感染症と呼ばれるさまざまな感染症を引き起こす細菌で，以前は*リケッチアとして分類されていた．*プロテオバクテリア門アルファプロテオバクテリア綱バルトネラ科（Bartonellaceae）に属する．A. L. Barton (1905) により発見．グラム陰性の小桿菌（$0.5～0.6×1.0\,\mu m$），赤血球およびマクロファージ細胞内に寄生する．培養にはヘミンの存在を不可欠とするなど高度の栄養必需限界を示し，血液・鶏胚・細網内皮系細胞の培養組織などに培養される．基準種の Bartonella bacilliformis はペルーからエクアドルにかけての風土病であるオロヤ（Oroya）熱およびペルー疣状疹（ペルーいぼ verruca peruana）の起因菌であり，感染はサシバエ（Phlebotomus）類の昆虫により媒介される．そのほか，B. henselae はネコひっかき病，B. henselae, B. quintana は細菌性血管腫症を引き起こし，それぞれノミ，シラミ，ダニによって媒介される．

c **ハルトマン** HARTMANN, Max 1876～1962 ドイツの動物学者．ミュンヘン大学で R. Hertwig に学ぶ．原生生物の研究者で，また性および生殖現象，自然死なども研究した．生物学の方法論的考察において重要な学者であり，実験生物学の急速な発展の時期において帰納と演繹の機能の相互浸透的関係などについて論じた．［主著］Tod und Fortpflanzung, 1906; Die philosophische Grundlage der Naturwissenschaft, 1949.

d **バルトリヌス** BARTHOLINUS, Thomas 1616～1680 デンマークの解剖学者．胸管とリンパ系を発見．その子 Caspar Bartholinus (1655～1738) も同大学解剖学教授として女性生殖器の研究などで知られ，バルトリン腺および舌下腺のバルトリン輸管にその名をとどめている．

e **バルビアニ環** [Balbiani ring] E. G. Balbiani (1881) が初めてユスリカの*唾腺染色体でその存在を見出した構造で，蛹の時期を通じて観察される，多糸染色体上の巨大な結節状の RNA パフ（⇌パフ）．よく知られているのは第四染色体上に見られるものである．バルビアニ環は，双翅目の他の大多数の種で観察される RNA パフと同じように，多量の RNA を含み，RNA 合成や RNA の放出を活発に行っている場所である．巨大なバルビアニ環の出現は，染色体上の特定の場所で厚く折り畳まれていた多数の染色分体繊維のそれぞれが弛緩し，ループ状に解かれ，盛んに転写が行われているために起こると考えられている．

f **パルブアルブミン** [parvalbumin] 魚類や両生類をはじめ，脊椎動物の筋肉中に広く分布する酸性蛋白質．分子量約1.2万で，1分子当たり2個の Ca^{2+} を結合しているカルシウム結合蛋白質である．構造上*トロポニンCや*ミオシンL鎖に類似しているが，タラのパルブアルブミンはウサギのトロポニンIと結合するものの，トロポニンCとしての作用はない．Ca^{2+} 結合領域の相同性から，パルブアルブミンとトロポニンCは同一起原で，筋肉の弛緩に関連していると考えられている．

g **バルフォア** BALFOUR, Francis Maitland 1851～1882 イギリスの動物学者．ケンブリッジ大学に学び，発生学を専攻，同大学とナポリ臨海実験所で研究を続けた．特にサメの発生を研究し，脊椎動物における神経系と泌尿生殖系の発生を解明．また当時までの発生学の業績を集大成し，'A treatise on comparative embryology' (2巻，1880～1881) を著した．［主著］上記のほか: A monograph on the development of the Elasmobranch fishes, 1878.

h **パルボウイルス** [Parvoviridae] ウイルスの一科．ウイルス粒子は32個のキャプソメアからなる直径18～26 nm の正二十面体．ゲノムは約5000塩基長の一本鎖DNA．L. Kilham と L. J. Olivier (1959) が発見し，最小（pico）の DNA ウイルスの意味で当初ピコドナウイルス（picodnavirus）と命名されていた．パルボウイルス（Parvovirinae），デンソウイルス（Densovirinae）の2亜科を含む．前者は脊椎動物を，後者は無脊椎動物を宿主とする．パルボウイルス亜科は，五つの属からなる．ヒトを宿主とするウイルスとしては，パルボウイルス B19，アデノ随伴ウイルス（アデノ関連ウイルス AAV），ヒトボカウイルスがある．パルボウイルス B19 は伝染性紅斑（リンゴ病）の病原体で発熱・関節炎・貧血・急性肝炎などを起こす．ヒトボカウイルスは小児の上気道炎を起こす．AAV は単独では増殖できず，増殖するためには*ヘルパーウイルスとして*アデノウイルスの共存が必要．デンソウイルス亜科は四つの属を含み，昆虫や甲殻類を宿主とする．ヘルパーウイルスなしで増殖する．（⇌付録: ウイルス分類表）

i **ハルマンアルカロイド** [harmane alkaloid] ハルマンを核にもつインドール系*アルカロイドの総称．次の3種に大別される．(1) ハルマラアルカロイド: ロシア南部・インドに産する赤色染料植物 Peganum harmala に含まれ，ハルマリン（harmaline, $C_{13}H_{14}ON_2$, 駆虫剤，中枢神経興奮剤，アミノ酸化阻害剤に用いられる），ハルミン（harmine, $C_{13}H_{12}ON_2$, 哺乳類では中枢神経を刺激して痙攣を起こすが，両生類では麻酔作用がある．また体温低下作用がある）など．(2) 生薬の呉茱萸（ごしゅゆ）に含まれ，発汗・分娩促進作用をもつエボジアミン（evodiamine），ルタエカルピン（rutaecarpine）．(3) アカネ科の Pausinystalia yohimbe の樹皮に含まれる血管拡張剤のヨヒンビン（yohimbine）．

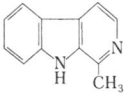

j **パルミチン酸** [palmitic acid] 《同》ヘキサデカン酸（hexadecanoic acid）．$CH_3(CH_2)_{14}COOH$ 炭素数16の飽和直鎖脂肪酸．*ステアリン酸，*オレイン酸とともに最も広く油脂界に分布している*脂肪酸である．命名の由来でもあるパーム油では構成脂肪酸の35～40%を，綿実油では20%を占めている．また，木蠟，シュロ油，シナ蠟に多く，高級アルコールと結合して，

諸種の*蠟中に含まれる．パルミチン酸を含むトリアシルグリセロールはトリパルミチン(tripalmitin)と称される．すべての生物はパルミチン酸の合成能をもち，動物では肝や乳腺などが，植物では葉緑体の*ストロマが高い合成酵素活性をもつ．ミトコンドリアの酵素系において活性化され，パルミチルCoAになり，*β酸化され*クエン酸回路を経て完全酸化される．

a **パルミトオレイン酸** [palmitoleic acid]《同》パルミトレイン酸，ゾーマリン酸(zoomaric acid)，cis-9-ヘキサデセン酸(hexadecenoic acid)．$CH_3(CH_2)_5CH=CH(CH_2)_7COOH$　炭素数16のモノエン直鎖*脂肪酸．動植物界に広く分布し，魚油・鯨油などの多くの水産油脂に大量に含まれるが，植物油では少量成分．*パルミチン酸と*オレイン酸とからの造語．

b **パルメラ状** [palmelloid] 粘液質に包まれて多数の不動性細胞が散在した塊となっている状態．特に藻類で用いられる．このような群体をパルメラ状群体(palmelloid colony)と呼ぶ．また通常は異なる体制をもつものが一時的にこのような体制をもつ場合はパルメラ期(palmelloid stage)と呼ぶ．

c **ハレム** [harem]《同》ハーレム．1個体の雄と多数の雌とからなる，ある程度持続性のある集団．雌防衛型一夫多妻といえる．多くの霊長類やいくつかのレイヨウ類(antelope)，さらにシクリッド類(カワスズメ科)，ベラ類，モンガラカワハギ類などの魚類などで知られている．なお，繁殖期に作られるオットセイの一夫多妻集団もハレムと呼ばれるが，これは繁殖期が終われば完全に解消され，また集団の成員が一定していない．

d **バレル皮質** [barrel cortex] 齧歯類の一次体性感覚野において，頬ヒゲ(血洞毛)の感覚を処理する領域．*皮質と反対側の各ヒゲに由来する視床からの求心性線維が，第四層に樽(バレル)状にまとまって終末を形成し，それを囲むように4層ニューロンが配列するため，この名をもつ．ラットやマウスの頬には洞毛が規則的に配列し，内外側方向にギリシア文字またはアルファベット，吻尾側方向に数字の組合せのマトリックスとして，各洞毛に番号がつけられる．各バレルは脳表面方向から見て長短軸100〜350μmほどの楕円形で，洞毛のマトリックス配列に対応し，バレルもマトリックス状に配列している．これは視覚における網膜部位再現に相当する*体部位再現の一型である．また，4層バレルの上下層のニューロンもそのバレルが受けている洞毛の入力に最もよく反応し，機能的*コラム構造となっている．主に夜行性である齧歯類では，ヒゲによる体性感覚情報が身体周囲の環境の時空間的な構造や変化を脳内表現するために利用され，バレルコラムは各ヒゲについての入力を他のヒゲの情報との組合せによって処理するためのネットワークの基本単位と考えられる．

e **盤** [disc, disk] [1] クモヒトデ類の体の中央を占める円盤状の部分．[2] ヒトデ類において，腕と認められる部分を除いた体の中央部．ほとんどの種で腕との境界は不明瞭．[3]《同》口盤．ウミユリ類の体中央部．[4] 種々の無脊椎動物のもつ微小な円盤状構造物の一般名称．

f **半陰陽** [hermaphroditism]《同》ふたなり．主として哺乳類(ウシ，ヤギ，ネコ，ブタ，イヌ，ウマなど)に現れる*間性の俗称．ヒトの場合にもしばしば用いられる．

g **盤割** [discoidal cleavage] *胚盤の部分でだけ進行し，卵割面はほとんど*卵黄中には進入しないような型の*卵割．動物の*卵割型の一種．端黄卵で多黄卵の場合(鳥類，爬虫類，魚類および軟体動物中の頭足類の卵など)は，卵の原形質は動物極端に胚盤をなすが，盤割による分裂の進行にともない胚盤は次第に広がり，植物極側に向かい伸長して卵黄域を帽子状におおい*盤状胞胚を形成する．分割腔は胚盤と卵黄との間隙の部分に形成される．(⇒部分割)

h **半規管** [semicircular canal ラ canalis semicircularis] 脊椎動物の*内耳の*膜迷路中にあって*平衡覚をつかさどる器官．卵形嚢(⇒図式)から分化する．円口類のヌタウナギは1本，ヤツメウナギは2本の半規管をもつ．1本の半規管の一方の基部は膨れて膨大部すなわち*アンプルを作るが，ヌタウナギでは1本の半規管の両脚に膨大部が見られるので，2本の半規管が合一したものと考えられる．円口類以上では前・後・側(または水平)の3本の半円形をなし互いに直角に位置する管が，それぞれ卵形嚢に発していて，三半規管と呼ばれる．各半規管の膨大部には*聴櫛(ちょうしつ)があり，この部に感覚細胞すなわち*有毛細胞が群をなし，毛が集まって薄膜様のクプラを形成する．回転運動による内リンパの流動はこのクプラの傾斜を生ずる．

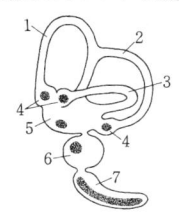

1 前半規管
2 後半規管
3 側半規管
4 瓶
5 卵形嚢
6 球形嚢
7 つぼ(哺乳類では蝸牛をなす)

鳥類の膜迷路(黒くぬった部位は感覚部)

i **反響回路** [reverberating circuit] 神経系を構成する*ニューロンからなる自己帰結的な回路．ニューロンは必ずしも直列に連結しているだけでなく，図のような連結が存在することが証明されている．このような閉鎖ニューロン回路(closed neuron circuit)は，脳では大脳皮質と皮質下の核との間，あるいは皮質下の核群との間にしばしばみられる．神経のインパルスがこの回路に入ると，回路内を回り続け，そのため興奮状態が長く維持される．かつて種々の感覚刺激が感覚の印象として長く保持される記憶は，この反響回路の持続的興奮状態によると解釈されたが，まだ証明されていない．また，反響回路には興奮状態の持続という機能のほかに，正あるいは負のフィードバックの機序が存在することも考えられる．(⇒リヴァーベレーション)

反響回路の模式図

j **反響定位** [echolocation]《同》こだま定位．動物が音波を発し，その反響音(こだま)に基づいて反射体の位置を定位すること．可聴域の音か超音波であるかを問わないが，超音波の方がより短い波長をもつため，餌となる昆虫など小さな対象の定位が可能である．また超音波は距離による減衰が大きいため，近距離にある対象の定位に有効である．コウモリのこだま定位は30〜100kHzほどの超音波を断続的に発声して，反響音の時間的遅れから対象との相対距離を，さらに反響音に生じる

ドップラー効果から対象との相対速度を計算する．反響音の大きさから対象の大きさを，さらに左右の耳に届く音の時間差から対象の方位をそれぞれ計算する．距離・速度・大きさなど，これらの計算は脳内の聴覚伝導路で逐次計算され，最終的に大脳皮質の聴覚野の別々の部位に表現されている．イルカもコウモリと同様の超音波による反響定位を行うが，超音波を個体間の*コミュニケーションにも利用している．洞窟に営巣する海鳥の一種であるアブラヨタカは，甲高い可聴域の音を発声して反響定位を行うことが知られている．その他，齧歯類やヒトを含めて多くの動物が，反響音を手がかりに暗黒下であっても空間認知を行い行動する能力をそなえている．

a **板形動物**（ばんけいどうぶつ）[Placozoa]《同》板状動物，平板動物．後生動物の一門で，2重の細胞層が薄い板状の体を作るが，細胞の分化に乏しく，極めて簡単な体制の動物．一般に*直泳動物・*二胚動物・*海綿動物とともに，*真正後生動物から除外されている．形は不定，体長は大きいもので2～3 mm，外見はアメーバに酷似し，仮足状の突起を伸ばして滑るように動く．前後の方向性も相称性も欠くが，背腹は定まっており，腹側（他物に付着する側）の細胞は柱状で厚いく，背側の細胞は扁平で薄い．両層の間には体液に浸されて少数の遊離細胞がある．両層の細胞の大多数は1本の鞭毛をもつが，背層には反射してよく光る油滴をもち鞭毛を欠く細胞，腹層には鞭毛を失った腺細胞が混じっている．無性的に分裂・砕裂・出芽して増殖する．衰弱した個体の体内に大きな細胞ができて卵割に似た細胞分裂をするが，その後の進行は不明で，精子や受精も確認されておらず，有性生殖については未解明である．これまで発見されている板形動物はすべて同一種のセンモウヒラムシ（*Trichoplax adhaerens*）とされており，日本を含めて太平洋・大西洋の熱帯から温帯でサンゴ類が生息する海域から多く記録されている．この種は，F. E. Schulze (1883) が地中海の海水を入れていた飼育水槽の中から発見して最初に報告したが，その真偽・正体については種々論議があり，確認されないまま便宜的に*中生動物に入れられほとんど忘れられていた．のちに，W. Kuhl & G. Kuhl (1966) や R. L. Miller (1971) が再発見して報告し，精査した K. G. Grell (1971) が独立の門とすることを提唱した．

b **半月周期性** [semilunar periodicity]《同》半月周性，半月周リズム（semilunar rhythm）．大潮・小潮の繰返しに対応して約半月 (14.8日) の周期で見られる生物の活動周期性．褐藻類のアミジグサ (*Dictyota dichotoma*) の配偶子放出，ウミユスリカ (*Clunio*) の羽化，アカテガニ (*Sesarma*) のゾエア放出など，生活が潮汐と密接な関係にある多くの生物に見られる．これらの半月周期性の多くは，環境の変化にさらされない実験条件に移されても持続することから，日周期性が概日リズムによってもたらされるのと同様，生物自身が内因性のリズム，概半月リズム (circasemilunar rhythm) をもっていると考えられる．しかし，生体内におよそ半月の周期をもつ振動体（概半月時計 circasemilunar clock）が存在するのか，あるいは概日リズムと潮汐リズムをもたらす2振動体（概日時計と概潮汐時計）が，周期の異なる物理的な波がうなり (beat) を起こすのと同様の機構によって概半月リズムをもたらしているのかは明らかでない．概半月リズムの*同調因子としては，24時間周期の明暗サイクルの存在下で，月光，水没と干出の交替，波による機械的刺激などが知られる．

c **半月紋** [crescent marking] カイコ幼虫に現れる斑紋の一種で，第五体節背面に正中線をはさんで左右に1対，「い」の字形に現れるもの．半月形の斑紋の周辺には黒色，内部には黒褐色の色素が認められる．形蚕（かたこ）や暗色蚕では明瞭に発現するが，姫蚕（ひめこ）ではこの部に色素を欠き，わずかに隆起して*原基の存在を示す．

d **パンゲネシス** [pangenesis]《同》パンゲン説．動植物の体の各部の細胞には自己増殖性の粒子であるジェミュール (gemmule) が含まれており，これは血管や道管を通じて生殖細胞に集まり，それによって子孫に伝えられ，子孫でまた体の各器官に分散していって親の特徴を伝えるという説．C. Darwin が『飼養動植物の変異』(1868) 中で仮説として述べた考えで，彼は，環境の影響がジェミュールにとりこまれて子孫に伝えられるというように，獲得形質の遺伝を認めている．彼はさらに，これに実験的な裏付けを与えようとしたが失敗し，今では単に歴史的な意義をもつにすぎない．（→細胞内パンゲン説）

e **パン酵母** [baker's yeast] 上面発酵性の*ビール酵母に極めて近い *Saccharomyces cereviciae* に属する酵母の品種．主にパンの製造に用いられるが，また栄養剤（薬用酵母）にもする．工業的には，麦芽汁-糖蜜の培養液で通気して大量培養する．アルコール発酵は極めて強く (Q_{CO_2}: 約500)，また呼吸も相当に強い．実用上「溶けが良い」ことや目的によっては耐糖性が要求される．

f **瘢痕**（はんこん）[scar] *創傷や*潰瘍などの治癒過程で形成された肉芽組織の*器官化による傷跡．正常の結合組織と異なって細胞や血管に乏しく，密にかつ不規則に生じた繊維性の間質に富むために色は淡くて硬い．元来の組織に比べ機能が低いばかりでなく収縮する傾向をもっている．例えば食道や胃，腸に生ずると管腔の狭窄や閉鎖などの障害を起こすことが多い．

g **板根** [buttress root] 通常見られるような円柱状とならず，垂直に扁平に発達して板状となり，地表に露出する形態をとる根．浅い地中を横走する根の背面が極度に偏って肥大する結果として形成され，幹の基部が特定の方向に偏って肥大したものと連なる．亜熱帯や熱帯多雨林に生育する高木（サキシマスオウノキなど）にしばしば見られる．

h **伴細胞** [companion cell] 一般に主として機能する器官や組織・細胞に付随して，従属的な役割をもつ細胞をいう．[1] 被子植物において，*篩管に接着して生ずる柔細胞．篩管のもととなる細胞が縦裂し，一方は特殊化して篩管要素となるのに対し，他方は1ないし数回分裂するが柔細胞としてとどまり，縦に並んだ伴細胞となる．横断面では扁平であるので他の維管束内柔細胞と区別される．豊富な原形質をもち，篩管要素とは多数の原形質連絡で連絡する．原生篩管には欠ける場合もある．機能としては，核をもたない篩管要素の生存のために必要な蛋白質を作り，これを原形質連絡を通じて篩管要素に運ぶと考えられている．[2] *全実性の卵菌類のフクロカ

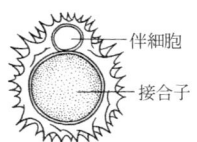

Olpidiopsis の伴細胞

ビモドキ (*Olpidiopsis*) などにおいて，内容を失ったのちの雄性配偶子嚢．配偶子嚢接合を行うとき，内容が雌性配偶子嚢中に移行して空になった小さい雄性配偶子嚢は，大形の雌性配偶子嚢に付着したまま残るので，受精を完了した接合子に中空の小形の細胞をともなうように見える．

a **半索動物** [hemichordates ラ Hemichordata] 《同》擬索類(Adelochordata). 後生動物の一門で，左右相称，裂体腔性ないし腸体腔性の真体腔をもつ新口動物. 単独性で自由生活し体長数 cm〜2 m にも達する細長い体形のギボシムシ綱(腸鰓類 acorn worms, 蠕体類 Helminthomorpha)，はるかに微小で，群体をなして棲管(coenecium)にすむのが通例のフサカツギ綱(翼鰓類，羽鰓類 pterobranchs)，および棲管化石だけが知られるフデイシ綱の 3 綱に分類するのが一般的だが，後二者を統合する見解もある. フサカツギ類では，個虫どうしが棲管壁に埋没した*走根で結合するか，あるいは個虫が単独ないし出芽した芽体と連結したまま棲管内を自由に移動する. 体表は繊毛におおわれ粘液で常に潤う. 体は前後に連続する 3 部分すなわち前体(prosome)・中体(mesosome)・後体(metasome)からなり，前二者は後体よりはるかに短い. それぞれ，腸鰓類では吻(proboscis)・襟(collar)・体幹(trunk)，翼鰓類では頭盤(cephalic shield)・頸(neck)・体幹と呼ばれる. 前体に一つ，中体および後体にそれぞれ 1 対の真体腔が含まれるが，個体発生が進むと体腔上皮細胞が筋肉や結合細胞に分化して腔所を満たすことが多い. 前体は移動の中心として働くほか，フサカツギ類では棲管を築く. またこの類では，濾過摂餌装置として中体に 1 対以上の触手腕(tentaculated arm)をそなえる. 口は中体の前腹端に開き，これに続く咽頭部の側壁に*鰓裂をもつのが通例. ギボシムシ類の鰓裂は数が多く，構造も複雑であるが，フサカツギ類では 0〜1 対の単純な孔. 囲鰓腔は形成されない. 口腔の前背端正中壁は前方に向かい体内深く円柱状に陥入して，口盲管(buccal diverticulum, 口索 stomochord)と呼ばれる. 消化管はギボシムシ類で直走するが，フサカツギ類では背方に U 字形に屈曲し，いずれも後体にある肛門で直接外界に開く. 神経細胞や神経繊維は上皮層の基部にあり，神経中枢は不明. 開放血管系をもち，前体に脈動部があり，血液は無色. 排出器官は前体内にあり，老廃物は前体腔の腔所を経て外界に出る. 雌雄異体. 生殖巣は後体にある. ギボシムシ類は体外受精し，種により*トルナリア幼生を経るか，あるいは直接発生して一時的に尾部をそなえる. フサカツギ類はおそらく体内受精. *プラヌラ型幼生を経る直接発生を行うが，間接発生の有無は不明. 両綱とも無性生殖や再生の能力に富む. 体腔形成にはまだ不明の点が多いが，ギボシムシ類では腸体腔と裂体腔の両様があるとされる. 口盲管と脊索動物の脊索とを相同と見なして脊索動物門の一亜門とした W. Bateson(1885) などの見解は現在では一般に否定され，半索動物は独立の一門とされる. なお，トルナリア幼生にやや似た直径 1 cm 程度の浮遊動物プランクトンスファエラ類を，半索動物門に属する全く未知の生物の幼生と考えて別綱として独立させる見解は，現在一般には認められず，むしろ既存の現生 2 綱のどちらかに属する深海性の未知種の幼生との意見が強い. すべて海産で，ギボシムシ類は内在性，フサカツギ類は表在付着性，フデイシ類は表在付着性あるいは浮遊性とされる. 潮間帯から深海にまで生息し，現生既知 90 種余. (⇒ディブリュールラ, ⇒原腔動物)

b **反作用** [reaction] 《同》逆作用，環境形成作用，応働，応動. 生態学においては，生物が自らの生活の結果，環境に影響を与えてこれを変化させること. F.E. Clements(1916)の定義. *作用の対語. 気候に対する反作用(climatic reaction)と土地に対する反作用(edaphic reaction)を区別することもある. ある生物が環境に対して反作用をすると，その反作用を受けた環境がまた他の生物や自らにも作用する. 植物群落の*遷移をもたらす要因の一つとして，こうした反作用・作用がある. (⇒反応)

c **半翅鞘** [hemielytron] 《同》半鞘翅，半翅蓋. 半翅類の昆虫の*前翅. 前半部が硬くキチン化し，後半部が後翅と同様に膜状となっている. (⇒翅鞘)

d **半子嚢** [hemiascus] 子嚢菌類の半子嚢菌類(原子嚢菌類)の一部に見られる子嚢. そこに形成される子嚢胞子の数が不規則多数である点から，一時，8 または 4 子嚢胞子を内生するその他の子嚢菌類の子嚢と区別していったが，胞子数で子嚢を分類することは系統的に無意味であるとされ，現在では用いられない.

e **反射** [reflex] 生体に作用する*刺激が，体内の伝導機序，特に神経系の比較的単純な活動を介して，意識にのぼることなく，特定の応答を規則的に引き起こす現象. R. Descartes(1662)はヒト以外の動物を機械とみなす考えを示したが，のちに J. Astruc(1743) が，動物において意志や理性的判断を介在させない過程が機械的・自動的・定型的ならびに即決的に起こることを鏡面における光線の反射(reflection)にたとえて命名. 受容器から効果器に至る*反射弓は少数のシナプス接続からなる単純な神経回路であり，そのために反射は一般的には定型的である. また回路を活動電位が伝導する時間とシナプス伝達の時間は共に短いため，反射は迅速である場合が多い. 反射にあずかる遠心性神経の種別により反射運動・反射分泌・反射的抑制が区別される. 反射における神経伝達には中枢神経機能の特殊性に基因して末梢神経のそれとは異なるいろいろの特性ないし法則が成立し，それらが応答の生起に種々の調整の可能性と可塑性を与えている. これはシナプスと関連して(1)一方向性伝達，(2)後発射，(3)加重ないし促通，(4)促進と抑制，(5)跳ね返り，(6)広がりや連鎖があげられる. 脊椎動物では認識される反射の数はおびただしいが，まず反射中枢の所在に応じて，*脊髄反射・延髄反射・中脳反射などが区別され，さらに中枢の分布範囲に応じて分節内反射と長経路反射(ないしは分節間反射)とが区別される. 反射はまた関与する末梢神経の種別により体性反射と自律性反射(⇒自律神経反射)とに二大別される. さらに刺激の種類に基づいて外受容反射と自己受容反射とに分類する. 反射運動・反射分泌などは効果器活動の種別を表すが，前者には相同性(または一過性)反射と持続性反射などの区別がなされる. 侵害受容反射(逃避反射や防御反応)・姿勢反射・栄養反射・生殖反射などは，それぞれがもつ生物学的意義の呼称である.

f **反射弓** [reflex arc] 《同》反射弧. 特定の反射に関与する神経経路，すなわち*受容器を発した興奮が求心性神経経路を経て反射中枢(reflex center)に達し，折り返して遠心性神経経路を下がって*効果器に達する全道程. その構成要素は直列に接続する数個のニューロンで

あり，最も簡単な場合は求心性ニューロンと遠心性ニューロンとの2要素だけからなるが，多くは中枢内で両者の中間に1個または数個の介在ニューロンが介入する．介在ニューロンは終始中枢神経系の内部に存在するが，ニューロンの細胞体の一部は末梢神経系の脊髄神経節を構成し（⇒脊髄反射），一方，遠心性ニューロンの細胞体は中枢神経系中に位置し，これらニューロン間の*シナプスの所在部位がそれぞれの反射の反射中枢を構成する．

a **反射緊張** [reflex tonus] *反射により維持される，筋肉の神経原性緊張．平滑筋の粘性様緊張（⇒可塑性緊張）と対する．脊椎動物の骨格筋で知られている．迷路反射や*自己受容反射などの持続性反射が軽度の活動を持続して，筋肉を不断の持続性収縮の状態におくものである．懸垂した脊髄ガエルの四肢が完全に伸びきらず，半ば屈曲した状態にある現象も，脚筋の固有反射および下肢・皮膚から発する反射緊張に基因するとされており，その肢を支配する脊髄の後根を切断すれば消失する．これをブロンドゲースト緊張(Brondgeest's tonus)といい，筋肉の緊張は絶え間ない反射によって維持されることを示す．また，相反神経支配の下にある拮抗筋のように，緊張が反射的に解消される場合も知られている．

b **反射時間** [reflex time] 《同》反射時．反射における反応時間をいう．反射経路の長短や経路内のシナプス結合の多少などにより一様でないが，一般に末梢神経の伝導時間に比べ著しく長いのが特徴．反射時間から受容器・効果器の潜時（潜伏時間）と求心性神経繊維・遠心性神経繊維の伝導時間とを差し引いたものを省略反射時間(reduced reflex time)と呼び，反射中枢の部分における伝達に要する時間，すなわち反射に固有の時間と考える．例えば，ヒトのまたたき反射（まばたき反射 nictitating reflex）では，その全反射時間は50～200 ms（ミリ秒）で，うち潜時を10 ms，伝導時間を5 msとすれば，省略反射時間は35～185 msとなる．反射時間は刺激強度の増加により短縮され（⇒加重），中枢神経系の疲労や麻酔により延長される．

c **板状中心柱** (ばんじょうちゅうしんちゅう) [plectostele] 《同》背腹中心柱．小葉類ヒカゲノカズラ属の一部の横走する茎に見られる特殊な中心柱．放射中心柱に背腹性が加わって生じたものとされる．木部と篩部は板状となって左右に広がり，上下に重なった構造（平行帯状維管束）を示す．

d **板状分裂組織** (ばんじょうぶんれつそしき) [plate meristem] *垂層分裂のみを行う細胞層が平行に重なった分裂組織．葉身など扁平な組織形成時に見られる．真正双子葉植物の葉原基では，最初に頂端分裂組織の働きによって頂端成長が行われた後，周縁分裂組織(marginal meristem)の働きによって周縁部が形成され，最後に，葉身全体でランダムに垂層分裂を行う板状分裂組織の働きによって葉身拡大（*介在成長ということもある）がもたらされる．若い葉身が板状に見えることに由来する名称．

e **盤状胞胚** [discoblastula] 《同》狭腔胞胚．盤割における*胞胚．鳥類の卵などのように端黄卵で極端な多黄卵では，卵の原形質は動物極の端にのみわずかにあって*胚盤をなし，卵割もその部位でだけ進行し（盤割），結局その下側に狭い腔所として胚下腔を生じて胞胚となる．

f **繁殖** [reproduction, breeding] 動物が交尾・産卵・出産・育児などを，また植物が受粉・結実・種子散布などを行い，個体または個体群を再生産すること．繁殖活動は生物種によってさまざまに異なり，一定の繁殖期や一定の繁殖地をもつものが多い．（⇒生殖）

g **繁殖価** [reproductive value] ある齢の個体の価値を，以後の生涯に産む子が将来の個体群の大きさに寄与する度合で表した指標．R. A. Fisher (1930)の提唱したもので，x齢の個体の繁殖価(v_x)は，t齢における平均生存率をl_t，平均産仔率をm_t，瞬間自然増加率をrとすれば，
$$\frac{v_x}{v_0} = \frac{e^{rx}}{l_x}\int_x^\infty e^{-rt}l_t m_t dt$$
で与えられる．v_0は出生時の繁殖価で，各齢の繁殖価は通常$v_0=1$とおいた相対値として得られる．繁殖価は，繁殖開始齢ごろの個体で最高となるのが一般的であり，繁殖可能齢をすぎた個体では0になる．また定常個体群では，$r=0$，$v_0=1$．増加中の個体群では現在の子の方が将来の子よりも価値が高く，減少中の群では逆になる．どの齢の繁殖や生存に自然淘汰が強くかかるかを知る指標にもなり，また最適な繁殖・生存のスケジュールを計算するモデルが適用されるので，*集団生物学において広く使用されている．

h **繁殖期** [breeding season] 動物が交尾・産卵・出産・育児などを行う時期．1年のうち，特定の季節と関係して，周期的に現れるものが多く，種によっては繁殖地への季節移動をともなう．繁殖期には生殖器官およびそれ以外の器官にさまざまな変化が起こることが多く，動物によっては*婚姻色などの特別な色彩や体臭などをもつようになるものもある．繁殖期を1年の最適な時期に合わせるために環境からの信号として温度・降雨などを利用している動物もいるが，多くの動物は日長変化を手がかりとして，性的成熟の時期を合わせている．（⇒光周性）

i **繁殖成功** [reproductive success] 1成体が次世代に残す成体の数，すなわち*適応度．また，繁殖成功を成体1個体当たりが残す受精卵数として，適応度とは別の意味に使うこともある．さらに，個体が生涯でつくった子の数を生涯繁殖成功(lifetime reproductive success)とし，その測定が困難な場合は繁殖成功として1繁殖期に残した子の数を指すこともある．

j **繁殖努力** [reproductive effort] 一般に，ある特定の期間内に個体が保有している資源（時間，エネルギー）のうち，繁殖に費やす資源の割合．資源としては，物質エネルギーだけを考えることもあり，大ざっぱな近似としては，ある時点での全体組織に対する生殖組織（あるいは産み出された卵や種子）の量（カロリー，体重）の比がよく用いられる．*生活史戦略の理論では，従来，個体当たり一定の資源をある時点での繁殖を含む複数の方途に配分すると想定しており，繁殖努力の概念が重要となってきた．G. C. Williams (1966)は，個体は自らの遺伝子の将来の世代への貢献度を最大化するようふるまうと考え，限られた資源によって最大の適応度を得るためには，(1)子のために投入する物質や努力量の最大化，および(2)それの最も効率的な配分の二つの問題があると指摘した．そしてこの場合，繁殖のための出費を繁殖努力，あるいは*繁殖のコストと呼んだ．したがって，繁殖努力や繁殖のコストは生活史戦略における形質間の

*トレードオフの一例ととらえられる．なお fecundity は一般に繁殖能力(⇒産卵数)を指し，繁殖努力の概念とは異なる．

a **繁殖のコスト** [cost of reproduction] *生活史戦略において，繁殖に資源を投資したために他の生理的機能に負の影響が出る現象．例えば，ある年に多数の子を産んだ動物は次の繁殖期までの生存率や翌年以降の繁殖が低下する傾向がある．

b **反芻**(はんすう) [rumination] 脊椎動物偶蹄類(ウシなど)で行われる摂食消化の形態で，一度嚥下した食物をふたたび口に戻して細かく破砕したのち，再嚥下すること．これらの動物(反芻動物)は3～4室からなる*反芻胃という特別な胃をそなえ，第一胃・第二胃に共生する繊毛虫類や細菌類による発酵によって，消化困難な植物性食物の消化を行う．また，自然界では逃走によって敵から身を守ることの多いこれらの動物において，まず餌を短時間に大量に体内にとりこむ摂食形態としても合目的的といわれる．

c **反芻胃** [ruminant stomach] 《同》複胃．脊椎動物偶蹄類の反芻類がもつ大形の胃．通常4室に分かれ，食道側から第一胃(ルーメン rumen，瘤胃ともいう)，第二胃(網胃 reticulum，蜂巣胃 honey comb bag)，第三胃(葉胃，重弁胃 omasum，psalterium，manyplies)，第四胃(皺胃 abomasum，reed)と名づけられる．これに対し，他の哺乳類などに見られる一室性の胃を単胃と呼ぶ．組織学的には第三胃までを前胃部と呼び，食道の末端部に由来し，食道と同じく重層扁平上皮．第四胃は腺胃で本来の胃であり，腸と同じく単層円柱上皮をもつ．食物ははじめの2室を経たのち口へ戻される．第一・第二胃は大量の繊毛虫類(Ophryoscolex，Diplodinium)や細菌類(Plectridium cellulolyticum)を共生させる発酵室で，これら微生物の分泌するセルラーゼ，アミラーゼ，セロビアーゼなどにより食物(植物組織)の消化を行う(⇒消化共生)．またこれと同時に，4室中最大の第一胃では食物の攪拌，混和，反転，また発酵がなされ，つづく第二胃では内面の網状皺壁の働きにより食物は少量ずつ団塊をつくる．反芻は食物摂取の0.5～1時間後で動物の休息時に行われる．すなわち，横隔膜の収縮および食道の拡張に基づく吸引期と，噴門の閉鎖および胸郭の収縮をともなう圧出期との反射的な継起により第一・第二胃の内容物が口腔へ吐き戻され，あらためて咀嚼を受ける．この過程の反復により生じた流動状食物は，第二胃上部にある弁状膜が反射的に食道溝を形成する(食道溝反射)ことにより最終的に嚥下され第三胃に達する．乳や飲水の摂取もこれと同じ反射によりなされる．第三胃は内面に縦走する襞をそなえ，反芻ずみの食物を第四胃へ送る．第四胃において初めて胃液分泌による通常の胃内消化が行われる．ラクダ科とマメジカ科(Tragulidae)では第三胃と第四胃の区別がなくて三室性の胃となるが，他の諸科(キリン科，ウシ科，シカ科)ではすべて四室性．

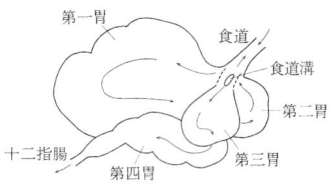

ウシの胃(矢印は食物の移動経路)

d **半数性** [haploidy] 《同》単相性，一倍性(monoploidy)．細胞や個体が半数の染色体をもつ状態．配偶子の染色体数を示す場合と，*倍数性において半数体の染色体数を示す場合との2通りに使われている．通常，基本数に無関係に染色体数を示す場合には全数性と半数性とをそれぞれ $2n$ と n とで表し，基本数を用いて染色体数を示す場合にはゲノム数に応じて全数性では $2x$，$3x$，$4x$，…，半数性では x，$2x$，$3x$，$4x$，…で表す．配偶子およびその世代の染色体数のことを単相数(haploid number)または一倍数(monoploid number)という．

e **半数体** [haploid，haplont] *基本数の半数の染色体数をもつ細胞または個体．*生活環の中の単相世代における半数体(一倍体 monoploid ともいう)と，複相世代でありながら，単相世代の染色体数になっている半数体とがある．後者の場合，半数体は本来の受精卵のかわりに，後生動物の場合は，卵核あるいは精核だけを含む細胞の発生(⇒単為生殖)によって生じ，被子植物では，特殊な培養条件で胚嚢や花粉を育てることなどにより，胚嚢や花粉を構成する細胞から雌性発生(gynogenesis)や雄核発生(androgenesis)を引き起こして半数体胞子体を作出できる．シダ類やコケ植物では，培養条件によって配偶体から半数性胞子体を誘導できる．半数体は必ずしも1種類のゲノムを含むとは限らず，いくつかの非相同なゲノムを1組ずつもつ半数性個体もあって，倍数単相体(多倍数単相体・多性半数体・倍数性半数体 polyhaploid)という．これは高次の倍数体の染色体数が半減したことによって生じる．四倍体，六倍体，八倍体，…などから生じた半数体はそれぞれ二ゲノム性半数体(dihaploid)，三ゲノム性半数体(trihaploid)，四ゲノム性半数体(tetrahaploid)，…と呼ばれ，*ゲノム分析に用いられる．二ゲノム性半数体はタバコ属・ナタネ属・マツヨイグサ属で，三ゲノム性半数体はコムギ属・ナス属などで知られる．

f **パンスペルミア説** [theory of panspermia] 生命は地球外に起原すると主張する説．地球上の原始生命は他の天体から隕石などに付着して到来したものだという．S. A. Arrhenius(1903, 1908)は，細菌芽胞などが光圧に乗って地球に到来したと考えた．また，天文学者 F. Hoyle(1978)は地球上の生命は彗星内で発生し，彗星が地球に衝突あるいは接近した際，その中の生物が地球上にこぼれ落ちたと考え，それをパンスペルミアと呼んだ．さらに F. H. C. Crick と L. Orgel(1981)は宇宙生物の高度の知的進化を想像し，そのものが胚種的生命を地球に送り込んだ可能性を，ネオパンスペルミア説(theory of neopanspermia)として論じた．

g **伴性遺伝**(はんせいいでん) [sex-linked inheritance] *性染色体上にある遺伝子による遺伝．遺伝子が性染色体に座位することを伴性(sex linkage)という．XY型の場合，XおよびY染色体の双方に遺伝子が存在するなら，この形質の遺伝は，*常染色体上の遺伝子による遺伝形式と差異はない．また，ショウジョウバエのX染色体上にある断髪遺伝子 bb の場合，Y染色体上に bb 遺伝子の発現を抑える対立遺伝子があるため，雄にはこの形質が現れない(⇒限雄性遺伝)．これらの場合を不完全伴性遺伝という．それに対して，ある遺伝子がY染

色体上にはなく, X染色体上にのみ存在するために, 劣性であっても雄のX染色体にある遺伝子の作用が現れる場合, つまり通常の遺伝様式とは異なった様式が生じるような場合は, 完全伴性遺伝と呼ばれ, 一般に伴性遺伝というときはこれを指す. 血友病・色盲などはヒトにおいて伴性遺伝をする典型的な例. 限性遺伝は, 広義の伴性遺伝の一種である. また, 母親の形質が雄の子に, 父親の形質が雌の子に伝わる場合に, 十文字遺伝 (criss-cross inheritance) ということがある. 十文字遺伝は, 雄ヘテロ型の性決定様式を示す生物 (すなわちXYまたはXO型) では, 伴性遺伝子を劣性ホモにもつ母親と正常の父親を交雑すると, F_1 にこの現象が生じ, 雌ヘテロ型 (すなわちZWまたはZO型) では, 伴性遺伝子を劣性ホモにもつ父親と正常の母親を交雑すれば同様に生ずる. 一般にY染色体およびW染色体は, XおよびZに存在する遺伝子に対応する対立遺伝子をもたないために起こる. (⇒従性遺伝)

a **伴生種** (はんせいしゅ) [companion species] ⇒適合度

b **汎生殖集団** [panmictic population] 《同》自由交雑集団 (amphimictic population). 自由交雑によって正常な生活力と生殖力のある子孫をつくる個体の集団. 理想的な両性生殖個体群においては, 継代しても個体群中に分布する遺伝子の種類ならびに頻度は変化しない.

c **ハンセン病** [Hansen's disease] 《同》癩 (らいleprosy). 癩菌 (*Mycobacterium leprae*) の感染によって起こる慢性の疾患. 癩菌は抗酸性桿菌で, G. H. A. Hansen (1874) が発見 (⇒マイコバクテリウム). 感染は鼻の粘膜や皮膚の創傷から起こり, その感染力は他の伝染病に比べて弱く器具その他からの間接的な感染はほとんどない. 潜伏期は極めて長く, 数カ月から数年, ときに10年以上に及ぶ. 癩菌はリンパ管や血管を介して全身に分布する. 現在, WHOの病型分類では, MB型 (多菌型 multibacillary) とPB型 (少菌型 paucibacillary), SLPB型 (単一病変少菌型 single-lesion paucibacillary) に分けられている. ハンセン病の病変は増殖性炎症で, 組織球 (癩細胞) の増殖が強いことが特徴. 癩細胞は多数の癩菌を貪食し, 細胞内に泡沫状の空隙が存在するので泡沫細胞とも呼ばれている. 結合組織細胞が著明に増殖して結節状に膨大するとともに, 末梢神経繊維は変性萎縮に陥る. そのため感覚麻痺を招き, 外傷や火傷を受けやすい. 本疾患は, 皮膚スメア検査 (チール・ニールセン染色) や病理組織からの癩菌の同定, PCR法を用いた癩菌遺伝子の検出, 病理組織学的検査の他, 知覚障害を伴う皮疹や末梢神経の肥厚を基に診断される. 癩結節から作製した乳剤で皮内反応をみる検査は, 現在行われていない. 治療は病型に応じて多少異なるが, リファンピシン, ジアフェニルスルホン, クロファジミンの併用療法が主体である. 古くから世界各地にあり, 歴史的には不治の病とされ, 不必要な隔離などが行われた.

d **半側空間無視** [unilateral special neglect] 大脳に病変をもつ患者が, 病変とは反対側の空間に提示された刺激に気づかず, 反応しない現象. 右半球病変によって左側を無視する事例が多い. 程度が強い場合は日常生活場面で障害が明らかになる. 確認のための検査としてよく用いるものに, 図形のコピー, 線分二等分試験, 線分抹消試験がある. 図形のコピーでは花の絵, 立方体の絵などのモデルを模写させる. 半側空間無視があると図形の左側を書き落とす. 線分二等分試験では, 紙上に横に長い線を引いておき, 患者にその中央に印をつけることを依頼すると, 右側にずっと偏った位置に印をつける. 視野障害が合併することが多いが, 半側空間無視は頭や眼球を自由に動かしてもよい条件下でも観察される症状である点で, 両者は本質的に異なる. 実際, 重篤な視野障害があっても半側空間無視がない症例もあり, その逆の例も存在する. 病巣は, 右角回を中心とした頭頂葉である場合が多い. 発症のメカニズムについてはいくつかの仮説があるが, 方向性注意の障害とする考えが有力である.

e **反足細胞** [antipodal cell] ⇒胚嚢

f **ハンソン** HANSON, Jean 1919～1973 イギリスの生物物理学者. 骨格筋のミオシンとアクチンのフィラメント構造を明らかにし, H. E. Huxleyと共に筋収縮の滑り説を発表. その後Fアクチンの二重らせん構造を研究し, 筋肉内のアクチンフィラメントの構造と同じであることを明らかにした.

g **汎存種** [cosmopolitan, cosmopolitic species, ubiquitous species] 《同》広布種, 普遍種. [1] 生態学において, 生活できる環境条件の幅 (生態価) が広く, したがって広い地域に分布できる生物種. 繁殖力が強く, 種子・胞子の散布力や移動力 (動物) の大きいものが多い. ヒメジョオンやオオバコなどの雑草, カやコガネムシおよびネズミなどの類, 土壌中の菌類, 胞子を空中に飛ばす微生物などが, これに属する. 水界は陸界より環境条件の変動が少ないから, 汎存種がずっと多い. 汎存種は, 群落の*優占種にはなっても, *標徴種にはならない. [2] 生物地理学において, 分布域が大陸間や大洋間にまたがっている種. よく調べると, 複数の種 (亜種) に分かれる場合もある. 種子植物では陸地面積の1/2を占める種が約30種知られる. 主な汎存植物としてはヨシ, ガマ, アオウキクサ, シャチ, ミサゴ, イエバエなどの他, ヤシ・モンパノキ・マンタ (オニイトマキエイ) など熱帯に広く分布する汎熱帯種 (pantropical species), 北半球の温帯〜寒帯に広く分布するエゾノツガザクラ・イトキンポウゲ・ヤナギラン・ホッキョクグマ・ライチョウなどや, 南半球に広く分布するコウテイペンギンなどの周極種 (circumpolar species) などがある. これに対し, 分布域が特定の地域に限られる種を固有種 (endemic species) という. (⇒固有)

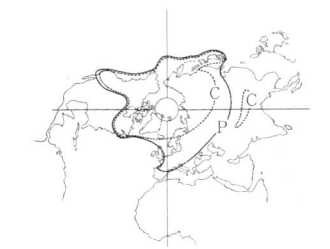

北極を中心として北半球の周極地方に広く分布する植物
P *Phyllodoce* (ツガザクラ属)
C *Cassiope* (イワヒゲ属)

h **ハンター** HUNTER, John 1728～1793 イギリスの外科医, 解剖学者. William Hunter (外科医, 産科医, 解剖学者. 1718～1783) の弟. ロンドンにおいて兄の下, ついでいくつかの医学施設で解剖学・外科学を修めた. 海軍外科医を経て, ロンドンで開業しかつ研究. 数百種の動物を解剖し, それをもとに大きな解剖学博物館を建

設,のちに王立医科大学に吸収された.比較解剖学者として重要な業績を残し,また外科学に解剖学・病理学・生理学の科学的基礎を与えた.

a **パンダー** **PANDER**, Christian Heinrich 1794〜1865 ロシアの動物学者.ドルパト,ベルリン,ゲッティンゲンに学び,ヴュルツブルグ大学で発生学研究に従事.ニワトリの発生を研究し,諸器官がいくつかの葉状構造から分化してくることを認めた.これは K. E. von Baer の注目をうながし,胚葉説の基礎となった.のちには地質学の研究をした.[主著] Beiträge zur Entwickelungsgeschichte des Hühnchens im Ei, 1817.

b **反対色説** [opponent-color theory] 〔→三原色説〕

c **半地中植物** [hemicryptophyte] 生活に不良な時期を越す休眠芽が地表面に接している植物.C. Raunkiaer の陸上植物における*生活形の一つ.記号 H.スミレの類,オランダイチゴ,ショウジョウバカマ,オトギリソウ,ヌカボ,シバなどがこれに属する.寒い地方では雪によって低温からかなり保護されるため,この生活形をもつ種数が多い.

d **半着生植物** [hemiepiphyte] 一生の間の初期には着生的生活をし,のちに根を地中に伸ばして普通の植物と同様の生活をする植物,あるいは逆に初期には地上から成長を始め,木に登って樹上に着生するようになると地上との連結が途切れてしまう植物.前者の好例は東南アジア熱帯域に自生するベンガルボダイジュ(Ficus benghalensis)などクワ科イチジク属の植物で,親木の枝上で発芽し,そこから栄養分を吸収して成長し,のちに根を地中におろす.ついには親木を包んで枯死させるのでしめ殺し植物とも呼ぶ.〔→着生植物〕

e **ハンディキャップ説** [handicap theory] 生存に不利な雄の派手な形質が進化したのは,そうした不利(ハンディキャップ)にもかかわらず生存できるほど,その個体の質が高く生存力が優れていることを示すものとして,雌に好まれるからとする説.A. Zahavi の提唱.そうした派手な形質をある時点での雄の生存力を目に見える形で示す指標であるとみなす.その場合,雄のハンディキャップ形質は,生存率を低下させるコストのために,真に優れた雄として雌から信頼されることになる.この仮説を実証するには,派手な形質をもつことがもたらすコストを測定することが,重要になる.病原体に対する耐性が雄の形質として重視されることがある.

f **バンティング** **BANTING**, Frederick Grant 1891〜1941 カナダの医学者.イヌの膵臓の膵管をしばって消化酵素分泌機能をおさえ,抗糖尿病要素(ランゲルハンス島細胞で生産される)を抽出しようという試みに着手,C. Best とともにインスリンを発見し,J. J. R. Macleod とともに 1923 年ノーベル生理学・医学賞受賞.

g **汎適応症候群** [general adaptation syndrome] 〔同〕適応病(adaptation disease).ストレスに伴う炎症,発熱,胸腺やリンパ系組織の退縮,関節炎,胃腸の潰瘍,腎硬化症といった一連の反応を総称した症候群.H. Selye が本来,適応的な意味合いであるとして命名し,*副腎皮質ホルモンの分泌増加によるものと考えた.汎適応症候群の示す様相は時間とともに進展していくが,Selye はこれに三つの相を区別した.(1)第一相:ストレッサー(ストレス要因)の作用直後にはいわゆるショック状態になるが,続いて副腎皮質からのホルモンの急激な放出が起こり,胸腺-リンパ系の萎縮という反応(警告反応 alarm reaction)がみられる.(2)第二相:副腎皮質が肥大してホルモンを生産・蓄積し,かつ大量に放出を続ける抵抗期(stage of resistance)に入る.この時期には炎症の生起や発達がまず起こり,体内に各種の変化が現れ,同時に動物体はストレッサーに対して大きな抵抗力を示すようになる.場合によってはこれら 2 相の進行中に交絡抵抗や交絡感作の現象のみられることもある.(3)第三相:さらになお長期間ストレッサーの作用がつづくと,結局は疲労期(疲憊期 stage of exhaustion)に達し,副腎皮質は退化・縮小してホルモン分泌量は減り,ストレスの諸様相も消失して抵抗力も失われ,動物は死に至る.〔→ストレス説〕

パンテテイン [pantetheine, pantotheine] 〔同〕N-D-パントテノイル-β-アミノエタンチオール.$C_{11}H_{22}N_2O_4S$ 分子量 278.37.乳酸菌 Lactobacillus bulgaricus, L. helveticus などの発育因子(LB 因子 LBF, Lactobacillus bulgaricus factor)として E. E. Snell らが発見した(1949).*パントテン酸と β-メルカプトエチルアミンとの縮合したもの.末端に SH 基をもつので,酸化されて 2 分子が S-S 結合をした酸化型をパンテチン(pantethine)と呼ぶが,天然にはこの形でなく,システアミンやグルタチオンと結合して存在するらしい.*コエンザイム A(CoA)はこれに 3 分子のリン酸とアデノシンが結合したもので,CoA をホスファターゼで部分加水分解するとパンテテインが生ずるので CoA の構造決定に役立った.動物組織中では CoA の代謝分解物として存在.パントテン酸キナーゼにより CoA の前駆体パンテテイン-4'-リン酸(4'-phosphopantetheine)になる.パンテチナーゼにより加水分解されてパントテン酸とシステアミンになる.L. bulgaricus ではパンテテインを利用し CoA を合成するが,多くの生物ではパンテテインは CoA 生合成の中間体ではなくパンテテイン-4'-リン酸がその中間体である.これと ATP が結合して CoA の前駆体であるデホスホ CoA(dephospho-CoA)ができる.パンテテイン-4'-リン酸はまた脂肪酸生合成において脂肪酸の担体として機能する蛋白質,すなわちアシル基運搬蛋白質(アシルキャリアー蛋白質 acyl carrier protein, ACP)の構成成分として CoA に似て,そのチオール基(-SH)にアシル基が結合する.

$$\underset{\underset{\text{パントテン酸}}{\underbrace{}}}{\underbrace{HOCH_2-\overset{\overset{CH_3}{|}}{\underset{|}{C}}-\overset{\overset{OH}{|}}{\underset{}{CH}}-CO-NHCH_2CH_2CO}_{\text{パントイン酸}}-\underbrace{NHCH_2CH_2SH}_{\underset{\text{エチルアミン}}{\beta\text{-メルカプト}}}}$$

パンテテインの構造

i **パンデミック** [pandemic] 〔同〕パンデミア(pandemia).感染症の世界的な大流行を表す用語.複数の国や地域にわたってみられる感染症の流行もパンデミックと呼ばれることがある.地域的な流行はエンデミック(endemic),感染が拡大し比較的広い範囲に及んだものはエピデミック(epidemic)と呼ばれる.世界保健機関(WHO)は,流行の状況を 6 段階で示し,フェーズ 6 をパンデミックとしている.過去のパンデミックの代表例には,ペスト,コレラ,インフルエンザなどがある.

j **反転期** [period of reversal] カイコの胚発生における*胚運動の一時期.卵の片側において腹面を外側に

して屈曲している胚がこの時期に弓型の形態で反転して卵の反対側に至り，腹面を内方に向けて屈曲する姿勢をとる．カイコの催青において注目すべき時期である．

a **ハント** HUNT, Richard Timothy ("Tim") 1943〜 イギリス生まれの細胞生物学者．ケンブリッジ大学で学ぶ．ウッズホール海洋生物学研究所，イギリス王立がん研究協会ロンドン研究所で研究．ウニ胚を用いた研究でサイクリンを発見，これがキナーゼと結合してその活性を制御することにより細胞周期を制御していることを突き止めた．細胞周期と発がんの関連を研究．2001年L. Hartwell, P. Nurseとともにノーベル生理学・医学賞を受賞．

b **バンド** [band] [1] 狩猟採集民社会に見られる遊動的な居住集団．通常30〜100人からなるが，定住性の高いバンドはよりサイズが大きくなる傾向がある．バンド間を統合する首長は存在せず，バンド外婚および妻が夫の出身バンドに居住する夫方居住が見られることが多い．[2] ヒト以外の霊長類（ゲラダヒヒやマントヒヒなど）で，1頭のオスと複数のメスからなる単位集団（ワンメール・ユニット）がいくつか集まってつくるまとまりをバンドと呼ぶことがある．

c **半透性** [semipermeability] 《同》半透過性．膜または膜様構造が，溶媒（通例は水）または一部の溶質の透過だけを許し他の溶質の透過は許さない場合の性質．M. Traube (1867)の作ったフェロシアン化銅の沈澱膜は，ほぼ理想的な半透性の膜（半透膜 semipermeable membrane）で，W. Pfefferの浸透計に利用されている．細胞の半透性は H. de Vries (1871)の発見以来，細胞膜の性質に帰せられており，一般に細胞膜は実質的に半透膜として扱いうるが，それは厳密には，溶質の透過速度が溶媒のそれに比し著しく小さいというにすぎない．ある膜のある溶質に対する半透性の度合は反射係数（reflection coefficient）σの大きさで示される．膜を介しての溶質の濃度勾配 ΔC によって起こる水の流れを止めるのに必要な圧力勾配を ΔP とすると，σ は $\sigma = \Delta P / (RT\Delta C)$ で与えられる（R は気体定数，T は絶対温度）．これは見かけの浸透圧と理論的浸透圧との比（A. J. Staverman, 1951）であり，完全な半透膜では1，半透性が減少すると1より小さくなる．細胞膜の半透性の度合は興奮などの生理状態に応じて変化する（⇌膜電位）．また細胞は受動的には膜を透過できない物質でも細胞内に取り込むための機構（*能動輸送）をもっている．

d **パントテン酸** [pantothenic acid] 《同》α, γ-ジヒドロキシ-β, β'-ジメチルブチリル-β-アラニン．$C_9H_{17}NO_5$ 分子量219.24．ビタミンB群の一つで，R. J. Williamsら (1933)により酵母から単離され，構造決定されるとともに，化学合成された．動植物組織に広く分布する．天然のパントテン酸はD(+)体で，絶対配置はR配位．酸やアルカリに不安定．加水分解すると，アミド結合が切れて β-アラニンと D-パント酸またはその γ-ラクトン（パントラクトン）になる．D型が有効．定量は微生物法（Lactobacillus casei, L. arabinosus による）が主として用いられる．パントテン酸に相当するアルコールをパンテノール（panthenol）といい，COOHが CH_2OH に変わったもので，動物にはパントテン酸と同様に有効であるが乳酸菌ではかえって発育を阻害する．パントテン酸は*コエンザイムA（CoA）の構成成分であって，β-アラニンと D-パント酸からパントイン酸-β-アラニンリガーゼ（pantoate-β-alanine ligase, パントテン酸シンテターゼ，EC6.3.2.1）により生合成される．生体内ではCoAとして，あるいはパンテテイン-4'-リン酸の形で各種酵素の補欠分子族として機能する．欠乏状態ではCoAの含量が減り，ピルビン酸の酸化的脱炭酸やアセチル化が低下する．動物の欠乏症状として皮膚，副腎，末梢神経，消化管，抗体産生，生殖機能などの障害がみられる．ヒトでは欠乏症状は容易に起こらないが，特殊な状態（戦時捕虜）でその報告があり，手足の麻痺や疼痛を訴えるという．目安量は成人男性で1日5〜6 mgである（厚生労働省2010年）．（⇌パンテテイン）

$$HOCH_2-\underset{\underset{CH_3}{|}}{\overset{\overset{CH_3}{|}}{C}}-\overset{OH}{\underset{|}{CH}}-CONH-CH_2CH_2COOH$$

e **反応** [reaction] 《同》応答，反作用．生物学においては，外からの各種の作用に対して生物が外界や非生物的環境に与える反作用一般を指す．reactionの原意は力学用語．ただし刺激生理学・エソロジー・心理学などで扱うような興奮系や，免疫系の働きを通じて示される反応には，*応答の語が好んで用いられ，また生態学においては*反作用の語が用いられる．

f **反応拡散系** [reaction-diffusion system] 偏微分方程式系の一つのクラス．変数の相互作用に基づく増減を意味する反応項と，ランダムな空間的移動による広がりを意味する拡散項を含んだものをいう．放物型方程式，あるいは熱方程式とも呼ばれ，一般に以下のような形式で記述される．

$$\frac{\partial \mathbf{u}}{\partial t} = \mathbf{D}\Delta\mathbf{u} + \mathbf{f}(\mathbf{u})$$

ここで $\mathbf{u}$ は変数ベクトル，$\mathbf{D}\Delta\mathbf{u}$ は拡散項，$\mathbf{f}(\mathbf{u})$ は反応項を示す．特に拡散係数 $\mathbf{D}$ が $\mathbf{u}$ に依存する場合には，非線形拡散と呼ぶ．変数に対し，生物集団の個体数や密度，生体分子の濃度などの異なる解釈を与えることで，個体群・群集生態学における移動や分散，発生における形態形成など，異なるレベルの生物現象の理解に適用できる．定常分布や進行波といった空間パターンを作る性質をもつため，生物の侵入や伝播，ヒドラの再生，細胞性粘菌の集合パターン，動物の体表の紋様，バクテリアコロニーなど多くの形態形成現象に対するモデルとして用いられる．例えば反応拡散系がTuringの拡散不安定性の条件を満たすとき，自己組織化の周期パターンを形成する．また進行波を形成するモデルに対しては，その速度を求めるためのさまざまな数理解析法が開発されている．

g **反応時間** [reaction time] 《同》反応時．⇌潜時

h **反応中心** [reaction center] 光合成の初期光化学反応の場となる色素（反応中心色素）と初期電子受容体のセット．光化学反応中心ともいう．各光化学系において1対の反応中心色素（光合成細菌では*バクテリオクロロフィル，植物では*クロロフィル）が二量体を形成し，電荷分離に際して酸化されカチオンラジカルを生じる．これらの反応中心色素を，ラジカル形成で消失する吸収ピークの波長から，P700（光化学系I），P680（光化学系II），P870（紅色非硫黄細菌）などと呼ぶ．放出された電子は初期受容体であるバクテリオフェオフィチン，*フェオフィチンもしくはクロロフィルにピコ秒域の時間で移動する．電子はさらに別の電子受容体のキノンもしく

はナフトキノン類,さらに鉄硫黄クラスターへ流れることで電荷の再結合が抑えられ,結果としてほぼ100%の量子収率の光化学反応を可能にする.なお,電荷分離における最初の電子移動は,反応中心色素と初期電子受容体の間に存在するバクテリオクロロフィルあるいはクロロフィル(アクセサリークロロフィル)で起こることが細菌の光化学系などで明らかになりつつあり,反応中心の概念は変化しつつある.一方,反応中心複合体(reaction center complex)は,反応中心を含む蛋白質複合体を指しており,*集光性色素なども含むさらに広い概念である.

a **半胚** [half-embryo] 多細胞動物の卵で,発生開始期にその半分を殺した際,生き残った半分を発生させて体の半分だけが形成された胚.W. Roux が行った二細胞期のカエル胚の一方の割球を熱針で殺す実験の際に得られる,側半・前半・後半だけの胚は典型的な例.

b **ハンバーガー** HAMBURGER, Viktor 1900〜2001 アメリカ(もとドイツ)の動物学者.ドイツでは両生類の肢の発生に対する神経の影響を実験的に研究.アメリカでは,ニワトリの神経発生学の分野を開拓.H. L. Hamilton とともに作成したニワトリ発生段階表は有名.

c **パンパス** [pampas] 南アメリカのアルゼンチンやウルグアイで年降雨量 1000 mm 以下の乾いた地に見られる大草原.*イネ科草原の一種.イネ科植物を主とし,*Stipa*, *Calamagrostis*, *Melica* などの属のものが多く,植物体は機械組織の発達により維持される.土壌は主に黒色土壌.季節による温度・水分条件の変化のため,相観の変化が著しい.条件が少し良い所では樹木の侵入を見て,*サバンナに移行する.

d **板皮類**(ばんぴるい) [placoderms ラ Placodermi] 脊椎動物亜門頸口上綱の一綱.頭部と胴部前半とを覆う二つの互いに関節した大形の骨性装甲をもつ絶滅化石動物.軟骨魚類に近縁で,脊索は分節せず,内骨格は軟骨性.尾鰭は異尾で,腹鰭に付属する交尾器(clasper)をもつものがある.体は背腹に扁平で,ごく一部を除いて底生性であった.デボン紀を通じて繁栄し石炭紀前期に絶滅した,いわゆる*甲冑魚類の一部をなす.

e **反復興奮** [repetitive excitation] 神経・筋肉などの興奮性細胞が単一の刺激あるいは持続的に作用する刺激に応じ*興奮を繰り返す現象.単一神経または筋繊維の単一興奮は*全か無かの法則に従い,またその持続時間はごく短いが,反復して興奮することにより1回の興奮より強い作用が伝えられ,また全体としての興奮の大きさを種々に変えうることになる.神経の興奮(活動電位)はその膜が一定度以上強く脱分極されることにより引き起こされるが,活動電位が起こり始めると膜電位は以後自動的に脱分極を続け,それが活動電位のピークに達した後はすみやかに復極し,最初の刺激によって脱分極されたレベル以下に下降する.そのようにして1サイクルが終了すると改めて刺激による脱分極が始まり次の活動電位が引き起こされるということになり,これが繰り返される(⇨イオン説).生体内での興奮はほとんどみな反復的に起こるもので,例えば,受容器への感覚刺激は感覚神経繊維に反復興奮を生じるのが常であり(⇨エードリアンの法則),さらに*運動神経で見られる遠心性インパルスも生体内では多く反復的で,その結果として随意筋の強縮(収縮でなく)が起こる.心臓では洞結節に発生する反復興奮がペースメーカーとなって全心臓の拍動を支配する.一般に骨格筋よりも心臓筋・内臓筋のほうが反復興奮を起こしやすい.反復興奮は*中枢神経系内で興奮がシナプスを通過する際に特に起こりやすい.その他,生体には呼吸リズム・胃腸の蠕動・振顫・脳波のように多数の神経集団のリズム興奮により生ずる反復活動も見られる.

f **反復刺激** [repetitive stimulation] 神経や筋に反復して刺激を加える操作.筋では*強縮(tetanus)が引き起こされるので tetanic stimulation とも呼ばれる.興奮・筋収縮・シナプス伝達の機構を調べるのによく用いられる.シナプスでは*反復刺激後増強や*反復刺激後過分極などの現象がみられる.

g **反復刺激後過分極** [post-tetanic hyperpolarization] 神経末端,C繊維,甲殻類伸張受容細胞などに数十〜数百 Hz の反復刺激を数秒間加えると,引き続いて数秒〜数分間,静止電位が数 mV 増加する(膜が数 mV 過分極される)現象.カリウムイオンに対する膜の透過性の上昇,ナトリウム-カリウム能動輸送の活発化による細胞外カリウムイオン濃度の低下,ナトリウムに対する起電性イオンポンプなどの因子が関与している.

h **反復刺激後増強** [post-tetanic potentiation] PTP と略記.反復活動の後にシナプスの伝達効果が比較的長時間にわたって上昇する現象.例えば脊髄運動ニューロンの単シナプス反射に同じ刺激を 500 Hz の高頻度で 15 秒間与えると,その反復刺激を止めたのち反射の大きさが7倍にもなり,この増強効果は5分から十数分続く.反復刺激の影響(反復刺激後過分極など)がシナプス前神経末端に蓄積し,そこからの神経伝達物質の放出量が増加するために,上記の脊髄反射の場合は放出量が約2倍になっている.

i **反復生殖** [dissogony, dissogeny] 《同》反復発生.クシクラゲ類のカブトクラゲの一種 *Bolinopsis infundibulum* (= *Bolina hydatina*) およびツノクラゲの一種 *Leucothea multicornis* に見られる,幼生期と成体期と2回重ねて生殖を行う生殖法.直径数 mm の風船クラゲ期幼生の時期に,8本の経線水管のうち4本の壁に生殖腺が成熟して産卵し,さらに変態を終えた成体の時期に,8本の経線水管の全部の壁に卵巣および精巣が成熟して第2回の生殖を行う.管クラゲ類でも類似の生殖法が知られる.

j **反復配列** [repetitive sequence, repeated sequence, reiterated sequence] 《同》繰り返し配列.主として真核生物のゲノムにおいて,多数回繰り返し存在しているDNA配列.これに対し,1コピーしか存在しないDNA配列をユニーク配列(unique sequence)といい,ゲノムはこの2編で編成されている.反復配列は,その生成機構から次の2種に大別できる.(1)直列に何回も連なって存在するもの:*遺伝子増幅や不等交叉(⇨交叉)などにより DNA レベルで重複して生成したと考えられる.カエルや昆虫の tRNA 遺伝子,種々の動物の*rRNA 遺伝子,ヒトの U1snRNA, U2snRNA 遺伝子など多くの例が知られている.蛋白質をコードする遺伝子も,ヒストン遺伝子などはこの例(⇨多重遺伝子族).*サテライト DNA の一部もここに含まれる.(2)レトロトランスポゾン:ゲノムから RNA にいったん転写されたものが,逆転写酵素の働きにより DNA となり,ゲノム中に再度挿入されたもの.レトロトランスポゾンの特徴は,ゲノム中に散在していることである.広義には,

AIDSウイルスなどのレトロウイルスやコピア，またヒトのゲノム中に半数体当たり10^4～10^5コピー存在し，6～7キロ塩基対の長さをもつL1ファミリー(L1 family)などもここに含まれる．狭義には，ヒトのゲノム中に半数体当たり約10^6コピー存在し，約300塩基対の長さをもつAluファミリー(Alu family)のような小さな塩基配列を指す．Aluファミリーは，哺乳類DNAを制限酵素AluI（AG↓CT）で切断して生じる断片中に高頻度で見られ，細胞質中に存在する7SL RNAが起源となっていることが知られているが，これは例外であり，他の動物や植物に存在する散在型の短いレトロトランスポゾンは一般にtRNAを起源として生成したことが明らかとなっている．ヒトのゲノム中では，レトロトランスポゾンの占める割合は30％にも及ぶので，この種の反復配列がゲノムの進化に果たしてきた役割は極めて大きいといえる．大腸菌やサルモネラ菌などの原核細胞では30～40塩基対からなる保存された逆位反復配列(逆方向繰返し配列 inverted repetitive sequence)が構造遺伝子間にしばしば見出され，REP配列(repetitive palindromic sequence)と呼ばれている．REP配列は染色体DNA上に広範囲に存在しており，全DNAの1％を占めると推定されているが，その機能は不明．

a **反復名** [tautonym, tautonymous name] 国際動物命名規約においては，属名ないし亜属名と，それに含まれる種小名または亜種小名とに同じ単語が使われていること．クマネズミ(*Rattus rattus*)はこの例で，*適格名になりうる．他方，国際藻類・菌類・植物命名規約においては，種形容語が属名と全く同じ繰返しになっている二語の組合せのことで，合法名(=適格名)とは認められない．なお，国際細菌命名規約では，反復名という概念自体がない．

b **ハンブルガー現象** [Hamburger phenomenon] 《同》ハンブルガーシフト(Hamburger shift)，塩素移動(chloride shift)．赤血球から炭酸水素イオンが去り，塩化物イオンが血漿から血球に入っておきかわる現象．二酸化炭素は炭酸脱水酵素によって速やかに水と反応して炭酸になる．この酵素は赤血球に多く血漿中にはほとんどない．末梢組織で生成した二酸化炭素が赤血球内に入るとこの酵素により炭酸に変えられ，HCO_3^-とH^+とに解離する．H^+はヘモグロビンによって緩衝され，HCO_3^-は細胞膜を透過して血漿中に拡散する．このときに電気的な平衡(ドナンの膜平衡)を保つために血漿中のCl^-が血球内に流入してくる．これと逆方向の反応が，肺における二酸化炭素の体外への排出機作の一部をなしている．(⇌酸塩基平衡)

c **判別文** [diagnosis] 《同》ダイアグノシス，記相，記相文．あるタクソンをそれと混同されるおそれのある他のタクソンから区別する特徴を示すために，その趣旨を言葉で表したもの．かつては，ある種の判別文がそのままその種の名称として使われていたが，あまりに長くなりがちなことから，C. von Linnéはそれと一対一に対応する属名と種小名(種形容語)の2語の結合によって種の名称を簡略に表現する方法(⇌二語名法)を提唱した．(⇌記載)

d **判別分析** [discriminant analysis] 多変量解析の一手法で，事前に外的基準となる二つ以上の群が与えられていて，その各群について多変量の形質を測定した標本が得られているとき，手元にある所属不明の新しい標本がどの群に属するかを，多変量の形質を手掛かりにして判別しようとする方法．R. A. Fisher (1936)が，E. Anderson (1936)のアヤメ属の雑種群の研究にヒントを得て案出した．形質の線形結合で表現される関数を考え，級間分散と級内分散の比を最大にする判別関数(discriminant function)が計算される．判別分析は古生物学，人類学，医学における診断に応用されているが，分類学における応用例は少ない．先験的な基準を排除する数量分類学では判別分析は用いられないが，標本の産地が先験的に定まる地理的変異の研究では，この方法が多変量形質解析(multivariate character analysis)の手段として用いられている．画像やゲノムデータのように，高次元で複雑なデータを頑健に解析するために，サポートベクターマシーンによるノンパラメトリックな判別分析も開発されている．

e **半紡錘体** [half-spindle] *紡錘体のうち娘染色体群とその極との間を占める部分．*有糸分裂中期の紡錘体では極と赤道面の部分であり，紡錘体は二つの円錐体に似た半紡錘体が底と底とで接していて，後期では紡錘体は二つの半紡錘体と中間域(interzonal region)の3区分からできている．

f **半保存的複製** [semiconservative replication] *DNA二本鎖のそれぞれの一本鎖が*鋳型となり，それぞれに相補的な新しい一本鎖が合成されてもとと同じ二本鎖DNAが2本形成されること(図)．二本鎖DNAの*複製様式．J. D. WatsonとF. H. C. Crick (1953)がDNAの二重らせんモデルを提唱するにあたり，ヌクレオチド鎖間の塩基相補性に注目して提出したDNA複製のモデル．新しいモノヌクレオチドが鋳型の上に並ぶとき，その並び方は塩基の相補性によって一義的に決定され，塩基の配列順序は全長にわたってそっくりそのまま継承される．このようにして，親と全く同じ遺伝情報をもった子の分子が自己増殖される．このとき生じた子の二重らせん分子は，一方の鎖は親からのものが保存されて受け継がれ，もう一方の一本鎖だけが新しく合成されたわけで，そのためにこれを半保存的複製と呼ぶ．このモデルは，重い同位元素でDNAをラベルしてから密度勾配遠心法で解析したり(⇌メセルソン-スタールの実験)，あるいは放射性同位元素でDNAをラベルしてから*オートラジオグラフ法で調べるなど，原理の異なるいくつかの方法でヒトからウイルスに至る多種多様の生物で検証された．複製に関する最も基本的な原理とみな

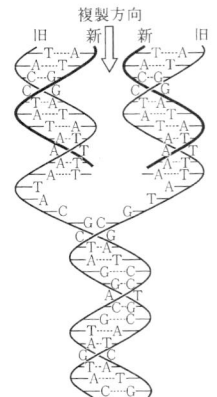

DNAの半保存的複製
A：アデニン
T：チミン
G：グアニン
C：シトシン

されている.（⇨DNA複製）

a **パンミクシー**　[panmixia]　集団内の個体が無作為(panmictic)に交配すること．したがって，任意交配と同義であるが，歴史的には A. Weismann が痕跡器官の説明のためにこの概念を重視した．ある器官が無用となったが，その消失が特に利益をもたらさないとき，その器官をもたない個体や種々の発達程度のものが無作為的に混交するので，結局，低い発達段階のままその器官が維持されるという．

b **半葉法**　[half leaf method]　⇨局部病斑

c **半矮性**　[semi-dwarf]　植物育種において，通常の品種より稈長ないし草丈が短縮するが，その程度が*矮性ほど極端でない特性．通常品種の約半分以下に短縮したものが矮性とされる．両者の区別は厳密でないが，その有用性が異なる．矮性系統は育種的な利用価値が低いが，半矮性系統は草丈の短縮以外に多面発現を示さず，例えば通常の品種にくらべて節間が短縮しているが，節数の減少は少なく，多肥下でも倒伏しにくく多収となることが多い．そのため第二次大戦後の緑の革命を実現したコムギやイネの品種改良において重要な素材となった．草丈の長いことは植物個体間の光をめぐる競争に有利な形質だが，それを減らして収量へふりむけさせる変異といえる．

ヒ

a **PI3K 経路**(ピーアイスリーケーけいろ) [PI3K signaling pathway, phosphoinositide 3-kinase signaling pathway] 細胞膜リン脂質である*イノシトールリン脂質のイノシトール環3位水酸基のリン酸化に始まるシグナル伝達経路. 動植物で広く保存されている. 3クラスに分類されるPI3Kのうち, クラスⅠPI3Kが制御する経路をPI3K経路と呼ぶ. クラスⅠPI3Kはヘテロ二量体として存在し, クラスⅠA PI3Kはチロシンキナーゼの活性化を伴う受容体シグナリングにおいて, クラスⅠB PI3KはG蛋白質共役型受容体シグナリングにおいて機能する. 独立した遺伝子にコードされる活性サブユニット p110α, p110β, p110γ, p110δ は試験管内でホスファチジルイノシトール(PI), PI4-リン酸(PI4P), PI4,5-二リン酸($PI(4,5)P_2$)をリン酸化するが, 細胞内では主に$PI(4,5)P_2$をリン酸化してPI3,4,5-三リン酸($PI(3,4,5)P_3$)を生成するとされる. p110αとp110βは幅広い組織に発現し, p110γとp110δは血液細胞での発現が特に高い. クラスⅠA PI3Kでは調節サブユニットp85ファミリー蛋白質がp110α, p110β, p110δと結合する. p85ファミリー蛋白質は二つのSH2ドメインが標的膜蛋白質のTyr–X–X–Met配列(Xは任意のアミノ酸)のチロシンリン酸化を認識して細胞膜へ移行するとともに, 酵素の基礎活性を上昇させる. クラスⅠB PI3Kではp110γがp101あるいはp84/p87蛋白質の調節サブユニットと結合している. p110γは単独でも三量体型GTP結合蛋白質のβγサブユニット(Gβγ)により活性化されうるが, p101あるいはp84/p87蛋白質との二量体形成でGβγへの感受性が大きく増強される. このように, 調節サブユニットはクラスⅠPI3Kの酵素活性調節に重要な役割を担う. 全てのクラスⅠPI3KはRas結合ドメインを含み, Rasの活性化もPI3K活性化の要因となる. クラスⅠPI3Kにより生成されるPI$(3,4,5)P_3$はPHドメイン, PXドメイン, SH2ドメインや塩基性アミノ酸配列などを介して, 酵素活性の上昇や細胞内局在の変化などを促す. $PI(3,4,5)P_3$結合蛋白質には, プロテインキナーゼ(Akt/PKB, PDK1), 低分子量GTPアーゼのグアニンヌクレオチド交換因子(P-Rex, Tiam1)やGTPアーゼ活性化蛋白質(centaurin, ARAP), アクチン調節蛋白質(WAVE2), *ホスホリパーゼ(PLD1, PLCγ1)など300種類以上が知られている. 通常の細胞内ではイノシトール環の各リン酸化残基に対する特異的な異なる十数種類のイノシトールリン脂質ホスファターゼの働きによって, 細胞内のPI$(3,4,5)P_3$レベルは極めて低く抑えられているため, 受容体刺激に伴うクラスⅠPI3K活性化によるPI$(3,4,5)P_3$レベルの著しい上昇が, 多岐にわたるシグナル伝達経路のオンスイッチとなる. *がん抑制遺伝子産物PTENはPI$(3,4,5)P_3$ホスファターゼであり, PI3K経路の抑制で特に重要な役割を果たす. 遺伝子変異によってPTENの活性が低下すると, PI$(3,4,5)P_3$の蓄積によってPI$(3,4,5)P_3$標的蛋白質は恒常的に活性化され, 細胞の増殖, 運動性は亢進し, 細胞死に抵抗性となる.

b **PR 蛋白質** [PR protein] pathogenesis-related proteinの略. 《同》感染特異的蛋白質. 病原体の感染により植物細胞内における発現が誘導される蛋白質の総称. β-1,3-グルカナーゼ(β-1,3-glucanase)や*キチナーゼ, *ペルオキシダーゼ, ディフェンシン(defensin)などが含まれており, 病原体に対する抗菌作用をもつものもある. *細胞間隙に蓄積する酸性PR蛋白質と*液胞に蓄積する塩基性PR蛋白質に大別される.

c **ヒアルロニダーゼ** [hyaluronidase] 《同》ムチナーゼ(mucinase). ヒアルロン酸を低分子化する酵素の総称. 各種の異なる型の酵素が見出されている. すなわち, (1)ヒアルロノグルコサミニダーゼ:ヒアルロン酸, コンドロイチン, コンドロイチン硫酸のβ-N-アセチル-D-ヘキソサミニド結合を加水分解するエンドヘキソサミニダーゼ型酵素(EC3.2.1.35. 精巣ヒアルロニダーゼ, 肝リソソームや皮膚のヒアルロニダーゼ), (2)ヒアルロノグルクロニダーゼ:ヒアルロン酸のβ-D-グルクロニド結合を加水分解するエンドグルクロニダーゼ型酵素(EC3.2.1.36. ヒル類), (3)ヒアルロン酸リアーゼ:ヒアルロン酸のβ-N-アセチル-D-グルコサミニド結合を脱離的に分解するエンドグルコサミン開裂型酵素(EC 4.2.2.1. *Pneumococcus*, *Staphylococcus*, *Clostridium*など細菌ヒアルロニダーゼ), (4)ヒアルロン酸, コンドロイチン, コンドロイチン硫酸のβ-N-アセチル-D-ヘキソサミニド結合を脱離的に分解するエンドヘキソサミン開裂型酵素(*Flavobacterium*や*Proteus*などのコンドロイチン開裂酵素). これらはそれぞれ反応の最終産物も異なり, (1)は四糖を中心としてヘキソサミンを還元末端とする各種オリゴ糖混合物, (2)はグルクロン酸を還元末端とするオリゴ糖混合物, (3), (4)はΔ⁴-ウロン酸を非還元末端とする不飽和二糖(ただし*Streptomyces hyalurolyticus*の酵素は不飽和四糖と不飽和六糖)を与える. いずれもグリコサミノグリカンの構造研究や同定・定量の試薬として広く利用されており市販標品も多い. 動物の肝ヒアルロニダーゼはグリコサミノグリカンの代謝分解排出機構の一環をなしている. また前立腺やヒルのヒアルロニダーゼは結合組織のマトリックスに作用してその高次構造を破壊し, 透過性を高めるのに役立つといわれる. 古くから拡散因子(spreading factor)の名で呼ばれたものの実体はヒアルロニダーゼにほかならない.

d **ヒアルロン酸** [hyaluronic acid] 《同》ヒアルロネート(hyaluronate), ヒアルロナン(hyaluronan). O-β-D-グルクロノシル(1→3)-N-アセチル-β-D-グルコサミニル(1→4)単位の二糖だけの繰返し構造をもつ, グリコサミノグリカンの一種. 主として動物の関節液や眼球ガラス体液, 臍帯, 真皮表層などの結合組織, ラウス肉腫などある種の腫瘍に見出されるほか, A型・C型溶血性連鎖球菌(*Streptococcus*)をはじめ, いくつかの種類の細菌では莢膜成分となっている. 動物組織, 例えばウシの鼻軟骨などでは, 大形コンドロイチン硫酸プロテオグリカン(アグリカン)や*リンク蛋白質と会合して巨大な分子集合体を形成する. 糖鎖の長さは分子量にして

$10^5 \sim 10^6$ と極めて長いものが多いが，由来によって異なり，また同一由来でも決して均一ではない．多量の水と結合してゲルをつくる性質があり，これが例えば関節の潤滑作用・皮膚の保湿作用など生体内におけるこの物質の機能と結びついている．また結合組織が損傷を受けて急速な修復をするときヒアルロン酸の合成が一時的に活発になる場合があり，組織再構築における細胞活動の一環を形成しているといわれる．細胞表面のヒアルロン酸結合蛋白質として CD44 が知られている．精巣・皮膚・肝などの動物組織やヘビ毒，ヒル，細菌，放線菌からそれぞれヒアルロン酸のグルコサミニドまたはグルクロニド結合を加水分解または脱離切断する酵素が見出されている (⇌ヒアルロニダーゼ).

ヒアルロン酸の二糖繰返し単位

a **非遺伝的変異** [non-heritable variation] 遺伝しない*変異．*環境変異やいわゆる*獲得形質がこれに含まれる．(→遺伝的変異)

b **P因子** [P element] ショウジョウバエの*転移因子(DNA トランスポゾン)の一つ．転移を起こす酵素(transposase) の遺伝子をもち，自ら転移できる完全長のP因子は，2.9 kb で両末端には 31 bp の末端逆方向反復配列(末端逆繰返し配列 terminal inverted repeats)が存在し，転移により 8 bp の標的重複(target duplication) を引き起こす．P因子の転移酵素遺伝子は 4 エクソンからなるが第三および第四エクソン間のスプライシングは生殖細胞でしか起こらず，したがって活性な転移酵素は生殖細胞だけに生ずる．P因子をもつ雄とP因子をもたない雌を交雑した後代の生殖細胞中ではP因子の転移が起こり，その結果，稔性が下がったり，突然変異や染色体異常(染色体再編成 chromosomal rearrangement)が高頻度で起こる．このような現象を交雑発生異常(hybrid dysgenesis) といい，P因子のほか，非LTR型レトロトランスポゾン(non-LTR retrotransposon)のI因子(I element)によっても起こることが知られている．組換え DNA 技術により改変したP因子は，未知遺伝子を同定単離するための*遺伝子標識法の一つであるトランスポゾンタギングや有用遺伝子を導入するためのトランスポゾンベクターとしても用いられている．(→転移因子，→遺伝子標識法，⇌トランスポゾン)

c **P-V曲線法** [P-V technique] 《同》P-V法．P-V は pressure-volume の略．*プレッシャーチェンバー法を応用して，葉の水分量と，*水ポテンシャル，浸透ポテンシャル，圧ポテンシャルの関係を得る方法．十分に吸水させた葉の葉柄をプレッシャーチェンバーに入れ，徐々に圧を加えて，切り口から出てくる道管液量(V_e) と加えた圧(P) を測定すると，V_e と $1/P$ との間に，曲-直線関係が得られる(図)．図の直線部分(A～D)は，葉の細胞の圧ポテンシャルを0としたときの浸透ポテンシャル(ψ_s) に等しい．図の曲線部分の P は，葉の水ポテンシャル(ψ_w) の値と等しく，次式の関係が成り立

つ(ψ_p は圧ポテンシャル)．
$$P = \psi_w = \psi_s + \psi_p$$
図から，A は十分吸水したときの浸透ポテンシャル(図の ψ_s^{sat}, osmotic potential)，B は膨圧を失って初発原形質分離(initial plasmolysis)を起こす点である．$1/\psi_s \to 0$ すなわち，$\psi_s \to -\infty$ のとき，細胞内の浸透ポテンシャルに関与している水は 0 になるが葉内には相当する水が残されている(図の b)．これが*結合水である．

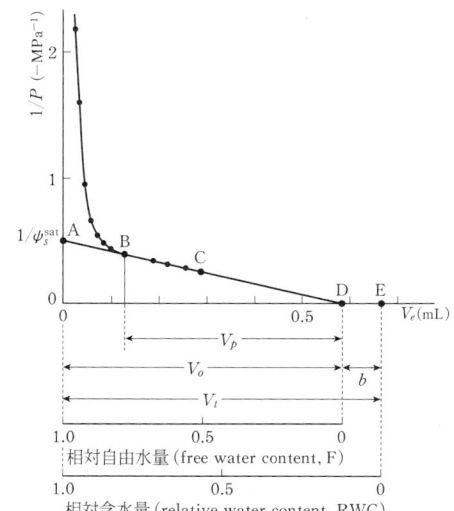

ミズナラの P-V 曲線
V_t：十分吸水したときの全水分量(=E：十分に吸水したときの葉の重量－葉の乾燥重量)　V_o：十分吸水したときの全細胞内液量　V_p：初発原形質分離を起こすときの全細胞内液量　b：結合水

d **ビウレット反応** [biuret reaction] 蛋白質のアルカリ性水溶液に数滴の薄い硫酸銅溶液を加えると，青紫～赤紫色を呈する蛋白質呈色反応の一つ．発色は銅(II) イオンと錯体が形成されることによる．トリペプチド以上のペプチドも同様な反応を示し，ペプチドによる発色率の差はあまりない．ペプチドに類似の化合物であるビウレット($NH_2CONHCONH_2$)でも同じ反応が見られるため，この名で呼ばれている．蛋白質の定量にも用いられるが，感度が低い．そのため，O.Folin のフェノール試薬による反応と組み合わせて使われている．

e **非永続型伝搬** [non-persistent transmission] ⇌永続型伝搬

f **pHスタット** [pH stat] [1] 本来は培養液の pH を自動的に一定に保つ装置のこと．[2] 細胞自体のもつ，細胞内 pH をほぼ一定に保つ機構．動物植物を問わず細胞質の pH は中性付近にあり，pH 調節の機構の主なものとして次の三つが考えられる．(1)膜を介しての H^+ あるいは OH^- の輸送による．H^+ は細胞内から細胞膜を介して H^+ ポンプにより排出される．これには膜 ATP アーゼが関与している．OH^- は細胞質の pH がアルカリ側にずれると受動的に放出される．(2)生化学的 pH スタットと呼ばれる機構．何らかの原因で細胞質の pH が上がるとホスホエノールピルビン酸カルボキシル

化酵素の活性が上がってホスホエノールピルビン酸から強酸性のリンゴ酸がつくられる．その結果 pH が下がるとこの酵素の活性は抑えられ逆にリンゴ酸酵素が活性化され，ピルビン酸，CO_2，OH^- が生成され pH は上昇する．(3)細胞質中に存在する重炭酸塩，リン酸化合物，アミノ酸などが天然の緩衝剤として働き pH を一定に保つのに役立っている．

a **pF** 土壌が水を引きつけている力を表す単位．テンシオメーターなどの測定で，土壌が水を引きつけている力，すなわち*マトリックポテンシャルを水柱の長さで表す(単位は水柱 cm)が，数の幅が大きいので，R.K.Schofield (1935)はその対数(底 10)をとって pF とした．100 cm の水は 100 g/cm² の圧に当たり，pF=2，永久*しおれ点では約 15 hPa，pF=4.2 に当たる．

b **PML ボディ** [PML body] 《同》Kremer ボディ，ND10，PODs(PML oncogenic domains)．急性前骨髄球性白血病の疾患特異的染色体転座 15;17 転座の切断点から見出された PML (promyelocytic leukemia) が形成する直径 $0.2\sim1\mu m$ の球状もしくはドーナッツ状の核内高次構造体．ほぼすべての哺乳類の細胞に 10～30 個存在するが，その数，形態は細胞の種類や環境により変動する．PML ボディには，クロマチン構造，蛋白質翻訳後修飾，細胞周期，転写，ゲノム修復，細胞死誘導などに関わる多くの蛋白質が集積している．PML ボディ形成の制御には，ユビキチン様蛋白質 SUMO (small ubiquitin-like modifier) による蛋白質翻訳後修飾が深く関わる．

c **BMP2/4 シグナル** [BMP2/4 signal] bone morphogenetic protein (BMP) ファミリーに属する BMP2 および BMP4 を介するシグナル経路．BMP ファミリーのサブファミリーのうち，BMP2 および BMP4 はショウジョウバエの Decapentaplegic (Dpp) と共に Dpp サブファミリーに属し，高い骨誘導能を有する．BMP2 および BMP4 はホモまたはヘテロダイマーでも機能するが，BMP7 とのヘテロダイマーの方がより活性が高い．これらの BMP は ALK2 (activin receptor-like kinase 2)，ALK3 (BMPRIA)，ALK6 (BMPRIB) という 3 種類の I 型受容体，および BMPR II，ActR II，ActR IIB という 3 種類の II 型受容体を介して，細胞内シグナルを伝達する．これら受容体に BMP が結合すると II 型受容体により I 型受容体の GS ドメインがリン酸化され，活性化された I 型受容体は SMAD1，5 もしくは 8 の C 末端側をリン酸化する．これらの SMAD は SMAD4 (Co-SMAD) と複合体を形成し，核内へ移行し，転写因子として機能する．このシグナル阻害因子として HECT 型 E3 ユビキチンリガーゼの Smurf1 (SMAD ubiquitination regulatory factor 1) があり，SMAD1 や 5 を認識してユビキチン化し，*プロテアソームによる分解を促進する．また SMAD を介さない BMP2/4 シグナル経路として，TAB1-TAK1 経路が知られている．BMP2/4 シグナルは骨軟骨形成ばかりでなく，発生初期の中胚葉誘導，神経，心臓を含む各種臓器の器官形成など，さまざまな発生段階で重要な機能を果たす．組換え技術により作製されたヒト BMP2 (recombinant human BMP2, rhBMP2) は，整形外科や口腔外科において骨の再生誘導に用いられている．

d **BMP ファミリー** [BMP family] 骨形成因子として単離された，transforming growth factor β (TGF-β) スーパーファミリーに属する分子群．bone morphogenetic protein (骨形成蛋白質，BMP，骨由来成長因子 bone-derived growth factor, BDG)，growth and differentiation factor (GDF)，Nodal，ショウジョウバエの Decapentaplegic (Dpp) や 60A, Screw，線虫の UNC-129，Daf-7 などが含まれ，動物界で高度に保存されている．現在までに 25 種類以上の分子が同定され，3 次元構造の相同性から，BMP2, BMP4, Dpp などが属する Dpp サブファミリー，BMP6 (Vgr1), BMP7 (OP-1), BMP8 などが属する 60A サブファミリー，GDF5, 6, 7 が属する GDF サブファミリーに分類される．BMP3 は Osteogenin とも呼ばれる．ただし，BMP1 はメタロプロテアーゼであることが判明したため，TGF-β スーパーファミリーに含まれない．BMP2～BMP9 は前駆体から C 末端の 110～140 個のアミノ酸からなる部分がプロセスされ，ホモまたはヘテロの二量体を形成して，活性を発現する．BMP は，名前の由来通り，異所的に骨形成誘導を引き起こすだけでなく，ショウジョウバエ，線虫からヒトに至る発生初期における中胚葉誘導，中枢神経系や各種臓器の器官形成など，さまざまな生理活性をもつことが明らかになっている．このため，現在では多機能性のサイトカインとして位置づけられており，再生医学の観点から，臨床への応用例も多い．

e **ビオゲン** [biogen] M. Verworn (1903) が提唱した，細胞の生命活動の基礎になるという仮説的粒子．彼は極めて反応性に富み不安定な蛋白質分子のようなものを考え，この高度の反応性のゆえに生命に特徴的な諸化学変化が実現されるとした．しかし彼は，生命の最小単位は細胞であり，ビオゲンは不断の分解と再合成の中にあるもので，この化学変化の動的な過程がすなわち生命の本態であると主張したのであって，ビオゲンを生命の単位として提唱したのではない．(⇌ビオフォア)

f **ピオシアニン** [pyocyanine, pyocyanin] 主要な日和見感染菌である*緑膿菌が生産する青色の色素．病原性に関連するピオシアニンの酸化により毒性が低下するという報告もある．酸化還元電位は $E°'=-0.034$ V (pH=7)．

g **ビオチン** [biotin] 《同》ビタミン H (vitamin H)，コエンザイム R (CoR)，ビオス IIb．$C_{10}H_{16}N_2O_3S$ 分子量 244.32．ビタミン B 群の一つで，多くの動植物の生育に必要な物質．微生物増殖因子の S, W, X と呼ばれたものは同一物質．天然のものは d 異性体で二つの五員環の結合がシス配位をとる．他の七つの異性体，すなわちシス型の L-ビオチンあるいはトランス型のアロビオチンなどは補酵素活性を示さない．しかし，生体内ではビオチン

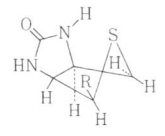

酵素と呼ばれる一連の酵素に補欠分子族として結合している場合がほとんどで，蛋白質のリジンのε-アミノ基とアミド結合をしている部分であるε-N-ビオチニル-L-リジンをビオシチン(biocytin)という．ビオチニダーゼ(biotinidase, EC3.5.1.12)によりこのアミド結合が加水分解され，遊離したビオチンは再利用される．生理作用は，プロピオニルCoAカルボキシラーゼ，アセチルCoAカルボキシラーゼ，メチルマロニルCoAカルボキシルトランスフェラーゼ(トランスカルボキシラーゼ)，メチルマロニルCoAデカルボキシラーゼなどのビオチン酵素があり，主に二酸化炭素固定およびカルボキシル基転移反応を触媒することで，広く脂肪酸，糖，分岐鎖アミノ酸の代謝に関与する．これらの酵素反応で中間体としてN-カルボキシビオチンをつくる．また作用機構は不明であるが，グアニル酸シクラーゼの活性を高めcGMPの濃度を上昇させることにより，*蛋白質生合成，RNA合成，*プリン生合成経路などに間接的に関与する．酵母や，*Lactobacillus*, *Rhizobium* などの細菌の増殖に必要で，これらの微生物を利用してビオチンの定量をする．動物では腸内細菌により合成されるため，欠乏症状を起こしづらいが，ネズミに乾燥卵白を多量に与えると，ビオチンが卵白中の*アビジンと結合して奪われ，ビオチンが欠乏し，脱毛や皮膚炎が起こる．ビオチン分子中のSがOに置換されたオキシビオチン(oxybiotin)，Sのとれたデスチオビオチン(desthiobiotin, 酵母やアカパンカビにある)は微生物に利用される．

a **ビオチンラベル** [biotin label] 目的の抗体や蛋白質に*ビオチンを結合させ，標識化すること．アビジンなどビオチンと親和性の高い物質を酵素や蛍光によって標識し，反応させることで，目的の抗体や蛋白質を検出することができる．免疫組織染色や*ELISA法などに用いられる．

b **ビオトープ** [biotope] 特定の生物群集が生存できる環境条件をそなえた地理的な最小単位．ギリシア語のbios(生命，生物)とtopos(場所，空間)とを語源とするドイツ語の合成語である．ドイツでは，植生や土地利用地図などと同様に，国内のビオトープ地図を作製し，これに基づいて，ビオトープの保全・再生の計画を策定することは，連邦自然保護法で位置づけられている．日本では1990年代以降，環境復元で創造された生物空間を示す一般用語として用いられる場合が多い．学校ビオトープや地域の身近な環境を復元するための行政，市民などによるビオトープ創生は，全国的な広がりをみせている．

c **ビオフォア** [biophore] A. Weismann(1893)が生命担荷体(独 Lebensträger)として提唱した，蛋白質を中心として原形質の要素物質から構成され，同化・代謝・成長・分裂増殖をいとなむとする仮説的粒子．原形質1μm³中に800万のビオフォアがあり，ヒトの1赤血球は7億300万のビオフォアからなりたつという仮定的計算もされた．

d **皮果** [follicarpium] 果実の内で*豆果と*袋果とを1心皮に由来し裂開するものとしてまとめた呼称．袋果の集まりを特にfolliceumという．

e **尾芽** [tail bud] 主として脊椎動物の胚において尾部器官原基(場合により後胴部器官原基)の予定材料を含む胚域．体前半の体節の形成の終わる頃より胚背側中軸の最後端に突起として現れる．その外側は表皮におおわれ，内部は密集した球状またはやや扁平なほぼ一様の性質を示す細胞の集団からなる．前方に向かってはこの細胞集団は体節(中胚葉)や神経管(外胚葉)の後端に明らかな境界なしに連続しているように見える．すなわちここでは少なくとも外見上胚葉間の区別がつけられない．尾芽中には後腸末端(尾腸)が進入している．発生の進行に伴い尾芽の内部細胞は逐次に体節・脊髄，場合によっては脊索の形成に参加すると考えられる．尾腸はやがて退化する．脊椎動物の神経胚に次ぐ発生段階をしばしば尾芽期(tailbud stage)という．(→尾)

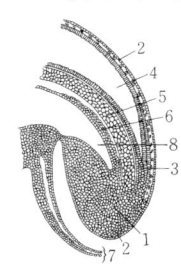

鳥類胚の尾芽
1 尾芽
2 表皮
3 神経管末端部
4 神経腔
5 脊索
6 後腸壁(内胚葉)
7 羊膜
8 尾腸

f **被殻** [frustules] 珪藻に特有の主としてケイ酸質からなる細胞壁．基本的に弁当箱のような構成をしており，上下の殻(蓋殻 valve)とそのつなぎ目を取り巻く帯片(band, copula)からなる．2枚の殻のうち，親から受け継いだ殻が上殻(上函 epivalve)，分裂時に新生された殻が下殻(下函 hypovalve)となる．各殻とそれに付随する帯片を併せて半被殻(theca)と呼ぶ．つまり被殻は上半被殻(epitheca)と下半被殻(hypotheca)からなる．各半被殻を構成する帯片の集合を殻帯(cingulum)と呼び，上半殻帯(epicingulum)と下半殻帯(hypocingulum)を併せて殻帯(girdle)と呼ぶ．被殻を殻の上方から見た面を殻面(valve face)，側方から見た面を帯面(girdle face)という．被殻は胞紋(areola)やそれが並んだ条線(stria)，有基突起(strutted process)，唇状突起(labiate process)などさまざまな構造で装飾されており，重要な分類形質となっている．これらの被殻要素は細胞内のケイ酸沈着胞(silica deposition vesicle, SDV)内で形成されて排出される．被殻は微化石として残りやすいことから，*示準化石や*示相化石として用いられる．大量に蓄積した被殻はケイ藻土(diatomaceous earth, diatomite)と呼ばれ，濾過剤や七輪の原料として用いられる．

g **比較解剖学** [comparative anatomy] 各系統・種族に属する生物の示す体制および器官形態を比較し体系づける*形態学の一分科．比較形態学の主要な分科をなす．その起原は古代にまでさかのぼるが，多数の事実の集積が行われ，また基本的な概念(特に*相同性またはその先駆概念)が成り立つなどのことで独立の分科となったのは，18世紀以降．その創始期の学者としてはF. Vicq d'Azyr(1748〜1795)，G. L. Cuvier, É. Geoffroy Saint-Hilaireらが挙げられる．純粋形態学または観念論的形態学として発展した流派には，上記のほか，J. F. Meckel, J. W. von Goethe, J. Müller, R. Owen らが属する．C. Darwinにより進化論が確立されると共に比較解剖学はその影響を受け，形態的変容は系統発生的展開を示すものとして理解され，比較発生学・古生物学と並んで進化論的生物学の重要な部門

となった. E. H. Haeckel や K. Gegenbaur らがこの時期の代表的学者であった. 比較解剖学は通常は現生の生物を扱うが, 広くは古生物にも適用される.

a **比較形態学** [comparative morphology] 比較を方法とする*形態学. *比較解剖学および*比較発生学を包括する. 形態(独 Form, Gestalt)に特殊の意義を想定した 18 世紀後半の生物学の産物ともいうべき語で, 原型の概念や並行性の法則はこれから生まれた.

b **比較ゲノム** [comparative genomics] 複数種のゲノム配列を比較する研究. ゲノム進化学で用いられる技法の一つである. (→分子進化学)

c **比較心理学** [comparative psychology] 最も広義には, いろいろな生物の行動を比較研究する心理学の部門. 個体発生的な意味での比較と系統発生的な意味での比較との両面を含むと考えれば, 幼児・児童・青年の心理学を含む発達心理学を, また正常と異常の比較という点から異常心理学を含めることもできる. さらに異文化に属する人々の心的機能を比較する文化心理学, 異民族を比較する民族心理学も含められる. しかし, 実際には種によって異なる動物の行動の比較という観点から動物行動の研究が主要な研究領域となり動物心理学と同義に用いられることもある. (→動物心理学)

d **比較生物学** [comparative biology] 比較を主な方法とする生物学の総称. *比較形態学・*比較解剖学・*比較発生学・*比較生理学・比較生化学・比較生態学などの分野がある. 比較法(比較的方法 comparative method)は, 生物が相互に類縁をもちかつ多様であるために可能であり同時に不可欠のものとなるが, 類縁の遠い生物あるいは中間に断層のある現象についての比較には注意が必要である. 比較生物学は*記載生物学の発展過程において成立し, 進化論の誕生の土台となり, また進化論の確立により推進された. E. H. Haeckel は比較こそが科学的であるとし, 個別の記載(例えば人体解剖学)は応用科学とみなした. Haeckel 以来, 比較に基づく帰納が生物学の主要な方法であるとの理念が生物学者の間に普及した. 実験生物学の成立と発展の時期には, 比較と実験が生物学の二つの主要な方法として対置された. 近年, P. Harvey などの研究により, 多変量解析(multivariate analysis)により系統的制約を考慮しながら種間比較を行う方法が進歩し, 進化に関する理論仮説を検証する有力な方法の一つとして確立している.

e **比較生理学** [comparative physiology] 生物の多様性を考慮に入れ, 特定の種の生活を意識しながら生理機能を明らかにする生理学の分野もしくは立場. 久しく人体生理学への補助手段の位置に止まっていた諸動物の生理過程の研究は, 最初この形で独立な一科学の性格をもつに至った. 20 世紀後半にこの立場でさまざまな動物を研究した K. Schmidt-Nielsen は, 「異なる動物を比較して, どのようにしてそれぞれの動物が「与えられた環境の制約のもとで生きる」という問題を解決しているのかを検討することによって, 比較というアプローチなしではわからないような一般的原理を導くことができる」と主張した. 比較生理学は, 生理現象における一般性に着目する一般生理学と対置される. また, 比較生理学と同様に生物の多様性に注目した生化学の分野を比較生化学(comparative biochemistry)と呼び, 生化学的適応を一つの中心課題とするが, 生理学において分子レベルの研究が一般的になった今日では両者の境界は明白ではなくなり, 比較生理生化学とまとめて呼ばれることも多い.

f **微顎動物** [Micrognathozoa] 体長わずか 150 μm 程度の左右相称の無体腔性後生動物. 2000 年に命名記載された Limnognathia maerski という唯一の種からなり, 一般に「門」に位置付けられる. グリーンランド西岸の陸水(淡水冷泉からの水路に生えたコケ類表面)から当初発見されたが, 南極海のクローゼー諸島の同様の環境でも確認されている. 体は円筒形で頭部, 胸部, 腹部からなり, それらの背面と側面は多数の多角形の甲板に完全に覆われる. 各甲板は数細の表皮細胞のなかに存在する. 一方, 腹面は体後端部を除いて甲板を欠き, ほぼ全面に多繊毛性の繊毛が密に分布して遊泳や匍匐に使われる. 表皮細胞は多核体をなさない. 体表には左右対称に長い感覚毛が生える. 胸部は, その側面甲板が蛇腹状に配列し, 形や剛性を急激に変える. 口は頭部腹面に開く. 咽頭はクチクラ化した多数の要素が複雑に織りなす顎をそなえ, その大半を口から出し入れして珪藻などを食する. 腸管は単純で, 直走. 肛門は常在せず, 必要に応じて腹部背面に開口する. 頭部に大型の脳をもち, 1 対の腹神経索を派出. 原腎管は 2 対あり, 末端器官は単繊毛性. 腹部に卵巣が 1 対あり, 各 1 個の卵を含む. 雄が見つからないことから単為生殖が想定されており, 直接発生する. 顎の類似性などの形態データや分子データから顎口動物や輪形動物との類縁性が示唆される一方, 内肛動物との近縁性を示す分子データもあり, 系統上の位置は定まっていない.

g **比較発生学** [comparative embryology] 異なった生物間で個体発生を比較研究し, その間の異同に基づいて, 一般的・共通的なものと特殊的・個別的なものを明らかにする*発生学の一分科. 19 世紀はじめ頃より, K. E. von Baer らによりまず主として脊椎動物について発達し, 進化論確立の一つの基礎を提供したが, 進化論の確立後には生物の*系統発生探求の基礎になる学として動物界全体の比較発生学がおおいに発展した. (→生物発生原則)

h **ヒカゲノカズラ類** [lycopods, club-mosses ラ Lycopodiales] 〔同〕無舌類. 緑色植物維管束植物のうち, *リコプシダの一群. *小葉をもち, 同形胞子を生ず. 小葉は小型で*小舌は生じない. *胞子葉の腋または表面に 1 個の胞子嚢を生じ, 胞子葉は集まって多少とも花葉穂を作る傾向にある. 前葉体は一般に塊状で葉緑体をもたず, のちに地中生で, 菌類と共生する. 胚発生は内向的であるが, 著しく鷲曲し外向的になる. 胚柄をもつ. 精子の鞭毛は 2 本. 地質時代に繁栄した植物で, 現存種の数は少なく, 約 300 種(日本に 25 種).

i **東太平洋障壁** [East Pacific barrier] 西太平洋の諸島嶼の東端と太平洋東岸との間にあって島(沿岸域)を欠いた広大な海域で, 海洋における最も顕著な*分布障壁の一つ. *インド-西太平洋区の沿岸海洋生物群は, 東アフリカからハワイやイースター島に至るまでの広大な海域にほぼ均質に分布しているにもかかわらず, 太平洋東縁(アメリカ西岸)にはほとんど到達していない. この原因として東太平洋障壁が考えられた. これは一般には浮遊幼生の運搬距離が上記の無島嶼海域の幅に達しないためとされている. しかし, アメリカ西岸沿いに太平洋の水塊(water mass)とは異なる沿岸性の水塊の存在することもまた関係するらしく, アメリカ西岸の沖合に点在す

る東太平洋の島嶼（例えばレビジャヘド諸島，クリッパートン島，ココ島，ガラパゴス諸島など）にはわずかではあるがインド-西太平洋要素が存在するのに，アメリカ本土西岸ではほとんど見られない．なお，これほど大規模ではないが，大西洋中央部も海洋生物の分布に対して似た役割を果たしており，中央大西洋障壁（Mid-Atlantic barrier）と呼ばれている．

a **皮下受精** [hypodermic impregnation] 扁形動物の多岐腸類，棒腸類，多食類，海棲三岐腸類（いずれも雌雄同体）や，珍無腸動物の無腸類などに見られる*受精の一型式．1個体が陰茎により相手の個体の皮膚に傷をつけ，その傷口から精子を皮下注入する．精子は皮膚から柔組織の細胞間隙を通り抜け，子宮中に排卵された卵を受精させる．ヒル類の一部においても，相手の個体の皮膚に*精包を付着させる類似の受精法が見られる．

b **微化石** [microfossil] 一般に顕微鏡サイズの化石．微化石には，石灰質，ケイ質，有機質，リン灰質の殻をもつものがある．微化石の一群である有孔虫では個体の大きさが数cmを超えるものがあり，大型有孔虫と呼ばれる．*先カンブリア時代には，原核生物や初期の真核生物など多くの微化石が産出する．その代表例がシアノバクテリアで，群体を形成し，*ストロマトライトと呼ばれる岩石になる．顕生代になると，多くの有殻の微化石が出現する．石灰質の殻をもつのは有孔虫，ナノ化石，翼足類，カルピオネラ，貝形虫，ケイ質殻では放散虫，珪藻，ケイ質鞭毛藻，エブリディアン，プラントオパール，有機質では渦鞭毛藻，アクリターク，花粉，リン灰質ではコノドント，魚の歯，キチノゾアなどの微化石がある．

c **皮下組織** [subcutaneous tissue ラ tela subcutanea, subcutis, hypodermis] 広義には脊椎動物の*真皮のうちの深層，狭義には真皮と区別して，真皮とその下にある骨や筋肉との間の比較的繊維の粗な疎性結合組織の部分．真皮との間には明確な境界はない．無尾両生類ではここに広いリンパ間隙が発達する．また鳥類や哺乳類では脂肪（皮下脂肪 panniculus adiposus, cushion of fat）を貯えて皮下脂肪組織（subcutaneous adipose tissue）をなす．

d **光運動** [photomovement] 光によって誘発される運動．植物や菌類の運動に対して用いられる．*光屈性，光傾性（⇌傾性），光走性（⇌走性），気孔の光開孔運動（⇌気孔の開閉），葉緑体光定位運動，光原形質運動（⇌原形質運動）などが含まれる．

e **光栄養細菌** [phototrophic bacteria] 生物の栄養摂取とエネルギー獲得系（energy acquisition system）の分類において，光エネルギーを化学エネルギーに変換して栄養摂取することを光栄養と呼び，その様式で生活する細菌．*化学栄養細菌と対置して使われる．光栄養細菌としては，葉緑素（クロロフィル，バクテリオクロロフィル）を利用して光合成を行うものや，*バクテリオロドプシンやプロテオロドプシンなどの光駆動のプロトンポンプを働かせるものが含まれる．アーキアに属するある種の好塩細菌もバクテリオロドプシンを利用して光栄養的に生育する．光栄養細菌の中で，炭素同化を行って独立栄養的に生育するものは狭義の*光合成細菌である．

f **光回復** [photoreactivation] 光を当てることによって，その前に生じている細胞内の*DNA損傷が回復する現象．次の2種がある．(1)酵素的光回復（enzymatic photoreactivation）：紫外線により生じたDNA上の*ピリミジン二量体（細胞の致死，分裂障害，突然変異などの主因）が，*光回復酵素の触媒作用（酵素が二量体と複合体をつくる）のもとに光（320～500 nm）を吸収し，その作用でもとの一量体に復帰する現象．DNA修復のうちで最も効率が高い．ショウジョウバエでは6-4光産物（2個のピリミジンの6位と4位の炭素が結合）の光回復も存在する．(2)*間接的光回復：近紫外線（310～380 nm）を照射すると，大腸菌に特有のtRNA塩基の変化によってDNA複製または細胞分裂の遅れが生じ，*除去修復の働く有効時間が延びるため，間接的に紫外線障害からの回復が起こる現象．大腸菌B株など限られたものに見られる．（⇒光回復酵素，⇒暗回復）

g **光回復酵素** [photoreactivating enzyme, photolyase] PR酵素（PR enzyme）と略記．《同》DNAフォトリアーゼ（DNA photolyase），光再活性化酵素．紫外線照射によってDNAに生じたピリミジン二量体のシクロブタン構造を開裂して単量体に戻す反応を触媒する酵素．この酵素はDNA上に生じた二量体部分に結合し，自らの吸収した可視光線のエネルギーを利用して損傷を光修復する．すなわち，酵素のもつ二つの発色団が協調して可視光線を吸収し，一方の発色団であるFADH$_2$を励起してDNA上のピリミジン二量体に電子を転移し，自らはFADH$_2$に戻る．電子を受けた二量体は不安定化し，分解して元の単量体に戻る．この反応中にDNA鎖の切断は起こらず，DNAの生物活性も回復する．この結果から紫外線障害がピリミジン二量体の形成に基づくことがはっきりした．この酵素はウイルス・枯草菌など少数の例を除き，細菌をはじめほとんどの動植物の細胞に分布しているが，哺乳類では有袋類に限られる．FADH$_2$以外の発色団は5,10-メチニルテトラヒドロ葉酸である葉酸型酵素（大腸菌と酵母），および8-ヒドロキシ-5-デアザフラビン補酵素であるデアザフラビン型酵素とに大別される．

h **光感覚** [photic sense, light sense, photosensitivity] 《同》光覚．一般には視覚が局在性の光受容器である眼の機能（局在性光感受性という）に限定されがちであるのに対し，局在性および未分化の光受容様式による外界からの光を適当刺激とする感覚．未分化の光受容様式として，原生生物の非神経性光感覚や*神経光感覚，*皮膚光感覚などがあり，脊椎動物にも光周性や概日時計の調節に関わる感覚受容がある．受容細胞の分化が起こり，それらが集まって光受容器を形成しても，低分化のもの（*眼点）では単に明るさの感覚に関与するものが多い．光感覚は，これら低分化の光受容器に光学的補助装置や情報解析を行う神経系の発達が加わることにより，視覚認知（形態視，空間覚，運動覚など）への素材となる．哺乳類以外の脊椎動物では*松果体が光感覚をもち，概日時計の調節やメラトニンの合成制御に関わっている．ハトやウズラでは，間脳の一部が光受容能をもち光周性に関与している．なおヒトでは現実の光による光感覚の他に，自覚的光感覚（独 subjektive Lichtempfindung）といって，暗黒の中でも眼前に動揺する微光（自光または固有光 intrinsic light 独 Eigenlicht）や閃光を感じる現象があり，網膜内の血液循環その他の末梢的過程により二次的に引き起こされる光感覚とされる．

i **光環境** [light environment] 《同》光要因．*環境要因としての光をいう．生物の生活に対する光の作用は，

光の量と日照時間および質的性質(主に波長組成)とに分けて考えられる．自然条件下では，太陽高度と，光が通過する媒質の透過度とが問題にされる．特に植物の一次生産と直結する要因であり，上層の植物が吸収して残りを下層の植物が利用するので消費により減少するという意味から光資源(light resource)と呼ばれることが多い．植物群落内では生産構造にしたがって光量の垂直的変化が起こる．群落の下層では光が上方の葉層を通過するため，スペクトル分布は短波長の方にかたより，R/FR 比(赤色光/遠赤色光比)が低下することによって種子休眠(⇒緑陰効果)や茎・葉柄の伸長などの被陰回避応答を引き起こす．水域では，水深によるスペクトル分配の変化は著しい．一般に深い層では短波長の光が大部分を占め，藻類の垂直分布に影響をもつ．日照時間は年合計で見ると緯度による差異はほとんどないが，高緯度地方では季節による変化が大きい．一般に植物の発生過程は環境の光条件によって著しい影響を受けるほか，緑色植物ではクロロフィルの形成や光合成に対し光量および波長が大きな影響を与える．(⇒光形態形成，⇒光周性，⇒補償点)

a **光驚動性** [photophobic reaction] 自由運動をする生物の光強度の変化に対する*驚動反応．光強度を感じて，それまで行っていた運動を停止したり，逆方向に進路を変化させたり，回転したりする一種のショック反応で，生物が明所から暗所へ移動する場合のように光強度が減少する場合に起こる反応をステップダウンの光驚動反応と呼び，逆に光強度が増加する場合の反応をステップアップの反応という．微生物などが光に対して示す応答にはこの他に光の強い(または弱い)方向へ移動する*光走性や，光強度に依存して移動速度を変化させる*光走速性がある．生物が光驚動性の反応を起こすことによって，光走性を示すかのように見えることがある．

b **光屈性** [phototropism] 《同》屈光性．陸上植物や菌類が示す*屈性のうち，光を刺激要因とするもの．光傾性(⇒傾性)とは異なり，その屈曲反応は入射する光の方向(あるいは，最も強い光が来る方向)に対して一定の方向性をもつ．多くの場合，*成長運動だが，*膨圧運動もある．器官や細胞が，その長軸と直角な一方向から光照射されたとき，光入射側に屈曲するのを正の光屈性，反対側に屈曲するのを負の光屈性と呼ぶ．反応の程度は植物によってさまざまで，一般に茎は正の光屈性，根は負の光屈性を示す．芽生えの*胚軸(真正双子葉植物)や*幼葉鞘(イネ科植物)は典型的な正の光屈性を示し，研究によく用いられてきた．シダ植物の*原糸体は正の光屈性を，*仮根は負の光屈性を，ヒゲカビやミズタマカビの*胞子嚢柄は正の光屈性を示す．真正双子葉植物には，葉の表面が光の入射方向を向くように(入射方向に対して直角になるように)葉を動かすものがある．これを側面光屈性(diaphototropism)と呼ぶ．典型的な側面光屈性はマメやカタバミ科の植物で観察され，これらの植物では，主に*葉枕の屈曲とねじれ(膨圧運動)により葉が動く．他の植物では，*葉柄の屈曲とねじれ(成長運動)により葉が動く．側面光屈性を示すマメ科植物には，強光・水不足などの条件により，葉の面が光と平行になるように(光を避けるように)葉枕を屈曲させるものがある．この光屈性を特に平行光屈性(paraphototropism)と呼ぶ．向日性(heliotropism)は光屈性の意味で導入された最初の用語であり，太陽を追跡するような光屈性を記述するのに現在でも用いられる．一般に，光屈性には青色光が最も有効．シロイヌナズナの胚軸や根の光屈性に働く光受容体として*フォトトロピンが同定された．この光受容体は顕花植物の光屈性に広く関与するとされる．コケ・シダ植物の原糸体の光屈性には赤色光が特に有効で，コケでは*フィトクロムが，シダではネオクロムが光受容体として同定された．これらの原糸体は偏光屈性(屈曲方向が偏光面の方向によって決まる光屈性)を示すことでも知られ，この性質は受容体が細胞膜あるいはその近傍に存在することの証拠となる．胚軸，幼葉鞘，および茎の光屈性には*オーキシンの不均等分配が関与する．光屈性の適応戦略上の役割は，集光，避陰，強光回避，送粉者誘引などにあるとされる．

c **光形態形成** [photomorphogenesis] 環境の光情報によって発生や分化の過程が制御される現象．菌類から維管束植物にいたるまで，植物の生活環に普遍的に見出される．種子・胞子の休眠解除(⇒光発芽)，細胞分裂の時期や方向，成長の速さ，細胞や器官の分化などの諸過程は，いずれも著しく光の影響を受ける．これらの反応は，光環境に対する適応反応と考えられ，光の波長・強度，照射時間(⇒光周性)，照射方向(⇒光屈性)，偏光性(偏光屈性)などから，環境に関して情報を読みとっている．陸上植物の光受容体には，主に赤色光と遠赤色光に応答する*フィトクロム，近紫外-青色光に応答する*クリプトクロム，*フォトトロピンなどが働いている．光形態形成反応は，フィトクロムの関与する反応では，必要光量に応じて，ごくわずかな光量で起こる超低光量反応(VLFR)，典型的な光可逆性がみられる低光量反応(LFR)，長時間の照射が必要な連続照射反応(HIR)に分けられる．

d **光呼吸** [photorespiration] 光照射下の植物組織において，*リブロース-1,5-二リン酸カルボキシラーゼ/オキシゲナーゼ(Rubisco)の酸素添加反応によって生じたホスホグリコール酸の代謝で起こる O_2 吸収と CO_2 発生の現象．光照射した葉を暗黒下においたとき，CO_2 が発生する現象から発見された(J. P. Decker, 1955)．O_2 吸収は Rubisco の酸素添加反応とグリコール酸酸化酵素の反応によるものであり，CO_2 発生はグリシンからセリンが生成される反応の際に見られる．これらの一連の反応は*グリコール酸経路と呼ばれている．光呼吸は Rubisco 周辺の CO_2 濃度が低下する条件(低 CO_2，高 O_2，強光，高温)下で高くなる．一般に*C_3 植物は高い光呼吸を示すが，CO_2 濃縮機構をもつ*C_4 植物や*CAM 植物では，通常光呼吸は抑えられている．光呼吸は光合成効率を下げる無駄な経路と信じられた時期もあったが，現在では光傷害を回避する機能をもつと考えられている．

e **光散乱** [light scattering] 生物学分野においては，溶液中の高分子物質による光の散乱現象をいう．コロイド溶液における光の散乱はティンダル現象として古くから知られており，高分子物質の分子量などの決定に有用である．分子が入射光の波長の 1/20 程度より大きい場合，分子の各部分から散乱される光の干渉が問題となり，入射光となす角度による光の散乱強度の分布には，分子の大きさだけでなく，形態による影響も著しく現れる．すなわちこの測定によって分子量と同時に分子形態に関する有用な知見も得られる．

f **光受容器**(ひかりじゅようき) [photoreceptive

organ]「こうじゅようき」とも.《同》光受容器官. 光刺激を受容する器官.[1]一定の器官の構造をもち,形や色あるいは光源の方向などを識別するものは*眼と総称される. 脊椎動物の眼は最も発達しているが,無脊椎動物でも頭足類の眼(カメラ眼)などは,かなり高度の分化に到達している. 眼以外の光受容器(*眼球外光受容器)として魚類の松果体・副松果体,両生類の前頭器官・松果体,爬虫類の頭頂眼,鳥類の松果体・間脳などがある. これらの光受容器は,網膜の光受容器と区別して網膜外光受容器とも呼ばれる. 一般に,光受容器には含めないが,概日時計の調節機能を指標とした場合,節足動物や魚類では,それぞれ脚や心臓をはじめ体内の多数の部位に光受容能があることが知られている.[2]光周性をもつ植物の場合,光受容器は葉であり,そこから刺激がシュート頂に伝達される結果,花芽の分化が起こる.

a **光受容器電位** [photoreceptor potential] 光刺激により比較的長い潜時のあとで光受容器に発生する緩電位. 網膜の視細胞に生じる視細胞電位を指すことが多い. 光受容器には*早期受容器電位と晩期受容器電位(late receptor potential)の2種類の電位が発生するが,単に光受容器電位というときは通常後者を意味する.[1]脊椎動物の視細胞では,暗時には$-30〜-40$ mV の膜電位が保たれているが,光を吸収すると過分極性の電位変化を起こし,飽和時にはおよそ-70 mV の膜電位になる. この応答は光刺激の続く間持続し,振幅は光の強度に応じた変化を示す. 視細胞外節では暗時にナトリウムやカルシウムを透過させるイオンチャネルが開いた状態にあり,細胞外から主に Na^+ が常に流入している. このため膜電位が上記の値付近に保たれている. 光を吸収するとイオンチャネルが閉じ,カリウムの平衡電位である-70 mV に近づいていく. このイオンチャネルの開閉には細胞内の cGMP の濃度変化が関与している(→光情報伝達).[2]無脊椎動物では,ホタテガイの単眼,昆虫の単眼,頭足類のカメラ眼,節足動物の複眼などの光受容細胞についてよく調べられ,特に H. K. Hartline によるカブトガニの個眼についての研究は著名. ホタテガイの外受容器層の光受容細胞のように,例外的に光により K^+ の膜透過性を増し過分極性の電位を出すものもあるが,大部分は光刺激に対しては脱分極性の電位を発生する. その電位発生機構は Na^+ に対し膜透過性が上昇することにある. またこの脱分極性緩電位が起動電位(generator potential)となり,この上に活動電位(スパイク放電)が重畳し,これが神経繊維を伝導していくことが多い.

b **光受容体**(ひかりじゅようたい) [photoreceptor] 「こうじゅようたい」とも.《同》フォトレセプター. 環境から光エネルギーを吸収して他のエネルギーに変換し,生物に一定の機能を果たす物質の総称. 分子的には発色団として色素分子を結合する色素蛋白質で,発色団による光子吸収が引き金となり活性化される. *クロロフィル, *シトクロム, *フィトクロム, *ロドプシン, *クリプトクロム, *フォトトロピンなどがある. あるいは,そういった分子を含み光感覚系や光合成などに関与する光受容細胞(photoreceptor cell)や*光受容器を指す. 陸上植物では,主に赤・遠赤色光を吸収するフィトクロム,および青色光を吸収するクリプトクロム,フォトトロピンが主要な光受容体である. フィトクロムとクリプトクロムは核内で遺伝子発現を直接的に制御する. 藻類,バクテリア,菌類などでも,これらの光受容体に類似した多様な光受容体がある. 植物の発生や分化の過程は,生活環を通じてこうした光受容体から得られる光情報の制御をさまざまに受け,このような現象は*光形態形成と呼ばれる.

c **光情報伝達**(視覚の) [visual transduction process] 脊椎動物の*視細胞において,光を受容してから視細胞電位を発生するまでの分子レベルでの過程. 脊椎動物の網膜において*薄明視(明暗識別)を担う桿体に関する研究が最も進んでいる. 桿体視細胞の光情報伝達は以下のように説明される. まず,円盤膜内に存在するロドプシンは光を吸収すると発色団である 11-cis-レチナールの異性化反応を起こしたのち蛋白質部分の構造を変化させ,中間体メタロドプシンⅡになる. メタロドプシンⅡは円盤膜の表面あるいはその近くに存在する G 蛋白質の一種であるトランスデューシン(transducin, Gt ともいう)と結合し,トランスデューシンに結合している GDP と細胞質中の GTP との交換反応を促進する. GTP と結合したトランスデューシンが cGMP 分解酵素(ホスホジエステラーゼ)を活性化し,細胞内の cGMP は急激に加水分解されて cGMP 濃度が減少する. その結果チャネルから cGMP が遊離し,チャネルが閉鎖すると,細胞内へのナトリウムイオンの流入が止まり,過分極性の電位が発生する. なお,暗時には細胞内の cGMP 濃度が高いので,細胞膜に存在するカチオンチャネルに cGMP が結合して,チャネルが開状態に保たれている. 桿体はわずか1個のロドプシンが光を吸収して構造変化を起こすだけで興奮する. 生じた1分子のメタロドプシンⅡはその寿命の間に約 500 分子のトランスデューシンを活性化する. トランスデューシンは1個の cGMP 分解酵素しか活性化しないが,cGMP 分解酵素は1秒間に約 800 分子の cGMP を分解する. 通常1個のチャネルは1秒間に約2万個のナトリウムイオンを透過させているので,それが閉じると全体として桿体では吸収した光エネルギーが約10万倍の電気化学的エネルギーに増幅される. 錐体でも桿体に似た情報伝達が行われているが,増幅の速度は桿体より速く,かつ効率は低い. この違いが桿体と錐体の光応答性の違い,ひいては薄明視と*昼間視の特性の差異を生み出す要因として重要と考えられている.

```
ロドプシン
光 ━━━⇩         トランスデューシン-GDP
   メタロドプシンⅡ ━━━⇩
                 トランスデューシン-GTP

ホスホジエステラーゼ ━━━→ ホスホジエステラーゼ
   (不活性化型)              (活性化型)
                                  ⇩
                          cGMP ━━→ 5′-GMP
                                 ↙
   cGMP-Na チャネル(開状態) ━━→ Na チャネル(閉状態)
                                  ⇩
                           視細胞電位の発生
```

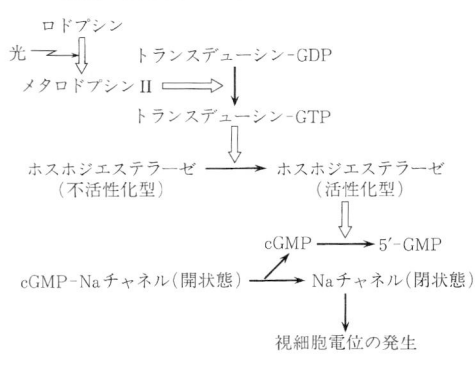

視細胞における光情報伝達

d **光生物学** [photobiology] 光と生物の相互作用を,

光と生体物質のあいだにみられる徴視的な量子過程から，巨視的な種々の生体反応の発現機構に至るまでの諸過程に関して，一つの学問として把握することを目的とする生物科学の一分野．一般的な生物学・生命科学領域の知識に加えて，光の物理的性質や光によって引き起こされる量子化学的反応など物理化学の知識を必要とする．網膜における*ロドプシンの光受容から視興奮に至る分子機構をはじめ，*光合成，概日時計の光同調，好塩菌におけるバクテリオロドプシンによる光エネルギー利用など多岐にわたる．

a **光増感**(ひかりぞうかん) [photosensitization] 「こうぞうかん」とも．別種の分子の添加などにより，目的とする分子の光感受性を高める操作．光の作用が，ある標的分子になかなか達しないとき(例えば標的分子がその光を吸収しないため)，その光をよく吸収する別の分子(増感体 sensitizer)を加えて光をあて，増感体を活性化することで，そのエネルギーで標的分子に化学変化をもたらすことができる．例えば，アセトフェノンやアセトンをDNAの溶液に加えた上で，310 nm付近の近紫外線を照射すると，*ピリミジン二量体だけが効率よく生成する．

b **光走性** [phototaxis] 《同》走光性．光が刺激となる*走性．生物個体が光源に向かって移動する場合を正の光走性，光源から遠ざかる方向に移動する場合を負の光走性または走暗性(scotataxis)と呼ぶ．光刺激の方向を認識する一種の光定位反応(photo-orientation)である．[1] 植物界では，*クロロフィルをもつ遊走性の種類によく見られ，遊走性の緑藻類・種々の藻類の遊走子・鞭毛藻類・双鞭藻類・紅色光合成細菌などが顕著な例である．また，鞭毛をもたず滑走運動をするシアノバクテリア・珪藻・チリモ，さらに細胞性粘菌の移動体においても知られる．ミドリムシなどの*眼点は光の感受に補助的に役立っていると考えられているが，眼点を欠く突然変異体や，本来眼点を欠くある種の双鞭毛藻などにおいても光走性が見られる．[2] 動物界における光走性は，ゾウリムシのように光受容器の分化がないものにも見られるが，多くは眼による光受容により発現し，動物の行動における主要な要素となっている．光走性と類似の反応としては*光驚動性や*光走速性があり，これらの反応によっても生物個体は結果的に明所に集まる．その結果，これらの反応は光走性と混同されがちであるが，本来別の反応である．光走性の作用スペクトルはいくつか異なるものが得られており，光強度・温度・化学物質などの副次的刺激による影響(光走性の符号転換・消失・出現)の例も多く，また目標走性・保留走性・*光背反応・光腹反応など，主に光刺激に対して見られる走性の形態も知られている．若干の動物(カタツムリ・ワラジムシ・ヤスデ・ブランコケムシなど)が示す走暗性も，結局は光線に対する負の転向走性に基づくものとされる．

c **光走速性** [photokinesis] 《同》光活動性．光によってさまざまに変化する生物の運動のうち，運動の速さが光強度に応じて変化する現象．光走性とは異なり，運動の方向は光の影響を受けない．藍色細菌の一種 *Phormidium* では，ある光強度までは運動の速さは光強度に比例して増加するが，その光強度を超えると速さは減少に転じ，ついには負の光走速性，すなわち暗黒下での速さ以下の速さを示すようになる．

d **光阻害**(光合成の) [photoinhibition of photosynthesis]　光によって光合成の速度あるいは最大量子収率が低下する現象．光エネルギー吸収量が光合成反応によるエネルギー消費量を上回る際に，余剰なエネルギーが阻害の要因となる．光合成の阻害が修復能力を上回ると自然条件下でも日常的に起こる現象．例えば晴天の場合，日光が直射する最上位葉の光合成の最大量子収率は，日の出後と日没前が最大で正午前後に最小となる．*キサントフィルサイクルによる光エネルギーの熱放散，反応中心蛋白質の分解にともなう光化学系Ⅱ含量の低下，*光呼吸速度の増大が主な原因である．低温，乾燥などの環境ストレス条件下で生育に至適な光強度以下の弱光で光阻害が起こる．多くの場合，反応性の高い活性酸素やラジカルが生成し，これらが電子伝達体や蛋白質などの光合成関連成分の酸化や損傷を引き起こす．

e **光退色過程**(ロドプシンの) [photobleaching process] ⇒ロドプシン

f **光中断** [light break, light interruption] 暗期の適当な時期に短時間の光を照射すると，期待される*光周性の効果と逆の結果がもたらされる場合，この光処理を光中断という．代表的な例は，短日の長い暗期に短時間の光を与えて長日の効果が得られる場合である．光中断によって短日植物の花成誘導は阻害され，長日植物の花成は誘導される．10時間程度の短い明期と24時間を超える長い暗期を組み合わせた，1サイクルが24時間の倍数になる光周期において光中断すると，その効果は暗期開始後一定時間で最大となり，以後約24時間周期で効果が変動する概日リズムを示す．これは光周性に概日リズムが関わる証拠とされる．顕花植物の花成誘導の場合，光中断には*フィトクロムが関与しているが，菌類の生殖器分化に対する光中断は*近紫外-青色光反応である．

g **光動力作用**(ひかりどうりょくさよう) [photodynamic action] 「こうどうりょくさよう」とも．《同》光力学作用，フォトダイナミック作用．色素と酸素が生体内に同時に存在するとき，可視光(その色素の吸収光)照射で生じる生体内分子の酸化作用．よく使われる色素は，メチレンブルーやアクリジン色素などで，特定の波長の光で励起され，一重項状態の酸素分子を発生させる．発生した活性酸素分子は核酸や蛋白質に損傷をもたらし，細胞毒性を示す．紫外線より透過力の大きい可視光を用いることができるため，適当な色素をがん組織に取り込ませ，強力なレーザーの細いビームを照射すると，ねらっている標的だけをかなり選択的に不活性化できるので，一部のがんの治療に用いられている．

h **光発芽** [light germination] 光刺激により種子や胞子の発芽が誘導されること．この性質を示す種子を光発芽種子(photoblastic seed)と呼ぶ．野生植物の種子に広くみられるが，栽培品種ではこの性質を失っている場合がある．種子に対する光の効果は，その強さ・波長に加えて，周囲の温度・塩類・酸素分圧・種子の古さなどによっても左右され，多くの場合，*フィトクロムの低光量反応により誘導される．H. A. Borthwick ら(1952)により発見された．レタスにおける赤色光-遠赤色光可逆的発芽誘導反応は，その後フィトクロム発見の契機となった．光発芽は，種子植物に加えて，シャジクモ類・コケ植物・シダ植物の胞子でも広くみられる．この性質を示す胞子を光発芽胞子(light-germinating spore)と呼ぶ．この場合もフィトクロムが主要な光受容体だが，例

えばシダ胞子の光発芽では，フィトクロムのほかに*近紫外-青色光反応系が発芽に対して阻害的に働く．

光変換(フィトクロムの) [phototransformation of phytochrome] *フィトクロムの Pr 型（赤色光吸収型）と Pfr 型（遠赤色光吸収型）のあいだに見られる光可逆的反応．この反応は，いずれの方向の場合も，まず発色団が光子を吸収して励起状態となるフェムト秒(fs)単位の極めて速い反応に始まり，その緩和過程には幾つかの寿命の短い中間体がつくられる．ごく短い閃光を中間体に与える実験によると，光情報は中間体からではなく Pfr 型から伝えられる．（→フィトクロム）

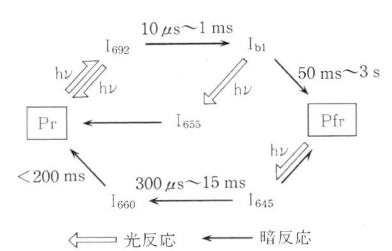

$I_{645}, I_{655}, I_{660}, I_{692}$ はそれぞれ 645, 655, 660, 692 nm に吸収極大をもつ中間体．I_{b1} は赤・近赤外域に吸収をもたない中間体．
エンドウのフィトクロム A 光変換

b **光防護** [photoprotection] 生体に紫外線を照射する前に近紫外～短波長可視光を照射することにより，紫外線の効果が低減される現象．網膜や葉緑体のような光受容部位において，カロテノイドなどの吸光性の物質が光の一部を吸収することによって紫外線や強光による光受容体の損傷を防ぐこと．また，皮膚科領域では，光を吸収する物質を塗布することにより光（主に太陽光）による皮膚損傷を防護することをいう．

c **光誘導膜電位** [light-induced membrane potential] 〘同〙光誘導電位．光照射により植物細胞に発生する*膜電位成分．多くの場合，光受容は光合成系色素によって行われ，細胞膜にある起電性プロトンポンプが活性化されることにより，膜電位は細胞内が負になる方向に変化する（過分極）．気孔の孔辺細胞では，*フォトトロピンが光受容色素となり，起電性プロトンポンプが活性化される．発生したプロトンの電気化学ポテンシャルは溶質の輸送などに用いられる．青色光照射により，陰イオンチャネルが活性化されて脱分極が起こる反応もある．*フィトクロムが関与する光誘導電位も報告されている．

d **微気象** [micrometeorology] 気象学上は，地表面から地上 1.5 m 程度のあいだの接地気層の気象で，生態学では，生物が直接さらされる生物の近傍の気象条件．これを研究する学問分野を微気象学(micrometeorology)と呼ぶ．なお，微気候(microclimate)の語も使われるが，短い時間スケールの現象については微気象を用いる方がよい．微気象の形成には，生物と環境との密接な相互作用が関与していることが多い．

e **皮筋** 【1】[dermal muscle] 〘同〙皮下筋肉．無脊椎動物の表皮下に配列する筋肉系の総称．輪形動物を除く左右相称動物に広く見られ，縦走筋・横走筋・斜走筋・*環状筋などに分化し，全体として，皮筋層（皮下筋肉層 dermo-muscular coat, dermo-muscular layer）を形成する．（→背腹筋，→器官筋）．

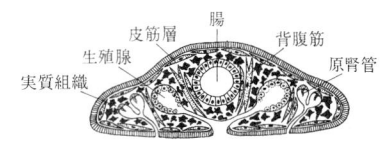

ウズムシの体の横断面

【2】[cutaneous muscle] 脊椎動物の真皮中に存在する，明瞭な被膜を有しない筋の総称．骨格要素に起始し，皮膚に停止するものが多い．羊膜類の浅頸筋や，哺乳類における表情筋がその代表例．また，多くの哺乳類では体幹背側に皮幹筋(panniculus carnosus)と呼ばれる広大な筋板，もしくは皮筋層があり，これが皮膚を痙攣させる．

f **鬚**（ひげ）[palp] 口部付近にある長い毛または毛状突起物の総称．種により，形態・機能，また化学組成のかなり異なるものを包括している．環形動物毛足類の口器で，口節とこれに続く側脚から生ずる糸状突起もひげ(cirrus)と呼ばれ，触覚にあずかる．昆虫類の小顎鬚・下唇鬚，鋏角類の*脚鬚（きゃくしゅ）などは触覚（そのため触鬚ともいう），嗅覚ないし接触化学覚の器官である．魚類のあるものでも口辺に触鬚と呼ぶものが発達し，ナマズやドジョウのような底生魚に著しい．種類によっては，鰭の前にある鰭刺や皮膚の紐状突起をも触鬚と呼ぶ．哺乳類では食肉類・齧歯類の口辺に長い触毛が生え，感覚に役立つ．鯨鬚は角質の繊維とそれを包む板状の角質からなり，爪と毛の中間型の構造であるが，日本では古来これも「ひげ」と呼ばれ，一種の篩となって水中の小動物を濾すのに用いられる．

g **鼻型** [nasal form] 特に人類学において重視される類型区分の一つで，鼻幅×100/鼻高，すなわち鼻示数(nasal index)によって表される（→人類学的示数）．その値によって表のように分類，すなわち鼻型分類(nasal form classification)が行われる．生体と頭骨で鼻型区分の基準が相違するのは，主として鼻幅の計測点が両者で著しく相違するためで，頭骨における鼻幅は生体に比べ著しく小となる．なお鼻型の分類には計測でなく生体観察(anthroposcopy)による方法もある．

鼻　　　型	生　体	頭　骨
過狭鼻 (hyperleptorrhin)	～54.9	—
狭　鼻 (leptorrhin)	55.0～69.9	～46.9
中　鼻 (mesorrhin)	70.0～84.9	47.0～50.9
広　鼻 (chamaerrhin)	85.0～99.9	51.0～57.9
過広鼻 (hyperchamaerrhin)	100.0～	58.0～

h **PKC シグナル** [PKC signal] 〘同〙C キナーゼシグナル(C-kinase signal)，プロテインキナーゼ C シグナル(protein kinase C signal)．PKC の活性化に依存した細胞内シグナル伝達経路．ホルモンや神経伝達物質などが G 蛋白質共役型受容体に結合すると*ホスホリパーゼ C が活性化され，ホスファチジルイノシトール-4,5-二リン酸からジアシルグリセロール(diacylglycerol, DG)とイノシトール三リン酸(IP_3)が産生される．IP_3

は小胞体からの放出により細胞内のカルシウム濃度を上昇させる．カルシウムと DG により PKC (EC2.7.1.37) が活性化され，細胞質から細胞膜およびさまざまな細胞小器官に移行する．PKC の活性化にはホスファチジルセリンが必要であることから，PKC は生体膜中の DG およびホスファチジルセリンとの相互作用により活性化されると考えられる．PKC は ATP の γ 位リン酸残基を基質蛋白質のセリン・トレオニン残基に転移させ，その活性や局在を変化させることで細胞外からの刺激に応じた細胞応答を誘導する．産生された DG は DG キナーゼによってホスファチジン酸に変換されるか，DG リパーゼにより代謝されシグナル伝達が終結する．哺乳類の PKC は 3 グループ，10 種類のサブタイプからなる．カルシウムと DG によって活性化されるのは cPKC (conventional PKC) であり，nPKC (novel PKC) は DG 依存的であるがカルシウムに非依存的で，aPKC (atypical PKC) はカルシウムや DG では活性化されず，ホスファチジン酸などによって活性化されるとされる．cPKC には，βI，βII，γが，nPKC には PKCδ，ε，η，θが，aPKC には PKCζ，λ/ιがあり，それぞれサブタイプ特異的に転写，増殖，分化，細胞極性などさまざまな細胞応答に関与する．

a **ひげ根** [fibrous root] 単子葉類に一般的な根の形式で，種子発芽後，まもなく主根は退化し，代わって胚軸，さらに幼茎から多数生じる*不定根．太さは一様であり，多くは顕著な内皮をもち，特にイネ科・カヤツリグサ科では古くなると木化した内皮を残して皮層と表皮は剥げるので針金様の形になる．

b **PK/PD** pharmacokinetics / pharmacodynamics の略．薬物動態学 (pharmacokinetics)，薬力学 (pharmacodynamics) を組み合わせて薬物の効果や安全性を評価すること．PK/PD 理論は抗菌薬の適正投与のために用いられ，抗菌薬の 1 回投与量や投与回数を設定することができる．薬物動態学とは人体内での薬剤濃度の推移を解析することであり，主なパラメータに C_{max} (最高血中濃度)，AUC (血中濃度曲線下面積)，$T_{1/2}$ (半減期) がある．薬力学は治療標的に対する薬剤の作用を解析することであり，抗菌薬の原因菌に対する最小発育阻止濃度 (minimum inhibitory concentration, MIC) が代表的なパラメータである．この理論が注目されたことにより，より適切な抗菌薬の投与計画が立てられるようになり，一部の抗菌薬では日本国内の保険適応投与量や投与回数が見直された．

c **肥厚** ⇒肥大

d **被甲** [armour, lorica] 一般に動物体を覆う硬質の構造の総称．(⇒ロリカ)

e **飛蝗** (ひこう) [locust, flying locust, migratory locust] 大陸の広い草原地方でしばしば大群をなして集団移動 (群飛) をする，大発生しては移動によって侵入をうけた地域では往々にして農作物に壊滅的な被害をこうむる．旧大陸に広く分布するトノサマバッタ *Locusta migratoria*，コーカサス・地中海地方の *Dociostaurus marrocanus*，アフリカ砂漠地方の *Schistocerca gregaria*，南アフリカの *Locustana pardalina*，南アメリカの *S. paranensis*，北アメリカの *Melanoplus spretus* が代表的．飛蝗はこれらの種のバッタの群居相にあたる．(⇒相変異【1】)

f **微好気性** [adj. microaerophilic] 細菌などで，少量の酸素が存在する場合に良好な生育を示す性質．軟寒天を含む高層培地を入れた試験管に菌を接種した場合，表層および下部よりも，中間層で生育が良いことにより判定される．一部の乳酸菌などがその例．(⇒好気性菌)

g **微古生物学** [micropaleontology] *微化石を用いた研究の総称．微化石はサイズが小さいため，地層中に多産する．そのため定量的に扱いやすく，また連続的なサンプリングができるので時空分布を容易に把握できる利点があり，層序学，古環境解析，古海洋解析などの研究に用いられることが多い．また，殻に含まれる化学元素やその同位体比を測定することで，水温，塩分，降水量，栄養塩の状態，酸化還元状態など，さらに多くの環境の情報を得ることができるようになり，微化石の研究は古環境研究の主流となっている．最近では，微量試料を使用した高解像度の機器分析が可能となり，数百年から季節変動のスケールで，過去の環境を議論できるようになった．また，微古生物学は，*先カンブリア時代の化石研究の主流をなす．原核生物から初期の真核生物の大きさは顕微鏡サイズであり，これらの進化研究には，顕微鏡による観察，分子化石の分析，同位体などの化学元素の分析をあわせた研究が進められている．

h **皮骨** [dermal bone]《同》皮膚骨格 (dermal skeleton, 狭義)．脊椎動物の真皮中に生じた骨質．例えば魚類の鱗など．外骨格を形成する諸骨．しばしば被蓋骨 (二次骨) と同義で用いられる．軟骨原基を伴わず膜性骨だけで形成される．軟骨性骨のうちの，膜性骨化部とは別のもので，混同してはならない．頭部中胚葉に由来するものと神経堤に由来するものの 2 群があり，後者は一次的には内臓弓に発生する軟骨性内臓骨格に付随する．羊膜類で発達が著しく，頭蓋の主要部分を占める．(⇒骨化，⇒神経頭蓋)

i **非コード RNA** [non-coding RNA] ncRNA と略記．《同》ノンコーディング RNA．生体内で発現する RNA のうち，蛋白質をコードしない RNA の総称．翻訳の役割を担う rRNA や tRNA，mRNA の*スプライシングや rRNA の修飾に関わる snRNA や snoRNA (*核小体低分子 RNA) など，主要な機能性 RNA を含む．また，網羅的な*トランスクリプトーム解析で同定された，染色体のさまざまな非翻訳領域からの転写産物や，RNA サイレンシングに関わる siRNA や miRNA などの*低分子 RNA を指す言葉としてもよく用いられるが，kb 単位の長鎖のものも含む．これら新規に同定された非コード RNA の多くは，進化的に保存されている場合，転写や翻訳の制御因子として機能することが示唆されている．

j **非コード領域** [non-coding region] 狭義には，ゲノム中で蛋白質のアミノ酸配列の情報をもつ塩基配列以外の部分．この定義では rRNA や tRNA などの遺伝子領域も含まれてしまうため，広義にはこれら機能 RNA 遺伝子の配列は除外される．mRNA の非翻訳領域も除外することがある．この場合，非コード領域は遺伝子間領域と*イントロンに大きく分けられる．原核生物ゲノムの大半はコード領域なので，非コード領域の研究は主として真核生物を対象としている．それらの大部分は*がらくた DNA だが，一部には進化的に高度に保存されている配列があり，なんらかの機能をもつはずである．それらの多くは*エンハンサーとして近傍遺伝子の発現調節にかかわっていると考えられる．

a **ピコルナウイルス** [Picornaviridae] ウイルスの一科. ウイルス粒子は直径24～30 nmの正二十面体. ゲノムは5′末端に蛋白質(VPg)をつけた7000～8000塩基長の一鎖一本鎖RNA. 小さい(pico)RNAウイルスの意味で命名された. 12属に分けられる. 主なものに以下がある. (1)エンテロウイルス属(Enterovirus): 一般に腸管で増殖し神経系や発疹性の症状を呈するが, 不顕性である場合が多い. *ポリオウイルス・コクサッキーウイルス・*エコーウイルス・エンテロウイルス68～71など. 鼻かぜの原因であるヒトライノウイルスも本属に含まれる. (2)カルジオウイルス属(Cardiovirus): 脳心筋炎ウイルス(Encephalomyocarditis virus, EMCウイルス)など. (3)アフトウイルス属(Aphthovirus): 口蹄疫ウイルスなど. (4)ヘパトウイルス属(Hepatovirus):A型肝炎ウイルスなど. (5)パレコウイルス属(Parechovirus):ヒトパレコウイルスなど. (6)エルボウイルス属(Erbovirus):ウマ鼻炎Bウイルスなど. (7)コブウイルス属(Kobuvirus):アイチウイルス. (8)テシオウイルス属(Teschovirus):ブタテシオウイルスなど. (⇒付録:ウイルス分類表)

b **脾コロニー法** [spleen colony formation method] 主にマウスを用いて行う造血の機構を研究する有力な研究手段の一つ. 骨髄や胎児肝臓中の造血幹細胞の数や活性を調べるため, あらかじめ致死線量(9～10 Gy)の放射線を照射し, 造血細胞を破壊しておいたマウスにこれらの細胞を静脈注射する. すると移植された細胞は宿主の脾臓内に定着して増殖し, 8～12日後に肉眼で見えるコロニーをつくる. このコロニーを数えることにより, 注射した細胞に含まれる造血幹細胞の数を推定することができる. 1個の幹細胞が1コロニーを形成することは厳密には証明されていないので, このコロニーをつくる細胞はコロニー形成細胞とは呼ばず脾臓コロニー形成単位(spleen colony forming unit, CFU-S)と呼ぶ. なお, 静注された細胞中の幹細胞のうち, 脾臓中でコロニーを形成するものは約5%と推定される. コロニー形成細胞は造血幹細胞の仲間ではあるが, いろいろの分化段階にあるものを含んでいる. 最近では造血幹細胞の特異マーカーが特定され, *蛍光抗体法, *フローサイトメトリー, セルソーターなどの単個細胞解析, 分離技術が進歩して造血幹細胞の同定, 分離に用いられる.

c **皮鰓**(ひさい) [papula] ⇒ヒトデ類

d **尾鰓**(びさい) [anal gill] [1]双翅目, 特にカの幼虫の尾部下端にある鰓状の突起. 主に周囲からの水吸収に重要な役割を果たし, 呼吸機能はほとんどない(⇒肛門突起). [2][caudal gill] イトトンボ類の気管鰓.

e **B細胞** [B cell] [1]《同》Bリンパ球(B lymphocyte). 抗体による液性免疫を担う*リンパ球. 狭義ではB細胞受容体(抗原受容体)を細胞表面に発現しているリンパ球をいう. 広義では, 前駆細胞であるプロB細胞, *プレB細胞や分化後の*形質細胞も含める. B細胞はその他のリンパ球や血球系細胞と同様, 造血幹細胞から分化する. ヒトやマウスなど多くの動物では胎児期には肝臓で, 生後は骨髄で段階的に分化してB細胞となる. この初期分化の過程で*免疫グロブリン遺伝子の再構成が起こり, B細胞受容体および抗体の可変領域に著しい多様性が生まれる. 鳥類では*ファブリキウス嚢においてB細胞の増大および遺伝子変換による多様化が起こる. 産生されたIgM陽性B細胞は*リンパ節や*脾臓などの末梢リンパ組織へ移動して成熟する. IgMと共にIgDを強く発現する成熟B細胞はB細胞受容体を介して抗原を認識すると活性化・増殖し, 一部は*クラススイッチによりIgG, IgAあるいはIgE陽性となり, さらに分化して形質細胞となり, B細胞受容体と同一の可変領域をもつ抗体を大量に産生する. また, *ヘルパーT細胞の作用によりB細胞は増殖して末梢リンパ組織に胚中心を形成し, その後, B細胞は記憶細胞や長期生存形質細胞に分化する. B細胞受容体以外に特徴的な細胞表面マーカーとしては, B220(CD45R), CD19, CD20, CD22などがある. 腹腔や胸腔にはT細胞マーカーであるCD5(Ly-1)および*マクロファージなどが発現するMac-1(CD11b/CD18)を発現する特殊なB細胞亜群(B-1細胞)が多数存在する. これに対して骨髄で産生される通常のB細胞をB-2細胞という. B-1細胞は胎児由来の自己増殖する細胞で, 自然抗体(血中の多特異的IgM抗体)の産生を担っている. 脾臓にはCD5陰性のB-1細胞(B-1b)があり, CD5陽性のB-1細胞(B-1a)と区別される. [2]《同》β細胞. 膵臓ランゲルハンス島にあるインスリンを分泌する細胞. 塩基好性顆粒を含む.

f **非細胞植物** [non-cellular plant, acellular plant] 黄緑藻のフシナシミドロや緑藻のミル・イワヅタなど, 細胞を形態および機能の単位としていない植物の総称. 体に多数の核をもっており, 特にイワヅタなどでは, 外部形態には著しい分化が見られるが細胞の仕切りを欠く. 単核の卵細胞が成長するにつれ遊離核分裂だけを行い, 細胞質体分裂を伴わずに植物体を形成する.

g **尾索動物** [urochordates ラ Urochordata] 《同》尾索類, 被嚢動物(tunicates, Tunicata). 脊索動物門の一亜門. 終生あるいは幼生期に限って尾部に脊索をもつが脊椎骨は形成されず, 表皮が分泌する独特の組織である*被嚢に体が常に包まれる. ホヤ綱(海鞘類ascidians, sea squirts, Ascidiacea), オタマボヤ綱(尾虫類, 幼形類 Appendicularia, Larvacea, Copelata), タリア綱(Thaliacea)の3綱からなる. ホヤ綱では浮遊する微小な*オタマジャクシ型幼生期にだけ尾部に脊索をもつが, 海底に固着・変態するときにこれを失う. 他の2綱は終生浮遊生活を送り, オタマボヤ綱では脊索を一生もち続けるが, タリア綱では脊索は現れるとしても幼生期に限られる. 尾索類の体は数mm～数十cmの長さに及ぶ. 入水孔に続く咽頭は, ホヤ綱で見られるように籠状に発達する場合は鰓嚢(branchial sac)と呼ばれるが, その側壁に*鰓裂(この類では一般に鰓孔 stigmaと呼ぶ), そして腹正中には*内柱をそなえる. *囲鰓腔は出水孔で外界とつながり, 消化管や生殖輸管は囲鰓腔に開く. 鰓嚢は餌となる水中の微小プランクトンなどの濾過装置である. ただし, 深海性ホヤの一群では大形の餌を丸呑みする. なお, オタマボヤ綱では囲鰓腔はなく, 濾過装置は包まないす家(house)と呼ばれる被嚢自体にそなわる. 開放血管系をもち, 血流は周期的に逆転. 特別な排出器官は分化しない. 真体腔は一般に, 裂体腔的に形成される狭小な*囲心腔だけに見られる. 雌雄同体が通例. ホヤ綱とタリア綱では, 多様な様式による無性生殖の結果群体が形成されることがあり, ときに巨大となる. タリア綱のサルパ類(salps)とウミタル類(doliolids)では*世代交代が見られる. これらの消化管は一塊をなし, 体核(nudeus)と呼ばれる. 尾索類は, Aristotelēs以来軟体

動物とされていたが，A.O.Kowalevsky(1866)がホヤ類幼生に脊索を発見して，その分類学的位置が改められた．汽水域を含む海にだけ生息し，全世界の潮間帯から超深海にまで分布．現生既知2400種以上．(⇒原索動物)

a **ヒ酸** [arsenic acid] H_3AsO_4 水溶性の有毒化合物．岩石中に存在するさまざまなヒ化物が溶けだし，海水中では酸化されて主としてヒ酸として存在する．ヒ酸は藻類に取り込まれて亜ヒ酸に還元され，メチル化されてアルセノ糖となる．さらに食物連鎖を通して，魚介類中でアルセノベタインとして蓄積する．ヒ酸はRR′+H_3AsO_4⇌$ROAsO_3H_2$+R′H の反応による加水分解(アルセノリシス arsenolysis)を起こす．加リン酸分解と同じ形式の反応．A.Hardenがリン酸のない場合にもヒ酸塩を加えれば発酵の起こること，すなわちヒ酸効果を発見して以来，反応例がいくつか知られている．ホスホリラーゼによるショ糖の分解によってグルコース-1-ヒ酸を生じ，またアセチルCoAは加ヒ酸分解によってアセチルヒ酸を生ずる．高エネルギーヒ酸結合は不安定で，ただちに分解するので，ヒ酸は細胞内でのATP生成を妨げ，エネルギーを放散して同化を阻害する．

b **PCR** polymerase chain reactionの略．《同》ポリメラーゼ連鎖反応，ポリメラーゼ連鎖反応法．遺伝子を増幅する際に繁用される．*DNAポリメラーゼの連続的反応法．DNAポリメラーゼがプライマーを利用しないとDNA合成を開始できないという性質を利用して，DNAの離れた2カ所それぞれに結合する1組のプライマーのセットを用いて，その間のDNAだけを増幅させる反応方法．微量のDNAを検出可能な量まで増幅させたり，染色体全体のDNAから特定領域だけを増幅させて調べるのに有用である．

c **Bcl-2ファミリー** [Bcl-2 family] *bcl-2* (B-cell lymphoma)遺伝子に類似の構造を有する遺伝子ファミリー．*bcl-2*はヒト濾胞性リンパ腫のt(14;18)(q32;q21)転座点近傍に位置するがん遺伝子として辻本賀英によって発見された．主にミトコンドリアに局在しその膜透過性を制御するが，その機能と構造からさらに三つのサブファミリー(Bcl-2サブファミリー，Baxサブファミリー，BH3-onlyサブファミリー)に分類される．Bcl-2, Bcl-xLやMcl-1に代表されるBcl-2サブファミリーはBH(Bcl-2 ホモロジー)ドメインを四つ有し，C末端付近に疎水性の高い領域をもちアポトーシスを抑制する．Bcl-2やBcl-xLのアポトーシス抑制活性は，主にミトコンドリア膜透過性亢進の阻害制御による．Bcl-2欠失マウスではアポトーシスが亢進し発育不良，多囊胞腎，リンパ系組織などの萎縮が観察される．BaxサブファミリーはBH4以外の三つのBHドメインをもち，BaxとBakに代表されアポトーシスを促進する．BH3ドメインのみを有するBH3-onlyサブファミリーは*Bid*, *Bad*, *Noxa*, *Puma*など多種類存在し，種々の刺激に応じたアポトーシス誘導を行う．Bcl-2サブファミリーは，非アポトーシス性細胞死の制御にも関与する．

d **被刺激性** [irritability] 外部からの刺激に反応して興奮を生じる性質．いわゆる生理学的引き金(physiological trigger)作用の存在をいうもので，すべての生細胞に普遍的な性質と考えられ，生細胞と死細胞を区別する特徴の一つに数えられる．M.Verwornは「被刺激性なくして生命なし」と述べた．ただし被刺激性の程度は組織・器官の種類により異なる．興奮性は本来，被刺激性と同義であるが，実際は，前者は主として個々の被刺激性の特に著しい組織・器官，すなわち被刺激性形体(irritable structure)に対して，その被刺激性の量的差違に用いられることが多い．

e **BCG** Bacille de Calmette-Guérinの略．結核症発病予防に広く用いられる弱毒結核菌ワクチン．フランスのA.CalmetteとC.Guérinがウシ型結核菌を1908年から13年間，ウシ胆液ジャガイモ培地で継代培養して得た．BCGを接種すれば，局所および所属リンパ節などに結核性変化を生ずるが，その反応は弱くて発病することはない．病変は永続しない．接種後1カ月から2カ月の間にツベルクリン反応は陽性に転化し，個人差はあるが，約1年あるいはそれ以上，その状態が持続する．この間に通常の病原性のある結核菌に感染しても，BCGによる免疫のために，発病率は明らかに減少する．ただBCGの効果は永続しないから，ツベルクリン反応がふたたび陰性に戻れば，BCG接種を繰り返さなければならない．現在では乾燥ワクチンが作られており，潰瘍形成の少ない経皮接種が用いられるようになった．近年，結核症以外でも効果の高いワクチン能力が再評価されている．BCGそのものはヒトに用いることの出来る安全で強力な*アジュバント(adjuvant)でもある．最近，BCG菌を改変してベクターとして用い，これに種々の抗原，アレルゲン，例えばHIVなどのワクチン抗原遺伝子を組み込んでワクチン効果を高める方法が開発されて実用化に向けて研究が進んでいる．また，BCGあるいはその細胞壁成分はヒトのがんに対する細胞性免疫を強める作用をもつ事も示されている．

f **被子植物** [angiosperms ⇒Angiospermae, Magnoliophyta, Anthophyta] 緑色植物種子植物類の一群．心皮が何らかの形で胚珠を被い，*雌しべの子房という保護部分を形成する植物を総括する一群．*裸子植物と対し，以前は子葉の枚数，花の数性，葉脈の走行，中心性の形態などから*単子葉類と*双子葉類に分けられていた．しかし単子葉類は単系統群であるが，双子葉類は単子葉類の分岐以前に分岐したものと，それ以後に分岐したものに大別され，後者を真正双子葉類として前者と区別する．現在，地球の陸上で最も種類の多い植物群．根・茎・葉をもち，それぞれ内部に維管束を通ずる．茎の維管束は*道管を主とするが，まれに*仮道管のみのものがあり，これを無道管植物(vesselless plant)と呼ぶ．葉と分枝とは強く関連して腋生体系をなし，内部に葉跡と*葉隙とを作る．胞子葉は雌雄に分化し，集合して花となるが，通常，基部から萼・花弁・雄ずい・雌ずいの順に配列する．雌ずいはその一部が子房となり，中に胚珠を包む．受精は花粉管を仲介する*重複受精を行い，雌性配偶体は通常7細胞8核，胚乳体を共存し，胚は種子中で一時休眠する．化石は下部白亜紀となると急に多くの種属が見出される．その起原および進化については多くの学説があってまだ一致していない．現在約27万種が知られている．

g **皮質** [cortex] 副腎，腎臓，卵巣などのような中実性器官の，比較的周辺部．髄質に対していう．(⇒髄)

h **ビシャー** BICHAT, Marie François Xavier 1771〜1802 フランスの解剖学者，生理学者．リヨンで外科学を修め，パリに出て外科医P.J.Desaultの下に学ぶ．

Desaultの著作をまとめて刊行し，市立病院(Hôtel Dieu)で解剖学・実験生理学・外科学を講じた．組織学の創始者とされ，身体の組織を21の膜に分類．生気論の立場をとり，生命とは死に抵抗する力の総体であるとした．[主著] Recherches physiologiques sur la vie et la mort, 1800.

a **微絨毛**(びじゅうもう) [microvillus] 《同》細絨毛，絨毛様突起．動物細胞の自由表面に見られる多数の細胞質の突起．細胞膜に囲まれ，直径約 $0.1\mu m$，長さは $0.2\mu m$ から数 μm に及ぶ．各種の細胞にひろく存在しているが，成長期の卵母細胞，小腸や尿細管主部の上皮細胞など吸収機能の活発な細胞や，内耳・鼻・側線などの感覚細胞に豊富である．またウニの卵細胞が受精すると，細胞表面に多数の微絨毛が伸長する．特に小腸と尿細管主部の上皮細胞表面には，直径と長さが一定の微絨毛が密に規則正しく配列して，刷子縁と呼ばれる構造を形成している．1 細胞あたり小腸では約 3000 個，ウニ受精卵では 10 万個の微絨毛をもち，細胞の自由表面積を増すことにより物質の吸収の能率を上げたり，あるいは発生の際に必要な細胞膜をプールしていると考えられている．1 本の微絨毛には数～数十本のアクチン繊維の束が芯として含まれており，微絨毛の形を安定に保つとともに，その収縮に役立つと物質の吸収の効率を高めるといわれる．また振動を受容する感覚細胞の微絨毛は特に静止繊毛(stereocilium)と呼ばれ，芯のアクチン繊維の束はより密になっており，その根元は細くなっている．これらの微絨毛は異なる長さのものが順序よく配列して，全体として方向をもつ集団となり，方向性のある振動の受容を行っている．微絨毛は*繊毛・*鞭毛と異なり，内部に軸糸をもたない．

b **尾状花序** [ament, catkin] *花被がないか，または目立たない単性花の密集した*穂状花序の一種で，特に雄花序は*風媒に適応して細長く垂れ下がり，動物の尾に似るのでその名がある．雄花序は花後にまとまって脱落する．ヤマモモ科，ブナ科，カバノキ科，クルミ科，ヤナギ科などにみられる．これらの植物群はかつて尾状花序群として原始的な被子植物と位置付けられたこともあったが，最近は比較的進化した植物群と考えられている．

c **微小管** [microtubule] 細胞にみられる太さ約 24 nm ほどの微小な中空の管．分子量約 5.5 万の球状の蛋白質*チューブリンが約 13 個を単位に円筒状に会合してできている．ほかにも分子量 5.5 万～30 万の種々の*微小管結合蛋白質が含まれ，微小管の会合に働いている．微小管は細胞の運動，また細胞の形の形成と保持にも関係している．運動に用いられる繊毛や鞭毛にあっては，周縁にある 8 の字形の断面をした 9 組の周辺微小管(A 管と B 管からなる doublet)と中心部の 2 本の中心微小管(singlet)がある(→鞭毛[図])．周辺の微小管に*ダイニンが結合していて ATP を分解しつつ向かいあう微小管をずらして運動を起こす．細胞分裂の際に現れる紡錘体の主要構成因子は微小管であり，神経細胞や色素細胞の長い突起にも多くの微小管が縦方向に走っていて形を決めている．また，アメーバの*仮足や原生生物の*有軸仮足において支柱の役をなしている．植物では細胞膜直下に，籠状に包むように配向し，細胞壁を構成するセルロース微繊維の方向などを制御する(細胞表層微小管 cortical microtubule)．*コルヒチン処理によって細胞内の微小管は消失し，それに伴い細胞の形が変化する(円くなる)ことが動植物で共に示されている．

d **微小管形成中心** [microtubule organizing center] 微小管重合の核となる構造体．多細胞生物の*中心体，菌類の*スピンドル極体が，これにあたる．植物では，明確な微小管形成中心が見られない．中心体とスピンドル極体は，共通してγチューブリンを含み，この蛋白質が重合核の中心的な役割を果たす．微小管には方向性(＋端と－端)があり，微小管形成中心から微小管が伸長する時，中心に－端，外側に＋端を配置して放射状に伸張する．

e **微小管結合蛋白質** [microtubule-associated proteins] MAPs と略記．*チューブリンが管状に重合した細胞内構造体である*微小管に結合して存在する蛋白質の総称．MAPs はチューブリン重合を促進し，形成された微小管の管壁に結合して，微小管を安定化させる働きがある．さらに，MAPs は微小管相互あるいは微小管と他の細胞骨格成分とを*架橋し，細胞内に高次構造体を形成させる働きをもつ．神経性のものと非神経性のものとに大別される．主なものに次の 4 種が知られている．(1) MAP1：MAP1A，B，C を含む．哺乳類の脳のニューロンおよびグリア細胞に多く含まれ，非神経細胞にも少量含まれる．見かけの分子量約 35 万．MAP1C は細胞質*ダイニンと同一物質．(2) MAP2：ニューロンの細胞体および樹状突起に局在．見かけの分子量約 30 万．(3) タウ (tau)：ニューロンおよびグリア細胞に含まれ，アルツハイマー病の神経細胞内に形成される二重らせん繊維 (paired helical filament, PHF) の主要成分でもある．見かけの分子量 5 万～7 万．(4) MAP4：非神経細胞の主要 MAP．見かけの分子量約 20 万．これらの MAPs 分子は，いずれも柔軟な紐状構造で，微小管に結合する部分(微小管結合領域)と微小管から突き出して存在する部分(突起領域)とからなる．MAP2，タウ，MAP4 の微小管結合領域の一次構造には高い類似性がある．特に，この領域中に 3 ないし 4 個存在するチューブリン結合モチーフは，三つの MAPs 間で非常によく保存されている．一方，MAP1 と MAP2，タウ，MAP4 間には一次構造上の類似性が存在せず，MAP1A および B には，後三者には存在しないチューブリン結合モチーフの繰返しが存在する．増殖細胞では，分裂期に MAPs がリン酸化されることが分かっている．分裂期の微小管は間期の微小管に比べて安定性が低いが，MAPs のリン酸化によって，微小管安定化能が低下するのがその原因の一つと考えられる．

f **微小呼吸測定法** [microrespirometric method] 《同》微小検圧法(micromanometry)．単一あるいは少数の細胞の代謝活性を微量の気体体積の変化として測定する方法．それに使われる装置をミクロレスピロメーター(微量呼吸計 microrespirometer)と呼ぶ．毛細管呼吸測定法(capillary respirometric method)と浮秤法とがある．両法とも 0.1 μL/hr 程度のわずかな気体体積変化を測定することができる．前者は毛細管を使って単一細胞のガス体積変化を検圧的に解析する方法で，ワールブルク検圧計などが用いられる．(→検圧法)

g **微小細菌** [ultramicrobacteria, nanobacteria] 細胞の大きさが微小な細菌の総称．一般には孔径 $0.45\mu m$ のメンブレンフィルターを通過する濾過性の細菌．通常の細菌も栄養が枯渇すると細胞が球状に近くなり，小さ

くなるが，微小細菌は栄養豊富な条件下あるいは生育が旺盛な状況でも微小なままである．代表的な微小細菌としてアルファプロテオバクテリア綱の*リケッチア，ベータプロテオバクテリア綱の Herminiimonas, Oxalicibacterium がある．

a **微小シナプス後電位** [miniature postsynaptic potential] シナプス前線維を刺激しなくても発生する振幅1mV弱の*シナプス後電位．神経筋接合部における*微小終板電位に相当するもので，シナプス一般で神経伝達物質の*素量的放出が行われていると考えられ，自発的に放出された1素量による反応が微小シナプス後電位になる．摘出した交感神経節細胞ではこれは明らかであるが，中枢では自発性興奮が著しいから，観察される電位は真に自発的に発生したものとシナプス前線維の自発性興奮で誘発されたものが混在する．(⇒素量的放出)

b **微小終板電位** [miniature end-plate potential] min.EPP, mepp と略記．終板付近の筋繊維において，運動神経の興奮がなくても自発的に発生する膜電位．振幅は1mV以下でほぼ一定の脱分極性の電位変化が約1Hzの頻度で発生しているのがわかる．個々の電位の時間経過や薬理的性質は運動神経の興奮によって発生する終板電位と同じである．B.Katz らはこのような現象を解析して神経伝達物質の*素量的放出を明らかにした．すなわち神経筋接合部ではアセチルコリン数千分子が1素量をなし，運動神経の静止時に自発的に放出された1素量による反応が微小終板電位であり，運動神経の活動電位により同時に放出された約100素量による反応が終板電位である．(⇒終板電位，微小シナプス後電位)

c **微小循環** [microcirculation] 毛細動脈や*毛細血管などの小血管領域に見られる血液循環．循環状態はカエルの皮膚や蹼（みずかき），ネズミの腸間膜，イヌの大網膜などで観察される．毛細血管や毛細動脈では内径が小さくなっているため，血流速度が遅くなる．この遅い循環中に毛細血管と組織間に濾過および浸透による物質交換が行われる（⇒スターリングの仮説）．この部域の血流は毛細動脈管にある括約筋，毛細血管壁にある収縮性の周細胞などによって調節される．

d **微小繊維** [microfilament] 〘同〙マイクロフィラメント，微小糸，微小糸．超薄切片電子顕微鏡法などによって細胞内に観察される太さ5〜8nmの繊維．Fアクチン(=アクチン)あるいはFアクチンに*トロポミオシンが結合したものである場合が多い．細胞の運動性に関与すると共に，細胞骨格としての役割を担うと考えられる．Fアクチンであることは，骨格筋のH-*メロミオシンと結合して矢じり構造を形成することによって確認される．また，ある種の原生生物にはFアクチンより細い繊維が観察されるが，これらも微小繊維の名で呼ばれる．ツリガネムシの微小繊維は蛋白質*スパスミンで構成され，Ca^{2+}と相互作用して収縮する性質をもつ．

e **微小染色体対** [double minute chromosome] 過剰に増幅した遺伝子が，本来の遺伝子座から離れて核内に散在したもの．細胞分裂中期に，対をなす微小な染色体として観察される．薬剤耐性を獲得した細胞や，がん細胞などでしばしば見出される．微小染色体対は，動原体をもたないために不安定であり，娘細胞にランダムに分配される．微小染色体対が別の染色体に転座すると，分染法により，均一に染色される領域 (homogeneously

staining region, HSR) となる．どのようにして微小染色体対が生成されるのかについては，さまざまな可能性が考えられるが，一つの可能性は以下の通りである．通常の細胞では，分裂期に異常が生じると*紡錘体チェックポイントが活性化され細胞分裂の進行がとまる．ところががん細胞などでは，紡錘体チェックポイント機構が正常に働かない場合があり，*分裂装置などに何らかの不全があるにもかかわらず細胞周期が進行してしまう．その結果，正常な細胞分裂が起きないで，染色体が分断化された微小染色体対が多数生成される．この説明では，がん細胞などでしばしば微小染色体対が観察される事象と整合性がある．

f **微小転移** [micrometastasis] 数個から数千個のがん細胞によって形成された転移結節．CTやMRI，PETなどの画像検査では検出できず，組織の病理学的検索にて検出される．*原発腫瘍が取り残しなく切除された場合の*再発の原因となる．この場合，手術時にすでに微小転移が形成されており，数カ月から数年かけて増大しいわゆる転移として再発する．

g **微小電極** [microelectrode] 生理学実験・計測に用いる，先端の尖った微細な電極の総称．以下のものが一般的に用いられる．(1) ガラス毛細管電極：加熱して引き伸ばしたガラス管にKCl（通常3M）その他の溶液を満たしたもの．先端の外径が$0.5\mu m$以下の細いものは神経細胞や筋細胞に刺入して電気変化を細胞内から記録したり，あるいは細胞内に通電を行ったりするのに使用される（⇒細胞内電極）．(2) パッチクランプ電極：同様にガラス管を加熱して引き伸ばすが，多段階の引伸しを行うことで，先端の形状と大きさのものを作製できる．細胞膜に押し当てることで，ガラス管との間に高抵抗（通常$1G\Omega$以上）のシールを形成することができ，細胞膜を流れるpA以下の微小な電流を計測する事ができる（⇒パッチクランプ法）．E.Neher, B.Sakmann らは，この手法を開発し，*イオンチャネルの実体を明らかにした．(3) 金属微小電極：電解研磨により尖らせたタングステンや白金，ステンレスなどの金属線をラッカーなどで絶縁被覆し先端だけを露出させたもの．直流の電気変化の導出には適さないが，交流に対するインピーダンスが低いのでスパイク電位の細胞外導出には適しており，中枢神経などの研究において個々のニューロン活動の記録に用いられる．毛細管電極は細胞外記録にも用いられ，また電気泳動的適用法にも使用される．そのほか，組織のpHやO_2濃度を測るための微小な素子も一種の微小電極である．

h **尾静脈** [caudal vein ラ vena caudalis] 脊椎動物において，尾部から戻る静脈血を運ぶ静脈．尾動脈の直下に沿って，それとともに尾椎の血道孔を通って前行し，多くの場合，体腔に達してから左右に分叉し，*腎門脈系として腎臓に入ってからのちに左右合して後主静脈となる．ただし哺乳類では尾静脈は二叉することなく直接に後主静脈に連なる．

i **被鞘幼虫**（ひしょうようちゅう）[ensheathed larva] *線形動物にみられる第二期幼虫のクチクラを被った第三期幼虫．2回目の脱皮の後，脱皮殻を脱がずに第三期幼虫になる．基本的に線形動物は，自由生活性・寄生性を問わず，4回の脱皮を経て成虫となる．被鞘幼虫は，乾燥などの外界の条件に対する抵抗性が極めて強い．また寄生性の線虫類では，第三期幼虫となって初めて終宿

主への感染性を獲得するため，特に感染幼虫(infective larva)と呼ぶことがある．

a 被食者－捕食者相互作用 [prey-predator interaction]《同》食う－食われるの関係．ある生物の*個体群とそれを食う生物の個体群との間の相互作用．狭義には，捕食連鎖(⇄食物連鎖)を形成する動物間の関係に用いる．*捕食寄生者と寄主の関係(⇄寄主－寄生者相互作用)は，寄主が殺される点で通常これに含められることが多い．また広義には，食う－食われるの関係にある動物と植物の関係をも含めることがある．A.J. Lotka (1925)やV. Volterra (1926)は，1種ずつで構成される被食者－捕食者関係を考え，単純な仮定から導かれた数学的モデルによって，両者の個体数が位相のずれた周期変動をすることを示した(⇄ロトカ－ヴォルテラ式)．また被食者の密度効果を組み込むと，平衡密度が低下するとともに，変動が小さくなり安定化することが示されている．また昆虫のように世代が不連続な寄主－捕食寄生者の相互関係はA.J. NicholsonとV.A. Baileyが提唱した差分方程式が用いられることが多い．このモデルでは時間とともに振幅が大きくなり両者ともに絶滅することが示されているが，寄主の密度効果や寄主あたりの攻撃数の集中分布を組み込むと安定な振動が持続したり，収束状態に収束するようになる．その後もいくつかのモデルが提案され，最近ではより解析的なモデル化も試みられている．また*実験個体群を用いて，周期的な相互振動を例証した研究もある．しかし自然条件下では，被食者と捕食者の両個体群の相互振動が明白に見られることは稀である．これは，自然における両個体群の変動には，ほかにも多くの要因が関与する結果，両者の相互依存関係がかくされてしまうこと，大多数の捕食者は複数種の被食者に依存し，被食者は複数種の捕食者に攻撃される結果，特定の1種対1種の相互依存関係はそれほど緊密でない場合が多いこと，などによるのであろう．(⇄寄主－寄生者相互作用)

b ビショップ Bishop, John Michael 1936～ アメリカのがん学者．H.E. Varmusとともに，ニワトリのレトロウイルスの遺伝子の構造を決定，これを手がかりにヒトを含む諸種の動物にも類似した遺伝子があることを突き止めた．レトロウイルスのがん遺伝子が細胞起原であるとの発見に対して1989年ノーベル生理学・医学賞受賞．

c 非侵襲性イメージング [non-invasive imaging] 手術など生体に傷をつける操作をすることなく，体内の構造や臓器の活動を画像化する技術．核磁気共鳴画像法(*MRI)，ポジトロン断層撮影法(PET)，脳磁図法(MEG)，近赤外光機能画像法(NIRS)などがある．PETは，ベータ崩壊により陽電子を発生する放射性トレーサーを体内に与え，発生した陽電子を検出することでトレーサーの取込み部位を三次元画像化する技術である．脳の代謝，腫瘍組織の診断に用いられる．MEGは，神経細胞(特に大脳皮質の錐体細胞)の電気活動に伴って起きた微弱な磁場変化を頭皮上から計測する技術．NIRSは，波長800 nm近傍の近赤外光を頭皮上から脳に向けて照射し，脳組織中を散乱，透過して外に出てきた光を近傍のセンサーにより計測し，ヘモグロビン動態に基づいて脳活動を推定する手法．それぞれの手法には一長一短がある．例えば，MRIは，空間解像度は高いが時間解像度が低く，MEGは逆に時間解像度が高く空間解像度が低い．PETは放射性物質を与えるという点で真に非侵襲ではないものの，神経伝達物質の動態計測へ応用できる(⇄MRI)．

d ヒス His, Wilhelm 1831～1904 スイスの解剖学者，発生学者．組織生理学・組織化学の研究について，ヒトの胎児の発生を正確に記載．'Prinzip der organbildenden Keimbezirke'(器官形成胚域の原理)を唱え，発生過程を因果的に説明しようとし，発生機構学の前駆的見解を示した．ミクロトームの改良をはじめ，研究技術の発展にも寄与．[主著] Unsere Körperform und das physiologische Problem ihrer Entstehung, 1874.

e ヒス His, Wilhelm (Jr.) 1863～1934 ドイツの医学者，生理学者．Wilhelm Hisの子．哺乳類の心臓の心房・心室間に存在する特殊な心筋繊維束(ヒス束)を発見，筋原説に有力な支持をもたらした．また，この筋束が関係するアダムス－ストークス病(Adams-Stokes' disease, 心臓の刺激伝導障害による短時間の症候群)における完全心臓ブロックの本態を明らかにした．

f ヒース [heath]《同》ハイデ(独 Heide)．中部および北部ヨーロッパに多い，エリカ(Erica)の類やカルーナ(Calluna vulgaris)などからなる木本群落(⇄ツツジ科低木林)．海洋性湿気候下の貧栄養土壌に生育する自然群系ともみなされているが，現在では家畜の放牧，森林の火入れ，下草刈など，森林に対する人為的破壊によって生じた群落とされる．土壌は*ポドゾル化し，ポドゾル形成が十分発達しているところは，森林の再生が不可能あるいは極めて困難．なお広義には同様な相観・成因を示すニュージーランドなどの群系を意味したり，アンデス山地のパラモヒース(paramo heath)を含めることがある．

g ビーズアレイ法 [beads array] ビーズに個別の解析対象と結合する分子(抗体など)を固定させ，少量のサンプルで多項目の分子を同時に測定する技術．ビーズにはオリゴ核酸のようなDNAのほか，抗原や抗体などの蛋白質も固定することができ(捕捉ビーズ)，多様な分子の検出と定量に用いることができる．捕捉ビーズを固定分子ごとに異なった蛍光色素で染色しておき，レーザーにより蛍光色素の識別コードを感知することによって，多種類の分子を同時に検出定量できる最新のアレイシステム．

h 非水相 [nonaqueous phase, nonsolvent volume] 細胞の体積のうち，浸透的に不活性な部分．非水相をなすものはリピド顆粒，澱粉粒，膜成分など種々である．(⇄浸透圧)

i ビスジアミン [bisdiamine]《同》ファーチリシン(fertilysin)．$C_{12}H_{20}O_2N_2Cl_4$ 雄の実験動物の精子形成阻害剤．白色結晶，催奇形性が強い．ゴナドトロピン生合成には影響しない．マウスLD50値は16 g/kg(経口)．微小管の重合阻害作用があるといわれるが，詳しい機作は不明．

j ヒスタミン [histamine] β－イミダゾールエチルアミンのこと．ヒスチジン脱カルボキシル酵素によりヒスチジンから生成する．強力な血管拡張作用を有し，また平滑筋(腸管の筋肉や子宮筋)を収縮させる作用がある．胃壁細胞での酸分泌を引き起こす．血液中また多くの動物組織(肺や筋肉など)に他の物質と結合して不活性の状態で存在する．これが過剰に遊離す

るとアレルギー症状を呈する．これは，外界からの異物に対してIgE抗体ができて*マスト細胞や好塩基球から大量のヒスタミンを遊離させるためである．腐敗した魚などには，この働きを増強する相乗因子としてアグマチン，コリン，トリメチルアミンオキシド，カダベリンなどが含まれる．ヒスタミンの作用は*抗ヒスタミン剤で拮抗的に抑制される（⇌ヒスタミン受容体，⇌アナフィラキシー）．動物でのヒスタミンの酸化解毒には，ジアミン酸化酵素（ヒスタミナーゼ）による脱アミノ反応とN-メチル基転移酵素によるメチル化反応があり，後者の反応で生成するN-メチルヒスタミンはさらに酵素の作用でイミダゾール酢酸へと変わる．

a **ヒスタミン受容体** [histamine receptor] ヒスタミンと結合する受容体．H_1，H_2，H_3およびH_4受容体のサブタイプが存在する．H_1受容体は細胞膜を7回貫通する分子量約6万の蛋白質．平滑筋，副腎髄質，心臓，血管内皮細胞および脳に分布する．この受容体はイノシトールリン酸の産生と共役しており，カルシウムチャネルを開口してCa^{2+}を流入させ，平滑筋の収縮および毛細血管の透過性亢進を引き起こす．H_2受容体は膜7回貫通型の分子量約4万の蛋白質で，胃，心臓，リンパ球および脳に分布している．アデニル酸シクラーゼに共役しており，cAMPの上昇をきたす．胃酸分泌を引き起こすため，胃潰瘍の引き金となる．H_2受容体拮抗薬は消化性潰瘍治療薬となる．H_3およびH_4受容体はアデニル酸シクラーゼと共役しておりcAMPの低下を起こす．H_3受容体は神経シナプス前膜に存在し，ヒスタミン遊離を調節するオートレセプターとして働く．気道過敏性と関係しているH_4受容体は好酸球，マスト細胞で発現し，遊走に関係している．

b **ヒスチジン** [histidine] 略号Hisまたは H（一文字表記）．塩基性 α-アミノ酸の一つ．A. Kossel, G. Hedin（1896）がそれぞれ独立に発見．L型は種々の蛋白質に含まれる．酵素の活性中心に含まれることが多い．筋肉中に存在するカルノシンの成分でもある．ジアゾベンゼンスルホン酸により赤色を呈する（パウリ反応）．ヒトでは現在は不可欠アミノ酸とされる．微生物や植物ではATPのアデニン部分と5-ホスホリボシル-1-ピロリン酸（PRPP）から一連の過程を経て合成される（途中まではプリン生合成経路と共通）．哺乳類での分解は主としてヒスチダーゼによる α アミノ基の脱離の後，ウロカニン酸などを経てグルタミン酸に至る経路による．また，ヒスタミン合成の前駆体で，ヒスチジン脱炭酸酵素（histidine decarboxylase）により変換される．

c **ヒスチジン脱アンモニア酵素** [histidine ammonia-lyase] 《同》ヒスチダーゼ（histidase），ヒスチジンデアミナーゼ（histidine deaminase）．ヒスチジンを脱アミノして*ウロカニン酸を生ずる反応を触媒する酵素．EC 4.3.1.3．脊椎動物の肝臓，多くの細菌に存在．L-ヒスチジンに特異的で，D-ヒスチジンやイミダゾールにより拮抗的に阻害される．酵素の活性中心には，アラニン，セリン，グリシンの三つのアミノ酸が翻訳後修飾を受けて形成される4-メチリデンイミダゾール-5-オンをもつ．最適pHは8〜9．酵素活性測定にはウロカニン酸に特異な277 nmの吸収スペクトルを利用する．この酵素の先天的に欠如した代謝異常ヒスチジン血症（histidinemia）があり，この場合，血中ヒスチジン量が増加する．

d **ヒスチジン脱カルボキシル酵素** [histidine decarboxylase] 《同》ヒスチジンデカルボキシラーゼ．ヒスチジンを脱カルボキシルしてヒスタミンを生ずる反応を触媒する酵素．EC 4.1.1.22．腸内細菌および *Lactobacillus* などに含まれ，動物組織では腎臓や肝臓に多く見出されるが膵臓には少ない．ある種の植物における分布も認められている．動物組織中のものはピリドキサールリン酸を補酵素とするが，細菌のそれは補酵素にピリドキサールリン酸を必要とせず，活性中心にピルビン酸がアミド結合で蛋白質と結合している．最適pHは大腸菌では4.0，*ウェルシュ菌では4.5，ウサギの腎臓のものは8.6〜9.0．KCNおよびカルボニル試薬によって阻害される．本酵素はL-ヒスチジンに対する特異性が高く，そのためL-ヒスチジンの定量に利用される．

e **ヒストン** [histone] 真核細胞の核内DNAと結合している塩基性蛋白質．重量比でDNAとほぼ等量存在し，*クロマチンの基本単位である*ヌクレオソームの形成に関わる．ヒストンはヌクレオソームコアを形成するコアヒストン（core histone）と，ヌクレオソーム間のリンカー領域に結合するリンカーヒストン（linker histone）に大別される．コアヒストンはH2A（分子量1万3960），H2B（分子量1万3774），H3（分子量1万5273），H4（分子量1万1236）から成り，進化的に良く保存されており，特にH3とH4の保存性が高い．代表的なリンカーヒストンには分子量約2万2500のH1があるが，進化的な保存性は低い．各ヒストン分子の遺伝子はゲノム上に複数個存在し，多くの場合クラスターを形成している．個々の遺伝子間の差異によってH4を除く3種のコアヒストンとリンカーヒストンには複数のバリアントが存在する．各ヒストンバリアントは細胞内で異なる役割を果たしていると考えられており，例えばH3のバリアントであるCENP-Aはセントロメアの形成に寄与し，またH2AのバリアントであるH2AXはDNA損傷修復のシグナルとしての役割を果たしている．リンカーヒストンのH1には多種のバリアントが存在し，発生や分化に応じて個々の発現が変化する事が知られている．ヒストンの転写は細胞周期とカップルしており，S期にのみ転写されるよう厳密に制御されている．4種類のコアヒストンは，決まった二次構造をもたないアミノ末端側のテイル（tail）領域と，三つの α ヘリックスから成るヒストンフォールド（histone fold）領域をもつ．このヒストンフォールド領域を介してH3とH4が安定な四量体を形成し，ヌクレオソームコアとしてDNAと結合する．これにさらにH2AとH2Bの二量体が2個取り込まれ，安定な八量体が形成される．テイル領域はリジンやアルギニンなどの塩基性の残基に富み，アセチル化，メチル化，リン酸化，ADPリボシル化など多様な修飾をうける．またH2AとH2Bはカルボキシ末端側のリジン側鎖がユビキチン化される．これらの翻訳後修飾はクロマチンの高次構造形成や遺伝子発現制御，また細胞周期やDNA損傷応答などさまざまな細胞内現象と密接に関与していることから，これらの現象を司る重要なマークと考えられている．（⇒ヒストンコード仮説）

f **ヒストンコード仮説** [histone code hypothesis] ヒストンの修飾状態が遺伝子発現やクロマチンの凝縮などを介してエピジェネティックな制御を司る遺伝暗号

（コード）としての役割を果たしているとする説（⇌エピジェネティクス）．ヒストンの個々のサブユニットやヒストンバリアントは，その特定の位置のアミノ酸残基側鎖にアセチル化やメチル化などさまざまな翻訳後修飾を受ける（*ヒストン修飾）．これらの修飾を特異的に認識する蛋白質ドメインの発見などから，ヒストン修飾の組合せが他の蛋白質を介して遺伝情報として読み取られることが示唆される．しかし，各々のヒストン修飾情報の組合せが，どのように個々の生命現象に変換されるのか，そのコードとしての役割についてはさらなる検証が必要と考えられている．

a **ヒストンシャペロン** [histone chaperone] 遊離ヒストンに結合して運搬するとともに，*ヌクレオソーム形成にも関わるシャペロン蛋白質．一般に酸性アミノ酸残基に富み，塩基性アミノ酸残基に富むヒストンと結合して安定化させる．NAP-1 (nucleoplasmin assembly protein-1) はヒストン H2A-H2B 二量体に，CAF-1 (chromatin assembly factor-1) および Asf1/CIA は H3-H4 二量体にそれぞれ結合して DNA に運び，ヌクレオソーム形成を促進する．細胞内でヌクレオソームが形成される際には最初に H3-H4 が DNA に転移され，引き続いて H2A-H2B が転移されると考えられている．

b **ヒストン修飾** [histone modifications] *ヒストンの特定の位置のアミノ酸残基側鎖が受ける*翻訳後修飾のこと．アセチル化（リジンのε-アミノ基），メチル化（リジンのε-アミノ基，アルギニンのグアニジノ基），リン酸化（セリン，トレオニンの OH 基），ポリ ADP リボシル化（グルタミン酸の γ-COOH 基），ユビキチン化・スモ化（リジンのε-アミノ基，スモは SUMO, small ubiquitin-like modifier) などがある．これらの修飾は，遺伝子の発現調節，細胞周期，DNA の損傷修復，クロマチンの凝集など，細胞の機能と密接に関わりダイナミックに変化する．個々の修飾は，その化学的な性質から DNA との結合強度を変化させる役割を果たすほか，その修飾を特異的に認識して結合する蛋白質によって読み取られ，エピジェネティックな遺伝子発現制御に寄与する．(⇌ヒストンコード仮説)

c **ヒストンバリアント** [histone variant] 染色体中に含まれる量が少ないヒストンサブタイプであり，主要に含まれるヒストン (H1, H2A, H2B, H3, H4) とは別の遺伝子にコードされる．構造は主要ヒストンに類似するが完全に同じではなく，構造の違いを反映して特有の機能を有する例が知られる．H2A のバリアントである H2AX は DNA 損傷に応答してリン酸化・ユビキチン化され，損傷修復応答を誘導する．macroH2A は X 染色体不活性化に関わり，H2AZ は *ユークロマチンや*ヘテロクロマチンの形成に関わる．H3 のバリアント CENP-A はセントロメアに存在し，染色体分配に関わりする．

d **p38 MAPK 経路** (ピースリーエイトマップキナーゼけいろ) [p38 MAPK pathway] *MAP キナーゼの一種である p38 MAPK を介するシグナル経路．p38 MAPK は真核生物で種を越えて保存され，哺乳類には α, β, γ, δ の 4 種類が存在．それぞれ発現組織やリン酸化する基質蛋白質が重複しつつも異なる．主に，ストレス性刺激や炎症性サイトカインにより活性化される．MAP キナーゼキナーゼである MKK3 と MKK6 によってリン酸化され活性化する．下流の基質蛋白質は多岐にわたるが，代表的なものとして C/EBP などの転写因子や MAPKAPK2 などのキナーゼ群がある．シグナル経路は多種多様だが，その一例を挙げると，LPS (*リポ多糖) によって p38 MAPK が活性化され，IL-6 や IL-8 (⇌サイトカイン) の産生などの炎症反応を担う．

e **非正型再生** [atypical regeneration] 《同》不完全再生 (incomplete regeneration)．再生にあたって，再生体が失われた部分と質的あるいは量的に相違した状態で形成される場合の総称．これに対し，両者が質的にも量的にもほぼ等しい状態である場合を正型再生または広義に完全再生 (complete regeneration, holomorphosis) という．再生体が失われた部分と質的に同じ場合は同質形成 (homomorphosis) というが，その場合にも量的に相違を示すことがあって，大きさが小さかったり部分的欠損を示す場合を総称して過剰再生 (hypotypic regeneration) という．また主として欠損の有無に注目すれば，欠損のない場合は完全再生（狭義），あるときは部分再生 (partial regeneration, meromorphosis. 例：イモリで再生肢の指数が少ないような場合) と呼ぶ．他方，再生体が失った部分より大形か数が多い場合を過剰再生 (hypertypic regeneration) といい，トカゲの尾が再生にあたって 2 本になるように全部が重複ないし三重，四重形成などを示す場合や，再生肢において過剰指を生じるような部分的過剰を示す場合がある．同質形成に対して異種の器官を生じる場合を異質形成という．なお基部再生もしばしば非正型再生を示す．

f **微生物** [microbe, microorganism] 微小で，肉眼では観察できないような生物に対する便宜的な総称．*単細胞生物はもちろん，多細胞性であっても含めることがある．すなわち，すべての*原核生物（細菌・藍色細菌・古細菌）と，*真核生物の一部（糸状菌・酵母・変形菌・担子菌・単細胞性の藻類および原生生物），ときには多細胞性の大形藻類までも含める．また*ウイルスも微生物とされることがある．病原微生物・発酵微生物・土壌微生物・海洋微生物などに類別されることがある．微生物の中には医学的・農学的に人間生活と深い関係をもつものが多い．また，成長が速い，代謝活性が高い，定量的な操作がしやすいなどの点で，実験材料としても広く利用されている．

g **微生物遺伝学** [microbial genetics] 菌類・微細藻類・細菌・ウイルスなど微生物，およびそれらを用いて行う遺伝学の一分野．発展の端緒となったのはアカパンカビで生化学的突然変異体を系統的に解析した G. W. Beadle と E. L. Tatum の研究 (1941)．この研究で用いられた遺伝生化学的手法が細菌にも適用され，折から開発されたファージや細菌の遺伝学的研究と相まって急速な微生物遺伝学の発展を招いた．Beadle と Tatum の *一遺伝子一酵素仮説をはじめ，S. E. Luria と M. Delbrück (1943) の細菌の自然突然変異実験，O. T. Avery ら (1944) の形質転換実験，J. Lederberg と Tatum (1946) の大腸菌における接合現象の発見，Delbrück と W. T. Bailey (1946) や A. D. Hershey (1946) のファージの遺伝的組換え現象の発見，N. D. Zinder と Lederberg (1952) の形質導入の発見，F. Jacob と J. L. Monod (1960) の*オペロン説など，微生物遺伝学の多くの成果は近代遺伝学発展の要因として高く評価される．微生物は次の点で遺伝学研究に適する材料と考えられる．(1) 構造が単純であること，(2) 世代時間が短いこと，(3) 多

数の個体を取り扱うのに便利なこと，(4)能率的な生化学的突然変異体選択法が使えること，(5)生化学的解析が容易であることと．ただし，「微生物」の語は，原核生物，真核生物という大きく異なる生物群にまたがって使われるため，最近ではあまり用いられない．

a **微生物学** [microbiology] 微生物に関する科学．歴史的には農学・医学など人々のくらしに関係深い研究領域から発展した．現在でもその伝統のもとに病原微生物学・発酵微生物学・土壌微生物学などの諸分野がある．なお病原微生物学は，伝染病の治療などに関連して免疫や血清学などでも取り扱われるのが一般的．基礎生物学の面では生化学的研究や分子生物学的研究の材料として微生物が多く扱われ，*微生物遺伝学・微生物生理学などの専門分野が生まれた．また微生物を利用する立場では，応用微生物学・発酵学があるが，現在ではバイオテクノロジーや遺伝子工学と重なる領域となっている．環境中の微生物を研究対象とする*微生物生態学は，分子生物学的手法を導入して近年めざましい発展をとげている．なお，取り扱う対象により微生物学を細菌学・ウイルス学・原生生物学・菌学などに分けることもある．

b **微生物コンソーシアム** [microbial consortium] エネルギー生産をめぐって代謝上の関連する原核生物が，複数のクローンや種として共存して作る集合体．ある資源物質を分解して得られた低分子化合物を共通に利用する2種の原核生物が，途中の異なった分解段階に必要な遺伝子をそれぞれ欠損していた場合，その2種が互いの欠損を補い合って基質をうまく分配し，生存を維持しうる系を作り出している場合や，酸化還元をめぐって2種の原核生物が緊密なコンソーシアムを作る場合などがある（→嫌気的酸化反応）．また高温極限環境で，原核生物のみから構成される生態系などにも見られる．

c **微生物生態学** [microbial ecology] 微生物，特に原核生物を主な対象とし，その他の菌類，微小藻類，原生生物などを含む微生物の生態を明らかにしようとする生態学の一領域．対象とする生物が極めて微小であること（自然界のバクテリアは1μm以下のものが大多数）や種の同定が容易でないなど研究手法上の困難が大きかった．バクテリアの分類同定には，培養し増殖させることが必須であるが，早くから自然界には培養困難な菌が圧倒的であるとの指摘があり，研究上の大きな障壁であった．しかし1980年代後半，*分子生物学の手法により，同定や機能を核酸あるいは細胞レベルで直接把握する道が開け，さらに1990年代にはウイルスも研究の対象に加わり，研究は飛躍的に発展しつつある．発酵や水処理，土壌肥料との関係など機能的側面の研究が発端となっていることも微生物生態学の特徴である．自然界を直接の対象とする近年の研究では，湖沼や海洋などの水1 mLの中には100万細胞以上のバクテリアが存在し，かつ他の生物に比べ格段の速さで増殖しており，これを起点とする食物連鎖網，すなわち微生物ループ(microbial loop)が水界生態系の物質循環に重要な位置を占めることが明らかになった．近年の研究成果から光が届かず酸素のない地下圏に巨大な生命圏が存在し，硝酸や硫酸，鉄などの還元反応やメタン生成など活発な微生物活動が営まれていることが明らかになった．このことも踏まえ，全地球上の原核生物のバイオマス（炭素換算）は全植物のそれに近いと見積もられている．微生物は地球上に普遍的に存在し，活性が高く，分解などに特徴的な代謝機能をもつことから物質循環への寄与は多大である．地球環境問題を考えるうえでも微生物生態の評価は必須とされる．

d **微生物分類学** [microbial taxonomy, microbial systematics] 微生物を対象とした分類学．動植物のそれと比較して，一般に形態学への依存度が低く，生理的な代謝活性と細胞の構成成分の分析が分類指標として活用されている．最近ではリボソームRNAを中心とした遺伝子の塩基配列を基準として，系統分類学による体系化が進められている．特に原核生物は有性生殖がないものが多いので，遺伝子解析は重要な役割をもつ．発表の手続きは，原核生物は*国際細菌命名規約に基づくのに対し，酵母と糸状菌，真核藻類は国際藻類・菌類・植物命名規約に支配される．

e **微生物ループ** [microbial loop] 《同》微生物食物連鎖(microbial food chain)．動植物プランクトンや藻類から放出される溶存態有機物から細菌を経由する物質の流れ．植物プランクトンや藻類は，光合成生産した有機態炭素の一部（おおむね10〜30％：光強度，水中の窒素やリンの栄養塩濃度などによって変動）を直接水中に放出することが知られている．この溶存態有機物を細菌が取り込み，菌体を生産するとともに，表面積/体積比の大きい細菌は高い効率でこれを無機化する．さらにその菌体は微小な原生生物に*食作用によって摂食され，原生生物は動物プランクトンに捕食されるという食物連鎖が始まる．この間に無機化された炭素は，ふたたび植物プランクトンの光合成活動によって取り込まれるので，炭素循環のループが形成される．捕食食物連鎖(grazing food-chain)とともに生態系を構成する．

f **尾節** [telson] 《同》尾扇（独 Schwanzfächer）．[1] 柄眼甲殻類の最後部の体節（腹部第七体節）．肢はなく板状で，第六体節の泳脚とともに扇状の遊泳器官となる．[2] サソリ類の最後部の体節．毒針をもつ．また剣尾類の尾剣をいう．[3] 昆虫の最後部の体節．肛門を包括している．多くの昆虫では退化して肛門の周囲に*肛片の形で残る．

g **P-セルロース** [P-cellulose] ⇌イオン交換

h **尾栓** [pallet] 《同》パレット．二枚貝類のフナクイムシ類に特有の左右1対の石灰質の小片．水管が外套に続く部分にある標部の内面に付いている．棒状の柄部(stalk)と葉状部(blade)とからなり，葉状部はへら状・矢羽根状などで分類学上の標徴となる．1対の伸筋と2対の牽引筋により出入自在で，環境が不利な場合には尾栓を左右そろえて引き込み孔道口をふさぐ．

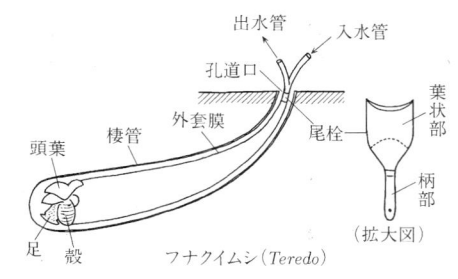

フナクイムシ(*Teredo*)

i **尾腺** [uropygial gland, preen gland] 《同》尾脂腺，油つぼ．鳥類の尾のつけ根の尾坐骨の背側にある1対の大きい脂腺．鳥類の唯一の*皮膚腺で，その油脂状の

分泌物を*羽づくろいの際，嘴を使って羽毛に塗り，羽毛が湿るのを防ぐ．水鳥類で特によく発達．

a　鼻腺 [nasal gland] [1] 哺乳類の鼻腔の嗅粘膜 (olfactory mucous membrane)にある混合腺．[2]《同》塩類腺．鳥類の眼瞼部の両側にあって，鼻腔に開口する NaCl 分泌腺．海産の鳥類でよく発達．以前はこの腺からの分泌液が鼻腔の粘膜を海水の塩分から保護すると考えられていたが，K. Schmidt-Nielsen ら (1958) によってこれが海産爬虫類の涙腺と同様，塩分泌腺であることが明らかにされた．分泌液の成分は主に NaCl で，食物とともに飲んだ海水中の塩分を，海水より濃い溶液として排出することができる．爬虫類のうちウミイグアナ (*Amblyrhynchus cristatus*) も同様の鼻腺をもつ．(→塩類腺)

b　非選択遺伝子 [unselected marker] *交雑実験を行うとき，選択に直接用いない遺伝子をいう．*選択遺伝子の対語．

c　ヒ素 [arsenic] As. 原子量 74.92 の金属元素で，*微量元素．単体も*ヒ酸などの無機化合物または有機ヒ素化合物も猛毒．ピルビン酸オキシダーゼ系や SH 基を阻害し，細胞の特にミトコンドリアに障害を与えるとされる．この毒性はリン，セレンの毒性と拮抗的．皮膚がん，肺癌などの発生と関係があるとされる．キレート剤の*バールは，ヒ素をはじめ，水銀 (Hg)，カドミウム，ベリリウム (Be)，鉛 (Pb) などの有害金属元素の解毒剤として用いられる．

d　皮層【1】[cortex] [1] 植物の*基本組織系の主要素で，根および茎において*表皮と*中心柱との間の部分．最内部は内皮となり中心柱に接する．主に薄壁の柔組織からなり，構成細胞はやや縦に長く，縦列し，葉緑体を含有し同化作用を営むことも，澱粉粒や結晶体を含む場合もあり，一時的な貯蔵組織ともなる．乳管などの分泌組織が分布する場合(例: トウダイグサ科)や周辺部に*厚壁組織，*厚角組織，繊維組織などの機械組織が分布することがある(例: ラミーやニレ)．また茎が多角柱をなすものでは，主に角隅にこれらの機械組織が集まる(シソ科)．繊維は下皮として表皮の直下に層をなす場合が多い．二次成長を行う植物(樹木)では，皮層は*コルク形成層が分化してしばらくは生きつづけることもあるが，やがて*樹皮として剥離する．根の皮層は茎より単純で，厚角組織を欠き，周辺部では厚壁組織が分化し，また外側の細胞層はコルク化する場合がある．[2] 菌類において，帽菌類のきのこの傘および柄の表面に近い部分に発達していて，比較的密に菌糸が並んでいる部分．[3] ＝皮質

【2】[dermal layer] アスコン型の海綿動物において，胃層に対する体表側部分．体表には扁平細胞と小孔細胞があり，その内側には間充織があって，体壁を構成する．(→水溝系)

e　脾臓(ひぞう) [spleen ラ lien] 脊椎動物の胃付近に存在する球形，卵形あるいは紡錘形の，体内で最大のリンパ系器官．ヒトでは横隔膜下，胃の背側部左側にある赤褐色卵形の器官で，正常では体重の 0.5% の重さがある．脾臓は多様な機能を有する．血液中の老朽血球や異物粒子のトラップ器官としては肝臓と，赤血球・リンパ球・単球・血小板の形成器官としては骨髄と，抗体産生や細胞性免疫発現の主要器官という点ではリンパ節と，それぞれ双璧をなす複雑で重要な器官．脾臓には白脾髄

(白色脾髄 white pulp) と赤脾髄(赤色脾髄 red pulp) があり，前者は動脈枝を円柱状に囲むリンパ組織として多数存在し，それらの間隙が赤脾髄となっている．白脾髄の中心となっている動脈枝は中心動脈 (central artery) と呼ばれ，それを取り囲む動脈周囲リンパ球鞘 (periarterial lymphatic sheath, PALS) には*T 細胞が，白脾髄の周辺部に位置するリンパ小節には*B 細胞が分布する．また，B 細胞領域の周囲には辺縁帯 (marginal zone) と呼ばれる領域があり，脾臓にもち込まれた外来抗原は最初に辺縁帯の B 細胞や辺縁帯・B 細胞領域境界に存在するマクロファージ，樹状細胞により認識され免疫反応が引き起こされると考えられている．脾臓内で開放された血液は最終的には赤脾髄の洞，すなわち脾洞 (splenic sinus) に入り，洞内皮マクロファージにより老朽細胞や異物粒子が清掃され，脾洞の間隙を埋める脾索(splenic cord, 赤髄索 red pulp cord) で新生された血球とともに赤脾髄静脈に入り脾静脈に集められ，再び循環系に戻る．体外からの異物の侵入により，B 細胞領域に*胚中心と呼ばれる構造が形成され，この領域で液性免疫を司る抗体産生細胞や記憶 B 細胞が生成される．(⇌リンパ系器官)

f　B 層 [B horizon] *土壌断面において，A 層ほどではないが土壌生成要因の影響を何らかの形で受けて形成された独自の層位．C 層の上位にある．一般に B 層は A 層にくらべて腐植含量が少なく，色調は黄褐ないし赤褐を呈することが多い．湿潤気候下では A 層から*溶脱された粘土，鉄，アルミニウムなどが移行し，また乾燥気候下では下層から塩類が上昇し，いずれもこの層に集積するので，集積層と呼ばれることもある．

g　皮層維管束 [cortical bundle] 《同》皮層走条．皮層内に見られる維管束．葉脈からつづく*葉跡が茎の*中心柱に合するか前に皮層内をある距離だけ走行する場合にいう．モクマオウやベゴニアに顕著．ソテツ科では葉の付着点と茎を隔てた正反対から最遠の葉跡が出るため，ほぼ水平に走る皮層維管束が特徴的．これに対し髄内に見られる維管束を髄内維管束(髄走条, medullary bundle) と呼ぶ(例: イノコヅチ)．

h　非相同組換え [illegitimate recombination] 《同》非正統的組換え．通常の*遺伝的組換えが相同部位の間で対称的に行われるのに対して，非相同部位の間に起こる組換えをいう．特殊形質導入ファージが形成される場合などがその例であって，組換えの相互の位置は確定しない．低頻度ではあるが，染色体の種々の部位で起きて遺伝子欠失や付加の原因となっている可能性がある．(⇌組換え遺伝子)

i　ひだ，襞(菌類の) [gill, lamella] 《同》菌褶．担子菌類ハラタケ目 (Agaricales) などの子実体(担子器果)の傘の裏面にある子実層形成部の構造．一般的に子実体の柄から放射状に拡がる(⇌担子器果[図])．ひだの両側面に子実層がある．子実層に接して内側に子実下層，この内側に実質(トラマ trama) がある．断面はくさび型 (*adj.* aequi-hymeniiferous) であることがほとんどで子実層は均等に発達するが，ヒトヨタケ属 (*Coprinus*) では断面が両面平行型 (*adj.* inaequihymeniiferous) で，子実層の成熟は

離生
隔生
直生
彎生
垂生

かさ周縁部から順次中央部へ移行する．子実体を縦に割ったときに見られるひだと子実体の柄との関係はハラタケ目の菌類の分類学上重要な特徴とされる（図）．

a **額** [frons, forehead] 一般に顔の眼より上部をいう．昆虫では頭部の正面で，頭頂の前下方，額片の上方を指す．

b **肥大** [hypertrophy] 《同》肥厚．生体の細胞・組織・器官の体積が増加すること．このうち，組織や器官ではそれを構成する個々の細胞や細胞間物質の体積増大によるものを狭義の肥大（単純肥大），細胞の数が増すことによるものを*増生（数的肥大）と呼ぶ（肥大の語は増生と同義に用いることもある）．機能の負担が増すことによって肥大の起こることが多く，例えば心臓弁膜症患者の心臓は血行障害を招き，生理以上の活動を要求されるためにしだいに心筋の肥大を起こし，心臓は大きくなる（機能性肥大 functional hypertrophy または仕事肥大 work hypertrophy）．また一側の腎臓を摘出すると他側の腎臓が肥大するように，器官または組織の欠損部の機能を代償する意味で肥大を生ずることもある（*代償性肥大）．そのほかにホルモンの影響も肥大の原因となる．例えば妊娠時の乳腺の肥大や末端巨大症は下垂体前葉ホルモンの作用による．肥大は再生の場合と同様に組織の幼若なほど速やかに生ずる．

c **非代謝性誘導物質** [non-metabolizable inducer] 代謝利用されないにもかかわらず，酵素合成の*誘導を行う物質．細胞にとって無償的に*誘導性酵素の合成を行わせるので，無償性誘導物質（gratuitous inducer）と呼ぶこともある．*β-ガラクトシダーゼを誘導する場合の*IPTGやMTG（methyl-1-thio-β-D-galactopyranoside）などはこの例である．これらの物質の作用の解析が*オペロン説につながった．（→誘導物質）

d **非対称的転写** [asymmetric transcription] 遺伝子DNAの情報がRNAに転写されるとき，DNA二本鎖の一方の鎖のみが読みとられること．このとき読みとられる方のDNA鎖を，情報的に意味のあるRNA鎖をつくるという意味でセンス鎖（sense strand）と呼ぶ．（→転写）

e **非対称分裂** [asymmetric division] 《同》不等分裂（unequal cell division, polarized cell division）．サイズ，あるいは内容物の異なる2個の娘細胞を生じる細胞分裂．多くの場合，細胞分化を引き起こす重要な過程と考えられている．被子植物における花粉四分子からの花粉形成，葉における気孔形成，多くの動物における卵減数分裂や卵割，生殖幹細胞や神経幹細胞の分裂など，不等分裂の例は非常に多い．また組織の発生，再生時にも見られる．動物では，母細胞の極性（細胞極性）はaPKC/PARキナーゼ複合体によって制御されており，これにより例えばアクチン細胞骨格や微小管ネットワークの非対称性，一方の娘細胞の運命決定因子の偏在などが生じ，不等分裂が起こる．不等分裂には自律的な場合と，細胞外の微小環境（ニッチ）に基づく非自律的な場合がある．

f **肥大成長** [growth in thickness, thickening growth] 茎・根がその軸の直径方向に増大する成長．肥大成長は以下のように区別される．(1)一次肥大成長（primary thickening growth）：根および茎の頂端分裂組織による伸長成長と同時に進行し，通常すべての維管束植物にみられる．特に節間が短く多数の葉を叢生する場合，シュート頂下方の狭い領域に一次肥大分裂組織（primary thickening meristem）が作られ，そこで肥大成長する様式が単子葉類に多くみられる．(2)二次肥大成長（secondary thickening growth）：*形成層の働きによる成長で，新しい木部および篩部の形成がみられる．形成層の分裂能力が続くかぎり，肥大成長も続く．化石シダ類・木本性の種子植物などでみられる．大半の単子葉類は形成層をもたないが，二次成長を行うものがある．これらでは，シュート頂から大分離した位置に分化した二次肥大分裂組織（secondary thickening meristem）の働きによって外側に柔組織を，内側に柔組織に散在する維管束を作る．単子葉類では稀だが，センネンボクなどには知られる．

g **非ダーウィン進化** [non-Darwinian evolution] 進化の過程における蛋白質のアミノ酸配列やDNAの塩基配列の変化が，自然淘汰に有利でも不利でもない中立突然変異遺伝子の集団内への偶然的固定（=遺伝的浮動）によって起こること．もともと非ダーウィン進化説はJ. L. King & T. H. Jukes（1969）により，分子の中立的進化と同等の意味で用いられた．

h **日高敏隆** （ひだか としたか） 1930〜2009 日本の行動生理学者・動物行動学者．京都大学教授．エソロジーを紹介し，社会生物学および動物行動学の定着を促した．岩波生物学辞典の編者をつとめた．

i **ビダー器官** [Bidder's organ ラ organum Bidderi] ヒキガエル類（*Bufo*）の雄で，精巣頭端と脂肪体との間に残存する*卵巣の痕跡器官．ただし *B. vulgaris* では雌にも存在．両生類では生殖巣原基は全部が*生殖巣には分化せず，ヒキガエルの場合は前端は脂肪体となり，中間部は雌雄にかかわりなく卵巣が発達し，雄ではそれがビダー器官になる．また後端は真の生殖巣として分化して，雌雄でそれぞれ卵巣と*精巣になる．正常の雄から精巣を実験的に除去すると，ビダー器官が代償的に発達し，高頻度で機能的卵巣になる．このヒキガエル類に見られるような現象を副雌雄同体という．ビダー器官の機能は不明．（→痕跡的雌雄同体現象）

j **ビタミン** [vitamin] 生物が正常な生理機能を営むために，その必要量は微量であるが自分ではそれを生合成できず，他の天然物から栄養素としてとり入れなければならない一群の有機化合物．動物の場合には，一般に蛋白質，炭水化物，脂肪，無機物以外の物質とされている．ナイアシン（*ニコチン酸）や*ビタミンDはヒトの体内で生合成できるが，伝統的にビタミンとされている．ビタミン研究の歴史は壊血病の治療にトウヒの葉をしゃぶったとするC. W. Carter（1535）の記録にはじまり，17世紀にはすでに遠洋船に壊血病予防のためオレンジやレモンが積み込まれた．初期の研究では高木兼寛（1882）が食事改善で脚気予防に成功し，C. Eijkman（1890〜1897）は米糠の水またはアルコール抽出物で治療に成功した．しかし脚気が特定の物質の欠乏症状であると考えたのはG. Grijns（1901）が初めてで，つづいてA. Holstら（1907）が壊血病，F. G. Hopkins（1906）がくる病にその考えを適用した．この間に脚気治療に有効な物質の抽出の気運が一般化し，鈴木梅太郎（1910）は米糠から強力な有効物質（ビタミンB_1）を得てオリザニン（oryzanin）と命名し，C. Funk（1912）も同様に米糠から得た有効物質をビタミンと呼んだ．その後，壊血病を治療する因子ビタミンCをはじめとして，不適当な食物

摂取による欠如のためにさまざまな病気の原因となっていた作用物質が次々に見出され，発見の順にビタミンD(1922)，E(1922)，F(1929)，H(1931)，生理的作用に基づいてK(1935)，P(1936)などと命名された．このような作用性に基づいて発見されたビタミンの多くは，これを欠くとヒトや動物に固有の欠乏症状を起こす．しかしビタミンのうちには，動物では欠乏症状は起こりづらく，微生物の発育因子として明らかになったものも多い．ビタミンはその溶解性に基づいて，水に可溶性の水溶性ビタミン(water-soluble vitamin)と有機溶媒と油脂に可溶性の脂溶性ビタミン(fat-soluble vitamin)に分類される．水溶性ビタミンには，ビタミンB_1(*チアミン)，B_2(*リボフラビン)，B_6(*ピリドキシン，*ピリドキサール，*ピリドキサミン)，B_{12}(*コバラミン)，ナイアシン(*ニコチン酸)，ビタミンC(*アスコルビン酸)，*ビオチン(ビタミンH)，*葉酸(ビタミンM)および*パントテン酸の9種類が属する(ビタミンB_{12}は水に難溶)．水溶性ビタミンはビタミンの形で摂取され，生体内で活性型に変換されるものが多い．ビタミンC以外の水溶性ビタミンはすべて生体内では*補酵素の成分となる．水溶性ビタミンの欠乏は特異な欠乏症を惹起するが，過剰の場合は尿中に排泄されるため過剰症は見られない．なお，かつて*イノシトール，*コリン，ビタミンL(アデニルチオメチルペントース，*アントラニル酸)，*パラアミノ安息香酸，*リポ酸およびビタミンP(シトリン，ヘスペリジン，ルチン)が水溶性ビタミンの一員として分類されたが，現在ではいずれも*ビタミン様作用物質として分類される．脂溶性ビタミンには，*ビタミンA，*ビタミンD，*ビタミンE，*ビタミンKの4種が属する．ビタミンA，D，Kは蛋白質の補因子として機能するが，脂溶性ビタミンが水溶性ビタミンのように補酵素として作用する例は知られていない(⇌補酵素)．脂溶性ビタミンの欠乏は特異な欠乏症を惹起するが，ビタミンAやDなどには過剰症も知られている．かつては*必須脂肪酸(ビタミンF)および*ユビキノンが脂溶性ビタミンの一員として位置づけられたが，これらも，現在はビタミン様作用物質として分類される．これらのビタミンは現在いずれも単離され化学構造が決定された．したがって従来のアルファベットによる命名のほかに，その機能と化学構造とを組み合わせた固有名が与えられるようになった．IUPAC-IUB(国際純正応用化学連合-国際生化学連合)の命名委員会はビタミンおよびその補酵素の学術的な命名法を採用し，1960，1965年の二度にわたって発表した．その後IUNS(国際栄養科学連合)のビタミン命名委員会も1966年これに同調し，ただ栄養学的立場からビタミンという名称を特定のビタミンに残すとした．本辞典もこれに準じて分類した(各項参照)．一般に微生物や植物は自らビタミンを合成し外部からの補給を必要としないが，独立栄養を営まない細菌類や菌類も種々のビタミンを要求し，その種類は種特異的であるため，ビタミンの生物学的定量に広く利用されている．定性・定量には，化学的あるいは物理化学的方法と，生物学的定量法がある．後者には，サル，モルモット，マウス，ニワトリなどの動物のビタミン欠乏症を利用する場合と，*Lactobacillus arabinosus* や *L. casei*, *Streptococcus lactis* などの微生物の増殖や乳酸生成を利用する場合とがある．

a **ビタミンA** [vitamin A] A_1(レチノール retinol)とA_2(3-デヒドロレチノール，⇌ビタミンA_2)の総称．前者は陸上動物および海水魚に，後者は淡水魚に主として見出される．動物の脂溶性成長因子として発見されたビタミンで，これの欠乏は夜盲症(nyctalopia)，角膜乾燥症(xerophthalmia)，角質軟化症(keratomalacia)，幼動物の成長阻害などを引き起こす．空気酸化を受けやすく，酸素によって急速に分解し，光や熱に不安定．三塩化アンチモンにより青色を呈する(吸収極大 620 nm)．植物界にはβ-イオノン環を含みビタミンAの作用をもつ物質として，α-カロテン，β-カロテン，γ-カロテン，β-クリプトキサンチンなど(⇌プロビタミンA)が存在する(緑，黄色の濃い葉や果実に多い)．すべてのビタミンAはさかのぼれば植物のつくるカロテン類に由来する．動物では大部分がレチノールパルミチン酸エステルのような脂肪酸エステル(レチニルエステル retinylester，主成分はレチニルパルミテート retinyl-palmitate)として存在し，肝臓に特に多く(体内全量の95%)，その他腎臓や肺などにも少量見出される．腸から遊離型で吸収されて脂肪酸エステル化され，胆液はこの吸収を促進するらしい．カロテン類は大部分は腸で，残りの少量は肝臓でビタミンAに変えられるが，その理論量の半量くらいしか利用されない．ビタミンAの過剰投与により催奇性をはじめとして毒性が認められる(ビタミンA過剰症 hypervitaminosis A)．ビタミンAは吸収されて血漿中の*レチノール結合蛋白質(分子量約2万)と結合して組織に運ばれ，組織では細胞内レチノール結合蛋白質(cellular retinol binding protein, CRBP, 分子量1万5000～1万7000)と結合する．ビタミンAの生理作用はレチノールの酸化段階に応じて3種類に区別できる．レチナールは生殖系でCRBPと結合し，細胞内に取り込まれると核蛋白質と結合し，特定の遺伝子の発現制御に関与すると考えられている．網膜ではビタミンAアルデヒドすなわち*レチナールとなってオプシンと結合して*ロドプシン(視紅)を形成し，視覚に関与する．他の組織ではレチノールリン酸エステルとなってグリコサミノグリカンの生成にあずかり，上皮細胞や軟骨ならびに生体膜の機能を維持する．また，レチノールリン酸エステルは生体膜を通してのオリゴ糖類の輸送の担体として機能するといわれている．成人の推定平均必要量は1日に体重1 kg 当たり 9.3 μgRE(RE：レチノール当量)である(厚生労働省 2010 年)．

全トランス型レチノール

b **ビタミンA_2** [vitamin A_2] 脂溶性ビタミンの一種．動物の成長因子の一つ．淡水魚に多く見出されるが，海水魚にはほとんど見出されない．*ビタミンA欠乏ラットに投与すると，ビタミンA_1の40%程度の活性を示す．三塩化アンチモンによる呈色反応の吸収極大は693 nm．構造は，ビタミンA_1のβ-イオノンの二重結合が

全トランス型

一つ多い3-デヒドロレチノール(3-dehydroretinol)である．淡水魚においてビタミンA_2アルデヒドは，視物質ポルフィロプシン中に存在しレチナールと同様の機構で視興奮に関与する．

a **ビタミンB_1** [vitamin B_1] ⇌チアミン
b **ビタミンB_2** [vitamin B_2] ⇌リボフラビン
c **ビタミンB_6** [vitamin B_6] ⇌ピリドキシン，⇌ピリドキサール，⇌ピリドキサミン
d **ビタミンB_{12}** [vitamin B_{12}] ⇌コバラミン
e **ビタミンC** [vitamin C] ⇌アスコルビン酸
f **ビタミンD** [vitamin D] 抗くる病活性をもつ脂溶性ビタミン．D_2〜D_7の6種が知られている．前駆体のプロビタミンDは紫外線によってプレビタミンDとなり，ついで異性化反応でビタミンDとなる．A. Windausらにより最初にD物質として単離されたものはプロビタミンD_2からビタミンD_2へ至る中間体のルミステロールとD_2との混晶で，これをD_1と名づけた．実際上重要なものはD_2，D_3の二つである．(1) ビタミンD_2：$C_{28}H_{44}O$ エルゴカルシフェロール(ergocalciferol)という．植物性ステロールのエルゴステロール(プロビタミンD_2)の紫外線照射によって得られる．吸収極大 264.5 nm．(2) ビタミンD_3：$C_{27}H_{44}O$ コレカルシフェロール(cholecalciferol)という．動物性ステロールの7-デヒドロステロール(プロビタミンD_3)に紫外線照射すると得られる．吸収極大 264.5 nm．(3) その他のビタミンD：22-ジヒドロエルゴステロール，7-デヒドロシトステロール，7-デヒドロスチグマステロール，7-デヒドロカンペステロールをそれぞれプロビタミンとするD_4，D_5，D_6，D_7が存在するが，これらの生物活性はD_2，D_3に比べ小さい．ビタミンDは肝臓で25-ヒドロキシビタミンD_3になったのち，腎臓で$1\alpha,25$-ジヒドロキシコレカルシフェロールまたは24,25-ジヒドロキシビタミンD_3に代謝される．このうち*副甲状腺ホルモンによって合成が促進される$1\alpha,25$-ジヒドロキシビタミンD_3が最も高い活性を示す代謝物であり，血流に乗って標的器官である小腸や骨に運ばれ，小腸からカルシウム吸収促進や骨形成(骨の成長と石灰化)の促進または骨吸収(骨からのカルシウム溶出)の亢進といった生理活性を示すところから，ビタミンDの最終的な活性型と考えられている．ニワトリ腸管粘膜細胞内での受容機構としては，ステロイドホルモンと，核内受容体との結合と，その複合体の特定の遺伝子との結合が認められている．そして転写レベルでカルシウム結合蛋白質

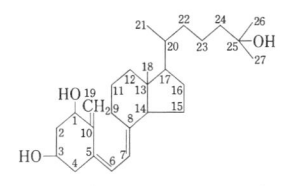

ビタミンD_2

ビタミンD_3

$1\alpha,25$-ジヒドロキシコレカルシフェロール

やCa-ATPアーゼの合成を誘導している．1981年に活性型ビタミンDの分化誘導作用が発見され，ビタミンDは単にカルシウム調節作用だけでなく，多彩な生理作用をもつことが知られるようになった．腎臓では，前述の代謝物のほかに，25,26-ジヒドロキシビタミンD_3，$1\alpha,24,25$-トリヒドロキシビタミンD_3などの代謝物が存在するが，$1\alpha,25$-ジヒドロキシビタミンD_3以外の生理的役割については不明な点が多い．成人の1日の摂取目安量は$5.7\,\mu g$であるが，過剰症障害があるため，成人の許容上限量は1日$50\,\mu g$とされた(厚生労働省2010年)．

g **ビタミンE** [vitamin E] ネズミの抗不妊症因子(antisterility factor)として発見された脂溶性ビタミン．トコール(tocol)の誘導体で，天然にはα-，β-，γ-，δ-トコフェロール(tocopherol)と，α-，β-，γ-，δ-トコトリエノール(tocotrienol)の8種が存在する．植物性食品に存在し，特に油脂に多いが，動物性油脂にはほとんど存在しない．淡黄色粘稠性の油状物質で多くの有機溶媒にとけ，そのフェノール基が水素原子を与えることにより容易に酸化される性質をもつ．酸には安定，アルカリに不安定．トコフェロール，トコトリエノールには光学異性体が存在するが，天然品はd体で左旋性，dl体の1.4倍の効力がある．通常，酢酸エステルすなわちd-α-酢酸トコフェロールを標準に用い，その1 mgを1 IUとする．ネズミでこれが欠乏すると子宮内の卵の着床後の発育を妨げ，精子生成細胞を変性させ，精子に退行性変化を与えるなどして不妊症を生じさせるほか，筋萎縮を起こし運動麻痺(栄養性筋ジストロフィー)や脳軟化症を起こさせる．多くの哺乳類ではこのようにEの欠乏が見られるが，ヒトでは通常の食物に十分含まれているので，確実なE欠乏は証明されていない．一般に生体内ではビタミンA，カロテン，脂肪などの酸化を防止する役割も演じている．抗不妊作用も抗酸化作用による．ビタミンEに特異的な結合蛋白質はなく，ビタミンEは広く生体膜に受動的に分布して生体膜リン脂質の不飽和脂肪酸の過酸化を防止する．血中α-トコフェノール濃度が$12\,\mu M$以上に保たれることが期待できる摂取量として，成人18〜29歳では男性は1日7 mg，女性は6.5 mgが目安である(厚生労働省2010年)．

α-トコフェロール

h **ビタミンK** [vitamin K] 《同》抗出血性ビタミン(antihemorrhagic vitamin)．血液の凝固を促進する脂溶性ビタミン．Kは血液凝固を意味するkoagulationの略．この作用をもつ物質として天然物からK_1，K_2が

単離され，K_3，K_4 が合成されており，いずれもナフトキノン(naphthoquinone)の誘導体である．ビタミン K_1 はフィロキノン(phylloquinone)ともいい，$C_{31}H_{46}O_2$，黄色油状．ビタミン K_2 はメナキノン(menaquinone)ともいい，$C_{41}H_{56}O_2$．ビタミン K_3 すなわちメナジオン(menadione, 2-メチル-1,4-ナフトキノン)は合成された代表的物質で，特異臭をもち，ビタミンとしての作用は K_1 や K_2 より強い．K_4 は K_3 のハイドロキノン型になったもの．K はクロロフィル含有植物の葉・トマトの果実・海藻などに多く含まれ，動物では肝油・肝臓・その他の内臓・骨髄に多く，動物では主としてメナキノン-4(MK-4)で図の R が 4 個のイソプレン基となる．ビタミン K は肝臓でのプロトロンビンの合成や血液凝固第Ⅶ, Ⅸ, Ⅹ因子などの生成を促進する．特にプロトロンビン合成においては，正常プロトロンビンの 10 個の γ-カルボキシグルタミン酸をつくるカルボキシラーゼの補酵素として作用する．そのため，ビタミン K の欠乏は血液凝固能の低下をもたらす．人体内では腸内細菌によって合成されるので，正常のヒトは摂取を必要としないが，新生児は腸内細菌からのビタミン K_2 の供給や出生時のビタミン K_1 の備蓄が少ないので，授乳量が少ないとビタミン K 欠乏に陥る．新生児や乳児に出血症が発症し，多くの場合，頭蓋内出血を引き起こす．一方，胆道閉鎖，肝不全，慢性下痢，抗生物質投与によって年長児や成人でもビタミン K 欠乏をきたす場合があり，主に消化管出血や表在性出血を示す．成人の 1 日摂取目安量は体重 1 kg 当たり 1 μg とされ，メナキノン-4 が骨粗鬆症治療薬として 1 日 45 mg の用量で処方されている．

果，修飾される Glu 残基の周辺の配列はよく保存されている．天然の蛋白質のほか，基質の保存領域の一部に相当するペプチド Phe-Leu-Glu-Glu-Leu なども基質となる．

b **ビタミン P** ［vitamin P］ 毛細血管の浸透性の増大を抑制する*ビタミン様作用物質．毛細血管浸透性の増している紫斑病の治療には*アスコルビン酸よりパプリカやレモン汁の方が効果が大きいので，P. György (1936) は，この有効成分に permeability(透過性)の P をとってビタミン P と名づけた．のちに，レモンから分離された結晶はヘスペリチン(hesperitin)の配糖体(7-ルチノシド)であるヘスペリジン(hesperidin)と，ケルセチン(quercetin)の配糖体(3-ルチノシド)であるルチン(rutin)との混合物であることがわかり，さらにヘスペリチン，ケルセチン，エリオジクチオール，エピカテキンなどでも同じ作用が見出された．これらの作用はビタミンよりはむしろ薬理学的作用であって，現在は独立したビタミンとは考えられていない．

a **ビタミン K 依存性カルボキシラーゼ** ［vitamin K-dependent carboxylase］《同》ペプチジル-グルタミン酸 4-カルボキシラーゼ(peptidyl-glutamate 4-carboxylase)．ビタミン K の存在下で血液凝固因子や血液凝固制御因子などに存在する特定のグルタミン酸残基を*γ-カルボキシグルタミン酸(Gla)に変換する酵素．EC4.1.1.90．757 アミノ酸残基からなる糖蛋白質．血液凝固因子(プロトロンビン，Ⅶ, Ⅸ, Ⅹなど)，プロテイン C, S, Z やオステオカルシン，マトリックス Gla 蛋白質などの蛋白質中の特定の位置の Glu 残基にカルボキシル基を付加して，Gla 残基とする．細胞膜結合型蛋白質で，ウシ肝臓のミクロソーム画分から界面活性剤による可溶化後，アフィニティークロマトグラフィーによって精製された．ハイドロキノン型ビタミン K, O_2, CO_2, Glu 残基各 1 分子を基質として，ビタミン K エポキシド，Gla 残基および H_2O 各 1 分子を生成する．基質となる蛋白質のアミノ酸配列のアラインメントの結

c **ビタミン拮抗体** ［vitamin antagonist］《同》アンチビタミン(antivitamin)．*ビタミンの作用を阻害する物質．一般にビタミンと類似の化学構造をもつ合成化合物が多く，チアミンに対しピリチアミン(pyrithiamin, チアミン分子の-S'-を-CH=CH-で置換)，ビタミン B_6 に対しデオキシピリドキシン，パラアミノ安息香酸に対しスルファニルアミド(sulfanilamide, スルホンアミド, いわゆるスルファミン，⇌サルファ剤)，葉酸に対しメトトレキセート(methotrexate, MTX, $C_{20}H_{22}N_8O_5$. アメトプテリンともいい抗がん剤としても用いられる)などが有名．しかし種類は少ないが天然に存在するビタミン拮抗体があり，*アビジンは卵白に含まれる糖蛋白質でビオチンと特異的に結合してその吸収を阻害しビオチン欠乏症をきたす．ジクマロール(dicoumarol)はスイートクローバー中に発見されたビタミン K のビタミン拮抗体である．クマリン誘導体でビタミン K 拮抗体であるワルファリンは抗凝血薬として使用される．

d **ビタミン様作用物質** ［vitamin-like active substance］ 生物が生理機能を営むうえで必要な，比較的少量あるいは微量で有効な有機化合物．その生理作用は

*ビタミンに近く（特定の生物にはビタミンであるが），一般に，ことにヒトおよび哺乳類では必ずしも栄養素として外部から摂取する必要がない一群の物質としては，*リポ酸，*カルニチン，*ユビキノン，オロチン酸，*パラアミノ安息香酸，*ビタミンPなどがあるが，必須脂肪酸のように外部から摂取すべき栄養素も含んでいる．

a **左巻き** [adj. sinistral] 《同》左旋．生物体のらせん構造（⇒らせん性）において，成長の方向を軸とし後ろから見たとき左回転を示す形態的な属性．その逆が右巻き（右旋 dextral）．植物の蔓（つる）には，巻く方向の決まったものが大部分だが，左右不定のものもある（ツルドクダミやツルニンジン）．また多くの属では左右いずれかに一定しているが，異なるものもある（ヤマフジは左，ノダフジは右）．巻貝すなわち腹足類の大部分は右巻きで，殻頂を上に向けたときに殻口が右側にくる．左巻きは，一定の種類群のすべての種に見られる場合（キリオレ類），ある系統にその傾向が強く見られる場合（カタツムリ類），1種の中に左巻きと右巻きの個体がある場合（ハワイおよびポリネシア産の数種の陸貝）など，種々の場合がある．右巻きと左巻きは遺伝的に決定され，発生の極めて初期から，らせん卵割の方向にすでに現れている（母性遺伝）．なお，左巻き右巻きそれ自体の定義には学者や国により多少混乱があり，注意が必要．（⇒左右性）

b **尾端光受容器** [tail photoreceptor, genital photoreceptor] ⇒眼球外光受容器

c **引っ掻き反射** [scratch reflex] 持続的な皮膚刺激が加わっている間に四肢の律動的な運動を起こす反射．ネコやイヌの肩や胴の皮膚を刺激すると後肢を上げて刺激部を繰り返し引っ掻く動作が起こる．頸髄から腰仙髄にかけて反射中枢をもち，頸髄レベルで脊髄を切断した動物でも起こすことができる．頸髄に直接，ある一定周波数の電気パルス刺激を与えても後肢に引っ掻き反射と同様の運動を起こすことができる．脊髄を下降した信号が腰髄の介在ニューロン群に作用して，ここで引っ掻き運動のリズムが作られると考えられる．簡単な反射弓だけでなく中枢性パターン生成機構も関与するため，引き起こされるリズムには高い定型性がある．（⇒反射，⇒中枢性パターン生成機構）

d **必須脂肪酸** [essential fatty acid] 《同》不可欠脂肪酸．動物が体内で合成できないため食物から摂取しなければならない脂肪酸の総称．通常は*リノール酸，*リノレン酸，*アラキドン酸を指す．*プロスタグランジンの前駆体．歴史的には，無脂肪飼育によるネズミの鱗状尾・脱毛・不妊症などの治癒に有効な不飽和脂肪酸あるいはそれらを含む脂肪，二重または三重結合をもつ脂肪酸，リノール酸，リノレン酸などに対して H. M. Evans ら（1934）が名付けたビタミンF（vitamin F）に当たる．リノール酸，リノレン酸は植物油に豊富に含まれるが，アラキドン酸はリノール酸→リノレン酸を経て2炭素鎖延長により合成され，主に*リン脂質のグリセロールの2位に結合している．

e **ピットプラグ** [pit plug] 《同》ピットコネクション（pit connection）．多くの多細胞性紅藻において細胞間に存在する特異な構造．隣接する細胞は細胞膜でつながっているが，この部分には蛋白質性のプラグコア（plug core）が詰まっており，細胞質基質の直接の連絡はない．ときにプラグコアの両面に炭水化物から成るキャップ層（cap layer）や細胞膜の延長であるキャップ膜（cap membrane）が存在し，このような多様性は重要な分類形質となる．細胞分裂時に姉妹細胞間に形成されたものを一次ピットプラグ（primary pit plug）と呼び，不等分裂によって生じた小さな細胞（conjunctor cell）が非姉妹細胞に融合した結果形成されたものを二次ピットプラグ（secondary pit plug）と呼ぶ．

f **泌乳**（ひつにゅう） [lactation, milk secretion] 「ひにゅう」とも．乳腺における乳汁の分泌．子に乳汁を与えることは哺乳という．泌乳は発達した乳腺に諸種のホルモンが作用して起こる．乳腺の発達には栄養的条件に加えて雌性ホルモン（エストロゲンと黄体ホルモン）が必要であるが，*春機発動期（思春期）以後はこのホルモンの分泌が増すので乳腺が発達する．妊娠すると雌性ホルモンの血液中の濃度が高まり，これに下垂体前葉の分泌するプロラクチンが協同的に作用して乳腺は著しく発育する．泌乳はこうして発達した乳腺に分娩後*プロラクチン，副腎皮質ホルモン，成長ホルモンが働いて開始する．泌乳の持続のためには，吸乳刺激が神経性の経路により視床下部を経て下垂体前葉に作用し上記のホルモンの分泌を促すとともに後葉からの*オキシトシンを放出させる必要がある．オキシトシンは乳腺に達すると，乳汁を生産する乳腺胞細胞をつつむ筋上皮細胞を収縮させて乳汁の排出を促す．乳腺からの乳汁排出がないと乳房内圧が上昇して乳腺胞細胞の分泌機能に障害が起こる．

g **BiP**（ビップ） 《同》免疫グロブリンH鎖結合蛋白質（immunoglobulin heavy chain-binding protein），グルコース調節蛋白質78（glucose-regulated protein 78, GRP78）．HSP70ファミリーに属する分子量約7万の可溶性蛋白質で，主要な小胞体*分子シャペロンの一つ．発見の経緯から GRP78 とも呼ばれる．小胞体ストレスで誘導されるが，非ストレス条件でも発現しており，酵母，マウス，シロイヌナズナでの完全欠損は致死となる．新生蛋白質の表面に露出した疎水性部分に結合して凝集や未成熟な段階での搬出を防ぎ，折畳みや複合体形成を助ける．また，変性蛋白質に結合し，折畳みの再生や小胞体関連分解による排除に働く．このほか，新生蛋白質の小胞体膜透過や核の融合にも機能する．ATPアーゼ活性をもち，加水分解サイクルに連動した構造変換によって基質との結合と解離が調節される．ATPアーゼ活性の促進因子である DnaJ ファミリー蛋白質が複数同定されているが，それぞれが特定の基質と BiP の相互作用を仲介する役割ももち，その多様性が BiP の多機能性に重要である．

h **ヒッポクラテス** HIPPOCRATĒS ヒポクラテスとも．前460頃〜前375頃　ギリシアの医師．ヒッポクラテスと名乗った7人の医師の中で第2世に当たり，医学の父と呼ばれる．病気に関し，観察と現実的な経験を基礎として考察，多くの迷信的な観念を取り除いた．ヒッポクラテス振盪音，ヒッポクラテス顔貌など，彼の名のついた症名が残されている．ヒトには血液・粘液・黄胆汁・黒胆汁の4種の体液があり，その混合状態に変調をきたすと病気が起こるという体液病理学を説いた．『ヒッポクラテスの書』（Corpus Hippocraticum）として伝えられるものは，紀元前3世紀に諸家の説を集めて編まれたものともいう．

i **P–D器官** [P-D organ] propodite-dactylus organ の略．節足動物十脚類の付属肢にある，*指節の動き・伸

展・屈曲などに関する受容器．上端は指節上皮に付着し，下端は前節 (propodite) 中の指節閉筋に接して縦に走る弾性糸状体 (elastic strand) で，指節に接する部分にある受容細胞およびそれから中枢に向かう双極性神経繊維からなる．指節の位置および運動方向に関するもの，運動速度に関するものなどに分類される．

a **ビテリン** [vitellin] 歴史的に卵黄 (ラテン語で vitellus) を構成する主要蛋白質として命名されたが，その後リポビテリンとホスビチンの混合物であることが判明し，単一の蛋白質とはみなされなくなった．

b **ビテロジェニン** [vitellogenin] 《同》ビテロゲニン．動物の雌の血液中に存在する卵黄蛋白質の前駆体．最初昆虫について提唱されたが，今日ではほとんどすべての卵胎性動物において使われる．ニワトリやカエルおよび多くの昆虫では血液中で二量体を形成し，分子量約50万のリポ蛋白質．ニワトリではビテロジェニンはエストロゲンの作用により肝臓で合成され，血中に分泌され卵巣に特異的に取り込まれる．ここで特異性の高い蛋白質分解酵素により分割されてホスビチンとリポビテリンになる．ビテロジェニンの合成を指標として雌性ホルモン様作用をもつ内分泌攪乱物質の活性検定にも使用される．多くの昆虫では幼若ホルモン，また一部の双翅目昆虫ではエクジステロイドの作用により，脂肪体でビテロジェニンが合成分泌され卵巣に蓄積する．ここで分割され脂質の含量や組成を変えられ*ビテリンとなる．いずれの場合にもホルモンによるビテロジェニン合成の制御は転写レベルで起こる．

c **ヒト** [human] 広義には，チンパンジーとの共通祖先から分かれた現生人類にたどるまでの進化系統に属する動物の総称．狭義には現生の人類 (*ホモ=サピエンス)．ヒトに最も近縁なのは大型類人猿で，両者はヒト科を構成する．現生のヒトと*類人猿は，形態学的には容易に区別でき，ゲノム DNA の塩基配列でも1%以上の違いがある．また，早期の猿人化石も両者の中間的な形態をもち区別点が明瞭でない (⇒化石人類)．結局のところヒトは，*直立二足歩行を行うこと，そしてヒト特有の*文化をもつことで類人猿とは区別される．現生の人類はホモ=サピエンスであるが，この中には考え方によって*ネアンデルタール人などの旧人類を含むこともある (⇒ホモ=サピエンス)．ヒトの身体特徴には直立二足歩行に対する直接的な適応形質だと考えられているものが多い．例えば上肢に比べて下肢が強大，骨盤が幅広く大きいなどの特徴があげられる．上肢が自由になり，道具の製作・使用や身ぶり言語，さらには音節言語などによる文化活動が可能となり，脳および頭蓋骨が大きくなった．脳容積は，現生人類では 1400〜1500 cm³ 程度で，チンパンジーなど類人猿の約3倍 (⇒大脳化)．一方，咀嚼器が小さく，顔面頭蓋が縮小しているために，呼吸器の初部にあたる外鼻が突出する．歯も小さくなり，特に犬歯は著しく短小化している．歯列弓は，類人猿では U 字形であるが，ヒトでは放物線形．ヒトの後歯の咬合面は単純なものとなっている (⇒歯)．口裂の幅は小さく，赤唇が発達．顔面の表情筋がよく発達しているのも特徴的．頭髪と陰毛を除き体毛は極めて少ない．手指の動きが巧妙で (⇒母指対向性)，多様な指紋があり，指頭の触覚がすぐれている．陰茎骨はみられないが，処女膜が存在する．子供はより未熟な状態で産まれ，成長期間が著しく長く，その間の社会的な社会に独自な行動様式を獲得していく．新皮質が異常に肥大した大脳では，手の運動や言語に関係した運動領域や感覚領域および連合領域が占める部分が大きい．有節音声言語が特徴的で，このために個体間のコミュニケーションが円滑になり，高度な文化をもつことが可能となった (⇒会話)．地球上では最も広く分布する生物種の一つとなり，寿命も長くなった．(⇒人類の進化)

d **被度** [cover, coverage, cover degree] 定量的な群落測度の一つで，各種類の植物の地上部が地表を被覆する度合いをいう．調査区面積に対する植物の垂直投影面積の割合で示し，一般に百分率被度あるいは被度階級で表す．群落構造の解析では百分率被度 (林木に対しては*胸高断面積による) が用いられる．植物社会学 (狭義) では J. Braun-Blanquet の被度階級 (1:10%以下，2:10〜25%，3:25〜50%，4:50〜75%，5:75%以上) と*数度を組み合わせて*優占度として用いる．種類ごとの被覆ではなしに全体としての植物被覆の度合は植被率 (vegetation cover) と呼ばれる．

e **P-糖蛋白質** [P-glycoprotein] 《同》P-gp, MDR1, ABCB1. ABC 輸送体ファミリーに属する細胞膜蛋白質で，薬剤など多くの脂溶性低分子を細胞外に排出する一次性能動輸送体．作用機作の異なる抗がん剤に交差耐性を示す分子量 17 万〜18 万の細胞膜糖蛋白質として同定された．ABCB1 サブファミリーに属し，ヒトでは MDR1 にコードされる 1280 アミノ酸の蛋白質．6回膜貫通領域と ATP 結合部位をもつ細胞質領域を一つのユニットとして，これを2回繰り返す構造をもつ．ヒト正常組織では，腎尿細管，肝胆管，腸管，副腎，脳や精巣の毛細血管内皮，胎盤上皮などに発現しており，外来の有害物質やその代謝産物の排出，関門機能の強化などに働く．また，ステロイドホルモンなど，内因性物質の分泌や輸送に関与する可能性も示唆されている．構造的類似性のない多様な化合物を輸送することが特徴であり，臨床では抗がん剤への耐性克服を目的として，これと競合する別の薬剤 (カルシウム拮抗薬や免疫抑制剤など) を同時投与する方法が用いられることがある．一般には中性あるいはカチオン性の脂溶性化合物 (分子量 300〜2000) が輸送されやすいとされるが，その認識機構は未解明である．

f **尾動脈** [caudal artery ラ arteria caudalis] 脊椎動物の尾部に分布する主要動脈で，背側大動脈の末端部．(⇒大動脈)

g **ヒト化** [hominization] 《同》ホミニゼーション．霊長類の中からヒトが進化してきた全過程のこと．ヒトを特徴づけるあらゆる側面がその検討対象となり，例えば直立二足歩行の獲得と発達，*大脳化，犬歯の退化，体毛の衰退と汗腺の発達などの身体特徴はもとより，言語使用，そして社会形態や協力関係の発達などが含まれる．中新世のアフリカ類人猿から最初の人類 (初期の猿人) が出現する段階，猿人からホモ属の人類が進化する過程，*ホモ=サピエンス (現生人類) の成立など，さまざまな時期を通じて，こうした特徴がモザイク的に進化してきた．

h **ヒト化抗体** [humanized antibody] マウスなどの抗体の抗原結合にあずかる超可変部領域 (相補性決定領域, CDR) のみを，ヒト*免疫グロブリンに移植置換した抗体．ヒト生体内で異物とみなされるマウス抗体由来の配列は全体の約10%しかなく，元来の抗原結合能は

十分に保持されるが，ヒト体内で抗原性をほとんど示さない．抗体医薬として用いられる場合は，その名称の語尾に-zumab（ズマブ）が付加される．(→キメラ抗体)

a __ヒト化マウス__ [humanized mouse] 《同》免疫系ヒト化マウス．マウスの造血・免疫組織に，ヒト細胞を高率に生着させたマウスのこと．ヒトの臍帯血や骨髄から，すべての造血・免疫細胞に分化できる造血幹細胞を純化・濃縮し，免疫拒絶能の低下した免疫不全マウスに輸注することで作製する．6カ月以上の長期間にわたるヒト造血・免疫系の再構築が可能で，造血幹細胞の分化能や成熟した免疫細胞の機能に関する研究に用いられる．一方，ドナー細胞としてヒトの造血幹細胞のかわりに末梢血単核球を免疫不全マウスに輸注したものは PBL-scid と呼ばれ，短期間でのヒト免疫細胞(主に獲得免疫)の動態をマウス体内で評価するために用いられる．レシピエントとなる免疫不全マウスについては，1988年にCB17-scidマウスを用いた scid-hu システムが報告されて以来，多くの系が開発された．Ⅰ型糖尿病モデルのNODマウス(補体活性が低く，マクロファージの機能が低い)を，SCID変異(成熟T細胞，B細胞を欠損)をもつマウスと戻し交配して NOD/SCID マウスを作製し，さらに免疫に関わる遺伝子変異(Il2rγ-null, Jak3-null など)をもつマウスと戻し交配することで，より完全な免疫機能のないマウスの作製が行われ，このマウスにヒト造血幹細胞を移入することにより免疫系ヒト化マウスの作製が可能となった．さらにこれらのマウスに，ヒト *MHC* 遺伝子やサイトカイン遺伝子を導入することにより，ヒト免疫系により近いヒト化マウスの作製が進められている．ヒト化マウスは，ヒト造血幹細胞やヒト免疫系の基礎的研究，腫瘍性疾患・ウイルス感染症の再現と病態の解明など，幅広い研究分野への応用が期待されている．

b __ヒトゲノム計画__ [human genome project] およそ30億塩基対のヒト*ゲノムの塩基配列をすべて決定しようとしたプロジェクト．1970年代にDNAの塩基配列決定法が誕生してしばらくして計画がたちあがったが，方法や予算の問題があり，1990年代後半にようやく加速した．アメリカとイギリスを中心とした国際共同研究グループと，C. Venter が率いる民間企業が，独立に配列決定を行い競争になった．当初は10万〜20万の塩基対からなる*BACクローンを個々に配列決定し，それらをつなげてゆく手法がとられていたが，バクテリアのゲノム配列決定で威力を発揮した*ショットガン配列決定法が短時間で低価格であることもあり，こちらのほうが大規模に用いられた．2000年に粗(ドラフト)配列が発表され，2004年には配列決定が「終了」したと宣言されたが，実際には当時の技術で決定できた*ユークロマチン領域だけが対象であり，繰返し配列の多い*ヘテロクロマチン領域は，2012年現在でもなお未決定である．

c __ヒト染色体命名法__ [human cytogenetic nomenclature] ヒトの染色体の分類・記載にかかわる国際命名法．ヒトの染色体の形態学的分類，命名および*核型の記載方式については1960年のデンバー会議以来国際会議で討議され，1978年にヒト染色体の国際命名規約(An International System for Human Cytogenetic Nomenclature, ISCN)として確立され，ヒト染色体の記載の基本となっている．その後1981年，1985年，1991年，1995年，2005年の改訂を経て，2009年に最新のシステム(ISCN2009)に改訂された．ヒトの正常染色体構成は22対の*常染色体と1対の性染色体からなり，常染色体は大きさと*動原体の位置によってA(1〜3)，B(4, 5)，C(6〜12)，D(13〜15)，E(16〜18)，F(19, 20)，G(21, 22)の7群に分類される．核型は，染色体数，性染色体構成，異常染色体の順に記載する．したがって，正常女性は46, XX，正常男性は46, XY と表される．また，21番染色体がトリソミーであるダウン症の男児は47, XY, +21のように記載される．それぞれの染色体は，動原体の位置を起点として短腕をp，長腕をqで表す．短腕に対する長腕の長さの比(q/p)は腕比(arm ratio)，また染色体の全長に対する短腕の長さの百分率(p/(p+q)×100)は動原体指数(centromere index)と呼ばれ，染色体の形態による分類の基準とされる．さらに各腕は，G染色法によって得られるGバンドに基づいて1〜数個の領域(region)に細分され，動原体に近い領域から順に領域番号が付されている．それぞれの領域内ではさらにバンドごとに動原体側から順にバンド番号がつけられている．例えば2q24は，2番染色体の長腕の領域2のバンド4を意味する．この領域をさらに細分するバンドが観察されれば，2q24.3のように記載する．染色体の構造異常についても詳細な記載方法が定められている．例えば，1番染色体と10番染色体の相互転座をもつ細胞の核型は46, XX, t(1;10)(q23;p14)のように表す．これは，相互転座がそれぞれ1q23と10p14の位置で起こっていることを示す．同様に，46, XY, del(13)(q12q22)は13番染色体のq12からq22までの領域の欠失，46, XY, inv(2)(p23q13)は2番染色体のp23からq13までの領域が*逆位を起こしていることを表す．ISCNには，放射線や化学物質によって誘発される染色体異常やがん細胞にみられる染色体異常についての記載法も盛り込まれており，国際的に共通した基準で染色体異常が理解できるようになっている．なお，ヒト以外にマウスなどの哺乳類染色体についても基本的には同じ記載法が用いられている．

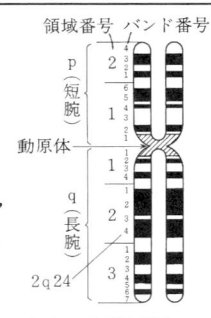

ヒトの2番染色体．
黒い部分はGバンド

d __ヒトT細胞白血病ウイルス__ [human T-lymphotropic virus] HTLV と略記．《同》ヒトTリンパ球向性ウイルス．成人T細胞白血病ウイルス(adult T-cell leukemia/lymphoma virus, ATLV)．*レトロウイルス科オルトレトロウイルス亜科デルタレトロウイルス属に分類されるウイルス．血清学的に区別される次の2種類のウイルスがある．(1)HTLV-1:高月清ら(1977)により提唱された疾患，*成人T細胞白血病(ATL)の原因ウイルス．日沼頼夫ら(1981)によりATL患者由来リンパ球でC型レトロウイルスとして検出された．ATL患者血清中には本ウイルスに対する抗体が存在し，またATL由来の腫瘍細胞にウイルス遺伝子が検出される．HTLV関連脊髄症(HTLV-associated myelopathy)という神経疾患やブドウ膜炎の発症とも関連する．HTLV-1感染者の大部分は不顕性感染であるが，約5％の頻度でATLを発症する．日本では九州・四国地方

に，世界的には中央アフリカおよび中南米諸国に不顕性感染者(キャリア一)がある．レトロウイルスに共通する遺伝子発現を制御する tax, rex 遺伝子などをもつ．(2) HTLV-2: ATL とは異なる有毛細胞白血病患者から単離されたが疾患との関連は明らかでない．主として母乳中に含まれるリンパ球を介した母児間感染，キャリアー血液の輸血による感染，夫婦間感染がある．

a **ヒトデ類** [starfishes, seastars ラ Asteroidea]《同》海星類．棘皮動物門の一綱．体は，扁平な盤と，そこから放射状に突出する腕からなる．5本の腕をもつ星形が普通だが，腕が極端に短くて全体が球形に近い種や，6本以上の腕をもつ種もあり，小さな盤に数十本の細長い腕をもつ種もある．多孔体は盤の上面(反口面)の中心近くに開口．腕(歩帯に相当する)の下面(口面)には歩帯溝があり，管足はそこに列生し，移動や摂餌などに使われる．叉棘がある．口は下面に，肛門は上面に位置するが，肛門を欠く種もある．口からほぼ直接胃へとつながり，胃は噴門胃(cardiac stomach)と幽門胃(pyloric stomach)に分かれていることが多い．幽門胃からは各腕の中に大形の幽門盲嚢(pyloric caecum)が進入する．胃からごく短い小腸と直腸を経て肛門につながる．直腸からは直腸嚢(rectal caecum)が放射状にふくらむ．多くは肉食性．管足や，体を取り囲む骨板の隙間から体腔上皮が小さな袋状に突出した皮鰓(papula)で呼吸する．5対の生殖巣をもち，多くは雌雄異体．体外受精が通例．発生は，間接発生では*ビピンナリアと*ブラキオラリアの両幼生を経過する種とビピンナリアだけを経過する種があり，直接発生では嚢胚から直接ブラキオラリア幼生となる種とこれらの幼生をともに経由せず腕状突起を欠く俵形幼生(barrel-shaped larva)から変態する種が知られる．盤の分裂により2個体が生ずる無性生殖はまれで，さらに自切した1本の腕から完全個体に再生する種もある．幼生に出芽が起きることも．約2000の現生種が知られる．

b **ヒト胚研究** [human embryo research] ヒトの受精卵および胚を身体外で用いる研究活動．胚の発生や着床など，*生殖補助医療のための研究のほか，胚を構成する*幹細胞(ES 細胞)の分化能力に着目した再生医学研究などがある．主に生殖補助医療において利用されなくなった胚(余剰胚とも)を利用することが多いが，目的により，他の同種個体の体細胞の核を卵に移植して胚を形成する場合(体細胞核移植胚)や，他種の生体内でヒトの臓器や組織を再生するため，異種間で胚を形成する場合(キメラ胚，ハイブリッド胚)もある．胚は母体内に移植することで個人へと成長しうる存在であるため，その研究利用の倫理性が問われてきた．日本では胚研究について行政指針による指導を受けるほか，体細胞核移植や異種間での胚形成については「クローン技術規制法」のもとに研究活動の一部が制限される．

c **ヒドラジン分解** [hydrazinolysis] 蛋白質，またはペプチドの*カルボキシル末端分析法の一つ．赤堀四郎ら(1952)の開発．試料を無水ヒドラジンと加熱(100°C，6〜10時間)するとペプチド鎖中の各アミノ酸残基は相当するアミノ酸ヒドラジドとなるが，C 末端残基だけは遊離のアミノ酸を与える．ただし，C 末端アミノ酸残基がアスパラギンあるいはグルタミンの場合，側鎖のアミドがヒドラジドになるため同定することは極めて困難である．また，この方法は複合糖質の研究領域に導入されアスパラギン結合型糖鎖の定量的切出し法として利用されている．先に述べた条件下では，ペプチド結合は切断されるがグリコシド結合は安定であり，かつ糖鎖とアスパラギン残基間の結合も切断されるためである．

d **ビードル** BEADLE, George Wells 1903〜1989 アメリカの遺伝学者．T. H. Morgan の研究室でショウジョウバエ染色体の交叉について研究．E. L. Tatum らと共同し，アカパンカビの栄養要求性突然変異体を利用して生化学的遺伝学の新分野を開拓．晩年はトウモロコシの進化に関する研究を行った．Tatum, J. Lederberg とともに1958年ノーベル生理学・医学賞受賞．

e **ヒドルラ** [hydrula] 刺胞動物の*プラヌラまたはアクチヌラから直接生じた若いポリプをこう呼ぶことがある．

f **3-ヒドロキシアントラニル酸** [3-hydroxyanthranilic acid] トリプトファン代謝の中間体．*キヌレニナーゼの作用で3-ヒドロキシキヌレニンから生成され，さらにキノリン酸やニコチン酸に変化することがアカパンカビの変異株を使った実験で証明された．動物においてもほぼ同様の経路が存在．また3-ヒドロキシキヌレニンがショウジョウバエの眼色素キサントマチンの前駆物質である．

g **Δ⁵-3β-ヒドロキシステロイド脱水素酵素** [Δ⁵-3β-hydroxysteroid dehydrogenase] *ステロイドΔ異性化酵素と協同してステロイドホルモンの合成に必要な基本的反応を触媒し，Δ⁵-3β-ヒドロキシステロイドからΔ⁴-3-オキソステロイドを生成する酵素．EC 1.1.1.51．副腎・精巣・胎盤などの*ミクロソーム分画に存在．補酵素として NAD(P) を必要とする．代表的な反応は，*プレグネノロン⇄*プロゲステロン，5-アンドロステン-3β,17β-ジオール⇄*テストステロンなど．

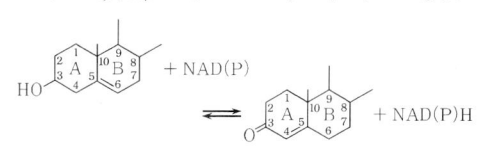

h **17β-ヒドロキシステロイド脱水素酵素** [17β-hydroxysteroid dehydrogenase] 精巣・胎盤にあって，それぞれ雄性ホルモン，雌性ホルモンの生成の最終的な反応，すなわち 17-オキソ基を還元して 17β-水酸基とする反応を触媒する酵素．EC1.1.1.62〜63．ほかに肝臓・腎臓・赤血球・微生物などにも存在．精巣の本酵素はNADPH を選択的に必要とするが，胎盤の酵素はNADH および NADPH のいずれも有効．代表的な反応は，*アンドロステンジオン⇄*テストステロン，またエストロン⇄*エストラジオール-17β など．

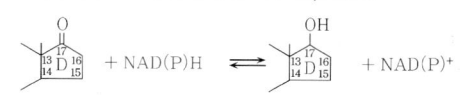

i **7α-ヒドロキシプレグネノロン** [7α-hydroxypregnenolone] *シトクロム P450 によってプレグネノロンの7位に水酸基が導入されて生成する*ステロイドホルモン．特に脊椎動物の脳神経系に共通して発現する*ニューロステロイドである．両生類や鳥類では，脳幹部で合成され，線条体(striatum)や側坐核(nucleus accumbens)のドーパミンニューロンに作用して*ドーパミン放出を促し，自発行動量の増加や雄における攻撃行動を誘起すると考えられている．ウズラでは，昼間における雄の高い活動性に関わっており，概日行動リズムや行動の性差を規定する重要な働きをもつ．ウズラ脳における 7α-ヒドロキシプレグネノロンの産生は，夜間に網膜や*松果体で合成される*メラトニンによって抑制されることから，メラトニン濃度が昼間に低下することが 7α-ヒドロキシプレグネノロンの分泌を介して昼行性の行動パターンをもたらしていると考えられる．

a **ヒドロキシプロリン** [hydroxyproline] イミノ酸の一つ．哺乳類の生体内のヒドロキシプロリンの大部分はコラーゲンの構成アミノ酸として存在する 4-ヒドロキシプロリン(図)で，プロリン-4-水酸化酵素(prolyl 4-hydroxylase)によるアスコルビン酸依存性の翻訳後修飾によってプロリンから生じる．コラーゲンのプロリン残基の一部はプロリン-3-水酸化酵素(prolyl 3-hydroxylase)によって 3-ヒドロキシプロリンとなっている．壊血病はアスコルビン酸不足のためのコラーゲンの水酸化不良が主たる原因と考えられている．4-ヒドロキシプロリンはプロリンとは異なる経路で分解され，グリオキシル酸とピルビン酸に代謝される．血中や尿中のヒドロキシプロリンは，コラーゲンの分解，すなわち骨や軟骨のターンオーバーと相関がある．

b **ヒドロキシプロリンリッチ糖蛋白質** [hydroxyproline-rich glycoprotein] HRGP と略記．*ヒドロキシプロリン(Hyp)残基をもつ糖蛋白質．植物細胞壁中に構造成分として 1〜10%の割合で含まれる．アミノ酸配列に基づいて，エクステンシン(extensin, EXT)，アラビノガラクタン蛋白質(arabinogalactan protein, AGP)，プロリンリッチ蛋白質(proline-rich protein, PRP)の 3 グループが区別される．いずれのグループも被子植物では多重遺伝子ファミリーにコードされる．Hyp 残基は翻訳後にプロリン(Pro)残基がペプチジルプロリン水酸化酵素により還元されて生じる．エクステンシンは Ser-(Hyp)$_n$ ($n=3〜5$) と Tyr, Lys 残基を含む特徴的なモチーフをもち，Ser と Hyp の残基には，それぞれ糖鎖が付く．エクステンシンでは分子内の Tyr 残基間でイソジチロシン分子内架橋が形成され，それを介してジイソジチロシン分子間架橋が形成される．エクステンシンの分子間架橋形成は二次細胞壁の形成時に顕著で，細胞壁の硬化と疎水化に関わる．エクステンシンは病害防御反応に関与すると考えられる．AGP ではアラビノガラクタン糖鎖が Hyp 残基に結合しており，糖鎖は全体の重量の 90% 以上を占める．C 末端にはグリコシルホスファチジルイノシトール(GPI)付加シグナルが存在し，GPI を介して原形質膜表面に局在するとされ，*細胞分化，*細胞間接着，細胞壁構築などの制御因子として働く事例が報告されている．プロリンリッチ蛋白質は Pro-Hyp-Val-Thy-Lys および類似の繰返し配列をもつ糖蛋白質で，糖鎖付加の頻度は低い．傷害時に細胞壁に蓄積するとされ，発生段階や環境シグナルに応じて発現が制御されることが知られる．アミノ酸構造の保存領域が明確な上記 3 グループ以外にアラビノガラクタン蛋白質とエクステンシンの双方の特徴的配列を併せもつ蛋白質や保存配列以外のユニークな配列をもつ HRGP 蛋白質のグループが存在する．これらをそれぞれハイブリッド HRGP とキメラ HRGP という．これら 5 グループ全体を HRGP スーパーファミリーという．植物細胞壁中には HRGP スーパーファミリー以外に多糖鎖をもたないグリシンリッチ蛋白質ファミリーとチロシン-ロイシンリッチ蛋白質ファミリーが構造成分として存在する．細胞壁中に存在する構造蛋白質を総称して細胞壁構造蛋白質という．

c **ヒドロキシメチルグルタリル CoA** [hydroxymethylglutaryl CoA] HMG-CoA と略記．*コレステロールをはじめとする各種*ステロイドやテルペン(*イソプレノイド)生合成の前駆体，ケトン体代謝の中間体．3 分子の*アセチル CoA が縮合して生合成され，次の 2 種類の反応により代謝される．(1) HMG-CoA リアーゼにより開裂し，アセト酢酸とアセチル CoA となる反応．ケトン代謝に関与．(2) HMG-CoA 還元酵素により*メバロン酸に変換する反応．ステロイドやテルペンの生合成に関与．したがって，HMG-CoA はステロイド生合成系とケトン体代謝系の分岐点の化合物であり，メバロン酸を生成する HMG-CoA 還元酵素は*コレステロール生合成の重要な律速酵素である．HMG-CoA 還元酵素の阻害剤プラバスタチン，ロバスタチン，シンバスタチンは，肝臓におけるコレステロール生合成を抑制する作用をもつことから高コレステロール血症の治療薬として用いられている．プラバスタチンは，*Penicillium citrinum* によって生産されるコンパクチン(ML-236B，メバスタチン)が，*Streptomyces carbophilus* によって 6 位が水酸化された化合物である．ロバスタチン(メビノリン)は *Aspergillus terreus* によって生産され，これを化学的にメチル化することによりシンバスタチンが得られる．

	R$_1$	R$_2$
コンパクチン	H	H
プラバスタチン	◂OH	H
ロバスタチン	⋯CH$_3$	H
シンバスタチン	⋯CH$_3$	CH$_3$

d **5-ヒドロキシメチルシトシン** [5-hydroxymethylcytosine] 大腸菌の T 偶数ファージの DNA に特有の塩基成分．宿主の大腸菌の DNA には含まれない．多くはそのヒドロキシメチル化側鎖がさらにグリコシル化されている．(⇌メチル化塩基)

e **5-ヒドロキシリジン** [5-hydroxylysine] ヒドロキシプロリンと共にコラーゲン中に見出される 5 位に水酸基をもつアミノ酸．リジン水酸化酵素(lysyl hydroxylase)による翻訳後修飾によって，リジンがコラーゲン前駆体ペプチド中で水酸化されて生じる．

H$_2$N-CH$_2$-CH-CH$_2$-CH$_2$-CH-COOH
　　　　　　OH　　　　　　NH$_2$

f **ヒドロゲナーゼ** [hydrogenase] 水素分子の出入を伴う酸化還元反応を触媒する酵素の総称．腸内細菌群，

硫酸還元菌, *Clostridium*, *Azotobacter*, *Hydrogenomonas* などの細菌およびある種の藻類に存在. 数種類がある. この酵素により, 直接水素によって還元される電子受容体 (あるいは水素を放出する電子供与体) は, ヒドロゲナーゼの種類によって NAD$^+$ (EC1.12.1.2), フェレドキシン (EC1.12.7.1) あるいはシトクロム c_3 (硫酸還元菌, EC1.12.2.1) であり, これらが直接にあるいは種々の酵素を介して, 色素, NAD$^+$, 有機基質と酸化還元反応を行う. ヒドロゲナーゼは, ほかに水素分子と水との間の重水素交換, パラ水素とオルト水素の転換の反応も行う. フェレドキシン型非ヘム鉄または鉄とニッケルを含む酵素で一酸化炭素によって阻害される. 発酵における水素発生, 独立栄養細菌などの水素利用に関与し, 窒素固定, ある種の藻類の光合成に関係しているといわれる. ヒドロゲナーゼは白金触媒に代わるクリーンな触媒として, 水素生産や燃料電池に利用することが試みられている.

a **ヒドロ根** (ヒドロこん) [hydrorhiza, rhizocaul] ヒドロポリプ (⇒ヒドロ虫類) において, 足盤が細管状に延長して基質の表面を這う部分. 走根ともいう. このような走根により定着を確実にするほか, その末端から途中から娘ポリプを出芽して, 芝草状あるいは草むら状の群体を形成する. ヒドロ根が多数からみ合い, 太い茎状になって定着面から立ち上がる場合, これらを特に根茎 (rhizocaulome) という. ヒドロサンゴ類では根茎に多量の炭酸カルシウム分を分泌して, この類特有の堅固な外骨格を形成する. (⇒多型性群体[図])

b **ヒドロ虫類** (ヒドロちゅうるい) [Hydrozoa] 刺胞動物門の一綱. ポリプとクラゲの両方をもち, 真正世代交代をするものと一方だけのしかもたないものがある. 刺胞は本門の中で最も多様で 2/3 以上の型のものがみられる. ポリプは, ヒドロポリプ (hydropolyp, hydroid polyp) と呼ばれ, 本門中最も単純な構造をもつ (⇒ポリプ). 間充ゲルは細胞を含まず, 体の構造は通常四放射相称または多放射相称. 外胚葉性の口道はなく, 胃腔に隔膜がない. 連続出芽により群体を形成するものが多いが, 単体性の種もある. 外胚葉が体表に分泌した包皮または石灰質の外骨格をもつものがあるが, 骨片の癒合による内部骨格はない. ポリプの上部はヒドロ花 (hydranth) を形成する. クラゲはヒドロクラゲ (hydromedusa) で, 鉢クラゲや箱クラゲに比べて構造は簡単で小形だが, 傘縁に縁膜をそなえる特徴を示す (⇒クラゲ). 生殖細胞は外胚葉に由来するとされるが, 内胚葉に由来するものも知られている. 現生の約 2700 種のほとんどは海産であるが, ヒドラやマミズクラゲなどの淡水産の種もある. ヒドロポリプの口盤の中央に開く口を囲む部分を口円錐 (口丘 hypostome, oral cone) という. 一般に円錐形の高まりとなっている. 他の体部位に比べて外表 (外胚葉) に刺胞が著しく多く, 生時には白色のことが多い. 上皮筋細胞もよく発達し, 摂食時には伸縮する. ヒドロ虫類の群体において, ポリプ間に多形が生じる場合がある. 摂食用のポリプは, 栄養個虫と呼ばれる. 栄養個虫は, 花虫綱の常個虫に相当する. 生殖体を形成する個虫を生殖個虫 (有性生殖個体, 生殖個員 gonozooid) といい, 栄養個虫と同様の形状のものや, 栄養個虫がその触手・口を失って単なる柄状の個虫, すなわち子茎に変形したものもある. その他に, 指状個虫 (dactylozooid) や指状個虫に類似するがらせん状に巻く特徴のあるらせん状個虫 (spiral zooid, spirozooid), 刺胞体 (刺体 nematophore, 嚢胞体 sarcostyle) などがある. 刺胞体は, 典型的な個虫とは著しく異なり, 体は棒状で口や胃腔を欠く. 一般に多数の大型の貫通刺胞をもつ. 触手はないが, アメーバ状の仮足を出すことがある. ハネガヤ類などに見られ, 栄養個虫の前方・後方, またはヒドロ茎 (hydrocaulus) 上の一定の位置に形成される. その外面を包むヒドロ包 (ヒドロ莢) を刺莢 (nematotheca) と呼ぶ. ヒドロ根から直立する刺状体で, 外表が一般に厚い包皮に包まれ普通の個虫にみられる口・触手などがったくないものも, 刺状個虫 (spine) として多形個虫の一型とみなされる. ヒドロ虫類の中で, 管クラゲ類は気泡体を頂点とする発達した群体を形成する. この類では, 群体を構成する各個虫が幹部 (stem) と呼ばれる管状の部分で連なっている. 幹部はヒドロポリプの群体の共肉に相当し, 受精卵から最初に発生した個虫の柱状部にあたる. その内腔は胃水管系の一部であり, 各個虫間の栄養・排出物および水の通路になる. 泳鐘, 生殖体, 栄養体, 感触体, 保護葉, 触手などからなる個虫の一群は, この幹部上に一定の間隔をおいて付着しており, 幹群 (cormidium) と呼ばれる. 幹群と幹群との間の個虫のない幹部を節間部 (internodium) と呼ぶ. なお, 感触体 (palpon) は, 指状個虫のことをいい, 栄養体に類似するが口はなく基部に 1 本の触手があることが特徴である.

c **ビトロネクチン** [vitronectin] 《同》血清中伸展因子, S 蛋白質, エピボリン. 肝臓で合成され血液中に分泌される, 主要血漿糖蛋白質の一種. 細胞接着に関与する *RGD 配列をもつ細胞培養の培地に用いる動物血清中の細胞接着性蛋白質として, E. Ruoslahti (1983) が命名. SDS 電気泳動で分子量 5.9 万～7.8 万. ヒトでは 6.5 万と 7.5 万の 2 本のバンドになることが多い. 動物血漿・血清中では主として単量体で存在しており, 約 0.2 mg/mL 含まれる. 結合組織や血小板にも存在する. 動脈硬化巣に沈着. 三つの生理活性が知られている. (1) 基質への細胞接着, 細胞伸展, および細胞走化性. (2) 血液凝固反応の調節. (3) 免疫補体の膜侵襲複合体 (C5b-9) の細胞溶解作用を中和. 相互作用する生体分子は, ヘパリン, *インテグリン, コラーゲン, 補体 C5b-7, トロンビン-抗トロンビンIII複合体, β-エンドルフィン, プラスミノゲンアクチベーター阻害因子-1 など. プロテインキナーゼでリン酸化を受ける血清蛋白質の代表格でもある.

d **泌尿器** [urinary organ ラ organa urinaria] 《同》泌尿器官. 含窒素性排出物としての尿の分泌に関与する器官. (⇒排出器官)

e **泌尿生殖系** [urogenital system] 泌尿器官系と生殖器官系とを一括しての呼称. 両者は密接な関連をもつことがしばしばあり, 脊椎動物では両器官系は発生的にともに *中間中胚葉に由来. 泌尿器官としての前腎輸管は場合により, そのまま *中腎管 (ウォルフ管) となる. さらに雄では *輸精管となる. 一方, 中腎に接した体腔壁の肥厚から *ミュラー管が生じ, これが雌では *輸卵管に発達する. 他の場合には前腎輸管が縦裂してウォルフ管とミュラー管となり, 雄では前者が輸精管となり, 雌では後者が輸卵管となる.

f **泌尿生殖褶** (ひにょうせいしょくしゅう) [urogenital fold] 《同》尿生殖堤, 尿生殖隆起 (urogenital ridge). 脊椎動物の胚または幼生における背側腸間膜の左右に縦

に走る体腔背壁の褶状隆起．中腎原基と生殖巣原基が分離する前の状態．この褶の外側方には中腎原基が，その内側方の上皮には*生殖上皮が形成される．のちにこの両者は平行した二つの独立した褶，すなわち中腎褶(mesonephric fold, 中腎隆起)と生殖褶(genital fold, *生殖隆起)に分離する．

a **泌尿生殖洞**(ひにょうせいしょくとう) [urogenital sinus ラ sinus urogenitalis] 哺乳類(単孔類を除く)の発生初期に形成された*総排泄腔がその後に排出腔中隔(cloacal septum, 尿直腸中隔 urorectal septum, ⇒会陰)によって背腹両側に分離される際の腹側の構造．背側は直腸になる．泌尿生殖洞の前端は尿嚢に繋がり，洞の中間部に*輸尿管と*生殖輸管が開口し後端は泌尿生殖口(ostium urogenitale, urogenital orifice)として体外に開口．泌尿生殖洞の輸尿管と生殖輸管の開口部付近から前方(前域)は尿嚢の一部と合して膀胱の形成に関与し残りの部分(後域)から尿道が形成される．雄では洞の後域全てが尿道になりそこに*輸精管(ウォルフ管由来)が合流する．雌では洞の後域の前部が短い尿道となり後部は広く開いた*膣前庭となる．雌の*輸卵管(ミュラー管由来)は膣管と合流することなく膣前庭に接続し，膣を形成した後開口する．

b **非ヌクレオシド系逆転写酵素阻害剤** [non-nucleoside reverse transcriptase inhibitor] 《同》非核酸系逆転写酵素阻害剤．ヒト免疫不全ウイルス(HIV)の*逆転写酵素阻害活性を示す化合物のうち，分子内に核酸を含まない化合物群．ネビラピン，エファビレンツ，デラビルジン，エトラビリンが代表的な阻害剤であり，類似した作用機序を示す．これらの化合物は逆転写酵素の活性中心近傍に結合し，活性中心を形成するアミノ酸の位置をずらし，ひずみを生じさせることでアロステリックに酵素活性を阻害．HIV感染者の治療には，突然変異による耐性ウイルスの出現を抑制するために，*ヌクレオシド系逆転写酵素阻害剤と組み合わせて使用される(多剤併用療法)．

c **被嚢** [tunic, test] *尾索動物亜門としてまとめられるホヤ，ヒカリボヤ，ウミタル，サルパ類の体全体を包む構造物で，表皮外結合組織．皮革状の硬いものも多いが，ゼラチン質の柔らかいものもある．この構造物の特徴から，尾索動物を被嚢類(tunicates)と呼ぶことがある．オタマボヤ類は被嚢をもたないが，*包巣と呼ばれる同質の特殊化した構造物を分泌する．内部には血管の走行や被嚢細胞(tunic cells)と呼ばれる2～7種類の血体腔(hemocoel)由来の細胞が見られることが多く，骨片を含むものもある．ホヤ類の幼生ではすべてゼラチン質で，その内部には表皮に点在する感覚神経細胞(sensory neuron, primary neuron)から伸びた繊毛からなるネットワーク神経網が観察される．被嚢表面は硬蛋白質の薄膜に覆われ，内部は蛋白質とグリコサミノグリカンの複合体からなる基質と繊維からなる．繊維は直径2～20 nmでセルロースの一種であるツニシン(tunicin)からなる．遺伝子比較により，ホヤ類のツニシンはバクテリアの遺伝子群が水平伝搬したことによって獲得されたことが明らかになった．

d **非配偶体** [agamete] 原生生物において配偶子として働くことのない，すなわち性的行動を示さない普通の個体．胞子虫類では特に栄養体(trophozoite)と呼び，それが無性的に分裂して生じたものが*メロゾイトである．(⇒無配偶子生殖)

e **ヒパンチウム** [hypanthium] 被子植物の花において，*心皮以外の萼片，花弁，雄ずいの花葉が子房の周囲に生じた筒状(椀状や皿状の場合も含む)の構造の上端に着いているとき，この筒状の器官をいう．バラ，マツヨイグサ，フヨウ，サルスベリなど多くに見られる．維管束走向や発生過程から花床が特殊な発達をしたものと考えられる場合，心皮以外の花葉の基部が互いに合着したものと考えられる場合，どちらとも決められない場合などがある．ときに花床筒，萼筒などと訳されるが，上記の意味で必ずしも妥当でない．

f **bp** 核酸の長さを塩基対(base pair)の数で表すときの単位．1 bpが1塩基対．1000塩基(対)は1 kb(または1 kbp)，100万塩基(対)は1 Mb(または1 Mbp)と表記される．

g **非ヒストン蛋白質** [non-histone protein] NHPと略記．《同》酸性蛋白質(acid protein)．細胞核あるいはクロマチンに存在する蛋白質のうち，*ヒストン以外の蛋白質の総称．DNAポリメラーゼ・RNAポリメラーゼ・遺伝子制御蛋白質・RNAプロセッシング蛋白質などの機能蛋白質や，染色体骨格蛋白質・核膜蛋白質などの構造蛋白質など種々多様なものが含まれる．ヒストンが強塩基性であるのに対比させ，酸性蛋白質と呼ばれた時期もある．ヒストン量がDNA量に対しほぼ一定であるのに対し，非ヒストン蛋白質の量は細胞により大きく異なる．(⇒HMG蛋白質)

h **ビピンナリア** [bipinnaria] 棘皮動物ヒトデ類のうち，間接発生(⇒直接発生)をするものの浮遊幼生．体は背腹に扁平で，左右相称の体制をしめす．腹面に開く口の前方に口前繊毛環があり，また口後繊毛環が肛門の前方から左右の側縁を経て背頂部に達する．これら両繊毛環の輪郭は，発生がすすむにしたがって複雑になり，左右相称的に数対の突起，すなわち腕(larval arm)を生ずる．一見してナマコ類の*オーリクラリアに似ているが，繊毛環が口前・口後の2個に分離している点が明らかに異なる．ビピンナリアはさらに進んで*ブラキオラリア期を経た後，変態して成体となる．

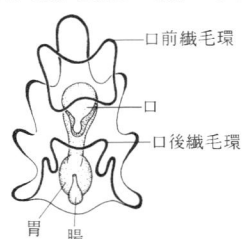

```
                口前繊毛環
                口
                口後繊毛環

            胃  腸
```

i **皮膚** [skin] 《同》外皮(広義)．後生動物の外皮の

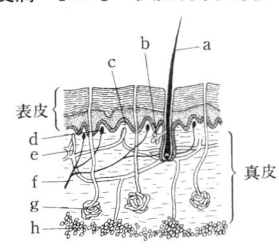

```
哺乳類の皮膚
a 毛
b 皮脂腺
c 乳頭
d 神経末端
e 毛細血管
f 神経
g 汗腺
h 皮下脂肪
表皮 / 真皮
```

一構成要素．無脊椎動物では一般に外胚葉に由来する一層の*表皮とその生産物である*クチクラとからなる．脊椎動物では角化重層扁平上皮からなる表皮の下に，中胚葉性の*真皮や皮下組織がある．皮膚は体内を保護し，体内環境を維持し，また呼吸・排出のうえでも重要な機能をもつ．(→外皮)

a **皮膚感覚** [cutaneous sense] 皮膚にある受容器官に基づく感覚．触覚，圧覚，痛覚，温度覚がこれに属する．M. von Frey(1895)が初めて数種の感覚の集合であることを明らかにし，以後それぞれ異なる感覚受容器が同定された．これらは皮膚表面からの深さも異なり，形態的な差もある．皮膚感覚はいわゆる体性感覚の性格をもち，*深部感覚との協同下に，内界認知，特に体部位の相互的位置・運動の感知に関与する．例えば触覚の麻痺した前腕に正常な位置感が失われる事実が指摘される．体内の自己受容器自体も，その性質から触受容器または圧受容器に相当するものが多い（例えば筋鞘や内臓壁のパチーニ小体）．なお，擽感(tickling, くすぐったい)，痒感(itching, かゆい)，性感などは，皮膚感覚，特に触感覚の変形または複合物とみられるもので，多分に*器官感覚の性格を帯びる．

b **皮膚器官** [dermal organ] 通常は，脊椎動物の皮膚の形成物．その多くは表皮の変化した表皮性器官(epidermal organ)で，汗腺・皮脂腺・乳腺などの*皮膚腺のほか，毛・羽毛・爪・角鱗・角歯などの*角質形成物(角質器)を意味し，広義には真皮性器官(dermal organ)の骨性の鱗や*立毛筋なども含む．

c **被覆小胞** [coated vesicle] *サイトーシスに関係する籠状の殻をもつ細胞内の小胞．直径50〜150 nm．エンドサイトーシスでは*クラスリン被覆ピットが陥入して被覆小胞を形成する．その最も外側は*クラスリン網目状構造，その内側にアダプター蛋白質複合体(→アダプター蛋白質)があり，受容体やリガンドをもつ小胞はさらにその内側にある．クラスリンが脱被覆ATPアーゼ(分子量7万)により取り除かれて初期*エンドソームになり，それがリソソームや細胞膜と融合してエンドサイトーシスの後期応答を行う．エキソサイトーシスでは，*トランスゴルジ網(TGN)にクラスリンをもつ被覆小胞が見られる．またゴルジ体のシス槽，中間槽，トランス槽にはクラスリンではなくCOP I コート蛋白質に被覆されたCOP I 小胞が，小胞体にはCOP II コート蛋白質に被覆されたCOP II 小胞が形成される．(→エンドサイトーシス, →エキソサイトーシス)

d **皮膚呼吸** [cutaneous respiration, dermal respiration] 体表を用いて行われる外呼吸．本来，体表面は酸素を通過させる機能をもち，特別の呼吸器官をもたない動物は皮膚呼吸に頼ることになる．環形動物のミミズやヒル，触手動物のホウキムシやコケムシなどで行われる．さらに呼吸器官をもったものでも皮膚呼吸を併用する動物が多い．ただし，このばあい全呼吸量に対する皮膚呼吸の割合は種類および温度条件などによって異なり，ウナギでは温度が低いほどその割合は高く，10℃以下では皮膚呼吸による酸素摂取量が全呼吸の60％以上にも達する．これがウナギが夜間陸にはい出すことのできる理由といわれる．カエルは冬眠中は呼吸の体表依存度が高く，約70％であるが，通常は30〜50％程度である．鳥類・哺乳類では皮膚呼吸は低い値を示し，ハトやヒトでは1％以下．

e **皮膚色** [skin color] 《同》皮膚色調．特に人類学において，いわゆる「人種」と関連して議論されることが多い．ヒトの皮膚は他の動物に比し，明色から暗色に至るまで変異の幅が著しく大きい．皮膚の色調は，皮膚組織の色と厚さ，メラニン顆粒の量と分布，カロテンやケラチンなどの色素の量，血液などで決まるが，メラニン顆粒の量が特に重要なファクターとなる．これが多量ならば濃色となり，生体細胞に有害な紫外線を透過させず，ビタミンD生成に必要な波長の紫外線も遮断してしまう．そのため，日光の強い地域では濃い皮膚の方が，弱い地域では淡い皮膚の方が生存上有利である．皮膚色調を表現する方法は，次のとおりである．(1)記載的表現方法：黒褐色から淡白色に至る13段階の色名をもうけているが，客観性に乏しい．(2)皮色計による方法：(i) Luschanの皮膚色調表．(ii) Hintzeの皮色計．今日も広く用いられている．(3)分光分析法：皮膚の薄膜を直接に分光分析器にかけて皮膚色調を測定する方法．

f **尾部神経分泌系** [caudal neurosecretory system] 魚類の脊髄末端付近に分布する*神経分泌細胞の細胞体と軸索，および軸索の末梢部を含む尾部下垂体系(→脳室周囲器官)の総称．マンボウ科とヨウジウオ科を除く硬骨魚類と板鰓類に存在し，全頭類には知られていない．その神経血液器官は脊髄腹部のふくらみ，あるいはフグ目に見るように細柄によって脊髄から下垂し，神経性脊髄下垂体(neurohypophysis spinalis)という．板鰓類やチョウザメには，分泌細胞は存在しても尾部下垂体はない．細胞体で形成された好酸性の分泌物が軸索内部を移動して尾部下垂体に至り，血管に接する胞状の軸索末端に貯えられ，需要に応じて放出される．全般的な形態からみて，甲殻類の*X器官-サイナス腺系や脊椎動物の*視床下部-下垂体神経分泌系に類似．この系で合成・放出される活性物質はウロテンシン(urotensin)と総称され，血圧上昇作用をもつほか，鰓や腎臓などに作用し水・電解質の代謝に関与する．ウロテンシンIはアミノ酸41個からなり，*副腎皮質刺激ホルモン放出ホルモンと類似の物質．なお，類似の器官とされた鳥類の腰髄にみられる腰髄膨隆(独 Lumbalwulst)はグリコゲンに富んだ神経組織で，尾部神経分泌系とは無関係．

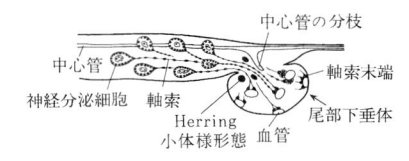

硬骨魚類の尾部神経分泌系

g **皮膚腺** [dermal gland, cutaneous gland] 《同》皮腺．表皮に開口する腺の総称．[1]無脊椎動物には*脱皮腺など種々の皮膚腺がある．[2]脊椎動物では，魚類，両生類，哺乳類でよく発達し，爬虫類や鳥類には乏しい．魚類では単細胞性または多細胞性の*粘液腺があり，*粘液を分泌．一部のものには鰭の棘と密接に関係する*毒腺があり，また深海魚の発光腺にも皮膚腺に属するものがある．両生類以上の皮膚腺は多細胞腺で，両生類には粘液腺と顆粒腺がある．前者は比較的小さく全体表に分布するが，後者は毒腺ともいわれ，大形で局在する．爬虫類ではトカゲの後肢に*大腿孔という腺様構造が，また鳥類では*尾腺が知られる．哺乳類には皮

脂腺，汗腺のほか，汗腺の変形物とされる*乳腺がある．皮脂腺(sebaceous gland)は，哺乳類の掌蹠面を除く全身に分布し，毛幹と密接に関連する(図)．*毛のない部位(口唇，亀頭，小陰唇など)にもあるが，このように毛に付属しない脂腺は独立脂腺(独 freie Talgdrüse)と呼ばれる．皮脂腺は胞状腺で，腺体は真皮中にあり，排出管は毛包部に開口．典型的な全分泌腺であり，腺細胞は立方体状で，中に脂肪粒が溜まり，ついには核を含めて全体が壊れて分泌物となる．それによって毛や皮膚をうるおし，乾燥を防ぐ．表皮性毛嚢の一般表皮に近い部分の細胞が皮下の結合組織中に索状に伸びることで形成される．汗腺は，哺乳類の単管状腺で，腺体は真皮または皮下結合組織中にあって屈曲して糸球体をなし，排出管はらせん状で表皮の表面に開口する．開口部を汗口(sweat pore, sudoriferous pore)という．腺体外面には汗の分泌に関係すると思われる微細な平滑筋繊維が取り巻き，さらにその周囲を毛細血管網が囲む．エクリン腺(eccrine gland, 小汗腺 small sudoriferous gland)は，一般の表皮から発生し漏出分泌型，アポクリン腺(apocrine gland, 大汗腺 large sudoriferous gland)は表皮性毛嚢に由来し離出分泌型(→外分泌腺)，後者のほうが腺体・腺腔ともに大きく，真皮のより深い位置にある．哺乳類の汗腺は多くが離出分泌型だが，ヒトでは大部分が漏出分泌型で，腋窩，外耳道，鼻翼，眼瞼，乳頭周辺，肛門周囲などに離出分泌型をもつにすぎない．分泌物は，各大汗腺により異なる．類人猿では両者が全身に混在．哺乳類には汗腺のよく発達するもの(例:ヒトやウマ)とほとんど発達していないもの(例:イヌやネコ，ほとんど趾球部だけ)がある．ヒトには200万〜500万の汗腺があるが，その全部が機能的なものすなわち能動汗腺(active sudoriferous gland)なのではなく，分泌しない不能汗腺(inactive sudoriferous gland)となるものも多い．どれだけが能動汗腺となるかは幼時の環境ないし生育状況に影響される．(→発汗)

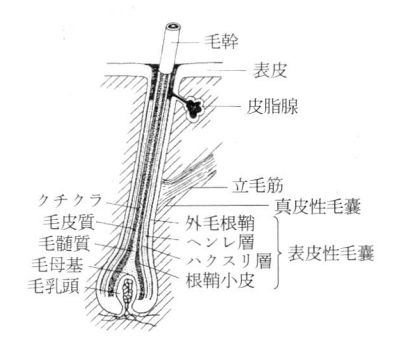

図

毛幹
表皮
皮脂腺
立毛筋
クチクラ
毛皮質
毛髄質
真皮性毛嚢
外毛根鞘
ヘンレ層
ハクスリ層　表皮性毛嚢
毛母基
根鞘小皮
毛乳頭

a **皮膚光感覚** [dermal light sense] 分化した光受容器ではなく，皮膚全面を通じて成立する光感覚．ただし，通常は原生生物が示す非神経性光感覚(aneural photosensitivity)は含めない．光受容器をもたないヒドラやウニ類の光反応はもっぱら皮膚光感覚によるが，眼点を含めた光受容器を通じての光感覚と共存する場合を含めると，ほとんどすべての動物門にその例をみることができる．受容細胞が組織学的に同定されたものは少ないが，オオノガイの水管内壁やミミズの体表では他の表皮細胞とは異なるものがみられ，これらの場合，特に分散光感覚器官(diffuse light sense organ)と呼ばれることもある(皮膚光感覚と分散光感覚を同義語として用いることもある)．ミミズの感光細胞は無極細胞(apolar cell)とも呼ばれ，細胞内腔所(phaosome)が受容部位と考えられている．同様の細胞が集まってできるヒルの眼点では，電子顕微鏡的・電気生理学的研究から，細胞内腔所は細胞外の性質をもつことが示され，その意味からは感桿に類似する．皮膚光感覚により誘起される運動反応は，*照射反応や*陰影反応(光の露出を防ぎ，外敵の接近に対応する)などの分差反応だけではなく，転向走性形式の定位反応も可能である．この場合，体表の光度分布の差の情報解析が中枢によってなされ，運動器官の協調を促す．

b **皮膚紋理**(ひふもんり) [dermatoglyphic pattern] 霊長類にみられる，*指紋・*掌紋・足紋など一定部位の皮膚にほぼ平行して走る隆線の配列．南米産オマキザル類では尾の先端にも存在する．皮膚の摩擦を強めて滑り止めの役に立ち，隆線の下の乳頭に分布する感覚神経終末の刺激収集を高めるものと考えられている．紋様は遺伝するので，個人識別や親子鑑定にも使われる．また染色体異常・遺伝性疾患・外因性先天異常とも関連が見出されている．

c **非ふるえ産熱** [non-shivering thermogenesis] NSTと略記．恒温動物の体内における産熱のうち，骨格筋の収縮による熱産生以外の代謝過程によるもの．熱的中性域では休止能動代謝量がこれに相当するが(基礎NST)，通常は低温においたときの産熱量の増分のうち，ふるえによらないもの(調節的)を単にNSTと呼ぶ．外温を下げていくと，まずNSTによって産熱量が増し，これが限界に達するとふるえが起こる．NSTはネズミのような小形の哺乳類では極めて大きく，*ふるえ産熱量に匹敵するほどであるが，ヒツジやヒトなど大形の動物ではわずかである．NSTは主に骨格筋と*褐色脂肪組織において，交感神経末端より分泌されるノルアドレナリンの作用のもとに起こり，その調節中枢は間脳の視床下部にある．小形の哺乳類では低温に順応することによってノルアドレナリンに対する産熱反応性が高まる．生まれたての動物や冬眠動物では褐色脂肪組織が特に発達しており，NSTが体温調節に大きい意義をもつと考えられる．

d **微分干渉顕微鏡** [differential interference microscope] 試料の厚みや屈折率の微小な差を偏光板と特殊なプリズムを用いて明暗のコントラストとして見えるようにした*干渉顕微鏡．G. Nomarskiが開発したのでノマルスキー光学系と呼ばれる．使用法が簡便なうえ，分解能が極めて高く，比較的厚い生物試料も光学的断面として立体的に浮彫りになる．このため，細胞分裂，原形質流動，アメーバ運動，鞭毛運動など透明な生体細胞の種々の運動や構造を観察解析するのに好適な機器である．

e **非平衡説**(多種共存の) [non-equilibrium theory of species coexistence] *群集理論に反対する見方で自然群集で共存する種の多様さを説明した学説の総称．1970〜1980年代にJ. H. Connell, D. Strong, Jr., J. H. Lawtonらによってそれぞれ提唱された．これらは共通して，自然界では環境の微妙な変動や天敵の作用によって，一般に個体群密度は平衡状態よりも低く抑えられており，その結果，生息場所や餌が利用し尽くされるほどになるのはまれであると考える．個体群が比較的低密度

a **ピペコリン酸** [pipecolic acid] 《同》ホモプロリン (homoproline). イミノ酸の一種. L-ピペコリン酸は多くの植物組織に遊離状で存在し，特にマメ科植物中に高濃度に存在. ピペコリン酸はリジンから*α-アミノアジピン酸への分解経路の中間代謝体として重要.

b **非ヘム鉄** [non-heme iron] *ヘム以外のリガンドを介して蛋白質と結合する鉄イオン. チオール(SH)基を配位子とする鉄硫黄蛋白質が多い. *フェレドキシン，キサンチン酸化酵素，ヒドロゲナーゼ，NADH脱水素酵素，*フェリチン，*トランスフェリンなど. 主として酸化還元，鉄の貯蔵や運搬などにかかわる.

c **被包** [epiboly] 《同》エピボリー，被覆，おおいかぶせ運動. 主として多細胞動物胚で，発生初期において胚表のある部位が拡がりつつ他の胚表面を覆っていく過程. 特に*原腸形成の際内胚葉が胚内へ移動する形式に，*陥入による場合と，外胚葉により受動的に包まれる場合とを区別し，後者を被包と呼ぶ. しかしこの二つの形式は決して初め考えられていたように相互排除的ではなく，同一の胚で同時に平行的に起こりうる (例えば W. Vogt によって明らかにされた両生類の原腸形成). 魚類では*胚盤葉が卵黄を包む運動を被包といい，初期の重要な形態形成運動である. この運動には*周縁堤と卵黄の細胞質が重要な役割を果たしている. また被包という語は原腸期よりも後期に起こる過程にも用いられている (例：部分割卵において胚体外の胚葉が卵黄域の外表を覆う過程など). (⇌拡散)

d **微胞子虫類** [microsporidia] 寄生性真核生物の一群. さまざまな後生動物や原生生物に細胞内寄生する. 典型的なミトコンドリアをもたず，*マイトソームをもつ. 胞子はキチンを含む壁で覆われ，極管をもつ. 二つの核が近接して存在していることが多い. 最も原始的な真核生物であると考えられたこともあったが，現在では寄生生活のために単純化した菌類 (もしくはそれに近縁な生物) であると考えられている. 微胞子虫門 (Microsporidia, Microspora) に分類される. ヒトやカイコ，マルハナバチなどに寄生して害を与えるものがいる.

e **ヒポキサンチン** [hypoxanthine] プリン塩基の一つ. *キサンチンとともに動植物体に広く存在. アデニン脱アミノ酵素または亜硝酸によるアデニンの脱アミノによって生じ，ヌクレオシドホスホリラーゼによる*イノシンの加リン酸分解によっても生じる. キサンチン酸化酵素により尿酸にまで酸化されるが，これはプリン塩基の主要分解経路と考えられている. ヒポキサンチンはまた*サルベージ経路を経てプリンヌクレオチドの合成の前駆体として再利用される. またカフェインの母体ともなる. (⇌プリン代謝)

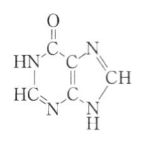

f **ヒポグリシンA** [hypoglycin A] ジャマイカ産のアキ (ackee) の未熟な果実にある毒物. これを摂るといわゆる「ジャマイカ嘔吐症」になる. ロイシンの代謝を阻害する. 構造は α-アミノ-β-(2-メチレンシクロプロピル)プロピオン酸. これを食べると体内で代謝され，α-ケトメチレンシクロプロピルプロピオン酸を経てメチレンシクロプロピルアセチルCoAを生成する. 後者はロイシン代謝の中間体であるイソバレリルCoAと脱水素酵素を拮抗し，イソ吉草酸によるケトーシスが起こり，遂には低血糖を引き起こす. この外因性疾患は同じ脱水素酵素の先天的欠如症であるイソ吉草酸血症に非常に類似している.

g **飛膜** [flying membrane ラ patagium] 《同》翼膜. 滑走ないし飛行を行う陸生脊椎動物 (鳥類除く) において，主として前肢・体側・後肢にわたって張られた，皮膚の襞として形成された膜. 飛行を行うものには，爬虫類では翼竜類 (Pterosauria, 化石)，哺乳類では翼手類 (コウモリ類) があり，前肢は翼をなし，1指 (例：翼竜の一種の翼指竜 Pterodactylus) または数指 (例：翼手類) が著しく伸長して飛膜を支える. トカゲの一種トビトカゲでも体側に飛膜が形成されるが，これは前肢・後肢とは関係なく，数本の肋骨が延長してそれを支える.

h **肥満** [obesity] 身体に脂肪が過剰に蓄積した状態. 肥満の診断は，現在のところ最も信頼性のある体格指数 (body mass index, BMI) を指標としている. BMI=体重(kg)÷身長(m)^2 で計算される. BMIが25以上を異常と考え，25〜30を過体重，30以上を肥満とし，高血糖や高脂血症，高血圧を呈するものを肥満症という. 肥満症のうち原因疾患がないものを一次性肥満 (primary obesity) といい，ほかの基礎疾患などによるものを二次性肥満 (secondary obesity) という.

i **ピメリン酸** [pimelic acid] $HOOC(CH_2)_5COOH$ ジカルボン酸の一つ. 動物体内では*脂肪酸の*ω酸化と*β酸化によって生成する. M. Müller (1937) がウシの尿中より単離し，ジフテリア菌のある株の成長に必須であることを認めた. *ビオチンの前駆体で，ピメリン酸→デチオビオチン→ビオチンという経路が考えられている.

j **ビメンチン** [vimentin] 《同》デカミン (decamin). *中間径フィラメントの一種で，ビメンチンフィラメントの構成蛋白質. 名称は細胞内存在様式からwavy array を意味するラテン語の vimentum に由来. 哺乳類で57 kDa，鳥類で55 kDa. 遺伝子構造から*デスミン，グリアフィラメント酸性蛋白質 (GFAP) とともにIII型の中間径フィラメント蛋白質に属する. ビメンチンは種々の間葉系細胞や未分化の細胞，腫瘍細胞および大部分の培養細胞に存在. ビメンチン単独で重合，またデスミンやGFAPとも共重合して中間径フィラメントを形成. 細胞質全体に広がるネットワークを形成し，細胞膜や核

膜とも結合していることから，細胞を力学的に統合していると考えられている．また，脂質と親和性があり，油滴に巻き付いていることが示されている．髄膜細胞ではデスモソームにも結合している．

a **非メンデル遺伝** [non-Mendelian inheritance] *メンデルの法則に従わない遺伝．G. J. Mendel が取り扱ったエンドウの7形質は偶然にもすべて別々の連鎖群のものであったが，メンデリズム再発見当時はむしろ，*独立の法則に従わないと見られる遺伝の例が多く，これはすべて非メンデル遺伝と呼ばれた．しかし*量的遺伝・*伴性遺伝・*限性遺伝・*平衡致死なども，遺伝学研究の進歩によってすべてメンデルの法則で説明されるようになり，現在では*細胞質遺伝，換言すれば染色体外遺伝(extrachromosomal inheritance)だけが非メンデル遺伝と呼ばれている．(⇌プラスミド)

b **紐形動物**(ひもがたどうぶつ) [nemerteans, ribbon worms, nemertine worms, proboscis worms ラ Nemertinea, Nemertina, Nemertini, Nemertea, Rhynchocoela] 《同》紐虫類．冠輪動物の一門．主として海産の自由生活性で，現生1200種余りが知られる．動物門の基部に位置する側系統群の古細虫類と，単系統群であり互いに姉妹群である担帽類と針紐虫類の3群に大別される．体は扁平で細長く体節はなく，繊毛上皮で覆われ，発達した柔組織や筋肉層をもつ．中胚葉性上皮に裏打ちされた吻腔(rhynchocoel)に吻をそなえ，吻道を通じて体前端の吻道口から翻出させる事が出来る．消化管の背部を走る吻腔に収められた吻は多くの場合捕食に用いられる．針紐虫類の吻は前室・中室・後室からなり，前室が翻出した際，中室に存在する隔壁が吻前端に位置する．隔壁には針装置(stylet apparatus)が埋め込まれており，単針類ではナス型の台座の先に1本の主針(main stylet)がそなわり，多針類では鎌状の台座の湾曲面に多数の主針が並ぶ．台座のまわりにはいくつかの副針嚢(accessory stylet pouch)が開き，針細胞(styletocyte)により副針(accessory stylet)が形成される．吻針(stylet)は主に餌となる他の動物を突き刺すために用いられ，これにより吻の後室に貯えられた毒液が注入される．単針類の口は吻孔と合一するが，それ以外の分類群では独立に開口する．消化管は肛門に終わる．排出器官は原腎管．骨格系，呼吸器系を欠くが，閉鎖血管系をもつ．吻腔を囲む脳神経節と2本の縦走神経幹をもつ．ほとんどが雌雄異体．生殖器官は簡単で，生殖は擬体節的に分布．一般に体外受精．卵割はらせん型．担帽類の*ピリディウム幼生はプランクトン栄養性で，後生動物の中でも特有の，成虫盤に由来する変態を行う．

c **皮目**(ひもく) [lenticel] 樹木の茎や根においてコルク組織(⇌コルク形成層)の形成後，*気孔の代わりに空気の出入口となる組織．細長いレンズ形を示すものが多く，肉眼でも見える．サクラやヤナギなどでは横向きに，キリやニワトコでは縦向きに位置するが，根では常に横向きに生じる．通常，気孔と関連して生じ，皮目直下の柔細胞群は不規則に分裂して薄壁球状となり，互いに*細胞間隙をもって相接するため，空気の流通が容易である．この細胞を添充細胞(complementary cell)という．発生過程では，気孔直下の柔組織内に作られた*コルク形成層が，コルク組織の代わりに添充細胞を形成する．添充細胞は発達するにつれて外側の部分から順次，表皮を突き破って露出する．サイカチやナナカマド，トチノキの皮目は秋に添充細胞を作らず，その代わりに薄いコルクの層(closing layer，コルク皮層 cork-cortex)を生じ，春にその下方から新しく添充細胞を生じ，コルク層を破ってふたたび開孔する．

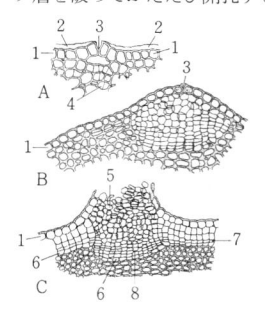

皮目とその発達
A, B カバ属の一種 Betula alba の皮目の発達
C セイヨウニワトコの皮目の横断面
1 表皮　2 角皮　3 気孔
4 分裂開始の細胞　5 添充細胞　6 コルク皮層　7 コルク形成層　8 皮目におけるコルク形成層

d **百日咳毒素** [pertussis toxin] 《同》百日咳トキシン，インスリン分泌活性化蛋白質(islet-activating protein, IAP)．百日咳菌(Bordetella pertussis)の産生する外毒素．5種(S1〜S5)のサブユニットからなる分子量約11万の六量体蛋白質で，膵臓からのインスリン分泌を増強する因子として精製された．百日咳毒素は*ジフテリア毒素や*コレラ毒素と同様にいわゆるA-B構造をもち，B成分(S2〜S5 サブユニットからなる五量体)を介して動物細胞の細胞膜に結合し，A成分(S1サブユニット)を細胞質内に送り込む．S1サブユニットにはNADのADPリボース部分を*G蛋白質(G_iやG_oなど)のαサブユニットのカルボキシル末端近傍のシステイン残基に転移させる*ADPリボシル化の酵素活性が存在する．本毒素が触媒するG蛋白質のADPリボシル化反応によって，G蛋白質は受容体と結合する機能を失い，受容体刺激を介する細胞応答が特異的に阻害される．

e **ピュッター説** [Pütter's hypothesis] 小形水生動物の栄養源に関する仮説．「小形の動物プランクトンは，水中の溶存態有機物を直接摂取して重要な栄養源としており，海綿動物や魚類などでも部分的には同様である」とする A. Pütter (1907, 1909) の主張をいう．海水中には，*デトリタスや*セストンなどの懸濁態有機物(粒状有機物)の他に，溶存態有機物(dissolved organic matter, DOM)が存在し，表面海水中でのその量は炭素濃度にしておよそ1〜3 mg/Lと測定されている．

f **ビュッチュリ** Bütschli, Otto 1848〜1920 ドイツの動物学者，細胞学者．動物発生の卵割時における原形質の流動を観察し，卵割の機構を赤道面における表面張力の増大に帰する説を唱えた．原形質構造の泡沫説を立て，珪藻類の Surirella で植物界に稀な中心体を発見．

g **ビューニング** Bünning, Erwin 1906〜1990 ドイツの植物学者．植物の成長や運動反応について研究し，体内リズムが概日性を示すことを明らかにして生物時計の概念を提唱．さらにその概日リズムを利用して生物が日長を測定し，発生の各段階にふさわしい季節を選ぶという自説について実験的根拠を示した．[主著] Die physiologische Uhr, 1958．

h **ビューニングの仮説** [Bünning's hypothesis] *光周性において，明暗のサイクルに同調した概日時計がある決まった位相を示す時に明るいかどうかによって，短日か長日かが判定されるという考え．想定される概日時計の位相には，*親明相(photophile)と親暗相(scotophile)が存在し，後者に少しでも光があたると長日と出力される．1936年にE.Bünningが提唱した．これによって，暗期の*光中断が短日と出力されるのを妨げることがうまく説明できる．その後の研究で，光周性における日長測定はこのように単純なモデルでは説明できないことがわかってきたが，概日時計が関係することは次第に決定的になっていった．ビュニングの仮説は光周性に概日時計が関係することを最初に提示したという点で，重要な意味をもつ．

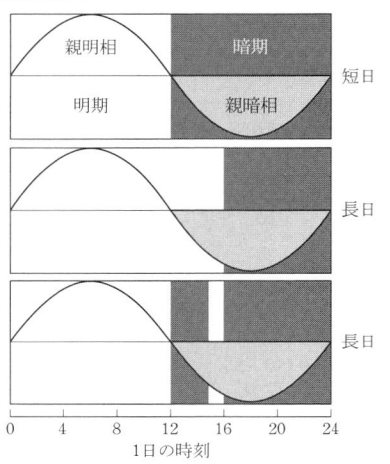

菌および真核細胞の蛋白質生合成を阻害する．実験用試薬として用いられて，リボソームのペプチジル tRNA 部位に結合しているペプチジル tRNA に作用して，ペプチジルピューロマイシンをリボソームから遊離させる．

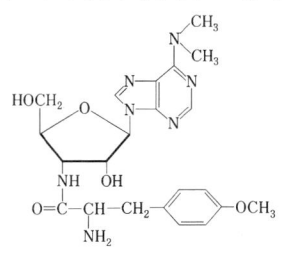

e **被蛹**(ひよう)［obtect pupa］ 昆虫の蛹の一型で，*軟顎蛹のうち，全体の体表が強度に硬化し，触角・肢・翅が体部に密着しているもの．*裸蛹と対する．大部分の鱗翅目・双翅目の糸角類(カ，ガガンボ)および短角類(アブ)の蛹はこの型に属する．繭を作る場合，裸で土中にもぐる場合，地物に糸で固着する場合などさまざまである(⇒帯蛹，⇒垂蛹)．触角その他が体部に密着するのは，蛹化の際の微妙な運動の結果である．(⇒軟顎蛹)

f **尾葉**［cercus］ 昆虫の最後の体節(第十または第十一腹節)の*肛片と肛側板(paraproct)との間の膜状部から後方に伸びる1対の突起．幼虫の脚の原基が変化したもの．感覚器官としての機能をもち，接触刺激や空気の動き，ときには音受容器としての機能もある．無翅類とカメムシ上科以外の不完全変態類および完全変態類の長翅目と膜翅目の広腰亜目(Symphyta)にある．その形により尾毛(cercus)・尾角・尾鋏(forceps)などと呼ぶ．総尾類・カワゲラ類・カゲロウ類では長い毛状で多数の節からなり，バッタ類では小さな三角板，ゴキブリ類では多数の節からなるが短く，ハサミムシ類ではただ1節で左右のものが合わさって尾鋏を構成する．

g **病害虫防除**［pest control］ 病原微生物や害虫による作物や人畜の被害を軽減・防止するため，何らかの人為的手段を講ずること．殺菌剤や殺虫剤など化学物質を利用する化学的防除(chemical control)，光や放射線などエネルギーを利用し，あるいは障壁などをつくる物理的防除(physical control)，作物の品種・栽培時期・環境などを改変して被害を減らす耕種的防除(cultural control)，天敵・拮抗微生物の利用を主とする生物的防除(biological control)などに分けられている．戦後，有機合成剤を主体とする農薬の進歩によって病害虫を殺すことは容易になったが，反面，害虫・病原生物の薬剤抵抗性の発達や天敵の減少などにより害虫の密度が次世代で高くなる現象(リサージェンス resurgence)や，現状では害虫としての位置付けはされていないが，環境条件その他の変化により被害をもたらす潜在害虫(potential pest)の害虫化が起こり，また人畜に対する直接害，農薬残留，食物連鎖を通じた*生物濃縮による害などの問題を生じた．その反省から最近では，総合病害虫管理(integrated pest management)が一般化してきた．すなわち有害生物の防除は，利用可能なあらゆる防除手段を相互に矛盾しない形で調和的に使用して，経済的に許容しうる限界以下に病害虫の密度を維持するための個体群管理のシステムであるべき，とする考えである．そこでは病害虫個体群の自然制御機構を生かすことを基本とし，

a **ビュヒナー** BÜCHNER, Friedrich Karl Christian Ludwig 1824〜1899 ドイツの医師で思想家．医学を修め，テュービンゲン大学講師となったが，極端な自然科学的唯物論者として罷免され，ダルムシュタットで医師を業とした．精神は脳の所産で，脳を離れては存在しないと説いた．また自然には法則性と因果性だけが存在するとして目的因を否定し，力と物質の関係に基づく決定論的見解をとった．[主著] Natur und Geist, 1857．

b **ビュフォン** BUFFON, Georges Louis Leclerc de 1707〜1788 フランスの博物学者，啓蒙思想家．生地モンバールで教育を受けたのち，イギリスで1年間，数学・物理学・植物学を学ぶ．帰国後 I. Newton の著作などを翻訳してフランスに紹介．1739年以後パリの王立植物園園長．1749年より大著'Histoire naturelle générale et particulière'(博物誌)を L. J. M. Daubenton の協力のもとに刊行．進化論の先駆者の一人．また地球の年齢が聖書から推定されるものよりはるかに長いと主張，神学者の反論を惹起した．『博物誌』は彼の死後，魚類学者の B. Lacépède(1756〜1825)により数巻(下等脊椎動物の部)を追加され，44巻となった．(⇒ラマルク)

c **ヒューベル** HUBEL, David Hunter 1926〜 カナダ生まれのアメリカの大脳生理学者．T. N. Wiesel と共同で，目の網膜からの情報が脳の視覚野の各細胞でいかに処理されるかを研究し，その反応を分析した．1982年からハーヴァード大学教授．Wiesel とともに1981年ノーベル生理学・医学賞受賞．

d **ピューロマイシン**［puromycin］ 放線菌 Streptomyces albonigerの培養濾液から得られる抗生物質．細菌に対し広い抗菌スペクトルをもつほか，抗腫瘍性ももつ．構造上 tRNA の末端部に類似しているため，細

それを補強する形で各種の防除手段を組み入れることによって，病害虫の密度を低レベルかつ小さい変動幅に維持することが目標となり，薬剤散布などの一時的な防除手段は病害虫の密度が許容レベル以上に達したときだけに使用すべきであり，また絶滅を図るのは，新たに侵入した病害虫や人間伝染病媒介者など特殊な場合以外は望ましくないとする．この考えによれば，許容しうる作物被害の限界値に対応する病害虫密度の設定が重要となり，V. M. Stern ら(1959)はこれを経済的被害許容水準(economic injury level, EIL)と呼んだ．最近では，作物成長モデルを含む害虫管理モデルなどのシミュレーションモデルが開発され防除に応用されている．なお英語のpest control は，広義には有害鳥獣や雑草も含めた「有害生物防除」を意味する．

a **病害抵抗性**（植物の）[disease resistance] 植物が病原体の侵害を受けたとき，病気にかかりにくい性質．一般に病害抵抗性には，植物体の構造的特性，植物の生化学的反応(例えば病原体の増殖を抑制する物質を植物が生産する場合)などの要因があり，抵抗性はこれらの組合せにより発揮される．発揮される抵抗性の強さは，宿主-病原体の組合せで異なり，また同じ宿主-病原体の組合せでも，宿主の生育段階，侵害を受ける器官や組織の違い，宿主の栄養条件，気象条件などで変化する．病害抵抗性には，少数の主働遺伝子に支配される質的抵抗性や，多数の微働遺伝子に支配される量的抵抗性などがある．

b **氷核** [ice nucleus] 《同》氷晶核．水が凝固し氷になる際に核となる物質．さまざまな小さい粒子が氷核となりうる．氷核が存在する場合は過冷却点の上昇が起こり，より高い温度で凍結が起こる．*凍結回避により低温を耐え過ごす生物においては，氷核となる物質を体内から排除することが重要である．例えば凍結回避に依存する昆虫は低温期には摂食を行わず，氷核となる物質（糞や未消化物質など）を消化管から排除することで凍結を回避している．一方，*耐凍性動物には積極的に氷核となる物質を合成し，より高い温度で積極的に細胞外凍結を引き起こすことで細胞内凍結を防いでいるものもいる．

c **氷河時代** [glacial age, ice age] 地球史において，陸地面積の30％以上が氷河に覆われた時代．現在は10％程度が覆われているにすぎない．'The Ice Age' と表記された場合，更新世の氷期を示すことが多い．氷河時代は先カンブリア時代にもみられ，*始生代に1回(ポンゴラ氷河，29億年前)，*原生代に3回(ヒューロイン氷河が25億～21億年前，スターチアン氷河が7億6000万～7億年前，マリノアン氷河またはヴァンガラー氷河が6億1000万～5億7500万年前)あったとされているが，必ずしも見解の一致はみられない．このうち，原生代の氷河時代は低緯度まで氷河が拡大し，全球凍結と呼ばれる．*古生代以降の氷河時代は，*オルドビス紀末，*デボン紀後期，*石炭紀後期～*ペルム紀初期に記録されている．いずれも極域に氷床が発達しただけで，全球凍結とは異なる．*白亜紀の氷床に関してはその存在は疑わしいが，前期白亜紀と最後期白亜紀の時期に極域の一部に氷床が存在した，という主張もある．前期始新世は，温暖で氷床は両極に存在しなかったと考えられている．その後，地球の寒冷化にともない，前期漸新世には東南極に大規模氷床が形成された．この氷床は中期中新世(約1500万年前)から拡大し，1100万年前頃に最大に達した．北半球の氷床は，約280万年前(鮮新世)に拡大したと推定されていたが，深海掘削の結果から，もっと古くから存在したという仮説も出され，議論が起こっている．更新世になると，両極の氷床は拡大・縮小を繰り返し，*第四紀の気候システムが定着した．この時期の氷河時代に関しては，過去70万年前までは，約10万年の周期で繰り返すことが知られている．

d **氷河植物群** [glacial flora] 《同》ドリアス植物群(Dryas flora)．*第四紀更新世に繰り返し起こった氷期，間氷期の気候変動において，氷期の寒冷気候を示す植物群．ヨーロッパ中部の氷期の地層ではチョウノスケソウ(*Dryas octopetala*)を多産することから，ドリアス植物群と呼ばれることもある．本種と伴伴する *Salix polaris*, *Betula nana*, *Bistorta vivipara* などは，現在の北極圏や，アルプス山系などの中緯度高山帯に分布し，氷期の残存植物として高山植物群の主要な要素を占めている．

e **表割** [superficial cleavage] 動物卵の*卵割型の一種で，昆虫類・クモ類その他の節足動物の心黄卵に見られるもの．他の卵割様式と異なり，この型では初めのうち*卵黄塊の中心部にある核だけが分裂し，卵表の細胞質の分割を伴わない．もっともこのとき，核を直接取り囲む原形質塊が存在する．核は数を増加しながら，卵黄塊を通過して卵表へ移動し，やがて表面の原形質層に達する．各核の間で卵表の原形質に区画が生じる．まもなく内部の卵黄との間にも細胞の境界ができると，胚の表面は1層の細胞によって取り囲まれ，胚の内部は細胞構造を示すことなく卵黄によって満たされている．この時期は他の卵割様式をとるものの胞胚期に該当するが，本様式では*胞胚腔または*胚下腔に当たる腔の形成は全く見られない．(⇒周縁胞胚)

f **病気** [morbus, disease, illness, sickness, ailment] ヒトが何らかの身体的な不調を自覚した時に，何らかの原因があるのではないかという観念を前提に，身体機能の不全感をいい表す一般的な用語．その用語は広く，精神・心理的なことを主題としても用いられる．主観的側面に着目した「病(やまい，illness)」と，生物学的側面に着目した「疾患(disease)」に二分して論じられることもある．現代医学では個体の秩序が何らかの原因によって偏向した状態を病気といい，その原因を病因という．病気の状態と健康の状態(あるいは病理的と生理的)が，必ずしも明確な境界によって区別されるものでないことは，C. Bernard によって強調された．病気は，病因が遺伝によるものであるかないかを問わず，生まれたときすでにかかっている(先天性の)場合と，生後にかかる(後天性の)場合，また器質的なものと機能的なもの，経過の短長によって急性・慢性などに分けられる．病因には内因と外因とがあり，内因は遺伝・内分泌・免疫・代謝・神経・そのほか体内各系機能の欠損や障害によるものを指し，外因には栄養の欠乏，物理的・化学的作用(火傷・凍傷・放射線障害・中毒など)，ウイルス類，スピロヘータ・リケッチアなどを含む細菌類，真菌類，原虫類，蠕虫類などの感染を挙げることができる．ヒト以外の生物でも，特に家畜などでは病気の根本概念はそのまま適用されうるが，必ずしも医療・医学と直結しない点で区別される(⇒植物病理学)．一方，病気は，人体に対して人為的に引き起こすことのできない異常状態を出現させるものと

して「自然の実験」とみなすこともでき，その機作を解明することによって未知の生物現象の解明に寄与する側面ももつ．

a 表型的分類 ［phenetic classification］ 多数の形質の総体的な類似の程度に基づいて生物集団の種類構成を識別すること，ないしその表現．M. Adanson (1757) は経験論の立場から，C. von Linné などの分類体系では，研究者によってアプリオリに選ばれた少数の特定の形質に基づいて分類していることを批判し，できるだけ多数のしかも等しく重み付けされた形質に基づく総体的類似度こそが自然分類であるとした．推論に基づく系統的考察を排除し，進化的類縁関係に基づいた系統発生的分類 (phylogenetic classification) と対立する考え方である．コンピュータの発達に伴い，数量分類学として発展した．(→数量分類学，→分岐分類学)

b 表型模写 ［phenocopy］ 《同》表現型模写．生育条件によって，遺伝子型は変化せず表現型だけが他の突然変異体と似たものに変化する現象 (R. B. Goldschmidt, 1935)．例えばショウジョウバエの幼虫や蛹を 35～37°C に短時間さらすと，処理の方法や処理を加える時期に応じて，種々の突然変異株と同じ表現型のものが出現する．これらの処理に敏感な時期を感受期 (sensitive period) という．また飼料に各種の薬品を加えると，それぞれの薬品に特有な表型模写を生じることがある．

c 表現遅れ ［phenotypic lag］ 突然変異が発生してから，それが形質の変化として現れるまでの遅れ．その原因として例えばつぎの場合が考えられる．(1) 突然変異が起こるまでに生産されていた正常な遺伝子産物が，分解されるかあるいは希釈されるなどして，ある限界濃度以下になるまで変異形質が現れない場合．狭義にはこれを表現遅れという．(2) 細胞が多核であるため，すべての核が変異型になってはじめて突然変異形質が現れる場合．これを*分離遅れという．

d 表現型 ［phenotype］ ある遺伝子が発現することによって，その遺伝子をゲノム中にもつ生物に現れる形質．*遺伝子型と対する．一定の環境条件下で，表現型は生物のもつ遺伝子型に規定される．しかし遺伝子型の等しい集団の中にあって，表現型が一定しない場合 (→浸透度) があり，また環境条件の変化により表現型が変化する場合 (→表現度，→表型模写) がある．

e 表現型可塑性 ［phenotypic plasticity］ 生物個体が環境に応じて一連の異なる表現型を示す性質．単一の遺伝子型が示す表現型の変化を指し，個体間の遺伝的変異による表現型変異とは明確に区別される．表現型可塑性は，遺伝子型，形質，環境要因に特異的である．それぞれの遺伝子型について，形質の応答を環境の関数として表したものが反応規準 (reaction norm) である．個体の遺伝情報には反応規準がコードされており，与えられた環境に応じて反応規準に従って表現型が決定すると見なす．表現型可塑性をもつこと自体はその応答が適応的であることを意味しないが，反応規準に遺伝的変異がある場合には，それに自然淘汰が働き適応的な表現型可塑性が進化すると考えられる．現れる表現型が不連続である場合を表現型多型 (ポリフェニズム) と呼ぶ．

f 表現型混合 ［phenotypic mixing］ 2 種のファージが同一の宿主細胞に感染した場合に，ゲノム核酸 (遺伝子型) と外殻の構造によって決定される*宿主域などの性質 (表現型) が異なったキメラファージ粒子が形成される現象．例えば近縁のファージ A と B が感染すると子孫ファージの中には A ファージのゲノムが B ファージの外殻に包まれたもの，あるいは B ファージのゲノムが A ファージの外殻で包まれたものが生じることがしばしばある．

g 表現型復帰 ［phenotypic reversion］ 遺伝子型に何ら変化を起こすことなく，外因によって突然変異株の*表現型が*野生型に変わる現象．したがって，この外因が除かれると表現型は再び突然変異型になる．例えば T4 ファージの rII 突然変異株のあるものは，λ ファージで溶原化された宿主において通常の条件では増殖できないが，培地にフルオロウラシルを加えたり，Mg^{2+} 濃度を高くすると増殖できる．しかしこのようにして生じた T4 ファージも親ファージと同様にこれらの物質がなければ，上記の宿主中では増殖できない．

h 表現型分散 ［phenotypic variance］ 集団内の個体のある表現型に関する分散．相加的遺伝分散，優性分散，エピスタシス分散，環境分散の総和で表される．相加的遺伝分散 (additive genetic variance) は一遺伝子座の対立遺伝子の組合せの違いによって生じる分散である．優性分散 (dominance variance) は対立遺伝子間に優劣性のあること，エピスタシス分散 (epistatic variance) は遺伝子座間の相互作用によってそれぞれ生じる．相加的遺伝分散，優性分散，エピスタシス分散を合わせたものは，遺伝子型分散 (genotypic variance) に等しい．環境分散 (environmental variance) はこれら三者の要因では説明できない分散であり，広い意味での環境の影響によるという意味でこう名付けられている．自然淘汰による適応進化の対象となるのは相加的遺伝分散のみであり，後者三つはそれぞれ独立に，適応とは無関係の変動をもたらす．また，R. A. Fisher の「自然淘汰の基本原理」では，適応進化の速度は集団中の相加的遺伝分散に比例するとされている．

i 病原性 ［pathogenicity］ 病原体が宿主に感染して病気を起こさせる能力．病原性は病原体の侵襲性，増殖性，毒素産生能，宿主防衛機構の抑制能などを総合した質的な表現である．同じ意味にビルレンス (virulence) の語を使うことが多いが，これは病原性の量的な表現といえる．

j 病原性減弱 ［attenuation］ 《同》減毒，弱毒化．病原体が継代培養などによって宿主に対する病原性が弱まるか消失する現象，またはその操作．細菌・ウイルスなどが天然の宿主を離れて，鶏胚や培養細胞などで継代培養されるときなどに起こり，いわゆる適応的変異の一種ともみなされるが，遺伝的変異の蓄積による宿主域変化である．著名な例としては，L. Pasteur の研究したニワトリコレラ菌や*狂犬病ウイルス (→固定毒) がある．

k 病原体 ［pathogen］ 感染して直接病気の原因となる生物．細菌やウイルスなどの病原微生物 (pathogenic microbe, germ) が主なもので，このほか真菌類，各種の寄生虫などが含まれる．

l 表現度 ［expressivity］ 《同》発現度．遺伝子型が*表現型として発現する程度．例えばショウジョウバエの eyeless と呼ばれる突然変異の表現型は極めて変化に富み，複眼が完全に欠けているものから正常型に近いものまで種々の程度があるが，この程度のことをいう．表現度は注目する遺伝子だけではなく*変更遺伝子や栄養・温度などの環境因子によっても変化する．通常は表現型

をいくつかのクラスに分類し，各クラスの頻度によって表現度を示して，遺伝子・環境因子・変更遺伝子などの相互関係を研究するのに用いる．(→浸透度)

a **表在ベントス** [epibenthos] *ベントスのうち，他の表面で生活している生物の総称．このうち動物を，表在動物(エピファウナ epifauna)と呼ぶことが多い．

b **標識再捕法** [marking-and-recapture method, capture-recapture method] 《同》記号放逐法，マーキング法．複数の標識した個体を放し，その再捕データから*個体群の*移動・*分散の過程や範囲を推定する，あるいは，直接数えることが困難な動きの大きい動物などの個体数を推定する方法．*個体数推定の最も単純な方法は，ピーターセン法(Petersen method)とかリンカン法(Lincoln index)と呼ばれ，s 個体に標識をつけて放し，その後の時点で捕えた n 個体中 m 個体が標識のある再捕個体であれば，$N=s \cdot n/m$ として総個体数を推定するものである．この方法は，出生・死亡や移出・移入のない個体群にしか適用できないが，何回か捕獲と再捕獲を繰り返すことによって，個体数が変化している場合でも，個体数や消失(移出・死亡)率，加入(出生・移入)率を推定できるさまざまなモデルが提案されている．そのうち，G. M. Jolly (1965) と G. A. F. Seber (1965) が導出した確率論的モデルは，広く用いられる．標識再捕法によって偏りのない個体数推定値を得るには，標識個体と未標識個体の捕獲されやすさに差がないことや，標識が消失しないことなど，いくつかの前提条件が満たされている必要がある．

c **標識色** [signal coloration] 動物の体色のうち，*警告色・*認識色および*威嚇色の三つを併せていう．いずれも周囲の色からはっきりと目立つ色彩であり，目立つことによって重要な役割をもつと考えられる．標識色と認識色は，ほぼ同義語として使われることもある．

d **標識進路説** [labeled pathway hypothesis] 発生中の神経軸索が伸長する際，それぞれの*パイオニアニューロンの表面は特定分子で標識されており，後続の神経細胞の軸索はこれらの標識をたよりに適切な伸長進路を選択するという説．神経が特定方向に向かって伸長する機構を説明する説で，C. S. Goodman が 1980 年代中頃に提唱．神経系の発生時には，神経細胞の軸索は，遠く離れた位置にある別の神経細胞や骨格筋など特定の標的に向かって伸長する．その機構は数多く知られているが，バッタやショウジョウバエなどの昆虫の神経系では，新たに作り出された神経細胞の軸索がすでに存在しているパイオニアニューロンの軸索のうち，特定のものを選択し，これに沿って伸長することが示されており，標識である細胞表面分子がいくつか発見されている．

e **標識的擬態** [mimicry] ある動物が，*警告色をもつ他の動物など，捕食者の注意をひくものに似るような擬態．標識色の範囲に含めることができ，単に*擬態(mimicry)といえば標識的擬態を指すことが多い．有毒あるいは不味などのために捕食者が食うことを避けると考えられるような動物に似せることで，擬態者は捕食を免れるものとされている．これに二つの主な場合が区別される．(1)他の動物に捕食されやすい味のよい種類の動物が，不味で警告色をもつ他の動物に姿を似せることで捕食者を欺いているとみられる場合．観察者 H. W. Bates の名を冠して，ベイツ擬態(Batesian mimicry)と

いわれる．アブやスカシバ(ガの一種)がハチに似ていたり，南アメリカのドクチョウ科チョウ類に無毒なチョウが似ていたりすることがその例．この場合，擬態者はそのモデルより個体数が少ないのが普通．(2) 2 種以上の動物のもつ警告色が，相似た斑紋や色彩に収斂し，それにより未経験の捕食者に食われる率を低めあっている場合．F. Müller の名を冠して，ミュラー擬態(Müllerian mimicry)といわれる．ハチの多くの種類が同じく黄と黒のだんだら模様をもつなどがその例．なお，W. Wickler は，擬態を「信号受信者が関心をもつ信号を発することによって，信号発信者が受信者を欺く現象」と定義した．ベイツ擬態では，モデルの不味さを知ってそれを避けようとしている捕食者が信号受信者であり，受信者が関心をもつ信号を偽って発している擬態者が信号発信者であり，それによって受信者をだましていることになるので，擬態に含まれる．この定義にしたがえば，擬態には当然種内擬態や自己擬態も含められることになる．また，多くの動物でみられるように黒条によって眼の位置を隠したり，あるいはある種のシジミチョウにみられるように尾状突起とその付近の模様によって「にせの頭」をもったり，ジャノメチョウなどでみられるような翅の周辺部に攻撃をさそう*目玉模様をもつ「はぐらかし」(deflection, distraction)や，さらにはラン科植物にみられるようなハエやミツバチの匂いまで酷似した花をつけ，これと交尾しようとするそれらの昆虫の雄によって授粉する*擬似交接も，この範疇に入る．一方，ミュラー擬態では受信者を欺いているわけではないから，擬態から除外されることになる．擬態にはさまざまな形式があることが明らかになりつつあり，その効果・遺伝的基礎・進化などが詳しく研究されている．

f **表出行動** [expressive behavior] 《同》表現行動．*リリーサーとしての機能をもって同種他個体に何かを理解させる行動．威嚇・なだめ・ねだりなどの行動はいずれも表出行動である．(→威嚇行動，→ディスプレイ，→なだめ行動，→服従行動，→餌乞い)

g **標準代謝量** [standard metabolic rate] SMR と略記．《同》休止能動代謝量(resting active metabolic rate, RAMR)，休止代謝量(resting metabolic rate, RMR)．標準的な生理状態にある動物個体について一定の環境下で測定した覚醒・安静時の代謝量．ヒトは一定の条件下で測定した安静時の代謝量を基礎代謝率(BMR)というが，ヒト以外の動物ではこのような条件を設定し難いため，BMR という語の使用を避ける．(→基礎代謝)

h **表層回転** [cortical rotation] カエルの受精後第一卵割が生じる前に，受精卵の表層が細胞質に比較して約 30°，帯域の一方向に向かって回転すること．カエルの受精卵においては，精子貫入点とは反対側に，表層回転が起こる．表層回転の起こる側の帯域に背側形成体が誘導され，将来の胚の背側になる．表層回転により，色素をもった表層細胞質が移動するため，灰色三日月環が形成される．受精後植物極側に形成される微小管が，表層回転に関与すると考えられる．また，表層回転によって微小管束が形成され，小胞・細胞小器官・情報分子が，さらに予定背側帯域まで運搬されることにつながるとも考えられる．表層回転あるいは微小管形成を阻害した場合，背側形成体は作られず，背側構造をもたない対称な胚となるため，表層回転に依存して形成された微小管により，

背側を決定する因子(デターミナント)が背側に運ばれWnt/β-catenin経路(⇒Wntシグナル(カノニカル経路))を活性化するとされる．魚類でも，受精卵植物極に微小管が形成されることが知られるが，表層回転は起きない．表層回転そのものより，表層回転によって形成される微小管束が，胚軸形成に重要な役割を演ずると考えられる．

a **表層性群集** [epipelagic community] 《同》表海水層群集．*外洋域の水層域のうち，海表面から水深約200 mまでの範囲，すなわち表層域(⇒海洋生態系[図])に見られる*群集．外洋域において*一次生産が大規模に行われている唯一の群集であって，その下方の水層域・海底域のすべての群集は，その栄養のほとんどを直接間接にこの群集に依存している．プランクトンは，ほとんど終生プランクトンで，定期性プランクトンとしては*底生動物の幼生はほとんど見られず，ただ魚類などの卵や幼生が存在するだけである．また*ニューストンの発達が著しい．昼間には下方の中深層に下降するネクトンやプランクトンも多く，栄養物質の鉛直的運搬(⇒生物ポンプ)の役割を果たしている．(⇒深海漂泳生物，深海底生生物)

b **表層土** [surface soil] 《同》表土．土壌の最上部．[1] 非耕地では土壌表面から深さがほぼ10〜25 cmの範囲内にある部分．*A層に一致する場合と，その一部に相当する場合とがある．[2] 農耕地では耕耘により撹乱されている土層すなわち作土．

c **表層胞** [cortical alveoli] 魚卵やスナヤツメ卵などの未受精卵の表層にある構造．メダカでは直径10〜40 μm．周囲は脂質類からなり，多糖を含む糖蛋白質などをもつ．受精に際して動物極側から順に壊れ，見かけ上表層が透明になる．さらに崩壊した表層胞から放出されたコロイドが水を吸って*囲卵腔を形成し，それによって卵膜の卵表面からの分離を引き起こす．また同時に放出される蛋白質分解酵素であるアルベオリン(alveolin)による卵膜蛋白質の部分分解が卵膜硬化反応の引き金となり，受精膜形成が開始される．表層胞に類似した構造は両生類の卵母細胞にも認められる．(⇒受精)

d **表層粒** [cortical granule] ウニの成熟卵の表面直下にほぼ1層に並ぶ小顆粒を含む小胞．ヤヌスグリーン(ヤヌス緑)で生体染色されるヤヌス緑顆粒(Janus green granule)もこれである．大きさはバフンウニでは0.6 μmほど．糖蛋白質を含む．受精の際のCa^{2+}濃度の上昇が引き金となって卵細胞膜と融合し，開口放出によって内容物が卵細胞膜と卵黄膜の間の*囲卵腔に放出される．その結果，卵黄膜の裏打ちをして硬い*受精膜をつくる．この表層粒崩壊は精子侵入の点から起こり，波状に周囲へ及ぶ．受精膜の硬化にはカルシウムイオン依存的な酵素反応が関わる．カタラーゼの阻害物質ATA(3-アミノ-1,2,4-トリアゾール)またはPABA(パラミノ安息香酸)を海水に添加すると受精膜が硬化しない．ウニ以外の無脊椎動物(ヒトデ，ゴカイ，ニッポンウミシダなど)やカエルや哺乳類の卵でもこれに似た顆粒が報告され，メダカなどの卵の表層胞もこれと共通の性質をもつ．(⇒受精，卵表層変化)

e **漂鳥**(ひょうちょう) [wandering bird] 一地方内で越冬地と繁殖地とを異にし，その間で小規模の季節移動をする*渡り鳥．日本では，低地で越冬し山地で繁殖す

るミソサザイやウグイス，関東以西の暖地で越冬し北海道・東北地方で繁殖するウズラなど．

f **病徴** [symptom] [1] 病気にかかった植物体上に出現する，一般に肉眼で認められる異常．病徴には植物体の一部または全部の形態的異常(*叢生など)，変色(discoloration)や*壊死，それらによる病斑や*モザイク形成，萎凋(しおれ)や枯死，腐敗などがある．病徴のなかには病気の種類に特異的なものがあり，病徴から病気を判定することができる場合もある．[2] ⇒症状

g **標徴種** [characteristic species] ある植物群落に対して*適合度の高い植物．群落側からみれば，その群落はそれらの標徴種(群)によって他の群落から識別されることになる．標徴種は，その種の分布域とその種を標徴種とする群落の分布域の関係から次の3種類に分けられる．(1)絶対標徴種：その分布域が群落の分布域とほとんど等しいもの，(2)地方標徴種：両者の分布域は等しくはないが，群落分布域の大半(50〜90%)に出現するもの，(3)局地標徴種：分布域は群落の分布域よりもかなり狭く，群落分布域内ではその一部分(10〜50%)だけに分布するもの．絶対標徴種は稀で，多くは地方あるいは局地標徴種である．標徴種は一般に立地条件に対して適応範囲が狭いので，環境指標としての性格をもつものが多い．

h **標的器官** [target organ] 放射線や化学物質などの作用原に対して，その主な作用を特に顕著に受ける器官．例えば特定のホルモンが特定の標的器官に選択的に作用し，他の器官にはほとんど作用しない．この性質を器官特異性(organ specificity)と呼ぶ．これは特定のホルモン受容体が，その標的器官の細胞(標的細胞)だけに存在することによる．

i **表皮** [epidermis] [1] 維管束植物の体表面をおおう，1層，ときに多層の*表皮細胞からなる平面的な組織．多層の場合，*多層表皮という．表皮細胞は厚さがほぼ等しいのが特徴．表皮細胞は表面からの輪郭は多角形(例：クラマゴケ，ソテツ，オモト，ブドウ)，波状形(例：ベンケイソウ科，ナス科，イネ科)，細長い紡錘形(例：カヤやアヤメ)など多様であるが，隙間なく並ぶのが特徴．したがって表皮には気孔の部分を除いては細胞間隙は見られない．表皮は植物体を保護し，水分の蒸散を防ぐ．そのため表皮細胞の外側に面する細胞壁は通常，肥厚し，その外はセルロースとキチンからなる層となったり，さらにその上を*クチクラが覆う場合もある．クチクラが発達すると表面に光沢があり(ツバキやヒイラギの葉)，時に表面に蠟質が分泌し蠟被と呼ばれる．表皮細胞は一般に発達した葉緑体をもたないが，シダ類や水生植物では葉緑体が表皮細胞にも存在する．多くの着色花弁やムラサキオモトの葉の表皮細胞などは液胞中に種々のアントシアンを含む．またイラクサ・ムラサキ・インドゴムノキなどでは葉の表皮細胞内に鐘乳体を含む(⇒結晶細胞)．木本植物の茎や根では肥大成長に伴って，表皮は脱落し周皮に取って代わられる．なおコケ植物の体表面をおおう細胞層も表皮と呼ぶことがある．[2] 動物の*皮膚(あるいは粘膜)の*上皮の一般的な呼称．外胚葉起原．(1)無脊椎動物ではすべて1層の組織，すなわち単層上皮である．無脊椎動物では，表皮細胞が繊毛をもちそれが運動器官になっていることが多い(渦虫類など)．表皮が呼吸器官となる場合もあり(皮膚呼吸)，鰓や気管にも転化する．昆虫や甲殻類では表皮は

丈夫なクチクラを分泌して堅固な外骨格をなし，この場合の表皮は，クチクラ層に対して下皮と呼ばれることがある．(2)脊椎動物では重層上皮で，その下にある結合組織性の真皮と合して皮膚を形成する．両生類は，表面に粘液を分泌し表皮を保護するが，魚類，爬虫類，鳥類では鱗を付属させる．多くの脊椎動物では表皮はケラチンを充満した死んだ細胞が重なって角質化する．角質化した表層を角質層(角化層 horny layer 独 Hornschicht)，内層を一括して胚芽層(stratum germinativum, germinal layer, germinative layer)ということもあるが，増殖能を有するのは最深層を形成する一層からなる基底層(basal layer)の細胞だけであることから，この層のみを胚芽層ということもある．その上に順次，有棘層(stratum spinosum)，顆粒層(stratum granulosum, granular layer)，淡明層(stratum lucidum)が分類できる．ただし有棘層から淡明層までは必ずしも明確に分けられないこともある．角質層は，通常小片となって脱落するが，爬虫類などに見られる脱皮は，全身の角質層が一度に剝離し，脱落する現象．これは新旧角質層の間の層が粘液変性を起こすためである．表皮は時に細胞中に色素を含んで，皮膚の色調形成に加わる．爪も毛も角質層の変形したもので角質器といわれる．

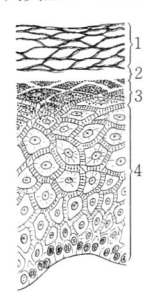

哺乳類の皮膚
1 角質層
2 淡明層
3 顆粒層
4 胚芽層

a **表皮系** [epidermal system] 維管束植物の体各部の外面を包み保護する組織系．J. von Sachs (1868) が提唱した三つの組織系の一つで，*維管束系および*基本組織系と並ぶもの．一般に，表皮細胞のほか，気孔および水孔を挟む孔辺細胞，毛などから構成されている．(→組織系)

b **表皮細胞** [epidermal cell] 動植物の*表皮を構成する細胞の総称．[1] 植物では，孔辺細胞や毛などの特殊なものを含む．シロイヌナズナなどでは，通常の表皮細胞について，敷石状をしていることから pavement cell と呼ぶ．[2] 動物の*上皮を構成する細胞．一般の上皮細胞の特徴をもつほか，クチクラを分泌したり角質化する傾向が強く，これによって保護上皮としての表皮はより目的にかなったものになっている．

c **表皮神経系** [epidermal nervous system] 大部分の後口動物，および一部の前口動物に見られる，表皮層中にある神経系．多くの前口動物がもつ深在神経系と対する．(→深在神経系)．もともと神経系は外胚葉に由来するが，動物の体制が高度になるにつれ，次第に表皮下の深層に沈下する．紐形動物においてこの移行の諸段階が明瞭に認められ，(1)表皮層内にあるもの，(2)表皮と皮下の筋層との間にあるもの，(3)皮下の筋層中にあるもの，(4)皮下筋層よりもさらに内方にあるものなどが区別される．棘皮動物，ホキムシ類，半索動物のギボ

シムシ類でもその典型的なものが認められる．

d **表皮メラニン単位** [epidermal melanin unit] 哺乳類と鳥類においてメラニンを合成する色素細胞とそれを受容する表皮細胞との組合せを形態的体色変化における機能的単位とみたもの．*メラノサイトの産生したメラノソームは表皮細胞に移送され，体色を発現することからこのような機能上の単位が考えられる．

e **標本 【1】** [specimen] 《同》学術標本 (scientific specimen)．生物学の研究を目的として，適当な防腐処置を施して保存される生物の個体あるいはその一部．動物体はアルコールやホルマリンなどの防腐剤溶液につけたり(液浸標本)，昆虫のように外骨格の保存が容易なものは乾燥する(乾燥標本)．植物は通常，厚紙の上に平たく圧して乾燥する(腊葉標本，さくようひょうほん)が，立体構造を保つ必要のあるものは液浸標本とする．地衣類はそのまま乾燥し，菌類は液浸標本にすることが多い．動植物を問わず，微小なものはプレパラート標本が適している．分類学では標本を最も基本となる証拠として扱う．例えば新分類群を設立するときには，単一の個体を正基準標本に指定しなければならない(→タイプ標本)．**【2】** [preparation] 《同》標品，試料．医学・生理学で，実験の対象とする生体の一部分，または全体をいう．**【3】** [sample] 統計学で，解析対象とする母集団から抽出した各要素をいう．

f **標本抽出** [sampling] 統計調査において，無限個の要素をもつと仮定された母集団から，ランダムに(無作為に)有限個の要素をとりだすこと．生物学においては，要素はある種内の個体であったり，ある組織内の細胞であったり，ゲノム中の DNA 配列であったりする．

g **表面感覚** [superficial sense] *皮膚感覚，すなわち圧覚，触覚，温度覚(温覚・冷覚)および痛覚の総称．*深部感覚と対する．皮膚における受容器にはさらに多くの種類が見出されているが，感覚の点からは，上記の5種で足りる．感覚の座は大脳皮質の体性感覚野で，受容器からの感覚情報は脊髄後角に入り，さらに視床の腹後内側核を経て大脳皮質感覚野に入る経路が代表的．

h **比葉面積** [specific leaf area] 《同》SLA．植物の*成長解析において，葉の葉身部分の片面葉面積の乾重量に対する比．比葉面積は，1枚の葉について求める場合もあれば，群落全体あるいは葉群の各層別の平均比葉面積を算出して用いる場合もある．なお，比葉面積の逆数は比葉重(SLW, specific leaf weight)と呼ばれることもある．

i **表面培養** [surface culture] 微生物を*液体培地の表面に発育させる培養．液内培養と対する．固形培地の表面に発育させるときは通常この語を使わない．カビや放線菌などを液体培地に植えて静置すればその表面に気生菌糸を出す*菌蓋をつくって発育するので，静置培養(振盪培養に対して)ということもある．微生物の好気的培養に用いられる．

j **表面プラズモン共鳴法** [surface plasmon resonance method] 表面プラズモン共鳴(SPR)の原理を用いて，蛋白質とリガンドなど分子間の相互作用を調べるバイオセンサーの一種．SPR の原理によると金などを薄く蒸着した基板近傍の屈折率の変化を高感度で検出できる．屈折率の変化は基板に吸着した物質の質量変化を反映するため，金基板に結合させた蛋白質にリガンドが結合したかどうかを実時間で測定できる．主流の装置で

1170　ヒヨウリカ

は金基板付近での溶液交換が自在なため，分子間相互作用における結合・解離の速度定数を解析可能である．

a　**病理学**　[pathology]　疾病の発生原因を解明し，疾病によって起こる生体の形態学的変化・機能的障害を調べ，病的過程の本質を究めようとする医学の一分野．広義には病因論(aetiology)や地域特異性との関連に注目する地理病理学(geographical pathology)も含む．さらに近年，動植物と人体との比較研究を行う比較病理学(comparative pathology)や，動物に実験的に種々の疾病を起こさせて研究する実験病理学(experimental pathology)の分野も発展してきた．狭義には，疾病によって起こる臓器・組織の形態学的変化を記述する病理解剖学(pathological anatomy)・病理組織学(pathological histology)をいう．歴史的には，ギリシアで，自然哲学の影響下に人体の働きや病気を4体液で説明する考え方は一般的となっていたが，コス島のHippocratēsを中心とする医師集団は実践的な診断・治療を重視し，「ヒッポクラテスの誓詞」に代表される医師の規範を確立した．K. Rokitansky (1804～1878)などにより液体病理学(体液病理学humoral pathology)が集大成された．一方，病理解剖学を創始したイタリアのG. B. Morgagni (1682～1771)やフランスのM. F. X. Bichat, R. T. H. Laënnec (1781～1826)，J. Cruveilhier (1791～1874)らにより初期の発展をみ，ドイツのR. Virchowが細胞病理学(cellular pathology 独 Zellularpathologie)すなわち，疾患の本態はその細胞の変化を明らかにすることによって解明できるとする説をたてて近代病理学の基礎を築いた．その後J. F. Cohnheim (1839～1884)による腫瘍の迷芽説や血管変化と炎症との関係についての説，L. Aschoffと清野謙次(1928)による細網内皮系の研究，R. Rössle，É. Metchnikoff，G. Ricker，V. Menkinらによる炎症論など，病理学は医学，ひいては生物学に大きな貢献をした．なお，「病理的」という語は，しばしば「生理的」の対語として使われる．(⇌植物病理学)

b　**肥沃化**　[fertilization]　天然の土壌を施肥などで人工的に改良して，目的とする植物の栽培に適するようにする操作．生態学的にいうと，自然の*物質循環の動的状態を活発化することである．原始的には，植物の生育に必要な物質が広大な地域に自然に集積されるデルタ地帯などを利用して耕地としたが，荒地肥沃化の原理はもともと生物体に存在するすべての物質を土壌に投入すること，すなわち*腐植質を増すことである．これをエネルギー源としてまず微生物の活発な*フロラが実現し，それと関連して炭素分および窒素分が土壌と空気との間で出入を開始する．炭素分に関しては植物が重要な媒介体として自然界における物質循環の一役を演じる．それゆえ肥沃化は，農学をはじめ植物生理学，微生物学，土壌化学，さらに物理化学全般に関連した問題となる．

c　**HeLa細胞**(ヒーラさいぼう)　[HeLa cell]　⇌樹立細胞株

d　**平瀬作五郎**(ひらせ さくごろう)　1856～1925　植物学者．東京帝国大学理科大学植物学教室の画工，のちに助手．イチョウの花粉管内に精子が泳ぐことを発表．隠花植物と顕花植物との類縁を示す発見として国際的に評価された．

e　**ピリジンヌクレオチド**　[pyridine nucleotide]　ニコチン酸補酵素である*ニコチン(酸)アミドアデニンジヌクレオチド(NAD)，*ニコチン(酸)アミドアデニンジヌクレオチドリン酸(NADP)のこと．脱水素酵素の補酵素で，生体における酸化還元反応に関与し，多くの生体物質の代謝や呼吸に広く関係する．*アポ酵素との結合は弱く，自由に解離して，脱水素酵素の共通の基質として働く．

f　**ピリディウム**　[pilidium]　《同》帽形幼生．紐形動物のうち間接発生するもの（異紐類のLineus, Micrura, Cerebratulusなど）の浮遊幼生．*原腸胚期に続く．体はヘルメット形で，上端には，1本ないし数本の感覚毛をそなえた頂板がある．口は下を向いて開き，消化管は肛門をもたず盲嚢に終わる．口面の体側には，前葉，後葉，左右の側葉が伸びており，それらの下縁はやや膨れ，長い繊毛の帯で覆われる．変態の際には，幼生の外胚葉が7カ所で胞胚腔内へと陥入し，やがては消化管を囲んで*成虫盤となる．この部分だけが幼生から出て成虫となり，残りの部分は食べられるか捨てられてしまう．多様なピリディウムの形態が報告されているが，さらにピリディウムが特殊化した幼生として*デズル幼生が知られている．

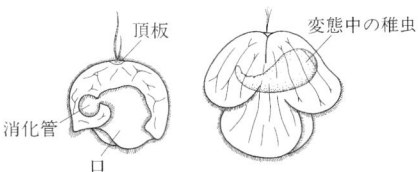

g　**ピリドキサミン**　[pyridoxamine]　PMと略記．$C_8H_{12}N_2O_2$　分子量168.20．ビタミンB_6(vitamin B_6)の作用をもつ天然物質の一つ（⇌ピリドキサール，⇌ピリドキシン）．Streptococcus faecalisの生育因子として*ピリドキシン(PN)より数千倍有効であるが，Lactobacillus caseiに対する成長促進作用は弱い．生体内においては*ピリドキサールキナーゼによってピリドキサミン5′-リン酸(PMP)に変換され，酵素蛋白質，ケト酸と結合物をつくり，アミノ基転移酵素の*補酵素として働く．大腸菌にはピリドキサミンのアミノ基をα-ケトグルタル酸に転移する酵素がある．ピリドキサミン5′-リン酸は*ピリドキサミンリン酸オキシダーゼによって酸化され，*ピリドキサール5′-リン酸(PLP)に変換される．

h　**ピリドキサミンリン酸オキシダーゼ**　[pyridoxaminephosphate oxidase]　《同》ピリドキシンリン酸オキシダーゼ(pyridoxinephosphate oxidase)．アミノ酸代謝に重要な役割を果たすビタミンB_6酵素群の補酵素*ピリドキサール5′-リン酸を生成する酵素．次の反応を触媒する．(⇌ピリドキサミン，⇌ピリドキシン)

　　ピリドキサミン5′-リン酸(PMP)+O_2→
　　　　ピリドキサール5′-リン酸(PLP)+H_2O_2
　　ピリドキシン5′-リン酸(PNP)+O_2→
　　　　ピリドキサール5′-リン酸(PLP)+H_2O_2

これら生理的基質のほかに，N-(5′-ホスホ-4′-ピリドキシル)アミン類も良好な基質として作用する．ピリドキサール5′-リン酸自身により生成阻害を受ける．本酵素は哺乳類の肝臓，腎臓，脳，心臓，赤血球などに存在する．また酵母などの微生物やコムギなどの植物にもその存在が知られている．ブタの脳やウサギの肝臓の酵素は同一のサブユニット(分子量約3万)二つからなり，

二量体酵素1分子当たり1分子の*フラビンモノヌクレオチド(FMN)を含有する．

a **ピリドキサール** [pyridoxal] PL と略記．$C_8H_9NO_3$ 分子量167.16．ビタミン B_6 (vitamin B_6)の作用をもつ天然物質の一つ(⇌ピリドキシン，⇌ピリドキサミン)．ピリドキシンを酸化して得られるアルデヒド．中性・アルカリ性で不安定で光分解をうける．Streptococcus lactis の生育にピリドキシンより数千倍有効で，チロシン脱カルボキシル酵素作用を回復する物質が，臓器抽出物に含まれることから発見された(1942)．生体内では*ピリドキサールキナーゼによってリン酸化されて*ピリドキサール 5′-リン酸となり，各種の酵素の補酵素として働く．

b **ピリドキサールキナーゼ** [pyridoxal kinase] *ピリドキサール(PL)，*ピリドキサミン(PM)，*ピリドキシン(PN)から，それぞれ*ピリドキサール 5′-リン酸(PLP)，ピリドキサミン 5′-リン酸(PMP)，ピリドキシン 5′-リン酸(PNP)を生成する酵素，EC 2.7.1.35．ピリドキサール 5′-リン酸を生成する反応は次の通り．

ATP+ピリドキサール ⟶ ADP+ピリドキサール 5′-リン酸

反応には Zn^{2+}，Mg^{2+} などの2価の金属イオンを要求する．ピリドキサールキナーゼは種々の微生物，動物の細胞・組織に存在し，大腸菌やウシやブタ，ヒツジの脳や肝臓などから精製されている．ヒツジの脳の酵素は分子量4万の同一のサブユニットからなる分子量8万の二量体酵素であるが，単量体でも活性をもつ．大腸菌の酵素は分子量およそ4万．

c **ピリドキサール 5′-リン酸** [pyridoxal phosphate] PLP と略記．$C_8H_{10}NO_6P \cdot H_2O$(水和物) 分子量265.16．ビタミン B_6 の*補酵素型である．ピリドキシン欠乏培地に培養した大腸菌の脱カルボキシル酵素は*ピリドキサールとATPを加えて初めて活性を回復することから，ピリドキサールはリン酸と結合した形で働くことがわかり，酵母からの抽出や合成によってリン酸は 5′ の位置についていることが証明された．動物では，ピリドキシン $\xrightarrow{(1)}$ ピリドキシン 5′-リン酸 $\xrightarrow{(2)}$ ピリドキサール 5′-リン酸の反応で生成する．(1)はピリドキシンキナーゼ(*ピリドキサールキナーゼに同じ)，(2)はピリドキシンリン酸オキシダーゼ(*ピリドキサミンリン酸オキシダーゼに同じ)である．ピリドキサール 5′-リン酸自身，セリン，システインと加熱すると脱アミノ反応を触媒するが，酵素蛋白質とそのリジンの ε-アミノ基とシッフ塩基(Schiff base)の形で結合して，アミノ基転移酵素，アミノ酸デカルボキシラーゼ，システインデスルフヒドラーゼ，セリンデアミナーゼ，アミノ酸ラセマーゼ，キヌレニナーゼ，メチオニナーゼなどの補酵素として作用する．ピリドキサミン酸に可逆的に変わり，アミノ基を転移しアミノ酸や蛋白質の代謝に中心的役割を果たす．

d **ピリドキシン** [pyridoxine] PN と略記．《同》アデルミン(adermin)，ピリドキソール(pyridoxol)．$C_8H_{11}NO_3$ 分子量169.18．ビタミン B_6(vitamin B_6)の作用をもつ物質の一つ(⇌ピリドキサミン，⇌ピリドキサール)．P. György(1935)が発見した．市場彰芳，R. J. Kuhn らが米糠・コムギ胚・酵母・肝臓・糖蜜などから抽出・単離し(1938)，S. A. Harris，Kuhn らが化学合成した(1939)．pH7 のリン酸緩衝液中で 220, 254, 325 nm に吸収帯をもつ．ピリドキサールやピリドキサミンとともに微生物の成長因子としての活性をもつ．生体内で，ピリドキシン 5′-リン酸(PNP)を経てアミノ酸代謝の*補酵素であるピリドキサール 5′-リン酸に容易に変わる(⇌ピリドキサール 5′-リン酸)．B_6 は蛋白質代謝に関連が深いとみられ，B_6 欠乏動物では蛋白質から炭水化物や脂肪への転移が抑制される．ネズミは B_6 欠乏で成長がとまり，皮膚炎が尾・鼻・眼瞼などに起こり，先端疼痛症(acrodyna)がみられる．ヒトでは腸内細菌によって合成されるため欠乏症は起こりにくいが，食生活のアンバランス，脳出血などで経口摂取が不可能な場合，妊娠・発熱などで体内需要量が増加する場合などに起こる．ラットの四肢にペラグラ様皮膚炎がみられるほか，ヒトでは鼻，耳，口の周辺に脂漏性皮膚炎がみられる．また B_6 が欠乏すると高コレステロール血症，動脈硬化，脂肪肝，肝硬変，抗体形成不全などが起こる．B_6 はまた中枢神経系に主要な役割を果たしているので，小児で欠乏すると痙攣が起こるが，B_6 の投与によって劇的に治る．赤血球でヘムの合成にも必要で B_6 欠乏では貧血が起こる．また，ビタミン B_6 依存症として先天性代謝異常もいくつか知られているが，その症状は多量のビタミン B_6 投与によって改善される．

e **ピリドキシン酸** [pyridoxic acid] $C_9H_9NO_4$ 分子量183.16．ビタミン B_6(⇌ピリドキシン)を動物に与えると尿中に現れる B_6 の主要な代謝産物．蛍光物質で肝臓のアルデヒド酸化酵素により生成する．酸性溶液中では容易にラクトンに変化する．

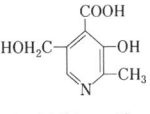

4-ピリドキシン酸

f **ビリベルジン** [biliverdin] 《同》胆緑素．$C_{33}H_{34}O_6N_4$ ビラトリエン(bilatriene)に属する胆汁色素で，青緑色の色素体．草食動物の胆汁に多量含まれる．ヘモグロビンの正常代謝産物でヘム酸素添加酵素によってポルフィリンが酸化開裂したもの．脾臓および肝臓に存在するビリベルジン還元酵素によって還元され，ビリルビンとなる．昆虫の血リンパ中にはビリベルジン結合蛋白質(biliverdin binding protein:インセクトシアニン，シアノプロテインなど)と結合して存在し，表皮の色素や貯蔵蛋白質として機能しており，また，クロロフィルの分解産物とされるメソビリベルジン(mesobiliverdin)も見出される．(⇌胆汁色素[図])

g **ピリミジン塩基** [pyrimidine base] ⇌塩基，⇌ピリミジン生合成経路

h **ピリミジン生合成経路** [pyrimidine biosynthesis pathway] 生体内で，核酸を構成する成分のうち，ピリミジン塩基(ウラシル，シトシン，チミン)を合成する経路．*サルヴェージ経路に対する新生経路(de novo pathway)に当たる．*ウリジル酸(UMP)の合成を経て，ピリミジンヌクレオチド(ウリジン三リン酸，シチジン三リン酸，チミジル酸)の形で合成される．6段階の酵素反応からなる．(1)カルバモイルリン酸シンターゼⅡ(カルバモイルリン酸合成酵素Ⅱ carbamoyl phosphate synthetase Ⅱ)はグルタミンのアミノ基，重炭酸塩，2

分子のATPより*カルバモイルリン酸を合成する．本酵素はピリミジンヌクレオチドによるフィードバック調節を受ける．尿素合成では，本酵素とは別のアンモニア依存性のカルバモイルリン酸合成酵素Ⅰがカルバモイルリン酸の合成に用いられる．(2) アスパラギン酸カルバモイルトランスフェラーゼ (aspartate transcarbamoylase, aspartate carbamoyltransferase) はカルバモイルリン酸と L-アスパラギン酸から N-カルバモイルアスパラギン酸（ウレイドコハク酸ともいう）を合成する．(3) ジヒドロオロターゼ (dihydroorotase) によるピリミジン環（ジヒドロオロト酸）の生成，(4) ジヒドロオロト酸デヒドロゲナーゼ (dihydroorotate dehydrogenase) によるオロト酸生成を経て，(5) オロト酸ホスホリボシルトランスフェラーゼ (orotate phosphoribosyltransferase) によるホスホリボースの付加でヌクレオチド（オロチジル酸）が生じ，(6) オロチジル酸デカルボキシラーゼ (orotidine-5-monophosphate decarboxylase) によりウリジル酸 (UMP) が合成される．ピリミジン生合成ではUMPが中間体となり，2段階のリン酸化を経てウリジン三リン酸 (UTP) がつくられ，そのアミノ基の転移によってシチジン三リン酸 (CTP) が合成される．さらにUDPから，デオキシウリジン二リン酸 (dUDP)，デオキシウリジル酸 (dUMP) を経て，デオキシチミジル酸 (dTMP) がつくられる．真核生物では本経路を構成する酵素の一次構造は多様で，動物やアメーボゾアでは(1)～(3) の3酵素の融合が見られるほか，(5)(6) の2酵素では(5)-(6)融合型に加え，一部の系統群で独立型や逆順に融合した(6)-(5)融合型が認められる．また，ジヒドロオロチン酸デヒドロゲナーゼは，用いる電子受容体によって細胞質局在型（原核生物および一部の真核生物）とミトコンドリア局在型（真核生物）に分類される．寄生性原生生物の一部やリケッチア，マイコプラズマでは本経路を欠く．

a ピリミジン二量体 [pyrimidine dimer] 一般にシクロブタン型ピリミジン二量体のことで，紫外線照射により，DNAまたはRNAの同一鎖上の隣り合うピリミジン残基の6位および5位の炭素が互いに共有結合して形成される二量体．*チミン二量体を代表とし，シトシン-シトシン二量体 (cytosine-cytosine dimer)，ウラシル-ウラシル二量体 (uracil-uracil dimer) などがあり，紫外線による細胞致死の主因をなす．*光回復酵素の触媒により光を吸収し単量体にもどる．紫外線による突然変異誘発は，むしろ6-4光産物 (6-4 photoproduct) と呼ばれる二量体によるといわれている．

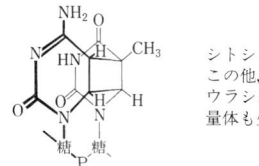

シトシン-チミン二量体の例．この他，シトシン-シトシン，ウラシル-ウラシルなどの二量体も生じる

b ピリミジンヌクレオシド [pyrimidine nucleoside]
⇒ヌクレオシド

c 肥料 [fertilizer] 作物の成長促進のために主に土壌に施される物質．作物を栽培すると，収穫の行為によって土壌から無機養分が運び去られるので，長期間作物生産を維持し，拡大するためには，外から無機養分を土壌に添加しなければならない．この目的のため肥料が施される．広義には土壌の物理的性質を改善し間接的に生育を良くするためのもの（土壌改良剤）も含まれる．土壌中で最も欠乏しやすく，施肥効果も大きい窒素・リン酸・カリウムの3成分を肥料三要素という．窒素・リン酸・カリウムのそれぞれを主成分とする肥料（単肥），三要素のうち2成分以上を含有する複合肥料，微量要素複合肥料，肥効調節型化学肥料，有機質肥料などに区分される．日本では肥料取締法によって規格の公定，組成などの検査が行われている．

d 微量塩基 [minor bases] 《同》修飾塩基 (modified bases)．天然の核酸のなかに，主要な塩基のほかに微量に含まれている塩基誘導体．特にtRNAに多く含まれている．多くは主要塩基がメチル化されたもの，またはその誘導体である（⇒メチル化塩基，⇒制限・修飾）．tRNAにはそのほかに次のような多様な微量塩基がみつかっている．脱アミノ誘導体 (*ヒポキサンチン，1-メチルヒポキサンチンなど)，含硫誘導体 (4-チオウラシル，2-チオシトシンなど)，イソペンテニル誘導体 (N^6-($Δ^2$ イソペンテニル) アデニン，N^6-($Δ^2$ イソペンテニル) 2-メチルアデニンなど)，ジヒドロウラシル，

ピリミジン生合成

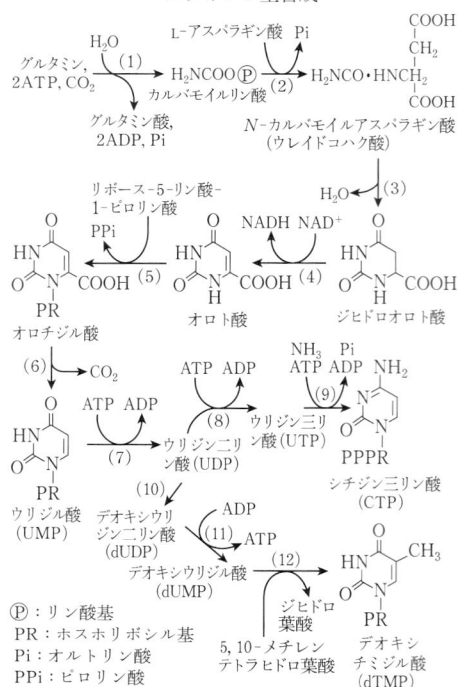

(1) カルバモイルリン酸シンターゼⅡ (2) アスパラギン酸カルバモイルトランスフェラーゼ (3) ジヒドロオロターゼ (4) ジヒドロオロト酸デヒドロゲナーゼ (5) オロト酸ホスホリボシルトランスフェラーゼ (6) オロチジル酸デカルボキシラーゼ (7) ヌクレオシドーリン酸キナーゼ (8) ヌクレオシド二リン酸キナーゼ (9) CTP シンターゼ (10) UDP レダクターゼ (11) TMP キナーゼ (12) TMP シンターゼ

シトシンの誘導体であるリシン，グアニンの高度修飾誘導体であるQ塩基（キューイン），Y塩基や*プソイドウリジンなど．微量塩基は核酸の一次構造が形成されたのちに酵素的に修飾（Q塩基では置換）されて生成する．これらの微量塩基のtRNA中での存在位置はほぼ決定されている（⇒クローバー葉モデル）．これらの微量塩基の役割はまだ十分には解明されていないが，核酸の構造や機能に重要な関係があることが示されているものもある．多くのtRNAでアンチコドンあるいはアンチコドンの3'側などに隣接して微量塩基が存在し，コドン識別に関与していることが知られている．例えば，一部のtRNAのアンチコドンの第一文字目に存在するヒポキサンチンは，複数の塩基と対合できるため，そのtRNAに特異的なアミノ酸のコドンの*縮重に対応することができる．イソロイシンのtRNAのアンチコドンの第一文字目に存在するリシンは，コドン特異性に関与することが示されている．チロシン，ヒスチジン，アスパラギンおよびアスパラギン酸のそれぞれに対応するtRNAのアンチコドンの第一文字目に存在するQ塩基は，コドン識別に特異的に関与することが知られている．また，コドンの第一文字目がUであるアミノ酸に対応するtRNAのアンチコドンの3'側に隣接して存在する N^6-(Δ^2イソペンテニル)アデニンあるいはその誘導体は，コドンの認識があいまいにならないようにする役割を果たしていると考えられている．

a　微量元素 [trace element]　生物が正常な生命活動を続けていくうえで必要不可欠な生元素のうち，生体内に比較的含量の少ない元素．脊椎動物の場合，B, F, Si, V, Cr, Mn, Co, Ni, Cu, Zn, As, Se, Mo, Sn, Iの15元素がこれにあたる．これらの多くはppm，あるいはそれ以下の微量なレベルで生体内に存在する．微量元素のうち8元素は第一遷移金属元素であり，蛋白質や核酸，ポリリン酸化合物に配位して錯体を形成する．とりわけ，これまでに単離された1000を超す酵素の1/3以上が金属酵素あるいは金属要求酵素であるという事実は，微量元素の生体における重要性を裏づけている．生元素のうち生体内に比較的多量に存在する元素(H, C, N, O, P, Ca, S, Cl, K, Na, Mg, Fe)を多量元素(major element)という．

b　微量毒作用 [oligodynamic action]　種々の金属イオンが，微量で生物体に及ぼす害作用．特に重金属についていい，各種の重金属は極微量ではあるが水に溶けてコロイド状の水酸化物を形成し，そのイオンが原形質を害する．

c　ビリルビン [bilirubin]　《同》胆赤素．$C_{33}H_{36}O_6N_4$　ビラジエン(biladiene)に属する胆汁色素で，赤褐色の色素体．ヒトや肉食動物の胆液に多量含まれる．血中ビリルビンには，ジアゾ試薬添加によって紅〜紫に発色するハイマンス-ファンデンベルグ反応(Hijmans-van den Bergh reaction)によって，アルコールの添加なくして陽性に出る直接型と，アルコールの添加をまって初めて発色する間接型が存在する．前者はビリルビンのモノおよびジグルクロニド(抱合体)で，後者は非抱合型である．ヘモグロビンの正常代謝産物で，ビリベルジン還元酵素によって生成し，さらに腸管内に排出されて還元されるとビニル基がエチル基に変じたメソビリルビン(mesobilirubin) $C_{30}H_{40}O_6N_4$ を経て，メチン基も全部水素で飽和したメソビリルビノゲン(ウロビリノゲン) $C_{33}H_{44}O_6N_4$ となる．ビリルビンは側鎖4, 5のプロピオン酸基がグルクロニドと結合(エステル)したのち胆汁に入り，腸管内で*ウロビリンやウロビリノゲンとなって排出されるが，再吸収されて肝臓にかえることもある．また一部は大循環系に入り腎から尿中に排出される．糞便の色はビリルビンが腸内細菌によって還元されて生じたステルコビリノゲンが酸化した*ステルコビリンに基づく．ビリルビンは平常でも血液中に4〜10 mg/L程度存在するが，胆管閉塞溶血疾患あるいは肝実質細胞の機能が低下すると濃度が増加し，皮膚や粘膜の色が黄色みを帯びる．これが黄疸(jaundice, icterus)である．

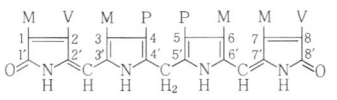

$$\begin{array}{c}\text{M V M P P M M V}\\\text{構造式}\\\text{N-C-N-C-N-C-N-C-N}\end{array}$$

M : CH₃, V : CH=CH₂, P : CH₂CH₂COOH

d　脾リン酸ジエステラーゼ　[spleen exonuclease, spleen phosphodiesterase]　《同》脾エキソヌクレアーゼ．5'-OH末端をもつDNAおよびRNAを3'-ヌクレオチドを遊離しながら5'末端から3'方向に向かって段階的に分解する酵素．EC3.1.16.1．ウシの脾臓から精製されたものが最もよく知られている．高分子のDNAは加水分解しにくいが，*デオキシリボヌクレアーゼⅡまたは*ミクロコッカスヌクレアーゼなどで処理しておくと完全に加水分解する．塩基配列に対する特異性はないが，5'末端にリン酸モノエステル基をもつときは水解しない．反応には Mg^{2+} を必要としないが，最適pHは Mg^{2+} ($2×10^{-2}$ M)存在下では5.8付近，Mg^{2+} のないときは6.6．塩基組成の分析，5'末端塩基の同定，欠失遺伝子の作成など核酸の構造および研究に広く用いられる．(⇒ヘビ毒ホスホジエステラーゼ)

e　ヒル　HILL, Archibald Vivian　1886〜1977　イギリスの筋肉生理学者．筋肉活動の力学・熱力学を研究し，特に精巧な熱電気的測定装置を考案して筋肉の熱現象を研究．これは熱の発生の経過を電気的・機械的・化学的随伴過程と関連づけることを可能にした．1922年，O. Meyerhofの生化学的業績とならんでノーベル生理学・医学賞受賞．

f　ヒル　HILL, Robert　1899〜1991　イギリスの生化学者．緑葉のホモジェネートによる水の光酸化反応(酸素発生)を発見，光合成酸化還元反応を初めて in vitro で行わせることに成功(⇒ヒル反応)．葉緑体に存在するシトクロム f，シトクロム b_6 を発見，またエマーソン効果と上記のシトクロムの酸化還元電位から二次反応モデルを提唱するなど，光合成電子伝達系研究の重要な基礎を築いた．[主著] Photosynthesis (C. P. Whittinghamと共著), 1955.

g　ピルケ　PIRQUET, Clemens von　1874〜1929　オーストリアの医学者．ツベルクリン皮膚テスト(ピルケ反応)を創始．アレルギーの概念を提唱．Allergieの語は，「変わった反応能力」という意味としてピルケが造語，原意においては「強められた反応能力」としての過敏性と「弱められた反応能力」としての免疫との双方を含み，のちの見地からみても正確で，以降もっぱら前者を意味するようになった．

h　ヒルゲンドルフ　HILGENDORF, Franz　1839〜1904　ドイツの動物学者．ベルリン動物学博物館で研究ののち，

1868年ハンブルク動物園園長兼水族館館長．1873(明治6)年日本政府に招かれ，第一大学区医学校で動植物学，数学，ドイツ語を講じた．1876年，再びベルリン動物学博物館に勤務，のちに館長．日本滞在中に蒐集した海産動物，特に魚類，甲殻類，環形動物を研究し，日本人の骨格も調査した．

a **ビール酵母** [beer yeast, brewery yeast] ビールの醸造に用いられる酵母の品種．酵母を分離培養してビール醸造に適用したのは E. C. Hansen (1883) で，この伝統をひくデンマークの Carlsberg 醸造研究所の*下面酵母が有名である．その他有名なものに同じく下面酵母であるチェコの Saaz 型酵母，イギリスなどの*上面酵母がある．細胞の形は他の培養酵母と同じく，球に近い楕円体で，野生酵母類と異なる．

b **ヒルジン** [hirudine] 医用ヒル (Hirudo medicinalis) の唾液腺中に含まれており，その頭部から煮沸水中で抽出して得られる分子量約 1.1 万のポリペプチド．抗凝血物質の一つ．プロテオース (proteose)，すなわち部分加水分解によって熱による凝固性を失った変性蛋白質 (誘導蛋白質) の一種とされる．ジカルボン酸の含有が多く酸性を示し，トリプトファンやアルギニンを含んでいないのが分子構造上の特徴で，N 末端はロイシンまたはイソロイシン．等電点は pH4.0 であり，水，生理食塩水，ピリジンなどには溶けやすいが，アルコール，エーテル，アセトンなどには溶けにくい．またトロンビンの活性中心ならびに基質結合部位に結合して活性を阻害するため，血液凝固を阻止する作用があり，ヒルが吸った血液が凝固しないのはそのためである．なお，吸血昆虫の唾液腺やウナギの鰭などに寄生する多毛類の *Ichthyotomus* の口腔に開口する haemophilus gland，その他の中にもこれと類似の物質が存在する．

c **ピルトダウン人** [Piltdown man] 20 世紀初頭に，偽化石に対してつけられた人類の名称．当時の学界を惑わせたその骨は，1910～1913 年頃にイギリス，サセックス州のピルトダウン村にある礫層から，石器や動物化石とともに見つかった．断片的ながら大きな頭蓋骨と原始的な下顎骨という組合せを示す一連の骨は，人類進化において脳の発達が先行したとの誤った仮説を支持するとともに，当時知られていたピテカントロプス (*ジャワ原人) やアウストラロピテクス (⇌アウストラロピテクス類) の人類としての正当性に疑問を呈する材料ともされた．1950 年代に，フッ素含有量の検討などから，骨は実際には現代人の頭蓋骨とオランウータンの下顎骨で，古くみせるための加工がほどこされた偽物であることが明らかとなった．

d **ヒルのプロット** [Hill plot] 酵素の反応速度，最大反応速度をそれぞれ v, V_{max}，基質濃度を $[S]$ としたとき，横軸に $\log[S]$，縦軸に $\log\{(V_{max}-v)/v\}$ をプロットした図．アロステリック酵素では，アロステリック効果の一つである基質協同性 (ホモトロピック効果) のために基質飽和曲線が S 字型となりミカエリス－メンテンの式に合わないことが多い．この場合，経験式として A. V. Hill (1910) がヘモグロビンの酸素解離曲線を表すのに用いた式 (ヒルの式 Hill equation) を次のように変形して用いる (式中 K_m はミカエリス定数)．

$$v = V_{max}[S]^n/(K_m+[S]^n) \quad (1)$$

これをさらに変形すると，

$$\log\{(V_{max}-v)/v\} = n(\log K_m - \log[S]) \quad (2)$$

となる．実験データを式 (2) にしたがってプロットすると，$[S]$ が極端に低いときおよび高いときを除く中間濃度の領域で直線となり，その勾配が n となる．これをヒル係数 (Hill coefficient) といい，基質飽和曲線の S 字型の程度が強いものほど n の値は 1 より大きくなる．通常の双曲線型の飽和曲線を与える酵素の場合，$n=1$ となって式はミカエリス－メンテンの式と同一となる．n の値は基質協同性の強さの指標として用いられる．

e **ヒル反応** [Hill reaction] *葉緑体が光のエネルギーによって電子受容体を還元し，同時に酸素を発生する反応．R. Hill (1939) は葉緑体懸濁液にシュウ酸第二鉄を加えて光を照射すると Fe^{3+} が Fe^{2+} に還元され，O_2 が発生することを見出した．これは*光合成の部分反応を人為的に再現した最初の例である．一般に次の式で表すように，電子受容体 (A) を添加することで，再現できる光合成の酸素発生反応をヒル反応という．

$$H_2O + A \xrightarrow{光} AH_2 + \frac{1}{2}O_2$$

光合成における生理的な電子受容体は $NADP^+$ であるが，$NADP^+$ が存在しなくてもフェリシアン化カリウム，ベンゾキノンなどを加えてヒル反応を観察できる．また，メチルビオローゲンを電子受容体とすると，電子は O_2 に渡り，O_2^- (スーパーオキシドアニオン) を生成する．このとき，電子 1 個で 1 分子の O_2 が吸収されるが，酸素発生系においては電子 1 個で 1/4 分子の O_2 しか発生しないので，総計としては酸素の吸収が起きる．なお，光合成の電子伝達反応による酸素の吸収をメーラー反応 (Mehler reaction) という．

f **ピルビン酸** [pyruvic acid] 《同》焦性ブドウ酸 (独 Brenztraubensäure)．$CH_3COCOOH$ 全生物に普遍的で基本的な代謝中間物質の一つ．α-ケト酸であるため反応性が高く，多くの酵素反応に関係する．解糖のエムデン－マイエルホフ経路 (EM 経路，⇌解糖［図］) などにより生成し，無酸素状態では還元されて*乳酸になるが，好気的条件では*ピルビン酸脱水素酵素系によって脱水素－脱カルボキシルされて*アセチル CoA に変わり，*クエン酸回路に入る．また細菌・酵母などの発酵においても EM 経路・*エントナー・ドゥドロフの経路などでも生成するが，さらに生物種や環境条件により，アセチル CoA，アセトアルデヒド，アセト乳酸，オキサロ酢酸，リンゴ酸などを生成する．このように各種の代謝系に共通した中間体であり，また代謝経路の分岐点でもある．ほかにアミノ基転移反応によってアラニンに変化する．

g **ピルビン酸カルボキシル化酵素** [pyruvate carboxylase] 《同》ピルビン酸カルボキシラーゼ．*ミトコンドリアにあり，*ピルビン酸 + CO_2 + ATP + H_2O → *オキサロ酢酸 + ADP + Pi の不可逆反応を触媒する酵素．EC6.4.1.1．分子量約 65 万，多数のサブユニットをもつ．最適 pH4.8．$\Delta G^{\circ\prime} = -0.5$ kcal．上記*クエン酸回路にオキサロ酢酸を供給する主要な補充反応．アロステリック酵素で，活性にアセチル CoA を必要とする．CO_2 と反応する酵素補欠族としてビオチンを含む．動物，糸状菌，酵母などに広く存在するが，植物や大部分の細菌にはない．(⇌ホスホエノールピルビン酸カルボキシル化酵素)

h **ピルビン酸脱カルボキシル酵素** [pyruvate decarboxylase] 《同》ピルビン酸デカルボキシラーゼ (α-carboxylase)，α-ケト酸カルボキシラーゼ (α-ketoacid carboxylase）．EC4.1.1.1．カルボキシル基脱離酵素の一種．ピルビン酸に作用してアセトアルデヒドと二酸化炭素を生じる（$CH_3COCOOH \rightarrow CH_3CHO+CO_2$）．ピルビン酸以外にも 2-オキソ酪酸など α-ケト酸に作用する．酵母，Zymomonas に属する細菌，植物に存在する．酵母や植物の酵素は 2 種類のサブユニットから構成され，基質により活性化されることが知られている．チアミンピロリン酸を補酵素とし，Mg^{2+} を必要とする．アルコール脱水素酵素と共に*アルコール発酵に関与する．

a **ピルビン酸脱水素酵素系** [pyruvate dehydrogenase complex]《同》ピルビン酸脱水素酵素，ピルビン酸デヒドロゲナーゼ，ピルビン酸デヒドロゲナーゼ系．*ピルビン酸から*アセチル CoA への脱水素-脱カルボキシル反応を触媒する複合酵素．

$$CH_3COCOOH+CoA+NAD^+$$
$$\rightarrow CH_3CO\text{-}CoA+NADH+H^++CO_2$$

$\Delta G°' = -8.0$ kcal．複合体は直径約 30 nm の多角形で，次の 3 種からなる．E_1：ピルビン酸脱水素酵素（リポアミド）．EC1.2.4.1．大腸菌や哺乳類の筋肉・臓器に見られるが，分子量や構造はそれぞれ異なる．E_2：ジヒドロリポアミドアセチルトランスフェラーゼ（dihydrolipoamide acetyltransferase，リポアセチルトランスフェラーゼ）．EC2.3.1.12．分子量 170 万で 24 のサブユニットからなる．E_3：ジヒドロリポアミド脱水素酵素（dihydrolipoamide dehydrogenase，ジヒドロリポアミドレダクターゼ（NADH））．EC1.8.1.4．分子量 11 万で 2 個のサブユニットからなる．この 6 分子がピルビン酸脱水素酵素の表面を覆っている．分子量は約 200 万．これに補助因子が関与する．ピルビン酸の脱カルボキシルにより生じたヒドロキシエチルチアミン二リン酸はリポ酸と反応してアセチルジヒドロリポ酸となり，アセチル基は CoA にわたされ，ジヒドロリポ酸は FAD により酸化される．水素は最終的には NAD^+ にわたされる（図）．この反応サイクルのあいだ CoA と NAD 以外は酵素と固く結合している．本酵素系は動物組織や細菌から精製されているが，大腸菌から精製されたものがよく研究されている．生理的には，解糖の際生じるピルビン酸からアセチル CoA を産生し，*クエン酸回路につながる段階として極めて重要．活性は ATP によりリン酸化されて作用がなくなり，脱リン酸化で回復することにより調節されている．また本酵素系に類似しているものとして，α-ケトグルタル酸脱水素酵素系がある．

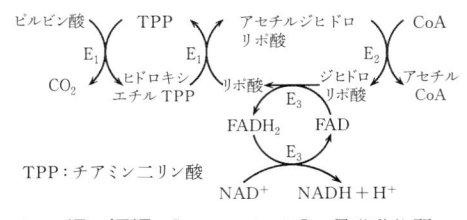

b **ヒル類，蛭類** [ラ Hirudinida] 環形動物門の一亜綱．体は細長く，各体節は体表に一定数の体環（annulus）をもつが体内の体節隔膜は退化し，一般にこれを欠く．体の後端あるいは前後両端に吸盤をもつ．雌雄同体．生殖時期に*環帯を形成し，受精卵は繭と呼ばれる被膜の中で直接発生（⇒変態）をする点などで貧毛類と共通するので，両者を併せて*環帯類と呼ぶ．体節数のちがいにより，ヒルミミズ類（15 体節），トゲビル類（30 体節）およびヒル類（34 体節）の 3 下綱に分けられる．ヒル類（leeches ラ Hirudinea）は体が柔軟で，背腹に扁平．体の内外ともに体節構造は明瞭で，各体節の体環は 2～14（多くは 3）個，その第一体環は皮膚の乳頭や眼の存在により他の体環と外観上区別できる．1～5 対の眼がある．疣足・剛毛・触手などはなく，エラビルを除いて鰓を欠く．体の前端に口吸盤があり，その腹面に口が開き，体の後端にある後吸盤の背面に肛門がある．消化管は直走．口腔，咽頭部は吻鞘を伴った吻となるか（吻蛭類），口腔内面に 1～3 個の顎板または棘をもつか，または単純な咽頭がある（無吻蛭類）．吸血性の種では唾液腺からヒルジンが分泌され，摂取した血液の凝固を防ぐ．神経系は 34 個の神経節の連鎖からなる．腎管は体節的に配列し，最高 17 対．間充織の異常な発達のため，体腔は著しく狭められて，縦走する数本の管とそれを横に連ねる不規則な細管に化し，洞隙系（sinus system）と呼ばれる．その壁に黄細胞（chloragen cell, chloragogen cell）が多く，かつ血管系と連絡して，なかに血液をみたす．雌雄同体で，卵巣は 1 対あり，精巣は 4～12 対が連なって 1 個の共同の開口をもち，雄性生殖孔が常に雌性生殖孔よりも前方にある．ヒル類はほとんどが外部寄生性で淡水に最も多く，少数の海産および陸生種がある．

c **鰭**（ひれ）[fin ラ pinna, pterygium] 水生動物の体壁から突出する扁平な構造で，推進力を生み出し，体の安定を担う運動器官．代表的なものは魚類にみられ，体の正中線に沿って生じる*正中鰭と，体の両側に対をなして生じる*対鰭とに分けられる．魚類の鰭では，その基部に*担鰭骨

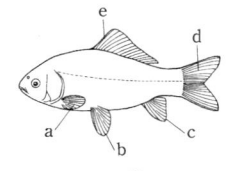

a 胸鰭　b 腹鰭　c 臀鰭
d 尾鰭　e 背鰭

があり，それから*鰭条が放射状ないしは平行に出て，鰭の膜状部すなわち鰭膜（fin membrane）を支持している．サケ類，カラシン類，ナマズ類などでは脂鰭（adipose fin）と呼ばれる，一般に鰭条を欠く肉質の突起がみられることがある．両生類幼生にも硬い支持物のない正中鰭があり，水生哺乳類では*前肢がしばしば鰭状になったり皮膚の襞としての鰭を生じることがある．

d **非レセプターチロシンキナーゼ** [non-receptor tyrosine kinases] チロシン特異的プロテインキナーゼのうち，細胞膜外に受容体構造をもつレセプターチロシンキナーゼを除くチロシンキナーゼの総称．非受容体型チロシンキナーゼともいう．Src ファミリーキナーゼ（Src, Yes, Fyn, Lyn, Fgr, Lck, Hck, Blk）の他，Fps/Fes, Abl, Csk/Chk, Fak/Pyk2, Jak/Tyk2, Syk/Zap, Btk, Tec などがある．これらのキナーゼはキナーゼドメインの他に蛋白質間相互作用などに関与するドメインをもち，多くは細胞膜直下の細胞質内でさまざまなシグナル伝達機能に関与するが，核内移行するものもある．

e **ピレノイド** [pyrenoid] 緑藻，珪藻，接合藻，褐藻，紅藻にわたる多くの藻類とある種のコケ植物（ツノゴケなど）の葉緑体中の*ストロマに見られる無色の蛋白質性の小体．他のコケ植物と維管束植物には見られない．ピレノイドには，二酸化炭素固定に必要な*リブロース-

1,5-ビスリン酸カルボキシラーゼ/オキシゲナーゼ (Rubisco) が局在しており，*二酸化炭素濃縮機構と関連していると考えられている．多くの場合，チラコイドが中に入り込み，また澱粉粒で取り囲まれている．葉緑体の表面から瘤状に突出している例もある (カヤモノリ，ツルモなど)．

a **非連続的進化** [quantum evolution] 個体群や分類群は，ある*適応帯 (関連ある生態的地位のセット) から適応の難しい不安定な段階を通って他の適応帯へ移るものであって，進化は基本的には隔離された非常に小さな個体群に始まり，この非平衡段階に続く自然淘汰で新しい適応帯が成り立つというようにして進むものとみなす考え．G. G. Simpson (1940) が*爆発的進化の内容を量的にとらえて提唱した概念．例えば哺乳類の時代 (新生代) は約6500万年続いているが，その放散は1000万年より少ない時間 (暁新世内) に24目を生じ，中生代末が数目であったのに比べて目数が急激に増加するという経過として起こったと考えられる．このことは，適応に関する閾値を急速に過ぎることをもって大部分の高次分類群の起原を説明できるのではないかということを示唆する．Simpson ははじめ，この非連続的進化は*種分化にも系統進化にも関与するものとしたが，のち (1953) には，非連続的進化により二分岐ないし多分岐の種分化も起こりうるがこの進化形式の本質はむしろ系統進化にあると述べた．(⇄断続平衡説)

b **疲労** [fatigue] 一般に長時間継続する活動により，細胞・組織・器官などの反応あるいは機能が低下する現象．例えば筋肉の疲労では，長時間繰り返し収縮することにより短縮高の減少が起こり弛緩が不完全になる．神経筋接合部やニューロン間のシナプスは反復して到達するインパルスに対して容易に疲労を起こし，興奮伝達が遮断される．神経繊維に沿っての興奮伝導は著しく疲労しにくいが，長時間刺激を続ければ疲労し，活動電位の振幅の減少，不応期の延長が起こる．筋肉などの疲労の原因は細胞におけるエネルギー代謝機作が障害を起こし，乳酸やクレアチンなどが蓄積するためと考えられ，これらを疲労物質と呼ぶ．疲労は身体全体のレベルでは身体的・精神的疲労として現れるが，量的な測定は難しく，可聴閾値の変化や視力の減退，眼のフリッカー値の変動や動作速度の減退など，多くの検査法が考えられている．

c **ピロホスファターゼ** [pyrophosphatase] [1] 二リン酸 (*ピロリン酸) へのリン酸への加水分解を触媒する酵素の総称．無機ピロホスファターゼ (inorganic pyrophosphatase, EC3.6.1.1)，ヌクレオチドピロホスファターゼなどがある．細胞質型と液胞膜型とがあり，またリン酸モノエステラーゼにならい最適 pH によって三つに分けられる．(1) 最適 pH は 7.2〜7.8．Mg^{2+} によって活性化される．動物の組織や酵母に含まれる．(2) 最適 pH は 5.0〜5.5．金属塩によって活性化されず，フッ化物で阻害を受ける．肝臓，腎臓，カビ，植物の種子や実生に含まれる．(3) 最適 pH は 3.2〜4.0．肝臓，コウジカビ，酵母に含まれる．[2] 二リン酸エステルを二リン酸＋アルコールに加水分解する酵素．

d **ピロリ菌** [Helicobacter pylori] 《同》ヘリコバクター・ピロリ．ヘリコバクター属細菌の一種 Helicobacter pylori の通称名．ヒトなどの胃に生息するグラム陰性，運動性のらせん型細菌 ($0.5 \times 2.5 \sim 5\,\mu m$)．微好気性で栄養要求性が厳しく，増殖の遅い．胃の内部は胃液に含まれる塩酸によって強酸性であるため細菌が生息しにくい環境だが，ピロリ菌は中性および酸性領域の2種類の至適 pH をもつウレアーゼを産生することにより胃粘液中の尿素を分解，生じたアンモニアで局所的に胃酸を中和し胃に定着 (感染) する．胃の中に細菌がいることは19世紀末から指摘されていたものの，長らく培養することができなかったが，1983年 J. R. Warren と B. J. Marshall が純粋分離に成功．ピロリ菌の発見と胃炎・十二指腸潰瘍との関連性の解明に対し2005年ノーベル生理学・医学賞が授与された．ピロリ菌の感染は，慢性胃炎，胃潰瘍や十二指腸潰瘍のみならず，胃癌や MALT リンパ腫の発生につながり，ヒト悪性腫瘍の原因になることが明らかな唯一の病原細菌．ピロリ菌感染の一般的な検査として，尿素呼気テスト，血中・尿中抗 H. pylori IgG 抗体検査，便中 H. pylori 抗原検査がある．除菌療法としてはビスマス製剤にアモキシシリン，チニダゾール，メトロニダゾールといった抗生物質を併用する方法が行われてきたが，さらにプロトンポンプ阻害薬などの酸分泌抑制薬やマクロライド系抗生物質クラリスロマイシンを併用する改良も行われている．(⇄ヘリコバクター)

e **ピロリジン** [pyrrolysine] $C_{12}H_{21}N_3O_3$ 分子量 255.31．古細菌に見いだされ，リジン側鎖アミノ基にピロリン環を結合したアミノ酸．3文字表記は Pyl，1文字表記は O．遺伝子にコードされた22番目のアミノ酸 (⇄セレノシステイン)．ピロリジンはピロリジル tRNA 合成酵素によってアンバーコドン UAG に対するアンチコドンをもつ tRNA に結合されたのち，蛋白質に導入される．

$$\text{シクロペンテン環}-\underset{CH_3}{\overset{\|}{C}}-NH-CH_2-CH_2-CH_2-CH_2-\underset{NH_2}{\overset{|}{C}H}-COOH$$

f **ピロリン酸** [pyrophosphoric acid] PPi と略記．《同》二リン酸 (diphosphoric acid)．$H_4P_2O_7$ 加水分解によりオルトリン酸に変化する．無機*ピロホスファターゼの作用で酵素的にも加水分解される．四塩基酸で，金属と錯化合物を作る性質が強く，種々の金属酵素を阻害する．若干の*補酵素がピロリン酸のエステルであって酵素との作用に Mg^{2+} などの二価金属を必要とする事実と関連して興味深い．生物界には微生物・カビ・藻類などに見出される．また動物では ATP などの酵素的加水分解や他の基質との相互作用によって生成することが知られる．例えば，多くの生合成反応において ATP からピロリン酸が生成する．ATP→AMP+PPi．ピロリン酸はついで無機ピロホスファターゼの作用で加水分解される．つまり，ピロリン酸を経過することにより ATP の二つの高エネルギーリン酸結合が消費され，このことが逆に生合成反応の進行を保証している．

g **ピロロキノリンキノン** [pyrrolo-quinoline quinone] PQQ と略記．4,5-ジヒドロ-4,5-ジオキソ-1H-ピロロ[2,3-f]キノリン-2,7,9-トリカルボン酸の略称．《同》メトキサチン．*キノン補酵素の一つ．還元型は $PQQH_2$ と表される．NAD (*ニコチン(酸)アミドアデニンジヌクレオチド)，FAD (*フラビンアデニンジヌクレオチド) に次ぐ第三の酸化還元補酵素として1979年に構造決定された．発見当初はメトキサチンとも呼ばれた．メタンおよびメタノール資化菌，酢酸菌などの

*アルコール脱水素酵素(メタノール脱水素酵素)およびアルデヒド脱水素酵素，*Pseudomonas* や *Acinetobacter* の*グルコース脱水素酵素などの非共有結合型補酵素として働く．酵素との結合には Ca^{2+} が必要(他の二価金属イオンでも代替可)とされる．PQQ の検出・定量にはグルコース脱水素酵素の*アポ酵素が用いられる．また，アルカリ溶液中でグリシン-ニトロブルーテトラゾリウム塩を用いる染色法でも検出される．モル吸光係数 ε_{249nm} は 1 万 8400 $M^{-1} \cdot cm^{-1}$．酸化還元電位(PQQ/PQQH$_2$)が+90 mV (pH7.0)．PQQ の生合成には少なくとも 6 個の遺伝子が関与し，*チロシンとグルタミン酸が縮合して環化と酸化を受けると考えられているが，詳細な生合成経路は不明．(⇌キノン補酵素)

a **B$_1$** *戻し交雑第一代を表す記号．B は backcross の意．

b **貧栄養湖** [oligotrophic lake] *栄養塩類が乏しく生物の生産性が小さい湖．一般に深い湖で，湖岸の浸食は弱く，表水層に比べて深水層の容量が大．*腐植質や*セストンが少ないために*透明度は大きく，夏季でも底層の溶存酸素は十分にある．大形の水生植物は少ないが，分布下限は深い．植物プランクトン相は貧弱で，珪藻や黄金色藻が主．動物プランクトン相も貧弱で，枝角類やカイアシ類の中のカラヌス目(ヒゲナガケンミジンコ目)が主．OECD(1982)の基準では，透明度の年間平均値 6 m 以上，有光層の水中のクロロフィル a 量の年間平均値が 2.5 mg・m^{-3} 以下，全リン量の年間平均値が 10 mg・m^{-3} 以下の湖沼を貧栄養湖としている．日本の貧栄養湖は多く山間に見られ，摩周湖，十和田湖などがその例．

c **ビンカアルカロイド** [vinca alkaloid] キョウチクトウ科植物ニチニチソウ(*Catharanthus roseus* = *Vinca rosea*)に含まれるアルカロイドの総称．*ビンクリスチン，ビンブラスチン(vinblastine)など二量体型モノテルペノイドインドールアルカロイドを含む．これらのアルカロイドは強力な微小管重合阻害活性を有し，細胞の分裂を阻害する．そのため，これらのアルカロイドは抗がん，抗腫瘍性薬として用いられている．

d **びん型細胞** [bottle cell] 〔同〕フラスコ細胞(flask cell)．両生類胚において，*原腸形成初期に原口唇部に現れ陥入運動に主役を果たすとみなされているびん型をした細胞．両生類では，表層にあって最初に*陥入すべき一部の細胞が原口の出現直前に将来の原口に向かって伸長しはじめ，陥入がはじまるとさらに細長くなって胚表面または原腸腔に対して垂直方向に並ぶ細胞に変わる．これがびん型細胞で，予定内胚葉細胞および予定中胚葉細胞にあたる．この種の細胞は両生類の原腸胚のほか，鼻プラコードや眼杯などの陥入中の器官原基およびニワトリ胚の*原条中にも見出される．

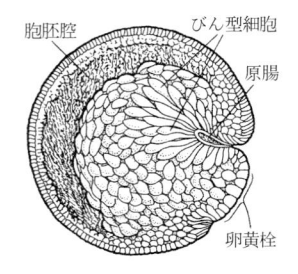

e **ビンキュリン** [vinculin] 細胞質に存在し，*アドヘレンスジャンクションや*フォーカルコンタクトの細胞膜を裏打ちする構造に局在する，分子量 11.6 万の蛋白質．これらの場所では，*細胞膜裏打ち構造を介してアクチンフィラメントが密に細胞膜に結合しているが，この結合に何らかの役割を果たしているものと考えられている．ビンキュリンは，お互いに自己集合する能力があり，また α アクチニンや*α カテニン，テーリン(タリン talin)と結合する．

f **びん首効果** [bottleneck effect] 〔同〕ボトルネック効果．集団を構成する生殖可能な個体の数が，ある期間の世代にわたって減少すること．この個体数が減少した期間では，*遺伝的浮動の作用が強くなり集団中の*遺伝的変異の量は減少する．びん首効果が現れる状態はさまざまであるが，*創始者原理すなわち大集団からの移住者が小集団を形成する場合がその例であり，そのほか，生息環境の激変によって個体数が減少する場合もある．

g **ビンクリスチン** [vincristine] ビンブラスチン(vinblastine)，ビンロイシン，ビンロシジンなどとともにニチニチソウ(*Vinca rosea* または *Catharanthus roseus*)に含まれるアルカロイド．細胞分裂(有糸分裂)をその中期において停止させる作用があり，この点*コルヒチンに似ているが，その作用はコルヒチンよりも強力．コルヒチンと同様，*チューブリンに結合してその生物活性を阻害するが，結合部位は異なる．またコルヒチンとは違って，アクチンや 10 nm フィラメント蛋白質など，チューブリン以外の蛋白質にも作用する．臨床医学においては硫酸塩の形で抗がん剤の一つとして用いられており，ことに造血器の腫瘍(急性白血病，ホジキン病，リンパ肉腫など)に対して有効である．副作用として筋肉の減少，神経炎，運動失調症，脳神経麻痺などがある．ビンブラスチンもビンクリスチンと同様の作用をもち，悪性腫瘍の治療に使用される．

ビンクリスチン R = O=C-H
ビンブラスチン R = CH$_3$

h **貧血** [anemia] 血液の単位容積当たりの*赤血球数あるいは色素(*ヘモグロビン)量が正常変動範囲を超えて減少した状態．動物体内の血液量の減少は血液減量症(hypovolemia)と呼んで区別する．貧血の共通な全

身的変化は，器官および組織の酸素欠乏による代謝障害で，臨床症状としては皮膚および粘膜の蒼白，易疲労感，運動時の心悸亢進，心収縮期雑音などがみられる．貧血の原因には出血(失血性貧血)，異常ヘモグロビン(*鎌状赤血球貧血など)，赤血球内酵素欠乏，赤血球抗体などによる溶血(*溶血性貧血)，鉄やビタミンB_{12}，葉酸，ビタミンB_6などの各種ビタミンおよび蛋白質の欠乏によるもの(それぞれ鉄欠乏性貧血，ビタミンB_{12}吸収障害による悪性貧血 pernicious anemia，栄養失調症など)，骨髄の赤血球生成障害によるもの(白血病，再生不良性貧血 aplastic anemia など)，脾臓疾患(バンチ病，脾機能亢進症など)，*マラリアや鉤虫などの寄生虫症，悪性腫瘍，慢性感染症などがある．

a **品種** 【1】[variety, cultivar] 育種学において，飼養・培養あるいは栽培する生物の実用的形質に関して，他の集団とは区別しうる遺伝的特性をもった集団．【2】[race] 《同》レース．一つ以上の性質において，同種内の他集団とは多少とも異なる表現型あるいは遺伝子型をもつ集団．あいまいに定義された概念で，次のようなものを含む．(1)他の集団とは異所的に分布する集団．(2)同所的あるいは側所的に分布し，環境に対して異なる適応を示す集団．例えば，サビ病菌などのように何種かの寄主を利用する寄生性生物において，それぞれの寄主に独自の適応をとげている集団を寄主品種(ホストレース host race)という．しばしば分類上の地位が定まる以前の研究途上の集団に対して用いられ，それらについて生殖隔離に関する情報が得られた後に分類上の地位が決まる．【3】[forma, form] 国際藻類・菌類・植物命名規約上の，*変種よりも下位の分類階級，あるいはその階級にあるタクソン．命名の際は，f.の符号を添えた品種名を種名の次に付加して記す．花の色など単一形質の変異型や，軽微な形態変化を示す変異型に適用される．

b **便乗** [phoresy] ある動物が*分散・移動する際に，他動物を利用すること．動物の死体に発生する蛆を捕食するダニが，死体そのものを食物とするシデムシに付着して新しい死体に運ばれる場合，マツノザイセンチュウがカミキリムシによって他の松に運ばれる場合がその例．多くの場合，利用する動物が一定しており，相利共生的な形になっていることもある．その行動は便乗行動(phoretic behavior)と呼ばれる．

c **頻度** [frequency] 《同》度数．一般に統計において対象とする集団をいくつかの組(階級 class)に分けたとき，各組に属する個体数をいう．群落測度の一つとして用いられるときは植物群落中における構成種の分布の均一性を知るために測定される出現頻度をいう．

d **頻度依存淘汰** [frequency dependent selection] 《同》頻度依存選択，異端選択(apostatic selection)．広義にはある集団が二つの表現型に大別できる個体からなるとき，両*表現型の*適応度が一定でなく，集団中の両表現型個体の頻度に左右される*自然淘汰，狭義にはある表現型の適応度が，その表現型の頻度が低いほど高くなる自然淘汰．逆に，頻度が高い表現型ほど有利になる自然淘汰は頻度逆依存淘汰(inverse frequency dependent selection)と呼ばれる．狭義の頻度依存淘汰は，古くから超優性や中立論などとともに，*遺伝的多型を維持する機構と考えられてきた(S. Wright & T. Dobzhansky, 1946)．近年，進化生態学の発展とともに，行動や*生活史戦略の多型を維持する機構として注目されている．

e **瓶嚢** [ampulla] ⇒管足

f **貧毛類** [oligochaetes ラ Oligochaeta] 《同》ミミズ類．環形動物門の一亜綱．体は長く，横断面は円形で，まれに背腹に扁平．体節制は体内外ともに明瞭で，真体腔は隔膜により仕切られる．疣足(いぼあし)はなく，剛毛は少数で構造も簡単であり，各体節の体表上に一定の配列で直接つく．触手や触鬚を欠き，エラミミズなどを除いて鰓はない．体節はほとんど等体節で，頭部および尾部の分化は不明瞭である．口は体の前端の腹面に開き，顎や小歯はなく，肛門は体の後端にある．雌雄同体．生殖腺は1～2対で，体の前方の一定の体節にのみあり，精巣が卵巣の前方に位置する．卵巣と輸卵管は直結せず，卵巣から排出された卵はいったん体腔に出たのち，輸卵管に収容されて体外に産出される．輸卵管が体腔に開くラッパ状の部位を受卵器(egg receptor)と呼ぶ．腎管(特に meganephridium という)が生殖輸管となり，一般に受精嚢がある．生殖時期には体前方の一定体節に*環帯を生じ，受精卵は繭と呼ばれる被膜の中で直接発生する．ヒル類と併せて*環帯類と呼ぶ．淡水産および陸生で，少数のものは海産．

フ

ファイアー FIRE, Andrew Zachary 1959〜 アメリカの分子遺伝学者. 線虫をモデル系として, 二本鎖 RNA を導入すると, *アンチセンス RNA を一本鎖として導入したときよりもはるかに効率的に, 特異的かつ選択的な遺伝子発現阻害をもたらすことを, マサチューセッツ大学の C. Mello とともに発見し, この現象を*RNA 干渉と命名. 2006 年, Mello とともにノーベル生理学・医学賞受賞.

φX174 ファージ [φX174 phage, bacteriophage φX174] 大腸菌を宿主とする*バクテリオファージの一種. 直径 250 nm の正二十面体構造をもち, 5386 塩基からなる環状一本鎖 DNA (cyclic single stranded DNA) をゲノムとする. 宿主に感染すると相補鎖が合成され, 環状二本鎖の増殖型 DNA (RF-DNA) となる. この RF-DNA を鋳型として, ファージゲノムとなる環状一本鎖 DNA およびファージの mRNA が合成される. 全塩基配列は F. Sanger ら(1977)により決定されたが, その解析から 11 種類の蛋白質がコードされていてそれらのいくつかの遺伝子は重複していることが判明, *重なり遺伝子の存在が明らかにされた.

ファイトマー [phytomer] 種子植物の*シュートを構成する繰返し構造, すなわち 1 枚の葉, *腋芽, 節間(葉と葉の間の茎)をまとめたセット. イネ科ではさらに葉の基部から形成される*不定根も含めて一つのファイトマーとすることがある. ファイトマーは*シュート頂において連続的に作られるため, 植物体は基本単位ファイトマーが連続したものであると考えられる. ファイトマーの減少や付加, 変異などが植物体の体制や形態変化をもたらすと考えられるため, 植物の発生, 成長解析, また進化研究にも使われる重要な概念である.

ファゴソーム [phagosome] 〘同〙食作用胞, 貪食液胞. 細胞の*食作用の結果つくられる, 内部に摂取した固形物を含む小胞. 理論的には, *リソソームと合体する以前, すなわち酸性ホスファターゼなどの酵素活性を示さないもの(プレリソソーム prelysosome)を指す. これに対し, 加水分解酵素の供与体である一次リソソームと融合してできたものを消化胞(digestive vacuole)あるいは二次リソソームといい, ここで摂食した物質の消化が行われる. ファゴソームはその成因により, 異食作用胞(heterophagosome, 異食食液胞あるいは他食作用胞ともいう)と自食作用胞(*自己貪食胞)に分けられる. 前者は細胞外の物質の摂取によってできたファゴソームであり, 後者は自己の細胞の一部の*自食作用でできたファゴソームである. これは自己消化胞とも呼ばれ, 内部に消化されつつあるミトコンドリアや粗面小胞体を含む.

ファシエーション [faciation] F. E. Clements らの用いた, *群集のすぐ下位の植物群落または生物群集の単位. ある群集(2 種以上の*優占種をもつ)内で 1 種またはそれ以上の優占種を欠いた部分, あるいは他の優占種が加わった部分を指す. したがって一つの群集は通常いくつかのファシエーションに分けられる. ただし, 単一優占種の部分は*コンソシエーションとして区別される.

ファシース [facies] ある種(*標徴種や*識別種)の在・不在など植物群落の質的差異によらず, 種の量的優占性に基づいて識別される最下位の植物社会学(狭義)上の群落単位. したがって, ある意味では*基群集(ソシエーション)や*コンソシエーションに似る.

ファージディスプレイ [phage display] バクテリオファージの表面に目的蛋白質を発現させ, その蛋白質と他の物質との相互作用を解析する方法. ファージディスプレイによって作製した cDNA ライブラリーは, 標的蛋白質あるいは標的 DNA に結合する蛋白質の cDNA の*スクリーニングに利用される. cDNA ライブラリー由来の蛋白質を表面に発現させたファージと標的物質とを作用させ, 標的物質に結合したファージを回収することで cDNA を回収し, それを用いて再びファージを作製し, さらに標的物質と作用させる, というサイクルを繰り返すことで, 標的物質と特異的に結合する蛋白質の cDNA をクローニングできる. 代表的な応用例はヒト抗体のスクリーニングである. 抗体の H 鎖および L 鎖の可変部領域の cDNA を直列に結合した cDNA ライブラリーを, ファージ表面に発現させる形で作製し, 標的抗原に結合するファージを濃縮することで, 目的抗原に結合する「抗体」(本来の抗体分子とは構造が異なる)を得る. H 鎖, L 鎖の cDNA を直列に結合させることにより本来の抗体分子の H 鎖, L 鎖の組合せと全く異なる新規の組合せが形成されうるので, このスクリーニング法では生理的には産生されない新規の「抗体」を得ることができる. この方法で作製された完全ヒト抗体が近年抗体医薬として開発されている.

ファージの排除 [phage exclusion] 細菌細胞に複数個のファージ粒子が感染したとき, ファージゲノムの注入が行われているにもかかわらず, あるファージが他のファージの増殖を抑制する現象. 例えば次のような場合がある. (1)相互排除(mutual exclusion):類縁関係の低い 2 種のファージを感染させるとその一方だけが増殖する. (2)部分排除(partial exclusion):近縁のファージを同時に感染させると, 一方が他よりも盛んな増殖を行う. また, 一度感染させたのち, 再び最初感染させたファージと同じ, または近縁のファージを感染させると, 再感染ファージが排除されて増殖しない. 多重感染を行った場合には部分排除は常に起こっていると考えられる.

Fas (ファス) 〘同〙CD95, Apo-1. 細胞に*アポトーシスを誘導する約 45 kDa の I 型膜貫通蛋白質. 米原伸らによって発見され長田重一らによってクローニングされた. 魚類から哺乳類まで保存されており, TNF 受容体ファミリーに属する. 細胞表面リガンドである Fas リガンドが Fas の細胞外領域に結合すると, Fas の細胞質領域のデスドメイン(death domain)を介して蛋白質複合体 DISC (death-inducing signaling complex)が形成され, これが*カスパーゼカスケードの活性化を誘導してアポトーシスを引き起こす. カスパーゼカスケード活性化の様式は細胞種によって 2 型に分けられ,

DISC形成により活性化されたカスパーゼ8が直接カスパーゼ3を活性化するタイプ（I型細胞）と，活性化したカスパーゼ8が*Bcl-2ファミリー分子Bidの切断を介してミトコンドリアからシトクロムcを放出しApaf-1を介してカスパーゼ3の活性化を引き起こすタイプ（II型細胞）がある．Fasによるアポトーシスは自己反応性T細胞や自己反応性B細胞の除去などに利用され，免疫系の恒常性維持や自己寛容の成立に重要な役割を果たす．

ファーチゴット FURCHGOTT, Robert Francis 1916〜2009 アメリカの化学者．NO（一酸化窒素）が心臓血管系のシグナル分子として機能することを発見し，L. Ignarro, F. Muradとともに1998年ノーベル生理学・医学賞受賞．

ファネロプラスモディウム [phaneroplasmodium] 〖同〗可視変形体．変形菌類のモジホコリ類（Physarales）の種にみられる，大形の*変形体．数cm^{2}からときに1m^{2}を超えることもあり，樹枝状に分枝して網状の脈があり，全体として扇形に拡がり，原形質には多数の顆粒がみられ，ゲル状の外縁部と流動性に富むゾル状の内部との区別が明瞭である．脈の中では連続往復運動の著しい原形質流動がみられ，これにはATPで活性化される*アクトミオシン系が関与している．

ファブリキウス（アクアペンデンテの） FABRICIUS ab Aquapendente, Hieronymus 1537〜1619 イタリアの解剖学者．パドヴァ大学でG. Fallopiusの下に解剖学を学び，師の後をついで同大学解剖学および外科学教授．W. Harveyの師．静脈弁を発見して正確に記載し血液循環原理の基礎を与えた．発生学に優れた業績を残し，また広汎に比較解剖学的研究を行った．鳥類に特有なファブリキウス嚢は彼の名にちなんでいる．［全集］Opera omnia anatomica et physiologica, 1625.

ファブリキウス嚢 [bursa of Fabricius ラbursa Fabricii] 鳥類の総排泄腔のすぐ内側の腸壁が背部にふくらみ形成された小嚢で，鳥類だけに発達したB細胞生成器官．H. Fabriciusが初めて記載．骨髄で*B細胞までの分化決定が行われる哺乳類とは異なり，鳥類では骨髄で分化したB細胞前駆細胞がファブリキウス嚢でB細胞へと最終分化する．少なくともニワトリにおいては，ファブリキウス嚢で*免疫グロブリン遺伝子の再構成も起こり，その過程は遺伝子変換（gene conversion）により行われる．（⇒リンパ系器官）

ファーブル FABRE, Jean Henri 1823〜1915 フランスの昆虫学者．南フランスに生まれ，師範学校を出て中学校の教師になった．幼時から自然を愛し，L. Dufourの昆虫誌に感激して，昆虫の研究に一生を捧げた．コルシカ島のアジャクシオ，アヴィニョンで学校教師をするなどして研究を重ねたのち，晩年セリニャンに土地を得，荒地に生きるさまざまな昆虫やクモなどの生活を観察，『昆虫記』として逐次刊行した．昆虫の生活技術（仏mœurs）を観察してその本能の異常な正確さと固定性に驚嘆し，進化論を受け入れなかった．物理学や化学の普及書も書いた．［主著］Souvenirs entomologiques（昆虫記），10巻，1879〜1910.

ファーミキューテス門 [phylum *Firmicutes*] 〖同〗ファーミクテス門，フィルミクテス門．*バクテリアドメインに属する門（phylum）の一つで，バチルス目（Bacillales）を基準目とするグラム陽性細菌の系統群．染色体DNAのグアニン（G）＋シトシン（C）含有量が低い（25〜55 mol%）ことから，かつて低G+Cグラム陽性菌群と呼ばれた．バチルス綱（Bacilli），クロストリディア綱（Clostridia），エリシペロトリックス綱（Erysipelotrichia），ネガティヴィキュートス綱（Negativicutes），テルモリソバクテリア綱（Thermolithobacteria）の5綱から構成される．大部分の菌種はバチルス綱とクロストリディア綱に属する．好気性および嫌気性の*有胞子細菌，*乳酸菌などを含む分類群として知られ，病原菌や食品関連の細菌も多い．（⇒付録：生物分類表）

ファミリー [family] 〖同〗族．[1] 遷移途中の群落単位のうち最小の単位で，裸地に最初に侵入した単一種のパッチ（相）が散生する群落．F. E. Clementsの提唱．鉄道敷の土手に侵入したイタドリ，放棄畑に侵入したシロザのパッチなどがこの例．複数の種が混在するようになるとコロニーと呼ぶ．現在はほとんど用いられない．
[2] 構造上，機能上相互によく似た遺伝子の一群，遺伝子族（gene family）．免疫グロブリンファミリー，G蛋白質ファミリーなどがその例である．

ファルネシル二リン酸 [farnesyl diphosphate] 〖同〗ファルネシルピロリン酸（farnesyl pyrophosphate）．$C_{15}H_{28}O_7P_2$ 3個の*イソプレン単位からなる鎖状アルコールの二リン酸エステル．ジメチルアリル二リン酸をプライマーとし，2分子のイソペンテニル二リン酸との縮合により生合成される．アルコール体そのものはファルネソール（farnesol, $C_{15}H_{26}O$）と呼ばれる．種々のセスキテルペンの前駆体であるとともに，2分子が縮合した*スクアレンは*ステロイドやトリテルペノイドに，またイソペンテニル二リン酸がさらに縮合して，ポリプレニル二リン酸や*ドリコールに代謝される．最も一般的なプレニルトランスフェラーゼであるファルネシル二リン酸合成酵素（farnesyl diphosphate synthetase）は広く生物に存在し，精製もなされている．ニワトリの酵素についてはX線解析による三次構造が報告された．

$O-PO_2^- -PO_3^{2-}$

ファレート状態 [pharate condition] 昆虫が*脱皮を行う際に，外見上は一つ前の発達段階にあっても，古い*クチクラの下にはすでに次の発達段階のクチクラや器官ができ上がっている状態．phareteはギリシア語で「隠された」の意．蛹のクチクラの下に成虫が完成している状態をファレート成虫（pharate adult）といい，同様にファレート二齢幼虫，ファレート三齢幼虫やファレート蛹も定義される．脱皮（molting）の最初の現象である*アポリシスから実際の脱皮（ecdysis）までがファレート状態と考えられる．昆虫の発生においてアポリシスを重視する立場から，H. E. Hinton（1958）が提唱したが，厳密な判定が困難であることや，脱皮をともなわない囲蛹（⇒囲蛹殻）においてはファレート蛹が直接ファレート成虫になるなどの矛盾点も多く指摘されている．

ファロイジン [phalloidin] $C_{35}H_{48}N_8O_{11}S$ 有毒菌類タマゴテングタケ（*Amanita phalloides*）から得られる有毒性の二環状ヘプタペプチド．無色の細針状晶．*アマニチンとともに含まれ分子構造も類似する．毒性はアマニチンより弱いがマウスに対する致死量は50 μgで，人体にも高い毒性をもち，流涎・嘔吐・血便・チアノーゼ・痙攣・筋攣縮をきたして，ついには死に至る．（⇒

真菌毒素)

[構造式]

R₁=CH₃   R₃=CH₃
           CH₂OH
R₂=CH₂-C-CH₃   R₄=HOCH
           OH   CH₃

a **ファロピウス** FALLOPIUS, Gabriel 1523〜1562 イタリアの解剖学者. パドヴァ大学で医学を学び, A. Vesalius に師事. H. Fabricius は彼の弟子. 女性生殖器および耳の解剖学的業績が有名. ファロピウス管すなわちラッパ管を発見し, 胎盤を最初に記載した. [主著] Observatione anatomicae, 1561.

b **ファン=ステーニス** VAN STEENIS, Cornelis Gijsbert Gerrit Jan ステーニスとも. 1901〜1986 オランダの植物分類学者. オランダ領東インドのボイテンゾルグ植物園で熱帯植物学の研究を行い, アムステルダム大学教授を経て, ライデン大学教授. 熱帯植物学において画期的な Flora Malesiana を編集, 熱帯における種の分化や植物相の変遷について考察し, land-bridge 説による植物相の由来を論じた. また, *渓流沿い植物(rheophyte) は彼の造語. 環境適応形質の研究にも貢献した. [主著] Rheophytes of the world: An account of flood-resistant flowering plants and ferns and the theory of autonomous evolution, 1981.

c **ファンデルワールス力** [van der Waals force] 3〜4 Å の距離に接近した原子間に働く非特異的な引力および斥力. 物理的には, 電子分布の瞬間的な非対称性のために生じる双極子の間に働く引力(ロンドン分散力)と, 過度に接近しようとしたときに外殻電子雲の重なりのために働く強い斥力をその内容とする. 斥力が働きはじめる距離, 接近する二つの原子の「球」がぶつかり合う距離であると考えて算出された原子の半径(ファンデルワールス半径 van der Waals radius)であり, 各原子に固有の値(1.2〜2 Å)である. これを原子の実質的な大きさとみなして原子団ないし分子の外形(輪郭)を定義することができる. 酵素と基質, 抗原と抗体が鍵と鍵穴の関係にあるというとき, それぞれの「かたち」を規定しているのは各分子を構成する原子のファンデルワールス半径である. 個々の原子の間に働く引力は弱く(約 1 kcal/mol), また, 原子間距離の 6 乗に比例して減少するので, 狭い範囲でしか働かない. しかし, 相補的な形状の分子では多数の原子が接近しあうので, 合算されて大きな引力が生じ, 分子間相互作用の安定化にも寄与する力となりえる.

d **部域性** [regionality] 《同》領域性. 一般には一つの発生系がその各部分にそれぞれ独自の造形過程または *組織分化を引き起こし, 部域分化(regional differen-tiation)を示す性質. 例えば, 脊椎動物の消化管内胚葉は咽頭や胃, 腸などの各消化器官上皮として分化するが, このようなとき, 消化管内胚葉には部域性があるという. この語は, 頭部・体幹部のような大まかな区分にも, 各器官内の細かな区分にも用いられる. 部域性が生じることを部域化(領域化 regionalization)という.

e **フィコエリトリン** [phycoerythrin] ⇌フィコビリン

f **フィコシアニン** [phycocyanin] ⇌フィコビリン

g **フィコビリソーム** [phycobilisome] シアノバクテリアや紅藻にみられるフィコビリ蛋白質の会合体. E. Gantt と S. F. Conti (1966) がチノリモの電子顕微鏡観察で発見した. シアノバクテリアや紅藻の光合成色素であるフィコビリ蛋白質は, 生体内では高度に会合したフィコビリソームとして存在し, *チラコイドの外面に規則的に配列されており, その捕集した光エネルギーをチラコイド膜内のクロロフィル蛋白質複合体に結合したクロロフィル a に伝達する. フィコビリソームはフィコビリ蛋白質六量体が 10〜30 会合したもので, アロフィコシアニン六量体 6 単位がコアとなり, それにフィコシアニン, フィコエリトリンの六量体 3〜4 単位の棒状の会合体が最大 6 本放射状に配位しているといわれる. アロフィコシアニン=コアの部位でチラコイドと結合し, また各放射状ロッドはフィコシアニンをもち, フィコシアニン部位でアロフィコシアニン=コアと結合する. したがって, フィコエリトリン, フィコシアニンの励起エネルギーはアロフィコシアニンを経由してチラコイドのクロロフィル a に転移する. 大きさは生物種により若干異なるが, 直径 32〜70 nm の半円状の円板(厚さ 12〜40 nm) で, 50〜100 nm 間隔で規則的にチラコイド膜表面に配位されている. フィコビリソームは主に光化学系 II の光エネルギー捕集系として働いているが, その捕集したエネルギーは光化学系 I へも伝達される(*ステート遷移)ので, シアノバクテリアや紅藻では光合成の主な光エネルギー捕集系であるといえる.

h **フィコビリン** [phycobilin] 開裂*テトラピロールを基本骨格とした*光合成色素分子. 閉環テトラピロール(*ヘム)の酸化的開裂によって合成される. シアノバクテリア, 紅藻, クリプト藻および一部の原核緑藻プロクロロコッカスに分布する. 側鎖の置換基や共役二重結合の位置により, 吸収波長の異なるフィコシアノビリン(図), フィコビリビオリン, フィコエリスロビリン, フィコウロビリンに分類される. クロロフィルの吸収が弱い波長領域の光を捕捉する. 他の光合成色素とは異なり, フィコビリ蛋白質と共役結合し, 例えばフィコシアノビリンはフィコシアニン(phycocyanin)やアロフィコ

[構造式]

フィコシアノビリン

シアニン (allophycocyanin), フィコエリスロビリンはフィコエリトリン (phycoerythrin) と結合する. フィコビリンを結合したフィコビリ蛋白質は*フィコビリソームという大きな会合体をつくり光エネルギー捕捉に働く. フィコビリンによって捕捉された光エネルギーは, チラコイド膜内の光化学系のクロロフィル a に伝達される.

a **フィターゼ** [phytase] フィチン (phytin, *フィチン酸の Ca・Mg 塩)を加水分解してミオイノシトール(=イノシトール)と無機リン酸を生じる*ホスファターゼの一種. 通常 6-フィターゼ (EC3.1.3.26) を指す. この加水分解反応は 6 個のリン酸が一つずつ遊離する 6 段階の反応を経て完結する. 植物 (コムギ・米糠・サツマイモなど), 動物 (ネズミ・脊椎動物の血漿および赤血球) に分布. 植物起原の酵素は必ずしもフィチンに特異的ではなく酸性ホスファターゼに近いものと考えられている. この酵素は生体内でのオルトリン酸および Ca^{2+} の貯蔵・動員機構に関係すると考えられているが, その詳細は不明. このほか, アカパンカビ類由来の 3-フィターゼ (EC3.1.3.8) が知られる.

b **フィーダー層** [feeder layer] 培養基質に設けられる, 他の細胞種による支持細胞層. 単独では培養維持することのできない細胞種の増殖や分化形質発現を可能にする. フィーダー層として用いる細胞種は, 生体内でのその細胞種の支持細胞など, 対象となる細胞種によって選択されるが, それをあらかじめ*単層培養して細胞層を形成させた後 UV 照射などの方法で細胞増殖を抑制して用いるのが一般的である. フィーダー層は, 対象細胞が要求する特異的な増殖因子や分化誘導因子を供給すると考えられる. 生殖細胞, 初期胚細胞, 血液幹細胞などの培養, また, *胚性幹細胞株の樹立が可能になったのは, フィーダー層の活用に負うところが大きい. 胚性幹細胞のフィーダー層にはマウス胎児線維芽細胞 (MEF, mouse embryonic fibroblast) が用いられる.

c **フィチン酸** [phytic acid] 《同》イノシトールヘキサキスリン酸, ミオイノシトール六リン酸 (myo-inositol hexaphosphate). このカルシウム=マグネシウム塩 (概ね $Ca_5Mg(C_6H_{12}O_{24}P_6 \cdot 3H_2O)_2$ とされる) は水に不溶性でフィチン (phytin) と呼ばれる. 穀類などの植物種子 (糊粉粒の成分) や幼植物に多く, 鳥類の血液中にも発見される. 植物はかなり普遍的にリン酸の主たる貯蔵物質となっており, 実際, 穀類ではリン酸の 75~80% がフィチンに見出される. Ca, Mg, Zn および Fe と不溶な塩を形成するので, フィチン酸の過剰摂取は動物の腸での Ca の吸収を阻害し, くる病発生の原因になるという考えもある. この作用を阻害する酵素フィターゼ (phytase) が少量, 回腸粘膜に存在するほか, トリ赤血球ではグリセリン酸-2,3-ビスリン酸と同様にヘモグロビンと結合し酸素結合能を低下させる. クエン酸塩の投与でこの作用を防止することができる.

d **フィックの原理** [Fick's principle] ある器官の血流量 F は, 特定の物質が循環血液から単位時間に取り込まれた量 Q を, その物質の動脈血 $[A]$ と静脈血 $[V]$ 中の濃度の差で割った値に等しい, という法則. $F=Q/([A]-[V])$ で表される. この原理を利用したものに, 亜酸化窒素 (N_2O) を用いた脳血流量 (ヒトで 756 mL/分) の算出 (Kety 法) や, 動脈血中と肺動脈血中の酸素分圧を用いた心拍出量 (ヒトで約 5 L/分) の算出 (Fick の直接法) がある.

e **フィッシャー** FISCHER, Albert 1891~1956 デンマークの細胞生物学者. 培養組織におけるヘパリンの成長阻害の機構, 培養細胞の栄養要求, 腫瘍の組織培養などに業績があり, 組織培養の確立とそれによる新しい分野の研究に A.Carrel とともに先駆的な役割を果たした. [主著] Biology of tissue cells, 1946.

f **フィッシャー** FISCHER, Edmond Henri 1920~ アメリカの生化学者. E.G.Krebs とともにホスホリラーゼを単離, その活性化にあたってリン酸の取込みが必要であり, リン酸が外れると不活性となることを発見. このような可逆的なリン酸化が細胞情報の伝達における基本メカニズムであることが認められ, 共同研究者の Krebs とともに, 1992 年ノーベル生理学・医学賞受賞.

g **フィッシャー** FISCHER, Emil 1852~1919 ドイツの有機化学者. 糖の立体化学の基礎を築き, 糖を分解する酵素の特異性を研究して酵素と基質の関係を鍵と鍵穴の関係にたとえた. また, 蛋白質から多くのアミノ酸を分離・確認し, ポリペプチドを合成, 蛋白質がアミノ酸のポリペプチドでできていることを証明した. 1902 年に糖およびプリン体の研究によりノーベル化学賞受賞.

h **フィッシャー** FISCHER, Eugen 1874~1967 ドイツの解剖学者, 人類学者. 西南アフリカで混血の研究を行った. またヒトの自己家畜化の問題を研究し, 人種と家畜の成立との間に平行関係を認めた. さらに南ドイツの短頭型の成立に関して中世以降のアラマン人の頭骨その他を研究し, 遺伝の影響のほかに機械的・化学的影響ならびに都市・農村のような環境の影響が人類の形質に強く作用することを主張した (⇒短頭化現象).

i **フィッシャー** FISCHER, Hans 1881~1945 ドイツの有機化学者. R.Willstätter らの後をうけてヘミン, クロロフィルなどのポルフィリン構造を決定, 合成法を確立した. 1930 年ヘモグロビンの研究でノーベル化学賞受賞.

j **フィッシャー** FISHER, Sir Ronald Aylmer 1890~1962 イギリスの統計学者, 集団遺伝学者. 推計学を基礎づけ実験計画法を確立し, 生物学研究においては, 量的形質の遺伝学の確立により自然淘汰説とメンデル遺伝学が矛盾なくつながることを示し, 進化生物学の基本を確立した. また性淘汰におけるフィッシャーのランナウェイ説を提唱し, 組換えにより適応進化が速まることから有性生殖の意義を論じた. [主著] Genetical theory of natural selection, 1930.

k **フィトアレキシン** [phytoalexin] 一般に植物が微生物に遭遇した際, 植物によって合成・蓄積される低分子の抗菌性の化合物の総称. ただし, 機械的障害やある種の化学物質によってもその生産が引き起こされる. K.Müler (1952) の命名. 植物の病害抵抗反応に関与する. 病原菌に対しては特異性を示さず, 異なった多くの病原菌の発育を阻止する作用をもつ. フィトアレキシンの種類は病原菌の種類とは関係なく宿主植物によってきまる. エンドウを生産するピサチン (pisatin), ダイズのファセオリン (phaseolin), ジャガイモのリシチン (rishitin), *Orchis* に属するランのオルキノール (orchinol),

ピサチン　　　　　　　リシチン

サツマイモのイポメアマロン(ipomeamarone)などがある．一般に，病原菌は宿主の生産するフィトアレキシンにより阻害されにくいが，非病原菌は強く阻害され，また，フィトアレキシンの生成速度は病原菌より非病原菌によるほうが速い．

a **フィトクロム** [phytochrome] Phy と略記．《同》ファイトクロム．緑藻を含む緑色植物に広く存在する*光形態形成反応の光受容体．主に赤色光，遠赤色光(かつては近赤外光ともいった)に応答．W. L. Butler ら(1959)によって発見された．その実体は，分子量約12万のアポ蛋白質分子(アポフィトクロム)にテトラピロールの一種であるフィトクロモビリン(phytochromobilin)1分子が発色団として共有結合した色素蛋白質．シアノバクテリアなどの原核生物でもフィトクロムと似た分子が発見され，緑色植物のフィトクロムと区別するため，バクテリアフィトクロムと呼ばれる．フィトクロムが関わる生理現象は多岐にわたり，種々の遺伝子の発現制御，細胞小器官の諸活性や膜機能の制御，細胞分裂の調節などの分子・細胞レベルの応答から，*光発芽，*光屈性や重力屈性の感度の調節，黄化芽生えの緑化，光周性誘導における暗期中断，生物時計のリセットなどの個体レベルの応答までさまざまに知られる．フィトクロムは吸収スペクトルの異なる Pr 型(赤色光吸収型)と Pfr 型(遠赤色光吸収型)の間を相互に光変換する．生理学的には Pfr 型が活性型で，Pr 型は活性をもたないと考えられる．フィトクロムの生理応答には，短時間赤色光照射によって誘導され，赤色光-遠赤色光可逆性(赤-遠赤色光可逆性 red-far-red reversibility)が見られる低光量反応(LFR)に加え，遠赤色光連続照射の反応(FR-HIR)，微量の光で起こる超低光量反応(VLFR)，赤と遠赤色光の比に応じた光平衡状態(photostationary state)によって応答が決まる赤-遠赤色光比反応などが知られる．種子植物では，大きくフィトクロム A，フィトクロム B，フィトクロム C の3グループに分類され，遠赤色光連続照射反応と超低光量反応はもっぱらフィトクロム A によって，また低光量反応と赤-遠赤色光比反応は主にフィトクロム B によって制御される．不活性型の Pr は主に細胞質ゾルに局在し，光により活性化された Pfr は細胞質ゾルから核内に移行し，特定の転写因子と相互作用することで遺伝子発現を調節する．なおフィトクロム A では，プロテアソームによる Pfr 暗失活(dark destruction of Pfr, dark decay of Pfr)や，自発的な Pfr 型から Pr 型への変換による Pfr 暗反転(dark reversion of Pfr to Pr)により，Pfr 型が速やかに除かれるしくみとなっている．

b **フィトスルフォカイン** [phytosulfokine] PSK と略記．《同》ファイトスルフォカイン．植物培養細胞の増殖促進活性を指標とした生物検定により，細胞培養液から精製・単離された5アミノ酸からなる生理活性ペプチド．アミノ酸配列は Y(SO₃H) IY(SO₃H) TQ [Y(SO₃H) は硫酸化チロシンを示す]．約80アミノ酸からなる前駆体ペプチドの C 末端近傍の配列に由来し，翻訳後修飾により二つのチロシン残基が硫酸化される．これらの硫酸基は活性発現に必須である．前駆体ペプチドをコードする遺伝子は種子植物に広く見出されることから，フィトスルフォカインは普遍的な成長制御因子であると推定されている．1回膜貫通型のロイシンリッチリピート型受容体キナーゼが受容体として働く．

c **フィードバック** [feedback] あるシステムにおいて，閉ループを形成して，出力側の信号を入力側へ戻すこと．フィードバック信号を入力信号に加えると，入力信号がより大きくなる場合と小さくなる場合とがある．前者を正のフィードバック(positive feedback)，後者を負のフィードバック(negative feedback)という．正のフィードバックでフィードバックの量が小さいときには，入力が増幅されて出力となる．フィードバックの量がある程度より大きくなると，*自励振動(発振)を起こす．この現象は，しばしば悪循環(vicious circle)と呼ばれる．随意運動にともなう企図振顫(intention tremor)はその例．*負のフィードバック制御は増幅器の安定化に利用され，自動制御系の核心をなしている．生物のもついろいろな*階層的制御機構も同様であり，*ホメオスタシスを実現することに貢献している．(⇒フィードバック制御，サイバネティクス)

d **フィードバック制御** [feedback control] フィードバックによって制御量の値を目標値と比較し，それらを一致させるように訂正動作を行う制御．元来は工学用語であるが，生物システムにおける調節の基本原理でもあり，生化学反応，生理機能，生態系の秩序などひろい階層での*ホメオスタシスの実現に関与する．フィードバック制御系は，工学的には制御対象からのフィードバックループに適当な制御装置(検出部，調節部，操作部からなる)を挿入することにより構成される．検出部は制御対象から制御量を検出して，調節部に必要なフィードバック信号に変換する部分である．動物では，器官レベルでみると感覚や体液組成に関する受容器が検出部に相当する．調節部は目標値とフィードバック信号を比較して制御動作信号(制御偏差ともいう)を作り，これに制御のために必要な演算を施して操作部へ信号を送り出す部分である．この演算動作は制御動作と呼ばれる．動物の脳は，総合的な調節部である．操作部は調節部からの信号を操作量に変換し，制御対象に働きかける部分である．脊椎動物の骨格筋および甲状腺や生殖腺のような内分泌腺を制御対象とみたとき，それぞれ運動神経系および下垂体が操作部に相当する．制御動作には，比例動作(操作量が偏差の現在値に比例する．P 動作と呼ばれる)，積分動作(操作量が偏差の時間積分に比例する．I 動作)，微分動作(操作量が偏差の時間微分に比例する．D 動作)などがあり，一般にはこれらを組み合わせて用いる．以上は操作量が時間的に連続な場合であるが，制

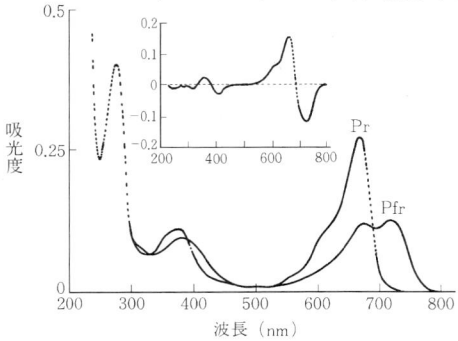

エンドウのフィトクロム A の吸収スペクトル．上の小グラフは Pr から Pfr を差し引いた差スペクトル (井上康則)

御操作を開または閉の二つに限る不連続制御もあり，オン-オフ制御と呼ばれる．また，制御偏差を一定時間おきにとり出すサンプル値制御もある．（⇄サーボ機構，⇄負のフィードバック制御）

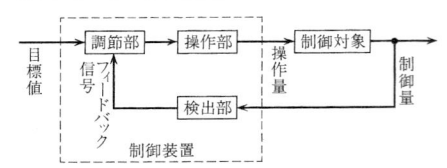

a **フィードバック阻害** [feedback inhibition] 《同》最終産物阻害(endproduct inhibition). 代謝経路の最初の反応を触媒する酵素の活性が，その経路の最終産物により特異的に阻害を受ける現象．*負のフィードバック制御はこれにあたる．過剰の最終産物が蓄積したときにその物質の合成を停止することによって，細胞内での濃度を生理条件に適合したレベルに保つ細胞調節作用の一つ．阻害因子である代謝最終産物は，酵素の基質結合部位とは異なる部位(allosteric site)に結合して酵素活性を阻害する．（⇄アロステリック効果）

b **フィードフォワード** [feedforward] 《同》フィードフォワード制御(feedforward control). 制御系に変化が現れる前に必要な訂正動作を行う制御．将来に対する制御であり，発生のときの遺伝子の順序発現や脳・中枢神経系で自発的・自律的行動の情報が発信される場合などに見られる．

c **フィードフォワードループ** [feedforward loop] 制御工学におけるフィードバックループの対となる制御構造．*ニューラルネットワークや遺伝子発現調節ネットワークなどの生体での制御システムにおいて用いられる．特定の神経細胞群の活動や遺伝子の発現量といった出力値を決めるための制御関数に出力値自身を含むものをフィードバックループという．これに対して，フィードフォワードループとは，出力値に影響を与えうる外乱などを前もって検出し，その影響を弱めるように必要な修正動作を加える制御方式をいう．遺伝子発現調節ネットワークにおいては，三つの遺伝子から構成されるサブネットワークのうち，最初の遺伝子とそれが調節する2番目の遺伝子の両方が3番目の遺伝子を調節するという構造をもつものを指すことが多い．

d **フィトヘマグルチニン** [phytohemagglutinin] 広義には植物から見出される細胞凝集活性をもつ物質．元来は植物から発見された赤血球凝集作用をもつ一物質に対して命名された物質．後に同様の作用物質が多く発見されるに及んで，*細胞凝集素のうち植物由来のものの総称(phytoagglutinin, plant agglutinin)あるいは*レクチンと同義に拡大して用いられるようになり，紛らわしい．PHAと略称するときはインゲンマメ属のゴガツササゲ(Phaseolus vulgaris)やRicinus communisから抽出されるものを指す場合が多い．粗精製して蛋白質の多いものはPHA-P, 糖蛋白質の多いものはPHA-Mという．赤血球を凝集し，T細胞，B細胞の分裂を促進する作用がある(⇄リンパ球幼若化現象)．類似の作用を示す細胞凝集素には，コンカナバリンA(concanavalin A), pokeweed(アメリカヤマゴボウ)由来のものがある．

e **フィトメーター** [phytometer] 《同》ファイトメーター，植物計．環境の質の測定に，植物体の状態を生物指標として用いること．植物の環境の個々の要因を物理学的または化学的方法で分析的に測定するのでなく，環境内におかれた植物体の成長や特定の器官の発達によって環境の質を測定する．生物にとっての総合的な環境の質を知ろうとする意図に基づくが，得られた結果をただちに他の種類などにも適用できないこと，測定用の植物の均一性の保証も困難なことなどの難点がある．

f **フィトール** [phytol] $C_{20}H_{40}O$ 不飽和第一アルコールの一種．油状液体．*クロロフィルの一成分として知られ，その*ポルフィリン核についたプロピオン酸残基とエステル結合している．クロロフィルaあるいはbをアルカリで加水分解するか，強酸で処理すればフィトールが得られる．またクロロフィラーゼの作用によりクロロフィルのMg原子はそのままでフィトールだけがはずされる．

g **フィブリノゲン** [fibrinogen] Fbgと略記．《同》フィブリノーゲン，第I因子(blood coagulation factor I), 繊維素原．*血液凝固因子の一つで，血漿中にある分子量約34万の糖蛋白質．ヒト血漿中には2000〜3000 mg/L程度含まれている．グロブリンの一種で，3%の糖を含み，血漿のティセリウス電気泳動，濾紙電気泳動，セルロースアセテート膜電気泳動では4分画に含まれる．硫酸アンモニウム25〜50%飽和，食塩半飽和，リン酸塩1.1〜1.2 Mで沈殿し，CohnのI分画に含まれる．等電点は，ヒトのフィブリノゲンpH5.2〜5.6, ウシのフィブリノゲンpH5.5である．ヒトのフィブリノゲンの生体内半減期は4〜5日であり，主に肝細胞で産生される．フィブリノゲン分子は分子量約6.5万のAα鎖，分子量5.5万のBβ鎖，分子量4.7万のγ鎖と呼ばれる3種のポリペプチド鎖がそれぞれ対をなしてS-S結合している二量体．フィブリノゲン1分子は(AαB$\beta\gamma$)$_2$で表される．血液凝固の際には，トロンビンの作用を受けて，フィブリノゲンAα鎖とBβ鎖からフィブリノペプチドAとフィブリノペプチドBがそれぞれのN末端から遊離しフィブリンモノマー($\alpha\beta\gamma$)となる．フィブリノペプチドAの遊離はフィブリンクロットの形成と並行するが，フィブリノペプチドBはこれより遅れて遊離される．フィブリンモノマーは重合するとともに不溶性となって析出する．これが血液凝固である．なお，フィブリノゲンのアミノ酸配列に異常あるいは欠損のあるものが知られており(*異常フィブリノゲン), 上記のような機作を示さないため，しばしば出血性素因となり，異常フィブリノゲン血症を招く．(⇄フィブリノペプチド，⇄フィブリン)

```
              T
           16 ↓ 17            19   20
Aα鎖   Ala-Asp-------Arg-Gly-Pro-Arg-Val----COOH
              └─ フィブリノペプチドA ─┘

              T
           14 ↓ 15              47   48
Bβ鎖   Pyr-Gly-------Arg-Gly-------Lys-Ala----COOH
              └─ フィブリノペプチドB ─┘

                       14′      6′
γ鎖    Tyr-Val-------Glu------Lys----COOH
```

T：トロンビンの作用部位　　Pyr：ピログルタミン酸
ヒトのフィブリノゲンのアミノ酸配列の一部

a **フィブリノペプチド** [fibrino-peptide] 《同》コフィブリン(co-fibrin). *フィブリノゲンのN末端を構成するペプチド. フィブリノゲンにトロンビンが作用すると, フィブリノペプチドAおよびBとフィブリンモノマーに分解する. しかし, ヘビ毒のトロンビン様物質が作用した場合は, フィブリノペプチドAと脱Aフィブリン(des-A fibrin)とを形成する. この機構を利用してヘビ毒を血栓症の治療に用いることがある.

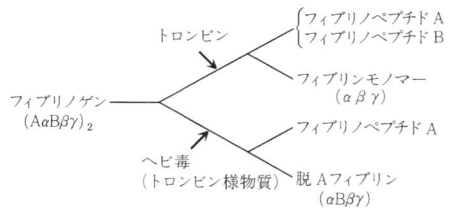

```
                      ┌ フィブリノペプチドA
               トロンビン┤ フィブリノペプチドB
              ↗       └ フィブリンモノマー
                           (αβγ)
フィブリノゲン ─
(AαBβγ)₂      ↘        ┌ フィブリノペプチドA
         ヘビ毒         └ 脱Aフィブリン
      (トロンビン様物質)    (αBβγ)
```

b **フィブリン** [fibrin] Fbnと略記. 《同》繊維素. 硬蛋白質の一種で, フィブリノゲンにトロンビンが作用してフィブリノペプチドAおよびBを遊離した残余の蛋白質(フィブリンモノマー)および蛋白質を構成単位とする高分子(フィブリンポリマー)の総称. 無色あるいは白色, 繊維状無定形で弾性のある固体. *血液凝固の際, これが血球をからめて硬化し血餅となる. 血漿中および重合阻止作用をもたない塩類溶液中で生成したフィブリンは析出してゲル状となり, フィブリン塊を形成する. フィブリノゲンおよびフィブリンを構成するポリペプチド鎖はα, β, γの三本鎖からなっているが, フィブリンのα鎖・β鎖のN末端アミノ酸はいずれもグリシンである. 純化したフィブリノゲンにトロンビンおよびCa^{2+}を加えて生成したフィブリンは30%(W/V)尿素溶液および1%(W/V)モノクロル酢酸溶液に可溶性であるが, 正常血漿にCa^{2+}を加えて生成したフィブリンはこれらの溶液に不溶性である. その理由は, 前者ではフィブリノゲン(AαB$\beta\gamma$)₂がトロンビンの作用でN末端からフィブリノペプチドAおよびBを遊離してフィブリンモノマー($\alpha\beta\gamma$)となり, さらにCa^{2+}の存在下で水素結合により重合してフィブリンポリマーとなりゲル化した状態となるのに対し, 後者ではさらに血漿に含有されているγ-グルタミル基転移酵素作用を示す第XIII因子(⇌血液凝固第XIII因子)の作用を受けて, フィブリンモノマー分子間に架橋が起こり*イソペプチド結合が形成され, フィブリンモノマーを構成単位とする高分子($\alpha\beta\gamma$)ₙが生成される(図). フィブリンはプラスミンによって分解される(⇌繊維素溶解). 他方, フィブリノゲンはある種のヘビ毒にも加水分解され, フィブリノペプチドAだけを遊離して脱Aフィブリンとなりゲル化する(⇌フィブリノペプチド).

```
┌─────┐                              ┌─────┐
│フィブリン│          O              │フィブリン│
│モノマー │─(CH₂)₂─C     + NH₂       │モノマー │
└─────┘          \\      |         └─────┘
                    NH₂   (CH₂)₄

          ┌─────┐
          │フィブリン│     (CH₂)₂        ┌─────┐
       →  │モノマー │      |            │フィブリン│  + NH₃
          └─────┘       C=O           │モノマー │
                         |            └─────┘
                         NH
                         |
                        (CH₂)₄

 グルタミン残基  リジン残基         架橋
```

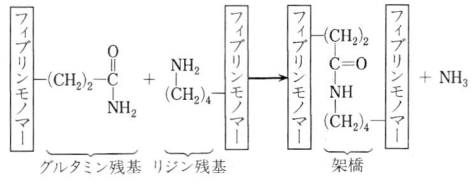

フィブリンモノマーの架橋

c **フィブロイン** [fibroin] 硬蛋白質の一種で, 絹糸の主要蛋白質成分. カイコなどの*絹糸腺の後部糸腺でつくられるものが典型例. 平行βシート構造をとり*プロテアーゼに対し安定. グリシン, アラニン, チロシンを多く含むがアミノ酸組成は種により異なる. 繭を構成する蛋白質成分の約70%を占める. 残り30%は中部糸腺でつくられる*セリシンである.

d **フィブロネクチン** [fibronectin] 動物の細胞表面・結合組織・血液中などに存在する, サブユニットの分子量約24万の*細胞接着性糖蛋白質. ヒト血清・血漿中濃度は0.2〜0.4 mg/mL. 低温不溶性グロブリン(cold insoluble globulin), レッツ蛋白質(LETS protein)などと呼ばれていたが, 1978年頃フィブロネクチンに統一された. 二つのタイプがある. (1)細胞性フィブロネクチン:細胞が合成し, 細胞表面および培地中に分泌する多量体分子で, 細胞外マトリックスの主要構成成分. (2)血漿フィブロネクチン:肝臓が合成し, 血液中に分泌する二量体分子. 遺伝子は一つ. 分子中のED-A, ED-B, III CSと呼ばれる3カ所で, 選択的にスプライシングされ, 計20種のポリペプチド鎖の生合成が可能である. 多様な機能のうち, 培養細胞をペトリ皿の上に接着・伸展する働きが最もよく知られている. その作用は, フィブロネクチン中のRGD, CS-1, CS-5, SAS, ヘパリン結合部位の五つの活性部位の一つまたは複数に依存する. 細胞表面の受容体は*インテグリンまたは*プロテオグリカン. 細胞以外に*コラーゲン, *ヘパリン, *フィブリン, 細菌に結合する. 細胞ががん化すると, 細胞表面のフィブロネクチンは減少, または消失する. このことから, がん細胞の性質・形態に関与するものと思われる. 生体内での機能は, 細胞移動, 細胞と細胞外マトリックスの接着, 組織の構築と保持, 止血などである.

e **フィラデルフィア染色体** [Philadelphia chromosome] 《同》Ph¹染色体. ヒト22番染色体長腕(22q11)に, 9番染色体長腕の一部(9q34から末端までの領域)が転座して生じる染色体. 1960年アメリカ・フィラデルフィアで, 白血病に特異的な染色体として発見された. 慢性骨髄性白血病の約90%, 成人急性リンパ性白血病の約20%の症例で検出される. 転座の結果, 22q11に存在する*BCR*遺伝子と9q34に存在する*ABL*遺伝子が融合して, 白血病原性をもつ融合蛋白質が生成する. *ABL*遺伝子は, 非レセプター型のチロシンキナーゼをコードするがん遺伝子の一つで, *BCR*遺伝子産物との融合に伴いそのキナーゼが活性化され, 細胞のがん化を引き起こすと考えられている.

f **斑入り** [variegation, color breaking] 植物の組織において, 本来は同一の色であるべきものが, 2種以上の異なる色の部分からなる, あるいはなると見える場合をいう. 一種の*モザイクで, 植物ウイルス病の病徴として認められる場合や核内遺伝子または細胞質中の色素体遺伝子による場合, キンギョソウやある種のアサガオにおけるように*トランスポゾンによる場合などがある. 葉・茎・花弁・種皮などの部分にも見られ, 園芸品種として珍重されるものもある. 外見的には以下の区別がある. (1)覆輪:外縁だけが異色となるもの. (2)掃込:刷毛でなでたように異色部が入りこむもの. (3)切斑(きりふ):中央部より一半が異色となるもの. (4)虎斑:横に異色の筋の入るもの. (5)条斑:縦に異色の筋の入るもの. (6)うぶ:すべて異色のもの. 斑入りの機構に

は，クロロフィルの欠失によるもののほかに，構造斑入りとして，(i)表皮下細胞層に空気を含む細胞間隙の発達することによる，(ii)表皮細胞の変形による，(iii)細胞にクロロフィル以外の色素を含むことによる場合がある．細胞質遺伝あるいは色素体遺伝をする例と(例:オシロイバナ, 縞イネ)，核遺伝子に支配される場合もあり(例:オオバコ, 翁ムギ)，核と細胞質の相互作用を示す例としても研究されている．

覆輪　掃込　切斑　虎斑　条斑

a **フィルヒョー** Virchow, Rudolf ウィルヒョウとも. 1821~1902 ドイツの病理学者. 細胞説に基づいて病的組織の顕微的研究を創始し，腫瘍・化膿物などの研究を発展させ，細胞病理学を樹立(Die Cellularpathologie, 1858).「細胞は細胞より」(Omnis cellula e cellula)の標語を立て，細胞説の発展に寄与. 人類学での人体計測法などにも業績があり，ドイツ人類学会を創設.

b **フィロウイルス** [*Filoviridae*] ウイルスの一科. ウイルス粒子は，細長い紐状の特異な構造をもち，U字型，6字型，環状，繊維状などさまざまな形態をとる. 直径は 80 nm, 長さは不定で最長 1400 nm あり，*エンベロープをもつ. フィロ Filo はラテン語の filum(糸)に由来し，ウイルス粒子の形態を示す. ゲノムは一の一本鎖 RNA(~1万9000塩基長)からなり，らせん状のヌクレオ*キャプシドを形成する. マールブルクウイルス属とエボラウイルス属が含まれ，ヒトが感染すると致死率が高い出血熱を起こす. ヒトは, サルなどの動物から，あるいはヒトの血液を介して感染する. 自然界の宿主はコウモリが有力であるが確定していない. エボラウイルス属には，ザイール，スーダン，レストン，タイフォーレストの四つの種が知られている.

c **フィロキノン** [phylloquinone] 《同》ビタミン K$_1$ (慣用名). 光合成の光化学系 I に含まれる電子伝達成分(→光合成の電子伝達系). 血液凝固因子ビタミン K$_1$ として発見された. 光合成の光化学系 I の電子受容体(A$_1$)として電子受容体クロロフィル a (A$_0$) から電子を受け取り，鉄硫黄センター(Fx)に電子を渡す. 非酸素発生型*光合成細菌の光化学系では, フィロキノンに似たメナキノンが使われている.

d **フィロソーマ** [phyllosoma] 節足動物甲殻亜門十脚目イセエビ類の*ゾエア期幼生. *卵ノープリウスからこの時期に孵化する. 体は大形，扁平でガラスのように透明である. 頭部および胸部第一, 第二顎脚は甲皮におおわれる. 胸部には 4 対の遊泳に適した付属肢(第三顎脚, 第一~第三歩脚)をもつ. 腹部は小形で幅が狭い.

e **風疹ウイルス** [rubella virus] *トガウイルス科ルビウイルス属に属する，風疹の病原ウイルス. ウイルス粒子は直径 60 nm の多形性で, *エンベロープをもつ. ゲノムは約1万1000塩基長の+鎖 RNA. T.H.Weller と F.A.Neva (1962) および P.D.Parkman ら (1962) が風疹患者の咽頭洗液から分離. 種々の動物由来の株化細胞で増殖する. 患者の鼻咽腔分泌物の飛沫で伝染する. 風疹(rubella, 俗に三日はしか)は 14~21 日の潜伏期の後, 後頭部・耳後部・頸部などのリンパ節が腫脹し, ついで, 発熱と同時または 1~2 日後に顔面・頭部に発疹が認められ, 頸部・体幹・四肢の順に全身に拡がり, 3 日くらいで消退する. 妊娠初期に風疹ウイルスに罹患した場合, 子供に白内障, 小眼球症, 難聴, 心疾患, 小頭症などの先天性異常を起こすことが多い.

f **風船クラゲ型幼生** [cydippid larva] 有櫛動物クシクラゲ類の幼生. 八つの櫛板列と 2 本の触手をもつ. ただしウリクラゲ類では触手は作らない. この時期以後ゆっくりとさまざまな成体の形に変化していく.

g **封入剤** [mounting agent] プレパラート作製の際, 切片をそのまま，または染色後にカバーグラスで封ずるために用いる液体または樹脂. 水と混合する水溶性封入剤と水と混合しない非水溶性封入剤がある. 古くは非水性のカナダバルサムによって永久プレパラートを作製することが多かったが, 現在では多様な封入剤が開発されている. 封入剤の屈折率が細胞や組織の屈折率よりやや小さい方がその構造をはっきりさせる. 蛍光顕微鏡用プレパラートには一次蛍光を発せず退色防止剤の含まれた封入剤を用いる.

h **封入体** [inclusion body] ウイルスや*クラミディアが感染した宿主細胞に観察される, 顆粒状の細胞内構造体の総称. 2 種類に大別される. (1) 細胞内で増殖した*ウイルス粒子(例えば, *痘瘡ウイルス)や*クラミディア(例えば, *鼠蹊リンパ肉芽腫病原体)そのものの集まったもの. (2) ウイルスの感染によって細胞内にできた一種の反応生成物と考えられるもので, *狂犬病ウイルスによるイヌの脳神経細胞内の封入体(ネグリ小体)はこれである. また, 形成される部位によって細胞質の中にできる細胞質封入体(cytoplasmic inclusion body, 痘瘡ウイルスや狂犬病ウイルスなど)と, 核の中にできる核封入体(nuclear inclusion body, ヘルペスウイルスなど)とに区別する.

i **風媒** [anemophily, wind pollination] 花粉が風によって運ばれる送粉様式. 裸子植物の多く(ソテツ綱の一部, 針葉樹綱とイチョウ綱)と被子植物の一部(ブナ科, カバノキ科, ニレ科, アカザ科, イネ科, カヤツリグサ科など)で見られる. 被子植物の風媒は, *動物媒から二次的に進化したものが多い. 風媒花は動物を誘引する必要がないので, 花は地味で, *花被が発達せず, 報酬ももたない. 花粉は, 風に乗るために, 小さく, 軽くなっている. また風媒花は, 動物媒花よりも送粉の確実性が低いので, 花粉の量がきわだって多くなっている. 落葉樹の風媒花では, 風の通りやすい, 葉の展開前に開花するものが多い.

j **富栄養化** [eutrophication] 水域が貧栄養から富

栄養の状態に変化する現象．本来は陸水学(狭義には湖沼学)の用語．火山の火口に水が溜まり湖が新たに形成された当初は，一般に深度が大で生物が少なく，水がよく澄んだ貧栄養湖であるが，長年月を経ると，自然に徐々に埋まって浅くなり，栄養物を蓄積して，生産量や生物量の大きい富栄養湖にかわっていく．富栄養化は人為的影響を受けない天然状態での湖沼学的特性の遷移現象(⇒湖沼型)であるが，最近は人間活動による湖沼や内湾の有機汚濁などを意味することがほとんどである．この場合，前者を自然富栄養化と呼んで区別することがある．後者は，人間活動の急激な増大に伴い，生活排水や農業廃水などから多量の窒素・リンが湖沼，河川，内湾などに流入し，そのため植物プランクトンなどの藻類が大量に繁殖し，水を濁らせ，多量に生産された有機物の分解に伴い溶存酸素を消費しつくすなど，水質を悪化させる現象である．富栄養化が極端に進んだ状態を過栄養(hypereutrophy)という．過度の富栄養化の進行を制止するためには，湖沼，河川，内湾への流入水中の窒素・リンなどを除去すると共に多様な生物群集からなる沿岸帯を保護することが有効．

a **富栄養湖**　[eutrophic lake]　富栄養，すなわち水中に窒素・リンが豊富で生物の生産性の大きい湖．一般に，浅い湖で沿岸域には大型水生植物群落が発達する．夏季には*藍色細菌による植物プランクトンの大繁殖で「水の華」を生ずることが多く，表層の水は，その光合成作用のために日中に強いアルカリ性を示す(しばしばpH10.0以上)．OECD(1982)の基準では，*透明度の年間平均値1.5～3 m，有光層の水中のクロロフィルa量の年平均値が8～25 mg·m^{-3}，全リン量の年平均値が35～100 mg·m^{-3}の湖沼を富栄養湖と区分．さらに，透明度の年間平均値が1.5 m以下，クロロフィルa量の年平均値が25 mg·m^{-3}以上，全リン量の年平均値が100 mg·m^{-3}以上の湖は過栄養湖(hypertrophic lake)とした．しかし，富栄養湖と過栄養湖を厳密に区別せず，過栄養湖も含め富栄養湖という場合も多い．*貧栄養湖の自然あるいは人為による*富栄養化で生じ，長年月のうちに浅化が起こり，やがて陸化する．(⇒湖沼型)

b **フェオフィチン**　[pheophytin]　クロロフィルの*テトラピロール環のMg原子が2個の水素原子によって置換された化合物の総称．対応するクロロフィルに従って，フェオフィチンa，b，バクテリオフェオフィチン(bacteriopheophytin)a，bと呼ばれる．クロロフィルを弱酸性で処理することによって容易に生じる．フェオフィチンaの溶液は灰緑色を呈する．フェオフィチンaやバクテリオフェオフィチンaは光合成反応中心である光化学系IIの初発電荷分離過程の電子受容体として重要な役割を果たしている．フェオフィチンaはクロロフィル分解経路の中間体でもある．フェオフィチンからフィトールなどの長鎖アルコールを失うとフェオフォルビド(pheophorbide)になる．フェオフォルビドaやbは緑葉野菜の漬物やアワビの中腸腺に含まれることがある．この色素は光増感作用が強く光線過敏症の原因物質の一つとされている．

c **フェドゥーシア**　FEDUCCIA, Alan　1943～　アメリカの古生物学者，鳥類学者．獣脚類恐竜から鳥類が進化したとする主流の考えに反論を唱えた．[主著] The origin and evolution of birds, 1996.

d **α-フェトプロテイン**　[α-fetoprotein]　AFPと略記．[同] フェチュイン(fetuin)，α_1-フェトグロブリン(α_1-fetoglobulin)，ポストアルブミン．胎児性抗原の一つで，成人血清中にはなく胎児血清中に特徴的に見出せる蛋白質の総称．電気泳動でα-グロブリン領域(動物によってはβ-グロブリン領域)に見出される．胎児肝で合成される．ヒトの場合，分子量6万4600，一本鎖ポリペプチドからなる．*血清アルブミンとα-フェトプロテインは分子性状，一次構造，ドメイン構造がよく似ているため，それらの遺伝子は共通の祖先に由来すると考えられている．ヒトの場合，妊娠6.5週の胎児血清中の濃度は67 μg/mL，9.5週で2000 μg/mL，10～13週で3000 μg/mL，その後30～32週まで急激に減少し出生時は13～80 μg/mL，生後2年でほぼ成人レベル(1～20 ng/mL)になる．成人でも肝癌や卵巣腫瘍などの種々のがんで血清中に著明に増加する．これは未分化の胚性のがん細胞が成人に発生するために出現するもので，これらを癌胎児性蛋白質(carcinoembryonic protein)と総称する．血清中のAFP値の増減はがんの診断に利用する．微量が肝炎患者，正常成人にも見出される．性ホルモンのエストラジオールと強い親和性をもつ．

e **フェニルアラニン**　[phenylalanine]　略号 Pheまたは F(一文字表記)．芳香族α-アミノ酸の一つ．E. Schulzeら(1881)がモヤシから発見．L化合物は各種蛋白質中に含まれる．D化合物はポリペプチド性抗生物質であるグラミシジン S，チロシジン，バシトラシンなどの成分として含まれる．ヒトでは不可欠アミノ酸．生体内での分解(哺乳類では主に肝臓で行われる)の際は，フェニルアラニン水酸化酵素(phenylalanine hydroxylase)によって非可逆的にチロシンとなり，以後チロシンの分解経路をたどる．*フェニルケトン尿症はフェニルアラニン水酸化酵素の欠損症で，尿にフェニルピルビン酸，フェニル酢酸が排出される．生合成は微生物，植物において，シキミ酸経路を通り，フェニルピルビン酸からアミノ基転移反応によって生成する．(⇒芳香環生合成[図])

f **フェニルアラニン-4-水酸化酵素**　[phenylalanine hydroxylase]　《同》フェニルアラニン-4-ヒドロキシラーゼ，フェニルアラニン-4-一酸素添加酵素(phenylalanine-4-monooxygenase)．フェニルアラニンからチロシンを形成する酸素添加酵素．EC 1.14.16.1．補酵素としてプテリジンが必要．生物に広く存在，動物では肝臓にある．反応の進行のためには第二のジヒドロプテリジンを還元する反応が共役する必要がある．

フェニルアラニン+O_2+テトラヒドロプテリジン
　　$\rightleftarrows$チロシン+ジヒドロプテリジン+H_2O
ジヒドロプテリジン+NADPH+H^+
　　$\rightleftarrows$テトラヒドロプテリジン+NADP

反応は特異的であるがトリプトファンにもある程度働くし，テトラヒドロプテリジンもプテリジンである程度代用しうる．本酵素の先天的欠如が*フェニルケトン尿症である．

g **L-フェニルアラニン脱アンモニア酵素**　[L-phenylalanin ammonia-lyase]　PALと略記．L-フェニルアラニン(L-Phe)から直接アンモニアが除かれてトランスケイ皮酸を生ずる反応を触媒する酵素．EC 4.3.1.24．J. Koukol, E. Conn(1961)がオオムギ中に発見．植物・酵母・菌類の可溶性分画中に存在．分子量約30万．L-

Phe がフェニルプロパノイドやフラボノイドなどのフェノール化合物生合成に用いられるための重要な酵素で, 多くの場合その反応はフェノール化合物生合成の律速段階となっている. 組織中の活性は外的要因によって顕著に変動し, 光照射, 病傷害, 植物ホルモン処理などで著しく増加する. またフィトクロムで支配されている場合もある. 本酵素の遺伝子は少数の多重遺伝子族を形成しており, 個々の遺伝子は異なった外的要因によって制御されている. 組織内での活性増加とともに酵素の不活性化も起こり, 組織内の活性な酵素量は速やかに減少する場合が多い.

a **フェニルケトン尿症** [phenylketonuria] PKUと略記. 肝臓のフェニルアラニン-4-水酸化酵素遺伝子の変異による先天性欠損症. 生後数カ月以内に嘔吐・知能障害・脳波異常・歩行障害を主徴として発現する遺伝病で, 血液や脳に*フェニルアラニンが蓄積することにより, 上記の障害が現れる. 尿にフェニルピルビン酸が排出されるところから命名された. 新生児マススクリーニングの対象疾患. 早期に発見して食事中のフェニルアラニン量を減らせば知能低下はみられずにすむため, フェニルアラニン制限ミルクが与えられる.

b **フェニルプロパノイド** [phenylpropanoid] ベンゼン核に炭素3個の直鎖が付いたフェニルプロパン骨格(C_6-C-C-C)から構成される天然有機化合物の総称. 多くは植物の代謝生成物として見出される. 維管束植物体内では主として*L-フェニルアラニン脱アンモニア酵素によって生成するケイ皮酸から, その誘導体やさらにクマリン類など, 各種のフェニルプロパノイドが合成される. *リグナンはフェニルプロパン骨格の二量体であり, *リグニンはこれが多数不規則に重合した高分子化合物である. またフェニルプロパノイドはデプシド(depside)や*配糖体としても植物組織中に広く分布している.

c **フェネチルアルコール** [phenethyl alcohol] 《同》ベンジルカルビノール(benzyl carbinol), 2-フェニルエタノール(2-phenylethanol). $C_6H_5CH_2CH_2OH$ 一般にβ-フェニルエチルアルコールを指す. 大腸菌などの細菌の細胞表面に働き, DNA 複製の初期段階を特異的に阻害することが見出され, 分子生物学の分野においても注目されるようになった. ローズ油やネロリ油などの中に含まれている. 香料の一種.

d **フェノール酸化酵素** [phenoloxidase] 《同》フェノールオキシダーゼ. 分子状酸素の存在下でフェノール類を酸化して o-キノンあるいは p-キノンにする酵素の総称. 補欠分子団に銅を含み, *アスコルビン酸酸化酵素などとともに銅蛋白酵素に数えられる. 動植物界に広く分布するが, チロシナーゼのようにポリフェノールばかりでなくモノフェノールにも作用する*モノフェノール酸化酵素(フェノラーゼ phenolase)と, *ラッカーゼのように p-ジフェノールだけに働くものとに分けられる.

e **フェノロジー** [phenology] 《同》生物季節, 生物季節学, 花暦, 花暦学. 季節的に起こる自然界の動植物が示す諸現象の時間的変化およびその気候あるいは気象との関連を研究する学問. 例えば, 植物の発芽, 開芽(芽ぶき), 開花, 紅葉, 落葉などの時期の調査から, それぞれの地方の気候の比較ができる. 動物では*渡りやさまざまな動物の休眠・羽化・変態などの時期がとりあげられる. 一種のバイオメーター法として, 農業や予防医学にも経験的に利用されてきた. また, 近年は*生活史戦略との関連でも研究されている.

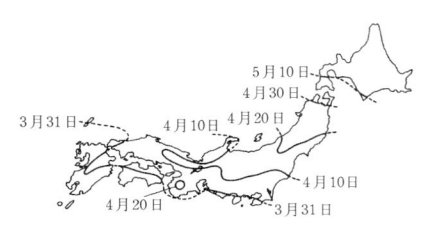

ソメイヨシノの開花日の一例

f **フェリチン** [ferritin] 鉄を含む複合蛋白質の一つ. 脾臓, 小腸粘膜, 肝臓, 赤色骨髄に存在し, これらの臓器から赤褐色の結晶として単離される. 20〜24%の鉄と1.2〜2%のリンを含む. 鉄は$(FeO \cdot OH)_8 (FeO \cdot OPO_3H_2)$の組成の状態で存在すると考えられ, 亜二チオン酸ナトリウムの処理で鉄を含まない無色の蛋白質部分すなわちアポフェリチン(apoferritin)と第一鉄とに分割される. アポフェリチンも結晶として得られ, 分子量約48万(2万4000のサブユニット20個からなる). フェリチンは生体内での鉄の貯蔵, 消化の際の鉄の吸収に関与すると考えられる. フェリチン抗体法に利用される. (⇌ヘモシデリン)

g **フェリチン抗体法** [ferritin antibody technique] 細胞・組織内における特定の抗原を電子顕微鏡的に検索するために*フェリチンで標識した抗体を用いる免疫細胞化学的手法の一つ. フェリチンは, 多量(約20%)のFeを含む複合蛋白質で, 直径約10 nm の蛋白質殻とその中心に位置する径5.5 nm のミセルからなる. このミセルが径3 nm の4個のサブユニットに分かれているために, 電子顕微鏡的には電子密度の高い鉄粒子の四角形の配列によって, その存在が容易に認知される. 通常, フェリチンと結合させた抗体(フェリチン抗体)を固定した細胞に作用させた後, *超薄切片を作って電子顕微鏡で観察する. また, フェリチンを抗原に結合させて組織内における抗体の局在を検索することもでき, これをフェリチン抗原法(ferritin antigen technique)と呼ぶ. フェリチンは大きい分子であるので, 細胞内に透過しにくいという難点がある. これを克服するために*酵素抗体法が開発されている.

h **フェリニン** [felinine] $CH_2OHCH_2C(CH_3)_2SCH_2CH(NH_2)COOH$ 含硫アミノ酸の一つ. ネコの尿に大量に見出される. ネコのフェロモンの前駆体と考えられている.

i **フェル** FELL, Honor Bridget 1900〜1986 イギリスの生物学者. 組織培養による研究を進め, 器官培養法を確立, 培養組織の成長と分化に対するビタミンやホルモンの影響の研究などの業績をあげた. 培養皮膚におけるビタミンAによる上皮の転化の研究は有名.

j **フェルヴォルン** VERWORN, Max 1863〜1921 ドイツの生理学者. 刺激生理学研究の成果に基づき, 一般生理学を体系化. 生命観に関しては自然哲学的解釈に傾き, ビオゲン仮説を唱えた. [主著] Allgemeine Physiologie, 1894.

k **フェルスターモデル** [Förster model] 励起分子

(D分子)の近くに，D分子が放出する波数の光を吸収する受容分子(A分子)が配置されると，光の放出・吸収は起こらず，エネルギーの分子間転移は光の放出・吸収の遷移双極子モーメント相互作用によって行われるが，このときエネルギー転移の速度($Y_{D \to A}$)は，分子間の距離(R)の6乗に反比例し，D分子の発光スペクトルとA分子の吸収スペクトルの重なりに比例し，さらに両方の遷移双極子モーメントの大きさの積(κ)の2乗に比例するというモデル．T. Förster (1948) の提案．励起エネルギーの転移の速さが振動緩和(約10^{-13}秒)より遅い場合に適用される．

$$Y_{D \to A} = \frac{9000 \ln 10}{128 \pi^5 N_0} \cdot \frac{\kappa^2}{n^4 \tau R^6} \int_0^\infty f_D(\tilde{\nu}) \varepsilon_A(\tilde{\nu}) \frac{d\tilde{\nu}}{\nu^4}$$

$\tilde{\nu}$は波数，$\varepsilon_A(\tilde{\nu})$はA分子の分子吸光係数，$f_D(\tilde{\nu})$は規格化したD分子の蛍光スペクトル分布，$N_0$はアボガドロ数，$n$は溶媒の屈折率，$\tau$はD分子の蛍光寿命．光合成における集光性クロロフィルから反応中心クロロフィルへの励起エネルギー転移は，フェルスターモデルによってうまく説明される．

a **プエルルス** [puerulus] 節足動物甲殻亜門十脚目イセエビ類の*メガローパ期の幼生．その形態はハコエビの成体に似る．

b **フェレドキシン** [ferredoxin] 略号Fd．鉄原子と無機硫黄を含み，電子伝達を行う水溶性の蛋白質．褐色．L. E. Mortenson ら (1962) の発見．細菌・藻類・植物に広く分布し，細菌のものは分子量6000～1万4000，植物のものは約1万1000．鉄原子はシステイン側鎖のチオール基と硫黄原子にはさまれた鉄硫黄クラスターを形成している．4原子の鉄をもつもの(4Fe-4S)，3原子の鉄をもつもの(3Fe-4S)，2原子の鉄をもつもの(2Fe-2S)があり，いずれも1電子移動を行う．X線により三次構造が解析されている．酸化還元電位は-0.2Vより低く極めて低い．光合成系では光化学系Iより電子を受けとり，フェレドキシン-NADP$^+$還元酵素 (ferredoxin-NADP$^+$ reductase, NADPH-アドレノドキシンレダクターゼ，EC1.18.1.2) の作用により NADP$^+$ を還元する．また非光合成器官でもプラスチド内にフェレドキシン-NADP$^+$還元酵素とともにイソフェレドキシン (isoferredoxin) が存在し，NADPHからフェレドキシン依存性酵素(NiR, Fd-GOGAT)の電子伝達体として機能している．窒素固定細菌においてはニトロゲナーゼの電子供与体となり窒素のアンモニアへの還元を行う．また Clostridium においてピルビン酸フェレドキシン酸化還元酵素(アセチルCoA生成，ピルビン酸シンターゼ，EC1.2.7.1)の電子受容体となり，一方ヒドロゲナーゼ(EC1.12.7.1)の電子供与体として水素発生にも関与する．(⇌アドレノドキシン)

c **フェロモン** [pheromone] 動物や植物の組織で生産され，体外に分泌放出され，同種他個体に特有な行動や発育分化を起こさせる生理活性物質の総称．ギリシア語の pherein (to carry) と horman (to excite, stimulate) に由来し，P. Karlson が提唱 (1959)．昆虫においで特に研究が進み，個体相互の認知，交信，定位行動，*社会性昆虫でのコロニーの維持などにおける役割が明らかとなっている．一般に比較的揮発性の高い化合物で，極めて微量で嗅覚刺激として受容され生理活性を現すが，接触化学刺激として受容され生理活性を引き起こす物質もある．その作用様式から，リリーサーフェロモン(解発フェロモン releaser pheromone)とプライマーフェロモン(起動フェロモン primer pheromone)に分けられる．前者には性フェロモン・警報フェロモン・道しるベフェロモン・集合フェロモンなどが含まれ，これを受容した個体ではただちに特有の行動が解発(release)され，フェロモンの消失によって元に戻る．後者には，女王フェロモンなど社会性昆虫の階級分化フェロモンが含まれ，これを受容した個体では，まず代謝系・内分泌系が影響を受け，一連の生理的変化が起こり，その結果，形態・行動が変わる．以下に代表的なフェロモンを挙げる．(1) 性フェロモン (sex pheromone)：配偶行動など雌雄のコミュニケーションに関与し，昆虫類のものが著名で，例えばガから単離されたボンビコール(bombykol)の構造(trans-10, cis-12-hexadecadien-1-ol: (E, Z)-10, 12-hexadecadienol) が知られている．性フェロモンはカイコガのように雌が生産して雄に作用するものと，マダラチョウ類に見るように雄が生産して雌に作用するものがある(⇌ヘアペンシル)．昆虫の雌雄の認知には体表ワックス中の接触フェロモン (contact pheromone) が主要な機能を果たす例も知られる．(2) 警報フェロモン (alarm pheromone)：アリ・シロアリ・ミツバチなどの社会性昆虫の巣が侵入者によって侵犯された場合，それらの昆虫がコロニーの仲間に警報を伝える．集団性の魚・非社会性の昆虫などでも同様の作用効果がある．恐怖物質(fright substance)は，傷害を受けた場合に発散される警報フェロモンの一つで，群れをなして生活する魚類(例えばアブラハヤ)では，1匹が襲われて傷つくと，その皮膚から拡散し，それを知覚した全群の個体が一瞬のうちに四散する．同様の物質はヒキガエルの幼生にもみられる．(3) 道しるベフェロモン (trail pheromone, trail marking pheromone)：アリ・ミツバチ・シロアリなどの社会性昆虫が，巣から出て獲物をみつけ巣に戻る際の，道しるベとして用いられる．幼虫が集合するカレハガが採餌に際してたどる絹糸には，腹端から分泌されるステロイド化合物が塗布される．(4) 集合フェロモン (aggregation pheromone)：動物の集団形成・維持に関与．ゴキブリでは世代を通じて生産され，チャバネゴキブリでは集団形成に働く誘因物質と集団維持に働く拘束物質があるほか，フジツボのように固着生活に入る特定の時期に限り生産される場合もある．(5) 産卵フェロモン (oviposition pheromone)：産卵を制御することで生息密度を調節し，密度制御フェロモンとも呼ばれる．貯穀に産卵する害虫コナマダラメイガの幼虫は，その大顎腺から一種のフェロモンを分泌し，幼虫の密度が高まって，フェロモン量が多くなると産卵数が減り，幼虫の過密を防ぐ．(6) 階級分化フェロモン (caste differentiation pheromone)：女王，王，ワーカーなどの階級(カスト)が分化した社会性昆虫において，階級の分化や維持に関与．ミツバチやシロアリの女王フェロモンがこれにあたる．植物のフェロモンとしては，褐藻類や緑藻類の性フェロモンが著名であり，雌性配偶子がフェロモンを分泌することで雄性配偶子を誘引する．花粉管の伸長も花粉管ガイダンスのシグナルによって胚嚢に向かって誘引される(⇌花粉管)．また，プライマーフェロモンの影響と考えられる現象は，ヒトを含む哺乳類においても報告されている．ヒトでは，集団生活を送る女性の性周期が同調する寄宿舎効果という現象があり，ヒツジやヤギでは，非発情期にある雌の群れに雄を放つと，雌の季節外繁殖が誘起される雄効果

がみられる．マウスでは，雄のフェロモンによる雌の性成熟を促進するヴァンデンベルク効果や雌の発情を誘発するホイットン効果，自分以外の雌のフェロモンに卵巣の発達を抑制するリーブート効果，交尾相手以外の雄のフェロモンにさらされることによって妊娠阻害が起こるブルース効果などが知られる．モデル生物のゲノム解析，昆虫類での嗅覚受容体候補遺伝子の探索・同定と相まってフェロモン受容の分子機構に関する研究が進み，フェロモン受容体遺伝子は，櫻井健志ら(2004)によりカイコガではじめて同定された．カイコガの性フェロモンであるボンビコールの受容器は雄の触角に存在し，そこで特異的に発現するG蛋白質共役型受容体(GPCR)ファミリーに属する嗅覚受容体遺伝子の一つBmOR1(*Bombyx mori* olfactory receptor 1)がフェロモン受容体の実体である．

a **フェン効果** [Fenn effect] 骨格筋における，収縮時に仕事を多くするほど熱発生量も多いという性質．W. O. Fenn(1923)の発見．筋が収縮の際遊離する全エネルギー E は，機械的仕事 W と発生した熱量 H との和 $E=W+H$ で表される．筋の1回の収縮について一定の化学反応が起こると仮定すると，E が一定なので筋のなす仕事が多いほど熱発生は少なくなるはずである．しかし実際には，仕事量が多くなると熱発生量も全エネルギー発生量も多くなる．このことは，筋肉は機械的仕事を多くしなければならないときにはより多くのエネルギーを発生しうることを示す．

b **フォイルゲン反応** [Feulgen's reaction] R. Feulgen と H. Rossenbeck(1924)が発見したDNA検出のための*細胞化学反応．細胞を1 M HCl, 60°Cで加水分解して(処理時間は固定液によって定まっている)，*シッフの試薬を作用させると，プリン塩基の特異的遊離によって生じたデオキシリボースのアルデヒド基がフクシンと反応して核・染色体は赤紫色に染まりDNAの存在を示す．最適な反応条件のもとでのフォイルゲン反応により呈色されたDNAを，*顕微分光測光法により定量することができる．

c **不応期** [refractory period] 一般に，生体がある刺激に対して反応したのち，再度その刺激が与えられても反応しない期間をいう．例えば神経・筋肉などの被刺激性の器官または部位に刺激が与えられて興奮した直後には，第二の刺激は無効になる．その時期はその器官や部位が興奮状態からの回復過程にある時期と見られる．不応期は，第二刺激をいかに強くしても反応しない絶対不応期(absolute refractory period)と，それに続く，強刺激であれば反応する相対不応期(relative refractory period)とにわけられる．これらは神経の*活動電位の位相と対応する．絶対不応期はスパイク電位の持続期に相当し(例えば哺乳類の運動神経A繊維では0.5 ms前後)，相対不応期はこれに続く短い期間である．興奮のイオン説においては，不応期は膜の Na^+ 透過機構が全面的にあるいは部分的に不活性化されることと，膜の K^+ に対する透過性が亢進することによって説明される．興奮したあとに不応期が続くことにより，神経の興奮する部位が一方向に移動する現象が可能になる．不応期は同一細胞でも種々の内的・外的条件によって異なる．例えば低温や疲労はそれを延長させ，薬物や無機イオンも影響がある．神経の一部を麻酔した神経筋標本に見られる「*ヴェデンスキーの抑制」現象もまた，不応期から説明されうる．

d **フォーカス形成単位** [focus forming unit] FFUと略記．フォーカスの数を指標とするRNA腫瘍ウイルス(レトロウイルス)の感染価の定量値．フォーカス(focus)とは単層培養細胞上に接種した腫瘍ウイルスによって*トランスフォーメーションを起こした細胞が高密度に増殖し形成した集落のことで，R. A. Manaker と V. Groupe (1956)の開発．DNA腫瘍ウイルスもフォーカスを形成することができる．

e **フォーカルコンタクト** [focal contact] 〔同〕細胞-基質間アドヘレンスジャンクション(cell-substrate AJ)．ガラスやプラスチックなどの基質上で培養され，その表面に接着した細胞において，細胞膜に局所的に見られる強い接着構造．斑状に基質に近づいて作られる．細胞膜に接する細胞質の部分に，*ビンキュリンを中心とする細胞膜裏打ち蛋白質の蓄積が見られ，この細胞膜裏打ち構造を介してアクチンフィラメントが密に結合している．これらの点が，*細胞間接着装置の一つである*アドヘレンスジャンクションによく似ているため，細胞-基質間アドヘレンスジャンクションとも呼ばれる．接着分子としては*インテグリンが濃縮しており，細胞を*コラーゲンなど*細胞外マトリックスに接着させている．(→細胞接着)

f **フォークト** VOGT, Karl 1817～1895 ドイツの動物学者．ギーセン大学教授であったが，1848年の革命に同調して罷免，のちジュネーヴ大学教授．自然科学的唯物論者として，R. Wagnerの精神説に反対，精神は脳の産物で，「思惟の脳髄に対する関係は，胆汁と肝臓，尿と腎臓の関係に等しい」と述べた．[主著] Köhlerglaube und Wissenschaft, 1854.

g **フォークト** VOGT, Walther 1888～1941 ドイツの動物発生学者．両生類の初期発生の実験的研究で知られる．局所生体染色法を考案し，発生初期に原腸形成を中心にして起こる形態形成運動を分析，原基分布図を作成，H. Spemannの形成体の発見に基礎を与えた．発生過程に動的解釈を与えた．

h **フォゲス-プロスカウエル反応** [Voges-Proskauer reaction] 〔同〕VP反応，アセトイン生成．細菌の分類学的表現型試験の一つで，特に腸内細菌科の菌種の鑑別に用いられる．英名を略してVPテストと呼ばれる．炭水化物の発酵的分解により3-ヒドロキシ-2-ブタノン(3-hydroxy-2-butanone, 分子式 $C_4H_8O_2$)を生成する反応．この生成物は慣用的にアセトインと呼ばれる．アセトインは，強アルカリ下で酸化するとジアセチルを生成する．さらに生成したジアセチルはクレアチニンと縮合反応し赤色の生成物を生じる．このように赤色を呈した場合，VP反応陽性と判定する．大腸菌群菌種の鑑別に用いられる*イムヴィック試験の一つである．

i **Foxp3** (フォックスピースリー) forkhead box p3 の略．免疫応答を抑制的に制御する*制御性T細胞に選択的に発現し，その発生・分化と免疫抑制機能を制御する転写因子．DNA結合領域としてforkheadドメインを有するので，forkhead転写因子ファミリーの命名法に従いFoxp3と呼ばれる．*Foxp3*遺伝子はX連鎖型劣性突然変異マウスである *scurfy* マウスに自然発症する致死的な*自己免疫疾患の原因遺伝子として同定され，制御性T細胞の分化・機能異常が *scurfy* マウスに発症する自己免疫疾患の原因であることが明らかにされた．ヒ

トの同様の遺伝性自己免疫疾患である IPEX 症候群 (IPEX は immune dysregulation, polyendocrinopathy, enteropathy, X-linked の略) においても *Foxp3* 遺伝子の変異が認められている.

a **フォトトロピン** [phototropin] 植物に特有の青色光受容体. 分子的実体は, 光依存的に活性化される蛋白質キナーゼである. W.R. Briggs の研究グループ (1997) によりシロイヌナズナの*光屈性を示さない変異体の解析により発見されたためフォトトロピンの名が付けられたが, その後の研究で, *葉緑体光定位運動, 気孔開口などの際の光受容体でもあることが判った. 光受容部位の N 末端側領域には, 発色団としてフラビンモノヌクレオチド分子を結合する LOV ドメインが二つ存在し, C 末端側領域には, 下流にシグナルを伝達するためのセリン・トレオニンキナーゼ領域が存在する. 細胞内では主に細胞膜上に局在する.

b **フォールアウト** [fallout] 核兵器の爆発あるいは原子力施設の事故により, ある時間を経たあとで地上に降ってくる核分裂生成物 (核分裂を経なかった核燃料も一部含まれる) のこと.「放射性降下物」あるいは「死の灰」とも呼ばれる. 色々な半減期の元素を含んでおり, 体外被曝のみならず, 食物連鎖に取り込まれて摂取されると体内被曝 (⇒内部被曝) を生じることになる. アメリカがビキニ環礁で水素爆弾の実験を行い第五福竜丸が被災した事件の場合は, 大量のサンゴが爆発に巻き込まれたため, それが放射能を帯びた小さな粒となって降り, 甲板に灰を撒いたようになって漁船員の被曝を生じた. 広島・長崎の原子爆弾の場合は, 黒い雨に放射性物質が含まれていた. 2011 年に起こった福島第一原子力発電所の爆発事故のときにも, 日本列島の東半分で広くフォールアウトが観測された.

c **フォルスコリン** [forskolin] $C_{22}H_{34}O_7$ 分子量 410.5. インドに自生する植物 *Coleus forskohlii* の根茎から分離されたジテルペン化合物の一種. 気管支拡張や血管降下などの多彩な薬理作用を有する. この作用は, 主としてフォルスコリンがアデニル酸シクラーゼ分子と直接結合し, その酵素の活性化を介して細胞内の cAMP 濃度を増加させることによる.

d **フォルスマン抗原** [Forssman's antigen, F antigen, Forssman hapten] 多種動物の臓器組織, 血球などの細胞表面に発現し, 共通の特異性をもつ異好性抗原の一種. モルモットの腎臓の水抽出液でウサギを免疫したときに作られる抗体が, ヒツジの赤血球に対して溶血性抗体として機能することを J. Forssman が見いだした. この抗体を特にフォルスマン抗体 (Forssman's antibody), それに対応する抗原をフォルスマン抗原と呼ぶ. フォルスマン抗原はモルモット, ウマ, イヌ, ヤギ, ヒツジなどの臓器組織, およびある種の細菌に存在する (ウサギ, ウシ, ブタおよび大多数の細菌には存在しない). 抗原成分はリポ多糖と蛋白質の結合物とみなされる.

e **フォールディング** [folding, protein folding] 《同》折畳み, 折れ畳まり. 球状蛋白質において, ランダムにほどけた変性状態から, コンパクトに折り畳まれた特異な立体構造 (天然構造 native structure) をもつ状態 (天然状態 native state) に移行するまでの構造形成過程. 蛋白質によっては四次構造の形成までも含む. 1962 年に, C.B. Anfinsen らは, 試験管内の蛋白質と水だけの系において, リボヌクレアーゼのフォールディングが可逆的であることを示し, 蛋白質の三次構造に必要な情報がすべてその一次構造に含まれ, 蛋白質分子と水溶媒を含めた全系の自由エネルギーが最小の状態 (熱力学的に最安定な状態) が天然構造であるという仮説 (アンフィンセンのドグマ Anfinsen's dogma) を提案した. その後ストップトフロー装置と呼ばれる高速混合装置や水素交換ラベル二次元 NMR 法を用いることにより, フォールディング過程がより詳細に観察された. フォールディングには通常ミリ秒から数分かかる. 比較的遅く折り畳まる蛋白質では中間状態が確認でき, その構造から二次構造が形成される順序が推定できることもあるが, 100 残基以下の小さな蛋白質では, ミリ秒以下で急速に折り畳まれるため, 中間状態が確認できない. Anfinsen によれば, フォールディングは蛋白質分子が自由エネルギー最小のコンフォメーションを探す過程を意味するが, 蛋白質の可能なコンフォメーション数は莫大で, それらを全て探索するには, 天文学的な時間がかかる (レヴィンタールのパラドックス Levinthal's paradox). なぜ現実の蛋白質が短い時間でフォールディングが完了できるかを説明するモデルとして, フレームワーク・モデル (framework model), ファネル・モデル (funnel model) などが提唱されている. 特にファネル・モデルでは, 蛋白質の自由エネルギー地形が, その天然構造が低くなるように全体にバイアスがかかったファネル (漏斗) 型をなすため, 特定のフォールディングの経路は必然ではなく, どの変性状態の構造からでも短い時間で天然構造に到達できるはずだとする. 一方, 200 残基以上の大きな蛋白質については, フォールディングは一般に遅く, 巻戻りが不可逆である場合も少なくない. 特に分子濃度が高い細胞内では, フォールディングは困難であり, 凝集状態やアミロイド状態に陥った異常蛋白質が生じやすい. このため, 細胞内にはフォールディングを介助する分子シャペロンが多種類存在し, 異常蛋白質の生成を防いでいる. 異常蛋白質が蓄積することによる疾病はフォールディング異常病 (misfolding disease) と呼ばれ, アルツハイマー病 (Alzheimer's disease), プリオン病 (prion disease) などの神経変性疾患 (neurodegenerative disease) が含まれる.

f **フォールド** [fold] 《同》トポロジー (topology). 球状蛋白質の主鎖が描く空間的な折畳みのパターン. 特に主鎖原子が作る紐状の構造の特徴や二次構造の数と空間配置に注目して分類・命名される. P-ループフォールド (P-loop fold), ロスマンフォールド (Rossmann fold) など進化的に関係のある一つの大きな族 (スーパーファミリー superfamily) の全てがそのまま一つのフォールドに対応することが多い. これは蛋白質の進化において, その立体構造の大きな変化がほとんど起こらなかったことを意味する. しかし, 複数のスーパーファミリーの立体構造が同一のフォールドに分類される場合もあり, これらはスーパーフォールドと呼ばれ, 有名なものとして TIM バレルフォールド (TIM-barrel fold), 免疫グロブ

リンフォールド (immunoglobulin fold)，4本ヘリックス束フォールド (four-helical bundle fold) などがある（図）．スーパーフォールドは，安定な立体構造を形成するために，進化的起原を異にする複数の系統の蛋白質が収斂進化した結果だと考えられる．CATH や SCOP などの蛋白質立体構造分類データベースによって，フォールドの命名・分類作業が行われている．

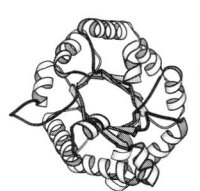

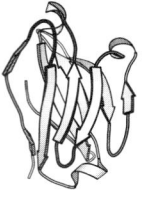

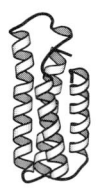

TIM バレルフォールド　　免疫グロブリンフォールド　　4本ヘリックス束フォールド

a **フォン＝ギールケ病** [von Gierke's disease] 乳児期前半に発症し，大きな肝臓，腹部膨満・低血糖発作を主徴とする先天性代謝異常症．E. von Gierke (1929) の記載．*グルコース-6-リン酸ホスファターゼの欠損に起因する分解障害のため，肝・腎に多量のグリコゲン（糖原）が蓄積するもので，数ある*糖原病の中でも代表的な疾患．低血糖は二次的に高脂血症・高乳酸症を招き，結果として脂肪の蓄積，筋肉の発達不良を生じ，4歳すぎからは低身長となる．またグルコース-6-リン酸の過剰はプリン産生を亢進させて高尿酸血症を起こし，放置すると思春期以降に*痛風が出現する．このような Ia 型のほか，最近 Ib 型が知られる．これはグルコース-6-ホスファターゼの2成分，ホスファターゼとトランスロカラーゼのうち，後者の欠損に起因する，ミクロソーム膜からグルコース-6-リン酸の転送障害による．

b **孵化** [hatching] *卵膜中で発生していた動物胚が，それを破って外界に出て自由生活をするようになること．一般に*卵生の動物でいうが，*卵胎生の場合も用いる．卵膜を破る際には種々の機械的作用のほかに，多くの動物胚で*孵化酵素の存在が証明されている．機械的作用としては，体の屈伸などのほか，特に卵膜の外に*卵殻をもつ動物では，それを破るための卵膜が形成されるものもある（例：鳥類および昆虫類の一部）．孵化時の発生状態は種類によって大きな差がある．多くのものではかなりの器官分化を示すが，早いものではウニのように*胞胚期に孵化するものもある．鳥類では発生の比較的初期に*卵黄膜が溶解するが，これも一種の孵化とみなすことができる．

c **孵化鶏卵培養法** [embryonated egg-culture] 孵化鶏卵（発生途上卵）を培地とするウイルス・リケッチアなどの培養法の一つ．アメリカの A. M. Woodruff と E. W. Goodpasture (1931) が導入．株細胞に接種する方法と共に，ワクチン製造などに多用される．ウイルスの種類によって，卵発生の時期，接種部位，接種後増殖までの時間などを異にする．ウイルスはそれぞれ漿尿膜の外胚葉細胞（痘瘡ウイルス），内胚葉細胞（インフルエンザウイルス），羊膜細胞（インフルエンザウイルス・おたふくかぜウイルス），鶏胚肺（インフルエンザウイルス），鶏胚脳（脳炎ウイルス），卵黄嚢細胞（リケッチアの *Miyagawanella*）で増殖する．通常は 10～13 日間目孵化鶏卵を用い，接種後 2～5 日くらいで増殖する．

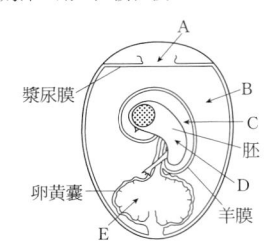

A 漿尿膜上接種
B 尿膜腔接種
C 羊膜腔接種
D 鶏胚接種
E 卵黄嚢内接種

d **不可欠アミノ酸** [essential amino acid, indispensable amino acid] 《同》必須アミノ酸．天然に存在する蛋白質を構成する主要な20種のアミノ酸のうち，動物が自身の体内で合成できないか，または極めて合成しにくいため，外部より栄養源としてとらなければならないアミノ酸の総称．*可欠アミノ酸と対する．自ら必要なアミノ酸をすべて生合成できる植物や微生物については，このような概念は存在しない（→アミノ酸生合成）．アミノ酸の要求性を決める指標には，成長，窒素平衡，標識アミノ酸の酸化，インジケーターアミノ酸の酸化などがあり，算出される必要量も多少異なる．ヒトの必須アミノ酸はバリン，ロイシン，イソロイシン，トレオニン，フェニルアラニン，トリプトファン，メチオニン，リジン，ヒスチジンの9種．ヒスチジンはかつて小児でのみ不可欠とされたが，成人でも長期間欠乏するとヘモグロビンが減少することなどから現在では不可欠アミノ酸とされ，1985年および2007年の WHO/FAO/UNU のレポートでも不可欠としている．また，成長期や病態など特定の条件でのみ必須なアミノ酸を条件付き不可欠アミノ酸（準不可欠アミノ酸 semiessential amino acid, conditionally essential amino acid）と呼び，例えばグルタミンは手術などで強い異化的なストレスを受けたとき，十分量の合成ができない場合があるためこれに該当する．アルギニンは種や成長の時期によって要求性が異なり，ニワトリ，ネコでは不可欠，ブタでは新生児期で不可欠，ヒトでは可欠アミノ酸とされている．ヒトでも新生児では摂取の必要のある可能性があるが，ヒトの成長期のアルギニン要求性は必ずしも明確ではない．鳥類ではグリシンが不可欠である．生体内のアミノ酸は通常 L 型であるが，リジンとトレオニン以外は D 型から L 型への変換が可能なため，D 型でも代用できる．動物のアミノ酸要求性は腸内細菌や共生細菌の影響も受ける．

e **孵化酵素** [hatching enzyme] 種々の動物胚が孵化するとき，胚の細胞から分泌されて*卵膜の溶解を起こす酵素の総称．ウニでは*胞胚期の動物半球の細胞，両生類では胚頭部の前額腺（≒背中腺），魚類では胚体の外胚葉性もしくは内胚葉性の孵化腺細胞より分泌され，いずれも基質特異性がある蛋白質分解酵素である．

f **付加再生** [epimorphosis, epimorphic regeneration] 《同》付加形成，真再生．*再生芽を形成し，細胞増殖を必要とする，動物の*再生の一形式．*再編再生と対比させられるが，区別が明らかでない例もある．

g **不活化** [inactivation] 《同》不活性化．[1] 一般に，何らかの作用をもつ物質において，注目する作用が低下・消失する現象，もしくはそれをもたらす操作．*活性化と対置される．[2] 微生物が感染力を失う現象もしくはその処理．物理的操作としては，熱，放射線（紫外

線や γ 線），超音波などがあり，薬物としては，ホルマリン，水銀剤，アルコール，塩素などがある．そのうち，紫外線，ホルマリン，水銀剤などは微生物を不活化するが免疫原性は保存するので，ワクチンの製造などに利用される．

a **不活性化断面積** [inactivation cross-section] 放射線や光が，細胞，ウイルスあるいは生物活性をもった核酸・蛋白質などの不活性化に働く相対的確率．不活性化されずに残っている活性の割合 S が線量（光量）D に対し $S=e^{-\sigma D}$ で表される場合の σ をいう．この式は不活性化に 1 個の光子（あるいはそれに準ずる粒子）しか要しない 1 ヒット曲線（⇒線量効果曲線）を示すが，複数ヒット（あるいは複数標的）不活性化曲線でも D が大きくなると S は直線に近づき，その勾配 $-\sigma$ を求めることができる．σ の逆数を不活性化線量（D_0）と呼び，D_0 が小さいほどその標的の放射線感受性（光感受性）は高い．

b **不活性染色体** [inert chromosome] その染色体に含まれる全ての遺伝子が，細胞の示すほぼ全ての局面において，働きをまったく，あるいはごく少ししか現さないと考えられる染色体．B 染色体の多くはこれである．

c **孵化率** [hatchability] 受精卵が*孵化する割合．種々の環境条件のほか，卵の成熟の程度，致死遺伝子なども影響する．

d **不感蒸泄**（ふかんじょうせつ）[insensible perspiration] ヒトなどにおける生体からの水分の蒸発のうち，皮膚および気道粘膜から行われる絶え間ない基本的な水分の喪失．もう一つの蒸発現象である*発汗は体の恒常性維持機構の発現であり，これと区別する．皮膚からの不感蒸泄は，表皮細胞間隙にある組織液の水分が出ていくもので，汗腺を欠く動物でも起こる．ヒトは通常の環境下で安静時に体表 1 m² 当たり毎時約 30 g の不感蒸泄をするという．

e **不完全ウイルス** [incomplete virus] 〖同〗欠損ウイルス (defective virus)．一般には，ウイルスゲノムの一部を欠いて，自己増殖能を欠くウイルス粒子．正常ウイルスの増殖を抑制する干渉作用を示すことが多い（⇒干渉性欠損粒子）．不完全ウイルスの増殖には，増殖能をもつ*ヘルパーウイルスを必要とする．ウイルスゲノムを完全に欠く粒子蛋白殻，別の核酸を取り込んだウイルス様粒子 (pseudovirion) などもこの名で呼ぶことがある．（⇒肉腫ウイルス）

f **不完全菌類** [imperfect fungi ラ Deuteromycotina, Deuteromycetes, Fungi imperfecti] 有性生殖の世代が未知の菌類に対して分類群を設けて用いられた名称．現在では正式な分類群としては用いられない．菌類の生活環上，有性生殖を行う時期と無性生殖だけを行う時期とが見られる場合に，有性生殖を行う時期を完全世代 (perfect stage) という．無性生殖だけを行う時期を不完全世代 (imperfect stage) という．有性生殖が知られていない不完全菌類の多くは無性的に栄養胞子を生じるが，少数は菌糸だけ増殖し胞子は形成されないものもある．不完全菌類であっても菌糸や栄養胞子の特徴により，ツボカビ類，接合菌類，担子菌類その他の分類群に含まれるものも少数あるが，不完全菌類としてまとめられているものは，そのほとんどが子嚢菌類に属すると考えられる．不完全菌類とされていた種について有性生殖構造が発見されて，子嚢菌類中の正当な分類群に移されたものも多い．しかし，まれに担子菌類であることが判明したものもある．不完全菌類はその形態学的特徴・分生子形成過程を基礎として分類される．

g **不完全変態** [hemimetaboly, incomplete metamorphosis] ⇒昆虫の変態

h **不均衡的成長** [unbalanced growth] 細菌などの単細胞生物が定常的な分裂成長（*均衡的成長）状態のとき，環境条件を大きく変化させると，蛋白質や DNA, RNA などの菌体内諸成分の合成速度が不均衡になる状態．細胞全体としては容積・質量の増大が起こったり，あるいは一定時間後に分裂が再開されたりする．

i **副芽** [accessory bud] *葉腋に複数の*腋芽を生ずる場合，最初に生じた 1 個の主芽以外の腋芽．複数の腋芽は双子葉植物と裸子植物では縦にならびやすく，単子葉植物では横にならぶことが多い．

j **覆瓦状**（ふくがじょう）【1】[adj. imbricate] 〖同〗かわら重ね状．葉・鱗片・苞・萼片・花弁などが 2 個以上近接して存在するとき，成長軸の方向に見て一方が他方の少なくとも一部を覆う姿勢．たいていは花芽内形態 (aestivation) として*花被片が*花芽の中で互いに重なりあう状態をいう．互いに隣りあう花被片が接している敷石状（扉状 valvate, 例：ハンショウヅルの花被片）に対し，普遍的な様式（チューリップの花被片）である（⇒芽内形態）．また，菌類の傘などの集合にも使う．
【2】[adj. succubous] 茎軸から左右に展開した葉において，軸の背面から見てシュート頂により近い葉が，より遠い葉の上部に覆い重なる形式．コケ植物苔類の葉の配列を表す語（例：ハネゴケ属）．これと反対に遠いほうが近いほうの上に覆い重なる配列を倒覆瓦状 (incubous) という（例：ムチゴケ属）．この配列は安定した形質で，苔類の属の標徴とされる．

k **腹管** [ventral tube] 無翅昆虫の粘管類において，第一腹節の腹面中央部から後脚の間に伸びる短い管状突起．腹肢の脚基突起 (coxal process) が残って左右のものが合一したものと解される．先端に 1 対の反転性嚢すなわち腹胞があり，その分泌する粘液により他物に付着する付着器としてのほか，土壌からの水分の吸収の機能をもつ．結合類にも腹胞と同様なものがあり，両類の類縁関係の証左と考える者もある．

l **複眼** [compound eye] レンズ眼である個眼 (ommatidium) が多数の蜂の巣状に集合して形成され一つの視覚器として機能する形式の眼．節足動物（昆虫類，甲殻類，剣尾類，唇脚類）に通常 1 対それなり，そのほか多毛類や二枚貝類などにもある．昆虫類では成虫または幼虫で初めて現れるが，洞窟昆虫やアリ類のワーカー（働き蟻）にはこれを欠くものもある．1 個の複眼を形成する個眼の数は，アリ (Solenopsis) の働き蟻（地中生活性）で 6～9, イエバエ 4000, ホタル (Lampyris) の雄（有翅）2500, 雌（無翅）300, ゲンゴロウダマシ 9000, コフキコガネ 5100, トンボ類 1 万～2 万 8000 など．個眼の外面すなわち個眼面 (facet) は通常六角形または五角形をなして密に並ぶが，数が少ないときには円形またはそれに近い．複眼の部分によって個眼の大きさが異なることもある．個眼の構造は単眼に似ており，表面から内方に向かって，透明で凸レンズ状のキチン角膜（独 Chitincornea, 角膜晶体，角膜レンズ corneal lens），これを分泌する上皮細胞層（角膜生成層 corneagen layer），4 個のガラス体細胞 (vitreous cell)，その分泌したガラス体（硝子体 corpus vitreum, vitreous body）または円錐晶

体(錐状晶体, 水晶錐体 crystalline cone), 7〜8個の視細胞または網膜細胞からなる感光層(小網膜)がある. 視細胞の内端は神経繊維となって基底膜に伸び, 視神経に集まって脳の視葉に達する. 各視細胞の内縁は棒状体分体すなわち感桿分体(rhabdomere)に分化し, これらが個眼の中軸上で融合して光刺激の感受部位とみなされる感桿(rhabdom)を形成する. 通常, 円錐晶体の周囲には遠位色素細胞(distal pigment cell)または一次虹彩細胞(primary iris cell)が, また感光層の周囲には近位色素細胞(proximal pigment cell)または二次虹彩細胞(secondary iris cell)があってメラニン顆粒を含む. 複眼は脊椎動物のカメラ眼と共に像視眼で, 昼行動物に発達する*連立像眼と夜行動物に見られる*重複像眼とがその2主要型をなす. 複眼の視力は個眼の数, 個眼の視角などによって異なるが, 最高の場合(ミツバチ)でヒトの1/60〜1/80という値が得られている. 一般に重複像は連立像に比べて明るいが鮮明度は劣る. 昆虫の複眼は一般に短波長の光にも敏感で, 紫外線も感じ, 色感覚能力, 偏光感受能力も認められる. 円錐体細胞が特殊化しておらず, 円錐晶体も含まず, かわりに角膜晶体(角膜レンズ)が内部に陥入しているものを外円錐眼(exocone eye, 偽円錐眼 pseudocone eye)と呼ばれる. 円錐体細胞の特殊化の程度が低く, 円錐晶体をもたないものは無円錐眼(acone eye)と呼ばれる.

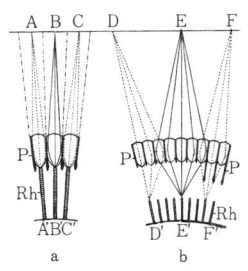

連立像眼(a)と重複像眼(b)での結像様式比較
A−F 外界の光点 A′−F′ 各光点に対応する感桿(Rh)
bの左方は暗順応時, 右方は明順応時(Pは色素)

a **副基体類** [parabasalids] 《同》パラバサリア. 嫌気的環境に生育する鞭毛虫の一群. 一般に4本(ときに0〜数千本)の鞭毛をもつ. 典型的なミトコンドリアを欠き, *ハイドロゲノソームをもつ. ゴルジ体が極めて発達しており, 基底小体から伸びる繊維と併せて複合体(副基体 parabasal body)を形成している. 細胞膜に沿って軸桿(axostyle)と呼ばれる微小管性の管が存在する. 底泥などからも見つかるが, 後生動物の腸管などに共生するものが多い. *Trichomonas vaginalis* はヒトにトリコモナス症(trichomoniasis)を引き起こす. *エスクカバータに属し, 一般に副基門(Parabasalia)またはメタモナス門副基体上綱に分類される. 多数の鞭毛をもち, シロアリなどに共生する群は超鞭毛虫類(hypermastigids)と呼ばれる.

b **腹脚** 【1】[abdominal leg, proleg, pleopod] 一般に, 節足動物の腹部*付属肢. 甲殻類では原則として各体節に1対あり, 扁平・葉状・二枝型の遊泳脚, 細い羽状の二枝型の担卵肢, または交尾器官となる.
【2】[neuropodium] 昆虫において, 歩行のための肉質で分節のない突起物. 鱗翅目幼虫や膜翅目ハバチ類の幼虫に顕著なものが見られるが, 長翅目・双翅目・鞘翅目・広翅目の幼虫にも認められる. 鱗翅目幼虫の腹脚は, 通常, 昆虫腹部において付属肢の形成を抑制している

Hox遺伝子がその発現を一部失うことで二次的に派生したものである. 原尾目, 双尾目, 総尾目などに見られる剛毛状の突起(style)は, この意味での腹脚ではなく, 腹部付属肢の変形と考えられている.(→疣足)

c **腹菌類** [Gasteromycetes] 担子菌類のうち, 担子器果が被実性である一群. 子実体を形成し, 子実層は裸出しない(ショウロなど)か, あるいは成熟後にだけ裸出する(スッポンタケなど). 現在では使われない.

d **腹腔**(ふくこう) [abdominal cavity ラ cavum abdominis] 「ふくくう」とも. 哺乳類において, *腹膜腔とその後部にあって膀胱や子宮を含む腹膜後腔との二つの部分からなる腔. また, 脊椎動物における同等の構造. 腹膜腔には胃, 腸, 肝臓, 腎臓その他の臓器が収容されている. 腹膜腔の意味でこの語を用いるのは誤り.

e **複合果** [multiple fruit] 《同》多花果. 複数の花(または花序)の子房がまとまって発達して一つの果実のように見える果実. 多花果ともいう. しばしば*苞葉や*花序の軸も含まれる. パイナップルの果序(infructescence)では花序軸の周りに円柱形に個々の果実が並び, クワやコウゾノキでは球状に密集した果実をつくり, これらはクワ状果(sorosis, sorose)と呼ばれる. イチジクでは花序軸が壺形となって花序の先端は凹部の最奥部となり, その入口に小さな苞葉が並んで内部の表面に個々の果実が分布した形となり, イチジク状果(syconium, sycon, syconus)と呼ばれる. スイカズラ属での二つの果実が合着した形の*漿果も単純ながら複合果である.

f **複合型糖鎖** [complex-type glycan] *N型糖鎖の一種. 側鎖に*ガラクトース, *N-アセチルグルコサミン, シアル酸などの多種類の構成糖をもつN型糖鎖を, 特にこう呼ぶ(⇌高マンノース型糖鎖). 多細胞生物では小胞体でプロセッシングを受けた高マンノース型糖鎖は, ゴルジ体において側鎖が刈り込まれたのちに, 新たな側鎖が合成される. このプロセッシングの過程でさまざまな糖が付加されて, 複合型糖鎖へと成熟する. 複合型糖鎖が分泌蛋白質や膜蛋白質の糖鎖の最終型であり, ABO式血液型に代表されるような蛋白質や細胞の「顔」を形作る. 複合型糖鎖は種・個体によって多様であり, 普遍的な高マンノース型糖鎖とは対照的である.

g **副交感神経** [parasympathetic nerve ラ nervus parasympathicus] *副交感神経系の個々の遠心性末梢神経繊維や繊維束(⇌自律神経系). 交感神経のように解剖学的に独立な系を構成してはおらず, 脳脊髄神経に混じって分布するが, 不随意性であること, *節前繊維・節後繊維からなることなどの共通性がある. ただし神経節は交感神経のように経路の途中に独立して存在するのではなく, 多くは支配器官内またはそのごく近傍に存在する. 節前繊維細胞(副交感神経細胞)の所在は, 交感神経とは逆に中脳・延髄・仙髄の3部分に限られる. 前二者からの繊維は頭部副交感神経といい, *脳神経(動眼・顔面・舌咽・迷走)中に含まれて脳を出るもので, それぞれの脳神経核内にある. 節前繊維は各脳神経所属の神経節(毛様神経節・顎下神経節など)でニューロンを換え, 瞳孔括約筋, 毛様体筋, 涙腺, 唾液腺(分泌神経), 顔面血管(血管拡張神経)などに分布する. 特に迷走神経に含まれるものは支配範囲も極めて広く, 頸部・胸部から, さらに腹部の内臓(内臓筋や腺)にまで及ぶ(⇌神経叢). 他方, 仙部副交感神経の節前繊維細胞は仙

髄の側角に位置し，その繊維は前根を経てそれぞれの仙骨神経内を走り，のちに合一して骨盤神経(勃起神経)となるもので，これも支配器官(骨盤内臓や血管)近傍の神経叢ではじめてニューロンを交代する．副交感神経は節後繊維までがコリン作動性で，その末梢はピロカルピンやムスカリンで刺激され，アトロピンで麻痺する．

a **副交感神経系** [parasympathetic nervous system] 脊椎動物において，副交感神経からなり*交感神経系とともに*自律神経系を構成する神経系．解剖学的には*脳脊髄神経系の一部．(→副交感神経)

b **複交雑** [double cross] 二つの単交雑雑種の間の交雑．ヘテロシス育種に用いられる交雑の一形式で四つの自殖系統(A，B，C，Dとする)を(A×B)×(C×D)のように組み合わせて交雑する方法．複交雑は斉一性に欠けるところがあるが採種量の多い利点があり，実用的価値が高い．アメリカの雑種トウモロコシの大部分は複交雑によって作られていたが，1960年以降優良な近交系が開発され，現在では単交雑が主流となっている．

c **複合脂質** [complex lipid, compound lipid, conjugated lipid] 分子中に*脂肪酸およびスフィンゴイド(疎水性部分)に加えてリン酸基またはホスホン基)，硫黄(硫酸基)，含窒素塩基(*コリン，*エタノールアミン，*セリンなど)，糖など(親水性部分)をも含んだ脂質群の総称．*単純脂質と対する．通常，単純脂質はアセトンに易溶であるのに対して複合脂質は難溶．複合脂質分子は疎水性基部分と親水性基部分とからなる両親媒性物質で，これらの組合せにより次のように分類されている．(1)*グリセロリン脂質：疎水性基は*アシルグリセロール，親水性基はリン酸およびリン酸エステル．(2)*グリセロ糖脂質：疎水性基はアシルグリセロール，親水性基は糖．(3)*スフィンゴリン脂質：疎水性基はN-アシルスフィンゴイド(*セラミド)，親水性基はリン酸，リン酸エステルまたはホスホン酸エステル．(4)*スフィンゴ糖脂質：疎水性基はN-アシルスフィンゴイド，親水性基は糖(=リン脂質，=糖脂質)．これらの脂質は，蛋白質とともに生体の重要構成成分と考えられており，直接的にエネルギー源となる蓄積脂質とは本質的に異なる．蓄積脂肪のように，生体の状態によりその含量が大幅に変動するようなことは一般にはなく，むしろ生体内では一定の割合で代謝回転し，動的平衡が保たれている．蛋白質とともに*生体膜を構成しており，細胞膜の各種の機能，例えば*能動輸送や*選択透過性などに，重要な関係をもっている．

d **副甲状腺** [parathyroid gland] 《同》上皮小体(独 Epithelkörperchen)．脊椎動物の咽頭派生体の一種で，*副甲状腺ホルモンを産生する内分泌腺．哺乳類では一般に第三および第四の咽頭鰓嚢の背側部から生じる．腹側部からは胸腺が生じる．ヒトでは2対，ラット・マウス・イタチ・ブタでは1対存在．鳥類，爬虫類，両生類では第二，第三および第四咽頭鰓嚢の腹方部から副甲状腺が生じ，背方部から胸腺が生じる．哺乳類では甲状腺に接近し，ときにはその中に埋もれて見出される．他の種類ではかならずしも甲状腺と接しない．鳥類では甲状腺のすぐ後方で気管の両側に2対あり，第三，第四咽頭鰓嚢由来，爬虫類では第二，第三および第四咽頭鰓嚢由来のすべてが残存し3対ある例が多い．ワニでは第三咽頭鰓嚢のものだけ，カメでは第三と第四咽頭鰓嚢のものが残存している．カエルでは外頸動脈・外頸静脈に

近いところに2対見出される．魚類，円口類にはない．実質細胞は結合組織で，分葉状の小集団に分けられる．実質細胞の大部分を主細胞(principal cell, chief cell)が占める．種によっては，ミトコンドリアを多数もつ好酸性細胞(oxyphilic cell)，大形の核をもち細胞質の透明な水様明細胞(water-clear cell)が存在．主細胞は副甲状腺ホルモンを産生・分泌する．他の蛋白質性ホルモン産生細胞と異なり，細胞質中に分泌顆粒が極めて少ない．

e **副甲状腺ホルモン** [parathyroid hormone] PTHと略記．《同》パラトルモン(parathormone)．副甲状腺が分泌するホルモンで，84のアミノ酸からなるポリペプチド．破骨細胞の増加と活性化を引き起こし，いわゆる骨吸収を促進して骨中のカルシウムを血中に放出させる．したがってこのホルモンが作用すると血中のカルシウム濃度が上昇する．また腎臓にも直接作用し，リン，ナトリウム，カリウムの排出を増加させると同時にCa^{2+}，Mg^{2+}，H^+の排出を減少させる．副甲状腺ホルモンの分泌を調節しているのは血中のカルシウム濃度で，このホルモンの分泌速度は血中のカルシウム濃度に逆比例する．なお，副甲状腺のPTH分泌細胞はG蛋白質に共役したCa^{2+}受容体(カルシウムセンサー)をもっている．

f **複合性配偶子** [coenogamete] 《同》多核配偶子．核分裂をしたのち細胞質が分割しないために多核状態となっている配偶子．接合菌類ケカビ類の多核の配偶子嚢がこれにあたる．複合性配偶子嚢が接合したものは複合性接合子(coenozygote)という．配偶子嚢とこれを支える柄細胞は*前配偶子嚢の分化によって生じる．

g **複合糖質** [complex carbohydrates] 糖質が他の化合物と結合しているものの総称．主に*糖蛋白質，*糖脂質，*プロテオグリカン(グリコサミノグリカン)からなる．細菌や酵母の細胞壁を構成するペプチドグリカンやリポ多糖もこれに属する．単純多糖の代表であると考えられている*グリコゲンも実は蛋白質と結合しており，複合糖質に属するが，一般には複合糖質に含めない．複合糖質は単純多糖と異なり，構成している糖残基の組成が多様であり，さらに硫酸基などがつく場合もある．そうした多様な構造が，細胞や組織あるいは発生・分化の特定の段階に特異的な糖鎖構造をもたらす．さらにがんやその他の病態に伴って，正常状態とは異なる構造の複合糖質が生合成されることが多い．このように複合糖質は，細胞認識の機能をもっている場合が多くあり，病態の変化を追跡する示標(マーカー)としての機能をもつ．

h **腹腔動脈** [coeliac artery ラ arteria coeliaca] 脊椎動物において背行大動脈から分岐し，腹腔に分布する動脈．胃，十二指腸，回腸，肝臓，膵臓，脾臓などにそれぞれ血管を派出する．

i **複合卵** [composite egg] 1個の卵細胞とそれを取り囲む複数の*卵黄細胞が1個の卵殻内に収まっている卵．扁形動物の渦虫類(新棒類と三岐腸類)，吸虫類および条虫類の卵がこれにあたる．卵黄細胞は卵殻の形成と卵細胞の発育に必要な栄養物質を供給する．これに対し卵細胞自身のなかに卵黄をもつものを*単一卵という．単一卵を生むものでは雌性生殖巣は*卵巣だけであるが，複合卵の場合は卵細胞をつくる卵巣と卵黄細胞をつくる*卵黄腺とに分離し，または種々の程度に卵巣と卵黄腺の構造が結合される．(→胚膜[1])

j **複雑型細胞** *一次視覚野の神経細胞の中で，受容

野の各場所において，光刺激の点灯(on)と消灯(off)に対してほとんど同様の反応を示す細胞．D. H. Hubel と T. Wiesel が提唱した階層モデルでは，複雑型細胞は，似た方位選択性をもつ複数の*単純型細胞からの投射を受けることにより生成される．同様の階層モデルを組み込んだエネルギーモデル(energy model)と呼ばれる計算理論は，運動方向や*両眼視差に対する複雑型細胞の選択性をよく説明する．一次視覚野の各複雑型細胞は，画像の Gabor ウェーブレット変換において，複素数である各成分の絶対値を表現していると考えられる．Gabor ウェーブレット変換は，方位や大きさの異なる多数の相似な Gabor 関数(正弦波と正規分布関数の積で表される関数)の重合せにより，任意の画像を表現することを可能にする数学的変換の一つである．

a **副肢** [epipod, epipodite] 節足動物の*関節肢の第一肢節である*底節から体の外側方に出る外突起の一つ．この上に*鰓が発達するものが多い．

b **福祉工学** [welfare engineering] 精神・身体機能の低下した高齢者や障害者の自立促進や介護負担の軽減を目的とし，機器・用具・住居環境・情報システムの研究開発を行う工学．食事・排泄などの日常のセルフケアや移動，コミュニケーションなどの機能の代償を目指す．機能低下の代償は臓器(例：義足)・個体(例：車椅子)・社会参加(例：通信システム)の各レベルで実現される．

c **複子嚢** [plurilocular sporangium, plurilocular zoidangium] 《同》複室胞子嚢，複室生殖器官(plurilocular reproductive organ)．褐藻類において1個の細胞が多数の小室に分かれ，各小室の中に生殖細胞(plurispore, plurizoid)を生ずる構造．*単子嚢に対する．一般に配偶子を形成する配偶子嚢であり，配偶子が精子と卵に分化したものでは*造精器，*造卵器になる．また無性生殖を行う遊泳細胞を形成する例もある．

d **福島第一原発事故** [Fukushima Daiichi nuclear accident] 東京電力の福島第一原子力発電所で起きた大規模な放射線災害．2011年3月11日に起きた三陸沖を震源とする大地震とそれにともなう津波により，炉心溶融や格納容器の破損，建屋の水素爆発などの重大な事故を生じ，東日本の広い地域に放射性物質が拡散した．人間を含む動植物への短期的影響だけでなく，突然変異率の上昇などの長期的影響が懸念される．

e **服従行動** [submissive behavior] 《同》降伏の姿勢．同種の動物個体間の*儀式的闘争において，負けた個体が示す，勝者の攻撃を抑制させる機能をもつ行動．これにより闘争は終わる．具体的には，急所を相手にさし出したり，牙や角をわざとそらしたりする．同じく攻撃の抑制効果をもつ*なだめ行動が，攻撃と両立しない別パターンの解発をもたらすのに対し，服従行動は通常，威嚇と逆の形をとることによって，相手の攻撃行動を解発する*鍵刺激を消滅させる．

f **副腎** [adrenal gland] 脊椎動物の，*アドレナリンおよび*副腎皮質ホルモンを分泌する*内分泌器官．哺乳類では腎臓の前端に1対あり，内部の*副腎髄質とそれを取り巻く*副腎皮質とからなる．発生学的には皮質と髄質は由来が異なり，さらに両者とも腎臓と関係がない．皮質は*体腔上皮に，髄質は交感神経節と同じく*神経堤に由来する．胎児期に両者が相寄って一つの器官としての副腎を形成するが，その際，髄質と同系統の若干の細胞が，髄質に加わらず大動脈の付近に小塊をなして散在する．これらの細胞塊を*傍神経節と呼ぶ．哺乳類以外の脊椎動物でも皮質と髄質に相当する組織は同様に形成されるが，両者は哺乳類に見られるほど緊密に接することはない．硬骨魚類では前腎の中に皮質・髄質に相当する部分がいりまじって存在する．軟骨魚類では皮質に相当する部分は*間腎と呼ばれて独立し，髄質相当部分は上腎(suprarenal)と呼ばれ，腎表面に点々と存在する．両生類になってはじめて両部分の関係が密接で，爬虫類や鳥類では位置も腎臓の頭部寄りに独立して存在する．髄質またはそれと同系統の傍神経節は，いずれもクロム酸で褐色に着色する＊クロム親和細胞をもつ．皮質は多量の＊コレステロール，＊リボイド類，ビタミンC，＊カロテノイド，＊グルクロン酸を含み，副腎皮質ホルモンを分泌する．また髄質はアドレナリンを分泌する．クロム酸に対する上記の反応は，アドレナリンの還元作用によって二酸化クロムを生ずるため．副腎摘出(adrenalectomy)をすると，種々の症状を呈して死にいたるが，それらの症状はみな副腎皮質ホルモンの欠如による．片側だけを摘出すると他方が代償性肥大を示す．

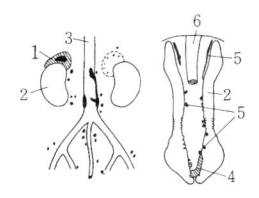

1 副腎(表面の斜線部分は，皮質，内部の黒色部は髄質)
2 腎臓
3 大動脈(黒色部は傍神経節)
4 間腎
5 上腎
6 胃

左：哺乳類の副腎 右：エイの一種における間腎と上腎

g **複腎管** [plectonephridium] 《同》小腎管(micronephridium)．環形動物において，1個の*腎管の分裂によって生じた細管．典型的な腎管(大腎管)に対するもの．腎口はなく，複雑に屈曲した細管が網目状に体壁上に広がり，各体節ごとに多数の小孔をもって外界に開く．貧毛類のうち，淡水産のもの(Limicolae)と湿地産のもの(Terricolae)の大部分には大腎管だけがあり，フツウミミズ，Cryptodrilus，Acanthodrilus の各科は複腎管だけをもち，オーストラリア産の巨大なミミズ(Megascolides australis)には両者がある．イムシ類も両者を兼ねそなえ，大腎管は1～2対のいわゆる*褐色管で生殖輸管が主な機能．複腎管は腸の前端部のほか，直腸にも1対の肛門囊(anal vesicle)，肛門腺 anal gland)として開き，老廃物の排出をつかさどる．

h **腹神経索** [ventral nerve cord] 《同》腹髄，腹神経節連鎖(ventral nerve chain)．前口動物に広く見られる，腹側を走る中枢神経．脊椎動物の脊髄と対する．各体節の腹面正中線の左右には神経節があり，これが*横連合により左右に，また*縦連合により前後に連絡している．これを腹神経索と呼ぶ．昆虫その他では，各体節ごとの1対ずつの神経節は左右が相寄って1個のように見られる場合も多い．イムシ類では神経節と縦連合・横連合との区別も不明で，1本の棒状の構造を示す．(⇒食道下神経節)

i **副腎髄質** [adrenal medulla] *副腎の中央部を形成する組織．広い血管の隙間に不規則な形の細胞が並び，その中には*細網内皮系の一部も含まれる．*交感神経の支配のもとにカテコールアミンの*アドレナリンと*ノルアドレナリンを分泌．副腎髄質は発生学的に交感神経

後ニューロンに相当し、機能面においても自律神経と密接な関係を保ち、生体内の機能に関与する。副腎髄質の最も重要な役割は、交感神経を介して危急の際に逃走または闘争する体内条件を作りだすことにあるともいわれ、これを W. B. Cannon (1928) の*救急説という。鳥類や哺乳類以外の脊椎動物の副腎は、皮質、髄質という形をとらず、ステロイド産生細胞とカテコールアミン産生細胞が別個のあるいは混在した小組織塊をなす。

a **副腎性性ホルモン** [adrenal sex hormone] 副腎皮質から分泌される*性ホルモンの総称。副腎皮質では*グルココルチコイドや*ミネラルコルチコイドの他に*アンドロゲン・*エストロゲン・*ゲスターゲンなどの性ホルモンも産生している。なかでも、アンドロゲン（副腎性アンドロゲン）であるデヒドロエピアンドロステロン、およびその硫酸抱合体が雌雄両性の血液および尿に検出される。この他に、11位の炭素がケトンとなったアドレノステロンも含まれる。ヒトの思春期に起こる現象として、この副腎性性ホルモンの分泌増加が挙げられる。また血液や尿中の副腎性アンドロゲンの価が、副腎腫瘍による男性化の指標となる。

b **副腎性雄性化** [adrenal virilism] *副腎皮質の異常により雌動物が雄性化する現象。ただし、*卵巣自体は変わらない。*副腎からの雄性ホルモン（*アンドロゲン）過剰分泌が原因である。脊椎動物に見られる。（⇌副腎性性ホルモン）

c **副腎皮質** [adrenal cortex] *副腎の外層を形成する内分泌腺組織。数種の*ステロイドの混合物である*副腎皮質ホルモンを分泌する。皮質は外層の球状帯（zona glomerulosa）に続いて、大部分を占める索状帯（zona fasciculata）、および網状帯（zona reticularis）の3層からなる。球状帯はミネラルコルチコイドを、また索状帯はグルココルチコイドを分泌し（⇌副腎皮質ホルモン）、網状帯は*副腎性性ホルモンを分泌するとみなされる。副腎皮質の発育と分泌活動とは下垂体前葉の*副腎皮質刺激ホルモンにより促進されるが、球状帯の活動はアンギオテンシンⅡに支配されるともいわれている。副腎皮質はこれらのホルモンの分泌によって物質代謝に重要な関係をもち、特にストレス状態の誘起に関与するとされる（⇌ストレス説）。また副腎皮質ホルモンは脳および下垂体へフィードバックされ、それぞれ副腎皮質刺激ホルモン放出ホルモンおよび副腎皮質刺激ホルモンの分泌を制御する。このように副腎皮質の制御系はフィードバックループを形成する。

d **副腎皮質刺激ホルモン** [adrenocorticotropic hormone, adrenocorticotrophic hormone] ACTHと略記。《同》アドレノコルチコトロピン（adrenocorticotropin, adrenocorticotrophin）、コルチコトロピン。下垂体前葉のACTH産生細胞で産生・分泌され、副腎皮質機能を促進するペプチド。ACTHの分泌は*副腎皮質刺激ホルモン放出ホルモン（CRH）により調節される。ACTHとβ-リポトロピン（β-LPH）に共通な前駆体である*プロオピオメラノコルチンがつくられ、それが蛋白質分解酵素によるプロセッシングを受けてACTHが産生される。ACTHは39個のアミノ酸からなる分子量約4500の直鎖ポリペプチドである。ACTHの生理活性は分子のN末端1〜18に存在し、このうち15〜18は副腎皮質での細胞膜受容体との結合部位、1〜10が作用部位である。ACTHは標的細胞の細胞膜上にある特異的受容体に結合し、Ca^{2+} の存在下でアデニル酸シクラーゼの活性化を介してその作用を発揮する。ACTHの分泌は日内リズム、血中コルチコイドによる負のフィードバック機構、およびストレスなどにより調節される。ACTH活性の測定は、ラットの副腎における*アスコルビン酸減少法や副腎静脈血中あるいは組織中のコルチコステロンの増加などによるバイオアッセイ、副腎皮質に存在するACTH受容体を利用したラジオレセプターアッセイ、ラジオイムノアッセイなどによって行う。

e **副腎皮質刺激ホルモン放出ホルモン** [corticotropin-releasing hormone] CRHと略記。《同》コルチコリベリン。視床下部-下垂体神経分泌系によって下垂体門脈系に分泌され、下垂体前葉の*副腎皮質刺激ホルモン（ACTH）産生細胞に作用して、ACTH-β-エンドルフィン、β-リポトロピンを分泌させるホルモン。かつて副腎皮質刺激ホルモン放出因子（CRF）と呼ばれ、視床下部ホルモンの中で最初に存在が報告された。W. Valeら(1981)がはじめて単離・同定したヒツジのCRHは、41個のアミノ酸からなるポリペプチドで、構造は魚類のウロテンシンⅠやカエルの皮膚にあるサウバジンに似ている。CRHの分泌は大脳などの統合中枢および血中の*副腎皮質ホルモンによる負のフィードバック機構などにより調節される。

f **副腎皮質ホルモン** [adrenocortical hormone, adrenal corticoid] 《同》コルチコイド(corticoid)、コルチコステロイド(corticosteroid)、コルチン(cortin)。副腎皮質でつくられる*ステロイドホルモンの総称。*グルココルチコイド（*コルチゾル、コルチゾン、コルチコステロンなど）と*ミネラルコルチコイド（*アルドステロン、11-デオキシコルチコステロン、11-デオキシコルチゾル）に大別され、哺乳類では前者は副腎皮質の索状層と網状層から、また後者は球状層から分泌される。しかし哺乳類以外の脊椎動物の副腎は皮質と髄質には分かれず、魚類では頭腎に埋没する間腎腺から分泌される。グルココルチコイドの作用は蛋白質や脂質の分解促進、血糖値の上昇、抗炎症作用、ストレス適応など多様である。コルチゾルは広塩性魚類では海水適応に関係する浸透圧調節ホルモンであり、また一部の両生類や魚類では卵成熟誘起活性をもつ。一方、ミネラルコルチコイドは水と電解質代謝に関わる。なお、副腎皮質からは性ステロイドホルモンである*アンドロゲンや*エストロゲンがわずかながら産生される（⇌副腎性性ホルモン）。これらのコルチコイドはいずれもシトクロムP450やヒドロキシステロイド脱水酵素などのステロイド代謝酵素の働きでコレステロールから生合成される。コルチコイド生合成に関わるこれらの酵素のうちでミトコンドリアに局在するものとして*コレステロール側鎖切断酵素、*ステロイド11β水酸化酵素、*ステロイド18水酸化酵素などがある。ほかの酵素は滑面小胞体上に局在する。両生類や爬虫類、鳥類などの副腎では*ステロイド17α水酸化酵素の活性が著しく低いためにコルチゾルは産生されずに、コルチコステロンが主な分泌ホルモンである。副腎皮質ホルモンは、標的器官のステロイドホルモン受容体に結合して核内に移行して遺伝子の特定部分を活性化し、RNA生合成を経てそれぞれのホルモン依存性蛋白質の合成を促進する。

g **腹水腫瘍** [ascites tumor] 《同》腹水がん。腹水中に腫瘍細胞が浮かんだ状態で増殖することを特徴とする

腫瘍．これに対し，一般の組織に形成されるものを固形腫瘍という．腹水腫瘍は純粋な腫瘍細胞だけを容易に分離できるため，さまざまな研究に用いられている．腹水腫瘍には最初から腹水型の腫瘍として得られたものと，既存の固形腫瘍を人為的に腹水型に転換して生成したものとがある．前者にはラット発がん実験過程で発見された*吉田肉腫，後者にはマウスの可移植性乳癌から得られたエールリヒ腹水癌(Ehrlich's ascites carcinoma)やラット腹水肝癌などがある．

a **複製** [replication] 遺伝物質の自己複製の意．遺伝物質としての*DNAや*RNAは高分子化合物であり，それらの生細胞中における合成は一連の生化学反応によって達成されるが，遺伝物質の生合成に限って複製と呼ぶわけは，1個の親の分子が*鋳型となり，それと全く同じ構造と機能とをもった子の分子が作り出されるからである．遺伝物質の自己増殖はすべて*半保存的複製により達成される．(⇌DNA複製)

b **複製誤り** [misreplication] 《同》複製エラー(replication error)．DNAが自己複製を行う過程に生ずる誤り．原因はさまざまであるが，結果は突然変異となって現れてくる場合がある．(⇌突然変異生成)

c **複製型分子**(ファージの) [replicative form] RFと略記．一本鎖のDNAを遺伝物質(ゲノム)とするファージが，宿主菌体内で複製する際に生じる二本鎖の中間体DNA．一本鎖DNAファージの場合は，すべて環状二本鎖の複製型分子となる．複製型分子には2種類あり，どこにも切れ目のないものをRFI，二本鎖のどちらか片方に切れ目のあるものをRFIIと呼ぶ．一本鎖RNAファージの場合は，*複製中間体の構造をとる．

d **複製後修復** [post-replication repair] *DNA損傷が修復される前にDNA複製が進行し，後にその損傷が修復される機構．鋳型DNA鎖の損傷のために複製フォークが立ち往生(stall)や崩壊(collapse)した際の複製再開始機構と密接な関係がある．この複製再開始機構が働かないと細胞はDNA損傷に対して高感受性になるが，この機構は直接的にDNA損傷を修復するわけではないので，DNA損傷耐性経路(DNA damage tolerance pathway)と呼ばれることもある．複製後修復やDNA損傷耐性経路では，少なくとも三つの機構(損傷乗越え複製 translesion synthesis(TLS)，テンプレートスイッチ template switch，相同組換え homologous recombination，⇌遺伝的組換え)が知られている．損傷乗越え複製では，通常のDNA複製型酵素とは異なる特殊なDNAポリメラーゼ(TLS DNAポリメラーゼ)が，損傷をもつDNA鎖を鋳型として，DNA複製を行い，損傷部分を乗り越えた後，再び，通常の複製型酵素が複製を継続する．テンプレートスイッチでは，損傷で停止した複製フォークをいったん逆行させ，DNAがホリデイ構造(*ホリデイジャンクション，チキンフット構造 chicken foot structureということもある)を作る(⇌ホリデイモデル)．そして，損傷のない鋳型鎖において複製された新生鎖を鋳型としてDNA合成したのちホリデイ構造を解消することによって，損傷部の乗越えとフォークの再構築の二つを同時に達成し複製を再開始する．相同組換えは，複製反応の阻害によって生じた新生鎖ギャップを利用する．この領域にRecA/Rad51リコンビナーゼが結合し，一方の無傷の二重鎖をもつ姉妹染色分体でDNA鎖交換反応を行い，複製フォークが再構築される．大腸菌ではこの*組換え修復が主であるのに対し，真核生物である出芽酵母やヒト細胞では組換え修復の割合は小さい．

e **複製子** [replicator] 《同》自己複製子，レプリコン(replicon)．自分の複製を子孫に伝えるという遺伝子の特性だけをとらえた概念．R. Dawkins(1976)がその著『利己的遺伝子』において提唱．自然淘汰は，自分の子孫を増やしやすい形質を進化させる．その際，厳密にはそれぞれの遺伝子の複製率の差によってどの遺伝子が生き残るかを議論できる．そして遺伝子の複製率は，その遺伝子をもつ個体の*適応度に左右される．複製子の概念により，適応を目的論でなく，世代間の複製子の頻度変化という*因果性によって議論できるようになったことが強調される．(⇌ミーム)

f **複製中間体**(RNAファージの) [replicative intermediate] RIと略記．一本鎖RNAを遺伝物質(ゲノム)とするファージが，宿主菌体内で複製する際に生じる中間体*複製型分子．完全な二本鎖RNAの状態をとらず，二本鎖RNAから一本鎖RNAがひげ状に出ている構造をとる．

g **複製前複合体** [pre-replicative complex, pre-replication complex] pre-RCと略記．真核生物染色体DNAの複製開始点に複製開始前に形成される複合体．複製開始点認識複合体(origin recognition complex, ORC)，MCM(mini-chromosome maintenance)複合体，Cdc6蛋白質，Cdt1蛋白質よりなる．真核生物の染色体DNAの複製開始点(⇌DNA複製開始点)には，まず六つのサブユニット(Orc1〜6)よりなるORCが結合する．この結合は出芽酵母では細胞周期を通じて起こるが，ヒトでは G₁ 期に初めて観察される．さらにORCの結合した複製開始点に，別の6サブユニット(Mcm2〜7)からなるMCM複合体が，サイクリン依存性キナーゼ(CDK)活性の低い G₁ 期(酵母ではM期後期からG₁期)に，結合する．この反応に際しては，Cdc6蛋白質とCdt1蛋白質も複製開始点に結合することが必要．MCM複合体は複製時に働くヘリカーゼだが，開始点に結合するだけではヘリカーゼとしては働かず，S期直前(G₁期後期)に起こるCDKの活性化に伴いCdc45蛋白質とGINS複合体と結合して初めてヘリカーゼとして働くとされる．真核生物染色体DNAの複製がS期に起こるのはpre-RCの形成反応が細胞周期により制御されているからである．出芽酵母では，MCM，ORC，Cdc6，Cdt1はCDKによりリン酸化され，つぎに複製開始点に結合していないMCMやCdt1は核外に排除され，Cdc6は分解される．さらに，リン酸化されたORCはpre-RC形成能が低下する．従って，S期に入るとpre-RC形成は起こらず，G₁期に形成されたpre-RCから一度だけ複製が開始する．脊椎動物では，CDKによるリン酸化調節だけではなく，S期にはジェミニン(geminin)蛋白質がCdt1に結合しpre-RC形成を抑えるという制御もある．

h **複製ライセンス化** [replication licensing] 《同》複製開始点ライセンス化(origin licensing)．細胞周期のG₁期にある核染色体は，S期CDKとCdc7キナーゼの働きにより複製を開始できる特別な状態にあるが，これを複製ライセンス化(複製開始の許可)という．複製ライセンス化はS期に解消され，その状態がM期終了時まで継続するため，染色体DNAの複製は1回の細

周期内で一度しか起こらない．複製ライセンス化の実体は，複製開始点上に，*複製前複合体(pre-RC)と名付けられた複合体が M 期の終わりから G₁ 期の間にのみ形成されることである．複製前複合体は，複製開始点を認識して結合する ORC に依存して Cdc6, Cdt1, *MCM 複合体が順番に会合し形成される．S 期に MCM 複合体は，複製ヘリカーゼとして複製フォークとともに複製開始点より移動するため，ライセンス化は解除される．また，S 期から M 期に活性が上昇するサイクリン依存性キナーゼ(CDK)活性と，動物細胞では Cdt1 の阻害因子ジェミニンの働きにより複製前複合体の形成が阻害されるため，ライセンス化は M 期終了時から G₁ 期の間のみに限られる．

a **複相** [diplophase, diploid phase] [1] *核相交代において，受精から減数分裂までの間の*全数性の核相をいう(⇒核相交代)．[2] 減数分裂の*ディプロテン期の別称に使われることがある(J. Belling, 1928)．

b **複相化** [diploidization] 通常は*単相の多核細胞の中で有性生殖を経ずに*複相の核を生じる現象．実験的には*ヘテロカリオン細胞から検出され，複相化の頻度はコウジカビ類では $10^{-6} \sim 10^{-7}$ 程度と推定されている．コウジカビやアオカビなど子囊菌のほか，クロボキン類やヒトヨタケなどの担子菌においてもこの現象がみられている．複相の状態は二つの異なる突然変異核がまれに合体して生じたと考えられる．

c **複相植物** [diplont, diplont plant] *生活環の上で，複相の*胞子体(核相的に2n)だけが発達した植物．*単相植物，*単複相植物と対置される．例は少なく，アオサ藻綱のミル，褐藻綱のヒバマタなどがこれに属する．

d **腹窓法** [abdominal window method] 消化管の運動を直視的に観察するために，哺乳類の腹壁の一部を切除して透明な板で窓をつくる方法．十分に消毒し無菌にしたセルロイド板，プラスチック板またはガラス板(ウサギでは縦7cm，横5cm，厚さ0.2～0.3mmくらい)を腹壁に縫いつけ，これを通して外面から消化管の運動の数カ月に及ぶ連続観察が可能である．

e **腹足類** [gastropods, snails ラ Gastropoda] 《同》マキガイ綱，有頭類(Cephalophora)．軟体動物門の一綱．本綱の分類体系は近年の分子系統解析の進展をうけた旧体系の再検討の途上にあるため，流動的であるが，後鰓目有殻翼足亜目(カメガイ類)と無殻翼足亜目(ハダカカメガイ類)をあわせて翼足類(Pteropoda)と呼ぶことがある．体の腹面は広く，筋肉が発達して足となる．成体は*捩れのため左右不相称となる．貝殻は，少なくとも幼生ではらせん形に巻き，成体では捩れ戻りのため左右相称となるものもある．貝殻底部の中心に穴があいている場合それを臍孔(umbilicus)，塞がれると臍盤(umbilical pad)と呼ぶ．内臓塊も捩れ，一般にらせん形で，櫛鰓・鰓下腺・嗅検器などはいずれも1個に減じている．心耳も1個であるか，または2個のうち一方が小形である．生殖孔も1個で，肛門側の同側のものが頸部付近に開く．頭部は明瞭で，触角と眼があり，口腔に歯舌がある．一般にらせん型卵割により*トロコフォアを生じ，*ヴェリジャーを経て成体となる．多くは足で水中の他物に吸着・移動するが，一部に終生漂泳生活を送るもの(翼足類など)や寄生生活を送るものが知られる．

f **複対立遺伝子** [multiple alleles, multiple allelomorphs] 同一遺伝子座にあって*形質発現に対する作用を少しずつ異にする一群の*対立遺伝子．例えばキイロショウジョウバエの white 遺伝子座には，複眼が赤褐色となる野生型対立遺伝子(w^+)と対立性を示す，白色(white, w)，アンズ色(apricot, w^a)，鮮紅色(eosin, w^e)，血色(blood, w^{bl})などのさまざまな眼色を呈する数多くの対立遺伝子が知られている．ヒトの ABO 式血液型遺伝子 A, B, O も複対立遺伝子であるが，凝集原の生成を基準にとると A と B は O に対し優性で，A と B 間には優劣関係は存在しない．タバコ，クローバーなどの不和合性にも，しばしば複対立遺伝子が関与する．分子レベルで識別されるイソ酵素にも多くの複対立遺伝子が知られている．ただし，当初，複対立遺伝子として知られていたものが，*偽対立遺伝子の関係にあることがみつけられた例も多い．

g **フグ毒** [fugu toxin] フグの臓器，主として卵巣および肝臓に顕著に含まれる毒素．特に食用に供されるフグに多く含まれるが，カナフグやキタマクラなどではほとんど毒性が認められない．皮膚や腸などに毒の認められるものもあるが，血液はほとんど無毒である．毒成分はテトロドトキシン(tetrodotoxin, TTX)で，遊離塩基は水および有機溶媒に難溶で，酸と塩をつくると水溶性になる．水溶液は微酸性で安定，アルカリ性で不安定．致死量はマウスでは 0.6～8.5 μg/kg 体重(*LD₅₀)．毒作用は細胞膜における神経や骨格筋の電位依存性ナトリウムチャネルの Na⁺ 透過経路の阻害による．中毒死は呼吸麻痺による．その他，筋肉弛緩，感覚麻痺，嘔吐，神経節遮断作用(血圧下降・腸管運動抑制)などの作用がある．まだ確立された治療法はない．テトロドトキシンは，フグばかりでなく，カリフォルニアイモリの卵やツムギハゼ，タコなどから見出される．当初はフグの代謝生産物とされていたが，ある種の細菌の産生する毒素をフグが餌を通じて蓄えているものと判明した．なお類似の毒素に，パナマ産のヤセヤドクガエル Atelopus の皮膚から見出されるチリキトキシンや貝毒のサキシトキシンなどがある．

テトロドトキシン

h **複二倍体** [amphidiploid] 異なったゲノムを二つずつもつ異質倍数体(⇒倍数性)．パンコムギは二粒系コムギとタルホコムギとの複二倍体で，人為的につくられたライコムギ(Triticale)はコムギとライムギとの複二倍体である．雑種の体細胞における染色体倍加によって生じた例としてサクラソウの一種 Primula kewensis (2n=36) は，P. floribunda (2n=18) と P. verticillata (2n=18) の不稔雑種の側芽より生じた．また，非還元性配偶子の融合によっても複二倍体が得られ，G. D. Karpechenko(1927)は属間雑種ハツカダイコン(2n=18)×キャベツ(2n=18)の F₁ から生じた F₂ 中に少数の Raphanobrassica (2n=36) を得て固定した．Spartina townsendii と呼ばれる新種の雑草(2n=18x=126)は，ヨーロッパ種の S. stricta (2n=8x=56) とアメリカから

渡来した S.alterniflora ($2n=10x=70$) の交雑から生じた複二倍体と考えられている．一般に，複二倍体は稔性が高く，複二倍体形成は植物の進化や多様性の形成に重要な役割を果たしていると考えられる．

a **腹板** [sternum, sternite] 節足動物の各体節の腹面を覆い*側板を経て背板に連なるクチクラ板．2個以上の部分に分かれている場合は各々を腹小板 (sternite は特にこの意) と呼ぶ．胸部の腹板は特に胸板と呼び，前胸・中胸・後胸のものをそれぞれ prosternum, mesosternum, metasternum と称する (→背板 [図])．昆虫では基本的には体節腹面の硬化部をいうが，胸節にあっては側域に当たる基節下硬皮板および腹域の棘手 (spina) をもった環節間板をも含めての左右の基節腔 (coxal cavity) の間に位置する板状部を指す．

b **副副腎** [accessory adrenal] *副腎以外の場所に散在している副腎組織．ネズミなどで多くは腎臓柄部付近やその近くの下大静脈に沿って存在する丸みを帯びた細胞塊で，直径 1～2 mm 以下．赤色を帯び，肉眼では発見困難．副腎皮質の索状管細胞からなり，ときに網状層の成分を混ずる．髄質の細胞は含まないのが一般的．正常なネズミではおそらく何の役割も果たしていないと考えられるが，副腎を除去すると大きくなり始め，およそ1カ月後にはかなりの程度まで副腎皮質の機能を代行できるようになる．

c **腹柄** 【1】 [belly stalk] 《同》腹茎, 付着茎, 体柄 (body stalk)．哺乳類の一部，特に霊長類の胚において，*羊膜と栄養膜 (→栄養芽層) 内面とを連絡する中胚葉細胞索．霊長類では羊膜腔は羊膜襞の癒合によらず，*胚盤胞の内部細胞塊の外胚葉部域にいきなり腔所として生じる．その後，羊膜は栄養膜からしだいに分離し，胚体形成部をはさむ羊膜嚢と卵黄嚢を含む全体が胚体尾部付近の中胚葉細胞塊すなわち腹柄で栄養膜内面と連絡するようになる．やがて腹柄には尿嚢が侵入して羊膜腔の拡大につれ，羊膜の胚体との連絡部付近は体壁柄をなしてその中に卵黄柄と尿嚢柄を包み，全体として臍柄 (umbilical stalk) をなし，それが*臍帯になる．一般哺乳類における臍柄を腹柄と呼ぶこともある．
【2】 [petiolus, abdominal pedicle] 膜翅目・細腰亜目に属する昆虫において，腹部の前部が著しくくびれ柄状となる部分．ハチでは第一腹節は後胸と密に癒合して一塊になり，第二腹節が腹柄として細長くのびてこれに連なり，第二腹節後部以降がまた一塊になって卵形あるいは球形をなす．この胸部と密に癒合している第一腹節を前伸腹節 (propodeum, proabdomen) と呼び，腹柄の後の部分を膨腹部 (gaster, metasoma) という．またアリでは腹柄が第二，第三腹節の 2 節を含むものがある．

d **腹膜腔** (ふくまくこう) [peritoneal cavity ラ cavum peritonei] 「ふくまくくう」とも．脊椎動物の体腔のうち，腹腔の内壁をおおう体壁葉 (壁側腹膜) と，腹腔内の各器官の表面をおおう内臓葉 (臓側腹膜) という漿膜性の腹膜 (peritonaeum, peritoneum) とに囲まれた空所．中に少量の漿液を容れる．両葉は主として後腹壁でつながる．内臓ことに腸管の彎曲に伴って腹膜，ならびに腹膜腔は複雑となり，特に哺乳類では大網膜を形成する (→腸間膜)．哺乳類には横隔膜があるので，*胸膜腔と腹膜腔は分離するが，他の動物群ではこの区別は明らかでない．円口類の腹膜腔は生殖孔によって尿生殖洞に開き，魚類では腹孔によって尿生殖洞の付近に開く場合とそうでない場合とがある．爬虫類には腹膜管があり，ワニ類ではこれは尿生殖洞近くで盲端となる．そのほかの脊椎動物では，腹膜腔は原則として外部への開口をもたないが，ヒトを含むある種のものでは雌の輸卵管が直接腹腔に開き外通する．

e **腹鳴** [borborygmi] 腹部がゴロゴロと鳴ること．通常，食物の摂取時にある程度の空気を嚥下する．そのうち一部は吐き戻されるが (げっぷ)，ほとんどは腸へ達する．*蠕動運動によって小腸の液体の中を気体が通るときに，腹鳴が起こる．さらに，大腸内の細菌の作用によって発生するガスが加わり，腸内ガスとなって放出される (放屁)．

f **腹毛動物** [gastrotrichs ラ Gastrotricha] 《同》腹毛類，イタチムシ類．後生動物の一門で，左右相称，擬体腔をもつ旧口動物．体は大きさ 500 μm 程度，前後に長く，体表のクチクラがよく発達し，かつ体表から突出してそれぞれの種に固有の形状の剛毛・鱗板・棘毛などになる．体節構造はない．体の前方腹面の一定部位に限って繊毛がある．表皮はシンシチウム状で多くの腺細胞があるが，皮下に連続した筋肉層がない．体壁を離れて縦走する縦走筋が腹面と左右の側面にある．擬体腔は器官によって埋められている．神経系は表皮層に接し，頭部神経球と 2 本の側縦走神経があり，1 眼と 1 対の繊毛溝とをもつ．消化管は直走し，線虫類に似た筋肉性の咽頭があるが，中腸に盲嚢がない．淡水産のものには 1 対の原腎管がある．大多数の種は雌雄同体だが，淡水産のイタチムシ類では単為生殖をするものも少なくない．卵は全割により直接発生する．かつて広義の*輪形動物の一網とされていたが，現在では独立の門とされる．淡水および海水の土中や砂中に生息．現生約 800 種．

g **腹葉** [underleaf] コケ植物の*茎葉体状の植物体をもつ苔類において，葉が茎に 3 列につく場合，腹面につく葉のこと．茎の側面に 2 列につく葉 (側葉ともいう) とは，形や大きさが異なることが多い．

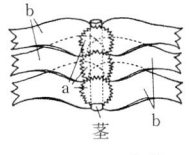

a ムチゴケの腹葉
b 普通葉 (側葉)

h **複葉** [compound leaf] *葉身が複数の小部分に分かれた葉．*単葉の対語．単葉の葉身の切込みが深くなって主脈の部分にまで達した状態と理解できる．分かれた葉身の小部分を*小葉，小葉の付着する中央の軸状を葉軸 (rachis)，小葉が柄を介して葉軸につく場合の柄を小葉柄 (petiolule) と呼ぶ．複葉は*葉脈の分岐様式にならい以下の 4 形式に大別される．(1) 羽状複葉 (pinnate compound leaf, pinnately compound leaf)：葉軸に沿って左右に小葉が並ぶもので，先端の小葉 (頂小葉 terminal leaflet) の有無により奇数羽状 (imparipinnately, odd-pinnately．例：フジ) または偶数羽状 (paripinnately, even-pinnately．例：ナンテンハギ) 複葉に区別される，(2) 掌状複葉 (palmate compound leaf, palmately compound leaf)：葉軸の先端の 1 点から放射状に小葉が配置するもの (例：ハウチワマメ)，(3) 鳥足状複葉 (pedate compound leaf, pedately compound leaf)：一つの小葉の小葉柄の途中からつぎの小葉が出るように配置するもの (例：ヤブカラシ)，(4) 三出複葉 (ternately compound leaf)：三つの小葉が葉軸の先端と左右に一つずつ配置す

るもの(例:シロツメクサ)で, 上記(1)〜(3)の小葉数が3の場合に相当. (1)や(4)では小葉がさらに小さな小葉へと分割を繰り返す場合があり, 再複葉(decompound leaf)と呼ぶ. 反復回数と形式の名称を組み合わせて三回羽状複葉(tripinnate leaf. 例:ナンテン), 二回三出複葉(biternate leaf. 例:ボタン)などと表す. また葉身が分割してみえなくても関節などの存在により葉柄との間に明確な区切りが認められる場合, 小葉一つからなる複葉と捉え, 単身複葉(unifoliolate compound leaf)と呼ぶことがある(ミカン, メギ). ただし複葉をもつ種と単葉の種は近縁の植物間で一般的にみられ単一シュート内で単葉と複葉が遷移する種も少なくない(インゲンマメ, ツタなど). また小葉数や再複葉の回数が個体内あるいは同一複葉内で変化したり, オーキシン処理などによって単葉化や小葉数の変化が誘導されたりする. 形態形成上, 複葉はシュート頂分裂組織から最初単葉同様に発生するが, シダ植物や真正双子葉類ではクラスI *KNOX 遺伝子族や*LEAFY 遺伝子の働きにより複葉化すると考えられている. このとき複葉原基ではシュート頂分裂組織の性質の一部が加わることで小葉原基をつぎつぎと形成すると解釈できる. ただし単子葉類のヤシ類のように細胞死により発生後期に分割されて生じる複葉では, その形成にクラスI KNOX 遺伝子族の関与はないとされる. 複葉が生じる適応上の理由としては, 葉面積を確保する上で, 多数の単葉を順次形成するよりも1枚の葉を大きくする方が効率よく, また葉面が大きくなった場合小部分に分かれている方が風雨による力学的影響を受けにくいことなどが想定されている.

a **副卵巣** [epoophoron, parovarium] 《同》卵巣上体. 羊膜類の雌における, 中腎小管および*中腎管の遺残体. これらは雄の副精巣(*精巣上体)に相同で, 卵巣間膜中に盲管として残存する. この副卵巣より尾方で, 雄の側精巣に相同の中腎小管の痕跡を側卵巣(卵巣傍体 paroophoron)という. またさらに尾方の中腎輸管で雄の輸精管に相同の部位の遺残体をガルトナー管(Gartner's duct, Gartner's canal)という.

b **覆卵葉** [oostegite] 《同》育板, 育児板(brood-plate). 軟甲類のアミ類・クマ類・等脚類・端脚類の雌において, 生殖時期に*胸肢の*底節から内方に向かって延びる葉状構造. *副肢に相当し, 左右および前後のものが互いに相重なって*腹板(胸板)との間に空所すなわち*育房を形成し, そこに受精卵を収容してこれを保護する. 底節が胸部に癒合している場合には, その体節の腹板から出る.

c **袋形動物** [aschelminths ラ Aschelminthes] 《同》袋形類. 広義の*輪形動物(輪虫類・腹毛類・動吻類)と広義の*線形動物(線虫類・線形虫類・鉤頭虫類)を併せた動物群で旧口動物の一つ. 後に鰓曳虫類が加えられた. 近年発見された胴甲動物もこの範疇に入る. 体の横断面はほぼ円形で, 体壁と内臓との間に広い擬体腔があり, 間充織が発達しないのが共通の特徴とされる. 広く用いられたが当初よりこれら動物群相互の類縁関係は疑問視されていた. 現在では, 輪虫類と鉤頭虫類が姉妹群でこれらと腹毛類は冠輪動物に属し, 線虫類と線形虫類, および, 動吻類・胴甲動物・鰓曳虫類がそれぞれ群をなしたうえで脱皮動物に属するとの考えが優勢である. 袋形動物と内肛動物を併せて擬体腔動物とし, 叙述的に用いられることがある.

d **不結繭蚕** [non-cocooning larva of silkworm] 《同》不吐糸蚕, 営繭不能蚕. カイコの幼虫が遺伝的または非遺伝的に吐糸不能になったもの, および吐糸はするが行動異常により繭を形成しないもの. 遺伝的なものとして, セリシン蚕や*裸蛹など絹糸蛋白質の生合成の遺伝の欠損がある. 非遺伝的なものにはハロゲンガス, 薬品, 高温などによって稚蚕期に*アラタ体の機能が低下し, 前胸腺・アラタ体両ホルモンの不均衡が起こり, *絹

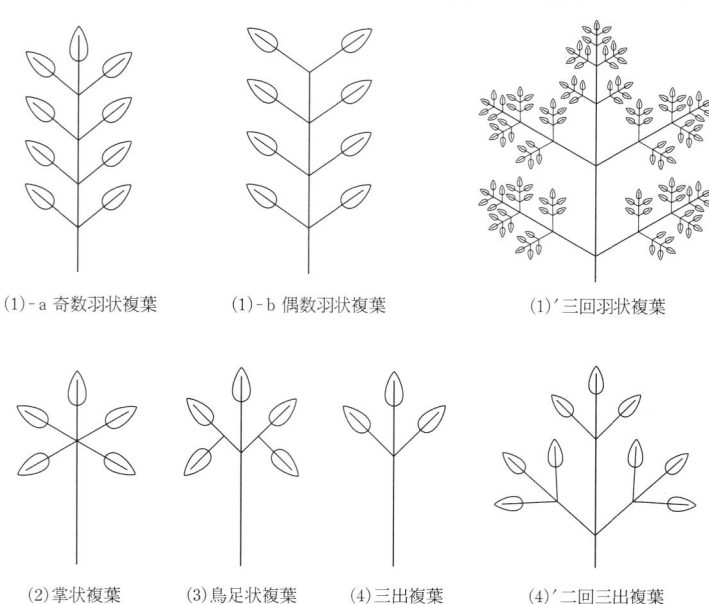

(1)-a 奇数羽状複葉　　(1)-b 偶数羽状複葉　　(1)′三回羽状複葉

(2)掌状複葉　　(3)鳥足状複葉　　(4)三出複葉　　(4)′二回三出複葉

糸腺の発育異常をきたすものが多い．熟蚕期での物理的衝撃による絹糸腺の破裂や多角体病・軟化病などの疾病が原因になる場合もある．

a **ブーケ配向** [bouquet configuration] 《同》ブーケ構造．減数分裂に見られる染色体の核内配置．染色体が*テロメアで束ねられて花束（ブーケ）のような形状を呈することから．減数分裂前期の一時期（レプトテン期）にテロメアが核膜に沿って集まり，染色体のブーケ配向が作られる．広範な生物種で観察され，減数分裂における相同染色体の対合を促進するとされる．

b **不減衰伝導説** [theory of decrementless conduction] 麻酔された神経の部分の*伝導に際して，興奮は一定の減弱を蒙ることなしに伝わり，伝導が中断するとしても麻酔部の中途ではなく入口でのことであるとする説．加藤元一（1936）が唱えた．それまでに M. Verworn, K. Lucas, 石川日出鶴丸が唱えていた，麻酔部の伝導には減衰があり，その部の中途で伝導がとまってしまうとする減衰伝導（decremental conduction）の説と対立したが，不減衰伝導説が正しいことが加藤らにより証明された．

c **不減数分裂** [ameiosis] 減数分裂が正常に進行せず，染色体数が半減しないで*核分裂が行われる現象．染色体が半減せず，全数の生殖細胞ができる．母細胞が異常温度にさらされたときなどに起こる．これが受精すると倍数体ができ，野外集団における倍数体形成の一因と考えられる．

d **フコキサンチン** [fucoxanthin] 《同》褐藻素．褐藻類，珪藻類，黄金藻類，渦鞭毛藻類などに含まれる*キサントフィル（カロテノイド）の一種．単離すると赤褐色の結晶として得られる．これら藻類の呈する褐色の色は藻類特有の色素であるフコキサンチンに基づくものである．光合成色素として吸収したエネルギーを反応中心へ伝達するアンテナとして働く．

e **フコース** [fucose] Fuc と略記．《同》ロデオース (rhodeose), 6-デオキシ-L-ガラクトース (6-deoxy-L-galactose). C₆H₁₂O₅ 種々の*複合糖質において，糖鎖末端を構成する主として非還元糖．広く細菌・植物・動物に分布．フコースが多量に含まれる多糖としては褐藻細胞膜成分のフコイジン (fucoidin) が知られ，この場合のフコースは硫酸エステルとなって多糖鎖を構成している．動物では，*血液型物質として記載されている多くの細胞膜多糖や分泌性糖蛋白質の末端構成糖として見出され，その他，発生時の分化抗原，細胞接着分子の構成糖として細胞の分化および*細胞接着の機構に関与する．特に O 型活性をもつ H 物質（血液型物質）や，Le 型物質（ルイス式血液型の抗原物質）では，糖鎖末端に α 結合したフコースが抗原性の決定基となる．これらフコースは，GDP-マンノースから複数の酵素的変換反応によって導かれる GDP-フコースを基質として，それぞれ特異的なフコシル基転移酵素により多糖鎖へ導入される．いくつかの血液型は遺伝的支配によって現れる種々の特異的フコシル基転移酵素活性の差が決定因子となっている．

f **ブサンゴー** Boussingault, Jean Baptiste Joseph Dieudonné 1802～1887 フランスの農芸化学者．大多数の植物は窒素を土中の硝酸塩から取ることを発見．そのほか葉の機能・肥料の作用と価値に関する研究などで，農芸化学と植物生理学の基礎の確立に寄与．[主著] Agronomie, chimie agricole et physiologie, 3 巻, 2 版 1860～1864．

g **藤井健次郎**（ふじい けんじろう）1866～1952 細胞学者，遺伝学者．東京帝国大学教授．染色体を主とした植物細胞遺伝学に従事し，日本の遺伝学・細胞学の基礎を築いた．欧文誌 'Cytologia' を創刊．染色体のらせん構造説に寄与した．

h **フシコクシン** [fusicoccin] アーモンドの萎凋病菌（*Phomopsis amygdali, Fusicoccum amygdali*）の培養液から分離された，フシコッカン炭素骨格をもつジテルペングルコシド．アーモンドのみならず多くの植物の葉をしおれさせる萎凋植物毒素．植物の気孔開口，細胞伸長，発芽促進などの多様な生理作用を示す．また，オーキシンのように細胞外液に H⁺ を放出して pH を低下させる．気孔開閉や種子発芽に対するアブジシン酸の作用を強く打ち消す．さらに，細胞膜 H⁺-ATP アーゼと*14-3-3 蛋白質との会合を安定化する作用をもち，これにより細胞膜 H⁺-ATP アーゼが活性化される．*孔辺細胞では細胞膜 H⁺-ATP アーゼの活性化に伴い，カリウムチャネルを介して K⁺ の取込みが起こる．その結果，孔辺細胞の水ポテンシャルの低下，水の流入，膨圧の増加が引き起こされ気孔が開口する．関連化合物のコチレニンには，動物のがん細胞分化誘導活性が報告されている．

i **フシジン酸** [fusidic acid] *Fusidium coccineum* の産生するステロイド性の抗菌物質．グラム陽性菌に対してのみ抗菌性を示す．細菌および真核細胞の蛋白質合成を阻害する．作用機作はポリペプチド鎖延長因子である EF-G あるいは EF-2 とグアノシン二リン酸およびリボソーム間の三重複合体を安定化し，その解離を妨げることにあるといわれている．

a **プシブラム** Przibram, Hans 1874〜1944 オーストリアの動物学者. 発生生理学的研究に従事し,昆虫や甲殻類などを材料に再生や相称,また発生と温度の関係などについて実験的に研究した. [主著] Experimental-Zoologie, 7巻, 1907〜1930.

b **プシュール** [pusule, water pusule] 《同》水囊. 淡水産,海産を問わず多くの渦鞭毛藻類がもつ特異な膜構造. 鞭毛基部付近に位置する. 多数の小胞(pusule vesicle)が直接細胞外に開口するものや袋状または管状の構造(collecting chamber, tubule)を介しているもの,小胞を経て分枝した管状構造からなるものなどがある. 浸透圧調節に関与することが示唆されているが機能は不明.

c **腐植栄養湖** [dystrophic lake] 多量の溶存*腐植質のために水色が黄褐色あるいは褐色の湖. 栄養塩類の量は一定しないが,外部から流入する溶存腐植質の影響で植物の種類も量も少ない. 動物プランクトンはかなり多いことがあり,鞭毛虫・輪虫類,枝角類の *Daphnia* や橈脚類の *Acanthodiaptomus* などがその例. 底生動物や魚類は一般にすこぶる貧弱. 高緯度の地や高山などの有機物の分解の不活発な寒冷の地,特に泥炭地に多いが,熱帯にも分布する. (⇒湖沼型)

d **腐植化** [humification] 土壌中において主として微生物作用により動植物遺体が暗色ないし黒褐色の無定形の*腐植質に変化する過程. この過程では,ポリフェノール・キノン類とアミノ化合物が縮合した初生腐植質が生成され,さらに酸化的重縮合を受けて真正腐植質となるとされる. この変化には土壌の水分および通気状態,温度,酸化還元状態,塩基類の多少,粘土鉱物の種類などが関与する.

e **腐植質** [humus, humic substance] *土壌腐植のうち,暗色ないし黒褐色の無定形のコロイド状高分子物質群. 古くから用いられている土壌腐植の区分法によると,アルカリに溶けて酸によって沈殿する部分を腐植酸(humic acid),アルカリと酸のいずれにも溶ける部分をフルボ酸(fulvic acid),土壌に残留する部分をヒューミン(フミン humin)と呼ぶが,このうち腐植酸とヒューミンの一部が腐植質に相当すると考えられる. 腐植酸の元素組成は C 50〜60%, H 3〜6%, N 1.5〜6%, S 1%以下,残りの大部分が O であり,ベンゼン,ナフタリン,ピリジン,アントラセンなどの芳香環が骨格となっているといわれ,カルボキシル基,カルボニル基,フェノール性およびアルコール性水酸基,メトキシル基などをもつ. これの物質本体は未だ不明. (⇒腐植化)

f **不随意筋** [involuntary muscle] 意志の介入なしに,すなわち不随意的に働く筋肉. *平滑筋と*心筋とがこれに属する. *随意筋と対置される. これらの筋肉によって働く内臓諸器官には自動性をもつものが多く,またすべて*自律神経系の支配下でその活動を調節されている. 例えば心臓はその自動性により心臓拍動を続ける一方で,交感神経および迷走神経の不随意的な支配を受けている. 感情の変化のような高次の神経活動が自律神経中枢の緊張に影響を及ぼし,諸器官の活動を変えることはあるが,意志による直接の制御は不可能である.

g **付随体** [satellite, trabant] 染色体の端部に微細な繊維構造で連結した球形もしくは楕円形の染色小粒. 付随体をもつ染色体を*SAT染色体,連結部分を二次狭窄と呼び,この部分で*核小体が形成される. 付随体の形態,付随体と染色体の本体とを結ぶ繊維構造の長さは一定しているので*核型分析の重要な指標となる.

h **腐生** [saprophagy] 《同》腐食性. 一般には生物の死体やその分解途上のもの,排出物などを栄養源とする生活形式. 死物寄生と同義語とし,活物寄生に対立する寄生の一形態とすることもある(⇒寄生). 生きている生物体の一部に属する死んだ組織や腐生者自身の作用で殺された組織から栄養をとる場合は殺生寄生(破壊的寄生)と呼ばれるが,一種の腐生とみなしうる. 腐生菌(saprophytic fungi)は,腐生を行う菌類を指す(⇒菌従属栄養植物).

i **父性遺伝** [paternal inheritance] 遺伝的形質が,雄性生殖細胞を通じてのみ,受精によって生じた子へ遺伝する現象. 核ゲノムとしては,XY型染色体をもつ生物(哺乳類など)での Y 染色体の遺伝が代表的. 細胞質遺伝としては,スギやマツで葉緑体のゲノムが父方からのみ伝わることが知られている.

j **父性行動** [paternal behavior] 子守行動のうち,母親に代わって雄が幼児の保護や世話をすること. 霊長類学・動物行動学において,人類社会における「父」の機能の意味づけや雄の*繁殖成功度,または雌の*配偶者選択との関連で注目されている. 父性行動の発達と配偶関係の固定化とは必ずしも並行しない. 例えば,乱婚交配を行うボノボの雄は,他集団からもちこまれた幼児に対しても父性行動を示し,ペア型で配偶関係が固定しているテナガザルではほとんど父性行動は見られない. タマリンやマーモセットなど双子や三つ子を産む種でも,雄が生まれたばかりの赤ん坊を積極的に世話することが知られているが,雄の世話は雌の負担が大きい授乳期だけに限られている. バーバリーエイプやチベットモンキーの雄による幼児の世話のように,父性行動に見えても,高順位の個体による攻撃の回避,親和関係形成が主要な機能である場合もある. 父親でない雄による子の世話を厳密に区別し,父性的行動(paternalistic behavior)と呼ぶこともある.

k **不整中心柱,不斉中心柱** [atactostele] 断面で見ると多数の*並立維管束が基本組織内に散在する中心柱(⇒中心柱[図]). 単子葉類の茎に見られる. 一般に茎の内方の維管束は大きく,かつまばらだが,表皮に近くほど細かく密になる. 不整中心柱の維管束走向は複雑である. 葉の付着点の下方で分枝した維管束のうち幾分が外側に,あるいはいったん茎の内方へ(この場合髄走条となる,⇒皮層維管束)移動した後,節で葉の維管束(*葉跡)として外れていくようなものもある. 木部と篩部の分化後は,維管束内に形成層が生じないため肥大成長をしないが,基本組織内に特殊な形成層ができて太るものもある(例:ナギイカダ科のリュウケツジュ).

l **跗節** [tarsus] 昆虫の脚の最終節で,*脛節に続く*肢節. 一般の節足動物の*関節肢の基本型における*前節に相当し,2ないし数個のほぼ同様な部分に分かれているのが一般的で,この各小節を tarsomere または tarsite と呼ぶ. 各小節間には筋肉が関与せず,真の関節とは考えられない. 基跗節(metatarsus)は脛節と一つの*関節丘だけで関節(condylar articulation)し,各小節間は曲げやすい膜でつながれているので,自由に動くことができる. (⇒関節丘)

m **プソイドウリジン** [pseudouridine] *Ψ* (psi) と略記. 《同》5-リボシルウラシル(5-ribosyluracil). ウラシ

ルの5の位置にリボースが結合したピリミジンヌクレオシド．核酸の微量ヌクレオシドの一つで，大部分の*トランスファーRNAのTΨC領域に存在するが，rRNA，*snRNAにも含まれる．一部のtRNAが代謝制御に関与する際，tRNA分子上のある特定位置のウリジンがプソイドウリジンに修飾されていることが必要であることが知られている．(→微量塩基)

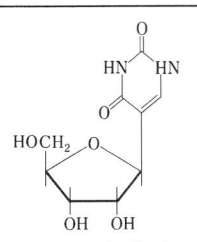

a **付属肢** [appendage] [1] 体節動物において，原則的に各体節に1対ずつ付属する肢．環形動物はかなり原型に近く，ほとんど各節に肢がある．この場合，付属肢は爪も分節もなく，いわゆる*疣足（いぼあし）であるが，これがさらに発達して乳頭状の葉脚（lobopodium）の形をへて，有爪類やクマムシ類に見られる爪をそなえた爪脚（oncopodium）に進化したと考えられる．節足動物の付属肢は分節があって*関節肢と呼ばれ，機能的にも特化している．同時に体節の癒合や分化に伴って，付属肢にも分化が生じ，頭部のものは触角や口器となり，胸脚，腹脚，歩脚，遊泳脚，生殖肢などの区別も生じている．これと平行して各体節の神経節や筋肉系にも統合や分化がみられる．[2] 脊椎動物の*外肢に同じ．

b **付属腺** [accessory gland] 一般にある器官に付属して存在する腺の総称．昆虫では，雌雄生殖器に付属して蛋白質性の分泌物を生産する外胚葉性または中胚葉性の腺．雄では*輸精管または射精管に開口し，その分泌物は精液や精包内のゼリー状物質となる．腺の数は昆虫の種類により異なり，まったく無いもの（無翅類など）から極めて多く総状になっているもの（ゴキブリなど）まである．数の多いものでは腺の種類により分泌物が異なっていることがある．雌では*膣または*輸卵管に開口し，その分泌物はクサカゲロウの卵柄などのように，産卵時に物体表面に固着させる物質であるため，卵胎腺（卵台腺 colleterial gland）とも呼ばれる．また，ゴキブリやカマキリの卵嚢（卵鞘）のように，卵を保護する物質の場合もある．また雄の付属腺からは雌の妊性の向上，産卵の誘導，そして時には雌の性行動の変化を促すさまざまな蛋白質が分泌される．

c **蓋** [lid, operculum] 《同》厣（へた），貝蓋．腹足類の後足上面につく板状の硬質の分泌構造物．軟体部を貝殻内に引き込めたときにこれで殻口（aperture）を閉じる．カタツムリなどでは，冬眠や休息時に臨時に作る冬蓋（とうがい）がこれに代わる．角質の薄いものとやや厚いもの，およびカルシウムの沈着した重厚なもの（例：サザエやアマオブネガイ）とがあり，(1)核（nucleus）のまわりに同心円的に発達した同心円型，(2)核が一端に偏在する端核型，(3)多旋型，(4)少旋型などの型がある．(→殻軸筋[図]，→捩り)

d **双子スポット** [twin spots] 雑種二倍体において，体細胞組換によって隣接して生じ，表現型の異なる2種類の細胞群．2種の劣性の標識遺伝子a，bを相同染色体上でヘテロにもつ細胞（図1）において，aと動原体との間での体細胞交叉が起こると（図2），その細胞が分裂して生じた二つの娘細胞の一方はaに関して，他方はbに関してホモとなり，それぞれの娘細胞の子孫はすべて，体細胞交叉を起こさなかった他の細胞から表現型のうえで識別できる．ショウジョウバエの成虫原基の中の1個の細胞でこのような体細胞交叉が起こると，この個体が成虫になったときに体表面で野生型の背景の中にaの表現型を示す斑点とbの表現型を示す斑点とが隣接して認められ，これを双子スポットと呼ぶ．幼虫をX線で照射して人工的に体細胞交叉を起こさせて生じた双子スポットを解析することにより，成虫原基の細胞の決定，*区画の成立などの時期，細胞の分裂や移動の方向などを知ることができる．

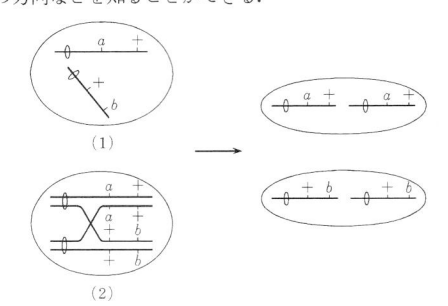

e **ブタコレラウイルス** [classical swine fever virus] 《同》Hog cholera virus. *フラビウイルス科ペスチウイルス属に属する，ブタの急性敗血症性伝染病の病原ウイルス．ウイルス粒子は直径約40 nm．ゲノムは1万2573塩基長の一本鎖の+鎖RNAで*エンベロープをもつ．感染ブタの血液および各臓器に極めて多量に含まれ，糞・尿・鼻汁などに排出される．他種の動物に対しては病原性をもたない．ブタコレラは，かつてサルモネラ属ブタコレラ菌によって起こる疾病と考えられていたが，E. A. de Schweinitz および F. M. Dorset ら(1903)の研究によって，ブタコレラ菌は二次感染菌と判明した．自然感染は経口感染が主である．敗血症を起こし，出血が起こる．また血管内皮細胞に変性をきたし，さらに各種の変化を経由して諸臓器の出血・壊死・梗塞が生じる．甚急性型の斃死率は100％，急性型では約70〜90％であるが，慢性型では耐過率はやや高い．ワクチンの使用は2006年に事実上禁止された．

f **二又分枝** [dichotomous branching, dichotomy] 《同》二叉分枝，叉状分枝．植物（藻類を含む）にみられる，軸の先端が勢力の等しい二つの軸に分かれる分枝法（→分枝）．維管束植物では体制上，最も基本的な原始型とされる．1回ごとに分枝の面が直交する十字状二又分枝を示すものと，1平面で分枝を繰り返す平面状二又分枝がある．シダ植物大葉類の茎に多くみられるが，種子植物の茎では稀．シダ植物小葉類の根も二又分枝を行う．またdichotomyの語は，生物の系統が二つに分かれる場合にも用いる．

g **フチオコール** [phthiocol] ヒト結核菌の菌体から得られる黄色のナフトキノン色素(2-methyl-3-hydroxy-1,4-naphthoquinone). 可逆的に還元され，酸化還元電位は $E°'=-0.18$ V (pH=7). 構造上ビタミンKに類似し，またそれと似た作用を示すが，生物学的意義は不詳．(→マイコバクテリウム)

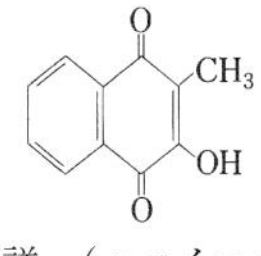

h **フチオン酸** [phthioic acid] $C_{26}H_{52}O_2$ ヒト結核菌の菌体から得られる一種の高級*脂肪酸．

フツキトツ　1205

a **縁膜** [velum, craspedon] ⇒クラゲ，水母

b **縁膜胞** [velar statocyst] ヒドロクラゲ類，主に軟クラゲ類において，傘縁に垂下する*平衡胞．硬クラゲ類や剛クラゲ類の触手胞と異なり，内胚葉層はその形成に関与せず，縁膜の表皮層が凹んでできる．外界から完全に閉じた小囊で，壁の細胞は感覚毛をもち，胞内の*平衡石に触れることによって生じた興奮は，感覚毛から神経繊維を通じて内傘面の神経集網に至り，内傘筋の収縮運動を統御する．単なる平衡器官というよりも，むしろいわゆる*鼓舞器官の性格をもつと考えられ，その点では触手胞と同様である．

c **付着器** [appressorium] 寄生性の菌類が宿主の表面で形成する吸盤状の器官．植物寄生菌の場合胞子が宿主植物の表皮の上で発芽してから，菌糸または発芽管の先端が大きくふくれる．そして，吸盤のように宿主体表面に密着し，内容がこの部分へ移行，次いでそこから細い糸状の侵入菌糸を出して侵入する例が多い．付着器から宿主体へは，強い圧力，クチナーゼ，ペクチン分解酵素，加水分解酵素などの作用がみられる．例えば維管束植物の葉に寄生する不完全菌類の Colletotrichum, Pyricularia や担子菌類のサビキン類などである．

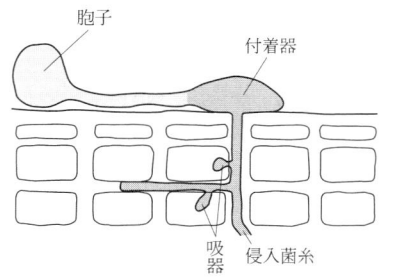

d **付着生物** [attached organism] 《同》ペリフィトン (periphyton). 水中の基物に固着あるいは付着し，基物を生活のよりどころにしている生物の総称．このうち固着するものは特に固着生物 (sessile organism) と呼ぶ．A. Seligo (1905) はそのような生物の*群集を Aufwuchs と呼んだ．もともとは，水中に設置された構築物・船舶または有用生物の表面に集団で付着し，好ましくない影響を与える汚損生物 (fouling organism) を意味した．ペリフィトン (A. Behning, 1924, 1928, N. N. Woronichin, 1925, F. F. Djakonoff, 1925) とは，元来，水中の人工構築物に付着する生物の群集を指す語として提案されたが，その後，一般に付着生物の群集の意味に拡大され，さらに Aufwuchs の同義語としても用いられている．固い基物の表面をおおうように，粘質物などでしっかりと付着することを定義した haptobenthos (⇒ベントス) とほぼ同義とすることもある．ペリフィトンも，付着する基物の種類によって，epiphyton (植物体に付着), epizoon (動物体に付着), epilithon (岩石に付着) などと区別して呼ぶこともある．付着生物には，細菌・藻類・無脊椎動物など約2500種が知られている．近年日本の沿岸では，*外来種の繁殖（ヨーロッパフジツボ・アメリカフジツボなど）や*富栄養化にともなう特定種の異常増殖（カサネカンザシなど）により，付着生物相に変化が見られつつある．(⇒植物着生生物)

e **付着端**（ファージ DNA の） [cohesive end] ファージの線状 DNA において，その末端同士が対合し環状 DNA を形成するような構造をもった末端．*λファージなどの一群の*溶原性ファージの二本鎖 DNA の両末端は，一本鎖 DNA が突出した構造になっている（λファージの場合は12塩基）．その配列は互いに相補的な関係にあるため，DNA が宿主細菌体内に注入されたとき，末端同士が対合して環状 DNA 分子を作り，DNA 複製などの過程が開始される．*制限酵素で DNA を切断した場合にもその末端に付着端を生ずるものが多い．なお，付着端同士のホモロジーは，DNA 断片の連結にも利用される．

f **付着稚貝** [spat] 軟体動物二枚貝類の浮遊幼生に続く幼若個体で，定着し，固着または底生生活に入ってまもないもの．マガキの養殖では，ホタテガイの殻を連ねた採苗器を海中に吊るし，これに付着させる．アサリなどの付着稚貝は海底の砂泥上に落ち着き，海底の砂粒などに付着する．

g **付着部位**（プロファージの） [attachment site] 《同》アタッチメントサイト．*溶原性ファージのゲノム DNA が宿主染色体に*挿入されるときに（*溶原化），組換えを起こす DNA 上の特定の領域．ファージ DNA 側の領域（図の pop'）を attP と呼び，環状化したファージ DNA がこの領域で宿主染色体上の，それぞれのファージに特異的な組込み領域（図の bob', attB）と組換えを起こして挿入される．(⇒キャンベルのモデル)

h **不対合**（ふついごう） [asynapsis, asyndesis] 「ふたいごう」とも．《同》アシナプシス，非対合．*減数分裂において*相同染色体が*対合に失敗すること．相同性の不完全や不対合遺伝子，厳しい環境条件が原因になって生ずる．

i **普通葉** [foliage leaf] 《同》尋常葉．扁平な葉身に葉緑体を含み活発な同化作用をいとなむ栄養葉（⇒胞子葉）．特殊な形態や役割をもつ葉（例：花葉・捕虫葉）に対し，典型的な葉の形と機能をもつ．日常，葉と呼んでいるものは普通葉を指すことが多い．

j **フッカー** Hooker, Joseph Dalton 1817〜1911 イギリスの植物分類学者．William Jackson Hooker (1785〜1865) の次男．父がグラスゴー大学植物学教授のとき，その助手となり，また同大学で医学を学ぶ．1839年海軍軍医補，および博物学者として南極探検の軍艦エレバス号に乗り，各地で植物を研究．また，近東，インド，アフリカ，北アメリカなども旅行し，多くの植物誌を著した．種子植物の分類系は，H. G. A. Engler のそれと対立した位置にあってひろく行われた．[主著] Genera plantarum (G. Bentham と共著), 1863〜1893; Flora Antarctica, 1844〜1860.

k **復帰突然変異** [back mutation, reverse mutation] 突然変異遺伝子が，さらに突然変異を起こして元の遺伝子に戻ること．ただし表現型が元に戻っただけでは，必ずしも復帰突然変異とはいわない（⇒サプレッション）．この復帰突然変異に対し，最初の突然変異を前進突然変異 (forward mutation) ということがある．一つの遺伝子についてみると，復帰突然変異率は前進突然変異率より低いのが一般的である．突然変異遺伝子が全く復帰突然変異を示さない場合，この変異遺伝子は元の遺伝子が

欠失を起こして生じたものと考えられる．塩基配列レベルでは，単にある塩基置換（例えば A→G）のあとに，それと逆の置換（例えば G→A）が生じた時，これを復帰突然変異と呼ぶ．

a **復旧核** [restitution nucleus] ＊有糸分裂の中期または後期の核分裂の失敗によって，娘染色体が分配されないで一つになった核．その結果，染色体数の倍加した核が形成される．減数分裂では，一価染色体・染色分体橋などによる染色体の遅滞が原因になる．減数分裂の第一分裂でも第二分裂でも起こり，一方だけに起こると染色体数が2倍，両方にあいついで起こると4倍の復旧核になり，倍数性の配偶子が形成される．体細胞分裂ではコルヒチンによって人為的に起こすことができる．

b **フック** Hooke, Robert 1635～1703 イギリスの物理学者，数学者，天文学者．R. Boyle の助手を務め(1655)，のち1665年オックスフォード大学グレシャムカレッジの幾何学教授．すぐれた実験家で，ロンドン王立協会の創立以来の会員．1664年には同協会の実験機器管理者．自分で組み立てた複合顕微鏡を用いてコルク片の微細構造を観察，cell の名を与えた．カヤノミなどの小形昆虫のほか，木炭・カビ・コケなどをも検鏡，精細な図と説明を著書 'Micrographia'(1665) におさめた．彼がコルク片で実際に観察したのは死んだ細胞の細胞壁にすぎなかったが，そののちイラクサの葉などで生きた細胞の構造を観察．彼は，このような細胞の中には栄養液汁 (nourishing juice) が含まれ，これが細胞と細胞をつなぐ小孔を通って移動すると想像した．

c **物質再生産** [dry matter reproduction] 光合成植物が＊物質生産によって生産した有機物を，さらに生産器官（主に葉）の拡大に使用して拡大再生産をする過程．門司正三(1960)の提唱．植物の個体重は物質再生産により指数関数的な成長が実現される．生産した有機物を新たな生産器官に繰り込む周期は，草本の約1日から多くの木本の1年に至る段階まである．なお，再生産(reproduction)の語は＊再生産曲線のように個体群生態学では個体数の世代にわたる変化を表すために使われ，一般の生物学では reproduction は生殖（繁殖）の意味に使われるので，物質再生産という用語は物質生産の論議に限定された用語として使用する．

d **物質循環** [cycle of matter] 全地球的ないしは各生態系における物質の循環．さまざまな物質が，生物学的，地球化学的な諸過程を経て，一つの貯留場所からほかの場所へと移動し，全体として循環系を形成する．循環の過程では，物理的，化学的な存在形態の変化を伴うことが多い．生物学的には，炭素，窒素，リン，硫黄など生物にとって重要な元素の循環が注目される．これらの元素の循環には生物学的な過程が深く関与している．

e **物質生産** [dry matter production] 光合成植物における，植物体中の水分を除いた乾物質量の生産過程．ときには物質生産の結果としての量を指すこともある．光合成による有機物の生成がその基本をなす．物質生産の量は＊生態系の生物群集の全生存を支える基礎として，また物質およびエネルギー循環の基礎となって働いている．さらに，植物の生活は物質生産と密接にかかわっていることから，特に生産量の大小がストレス耐性，競争力，繁殖力などに直接影響することに注目し，＊種間競争や繁殖戦略などの解析手段としても物質生産の測定は行われている．

f **ブーツストラップ法** [bootstrap method] 〘同〙ブートストラップ法．シミュレーションで標本を生成し，推定する作業を繰り返すことにより推定量の性質を評価する方法．＊ジャックナイフ法や無作為化検定(permutation test)と同じく，コンピュータの利用を前提にした統計手法の一つ．パラメトリック，セミパラメトリック，ノンパラメトリックなアプローチがある．パラメトリックなアプローチでは，パラメータに推定値を代入し，その構造を仮定して乱数により標本を生成する．これに対してノンパラメトリックなアプローチでは与えられたデータセットをもとの母集団の代表する独立標本と仮定し，そのデータからの重複を許した無作為再抽出をコンピュータに行わせて複数のデータを作成する．ブーツストラップ法は，種々の分野で普及している．例えば，系統推定論の分野では，系統樹の信頼性を評価する目的で広く用いられている．個々の形質をデータ点と考え，観察された形質集合を1000回ないし1万回程度ブーツストラップし，それぞれの形質集合から系統樹を推定する．得られた複数の系統樹全体での枝（単系統群）の出現率（ブーツストラップ確率）を計算する．出現率の高い枝（例えば90％以上）ほど信頼できる単系統群を反映していると解釈される．

g **物体認識** [object recognition] 対象が何であるのか知ること．＊視覚，＊体性感覚，＊嗅覚，＊聴覚などさまざまな感覚種を用いて，対象物体を知ることが可能である．視覚的に認識する場合，対象の境界の認識，境界要素の接続，対象の背景からの分離（図と地の分離），対象の発見などの過程が必要．霊長類において，物体の視覚的認識は，＊一次視覚野から下側頭葉皮質に至る腹側＊視覚経路が担う．触覚的認識の場合，物体の肌理（きめ），大きさ，形などの情報が重要となる．また，二次体性感覚野が重要となる．いずれの感覚を用いても，対象物に意味が付与され，認識の過程は完成する．ヒトでは，感覚種に依存せずに認識を可能にするメカニズムが外側後頭複合体に存在する．

h **フッド** Hood, Leroy Edward 1938～ アメリカの生物学者．分子免疫学の研究からスーパー遺伝子族概念を提唱．和田昭允が開発した自動塩基配列決定装置に影響を受けて，サンガー法に基づいて蛍光物質を含む DNA をレーザーで認識する装置を開発し，ヒトゲノム配列決定に大きな貢献をした(⇌シークエンサー)．シアトルのシステム生物学研究所所長．2002年京都賞先端技術部門受賞．

i **フットプリント法** [footprinting method] DNA に蛋白質が結合すると，結合した領域が DNA 分解酵素による作用や，化学修飾を受けにくくなることを利用して，蛋白質と相互作用する DNA 部位を解析する方法．フィンガープリント法(＊ペプチドマップ)に対比してつくられた名称で，DNA 上に記される蛋白質の足型を解析する意．具体的には，目的とする領域を含む DNA 断片の一つの末端を ^{32}P で標識する．蛋白質を結合させたあと，DNA 分解酵素(＊エンドヌクレアーゼ)を弱い条件で作用させるか，限定条件で DNA の化学分解を行う．分解産物を＊ポリアクリルアミドゲル電気泳動法により鎖長にしたがって分離し，適当なラベルを用いて DNA 断片を検出する．蛋白質が存在しない場合には DNA は標識した末端からランダムな位置で分解を受けるから連続的なはしご状のパターンが得られる．これに

対し蛋白質が結合している場合には，その部分のDNAが分解を受けないためパターンは不連続となり，蛋白質の結合していた部分がはしごの空白部分として検出されることになる．DNA上の蛋白質結合部位などの解析に利用されている．

a **物理鰓** [physical gill] 水生昆虫（ゲンゴロウ・ガムシなどの鞘翅類の成虫，タガメ・フウセンムシなど半翅類の成虫・幼虫）において，潜水時に体表の一定部位に気泡の形で備蓄する空気を用いて呼吸を可能にする構造．備蓄される気泡をプラストロン(plastron)と呼ぶ．*気門からの空気呼吸により気泡中の酸素分圧が低下するにつれて，水中の溶存酸素が漸次気泡中に拡散し，動物はそのような酸素供給に依存して長時間水中に滞在しうる．ガス交換は水や空気の物理的界面で行われ，そこにクチクラや上皮などの介在膜を欠くから，*気管鰓やそのほか一般の鰓に比し，はるかに高性能の水呼吸器官となりうる．1回の潜水中に，最初の取りこみ分の約13倍に及ぶ酸素がこの方法で供給されるという例が知られている．気泡中の窒素の共存は，この際重要な意味をもつ．純酸素からなる気泡を虫に与えれば，消費に伴う酸素分圧の低下がなく，水中からの補給が起こらず，また動物は最後まで酸素の欠乏を感ぜずに水中に留まって，窒息や溺死を招く．若干の水生半翅類では，気門の周囲に水を弾く細毛が密生し，体表面に空気の薄層を保持して物理鰓の表面積を増大するとともに，気門を水の浸入から守るのに役立つ．（→プラストロン呼吸）

b **物理的遺伝子地図** [physical genetic map] 《同》物理的地図．同一染色体上にのっている遺伝子の種類，配列順序や遺伝子間の距離を核酸の長さや塩基対数などの物理量で表した地図．従来の遺伝子地図には，遺伝学的手法による組換えの頻度から計算される*交叉単位（モルガン）で表したものや，DNAの欠失・置換・挿入などの位置や長さをヘテロ二本鎖DNAの電子顕微鏡像の解析から測定して作成したもの，染色体の欠失・逆位・転座などの変異を利用し細胞遺伝学的に決められたもの，（細胞学的地図）などがある．近年では，*制限酵素を利用してDNAを完全あるいは部分分解し，*アガロースゲル電気泳動法でDNA断片の長さを測定してDNA上の制限酵素の切断部位を決定し，切断部位と遺伝子の位置を対応させた*制限酵素切断地図が一般的である．一方，いろいろな生物の*ゲノム計画が進行中であり，DNA塩基配列を基に遺伝子の種類，転写方向，転写開始点，エクソン，イントロンの位置などの情報が図示された，より詳細な物理的遺伝子地図が作られている．また，染色体上の遺伝子の位置を，蛍光標識したDNAプローブによってハイブリダイゼーションして解析する方法(*蛍光 in situ ハイブリダイゼーション法)や*PCRを利用して直接決める方法がある．また遺伝子多型解析 (restriction fragment length polymorphism, RFLP)やVNTR (variable number of tandem repeat) などのDNA多型マーカーを用いて作成される連鎖地図(linkage map)もある．

c **物理的環境** [physical environment] 土壌，水塊，空気などの構成要素の中で，生物の生活に作用を与えるもののうち，非生物的環境を指す．なお狭義の物理的環境と化学的環境(chemical environment)に分けることがある．（→生物的環境）

d **物理的封じ込め** [physical containment] 生物あるいは生物試料を実験施設・設備などの物理的手段により閉じ込め，実験者・実験室外の人々および環境にそれらが拡散しないようにすること．*バイオハザードを防止する措置の一つで，例えば，*組換えDNA実験では，組換えDNA分子を含む生物の潜在的危険性の程度に応じて，実験室の設計，封じ込め設備（安全キャビネットなど），実験実施法などを組み合わせて，4段階の封じ込めレベル（低い方からP1, P2, P3, P4）を設定している．実験実施に際しては，使用する*宿主-ベクター系によって規定される*生物的封じ込めのレベルとの組合せで，組換えDNA実験指針（ガイドライン）に従った適切なレベルを選定する必要がある．

e **不定芽** [adventitious bud, indefinite bud] 葉・根あるいは茎の節間など通常は芽を形成しない部分から生ずる芽の総称．種子植物の正常な個体発生においては，芽は一般にシュート頂または葉腋の定まった位置にしか存在しない．そこで，頂芽および腋芽（副芽を含む）のような一定の部位にある芽を定芽と呼んで不定芽と区別している．葉に生ずる例としてはショウジョウバカマ，カラスビシャクなど（葉上芽 epiphyllous bud），根に生ずる例（根出芽 radical bud と呼ぶ）にはサツマイモ，ガガイモ，ヤナギランなど多くの種類があり，茎や根が切られた場合，特に著しい．コダカラベンケイの葉縁に生じるそれは*不定胚を経てつくられる．種子植物の幹に芽が生ずるものはむしろ潜伏していた*休眠芽であることが多い．アブラムシなどの害虫のついたハルシャギクでは，頭花を支えている花茎の節間から多くの花芽が形成される．これも不定芽の一種である．クモノスシダ，ツルデンダ，コモチシダなどの葉に生ずる芽が不定芽と呼ばれることも多い．

f **不定根** [adventitious root] 根以外の器官から形成される根．発生は内生的で，茎の内部（内皮のある場合はその内側の内鞘）の細胞が分裂能力を回復し，まず*並層分裂を繰り返してのち，内皮を破って出る．ヤナギ・コスモスの茎などは通常，茎に不定根発生能力があり，イネ科のトウモロコシ・アシボソで茎（稈）の下部の節付近，キヅタの茎の他物に接した側から正常に出る気根も同様と考えられる．挿木はこの性質を利用する．成長促進物質，特にオーキシンはその作用が強く，いろいろな器官から不定根を新生させる．

g **筆石類** [graptolites ラ Graptolitida] *カンブリア紀中期から*石炭紀前期に生存した海生の化石動物．特に*オルドビス紀，*シルル紀には大繁栄し，世界各地の地層の分帯や対比に役立っている．キチン質の硬質物をもつ群体を形成し，群体の最初の胞（剣鞘）から枝状に個体が発芽する．個体には単胞・双胞・枝胞の3型がある．海底に固着するもの，他物付着による浮遊性のもの，浮遊する器官をもつものがある．黒色頁岩に密集して産し，特有の生物区をつくることがある．分類上の地位は長く疑問とされ，刺胞動物と見られることも多かったが，現在では半索動物に属し，絶滅した筆石綱に含められている．

h **不定胚** [adventive embryo] 《同》胚様体(embryoid)．受精卵と同様な形態的変化の過程をとって植物の体細胞から生ずる一種の胚．自然状態では，ミカン類の*珠心細胞や珠皮の細胞が，単為生殖で不定胚を形成する．コダカラベンケイソウの葉縁に生じる無性芽もこれに由来する．また，分離・培養された体細胞が一定の培養条件

下で*全能性を発揮して不定胚となる場合がある．不定胚はさらに完全な植物体にまで発育しうる．ニンジンなど多くの植物の種々の部分を起原とする培養細胞からの不定胚形成が知られている．不定胚形成過程は，受精卵からの発生と同様，球状胚(globular embryo)，心臓型胚(heart-shaped embryo)，魚雷型胚(torpedo-shaped embryo)の各段階に区別される．

a **不定胚形成** [nucellar embryony] 広義の*単為生殖の一つで，*不定胚を形成すること．その代表例は，*胚嚢の液胞の中に珠心または珠皮細胞起原の細胞が入り不定芽的に胚を形成する現象で，ミカン，カラタチ，バラ，ヤナギタンポポなどの被子植物にみられる．この現象と同時に無配生殖や狭義の単為生殖が起こる場合が多く，1胚珠の中に多数の胚ができる(*多胚形成)．またミカン類で類縁の遠いもの同士を交配したF_1では全部母種の珠心細胞から胚を形成する．このように完全に珠心から発達する胚は珠心性胚(nucellus-embryo)と呼ばれ，染色体は倍数である．植物体から分離した培養細胞からも，不定胚形成が起こり，完全な植物体にまで再生できる(⇒不定胚)．またコダカラベンケイソウの葉上に生じる*不定芽も不定胚形成に由来する．(⇒栄養繁殖)

b **ブーテナント** Butenandt, Adolf Friedrich Johann 1903〜1995 ドイツの生化学者．エストロン，アンドロステロンおよびデヒドロアンドロステロンなど性ホルモンの結晶単離と化学構造の決定に関する業績で，1939年のノーベル化学賞をL. Ruzickaとともに与えられたが，ナチスの圧迫で辞退．マメ科植物からとれるロテノンやクマリン型の植物性毒物の研究，遺伝生化学，エクジソンやカイコの性フェロモンなど昆虫類の生理化学，がんの生化学など研究は多方面にわたる．

c **プテリン** [pterin] プテリジン(pteridin)の誘導体である2-アミノ-4-ヒドロキシプテリジンの通称名またはその誘導体の総称．表に示すように，多くの天然プテリンのR_1あるいはR_2側鎖の炭素数は3またはそれ以下であるが，葉酸ではかなり長い(⇒葉酸[図])．その名は，最初にチョウの翅(ギリシア語でpteros)から得られたことに由来するが，昆虫以外にも細菌から動植物までその分布は広い．還元型ビオプテリンは哺乳類における芳香族アミノ酸代謝における補酵素として作用する．植物界でみられる近紫外-青色光反応の光受容体の候補にも挙げられている．

プテリジン　　2-アミノ-4-ヒドロキシプテリジン

物質名	R_1	R_2	蛍光色
ロイコプテリン	OH	OH	青白
イソキサントプテリン	H	OH	紫
キサントプテリン	OH	H	青緑
セピアプテリン*	CO·CHOH·CH₃	H	黄
イソセピアプテリン*	CO·CH₂·CH₃	H	黄
ビオプテリン	CHOH·CH·CH₃	H	青
ネオプテリン	CHOH·CHOH·CH₂OH	H	青

*では7,8-ジヒドロ

d **ブドウ球菌** [staphylococcus] 《同》スタフィロコックス．スタフィロコックス属(ブドウ球菌属，*Staphylococcus*)細菌の総称．*ファーミキューテス門バチルス綱(Bacilli)バチルス目(Bacillales)スタフィロコックス科(Staphylococcaceae)に属する．R. Koch(1878)やL. Pasteur(1880)が膿中に発見．典型的なグラム陽性球菌の一群で，直径0.8〜1μmくらいの細胞をもち，菌体が集合してブドウ状の団塊をつくるが，若い培養ではしばしば分散し孤立する．通性嫌気性・非運動性・非芽胞形成で，通常の肉汁培地によく生育する．環境中や食品などから広く検出されるほか，健康なヒトの鼻腔や体表のどこにも常在し，多数の種が知られている．基準種の*Staphylococcus aureus*(黄色ブドウ球菌)は名のとおり黄色のコロニーを形成し，毒素型中毒の原因菌としてよく知られる．おにぎり・乳製品・ケーキなどの食品摂取による食中毒はこの細菌によることが多いが，原因は菌が増殖する際に産生するエンテロトキシン(腸管毒enterotoxin)にある．菌そのものは加熱に弱いが，この毒素は蛋白質毒素にもかかわらず耐熱性があり，通常の加熱(100°C, 30分)では不活化されない．さらに胃酸，消化酵素(腸管内の蛋白質分解酵素)に対しても抵抗性をもつ．この毒素の生物活性は嘔吐中枢を刺激して生ずる催吐作用であり，食中毒は潜伏期が短く，汚染食品を食べたあと30分〜3時間で発症する．*S. epidermidis*(表皮ブドウ球菌)は主として鼻腔や表皮に常在し，表皮を健康に保つ役目を果たしている菌であるが，体内に侵入すると化膿症などの病原性を発することがある．*S. saprophyticus*(腐性ブドウ球菌)は主として泌尿器周辺の皮膚に常在し，そこから尿路に侵入して尿路感染症の原因になる場合がある．第三世代セフェム系抗生物質に耐性のメチシリン耐性黄色ブドウ球菌(*MRSA)が出現し，院内感染が問題となっている．

e **不等交叉** [unequal crossing-over] 《同》不等乗換え．完全に相同な染色体部分どうしの交換を生ずる通常の染色体交叉に対し，交換される部分が等しくないような交叉をいう．したがって片方の染色体に遺伝子が重複して入り，他方に欠失が起こる．(⇒交叉)

f **ブドウ状腺** [racemose gland, compound alveolar gland, compound acinar gland] 《同》ブドウ房状腺．胞状腺でかつ複合腺のこと．形態がブドウの果実に似ていることからこう呼ばれる．(⇒多細胞腺)

g **ブドウ状組織** [botrioidal tissue] ヒル類，特に顎蛭類において，洞溝系の一部の細管が内臓壁を囲み，大形の上皮細胞中に暗褐色の色素を含む組織．内腔に赤色の体腔液を満たす．

h **不動精子** [spermatium] 《同》雄精体．卵生殖を行う生物における鞭毛をもたない雄性配偶子．紅藻類および子嚢菌類ラブルニア類に知られる．サビキン類の*精子器にできる柄子，担子菌類の*分裂子，子嚢菌類の小分生子を指すこともある．紅藻ではそれを生ずる細胞を不動精子嚢(spermatangium)と呼び，その中でウシケノリ類では多数，真正紅藻類では1個ずつ連続して形成される．紅藻の不動精子は被膜や付属糸をもち，*受精毛への付着に寄与している．被膜には受精毛の糖鎖と結合する*レクチンや，受精毛のレクチンと結合する糖鎖が存在する．

i **不凍蛋白質** [antifreeze protein] 《同》耐凍蛋白質．生体の凍結を抑制する蛋白質．極地の魚類，昆虫，植物，菌類などから発見されている．氷構造化蛋白質(ice structuring protein)とも．不凍蛋白質は，凍結寸前の水の中に生じる氷核(氷の単結晶)に特異的に結合することにより，氷の結晶成長を抑制することができる．また，結晶成長が起きた場合にも，形成される氷の形態は通常の氷とは異なり，微細な結晶が多数析出する．不凍蛋白質は，熱ヒステレシス活性を有し，氷の融解温度は変えず，水の凍結温度を低下させる．

a **不等二価染色体** [unequal bivalent chromosome] 《同》異形二価染色体(heteromorphic bivalent chromosome)．対合している染色体の大きさまたは形が異なる二価染色体．*動原体の位置だけが異なるものを特に非対称二価染色体として細分類することがある．X染色体とY染色体との対合，また雑種や染色体突然変異体などの減数分裂にしばしば見られる．

b **不動胞子** [aplanospore] 鞭毛をもたない胞子．特に鞭毛菌や藻類に生ずるとき，*遊走子に対して用いる．一般に不動胞子囊(aplanosporangium)内に多数形成される．また特に藻類では遊走子的な特徴を残したものを不動胞子と呼び，母細胞とほぼ同形の*自生胞子と区別することがある．

c **不動毛** [stereocilium] 《同》不動繊毛．光学顕微鏡では外見が繊毛様に見えるが，電子顕微鏡像では繊毛(運動毛)のような内部構造をもたず，したがって自動性(繊毛波)をもたない．むしろ巨大な*微絨毛と考えられ，単なる原形質突起の構造を示すにすぎない．刷子縁の縦線や聴覚器官内にみられる．

d **不等葉性** [anisophylly] 茎の同一節または近くの節につく葉が顕著な相違を示す現象．その葉を不等葉(anisophyll)という．イラクサ科のミズナの対生葉の大小，キハダの枝の第一節内外における鱗片葉と羽状葉，コアカソの葉柄の長短などでみられる．一般に茎の*背腹性に起因するものに限定して用いられる語であり，芽の鱗片葉とその内部からの普通葉，あるいは子葉と成葉に対しては用いない．

e **ブニヤウイルス** [Bunyaviridae] 《同》ブンヤウイルス．ウイルスの一科．ウイルス粒子は，直径100～120 nmの球形あるいは不定形で，*エンベロープをもつ．ゲノムは3本に分節した一の一本鎖RNA(総計1万1000～1万9000塩基長)からなる．一部のウイルス種のゲノムはアンビセンスの性質をもっている(→アンビセンスRNA)．動物ウイルス(オルトブニヤ，ハンタ，ナイロ，フレボの4ウイルス属)と植物ウイルス(トスポウイルス属)が含まれ，ハンタウイルス属は齧歯類によって，それ以外は節足動物によって媒介される．1943年にウガンダのBunyamweraで最初のウイルスがカから分離され，科名はそれに由来する．腎症候性出血熱，クリミア・コンゴ出血熱などの原因となるウイルスが本科に属する．

f **不稔感染** [abortive infection] 《同》不全感染．感染は成立するが，その後の病原体の増殖経過が正常に進まないこと．個体レベルではウイルスや細菌に感染をうけたにもかかわらず，感染に特有な症状を出現しない状態をいい，細胞レベルではウイルスなどが感染しても子孫の放出が起こらない場合をいう．

g **不稔性** [sterility] [1] 受精は起こるが次代の植物として発達できる種子や胚を生じないこと．広義には，環境条件によって，花や生殖器官をつけずに終わったり，早く落花してしまったり，枯れてしまったりする場合，あるいは種子が発芽不能であったり，胚が発生不能であったり，白子のように芽生が生育不能であったりする場合も含められるが，狭義には，生殖細胞の形成から受精まで，またこれらの経路の行われる生殖器官の機能・形態・位置，および接合体が種子を完成するまでの間に原因があって次代が得られない場合をいう．M. B. Craneら(1929)は，生殖器官の退化などによるものを形態的不稔性(morphological sterility)，配偶体世代の発生異常・胚や胚乳などの形成異常によるものを発生的不稔性，配偶子が通常では受精可能であるのに，自殖あるいは特定系統間の交雑を行ったときにだけ受精不能となるものを*不和合性と呼んでいる．稔性(fertility)はこれに対する語であって，*生活環が*有性生殖の過程において断ち切られないことをいう．[2] 動物において生殖細胞の形成不完全，受精障害，着床障害および胎児の発育異常などのため子を生じえない現象．この語がもともと植物のものであるために，繁殖不能性または生殖減退の語を用いることもある．哺乳類の雌については不妊または疾患として不妊症という．また不育(infertility)は本来着床障害および胎児の発育異常による不妊を指す語であったが，不妊と混用されしばしば同義に用いられる．以上に対して不稔性は繁殖可能性，生殖完全，妊性または妊孕性と対比される．さらに動物では，不和合性をも不稔性の語で呼ぶことが多い．生殖器官の形態・機能の不全による不稔性は，ヒトおよび家畜における実際上の問題となるが，いくつかの実験動物で継代の近親交配により生殖器官の退化を招来した例が報告されている．しかしそれが一般的なものとは認められていない．狭義の不稔性すなわち不和合性の現象は，ホヤの諸属(Ciona, Cynthia, Molgulaなど)で早くから注目され，特にカタユウレイボヤ(Ciona intestinalis)における自家不稔性(self-sterility)および他家不稔性(cross-sterility)がT. H. Morganが長年にわたって研究した．ホヤ卵は被覆細胞の層に包まれ，自家および他家(または交雑)不稔性の場合には精子がこの層を通れないが，これを除去すれば精子は卵に到達して受精する．また卵を長く海水中におくなどのことによる生理的変化によって受精率が高まる．カタユウレイボヤでは，卵黄膜のv-テミス(v-Themis)と，精子の膜にあるs-テミス(s-Themis)の相互作用が自己非自己の認識にかかわることが知られている．なお雌雄同体動物はかならずしも自家不稔性なのではなく，上記のホヤ類でも自家不稔性が一般的なのではない．ナメクジ類や雌雄同体の魚のあるものでは交尾を妨げられるとしばしば自家受精を行う．雌雄同体動物の自家不稔性は，むしろ雌雄の生殖要素が成熟期を異にするための場合が多い．

h **不稔溶原化** [abortive lysogenization] 感染した*溶原性ファージのゲノムが宿主細菌の染色体に挿入されず，しかも自らの作る*リプレッサーに抑制されて複製増殖もできない状態．このようなファージゲノムは細胞分裂の際に娘細胞の一方だけに受けつがれるので，感染菌の子孫のうちただ1個がこれをもち，他の大部分はもたないクローンとなる．このような遺伝様式を線形遺伝(unilinear inheritance)と呼ぶことがある．また，*形質導入において細菌に導入された染色体断片が宿主染色体に挿入されないで機能発現している状態を不稔形質導入(abortive transduction)という．この場合も，導入された遺伝形質は細胞分裂ごとに一方の娘細胞にのみ

受けつがれる.

a **負の制御** [negative regulation, negative control] 特定の制御性蛋白質の存在によって遺伝子の発現が阻害されるような制御. 例えば, ある*リプレッサーが生成され, これが特異的な*オペレーターに結合すると, このオペレーターに支配される*オペロンの mRNA 合成開始が阻害される. このような現象を, リプレッサーによる負の制御という. 真核生物ではサイレンサー(silencer)による負の制御が知られている. 制御性蛋白質による制御の一種で, *正の制御に対比される. (→誘導性酵素)

b **負の二項分布** [negative binomial distribution] 離散的確率分布の一つ(→分布型). 一般に自然状態では, 生物は誘引など個体間で影響を及ぼし合う結果, 集中分布を示す(→分布集中度指数). また伝染病患者がある地区に偶然的に発生すると, その地区には他地区より多くの患者発生がある傾向がある. このように, *ポアソン分布における独立性の仮定が成立せず, 例えば 1 回起こると続けて起こりやすく, 逆に起こらなければ次にも起こりにくくなるような伝播過程(contagious process)にこの分布はよく適合する. この分布は, 平均値を異にするいくつかのポアソン分布集団が混ざり合った場合にも現れる. なお, この分布は, 母数の変換により, ポリアーエッゲンベルガー分布(Pólya-Eggenberger distribution)と呼ばれる分布になる.

c **負のフィードバック制御** [negative feedback control] 《同》ネガティブフィードバック制御. フィードバック方式の常型として, 出力信号を負量の形で入力側の加減算器に送還することによって果たされる自動制御機構. 出力が大きいと入力を抑制する. 生体における調節機構も多くはその例にもれず, これには質量作用の法則による化学反応の調節などのような非特異的・内在的な自動制御効果から始まって, *神経相隣や*液性相隣など特殊情報路をもつそれに至るまであらゆる段階の事例がみられる. これに対して, 出力が大きいほど入力を促進する, 出力を正号の形で入力側へ送信する正のフィードバックは生物現象においても爆発的加速や急速の消退を意味する.

d **フーバー** HUBER, Robert 1937〜 ドイツの生化学者. 光合成反応中心複合体をなす膜蛋白質の三次元構造を決定し, J. Deisenhofer とともに 1988 年ノーベル化学賞受賞. (→ミヒェル)

e **腐敗** [putrefaction] 《同》酸敗(souring, acidification), 変敗, 腐敗(spoilage), 腐朽, 食品(または食品原料)や動植物の遺骸・分泌物・排出物に含まれる有機化合物が主に嫌気的条件下において微生物によって分解される現象のうち, 人間生活にとって有益なものが生産されない場合をいう. 有益なものが生産される場合は発酵というが, 腐敗と発酵には化学的な差異はない(→発酵). 蛋白質やアミノ酸の分解過程においては, 硫化水素やアンモニアなどが原因の悪臭(腐敗臭)が発生する. 腐敗によって増殖した微生物が病原性をもつ場合は食中毒の原因にもなる. このようなことから, 腐敗は人類にとって厄介な現象というイメージをもたれることも多いが, 生態系の物質循環, 動植物遺骸などを無機物に還元するという不可欠で重要な現象である.

f **ブフナー** BUCHNER, Eduard 1860〜1917 ドイツの生化学者. 酵母を磨砕圧搾して得た酵素液ではじめて無細胞アルコール発酵を実現. 1907 年ノーベル化学賞受賞. (→チマーゼ)

g **部分割** [meroblastic cleavage] 《同》部分卵割, 部割. 動物卵の*卵黄は*卵割をさまたげるので, 多黄卵においては卵割面は卵黄中にほとんど進入せず, そのため*割球の境界は不完全であり, このような型の卵割をいう. 割球が完全に仕切られる*全割と区別される. 端黄卵で多黄卵のものでは胚盤の部位でだけ卵割が起こり(*盤割), 心黄卵(これは大部分が多黄卵)では卵表だけで卵割が起こることになる(*表割).

h **部分間の闘争** [battle of parts] C. Darwin の*生存闘争の観念を拡張し, 植物体や動物体の個々の部分(器官や原基, さらに微小の要素など)の間の闘争について論じ, それにより発生や遺伝の現象を説明しようとした W. Roux (1881) による用語.

i **不分極電極** [nonpolarizable electrode] 金属の電極を用いて神経や筋肉に電気刺激を与えたり, それから*活動電流を導いたりするとき, 生活組織に付着した生理的塩類溶液と金属との間の*分極によって, 通じた電流または導いた活動電流の波形が崩れる効果を除くようにした電極. 数種類あれが, いずれも液と, 接触する金属とに共通イオンをもたせて分極を防ぐようにしてある(例えば白金-白金黒型, 亜鉛-硫酸亜鉛型, 銀-塩化銀型, 水銀-甘汞(かんこう)型すなわちカロメル電極).

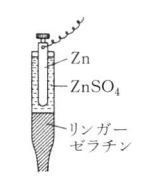

亜鉛-硫酸亜鉛型電極

j **部分受精** [partial fertilization] [1] 精子が卵に接触するだけで, 侵入することなく, しかもある程度*受精に際して見られるのと同様な変化を起こすこと(F. R. Lillie の用法). 卵に精子が接触した後, 遠心処理などの方法により精子を卵から離したとき, このような変化が起こることがある. [2] 精子が卵に侵入後, 精核が卵核に接着する前に卵核が分裂し, その結果一方の割球の核とのみ精核が合一すること(T. Boveri の用法). [3] 卵をその直径より細い細管中に入れて細長くし, 片側から精子を侵入させると, その側だけ*受精膜があがってくる現象. これは管壁に密着して引き伸ばされた部分を*受精波が通過するうちに減衰して反対の極には及ばないためという.

k **部分的接合体** [merozygote] 《同》メロザイゴート. *メロミキシスによって作られる部分的な接合体. 特に細菌の接合の場合, *Hfr 菌株の染色体は通常の全体が F⁻ 菌に移入されるのではなく, 一部分が移入されるので, 接合体では完全な F⁻ 染色体(endogenote, *エンドゲノート)と, 不完全な Hfr 染色体(exogenote)との部分的接合体の時期を経てのち, 相同部分で*遺伝的組換えを起こし, 最終的な組換え体を生じる. また, F′と F⁻ 間の接合では, *F′因子(菌染色体の一部を付着した F 因子)が F⁻ 菌に入り, 自律的プラスミドとして保たれるので, 部分二倍体(merodiploid)の菌が得られる. また*形質導入の際には, 特殊形質導入ファージが溶原化されて部分二倍体を形成する. 部分二倍体において, 重複している染色体部分の遺伝子が突然変異などによって, その対立する遺伝子と異なるものをヘテロ部分二倍体(heterogenote), 相同の場合をホモ部分二倍体(homogenote)という.

a **部分変性地図**(DNA の) [DNA partial denaturation map] 《同》変性地図(denaturation map). 分子内部で塩基組成に偏りのある DNA を中間的な変性条件にさらしたのち, ホルムアミドなどで一本鎖部分を固定し, 電子顕微鏡下で観察して作成される変性部分の位置と長さを示す地図. 一般に DNA の二本鎖構造の安定性は, その塩基組成に依存し, AT 含量の高い部分は水素結合が比較的低温で離れるため, 変性しやすい. 変性部分の分布や長さなどの特徴は電子顕微鏡による DNA 観察の際のマーカーとして使用される. また部分変性地図から DNA 分子内の塩基分布の大要を知ることができ, 物理的遺伝子地図と組み合わせると, 遺伝子座位と対応させることができる. R. Inman ら(1966)が確立した.

b **不分離** [nondisjunction] *減数分裂において, 対をなす*相同染色体が両方とも同一極におもむく現象. 不分離の結果, 染色体数が 1 個増加した配偶子や 1 個減少した配偶子を生ずるから, それらが正常の配偶子と合して*三染色体性や*一染色体性の個体を生ずる原因となる. C. B. Bridges(1916)によって, ショウジョウバエの性染色体について発見された. この場合は通常, 卵形成の際に X 染色体が不分離を起こすものである. はじめ減数分裂についてだけ用いられていたが, 後に体細胞分裂でも, 姉妹染色分体の不分離が見出されており, 異数体形成の原因の一つとなっている.

c **不変態** [ametaboly] ⇒昆虫の変態

d **フマル酸** [fumaric acid] エチレンの *trans* 型ジカルボン酸. *cis* 型は*マレイン酸という. K 塩の形でひろく動植物界に存在する(例えば *Fumaria officinalis*)ほか, 微生物の発酵によっても生成する(フマル酸発酵, ⇒クエン酸発酵). 好気的代謝においては*クエン酸回路の一員として重要な役割をもち, コハク酸が*コハク酸脱水素酵素で酸化されればフマル酸を生じ, これはフマル酸水添加酵素の作用でリンゴ酸になる. これらの酵素反応は可逆的で, 大多数の細胞や組織の呼吸経路に重要な位置を占めている.

H–C–COOH
HOOC–C–H

e **フマル酸還元酵素** [fumarate reductase] 《同》フマル酸レダクターゼ. NADH から水素を受けとって*フマル酸をコハク酸に還元する反応を触媒する酵素. EC1.3.1.6. F. G. Fischer が黄色酵素標品中に不純物として含まれているのを発見, 反応は非可逆的で, *コハク酸脱水素酵素とは別のものであることを証明した. なお, 嫌気性細菌においては, コハク酸を生じるのに通常のコハク酸脱水素酵素とは異なった可逆的なフマル酸還元酵素が関与している. サブユニット構造は類似しており, 複合体 II と総称される.

シトクロム系 ⇌2H⇌ コハク酸／フマル酸 ⇌2H⇌ NAD 系

f **フマル酸水添加酵素** [fumarate hydratase] 《同》フマル酸ヒドラターゼ, フマラーゼ(fumarase). ⇒クエン酸回路

g **浮遊培養** [suspension culture] 《同》懸濁培養. 微生物や動植物細胞の培養に際し, 培養液中に細胞が浮遊した状態で行う培養法. 少量の場合には, 培養器を静置したままでも培養できるが, 撹拌子を回転させたり(撹拌培養), 培養瓶ごと振盪したり(振盪培養), あるいは培養器を旋回させたり(旋回培養)して, 培養液を撹拌して培養することも多い.

h **浮遊密度** [buoyant density] 塩化セシウムなどを用いる*密度勾配遠心法によって求められる高分子物質の密度. 濃厚塩溶液中で起こる溶媒和のため, 稀薄塩溶液中での密度とは必ずしも一致しない. 塩基組成を異にする(*GC 含量の違う)DNA は浮遊密度が異なる.

i **冬鳥** [winter visitor, winter resident] 一つの地方へ秋季に渡来して越冬し, 春季に去って, 夏季他の土地で営巣・繁殖する*渡り鳥. *夏鳥と逆の関係で, 日本ではガン・カモ・ツグミなどが代表的な例.

j **冬胞子** [teliospore, winter spore, (旧称) teleutospore] 担子菌類のサビキン類の生活環において, 通常さび胞子, *夏胞子に続いて形成される胞子で, 発芽すると担子器・担子胞子を形成するもの. 一般に細胞壁は厚く, 形, 色など変化に富む. 夏胞子に比較して耐久性があり越冬性をもつものが多い. 一般に宿主植物の生育の終期に近づくと, 二核性の菌糸体から冬胞子堆(冬胞子器 telium)が形成されその内部に冬胞子を生じる. 冬胞子堆の形態や冬胞子の形成様式と形態は極めて変化に富み, サビキン類分類の重要な基準となっている. 冬胞子の中で 2 核の癒合が起こり, 発芽して担子器(前菌糸体)を形成し, ここで減数分裂を起こす. 担子器は 2～4 室となり, 小柄を生じ担子胞子を形成する. クロボキン類の*クロボ胞子も冬胞子といわれたことがある.

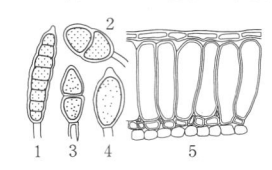

冬胞子の形態
1 *Phragmidium* の一種
2 *Gymnosporangium* の一種
3 *Puccinia* の一種
4 *Uromyces* の一種
5 *Melampsora* の一種

k **フュールブリンガー** FÜRBRINGER, Max 1846～1920 ドイツの比較解剖学者. ハイデルベルク大学解剖学教授. 脊椎動物の筋・骨格系の比較解剖学, 脊髄後頭神経と頭蓋分節性の研究で知られ, 特に前者は現在でも貴重な文献として用いられる.

l **浮葉** [floating leaf] 葉身が水面に浮いている水生植物の葉. デンジソウやヒツジグサのように根は水底に固着し, 水深に応じた長い葉柄を形成して葉を浮かす場合と, サンショウモやホテイアオイなどのように固着せず, 個体全体が水面に漂って浮く場合とがある. 浮葉に対し恒常的に水面下に浸っている葉を沈水葉(submerged leaf)と呼ぶ(オオカナダモ, ホザキノフサモなど).

m **浮葉植物** [floating-leaved plant, floating leaf water plant] 根が水底の土中にあって, 葉は水面に浮かべる*水生植物. ヒシ, ヒツジグサ, ヒルムシロ, ジュンサイ, ガガブタなどがこの例. *抽水植物よりも岸辺から離れた方で生育する. 葉の表面だけに気孔があり, 葉面からの蒸散は大きい. 根では酸素が欠乏するので無酸素呼吸によるアルコール類の生成が見られる一方, 葉柄を通じて葉からも酸素が供給されている. 茎や葉を水深に応じて伸び縮みさせることのできるものもある. なお, 水中葉と浮葉とで著しく形の違う植物(例:オオオニバス, ハゴロモモ, ガガブタ)がある.

n **浮葉植物帯** [zone of floating-leaved plants] 浮葉植物からなる群落. スイレン類, ジュンサイ, アサザ,

ヒシが浮葉植物の例. 抽水植物帯より深い所に発達し, 下限は1〜3m, まれには5mに達する. 一般に湖沼が富栄養化するにつれてよく発達. 浮葉が水面を被うようになると, 下層は光が十分でなく, 沈水植物は減少する.

a **フライ-ウィスリング** F‍ʀᴇʏ-Wʏssʟɪɴɢ, Albert 1900〜1988 スイスの植物細胞学者, 生理学者. 電子顕微鏡を駆使し, 植物細胞の微細構造を研究して, 細胞の構造と機能の関連性を精密に解析するための基礎を築いた. [主著] Submicroscopic morphology of protoplasm, 1953.

b **プライマー**(DNA, RNA の) [primer] *核酸の合成反応にあたりポリヌクレオチド鎖がのびていく出発点として働くポリヌクレオチド鎖. *核酸生合成はプライマーの3′-OH にヌクレオチドがジエステル結合する形で進行する. したがって, プライマーの3′-OHは遊離であることが必要. *RNA ポリメラーゼによる RNA 合成はプライマーを必要としないが, *DNA ポリメラーゼや逆転写酵素による DNA 合成はプライマーがないと DNA 鎖を伸長させることができない. (⇒核酸生合成)

c **プライマー伸長法** [primer extension] *プライマーとして合成オリゴヌクレオチドを mRNA と*ハイブリダイゼーションさせ, *逆転写酵素で mRNA の5′末端までの合成を行う方法. RNA の転写開始点や発現の量を調べるのに用いる. mRNA から逆転写酵素で転写開始点を含む完全長の cDNA を合成することは容易でなく, cDNA ライブラリーに挿入されている cDNA は, mRNA の5′末端側は一般的に不完全である(⇒ゲノミックライブラリー). 5′末端に近い既知の塩基配列をプライマーに用いると, 逆転写酵素で mRNA の転写開始点までの合成が可能になるため, 転写開始点を決定できる. 同様の方法は, 不完全な cDNA の5′末端側の配列決定, 微量 mRNA 量の定量測定に用いることができる. (⇒DNA-RNA ハイブリダイゼーション)

d **プライマーゼ** [primase] *DNA 複製における*プライマー RNA の合成酵素. 大腸菌では *dnaG* 遺伝子の産物すなわち DnaG 蛋白質. 分子量約6万の蛋白質で, 大腸菌および大腸菌を宿主とする多くのファージの DNA 複製に必須で, また*不連続複製(⇒岡崎フラグメント)に関与するとの説もある. φX174, G4 ファージの DNA を鋳型とする *in vitro* 複製系での解析から, プライマーゼによって合成される RNA の構造も決定されている. 大腸菌の T 系ファージやプラスミドには, *dnaG* の機能に対応する固有の遺伝子が同定されている. 真核生物のプライマーゼは二つのサブユニットからなり, *DNA ポリメラーゼαと強固に結合している. プライマーゼが合成した RNA プライマーを用いて, DNA ポリメラーゼαが短鎖 DNA を合成する.

e **プライマーフェロモン** [primer pheromone] 《同》起動フェロモン. ⇒フェロモン

f **ブラウン** B‍ʀᴏᴡɴ, Donald David 1931〜 アメリカの発生学者. カエル胚を用いて RNA 合成機構の研究を行い, リボソーム RNA 合成がリボソーム RNA 遺伝子の増幅によることを発見. また 5S RNA 遺伝子の単離に成功, 発生の分子生物学的研究をすすめた.

g **ブラウン** B‍ʀᴏᴡɴ, Robert 1773〜1858 イギリスの植物学者. 大英博物館の植物学部長, リンネ学会会長. 細胞核を発見し(1831), 原形質流動を記述. また花粉の研究中にいわゆるブラウン運動(媒質中におかれた微小粒子の熱運動)を発見. 植物の両性生殖の研究, 化石植物の顕微鏡的観察, 世界最大の花 *Rafflesia arnoldii* の記載など, 業績は多岐にわたる. 裸子植物では, 胚珠は心皮におおわれず胚乳が受精前に形成されていることを明らかにし, 被子植物と裸子植物の大別をした. [主著] Prodromus florae Novae Hollandiae et Insulae van Diemen, 1810.

h **ブラウン-セカール** B‍ʀᴏᴡɴ-Sᴇ́ǫᴜᴀʀᴅ, Charles Edouard 1817〜1894 フランスの神経生理学者, 内分泌学者. パリ大学に学び C. Bernard のあとをうけてコレージュ=ド=フランスの教授となる. 脊髄の左右いずれかの半側が切断されると, 神経の各伝導路の走向に基づいて特定の症候群が現れることを発見. 例えば右半側が切断されると, 同側において傷害部位以下に運動性麻痺と深部感覚障害ならびに痛覚の一過性過敏症, 反対側では痛覚および温覚の脱失などが生ずる(ブラウン-セカール麻痺). 実験動物が副腎摘出で死に至ることを証明し内分泌研究への道をつけた. 晩年には精巣の抽出物の若返り作用を唱えた. [主著] Lectures on the diagnosis and treatment of the principal forms of paralysis of the lower extremities, 1861.

i **フラカストロ** F‍ʀᴀᴄᴀsᴛᴏʀᴏ, Girolamo [ラ Fracastorius] 1483〜1553 ヴェローナの Fracastoro と称せられる. イタリアの医師, 自然科学者, 詩人. パドヴァ大学に学び, のちヴェローナで医業に従った. 'Syphilus, sive morbis gallicus'(梅毒の詩, 1530)に登場する牧者 Syphilus が, この病気の語源になった. 伝染病は胚種的なもの(contagium vivum)の接触感染で起こるとし, のちの胚種はコンタギオン(contagion)と呼ばれた. 化石研究でも先駆者の一人.

j **ブラキエーション** [brachiation] 《同》腕渡り. 類人猿の樹上での*ロコモーションの一つで, 枝にぶら下がりながら両腕を交互に前方に出して進む行動. これを行う動物をブラキエーター(brachiator)という. それを最も発達させているのはテナガザルで, これに適応した長い手を使って振り子のように樹間を素早く移動する. ヒトのように腕を伸ばしたまま上方から後方に回すことができるのは, ヒト以外ではブラキエーションが行える類人猿だけである. また, 胴体が腕に比して短く, 肩幅が広い, 胴体が前後方向に扁平であるなどの特徴もヒトとブラキエーターとで共通しているので, ヒトの祖先はブラキエーターの時期を経たと考えられている.

k **ブラキオラリア** [brachiolaria] 棘皮動物ヒトデ類の*ビピンナリアに続く幼生. 口前繊毛環に囲まれた部分の前方内部に体腔を含み繊毛帯に縁取られない3本の突起(ブラキオラリア腕)を生じたもの. この突起上

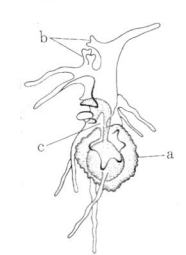

ヒトデのブラキオラリア
a 成体原基
b ブラキオラリア腕
c 消化管

に吸盤様の構造があって，変態に際し他物に吸着する．吸着したブラキオラリアの後年部左体側，胃に隣接する位置に成体の原基が，口と管足を外に向けた姿勢で形成されている．残った幼生の体は吸収されるか切り捨てられる．吸盤のあるブラキオラリア腕はもつものの，繊毛帯もなく非摂食型の派生的なブラキオラリア幼生も知られている．

a **ブラキストン線** [Blakiston's line] ⇒生物分布境界線

b **ブラキュリ** [brachyury] 《同》短尾，短尾奇形，短尾突然変異体．マウスの尾が短くなる突然変異．N. Dobrovolskaïa-Zavadskaïa(1927)の発見．遺伝子型がヘテロのものは，尾の長さが正常に近いものから尾をほとんど欠くものまで生ずるが，ホモの個体は妊娠10日目に死亡する．尾が短くなるのは，尾椎骨の一部またはすべてが欠損しているためで，仙前椎骨も減少しているものがある．発生過程をみると，尾部の脊索に異常が起こり，ヘテロのものでは尾部全体に脊索は存在するが，それが神経管内に包み込まれるといわれる．ホモのものでは全く脊索を生じないか，ほとんど痕跡的にしか生じない．遺伝子記号はTである．また放射線照射により誘起された同様な突然変異をT^H (T-Harwell)と呼ぶ．*brachyury*遺伝子は，Tボックスと呼ばれるDNA結合ドメインをもつ転写因子をコードしている．脊索動物では，脊索の形成に関与し，中胚葉分化の初期過程での発現も観察される．無脊椎動物では，ゴカイの*トロコフォア幼生と棘皮動物ディプリュールラ幼生の口陥や肛門での発現が共通して観察され，トロコフォア幼生とディプリュールラ幼生の間で，口と肛門が，相同な構造であることの根拠とされている．(⇒T遺伝子座)

c **プラーク** [plaque] [1]《同》溶菌斑．細菌の増殖した培地上において，ファージによる溶菌の結果生ずる円形の斑点．適当量のファージと感受性細菌(⇒指示菌)を軟寒天培地に混ぜ，寒天培地上に広げて固まったのち保温すると，細菌が一面に増殖した培地上に，ファージによるプラークが生じる．1プラークは1個のファージ粒子に由来するものであり，プラーク数としてファージ数を定量できる．一般に，*溶原性ファージのプラークではその中心部に溶原化された細胞が残るので濁ったプラーク(turbid plaque)となり，*ヴィルレントファージの場合には透明なプラーク(clear plaque)をつくる．T偶数ファージの場合には透明な部分と不透明な部分からなるまだら溶菌斑(mottled plaque)ができることがある．これは軟寒天培地上で増殖中に溶菌に関する遺伝子に変異が生じたためか，あるいは同遺伝子領域のDNA二本鎖のうち1本に変異をもつファージ(⇒ヘテロ接合体)が感染して増殖したためである．[2]動物ウイルスの場合には，ガラス管やシャーレに生育した単層培養細胞上に，薄くウイルスを接種する．その上にさらにニュートラルレッドという色素を含む寒天を重層すると，ウイルス感受で変性した細胞だけがこの色素をとりこむことができないため，一定時間(日数)後にプラークが現れる(⇒プラーク形成単位)．[3]溶血斑のこと(⇒プラークテスト)．

d **プラーク形成単位** [plaque-forming unit] pfu, PFUと略記．《同》力価．寒天培地の上に培養した細菌，または単層培養の動物細胞上に一つの*プラークを形成するウイルスの量をいう．細菌を宿主とするファージの場合は，標準条件下では1pfuはほぼ1*ウイルス粒子に相当する．一方，動物ウイルスの場合は通常10^2〜10^3くらいのウイルス粒子当たり1個程度のプラークを形成する．A. Gratia(1936)により，プラーク法によるファージの感染価の定量法が導入され，R. Dulbecco(1952)により，プラーク法による動物ウイルスの定量法が確立された．

e **フラクションコレクター** [fraction collector] *クロマトグラフィーによって多数の混合している物質を分離する場合などに，クロマト管から出る溶離液を一定量ずつ自動的に取り分ける装置．多くの場合，光ダイオードなどを用いて滴数を数えるか，あるいはタイマーを用いることによって，受器を自動的に新しいものに交換する．

f **フラクタル** [fractal] 一次元，二次元などの整数以外の次元をもつ図形．フラクション(fraction)の語が分数や端数を意味することから，B. Mandelbrot(1982)が雲の形や森の樹冠などの自然物の形を数学的対象として捉え表現するために導入．フラクタルは自己相似性，すなわち，そのどの部分を拡大してみても全体と同じ図形が現れるという性質をもっている．例えば，リアス式海岸の海岸線のような自然界の物の形がフラクタルによって近似されると考える．数学的には，100年ほど前に，コッホ曲線，ペアノ曲線などのフラクタル図形が研究されている．

g **プラークテスト** [hemolytic plaque test, localized hemolysis in gel assay] 《同》溶血斑形成法，プラーク形成法．抗体産生細胞(⇒形質細胞)を溶血斑形成細胞(プラーク形成細胞 plaque-forming cell)として直接に検出し計数する方法．N. K. Jerneが1963年に発表．原法では異種動物の赤血球(大抵はヒツジ赤血球)で免疫した動物のリンパ球と抗原の赤血球を寒天溶液に混ぜてシャーレなどの平板に広げて寒天を固まらせる．ついで37°Cで30分から1時間インキュベートすると抗体産生細胞から抗体が分泌されて周囲の赤血球に抗原特異的に結合する．この状態のところに補体を加えると抗体産生細胞のまわりの抗体で感作された赤血球のみで溶血が生じ溶血斑が観察される．1個の溶血斑は1個の抗体産生細胞から形成される．赤血球にいろいろな抗原を結合させておくとそれぞれの抗原に特異的な抗体産生細胞が検出できる．プラークテストは現在ではあまり用いられなくなり，抗体産生細胞(あるいはサイトカイン産生細胞など)の検出，計数には，より簡便で鋭敏・確実な*エリスポット法などが使われる．

h **プラークハイブリッド法** [plaque hybridization method] ファージをベクターとして*DNAクローニングを行う際に用いられる方法で，特定の塩基配列のDNAをゲノム中に含むファージを，遺伝子やcDNAライブラリー(⇒ゲノミックライブラリー)の多数のファージのプラークから，RNAまたはDNAとのハイブリダイゼーションによって検出し，選別する手法．寒天培地上に形成させたファージのプラークを，ニトロセルロースのフィルターに移しとり，アルカリ処理によってファージ粒子を破壊しDNAを変性させたのち，フィルターに固定させる．放射性同位元素や蛍光色素で標識した特定のRNAまたはDNA断片とのハイブリダイゼーションを行い，*オートラジオグラフ法や蛍光の検出によって，目的とするDNA配列を含むファージのプラー

クを識別し，それに対応するものをもとの寒天培地から選別する．(⇒DNA-DNA ハイブリダイゼーション)

a **フラグモソーム** [phragmosome] 液胞化 (⇒液胞) した植物細胞において，細胞分裂に先立って形成される，核から広がる細胞質の膜．核は間期には細胞周辺部に位置しているが，*細胞分裂に先立ち，核から細胞周辺部に伸びる細胞質糸に支えられ，分裂予定位置に移動し，将来，隔膜形成体が発達し，細胞板が形成される面に広がったフラグモソームによって保持される．形成の初期には，核から細胞周辺部に伸びる微小管やアクチンフィラメントなどの細胞骨格を含むが，後期にはアクチンフィラメントだけを残し，微小管は消失する．*前期前微小管束はフラグモソームを取り囲む位置に出現する．

b **プラクラ** [placula, plakula] [1] 1883 年に O. Bütschli によって祖先的な多細胞動物として提唱された，扁平な胞胚のような形態をした仮想的な動物．E. H. Haeckel の提唱したガストレアに先立つ段階とされる (⇒ガストレア起原説)．植物極側の1層の細胞層で消化を行っていたと想定され，現生のセンモウヒラムシ（板形動物）を彷彿とさせる．[2] ホヤの一種 *Cynthia* に見られる*有腔胞胚の一変型で，等葉有腔胞胚が卵軸の方向に圧縮されたような型の胞胚（扁平胞胚）のことを呼ぶこともある．動物半球と植物半球にあたる部位はそれぞれ盤状になって，扁平な胞胚腔を上下より挟む形になっている．

c **ブラー現象** [Buller phenomenon] 単相の一次菌糸とヘテロカリオンの二次菌糸の接合が起こると，二次菌糸からの核を受けて一次菌糸が二次菌糸化される現象．ヒトヨタケ属（*Coprinus*）など担子菌類の菌糸間で見られる独特の接合で，一次菌糸が体細胞接合を行うと，通常，ヘテロカリオンすなわち2核をもった細胞からなる二次菌糸となるが，この二次菌糸が一次菌糸に接するとふたたび体細胞接合が起こる．もし二次菌糸の対をなす2核の一方の核が一次菌糸の核と和合性であると，その核が一次菌糸に入り，二核化が行われる．このような二核性（dikaryotic）と一核性（monokaryotic）の菌糸体の間で行われる交配をダイモン交配（di-mon mating）という．なお一次菌糸と二次菌糸の二つの菌糸間の性の相違から表の3通りの組合せがある．

極性	一次菌糸 (n) の性型		二次菌糸 ($n+n$) の性型
両和合性 (double compatibility)			
2極性	A_2	×	(A_2+A_3)
4極性	A_1B_1	×	$(A_2B_2+A_3B_3)$
半和合性 (hemicompatibility)			
2極性	A_1	×	(A_1+A_2)
4極性	A_1B_1	×	$(A_1B_1+A_2B_2)$
不和合性 (incompatibility)			
4極性	A_1B_2	×	$(A_1B_1+A_2B_2)$
	A_2B_1	×	$(A_1B_1+A_2B_2)$

d **プラコード** [placode] 主として脊索動物の発生において，種々の感覚器官，ある種の神経節の起原となる外胚葉の肥厚．多くの場合母層から陥入もしくは脱離・遊走により分離し，特定の造型過程を経てそれぞれ独特の分化を行う．脊椎動物のプラコードは頭部に分布するが，これは発生初期に前部神経板を取り囲む 'pre-placodal' 領域から形成される．プラコードには，腺下垂体プラコード，鼻プラコード，レンズプラコード，三叉神経プラコード（二つのプラコードからなる），上鰓プラコード，下鰓プラコード（両生類），耳プラコード，側線プラコード（魚類，両生類）が含まれ，これらは共通の特異的遺伝子を発現する．このうち上鰓プラコード（epibranchial placode）は神経堤細胞とともに鰓弓神経の下神経節を形成する膝プラコード，岩様プラコード，節プラコードの総称である．また魚類，両生類において耳プラコードと側線プラコード（複数ある）を合わせて背側プラコード（dorso-lateral placode）と呼ぶ場合がある．広義には，毛や羽毛，歯の原基となる上皮の肥厚もプラコードと呼ばれる．

e **ブラシェー** B RACHET, Jean 1909～1998 ベルギーの発生学者．ブリュッセルの自由大学（Université libre）教授．両生類発生期の物質代謝についての研究から，核酸の発生生理学的役割に興味をもち，RNA と分化・誘導の関係，特に RNA をもつ細胞質顆粒の蛋白質合成その他の細胞化学的意義を強調，細胞化学や化学的発生学の基礎をつくった．さらに核と細胞質の合成機能の関連を研究．[主著] Embryologie chimique, 1945; The biochemistry of development, 1960.

f **フラジェリン** [flagellin] 細菌の*鞭毛繊維を構成する球状蛋白質．分子量は種によって異なり，腸内細菌群では5万～6万，*Bacillus* では3万近傍の値が報告されているものがある．アスパラギン酸，トレオニン，グルタミン酸を多く含み，システイン，トリプトファンを欠くことは，すべてのフラジェリンに共通している．鞭毛繊維はフラジェリン分子が円筒状に積み重なって重合することによって形成される．全体の形がらせん型であることが特徴．鞭毛繊維は強酸性液で処理するか，または 60℃ 近傍で加熱することにより，容易にフラジェリンに解離する．解離した分子を適当なイオン強度の塩溶液中で過飽和状態におき，短い鞭毛の断片を加えると，フラジェリンが断片の一端に付加して，長い鞭毛繊維が再構成される．これは典型的な*自己集合の例とされる．最近では，自然免疫において細菌のフラジェリンが TLR5（*Toll 様受容体の一種）のリガンドとして炎症反応を誘発することがわかってきた．

g **フラジオマイシン** [fradiomycin] 《同》ネオマイシン（neomycin）．*Streptomyces fradiae* の生産するアミノグリコシド系抗生物質．抗菌スペクトルおよび作用機作はカナマイシンと類似するが，腎毒性や第八脳神経障害などの副作用が強いので注射薬としては用いられず，経口投与または外用で用いられる．製剤は B と C の混合物（図次頁）．

h **ブラジキニン** [bradykinin] BK と略記．毛細管の透過性を増し白血球の遊出を引き起こす生理活性ペプチド．9個のアミノ酸（Arg-Pro-Pro-Gly-Phe-Ser-Pro-Phe-Arg）からなる．血液中に微量存在して血圧降下・疼痛を起こす作用もある起炎物質で，*アナフィラキシーに関与する．母体は血漿蛋白質の a_2-グロブリン中にある高分子キニノゲン（⇒キニン）で，血漿中の*カリクレインが作用すると分解してブラジキニンが生じる．平滑筋をゆっくり収縮する作用があるので brady（緩徐に）kinin（動かすもの）と命名された．BK 受

フラジオマイシンB
R₁=H　R₂=CH₂NH₂
フラジオマイシンC
R₁=CH₂NH₂　R₂=H

容体のうち B₂ 受容体がホスホリパーゼ C と共役し細胞内 Ca^{2+} 濃度を上昇させることが知られている.

a　ブラシノステロイド　[brassinosteroid]　植物ホルモンの一つ. ブラシノライド (brassinolide) 類縁体の総称. ブラシノライドは，J. W. Mitchell ら (1970) がアブラナ (*Brassica napa* L.) の花粉から成長促進活性をもつ物質として抽出し，M. D. Grove ら (1979) によってステロイドラクトンをもつ構造として決定された化合物である. 茎葉の成長を促進する. シロイヌナズナやトマトの生合成欠損変異体は，葉柄・葉身ともに成長が抑制され，茎が短くなり矮化する. また，イネの葉鞘と葉身をつなぐ部位 (ラミナジョイント) を外側に屈曲させる. したがって，イネのブラシノステロイド欠損変異体は，葉が直立ぎみの草型になる. イネ葉身の屈曲作用はブラシノステロイドの高感度な生物検定法として用いられる. ブラシノステロイドはステロールの一種であるカンペステロールから，主としてシトクロム P450 一原子酸素添加酵素群の働きによって生合成される. ブラシノライドは多くの植物で最も強い生理活性を示す活性型ブラシノステロイドである. 受容体は，シロイヌナズナの *brassinosteroid insensitive 1* (*bri1*) 変異体の原因遺伝子である *BRI1* がコードする蛋白質として同定された. BRI1 は膜貫通領域をもつロイシンリッチリピート型受容体キナーゼであり，その自己リン酸化によってシグナルが伝達される.

b　プラシノ藻　[prasinophytes, prasinophyceans]　*緑色藻の一群. 多くは単細胞性で細胞を覆う有機質鱗片と細胞陥入部から生じる鞭毛をもつが，細胞壁をもつ不動性の種もいる. 特異なカロテノイドをもつものが多い. 水域で普遍的であり，海洋ピコプランクトンとして重要なものを含む. 以前はプラシノ藻綱 (Prasinophyceae) としてまとめられていたが，原始的な緑色植物からなる多系統群であり，近年ではメソスティグマ藻綱，マミエラ藻綱などいくつかの分類群に分割されつつある.

c　ブラシノライド　[brassinolide]　植物ホルモンである活性型ブラシノステロイド (⇌ブラシノステロイド) の一つで，多くの植物で最も強い生理活性を示す. 古くはブラッシンといわれた. M. D. Grove ら (1979) によっ

てステロイドラクトン構造をもつことが決定された.

d　プラシーボ　[placebo]　《同》プラセボ，偽薬. 臨床医薬の効果検定の際に対照として投与される，薬理学的にはまったく無効，もしくはやや似た薬効をもつ物質. 薬剤投与の心理的な効果を排除する目的で用いられる. 薬剤投与のもたらす暗示効果 (プラシーボ効果) の影響が大きいことが判明して以来，医薬の人体投与検定には，試験者と被検者双方に薬剤と対照としての偽薬の区別を知らせずに投与し，第三者の判定者だけがそれを知る二重盲検法 (ダブルブラインドテスト double blind test) が採用されている.

e　プラスチド　[plastid]　《同》プラスチッド，色素体. 植物細胞の細胞質に含まれる*プロプラスチド，*葉緑体，*アミロプラスト，*有色体，*白色体，*エチオプラスト，*エライオプラスト，プロテオプラストなどの細胞小器官の総称. 二重の膜に包まれ，内部は基質である*ストロマと光化学系などを含む*チラコイドに分けられる. チラコイドは葉緑体で特に発達しており，他の分化したプラスチドではあまり観察されない. 基質には*プラスチドゲノムや色素体 RNA，色素体リボソーム，プラストグロビュール (plastoglobule)，各種酵素などを含む. 電子顕微鏡観察では，プラストグロビュールは，ストロマ中に認められる球形の顆粒であり，中身は*プラストキノンに富む場合や，糖脂質などの脂質や*カロテノイド，蛋白質をもつこともある. プラスチドゲノムは，基本的には 120〜200 kbp 程度の環状二本鎖 DNA 分子であり，蛋白質や RNA と共に*核様体 (色素体核) を形成している. プラスチドゲノムの複製や遺伝子発現はプラスチドの中で行われる. 植物の発生，形態形成の過程で，プロプラスチドは核様体の分裂をともないながら分裂増殖していく. プラスチドの分裂は色素体分裂リングと FtsZ リング，ダイナミンリングが分裂面で協調的に働くことによってなされる. プロプラスチドは分裂しながら植物のそれぞれの組織，器官に分配され，葉緑体・アミロプラストなどの独自のプラスチドに分化していく. 形・大きさ・内部構造・機能はプラスチドの種類によって異なる. プロプラスチド以外のプラスチドには次のようなものがある. (1) 葉に見られる，光合成器官としての葉緑体，(2) 胚乳などの貯蔵組織にあり澱粉粒を含むアミロプラスト，(3) 果実の赤化過程における黄色や赤色細胞などに見られるカロテノイドを含んだ有色体，(4) 根などの非緑化組織にあり色素を欠く白色体，(5) 黄化葉に見られるエチオプラスト，(6) タペータム細胞などに存在し大量の脂質を貯蔵しているエライオプラスト. 蛋白質の結晶などを含むプラスチドのことをプロテオプラスト (proteoplast) またはプロテイノプラスト (proteinoplast) ということもある. このような色素体は基本的にはプロプラスチドから分化・発達し，分化の方向は一方向であるが，光によるエチオプラストから葉緑体への分

化や，葉緑体から有色体への変換も知られており，細胞の分化に応じてプラスチドの機能と構造は連続的に変わっていくことが可能である．プラスチドの起原は，ミトコンドリアを含んだ真核細胞にシアノバクテリアが細胞内共生することによって形成されたことがほぼ確かとなっている．

a **プラスチドゲノム** [plastid genome] 〔同〕プラスチド DNA (色素体 DNA plastid DNA)，色素体ゲノム (plastid genome)，葉緑体ゲノム (chloroplast genome)，葉緑体 DNA (chloroplast DNA). *プラスチドが保有する独自のゲノム．一般に，120〜200 kbp 程度の環状二本鎖 DNA で，多くの場合 1 対の逆位反復配列 (inverted repeat sequence, IR$_A$, IR$_B$) によって LSC (large single copy region) と SSC (small single copy region) の長短 2 領域に分割されている．1986 年に苔類ゼニゴケと被子植物タバコのプラスチドゲノム全塩基配列が，いずれも日本で決定されたのを皮切りに，100 以上の種のプラスチドゲノムが決定されている．一般的に被子植物では，4 種の rRNA と 30 種程度の tRNA に加えて，約 20 種のリボソーム蛋白質と RNA ポリメラーゼおよび光化学系 I，II，電子伝達系，ATP アーゼ系，*リブロース-1,5-ビスリン酸カルボキシラーゼ/オキシゲナーゼ (Rubisco) の大サブユニットを含む 45 種程度の光合成関連蛋白質がコードされている．プラスチドはその起原がシアノバクテリアの細胞内共生に由来すると考えられており，プラスチドのもつ*リボソームの特徴は原核生物のそれに近い．ただし，分化した色素体における大部分の蛋白質 (95% 程度) は核ゲノムにコードされており，その一部しか残っていない．プラスチド遺伝子の遺伝暗号は細胞核のそれと同様であり，遺伝子中には*イントロンが存在する．プラスチド遺伝子の*RNA エディティングについても報告されている．また，モノシストロニックな遺伝子のみならず，一つの転写単位中に複数の蛋白質コード配列をもちポリシストロニックに転写される遺伝子も多い．寄生植物のプラスチドゲノムでは，光合成関連遺伝子が消失しゲノムサイズがほぼ半分になっているものも知られている．プラスチドゲノムの遺伝様式は，オシロイバナのような母性遺伝が多い．しかしゼラニウムやマツヨイグサのような両性遺伝型，スギやマツのような父性遺伝型も見られる．プラスチドゲノムは緑色植物では一般に蛋白質や RNA とともに*核様体を形成し，多数の核様体が葉緑体全体に分散して存在している．

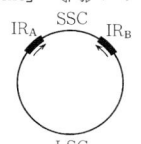

b **プラスティドゥーレ** [Plastidule] E. H. Haeckel (1875) の想定した生命担荷体で，いわば生命的原子．彼は「(これらの) 各原子は力の総和ともいうべきものをもち，この意味において霊化されている」と述べた．遺伝はプラスティドゥーレの記憶であり，適応はその運動の変化という．彼はこの説を Perigenesis (波動的生成) と呼んだ．Haeckel の一元論的思想のうち，生気論的色彩の強い部分をなす．

c **BLAST** (ブラスト) 広く使われている塩基配列やアミノ酸配列の*相同性検索システムの名称．basic local alignment search tool の略ということになっているが，この単語自体に突風という意味がある．アメリカの NCBI (国立バイオテクノロジー情報センター) で 1990 年代に開発されたが，その後も改良が続いている．原理としては，相同な配列を発見しようとする配列 (クエリー配列) から 10 文字前後の短い配列を次々に選び，それらをもとに膨大なデータベースから高速で抽出し，それらを核にしてクエリー配列と相同な配列を選び出す．塩基配列あるいはアミノ酸配列のクエリーに対して，塩基配列あるいはアミノ酸配列データベースを調べるために，すべての組合せに対応する 4 種類のプログラムが用意されている．

d **プラストキノン** [plastoquinone] 緑色植物や藻類に存在する p-ベンゾキノン誘導体．プラストキノン A (プラストキノン-9) が代表的で，このほかプラストキノン B，プラストキノン C，プラストキノン D など少量存在する．プラストキノン A (図) は*葉緑体内に比較的大量に存在し，クロロフィル 10 分子当たりに 1 分子程度存在する．葉緑体には類似のキノンとして α-トコフェロールキノンや*フィロキノン (ビタミン K$_1$) なども存在する．プラストキノン A は緑色植物や藻類の光合成の*電子伝達成分として光化学系 II からシトクロム $b_6 f$ 複合体への電子移動を行っているほか，光化学系 II 反応中心複合体に結合し電子受容体として機能している．2 電子還元された際に H$^+$ を 2 個結合しプラストキノールとなり，電子伝達を H$^+$ 濃度勾配と共役させる働きをする．光合成細菌はプラストキノンをもたず，その代わり*ユビキノン，メナキノン，ロドキノンなどを含む．

e **プラストシアニン** [plastocyanin] 緑色植物や藻類に含まれ，*光合成の電子伝達系でシトクロム $b_6 f$ 複合体から光化学系 I 反応中心への 1 電子移動を行う，水溶性のタイプ I 銅蛋白質．加藤栄 (1960) の発見．光合成細菌には存在しない．酸化型は 597 nm に吸収帯をもち，青色を示す．分子量は 1 万 500．1 分子に 1 原子含まれる銅が可逆的に酸化還元を行う．酸化還元電位 $E^{\circ\prime} = +0.37$ V．真核生物では遺伝子 (petE) は核ゲノムにコードされている．細胞質で合成されたプラストシアニン前駆体は葉緑体包膜と*チラコイド膜を通過し，チラコイド内腔へ移動する．クロロフィル 600 分子当たりに 1 分子程度存在する．一部の藻類やシアノバクテリアではプラストシアニンの代わりにシトクロム c_6 が働く．

f **フラストレーション** [frustration] 欲求の満足が内外の状況によって妨げられていること．欲求不満．この状況を一般にフラストレーション場面といい，そのとき個体の内部に生じる状態をフラストレーション状態という．フラストレーション状態は，皮膚電気反射や脈拍の変化などの生理的指標で測定することができる．フラストレーションから生じる反応としては，攻撃・退行・固着・反応強度の増加または減少があげられる．

g **プラストロン呼吸** [plastron respiration] 多くの水生昆虫において，体表面と水との間に極めて薄い空気層 (プラストロン) をもつことによって行われる外呼吸．これらの昆虫では，体表，気門，気管鰓，卵殻などに，極めて細く密生した毛状突起や複雑な陥入部がそなわっている．その部分は表面積が著しく広く，体表面に水が

直接付着しにくくなっており，そこに形成されたプラストロンを通じて気管は直接かつ効率よく呼吸することができる．例えばナベブタムシでは，長さ 5～6 μm の毛状突起が体表面に 250 万本/mm² も生えており，これによって保持されるプラストロンは 4 気圧もの水圧に耐えられるという．(⇒物理鰓)

a **プラズマ細胞** [plasmatocyte] 昆虫の血球の一種で，好塩基性で大形，しばしば血液中で最多数を占める細胞．サシガメ (*Rhodnius*) では基底膜の形成に関係するといわれるが，一般には血液内に侵入した異物の捕食作用や包囲作用をもつ．

b **プラズマジーン** [plasmagene] 《同》細胞質遺伝子．細胞質にあって遺伝的な形質発現を支配する因子．*プラズモンが細胞質中の遺伝子の総称であるのに対し，プラズマジーンは細胞質中の個々の遺伝子を指す．歴史的には，色素体に存在するプラストジーン (色素体遺伝子 plastogene)，ミトコンドリアに存在するコンドリオジーン (chondriogene) など．ミトコンドリア・葉緑体などのオルガネラゲノムについては，それらの全塩基配列が決定されている．

c **プラズマフェレシス** [plasmapheresis] 《同》血漿搬出法．供血者の貧血を防ぐ目的で，血液から血漿だけを取り出し血漿蛋白質を分離精製するのに用いる方法．また循環血漿中から病因物質をとり除く方法 (血漿交換療法や透析療法)．

d **プラスマローゲン** [plasmalogen] 《同》アセタールホスファチド (acetal phosphatide)，アルケニルエーテル型リン脂質 (alkenyl ether-containing phospholipid)．エーテル型リン脂質の一種で，*グリセロール分子の sn-1 (α) 位にビニルエーテル結合をもつ 1-アルケニル-2-アシル-sn-グリセロ-3-リン酸同族体の総称．R. Feulgen と K. Voit (1924) が，プラスマール反応によって細胞質に結合性アルデヒドを発見したのが最初．塩基部がそれぞれ*エタノールアミンと*コリンとのエステルからなるエタノールアミンプラスマローゲン (ethanolamine plasmalogen)，コリンプラスマローゲン (choline plasmalogen) がよく知られ，ほかにセリンプラスマローゲン，イノシトールプラスマローゲンも報告されている．動物では脳・神経組織・心筋・骨格筋・赤血球などに含まれているが，発芽中のエンドウやダイズのほか嫌気性細菌にもその存在が知られている．ジアシル型やアルキルアシル型*グリセロリン脂質と有機溶媒に対する溶解度などの物理的性質が類似しており，純粋なプラスマローゲンを得ることは困難である．構成*脂肪酸には不飽和のものが多い．エタノール，クロロホルムに可溶，エーテルに難溶．*ホスホリパーゼ A₂ やアルカリ加水分解により脱アシルすることによって，リゾ型のプラスマローゲンを生ずる．1-アルケニル-2-アシルグリセロールと*CDP コリンまたは*CDP エタノールアミンより，それぞれのコリンプラスマローゲン，エタノールアミンプラスマローゲンが生合成される．現在では，天然に存

$$H_2C-O-CH=CH-R_1$$
$$R_2OCO-\overset{|}{C}-H \quad O$$
$$H_2C-O-\overset{\|}{P}-O-X$$

X = −CH₂CH₂N⁺(CH₃)₃ コリンプラスマローゲン
　 −CH₂CH₂N⁺H₃ エタノールアミンプラスマローゲン

在するプラスマローゲンと同一の立体配置を有するものが全化学合成されている．

e **プラスミド** [plasmid] 細胞内で世代を通じて安定に子孫に維持伝達されるが，染色体とは別個に存在して自律的に増殖する遺伝因子の総称．ただし，真核細胞のミトコンドリアや葉緑体などに含まれる DNA は一般にはオルガネラ DNA と呼ばれて区別される．その因子の存在は，通常，細胞の生存にとって必ずしも必須なものではないが，細菌細胞では接合伝達 (*F 因子)，抗生物質などに対する抵抗性 (*R 因子)，抗菌物質 (バクテリオシン) の合成 (*コリシン因子) などの機能をもつ．また，*アグロバクテリウムがもつ Ti プラスミドのように植物細胞を腫瘍化する機能を有するものもある．他の細胞への伝達能力については，自分自身で伝達機構をもつもの，自分自身で伝達機構をもたなくとも伝達性因子が共存すればいっしょに伝達されるもの，共存しても伝達されないものなど種々見出されている．プラスミドをもつ細胞の子孫中には，低頻度でこれを失ったものが現れることがあるが，一般には安定に保持される機構をもつ (⇒プラスミド不和合性)．遺伝子組換え実験 (遺伝子操作技術) での*ベクターとしてもよく使われる．

f **プラスミド不和合性** [plasmid incompatibility] 遺伝マーカーなどで区別できる 2 種類以上の細菌性*プラスミドが，同一細胞内では安定に共存できないという性質．同種または近縁のプラスミドをもつ細菌どうしを接合させるとプラスミド DNA の伝達が阻害されるが，これは表面排除 (surface exclusion) と呼ばれ，不和合性とは区別される．プラスミドが同じか類似の DNA 複製機構，または娘細胞への分配機構をもつとき，不和合性が生ずる．プラスミドはおのおの細胞内で一定のコピー数 (分子数) を維持する制御機構をもつため，同じ制御機構をもつ複数のプラスミドはその総数が一定に保たれる．そこで，細胞の増殖に伴って少数となったプラスミドが失われる．DNA 複製開始に必要な*プライマー RNA や複製開始蛋白質の生成を抑制する低分子 RNA (*アンチセンス RNA) をコードする遺伝子や，複製開始蛋白質が結合する DNA 領域が不和合性の機能をもつ．

g **プラスミノゲン** [plasminogen] ⇌ プラスミン

h **プラスミン** [plasmin] 《同》フィブリノリジン (fibrinolysin)，フィブリナーゼ (fibrinase) 脊椎動物の血漿中に存在する糖蛋白質．EC 3.4.21.7．セリンプロテアーゼの一種．アミノ酸 484 からなる H 鎖と 230 からなる活性中心のある L 鎖とで構成される．フィブリン塊を分解して可溶性とするほか，フィブリノゲン，第 V 因子 (⇒血液凝固因子)，第 VIII 因子，第 XIII 因子，カゼイン，ゼラチンなどの蛋白質を加水分解する (⇒繊維素溶解)．フィブリン溶解活性の最適 pH は 7.4～7.8．プラスミンに拮抗作用をもつものに各種の*抗プラスミンがあり，プラスミンの非特異的活性を抑制している．正常な血液中では活性のプラスミンはほとんど検出されず，不活性な前駆物質プラスミノゲン (プラスミノーゲン plasminogen，プロフィブリノリジン profibrinolysin，プラズマトリプシノゲン plasmatrypsinogen) の状態にある．これが活性なプラスミンになるためにはプラスミノゲンアクチベーター (プラスミノゲン活性化因子 plasminogen activator，PA) の作用が必要である．この機序には次の 2 通りがある．(1) 直接活性化：プラスミノゲンが心臓，肺，副腎，前立腺，子宮などからの組織プラ

スミノゲンアクチベーター(組織アクチベーター tissue plasminogen activator, tPA, EC3.4.21.68), 白血球, 血小板などからのアクチベーター, 尿中の尿アクチベーター(ウロキナーゼ urokinase, uPA, EC3.4.21.73), 乳汁, 唾液などからのアクチベーターにより限定分解されプラスミンになる. 直接活性化に関わるアクチベーターはみなエンドプロテアーゼである. (2)間接活性化: プラスミノゲンがストレプトキナーゼ(streptokinase)と複合体を形成することによって活性基が出現し, 他のプラスミノゲンに作用してプラスミンを生成する. これらの作用を利用して, ウロキナーゼ, ストレプトキナーゼが血栓溶解剤として使用されるが, 組織プラスミノゲンアクチベーターがこれらに代わりつつある. また, 血管内皮や血小板で産生されるプラスミノゲンアクチベーターインヒビターとの結合によって PA は阻害される.

a **プラスモガミー** [plasmogamy] 《同》細胞質融合, 原形質融合. 細胞, 主として生殖細胞が 2 個合体する際に最初に起こる過程. 厳密にいえば細胞質融合. これにひきつづいて*カリオガミーが起こり, 合体は完成する. 担子菌類ではこの二つの過程が時間的・空間的にへだたって起こるため, 異核接合体(*ヘテロカリオン)の生活期が長くつづく. 原生生物の太陽虫類・変形菌類では, 2 個または 2 個以上の個体の合体がプラスモガミーの段階で止まるので大形・多核の 1 個体が形成される. 有孔虫類(例: *Spirillium, Discorbina*)ではプラスモガミーの後に再分裂して娘個体(芽体 独 Sprosslinge)を生じ, 特に Zytogamie と呼ばれる.

b **プラスモデスマータ** [plasmodesmata] ⇒原形質連絡

c **プラスモン** [plasmon] 細胞質中の遺伝子の総称. 核のゲノムに対比して用いられる(F. Wettstein, 1924). プラスモンを構成する個々の細胞質遺伝子を*プラスマジーンと呼ぶ.

d **プラソーム** [plasome] J. Wiesner (1890) の考えた, それ自身が成長・同化・増殖する超分子的生活単位. A. Weismann の*ビオフォアに類似する.

e **フラックス** [flux] 《同》流束. 生物学では, 単位面積の膜を通って単位時間に運ばれる物質の量をいう. 単位は例えば $mol \cdot cm^{-2} \cdot s^{-1}$ である. 膜を通って外から細胞内への物質のフラックスを内向きのフラックス(influx), 逆向きのフラックスを外向きのフラックス(efflux)といい, この二つのフラックスの差を正味のフラックス(net flux)という. フラックスは化学ポテンシャルあるいは電気化学ポテンシャル, 能動輸送, さらに不可逆過程の熱力学に従って起こる溶液中の種々の要素の流れの相互作用によって決まる. (⇒透過性)

f **ブラックバーン** BLACKBURN, Elizabeth Helen 1948〜 オーストラリア生まれのアメリカの分子生物学者. *テロメア研究の基盤を築いた功績によって, C.W. Greider, J.W. Szostak とともに 2009 年ノーベル生理学・医学賞受賞.

g **フラッシュフォトリシス法** [flash photolysis] 《同》閃光光分解法. 試料に非常に短いパルス光を照射し, 光化学反応の結果生じた反応生成物や電子的励起状態の性質や変化の様子を調べる技法. 極めて短寿命の分子種や過渡現象を解析することができる. 初期にはパルス光源としてガス入り放電管が用いられ時間分解能もミリ秒程度であったが, レーザー技術と電子工学の発展により現在ではピコ秒あるいはフェムト秒単位の時間領域での測定も可能となった. 高速現象を観測するため, 光吸収や蛍光などを分光的に測定する. 高時間分解能をもつ光検出器で信号光の時間変化を直接記録する方法と, パルス光照射後の一定時間後の信号を光学シャッターや検出用のレーザー光で取り出して測定する方法がある. フラッシュフォトリシス法は光合成の*反応中心で起こる電荷分離反応, 光合成色素間の励起エネルギー移動の解析, ロドプシン類の短寿命中間体や, ヘム蛋白質における光解離の研究などに盛んに応用されている.

h **プラーテ** PLATE, Ludwig 1862〜1937 ドイツの動物学者. E. H. Haeckel のあとをつぎイェナ大学教授. Haeckel の創設した系統博物館の館長. 輪形動物, 軟体動物その他無脊椎動物の系統論的研究を行い, 環境の定向的変化との関係における定向進化に注目し定向淘汰の語を作った. [主著] Allgemeine Zoologie und Abstammungslehre, 2 巻, 1922〜1924.

i **プラヌラ** [planula] 刺胞動物に共通の幼生形. *胞胚期に続く. 胚胚壁の細胞の一部が, 陥入・移入(極増法)・葉裂などによって胞胚腔内に入り, この空間の全部または一部を埋めたのち基底に付着し, 口・触手などを形成して小形のポリプになる. 種類によっては遊泳能力をもたないもの(十文字クラゲ類など)がある. ヒドロ虫綱においてプラヌラが浮遊生活を送らない種類(ベンクダラミヒドラなど)では, プラヌラが母体の生殖体内で口盤, 足盤, 口および触手を形成しアクチヌラ(actinula)となってから生殖体を抜け出す. アクチヌラは触手を用いてしばらく水中を泳ぎ, 他物の表面を歩行後, 基底に付着して若いポリプになる. また管クラゲ類のうち盤泳類の幼生をラタリア(rataria)という. 体はほぼ球形で大きな腔腸をもち, 気泡体を作って海表に浮かぶ. 気泡体の発達しない時期はコナリア(conaria)と呼ばれる. 一方, 花虫綱スナギンチャク類のうち, *Sphenopus* および *Palythoa* の幼生はゾアンチナ(zoanthina)と呼ばれる. 体は長い紡錘形で伸縮性に富み, 口の後方に明瞭な繊毛環があって, 前後の 2 部に分かれている. *Isozoanthus* の浮遊幼生はゾアンテラ(zoanthella)と呼ばれる. 体は長い蠕虫形をし, 前端の口から体の後方に向かう顕著な繊毛列がある. ゾアンチナ, ゾアンテラともに, 中膠内に単細胞藻類の zooxanthella が共生している. なお, この二つの幼生形の本性が知られていなかったころはゼンパー幼生(Semper's larva)と呼ばれていた. クシクラゲ類には一般にプラヌラ幼生がないが, 寄生性のヤドリクシクラゲ(*Gastrodes*)ではプラヌラが知られている.

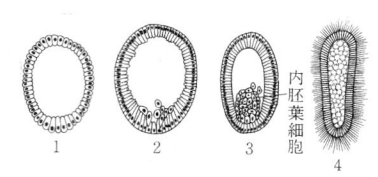

1 胞胚　2, 3 移入による内胚葉の形成　4 プラヌラ

j **プラヌラ起原説** [planula theory] [1] 後生動物(海綿動物を除く)の最も新しい共通祖先を, *プラヌラと似た仮想動物であるとする説. *ガストレア起原説の

欠点を補うものとして L. Hyman(1940)がまとめあげた. ガストレア起原説と同様に多細胞化の過程として鞭毛虫類の集合・群体化によりブラステアにまで至るが, その先にガストレアではなく中実二胚葉性のプラヌラ様生物を想定し, これを共通祖先として*放射相称動物と*左右相称動物(その最も原始的なものが当時扁形動物と考えられていた無腸類)とに分岐したとする. この説の変形もいくつか提唱されている. [2] 扁形動物の起原を刺胞動物のプラヌラ幼生に求める説. L. von Graff(1882)の提唱. 彼は当時扁形動物と考えられていた無腸類をその中で最も原始的であると初めて認め, それがプラヌラ幼生と形態的に類似するとして, プラヌラ様動物(planuloid)から無腸類様動物(acoeloid)への移行を主張した. 扁形動物の起原についてはほかに*クシクラゲ起原説や*繊毛虫起原説などがある.

a **フラバノン** [flavanone] ⇒フラボノイド
b **フラビウイルス** [*Flaviviridae*] ウイルスの一科. ウイルス粒子は直径 50 nm の球形で*エンベロープをもつ. 約1万塩基からなる1本の+鎖RNAをゲノムとしてもつ. 所属ウイルスは, フラビウイルス属(*Flavivirus*)の*デングウイルス, *日本脳炎ウイルス, *ウエストナイルウイルス, *黄熱ウイルス, セントルイス脳炎ウイルス, ロシア春夏脳炎ウイルス, ペスチウイルス属(*Pestivirus*)のウシ下痢症ウイルス, ブタコレラウイルス, ヘパシウイルス属のC型肝炎ウイルスなど. フラビウイルス属には約70種のウイルスが含まれ, 節足動物によって媒介されて脊椎動物に感染し, 病原性を発揮する. 現在, 北アメリカに侵入したウエストナイルウイルスの感染が拡大している. C型肝炎ウイルスは血液を介して感染し, 慢性肝炎を経て, 肝硬変・肝細胞癌を発症する. ペスチウイルス属は家畜の病原性ウイルスでありヒトに感染するものはない.

c **フラビンアデニンジヌクレオチド** [flavin adenine dinucleotide, flavine adenine dinucleotide] FADと略記. 《同》リボフラビンアデニンジヌクレオチド. *リボフラビン(ビタミンB₂)と2個のリン酸基とアデノシンからなるジヌクレオチド. 好気的生物にも嫌気的生物にも広く分布し, *フラビンモノヌクレオチド(FMN)と同様に生体酸化における*電子伝達に重要な役割を果たしている. すなわち*フラビン酵素群の*補酵素として働き, 基質から電子受容体への電子の伝達に関与する. 450 nm, 375 nm, 260 nm に吸収帯をもつが, 蛋白質部分と結合すると, 一般に変化する. FADは生体内でFMNとATPからFADピロホスホリラーゼ

$$FMN + ATP \xrightleftharpoons{Mg^{2+}} FAD + ピロリン酸$$

(FMNアデニリル基転移酵素)によって合成される.

d **フラビン酵素** [flavin enzymes] 《同》フラビン蛋白質. フラビンアデニンジヌクレオチド(FAD)あるいはフラビンモノヌクレオチド(FMN)を補酵素(電子供与体)とする酸化還元酵素の一群. 生体内には多くのフラビン酵素が存在し, アミノ酸代謝, 糖代謝, 脂質代謝, 核酸代謝, エネルギー産生, 遺伝子修復, 殺菌作用など, 生命維持に関与する. O. H. Warburg, W. Christian(1932)が酵母から黄色酵素を分離し, その補欠分子族としてFMNが結合していることを見出した. ついで1938年にはD-アミノ酸酸化酵素の補酵素を分離し, これがFADであることを明らかにした. 電子受容体は酸素, ユビキノン, シトクロムなど酵素によって異なる. フラビン酵素の多くは補酵素の結合が強く, 酸化型は380 nm, 450 nm 付近に吸収極大をもち還元型では消失する. 蛍光もリボフラビンよりは弱くなる.

e **フラビン蛋白質** [flavoprotein] 《同》フラボ蛋白質. *フラビンモノヌクレオチドや*フラビンアデニンジヌクレオチドを補欠分子団としてもつ複合蛋白質の総称. 多くは*フラビン酵素である.

f **フラビンモノヌクレオチド** [flavin mononucleotide, flavine mononucleotide] FMN と略記. 《同》リボフラビン-5′-リン酸. *フラビン酵素群の*補酵素. 生物界に広く分布し, *フラビンアデニンジヌクレオチド(FAD)と同様に, 呼吸などの生体酸化における*電子伝達に重要な役割を果たしている. アポ酵素と結合した状態で基質から電子を受け取って還元され, 生じた還元型が受容体へ電子を渡して酸化型にもどる過程を繰り返す. *リボフラビンと全く同一の吸収スペクトルを示す. 生体内ではリボフラビンキナーゼによってリボフラビンとATPから合成される.

$$リボフラビン + ATP \xrightarrow{Mg^{2+}} FMN + ADP$$

ホスファターゼによって加水分解されるとリボフラビンとリン酸になる.

g **フラボノイド** [flavonoid] 《同》フェニルクロマン (2-phenylchroman-4-one), 2-フェニル-1,4-ベンゾピロン (2-phenyl-1,4-benzopyrone). 狭義には二つのフェニル基がピラン環かそれに近い構造の三つの炭素原子を介して結合している化合物の総称であり, ピラン環の構造によってフラバノン(flavanone), フラボン(flavone), フラボノール, イソフラボン, イソフラバノン, ブテロカルパン, アントシアニジン, ロイコアントシアニジン, カテキンなどに分類される. 広義には*シキミ酸経路に由来する *p*-クマロイル CoA に3単位のマロニル CoA が順次結合して生成するクマロイルトリケチド(coumaroyl triketide)が縮合閉環して生成する 1,3-ジフェニルプロパノイドに由来する化合物, およびその生合成経路を共有する化合物群の総称. この過程で最初に生成するカルコン(chalcone, 1,3-ジフェニル

プロパノイド 1,3-diphenylpropanoid）やスチルベン誘導体もフラボノイドと考えられる．フラボノイドの名は黄色(flavus)に由来し，広く植物界に分布する．

フラボバクテリウム [*Flavobacterium*] フラボバクテリウム属(*Flavobacterium*)に含まれる従属栄養細菌の総称．基準種は *Flavobacterium aquatile*．*バクテロイデス門フラボバクテリア綱(Flavobacteria)フラボバクテリア科(Flavobacteriaceae)に属する基準属(type genus)．グラム染色陰性，好気性，非芽胞形成の桿菌($0.3～1.5×0.7～4\,\mu m$)．カロテノイドを含むため黄色，橙色などの着色コロニーを形成することで特徴づけられ，多くの種が滑走運動を示す．好気性かつ着色コロニーを形成する点で，同じバクテロイデス門のシトファーガ属細菌や *Flexibacter* と類似するが，系統上は綱レベルで異なる．水界，土壌，廃水処理系など広く環境中に生息．フラボバクテリア科は，フラボバクテリウム属をはじめ 100 近い菌属を含む，細菌科のなかで最も大きな科の一つ．（⇒付録：生物分類表）

フラボン [flavon, flavone] ⇒フラボノイド

ブラムバーグ BLUMBERG, Baruch Samuel 1925～2011 アメリカの医学者．血清蛋白質の免疫遺伝学的研究を行い，血清中に新しい抗原抗体系を発見し，オーストラリア先住民に高頻度で見られることからオーストラリア抗原と名づけた．その後，抗原の本体は B 型肝炎ウイルスの表面に存在する，ウイルスのかけらと考えられる径 22 nm の粒子であることが示され，肝炎ウイルス研究発展の契機となった．これにより，1976 年 D. C. Gajdusek とともにノーベル生理学・医学賞受賞．[主著] A new antigen in leuchemia sera, 1965.

負卵脚 [ovigerous leg, oviger]《同》担卵脚．ウミグモ類の雄で，雌の生んだ卵塊をつけてもち歩く脚．5～10 関節からなり，細い脚状で，末端は巻く．元来は第三対の*付属肢に相当し，第一対は鉗脚(chelophore)，第二対は触鬚(palp)，第四～第七対は*歩脚．これを欠くものもある．

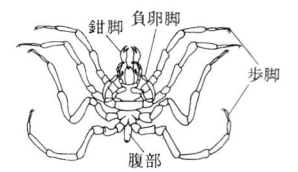

ウミグモ(*Nymphon hispidum*)♂の腹面図

プランクトン [plankton]《同》浮遊生物．海洋，湖沼，河川などの水中で浮遊生活し，遊泳力をもたないか，あっても小さいために水の動きに逆らって自らの位置を保持できない生物の生態群．V. A. C. Hensen (1887)の提唱．個々の浮遊生物そのものはプランクター(plankter)という．多種多様な生物を含み，細菌プランクトン(bacterioplankton)，植物プランクトン(phytoplankton)を構成する藻類，および動物プランクトン(zooplankton)がある．生活史を通して浮遊生活する終生プランクトン(holoplankton)のほかに，*ネクトンや*ベントスの幼生期など，生活史のある期間に限り浮遊生活する定期性プランクトン(一時性プランクトン meroplankton)が少なくない．また，たまたま浮遊した付着性微細藻類などの臨時性プランクトン(tychoplankton)も含まれる．体表に突出物などの粘性抵抗を高めるような構造を発達させたり，体内に油滴や脂肪・気体などを蓄えるものがあり，浮遊適応の現れとされる．プランクトンは一般に個体のサイズが小さいため，効率よく採集したり定量するために濾紙や篩絹(プランクトンネット plankton net)を用いる．プランクトンやネクトンが主体となって構成される生態系(漂泳生態系 pelagic ecosystem)では，一般に大きな個体が小さなものを食べる栄養関係が成り立ち，個体のサイズが栄養段階で重要な意味をもち，また適当な網目の篩を使うことによってサイズごとに分別採集できることから，個体サイズによるプランクトンの類別法が提案されている．代表的な区分を以下に示す(J. McN. Sieburth ら，1978)．小さいほうから，(1) フェムトプランクトン(femtoplankton)：$0.02～0.2\,\mu m$，ウイルス，(2) ピコプランクトン(picoplankton)：$0.2～2\,\mu m$，主に細菌類と藻類の一部，(3) ナノプランクトン(微小プランクトン nanoplankton)：$2～20\,\mu m$，主に藻類・原生生物・菌類，(4) 小形プランクトン(ミクロプランクトン microplankton)：$20～200\,\mu m$，藻類・原生生物・後生動物，(5) 中形プランクトン(メソプランクトン mesoplankton)：0.2～20 mm，藻類・後生動物，(6) 大形プランクトン(マクロプランクトン macroplankton)：2～20 cm，後生動物，(7) 巨大プランクトン(メガプランクトン megaplankton)：20 cm 以上，後生動物．このほか慣用的に，数 μm～$5\,\mu m$ 以下を極微プランクトン(ultraplankton)と呼び，小形プランクトン以上についてはプランクトンネットで採集されることからネットプランクトン(net plankton)とも呼ぶ．種類数・現存量とも，一般に中形プランクトン以下に属するものが多い．この他，生息水域や分布深度による類別法がある．(A)生息水域による類別では，(1) 淡水域のプランクトンは，湖沼プランクトン(limnoplankton)と河川などの流水域の河川プランクトン(potamoplankton)に分けられる．前者はさらに，湖水プランクトン(eulimnoplankton)と，比較的小さな池や沼の池沼プランクトン(heleoplankton)に分類される．(2) 汽水域に分布するものは汽水プランクトン(hyphalmyroplankton, brackish water plankton)と呼ばれる．(3) 海洋プランクトン(marine plankton)は，水平的に沿岸性プランクトン(neritic plankton)と外洋性プランクトン(oceanic plankton)に分けられる．海水そのほかの塩水に見られるプランクトンを塩生プランクトンという．(B)鉛直的な分類では主分布層に応じて，(1) 水深が 200 m 以浅の表層プランクトン(epipelagic plankton：光条件的には有光層上部に分布するものを陽光性プランクトン phaoplankton と呼び，これより以深の陰光性プランクトン knephoplankton と区別することがある)，(2) 200～1000 m の中層プランクトン(mesopelagic plankton)，(3) 1000 m 以深の深層プランクトン(bathypelagic plankton)，および (4) 海底付近の底層プランクトン(hypoplankton)に分けられる．この他にもさまざまな類別区分があり，同じ用語でも研究者によって定義が異なる場合があるので注意を要する．遊泳力をもつプランクトンでは，体サイズに対し，かなりな移動力をもつものが多く，特に鉛直方向で顕著である．鞭毛藻には，1 日に数 m～10 m 程度遊泳して，昼は表層付近で光合成を行い，夜間は下層に移動し豊富な栄養塩を取り込むものがある．動物プランクトンでは，1 日に数十～数百 m 程度遊泳し，捕食者の視覚から逃れて昼は下層に分布し，夜間は餌糧の多い上層へと移動する種が多い．こ

の*日周垂直移動は表層付近で生産された有機物を下層に輸送する働きをする．（⇒生物ポンプ）

a **フランシェ** F<small>RANCHET</small>, Adrien 1834～1900 フランスの植物分類学者．フランス植物学会会長．特に東アジアの植物を研究．L. Savatier が日本で採集した標本によって多くの日本産の新種を記載し，日本の植物誌を編した．[主著] Enumeratio plantarum japonicarum, 1874～1879.

b **フランス国旗モデル** [French-flag model] 《同》三色旗モデル．多細胞生物の発生において，細胞に*位置情報を与えるしくみを，フランス国旗（左から青，白，赤の三色旗）になぞらえて説明したモデル．主に L. Wolpert (1978) が提唱．国旗上に配列する細胞が，左端から右端に向けて存在するある勾配から位置情報を得て，それぞれ青，白，赤に分化すると考える．色の境界に一定の閾値を設定すると，仮にこの国旗の幅が半分に縮小しても左端からの勾配の傾きが2倍になることで，国旗上の細胞はやはり1/3ずつ青，白，赤に分化し，系の大きさが変化しても全体として調和のとれたパターンが形成される．この考えはヒドラの再生系や肢芽の発生などをよく説明するとされるが，勾配や閾値の本質をなすモデルを実証する分子的実態はあまり知られていない．（⇒パターン形成）

c **ブーリアンネットワーク** [Boolean network] 遺伝子活性の動態など，多くの素子を含みそれらの相互作用により状態が変化するような複雑システムを理解する目的で，1969年に S. A. Kauffman によって提唱された離散状態離散時間の力学系モデル．システムは多くの，しかし有限の素子からなり，それぞれの素子は各時刻において，活性(1)もしくは不活性(0)のいずれかの状態をとる．各遺伝子が活性か不活性かが，特定の転写因子が存在するか否かに依存して決まる場合には，ブール関数を用いて表せる．システムに含まれる素子の状態は時とともに一斉に変化し，時刻 $t+1$ でのシステムの状態は，時刻 t における系の状態のブール関数として記述される．例えば，遺伝子活性をブーリアンネットワークで理解する場合，*遺伝子制御ネットワークは，各遺伝子の活性動態を決めるブール関数がそれぞれどの遺伝子の活性に依存するかを示す．ブーリアンネットワークは解析が比較的容易で，ランダムに構成された仮想的な制御ネットワークや現実の遺伝子ネットワークを元にしたモデルに対し，数学的研究が数多くなされている．

d **プリオン** [prion] 核酸をもたず，蛋白質のみからなる病原因子．蛋白質性感染性粒子(proteinaceous infectious particle)の意味をもつ造語．プリオン蛋白質が構造変化し，この変性プリオン蛋白質が組織に蓄積することで病原性を発揮する．神経変性疾患の一つである伝達性海綿状脳症の病原因子と考えられており，ヒトのクロイツフェルト・ヤコブ病(Creutzfeldt-Jakob disease, CJD)，ウシのウシ海綿状脳症(bovine spongiform encephalopathy, BSE)などが有名である．プリオン蛋白質をコードする遺伝子は特定されており，正常型プリオン蛋白質は中枢神経系で特に多く発現している．正常型プリオン蛋白質自身には，NMDA型*グルタミン酸受容体と結合することにより，神経細胞の過剰な興奮毒性を抑制し神経細胞死を防ぐ働きがある．遺伝子変異や外来性プリオンなど何らかの要素が加わることにより，正常型プリオン蛋白質が構造変化を起こし，異常型プリオン蛋白質が蓄積するという仮説がたてられている．酵母においてもプリオン様の伝播をする蛋白質群が見つかっており，総称して酵母プリオンと呼ばれる．

e **ブリジェズ** B<small>RIDGES</small>, Calvin Blackman 1889～1938 アメリカの遺伝学者．T. H. Morgan のもとでショウジョウバエの染色体地図の作成に努力し，唾腺染色体の発見以後は，その精細な分析に努め，これをとり入れた細胞学的地図の作成も行った．三倍体の発見をもとに性決定機構に関する遺伝子平衡説（性染色体と通常染色体との比率による）も重要な業績．

f **プリーストリ** P<small>RIESTLEY</small>, Joseph 1733～1804 イギリスの牧師で，化学，植物生理学を研究．1761年ウォリントンの学校で諸科学を教えたが，1791年バーミンガムの牧師時代に政治的暴動事件で家を焼打ちされてロンドンに逃れ，1794年アメリカに移住した．フロギストン説のもとで気体の研究をし，緑色植物や藻の細胞が光を受けて脱フロギストン空気つまり酸素を発生することを発見．[主著] Experiments and observations on different kinds of air, 1774～1777.

g **フリーズフラクチャー法** [freeze fracture technique] 《同》凍結割断法，フリーズエッチング法(freeze etching technique)．電子顕微鏡で試料内部の断面の表層構造をみるために考案された凍結レプリカ法(freeze-replica-technique)の一種．試料を凍結させたのち，高真空中で冷却したナイフで試料を割断し新鮮な面を出し，表面に金属の蒸着膜をつくり，カーボン膜で裏打ちしてから膜を剥離し，透過型電子顕微鏡でレプリカ像を観察する．細胞膜や細胞内膜系が脂質二重層の間で割断されるので，細胞膜内の蛋白質粒子が観察できる．膜の剥離の仕方を工夫して，膜内の蛋白質の局在を免疫組織化学に同定する方法は免疫フリーズフラクチャー法と呼ばれる．（⇒レプリカ法）

h **プリズム幼生** [prism larva] ウニ類の発生過程における，後期*原腸胚期と*プルテウス期の間の時期の幼生．この時期に，原腸先端と接した外胚葉がわずかに陥入して口陥をつくる．口陥と原腸先端部は貫通して口が開き，原腸は消化管に分化して摂食するようになる．プリズムという呼称は，幼生の形がプリズムに似た三角形をしていることによる．幼生骨片が成長し腕が伸びプルテウス期となる．

i **フリッカ** [flicker] 《同》ちらつき，顫光感覚．刺激光の強弱の位相が周期的に交代する場合，その周波数が低いと，ちらちらした光の感覚が起こる現象．明滅の周波数を増していくと明暗の感覚が融合して定常的な中間明度の感覚に移行する．この移行限界の周波数を臨界融合周波数または臨界融合頻度(critical fusion frequency, CFF)という．刺激光の輝度を増せば CFF は増大し，CFF は輝度の対数と直線関係が成立する（フェリー–ポーターの法則 Ferry-Porter's law）．CFF は刺激光の面積の対数とも直線関係がある（グラニット–ハーパーの法則 Granit-Harper's law）．また，融合したときの見えの明るさは，t_1 秒間に輝度 L_1，次の t_2 秒間に輝度 L_2 の交代を呈示するとき

$$L=\frac{t_1L_1+t_2L_2}{t_1+t_2}$$

で表される輝度 L をもつ定常光に対応する（トールボット–プラトーの法則，⇒トールボットの法則）．明暗の交代でなく色を交代させて CFF を求めることもある．こ

の場合の周波数を臨界色融合頻度(critical color fusion frequency, CCFF)という．色相が融合して混色に見えても，明るさの差が残っている場合が多い．CCFFは2光の輝度が等しいときに最も高く，輝度差が大きいと低くなる．フリッカーの融合は，網膜電図や単一視神経線維のスパイク放電などの実験から，網膜で起こる現象とされる．CFFに影響を与える因子は，明暗順応状態・網膜部位・刺激波形・単眼視と両眼視のほか，薬物・疾患などがあるが，特に疲労により著明に低下することから，ヒトの疲労検査法の一つとして用いられる．

a **ブリッグス** BRIGGS, Winslow Russell 1928〜 アメリカの植物生理学者．オーキシンの輸送や光シグナル伝達の研究を進めた．*フィトクロム分子の生化学的解析に貢献．青色光受容体である*フォトトロピンの発見者．2009年国際生物学賞受賞．

b **フリッシュ** FRISCH, Karl von 1886〜1982 ドイツの動物学者．ミツバチの感覚生理と行動解析に関する研究によってN. Tinbergen, K. Z. Lorenzとともに1973年ノーベル生理学・医学賞受賞．ミツバチのダンスを発見．[主著] Tanzsprache und Orientierung der Bienen, 1965.

c **フリッパーゼ** [flippase] 脂質分子を*脂質二重層膜における，脂質分子の層間移動(フリップフロップ)を行う蛋白質．エネルギー依存的に内層(細胞質側の層)から外層に反転するものをフロッパーゼ(floppase)，外層から反転するものを(狭義の)フリッパーゼ，濃度勾配に従って双方向に反転するものをスクランブラーゼ(scramblase)と区別することがある．ミクロソーム画分には，グリセロリン脂質，ドリコールリン酸糖，糖結合ドリコール中間体を反転するスクランブラーゼ活性がある．小胞体膜の細胞質側で合成された脂質を内腔側に移すために必要な活性で，それぞれが異なる分子装置に由来すると予想されるが，実体は未知である．細胞膜には内外層間にリン脂質分布の非対称性があり，その制御に関わるフリッパーゼの候補が複数同定されている．P4-ATPアーゼ(type-IV P-type ATPase)は，アミノリン脂質を細胞膜外層から内層に反転する活性をもつと考えられる．出芽酵母に5種，哺乳類には10種以上のアイソフォームがあり，細胞膜のほかゴルジ体やエンドソームで機能する．ABC輸送体には脂質を輸送するもの(フロッパーゼ)が数種類ある．輸送される脂質によって非対称性の形成を正にも負にも制御しうるが，実際の関与は未知である．Ca^{2+}依存性スクランブラーゼは，シグナル依存に非対称性を崩し，内層のホスファチジルセリンを細胞外に露出すると考えられる．実体は未知だが，活性に必要な因子(PLSCR1)が同定されている．

d **フリップフロップ** [flip-flop] ⇒フリッパーゼ

e **フリップフロップモデル** [flip-flop model] DNAの可逆的*逆位，可逆的修飾などによって，その近くの遺伝子の発現が'on'または'off'となるような制御様式．バクテリオファージMu, P1などの吸着ため，宿主域の決定などに関与する遺伝子の発現，サルモネラ菌の鞭毛相変異などの，可逆的逆位による発現制御の例として知られている．DNAの構造変化による遺伝子発現調節の機構として重要な意義をもつと思われる．

f **プリニウス** PLINIUS 全名 Gaius Plinius Secundus 23〜79 ローマの百科全書的著述家．姓名の似た甥に対して大プリニウスという．北イタリアのコモに生まれ，ローマで教育を受けた．種々の要職についたが，ヴェスヴィオ火山の噴火の視察に行って死んだ．諸学に深い関心を示し，博物学に関する百科全書的な書物'Naturalis historia'(博物誌) 37巻を著す．近世に至るまで広く読まれた．

g **フリーマーチン** [freemartin] ウシの二卵性双生児が雌と雄とである場合に，雄の方は正常なのに対して，卵巣が変化して*間性型または精巣に似た構造を呈し，副精巣や輸精管もかなり発達しているような雌をいう．フリーマーチンは繁殖力に欠けている．以上の事実はF. R. Lillie(1916)により研究された．彼は，精巣の発育が卵巣よりも先に起こり，雄性ホルモンが先に出て卵巣に作用を及ぼすことが原因であり，胎膜血管の交流がない場合にはフリーマーチンは生じないのがその証拠とした．しかし他の哺乳類ではフリーマーチン効果は認められない．また両生類では，性を異にするイモリの2個の胚を癒合しておくと精巣は正常に発育するが卵巣の発育は抑制される．カエルでも同じことが起こるが，ヒキガエルでは起こらない．最近の細胞学的研究によって，異性個体の間で細胞自身が相互に交流し*モザイクになっている場合が知られ，遺伝的雄の細胞が雌双生児の生殖器に入りこんだことにより，精巣形成を誘導したためであると考えられている．(⇒精巣決定因子)

h **プリューガー** PFLÜGER, Eduard Friedrich Wilhelm 1829〜1910 ドイツの生理学者．マールブルク，ベルリン両大学に学び，E. H. du Bois-Reymondのもとで内臓神経作用の研究をし，電気緊張の現象に関して発見をした(収縮の法則)．1859年 H. L. F. von Helmholtzの後をついて，終生ボン大学教授．神経生理学・代謝生理学など，広汎な領域に多くの業績がある．呼吸が血液ではなく組織内で行われることなども発見した．1868年に'Pflügers Archiv für die gesamte Physiologie'を創刊した．[主著] Wesen und Aufgabe der Physiologie, 1878; Die allgemeinen Lebenserscheinungen, 1889.

i **プリューガー卵管** [Pflüger's ovarian tube] 哺乳類の卵巣における二次性索，すなわち*卵巣索．これはやがて結合組織によって*生殖上皮から分離され，卵胞上皮になるべき細胞と原始卵との混合からなる塊として結合組織中に遊離するが，この塊をワルダイヤー卵胞(Waldeyer's ovarian vesicle)という．ワルダイヤー卵胞は結合組織によりさらにいくつもの小塊に分けられ，結局1個の卵とそれを取り巻く1層の卵胞上皮とからなる原始卵胞が形成される．(⇒グラーフ卵胞)

j **浮力の調節** [buoyancy control] 主に海産動物における浮力と体重がつり合うような調節．海中の一定深度に生活しているものや，鉛直移動する動物は，このような調節により環境に適応しており，これを浮遊適応(floating adaptation, buoyancy adaptation)と呼ぶ．魚卵やプランクトンのように不動性のものだけでなく，魚類のように運動性の著しいものにも見られる．調節は，体の一部に密度の低い部分をつくることによって行われ，細胞内液を低浸透圧に保つもの(魚卵)，体液の一部や細胞内液のMg^{2+}やCa^{2+}をNH_4^+でおきかえるもの(深海性イカやヤコウチュウ)，体の一部に脂質，特にスクアレンなどの軽い脂質を貯えるもの(板鰓類)などがあるが，最も効果的なのは，体の一部に気体を貯えるもの(硬骨魚類と有殻アメーバ

Arcellaでは主にO₂, コウイカではN₂, カツオノエボシではO₂, N₂, CO₂, CO)である. 浮力の調節は, 長期的で定常的なもの(魚卵・板鰓類)と短期的で可変的なもの(硬骨魚類, イカ, ヤコウチュウ)が区別される. 硬骨魚類の閉鰾類では*鰾(うきぶくろ)に貯えるO₂の量によって密度の調節を行い, コウイカでは甲に貯えるN₂の体積変化によって調節を行い(甲に含まれる溶液のイオン濃度の変化に伴う水分の移動により甲の中のN₂の体積が変化), 深海性イカやヤコウチュウでは体内の液のイオン組成を変化させて調節を行っている.

a **プリン塩基** [purine base] ⇒塩基, ⇒プリン分解経路

b **ブリンク** **BRINK**, Royal Alexander 1897～1984 アメリカの遺伝学者. トウモロコシの突然変異と育種に関して多くの研究を行う. 特にトウモロコシのアントシアニン生産に関係したR遺伝子座におけるパラミューテーションの研究は有名. (⇒パラミューテーション)

c **プリングスハイム** **PRINGSHEIM**, Nathanael 1823～1894 ドイツの植物学者. ベルリン大学講師, イェナ大学教授を経てベルリンで私学者の生活に入る. 1857年以来'Jahrbücher für wissenschaftliche Botanik'を刊行. 藻類の生殖器官に関する多くの発見をし, 多数の術語(例:胞子, 遊走子)を導入した. 苔類の研究などもある. [主著] Beiträge zur Morphologie der Meeresalgen, 1862.

d **プリン生合成経路** [purine biosynthesis pathway]

プリン生合成

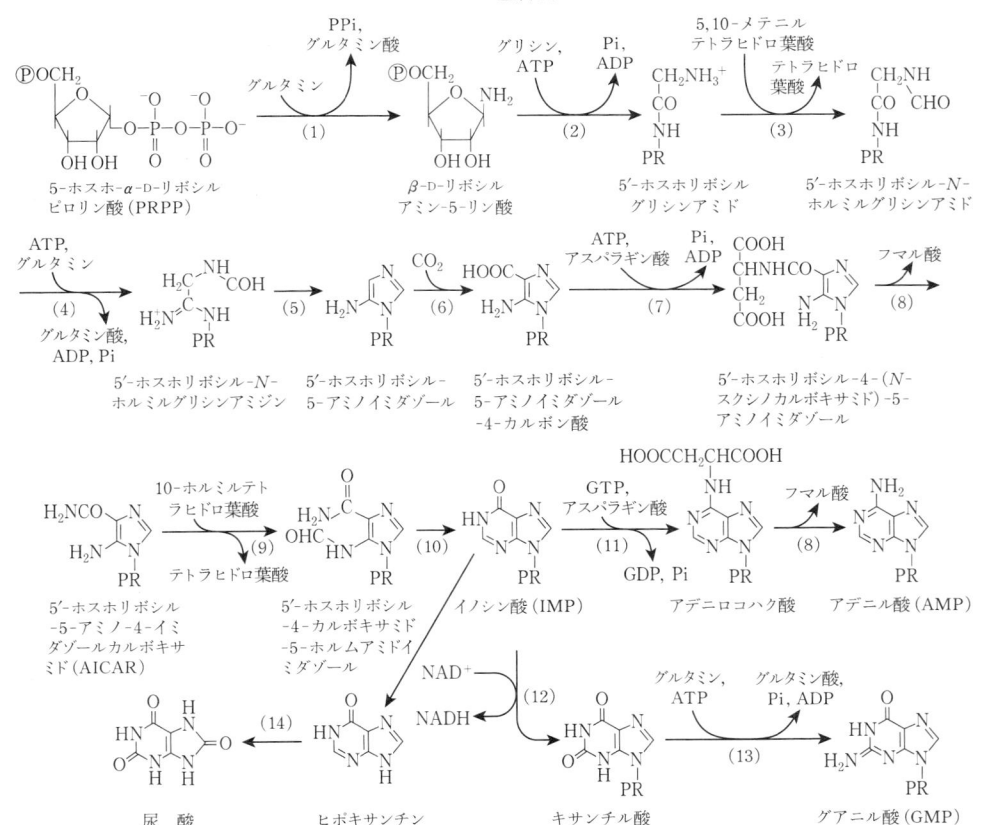

[構造式群省略: 5-ホスホ-α-D-リボシルピロリン酸(PRPP) → β-D-リボシルアミン-5-リン酸 → 5'-ホスホリボシルグリシンアミド → 5'-ホスホリボシル-N-ホルミルグリシンアミド → 5'-ホスホリボシル-N-ホルミルグリシンアミジン → 5'-ホスホリボシル-5-アミノイミダゾール → 5'-ホスホリボシル-5-アミノイミダゾール-4-カルボン酸 → 5'-ホスホリボシル-4-(N-スクシノカルボキシアミド)-5-アミノイミダゾール → 5'-ホスホリボシル-5-アミノ-4-イミダゾールカルボキサミド(AICAR) → 5'-ホスホリボシル-4-カルボキサミド-5-ホルムアミドイミダゾール → イノシン酸(IMP) → アデニロコハク酸 → アデニル酸(AMP); IMP → キサンチル酸 → グアニル酸(GMP); ヒポキサンチン → 尿酸]

Ⓟ:リン酸基
PR:ホスホリボシル基
Pi:オルトリン酸
PPi:ピロリン酸

(1) アミドホスホリボシルトランスフェラーゼ(EC2.4.2.14) (2) ホスホリボシルグリシンアミドシンターゼ(6.3.4.13) (3) ホスホリボシルグリシンアミドホルミルトランスフェラーゼ(2.1.2.2) (4) ホスホリボシルホルミルグリシンアミジンシンターゼ(6.3.5.3) (5) ホスホリボシルアミノイミダゾールシンターゼ(6.3.3.1) (6) ホスホリボシルアミノイミダゾールカルボキシラーゼ(4.1.1.21) (7) ホスホリボシルアミノイミダゾールスクシノカルボキサミドシンターゼ(6.3.2.6) (8) アデニロコハク酸リアーゼ(4.3.2.2) (9) ホスホリボシルアミノイミダゾールカルボキサミドホルミルトランスフェラーゼ(2.1.2.3) (10) IMPシクロヒドロラーゼ(3.5.4.10) (11) アデニロコハク酸シンターゼ(6.3.4.4) (12) IMPデヒドロゲナーゼ(1.2.1.14) (13) GMPシンターゼ(6.3.5.2) (14) キサンチンオキシダーゼ(1.2.3.2)

生体内で,核酸を構成する成分のうち,プリン塩基(アデニン,グアニン)を合成すること. *ヌクレオチド(アデニル酸,グアニル酸)の形で行われる. 鳥類・爬虫類などでは排出尿酸(⇌プリン分解経路)の合成としても重要な代謝過程となっている. *サルヴェージ経路に対する新生経路(de novo pathway)に当たる. 合成経路としては, *5-ホスホリボシルピロリン酸(PRPP)からはじまり,アミノ酸(グルタミン,グリシン,アスパラギン酸),テトラヒドロ葉酸の誘導体,二酸化炭素と反応し,プリン環をもつヌクレオチドの*イノシン酸(IMP)が合成される. IMPから*アデニル酸(AMP), *グアニル酸(GMP)を生成する経路と,酸化されて*尿酸になる経路が分岐する. つまりIMPが中間体となってAMP, GMPが合成される. なお,最終産物であるAMPおよびGMPが,合成経路の反応(それぞれ前頁図の(1), (11),(1)と(12)の反応)を阻害することは, *フィードバック阻害によるプリン生合成の調節機構として知られている. 寄生生物の多くでは本経路を欠く.

a **プリンヌクレオシド** [purine nucleoside] ⇌ ヌクレオシド

b **プリン分解経路** [purine catabolism pathway, purine degradation pathway] プリン塩基が生体内で分解されること. 動物では,プリン塩基はほとんどすべて*尿酸に酸化され,図のように分解される. プリン塩基の一部は*サルヴェージ経路によってプリンヌクレオチド合成に再利用される. 尿酸の最終分解産物は動物の種類によって異なり,それぞれの形で排出される. 鳥類,陸上爬虫類,円口類,双翅目を除く昆虫類,環形動物(ヒル,ミミズ)では,尿酸が同時に窒素の主要排出形態である. 霊長類を窒素は尿酸の形で排出し,それ以降の分解産物を生じない. またブタやクモはグアニンを排出する. 多くの哺乳類は尿酸酸化酵素(ウリカーゼ)によって尿酸をアラントイン(allantoin)に酸化して,尿素とともに排出する. カメや腹足類もアラントインを排出する. 多くの動物はアラントイン加水分解酵素(アラントイナーゼ allantoinase)を含み,アラントイン酸(allantoic acid)を生じるが,若干の硬骨魚類(真骨類)はこれを排出する. アラントイン酸加水分解酵素(アラントイカーゼ allantoicase)をもつ多くの魚類や両生類は尿素を排出するが,さらに*ウレアーゼをもつホシムシ,海棲斧足類(ハガイ),カラスガイ,甲殻類(ザリガニ,イセエビ),イムシではアンモニアまで分解する. このプリン排出物の多様性は,進化にともなう酵素欠如現象(enzymapheresis)によると考えられている. なお,プリン代謝の異常症として*痛風や*レッシュ-ナイハン症候群がある.

c **ブール** BOULE, Pierre Marcellin 1861～1942 フランスの地質学者,人類学者. ヨーロッパ,北アフリカ,パレスチナ出土の古人類化石を広汎に研究,ラシャペローサン人骨についてネアンデルタール人骨の最初の完全な復元をした. [主著] Les hommes fossiles, 2版 1923 (1952年にH. V. Vallois が改訂増補).

d **ふるえ産熱** [shivering thermogenesis] 筋肉運動によるふるえによって産生される熱. 恒温動物が低温環境におかれたとき,まず*非ふるえ産熱による熱産生が増大し,この方法が限界に達すると,ふるえが起こることにより体温調節がなされる. ふるえは無意識に起こる現象であるが,自律神経系とは無関係に脳脊髄神経系から骨格筋へのインパルスによってもたらされ,それによって産熱量を基礎代謝量の2～5倍にまで増大させることができる. 一方,変温動物では,スズメガなどの大形昆虫,ネズミザメ,マグロなどにおいて,飛翔や遊泳のための筋肉を過度に冷却させないためにふるえ産熱が使われている.

e **5-フルオロウラシル** [5-fluorouracil] 5-FUra, 5-FU と略記. ウラシルの5の位置の水素をフッ素で置換した核酸塩基類縁体. 動物に投与するとウラシルと同様に取り込まれ,細胞の増殖を阻害し,制がん剤として用いられる. 生体内でデオキシリボシル化されて 5-フルオロデオキシウリジン(5-fluorodeoxyuridine)となり,さらにリン酸化されて 5-フルオロデオキシウリジル酸(5-フルオロ-2′-デオキシウリジン-5′-一リン酸)となる. これが拮抗的にチミジル酸生成酵素を阻害し,DNA合成の前駆体であるチミジル酸の供給を断つことにより DNA合成を阻害する. また 5-フルオロウラシルは,DNA のチミンと置換して塩基対合に異常を起こし,突然変異原となる. さらに,RNA合成に対してもウラシルの代わりに取り込まれ,蛋白質生成の異常を引き起こす.

f **フルオログラフィー** [fluorography] *オートラジオグラフ法を行う際に,担体ゲル内にシンチレーターを浸透させ,放射線で励起されたシンチレーターの発光を低温下で X 線フィルムに感光させ検出する技法. ^{3}H, ^{14}C, ^{35}S などβ線のエネルギーが低く,X 線フィルムの感光剤を直接感光させにくい放射性同位元素の検出に有効で,低温処理および化学増感処理によって高感度を得ることが可能となる. 薄層*クロマトグラフィーや濾紙クロマトグラフィーで分離した標識化合物の検出にも用いられる.

g **フルオロ酢酸** [fluoroacetic acid] ⇌有毒植物

a **5-フルオロデオキシウリジン** [5-fluorodeoxy-uridine] ⇨5-フルオロウラシル

b **プルキニエ** PURKYNĚ, Jan Evangelista; Purkinje, Johannes Evangelista 1787～1869 チェコの動物生理学者，組織学者．視覚生理学でプルキニエ現象を発見，繊毛が原生生物だけでなく，広く後生動物の上皮に分布することなど，多方面の研究をした．動物胚の内容について原形質(protoplasma)の語をはじめて用いた．動物の卵が1個の細胞であることはまだ知られていなかったが，未成熟卵の核を観察して胚胞(vesicula germinativa)の名を与えた．小脳皮質のプルキニエ細胞にも名を残す．[主著] Beobachtungen und Versuche zur Physiologie der Sinne, 2巻, 1823～1826.

c **プルキニエ現象** [Purkinje's phenomenon] 《同》プルキニエ効果(Purkinje's effect, Purkinje's shift)，プルキンエ現象．色光に対する視感度が明暗順応の状態により異なる現象．種々の明暗順応の状態で視感度曲線を求めると，明順応の程度が高くなるにつれて視感度曲線の極大点が長波長側にずれ，逆に暗順応の程度が高くなると短波長側にずれる．ヒトの視感度曲線の極大は，明順応時には 560 nm ぐらいにあり，暗順応が進むと 510 nm になる．そのため，明順応時には赤や橙が相対的に明るく見え，暗順応時には青や緑が明るく見える．夜は赤信号より青信号がよく見えるのはこのためである．この現象は明順応時に働いていた錐体の機能が，暗順応が進むにつれて桿体の機能に移行するために起こり，*二元説の有力な根拠である．したがって，純中心視で中心窩だけの視感度を求めると，この現象はみられない．暗順応時の視感度曲線は，桿体視物質である*ロドプシンのスペクトル吸収曲線とほぼ一致する．ヒト以外の脊椎動物でも網膜電図のb波や視神経繊維のスパイク放電を指標として，プルキニエ現象を確認できる．プルキニエ現象を示す動物には色覚があるといわれている．

d **プルキニエ-サンソン像** [Purkinje-Sanson's images] 《同》プルキニエ像，プルキニエ-サンソンの鏡像．ヒトの眼の調節がレンズ(水晶体)前面の曲率の増加によることを証明する現象．J.E.Purkinje とフランスの L.J.Sanson が記載．すなわち，遠点を見ている(調節休止している)眼の前方の一側に光源を置き，他側から検者がその眼の中を見ると，3個の反射像が見える．(a)角膜前面での反射による鮮明な小直立虚像，(b)レンズ前面での反射による弱い大直立虚像，(c)レンズ後面での反射による弱い小倒立実像，である．そこで被検者に近体を注視させると，b像がa像に近づいて小さくなるのみで，c像には著変なく，レンズ前面の曲率だけを増して調節が行われることが結論づけられる．

無調節時　調節時

e **プルキニエの血管像** [Purkinje's figure] ヒトの眼に，通常と異なる入射路によって光を入れたとき視認できる，網膜血管像．暗所で集光レンズにより強膜の一部に光を強く集めるか，眼前の斜め側方に光源を置いて眼球内を照らすかすると(プルキニエの実験)，被験者は自己の網膜の血管陰影像を，暗赤色に輝く背景上の暗い樹枝状物として見る．光源を動かせば像も動く．網膜の血管は内境界膜上を走るから，瞳孔を通して入った光はかならず網膜の視細胞層上に血管の影をつくるが，これが自覚されないのは，この血管の影は眼球運動のいかんにかかわらず完全な*静止網膜像になっているからである．異常な入射路で光が入った場合，通常と異なった位置に血管の像が投影されるため，これを自覚できると説明されている．一般に眼内の物体に対する視現象は内視現象(自観現象 entoptic phenomena)といい，青空を見上げるとき網膜血管内を流れる血球を自観するのはしばしば経験することである．

f **フルクタン** [fructan] 《同》フルクトサン(fructosan)．フルクトースからなる多糖の総称．自然界にはD-フルクトフラノースが β-2,1 結合で重合したイヌリン(inulin)と，β-2,6 結合で重合したレバン(levan)が知られており，いずれの場合もフルクタン鎖の還元末端側はD-グルコースに 2,1 結合している．重合度は数十残基程度でさまざまである．イヌリンはキク科植物の根茎に多量に含まれ，貯蔵多糖としての役割をもつ．一部の口腔内細菌もこのフルクタンを合成する．レバンは各種の細菌，イネ科などの単子葉植物の茎や葉に見出される．一般に熱水可溶性で還元力を示さず，負の旋光度をもち，また酸加水分解を受けやすい．生合成的にはショ糖のフルクトース側にフルクトースが次々と転移されて生成する．

g **β-D-フルクトシダーゼ** [β-D-fructosidase] 《同》β-D-フルクトフラノシダーゼ(β-D-fructofuranosidase)．*ショ糖をはじめとする D-*フルクトース β 配糖体のフルクトシド結合を加水分解する酵素．EC3.2.1.26. アカパンカビ(*Neurospora*)など微生物のショ糖分解酵素はオリゴ糖や配糖体のフルクトシド結合を加水分解し，またショ糖から他の糖，アルコール，フェノールなどへのβ-フルクトフラノシル残基を転移する反応も触媒する．動物の腸粘膜細胞にはさまざまな二糖を加水分解する各種酵素が存在するが，ショ糖の分解はマルトースに作用する*α-グルコシダーゼによって行われ，微生物のフルクトシダーゼとは異なっている．

h **フルクトース** [fructose] 《同》果糖，レブロース(levulose)．$C_6H_{12}O_6$　代表的なケトヘキソースの一つ．果汁，蜂蜜や精漿中(⇨ソルビトール)に遊離した形で存在し，またグルコースとともにショ糖を構成する．このほかに，キク科植物の根茎に含まれるイヌリンや，微生物の産生するレバンのような多糖としても存在する(⇨フルクタン)．天然の遊離のフルクトースはピラノース型であるが，オリゴ糖・多糖中のものは，常にフラノース型として存在する．ショ糖が β-フルクトシダーゼの作用をうけると，フルクトースを遊離する．またマンニトール，ソルビトールがそれぞれに働く脱水素酵素で酸化されるとフルクトースになる．糖類中最も甘味が強い

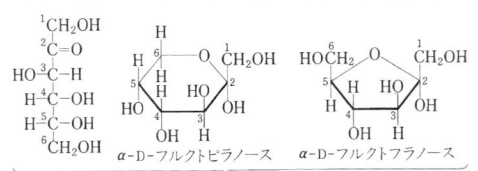

α-D-フルクトピラノース　α-D-フルクトフラノース
D-フルクトース

が,α型はβ型の1/3の甘味しかない.

フルクトースキナーゼ 【1】[ketohexokinase] フルクトース-1-キナーゼ：《同》ケトヘキソキナーゼ，フルクトキナーゼ．ATPによりD-*フルクトースをリン酸化してフルクトース-1-リン酸(fructose-1-phosphate)をつくる酵素．EC2.7.1.3．L-*ソルボースなどにも作用する．ショ糖分解物であるフルクトースを動物が代謝するとき生理的に利用する酵素．生じたフルクトース-1-リン酸は*アルドラーゼのイソ酵素Bによりジヒドロキシアセトンリン酸と*グリセルアルデヒドに分解し，後者はグリセロールに還元されるかグリセリン酸に酸化されてのちリン酸化され，両者とも*解糖経路に入る．本酵素の遺伝的欠損によってフルクトース尿症が起こる.【2】フルクトース-6-キナーゼ：フルクトースをATPによりリン酸化してフルクトース-6-リン酸を生じる酵素．EC2.7.1.4．微生物・植物に存在．単にフルクトキナーゼというときはこの酵素を指すが，【1】をいうこともあるので，フルクトース-1-キナーゼ，6-キナーゼとして区別すべきである.

フルクトース-1,6-二リン酸 [fructose-1,6-bisphosphate] 《同》フルクトース-1,6-ビスリン酸，ハーデン-ヤングエステル(Harden-Young ester, 旧称)．⇌解糖(図)

フルクトース-2,6-二リン酸 [fructose-2,6-bisphosphate] *解糖系の活性調節物質の一つで，ホスホフルクトキナーゼ(PFK)の活性化因子であるとともにフルクトース-1,6-二リン酸ホスファターゼ(FDPアーゼ)の阻害因子．1980年K.Uyedaら，H.G.Hersらがそれぞれ独立に発見．PFKは生理的な細胞内の条件下ではATPによって強く阻害され全く活性を示さないが，数μMのフルクトース-2,6-二リン酸の存在で完全に活性を示す．この因子の合成は*フルクトース-6-リン酸-2-キナーゼによって，分解はフルクトース-2,6-ビスホスファターゼによって触媒される．これら二つの活性は同一蛋白質上に存在し，肝臓の酵素は*Aキナーゼによるリン酸化とリン蛋白質ホスファターゼによる脱リン酸によって活性が調節されている．肝臓では空腹時グルカゴンの濃度が上昇するとこの酵素蛋白質のリン酸化が起こり，分解活性が上昇し，合成活性が下がる．その結果フルクトース-2,6-二リン酸濃度の低下が起こり，PFKは活性を示せなくなり，解糖系は停止する．一方，FDPアーゼはフルクトース-2,6-二リン酸濃度の低下によってその阻害が解除されて，活性が上昇し，*糖新生の方向に代謝が進行する．摂食後のインスリン濃度の高いときには逆に酵素蛋白質の脱リン酸が起こり，フルクトース-2,6-二リン酸濃度が上昇し(10μM程度)，FDPアーゼで阻害され解糖系代謝の促進と糖新生の抑制が起こる．フルクトース-2,6-二リン酸は細菌を除くすべての細胞に存在する．

フルクトース-6-リン酸-2-キナーゼ [fructose-6-phosphate 2-kinase] 《同》6-ホスホフルクト-2-キナーゼ(6-phosphofructo-2-kinase)，ホスホフルクトキナーゼ2(phosphofructokinase 2)．フルクトース-6-リン酸とATPから*フルクトース-2,6-二リン酸を合成する反応を触媒する酵素．EC2.7.1.105．分子量約5万のサブユニット2個よりなる．同一蛋白質上にフルクトース-2,6-ビスホスファターゼ(fructose-2,6-bisphosphatase)活性をももつ二機能酵素であり，フルクトース-2,6-二リン酸を加水分解してフルクトース-6-リン酸と無機リン酸を生成する反応も触媒する．肝臓の酵素は*Aキナーゼによりリン酸化を受けてフルクトース-6-リン酸-2-キナーゼ活性のフルクトース-6-リン酸に対するミカエリス定数K_mの値が上昇し，生理的条件下ではフルクトース-2,6-二リン酸の合成は停止する．一方，フルクトース-2,6-ビスホスファターゼ活性はリン酸化によりフルクトース-2,6-二リン酸に対するK_m値が減少して分解反応が進行する．

プルシナー PRUSINER, Stanley Ben 1942〜 アメリカの神経学者．ウシの海綿状脳症(狂牛病)，ヒツジのスクレイピー，ヒトのクロイツフェルト・ヤコブ病の原因として，蛋白質*プリオンが主因だという説を提唱した．その功績により1997年ノーベル生理学・医学賞受賞．

フルシリア [furcilia] 節足動物門甲殻亜門オキアミ類の*ゾエア後期の幼生．*カリプトピス期に続く．頭部の複眼は有柄となり，甲皮の外へ突出する．この時期に胸部に第一〜第三胸肢が発達する．腹肢ははじめ未発達であるが，次第に第一〜第五腹肢が機能的になると*メガローパ期に入り，*キルトビアと呼ばれるようになる．この後，変態を経て稚個体となる．

ブルース効果 [Bruce effect] 交尾直後の雌マウスが，交尾した雄以外の雄と同居することによって妊娠不成立に終わる現象．H.M.Bruce(1959)が発見．雄の尿や分泌液中のフェロモンないしは特定のMHC結合性ペプチドなどが雌の鋤鼻器において性個体情報として記憶されており，別の雄の刺激により黄体の活性化が抑えられるためと考えられている．後で同居した雄の繁殖戦略で，ライオンやハヌマンラングールの子殺しと似た適応的意味をもつと理解される．

ブルストレーム BURSTRÖM, Hans 1906〜1987 スウェーデンの植物生理学者．北欧植物生理学会の創設(1947)に尽力，雑誌'Physiologia plantarum'を創刊(1948)．はじめH.G.Lundegårdhと植物の無機塩類吸収機構に関する研究を行い，農科大学ではコムギの硝酸還元や栄養物質の転流の研究を行った．ルンド大学ではコムギ根の成長のホルモンによる調節機構などを研究．

ブルセラ [brucella] ブルセラ属(Brucella)細菌の総称．D.Bruce(1887)により発見．*プロテオバクテリア門アルファプロテオバクテリア綱ブルセラ科(Brucellaeae)に属する．ブルセラ症と呼ばれる*人獣共通感染症の起因菌．グラム陰性，好気性，非運動性の球菌あるいは小桿菌(0.5〜0.7×0.6〜1.5μm)．炭水化物をほとんど利用せず，酸形成を行わず，肝エキスのような動物性培地に発育し，盛んにアンモニアおよび硫化水素を産生する．大部分はCO_2要求性で，10% CO_2中でよく生育し，血清あるいは血液の存在下で生育促進される．培養においては容易に*S-R変異を起こし，病原性を失い，凝集反応も全く変化する．ヤギ・ウシ・ブタなど家畜の特に妊娠した雌の生殖器官や乳腺で増殖し，しばしば流産を起こし，また血液や細網内皮系を冒すが，症状の不定のことも多い．基準種はBrucella melitensis(マルタ熱菌)のほか，B.abortus(バング熱菌，ウシ流産菌)，B.suis(ブタ流産菌)などが知られている．

ブルダハ BURDACH, Karl Friedrich 1776〜1847

ドイツの生理学者．ライプツィヒ，ウィーン両大学に学び，ドルパト大学(1811)，ついでケーニヒスベルク大学(1814)教授．主に中枢神経系の研究で知られ，脊髄後索に名を残す(Burdach's column)．著作 'Propädeutik zum Studium der gesammten Heilkunst' (1800) の脚注ではじめて Biologie の語を用いたとされる．

a **プルテウス** [pluteus] 棘皮動物のウニ類およびクモヒトデ類の浮遊幼生．ウニ類のものは*エキノプルテウスと呼び，*プリズム幼生期の後に続いて形成される．クモヒトデ類のものはオフィオプルテウス(ophiopluteus)と呼び，原腸胚期に続いて形成される．幼生の形が画架に似ていることから名付けられた．(⇌エキノプルテウス[図])

b **ブルドー** [burdo] 台木と接穂の細胞の核が融合して生じる接木雑種．H. Winkler (1912) はトマト($2n=24$)とイヌホオズキ($2n=72$)との接木実験で両者の染色体数の和の半分である48本の染色体をもつ個体を得，*Solanum darwinianus* と名づけた．さらにこれは体細胞融合に際して各半数ずつの染色体をもつ核ができて合体したために生じたものと推定し，ブルドーと考えた．(⇌接木)

c **古畑種基**（ふるはた たねもと） 1891〜1975 血液学者，法医学者．東京大学教授．血液型に関する研究で知られ，日本列島内におけるABO式血液型遺伝子頻度の地理的勾配を発見した．[主著]血液型学，1947．

d **ブールハーフェ** BOERHAAVE, Hermann 1668〜1738 オランダの医学者でまた植物学者，化学者．ライデン大学で神学を学んだが，B. Spinoza の哲学に傾倒して神学を放棄．ハルデルウェイク大学で医学を修め，ライデンで開業．のちライデン大学教授．医学，植物学，化学の講義をした．著作 'Institutiones medicae' (1708) で，病気の分類や症状・原因・治療について系統的にまとめた．唯一神論者であったが，人間の生理的機能に対してはデカルト的機械論の立場をとった．当時彼の名は全ヨーロッパに響き，各国の留学生が集まった．[主著]上記のほかに：Aphorismi de cognoscendis et curandis morbis, 1709．

e **ブルーム** BROOM, Robert 1866〜1951 南アフリカ連邦の古生物学者，人類学者．獣歯類の研究で知られていたが，1936年に化石人類アウストラロピテクス類の化石を発見し *Plesianthropus transvaalensis* と命名．[主著]The mammal-like reptiles of South Africa, 1932．

f **ブルーメンバハ** BLUMENBACH, Johann Friedrich 1752〜1840 ドイツの生理学者．人類学の父と呼ばれる．イェナ大学で医学を修め，1775年ゲッティンゲン大学で学位を得たのち，1778年より同大学医学部教授．頭骨の計測的研究が人種の分類に役立つことを示し，全人類をコーカサス人種（または白色人種），モウコ人種（黄色人種），マラヤ人種（褐色人種），ニグロ人種（黒色人種），アメリカ人種（赤色人種）に分類．人類の一元性を強調し，コーカサス人種を祖型とした．動物界の比較解剖学的および比較生理学的見方の確立にも貢献し，生命の原理として形成力（独 Bildungstrieb）の存在を唱えた．[主著]Collectionis suae diversarum gentium illustratae decades, 1790〜1828．

g **フルーランス** FLOURENS, Marie Jean Pierre 1794〜1867 フランスの神経生理学者，解剖学者．コレージュ=ド=フランスで講義(1828)．ついで自然誌博物館の比較解剖学教授となる．1833年，科学アカデミーの終身幹事(G. L. Cuvier の遺言による)．19世紀初頭のフランス生理学に特徴的な実験主義的傾向を代表する一人で，同時代人 J. J. C. Legallois (1770〜1840) とならんで延髄の呼吸中枢 (nœud vital) の発見者として知られる．またイヌやハトなどで，巧みな器官除去実験により小脳や半規管の平衡機能を証明．C. Darwin の進化論の強固な反対者．[主著]Expériences sur le système nerveux, 1825.

h **ブルンナー腺** [Brunner's gland] 《同》十二指腸腺(duodenal glands, pancreal glands)．十二指腸の粘膜下層に存在する腺．導管が粘膜筋板を貫いて開口する．胃の幽門端にこれと構造および機能の類似する腺があるが，粘膜固有層に存在する点でブルンナー腺と異なる．分泌液はアルカリ性で，腺細胞は粘液細胞から構成される．

i **ブルンフェルス** BRUNFELS, Otto 1489 頃〜1534 ドイツの神学者，植物学者．1521年に僧院を出て諸方を旅行し，シュトラスブルクで教師，のちに医師となる．自然から直接に写生した美しい植物の図譜を出版し，植物を直接に自分の眼で観察することのさきがけをなした．C. von Linné は彼を「植物学の父」と呼んだ．[主著]Herbarium vivae eicones, 1530.

j **ブレオマイシン** [bleomycin] 放線菌 *Streptomyces verticillus* の産生する糖ペプチドの抗がん抗生物質．梅沢浜夫ら(1965)が分離．A と B とに大別され，さらに A は5種に細別される．化学的には硫黄を2〜3原子含むペプチドで銅とキレートしている．抗腫瘍作用はDNA合成の阻害に由来し，DNA切断作用およびDNAポリメラーゼの合成阻害の二面がある．扁平上皮癌に対して特に有効とされ，皮膚がん，肺癌，食道癌，甲状腺癌，子宮頸癌などに用いられる．

k **ブレーキストン** BLAKISTON, Thomas Wright ブラキストンとも．1832〜1891 イギリスの軍人，動物学者．カナダのロッキー山脈の鳥類を調査．英清戦争に従軍し，苗族を研究．1861(文久1)年に箱館(函館)に渡来し，対中国，対ロシア貿易などに従事するかたわら，気象観測や鳥類採集を行った．本州と北海道の動物が著しく異なることに注目し，津軽海峡が北アジアと中部アジアの動物分布上の境界線(通称，ブレーキストン線もしくはブラキストン線)をなすことを指摘した(⇌生物分布境界線)．カリフォルニアで没．[主著]A journey in North-East Japan, 1874; Catalogue of the birds of Japan, 1878; List of waterbirds of Japan (H. Pryer と共編), 1886.

l **プレグネノロン** [pregnenolone] $C_{21}H_{32}O_2$ 3β-hydroxy-5-pregnen-20-one. *コレステロール側鎖切断酵素系によってつくられた C_{21} *ステロイド．ほとんどすべての*ステロイドホルモンの生成経路における重要な中間体である．*Δ^5-3β-ヒドロキシステロイド脱水素酵素と*ステロイド Δ 異性化酵素の作用により*プロゲステロンとなる．あるいは*ステロイド 17α 水酸化酵素で 17α-ヒドロキシプレグネノロンとなり，さらにデヒドロエピアンドロステロンとなる．(⇌ステロイド

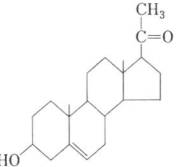

1228　フレセネリ

ホルモン生合成）

a **プレセネリン**　［presenilin］　《同》プレセニリン．家族性アルツハイマー病（⇌アルツハイマー型認知症）の原因として同定された遺伝子がコードする膜蛋白質．第14染色体に存在するプレセネリン1，および第1染色体に存在するプレセネリン2が知られる．プレセネリンは，βアミロイド前駆体からβアミロイドを切断する機能を担うと考えられ，プレセネリンの変異により代謝異常が起こり，アルツハイマー病が発症するとする考えがある．これは，βアミロイド仮説と呼ばれる．

b **プレッシャーチェンバー法**　［pressure chamber method］　《同》圧ボンベ法．植物の茎葉の水ポテンシャルを知る実験法．葉または枝を切り離し，耐圧容器中に葉柄または枝の切り口を外に出して密封し，窒素ボンベから窒素ガスを送って容器内の圧を上げていく．すると，切断の際にいったん道管あるいは仮道管中に引き込まれた液はしだいに戻って切り口に現れる．このとき加えた圧に−符号をつけた値が，切断直前の道管あるいは仮道管内の負圧である．道管中あるいは仮道管の液は純水に近く，浸透ポテンシャル（osmotic potential）が0に近いので，その負圧は*水ポテンシャルにかなり近い．しかし，正確な水ポテンシャルは，液の浸透ポテンシャルと負圧との和である．（→P-V曲線法）

c **プレT細胞**　［pre-T cell］　*胸腺内に存在する未熟T細胞の一種．αβT細胞はその分化過程でまずβ鎖の遺伝子再構成を行う．β鎖の再構成に成功したクローンは仮のα鎖であるプレT細胞受容体α鎖（pTα）と会合して，プレT細胞受容体を形成する．この段階の細胞をプレT細胞と呼ぶ．プレT細胞受容体は，リガンド非依存的に会合することでβ鎖の完成をモニターし，その後のT細胞分化（CD4⁻CD8⁻からCD4⁺CD8⁺細胞への移行，α鎖再構成，β鎖対立遺伝子排除）を誘導する．

d **ブレナー**　BRENNER, Sydney　1927〜　南アフリカ出身のイギリスの分子生物学者．1960年代に遺伝暗号に関する顕著な業績をあげたあと，神経系の研究に用いる材料として線虫に着目し，細胞系譜やゲノム解読など一連の成果の基礎を作った．それらの功績により，R. Horvitz, J. E. Sulstonとともに2002年ノーベル生理学・医学賞を受賞．線虫からさらに脊椎動物に興味が移りフグのゲノム解読を主導した．沖縄科学技術大学院大学の前身，沖縄科学技術研究基盤整備機構の機構長をつとめた．1990年，京都賞先端技術部門受賞．

e **プレニルトランスフェラーゼ**　［prenyltransferase］　イソプレン単位の鎖延長過程を触媒する酵素の総称．イソプレン生合成に関与する酵素の新しい命名法によるもので，この呼称方式によれば，例えば，ファルネシル二リン酸生成酵素（farnesyl diphosphate synthase）はゲラニルトランスフェラーゼ（geranyltransferase）となる．広く生物に存在するプレニルトランスフェラーゼはその性質や反応様式により四つのグループに大別される．広義には，プレスクアレンシンターゼやユビキノンの生合成におけるポリプレニル二リン酸の転移酵素もこれに含まれる．さらに，近年見出されたファルネシル化およびゲラニルゲラニル化蛋白質の生合成におけるイソプレニル化酵素も，それぞれファルネシルトランスフェラーゼ（farnesyltransferase）およびゲラニルトランスフェラーゼと呼ばれる．シグナル伝達や細胞増殖な

どに関与する蛋白質の中には，本酵素によるイソプレニル化が機能の発現に不可欠なものがある．

f **プレパラート**　［preparation］　顕微鏡観察のために作られた生物・鉱物などの標本．原語ではある種の処理された生物体の一部または全体の標本をいう．生物材料では*塗抹法によるものと*切片法によるものとがある．また保存性から水・グリセリンまたは固定染色液などを媒液とした一時プレパラートと各種の*封入剤による永久プレパラート（permanent preparation）とがある．

g **プレB細胞**　［pre-B cell］　《同》前駆B細胞（precursor B cell）．*B細胞の前駆細胞．造血幹細胞からB細胞への分化過程で，まず*免疫グロブリン遺伝子の重鎖（H鎖）遺伝子の再構成が起こり，産生されたμH鎖（膜型μH鎖）は代替L鎖（surrogate light chain: VpreBとλ5からなる）と会合してプレB細胞レセプター（pre-B cell receptor, pre-BCR）を形成する．このpre-BCRを発現する細胞をプレB細胞と呼ぶ．pre-BCRが細胞表面に発現されるとこれがシグナルとなって細胞は増殖を開始し大型プレB細胞となる．数回の細胞分裂の後pre-BCRは消失し，細胞分裂は停止して細胞は小型プレB細胞となり，ここで初めて免疫グロブリン軽鎖（L鎖）遺伝子の再構成が開始される．L鎖が産生されると膜型μH鎖とともに会合しIgMすなわちB細胞レセプター（B cell receptor, BCR）として細胞表面に発現されB細胞となる．

h **ブレファリスミン**　［blepharismin］　繊毛虫の一種 *Blepharisma intermedium* の接合を誘導するホルモン．単離されたホルモンはガモンIおよびIIと命名され，このうちIIが同定されてブレファリスミンと名づけられた．これはトリプトファン誘導体のカルシウム塩である．

$$\left[\text{HO}-\underset{\text{NHCHO}}{\bigcirc}-\text{CH}_2\overset{\text{O}}{\overset{\|}{\text{C}}}\text{CHCO}_2^-\right]_2 \text{Ca}^{2+}$$

i **ブレフェルジンA**　［brefeldin A］　糸状菌 *Penicillium brefeldianum* などの産生するマクロライド系抗生物質．小胞体からゴルジ体への小胞輸送を阻害し，また，ゴルジ体の層状構造を消失させ，糖転移酵素などのゴルジ体蛋白質を小胞体へ逆行輸送させる．主たる標的因子は，ADPリボシル化因子（ADP-ribosylation factor, ARF）のGDP/GTP交換因子（ARFGEF）であるため，ゴルジ体以降の細胞内のさまざまな輸送経路も阻害すると考えられている．細胞をブレフェルジンA処理すると，ゴルジ体に表在するARFやCOPI*コート蛋白質が速やかに細胞質へ遊離する．蛋白質輸送の解析によく用いられている．

j **フレミング**　FLEMING, Alexander　1881〜1955　イギリスの細菌学者．リゾチームの発見（彼はこれを感冒の後遺症として鼻汁分泌が細菌抑制機構の主体と考えた）ののち，ブドウ球菌の培養における変異の研究中，アオカビの混入で細菌が死滅するのを観察，その活性物質としてペニシリンを発見，抗生物質時代の基礎をつくった．晩年は再び食菌現象を研究した．1945年，ペニシリンを治療薬として実用化したオックスフォードグル

ープの H. W. Flory，E. B. Chain とともに，ノーベル生理学・医学賞受賞．［主著］On the antibacterial action of cultures of *Penicillium*, 1929.

a **フレミング** F<small>LEMMING</small>, Walther 1843〜1905 ドイツの解剖学者，細胞学者．ゲッティンゲン大学その他で学び，諸大学の助手，講師ののち，1876〜1901 年キール大学教授．原形質の繊維構造説の提唱と核分裂の研究が有名．特に両生類の幼生においてアニリン染料を使用して，核分裂の過程を研究で，のちに H. Waldeyer が命名した染色体の縦裂の事実を発見した(1879)．この縦裂の意義について，メンデリズムの再発見およびその細胞学的裏づけに先んじて，核の遺伝物質の均等配分であると予言した(1883)．1887 年には減数分裂の過程で異型核分裂を発見．固定法や染色法など研究技術の改善に貢献(例えばフレミング液)．有糸分裂の造語者．

b **ブレーム** B<small>REHM</small>, Alfred Edmund 1829〜1884 ドイツの動物学者．建築家，旅行家などののち，一時イェナ大学に学び，ハンブルク動物園園長(1863〜1866)，ベルリン水族館館長(1867〜1874)．その間にも世界各地を旅行し，動物の生態について観察し，動物の知識を普及させた．'Tierleben'(6 巻，1864〜1869)は特に有名．

c **フレームシフトサプレッサー** [frameshift suppressor] ⇒フレームシフト突然変異

d **フレームシフト突然変異** [frameshift mutation, phase shift mutation] 遺伝子 DNA 上で 3 の倍数でない少数個の塩基が挿入または欠失することにより，その情報が蛋白質のアミノ酸配列として読みとられるとき，*読み枠にずれを生ずるような突然変異．アクリジンオレンジなどによって誘発される．例えば図に示すように，セリンのコドンとグリシンのコドンとの間に 1 個のグアニル酸(G)が挿入された場合，*蛋白質生合成に際しては隣接する塩基 3 個ずつが 1 個のアミノ酸に対応するから，その読み枠は右に塩基 1 個分だけずれることになる．その結果，その塩基の挿入点を境にして，正常とは全く異なったアミノ酸配列を生ずる．したがって生成する蛋白質の活性は低下または消失する．フレームシフト突然変異による遺伝暗号の読み枠の間違いを抑制するサプレッサーを，フレームシフトサプレッサー(frameshift suppressor)と呼ぶ．

5'-<u>AUG</u> <u>GCU</u> <u>UCC</u> <u>GGG</u> <u>UUA</u> <u>GAC</u> <u>AGA</u> <u>GGA</u> U…-3' 野生株
　　met—ala—ser—gly—leu—asp—arg—gly—

　　　　　　　　　　↓+G

5'-<u>AUG</u> <u>GCU</u> <u>UCC</u> <u>GGG</u> <u>GUU</u> <u>AGA</u> <u>CAG</u> <u>AGG</u> AU…-3' 突然変異株
　　met—ala—ser—**gly**—**val**—**arg**—**gln**—**arg**—

e **プレーリー** [prairie] 《同》温帯草原．北アメリカ大陸の中部および西部に広がる*イネ科草原の一種．北緯約 20〜55°の間で，海抜 2000 m 以下の地に発達する．温度条件は場所で異なるが，年降水量は 300〜1000 mm の地で特によく発達する．安定な群落では，ハネガヤ，カモジグサ，ミノボロ，イチゴツナギ，ネズミノオ，エゾムギの諸属が代表的．降雨量に応じて，高草，中草(混交)および短草のプレーリーの区別を生ずる．土壌も独特のプレーリー土壌(prairie soil)が発達する．現在ではトウモロコシやコムギの主産地となっている．

f **不連続呼吸** [discontinuous respiration, cyclic respiration] ゴキブリ，バッタ，甲虫類など多くの昆虫で見られる呼吸法で，数時間あるいは数日に一度，多量の二酸化炭素を放出するという特徴をもつ．一方，酸素は二酸化炭素に比べ，ゆっくりと安定して取り込まれている．*気門の開閉と酸素消費，二酸化炭素の*血リンパへの溶解度の高さによる．外呼吸の際の水分損失を防ぐ役割があると考えられる．

g **不連続複製** [discontinuous replication] *DNA 複製が進行する際の二本鎖の一方の複製様式のことで，複製点の近傍で起こる*岡崎フラグメントごとの不連続的な複製をいう．DNA の伸長反応を行う酵素*DNA ポリメラーゼ自体は 5'から 3'方向へしか合成しない．このため，複製フォークの進む方向と同じ方向に複製が進行するリーディング鎖の合成は連続的に進行しうるが，逆方向に進行するラギング鎖では 3'から 5'に合成することは不可能である．したがって，どのような機構でラギング鎖が複製されるかが問題であった．岡崎令治らは，複製中間体として岡崎フラグメントを発見し，ラギング鎖では短い断片ずつ 5'から 3'に不連続的に複製されることを証明した．岡崎フラグメントは，DNA *プライマーゼ (DNA primase) によって約 10 ヌクレオチドの RNA が合成され，それを*プライマーにして DNA ポリメラーゼにより原核生物では 1000〜2000 塩基，真核生物では 100〜200 塩基ずつ合成される．その後 RN アーゼ H(*リボヌクレアーゼ H)によって RNA-DNA 対合の RNA 部分が切除され，ギャップを DNA ポリメラーゼが合成したのち，DNA リガーゼによって連結され長い DNA 鎖が完成される．

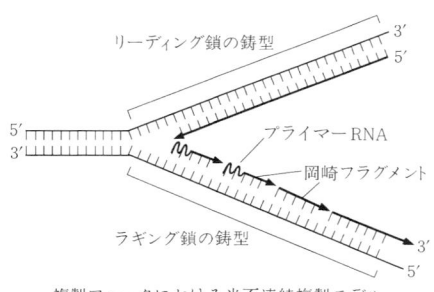

複製フォークにおける半不連続複製モデル

h **フレンチ** F<small>RENCH</small>, Charles Stacy 1907〜1995 アメリカの植物生理学者．光合成色素系の研究を分光学的手法で進め，蛍光解析，また分光学的解析に微分スペクトル測定や吸収スペクトルの素吸収帯分析(curve analysis) など先駆的方法を導入，葉緑体内でのクロロフィルの存在状態に関するのちの研究の基礎を作った．また，J. Myers とともにエマーソン効果は 2 種の単色光照射が同時性をもたなくても発現することを見出し，二光反応モデル確立に寄与．

i **フロイト** F<small>REUD</small>, Sigmund 1856〜1939 オーストリアの心理学者．精神分析学の創始者．ウィーン大学医学部で生理学を学び，1881 年に学位．その後，神経病理学の研究や神経科の治療に従事．人間の精神のなかにおける無意識の部分での抑圧や抵抗などの働きにより現実の行動が支配されるという考え方を提唱．彼の心理学は精神分析学として大きな学派となり，後の心理学の発展に極めて大きな影響を与えた．［主著］Vorlesungen zur Einführung in die Psychoanalyse, 1916.

j **プロインスリン** [proinsulin] ⇒インスリン

a **フロイントのアジュバント** [Freund's adjuvant] 実験動物に強い免疫反応を誘起する目的で最もよく用いられる*アジュバント．J.Freund(1942)が開発，鉱物油(例えば Bayol F) 85%，表面活性剤(例えば Arlacel A) 15%を混合したものを不完全アジュバント(incomplete adjuvant)，それにマイコバクテリウム(結核菌など)の加熱死菌を加えたものを完全アジュバント(complete adjuvant)という．実際に用いる場合には，抗原浮遊液と等量のアジュバントを加えて撹拌し，油中水滴型乳剤(water-in-oil emulsion)として，皮下，足の裏，腹腔内などに注射する．ただし，関節炎(adjuvant arthritis)や骨髄腫の誘因になるおそれがあるので，ヒトには用いない．

b **プロウイルス** [provirus] 宿主細胞の染色体に挿入され，細胞分裂に伴って娘細胞に受け継がれる状態にあるウイルス．*プロファージの概念を他のウイルスに拡大したもの．*レトロウイルスのゲノム RNA は，DNA に逆転写され染色体 DNA に組み込まれるため，プロウイルスとなる．レトロウイルスのプロウイルスは*トランスポゾンとよく似た構造を示し，ゲノム両端に長い反復配列をもつ．ここに転写*プロモーターが存在する．(⇨内在性レトロウイルス)

c **プロオピオメラノコルチン** [proopiomelanocortin] POMC と略記．副腎皮質刺激ホルモン，β-リポトロピン前駆体など七つのホルモンのプロホルモン．下垂体で合成され，下垂体前葉では N 末端断片と上記二つのホルモンが生成する．中葉ではそれらがさらに分解され γ-メラニン細胞刺激ホルモン(γ-MSH)や β-MSH (⇨メラニン細胞刺激ホルモン)，β-エンドルフィンなどが生成する．

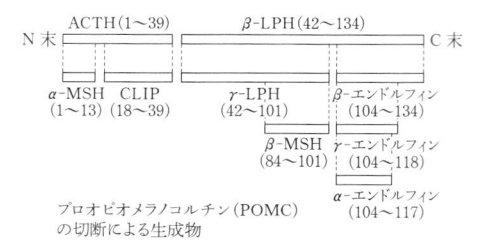

プロオピオメラノコルチン(POMC)の切断による生成物

d **ブロカ** BROCA, Paul ブローカとも．1824～1880 フランスの医学者，人類学者．初め外科学を専攻したが，のちに人類学に転じ，1859 年 Société d'Anthropologie de Paris を創設し，終生これを主宰．1867 年，パリ医学アカデミー教授．フランスにおける人類学の基礎をつくったが，種々の計測器具や計測方法を考案したことは特に重要．大脳皮質の下前頭回後部(pars opercularis と pars triangularis)に運動性言語中枢(ブローカの中枢)があることを明らかにし(1861)，これは大脳の機能局在に関する最初の発見である．[主著] Instructions générales pour les recherches anthropologiques à faire sur le vivant, 1879.

e **プロカイン** [procaine] 《同》ノボカイン．代表的な合成局所麻酔薬．外科手術に用いられる．プロカインの誘導体として多数の局所麻酔薬(例えばリドカインやジブカインなど)が知られている．

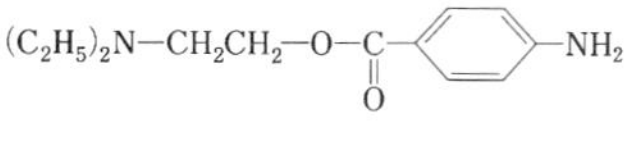

f **プログラム細胞死** [programmed cell death] ⇨アポトーシス

g **プログラム DNA 除去** [programmed DNA elimination] テトラヒメナなどの繊毛虫類が接合し，小核(生殖核)から新たに大核(体細胞核)を形成する際，小核ゲノムの中の特異的な DNA 断片が選択的に除去される現象．接合に際して，除去すべき DNA 領域からの両方向の転写によって二本鎖 RNA が形成され，これが*RNA 干渉とよく似た機構によって*低分子 RNA に変換，この低分子 RNA がガイドとなることで，除去すべき DNA 領域が選択されると考えられる．除去に際して*ヘテロクロマチンに特徴的なヒストンのメチル化修飾が関与することから，*トランスポゾンなどの外来配列をゲノムから排除するゲノム防御機構に由来する現象と考えられる．

h **プログレッション**(がんの) [progression] *新生物の悪性度がより高くなる過程．L. Foulds (1964) によりはじめて使われた語で，彼は一次新生物(primary neoplasia, 遺伝子変異を伴い自己増殖能を獲得した細胞)は，プログレッションにより悪性化し，その結果としての悪性腫瘍の性質は腫瘍ごとに異なると提唱した．プログレッションは，*イニシエーションと同様に主として DNA 変異を誘発する化学物質，物理的因子，生物学的因子によって起こる．これらの因子により遺伝子安定性に関わる遺伝子に異常が生じた場合は，プログレッションは自発的にも起こる．悪性度は，細胞増殖速度，浸潤性，転移能，および形態学的・生化学的特徴の変化の獲得と促進としてとらえることができる．これらの過程には，血管新生促進，細胞運動性(motility)の増加，細胞接着性の喪失なども関わる．がんのプログレッションという場合は，悪性度の低いがんから高いがんに進行することをいう．発がん過程をイニシエーション，プロモーション，プログレッションの各段階に分けて表現することもある．イニシエートされた細胞が悪性度の高いがん細胞に変化するのには，複数のがん関連遺伝子の変異や発現異常を伴う(多段階発がん)．点突然変異，増幅，喪失，再配列などによる遺伝子変異や，DNA のメチル化などを含む後成的(epigenetic)な変化の結果として生じた形質変化である．

i **プロゲステロン** [progesterone] $C_{21}H_{30}O_2$ 主要な黄体ホルモンで 4-pregnene-3, 20-dione のこと．哺乳類では妊娠維持に働く．多くが卵黄の黄体で作られ妊娠時には胎盤でも作られる．子宮内膜や乳腺に対して働く．また，*エストロゲン・*アンドロゲン・*副腎皮質ホルモン生合成の中間生成物としても重要な位置を占める．プレグネノロンから Δ^5-3β-ステロイド脱水素酵素と NAD^+ および Δ^4-Δ^5 異性化酵素により生成される．肝臓において 5β-ヒドロゲナーゼと 3α- および 20α-ヒドロキシステロイド水酸化酵素により代謝され生理活性はほとんどないプレグナンジオール(5β-プレグナンジオール 5β-pregnanediol)となる．ニワトリでは輸卵管に作用し，ステロイドホルモン受容体を介して卵白蛋白質アビジンの合成を誘導する．また，両生類では卵細胞膜に局在する膜受容体に結合し，細胞

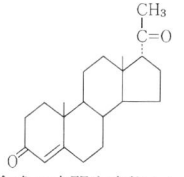

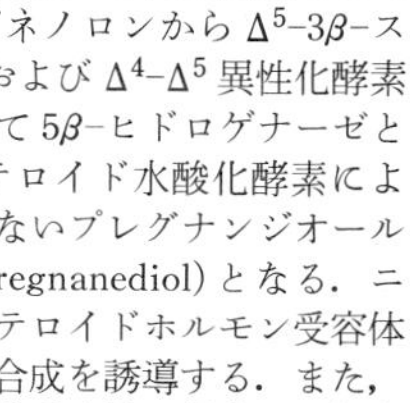

内情報伝達系を介して卵成熟を誘起する.

a **プロコンスル**［*Proconsul*］ 中新世前期の東アフリカに分布していた原始的な化石類人猿の一属. かつてチンパンジーやゴリラの直接の祖先とされていたが,現在ではその形態が現生の類人猿に比較して特殊化していないことなどから,現生の大型類人猿とヒトとの共通の祖先を含む分類群と考えられている. 中新世はアフリカおよびユーラシア大陸で類人猿の大規模な適応放散が起こった時期であり,そこで分化した主な分類群には中新世前期のアフリカにおけるプロコンスルやアフロピテクス (*Afropithecus*),中期のアフリカにおけるケニヤピテクス (*Kenyapithecus*),中・後期のユーラシア大陸におけるドリオピテクス (*Dryopithecus*),シバピテクス (*Sivapithecus*),オレオピテクス (*Oreopithecus*) などがある. これらのいずれかの子孫またはその近縁種から,中新世後期から鮮新世初期の間にアウストラロピテクス (⇌アウストラロピテクス類) が分化したものと考えられている.

b **フローサイトメトリー**［flow cytometry］《同》FACS (fluorescence activated cell sorter). 液体中に懸濁された細胞,個体およびその他の生物粒子の粒子数,個々の粒子の物理的・化学的・生物学的性状を計測する技術. レーザー光線を使ってリンパ球などの浮遊細胞の表面抗原の解析をしたり表面抗原の有無などによって細胞を分離するために開発された FACS の技法が代表的. 粒子の含まれる試料を順次,測定部位に流し,電気的・光学的・音響学的方法などで測定する. 特に前二者が多く用いられ,光学的方法によれば散乱光・蛍光から同一粒子について多項目同時測定,例えば細胞の形,大きさ,異なる蛍光色素で標識された数種類の*モノクローナル抗体による分子の発現の解析などが可能. 培養細胞,リンパ系臓器や血流中の特定の細胞群,プランクトンをはじめとした天然の水中粒子,さらに特定の染色体の分離などに広く用いられる. FACS においては,細いノズルから極細の水流を起こし,微細な上下の振動を水流に与えることによって細かな水滴を生じさせ,一つの水滴に1個の細胞が入るように調整する. 細胞によって散乱した光量と,細胞に結合させておいた蛍光抗体をレーザー光線で励起して発する蛍光を測定する. さらに,細胞が含まれる水滴は検知された散乱光や蛍光量に応じて荷電し,すぐ後に電極板の間を通過することによって分取されることになる. FACS の出現によってリンパ球の亜集団の同定やリンパ球の機能と関連する表面抗原の確定などの研究が飛躍的に展開された. また*染色体ソーティングにもこの技術が利用される. ノズルを通して落下する染色体の標識 DNA をレーザー光で瞬間的に励起し,発する蛍光強度を連続的に測定して,コンピュータ制御により懸濁液に+－の電荷を与える. 懸濁液は高電圧の偏向板により左右に曲げられて2種類の標本として分取される.

c **プロジギオシン**［prodigiosin］ *霊菌 *Serratia marcescens* が産生する赤色の色素. 水に不溶,クロロホルムやエーテルに可溶. 抗菌作用,抗腫瘍作用がある.

d **プロスタグランジン**［prostaglandin］ 五員環をもつ脂肪族の C_{20} モノカルボン酸であるプロスタン酸 (prostanoic acid) を基本構造とし,これに二重結合,水酸基,ケト基などが導入されてできる一群の化合物の総称. 広義には,五員環の代わりに酸素を含む六員環をもつトロンボキサンもこの範疇に入る. プロスタグランジンはアラキドン酸のような炭素数 20 の*高度不飽和脂肪酸からプロスタグランジン生成酵素 (prostaglandin synthase, プロスタグランジンエンドペルオキシドシンターゼ prostaglandin endoperoxide synthase, シクロオキシゲナーゼ cyclo oxygenase, EC1.14.99.1) により動物組織で生合成される. 各プロスタグランジンは五員環部分の構造によって A, B, C, D, E, F, H(G), I, J に分類・命名され,側鎖にある二重結合の数と 9 位の水酸基の立体配位を添え字によって示す. 1930 年代にヒト精液中に子宮筋を収縮あるいは弛緩させる酸性脂溶性物質のあることが観察され,その後,前立腺 (prostate gland) に由来するものとして命名されたが,現在では精嚢腺で生成されることがわかっている. 1957～1962 年に S. Bergström らはヒツジの精嚢より 2 種のプロスタグランジンを結晶状に抽出し構造を明らかにした. 現在では三十数種のプロスタグランジンが知られていて,あらゆる動物のすべての組織・体液中に,微量ではあるが ($10^{-6} \sim 10^{-9}$ g/組織 g) 広く分布する. 生理活性については,プロスタグランジン A_2, B_2, C_2 は血圧降下作用,D_2 は催眠誘起作用,E_2 は血圧降下・血管拡張・胃液分泌抑制・腸管運動促進・子宮収縮・利尿・気管支拡張・骨吸収・免疫抑制作用をもつ. また,$F_{2\alpha}$ は血圧上昇・血管収縮・腸管運動促進・子宮収縮・黄体退行促進・気管支収縮作用,G_2 と H_2 は血小板凝集・動脈収縮・気管支収縮作用をもつ. I_2 はプロスタサイクリン (prostacyclin) とも呼ばれ,トロンボキサンと拮抗して血小板凝集を抑制し,動脈を弛緩させるほかに胎児のボタロ管開存作用をもつ. J_2 は抗腫瘍作用をもつことが知られている. これらの

プロスタン酸
(α 側鎖 (カルボキシル側鎖), ω 側鎖 (アルキル側鎖))

プロスタグランジン E_3
($11\alpha, 15\alpha$-ジヒドロキシ-9-オキソプロスタ-5, 13, 17-トリエン酸)

プロスタグランジン $F_{1\alpha}$
($9\alpha, 11\alpha, 15\alpha$-トリヒドロキシプロスタ-13-エン酸)

うち，特に多彩な生理活性をもつ E，F 群はプライマリープロスタグランジン（primary prostaglandin）と呼ばれる．このようにプロスタグランジンはあらゆる臓器や組織において局所ホルモンまたは細胞機能調節因子として作用している．プロスタグランジン I_2，D_2 は，それぞれに特異的な受容体を介して G 蛋白質と共役しアデニル酸シクラーゼを活性化し，細胞の環状 AMP 量を増加させるように働く．

a **プロスタサイクリン** [prostacyclin]《同》プロスタグランジン I_2，PGI_2．6,9-エポキシド構造をもつ*プロスタグランジン．J. R. Vane らが発見・命名（1976）．強力な血管拡張作用，血圧降下作用，血小板凝集抑制作用をもち，相反する効果をもつトロンボキサン A_2 と拮抗して循環系の生理状態を保っている．極めて不安定で分解しやすく，安定で生理活性のない 6-ケト-プロスタグランジン F_{1a} になる．

b **プロセッシング** [processing] RNA や蛋白質分子において，それぞれ遺伝子の転写や mRNA の翻訳によってつくられる第一次産物である前駆体分子から，酵素的に構造変換を受けて，機能をもつ分子に成熟する過程．RNA の場合，遺伝子転写産物の末端領域やスペーサーなどが，リボヌクレアーゼ（エンドヌクレアーゼおよびエキソヌクレアーゼ）によって切断・除去される反応や，RNA 中のイントロンに対応するヌクレオチド配列が*スプライシングによって除去される過程のほかに，分子の 5′ 末端にヌクレオチドを付加する反応（mRNA の*キャップ構造），3′ 末端にヌクレオチドを付加する反応（mRNA のポリ A 構造，トランスファー RNA の CCA 構造），ヌクレオシドを修飾する反応などが知られている．しかし狭義に RNA のプロセッシングという場合には，リボヌクレアーゼによる余剰部分の切断・除去やスプライシングを意味することが多い．蛋白質の場合も，mRNA の翻訳産物のポリペプチドが，特異的なプロテアーゼすなわちプロセッシングプロテアーゼ（processing protease）による分解を受けることにより機能蛋白質分子を生成することが知られている．

c **プロセテリー** [prothetely] 体の一部により進んだ発育段階の形質が現れる現象．特に昆虫の変態に際して蛹形質あるいは成虫形質が幼虫あるいは蛹に早期に出現する現象をいう．*エクジステロイドと*幼若ホルモンの分泌のバランス，分泌時期の不調による生じる．エクジステロイドの投与，脳間部神経分泌細胞の一部の破壊などによって人工的に引き起こすことが可能．また核多角体病ウイルスに感染した鱗翅類の幼虫に，成虫形質をもつ触角・口器などが出現するのも同じ原因と考えられている．（→メタセテリー）

d **プロタミン** [protamine] 脊椎動物の成熟精子核中に存在する塩基性蛋白質の総称．DNA と結合して複合体*ヌクレオプロタミンとなって，精子の*クロマチンを形成する．分子量が小さく（通常 1 万以下），構成アミノ酸の大部分は塩基性アミノ酸（ことにアルギニンが多く最高 88％に達する）で，酸性アミノ酸は通常入っていない．含硫アミノ酸やトリプトファンも含まれない．等電点 pH は約 10～12．水に可溶で熱凝固しない．含まれる塩基性アミノ酸の種類数によって，次の 3 種に大別される．(1) モノプロタミン：塩基性アミノ酸としてアルギニンだけを含むもの．クルペイン（clupeine, ニシン），サルミン（salmine, サケ），スコンブリン（scombrine, サバ）など．(2) ジプロタミン：アルギニンのほか，ヒスチジンまたはリジンのどちらかを含むもの．シプリニン（cyprinine, コイ）など．(3) トリプロタミン：アルギニン，ヒスチジン，リジンを含むもの．スツリン（sturine, チョウザメ）など．このうち，太平洋ニシン（*Clupea pallasii*）のクルペインは，互いに類似した 3 主成分，すなわち $Ala_2Pro_2Ser_3Thr_2Gly_1Ile_1Arg_{20}$ の分子式（分子量 4112）をもつ YI 成分，$Ala_2Pro_3Ser_2Thr_1Val_2Arg_{20}$（分子量 4047）の YII 成分，$Ala_3Pro_2Ser_3Val_2Arg_{21}$（分子量 4163）の Z 成分をほぼ等量ずつの混合物で，それぞれのアミノ酸配列順序はみな日本で決定された．ニワトリ由来のものはガリン（galline）と呼ばれる．以上は直鎖分子である．哺乳類由来のものはシステイン含量が高く，S-S 架橋による網状分子で，精子形成の際に染色体のヒストンが精巣特異蛋白質（testis specific protein, TP, 変遷蛋白質 transition protein）の関与によってヌクレオプロタミンに変わる．プロタミンの分子構造は，脊椎動物分類上の綱の違いと対応することがわかっている．

e **フロック** [floc]《同》凝集体，集塊．水中の浮遊・懸濁物が集まって形成された肉眼的な大きさの固形物．その生成には化学的なものと生物的なものとがある．前者は，核となる物質に浮遊物が電気的に吸着されたり，化学的に架橋を生じたりして生成され，後者は，バクテリアなどの微生物が細胞の表面特性の変化や分泌する粘性物質などのために相互に吸着しあって生ずる．

f **ブロック** [block] 一般に遮断または阻害の意．[1] 特に神経生理学で，興奮の伝導または伝達がなんらかの原因によって途中で遮られること，あるいは伝導遮断やそのための人為的操作（施術）．例えば神経幹の局所を機械的に潰したり，麻酔剤や寒冷を作用させると，その個所で伝導はブロックされる．またシナプス，例えば神経筋接合部は，薬物やイオンの影響に特に敏感で，容易にブロックされる．脊椎動物の神経筋接合部は*クラーレにより，また脊髄内のシナプスはある種の麻酔剤，例えばネンブタール（nembutal）によってブロックされる．自律神経系のシナプスを特異的にブロックするものは自律神経遮断剤といわれる．感覚神経伝導路のブロックは外科手術時の無痛法（伝達麻酔法）に，自律神経系のブロックは自律神経症の治療や人工冬眠術に，それぞれ臨床的に応用される．シナプスにおけるブロック成立の機作については伝達物質放出の阻害，原形質膜のイオンに対する透過性の変化，伝達物質との拮抗作用などから説明が試みられている．[2] 臨床上では，心臓の刺激伝導系がある点（例えば房室間）でブロックされ（心臓ブロック・心遮断），心房と心室が勝手なリズムで拍動するようになる現象．心臓ブロックはある種の心臓疾患の主症候をなし，心電図により診断される．

g **ブロッホ** B<small>LOCH</small>, Konrad 1912～2000 ドイツ生まれのアメリカの生化学者．同位元素を用いてコレステロール生合成経路とその反応機構の研究を行い，合成途上の中間物質としてのスクアレンの役割を解明．また不飽和脂肪酸生合成で，酸素添加酵素による好気的不飽和化，および飽和脂肪酸生合成経路から分岐する嫌気的不飽和化を詳細に研究．長鎖脂肪酸生合成，グルタチオン合成の研究も重要．1964 年，F. Lynen とともにノーベル生理学・医学賞受賞．

h **プロテアーゼ** [protease]《同》蛋白質分解酵素

(proteolytic enzyme), ペプチドヒドロラーゼ(peptide hydrolase). ペプチド結合を加水分解する酵素類の総称. EC3.4群. 全生物にわたって多種多様のものが存在する. 作用様式によって, ポリペプチド鎖の末端からペプチド結合を切断する*エキソペプチダーゼと中間から切断する*エンドペプチダーゼとに分類される. かつては作用する基質に注目して蛋白質に作用するものをプロテイナーゼ, 合成ペプチドなどに作用するものをペプチダーゼとして分類していたが, この区分は不明瞭である. エンドペプチダーゼ酵素作用の主な生産物はオリゴペプチドである. それは基質特異性のため切断点が限られるからである. エキソペプチダーゼのうちN末端側から作用するものを*アミノペプチダーゼ, C末端側から作用するものを*カルボキシペプチダーゼと呼ぶ. プロテアーゼを活性発現機構という点から分類すると, 中心となるアミノ酸残基によって*セリンプロテアーゼ(*トリプシンなど), あるいは*システインプロテアーゼ(*パパインなど), 酸性プロテアーゼ(*ペプシンなど), 金属を必須とする金属プロテアーゼ(カルボキシペプチダーゼなど)に分けられる. プロテアーゼの生体内での役割は多様であるが主要なものは以下の通り. (1)食物の消化, (2)*酵素前駆体の活性化(血液凝固第X因子によるプロトロンビンの活性化), (3)酵素以外の蛋白質を機能型に転換(トロンビンによるフィブリノーゲン, ⇌フィブリン, プロインスリン, ⇌インスリン), (4)生理活性ペプチドの放出(カリクレインによるキニノゲンからのブラジキニンの遊離), (5)不要蛋白質の分解除去(プラスミンによる血栓の溶解).

a **プロテアーゼ阻害剤** [protease inhibitors] 《同》プロテアーゼインヒビター. プロテアーゼの酵素活性を阻害する物質の総称. 動植物や微生物が生産する天然の阻害剤と, 化学合成された阻害剤がある. 天然の阻害剤には, 蛋白質性およびペプチド性のものに加え, 特に微生物から見出された非ペプチド性の低分子量の阻害剤も含まれる(表). 蛋白質性阻害剤としては, 酸および熱に安定な比較的サイズの小さいもの(分子量6000~1万2000)と, 不安定な比較的大きいもの(分子量2万~6万)に大別されるが, 血清α_2-マクログロブリン(A2M)などのように分子量が70万~80万と非常に大きいものもある. (1)動物由来のもの:血液中で血液凝固系・繊維素溶解系およびキニン形成反応に関与するセリンプロテアーゼの制御因子として, 蛋白質性の阻害剤(アンチトロンビン:分子量5万8000やアンチトリプシン:分子量4万4000)などが古くから詳しく研究されてきた. 近年は生体中に見出される多くのセリンプロテアーゼ阻害剤をセルピン(Serpin)と総称するようになり, 上記の二つの阻害剤はこの蛋白質ファミリーに含まれる. ヒトのゲノム上には29種類のセルピンの遺伝子が存在する. 個々のセルピンの標的酵素の特異性はさまざまであるが, それらの作用機構は共通である. 標的酵素により阻害剤の分子内のペプチド結合が切断されると, その構造が大きく変化し, 標的酵素を強く阻害する. 一方, 低分子性の阻害剤としては, ウシ膵臓トリプシンインヒビター(BPTI, 分子量6500, Kunitz型)や膵臓分泌型トリプシンインヒビター(PSTI, 分子量6200, Kazal型)が古くから研究されてきた. これらは, 標的酵素の活性部位に偽基質として結合し, 一種の競争的阻害剤として作用する. 生体においては, 消化酵素が本来機能すべき場所以外で活性を発現して細胞や組織に障害を与えるのを防止する役割をもち, BPTIは急性膵炎などの治療にも利用される. また, 細胞内でカルシウム依存性のシステインプロテアーゼであるカルパインに結合して活性を阻害するカルパスタチン(Calpastatin:ヒト赤血球のカルパスタチンは分子量約28万で, 約7万のサブユニット4個からなる)は細胞機能の重要な制御因子としての役割をもつ. 細胞外に存在するマトリックスメタロプロテアーゼに対する阻害剤(TIMP, tissue inhibitor of metalloprotease, 分子量約3万)も存在する. さらに, 血清中のA2Mや卵白中のA2M様の蛋白質は四つの主要なプロテアーゼ(セリン残基, システイン残基, アス

微生物由来(a)および化学合成(b)による低分子量プロテアーゼ阻害剤

(a) 微生物由来の阻害剤	阻害を受ける主なプロテアーゼ
ロイペプチン	セリンプロテアーゼ, システインプロテアーゼ
アンチパイン	システインプロテアーゼ, セリンプロテアーゼ
キモスタチン	キモトリプシン
E-64	システインプロテアーゼ
エラスタチナール	エラスターゼ
ペプスタチン	アスパラギン酸プロテアーゼ
ホスホラミドン	メタロプロテアーゼ

(b) 化学合成阻害剤	阻害を受ける主なプロテアーゼ
PMSF[注1]	セリンプロテアーゼ
AEBSF[注2]	セリンプロテアーゼ
TLCK[注3]	トリプシン
TPCK[注4]	キモトリプシン
MG132[注5]	プロテオソームプロテアーゼ, カルパイン
インディナビル	HIVプロテアーゼ(アスパラギン酸プロテアーゼ)
EDTA[注6]	メタロプロテアーゼ

[注1]フェニルメタンスルホニルフルオリド, [注2]4-(2-アミノエチル)-ベンゼンスルホニルフルオリド, [注3]N^a-トシル-L-リジルクロロメチルケトン, [注4]N^a-トシル-L-フェニルアラニルクロロメチルケトン, [注5]ベンジルオキシカルボニル-L-ロイシル-L-ロイシル-L-ロイシナール, [注6]エチレンジアミンテトラ酢酸

1234　プロテアソ

パラギン酸残基および金属イオンなどをそれぞれ触媒中心にもつもの）すべてに対して阻害活性をもつインヒビターである．A2M はサイズが大きく，プロテアーゼ分子を包み込むように捕捉して複合体となり，複合体は受容体を介して細胞内に取り込まれて分解される．A2M はプロテアーゼのみならず多くの生理活性蛋白質とも複合体を形成し，重要な生理的過程にも関与する．(2) 植物由来のもの：マメ類に含まれる蛋白質性インヒビターは古くから知られ，特にダイズトリプシンインヒビター (STI) は，ウシ BPTI や PSTI と類似の作用を示し，その構造と阻害の分子機構が明らかにされている．(3) 微生物由来のもの：二次代謝産物として培養液中に放出されるものが多い．Streptomyces ズブチリシンインヒビター (SSI) のような蛋白質性のものがあるが，ペプチドに類似した低分子量の阻害剤も多数見出されている．これらはプロテアーゼの触媒中心のアミノ酸残基と共有結合で結合して阻害する．(4) 化学合成されたプロテアーゼ阻害剤も主要なものはプロテアーゼと共有結合して阻害する．種々の特異性をもつものが多数開発され，医薬や生化学試薬として広く用いられる．

a　**プロテアソーム**［proteasome］　真核生物に普遍的に存在する巨大プロテアーゼの一種．細胞質および核に存在．細胞内の特定の蛋白質の分解除去に関与し，ポリユビキチン化によって標識された蛋白質を捕捉し分解する．細胞内には 20S と 26S の 2 種類のプロテアソームがある．20S プロテアソームはそれぞれ 7 種類の α サブユニットと β サブユニットからなる．α サブユニットと β サブユニットがそれぞれ 7 個からなる α リングと β リングを形成し，それが αββα の順に 4 段積み重ねられ，分子量 75 万の円筒状となったものが 20S プロテアソームである．20S プロテアソームは ATP 非依存性プロテアーゼ活性をもつ．20S プロテアソームにおける 3 種類の β サブユニットはカスパーゼ型，トリプシン型，キモトリプシン型の活性をもつトレオニンプロテアーゼであり，活性部位が円筒状の内部を向いている．細胞内では，触媒ユニットである 20S プロテアソームの両端に調節ユニットである 19S 複合体が会合した分子量 250 万の 26S プロテアソームが形成される．26S プロテアソームのプロテアーゼ活性は ATP に依存するようになる．19S 複合体は 6 種類の ATP アーゼサブユニットと 12 種類の非 ATP アーゼサブユニットを含む種々のサブユニットからなる．ここで前者は ATP の加水分解エネルギーを利用して標的蛋白質を変性させ，α リングを通過して β リングへ導くシャペロン活性をもつ．後者はユビキチン鎖を捕捉し，これを取り外す機能をもつ．プロテアソームには分子多様性が存在し，内在性抗原のプロセッシングに特異的に作用する*免疫プロテアソーム，胸腺皮質上皮細胞で作用する胸腺プロテアソーム，調節ユニットとして 19S 複合体と 11S 複合体を 20S プロテアソームの両端にもつハイブリッドプロテアソームなどがある．26S プロテアソームはユビキチン経路による蛋白質分解に関与するが，不用蛋白質の分解ばかりではなく，免疫系における抗原提示蛋白質のプロセッシングや細胞周期の制御にも重要な役割を果たしている．20S プロテアソームおよびユビキチンのホモログが古細菌でも見出されているが，これらの機能は未だ解明されていない．

b　**プロテイナーゼ**［proteinase］　ペプチド結合を加水分解する酵素のうちで，蛋白質を分解する能力をもつもの．*ペプチダーゼと対比させられてきたが，現在ではこのような分類法は合理的ではなくなった．したがって分類上の名称ではなく，基質を蛋白質としたときプロテアーゼの示す分解作用をプロテイナーゼ活性と呼ぶような用い方をするのが適切である．

c　**プロテイノイドミクロスフェア**［proteinoid microsphere］　《同》ミクロスフェア (microsphere)．プロテイノイドから生成され，原始細胞のモデルの一つとされる物質．酸性または塩基性アミノ酸を多く含むアミノ酸混合物を加熱すると重縮合してポリアミノ酸が生じる (S. W. Fox, 原田馨, 1963)．このポリアミノ酸は多くの蛋白質様の性質を示すのでプロテイノイド (proteinoid, 蛋白質様物質の意) と呼ばれ，一種の*原始蛋白質と考えられる．プロテイノイドを稀薄な塩溶液に溶解した後冷却すると白濁し，直径が $0.5〜2\,\mu m$ の均一な径をもつプロテイノイドミクロスフェアが生成する．ミクロスフェアはプロテイノイドと核酸，酸性プロテイノイドと塩基性プロテイノイドなど種々の組合せによっても生成する．(→化学進化)

d　**プロテインA**［protein A］　黄色ブドウ球菌 Staphylococcus aureus の細胞膜から単離された分子量 4 万 2000 の蛋白質で，*免疫グロブリン重鎖 (H 鎖) の第二および第三定常部位 (C2, C3) に強い親和性をもち，結合する．これらの定常部位の構造は動物種や免疫グロブリンのクラスやサブクラスにより異なるので，プロテイン A に対する親和性も異なる．IgG 以外の免疫グロブリンは，プロテイン A に対する親和性はない．ヒト IgG の場合，ほぼすべてのサブクラスに結合するが，ラットでは IgG_1 と IgG_{2c} に結合するが，IgG_{2a} と IgG_{2b} には結合しない．また，ニワトリの IgG には全く結合しない．黄色ブドウ球菌の A，C あるいは G 株よりプロテイン A と同様の性質をもつプロテイン G (protein G) (分子量 3 万〜3 万 5000) が精製されているが，この分子はプロテイン A に比べ広範囲の動物種あるいはサブクラスの IgG に対する結合能力をもつ．

e　**プロテインキナーゼ**［protein kinase］　《同》蛋白質キナーゼ，蛋白質リン酸化酵素．ATP をリン酸供与体とし，基質となる蛋白質に存在するある特定のアミノ酸残基に転移させる反応を触媒する酵素の総称．まれに，ADP をリン酸供与体とするものもある．セリンまたはトレオニンのヒドロキシル基をリン酸化する酵素をセリン・トレオニンキナーゼ (serine-threonine kinase：プロテインキナーゼ A やプロテインキナーゼ C など)，チロシンのヒドロキシル基をリン酸化する酵素を*チロシンキナーゼ (tyrosine kinase：EGFR や Src) と呼ぶ．さらに，両方のアミノ酸残基をリン酸化するものもある．反応には Mg^{2+} を必要とする．真核生物において広く分布．以前はすべて EC2.7.1.37 にまとめられていたが，酵素命名法の改訂により，この EC 番号は廃止され，EC2.7.10 群，EC2.7.11 群および EC2.7.12 群としてより詳しく示すことになった．プロテインキナーゼには多数の分子種があり，一つの大きな遺伝子ファミリーを形成しキノーム (kinome) とも呼ばれる．これらは基質とする蛋白質の種類を異にする．あるものは比較的広範囲の蛋白質に作用するが，ただ 1 種類の蛋白質のみをリン酸化するものもある．ヒトではその遺伝子数は 500 個余りで全ゲノム DNA の約 2% を占める．イネでは約

1400個．プロテインキナーゼは分子中にコアドメインという約300個のアミノ酸残基からなる保存性の高い領域をもち，この部分がリン酸基の転移を触媒する．コアドメインのアミノ酸配列の比較に基づいてキナーゼは9グループに分類される．コアドメインのN末端側およびC末端側には触媒活性の調節や基質特異性にかかわるドメインや他の蛋白質との特異的結合に関与するドメインなどが存在し，これによって機能上の多様性が付与されている．セリン・トレオニンキナーゼの例：*Aキナーゼ，Gキナーゼ，Cキナーゼ，CAMキナーゼなどがあり，それぞれcAMP，cGMP，Ca^{2+}/リン脂質，Ca^{2+}/カルモジュリンによって活性化される．植物においては，さらにカルモジュリンを分子内にもつものがあり，これはCa^{2+}で活性化される(CDPK)．また活性化や阻害因子をもたないものもある．プロテインキナーゼはリン酸化によって基質蛋白質の機能を活性化または阻害する．これによって細胞内の代謝調節や環境応答のためのシグナル伝達など広範な生理的過程の調節に関与する．チロシンキナーゼは受容体型と非受容体型のものがある．前者の例：上皮増殖因子受容体(EGFR)，後者の例：ラウス肉腫ウイルスのがん遺伝子 src の産物．特に，細胞増殖の制御において重要な役割を果たす．これらのほかに，ヒスチジンキナーゼ(EC2.7.12群)という，蛋白質のヒスチジン残基をリン酸化するプロテインキナーゼもある．主として細菌，カビ，酵母および植物に存在し，*二成分制御系の外部信号のセンサーとしてシグナル伝達に関与する（例：浸透圧変化，栄養元素欠乏，概日リズムの調節，自家不和合性など）．

a **プロテインスプライシング** [protein splicing]
mRNAから翻訳された蛋白質の内部から一定のペプチド領域が自発的に切り取られ，残った両側の領域がペプチド結合によって再結合される一連の反応過程．mRNAのスプライシングにおけるエクソンとイントロンになぞらえ，切り取られる部分はインテイン(intein)，再結合されるペプチド部分はエクステイン(extein)と命名された．細菌，古細菌ならびに酵母の遺伝子に多数のインテイン配列が見出されている．

b **プロテインホスファターゼ** [protein phosphatase] 《同》ホスホプロテインホスファターゼ(phosphoprotein phosphatase)．*プロテインキナーゼによりリン酸化された蛋白質に作用し，その蛋白質からリン酸を遊離させる酵素の総称．特定の蛋白質に対してプロテインキナーゼとプロテインホスファターゼ(PPP)が作用することにより，その蛋白質の機能を調節する．両者はシグナル伝達をはじめ，代謝，遺伝子発現，ストレス応答，細胞分裂，細胞運動その他の多くの細胞過程の調節において中心的な役割をもつ．PPPは，作用するリン酸化残基に対する特異性により，(1)ホスホセリンとホスホトレオニン両者に作用するセリン・トレオニンホスファターゼ(serine/threonine phosphatase，PSP，EC 3.1.3.16)，(2)ホスホチロシンのみに作用するチロシンホスファターゼ(tyrosine phosphatase，PTP，EC 3.1.3.48)，(3)3種すべてのホスホアミノ酸に作用する二重特異性ホスファターゼ(dual-specificity phosphatase，DSP，EC3.1.3.16とEC3.1.3.48)に分類され，PSPはそのアミノ酸配列の類似性，基質特異性，特異的阻害剤に対する感受性，金属イオン要求性などからさらに10タイプに分類される．そのうち主要なものはPP1，PP2A，PP2BおよびPP2Cの四つ．PP1ではこれらの触媒部位をもつサブユニット(Cサブユニット)と結合する制御サブユニット(Rサブユニット)が多く知られ，多様な複合体が形成されることにより特定のリン酸化蛋白質のみに作用する基質特異性が得られる．PP1は特有の阻害蛋白質をもつことから他のPSPと区別され，PP2Aは最も細胞内の発現量が多い．PP2Bは，別名*カルシニューリンといわれ，カルシウムに依存した生物学的な諸過程に関与．チロシンホスファターゼ(PTP)は膜貫通構造をもつ受容体型(RPTP)とそれをもたない細胞質型(NRPTP)に大別され触媒ドメインその他の多様な機能ドメインをそなえる．基質特異性は主として触媒ドメインによって決まるとされ，細胞分裂や細胞周期の調節に関与するものがある．Cdc25ホスファターゼは細胞周期の進行を制御するCdc2キナーゼ(またはCDK1)に作用しチロシンとトレオニン残基に結合したリン酸を両方とも遊離させ活性化する．

c **プロテオグリカン** [proteoglycan] 《同》ムコ多糖蛋白質(mucopolysaccharide-protein，旧称)，ムコ蛋白質(mucoprotein，旧称)．*グリコサミノグリカン鎖が蛋白質に共有結合した分子群の総称．代表的なグリコサミノグリカン(GAG)は*コンドロイチン硫酸，*ヘパラン硫酸，*ヘパリン，*デルマタン硫酸，*ケラタン硫酸で，これらは生体内ではプロテオグリカンの状態で存在する．プロテオグリカンの蛋白質部分であるコア蛋白質の性質や大きさはさまざまであり，また結合するGAG鎖の本数も1～数十本と多様．グリコサミノグリカン鎖は，一般にはコア蛋白質のセリン残基にキシロースから始まる四糖の橋渡し構造を介して結合しているが，ケラタン硫酸は別の様式で結合している．細胞種や，加齢などさまざまな要因によりGAG鎖長や構成糖の割合は異なる．大形のプロテオグリカンとしては軟骨型プロテオグリカン(大形コンドロイチン硫酸プロテオグリカン，アグリカン aggrecan)がよく知られており，数十本のコンドロイチン硫酸鎖をもち，分子量は数百万にも及ぶ．コア蛋白質のアミノ基末端側でヒアルロン酸やリンク蛋白質と結合し，巨大な分子集合体を形成する．同類のPG-M(オルタナティブスプライシング機構による多形の一つがバーシカン versican に相当する)は軟骨型プロテオグリカンと比べてコンドロイチン硫酸鎖結合本数は少ないが，コア蛋白質はさらに大きい．ラット軟骨のアグリカンとニワトリ肢芽のPG-Mのコア蛋白質は

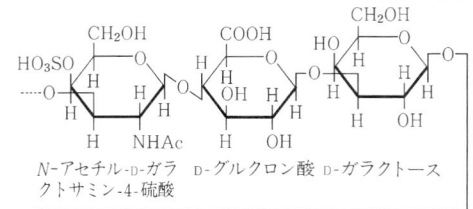

それぞれ219 kDaと388 kDaで，この二つのプロテオグリカンは同じファミリーに属する類似の構造をもち，脳のプロテオグリカンであるニューロカン（neurocan）やブレビカン（brevican）とともにアグリカンファミリーを形成する．また，コア蛋白質が40 kDa前後と小さく，数本のグリコサミノグリカン鎖しかもたない小形のプロテオグリカン（デコリン decorin，ビグリカン biglycanなど）もある．また細胞表面や細胞内に局在するプロテオグリカンも知られており，シンデカン（syndecan）と呼ばれる細胞膜貫通型のヘパラン硫酸プロテオグリカンは，ヘパラン硫酸鎖で他の細胞外マトリックス成分と結合し，細胞表面受容体の一種と考えられている．さらにbFGFなどの細胞成長因子とも結合し，その作用部位を限局させる．このようにプロテオグリカンは細胞外の構造物質であるばかりでなく，さまざまな細胞生理機能を担う．

a **プロテオバクテリア門** ［phylum *Proteobacteria*］ *バクテリアドメインに属する門（phylum）の一つで，基準目はシュードモナス目（Pseudomonadales）．典型的なグラム陰性菌の菌種から構成され，最も記載属が多く，かつ原核生物の中で最初に高次分類名が与えられた系統群．1984年，16S rRNAによる系統解析に基づいて最初に発見・定義された系統群（最初は division として分類）で，当初は「紅色細菌」（purple bacteria）と呼ばれた．これはこの系統に紅色光合成細菌が含まれることから，混在する化学栄養細菌も紅色光合成細菌を祖先とする系統から派生したという考え方による．「紅色細菌」は α, β, γ などの subdivision に分けられていたが，1989年にプロテオバクテリア門，2000年にプロテオバクテリア門と正式な高次分類名が与えられた結果，subdivision は格上げされそのまま綱名として残っている．すなわち，本門はアルファプロテオバクテリア綱（Alphaproteobacteria），ベータプロテオバクテリア綱（Betaproteobacteria），ガンマプロテオバクテリア綱（Gammaproteobacteria），デルタプロテオバクテリア綱（Deltaproteobacteria），および後に追加されたイプシロンプロテオバクテリア綱（Epsilonproteobacteria），ゼータプロテオバクテリア綱（Zetaproteobacteria）の6綱から構成される．生理学的には極めて多様で，光栄養，化学栄養，光独立栄養（光合成），化学独立栄養（化学合成），従属栄養，好気性，嫌気性の菌種を含み，系統群を表現形質に基づいて定義することはできないが，原核生物の中では唯一*呼吸鎖キノンとしてユビキノンを含む系統（前記のアルファ，ベータ，ガンマ綱のみ）が含まれる．6綱のそれぞれを代表する属として，*リゾビウム，*コマモナス，*シュードモナス，*ヘリコバクター，*Mariprofundus* がある．海洋，陸水，温泉，土壌，廃水処理系，動植物，食品などありとあらゆる環境から分離される．病原菌の記載種も最も多い系統群である．（⇒付録：生物分類表）

b **プロテオーム** ［proteome］ ある生物が生産する蛋白質のすべてを指す．蛋白質（protein）の前半部分とゲノム（genome）の後半部分をそれぞれつなぎあわせた造語．多細胞生物では組織ごとに発現する蛋白質が異なり，同一組織であっても，発生過程によって異なる蛋白質が発現されるので，空間的時間的にプロテオームは変動している．単細胞生物でも時間的変動がある．プロテオームの研究（プロテオミクス proteomics）には，二次元電気泳動や質量分析によって多数の蛋白質を識別する方法が用いられるが，発現量の多い蛋白質が検出されやすいという問題点があり，発生の際に微量でしか発現しない蛋白質は検出されにくい．

c **プロテオリピド** ［proteolipid］ 蛋白質-脂質複合体の一種で，動物組織をクロロホルム－メタノール（体積比2:1）の混合溶媒で抽出する際に得られる一群の複合体．脂質のような溶解性を示すところから*リポ蛋白質と区別し J. Folch, M. Lees（1951）が命名．プロテオリピドは神経組織・心臓・肝・赤血球膜などにわたり広く分布するといわれるが，物理化学的に均一な複合体であるかどうかは疑わしい点も多い．ウシ脳白質より精製されたプロテオリピドは，蛋白質50%・リン脂質30%・*セレブロシド9%よりなると報告されている．Folchらはプロテオリピドの構造は蛋白質を内部殻としてその表面を脂質が整然とおおっているようなものであろうとしている．（⇒髄鞘形成）

d **プロトクロロフィリド** ［protochlorophyllide］ *クロロフィルの前駆体で，*ポルフィリン D 環 C17-C18位に二重結合をもち，フィトール側鎖をもたない*テトラピロール分子．有機溶媒中626 nm付近に特有の吸収極大をもつ．暗所で発芽した被子植物黄化葉にはプロトクロロフィリドが大量に蓄積している．プロトクロロフィリドは，*プロトクロロフィリド還元酵素により，クロロフィル a に変換される．プロトクロロフィリドにフィトールがエステル結合したものを，プロトクロロフィル（protochlorophyll）と呼ぶ．

e **プロトクロロフィリド還元酵素** ［protochlorophyllide reductase］ POR と略記．クロロフィル合成の中間体である*プロトクロロフィリドの D 環を還元し，クロロフィル a に転換する酵素．反応に光を必要とする光依存型（LPOR）と光非依存型（DPOR）がある．LPORは還元力として NADPH を利用し，シアノバクテリアや真核光合成生物に分布する．分子量3万5000～3万8000．被子植物は LPOR しかもたないため，暗所で育てた芽生えは，クロロフィルを合成できずに黄化する．DPOR は*ニトロゲナーゼと相同性のある三つのサブユニットから構成されている．反応には*フェレドキシンの還元力とATPを必要とする．DPORは光合成細菌，シアノバクテリア，藻類，コケ，シダ，裸子植物に広く分布している．

f **プロトコーム** ［protocorm］ 《同》原塊体．[1] ラン科の種子が，発芽後にひも状，枝状，球状などに肥大したもの．種や属に固有な形を示す．ある期間後にその先端または一部に芽を生じ，その芽が茎と葉になる．シンビジウムなどでは，茎頂培養するとプロトコームの形状に類似した小球（protocorm-like body, PLB）を形成す

る．PLB は適当な培養条件下で分裂して複数の PLB からなる塊を形成し，それぞれの PLB は幼植物体を分化する．このようにして増殖された苗は分裂組織由来の栄養系でありメリクロン(mericlone)と呼ばれ，この方法によりランの大量増殖が可能となった(→茎頂培養)．
[2] ヒカゲノカズラ属において受精後胚が細胞分裂する際に塊状のまま配偶体組織を破って伸びたもの．その後，下面から仮根，上面から針状の原葉を生ずる．ある時期をおいてから，芽が分化し，幼植物体となる．

a **プロトゾエア**［protozoea］節足動物甲殻亜門十脚目エビ類の*ゾエア前期の幼生．甲皮は体の前部をおおい，その下に 1 対の有柄眼，第一触角，大顎，第一～第二小顎，第一～第三顎脚が完成する．胸部は後方の 6 節が分離するが，胸肢はまだ出現していない．腹部はまだ体節に分かれず，腹肢も出現していない．

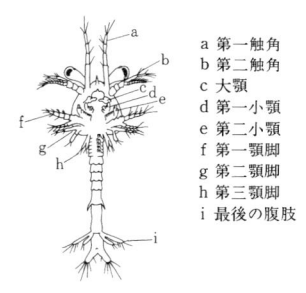

a 第一触角
b 第二触角
c 大顎
d 第一小顎
e 第二小顎
f 第一顎脚
g 第二顎脚
h 第三顎脚
i 最後の腹肢

b **プロトニンフォン**［protonymphon］節足動物ウミグモ類の幼生．短い円錐形の吻と 3 対の特異な付属肢をもつ．6 回の脱皮でほぼ成体に近い形に達する．刺胞動物・軟体動物・棘皮動物などに寄生し幼生期を過ごす．

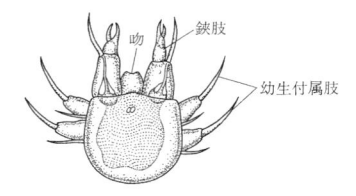

吻
鋏肢
幼生付属肢

c **プロトプラスト**［protoplast］《同》原形質体．細胞膜につつまれた原形質の塊，すなわち，細胞壁を除いた全細胞内容．細胞壁をもたない動物細胞では細胞とプロトプラストとの区別はない．細胞壁のある細胞を高張液において酵素で処理することによりプロトプラストをとり出すことができる．細胞壁分解酵素としては，細菌にはリゾチーム，酵母や糸状菌にはザイモリアーゼ，植物にはセルラーゼなどが用いられる．とり出されたプロトプラストは，元の細胞の形いかんにかかわらず球形を呈し，低張液に移すと吸水によって膨張し，破裂する．しかし適当な浸透圧条件下では細胞としての諸活性を維持し，また高分子物質や粒子のとりこみ，*細胞融合など，通常の細胞壁のある細胞では見られない現象を示す．また減数分裂中の花粉母細胞から酵素処理によって作製したプロトプラストや天然で細胞壁のない幼若胚乳プロトプラストでは，プロトプラストのままで分裂の進行を追跡するのに好適である．細胞壁の一部が残っている場合(グラム陰性菌など)，あるいは残っている疑いのあるものは，スフェロプラスト(spheroplast)と呼ばれるが，

プロトプラストとの区別は必ずしも容易ではない．なお，植物細胞は細胞壁があるため植物ウイルスを接種・感染させることが困難であったが，プロトプラストの状態にして感染させることによって動物ウイルスで行われているような実験手法が可能になった．

d **プロトポルフィリンIX**［protoporphyrin IX］*テトラピロール合成系における*クロロフィルおよび*ヘムの前駆体であり，5-アミノレブリン酸から合成されるテトラピロール分子．プロトポルフィリンIXマグネシウムケラターゼの触媒により Mg^{2+} が配位されるとクロロフィルの前駆体であるマグネシウムプロトポルフィリンIXに，またフェロケラターゼにより Fe^{2+} が配位されるとプロトヘムとなる．*光増感作用により有害な活性酸素を多量に発生することから，細胞内では低い濃度に保たれている．また，この作用を利用した除草剤が開発されている．

e **プロトロンビン**［prothrombin］《同》第 II 因子(blood coagulation factor II)．血液凝固因子の一つで，トロンビンの前駆物質．血漿中に 70～100 mg/L 含まれる分子量約 7.2 万の糖蛋白質．糖含量は約 11% で，ガラクトース，マンノース，フコース，ヘキソサミン，シアル酸を含む．電気泳動的には α_2-グロブリン分画にあり，等電点は pH4.2 である．Cohn 分画III/2 に含まれ，硫酸アンモニウム 67% 飽和で塩析される．$BaSO_4$，$Mg(OH)_2$ に吸着される．肝臓で生成され，その際に*ビタミン K が関与する．生体内半減期は 23～36 時間．プロトロンビンは*血液凝固の過程で限定加水分解され，C 末端側半分が α-トロンビンとなり，その大部分が消費されて，血清中に残存するのは 15% 以下である．

f **プロトンポンプ**［proton pump］生体膜に存在し，H^+ を膜の両側の H^+ の電気化学ポテンシャル差($\Delta\mu H^+$)に逆らって能動輸送を行う膜蛋白質．狭義には ATP を分解して H^+ の輸送を行い，あるいは逆に H^+ の流出のエネルギーを利用して ATP 合成を行うプロトン ATP アーゼ(H^+-ATP アーゼ H^+-ATPase)．H^+-ATP アーゼはミトコンドリアや葉緑体に存在し，生体の主要なエネルギー獲得手段となっている．広義には，光のエネルギーを直接プロトン輸送のエネルギーに変える*バクテリオロドプシン，電子伝達のエネルギーによるプロトン輸送を行うシトクロム c 酸化酵素や NADH-NADP 水素転移酵素なども含められる．さらに細胞膜・小胞膜・リソソーム膜にも基本構造の互いに似た H^+-ATP アーゼが存在する．これらは ATP の合成でなく H^+ の輸送だけを行う．また*ピロリン酸の分解により H^+ を輸送する H^+-PP アーゼも植物の液胞に存在し，ピロリン酸の無害化に寄与する．

g **ブロニャール** BRONGNIART, Adolphe Théodore

1801～1876 フランスの古生物学者，植物学者．1834年パリ自然誌博物館の教授．古植物学の開祖といわれ，地史を植物によって区分をもした．多くの貢献をした．植物形態学や生理学にも業績がある．G. L. Cuvier とともにパリ近郊の地質調査をした．〔主著〕Histoire des végétaux fossiles, 1828～1838.

a **プロピオン酸発酵** [propionic acid fermentation] 微生物の作用により糖質や有機物などから*プロピオン酸が生成すること．通常，併せて酢酸，二酸化炭素を生成する．プロピオン酸発酵を行う微生物の主要なものは嫌気性細菌であるプロピオン酸菌 (*Propionibacterium*) であるが，*Clostridium propionicum* などもプロピオン酸発酵を行う．プロピオン酸菌においては，エムデン–マイエルホーフ経路で生成したピルビン酸から，コハク酸–プロピオン酸経路でプロピオン酸が生成する．*C. propionicum* などでは，アクリル酸経路でプロピオン酸が生成する．味噌，醤油，発酵乳製品などの風味成分形成に重要であり，特にエメンタールチーズなどの熟成と密接な関連がある．

b **プロビタミンA** [provitamin A] 動物体内でビタミンAに変わる物質の総称．その転換は主に小腸粘膜で行われ，酵素（βカロテンを基質とする場合は，βカロテンジオキシゲナーゼ，レチナールデヒドロレダクターゼ）の作用によってビタミンAを生成する．α-カロテン，β-カロテン，γ-カロテン，クリプトキサンチンのようなカロテノイド色素はプロビタミンAの作用をもつが，リコペン，キサントフィルなどは効力をもたない．カロテンの中ではβ異性体が最も作用が強い．生理作用・欠乏症状はビタミンAと全く同じで，食物としてはプロビタミンAの形で摂取することが多い．プロビタミンAからビタミンAへの代謝効率が低いので，最も作用の強いβ-カロテンでさえビタミンAの1/6の作用しかない．緑色野菜に多く，動物食品にはほとんど含まれない．

c **プロファージ** [prophage] *溶原性ファージのゲノムが宿主染色体に*挿入されて染色体の一部となっている状態．P1ファージなど，一部のファージでは*プラスミドとしてプロファージが存在する．真核細胞で増殖するウイルスの一部にも同じような状態をとるものが存在する．（⇨プロウイルス）

d **プロプラスチド** [proplastid] 《同》プロプラスチッド，原色素体．植物の分裂組織や分裂中の若い細胞，種子の胚発生時の細胞に存在する未分化の*プラスチド．*葉緑体，*白色体，*有色体，*エチオプラストなどの分化したプラスチドの前駆体となる細胞小器官．球状または楕円体，しばしば不定形で大きさは数μm．少数の*チラコイドが認められるが*クロロフィルは含まない．組織の分化にともなって，緑色組織では葉緑体に，クロロフィルを欠く白色組織では広義の白色体に，有色組織では有色体に発達する．分裂によって増殖し，細胞分裂によって細胞に分配され，生殖細胞を通じて次の世代に渡される．

e **ブローベル** B‍LOBEL, Günter 1936～ ドイツ生まれ，ドイツならびにアメリカの分子生物学者．蛋白質分子が細胞内の適切な場所に輸送される仕組みを解析し，*小胞体に輸送される蛋白質の末端に，それを可能とする配列として*シグナルペプチドを発見．これを端緒に，蛋白質分子には細胞内での輸送と局在化を支配する信号が内在していることを示した．1999年ノーベル生理学・医学賞受賞．

f **プロホルモン** [prohormone] ペプチドホルモンの前駆体の一つ．mRNAの配列に基づいてペプチドホルモンが合成されるとき，生理活性をもたず，N末端に*シグナルペプチドをもち高分子量のペプチドがまず前駆体として合成される．これをプレプロホルモン (preprohormone) と呼び，そのシグナルペプチドは粗面小胞体内ですぐに外される．多くの場合このシグナルの外れた前駆体がプロホルモンで，さらに酵素的なプロセッシングを受け活性のあるホルモン分子が切り出される．蛋白質ホルモン（成長ホルモン，プロラクチンなど）の中にはシグナルが外れたものがそのままホルモン分子となるものもあるが，この場合はシグナルのついた前駆体をプロホルモンという．インスリンのプロホルモンはプロインスリン，バソプレシンのプロホルモンはプロプレソフィシン (propressophysin) と呼ばれている．下垂体前葉のホルモンである副腎皮質刺激ホルモン，β-リポトロピン，メラニン細胞刺激ホルモンおよび鎮痛ペプチドのエンドルフィンはプロオピオメラノコルチン (pro-opiomelanocortin, POMC) と呼ばれるプロホルモンから生成される（図）．

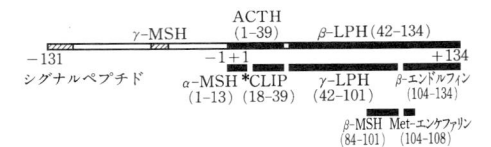

```
                            ACTH
                           (1-39)
         γ-MSH                        β-LPH (42-134)
-131            -1 +1                              +134
シグナルペプチド   α-MSH  *CLIP   γ-LPH       β-エンドルフィン
                (1-13) (18-39) (42-101)      (104-134)
                                        β-MSH   Met-エンケファリン
                                       (84-101) (104-108)
```

*CLIPは下垂体中間部から抽出されるACTH様ペプチド

g **5-ブロモウラシル** [5-bromouracil] 5-BrUraと略記．$C_4H_3BrN_2O_2$ ウラシルの5の位置の水素を臭素で置換した，人工的な塩基類縁体．生体内でチミンと類似の挙動をとりDNAにとりこまれる．これを含んだ核酸は密度が大となるため，超遠心沈殿で分別が可能となる．またこの核酸は光感受性が大となるので，一種のトレーサーとして応用され，また細胞の選択的破壊や人工突然変異の誘発などに応用される．

h **プロモーター** [promoter] *RNAポリメラーゼが特異的に結合して転写をはじめるDNA上の領域．基本的な大きさは大腸菌のプロモーターでは約60塩基対である．プロモーターによっては転写促進因子が作用する部位があり，その部位はプロモーターによって異なるが，大腸菌の*ラクトースオペロンでは*環状AMP受容蛋白質が促進因子となってプロモーターに隣接する約20塩基対の領域に結合する．したがって全体として約80塩基対が転写の開始に関与する．多数のプロモーターについて塩基配列が決定され転写開始機能との関連が解析されている．配列はプロモーターの種類によって異なるが，大腸菌のσ70型RNAポリメラーゼが作用するプロモーターでは，RNA合成開始点から上流のほう-10番目付近と-35番目付近に特定の配列（-10配列および-35配列）が存在する（RNA合成開始点の上流を-符号で表す）．両者のコンセンサス配列はそれぞれTATAATとTTGACAである（配列は5'→3'の鎖だけを示す）．-10配列は発見者の名前をとってプリブノーボックス (Pribnow box) ともいわれる．また真核生物の*RNAポリメラーゼIIのプロモーターでは，-30番目

を中心に TATAAAA という配列が多く出現し，TATA ボックス (TATA box) またはホグネス配列 (Hogness box) と呼ばれている．これらの配列が RNA ポリメラーゼによる転写の開始に重要な役割を果たしていることも実証されている．近年，真核生物の染色体には ORF (*オープンリーディングフレーム) をもたない非コードプロモーターが多数発見されており，それらの機能の解明が期待されている．

a **5-ブロモデオキシウリジン** [5-bromodeoxyuridine] BrdU と略記．5-ブロモウラシルを塩基部分とするデオキシリボヌクレオシド．チミジンの類縁体．*5-ブロモウラシル同様，DNA の複製，染色体の組換えや突然変異の研究に応用される．特に BrdU 特異的なモノクローナル抗体が作製されたことによって，DNA 複製の細胞生物学的な解析に多用されるようになった．DNA 複製を行った核あるいは染色体分節が，*蛍光抗体法などによって高分解能で検出される．最近では類縁化合物の EdU を用いた DNA 複製の検出法にとって代わられつつある．

b **フロラ** [flora]《同》フローラ．[1]《同》植物相．特定の限られた地域に分布し生育する植物の全種類．その地域に生育する植物種の構成を定性的に示す．動物におけるファウナ (*動物相) に相当．*植生はその地域の代表植物によって特徴を表現するのに対して，フロラはそこに生育する全植物を同定して，その名をリストに表したものである．[2] 植物相について詳述した記録，すなわち植物誌を指すこともある (⇒生物相)．[3] 特定の場所における微生物の全種類に対して使われることがある (⇒二次的微生物相)．また，ある地域の菌類の全種類を菌類フロラと呼ぶことがある．しかし，最近は菌類相 (mycobiota) が使われている．

c **プロラクチン** [prolactin] PRL と略記．《同》ルテオトロピン (luteotropin)，ラクトゲン (lactogen)，黄体刺激ホルモン (luteotropic hormone, LTH)，乳腺刺激ホルモン (mammotropin)，泌乳刺激ホルモン (mammotropin, mammotropic hormone)，乳腺発育ホルモン (mammogen)．下垂体前葉の好酸性細胞から分泌される蛋白質．ヒトの PRL は 198 個のアミノ酸残基からなる分子量約 2.2 万のポリペプチドで，3 個の S-S 結合をもつ．サケ PRL は 187 個のアミノ酸残基をもち，分子量約 2.3 万で，2 個の S-S 結合をもつ．PRL の受容体は標的細胞の細胞膜上にあり，*JAK-STAT 経路を介して核内へ情報を伝える．PRL はアミノ酸配列上，成長ホルモン (GH) と似ており，広範な脊椎動物で多彩な生理作用を示す．哺乳類では，乳腺の発育，乳汁分泌，黄体刺激，前立腺や精囊腺の発育促進などが主な作用である．また，鳥類 (ハト) では嗉嚢 (crop) の肥大と嗉嚢乳産生促進，魚類では淡水への浸透圧調節などの作用が知られる．PRL の分泌は，視床下部からの*プロラクチン放出因子・*プロラクチン放出抑制因子などによって調節される．

d **プロラクチン放出因子** [prolactin-releasing factor] PRF と略記．《同》プロラクチン放出ホルモン (prolactin-releasing hormone, PRH)，プロラクトリベリン (prolactoliberin)．哺乳類や鳥類の視床下部に存在する，プロラクチン分泌を促進する物質．*甲状腺刺激ホルモン放出ホルモン (TRH) をはじめとした*視床下部-下垂体神経分泌系のホルモンにも PRF 活性がある．プロラクチンの分泌には PRF 活性のほかプロラクチン放出抑制因子 (PIF) の放出抑制による脱抑制が関連する．

e **プロラクチン放出抑制因子** [prolactin-inhibiting factor] PIF と略記．《同》プロラクチン放出抑制ホルモン (prolactin-inhibiting hormone, prolactin release-inhibiting hormone, PIH)，プロラクトスタチン (prolactostatin)．視床下部の神経分泌細胞で合成され，正中隆起において軸索末端から下垂体門脈系第一次毛細血管叢の血管中に分泌される物質．腺性下垂体のプロラクチン分泌細胞に直接作用し，プロラクチンの分泌を抑制する．低分子ペプチドと考えられているが化学的性質はまだわかっていない．視床下部に多量に存在するドーパミンなどのカテコールアミン類や*ソマトスタチンなどが強い PIF 活性を示すことから，これらが PIF の本体とする説もある．

f **フロラの滝** [fall of flora] 隣接した二つの地方の間に顕著なフロラの差がみられる状態．正宗厳敬 (1936) はそれぞれの一方に産し他方には産しない属あるいは種の数を両地域に関して合算し，その数字を離間数と名づけ，それでフロラの滝の大きさを表現した．例えば九州，屋久島・種子島，奄美大島の 3 地では，属を用いての離間数はそれぞれ 298，67，48 となり，フロラは九州と屋久島・種子島以南とで極めて異なることを示す．

g **プロラミン** [prolamin] イネ科植物種子の胚乳に特徴的なアルコール (60～90％) 可溶性の単純蛋白質の総称．一般に，グルタミンとプロリンを多量に含み，リジンはほとんど含まない．含水アルコールのほか稀酸，稀アルカリには可溶だが，水，無水アルコール，中性塩溶液には不溶．これに属する蛋白質には，グリアジン (コムギ)，ホルデイン (オオムギ)，ゼイン (トウモロコシ)，セカリン (ライムギ) などがある．

h **プロラメラボディ** [prolamellar body]《同》ラメラ形成体．*エチオプラスト中に見られる，管状の膜構造が規則的に配列した結晶状の構造体．被子植物では，クロロフィル合成に働く酵素であるプロトクロロフィリド還元酵素 (protochlorophyllide reductase, POR) が光依存的であるため，暗所では*クロロフィルを合成することができない．そのため暗条件で生じる黄化葉では，プロプラスチドから葉緑体への分化の際のチラコイド形成が阻害され，POR とその基質であるプロトクロロフィリドおよび脂質からなるプロラメラボディがつくられる．光が照射されると，プロラメラボディは速やかに崩壊するとともに，プロラメラボディからクロロフィルを含む*チラコイドが形成される．

i **フロリジン** [phlorizin] リンゴ・ナシ・サクラなどバラ科果樹やツツジ科ツツジ属およびアセビ属植物の根皮・樹皮に含まれる強い甘味のある*配糖体．*アグリコンをフロレチン (phloretin) と称し，ジヒドロカルコンというフラボノイドの一種で，糖 (グルコース) はその 2′-OH に結合する．動物の腎尿細管で D-グルコースの再吸収

を阻害して血糖値を上げる作用がある．そのため甘味料としては利用されず，実験的に動物に糖尿を起こすのに用いる．糖の結合部位の異なる (4'-OH に結合) 類似物質トリロバチン (trilobatin) がブナ科マテバシイ属 (Lithocarpus) やブドウ科ブドウ属 (Vitis) の葉から得られている．

a **プロリルジペプチダーゼ** [prolyl dipeptidase]
《同》プロリナーゼ (prolinase)，イミノジペプチダーゼ (iminodipeptidase)．一般にプロリルグリシンのような N 末端にプロリンをもつジペプチドのペプチド結合を加水分解する反応を触媒する酵素．EC3.4.13.8. プロリンイミノペプチダーゼとは異なる．主に腸液内に含有されて腸内消化に関与する．（⇨プロリンジペプチダーゼ）

b **プロリン** [proline] 略号 Pro または P (一文字表記)．アミノ酸の一種であるイミノ酸の一つ．E. Fischer (1901) がカゼインから発見．L 化合物はコラーゲンやカゼインなど多くの蛋白質の構成成分で，特にコラーゲンに多い (約 20%)．アルコールに溶ける．水に易溶．ニンヒドリン反応は黄色．ヒグリン (hygrine，ピロール誘導体に属するアルカロイド) の酸化によって得られるヒグリン酸はプロリンのメチル誘導体であり，植物中に存在するスタキドリン (stachydrine) はジメチル-L-プロリン (ベタイン) である．ヒトには可欠アミノ酸．生体内ではグルタミン酸，または (アルギニンより生成する) オルニチンから酵素的にグルタミン酸セミアルデヒドが生成され，これが自発的に環化して 1-ピロリン-5-カルボン酸 (P5C) となり，P5C 還元酵素 (P5C reductase) によりプロリンが生成する．分解は，プロリン脱水素酵素 (proline dehydrogenase) により P5C となり，P5C 脱水素酵素 (P5C dehydrogenase) によりグルタミン酸セミアルデヒドとなった後，グルタミン酸，あるいはオルニチンに代謝される．コラーゲンなどの蛋白質では，プロリンの一部が水酸化されてヒドロキシプロリンになる．

プロリン　　スタキドリン

c **プロリン酸化酵素** [proline oxidase] 《同》プロリンデヒドロゲナーゼ (proline dehydrogenase). プロリンを酸化して 1-ピロリン-5-カルボン酸にする酵素．EC1.5.99.8. さらに加水分解によりグルタミン酸アルデヒドを経てグルタミン酸が生成する．肝・腎の細胞顆粒に堅く結合し，直接の電子受容体は不明であるが，ユビキノン，シトクロム c を加えると酸化を促進する．アミノ酸酸化酵素はプロリンに作用してピロリン-2-カルボン酸を生じ，これはさらに 2-ケト-5-アミノ吉草酸になる．これら二つの反応に可逆的に作用するピリジン酵素も知られている．

d **プロリンジペプチダーゼ** [proline dipeptidase] 《同》プロリダーゼ (prolidase)，イミドジペプチダーゼ (imidodipeptidase). C 末端にプロリンまたはヒドロキシプロリンをもつジペプチドにおいて，プロリンのイミノ基と他のアミノ酸のカルボキシル基との結合 -CO-N= を加水分解する反応を触媒する酵素．EC3.4.13.9. 493 アミノ酸残基分子量 5.5 万．基質は開裂をうける結合 (-CON=) に対して α 位の遊離アミノ基および遊離カルボキシル基をもつことを必要とするのでジペプチダーゼであり，トリペプチドおよび通常のペプチド結合 (-CONH-) には作用しない．腸粘膜，腎臓，横紋筋，平滑筋，赤血球，下垂体，肺など動物組織に広く存在し，コラーゲンの分解に重要である．腸粘膜に存在するものは消化酵素として蛋白質中間分解物質を分解してアミノ酸にする．（⇨プロリルジペプチダーゼ）

e **ブロン** BELON, Pierre 1517～1564 フランスの博物学者．パリ，ウィッテンベルグ，パドヴァで学ぶ．イタリア，ギリシア，小アジア，パレスチナ，エジプト，アラビアなどに広く旅行し，地質，植物，動物の観察をした．水生の脊椎動物および無脊椎動物 (それらは当時総括的に「魚類」といわれた) の多数を記述した．また鳥類の図譜を刊行し，人骨と鳥類の骨格の各部を対比し，解剖学における比較的方法の先駆をなした．[主著] L'histoire naturelle des étranges poissons marins, 1551; L'histoire de la nature des oiseaux, 1555.

f **ブロン** BRONN, Heinrich Georg 1800～1862 ドイツの動物学者，古生物学者．動物 (特に昆虫) および化石の標本を多数蒐集し，地層と化石の関係について研究．C. Darwin の『種の起原』の公刊後すぐにドイツ語に訳し，また進化論の受容者となった．

g **ブロントサウルス類** [Brontosaurus] 《同》雷竜．中生代に生息していた竜盤目 (⇨恐竜類) 竜脚形亜目の一属．近年まで広く浸透していた呼称であるが，これはアパトサウルス (Apatosaurus) のシノニムであり，現在この名が用いられることはない．四肢は頭丈で大きく，頸と尾は比較的短い胴部から前後に長く伸びていた．頭蓋骨は非常に小さく，鼻孔が頭蓋骨の頂点近くまで後退し，歯は小さく，細長く，草食に適していた．

h **ブローン-ブランケ** BRAUN-BLANQUET, Josias 1884～1980 スイスの植物群落生態学者，植物社会学者．E. Rübel とともにチューリヒ-モンペリエ学派と呼ばれた．群落調査法，データ処理，社会学的単位の命名法を確立，群落の適合度をはじめて採用，植物社会学を生態学や植物地理学から独立した分野とした．[主著] Pflanzensoziologie, 1928, 新版 1951.

i **不和合性** [incompatibility] [1] 花粉および胚嚢が完全に機能をもつにもかかわらず，生理的な原因から受精の行われないこと．不和合性は*不稔性に含まれる．不和合性には*自家不和合性と他家不和合性 (または交雑不和合性) とがあり，植物界にかなり広く見出される性質で，受粉を行っても花粉の不発芽，花粉管の花柱への侵入不能，花粉管成長速度の低下，花粉管の

形態異常，あるいは成長停止などが起こり，受精に至らない場合である．*自殖を繰り返したときには，しばしば現れる．不和合性には遺伝子が関係することが考えられ，多くの植物で分析がなされている（⇒自家不和合性）．蕾受粉あるいは老花受粉によって，往々，不和合性の組合せから種子が得られる．[2] 細菌などで，2種の*プラスミドが同一細胞内に共存しえないこと．（⇒プラスミド不和合性）

a **吻** [proboscis] 一般に動物の口あるいはその周辺から突出した構造．[1]《同》吻管，陥入吻．特に無脊椎動物において，口周辺の伸縮しうる管状の構造物．その構造と機能は動物群によって大いに異なる．例えば，(1)渦虫の*咽頭．(2)条虫のあるものでは頭節に4本の細長い吻(tentacle)をもつ．小鉤が密生し，これにより宿主の腸壁に固着する．吻は頭節内の鞘に収納が可能．(3)鰓曳動物の体は，伸縮可能な吻と胴からなる．吻の表面には小突起があり，前端に口が開く．(4)鉤頭動物は体前端に小鉤をそなえた吻をもち，胴部の吻鞘に収納が可能．吻鉤により宿主の腸壁に固着する．(5)腹足類の口の外表に突出しうる部分．(6)昆虫類のうち吸い型口器をもつものにおける管状の口器(吻管)．またゾウムシその他細長い頭部をもつ昆虫の下端部．(7)ギボシムシの体の最前端部．この部につづく*襟と胴とより擬宝珠(ぎぼし)形または長卵形で，壁は筋肉性．吻腔があり，1～2個の小孔により吻の背基部に開く．内部には吻骨格(proboscis skeleton)がある．吻の基部腹面，襟に接するところに口が開く．(8)多毛類，胴甲動物，ホシムシ類，苔虫動物などに見られる口先の管状構造物で体内に収納可能．(9)ヒモムシ類の前頭部から摂餌のために翻出される部分．先端に針をもつもの(有針類Enopla)ともたないもの(無針類Anopla)がある．[2] 多くの哺乳類における鼻の外方部の延長．テングザル，ゾウ，バクなどで特に発達したものがある．

b **糞** [feces, dung, dropping]《同》糞便．消化管から体外に出される不要な物質．食物の不消化部分のほか，腸内細菌，消化管の粘膜や消化管付属腺の分泌物などをも含む．ヒトでは糞の75％が水分で，残りが固形分である．固形分のうち最も多いのが不消化部分で，次いで細菌，無機成分となる．動物の糞や尿の多量の集積は環境に対して影響するところが大きく，陸上および地中の動物の場合には土壌の生成・構造・化学的性質を著しく変化させることがある．哺乳類の糞はグアニンやリンに富み，大量の糞尿は草原の遷移に影響し，海洋の小島にできる鳥糞の厚い堆積はグアノ(鳥糞石)を生ずる．ミミズは土壌を消化管内に取り入れ，有機物の一部を消化吸収して残余を多量の糞として排出するので，その量は特に大きく，また広範囲である．他方，糞に含まれる物質の毒作用が他の生物の個体群の消長に影響することがあり，さらに大形動物の蛋白質などの養分に富む糞は双翅目，鞘翅目，菌類(糞生菌類)など多くの腐生生物の栄養とされ，糞塊をめぐってしばしば独特の生物群が形成される．摂食量と糞の量との差が動物における同化量となり，同化率は植食動物よりも肉食動物のほうが通常はるかに高い．哺乳類の糞の色は主として胆汁色素またはその代謝物(ビリルビン，ビリベルジン，ウロビリンなど)により，臭いはインドール，スカトール，硫化水素，メルカプタンなどに由来する．ヒトでは糞便の水分は大腸の吸収によって調節され，腸管の炎症，*コレラ毒素などの作用により下痢(diarrhea)が起こる．

c **粉芽** [soredium] 地衣類の栄養繁殖器官の一つで，地衣体内の共生藻が若干集まったものを菌糸がとりまき，体から分離して飛散し，発芽するもの．粉芽が集合している器官を粉芽塊(soralium)という．粉芽塊のできる部位は種ごとに決まっている．粉芽の表面は皮層で覆われていない．一方，裂芽と呼ばれる突起状の栄養繁殖器官では表面が皮層で覆われている．しかし，裂芽やパスチュールなどの栄養繁殖器官がのちに粉芽化する場合や粉芽表面が皮層で覆われた顆粒となっている場合など中間的な構造を生じる種もある．

d **分化** [differentiation]【1】一般的には主として次の三つの意味で用いられている．(1)一つの系が二つ以上の相互に質的に区別できる部域または部分系に分かれている状態．(2)一つの比較的単純で同質的な系が二つ以上の質的に異なった部域または部分系に分離する過程．(3)発生(個体発生・系統発生)しつつある一つの系の中で形態的・機能的に特殊化が進行し，特異性が確立される過程．(1)の意味においては，すべての生物は形態的・機能的分化をもつということができるが，これは(2)の意味の分化をまってはじめて可能であり，(2)の結果ともいうことができる．(2)は発生の初期から後期にかけて漸進的に起こるもので，この意味で漸進的分化(progressive differentiation)という語も用いられる．(2)と(3)とは発生において平行的に進行する場合が多く，しばしば無意識に混合して用いられるが，概念的には区別されるべきであろう．(3)の意味での分化は，初めは純粋に形態学的な特徴についての特異性の確立を対象としてきたが，今日では微細構造の面や特異的な分子の存在，その代謝の特徴などの面から，分化の進行と，分化の結果を把握することが平行して行われる．（⇒細胞分化）
【2】刺激A(例えば振動数800の音)に対して*条件反射の形成されているイヌに，それと同種でやや異なる刺激B(例えば振動数812の音)を与え，Aに対しては無条件刺激(例えば食餌)で強化し，Bに対しては強化を行わないと，Aに対しては陽性の効果があり，Bに対しては反射の効果がみられなくなる．この現象を分化という．この場合，Aによる条件反射を陽性条件反射(positive conditioned reflex)，Bによるそれを陰性条件反射(negative conditioned reflex)という．陰性条件反射の刺激(陰性条件刺激ともいう)は，単に反射効果を示さないだけでなく，他の陽性条件刺激の効果を減少させる作用を有する．したがって陰性条件反射においては，その刺激に対応する大脳皮質に抑制過程が生じるものとみられる．このような抑制を分化抑制(differential inhibition)という．（⇒刺激般化）

e **文化** [culture] [1] ある人間集団の構成員が分有する思惟・情報交換・行動・生活などその集団中で習得かつ伝承される様式．文化の定義は，文化人類学者によってそれぞれ表現が異なるが，R. Linton(1945)は，「一文化とは，習得された行動と行動の諸結果との総合体であり，その構成要素がある一つの社会のメンバーによって分有され伝達されているものである」としている．先史時代の文化は，もっぱら遺残する石器・骨面角器，遺構・火の跡・食痕などによって知られる．化石新人類では，壁画・彫像・墳墓などがそれに加わる．先史時代の人類文化期は，主として残存する石器の様式によって区分され，石

器時代は旧石器時代と新石器時代に大別され，これはさらに表のように細分される．[2] 近年，ヒト以外の霊長類でも文化の定義に合致する行動が知られている．特にチンパンジーでは，食物の獲得やコミュニケーションにさまざまな道具を用い，その種類や使い方が地域によって異なる「文化圏」があることが明らかになっている（⇒文化的行動）．[3] 個体間で伝承，伝播し，行動に影響をあたえる因子の集合．この因子を遺伝子に対して文化因子という．慣習，宗教，ファッション，技術などがその例である．伝播様式としては両親から子への垂直伝播のほか，両親以外の上の世代の個体から子への斜行伝播，同世代の個体の間での水平伝播などがある．

a **分解者**［decomposer］ 生態系における*栄養動態の観点からみて，腐食食物連鎖に属し，死んだ生物体や排出物あるいはその分解物を分解して，その際に生じるエネルギーによって生活し，有機化合物を*生産者が利用できる簡単な無機化合物にもどす*無機化の役割を果たしている生物あるいは生物群．A. F. Thienemann (1918) が最初に Destruent の語を使用し，また，後 (1926) には Reduzent, すなわち分解者 (reducer) の語も提案した．R. L. Lindeman (1942) は，還元者にかわる語として decomposer という語を提案し，ドイツ以外ではこの語が定着している．一般に他養性の細菌類・菌類などの腐食菌を指すが，土壌動物もそれに含まれる．*消費者との境界は便宜的かつあいまいで，細菌類も動物も正しくは双方の役割を果たしている．最近では広く有機栄養生物全体をこの語で呼ぶ人もあり，この場合は消費者と同義．土壌や水中の分解者は極めて多様で，栄養塩類 (N・P・K・Ca など) の物質循環において，大きい役割を果たしている．なお，物質ではなく*エネルギー流を中心に考える場合には，転換者 (transformer) の語を用いることもある．

b **分解能**(X線解析の) ［resolving power］ *X線構造解析において分子構造がどの程度の詳細さで明らかにされるかを示す値．X線解析の分解能の意味は，光学顕微鏡や電子顕微鏡の場合のそれとは厳密には異なる．例えば 3 Å 分解能の X 線解析とは，電子密度分布図を得るためのフーリエ変換の計算において，$d \geq 3$ Å (最小面間隔に対応する) の回折斑点が用いられたことを示す．X 線の回折と通常の光のフラウンホーファー回折との類似性から，二つの像を区別しうる分解能の限界は d Å までの回折斑点が使用されたとすると $0.6d$ Å となる．通常の低分子の結晶構造解析は $0.8 \sim 1.0$ Å 程度の分解能で行われるので，個々の原子の位置を分離して精密に求められる．

c **文化進化** ［cultural evolution］ 文化を，その情報が学習 (観察学習) によって世代間で体系的に伝承されていく複雑な適応的システム (complex adaptive system) とみなしたときの，集団動態．文化進化論 (cultural evolutionism) の出現は古いが，ダーウィン進化論とは深い関係をもたなかった．19世紀後半には隆盛となり20世紀前半の低迷期を経て，1940年代に，生態学的な視点を取り入れた新進化主義の文化人類学が登場した．一方で1970年代の後半からは，生物進化の理論を文化

人類文化期の表

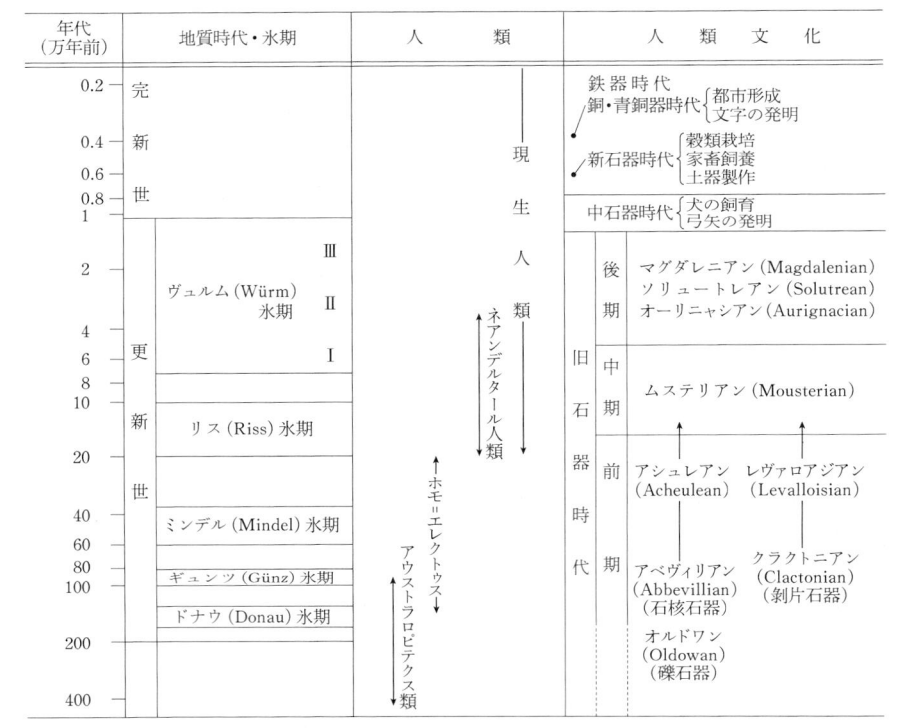

年代 (万年前)	地質時代・氷期	人類	人類文化	
0.2	完新世	現生人類	鉄器時代 銅・青銅器時代	都市形成 文字の発明
0.4			新石器時代	穀類栽培 家畜飼養 土器製作
0.6 / 0.8				
1			中石器時代	犬の飼育 弓矢の発明
2	ヴュルム(Würm)氷期 III	ネアンデルタール人類	旧石器時代 後期	マグダレニアン (Magdalenian) ソリュートレアン (Solutrean) オーリニャシアン (Aurignacian)
4	II			
6	更新世 I		中期	ムステリアン (Mousterian)
8 / 10				
20	リス(Riss)氷期	ホモ=エレクトゥス	前期	アシュレアン (Acheulean)　レヴァロアジアン (Levalloisian)
40	ミンデル(Mindel)氷期			
60 / 80 / 100	ギュンツ(Günz)氷期	アウストラロピテクス類		アベヴィリアン (Abbevillian) (石核石器)　クラクトニアン (Clactonian) (剥片石器)
	ドナウ(Donau)氷期			
200				オルドワン (Oldowan) (礫石器)
400				

の進化に適用する試みが盛んになった．特に遺伝子の消長のダイナミックスを表す集団遺伝学の数理モデルを，文化因子のダイナミックスに使用することによって，理論的展開がなされている．その結果，動物の文化と人間の文化とを共通の視点から比較できるようになり，学習や文化と進化の関係について新たな一面が明らかになりつつある．特に，人類の進化における遺伝子-文化共進化 (gene-culture coevolution) 過程の重要性が注目を集めている．

a **分割細胞分裂** [segregative cell division] 緑藻類のミドリゲやキッコウグサなどで行われる特殊な細胞分裂の方法．これらの藻類はもともと多核体であるが，はじめに細胞の内容が同時に数個の塊に分かれるか，あるいは細胞の一部が分かれて収縮し，その周囲に膜が形成されたのち，各内容がふたたび大きくなって細胞分裂が完成する．

b **文化的行動** [cultural behavior] 動物において，その種全体ではなく特定の個体群あるいは集団のみで観察され，その集団中で*学習され世代を超えて*伝承される行動．若齢の個体による新しい行動の発見，その行動の他の構成員への*伝播，構成員間に分有されたあとの次世代への伝承の過程が伊谷純一郎によるニホンザルの群れの研究を通して明らかにされた．これらの過程は，音声や身振りなどの手段を介することなく受け手側の獲得能力だけに依存して伝わるので，一方的伝達 (one-side communication) とも呼ばれる (⇌コミュニケーション)．イギリスのカラ類の鳥に見られる牛乳瓶の蓋開け，チンパンジーの堅果割りなどもこの例で，特にチンパンジーでは*道具使用，*ノンバーバルコミュニケーション，食生などに著しい地域差があることが知られる．

c **分化転換** [transdifferentiation] 動物体において，明らかに分化した細胞，あるいはその分裂によって作られた子孫の細胞が別の分化を行う現象で，*化生の一種．ただし，化生と異なり通常は細胞に対して使い，組織に対しては用いられない．羊膜類で分化転換が起こることは，ニワトリ胚網膜色素細胞からレンズ細胞への転換系で，江口吾朗・岡田節人 (1973) によって*クローン培養法を用いて証明された．そのほかにも培養細胞への遺伝子導入などさまざまな実験操作によって引き起こすことができる．自然状態でも変態や再生，病理的変化の過程などで分化転換が起こる可能性が示唆されているが，実験的に証明された例は少ない．(⇌レンズの再生，⇌脱分化)

d **分化能** [differentiation potency] 一般に生物の初期発生において，胚の一部はその与えられた発生条件にしたがって種々の器官や組織を*分化する能力をもつことが多いが，このような場合，ある胚域に可能な分化の範囲をその分化能という．一般に*決定の進行につれて分化能は限定されるもので，ある胚域がその種に可能なすべての分化を行う能力をもつときその胚域は分化全能 (totipotent)，数種類の分化を行う能力をもつときは分化多能 (pluripotent)，ただ一つの分化だけを行う能力をもつときは分化単能 (unipotent) という．分化能の語は胚や成体の組織あるいは単一の細胞の能力を示すのにも用いられる．例えば*調節卵の分離された各割球は完全な個体をつくるので，これらの割球は分化全能であるといえる．また，脊椎動物成体の体性幹細胞には筋幹細胞のような分化単能のもの，造血幹細胞のような分化多能のものがある．植物は一般に，分化した細胞が脱分化・再分化の過程を経て完全な新個体を形成できることから，分化全能であると考えられる．(⇌全能性，⇌多能性 (発生の))

e **ブンガロトキシン** [bungarotoxin] 東南アジア産の毒蛇 *Bungarus multicinctus* のヘビ毒に含まれる，神経毒素．数種が知られている．α-ブンガロトキシン (分子量 7983) はシナプス後側に存在するニコチン性アセチルコリン受容体と特異的に結合して，神経筋接合部におけるシナプス伝達を遮断する．これに対して β-ブンガロトキシン (A 鎖の分子量 1 万 3500，B 鎖の分子量 7000) は，神経終末ボタンからの伝達物質の放出を抑えることによってシナプス伝達に影響を与える．β-ブンガロトキシンは強力なホスホリパーゼ A_2 活性を示し，この活性にはカルシウムイオンの存在が必要である．γ-ブンガロトキシンもまた β-ブンガロトキシンとならんで，シナプス前側に作用するものと考えられる．

f **吻管** [haustellum, proboscis] *吸い型口器をもつ双翅類・半翅類の*吻の主部で，本来は下唇が延長して管状となったもの．内部に 3〜5 本の刺毛 (針状体 stylet ともいう) があり，これは口器を構成する他の部分すなわち上唇，大顎，小顎，中舌が変形したもの．

g **分岐** [divergence] 《同》相離，分化，分化程度．進化において系統枝が分裂したあと，形質の差異が大きくなっていくこと．*系統樹の分岐点間に生じる形質状態の変化数として測定できる．注目する形質が DNA である場合，同じ塩基座位で形質状態の変化 (塩基置換) が複数回起こっている可能性があるため，測定された差異から DNA 進化モデルに基づいて実際に生じた変化を推定することが多い．(⇌進化距離)

h **分岐鎖アミノ酸** [branched-chain amino acid] 《同》分枝アミノ酸．天然アミノ酸の中で*バリン，*ロイシン，*イソロイシンの総称名．これらは β または γ 位にメチル基をもち構造が類似し，いずれもヒトでは不可欠アミノ酸で，代謝的に共通の特徴をもつ．分解活性は哺乳類では骨格筋で高く，肝臓，小腸などでは低い．まず分岐鎖アミノ酸アミノ基転移酵素 (branched-chain amino acid aminotransferase, BCAT) によりアミノ基がピルビン酸に転移してアラニンと α-ケト酸が生じ，後者は分岐鎖ケト酸脱水素酵素 (branched-chain α-keto acid dehydrogenase, BCKD) によりアシル CoA に変換された後，アセチル CoA，スクシニル CoA，アセト酢酸などに代謝される．これにより，エネルギー産生，糖新生，ケトン体産生に寄与する．分岐鎖アミノ酸の分解速度は BCKD のリン酸化によって調節される．メープルシロップ尿症は BCKD の欠損症である．BCKD 以降の代謝はバリン，ロイシン，イソロイシンで異なる．

i **分岐図** [cladogram] 《同》クラドグラム．*樹状図の一種で，*共有派生形質によって推測された分類群間の系図的な関係 (genealogical relationship) を枝分かれによって示したもの．分岐分類学の創始者である W. Hennig にとっては，分岐図は*系統樹と同義であり，分類群が結びつけられた枝 (クレード clade) の分岐点は，種分化が起こったことを示し，そこには共通祖先が位置するものと考えた．そして*分類は，分岐図に表現された*単系統群と姉妹群関係をリンネ式階層分類 (Linnean hierarchy) に書き換えたものであると主張した．変形分岐学派では，分岐図と系統樹とは根本的に異なるという

見解をとり，分岐図は，特定の進化モデルに依存することなく，形質の分布パターンから，分類群の包含関係を図示したものとする．系統樹と異なり，枝の長さの情報はもたない．

a **分岐成分分析** [cladistic component analysis] *分岐分類学における*樹形図の構造解析法で，*分岐図を，系統発生的な祖先子孫関係を表示する*系統樹ではなく，*共有派生形質の分布を表示するグラフとみなし，系統・分類・生物地理などにおける分岐図情報の解析と総合を目指すもの．G. Nelson (1979) が提唱した方法で，W. Hennig の分岐分類学から分かれていった*パターン分岐学の基礎を与えた．分岐図の情報単位を末端種の部分集合(成分 component)とするとき，任意の分岐図全体の情報はこの成分の和である．また，複数の分岐図からなる集合のもつ情報は，個々の分岐図の成分の総体である．ここで，共有派生形質はある一つの成分を支持する属性とみなされる．分岐図が表示するのは成分間の集合包含関係であるのに対し，系統樹は祖先子孫関係を示すグラフであると定義される．ある一つの分岐図には一般に複数個の系統樹が含まれることから，パターン分岐学では，複数の系統樹の共通部分である分岐図を第一の分析対象とする．Nelson (1979) は，複数の分岐図を総合して一つの系統分類体系を構築するにあたりこの方法を提唱した．一方，Nelson と N. Platnick (1981) は，複数の種分岐図から地域分岐図を構築する分断生物地理学の方法論の基礎に分岐成分分析を据えた．その後，この方法は，*共進化の解析や遺伝子系統樹と種系統樹の比較解析などにも用いられると同時に，分岐的グラフだけではなく分断生物地理学での地域網状図や種内系統学での網状系統樹のような非分岐的な系統関係の解析にまで応用されている．したがって，分岐成分分析は，分岐分類学の枠内にとどまらず，一般的な樹形図および網状図に関する応用グラフ理論の一つとみなされるべきである．

b **分岐分類学** [cladistics] 《同》分岐論，分岐学．W. Hennig (1950, 1966)，L. Brundin (1966) が主唱した系統推定および分類体系の構築に関する学問分野．名前の由来となった clade はもともと J. S. Huxley が提唱した言葉で，ギリシア語の枝をもとにしている．*タクソン(分類群)の把握・配列を*単系統にのみ立脚し，系統学的に厳密な分類体系の構築を目指す．すなわち，相同的形質について，その*形質状態の変化の方向性(*極性)を推定し，派生的形質状態(派生的形質状態 apomorphy) の共有(*共有派生形質)によって単系統群の候補を見出す．この操作を多くの形質について順次積み重ねて，形質間の矛盾が最も少ない*分岐図を描く．この分岐図に描かれた単系統性・姉妹群関係が系統関係を示すものと考え，これに基づいて分類体系を構築する(⇒分岐成分分析)．形質状態の変化の方向性を推定する手段としては，主に*外群比較が利用される．分類群の把握・配列において，系図的関係を特に重要視し，側系統群を分類群としては認めない．この点で，同じように系統分類を指向する立場の分類学派でありながら，進化的分類学派とは鋭く対立する(⇒分類学)．Hennig 以後，分岐分類学は，他の分類学派との論争のなかで，理論的にも方法論的にも整備されてきた．また実践面でも，与えられた形質の一覧表から最節約原理に基づいて分岐図を描くコンピュータアルゴリズムも発展・普及し，比較的容易に分岐図が描かれるようになっている(⇒パターン分岐学)．例えば，*分子系統学でも用いられる*最節約法はその一例であり，系統学・体系学において幅広く活用されている．

c **分業** [division of labor] [1] 人間の社会に見られる，経済的基盤をもった生産・労働・職業上の分化と，それによる協同．男女の経済的分業は，人類社会の起原と深くかかわるとされる．社会学を創始した A. Comte と É. Durkheim は，分業は道徳と密接に結びついており，規範や権力関係に基づいて決定されるとしている．[2] 《同》生物学的分業．ヒト以外の動物で，共同生活をする同種の個体(⇒動物の社会)間において，一次的生殖機能以外の機能が分担されている現象．特に社会性昆虫では，女王とワーカー(働き蟻や働き蜂)の間に繁殖に関しての分業があるほかに，ワーカー内部での分業も知られている．アリにはワーカーに体サイズのちがいと結びついた分業を行うサブカストが知られている種があり，働き蟻の大形のサブカストをメジャー(major)，小形のサブカストをマイナー(minor)と呼ぶ．また，齢の進行に伴う分業すなわち齢差分業(polyethism)が知られている昆虫(ミツバチなど)もある．[3] 一つの器官がさらに機能単位に分かれている状態．例えばさまざまな認知的機能は，脳の異なる場所での機能単位(モジュール)に分業化されて行われ，それらが統合されて脳全体としての機能を発揮する．

d **分極** [polarization] [1] 一般に電場の中などに置かれた原子または物質の電荷の分布が変化して，電気双極子が生じる現象をいう．生理学においては，細胞の膜が異なったイオンに対して選択透過性をもつためその界面に電気二重層ができ，その結果膜の外側が正，内側が負に帯電していることを指す(*膜電位)．興奮に際してはこの分極が消失し(*脱分極)，分極の方向が逆向きになったのちにもとの分極状態に復する(再分極 repolarization)．この過程が記録されると，活動電位として現れる(⇒ベルンシュタインの膜説，⇒イオン説)．[2] 刺激生理学などの実験において，生体に直流を通じるとき，金属電極と体液または*リンガー液との間に生じる電解分極．これを防ぐ目的で*不分極電極が用いられる．皮膚を通して電気刺激を与える場合，不分極電極を用いてそれに電流を流しても，皮膚自身が分極して相当の逆起電力を生じる性質をもつから，刺激または導出回路に分極性組織を含む場合にはその影響を無視できるように配慮する．一般に細胞膜は半透性で分極性をもっており，電流を流して刺激となるのは刺激部の膜に一定の脱分極が発生したときである．

e **分蘖** [tillering] (ぶんげつ) 主としてイネ科作物の稈基部の節からその腋芽が伸び出すこと．その腋芽の伸びたもの，すなわち分蘖枝(tiller)を指すこともある．主稈から分岐したものを第一次分蘖，第一次分蘖から分かれたものを第二次分蘖と呼ぶ．イネでは，第 n 葉が抽出すると第 $n-3$ 葉の葉腋から分蘖芽が抽出するという規則性が見られる(同伸葉同伸分蘖理論)．

f **吻腔** [rhynchocoel, proboscis cavity] [1] 紐形動物の吻を収納する腔所．体前方部の消化管の背方に細長く伸び，吻が翻出するとその内部に進入する．真体腔で裂体腔的に形成される．[2] 《同》吻体腔．ギボシムシ類の体の前端にある吻の中の腔所．真体腔で腸体腔的に形成される．

g **吻合** [anastomosis] [1] 糸状菌の菌糸間で起こる

融合．有性生殖とは必ずしも関係なく菌糸の先端同士，先端と側面，あるいは側面にできた小突起間で起こる．双方の核が遺伝的に異なるときはその結果*ヘテロカリオンが形成される．[2] 動物の組織や臓器，例えば仮足，神経，血管などに癒合が起こり，互いに連絡が生ずること．創傷や炎症などの結果生ずるものと外科的手術により形成されるものとがある．[3] 主要な血管・神経が，形態上連絡をもつこと．

a **分差反応** [differential reaction] 《同》差動反応，感差反応．刺激の強さ(I)自体ではなく強さの増減(ΔI)または変化速度(dI/dt)に応じて生起・増強する生体の反応をいう(tは時間)．光，温度，化学的刺激などに対する各種の単細胞生物の刺激運動において早くから知られており，衝撃反応(shock reaction)，逃避反応などさまざまな名で呼ばれてきた．後生生物にも同様な反応の多数の例がある．これらの運動反応はそれぞれの個体の間接的な定位をもたらすことが多く，その場合にはフォボタキシスやキネシスなどの名で広義の走性中に含まれる．屈曲走性の機作も分差反応に基づくものであり，また陰影反応は動物界に普遍的な分差反応の一形態である．分差反応を感受性の面から見たときには分差感度(differential sensibility)と呼び，これは*ウェーバーの法則にしたがうと考えられている．

b **分散** [dispersal] [1] 生物が，生まれた場所あるいは現に生息している場所から動いて散らばること．種の分布域の拡大の意味にも用いられるが，生態学においては，個体群内の個体が*生息地内または生息地間に散らばる過程を指していう．分散の方法によって受動的分散(passive dispersal)と能動的分散(active dispersal)とを区別することもある．集団が，ある地点からしだいに周囲に拡がっていく際，個体の各ステップにおける動きがどの角度にも等確率に起こり，かつ他個体から誘引や反発などの影響を受けない場合をランダム分散(random dispersal)といい，理論的には*ランダムウォークモデルから導かれる．なおdispersionもdispersalと同義に用いられることがあるが，この語は分散の結果としての個体の散らばりの状態，すなわち*分布様式を意味する語として区別するのがより一般的である(⇌移動，⇌散布，⇌植民)．[2] 地域生物相の成立要因を追求する場合，その地域のそれぞれの生物群に共通しない個別的な要因．分断生物地理学では，同一地域に分布する複数の生物群の系統関係，すなわち種分岐図(area cladogram)の一致・不一致に基づいて，地域生物相の歴史的成立要因を推論する．複数群の種分岐図の樹形が地理的に一致する部分については，生物相全体にわたる共通要因すなわち分断現象(vicariance event)の存在が仮定できる．一方，種分岐図の樹形が一致しない部分については，それぞれの生物群ごとの個別要因(分散)によってアドホックに現在の地理的分布を説明しなければならない．したがって，分岐分析による系統推定において，*ホモプラシーがアドホックな補助仮定であるのとまったく同様に，分断生物地理学では分散がアドホックな仮定である．

c **分散型動原体** [diffuse kinetochore, diffuse centromere] 《同》非局在型動原体(nonlocalized kinetochore, nonlocalized centromere)．形態的に分化したくびれや*動原体がなく，動原体機能が染色体全長に分散して存在するもの．この型の動原体をもつ染色体は，放射線照射によって生じた染色体断片の大部分が分裂後期で極への移動能力を保持するため，全動原体染色体(holocentric chromosome)ともいう．線虫は分散型動原体をもっている．さらに植物ではヌカボシ属(*Luzula*)，動物では半翅類などで確認されている．線虫では，動原体蛋白質CENP-Aと相互作用するDNAについてゲノム規模で解析されている．その結果，CENP-Aは染色体全体に分散しているが，ゲノム全体に一様に存在するのではなく，集中して存在する領域と比較的CENP-Aが少ない領域が存在することがわかっている．また，線虫の動原体に存在する蛋白質を解析した結果，構成蛋白質や蛋白質間の局在依存性などは，局在型動原体などのそれと類似しており，分散型動原体も局在型動原体も構造的には同じと考えられる．

d **分散分析法** [analysis of variance] 得られたデータが，ある要因についていくつかの階級に組分けされるとき，それぞれの階級に属するデータの間で差があるかないかを分析する方法．例えばある植物に幾種類かの肥料を与えたときに得られる収量が，肥料の種類の相違によって異なるかどうかを調べるといった方法である．データの間に見られるばらつきの程度が手がかりであって，階級の間のばらつきと，誤差と考えられる階級の中でのばらつきを比較することにより，各階級のデータの間に差がないという仮説を検定する．ばらつきの程度を表すのに分散(variance)という量が使われ，これはある集団の平均値と各測定値の差を2乗し，相加したものを，自由度(通常は測定値数から1を引いたもの)で割った量である．階級間の分散を誤差の分散で割った値は分散比と呼ばれ，また，創案者R. A. Fisherの頭字をとってFと表される．得られたFは，F分布の表と呼ばれるものと対比すれば，実験から得られた階級間の差が，偶然だけでは非常に起こりにくいものかどうか，いいかえれば統計的に有意かどうかがわかる．分散分析は多くの要因の組み合わされた場合にも適用され，またいろいろのやり方があり，特に実験計画法に基づく実験において有効な手段である．

e **分枝** [ramification, branching] 植物体(藻類も含む)の軸が分かれて複数となること，およびそれらの軸相互の関係．分枝によって生じたすべての軸性構造を枝(branch)と呼ぶ．細胞が連鎖して構成される糸状体制では，成長する細胞の分裂によって枝が作られ枝が続いている真正分枝(true branching，例：ラン藻類 *Hapalosiphon*)と，いったん切れる偽分枝(false branching，例：ラン藻類 *Scytonema*)がある．これに対して，多細胞性組織体制の藻類やコケ類と茎葉体制の維管束植物では，頂端が等しく二分して等勢の2個の枝となるものを*二又分枝，また主軸が発達してその側方に向かう側

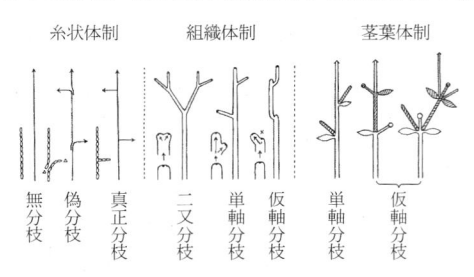

糸状体制	組織体制	茎葉体制
無分枝　偽分枝　真正分枝	二又分枝　単軸分枝　仮軸分枝	単軸分枝　仮軸分枝

軸が枝として作られるものを*単軸分枝または側方分枝(lateral branching)として区別する．二又分枝や単軸分枝を行うものにおいて，ある枝が特によく発達して主軸のようにみえる場合は*仮軸分枝と呼ばれる．また枝の中に節間が長く伸びるものと，節間が短いため葉が込み合うものがある場合，それぞれ長枝，*短枝と呼ぶ(例：イチョウ，シラカンバ)．

a **分子遺伝学** [molecular genetics] 遺伝現象の基本的機構を分子のレベルで研究する学問分野．細菌やバクテリオファージの遺伝学的研究から遺伝子の実体がDNAであることが証明され，さらにDNAやRNAの分子構造が明らかにされるに及び，それに立脚して遺伝情報の実体，遺伝暗号，遺伝子の複製，組換え，形質発現とその遺伝的調節機構などの概要が分子レベルで理解されるようになってきた．従来の遺伝学では遺伝子を最小単位として取り扱ってきたのに対し，分子遺伝学では遺伝子の内部構造に立ち入って遺伝現象を理解しようとする点に一つの特徴がある．1950年頃から比較的短期間に著しい発展をみた分野である．

b **分子化石** [molecular fossil] 《同》化学化石(chemical fossil)．過去の生物またはウイルスに由来する有機化合物，またはそれを基質とした化学反応の生成物．化石の他，地層中に含まれるものも多い．石油や石炭に含まれる炭化水素も分子化石である．古環境などの過去の情報を引き出すための指標とされる場合はバイオマーカーとも呼ばれる．化学化石とほぼ同義だが，化学化石には原子化石(生物活動を示す同位体比の物質)も含まれる．カロテノイドやステロイドなどのイソプレノイド骨格をもつ有機分子は代表的なバイオマーカー．光合成色素に由来するポルフィリンは，過去の窒素循環の推定に重要である．近年では化石蛋白質のアミノ酸配列や*古代DNAの塩基配列も決定される．

c **分子駆動** [molecular drive] ある遺伝子族の変異体が集団内で一つの遺伝子族の全体に置き換わり固定する過程．この過程には，不等交叉，*遺伝的浮動，転移，*遺伝子変換などが含まれる．同じ種内では遺伝子族内のコピーの配列が非常に類似し，均一であるという現象を説明するためにG. A. Dover (1982)が提出した．現在ではほとんど用いられない．

d **分子系統学** [molecular phylogenetics] 生物のもつ核酸(DNAおよびRNA)あるいは蛋白質を分析し比較することで，生物間の系統関係を明らかにする学問分野(⇒系統学)．ゲノムを構成する核酸が世代から世代へ伝えられる過程で，個々の*系統に生じる変異はその子孫系統にのみ受け継がれる．そうした変異とその伝達の累積結果を，生物の相同遺伝子の塩基配列ないしその情報の発現体である蛋白質のアミノ酸配列を分析することによって明らかにし，それを基に当該分子の系統関係を示す分子系統樹を推定する．その結果を基礎に，当該分子を保有していた生物の系統関係を推測する(⇒系統樹)．分析対象は，化石など過去の生物試料から得られるいわゆる古代DNAが用いられることも時にはあるが，通常は現生生物の分子である．この分野の成立当初の1960年代以降，蛋白質を対象にしたアミノ酸配列分析，免疫学的距離分析，電気泳動分析などが，また核酸を対象にしたリボソームRNAの塩基配列分析，DNAの制限酵素断片長多型(RFLP)分析などが用いられたが，20世紀末の*PCR法の発明と自動塩基配列決定装置の開発により，それ以後はもっぱらDNA塩基配列分析が用いられている．分子系統樹の推定は，最適な樹形と枝長の推定を軸に進められる．この最適性の判断をどのような基準に基づいて行うかなどの違いにより，*距離行列法，*最節約法，*最尤法，*ベイズ推定など種々の系統樹推定法がある．比較する配列の数が増えるにつれてそれらの間に可能な樹形の数は指数関数的に増加し，15を超えるあたりで天文学的な数になってしまう．そこで，さまざまな工夫を用いて発見的探索がなされるのが一般的である．推定された分子系統樹の各枝の信頼度はブートストラップ法などの統計手法によって評価される．最近では，マルコフ連鎖モンテカルロ(MCMC)アルゴリズムを用いたベイズ流の計算が活用できるようになって，分子系統樹に基づいて分子時計を前提にしない分岐年代推定がなされるようになった．なお，それぞれの生物系統の内部で遺伝子やゲノム全体が重複したり，増えた遺伝子の一部が消失したりすることがあり(⇒ゲノム重複)，また一部の遺伝情報が親子の連鎖を介さずに伝搬することもあることが分かっており(⇒水平進化)，生物の系統とともに，個々の遺伝子(やそれに担われる形質)の系統関係にも関心が向けられるようになってきている．そのため，生物間の系統関係だけではなく，こうした個々の遺伝子の系統関係を明らかにし，またその祖先状態を推定することなども，広義の分子系統学と呼ぶことがある．

e **分枝酵素** [branching enzyme] 《同》1,4-α-グルカン分枝酵素(1,4-α-glucan branching enzyme)．アミロース，アミロペクチン，グリコゲンのα(1→4)グルコシド結合に作用して，非還元末端からグルコース残基6～7個単位を分子内，あるいは分子間の6位に転移させるグリコシル基転移酵素の一種．EC2.4.1.18．この酵素の作用によりアミロース型多糖からアミロペクチンまたはグリコゲン型分枝多糖が生成する．このうち植物由来のものをQ酵素(Q-enzyme)，動物由来のものを分枝因子(branching factor)ともいう．植物(ジャガイモ，スイートコーン，コメ，ホウレンソウなど)，動物(ラット肝，ウサギ肝・筋肉など)，微生物(細菌，酵母，放線菌，カビなど)に広く分布する．ジャガイモの酵素はグルコース30残基以上のアミロースに作用し，グルコース6残基以上のマルトオリゴ糖を転移する．アミロペクチンにも作用できる．動物の酵素は外側鎖が11～21グルコース鎖をもつ多糖に作用し，6以上で7グルコース残基をよく転移する．Bacillus megateriumの酵素はマルトナオース以上のオリゴ糖に作用し，マルトヘキサオース以上の単位を転移する．動物の場合，この酵素はグリコゲン生成酵素(EC2.4.1.11)と共同してグリコゲンの生合成に関与している．この酵素遺伝子の欠損により，IV型グリコゲン蓄積症(type IV glycogen storage disease)が知られる．

f **分子古生物学** [molecular paleontology, molecular paleobiology] 狭義には，*分子化石によって過去の生命を研究する分野．近年は現生生物の分子の情報を援用することが多く，広義には，現生生物の分子によって過去の生命現象を研究する分野．P. H. Abelsonは*デボン紀の魚類化石などからアミノ酸を検出し，1954年に「古生化学」(paleobiochemistry)を提唱した．その後，バイオマーカー，化石蛋白質，*古代DNAなどが主な研究対象となったが，続成作用による分子の変

質や現生生物による汚染など，この分野に特有の問題もある．近年では分子系統学，進化発生学，*バイオミネラリゼーションなど現生生物の生化学，分子生物学的知見とあわせて総合的に分子レベルで過去の生命現象が研究される．

a **分子シャペロン** [molecular chaperone] 蛋白質や核酸の折畳み(*フォールディング)や複合体形成に関与し，その高次構造の形成を補助する蛋白質の総称．シャペロンとは元来社交界で介添人を務める婦人のことで，染色質(クロマチン)の形成において，DNAとヒストンのほかに，ヒストンに結合する酸性蛋白質ヌクレオプラスミン(nucleoplasmin)が必須であり，この補助的役割を示すヌクレオプラスミンを分子シャペロンと呼んだのが起源．特に*熱ショック蛋白質(ストレス蛋白質)の大部分は，変性蛋白質の再生，生合成された蛋白質の折畳みに関与する．HSP70 (DnaK)，HSP60 (GroEL)，HSP40 (DnaJ)，HSP104 (ClpB)などのファミリー(括弧内は大腸菌の遺伝子名)が分子シャペロンの代表例とされ，原核生物，真核生物の両方に広く存在する．特に発現量の多いHSP60 (GroEL)ファミリーに属する分子シャペロンをシャペロニン(chaperonine)と呼ぶ．変異株を用いた実験から，多くの分子シャペロンが大腸菌や酵母の生存に必須であることが示されている．極めて分子濃度の高い細胞内で，蛋白質の凝集やアミロイド化を防ぐことが分子シャペロンの基本的な作用であり，多種の蛋白質のフォールディングを一様に介助することが多い．よって，分子シャペロンの存在は，蛋白質の三次構造は一次構造の情報によって規定されるというアンフィンゼンのドグマを根本的に覆すものではない．そのメカニズムは，隔離型(HSP60)，結合解離型(HSP70)，糸通し型(HSP104)などに分類される．蛋白質の生合成・輸送・分解過程と協調して働くことも多い．

b **分子進化** [molecular evolution] [1]遺伝情報をになうDNAの塩基配列や各種蛋白質のアミノ酸配列に関する進化．種の特性としてのこれら情報分子の構造が時と共にどのように変化していくのか，あるいは逆に，その変化から生物の系統進化を追究する．これまでに分かっている変化のうち最も多いのは塩基やアミノ酸の置換であり，重複や欠失も含まれる．現在広く用いられる研究手段は，相同な蛋白質分子のアミノ酸配列(遺伝子DNAの塩基配列から推定されるものを含む)を各種生物の間で比較することである．例えば，ヘモグロビンのα鎖のアミノ酸配列をヒトとウマとで比較すると，全体で141あるアミノ酸座位のうち18カ所で互いに違っている．一方，古生物学上ヒトとウマの祖先は今から約8000万年前に分岐したと推定されるので，ヘモグロビンαはアミノ酸座位当たり平均して，おおよそ10億年に1個(1/10^9)の割合で変化してきたことが分かる．シトクロムc，ヘモグロビンα と β，フィブリノペプチドAとBといったいくつかの蛋白質について，このような比較が多数の種間で行われた．その結果，これら蛋白質が多くの生物の種でおおよそ1年当たり，アミノ酸座位当たり一定の速度で変化してきたことを示す値が得られている．この点，表現型レベルでの進化速度が系統ごとに非常に異なるのと対照的である．また，分子進化の速度は蛋白質ごとに異なり，機能的に重要な分子(または分子内の部分)はそうでない分子(または部分)に比べて進化の速度が遅い．分子進化の機構に関して木村資

生(1968)，および J. L. King と T. H. Jukes (1969)は，分子進化に関与する突然変異の多くは自然淘汰にほとんど無関係(*中立)で，偶然による突然変異遺伝子の集団内への蓄積の方が自然淘汰による蓄積より数が多いという，中立論を提唱した．これは，それまで進化遺伝学の主流であった自然淘汰万能に近いネオダーウィニズムの考えと相容れないため，大きな刺激となり，この分野の発展を促した．[2] *化学進化の意味として使われることもある．

c **分子進化学** [study of molecular evolution] DNAやRNAの塩基配列，蛋白質のアミノ酸配列などの，生体の分子情報を用いて生物進化を研究する分野．1960年代に蛋白質分子の比較から誕生し，1970年代以降にはDNA情報を用いた進化研究が勃興した．ゲノム生物学時代の21世紀において，進化研究の主要な分野となっている．現代進化理論の中核である*中立進化論，生物間の系統関係を推定する*分子系統学，分子集団遺伝学，発生進化学，分子人類学，ゲノム進化学などを生み出してきた．従来の化石などの肉眼観察可能な形質を対象とする進化学と異なり，ゲノム配列などの大量情報を用いる利点があるが，分子レベルの情報に基づいて細胞や個体レベルでの進化を論じるまでにはまだ十分発展していない．

d **分子生態学** [molecular ecology] 生態学とその関連分野の課題について分子生物学的手法を用いて研究する分野．生態現象における遺伝学的基礎の解明を目的とした生態遺伝学(ecological genetics)が発展したものと見ることができる．生態学のみならず，野外生物とそれを取り巻く環境を対象とした系統，進化，遺伝，生理，行動，群集，生態系，多様性，保全に関する広範な研究を含む．遺伝マーカーの種類の増加とその解析理論の発達に伴い，技術の適用範囲が拡大して急速に発展し，研究課題の広がりとともに1990年代頃から分子生態学という用語が用いられるようになった．集団の歴史と分布，集団の遺伝構造，分散とメタ個体群構造，量的形質の遺伝的基盤，血縁度と交配，環境応答と形質発現，遺伝的変異の維持，適応的分化，資源・性・繁殖分配などの生活史進化，種分形成，種分化，種間相互作用，群集多様性などが，分子生態学で取り上げられる研究課題の例である．さらに，保全生態学などの応用課題への貢献も大きく，絶滅危惧種の遺伝学的評価，移入種や遺伝子改変生物の影響評価なども分子生態学の研究対象である．また，特に全ゲノムを対象とするような解析技術を用いる研究を*生態ゲノミクスと呼ぶ．

e **分子生物学** [molecular biology] 生物における諸過程や種々の生命現象を単なる現象論的な視点にとどまらず，分子レベルでの実体的な把握に立脚した立場から解明しようとする現代生物学の一分野．分子遺伝学・生化学・生物物理学などの進展につれて20世紀半ば頃から台頭し，広く生物学の諸分野と関連しつつ急速に発展した．現在では遺伝子とその産物との関係の追究から従来の手法では解明が不可能であった細胞の機能のみならず，多細胞生物の個体レベル全体，ゲノム全体の働きの解明をめざして発展している．

f **分実性** [eucarpy] ⇒全実性

g **分子動力学** [molecular dynamics] 原子，分子の運動を，ニュートン方程式もしくは熱揺らぎの効果を含めたランジュバン方程式に基づき決定し，個々の原子，

分子の位置の時間発展を計算する分子科学的手法．計算機や数値計算法の進歩に伴い大きく発展しており，将来的にはアミノ酸配列情報だけから，蛋白質の高次構造や，その揺らぎを決定できると期待される．蛋白質に対して溶媒としての水を，水分子として露わに取り扱う場合と，近似的に平均場として扱う場合がある．広い意味では，複数の原子や分子を含む粗視化された構造を単位と考え，それらの時間動態を計算する手法についても，分子動力学と呼ぶことがある．

a **分子時計** [molecular clock] 《同》進化時計(evolutionary clock)．情報分子である蛋白質やDNA分子の定速的な経時変化，いい換えれば，そのような分子の変異が特定遺伝子に蓄積する速度の一定性．この定速性は平均値の意味にすぎず，常に大きな分散をともなっている．したがって，分子時計は本来の時計のような変化の仕方でなく，むしろ放射性物質の崩壊過程に類似のものである．分子時計の性質を調べる方法にはいくつかあり，そのうち最もよく用いられるものは相対速度検定といい，3種だけの系統関係(分岐年代は不用)を利用する．分子時計的な変化としては，アミノ酸やDNA塩基の*置換がよく知られているが，これは置換の数が一定性を検定するのに十分なだけ観察されやすいからである．分子時計の平均速度は，突然変異の種類によって異なるし，また同じ種類であっても比較する種が進化的に遠いと定速性が成り立たないことがある．

b **分子発生学** [molecular embryology] 発生学の現象を分子のレベルで理解しようという立場の研究分野．微量の核酸や蛋白質を取り扱う技術の発展とともに遺伝子工学・細胞工学が一般化し，材料の量的問題が研究上の障害とされなくなったことを背景に，分子生物学，細胞生物学的技術を直接に卵・胚の分析に応用した胚形成機構の研究が可能となり，分子発生学の語の定着をみた．発生現象を分子レベルで説明するためには，その現象に関与するとされる遺伝子や分子を分離・純化し，それを人工的手段で胚体に機能させ，胚発生に対する効果を観察し，それによって分子機能を実証するという手法が多用される．

c **分子病** [molecular disease] 蛋白質に分子レベルの変異を生ずる遺伝性疾患の総称．L.C.Pauling, H.A.Itano, S.J.Singer, I.C.Wells (1949) は*鎌状赤血球貧血の患者のヘモグロビンが，正常ヘモグロビンとは電気泳動度が異なることを認めた．この差が分子レベルにおける生化学的変化に基づくものであると考え，この疾患を分子病と呼んだ．その後，蛋白質の一次構造は遺伝子DNAの塩基配列によって規定されることが明らかにされ，構造遺伝子上の変異はすべて蛋白質の一次構造の変化として表現されることが判明し，現在ではこの種の遺伝性疾患はすべて分子病と呼ぶことができる．鎌状赤血球貧血の場合には，βグロビンアミノ酸配列の6番目が非同義置換によりグルタミン酸からバリンに置換されたことが原因だと解明されている．

d **噴出運動** [squirt movement] 植物が成熟した種子や胞子を噴き出す1回限りの運動．細胞の*膨圧，またはそれによる組織張力の開放により噴出を起こす．子嚢菌類 *Ascobolus* の子嚢細胞は成熟とともに*浸透圧が高まり緊張状態となり，遂に先端がやぶれ8個の胞子が子嚢細胞の内容とともに放出される．接合菌類ミズタマカビは*胞子嚢柄の同様の機作による緊張開放により，その先端についている胞子嚢を飛ばす．テッポウウリの果実では成熟とともに，果肉組織の吸水と果皮の弾性的抵抗により内圧が高まり，遂に果実が果柄から離れ種子を噴出する．

e **糞生菌類** [coprophilous fungi, coprophagous fungi, fimicolous fungi] 動物の糞上に生じる菌類の総称．接合菌類のミズタマカビ属(*Pilobolus*)のように，経口的に動物の消化管を通って糞上に発生するものもあれば，排泄された糞に胞子などがついて発生するものもある．チャワンタケ類(Pezizales, Helotiales)や，フンタマカビ目(Sordariales)，ケタマカビ科(Chaetomiaceae)を含む子嚢菌類が多いが，粘菌類，ケカビ目(Mucorales)など，また担子菌類にもヒトヨタケ科(Coprinaceae)やモエギタケ科(Strophariaceae)などに例がある．

f **分生子** [conidium, conidiospore] 《同》分生胞子．菌類の無性的な脱落性の不動胞子．菌類が無性的に形成する不動胞子のうち，胞子嚢胞子，厚壁胞子を除くもの．菌糸上または分生子柄内の*分生子柄上に形成され，形態と大きさはさまざまである．一般的には単生するが，2または数個が鎖生するものもある．一つの種で分生子に大小2型があるとき，小さい方を小形分生子(microconidium)，大きい方を大形分生子(macroconidium)といいこれらは異なる時期に，または異なる部位に生じる(*Fusarium*)．不完全菌類の分類では分生子は外形・色・隔壁の状態などの形態ばかりでなく，その形成様式も重視される．分生子形成のタイプは，分生子原基の増大・成長を伴わずに菌糸に隔壁を生じて分離して胞子となる葉状体型(thallic)と，分生子原基が隔壁を生じる前に顕著に増大・成長する出芽型(blastic)に大別され，出芽型はさらに，分生子形成に分生子形成細胞の細胞壁の内外両方の層が関与する全出芽型(外生出芽型 holoblastic)と，分生子形成細胞の内壁だけが関与するか，またはどちらの壁も関与しない内生出芽型(enteroblastic)に区別される．葉状体型の分生子は分節型胞子(arthrospore)と呼ばれ，内生出芽型胞子のうち，形成細胞の内壁だけが出芽して形成される分生子はポロ型分生子(poroconidium)，内壁に接して新しい壁形成が起こり，フィアライドという分生子形成細胞をつくってそこに生じる分生子はフィアロ型分生子(phialoconidium)と呼ばれる．フィアライドの胞子形成部の外壁は杯状に開口してカラー(collarette)となる．全出芽型で，菌糸または形成細

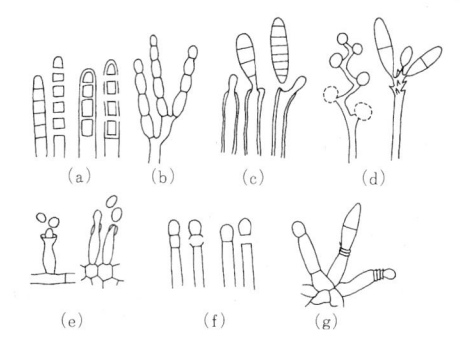

分生子の各型
(a) 葉状体型 (b) 全出芽型 (c) ポロ型 (d) シンポジオ型 (e) フィアロ型 (f) アレウロ型 (g) アネロ型

胞の先端がそのまま分化して切断されるときはアレウロ型分生子(aleuroconidium)で，1個または複数個連続して形成され，複数個が求基的に連続して*貫生するときはアネロ型分生子(annelloconidium)，形成細胞をアネライド(annellide)といい，アネライドの頂端は少しずつ伸長して，同心円状に環紋(annellation)を生じる．また同じ全出芽型で，分生子形成細胞の先端の分生子が離脱したのちに，頂端は伸びずにその直下の部分が片側へ伸びて，またその頂端に分生子を着け，これを繰り返してジグザグ状になる形成様式を仮軸型(sympodial)，その分生子をシンポジオ型分生子(sympodioconidium)という．

a **分生子果** [conidiocarp, conidioma] いわゆる不完全菌類の一部（かつての分生子果不完全菌類綱 Coleomycetes)などのつくる分生子形成構造．菌糸が密に集合して偽柔組織をつくり，その表面や内腔に*分生子柄と*分生子を生じる．寄生した植物のクチクラ層下や表皮下などに形成される場合が多く，寒天培地上で培養すると形成困難なこともある．その構造によって形態学的に分類され，かつては不完全菌の分類形質として用いられたが，系統を反映するものではない．分生子果が球状やフラスコ状あるいは，宿主組織など着生する基質に深く埋没する場合は，分生子殻(pycnidium)と呼ばれ，外殻の内部に分生子柄の層をつくり分生子を形成する．不完全菌類のスフェロプシス目(Sphaeropsidales)などが寄主植物の葉組織中などに形成する．子嚢菌類の子嚢殻に似るが，内部分生子を生じることで明確に区別される．なお，この分生子は粘性胞子(slime spore)であることも多く，多量の分生子が塊となって，開口部から巻きひげ状の団塊となって噴出することがあり，これを胞子角(spore horn)あるいはキルス(cirrhus)という．また，分生子殻から形成された分生子を特に柄胞子(pycnidiospore)ということがある．また，分生子殻のような構造をもつが，菌糸組織のみで胞子類を含まないものを分生子殻状菌核(pycnosclerotium)という．子座が寄主植物のクチクラ層下または表皮下に盤状・層状・皿状・杯状に形成され，分生子柄を密生し，分生子を形成する場合，これを分生子盤(acervulus)といい，通常，成熟すると裂開し，裸出する．かつてのメランコニウム目(Melanconiales)などに属する菌類に見られる．一方，基質の表面に短い分生子柄と塊状の分生子とが密に集合してマット状になった器官を分生子座（スポロドキア sporodochium, conidioma)と呼ぶ．不完全菌類のツベルクラリア科に見られ，Fusariumなどが形成するが，寒天培地上で培養すると形成は困難である．

b **分生子柄** [conidiophore] *分生子を生じる，特別に分化した菌糸．単生または叢生，束生，単条または分枝する．頂端または途中に分生子形成細胞ができ，そこに分生子を着ける．形態的に，よく分化して栄養菌糸からはっきり区別される場合(macronematous)と，ほとんど未分化もしくは区別が不明瞭な場合(micronematous)とがある．分生子柄が多数密にからみあい，ときに互いに融合して，棍棒状の構造体すなわち分生子柄束(synnema)をつくるものがある．このときやや緩く集合したものをコレミウム(coremium)というが，本質的な差違はない．短い分生子柄の集合体を形成し，その上に分生子の胞子塊を生じるクッション状の子座を分生子座(sporodochium)と呼び，フザリウム属(Fusari-

um)などに見られる．分生子柄が菌糸から立ち上がるときに分生子柄の最下部を支えている菌糸細胞を柄足細胞(foot cell)と呼ぶことがある．

c **糞石** [coprolite] 《同》コプロライト．魚類，爬虫類，哺乳類などの糞の化石．紐状あるいはばらばらに分離した小球形のものが多い．その中に不消化物として，食用に供した他の生物の遺骸（北アメリカの*デボン紀の魚の糞石中には硬鱗魚の鱗がある）を含み，食性を推定したり，また肛門のだいたいの形を知ったりするうえで重要である．大部分がリン酸カルシウムからなるので，ときに単なるリン酸塩団塊まで糞石と呼ばれている．北部イングランドには最上部*ジュラ紀の糞石層と呼ばれる地層がある．

d **分節** [segmentation] 一般に，生物物質や生体，特に昆虫などの体の有節構造．（→区画）

e **分節遺伝子** [segmentation gene] ショウジョウバエの胚発生初期において，胚を前後軸に沿って，*体節単位の繰返しからなる分節構造へと転換する過程を制御する遺伝子群．突然変異の表現型から，いくつかの体節が連続して欠損するギャップ遺伝子(gap gene)，見かけ上一つおきの体節が欠損するペアルール遺伝子(pair rule gene)，各体節の特定の部分が欠損し，そのかわりに残った部分の鏡像対称形が生じるセグメントポラリティー遺伝子(segment polarity gene)の3群に分類される．これらの遺伝子は受精後に発現が開始し，胴部の分節化において，まずギャップ遺伝子群が前後軸に沿って，それぞれ部分的に重なるような異なる領域で発現する．ギャップ遺伝子は同定されており，これらの蛋白質産物はすべて転写因子として機能し，ペアルール遺伝子の発現を制御する．ペアルール遺伝子の蛋白質産物も転写因子として機能し，セグメントポラリティー遺伝子の発現を制御する．この様な転写制御カスケードを通じてペアルール遺伝子の2分節単位の繰返し発現，セグメントポラリティー遺伝子の各体節の特異的な部分での発現が起こる．セグメントポラリティー遺伝子は転写因子やシグナル伝達に関与する分子をコードし，体節の*区画に特徴的な構造形成を行う．これらの分節遺伝子群は一方で*ホメオティック遺伝子の領域特異的な発現制御も行う．頭部の分節化の機構は，一部の分節遺伝子は胴部と共通に関与するものの，制御機構は異なる．ショウジョウバエでは，ほぼ同時に頭部から胴部にかけて分節化が起こるが，まず頭部が分節化した後に胴部の体節が順次形成される昆虫も知られている．このときの胴部の分節化にはショウジョウバエの分節遺伝子の一部が共通に関与する．

f **分節運動** [segmentation movement, segmentation] 腸管に1～2.6 cmくらいの間隔で輪状筋の収縮によって生じる周期的なくびれで，哺乳類の小腸運動の一形式．くびれの収縮弛緩の周期は2.5～3秒で，輪状筋が一定の間隔で収縮し，やがてその部分が弛緩すると，収縮輪と収縮輪の間の部分が次に収縮することを繰り返す運動である．この運動は腸内容の充満度が中等度であるとき最も発生しやすく，腸内容の消化液との混和に役立つ．ウサギではこの運動は小腸の中部や下部，特に回腸終端で頻繁に見られるが，十二指腸ではまれ．

g **分節菌体** [hyphal body] 《同》菌糸小体，ハイファル・ボディ．接合菌類ハエカビ類(Entomophthorales)の多くの種において顕著に見られる，菌糸の分節によっ

て生じる個々の細胞．分節菌体は栄養体として行動するほか，分裂や出芽によって増殖し，ときに分生子柄を生じてその先端に分生子をつくる．Entomophthora fumosa や E. fresenii では，分節菌体が接合して接合胞子を形成する．なお，hyphal body を直訳すると「菌糸体」であるが，この訳語はすでに mycelium に当てられている．

a **分節状ゲノム**（ウイルスの）　[segmented genome] いくつかの分子に分かれた分節（segment）構造をとっているウイルスのゲノム．その例は多く，動物ウイルスでは*レオウイルスや*インフルエンザウイルス，植物ウイルスなど*キュウリモザイクウイルスなどが代表的．RNA ウイルスの場合に多く見られ，それぞれの分節 RNA が，1遺伝子に対する mRNA，またはその相補鎖となっている場合が多い．M. W. Pons と G. K. Hirst が1969年にインフルエンザについて発見．インフルエンザウイルスで，遺伝的組換えの頻度が高いのは，この分節状ゲノムが*ウイルス粒子の成熟過程でさまざまに組み合わされるためである．動物のウイルスの場合，通常一つのウイルス粒子に一揃いの分節ゲノムが含まれているが，植物ウイルスの場合は，それぞれの分節ゲノムを個々に含んだ*多粒子性ウイルスとなっている．

b **分節胞子嚢**　[merosporangium]　接合菌類ケカビ類のエダカビ科，ハリサシカビモドキ科，ジマルガリス科に見られる，胞子嚢柄頂端の小さいふくらみの上に放射状に生じる円柱状の胞子嚢．あたかも分生子を生じるときのように，胞子嚢の内容が分かれて数個の胞子になるとともに，胞子嚢壁も分化して完成し，成熟すると分散する．

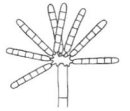

c **ブンゼン-ロスコーの法則**　[Bunsen-Roscoe's law]　光化学的効果は吸収された光の強さと照射時間との積に比例するという法則．ドイツの R. W. Bunsen とイギリスの H. E. Roscoe の両化学者（1855〜1857）により確立された．J. Loeb (1918) は，動物の光走性の反応成立にこの法則が適用される例（フジツボの幼生ノープリウスなど）を多数あげ，走性というものが全く機械的に制御された反応であるとする彼の走性学説の一根拠とした．その後，植物体の光屈性や動物における各種の感光反応（例：ホヤの水管の退縮反応）でもこの法則の適用が確かめられ，生体内の感光物質の光化学的変化を基礎とする光感覚の仮説の成立を促した．（⇒刺激量の法則）

d **糞道**　[coprodaeum]　鳥類やワニ類において，3部に分かれた総排泄腔の最前部．総排泄腔は前・中・後の3室に区分され，前室には直腸が開いていて，糞道と呼ぶ．中室には輸尿管と生殖輸管が開いていて尿生殖道（urodaeum）といい，後室は外部に開き肛門道（proctodaeum）といい，鳥類ではここに*ファブリキウス嚢が開く．

e **分泌**　[secretion]　広義には，細胞がその代謝産物を析出または排出すること．あらゆる生活現象に普遍的な現象であるが，通常，特にその生産物すなわち分泌物（secretion）が生体にとり特殊な用途をもつような場合にこの語を用い，生体に不用な代謝産物を出す場合には*排出といって区別する．後生動物では，このような分泌活動を行う腺細胞が集まって*腺を構成する．分泌物を体外または体腔に排出することを*外分泌といい，動物にみられる多くの*外分泌腺はそのための排出管（導管）をそなえる．消化腺や皮膚腺はその例．他方，分泌物を血液ないし体液内に直接排出することを*内分泌といい，そのための*内分泌腺もある．分泌の生物学的意義はさまざまである．分泌物が細胞や多細胞個体の被覆・骨格・機械的な潤滑剤などとして役立つ例は最も普遍的である．同種・異種の生物個体に対し誘引または忌避の効果をもたらす物質の分泌は，しばしば個体の防衛や生殖に利用される．斧足類の足糸腺・管生多毛類の皮膚腺・膜翅類の蠟腺などの分泌物は，動物のすみかを作る材料となるし，クモの巣やカイコの繭も，それぞれ出糸腺・絹糸腺の分泌物である．毒素の分泌も，動植物を通じてその例が多い．動物にみられる各種の消化液は酵素を主成分とする．腺細胞内には，分泌物が顆粒や滴状の形態でみられることが多い．分泌細胞は一般に，*小胞体と*ゴルジ体が発達していると同時に，分泌物質を貯えた顆粒を含んでいる．蛋白質は小胞体で合成され，*小胞輸送により細胞膜に運ばれ分泌，排出される．この*エキソサイトーシスには構成性と調節性があり，後者では*トランスゴルジ網から*分泌顆粒に貯えられ，外部刺激により細胞膜と融合して分泌される．（⇒構成性分泌，⇒調節性分泌）

f **分泌型**（血液型物質の）　[secretor]　《同》Se 型．ABO 式血液型の型物質が，血液と同じように唾液・精液・胃液などの分泌物の中に分泌される個体．これに対し，ほとんど分泌されない個体を非分泌型（non-secretor, se 型）と呼ぶ．両者の発現頻度はほぼ 8:2 であり，それぞれの個体で不変で，メンデルの法則に従い，Se 型は優性，se 型は劣性として遺伝するので，Se 型および se 型の差異は血液型に準じて取り扱われ，特に Se 式血液型の場合には他の血液型とともに法医学における個人鑑別，遺伝関係の推定に役立つばかりでなく，Se 型の場合には分泌物から血液型を推定できるという利点があるので広く応用される．（⇒血液型物質）

g **分泌顆粒**　[secretory granule]　*調節性分泌細胞がもつ生体膜に包まれた顆粒で，濃縮された分泌物を含み，分泌刺激に応じて*エキソサイトーシスを行うもの．膵臓の外分泌腺細胞では，消化酵素がプロ酵素の形で貯蔵されていることから，チモーゲン顆粒（zymogen granule）とも呼ばれる．調節性分泌においては，*トランスゴルジ網（TGN）により分泌蛋白質が濃縮され（内分泌腺細胞で最高200倍，外分泌腺細胞で約20倍程度），電子密度の高い内容物をもつ分泌顆粒が形成される．その形態，大きさはそれぞれの分泌細胞に固有であり，顆粒中に結晶構造が出現することもある（⇒ゴルジ体）．

h **分泌細胞**　[secretory cell]　分泌活動を行う細胞の総称．[1] 動物では腺細胞をいう（⇒腺）．[2] 植物では基本組織系内に散在し，種々の分泌物を含有する柔細胞の一種．集まって*分泌組織を作ることもある．内容物質により*結晶細胞，*タンニン細胞，樹脂細胞，粘液細胞，乳細胞（laticiferous cell）などに分類される．一般に周囲の細胞と同形だが，ときに特異の形を示す（例：ミカン属の結晶細胞，トウダイグサ科などの細長い乳細胞）．

i **分泌小胞**　[secretory vesicle]　分泌蛋白質などの分泌物を含み，*構成性分泌を行う小胞．*トランスゴルジ網（TGN）において形成され，動物細胞では，微小管-キネシン系により細胞膜直下まで輸送され，*エキソサ

イトーシスにより内容物を細胞外に放出する．構成性分泌においては，分泌蛋白質が顕著に濃縮されることはないため，分泌小胞の内容は電子密度が低く，電子顕微鏡像では明るく見える．

分泌神経 [secretory nerve] *腺(外分泌腺)に分布し，その分泌活動を支配(特に促進)する機能をもつ末梢神経系．運動神経とならんで*遠心性神経に属し，一般に分泌神経繊維の形でそのほかの遠心性繊維・求心性繊維とともに末梢神経幹の構成に関与するが，脊椎動物の場合，運動神経と異なりもっぱら自律神経系に局限される．脊椎動物の消化腺や汗腺では，一般に同一の腺に交感神経・副交感神経の両者が分布することが知られるが，汗腺では前者，消化腺では後者が主として働き，涙腺などでは分泌促進作用は後者に限られる．唾液腺(顎下腺その他)では，イヌの鼓索神経(副交感系)刺激が大量の稀薄・透明な唾液(鼓索神経唾液 chorda saliva)，交感神経刺激が少量の濃厚・粘稠な唾液(交感神経唾液 sympathetic saliva)の分泌を起こす事実が知られ，鼓索神経中の副交感神経を分泌神経，交感神経を*栄養神経と呼んで区別する．ただし，両者が同一分泌細胞に分布するものかどうかは不明．交感・副交感の各節後繊維がそれぞれアドレナリン作動性・コリン作動性であることが，各種の消化腺について確かめられた．これに反しヒトその他の汗腺分泌神経は，交感神経でありながらコリン作動性という顕著な特例を示す(ただしウマ・ヒツジなどではアドレナリン作動性)．脊椎動物における各種分泌神経の活動は，正常には多く反射(⇒自律神経反射)の形で生起し，その反射中枢は消化腺の場合(唾液中枢など)は延髄に，汗腺の場合(発汗中枢)は視床下部に位置する．特に唾液腺や胃腺は，条件反射による分泌活動が明瞭に観測される．なお胃腺や膵臓では，同じ自律系に属する分泌抑制神経の存在も知られる．

分泌説 [secretion theory] 脊椎動物の腎臓の尿生成機作について，ネフロン内腔への分泌を主張する学説．古く R. Heidenhain (1876)が提唱．*濾過－再吸収説と対立する説で，水と塩分は腎小体から，他の尿成分は尿細管上皮から分泌されるとした．その後の実験的研究は濾過－再吸収説に有利な結果を与えたが，一方，アンコウのように糸球体を欠く魚類(無球腎硬骨魚類)で尿細管から尿成分が分泌されることが実証された (E. K. Marshall, 1928)．現在，恒温動物の尿細管からもクレアチニン，馬尿酸，K^+，H^+，NH_4^+，PO_4^{3-} などは，正常に分泌されることが知られている．また，パラアミノ馬尿酸，ダイオドラスト，フェノールレッド，ペニシリンなど生体に異物として働く物質の分泌も重要で，ヒトではその*クリアランスがGFR(糸球体濾過量)の4～5倍にも達する．

分泌組織 [secretory tissue] 一般に，各種の分泌物を分泌する組織．すなわち動物では，上皮の一部が機能的に分化し，*腺となったもの．外分泌腺と内分泌腺の2種類がある．植物では通常，基本組織系内に生ずる．単一細胞ならば*分泌細胞(結晶細胞やタンニン細胞など)，管状に伸びるかあるいは2細胞以上ならば分泌管(乳管など)という．後者は元来は分泌細胞が集合し，その間に*細胞間隙を生じたもので，この分泌細胞群を分泌上覆という．間隙の成因によって以下の二つがある．(1)破生分泌組織(lysigenous secretory tissue)：分泌細胞の一部が破壊されて生ずる空隙からなり，その周囲に分泌細胞を残し，一般に袋状をなすので*分泌嚢ともいう(油嚢)．(2)離生分泌組織(schizogenous secretory tissue)：分泌細胞間が離れることで生じ，管状をなす(⇒分泌道)．この場合分泌細胞はそのまま上覆組織となる．分泌物としては結晶体，タンニン，精油，油脂，乳液，ゴム質，粘液などがある．これらの分泌物は常時組織内に存するが，損傷を受けたときは樹脂，乳液，粘液などが溢れ出してその切口をおおう．なおこれらのほかに粘液や蜜などを体外に分泌する腺組織や腺毛，あるいは水分を分泌する排水組織(水孔)などが分泌組織の一種と考えられる場合もある．

分泌蛋白質 [secretory protein] 細胞外へ分泌される蛋白質の総称．細胞外で働く酵素，ペプチドホルモン，神経伝達物質，血液蛋白質，細胞外マトリックス蛋白質などがある．真核生物では，リボソームで合成中のシグナルペプチドをもつペプチド鎖は，*シグナル認識粒子(SRP)により認識されて小胞体内腔に移り(シグナルペプチドは除去される)，ペプチド鎖の伸長をつづける．翻訳が完了するとS-S結合の形成と側鎖の修飾が行われ，立体構造が形成され，小胞輸送によりゴルジ体を経て細胞膜に運ばれ，分泌される．原核生物では，シグナルペプチドは細胞膜の通過時に切断，成熟する．成熟体はグラム陰性菌では*ペリプラズムへ移行し，グラム陽性菌では菌体外へ分泌する．

分泌道 [secretory canal, secretory duct] 〘同〙分泌管．植物で，分泌物を満たした長い管状の*細胞間隙．主として*離生細胞間隙に由来するが，*破生細胞間隙あるいは両方から作られることもある．組織内で多数の細胞が横軸あるいは縦軸方向の同じ部分で細胞間隙を作り，これが連続して管状の間隙となったもので，間隙に面した分泌上覆細胞から分泌物を間隙内に出す．物質の種類により*樹脂道(例：マツ科・セリ科)，ゴム道(例：ソテツ)，*粘液道(例：サボテン科)，油道(例：キク科の根)などの区別がある．

分泌嚢 [secretory sac] 植物において，分泌物を満たした袋状の細胞間隙．細胞間隙が長い管状になれば*分泌道となる．はじめ分泌物は細胞内に油滴状に含まれるがしだいにその量を増すにつれて細胞質が減少し，ついに細胞壁が破れて*破生細胞間隙となり，さらに広がって袋状になる．ミカン科・トベラ属・カタバミ属などの油嚢(oil sac)は分泌嚢がさらに離生的に拡大したもので，通常，葉や茎の表皮下あるいは深部に存在する．粘液嚢(mucilage cavity)も分泌嚢の一種．

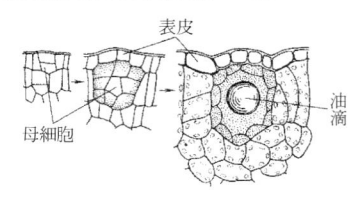

Dicytamnus fraxinella (ミカン科)の葉の分泌嚢の発達

分布(生物の) [distribution] 一般に個体，個体群の存在・生息の空間的配置をいう．[1]*地理的分布．生物の一分類群または特定グループの存在・生息の地理的な配置．その生息範囲を分布域(分布圏 distributional area, range)と呼ぶ．分布域を規定している*環境要

a **分布型** [distribution type] *個体群における個体の*分布様式や，*群集における*種数-個体数関係などを統計的に取り扱う場合の確率母集団(stochastic population)の型．母集団の型は変量(variate)とその分布関数(distribution function)により決まる．変量には被度や重量のように連続的(continuous)なものと，個体数のように離散的(discrete)なものがある．連続量の分布の基本モデルは*正規分布で，これに適合しないときは，変量を平方根や対数に変換して正規化(normalize)して取り扱うことが多い．区画ごとの個体数のような離散量の分布では，各区画に任意の1個体が入る確率が等しいときに期待される機会分布(random distribution)が基準となる．その確率モデルは*二項分布で，面積 A の地域内の1区画(面積 S)内に r 個体が見出される確率が，

$$P(r)=\binom{N}{r}p^r(1-p)^{N-r}$$

で与えられる．N は地域内の総個体数，$p=S/A$．しかし生態学では，N が大きく p が非常に小さい(区画数が多い)分布を扱うことが多いので，$N\to\infty$，$p\to 0$とおいた極限型として得られる*ポアソン分布を，機会分布のモデルとして用いることが多い．その一般項は，$Np=m$ とおけば，$P(r)=e^{-m}m^r/r!$ で与えられ，また母平均 m と母分散 σ^2 が等しく，ただ一つの母数(parameter) m で規定される．生物の分布は機会分布にあてはまることはまれで，通常は集中的である．生物の集中分布は，個体間の引合い，協力的相互作用による生存率の改善，環境の空間的不均一性，また子が親の近くにとどまる効果など多様な原因で引き起こされる．集中分布(aggregated distribution, clumped distribution)には種々のモデルがあるが，*負の二項分布は適用性が広いためよく用いられる．これは m と正の定数 k の二つの母数によって規定され，一般項は

$$P(r)=\binom{k+r-1}{r}\frac{q^r}{(1+q)^{k+r}}$$

と書き表せる($q=m/k$)．負の二項分布は $k\to\infty$でポアソン分布に，またゼロ項を切断した負の二項分布は，$k\to 0$で対数級数分布(logarithmic series distribution)に収束する．後者は離散型対数正規分布(discrete lognormal distribution)とともに，集中度の高い分布に対するモデルとして用いられる．他方，個体間に反発や*競争があるとき期待される一様分布(uniform distribution, regular distribution)には，完全一様分布(completely uniform distribution)のほか，二項分布において N のかわりに1区画に入りうる最大個体数 k' を与えて得られる正の二項分布(positive binomial distribution)がある．確率モデルのあてはめは，分布の数量的記載としては有効だが，異なる仮定からほとんど同じ分布モデルを導きうることが多く，あてはめの結果から分布が生じた機構を推測することは通常困難である．

b **分布集中度指数** [aggregation index, dispersion index] *個体群内における個体の集まり方(ちらばり方)の度合の尺度として提案されている．区画当たりの個体数の頻度分布に基づく種々の指数．この度合を一般に分布集中度(degree of aggregation)という．(1)ある区画内に存在する個体数は，*個体群密度と*分布様式によって異なるから，同一区画内における個体当たり平均他個体数を示す平均こみあい度(mean crowding) $\overset{*}{m}$ は，

$$\overset{*}{m}=\sum_{j=1}^{q}x_j(x_j-1)/\sum_{j=1}^{q}x_j$$

(q：区画数；x_j：j 番目の区画内の個体数)で表され，集合の度合の一つの尺度となる．(2)機会分布を基準にして，それより集中的か一様的かという集合の相対的な度合を示したい場合には，平均 m と分散 σ^2 を用いた分散指数(coefficient of dispersion) σ^2/m を指標として，*ポアソン分布と比較する方法が，従来広く行われてきたが，この値は，非機会分布では平均によって大きく影響される欠点がある．M. Morisita (1959) が提案した I_δ 指数(I_δ-index)は，

$$I_\delta=q\sum_{j=1}^{q}x_j(x_j-1)/\sum_{j=1}^{q}x_j\left(\sum_{j=1}^{q}x_j-1\right)$$

と定義され，ポアソン分布では1，集中分布では1より大，一様分布では1より小の値をとる．その後，Morisita (1962) は抽出区画数 q を全区画数 Q で置き換えた統計量 I_Δ を

$$I_\Delta=\frac{\sigma^2+m^2-m}{m(m-1/Q)}$$

のように定義した．このとき，無限母集団($Q\to\infty$)の場合を I^*_Δ とする．I^*_Δ は形式上 $\overset{*}{m}/m$ に等しい．I_δ と $\overset{*}{m}/m$ の両指数は，平均値の影響を比較的うけないので，個々の分布の相対的な集中度を示す指数としては適当である．(3)ある生物種に特徴的な空間利用の様式を分布と密度の関係からとらえようとしたものに，L. R. Taylor (1961) の冪乗則 $\sigma^2=am^b$ (a, b は定数) と S. Iwao (1968) の $\overset{*}{m}=\alpha+\beta m$ がある．Taylor は，前者の b が種固有の集中度を示すと主張しているが，その理論的根拠は薄弱である．これに対して後者では，集中度を規定する二つの側面，すなわち分布の構成単位の大きさ(単独個体か複数個体の集団か)と，そうした構成単位の分布の相対的な集中度とが，それぞれ α (基本集合度指数)と β (密度-集中度係数)によって示されており，また各種の理論分布との関係も明白である．この関係を基本にして，分布解析や標本調査のための種々の方法が開発され，平均こみあい度-平均密度法 (m-$\overset{*}{m}$ method)と呼ばれている．(⇒分布型)

c **分布障壁** [distributional barrier] 《同》障壁(barrier)．生物の分布域の拡大や同種の集団間の遺伝子交流にとっての障害物．それには，飛翔力をもたない陸上生物に対する海峡や大きな河川，狭塩性の淡水生物に対する陸地や海のような地形・気候・物理・化学的要因によるもの，競争種の存在のため生息や通過が困難といった生物的要因(生物障壁 biotic barrier)によるものなど種々ある．(⇒地理的隔離)

d **分布様式** [pattern of spatial distribution, spatial distribution pattern] 《同》分布型，空間分布様式．*個体群内の個体の空間分布の様相．連続平面上の個体の分布，あるいは適当に区切られた区画単位(コドラート)当たりの個体数の分布が，全くランダムであるときに期待されるランダム分布(機会分布 random distribution)を基準にして，それより疎密の度合の大きい分布を集中分布 (aggregated distribution, clumped distribution, contagious distribution)，小さい分布を一様分布 (uniform distribution, 規則分布 regular distribution)という．生物は一般に，繁殖の方法(植物では種子・胞子の散布法や*栄養繁殖，動物では1回当たりの産仔・産卵数など)や個体間の相互誘引性，あるいは環境の不均一性などの結果，集中分布となることが多いが，*なわばりなど個体間に反発力が働いたり，*競争が起こると一様分布に近づく．区画当たりの個体数の分布によって検出される統計的な分布の特性は，区画の大きさを変えれば変化することが多いが，これを逆に利用して，空間分布構造の解析を行うことができる．分布様式の統計的記載や解析は*分布型の確率モデルや各種の*分布集中度指数を用いて行われる．

a **分娩** [parturition] 妊娠期の終わりに一定の発育をとげた胎児(foetus)が，母体との連絡を断ち独立した個体としての生存を開始すること．分娩の時期と胎児の発育段階との関係は，動物種によりかなり差があるが，分娩の際，子宮収縮の起こることは各種の動物に共通する．妊娠中は黄体ホルモンの作用が優位を占め，これは子宮の収縮活動を抑制して妊娠の維持に役立っているが，分娩の際には黄体ホルモンが減少し発情ホルモンおよび下垂体後葉のオキシトシンの作用によって子宮収縮を起こす．発情ホルモンは子宮におけるプロスタグランジン F_{2a} の産生を刺激し，その結果としてオキシトシンに対する子宮筋層の感受性を増加させる．分娩が近づくと恥骨結合をゆるめて胎児通過を容易にする動物では*レラキシンが関係する．ヒトの場合(出産)では，間欠的な子宮の収縮にはじまり，子宮頸および子宮口が開く．子宮口が十分開くと胎膜が破れ(破水)，子宮の収縮はしだいに強さと頻度を増し，さらに腹筋の収縮が同時に起こり，ついに胎児を押し出す．子宮の収縮は一時停止するが，再度はじまって胎盤が剥離され放出される．

b **分封** [swarming] 《同》巣分かれ．ミツバチ類の群れにおいて，晩春・初夏のころ，新しい*クイーン(女王蜂)の出現にあたって約半数の*ワーカー(働き蜂)が旧女王蜂とともに出ていき，他所でふたたび巣を構える現象．春期に女王蜂が盛んに働き蜂を産んで強大な群れになると，数個の王台にも産卵をする．第一の王台から新女王が羽化する数日前には，産卵を休止した母女王による分封が起こる．第二回以後の分封は新しい処女女王蜂によるものであるが，同時に2匹以上の女王蜂が出房すると死闘が起こることもある．分封した蜂は*巣箱の近くの枝などにからまり，蜂球を作る．そして蜂球から飛び出した数十匹の蜂が間もなく巣を造るのに適した場所をみつけ，蜂球にもどってきてその方向へのダンスを行い，他の蜂はそこへ飛んでいって，気に入ればやはりその方向へのダンスを行って「賛」の票を投じる．このような「投票」を経て，間もなく集団は選ばれた場所へ移動する．

c **フンボルト** HUMBOLDT, Alexander von 1769～1859 ドイツの自然科学者．植物地理学の設立者の一人．植物の相観の概念を立て，植物をヤシ型，バナナ型など16の主型に分け，これと気候を関係づけ，生活形の分類の先駆をなした．群落の単位として今日の植物群系に近い association の語をとうに提案，総合的な知識を代表する人物として思想的影響も大きい．1799～1804年の Aimé Bonpland (1773～1858) との南アメリカへの旅行記は C. Darwin に大きな影響を与えた．フンボルトペンギン，フンボルト海流は彼の名前に由来する．

d **文脈依存的修飾** [contextual modulation] 《同》刺激文脈依存的反応修飾(stimulus-context dependent response modulation)，文脈効果(contextual effect)，文脈依存性(context dependency)．心理学的には，*意思決定，問題解決，*記憶(記銘・想起)，*学習，*感覚・認知などさまざまな精神機能およびパフォーマンスが，前後の事象，周囲の環境，経験などの行動文脈に依存して変化することをいう．神経生理学的には，感覚*モダリティーを問わず，時空間的に近接した刺激や入出力の履歴が神経活動に影響を与えることを指す．例えば，視覚中枢のニューロンは*受容野に呈示された刺激の特定の傾きや空間周波数などの図形特徴に対して選択的な応答を示す(⇒特徴抽出性)が，受容野周囲の広い範囲に同じ特徴の刺激がある場合には反応が弱まり，異なる場合には反応の減弱が生じない．これは環境内で周囲と異なる特徴を示す事象を効率的に検出する性質である．

e **噴門胃** [cardiac stomach] ⇒ヒトデ類

f **分離【1】** [segregation] 均一な*表現型をもった*雑種第一代(F_1)個体から，雑種第二代(F_2)において，複数の遺伝子型が生じ，それにともなって二つ以上の異なる表現型が現れる現象．各表現型または遺伝子型をもつ個体数の比を分離比(ratio of segregation)と呼ぶ(次頁表)．(⇒分離の法則)

【2】 [segregation] 《同》分域．発生学においては，一つの発生系が，その初期における各部域の等能的な状態から，後期のそれぞれ異なった発生傾向をもった独立した胚域に分かれていく過程をいう．一般に分離は漸進的・段階的かつ分岐的に進行すると考えられている．例えば脊椎動物では外胚葉の中に表皮域と神経域とがまず分かれ，のちにそれぞれの部域内の細部が区別される．このような分離の過程はまた一般に自立化(独 Autonomisierung)を伴う．すなわちある胚域は，分離以後は他の胚域からの形態形成的影響なしに自立的に分化していく．一般にこのような分離は可視的な形態上の区分に先行する．

【3】 [separation] 《同》離生．植物のある一つの器官が部分または単位に分かれる現象．*合着と対する．この場合，器官の発生の先後，あるいは序列(order)の上下を問わない．しかし，生物体，ことに植物では，器官は時を追って形成され，また分化して別のものとなるので，その間の分離・合着には，たとえ実際には確認しがたい場合が多くとも，進行方向に関して自ずから序列がある．分離には分裂・分解・解体の3種が，合着には同類合着・異類合着の2種が区別できる．それぞれの単位は細胞の場合(核分裂・合核)から，極めて巨大な場合(枝の連理・ガジュマルの気根癒合・接木)まである．

【4】 [isolation] ある生物系からその一部を切り離し，他の部分との関係を断って，切り離された部分の反応に注目する実験法．これに対し，一部を除去して残部に注目する方法を欠除実験という．生理学では諸種の器官や組織を摘出分離して，種々の実験的条件のもとでのそれらの反応から，その機能を研究することがひろく行われている．発生学(特に動物)では胚などから分離されたその一部を分離体(独 Isolat)といい，そのものの単独での*発生能を調べたり，場合によっては任意の分離片を互いに結合し，移植などと同様再結合の効果を調べる．*結紮実験も一種の分離または除去法である．なお体内にガラスや雲母などの異物あるいは異組織を挿入することにより，体内で部分間の関係を断つことを体内分離という．自然界から微生物だけを培養基の上に純粋に移し

a **分離遅れ** [segregation lag] 細胞が多核であるため(または二本鎖DNAの片方のみに変異が起こっているため)，何回かの分裂を経たのち，すべての核(またはDNA鎖)が突然変異核(または突然変異DNA鎖)からなる細胞が分離出現して，突然変異の形質が遅れて現れる現象．

b **分離果** [schizocarp] 合生心皮雌ずいの子房に由来し，完熟後または成熟の途中で1個の種子ごとか，または心皮分果(mericarp)に分かれる果実．アオイ科，フウロソウ科，カエデ科，セリ科，シソ科などに見られる．セリ科では二つの分果が吊り下がって分離するので双懸果(cremocarp)と呼ばれる．また，分果には，最後まで裂開せず種子を内蔵するもの(ハマビシやセリ)と，熟すと裂開するもの(アオギリやサンショウ)とがある．

c **分離脳** [split brain] 左右の大脳半球を連絡する脳梁が断たれた状態の脳．かつて難治性てんかん患者において，発作による異常電気信号が対側の大脳半球に及ぶことを防ぐために脳梁切断術が行われたことがあり，そうした場合に分離脳となる．R. Sperryらは，分離脳の研究により高次脳機能の大脳局在における左右差(側性化)を証明し，1981年ノーベル生理学・医学賞を受賞した．例えば，分離脳患者で左視野に提示された物体の情報は，右半球のみに伝えられる．多くの右利きの人では，言語機能は左半球が司るため，提示された物品名を答えることができなくなるが，右半球が運動を司る左手を用いて，物体を操作することは可能である．

d **分離の法則** [law of segregation] 対立形質を支配する1対の*対立遺伝子は，*雑種第一代(F$_1$)の個体で互いに融合することがなく，*配偶子が形成されるときに互いに分かれて別々の細胞に入ること．各配偶子は等しい確率で一つの対立遺伝子を受け取る．*メンデルの法則の一つで，最も重要なものである．より一般的には，接合体において*相同染色体上の同一遺伝子座を占める両親由来の2個の遺伝子は，配偶子が形成されるときに分離し，その結果，雑種第二代(F$_2$)や*戻し交雑第一代(B$_1$)で形質の分離が起こる．(⇌分離【1】)

e **分離の歪み** [segregation distortion] メンデル遺伝において，分離の法則に従わず，期待される分離比が得られないこと．メンデル遺伝では，接合体中の相同遺伝子は配偶子に均等に分配される．しかし，この均等性を歪める遺伝子があり，メンデル遺伝の歪みとして現れる．最もよく知られた例はキイロショウジョウバエのSD因子(segregation distorter)であり，$SD/+$のヘテロ接合体では，SD因子をもたない+染色体をもつ精子の形成がSD因子の産物によって阻害され，SD染色体をもつ精子が高率で形成される．その結果$SD/+$はSDホモ接合体のような分離比を示す．このほか，マウスのt遺伝子をはじめ，カヤバッタ，植物ではトウモロコシ，タバコ，エンレイソウでも類似の分離を歪める遺伝子が存在する．

f **分類** [classification] ある事物を認識するため，その構成要素の個々に特定の名称を与えて区別し，それをなんらかの観点で整理し体系化すること．生物学では通常，生物多様性を理解するため*種を一応の単位として生物を秩序立てて類別すること，ないしはその表現．分類には通常，対象となる生物個体それぞれに対して以下の4段階の操作を必要とする：(1)形質(最も便宜的には外見上明らかなもの)の特徴を記述し(⇌記載)，必要に応じて図示すること，(2)さらに形質の解析を行って，既知のタクソンと対比・照合し，所属すべきタクソンを定めて，*学名を決定すること(⇌同定)，(3)他種との*類縁関係を分析し，上位タクソンの中での位置付けをすること，(4)既存のタクソンに該当するものがない場合には，(3)の結果を踏まえて新タクソン(新種など)を設立すること．分類は同定と混同されることがあるが，真に分類学的な過程は(3)であり，また対象生物の正しい認識の出発点としては(1)が最重要である．古くは識

分離比の表(主な例を単性雑種および両性雑種について示す)

単性雑種

AA	Aa	aa	比の出現する条件
1 : 2 : 1			$A-a$は不完全優性，F$_2$
3 : 1			$A>a$，F$_2$
1 : 1			$A>a$，F$_1$の劣性ホモ親への戻し交雑，すなわち検定交雑
1 : 0			$A>a$，F$_1$の優性ホモ親への戻し交雑

両性雑種

$AABB$	$AABb$	$AaBB$	$AaBb$	$AAbb$	$aaBB$	$aaBb$	$aabb$	比の出現する条件 ただし，どれもF$_2$の場合
1 : 2 : 2 : 4 : 1 : 2 : 1 : 2 : 1								$A-a$, $B-b$はともに不完全優性
3 : 6 : 3 : 1 : 2 : 1								$B>b$, $A-a$は不完全優性
9 : 3 : 3 : 1								$A>a$, $B>b$, 以上3例にはエピスタシスはない
9 : 3 : 4								〃　$A>B,b$
12 : 3 : 1								〃　$A>B,b$
9 : 7								〃　$aa>B,b$, $bb>A,a$, $aa-$と$-bb$は表現型が同じ
15 : 1								〃　$A>B,b$, $B>a$, $A-$と$-B$は表現型が同じ

$A>a$, $B>b$はA, Bがそれぞれa,bに対し完全優性であること，$A>B$, $aa>B,b$などはそれぞれAがBに，aaがBおよびbに対し上位の関係にあることを示す．

別しやすい形質や特徴を任意に選んで分類をすることが多く，このような人為分類(artificial classification)はC. von Linné によって巧妙に整備された．他方，この方式への反省から，自然に即して分類すること，すなわち自然分類(natural classification, natural system)の必要性が唱えられたが，自然分類の概念やそれを達成する方法には諸説があった．進化学の成立後は，生物の系統的な類縁関係に基づいた系統分類(phylogenetic classification)こそが真の自然分類であることが認識された．とはいえ，現実にはこれまでの生物分類はほとんど，対象とする生物群において選び出した形質とその特徴がその生物群の他との境界や系統上の位置を示しているとの仮定を前提にして描かれた仮説的なもの，という限界を出るものではない．形態形質を重用する伝統的分類を批判して，染色体の倍数性・ゲノム・核型などの*細胞遺伝学的な特徴を重視する細胞分類(cytotaxonomy)や代謝産物などを用いる*化学分類にしても，その例外ではない．ただし，遺伝情報が駆使できるようになった今日では，系統推定はより精緻化し，分類学もそれにともなって高度化している．(→分類学，→分子系統学)

a **分類学** [taxonomy] 生物多様性を認識・解明するために行う*分類の理論と実践のこと．*種を一応の単位として生物多様性を発見し，記載・命名し，それを秩序立てて類別し，整理・体系化することが主体となる．Aristotelēs 以来の自然史学(natural history)の主要な一派として生じ，生物学の基礎として，あるいは生物学の成果を総合するものとして存在する．E. W. Mayr とP. D. Achlock (1991) は分類学を種分類学(microtaxonomy)と体系分類学(macrotaxonomy)に二大別した．種分類学は種および種内構造の識別に関する学問，すなわち種レベルの分類学，そして体系分類学は種より高位のタクサの分類，すなわち種を単位として分類体系を作る学問，と定義される．すべての生物学的研究の出発点である種を確定して名前をつけること(→アルファ分類学)が中心課題となる種分類学では，*カテゴリーとしての種の定義(種概念)および*種分化の様式が問題となる．多くの分類学者は Mayr (1940)の生物学的種概念を拠り所にしているが，他にも多くの種概念が提唱されている(→種，→種の諸概念，→交雑帯)．体系分類学には三つの学派が存在する．C. Darwin 以来，分類体系は生物の*系統発生に基づいて構築されるべきであるとされ，その立場に立つ分類学は系統分類学(systematics, 体系学ともいう)と呼ばれる．系統の推定法はさまざまに提唱されたが，正確さと客観性に対する批判は絶えなかった．これを受けて 20 世紀中頃に，初めから系統推定を放棄した*表型的分類，および，系統順序を特定する手段(分岐分析)を武器とする分岐分類(→分岐分類学)があいついで現れた．しばらくして，それらの成果を取り入れた伝統分類学は進化分類学(evolutionary taxonomy)と名を変え，分類体系構築には系統関係だけでなく対象生物間の差異の程度をも考慮すべきであると主張し，系統分岐の順序に立脚する分岐分類学との間で論争が起こった．表型分類学は分子進化の中立論に立脚して*分子系統学を生み出した．その後進化速度一定を前提とせずに系統推定を行う方法が精緻に開発され，利用できる分子情報も飛躍的に増加したことから，分子系統学は独自に大きく発展している．その結果，分子情報に基づく系統仮説が次々に提唱され，それに対応して，単系統群の識別に依拠した新しい分類体系が絶え間なく提唱されているのが現状である．(→系統学，→種)

b **分類学的距離** [taxonomic distance] 数量分類学において，対象とする二つの*操作的分類単位(OTU)間の「似ていない程度」を表す指標．各 OTU について n 個の形質の測定が行われたとき，任意の 2 OTU 間において，次式を分類学的距離のうちユークリッド距離(Euclid distance)と定義する．

$$D=\sqrt{\sum_{i=1}^{n}(x_{ij}-x_{ik})^2}$$

そのほか，重みつきユークリッド距離，標準ユークリッド距離，マハラノビス距離(Mahalanobis distance, D^2) などがある．(→類似係数)

c **分裂** [fission, division] [1] 1 個体，細胞・細胞小器官などがその構成物質を複製し，もとの構造を増加，増殖する現象．分裂は一般にそれぞれの周期性を示す．単細胞生物の場合には細胞分裂がすなわち個体の増殖であるが，多細胞生物の場合にも，分裂は出芽とともに無性生殖の重要な一型式である．これは分体とも呼ばれ，刺胞動物・渦虫類・環形動物などでしばしば見られる．分体では分裂によって不足すべき構造をあらかじめ作っておいてから分裂するのを*異分割，失った構造を分裂後に再生する分裂法を原分割という．体軸に対する分裂面の方向により，縦分裂・横分裂・擬横分裂の別がある．また分裂では通常 1 個体から 2 個体を生ずる(*二分裂)が，1 個体から多数の個体を生ずることもある(*多分裂)．分裂は一般により低次の単位の分裂が先行して行われる．その最も基本的な意義はそれぞれの構成物質分子の複製・倍加である(→細胞分裂)．[2] 一つの集団が複数の分集団に分かれること．

d **分裂期キナーゼ** [mitotic kinase] 〔同〕M 期キナーゼ．真核生物の細胞周期の分裂期(M 期)に活性化され，細胞分裂の進行に必須なリン酸化酵素の総称．主なものには，B 型サイクリンとサイクリン依存性キナーゼ Cdk1 の複合体である M 期 CDK, Aurora キナーゼ, Polo 様キナーゼがある．M 期 CDK は，細胞周期を M 期に導入する MPF の実体で，分裂期染色体や紡錘体の形成，動物細胞での核膜崩壊など，有糸分裂の進行に関わる中心的な分裂期キナーゼである．Aurora キナーゼと Polo 様キナーゼは，生物種によってホモログの数や働きは異なるが，分裂期に活性化され，M 期の開始や有糸分裂，分裂中期の姉妹染色体腕部の解離に関わり，さらに細胞質分裂の制御にも必要とされる．これらのキナーゼは，細胞分裂に関わるさまざまな因子と相互作用して特異的な基質をリン酸化し，その機能を発揮する．

e **分裂溝** [cleavage furrow] 〔同〕卵割溝．動物細胞に多く見られるくびれ型の*細胞質分裂において赤道部の表層がくびれて溝状に変形した部位．やがて細胞が二つに分離される．分裂溝の表面は，ある種の細胞(例えばウニ卵)では分裂前からあった細胞表面の伸縮によって作られるが，別の種類の細胞(例えば両生類卵)ではそのような表面の伸縮のほかに表面の新生が起こるものと考えられている．分裂溝の部分の細胞膜の直下には微小繊維を含む特殊な層(*収縮環)が発達していることが種々の材料で報告されている．材料によってはこの微小繊維は赤道方向に軸をそろえて並んでいて，*アクチンフィラメントに特異的なヘビーメロミオシンとの矢尻形の結合をすることから，この層がアクチン・ミオシン

の相互作用によって分裂溝形成の原動力となっていると考えられている．分裂溝はほとんど常に*紡錘体に垂直に形成され，両者の間には密接な関係があると考えられている．

a **分裂子** [oidiospore, oidium] [1] 菌糸が求心的に順次区切られてできる短い柱状の無性胞子．Oidium（子嚢菌類ウドンコカビ科の不完全世代）のものに見られるが，これはGeotrichum candidum などの分節型胞子と同義に用いられる．[2] 菌糸の枝すなわち分裂子柄（oidiophore）上に無性的に形成される，一種の*分生子．特にヘテロタリズムを示す帽菌類の一次菌糸で見られ，ヒトヨタケ属などでは分裂子柄上に分泌された球状液体中に多数含まれ，発芽して菌糸を生じ，あるいはそのまま不動精子として菌糸と接合して，二次菌糸を生じることができる．

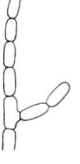

分裂子（模式図）

b **分裂指数** [mitotic index] ある分裂組織や細胞集団の全細胞数に対する有糸分裂期の細胞の数の百分率．細胞の増殖活動度を示す指数とされる．非同調的な細胞分裂を行っている細胞集団内にある細胞分裂時間を測定するのに使われる．非同調的に分裂を繰り返している細胞集団において，分裂指数は，$(t_m/t_G) \times 100$（t_mは分裂に要する時間，t_Gは細胞の1世代時間）に相当するから，ビデオ顕微鏡法などでt_Gを測定すれば，t_mを求めることができる．

c **分裂寿命** [replicative lifespan] 《同》分裂可能回数．細胞の培地中での分裂可能回数．ヒトの胎児から摂取した細胞は約50回分裂すると細胞老化を起こし死んでしまう．この発見者L. Hayflickの名にちなんで「ヘイフリック限界」とも呼ばれる．がん細胞は分裂寿命がなく永遠に分裂し続けることから，動物細胞の分裂寿命には*テロメアの短縮や*チェックポイント制御などが関係しているとされる．出芽酵母の分裂寿命には*リボソームRNA遺伝子の安定性が依存することが知られる．また分裂回数とは独立に細胞の生存可能期間を経時寿命（chronological lifespan）と呼ぶ．

d **分裂植物** [Schizophyta, Schizophytes] *細胞壁はもつが核は一般の概念ではもたず，生活史上に有性生殖がなく，分裂して増殖する植物．H. G. A. Englerの命名．さらにこれを，クロロフィルの有無を主としてそれぞれ分裂藻類（Schizophyceae）および分裂菌類（Schizomycetes, fission fungi）に分けた．前者は藍色細菌，後者は細菌類にあたる．

e **分裂装置** [mitotic apparatus] MAと略記．分裂期の細胞の染色体・*動原体・*紡錘体・*中心小体・*星状体など細胞分裂の起因となる細胞小器官の総称．動物細胞やコケ植物などの細胞では一式揃っているが，種子植物では中心小体・星状体は存在しない．分裂装置の機能は娘染色体群の分配と細胞の分裂である．動物細胞では中心小体の分離を阻害すると紡錘体の形成が阻害され染色体の後期運動は起こらないが，植物細胞では中心小体が実在しなくても紡錘体は形成される．動物細胞の中心小体とその周辺に発達する星糸は細胞表層の分裂溝の形成に関与している．分裂装置は，はじめD. Maziaと團勝磨(1952)によってウニの分裂卵から単離されたが，その後単離法が改良され初期卵割胞のほか哺乳類の培養細胞などからも単離が可能になった．単離されたウニ卵の分裂装置は，乾燥重量にして，非塩基性蛋白質が90％以上，RNAが6％前後である．グルタルアルデヒド固定による電子顕微鏡像では，分裂装置は，紡錘体も星糸もともにほぼ直径20 nm前後の微小管からなる．分裂装置に含まれるこれら微小管蛋白質の量は，分裂装置の総蛋白質量のたかだか20％のことが多いが，KClで処理すると可溶化されて60％ほどの蛋白質が抽出され，超遠心的にそれぞれ3.5S, 13S, 22Sの3成分となる．この成分は単離法・分散法によってその構成が変化する．分裂装置の微小管蛋白質総量のうち紡錘体成分の占める割合は星糸に比べると著しく少ない．また両者の微小管蛋白質は機能，細胞周期での動態が互いに異なる．中心小体にはγ-チューブリンを含む多数の蛋白質が含まれ，*微小管形成中心としての機能を担う．微小管には方向性があり，一端を中心体側におき，逆の先端が+端である．+端はチューブリン二量体が付加しやすく，分裂期には+端が動原体と結合する．

f **分裂藻類** [Schizophyceae] 《同》藍色細菌．これが，分裂だけで増殖するのに注目したF. J. Cohn(1879)の命名．（⇒藍色細菌）

g **分裂組織** [meristem] 維管束植物において，細胞分裂能力を保持する組織．受精卵から胚発生の時期までは，全ての細胞が分裂によって新しい細胞を生ずる能力をもつが，まもなくその能力は分裂組織だけに残存し，他の部分の細胞はそれぞれ特定の機能と形態をそなえた組織（永久組織 permanent tissue, 永存組織）に分化する．したがって1個の植物体には分裂組織から永久組織まで分化程度の異なる細胞が連続して並ぶことになる．分裂組織は存在する位置によって，茎や根の頂端にあって，軸方向の成長にあずかる*頂端分裂組織と，*形成層や*コルク形成層のように軸を取り囲んで存在する側部分裂組織（lateral meristem）に分けられる．また頂端分裂組織は胚以来，引き続き分裂能力を保っているため*一次分裂組織と呼ばれ，その活動による一次成長（primary growth）は主に植物体の伸長をもたらし，一次木部や一次篩部などの永久組織（*一次組織）を作る．これに対して側部分裂組織のように一度分化した組織がふたたび分裂能力を回復して作られたものを*二次分裂組織と呼び，この活動による二次成長（secondary growth）は植物体の肥大（体軸の径の増加，⇒肥大成長）をもたらし，二次木部や二次篩部などの永久組織（二次組織 secondary tissue）を作る．茎では，また頂端分裂組織からかなり離れた位置にあって，永久組織に挟まれて存在する*介在分裂組織が存在することがあり，これによりイネ科などの節間成長がもたらされる．

h **分裂中心** [division center] 《同》細胞中心，セルセンター．藻類・菌類や，コケ類・シダ植物の精母細胞などの*中心体のこと．なお種子植物には典型的な中心体はないが，*極帽と中心体を含めて分裂極（division pole）という語が使われる．

i **分裂面** [division plane, division plate] 有糸分裂に引き続いて細胞質が分裂する面．動物では，分裂面にアクチン繊維からできた*収縮環が形成され，これが収縮して細胞は二つに分裂する．植物では分裂面に*隔膜形成体が形成され，引き続いて*細胞板が形成される．

j **分裂リング** [dividing ring] 原核生物との細胞内共生に起因する細胞小器官が分裂する際に分裂面に生じる環状構造．色素体ではPDリング（plastid dividing ring)，ミトコンドリアではMDリング(mitochondrial dividing ring)と呼ばれる．これらの細胞小器官が分裂する際には，内側に原核生物と同様にFtsZリングが形成され，それに続いて内側と外側に分裂リング，および外側にダイナミンリングができる．

へ

ベーア BAER, Karl Ernst von 1792〜1876 ドイツの動物発生学者．エストニアに生まれ，ドルパト，ヴュルツブルクなどの大学で比較解剖学，動物学を学ぶ．ケーニヒスベルク大学教授．発生学上の重要な業績を多く残し，近代動物発生学の祖とされる．哺乳類の卵や脊索を発見．C. H. Pander によりニワトリ胚で観察された胚葉が他の脊椎動物にも存在し，かつ相同器官が同じ胚葉から形成されることを見て，胚葉説を立てた．ただし内外両胚葉のほかに二胚葉を認め，四胚葉説であった（⇒レマーク）．また諸動物の発生を比較し，それらの動物が発生の初期にさかのぼるほど類似することを指摘した（ベーアの法則）．一時期には生物進化の考えをもったといわれる．ペテルブルグ学士院の招きでロシアに赴き，ロシアの比較発生学に多大な影響を与えた．[主著] Über Entwicklungsgeschichte der Tiere, 2 巻, 1828, 1837.

ヘアペンシル [hairpencil, scent brush] マダラチョウ類やヤガ類などの雄の尾端や胸部にある 1 対の毛の束．これを突出すると開いて傘状になり，特有の臭いを発散する．マダラチョウの雄は飛翔中に雌に会うと，ヘアペンシルを突出させて雌の頭部にこすりつける．雌はこれに感応して地上に舞い下り，交尾が行われる．ヘアペンシルの分泌物は性フェロモンの一種であり（⇒フェロモン），その根もとにある腺組織から分泌される．マダラチョウ科の Lycorea ceres ceres や Danaus gilippus berenice では 2, 3-dihydro-7-methyl-1H-pyrrolizin-1-one と同定されている．

ベイエリンク BEIJERINCK, Martinus Willem 1851〜1931 オランダの土壌微生物学者．根粒菌の単離，硫酸還元菌の発見のほか，酵母の酵素，尿素水解，微生物変異，タバコモザイクウイルスの発見など多くの業績がある．また集積培養法の原理を用いて，細菌による物質変化および環境との関係について研究し，微生物学に生態学的アプローチを導入した．

閉果 [indehiscent fruit] 《同》非裂開果．種子をつつむ果皮が成熟後にも自然には裂開しない果実の総称．*裂開果と対する．*液果・*乾果を問わない．イネ科の*穎果，カエデ科の*翼果，ブナ科の*堅果，キンポウゲ科の*痩果などの乾果や，大部分の液果がその例である（⇒裂開果）．

閉殻筋 [adductor muscle] [1] 《同》貝柱，肉柱，閉介筋．軟体動物二枚貝類の左右 2 枚の*貝殻を閉じる筋肉．通常前後にあり，それぞれ前閉殻筋，後閉殻筋と呼ぶ．左右の外套膜を貫通して貝殻の内面に付着し，その付着点は閉殻筋痕として認められる．閉殻は閉殻筋の収縮で起こるが，貝殻を数時間ないし数日間にわたって強く閉じたままでいることができるばかりでなく，律動的に収縮して外套腔内の水の出入を支配する．ホタテガイなどでは，持続性のある運動と急激な運動を行う筋肉はそれぞれ別個のもの．ハマグリなどでは前後の閉殻筋の大きさがほぼ等しい等筋 (isomyaria) であるが，イガイなどでは前閉殻筋は後閉殻筋に比べて著しく小さい不等筋 (anisomyaria) であり，ホタテガイなどでは，前閉殻筋は消失し，発達した後閉殻筋だけが残っている単筋 (monomyaria) である．開殻は閉殻筋の弛緩と靱帯の弾性によって起こる．[2] 腕足類において，殻を閉じる筋肉．その作用機作は二枚貝と同様であるが，ホウズキガイなどでは殻を開くための開殻筋が別に存在する．[3] 甲殻類の貝形虫類の成体および蔓脚類の*キプリス幼生などにおいて，殻を閉じる筋肉．

平滑筋 [smooth muscle] 《同》無紋筋 (non-striated muscle)．顕微鏡観察で横紋の認められない筋繊維からなる筋肉．*横紋筋より原始的な型の筋肉とみられる．無脊椎動物の体筋として広く分布するほか，脊椎動物では心筋以外の内臓筋が大部分これによって構成される．斧足類の閉殻筋や足糸牽引筋などのように平行に走る長い繊維状細胞（平滑筋繊維）からなるものもあるが，多くは長紡錘形（脊椎動物の内臓筋では長さ 1 mm 以下）で単核の細胞からなる．独立の器官をなさず，体壁や内臓壁の構成要素（筋層）となる．筋原繊維の認められるものもある．平滑筋の収縮機構は横紋筋と同様アクチンとミオシンの相互作用によるが，それぞれ横紋筋とは別の蛋白質アイソフォームが担っている．ミオシンフィラメントとアクチンフィラメントとの存在比は，横紋筋の 1:2 に対し，1:10〜20 である．*サルコメアは認められず，Z 膜のかわりにデンスボディがアクチンフィラメントの端を束ねている．平滑筋のミオシンフィラメントの長さは，弛緩時には二つのデンスボディ間の全長にわたる．また横紋筋では双極性繊維であるミオシンフィラメントは，平滑筋では側極性 (side-polar) と考えられ，全長にわたり同じ極性のミオシン分子が重なり合って配置されているため，中間部に横紋筋に見られるような空白部分が存在しない．横紋筋と同じく収縮は Ca^{2+} により制御されるが，アクチン側調節ではなく，ミオシン L 鎖の Ca^{2+} 依存的リン酸化による（⇒ミオシン側調節）．平滑筋は収縮・弛緩の速度が遅く，1 回の収縮期間は横紋筋が 0.1 秒の程度であるのに対し数秒以上で，数十秒に達するものもある．横紋筋が位相性筋 (phasic muscle)・運動筋であるのに対し，平滑筋は主として緊張性筋 (tonic muscle)・保持筋としての機能に適応している．受動的な伸展性や能動的な短縮度が横紋筋に比べて著しく大きいことや，しばしば自動興奮性を示すことも，このような適応の内容をなす．脊椎動物の平滑筋（内臓筋）は一般に自律神経系からの*二重神経支配を受け，その神経終末は筋細胞間に神経集網を形成し，ときには神経節細胞を介在させる．血管壁筋や瞬膜のように神経的制御の著明なものもあれば，腸や子宮のようにそうでないものもあり，後者では心筋に類似する自動性を示す（⇒不随意筋）．平滑筋内における興奮の伝導は，神経要素の仲だちによるとみられる場合（瞬膜），筋細胞間の伝達ないしはシンシチウム的連絡によるものとみられる場合（子宮）などいろいろであるが，その速度は常に小さい（2〜3 cm/s の程度）．後者の場合には横紋筋のそれに類似したスパイク電位のある活動電位も証明される．液性支配の著明なことも平滑筋に特徴的で，ことに子宮筋や血管壁には著しい（オキシトシン・アドレナリンなど）．

a **平均根** [haltere] 双翅類の昆虫に後翅の退化・変形産物としてそなわる棍棒状の可動体.*鐘状感覚器や*弦音器官のような*自己受容器を数多くそなえ,飛翔中には前翅と等頻度で振動する.また,翅が静止中にも独立に動きうる.W. Derham (1711)の最初の研究以来ひろく調べられ,その機能については次のような説がある.(1)ジャイロスコープの原理で機能し水平面内における体軸の回転運動を感知する独特な平衡器官と考えるもの(G. Fraenkel, 1939, J. W. S. Pringle, 1948, 1957).これを除去すると飛翔の安定性が失われるという.(2)一種の*鼓舞器官でもあり,その振動によって飛翔運動に関する反射弓の興奮伝達が促進されるとする説(W. von Buddenbrock, 1919).なお,撚翅類では前翅が外見上類似の平均棍に変形していて,偽平均棍(pseudo-haltere)の名もあり,前者と同様に飛翔への鼓舞作用に関係すると考えられている.

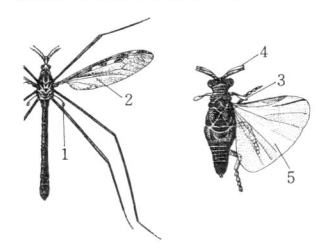

左:マダラガガンボ
1 平均棍
2 前翅
右:スズバチネジレバネ
3
4 偽平均棍
5 触角
5 後翅

b **平均体** [balancer] 〘同〙平均桿,平衡桿.大部分の有尾両生類において眼と鰓の間の左右の頭部側壁に見られる,主として外胚葉性の棒状の突起.*幼生器官の一種.内部は結合組織でみたされ,先端の細胞は粘着性物質を出すと考えられる.尾芽期幼生で生じ,変態に先立ち退化.

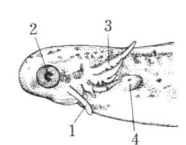

1 平均体
2 眼
3 鰓
4 前肢芽

c **平衡** [equilibrium] 〘同〙均衡(balance).一般に,一定の外界の条件下で,ある状態が時を経ても変わらないこと.生物学においては熱力学第二法則で,孤立した系はエントロピー最大の状態で平衡に達する熱平衡(thermal equilibrium)や,開放系である生物において,定常状態(stationary state)が維持される*動的平衡,外界条件が変わっても(生体)内部の状態が大きく変わらない*ホメオスタシスなどが問題とされ,生体内の分子濃度や細胞の形状,個体数とその分布,群れの大きさ,さらに生物の生活史戦略や行動における進化的に安定な戦略(*ESS)まで,広く応用される概念.また,数学的には*決定論的モデルもしくは*確率的モデルの状態が不変であることを意味し,その状態から何らかの原因によりズレが生じたとき平衡に戻る場合を安定平衡(stable equilibrium),戻らない場合を不安定平衡(unstable equilibrium)という.

d **平衡覚** [static sense, sense of equilibrium] ⇨平衡受容

e **平衡細胞** [statocyst, statocyte] 種子植物に見られる重力感受細胞.茎の*維管束鞘,*内皮と*根冠にあって,根冠では中心軸の周辺に数層集合して存在する.内部に*平衡石(澱粉粒を含む*アミロプラスト)をもち,重力刺激受容に関与する.アミロプラストの沈降が重力刺激受容に働いているとする説を澱粉平衡石説(あるいは単に*平衡石説)と呼ぶ.

f **平衡受容** [equilibrium reception, statoreception] 主として地球の重力に対応し,個体の位置・姿勢を受容する能力.平衡受容により生じる感覚を平衡覚(static sense, sense of equilibrium)という.[1]アメーバの液胞や餌胞が最も原始的な受容器とされている.ヒドラやクラゲの類にもこの種の独立した感覚器があり,平衡器と呼ばれる.多くは有毛細胞が*平衡石(耳石)を支える構造をもつ.平衡石は外来の砂粒のこともあり,自ら分泌した物質の場合もある.平衡石に対する重力が感覚毛を変位させ,これが総合的に判断されて,体の位置を感じ姿勢をととのえると考えられる.軟体動物や節足動物にもそれぞれ独立した器官(*平衡胞)がある.陸生の昆虫,特に飛翔するもの(ハエ類)では棍棒状の*平均棍がある.[2]脊椎動物では内耳前庭器官が主として働き,卵形嚢・球形嚢の二つの部分に分かれる.前者は平衡石が水平方向に,後者では垂直方向に保たれ,両耳より絶えず中枢に対して情報が送られている(⇨膜迷路).身体の各部筋,関節,脊柱などからの情報もこれを助けている.視覚の関与も大きい.内耳前庭半規管の形態は脊椎動物を通じて,大差はない.平衡器は水中を遊泳するものや空中を飛ぶものでこの機能が発達し,地上を運動するものでは劣るといえる.平衡石と有毛細胞との関係は動物界を通じて大きな差はないと考えられる.

g **平行進化** 【1】[parallel evolution] 生物の進化において,共通の祖先から分かれた子孫が,同様の傾向を示すこと.H. F. Osborn (1905), O. Abel (1912)らが提唱.例えば,中新世より現在にいたる齧歯類のMyospalacini(モグラネズミ族)の進化では,3系統が,(1)体の大型化,(2)頸椎の癒合,(3)高歯化,などにおいて同じ傾向の平行進化を示す(P. Teilhard de Chardin, 1942, 1950).このほか爬虫類・筆石類・頭足類にも顕著な例がありヒトの進化にもこれを認める者がある.このような平行進化が,各系統の発出のときの定向性に基づくという見地からは,平行定向進化(parallel orthogenesis)と呼ばれ,平行進化を示す諸系統の共通祖先のうちに,その進化が予定されていたとする場合を,プログラム進化(program evolution)という.(⇨定向進化)
【2】[parallelism] 〘同〙並行進化.*ホモプラシーの一つ.(⇨収斂)

h **平衡石** [statolith, otolith] 〘同〙聴石,耳石(otolith).無脊椎動物の*平衡胞や脊椎動物の前庭嚢内にある1個または一塊の固形物.種により形状・組成は多様.アミの尾肢の平衡胞内のものはフッ化カルシウム,鉢クラゲではシュウ酸カルシウム,脊椎動物では炭酸カルシウム.胞の壁にある平衡石細胞(statolith-cell)が分泌するが,エビ・カニなどでは囊が外部に開放されており水底の砂粒を取り込んでいる.小形の分泌顆粒が融合して一塊をなすものを平衡砂(耳砂 statoconium, statocone)という.脊椎動物のものもそれであって,多数の微細結晶がいわゆる平衡石膜に包まれて前庭嚢内の平衡斑(聴斑)部をおおう.これら固形体による*感覚毛への触刺激が平衡覚を仲立ちする(⇨平衡受容).原生生物や植物細胞の示す重力走性・重力屈性反応は,細胞内含有物が平

a **平衡石説** [statolith theory] 植物の*重力屈性において, 重力感受部位の細胞内にある比重の大きな粒子が重力によって沈降する(位置を変える)ことが重力刺激受容に働いているとする説. 動物の*平衡石になぞらえてこのように呼ぶ. 1900年にG. HaberlandtとB. Němecが独立に, 根冠や内皮の細胞内に重力方向に集まる*アミロプラスト(澱粉粒を含む色素体)の存在を見出し, のちにL. J. Audusは, ソラマメの根冠で刺激閾時以内に十分動きうる細胞小器官はアミロプラストしかないこと, および温度による刺激閾時の変化とアミロプラストの落下時間の変化がよく一致することを見出した. アミロプラストが重力受容に働いていることは, 澱粉欠損突然変異体を用いた研究などでも示されている. ただし, 根や茎における重力受容が全てアミロプラストの沈降を介して行われているかは不明である. アミロプラストを平衡石とする説は特に澱粉平衡石説(starch-statolith theory)とも呼ばれる. 種子植物以外では他の細胞内粒子が平衡石の役割をしていることを示唆する実験例もある.

b **平衡多型** [balanced polymorphism] 過渡的なものでなく集団内に恒久的に保たれる*遺伝的多型の一種. 主な機構としては*超優性と特殊な*頻度依存性淘汰, すなわち*対立遺伝子の内で頻度の低い方が淘汰に有利になるような仕組みが考えられている. 一例として, 超優性対立遺伝子Aとaを考えると, 3種の遺伝子型AA, Aa, aaの相対的な*適応度を$1-s$, 1, $1-t$ (s, tは淘汰係数で共に正の値をとる)としたとき, 平衡状態でAおよびaの集団中における頻度はそれぞれ$t/(s+t)$および$s/(s+t)$となる. 突然変異と淘汰のつりあいにより*遺伝子頻度の平衡が保たれるときには, 一般に平衡状態での遺伝子頻度が低いと考えられるので, そのようなものは平衡多型と呼ばないのが普通である.

c **平衡致死** [balanced lethality] 相同染色体上に一つずつある劣性*致死遺伝子がホモ接合になると致死となるために, ヘテロ接合の状態で維持される現象. H. J. Muller(1918)がショウジョウバエで発見. ただし*交叉が抑制されることが必要である. ClB染色体($\rightleftharpoons ClB$法)はこの例である.

d **平衡定数** [equilibrium constant] 【1】《同》相対成長係数(relative growth coefficient), 偏差成長係数(differential growth coefficient), 成長比(growth ratio). *アロメトリーの式$y=bx^a$の定数aのこと. *アロモルフォシスにおいては極限平衡定数(limiting equilibrium constant)ともいわれる. 平衡定数は比成長率の比を示すもので, 両対数グラフの直線の傾斜度で表される. aの値により, アロメトリーに次の場合が区別される. (1)$a>1$: 優成長(positive allometry, tachyauxesis)という. 両辺対数グラフの直線とx軸とのなす角は45°より大きく, yの成長はxのそれにまさる. したがってこの場合には, y/xは成長に伴って次第に大きくなる. (2)$a=1$: 等成長(isometry, isauxesis)という. 直線とx軸とのなす角は45°に等しく, y/xは成長に伴って変化しない. (3)$a<1$: 劣成長(negative allometry, bradyauxesis)という. 直線とx軸とのなす角は45°より小さく, yの成長はxのそれに劣る. したがってy/xは成長に伴って次第に小となる.
【2】溶液中の反応: $m_1R_1+m_2R_2+\cdots=n_1P_1+n_2P_2+\cdots$が平衡状態にある場合の各成分の濃度(正しくは活動度)を$[R_1]$, $[R_2]$, $\cdots$, $[P_1]$, $[P_2]$, $\cdots$とするとき,

$$K=\frac{[P_1]^{n_1}[P_2]^{n_2}\cdots}{[R_1]^{m_1}[R_2]^{m_2}\cdots}$$

で定義されるKを平衡定数と呼ぶ. 平衡定数は温度の関数であるから, 同一反応でも測定する温度が異なれば, 得られるKの値も異なる. しかし, 酵素の存在によってKの値が変わることはない. 上のように定義されたKは, 反応の標準自由エネルギー変化$\Delta G°$との間に, $\Delta G°=-RT\ln K$の関係をもつ. $K>1$ ($\Delta G°$が負)の反応は*発エルゴン反応, $K<1$ ($\Delta G°$が正)の反応は*吸エルゴン反応と呼ばれる.

e **平衡電位** [equilibrium potential] 細胞内外であるイオンについての電気化学ポテンシャルが0になるときの*膜電位をいう. ネルンストの式により, 例えば, カリウムイオンの平衡電位E_Kは

$$E_K=\frac{RT}{F}\ln\frac{[K^+]_o}{[K^+]_i}$$

で与えられる. $[K^+]_o$, $[K^+]_i$はカリウムイオンの細胞外および内の濃度(正しくは活動度), Fはファラデー定数, Rは気体定数, Tは絶対温度. 哺乳類の骨格筋では静止電位-90 mV, イオンの平衡電位はナトリウム$+66$ mV, カリウム-97 mV, 塩素-90 mVである. 静止時では細胞膜は主にK^+とCl^-を透過するので, 静止電位はこれらのイオンの平衡電位に近く, 興奮時にはNa^+をよく透過するようになるので, 活動電位はナトリウムの平衡電位に近づこうとする. なお, 類似の意味をもつ用語に反転電位がある. 反転電位は実測した値であり, イオン電流が0になる膜電位である. 膜透過性が特定のイオンのみに選択的である場合には反転電位は平衡電位と等しくなる. *シナプス後電位の大きさは静止電位とこの反転電位との差に依存し, 静止電位を反転電位から遠ざけておくと大きく, 反転電位では0, 反転電位を超えたレベルに置くとシナプス後電位の極性が逆転する. 興奮性シナプスでは興奮伝達の際にNa^+またはNa^+とK^+の両者をよく透過するようになり, 反転電位は$+20\sim-20$ mVであることが多い. シナプス後抑制ではCl^-とK^+の一方または両方をよく透過するようになる場合が多く, 反転電位は静止電位レベルから数mV, 脱分極側から約20 mV過分極側の間にある.

f **平衡転移説** [shifting balance theory] 《同》推移平衡理論. 形態の進化を説明するためにS. Wrightが1930年代初頭に提唱したモデル. 以下の三つの仮定を前提としている. (1)生物集団は多数の分集団に分かれており, それらの間では低頻度の移住率で遺伝子の交流が生じている. (2)大部分の遺伝子座はある種の*平衡淘汰によって多型が維持されている. (3)多くの遺伝子座のあいだで相互作用と*多面発現が存在する. Wrightは, これらの仮定が成り立っている集団では, 小集団や分集団構造をもたない大集団よりも進化速度が速いと論じた. しかし, 分子レベルの進化では, 平衡多型はほとんど存在せず, またこれまでに調べられた多くの蛋白質などでは相互作用はほとんど観察されていない. 分子レベルの進化では平衡転移説の証拠はない.

g **平衡淘汰** [balancing selection] 《同》平衡選択. 相反する二つの力のバランスによって, 複数の対立遺伝子が高い頻度で平衡状態を保つタイプの自然淘汰. 二倍体生物では, ヘテロ接合体がホモ接合体よりも適応度が

高い*超優性の場合，平衡淘汰が生じ得る．対立遺伝子頻度が低いほど適応度が高くなる*頻度依存淘汰の場合にも，平衡状態が生じる．ゲノム全体の遺伝子を考えると，稀なタイプの淘汰である．

a **平衡反射** [statoreflex] 平衡器官の活動により仲立ちされる*姿勢反射．動物体の姿勢保持に関与する諸筋肉は反射的に各自一定の緊張状態におかれ，特に重力の方向に関してその動物固有の正常体位が保持される．大多数の動物では腹側が下に体軸が水平に保たれ，横地反応(transverse gravity reaction)と呼ばれるが，直立位その他を正常体位とする種類もある．A. Kreidl はテナガエビの平衡胞に鉄粉を取り込ませ，磁石を用いて実験的に重力の方向と異なった横地反応を起こさせた．平衡反射は重力走性と同じく重力刺激に対する動物体の定位反応であるが，単なる緊張性反射に止まり，位置運動にまで進まない．正常体位の保持を仲介するものには，このほかに*筋肉覚や*光背反応があり，実際にはこれらが共同して働いている．(→姿勢反射)

b **平衡胞** [statocyst] 《同》平衡囊，耳胞，聴胞．無脊椎動物における平衡器官で，内面には*感覚毛があり，胞内には1個または一塊の*平衡石を収めた構造の外胚葉の陥入によってできた小囊．動物体軸の傾きに応じてこの平衡石が異なる部分の感覚毛に触れることによって平衡覚が受容され(→平衡受容)，各種の平衡反射や重力走性を解発する．平衡胞をもつ動物は限られているが，種によって形態などは多様．[1] 刺胞動物では，*縁膜胞と*触手胞の2型がある．クシクラゲの感覚極にあるものは刺胞動物のものと異なり，区別される．異腸類，渦虫類などの扁形動物や無腸類にもあり，紐虫類では *Ototyphlonemertes*, *Procarinina*, *Carinina* など少数のものだけに見られる．軟体動物の幼生では平衡胞をもつものが極めて多いが，成体ではまれで，存在する場合には足の内部にある．

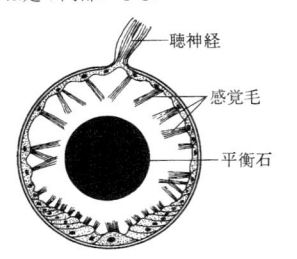

聴神経
ゾウクラゲ(*Pterotrachea*)の成体にみられる平衡胞
感覚毛
平衡石

[2] 節足動物ではアミ類とエビ・カニ類だけに知られる．(1) アミの平衡胞は尾肢すなわち第六腹節の腹肢の内枝にあり，外界との連絡はなく，1個の大形の平衡石が感覚毛に直接連結されている．(2) 十脚類の平衡胞は第一触角の基節にあり，その上面のスリットを通じて外界に通じ，内面に剛毛(感覚毛)があり，1ないし数個の砂粒を収める．毛の種類により位置運動(姿勢運動)および低周波振動などに応ずる．脱皮に際してこの平衡胞壁のキチン層・剛毛・砂粒は全部，表皮とともに捨てられ，キチン層と剛毛は新生し，砂粒は再び水底から取り込まれる．有対の平衡胞による体位平衡維持の機作に関してもアミ類と十脚類とでは対照的で，前者では左右両側の平衡胞が別個に働いて目標走性的定位をなし，後者では左右平衡胞の興奮の拮抗に基づく転向走性的定位が行われる．ホヤ類ではオタマジャクシ形幼生の脳胞内に平衡胞があ

るが，成体にはない．[3] 脊椎動物では内耳の前庭装置中特に卵形嚢および*球形嚢が，無脊椎動物の平衡胞と同様の機能をする器官とされる．前者は水平，後者は垂直面における位置運動に関係する．

c **閉鎖維管束** [closed vascular bundle] 木部と篩部の間に*形成層がなく，したがって新しく維管束要素を形成できない*維管束．シダ植物の*包囲維管束や多くの単子葉植物の*並立維管束に例がある．これに対して，形成層をもつものを開放維管束(open vascular bundle)という．

d **柄細胞** [stalk cell] 《同》脚胞，脚細胞．[1] タフリナ科の菌類で，子囊の基部に分化・形成された細胞．複相核から減数分裂と有糸分裂によって8個の単相核を形成するとき，子囊基部に核の入らない細胞が隔壁で仕切られてできる場合と，複相核がはじめ有糸分裂によって二つに分かれ，その一つは子囊内で8個の単相核に分裂，他の一つは子囊基部の隔壁で仕切られた細胞内に入って柄細胞となる場合とがある．柄細胞の有無とその中の核の有無は種の標徴となる．[2] 細胞性粘菌(社会性アメーバ)において子実体形成時に柄となる細胞．胞子細胞をもちあげることによって分散を可能にするが，自らは死ぬため細胞レベルの利他行動の例である．

e **閉鎖血管系** [closed blood-vascular system] 《同》閉鎖循環系(closed circulatory system)．血液循環の経過において，動脈と静脈との末端部が毛細血管でつながり，血漿の一部とリンパ球などがリンパ液として組織間に浸出するが，赤血球および血漿の大部分は常に血管系内を循環するような血管系．*開放血管系の対語．紐形動物，環形動物，ユムシ動物，ホウキムシ動物，腕足動物，軟体動物の頭足類，半索動物の腸鰓類，脊椎動物に見られる．(→環形動物型循環系，→鰓呼吸型循環系，→肺呼吸型循環系)

f **閉鎖卵** [cleidoic egg] *孵化にいたるまで卵外の生理的環境への依存度の少ない動物卵．環境からは酸素をとるだけで，それ以外は卵内の物質を用いて発生が可能で，主として陸上で産卵する鳥・ヘビ・昆虫の一部の卵がこれに属する．一般に卵殻または厚い卵膜をもつ．閉鎖卵を産む形質を獲得した動物は，その生息範囲を広げるのに有利であったと考えられる．これに対し，母体から栄養・酸素・水を受け取る哺乳類や胎生軟骨魚類の胚，卵外から無機物・酸素・水を受け取る海産無脊椎動物の卵の大部分は非閉鎖卵(non-cleidoic egg)と呼ばれる．

g **閉子囊殻** [cleistothecium, cleistocarp] 子囊菌類において，開口部のない球形または類球形の子囊果．成熟すると外壁の崩壊によって胞子が散布される．一般的に *Emericella* や *Eurotium* などを含む不整子囊菌類が形成するが，ウドンコカビ目(Erysiphales)も形成する．子囊果内には，通常球形で8個の子囊胞子を有する子囊が散在するが，成熟すると子囊壁が消失するものが多い．

h **ベイズ推定** [Bayesian inference] ベイズ(T. Bayes)の公式を拠り所とする統計的推測の方法．計算機の性能が向上し，新たなシミュレーション手法が開発されるに伴い，さまざまな複雑な問題に対して，容易にベイズ推定ができるようになった．このため，現在では生物学や生態学をはじめとする多くの分野で，ベイズ推定が浸透している．ベイズの公式は事象Aの事前確率と事象Bの条件付き確率から事象Aの事後確率を算出

するものであるが，ベイズ推定では事象 A をパラメータ値，事象 B をデータの実現値とする場合を扱う．まず，データの生成機構を統計的にモデリングし，実現値が得られる確率(尤度)を表現する．尤度を規定する未知パラメータはある確率分布(事前分布)に従うものとする．事前分布を規定するパラメータを超パラメータという．さらに超パラメータに分布(超事前分布)を導入することにより，事前分布に対する主観性が抑えられる．階層構造をもつので，階層ベイズモデルという．表現型や遺伝子型などの形質の集団構造や時空間構造を，事前分布の形でモデルに取り込むことができる．事後分布の推定に，しばしばマルコフ連鎖モンテカルロ法(Markov chain Monte Carlo, MCMC)が用いられる．パラメータの現在値の近傍からランダムに次の候補値を生成し，尤度と事前確率の積が改善されれば採択する．改善されない場合には，この積の高さに応じて確率的に採択する．平衡分布として事後分布が得られる．また，事前分布から生成されたパラメータに対して，シミュレーションによりデータを生成し，実現値に近いものを集めることによってパラメータの事後分布を得る近似ベイズ計算(approximate Bayesian computation)も提案されている．尤度の計算ができないほどに複雑な問題において効力を発揮する．モデルの比較にはベイズ因子(Bayes factor)が用いられる．これは尤度と事前分布の積をパラメータ値に関して積分したもので，モデルの事後確率に比例する．ラプラス近似によりベイズ因子を計算する方法もあるが，MCMC の標本は事後分布を反映していることから，尤度の事後調和平均として求める方法，データの情報を割り引いたモデルにおける事後期待対数尤度を経験積分する方法などが提案されている．また対数尤度の事後期待値とパラメータの事後平均における対数尤度により有効パラメータ数を求め，*AIC になぞらえて，後者にペナルティを課す方法もある．

a **並層分裂** [periclinal division] 《同》並側分裂．ある基準面に対して平行な面に起こる細胞分裂をいう．*垂層分裂と対置される．例えば，葉原基が外衣内層(第二層)から，また側根原基が内鞘から小さな隆起として発生するときは，いずれも表皮の方向に平行な並層分裂が起こる．一般に*形成層や*コルク形成層などのように輪状に配列している細胞列が放射方向に細胞を増殖するときや，器官が厚さを増すときに起こる．なお，茎や根のような円筒形の器官では接線分裂(tangential division, tangential longitudinal division)の語を並層分裂の代わりに使うのが一般的で，これに対し，垂層分裂の方は円筒の半径と同じ方向に分裂面があれば放射分裂(radial division, radial longitudinal division)，円筒の軸と直角な面で分裂すれば横分裂(transverse division)という．

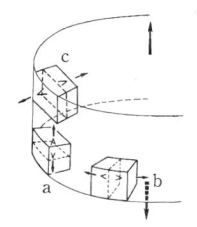

a 横分裂 ┐
b 放射分裂 ┤垂層分裂
c 接線分裂・並層分裂

b **ベイツ** BATES, Henry Walter 1825～1892 イギリスの昆虫学者．はじめ商業に従事したが独学で昆虫学に進み，A. R. Wallace とともにブラジルに探検旅行．1 万 4000 種の植物と 8000 種の昆虫を採集して帰国．ロンドン地理学会幹事．主にチョウ類で後にいうベイツ擬態を発見した．(⇒標識的擬態)［主著］A naturalist on the river Amazonas, 2 巻, 1863.

c **ベイトソン** BATESON, Gregory 1904～1980 人類学者，社会学者，言語学者，サイバネティシスト．イギリスに生まれ，のちにアメリカに渡った．遺伝学者 W. Bateson の息子で，G. J. Mendel にあやかって命名された．システム理論の社会学や行動学への応用を試み，統合失調症を説明するダブル・バインド理論でも有名．研究は多岐にわたる．［主著］Mind and nature: A necessary unity, 1979.

d **ベイトソン** BATESON, William 1861～1926 イギリスの遺伝学者．1883 年ケンブリッジ大学を卒業．2 年間渡米しジョンズ=ホプキンズ大学でギボシムシの発生を研究，脊椎動物の起原に関する論文を書いた．この間に，生物の変異に興味を覚え，中央アジア西部およびエジプト北部の 500 余湖の動物相を調査して，'Materials for the study of variation'(1894)を著した．1895 年よりケンブリッジ大学に移り，1908 年教授．1910 年ジョン=インネス園芸研究所所長．変異の研究に専念し，「変異は不連続である」という説を立てた．20 世紀初めよりメンデルの法則の重要性を強調し，メンデル遺伝学の創始者の一人となった．1904 年には R. C. Punnet とともにスイートピーで遺伝的連鎖現象を発見し，また両者はニワトリのとさかの遺伝研究から劣性形質は正常因子の欠失によるとする存不存仮説(presence-absence hypothesis)を立てた．遺伝学の基礎的諸概念を確立し，ラマルキストと対立して論争した．最初は遺伝の染色体説に反対していたが，1922 年コロンビア大学のモーガン研究室を訪れ，染色体研究の重要さを理解して，帰国後は細胞遺伝学の発展のために尽力した．genetics は彼の造語．［主著］上記のほかに：Mendel's principles of heredity, a defense, 1902 (のち a defense をとって刊行, 1909)；The methods and scope of genetics, 1908; Problems of genetics, 1913.

e **平板効率** [efficiency of plating] eop, EOP と略記．《同》プレート効果(plating effect)．ある標準の*指示菌を標準条件下で用いて得られる*プラーク数を 1 としたときの，ある株での数値．プラークを指示菌の種類や条件によって異なる．標準の指示菌および条件は，通常プラーク数が最も多くなるようなものが選ばれる．

f **平板培養** [plate culture, plating] 《同》平面培養．微生物や動植物細胞を，寒天・ゼラチンなどのゲル状の*固形培地を平板状にしたものの上に播いて行う培養．ペトリ皿などの器内に作るのが一般的．集落の形状や種類の観察，稀釈培養法と併用して，ある種類の純粋分離(細菌を適当に稀釈した液を少量混ぜる方法と，その液を白金線の先につけて培地上を長い線を描いて伸べる方法とがある)，集落数の計数，抗生物質の効力検定などに用いられる．細胞生物学，発生生物学の研究における組織培養・胚培養・花粉培養などにも広く応用される．

g **ヘイフリック限界** [Hayflick limit] 正常細胞が*in vitro 培養下で分裂しうる限界．L. Hayflick (1961, 1965)は，ヒト胎児の肺や皮膚，筋，腎臓，心臓などに

由来する株細胞を in vitro 培養すると，細胞は，核型，形態，ウイルスの感受性などにおいて正常状態を保つ限り，50回程度分裂した後，徐々に細胞周期が長くなり，変性していくことを発見した．これは，凍結保存した期間や植継ぎの回数に依存せず，その細胞固有の性質と考えられた．*テロメア短縮と深い関連性がある．WI38細胞(WI38 cell)はこのとき用いられた細胞株のひとつ．「in vitro で培養細胞は無限に増殖する」という A. Carrel の主張に対しては，長期培養の間に正常細胞が*形質転換した，あるいは，培養液中のニワトリ胚抽出物に細胞が混在していた可能性が考えられている．

a **平面内細胞極性** [planar cell polarity] PCP と略記．《同》平面内極性．上皮細胞の頂部基底軸に直交する平面内方向の軸に従って発達する極性．動物種を問わず観察され，細胞の機能や組織全体としての機能を支える．例えば，脊椎動物内耳の有毛細胞が作る*不動毛の向きは組織全体でそろっており，その配向性は聴覚機能に必須である．また，気管上皮や卵管上皮に見られる繊毛は一方向に波打つことで，異物の除去や卵の輸送を可能にする．平面内には何らかの極性情報が存在し，個々の細胞はそれを解読することで，特定の軸に沿って非対称な形態を発達させるとされる．さらに，細胞間で協調的に極性が獲得されるため，極性情報が細胞間で受け渡されるとも推定される．昆虫では，体表に存在する細胞突起の配向性や光受容細胞の配列などを指標として分子遺伝学的研究が行われ，7回膜貫通型受容体 Frizzled (フリズルド)を介する平面内細胞極性シグナル伝達経路が明らかにされた．この経路は，非古典的 Wnt 経路の一つとして極性形成や細胞運動を制御し，脊椎動物でも広く機能している．

b **並立維管束** [collateral vascular bundle] 《同》側立維管束．木部と篩部とが相接して成立する維管束．茎では内方，葉では向軸側に木部が，その反対側に篩部がある．裸子植物および被子植物の茎・葉に一般的．木部・篩部の位置が逆転した状態の維管束はいくつかの被子植物にみられ，倒並立維管束または倒立維管束 (obcollateral vascular bundle) と呼ばれる．木部・篩部のいずれか一方が，他方を内外両側から挟むように位置する維管束もあり，複並立維管束 (bicollateral vascular bundle) と呼ばれる．通常，木部が中央にあり，その両側に篩部が存在する(ウリ科・キョウチクトウ科・ナス科・ガガイモ科の茎)．内部の篩部については，木部との間で*柔組織の層があることから，並立維管束の内方に独立に生じたものと考えられている．また，篩部の位置に関して，並立維管束は外側に篩部があるため外篩型 (ectophloic)，複並立維管束は両篩型 (amphiphloic) になる．

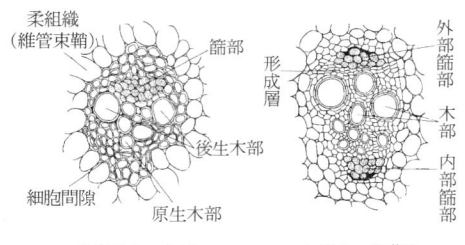

（図：トウモロコシの茎の並立維管束／カボチャの茎の複並立維管束．ラベル：柔組織(維管束鞘)，篩部，形成層，外部篩部，後生木部，木部，原生木部，内部篩部，細胞間隙）

c **ヘイルズ** HALES, Stephen 1677～1761 イギリスの牧師，植物生理学者，化学者，また発明家．ケンブリッジ大学で実験物理学と数学を I. Newton に学び，J. Ray の著作で植物学に興味をもった．1727年に発行された 'Vegetable staticks' (Statical essays, 第1巻)において，蒸散，栄養の転流(⇒環状剝皮)，茎葉や根の成長速度などに関する植物生理学的実験を報告．なかでも，植物が空気中から栄養を得る(すなわち光合成を行う)という知見は極めて独創的．さらに，はじめて血圧を測定し，現在と同様の血圧計を考案した．そのほか，海水を真水にする蒸溜装置，穀物を硫黄で燻蒸消毒する方法などを発明．[主著]上記のほか：Haemasticks (Statical essays, 第2巻), 1733.

d **ペインター** PAINTER, Theophilus Shickel 1889～1969 アメリカの動物学者，細胞遺伝学者．実験動物学・細胞遺伝学・細胞化学の分野で多くの業績をあげ，1933年には E. Heitz および H. Bauer と独立に，ショウジョウバエで唾腺染色体の意義を明らかにし，以後十数年間にわたってその構造，遺伝子および核酸との関係を追究した．

e **ベギアトア** [beggiatoa] ベギアトア属(Beggiatoa)細菌の総称．糸状性細胞を有する無色硫黄細菌の菌属で，*プロテオバクテリア門ガンマプロテオバクテリア綱チオトリックス目(Thiotrichales)チオトリックス科(Thiotrichaceae)に属する．細胞は比較的大型で，硫黄泉の近く，あるいは汚水・廃水中に肉眼でも見える糸状の集合体をつくり，5～10 cm の長さになることがある．*滑走細菌の一種である．硫化水素を酸化して無機独立栄養的に生育し，硫黄粒子を菌体内に蓄積するが，この傾向は海水産のものが強い．淡水産のものは一般に無機物だけからなる培養液中では生育が悪く，酢酸塩などを添加すると無機従属栄養的にも生育する．窒素固定能がある．好気性あるいは微好気性で，硫化水素が発生する水界底質と空気の境目に集合的に発生する．

f **壁孔【1】**[pit] [1]二次細胞壁(⇌一次細胞壁)をもつ維管束植物の細胞において，二次壁が局所的に形成されなかったために一次壁のみからなり，内側から見てくぼみを生じた部分．壁孔の入口と奥とがほぼ同形のものを単壁孔(simple pit)といい，入口が狭く奥が広く，円錐形の内腔を作り，表面から見ると二重の輪郭を呈するものを*有縁壁孔という．接しあう細胞においては，両細胞の相対する位置に同時に壁孔が形成されるのが普通で，結果として壁孔対(pit-pair)ができる．壁孔の間には，細胞間層と両細胞の一次壁とからなる壁があり，これを壁孔膜(pit membrane)という．両細胞が生きていれば，壁孔膜には多数の*原形質連絡がある．原形質連絡が密集する壁孔膜上の領域を一次壁孔域(primary pit-field)という．壁孔対の両方が単壁孔であれば単壁孔対(simple pit-pair)，ともに有縁壁孔であれば有縁壁孔対(bordered pit-pair)，一方が単壁孔で他方が有縁壁孔であれば半縁壁孔対または半有縁壁孔対(half-bordered pit-pair)という．単壁孔は入口が円形あるいは楕円形で，柔細胞・篩部細胞繊維などに見られ，特に異型細胞では壁肥厚が極端なため壁孔は管状となり，また*石細胞ではいくつかの壁孔が合して不規則に分枝した管状となる．[2]《同》孔紋．ある種のミズカビ類の生卵器の壁にある小孔．造精器が接着して接合管を生ずるとき，この小孔の一つを通って生卵器内に侵入する．

【2】[cinclide, cinclis, porthole] 《同》壁口, 槍孔. イソギンチャクの体壁を貫通する小孔. 肉眼では認めがたい. 胃腔内の隔膜上の*槍糸がこの壁孔から, または口から射出される.

a **壁孔連絡** [pit connection] 紅藻類に特有な, 細胞間の隔壁にある小孔状の連絡構造. 通常, 隔壁の中心部にあり, 円筒形に近く, その構造は大別して3型あり, 紅藻類の目階級の分類の一標徴とされる. 機能については不明な点が多い. これを通じての原形質の移動は確認されていない. 類似の壁孔連絡が藍色細菌にも知られている.

b **ヘキソサミン** [hexosamine] ヘキソースの水酸基がアミノ基に置きかわった化合物の総称. アミノ糖の中で特にヘキソース由来のものだけを限定していう. 生体成分としては N-アセチル誘導体として多糖を構成する*グルコサミンと*ガラクトサミンとが最も広く分布し, ほかにマンノサミンが知られている. いずれも D-ヘキソースの2位の水酸基がアミノ基で置換されており, これらの系統名としては 2-アミノ-2-デオキシ-D-ヘキソース (2-amino-2-deoxy-D-hexose) という名称もよく使われる. フルクトース-6-リン酸 → グルコサミン-6-リン酸 → N-アセチルグルコサミン-6-リン酸 → UDP-N-アセチルグルコサミン → UDP-N-アセチルガラクトサミンの経路でそれぞれグルコサミンとガラクトサミンを含む糖ヌクレオチドが生合成され, 多糖生合成の前駆体となる.

c **ヘキソース** [hexose] 《同》六炭糖. 炭素原子6個をもつ単糖. 生物に最も広く存在し, 特に D-グルコース, D-ガラクトース, D-マンノース, D-フルクトースの4種が多い. 主として多糖・ショ糖・配糖体の形式で存在し遊離の状態は少ない. 上記はガラクトースを除き酵母により発酵されやすい. 生物が炭素源・エネルギー源として最もよく利用する物質の一つで, リン酸エステルの形で変化を受けることが多い. また光合成の代表的産物の一つ. 生物に存在する多糖はヘキソースに分解されて後に代謝される. 呈色反応としては酸によるフルフラール体形成に基づく α-ナフトール反応やスカトール・インドール反応がある. ケトヘキソースはレゾルシン反応・ジフェニルアミン反応を呈する. 定量はフェーリング溶液その他で全糖量を知り, それからペントース・メチルペントースなどの糖量を引いた残りとする.

d **ヘキソースニリン酸ホスファターゼ** [hexosediphosphatase] 《同》ヘキソースジホスファターゼ, フルクトース-ビスホスファターゼ (fructose-bisphosphatase). フルクトース-1,6-二リン酸の1位のリン酸を加水分解してフルクトース-6-リン酸を生じる反応を触媒する酵素. EC3.1.3.11. $\Delta G°' = -4.0$ kcal. ウサギのものは分子量14万の四量体. グルコース合成経路の酵素の一つ (⇌糖新生). アロステリック酵素で, 5'-アデニル酸 (AMP), Zn^{2+} で阻害される. 活性の発現には Mg もしくは Mn が必要で, *クエン酸, *ヒスチジン, EDTA (*エチレンジアミン四酢酸) などにより活性化される. この逆反応はフルクトース-6-リン酸-1-キナーゼが触媒する.

e **ペキソファジー** [pexophagy] リソソームや液胞において, *ペルオキシソームが*自食作用 (オートファジー) により選択的に分解される現象. メタノール資化性酵母をはじめ, さまざまな菌類, 動物に見られる. ペキソファジーの仕組みはその大部分を自食作用に依存するが, 一部ペキソファジー特有の機構も知られる. 生物種によって異なる特定の環境要因により誘導される. メタノール資化性酵母では, 分解様式が異なる二つの経路が存在し, それぞれをマクロペキソファジー, ミクロペキソファジーと呼ぶ. マクロペキソファジーの場合, まずペルオキシソームが個別に隔離膜に囲まれペキソファゴソーム (pexophagosome) が形成される. ペキソファゴソームは液胞と融合し, ペルオキシソームを液胞内部に放出する. 一方, ミクロペキソファジーの場合では, 複数のペルオキシソームからなる集団が, 液胞膜に包み込まれ, 直接液胞に取り込まれる.

f **べき法則, 冪法則** [power law] 感覚の大きさ S は $S = K(\Phi - \Phi_0)^n$ (Φ は刺激の大きさ, Φ_0 は刺激の閾値) で示されるという法則. n, K は定数で種によって異なる. 両辺とも対数をとると直線関係になる. S.S. Stevens は G.T. Fechner の古典的心理物理学に対して新心理物理学を提唱し, 前者の対数法則に対してべき法則が成立することを主張している. 指数 n は感覚の種類によって一定しており, 例えば音の大きさについては 0.6, 光の明るさについては 0.33, 重さについては 1.45 になる. この法則に対する生理学的根拠の一つとして, 単一皮膚神経から記録される求心インパルスの頻度と皮膚に与える刺激の強さとの間にべき関数が存在していることがあげられている. (⇌ウェーバー-フェヒナーの法則)

g **北京原人** [*Homo erectus pekinensis*, Peking erectus] 《同》中国原人 (*Sinanthropus pekinensis*). 北京の南西約40kmの河北省周口店にある竜骨山の石灰洞窟から発見された原人類 (⇌人類の進化) に属する古人類化石. O. Zdansky (1923) が1個の大臼歯を得たのに始まり, 1926年から新生代研究所が中心となって発掘が続けられ, その翌年さらに大臼歯が発見されたのに対して, D. Black は *Sinanthropus pekinensis* という学名を与えた. Black の急死 (1934) 後は F. Weidenreich が発掘調査を主宰し, 太平洋戦争の勃発までに約40個体分の化石骨が発見された. 頭骨は14個体分にも上り, その形態特徴は詳しく報告されたが, 太平洋戦争の開始前夜, これらの化石骨は行方不明となり, Weidenreich の報告はそれを伝える重要な情報源となった. なお戦後新たに発掘され, 少なからぬ標本が得られている. 発見された地層は, 今から50万〜22万年前の更新世中期層とみなされる. 北京原人の頭蓋容量は 850〜1200 cm^3 で, 現代人より小さく, 頭高も低い. 前頭部は後退し, *眼窩上隆起の発達が著しい. 下顎前面は前方に強く傾斜し, *頤 (おとがい) 隆起は形成されない. 歯は現代人より大きいが, 類人猿とちがって犬歯は小さく突出はない. 切歯の歯冠は舌側面がシャベル状に凹み, 下顎内面には*下顎隆起があるが, これらはモンゴロイドに特徴的なことから, Weidenreich は北京原人をモンゴロイド系グループの祖型とみた. 今日では*ジャワ原人などとともに*ホモ-エレクトスの中に含められる.

h **ベクター** [vector] [1] *組換え DNA 実験において, *制限酵素などにより切断した供与体 DNA の断片をつないで増幅させるために用いる小型の自律的増殖能力をもつ DNA 分子. 伝達性をもたない小型の*プラスミドまたはウイルスの DNA が用いられる. 前者をプラスミドベクター (plasmid vector), 後者をウイルスベク

ター(virus vector)という．ベクターとしての条件は，(1)生細胞内に DNA として効率よく注入される，(2)細胞に注入された DNA の存在を形質の変化として知るためのマーカー遺伝子(＝遺伝標識)をもつ，(3)供与体 DNA の小片をつなぐ適当な部位(制限酵素切断点)をもつ，などである．ベクターは供与体 DNA の増幅を目的としたクローニングベクター(cloning vector)と，遺伝子の機能発現を目的とし，RNA や蛋白質を効率よく作らせるために，適当なプロモーターを連結した発現ベクター(expression vector)に分けられる．コスミド(cosmid)は数十 kbp の大きさの DNA 断片を挿入することができる*λ ファージ DNA の付着端をもつ大腸菌プラスミドで，試験管内で λ ファージ外殻にパッケージング(packaging)して宿主菌に感染させることができる．酵母では天然のプラスミドのほかに宿主染色体 DNA の複製起点や動原体部位をもつプラスミドがベクター(*YAC ベクター)として開発されている．植物では，ウイルスのほかに Ti プラスミドが保有する T-DNA 領域(⇒アグロバクテリウム)が用いられるが，動物細胞にはプラスミドは存在しないので*バキュロウイルス，ワクシニアウイルス，レトロウイルスなどの DNA がベクターとして用いられる(⇒SV40)．また大腸菌と酵母のどちらの細胞でも増殖できるプラスミドベクター，大腸菌とサルの細胞で増殖できるベクターなども開発されている．これらのベクターは 2 種の宿主間を往来することからシャトルベクター(shuttle vector)とも呼ばれる．[2] 媒介動物のこと．

a **ペクチンエステラーゼ** [pectinesterase] 《同》ペクチンペクチルヒドラーゼ(pectin pectylhydrase)，ペクターゼ(pectase)，ペクチンメチルエステラーゼ(pectin methylesterase)，ペクチンメトキシラーゼ(pectin methoxylase)．ペクチン(⇌ペクチン質)のメトキシエステルを加水分解してペクチン酸とメタノールを生ずる反応を触媒する酵素．EC3.1.1.11．植物に広く分布するほか糸状菌や細菌にも知られている．脱エステル反応の基質特異性はまだ十分に明らかではない．植物由来の場合にはほとんどメチルエステルだけに作用するので，これに対してはペクチンメチルエステラーゼの名称を用いるべきだとする意見がある．活性測定はペクチンを基質とし，一定条件下で生成するカルボキシル基をアルカリで定量する．生成するメタノールを定量する方法もある．至適 pH は 4～8．由来により異なる．酵素活性はカチオン，特に Na^+，Ca^{2+} により高められる．

b **ペクチン質** [pectic substance] 《同》ペクチン性多糖(pectic polysaccharide)，ペクチン(pectin)．植物細胞壁標品を熱水や EDTA，シュウ酸アンモニウムなどのキレート剤を含む溶液で抽出して得られる酸性多糖の総称．主成分は α-1,4 結合した D-ガラクツロン酸の一部に α-1,2 結合した L-ラムノースが混在する主鎖をもち，アラビノース，ガラクトースなどの中性糖に富んだ側鎖をもった酸性多糖すなわちラムノガラクツロナン I(rhamnogalacturonan I)である．側鎖の多くはラムノースの 4 位に結合しているが，ガラクツロン酸の一部にも側鎖が結合している．由来や調製方法により，中性糖側鎖に富んだものからほぼ純粋のホモガラクツロナンと考えられるものまで種々のものが得られている．生体中ではラムノガラクツロナン 1 分子中にこうした側鎖に富んだ部分とガラクツロン酸に富んだ直鎖状の部分が存在していることが示唆されている．また，シカモアカエデ(Acer pseudoplatanus)培養細胞の細胞壁の酵素分解により，2-メチルフコース，2-メチルキシロース，アピオースなどの糖を含んだ複雑な構造のラムノガラクツロナン II と呼ばれる多糖も見出されている．このほかペクチン性多糖として*アラビナン，*ガラクタン，*アラビノガラクタンなどが抽出されるが，少なくともこれらの一部はラムノガラクツロナンの側鎖に由来する．ペクチン質は陸上植物の中層および一次細胞壁に主として含まれ，細胞の接着，組織構造の維持に働く．真正双子葉類には多量に存在するが，単子葉植物には少ない．また，その主鎖の部分分解物であるガラクツロン酸オリゴマーには*エリシター活性などの生物活性がある．ペクチンは特異なゲル化能をもつため，古くから食品工業で利用され，こうした分野を中心にガラクツロン酸遊離の状態のものをペクチン酸(pectic acid)，メチルエステル化されたものを水溶性に応じてペクチン，ペクチニン酸(pectinic acid)と呼ぶ．

c **ベーケーシ** BÉKÉSY, Georg von ベケシーとも．1899～1972 ハンガリー，のちアメリカの生物物理学者．電話研究所で聴覚の研究を始め，内耳の蝸牛のモデルをつくり，聴力測定器を開発．また，人間などの蝸牛内の実際の運動を観察した．蝸牛内のマイクロフォン効果が有毛細胞から発生することを示し，さらに蝸牛神経の作用機構を研究した．これらの業績により 1961 年ノーベル生理学・医学賞受賞．

d **ペースメーカー** [pacemaker] 《同》歩調取り．一般に，律節的興奮の起始点をなし，他の部分の作動などの歩調を決める*自動性の中枢ともいうべき部位．哺乳類の心臓に顕著(⇒刺激伝導系)．この機能に損傷が生じた際，それを補う医療機器もペースメーカーと呼ぶ．両生類や軟骨魚類では第一次ペースメーカーは静脈洞に，第二次のものは房室境界に，また第三のものが*動脈球にある．これらの部位は筋肉性の組織で，適当な条件下で記録された細胞内電位は活動電位に先行する緩脱分極電位をもつ(⇌ペースメーカー電位)．よってこれらの心臓拍動は筋原性である．軟体動物の心臓も筋原性で，そのペースメーカーは心臓に広域に分散している．対してカブトガニやエビの心臓は，その正中部を走る神経索中の神経細胞が拍節を決定する神経原性心臓である．哺乳類の小腸では腸壁にあるアウエルバッハ神経叢が蠕動のペースメーカーである．なお呼吸中枢など律節的に活動する自動中枢では，その神経細胞自身が被支配器官の活動(呼吸運動など)に対するペースメーカーとみなされる．

e **ペースメーカー電位** [pacemaker potential] 《同》歩調取り電位．ペースメーカー細胞の細胞内電位記録で示される電位で，活動電位に続く静止期に，自発的にゆっくり上昇する脱分極電位をいう．この電位が閾値に達すると，活動電位が生起する．活動電位を誘発する原因になる電位と考え，前電位(prepotential)とも呼ぶ．一般にペースメーカーとしての働きが強い所ほど，脱分極の勾配が急になり，活動電位への移行がなめらかである．自動性興奮の頻度が変わるのは活動電位間の静止期の長さが変わるためであるが，その機作の一つは静止期脱分極の速度が変化することによる．温度変化や心臓神経の興奮で心拍数が変化するのはこの機作によって起こると説明される．HCN チャネルは*イオンチャネルの一種

で，過分極により活性化されるカチオンチャネルであり，心筋のペースメーカー電位の形成に重要とされる．ペースメーカー電位はホルモン分泌細胞や神経細胞などでも重要な働きをしている．

a **臍**（へそ）【1】[navel] [1] 脊椎動物胚において，胚体と諸種の柄との付着点または成体に残存する付着点の痕跡．柄には，部分割する胚において，胚体が胚体外域からくびれた連続部である体壁柄，無羊膜類ではその内に内臓柄（＝卵黄柄），羊膜類ではさらにそれを包んでいる尿嚢柄が（哺乳類ではそれら全体で*臍帯が形成される）含められる．体壁柄の付着点を皮臍（独 Hautnabel），内臓柄のそれを腸臍（独 Darmnabel）または卵黄柄臍（yolk-stalk umbilicus）という．[2] 特にヒトにおける痕跡としての臍との形態的類似を示す小孔や凹みなどの呼称（例：羽毛の羽柄の上下端，腹足類の殻底中央部）．鳥類の*卵黄嚢において，卵黄柄の反対側の内臓葉で覆われない小部位を卵黄嚢臍（yolk-sac umbilicus）という．【2】[hilum, navel] 種子が*胎座につく点，あるいは種子が胎座からはなれて落ちた跡．珠柄のある*胚珠では種子の落ちた跡は珠柄の断面であり，珠柄のない胚珠では胚珠の一部である．水分の浸透性が高い組織からなるため種子発芽時の吸水は主としてこの組織を通じて行われる．

b **βアクチニン** [β-actinin] 《同》キャップ Z（Cap Z）．筋原繊維の Z 膜に局在する*アクチンキャッピング蛋白質．丸山工作（1965）が骨格筋から発見．34 kDa と 37 kDa のヘテロなサブユニットからなる二量体．アクチンフィラメントの反矢じり端に結合し，そこでアクチンモノマーの付加・脱離を阻害する機能をもつ．非筋細胞にも存在する．

c **β-アミロイド蛋白質** [β-amyloid protein] 《同》A4 蛋白質（A4 protein）．老化やアルツハイマー病に伴い脳内に蓄積する，老人斑や血管アミロイドの主要構成蛋白質．β 構造をとり繊維状不溶性（アミロイド繊維）を形成する．両末端が不揃いな約 40 アミノ酸残基からなり，分子量が約 4000 であることから，A4 蛋白質とも呼ばれる．この蛋白質はアミノ酸約 700 個からなるアミロイド前駆体蛋白質として生合成され，その異常な代謝により蓄積すると考えられている．前駆体蛋白質は C 末端付近に膜貫通領域をもつ膜蛋白質構造をもつが，β-アミロイド蛋白質はその前駆体蛋白質の細胞外領域の一部と膜貫通部分の一部を含むものである．（⇒アミロイドーシス）

d **ベタイン** [betaine] トリアルキルアミノ酸の総称．四級アンモニウムを含む両性電解質．特にトリメチルグリシン（trimethylglycine）をベタインということもある．これは広く生体内に存在し，サトウダイコンの糖蜜中に多量に含まれる．コリンから 2 段階の脱水素酵素反応によって生成する．特異的なメチル基転移酵素によってホモシステインにメチル基を転移してメチオニンをつくり，N,N-ジメチルグリシンになる．これは，2 段階の酸化によってメチル基をホルムアルデヒドとして離し，サルコシン（N-メチルグリシン）を経てグリシンに変わる．

e **β カテニン** [β-catenin] 細胞間接着と細胞内シグナル伝達という二つの機能をもつ細胞質因子．ショウジョウバエではアルマジロ（armadillo）とも呼ばれる．前者では細胞接着分子*カドヘリンと*α カテニンに直接結合し，カドヘリンとアクチン細胞骨格系との相互作用に働く．カドヘリンの接着機能を調整する可能性も指摘されている．後者では*Wnt シグナル伝達における転写調節因子として働く．普段カドヘリンに結合していない β カテニンは APC，アキシン，GSK を中心とした複合体によりリン酸化され，*ユビキチン化を経た後，*プロテアソーム系で分解される．Wnt シグナルはこのリン酸化を抑制することによりカドヘリン非結合性の β カテニンの蓄積を促す．この β カテニンは TCF/LEF-1 などの転写調節因子と結合して核に移行し，増殖などに関わるさまざまな因子を活性化する．そのため β カテニンの過剰発現は細胞のがん化につながる．分子量は 9 万 4000 前後で，分子中央部にアルマジロリピートと呼ばれる 10 回の繰返し配列をもち，カドヘリン，APC，アキシン，TCF/LEF-1 などと排他的に直接結合する．分子の N 末端領域には α カテニンとの結合部位，GSK によるリン酸化部位など，C 末端領域は転写活性部位などが存在する．プラコグロビンは β カテニンの相同分子であり，細胞間接着においては β カテニンの機能を相補するものの，シグナル伝達においては相補できない．プラコグロビンは*デスモソームの裏打ち蛋白質としての機能ももつ．

f **β-カロテン** [β-carotene] 一部の例外を除いて，酸素発生型光合成生物に普遍的に存在する最も代表的な*カロテノイド分子．*緑色糸状性細菌にも存在する．リコペンから合成される．酸素発生型の光合成生物においては，光化学系 I 反応中心複合体である P700-クロロフィル a 蛋白質複合体や光化学系 II の中心集光装置である CP43/47 に存在する．光が過剰な条件下で生じる一重項酸素や三重項クロロフィルを消去することにより，光傷害から光化学系を保護する．緑色糸状性細菌の*クロロソームには γ-カロテンや*バクテリオクロロフィルとともに多量に存在する．

g **β 構造** [β-structure] 《同》β シート（β-sheet）．蛋白質やポリペプチド鎖のとる二次構造の一種で，隣り合う 2 本の伸びた形のポリペプチド鎖が主鎖間で規則的な水素結合を形成することにより生じる安定な構造（図次頁）．*α ヘリックスや β 構造の α や β の呼称は，繊維状蛋白質の X 線回折像の分類に由来し，前者が折り畳まれた構造を意味するのに対して，後者は伸びた構造を意味する．L. C. Pauling と R. B. Corey は，β 構造は鎖間が水素結合を形成することによりシート状になり，しかもそれにひだが生じた構造をとるモデル（プリーツシート構造）を予測し，その後 X 線結晶解析により，その存在が確認された．繊維状蛋白質のように分子間で水素結合するだけではなく，球状蛋白質の分子内にも β 構造は多くみられる．隣り合う 2 本のポリペプチド鎖の方向が同じになる配置と，逆になる配置の二つがあり，それぞれ平行 β 構造（parallel beta structure），逆平行

β構造(antiparallel beta structure)と呼ばれる(図). β構造は, X線回折像に 3.3 Å, 6.7 Å といった面間隔を与える特徴をもち, また 217 nm に負の*円偏光二色性吸収帯を示すことによって α ヘリックスと区別できる. 主鎖原子間の水素結合のみに依存するため, 原則的にどんなアミノ酸でも β 構造を形成することができるが, 立体構造データベースの統計解析から, バリン, イソロイシンなど C_β 原子で枝分かれ構造のあるアミノ酸や, チロシン, フェニルアラニン, トリプトファンなど芳香族のアミノ酸が β 構造をとりやすいことが知られている.

平行 β 構造

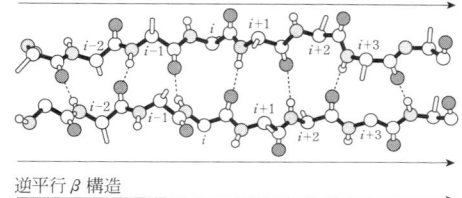

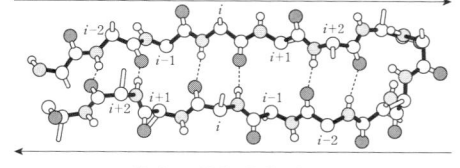

逆平行 β 構造

○:C o:H ●:O ○:N

a **β 酸化** [β-oxidation] *脂肪酸の β 位が酸化されて, 炭素原子が 2 個少ない脂肪酸になる生体酸化経路. 脂肪酸酸化分解の主要経路. F. Knoop (1904) は ω 位にフェニル基を入れた種々の脂肪酸を動物に与える食餌実験で, 炭素原子が偶数個の脂肪酸からはフェニル酢酸が, 奇数個の脂肪酸からは安息香酸ができることを発見し, 脂肪酸の β の位置がまず酸化されてから炭素原子 2 個の断片が切り離され, これが端から順次繰り返されることにより脂肪酸が分解されると考えた. その後 CoA (*コエンザイム A)の発見, 脂肪酸酸化に関与する各酵素の分離精製により, 機構の詳細が解明された(図). この酸化は細胞内ミトコンドリアで行われる. (1)*アシル CoA の生成, (2)脱水素, (3)水付加, (4)脱水素, (5)*アセチル CoA 切断による炭素が 2 個少ないアシル CoA の生成の繰返しで, 図示された 5 段階を経て次々に遊離されるアセチル CoA(C_2 断片)は*クエン酸回路へ導入されて酸化される. この際エネルギー収支としては*パルミチン酸 1 分子(C_{16})に対し 130 分子の ATP が生成される. 不飽和脂肪酸の酸化には上述の酵素の他に 3-cis-エノイル CoA を 2-trans 体に変換する 3-cis, 2-trans-エノイル CoA 異性化酵素と D(−)-3-ヒドロキシ体を L(+)-3-ヒドロキシ体に変換する 3-ヒドロキシアシル CoA-3-エピ化酵素が関与する. 奇数炭素脂肪酸の分解によって生成するプロピオニル CoA はカルボキシル化および異性化によりスクシニル CoA となって代謝される. (⇒ω 酸化)

b **β 遮断薬** [β-blocker] 《同》ベータブロッカー. *アドレナリン受容体のうち β 受容体を介する情報伝達を特異的に遮断する物質. プロプラノロール, アルプレノロール, ヨードヒドロキシベンジルピンドロールなどが知られている. 狭心症, 不整脈, 高血圧症などに広く臨床応用されている.

c **β 繊維** [β fiber] *錘内繊維と錘外繊維を共通に支配する神経繊維. 筋繊維には収縮して張力を発生する錘外繊維と, 筋紡錘に付属してその張力に対する感度を調節する錘内繊維とがある. 錘外繊維は原則として運動神経の*α 繊維, 錘内繊維は γ 遠心性繊維により支配されている. 以前は β 繊維は例外的なものと考えられていたが, 意外に多いことが最近明らかにされた.

d **$β_2$-ミクログロブリン** [$β_2$-microglobulin] *主要組織適合遺伝子複合体(MHC)のクラス I 抗原において, 膜貫通 α 鎖と複合体を形成している蛋白質. 約 100 アミノ酸残基からなり, 分子量 1 万 2000. 糖鎖はついていない. そのアミノ酸配列は免疫グロブリン H 鎖の定常部と相同性がある. α 鎖と違い多型性に乏しい. リンパ球, 腫瘍細胞, 皮膚などの細胞表面にも存在する. 正常では血清中や尿中に微量にしか存在しないが, 腎不全などの腎臓疾患や骨髄腫の患者では増加する.

e **β-ラクタマーゼ** [β-lactamase] 《同》ペニシリン/セファロスポリンアミド-β-ラクタムヒドロラーゼ (penicillin/cephalosporin amido-β-lactam hydrolase). ペニシリンなどの β-ラクタム系抗生物質の β-ラクタム環を加水分解し, 抗菌力を失活させる酵素. EC3.5.2.6. 細菌の β-ラクタマーゼは, 分解活性の違いにより主としてペニシリン類に作用するペニシリナーゼ (penicillinase)とセファロスポリン類に作用するセファロスポリナーゼ (cephalosporinase)の分子種に大別されるが, 両者に作用する中間型も知られる. 細菌染色体上にコードされるものは, 菌の種に対し特異的であるが, R 因子などのプラスミド性の β-ラクタマーゼには菌種特異性が少ない. 臨床で分離される β-ラクタム系抗生物質耐性細菌の大部分が β-ラクタマーゼを分泌するが, 薬剤耐性菌の中にはペニシリン結合蛋白質の変異により耐性を獲得した菌も存在する(⇒MRSA). メチシリンやオキサシリンなどの半合成ペニシリンは, β-ラクタマーゼの作用を受けにくいように変換したものである. 遺伝子クローニングのベクターに遺伝マーカーとして組み込まれているアンピシリン耐性遺伝子は, β-ラクタマーゼをコードする. 放線菌から単離されたクラブラン酸は,

脂肪酸 β 酸化回路

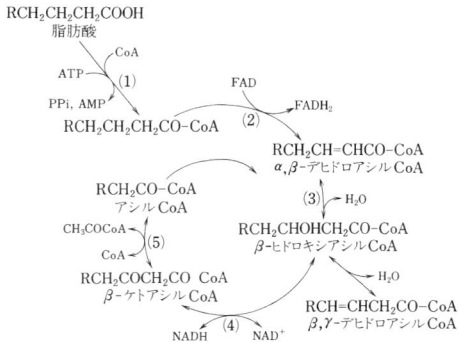

(1) fatty acid thiokinase (EC 6.2.1.2.中鎖, 6.2.1.3.長鎖) (2) acyl-CoA dehydrogenase (1.3.99.3, 1.3.99.2) (3) enoyl-CoA hydratase (4.2.1.17) (4) β-hydroxyacyl-CoA dehydrogenase (1.1.1.35) (5) β-ketoacyl-CoA thiolase (2.3.1.16)

β-ラクタマーゼの阻害剤として用いられる.

a β-ラクタム系抗生物質　[β-lactam antibiotics]
基本骨格にβ-ラクタム環をもつ抗細菌性抗生物質の一群. β-ラクタム系抗生物質は, *ペプチドグリカンの合成酵素すなわちペニシリン結合蛋白質の活性を阻害して溶菌させる. ペプチドグリカンは細胞細胞壁に特有の構造物質で動物には存在しないので優れた選択毒性を示す. *ペニシリン, *セファロスポリンに代表される. 最初に見出されたペニシリンの母核6-アミノペニシラン酸(6-APA)は化学的に不安定であり, その後より安定な7-アミノセファロスポラン酸(7-ACA)を母核にもつセファロスポリンCが別の子嚢菌(*Cephalosporium acremonium*)から単離された. いずれの抗生物質もβ-ラクタム環をもち, *β-ラクタマーゼを分泌する細菌に対しては効力を失う. 置換基を化学的に修飾して, β-ラクタマーゼで失活しない誘導体が多数合成されている. 6-APAまたは7-ACA骨格を微生物発酵によって生産し, それを化学修飾した半合成ペニシリン(メチシリン・オキサシリン・クロキサシリンなど), セフェム系抗生物質(改良の度合により第一～三世代に分類される)がそれにあたる. 6-APAにアミノベンジル基を導入したアンピシリンは, β-ラクタマーゼで失活することを利用して, 分子生物学の研究に多用されている. 7-ACAの硫黄原子を酸素原子に置換した誘導体オキサセフェム(oxacephem)は, β-ラクタマーゼに耐性だけでなく, 従来のβ-ラクタム系抗生物質では抗菌作用を示さなかった多くの細菌に対しても効力を示す. 広域抗菌スペクトルをもつセフェム系抗生物質は, 一時臨床における使用量が増大したが, 最近ではそのような抗生物質の多用が耐性菌を蔓延させる一因であるとする考えもあり, 慎重な使用が求められる. 放線菌・細菌から見出されているβ-ラクタム系化合物には次のように特徴的なものが多い. カルバペネム系抗生物質のチエナマイシンは, β-ラクタマーゼに耐性であり, 広い抗菌スペクトルをもつが生体のアミダーゼで容易に分解される. 細菌の作るモノバクタム(monobactam)は, β-ラクタマーゼに耐性な単環性のβ-ラクタム環をもつ.

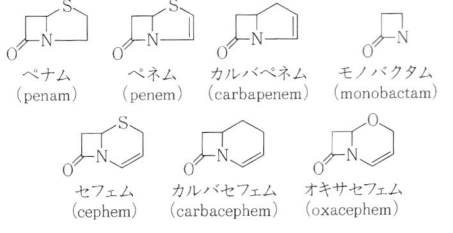

ペナム (penam)　ペネム (penem)　カルバペネム (carbapenem)　モノバクタム (monobactam)

セフェム (cephem)　カルバセフェム (carbacephem)　オキサセフェム (oxacephem)

b ベタレイン　[betalain]
窒素を含有する植物色素で, ナデシコ科(Caryophyllaceae)およびザクロソウ科(Molluginaceae)を除くナデシコ目(Caryophyllales)の植物(ツルムラサキ科・スベリヒユ科・ヒユ科・サボテン科・オシロイバナ科・ヤマゴボウ科など)とキノコ(例えばベニテングダケ *Amanita muscaria*)にだけ存在する. 赤色のベタシアニン(betacyanin)と黄色のベタキサンチン(betaxanthin)とがあり, ベタレインはこれらの色素の総称. 全てのベタレインに共通の発色団はベタラミン酸(betalamic acid), ベタシアニンの主要発色団はベタニジン(betanidin)である. 植物では液胞内に存在する.

*アントシアニンを合成する植物種はベタレインを合成せず, 逆にベタレインを合成する植物種はアントシアニンを合成しないことが知られているが, その理由は不明. ただし, ホウレンソウにおいては両方の生合成遺伝子が存在することがわかった. チロシンからドーパ(L-dihydroxyphenylalanine)を経由して生合成されるベタラミン酸がシクロドーパと反応するとベタシアニンに, アミノ酸やアミン類と反応するとベタキサンチンになる. ベタシアニンの配糖化は発色団が合成された後に起こると考えられていたが, その後ベタラミン酸が反応する前に配糖化される例が見つかった. 代表的な色素として, ビーツ(*Beta vulgaris*)の根に含まれるベタニン, ウチワサボテン(*Opunitia ficus-indica*)の黄色果実の色素インジカキサンチンがあり, 近年アントシアニンと同様に有機酸や複数の糖が結合した複雑な構造のベタシアニン類の存在がブーゲンビリア(*Bougainvillea glabra*)などの赤紫色花弁で見つかった. 一方, ベタキサンチンに関しても, トリプトファンやチラミンなどを含むさまざまな構造が報告された.

ベタニジン：R=H
ベタニン：R=Glc

インジカキサンチン　　ベタラミン酸

c ベーチェット病　[Behçet's disease]　《同》ベーチェット症候群(Behçet's syndrome). 口腔粘膜と外陰部の再発性アフタ性潰瘍および虹彩炎を3主徴とする疾患. H. Behçet(1937)の報告. 日本では, これに結節性紅斑やアクネ様皮疹などの皮膚症状を含め四大主症状としている. 特殊病型として病変の強さに偏りのある腸管ベーチェット病, 神経ベーチェット病, 血管ベーチェット病がある. 特に日本に患者が多く, 全国推定患者数は2万人. 国外では中東, 南欧に多い. 若年(20歳代)の男子に多く, また女性患者に比べて男性患者で, 失明率, 血管ベーチェットや神経ベーチェットの発生率が高い. 本病に特異的な治療法はない. 原因は不明. 好中球の遊走能亢進が認められる. 本症とHLA-B51に相関があることや自己抗体が検出されることから自己免疫疾患である可能性も考えられている. また連鎖球菌感染との関連やウイルス感染も示唆されている. 秋田犬にも粘膜病変や眼病変を呈する疾患がありモデルとして期待されたが, ベーチェットの特徴所見である針反応がないなど異なる

特徴もあり，全く同じ疾病とは考えられていない．

a **HEK293 細胞**(ヘックにきゅうさんさいぼう) 《同》HEK 細胞．ヒト胚腎臓(human embryonic kidney)の初代培養に*アデノウイルス 5 の DNA 断片をリン酸カルシウム法により取り込ませて得られた*形質転換細胞を単離して樹立された細胞株(F.L.Graham ら，1977)．アデノウイルス DNA の E1 領域が 19 染色体に組み込まれているため，E1 を欠損させた非増殖性のアデノウイルスベクターが増殖できる．また，遺伝子導入による組換え蛋白質の発現効率が高いためさまざまな研究に用いられる．アデノウイルスによる形質転換はヒト胚腎臓の培養では非常に起こりにくい一方，ヒト胚網膜の培養では効率よく起きること，また，*ニューロフィラメントの強い発現が見られたことから，HEK293 はニューロン系の細胞由来と考えられる．

b **ヘッケル** HAECKEL, Ernst Heinrich 1834~1919 ドイツの動物学者．ポツダムの生まれ．ベルリン，ヴュルツブルク，ウィーンの諸大学で医学を学んだが，ベルリンでは J.P.Müller の影響を受け，海産無脊椎動物の研究に興味をもった．一時医師を開業したが，放散虫に関する業績により認められてイェナ大学に招かれ，のち同大学動物学教授．カナリア諸島・紅海・セイロン・ジャワに研究旅行した．放散虫のほか，海綿動物・刺胞動物などに関する研究業績がある．C.Darwin の進化論をいち早く受容し，形態学研究の全般を進化論で基礎づけ，組織立てた．生物の系統的類縁を大胆に想定して系統樹を作り，個体発生と系統発生の関係について生物発生原則を立て，後生動物の祖形に関してガストレア説を唱えた．人類の進化，生命の起原を論じ，また生態学を定義づけた．[主著] Generelle Morphologie, 2 巻, 1866; Natürliche Schöpfungsgeschichte, 1868; Anthropogenie oder Entwicklungsgeschichte des Menschen, 1874; Systematische Phylogenie, 3 部, 1894~1896.

c **Hedgehog シグナル**(ヘッジホッグシグナル) [Hedgehog signal] Hh シグナルと略記．細胞外分泌蛋白質 Hedgehog(Hh)を介したシグナル伝達経路．Hh はショウジョウバエで同定された後，哺乳動物で Sonic hedgehog (Shh), Desert hedgehog (Dhh), Indian hedgehog(Ihh)の 3 種が同定された．Hh 分子群は，成熟過程においてコレステロールとパルミチン酸による脂質修飾を受ける．細胞外に分泌された Hh は，巨大な糖鎖をもつプロテオグリカンなどと相互作用しつつ，標的細胞へ移動して Patched (Ptc)と呼ばれる 12 回膜貫通型受容体と結合しシグナルを伝える．Ptc は，Hh がない状態では，Smoothed (Smo) と呼ばれる 7 回膜貫通型蛋白質の活性を抑制しているが，Hh との結合によりその抑制が解除，Smo よりシグナルが惹起される．Hh 経路の細胞内因子として，ショウジョウバエでは Costal2 (Cos2)，哺乳動物では Kif7 が知られる．Cos2/Kif7 は複合体を形成して，Smo からのシグナルを Cubitus interruptus (Ci, ショウジョウバエ)や Gli ファミリー(哺乳動物)と呼ばれる転写因子ファミリーに伝えて活性化することにより核へのシグナルを伝達する．Hh シグナルがない場合は，Ci/Gli ファミリー分子は，蛋白質切断または分解を受ける．特に，Ci と Gli3 については，切断後の断片が転写リプレッサーとして機能する．Hh シグナルが惹起された場合，その切断または分解が抑制され，全長の Ci/Gli 蛋白質が転写アクチベーターとして下流遺伝子の転写を活性化する．Hh 経路の特徴として，Hh シグナルが，その強さにより異なる細胞応答を誘起することがある．このような特徴をもつ分泌性シグナル因子は，発生過程で，その産生細胞群から組織内に濃度勾配をもって分布し，異なる濃度領域で特定遺伝子の発現を誘導する．その結果，組織内に秩序だった遺伝子発現パターンを誘起し，組織のパターン形成に寄与する．このような分泌性シグナル因子のことを，発生学では*モルフォゲンと呼ぶ．実際に，ショウジョウバエや哺乳動物の発生過程で，Hh が組織内のパターン形成に重要な役割を果たす．Hh がどのようにして異なったシグナル強度を生み出すのか，また，Hh シグナルを受容する細胞がどのようにしてシグナル強度を遺伝子発現の差に反映させるのかの詳細は不明である．

d **ヘッセ** HESSE, Richard 1868~1944 ドイツの動物学者．ベルリン，テュービンゲン大学で学び，テュービンゲン大学講師などを経てベルリン大学動物学教授(1926~1944)．環境諸条件に適応しうる幅を ecological valency と呼んで種の内的能力の表現とし，適応と進化の視点から動物地理学に生態学的理解を導入した．[主著] Tierbau und Tierleben (F.Doflein と共著), 2 巻, 1910~1914; Tiergeographie auf ökologischer Grundlage, 1924.

e **ペッファー** PFEFFER, Wilhelm 1845~1920 ドイツの植物学者．J.von Sachs に師事し植物生理学を研究．刺激感応性・化学走性などに関して多くの業績を残し，さらに細胞の浸透現象の定量的研究の方法を開発した．柴田桂太は彼に師事．[主著] Handbuch der Pflanzenphysiologie, 2 巻, 1881; Beiträge zur Kenntnis der Oxydationsvorgänge in lebenden Zellen, 1889.

f **ヘッブの法則** [Hebb rule] 《同》ヘッブ則．D.O.Hebb が 1949 年に提唱したシナプス結合の可塑性に関する法則．シナプス前ニューロンの発火に続いてシナプス後ニューロンに発火が起こると，そのシナプスの伝達効率が増強されるというもの．あるいは，ほぼ同時に発火したニューロンをつなぐシナプスは機能的な結合を強めるといってもよい．またそのように伝達効率が強まったシナプスをヘッブシナプスと呼ぶ．その提唱当時は仮説にすぎなかったが，現在ヘッブの法則は実験的に証明されている．なお，ヘッブの法則によりつながり同期して活動するようになったニューロン集団を*セルアセンブリと呼ぶ．

g **ヘテロカリオン** [heterocaryon, heterokaryon] 《同》異核共存体，異核接合体．遺伝子型の異なる複数の単相核が同じ細胞内に共存し増殖している細胞・胞子・菌糸など．また，*細胞融合によって人工的に作られた*雑種細胞で 2 種の核が共存している状態．ヘテロカリオンになるような特性および現象をヘテロカリオシス(heterocaryosis)という．ヘテロカリオンは*ホモカリオンから突然変異により生じたり，異なる細胞間の融合に伴う核の移動により生じる．次の 2 型がある．(1) 不確定ヘテロカリオン：共存する核の数が不定の場合，無性的に増殖を続ける．核数が 3 個のときは三核共存体(tricaryon)，多数のときは多核共存体(multicaryon)と呼ばれる．(2) 二核共存体：2 種の核を 1：1 の比で含み，遺伝的に平衡したヘテロカリオンで担子菌類の二次菌糸が典型的である．糸状菌ではヘテロカリオンを用い相補性検定を行うことができる．相補性を示す異なる栄養要

求性突然変異体を最少培地に混合培養したとき増殖してくる菌糸を特に平衡型ヘテロカリオン(balanced heterocaryon, 強制型ヘテロカリオン forced heterocaryon)と呼ぶ. 相補性研究のほか, 体細胞雑種化により複相核を分離したり, 致死突然変異核を回収したりするのに用いられる. *擬似有性的生活環の一時期に当たる. また最近では, *ヒト繊維芽細胞などの体細胞とマウス ES 細胞のヘテロカリオンの中では, 体細胞核が, 核移植や転写因子導入よりも高効率にリプログラミングして多能性を獲得することが明らかにされている. こうした体細胞によるヘテロカリオンの研究から, DNA 脱メチル化制御など, 体細胞が多能性を獲得するための*核リプログラミング分子機構に対する重要な知見が得られている.

a **ヘテロクロマチン** [heterochromatin] 《同》異質染色質. 元来は細胞分裂の同一周期に塩基性色素によって濃染される*クロマチンを指す細胞形態学的用語. 電子顕微鏡での観察でも電子密度の高い(凝縮度の高い)部位として認識される. ヘテロクロマチンに対して, 間期核や分裂中期で淡染するものを*ユークロマチンという. 色素親和性の差異だけでなく, DNA の合成時期・存在様式の差としてとらえられる考え方もあるが, 生物種や細胞種の違いにより必ずしも統一されていない. ヘテロクロマチンは動原体(セントロメア)周辺や染色体末端(テロメア)付近の反復配列 DNA 上に構成されることが多く, 転写活性は低く抑えられ, 遺伝的には不活性である. このようなヘテロクロマチンを一般に構成ヘテロクロマチン (constitutive heterochromatin) という. これに対し, 発生の途上のある時期に相同染色体の一方あるいはその両方が不可逆的に不活性化したものを機能性ヘテロクロマチン (facultative heterochromatin) という. 哺乳類雌性体細胞における不活性化 X 染色体はその好例である. 近年, モデル生物を用いた研究により解明が進み, ヒトから酵母, 植物まで広く共通なヘテロクロマチン概念になりつつある. ヌクレオソームの構成要素であるヒストン H3 の 9 番目のリジン残基へのメチル化修飾を標的として*HP1 が結合し, さらに HP1 は蛋白質間相互作用によりメチル化修飾酵素複合体を呼び込むことでクロマチンの構造変化を引き起こし転写に抑制的な構成ヘテロクロマチンが形成され維持されている. 更にこの反応には転写活性そのものや RNA 干渉機構も関わっていることが見出された. 一方, 機能性ヘテロクロマチンの形成維持にはヒストン H3 の 27 番目のリジン残基へのメチル化修飾機構とこれと相互作用する蛋白質複合体(ポリコーム複合体)が関与している. (→クロマチン)

b **ヘテロゲネシス** [heterogenesis] 《同》突然発生. 栽培植物の品種がいずれも環境条件と関係なく内因的な突然の変化によって生じたとする考え. ロシアの S. Korschinsky の造語(1901)で, 彼は品種の由来の研究からこれを主張(1899)した. H. de Vries による*突然変異説の提唱と, 時期的にもほぼ一致する.

c **ヘテロゴニー** [heterogony] 《同》異常生殖, 周期性単為生殖. *両性生殖と*単為生殖とが交互する*世代交代のこと. *アロイオゲネシスでは幼生が単為生殖(幼生生殖)を行うが, ヘテロゴニーでは両性生殖も幼生も成体も行う. 輪虫類, アブラムシ・ブドウコブムシ (*Phylloxera*) などの昆虫類, 蛙肺線虫 (*Angiostomum*) や糞線虫 (*Strongyloides*) などに見られる. 輪虫類の場合は, 単為生殖雌虫, 両性生殖雌虫, 雄虫によりヘテロゴニーが行われる(→二倍性単為生殖). 輪虫では雄虫が半数体であるが, アブラムシでは, 雄虫の X 染色体が 1 本放出されて XO 型になることで, 単為生殖により雄が産生される(→雄卵). ブドウコブムシの場合は, 春夏の候には無翅の雌だけで単為生殖的に雌の世代を繰り返すが, 秋になると有翅の雌を生じ, これが大小 2 種の卵を産み, それらは単為生殖的に発生して大形の卵は雌に, 小形の卵は雄になり, 交尾すなわち両性生殖で生じた受精卵は越冬してから孵化して無翅の雌となる. 蛙肺線虫と糞線虫では宿主の腸内に寄生する成虫は体形がフィラリア型で, 雌雄異体で雌だけしか存在しないか, または雌雄同体である. これの単為生殖で生まれた幼虫は宿主内で発育したのち糞便とともに外界に出て雌雄異体の*ラブディチス型のものとなり, 宿主体内に侵入せず外界で自由生活を送る. この雌雄による両性生殖で生じた幼生ははじめラブディチス型であるが, 感染幼虫(被鞘幼虫)になるとフィラリア型にもどる.

d **ヘテロシス育種** [heterosis breeding] 《同》雑種強勢育種. *雑種強勢により作物や家畜の生産力や強健性といった形質が両親よりも優れることを利用する育種. 雑種強勢は固定できないので, 常に交雑をして雑種をつくる必要がある. したがって, ヘテロシス育種では, 優れた*組合せ能力をもった親品種の育成, その組合せの選定, 効率的な雑種の生産方法などが重要となる. 交雑には*雄性不稔性, *自家不和合性, 雌性系などが使われている. 親の組合せ法により, 品種間交雑, 自殖系間交雑(単交雑・*三系交雑・*複交雑・多系交雑), 品種と自殖系間の交雑(トウモロコシの*トップ交雑)に分けられる. また*合成品種や*多交雑も行われる. アメリカのトウモロコシ, 日本のカイコと果菜類などはヘテロシス育種が効果をあげた代表例. (→組合せ能力, →循環選抜)

e **ヘテロ接合体** [heterozygote, anisozygote] 《同》異型接合体. 特定の遺伝子について質・量あるいは配列順序などが異なっている配偶子の接合によって生じた個体. このような状態をヘテロもしくは異型(heterozygosis)という. 自由に交配される個体群において, ある*対立遺伝子 A, a について, A 遺伝子の頻度(確率)を p, a 遺伝子のそれを q, $p+q=1$ とすれば, 優性ホモ接合体 AA の生ずる確率は p^2, 劣性ホモ接合体 aa は q^2, ヘテロ接合体 Aa は $2pq$ となり, Aa の生ずる頻度は 50%をこえない. 細菌では, ヘテロ接合体に準ずる状態としてヘテロ部分二倍体(→部分的接合体)が知られている. *バクテリオファージの場合は 1 本のファージ染色体上に対立遺伝子+, −の両方をもつものをヘテロ接合体という. この場合, 次の 2 型が知られている. (1)二本鎖 DNA の内部においてそれぞれの鎖の上に対立遺伝子(+, −)をもち, 組換えの中間体と考えられるもので, 1 回の複製によって失われる. (2)分子の両端に対立遺伝子をもつもので, 末端に遺伝子の重複をもつファージにみられる. (→末端重複)

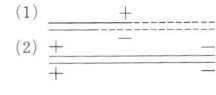

f **ヘテロタリズム** [heterothallism] 《同》異体性, 異株性. 菌類において, 有性生殖を行うのに遺伝的に異なる二つの菌糸の相互作用が必要な場合. *ホモタリズムと対する. これには, 相互作用をする二つの菌糸体が形態的に異なっている形態的ヘテロタリズムと, 生殖器

官や配偶子の有無に関係なく生理的に異なっている二つの菌糸体が相互作用をする生理的ヘテロタリズムとがある．1胞子内に接合できない2核がある場合は二次的ヘテロタリズムという．(1)雌雄型の形態的ヘテロタリズムは性的分化の最も簡単な型で，それぞれ雌または雄としてすぐに区別できるような有性生殖器官や配偶子をもつ場合である．ツボカビ類，子嚢菌類の一部，接合菌類，ラブルベニア類の多くの種で見られる．(2)相対型の形態的ヘテロタリズムは性の分離のやや複雑な型で，1個体では接合しないが他のすべての個体と接合する場合である．すなわち雌と雄の個体のほかに，いろいろ中間型があり，中間型のものは相手によって相対的な雌または雄として働く．これはワタカビ属やミズカビ類，フシミズカビ類，ツユカビ類などで見られる．(3)雌雄同体の生理的ヘテロタリズムは1個体に形態的にも機能的にも区別のある雌と雄の生殖器官を生じるが，同一個体に形成される雌雄間では有性生殖を行うことができず，他の個体に形成されたものとの間で交配する場合である．アカパンカビそのほか子嚢菌類の多くの種，担子菌類サビキン類の多くの種で見られる．(4)雌雄異株の生理的ヘテロタリズムは子嚢菌類の一部に知られている．これには接合できる型 A_1 の雄個体と型 A_2 の雌個体，A_1 の雌個体と A_2 の雄個体という四つの交配型がある．(5)二極性の生理的ヘテロタリズムは，一般に単に二極性 (bipolarity, bipolar sexuality) といわれ，分化した雌雄の生殖器官はなく，菌糸体のどの細胞も接合することができるが，全個体は二つの交配型(配偶型) A_1 または A_2 のいずれかに属する．多くの担子菌類の特徴として見られ，子嚢菌類に属するコウボキン類と担子菌類に属するクロボキン類もこの型を示す．(6)四極性の生理的ヘテロタリズムは一般に単に四極性 (tetrapolarity, tetrapolar sexuality) といわれ，分化した雌雄の生殖器官はない．2対の相同染色体上に別々にある2対の不和合遺伝子(A_1 と A_2，B_1 と B_2)によると考えられ，これが減数分裂のとき A_1B_1，A_1B_2，A_2B_1，A_2B_2 の組合せとなり，四交配型を生じる．担子菌類の多くの種において見られる．これら子孫の間では複相で $A_1B_1A_2B_2$ の組合せとなるもの以外，すなわち組合せ全体の75％が不和合性を示すことになり，異系交配が促進される．担子菌類の約60％が四極性を示す．担子菌類の異系交配では，さらに多数の複対立遺伝子(上の例では A_3，A_4，B_3，B_4 など)をもつ例が知られている．例えば，スエヒロタケでは100以上の A と約100の B 複対立遺伝子があると推定されている．複対立遺伝子数が多くなると集団中で交配可能な組合せの割合が増し100％に近くなる．A，B 両不和合性遺伝子座位では人為的に突然変異を誘発できることも知られている．

a **ヘテロトピー** [heterotopy] 《同》異所性，異座性．個体発生においてある胚葉から生じていた器官が，系統発生の過程で別の胚葉から生じるように変化すること．より一般化された概念としては，進化において発生の場所が変化することをいう．他の*細胞系譜で発現するはずの遺伝子が，別の細胞系譜において発現するようになることにも用いられる．(→異時性)

b **ヘテロ二本鎖 DNA** [heteroduplex DNA] 二本鎖 DNA を構成する2本の鎖の間で，塩基配列が全長にわたって完全に相補的ではなく，一部に塩基対を形成できない領域があるような DNA．例えば，一部に非同

領域のある2種の DNA を混合し，いったんそれぞれの一本鎖に完全に変性したのち二本鎖に復元させると(⇌アニーリング)，もとと同じ(ホモ)二本鎖 DNA のほかに，互いに相手鎖を交換したヘテロ二本鎖 DNA が生じる．これらの DNA 分子では相同部分だけが二本鎖構造をとり，非相同領域は一本鎖のまま残っている．ホルムアミドなどを加えて一本鎖部分を伸展状態に保ったまま*クラインシュミット法によって電子顕微鏡下で観察するために，二本鎖部分と一本鎖部分とが区別でき，その長さや位置から，欠失・挿入・置換・逆位などの染色体*突然変異の座位や種類を知ることができる．同様にして異なった DNA 種相互間の相同性や類縁関係を調べることもできる．細胞内では突然変異や組換えの中間体として形成される．(→物理的遺伝子地図)

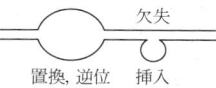

c **ヘテロバスミー** [heterobathmy] 近縁種からなる群において，原始的な形質状態と派生的な形質状態が混在していること．A. Takhtajan (1959) の造語．W. Hennig (1949) の特殊化の混在 (独 Specializationskreuzung) も同種の概念．種分化において形質ごとに異なる進化過程を経たために(→モザイク進化)，この形質状態分布が生じたと解釈される．

d **ペドガミー** [paedogamy] 原生生物に見られる*オートガミーの一型．太陽虫類について詳しく知られている．1個体が*仮足を収め体表に膠質被膜を分泌し，その中で2娘個体に分裂し，それぞれは減数分裂をする．それから一方の個体は仮足を出して他の個体に近づき，2娘個体の間に核と細胞質の融合が行われる．この接合子は厚い被膜中で休止期を経たのち，媒質の浸透圧の低下により被膜が崩壊して外界に出て，再び仮足を生じて正常な個体となる．

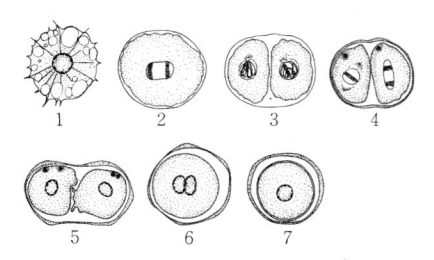

Actinophrys のペドガミー
1 仮足の退縮　2 被膜の形成，核の分裂　3 2娘個体の形成　4 減数分裂　5 2娘個体の合一　6 2娘核の癒合　7 合核形成

e **べと病** [downy mildew] 《同》露菌病．卵菌類 (Oomycetes) のツユカビ科 (Peronosporaceae) に属する菌により起こる植物の病気．多くの植物の，主に葉を侵し，葉脈に限られた角斑状の黄緑色〜黄色の病斑，あるいは葉全体の黄化などの病徴を現す．病気は高湿度条件下で急速に拡がり，短期間に大きな被害を与える．べと病菌は人工培養できず，宿主植物だけから栄養をとる純活物寄生菌で，栄養は植物細胞内に吸器を入れて摂取する．植物の気孔から植物体外に特徴ある分生子柄と*分生子(遊走子嚢)を形成し，その形態や分生子の発芽法から *Bremia*, *Hyaloperonospora*, *Peronospora* など多くの属に分類されている．ほとんどのべと病菌は，厚い

細胞壁をもつ耐久体の*卵胞子を形成する.

a **ペトリ皿** [Petri dish] 《同》シャーレ(独 Schale). 薄いガラスやプラスチックでつくった円形の浅い皿とそれに合うふたの対. ガラス容器の一種. ドイツの R.J. Petri が 19 世紀後半に考案. 寸法は多様. 微生物や動植物組織の平板培養のほか, 生物学実験上の用途が広い.

b **ベナセラフ** BENACERRAF, Baruj 1920〜2011 ベネズエラ出身, アメリカの医学者. 免疫応答遺伝子の発見者の一人. モルモットの 2 系統のポリ L リジン抗原に対する免疫応答を比較し, その応答性が単一の対立優性遺伝子によって支配されることを発見. その後, 多くの純系マウスおよびコンジェニックマウスを用い, 種々の抗原に対する免疫応答遺伝子は, 主要組織適合抗原を支配する遺伝子複合体(H-2)の I 領域に含まれることを示した. このことはヒトや他の動物でも原理的に同じであり, 1970 年代の免疫学は遺伝学を基盤にして飛躍的に進展した. これらの功績によって, 1980 年, J. Dausset, G.D. Snell とともにノーベル生理学・医学賞受賞.

c **ペニシラミン** [penicillamine] 含硫アミノ酸の一種で, $β,β$-ジメチルシステインにあたる. ペニシリンの分解産物の一つとして D-ペニシラミンが得られ, ペニシリンの構造決定に重要な役割を果たした.

d **ペニシリン** [penicillin] アオカビ(*Penicillium notatum*)などの産生する $β$-ラクタム系の抗細菌抗生物質. A. Fleming (1929) によって見出されたが, 後に H.W. Florey と E.B. Chain らによって細菌感染症の治療薬として開発された. これをペニシリンの再発見と呼ぶ. 母核は 6-アミノペニシラン酸 (6-amino penicillanic acid, 6-APA) で, 置換基(図の R)を化学的に修飾して, $β$-ラクタマーゼで失活しない誘導体(半合成ペニシリン)が多く開発されている. 動物細胞には存在せず細菌の細胞壁に存在するペプチドグリカンの合成を阻害するので, 高い選択毒性を示す. (⇒$β$-ラクタム系抗生物質)

R=H: 6-APA   R=C$_6$H$_5$CH$_2$CO: ペニシリンG
R=p-OHC$_6$H$_4$CH$_2$CO: ペニシリンX
R=CH$_3$(CH$_2$)$_6$CO: ペニシリンK
R=C$_2$H$_5$CH=CHCH$_2$CO: ペニシリンF
R=C$_6$H$_5$OCH$_2$CO: ペニシリンV

e **ペニシリン結合蛋白質** [penicillin-binding protein] ペニシリンなどの $β$-ラクタム系抗生物質と比較的安定な結合体を形成し, その酵素機能が阻害される蛋白質で, 真正細菌の細胞質膜に存在し, 細胞壁*ペプチドグリカン合成の最終段階に関与する酵素群. 大腸菌では 7 種が知られ, 高分子量(6 万〜9 万)の 4 種は細胞の伸長や隔壁形成において機能を分担し, トランスグリコシラーゼとトランスペプチダーゼの二つの活性をもつ. 低分子量(4 万〜5 万)の 3 種は D-アラニンカルボキシペプチダーゼで, 細胞の生育に必須ではない. トランスペプチダーゼと D-アラニンカルボキシペプチダーゼの活性中心はセリンで, $β$-ラクタム剤はこのセリン残基に結合して活性を阻害することにより, 抗菌活性を発揮する.

f **ペニシリン選択法** [penicillin selection method] ペニシリンを加えた培地を用いて栄養要求性の細菌を選抜する方法. ペニシリンは細胞壁の合成阻害剤である. これを用い増殖する細菌だけを殺す性質を利用したもの. すべてのペニシリン感受性菌に応用できる. 例えば, 完全培地で 24 時間培養後, 生理食塩水(0.85〜0.95% NaCl 水溶液)で洗い, 遠心分離で洗浄を 2, 3 回繰り返したのち, ペニシリン(100〜300 単位/mL)を加えた最少培地に植えて 24 時間適温で培養すると, 栄養要求性をもたない原栄養型のものは細胞分裂を繰り返すため, ペニシリンによって死滅する. この菌懸濁液を平板培地に植えると, 発育した集落の大多数は栄養要求性菌である. *レプリカ平板法との併用によって効率よく変異株を分離できる.

g **ヘニック** HENNIG, Willi 1913〜1976 ドイツの昆虫学者, 系統分類学者. ライプツィヒ大学で動物学・植物学・地質学を学び, 双翅目昆虫とトビトカゲ類(*Draco*)の分類を始める. 1939 年にカイザー=ウィルヘルム協会のドイツ昆虫学研究所に入り, 双翅目昆虫の分類と系統分類学の理論について研究. [主著] Die Lavenformen der Dipteren (双翅目昆虫の幼虫形態), 3 巻, 1948〜1952; Grundzüge einer Theorie der phylogenetischen Systematik (系統分類学概論), 1950; Phylogenetic systematics, 1966.

h **ベネーデン** BENEDEN, Edouard van 1846〜1910 ベルギーの動物学者. Pierre Joseph van Beneden (1809〜1894. 動物学者で, 海産動物や寄生虫を研究)の子. リエージュ大学教授. 生物体各部の細胞の染色体数が同数であることを示し, 染色体数が種に特異的であることを示唆. その研究でウマカイチュウ(*Ascaris megalocephala*, 染色体数が非常に少ない)を用い, 生殖細胞の成熟分裂に際し染色体数は半減し, 受精によりもとに戻ることを示した.

i **ヘパラン硫酸** [heparan sulfate] 《同》ヘパリチン硫酸 (heparitin sulfate). *グリコサミノグリカンの一種で, *プロテオグリカンとして細胞膜および基底膜の成分として広く存在する. 血液凝固阻止剤の*ヘパリンを製造する過程で, 血液凝固阻止活性がない類似の成分として発見された. 哺乳類の肝, 肺, 腎, 脾, 脳, 大動脈などに広く分布する. 近年明らかにされた多くのヘパリン結合性の細胞成長因子の実際のリガンドは, このグリコサミノグリカンと考えられる. 化学組成はグルコサミンと*ウロン酸の二糖の繰返し構造を骨格とし, グルコサミンの一部は N-硫酸化・N, O-二硫酸化され, またウロン酸としてグルクロン酸やイズロン酸を含む. ヘパリンと類似しているが, ヘパラン硫酸ではグルコサミン残基の硫酸化の程度が低く N-アセチル化が多く見られること, またイズロン酸の含量が低くグルクロン酸が多い点で, ヘパリンと区別される. 由来の違いにより, 鎖の長さと硫酸含量が多様である. このように変化に富んだポリアニオンの存在は細胞表面の性質を, また種類の異なる細胞成長因子の各々に特異なリガンドとしての性質を理解するうえで重要である. ヒトのムコ多糖代謝異常症として知られる常染色体性劣性のサンフィリポ A 症候群 (Sanfilippo A syndrome) および B 症候群では, それぞれヘパラン硫酸の分解に関与するスルファターゼおよび N-アセチル-$α$-D-グルコサミニダーゼ (N-acetyl-α-D-glucosaminidase, EC3.2.1.50)に遺伝的欠損が見られ，肝や尿に異常に多量のヘパラン硫酸が出現する．これらの患者には中枢神経障害・知能障害が強く現れる．

a **ヘパリチナーゼ** [heparitinase] エンド型の*ヘパラン硫酸分解酵素の総称．ヒト組織由来のヘパリチナーゼは加水分解酵素であり，ヒト血小板，ヒト胎盤，ヒト黒色腫などに見出される．基質特異性の詳細，生理的機能については不明な点が多い．また，*Flavobacterium heparinum* および *F. sp. Hp206* からいくつかの細菌性ヘパリチナーゼのヘパラン硫酸リアーゼ(heparan sulfate lyase, ヘパラン硫酸エリミナーゼ heparan sulfate eliminase)が精製されている．それぞれ基質特異性は異なるが N-グルコサミンとグルクロン酸との間の $α$-1→4-グルコサミニド結合を脱離分解する．そのうち数種のものが市販されており（そのうちヘパリチナーゼIIIは，ヘパリンリアーゼに相当），ヘパラン硫酸の糖鎖構造解析に役立っている．

b **ヘパリナーゼ** [heparinase] エンド型の*ヘパリン分解酵素の総称．動物組織由来の酵素はマウスマスト細胞腫などに見出され，ヘパリンプロテオグリカン(セリグリシン)として合成された長いヘパリン鎖を部分的に加水分解する．遊離した糖鎖は細胞内のヒスタミンを含む顆粒に貯蔵し，脱顆粒反応により細胞外へ分泌される．細菌性ヘパリナーゼは脱離酵素(エリミナーゼ)である(ヘパリンエリミナーゼ heparin eliminase, ヘパリンリアーゼ heparin lyase, ヘパリチナーゼIII heparitinase III)．土壌細菌 *Flavobacterium heparinum* 由来のものがよく知られている(EC4.2.2.7, 43 kDa, 至適pH=7付近)．ヘパリンの 2-O-硫酸化-L-イズロン酸(IdoUA(2S))と 2-N-硫酸化グルコサミンまたは 2-N-硫酸化-6-O-硫酸化グルコサミンの間の $α$-1→4-グルコサミニド結合を分解し，主にトリ硫酸化二糖(ΔDiHS-TriS)を生じる．ヘパラン硫酸中の同様の構造をもつ部分にも作用する．

c **ヘパリン** [heparin] 動物のマスト細胞が合成する*グリコサミノグリカンの一種．硫酸基，カルボキシル基の多くの負電荷をもつ高分子電解質である．もともと肝臓に存在する血液凝固阻止物質として得られ，医薬品として腸粘膜などから蛋白質を含まない製品が工業生産される．マスト細胞では巨大分子の前駆体プロテオヘパリン(proteoheparin)として，つまり他のグリコサミノグリカンと同様に蛋白質と結合した*プロテオグリカン(セリグリシン)の形で合成される．コンドロイチン硫酸のような典型的な細胞外マトリックスの成分ではなく，細胞内顆粒にヒスタミンなどと共に蓄えられている．ヘパリンの血液凝固抑制作用は血漿中に存在する蛋白質アンチトロンビンIIIとの特異的な結合による．多糖鎖はL-イズロン酸(L-iduronic acid)・D-グルクロン酸・D-グル

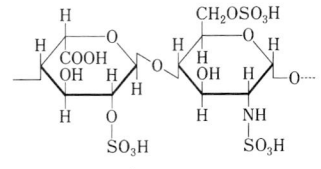

コサミンからなり，ほとんどすべてのグルコサミンのアミノ基および6位の水酸基，*ウロン酸の2位が硫酸化されている．ヘパリンの分解に関して，ヘパリン添加培地に生育した土壌菌からグルコサミニド結合を脱離切断するヘパリン開裂酵素(heparin lyase, EC4.2.2.7)が，また動物細胞では，マウスのマスト細胞腫などからエンド型の加水分解酵素が見出されている．

d **ヘビ毒** [snake venom] 毒ヘビ類の特殊な唾液腺(毒腺)から分泌される毒．種々のタイプの毒素の混合物である．トリプシンに似たプロテアーゼを含んでおり，これが毒素の局所作用の主役を演じている．蛋白質分解作用は血管壁を障害し，血圧を下降せしめる．以下種々の毒の生理作用を列挙する．(1)神経毒:コブラ毒などに主として現れる作用で，呼吸中枢に働いて呼吸麻痺をおこさせる．クラーレ様作用(コブラ毒)と神経毒作用(ガラガラヘビ)に分けることもある．(2)出血毒:毛細血管または小静脈の血管壁に作用して出血させ，咬んだ部分の出血性腫脹の原因となる(マムシ科の毒)．(3)溶血毒:レシチンの存在下でホスホリパーゼによってリソレシチンを生じ，赤血球を破壊する(マムシ科の毒)．(4)血液凝固および抗凝固毒:クエン酸血液を強く凝固するもの(ヒャッパブやアオハブ)と抗凝固作用をもつもの(タイワンハブやタイワンコブラ)とがある．(5)血液循環の阻害:心臓障害，肺循環閉塞，肝血管収縮，末梢神経拡張(マムシ毒)．マムシ毒は神経毒も溶血毒も強い．コブラ毒はオフィオトキシン(ophiotoxin)と呼ばれ，化学式は $C_{17}H_{25}O_{10}$ である．マムシ毒はクロタロトキシン(crotalotoxin)といい，$C_{34}H_{54}O_{21}$．またガラガラヘビ毒はクロトキシン(crotoxin)という．ヘビ毒は酸化に対しては比較的強く，また無毒化されてもその回復は可逆的であるが，還元に対しては極めて弱く，システインによってたやすく無毒化される．クロトキシンの結晶が神経毒と溶血毒を混合して保有する事実は，両作用が単一毒蛋白質の同一作用の現れであり，リポイドに働くものとみる説がある．ヘビ毒にはそのほか，酸素の存在で働くL-アミノ酸脱水素酵素がある．また，ATPより無機ピロリン酸をきりはなすATPアーゼがあり，これによってATPを分解し，ショックを起こすという説もある．

e **ヘビ毒ホスホジエステラーゼ** [snake venom phosphodiesterase] 3′-OH末端をもつ一本鎖および二本鎖DNA, RNAを3′末端から5′-ヌクレオチドを遊離しながら5′方向に向かって段階的に分解する酵素．ただし，*ポリADPリボース，超らせん構造(スーパーコイル)をもつ二重鎖閉環状DNAやクロマチンに対しては*エンドヌクレアーゼ活性を示す．DNAを基質とするときのほうが反応は速い．高分子DNAも，例えば 10^{-2} M NaCl, 10^{-3} M MgCl$_2$ 存在下のような適当な条件のもとでは完全に分解される．最適pH8.9～9.3，Mg^{2+} の存在は特に必要ではない．塩基配列に対する特異性は低いが，グルコシル化された5′-ヒドロキシメチルシチジル酸を含むオリゴヌクレオチドには作用しにくい．塩基組成の分析，3′-OH末端からの段階的分解，3′末端塩基の同定など核酸の構造研究に広く用いられる．(→脾リン酸ジエステラーゼ)

f **ヘビーメロミオシン** [heavy meromyosin] →メロミオシン

g **ペプシン** [pepsin] 脊椎動物の胃液中に存在する

ヘパリンの部分構造

α-L-イズロン酸-2-硫酸　　α-D-グルコサミン-N,O-二硫酸

プロテアーゼ群．代表的な*エンドペプチダーゼで，基質特異性は広いが，疎水性アミノ酸残基に隣接するペプチド結合を比較的よく加水分解する．等電点はpH1付近．最適pHは約2（変性蛋白質を基質としたときは約3.5）．ブタからは主成分ペプシンA（EC3.4.23.1）のほかに，ペプシンBおよびCも得られている．いずれもそれぞれの不活性前駆体ペプシノゲン（pepsinogen）A，B，Cとして分泌され，胃液の酸性条件下で自己触媒的に活性化されて生じる．ペプシノゲンAは等電点のpH約3.7，分子量約4万．活性化に際しアミノ末端側から44残基のペプチドが切り離されて，残りの部分が分子量約3万4000のペプシンAになる．このとき切り離されるペプチドの低分子産物のあるものはペプシン活性の阻害作用をもつ．32番，215番のアスパラギン酸，72番のセリンを活性中心とするアスパラギン酸プロテアーゼである．ペプシンB（EC3.4.23.2）およびC（ガストリシンgastrisin, EC3.4.23.3）もAとよく似た性質をもち（基質特異性はAよりもやや狭い），活性化の際の変化も同様である．Bは特にゼラチン分解作用が強い．ペプスタチンによって阻害される．

a **ペプチジルプロリルイソメラーゼ** [peptidylprolyl *cis-trans* isomerase] PPIアーゼ（PPIase）と略記．ロタマーゼ（rotamase）とも呼ばれる．オリゴペプチド・蛋白質中のペプチド鎖中のプロリン残基に作用し，プロリンペプチド結合のシス-トランス異性体間の相互変換を促進する酵素の総称．EC5.2.1.8に分類される．動植物細胞，細菌などに普遍的に存在し，それぞれ数種のアイソザイムが見出されている．これらの酵素は，試験管内で，変性したある種の蛋白質の折畳み反応（protein folding）を促進できることから，細胞内で *de novo* に合成されてきた蛋白質の高次構造形成に関与すると考えられている．PPIアーゼには，*免疫抑制剤シクロスポリンAおよびFK506，ラパマイシン（rapamycin）のそれぞれの細胞内受容体である，シクロフィリン（cyclophilin）およびFK506結合蛋白質（FK506-binding protein, FKBP），ラパマイシン結合蛋白質（rapamycin-binding protein）が含まれ，免疫担当細胞での機能に焦点を当てた場合にはイムノフィリン（immunophilin）とも呼ばれる．シクロフィリンとFK506結合蛋白質のアミノ酸配列は相同性をもたず，三次元構造上も異なる折畳みパターンを示す．シクロフィリンとFKBPの酵素活性は，それぞれ，シクロスポリンA，FK506によって阻害されるが，これら薬剤の免疫抑制剤としての作用は，PPIアーゼと薬剤の複合体としてセリン・トレオニンプロテインホスファターゼ，*カルシニューリンに結合し，その酵素活性を阻害するために現れると考えられている．シクロフィリンとFKBPのペプチジルプロリルイソメラーゼ活性と免疫抑制活性は直接関係がないとされ，これらの蛋白質は二機能性蛋白質と考えられる．

b **ペプチダーゼ** [peptidase] ペプチド結合を加水分解する酵素の総称．かつては合成ペプチドなどを加水分解する能力のある酵素としてプロテイナーゼと対比させられてきたが，現在では*プロテアーゼとほぼ同義語と考えてよい．ただしあまり分子量の大きくないペプチド基質を分解するものについていう．*エンドペプチダーゼと*エキソペプチダーゼとに分類される．

c **ペプチド** [peptide] 2個以上のα-アミノ酸が*ペプチド結合を介して連結した化合物．構成アミノ酸の数

$$NH_2-CH-CO-NH-CH-CO-\cdots\cdots-NH-CH-COOH$$
$$\quad\quad |R\quad\quad\quad |R'\quad\quad\quad\quad\quad\quad\quad |R^{(n)}$$

が2, 3, 4, …であるに従ってジペプチド（dipeptide），トリペプチド，テトラペプチド，…などといい，およそ10個以下のペプチド結合からなるものをオリゴペプチド（oligopeptide），多数のペプチド結合からなるものを*ポリペプチドと称称．個々のペプチドは，これを構成するアミノ酸の名に従って遊離のα-アミノ基をもつ末端アミノ酸から順次呼ぶ．例えば

$$NH_2-CH_2-CO-NH-CH-COOH$$
$$\quad\quad\quad\quad\quad\quad\quad\quad\quad |CH_3$$

はグリシルアラニンでジペプチドである．トリペプチド以上はビウレット反応を示す．*オキシトシンや*心房性ナトリウム利尿ペプチドなどのペプチドホルモン，*グラミシジンやディフェンシンなどの抗菌性ペプチドが存在する．直鎖状のみならず環状や投げ縄状（lasso）ペプチドも天然に存在する．蛋白質は1本または数本のポリペプチドからなり，加水分解すればアミノ酸を生ずる．

d **ペプチドグリカン** [peptide glycan] 多糖に比較的短いペプチド鎖が結合した化合物の総称．特に細菌やシアノバクテリアの細胞壁の骨格構造である*N-アセチルグルコサミンと*N-アセチルムラミン酸の繰返し多糖にペプチド鎖が架橋した鎖状化合物．細菌細胞表面の一つペプチドグリカン層を構成し，細菌が強い浸透圧に耐え，独特の形を維持できるのはこの層が細胞を包んでいるためである．この構造体はムレイン（murein）とも呼ばれ，ペプチド鎖による架橋は細菌の種類によって差はあるが基本的にはよく似た構造をもつ（図）．細胞の成長に伴ってペプチドグリカンは高度に制御された部分分解と再合成を繰り返すことがわかっている．生合成はウリジン二リン酸に結合した N-アセチルムラミルペプチド単位が細胞膜成分の*バクトプレノールのリン酸エステルに転移する過程を含み，ペプチド鎖末端の D-アラニン残基が架橋結合を形成する段階で終する．この最後の段階を触媒するペプチド転移酵素をペニシリンなどβ-ラクタム系抗生物質が阻害し，抗菌作用をもたらす．（⇒ペニシリン結合蛋白質）

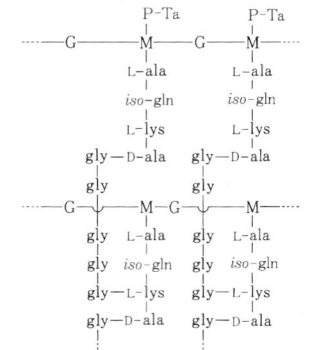

```
      P-Ta         P-Ta
 —G—————M—————G—————M—————G—
        |           |
      L-ala       L-ala
        |           |
     iso-gln     iso-gln
        |           |
      L-lys       L-lys
        |           |
     gly-D-ala   gly-D-ala
        |           |
       gly         gly
 —————M—————G—————M—————G—
        |           |
       gly         gly
        |           |
      L-ala       L-ala
        |           |
     iso-gln     iso-gln
        |           |
   gly-L-lys   gly-L-lys
        |           |
    gly-D-ala   gly-D-ala
```

典型的なグラム陽性菌のペプチドグリカンの骨格．G=N-アセチルグルコサミン．M=N-アセチルムラミン酸．P-Ta=テイコ酸とのホスホジエステル結合．iso-gln=D-イソグルタミン

e **ペプチド系抗生物質** [peptide antibiotics] 数～十数種類のアミノ酸から構成される一連の*ペプチドのうち，抗菌活性を有するペプチド化合物の総称．構成アミノ酸はL型アミノ酸だけでなく，D型アミノ酸や異常

アミノ酸を含むものが多い．また，*ペプチダーゼによる加水分解を受けにくいこともこの系統の化合物の特徴．構造の類似性から，*デプシペプチド（バリノマイシンなど），含ラクトンペプチド（*アクチノマイシンDなど），環状ペプチド（*シクロスポリン，*グラミシジンSなど），鎖状ペプチド（グラミシジンAなど），分枝環状ペプチド（*ポリミキシン，*バシトラシン，バイオマイシンなど），リポペプチド（エキノカンジンなど），グリコペプチド（バンコマイシン，テイコブラニンなど，⇌グリコペプチド系抗生物質）に分類される．

a **ペプチド結合** [peptide bond] 同種あるいは異種の α-アミノ酸同士において，一方のカルボキシル基と他方のアミノ基とから脱水縮合して生じた一種の酸アミド結合で，生成物 $NH_2CH(R')CONHCH(R'')COOH$ 中の –CO–NH– 結合．蛋白質構造の主要な結合様式で，酸・アルカリ・酵素などで加水分解すれば，もとの構成アミノ酸類が再生する．共鳴のため，ペプチド結合に関与する C-CO-NH-C の六つの原子はほぼ同一の平面にある（図）．またトランスの配置が好まれる．

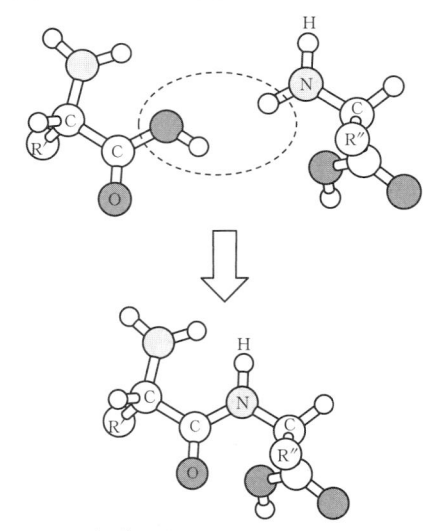

b **ペプチド転移反応** [transpeptidation] 《同》ペプチド転移．ペプチドの一部が他のペプチドの一部またはアミノ酸と交換される転移反応．ペプチド結合のアミノ成分が他のアミンによって置換されるカルボキシル転移反応

$$RCONHR' + NH_2R'' \rightleftharpoons RCONHR'' + NH_2R'$$

と，カルボキシル成分が置換されるアミン転移反応

$$RCONHR' + R''COOH \rightleftharpoons R''CONHR' + RCOOH$$

とが考えられる．最初，パパインによってこれらの反応が触媒されることが知られるようになったが，以来特にアミン転移反応は多くのプロテアーゼにおいても適当な条件下で見出されている．

c **ペプチドホルモン** [peptide hormone] 化学構造上，ペプチドに属するホルモンの総称．*甲状腺刺激ホルモン放出ホルモンのようにトリペプチドから，*プロラクチンのような蛋白質に属する高分子までいろいろな分子量のものが存在する．広義には，糖鎖のついた糖蛋白質ホルモンも含める．ペプチドホルモンのC末端はしばしばアミド化されている（例：*オキシトシン，甲状腺刺激ホルモン放出ホルモン）．

d **ペプチドマップ** [peptide map] 《同》フィンガープリント法（fingerprinting）．蛋白質のプロテアーゼ分解物中に含まれる多種類のペプチドの分析法の一つ．通常，濾紙クロマトグラフィーと濾紙電気泳動とを組み合わせた二次元展開により行われる．V. M. Ingram (1958) は，鎌状赤血球貧血症患者の血液から得たヘモグロビンSと正常ヘモグロビンAとのペプチドマップ上に1個のペプチド斑の変動を見出し，両者の β-ポリペプチド鎖上に1個のアミノ酸残基の変異が存在することを見出した．特定の蛋白質は特定の一次構造をもつから，そのプロテアーゼ分解物は特有のペプチド組成をもち，これを濾紙上に二次元展開するとペプチド斑点の独特な分布模様（すなわちペプチドマップ）が得られる．ペプチドマップにはもとの蛋白質の一次構造上の独自性が反映されるので，しばしば特定の蛋白質と類似蛋白質との異同鑑別を目的として使用される．個人の鑑別に用いられる指紋（フィンガープリント）からの連想でフィンガープリント法とも呼ばれる．

e **ペプチドYY** [peptide YY] 《同》PYY．小腸や膵ランゲルハンス島から分泌され，血管の収縮，膵液分泌抑制，胃の酸分泌や運動を抑制するペプチドホルモン．36アミノ酸残基．膵ポリペプチドや*神経ペプチドYと相同性が高い．脂肪が胃から*空腸へ入ると，ペプチドYYが分泌され，血管を収縮させるなどのほかに，視床下部弓状核を刺激して摂食行動を抑制する．

f **ヘプトース** [heptose] 《同》七炭糖．炭素数7のアルドースまたはケトースの総称．後者はヘプツロース（heptulose）ともいう．不斉炭素原子の数が多く，立体異性体の種類も多い．天然物としてよく知られているものにはアボカド（Persea gratissima）の成分として発見されたD-マンノヘプツロース（D-mannoheptulose），ベンケイソウ科植物に分布する*セドヘプツロース（D-アルトロ-2-ヘプツロース）などがある．セドヘプツロースの7-リン酸エステルは，*ペントースリン酸回路や光合成における中間体として重要．

g **ペプトン** [peptone] 蛋白質を酵素や酸・アルカリなどで部分的に加水分解して得られる非晶性，ビウレット反応陽性のオリゴペプチド類およびアミノ酸の混合体の総称．ペプトンは有機栄養細菌の培養に窒素源として使われる．

h **ヘマトキシリン染色法** [hematoxylin staining method] ヘマトキシリンを用いる染色法．ヘマトキシリンは中南米原産のヘマトキシリンノキ（Haematoxylon campechianum L.）の心材から抽出される淡黄褐色の結晶．酸化されてヘマテイン（hematein）に変わる．ヘマトキシリンもヘマテインもともに染色能力をもたないが媒染剤と結合して形成するレーキ（lake）が染色能力をもっている．核・染色体・動原体糸・中心体・ミトコンドリア・髄鞘などを青藍色ないし黒色に染める．エオシンを併用したヘマトキシリン-エオシン二重染色法は最も基本的で一般的な組織染色法である．植物ではヘマトキシリン-サフラン-ファストグリーン三重染色法がよく用いられる．

i **ヘマトクリット** [hematocrit, haematocrit] 《同》血球容積．血液中における血球容積の比率．白血球の容積は赤血球の0.1〜0.2%程度であるので，実質的には赤

血球の容積を考えればよい．ヒトでは成人男子42～45％，女子38～42％，幼児35～40％である．測定法にはヘマトクリット管法，微量毛細管法，電子ヘマトクリット法（赤血球数・平均赤血球容積（MCV）を実測し，コンピュータで計算する方法）がある．赤血球数とヘマトクリット値がわかっていれば，ヘマトクリット値を赤血球数で割ることにより，1個の赤血球の平均容積（平均赤血球容積）を算出できる．

a **ヘマトクロム** [hematochrome, haematochrome] 一部の緑色藻（*Haematococcus*, *Dunaliella*, スミレモなど）の細胞中に多量に蓄積されたカロテノイドの総称．特に陸上（雪上を含む）や浅水域に生息する種に多く，光阻害防御のためと思われる．

b **ヘミアセタール** [hemiacetal] 《同》セミアセタール（semiacetal）．アルデヒド水和物 RCH(OH)$_2$ と1分子のアルコールがエーテル結合した化合物，すなわち RCH(OH)OR'．これに対し，2分子のアルコール R'OH がエーテル結合をしたもの RCH(OR')$_2$ をアセタール（acetal）という．ペントース以上の糖は分子内でカルボニル基と水酸基が結合して環状の安定なヘミアセタール構造をつくっており，遊離のアルデヒドより安定化されている．その際，五員環をつくるか六員環をつくるかによって，また水酸基の方向によって異性体が生じる．なお，ケトンにおける同様な結合体をヘミケトンアセタール（hemiketone acetal, ヘミケタール hemiketal）と呼ぶ．

c **ヘミ接合体** [hemizygote] 《同》半接合体．二倍体であるにもかかわらず，1個または多数の遺伝子について単価であり，相同の相手をもたないような接合体．ショウジョウバエは雄ヘテロ型の XY の性決定をするので，雄では X 染色体上の遺伝子は相同の相手の遺伝子をもたず，ヘミ接合の状態となる．このとき劣性の遺伝子でも作用が発現するので，ホワイト遺伝子 w を1個もつ雌（$w/+$）では赤眼となるのに，雄（w/Y）では白眼となる．この遺伝子座を含んで染色体部分に欠失を生じたものを組み合わせたときにもやはりヘミ接合であって，この場合には雌でも w 遺伝子1個で白眼となる．ヒトでも*伴性遺伝といわれるいくつかの疾患が男性に多いのはこのためである．

d **ヘミセルロース** [hemicellulose] 植物細胞壁でセルロース微繊維間の基質ゲルを構成する多糖類のうち，*ペクチン質以外の多糖類の総称．ペクチン質を除去した細胞壁（*ホロセルロース）から，アルカリ溶液で抽出される．主な多糖としては，*キシラン（グルクロノアラビノキシラン），β-1,3:1,4-*グルカン，*キシログルカン，グルコマンナンなどがある．*ウロン酸残基を含むヘミセルロースは，ポリウロニドヘミセルロース（polyuronide hemicellulose）と呼び，アラビノキシランがその例である．一般に単子葉植物ではキシラン，グルカンの量が多く，真正双子葉類ではキシログルカンが主成分である．グルコマンナンは裸子植物の二次細胞壁に多く含まれ，被子植物には一般に少ない．細胞壁内で多糖類が相互にどのような形で結びついているかはまだよくわかっていないが，キシランやキシログルカンは，セルロースミクロフィブリルと水素結合によって結びついていると考えられている．また，キシラン系多糖などにおいて，多糖にエステル結合したフェノール酸が酸化的カップリングにより，多糖間を架橋することが示唆されている．

e **ヘミデスモソーム** [hemidesmosome] 《同》半接着斑．重層上皮や多列上皮などの基底細胞が結合組織と接する部位に存在する細胞-基質間接着装置．*デスモソーム（接着斑）の半分のような形をしていることから半接着斑とも呼ぶ．0.2～0.4 μm の斑状の構造体で，上皮細胞内にはデスモソーム様の構造がみられ，付着板を介して*中間径フィラメントが密に結合している．細胞膜の外側では基底下外板や付着繊維などをもち，基底膜を介してⅦ型コラーゲンへつながっている．ヘミデスモソームの構成成分として，*インテグリン α$_6$β$_4$ 分子や，自己免疫性皮膚疾患の一種で高齢者の四肢に発生する水胞性の疾患，類天疱瘡（pemphigoid）の標的分子である 230 kDa および 180 kDa の蛋白質が知られている．（→デスモソーム）

f **ヘミミクシス** [hemimixis] 《同》ヘミクシス（hemixis）．ゾウリムシの一種 *Paramecium aurelia* において観察された*オートガミーの一型（W. F. Diller & J. Morph, 1936）．大核が2個または2個以上の小片に分裂して崩壊・消失し，小核の数が倍となってのちに体が二分する．*エンドミクシスとは小核の行動が異なる．

g **ヘミン調節蛋白質** [hemin controlled protein] 《同》ヘミン調節リプレッサー（hemin controlled repressor, HCR），ヘミン調節翻訳阻害因子（hemin controlled translational inhibitor, HCI）．*蛋白質生合成の開始を抑制する，網状*赤血球に存在する蛋白質因子．この阻害はヘミン（→ポルフィリン）の添加によって解除されることから上記の同義語が用いられる．これは環状 AMP 非依存性の蛋白質キナーゼであり，*ポリペプチド鎖延長因子2（EF-2）の α サブユニット（分子量3万8000）をリン酸化することによりその機能を妨げるといわれている．

h **ヘム** [haem] 《同》プロトヘム（protohem），フェロポルフィリン（ferroporphyrin），フェロヘム（ferroheme），還元ヘマチン（reduced hematin）．*ポルフィリンと二価鉄の配位化合物．狭義にはプロトポルフィリンの二価鉄配位化合物すなわちフェロプロトポルフィリン（ferroprotoporphyrin）で，*ヘモグロビンの色素部分に相当する物質．ヘミンをアルカリ処理するとヘマチンとなりこれを還元してヘムを得ることができる（→ポルフィリン）．その吸収スペクトルの主吸収帯は，575（α帯），540（β帯），413（γ帯）nm にある．中心の二価鉄原子はさらに2個の塩基と配位結合して六配位の平面構造を呈する．ピリジン，キノリン，ニコチン，4-メチルイミダゾールなどの三級アミン基とは比較的安定なヘモクロム（例：pyridine hemochrome）をつくる．そのとき鉄原子の3d 電子準位の構造に基づく常磁性（低スピン状態）が消失する．その主吸収帯は細鋭で，557，525，430 nm 付近にある．シアンと反応させるとその1個および2個の結合体ができる．また蛋白質ともよく結合し，多くは 560，530，430 nm 付近に吸収帯を示す．ヘムおよびヘモクロムは一般に自動酸化性が強く，酸素とも反応して，容易に酸化されて三価鉄のヘマチンとなるが，ヘモグロビンのように蛋白質（グロビン）中のヒスチジンと結合し疎水的環境に囲まれているときは比較的安定で自動酸化しにくい．（→ヘム蛋白質，→シトクロム）

i **ヘムエリトリン** [hemerythrin, haemerythrin] ヘモフェリンとグロビンの結合体で，赤色の酸素運搬能

をもつ*血色素．ホシムシの血球および血漿に含まれ，鉄をもつ．ヘモフェリン(hemoferrin)はポリペプチドと鉄を含むが，ポルフィリン核をもたない．吸収帯はヘモシアニンに似る．鉄があるが，ペルオキシダーゼ作用はなく，COと結合しない．分子量は6600．鉄3原子に酸素1分子がつく．

a **ヘム間相互作用** [heme-heme interaction] ヘモグロビンの酸素解離平衡などに見られる*アロステリック効果の一種．homotropic interactionに属する．四量体であるヘモグロビンの酸素化において4原子のヘム鉄は互いに全く独立に酸素分子と結合するのではなく，1個のヘム鉄に酸素が結合すると残りのヘム鉄の酸素に対する親和性が増強される現象．単量体であるミオグロビンではこの効果はない．相互作用の機構は明らかではないが酸素結合にともなうヘモグロビン高次構造のアロステリックな変化によるものと考えられている．(⇌解離曲線)

b **ヘム蛋白質** [hemoprotein, haemoprotein, heme protein] 色素蛋白質の一つで，ヘムと蛋白質との結合体の総称．蛋白質とヘムとの結合比は1:1, 1:2, 1:4など種々の場合がある．鉄原子は6個の配位子と結合し，錯塩として八面体構造をとる．ヘム蛋白質はポルフィリンの4個のNのほかに，アポ蛋白質のヒスチジン残基のイミダゾール環あるいはメチオニン残基のSの2あるいは1個，さらに他の分子と結合している．*シトクロムでは三価鉄原子が蛋白質中の基2個と結合し，その価数の変化(Ⅲ→Ⅱ)により電子伝達体(ミトコンドリアおよびミクロソーム)での電子の受渡しを分担している．*ヘモグロビンでは二価鉄原子がそのまま，酸素分子と第六の配位座で可逆的に結合し，酸素ヘモグロビンをつくる．*カタラーゼ，*ペルオキシダーゼなどにおいては過酸化水素を基質として，その分解を鉄の価数の変化(Ⅱ→Ⅲ)とともに促進．このようにヘム蛋白質は*電子伝達，酸素運搬，酵素作用など生理活性が著しく，生体内に広く分布する．鉄原子がイオン結合するか共有結合するかによって常磁性の強弱を生じ，高スピン結合物(カタラーゼ，ヘモグロビンなど)と低スピン結合物(シトクロム，酸素ヘモグロビンなど)として存在．それぞれの状態に対応して特徴的な吸収スペクトルを示すが，これらは鉄原子の原子価と結合状態，ヘムの種類，ヘム間の構造などによって決定される．

c **ヘメラ** [hemera] ある一つの種が最も繁栄した地史的時間．S.S.Buckman(1893)の提唱した語で，ギリシア語で'day'，'time'の意．化石層位学上の時代区分に適用される最小の単位とされた．したがって適当な種を選定すれば，A.Oppelの「帯」よりも精密な時代区分が可能であるという(⇌化石帯)．しかし，種の最盛期は場所によって異なるのが一般的で，汎世界的な時代区分や対比にヘメラを用いることは不適当とされる．

d **ヘモグロビン** [hemoglobin, haemoglobin] Hbと略記．《同》血色素，血球素．グロビンとヘムとからなる色素蛋白質(⇌ヘム蛋白質)．ほぼすべての脊椎動物と多くの無脊椎動物の血液中に含まれる．また，マメ科植物の根粒中にもみられる(⇌レグヘモグロビン)．広義にはエリトロクルオリンなども含まれる．酸素との結合能力が強く，空気中の酸素分圧により容易に酸素化されて，ヘム1分子と酸素1分子とが特殊な結合，すなわち酸素添加(oxygenation)をしてオキシ型の酸素ヘモグロビン(oxyhemoglobin)となる．酸素分圧が低下すれば，また容易に酸素を放出してデオキシ型(デオキシヘモグロビン deoxyhemoglobin)に戻る性質をもち，血中の酸素運搬体として重要な機能をもつ(⇌酸素解離曲線)．ヘモグロビンは，複合蛋白質のうちでは分離精製による結晶化が容易なもので，蛋白質化学的に最もよく研究されたものの一つ．哺乳類のヘモグロビンは分子量6万4500で，成人ヘモグロビンHbAではα鎖およびβ鎖と呼ばれる2対のポリペプチドからなる四量体．α鎖およびβ鎖は，それぞれ141ならびに146個のアミノ酸からなり，その一次構造および立体構造が明らかにされている．これらの各鎖はそれぞれ1個のヘムと結合している．M.F.PerutzらはX線回折法により詳細な分子模型を作るとともに，酸素の授受に伴ってその高次構造にオキシーデオキシ転換の起こることを明らかにした．代表的なアロステリック蛋白質で*ヘム間相互作用・*ボーア効果など特異な性質を示す．ヒトヘモグロビンはHbA$_0$, HbA$_1$(A$_{1a}$, A$_{1b}$, A$_{1c}$), HbA$_2$に分けられ，さらに胎児に特徴的なHbFも見出される．HbA$_{1c}$はグルコースと結合するので，その量の増加から糖尿病の程度が判定される．ヘモグロビンは酸素のほか一酸化炭素とも結合しやすく，*一酸化炭素ヘモグロビンを作る．なおH.A.Itano, L.C.Pauling(1949)によるHbSの発見以来，数百種の異常ヘモグロビンが発見されている(⇌ヘモグロビン異常)．なお，ある種の無脊椎動物では赤血球がなくヘモグロビンが直接血液中に溶解している．(⇌解離曲線，⇌血液蛋白質)

e **ヘモグロビン異常** [hemoglobin anomaly, haemoglobin anomaly] *ヘモグロビン分子の化学構造または生合成の異常，もしくはそれに起因する障害．遺伝子異常によって生じ，しばしば*溶血性貧血などの臨床症状をきたす．化学構造が通常のものでないヘモグロビンを異常ヘモグロビン(abnormal hemoglobin)と総称し，ヒトでは約400種が知られている．(1)グロビン鎖を構成するアミノ酸残基の一つが他のアミノ酸残基によって置換されたもの．遺伝性黒血症(HbM Iwate)および*鎌状赤血球貧血(HbS)がその例．前者ではα鎖87番目ヒスチジンがチロシンに，後者ではβ鎖6番目グルタミン酸がバリンに置換される．(2)グロビンを構成するα鎖・β鎖・γ鎖・δ鎖のどれかの生成不良のため正常ヘモグロビンが不足し貧血を起こすもの．*サラセミアがその例．(3)1種類のグロビン鎖4本からなるもの．Hb Bart'sがその例．β鎖4本からなり，αサラセミアでα鎖生成不足とβ鎖生成過剰のため生ずる．(4)アミノ酸残基が一つ以上欠失するものや余分に付け加わったもの．以上の4種のほか，2種類のペプチド鎖が癒合した形のものもある(Lepore型)．分子構造の異常の種類によって，生ずる障害も多様である．

f **ヘモグロビン計** [hemoglobinometer, haemoglobinometer] 《同》血色素計，ヘモメーター(hemometer)．血中ヘモグロビンの定量装置．肉眼で比色する方法(Sahli 血色素計)と光電比色計による方法とがある．前者では血液を0.1M塩酸を塩酸ヘマチンとし，その褐色の濃さが標準管と等しくなるまで水で稀釈する．試料管の液の高さと一致する目盛から，Sahli%(健康成人男子を100%とする)またはg/dLとして直読する．後者は国際血液学会によって標準法が推奨されており，ヘモグロビンをシアンメトヘモグロビ

a ヘモクロム [hemochrome, haemochrome] 《同》ヘモクロモゲン (hemochromogen, haemochromogen). ヘムの二価鉄の第五, 第六配位座に蛋白質, ピリジン, アンモニアなど窒素化合物が結合した物質の総称. ヘモクロムは共通性をもった吸収スペクトルを示す. また一般に一酸化炭素と結合し, その結合は光にあたると解離する. 本物質は顕著な赤色色素であり, ヘモクロモゲンの chromogen (色素原) という呼称は適切ではない.

b ヘモシアニン [hemocyanin, haemocyanin] 《同》血青素. 多くの甲殻類や軟体動物に存在する, 銅を含む*呼吸色素蛋白質. これらの動物の血リンパに直接に溶けていて, 血球の中に含まれることはない. 分子状の酸素と可逆的に結合し, 生理的には酸素運搬の役割を果たす. 酸素と解離した状態では無色(五価銅)だが, 酸素と結合すると青色を呈する(二価銅). 銅の含量は動物の種類により異なるが, およそ 0.15〜0.26% 程度. 分子量も種類により異なるが, 38 万から 891 万におよぶ巨大分子である. はなはだ結晶しやすく, カタツムリのヘモシアニンは水に透析するだけで結晶化する.

c ヘモシデリン [hemosiderin] 主として細網内皮系細胞およびその細胞間に存在し, フェリチンと類似した蛋白質と鉄の結合物が顕微鏡で認めうる程度に巨大に成長した物質. 酸に可溶であるが水に難溶で, 組織化学的鉄染色が可能である. ヘモシデリンの沈着は生理的にも脾臓, 骨髄, リンパ節, 扁桃腺などに存在し, 病的には大量の血球崩壊があるときや溶血性貧血, 大量輸血, 鉄吸収異常亢進時にみられる. 組織障害を伴わないヘモシデリン沈着をヘモシデロシス (hemosiderosis) という. さらに沈着が高度になり, 組織の機能障害を伴うようになるとヘモクロマトシス (hemochromatosis) と呼ばれ, 皮膚異常着色(青銅色), 糖尿病, 肝硬変症, 循環障害を伴うようになる. その診断は, 血清鉄増加(150 γ/dL 以上) および血清蛋白質鉄結合能の低下(200 γ/dL 以下), 肝穿刺組織像, 骨髄穿刺, 皮膚生検によるヘモシデリン顆粒の検出による.

d ヘモフィルス [haemophilus] ヘモフィルス属 (*Haemophilus*) 細菌の総称. 基準種は *Haemophilus influenzae* (インフルエンザ菌). *プロテオバクテリア門ガンマプロテオバクテリア綱パスツレラ科 (Pasteurellaceae) に属する. 動物寄生菌であり, 健康なヒト(咽頭, 鼻腔)にも常在しているが, 呼吸器や中耳の感染症(中耳炎, 副鼻腔炎, 気管支炎, 肺炎)を起こす. グラム陰性, 通性嫌気性の多型性桿菌. 通常は 0.3〜0.5 µm 幅くらいの短桿菌であるが, 培養条件により球菌状から長い糸状を呈する. 生育因子として X 因子(ヘミン)と V 因子(NAD)の両方を要求する. インフルエンザ菌は I〜VIII 型までの八つの生物型 (biovar) に分類され, このうち II 型と III 型を除いて莢膜をもち, 感染症に関係する. インフルエンザの主病原は RNA ウイルスであるが, インフルエンザ菌は当初その原因菌として分離された経緯からそのまま名称として残っている. DNA 制限酵素が初めて分離・精製された菌として有名であり, また初めて全ゲノム配列が明らかとなった生物種である (1995).

e ベラー Bĕlař, Karl 1895〜1931 オーストリアの動物学者. 原生生物の分裂・生殖・受精の細胞学的研究に従ったのち, バッタの精原細胞の分裂の生体観察に基づき, 細胞分裂機構に関する支屓体説を唱えた. そのほか, 原生生物 *Aulacantha* の一種で 1600 個以上も染色体をもつ特異な例を発見. [主著] Die cytologische Grundlage der Vererbung, 1928.

f ペラゴス [pelagos, pelagic organism] 《同》漂泳生物. 水域にすむ生物のうち, 水中や水表面を自由に浮遊あるいは遊泳して生活する生物の生態群. *ベントスに対置されるものとして, *プランクトン, *ネクトン, *ニューストンを包含する.

g ペラゴスフェラ [pelagosphera] 環形動物のうち変態をするものの幼生. トロコフォアの口前繊毛環(→トロコフォア[図])が退縮し, かわりに 1 本の口後繊毛環が発達し, これによって遊泳する. ペラゴスフェラは次第に体長を増し, 海底に沈んで若いホシムシに変わる.

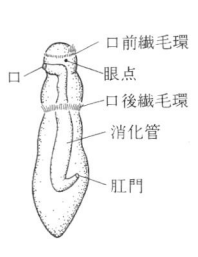

口前繊毛環
眼点
口後繊毛環
消化管
肛門

h ベラトリン [veratrine] シュロソウ科のバイケイソウ属の *Veratrum sabadilla* の種子に含まれるステロイド由来のアルカロイド混合物. セバジン (cevadine), ベラトリジン (veratridine), セバジリン (cevadilline), サバジン (sabadine) などが含まれる. 横紋筋に対して極めて微量で特徴的な作用を現す. 横紋筋をベラトリンの 0.0001% リンガー溶液に数分間浸したのちに刺激すると収縮はほぼ正常で速やかに起こるが, その後の弛緩は極めて長い時間を要し, かつその間に一度弛緩したものが再び徐々に収縮したりする. したがって, 注射すると動物は硬直を起こしたような姿になる. 心臓にも作用して拡張を緩やかにする. 中枢神経・末梢中枢・各種の腺・平滑筋性の器官などに対してははじめ刺激的に作用し, のちに麻痺的に働く. ベラトリジンの場合, ナトリウムチャネルに作用してその閾値を変えるとともに, ナトリウムチャネルの不活性化を抑制し, 静止電位でも開口可能となることが知られている.

i ペラルゴン酸 [pelargonic acid] 《同》ノナン酸 (nonanoic acid). CH$_3$(CH$_2$)$_7$COOH 炭素数 9 の直鎖飽和*脂肪酸. 油状液体. 凝固点 12.2°C. 沸点 255°C. 水に難溶, エーテルおよびエタノールに可溶. 動物界ではバターや毛髪油に含まれ, 植物界では命名の由来でもあるフウロソウ科の *Pelargonium roseum* の葉に含まれる. 多くは*精油中にエステルとなって含まれるが, まれに遊離状態でも存在する.

j ヘリアンジン [heliangine] アベナ屈曲(→アベナ屈曲試験法)を引き起こす*オーキシン作用を阻害する物質として, キクイモ *Helianthus tuberosus* の葉から柴岡弘郎 (1961) により単離されたセスキテルペンの一種. 植物芽生えの不定根形成を誘導する作用をもつ.

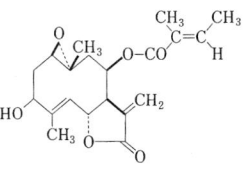

k ペリギニウム [perigynium] コケ植物苔類の雌

性生殖器官において，多肉嚢状になった構造．苞葉，花被，*カリプトラ，茎の一部などさまざまな部分が肥厚して多肉質となり，中の造卵器および受精後の胞子体形成を保護する．肥厚する部分や肥厚の程度は多様で，苞葉，花被，カリプトラがあまり発達せず，茎の一部が肥厚し，その中で胞子体が成熟する構造をシーロカウレ(coelocaule，例：ムクムクゴケ)といい，それが匍匐する茎の先端で下方に突起し，嚢状構造になったものをマルスピウム(marsupium，例：ツキヌケゴケ)という．

a **ヘリコバクター** [Helicobacter] ヘリコバクター属(Helicobacter)細菌の総称．*プロテオバクテリア門イプシロンプロテオバクテリア綱カンピロバクター目(Campylobacterales)ヘリコバクター科(Helicobacter-aceae)に分類される．カーブ状，らせん状の細胞($0.2 \sim 1.2 \times 1.5 \sim 10\,\mu m$)をもつ微好気性の従属栄養細菌で，比較的栄養要求が厳しい．基準種の Helicobacter pylori(*ピロリ菌)はヒトの胃から発見されたが，本属にはさまざまな動物の胃や糞便から分離された多くの菌種が含まれる．例えば H. acinonychis (チータ)，H. anseris (ガチョウ)，H. baculiformis (ネコ)，H. canis (イヌ)，H. mesocricetorum (ハムスター)，H. nemestrinae (サル)，H. suis (ブタ) などが挙げられる．一般にヘリコバクターはウレアーゼを産生することで胃粘膜中での定住を可能にしているが，ウレアーゼを産生しない H. rodentium (マウス)，H. typhlonius (マウス) も記載されている．

b **ペリジニン** [peridinin] 渦鞭毛藻類の主要な*カロテノイド．その含量は全カロテノイドの約70%にも達する．$450 \sim 500\,nm$ に三つの吸収帯をもつ*キサントフィルで，生体内では分子量約 3 万 5000(単量体)の蛋白質にクロロフィル a と共に結合し，光合成の主要な光エネルギー捕集色素系を形成している．その励起エネルギーはクロロフィル a に高い効率で転移され，さらに光化学系 I，II へ分配される．エネルギーの分配比は明らかではないが，光化学系 II への分配が主であると思われる．

c **ベーリス** BAYLISS, William Maddock $1860 \sim 1924$ イギリスの生理学者．E. H. Starling と共同で，心臓活動の電気生理学の研究を行ったほか血管運動反射や腸の蠕動運動などを解析，さらに胃腸ホルモンのセクレチンを発見，「ホルモン」の語を作った．[主著] Principles of general physiology, 1914.

d **ベリストレーム** BERGSTRÖM, Sune $1916 \sim 2004$ スウェーデンの生化学者．プロスタグランジン E, F を分離して分子構造を決定し，それが炭素数 20 の不飽和脂肪酸から作られることを解明．B. I. Samuelsson, J. R. Vane とともに 1982 年ノーベル生理学・医学賞受賞．

e **ヘリチカ** HRDLIČKA, Aleš ハードリチカ，フールドリチカとも．$1869 \sim 1943$ アメリカの人類学者．世界各地にしばしば研究旅行を行い，人類の起原・拡散・分化に関する調査活動に従事．アメリカ先住民はアジアに起原し，氷期には陸続きだったベーリング海を経由してきたこと，ネアンデルタール人類は人類進化の途上の一段階であること，などの学説を示した．また 'American journal of physical anthropology' を創刊(1918)．アメリカ自然人類学会を創立，初代会長．[主著] Physical anthropology, 1919; Old Americans, 1925; The skeletal remains of early man, 1930.

f **ペリプラズム** [periplasm] グラム陰性菌の細胞表層において，外膜と細胞質膜で囲まれた領域．細菌表層には外膜，ペプチドグリカン層，細胞質膜の 3 層が存在するが，外膜は多くの分子に対する透過障壁の機能をもつのに対し，ペリプラズムには外膜の細胞内への取込みに関与する結合蛋白質，核酸・リン酸化合物などの加水分解に関与する酵素 β-ラクタマーゼなどのペリエンザイム(perienzyme)が存在し，物質輸送・代謝に関与している．ペプチドグリカン層は外膜と分子的に架橋されているので，ペリプラズム内で外膜に密着して存在しているとも考えられているが，ペリプラズム内に広く拡散しているとの説もある．また外膜と細胞質膜は，ペリプラズム内で数百カ所で接触していると考えられている．

g **ベーリング** BEHRING, Emil Adolph von $1854 \sim 1917$ ドイツの細菌学者・免疫学者．最初軍医となり，1889 年，ベルリンで R. Koch の助手をつとめた．1894 年ハレ大学衛生学教授となり，翌年マールブルクの教授．北里柴三郎らと協力して，1892 年，血清中にジフテリアおよび破傷風毒素への抗毒素を作らせるのに成功し，血清学および血清療法の創始者となった．この抗血清の発見により，1901 年に最初のノーベル生理学・医学賞受賞．[主著] Gesammelte Abhandlungen zur ätiologischen Therapie von ansteckenden Krankheiten, 1893; Therapie der Infektionskrankheiten, 1899.

h **ベル** BELL, Charles $1774 \sim 1842$ イギリスの医学者，解剖学者．脊髄神経の腹根が運動神経であることを証明し(→ベル−マジャンディーの法則)，また脳神経系の構造・機能の一般的研究に道を開き，W. Harvey 以来の生理学的業績として評価される．ベル麻痺にも名が残っている．[主著] Nervous system of the human body, 1830.

i **ペルオキシソーム** [peroxisome] 《同》ミクロボディ，マイクロボディ，グリオキシソーム．真核生物の細胞に存在する直径 $0.5\,\mu m$ ほどの細胞小器官．1 重の生体膜で囲まれている．C. de Duve (1965) が，ラット肝臓から*カタラーゼと酸化酵素群をもつ顆粒分画を得て，過酸化水素(H_2O_2)を分解する小体という意味から命名．また R. W. Breidenbach と H. Beevers (1967) は，ヒマの胚乳細胞から*グリオキシル酸回路の酵素を含む顆粒分画を得てグリオキシソームと命名．これらは J. Rhodin (1954) が電子顕微鏡的に命名したミクロボディと同一の構造物と判明した．過酸化水素(H_2O_2)発生型の酸化酵素と H_2O_2 を分解するカタラーゼを含む．カタラーゼ以外の酵素に関しては，生物種や組織の種類によって異なる．代表的な機能としては，脂肪酸の酸化，コレステロールや胆汁酸の合成，アミノ酸やプリンの代謝がある．種子植物の場合，発芽時には貯蔵脂肪からの糖新生，光合成組織では*光呼吸に関与する．これらの機能をもつペルオキシソームはそれぞれを区別するためにグリオキシソーム，緑葉ペルオキシソームと呼ばれることもある．ホタルの発光に関わる*ルシフェラーゼもペルオキシソーム酵素である．ミトコンドリアや葉緑体と

異なってDNAやリボソームは存在しない．ネズミ目では，ある種の刺激（抗高脂血剤のクロフィブレート投与など）で数が増える．ペルオキシソームの増殖や形成などを制御する遺伝子群を PEX 遺伝子，その産物をペルオキシンと呼ぶ．ペルオキシソームの機能が低下するとツェルウェーガー症候群や副腎白質ジストロフィーなどの重篤な遺伝疾患を引き起こす．

a **ペルオキシダーゼ** ［peroxidase］《同》過酸化酵素．H_2O_2（またはCH_3OOH）の存在でモノアミン類，ポリアミン類，モノフェノール類，ポリフェノール類，ロイコ色素，*アスコルビン酸，*シトクロムc，HI，HNO_2 などを $H_2O_2+AH_2 \longrightarrow 2H_2O+A$ の反応式で示されるように酸化触媒する酵素．C. F. Schönbein (1855) が，植物および動物組織がH_2O_2（またはCH_3OOH）の存在でグアヤコールを酸化することを初めて見出し，M. G. Linossier (1898) がこの酵素をペルオキシダーゼと命名．一般に細菌，真菌，植物や動物に広く存在している．セイヨウワサビ (horseradish) 中のものすなわち*ホースラディッシュペルオキシダーゼが最もよく知られている．牛乳に含まれているラクトペルオキシダーゼ (lactoperoxidase)，酵母に含まれているシトクロムcペルオキシダーゼ，および白血球に含まれている*ミエロペルオキシダーゼなども知られている．（⇒ホースラディッシュペルオキシダーゼ）

b **ベルクマンの規則** ［Bergmann's rule］恒温動物では一般に，同じ種でも，寒冷な地方に生活する個体の方が温暖な地方に生活する個体よりも体重が大きく，また，近縁な異種間では，大形の種ほど寒冷な地方に生息する傾向が見られること．C. Bergmann (1847) が見出した現象．これは，体重に対する体表面積の割合が小さくなって体熱の発散が防がれ，寒冷地における恒温動物の体温保持に対する適応であると説明される．（⇒アレンの規則）

c **ヘルシンキ宣言** ［declaration of Helsinki］世界医師会が1964年にフィンランドの首都ヘルシンキで開催した総会で採択した宣言．正式名称は「人を対象とする医学研究の倫理的原則」で，臨床研究の倫理に関する最も基本的な国際文書．ナチス・ドイツが第二次世界大戦中に行った非人道的な人体実験について裁いたニュルンベルク国際軍事裁判では，ヒトを対象とした医学研究において遵守されるべき10原則（ニュルンベルク・コード）が示された．ヘルシンキ宣言では，これを踏襲しつつ，医療現場で多く行われる「治療と結びついた医学研究」に関する倫理原則なども加えられた．

d **ヘールスタディウス** HÖRSTADIUS, Sven 1898～1996 スウェーデンの動物学者．J. Runnström の下でウニの初期発生の研究を始め，割球相互の間の相関現象を分析．その結果を二重勾配説によって説明し，調節卵とモザイク卵の基本的差異について論じた．両生類胚の神経堤の分化に関する実験的研究も有名．［主著］Experimental embryology of echinoderms, 1973.

e **ベルタランフィー** BERTALANFFY, Ludwig von 1901～1972 オーストリア出身の理論生物学者．有機体論を唱え，流動平衡と階層構造を生物の特質とした．また1940年代より一般システム理論の完成に努力．個体の成長についてベルタランフィー式を提唱．［主著］Theoretische Biologie, 2巻, 1932～1951; General system theory, 1968.

f **ペルーツ** PERUTZ, Max Ferdinand 1914～2002 イギリスの生化学者．W. L. Bragg の研究室でX線回折により蛋白質の立体構造を研究．水銀など重金属原子をヘモグロビンの結晶に結合させる方法でヘモグロビンが4鎖からなることを示し，その全構造をほぼ確定した．1962年，J. C. Kendrew とともにノーベル化学賞受賞．ヨーロッパ分子生物学機構の設立に努力した．［主著］Proteins and nucleic acids, 1962.

g **ヘルトヴィヒ** HERTWIG, Oskar 1849～1922 ドイツの動物学者．イェナ，チューリヒ，ボンの各大学に学び，E. H. Haeckel に師事，また C. W. Nägeli の影響を強く受けた．ヨーロッパ各地の海岸で研究を行い，イェナ大学解剖学教授を経て，ベルリン大学解剖学教授．受精に際して精核と卵核が合一することをウニではじめて確認し，受精と染色体数の半減・回復の関係についても調べた．その他，脊椎動物の歯・骨などの発生学的・比較解剖学的研究，クラゲの神経系の研究があり，弟 R. Hertwig とともに体腔説を提唱．進化に関しては獲得形質の遺伝を認め，淘汰説を批判した．'Handbuch der vergleichenden und experimentellen Entwickelungslehre der Wirbeltiere'（3巻，1901～1906）を編集．［主著］Lehrbuch der Entwickelungsgeschichte des Menschen und der Wirbeltiere, 1886; Die Zelle und die Gewebe, 2部, 1892～1898 (2版題名 Allgemeine Biologie, 1905); Das Staat als Organismus, 1922.

h **ヘルトヴィヒ** HERTWIG, Richard 1850～1937 ドイツの動物学者．O. Hertwig の弟．イェナ大学で E. H. Haeckel に学び，兄とともに発生学を研究．ケーニヒスベルク，ボン各大学教授を経て，ミュンヘン大学動物学教授．兄と共同で体腔説を提唱．無脊椎動物の諸類，特に原生生物の研究から細胞学に進み，カエルの性に関する研究なども行った．［主著］Lehrbuch der Zoologie, 1891.

i **ヘルトヴィヒの法則** ［Hertwig's rules of cell division］J. von Sachs (1877) が述べた細胞分裂の法則を O. Hertwig (1884) が補って，特に動物卵の*卵割に適用しやすい形としたもの．その内容は，(1)細胞核の典型的な位置はそれが影響を及ぼす範囲，すなわちその核を含む原形質塊の中央にくる傾向がある，(2)*紡錘体の軸は，典型的な場合には原形質塊の最長の軸と一致する．したがって細胞分裂はこの軸を横断する方向に起こる傾向がある．すなわち球状・等質の卵の初期の卵割では第二分裂の方向は第一分裂に直角に入る．しかしこの法則には多くの例外がある．

j **ベルトトランセクト法** ［belt transect method］⇒ラインtransect法

k **ベルトラン** BERTRAND, Gabriel Emile 1867～1962 フランスの生化学者．1900年パストゥール研究所員，1908年より同研究所およびパリ大学教授．さらにパストゥール研究所長としてフランス生化学界を指導した．ラッカーゼやチロシナーゼの発見，ヘビ毒の研究，生体内や土壌中の元素の分布の研究などの業績があり，また還元糖の定量法を確立し，微生物による糖の分解・生成を研究した．

l **ベルナール** BERNARD, Claude 1813～1878 フランスの生理学者．パリで医学を修め，F. Magendie の助手として研究，1854年パリ大学一般生理学教授，実験医学・一般生理学の創始者．主な研究業績は，(1)肝臓

のグリコゲン形成機能と生体内の液性相関の発見(内分泌，内部環境は彼の造語)，(2)血糖調節機作の発見(⇒糖穿刺)，(3)消化生理学の体系づけ，(4)一酸化炭素やクラーレ作用の研究に基づく実験毒物学や麻酔学説の創始，(5)脳神経・交感神経の作用に関する実験，(6)血管運動神経の機作や血液の生理的機能の研究，(7)動物熱の源泉や調節の研究．[主著] Introduction à l'étude de la médecine expérimentale (実験医学序説)，1865; Leçons sur les phénomènes de la vie, communs aux animaux et aux végétaux, 1878〜1879.

a **ヘルニア** [hernia] 臓器・組織が正位置から逸出した病的状態．これにより炎症や循環障害による組織の壊死などが引き起こされ，致命的な場合がある．次の2種がある．(1)外ヘルニア：腹腔内臓器が先天的または後天的に生じた裂孔より膨隆する状態．発生部位により臍ヘルニア・鼠蹊ヘルニア・陰嚢ヘルニア・会陰ヘルニアなどがある．このうち壁側腹膜に包まれた状態で逸脱するものを真性ヘルニア，腹膜に覆われていないものを脱出ないし仮性(偽性)ヘルニアということもある．(2)内ヘルニア：体内の膜の裂隙に腹腔内臓器が迷入する状態．横隔膜ヘルニア・腸間膜ヘルニアなどがある．なお，椎間板が脊髄腔に膨出し，各種神経障害を起こす椎間板ヘルニア (herniated intervertebral discs) は，外壁に損傷があって内容物が脱出しているのではないという点で，真のヘルニアではない．

b **ベルヌーイの原理** [Bernoulli's principle, Bernoulli's theorem] 《同》ベルヌーイの定理．流れのエネルギーは圧のエネルギーと運動エネルギーの和に等しい，という法則．流体(血液)が管の細い部分(毛細血管)を通るとき，速度の増加に伴って側圧が低下する．動脈硬化による狭窄部では側圧が低下し，血管の弾性による血管壁の収縮によって狭窄をより進めることになる．

c **ヘルパー** [helper] 動物の*共同繁殖において，子の養育を助ける親以外の個体．鳥類では100種以上の鳥で恒常的なヘルパーの存在が確認されている．ヘルパーが助ける相手は自分の両親か兄姉などの血縁個体であるのが一般的で，その場合には養育の成功が自分の*包括適応度の向上に結びついていることになる．また血縁関係がない場合でも条件の良い生活環境に住むことで生存率が高くなったり，なわばりを継承しやすくなるなどの利益を得ていると考えられる．

d **ヘルパーウイルス** [helper virus] 《同》介助ウイルス．単独に細胞に感染した場合には増殖能を欠くウイルス(⇒不完全ウイルス)に対して，同時感染によって増殖の補助をするウイルス．有名な例にアデノ随伴ウイルス (AAV)-アデノウイルス系があり，後者がヘルパーウイルスである．

e **ヘルパーT細胞** [helper T cell] Thと略記．*B細胞による抗体産生やキラーT細胞の活性化を補助する*T細胞．ヘルパーT細胞はCD4陽性T細胞である．*主要組織適合抗原遺伝子複合体(MHC)のクラスII分子を発現する*抗原提示細胞(樹状細胞が主であるが活性化された*マクロファージ，B細胞も含まれる)によって抗原特異的に活性化されて機能する．特性によっていくつかのサブセットに分類され，IFN-γ を産生し細胞性免疫に寄与するTh1細胞，IL-4を産生して液性免疫に寄与するTh2細胞，IL-17を産生し感染免疫に寄与するTh17細胞などが知られる．また，二次リンパ組織の濾胞に存在し，胚中心形成に関与すると考えられているCD4$^+$CXCR5$^+$の濾胞性ヘルパーT細胞 (T$_{FH}$細胞, follicular helper T cell)などがある．ヘルパーT細胞ではないが，Foxp3陽性でCD4$^+$CD25$^+$の表現型を示し，過剰な免疫応答を抑制する制御性T細胞(regulatory T cell, Treg)もCD4陽性T細胞に分類される．

f **ペルビック・パッチ** [pelvic patch] 《同》ペルビック・シート・パッチ (pelvic seat patch)．無尾両生類の腹部に見られる，非常に薄い皮膚と発達した毛細血管網からなる水の吸収器官．ペルビック・パッチの顆粒層細胞にはアクアポリン (aquaporin, AQ)-2と3が存在しアルギニンバソトシン (arginie vasotocin, バソプレシン)の作用で，AQ-2と3が細胞の頂上に移動し，水分の吸収を高めている．AQ-1は毛細血管側で発現している．またオオヒキガエルでは，ペルビック・パッチの毛細血管の血流量が，アンギオテンシンII (angiotensin II)の作用によって増加したり，カエルの置かれた環境や膀胱内の尿の量に応じて変化することが知られている．

g **ヘルプスト** HERBST, Curt Alfred 1866〜1946 ドイツの動物学者．イェナ大学でE. H. Haeckelに師事し

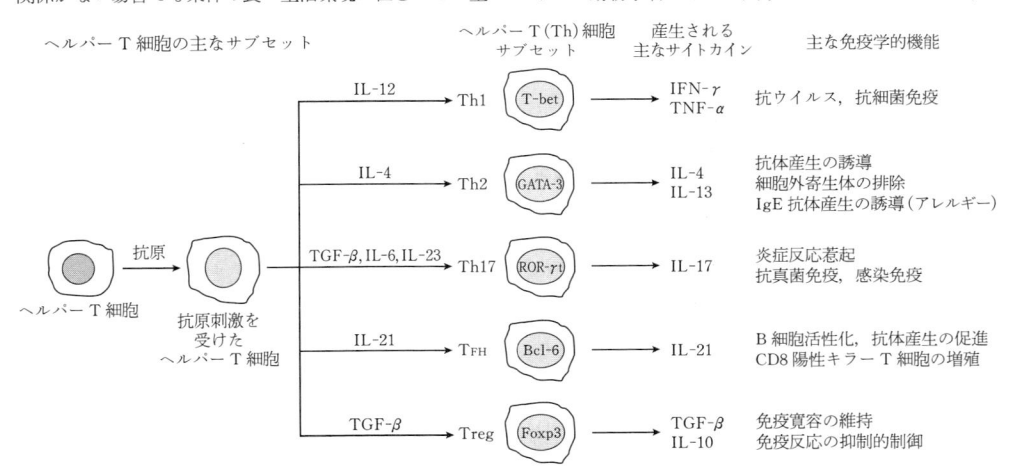

ヘルパーT細胞の主なサブセット

ヘルパーT(Th)細胞サブセット	産生される主なサイトカイン	主な免疫学的機能
Th1 (T-bet) ← IL-12	IFN-γ TNF-α	抗ウイルス，抗細菌免疫
Th2 (GATA-3) ← IL-4	IL-4 IL-13	抗体産生の誘導 細胞外寄生体の排除 IgE抗体産生の誘導(アレルギー)
Th17 (ROR-γt) ← TGF-β, IL-6, IL-23	IL-17	炎症反応惹起 抗真菌免疫，感染免疫
T$_{FH}$ (Bcl-6) ← IL-21	IL-21	B細胞活性化，抗体産生の促進 CD8陽性キラーT細胞の増殖
Treg (Foxp3) ← TGF-β	TGF-β IL-10	免疫寛容の維持 免疫反応の抑制的制御

ヘルパーT細胞 →抗原→ 抗原刺激を受けたヘルパーT細胞

ナポリの実験所で H. Driesch と共同研究. ハイデルベルク大学動物学教授. ウニの発生と外界条件との関係について研究し, リチウムによる植物極化, カルシウム欠除海水による割球の分離などを発見した. 甲殻類の眼を切ると異質形成により触角が形成されることなどを見て, さらに *Bonellia* の性決定を研究. [主著] Formative Reize in der tierischen Ontogenese, 1901.

a **ヘルプスト小体** [Herbst's corpuscle] 鳥類の皮膚, 腱, 関節包などにある神経終末装置で, 圧覚や触覚をつかさどる*機械受容器. 形態は哺乳類の*パチーニ小体に酷似しており, 軸索終末を中心にして内梶細胞が長い突起を出して層板構造をなす. (→触覚受容器)

b **ヘルペスウイルス** [*Herpesviridae*] ウイルスの一科. *エンベロープをもつ大型の DNA ウイルスで正二十面体の*キャプシドを有する. ウイルス粒子の直径は 120〜200 nm, キャプシドの直径は 100〜110 nm である. ゲノムは二本鎖線状 DNA で約 12 万 5000〜24 万塩基対, 種によって大きさがかなり異なる. ゲノムの末端や内部には反復配列があり, 反復配列の数や位置はそれぞれのヘルペスウイルス (herpesvirus) を特徴づける重要な性質. ヘルペスウイルス科はさらにアルファ, ベータ, ガンマの 3 亜科に分類される. ウイルス群は脊椎動物に広く分布しており, あらゆる脊椎動物にはそれぞれの種に固有のヘルペスウイルスが存在するものと思われる. 一度感染すると宿主個体の生涯にわたり持続感染を起こす. ヒトを自然宿主とするものには, *単純ヘルペスウイルス 1 型 (HSV-1), 2 型 (HSV-2), *水痘−帯状疱疹ウイルス (VZV), Epstein-Barr ウイルス (EBV), ヒトサイトメガロウイルス (HCMV), ヒトヘルペスウイルス 6 (HHV-6), 7 (HHV-7), 8 (HHV-8, Kaposi sarcoma-associated herpesvirus) の 8 種類がある. 動物に悪性腫瘍を起こすヘルペスウイルスとして, アカゲルヘルペスウイルス 1 (ranid herpesvirus 1), 家禽の*マレック病ウイルス 1 型 (Marek's disease virus 1, gallid herpesvirus 2) が古くから知られ, よく研究されてきた. ヘルペスウイルスが自然宿主以外の動物に感染することは稀だが, 時に種を越えて感染し発病させることがある. アカゲザルなどを宿主とするヘルペスウイルス B はヒトに感染すると致命的な脳炎を起こす. その他, オーエスキー病を起こすブタヘルペスウイルス 1, ウシヘルペスウイルス 1, コイヘルペスウイルス, ウマヘルペスウイルス 4 など畜産, 水産上重要なウイルスが多数含まれる.

c **ベル−マジャンディーの法則** [Bell-Magendie's law] 《同》ベルの法則 (Bell's law), マジャンディーの法則 (Magendie's law). 脊髄の後根は求心性神経繊維からなり, 前根は遠心性神経繊維からなるという法則. イギリスの C. Bell (1811) とフランスの F. Magendie (1822) の提唱. 後根の切断が感覚麻痺を生じ, 前根の切断が運動麻痺を生じるという事実が発見の端緒となった. 例外として, 多くの動物で後根中に副交感神経系の遠心性繊維である血管拡張神経が含まれる事実があげられる. 他方, 前根中にも感覚繊維が含まれるが, ただしこれは脊柱管内の諸組織の感覚をつかさどるもので, 前根中を遠心的に走出して脊髄神経合一後に後根に回って求心的に進むところから, 回帰性感覚繊維 (recurrent sensory fiber) と呼ばれ, この法則への真の例外をなすものではない.

d **ヘルミントスポロール** [helminthosporol] コムギ斑点病菌 (*Helminthosporium sativum*) の培養液から田村三郎 (1965) が単離した植物*成長調整物質. *ジベレリンと類似の生理作用をもち, 特に, イネ幼植物, キュウリとレタス下胚軸の伸長促進, オオムギ糊粉層における α−アミラーゼの誘導などでは顕著な作用を示す. CHO 基が COOH 基に酸化したヘルミントスポール酸 (helminthosporic acid) は, ヘルミントスポロールより高い活性をもつ.

e **ペルム紀** [Permian period] *古生代最後の年代に相当し, 当該時代に形成された地層は, ロシアのウラル山脈西麓のペルムに模式的に露出することから, R. I. Murchison (1841) によって命名された. かつて, 二畳紀と呼ばれたこともあったが, 現在では正式には用いられない. 当時の地球上には, パンゲア大陸が存在し, 気候帯に応じて複数の植物相が識別されている. 特にシダ植物や裸子植物が繁栄した. 脊椎動物では, 単弓類が繁栄した. ペルム紀前期に, 南半球では大陸氷床が, 北半球では陸成の砂岩層 (新赤色砂岩) が各地に堆積した. 一方, 後期には, 汎世界的な海退現象に伴い, 蒸発岩の形成が顕著であった. ペルム紀の最末期に汎世界的に, 主として古生代型動物相 (腕足類, ウミユリ類, 刺胞動物, 苔虫動物など) の大量絶滅事変が生じ, *中生代前期の三畳紀と年代が区分されている. 絶滅事変後, 一時期, 微生物類が卓越した海洋環境が支配し, 各地に微生物岩 (*ストロマトライトなど) が形成されるが, その事変は, 現代型生物相 (二枚貝類, 腹足類, ウニ類, 硬骨魚類など) が繁栄する契機となっている. 紡錘虫類, コノドントや放散虫などを用いた地層の分帯が盛んに行われている. (→大量絶滅, →三畳紀)

f **ヘルムホルツ** HELMHOLTZ, Hermann Ludwig Ferdinand von 1821〜1894 ドイツの生理学者, 物理学者. J. P. Müller に師事して神経・筋肉を研究, E. H. du Bois-Reymond と知己になる. 筋活動時の代謝と熱発生の問題から入り, J. R. Mayer とは独立にエネルギー保存則 (Über die Erhaltung der Kraft, 1847) を立てた. 筋攣縮の物理学的研究, 神経伝導速度の測定, 検眼鏡や立体望遠鏡の発明などをなし, 感覚生理学の分野に進んだ. 視覚について三原色説および聴覚について共鳴説を唱えた. 晩年は非ユークリッド幾何学の研究を行った. [主著] Handbuch der physiologischen Optik, 1856〜1866; Die Lehre von den Tonempfindungen, 1863.

g **ヘルモント** HELMONT, Jan Baptista van ファン=ヘルモントとも. 1577 (または 1579)〜1644 ベルギーの化学者, 医師. 自然科学, 医学, 法律学など諸学を修め, P. A. Paracelsus の影響を受けて医化学派の有力な一人となった. 化学の面で重要な貢献が多いが, 横隔膜に筋繊維を欠く腱中心があることを発見, これはファン=ヘルモント鏡と呼ばれている. 水が万物のもとであるとの考えから出発して実験し, 培養したヤナギの成長が水に由来すると説.

h **ベルレーゼ説** [Berlese's theory] 昆虫の多様な幼虫型を統一的に説明した, A. Berlese (1913) による説. 昆虫の胚には, 付属肢の原基も認められず気管系も未完成な原肢期 (原脚期 protopod phase), 大半の分節に付属肢が認められる多肢期 (多脚期 polypod phase), 腹部

の付属肢が尾角(尾毛,⇒尾葉)以外退化し,胸部の3対だけ残る少肢期 oligopod phase)の3期が区別される.不完全変態昆虫では,胚は少experts期を経,さらに個体発生過程を卵内で過ごしたのち,十分に成虫に近い構造をもった*若虫として孵化するが,完全変態類では,卵黄の不足そのほか未知の理由により胚はこれらの途中で孵化するので,成虫と比べて種々の程度に未発達な構造をもつ.孵化がどの時期に相当するかによって,幼虫に以下の4群を区別する.(1)原肢型幼虫(protopod larva):寄生性膜翅類の第一幼虫に限ってみられる特殊な型.非常に小さくて体節数も少なく,全体に胚期の状態が維持される.触覚・口器には芽形で,胸脚も多くは未発達.腹部は未分化で分節も付属肢もない.気管系・神経系は完成しておらず,消化管も貫通していない.このような幼虫は卵黄量が非常に少なく,胚が原肢期に達した程度で孵化してしまうために生ずるとみられ,宿主の体液に浸っているため生存可能とされる.しかし,かなりの適応はみられ,大きく肥大した頭胸部(cephalothorax)をもち,一見ケンミジンコ(cyclops)に似た形をしたキクロプス型幼虫(cyclopoid larva)や,3対の長い胸部突起をもち,頭部突起や刺毛列を欠くユーコイラ型幼虫(eucoliform larva)など形態的には多様.(2)多肢型幼虫(polypod larva):体節が明瞭で,*腹脚をもつ.体壁の硬化の度合は少なく,側気門式で触角や胸脚の発達は弱い.行動は一般に不活発で食物の近傍で生活する.多肢型幼虫の典型的なもので,鱗翅類の大部分,ハバチ(膜翅目),シリアゲムシ(長翅目)の幼虫のように,細長い円筒形で腹脚(鱗翅類のものとシリアゲムシのものとが形態学的に相同かどうかは不明)が発達しているものを芋虫型幼虫(eruciform larva)と呼ぶ.(3)少肢型幼虫(oligopod larva):3対の胸脚と尾毛をもつ型.クチブシは硬く,口器も発達し,活発に運動する.鞘翅類・脈翅類に多くみられる.コミ目,あるいはその代表的な属であるカンボデア属の昆虫に似た体形をもつことから,カンボデア型幼虫(campodeiform larva,シミ型幼虫 thysanuriform larva)とも呼ばれる.毛翅類の幼虫もこの型だが,体は肥大している.多肢期を過ぎ,腹部付属肢が大部分ふたたび退化した少肢期に至って孵化したものとみなされる.三爪幼虫(triungulin larva)のように特殊化した活動的なものから,肢がかなり退化して芋虫型幼虫に近いものまで,生活様式に従った一連の系列がみられる.(4)無肢型幼虫(apodous larva):胸・腹部の運動付属肢がまったく(または少なくとも単なる小突起に)退化している型.双翅類・膜翅類の幼虫は大部分この型に属し,特に双翅目の幼虫は*蛆(うじ)と呼ばれる.祖先型膜翅類の幼虫には植物の葉上にすむものから,材や茎の中にすむものまであるが,それに伴い完全な多肢型から無肢型までの移行がみられる.その他,鞘翅類・隠翅類・撚翅類(第二幼虫)などにもみられる.胚期においても付属肢の萌芽が認められないが,胸部の感覚突起が胸部の痕跡と考えられ,少肢型幼虫の特殊化したものとみられる.二次的に肢状物を生じたりして,よく歩行するものもある(マルハラコバチの第一齢幼虫プラニディウムなど).この説はシミ型幼虫・芋虫型幼虫のような分類と比べ実際の幼虫の型をよく説明し,さらに過変態昆虫が二つ以上(例えば6脚をもつ第一幼虫と無肢の第二幼虫)の幼虫型を経過することをうまく説明する.

a **ベルンシュタイン** B<small>ERNSTEIN</small>, Julius 1839〜19 17 ドイツの生理学者.精確な実験家で,工夫に富み,筋肉・神経の一般生理学,特に生体電気の分野で数々の業績を残した.とりわけ興奮性細胞の細胞膜は,陽イオンは通過させるが陰イオンは通過させない,という仮定のもとに活動電位の発生を説明したベルンシュタインの膜説は有名.[主著]Untersuchungen über den Erregungsvorgang im Nerven- und Muskelsystem, 1871.

b **ベルンシュタインの膜説** [Bernstein's membrane theory] 生体電気発生を細胞膜の半透性との関連で説明する説.J. Bernstein(1902)の提唱.神経・筋肉などの細胞膜が半透性で,細胞内部にある1種のイオンだけを通過させると仮定する.陽イオンは膜外に浸出するが,内部に残される陰イオンにより電気的に引かれて,内部が負で外部が正のいわゆる電気二重層を生じる.損傷部と正常部との間に*損傷電位が見られるのは,損傷部では二重層が破壊されるから正常部の二重層の電位が現れると説明し,興奮部と非興奮部との間に*活動電位が見られるのは,興奮部は細胞膜の半透性が失われて損傷部と同様の状態になるからであると説明する.細胞内電極法によって細胞内外の電位差が測定され,興奮部で静止時にあった細胞膜の分極は消失し,さらに逆方向にまで分極されることが知られ,ベルンシュタインの膜説はそのままでは受け入れられなくなった.(⇒イオン説)

c **ベレムナイト類** [belemnites ラ Belemnoidea] 《同》箭石類(やいしるい),矢石類.一般に頭足綱のうち二鰓亜綱中の一目とされ,海生で,*石炭紀初期から*白亜紀末まで生存し,*ジュラ紀から白亜紀の陸棚には特に繁栄した化石動物.G. Bauer(Agricola)が命名(1546).体内に3部分に分かれた殻(円錐状の閉錐,その後方に円筒状の鞘,前方にヘら状の前甲)をもつ.ドイツやイギリスのジュラ紀の地層からは軟体部の印象が残った保存のよい化石が発見されており,鉤のある10本の腕と墨汁嚢をもつ.その起原は*デボン紀の Orthocerida もしくは Bactritida と考えられている.なおベレムナイトの鞘の方解石($CaCO_3$)の酸素同位体比($^{18}O/^{16}O$)から,古水温の復元が試みられている.

d **ヘロルド腺** [Herold's gland] 将来粘液腺,貯精嚢,交尾器などを生ずるカイコ幼虫の雄に見られる洋梨形の小体.第九腹節腹面の前縁正中線に位し,前端は少し第八腹節にかかっている.前端両側に紐体を受け,後端は皮膚に付着している.胚反転(⇒反転期)の完了したころ,外胚葉陥入として発生を始める.雌ではこれに相当するものに*石渡腺があり,カイコが五齢期に至ればこの両腺の存否によって容易に雌雄判別をすることができる.

e **変異** 【1】[variation] 一般には起原を同一にする細胞あるいは個体または集団間に見られる形質の相違をいう.*遺伝的変異のほかに,外部環境の力で生じた*非遺伝的変異(環境変異)もあり,一時変異・季節変異などがこれに含まれる.また*連続変異と不連続変異の分け方もある.
【2】[mutation] *突然変異と同じ意味で用いることが多い(変異原など).

f **変温動物** [poikilotherm, poikilothermal animal] 《同》冷血動物(cold-blooded animal).外界の温度にしたがって体温が変化する動物の総称.その特質を変温性(poikilothermism, poikilothermy)という.鳥類・哺乳類

を除くすべての動物がこれにあたる．多くの変温動物は，体温調節のための熱源を主として環境から得る熱エネルギーに依存している(外温性)．このような動物は，体の向きを変えて太陽エネルギーのとりこみ量を調節したり(バッタやトカゲなど)，微小生息場所(microhabitat)を選択したりすることによって体温調節を行う(行動的体温調節)．一方，変温動物の中にも筋肉運動に伴う熱発生によって環境温度よりかなり高い体温を示すものもある(内温性)．マグロなど大形で活発に泳ぎまわる魚や飛んでいる昆虫の体温は外温より10〜20℃も高い．寒いときチョウやガは飛ぶ前に飛翔筋の収縮によって体温を上げる．ミツバチなどの社会性昆虫では筋肉運動や水の蒸発を利用して巣の温度を調節することが知られている．変温動物の*代謝-温度曲線は，酵素反応速度-温度曲線のような山形となる．すなわち代謝速度は温度とともに上昇するが，最適温度域で最大値となり，それより高温側では急激に下降する．種々の生理過程や反応の速度も同じような温度依存性を示す．変温動物は恒温動物に比べて体温の変化に対する抵抗性がはるかに大きいが，体温が極端に下がると生活活動を営むことができなくなるため，一部の動物は冬眠に入る．

a **扁茎** [cladodium] 本来茎である部分が，葉のように扁平な形態になり，*同化機能をもつとみられる茎の変態の一つ．茎と葉との分化が起こってのちの二次的な変化である．主軸・側軸が共にこの状態に達したものにはウチワサボテン，カニサボテン，カンキチク(タデ科)などがあり，主軸は正常で側軸だけが扁平になったものにナギイカダ，*Asparagus asparagoides* などがある．葉に似た形態の場合は葉状茎(cladophyll, cladode, phylloclade)とも呼ばれる．ヒバマタなど藻類の葉状体にも適用される．

b **ベンケイソウ型有機酸代謝** [crassulacean acid metabolism] ⇒CAM型光合成

c **変形体** [plasmodium] 〔同〕原形体，プラスモディウム．[1] 多核で細胞壁のない原形質体で，一般的には変形菌類やネコブカビ類の栄養体をいう．変形菌類の2個の運動性の*同形配偶子が合体すると間もなく核が融合し，変形体形成が始まって，扁平なアメーバ状となり，流動しながら変形・移動する．核の反復分裂と原形質増量を盛んに行い，細胞壁は形成されない．種により白や黄色，またはオレンジ色となる．モジホコリ類(Physarales)の大型で原形質顆粒を多く含む変形体を*ファネロプラスモディウム，ムラサキホコリ類(Stemonitales)の半透明な変形体をアファノプラスモディウム(aphanoplasmodium)，ハリホコリ類(Echinosteliales)などの微小で往復原形質流動がみられない変形体をプロトプラスモディウム(protoplasmodium)と呼んで区別する．水溶性物質を吸収し，また細菌細胞，胞子，原生生物，粒状有機物などを取り込んで消化し，老廃物を排出する．モジホコリ類では，ときに径10cmをこえる大塊ともなり，原形質流動が著しく，多量の原形質塊が得られることから，生理学や細胞生物学の研究材料として利用される．生活環上では変形体から子実体(胞子嚢)形成へうつる．また胞子形成に不適当な条件または乾燥条件のときは変形体のまま硬直して角質の*菌核となって休眠することがあるが，環境がよくなれば，ふたたび新鮮な変形体を生じる．[2] 種子植物の葯のタペータム細胞が細胞壁を失って生じたアメーバ状タペータ

ム(amoeboid tapetum)も変形体または周辺変形体(periplasmodium)と呼ばれることがある．いずれもシンチウム(⇒多核体)の一種である．(⇒偽変形体)

d **扁形動物** [flatworm, flatworms ラ Platyhelminthes, Plathelminthes] 冠輪動物の一門の無体腔動物．背腹に扁平で体節を欠く．伝統的には渦虫綱・単生綱・吸虫綱・条虫綱の4分類群から構成．近年の研究により分類体系は流動的ではあるが，(1)狭義の扁形動物門は小鎖状類と有棒状体類の二つのクレードからなること，(2)条虫類・吸虫類・単生類からなる寄生性の新皮類(Neodermata)は有棒状体類に含まれるサブクレードであること，(3)かつて渦虫綱に所属させられていた無腸目と皮中神経目は狭義の扁形動物門に含まれないこと，が明らかになりつつある．有棒状体類内部の系統関係は不明．無腸類と皮中神経類を単系統群とし，これらに対して無腸型扁形動物門(Acoelomorpha)を立てる見解がある．(⇒珍渦虫動物)．自由生活性の種では繊毛上皮が，寄生生活性の種では繊毛のないシンチウム性の表皮が体を覆う．発達した皮筋層と柔組織をもつ．腸は条虫類では消失し，その他の類では一般に盲嚢で肛門を欠く．排出器官は原腎管．籠状神経系をもつ．呼吸系や循環系を欠くが，二生類の吸虫の一部には間充織の中にリンパ導管(lymphatic channel)と呼ばれる細管をもつものもある．ほとんどが雌雄同体で，交尾によって他家受精する．生殖器は分類群によってさまざまな程度の複雑さを示し，雌雄の生殖口は別々に開口する場合もあれば，共通の生殖腔(genital cavity)に開くこともある．小鎖状類および有棒状体類の中の原始的なグループとされる多食類や多岐腸類では他の後生動物のように細胞中に卵黄をもつ卵(内黄卵 endolecithal egg あるいは単一卵 simple egg)が作られる．一方，新皮類や三岐腸類を含むその他の有棒状体類では，卵黄形成が卵巣とは独立した器官，すなわち卵黄腺(yolk gland, vitellarium とも呼ばれる)で行われ，形成された卵黄細胞は卵黄管(vitelline duct)を通って運ばれ，卵巣(ovary, germarium と呼ばれることもある)で作られた卵細胞と共に卵殻中に収められる．1卵殻中には一つあるいは複数の卵細胞と複数の卵黄細胞が含まれる．このような卵を外黄卵(ectolecithal egg，複合卵 composite egg)と呼ぶ．新皮類では外黄卵の形成は卵形成腔(ootype)と呼ばれる部位によって行われる．輸卵管から雌性生殖口へ至る途中にはセメント腺，子宮，膣，あるいは精子を貯えるための嚢(交尾嚢 copulatory bursa または受精嚢 seminal receptacle)が発達する場合がある．多盤吸盤類(Polyopisthocotylea)の単生類には，輸卵管から右側の腸盲嚢(単生類では口から後方へ「人」の字形に分岐する腸盲嚢をもつ)へと通じる，生殖腸管(genitointestinal canal)と呼ばれる細管をもつことがある．生殖腸管の役割は不明だが，余剰の精子を排出する機能をもち，吸虫類に見られる*ラウレル管と相同とされる．精巣は一つ(多食類)，1対(棒腸類)，あるいは多数(多岐腸類や新皮類)存在し，精子は輸精管を通って貯精嚢に貯えられる．ここに前立腺が開口することも．貯精嚢からは射精管が伸び，それを経て筋肉性の陰茎(cirrus)に終る．陰茎は陰茎鞘(cirrus sheath)に収められることもあるが，貯精嚢・前立腺・射精管・陰茎が陰茎嚢(cirrus sac)に収められる場合もある．海水，淡水，湿地に自由生活をするもの，あるいは種々の動物の内部寄生または外部寄生のものを含

め，現在約2万種が知られる．

a **変形発生** [caenogenesis] 《同》新形発生．ある生物の個体全体または一定の原基の発生過程が，その祖先型の個体発生における対応の過程から偏向している場合．*原形発生と対するもので，E. H. Haeckel の造語．鳥類や哺乳類の羊膜や漿膜，またノープリウスなど諸動物の幼生がその例．それら幼生は祖先型そのままではなく，幼生生活のための適応形質を示す．G. R. de Beer も進化形式の一つとして挙げている．（⇒生物発生原則，⇒幼型進化）

b **変形膜** [hypothallus] 変形菌類の変形体が変化して子実体を形成するとき，変形体を包む粘液鞘が乾燥固化して形成される薄い膜．胞子嚢を基質へ接着する働きをもつ．有柄の子実体では，変形膜が上方へ伸長して柄が形成される．

c **変更遺伝子** [modifier, modifying gene] 主遺伝子の作用をいろいろに変更する遺伝子．変更遺伝子の単独の作用は通常，表面に現れない．哺乳類では毛色を黒色にする主遺伝子があるにもかかわらず，灰色・褐色あるいは黄褐色などに淡色化する劣性の変更遺伝子群の例が多くの種で知られている．キイロショウジョウバエでは，*位置効果に影響を及ぼす変更遺伝子が多数知られている．

d **偏光顕微鏡** [polarization microscope, polarizing microscope] 光学系に偏光子(polarizer)と検光子(analyzer)を挿入し，試料の複屈折性(birefringency)を観察・測定できるようにした顕微鏡．偏光子は光源と試料の間に，検光子は対物レンズと接眼レンズの間にとりつけられている．さらに両者の間に補正板(compensator)を入れる場合もある．生物試料では筋線維，毛包，歯，細胞内の澱粉粒，紡錘体などが複屈折性を示すが，岩石や結晶などに比べて一般に著しく弱いので，観察・測定には精度の高い偏光顕微鏡が必要である．複屈折性は光学顕微鏡の分解能以下の分子やミセルの異方性を示すものであり，偏光顕微鏡は生きた状態での微細構造の動的観察に有用である．

e **偏光受容** [polarized light perception] 偏光の振動方向を識別する能力．節足動物の多くのものや軟体動物の腹足類や頭足類でみられ，ミツバチでは帰巣行動や求餌行動の重要な感覚的手掛かりとなる．(1)偏光面識別可能な動物の光受容器は視細胞表面から突出する微小管が一定方向に規則正しく配列した感桿型視細胞をもつこと，(2)同一個眼内には，それぞれ異なる振動方向の偏光に最大の受容器電位を発生する視細胞が存在すること，(3)感桿には二色性(dichroism)を示すものもあることなどから，偏光の振動面の識別には，視物質をのせた膜が微小管構造をとっていることが重要と考えられている．偏光受容は糸状の体制をもつ植物でも見られる．ヒザオリの葉緑体が示す，光に対して一定の方向を向く光定位反応は刺激光の偏光面の方向に応じて起こり，コケやシダの原糸体の光屈性では偏光面に応じて屈曲の方向が決まり，これを偏光屈性(polartropism)という．どちらの現象も，光受容体の*フィトクロムが細胞膜付近で規則正しく配列しているために起こると考えられている．またミドリムシでは，細胞が刺激光の偏光面に対して垂直に移動する偏光走性(polarotaxis)が知られている．

f **ベンザー** Bᴇɴᴢᴇʀ, Seymour 1921〜2007 アメリカの分子遺伝学者．ファージ研究を行い，遺伝子の新しい概念(シストロン，ミュトン，リコン)を確立，分子遺伝学の基礎を築いた．1965年からは神経系統の研究に移り，キイロショウジョウバエの行動変異の遺伝学的研究を行う．2000年国際生物学賞を受賞．

g **辺材** [sapwood] 木部のうちで，軸方向柔細胞や放射組織などの生きた細胞が含まれる部分．心材と対する．水分通導機能と養分貯蔵機能，さらに機械的支持機能をもつ．心材に比べ着色が少なく，白太(しらた)と俗称．辺材と心材の境界では，心材への移行的な性質を示す部分があり，これを移行材(intermediate wood)という．

h **弁鰓類**(べんさいるい) [lamellibranchs ラ Lamellibranchia] *二枚貝類の一群．原鰓類(Protobranchia)および隔鰓類(Septibranchia)とならんで亜綱とする旧体系では，クルミガイ類・キヌタレガイ類および一部のウミタケガイモドキ類を除く大多数の二枚貝類が含まれた．なお，二枚貝類と同義に用いられることもある．

i **偏差則** [deviation rule] ある祖先種すなわち幹種(独 Stammart)からの二分岐的な種分化に際して，一方の子孫種は幹種から形態的に分化し，より派生的(apomorphic)であるのに対し，他方の種は形態的に幹種に近く，より原始的(plesiomorphic)であるという進化仮説．*分岐分類学の提唱者 W. Hennig (1949, 1950)の提唱．しかし，この偏差則は，その後の彼の理論の進展の中で，しだいに占めるべき位置を失った．現在の分岐分類学では，派生的・原始的という形容詞は，子孫種に関してではなく，形質状態の進化方向(polarity)に関して用いられるようになった．

j **ベンサム** Bᴇɴᴛʜᴀᴍ, George 1800〜1884 イギリスの植物学者．功利主義哲学者 Jeremy Bentham の甥．J. B. Lamarck の 'Flore française'(フランス植物誌)の A. P. de Candolle による改訂版を読んで植物学に興味を起こし，父の遺産で研究を続け，世界各地に旅行，膨大な採集品をキュー植物園に寄付して，1854年以後そこを終生の仕事場とした．1863〜1877年リンネ学会会長．[主著] Genera plantarum (J. D. Hooker と共著)，1862〜1883．

k **変種** [variety ラ varietas] [1]動物分類学において，種内の品種のあらゆる変異型を指す多義的な概念．色彩多型，季節多型，栽培生物，飼養生物，亜種および非遺伝的な変異などが含まれる．国際動物命名規約では，これを正式な階級として扱わない．[2]国際藻類・菌類・植物命名規約において，亜種と品種の間に位置する補助的*階級または，その階級の*タクソン．複数の形質において他と異なる変異型に対して用い，その学名は，属名と種形容語の後に，階級を示す var. (varietas の省略形)という符号を添えた変種形容語を記す．

l **編集距離** [edit distance] 2本の文字列の違いを編集作業の回数で表現するもの．文字列の長さが揃っている場合は，Hamming 距離(食違いの数)がよく用いられる．Levenshtein 距離は，一般に長さの異なる文字列を動的計画法により整列し，置換・挿入・欠失の最小回数を数える．DNA 配列の比較においては，編集作業は塩基置換・挿入・欠失という進化的イベントを意味する．塩基置換に比べて挿入・欠失は頻度が低いことから，これに異なる重みをつけて最適な*アラインメントを行うダイナミックプログラミングが使われている．逆位，転座も考慮に入れた距離の計算法も開発されている．

6-ベンジルアミノプリン
[6-benzylamino-purine] 6-BAPと略記。$C_{12}H_{11}N_5$ *カイネチンと類似の化学構造をもつ同族体のうち，最も強い*サイトカイニン活性を示す合成化合物．6-クロロプリンとベンジルアミンとを縮合させると得られる．

偏心細胞
[eccentric cell] [1]《同》基底細胞(basement cell)．ある種の昆虫や甲殻類の個眼で，視細胞のほかに基底膜の近傍に見られる細胞で，遠心側と求心側にそれぞれ軸索突起と軸索を突出しているもの．通常の視細胞と同様に，感桿に小管構造が見られる．[2] カブトガニの個眼で，中心から外れた位置にある1〜3個の細胞．感桿構造は見られない．*側方抑制が最初に観測されたことで知られる．

変浸透性動物
[poikilosmotic animal] 動物体の内外の環境間に浸透平衡が成立し，外部環境の濃度変化にともなって内部環境が受動的に変化する動物．*恒浸透性動物と対する．大部分の海産無脊椎動物とヌタウナギ類がこれに属し，体液のイオン組成も外界の海水とほとんど同じものが多い．また，変浸透性動物には狭塩性のものが多いが，淡海水にすむイガイやタマシキゴカイなどのように，体内組織が比較的広範囲の体液濃度の変化に耐えるような広塩性の動物もいる．(⇒浸透順応型動物，⇒浸透調節)

変成
[transformation] 一般に，ある器官の発生や細胞分化などにおいて，なんらかの原因でその分化の方向が変わる現象．例えば植物で芽の運命がほとんど花芽に決定しかけているときに，なんらかの外因(葉の除去など)が加わると，葉芽になるといった現象．(⇒トランスフォーメーション)

変性
【1】[degeneration] 細胞の生活過程に何らかの原因が作用し，その正常の物質代謝に著しい変化または障害を与え，異常物質の出現などにより形態学的に把握できる変化が細胞中に生じてくる現象．一般に医学上使用されることが多い．退化と呼ぶこともあるが，機能の異常な亢進がみられる場合もあるので，変性の語を用いることが多い．その過程の半ばを占める代謝の異常ないし障害の種類によって，次のように分類する．(1)蛋白質代謝異常によるもの(混濁腫脹・空胞変性・粘液変性・膠質変性・ガラス様変性・類澱粉変性・角質変性)，(2)脂質代謝異常によるもの(脂肪変性)，(3)炭水化物代謝異常によるもの(糖質変性)，(4)無機質代謝異常によるもの(石灰沈着・結石・結晶体変性)，(5)色素代謝異常によるもの．変性した細胞はその程度によって，さらに壊死におちいる場合もあり，あるいは原因が去るとともに回復することもある．変性は血行停止や血栓症などの場合には，一部の組織や器官に限局した局所的な過程として現れてくるが，種々の伝染性疾患や糖尿病などの場合にみられるように，全身的な代謝障害の一環として起こるものが大部分である．
【2】[denaturation] ＝蛋白質の変性
【3】[denaturation] ＝DNAの変性

変性種
[aberration ラ aberratio] 古典的な動物分類学において，主として外的な環境の影響によって特異的な形質を発現させた変異個体を指したもの．国際動物命名規約では，この用語が新しい学名とともに用いられる場合には，亜種よりも下位の実体を示すものとして，不適格名(⇒適格名)とみなされる．

ヘンゼン
HENSEN, Victor Andreas Christian 1835〜1924 ドイツの生理学者，海洋生物学者．キール大学生理学教授．初め発生学，感覚器官，特に聴覚器官の解剖学および生理学を研究し，後に海洋生物学の研究に転じ，漁業と関係してプランクトンの定量法，浮遊魚卵の計算法を案出．Planktonは彼の造語．フンボルト記念事業のNational号により大西洋全域でプランクトンの調査を行った．

ヘンゼン結節
[Hensen's node]《同》原結節(primitive node, primitive knot)．羊膜類の発生初期に*原条の前端に現れる小隆起．鳥類以外では単に結節(node)と呼ばれることが多い．ここから胚内に移動した細胞は咽頭内胚葉，頭部中胚葉，脊索などに分化する．ヘンゼン結節は両生類の原口背唇部に相当し，形成体としての作用をもつ．また，羊膜類の*左右性形成の初期過程はここで起こる．(⇒頭突起)

片側優位性
(へんそくゆういせい) [lateral dominance] 動物，特にヒトの運動機能における利き側のこと．運動および感覚機能が右側より左側の方がすぐれている場合を左利き，逆の場合を右利きという．最も一般的な用例は上肢の運動機能に関する利き腕(handedness)という．ヒトは民族グループで多少の違いがあるものの，一般に右利き(right handedness)が優勢で，約5%が左利き(left handedness)だという．このほかに，利き脚(軸脚)と利き眼などがある．しかし利き腕をのぞくと，右利きか左利きかの判定は，常識的に考えられるほど簡単ではない．右利きに優位である人間文化の存在にもかかわらず，左利きの生ずる要因としては，遺伝性・習慣・解剖学的左右差(大脳の機能分化，視覚，重心の偏在)，あるいは胎内条件などさまざまな説がある．右利きの場合は，大脳皮質に占める領域は右側であるが，その際，言語中枢もまた右側が機能的になっている．サルや類人猿の右利きと左利きについても研究があるが，種および研究方法により結果はまちまちで，いずれにしても種のレベルでは左利きと右利きの間で顕著な差はないらしい．

変態
[metamorphosis] 最も広義には，生物個体あるいはその一部の外形の，かなり不可逆的な内因的変化．未分化の細胞が分化する場合(例えば精子変態)にも使用される語．[1] 多細胞動物胚期終了後の個体発生(*後胚発生)で，*胚が直接に*成体の形態をとらず，まず成体とは別個な形態・生理および生態をもつ*幼生(昆虫類では*幼虫)となる場合，幼生から成体へ(ある場合には幼生から幼生へ)の転換の過程．動物の幼生が千差万別の形態をもつのに応じ，変態と呼ばれる過程も動物群によって極めて著しい差異を示す．ほとんどすべての動物門で変態現象が知られている．例えば，海綿類では単純な体制をもった浮泳性の幼生(*中空幼生など)が定着し，それとともに一連の形態変化を起こして成体となる変化が変態と呼ばれる．昆虫類の変態は様式に応じ，不変態・不完全変態および完全変態に分けられる(⇒昆虫の変態)．脊椎動物では，無尾両生類におけるオタマジャクシからカエルへの変態が著しく，実験的にも最も詳細に分析されている．幼生に特有の器官(*幼生器官)は変態に際して退化・消失する．両生類や昆虫類では変態の過程がホルモンの支配をうけていることが明らかにされており，それらのホルモンは一括して*変態ホルモンと呼ぶ．変態を経過する発生経過を間接発生(indirect development)といい，変態を経ない発生を*直接

発生(直達発生)と呼ぶ(→脱皮,→成虫原基). [2] 植物において，根・茎・葉が通常の形態と著しく異なったものとなり，その性質が種として固定されている現象. 葉に例をとれば，*普通葉・*鱗片葉・*花弁・*葉針・*捕虫葉などすべての葉のもとになる基本的な葉として*原葉を考え，原葉が現実のさまざまな形態の葉へと進化する過程をいう. 根の変態には貯蔵根・*気根・*呼吸根・*同化根などがある. 茎では葉状茎(→扁茎)・*茎針・茎巻鬚などの例もある.

a **変態ホルモン** [metamorphosis hormone] 動物の変態を主導的に促進するホルモン. 両生類における変態には*甲状腺ホルモンが重要な役割を演じる. 昆虫においては，かつて脳の神経分泌細胞や前胸腺が変態ホルモンを分泌すると報告されたが，現在ではそれぞれ*前胸腺刺激ホルモンと*エクジソンのことである.

b **ペンタクツラ** [pentactula] *ドリオラリアにつぐ棘皮動物ナマコ類の幼生. ドリオラリアの繊毛環が消失しはじめると海底に着底し，5本の触手が体の前端の口から外へと出るようになる. つづいて成体となる.

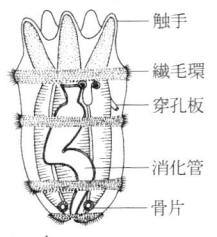

c **ペンタクリノイド** [pentacrinoid] 棘皮動物ウミユリ類の*ドリオラリアと*シスチジアン幼生につづいてみられる幼生. 上部は広がって椀状の冠部と触手をもち，下部は茎(柄)となり，この茎は，先端の付着板で岩石に付着する. この茎は有柄ウミユリ類の成体がもつ茎と相同なものと考えられている. ウミシダ類では茎を切り捨てて，成体となり自由生活に入る.

d **扁桃** [tonsil ラ tonsilla] 《同》扁桃腺. 哺乳類に特有の，上顎部上皮の陥凹部を囲むリンパ小節の集合体. ただしこれに類似の構造はすでに両生類の口腔に見出される. 口腔およびその近くのものは第一鰓裂の壁から生じ，各所に分かれ，完成後は，一般には扁桃腺と呼ばれる口蓋扁桃(tonsilla palatina, palatin tonsil), 舌扁桃(tonsilla lingualis), 咽頭扁桃(tonsilla pharyngea), 耳管扁桃(tonsilla tubaria)などになる.

e **変動主要因分析** [key-factor analysis] 《同》基本要因分析. ある地域にすむ*個体群の*世代から世代への個体数の変動に関連する主要因，またはそれが働く発育ステージを検出する方法. R.F. Morris (1959) は，このような変動主要因(key-factor)は，個体群に働くさまざまな死亡要因(移出入や増殖能力の変化も含める)のうち，世代ごとに作用の強さが大きく変化する要因であり，通常1ないし少数のこうした要因によって，昆虫個体数の変動が大きく規定されることを示唆した. かれは(1963)野外の個体群について得られた*再生産曲線が，片軸を対数にとればほぼ直線になるという経験的事実に基づき，予想される変動主要因の影響を考慮してその回帰関係を改善することによって，害虫発生量の予察式を導く方法を提案した(モリス法). また，いく組かの*生命表が得られているときには，世代あたり生存率(genera-

tion survival rate) S_G と齢別生存率 (age-specific survival rate) S_x との間に

$$\log_{10} S_G = \sum_{x=1}^{L} \log_{10} S_x \quad (x=1, 2, \cdots, L)$$

の関係を想定し(L を最終齢とする), $\log_{10} S_x$ による $\log_{10} S_G$ の変動の説明割合を単純回帰，偏回帰，重回帰のいずれかにより算出し，変動主要因ないしそれの働くステージを検出することができる(モリス-ワット法). この場合，齢間隔は必ずしも*生活史のステージではなく，各死亡要因の働く時期を考慮して区分する. なお S_G のかわりに個体数増減指数 (index of population trend) I, すなわちある世代の特定ステージの密度に対する次世代の同ステージの密度の比を用いることも多いが，この場合には*性比や*産卵数の変動や*移出・*移入を示す項を加える必要がある. また G.C. Varley と G.R. Gradwell (1960) は，これと独立に死亡係数 K ($=-\log_{10} S_G$), k_x ($=-\log_{10} S_x$) を用い，グラフ上で K の変動に最も同調して変化する k_x を変動主要因と判定する方法を提案している(Varley-Gradwell のグラフ法). この場合 k_x の決定に際しては，K に対して最も大きな回帰係数をもつ k_x を変動主要因とみなす Podler-Rogers の方法もある (H. Podler & D. Rogers, 1975). これらの方法は，各死亡要因が時間的前後関係をもって順次働き，かつ要因間に相互作用がないという仮定の上に成立するなど，方法論的に問題もあるが，生命表による個体群動態の予備分析や発生予察の手段として広く用いられている.

f **扁桃体** [amygdala, amygdaloid bodies] 《同》扁桃核 (amygdaloid nucleus). 側脳室の下角の前端にある大脳核の一つ. 扁桃(アーモンド)に似たところからこの名がある. 基底外側核 (basolateral nucleus), 中心核 (central nucleus), 皮質内側核 (corticomedial nucleus) からなる核群で求心性繊維は*嗅球，梨状葉，視床，視床下部などから受け，遠心性繊維は背側の分界条系と腹側瀰漫系に大別される. *大脳辺縁系の一部として視床下部や中隔に投射し，生得的行動，情動行動，自律神経機能の発現に関与する. 特に，恐怖条件づけ情動反応に関して，扁桃体は統合的な役割を果たすとされる.

g **変動非対称** [fluctuating asymmetry] 生物の体制において，対称的に存在する複数の形質の大きさや形のどちらかが特定の一方の側が大きくなるのではない非対称の状態. 体の左右にある形質が，同じゲノムのコントロールをうけていると考えられるにもかかわらず変動非対称を示すということは，発生的恒常性が低いためと考えられる. ほとんどの形態学的な形質は，非対称性の程度が低いが，機能的に重要でない形質やヒトなどの二次性徴においてみられる.

h **ペントサン** [pentosan] 加水分解によって*ペントースを生ずる多糖の総称. 多くは植物細胞壁の成分として存在. 例として*キシランはペントースの一種であるキシロースからなり，*アラビナンは同様にアラビノースからなる. しかしこれらもごく少量の*ヘキソースおよび*ウロン酸を含む.

i **ベントス** [benthos] 《同》底生生物 (benthic organism, benthonic organism). 海洋，湖沼，河川などの水域にすむ生物のうち水底に生活する生物の生態群. E.H. Haeckel (1891) が*ネクトンと共に*プランクトンに対置するものとして提唱した造語で，その水域の底生生

大きさによる類別

名　称	大きさ*	例
メガベントス (megabenthos)(巨大ベントス)	4 mm 〜	ウニ・ヒトデ類 エビ・カニ類 魚類 貝類 藻類 海草
マクロベントス** (macrobenthos)(大形ベントス)	1〜4 mm	多毛類 貧毛類 小形貝類 水生昆虫類幼虫
メイオベントス (meiobenthos)	0.031〜1 mm	線虫類 有孔虫類 ハルパクチクス類 動吻類 介形虫類 渦虫類
ナノベントス (nanobenthos)	0.002〜0.031 mm	繊毛虫類 鞭毛虫類 菌類 酵母
ピコベントス (picobenthos)	〜0.002 mm	バクテリア

* サイズは，これを選別する篩の目の大きさ
** 0.5 mm 以上のものをすべてマクロベントスと呼ぶことが多い

物の集合を意味する．これを底生生物というときは文字どおり個々の底生生物を指し，この場合には集合体を意味しない．またベントスを，砂泥などが堆積した堆積物底に生息するもの，すなわちヘルポベントス(herpobenthos)だけに限定して用いられることもある．この場合，岩石などの固い基質に付着して生活しているものはハプトベントス(haptobenthos)と呼ぶ．日本では*底生動物だけを指すこともある．水生生物を，大まかな生活様式の類型によって区分した結果認識される生態群の一つで，生物の種や分類群を類別する概念ではない．基底での生息のしかたによって，*表在ベントスと*内在ベントスとに大別される．ただし，この類別は主に底生動物についてなされ，特に堆積物中では，それぞれ表在動物（エピファウナ epifauna），埋在動物（インファウナ infauna）

の語を用いるほうが一般的．堆積物中の微小藻類や原生生物，渦虫類，輪虫類，線虫類などについては，砂泥底表面を動きまわるもの(epipelic)，砂泥粒に付着するもの(epipsammic)，砂泥粒間隙に入り込んでいるもの(interstitial)などが類別される(⇌間隙動物群)．岩石やサンゴ塊などの突出した固い基質の表面には，表在ベントス中心の群集が形成され，基質内部に生息する隠蔽生物(cryptobion)は比較的少ないが，軟らかい石灰岩やサンゴ塊などではかなりの量に達することもあり，特異な種を含むことがある(⇌付着生物)．海草や海藻の葉・葉状部上には，そこを生息地とする特異な小形動植物群すなわち*植物着生生物や葉上動物(phytal animal)などが見られるが，これらのように直接海底に接していない生物も，基質に強く関係をもつ生物はベントスに含まれる．大きさによる便宜的区分も行われている．(⇌底生動物，⇌底生植物)

a **ペントース** [pentose] 《同》五炭糖．炭素原子5個をもつ単糖．代表的なものに，*キシロース，*アラビノース，*リボース，*リブロースなどがある．生体内ではペントサンその他の多糖として，またリン酸エステルとして存在する．特にリボースはRNAに含まれる．通常の酵母では発酵しないが，これを発酵する酵母(*Torula* など)もある．フロログルシン反応・オルシン反応・レゾルシン反応・アニリン反応などに陽性を示す．

b **ペントースリン酸回路** [pentose phosphate cycle] 《同》ヘキソースリン酸分路，ワールブルク-ディケンズ経路．エムデン-マイエルホーフ経路(EM経路)と異なるグルコースの分解経路．動物では乳腺・肝・睾丸・白血球などで行われ，植物・微生物でも行われる．細

(1) グルコース-6-リン酸脱水素酵素（グルコース-6-リン酸デヒドロゲナーゼ glucose-6-phosphate dehydrogenase: EC 1.1.1.49)
(2) 6-ホスホグルコノラクトナーゼ (6-phosphogluconolactonase: 3.1.1.31)
(3) グルコン酸-6-リン酸脱水素酵素(6-ホスホグルコン酸デヒドロゲナーゼ 6-phosphogluconate dehydrogenase: 1.1.1.44)
(4) リブロースリン酸-3-エピ化酵素(ribulosephosphate 3-epimerase: 5.1.3.1)
(5) リボースリン酸異性化酵素(ribosephosphate isomerase: 5.3.1.6)
(6) ケトール転移酵素(transketolase: 2.2.1.1)
(7) トランスアルドラーゼ(アルドール開裂転移酵素 transaldolase: 2.2.1.2)
(8) グルコースリン酸異性化酵素(ホスホグルコイソメラーゼ glucosephosphate isomerase: 5.3.1.9)

胞質可溶性画分に存在する．グルコース-6-リン酸のところでEM経路と分岐し，ただちに酸化・脱カルボキシルされてペントースリン酸となり，さらに転移反応によってヘプトース，テトロース，トリオースのリン酸エステルを経てグルコース-6-リン酸を再生する．ペントースリン酸からヘキソースリン酸までの経路は炭素鎖のつなぎかえの反応が主体で，グルコース-6-リン酸3分子から2分子のフルクトース-6-リン酸と1分子のグリセルアルデヒド-3-リン酸が生成する（図）．この回路の回転によって1分子のグルコース-6-リン酸から6分子の二酸化炭素と12分子のNADPHを生じる．しかしこの回路の意義は，糖の完全酸化よりは，脂肪酸生合成をはじめとする種々の還元性生合成反応や酵素添加反応にNADPHを供給すること，およびリボースや他の物質を合成出発物として供給することにある．

a **扁平脛骨** [platycnemy, platycnemism] 《同》プラティークネミー．強力な後脛骨筋などのために骨体後面に骨稜が発達した前後径が大きい扁平な脛骨．通常は，脛骨の上1/3の位置にある栄養孔の高さで測った左右径（横径）と前後径（矢状径）との比の百分率すなわち脛骨示数（cnemic index）が65に満たないものをいう．一般に先史人では扁平脛骨が目立つ．

b **弁別学習** [discrimination learning] 二つまたはそれ以上の刺激に対して異なった反応を自発することの*学習．例えば動物に，二つの刺激を提示し，一方の刺激に反応すれば報酬が与えられ，他方の刺激に反応すれば報酬が与えられないかむしろ罰が与えられるように訓練をする．この過程が弁別学習で，これが完成すればその前提として動物が二つの刺激を区別していると結論することができる．心理学においては，特にアメリカにおいて学習理論の妥当性をめぐる論争点の一つとして，ネズミによる弁別学習過程の研究が盛んに行われた．現在ではこの方法は，感覚や知覚の他，記憶や概念など動物のさまざまな認知過程を調べるのに多様な動物を対象に用いられ，学習法ともいわれる．

c **ヘンメルリング** HÄMMERLING, Joachim 1901〜1980 ドイツの生物学者．地中海に産する巨大な単細胞藻類のカサノリ（*Acetabularia*）を用いて，その特性を生かした種々の実験形態学的および組織化学的研究を行い，形態形成における核と細胞質の役割を明らかにした．

d **鞭毛** [flagellum, *pl.* flagella] ある種の細菌，原生生物中の鞭毛虫類，藻類，コケ植物，シダ植物や菌類の遊走子および配偶子，後生動物の精子および鞭毛上皮を構成する細胞に見られる運動性の細胞小器官．鞭毛は生体の移動・捕食，他物への一時的付着に役立ち，また感覚器官として働く場合もある．その構造は原核生物の鞭毛と，その他の真核生物の鞭毛とでかなりの違いがある．[1]細菌の鞭毛は，菌体から突出したらせん状の繊維，菌体の表層に埋もれた*基底小体，およびそれらを連絡するフックとからなる．繊維は*フラジェリンからなり，らせん状に連なり，通常，菌体の数倍の長さの管状構造を形成している．細菌の種類によっては，繊維が2種類以上のフラジェリンからなるもの，多層の蛋白質重合体からなるもの，あるいは繊維の外側が蛋白質性の鞘によって覆われているものなどがある．鞭毛の数は菌の種類によって異なり，*ヴィブリオや*シュードモナスの多くは1本しかもたない（単毛菌）．一方，*サルモネラや*バチルスのように菌体のまわりに多数の鞭毛をもつ周毛類，菌体の端に複数の鞭毛をもつ局在性多毛菌もある．[2]真核生物の鞭毛は，細胞表層に埋もれた基底小体と，そこから突出した鞭毛繊維とからなる．繊維部分は2本の中心微小管（singlet）と9組の周辺微小管（A小管とB小管からなるdoublet）とが平行に配列した*微小管の束を主体とする構造（繊毛軸糸 axoneme）である（いわゆる9+2構造）．各周小管に沿って約20 nmの間隔で，1対の腕が細胞体から見て時計回り方向に突出している．スポーク（放射状桿 spoke）が各周小管を中心微小管に結んでいる．微小管は*チューブリンを，腕はATPアーゼ活性のある*ダイニンを含む．このような基本構造の無分枝繊維からなる鞭毛は尾型（whiplash type）と呼ばれ，真核生物の大部分の鞭毛がこの型に属する．一方，二毛菌類などでは，細胞から生じている繊維に沿って左右または片側にさらに細い繊維状のひげが分枝列生している鞭毛が見出され羽型（tinsel type）と呼ばれている．最近では，ゲノム情報や質量分析によって，鞭毛は600種類以上の蛋白質で構成されることがわかってきた．*繊毛とのあいだには基本構造に違いはなく，一般に数が多く繊維部分の短いのが繊毛と呼ばれるが，運動様式は異なる（⇒繊毛運動）．真核生物の鞭毛運動は細菌類のそれと異なり，微小管の伸縮による繊維の波打ち運動によって行われる．

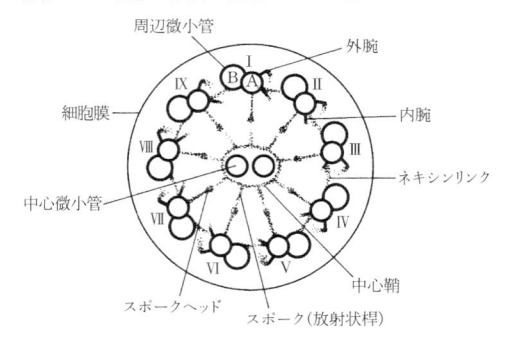

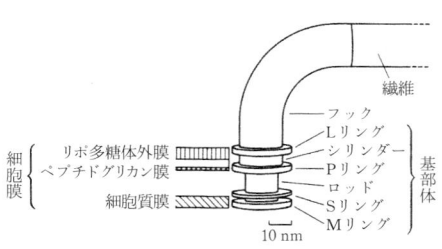

図（鞭毛繊維の横断面模式図：周辺微小管，外腕，細胞膜，内腕，中心微小管，ネキシンリンク，スポークヘッド，中心鞘，スポーク（放射状桿））

図（グラム陰性菌における鞭毛基部の模式図：繊維，フック，Lリング，シリンダー，Pリング，ロッド，Sリング，Mリング，リポ多糖体外膜，ペプチドグリカン膜，細胞質膜，細胞膜，基部体，10 nm）

e **鞭毛移行帯** [transition region, transition zone, transitional region, transitional zone] 《同》鞭毛移行部．真核生物において基底小体から鞭毛に移行する部分．分類群に特徴的な構造が存在し，よく知られたものとしては緑色植物の星状構造（stellate structure），*ストラメノパイルのらせん構造（transitional helix）などがある．また基底小体と鞭毛の境界にしばしば移行板（transitional plate）が存在する．おそらく機能は多様であるが，少なくとも一部にはカルシウム結合性収縮蛋白質（セントリン）が存在し，鞭毛の自切などに関与している

a **鞭毛運動** [flagellar movement] *鞭毛の能動的運動. 原核細胞(細菌)と真核細胞(原生生物や*精子など)の両者で差異がある. [1] 細菌鞭毛の場合, ある種の細菌は太さ 10〜35 nm, 長さ数十 μm の鞭毛をもち, この運動によって泳ぐ. 鞭毛の生えている形態により, ヴィブリオのように菌体の一端または両端から1本または多数の鞭毛を生やしている極毛性細菌と, 大腸菌のように菌体全体から多数の鞭毛を生やしている周毛性細菌とに分けられる. 鞭毛自体の構造は基本的には同一. 鞭毛の主要部である鞭毛繊維は球状蛋白質*フラジェリンの管状重合体で, 全体がらせん状の形態をとる. 細胞膜中にある鞭毛の*基部体(basal body)がこの繊維を回転することによってらせん波が伝播し, 運動が生じる. 周毛性細菌では, 多数の鞭毛繊維が束を形成し, 一体となって運動する. 回転方向は逆転することもあり, その回転方向の調節は走化性・走光性などの行動発現機構として重要. 運動のエネルギー源は膜を介した水素イオンの電気化学的ポテンシャル差で, 水素イオンの細胞内への流入と共役して基部体の回転が起こると考えられる. なお, 特殊な細菌では水素イオンの代わりにナトリウムイオンの電気化学的ポテンシャル差のエネルギーを使って運動するものもある. [2] 真核細胞の鞭毛の場合, 太さ約 0.2 μm, 長さ 10〜数百 μm のものが多い. 波動運動により水流を発生し, 細胞の遊泳, 食餌の摂取などの目的に使われる. 鞭毛打の頻度は通常 10〜100 Hz. 鞭毛は繊毛と共通の内部構造(9+2構造)をもち, 運動機構も同一. 運動の基礎は, 9本の周辺微小管上に結合した*ダイニンが, ATP 分解のエネルギーを使って隣接する微小管との間に局所的な滑り運動を行うことである. 鞭毛打波形は, ウニ精子など正弦波状のもの, クラミドモナスなど非対称的なもの, ウナギ精子など三次元らせん状のものなど, さまざまなタイプがある. 鞭毛打の波形と頻度は Ca^{2+} や蛋白質のリン酸化によって調節されていることが多い. 中心の2本の微小管(中心微小管)とそれを囲むスポーク構造が運動波形の制御に関係していると考えられるが, 詳細は不明. (⇒基部体, ⇒繊毛運動)

b **鞭毛菌類** [Mastigomycotina] 生活環の一部に鞭毛をもった遊泳細胞を生じる真菌類の一群. 後端に尾型の1鞭毛をもつツボカビ類, 前端に羽型の1鞭毛をもつサカゲツボカビ類, 尾型・羽型の2鞭毛をもつ卵菌類などを含むが, これらは多系統的であり, それぞれ独立の分類群とされる.

c **鞭毛小毛** [mastigoneme, flagellar hair, flimmer]《同》マスチゴネマ. 真核生物型の鞭毛に生えている毛状構造. 鞭毛軸に対して左右に生えているもの(両羽型)と片側だけに生えているもの(片羽型)がある. その構造は多様であり, おそらく起原は多様. *ユーグレノゾア類, *灰色植物, *ケルコゾア類, *渦鞭毛植物などは非管状の細い鞭毛小毛をもつ. *ストラメノパイル, *クリプト植物などは2または3部構成で管部が管状の小毛(管状小毛 tubular mastigoneme)をもつ. 機能については未知のものが多いが, 管状小毛は鞭毛打による推進力を逆転させるとされる.

d **鞭毛装置** [flagellar apparatus] 真核生物において鞭毛の*基底小体およびそれに付随する構造の集合体. 付随する構造は鞭毛根(flagellar root)と呼ばれ, 微小管性のものと繊維性のものがある. これらの要素は分類群によってさまざまな名で呼ばれる. その構成や配向は生物群によって多様であり, 分類形質ともされる. 機能はほとんど不明だが, 細胞形態の維持や食作用, 鞭毛運動の調節などに寄与していると考えられる.

e **鞭毛虫類** [flagellates] 栄養世代において鞭毛をもつ単細胞または群体性真核生物に対する慣用名. かつては*原生動物の一分類群(鞭毛虫亜門 Mastigophora)とされ, 色素体をもつ植物性鞭毛虫綱(Phytomastigophora, 鞭毛藻とも呼ばれる)ともたない動物性鞭毛虫綱(Zoomastigophora)に分けられていた. これらの分類群はいずれも非単系統群であり, 現在では分類群名としては用いられないが, 慣用的には用いられる.

f **片利共生** (へんりきょうせい) [commensalism] 種間相互関係の一形態で, それによって共生者の片方の適応度は増すが, 他方の適応度は変わらない状態. 一般的には前者を commensal, guest, あるいは symbiont, 後者を host と呼ぶ. 片利共生の内容や範囲については, 個体間の体外的な関係であってかつ形態の著しい適応的変化がない点を強調するもの, 相手の体表上で生活している場合は*寄生であるとして除外するもの, 共生者の間で定常的な接触が保たれていなくてもこれに含めるとするもの, など見解の違いがある. 相手の体に付着して移動のための利益を得ているような関係を運搬共生(phoresy), かくれ場所やすみ場所として相手の体内や巣穴などを利用するものをすみ込み共生(inquilinism), この二つを合わせて synoecy と呼ぶこともある. また, inquilinism を相手の体内を利用している場合に限り, 巣穴などを利用しているものを endoecism ということもある. さらにこれらの用語は, *相利共生・寄生などの場合も含めた概念として用いられることも多い.

g **ヘンレ** HENLE, Friedrich Gustaf Jacob 1809〜1885 ドイツの病理学者, 解剖学者. チューリヒ(1840), ハイデルベルク(1844), ゲッティンゲン(1855〜1885)各大学の解剖学および生理学の教授. 乳腺の構造, 動物体内の上皮組織の分布, 腎尿細管ヘンレ係蹄の発見, そのほか血管, 眼, 爪, 中枢神経系などの組織学に多くの業績を残した. [主著] Handbuch der rationellen Pathologie, 1846〜1856; Handbuch der systematischen Anatomie, 1876〜1879.

ホ

a **ボーア効果** [Bohr effect] ヘモグロビンのような酸素運搬能をもつ物質が水溶液または血液の中にあるとき，二酸化炭素の分圧が上昇するかあるいはpHが低下すると，酸素分圧に変化がなくても酸素飽和度が減少し酸素がたやすく伝達体から離れてくる現象．B.Bohrが発見．ヘモグロビンが酸素を結合すると血液の保持する二酸化炭素量が低下する*ホールデン効果と併せてボーア－ホールデン効果(Bohr-Haldane effect)という．これらの効果は酸素を担ったヘモグロビンが二酸化炭素の多い体内の組織で酸素を放し，肺ではヘモグロビンの酸素化と共役して二酸化炭素を放出するのに都合がよい．酸素飽和度が50％になるときの酸素分圧を P_{50} で表すと，ボーア効果の大きさは $\Delta\log P_{50}/\Delta\mathrm{pH}$ で表せる．(⇒酸素解離曲線[図])

b **ボアズ** BOAS, Franz 1858〜1942 ドイツ生まれのアメリカの人類学者，民族学者．いわゆるJesup North Pacific Expeditionを計画し，北アジア文化とアメリカ西北部の文化との間に密接な関連があることを明らかにした．またヨーロッパからアメリカに移住した人々の子孫の頭型など身体形質が母国の人々と相違することを調べた．[主著] Changes in bodily form of descendants of immigrants, 1910〜1912; General anthropology, 1938; Race, language and culture, 1940.

c **ポアソン分布** [Poisson distribution] 注目している事象が平均 m 回起こるような条件下において，実際にそれが r 回($r=0, 1, 2, \cdots$)起こる確率 $P(r)$ が
$$P(r)=(m^r/r!)e^{-m}$$
の式で与えられる分布をいう．離散的確率分布の一つ．平均も分散もともに m に等しい．一定の時間または場所にまれな現象がランダムに生ずるようなとき，この分布がよく当てはまる．自殺者の統計，十分稀釈した場合の一定区画内の血球数や細菌などの細胞数，また放射線による*DNA損傷などはこの分布に従うとされている．例えば，大腸菌株に紫外線を $0.05\,\mathrm{J/m^2}$ 照射すると，ゲノム($\sim 4\times 10^6$ヌクレオチド対)当たり平均3個のピリミジン二量体が生じる．ゲノム当たりの実際の二量体の分布は，ポアソン分布に従うと考えられる．$P(0)=e^{-3}\fallingdotseq 0.05$ は二量体の生成をまぬかれた菌の存在確率で，その値5％は実際に $0.05\,\mathrm{J/m^2}$ 照射したときの大腸菌株 $uvrA^-$, $recA^-$ 株(除去修復不能かつ組換え修復不能の二重突然変異)の生存率に一致する．このことは，この株ではゲノム当たり1個の二量体で死に至ることを意味する．(⇒分布型)

d **ボーアン** BAUHIN, Gaspard (Kaspar) バウヒンとも．1560〜1624 スイスの植物学者，医師，解剖学者．テュービンゲン大学その他で医学や本草学を学び，バーゼル大学のギリシア語の教授，植物学教授，医学教授．その著書に約6000種の植物を簡潔に秩序立てて記載した．種と属とを区別した最初の人といわれ，また二命名法に関して C. von Linné の先駆者とされる．[主著] Theatrum anatomicum, 1592 (当時の普及度の高い教科書); Pinax theatri botanici, 1623.

e **哺育細胞** [nurse cell] 成長期にある動物の卵母細胞(増大卵母細胞)に付随してそれに栄養を補給する機能をもつ細胞のうち，卵母細胞と局部的に接する細胞．上皮状に卵母細胞を囲む*濾胞細胞と区別する．1個の卵母細胞に付随する哺育細胞は，1個だけのもの(例:環形動物の *Ophryotrocha*)，相対して1個ずつのもの(例:吸口虫類の *Myzostoma*)，多数が紐状に並ぶもの(例:環形動物の *Diopatra*)などいろいろあるが，最も一般的のは多数が集塊をなして一側に付随するもの(例:環形動物の *Tomopteris*)．哺育細胞には，卵母細胞と同様に卵原細胞に由来するもの(例:ショウジョウバエ)と，卵母細胞とは由来を異にするもの(例:タマバエ)とがある．(⇒栄養細胞, ⇒ナース細胞)

f **ボイセン＝イェンセン** BOYSEN JENSEN, Peter 1883〜1959 デンマークの植物生理学・生態学者．植物の成長を光合成産物の生産と消費・配分の面から解析し，現在の生産生態学の基礎を築いた．生理学の面では，カラスムギの子葉鞘の向日性の研究から植物ホルモンの存在を明らかにしたことで知られる．その後，カラスムギなどを材料として植物ホルモンの組織内における分布，光屈性との関係，さらに根における形成など，多くの発見をし，1910年代には海の底生動物，魚類の物質生産の先駆的研究を行った．[主著] Die Stoffproduktion der Pflanzen, 1932.

g **ホイットマン** WHITMAN, Charles Otis 1842〜1910 アメリカの動物学者で日本の近代動物学の指導者．ボードインカレッジ卒業．E. S. Morse の推薦でその後任として来日し東京大学教授(1879〜1881)．発生学を中心とする授業で日本の初期の近代動物学者を育てた．ハトの遺伝と発生その他の研究があり，進化についても論じた．[主著] The inadequacy of the cell theory of development, 1893; Evolution and epigenesis, 1895; Animal behavior, 1898.

h **ホイットン効果** [Whitten effect] 集団飼育によって発情が遅延している雌マウス群に雄を加えると発情が регулированиеとなり，かつ同調する現象．W. K. Whitten (1956)が発見．雄の尿中に存在するフェロモンが，雌の嗅覚系や鋤鼻系によって受容・伝達され，最終的に下垂体における生殖腺刺激ホルモン分泌が促進されることによると考えられている．

i **ホイーラー** WHEELER, William Morton 1865〜1937 アメリカの昆虫学者．はじめ昆虫発生学，のちにアリの分類・分布・生態の研究に転じた．昆虫社会の進化に関し家族起原説をとり，また社会生活における栄養の役割を強調した(栄養交換)．[主著] Social life among the insects, 1923.

j **膨圧** [turgor pressure] 浸透現象による水の細胞内への侵入によって細胞内に生じる圧．膨圧は細胞を膨張させるように働くが，植物細胞では細胞壁が膨張に抵抗するため，膨圧は数気圧から数十気圧にも達する．これに対して体液にほぼ等しい浸透圧をもつ動物細胞では，膨圧は無視できるほど小さい．細胞壁を伸展させる膨圧に抗して，細胞壁は細胞内部にそれを収縮させようとする圧を及ぼしていると考え，これを壁圧と呼ぶ人もある．

しかし細胞内部の圧力は1種類しかないことは，細胞内部に検圧計を挿入したとき測定される圧が1種類しかありえないことからも明らかである．膨圧は植物細胞の力学的強度や成長に不可欠である．また，植物細胞においては，(細胞内液の浸透圧－細胞外液の浸透圧)－膨圧＝吸水力の関係となる．

a **膨圧運動** [turgor movement] 植物の運動に対して用いられ，細胞の*膨圧変化による細胞や組織の可逆的な体積変化が原因で起こる運動．多くの場合，運動細胞(motor cell)と呼ばれる特殊な細胞が関与する．マメ科やカタバミ科の葉に見られる*傾性，*屈性，*就眠運動など，*葉枕の屈曲で起こる運動は，典型的な膨圧運動である．葉枕は，その背腹あるいは二側面間で，構成する運動細胞の体積と膨圧に差が生じることにより屈曲する．*気孔の開閉運動も，孔辺細胞の膨圧変化によってもたらされる膨圧運動である．

b **包囲維管束** [concentric vascular bundle] 木部と篩部の一方が他方を包囲した形の維管束．篩部が中央にある木部を包囲する外篩包囲維管束(amphicribral bundle)と，逆に中央の篩部を木部が包囲する外木包囲維管束(amphivasal bundle)とがある．前者は外篩型(ectophloic)とも呼ばれ，シダ植物の茎の*原生中心柱や*網状中心柱の分枝に一般に見られるほか，被子植物の葉柄，花や果実にもしばしば存在する(例：サクラソウ，グンネラ)．一方，後者は外木型(ectoxylic)とも呼ばれ，単子葉類のユリ目の根茎などに見られる(例：スズランの根茎)．これは並立維管束の木部が外方の篩部をV字形に挟み，ついに包み込むに至ったものと考えられている．

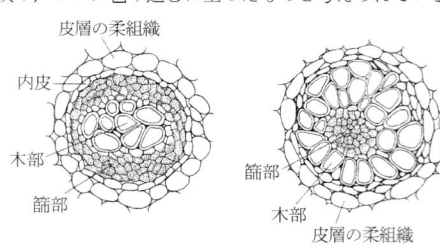

Polypodium の外篩包囲維管束

Cordyline の外木包囲維管束

c **ボヴェ** BOVET, Daniel 1907～1992 フランス生まれのイタリアの薬理学者．アレルギーとヒスタミンの関係から抗ヒスタミン剤をつくった．南アメリカ先住民の矢毒の成分クラーレを人工合成し，1957年ノーベル生理学・医学賞受賞．[主著] Curare and curare-like agents, 1959.

d **苞頴** (ほうえい) [glume, gluma] イネ科の*花序の単位である*小穂の基部にある，小花(floret)をつけない1対の*苞葉のこと．カヤツリグサ科の小花の下にある苞葉である場合もある．苞頴は小穂軸に互生し，下位と上位とを区別することがある．苞頴の先には*葉腋に小花をつける苞葉がつき，これらを外頴(または外花頴，護頴)という．また，その小花の小穂軸側のすぐ下に小苞葉があり，これを内頴(または内花頴)という．外頴と内頴が対になって頴果を包む．外頴または苞頴の先端あるいは背側にしばしば長い1本の，または数本の剛毛状の突起を生じ，芒(のぎ arista, awn)と呼ばれる．中間部で屈曲しているひざ折り状の芒は，地面に刺さった後に*乾湿運動によって頴果を地中へと導く働きをする．

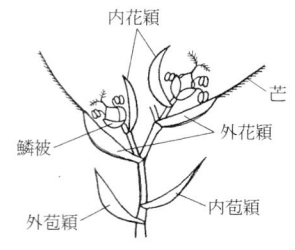

e **防衛** [defence] 《同》防御．動物でも植物でも，同種・異種を問わず，他個体の攻撃から，自分自身，なわばり，配偶者，子を守ること．動物では次のように大別される．(1) 行動的防衛：とりわけ異種間では，捕食者などとの出会いを避ける一次防衛と，ひとたび出会ってからとる行動としての二次防衛に分けられる．一次防衛としては，穴などに隠れて生息する隠遁，姿を隠す*隠蔽色，異物に似る*隠蔽的擬態，自分が危険あるいはまずい animal であることを知らせる*警告色，また，捕食者にそう思わせるベイツ型擬態などがある(→擬態)．二次防衛としては殻や管などに引っ込んだり，*かくれがに逃げこんだりする退却(withdrawal)，いわゆる逃走(escape)，ガなどが後翅の目玉模様を突然示す*威嚇行動(脅し)，死んだふりをする*擬死，シジミチョウなどの後翅後端の尾状突起を触角に見せかけて攻撃をそらすはぐらかし(deflection)，小鳥に見られる*モビングや昆虫での防御物質による反撃などがある．(2) 形態的防衛：体表に固い殻やとげなどをもち，捕食を免れる．(3) 生理的防衛：毒を含む，まずい味がする，もしくは消化しにくい体をもつ場合(→防御反応，→防御物質)．植物では，アルカロイドなどの毒物質をつくったり，とげや毛によって植食者を防いでいる．

f **ボヴェリ** BOVERI, Theodor 1862～1915 ドイツの動物学者．ヴュルツブルク大学動物学および比較解剖学教授(1893)．ウマカイチュウ卵・ウニ卵などを用いて細胞学的・実験発生学的研究を行い，前者では染色体削減や中心体の問題，後者では二精受精における染色体と発生の関係，染色体の個性，染色体数と核の大きさ，染色体と分化の関係などを研究した．[主著] Zellenstudien, I-VI, 1887～1907; Das Problem der Befruchtung, 1902.

g **妨害極相** [disclimax, disturbance climax] ⇒生物的極相

h **包括適応度** [inclusive fitness] 近縁個体間に適応度上の相互作用をもたらす遺伝形質が自然淘汰に関して有利か不利かを判定する尺度として用いられる概念．W. D. Hamilton (1964) が提案した．主に*血縁淘汰の鍵概念として*行動生態学・*社会生物学の分野で利用される．離散的な世代交代をもつ生物集団で，同世代の近縁者(Y)に対して適応度上の相加的(additive)な作用を及ぼす遺伝形質 S_1 がある場合，S_1 を示す個体(X)の包括適応度は，

$$W_X = a + (\Delta a + r\Delta\beta) \quad (1)$$

として定義される．a は相互作用のない場合に X が示すはずの個体の適応度(individual fitness)，Δa, $\Delta\beta$ は S_1 がそれぞれ個体 X 自身および Y の適応度に及ぼす相加的な効果，r は X に対する Y の遺伝的な*血縁度であ

ホウコウカ 1293

る．(1)式の括弧内の項は包括適応度効果(inclusive fitness effect)と呼ばれる．S_1 に対立する遺伝形質 S_0 が，近縁者との相互作用を示さない中立的なものである場合(つまり S_0 をもつ個体の包括適応度が単に α である場合)，S_1 が S_0 よりも自然淘汰で有利になる条件は，

$$\Delta\alpha + r\Delta\beta > 0 \qquad (2)$$

と予想される．例えば定義から S_1 が *利他行動の場合は $\Delta\alpha = -C < 0$, $\Delta\beta = B > 0$, 利己行動の場合は $\Delta\alpha = b > 0$, $\Delta\beta = -c < 0$ なので，それぞれの行動型が中立的な行動よりも自然淘汰(⇒血縁淘汰)において有利となるための条件は，(2)式から

$$B/C > 1/r \qquad (3)$$
$$b/c > r \qquad (4)$$

と予想される．(3)，(4)は，それぞれ利他行動，利己行動の進化に関するハミルトンの規則(Hamilton's rule)あるいは不等式などと呼ばれる．ただし(2)の条件が厳密に成立するのは限られた条件下(例えば，任意交配を行う大集団で，r は系図による血縁度ではなく，注目する遺伝子座における遺伝子の同祖確率である場合)であり，近親交配をはじめとする複雑な条件下の動物行動には一般には成立しない．したがって系図による血縁度に依拠して実際の動物行動に適用する場合，包括適応度あるいはハミルトンの規則は一つの半定量的な目安とみておくべきである．そのため，より広い条件でハミルトンの規則を適用可能にするような血縁度の表現がいくつも発表されている．

a **箒虫動物**(ほうきむしどうぶつ) [Phoronida] 《同》箒虫類．後生動物の一門で，左右相称，真体腔をもつ旧口動物．単立・固着性で自身で分泌したキチン質の棲管中にすむ．B. Hatschek (1888)の創設．しばしば密集して群生するが，各個体間に連絡はない．体は柔らかく，先端に馬蹄形または渦巻状の触手冠をもつ．U 字型の消化管をそなえ，肛門は触手冠の外側に開口するなど，苔虫動物・腕足動物との共通点をもつことにより触手冠動物門(Phoronidea)の一綱とされることもあった．一見して環形動物多毛類のカンザシゴカイ類に似るが，体節も疣足も欠くことで容易に見分けられる．幼生・成体ともに三体部性を示す．閉鎖血管系が発達．雌雄異体または同体．1 対の腎管は生殖輸管を兼ねる．精子は精胞となって海中へ放出される．体内で受精した卵は腎管孔から体外へ産出される．その後，海中で発生が進む種と，触手冠内あるいは親の棲管中で育仔する種がある．卵割は全等割放射型．体腔形成の様式は種により異なり，一定しないらしいが，解明はまだ十分でない．浮遊幼虫は，口の上を覆う口前葉と呼ばれる帽子状構造と触手をそなえる．J. P. Müller (1846) がこれを独立の動物と誤認し *Actinotrocha branchiata* と命名したが，後に A. O. Kowalevsky (1867) が箒虫類の幼生であることを確認したことから，アクチノトロカ幼生と呼ばれるようになった．この幼生は浮遊生活を送ったのち付着し，成体へと変態する．無性生殖も知られている．すべて海産．現生は 2 属 10 種ほど．(⇒触手冠動物)

b **防御反応** [defense reaction] [1]動物行動学において，動物が外部の状況に適応できないときに示す反応．怒って攻撃したり，恐れて逃走したりする場合がその例．防御反応の中枢は視床下部にあり，その電気刺激によって怒りや恐れの*情動反応や攻撃・逃走の行動が引き起こされる．大脳辺縁系に属する扁桃体にも中枢があり，そこを刺激すると防御反応が起こるし，またこれをこわすと防御反応が起こらなくなったり，逆に起こりやすくなったりする．なお，動物の学習実験などにおいて動物の示す反応は回避(avoidance)，逃走(escape)という(⇒回避訓練)．[2]《同》生体防御(biophylaxis)．生物個体・組織・細胞が，ストレス・異物・病原体などにさらされた際に示される反応の総称．その実体は，動物ではストレス蛋白質，インターフェロン，アドレナリンなどの産生・分泌，免疫反応における抗体の産生，植物の*過敏感反応など多様であり，それらの総体として防御反応が成立する．なお，広義には個体が外敵などに対して示す反応をいい(防衛反応)，*他感作用などもこれに含まれる．(⇒防御物質，⇒抗生物質)

c **防御物質** [defensive substance, defense chemical] 生物が傷害や攻撃から自らを防御するための物質，特に動物が他から攻撃を受けた場合，分泌発散させる物質．悪臭や刺激性の化合物が多い．カメムシ類は臭腺から悪臭のある分泌物(成分は 2-hexenal, 2-octenal, 2-decenal など)を発散させ，ゴミムシ科のミイデラゴミムシ(*Pheropsophus jessoensis*)は尾端より刺激臭のある物質(主にキノン類)を噴出させる．ツチハンミョウ科(Meloidae)やマメハンミョウ科(Epicaupidae)の成虫の分泌するカンタリジン(cantharidin)も防御物質と考えられている．脊椎動物では，ガマの分泌する白汁やスカンクの臭腺分泌物などがある．植物が，植食者から逃れるために生産する*アルカロイドのような毒物質や，*タンニン・*リグニンなどの消化をさまたげる物質も防御物質の例．(⇒他感作用，⇒植物–動物間相互作用)

d **帽菌類** [Hymenomycetes] かつて菌蕈類としてまとめられた担子菌類のうち，ハラタケ目とヒダナシタケ目を含む一群．一般に胞子が成熟する以前に担子果の子実層が裸出する点で腹菌類と区別される．一般に「きのこ」といわれるものの大部分を占める．

e **縫合** [suture ラ sutura] *骨や外殻などの不動結合(⇒関節)の一形態．骨骨は結合組織の薄層で結合され，その結合線が縫合線である．哺乳類の*被蓋骨間に見られるように，結合部での鋸歯状の凹凸をもち，互いにくいこんでいる場合(鋸状縫合 sutura serrata)を典型とし，隣接する骨縁がなめに重なりあうもの(鱗状縫合 sutura squamosa)，ほとんど直線的に接するもの(平滑縫合 sutura plana)がある．加齢に伴い縫合は閉鎖，消失するが，その進行程度で年齢の推定ができる．(⇒縫合線)

f **膀胱** [bladder, urinary bladder ラ vesica urinaria, urocystis] [1]脊椎動物で，*輸尿管末端あるいはその近くにあり，排出に先立って尿を一時的に貯える囊．これを欠くものもある．多くの魚類では両側の中腎輸管の末端が合わさって形成される．両生類では総排泄腔前壁の膨出による．羊膜類(ダチョウを除いて鳥類にはない)では一部は総排泄腔から，残りは尿囊の基部から形成され，尿囊膀胱(allantoic bladder)という．無尾両生類や爬虫類には，膀胱を水分貯蔵器官としているものもあり，必要に応じて再吸収してこれにあてる．哺乳類の膀胱はよく伸縮しうる構造をもち，これに伴って上皮は移行上皮と呼ばれる特異な形態をとる(⇒泌尿生殖洞)．[2]⇒腎管

g **芳香環生合成** [aromatic biosynthesis] 鎖状化合物からの芳香環の生合成．動物は一般に芳香環を合成す

ることができない．フェニルアラニンが必須アミノ酸であるのもそのためである．植物と若干の微生物は芳香環の合成を行う．その経路は大腸菌やアカパンカビの変異株を使って証明された．特に芳香族アミノ酸合成の主経路は，エリトロース-4-リン酸とホスホエノールピルビン酸が縮合して生成する七炭糖酸が閉環し，シキミ酸，コリスミ酸を経てp-アミノ安息香酸，p-ヒドロキシ安息香酸や芳香族アミノ酸に至る経路とされる（図）．この経路によって芳香族アミノ酸を中心にしたフェニルプロパノイドが生成するが，種子植物はこのフェニルプロパン核を一つとするリグニンなど化合物および数多くのベンゼン誘導体をそれから生成する．しかしこれは唯一の経路ではなく，例えばフラボノイドのベンゼン環の一つはマロニル CoA から生成するポリケチド$(-CH_2CO-)_n$の閉環によって生ずると考えられる．

a **彷徨試験**（ほうこうしけん）［fluctuation test］《同》揺動試験，ゆらぎ試験．微生物集団中の変異株が自然突然変異によるものであることを証明するために S.E. Luria と M. Delbrück (1943) が開発した方法．大腸菌のファージ抵抗性の場合であれば，ファージ感染大腸菌を10^3個/mL 程度に含む稀釈懸濁培養液を作り，まず1本の太い試験管に 10 mL いれ，次に 20 本の小試験管に 0.2 または 0.5 mL ずつ分注し，全部を同一条件で 24〜36 時間培養する．太い試験管区（a 列）と小試験管区（b 列）とを，各 20 枚のファージ添加寒天培地に平板培養し，発生するファージ抵抗性集落の数をかぞえ，a, b 両列について平均数と変動（variance）とを計算する．a, b 両列の変動がポアソン分布に従えば選択因子の作用で突然変異が生じたと考え，b 列の変動が大きく a 列の変動が小さいときは自然突然変異によるとみなされる．接種量が極めて少ないから最初に各試験管内に植えられた細胞の中に既存のファージ抵抗性菌が偶然にまじりこんでいる機会は非常に少ないことを前提とし，b 列では各試験管内で培養中に突然変異で現れてくるファージ抵抗性菌の出現時期および出現数は無選択的であるのに対し，a 列ではサンプリングエラーだけが現れると考えて，上のように結論が下される．栄養要求性などについても，同様の試験が行える．

b **縫合線**［suture］［1］⇌縫合［2］アンモナイト類などの隔壁と外殻とがなす結合線．アンモナイト類では，縫合線が分類の指標とされ，進化につれて線が複雑になるありさまが知られている．［3］昆虫において，体壁各部の明瞭な区分を示している線の総称．皮膚が内部に陥没してできた溝，節片どうしが繋ぎあわされてできた結合壁，硬皮部が屈伸の必要上やわらかくなってできた二次的な壁など，相同ではないが外から見える節片上の線などが含まれる．（⇌幕状骨）

c **方向選択性**［directional selectivity］視覚系のニューロンにおいて刺激の特定の運動方向に対して反応する性質のこと．刺激の傾きを検出する性質である方位選

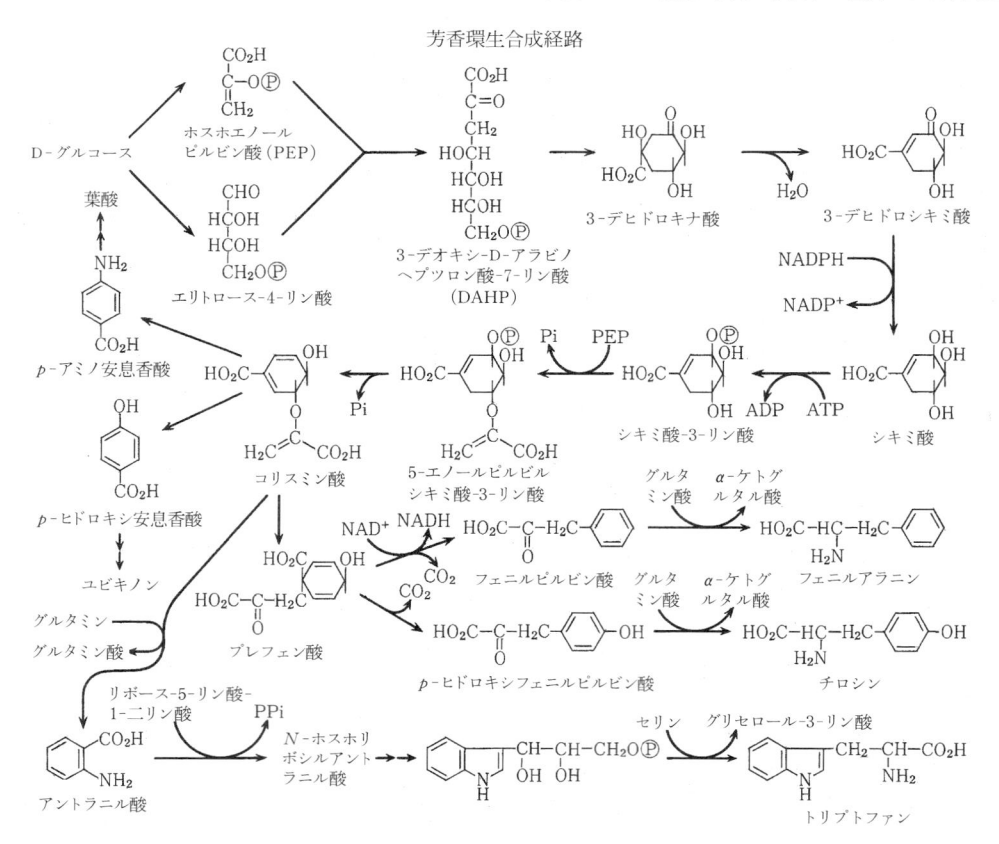

芳香環生合成経路

択性(orientation selectivity)とならんで主要な*特徴抽出性の一つである．その起原は網膜神経節細胞に始まり，網膜のスターバーストアマクリン細胞が適方向の刺激では興奮性神経伝達，不適方向の動きに対しては抑制性神経伝達を行うことによって方向選択性が形成されると考えられている．方向選択性は，*一次視覚野(V1)の第4b層から二次視覚野(V2)，中側頭葉のMT野を経て頭頂葉にいたる運動・空間視経路(背側経路，→視覚経路)における基本的な特性としても知られ，物体の動きの方向や，接近・離反など，自身と外部環境の位置関係の変化を知覚するのに重要であると考えられる．

a **抱合胆汁酸** [conjugated bile acid] *胆汁酸の24位のカルボキシル基に*グリシンまたは*タウリンが酸アミド結合したもの．肝臓において胆汁酸のCoA誘導体から生合成される．胆汁では胆汁酸はすべて抱合胆汁酸のNa塩すなわち*胆汁酸塩として存在している．タウリン抱合胆汁酸，例えばタウロコール酸(taurocholic acid, $C_{23}H_{36}(OH)_3CONHCH_2CH_2SO_3H$, *コール酸のタウリン抱合体)は魚類から哺乳類まで広く分布しているが，グリシン抱合胆汁酸，例えばグリココール酸(glycocholic acid, $C_{23}H_{36}(OH)_3CONHCH_2COOH$, コール酸のグリシン抱合体)は哺乳類にだけ見出される．ヒトにはグリシン抱合体とタウリン抱合体がおよそ3:1の割合で存在する．強い界面活性作用があり，腸内で脂質を乳化し，*リパーゼの作用を助け，また腸壁からの吸収を容易にする．なおヒトの血液や尿などに，胆汁酸の3位水酸基に硫酸がエステル結合した新しい型の抱合胆汁酸の存在することも知られている．

b **傍細胞，旁細胞**(ぼうさいぼう) [parietal cell] 《同》壁細胞．胃底腺(fundic gland 独 Fundusdrüsen)を構成し，塩酸を分泌する細胞．胃底腺にはこのほかペプシンを分泌する主細胞，粘液を分泌する副細胞のほかに，消化管ホルモンを分泌する内分泌細胞がある．(→細胞内分泌細管)

c **放散** [1] [irradiation] 一般に，局限された場所の興奮がその周囲に拡大する現象．視覚において，同じ大きさの二つの図形のうち明度の高いものが大きく見える現象，発光体が実際より大きく見える現象(光渗)がこの例．[2] [radiation] →適応放散 [3] 放熱．

d **放散虫類** [Radiolaria] 内湾・汽水域以外ほぼすべての海洋環境に生息する浮遊性の原生生物．飼育実験も行われつつあるが，寿命や世代交番などの生物学的知識が極めて限られているグループ．現生するものには，ケイ酸殻からなるPolycystina(ポリキスティナ)と呼ばれるグループに属するスプメラリア目(Spumellaria)，ナッセラリア目(Nassellaria)，コロダリア目(Collodaria)，エンタクチナリア目(Entactinaria)と硫酸ストロンチウムの殻をもつアカンサリア目(Acantharia)がある．絶滅した放散虫にはアーケオスピキュラリア目(Archaeospicularia:*カンブリア紀～シルル紀)，アルバイレラリア目(Albaillellaria:*オルドビス紀～三畳紀初期)，ラテンティフィスチュラリア目(Latentifistularia:*石炭紀～ペルム紀)がある．殻の大きさは40～50μmから数mmで，形は球形・楕円形・釣鐘形などを基本として，刺状の細長い骨格がある．内骨格と外骨格が中心囊を境に分かれ，その中に中骨格がある．中心囊より内側に核があり，その外側に原形質層があって，軸足(axopodia)により外界から栄養物を摂取する．透過光帯に生息する放散虫には，渦鞭毛藻類，ハプト藻，バクテリアと共生するものがある．近年の分子生物学的検討からスプメラリア目，ナッセラリア目，コロダリア目，アカンサリア目は近縁なグループであることが示された．これまで一般に放散虫類に含まれていたフェオダリア目(Phaeodaria)はケルコゾア類に近いグループとされ，放散虫からは除外されることになった．カンブリア紀以降現世まで，各地質時代から独特な形態をもった放散虫が知られ，特に石灰質が溶けやすく陸源物質の供給が少ない沖合・深海底堆積物中には豊富に含まれることから，重要な*示準化石となっている．日本の各地質時代のケイ質岩・泥岩からも多産し，日本列島の構造発達史を議論する上で，放散虫化石の果たした役割は極めて大きかった．

e **胞子** [spore] *生活環の一部で出現する，*散布あるいは*生殖，またはその両方に関わる特殊な細胞の総称．通常は単細胞，まれに数細胞からなる．*配偶子とは異なり，単独で新個体となることができる場合が多い．陸上植物，藻類，菌類，変形菌，細胞性粘菌，原生生物，細菌類の胞子は特に芽胞と呼ばれ，耐久性があることが多い．種子植物では数細胞からなる雄性配偶体に相当する花粉が散布されるが，生活環中では胞子という用語は通常用いない．多くは運動性のない*不動胞子であるが，鞭毛をもち運動性のある藻類・菌類・卵菌類の胞子は*遊走子と呼ばれて区別される．形成過程から，減数分裂(核相の変化)を経て形成される有性胞子(真正胞子 euspore)と，核相は変化せず体細胞分裂で形成される無性胞子(栄養胞子 vegetative spore)に分けられる．有性胞子はシダ植物，コケ植物，菌類の一部(*担子胞子・*子嚢胞子)，紅藻類(*四分胞子)などに見られる．また，菌類の一部においては，それ自体が発芽する能力を欠き，雄性配偶子として機能する不動の胞子があり，不動精子と呼ばれることがある．無性胞子は，菌類の一部(厚壁胞子・*分生子・サビキンの冬胞子・夏胞子・サビ胞子)，紅藻類(*果胞子)などに見られる．胞子囊内に形成される場合に*内生胞子と呼び，体外に形成された小細胞や細胞塊が胞子の性質をもった場合には*外生胞子という．また同一個体にできる胞子がすべて同じ形状であれば同形胞子(homospore)，大胞子(macrospore)および小胞子(*microspore)の2形があれば異形胞子という．シャジクモ類や卵菌類の卵胞子，接合菌類の*接合胞子，珪藻の*増大胞子は，胞子の名がつくものの実質的には*接合子である．スポロポレニンを含む丈夫な外壁をもつものは高い休眠性・保存性を示すが，遊走子，果胞子や四分胞子は生活環上の寿命は短い．トクサ科，苔類，変形菌類では乾湿差による変形によって胞子散布を助ける弾糸(elater)と呼ばれる構造が胞子の周縁に見られる．

f **傍糸球体装置**(ぼうしきゅうたいそうち) [juxtaglomerular apparatus] 《同》糸球体傍装置，旁糸球体装置．腎臓の*糸球体の近くにあり，レニンを血液中に放出する機能をもつ特別な構造．J. H. C. Ruyter (1925)の発見．糸球体傍細胞，糸球体外メサンギウム(extraglomerular mesangium)すなわちグールマーティ細胞(Goormaghtigh's cells)および緻密斑(macula densa)の三者からなる(図次頁)．輸入細動脈の傍糸球体装置をもつのは哺乳類だけで，原始的な脊椎動物ほど糸球体傍細胞以外の構造においても不完全な形態を示す．

図：糸球体傍細胞／緻密斑／輸出細動脈／輸入細動脈／糸球体外メサンギウム／糸球体／ボーマン嚢　50μm

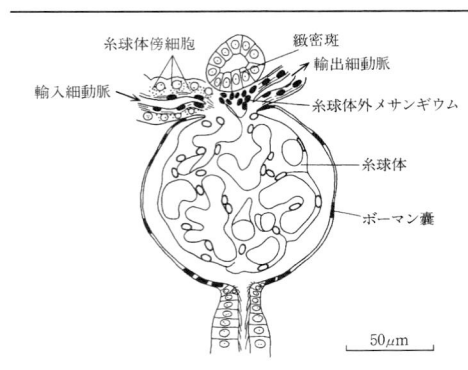

a **胞軸裂開** [septifragal dehiscence] 《同》柱立開綻. 被子植物における果実裂開様式の一つ. (⇨蒴果)

b **胞子形成** [sporulation] 有性胞子や無性胞子が形成される過程(⇨胞子, ⇨分生子, ⇨遊走子). 有性胞子形成は, かつては胞子還元(sporic reduction)とも呼ばれた. 胞子はその形成場所によって内生胞子と*外生胞子に分けられる. シダ植物やコケ植物では胞子体の一部に*胞子嚢が形成され, その中で胞子母細胞の減数分裂によって単相の胞子を生ずる. 菌類の子嚢胞子, 担子胞子はそれぞれ*子嚢, *担子器で核の合体によってできた複相の核から減数分裂を経て形成される. 無性胞子は体細胞分裂によって形成される. 細菌の内生胞子は上記のものとは異なり増殖期の終わりに形成される耐久型細胞である. 陸上植物では, 成熟した齢の個体が, 種ごとに決まった季節に胞子形成を行うことが多い. 菌類や細菌の胞子では細胞の成熟度(加齢)や細胞周期などの内部要因と栄養などの外部要因が関係しているとされている. 栄養のうち窒素源と炭素源の量や質が特に重要で, 一般に栄養成長に適当な濃度のグルコースの存在は胞子形成を抑制し, 一方, 環状 AMP で促進される例があることから*カタボライトリプレッションと関係があるとされている.

c **胞子体** [sporophyte] 《同》造胞体. *胞子をつくって生殖を行う世代の生物体. この世代を胞子体世代(sporophytic generation)という. *胞子形成には必ず*減数分裂が伴う. これに対し, 配偶子をつくる世代の生物体を*配偶体, その世代を配偶世代(配偶体世代)と呼ぶ. 胞子体(核相 2n)と配偶体(核相 n)とが*生活環の中に交互に現れる現象が*世代交代であって, その形式には胞子体と配偶体の形態がまったく同じもの, 形態の著しく異なるものなどいろいろある. 陸上植物は後者に属する.

d **胞子虫類** [sporozoans] 明瞭な運動・摂食器官をもたず, 一般に胞子を形成する寄生性原生生物に対する慣用名. かつては*原生動物の一分類群(胞子虫綱 Sporozoa)とされていたが, 微細構造学的特徴などに基づいて*アピコンプレクサ類, *微胞子虫類, *粘液胞子虫類などに解体された. 現在では胞子虫を分類群名として用いることはない.

e **胞子嚢** [sporangium] 胞子を内部に形成する袋状(嚢状)の器官. その中の胞子を胞子嚢胞子(sporangiospore)という. 同じ植物にできる胞子が一様な胞子をつくるときは同形胞子嚢(homosporangium), 大小2形あるときは異形胞子嚢(heterosporangium)という. 大小の異形胞子嚢のそれぞれを, 大胞子嚢(macrosporangium, megasporangium), 小胞子嚢(microsporangium)という. 種子植物では胚珠の珠心が大胞子嚢, 花粉嚢が小胞子嚢に相当する. 蘚類の胞子嚢は特に*蒴という. 菌類では特にツボカビや接合菌において胞子嚢という言葉が使われることが多い. 発生中に融合した胞子嚢の集まりを聚嚢(単体胞子嚢群, synangium)といい, リュウビンタイモドキやマツバランにみられる. 一つの胞子嚢が1細胞に由来し, 胞子嚢壁が1層の細胞からなるときに薄嚢性(leptosporangiate), 一つの胞子嚢が複数細胞に由来し, 数細胞層からなるときに真嚢性(eusporangiate)という. ゼンマイ科は両者の中間的な胞子嚢を形成する.

f **胞子嚢果** [sporocarp] 《同》芽胞果. 水生シダ類にみられる胞子嚢の集まり. 大胞子を形成する大胞子嚢果(macrosporocarp)と小胞子を形成する小胞子嚢果(microsporocarp)がある. サンショウモ属やアカウキクサ属では胞子嚢果は胞膜におおわれた一つの胞子嚢群に相当するが, デンジソウ科では1枚の葉に相当する.

g **胞子嚢群** [sorus, pl. sori] 《同》ソーラス, 嚢堆. 数個ないし多数の胞子嚢が集合した構造体. シダ類ではごくまれな例外を除いて胞子嚢群をもつ. 葉の裏面または縁辺に生じた胞子嚢托(soral receptacle)上に, 表皮系細胞の突起として一群の胞子嚢を生ずるが, この胞子嚢群の形, 葉面上の位置, 葉脈との関係などがシダ類を分類する重要な標識となっている. エダウチホングウシダのように隣り合う胞子嚢群が2個癒合したものを複胞子嚢群(duplosori), ワラビやマメヅタのように多数が癒合して線状に伸びたものを連続胞子嚢群(coenosori)という. また, 分類群により成熟の方式に特徴がみられる場合もある. (⇨包膜[1])

h **胞子嚢柄** [sporangiophore] 胞子嚢を支持する菌糸の枝. ケカビ類では多くは分枝した細い糸状で頂端に柱軸を形成するが, ミズタマカビ属(Pilobolus)などでは光屈性を示し, 膨れて成熟後に胞子嚢を光のくる方向に発射する働きをもつ器官となる. クスダマカビ属やコウガイケカビ属では頭状の頂嚢となって, その上に数個の小胞子嚢をつける. (⇨栄養嚢)

i **放射** [radiation] 《同》輻射. 物体から電磁波および粒子線が放出すること. *熱収支における最も基本的で重要なエネルギー形態で, 特に植物は太陽の放射エネルギーに密接に依存して生活する. 太陽の放射は大部分日射計で測定できる 3μm 以下の波長範囲にあり, 生物からの放射は 10μm 程度にピークのある長波の赤外線領域で, 測定はかなり難しい. 活動期の変温動物の生活活性は体温によって支配されることが大きいので, それらの行動にも影響を与える. 植物は移動できないため, 夜間の葉からの放射による過度の冷却は, 春先の新葉にしばしば大害を与える. (⇨放射冷却, ⇨アルベド)

j **放射仮道管** [ray tracheid] 裸子植物および化石シダ類の*放射組織に含まれる*仮道管. 通常, 放射組織の上下の縁に存在する. 壁は著しく肥厚・木化し, 原形質を欠き, *有縁壁孔をもち一般の仮道管と類似する.

k **放射冠** [corona radiata] 《同》放線冠. [1] 哺乳類卵の*透明帯を取り囲む, 1層の卵胞細胞(卵巣濾胞細胞). *卵丘の最内層にあたる. 有袋類の一部では, これを欠く. [2] 終脳の投射路が内包を通り, 髄質に入り, 新皮質へ向けて神経線維束が放散したもの.

a **放射孔材** [radial-porous wood] *早材から晩材にかけて*道管の大きさの差が著しくなく、かつ道管群がほぼ放射方向に列をなして配列する材. シラカシ(図)、ハンノキ、カキ、ヤナギ属などの*広葉樹に見られる.

b **放射水管**【1】[radial water canal] *棘皮動物の*環状水管から伸張し、幅部(歩帯)の正中線上を放射状に走行する水管. 分岐して袋状の瓶嚢や細長い管足腔につながる(→管足).
【2】クラゲの放射管のこと(→クラゲ).

c **放射線** [radiation] 広義にはすべての電磁波および粒子線のこと. エネルギーレベルの低いものは励起作用を、高いものは電離作用をもつ. 狭義には電離作用をもつ電磁波および粒子線を指す. 原子核の放射性崩壊や加速器から発生する粒子線、γ線およびX線(X線発生装置による)がその例. 放射線は分子の電離を引き起こし、損害を与える. 標的分子が放射線により直接的に電離されて損害を受ける場合を直接作用といい、放射線が水分子を電離してできるラジカルが標的分子を損傷する場合を間接作用という. 微生物や細胞を放射線照射した場合に起こる増殖の停止や突然変異の誘発など、生物学的に重要な作用を引き起こす際の標的はDNA分子である. 放射線によるDNA損傷にはさまざまなものが含まれるが、二本鎖切断は最も重要である. 細胞は、DNA二本鎖切断を感知して、一連のDNA損傷応答機構を立ち上げ、修復機構を作動させる. DNA損傷応答とDNA修復が不完全であると、細胞死、細胞老化、突然変異などがもたらされる. 塩基損傷を与える化学変異原物質と比較すると、二重鎖切断を与える放射線は、細胞に対しての変異原性はより低く、致死性はより高い.

d **放射線感受性** [radiation sensitivity] 生体の放射線に対する敏感さ. 細胞の生死を指標にすることが多いが、かなり良い易さの指標についても用いられる. 細胞死の場合は、分裂細胞(骨髄細胞や腸などの上皮細胞)で感受性が高く、非分裂細胞(脳や神経の細胞、筋肉細胞)で感受性が低い傾向がある. 分裂細胞が細胞死の放射線感受性が高いのは、DNA複製の進行と関わりがある. しかし個体組織のほとんどを構成している分裂しない細胞についての放射線被曝後の運命については、よく分かっていない. 培養細胞では、細胞周期によって細胞死や突然変異誘発に関する感受性が異なることはよく知られている. 個人差については、特定のまれな遺伝病患者を除き、細胞を用いた試験管内実験では検出は難しい(実験誤差と比べて個人差は小さい). がんの放射線治療では、正常部位への照射がさけられない. そのため、正常組織への障害を考える上で個人の感受性が問題になる. 遺伝子多型と個人の感受性差については、少数の遺伝子多型の関与が示唆されている. しかし、最近の新しい治療法では腫瘍への放射線の量を十分大きくでき、しかも正常組織への線量を最小限にすることができる陽子や炭素といった粒子線を用いることで、治癒率を向上させられるようになってきた.

e **放射線効果** [radiation effects] 放射線の生物効果. 放射線は、その電離作用により種々の分子損傷を引き起こす. そのうちでもDNA損傷は、生物効果を考える上で最も重要. 電離放射線はDNA鎖上で多様な損傷を作るが、二本鎖切断は最も修復が困難である. 真核細胞生物では、DNA二本鎖切断の検知とそれが誘発する一連の損傷応答に、多くの遺伝子がかかわっており、その多くは酵母から植物、ヒトまで共通である. ATM遺伝子は二本鎖切断の検知と損傷応答にかかわり、ATR遺伝子は複製エラーの検知と損傷応答にかかわる. その結果、細胞周期停止、DNA損傷修復、アポトーシスによる細胞死、細胞老化などのプログラムが立ち上がる. 二本鎖切断の修復には、間違いの少ない相同組換え修復と、間違いが多い末端結合修復の二つの機構がある. 修復間違いにより、染色体*転座や*欠失突然変異が生じるが、転座の結果として二動原体染色体や環状染色体ができると、細胞分裂が阻害されて細胞死がもたらされる. 細胞レベルでの一連の損傷応答の結果は、個体レベルでの放射線の効果、とりわけ放射線障害 (radiation detriment) となって現れる. 個体レベルでの放射線障害は、潜伏期によって急性影響 (acute effect) と晩発影響 (late effect) に分けられる. 急性影響は比較的高い線量を受けた直後に生じ、発症には0.5〜1 Gy程度の閾値線量をもつため、従来は確定的影響 (deterministic effect) とも呼ばれていたが、最近は組織反応 (tissue reaction) との呼名に変えられた. 急性影響は、放射線により一定以上の細胞が失われ、組織の機能の維持ができなくなった結果、発症する. 晩発影響は、数年から数十年後に発症するものをいう. 晩発影響として、体細胞突然変異の集積により発症するがんがあり、これは生殖細胞に生じた突然変異による遺伝的影響とともに、確率的影響 (stochastic effect) と呼ばれる. また最近の研究から、老化に伴って発症する白内障や循環器障害などの非がん疾患も、放射線への曝露で頻度が高くなることがわかり、晩発影響の範疇に含まれることになった.

f **放射線生物学** [radiation biology] 放射線の生物に対する影響を総合的に理解するための生物学の一分野. 放射線は、医学分野において、診断やがん治療などに用いられている. 他方、原爆被爆者の疫学調査から、放射線ががんのリスクを増やすことも知られている. また作物においてもジャガイモ催芽防止に用いられたり、各種物品の滅菌にも用いられているほか、突然変異体の単離など基礎生物学の分野における利用も広い. こうした場面での放射線の影響を理解するためには、DNAに生じた傷害の修復機構、細胞傷害の情報が被曝していない細胞に伝えられる機序、少量の放射線により誘導される放射線耐性機構、放射線発がんの機構の解明などが必要である. また、放射線のヒトの健康への影響に関する初期の関心は遺伝的影響に関するものであったので、放射線遺伝学 (radiation genetics) という分野も存在したが、発がんリスクへと関心が移ってきたため、医学面での研究は衰退した. 一方で、例えば親の被曝により子どもにがんが増えるかどうかなど、重要な未解決の問題も残されている. 現在は、小児がんの治癒率が高くなり、小児がんを克服した人が成人し、結婚して子どもが生まれる

時代になったが，がん治療には放射線が使われることも少なくない．そのような子どもに異常が増えていないかどうかも今日的な課題としてある．

a **放射線突然変異生成**　[radiation mutagenesis]　電離放射線や紫外線などの放射線によって突然変異頻度が自然頻度より高くなる過程および結果．H. J. Muller (1927) が X 線によってショウジョウバエに突然変異が誘発されることを発見して以来，放射線（紫外線を含む）は突然変異を生じさせる代表的な要因とされてきた．突然変異の発生頻度は一般に放射線量に比例する（⇒突然変異率）．このことは，突然変異誘発には閾値，すなわちそれ以下では変化（突然変異頻度の上昇）が起こらない量がないことを意味し，放射線の遺伝的影響では安全量は存在しないという考えの基礎資料となっている．正常の生物種は，多くの場合放射線による DNA 損傷を直す能力（⇒DNA 修復）をもっているが，まれに未修復損傷のまま複製が進行すると，複製後の別の修復（*複製後修復）が必要になるが，それは修復誤り（*修復エラー）を起こしやすい機構であるため，誤り情報の DNA 塩基配列が子孫 DNA に組み込まれ，変異が確立する（*突然変異確立）．これは修復誤りモデル (misrepairing model) と呼ばれ，大腸菌株の複製後修復の欠損した株では X 線や紫外線をあてても突然変異率が自然頻度以上に上がらないことが証拠になっている．このことは自然突然変異と放射線誘発突然変異の機構が異なることを示唆し，自然突然変異は主として対合ミス（ミスマッチ）の修復の誤りによると考えられている．（⇒化学的突然変異生成）

b **放射線発がん**　[radiation carcinogenesis]　放射線によりがんが誘発されること．放射線による発がんは，レントゲンによる X 線の発見から 9 年後の 1904 年に報告された．放射線発がんの最も大規模な疫学研究は，広島・長崎の被爆者集団についてなされている．これによると，1 Gy の全身被曝で白血病の相対リスクは 5 倍に，全固形がんの相対リスクは 1.5 倍に上昇する．白血病では慢性リンパ性白血病以外の頻度が上昇し，固形がんでは直腸・子宮・前立腺・胆嚢・腎臓以外のほとんどすべての部位のがんについて頻度が上昇する．白血病は 3〜5 年の短潜伏期で発症し，固形腫瘍は数十年の潜伏期を経て発症する場合もある．小児被曝では，成人被曝に比して，単位線量当たりの相対リスクが高く，潜伏期も短い．放射線発がんは，放射線による DNA 損傷ががん化につながる突然変異として固定されると考えられ，修復欠損のマウスやヒトは，放射線発がんに高感受性である．

c **放射線防護物質**　[radioprotective substance]　放射線照射前あるいは後（狭義には放射線照射前）に生体に投与して，放射線の生物学的効果を軽減する物質．間接作用すなわち放射線により水から生じるフリーラジカル（遊離基 free radical）が障害成立の重要な要因であり，フリーラジカル除去を主な作用機構とする多数の防護物質が報告されてきた（⇒DNA 損傷）．システアミン (cysteamine，別名 β-メルカプトエチルアミン (MEA)，$NH_2CH_2CH_2SH$) は強力な防護物質である．アメリカでのシステアミンを基本骨格とした化合物の大規模スクリーニング試験の結果，それをしのぐ化合物としてアミフォスチン (amifostine，別名 WR-2721，$NH_2(CH_2)_3NH(CH_2)_2SPO_3H_2$) が見出された．効果の指標として用いられる*DRF の値は，マウスの生存率で見た場合，2 以上になる．アミフォスチンは，アメリカでがんの放射線治療に伴う口腔内乾燥を軽減するための薬として認可されている．放射線照射後に投与して効果を示す物質も開発されてきており，放射線事故などへの適用が期待される．この場合の作用機構はフリーラジカル除去以外の生体作用と考えられる．

d **放射線量**　[radiation dose]　《同》線量．放射線照射の度合．放射線生物学や人体の放射線防護では，電離放射線の量すなわち線量が問題になる．放射線量においても国際単位系 (SI) が採用されるようになり，国際放射線防護委員会 (ICRP) の勧告に基づいて次の諸単位が多く用いられる．(1) 吸収線量 (absorbed dose)：物質の単位質量が放射線により受け取るエネルギー．この単位は放射線および物質の種類が何であっても使用できる．国際単位は J/kg であり，これに固有の名称グレイ (gray, 記号 Gy) が与えられている．1 Gy = 100 ラド (rad)，1 ラドは 100 erg/g である．(2) 照射線量 (exposure) または空中線量：X 線または γ 線に限って使用される．空中の単位体積当たり，光子によって自由にされた電子が停止して生じたイオンのもつ電荷の総和．国際単位は C/kg．(3) 線量当量 (dose equivalent)：放射線防護のために使用される量．記号は H．H は，放射線の種類とエネルギーにより生体に与える効果を補正する*線質係数 (Q) とその他の因子（例えば線量率，放射性同位元素による*内部被曝の際にはその核種の体内分布など）に基づく補正係数 (N) を吸収線量 (D) に乗じたもの，すなわち $H = D \cdot Q \cdot N$．また D の単位を Gy または rad で表したときの H の単位をそれぞれシーベルト (sievert, 記号 Sv) およびレム (rem) という．したがって 1 Sv = 100 rem．一般に単位時間当たりの線量を線量率 (dose rate) という．

e **放射線類似作用化学物質**　[radiomimetic chemical]　放射線と類似の生物作用をする化学物質．多くの化学的制がん剤（または発がん剤）やアルキル化剤がこの部類に入る．例えばマスタードガス，マイトマイシン C，4NQO，メタンスルホン酸メチル．（⇒化学的突然変異原）

f **放射相称**　[radial symmetry]　《同》放散相称，輻状相称．生物体の構造が，体軸 (body axis) すなわち主軸 (main axis) を通る 3 個以上（2 個の場合は二放射相称）の面に対して，常に互いに鏡像の関係にある二つの体部に分けられるとき，これを放射相称の構造という．主軸と放射軸（⇒相称）を通り体を基本的に相等しい部分に分割する面を主対称面 (perradius) と呼ぶ．例えば刺胞動物のクラゲにおいては，口の 4 隅を通り口の中央において直交する 2 平面がこれに当たり，棘皮動物，例えばウニでは，歩帯がこれに相当し，5 個存在する．対して，それ以外の切断面では，生物体は相称構造に分けられないが，主軸を通り二つの主対称面の間の角を 2 等分する面を間対称面 (interradius) という．クラゲでは間対称面は 2 個，ウニ類では 5 個あり間歩帯がこれに相当．また，主対称面と間対称面との間の角を 2 等分する面は従対称面（従輻 adradius），主対称面と従対称面，および間対称面と従対称面との間の角をそれぞれ 2 等分する副対称面（副輻・小輻 subradius）を設定する．相称面によって分けられた互いに同等な各部分，すなわち系列相同的単位である体幅 (antimere) は，ヒドロクラゲで 4 個，鉢クラゲで 8 または 16 個，八放サンゴ類で 8 個，有櫛動物で 4 または 8 個が認められる．棘皮動

の5個の体輻のうち，多孔体をかこむ2個(二導体区)と残りの3個(三導体区)が区別される．後生動物の中で放射相称の構造を示すのは，海綿動物・刺胞動物・有櫛動物(二放射相称型)と棘皮動物だけで，刺胞動物のクラゲ形を除けば，いずれも定着性またはほとんど定着に等しいか，あるいはウニ・ヒトデ・ナマコのような動作の緩慢な動物に限られる．棘皮動物も幼生(プルテウスやオーリクラリアなど)は明瞭な左右相称の体制を示し，成体の内部構造には左右相称的な要素を残す．被子植物の花においては花粉の送粉者との関係で，放射相称から左右相称への進化がみられる．

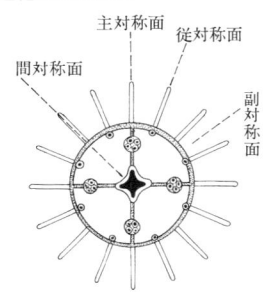

ヒドロクラゲの諸対称面

a **放射相称花** [actinomorphic flower, radially symmetric flower] 中心を通る2枚以上の相称面をもつ花．相称面に分けられた半分ずつは互いに鏡像関係にある．花は進化とともに相称面が減る傾向がみられる．一般に放射相称花を整正花(regular flower)ともいい，相称面をもたないか，または相称面が1枚の左右相称花を不正花(irregular flower)という．

b **放射相称動物** [ラ Radiata] *真正後生動物のうち放射相称の体制をもつ動物の総称．*左右相称動物と対置される．刺胞動物と有櫛動物が該当するので，*二胚葉動物と同義にも扱われる．歴史的には，J. B. Lamarck がクラゲ類(有櫛動物やヒカリボヤ類をも含むが，イソギンチャク類やヒドロ虫類は除外されている)や棘皮動物をその放射相称性に着目して Radiaires として一群にまとめたのが起点と考えられる．なお，G. L. Cuvier(1812)は，進化論否定の立場で動物を不連続な4群に分け(⇨自然の階段)，その一つを放射相称動物と呼んだが，これには，刺胞動物・有櫛動物・棘皮動物のほか，放射相称でない扁形動物・線形動物・海綿動物・原生生物なども含められた．

c **放射組織** [ray] 維管束内を放射方向に水平に走る細長い組織．茎の放射方向の通道，および貯蔵の機能を果たす．*形成層の放射組織始原細胞(ray initial)から，その内外両側に作りだされるので，*木部から*篩部にわたって存在し，それぞれ木部放射組織(xylem ray)，篩部放射組織(phloem ray)と呼ぶ．茎の横断面では放射状に走り，接線断面では1ないし数列の細胞が縦に数層連なって紡錘形に見える．放射組織の細胞は主として放射方向に長い柔細胞(平伏細胞 procumbent cell)で，上下両端に垂直方向に細長くなる縦長の柔細胞が並ぶことがあり，これを直立細胞(upright cell)という．木部放射組織では時に細胞がかなり肥厚・木化し，顕著な有縁壁孔をもち，仮道管状をなす場合があり，これを放射仮道管(ray tracheid)といい，裸子植物に一般

的である．被子植物では，放射組織の構成は多様で，同形の細胞が多列に並ぶ複放射組織(compound ray, カシ属)，放射組織内に縦走する仮道管あるいは繊維を含む集合放射組織(aggregate ray, シデ属およびハンノキ属)，1あるいは多列の放射組織が特に群集して存在する拡散放射組織(diffuse ray, ヤナギ属・カツラ属・トチノキ属)などがある．篩部放射組織では細胞壁が肥厚せず，したがって壁孔も顕著でない．放射組織はかつて射出髄または髄線(medullary ray, pith ray)と呼ばれたことがあるが，現在ではこれらの語は，一次維管束組織の維管束同士の間にあって外側では皮層，内側では髄にそれぞれ接する部分を指す．また，形成層の活動より早く一次組織の中で発生したものを一次放射組織，形成層の放射組織始原細胞によって形成された放射組織は二次組織として区別することがある．

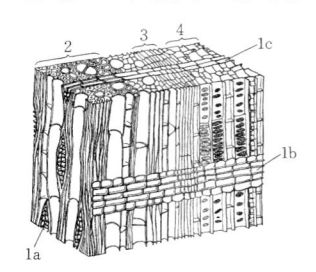

放射組織(1a 接線断面)，(1b 放射断面)，(1c 横断面) 2 二次木部 3 形成層帯 4 二次篩部

d **放射帯** [zona radiata] 動物卵の一次卵膜としての*卵黄膜に認められることがある．それに直角の多数の縞(例：多くの脊椎動物，ゴカイなど一部の無脊椎動物)．この縞は，*濾胞細胞の微絨毛と卵母細胞の微絨毛が交互に組み合わさっている(鉗合している)ために見られるものである．(⇨透明帯)

e **放射中心柱** [actinostele] 外原型の木部(⇨一次木部)と篩部が放射状に配列した，*原生中心柱の一型．維管束植物の根に一般的であるがシダ植物小葉類の茎にもみられる．横断面で星形をした木部の周辺の凹部に篩部が介在しているもの(図のa)と，中央部が木部でなく髄になっており，その周辺に木部と篩部が交互に並んでいるもの(図のb)がある．この時，木部と篩部からなる部分を1本の維管束とみなして放射維管束(radial vascular bundle)と呼ぶことがある．原生木部は，木部が星形の場合は突出部の外端に，木部が分離している場合は各木部の外端にあり，原生木部の数に応じて，木部は一原型(monarch)，二原型(diarch)，三原型(triarch)，多原型(polyarch)などと表し，その数は篩部の数と一致する．シダ植物の根では二原型または三原型，裸子植物では三原型または四原型，被子植物では三〜五原型のものが多い．多原型は単子葉植物の根に多くみられる．一

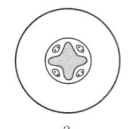

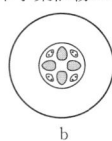

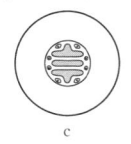

▨は木部，▩は篩部

a,b 放射中心柱(ともに四原型)
c 板状中心柱

原型はまれでミズニラ属や化石植物 Stigmaria の根にみられる．デボン紀の小葉類化石植物アステロキシロンの茎では木部が星形を示すが，現生ヒカゲノカズラ類の茎では木部が複数の板状に分かれて並ぶものが多く，特に板状中心柱(plectostele，図の c)と呼ぶ．

a **放射卵割** [radial cleavage] *割球が卵軸に対して放射状の配列を示す動物の*卵割型の一種．初期卵割の縦の卵割すなわち経割面はすべて卵軸を通過し，卵割面相互のなす角度は分裂の進行に伴って 180°，90°，45°と等分されていく．これに対して横の卵割すなわち緯割面はすべて卵軸と垂直の位置をとる．この様式を示す卵は，海綿動物，刺胞動物，棘皮動物，両生類などに見出される．

b **放射冷却** [radiative cooling] 空間への熱放射によって，地表や植物体が気温よりも冷却される現象．夜間は天空からの放射が少ない一方，地表や植物体表面からは赤外線が天空に放射されるために起こる．熱容量が小さく，表面積の大きい葉で著しく，その度合は晴天・無風の条件下で大きい．このため*耐凍性の小さい春先の若い枝葉はしばしば枯死にいたり，茶・桑・果樹園でも被害が発生する．(→熱収支)

c **報酬系** [reward system] 電気刺激すると報酬効果を示す脳内の領域．1954 年に J.Olds と P.Milner がラットで発見した．快楽中枢(pleasure center)と呼ばれたこともある．ラットがペダルを押すと報酬系に埋め込まれた電極に電流が流れるようにすると，ラットはペダルを高頻度で押し続け，脳内自己刺激(intracranial self stimulation)を行う．報酬系は外側視床下部を中心として大脳辺縁系に広くまたがっており，そこを縦断する内側前脳束とほぼ一致する領域である．また神経伝達物質の*ドーパミンと*ノルアドレナリンの活性とも密接に関わっており，それら神経伝達物質の増減により，電気刺激による報酬効果も増減することが分かっている．ヒトを含む霊長類にも報酬系が存在しているが，ラットほど明確ではなく，電気刺激による報酬効果も弱い．

d **報酬漸減の法則** [law of diminishing return] 投資される資源の単位量だけの増加に伴う収益の増加が小さくなる現象．ある資源を投資し，何かの収益(適応度や繁殖成功度でも収量でもよい)が得られるとき投資される資源量が増えると見返りの収益が頭打ちになることをいう．養分と収量の関係では，ある養分要因を単位量だけ増加するときに起こる収量の増加は，その要因を十分に与えたときの最高収量と現在の収量との差に比例することになる．E. A. Mitscherlich(1909)が*最少量の法則を補うために提出した．他の養分が十分にあるときに，ある養分の増加で収量は増すが，養分増加量に対する収量増加率の割合は次第に減少し，最高収量に達して増加は 0 となることを意味する．すなわち

$$dy/dx = \alpha(A-y) \qquad y = A(1-e^{-\alpha x})$$

y は収量，x は養分量，A は最高収量，α は効果率(作用要因)．養分量が最適量を超えると，収量はかえって減少するので，後でこれは次式のように訂正された．

$$\frac{1}{y}\frac{dy}{y} = \frac{\alpha(A-y)}{y} - 2kx \quad (k \text{ は被害率})$$

e **膨出** [evagination] *形態形成において，初めはほぼ扁平な上皮の一部が外方へ向かって突出する過程および形成物．*形態形成運動の基本的形式の一つとして広く見られる．膨出によって生じる上皮の新しい*区画は場合によっては胞状体として母層から分離し，あるいは管状体として母層より突出し，あるいはさらに複雑な変化を起こす．ナメクジウオ胚の*体節の分離，脊椎動物胚の*眼胞の突出，*鰓嚢の発生，羊膜類の胚の*尿膜の形成などはすべて膨出が基本となる．

f **放出数** (ファージの) [burst size] ファージの感染をうけた 1 個の細胞から溶菌によって放出される子孫ファージの数．直接的には*シングルバースト実験によって求められるが，個々の細胞による数の変動は大きい．*一段増殖実験によって感染菌集団の平均値を得ることができるが，ファージ，宿主細胞，その他の条件が一定であれば，この値はほぼ一定である．

g **放出体** [extrusome] 《同》突出体，射出装置(extrusive organelle)．原生生物において細胞膜直下に存在し，内容物を細胞外に放出する膜で囲まれた細胞小器官の総称．物理的または化学的刺激に反応して放出された内容物は伸長，膨潤する．多くは小胞体やゴルジ体で形成される．逃避や付着，餌捕獲などに働いていると思われるが，機能が不明なものも多い．さまざまな生物群から多様な構造が報告されているが，以下のようなものにまとめられる．またこれら以外にも*アピコンプレクサ類のロプトリーや*粘液胞子虫類の極嚢，微胞子虫の*極管なども放出体とみなされる場合があり，どの型にも相当しないものも多い．(1) 盤状胞(discobolocyst)：一方の極に盤状(リング状)構造が存在し，不定形物質で満たされた球形の小胞．黄金色藻の一部に存在．(2) 射出体(ejectisome, ejectosome, taeniobolocyst)：リボンがきつくロール状に巻き取られた構造を含む．*クリプト植物やカタブレファリス類の全てと Pyramimonas (緑藻植物)の一部に見られる．構造的にゾウリムシの κ 粒子(共生細菌)の R 体に類似する．また一部の繊毛虫下毛類がもつ細胞表面共生細菌であるエピクセノソーム(epixenosome)とも似ている．(3) ハプトシスト(haptocyst, microtrichocyst, missile-like body, phialocyst)：瓶状の複雑な構造をもつ小胞．繊毛虫吸管虫類の吸酵手にあり，捕食に用いられる．(4) キネトシスト(kinetocyst, conicyst)：らせん状に巻いた前方部と球状の後方部の 2 部からなる．*太陽虫類の*有軸仮足上に見られる．(5) 粘液小体(muciferous body, mucigenic body)：嚢状で不定形の粘液物質を放出．粘胞胞と区別されないことも多い．さまざまな原生生物に見られる．(6) 粘液胞(mucocyst, protrichocyst, mucous trichocyst)：嚢状または棍棒状で粘性のある繊維状物質を放出しある程度の高次構造をもつ．さまざまな原生生物に見られる．亜型としてアンピュロシスト(ampullocyst)，クラトロシスト(clathrocyst)，コノシスト(conocyst)，クリスタロシスト(crystallocyst)，ピグメントシスト(pigmentocyst)などがある．(7) 刺胞(nematocyst, cnidocyst)：コイル状に巻かれた管状構造を含む．渦鞭毛藻の一部に見られる．(8) 桿状体(rhabdocyst)：望遠鏡状に折りたたまれた短い筒状構造を含む．繊毛虫原始大核綱に見られる．(9) 紡錘状毛胞(spindle trichocyst, fusiform trichocyst)：単にトリコシスト(毛胞 trichocyst)と呼ぶことが多いが，さまざまな放出体などを含めて呼ぶことがあるので注意．細長い瓶状の構造で蛋白質を含む．射出され伸長したものは 56 nm 間隔の縞状構造を示す．Ca^{2+} 存在下で射出され，ATP を必要としない．防御器官として働く．繊毛虫ゾウリムシ類に見られる．亜型として繊毛虫門簗口綱

の Microthorax に見られ先端が拡がる糸状毛胞(fibrocyst, compound trichocyst)や渦鞭毛藻に見られるアコントボロシスト(akontobolocyst, acontobolocyst)がある. (10) 毒胞(toxicyst):細長い管を含むカプセルからなる. 酸性ホスファターゼを含み,主に捕食に機能する. 繊毛虫毒胞類に見られる. 亜型としてシルトシスト(cyrtocyst)やペキシシスト(pexicyst)がある. 繊毛虫有吻類に見られるアクモシスト(acmocyst)も類似する.

a **胞子葉** [sporophyll] 《同》実葉(fertile frond, fertile leaf). 生殖に直接関して胞子形成機能をもつ葉の総称. これに対し,生殖器官を分化せず光合成などを行う通常の葉を栄養葉(trophyll. または裸葉 sterile frond, sterile leaf)と呼ぶ. 胞子葉は形成する生殖器の性の雌雄によって,ミズニラやイワヒバなどのシダ植物では大胞子葉と小胞子葉とに区別される. 通常,胞子葉は形も機能も普通葉とは大きく異なるが,シダ類では葉緑体に富む通常の栄養葉の一部分に胞子嚢を分化し,胞子散布後も栄養葉と同様に機能する種が多く,このような葉を特に栄養胞子葉(trophosporophyll)という. またシダ類のハナヤスリ科の葉は胞子葉と栄養葉とが柄の部分で合体して生じたと解釈される. なおこの柄の部分は単なる葉柄ではなく茎的性格をあわせもつので担葉体(phyllomophore)と呼ばれる.

b **胞状奇胎** [hydatid mole, vesicular mole] 着床した*胚盤胞に胚子が生じず,*胎盤の絨毛が著しく増殖するとともに透明な小胞状に変化した,ヒトの着床異常. 小胞はブドウの房のように細い茎で集まる. 奇胎は絨毛性性腺刺激ホルモンを分泌し,絨毛上皮腫など悪性腫瘍を生じることもある. 胞状奇胎は二倍体であるが,染色体はすべて父親由来である. 痕跡的な胚子をもつ部分胞状奇胎は三倍体で,父親由来の2組の染色体と母親由来の1組の染色体をもつ. このことは父親由来と母親由来の遺伝子が胚発生に異なる機能を果たしていることを示唆する.

c **棒状小体** [rhabdoid] 渦虫類において,表皮細胞や間充織の腺細胞で形成される,この類に特徴的な棒状構造の総称. 表皮細胞中で形成される皮性棒状小体(dermal rhabdoid)と,間充織に埋まる大型の腺細胞中で作られ,その長い導管を経て送り出される腺性棒状小体(adenal rhabdoid, glandular rhabdoid)に二分され,表皮細胞より高さの小さい棒状小体(rhabdite),腺性で大きくほっそりとした長棒状体(rhammite),両端が尖り内部に突出可能な芯をもつ矢状体(sagittocyst)などがある. 原生生物の毛胞,刺胞動物の刺胞に対比される構造で,いずれも刺激に応じて体表から外に射出され,互いに膠着・膨潤し体表に皮膜を作る. 体の保護,外敵の防御などに関与するとされる. ある種の渦虫は餌とした刺胞動物の刺胞をそのまま利用することもある. (→盗刺胞)

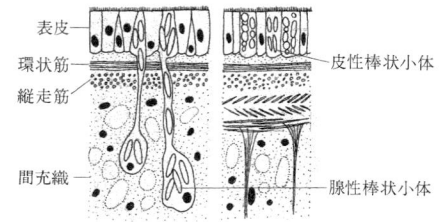

d **房飾細胞** [tufted cell] 嗅神経系一次中枢である*嗅球の外叢状層にある細胞. その主樹状突起末端は第二層で嗅神経繊維末端と僧帽細胞も加わって糸球体をつくり,シナプスを形成している. 房飾細胞の軸索は内叢状層を通って前交連前肢を経て二次嗅中枢に向かう.

e **傍神経節** [paraganglion] 自律神経の神経節細胞と同じ起源であるが,突起をもたず,*クロム親和性反応を示す細胞の集団. 副腎髄質はその最大のものであり,そのほか交感神経節・副交感神経節内や精巣・卵巣付近などにも見出される. (→副腎,→クロム親和細胞)

f **紡錘糸** [spindle fiber] 有糸分裂期に形成される*紡錘体を構成する光学顕微鏡レベルの糸状構造の総称. 固定した細胞では紡錘体内に多くの糸状構造が観察される. グルタルアルデヒド固定細胞の電子顕微鏡像では,紡錘体を構成するのは直径25 nm 前後の*微小管であり,動原体糸は微小管の束である. それらの微小管は紡錘体の両端から中央部に向かって伸長するが,そのうちの一部は染色体上の*動原体と結合している. そのような微小管を特に動原体糸(kinetochore fiber)と呼ぶことがある. 固定細胞の光学顕微鏡レベルで観察できる多くの「紡錘糸」は微小管の二次的会合の像である.

g **紡錘組織** [prosenchyma] [1] 紡錘細胞(prosenchymatous cell)からなる組織. 紡錘細胞は細長く両端がとがった紡錘形で,一般に細胞壁は肥厚し,木化したり原形質を欠く場合が多い. 厚壁繊維はこの組織に属し,植物体の支持や保護に役立つ機械組織を形成し,実用上の繊維として利用されることも多い(アサ). *仮道管組織もこの組織の一つで,壁の肥厚は著しくないが木化して種々の型の壁孔を生じ,多数集合して木部の構成要素となり,水分の通道に役立つ. 厚壁繊維と仮道管の中間形の繊維仮道管(fiber tracheid)もある. [2] 繊維菌糸組織に同じ. (→菌糸組織)

h **紡錘体** [spindle, spindle body] 有糸分裂の前期の終わりに構成され,終期に分散する*分裂装置の一成分. 前中期から後期までの染色体運動の場である. 分裂細胞の紡錘体は通常の光学系では内部の屈折率の差が少ないため均質な無構造に見えるが,位相差や微分干渉光学系では紡錘体の内部に染色体の動原体から極への*動原体糸が観察できる. 偏光顕微鏡では,紡錘体全体は長軸に沿って弱い正の複屈折性を,動原体糸は強い正の複屈折性を示す. このように紡錘体を構成する物質は細胞質のそれとは異なる性質を示すので,これを紡錘体原形質(attractoplasm)といって区別することもある. 紡錘体は正常な場合には二極間で紡錘形であるが,薬物処理やがん抑制遺伝子 p53 の欠損などによって*多極紡錘体となる. 中期から後期に娘染色体群と極の間を占める部分を*半紡錘体と呼ぶ. 後期から終期に進行すると,半紡錘体間の中間域は植物細胞では膨潤して隔膜形成体になり,動物細胞では長軸方向に伸長してくびれる. 紡錘体は固定すると,通常の光学顕微鏡下でも多くの繊維構造(これを一般に紡錘糸と総称する)が検出できるようになり,動原体糸のほか両極間の*連続糸,娘染色体間の中間連結糸が観察できる. 紡錘体は中心体の*微小管形成中心から形成される. 中心体には,数多くの蛋白質が存在し,それらの機能欠損細胞において紡錘体は形成されない. また,微小管を形成するチューブリンの脱重合によっても紡錘体構造は崩壊する. 紡錘体形成には数多くの蛋白質が関わっており,その正確な分子機構は不明な

点が多い.

a **紡錘体チェックポイント** [spindle assembly checkpoint, spindle checkpoint] SACと略記.《同》中期-後期移行チェックポイント(metaphase-to-anaphase transition checkpoint). 細胞分裂期の中期から後期へ移行する時点で働くチェックポイント. 分裂中期には，すべての姉妹染色分体のセントロメア領域に形成された*動原体(キネトコア)に紡錘体微小管が紡錘体の二つの極に向かう方向(二方向性)でそれぞれ結合し，姉妹染色体は紡錘体赤道面にならぶ. 後期は，姉妹染色体を接着していた*コヒーシンの突然の解離にはじまり，姉妹染色分体は細胞両極に分配される. 中期の一連の過程に障害が生じるとチェックポイント機構が活性化, *後期促進複合体の活性が阻害される. 結果, M期CDKの活性化サブユニットであるサイクリンBやセキュリンの分解が抑制され, CDK活性は高い状態を保ち，姉妹染色分体は接着した状態を維持し続ける. 培養細胞を微小管重合あるいは脱重合阻害剤で処理すると紡錘体構造が壊され，紡錘体チェックポイント機構が活性化された細胞は，分裂中期に停止した状態となる.

b **紡錘虫類** [Fusulinidae] 《同》フズリナ類. リザリア下界有孔虫門の一目. *Fusulina* の属名は F. de Waldheim (1829)による. *石炭紀後半から*ペルム紀末にかけて生存した海生の生物. 外形は棒状・紡錘形・球形. 殻の中心にある初室を取り巻くように旋回しながら順次室が配列し, 成長する. 石灰質の殻の壁に発達する隔壁, 孔, その他の構造の詳しい研究によって系統樹が組み立てられており, 急速な進化と汎世界的な分布のために重要な示準化石とされる. 日本の各地の石炭系・ペルム系にも多く, 岐阜の金生山, 山口の秋吉台が有名である.

c **紡績器** [spinning apparatus, spinning organ] クモ類が糸を出す構造, すなわち出糸突起と篩板とを合わせた名称.

d **抱接** [amplexus] カエルなどで見られるように, *体外受精ではあるが雄が雌の背を抱き, 体を密接させて両者の生殖口を近づけ, 雌の産む卵に直ちに雄が*精液をかける行為. 交接(*交尾)と区別していう. カエルの雄は*大脳を除去されても反射(*抱擁反射)によって抱接する.

e **放線菌** [actinomycetes] アクチノバクテリア門放線菌目(Actinomycetales)に属する形態分化に富むグラム陽性細菌の一群. 分岐した糸状の細胞や菌糸を作る. 外部形態的には真核微生物の糸状菌(カビ)に似ているが, 菌糸の幅は一般に1μm以下で圧倒的に小さい. 菌糸が寸断して, 運動をする, あるいは運動をしない, 球状・桿状の細胞を生じたり, 分生子を作るもの, 通常の菌糸の上方に気生菌糸を作ってそこに多くの分生子を作るもの, 菌糸の先がふくらんで胞子嚢となり, その中に胞子(運動性のものと非運動性のものとがある)を作るものなど多様である. 放線菌目内には, 形態分化に乏しい球状や桿状の多数の属が混在しており, 上記のように形態的特徴をもつ放線菌と系統的に区分けすることが難しい. したがって, 広義には放線菌目内の細菌すべてを放線菌類として扱うことがある. さまざまな生理活性物質や抗生物質を生産する菌群として知られる. 抗生物質生産菌として *Streptomyces griseus* (ストレプトマイシン), *Streptomyces venezuelae* (クロラムフェニコール), *Streptomyces aureofaciens* (テトラサイクリン)などがあり, また結核菌・癩菌以外にもヒトや動物に寄生して放線菌症(actinomycosis)などの病原となるもの(*Actinomyces, Nocardia*などの一部), 植物に寄生して痂(かさ)病の原因となるものなどがある. またハンノキなど数種の種子植物の根に寄生して根粒を作り, 窒素固定を行う *Frankia* がある. 土壌中から高頻度で分離されるが, 動物・植物に寄生するものもある. 放線菌を宿主とするバクテリオファージは特にアクチノファージ(actinophage)と呼ばれ, S. A. Waksmanらの研究室で, *S. griseus* に付着して発見された(1947).

f **ホウ素** [boron] B. 原子量10.81の元素. ほとんど全ての植物において不可欠の生元素で, 単子葉植物で低い傾向がある. 植物の細胞の成熟, 分化の過程がホウ素に依存することが知られ, 欠乏により生育障害が起こる. ホウ素は細胞壁のペクチンを架橋することが生理機能の一つである. 動物においても体内に微量に存在するが, その役割については不明. ホウ素は過剰に存在すると植物にも動物にも微生物にも毒性を示す.

g **包巣** [house] 《同》ハウス. *尾索動物オタマボヤ類(尾虫類 larvaceans, appendicularians)の濾過摂食装置で, 体を包む大きく透明なゼラチン質の袋状構造物. その体積は体の数十倍以上に達し, 種によって大きなものは長径が1mになる. 体部の表皮にある特殊な造巣上皮(oikoplastic epithelium)から分泌形成されるもので, その膜には粘液と直径10〜40nmの繊維が含まれ, 網状構造をとる. 海水はオタマボヤの尾部が波状運動することによって包巣の前端にある2個の円形の入水口から一次フィルターで濾過した後に採り入れられ, 入水口からオタマボヤ体部の下を通って尾部の方へ流れ, 翼状の摂食フィルターを経て, 後端にある1個の出水口から排出される. 摂食フィルターで濾された食物顆粒は, ストローを通って口に運ばれる. 包巣は1日に数回脱ぎ捨てられるが, 古い包巣を脱ぎ捨てる前から新しいものを分泌形成し, 数分以内に完成する. 脱ぎ捨てられた包巣は他の動物の餌になるとともに, 海洋の垂直循環にも重要な役割を果たしていると考えられる. プランクトンネットなどで採集されるオタマボヤ類は, 刺激によって包巣を脱ぎ捨てたものがほとんどである.

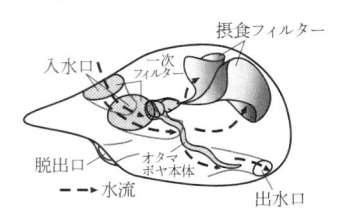

摂食フィルター／入水口／一次フィルター／脱出口／オタマボヤ本体／水流／出水口

h **包虫** [echinococcus, hydatid] 《同》エキノコックス. 扁形動物新皮目円葉類テニア科 *Echinococcus* に属する*条虫類の幼生. すなわち*嚢尾虫の一型. 中間宿主である哺乳類の体内に見いだされる. 単包虫や共包虫など, 他の嚢尾虫に比べて構造は複雑で, 大きさも小児頭大に達するものがある. 原頭節は*嚢中の内壁に形成されるのではなく, 嚢内壁に生じた複数の繁殖胞(brood capsule)の内壁に数個, ないしは多数裏返しになって懸垂する. また, 嚢虫内腔に遊離した娘胞(娘胞嚢 daughter cyst)を形成してその内部に繁殖胞を生じたり, 娘胞内にさらに孫胞(granddaughter cyst)を生じることもあ

る．また，包虫内腔に脱落した繁殖胞や原頭節は包虫砂 (hydatid sand) と呼ばれ，これが包虫外に流出すれば転移して二次包虫を形成する．従って，中間宿主に摂取された1個の*六鉤幼虫から無数の原頭節が形成され，これらが終宿主に摂取されればそれぞれが成虫に発育する (⇒アロイオゲネシス)．またエキノコックスという用語は，Echinococcus の条虫を総称する場合にも用いられる．

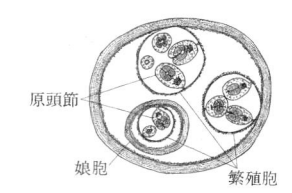

原頭節／娘胞／繁殖胞

a **包嚢** [cyst membrane] 《同》被嚢膜．*シスト(嚢子)を包む膜．シストそのものを指すこともある．

b **胞胚** [blastula] 多細胞動物の初期発生において，卵割期に続いて，*原腸形成が開始されるまでの胚．一般に*卵割に際して，割球により囲まれた一つの腔所として胚の内部に*割腔または卵割腔が生じ，割腔は卵割の進行につれて発達する．結局胚全体としては1層の壁で囲まれた中空の球状体となる．この壁をなす細胞が球形から立方形に近くなり，全体として上皮組織状に表面がなめらかになった時期をもって胞胚期とみなし，その過程を胞胚形成(blastulation)という．胞胚壁を胞胚葉(blastoderm)と呼び，無脊椎動物においては単層の細胞から，脊椎動物においては多層の細胞からなる．胞胚内の腔所は，そのまま割腔と呼ぶこともあり，それと区別して胞胚腔と呼ぶこともある．それをもつ胞胚を*有腔胞胚といい，大部分の等黄卵ないし端黄卵はこの型に属するが，一般に*卵黄量の多いものほど植物極側の壁が卵黄を含んで厚くなり，それに応じて胞胚腔は動物極側にかたより，かつ相対的に狭まり扁平になる．鳥類など多黄卵は，その極端な場合で，特に*盤状胞胚と呼ぶ．鳥類では胚盤葉上層と下層の間の腔所が胞胚腔に相当する．胞胚腔をもたない胞胚に*無腔胞胚，*桑実胞胚，*周縁胞胚などの諸型が区別される．なお哺乳類では*胚盤胞と呼ばれる時期がほぼ胞胚にあたる．一般に胞胚期にはその前の卵割期に引き続き細胞分裂が盛んに行われ細胞数は増加しているが，胚全体としての成長は起こっていない．胞胚期中期には，それまで*母性メッセンジャーRNAによる蛋白質生合成が主であったのに対し，接合核由来の遺伝子からのメッセンジャーRNAによる蛋白質生合成が開始されるので，中期胞胚遷移と呼ばれる．胞胚後期にはそれに続く原腸形成の前兆として細胞の移動や形態形成運動が起こり始めている．

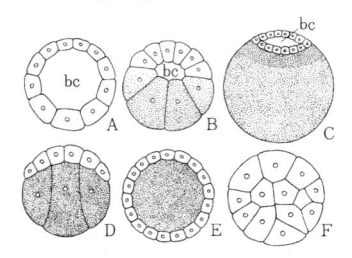

c **胞胚腔** [blastocoel] 多細胞動物の*胞胚内の腔所．腔はしだいに腔内の液(胞胚腔液)が増加して拡張する．細胞よりなる壁または多核質の壁をもって常に区切られている点で羊膜類の胚の*胚下腔と区別される．多くの場合，胞胚腔は*原腸および体腔の形成にともなって縮小または消滅する．(⇒割腔，⇒原体腔)

d **包皮** 一般に，生物体もしくは器官などを包む皮状の構造．【1】[perisarc, periderm, pellicle] 《同》囲皮，外鞘．刺胞動物のポリプ形において，表皮層から体表に分泌された堅い膜状の保護層．通常，群体性のヒドロポリプではヒドロ茎やヒドロ根を包む．有鞘類では，ヒドロ茎の包皮はさらに延長してヒドロ花を包むヒドロ包や生殖体を包む生殖包となる．ヒドロポリプ以外のポリプでは，包皮の発達が悪いものが多く，特に花ポリプには包皮が全くないものが多い．
【2】[prepuce, foreskin ラ praeputium] ⇒陰茎，⇒陰核，⇒生殖結節
【3】[pellicle] =外皮【2】

e **包皮腺** [preputial gland ラ glandula praeputialis] 哺乳類の*陰茎または*陰核包皮内面に開口する腺．腺体の位置および分泌物は動物によって異なり，分泌物はサインとして機能するものがある．

f **防腐剤** [antiseptic] 物質の腐敗すなわちその物質を代謝基質として微生物が発育することを持続的に抑制する効果をもつ薬剤．たとえ一般的な殺菌作用は不十分でも，効果が持続的であり，場合に応じて最も起こりやすい形式の腐敗を抑えることが肝要である．繊維・木材などには鉱油成分・クレオソート油・タンニン(渋)を用い，生物標本にはホルマリン・塩化銀(Ⅱ)・トルエン・p-ヒドロキシ安息香酸ブチルエステル・ニトロフラゾン誘導体，あるいはバルサムのような樹脂質を使用する．食品では防腐剤の使用は制限されているから，乾燥・塩蔵など物理的条件の変化に頼ることが多い．特殊な例として，酢酸のような有機酸，オレイン酸を成分とする植物油，芥子などの特殊な精油成分を用いる．生体(ヒトの体表や消化管など)の局所的防腐にはその場所の条件により種々のものが用いられる(例：ヨードホルム，フェニルサリチル酸塩，アニリン色素やアクリフラビン色素類)．(⇒消毒)

g **包埋剤** [embedding agent] 切片や*超薄切片を作製する際，組織片はそのままでは軟らかく，または局部的に硬軟があり，薄切が困難なことが多く，その対策として組織内に浸透して組織全体が一様に硬化することで薄切を可能にさせる物質．光学顕微鏡用にパラフィン，セロイジン，カーボワックスなどがあり，電子顕微鏡用にエポキシ樹脂，ポリエステル樹脂，メタクリル樹脂，水溶性樹脂などがある．現在では光学顕微鏡用にもメタクリル樹脂や水溶性樹脂を使うことも多い．(⇒封入剤，⇒切片法)

h **包膜，胞膜** [indusium] [1] 《同》膜被．シダ類の胞子嚢群を覆って保護している膜状器官．胞子嚢托またはその付近の表皮系細胞から生じ，鱗状または膜状を呈する．胞子嚢托の側方から生ずるか(トラノオシダ科)，

各種の胞胚
小点をほどこした部位は卵黄を含むことを示す．
bc 胞胚腔 A 等黄卵における有腔胞胚 B 中等量の卵黄を有する端黄卵における有腔胞胚 C 盤状胞胚 D 無腔胞胚 E 周縁胞胚 F 桑実胞胚

下方から生ずるか(イワデンダ科)，上位につくか(オシダ科)によって，それぞれ側位包膜(lateral indusium)，下位包膜(inferior indusium)，上位包膜(superior indusium)という．包膜の形は胞子嚢群の形にほぼ一致し，その形やつき方が分類上の重要な標徴とされる．クジャクシダやホウライシダなどでは葉縁近くにある胞子嚢群を膜質化した半月状の葉縁が内側に折れ曲がって保護しており，これを偽包膜(pseudoindusium)という．包膜のないウラボシ科(ノキシノブなど)では胞子嚢群中に胞子嚢と混じって側糸があり，胞子嚢を保護している．[2] コケ植物苔類のフタマタゴケ目やゼニゴケ目，ツノゴケ類において，胞子体を覆って保護している膜状組織のうち最も外側に位置する筒状ないし裂片状の組織．分類上のよい特徴とされる(→生殖器目[図])．[3]《同》マント．菌類キヌガサタケの子実体の傘の内側から柄を包むように伸びた膜．目の粗い網状を呈する．

包膜[1]の諸形式
キヌガサタケの子実体

a **苞葉，包葉** [bract] 《同》苞．一つの花，あるいは*花序を抱く小形の葉．花あるいは花序を抱く葉が普通葉と同様の場合には，これを苞葉とは呼ばない．苞葉の葉腋から出る花の小花柄または花序軸につくより小さな苞葉を小苞(bracteole)といい，双子葉類では通常1対，単子葉類では小花柄の向軸側に1枚ある．花序全体を包む大形の苞葉を特に仏炎苞(spathe)といい，またキク科の頭状花序を包む苞葉群を総苞(involucre)といい，それぞれの苞葉を総苞片(involucral bract)という．

b **抱擁反射** [clasping reflex] 雄ガエルで繁殖期に現れる*脊髄反射の一つ．雌動物を抱接する生殖行動の基礎をなす．実験的には頭骨・第四椎骨間の胴体部分だけでもこれを起こすことができ，胸部や前肢腹面皮膚への一般的接触が解発刺激となる．ふだんは視葉にある抑制中枢により抑制されている．繁殖期にこの反射が出現するのは，雄性ホルモンの分泌増加に関係するものとみられる．この行動の反射的な固定性は，抱接中の雄の体を両断しても行動が中止しないことや，ときに誤って雄動物を把握することなどに現れている．

c **抱卵** [brooding of eggs] 通常は鳥類についていい，卵の上に座ってそれを温める習性．多くは雌がこれにたずさわるが，雌雄が交替するもの(ハト，カモメ)や，まれには雄だけがこの役を務める鳥もある(タマシギ，レア)．ツカツクリ類は抱卵しないで卵を砂中や腐植土に埋め，太陽熱や発酵熱で自然に孵化させる(→托卵)．このほか，魚類でもタツノオトシゴなど雄が育児嚢をもつもの，カワスズメやテンジクダイなど卵を口中で孵化させ幼魚を保護する*口内保育(口内孵化)をするもの，あるいはギンポの一部などからだで卵塊を巻くように保護するもの，卵を保持するカニなどに対しても，抱卵の語を用いることがある．

d **頬** [1] [cheek] 哺乳類において，眼，耳，鼻，口，下顎下縁に囲まれた部分．[2] 昆虫頭部の顱頂のうち，複眼の後方および下方に当たる部分．[3] 三葉虫類の頭部背面の左右両側部．

e **歩脚** [walking leg, ambulatory leg] 歩行に用いられる節足動物の*胸肢．口器の構成に加わる*顎脚と区別していう．

f **墨汁嚢** [ink sac] 頭足類に特有の，墨汁を溜めておく嚢状器官．墨汁(ink, sepia)は墨汁嚢中にある墨汁腺(ink gland)から生成され，セピオメラニン(sepiomelanin)，プテリンなどを含む．墨汁嚢は直腸の背側にあり，タコ類では肝臓に埋没している．開口部に括約筋をもち墨汁の噴出量や回数は調節できる．墨汁はイカでは捕食者の眼をあざむくダミー効果があり，タコでは煙幕効果があるといわれる．暗黒の深海にすむものは墨汁嚢をもっていない．

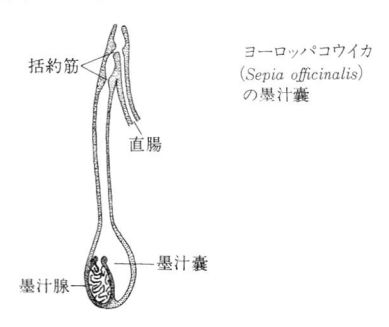

ヨーロッパコウイカ (Sepia officinalis) の墨汁嚢

g **牧草** [pasture plants] 家畜飼料として栽培される植物．成長が旺盛で軟らかく，単位面積当たりの収量が多く，再生力が強く，1年間に多数回の刈取りが可能で，家畜の嗜好に適し，栄養的には良質の蛋白質に富み，骨格の発育に必要なリン酸やCaを適度に含み，ビタミン類が豊富なものが望ましい．刈り取って生草(soiling grass)，乾草(hay)，サイレージ(silage)として，あるいは直接放牧に利用する．イネ科牧草は大きく次のように分けられる．(1)寒地型牧草：チモシー，オーチャードグラス，イタリアンライグラスなど冷涼なヨーロッパ原産．日本の西南暖地のように夏の温度が高い地域では夏場に生育が抑制され，枯死することもある(夏枯れ)．*C_3植物に属する．(2)暖地型牧草：ギニアグラス，ダリスグラス，バヒアグラスなど主に熱帯原産．夏の暑さに強く，夏枯れを起こさない．*C_4植物に属する．マメ科牧草としてはアルファルファ，各種クローバ類，ベッチ類がある．一般に，マメ科牧草はイネ科牧草と混播され，そのことによって，蛋白質含量の高い飼料が得られる．

h **牧畜** [pastoralism] 家畜を飼育することによって，食物をはじめとする有用な生産物を作りだす生業形態．人類史の中では長い*狩猟採集時代の後，約1万1000年前に*農耕とほぼ同時に開始されたと考えられている．植物と人間との間に家畜という中間段階をおくことから，直接人間が植物を利用できない乾燥地でも成り立ちうる生業である．家畜は好適な環境に移動させることができるので，遊牧という非定住的な生活も可能となる．牧畜の成立には，生殖の管理(去勢，雄の間引き)，群れの統御(音声や視覚的なサインによる統御，子を居住地に留めておく仔質)，子による催乳などの技術の発達が必要である．なお，牧畜民の食物は主として乳と血であり，

a **ホーグランド** Hoagland, Dennis Robert 1884～1949 アメリカの植物生理学者,農芸化学者.植物栄養学・土壌学・植物生理学の分野で大きな業績を残し,特に種子植物の無機栄養吸収の代謝機構,微量元素の植物による利用などについての研究は有名.種子植物の水栽培に用いられるホーグランド液を作成.

b **母系選抜** [maternal-line selection] 個体植えした圃場からの選抜個体を母株として放任受粉させ,それから得られる種子の一部で数世代にわたり検定し,その成績により母株に由来する系統(母系)を選抜する育種法.この方式では各母株と交雑する花粉親については管理できないが,母親側については遺伝子型の選抜が可能である.牧草類などの他殖性作物において,遺伝率の低い形質や遺伝様式の複雑な形質の改良に適し,イタリアンライグラスなどの育種に応用されている.

c **補酵素** [coenzyme] 《同》助酵素,コエンチーム,コエンザイム.*酵素のコファクターの中で,酵素の蛋白質部分との結合が比較的弱く,可逆的解離平衡の状態にある有機化合物をいう.補酵素はその酵素反応においてに主として酵素の働く基質の化学基(chemical group)の転移または授受に関与する.補酵素は一般に蛋白質より熱に安定な有機化合物であり,むしろ多くの酵素に共通な基質と見なすことができる.しかし,これまでの歴史的経過から,もっぱら共有結合した状態で機能する物質(例:ビオチン)も補酵素に含められることが多く補欠分子団との区別は厳密ではない.NAD$^+$(ニコチン酸アミドアデニンジヌクレオチド)とその還元型のNADHは脱水素酵素による基質の酸化・還元の際の水素の授受において広く共通の基質として働く.また基質から受取った水素を呼吸鎖に渡す運搬体(carrier)の働きももつ.NAD$^+$はビタミンとして摂取されたニコチン酸,ニコチン酸アミドが体内でATPの関与する酵素反応により合成されたものである.このように水溶性ビタミンの多くは体内で補酵素となり,アポ酵素とともに働いて基質の化学基を転移する酵素反応に関与する(表).これ以外にビタミンと関係ないものとしてリン酸基の転移に関与するATPなどのヌクレオシド三リン酸,糖残基の変化・転移に関与するUDPGなどの糖ヌクレオチド,メチル基の転移に関与するS-アデノシルメチオニン,酸化・還元に関与するコエンザイムQやピロロキノリンキノン(PQQ)などがある.

d **歩行中枢** [locomotion center] 哺乳類の脳幹の楔状束核の近辺で,歩行を制御する中枢.視床以下を残して大脳を除去したネコをトレッドミル(いわゆるルームランナー)の上に立たせ,楔状束核付近を電気刺激すると四足歩行運動を駆動することができる.刺激頻度を増すと走るようになる.この現象は M. L. Shik (1966) により見出され,刺激の有効な部位を歩行中枢と呼ぶようになった.正常なネコのこの部位に電極を埋め込んでおいて電気刺激すると,それに応じて歩いたり走ったりする.ただし,脊髄を切断したネコでも歩行運動を起こすことはできるので,歩行リズムの形成場所は脊髄にあり,歩行中枢から下降する信号は脊髄内の下位の歩行中枢を活動させて歩行運動を起こすものと思われる.(⇒中枢性パターン生成機構,⇒司令ニューロン)

e **保護鞘** [protective sheath] [1] 一般に生体の器官あるいは個体を保護する機能をもつ鞘状の構造物.[2] 植物の*内皮が木化し,外側の組織が失われたのちに*表皮の代用となるもの.イネ科などの根で見られる.

f **保護色** [protective coloration, protecting color] 動物の被食者がもつ*隠蔽色.この体色は背景のなかに被食者をとけこませ,捕食者の眼から逃れるのに役立つと考えられる.保護色がたしかにそのような意義をもつ実験例もあるが,寄生虫や視覚にたよらぬ捕食者に対してはほとんど保護効果をもたない.なお,捕食者の隠蔽色をも保護色と呼ぶ場合がある.

g **保護培養** [nurse culture] 遊離された単細胞の分裂・増殖を,適当な細胞種・組織片または*カルス上でそれらに保育させつつ行わせる培養.通常,固形培地上で組織片またはカルスの上に濾紙片をおき,その上にピペットで吸いとった単細胞をおく方法(paper raft nurse technique)がとられる.単細胞の発育が合成培地上で困難な場合にとられる方法で,細胞・組織片またはカルスの生産する物質により単細胞の発育が促進されると考えられる.(⇒フィーダー層)

h **母細胞** [mother cell] [1] 分裂以前の細胞.その分裂によって新たに生じた*娘細胞(嬢細胞)に対していう.[2] 精母細胞および卵母細胞.(⇒精子形成,⇒卵形成)

i **保持** [retention] 《同》把持.記憶系の動作を時間的に表現した場合,記憶素材を覚え込む過程を記銘

主なビタミン補酵素とその生理作用

ビタミン	補酵素	酵素反応における役割	関与する代謝	欠乏症状
B$_1$ (thiamine)	TPP (チアミン二リン酸)	2-オキソ酸(α-ケト酸)脱炭酸,酸化,C-unit 転移	糖質代謝	脚気,多発性神経炎
B$_2$ (riboflavin)	FAD, FMN	H 転移	生体酸化	口角炎,舌炎,成長停止
B$_6$ (pyridoxine)	ピリドキサールリン酸	アミノ酸のNH$_2$基転移,CO$_2$脱離	アミノ酸代謝	皮膚炎(ネズミ)
ニコチン酸(niacin, nicotinamide)	NAD$^+$, NADP$^+$	H 転移	生体酸化	ペラグラ
パントテン酸(pantothenic acid)	CoA, 4'-ホスホパンテテイン	アシル基転移	脂質代謝	皮膚炎(ニワトリ)
ビオチン (biotin)	(ビオチン酵素)	CO$_2$ の固定	脂質,糖質代謝	脱毛,皮膚炎(ネズミ)
葉酸 (folic acid)	テトラヒドロ葉酸	C$_1$-unit 転移	核酸代謝	悪性貧血
B$_{12}$ (cyanocobalamine)	コバミド補酵素	H,Cその他の分子内転移	脂質,核酸代謝	悪性貧血

(memorizing, studying)というが，記銘された素材を記憶系内に保っておく過程を保持という．保持された記憶素材は必要に応じて思い出されるが，この過程は取り出しあるいは検索(retrieval)と呼ばれる．(→記憶)

a **ホジキン** HODGKIN, Alan Lloyd 1914〜1998 イギリスの神経生理学者，生物物理学者．神経の細胞内活動電位をヤリイカの巨大神経軸索ではじめて測定(A.F. Huxleyと共同)．カエルの単一筋細胞からも活動電位検出に成功した．さらにHuxley, R. D. Keynes, B. Katzらと共同して，細胞内灌流，同位元素イオンの透過測定の技法も駆使して，興奮伝導のナトリウム説を確立し，その業績によってHuxley, J. C. Ecclesとともに1963年ノーベル生理学・医学賞受賞．[主著]Conduction of the nervous impulse, 1963.

b **ホジキン** HODGKIN, Dorothy Mary Crowfoot 1910〜1994 イギリスの化学者．旧姓はCrowfoot．X線回折法で生化学物質を研究し，ペニシリンの三次構造を解明，ついでビタミンB_{12}の立体構造を明らかにした．これらの業績により1964年ノーベル化学賞受賞．さらに，インスリンの構造を決定した．

c **ホジキン-ハクスリの式** [Hodgkin-Huxley equation] イオンに対するコンダクタンスを電圧と時間の関数として表し，それを用いて*活動電位を表す式．A. L. HodgkinとA. F. Huxley(1950〜1952)はイカの巨大軸索について電位固定法を適用し，*膜電位をステップ状に変化させるときに流れる膜電流をナトリウム電流I_{Na}とカリウム電流I_Kとに分けて測定し，それから膜のNa^+およびK^+に対するコンダクタンスg_{Na}, g_Kがどのように変化するか，その時間経過を算出した(Na^+の場合を例にとると，膜の内外の電気化学ポテンシャルの差がNa^+を動かす駆動力となり，それとg_{Na}との積がI_{Na}になる)．それらの実験結果を数式化したものがホジキン-ハクスリの式で，g_{Na}やg_Kが膜電位と時間その他の因子の関数として表され，それらの式を用いて，神経が全長にわたって同時に興奮する場合や伝導していく場合について，活動電位の波形が再構成され，またその際g_Kやg_{Na}がどのような時間経過で変化するかが示された．すなわち，g_Kは$g_K=\bar{g}_K n^4$で示される．$\bar{g}_K$はg_Kの最大値で，nは次式で規定される．

$$\frac{dn}{dt} = \alpha_n(1-n) - \beta_n n$$

$$\alpha_n = \frac{0.01(V+10)}{\exp((V+10)/10)-1} \quad \beta_n = 0.125\exp\frac{V}{80}$$

$V(mV)$は膜電位である．g_{Na}は$g_{Na}=\bar{g}_{Na}m^3 h$で表される．m, hは上のnと同様の仕方で規定される変数である．その後カリウムチャネル分子が同定されて四つのサブユニットから成ることが判明し，nの次数の4が分子特性としても正しいことが証明された．(→イオンチャネル，→活動電位，→電圧依存性チャネル)

d **ホジキン病** [Hodgkin's disease] リンパ節や脾臓などのリンパ網内系組織に発生する悪性リンパ腫の一種．イギリスの医師T. Hodgkin(1832)の記載．以前はリンパ肉芽腫症(lymphogranulomatosis)などと呼ばれていたように，炎症性と腫瘍性の両方の特徴をもつ疾患．欧米ではリンパ腫の約30％を占めるが，日本では少ない．系統的リンパ節の腫脹が見られ，発熱，夜間発汗，体重減少などの症状で発見されることもある．また無症状のこともある．30〜50代に好発する．組織学的に肉芽腫様の像を呈し，組織球・リンパ球・形質細胞・好酸球などの炎症細胞と繊維芽細胞がさまざまに混在するが，明瞭な大形の核小体をもつ多核巨細胞(Reed-Sternberg cell)や大形単核細胞の出現が特徴的．現在では，これらの大形細胞が腫瘍細胞であり，その由来は組織球とする考え方が一般的である．本症の原因として，以前から関与が示唆されていた*EBウイルスが，ホジキン病の組織に存在することがわかってきた．

e **母指対向性** [thumb opposability] 《同》拇指対向．母指が他の4指と向かいあい，結果としてものを把握できること．霊長類一般の手足および人類の手でみられる．本来，陸生脊椎動物の指は放散または並列の形でならんでいたが，霊長類では樹上生活に特化した母指対向が進化した．すなわち，枝を握りまた離す方法によって木立ちの中を自在に動き，食物をはじめ種々の物体を手で握ることができるようになった．現生のほとんどの霊長類では，新生児段階からこの能力がそなわっており，母親の体にしがみつくことができる．直立二足歩行をする人類では，足の母指対向性は消失したが，手ではこれが極度に進化し，道具使用の能力を促進する基盤になった．把握には，力強く握る握力把握(power grip)と精密に母指の指頭を他の4指の指頭に触れあわす精密把握(precision grip)とがあり，後者は特に人類でよく発達している．

f **ポジトロンCT** [positron emission tomography] PETと略記．《同》陽電子コンピュータ断層装置．陽電子放射性物質で標識した化合物を用いて人体横断面の物質分布を撮影する医学診断装置．短半減期のβ^+壊変をする^{11}C(半減期20.4分)，^{13}N(10.2分)，^{15}O(124秒)などで標識した化合物を生体内に投与し，標識化合物から生じた陽電子が自由電子と衝突して生じるγ線を体外より検出し，標識化合物の空間位置情報を映像化する．脳の局所血流量，酸素消費量，グルコース利用率などを計測できる．

g **母子免疫** [fetomaternal immunity] 《同》母児免疫．母子間の免疫，もしくはその応答．胎児の染色体の半分は父親由来であり，母体からみれば胎児は非自己である．よって妊娠が成立・継続し，胎児が発育するためには何らかの免疫抑制機構が働く必要がある．妊娠時，子宮壁に卵子を付着させ栄養を供給するトロフォブラストには他の臓器に広くみられるHLA-A, Bが発現していない．代わりに免疫抑制を誘導するHLA-Gを発現することにより，母体の免疫細胞からの攻撃を逃れていると考えられる．母子免疫に関してもう一つ大切な事は，母体からのIgGと分泌型IgAの移行であり，新生児から乳児期にかけて感染防御に重要な役割を果たしている．IgGは胎盤を介して能動的に胎児血に移行し(移行抗体)，在胎33週頃には母体と同程度となる．つまりそれ以前に生まれた早産児ではIgGは低値となり感染に注意する必要がある．IgGの半減期は3週間程度であることから，正期産児でも数カ月〜1年以内に消失し，その時期に感染症に罹患しやすくなる．また，母乳には多量の分泌型IgAが含まれており，ミルク栄養児と比べ感染症の罹患率に差があるといわれている．

h **補充反応** [anaplerotic reaction] ある代謝系を進行させるのに必要で，しかもその代謝系以外の系によって消費されつつある物質を補充するための反応．例えばクエン酸回路が順調に回転するためには，アセチル

CoAを受容するオキサロ酢酸がいつも存在している必要がある．しかしオキサロ酢酸や，その前駆物質であるα-ケトグルタル酸などはアミノ酸合成の素材などとして一方において消費されるので，何らかの方法で補充しなければオキサロ酢酸は欠乏する．この場合，動物で行われるピルビン酸カルボキシル化酵素反応や，植物や細菌で行われるホスホエノールピルビン酸カルボキシル化酵素反応などによってオキサロ酢酸が補充される．

a **補償作用** [compensation] 【1】葉の発生において，細胞増殖過程が何らかの要因によって大きく欠損すると，それを補うかのように，個々の細胞の伸長が異常に亢進する現象．これによっても最終的な葉のサイズは一定に保たれるとは限らず，細胞サイズと細胞数とは単純逆比例しない．植物において，器官レベルでサイズを調整するシステムが存在することを示す現象である．典型的には，細胞周期が回っている間の細胞サイズは正常だが，細胞周期を逸脱して液胞化が進む段階になって初めて異常な体積増加が見られる．キメラ葉を使った解析から，細胞増殖に欠損をもつ細胞から周囲の細胞に対して何らかのシグナルが発せられることで，細胞間コミュニケーションに依存して細胞伸長が亢進する例が見つかっている．なお補償作用における細胞増殖と細胞サイズとの関係は一方向的で，細胞数が増加する場合や，細胞サイズが変化する場合には発動しない．また葉の変形した花器官でも同様の現象が認められるが，根のような無限成長する器官では通常見られない．
【2】両生類の倍数体系列を作製した場合，各ゲノム量に比例して細胞サイズが大型化する一方で，器官サイズが一定に保たれるため，細胞数が反比例的に減少する現象．細胞数に依存せずに器官サイズを制御するシステムの存在を示すものである．網膜でこの現象が起きると，画像処理上，画素数が不足した状態に陥るため，視覚の機能不全を起こす．

b **補償点** [compensation point] 一般に，ある反応系に対してそれと逆の反応系がある場合，両者が相殺しあって双方の反応が機能していないように見える反応点．緑色植物においてCO_2濃度や光強度を変えると*呼吸および*光合成による正反対のガス交換が完全に相殺しあって，外部に対しては見かけ上，酸素あるいは二酸化炭素の出入りがないように見える状態があり，このような状態をもたらすCO_2濃度をCO_2補償点（CO_2 compensation point），また光強度を光補償点（light compensation point）という．CO_2補償点は*光呼吸の有無と関係があり，光呼吸を示すC_3植物では40〜70 ppm，光呼吸を示さないC_4植物では0〜10 ppmである．光補償点は植物の種類や生育条件によって異なるが，一般に2〜50 $\mu mol/m^2 \cdot s$程度の光量子束密度範囲にある．弱光条件下での生育や大気中のCO_2濃度増加は光補償点を小さくし，温度の上昇はこれを大きくする傾向があるなど，環境条件によって光補償点は変化する．

c **圃場容水量** [field capacity] 自然状態の土から重力によって水が落ちきった後，土壌に保持される含水量で，土壌の重要な特性である有効水を決める下限値．実際には降雨後1〜3日経った土の含水量を測定するが，粘土質の土壌や地下水が浅い場合には，重力水の流下が遅いので測定困難な場合がある．実験室へ土をもち帰るのは土壌構造がくずれるのでよくない．（⇒土壌水分）

d **捕食** [predation] 狭義には，ある動物が他種の動物を捕らえ，殺しかつ食うこと．広義には，ある生物が他の生物を食うこと，すなわち草食動物が食草を食うこと，同種個体間の*共食い，食虫植物など植物が動物を食うこと，さらには寄生も含める．捕食は被食者*個体群の変動に大きな影響を与え，これを被食者個体群に対する捕食作用という．捕食者個体群によって殺される被食者の総数は，捕食者1個体当たりの捕食数と捕食者個体数の積であるが，この両者は共に被食者密度によって影響される．M. E. Solomon (1949, 1964) は，被食者密度が変化することに対応して，捕食者1個体当たりの捕食数が変化することを捕食者の*機能的反応，捕食者密度が増殖や移動によって変化することを捕食者の数的反応，として区別した．捕食作用は自然界に広く見られるものであり，天敵による捕食作用が下位の栄養段階の種の競争を緩和し，ひいては同じ餌や生息地を要求する種同士が，*ニッチ分化なしに共存できるという非平衡説などにも重要な関連をもつ．また，あるサイズの捕食者がどのくらいのサイズの餌を捕食するのが最適であるかとか，餌場が分散して存在し，しかも場所ごとに質的な差があるときどのように移動しながら採餌するのがよいかなどについては，*最適戦略のモデルをもとに解析が行われている．（⇒被食者-捕食者相互作用）

e **捕食寄生者** [parasitoid]〚同〛擬寄生者（旧称）．発育を終えるのに必要な栄養を摂取したのち，寄主（宿主）を殺してしまう寄生者．寄生バチや寄生バエなど多くの寄生性昆虫（insect parasite）がこれにあたり，多くの場合寄主も昆虫であるが，ブナの種子に穴をあけて産卵するゾウムシのような例もある．他の寄生者の場合に比較して寄主に対する体の大きさの比が大であること，寄生生活をするのは幼期だけで，成虫は自由生活をし，寄生者に特有の体制の진化がみられないなどの特徴をもつ．これらの点から，寄生性昆虫はいわば真の寄生者と捕食者の中間的特徴をもつと考えられるので，特にこのように呼ばれる．O. M. Reuter (1913) の造語で，W. M. Wheeler (1923) らも用いているが，この区別をせず単に寄生者と呼ぶことも多い．個体群動態論において寄主-寄生者関係として扱われているのは，多くの場合捕食寄生者とその寄主の相互関係である．（⇒寄生）

f **補色順化** [complementary chromatic adaptation] シアノバクテリアや紅藻の*フィコビリンを含む光合成色素系が，生育光条件に対し順化して色素組成を変更し，照射光を最も効率よく利用できる色素系へ変化する現象．元来は，藻類が光合成に利用する光は，光合成色素による藻類の見かけの色の補色であることから，海藻の色がその分布水深の透過光の波長組成に適応していることについてT. Engelmann (1883〜1884) の提唱したもの．補色適応ともいう．シアノバクテリアの多くの種では，緑色光下で生育するとこれを吸収するフィコエリトリンが生成され主成分となり，赤色光下ではフィコシアニン生成が促進され主成分となり，それぞれ照射光を最も効率よく利用する色素系に変化する．

g **補助刺激分子** [co-stimulatory molecule] *樹状細胞などの*抗原提示細胞に発現し，抗原刺激によるリンパ球の抗原受容体シグナルを補助するシグナルを与えて，リンパ球活性化を調節する機能をもつ細胞表面分子の総称．T細胞の活性化は，T細胞受容体と抗原提示細胞上のMHC（*主要組織適合遺伝子複合体）分子に提示された抗原ペプチドとの結合によって誘導されるが，

通常このT細胞受容体からのシグナル伝達(第一シグナルと呼ばれる)のみでは増殖や機能分化には不十分であり，T細胞の十分な活性化には，抗原受容体シグナルと同時に補助刺激分子の与える補助刺激シグナル(第二シグナルと呼ばれる)が必要である．T細胞の活性化における最も代表的な補助刺激分子はCD80とCD86であり，これらはT細胞上のCD28と結合することによって補助刺激シグナルを与える．補助刺激シグナルなしで抗原刺激だけがナイーブT細胞に伝わるとT細胞は，アナジー(anergy)と呼ばれる抗原不応答状態に陥る．補助刺激分子は樹状細胞，B細胞などの抗原提示細胞上に発現される．活性化後期にはCD80およびCD86のもう一つの受容体であるCD152(CTLA-4)が発現する．CD152はCD80およびCD86に対してCD28より強い親和性を有し，T細胞受容体シグナルを逆に抑制することによりT細胞応答の終息に関与している．これら以外にも，刺激性の補助刺激分子としてICOSリガンド，OX40リガンドなどが，また抑制性の補助刺激分子としてPD-1リガンド，GITRリガンドなどが知られている．B細胞においてもCD40リガンド，BAFFなど，免疫グロブリン受容体のシグナル伝達を制御する多くの補助刺激分子が知られている．

a **補助拍動器官** [accessory pulsatile organ, ampulla, ample] 昆虫の血体腔中に存在する囊状の拍動性器官．血液の循環を助ける機能をもつ．多くの昆虫では触角の基部などに見られ，半翅類では肢にもある．心臓とは独立に拍動を行い，末端方向への血流を加速する．翅の基部には大動脈の分枝と直接に連なっているものがあり，拍動によって翅の内部の血液を吸い出す．

b **補助雄** [complementary male] 《同》補雄．節足動物蔓脚類のいくつかの種(例:*Scalpellum vulgaris*)で見られる，雌雄同体個体に付着しているごく小形の雄(⇌矮雄)．C. Darwinがこれを記載し，さらにのちの観察により確認された．イソギンチャク共生性の*Koleolepas avis*では生殖に参加する．成長してから繁殖に入るのではなく，小さい体サイズで直ちに雄として繁殖するという戦略であると考えられている．理論的研究によると，小形個体の成長速度が遅いときに補助雄や矮雄が出現しやすい．なおシマメノウフネガイ属の多くの種では，雄は老熟した雌に付着して群体生活をするが，ときに1群体から他の群体へと移動する力をそなえた雄個体が見られる．W. R. Coeはこれをsupplementary maleと呼んだが，これも補助雄と訳される場合がある．

c **拇指隆起** [thumb pad, nuptial pad] 無尾両生類の雄で生殖時期に前肢の第一指(拇指)のふちに現れる角質形成物の隆起．抱接に際して雌を捕捉するのに役立つ．二次性徴の一つ．

d **ポストラーバ** [postlarva] 節足動物十脚目のクルマエビ類およびシャコ類の*メガローパ期幼生．

e **ホスピタリズム** [hospitalism] 病院や施設に入っていることなどによる，母親や養育者からの長期分離が子供に及ぼす，心理的・身体的変調．情緒の交流の欠如が原因とされる．無気力，無表情，無反応といったうつ病類似の症状や，立つ・走るなどの身体的運動のおくれ，会話・思考などの精神的機能のおくれ，体重減少や病気に感染しやすいといった虚弱性などがみられる．

f **ホスビチン** [phosvitin] リン酸化糖蛋白質で，ニワトリ・リポビテリンIIに由来する．N末端に近い中央部分にセリンが約4割(85残基)配置し，その57％がリン酸化されている．Ca^{2+}，Fe^{3+}など金属イオンを結合する．リン酸化による親水性の増加は，脂質の結合による疎水性の増加を中和し，水との親和性の維持に役立つ．3カ所に*N*型糖鎖(6.5％)をもち，2分子のシアル酸を含む．プロテアーゼ消化に抵抗性を示す．中性域では100℃でも安定だが，食塩が共存すると耐熱性を失う．

g **ホスファゲン** [phosphagen] 生体内でATP/ADP系(アデニル酸系)を介して生じる高エネルギーリン酸結合をもち，エネルギーの貯蔵・運搬系として重要な化合物の総称．P. Eggletonら(1927)の命名．構造的にはグアニド基に高エネルギーリン酸結合のあるグアニジンリン酸(guanidinophosphate)結合をもつことが共通している．神経組織・電気器官その他の諸組織に含まれる．*アルギニンリン酸，*クレアチンリン酸などがある．脊椎動物・頭索類・クモヒトデ類はクレアチンリン酸を，尾索類・節足動物・軟体動物と棘皮動物の一部はアルギニンリン酸を，棘皮動物(ウニ類)・半索動物は両者をもつことが知られる．この事実は，系統発生的に(ウニの場合は個体発生的に)，初期においてはアルギニンリン酸が，後期においてはクレアチンリン酸が現れることを示している．アルギニンはグリシンへのアミジン転移，メチオニンからの(不可逆的な)メチル基転移を受けて順次クレアチンに変化しうるので(H. Borsookら，1947)，生化学的進化を考察する上で興味深い．アルギニンリン酸，クレアチンリン酸以外のホスファゲンをもつ生物も知られている．

h **ホスファターゼ** [phosphatase] 加水分解酵素の一つで，リン酸エステルおよびリン酸無水物(ポリリン酸)の加水分解を触媒する酵素の総称．EC3.1群の一部．狭義にはリン酸モノエステラーゼを指す．リン酸エステラーゼとポリリン酸ホスファターゼ(polyphosphatase)とに区別して呼ぶこともあり，さらに前者には*リン酸モノエステラーゼ(ホスホモノエステラーゼ)，リン酸ジエステラーゼ(ホスホジエステラーゼ)がある．また後者には*アデノシンホスファターゼ(ATPアーゼ)，ポリメタリン酸を加水分解するメタリン酸ホスファターゼ，ピロリン酸を加水分解する*ピロホスファターゼなどがある．核酸のリン酸ジエステル結合を加水分解する酵素をヌクレアーゼと呼ぶ．糖質を基質とするリン酸モノエステラーゼにグルコース-6-ホスファターゼがある．EC3.1.3.1には，アルカリ性ホスファターゼと酸性ホスファターゼが含まれる．ともに広く生物界に分布しており，基質特異性が広い．*プロテインホスファターゼは，生体情報伝達の基本的な反応である蛋白質の特異的な脱リン酸化を触媒する．これにはセリン・トレオニンホスファターゼとチロシンホスファターゼがある．

i **ホスファチジルイノシトール** [phosphatidyl inositol] PIと略記．《同》リンイノシチド，ホスホイノシチド(phosphoinositide)，モノホスホイノシチド．1,2-ジアシル-*sn*-グリセロール-3-ホスホ-(1)-L-*myo*-イノシトールに当たる．極性基にミオイノシトール(⇌イノシトール)をもつ酸性の*グリセロリン脂質の一種．動物，植物組織などに広く分布し，動物細胞では全リン脂質の2〜13％，酵母や植物種子では全リン脂質の15〜20％を占めることもある．動物組織に含まれるものの*脂肪酸

組成は，他のグリセロリン脂質のものと比べて極めて特徴的であり，1位は*ステアリン酸，2位は*アラキドン酸が大部分を占める．ホスファチジルイノシトールを基本構造にもち，さらにイノシトール部分にリン酸基を1～2個もつものも，神経系(特に*ミエリン膜)に多く存在している．また，マンノースなど糖が結合した，より複雑なものが *Mycobacterium* などの細菌から見出されている．動物組織のホスファチジルイノシトールの代謝回転速度はさまざまな細胞外刺激によって促進されることが知られているが，その役割に関しては不明．ホスファチジルイノシトールはCDPジアシルグリセロールとミオイノシトールから生合成される．

a **ホスファチジルエタノールアミン** [phosphatidyl ethanolamine] PEと略記．1,2-ジアシル-*sn*-グリセロ-3-ホスホエタノールアミンにあたる，*グリセロリン脂質の一種．以前はケファリン(セファリン cephalin)と呼ばれていたこともあるが，*ホスファチジルセリンなど他のリン脂質との混合物であったため，現在ではほとんど用いられない．生物界に広く分布し，細菌，特に*グラム陰性菌ではリン脂質中の主成分で(大腸菌では全リン脂質の約80％を占める)，動植物では*ホスファチジルコリンに次いで多い．構成*脂肪酸は生物により異なるが，大豆や卵黄由来のものは構成脂肪酸の不飽和度が高く，空気酸化・光酸化を受けやすく，極めて不安定．大腸菌由来のものは脂肪酸の不飽和度も低く，比較的安定である．弱酸性の両性電解質ではあるが，他のリン脂質と比べて親水性が弱く，水に懸濁しにくい．生体膜上では，*ホスファチジルコリンと違って*脂質二重層の内膜に局在する傾向がある．生物活性としては，グルコース-6-ホスファターゼ，UDPガラクトース=リボ多糖ガラクトシル基転移酵素の活性化を行うことが知られている．なお，ラット肝組織や酵母などにはモノメチルエタノールアミン，ジメチルエタノールアミンをもつ誘導体も存在する．これらのものはホスファチジルエタノールアミンが *S*-アデノシルメチオニンにより段階的にメチル化を受け，ホスファチジルコリンが生合成される中間産物と考えられている．また，この反応を触媒するメチル基転移酵素系については，ホルモンや神経伝達物質が関わる生体膜を介した情報伝達機構への関与も示唆されている．ホスファチジルエタノールアミンは，微生物ではホスファチジルセリンの脱炭酸により，動物では*CDPエタノールアミンと1,2-ジアシルグリセロールとの反応によって生合成されることが，E. P. Kennedyら(1956, 1964)により明らかにされた．*ホスホリパーゼA, C, Dの作用によって，それぞれリゾホスファチジルエタノールアミンと脂肪酸，ジアシルグリセロールとホスホエタノールアミン，ホスファチジン酸とエ

タノールアミンを生じる．ラット肝などにおいてはホスファチジン酸と共に*ミクロソーム-*ミトコンドリア間を移行することが報告されている．

b **ホスファチジルグリセロール** [phosphatidyl glycerol] 1,2-ジアシル-*sn*-グリセロ-3-ホスホ-*sn*-グリセロール，3-(3-*sn*-ホスファチジル)-*sn*-グリセロールにあたる，*グリセロリン脂質の一種．B. Maruoと A. A. Benson (1958)が，*Scenedesmus* 細胞のアルコール抽出物中の*リン脂質の主成分として発見．植物組織や細菌に広く分布しており，動物組織では*ミトコンドリア膜にわずかに存在する．細菌ではリン脂質の主成分になっている場合もある．*カルジオリピン，*ホスファチジルイノシトールなどとともに，酸性リン脂質の一つである．成長状態にある大腸菌では，他のリン脂質と比較して大きな代謝回転を示すことが知られている．CDPジアシルグリセロールと*sn*-グリセロール-3-リン酸からホスファチジルグリセロール-3-リン酸が生合成され，さらに脱リン酸を受けることによりホスファチジルグリセロールが生合成される．*ホスホリパーゼAの作用により，リゾホスファチジルグリセロールを生ずる．また，微生物には，ホスファチジルグリセロールのO-アミノ酸エステルが存在する．アミノ酸としてはアラニン，リジン，グルタミン酸，アスパラギン酸，アルギニン，ヒスチジンなどが知られている．これらのアミノ酸エステルは，tRNAを介して生合成されると推定されている．このほかに動物組織中にはビスホスファチジン酸(bis-phosphatidic acid)，セミリゾビスホスファチジン酸，リゾビスホスファチジン酸が，担子菌系の酵母およびキノコ類にはピロホスファチジン酸が特異的に分布していることも知られている．ホスファチジルグリセロールは，カルジオリピンやグリコシルホスファチジルグリセロールなどの生合成前駆体でもある．

ホスファチジルグリセロール

ビスホスファチジン酸

c **ホスファチジルコリン** [phosphatidyl choline] PCと略記．《同》レシチン(lecithin)．1,2-ジアシル-*sn*-グリセロ-3-ホスホコリンに当たる，典型的な*グリセロリン脂質の一種．動物・植物・酵母・カビ類に広く分布している．レシチンの名はギリシア語のlekithos(卵黄)に由来し，卵黄には高濃度に含まれている．哺乳類組織では全リン脂質の約50％を占め，生体膜の主要構成成分である．生体膜では*脂質二重層の外側の膜部分に多く存在する傾向があり，多くの膜結合性酵素活性に影響を与えていることが知られる．一般に，R_1CO残基は主として飽和*脂肪酸であり，R_2CO残基は主として不飽和脂肪酸からなるレシチンが多いが，肺組織にはジパルミトイルレシチンが豊富に存在し，その強い表面張力によって肺内部表面の癒着防止に役立っている．ホス

ファチジルコリンは脂質人工膜(*リポソーム)の主成分として生体膜の研究に用いられ，また天然界面活性剤として食品加工，製薬剤，マイクロカプセル基剤などにも広く利用されている．*ホスホリパーゼ A，C，D の作用により，リゾホスファチジルコリン(リゾレシチン)と*脂肪酸，ジアシルグリセロールと*コリンリン酸，*ホスファチジン酸と*コリンを生ずる．*CDP コリンと 1, 2-ジアシルグリセロールからホスファチジルコリンが生合成されることが，E. P. Kennedy ら(1956)により明らかにされた．また，微生物や動物には，*ホスファチジルエタノールアミンを*S-アデノシルメチオニンにより段階的にメチル化してホスファチジルコリンを生成する経路も存在する．

$$\begin{array}{l} \mathrm{CH_2OCOR_1} \\ \mathrm{R_2OCO-C-H} \quad \mathrm{O} \\ \phantom{\mathrm{R_2OCO-C-}}\mathrm{CH_2O-P-OCH_2CH_2N^+(CH_3)_3} \\ \phantom{\mathrm{R_2OCO-C-H CH_2O-P}}\mathrm{O^-} \end{array}$$

a **ホスファチジルセリン** [phosphatidyl serine]
PS と略記．3-sn-ホスファチジル-L-セリン，1,2-ジアシル-sn-グリセロ-3-ホスホ-L-セリンに当たる，極性基としてホスホセリンを含む酸性の*グリセロリン脂質．動植物組織に広く分布する．*酵母には比較的多く，また神経系*ミエリン膜にも多く含まれる．含有量は*ホスファチジルコリン，*ホスファチジルエタノールアミンに比較すると少ない．従来*ケファリンと呼ばれていた画分にはホスファチジルエタノールアミンとともに含まれていた．微生物では CDP ジアシルグリセロールと L-セリンから生合成されることを E. P. Kennedy ら(1964)が明らかにした．酵母にも同様の合成系が存在する．生成したホスファチジルセリンはホスファチジルセリン脱カルボキシル酵素で脱炭酸されることによりホスファチジルエタノールアミンになる．動物組織では，ホスファチジルエタノールアミンなどの他のグリセロリン脂質の塩基部分と L-セリンとの交換反応によりホスファチジルセリンが生成することも明らかにされている．生理活性としては，古くから*血液凝固や血小板凝集反応を阻害することが知られている．セリンの代わりに*トレオニンやアラニンがそれぞれ結合したホスファチジルトレオニンやホスファチジルアラニンも見出されている．

$$\begin{array}{l} \mathrm{CH_2OCOR_1} \\ \mathrm{R_2OCO-C-H} \quad \mathrm{O} \\ \phantom{\mathrm{R_2OCO-C-}}\mathrm{CH_2O-P-OCH_2CH-COOH} \\ \phantom{\mathrm{R_2OCO-C-H CH_2O-P}}\mathrm{O^-} \quad \mathrm{NH_2} \end{array}$$

b **ホスファチジン酸** [phosphatidic acid] PA と略記．*グリセロールの 1,2 位に*脂肪酸が結合し，3 位にリン酸の結合した，1,2-ジアシル-sn-グリセロ-3-リン酸に当たる最も簡単な*グリセロリン脂質．*ホスファチジルコリン，*ホスファチジルエタノールアミンなどの基本構造をなす．遊離酸の型では化学的に不安定で，容易に脂肪酸とグリセロールに分解する．動植物組織に広く分布するが，含量はごくわずかで，多くはグリセロリン脂質が*ホスホリパーゼ D により加水分解を受けた結果遊離したもの．ほぼ全てのグリセロリン脂質や*中性脂肪の生合成の重要な中間体である．1-

アシルグリセロ-3-リン酸のアシル化により生合成される．動物や微生物に存在するホスファチジン酸ホスファターゼ(phosphatidate phosphatase, EC3.1.3.4)の作用によりジアシルグリセロールを生じ，また，ジアシルグリセロールからジアシルグリセロールキナーゼ(diacylglycerol kinase)により ATP の存在下でも生合成される．

$$\begin{array}{l} \mathrm{CH_2OCOR_1} \\ \mathrm{R_2OCO-C-H} \quad \mathrm{O} \\ \phantom{\mathrm{R_2OCO-C-}}\mathrm{CH_2O-P-OH} \\ \phantom{\mathrm{R_2OCO-C-H CH_2O-P}}\mathrm{O^-} \end{array}$$

c **3′-ホスホ-5′-アデニリル硫酸** [3′-phospho-5′-adenylyl sulfate] PAPS と略記．《同》活性硫酸(active sulfate)，3′-ホスホアデノシン-5′-ホスホ硫酸(3′-phosphoadenosine 5′-phosphosulfate)．$C_{10}H_{15}N_5O_{13}P_2S$ 細菌・酵母・植物・動物の細胞は下記の 2 段階の反応によって無機硫酸を活性化する．

$SO_4^{2-}+ATP \rightleftarrows$ アデニリル硫酸$+PPi$
(硫酸アデニリル基転移酵素(スルフリラーゼ)，EC 2.7.7.4)
アデニリル硫酸$+ATP \rightleftarrows PAPS+ADP$
(アデニリル硫酸キナーゼ adenylylsulfate kinase, EC2.7.1.25)

このようにしてできる PAPS は細胞内に貯えられ，硫酸基転移酵素(sulfotransferase)と総称される酵素の基質として，各種硫酸エステルの生合成に使われる．例えば，軟骨での*コンドロイチン硫酸，皮膚での*デルマタン硫酸，角膜での*ケラタン硫酸，マスト細胞での*ヘパリン，脳でのスルファチド，肝や腸での解毒産物フェニル硫酸やステロイド硫酸，Aspergillus sydowi でのコリン硫酸などの生合成はすべて PAPS を硫酸供与体として行われる．一方，酵母や多くの細菌では PAPS に特異的な還元酵素系があり，亜硫酸を生成する．このように PAPS は無機硫酸が含硫アミノ酸などに同化される経路の重要な中間体として働いている．

d **ホスホエノールピルビン酸カルボキシラーゼ** [phosphoenolpyruvate carboxylase] PEPC と略記．《同》PEP カルボキシラーゼ(PEP carboxylase)．ホスホエノールピルビン酸と炭酸水素イオン(HCO_3^-)から*オキサロ酢酸とオルトリン酸を生成する反応を不可逆的に触媒する酵素(EC4.1.1.31)．大部分の細菌，原生生物，光合成細菌から植物にいたるすべての光合成生物に存在するが，動物と菌類(カビ，酵母)にはないと考えられている．アポ蛋白質の分子量は約 10 万で，ほとんどの場合同一のアポ蛋白質が四量体を形成して機能する．多くの代謝中間体による活性調節(活性化あるいは阻害)を受けるアロステリック酵素で，細菌ではアセチル CoA，フルクトース 1,6-ビスリン酸，アスパラギン酸，植物ではグルコース 6-リン酸，*リンゴ酸，アスパラギン酸，グルタミン酸などが*エフェクターとして働く．植物の酵素はリン酸化-脱リン酸化による活性調節を受け，リン酸化されると阻害剤であるリンゴ酸に対する感

受性が低下する．本酵素は*クエン酸回路にオキサロ酢酸を補充する機能をもつ（補充反応）．C₄植物とCAM植物の葉では光合成炭素同化酵素として働く．また，細菌の*還元的カルボン酸回路の構成酵素でもある．

a　ホスホエノールピルビン酸カルボキシル化酵素（GTPリン酸化） [phosphoenolpyruvate carboxykinase (GTP)]　《同》ホスホエノールピルビン酸カルボキシキナーゼ (GTP)．グルコース合成経路の一段階，*オキサロ酢酸 + GTP ⇌ ホスホエノールピルビン酸 + CO₂ + GDPの反応を触媒する酵素．EC4.1.1.32．$\Delta G^{\circ\prime}$ = +0.7 kcal．ラットとマウスの肝臓では細胞質に，ウサギとニワトリではミトコンドリアに，モルモットではミトコンドリアと細胞質の両方に見出される．ITP（*イノシン三リン酸）もGTPのかわりになる．

b　ホスホジエステラーゼ [phosphodiesterase]　《同》リン酸ジエステラーゼ．ホスファターゼの一種で，オルトリン酸のジエステルが加水分解されてリン酸モノエステルとアルコールになる反応を触媒する酵素．通常，リン酸モノエステラーゼと共存し，ヘビ毒・血清（最適pH=8.5～9.0）・米ぬか・肝臓・タカジアスターゼ（最適pH=5.5）その他に見出される．ポリヌクレオチダーゼやコリンリン酸エステルを加水分解するリゾホスホリパーゼも一種のホスホジエステラーゼと考えられる．（⇌脾リン酸ジエステラーゼ，⇌ヘビ毒ホスホジエステラーゼ）

c　ホスホノ脂質 [phosphonolipid]　《同》ホスホノリピド．炭素原子とリン原子が直接共有結合しているホスホン酸型化合物（C-P結合）を成分とする脂質の総称．リン酸エステル型化合物（C-O-P結合）を成分とする一般の*リン脂質と区別していう．脂質成分中に見出されているホスホン酸型化合物（ホスホノ化合物）としては，2-アミノエチルホスホン酸およびそのモノメチル誘導体の N-メチル-2-アミノエチルホスホン酸が知られている．一般のリン脂質と同様にグリセロホスホノ脂質（glycerophosphonolipid）とスフィンゴホスホノ脂質（sphingophosphonolipid）の両型に大別される．前者は主にテトラヒメナなどの原生生物に，後者は貝類やイソギンチャクなどの軟体動物・刺胞動物に分布し，その含量も極めて多い．また*スフィンゴ糖脂質の糖部分にホスホノ化合物が結合しているホスホノ糖脂質（phosphonoglycolipid）も軟体動物や節足動物から見出されている．ホスホノの特徴である C-P 結合の生合成能をもつ動物は旧口動物に限られ，脊椎動物などの新口動物に見出される微量のホスホノ化合物は食物連鎖による二次的なものと考えられる．ホスホノ脂質は脂質生化学の一角を占めるに至っており，機能面での特徴も C-P 結合の化学的安定性や生体リン酸エステル型化合物との構造的類似性などから明らかにされつつある．

CH₃(CH₂)₁₂CH=CH-CH-CH-CH₂-O-P-CH₂CH₂ {-NH₂ (a) / -NHCH₃ (b)}
　　　　　　　　　　OH NH　　　　OH　　　　　リン化合物
　　　　　　　　　　　CO
　　　　　　　　　　　R
　　　　　　　脂肪酸
　　　　セラミド

(a) セラミド 2-アミノエチルホスホン酸
(b) セラミド N-メチル-2-アミノエチルホスホン酸

d　ホスホランバン [phospholamban]　心筋や骨格筋の筋小胞体膜に存在し，蛋白質キナーゼによりリン酸化される膜蛋白質．分子量約2.2万．Ca^{2+} 能動輸送蛋白質であるカルシウムポンプと結合してその機能を調節する因子である．リン酸化されていない状態で，ホスホランバンは，カルシウムポンプの働きを抑制するが，いったんリン酸化されると，小胞体のカルシウムポンプの活性を促進し，その結果として小胞体へのATP依存性 Ca^{2+} 輸送が増加する．これにより筋収縮の強さが変化する．

e　ホスホリパーゼ [phospholipase]　PLと略記．《同》レシチナーゼ (lecithinase)，レシターゼ (lecitase)．ホスファチジルコリン（レシチン）その他のグリセロリン脂質を加水分解する酵素の総称．図の A₁，A₂，B，C，D の各位置を加水分解するホスホリパーゼ A₁，A₂，B，C，D などが知られている．PLA₁(⇌ホスホリパーゼA）はグリセロリン脂質の sn-1 位に作用し，PLA₂(⇌ホスホリパーゼA）は sn-2 位に，PLB (EC 3.1.1.4) は sn-1 位と sn-2 位の両方に作用する．PLC (⇌ホスホリパーゼC)はリン酸ジエステルのリンのグリセロール骨格側に，PLD (⇌ホスホリパーゼD) はリン酸ジエステルのリンのグリセロール骨格とは反対側に作用する．

```
       B       O
       |       ‖
   H₂CO-C-R₁
       |       A₁
    O  OCH
    ‖  |
R₂-C-OCH₂-O-P-OCH₂CH₂N⁺(CH₃)₃
       A₂      |
              C   D
```

f　ホスホリパーゼ A [phospholipase A]　PLAと略記．*グリセロリン脂質のアシルエステル結合を加水分解し，脂肪酸と*リゾリン脂質を遊離する酵素群の総称．sn-1 位を加水分解するものをホスホリパーゼ A₁ (PLA₁)，sn-2 位を加水分解するものをホスホリパーゼ A₂ (PLA₂) と呼ぶ（⇌ホスホリパーゼ[図]）．これまで哺乳類から多数の PLA₁ および PLA₂ の遺伝子が単離され，それぞれ細胞外酵素と細胞内酵素に大別できる．細胞外 PLA₁ には*ホスファチジルセリン特異的，*ホスファチジン酸特異的 PLA₁ が知られ，脂質メディエーターとしてのリゾリン脂質の産生に関わる．細胞内 PLA₁ は3種が同定され，細胞内小胞輸送に関わる．PLA₂ ファミリーには30以上の分子種が同定され，構造上の特徴から分泌性 PLA₂(sPLA₂)群，細胞質 PLA₂ (cPLA₂)群，Ca^{2+} 非依存性 PLA₂(iPLA₂)群，血小板活性化因子アセチルヒドロラーゼ(PAF-AH)群，リソソーム PLA₂ 群などに大別される．細胞外酵素である sPLA₂ 群は局所環境中のリン脂質，例えば隣接細胞膜，感染微生物膜，リポ蛋白質などに作用し，炎症，動脈硬化，生体防御などに関わる．cPLA₂ 群の代表酵素である cPLA₂α はアラキドン酸代謝に必須．iPLA₂ 群は細胞膜リン脂質の再構成やエネルギー代謝制御，脂肪滴の代謝などに関与する．PAF-AH は酸化リン脂質の分解，リソソーム PLA₂ は肺サーファクタントの分解に関わる．

g　ホスホリパーゼ C [phospholipase C]　PLCと略記．*ホスホリパーゼのうちリン脂質のグリセロール骨格に結合したリン酸基のジエステル結合を加水分解し，リン酸基が結合したリン脂質親水部分とジアシルグリセロール(DAG)を産出する酵素(EC3.1.4.3)．細菌に多く

見られる*ホスファチジルコリン(PC)を基質とする酵素はPC-PLCと呼ばれる．クロストリディウム属のウェルシュ菌(Clostridium perfringens)から精製された酵素はその活性にCa^{2+}を要求し，分子量約9万でありPCなどのグリセロリン脂質のみならずスフィンゴミエリンも分解．原核生物の酵素は分子量3万〜3万5000の単一ドメインからなる構造をもち，溶血活性を示すものが多い．動物細胞にはPC-PLCに加えて*イノシトールリン脂質(PI)を分解するPI-PLCと呼ばれる酵素が散在し，シグナル伝達に重要な働きをする．哺乳類のPI-PLCは6ファミリーに分類され，β_{1-4}, $\gamma_{1, 2}$, $\delta_{1, 2/4, 3}$, ε, ζ, $\eta_{1, 2}$の13のアイソザイムがあり，多くは外部刺激を受けて細胞膜脂質二重膜内葉に存在するホスファチジルイノシトール-4,5-二リン酸(PtdIns(4,5)P_2)を分解する．産出されたイノシトール(1,4,5)三リン酸(Ins(1,4,5)P_3)とDAGは*セカンドメッセンジャーとして作用し，Ins(1,4,5)P_3は小胞体からのCa^{2+}の放出を誘導し，DAGはプロテインキナーゼC(PKC)を活性化する．いずれのアイソザイムも酵素活性に必要なコア構造としてXならびにYドメインをもち，TIMバレル構造を形成する．活性化にCa^{2+}を必要とし，Ca^{2+}との結合に必要なC2ドメインやEFハンドドメイン，脂質膜との結合に必要なプレクストリン相同性(PH)ドメインなどを含み，分子量7万〜26万の多様なドメイン構造をもつ．PI-PLCβ_{1-4}は三量体G蛋白質のαサブユニットや$\beta\gamma$サブユニットによって活性化され，SH2とSH3ドメインをもつPI-PLC$\gamma_{1, 2}$は受容体型および非受容体型のチロシンキナーゼを介するチロシンリン酸によって活性化される．PI-PLCεは他のアイソザイムにはないRAドメインをもち，三量体G蛋白質とともに低分子量GTPアーゼであるRasやRhoに至るまで広く保存される．細菌や原虫の細胞膜表面に存在するグリコシルホスファチジルイノシトール(GPI)を特異的に分解するPLCはGPI-PLCと呼ばれ，トリパノソーマでは表面抗原である可変性特異的糖蛋白質(variant-specific glycoprotein, VSG)の細胞表面提示に重要な働きをする．

a **ホスホリパーゼD** [phospholipase D] PLDと略記．*ホスファチジルコリンや*ホスファチジルエタノールアミンなどの*グリセロリン脂質を加水分解し，*ホスファチジン酸を産生するリン脂質代謝酵素．細菌からヒトまで広く保存される．哺乳類には，ホスホリパーゼD1とホスホリパーゼD2の2種類のアイソザイムがあり，ホルモンや成長因子などのさまざまな細胞外刺激に応じて活性化され，ホスファチジルコリンを特異的に加水分解する．加水分解産物のホスファチジン酸は，脂質性シグナル伝達分子として機能する．ホスホリパーゼD1は主に細胞内膜系に局在，調節性分泌反応を促進する一方，ホスホリパーゼD2は細胞膜に局在し，受容体*エンドサイトーシスなど，細胞膜ダイナミックスを制御する．

b **5-ホスホリボシルピロリン酸** [5-phosphoribosyl pyrophosphate] PRPPと略記．《同》5-ホスホリボシル1-二リン酸．リボース-5-リン酸とATPから生じる物質．A. Kornberg (1954)が発見した*プリン生合成経路および*ピリミジン生合成経路におけるホスホリボシル供与体．トリプトファンやヒスチジンの生合成にも関与する重要な物質である．

c **ホスホリラーゼ** [phosphorylase] [1] 広義にはグリコシド結合の可逆的加リン酸分解(リン酸化)を触媒する酵素の総称．生体内の多糖やヌクレオシドなどの配糖体の合成・分解に関与する．

$$ROR' + Pi \rightleftarrows RO\text{(P)} + HOR'$$

この反応は加水分解とちがって，平衡点は中央にあるので可逆的に行われる．[2] 狭義にはα-グルカンホスホリラーゼ(α-glucan phosphorylase)を指す．EC2.4.1.1．動物・植物・微生物に広く存在し，結晶状に単離されている．澱粉やグリコーゲンを加リン酸分解してグルコース-1-リン酸を生じる．

(グルコース残基)$_n$ + Pi →
　　(グルコース残基)$_{n-1}$ + グルコース-1-リン酸

この反応は1,4結合したα-グルコース残基を非還元末端から1個ずつ無機リン酸に転移させ切断する反応で，$\alpha(1\rightarrow6)$の分岐点で止まる．C.F. Cori, G.T. Cori夫妻によって発見・研究される．この反応はΔG°が0.7 kcal/molと小さく，可逆的に進行するが，生理的にはグリコーゲン・澱粉の分解に働く．細胞内で貯蔵物質であるグリコーゲンや澱粉を利用するときこの酵素が関与し，グルコース-1-リン酸は6-リン酸となって，解糖などの反応にそのまま使われる．分解を受ける多糖の名をつけてグリコーゲンホスホリラーゼ(glycogen phosphorylase)，澱粉ホスホリラーゼなどと呼ぶ．筋肉のホスホリラーゼには活性のa型と不活性のb型とが存在する．b型は分子量約20万で，2個のペプチドからなり，AMPの存在下で初めて活性を示し，ATP，グルコース-6-リン酸で阻害される．特異的なリン酸化酵素*ホスホリラーゼキナーゼによりATPから各サブユニットの1個のセリン残基にリン酸基が転移すると，四量体化してa型に変化する．逆に特異的な*ホスホリラーゼホスファターゼにより脱リン酸化するとb型に戻って不活性化する．この活性化・不活性化の変化は現実的に筋肉の中でその運動に応じて起こる．ホスホリラーゼキナーゼはさらに環状AMP依存性のプロテインキナーゼによりATPを用いて活性化されるので，結局グリコーゲンホスホリラーゼは，アデニルシクラーゼを促進するアドレナリンやグルカゴンにより活性化されることになる．なおグリコーゲンホスホリラーゼはピリドキサールリン酸を含む．

d **ホスホリラーゼキナーゼ** [phosphorylase kinase] 《同》ホスホリラーゼbキナーゼ(phosphorylase b kinase)，グリコーゲンホスホリラーゼキナーゼ(glycogen phosphorylase kinase)．ATPからのリン酸基転移により不活性の*ホスホリラーゼbをリン酸化して活性型のaに変える酵素．EC2.7.11.19．生理的には，このリン酸化がホルモンによる*グリコーゲン分解を促進させる機能をもつ．骨格筋の酵素は4種の分子量の異なるサブユニットからなり，その一つは*カルモジュリンである．2型があり，不活性型はCa^{2+}により活性を現す．*プロテインキナーゼA(protein kinase A)によりATPからのリン酸基転移が起こって活性型(Ca^{2+}不必要)となる．リン酸化はBおよびAサブユニットに起こる．ブ

ロテインホスファターゼで不活性型に戻る.

a **ホスホリラーゼホスファターゼ** [phosphorylase phosphatase] *ホスホリラーゼ a をホスホリラーゼ b にする反応を触媒する酵素. EC3.1.3.17. *ホスホリラーゼキナーゼが触媒する反応と逆の反応を触媒する活性をもつ.

b **ホースラディッシュペルオキシダーゼ** [horseradish peroxidase] HRP と略記.《同》セイヨウワサビペルオキシダーゼ. セイヨウワサビ(horseradish) に見出される*ペルオキシダーゼの一種. A. H. Theorell (1941) が結晶化. 分子量は約 4 万 4000 で 1 分子に 1 個の作用基プロトヘミンを含む. 細胞内に取り込ませ, あるいは注入したのちジアミノベンジジン(3, 3′-diaminobenzidine) などを基質として作用させると, 光学および電子顕微鏡で検鏡可能な状態に標識できる. 最初 W. Straus (1959) が*ファゴソームの識別に用いた. K. Kristensson と G. Olsson (1971) による軸索内逆行輸送を利用した神経細胞体・軸索分枝の染出し以後, 神経細胞の形態や体内での走行の観察に多用されている (→軸索内輸送). また発生初期の細胞に注入し, 娘細胞内に限局含有して分配されるのを利用し, *細胞系譜を追跡するのに用いられる. さらに, 免疫グロブリンとの複合体を用いて免疫組織化学の酵素抗体法における標識物質とすることが広く行われている. また*ELISA 法などの分析化学実験の標識物質としても使われる.

c **母性遺伝** [maternal inheritance] 遺伝的形質が, 雌性生殖細胞を通じてのみ, 受精によって生じた子へ遺伝する現象. *遅滞遺伝と*細胞質遺伝の二つが区別される. (→父性遺伝, →非メンデル遺伝, →プラスミド)

d **母性効果** [maternal effect] 子の表現型が母親の影響を受けること, またその影響. 遺伝的要因と環境的要因に分けられる. 多くの多細胞生物では, 受精卵の細胞質に含まれる母親由来の mRNA や蛋白質などの細胞質成分(母性因子 maternal factor) が, 子の初期発生に大きく関与する. 母親の遺伝子型が子の表現型を決めることから, これを母性効果遺伝, またそれに関わる遺伝子を母性効果遺伝子という. 例えばショウジョウバエの母性効果遺伝子である bicoid mRNA は, 卵母細胞において前後方向に勾配をもって分布しており, 受精後に翻訳されて胚の前後軸決定に関わる. 母性効果遺伝子に対して, 子のゲノムに由来する遺伝子を接合体遺伝子(zygotic gene) と呼んで区別する.

e **母性メッセンジャー RNA** [maternal messenger RNA]《同》母系メッセンジャー RNA. 卵母細胞中で転写され, 安定な形をとって蓄積・保存され, 受精後の胚発生の時期に*メッセンジャー RNA として蛋白質合成に参画してくる RNA 群. このグループのメッセンジャー RNA に対応する遺伝子の発現が, 受精前に母系細胞に限定されているための呼称. とりわけ, ショウジョウバエの初期胚発生において母性メッセンジャー RNA の重要性が明らかにされている. 例えばショウジョウバエの頭尾方向は bicoid 母性メッセンジャー RNA の卵内における局在によって決まる.

f **母川回帰** 川で生まれた魚が海に下って成長した後, 産卵のために生まれた川に戻ること. サケ科の魚類でよく知られている. 川を下ったサケは 2〜4 年を海ですごした後もとの川へ戻るが, 海での回遊における*定位には地磁気や*太陽コンパスなどが関与するとされる. ま

た, 母川の河口や支流の認知には嗅覚が関与することが実証されている.

g **保全生物学** [conservation biology] *生物多様性の保全を目的として, 1970 年代後半から発達した生物学の応用的な研究分野. 黎明期から*島の生物地理学をはじめとする生態学的理論および*集団遺伝学の理論を基盤として展開され, 現在も保全生態学(conservation ecology) と保全遺伝学(conservation genetics) がその主要な分科となっている. 1980 年代後半からは, 生物多様性の喪失に伴う生態系の不健全化の問題が強く意識されるようになり, 生態系の健全性の維持も生物多様性保全と並ぶ目的とされるようになった. 従来の生物学を踏襲したアプローチによる研究だけでなく, *順応的管理による*生態系修復や個体群管理などの実践そのものを機会とした研究が進められている. 成果は, 保全に関わる国内外の政策や制度や教育にも活用されている.

h **補足遺伝子** [complementary gene] ある一つの形質を二つ以上の遺伝子座の対立遺伝子が互いに補いあって表現するもので, これらの遺伝子をこう呼ぶことがある. 古典的な例は W. Bateson, E. R. Saunders および R. C. Punnett (1906) が研究したスイートピーの花色を支配する遺伝子で, 異なる 2 種類の白色系統を交配したところ, F_1 はすべて紫色になり, F_2 では紫と白が 9:7 に分離した. 二つの補足遺伝子(色素原体をつくる遺伝子と発色酵素をつくる遺伝子) が一つずつ親の白色系統に存在するからである. (→分離【1】)

i **補足誘導** [complementary induction] 主として脊椎動物の初期発生において, *誘導によって引き起こされた形成物の構成に*誘導者の組織が関与している場合の誘導の形式. 例えば脊椎動物の予定脊索を他の原腸胚の腹方に移植して誘導を起こした場合, 誘導された二次胚は宿主の組織に由来する中枢神経系・感覚器官, 形成体に由来する脊索, および両者に由来する中胚葉組織からできている. これに対し, 発生において, 誘導によって引き起こされた形成物の構成に誘導者が関与しない誘導形式を独自誘導(autonomous induction) という. 誘導者が薬品や抽出物の場合には, 得られた誘導はすべて独自誘導である.

j **ポーター** P<small>ORTER</small>, Keith Roberts 1912〜1997 アメリカの細胞生物学者. G. E. Palade とともに電子顕微鏡による細胞内の微細構造を研究し, 特に小胞体の発見が顕著な業績.

k **ポーター** P<small>ORTER</small>, Rodney Robert 1917〜1985 イギリスの生化学者, 免疫学者. 免疫グロブリン G (IgG) が三つの断片に分解されることを発見. このうちの二つは全く同じもの(Fab) で, 他の 1 分画(Fc) と合わせ, IgG は 2Fab+Fc で構成され, 抗原との結合は Fab に, 補体結合や食作用助長効果などの生物学的活性は Fc にあることを明らかにし, その後の免疫グロブリン構造解析研究に対する先駆的役割を果たした. 1972 年, G. M. Edelman とともにノーベル生理学・医学賞受賞.

l **補体** [complement] C と略記. 抗原抗体複合体と非特異的に結合し, 感染, 炎症反応, 免疫反応などに動員されて, 種々の生物学的活性を発現する体液(主として血清)成分の総称. 第一成分 C1 から第九成分 C9 までの 9 成分(補体成分 complement components) を含み(ただし C1 は C1q, C1r, C1s の複合体. 小文字のアルファベットは各補体成分の分解産物を表す記号), これに

各種の反応因子などを含めて一連の反応系(補体系 complement system)を形成する．抗原と免疫グロブリンのIgMあるいはIgGの複合体(抗原抗体複合体 antigen-antibody complex, 免疫複合体 immune complex), 肺炎連鎖球菌の多糖体(C多糖体)とそれに対するC反応性蛋白質(C-reactive protein)の複合体, ある種のウイルス, 尿酸の結晶などにより活性化される第一経路(古典経路)と, 酵母細胞壁成分(zymosan), グラム陰性菌脂質多糖体(LPS), 種々のグラム陽性菌細胞壁成分, コブラ毒因子(CVF), IgAやIgEの凝集体などで活性化される第二経路の二つの反応経路がある(➡補体活性化経路). さらに, 自然免疫として重要な補体活性化経路としてレクチン経路の存在が明らかにされている. また血液凝固系および繊維素溶解系(繊溶系, フィブリン溶解系)はC1やC3を活性化する. これらの結果, 補体の関与によって多種多様な効果がもたらされる. 例えば, 細胞膜傷害(溶血, 溶菌, 細胞融解), ウイルス中和, 食作用の助長(*オプソニン効果), 血管透過性亢進(アナフィラトキシン), 白血球走化誘引, 白血球増加, 抗体依存性細胞傷害活性(➡Fc受容体)の亢進, 抗原抗体複合体の可溶化などがある. (➡補体受容体, ➡補体活性化経路)

a **補体活性化経路** [activating pathway of complements] 補体系の諸成分が, 一連の化学反応のカスケードによってさまざまな生物作用をもつ活性因子(活性因子群)を生ずる過程. 補体活性化経路には, (1)古典経路, (2)第二経路, および(3)レクチン経路の3経路がある. さらにいずれの経路にも共通の膜侵襲カスケードが加わる. これらの相違は, 補体系の主要成分C3をC3aとC3bとに限定分解するC3コンベルターゼ(C3 convertase)の生成過程にある. (1)古典経路(古典的経路 classical pathway, 第一経路): 抗原抗体複合体とC1複合体との結合によって開始され, C4, C2を含む反応によって生成するC4b2a(C4bとC2aの複合体を表す. 小文字アルファベットは各補体因子の限定分解産物)がC3コンベルターゼとしてC3に作用する. (2)第二経路(代替経路 alternative pathway, 副経路): 抗体分子の関与しない経路で, 血清中に存在する少量のC3が常にゆっくりと自然に分解(tick-over)してC3bになり, B因子(factor B)およびD因子(factor D)が作用することによって生成するC3bBbがC3コンベルターゼとして働く. また, C3bが微生物の膜多糖などの活性膜表面に結合すると膜制御蛋白質の抑制を受けないため, C3bは不活化されず, C3bにBが反応してC3bBとなり, D因子が作用してC3bBbとなることにより惹起される. その結果生ずるC3bBb3bが次いでC5コンベルターゼとして機能する. これ以下の反応はいずれの経路にも共通で膜攻撃経路とも呼ばれる. C5コンベルターゼにより分解されたC5bに順次C6, C7, C8成分が結合し, 最後にC9成分が重合して複合体となり, 細胞膜に孔(ホール)をあける. このC5b6789複合体は, まとめて細胞膜侵襲複合体(cell membrane attacking complex)と呼ばれ, これにより溶血などの細胞融解(cytolysis)が引き起こされる. また, この過程で生成するC3a, C5aなどの限定分解産物はアナフィラトキシン(anaphylatoxin)と呼ばれ, それ自体でマスト細胞の脱顆粒(➡アナフィラキシー)や, 白血球の遊走促進などの強い炎症誘起活性を示す. (3)レクチン経路: この経路は細菌成分が抗原抗体複合体を介さずに古典経路での補体活性を誘導する系である. 肝臓で作られ血清中に存在するマンノース結合レクチン(mannose-binding lectin, MBL)は細菌膜の糖であるマンノースあるいはN-アセチルグルコサミンを認識し, Ca^{2+}依存性に結合する. 次いでMBLに結合しているMASP1, MASP2というセリンプロテアーゼが活性化される. 活性化されたMASP2が補体成分C4とC2を分解して古典経路と同じように補体活性が進行する. この系は抗体を介さずに細菌成分により補体の活性化が起こることから自然免疫系の一つとして注目されている.

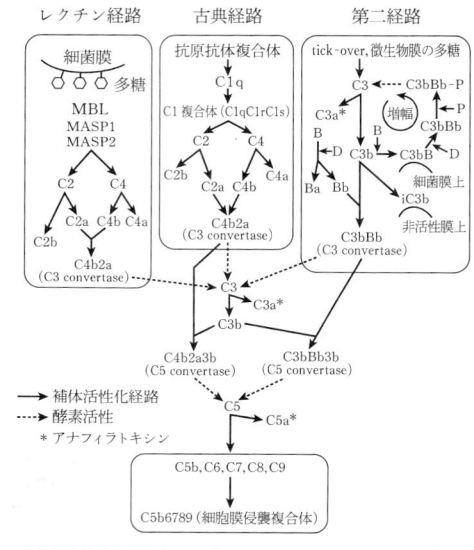

b **補体結合テスト** [complement fixation test] 抗原抗体複合体を既知濃度の補体を含む反応液中に加えると*補体を結合し補体の濃度が低下する現象を利用して, 抗原あるいは抗体を検出する方法. 抗原の性質によって, *抗原抗体反応が*沈降反応や*凝集反応などでは観察できない場合に利用された. テストは2段階からなる. 56℃, 30分処理によって補体を失活させた抗血清, 抗原および補体(通常, モルモットなどの血清を用いる)を混合し, 反応を起こさせる. 次に, ヒツジ赤血球に対する抗体を結合させたヒツジ赤血球(感作赤血球)を加える. 最初の段階で補体を消費するに十分な抗原抗体反応が起こったものは, 感作赤血球の溶血反応は起こらず, 補体が残っているものは溶血反応が起こる. 現在では酵素抗体法(*ELISA法)など, より高感度で簡便な方法が利用出来るためあまり施行されることはない. 以前に梅毒の検査に用いられていた*ワッセルマン反応は, 最も一般に行われていた補体結合テストである.

c **歩帯溝** [ambulacular groove] ➡棘皮動物

d **補体受容体** [complement receptor] 《同》補体レセプター. 補体成分およびその分解産物をリガンドとする細胞表面上の受容体. 代表的なものにC1qレセプターとC3レセプターがある. C1qレセプターはC1qのコラーゲン部分をリガンドとする受容体で, 単球, 好中球, リンパ球, NK細胞, マスト細胞などに広く発現する. C3レセプターは補体の第三成分(C3)に対する細胞

表面受容体で，好中球，マクロファージ，B 細胞，一部の T 細胞，NK 細胞，血小板，赤血球などに広く分布し，補体を介した抗原抗体複合体の貪食，粘着(IA, immune adherence:抗原抗体複合体に結合した C3b が赤血球上の C3 レセプター(CR1)に結合することにより赤血球の凝集が生じる現象)などの機能を媒介する．少なくとも以下の 3 種類が知られる．(1) CR1 (complement receptor type 1 の略，CD35 として知られる．C3b レセプター，C4b レセプター，EB ウイルスレセプター，古くは IA レセプターともいう):160〜250 kDa．4 種類のアロタイプが存在し，赤血球膜，マクロファージ，単球，好中球，B 細胞などに発現する．いずれも C3b および C4b に結合し，これらを介して免疫複合体などの捕捉や貪食を促進する．一方，赤血球表面に発現する CR1 は，免疫複合体の血液中からの除去に重要な働きをもつ．(2) CR2 (complement receptor type 2, CD21):140 kDa の糖蛋白質で，C3d に結合する．もっぱら成熟 B 細胞上に発現し，抗原に C3d が結合すると凝集 C3d が CR2 に結合し，B 細胞抗原受容体の近傍に位置する CD19，TAPA-1 などの補助受容体の複合体が活性化されて B 細胞増殖活性化が増強されるほか，EB ウイルスに親和性をもち，その受容体ともなっている．(3) CR3 (complement receptor type 3, CD11b，および CR4, CD11c):いずれも細胞接着因子である．いわゆる β_2 インテグリン群に属し，前者は 165 kDa の α_L 鎖(CD11b)と 95 kDa の β 鎖(CD18)，後者は 150 kDa の α_M 鎖(CD11c)と β 鎖(CD18)との非共有結合によるヘテロ二量体を形成している(それぞれ，CR3/CD11b は Mac-1, CR4/CD11c は gp150/95 分子に相当する)．CR3/CD11b/Mac-1 は赤血球を除く，好中球，単球，NK 細胞などに発現し，マクロファージの細胞マーカーとして用いられる．一方，CR4/CD11c は樹状細胞に比較的強く発現しており樹状細胞の細胞マーカーとして用いられる．いずれも iC3b をリガンドとしているが，そのほかに，フィブリノゲン，ICAM-1，凝固第X因子などにも結合性をもついわゆる多機能受容体であり，補体を介する貪食促進のほか，細胞接着や遊走など広く白血球機能に関与している．ヒトの白血球接着不全症(leukocyte adhesion deficiency, LAD)は，この β_2 鎖の発現不全によるもので，白血球の貪食機能障害のため重篤な反復性皮膚細菌感染症を起こす．NK 細胞の CR3 は iC3b が結合した標的細胞に強く接着して NK 活性を増強させる．

a **歩帯板** [ambulacral plate] ⇒棘皮動物
b **ボーダーブリム** [border-brim] 生毛体の核に接していない縁．シダ植物の精子はらせん形の細長い体だが，この体は核の変形した部分と，核に接してやはり細長く変形した生毛体(毛基体ともいう)の部分とからなる(⇒精子[図])．ボーダーブリムは染色性が強く，また外力に抵抗性をもつ部分が分化していて精子の保護作用をすると考えられる．ボーダーブリムと核との間には基底小体の列が発達して繊毛を発生する．
c **ボタロ管** [Botallo's duct ラ ductus Botalli, ductus arteriosus Botalli] 《同》動脈管．有尾両生類の肺動脈と背行大動脈とを結ぶ小管．パリの医師 L. Botallo (1530〜?)の名を冠する．肺魚類および羊膜類では，発生に際し第六動脈弓の一部から肺動脈が発達するが，有尾両生類では第六動脈弓の下部が肺に向かって肺動脈となり，残りはボタロ管として背行大動脈に連なる．羊膜類では胚期・胎児期にこれがあり，肺動脈に入る余剰血液を直接に大動脈に導く短絡路として機能する．孵化または出産ののち，肺により呼吸を営むようになると，ボタロ管はただちに閉じて第六動脈弓の血液はすべて肺動脈を経て肺に送られる．稀にボタロ管が閉じないことによる循環障害が知られる．成体に見られるボタロ管の痕跡をボタロ靱帯(ligamentum Botalli, 動脈管索 ligamentum arteriosum)という．

d **捕虫葉** [insectivorous leaf] 食虫植物において，特に昆虫を捕らえやすいように変態した葉の総称．その形態も捕虫の機構も多種多様である．ウツボカズラやサラセニア，*Darlingtonia* の*囊状葉は，袋状の部分を含む入念な構造をもち，袋の入口周辺に発達した蜜腺で虫を誘い，内腔に下向きに生えた毛(逆毛 retrorse hair)や滑面帯があって一度落ちこんだ昆虫が外へ這い上がれないようになっている(落とし穴式)．タヌキモの囊状葉は入口に当たる小孔に扉があって密閉され水の排出により内部が陰圧になっており，獲物が来た刺激で扉が開き水とともにこれを吸い込んで捕らえる(吸込み式)．囊状葉以外に，粘液を分泌する*腺毛を葉面にもちその粘着力で昆虫を捕らえ，さらに葉身が巻き込むように変形し獲物を消化吸収するムシトリスミレやモウセンゴケ類の葉もある(鳥もち式)．さらにハエトリソウやムジナモの捕虫葉は昆虫やプランクトンが葉面の感覚毛に触れると葉身をすばやく折り畳み動物を捕らえて消化する(挟込み式)．捕虫葉は一般に捕らえた虫を消化するための有機酸や酵素類を分泌し，消化物を栄養分として吸収するが，光合成も営んでおり，不足する肥料成分を捕虫により補うと考えられている．

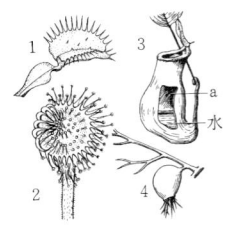

捕虫葉の諸形
1 ハエジゴク
2 モウセンゴケ
3 ウツボカズラ(aは内部を示すために切ったところ)
4 タヌキモ

e **北界** [Arctogaean realm] 陸上における*動物地理区の 3 大単位の一つで，アジア，ヨーロッパ，アフリカ，北アメリカの各大陸を含む地域．*全北区と*旧熱帯区に分けられる．*中生代はじめにパンゲア大陸(Pangaea)からオーストラリア-南極大陸が分離し，*ジュラ紀末までには南アメリカ大陸も分離した(⇒大陸移動説)．以来，一時的に南アメリカが北アメリカと接続することはあったが，それぞれはほぼ独立した陸上生態系として経過したために，ユーラシア，アフリカ，北アメリカの動物相は類似の度が強く，オーストラリア(*南界)および南アメリカ(*新界)のそれと区別して，北界としてまとめられる．⇒動物地理区

f **ポックスウイルス** [*Poxviridae*] ウイルスの一科．pox とは疱瘡(痘瘡)のことで，その病原体である痘瘡ウイルスと共通の NP 抗原をもつ各種動物のウイルスを含む一群．ワクチニアウイルス，牛痘ウイルス，サル痘ウイルス，伝染性軟属腫ウイルスなどがある．ウイルス粒子は約 300×250×200 nm の煉瓦状．中心にコア(core, ヌクレオイド nucleoid)と呼ばれる DNA 含有構

造物があり，その両側に lateral body がある．これらを *エンベロープが包み込んでいる．ゲノムは二本鎖 DNA．直鎖状二本鎖 DNA の両端で，3′-5′ 間が共有結合で連結されている．ヒトに感染する DNA ウイルスのなかでは，唯一 DNA 依存性*RNA ポリメラーゼをもつウイルス．細胞質で増殖し，フォイルゲン反応陽性，ヘマトキシリン好性の B 型*封入体(グアルニエリ小体 Guarnieri body)を形成する．A 型封入体を形成するものもある．脊椎動物を宿主とするコルドポックスウイルス(Chordopoxvirinae)と節足動物を宿主とするエントモポックスウイルス(Entomopoxvirinae)の 2 亜科に分類され，各動物にはその名をつけたポックスウイルスがある．一般に宿主動物の皮膚や発育鶏卵の漿尿膜上皮細胞で増殖するとポック(pock)と呼ばれる限局性の小病巣をつくるが，腫瘍原性をもつものもある．(⇒付録:ウイルス分類表)

a **Hox コード**(ホックスコード) [Hox code] 多細胞動物の発生において，体の前後軸に沿った細胞や原基の発生運命や位置情報が一連の*ホメオティック遺伝子の規則的発現によりコードされている状態，またはその発現パターンの総体．Hox は動物のホメオティックセレクター遺伝子群に与えられた名称で，これらはホメオドメインと呼ばれる DNA 結合ドメインをもつ転写因子をコードし，本来ホメオティック変異を引き起こす原因遺伝子として単離された．Hox 遺伝子は，多くの多細胞動物の染色体上でクラスターを形成し，クラスター上での個々の遺伝子の相対的な位置関係と，それら遺伝子の胚における発現位置には対応関係が認められることが多い．脊椎動物では，菱脳や体節のような分節的原基を位置特異的な発生分化の方向に導き，椎骨や肋骨の形態的分化の背景に主要な機能を果たす．

b **発端者** [propositus, proband, index case] ある遺伝形質について家系調査を行う場合，その家系を発見するきっかけになった個人．例えば遺伝的疾患についての家系調査では，最初に病院で診察を受けた患者が発端者で，たいてい家系ごとに 1 人ずつであるが，地域内全員を検診した場合には患者全員が発端者になる．家系図では通常，矢印や指さす形で発端者を示す．(⇒確認法)

c **発端種** [incipient species] 《同》幼い種．新種に移行する前段階の顕著な特徴を示しかなり永続的である変種．C. Darwin の提唱．彼は，個体の変異は軽度の変種への第一歩であり，それにより顕著な特徴を示しかなり永続的である発端種に進み，さらに亜種へ，また種へ移行するものと考えた．

d **ホットスポット**(突然変異の) [hot spot] 自然に，または突然変異原処理後に特別に突然変異を起こしやすい遺伝子内の場所．このような場所は，最初 T4 ファージの rII 遺伝子座で自然突然変異について発見された．このような場所が存在することは，DNA 塩基のある特別な配列の所で，自然にまたは突然変異原の作用により DNA の構造変化が起こりやすいことを意味する．

e **ホッペ-ザイラー** HOPPE-SEYLER, Ernst Felix Immanuel 1825～1895 ドイツの生理化学者．ハレ，ライプツィヒ両大学で医学を学び，ベルリン大学で R. Virchow の助手，同大学助教授から，テュービンゲン大学ついでストラスブルグ大学生化学教授．蛋白質の生化学的研究の基礎をつくり，ヘモグロビンの研究などにも業績をあげた．学界誌 'Zeitschrift für physiologische Chemie' を創刊．

f **ボツリヌス菌** [Clostridium botulinum] *クロストリディウム属細菌の一種 Clostridium botulinum の和名．毒素型食中毒の原因菌．E. P. van Ermengen (1896) が記載．種形容名はラテン語の botulus(腸詰め，ソーセージ)に由来し，これは 19 世紀のヨーロッパでソーセージやハムの摂食が原因となって食中毒が発生したことによる．グラム陽性，偏性嫌気性，芽胞形成の運動性桿菌 ($0.8 \sim 1.3 \times 4 \sim 8 \mu m$)．土壌や水界底質の中に芽胞の形で広く存在する．芽胞は十数時間 $100°C$ に耐える耐熱性があり，また毒素の破壊には $100°C$ で 10 分以上を要し，消化酵素でも壊れない．毒素の抗原性の違いにより A～G の 7 型に分類され，ヒトに対する食中毒は A, B, E, F 型で起こる．一般には動物生体には寄生しないと考えられる．産生する外毒素(*ボツリヌス毒素)は分子量約 15 万の蛋白質で，マウスに対する最小致死量は $0.0003 \mu g/kg$ である．また，ヒトに対し A 型毒素を経口投与した場合の致死量は $1 \mu g/kg$ と推定されており，天然のものとしては最強の毒ともいわれる．毒素およびホルマリン処理によるトキソイドは，ともに高い抗原性を示す．食中毒症状としては，まず毒素とは無関係に下痢・悪心・嘔吐などの消化器症状が起こる．続いてめまい・頭痛や視力低下・複視などを起こし，その後自律神経障害，四肢麻痺に至る．これは毒素が腸管壁から吸収されたのち，コリン作動性シナプスに作用し，神経終末からのアセチルコリンの分泌を阻害し，神経終末の強い機能麻痺を起こすことによる．(⇒クロストリディウム)

g **ボツリヌス毒素** [botulinum toxin] 《同》ボツリヌストキシン．*ボツリヌス菌の産生する外毒素．ボツリヌス中毒の原因物質と考えられ，A, B, C_1, C_2, D, E, F, G などに分類されている．それらの分子構造は比較的共通しており，その多くは，毒素活性を担うと考えられる L 鎖(分子量約 5 万)と H 鎖(分子量約 10 万)とがジスルフィド結合で結ばれた分子量約 15 万の蛋白質．本毒素が示す神経毒性は，*破傷風毒素の場合と同様に，神経終末にあるシナプスからの神経伝達物質(アセチルコリン)の放出抑制にあると考えられている．C_2 にはアクチンを*ADP リボシル化する酵素活性が存在する．他方，ボツリヌス菌が産生する神経毒性をもたない C_3 酵素は，がん遺伝子 rho の産物である分子量約 2 万の GTP 結合蛋白質を ADP リボシル化する．

h **ボディプラン** [body plan] ある分類群の多細胞生物の体に共通する形態の規則性をもとに表した，その分類群の基本体制．例えば脊椎動物のボディプランには，左右相称で前後軸をもつ，背側に神経管があり腹側に消化管がある，体軸の前端に頭部があり胴部には脊椎や筋節などの分節構造がみられる，などがある．動物の形態は発生過程でパターン化されるため，ボディプランはその分類群で進化的に保存された発生機構によると考えられる．この保存された発生機構によって形態形成が拘束されるため，その分類群に属する生物の形態の多様化はボディプランの範囲内に収まる．発生過程で一過性にその分類群に共通の形態パターンが現れることがあり，これはファイロタイプと呼ばれる．(⇒咽頭胚期)

i **ボーデンハイマー** BODENHEIMER, Frederick Simon 1897～1959 ドイツ生まれ，イスラエルの昆虫学

者，科学史学者．昆虫の数の変動は主として気候によりもたらされるという説(気候学説)を発表した．1938年に出版された 'Problems of animal ecology' は日本の害虫発生予察事業に強い影響を与えた．[主著] 上記のほか：Citrus entomology, 1951; The history of biology, 1958.

a **保毒植物** [infected plant]　*ウイルスが全身的に感染し増殖しているにもかかわらず，外観上何ら病徴を現さない植物個体．ウイルスの伝染源として農業上問題になる．主にウイルス，*ウイロイドが感染した植物体．ウイルス病，ウイロイド病の伝染源となる植物(キャリアー carrier)という意味でも使われるが，現在ではより広義に「感染植物」の意味で用いる．また，ウイルスの伝染源となる媒介生物がウイルスを保持している状態を保毒昆虫，保毒菌などと呼ぶ．

b **ポドゾル** [podzol, podsol]　冷温帯から温帯にかけての湿潤気候下の針葉樹林あるいは針葉樹・広葉樹の混交林地帯に発達する土壌．*A層下部に漂白された灰白色のA_2層を，またその直下に鉄・アルミニウムおよび腐植の集積した暗赤褐色の*B層を分化させている．*A_0層に酸性腐植が生成し，これが鉱物の風化を強く進めるとともに，最も移動しにくい鉄，アルミニウムの二三酸化物を土層の上部から*溶脱し，下層に集積させ，生成される．この作用をポドゾル化作用(podzolization)と呼び，このような作用を受けた土壌をポドゾル性土(podzolic soil)と総称する．集積B層に腐植の多いものを腐植ポドゾル(humus podzol)，鉄の多いものを鉄ポドゾル(iron podzol)と呼ぶ．一般に塩基の少ない鉱物母材から典型的に発達し，塩基が溶脱して酸性が強く，土壌構造が発達しないため，生産力が低い．

c **ポドフィロトキシン** [podophyllotoxin]　メギ科植物 Podophyllum peltatum (北米産) や P. emodi (ヒマラヤ・カシミール産) の根茎にふくまれる*リグナン．グルコシドの型で存在する．*チューブリンと結合してその生物活性を阻害する．その結合部位は*コルヒチンの結合部位と同一で，ビンカアルカロイド(*ビンクリスチンなど)の結合部位とは異なる．

d **ボナー** BONNER, James　1910～1996　アメリカの植物生理学者，生化学者．H. E. Dolk と K. V. Thimann のもとで，オーキシンの作用機作に関して多くの業績を上げた．その後細胞分化の基礎となる核酸や蛋白質代謝の研究を行い，RNA の人工合成に成功．[主著] The molecular biology of development, 1965.

e **哺乳** [lactation]　子に乳を飲ませて育てること．哺乳類の最も重要な特徴の一つ．哺乳には*泌乳，母親の授乳行動および子の吸乳行動が必要条件である．出生直後の子は触れるものすべてを吸う習性があるが，一般に数日の内に特定の母親，場合によっては特定の乳首に対する吸乳行動が確立する．哺乳期間中の母親は母性行動を示し子を保護する．吸乳刺激により，下垂体から*プロラクチンと*オキシトシンというホルモンが分泌され，これらが乳腺の乳汁の生産と乳腺平滑筋の収縮を促し，泌乳が促進される．そのため，乳児数に比例して泌乳量が増し，乳児の発育が進み吸乳回数が少なくなると乳量が減少するが，その際に他個体から生まれた子に授乳することにより泌乳の延長が可能である．哺乳期間の長さは種により多様で，短いものではモルモットの15～16日，長いものではアフリカゾウの2年，オランウータンの3年などがある．

f **哺乳類** [mammals　ラ Mammalia]　脊椎動物亜門の一綱．体表は毛で覆われ，皮膚には独特の毛，皮脂腺，汗腺がある．乳腺は汗腺の変形とされ，多くの場合乳頭がある．下顎骨は歯骨だけからなり，頭蓋の鱗状骨と直接関節する．二次口蓋が発達して，後頭顆は1対．胸帯の烏口骨は著しく小型化し，多くは肩甲骨と融合して烏口突起となる．歯は二生歯性で，その外形は四つの歯種に分化し，さらに各歯種は，食性に応じて，特徴的に分化している(=異歯性)．爬虫類段階の方形骨と関節骨は第二・第三の耳小骨となり，角骨は*中耳を覆う耳胞の一部になる．外耳には一般に外耳道と耳介が，内耳には蝸牛が発達．心臓は2心房2心室で，心室の隔壁は完全であり，赤血球は円盤状(ラクダのみ楕円状)で胎児期を除き核がなく，大動脈弓は体の左側だけに存在．体腔は横隔膜により胸腔と腹腔に分かれる．肺呼吸を行う．恒温性．喉頭に発達した声帯を振動させて音声を発する．成体の排出器は後腎で，卵生のものでは胚期には尿酸を，その他は尿素を排出する．膀胱は一般に尿管と直接連なり，したがって，現生種では卵生であるカモノハシ類(単孔類)を除き，泌尿生殖孔は肛門とは独立して存在し総排泄腔はない．雄には陰茎があり，精巣は多くは陰嚢内に下降する．一部の卵生種では，多黄卵で盤割するが，胎生種では，少黄卵で等全割する．幼体は雌の乳腺から分泌される母乳によって哺育される．陸上を中心に一部は空中・地中・水中に分布を拡げ，多様な生態的地位を占めている．子を哺育することに基づいて家族関係が発達し，これが各種社会の重要な基盤となっている．三畳紀後期の化石が最古のものとされ，新生代に入って爆発的に適応放散し，現在もなお繁栄を続けている．単弓類(=爬虫類)中のいわゆる哺乳類様爬虫類から進化したもので，これらと哺乳類とは分割が困難であるため，両者を合わせて*獣弓類を立てる意見もある．しかし，最近では哺乳綱を原獣類(三畳紀～，現生では単孔類)，異獣類(ジュラ紀～漸新世，多咬頭歯をもつ)，および獣類の3亜綱に分けるか，もしくは4亜綱(アウストラロトリボスフェニック亜綱，異獣亜綱，枝獣亜綱，ボレオトリボスフェニック亜綱)に分けることもある．獣亜綱には三丘獣類(ジュラ紀～白亜紀，3個の主咬頭をもつ歯をそなえるもの)，後獣類(白亜紀以後，カンガルーなどの有袋類，南北アメリカとオーストラリアに現存)，正獣類(真獣類，前期白亜紀末期以後，胎盤をもち，大脳の発達が著しい)の3下綱が含まれる．現生約4300種．

g **骨** [bone　ラ os]　*骨組織より成る脊椎動物の支持器官で，内外骨格の個々の構成要素．円口類には存在せず，軟骨魚類では痕跡的．古くは，*軟骨と区別して硬骨ということもあったが，いまは用いない．骨は筋肉そのほかの器官を支持し，特に筋肉の収縮・弛緩によってことして働き，また重要な器官を囲み保護する(頭骨，胸骨，肋骨など)．形状により*長骨，短骨(os breve, short bone, 例：指骨)，扁平骨(os planum, flat bone, 例：前頭骨)などに区別．いずれも，一般に表面は堅牢・緻密な骨組織としての緻密骨質から，内部は海綿状の

*海綿骨質からなる．骨の中の腔所は海綿骨質間の腔所も含めすべて造血組織の*骨髄によって占められる．ただし含気骨では*気嚢がこの腔所にまで及ぶ．骨の表面は*骨膜でおおわれる．骨または骨格に関する学を骨学(osteology)という．(⇨関節，⇨骨化)

a **ボネ** **Bonnet**, Charles　1720～1793　スイスの博物学者, 哲学者．はじめ法律学を修めたが, J. Swammerdam および R. A. F. de Réaumur の影響で顕微鏡的および実験的な博物学研究に進んだ．アブラムシの単為生殖を実験的に確証し, それに基づき, 発生前成説の卵子論の立場をとった．またミミズの再生も研究．自然物に関し,「元素」にはじまり人間を頂点とする「自然の階段」の説をとった(⇨連続性の原理)．[主著] Recherches sur l'usage des feuilles dans les plantes, 1754; Palingénésie, 2 巻, 1769.

b **母斑** [nevus] 《同》痣(あざ), 黒子(ほくろ)．着色など周囲と異なる色調を示す皮膚の状態の総称．色素細胞由来の色素細胞母斑(pigment cell nevus), 色素脱失を示す白斑性母斑, 上皮細胞由来の硬母斑, 結合組織・血管などに由来する結合組織母斑, 脈管性母斑など多様のものを含む．一部は皮膚がん(skin cancer, cutaneous cancer)の前がん病変とされる．

c **ホプキンズ** **Hopkins**, Frederick Gowland　1861～1947　イギリスの生化学者．マウスを用いた食餌の研究で, いわゆる四大栄養素だけでは成長できないことを確認, ビタミン学の先駆をなし, C. Eijkman とともに 1929 年ノーベル生理学・医学賞受賞．そのほか筋肉の収縮に伴う乳酸発生の研究やグルタチオンの発見など多くの業績がある．

d **匍匐枝** [stolon, runner] 《同》匍枝, 匐枝, ストロン．維管束植物の直立した茎の地際から出て水平に伸び, 先端には次の世代の*シュートとなる芽(シュート頂と若い葉)をそなえ, また途中の節から根を出して地に固着する枝．特に細いものを指す．地上に出る例にはツルネコノメソウやユキノシタ, 地下にある例にはツマトリソウやコヤブランなどがある．水平に走る地下茎が直立した茎の基部をなす地下茎と太さにおいて大差ないもの(ドクダミ)は匍匐根茎(stoloniferous rhizome)という．なお枝が地上に横たわるだけで, 根を出さない状態は, ニシキソウのように先端まで寝れば平伏(procumbent), ハイマツのように先端が屈起すれば傾伏(decumbent)という．またストロンの語は相似的な形態をとる, 例えばクモノスカビや *Absidia* などの菌類の*気中菌糸などにも適用する．

e **ホフマイスター** **Hofmeister**, Wilhelm　1824～1877　ドイツの植物学者. M. J. Schleiden や H. von Mohl の著作に啓発されて植物学の研究に進み, ハイデルベルク大学教授を経てテュービンゲン大学教授．植物比較形態学, 植物発生学, 細胞学, 生理学に貢献した．特にコケ植物・シダ植物・裸子植物の生活史を研究し, 植物の受精や世代交代について多くの事実を明らかにした．細胞分裂には核分裂が伴うことを確認した．また, 裸子植物と被子植物との区別を明確にした．[主著] Die Entstehung des Embryos der Phanerogamen, 1849; Vergleichende Untersuchungen höherer Kryptogamen und der Koniferen, 1851.

f **ホフマイスターの系列** [Hofmeister's series] F. Hofmeister (1888) が卵白の沈澱や塩析, ゼラチンの膨潤などに関して多くのイオン間の作用の強さを比べて得た系列，クエン酸⁻>酒石酸⁻>SO_4^{2-}>酢酸⁻>Cl^-, NO_3^->I^->CNS^-; Li^+>K^+>Na^+>NH_4^+>Mg^{2+} など．この系列はイオンの離液系列(lyotropic series)と一致する．効果の大きいものほど, 塩析に要する最小濃度が低く, また蛋白質を安定化する傾向がある．

g **ホーミング** [homing] [1] 《同》リンパ球ホーミング(lymphocyte homing)．*リンパ球が血管系とリンパ管系を介し体内を循環する現象．リンパ節の主に傍皮質領域の小静脈には HEV 細胞(HEV cell, high endothelial venule cell)と呼ばれる背の高い特殊な内皮細胞(⇨高内皮静脈)が存在し, リンパ球は L-セレクチンを介してこの部位に結合し, *リンパ節内部へと侵入する．リンパ節内でリンパ球の受容体が認識できる抗原が存在しない場合, リンパ球はリンパ節を離れた後, リンパ管を経て, 胸管へと移動し, 左鎖骨下静脈の胸管開口部から再び血中へ入る．このような定常的再循環のほか, 体内局所で炎症が起こり, リンパ球が自らの受容体を介しリンパ組織内で抗原を認識した際には, *ケモカインや接着分子の発現制御により, 炎症局所へ移動する．この際, 活性化を受けた組織に戻ることが知られており, を組織指向性の獲得と呼ぶ．[2] 始原生殖細胞が体内を移動し生殖巣原基に遊走する現象．[3] 動物行動学では帰巣性を意味する．(⇨回帰性)

h **ホメオーシス** [homoeosis] 《同》相同異質形成．ある*体節(環節)またはそれに準ずる体区分の付属構造が, 他の体節またはそれに準ずる体区分の付属構造の性状を示す現象. W. Bateson (1894) の造語．主として節足動物の*付属肢に認められる異常形成で, その典型的な場合が, 本来の付属構造が他の体節の付属構造によって置き換えられる代置転座で, エビの眼柄の切断後に再生される触角は好例．そのほかカマキリの前胸背板の切断後に歩脚が生じる場合, ガの後翅の代わりに前翅が生じて二つの前翅が前後に並ぶ場合などがある．特にこの型のホメオーシスは突然変異としてショウジョウバエなどに出現することが知られ, *ホメオティック突然変異と呼ばれている (⇨異質形成)．この現象は, 体節あるいは器官原基の特質を決定する遺伝子の同定に貢献した．以上のほか, 正常の構造の傍に本来他の体節または体区分に属すべき構造が付加されている添加転座と呼ばれるホメオーシスの型がある．

i **ホメオスタシス** [homeostasis] 《同》恒常性．生物体あるいは生物システムが不断の外的・内的諸変化のなかにおかれながら, 形態的状態・生理的状態を安定な範囲内に保ち, 個体としての生存を維持する性質. W. B. Cannon (1932) がこれを生命の一般的原理として提唱し, 主として神経系と内分泌系の作用によって保たれていることを指摘した. C. Bernard (1865) が強調した*内部環境の「固定性」(仏 fixité)をさらに実証的に発展させたもので, 脊椎動物における血液の化学的・物理的性状が食物などに影響されることなく, 常に一定の範囲に保たれる事実が代表的な事例とされる．血液の緩衝作用と腎臓の浸透調節作用のような局所的な機構もその成立に関与するが, 主要な基礎をなすのは自律神経系と内分泌系の機能である．以上のような本来の意味でのホメオスタシスを生理的ホメオスタシス(physiological homeostasis)と呼ぶが, 後に生態的ホメオスタシス, 遺伝子ホメオスタシス, 発生的ホメオスタシスのように, 生物

システムにおける高次あるいは低次の階層に概念が拡張されてきた．ホメオスタシスの状態から質的な転換が起こるとき，*カタストロフィの概念が適用される．

a **ホメオティック遺伝子** [homeotic gene] *ホメオティック突然変異の原因遺伝子として同定された遺伝子群．動物・植物を通じて見出されるが，特にショウジョウバエの正常発生における形態形成を制御する遺伝子を指すことが多い．ショウジョウバエでは第三染色体右腕に複数のホメオティック遺伝子が集合してクラスターを形成する．これらは *Antennapedia* 遺伝子を含む五つの遺伝子からなるアンテナペディア複合体 (Antennapedia complex, ANT-C)，および *ultrabithorax* 遺伝子を含む三つの遺伝子からなるバイソラックス複合体 (bithorax complex, BX-C) で構成され，まとめて HOM 複合体 (HOM-complex, HOM-C) という．正常発生では*分節遺伝子群の制御により胚の前後軸に沿って領域特異的に発現し，体節に固有の構造を生じる*選択遺伝子としての機能をもつ．突然変異による遺伝子機能の喪失や獲得によりホメオティック突然変異が引き起こされる．染色体上の各遺伝子の配列順序と胚の前後軸に沿った遺伝子発現の相対位置は平行関係にある (⇒共線性)．すなわち，ANT-C の各遺伝子は HOM-C の 5′ 末端側に位置し，胚の前側でその並び順に発現して頭部から中胸部までの各体節の構造を決定し，3′ 末端側に並ぶ BX-C の各遺伝子は胚の後部で順に発現して後胸部と腹部の各体節の構造を決定する．HOM-C はクラスター構造も含めて多細胞生物に広く保存されており，特に脊椎動物では，硬骨魚類に七つ，他の脊椎動物に四つのパラログクラスターが存在し，Hox 遺伝子群 (Hox gene cluster) と呼ばれる．脊椎動物の Hox 遺伝子群は HOM-C と同様に共線性を示し，その突然変異は脊椎骨などのホメオティック転換 (*ホメオーシス) を引き起こす原因となる．動物のホメオティック遺伝子は Hox 遺伝子のようにホメオボックスをもつものも多いが，必ずしもそうとは限らない．植物のホメオティック遺伝子には*MADS ボックス遺伝子ファミリーに属する *AGAMOUS* などが知られ，花器官のアイデンティティー決定に機能している．(⇒ABC モデル)

b **ホメオティック突然変異** [homeotic mutation] 《同》ホメオティック変異，相同異質形成突然変異．遺伝的にホメオティック転換 (*ホメオーシス) を起こす突然変異．昆虫の体節 (segment) 形成においてよく見られ，代表的な例にカイコの E 系突然変異 (腹節胸節間の転換)，ショウジョウバエの双胸形突然変異 (bithorax，後胸節に翅が形成される) などがある．ホメオティック突然変異の原因遺伝子は*ホメオティック遺伝子と総称され，その多くは*転写因子をコードし，その働きで他の一群の遺伝子の発現を調節する．これらの遺伝子は*体節 (またはそれに準じる体の特定部位) に特徴的な発生経路を選択するという考えに基づき，*選択遺伝子と名づけられている (A. Garcia-Bellido, 1975)．昆虫では，*分節遺伝子の制御によって発現する HOM-C に属する遺伝子のことを狭い意味でホメオティック遺伝子と呼ぶことがある．植物でも，雄ずいが花弁に転換するなど，多くのホメオティック突然変異が知られている．

c **ホメオボックス** [homeobox] ショウジョウバエの*ホメオティック突然変異の原因遺伝子に保存されている配列として同定されたおよそ 180 塩基対からなる塩基配列．ホメオボックスをもつ遺伝子を*ホメオボックス遺伝子 (homeobox gene) と総称する．ホメオボックスはおよそ 60 個のアミノ酸配列からなる DNA 結合ドメインであるホメオドメイン (homeodomain) をコードする．ホメオドメインのアミノ酸配列は高い相同性をもち，典型的なヘリックス＝ターン＝ヘリックス構造を形成する．ホメオドメインをもつ蛋白質はホメオドメイン蛋白質と総称される．ホメオボックス遺伝子は真核生物に広く存在し，特に多細胞生物の発生過程において*転写因子としてさまざまな働きをもつ．なかでも Hox 遺伝子群 (Hox genes) は同一染色体上にクラスター (cluster) を形成し，多細胞生物のボディプランに関わる制御遺伝子として中心的な役割を担う．(⇒共線性)

d **ホモ＝エレクトゥス** [*Homo erectus*] いわゆる原人に含まれる，*化石人類の種の一つ．最初にジャワ島のトリニール河畔で頭骨が発見され，ピテカントロプス＝エレクトゥス (*Pithecanthropus erectus*, *ジャワ原人) と名付けられたが，その後ホモ属に加えられ，*北京原人も含めて現在の名称となる．脳容量は 800～1200 cm^3 ほどで頭骨は頑丈かつ原始的な特徴を示すが，身体は現代人に近い体型だった．アジア (ジャワ原人と北京原人) のグループのみを指す狭義的考え方と，アフリカからアジア・ヨーロッパにかけて分布していたグループ全体を指す広義的考え方がある．狭義の立場では，他地域の類似集団は別種とされる．インドネシアのフローレス島で 2003 年に発見された小型のフローレス原人 (ホモ＝フロレシエンシス) は，ホモ＝エレクトゥスが孤立した島嶼環境で矮小化した種だとする仮説が有力である．

e **ホモカリオン** [homocaryon, homokaryon] 遺伝的に均一な核が存在するような細胞・胞子・菌糸など．*ヘテロカリオンと対する．糸状菌では多核菌糸をいうが，担子菌類では特に一核細胞からなる一次菌糸をいう．

f **ホモゲンチジン酸** [homogentisic acid] 2,5-ジヒドロキシフェニル酢酸にあたる．フェニルアラニンとチロシンの中間代謝物質であり，ホモゲンチジン酸酸素添加酵素 (EC1.13.11.5) によって分解する．アルカプトン尿症の尿中に多量に存在する．この尿を空気中にさらしておくと黒色になるのは，この酸が自動酸化して暗黒色の生成物を生ずるためである．アルカプトン尿症は先天的にこの酵素を欠損しているために起こる．この酵素は Fe^{2+} を補酵素とするので，ビタミン C の欠乏によりこの酵素の Fe^{2+} 部分を不足させて，人工的にアルカプトン尿症を発症させることもできる．

g **ホモ酢酸生成菌** [homoacetogenic bacteria] 二酸化炭素を還元して酢酸を生成する嫌気代謝反応を行う細菌．ホモ酢酸生成は CO_2 を末端電子受容体とする炭酸呼吸の一種で，*ファーミキューテス門に分類される *Acetobacterium* や*クロストリジウム属細菌などが行う．全体の反応は $4H^+ + H^+ + 2HCO_3^- \rightarrow CH_3COO^- + 4H_2O$ ($\Delta G°' = -104.6$ kJ/reaction) で表され，アセチル CoA 経路 (acetyl-CoA pathway, Ljungdahl-Wood pathway) を通じて酢酸を生成する．水素と二酸化炭素で独立栄養的に生育する場合に加え，酢酸生成を伴う炭水化物の発酵により従属栄養的に生育する．

h **ホモ＝サピエンス** [*Homo sapiens*] 《同》現生人類，解剖学的現代人．現代人が属する種の学名．広義と狭義

がある．前者ではいわゆる旧人(*ネアンデルタール人など)を含み，これを古代型ホモ=サピエンスあるいは旧人型ホモ=サピエンス(archaic Homo sapiens)と称する．近年より広く採用されているのは後者で，解剖学的現代人，すなわち現代人と同様の骨格形態特徴を示す人類(いわゆる新人あるいは新人型ホモ=サピエンス modern Homo sapiens)のみをホモ=サピエンスに含める．その起原については，多地域進化説(地域連続説:アフリカ，ヨーロッパ，アジアにおいて多様化した*ホモ=エレクトゥスがそれぞれの地域でホモ=サピエンスに進化したとする)とアフリカ単一起原説(ノアの方舟説:ユーラシアのホモ=エレクトゥスは絶滅し，アフリカからホモ=サピエンスが誕生したとする)との間で長い論争があったが，現在では基本的には後者の考え方が支持されており，アフリカで進化したホモ=サピエンスが世界へ拡散する過程で，ユーラシアにいた集団とわずかながら混血した可能性が指摘されている．

a **ホモジェナイザー** [homogenizer] 組織をすりつぶして細胞を破壊し，*ホモジェネートにする器具．ポッター-エルヴェージェムホモジェナイザー(Potter-Elvehjem homogenizer)は，内面を擦った試験管様の外筒と，その中に入れ子になる，やはり面を擦ったペッスル(pestle)とからなる．現在一般に用いられている形式は外筒がガラス，ペッスルの先端はテフロンのものである．後者の上端をゴム管で小型電動機の軸に連結し，筒内に組織を入れてこのペッスルを回しながら，筒の方を手で上下する．このほかに例えばダウンス型といわれるものがあり，これはペッスル先端が球状になっていて(外筒との接触面積が少なく)，核などをいためずにホモジェナイズするのに用いる．ペッスルは必ずしも回転させない．このほか家庭用のミキサーに似た構造のワーリングブレンダー(Waring blender)，加圧して試料を細孔から噴出させる方式のフレンチプレス(French press)も用いられる．

b **ホモジェネート** [homogenate] 細胞の構造を破壊して得られる懸濁液．ただし，通常は*細胞小器官などの微細構造は温存されているものを指す．生物の組織を適当な緩衝液や生理食塩水とともに冷却しながら*ホモジェナイザーですりつぶして得るが，その他超音波や凍結融解なども併用される．これを使って代謝の研究や酵素の抽出，またこれから細胞小器官などの成分の分画が行われる．

c **ホモシスチン尿症** [homocystinuria] *メチオニンの異化過程における*シスタチオニン-β生成酵素の欠損する常染色体劣性の遺伝的欠損症．ホモシスチンが*シスチンに変換されず尿中にホモシスチンが多く排泄され，中間生成物ホモシスチンの一部がメチオニンへ還元されることから，血中メチオニン濃度が上昇する．新生児マススクリーニングの対象疾患であり，高メチオニン症，高ホモシスチン血症にて検出している．知能障害，発育障害，レンズ体の位置異常，四肢の強直，薄い頭髪，心臓血管系の異常などの症状があり，血栓形成によって死亡する場合が多い．

d **ホモシステイン** [homocysteine] HSCH$_2$CH$_2$CH(NH$_2$)COOH 含硫アミノ酸の代謝中間体．生体内でメチオニンがメチル基転移反応を行う際にS-アデノシルメチオニン，S-アデノシルホモシステインを経て生成する．このSH基はシスタチオニンを経てセリンの水酸基との交換を行ってシステインを合成するので，生体内でのメチオニンからシステインへの転化の中間体となっている．またホモシステインは植物や微生物においてメチオニン生合成の中間体で，動物体内でもグリシン・ベタイン・サルコシンなどのメチル基供与体によって再びメチル化されてメチオニンに戻る．したがってメチオニンとホモシステインは，その相互変換によって生物体内でのメチル基転移系の運搬体としての役割を果たすとみなされている．(→メチオニン)

e **ホモ接合体** [homozygote] 《同》同型接合体．着目するいくつかの遺伝子について，対立関係にある遺伝子のすべてが機能的・座位的に同一である接合体．一対立遺伝子ではAA，aa，二対立遺伝子では，$AABB$，$AAbb$，$aaBB$，$aabb$の遺伝子型をもつ個体をいう．このような状態をホモあるいは同型(homozygosis)という．ホモ接合体であることは，*自殖により異なる形質をもつ個体を原則として分離しないことから判定することができる．すべての遺伝子について同型な個体は*純系であり，ホモ接合体は自殖あるいは同系交配を繰り返し，着目する形質を選択することによって得られる．

f **ホモセリン** [homoserine] 側鎖に水酸基をもつα-アミノ酸の一つ．蛋白質には含まれない．微生物や植物におけるトレオニンおよびメチオニンの生合成の中間体．アスパラギン酸-4-セミアルデヒドから生成される．ホスホホモセリンを経てトレオニンになり，またアシルホモセリンを経てメチオニンに変換される．

COOH
|
CHNH$_2$
|
CH$_2$
|
CH$_2$
|
OH

g **ホモタリズム** [homothallism] 《同》同体性，同株性．1胞子に由来する細胞のあいだに有性生殖が起こる現象．*ヘテロタリズムと対置される．A. F. Blakeslee(1904)の命名．この現象は，ケカビ類のツガイケカビ属(Zygorhynchus)をはじめ菌類の多くの種に一般的にみられ，性の分化は菌糸内に起こる．雌雄同体のホモタリズムと，雌雄の接合要素の分化のない体細胞型のホモタリズムがある．例えばミズカビ類では，雌と雄の要素が菌糸の一つの枝にあって造精器が造卵器の柄の部分に分化し，あるいは雌と雄の要素が枝分かれした別々の菌糸から生じる．子嚢酵母菌類のホモタリズムでは，減数分裂の産物である胞子を発芽させると，娘細胞の接合型に突然変異が起こり，母細胞(胞子)と接合できるようになる．担子菌類では約10%のものがホモタリズムを示し，一次的ホモタリズムの種では1個の担子胞子が発芽して形成された菌糸体が二核性の子実体形成能のある二次菌糸となり，この2核には遺伝的な区別はない．二次的ホモタリズムの種では担子器は二胞子性で，二つの核がそれぞれの胞子に入り，各胞子が発芽してやはり子実体形成能のある二核性菌糸に発達する．四胞子性の種の中にも，単胞子に由来する菌糸体から子実体を形成する例が知られている．

h **ホモ=ハビリス** [Homo habilis] 《同》ハビリス原人．東アフリカの後期鮮新世の地層から発見された，アウストラロピテクスから進化した形質を示す古人類化石．Leakey夫妻(1959)は東アフリカのオルドヴァイ渓谷でZinjanthropus (Australopithecus boisei)を発見し，礫石器文化をこれに結びつけたが，その後，別個に数個体のアウストラロピテクスに似た化石を発掘し，そのうちの5体をまとめてHomo habilis(才能あるヒト)と命名した．それとともに礫石器文化をあらためてこれに結び

つけ，さらにホモ=サピエンスの祖先とした．*Australopithecus africanus* や *A. robustus* などの猿人類(⇒人類の進化)と同時代と考え，それより進化したものと推測した．現在は *habilis* の化石と礫石器が約 250 万年前までさかのぼることがわかっている．頭蓋容量は平均して約 680 cm^3 で，他の猿人類より大きく，また歯や顎骨などの咀嚼器，直立姿勢，自由な手指運動でも猿人類より現生人類的な特徴をもつ．Leakey らはホモ=ハビリスを他の猿人類と分け，独自な進化の道を歩んでいるものと考えたが，これにはかなりの批判もある．猿人類と原人類の中間的存在，あるいは原人類の初期のタイプと位置づけ，原人類の直接祖先と考えるのがより一般的とされる．(⇒アウストラロピテクス類)

a **ホモプラシー** [homoplasy] [1]《同》成因的相同，偽相同．共通祖先に由来せず，類似の力または条件のもとで生じた構造．E. R. Lankester (1870) の定義．彼は R. Owen の提唱した相同 (homology) の概念を再検討し，Owen のいう相同を歴史的相同 (homogeny) とし，その対置概念として成因的相同を提唱した．[2]《同》非相同，同形性．共通祖先からの由来に基づかない類似性．G. G. Simpson (1961) の提唱．現在の系統学では，系統樹上で，同じ形質状態が独立に進化したという形質進化仮説を意味する．非相同の原因には，*収斂 (convergence)・*平行進化 (parallelism)・復帰 (reversal) の可能性がある．

b **ボヤヌス器官** [Bojanus' organ] 軟体動物の排出器官，すなわち*腎臓．赤褐色を呈し，囲心腔と後閉殻筋との間の背中線上に左右 1 対あり，中央部分で左右合一している場合もある．腎口は囲心腔に開き，これに続いて腺状部があり，折れ曲がって繊毛上皮からなる管状部 (urinary bladder ともいう) となり，外套腔に達する．内腔は真体腔の一部で，腎腔 (urocoel) と呼ぶ．このほかに排出器官としては囲心腺があるが，浸透圧調節作用は主としてボヤヌス器官によって営まれるとされる．

c **ポラロン** [polaron] *遺伝子変換が一端から他端に向かって極性をもって起こるような染色体部分．この現象をポラロン効果 (polaron effect) といい，*Ascobolus immersus* を用い，P. Lissouba と G. Rizet (1960) が見出した．ポラロン効果は組換えに関する雑種 DNA モデルを適用して説明できる．すなわち，組換えの際に雑種 DNA 部位が完全にランダムに形成されるのではなく，染色体のある決まった部位から形成され始め，その部位に近いほど高頻度で遺伝子変換が起こると考えられる．

d **ホーリー** Holley, Robert William 1922〜1993 アメリカの化学者．90 kg の酵母から純化した 1 g のアラニン tRNA の全ヌクレオチド配列を決定．これは天然核酸分子の構造を決めた最初の業績である．1968 年，遺伝暗号の解読で M. W. Nirenberg, H. G. Khorana とともにノーベル生理学・医学賞受賞．

e **ポリアクリルアミドゲル電気泳動法** [polyacrylamide gel electrophoresis] PAGE と略記．ポリアクリルアミドゲルを支持体 (=キャリアー) とするゾーン電気泳動法 (⇒電気泳動)．蛋白質や酵素，核酸の分離に用いる．ポリアクリルアミドゲルは，アクリルアミドと架橋剤であるビスアクリルアミドを重合して合成する．形成されたゲルは，三次元網目構造からなり，アクリルアミドの濃度や架橋度が増加するとゲルの孔径が小さくなるため，濃度を調整して孔径を調節することができる．分子ふるい効果をもつため，蛋白質や核酸の移動度は，分子の電荷と大きさに依存する．泳動用のポリアクリルアミドゲルは，孔径，pH およびイオン強度の異なる 2 種のゲルで構成され，分離用ゲル (下層) の上に濃縮用ゲル (上層) が積層される．この二つのゲルの間には不連続性が存在し，通常，ゲル濃度は，分離用ゲルが 6〜15%，濃縮用ゲルが 3〜5% であり，緩衝液は，分離用ゲルにはトリス-塩酸緩衝液 (pH8.8)，濃縮用ゲルにはトリス-塩酸緩衝液 (pH6.8) が用いられる．また，泳動用の電極緩衝液にはトリス-グリシン緩衝液 (pH8.3) が使用される．グリセリンなどを添加した蛋白質試料溶液を濃縮用ゲルの上端に乗せ，通電すると，試料蛋白質は濃縮用ゲルと分離用ゲルの境界に濃縮された薄いゾーンを形成した後，分離用ゲル内に入り，泳動される．ドデシル硫酸ナトリウム (SDS) で蛋白質を変性させて行う*SDS-ポリアクリルアミドゲル電気泳動法 (SDS-PAGE) では，蛋白質は，結合した多量の SDS が負に荷電しているため，分子の本来の荷電状態に関係なく分子の大きさのみによって分離される．

f **掘足類** (ほりあしるい) [tooth-shells ラ Scaphopoda]「くっそくるい」とも．《同》ツノガイ綱，管殻類 (Solenoconcha 独 Röhrenschnecken, Schaufelschnecken), Cirrhobranchia, Lateribranchia, Prosopocephala. 軟体動物門の一綱．体は左右相称で，前後方向に延長してほとんど円筒形をなす．左右の外套膜は腹縁で結合して円筒形となり，前後両端は開く．したがって貝殻も長円錐形で発生初期の 2 個の殻原基が融合して 1 個となる．背側にやや曲がり，下端すなわち頭足開口 (cephalopedal opening) は発生上新しい部分で厚さは薄く，上端の肛口 (anal opening) は古い部分で厚い．肛口は海水の出入と生殖物・排出物のための開口．頭は小形で，2 個の背側付属器 (dorsal appendage) の上に多数の*頭糸が着く．眼はなく，足は小形かつ円錐形で砂を掘るのに適する．歯舌は短く弓形で，5 歯の縦列からなる．鰓はなく，外套膜で呼吸し，血管系は退化的である．腎管は 1 対．雌雄異体で，生殖腺は正中線上に 1 個だけあり，生殖物は右側の腎管を経て排出される．卵割に際し極葉を出し，トロコフォアを経過する．

g **ポリアミン** [polyamine] 生体に広く分布するポリメチレンジアミンおよびそのアミノ基を共有する結合体で，スペルミン (spermin. H$_2$N(CH$_2$)$_3$NH(CH$_2$)$_4$NH(CH$_2$)$_3$NH$_2$)，スペルミジン (spermidine. H$_2$N(CH$_2$)$_3$NH(CH$_2$)$_4$NH$_2$)，プトレッシン (putrescine. H$_2$N(CH$_2$)$_4$NH$_2$)，カダベリン (cadaverine. H$_2$N(CH$_2$)$_5$NH$_2$) の総称．細菌にはアグマチン (agmatine. H$_2$NC(=NH)NH(CH$_2$)$_4$NH$_2$) とオルニチンを経る両生合成経路があるが，動物ではオルニチン脱カルボキシル酵素による経路だけである．ポリアミンは核酸と非共有結合で強く結合し，DNA 二重鎖を安定化する．成長の盛んな組織，例えばトリ胚・精液・植物芽などに多く，細胞内では核・リボソームに存在し，RNA 生合成や蛋白質生合成の促進作用が見られる．細菌の DNA はヒストンではなく，ポリアミンと結合している．

$$\text{アルギニン} \xrightarrow{\text{アグマチン}} \text{プトレッシン} \xrightarrow{S\text{-アデノシルメチオニン}} \text{スペルミジン} \longrightarrow \text{スペルミン}$$
$$\text{オルニチン} \nearrow$$

h **ポリウリジル酸** [polyuridylic acid] ポリ(U)

(poly(U))と略記. ウリジル酸残基だけから構成されている合成ポリヌクレオチド (synthetic polynucleotide). ウリジル二リン酸からポリヌクレオチドホスホリラーゼを用いて合成された. 天然には存在しない. M. W. Nirenberg と J. H. Matthaei (1961), および S. Ochoa ら (1961) が最初にポリ(U)を人工 mRNA として用い, 大腸菌無細胞系においてポリフェニルアラニンの生合成に成功し, UUU がフェニルアラニンの*遺伝暗号であることを明らかにした. これが遺伝暗号の解読の緒となった.

a **ポリウロニド** [polyuronide] *ウロン酸の重合体, およびウロン酸と中性糖が結合した酸性多糖の総称. 主なものに D-ガラクツロン酸重合体のペクチン酸, D-マンヌロン酸と L-グルロン酸を構成単糖とする*アルギン酸がある. これらの多糖は天然では藻類や陸上植物の細胞間物質として細胞接着, 組織構造の保持などに関与していると考えられ, またその特徴的なゲル化能を利用して種々の食品・工業原料として利用される.

b **ポリ ADP リボース** [poly ADP-ribose] 〘同〙ポリアデノシン二リン酸リボース. ADP-5′-リボースを単位体とする直鎖状生体高分子. リボースの 1α 位が ADP のリボースの 2′ 位と O-グリコシド結合をして数十個連なった重合体で, リボースの 2 位に分岐も見られる. NAD (*ニコチン(酸)アミドアデニンジヌクレオチド) を基質として, ポリ ADP リボース合成酵素が触媒する反応によってつくられ, この反応をポリ ADP リボシル化(⇌ADP リボシル化)反応と呼ぶ. 染色体に存在する塩基性蛋白質ヒストン, 非ヒストン蛋白質やポリ ADP リボース合成酵素の分子自身などへの付加体として見出されている. ADP リボース単位の 1 (1″→2′) リボース結合を介して連なった直鎖構造に, リボース (1‴→2″) リボース結合が部分的に分岐したもので, その最大鎖長は ADP リボース単位で 100 以上に及ぶ. ポリ ADP リボシル化は, DNA の修復・複製のほか, 遺伝子発現, 分裂期に見られるクロマチンの凝集など, またそれに起因する細胞の分化や発がんなどに関与すると考えられている.

c **ポリエドラ** [polyedra, polyeder] 緑藻綱ヨコワミドロ目アミミドロ科の藻類(クンショウモなど)において, 接合子またはそれに類する細胞から放出された遊泳細胞から形成された不動細胞. ヒシの実のような多角形をしているためその名がある. 通常, 遊走子形成を介して*定数群体を形成する. 同科の Tetraedron は栄養細胞がポリエドラと同様の形態をとる.

d **ポリ A 配列** [poly-A sequence, poly-A tail] 真核生物の mRNA の 3′ 末端に普遍的に存在するアデニル酸の連続した配列. その長さは数十から 200 ヌクレオチド程度であり, 一つの mRNA 分子種についても長さは一定でない. ポリ A 配列は遺伝子によってコードされておらず, mRNA 前駆体中の AAUAAA または類似の配列(ポリ A 配列付加シグナル)の 3′ 側へ 10〜30 ヌクレオチドの位置で前駆体が切断された後, その 3′ 末端に付加される. この切断およびポリ A 付加反応(ポリアデニル化 polyadenylation)は, *RNA ポリメラーゼ II による転写と関連して核内で起こり, ポリ A ポリメラーゼ (poly-A polymerase), AAUAAA 配列およびその 3′ 側の未確定のシグナル配列を必要とする. ポリ A 配列の機能は確定的でないが, mRNA の安定化, 翻訳, 核から細胞質への輸送, mRNA *スプライシングの際の 3′ 末端にあるエクソンのシグナルとしての役割などが示唆されている. 真核生物の mRNA の中で例外的にポリ A 配列をほとんどもたないものとして, ヒストン mRNA が知られている. また, 同じ RNA ポリメラーゼ II の転写産物である *snRNA もポリ A 配列を欠く.

e **ポリエン系抗真菌剤** [polyene antifungal agent] Streptomyces の放線菌により生産され, 分子内に 4〜7 個の共役二重結合を含み, 水酸基やメチル基などで置換された大環状ラクトンをもつ*マクロライド系抗生物質. 真菌細胞膜の*エルゴステロールと不可逆的に結合し膜構造に障害を与えることで殺菌的効果を示す. 哺乳類ではエルゴステロールではなく*コレステロールを細胞膜成分として選択毒性を示す. ポリエン系抗真菌剤の中で最も用いられるアムホテリシン B は, 抗真菌スペクトルが広く, 治療効果が高いため, 全ての深在性真菌症の第一選択薬として注射剤で使用されるが, 腎障害などの重篤な副作用に注意が必要. その他の薬剤にナイスタチンやピマリシンがある.

f **ポリオウイルス** [Poliovirus] *ピコルナウイルス科エンテロウイルス属に属し, エンテロウイルス中最も古くから知られた, 小児麻痺(灰白髄炎 poliomyelitis, 略してポリオ)の病原ウイルス. 最初 K. Landsteiner と E. Popper (1909) がサルを用いて分離, J. F. Enders らがヒト胎児培養細胞を使って初めて組織培養下で増殖させることに成功. 血清学的に I, II, III が知られている. ウイルス粒子は直径 24〜30 nm. ゲノムは 7440 (I 型, II 型) または 7435 (III 型) 塩基長の ＋鎖 RNA. ヒトに経口的に侵入し, 腸管・咽頭で増殖する. 発病前後の長期間にわたり糞便・咽頭分泌物からウイルスが検出される. 感染の大部分は不顕性感染または軽度の発熱だけで経過するが, 一部の場合, ウイルスが血行を介して中枢神経に達し, 主として脊髄の前角の運動神経細胞が破壊され, 四肢に弛緩麻痺を起こす. 予防法には不活化ワクチンと生ワクチンがある. WHO による世界規模でのウイルス感染症撲滅運動により, 2000 年に西太平洋地域でポリオウイルスの撲滅が宣言された.

g **ポリオーマウイルス** [Polyomaviridae] PyV と略記. DNA ウイルスの一科. 以前は*パピローマウイルスとあわせてパポーバウイルス科として分類されていたが各々一つの科として独立した. 代表的な種であるマウスポリオーマウイルス (murine polyomavirus) は L. Gross (1953) が AKR マウスから分離, 多種類の腫瘍を誘発するところから命名された. ウイルス粒子は直径約 45 nm の正二十面体. ゲノムは, 5297 塩基対の環状二本鎖 DNA で*SV40 のそれと類似する. DNA 複製の起点 (ori) を中心に, 初期遺伝子群と後期遺伝子群が逆方向に転写される. 初期蛋白質(T 抗原) の 3 種 (large T, middle T, small T) および後期蛋白質(ウイルス粒子構成蛋白質) の 3 種 (VP1, VP2, VP3) の mRNA は, いず

れも*スプライシングにより形成される．マウス由来の分化細胞でよく増殖し，プラークを形成するが，未分化細胞では増殖しない．マウス，ハムスター，ラット，ウシ，ウサギなどの培養細胞に*トランスフォーメーションを起こす．実験的には幼若ハムスターに肉腫を，幼若マウスに癌腫や肉腫を作る．マウスに持続感染を起こす．サル，ウシ，ウサギ，ハムスターなどから種固有のポリオーマウイルスが発見されている．ヒトのポリオーマウイルスとしてJCウイルス，BKウイルスおよびメルケル細胞ポリオーマウイルスがある．

a **ポリガラクツロナーゼ** [polygalacturonase]
《同》ポリ-α-1,4-ガラクツロニド＝グリカノヒドラーゼ (polygalacturonide glycanohydrase)，ペクチン酵素 (pectic enzyme)，ペクチナーゼ (pectinase)，ペクチンポリガラクツロナーゼ (pectin polygalacturonase)，ペクチン分解酵素 (pectin depolymerase)．ペクチン酸を構成するD-ガラクツロン酸のα-1,4-グリコシド結合を加水分解する酵素．EC3.2.1.15．植物・糸状菌・細菌のほか，カタツムリの消化液に存在．酵素活性の測定は，ペクチン酸を基質とし，一定条件下で反応液の還元力上昇または粘度低下を調べる．基質分子鎖の切断様式からエンド型とエキソ型が区別される．また，基質のエステル化の程度により反応性が異なり，エステル含量の高いペクチニン酸を基質とする型の酵素は，ポリメチルガラクツロナーゼ (polymethylgalacturonase) と呼ばれる．

b **ポリグルタミン酸** [polyglutamic acid] グルタミン酸の重合体．[1] 自然性ポリグルタミン酸．炭疽菌の皮膜物質あるいは枯草菌の培養液のなかには，ポリ-γ-D-グルタミン酸がある．これは免疫特異性をもつが，ビウレット反応(→蛋白質定量法)を示し，また，プロテアーゼで分解されない．完全加水分解によってD-グルタミン酸を生ずる．[2] N-カルボキシ-γ-エチルグルタミン酸エステル無水物を重合して合成したポリグルタミン酸．免疫特異性をもたないが，ビウレット反応を示す．膵臓プロテアーゼ，カルボキシペプチダーゼ，パパインによって分解される．

c **ポリクローナル抗体** [polyclonal antibody]
《同》多クローン抗体．抗原上の複数の*抗原決定基(エピトープ epitope) に対する抗体が混在する抗体．抗原上には複数の抗原決定基が含まれており，通常，動物を抗原で免疫すると複数のリンパ球クローンが同時に活性化され，種々の異なった抗原決定基に結合する抗体が混在して産出される．一方，1個のBリンパ球をハイブリドーマ法などで増幅させて産出されてくる抗体は単一Bリンパ球クローン由来のため単一の抗原決定基に結合し，*モノクローナル抗体と呼ばれる．

d **ポリコーム遺伝子** [polycomb gene] 不活性化された転写が起きにくい*ヘテロクロマチン構造を作り出す一群の蛋白質をコードする遺伝子群．ショウジョウバエで発見され，ホメオボックス遺伝子の体節特異的な発現に重要．その他，植物も含めた多細胞生物で一般に体節ごとの器官分化やさまざまな細胞分化を制御する．遺伝子を安定に不活性化すると考えられている．その変異はがん抑制遺伝子の異常な不活性化などを招き，白血病などがん化に関わるとされる．ポリコーム蛋白質群は大きく2種類の複合体を形成し，ヒストンの修飾を行う．ポリコーム複合体1はヒストンH3のリジン27をメチル化する．ポリコーム複合体2はヒストンH2Aの

ユビキチン化を触媒する．

e **ポリシース** [polysheath] ファージの尾部形成に関与する遺伝子に変異が生じ，尾部の鞘(sheath) を構成する蛋白質の集合に異常をきたした結果生じる非常に長い構造体．同様に，ファージの頭部(head) 形成に関与する遺伝子に変異が起きると，頭部の構成蛋白質の集合に異常が生じ，ポリヘッド(polyhead) と呼ばれる大きな円筒状の構造体が頭部に形成されることがある．

f **ポリシストロニック** [adj. polycistronic] 一つの転写単位に由来するmRNAに，翻訳開始，翻訳終結シグナルを伴って規定されるアミノ酸配列(*シストロン)が複数存在する場合をいう．これに対し一つだけ存在するときにはモノシストロニック(monocistronic)であるという．原核生物およびバクテリオファージなどのmRNAの多くはポリシストロニックであり，互いに機能的に関連した蛋白質群をコードしている例も数多く知られている．例外的に，真核生物でもトリパノソーマ類でポリシストロニックな遺伝子群が知られている．こういった遺伝子群はしばしばオペロンとしての制御をうけ，時間的にも量的にも協調的に調節されている．(→オペロン)

g **ポリジーン** [polygene] 《同》量的遺伝子，小遺伝子．個々の作用は極めて弱いが多数が同義的に補足しあい，量的に計測できる形質の発現に関係する遺伝子群(ポリジーン系 polygenic system) の個々の遺伝子をいう．その遺伝子群のことをいうこともある．W. L. Johannsenの*純系説以来，取り扱われた遺伝的な変異はもっぱら不連続なものであり，H. Nilsson-Ehle や E. M. East らによる*同義遺伝子の概念の導入によって，F_2 において一見連続的な変異を示す場合の解釈も可能になった．ポリジーン説は K. Mather が提唱したもので，彼は同義遺伝子の概念を拡張し，量的形質の統計的分析法を組織的に発展させた．真の*純系はポリジーン系についてもホモと期待されるから形質の遺伝的な分散はなく，示される連続的な変異は環境の影響によるものである．異なった純系の交配によって生じた F_1 において，個体はそれぞれヘテロであっても遺伝子型は共通であるからやはり遺伝的な分散はない．F_2 において，ポリジーンの数により段階状の分布を示し，さらに環境の影響

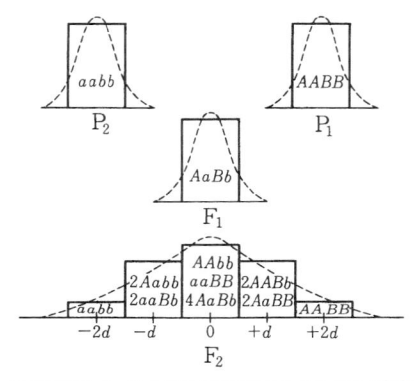

同義遺伝子 A, B の作用が優劣性をも含めて全く相加的であるとき，F_2 に示される遺伝的な連続変異を示す．実線は遺伝子の作用，破線はこれに環境の作用が加わったもの

が加わって角が取れ正規分布に近づく．実際にはポリジーン間の関係が相加的なときも相乗的なときもあるし，対立遺伝子間の優性，非対立遺伝子間の*エピスタシス(非相加的交互作用)，あるいは細胞質の影響が加わるので，解析のためにはこれらの要因を適当に整理する必要がある．そのために，理論的に遺伝子型から推定した量的形質の平均と実際の平均値とを比較検定して遺伝子の効果や有効遺伝子数などを推定したりする．このようにポリジーンに関しては統計学的な取扱いが重要な解析方法である．ポリジーンに生ずる突然変異はその作用も小さいので潜在的に変異を伝え，適応性の幅を広くし，自然淘汰による進化に大きな役割を果たすと考えられている．しかしゲノムの塩基配列において，ポリジーンの実体はいまだに明らかになっていない．

a **ポリソーム** [polysome] 《同》ポリリボソーム(poly-ribosome)，エルゴソーム(ergosome). 細胞を極めて穏やかな条件下で処理して得られる，数個〜数十個のリボソームが1本のmRNAに結合した形の構造物．このことは電子顕微鏡による観察からも確認されている．*蛋白質生合成が行われているとき，mRNA上の開始点に順次リボソームが結合して読取りを行いながら移行することにより形成される．ポリソーム上の各リボソームからは合成されたポリペプチド鎖がしだいに延びていく．例えばヘモグロビンに対するmRNAは約450個の核酸塩基をもち，その長さは約150 nmである．したがって直径22 nmのリボソームを約6個結合したポリソームが形成される．

b **ホリデイジャンクション** [Holliday junction] 減数分裂やDNA二本鎖切断の相同組換え修復過程に形成されるDNA組換え反応の中間体．提唱者のR. Hollidayにちなむ名称．1対の相同のDNA鎖の間でDNA鎖を交換することにより形成される分子の交叉部位を指す．交叉部位が分子上を移動することで，相同部位の検索やDNA合成を行うことが可能となる．交叉がRuvCなどのレゾルバーゼ(resolvase)の働きにより切断されて解消されるとき，切断の方向により遺伝子の交叉が起こる場合と起こらない場合が生じる．(→ホリデイモデル)

c **ホリデイモデル** [Holliday model] R. Holliday (1964)が提出した，相同組換え(→遺伝的組換え)機構に関するモデル．当初は特にカビ類における*遺伝子変換の現象を説明するために考案されたが，その後，組換え機構を考えるうえでの一般的なモデルとして広く受け入れられるようになった．対合したDNA分子(図a)の同じ方向性をもつヌクレオチド鎖の対応した位置に切れ目が入り，その位置から一方向にDNA鎖がほどけ，生じた単鎖DNAが相互変換し，相補的対合によってヘテロ二重鎖を作る(図b)．そして切れ目が連結され，交叉した構造をもつ組換え中間体が安定化される(図c)．この構造は半染色分体のキアズマ(half-chromatid chiasma)，ホリデイ構造(Holliday structure)，*ホリデイジャンクションと呼ばれる．図cのaおよびbの点で対称に切断されると，それぞれ異なった1対の組換え分子2本に分離する(図d', d")．ホリデイ構造中の遺伝的マーカーのヘテロ二重鎖部分がどちらのDNAを鋳型として*ミスマッチ修復されるかによって，組換え体が2:2もしくは3:1の分離比を示すことになる．このようにして遺伝子変換が説明されるとともに，d'の組換え分子ではヘテロ二重鎖部分の左右両外側の遺伝子に関しても組換えが起こることになり，交叉型相同組換えの機構も同時に説明できるモデルとなっている．なお，図cのホリデイ構造におけるDNA分岐の位置は二重らせんのDNAをねじることによって左右に自由に移行できる．これを分枝点移動(branch migration)といい，この働きによって，組換えの開始がDNA分子上の定点で起こっても，組換え点(交叉部位)はDNA上でランダムに分布することができる．大腸菌のRecA蛋白質は図bの過程に働き，同じくRuvA, RuvB蛋白質複合体がこの構造体に働いて分枝点移動を促進し，RuvC蛋白質はこの構造体のaおよびbを切断する(→RecAファミリーリコンビナーゼ)．また図eに示すような相互構造転換も可能であり，それによって切断点a, bは互いに等価値の構造となるため，同一種のヌクレアーゼで2種類の組換え分子への分離が可能となる．これらの特徴は組換え機構を考えるうえで普遍的基盤となった．現在では，出芽酵母を用いた研究から，主に3種類の反応モデル(*DNA二重鎖切断修復モデル，*DNA合成依存的単鎖アニーリングモデル，*切断誘導型複製モデル)が真核生物の組換え機構のモデルとして最も信頼されているが，これらの使い分けなど詳細な分子機構は今後の課題である．

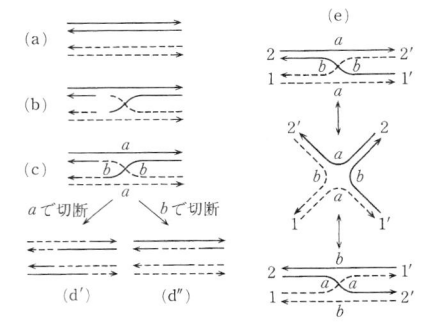

d **ポリドナウイルス** [polydnavirus] 鱗翅目昆虫に寄生する寄生蜂に見出されるウイルスの一群．ゲノムは二本鎖DNAで，DNAウイルスではまれな分節構造をもつ．ポリドナウイルス科(*Polydnaviridae*)には*Bracovirus*と*Ichnovirus*の2属があり，寄生蜂約40種に共生する．このウイルスは，寄主である鱗翅目昆虫の幼虫に対して，寄生蜂の卵や幼虫が寄生しやすいような作用(例えば異物排除能力を抑制する因子の発現)を起こさせる分子操作を行うことが知られている．

e **ポリヌクレオチド** [polynucleotide] →ヌクレオチド

f **ポリヌクレオチドキナーゼ** [polynucleotide kinase] ATPのγ-リン酸をDNAまたはRNAの5'-OH末端に転移して，ADPを生ずる反応を触媒する酵素．EC2.7.1.78. T偶数ファージ感染大腸菌から分離された．DNAの切れ目(nick)に作用し，DNA修復に関与するDNAリガーゼの認識を容易にすると考えられている．本酵素による反応の特異性は極めて高いので，^{32}Pで標識したATPを用いてポリヌクレオチドの5'末端を特異的に標識できる．*DNA塩基配列決定法の一つマクサム-ギルバート法，ポリヌクレオチドの鎖長の測定や5'末端ヌクレオチド配列の決定など，核酸の構

造研究に広く応用されている.

a **ポリヌクレオチドホスホリラーゼ** [polynucleotide phosphorylase] 《同》ポリリボヌクレオチドヌクレオチジルトランスフェラーゼ (polyribonucleotide nucleotidyltransferase). $(NMP)_n + nPi \rightleftharpoons nNDP$ (リボヌクレオシド二リン酸) の可逆反応を触媒する酵素. EC 2.7.7.8. S. Ochoa と M. Grunberg-Manago (1955) が *Azotobacter vinelandii* で見出した. 生理的には RNA の分解やプロセシングに働く. ヌクレオチドに対する特異性が低いので, 各種ポリマーの合成に使用されている. 大腸菌や *Micrococcus luteus* からも高度に精製されており, 分子量はいずれも約 20 万で, 性質も同じ. 重合化反応に際し, オリゴヌクレオチドはプライマーとして働くが, 反応速度にはほとんど影響しない. 一方, 逆反応は RNA またはポリマーを 3′-OH 末端から段階的に加水分解する. 遺伝暗号の機能の研究に欠かせない存在である.

b **ポリ-β-ヒドロキシ酪酸** [poly-β-hydroxybutyric acid] いくつかの *Bacillus*, *Pseudomonas*, *Spirillum*, *Azotobacter* やその他多種類の細菌が菌体内に作る貯蔵物質. 光学顕微鏡下では光を屈折するか粒として観察され, スダンブラックで染色される. 細菌では油脂に代わる貯蔵物質. 一般に培地中に窒素源が乏しく炭素源が多いときに作られ, 窒素化合物が与えられると, 単体の β-ヒドロキシ酪酸に加水分解後, アセト酢酸・アセチル CoA を経て生体内諸成分の合成に利用される.

$$H-(-O-CH(CH_3)-CH_2-C(=O)-)_n-OH$$

c **ポリプ** [polyp] [1] 刺胞動物の体制の基本形の一つで, 着生生活を営む際の形態. クラゲと対置される. 花虫類にはポリプだけで, クラゲはない. ポリプは円筒状体で, 底面を足盤, 上端の口が開口する部分を口盤, 両者の中間の円柱状の部分を柱状部 (柱部) と呼び, 包皮で覆われることが多い. 口盤には, 中央部の口を取り巻き, 1 列または数環列の触手が並ぶ. 周縁のものを縁触手 (marginal tentacle) または反口触手 (aboral tentacle, proximal tentacle), 口の直外方のものを口触手 (oral tentacle) と呼ぶ. 口盤には放射状および口を囲み管状に配列する上皮筋細胞によって発達しているので伸縮自在である. 足盤は他物に付着するために多少とも板状に広がっている. 他物に定着せず砂中に潜入して生活するものでは, 足盤に相当するものはとがっている. ヒドラのように足盤側が開口しているものもいる. 柱状部の内腔は胃腔である. 柱状部や足盤から突起が生じ, その先端に口, 口の周辺に触手を生じて母体から分離独立し, 無性的に単体性の娘ポリプを生じるもののほかに (⇄出芽), 柱状部に生じた娘ポリプが母体から分離しないもの, および足盤から細管状に伸張した走根から娘ポリプを出芽し群体を形成するものがある. 群体の構成員が多形化し栄養個虫や生殖個虫などに分業するものがいる. クラゲは, ポリプが完全変態するもの (箱虫類) 以外では, 横分体形成 (鉢虫類) や出芽 (ヒドロ虫類) により無性生殖的にポリプから形成される. クラゲを遊離しないものでは, ポリプに生殖巣ができて有性生殖を営む. ポリプは一般に受精卵からプラヌラ, ヒドラ, その他の幼生形を経て形成される. 刺胞動物の各綱はそれぞれ固有のポリプ形をもち, ヒドロポリプ, 立方ポリプ, 鉢ポリプ, 花ポリプと呼ばれる. 鉢ポリプや花ポリプでは口道 (stomodaeum) と呼ばれる口と胃腔を結ぶ胚葉性短管をもつ. 口道上端, すなわち口を口道外口 (actinostome), 下端を口道内口 (enterostome) という. 花ポリプでは口道外口がスリット状で一側に管溝をそなえ, 特に花虫口道 (actinopharynx) という (⇄クラゲ). [2] = ポリープ

d **ポリープ** [polyp] 《同》茸腫 (じょうしゅ). 主に粘膜に発生するきのこ状の隆起性病変の総称. 語原はポリプと同じ. 炎症性のものと腫瘍性のものに大別できる. (1) 炎症性のもの: アレルギー性鼻炎などにともなう鼻茸 (nasal polyp), 子宮頸部に発生する頸管ポリープ (cervical polyp) などが知られている. (2) 腫瘍性のもの: 消化管に発生するポリープの多くは腫瘍性と考えられ, 特に大腸のポリープの多くは*腺腫であり, *前がん病変として切除治療の対象となっている.

e **ポリフェノール酸化酵素** [polyphenol oxidase] ポリフェノール類のうち, *p*-ジフェノールや特に *o*-ジフェノール類を酸化してキノンを生ずる酸化酵素. *モノフェノール酸化酵素も *o*-ジフェノールを酸化する作用をもち, 両者は狭義には同一である.

f **ポリプレノール** [polyprenol] 《同》ポリイソプレノール (polyisoprenol), ポリプレニルアルコール (polyprenyl alcohol). イソプレン単位 (プレニル基, ⇄イソプレノイド) が直鎖状に多数重合した化合物の総称. 自然界にひろく分布している. 動物では 16〜22 個のプレニル基をもった *ドリコールが知られている. 哺乳類および鳥類の各種臓器の *ミクロソームには UDP-グルコースおよび GDP-マンノースから, それぞれドリコール-リン酸グルコースおよびドリコール-リン酸マンノースを転移する酵素と, 形成されるドリコール-リン酸グルコースおよびドリコール-リン酸マンノースを前駆体にした多糖生合成系が含まれる. したがってポリプレノールの生理的機能の一つは多糖生合成への関与にあると考えられる. なおレチノール (ビタミン A) もプレノール誘導体であり, GDP-マンノースと反応してレチノールリン酸マンノースに変化する. 酵母のマンナンや糖蛋白質の生合成には 14〜18 個のプレニル基をもつドリコールリン酸が介在し, 細菌でもポリプレノールの多糖生合成への関与が証明されている. (⇄バクトプレノール)

g **ポリプロテイン** [polyprotein] 二つ以上の蛋白質が 1 本のポリペプチド鎖のままで合成されたもの. その後, 蛋白質分解酵素で切断されて, それぞれ独立の蛋白質となって機能する. 真核細胞を宿主とするウイルスで見出されている.

h **ポリペプチド** [polypeptide] 多数のアミノ酸が *ペプチド結合した化合物. 狭義には一般に蛋白質と認められるものは除外するが, 実際には蛋白質とポリペプチドとの境界を判別することはできない. (⇄ペプチド)

i **ポリペプチド鎖延長因子** [polypeptide chain elongation factor] 《同》延長因子 (elongation factor, EF). *蛋白質生合成においてポリペプチド鎖の延長反応に関与する蛋白質性因子の総称. *アミノアシル tRNA のリボソーム A 部位 (A サイト A site) への結合に関与する因子, アミノ酸を一つ付加するたびに, リボソーム上で合成中のペプチジル tRNA を A 部位から P 部位 (P サイト P site) へ転送する因子などが含まれる. アミノ酸付加ごとの延長因子の機能サイクルは, GTP の結合と GDP への加水分解に共役した延長因子の構造

変換によっている．原核生物では，前者を延長因子T(T因子 T factor, EF-T. これにはさらに unstable T の EF-Tu と stable T の EF-Ts の2種がある)，後者を延長因子G(G因子 G factor, EF-G)と呼び，それぞれ，真核生物の延長因子1(EF-1)と延長因子2(EF-2)に対応する．

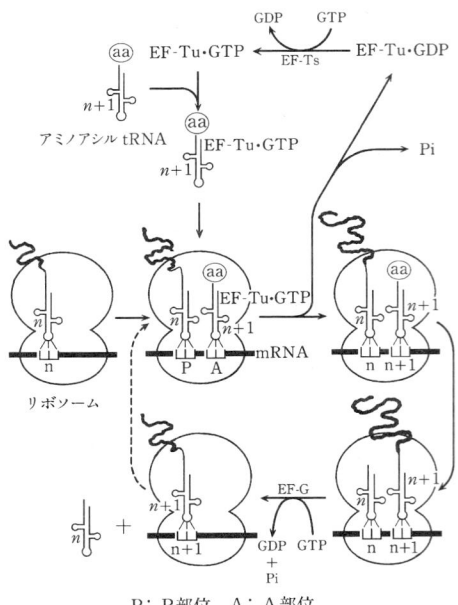

酸がついたホスファチジルイノシトール-4-リン酸(PIP あるいは PI4P)および4位と5位の位置にリン酸がついたホスファチジルイノシトール-4,5-二リン酸(PIP$_2$ あるいは PI4,5P$_2$)は微量にしか含まれず，全リン脂質の 0.1〜1% 程度を占めるにすぎない．この3種のほか非常に微量な成分としてイノシトールの3位の位置にリン酸のついたホスファチジルイノシトール-3-リン酸(PI3P)やホスファチジルイノシトール-3,4-二リン酸(PI3,4P$_2$)，ホスファチジルイノシトール-3,4,5-三リン酸(PI3,4,5P$_3$)が見つかっている．PI は PI4 キナーゼによって PIP へと変換され，さらに PIP5 キナーゼによって PIP$_2$ へと変わる．多くのホルモンや神経伝達物質などの受容体活性化にともない，PIP$_2$ は*ホスホリパーゼ C によって分解され，イノシトール-1,4,5-三リン酸(IP$_3$)とジアシルグリセロール($\rightleftharpoons$アシルグリセロール)となる．これらはともに*セカンドメッセンジャーとして働き，IP$_3$ は Ca^{2+} 動員を引き起こし，ジアシルグリセロールは C キナーゼの活性化を生じる．その結果，Ca^{2+} 依存性の過程を活性化したり，各種蛋白質のリン酸化を起こしてさまざまな生理作用を生じる．一方，イノシトールの3位にリン酸を付加するのは PI3 キナーゼであり，*チロシンキナーゼおよび*G 蛋白質共役受容体刺激と連動して活性化される．PI, PIP, PIP$_2$ すべてを基質としうる．しかしながら，PI3 キナーゼによって産生された PI3P と PI3,4P$_2$ および PI3,4,5P$_3$ はホスホリパーゼ C によって分解されず，*ホスファターゼによって脱リン酸化が生じ分解されると考えられている．

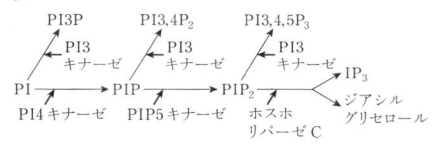

a **ポリペプチド鎖解離因子** [polypeptide release factor] RF と略記．《同》ポリペプチド鎖終結因子 (polypeptide chain termination factor). mRNA 上の終止コドンを認識して，リボソームから蛋白質を解離する蛋白質因子．原核生物では，RF1 は終止コドン UAA, UAG を認識し，RF2 は UAA と UGA を認識する．真核生物の eRF1 は全部の終止コドンを認識している．RF3 はどの生物でも他の RF を A 部位(A site)に結合させる G 蛋白質で，真核生物ではポリ A 結合蛋白質とも相互作用する．解離因子，伸張因子，開始因子の中には，リボソームの A 部位，P 部位(P site)の tRNA 結合部位に結合するものがあり，多くの部分で多点接触していて，形状が tRNA の一部と酷似しているものがある．この蛋白質と RNA の物質の差を越えた類似は分子擬態 (molecular mimicry)と呼ばれる．翻訳の終結複合体は，mRNA の 5' ポリペプチド鎖の解離だけでなく，リボソームを解離させ mRNA を放出させる必要があり，そのための蛋白質として原核生物では Rrf, 酵母では eRF4 などが発見されている．

b **ポリホスホイノシタイド** [polyphosphoinositide] 2個以上のリン酸を含む*イノシトールリン脂質の総称．動植物を問わず広くシグナル伝達に関わる．例えば哺乳類のイノシトールリン脂質には主なものとして3種類が存在する．そのうち，*ホスファチジルイノシトール(PI)が細胞膜構成の必須成分として全リン脂質の10%内外を占める．PI の*イノシトールの4位にリン

c **ポリミキシン** [polymyxin] 細菌類 *Bacillus polymyxa* により生産されるポリペプチド系抗生物質．緑膿菌を含むグラム陰性菌に対して強い抗菌活性を示す．類似の抗生物質にコリスチン(colistin)がある．細胞質膜中のリン脂質と強く結合しホスホリパーゼを活性化してリン脂質の分解を引き起こし，溶菌させる．この作用は哺乳類の細胞質膜に対するより強いといわれるが大きな差がなく，選択毒性は低い．同菌により生産される類似体 A, B, C, D のうち比較的腎毒性の低い B 成分が緑膿菌感染症に用いられる．このグループの抗生物質は腸管から吸収されず，また耐性菌の出現率が低いことから，コリスチンが飼料添加用抗生物質として用いられる．

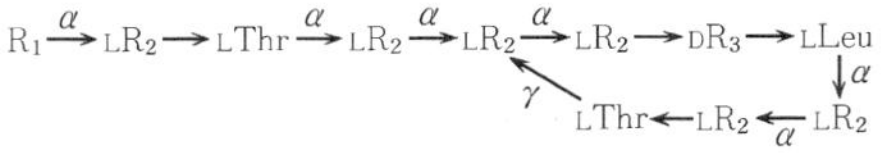

$$R_1 \xrightarrow{\alpha} LR_2 \rightarrow LThr \xrightarrow{\alpha} LR_2 \xrightarrow{\alpha} LR_2 \rightarrow DR_3 \rightarrow LLeu$$
$$LThr \leftarrow LR_2 \xleftarrow{\alpha} LR_2 \xleftarrow{\gamma}$$

ポリミキシンB$_1$　R$_1$=6-メチルオクタン酸　R$_3$=Phe
　　　　　　B$_2$　R$_1$=6-メチルヘプタン酸　R$_3$=同上
コリスチンA　　　R$_1$=6-メチルオクタン酸　R$_3$=Leu
　　　　　B　　　R$_1$=6-メチルヘプタン酸　R$_3$=同上
R$_2$=α,γ-ジアミノ酪酸(すべてに共通)

d **ポリリン酸** [polyphosphoric acid] 《同》ポリメタリン酸(polymetaphosphate)．一般式 $(HPO_3)_n$ で示される化合物．水溶液は粘稠．酸性で煮沸すると比較

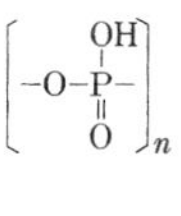

的すみやかにオルトリン酸に変化し，またポリリン酸ホスファターゼで分解される．メチレンブルーなどの色素と結合して*メタクロマジー現象を起こす．これは検出に用いられる．生体に存在するものは分子の大きいものが多く，細菌・カビ・酵母など微生物のものはボルチン(volutin)と呼ばれ，ユーグレナ藻などの藻類，ハチミツの幼虫の排泄物にも発見されている．細菌中のものにはトリメタリン酸のような低分子量のものもある．特にパン酵母やクロカビでは貯蔵されて，エネルギー源・リン酸源として利用されているという．

a **ポリン** [porin] *グラム陰性菌の主要な外膜蛋白質で，イオンや栄養物質などの低分子が透過可能な小孔を形成する．大腸菌では互いに相同的な OmpF, OmpC, PhoE の三つが生育環境に応じて発現し，分子量 600 以下の溶質に限って外膜を透過させている．OmpF は分子量が約 3.7 万で安定な三量体を形成する．透過孔は単量体ごとにあり，その基本骨格は 16 本の逆平行 β シートが並ぶ筒状の構造（β バレル）である．バレルの内径は約 3 nm で，内部を満たす溶液中を溶質が拡散するが，細胞外ループの一つがバレル内に倒れ込んで透過路の中央付近に直径 1 nm，長さ 1 nm ほどの狭窄部(constriction zone)をつくる．この部分の大きさや形状は分子種ごとに異なり，透過可能な分子サイズなどを決定すると考えられている．なお，大腸菌の LamB（マルトデキストリンなどの透過）や緑膿菌の OprD ファミリー（塩基性アミノ酸などの透過）などは，透過路に基質結合部位を配置して選択的な膜輸送を行っており，特異的ポリン(specific porin)と呼ばれる．細菌のものとは別に分類されることが多いが，ミトコンドリアや葉緑体外膜の VDAC (voltage-dependent anion channel) もポリンと呼ばれる．ヒト VDAC1 は 19 本の β シートからなる β バレル蛋白質で，分子量数千までの溶質を透過させる．バレル内ヘリックスをもち，その配置もしくは構造を電位依存に変化させてゲート開閉やイオン選択性を調節すると考えられている．

b **ポーリング** Pauling, Linus Carl 1901〜1994 アメリカの物理化学者．1949 年，H. Itano とともに鎌状赤血球貧血のヘモグロビンの研究をし，分子病の概念を立てた．1951 年，蛋白質の構造として α らせん構造を提出，広く認められた．1954 年ノーベル化学賞受賞．アメリカとソ連の核実験に強く反対し，1957 年には世界の科学者に反対の署名を呼びかけた．1963 年，ノーベル平和賞が贈られた．晩年，ビタミン C を用いた健康法を提唱．[主著] General chemistry, 3 版 1970．

c **ポルチュラール** [portulal] ダイコン下胚軸の発根阻害物質として，マツバボタン *Portulaca grandiflora* の葉から単離された，環構造をもつジテルペン．現在はアズキなどある種の植物に対する発根誘導物質としても知られている．

d **ボルデ** Bordet, Jules 1870〜1961 ベルギーの細菌学者，免疫学者．赤血球凝集反応および溶血反応を発見し，その機序を解明．それに伴って動物の新鮮な血清に含まれる感作物質（仏 substance sensibilisatrice, aléxine. P. Ehrlich の命名した Komplement（補体）と同じもの）を発見した．さらに，のち補体結合反応と呼ばれている血清学的反応を O. Gengou とともに発見．また同じく Gengou とともに百日咳菌（*Bordetella pertussis*）を発見した．1919 年ノーベル生理学・医学賞受賞．

e **ボルティモア** Baltimore, David 1938〜 アメリカの分子生物学者．ウイルスの欠損干渉粒子（DI 粒子）や，ウイルス粒子内酵素の研究をしていたが，1970 年マウス白血病ウイルスを用い，RNA 依存性 DNA ポリメラーゼ（逆転写酵素）の存在を H. M. Temin・水谷哲と同時に発表した．1975 年 Temin, R. Dulbecco とともにノーベル生理学・医学賞受賞．

f **ホールデン** Haldane, John Burdon Sanderson 1892〜1964 イギリスの生物学者．集団遺伝学の数学的理論の確立者の一人．また生化学，遺伝学，人類遺伝学，生命の起原など，生物学のほぼ全般にわたって貢献し進化学に寄与した．「種間交雑の第一代で，一方の性の個体数が少なかったり不妊だったりする場合，それは性染色体に関してヘテロの側である」というホールデンの法則，「有害な突然変異が集団適応度に与える影響は，その有害遺伝子の個体に対する有害度にほとんど関係なく突然変異率に直接比例する」というホールデン-マラーの原理を立てた．社会行動の進化条件に対する先駆的貢献も大きい．[主著] The effect of variation on fitness, 1937; New paths in genetics, 1941．

g **ホールデン** Haldane, John Scott 1860〜1936 イギリスの生理学者．鉱山の生理衛生に関連した呼吸生理の研究で著名（特に血液内の CO_2 分圧の呼吸中枢への影響）．産業衛生の実際に貢献する一方，環境と生物を一体とみる全体論的生命観を主張した．[主著] The philosophical basis of biology, 1931．

h **ホールデン効果** [Haldane effect] ヘモグロビンなどの呼吸色素において，酸素飽和度が高くなると，その色素の含まれる溶液（一般には血液）の保持する二酸化炭素量が少なくなる現象．J. S. Haldane の発見．この現象には，次の 2 機構が含まれる．(1)酸素結合に伴い呼吸色素の二酸化炭素に対する親和性が低下することの直接の結果（カルバミノヘモグロビン），(2)呼吸色素のもつ緩衝作用を介して起こるもの．酸素結合に伴って呼吸色素の酸残基の解離定数が低下する．そのため，酸素分圧の低い組織では酸素を離した呼吸色素は，より弱い酸となり，より強い緩衝作用を示す．その結果，$H^+ + HCO_3^- \rightleftarrows H_2CO_3 \rightleftarrows H_2O + CO_2$ の平衡が左に傾いて，二酸化炭素が溶液中に保持される．一方，肺胞などのガス交換器官では呼吸色素は酸素を結合し緩衝作用が弱くなるため，上記の平衡が右に傾いて二酸化炭素が放出される．このようにホールデン効果は，酸素の運搬における*ボーア効果と同様の機構で二酸化炭素の運搬を能率的にしているが，両者は独立な現象である．

i **ホルトフレーター** Holtfreter, Johannes Friedrich Karl 1901〜1992 ドイツ，のちアメリカの動物学者．両生類の初期胚を用いて多くの手術実験（外植，移植，内植）を行い，胚域の決定，誘導，形態形成運動，細胞の親和性などにつき研究．両生類の胚組織を解離させその細胞がカイメンと同様に再集合することを示した．

a **ポルトマン** PORTMANN, Adolf 1897～1982 スイスの動物学者．バーゼル大学卒業．ヨーロッパの諸大学および臨海実験所で研究ののち，母校の教授，学長．鳥類や哺乳類の形態学および発生学，他方で頭足類その他の海産動物学を研究し，また動物としての人間の特殊性を多面的に究明して人間学の生物学的基礎づけに貢献した．ゲーテ研究家としても著名．[主著] Einführung in die vergleichende Morphologie der Wirbeltiere, 1969.

b **ボルナウイルス** [*Bornaviridae*] ウイルスの一科．ウイルス粒子は，直径 90 nm の球形，*エンベロープをもつ．ゲノムは一鎖一本鎖 RNA（～8900 塩基長）からなる．他の多くの RNA ウイルスと異なり，宿主細胞の核でゲノムの転写・複製を行う．本科に属するのはボルナウイルス属のボルナ病ウイルス（Borna disease virus）のみ．1895 年にドイツの Borna で神経症状を主徴とするウマの病気が流行し，ボルナ病と名づけられた．1990 年になって本ウイルスの cDNA が初めて分離された．ボルナ病ウイルスはウマやヒツジなどさまざまな哺乳類，鳥類に急性あるいは持続感染する．ヒトの精神疾患との関連性が疑われているが確定していない．意義は不明だが，ヒトを含む種々の哺乳類のゲノムに本ウイルスの遺伝子配列の一部分が組み込まれている．

c **ポルフィリン** [porphyrin] 4 個のピロール環が 4 個のメチン基=CH-によって互いに結合して閉環したポルフィン（porphin）構造を基体として，その 1～8（および α～γ）の位置にメチル・エチル・ビニルなどの基が置換した誘導体の総称．これらの 1～8 の側鎖の種類と配列（表）により種々のポルフィリンが存在し，エチオポルフィリンやコプロポルフィリンなどのように 2 種類の側鎖が各ピロール環に結合する場合には 4 個，プロトポルフィリン（protoporphyrin）のように側鎖が 3 種類ある場合には 15 個の異性体が存在しうる．天然に見られるプロトポルフィリンは，H. Fischer の分類では IX 型と呼ばれる．ポルフィリン環は共鳴状態にあり，4 個のピロール環は同一の構造をもつ（図中の二重結合の位置は任意に選ばれたもの）．π 電子共役系が分子全体に広がるため，可視領域に大きな吸収帯を生じ，特異な吸収スペクトルおよび赤色蛍光を示す．天然に見出される生理的に重要なポルフィリン類は，ピロール環の 4 個の N に Fe, Mg, Co, Zn が配位して錯体を作って存在する．例えばプロトポルフィリン IX（ウロポルフィリノーゲン III から生合成される）の Fe 錯体（プロトヘム，単に*ヘムともいう）は*ヘモグロビン，*カタラーゼ，通常の*ペルオキシダーゼなどの配位原子団として含まれ，*シトクロムは b 型を除きこれと異なった鉄ポルフィリンを含む．クロロクルオロポルフィリン（chlorocruoroporphyrin）に Fe が配位したクロロクルオロヘム（chlorocruoroheam）はクロロクルオリンの補欠分子族．Cl が 1 個配位したポルフィリンの三価鉄錯体をヘミン（hemin，プロトヘミン protohemin）と呼び，これを強アルカリで処理すると，Cl が OH で置換されヘマチン（hematin，プロトヘマチン protohematin）となる．クロロフィルはプロトポルフィリンを経て生合成される．クロロフィルには，*クロロフィル c などのポルフィリン型，クロロフィル a, b, c，バクテリオクロロフィル a, d, e などピロール核の 3, 4 位の二重結合が一重結合に変化したジヒドロポルフィリン型（クロリン型），バクテリオクロロフィル a, b, g などのピロール核の 3, 4 位と 7, 8 位の二つの二重結合が一重結合に変化したテトラヒドロポルフィリン型（ジヒドロクロリン型）がある．ヘム d はジヒドロポルフィリン（dihydroporphyrin），シロヘムはテトラヒドロポルフィリンの基本構造をもつ．フェオポルフィリン（pheoporphyrin）は，5 番目の E 環をもったポルフィリンで，これに Mg が結合したものがプロトクロロフィリドである．

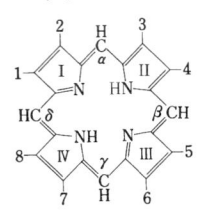

ポルフィン核

各種ポルフィリンの側鎖とその位置

	1	2	3	4	5	6	7	8
プロト (IX)	M	V	M	V	M	P	P	M
エチオ (III)	M	E	M	E	M	E	E	M
コプロ (III)	M	P	M	P	M	P	P	M
ウロ (III)	A	P	A	P	A	P	P	A
ウロ (I)	A	P	A	P	A	P	A	P
ヘマト (IX)	M	HE	M	HE	M	P	P	M

M: -CH$_3$　V: -CHCH$_2$　E: -CH$_2$CH$_3$
A: -CH$_2$COOH　P: -CH$_2$CH$_2$COOH
HE: -CH(OH)CH$_3$

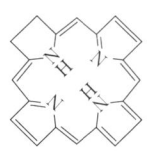

ジヒドロポルフィリン型 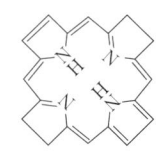　テトラヒドロポルフィリン型

d **ポルフィリン症** [porphyria] 《同》ポルフィリア．ヘム合成系酵素の異常による*ポルフィリンの代謝異常症の総称．大部分は先天性疾患であるが，なかには肝障害や鉛中毒など後天的原因による発症，例えばポルフィリン尿症（porphyrinuria）もある．先天性疾患は代謝障害のある臓器により次の 2 型に分けられる．(1) 骨髄性ポルフィリン症: (i) 先天性赤芽球性ポルフィリン症: ポルフィリン生合成に関与するウロポルフィリノーゲン III 生成酵素（uroporphyrinogen III synthase）の欠損による．常染色体性劣性遺伝．その結果，ウロポルフィリン I が生成され尿中に多量に排泄され，赤色尿，皮膚の光線過敏症，貧血などの特徴を示す．(ii) 骨髄性プロトポルフィリン症: プロトポルフィリンに鉄を挿入して*ヘムを合成するフェロケラターゼ（ferrochelatase，ヘム生成酵素，EC 4.99.1.1）の活性低下による．常染色体性優性遺伝．皮膚の光線過敏症と，赤血球や糞便中のプロトポルフィリンの異常増加を特徴とする．(2) 肝性ポルフィリン症: 最も高頻度にみられるのが急性間欠性ポルフィリン症で，ポルフォビリノーゲンデアミナーゼの先天性欠損と，それによるヘム合成量の低下のためフィードバックにより，ヘム合成系の律速酵素である 5-アミノレブリン酸合成

酵素(5-aminolevulinate synthase, EC2.3.1.37)の活性が増加して発症する。急性症状が間欠的に出現し、急性期には尿中に5-アミノレブリン酸やポルホビリノゲンが増加するとともに、激しい腹痛・嘔吐・便秘などの腹部症状、多彩な精神神経症状を呈する。

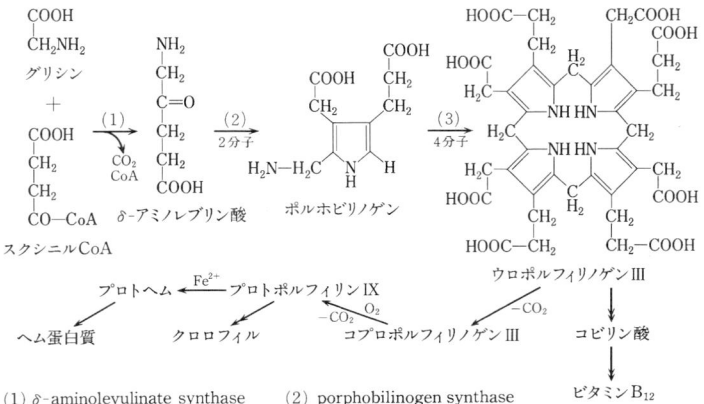

a **ポルフィリン生合成** [porphyrin biosynthesis] 生体におけるポルフィリン核の合成。アルファプロテオバクテリアと真核生物のミトコンドリアでは、グリシンとスクシニル CoA から*δ-アミノレブリン酸、ポルホビリノゲン(porphobilinogen)などを経てポルフィリン核が合成される(Shemin 経路、図)。多くの原核生物と植物などの色素体ではグルタミン酸 tRNA を用いて δ-アミノレブリン酸を合成する(C5 経路)。ビタミン B_{12}、クロロフィルの合成経路は途中で分岐する。プロトポルフィリノゲンが生成する段階には、通常酸素分子が必要である。

b **ホルボールエステル** [phorbol ester] トウダイグサ科(Euphorbiaceae)の植物 Croton tiglium L.(ハズ)の種子を圧搾して得られるクロトン油(ハズ油)に含まれる発がん促進作用のある活性成分。発がんプロモーターの一つで、12-O-テトラデカノイルホルボール-13-アセテート(TPA、ホルボールミリステートアセテート PMA)は最も強いプロモーター活性を示す。本構造の一部はジアシルグリセロールと類似しており、C キナーゼ(PKC)を強力に活性化する作用をもつ。発がんプロモーターとしての作用の一部は C キナーゼの活性化を介したものと考えられている。

TPA

c **ホルミルキヌレニン** [formylkynurenine] トリプトファン代謝の中間体。*トリプトファン酸素添加酵素の作用によってトリプトファンから生成される。これはさらにホルムアミダーゼ(formamidase, EC3.5.1.9)により蟻酸と*キヌレニンとに加水分解される。321 nm に特有の吸収をもつ。

d **ホルミルメチオニル tRNA** [formylmethionyl-tRNA] fMet-tRNA と略記。N-ホルミルメチオニンを結合した*開始 tRNA。原核生物における蛋白質生合成の開始に関与する。2 種類あるメチオニン tRNA 分子種のうち、開始 tRNA の CCA 末端にメチオニンが結合したのち、メチオニンのアミノ基にホルミルテトラヒドロ葉酸からホルミル基が酵素的に転移することによって生成する。

e **ホルミルメチオニン** [formylmethionine] アミノ基がホルミル化されたメチオニン。原核生物における*蛋白質生合成はこのアミノ酸によって特異的に開始される。蛋白質合成の開始後、ただちに特異的な酵素の作用によってペプチド鎖から除去される。したがって細菌細胞から分離した蛋白質の N 末端にはホルミルメチオニンは検出されない。

f **ホルモール滴定** [formol titration] アミノ酸やペプチド類のアミノ基定量法の一つ。これらは両性イオンとして水溶液中に存在するので、脂肪酸のように滴定によって定量することができない。しかしホルムアルデヒドを加えて NH_3^+ 基に反応させると当量の水素イオンが放出されるので、この量をアルカリで滴定する。

g **ホルモン** [hormone] 広義には、細胞間の情報伝達に関わる化学物質をいうが、古くからの定義では、一般に動物体内の限定された部分(一般には内分泌腺)で生産され、導管を経ずに直接体液中に分泌されて体内の他の場所に運ばれ、そこにある特定の器官(標的器官)・組織・細胞の活動に一定の変化を与える化学物質の総称(⇌ 内分泌)。W. M. Bayliss と E. H. Starling (1902) によるセクレチンの研究から、「ホルモン」の名と定義が与えられた。ギリシア語の hormao (刺激する)に由来する。ホルモンは極めて微量でも作用を現し、代謝の基質となるのではなく調節物質として働いている。脊椎動物のホルモンは化学的に分類すれば、ペプチド系(*インスリン、*グルカゴン、下垂体の諸ホルモン、*副甲状腺ホルモン)、アミノ酸誘導体系(*アドレナリン、*メラトニン、

ポルフィリン生合成

(1) δ-aminolevulinate synthase (2) porphobilinogen synthase
(3) uroporphyrinogen I synthase, uroporphyrinogen III cosynthase

*甲状腺ホルモン），ステロイド系(*性ホルモン，*副腎皮質ホルモン)に分けられる．昆虫の前胸腺ホルモンの*エクジソンはステロイド系に入るが，アラタ体の*幼若ホルモンは鎖状炭化水素である．またヒトデの放射神経から抽出された生殖巣刺激物質はヌクレオチドである．その作用機構は，*ステロイドホルモンや甲状腺ホルモン，ビタミンDの場合は，ホルモンと細胞質内受容体との複合体が遺伝子DNAの受容体認識配列と結びつくことによって転写の活性化を起こし，新たなmRNA，ひいては蛋白質の合成を開始させる結果，特定細胞においてホルモン作用が発現する(➡ステロイドホルモン受容体)．一方，ペプチド系のホルモンやアドレナリンの場合は，細胞膜上の受容体と結合して，その細胞内のcAMP(環状AMP)などのセカンドメッセンジャーの濃度を上昇させることによって生理作用を現すか，遺伝子の発現を調節する．起原が細胞・組織あるいは腺のいずれであるかを問わず，特殊な生理作用をもつ内分泌物をすべてホルモンと呼ぶこともあるが，分泌源や標的の限定されていない植物ホルモン，あらゆる組織で普遍的に生産されるパラホルモン，体外に分泌され個体間で作用するフェロモンなどは，ホルモンと別個の範疇に入れられる．*神経下垂体ホルモンなどのような神経分泌物質はホルモンに入れられるが，アセチルコリン，ノルアドレナリンなどの*神経伝達物質や，局所的に産生・放出され，その近辺の狭い範囲で作用する*オータコイドもホルモンには入れない(➡神経ペプチド)．しかし，生物学的な意味を別として，化学物質による細胞間の情報伝達が本質的にはリガンドと受容体の相互作用として理解できる点では共通である．

a **ホルモン受容体**［hormone receptor］　ホルモンが細胞に作用するときに，まず第一段階として特異的(標的器官)に結合する細胞に存在する特定の化学物質(受容体)．2種に大別される．その一つはステロイドホルモンおよび甲状腺ホルモンに対する受容体で，細胞質中に溶けて存在する(➡ステロイドホルモン受容体)．もう一つは細胞膜上に存在する受容体で，界面活性剤で膜から可溶化される．細胞膜結合型の受容体はさらに，インスリンや増殖因子と結合する受容体型チロシンキナーゼ(受容体チロシンキナーゼ型受容体)のグループと，G蛋白質共役型の受容体のグループに分けられる．各ペプチドホルモンに対して特有の受容体が存在する．ホルモン分子とこの受容体分子の結合は非共有結合であり，また外からのエネルギーの供給を必要としない．結合の平衡定数は $10^9 M^{-1}$ から $10^{10} M^{-1}$ 付近の値を示す場合が多い．G蛋白質共役型の受容体にホルモン分子が結合すると，G蛋白質が活性化される．続いて，膜中のアデニル酸シクラーゼが活性化され，細胞内でのcAMP依存性蛋白質リン酸化酵素(*Aキナーゼ)の活性が高まり，これがホルモンに対する一連の細胞内化学反応の第一歩となる(➡cAMPシグナル)．このほかに膜内のリン脂質の代謝によりカルシウム依存性蛋白質リン酸化酵素(Cキナーゼ)が活性化される経路なども知られている．また，細胞膜が陥入することによってホルモン分子が受容体と結合したまま細胞内にとりこまれて脱感作などが起こることも知られている．

b **ホルモン蛋白質**［hormone-protein］　［1］蛋白質と結合した形になって体内で実際に作用を表すホルモン．多くのホルモンはホルモン蛋白質であると考えるべき事実がある．例えばステロイド結合蛋白質．［2］ときに蛋白質系ホルモンやペプチドホルモンを指して用いられる語．

c **ホルモン放出ホルモン**［releasing hormone］　RHと略記．視床下部の神経分泌細胞で生産され，正中隆起において下垂体門脈系の第一次毛細血管叢に放出され，腺下垂体の諸ホルモンの放出を促進する物質．LRH(黄体形成ホルモン放出ホルモン)，CRH(*副腎皮質刺激ホルモン放出ホルモン)，TRH(*甲状腺刺激ホルモン放出ホルモン)，GRH(*成長ホルモン放出ホルモン)など．なお，ホルモンの放出だけでなく合成をも促進する場合がある．(➡視床下部–下垂体神経分泌系)

d **ボレリ** BORELLI, Giovanni Alfonso 1608～1679　イタリアの数学者，物理学者で，また生理学者．生理学は物理学の一分科であると考え，同時代人R. Descartesに現れた思想を実証的方法で推し進め，医理学派の代表とされる．脊椎動物諸筋の筋運動，呼吸，心臓運動が実際上の研究内容．神経内を伝わるものは非物質的な精気(spiritus)ではなく液体状の物質(succus nervosusという)であり，これが筋繊維内の微細な空隙に流れこんで血液に触れると，筋繊維の膨張・短縮が起こると述べた．[主著] De motu animalium, 2巻，1680～1681．

e **ホレンダー** HOLLAENDER, Alexander 1898～1986　ドイツ生まれのアメリカの放射線生物学者．光生物学の創立者の一人．紫外線による微生物の突然変異誘発の作用スペクトルが核酸の吸収スペクトルに似ていることを発見．これは，遺伝子が蛋白質であるとされていた当時にあって，その後の分子生物学の基礎を築く重要な発見の一つとなった．DNA修復を中心にした分子放射線生物学の発展に寄与した．

f **ホロガミー**［hologamy］　［1］原生生物の*合体において，1個体が分裂することなくそのまま配偶子として行動する現象．*メロガミーと対する．この配偶子はホロガメート(hologamete)と呼ばれ，生殖に関与しない通常の個体(非配偶体)と同形同大である．したがってホロガメートは同型配偶子であり，その合体は同形配偶である．真のホロガミーは鞭毛虫類ユーグレナ類の*Copromonas subtilis* だけに知られている．［2］＝全配偶性

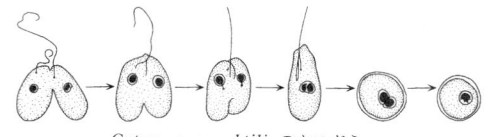

Copromonas subtilis のホロガミー

g **ボーローグ** BORLAUG, Norman Ernest 1914～2009　アメリカの農学者，植物病理学者．日本のコムギ品種の農林10号を利用して，「緑の革命」といわれた多収品種のコムギ品種を育成．開発途上国の食料問題に寄与した業績で1970年ノーベル平和賞受賞．

h **ホロセルロース**［holocellulose］　木化した植物組織から塩素処理・エタノールアミン抽出などで*リグニンを除去して調製した細胞壁標品．リグニンを含まない組織については，水溶性成分である*ペクチン質を抽出除去した細胞壁残渣をいう．セルロースとヘミセルロースとからなる．

i **ホロテリー**［horotely］　進化速度に見られる定型

性で，上級分類群(門・綱など)のそれぞれについて，所属する下級諸類(科・属など)の進化速度を横軸に，その頻度を縦軸にとって分布曲線を描いてみると，最頻値が著しく急速な進化の側に寄っていること．なおある生物類の進化が極めて遅い場合を緩進化(bradytely)，特に急速な場合を急進化(tachytely)という．

a **ポロメーター** [porometer] 気孔の開閉の度を知るための装置．F. Darwin, F. M. Pertz の考案．T字管の側枝の一端に小ガラス鐘(G)をゴム管でつなぎ，Gをラノリン，ワセリンまたはゼラチンによって葉面に気密に接着させる．他の側管の活栓を開いて吸引し，T字管の垂直部に水を吸い上げて液面をある刻線に合わせる．ついで活栓を閉じ，下方のある刻線まで水が降下する速度を測って気孔の開度の比較値とする．これは，G以外の部の気孔から空気が入り，葉の内部の細胞間隙を経てGの部分の気孔から出る気流の速度が，気孔の開度に応じて変化することを利用したもの．現在では湿度計などの機器の進歩により，より自然な状態で蒸散と葉温を測定し，気孔抵抗を求めることができる．

b **ホワイト** W̲h̲i̲t̲e̲, Gilbert 1720〜1793 イギリスの博物学者．オックスフォード大学で学び，牧師の資格を取り，生地セルボーンの副牧師となって動植物の観察を続けた．友人の博物学者 T. Pennant と法律家 D. Barrington に宛てた20年間の手紙を編んだ 'The natural history and antiquities of Selborne' (セルボーンの博物誌，1789) は，精密な観察と文体の優雅さとで博物学上のすぐれた古典．

c **ホワイト** W̲h̲i̲t̲e̲, Philip Rodney 1901〜1968 アメリカの生理学者．切りとったトマトの根端をフラスコ中で継続的に培養できることを報告，その後，ビタミンB₁，オーキシンの添加，無機塩類成分など培地の検討を行ってホワイトの培地を案出するなど，植物組織培養を確立した．動物の組織培養，特にがん組織の培養にも業績を残した．[主著] The cultivation of animal and plant cells, 1954.

d **本草学** [herbalism] 《同》本草．生物*分類学の前段階ともいうべきもので，薬物としての利用に重点を置いた自然物の記載．それを扱った書物を本草書(herbal)，人を本草家(herborist, herbalist) という．ヨーロッパにおいては1世紀の P. Dioscoridēs は，'De materia medica' で600種の薬用植物を扱った．その後16世紀に O. Brunfels は 'Herbarium vivae eicones' (1530) で自分の目で確かめた植物図をはじめて用いたほか，ベルギーの R. Dodonaeus (1517〜1585)，C. Clusius (1526〜1609)，ドイツの V. Cordus (1515〜1544)，スイスの G. Bauhin，フランスの J. Dalechamps (1513〜1588) および M. Lobelius de l'Obel (1538〜1618)，イタリアの A. Cesalpino などを経て，17世紀以降にはすでに*博物学の段階に達した．一方，中国では不老長寿薬の探求を中心として本草学が出発しており，その伝説的な探求者を神農という．しかし書物の形態をとるまでに発達したのは後漢(1世紀)以後である．梁の時代(6世紀)に本草書は急に増加するが，中でも有名なのは陶弘景の『神農本草経集注』で，700種ほどの薬物を扱っている．これに何度も注釈が加えられ，集大成されて，明の万暦6年(1578)に李時珍の『本草綱目』52巻が完成，同18年(1590)に出版された．1892種が記載されている．日本では医方の伝来とともに本草書が入ったと思われるが，奈良時代になると遣唐使によって本草学の導入が盛んとなり，701年には本草の教習や薬園の設置が始まり，また中国ではすでに亡失した唐の『新修本草』が天平3年(731)の筆写で今も残っている．延喜年間(10世紀初頭)に深江輔仁が編集した『本草和名』18巻は1025種を列挙し，中国の薬物に日本名を同定した．図としては，文永4年(1267)に西阿の『馬医草紙』，延慶3年(1310)に河東直麿の『国牛十図』がある．貝原益軒の『大和本草』16巻(1709)は1366種を扱い，独自の観察を含む点で異色であり，『本草綱目啓蒙』48巻(小野蘭山，1718)は当時の植物の知識の集大成である．徳川吉宗の時代に野呂元丈が西洋本草を記しはじめ(1741)，そののち C. P. Thunberg や P. F. von Siebold の渡来は日本自然誌の近代化の基礎となった．伊藤圭介・宇田川榕庵らによって，本草学と西洋本草学とは次第に融合され，岩崎灌園の『本草図譜』96巻92冊 (1828)，および飯沼慾斎の『草木図説』30巻(草部のみ1856刊)として結実した．特に後者はリンネ式分類となっている．1884年(明治17)に漢医方が禁じられるとともに本草学は急速に衰え，代わって博物学が栄えた．

e **本体−冠体説** [body-cap theory] *根端の組織学的研究から提唱された．*根端分裂組織は本体と冠体とからなるとする説．O. Schüepp (1917) の提唱．通常，分裂組織から遠いほど細胞列が増えるが，細胞列が1列から2列になったばかりのところでは，その境目の細胞の細胞壁によってT字形がつくられるので，これをT分裂(T fission) という．根端ではこのT字形が逆さまになっていることが多く，この部分を本体という．一方，根冠の部分では，逆さまではなく通常のT字形を示すT分裂が多く，この部分を冠体という．しかし，根冠にも本体型のT分裂が見られる場合もあり，本体型のT分裂と冠体型のT分裂の分布は植物群によって特徴がある．この説は F. A. L. Clowes (1961) によって評価され，根端の分裂組織の構造理解に役立っている．

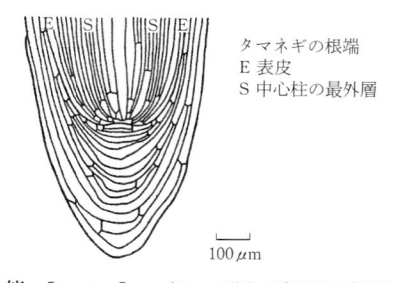

タマネギの根端
E 表皮
S 中心柱の最外層

100 μm

f **本能** [instinct] 一般に，動物が*学習も*模倣も必要とせずに行い，繁殖や個体維持の目的に適応した行動ないしその原動力となるべきものをいう語．人によって用い方も異なり(フロイト派心理学では衝動を本能と呼ぶ)，定義は極めて困難である．強いていえば，*生得的解発機構によって解発される生得的な行動パターンを指す．現在では，本能は記述のための概念としてのみ用い，説明概念としては用いられない．本能的な(instinctive)の語は，*生得的とほぼ同じ意味に使われる．

g **ボンビキシン** [bombyxin] カイコの脳間部にある4対の神経分泌細胞で生産される分子量約5000のペプチドホルモン．A鎖，B鎖がジスルフィド結合したヘテロ二量体で，アミノ酸配列はインスリンと高い相同

性を示す．アミノ酸配列がわずかに異なる多数の同族体からなる．その遺伝子構造もインスリン遺伝子と酷似し，B鎖，Cペプチド，A鎖が連結した前駆体プロボンビキシン(pro-bombyxin)がまず合成され，Cペプチドが除去されて成熟ボンビキシンが生成されると考えられる．30個を超える重複遺伝子コピーが同定されている．アラタ体から血中に放出される．他種のガ(エリサン)に対して前胸腺刺激活性を示すが，カイコではその活性を示さず，血中トレハロースを低下させる活性をもつ．

a **翻訳**(遺伝情報の) [translation] *蛋白質生合成の際に，メッセンジャーRNA上の塩基配列を読み取ってその情報に対応するアミノ酸を選び出し，ペプチド鎖を形成していく過程．RNAは4種の塩基，蛋白質は20種類のアミノ酸からそれぞれ構成されているので，4種類の記号で書かれた遺伝情報の暗号を20種類の文字からなる文章に「翻訳」するという意である．

b **翻訳開始因子** [translation initiation factor] IFと略記．《同》ポリペプチド鎖開始因子(polypeptide chain initiation factor)．mRNAから蛋白質への翻訳を開始する蛋白質因子．細菌，古細菌，真核生物のIFについて各々，pIF，aIF，eIFとも表記される．細菌の翻訳開始反応では，翻訳開始メチオニルtRNA，リボソームの30Sサブユニット(真核生物では40Sサブユニット)，mRNAの三者による開始前複合体(pre-initiation complex, PIC)が形成される．続いて，50(真核では60)Sサブユニットが結合して，P部位(P site)にメチオニルtRNAをもつ70(真核では80)Sリボソーム・mRNA複合体ができる．細菌のIF3は30(40)Sに結合しており，開始前複合体ができてから解離し，50Sの会合を促す．IF1は次のtRNAが結合するのを防いでいる．真核生物では，IF1の代わりにeIF1Aが，IF3の代わりにeIF1が働く．IF2は細菌では先に30Sに結合し，次に開始アミノ酸tRNAである*ホルミルメチオニルtRNAが結合する．真核生物では，転写は核で，翻訳は細胞質で行われるので，mRNAを認識するために5'capと3'にポリAが添加されている．eIF4は，eIF3とmRNAの5'と3'の両端を橋渡しした複合体を形成する．この複合体とeIF2・メチオニルtRNA・40Sが結合すると，ATPのエネルギーを使いながらAUGコドンを捜すスキャニング(scanning)がeIF1，eIF1Aなどの働きで起こり，最終的な開始前複合体が形成される．真核生物での翻訳調節は，リン酸化によりeIF2やeIF4の活性を制御することで行われる．

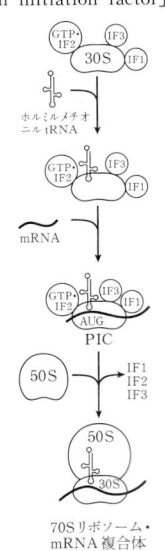

細菌における翻訳開始因子(IF)の働き

c **翻訳後修飾** [post-translational modification] 蛋白質が生合成後に成熟蛋白質になる過程で受ける種々の修飾．切断による*プロセッシングとアミノ酸残基の修飾とに大別できる．蛋白質はメチオニンをN末端とする前駆体として生合成されるが，その後プロテアーゼによる切断を受け本来のN末端をもつ成熟蛋白質となる．また，ある種の酵素(プロテアーゼが多い)は，その活性化において限定分解を受ける．ペプチド性のホルモンや神経伝達物質もその前駆体から切り出されて生じる．分泌蛋白質の多くはN末端に*シグナルペプチドをもって生合成され，膜を通過する際に除去される．一方，アミノ酸残基の修飾には，リン酸化，メチル化，アセチル化，ADPリボシル化，アデニル化，ウリジル化，ミリスチル化，パルミチル化，糖付加(糖鎖付加)，アミド化などがあり，酵素的に修飾・脱修飾を受ける．蛋白質中のヒドロキシプロリン，ヒドロキシリジン，チロキシンなども翻訳後に修飾を受けた産物である．また，アミノ酸残基のアミノ基へのユビキチンの結合やグルタミン残基とリジン残基の間のイソペプチド結合による架橋，あるいはアミノアシル-tRNA-蛋白質トランスフェラーゼによるアミノ酸の付加などもある．非酵素的に起こる蛋白質中アミノ酸残基の酸化や脱アミド化も広義の翻訳後修飾といえる．

d **翻訳調節** [translational control] 遺伝子の形質発現を翻訳の段階で調節すること．DNAの情報発現を，DNAからmRNAへの転写段階とmRNAから蛋白質への翻訳段階とに大きく分けた場合，前者における*転写調節に対して後者における調節をいう．(⇌自己制御)

マ

a **マイア** MAYR, Ernst Walter マイヤーとも．1904～2005 アメリカの動物学者．ハーヴァード大学教授．鳥類に関する広汎な研究で知られ，進化に関する総合学派の主要な学者として活動，多数の著作がある．1994年国際生物学賞受賞．［主著］Animal species and evolution, 1963; Evolution and the diversity of life, 1976.

b **マイア** MAYR, Heinrich Forstmann 1856～1911 ドイツの林学者．バイエルン王国から各国に森林研究に派遣され，1886年日本にも滞在．のち東京農林学校（現在の東京大学農学部）に招かれ造林学を講義，あわせて日本の森林・樹木を研究，その成果は著書 'Monographie der Abietineen des japanischen Reiches'（大日本樅科植物考，1890）および 'Aus den Waldungen'（1891）となった．

c **マイヴァート** MIVART, St. George Jackson 1827～1900 イギリスの生物学者．C.Darwin の学説に対し，微小な変異の差が淘汰を受けるかとの疑問を提出，淘汰説では器官発達の端緒を説明しえないとして反対．科学と宗教との調和をはかろうとしたが，自由主義思想としてカトリックから破門される．［主著］On the genesis of species, 1871.

d **マイエルホーフ** MEYERHOF, Otto 1884～1951 ドイツの生理化学者．はじめ精神病学を専攻したが，O. H. Warburg の影響で生理化学に転じた．ナポリの臨海実験所でウニの呼吸を研究．筋肉の熱発生や物質代謝の研究，筋収縮にともなう乳酸発生の業績で，A. V. Hill とともに1922年ノーベル生理学・医学賞受賞．解糖作用系の物質代謝を徹底的に研究，エムデン-マイエルホーフ-パルナス経路を解明．弟子の K. Lohmann が発見した ATP の生理的意義を明らかにした．

e **マイエロヴィッツ** MEYEROWITZ, Elliot Martin 1951～ アメリカの植物発生遺伝学者．ショウジョウバエの発生生物学者だったが，シロイヌナズナをモデル植物とした研究を世界的な流れとすることに尽力．核ゲノムの RFLP 地図の作製などの研究基盤を整備，被子植物の発生・形態形成に関わる各種因子の同定を進めた．大学院生であった J.Bowman とともに花の*ABCモデルを提唱．1997 年国際生物学賞受賞．

f **MyoD 遺伝子**（マイオディーいでんし）［*MyoD* gene］ *筋細胞に特異的な遺伝子の転写を活性化する遺伝子．この遺伝子を大量発現させた培養細胞は*筋芽細胞へと分化する．（⇒転写因子）

g **マイオティックドライブ**　［meiotic drive］　*減数分裂において，*相同染色体の不平等な分離によって集団の遺伝的構成に変化を起こす機構の総称．個体適応値の有利不利に関係なく，減数分裂において多く分離する側の染色体に乗っている遺伝子群の頻度は増加する．

よく知られているものに，ショウジョウバエの SD 因子がある．この場合，雄で *SD* をもつ染色体は 95% の子孫に伝えられる．（⇒分離の歪み）

h **マイクロアレイ**　［microarray］　スライドグラスのような小さな面状に，多数の少しずつ異なる DNA などの分子を規則正しく並べて別の分子と反応させ，それらの間の相互作用データを大量に取得するための装置あるいは手法（⇒バイオチップ）．特に DNA マイクロアレイは多様であり，cDNA 分子を共有結合でガラス面に固着させたものを規則的に並べる場合や，半導体技術を応用して数十塩基からなる DNA 配列を大量に合成し，ガラス基板に並べる場合（DNA チップ）がある．ある組織にどのような RNA が転写されているのかを見たり，一塩基多型となっている位置の周辺の塩基配列情報をもとに DNA チップを生産し，ゲノム中の DNA 多型を網羅的に調べるのに用いられる．

i **マイクロサテライト DNA**　［microsatellite DNA］　《同》STR 多型（short tandem repeat）．1～8塩基程度の短い塩基配列を繰返し（リピート）の単位として，ゲノム中に数個から数十個直列に並んでいる DNA の配列．リピート数が変化する突然変異率が高いため，遺伝的多型の程度が極めて高いので，個体識別などに応用されている．

j **マイクロネクトン**　［micronekton］　水域の生物のうち，大きさと移動力において*ネクトンと*プランクトンとの中間にある生物の生態群．従来，プランクトンとして取り扱われていたオキアミ類，アミ類，遊泳性エビ類などは，筋肉も発達し十分に能動的であり，したがって別個の生態群として位置させるべきであるとして，N. B. Marshall（1954）が提唱．

k **マイクロフォン電位**　［microphonic potential］　MP と略記．*蝸牛マイクロフォン作用により導かれる電位変化（E. G. Wever, C. W. Bray, 1930）．この電位変化はいわゆる*受容器電位であることが後に判明し，神経繊維を伝導するパルスは別に存在することが H. Davis らにより見出された．その後すべての感覚器において，受容細胞に見られる電気現象は，神経繊維に送られる電気パルス情報と異なることが明らかとなった．マイクロフォン電位の本体は今日なお完全には明らかにされていないが，電位の源は有毛細胞である（⇒蝸牛マイクロフォン作用）．蝸牛においては，蝸牛神経から記録するとマイクロフォン電位の1周期の特定の位相だけに神経放電が起こる．1 kHz 以下の音波では，音波の周波数と同じ数だけ神経パルスが上位脳に送られる．1 kHz 以上では周波数より少ない数のパルスが送られるが，パルス間隔は多くは音の周波数と一致する．蝸牛回転内部でこの電位を微小電極を用いて記録すると基底部より遠いほど低い音に対する MP が大きく，基底部では高い音に対する MP が大きく記録できて，G. von Békésy の観察した基底膜の運動と一致した結果となり，Békésy の蝸牛における音分析の機構の考えが広く認められた．この電位は水生動物の*側線器官でも記録される．ただしこの場合は刺激音波の2倍の周波数をもっている．これは2個の有毛細胞が1本の神経繊維により支配されることによるといわれている．

マイコトキシン　［mycotoxin］　《同》カビ毒．真菌類のうち特に子嚢菌類が産生する低分子の（蛋白質性でない）毒性物質の総称．実際には，マイコトキシンを産

生するカビに感染した種子などを，食料や飼料として食べた人間や動物が中毒症状をするので問題となる．マイコトキシンによる中毒をカビ毒症(mycotoxicosis)と呼び，発がん性や肝臓障害，腎臓障害，神経障害などの症状を現す．主なマイコトキシン産生菌とその毒素として，Aspergillus に属する菌の*アフラトキシン，その類似体で肝障害を起こすステリグマトシスチン(sterigmatocystin, $C_{18}H_{12}O_6$)，腎の尿細管障害を起こすオクラトキシン A (ochratoxin A, $C_{20}H_{18}ClNO_6$)，インドール環を含む神経中枢毒で家畜のよろめき病の原因となるフミトレモルゲン・パキシリンなど，Fusarium に属する菌が作る 14 員環ラクトン構造をもち女性ホルモン活性を示すゼアラレノール，嘔吐作用を示すシニバレノール，白血球傷害や貧血を起こすニバレノールなどのトリコテセン類など，Penicillium に属する菌が作るミトコンドリア ATP 阻害作用をもつ中枢神経毒シトレオビリジン，ラクトン環構造をもち発がん性を示すペニシリン酸・パツリン(patulin, $C_7H_6O_4$)，黄麦米色素成分で肝細胞ミトコンドリアを阻害するルテオスカイリンなどがあり，このほか Claviceps に属する菌の*麦角アルカロイドや，Stachybotrys に属する菌の作る大環状トリコテセンなど，各属の菌の作るカビ毒が知られている．

a **マイコバクテリウム** [mycobacterium] マイコバクテリウム属(Mycobacterium)細菌の総称．アクチノバクテリア門放線菌目(Actinomycetales)コリネバクテリア亜目(Corynebacterineae)マイコバクテリア科(Mycobacteriaceae)に属する．グラム陽性，好気性，非芽胞形成，非運動性の桿菌(0.3〜0.6 μm×1〜4 μm)．基準種の Mycobacterium tuberculosis はヒト結核を起こす結核菌として知られる．そのほか，M. avium(鳥結核)・M. bovis(ウシ結核・ヒトの狼瘡・小児結核)・M. leprae(ハンセン菌)・M. piscium(コイ結核)・M. ranae(カエル結核)・M. thamnopheos(ヘビ結核)などの病原菌種を含む．癩菌は病原菌として最も早く発見されたものの一つで(G. H. A. Hansen, 1874)，主に皮膚と顔や手足などの末梢神経に病変が生じる慢性の感染症(ハンセン病)を起こす．次いで R. Koch (1882)が結核菌を発見した．非病原性の菌種も多く存在し，土壌，堆肥，植物体など自然界に広く分布する．栄養要求性は菌種によって異なり，病原性のものは主に血清・卵黄などを含む培地で培養する．特にヒト結核菌は高濃度グリセロールを含むデュボス培地でよく発育する．代表的な性質は抗酸菌であるが，宿主組織内ではしばしば抗酸性を失う．菌体成分で著しいのは，特にヒト結核菌で 40%乾量に及ぶ多量の脂質で，特殊な脂肪酸を含むリン脂質・多糖を含む蠟質・複雑なグリセリド・特別な高級アルコール・脂肪酸(*ミコール酸など)からなる不鹸化性の蠟質から構成され，そのあるものは宿主の白血球・繊維芽細胞など中胚葉性細胞を刺激する性質をもつ．また菌体表面は疎水性が強く培養液面に皮膜をつくる．外毒素は産生しないが，菌体の崩壊で培養液には強い抗原性物質が含まれ，ツベルクリンはその濾液を濃縮したものである．動物寄生において顕著な全身的な過敏症を表し，そのツベルクリンに対する皮膚反応は，結核感染の診断に利用される(ツベルクリン皮膚テスト)．結核の治療には，イソニアジド，リファンピシン，ストレプトマイシン，エタンブトール，ピラジナミドなどの抗菌剤の併用が有効と認められ，ハンセン病にはリファンピシン，ジアフェニルスルホン，クロファジミンの併用が行われる．

b **マイコプラズマ** [mycoplasma] マイコプラズマ属(Mycoplasma)細菌の総称．分類学的にはテネリキューテス門(テネリクテス門 Tenericutes)モリキューテス綱(モリクテス綱 Mollicutes)マイコプラズマ目(Mycoplasmatales)マイコプラズマ科(Mycoplasmataceae)に属する．広義にはマイコプラズマ属以外のモリキューテス綱に含まれる属も指す．以前は*ファーミキューテス門に含まれていたが，本菌群を包括するテネリキューテス門が設けられた．当初，濾過性微生物として初めて記載され，J. Nowak (1929)によってマイコプラズマ属と命名された．この菌群の細胞は小さく，細胞壁(ペプチドグリカン層)を欠くことから形状に可塑性があり，濾過滅菌に使われる 0.22 μm フィルターを通過する．そのため，細胞・組織培養に用いる培地は，濾過滅菌してもしばしばマイコプラズマによる*コンタミネーション(汚染)が起こる．動物に寄生し，関節症，肺炎などの感染症の原因となる．ゲノムサイズが極めて小さく，単独での生育・代謝に必要なさまざまな遺伝子を欠いており，宿主に依存した生活をする．実験室内では大半が合成培地で増殖できず，たいていの場合は多くの成長因子を必要とし，目玉焼状のコロニーをつくるのが特徴である．DNA の AT 含量が 64〜77%と高いこと，アコレプラズマ以外では終止コドンである TGA がトリプトファンをコードしていることでも知られる．また，*叢生や葉化などの原因とされる植物病原性のものをファイトプラズマ(phytoplasma)と呼ぶ．

c **マイスナー触小体** [Meissner's tactile corpuscle] 《同》マイスナー小体．触受容性の神経*終末器官の一つ．R. Wagner と G. Meissner (1852)の発見．哺乳類の皮膚，ことにヒトの指趾の真皮の乳頭内にある．卵円形で長さ 40〜100 μm，幅 30〜60 μm．比較的薄い被膜中に触覚細胞が横臥して重なりあい，神経の軸索は触覚細胞の間を走りながら分枝して，これらの細胞に終わる．爬虫類などの皮膚にある*メルケル触覚細胞や鳥類の*グランドリ触小体は，構造の簡単なマイスナー触小体と認められる．(⇒機械受容器，⇒触受容器)

d **マイトジェン** [mitogen] 《同》細胞分裂誘起物質，分裂促進物質，成長因子．細胞増殖(細胞分裂)を誘発する物質の総称(⇒成長因子)．植物由来*レクチンや，リボ多糖などはリンパ球に加えると細胞分裂を誘発するが，これらの効果は細胞膜上の増殖因子受容体を非特異的に凝集させ，活性化することにある．(⇒リンパ球幼若化現象)

e **埋土種子** [burried seeds] 発芽力を保持したまま*種子休眠の状態にある種子．野外で成熟した特定の種の種子集団には，成熟後に訪れる最初の発芽適期に発芽しない埋土種子群を含むことが多い．特に埋土種子の量的側面を問題にするときはこれを土壌シードバンク(埋土種子集団 soil seed bank)という．これに対して芽生えの集団のことを実生集団(seedling bank)という．埋土種子の質(種別)と量の研究方法は大別して 2 種類ある．一方は埋土種子を含む土壌試料を発芽促進的な人為環境下におき，発芽してくる芽生えの同定と計数を行う．他方は物理的な選別法と形状とによって種子の状態で同定・計数を行い，胚の生死をテトラゾリウム塩還元活性の有無などで判定する．前者の方法は操作は簡単である

が，一つの人為環境ですべての種子の発芽に好適なものは存在しないため，結果が過小評価になりやすい．後者の方法は操作が煩雑である．埋土種子となるものの種子集団中での割合や，埋土状態のまま休眠を続けられる期間には，種による大きな違いがある．雑草中の一年生や二年生の種や二次遷移の先駆種の種子ほど土中の埋蔵量が多く，長期の休眠が可能なことが知られている．例えばビロードモウズイカ(*Verbascum thapsus*)やメマツヨイグサ(*Oenothera biennis*)は土壌中で100年以上の寿命を保つ．埋土種子の以上のような特性は，偶発的な*攪乱に依存して，その生育地を確保するという*生活史戦略につながる．また埋土種子集団は，地上の現在の植生とはほとんど関連を示さないことが多い．それらは過去の植生の反映であると同時に，将来攪乱が加えられた場合に実現される植生の可能態を示すものでもある．(⇒緑陰効果)

a **マイトソーム** [mitosome] 一部の嫌気性原生生物がもつ小さな細胞小器官．二重膜に囲まれ，酸素呼吸能，クリステ，ゲノムを欠くが，おそらくミトコンドリアが変化したもの．機能は不明だが，鉄硫黄蛋白質生成への関与が示唆されている．赤痢アメーバ(*Entamoeba*)や*微胞子虫類，*ディプロモナス類に存在する．

b **マイトファジー** [mitophagy] 《同》ミトファジー．細胞の*自食作用(オートファジー)の一種で，*ミトコンドリアを特異的に認識して消化する現象．酵母では*Atg32*が，ヒトではパーキンソン病の原因遺伝子である*Parkin*や*Pink1*が関与し，膜電位が低下し機能不全に陥ったミトコンドリアを認識して消化分解することで，細胞内のミトコンドリアの品質管理に貢献すると考えられる．

c **マイトマイシンC** [mitomycin C] 放線菌*Streptomyces caespitosus*から得られる抗菌，抗がん抗生物質．生体内で還元され，活性のある化合物に変化してDNA中のグアニン残基に架橋型に結合し，DNAポリメラーゼ反応を阻害する．白血病，胃癌，大腸癌，乳癌，肺癌，肝癌などの広範ながん治療薬として用いられる．

R_1=CH_3, R_2=H, R_3=OCH_3：マイトマイシンA
R_1=H, R_2=CH_3, R_3=OCH_3：マイトマイシンB
R_1=CH_3, R_2=H, R_3=NH_2：マイトマイシンC

d **マイノット** Minot, George Richards 1885〜1950 アメリカの医学者．血液の病態と骨髄の機能を研究し，関節炎や白血病などに関する業績がある．貧血，特に悪性貧血の研究でG. H. Whipple, W. P. Murphyとともに1934年ノーベル生理学・医学賞受賞．

e **マイボーム腺** [Meibomian gland] 《同》瞼板腺(tarsal gland)．ヒトを含む哺乳類の眼瞼にあり，眼脂(sebum palpebrale)を分泌する一種の皮脂腺(⇒皮膚腺)．腺体が眼瞼の中核をなす厚い結合組織板の瞼板(tarsus)中にあるので，瞼板腺の名もある．腺は眼瞼縁に垂直方向に並列し，それぞれ独立に眼瞼縁に開口する．

f **マウスナー細胞** [Mauthner cell] 《同》マウトナー細胞．硬骨魚類および両生類の後脳に左右1対存在する大形の神経細胞．ウィーンの眼科医L. Mauthnerの発見．細胞は弓形を呈し，中央部を占める細胞体から側方および腹方に向かって2本の太い樹状突起が出る．細胞体から発する軸索は有髄で太く直径50μmに達するが，交叉してから脊髄を下行し尾端まで達する．その間，多数の側枝を出して運動ニューロンの軸索と連絡している．これは一般の運動支配ルートと併存するもので，この細胞は魚の驚愕反応に関係すると考えられる．マウスナー細胞の表面には棍棒状終末や小頭形終末などのシナプス終末が認められるほか，軸索起始部をとり囲んで軸索帽(axon cap)と呼ばれる球形の構造がみられ，その内部にはらせん繊維など多数の神経繊維が分布する．小頭形終末および抑制性の化学伝達に関係し，棍棒状終末と軸索帽はそれぞれ興奮性および抑制性の*電気シナプスを構成している．また，脊髄レベルにおいて両側のマウスナー細胞間に相互抑制作用があり，例えば両側のマウスナー細胞を同時に活動させると尾の運動は全く現れず，一方が少し先行して活動するとその側の効果だけが現れて，遅れた方の活動による筋収縮は現れない．

g **前川文夫**(まえかわ ふみお) 1908〜1984 植物分類学者．東京帝国大学理学部植物学科教授，同付属小石川植物園園長．植物の系統発生や形態学，植物分布の成立に関して多くの仮説を提出した．[主著]植物の進化を探る，1968．

h **前野良沢**(まえの りょうたく) 1723〜1803 蘭学者．江戸に生まれ，蘭学を志し，青木昆陽に師事．(⇒杉田玄白)

i **マオウ類** [ラ Chlamydospermopsida, Gnetophyta, Gnetopsida] 種子植物類の，*裸子植物段階の一群．茎の二次木部には*仮道管だけでなく道管をも併せもつ．雌雄両花をつけ，いずれも小苞または外被で包まれる．グネツム，ウェルウィチアおよびマオウと，形態的に多様な3属が現生し，単系統をなす．化石の報告は少ない．

j **まき性，播き性** [spring habit, winter habit] 作物の品種によって播種適期が異なる性質．秋すなわち低温・短日条件に向かう時期に播種する適当度を秋播き性程度，その度合が高い品種を秋播き性程度が高い品種という．逆に，春すなわち高温・長日条件に向かう時期に播種する適当度を春播き性程度という．例えばコムギでは，低温によって穂の分化が起こり，長日によって出穂開花する．しかし，穂の分化に対する低温要求性の程度は品種によって異なり，その程度が高いほど秋播き性程度が高いという．逆にこれの低い品種は秋播き性程度が低い品種，あるいは春播き性程度が高い品種ということになる．コムギの催芽種子あるいは幼植物体に人為的に低温を与える処理，すなわち*春化処理を施すと，穂の分化が起こるので，あとは長日条件さえ与えられれば出穂・開花する．この低温処理必要日数が，例えば49日と長い品種(すなわち低温要求度が高い品種)は秋播き性程度Ⅶ，0日の品種(すなわち低温要求度が低い品種)は秋播き性程度Ⅰなどと7段階に分類される．秋播き性程度の高い品種は寒冷地での秋播き栽培に用いられる．この場合のコムギは冬コムギと称される．秋播き性程度の低い品種は寒冷地での春播き栽培に用いられ，春コムギと称される．秋播き性程度の低い品種は暖地の秋播き栽培にも用いられる．ダイコン，ホウレンソウ，ダイズなどは播種期が遅れると，すぐ長日効果を受けて

花芽分化が起こり，*抽だい，開花により作物としての価値を失う．

a **巻きつき植物** [volubile plant, winding plant] 《同》回旋植物, 巻旋植物. 茎が支柱にらせん状に巻きつきながら伸びていく植物. ツルニンジンなどの例外を除き, 巻く方向は植物によって決まっている. 直上からみて時計の針の方向に巻くのを右巻き(例:ホップやオニドコロなど), その反対の方向に巻くのを左巻き(例:インゲンマメやアサガオ, ヤマノイモなど)という場合と, 右らせんを作るのを右巻き, 左らせんを作るのを左巻きという場合とがある. これら両表現において左右は逆であるから注意を要する.

b **マキネシア** [Makinoesia] 現在遡及しうる最古の単位と考えられる日本の植物分布区系. 前川文夫(1949)が, 牧野富太郎の喜寿を記念して命名. 漸新世に, 西は古不知火海で朝鮮と対し, 東は北海道を縦断する海で境された地域で, 現在の日本海と日本主島とを含み, 南方へもう少し拡がっていたとされる. それによると, ここに現在日本のフロラの主体部をなす植物がすでに自生していたが, 中新世頃にフォッサマグナの成立によって東北にあるいくつかの小地塊と西南にある一大地塊とに分断された. それぞれに植物が残ったが, 東北(北マキネシア Northern Makinoesia)にはシラネアオイ・トガクシショウマ・オサバグサ・オゼソウ・チョウジギクなどの独特の諸属が主としてシラビソ帯の寒冷地に残り, 西南(西マキネシア Western Makinoesia)には逆にクリーブナ帯の温暖地にコウヤマキ・キレンゲショウマ・マルバノキ・イワユキノシタ・バイカアマチャ・オオモミジガサなどの諸属が残って, 今日の東北日本と西南日本のフロラの相違をきたした. 西マキネシアの一部がフォッサマグナで切れたところは後に, 種の新生が起こり(例えば西側にカギガタアオイ, 東側にタマノカンアオイ), この分布境界線を牧野線(Makino's line)と呼ぶ. 現在は両地域が再び接し, 若干の交流が起こった. (→日本の植物区系)

c **牧野富太郎** (まきの とみたろう) 1862～1957 植物分類学者. 独力で植物学を研究して, 東京理科大学(東京大学理学部)講師. 広く植物を採集し, 多くの新種を記載し, またすぐれた植物図を作成した. [主著] 牧野日本植物図鑑, 1940.

d **巻きひげ** [tendril] 他の物に巻きついて自分の体を保持・安定させるように変態した, 植物体の部分. *つる植物に多いが, 変態する器官はさまざまである. 枝(ブドウ, カボチャ), 葉身(スイートピー), 葉柄(ボタンヅル, ノウゼンハレン), 小葉(エンドウ), 托葉(サルトリイバラ), 根(ビロードカズラ)などの例がある. 巻きつく機構は接触によって生ずる急速な指向性成長運動で, 接触刺激を感受する部分は巻きひげの先端から約1/3の範囲といわれる. 巻きひげには接触した面を凹とするように屈曲する典型的な接触屈性を示すものと, 接触刺激を受けた面と無関係に構造的に決められた方向に屈曲する典型的な接触傾性を示すものがある. エンドウの巻きひげはその中間型で, 接触刺激により接触面を凹とするような屈曲を示す面と, 接触刺激に反応しない面とをもつ. なおカボチャなどでは刺激感受部位の細胞に感覚膜孔(sensitive pit)の存在が知られている.

e **マーキング行動** [marking behavior] 尿・糞便・皮脂腺の分泌物などを用いた, 嗅覚に依存したコミュニケーションの役割を果たす行動. 哺乳類に広く見られる. *なわばりの確保や攻撃に関連した行動が最も一般的だが, 自分の子や性的パートナーに尿などで匂いをつけたり, あるいは群れの他の成員に群れの匂いをつけて他の群れの成員と区別するのも, マーキング行動に含まれる. 食肉類・有蹄類・霊長類などには特殊化した皮脂腺をもつものがある. なお同様の行動は昆虫でも見られる.

f **マクシモヴィッチ** MAXIMOWICZ, Karl Johann (МАКСИМОВИЧ, Карл Иванович) 1827～1891 ロシアの植物学者. 世界周航の Diana 号でアムール河地方の植物を調査. また同地方を経て1860年箱館(函館)に達し, 日本の諸部を調べた. まだ発達途上だった日本の植物分類学者からの同定依頼に応じ, 日本のフロラ解明に貢献. [主著] Diagnosis plantarum novarum asiaticarum, 8巻, 1874～1893.

g **マクシモフ** MAXIMOV, Nikolai Alexandrovich (МАКСИМОВ, Николай Александрович) 1880～1952 ソ連の植物学者. 植物生理学, 特に植物の水分代謝の研究が著名で, 耐寒性や耐旱魃性など農業との関係についても研究. [主著] The plant in relation to water (英訳), 1929.

h **膜出芽** [membrane fission] 《同》膜分裂. 生体膜が分裂して複数の膜を生じる現象. ウイルスの*出芽, *サイトーシス, 細胞分裂などで見られる. サイトーシスでは, 供与膜の分裂により小胞化(vesiculation)が起こり, それが受容膜と融合して蛋白質などが輸送される. *エンドサイトーシスでは, 細胞膜の*クラスリン被覆ピットが膜分裂を起こして*被覆小胞となり, それが*エンドソームとなり, リソソームや細胞膜と融合する. *エキソサイトーシスでは, 粗面小胞体, シスゴルジ網, ゴルジ体シス槽, 中間槽, トランス槽, トランスゴルジ網などで小胞化が起こる(→ゴルジ体). 小胞化は, 供与膜上の被覆蛋白質の構造体の変化により生じると考えられる. 小胞体ではCOP Ⅱコート複合体, ゴルジ体ではCOP Ⅰコート複合体, 細胞膜とトランスゴルジ網ではクラスリン複合体が働くことが知られている.

i **幕状骨** [tentorium] 《同》膜骨. 昆虫頭部の内部にあるU字形やX字形の内骨格で, 口器や触角などを動かす筋肉の付着点. 頭部表面のクチクラ層が縫合線から内方に陥入してできたもので, 他の類似の構造とともに内甲系(endophragmal system)を構成する.

j **膜性円板** [outer-segment disc membrane ラ discus membranaceus] 《同》膜性円盤. 脊椎動物の視細胞の光受容装置(桿体および錐体外節)を構成する細胞膜構造. 繊毛細胞膜のひだとして作られ, その際*ロドプシンなど視物質分子が膜内蛋白質として組み込まれる. 7本の α らせん構造を骨核とする約3万/μm² の視物質分子が, 膜の脂質2層構造を貫き, 円板内腔を挟んで対称性に並ぶ. 視物質はただ一度の光受容により興奮性を失い, 機能を果たした膜性円板は, 外節先端から離脱し, 色素上皮細胞突起に捉えられて貪食・処理される. 電子顕微鏡で観察すると, 桿体の内部に数百ないし1000枚の膜性円板が薄い形質層を挟んで高く積み上げられ, 全体を細胞膜が被う. 外節の基部における細胞膜新生により次々に新しい円板が追加され, 古いものが先端(すなわち色素上皮層)の方向に押し上げられている. この更新過程はキンギョなどで放射性同位体により調べられた(R. Young, 1970). 魚類の成長過程にみられる付加的細

胞増殖は別として，1～2週の間におよそ1000枚もの膜性円板が色素上皮細胞により食食され，桿体外節がすべて新しい膜性円板に更新される．視細胞は細胞分裂によって更新されないので，膜性円板の更新により絶えず新しいロドプシンを含む光受容装置を供給され，機能が維持されることになる．一方，錐体の構造と色覚特異性は種によって異なるが，いずれの場合も膜性円板の更新期間は，桿体の場合よりもはるかに長いと考えられている．(⇌網膜，⇌桿体，⇌錐体，⇌視物質)

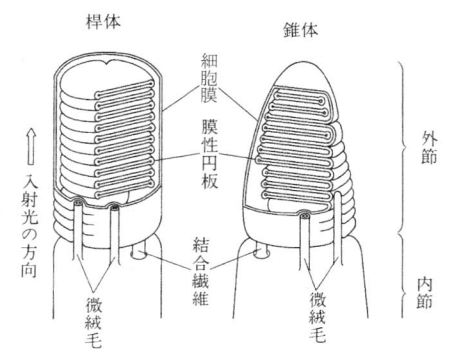

脊椎動物の膜性円板

a **膜蛋白質** [membrane protein] 生体膜を構成する蛋白質．膜の表面に結合し，イオン強度やpHの調節などの比較的穏やかな条件で膜から遊離させることができるものを表在性膜蛋白質(peripheral membrane protein)，膜内部の疎水領域と相互作用し，界面活性剤や有機溶媒などを用いて膜構造を破壊しない限り抽出できないものを内在性膜蛋白質(integral membrane protein)と呼ぶ．後者には，疎水性ヘリックスをもつ典型的な膜貫通型蛋白質のほか，βバレル構造で膜を貫通するもの，両親媒性ヘリックスの疎水性面で膜に結合するもの，翻訳後修飾によって付加された脂質アンカー(GPIアンカー，脂肪酸，イソプレノイドなど)で膜に繋留されるものなどがある．

b **膜抵抗** [membrane resistance] 生体膜を横切って流れる電流に対して生体膜が示す電気抵抗．抵抗性の電流はイオンによって運ばれるので，膜の種々イオンに対する透過性の大小や，透過しうるイオンが多量に存在するか否かなどによって決められる．膜抵抗の値は，神経繊維などの単位長さ(cm)当たりの値として表す場合と，膜の単位面積(cm^2)当たりの値として表す場合とがある．後者は膜の比抵抗に膜の厚さをかけたものに相当する．(⇌電気的定数)

c **膜電位** [membrane potential] 一般には膜によって隔てられた溶液の間に発生する電位差．細胞やミトコンドリアなど細胞小器官は生体膜に包まれており，その内外の間に見られる生体電位を通常は膜電位と呼ぶ．二つの電解質溶液を膜で仕切り，その一側に膜を透過しない粒子を含ませると，その影響で電解質の両側分布が変化し，*ドナンの膜平衡が成立すれば膜の両側にドナンの膜電位が発生する．このような不透性の粒子が存在しなくて，単に濃度の異なる電解質が仕切られているだけでも，陽イオンと陰イオンの膜を通る速さが異なる場合には電位差が発生し，これを*拡散電位という．

両側に0.1Mと0.01MのKClを入れた場合に発生する膜電位は，膜の特性を示すものとして標準膜電位差といわれ，最大58mVに達する．膜電位の存在および種々の影響によるその変化は，*静止電位や*活動電位の原因となる．(⇌ベルンシュタインの膜説，⇌イオン説)

d **膜電流** [membrane current] 生体膜を横切って流れる電流．膜に直流通電を行う場合，最初は*膜容量を充電するための電流が流れるが，定常状態では抵抗分を通るものだけとなり，その電圧降下分だけ膜電位の変化をきたす．興奮性膜には整流作用があるので，通電の方向により電流の流れやすさに差がある．*活動電位の発生に際し，活動部位では内向きの膜電流が流れるが，これによりその部の膜が充電され，また隣接部に向かって流れるものは外向き電流となって隣接部の膜に対し刺激作用を行う．

e **膜透過停止配列** [stop transfer sequence] 生合成されつつある新生ペプチドの輸送を小胞体膜透過の途中で停止させ，膜貫通領域をつくるアミノ酸配列．20個程度の疎水性アミノ酸クラスターからなる．例えば，N末端に存在するシグナル配列(*シグナルペプチド)と膜透過停止配列が一つずつ存在すると，シグナルペプチドが小胞体膜の内腔側に存在する酵素シグナルペプチダーゼ(signal peptidase)によって切断されたあと(⇌シグナルペプチド)，蛋白質はこの部分で膜に固定され，I型膜蛋白質となる．ペプチド中にシグナル配列をもつが，それが切断されず，かつ膜透過停止配列をもたない場合には，II型膜蛋白質となる．また，膜透過停止配列とシグナル配列とがおのおの複数個存在すると，複数回膜貫通型蛋白質(III型膜蛋白質)になる．

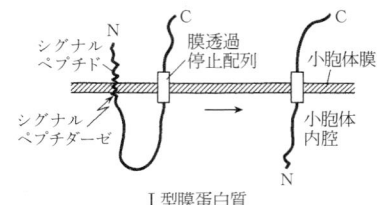

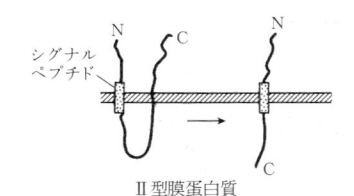

I型膜蛋白質

II型膜蛋白質

複数回膜貫通型蛋白質(III型膜蛋白質)

f **膜内粒子** [intramembrane particle] 生体膜を*フリーズフラクチャー法でその疎水層面で割断した場合にみられる8～12nmの粒子．膜の内在性蛋白質の像で，一般に細胞質に接する半面により多く観察される．膜の

内外2層の脂質層にまたがって存在するものと、いずれかの1層に局在しているものとがある。赤血球膜に存在する主要内在性蛋白質は8 nmの粒子(細胞当たり約50万個)を構成し、陰イオンの通路として*促進拡散に関係していると考えられている。その他、種々の抗原や*レクチンの受容体蛋白質である粒子も多数存在している。

a **マグネシウム** [magnesium] Mg. 原子量24.31. 動物・植物を通じて不可欠な元素。植物においては*クロロフィルの中心金属となっており、マグネシウムが欠乏すると緑色植物は白化を起こす。非緑色植物でもマグネシウムは絶対に欠くことができない。植物には葉および特に脂肪種子に堆積し、またフシナシミドロにマグネシウムが欠乏すると通常の細胞内にみられる油滴の形成がみられなくなるので、脂質代謝との関係が推定されている。ヘキソキナーゼなどのリン酸転移酵素、ATPアーゼなどのホスファターゼ、グルタミン合成酵素など各種の酵素の活性化にはMg^{2+}が必要であり、酵素の主体がマグネシウム蛋白質と考えられるものもある。マグネシウムは動物体内にも広く分布し、人体では構成元素として第11番目を占める(体重の0.05%)。食物中から摂取される。ヒトの血清中に1.5～3 mg/100 mL含有され、その80%はイオン化していて移動可能であり、残りは蛋白質と結合している。赤血球内にはやや多く20 mg/100 mL程度含まれる。血清中マグネシウムの濃度が低下すると動物体に痙攣をまねく。骨格内にカルシウムと共存し、これと類似した炭酸塩、リン酸塩、水酸化物を生成して沈殿している。

b **マグネトソーム** [magnetosome] 地磁気を感知する磁性細菌の体内にあって、磁性をもち地磁気の受容に関与する細胞内構造物。リン脂質からなる膜、磁鉄鉱成分(マグネタイト、Fe_3O_4)、蛋白質などを含み、電子顕微鏡像上では数十nm径の黒い粒子となって現れる。磁性細菌の一種 *Magnetospirillum magnetotacticum* においては、マグネトソームが細胞内に20個ほど連なった形で存在し、地磁気によって生じる力を利用したコンパスとして機能している。赤道付近を除いて、地磁気のベクトルは水平成分に加えて垂直成分をもっているため、磁性細菌は上下方向の定位に地磁気を利用すると考えられている。マグネトソームを構成する蛋白質が、*M. magnetotacticum* において Mam 蛋白質群が同定されているが、それらの詳細な機能やマグネトソーム形成のメカニズムはよくわかっていない。

c **膜の流動性** [membrane fluidity] 生体膜において、脂質や蛋白質などが膜面内を動きうる性質、あるいはその程度をいう。膜の流動性を初めて示したのは M. Edidin ら(1970)で、異種類の細胞をセンダイウイルスにより融合させると、片方の細胞の膜抗原が膜内に拡散して互いに入り混じることを示した。その後、*スピンラベル法や蛍光退色回復法によりいろいろなモデル膜や細胞膜が研究され、並進拡散定数が求められた。分子が動きやすいことを流動性が大きい(高い)と定性的にいうが、定量的には分子が単位時間に動く面積を表す並進拡散定数 (translational diffusion coefficient, lateral diffusion coefficient)が対応する。あるいは、拡散定数は分子の大きさに依存するので、膜に固有の量としては粘性係数の逆数が適当である。リン脂質の並進拡散定数は、液晶相では$10^{-7} cm^2/s$より少し小さい程度である。

例えば、ジミリストイルホスファチジルコリン膜では$8.8×10^{-8} cm^2/s (36°C)$で、これから1秒間に移動する平均距離を換算すると$5.9 μm$になり、流動性に富むことがわかる。しかし温度を下げて膜をゲル相にすると著しく減少し、$10^{-11} cm^2/s$程度の大きさになる。蛋白質とリン脂質から再構成した膜の例として、バクテリオロドプシンとジミリストイルホスファチジルコリン(脂質/蛋白質のモル比210、28.5°C)では、バクテリオロドプシンの並進拡散定数は$2.4×10^{-8} cm^2/s$の大きさであり、リン脂質の値より少し小さい程度である。この拡散定数から膜の粘性係数を計算すると 1.1 P(ポアズ)となり、水の粘性係数の1/100となる。細胞膜での蛋白質の並進拡散定数は、再構成膜での値に近いものもあるが、多くの場合はそれより著しく小さい。例えば赤血球膜のバンド3の並進拡散定数は、$5×10^{-11} cm^2/s$のものが40%、あとの60%は動かない成分となる(23°C、10 mMNaCl、5 mMリン酸緩衝液、pH7.8、蛍光退色回復法で測定)。このような遅い拡散の一因は、内在性蛋白質が裏打ち構造と相互作用しているためである(⇌細胞膜裏打ち構造)。例えばスペクトリンを欠くマウスの spherocytes では、バンド3はより速やかに拡散する。生体膜の流動性は、他の物理量、例えば膜面の垂線に対するリン脂質の脂肪鎖の平均の傾きを表すオーダーパラメータ (order parameter)やジフェニルヘキサトリエンの蛍光二色比などによっても見積もることが可能である。(⇌流動モザイクモデル)

d **マクブライド** MACBRIDE, Ernest William 1866～1940 イギリスの動物学者。発生学、特に棘皮動物の発生を研究し、進化に関して獲得形質の遺伝を主張。[主著] Textbook of embryology: Invertebrata(第1巻)、1914.

e **膜迷路** [membranous labyrinth] 《同》膜性迷路、膜様迷路。*内耳の内部構造および機能の主部。鳥類や哺乳類では*骨迷路中にほぼ同形をなしておさまっている。膜迷路を構成する主要部は卵形嚢、*球形嚢、*半規管、*蝸牛で、膜迷路の内腔は内リンパ(endolympha)に満たされており、骨迷路との間隙の外リンパ腔(cavum perilymphaticum)には外リンパ(perilympha)がある。球形嚢から内リンパ管(ductus endolymphaticus)と呼ぶ導管が出る。これは膜迷路が外胚葉の陥入によって生じた痕跡とされるもので、横口魚類(サメ・エイ類)では体外に通じるが、それ以外では盲管となる。また魚類のうち、*ウェーバー器官をもつものでは、左右の膜迷路が内リンパ管によって脳底で連絡し、これより後方に内リンパ洞(sinus endolymphaticus)を作る。膜迷路の各部分の内部に*有毛細胞群があり、*聴斑または*聴櫛(ちょうしつ)と名付けられ、機能の相異によって*平衡石またはクプラを付属物としてもち、細胞はそれぞれの神経支配を受ける。

f **膜融合** [membrane fusion] 複数の生体膜の脂質二重層が融合して、1枚の二重層を生じる現象。リン脂質モデル膜の融合、*エンベロープウイルスと細胞の融合、*小胞輸送における輸送小胞と標的膜の融合、オルガネラどうしの融合、核膜形成、*細胞融合などで見られる。モデル膜の例としては、Ca^{2+}によるホスファチジルセリン小胞の融合がある。この場合Ca^{2+}がセリン残基に結合して表面を疎水性にする。エンベロープウイルスには、そのエンベロープ(外膜)に相手の細胞膜と吸

着し融合させる蛋白質が存在している．例えば，センダイウイルスでは蛋白質 HN が吸着し，また蛋白質 F が融合を行い，インフルエンザウイルスではヘマグルチニン（HA）が吸着と融合を行う．融合蛋白質はその内部に疎水性アミノ酸残基が二十数個連なる部分があり，それが両方の膜と相互作用して融合を起こすと考えられ，融合ペプチドと呼ばれる．センダイウイルスは中性でも酸性でも融合するが，インフルエンザウイルスは中性では融合せずに酸性でのみ融合を起こす．その理由は，ヘマグルチニンは中性ではその融合ペプチド（HA_2 の N 末端）を蛋白質内部に隠しているが，酸性になると*コンフォメーションが変化してそれを外側に露出させるため，融合を起こすと考えられる．小胞輸送での融合蛋白質も研究されており，J. E. Rothman らによって*NSF, SNARE, SNAP などが同定されている．細胞融合についても，J. M. White らは，精子と卵を吸着させ融合させる蛋白質 ADAM1, 2 を同定している．（⇒SNARE 仮説）

a **膜容量** [membrane capacity]　細胞膜がもつ電気容量のこと．細胞内電極を使って膜に定電流を通す場合，膜電位の変化はほぼ指数関数に従って起こり，定常レベルに達するのに若干の時間を要する．これは細胞膜が電気容量をもっているためであるが，それは膜が蛋白質と脂質二重層を主要成分として構成され，極めて薄くかつ電気を通しにくいことに由来する．等価回路では膜は容量と抵抗とが並列につながれた回路で表される．膜容量の値は多くの細胞で通常 $1\mu F/cm^2$ 程度である．カエルの骨格筋繊維ではその 10 倍にもなるが，これは細胞膜が陥入した横行小管系の膜の寄与によるもので，陥入部の膜面積が細胞表面膜のほぼ 10 倍程度あることを示唆している．膜容量の大小は活動電位の立上り速度や伝導速度にも影響する．有髄軸索では，*ミエリンを巻くことで膜容量が小さくなり，ランヴィエ絞輪で生じた電位変化があまり減衰しないで伝達されるために，伝達速度が速い．（⇒電気的定数）

b **マクラウド** MACLEOD, John James Rickard 1876〜1935　イギリスの生理学者．F. G. Banting と C. Best のインスリン発見に協力し，1923 年 Banting とともにノーベル生理学・医学賞受賞．

c **マクラーレン** MCLAREN, Ann Laura 1927〜2007　イギリスの発生学者，発生遺伝学者．哺乳類初期胚の研究やその培養操作技術の開発を行った．ヒトの体外受精成功の道を切り開き，マウスをモデルとした分子遺伝学を前進させた．2002 年，日本国際賞受賞．

d **マクラング** MCCLUNG, Clarence Erwin 1870〜1946　アメリカの細胞学者．バッタの染色体の研究で知られる．H. Henking が chromatin-element と呼んだ特殊な染色体に副染色体（accessory chromosome）の名を与え，性決定に関係があるという考えを提出（性染色体の理論は，メンデリズムの再発見後，1902 年 W. S. Sutton によって確立）．（⇒X 染色体）．[主著] Handbook of microscopical technique, 1937.

e **マクリントック** MCCLINTOCK, Barbara 1902〜1992　アメリカの遺伝学者．トウモロコシの細胞遺伝学の権威で，H. S. Creighton とともに連鎖遺伝子の組換えを初めて実証．その後，トランスポゾンをトウモロコシの斑入り現象から初めて発見．これらの業績により 1983 年ノーベル生理学・医学賞受賞．

f **マクログロブリン** [macroglobulin]　血清中に含まれる通常 400 kDa 以上の高分子量蛋白質の総称．五量体 IgM（900 kDa）や四量体 α_2-macroglobulin（α_2-M, 720 kDa）などが含まれる．原発性マクログロブリン血症においては，IgM を分泌する形質細胞が異常増殖した結果，血清中の IgM 含量が異常に高まっている．α_2-macroglobulin は，主に肝臓でつくられる．セリン，システイン，アスパラギンプロテアーゼやある種の metalloproteinase と結合しマクロファージなどの細胞に分解されることにより，これらの酵素を血液中から速やかに取り除く作用をもつ．（⇒免疫グロブリン，⇒骨髄腫）

g **マクロシスト** [macrocyst]　細胞性粘菌類の有性生殖に伴って形成される休眠体．粘菌アメーバが集合していくつかの球塊となり，球塊の中の 1 対の粘菌アメーバが接合して複相となる．これが周囲の粘菌アメーバを捕食して巨大化してマクロシストとなる．3 層の壁に包まれ，壁の最内層はセルロースを含む．発芽すると多数の単相の粘菌アメーバを出す．これに対し，遊走子または配偶子が被膜状態に入ったものをミクロシスト（microcyst）という．

h **マクロファージ** [macrophage]　《同》大食細胞，貪食細胞，大食球．動物体内のほとんどすべての組織に分布し，侵襲した異物や自己の体内に生じた死細胞などを選択的に捕食し消化する機能（食作用）を有した大型のアメーバ状細胞の総称．É. Metchnikoff による命名（1884）．海綿から哺乳類にわたり系統発生的に保存され，生体防御だけでなく，個体発生や変態の制御，組織維持にも働く．哺乳類においては骨髄由来の造血幹細胞から分化する*単核食細胞系に属し，M-CSF や GM-CSF などの造血因子の刺激により，単芽球（monoblast），前単球（promonocyte），*単球を経てマクロファージに至る．食作用によりマクロファージに貪食された異物は，*ファゴソーム（食作用胞）と呼ばれる小胞に取り囲まれ，これが*リソソームと合体してファゴリソソーム（消化胞 phagolysosome）となると，内容物が加水分解酵素により分解される．食作用は，*オプソニンの存在によって増強される．マクロファージは，分解されたペプチドを抗原としてリンパ球に提示する*抗原提示細胞としての機能も担う．また，この過程で，種々の*サイトカインやケモカインを産生し他の免疫細胞の機能を制御する．さらに，リンパ球が産生するサイトカインによって活性化すると補体成分の産生や活性酸素の放出による細胞傷害，アラキドン酸代謝産物（*プロスタグランジン，*ロイコトリエンなど）の産生による炎症反応の惹起，プロテアーゼ産生による細胞間質の分解など*細胞性免疫におけるエフェクター機能を発揮する（エフェクター細胞 effector cell, 奏効細胞）．マクロファージは，遊走性マクロファージ（free macrophage）と定着性マクロファージ（fixed macrophage）に二大別され，さらに体内の局在からさまざまな名称で呼ばれる．遊走性には，血液単球（blood monocyte），肺胞マクロファージ（alveolar macrophage），腹腔マクロファージ（peritoneal macrophage），炎症部位肉芽腫マクロファージ（inflammatory granuloma macrophage）など，定着性には，組織球（histiocyte），クッパー細胞（Kupffer's cell），小膠細胞（microglia cell），樹枝状マクロファージ（dendritic macrophage），血管外膜細胞（adventitial cell），間膜細

胞(Mato cell)などが含まれる.

a **マクロライド系抗生物質** [macrolide antibiotics] 〘同〙マクロリド.大環ラクトンをもつ抗生物質の総称.R.B.Woodward(1957)は,大環ラクトンをアグリコンとし,デオキシ糖,アミノ糖あるいはこれらがメチル化された糖のグリコシドに対して命名したが,その後,糖を含まない化合物も含めてマクロライドと呼ぶようになった.マクロライド系抗生物質には,12,14,16員環ラクトンにアミノ糖,中性糖が結合しており,抗細菌活性を示すいわゆる狭義のマクロライドと,4〜7個の共役二重結合を含む大環ラクトンとアミノ糖(含まないものもある)からなり抗真菌活性を示すポリエンマクロライドとがある.狭義のマクロライドでは,14員環マクロライドの*エリスロマイシンなどと,16員環マクロライドのキタサマイシン(ロイコマイシン leucomycin の各成分を含む),ロイコマイシン A_3(ジョサマイシン josamycin),ミデカマイシン(mydecamycin)が臨床に用いられているが,いずれも放線菌によって生産され,ペニシリン耐性菌を含むグラム陽性菌およびグラム陰性球菌,マイコプラズマやクラミディアなどに有効.さらに呼吸器などへの組織移行性のすぐれたエリスロマイシン誘導体としてクラリスロマイシン,ロキシスロマイシンや,ロイコマイシン A_5 の誘導体で抗菌活性が強化され嫌気性菌にも有効なロキタマイシン,組織移行性のすぐれたプロドラッグであるアセチルスピラマイシン(acetylspiramycin),構造や作用がエリスロマイシンに類似したテリスロマイシンというケトライド系抗菌薬が開発された.これらの狭義のマクロライド系抗生物質は,細菌リボソームの 50S サブユニットと結合することにより蛋白質生合成を選択的に阻害し,抗菌活性を示す.

b **マザエディウム** [mazaedium] 〘同〙マザエジウム,粉塊状子実体.子嚢菌類のホネタケ目(Onygenales)が形成する有柄の子嚢果.子実体頭部の球状の子嚢果の中に,球形あるいは洋ナシ形の子嚢が散在している.その子嚢の壁は成熟すると溶け去り,子嚢胞子はばらばらになる.それらの子嚢胞子は,子嚢果内部の無性的な組織に由来する細胞と一緒になり,粉塊状になって子嚢果内に蓄積し,後には押し出されてくる.

c **摩擦器** [stridulating organ, stridulatory organ] 体の一部の皮膚が特殊化して生じた鑢状部と,これに接する他の体部に発達した隆起状の摩擦片とからなる発音器官の一型.昆虫類の発音器官は大部分これに属する.最も単純なものは直翅目バッタ科に見られ,後肢腿節の内側で前翅の表面を摩擦する.この場合には鑢状部と摩擦片との分化はあまり明瞭ではなく,音も小さくかつ単純.鞘翅目カミキリムシ科においては前胸の後縁に細かい横条からなる鑢状部があり,これを小楯板前縁の有刺摩擦片でこすって発音する.しかしノコギリカミキリなどは後肢腿節と前翅とに原始的な摩擦器をもつにすぎない.ハワイ産の *Plagithmysus* では両者が並存する.モンシデムシ類では第三腹節背面に鑢状部が,前翅端に摩擦片がある.同様な摩擦器は膜翅目の一部(アリ科・アリバチ科の一部)にも見られる.直翅目キリギリス科・コオロギ科の摩擦器は高度に発達し,前者では左前翅表面に鑢状部をそなえた太い翅脈があり,右前翅下面の摩擦片とすりあわせる.右翅の肛角部は透明で翅脈が少なく,共鳴器として働く.後者では左右両前翅にそれぞれ鑢状部と摩擦片をそなえた翅脈があり,前翅はほとんど全体が共鳴器となる.後翅は成虫羽化後まもなく脱落するが,これも発音を助けるものと思われる.これらでは,翅の位置や振動のしかたを変えることにより,さまざまな音を出す.直翅目では摩擦器は雄だけに発達し,発音が雌の誘引や雄どうしの威嚇に役立つ.発せられる音の解析や,発音を支配する神経的機構,雌の反応の解析も進んでいる.鞘翅目ナガシンクイムシ科の仲間では,摩擦器が雌だけにあるものもある.他のものでは雌雄ともこれをそなえ,また土中に住む幼虫にもこれをもつものがあるが,その発音の意義は不明.なお,甲殻類ツノメガニも脚に摩擦器をもつ.

d **摩擦片** [scraper] 昆虫における摩擦器型の発音器官において,鑢状部を摩擦する部分をいう.多くは,肢・前翅・翅脈などの上に発達した硬化した隆起に多少凹凸ないし鉤をもつ程度の簡単な構造である.鞘翅目クロツヤムシ科の幼虫におけるもののように,後肢が太くかつ短くなり,跗節の先端が変化してできた特殊なものもある.

e **マーシャル** Marshall, Barry James 1951〜 オーストラリアの内科医,細菌学者.胃潰瘍や胃癌の原因となる*ピロリ菌を 1983 年に発見した功績により,J.R.Warren とともに 2005 年ノーベル生理学・医学賞受賞.

f **マジャンディー** Magendie, François 1783〜1855 フランスの生理学者.近代的実験生理学を基礎づけ,

a **マーシュ** MARSH, Othniel Charles 1831〜1899 アメリカの古脊椎動物学者．エール大学教授．しばしば自費で探検隊を組織し，西部諸州で脊椎動物化石の発掘を行い，多大の成果を収めた．恐竜類や有歯鳥類についての研究が著名．[主著] Dinosaurs of North America, 1896.

C. Bernard は彼の弟子．脊髄の腹根が運動を，背根が感覚をつかさどることを示した（ベル－マジャンディーの法則）．脳脊髄液を発見．さらに嚥下や嘔吐の研究を行い，また医療にヨウ素や臭素の化合物，ストリキニンやモルフィンなどのアルカロイドを使用した．[主著] Précis élémentaire de physiologie, 1816.

b **増し行き** [waxing] 《同》漸増，増強．刺激の開始時に感覚の強さが直ちに刺激の強さに相当した水準に達せず，しだいに増大して極大に至る現象．刺激停止時の*消え行きと対する．最初は音の感覚についていわれ，「鳴り始め」の語も用いられたが，現在では他の*モダリティーの感覚にもみられる相似現象の一般名として扱われる．ヒトの音感覚は，C (65 Hz) の高さでは 44，c (130 Hz) の高さでは 48 の振動で極大に達するという (S. Exner)．増し行きの完了に要する時間を増し行き時間といい，上例ではそれぞれ 0.68 秒および 0.37 秒となる．

c **麻疹ウイルス** [measles virus] 《同》はしかウイルス．*パラミクソウイルス科パラミクソウイルス亜科モルビリウイルス属に属する，はしかの病原ウイルス．ウイルス粒子は直径 150〜300 nm の球状．*エンベロープをもつ．ゲノムは約 1 万 6000 塩基長の－鎖 RNA．J. F. Enders と T. C. Peebles (1954) がはしか患者の試料からヒトの腎臓培養細胞を用いて分離に成功．エーテルで容易に不活化される．SLAM (CD150) を受容体とし，それを発現している免疫系細胞で増殖するが馴化により発育鶏卵繊維芽細胞や種々の株細胞でも増殖可能となる．感染細胞の細胞質内で増殖し，ヌクレオ*キャプシドが細胞表面に移行し，出芽によって成熟する．感染力が強く，患者の喀痰・鼻咽頭分泌物で飛沫感染する．はしか（麻疹）は，まず上気道のカタル症状と結膜炎が起こり，頰粘膜に特有の白斑すなわちコプリック斑 (Koplik spot) を作り，のちに皮膚に発疹が認められるようになる．病理的には巨細胞と核内および細胞質内*封入体を伴う特異病変が全身のリンパ組織と粘膜に広がる．急性症状が消褪後極めて稀に亜急性硬化性全脳炎 (subacute sclerosing panencephalitis, SSPE) を起こすことがある．はしかの予防には弱毒化生ワクチンが開発されている．WHO が行っている世界規模のウイルス感染症撲滅運動では，痘瘡，小児麻痺に次ぐ標的．

d **麻酔** [anesthesia, narcosis] 一般には，化学物質の作用により生体細胞の反応能力を可逆的に減弱または停止させる操作で，特に臨床医学では，中枢神経系あるいは末梢神経の可逆的麻痺を指す．麻酔作用をもつ化学物質，特に全身麻酔に用いるものを麻酔薬 (anesthetic, narcotic) と呼ぶ．中枢神経を麻酔させる全身麻酔 (general anesthesia) は，通常，第一期（意識の混濁・無痛），第二期（発揚期・譫語），第三期（麻酔期）と進むが，過度になると第四期（呼吸麻痺期）に至る．適切な麻酔薬の使用によって第三期で止め，手術を行う．第三期は中枢神経系の麻痺によって意識・感覚・自発運動が消失し筋緊張も低下している状態で，第四期は麻痺が延髄にある呼吸・血管などの重要な中枢に及び，生命に危険をきたす時期である．全身麻酔の機構を説明するために，古くから多くの麻酔学説，例えば油－水分配率の高いものが麻酔作用をもつとする K. H. Meyer と E. Overton のリポイド説 (1899)，麻酔薬が脳内で水和物の微結晶を形成するとする L. C. Pauling の説 (1961)，酸化的リン酸化やエネルギー利用が抑制されるとする生化学的説，意識のレベルを調節している網様体賦活系に麻酔薬が作用するとする説，神経伝達物質の分泌が抑えられてシナプスでの伝達が減弱するという説などがあるが，いずれも難点があった．しかし最近，麻酔薬の薬理作用は細胞内のプロテインキナーゼ C (C キナーゼ) の疎水部分を阻害することによるとの説 (S. J. Slater ら，1993) が，確度の高いものとされている．1970 年代に中国医学への関心の高まりとともに，鍼の手技のみで麻酔効果が得られ，内臓の手術も可能であると紹介されたこともあるが，現在では，鎮痛法として経穴（ツボ）に通電する silver spike point 法などが用られる．末梢神経の麻痺（局所麻酔 local anesthesia）は多くの局所麻酔薬によってもたらされるが，テトロドキシンやその他の薬物・機械的圧迫・寒冷・直流通電などによっても，伝導遮断の結果として麻酔が起こる．局所麻酔より広範囲な麻酔として脊椎麻酔 (spinal anesthesia) がある．また，最近は鎮痛剤 (analgesics) と神経弛緩剤 (neuroleptics) の強力なものを組み合わせた neuroleptanalgesia (NLA) も用いられる．

e **麻酔薬** [anesthetic, narcotic] 《同》麻酔剤．麻酔作用をもつ化学物質で，一般には無痛のうちに手術を行うために用いられる臨床医学上の薬剤．H. Davy (1799) が笑気 N_2O の麻酔作用を初めて報告し，C. W. Long (1842) がエーテル麻酔を外科手術に応用．全身麻酔剤 (general anesthetic) としてはエーテル，クロロホルム，クロルエチルなどは最近はあまり用いられず，笑気，エチレン，シクロプロパン，チオペンタールナトリウム，ハロセン（フローセン）などを組み合わせて用いられる．意識を失わせず感覚神経末梢を麻痺させる局所麻酔剤 (local anesthetic) としては*コカイン，*プロカイン，オルトホルム，パントカイン，トロパコカインなどがある．これらに対し，神経に対して同様な作用はあるが痙攣を止める抗痙攣剤（臭化ナトリウムなどの臭素塩やルミナールなど），痛覚中枢の麻痺をもたらす鎮痛剤 (analgesic, anodyne)，例えば*モルフィン，*コデイン，パペリン，ヘロイン，ドランチン，メタドンなどは別種に扱われる．このほかエチルアルコールなどにも麻酔作用がある．

f **マースキー** MIRSKY, Alfred Ezra 1900〜1974 アメリカの生化学者．蛋白質の変性機構と構造の関連について多くの研究を発表．1942 年には細胞核内のデオキシリボ核蛋白質の一般的抽出法と核の DNA 量の一定性を確立，さらに核および染色体の分離技術の確立とそれらの化学分析，核の酵素系の研究，核の蛋白質・核酸の合成の研究をし，細胞分化の研究業績もある．

g **マスタードガス** [mustard gas] サルファマスタード (sulfur mustard) のこと．最初に発見された*化学的突然変異原．芥子臭のある液体．常温で蒸気圧は小さいが，微量でも特徴のある臭で検出されるのでガスと呼ばれる．糜爛（びらん）性毒ガス（イペリット yperite）として作られた．アルキル化剤として働き，SH 基・カルボキシル基・イミダゾール基などと反応する．コハク酸

脱水素酵素その他多くのSH基を活性基とする酵素を阻害し、その結果、細胞に毒作用を示す。一方この阻害作用は、ある種のジチオール化合物、特に*バールの存在により保護され、ふたたび活性を回復させることができる。同様にナイトロジェンマスタード(nitrogen mustard)も強い突然変異原である。

$$\begin{matrix}ClCH_2CH_2\\ClCH_2CH_2\end{matrix}\!\!>\!\!S \qquad \begin{matrix}ClCH_2CH_2\\ClCH_2CH_2\end{matrix}\!\!>\!\!N\text{-}CH_3$$

　　サルファマスタード　　　　ナイトロジェンマスタード

a **マスト細胞** [mastocyte, mast cell] 《同》肥満細胞、肥胖細胞。体組織中に細胞質内に多数(1000個にも達する)の好塩基性顆粒を保有する細胞。血液幹細胞由来で、前駆細胞段階で血液中を移動し、体組織で最終分化すると考えられる。血液中に存在する好塩基球と類似の性状・機能を示すと考えられ、好塩基球とマスト細胞の共通の前駆細胞が単離された(⇒好塩基球)。しかし、核の形状や、受容体チロシンキナーゼKitを高発現するなど、一致しない点も多い。高親和性Fcε受容体(FcεRI)を介して、強く結合したIgEが細胞上で抗原と反応すると、細胞内シグナル伝達によって、顆粒中に貯えられた*ヘパリン、*ヒスタミン、*セロトニンなどが急速に放出される現象すなわち脱顆粒(degranulation)が起こる。一方、ロイコトリエンC_4, D_4, E_4・プロスタグランジンD_2・血小板活性化因子なども産生放出される。これらのケミカルメディエーターによって、特徴的な即時過敏症の組織反応が引き起こされる。従来の*アレルギーの原因細胞としての評価から、サイトカイン産生も含めて、外来性の抗原の最初の関門として、*自然免疫・獲得免疫の制御細胞としての関与が注目されている。ヒトマスト細胞は顆粒中に存在するトリプシン様基質特異性をもつトリプターゼ(T)とキモトリプシン類似のキマーゼ(C)の存在の有無から、マスト細胞(MC)-T型とMC-TC型に分類され、これはマウスで局在により分類された肺や消化器にみられる粘膜型と皮膚などの結合組織型にそれぞれ相当する。

b **マーチソン** MURCHISON, Roderick Impey 1792〜1871 イギリスの層位学者。従来明確でなかった旧赤砂岩より古い地層の層序を明らかにすることに努め、シルル系を、ついでA. Sedgwickとともにデボン系を創設。さらにペルム系を創設。これら層序の確立は進化論の発展に貢献し、またその議論の素材ともなった。[主著] The Silurian system, 1839.

c **マッカーサー** MACARTHUR, Robert Helmer 1930〜1972 カナダ生まれのアメリカの理論生態学者。初期には鳥類の採食場所のちがいなどを、個体群生態学的側面と群集生態学的側面の双方から研究。1950年代後半から数理生物学の研究を展開、種数-個体数関係のモデル(マッカーサーのモデル)を発表。進化におけるr淘汰とK淘汰の概念や、島状生息地の種数は侵入と絶滅のバランスで動的に決まるとする理論は、アメリカの生態学・進化学に大きな影響を与えた。'Monographs in population biology'のシリーズを創刊。[主著] The theory of island biogeography (E. O. Wilsonと共著), 1967; Geographical ecology, 1972.

d **マッカロ-ピッツの神経モデル** [McCulloch-Pitts' neuron model] 神経細胞の機能を極端に簡単化した数理モデル。W. S. McCullochとW. Pitts (1943)の提案。時間は離散的($t=0, 1, 2, \cdots$)とし、各時刻におけるこの神経モデルの状態は0(静止状態に対応する)あるいは1(興奮状態に対応する)のいずれかである。このモデルはその特別な場合として論理和、論理積、否定などの論理操作と遅延機能をもつ。このモデルを組み合わせることによって、どのような論理操作を行う神経回路網モデルでも構成することができる。(⇒カイアニエロの方程式, ⇒ニューロコンピューティング)

e **マッキー** [macchia, maqui] 冬雨夏乾の地中海地方における、密で暗緑色の小型の葉をもった硬葉植物を主とする群落。コルシカ島のものが典型的で、「マッキー」はその地域語に由来。Quercus ilexの多い2〜5mくらいになるやぶからなり、ほかにErica arborea, Myrtus communis, Cistus monspeliensis, C. albidusなどが見られる。主としてケイ酸土壌に出現し、*ガリグに比べて密な、高い群落を作り、標高的にもガリグの上部500m前後に多い。一部に自然生のものもあるが、ほとんどは人為活動によって作られた二次植生である。(⇒硬葉樹林)

f **末梢神経系** [peripheral nervous system] 集中神経系においてその周辺部(末梢部)。中枢部すなわち*中枢神経系に対する。通例、中枢神経系の各部位から出て体表や体内の諸器官つまり末端器官に達する神経繊維ないし神経節、すなわち末梢神経(peripheral nerve)の形をとる。これらの神経繊維は求心性・遠心性の両種に分化して、各種の反射、ひいては一般に生体内の末梢経路の役を務める。

g **末梢抵抗** [peripheral resistance] 血流に対する末梢血管の抵抗。血管の抵抗Rは、*ハーゲン-ポアズイユの式から導かれ、次の式で示される。$R=\Delta P/F=8\eta L/\pi r^4$. ΔPは圧勾配、Fは血流量、ηは血液の粘性、Lは血管の長さ、rは内径。すなわち、Rは圧勾配と血流量との比で、血管の内径が小さいほど大きくなる。細動脈は末梢抵抗のうちの重要部分をなしていて、この部分での圧勾配が大きい。しかも細動脈管は弾性繊維が少なくて平滑筋がよく発達しているので、平滑筋の緊張の変化によって血管の内径が著しく変化し、血流抵抗が大幅に変化する。このため細動脈管は筋性血管(muscular vessel, 抵抗血管 resistance vessel)とも呼ばれ、この機能は身体各部への局所的な血液分布に大きな役目を果たしている。

h **末梢時計** [peripheral clock] 《同》末梢概日時計(peripheral circadian clock)。中枢神経系以外に存在する*生物時計、通常は概日時計のこと。個体の活動にみられる*概日リズムは中枢神経系に存在する概日時計(中枢時計 central clock)によって制御されているが、それ以外の末梢組織にも自律的に振動する概日時計が存在し、培養条件下でも振動は維持される。哺乳類では、心臓や肝臓などほとんどの末梢組織で*時計遺伝子の発現が日周変動を示す。しかし、個体内では中枢時計の存在する*視交叉上核を破壊すると末梢組織における時計遺伝子の振動が脱同調し、見かけ上消失することから、末梢時計は中枢時計の支配下にあると考えられる。一方、硬骨魚類では腎臓や心臓などに、昆虫では表皮細胞や前胸腺、マルピーギ管などに、中枢時計とは独立に振動する末梢時計の存在が報告されており、これらの末梢時計は培養条件下でも明暗のサイクルに同調する。

a **MADSボックス遺伝子**(マッズボックスいでんし) [MADS box gene] MADSボックスと呼ばれる約60個の共通のアミノ酸配列部分をもつ一群の遺伝子．遺伝子産物は特定のDNA配列を認識して結合する．真核生物に広く存在し，細胞の分化，器官の発生などを支配する*転写因子としての機能をもつと考えられる．MADSの名は，最初にMADSボックスをもつことが確認された4種の遺伝子，酵母の*MCM1*，シロイヌナズナの*AGAMOUS*，キンギョソウの*DEFICIENS*，ヒトの血清応答因子遺伝子(*SRF*)の頭文字を綴ったものである．花器官の*ホメオティック突然変異の原因遺伝子の多くは，MADSボックス遺伝子であることが知られている．

b **末端繰返し配列** [long terminal repeat] LTRと略記．《同》末端反復配列．レトロウイルスやレトロトランスポゾンなどの*プロウイルスDNAの両端に繰り返されている，数百〜1000塩基対からなる配列．ウイルス遺伝子の転写，逆転写，宿主DNAへの組込みに関わるU3，R，U5の各領域から構成される．プロウイルス5′末端と3′末端にあるIR配列(inverted repeat region)は10〜20塩基対の長さである(図)．U3には転写のエンハンサー配列とプロモーター配列が含まれる．マウス乳癌ウイルスではU3の中に蛋白質をコードする*オープンリーディングフレーム(ORF)をもつ．R領域には5′末端に転写開始点が，3′末端近くにポリA配列付加シグナル(⇌ポリA配列)がある．HIVではR領域にRNAの安定性を調節するTAR配列(trans-activation-responsive region)がある．レトロウイルスRNAの逆転写は細胞質で行われ，RT蛋白質(reverse transcriptase protein)の働きでtRNAをプライマーとしてまず−鎖がU5，Rの順で合成される．ここで*リボヌクレアーゼH(RNase H)の作用により鋳型のRNAが分解され，単鎖のDNAはウイルスRNAの3′末端のRに跳び(template jump)，ついでU3，コード領域，RNAの5′末端まで合成が継続する．＋鎖DNAは，RNase Hにより入れられたウイルスRNAの3′側における切込み部位から，宿主のDNAポリメラーゼの働き

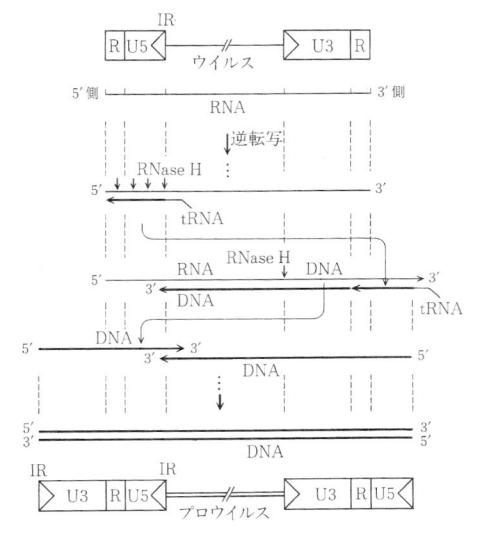

でつくられる．これらの過程でRNAではU5・RとU3・Rの二つに分かれて1コピーのLTRから2コピーのLTRをもつプロウイルスがつくられる．宿主DNAへのプロウイルスDNAの組込みは，5′LTRと3′LTRのIR配列に結合したIN蛋白質(integrase)の働きによる．宿主DNAに組み込まれたプロウイルスDNAの転写は，5′LTRのU3領域のエンハンサーに結合した転写因子とプロモーター領域に結合した基本転写因子の働きによる．転写は5′LTRのR領域5′末端より開始され，U5，コード領域を経て3′側LTRのR領域3′末端で終結する．

c **末端重複**(まったんちょうふく) [terminal repetition, terminal redundancy, terminal repeat] 「まったんじゅうふく」とも．DNAウイルスゲノムの両末端に見られる繰返し塩基配列．直線状の二本鎖ファージDNAの場合，遺伝子配列を1, 2, …の数字で示すとすれば，図の(1)のようにDNAの両端の決まっているT1〜T7(T奇数)ファージなどの場合と，(2)のように両端の決まっていないT偶数ファージやP1ファージなどの場合が知られている．

(1) 1 2 3 4 5 6 7 8 9 1 2

(2) { 1 2 3 4 5 6 7 8 9 1 2
2 3 4 5 6 7 8 9 1 2 3
4 5 6 7 8 9 1 2 3 4 5 }

d **マッハ-ブロイアー説** [Mach-Breuer's theory] 頭部の回転の際，半規管の内リンパがその慣性により管壁と反対方向に流動して，膨大部の尖頂を動かし，その有毛細胞を刺激して感覚神経の興奮を引き起こすとする説．半規管の平衡器官としての機能を説明する学説で，E. Mach, J. Breuer (1842〜1925), A. C. Brownの三者が1874〜1875年にそれぞれ独立に発表．一般に尖頂の傾きと逆方向の回転感覚を生じることになるが，三つの半規管がたがいに垂直な3平面上にあるから，あらゆる方向の回転運動が感知されうると説く．左右の半規管の対応するいずれか1対を破壊すると，動物は破壊された半規管の平面において，その平面に垂直な線を軸として頭を動かすようになり，全部を破壊するとたえず激しい運動をして，正常位を保つことができない．これらの影響は平衡覚の発達した鳥類や魚類で特に著しい．

e **マツバラン類** [Psilotopsida] 叉状に分枝した茎の所々に葉状突起を生じ，その腋に3室に分かれた胞子嚢を形成する*維管束植物の一群．地下部は根茎が横走しているだけで，根はない．体制はデボン紀の*古生マツバラン類によく似る．現存する維管束植物のうちで最も原始的な体制をもつ．ただし現生のマツバラン類は古生マツバラン類とは直接の類縁はなく，ハナヤスリ類と最も近縁であることが分子系統解析によって示されている．そこで*大葉をもたないものの，大葉類に含められている．前葉体はイモムシ型で分枝，葉緑体を欠き，菌類と共生して地中に生育する．精子の鞭毛は多数．胚には胚柄はなく，外向的に発生する．現在，世界中に2属数種，日本には1種知られる．

f **MAPキナーゼ**(マップキナーゼ) [MAP kinase, mitogen-activated protein kinase] MAPKと略記．細

胞増殖子やストレス刺激などによって活性化するセリン・トレオニンキナーゼ. 一般には, 動物植物に広く見られる ERK, p38, JNK/SAPK, ERK5 の総称として使われるが, 狭義では ERK のみを指す. それぞれ, 活性化する細胞外刺激やリン酸化する基質に違いがあるが重複もある. シグナル伝達上は, 上流の MAP キナーゼキナーゼによって, MAP キナーゼの酵素活性中心近傍のトレオニン残基とチロシン残基の両方がリン酸化されて活性化されるしくみとなっており, MAP キナーゼキナーゼをさらに上流の MAP キナーゼキナーゼキナーゼによってリン酸化され活性化する. この 3 段階のキナーゼカスケードを MAP キナーゼカスケードと呼ぶ. リン酸化する基質は多種多様だが, 主なものとして, 転写因子群や MAPKAP キナーゼ(MAP kinase activated protein kinase) 群がよく知られる. 不活性化は主に MKP (MAP kinase phosphatase) と呼ばれるプロテインホスファターゼによる. 上流機構, 基質蛋白質, 不活性化因子はそれぞれの MAP キナーゼに対して特異性を示す. 例えば, ERK の MAP キナーゼキナーゼである MEK1/2 はその他の MAP キナーゼを活性化しない. MAP キナーゼの果たす役割は, 細胞分化, 増殖, 運動など多岐にわたる. 例えば, EGF 受容体などのレセプター型キナーゼによって活性化された Ras によって MAP キナーゼキナーゼキナーゼである Raf-1 が活性化され, Raf-1 によって MEK1/2 が活性化され, ERK1/2 が活性化される. 活性化した ERK は, c-Fos などの転写因子や RSK1/2 などの MAPKAP キナーゼをリン酸化し活性化することによって遺伝子発現などの細胞応答を制御.

a **松村松年**(まつむら しょうねん) 1872〜1960 昆虫学者. ドイツ留学を経て北海道帝国大学教授. 日本の昆虫学の開祖とされ, 昆虫の分類に関する多くの論文を著し, 多くの昆虫学者を育てた. 1926 年より 'Insecta Matsumurana' (昆虫分類学雑誌) を編集・創刊. [主著] 日本昆虫学, 1898.

b **マトリックス接着領域** [matrix attachment region] MAR と略記. クロマチンの核マトリックスへの結合を担う DNA の塩基配列であり, 一般に AT に富む. ゲノムに散在し, マトリックス接着領域の間のクロマチンが*ループ構造を形成することがある. 近傍に*インシュレーターや*エンハンサーを含み, クロマチンループ単位の遺伝子発現制御を担うこともある. さらに, 分裂期染色体におけるループ構造形成による凝集にも関わると考えられる.

c **マトリックスメタロプロテアーゼ** [matrix metalloprotease] MMP と略記. 細胞外マトリックスに存在する各種のコラーゲン, ラミニン, フィブロネクチン, プロテオグリカンなどを選択的に加水分解する一群のメタロプロテアーゼの総称. EC3.4.24 群に分類される. 1962 年に変態中のオタマジャクシの尾から中性 pH でコラーゲンの三本鎖ヘリックスを加水分解する酵素 (真性コラゲナーゼ, MMP-1) が分離され, その後多くの類似酵素が見出された. MMP はモザイク状蛋白質であり複数のドメイン構造をとる. 触媒ドメインはジスルフィド結合を含まず, 触媒機能に関与する亜鉛とは別に, 構造安定性に寄与するもう 1 個の亜鉛と 1 ないし 2 個のカルシウムを含む. MMP は前駆体酵素 (チモーゲン) として合成され, その酵素活性は, N 末端にあるプロペプチドのシステイン残基が触媒ドメインの触媒性亜鉛の第四配位子として結合することにより阻害されている. 細胞外に分泌後または膜結合型の場合は細胞膜の外側に触媒部位が露出されたときに, このプロペプチドが切除されて活性型に変換される. 脊椎動物にはそれぞれ最適の標的蛋白質を異にする 30 種類近くの MMP が存在する. 最も単純なドメイン構造をもつものはマトリライシン (matrilysin, MMP-7, EC3.4.24.23) であり, 前駆体酵素 (28 kDa) は, シグナルペプチドおよびプロペプチドが切除されると触媒ドメインのみからなる活性型酵素 (19 kDa) に変換される. MMP-7 以外の MMP は共通してヘモペキシン (hemopexin) 様ドメインを, ヒンジ領域を介して触媒ドメインの C 末端側にもち, 多様な基質特異性の決定に関与する. さらに複雑なドメイン構造をもつものの例として, 62 kDa のゼラチナーゼ A (gelatinase A, MMP-2, EC3.4.24.24) は触媒ドメインの N 末端側にさらにゼラチン結合ドメインをもつ. MMP は EDTA などの亜鉛のキレート剤による阻害を受け, 生体内に存在する蛋白質性の阻害剤 TIMP (tissue inhibitor of metalloprotease) などにより活性の調節を受ける. 脊椎動物以外にウニ, 線虫からも単離され, ダイズからは触媒ドメインのみからなる 20 kDa の MMP が知られており, ヒト MMP-1 の触媒ドメインと高い相同性をもつ. MMP はマトリックス蛋白質の分解のみならず, 重要な生理的諸過程に関与するとともに, それらの異常は多くの疾患の原因となる.

d **マトリックポテンシャル** [matric potential] 土壌や*細胞壁などにある細かい空隙に, 毛管力や吸着力によって保持された状態の水に生じる*水ポテンシャル. この状態の水は, (1)粒子表面の分子間力による水和水, (2)表面電荷と水の水素結合とにひきつけられた水, (3)表面張力からくる毛管力によって狭い空隙に保持される毛管水に分けられる. 植物の水輸送過程では毛管水が重要になる. 毛管水のマトリックポテンシャルを決める毛管力は空隙の直径に反比例して増加する. このため, 粒子の細かい粘土は砂よりもマトリックポテンシャルが大きくなる. 細胞壁のミクロフィブリルで見られる 5 nm の空隙は, −30 MPa というマトリックポテンシャルを生じる. 植物体では, マトリックポテンシャルが*蒸散流の原動力として重要である. 蒸散によって細胞壁の表面が乾くことで強いマトリックポテンシャルが生じ周囲から水を引き込む. 水は凝集力で葉から土壌までつながっているために蒸散流として植物体内を水が移動する. 乾いた土壌では, マトリックポテンシャルが水ポテンシャルを決定する主要な要因になる.

e **麻痺** [paralysis] 広義には生体の細胞や組織・器官の機能が衰え, 刺激に対して反応しなくなる状態, 狭義には神経系, 特に運動神経系の機能衰退すなわち運動麻痺をいう. 運動麻痺は, 程度に応じて完全麻痺と不完全麻痺, 性質により中枢性麻痺(痙性麻痺)と末梢性麻痺(弛緩性麻痺)に分けられる. 中枢性麻痺は, 大脳皮質運動神経細胞から末梢に至るまでの運動神経系の中で, 上位運動ニューロンすなわち錐体路の障害による麻痺である. 末梢性麻痺は下位運動ニューロンの障害すなわち脊髄前角細胞から末梢運動神経繊維に至るものの障害による麻痺と考えられている. しかしながらいまだ不明な点も多く, 例えば錐体路に出血などにより障害ができると, まず弛緩性麻痺が現れ, 同時に筋緊張の低下, 反射の喪

失が見られる．だが，時間がたつにつれ，腱反射，筋緊張の亢進した痙攣性麻痺（痙性麻痺）が現れ，同時にバビンスキー反射などの病的反射が現れることが多い．これは中枢からの抑制が解除されたためと想定されているが，なぜこの様な経時的変化をとるかなどの詳細は不明である．

a 麻痺ペプチド [paralytic peptide] 23アミノ酸残基からなる，チョウ目昆虫に特有のENFペプチドファミリー（アミノ基にGlu-Asn-Pheの共通配列をもつペプチド群）の一員．カイコの幼虫より単離された．このペプチドを幼虫に注射した場合，急速な筋肉収縮を誘導する．麻痺ペプチドは*血リンパ中では不活性状態にあるが，出血の際，活性型となり幼虫を麻痺させ血リンパの流出を最小限にとどめる機能をもつと考えられる．また，幼虫の発育阻害，培養細胞の増殖促進などの*サイトカイン様の活性を示す．麻痺ペプチドのmRNAの発現は，胚発生期，後胚発生期ともに幼若ホルモンやエクジステロイド（⇌エクジソン）によって調節される．

Glu-Asn-Phe-Val-Gly-Gly-Cys-Ala-Thr-Gly-Phe-Lys-Arg-Thr-Ala-Asp-Gly-Arg-Cys-Lys-Pro-Thr-Phe

b マヘシュワリ MAHESHWARI, Panchanan 1904～1966 インドの植物形態学者．胚発生の研究を行い，国際植物形態学会の創設，学会誌'Phytomorphology'の発刊に貢献．[主著] An introduction to the embryology of angiosperms, 1950.

c マメ類 [leguminous crops] マメ科植物のうち，子実を収穫対象として栽培される作物．ダイズ，ラッカセイ，インゲンマメ，エンドウマメ，アズキ，ササゲ，ヒヨコマメなどが含まれる．子実（植物学的には種子）は胚乳が退化して大部分が子葉からなり，*穀類や*イモ類に比べ栄養成分が豊富で，特に蛋白質含有率が高いため，熱帯地域の発展途上国では重要な蛋白質源となっている．また，ダイズ，ラッカセイは脂肪含有率も高く，食用ばかりでなく油用としても多く利用される．*根粒菌と共生して空気中の窒素を固定できるため，少ない窒素施肥でも栽培できる．

d 繭 [cocoon] 動物の卵，幼虫，蛹あるいは活動停止段階の成体を包み保護する覆い．形状は各動物群においてさまざまであり，材料も粘液（ミミズ）や絹糸（昆虫・クモ）など多様で，表面に糞や土砂，枯葉，幼虫体から脱落した毛などをつけるものもある．また，アフリカ産ハイギョ（Protopterus）類が乾季に形成する，粘液を用いた夏眠用の袋状の構造を「繭」と呼ぶことがある．

e マラー MULLER, Hermann Joseph 1890～1967 アメリカの遺伝学者．X線の照射がショウジョウバエの遺伝子突然変異を150倍も高める作用をもち，人為的に突然変異を誘発できることを証明，1946年ノーベル生理学・医学賞受賞．放射線遺伝学の確立者であり，無害に近いと考えられていた放射線の遺伝的な害作用について初めて指摘．突然変異遺伝子と野生型遺伝子とのヘテロ接合体の生存度が野生型遺伝子のホモ接合体よりも少し低いことを発見し，進化の「古典説」を確立．組換えにより有害遺伝子排除が速まるとする有性生殖の意義を解明した．人類遺伝学上の多くの手法の確立や，ショウジョウバエでのClB法の考案など，数多くの貢献がある．[主著] Bibliography on the genetics of Drosophila, 1939.

f マラリア [malaria, ague] 原生生物胞子虫類のプラスモディウム属（Plasmodium）が引き起こす伝染病．ヒトに感染するマラリアには熱帯熱，三日熱，四日熱，卵形の4種があり，それぞれP.falciparum, P.vivax, P.malariae, P.ovaleが病原のマラリア原虫で，熱帯・亜熱帯に広く分布する．このうち熱帯熱は特に悪性で致死率が高い．日本ではかつて「おこり」と呼ばれた．マラリア原虫は葉緑体が起原とされる*アピコプラストを保有する．治療にはキナ皮から抽出されたアルカロイドのキニーネ（キニン）が古くから特効薬とされているほか，ピリメサミン，スルファドキシン，クロロキン，メフロキン，ファンシダーなどの合成剤による化学療法が行われる．4種ともハマダラカ属（Anopheles）のカを終宿主，ヒトを中間宿主とし，世代交代をともなう複雑な生活史を営む．カの吸血により宿主の血液に入ったスポロゾイト（⇌種虫）は肝細胞に侵入し，無性生殖により*メロゾイトとなる．メロゾイトは赤血球に選択的に侵入し，その中でさらに分裂して数を増す．赤血球の破壊にともないメロゾイトは放出され，他の赤血球に侵入する．この増殖周期は原虫の種によって異なり（三日熱と卵形で約48時間，四日熱で約72時間），それにともなって患者は周期的に熱発作を起こす．これが人体内での無性生殖で，条件により何回も繰り返される．そのうち，一部の原虫は形態変化し，分裂をせずにそのまま雄性または雌性の生殖母体となる．これらは人体内ではもはや増殖しないが，適当な種類のハマダラカに吸われれば，その腸内で，雌性生殖母体は雌性生殖体に，雄性生殖母体はさらに分裂して精子に似た雄性生殖体を数個作り，両生殖体は接合して*オーキネートになる．オーキネートは腸壁を通過して中腸の周囲に定着し，分裂を繰り返したのち，胞子形成により無性的に多数のスポロゾイトを放出する．スポロゾイトはカの体液中を移動して唾液腺に集まり，カが次の吸血をする際に唾液とともに人体に感染する．ヒトのほか鳥類にもイエカ属（Culex）が伝播するトリマラリアが知られている．

g マリグラヌール [marigranule] 原始細胞モデルの一つで，地球の原始海洋環境における生成の可能性が考えられる粒子．海の（marine）粒子（granule）という意味で柳川弘志と江上不二夫(1976)が命名．中性，酸性，塩基性，芳香族アミノ酸を含む混合物を，遷移金属イオンを高濃度で含む模擬海水中で反応させると生成する．外界との境界に膜構造をもち，内部は分子量約2000のペプチド性高分子で不均一に充たされている．

h マリス MULLIS, Kary Banks 1944～ アメリカの分子生物学者．DNAポリメラーゼによる複製反応を繰り返してDNAを増幅させるPCR法を開発．1993年日本国際賞，ノーベル化学賞受賞．

i マリモ [Aegagropila linnaei] 緑藻植物門アオサ藻綱シオグサ目に属する*緑色藻．直径30cmにも達する大きな植物球を形成することで有名だが，叢状となることもある．耐冷性と耐陰性が高い．日本では阿寒湖・左京沼（青森県下北半島）・山中湖などに見られる．特別天然記念物，絶滅危惧I類とされる．また近縁種のタテヤママリモも植物球を形成する．

j マルティン MARTIN, Rudolf 1864～1925 ドイツの人類学者．著作'Lehrbuch der Anthropologie'(3巻, 1914, 3版1956, K. Sallerが改訂増補)を通じて形質人類学に妥当な方法論的基礎を与え，計測技術の単一化を

a **マルトース** [maltose] 〔同〕麦芽糖，4-O-α-D-グルコピラノシル-D-グルコース．D-グルコース2分子がα-1,4結合した二糖．名は澱粉溶液に麦芽（モルト malt）あるいはそれから抽出した糖化酵素（アミラーゼ）を作用させると生成することによる．天然には澱粉代謝産物として存在することはあるが，ショ糖のように二糖として生合成し利用するものではない．甘味があり，発酵性もすぐれているので澱粉を原料にしたマルトース製造工業は古くから発達している．α-グルコシダーゼによってD-グルコースへと分解されており，動物はこの糖をよく消化吸収できる．ある種の細菌（*Neisseria meningitidis*）はマルトースを加リン酸分解しβ-D-グルコース-1-リン酸をつくる酵素をもっている．また大腸菌にはマルトースをグルコシル基供与体としてアミロース様の多糖をつくる酵素マルトース=アミロース=グルコシル基転移酵素（アミロマルターゼ amylomaltase）

マルトース＋アミロース [(glucose)$_n$]
→グルコース＋アミロース [(glucose)$_{n+1}$]

も見出されている．

b **マルピーギ** MALPIGHI, Marcello 1628～1694 イタリアの解剖学者．ボローニャ大学で医学を修め，ボローニャ，ピサ，メッシナの各大学で教授を歴任．晩年はローマ教皇 Innocentius XⅡ の侍医．顕微鏡による生物の微細構造の研究を創始．カイコの構造と変態の研究をはじめ，脊椎動物では脳・脊髄・肺その他の諸内臓や腺などの微細構造を調べ，彼の名を冠した各種の構造が知られている．さらに毛細血管を発見し，植物の微細構造を研究．ニワトリの発生も詳細に研究した．〔主著〕Dissertatio epistolica de Bombyce, 1669; De formatione pulli in ovo, 1673; Marcelli Malpighii opera omnia, 2巻, 1686～1687．

c **マルピーギ管** [Malpighian tubule] クモ類，唇脚類，倍脚類，昆虫類において，体腔内の老廃物を排出するための中腸と後腸との境界部に開く細長い糸状の盲管．1対ないし3対から種類によっては100以上も存在し，クモ類では中腸と起源を同じくする内胚葉性器官であるが，他のものでは肛門陥底に由来する外胚葉性器官である．管壁には気管が密に分布し，末端は体腔に遊離するが，鱗翅類の幼虫では一度前方へ伸長したのち折れ曲がって延び，後腸壁の筋肉層を貫通して後腸の上皮細胞層に接して終わる．開口部付近に収縮性の排出嚢をもつものが多い．脊椎動物の*腎臓の*糸球体とボーマン嚢とを除いた細尿管の部分に機能が類似すると考えられている．オオサシガメ（*Rhodnius*）では，遠位部では尿酸がNa塩またはK塩として流入し内容液となる．近位部（腸に開く部分）では内容液は濁り，尿酸塩はCO_2と化合して尿酸の沈殿となって後腸に送られ，NaやKは炭酸水素塩として再吸収される．水分はさらに後腸でほとんど全部再吸収される．脈翅類の幼虫では蛹化前にマルピーギ管から絹糸様物質を出して繭を作るなど，付加的な機能もさまざまである．

d **マルホルミン** [malformin] クロカビ（*Aspergillus niger*）の培養液から単離された，幼植物や根の屈曲や奇形を引き起こす生理活性物質．マルホルミンAと命名されたが，また別の菌株からマルホルミンBも単離された．AおよびBはその後それぞれA_1とA_2およびB_1とB_2とに分離された．マルホルミンAの構造はcyclo-L-isoleucyl-D-cysteinyl-L-valyl-D-cysteinyl-D-leucylという環状ペプチド構造であることが決定された．

マルホルミンA_1

e **マレー** MAREY, Etienne Jules 1830～1904 フランスの生理学者．実験技術にすぐれ，心臓曲線記録装置や筋運動記録器などを考案して，心臓生理学や循環生理学の諸問題を研究．自分の発明した脈波計を用い，動脈緊張の高いときには脈拍が遅いというマレーの法則を発見した．体温生理学や電気生理学上の業績，写真描記法の導入による動物や人体の運動の研究もある．〔主著〕La machine animale, 1874.

f **マレー** MURRAY, Joseph Edward 1919～2012 アメリカの医学者．臓器移植時の拒絶反応に対して，一卵性双生児の兄弟からの移植で拒絶反応がないことを見出した．その後，放射線による免疫抑制の応用を考え，さらに，免疫抑制剤を用いて1963年には死体腎の移植に成功し，現在の臓器移植の基礎を築いた．人間の病気治療への臓器・細胞移植の適用に関するこれらの業績に対して，E. D. Thomasとともに1990年ノーベル生理学・医学賞受賞．

g **マレイン酸** [maleic acid] cis-1,2-エチレンジカルボン酸のこと．trans型が*フマル酸（*クエン酸回路の一員）である．pH緩衝剤として用いられる．

HC—COOH
HC—COOH

h **マレック病ウイルス** [Marek's disease virus] *ヘルペスウイルス科アルファヘルペスウイルス亜科に属する，ニワトリのマレック病の病原ウイルス．生物学的性状から長らくガンマヘルペスウイルス亜科に分類されていた．ウイルス粒子は直径120～150 nm（細胞質*封入体内部の粒子）．ゲノムは二本鎖DNA．J. Marek (1907)が疾病を記載した．伝染力が強く，罹病ニワトリの皮膚分泌物などにより呼吸器伝播する．マレック病は生後すぐのニワトリヒナに感染，12～20週齢頃に神経病変による不全麻痺・痙攣性麻痺・弛緩性麻痺を，生殖腺・腎・肺などの各臓器にT細胞由来のリンパ系腫瘍を起こす．羽毛濾胞組織には成熟ウイルスがあるが，それ以外の場所からは感染性ウイルスの単離は困難である．分離は主として感染個体の血球または腫瘍細胞とニワトリ胚腎臓細胞との混合培養で行われる．ニワトリ，アヒル，ウズラの各胚繊維芽培養細胞でも増殖する．予防には主に生ワクチンが用いられる．〔*EBウイルス〕

i **マロン酸** [malonic acid] $HOOCCH_2COOH$ コハク酸と構造が類似しており，*コハク酸脱水素酵素と結合して複合体を作り，この酵素の拮抗的阻害剤となる物質．脂肪酸や炭水化物の酸化，呼吸などに対するマロン酸の阻害作用は，この作用によって*クエン酸回路を

停止させることに起因する．自然界ではリンゴの果実やマメ科植物の葉などに検出されている．CoA と結合したマロニル CoA は脂肪酸生合成の重要な前駆体であり，これは*アセチル CoA と HCO_3^- から*アセチル CoA カルボキシラーゼ反応でつくられる．

a **マンガン** [manganese]　Mn．原子量 54.94．すべての動物・植物の組織中に低濃度で存在する*微量元素．ヒトには 12～20 mg のマンガンが含まれており，骨格や内臓器官に多いが特に局在はしない．二枚貝類タイラギの血液色素ピンナグロビンはマンガン化合物．マンガンによって活性化される酵素は多いが，マンガンを含む酵素は少なく，ヒヨコの肝臓から抽出されたピルビン酸カルボキシラーゼは最初に発見されたマンガン酵素である．酵母や大腸菌のスーパーオキシドジスムターゼはマンガンを含む．葉緑体の光化学系Ⅱの酸素発生複合体には 4 個のマンガンイオンが結合して水を分解している．マンガンが欠乏すると，哺乳類では皮膚や骨異常などを，植物では白化を，カビ類では胞子形成不全を引き起こす．またマンガン化合物による中枢神経系に障害を起こす中毒も知られている．

b **マンガン還元** [manganese reduction]　酢酸や非発酵性の有機化合物を電子供与体，4 価のマンガンを電子受容体として進行する反応．硝酸還元反応(脱窒)よりは還元的で，鉄還元反応よりは酸化的な酸化還元電位にある環境の場合に，水酸化マンガンが存在する海底堆積物中などで進行する．この反応により固体の水酸化マンガンは溶存態の 2 価のマンガンとなる．環境中に多量に存在する酸化鉄を電子受容体とするような鉄還元を行う細菌の，その多くがマンガン還元を行うことができる．これを行う代表的な細菌としてはシュワネラ属の *Shewanella putrefaciens* などがある．バチルス属にもそのような細菌が含まれる．

c **マングローブ** [mangrove, mangal]　熱帯および亜熱帯(インド＝マレー地方，アフリカ，アメリカ)の海岸や河口の一部の海水あるいは淡水の潮間帯泥地に生える常緑低木または高木植物または植生の総称．W. Macnae (1968) は，マングローブ群落を mangal と呼ぶことを提案している．ヒルギ科の *Rhizophora*, *Bruguiera*, *Ceriops*, *Lumnitzera*, ミソハギ科のハマザクロ，キツネノマゴ科のヒルギダマシ，*Acanthus*, センダン科のホウガンヒルギ，ヤブシナギのツノヤブコウジなどの諸属がある．NaCl を多量に含み，吸水力が大きく，支柱根を出すものや，地中から種々の形の*呼吸根を出すものもある．泥中の根には通気組織が発達し，呼吸根から必要な酸素の一部をとる．*Rhizophora*, *Bruguiera* などの果実は胎生で親木についたまま発芽し，落ちて泥に刺さりすぐ発根するから，波に運ばれずにその場所で成長できる．マングローブからなる群系をマングローブ林 (mangrove forest, mangal) という．紅樹林ということもある．

d **マンゴルト** MANGOLD, Otto　1891～1962　ドイツの動物学者．フライブルク大学で H. Spemann に学ぶ．両生類初期発生の発生機構学的研究を行い，イモリ卵の融合実験，神経板の同質誘導の発見などで知られる．生殖細胞と生殖腺の発生と決定に関する研究も行った．[主著] Hans Spemann, 1953．

e **マンナン** [mannan]　マンノースからなる多糖の総称．酵母の細胞壁を構成するマンナンは，α-1,6 結合からなる主鎖に，α-1,2 結合や α-1,3 結合を含む側鎖がついた分岐構造をもつ．このマンナンは還元末端で蛋白質に共有結合していることから，マンノプロテイン (mannoprotein) とも呼ばれる．真正双子葉類由来のものは，β-1,4 結合したマンノースからなり，ゾウゲヤシ (*Phytelephas macrocarpa*) 種子由来のものは，マンノース含量の高い，ほぼ純粋のマンナンであるが，一般には主鎖中にグルコースを含むグルコマンナンとして存在するものが多い．例えばコンニャク塊茎から得られる通常コンニャクマンナンは，β-1,4 結合したマンノースとグルコース(3:2)からなる直鎖状のグルコマンナンである．また，β-1,4 結合したマンナン主鎖にガラクトースが α-1,6 結合した構造をもつガラクトマンナンが，コーヒー豆・イナゴ豆・グアー豆などのマメ科植物種子から得られている．

f **マンニトール** [mannitol] 《同》マンニット．マンノースの還元基がアルコール基に代わった糖アルコールの一種．D-マンニトールは植物に広く分布し，トネリコ科のマンナ樹 (*Fraxinus ornus*) の樹皮，タマネギ，キノコ類などに多く，コンブなどの藻類からも抽出される．多くの微生物がマンニトールを生成し，またエネルギー源として利用する．酵母にはマンニトールをフルクトースまたはマンノースに酸化する脱水素酵素がある．

g **マンノース** [mannose]　Man と略記．《同》セミノース (seminose)．$C_6H_{12}O_6$　グルコースの 2-エピマーに相当する化合物．自然界に遊離状に存在することはまれで，D 型が多糖および糖蛋白質の構成糖として分布する．D-マンノースを主成分とするホモ多糖は*マンナンと呼ばれ，主として酵母や植物の細胞壁をつくっている．一方，ヘテロ多糖としてガラクトマンナン，コンニャクマンナン，ホスホマンナンなどが存在する．これらのマンノース残基は GDP-マンノースあるいはドリコールリン酸マンノースを前駆体とし，それぞれ特異的なマンノース転移酵素によって導入される．GDP-マンノースはフルクトース-6-リン酸→マンノース-6-リン酸→マンノース-1-リン酸を経て生合成される．また，ドリコールリン酸マンノースは粗面小胞体上で GDP-マンノースとドリコールリン酸から合成され，N 型糖鎖の糖-リピッド中間体の生合成および膜結合性蛋白質のホスファチジルイノシトールアンカーのグリカン部分の生合成における基質供与体でもある．

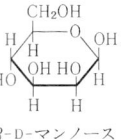

β-D-マンノース (ピラノース型)

h **マンノース-6-リン酸** [mannose-6-phosphate]　Man-6-P と略記．$C_6H_{12}O_9P$　D-グルコースの C2 位のエピマーであるマンノースの C6 位にリン酸基が結合した酸性糖．分子量 259.13．マンノースキナーゼによる二リン酸化やフルクトース-6-リン酸の異性化により生じ，糖供与体 GDP-マンノースの前駆体となる．一方，この構造は*リソソーム酵素に結合した高マンノース型糖鎖に見られ，酵素のリソソームへの特異的な運搬機構に関与している．リソソーム酵素は高マンノース型となった段階で，ゴルジ体において N-アセチルグルコサミン-1-リン酸転移酵素により UDP-N-アセチルグ

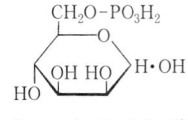

D-マンノース-6-リン酸

ルコサミンから N-アセチルグルコサミン-1-リン酸が転移され，糖鎖の中にマンノース-6-リン酸アセチルグルコサミンが生成される．この転移反応は，N-アセチルグルコサミン-1-リン酸転移酵素がリソソーム酵素に共通の蛋白質の立体構造を認識して起こる．次にこの糖鎖構造にホスホジエステラーゼが作用し N-アセチルグルコサミンが加水分解され，マンノース-6-リン酸が高マンノース型糖鎖に生じる．この糖鎖をもつリソソーム酵素は，*トランスゴルジ網に局在するマンノース-6-リン酸受容体（Man-6-P receptor）と結合し小胞を形成し，酵素-受容体複合体はリソソームへ運ばれて，酵素は受容体と解離しリソソーム内に濃縮される．受容体は再びトランスゴルジ網へリサイクルするが，一部は細胞膜に運ばれ別のリソソーム酵素を取り込む．これまで二価イオン非要求性の 215 kDa の受容体と二価イオン要求性の 46 kDa の受容体が見出され，それぞれ 2 mol および 1 mol の Man-6-P と結合する．

a **マンノース-6-リン酸異性化酵素** ［mannose-6-phosphate isomerase］ 《同》ホスホマンノイソメラーゼ（phosphomannoisomerase）．D-マンノース-6-リン酸 $\rightleftarrows$ D-フルクトース-6-リン酸を触媒する酵素．EC 5.3.1.8. 酵母をはじめ広く動植物に分布．マンノースを解糖系に導く．細菌では細胞壁の形成に関与する．Zn を含む．

ミ

a **ミイラ** [mummy] 軟部組織の腐朽が進行しないうちに乾固するなどした，動物の半永久保存死体．アラビア語のmūmiyahから由来した語といわれる．漢訳語は木乃伊．自然ミイラおよび人工ミイラがある．代表的な人工ミイラとしては古代エジプトのものが有名で，死後，霊魂がふたたび肉体に復帰するという信仰に基づく．乾燥遺体ではないが，北欧の泥炭地で発見される「ボッグマン」と呼ばれる人間の自然ミイラや，ツンドラ地帯などで凍結したマンモスなどの自然ミイラも知られる．日本においては，岩手県平泉の中尊寺に保存される藤原氏4代のミイラが有名．

b **ミイラ変性** [mummification] 《同》ミイラ化．死体が腐敗・分解せず乾燥した状態になる現象．あるいは，生体の一部の壊死した部分が水分を失って乾燥すること，すなわち乾性壊疽を意味することもある(⇒壊疽)．哺乳類の胎児が母体内で死亡した場合，胎児全体がミイラ変性を起こし，組織液を失って萎縮，チョコレート様褐色に乾固した状態になることがある．特に妊娠前半期に子宮口が閉鎖して空気の胎膜内進入を妨げた場合にみられる．その上さらに石灰が沈着する場合もあり，これを石児(lithopoedion 独 Steinkind)といい，ウシに多く，ウマやメンヨウ，ブタ，イヌおよびヒトにも見られる．

c **ミエリン** [myelin] 有髄神経の軸索において，末梢神経ではシュワン細胞(Schwann cells)，中枢神経ではオリゴデンドロサイト(oligodendrocytes)の細胞膜が何重にも巻きついて形成された，高抵抗の構造体．髄鞘(myelin sheath)とも呼ばれる．その構成成分をミエリンと呼ぶこともある．軸索の細胞外抵抗を高めることにより，インパルスの伝導を高速にする機能がある．大脳では，皮質内側に有髄繊維が集まっており，白質と呼ばれる．ミエリンは脊椎動物に顕著であるが，甲殻類や環形動物でもミエリン様構造をもつものがあり，進化的に独立して獲得されたと考えられている．

d **ミエリン像** [myelin form, myelin figure] 脂質，特にリン脂質を水に接触させたとき，接触面から水相に向かって管状にリン脂質が突き出て成長したもの．同様の構造体がミエリン膜から最初に発見されたことから命名．細胞膜表面・ミトコンドリア・ゴルジ体などにも観察されることがあるが，いずれも膜構成成分のリン脂質が関与して生ずるとされる．ラメラ型の液晶構造(⇒ラメラ構造)からなり，非等方性であるため偏光顕微鏡下で強く光る像が観察される．長軸に沿った中心線部は暗く見えるが，これは管中心部に水を含んでいるためと考えられている．ミエリン像が最初に出現してくる状態を像の延長上から見ると，直交ニコル下の暗視野で，黒十字をもつロゼット型の輝条が観察される．この像はマルタの十字(Maltese cross)として知られる．*リポソームはこのミエリン像がちぎれて閉鎖小胞をつくったものと考えられる．

e **ミエロペルオキシダーゼ** [myeloperoxidase] 《同》ベルドペルオキシダーゼ(verdoperoxidase)．白血球や骨髄(myeloは骨髄の意味)の*好酸性細胞に含まれる*ペルオキシダーゼの一種．緑色を示すのでベルドペルオキシダーゼともいう．ヒトの酵素などの立体構造が明らかになっている．ヘムとカルシウムが結合している．作用型式は*ホースラディッシュペルオキシダーゼと同様であるが，活性は弱い．白血球内にとりこまれた物質を酸化し，解毒作用や殺菌を行う．

f **ミオグロビン** [myoglobin] Mbと略記．酸素保持能をもつ*ヘモグロビンに類似の*ヘム蛋白質．分子量1.7万，1分子当たりプロトヘム1個を含む．ヘモグロビンが四量体として挙動するのに対し，ミオグロビンは単量体．マッコウクジラミオグロビンの結晶状態における立体構造は，J.C.Kendrewら(1958~1963)のX線回折研究により，蛋白質の立体構造としては初めて明らかにされた．蛋白質部分である*グロビンは153個のアミノ酸残基からなる1本のポリペプチド鎖で，ヘム鉄は一方でこの鎖中の1個の*ヒスチジンと，他方でH_2Oを通してもう1個のヒスチジンと配位結合している．分子はほとんど水を含まない密な非極性の内部構造をもち，大部分の極性アミノ酸側鎖は表面に存在する．右巻きの*αヘリックスの含量はX線回折の結果によると75%で，水溶液の旋光分散測定から得られた値とよい一致を示す．可視部吸収スペクトルは波長555 nmに吸収極大を，480 nmに極小をもつ．ヘモグロビンと同様な各種誘導体，酸素ミオグロビン(MbO_2)，一酸化炭素ミオグロビン(MbCO)，メトミオグロビン(metMb)，シアニドメトミオグロビン(metMbCN)などの吸収スペクトルも，定性的にはそれぞれ対応するヘモグロビン誘導体に近似する．生理的には，ミオグロビンはヘモグロビンに比べて酸素に対する親和性が大きく，一酸化炭素に対する親和性が小さい．*アロステリック効果は示さない．細胞内における酸素の保持・運搬に関与すると考えられる．なお，類似の蛋白質は動物の神経，原生生物や酵母などに見出され，組織ヘモグロビン(tissue hemoglobin)と総称される．

g **ミオシン** [myosin] 《同》ミオシンA(myosin A)，II型ミオシン，ミオシンII．ATPアーゼ活性とアクチン結合能をもつ，筋肉の太いフィラメントの主要な構成蛋白質．筋原繊維の全蛋白質の43%を占める．約480 kDa，長さ150 nmの棒状で一端に2個の洋ナシ形の頭部がある．それ以外はロッド(尾部)と呼ばれる．約200 kDaのH鎖(重鎖)2個と約15~26 kDaのL鎖(軽鎖)4個からなる．蛋白質分解酵素トリプシン処理によってほぼ中央の柔軟部位(可動部 flexible region)で切断され，ヘビーメロミオシン(H-メロミオシン)とライトメロミオシン(L-メロミオシン)とに分割される(⇒メロミオシン)．0.6 M KCl溶液中ではモノマーとして分散しているが，0.2 M以下のKCl溶液中では会合体となり，長さ1~2 μmの*ミオシンフィラメントと同じ構造に自己集合している．筋原繊維内では，長さ1.5 μm，幅10~15 nmのミオシンフィラメントを形成している．頭部は外側に突き出して*架橋(クロスブリッジ)を形成し，頭部の向きはフィラメントの中央部を挟んで反対になっており，その結果，フィラメントの中央部300 nmには頭部がない裸の部分が生じる．頭部はミオシンフィラメント

にそって 14.3 nm おきに 120°ずれて出てアクチンフィラメントに対応しており，42.9 nm の周期をもつ．フィラメント形成能はライトメロミオシンの部分に存在する．ミオシンは ATP アーゼ活性をもち，低イオン強度ではアクチンと反応して*超沈殿を起こす．ATP アーゼ活性とアクチンへの結合能は頭部に存在し，ミオシンモータードメインとも呼ばれる．頭部はアクチンフィラメントに非常に強く結合する（硬直 rigor）が，ATP の添加によってFアクチンから解離する．また ATP アーゼ活性はFアクチンの存在によって促進される．この頭部が ATP を分解することが，両ミオシンフィラメント間のすべりや張力の発生につながっている．頭部はミオシンをパパインやキモトリプシンなどの蛋白質加水分解酵素による処理でロッドから切り離すことができる（⇄ミオシンサブフラグメント 1）．*ミオシン L 鎖は頭部に存在して ATP アーゼ活性に重要な役割をもつ．ヘビーメロミオシンおよび S1 は ATP 非存在下で強固にアクチンフィラメントに結合し，矢じり構造を形成する．この矢じり構造は筋肉中のあらゆる細胞のアクチンフィラメントにおいて形成可能であり，また矢じりの向きがフィラメントの向きを反映するため，この矢じり構造の形成が非筋細胞内のマイクロフィラメントの同定と方向の決定に用いられている．ミオシンはアクチンとともにさまざまな細胞運動や細胞骨格の形成に関与しているものと考えられ，実際に脳，粘菌，ウニ卵などからも単離されている．なお，ミオシン頭部と類似した部分構造をもちミオシン同様アクチンフィラメント上を移動する蛋白質が種々の細胞で見出されており，それらをミオシンスーパーファミリーと総称する（⇄ミオシン I）．（⇄メカノケミカルカップリング，⇄アクチン，⇄滑り説）

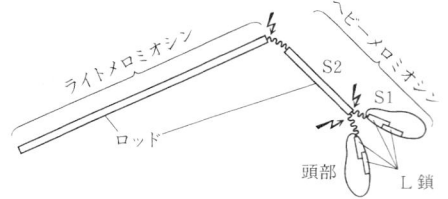

頭部：長さ 20 nm，幅 7 nm（最大）
S1：ミオシンサブフラグメント 1（120 kDa）
S2：ミオシンサブフラグメント 2（60 kDa）
ロッド：長さ 140 nm，幅 2 nm
〜：柔軟部位，⚡：蛋白質分解酵素による切断部位

a **ミオシン I**［myosin I］《同》I 型ミオシン，ミニミオシン（minimyosin）．頭部が一つしかない小さなミオシン．頭部を二つもつ筋肉などの*ミオシンすなわちミオシン II（myosin II）と対置される．アメーバや*細胞性粘菌類で発見されたが，すべての真核生物に存在すると考えられる．150〜180 kDa の蛋白質で，125〜140 kDa の H 鎖と 17〜27 kDa の L 鎖（⇄ミオシン L 鎖）から構成される．*アクチン結合能と，アクチンによって促進される ATP アーゼ活性，さらに ATP 存在下でアクチンフィラメント上を動く能力をもつ．ATP アーゼ活性はアクチンにより上昇するが，リン酸化により調節されるもの（アメーバ・粘菌型）と Ca^{2+} 結合により調節されるもの（110 kDa カルモジュリン型）がある．フィラメント形成能がないかわりに膜結合能があることから，膜で包まれた細胞小器官の輸送や，細胞膜近傍でのアクチ

ンフィラメントの制御に関与していると考えられる．アメーバや細胞性粘菌類には，このミオシン I 以外に，ミオシン II も存在する．

b **ミオシン ATP アーゼ**［myosin ATPase］収縮性蛋白質ミオシンに存在する ATP アーゼで，ATP+H_2O⇌ADP+H_3PO_4 の反応を触媒する酵素．ATP の末端高エネルギーリン酸結合を加水分解し，筋収縮に必要なエネルギーを供給する．ミオシン ATP アーゼ活性は低イオン強度で Mg^{2+} により阻害されるが，アクチンによって著しく活性化される（アクトミオシン ATP アーゼ actomyosin ATPase）．その際*超沈殿が起こる．ミオシンを蛋白質分解酵素で処理すると，L-メロミオシンと双頭の H-メロミオシンとに分割され（⇄メロミオシン），ついで H-メロミオシン単頭の*ミオシンサブフラグメント 1 が生ずる．H-メロミオシンもサブフラグメント 1 も ATP アーゼ活性を示し，アクチンと反応する．しかし，なおミオシンの L 鎖が ATP アーゼに不可欠である．ミオシン ATP アーゼの中間生成物として，殿村雄治（1961）はリン酸化ミオシンの存在を提唱し，次の反応式が広く認められている（M はミオシン）．

M+ATP⇌MATP⇌M_P^{DP}→MADP+P

c **ミオシン L 鎖**［myosin light chain］《同》ミオシン軽鎖．*ミオシンを構成する低分子量のサブユニット．ミオシン頭部（*ミオシンサブフラグメント 1）に存在．骨格筋のミオシンは，その ATP アーゼ活性に不可欠の基本 L 鎖（アルカリ軽鎖，25〜27 kDa の L_1 および 14〜16 kDa の L_3）と，Ca^{2+} 結合部位をもちミオシンの ATP アーゼ活性を調節する調節 L 鎖（制御 L 鎖，PL 鎖，Ca^{2+} 軽鎖，17.4〜18 kDa の L_2）の 2 種類がある．二枚貝類の閉殻筋や脊椎動物平滑筋のミオシンでは，調節 L 鎖がカルシウム感受性を支配している．（⇄ミオシン側調節，⇄ミオシン L 鎖キナーゼ）

d **ミオシン L 鎖キナーゼ**［myosin L chain kinase］MLCK と略記．《同》ミオシン軽鎖リン酸化酵素（myosin light chain kinase）．Ca^{2+} プロテインキナーゼの一つで*ミオシン L 鎖のリン酸化を担っている酵素．EC2.7.1.37．筋収縮の制御に直接関与していることが知られ，平滑筋においてよく調べられている．鳥類では 130〜135 kDa，哺乳類では 155 kDa．Ca^{2+} の結合した*カルモジュリンによって活性化され，平滑筋ミオシンの 2 種類のうち L 鎖の 20 kDa の L_2 をリン酸化する．リン酸化されたミオシンはアクチンと反応してアクチン-ミオシン間の滑りを引き起こす．平滑筋ミオシンは，リン酸化にともなって分子形態やフィラメント形成能が変化する．また，この酵素は平滑筋のミオシンに限らず，骨格筋や心筋また非筋細胞にも存在する．細胞性粘菌から精製された MLCK はカルモジュリン非依存性である．

e **ミオシン L 鎖ホスファターゼ**［myosin L chain phosphatase］《同》ミオシン軽鎖ホスファターゼ（myosin light chain phosphatase）．平滑筋においてリン酸化されたミオシン L 鎖を脱リン酸化する酵素．EC3.1.3.53．平滑筋の収縮・弛緩はミオシン L 鎖のリン酸化で制御されており，本酵素によるミオシン L 鎖の脱リン酸化により平滑筋は弛緩する．*キャッチ機構が存在する平滑筋では本酵素が作用してもキャッチ状態にあるが，キャッチ機構が働かなければミオシンの脱リン酸化により弛緩する．ミオシン L 鎖ホスファターゼは，三つのサブユニットからなり，血管平滑筋では

＊一酸化窒素の作用により活性化され，Rho キナーゼの作用により阻害される．

a **ミオシン側調節** [myosin-linked regulation]　アクチン-ミオシンによる収縮の Ca²⁺ による制御がミオシンを通して行われる現象．これに対し，アクチンを通じてなされるトロポニン-トロポミオシンによるものをアクチン側調節 (actin-linked regulation) という (⇒アクチン結合蛋白質)．脊椎動物の平滑筋，軟体動物閉殻筋，非筋細胞などで知られている．脊椎動物の平滑筋では Ca²⁺ により活性化された＊カルモジュリンが＊ミオシン L 鎖キナーゼを活性化する．この酵素は＊ミオシン L 鎖のうちの調節 L 鎖をリン酸化することによりミオシンを活性化する．二枚貝類の閉殻筋では細胞中の Ca²⁺ が直接調節 L 鎖に結合することによりミオシンが活性化される．アメーバや粘菌のミオシンはミオシン H 鎖のリン酸化を介する調節を受ける．なお，平滑筋にはアクチン側調節も存在する可能性がある．アクチン側調節に関与する蛋白質としてライオトニン (leiotonin)，＊カルデスモン，＊カルポニンなどが考えられている．

b **ミオシンサブフラグメント 1** [myosin subfragment-1]　⦅同⦆ミオシン S1 (myosin S1)．＊ミオシンの頭部を蛋白質分解酵素を用いてロッドから切り離した蛋白質断片．すなわち，ヘビーメロミオシンを蛋白質分解酵素で二つのフラグメントに分解したものの一方で，もう一方をミオシンサブフラグメント 2 (myosin subfragment-2, myosin S2) という．約 120 kDa で，ミオシンの機能のうち ATP アーゼ活性とアクチン結合能をもつ．＊メカノケミカルカップリングの仕組みを明らかにするために，構造と機能が詳細に調べられている．I. Deyment ら (1993) により三次元構造が決定された．S1 中の H 鎖は約 96 kDa で，蛋白質分解酵素トリプシンで処理することにより，さらに N 末端から 25 kDa, 50 kDa, 20 kDa の 3 断片に分けられる．この三つの断片はミオシン頭部のドメイン構造をある程度反映している．50 kDa 断片は先端部に，25 kDa 断片は中央部に，そして二つのミオシン L 鎖がロッドの付け根の方に位置している．アクチンとの結合部位は，20 kDa 断片と 50 kDa 断片の境目に近い部位に存在しており，その領域のリジン残基がアクチン N 末端の酸性残基側鎖と相互作用する．またヌクレオチド結合部位は 25 kDa 断片と 50 kDa 断片によって構成されると考えられている．立体構造上は，アクチン結合部位とヌクレオチド結合部位が，互いに分子の裏側になるように位置している．(⇒ミオシン)

c **ミオシン B** [myosin B]　⦅同⦆天然アクトミオシン (natural actomyosin)．筋肉から抽出した＊アクトミオシン標品．A. von Szent Györgyi (1942) が命名．この研究がミオシン，アクチン発見の手がかりとなった．ひき肉をウェーバー-エドサル溶液 (Weber-Edsall solution, 0.6 M KCl; 0.04 M KHCO₃; 0.01 M K₂CO₃) で 24 時間抽出して得られる．アクチン，ミオシンのほか，＊トロポミオシン，＊トロポニン，＊α アクチニンなどを含み，Ca²⁺ 感受性．これに対し，純品のミオシンをミオシン A (myosin A) と呼び，両者は ATP アーゼ活性，＊超沈殿などの点において異なる．(⇒ミオシン)

d **ミオシンフィラメント** [myosin filament]　⦅同⦆太いフィラメント，A フィラメント (A filament)．[1] 筋肉の＊A 帯にある直径 10～12 nm のフィラメント．主成分は＊ミオシンで，14.3 nm の間隔でミオシンの頭部 (＊架橋) が突出しており，架橋はピッチ 128.7 nm の 3 本のらせんを形成．脊椎動物の骨格筋のものは長さ 1.6 μm，中央部の 0.2 μm には架橋がみられない (図)．ここをセントラルベアゾーン (central bare zone) と呼ぶ．これはミオシンが中央から両端に伸びるように会合していることによる．この部位には形態維持に関与する＊C 蛋白質と＊M 蛋白質が結合している．平滑筋では，ミオシンフィラメントは細胞内に散在している．また，ミオシンの会合状態も骨格筋の場合とは異なり，二つの二量体が反対方向に結合した二量体が少しずつずれて重合している．そのため，フィラメントの片端に長さ 0.23 μm のベアエッジ (bare edge) が生じる．二枚貝の閉殻筋などでは，ミオシンがパラミオシンの会合体の表面と結合し，長さ数十 μm に達する巨大なフィラメントを形成する．[2] 単離したミオシンを再構成してつくったフィラメント．

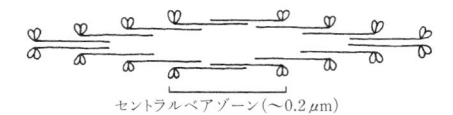

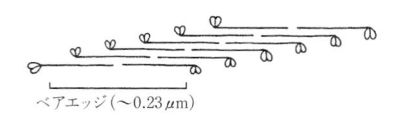

ミオシンフィラメントの模式図
上は骨格筋のもの．下は平滑筋のもの．

e **ミカエリス** Michaelis, Leonor　1875～1949　ドイツ，のちアメリカの生理化学者．ベルリン大学に学んだのち，O. Hertwig のもとで両生類卵の受精と卵割の研究をした．P. Ehrlich の助手となり，免疫学の分野でもいつぐ業績 (蛋白質沈降・ワッセルマン反応など) をあげ，1904 年，新設のがん研究所で実験がんの研究に従事した．1922 年には名古屋医学専門学校 (のち名古屋大学) の生化学担当教授として来日．水素イオンの理論と測定法，緩衝剤，両性電解質，蛋白質の等電点，酵素の活性の pH 依存性などを共同研究し，酵素-基質結合体の理論 (ミカエリス-メンテンの説) に到達した．[主著] Die Wasserstoff-Ionen-Konzentration, 1914; Oxydations-Reduktions-Potentiale, 1929.

f **ミカエリス-メンテンの式** [Michaelis-Menten equation]　L. Michaelis と M. L. Menten (1913) によって提出された酵素反応速度と基質濃度との関係を表す式．のち G. E. Briggs や J. B. S. Haldane によって改良された．その基本的な考え方は，酵素反応の過程において，酵素 E と基質 S との間に中間複合体 (酵素-基質複合体 enzyme-substrate complex) が生成し，その分解によって反応の生成物 P が生ずると仮定する点にある．いま最も単純な場合として，1 分子反応 (S⇌P) を酵素 E が触媒する例をとりあげる．E と S を混合して反応を開始すると，反応が一定の速度 v で進行し，P が生成し始める．このとき，P の濃度はまだ低いため逆反応はほとんど起こらないと仮定できるので次式のように反応は進行すると考えられる．k_{+1}, k_{-1}, k_{+2} はそれぞれの反応の速度定数である．

$$E+S \underset{k_{-1}}{\overset{k_{+1}}{\rightleftarrows}} ES \xrightarrow{k_{+2}} E+P$$

各反応段階は定常状態に達していると仮定すると，濃度[S]における反応速度vに関し

$$\frac{v}{V}=\frac{[S]}{K_m+[S]}, \quad K_m=\frac{k_{-1}+k_{+2}}{k_{+1}}$$

の式を得る．Vは[S]が無限大のときに到達し得る最大速度であり，$k_{+2}[E]_0$で与えられる．ただし，$[E]_0$は加えた酵素の濃度である．vを[S]に対してプロットすると，原点を通る直角双曲線の一部が得られ(⇒酵素反応の速度論)，これを基質飽和曲線(substrate-saturation curve)という．K_mをミカエリス定数(Michaelis constant)といい，$V/2$を与える[S]の濃度($[S]_{0.5}$ともいわれる)に等しい．実際大部分の酵素について[S]とvの関係を求めるとこの式に従うことが明らかとなり，V(またはk_{+2})とK_mの値はそれぞれの酵素の反応速度論的な特性を示す重要なパラメータとなった．H. LineweaverとD. Burk(1934)は上の式を変形して

$$\frac{1}{v}=\frac{K_m}{V}\frac{1}{[S]}+\frac{1}{V}$$

とし，1/[S]に対して1/vをプロットして直線を得る方法が，実験値からVやK_mを求める際に便利であることを示した．これはLineweaver-Burkのプロットまたは両逆数プロット(double-reciprocal plot)と呼ばれる．大部分の酵素においては，K_mの値は基質の酵素に対するみかけの親和性を示し，値が小さいほど親和性は強いという．正確にはK_mの値はk_{-1}/k_{+1}(酵素と基質の解離定数)に等しくはないが，一部の例外を除いて，SからPへの反応の速度k_{+2}は基質と酵素の解離・会合速度に比べて格段に遅いのでK_mは多くの場合解離定数に近いと考えてよい．ミカエリスの式はその本来の対象である酵素反応の説明以外にも，一般に生体現象の記述・整理の一形式として，極めて広い応用範囲をもつ．例えばトランスポーター蛋白質を介する物質の膜透過の速度論的解析にもこの式が用いられる．

a **味覚** [sense of taste, gustatory sense] 純近覚性の化学感覚として，嗅覚などの遠覚から区別される化学感覚．味覚を引き起こす刺激物質を味物質(taste substance)といい，その受容体(*味受容器)は一般に口の内部またはその付近にある．味覚は特に摂食行動と密接な関係をもつ場合に用いられる事が多く，脊椎動物では食物の化学的検査や，摂食応答・消化性諸反射(消化液分泌など)を誘発する一方，昆虫類では交尾時の性的興奮(コオロギ雄の背側腺分泌物)や産卵場所の選定(産卵管の化学受容器)などに役立つ例も知られている．味受容器の*適当刺激は水溶状態にある化学物質の分子やイオンの接触である．ヒトの味覚では，甘味・酸味・鹹味(かんみ，塩味)・苦味の四つの*味質が基本感覚とされることがあり，物質の種類，濃度，温度，刺激時間，接触部位や面積に応じてさまざまの強さの感覚が生じる．味覚閾(gustatory threshold)は嗅覚閾に比べ明らかに高く，Skramlikの味覚測定(gustometry)の結果では，塩酸キニーネ(苦味)2～20×10^{-6}M，酒石酸(酸味)1～10^{-4}M，食塩(鹹味)1～5×10^{-2}M，ブドウ糖(甘味)2～7×10^{-2}Mなどの値が得られている．2種以上の味物質を混ぜると嗅覚の場合と同様に感覚の混合が起こり，一定の組合せ(特に酸と鹹)では感覚融合(fusion)をきたす．また，組合せによっては味覚が相殺されたり，反対に相乗的効果を表す例も知られている．実際の食味は，これら純味覚にさらに嗅覚，触覚，温度覚，共通化学感覚などの随伴した混合ないし総合感覚によるとみてよい．ヒト以外の動物でも，学習法その他により上記の四味質に相当した味物質弁別能力が広く証明されている．脊椎動物では1本の感覚神経繊維は末端で枝分かれして，複数の味細胞とシナプス接続し，また単一の味細胞には何種かの基本味質物質の受容部位が存在することが示唆されており，全体として複雑な情報処理が行われる．一方，昆虫などでは味細胞は一次ニューロンであり，糖なら糖に対する応答しかしない．ミツバチの口器である吻にある糖感受性受容細胞は9種類の糖だけに応答し，ミツバチにとって栄養価の高い糖ほど敏感に感じることが知られている．

b **味覚器** [gustatory organ] 《同》味覚器官．味受容器(味細胞)を包含する器官．味受容を容易にする補助的構造をそなえる場合もある．

c **見かけの競争** [apparent competition] 《同》符号のうえでの競争，巻き添え競争．捕食者がいないときには互いに影響を与えない2種間において，捕食者がいることによって，互いの存在が相手の平衡個体群密度を減少させる原因となること．*間接効果の代表的なものとしてR. D. Holt(1977)が提唱した．また，共通の捕食者がいない2種の間でも，相互作用のリンクをたどることによって互いにマイナスの影響を与える見かけの競争を特定できることがある．種数や栄養段階が多くなると，見かけの捕食や見かけの相利も現れる．

d **ミカン状果** [hesperidium] 多数の心皮の合着による子房が発達した*液果の一種．ミカンやユズなどの果実はこの例．外果皮は一般に強靱でカロテンや油質(⇒分泌嚢)を多く含み，中果皮は厚くやわらかで海綿状の構造をもっている．内果皮は心皮ごとに薄くて白い皮でできた袋となり，その袋の外側内表面から中心に向かって無数の多細胞の毛が発達し，その中の内部の細胞は多量の細胞液を含んで果汁嚢(juice sac)となる．

e **幹** [trunk] ⇒茎

f **三木茂** (みき しげる) 1901～1974 化石植物学者．京都帝国大学で郡場寛に学ぶ．メタセコイアの命名者．

g **ミクロコスム** [microcosm] 制御・単純化した*実験生態系．フラスコ内の水界に世代時間の短い微小な生物群集を培養した系が代表的なものである．自然生態系の振舞いの模擬・検証・予測，生態系への撹乱の効果やそのプロセス解明の研究などに有効である．海洋や湖沼の現場の生態系構成要素を取り込んだものは，メソコスム(mesocosm，隔離水界 enclosure)と呼ばれ，数十cmから数m程度の系が一般的．陸上生態系(草本・土壌)の個体群や群集動態そして生態系プロセスを分析するために，1991年にイギリスのインペリアルカレッジに建設された16基の大型(2m×2m×2m)実験生態系はエコトロン(Ecotron)と呼ばれる．光量，雨量，温度，湿度，二酸化炭素濃度などの物理条件が制御・監視でき，繰返しや空間スケールの変化などを実験デザインに取り込めるように設計されている．生態系構成要素については，あらかじめエコトロンの物理環境に順化した種のプールから，分解者(節足動物やミミズなど)，一次生産者(草本)，一次消費者(植食性節足動物など)，二次消費者(寄生蜂など)を選定する．

h **ミクロコッカスヌクレアーゼ** [micrococcal nuclease] *Micrococcus pyogenes* var. *aureus*(*Staphylococcus aureus*)の培養液中に見出された*エンドヌクレアーゼ. EC3.1.31.1. 病原性の強い株ほど生産が多い. 最適 pH は 9.2 付近で, 反応には Ca^{2+} (10 mM) を必要とし, 一本鎖および二本鎖の DNA および RNA を加水分解する. 本酵素は熱に極めて安定で 95°C で 15 分加熱してもほとんど失活しない. 反応の初期は Xp-Tp および Xp-Ap の結合を選択的に切断するが, 結局モノヌクレオチドとジヌクレオチドにまで分解する. これらはすべて 3′-リン酸末端をもつ. 核酸研究に広く用いられている.

a **ミクロソーム** [microsome] [1] 最初に動物組織のホモジェネートから分画遠心法によって分離された顆粒分画. A. Claude (1943) の命名. すなわち, 核・ミトコンドリアを遠心分離したのち 10 万 g, 60 min の遠心によって沈澱する分画で, 主として粗面および滑面*小胞体と遊離の*リボソームを含むが, そのほかに通常, 細胞膜・ゴルジ体膜の一部なども含む. 電子顕微鏡では, これらの膜構造物が壊れてできた小胞・細管・嚢およびリボソーム顆粒が認められる. ミクロソームは全細胞成分の 15〜20% を占め, RNA に富む. これはリボソームが存在することによる. また高濃度の脂質 (全乾燥重量の 40〜50%) を含み, その 2/3 はリン脂質である. 電子伝達系としては, FMN, FAD, NAD, NADP, シトクロム c のほかに, *シトクロム b$_5$ と*シトクロム P450 をその特有の成分としている. シトクロム b$_5$ は NADPH シトクロム c 還元酵素に含まれ, この酵素はしばしばミクロソームの標識酵素とみなされる. シトクロム P450 はステロイドの水酸化, 芳香族化合物の酸化的解毒などを行う. その他ホスファターゼとして, *グルコース-6-リン酸ホスファターゼ, ヌクレオシド二リン酸ホスファターゼおよび Mg^{2+} 活性化 ATP アーゼなどの存在が報告されている. ミクロソームをデオキシコール酸ナトリウムで処理すると, リボソームが膜から分離される. また密度勾配遠心法によってミクロソーム分画をさらに粗面小胞体分画および滑面小胞体分画に分けることができる. [2] *オイルボディの旧称.

b **ミクロトーム** [microtome] 細胞や組織の切片をつくる機器. 光学顕微鏡用には回転式と滑走式がある. 電子顕微鏡用には*ウルトラミクロトームがあり, ガラスナイフやダイヤモンドナイフを用いて*超薄切片をつくる. 試料の送り機構には機械送り型式と熱膨張型式とがある. 凍結切片法には光学顕微鏡用の凍結ミクロトーム (freezing microtome) やクリオスタット (cryostat) が, 電子顕微鏡用には凍結ウルトラミクロトーム (cryoultramicrotome) が開発されている. (→切片法)

c **ミクロビーム照射法** [microbeam irradiation method] 《同》顕微照射法. 紫外線・レーザー光線・X 線などの光放射線, 陽子線・α 線・重粒子線などの荷電粒子線などを, 直径が μm のオーダーの光束に絞る方法. X 線では, 主にフレネルゾーンプレートなどを用いて集光. 荷電粒子線を電磁石やキャピラリー (毛細管) を用いてミクロビーム化を実現している. 生細胞の局部または特定部位に照射して, 各種の細胞機能の機構を実験的に解析する方法として, 放射線生物学的研究に有効である. 解析には分光光度計と組み合わせて細胞内の特定の部位や核酸などの物質の分光測光, すなわち*顕微分光測光法や破壊といった手法が多用され, 特別に設計された対物レンズなどを用いる場合もある. 細胞レベルあるいは細胞小器官レベルの除去 (ablation) にも用いられる. また粒子励起 X 線分光などの元素分析手法にも応用されている.

d **ミクロフィラリア** [microfilaria] 哺乳類の循環系, リンパ系, 皮下組織, 腹腔などに寄生する線形動物糸状虫上科オンコセルカ科に属する線虫類 (糸状虫類またはフィラリア類の一部) の幼虫. 消化管や神経輪を欠き, 体の構造が不完全であることから, 他の線虫類の第一期幼虫と区別される. 母体内の虫卵も卵殻が薄く, 幼虫を包む被鞘となっており, 卵殻に包まれたまま生み出される有鞘ミクロフィラリア (ensheathed microfilaria) と, 母体内で孵化して生み出される無鞘ミクロフィラリア (naked microfilaria) とが区別される. いずれも末梢血中や皮下組織に出現し, 中間宿主であるカなど吸血性昆虫に取り込まれ, その体内で 2 回の脱皮の後感染幼虫となり (=被鞘幼虫), 次の吸血の際に終宿主に侵入する. 糸条虫の種によって, ミクロフィラリアは 1 日のある時間帯に末梢血中に出現する.

e **ミクロレスピロメーター** [microrespirometer] →微小呼吸測定法

f **ミケル** Miquel, Friedrich Anton Wilhelm 1811〜1871 ドイツの植物分類学者. ゾーリンゲンで医学を学び, 1833 年アムステルダムの病院の医師となり, のち植物学を専攻. ロッテルダム, アムステルダム, ユトレヒトの各大学で植物学を教え, スンダ列島や日本の植物相の解明に貢献. [主著] Flora Indiae Batavae, 1855〜1859.

g **ミコール酸** [mycolic acid] α-アルキル-β-ヒドロキシの高級分枝鎖ヒドロキシ*脂肪酸の総称. R. J. Anderson ら (1938) がヒト型結核菌から最初に分離した. *Mycobacterium, Nocardia, Corynebacterium* の脂質中に含まれ, 現在では炭素数や官能基を異にする多数の同族体が見出されている. 次の 3 タイプに分けられる. (1) *Corynebacterium* の菌体脂質に見出されるコリノミコール酸: R$_1$=CH$_3$(CH$_2$)$_{14}$, R$_2$=C$_{14}$H$_{29}$, コリノミコレン酸: R$_1$=CH$_3$(CH$_2$)$_5$CH=CH(CH$_2$)$_7$, R$_2$=C$_{14}$H$_{29}$, (2) *Nocardia* の菌体に見出される C$_{50}$ のノカルドミコール酸, (3) *Mycobacterium* に見出される炭素数約 80 のミコール酸. ヒト型からはじめて単離され, マウスに著しい毒性を示す. コードファクター (cord factor) は, このミコール酸と*トレハロースのエステルからなる*蠟 (トレハロース 6,6′-ミコール酸) に当たる (K. Bloch, 1950).

R$_1$-CH-CH-COOH
　　　|　　|
　　　OH　R$_2$

h **味細胞** [gustatory cell, taste cell] 味受容器を構成する細胞. *味蕾中に発見され, 上皮細胞の転化した二次感覚細胞で, 味覚神経の末端のシナプスを受ける.

i **ミサイル療法** [missile therapy] 特定の細胞と特異的な親和性を有する細胞毒性物質を投与し, 目的とする病的細胞を選択的に攻撃する治療法. 周辺の正常細胞に害を及ぼさずに特定の標的細胞を遠隔的に攻撃・破壊することを目的とする方法なのでミサイルの名がつけられ, 特にがん細胞の攻撃用に研究, 開発が進められてきた. 用いられる細胞毒性物質は標的細胞に特異的に結合する機能性高分子を担体とし, それに毒素や薬剤を結合させたもので, 融合毒素 (fusion-toxin, FT) と呼ばれる. 担体には*モノクローナル抗体, *インターロイキン 2

(IL-2)および6(IL-6),上皮増殖因子,メラニン細胞刺激ホルモンなどが,また毒素にはリシン,緑膿菌外毒素,ジフテリア毒素などが用いられる.近年ではモノクローナル抗体に毒素を結合させた免疫毒素が最もよく用いられており,毒素も非特異的反応部位を化学修飾的に除去して特異性をあげるなどの改良が行われている.動物実験では良い成績例も報告されているが,まだ問題点が多く,臨床的には活用されていない.しかし,全身散布性のがんや,*滲潤,転移で切除できないがんなどの療法として期待されている.

a **ミシス** [mysis] 節足動物甲殻亜門十脚目エビ類の*ゾエア期の幼生.甲皮は頭・胸部をおおい,頭部の第一〜第二触角は成体と同様の構造に達している.胸部は第一〜第五胸肢がよく発達し,これを用いて泳ぐ.腹部は伸長し,前方6対の腹肢が出現するが,腹部の分節は未完成である.

b **味質** [quality of taste] 味覚という*モダリティーの感覚の中に弁別されるある質,すなわち味の差異.匂いに比べ数が少なく,古典的な基本味質として甘味(sweetness),酸味(sourness),鹹味(かんみ,塩味 saltiness),苦味(bitterness)が挙げられるが,この4種類を基本感覚としてその配合により実在のあらゆる味を構成しうると考えられてきた.H. Henning (1916) による味四面体は,上記の四味質を各頂点に配した四面体模型で,すべての自然物の味をその面上の1点で表示しようとするものである.その後,第五の味質として昆布などに含まれるうま味(umami)が定着しつつある.味物質(taste substance)の化学構造とその味との関係は単純でなく,酸味は主として水素イオン,鹹味は無機塩類の陰・陽イオンによるとされるが,酸の陰イオンや未解離分子も酸味に関与することが知られ,中性塩も分子量が大となると(例: MgSO$_4$)苦味を生じる傾向がある.苦味の物質には,キニーネ・ストリキニーネ・モルフィン・コカインなどのアルカロイドのほか,エーテルやピクリン酸などがある.甘味の物質としては,糖類,多価アルコール類(グリセリンなど),クロロホルム,サッカリン,ズルチンなどがある.Be, Pb, Zn, Alなどの無機イオンも甘味を生じさせる.このように味と化学構造とは容易には関係づけられない.いわゆる発味団(発味原子団 sapophore group),特に発甘味団(glucophore group)の決定には困難が多い.金属味やアルカリ味には,それぞれ重金属イオン,水酸イオンの作用のほかに,共通化学感覚の関与が想定される.(⇒味受容器)

c **ミーシャー** MIESCHER, Johann Friedrich 1844〜1895 スイスの生理化学者.バーゼルに生まれる.父Johannは病理解剖学教授,叔父W. Hisは解剖学教授であった.膿の細胞核中からリンを含む新物質を発見,ヌクレイン(今日のDNA)と命名.同じ物質が酵母,腎臓,肝臓,有核赤血球の中にも存在することを明らかにした.さらにサケの精子中に多量のヌクレインが含まれていることを見つけ,同時にその精子・細胞核中には特異的な塩基性蛋白質が含まれることを示し,プロタミンと名づけた.

d **味受容器** [taste receptor, gustatory receptor] 《同》接触化学受容器(contact chemoreceptor).味覚刺激,すなわち接触化学刺激を受容して神経インパルスに転換する細胞.[1] 脊椎動物の味受容器は,*味蕾の中に存在する味細胞である.その興奮は主として第五・第七・第九・第十脳神経(⇒鰓弓神経,⇒脳神経)により延髄を経て大脳の味覚中枢に伝えられる.魚類では味蕾が体表の皮膚にまで分布し,口唇部や触ひげに多いが,ナマズやコイなどでは体側や尾に及ぶ.トカゲ類や鳥類の口腔には味蕾の数が比較的少ないが,*味質の弁別は魚類からヒトに至るまでほぼ一律にみとめられる.ヒトでは舌の前部2/3と,後部1/3とで神経支配が異なるが(⇒味蕾),個々の舌乳頭については,単一味質を担当するものと複数の味質を感じうるものとが存在している.味細胞の刺激受容から電気信号への変換機構は主に2種類ある.酸味や鹹味(かんみ,塩味)は味物質が直接イオンチャネルに作用することにより,甘味や苦味は細胞内のセカンドメッセンジャーの代謝経路を介して間接的に膜電位を変化させる.[2] 無脊椎動物では一般に口やその近くの化学受容器を単にその位置から味受容器とするが,昆虫類などには,口器のほか跗節(チョウ,ハエ,ミツバチ)ならびに触角(ミツバチ)に明らかな味受容器があり,産卵管にも味受容器の知られている例も多い.受容器の形態はクロバエの唇弁の*毛状感覚子においてくわしく調べられている.昆虫では1本の感覚毛中に数本の双極性ニューロンの樹状突起を含み,これが一次ニューロンとなっているため刺激に対する応答を調べやすく,1本の感覚毛内に糖受容器,塩受容器,水受容器などが存在していることが知られている.

e **実生**(みしょう) [seedling] 《同》芽生え.種子植物の種子から発芽した幼植物.多くは*子葉または第一葉を残存している期間を指す.真正双子葉類では地上に出る2枚の子葉の形に注目されて胚軸(かいじく),甲柝(こうたく:甲はかぶと,柝は拍子木)ともいう.一般に中軸器官として胚軸・幼根・幼茎,葉的器官として子葉をなえ,幼茎の先端に幼芽がある.また少数の例では根鞘,単子葉類のイネ科では子葉鞘・胚盤・中胚軸を分化する.実生は子葉についで第一葉(first leaf)を展開する.第一葉は単子葉類では子葉と茎をはさんで反対側につき,真正双子葉類では子葉2個の線と直交してつく.第一葉はしばしば上部の普通葉とは異なる形および葉序を呈し,個体発生中に現れる系統上の古い形質として理解できるものが多い.子葉・第一葉の形態上の形質には,成体には失われしかも系統上古形と解されるものが多く,分類学・形態学上重要視される.なお胞子から発芽した幼植物をsporelingという.なおシダ植物では胚発生の最初に形成される葉,すなわち種子植物の子葉に相当する葉を第一葉と呼び,その数はさまざま(シダでは1,トクサでは3)である.広義には,齢に関わりなく種子から生育した植物体をいう(⇒幼形).耐陰性の樹木からなる森林においては,実生が複数年生存し実生バンクと呼ばれる集団を林床に形成する.林冠木が枯死してギャップが空いたときには,実生バンクにいた個体が成長して更新することが多い.(⇒実生集団)

f **実生集団** [seedling population] 草本もしくは木本の種子から発芽した植物体が複数あつまったもの.特に同種で同齢の植物体からなる集団(コホート)を指す場合もあり,これは*サイズ分布動態を記述する際の基本単位となる.また,*実生(みしょう)は,植物の生活史を通じて最も死亡率が高い時期で,実生集団における実生の生残率の高さは群集動態へ大きく影響する.森林林

床に成立している木本の実生集団は，実生バンク(seedling bank)とも呼ばれ，主に*耐陰性が高い樹種により構成される．特に小規模な林冠ギャップ(⇒ギャップ動態)では，実生バンクから成長した植物がギャップを埋める高木となることが多く，森林の更新において実生バンクが主要な役割を果たすことが知られる．

a **水** [water] H_2O 水は生物体内に大量に存在し，生体内において各種生体物質の理想的溶媒として，生化学反応の反応物質として重要な役割を果たすとともに*原形質の重要な成分である．水は生物体のかなりの部分，例えばヒトでは生体重の約70％，キュウリの果実では96％を占めている．維管束植物では水の大部分は直接には根系による吸収で体内に摂取され，植物体内を移動したのち，ほとんどが蒸散によって失われるが，排水や腺分泌でいったん液状で排出し，蒸発する部分も少しある．水の気化熱や大きな比熱は特に恒温動物の体温調節において重要な役割をもつ．また特に植物細胞においては*膨圧によって体形の保持・成長・気孔の開閉・葉や花弁の開閉運動に密接に関係している．水は細胞膜の脂質二重層を拡散によって通過するが，細胞は水分子のみを選択的に通過させる水チャネルが存在し，水の細胞膜通過を制御している(⇒アクアポリン)．水は通常0℃で結晶化するので，細胞を凍結すると氷晶化による体積の増加により，細胞膜が損傷されてしまう．細胞を冷却する過程において，磁場によって細胞中の水分子を振動させながら0℃以下の過冷却状態にし，そのうえで水を瞬時に凍結し，体積変化を防ぐことは，細胞や組織の保存に有効である．(⇒しおれ，⇒水ポテンシャル)

b **蹼**(みずかき) [web 《 membrana natatoria》] 水禽や無尾両生類などの指(*趾)の間に張られた，皮膚の襞により形成された薄膜．水中運動への顕著な適応構造．

c **水関係** [water relations] 植物の水収支の決定に関わる現象の総称．植物の水収支は*蒸散量と水の供給量によって左右される．蒸散量と供給量は，外気の気象条件，水の保持能力や移動能力を決定する土壌の性質のような物理学的要因に加え，気孔の開度，クチクラ層の発達，葉と根の比や植物体の通水コンダクタンスのような植物の形態や生理学的要因によって決まる．

d **水食材**(みずくいざい) [wet wood] *心材は通常，辺材よりも低い含水率を示すが，時にかなり高い含水率を部分的に示すものがあり，このような心材部をいう．水食材の存否は樹種によって著しく異なり，トドマツには多いがエゾマツ，カラマツには少ない．一般に水食材は同時に多くの放射方向，接線方向の割れを含み，寒地では冬季樹幹に霜割を発生させる原因になるなど欠点とみなされる．水食材の水分集積は根および枝(幹)からの二つの経路があり，いずれも露出した心材部がその入り口となる．成因には物理的要因と生物的要因がある．後者は，バクテリアの働きによるものであり，ニレの多湿心材もある種のバクテリアに基因する．

e **水呼吸** [aquatic respiration, water breathing] 呼吸媒質の水からO_2をとりいれ，CO_2を水中に放出する外呼吸．空気呼吸と対する．呼吸器が鰓の形をとる場合には*鰓呼吸と呼ばれる．水中の酸素含有量は圧力一定のもとで温度によって異なるが(例:15℃で7 mL/L，25℃で5.8 mL/L)，空気中(209 mL/L)や肺胞空気中(130 mL/L)にくらべてはるかに少ない．また比重・粘性は常温水でそれぞれ空気の1000倍・100倍であり，酸素

拡散速度も水中では著しく小さい(空気中が水中の50万倍速い)．そのため呼吸表面における換水がいっそう重要となる．(⇒空気呼吸)

f **水ストレス** [water stress] 植物体において，細胞が水を失うことによって生じるストレス．水欠損を引き起こす外的要因としては外気の乾燥による*蒸散の過剰な増加，土壌の乾燥による水の供給量の減少がある．細胞の含水量が減少すると，まず細胞成長の阻害，遺伝子の転写活性の低下，硝酸レダクターゼ活性の低下が起こる．さらに永久しおれ点(しおれ，しおれ係数)付近まで細胞が水を失うと，*アブシジン酸濃度の増加や*気孔の閉鎖による光合成速度の低下が起こる．さらに含水量が減少した場合には，光合成が阻害され浸透調節が誘導される．個体レベルでは，成長の停止，茎や根における木部の通水組織への気泡の侵入による*水輸送の阻害(エンボリズム xylem embolism)，葉の枯死などが起き，最終的には個体の枯死に至る．短期的な水ストレスに対する順応反応としては，気孔を閉鎖する，細胞膜の水透過性を低下させる，浸透調節によって適合溶質を細胞質に蓄積させ蛋白質や膜構造を保護する，部分的に落葉する，根の成長を促進させる，などがある．長期的な水ストレスに対する適応戦略としては，(1)落葉や地上部の枯死を起こして成長を止め休眠することで水ストレスを回避する，(2)葉面積の小さな樹冠や厚いクチクラ層をもつことで体内からの水の損失を防いで水ストレスの期間を耐える，(3)地下水まで届くような深い根とエンボリズムの起こりにくい細い道管や仮道管からなる茎をもつことで水ストレスの間も積極的に生理活性を保つ，などが知られている．

g **ミセンスサプレッサー** [missense suppressor] ⇒ミセンス突然変異

h **ミセンス突然変異** [missense mutation] 塩基置換により，あるアミノ酸に対応するコドンが他のアミノ酸のコドンに変わり，その結果，活性が変化または消失した蛋白質が合成される突然変異．非同義置換の一種．突然変異によるアミノ酸の置換は蛋白質のどのアミノ酸についても起こりうるが，たまたま蛋白質の活性に関与するアミノ酸に置換が起こると，蛋白質としての活性が低下もしくは消失することから，突然変異体として検出される．ミセンス突然変異によって生成する不活性蛋白質は，抗原的には正常蛋白質と同じ性質を示すものがあり，クリム(CRM，交叉反応物質)として検出される．ミセンス突然変異に対するサプレッサーをミセンスサプレッサー(missense suppressor)と呼ぶ．*ナンセンスサプレッサーの場合と同様に，大腸菌ではtRNA遺伝子による場合とリボソーム蛋白質の遺伝子による場合とが知られる．

i **水漬け** [retting] アサなどの茎を水に漬け，Clostridiumなどの微生物の作用で繊維を分別する処理技術．微生物によって分解されやすい物質，ことに繊維細胞の間質であるペクチンが加水分解，さらに主として嫌気性の発酵を受けて溶け去り(ペクチン発酵)，2日ほどでセルロースの部分だけが得られる．このほかにも一般に丈夫な生物源天然物の精製にしばしば使われる．

j **水添加酵素** [hydratase] 《同》ヒドラターゼ．炭素二重結合に水を付加し，ヒドロキシ化合物を可逆的に生成する酵素の総称．脱離酵素(リアーゼ)の一種であり，ヒドロリアーゼ(EC4.2.1群)に分類される．加水酵素と

も呼ぶ．エノラーゼ・フマル酸水添加酵素，アコニット酸水添加酵素はこの例で，$\Delta G°$ の絶対値は小さく両方向へ反応を進行させる．逆反応に注目して脱水酵素（デヒドラターゼ dehydratase）と呼ぶこともある．かつては，ヒドラーゼあるいはデヒドラーゼと呼ばれたことがあるが，現在はヒドラターゼおよびデヒドラターゼに統一されている．

a **水透過性係数** [water permeability coefficient] 生体膜を介して 1 cm² 当たり 1 秒間に通過する水のモル数．生体膜を介しての水の移動には，水分子の自由運動による拡散(diffusion，アイソトープをトレーサーとして検出する水の交換率)と，浸透圧差などによる方向性をもった分子運動(正味の水の動き)とがある．前者を拡散透過性(diffusional permeability)，後者を浸透透過性(osmotic permeability)というが，水透過性係数にもこの 2 種類がある．(1)拡散透過性係数(diffusional permeability coefficient, P_d)：膜の両側に 1 mol/mL の水の濃度差があるとき，1 cm² 当たり 1 秒間に通過する水のモル数．単位は cm/s．$P_d = f'_d/AC$ で，f'_d はトリチウムなどによって測定される水の一方向性流束(mmol/s)，A は膜の面積(cm²)，C は水の活量 (55.6 mmol/cm³) を表す．(2)浸透透過性係数(osmotic permeability coefficient, P_o)：膜の両側に 1 mol/mL の溶質濃度差があるとき，1 cm² 当たり 1 秒間に通過する水のモル数．単位は同じく cm/s．$P_o = f_{net}/A\Delta C$ で，f_{net} は正味の水の動き(mmol/s)，A は膜の面積(cm²)，ΔC は浸透濃度差(mmol/cm³)を表す．もし浸透濃度差による水の動きが，完全に拡散によるならば $P_d = P_o$ のはずであるが，実際には $P_o > P_d$ であることが多い．一般に水生動物の体表の水透過性は，外界との浸透圧差が小さいほど大きい値を示す．

b **ミズニラ類** [quillwort ラ Isoetales] *リコプシダに属する水生シダ植物で，細長い柱状の*小葉をもち，葉の基部には*小舌を生じ，その下に大胞子嚢・小胞子嚢を作り，異形胞子を生じる一群．根茎の塊状の下半分は担根体．精子の鞭毛は多数．胚には胚柄は見られず外向的に発生する．このミズニラ類にごく近縁なプレウロメイア(Pleuromeia)類は鱗木・封印木についで三畳紀に現れる化石植物で，球果状の胞子嚢穂を生じること，葉痕を作る点でリンボク類との関連性が示されるが，一方，四叉状の塊茎，細長い葉をもつ点でミズニラ類に似る．高さは 100〜150 cm に達する．同じプレウロメイア類の化石 Nathorstiana は白亜紀に産し，高さ 10〜15 cm の小形植物で，胞子嚢穂も作らず，葉痕もなく，やはりミズニラ類の近縁群とみなされる．世界で 60 種，日本には 4 種知られる．

c **水の華** [water-bloom] 《同》水色変化．水域において，浮遊性の微細藻類の大量増殖によって水表面の水色が著しく変色する現象．陸水(湖沼，人造湖など)についていうことが多いが，海洋を含め広く水域全般でもいう．原因生物のちがいにより赤褐色や青緑色など多様な色調を示す．このうち赤系統の色調の強いものを*赤潮と呼ぶ．また青緑色で水面が青い粉に被われたようになるものを青粉(アオコ)と呼び，原因生物としては藍色細菌の Microcystis, Anabaena などが有名．一般に 5〜10 月に発生するが，春さきにも見られることがある．原因生物によっては，上水道水のカビ臭・藻臭の原因となったり，魚介類やヒトに毒性を示すことがある．

d **水ポテンシャル** [water potential] Ψ と略記．《同》水分ポテンシャル．純水の化学ポテンシャル μ_0 を基準として 0 とおき，溶液・細胞・土壌・大気など任意の相の水の化学ポテンシャル μ の μ_0 との差を水の部分モル容量(V)で割った値すなわち $(\mu_0 - \mu)/V$．水ポテンシャルは*水輸送の原動力や方向を示す．これは，熱力学第二法則により，水は系全体の自由エネルギーが減少する方向に自然に移動することに基づく．単位は 1 m³ 当たりのエネルギー量(Nm/m³)であるが，同時に 1 m² 当たりにかかる力，すなわち圧力(N/m²)でもあり，通常は MPa を用いる．植物細胞の水ポテンシャル Ψ は，*浸透圧に基づく浸透ポテンシャルと壁圧による圧ポテンシャル，位置エネルギーに相当する重力ポテンシャル，表面張力による吸着力に基づく*マトリックポテンシャルの和で表される．細胞が水を失うと圧ポテンシャルと浸透ポテンシャルが下がり，Ψ は低下する．このため Ψ は細胞の水分状態の指標となる．植物細胞の細胞壁や土壌のように，細孔を多くもつ構造ではマトリックポテンシャルが*吸水において重要である．また，高木では重力ポテンシャルも重要であり，樹高が 100 m の枝につく葉では -1.0 MPa にもなる．気相の水ポテンシャルは，相の水蒸気圧 e と同温度の飽和水蒸気圧 e_0 との比から $RT \ln(e/e_0)/V$ によって計算できる．R は気体定数，T は絶対温度，V は水の部分モル容量．相対湿度 60%の空気の水ポテンシャルは -70 MPa にもなる．

e **ミスマッチ修復** [mismatch correction, mismatch repair] 《同》ミス対合の修正．二本鎖 DNA の一部に正常な塩基対合を形成できないようなミスマッチ(ミス対合)の部分がある場合，それを修復して規則正しい DNA 構造に整える過程．ミスマッチは，遺伝的組換えの中間体に見られるヘテロ二本鎖の部分(⇒ホリデイモデル)や DNA 複製の過程で間違った塩基が取り込まれた場合などに生じる．修復はミスマッチ部位の近傍の片鎖に切れ目が入り，そこからミスマッチ部位を含めて，ある長さにわたるヌクレオチド(大腸菌の系では約 2000 程度)が酵素的に除去され，その部分が残った片鎖を鋳型とする*修復合成によって新たに埋められるという過程で行われる．組換え中間体で生じるミスマッチの場合，例えば塩基置換型変異と野生型との間のミスマッチでは，ヘテロ二本鎖部分の両鎖間に区別がないため，いずれの型に修復されるかはランダムである．しかしながら，変異が塩基の付加や欠失による場合には，前者では野生型に，後者では変異型に，つまり短い方の片鎖に修復される傾向が見られる．DNA 複製の場合には，誤って取り込まれたミスマッチ塩基は直ちに DNA ポリメラーゼ自身のもつ校正機能(⇒DNA ポリメラーゼ)によって除去され，再度複製しなおされるが，この機能による修復を逃れたミスマッチには，さらにミスマッチ修復機構が作用することになる．大腸菌ではこの際に，複製時の親鎖にはすでにメチル化などの塩基修飾があり，修飾を受ける以前の娘鎖が除去・修復される．

f **水輸送** [water transport] 《同》水移動．水が特定の方向に運ばれる現象で，拡散過程として表現することができる．移動方向は*水ポテンシャル Ψ の高低に従い，輸送速度は流れ易さの指標である通水コンダクタンス(hydraulic conductance)と原動力である Ψ 勾配の積で表される．植物体を輸送される水は，Ψ の高い土壌から根を通じて植物に吸収され葉から*蒸散によって Ψ の

低い大気に放出される．水は植物体内の大部分の距離を根や茎の*木部にある*道管や仮道管を通り，根や葉の*柔組織などの短い距離では細胞間を通る．蒸散速度が高くなるほど葉のΨは低下し，水輸送の原動力である土壌から葉までのΨ勾配は大きくなる．通水コンダクタンスは細胞間の経路を含む根や葉で低く，主に道管や仮道管による経路で水が移動する茎で高い．細胞間の経路における低い通水コンダクタンスは細胞膜の水透過性に依存し，水チャネルである*アクアポリンの活性によって変化する．細胞膜の水の透過性は，細胞内外にかかるΨ差と単位面積当たりの水の移動速度の比から求めたものを伝導係数（hydraulic conductivity coefficient）あるいは浸透的水透過係数（osmotic water permeability coefficient）と呼び，トリチウム水を用いて測定される拡散的水透過係数（diffusional water permeability coefficient）と区別する．細胞の水透過性は種によって非常に大きな違いがある．原生生物などの単細胞生物では飲作用により水を取り込んだり，*収縮胞により水を排出する．

a **水利用効率** [water-use efficiency] *光合成において，失われた水分に対する，物質生産すなわち固定された二酸化炭素の比．さまざまな単位系が用いられるが，mol CO_2/mol H_2O の表示が望ましい．逆に植物体1gの物質生産（乾燥物質生産）に要する水分量を要水量（water requirement, 蒸散係数 transpiration coefficient）と呼ぶ．光合成を行っている植物体において，外気中のCO_2は*気孔を通って葉の内部に拡散し，同時に*蒸散によって水が失われる．現在の空気中のCO_2濃度では，*C_3植物の光合成はCO_2に関して飽和していないが，*C_4植物では飽和している．したがってC_4植物ではそれほど気孔を大きく開く必要がなく，水利用効率は高い．また，夜間に気孔を開いて昼間は閉じる*CAM植物の水利用効率は著しく高い．同種植物での対比では，一般に，孤立状態よりも群落状態の方が水利用効率は大きくなる．理論的には，光合成速度をA，蒸散速度をEとしたとき$\partial E/\partial A$の値を常に一定に保つように気孔が開閉する場合に水利用効率が最大になる．地中海性植物に特に顕著に見られる日中の気孔の閉鎖（昼寝現象）なども，この理論によってよく説明される．半乾燥地や乾燥地における農業では，水利用効率のよい品種を選抜することは極めて重要な課題となっている．

b **未成熟材** [juvenile wood, core wood, immature wood] 針葉樹の幼齢な材部のこと．針葉樹の*仮道管の長さはある一定の樹齢までは，樹齢に比例してほぼ直線的に増加し，この樹齢を超えると増加率は著しく小さくなり，ほぼ一定の値に達する．仮道管長がほぼ一定の値に達する樹齢を成熟樹齢と考え，これよりも幼齢な材部を未成熟材，老齢な材部を成熟材と定義する．未成熟材の範囲では，肥大成長は旺盛だが厚い壁をもつ晩材細胞（⇒早材）の形成が少ないなど，細胞要素の形態に特徴がみられ，それからも材質的にも著しい差異を生じる．木材の利用上からも有効な区分である．一般に針葉樹の未成熟材は年輪幅が広く，晩材率が小さく，低比重で，軸方向の収縮率が大きい．

c **未成熟染色体凝縮** [premature chromosome condensation] PCCと略記．*有糸分裂の細胞分裂時（M期）以前に，DNA複製が完了していないにもかかわらず核膜が消失し染色体が凝縮する現象．通常の有糸分裂では，M期になって完全に複製された染色体が凝縮し，分裂にそなえる．未成熟に凝縮した染色体は，正常なものに比べ長い．R. T. Johnson と P. N. Rao（1970）が M期の細胞と間期の細胞を融合する実験を行い，間期の細胞でDNA合成が完全に終了しないにもかかわらず核膜が崩壊し未成熟染色体凝縮が起こることを発見．細胞は，細胞周期において前の時期の過程が完全に終了しないと次の段階に進行できないという制御機構，すなわちチェックポイント機構（checkpoint mechanism）をいくつかもっている．そのうち細胞周期のG_2期からM期への進行を制御するG_2期チェックポイントは，DNA複製の完全な終了，細胞の大きさ，環境などをモニターし，条件が整わなければ次の過程への進行を停止させ，条件の整うのを待つ制御機構である．上記の細胞融合実験は，このチェックポイントを通過させる過程が優勢となったため，DNA合成が完了していないにもかかわらず細胞周期を進行し，M期で起こる現象，すなわち染色体の凝縮が始まり，不完全な凝縮となったと考えられる．このほか，チェックポイント機構の異常な細胞でDNA複製を停止させたり，DNAに傷害を与えたりすると未成熟染色体凝縮が起こる．PCCを起こす温度感受性変異株の解析から，核－細胞質間物質輸送因子 Ran の活性制御に関与する RCC1（the regulator of chromosome condensation）が西本毅治らにより見出された．このことから，核－細胞質間物質輸送が細胞周期制御に重要であることが明らかになり，その後の細胞周期制御研究に大きな貢献となった．

d **未成熟溶菌** [premature lysis] 潜伏期にあるファージ感染細胞の，人為的処理を加えることによる*溶菌．クロロホルムや青酸カリを加えたり，リゾチームなどで処理することで細胞壁を溶かしたり，超音波で細胞壁を破壊する方法がしばしば用いられる．未成熟溶菌を起こさせることにより潜伏期間中のファージの増殖状態を知ることができる．

e **ミセル** [micelle] 両親媒性（amphipathic），すなわち分子内に疎水性原子団（hydrophobic atomic group）と親水性原子団（hydrophilic atomic group）をもつ分子が水中でとる構造体の一つ．コロイドの一種．C. W. von Nägeli のミセル説（1858）にはじまる語．石鹸をはじめ種々の*界面活性剤が水中に存在する際，ミセルを形成することはよく知られる．物質によってはその状況に応じて，ミセルとしてもまた分子分散の形態でも存在しうるものがある．例えば石鹸の水溶液を水で稀釈するとミセルは解体して分子分散系に移行する．真溶液（分子分散）からミセル溶液に移行する濃度をその物質の*臨界ミセル濃度と呼ぶ．ミセル粒子の大きさは，超遠心法，浸透圧法，光散乱法，電子顕微鏡，ゲル濾過法などにより測定することが可能．ミセルの形状は，粘度，拡散，光散乱，流動複屈折，電子顕微鏡などで測定され，球状・円筒状（棒状）・二分子膜（層状）などがあり，界面活性剤分子の幾何学的形態に影響される．生体膜構成成分である脂質は両親媒性であり，水中で親水基を水側に向けて疎水部を内に向けたミセルを形成する．両親媒性の膜蛋白質も水中で凝集してミセルを形成する．

f **ミチューリン** Michurin, Ivan Vladimirovich (Мичурин, Иван Владимирович) 1855～1935 ロシアの果樹園芸家．コズロフ（現ミチューリンスク）で鉄道員をしながら果樹の耐寒性品種の育成を研究．主な方法は

メントール法(mentor method, 接木による栄養雑種法)および遠隔雑種(→異親対合)法で, 彼は常にC. Darwinの学説を指針とすることを強調. メンデル遺伝学を否定する立場のT. D. Lysenkoによって高く評価され, ミチューリン生物学の語も作られた.

a **myc 遺伝子**(ミックいでんし)[*myc* gene]脊椎動物に広く保存され, ほとんどの組織で発現して, リン酸化核蛋白質Mycをコードする遺伝子. N-*myc*, L-*myc* 遺伝子産物とともに, Myc蛋白質ファミリーを形成し, 細胞の増殖・分化・がん化, プログラム細胞死など広く細胞の制御に関与する. Myc蛋白質はN末端143アミノ酸部分に転写促進ドメインをもち, 細胞の*トランスフォーメーション, *細胞死にも重要な役割を果たす. この領域のThr58, Ser62は *in vitro* でそれぞれグリコゲン合成酵素キナーゼ3, *MAPキナーゼでリン酸化され, それらは生体内での分解や転写活性の制御にかかわっていると考えられている. C末端領域の塩基性アミノ酸ヘリックス-ループ-ヘリックス-ロイシンジッパー(bHLH-Zip)ドメインを介して, 同じbHLH-ZipドメインをN末端にもつMax蛋白質と二量体を形成し, DNA上のCACGTG コアモチーフを認識して*プロモーターに結合する. Myc蛋白質による転写の促進には, この二量体形成が必須である. Max蛋白質は, ホモ二量体を形成し, 同じ CACGTG コアモチーフに結合することにより, プロモーターからの転写の抑制の機能を果たす. Myc-Maxヘテロ二量体で転写の制御を受けている遺伝子として, p53 オルニチンデカルボキシラーゼ, プロチモシンαの遺伝子が知られている. バーキットリンパ腫において, 染色体*転座の結果, 8番染色体上に存在するc-*myc*遺伝子は, 2, 14, 22番染色体上の*免疫グロブリン遺伝子のどれかと融合することによって異常発現する. 神経芽細胞腫の20〜50%では, 染色体 2p23-p24位置の N-*myc* 遺伝子が増幅している. 本来の染色体位置の遺伝子を温存したまま, 増幅遺伝子は染色体異常として, 対になった微小な染色体様の構造DM (double minute), あるいは染色体の一部が著しく伸長し分染法をほどこすと均一に染色される部域HSR (homogeneous staining region)の形で存在する.

b **箕作佳吉**(みつくり かきち)1858〜1909 動物学者. E. S. Morse, C. O. Whitmanの後をうけ, 日本人として初の東京大学動物学教授となる. 神奈川県三浦半島の三崎における日本最初の臨海実験所建設にも尽力した. カメ類の初期発生, ナマコの研究などがあり, 真珠やカキの養殖にも寄与した.

c **密生群落**[closed vegetation, closed community]植物が互いに近接して生えている群落. 密生の度合は植物の大きさによって異なる. 高木林では樹冠が接しあって, 閉じた林冠を作り, 草原群落では葉が接して, *被度もかなり大きい. (→疎生群落)

d **蜜腺**[nectary, nectarine, nectar gland]被子植物において, 蜜すなわち糖の粘度が高く粘稠な液を分泌する分泌腺. 数層の細胞層からなる組織段階から, 突起状, 環状または盤状の形態をもつ器官様のものがある. 組織段階では分泌組織が表皮に限られている場合と, 表皮下の数層にわたる場合があるが, 細胞は細胞壁がうすく細胞質に富むため他から容易に区別できる. 表皮の分泌細胞が乳頭状または柵状組織様に伸長することもある. 器官様の蜜腺では, そのすぐ下に維管束が達しているが, 蜜腺組織内には維管束は分化しない. 蜜腺の多くが花にみられるが, その存在位置は多様である. その形成には*YABBY 遺伝子族の関与が知られる. 子房上位の花では, 花被の基部(例:キンポウゲ科)や雄ずいと子房基部の間にあって環状の形をとり(例:バラ科), 子房下位の花では子房の上端, すなわち花柱の基部(例:セリ科, キク科)にみられる傾向がある. また花の*距(例:テンジクアオイ属), 雄ずいの花糸上(例:イヌサフラン属)や基部(例:アブラナ科)にみられることもある. また花以外の栄養器官, すなわち*托葉(例:ソラマメ)・葉柄(例:サクラ)・子葉(例:トウゴマ)などにも存在し, これらを花外蜜腺(extrafloral nectary)という.

e **ミッチェル** MITCHELL, Peter Dennis 1920〜1992 イギリスの生化学者. 専門は生体エネルギー論. 自分の立てた化学浸透圧説が認められず, 1964年に大学を離れ, 私邸を改造して研究所を設立, 1名の女性助手とともにミトコンドリアの酸化的リン酸化の研究に没頭. しだいに化学浸透圧説を支持する実験事実が増加し, 1978年ノーベル化学賞受賞. 粗末な実験室で簡単な実験をするという研究生活は, 巨大な設備と人員を誇る大学の研究室のありかたに一つの反省をもたらすものともなった. [主著] Chemiosmotic coupling and energy transduction, 1968.

f **密度依存性**[density dependence]ある*個体群の生存率や繁殖率などの作用の強さが, その個体群密度に関連すること. 密度増加につれて, 繁殖力を低下させたり死亡率を高めたりして, 個体群の*増殖率を低下させるように作用する要因(過程)を密度依存要因(密度依存過程 density-dependent factor)という. *密度調節は密度依存要因の作用によって行われる. 食物をめぐる*競争など種の個体間相互作用のほか, 捕食者, 寄生者, 病原微生物などの天敵類がしばしばその密度依存性を示す. その種に特異的な天敵などは, *世代おくれに密度依存的作用を及ぼすので, 遅効性密度依存要因(delayed density-dependent factor)と呼んで区別することもある. これに対して密度と無関係に作用する要因を密度独立要因(density-independent factor)という. 気候要因やある種の天敵などは, このような作用形式を示すことが多い. また密度上昇につれ増殖率を高めるように作用する要因は, 密度逆依存要因(inverse density-dependent factor)と呼ばれる. 低密度範囲における交尾頻度やプレスこみあい効果がこの作用をもつ. また天敵類の作用, 捕食効率が被食者密度が高くなるに従い飽和する曲線を示すことが多いが, この場合の作用は密度逆依存的である.

g **密度依存淘汰**[density dependent selection]ある集団に複数の表現型があるとき, *個体群密度によって*適応度の相対値が変わる*自然淘汰. 適応度を生存率と繁殖率の組合せで増殖率と考えるとき絶対適応度といい, これは密度が変化するとその影響を受ける. これを用いることで個体群のダイナミックスと遺伝子頻度のダイナミックスを同時に記述することができる. 特に, 過密時と過疎時で有利な表現型が異なる場合, 個体数が変動し続けることは多型を維持する要因となりうる. ワタリバッタなどにみられる孤独相と群居相の*相変異はその好例である. *K淘汰も, 密度依存淘汰によって説明できる. つまり, 過疎時の内的自然増加率が高い形質と*環境収容力が高い形質があるとき, この両者には密度

によって優劣が変わる密度依存淘汰が働くが，撹乱のない定常環境では最後に後者が多数派となる．

a **密度効果** [effect of population density, density effect] 広義には，*個体群の*増殖率や現存量(⇌生物体量)などの生態的特性，あるいはその個体群に属する個体の体重や発育その他の生理・生態・形態上の諸性質が，*個体群密度によって変化すること．ときには生活要求の類似した他種個体群の密度の影響を含める場合もある．R. Pearl (1921) にはじまる昆虫の実験個体群の研究で強調された密度の効果は，ロジスティック(⇌ロジスティック曲線)的な個体群成長過程を解析するうえで，特に増殖率に対する密度効果を重要視している．維管束植物では，個体重の成長が一般ロジスティック曲線で示されることと，*最終収量一定の法則とを基本仮定として，主として同時出生個体群(*コホート)における個体重や収量に対する密度効果が定式化されている (T. Kira ら, 1953, K. Shinozaki & Kira, 1956)．植物の密度効果は，おおむね光，水，栄養分など必要資源の個体当たり配分量の問題に帰せられるが，動物では資源量のほか，他個体との行動干渉や相互刺激などが重要な要因となる．(⇌こみあい効果)

b **密度勾配遠心法** [density-gradient centrifugation method] 物質の浮遊密度の差に基づいた密度勾配を作らせることによって分析を行う遠心分離法．密度勾配を遠心分離前に作製する方法と遠心分離中に作製する方法に大別される．(1) 平衡密度勾配遠心法 (equilibrium density-gradient centrifugation method)：*超遠心機を用いて低分子物質の溶液に長時間遠心力場を加えると沈降平衡に達し，沈降セル内に一定の濃度勾配，すなわち密度勾配が出現する．この溶液中に少量の高分子を加えておくと，その部分が溶媒の密度より大きい部分では沈降が，その逆の部分では浮上が起こり，最終的には両者が釣り合った位置に高分子が幅の狭いバンド状に集まる．このような現象を利用して，核酸・蛋白質などの*浮遊密度の測定やその差に基づく分離・分析を行うのがこの方法で，一種の*沈降平衡法といえる．M. Meselson ら (1958) が案出し，[^{15}N]DNA と [^{14}N]DNA の分離に成功 (*メセルソン-スタールの実験) して以来，この方法は多くの成果を収めている．必要な濃度勾配を得るために塩化セシウムの濃厚溶液が使われることが多いが，塩化ルビジウムや臭化セシウムなども用いられる．同様の原理で，リンパ球などの細胞分離には Percoll や Ficoll の溶液が利用される．密度勾配は標準的混合法を用いて作製，または中程度の遠心で形成させる．密度勾配を作製後，細胞を添加し低い遠心力で遠心すると細胞が分離される．(2) ショ糖密度勾配遠心法 (sucrose density-gradient centrifugation method)：分離用超遠心機のセル内にあらかじめ密度勾配を作製しておき，その上に少量の高分子溶液を層状に重ねてから遠心を行うと，高分子は層状をなして沈降する．*沈降係数の異なる多くの成分が含まれると多数の層が出現する．この方法は (1) と異なり一種の*沈降速度法で，通常の沈降速度法と同じ目的に使われるほか，分離した成分を実際に取り出せる点で優れている．糖の密度勾配を使うことが多い．密度の差を利用してミトコンドリアなどの細胞顆粒成分の分画などに利用されている．なお，密度勾配遠心法は，高分子の溶質の沈降を層(帯)の状態で観測するゾーン遠心法の一種といえる．ただしゾーン遠心法 (zonal centrifugation method) は狭義には，J. Vinograd らの開発した特殊なゾーナルローター (zonal rotor, ゾーン形成センターピース) と呼ばれる分離用ローターおよびそれを用いた技法を指すことがある．これは，試料溶液がローターの回転中に塩化セシウムなどの塩類や重水などで密度を高めた溶媒中に安定した層をつくるように工夫されており，微量の測定あるいは細胞内の小構造物を多量に得ることを可能にしている．

c **密度調節** [regulation of population density] *個体群密度が上昇すればその増加が強く抑制され，低密度になれば増加が促進される結果，密度変動の振幅が限定され，*個体群が平衡レベルに維持されることをいう．一般に高密度においては，高死亡率を生じさせあるいは増殖抑制や*移出率増加をもたらすなど，密度依存要因(⇌密度依存性)の作用によって調節が行われていると考えられている．食物や空間をめぐる*種内競争や，より低密度で働く同種個体間の相互作用(⇌こみあい効果)が，最も基本的な調節機構と考えられるが，捕食者，寄生者，病原生物などの役割も重視されている．密度変化の大きい昆虫類などでは，密度レベルに応じて種内競争や天敵による捕食作用などちがった要因が密度依存的に作用する結果，密度調節が行われるという考えもある．また，*なわばりや*順位など社会組織の発達につれて，高い死亡率をもたらす共倒れ型の*競争が避けられ，一部の個体が繁殖群から閉め出されるなどして，個体群全体としての急激な増減が抑制され，安定した密度に調節されるようになる．V. C. Wynne-Edwards (1962) は，すべての社会組織が密度の自己調節 (self-regulation of population density) に関連して進化したとの仮説を提唱したが，現在では否定されている．また D. Chitty (1960) は，低密度と高密度でちがった遺伝子型をもつ個体が選択されることを，自己調節の主要な機構と考えた．なお密度調節の普遍性や相対的重要性については，否定的な考えをもつ人々もある．例えば P. J. den Boer (1968) は，個体群を構成する個体の変異性と環境の時間的空間的な異質性によって，絶滅の危険が分散され，みかけ上個体数の安定化 (stabilization of numbers) がみられるにすぎず，密度調節の機構が働くのはむしろ特殊な場合であろうと主張している．D. J. Strong (1986) も，密度調節がはっきり効くほど個体群が高密度になるのはまれで，通常は密度調節のあいまいなレベルにある (density-vagueness) と主張している．密度調節がどの程度効くかということは，生物種によって異なる．(⇌自然制御，⇌再生産曲線)

d **密度突然変異体** [density mutant] *ウイルス粒子に含まれる核酸量の増減により粒子の*浮遊密度が変化した変異体．λ, T7 などはファージ DNA の一部を欠失して感染粒子をつくることができる．また宿主菌の DNA 断片を取り込むこともある．これらのファージ粒子は野生型のファージと密度が異なるので，塩化セシウムなどを用いた*密度勾配遠心法で分離できる．

e **ミツバチ毒** [bee toxin, bee venom] ミツバチの毒腺から分泌される毒素．神経毒的・溶血的・凝固的には出血的作用をもつと，同時に古くから民間で神経痛やリウマチなどの治療に用いられる．数々の毒性物質の混合物で，ヒスタミン，ホスファチダーゼ A，脱水素酵素抑圧因子，ポリペプチドのメリチン (mellitin, 26 のアミノ酸からなる)，マスト細胞脱顆粒ペプチドその他

a **ミツバチのダンス**　[dance of bees]　《同》収穫ダンス．蜜あるいは花粉を発見したミツバチの*ワーカー(働き蜂)が帰巣後，巣板の上に密集する同胞のただ中で腹部をはげしく振動させながら歩きまわる行動．K. von Frisch が詳しく解析した．他のワーカーに蜜源の存在を知らせる*コミュニケーションの一形式．体表に残る花の香は蜜源植物の香を伝え，また蜜源の距離が巣から約 100 m 未満の場合には円を描く円ダンスとなり，それより遠い場合には，重力方向に対し一定の角度を保ってまず直線を描き，次に右または左廻りに回転してもとの位置に戻る8の字ダンスとなる．後者の場合直線部が重力の反対方向となす角は，巣から見て太陽の方向と餌の方向とのなす角に一致する(⇒太陽コンパス)．さらにダンスの速さとそのときに発せられる断続的な羽音の頻度は距離に反比例し，これによって距離情報も伝達しており，ダンスの継続時間が長いほど蜜源が豊富で出動する働き蜂が多数必要なことを示す．

b **ミトコンドリア**　[mitochondrion, pl. mitochondria]　《同》コンドリオーム(chondriome)．真核細胞を特徴づける細胞内の呼吸・エネルギー生成を担う，幅 0.5 μm 前後の細胞小器官．一部の嫌気性・寄生性の真核生物はミトコンドリアを欠くと考えられていたが，それらはミトコンドリアが進化・退化したと思われるハイドロゲノソーム(hydrogenosome)やマイトソーム(mitosome)など，呼吸以外の特殊化した機能を担う相同器官をもつ．光学顕微鏡では糸状・顆粒状に観察され，かつて糸粒体(ギリシア語 mito=糸, condrion=粒)とも呼ばれた．膜電位差を利用した蛍光色素(Rhodamine 123, DiOC$_6$ など)のミトコンドリア内膜内への取込みによって生体染色が可能である．一般に1細胞当たり肝細胞では約 2500 個，植物葉肉細胞では 100〜200 個が含まれるが，その数は同一種内でも器官や組織，細胞の状態によって大きく変動する．ミトコンドリアは頻繁に分裂と融合を繰り返しており，これにより細胞内の複数のミトコンドリアはその内容物質を均一化させる．電子顕微鏡像では，ミトコンドリアは内外2枚のミトコンドリア膜(mitochondrial membrane)に包まれている．膜の厚さは約 6 nm，膜間部は 6〜8 nm．内膜は内部に向かって突出し，幅 20〜30 μm の棚状のクリステ(crista, pl. cristae)を形成する．クリステはミトコンドリアの長軸方向に直角に突出することが多いが，長軸に平行のこともある．原生生物・藻類ではクリステは環状をしていることがある．低張液中で膨潤したミトコンドリアをネガティブ染色で電子顕微鏡観察すると，クリステ膜および内膜の表面には，直径約 10 nm の ATP アーゼ(基本粒子)の突起が認められる．内膜に囲まれたクリステの間を埋める腔はミトコンドリアマトリックス(mitochondrial matrix)と呼ばれる．ミトコンドリアはクエン酸回路と電子伝達系および両者に共役する酸化的リン酸化の酵素群をもち，好気条件下におけるエネルギー生産の場となっている．マトリックスには，ピルビン酸や脂肪酸から*アセチル CoA を生成する酵素やクエン酸回路によってアセチル CoA を酸化する酵素が含まれる．この酸化過程で生じる最終産物は CO$_2$ と NADH で，CO$_2$ は細胞から放出され，NADH は*呼吸鎖を流れる電子の主な供給源となる．クリステおよび内膜には*電子伝達に関与する諸酵素と共役する酸化的リン酸化に関与する ATP アーゼが埋め込まれている．ATP アーゼは膜貫通型*プロトンポンプを含み，電気化学的勾配に従ってプロトンがここを通過する際に ATP を合成する．外膜には*ポリンと呼ばれる輸送蛋白質が脂質二重層を貫通して多数存在し，大型の親水性チャネルを形成している．このため，小さな蛋白質を含む分子量1万以下の分子は自由に外膜を通過し膜間部までは入れるが，内膜が非透過性であるためマトリックス部分には高度に選択された小分子群しか到達できない．ミトコンドリアは独自のゲノム(mtDNA)を保有し，細胞内で分裂によって増殖する(⇒ミトコンドリアゲノム)．ミトコンドリアの遺伝子発現機構は基本的には原核生物型とされ，その起原は好気性細菌の細胞内共生(endosymbiosis)に由来する．ただし mtDNA にコードされた遺伝子情報は細菌類のものに比べ極端に小さく自律性をそなえるには不十分である．ミトコンドリアを構築する多くの蛋白質と一部の tRNA は，核ゲノムコードの遺伝子産物に依存しており，これらは細胞質で転写翻訳後にミトコンドリア内へ輸送され，機能を発揮している．核ゲノムコードのミトコンドリア蛋白質には N 末端に余剰な数十アミノ酸残基からなるミトコンドリア輸送シグナル(プレシークエンス)が存在し，これが認識されることで，外膜蛋白質輸送複合体(TOM complex)，内膜蛋白質輸送複合体(TIM complex)を介してミトコンドリアマトリックス内へと特異的に輸送される．

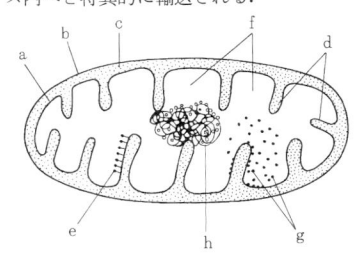

a,b ミトコンドリア膜(a 内膜, b 外膜)　c 膜間部　d クリステ　e 基本粒子　f ミトコンドリアマトリックス　g ミトコンドリアリボソーム　h ミトコンドリア核

c **ミトコンドリアゲノム**　[mitochondrial genome]　mt ゲノム，mtDNA などと略記．《同》ミトコンドリア核様体(mitochondrial nucleoid)，ミトコンドリア核(mitochondrial nuclei)，ミトコンドリア染色体(mitochondrial chromosome)．*ミトコンドリアが保有する独自のゲノム．一般に環状二本鎖DNA であるが，生物によっては線状の場合もある．生物種間でサイズの隔たりが大きい．後生動物のミトコンドリア DNA は一般に小型の環状 DNA で，情報的には極度に切りつめられたコンパクトな形になっている．例えば，ヒト(1万 6569 bp)などの哺乳類のミトコンドリア DNA には，2種の rRNA (16S, 12S)，22 種の tRNA，13 種の蛋白質(NADH 還元酵素の7個のサブユニット，シトクロム酸化酵素の3個のサブユニット，ATP アーゼの2個のサブユニット，およびシトクロム b)に関する遺伝子が存在するが，これらはほとんど隙間なく配置されており，tRNA には T ループや D ループに欠失のあるものも多い．各遺伝子の間に tRNA 遺伝子が存在し，長く転写

されたRNAがtRNAプロセッシングによって各mRNAに分割される．*イントロンはない．遺伝暗号は変則的で，核ゲノムの終止コドンであるUGAがTrpに，IleコドンであるAUAはMetに，ArgコドンであるAGAとAGGは終止コドンに変わっている．このようなミトコンドリアDNAの遺伝的構成は動物に普遍的なものと考えられている．ミトコンドリアゲノムは核ゲノムと比較して細胞や組織当たりのDNAコピー数が数十～数百倍多く，PCR法と組み合わせた塩基配列検出が容易なことから，生物種間などの分子系統解析(⇒分子系統学)，化石や遺骨の調査，親子判定や犯罪捜査などにも用いられる．古代人骨や現代人のミトコンドリアDNA塩基配列解析は人類進化の系統的な研究にも広く利用されている．ヒトではミトコンドリアゲノムは細胞質を通して母性遺伝するため，ミトコンドリアDNAの解析から現生人類の祖先と推定された女性(約20万年前にアフリカに居住)はミトコンドリアイヴ(mitochondrial Eve)と呼ばれることがある．細胞や組織内では正常型と変異型ミトコンドリアDNAが混在していることをヘテロプラスミー(heteroplasmy)と呼ぶ．酵母のミトコンドリアDNAは，78～85 kbpの環状分子で動物のものよりかなり大きいが，基本的な遺伝的構成はほぼ同様である．サイズの違いは遺伝子間のスペーサーの長さと遺伝子内にイントロン(自己スプライシング型のグループⅠ，Ⅱ)を含むものが多いためである．これらイントロンのなかには*スプライシングを補助するための蛋白質(RNA maturase)の遺伝子などを含むものも知られている．酵母の一種 Saccharomyces cerevisiae では，動物のミトコンドリアゲノムに普遍的な NADH 脱水素酵素系の7個の遺伝子を欠いているが，他の菌類や藻類では対応する遺伝子群が検出されており，これが単細胞真核生物の特徴というわけではない．遺伝暗号表には動物の場合と全く同じではないが，同程度の変則性がみられる．植物のミトコンドリアゲノムは動物や菌類などのものに比べ一般に大きく(200～2400 kbp)複雑な構造をもつ．苔類ゼニゴケ Marchantia polymorpha のミトコンドリアDNA(18万6608 bp)は単一の環状分子であるが，種子植物などの場合には一つのミトコンドリアの中に大きさの異なる複数の DNA 分子が存在し，分散型(multipartite)のゲノム構造になっている．分散型のミトコンドリアDNAには分子内に反復配列が複数存在しており，それらの間での組換えによって環状DNAの切り出しや結合，逆位などが起こることにより，種々のDNA分子種が派生してくると考えられている．逆に，反復配列を基にミトコンドリアDNA全塩基配列を仮想的な一つの環状 DNA としてまとめたものをマスターサークルと呼び，これが一般に植物ミトコンドリアゲノムとして認識されている．しかしこのようなマスターサークル分子が植物の中で恒常的に存在するか否かは証明されていない．植物のミトコンドリアDNAは，rRNA，tRNA，蛋白質に対する遺伝子(未同定のORFを含む)と多数のイントロン(グループⅠ，Ⅱ)で構成されており，動物や菌類などの普遍的な蛋白質遺伝子の他，十数個のリボソーム蛋白質遺伝子などが付加されている．遺伝暗号表は普遍的で動物などにみられるような変則性はない．種子植物やヒメツリガネゴケのミトコンドリアゲノムからの転写産物は，RNAエディティング(主にC→Uへ)が総計数百ヵ所で起こり，DNAとRNAの間で塩基配列の変換が起こるが，ゼニゴケではRNAエディティングはない．

a **ミトコンドリア細胞死経路** [mitochondrial cell death pathway] 〚同〛内因性細胞死経路(intrinsic cell death pathway)．アポトーシスの実行経路のうち，ミトコンドリアが関与する経路をいう．デスレセプターを介した外因性経路と区別して内因性経路とも呼ばれる．この経路ではミトコンドリアの膜透過性の亢進により，シトクロム c や Smac/Diablo, HtrA2/Omi などのアポトーシス誘導蛋白質が細胞質に漏出する．シトクロム c の漏出が引き金となり*アポトソームが形成され，カスパーゼ-9が活性化する．活性化したカスパーゼ-9はカスパーゼ-3などの細胞死実行カスパーゼを活性化し，アポトーシスが実行される．

b **ミトコンドリア脱共役蛋白質** [uncoupling protein] 〚同〛産熱蛋白質，熱生産蛋白質(thermogenin)．ミトコンドリアにおける*電子伝達と*酸化的リン酸化の共役を阻害することで，熱生産をもたらす蛋白質．通常，電子伝達と酸化的リン酸化は共役しているため，酸化的リン酸化でアデノシン三リン酸(ATP)が合成されなければ電子伝達は起こらない．しかし，寒冷により，交感神経が刺激されると，脂肪分解が起こり，遊離した脂肪酸がミトコンドリア内膜に多量に存在するミトコンドリア脱共役蛋白質を活性化し，膜電位を解消する．よって，酸化的リン酸化と電子伝達が脱共役しATP合成が行われない状況下で，脂肪酸などの基質の酸化が盛んに行われ，熱生産が起こる．

c **ミドリムシ植物** [Euglenophyta] ⇒ユーグレナ藻

d **南方熊楠**(みなかた くまぐす) 1867～1941 植物学者，民俗学者．和歌山生まれ．大学予備門を退学して，アメリカ経由でイギリスに渡り(1892)，大英博物館東洋部で多くの翻訳や論文執筆を行う．1900年帰国，和歌山県田辺に永住．その自由な行動から奇才として知られた．植物では特に菌類・変形菌類を採集，記載したが，知識は多方面にわたり，中でも民俗植物学・民俗動物学に関する考証が多くなされている．[主著]十二支考．

e **港川人** [Minatogawa fossil humans] 沖縄本島南端近くにある港川から出土した，更新世の終末期，後期旧石器時代末(約1万8000年前)に相当する時代の化石人骨．大山盛保が発見．日本列島の旧石器時代人の身体特徴を推測するうえで非常に貴重で，男女を含む9体分程度の人骨が発見されている．成人男性の推定身長は153 cm 程度で相当な低身長．顔は上下に短い低顔で，大きな眉上隆起，幅広い額，頑丈な下顎骨など，後の縄文時代人に共通する特徴が少なくないとされたが，懐疑的な研究者もいる．中国大陸の同時代人化石と比較すると，高顔(いわゆる面長)で高身長の華北の周口店上洞人よりは，低顔(丸顔)で低身長を特徴とする華南の柳江人のほうに強く相似する．

f **水俣病** [Minamata disease] 熊本県水俣湾周辺に1953～1959年頃多発した，有機水銀中毒による神経疾患．当初は原因不明とされたが，後に工場のアセトアルデヒド合成工程の排水中に含まれるメチル水銀に汚染された魚介類を食べたことによる中毒と判明した．感覚障害，運動失調，求心性視野狭窄，難聴，歩行障害などの主要な症状は，有機水銀取扱い工場労働者から報告されたハンター・ラッセル症候群と共通するが，水俣病の場合，

魚介類摂取量の差などにより，患者ごとに症状と程度は多彩である．胎児性水俣病は魚介を多食した妊婦の胎盤からメチル水銀が胎児に移行して発生した．原因究明の過程で，有害物質の生態系内での蓄積，食物連鎖による濃縮という観点も注目され，有害物質の排出規準など，公害の研究や公衆衛生上の対策に一石を投ずるものとなった．また，1964年頃新潟県阿賀野川流域に同様な疾患が発生，第二水俣病と呼ばれる．

a **ミニ細胞** [minicell] 細菌の細胞分裂に異常を起こしたある種の変異株において，異常分裂の結果生じる非常に小さい細胞．染色体DNAを全く含まないが，*転写・翻訳に関係する全ての機能をそなえ，また分裂は行わないが，一般の代謝機能や構造は正常菌細胞と変わらない．大腸菌・枯草菌などで知られる．大腸菌のミニ細胞生産株に*プラスミドを保持させておくと，ミニ細胞中にプラスミドDNAだけが分配されるので，プラスミドDNAおよびその生産物の構造・機能の解析に用いられる．

b **ミネラルコルチコイド** [mineral corticoid] 《同》鉱質コルチコイド，電解質コルチコイド．電解質と水分の代謝に関係するステロイドで，副腎皮質ホルモンの一種．*グルココルチコイド（糖質コルチコイド）と対置されるが，このような区別は主として哺乳類においてなされるものであり，必ずしも脊椎動物全般にあてはまらない．*アルドステロンによって代表される．腎臓の遠位尿細管に作用してNa^+の再吸収とそれに伴う水分の再吸収，そしてK^+の排出を促進する．グルココルチコイドに分類されるコルチゾルやコルチコステロンも弱いながらも同様の作用をもつ．（⇌副腎皮質ホルモン）

c **ミヒェル** MICHEL, Hartmut 1948～ ドイツの生化学者．光合成細菌の光合成の反応中心複合体をなす膜蛋白質を純粋な結晶として精製．J. Deisenhofer, R. Huberがこの膜蛋白質の三次元構造を決定し，3名共同で1988年ノーベル化学賞受賞．

d **MYB遺伝子族**（ミブいでんしぞく） [MYB gene family] がん遺伝子*myb*とそれに類似した遺伝子の一群．ニワトリ骨髄芽球症ウイルスから，v-*myb*がん遺伝子が分離され，続いて細胞側相同遺伝子として，c-*myb*原がん遺伝子が同定された．mybの名前は骨髄芽球症(myeloblastosis)に由来する．c-*myb*遺伝子産物(c-Myb)のDNA結合ドメインは，51～52アミノ酸を1単位とした三つの反復構造からなり，ヘリックス＝ターン＝ヘリックス様の構造をもち，5′-AACNG-3′を認識する．動物では類似のDNA結合ドメインをもつ遺伝子として，A-*myb*とB-*myb*が存在する．MYB遺伝子産物は，一群の標的遺伝子の転写を制御し，細胞増殖・分化を制御する．植物においては，転写調節因子として，細胞周期，発生・分化，ホルモンのシグナル伝達など，さまざまな生命現象に関わっている．単細胞生物も含め，真核生物全般に共通する遺伝子族である．

e **身ぶり** [gesture] 《同》ジェスチャー，身ぶり言語．発声言語または一般に音声によるのでなく全身あるいは身体の一部の動きで意思を伝える手段（⇌ノンバーバルコミュニケーション）．類人猿では発声器官が人間と異なるため発声言語の習得は困難だが，身ぶりや図形によるコミュニケーションの学習実験が，特に1960年代後半から進められた．R. A. Gardner, B. T. Gardner夫妻はWashoeという名のチンパンジーにASL (American sign language)方式の手話を3年半に130語教えるのに成功した．

f **耳** [ear ラ auris] [1] 脊椎動物の頭部にある，1対の音受容器ならびに平衡受容器．*外耳・*中耳・*内耳の3部からなるが，このうち内耳が主要部で，他の2部は音受容器としての耳の集音とその伝達にあたるにすぎない．外耳は哺乳類および一部の鳥類だけにあり，外耳のない爬虫類や両生類では，鼓膜が体表に露出している．さらに魚類では内耳だけで，また平衡器としての役割のほうが大きい．鼓膜を境としてその奥の耳小骨を包む鼓室とエウスターキョ管（耳管）の部分が中耳で，内耳は*骨迷路の中に収まった*膜迷路の部分をいう．[2] 無脊椎動物でも，聴覚とは無関係に形態の類似から，ミミカの胴部の左右に突出した鰭や，プラナリアの頭部に見られる三角状突起部などをいう．一方，昆虫の聴覚器なども，機能の類似から耳と呼ばれることがある．

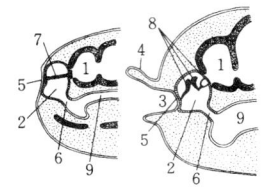

1 内耳
2 中耳
3 外耳道
4 耳介
5 鼓膜
6 エウスターキョ管
7 耳小柱
8 耳小骨
9 口腔

左：両生類，爬虫類，鳥類　右：哺乳類

g **ミミウイルス** [*Mimivirus*] 《同》Acanthamoeba polyphaga mimivirus (APMV)．二本鎖DNAウイルスの一属．直径約400 nmの極めて大きなウイルス．細菌を模倣しているウイルス(mimicking microbes virus)として，ミミウイルス(mimivirus)と名づけられた．1992年にイギリスの冷却塔に生息していたアメーバの中から見出され，1.2 Mbもの直鎖DNAをゲノムとし，1262個のORF(*オープンリーディングフレーム)を有する．ORFには，ウイルス構造蛋白質や複製に必要な酵素以外に，tRNA合成酵素，DNA修復酵素，翻訳関連蛋白質，シャペロン蛋白質などもコードされている．リボソーム以外の蛋白質翻訳に必要な分子をほとんど自前で用意しているが，複製にアメーバ細胞が必要なことから，ウイルスと分類される．2008年にはミミウイルスに近縁でさらに大きなウイルスが分離され，ママウイルス(Mamavirus)と名づけられた．また，このウイルスの中に，粒子径50 nmで約18 kbの環状DNAをゲノムとしてもっているスプートニク(Sputnik)粒子が確認された．スプートニクは複製をママウイルスに依存することから，「他のウイルス（ママウイルス）に感染するウイルス」としてヴィロファージ(virophage)という概念が提唱された．

h **ミーム** [meme] 《同》文化子，文化遺伝子(culture gene)．文化を進化する適応システムとみなしたとき（⇌文化進化），文化における生物の遺伝子に相当する複製子（⇌レプリコン説）．R. Dawkins (1976)の命名．遺伝子が生物的な遺伝情報の伝播の単位であるのと同様，ミームは文化的情報の伝播の単位である．しかし，遺伝子と違って突然変異率が高く，獲得形質の「遺伝」が可能であり，対立遺伝子座を常にもつとは限らない．伝播経路も複雑で，垂直伝播（親から子へ）に加え，斜行（親以外のおとなから子へ）と水平（同一世代内）の伝播がある．実体としては，*記憶に関わる脳内の物質の配置変化と

a **味盲**［taste blindness］ 特定の味物質に対する味覚能力が欠如する現象．多くは先天的なものを指すが，ヒトで特定の化合物，例えばフェニルチオカルバミド（phenylthiocarbamide, PTC）に対する PTC 味盲が知られる．この物質は，強力な甘味物質であるズルチン（dulcin）の，カルバミド基のOをSに置換しただけの違いで，稀薄溶液で強い苦味を感じる者（有味者 taster）と，全くその苦味を感じない者（無味者 nontaster）があり，また苦味以外の味質を感じる者もある．6377名についてのある統計例では，有味者79.7％，無味者20.3％で，有味者の内訳は苦味（にがみ）65.4％，酸味5.4％，甘味2.1％，鹹味（かんみ）4.8％，その他2.0％である．また無味者の比率には集団間変異が見られる．PTCの多様性は，ヒトの7番染色体に位置し，苦味受容体の一つをコードしている *TAS2R* 遺伝子内の3サイトにおける非同義塩基多型の組合せでほぼ説明される．この多型は中立進化の一例と考えられる．

b **脈管新生**［vasculogenesis］ 脊椎動物の胚発生途上で，側板中胚葉から未熟な毛細血管のネットワークを形成すること．このネットワークが再構成され毛細血管，動脈，静脈が分化することを血管新生（angiogenesis）という．脈管新生では側板中胚葉細胞から繊維芽細胞増殖因子（FGF-2）で血島と血管芽細胞（hemangioblast）が分化し，このうち血管芽細胞に血管内皮細胞成長因子（VEGF）が作用して内皮細胞への分化と管形成が起こる．さらにアンギオポエチン（angiopoietin）の作用で平滑筋様の周皮細胞（pericyte）が未熟な管を取り巻く．血管新生ではVEGFの作用により未熟な血管の退縮と再構成が起こり，動・静脈の分化と未熟な血管系が形成され，血小板由来成長因子（PDGF）や*形質転換成長因子（TGF-β）の作用で血管の成熟と再構成が終了する．創傷治癒やがんの一病態で見られるものは血管新生であり，血管基底膜の消化，血管内皮細胞の遊走・増殖，管腔形成の順に進行する．

c **脈系**［venation, nervation］《同》脈理．葉における*葉脈の配列様式．植物の分類群により特徴的な型を示す．ヒカゲノカズラ類やトクサ類では，化石の一部木生種を除き，分岐しない1本の葉脈が葉の中央を通る単純な構成．これに対しシダ類や種子植物では，茎から供給される1〜多数の維管束が葉内で分岐あるいは癒合して，二又脈系，網状脈系，あるいは平行脈系と呼ばれる，より複雑な脈系を成す．(1) 二又脈系（dichotomous venation）は，繰り返し二又に分岐する葉脈からなり，進化的に古いとされる．多くのシダ類や裸子植物のイチョウやザミアに見られるが，例外的に双子葉類の *Circaeaster* と *Kingdonia* にも見られる．分岐だけを繰り返すこともあるし（開放型：イチョウなど），末端が他の脈と癒合して網目を成すこともある（閉鎖型：デンジソウなど）．(2) 網状脈系（netted venation, reticulate venation）は，主脈から側脈，さらに細脈と分岐した葉脈が互いに癒合して連絡を生じ，網目状に分化する．被子植物に極めて一般的で，多くは平行脈をもつ単子葉類でもサトイモ科，ユリ科，タシロイモ科などに見出される．網状脈系は，主な分岐様式により，(a) 羽状脈系（pinnate venation）：葉の中央を貫く1本の主脈から左右に複数の側脈が発出するもの（多くの双子葉類），(b) 掌状脈系（palmate venation）：葉身の基部の1点から複数の太い脈が放射状に発散するもの，多くの場合脈に対応して葉が切れ込み掌状葉または掌状複葉となる（カエデ，ウコギ），(c) 鳥足状脈系（pedate venation）：脈の基部途中から葉の外側に向けて脈が分岐することが繰り返されるもの（スズカケノキ，ヤブカラシ），に区別される．また主脈の基部付近より出る1対の側脈が特に目立つ場合，三行脈と呼ぶ（クスノキ）．(3) 平行脈系（parallel venation）は，主な脈が多数縦に平行に走るもので，単子葉類にごく一般に見られる．ただし一部の双子葉類にも見られる（オオバコ，*Tragopogon*）．平行脈の間にはこれらを横方向に連絡する細い脈がある．葉身の幅の変化に応じ平行な脈の間隔が変わることも多い．

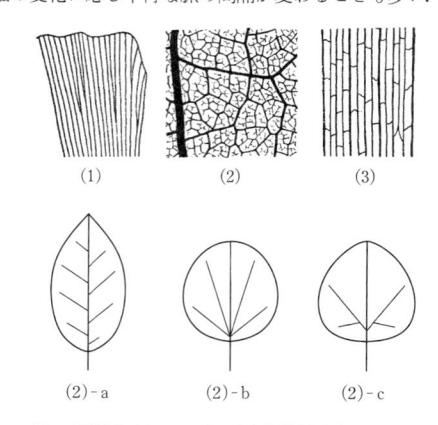

(1)　(2)　(3)

(2)-a　(2)-b　(2)-c

(1) 二又脈系（イチョウ）　(2) 網状脈系（ユリノキ）
(3) 平行脈系（カラスムギ）　(2)-a 羽状脈系
(2)-b 掌状脈系　(2)-c 鳥足状脈系

d **脈拍**［pulse］《同》脈．血管，特に動脈に*血圧の変動すなわち脈圧として現れた*心臓拍動．ヒトでは橈骨動脈が表在し，しかも骨床上にあるから，よく指に触れることができ，脈拍の触診に用いられる．幹部動脈の脈拍描記は膜圧力計によるほかないが，上記の橈骨動脈などの末梢脈拍は，脈波計（sphygmograph）により体外から描記できる．動脈壁の弾性的伸展が血液を介して中枢から末梢へ脈波（pulse wave）として伝播されるに伴い，圧変動を表す脈波記録図（sphygmogram）がしだいに一定の変形を示す．脈波の伝播速度は大動脈で4 m/s, 細い動脈で16 m/sで，血流速度よりもはるかに大きい．幹部大静脈にはときに脈拍が見られるが，これは心臓への還流が心臓周期により遮断されることに起因し，血流と逆方向に伝播される．

e **脈絡膜欠損**［coloboma of choroid　ラ coloboma choroideae］ 脊椎動物の眼の抑制奇形の一つ．水晶体形成は眼杯により誘導され，水晶体に栄養を送る血管（硝子体動脈，静脈）を含む脈絡膜組織が，眼杯と眼杯茎の下縁に深い溝すなわち眼杯裂をつくる．正常発生では眼杯裂が跡を残さずに癒合し，脈絡組織，特に網膜面より末梢側の血管が退縮吸収され，中枢側が網膜中心血管として残る．この発生過程が停滞すると網膜視部の下半に欠損が残り，奇形を生ずる．極端な場合は眼杯の瞳孔

縁すなわち網膜虹彩部に亀裂が生じ，虹彩欠損(coloboma iridis)となる．(⇨眼杯)

a **ミューテーター遺伝子** [mutator gene] 自然突然変異率を増加させるような変異をもつ遺伝子の総称．ファージ・細菌・酵母・ショウジョウバエ・トウモロコシなど，ほとんどすべての生物種について多数見出される．このような遺伝子としては，DNA複製酵素，プルーフリーディング活性(校正機能)に関する遺伝子，二本鎖DNA中で塩基対ができない部位の修復(ミスマッチ修復)を行う系に働く遺伝子，シトシンの脱アミノ反応の結果できるウラシル除去に働く遺伝子，天然にできる変異原性ヌクレオチド-3-リン酸誘導体を分解する酵素の遺伝子など，いろいろな種類の遺伝子が知られている．

b **μファージ** [μ phage, Mu phage] 《同》Muファージ．大腸菌を宿主とする*バクテリオファージの一種．大腸菌に突然変異を起こすものとしてA.L. Taylor(1963)が発見．ウイルス粒子は正二十面体の頭部と収縮性尾部からなり，尾部の先端には6本の尾部繊維が存在する．ウイルス粒子中のファージDNAは，3万6717塩基対のμファージに固有の配列とその両端に存在する500〜3000塩基対の宿主染色体由来配列からなる．μファージは*溶原性ファージの一種だが，*トランスポゾンとしての性質も有し，*プロファージは宿主染色体上の任意の部位に組み込まれる．また，ファージゲノムの複製は，プロファージが宿主染色体上で複製型転移(replicative transposition)を繰り返すことにより行われる．ゲノムがファージ頭部に収納される際には，宿主染色体の一部(プロファージゲノムの両端の外側)もファージゲノムとともに切り出される．そのため，両端に染色体組み込み部位に由来する配列をもつファージDNAが生じる．ファージDNAの右端付近には逆方向繰返し配列(inverted repetitive sequence)にはさまれた分節(segment)があり，この分節に*逆位が起きると宿主域が変化する．

c **ミュラー** MÜLLER, Fritz 1821〜1897 ドイツの動物学者．ベルリン，グライフスワルト両大学で医学と博物学を修め，ベルリン大学ではJ.P. Müllerから大きな影響を受けた．1852年ブラジルに渡って，生物と外界，昆虫と花，チョウの擬態，寄生虫と宿主，両性の関係などについて幾多の研究を行った．ミュラー擬態に名を残す．C. Darwinの進化論に賛同，生物の系統を確立するうえで発生研究が重要と説き，E.H. Haeckelの生物発生原則に先駆した．[主著] Für Darwin, 1864．

d **ミュラー** MÜLLER, Johannes Peter 1801〜1858 ドイツの生理学者，比較解剖学者．初期には視覚生理学的研究に従事，'Zur vergleichenden Physiologie des Gesichtssinnes der Menschen und Tiere'(1826)では特殊感覚勢力の法則を提起．その後は解剖学的・生理学的研究を進め，分泌腺の活動様式をはじめて明らかにし，生殖器官の発生(ミュラー管)，血液やリンパに関する諸発見，動物膜の透過性の研究など多数の業績を挙げた．比較解剖学や比較発生学の分野にも業績があり，魚類や棘皮動物の分類・発生，さらに古生物学研究もした．[主著] Handbuch der Physiologie des Menschen, 2巻，1837〜1840．

e **ミュラー** MÜLLER, Paul Hermann 1899〜1965 スイスの化学者．バーゼル大学で化学を学び，同地のガイギー社に入って染料を研究した．そこで同時に殺虫剤の仕事をし，1939年の秋にDDT(dichlorodiphenyl-trichloroethane，1874年に合成されていた)の強力な殺虫作用を発見．1948年ノーベル生理学・医学賞受賞．

f **ミュラー管** [Müllerian duct ラ ductus Mülleri] 《同》中腎傍管(paramesonephric duct)．脊椎動物の発生において，*中腎管に平行して生じる中胚葉性の管．*中間中胚葉に由来する．*中腎とは連絡しない．雄では，セルトリ細胞が分泌する*ミュラー管抑制因子の影響で退化するが，雌では発達して*輸卵管となる．

g **ミュラー管抑制因子** [Müllerian duct inhibiting factor] 《同》抗ミュラー管ホルモン(anti-Müllerian hormone, AMH)，抗ミュラー管因子(anti-Müllerian factor, AMF)，ミュラー管抑制物質(Müllerian duct inhibiting substance, MIS)．*ミュラー管の退縮を促進する因子．A. Jost (1947, 1955)はウサギ胎仔精巣を雌ウサギ胎仔卵巣近くに移植し，精巣から分泌される物質がミュラー管の退縮を促すことを示し，ミュラー管抑制因子と命名．後に胎仔精巣の*セルトリ細胞から分泌される*形質転換成長因子(TGF-β)スーパーファミリーに属する糖蛋白質であることが同定された．ミュラー管抑制因子は脊椎動物に保存され，哺乳類の雄ではY染色体上の性決定領域Y(*SRY*)遺伝子の転写産物により活性化されたSox9，ステロイド産生因子1(SF1)により発現が促進され，ミュラー管の退縮に作用する．一方，哺乳類の雌でもミュラー管抑制因子は卵巣の特に未成熟な濾胞細胞で発現し，ヒトではその血中濃度が卵巣予備能として不妊検査に用いられる．

h **ミュラー細胞** [Müller cell] 《同》放射状膠細胞．脊椎動物網膜の*神経膠細胞の一つ．細胞体は内顆粒層の内側面に位置し，頂部に微絨毛をもち網膜下腔に面し，基底部は内境界層(硝子体面の基底板)に達する．隣接するミュラー細胞間および視細胞との間の閉鎖帯(zonulae occludentes)は光学顕微鏡レベルでは外境界層に相当する．発生学的には眼杯上衣細胞に由来し，感覚細胞および神経細胞に分化する神経芽細胞の系統が多層構造を形成するのに対し，ミュラー細胞は，終生，単層円柱上皮の原型を保つ．この細胞は，要するに網膜を上下に貫く柱であるが，外および内網状層では水平方向に細胞突起を送って神経細胞の突起を，外および内顆粒層と視神経節細胞層(多極神経細胞層)では，それぞれ視細胞，双極細胞，無軸索細胞，多極神経細胞などの細胞体の周囲に薄い層板状の突起を送り，絶縁，栄養，新陳代謝などを担当する．網膜電位の形成と機能維持のために極めて重要である．神経繊維層にはミュラー細胞基底部のほかに星状膠細胞があり，特に視神経円板の近くではすべての繊維が後者によって包まれ，鰭脚類などでは網膜ですでに視神経の髄鞘形成が始まる．(⇨網膜，⇨視神経)

i **ミュラー幼生** [Müller's larva] *渦虫類の多岐腸目無殻盤類の一部と吸盤類の多数の種でみられる浮遊性の幼生の一つ．体に繊毛帯があり，葉状突起の数は8個で，腹面中央に口があり消化管に続くが，肛門はない(⇨原輪子)．3個の眼点をもち，感覚毛を体の頂部と反対側の尾部に1本ずつもつことがある．変態に際して葉状突起は吸収され，感覚毛は消失し，眼点の数は増え

脳
口

正面

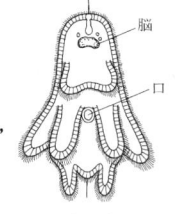

て若い成体となる．またツノヒラムシ(*Planocera reticulata*)では，ミュラー幼生が卵殻内に生じ変態後に孵化することから，殻内ミュラー幼生(intra-capsular Müller's larva)と呼ばれる．

a **三好学**(みよし　まなぶ)　1862〜1939　植物生理学者，植物生態学者．東京帝国大学植物学教授．近代的な植物生理学・植物生態学などを日本に紹介し，その基礎を築いたほか，天然記念物保護法の設置に尽力した．[主著] 植物学講義, 1899.

b **味蕾**　[taste bud, taste bulb　ラ calyculus gustatorius]　脊椎動物の味覚器．四肢動物では口腔内(舌，口蓋など)に限られるが，魚類では口腔に限らず口の周辺からさらに体表にも分布．感覚細胞としての桿状の*味細胞と支持細胞からなり，上皮中に位置する．この両者は周囲の上皮細胞が移動してきた基底細胞から分化した二次性のもので，上皮細胞から変化し比較的短時日で退化脱落するので絶えず入れかわっている．味蕾には味孔(gustatory pore)という小孔がある．ヒトの味細胞は舌の前部2/3では鼓索神経(chorda tympani nerve)の分布を受け，後部1/3では舌咽神経の支配を受ける．

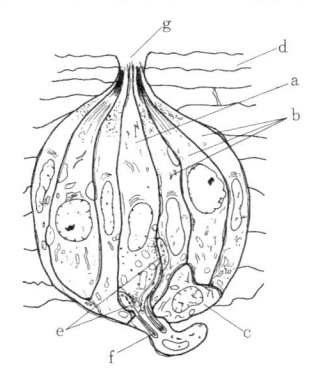

a 感覚細胞
b 支持細胞
c 基底細胞
d 上皮細胞
e シナプス
f 神経線維
g 味孔

c **未来指数**　[futurity index]　《同》両親の中間指数(mid-parent index)．家畜において両親の能力または形質から次代のそれを推定する場合，その遺伝的伝達力を父親および母親(たち)の能力ならびに形質の和の平均とした指数．すなわち，

$$\frac{母(たち)の平均}{2}+\frac{父}{2}=姉妹(兄弟)たちの平均$$

で示される．この指数は逆に子孫の能力検定により雄親の遺伝的能力を推定するためにも利用できる．

d **ミラシジウム**　[miracidium]　《同》ミラシディウム．扁形動物新皮目吸虫類に属する二生類の卵内に生じる最初の幼生．長円形の体に眼点，頂腺などの分泌腺と，排泄系，胚細胞などをもち，体表は繊毛で覆われる．産出された虫卵は，卵殻が厚く卵蓋をもつのが一般的で，産出時に既にミラシジウムを含むものと，産出後にミラシジウムが形成されるものとがある．前者は，水中で孵化することはなく，中間宿主の巻貝類に摂食されて孵化するが，後者ではミラシジウムが水中に遊出し，自ら泳いで巻貝類の体内に侵入する．ミラ

眼点
分泌腺
胚細胞

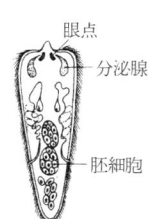

カンテツのミラシジウム

シジウムは，主に巻貝類の体内で変態し*スポロシストとなる．

e **ミラーニューロン**　[mirror neuron]　ある動作を自ら行う時と，同じ動作を他個体やヒトが行っている状況を見ている時の両方において活動するニューロン．他個体の動作に対しても，まるで自身の動作であるかのように活動するという意味でmirror neuronと命名された．マカカ属サルの運動前野(premotor cortex)および頭頂葉で見つかり，その後，ヒトのほぼ同じ部位でも同様の活動が見られることが脳活動イメージング法により報告されている．ミラーニューロンシステムとも呼ばれる．

f **ミラーの放電実験**　[Miller's discharge experiment]　《同》ユーリー-ミラーの実験(Urey-Miller's experiment)．原始地球環境下における生体構成素材の生成を再現するモデル実験の一つ．1950年代はじめ，当時シカゴ大学大学院の学生だったS. L. Millerは，H. C. Ureyの指導のもとに，始原大気と推定される混合ガス(CH_4, NH_3, H_2, H_2O)を入れたフラスコに分子の結合エネルギー源として雷を模した火花放電をした結果，グリシンなどのアミノ酸やアデニンなどの塩基が作られることを示した．この実験は，*化学進化の実験的研究の端緒となった．もっとも，現在では始原大気の成分はCO_2とN_2だったと考えられている．(⇒生命の起原)

g **ミリスチン酸**　[myristic acid]　《同》テトラデカン酸(tetradecanoic acid)．$CH_3(CH_2)_{12}COOH$　炭素数14の飽和直鎖*脂肪酸．ニクズク属植物 *Myristica moschata* から得られたのでこの名がある．ヤシ油・パーム油・バター・鯨油など，広く動植物油脂に*アシルグリセロールとして見出される．スミレ科植物 *Viola venezuelensis* の種子油はトリミリスチン(トリミリストイルグリセロール)が主成分である．また*蠟の成分としても知られている．

h **ミルステイン**　MILSTEIN, César　1927〜2002　アルゼンチン生まれのイギリスの免疫学者．モノクローナル抗体の作製法の開発により，N. K. Jerne, G. J. F. Köhlerとともに1984年ノーベル生理学・医学賞受賞．

i **ミルヌ-エドワール**　MILNE-EDWARDS, Henri　1800〜1885　フランスの動物学者．パリの自然史博物館の昆虫学教授，ついで動物学および比較生理学教授．甲殻類の血管系および神経系の比較研究から，フランスの海岸動物，特に環形動物の研究に進んだ．擬軟体動物門は彼の新設であるにはホヤ類も含まれていた．[主著] Leçons sur la physiologie et l'anatomie comparée de l'homme et des animaux, 14巻, 1857〜1881.

j **ミルベル**　MIRBEL, Charles François Brisseau de　1776〜1854　フランスの植物学者．はじめ画家で，R. L. Desfontainesの影響で植物学研究に進んだ．パリ大学教授，自然史博物館の栽培学教授(1829)．フランスにおける植物解剖学の創始者．[主著] Éléments de physiologie végétale et de botanique, 1815.

k **眠**　[molting]　カイコが脱皮を行うために摂食を停止して静止している現象およびその状態．(⇒脱皮)

l **眠性**　[molt-character]　本来は，カイコの*眠(幼虫期の脱皮期)に関する性質，特にその回数をいったが，今では一般に昆虫が脱皮の前に眠に入る回数を指す．四眠性が一般的で，そのようなカイコを四眠蚕(four-molter)という．そのほか三眠性・五眠性などの系統がある．

a **民族** [ethnic group] 特定の言語・信仰・習慣・社会組織などの文化的事象への帰属意識を共有する人間集団．民族を区切る基準は多少とも曖昧にならざるをえず，外部者だけでなく当人たちにとっても明確でない場合が多い．また植民地支配などの政治的な意図で，それまでは存在しなかった民族のアイデンティティーが新たに作られたという事例もある．民族は文化的な差異による人間集団の分類であり，形質的差異による分類ではない．

b **民族学** [ethnology] 《同》文化人類学．人類の文化の多様性を，主として*民族を一つの単位として研究する学問．人間の生物としての側面の探求に重みをおいた人類学(自然人類学)に対比して用いられてきた．フィールドワークによる民族文化の記述である民族誌(ethnography)を資料とし，通文化的な比較を行うことが方法論的な特徴である．社会構造，言語，経済，生業などから総合的な理解をめざす．主に民間伝承などから民族文化を研究する民俗学(folklore)や考古学(archeology)と対比されることもある．民族学の主な対象であった伝統的な生活が，現代社会に組み込まれていく中で失われていくため，文化変容や文明化した文化などに対象が移行している．(⇒人類学)

ム

a **ムーア** Moore, Stanford 1913〜1982 アメリカの生化学者．W. H. Stein と協力して，イオン交換カラムクロマトグラフィーによるアミノ酸分析法（およびその自動法）並びにペプチド分画法を確立し，ウシ膵臓リボヌクレアーゼ A の完全一次構造を決定．この研究によって蛋白質の一次構造決定の標準的方法が確立された．また同酵素の活性中心の化学的研究を進め，多くの先駆的業績をあげた．1972 年 Stein および C. B. Anfinsen とともにノーベル化学賞受賞．

b **無胃動物** [stomachless animals] 胃がなく，食道の後端や小腸の前端部が太くなって胃の代わりをするような動物の総称．胃腺にあたるものはない．カモノハシ，ハリモグラ，アリクイなどの原始的哺乳類，コイ，フナ，ギンポ，メダカ，サヨリなどの魚類がその例．

c **無黄卵** [alecithal egg] →卵黄

d **無顎類** [jawless fishes ⇒Agnatha] 伝統的分類体系における脊椎動物亜門の一上綱．慣例的に顎口上綱と対置．現在ではヌタウナギ類とヤツメウナギ類からなる円口類を立て，顎口類と対置し，顎口類の基幹グループに多くの化石無顎類を含める．顎口類とは反対に，円口類の鰓弁は鰓弓の内側から鰓室の方向へ向かい，これが顎の形成を妨げたとの説もあった．無顎類の最初の化石はカンブリア紀から発見され，オルドビス紀からデボン紀にかけて著しく発展．特に初期から中期にかけては，頭部（および胴部）に外骨格をもついわゆる*甲冑魚類のかたちをとったものが多い．初期には底生で泥上ないし泥中の微細有機物を摂取していたが，後には遊泳性のものも生じた．ほとんどの種はデボン紀末に絶滅したが，ウナギ様の体形で，角質歯をもったヤツメウナギ・ヌタウナギの両目だけが約 90 種現存（→円口類）．この 2 目はともに鱗をもたず，体表に粘液を分泌し，動脈球・心臓球・胆囊・鰾（うきぶくろ）はなく，アンモニアを排出する．また，体液は硬骨魚類と同様か海水と等張で，成体の排出器はいわゆる中腎か前腎と中腎の双方にあり，腸にらせん弁はあったりなかったりする（以上の各項それぞれ，前者がヤツメウナギ，後者がヌタウナギの特徴）．なおヤツメウナギのアンモシーテス幼生（ammocoetes）は河川の泥中にすみ，口には歯がなく微細有機物を濾過摂食するなど，*頭索動物（ナメクジウオ類）に類似した生活様式をとる．

e **むかご** [propagule] 《同》珠芽，零余子．軸上に生じた芽がやがてその主軸との連絡を断って別の個体の出発点となるものに対する通称．多くは腋生で，三倍数（オニユリ）などの結実不能の植物に多いが，開花結実するもの（コモチマンネングサ，ヤマノイモ）にもみられる．茎が肥大した球状のものを肉芽（brood bud，狭義のむかご），肉質の鱗片葉が茎をとりまいているものを鱗芽（bulbil）といい，ヤマノイモなどは前者の，オニユリな

どは後者の例．

f **無カタラーゼ症** [acatalasia] 遺伝性の*カタラーゼ欠損症．常染色体性劣性遺伝であり，*ホモ接合体ではカタラーゼ活性をまったく欠き（無カタラーゼ症），ヘテロ接合体では正常人のほぼ半分の活性を示す（低カタラーゼ症）．高原滋夫(1940)が発見し，はじめ無カタラーゼ血症(acatalasemia)と名付けられたが，血液以外の組織にも広く欠損のみられるところから無カタラーゼ症と呼ばれるようになった．無カタラーゼ症の分布は日本人 0.23％，韓国人 0.81％，華北地域の中国人 0.65％，台湾人 0.29％だが，スイス，イスラエル，ドイツなどでも発見されている．無カタラーゼ症患者では血液に過酸化水素を添加しても，正常人と異なり気泡の発生はみられない．同時にヘモグロビンの酸化が起こって*メトヘモグロビンを生じ血液はいったん黒褐色となるが，*ヘムの分解が進むと無色になる．本症の約半数のものは幼小児期に口腔内に特異な進行性壊疽性潰瘍を呈する（高原氏病）が，その他のものは無症状である．カタラーゼは生体内で産生される過酸化水素処理機構として重要であるにもかかわらず，無カタラーゼ症ホモ接合体でも特に障害の認められないものが半ばを占める．例えば赤血球内メトヘモグロビン含量も正常に保たれている．これはカタラーゼが欠損していても赤血球グルタチオンペルオキシダーゼや白血球ペルオキシダーゼなどが正常に存在しているためで，これらの過酸化水素処理能力を上回る過酸化水素の産生がないかぎり特に障害は現れない．

g **ムカデ類** [centipedes ⇒Chilopoda] 《同》唇脚類．節足動物門多足亜門の一綱．体は長く，背腹に扁平で比較的軟らかく，頭部および一様な胴節からなる．胴節の数は種によって異なり多いものでは 200 節近くになる．第一胴節は小さく，付属肢が変形した顎肢(toxicognath)を有し，その先端の毒爪から毒を出す．第二胴節以下は有肢胴節と呼ばれ，各々 1 対の歩脚を有する．後方には肛生殖節と呼ばれる 3 節があって生殖口をそなえる．頭部には 1 対の長い触角および運動節数個の単眼または 1 対の偽複眼をもつ．口器は上唇および大顎，第一・第二小顎からなる．多数の体節に気門があり，気管は細かく分岐しさらに網目状に連絡する．1 対のマルピーギ管を有し，生殖腺は消化管の背方にあり，対をなさず，体の後端から 2 番目の生殖節に開口する．現生既知約 3000 種．

h **無顆粒白血球** [agranulocyte] 《同》単形核白血球（単核白血球 mononuclear leukocyte）．血液*細胞系譜の中で，顆粒球（*好中球・*好酸球・*好塩基球）を除いた*白血球の総称．*T 細胞，*B 細胞，*ナチュラルキラー細胞などの*リンパ球・単球および単球由来の細胞系譜がこれにあたる．*マスト細胞（成熟細胞は血中に存在しない）や*巨核球（血小板として血中に存在し，細胞自身は骨髄から血中には出てこない）も無顆粒白血球に含まれる．

i **無γ-グロブリン血症** [agammaglobulinemia] 血漿中の 5 種類の*免疫グロブリン IgG, IgA, IgM, IgE, IgD の中で特に IgG が異常に低下した状態．IgA, IgM もしばしば低下する．程度が軽ければ低γ-グロブリン血症(hypogammaglobulinemia)という．先天性では B 細胞の内因性欠陥または T-B 細胞相互間の異常により抗体産生が障害された場合に起こる．Btk 欠損症（X 連鎖無γ-グロブリン血症）を代表としてμ鎖欠損症，

λ5欠損症, Igα欠損症, Igβ欠損症, BLNK欠損症, 胸腺腫を伴う免疫不全症, 骨髄異形成症, 分類不能型免疫不全症を呈するICOS欠損症, CD19欠損症, X連鎖リンパ増殖症候群などがある. 後天性の場合では, 薬剤, 蛋白質漏出性胃腸症などがある. 免疫グロブリンが異常に低下した状態では, さまざまな細菌感染症を反復する. また抗体が感染防御に重要なウイルス(エンテロウイルスなど)に感受性が高く, ポリオワクチンによるポリオ様麻痺, エコーウイルスによる慢性脳炎, ロタウイルスによる慢性下痢症などが起こる. 治療は免疫グロブリン補充療法を行う.

a **無機化** [mineralization] 自然界において, 有機物が微生物に分解されて無機化合物になる現象および過程. 従属栄養微生物は無機化によって代謝エネルギーを獲得している. また, 無機化による生成物の一部は再び微生物に同化されて細胞の合成に用いられるが, 生物の主要な構成元素である炭素, 窒素, 硫黄などは, これらの無機化や同化作用の繰返しを経て*生物圏を循環している. 有機物の骨格を形成している炭素は無機化により主にCO_2にまで分解されるが, そのCO_2は植物の光合成などによって再び有機物となる(⇒炭素同化). 窒素の無機化は, 作物生育の最も重要な制限要素の一つである無機態窒素を供給する過程として土壌学の分野で従来から盛んに研究されてきたが, 生物圏の*窒素循環の中心をなす過程として地球化学的・生態学的にも重要である. 窒素の無機化によって生成されたNH_4^+の一部は, 微生物に窒素源としてとり込まれる(⇒有機化)ほか, *硝化作用によってNO_2^-やNO_3^-に酸化される. また, 無機化の基質となる有機物は多種多様であるが, 近年, 微生物が有機物を分解するだけでなく自らも無機化の基質となって物質循環に重要な役割を果たしていることが注目されている. (⇒窒素固定)

b **無機呼吸** [inorganic respiration] 主に土壌細菌にみられる, 外部からの電子供与体として無機化合物を利用し, 分子状酸素による酸化によってエネルギーを獲得する呼吸の形式. 無機呼吸を営む生物を無機力源生物という. 無機呼吸の基質となりうるものには, NH_4^+やNO_2^-などの還元状態窒素化合物, H_2S, S(コロイド状), $S_2O_3^{2-}$, SO_3^{2-}などの硫黄化合物, 鉄化合物や分子状水素がある.

c **ムギネ酸** [mugineic acid] イネ科植物の根から分泌されるFe^{3+}とのキレート能をもつアミノ酸(正確にはイミノ酸). 鉄欠乏時には根から大量に分泌され, 鉄の植物体内への取込みを助ける. 特に鉄イオンが不溶化しやすいpHの高いアルカリ性の土壌では有効である. 末端がアミノ基になった*ニコチアナミンはすべての植物に含まれ, 金属キレート能をもち, 植物体内での金属の移行に関わっている.

d **無機養素** [mineral nutrient, mineral element] 生体に欠くことのできない構成要素である不可欠元素のうちC, H, Oの3元素を除いた生体の無機的な構成要素. このなかで要求量が比較的多いものを多量元素, 要求量が比較的少ないものを*微量元素と呼ぶ.

e **無菌状態** [aseptic condition, germ-free condition] いかなる微生物も存在しない状態. 適当な*滅菌操作によってそのような状態をつくることができる. 歴史的にはL. Pasteurに負うもので, 無菌状態の認識がとりもなおさず微生物の存在の認識である.

f **無菌動物** [germ-free animal] 検出しうるすべての微生物, 寄生虫をもたない動物. 一般に, *SPF動物において指定された病原ウイルスについても除かれている. 帝王切開あるいは子宮切断術により無菌的に母体から取り出し, 無菌アイソレータ内で滅菌した飼料と水を与えて維持繁殖する. これに対して, できるだけ清潔にはするが, 特にこのような配慮をしないで飼育された動物は, 普通動物またはコンベンショナル動物(conventional animal)と呼ばれる. 無菌動物は, 各種微生物の動物に与える影響の研究や*ノトバイオートあるいはSPF動物の種親として使われる. 無菌動物では腸内微生物による感作がないので, 脾臓やリンパ節は小さく, 成獣の盲腸はコンベンショナル動物に比べて5〜10倍大きい.

g **無血清培地** [serum free medium] *血清を添加しない, 細胞培養のための培地. 完全に既知の物質のみを含む*合成培地もあるが, 部分生成した蛋白質など未知の成分を含むものもある. 動物細胞を生体外で培養するには, 無機塩類, アミノ酸, グルコース, ビタミン類などに加えて, ホルモンや成長因子など多種類の成分が必要であり, 通常は血清を添加した培地が用いられる. しかし, 血清に含まれる未知の成分や血清部分のロット間のばらつきは培養細胞を用いた研究の障害となる. また蛋白質含有量の多いことは, 培養細胞の産生する物質を精製する妨げとなる. これらの問題を克服するため無血清培地が使用される.

h **ムコイド** [mucoid] 動物の血液や粘性分泌物の中に含まれる一般に構造の不明確な含ヘキソサミン蛋白質の便宜的名称. ムコ多糖ほどではないが, かなり多量(4%以上)の*ヘキソサミンを含む蛋白質分画で, これら成分の単離が不十分で構造の知識も乏しいことから便宜上ムコイドと呼び, 糖蛋白質(狭義:ヘキソサミン含量4%以下)の一群と区別した時代があった(〜1960). さらに中性ムコイド(血液型物質や血漿ムコイドなど), 酸性ムコイド(顎下腺ムチン, オロソムコイド, シアル酸含有ムコイドなど), 不溶性ムコイド(オボムチンなど)という細かい分類名称が使われた. 現在では分子構造の知見が得られ, このようなみかけの組成に基づく分類や名称の意味は薄れつつある. むしろ共有結合した単糖やオリゴ糖側鎖をもつ蛋白質を糖蛋白質と統一して呼び, ムコ多糖側鎖をもつ*プロテオグリカンとの区別を強調する方が有意義である.

i **無虹彩** [aniridia, irideremia] 眼の*虹彩の先天的欠如. 瞳孔はこのため極めて大きく見え, 自覚的には羞明・視力障害を訴える. 組織学的検査によれば虹彩の痕跡を認めることが多く, 虹彩のまったくない場合はむしろまれである. ほとんど常に両側に現れ, しばしば他の奇形を伴う. 眼の発育障害によるもので, 優性遺伝するといわれる. 例えばPAX6遺伝子の突然変異が原因となる.

j **無孔材** [non-pored wood] *道管を欠く材. *針葉樹はすべてこの例で, 一般に*広葉樹材より軟らかいため主として商業的慣習から軟材(softwood)と呼ばれる.

まれに広葉樹にも見られる(ヤマグルマ属や*Drimys*).これに対し,道管のある広葉樹材は有孔材(pored wood)と呼ばれる.一般に硬い硬材(hardwood)であり,イピル(ipil)や鉄木などが典型だがキリやバルサなどは極めて軟らかく,軟材である.

a 無効水 [non-available water] *土壌水分のうち,土壌にかたく結びついて植物に利用できない部分.利用可能な*有効水との境目は明瞭でないが,水ポテンシャル −15 hPa(または吸水力15 hPa)を目安とする.

b 無光層 [aphotic zone, abyssal zone] 《同》無光帯.水界において,生物が感知できるほど光が透入しない深水層.これに対して光が透入するより浅い層を,湖沼では真光型,海洋では有光層(euphotic zone)という.無光層は海洋では600〜1000 m以下である.光合成による有機物生産はなく,動物などの従属栄養者は上層からの生物の遺骸や糞粒などの沈降粒子,溶存有機物の凝集生成物質,懸濁粒子などによって養われる(懸濁採餌).したがってこの層では,溶存酸素の消費,生物体の無機化および栄養塩類の蓄積が進む.なお,海底の熱水・冷湧水噴出孔付近には化学合成細菌の有機物生産に依存する*熱水生物群集を特徴とする特異な生態系(熱水生態系)が存在する.

c 無腔胞胚 [stereoblastula, sterroblastula, solid blastula] 有腔胞胚の胞胚壁の全部または一部が極度に肥厚して,*胞胚腔が圧縮消滅した胞胚の一形式.したがって胞胚腔のあるべき位置に相当する点あるいは面が考えられ,胞胚壁にあたる細胞は(無脊椎動物の胞胚壁は細胞1層からなるので)すべて一端はこの点か面に接し,他端は外部に面している.有腔胞胚の場合と同様,胞胚壁にあたるものすなわち胞胚葉が一様の厚さであるか否かにより等葉無腔胞胚(equal stereoblastula,例:十文字クラゲ類の一種 *Lucernaria*),および不等葉無腔胞胚(inequal stereoblastula,例:アワビ水)に分けられる.なお胞胚腔を欠く胞胚の型には*周縁胞胚(これを無腔胞胚ということもある),*桑実胚がある.(⇒胞胚)

d 無細胞翻訳系 [cell-free translation system] 《同》無細胞蛋白質合成系,*in vitro* 翻訳系.生きた細胞を用いずに蛋白質の合成を行う実験系.細胞の抽出液に鋳型となるDNAやmRNA,ATPやGTPなどのエネルギー源,アミノ酸などを加えて蛋白質合成を行う.1960年代には大腸菌の抽出液による無細胞翻訳系が確立していた.無細胞翻訳系は翻訳系自身の作用機構解析に使われるだけでなく,生きた細胞での発現が難しい蛋白質の発現や迅速に多種類の蛋白質を生産する際にも適している.例えば重水素で標識したアミノ酸やメチオニンの硫黄原子をセレン原子で置換したアミノ酸を取りこませて蛋白質を生産できるので,核磁気共鳴(NMR)やX線結晶構造解析など*構造生物学のツールとしても利用されている.細胞抽出液の由来としては大腸菌,ウサギ網状赤血球,コムギ胚芽などがよく用いられるが,抽出液を使わず,翻訳に必須の因子をすべて精製して試験管内で再構築した無細胞翻訳系も存在する.

e 無糸球体腎 [aglomerular kidney] *糸球体を欠く腎臓.海産硬骨魚類のアンコウ,イザリウオ,タツノオトシゴ,ギスカジカなどに見られる.アンコウなどでは発生初期には糸球体が形成されるが,成長にともない退化.この腎臓で見られるネフロンは近位尿細管と集合管だけからなり,尿細管における水,イオン,含窒素排出物などの分泌によって尿が作られる.

f 無軸索細胞 [anaxonal cell] 脊椎動物の*中枢神経系において,*軸索をもたない特殊なニューロン.一般のニューロンは軸索をもち,軸索を介して他のニューロンあるいは効果器に情報を伝えるが(⇒神経細胞),無軸索細胞は,樹状突起にいわゆる相反シナプス(reciprocal synapse)と呼ばれる特殊な樹状突起間シナプスを形成し,情報を相手のニューロンに伝える.網膜の*アマクリン細胞,*嗅球の顆粒細胞などがこれに属する.

g 無糸分裂 [amitosis] 《同》直接分裂.通常の*有糸分裂に対して,染色体や紡錘体の形成を行わずに,核がくびれるかあるいは引きちぎられるようにして分かれる分裂様式をいう.古くは正常細胞におけるいくつかの実例が報告されていたが,現在では病的な変性した細胞の退行的現象と見られている.

h 矛盾冷感 [paradoxical cold sense] 《同》逆理的冷感,異常的冷感.温度覚において,実際には熱いにもかかわらず冷たく感じる現象.M. von Frey(1895)の命名.刺激温度45℃以上になると,冷点が本来適当刺激でない高温によって興奮するために生じる.この事実は冷点だけからなる皮膚部位で直接的に,また神経の活動電位の記録からも証明される.さらに高温になると,痛点の興奮により痛みの感覚が加わる.

i 無神経肢 [aneurogenic limb] 両生類の神経胚において,*神経板の一部を手術的に除去して発生させた胚に作られる,萎縮した肢.一般に有尾両生類では肢の再生は,傷口に神経軸索が存在することに強く依存している.ところがこのようにして実験的に作られた無神経肢では切断しても肢を*再生する.このことから再生における神経の役割,ひいては再生そのものの機構の解明において無神経肢の利用は重要な意義をもつ.

j 無心臓 [acardia] 哺乳類の一卵性双生児において,両個体の血管が共通の胎盤で連絡を起こすうえに,かつою者間に胎児血液循環に不均衡を生じた場合に,血液供給の不十分な方の個体に起こる心臓の縮小・退化した*奇形胎児.心臓を失うが,他の比較的正常な個体の心臓の活動によりある程度の血液循環が保たれて生存し発生する.血液供給が不十分であることと関連してさらに種々の発生的欠損を示すが,四肢の発育抑圧,胴体欠如,頭部欠如,さらに無定形のものなどの諸型が区別される.

k ムスカリン [muscarine] ベニテングタケ(*Amanita muscaria*),テングタケ,アセタケなどの毒キノコに含まれるアルカロイドの一種.中枢神経系への作用は弱いが,多量に摂取するとすべての副交感神経の末梢部に特異的に作用して甚だしく効果器を興奮させる.すなわち諸分泌腺の分泌を促進し,消化管・気管支・膀胱・子宮などの平滑筋を収縮させ,心拍数の減少,収縮力の抑制,末梢血管拡張の結果,血圧の降下,また縮瞳を起こす.この作用は拮抗剤である*アトロピンを与えればまったく消失する.(⇒ムスカリン様作用)

l ムスカリン様作用 [muscarine action, muscarinic action] 《同》ムスカリン作用.副交感神経の節後繊維によって支配される器官に対し,副交感神経の興奮効果に似た働きを起こさせる*アセチルコリンの作用.この作用が*ムスカリンの効果に似ているところからH. H.

Daleが命名. *カルバコールなどアセチルコリン関連化合物の示す同様の作用もムスカリン様作用と呼ぶ. (⇒ニコチン様作用)

a **娘核** [daughter-nucleus] 《同》嬢核. 細胞分裂, 特に*二分裂によって形成される二つの核を, 分裂前の母核に対して娘核という.

b **娘細胞** [daughter cell] 《同》嬢細胞. 細胞分裂の結果生じた2個の新しい細胞. 分裂前の母細胞に対比していう.

c **無性芽** [gemma] 主に胞子で繁殖する生物において, 本来の生活環からはずれて無性的に生じた細胞または小さな多細胞体で, 親の体から離れて別の個体となりうるもの. 本来は芽を指してgemmaというが, 植物学では転じて植物体の一部が芽またはそれに類するものとして親の個体から分離し, 新個体となりうるもの. したがって広義には*むかごも含む. コケ類ではゼニゴケの体上に生ずる*杯状体の中の分銅状の無性芽が有名である. 菌類では特に藻菌類において厚壁胞子(⇒休眠胞子)と同義に用いられ, またコーヒーの葉につく小形の帽菌 *Omphalia flavida* でみられるような, 小形の傘が生じたのちに上部の傘だけが柄から離れて他に移動し発芽するものをも無性芽という.

d **無性個体** [blastozooid] *無性生殖によって生じた個体. 卵からの胚発生によって生じた個体(有性個体 oozooid)と対比するための呼称.

e **無性生殖** [asexual reproduction] [1] 発生学では, 生殖に関わる細胞の形態に注目して, *配偶子が関係しない生殖様式の総称. *有性生殖に対する語. この中にはかなり異質な現象が含まれている. (1)*無配偶子生殖:細胞単位で行われる生殖(細胞生殖)の総称で, 細胞の*二分裂・*多分裂, *非配偶体・無性胞子などによる生殖現象である. (2)*栄養生殖:多細胞の生殖体による生殖現象で, 刺胞動物や多毛類などの*出芽・*分裂, 海綿の*芽球, 維管束植物体の*地下茎・*珠芽(*むかご), コケ類の*無性芽などがある. 形態的な同形配偶子の場合にも, 生理的には雌雄性が認められるので, これは有性生殖である. [2] 進化生物学では, 遺伝子セットが他個体のものと組み換えられる可能性がなく, つくられる子が親と遺伝的に必ず同一であるような生殖様式. 例えば, 子の遺伝子セットが親のものとまったく同じ単為生殖は, 無性生殖として扱う. それには, 減数分裂を回避する*アポミクシスと, 減数分裂直前にエンドミトシス(*核内有糸分裂)により染色体が倍加する場合の二つのタイプがあり, 前者は多くの陸上植物で, 後者はネギ属やトカゲ類などで行われる. これらに対し, オートミクシスは減数分裂後にできた半数体が再融合するもので, できた子は多数の遺伝子座においてホモになる. もっと極端には半数体の核がエンドミトシスにより倍加する場合があり, この場合はすべての遺伝子座においてホモになる. その結果, 自家受精や自家受粉と同様, 劣性有害遺伝子が発現するために, できた子の生存率は低い. (⇒ヘテロゴニー)

f **無性生殖個体** [asexual individual, nurse] サルパ類およびウミタル類の世代交代において, *無性生殖的な食体(喰体 gastropozoid, trophozooid, lateral zooid), 育体(phorozooid)および有性生殖個体を出芽する個体. 有性生殖個体と対する. 育体はのちに分離独立するが(⇒有性生殖個体), 食体は無性生殖個体から分離するこ

とはなく, 極めて小形(長さ数mm以下)で呼吸と栄養に関係する. 食体が機能的になると無性生殖個体の鰓嚢・消化器などは退化して全体が筋肉の嚢状のものとなる.

g **無性世代** [asexual generation] 《同》胞子体世代. 主に植物の二型型の*生活環の中で, *胞子体を生活の本体とする世代. *有性世代と対置される. 核相は複相(2n)で, 受精した直後の接合子に始まり, 胞子形成直前の減数分裂の起こるまでがその期間に入る. 無性の語は, 一般に胞子に性の区別がない点を強調し, 配偶体に性がある現象と対比して名づけられた. しかし, 有性生殖の重要なプロセスであり, 組換えによって多様性を生み出す減数分裂を行う世代であることから, 無性世代という用語は現在ではほとんど使われない. 核相を重視して複相世代(diploid generation 独 diploidale Generation)または2n世代(2n-generation)ともいう. (⇒核相交代, ⇒世代交代)

h **無性葉状体** [plethysmothallus] 《同》矮小体. 褐藻類における無性的で小さな糸状の胞子体. 典型的には大形の胞子体へと成長し*複子嚢で遊走子を形成するにもかかわらず, 微小な状態で無性的な遊泳細胞を形成して無性生殖を繰り返す.

i **無脊椎動物** [invertebrates ラInvertebrata] 動物界のうち, 脊椎動物を除いた動物の総称. 単系統群である脊椎動物とは異なり, 多元的な群であって*タクソンとしては使用されない. しかし一般には便宜上, 無脊椎動物学, 無脊椎動物発生学などのように広く用いられている. その場合, 後生動物ばかりでなく, 根足虫類や繊毛虫類などの原生生物を含めて取り扱われることもある.

j **無体腔動物** [acoelomates ラAcoelomata] [1] 割腔(胞胚腔)に由来する空所が, 中胚葉性の細胞(実質細胞, 柔組織)によってほとんど全て埋めつくされている動物群. 扁形動物, 紐形動物, 内肛動物, 顎口動物などにこれにあたる. [2] 《同》原体腔動物(Protocoelia, Protocoelier). 左右相称で真体腔をもたない後生動物の総称. *擬体腔動物を含んだ広義の無体腔動物のことで, 原体腔動物と同義に使用され, *真体腔動物と対置される.

k **ムターゼ** [mutase] 異性化酵素の一種で, ある官能基の分子内転移を触媒する酵素の総称. 分子内転移反応によって基質の構造は変化するが, 原子組成は変化しない. 転移する官能基には, アシル基, リン酸基, アミノ基, 水酸基, メチル基などがある. その反応機構は必ずしも真の分子内転移ではないものもある. 例えばグリセリン酸リン酸ムターゼには真の分子内転移を触媒する酵素(EC5.4.2.1)と, グリセリン酸-2,3-二リン酸の2位リン酸基をグリセリン酸-2-リン酸の3位に分子間転移させ, グリセリン酸-2-リン酸のリン酸基が3位に移ったのと同じ結果を与える酵素とがある. そのほか, アミノ基を分子内転移するアミノムターゼなどがある.

ムチン [mucin] 《同》粘素. 動物体にみられる粘性物質の呼称. 本体が不明のまま古くからこう呼ばれてきた. 粘膜上皮の保護・潤滑の機能をもつ. 特性としては高い粘性のほかに加熱しても蛋白質のように凝固せず, ゼラチンのようにもゲル化しないことが指摘されている. ムチンは均一のものではなく, 分子量 $10^6 \sim 10^7$ の, 極めて糖含量の高い*糖蛋白質の混合物. 結合糖鎖のほとんどは, ムチン型糖鎖(*O型糖鎖)である. ムチンのコ

アペプチドは，糖鎖が高頻度で結合した，セリン，トレオニンを多く含む数十のアミノ酸からなるドメインの繰返し構造をもち，粘膜上皮細胞で産生・分泌されるか，あるいは膜貫通ドメインをもつ膜結合型として存在する．

a **無頭蓋** [acrania] *頭蓋がない*奇形．脳の欠損や変形を伴い，脳もほとんど欠如するものは*無脳といい，欠損の度合に応じ半頭蓋と呼ばれる場合もある．水頭，二分脊椎とともに致死的な先天性中枢神経系奇形のうち最も頻発するものの一つ．胎生期中に母体におよぶ外因によって起こる可能性の多いことが考えられている．病理解剖学的には多くは中脳の一部と脳幹以外の脳各部を欠き，約半数に脊椎骨の破裂または頸椎の一部に欠損がみられる．身体は一般に発育良好であるが，多くの他の奇形と合併することが多い．通常羊水過多症を伴い，早産あるいは生後まもなく死亡し，生存することはできない．そのほか無脳の中に包括されるものに水頭性無脳(hydro-anencephaly)と呼ばれる，極度に脳外套の薄化した，成因的に別種の状態もある．

b **無頭型幼虫** [acephalous larva] 昆虫の幼虫のうち頭部の原基が体内に引っ込んでおり，外見上，頭部が認められないもの．無肢型幼虫にもみられ，双翅類の短角類(ハエ・アブなど)のいわゆる蛆はこれに属する．通常の大きな頭構造をもった幼虫を有頭型幼虫(eucephalous larva)といい，これと無頭型幼虫との中間型を半頭型幼虫(hemicephalous larva)という．

c **無動原体染色体** [acentric chromosome] 〔同〕無動原体断片(acentric fragment)．局在型*動原体をもつ染色体の切断によって生ずる，動原体を含まない染色体部分．放射線や化学物質によって起こる染色体の単純な切断のほか，切断‐再融合の産物としても生ずる．無動原体染色体は通常，分裂後期で極への移動力を欠くため遅滞染色体となり，終期で小核を形成し，やがて消失する．しかし，テロメア(末端小粒)や二次狭窄，あるいは全く新規の染色体領域が二次的に動原体の機能を行うこともまれにある．

d **無頭類** 【1】[acraniates ラ Acrania] 魚形でありながら頭部が分化せず頭骨をもたない動物群．ナメクジウオが属する頭索動物のこと．頭骨をもつ Craniota(今日の*脊椎動物と同義)に対置して，E. H. Haeckel (1866)が当時の脊椎動物の一員として命名．
【2】[ラ Acephala] *軟体動物門の*二枚貝類の別名．腹足類(有頭類 Cephalophora の名がある)や頭足類などに比べて，頭部を称すべき部分が分化しない．
【3】[ラ Acephalina] 旧分類体系の原生生物の胞子虫類の一群．

e **胸** [breast ラ thorax] 〔同〕胸部．【1】脊椎動物において，頸部に続く胴部の前部で，前肢があり肋骨で囲まれた部分．特に哺乳類では横隔膜により腹部，あるいは腰部と境されているが，他の脊椎動物ではその境は不明瞭．多くの羊膜類では肋骨が発達し，肋間筋および胸骨とともに胸郭をつくり，腰部に対する．一般に胸部より腰部への移行は不明瞭．【2】無脊椎動物において，節足動物では，二次的に頭部と腹部の中間部を区別できるので，これを胸部(thorax)と称する．甲殻類の胸部(特に pereion という)各節には原則として1対の肢があり，軟甲類では胸節が8個である．ある甲殻類またはクモ類では，すべての胸節あるいは二三節が頭部と癒合して頭胸部(前体部 prosoma)となる．昆虫類では胸部は3体節，すなわち前胸・中胸・後胸からなる．大部分の昆虫では各節に1対の脚があり，さらに有翅昆虫では中胸・後胸に1対の翅がある．この翅のある節を総称して有翅胸節(pterothorax)，ハチ類では翅幹部(alitruncus)と呼ぶ．

f **無脳** [anencephaly] ヒトや各種の脊椎動物にみられる，脳部位の*神経板が閉鎖せずに開いたまま残り，脳組織の形成が著しく抑圧された*奇形．致死．しばしば口蓋破裂や脊髄の部分的欠如を伴う．両生類やニワトリの発生初期胚を酸素欠乏状態におくことによってこの種の奇形ができる．(→偽脳奇形)

g **無配偶子生殖** [agamogony, agamocytogony, agamogenesis] 多細胞生物における*無性生殖(栄養生殖)に対して，原生生物の無性生殖を特に指す語．つまり非配偶体が分裂により繁殖する過程．胞子虫類ではこれを行う個体を栄養体(trophozoite)といい，栄養体から生じた娘個体を*メロゾイトまたはシゾントという．無配偶子生殖の世代(無性生殖世代)と配偶子生殖の世代(有性生殖世代)とが交互する場合が一次世代交代である．(→生殖)

h **無配種** [agamospecies] 無配生殖をする植物をいう．形質が遺伝的に他とまじらず純一に継続するので，それを重要視して種の*階級として扱ったもの．ヨーロッパのハゴロモソウやセイヨウタンポポなどはこの例である．無配生殖により生じたクローンを formae apomictae と呼ぶ．しかし一般には，このような微細種はそれぞれの形態の類似などから近いと思われる*連繋種に結びつけて扱うほうが妥当とされている．

i **無配生殖** [apogamy] 〔同〕アボガミー．維管束植物において，配偶体の卵細胞以外の細胞が単独に分裂・発達して胞子体を生ずる現象．広義の*単為生殖の一つ．生殖的無配生殖(meiotic apogamy 独 generative Apogamie)は単相核の配偶体の卵細胞以外の細胞から発達した場合を指し，助細胞起原(ある種のハゴロモソウやヒナノシャクジョウ属)，反足細胞起原(ニラ)，前葉体細胞起原(イヌワラビ・タマシダ)のものなど．これに対し，栄養的無配生殖(somatic apogamy 独 somatische Apogamie)は複相核をもつ配偶体の卵細胞以外の細胞から発達した場合をいい，例えばミヤマコウゾリナ属の受精前の胚乳細胞から発達し，またシダ植物の Lastrea では前葉体細胞で2個の核が合体して複相となり，それから胞子体ができる．シダ植物では通常の生活環のうちで，*無配生殖と無配生殖がみられるために，核相交代のみられない世代交代を行う例があり，また同一種でも条件によって無配生殖がみられる例が多い．

j **無尾** [rumplessness] ニワトリでみられる，尾部が完全または不完全に欠如する遺伝的*奇形．尾椎骨および尾端骨が形成されないか，正常より縮小されている．優性および劣性の系統が知られている．インスリンやホウ酸を発生途上に働かせて，正常の遺伝型に無尾奇形の表現型を誘起することができる．(→表型模写)

k **無胞子生殖** [apospory] 植物にみられる広義の*単為生殖の一つ．*胞子の段階を経ないで*胞子体の*栄養細胞から直接に*原糸体もしくは*前葉体を生ずる現象．コケ植物(例:ヒョウタンゴケ)，シダ植物(例:モエジマシダ，コタニワタリ)などにみられる．(1)蘚類では胞子体の蒴柄を切って砂にまくと，これから倍数性(2n)の原糸体ができ，*茎葉体を生ずる．さらにこれが

受精を繰り返すと，四倍体，八倍体の胞子体をつくる．(2) シダ類では培地上に置いた胞子体の若い葉の表皮細胞が膨れて前葉体をつくる．この前葉体は通常，完全な生殖器をつくらないが，まれに完全な生殖作用による倍数性の胞子体をつくる．またコタニワタリは卵細胞の単為生殖によっても胞子体をつくる．(3) 種子植物では複相の珠心細胞から胚を生ずるとき(イチゴツナギ，ミヤマコウゾリナ)無胞子生殖といい，珠心細胞から*胚嚢を経ずに胚を形成する*不定胚形成と区別する．1胚珠内に珠心細胞から多くの胚嚢をつくることがあり，これは*多胚形成の一因となる．

a **無羊膜類** [ラ Anamnia] 脊椎動物のうち発生の途上で羊膜(および漿膜と尿膜)を生じない一群の総称．*羊膜類と対置．円口類や魚形類と，四肢類のうちの両生類が該当．卵は一般に水中に産出される．

b **紫膜** [purple membrane] *Halobacterium salinarum* などの好塩性古細菌が嫌気的条件下，明所で生育するとき，その細胞膜中にパッチ状に形成されてくる紫色の膜部分．葉緑体によらないATP生産に関与．主成分は*バクテリオロドプシンで，これが細胞質膜中に埋め込まれている．*プロトンポンプとしても働き，高Na^+環境下で細胞内の恒常性を保つ．

c **ムラミン酸** [muramic acid] 《同》3-O-α-カルボキシエチル-D-グルコサミン．D-グルコサミンとD-乳酸との3-O-エーテル．細菌細胞壁の*ペプチドグリカンを構成するアミノ糖の一種．(⇒N-アセチルムラミン酸)

d **無輪形幼生** [atrochal larva] 環形動物多毛類の*トロコフォアのうち，体表一面に繊毛が密生し，口前繊毛環または口後繊毛環のような特別の繊毛帯をもたない幼生．トロコフォアの最も原型的なもの．(⇒トロコフォア[図])

e **無輪廻** [*adj.* acyclic] *ヘテロゴニーを行う動物にみられる，例外的な周年単為生殖だけを繰り返す生殖様式．したがって雄は存在しないものがあり，これを無輪廻性であるという．ミジンコ類の中で *Bosmina longicornis*, *B. longispina* はその例．(⇒多輪廻)

f **ムルダー** MULDER, Gerardus Johannes 1802～1880 オランダの化学者．蛋白質(protein)の命名者．卵白などアルブミン様物質の元素分析をして，これらが $C_{40}H_{62}N_{10}O_{12}$ という単位からなり，それに硫黄(S)やリン(P)が結合していると結論．この単位に対してJ.J. Berzeliusの示唆に従い「第一義的」を意味するギリシア語の「プロテイオス」からプロテイン(protein)と名付けた．J. von Liebigは初めプロテイン説に賛成したが，やがて実測値に合わず，一定の単位はないとして否定した．今日ではプロテインはさまざまな組成をもったポリペプチドの名称として用いられている．[主著] The chemistry of vegetable and animal physiology, 1845～1849.

g **群れ** [herd, school, flock, group] 多少とも統一的な行動をとる動物の集合状態．特に各個体がそれぞれ環境条件に対応して集まっているだけではなく，集合の結果相互誘引の関係が生じたか，あるいは最初から相互誘因的に集まった状態を指すことが多い．その構成や大きさに規則性の存在する*単位集団をも含む．蚊柱やカツオの遊泳群やニホンジカの雌群など，多くの動物にみられる．一般には同種からなるが，カラ類の冬の群れのように，異種からなる場合もあり，この場合は混群(mixed-species flock)という．assembly や aggregation という語を使うこともある．なおgroupの語は一般に，herd は哺乳類(特に草食獣)，school は魚類，flock は鳥類の群れに対して，それぞれ多用される．(⇒分布様式，⇒顕示行動)

メ

a 芽 [bud] 花や*シュートの発生初期の状態を指す．形・位置・構成器官は極めて多様．活発に成長している芽を伸芽，休眠している芽を*休眠芽，著しく長期にわたって休眠している芽を潜伏芽という．冬芽のように環境の悪化により休眠する場合もあるが，*頂芽による*腋芽の発育抑制のために休眠することもある（→頂芽優性）．頂芽と腋芽は親の茎や葉に対して定まった位置に生ずる定芽で，それ以外の部位に生ずる芽を*不定芽と総称する．芽を構成する器官がすべて栄養的であれば*葉芽，花または花序を含む芽を*花芽，普通葉と花を混在すれば*混芽という．葉芽をなす小形の幼い芽は，早く形成された普通葉の一部分（例えばツクバネ・カキ・ツバキでは葉先，クルミ・ヤツデでは葉柄）であることも多い．芽は新しく葉や花の器官をつくり出す発生や分化の中心部であり，物質代謝がさかんで，部位によってさまざまな遺伝子の発現が見られる．なお，芽という語は再生芽のように動物や原生生物にもしばしば使われる．

b 眼，目 [eye ラ oculus] 光の強弱および波長を受容する感覚器官で，狭義には特に物体の像を認めうるカメラ状の器官すなわちカメラ眼（レンズ眼）（→形態視）．[1] 脊椎動物の眼は，眼球繊維膜(tunica fibrosa bulbi)，眼球血管膜(tunica vasculosa bulbi)，眼球神経膜(tunica nervosa bulbi)と呼ばれる3種の膜に包まれ，その内部に水様液・ガラス様液を満たし，さらにその間に水晶体（→レンズ）をもつ．(1)眼球繊維膜は強膜(sclera)と角膜(cornea)に分けられ，さらに眼球前部では，繊維膜に*結膜が密着している．この膜は，球状の眼球(bulbus oculi, eyeball, bulb of eye)の最外壁となる結合組織性の丈夫な膜で，哺乳類以外のものでは軟骨または骨化しているものもある．強膜の眼球前部における部分は多くの細胞からなる透明な膜で，角膜と呼ばれる．角膜の外面は表皮性の上皮である角膜上皮に被われる．(2)眼球血管膜には，脈絡膜(choroidea)，*毛様体，*虹彩が含まれる．脈絡膜は，強膜の内側にあり色素と血管に富む膜で，外からの光を遮るとともに*網膜に栄養を与える．脈絡膜が眼球前部に続く部分とその内面の網膜色素上皮層から構成される部分が虹彩で，その中央に開孔する瞳孔（ひとみ pupil）を通り外からの光が入射する．虹彩には筋繊維があり，光の強弱に応じて反射的に瞳孔を縮小・拡大する（物理的明暗順応）．虹彩と角膜との間は前眼房(camera oculi anterior, anterior chamber)といい水様液(房水 aqueous humor)で満たされる．虹彩後部にはレンズが当たり，毛様体小帯により毛様体に結合する．虹彩とレンズおよび毛様体との間の狭い部分は後眼房(camera oculi posterior, posterior chamber)で，前眼房と同じく水様液で満たされる．レンズと網膜の間の広い空所はガラス様液(vitreous humor)で満たされ，ガラス体(硝子体 corpus vitreum, vitreous body)と呼ばれる．ガラス体をも後眼房に含めることもある．(3)眼球神経膜には網膜全体が含まれる．網膜は光感覚に直接関わる網膜視部と光を感じない網膜盲部（毛様体と虹彩の色素上皮層）とに分けられる．網膜の最外層は網膜色素上皮層(pigment epithelium of retina)であり，脈絡膜毛細血管板に接する．また内側には桿体層(rod layer)・錐体層(cone layer)とそれに続く網膜脳層(neural layer of retina)がある．さらに，眼の運動器官として眼筋（外眼筋 extrinsic eye muscle）が発達し，動眼・滑車・外転の各神経が支配する．眼を保護するためには*眼瞼が発達し，運動を円滑にし，異物を洗うなどの目的で涙腺があり，涙液（なみだ）を分泌する．脊椎動物の眼は基本的に1対であるが，ある種の爬虫類では頭頂骨の一部に頭頂孔があって，その下部に眼に似た無対の構造が発達し，*頭頂眼と呼ばれる．円口類の完口蓋目に見られる松果体（上生体）も眼に類似した構造をなす．眼の発生にはPax6やSox2などの転写調節因子が関与する．[2] 無脊椎動物ではミドリムシの*眼点，ミミズの分散光感覚器官，頭足類のカメラ眼，昆虫類の*複眼など，視覚機能の複雑化を伴うあらゆる発達段階が知られている．ホタテガイなど二枚貝の*外套膜，イソアワモチの*背眼などは，体表の一部あるいは全体に複数ないし多数分布する．イソアワモチ・アワビ・カタツムリなど腹足類の触角の基部や先端やアメフラシの頭部皮下には，左右1対の杯眼が発達する．杯眼は感覚上皮が体表から陥入し，通光性の分泌物で満たされ，内腔が小孔をもって外界に通じている．始原的ピンホールカメラの機能があると推定され，オウムガイの杯眼はその発達した型の一つである．同じ頭足類でもタコやイカでは，水晶体，虹彩，毛様体，眼瞼などの脊椎動物の眼と類似の構造が作られ，形態視機能が発達している．発生学的には，脊椎動物の網膜とは異なり，対光型網膜（→網膜）をもつ杯眼としての基本的性格が保たれている．節足動物に特有な複眼は，対光型網膜が数個の視細胞と支持細胞からなる個眼に分割され，個別に水晶体類似の構造をもち，網膜面への像形成を行わずに視葉など中枢神経系において視覚情報処理を行うように発達したものである．

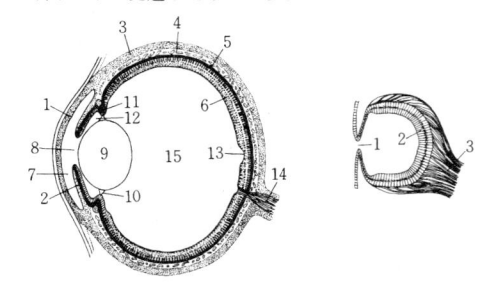

左：ヒトの眼　1 角膜　2 虹彩　3 強膜　4 脈絡膜　5 網膜色素上皮層　6 網膜脳層　7 前眼房　8 瞳孔　9 レンズ　10 毛様体小帯　11 毛様体　12 後眼房　13 中心窩　14 視神経　15 ガラス体
右：オウムガイの眼　1 瞳孔　2 網膜　3 神経繊維

c 明暗視 [brightness vision] 光刺激の強さつまり明るさの因子に関する視覚．特に方向視ないし形態視，あるいは波長弁別（色覚）の能力をそなえない，*光感覚の最も原始的段階に留まるとみられるものを指すことが

多い.明暗視は,単なる強度受容器,すなわち*皮膚光感覚ないし分散光感覚器官による光感覚に特徴的で,通例は照度の時間的変化だけを感受して,*陰影反応や逃避反応など無定位性の分差反応を解発する.オオノガイの水管やミミズの収縮反応のように,陰影反応のほかにその反対の*照射反応がみられる場合もある.

a **明暗順応** [adaptation to luminosity] 《同》順応.光受容器が,それまでと違った光環境に持続的におかれると,その光環境に見合った光感度をもつようになる現象.単に順応と呼ぶことが多い.脊椎動物や頭足類などでの瞳孔反射による眼底への入射光量の調節も広義には明暗順応に含めるが,一般にこれは*網膜運動現象と併せて物理的順応とよばれ,視細胞の変化に基づく順応すなわち生理的順応と区別される.暗順応(dark adaptation)と明順応(light adaptation)がある.暗順応では,暗所あるいは光強度の低い状態において視感度が増大する.明順応では逆に,光強度の強い状態において視感度が低下する.暗順応を測定するには,明順応後,暗所に一定時間おいた後に光感度を測定し,光感度の上昇の時間的経過(暗順応曲線)を求める.ヒトの場合,最初の2〜3分は光に対する閾の低下が速やかでのち緩徐となり,5〜10分ごろからふたたび急激に低下し始めるため曲線に屈曲が見られる.これをコールラウシュの屈曲(Kohlrausch's kink)という.以後30分くらいまで閾の低下が続き,のちふたたび緩徐になって1時間くらいで極値に達する.暗順応の開始からコールラウシュの屈曲までを第一相または一次順応,以後を第二相または二次順応と呼ぶ.第一相は主として錐体の順応に,第二相は桿体の順応に基づくもので,錐体だけをもつ中心窩では第一相しか見られない.暗順応による錐体の視感度増大は数十倍にとどまり,閾値は0.02〜0.15 lx 程度にしかならないが,5〜10分でほぼ完了する桿体の視感度は数千〜数万倍にもなり,閾値は 0.569×10^{-5} lx にも達する.そのため暗順応は桿体の多い網膜周辺部において優れ,視感度も高くなっている.したがって,暗所では弱い光は注視(中心視)しては見えず,中心性暗点(central scotoma)または生理的夜盲現象を生じ,視線をそらした周辺視によって見ることができる.錐体と桿体では視感度曲線の極大の波長が異なるため,暗順応曲線は使うテスト光の波長により異なる.一方,明順応は一般に,暗順応に比べて速やかであり,ヒトでは1〜2分でほぼ完了する.生理的な明順応のメカニズムは,視物質から視細胞の過分極応答に至る光情報伝達過程のさまざまな段階で起こる.オプシンと発色団レチナールの結合による視物質の再生や,光依存的な視物質のリン酸化あるいは視細胞外節内のカルシウム濃度変化などが密接に関連している.明暗順応によって,脊椎動物の視覚系では 10^6(桿体と錐体を合わせると 10^9)以上の光強度変化に対応できる.体色と順応状態との関係は動物の種類により反対で,エビ類・ナナフシ・メダカ・ナマズなどでは明順応で体色明化(色素顆粒凝集),暗順応で暗化(拡散)するが,カニ類やカエルでは逆の関係を示す.

b **明暗瓶法** [light and dark bottle method] 海水などの試料を複数の瓶につめ,一部はそのまま,他は遮光して一定時間培養し,溶存酸素量の変化や無機炭素の取込みから,水中の一次生産量を測定する方法.溶存酸素では,培養開始時からの明瓶内の増加分が純生産量を,暗瓶での減少分が呼吸量,明瓶と暗瓶の差が総生産量を表す.ただし,呼吸量には一次生産者ばかりでなく従属栄養者も含めた瓶内のすべての生物の呼吸が含まれる.

c **明域** [area pellucida, pellucid area] 鳥類の初期発生において,*胚盤葉の中心部の透明に見える将来胚の形成される部分.受精卵が子宮内に入って12〜14時間後から,胚盤葉の後方から大量の卵黄を含む細胞が脱落し,明域が形成される.明域は次第に前方に広がり,18〜20時間で前端に達する.脱落は何回も繰り返され,胚盤葉は単層上皮性の細胞層になる.(⇒暗域)

d **メイオベントス** [meiobenthos] 1 mm 以下 31 μm 以上の篩分画に入る*ベントス.マクロベントスより小形のものとして M. F. Mare(1942)が定義.通常は線虫類と有孔虫類が優占し,その他,底生カイアシ類,動吻類,腹毛類,渦虫類などが知られる.主にこの篩分画に入る種群を,メイオファウナ(meiofauna)と呼ぶ.個体数密度が非常に高く(1 m² 当たり $10^5 \sim 10^7$),細菌類と並ぶ底生生態系の主要な消費者で,また稚魚など高位消費者の餌としても重要.群集組成(例えば,線虫類/カイアシ類比)は,汚染の生物指標として用いられる.

e **鳴管** [syrinx] 《同》下喉頭(inferior larynx),後喉頭.鳥類の*気管の*気管支の分岐部にある発音装置.他の脊椎動物と異なり,鳥類では*声帯は発音器とならない.最も一般的な型は気管下部と気管支上部で形成される気管-気管支型鳴管(bronchotracheal syrinx)で,気管末端の骨環は合して鼓室と呼ばれる共鳴装置となり,気管支基部の内外両側壁より骨環の間の薄膜が内腔に向かって襞を形成し,その振動によって発音する.この型のほかに気管だけ,または気管支だけが鳴管をなすものがあり,それぞれ気管型鳴管(tracheal syrinx),気管支型鳴管(bronchial syrinx)といい,前者では骨環が側面で消失し,その部位に膜がはられ,後者では気管支の骨環間の短縮によって内腔に襞を形成するが,いずれもこれらの膜の振動によって発音する.鳴管外側にはしばしばその膜を伸縮させる筋肉が付随している.

f **明順応** [light adaptation] ⇒明暗順応

g **迷走神経物質** [vagus-substance] カエルの心臓灌流液中から見出された,迷走神経(⇒鰓弓神経)の心臓抑制作用を伝達する物質.O. Loewi(1921)が発見し,1926年彼らによって*アセチルコリンと同定された.

h **迷鳥** [vagrant] 平常は生息も渡来もしないが,暴風その他の偶然の機会により一地方にたまたま現れる鳥類.日本ではオガワコマドリやベニバラウソなど.チョウについても同様な意味で迷蝶という.(⇒渡り)

i **メイトキラー** [mate killer] ゾウリムシや *Euplotes* などの繊毛虫において,*接合を行った相手の細胞を殺す遺伝形質.細胞内共生性の細菌(*Pseudocaedibacter* など)である μ 粒子によって支配されている.

j **メイナード-スミス** MAYNARD-SMITH, John 1920〜2004 イギリスの進化生物学者,数理生物学者.20世紀後半の代表的なネオダーウィン主義者.1978年に有性生殖が進化する条件を論じた 'Evolution of sex' を著した.また,集団全体の適応と区別した個体次元の自然淘汰を説明する進化的に安定な戦略という概念を提唱.*ゲーム理論の手法を進化生物学に導入し,動物行動学や生態学に大きな影響を与えた.2001年京都賞基礎科学部門受賞.[主著] Evolution and the theory of games, 1982.

k **迷入** [aberratio] [1] 発生の途中で正常組織内に

異常の細胞群が迷いこむこと．迷入膵などの原因となる．[2] [erratic parasitism] 内部寄生虫が宿主の通常の寄生部位以外に入りこむこと．

a **鳴嚢** [vocal sac] 多くの無尾両生類の雄において，薄膜・球形の囊として体外に膨らむ能力をもつ左右の*咽頭壁．鳴く際にこれを膨らませて，共鳴器として役立たせる．

b **命名規約** [rules of nomenclature] 生物の*タクソンに*学名を付け，また，それらの学名を安定的に維持，管理するための取決め．C. von Linné の分類理論を発祥とし，学名のつけ方（公表の仕方を含む），タクソンの分離や統合にともなう学名の運用，同じタクソンに複数の名称がついたり（*異名），同じ名称が複数のタクソンに使われた場合（*同名）への対応などを規定．現在，国際規約としては，動物，藻類・菌類・植物，原核生物（細菌・古細菌），ウイルス，栽培植物，植物病原性細菌の種よりも低位のタクサ，のそれぞれを独立して対象としたものが作られ用いられている．このうち，*タイプ法，*先取権の原理，種の学名への*二語名法の使用を規範としているのは，以下の三つである．[1] 国際動物命名規約 (International code of zoological nomenclature). 現行は第4版で，2000年1月1日に発効し，著作者は動物命名法国際審議会 (International commission of zoological nomenclature)．日本語版も出版されている．現生または絶滅した動物（化石を含む）が対象で，原生生物も含まれる．Linné の 'Systema naturae' 第10版と C. A. Clerck の 'Aranei svecici' が出版されたとみなす1758年1月1日を先取権の原理の出発点と定める．*亜科から上科の範囲にあるすべてのタクソンの学名を規定するほか，ごく一部の条項は上科よりも上位のタクソンにも適用される．規約はその運用に柔軟性をもち，学名の安定のために必要とあらば，上記審議会の強権 (plenary power) 発動により，規約の厳密な適用が留保される．[2] 植物に関する国際命名規約．原則としてLinné の 'Species plantarum' 初版が出版された1753年5月1日を優先権（⇒先取権）の出発点とする規約で，6年ごとに開催される国際植物科学会議 (International botanical congress) で改訂される．従来，国際植物命名規約 (International code of botanical nomenclature) と呼ばれてきたが，現行の2011年に採択された版から，「国際藻類・菌類・植物命名規約 (International code of nomenclature for algae, fungi, and plants)」と改称された．日本語版もある．対象には現生の植物のみならず化石も含み，また維管束植物や藻類だけでなく，シアノバクテリア，菌類，光合成を行う原生生物とその近縁系統群をも含む．また亜品種から界までのすべてのタクソンの学名を規定する．なお，1種の菌類に対してテレオモルフとアナモルフの二つ以上の学名を与えても良いという従来の例外措置（二重命名法）は，2012年をもって廃止された．[3] 国際細菌命名規約 (International code of nomenclature of bacteria)．現行は1990年改訂版．すべての細菌を対象とし，細菌名承認リスト (Approved lists of bacterial names) が出版された1980年1月1日が優先権の原則の出発点である．亜種から綱までのタクソンの学名を規定する．本規約の名称は，国際原核生物命名規約 (International code of nomenclature of prokaryotes) と改称される予定．（⇒バージェイ式分類，⇒ウイルスの分類）

c **迷路学習** [maze-learning] 心理学における動物の*学習行動の研究に，迷路を用いる実験的方法．古くW. S. Small (1901) がイギリスのハンプトンコートの庭園にある迷路を模してネズミ用の迷路を作ってから，有効な装置であると認められ，以後，多種多様な迷路が考案された．一般に，出発箱，袋路を含む通路，および目標箱の3部分から構成され，1個の選択点しかないT型迷路，Y型迷路，および複数の選択点が配置された多単位迷路がある．さらに簡略化されたものとして*直線走路がある．迷路学習の成績としては，一般に，(1) 各試行（出発箱を出て目標箱に入るまで）に要した時間，(2) 各試行における誤り（袋路へ入った数），(3) 一定の学習規準に達するまでに要した試行数などが用いられる．

d **迷路器官** [labyrinth] 《同》迷路状器官 (labyrinth-form organ)．キノボリウオ (*Anabas scandens*) など迷器類 (Labyrinthici) に属する魚類における補助的な空気呼吸器官．*鰓の上部にあり，舌顎突起で不完全に区画された上鰓腔内に血管に富んだ多数の襞をもつ室を形成している．第一鰓弓（第三内臓弓）の上皮が発達したもので，1〜2層の扁平または立方上皮からなり，上皮内血管とよぶ．カムルチーなどの鰓腔上部にみられる鰓腔や鰓蓋の粘膜に襞状に発達した補助的な呼吸器官は，発生的起原が異なり，迷路を形成しないことから上鰓器官 (suprabranchial organ) として区別される．

キノボリウオの頭部側面を除去して迷路器官を示す

e **迷路前庭** [ラ vestibulum labyrinthi] 《同》前庭．迷路すなわち*内耳を構成する*骨迷路の中心的部分．*膜迷路の卵形嚢・球形嚢も含む．その外側面（鼓室に対する側）には前庭窓と蝸牛窓があり，前庭窓には鐙骨の足板が接し，蝸牛窓には第二鼓膜が張る．下方にある蝸牛の上階すなわち前庭階に通じており，他方，上方の*半規管にも連絡する．ここに分布する内耳神経を前庭神経 (nervus vestibularis) という．この部位に属する器官を前庭器官（前庭器 vestibular organ) と総称し，その機能は身体の水平垂直運動および姿勢，すなわち重力に対する方向の感知．これは感覚細胞に接する*平衡石に働く重力の方向が基礎となっている．

f **メカノケミカルカップリング** [mechanochemical coupling] 《同》機械化学連関．生体内で化学エネルギーを機械的エネルギーに変換する現象．筋肉が収縮して張力を発生するときATPを加水分解して化学エネルギーを機械的エネルギーに変換する*共役現象などがこれに属する．*ミオシン，*ダイニン，*キネシンなどの運動性蛋白質が関与する．骨格筋などではATPの化学エネルギーの60％が機械的エネルギーに変換される．

g **メガローパ** [megalopa] 広義には節足動物甲殻亜門の幼生期のうち，腹肢で遊泳するもの．狭義には甲殻亜門十脚目の幼生期のうち，*ゾエア期に次ぐ第三の

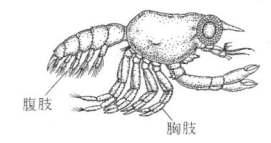

腹肢
胸肢

もの．この後，変態を経て稚個体に至る．頭部・胸部の全付属肢のほか，第一〜第五腹肢の一部あるいは全部が遊泳用に発達したもの．種類によって固有の名前が与えられている場合がある．(⇒キルトピア，⇒グローコテ，⇒プエルルス，⇒ポストラーバ)

a **メーザー** Mather, Kenneth 1911〜1990 イギリスの遺伝学者．量的形質の遺伝がポリジーンに支配されていると提唱した．そのほか遺伝現象の統計的処理を中心に多くの業績がある．[主著] Statistical analysis in biology, 1943, 1946.

b **メサンギウム** [mesangium]《同》糸球体間質，血管間膜．腎小球体の毛細血管の間に，結合組織成分が残ったもの．糸球体血管の基底膜の内透明層に連なるメサンギウム基質(mesangial matrix)と，一種の繊維芽細胞であるメサンギウム細胞(mesangial cells)とからなる．メサンギウム細胞は血管内皮に接する血管周囲細胞(pericyte)に類似し，収縮能をもち，糸球体の血流調節機能があるとされる．一部の細胞は食作用を示し，Ia表面抗原を発現し，リンパ球を刺激するとされる．(⇒腎小体)

c **雌** [female] 雌雄異体の生物種において，*卵を生ずる個体，または(原始的な生物では)大配偶子を形成する個体．ただし性が固定的に決定していない場合には，雌性を比較的多くもつ個体の意味になる．雌個体を示すのにギリシア神話の女神 Venus の符号♀を用い，ヒトの家系図などでは女を○で表す．(⇒雄，⇒性的両能性)

d **メセルソン-スタールの実験** [Meselson-Stahl experiment] DNA の*半保存的複製をはじめて分子レベルで明快に証明することに成功した，M. Meselson と F. Stahl (1958) による実験．もし半保存的複製が正しければ，新生 DNA の二重らせんのうち一方は新しく合成されたものであり，他方は親からそっくり受け継いだ旧鎖である．したがって，これら両鎖が実験的に識別されれば証明できるはずである．彼らは，大腸菌を $^{15}NH_4Cl$ だけを窒素源とする培地で数世代増殖させ，その DNA を重い同位元素 ^{15}N で密度標識した．それから急激に菌を $^{14}NH_4Cl$ 培地に移して培養を続け，経時的にサンプルをとって DNA を抽出し，CsCl の*密度勾配遠心法で分析した．その結果，DNA 分子は 0 世代では重い密度(HH)を示していたものが，1 世代経つとすべて中間の密度(HL)を示すようになり，2 世代目では中間の密度をもつものと軽い密度(LL)をもつものとが等量現れた．こうして J. D. Watson と F. H. C. Crick の半保存的複製モデルはまず大腸菌において分子レベルの証明を得たが，その後同様の方法でウイルスからヒトに至る多くの生物でも適用され，その普遍性が確立されている．なお，この実験を契機に，CsCl 密度勾配遠心法は分子生物学の基本的な研究技術として諸方面に広く利用されるようになった．

e **メソゾーム** [mesosome]《同》コンドリオイド(chondrioid)．細菌の細胞膜に接続し，細胞内部にくびれ込んでいる膜構造．多くのグラム陽性菌と一部のグラム陰性菌で観察される．電子顕微鏡像では層状あるいは小胞状で，細胞分裂における隔壁形成部位で観察されることが多い．組成的また機能的に細胞膜と大差がないとする説と，細胞膜とは異なった組成・機能をもつとする説とがある．後者の場合には電子伝達とリン酸化，細胞壁形成，酵素の分泌，細胞分裂の制御，DNA の複製と分配などに何らかの役割を果たすと考えられている．形態上の類似性からミトコンドリアとの対比でコンドリオイドと呼ぶこともある．

f **メタキセニア** [metaxenia] 種皮や果皮のような胚乳以外の母親の組織に，父方すなわち花粉の遺伝子の影響が現れる現象．*Phoenix dactylifera*(ナツメヤシ)で果実の大きさや熟期が受精に用いた花粉の種類に支配されることから，これを*キセニアと区別する意味で，メタキセニアと命名された．ワタ・リンゴ・カシなどでもメタキセニアが知られている．

g **メタクロマジー** [metachromasy, metachromasia]《同》異調染色性．単一色素で細胞・組織を染色したとき，染色部分が色素溶液の色調と異なった色調で染色されること．メタクロマジー性色素にはトルイジンブルー，アズール B，チオニン(塩基性色素)，コンゴーレッド系色素(酸性色素)があるが，単にメタクロマジーというときは塩基性色素による場合が一般的である．メタクロマジーは色素溶液の濃度，他物質の混在によっても起こる．

h **メタゲノミクス** [metagenomics] 環境中に存在する生物群集の構造・機能を個々のゲノム単位で明らかにする解析アプローチおよび研究分野．その解析対象となるゲノム DNA をメタゲノム(metagenome)という．一般に培養が困難な微生物群集を対象とする．微生物群集を培養することなく，あるいはその集積培養物から直接核酸を抽出・解析してゲノムの全体あるいは一部が再構成される．自然界の微生物群集の大部分は培養困難であることから，純粋培養株を得ることなく分子レベルで特性解析する有力な方法として用いられている．

i **メタ個体群動態** [metapopulation dynamics] メタ個体群(metapopulation)，すなわち小さな生息地が地域全体にパッチ状に散在し，その間を個体が低頻度で移動することにより，分集団が緩く結合した構造をもつ集団全体の，時間的・空間的変動．メタ個体群は，例えば，ある食草を利用する昆虫にとって，その食草の群落一つ一つが分かれて散在する生息地であり，それらが集まって地域全体のメタ個体群をなす．一つの生息地を利用する分集団は，別の分集団の挙動とはある程度独立して生活することになる．ただし，分集団間の移動があるため，何らかの理由で局所的に消滅した分集団のあとに，生息環境が残ってさえいれば，再移住によって分集団が復活することがある．そのため，メタ個体群全体では局所的に生じる悪影響を受けにくく，持続性が高いと考えられる．実際，*撹乱を受け続けるパッチ状環境では，

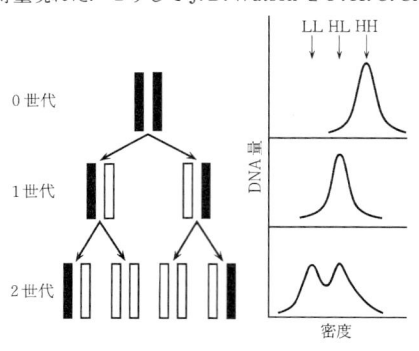

黒は重い DNA，白は軽い DNA を表す

競争に弱いけれども移動力に優れた種が，競争に強いものの移動力に劣る種と共存できる可能性がある．しかし，今まで広く連続した生息地であった地域が，環境開発などで細分化(fragmentation)された場合には，すべての分集団で生息地の条件が同時に悪化することが多いため，メタ個体群といえども絶滅の危機に瀕することになる．メタ個体群動態を表すモデルとしては，さまざまなものがあり，近年，保全生物学への応用の観点からもめざましく発展している．

a **メタセテリー** [metathetely] 動物体の一部により遅れた発育段階の形質が現れる現象．特に昆虫の変態において幼虫形質が蛹に，蛹形質が成虫に残存することをいう．エクジステロイド(⇒エクジソン)と*幼若ホルモンの分泌のバランス，分泌時期の不調によって生じる．ヤママユに原虫 Nosema が感染すると，そこから幼若ホルモン活性をもつ物質が分泌されて蛹化後感染部位に幼虫形質が残ったり，ブユ(Simulium)の幼虫が線虫 Mermis の寄生をうけると，成虫原基や生殖器官の分化が抑制される．実験的には幼若ホルモン活性のある物質を局所的に与えることによって得られるが，ゴミムシダマシ(Tenebrio)の蛹にアクチノマイシン D やマイトマイシン C などを注射しても，腹部に部分的に蛹形質の残る成虫が生じる．(⇒プロセテリー)

b **メタセルカリア** [metacercaria, adolescaria] 《同》メタケルカリア．扁形動物新皮目吸虫類に属する二生類の一幼生期で，中間宿主(主に巻貝類)から遊出した*セルカリアが尾部を失い被嚢したもの．第二中間宿主を要する種では魚類や甲殻類の体内，それを要しない種では水辺の植物の葉などに見られる．体の構造は，生殖腺が未発達であることを除けばほとんど変わりがない．メタセルカリアが第二中間宿主や植物と共に経口的に終宿主に取り込まれると，被嚢は消化され，種により特異性のある寄生部位へ運ばれて成熟する．住血吸虫類はメタセルカリア期を欠き，例外的にセルカリアが経皮的に終宿主に侵入する．

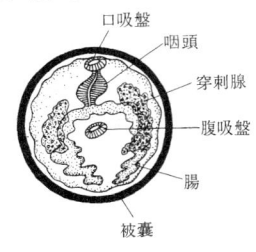

カンテツのメタセルカリア

c **メタノトローフ** [methanotroph] 電子供与体ならびに炭素源としてメタン(CH_4)をもちいる原核生物．分子状酸素を電子受容体とする好気性菌．土壌や陸水の微好気的な環境に広く分布する一方，硫酸塩濃度の高い海底泥中では硫酸還元活性が卓越し，メタンそのものの生産が少ないためにメタノトローフは少ないが，近年硫酸還元と共役した嫌気的なメタン酸化が見出された．アンモニア酸化能ももつが，アンモニアは電子供与体としてメタンと競合するため，結果的には増殖に負の要因となる．またメタノトローフはメタン生成古細菌の遺伝子のいくつかを有する．生態的には近傍に分布する両者の間で，遺伝子の水平伝播が起こったと推察される．これらについては海底の冷湧水(cold seep)に生息する貝類との共生も知られており，海底から供給されるメタンを含む海水は効率よく貝類の体内に取り込まれるため，細菌側はこれを酸化し，宿主に ATP を供給するとされる．

d **メタノープリウス** [metanauplius] 節足動物甲殻亜門の最初の幼生期*ノープリウスの後期．頭部にさらに第一小顎・第二小顎などを加える．ヒゲエビ類，オキアミ類の一部などは，この時期に孵化する．

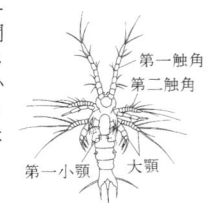

第一触角
第二触角
第一小顎
大顎

e **メタボリックシンドローム** [metabolic syndrome] 生活習慣に起因する高血圧，糖尿病，高脂血症の重複状態．代表的な生活習慣病である高血圧，糖尿病，高脂血症はよく合併することが知られ，合併する症例には肥満もあり，それらを合わせ死の四重奏といわれるようになった．もともとは重篤な疾患の発症や死亡率との関連に基づいて名付けられたが，内臓脂肪細胞からアディポネクチンが分泌されるという生理学的機序をふまえて，松澤佑次らが内臓肥満が共通の主要な要因であると主張し，日本では腹囲測定が健康診断項目に加えられるようになった．ただし内臓脂肪が原因とする考えには異論もある．

f **メタボローム** [metabolome] ある生物が生産する代謝物質のすべてを指す．代謝物質(metabolite)の前半部分とゲノム(genome)の後半部分をそれぞれつなぎあわせた造語．広義には，DNA(*ゲノム)，RNA(*トランスクリプトーム)，蛋白質(*プロテオーム)，糖質(グライコーム)など，あらゆる代謝物質を含むが，狭義には質量分析などの検出技法に依存して，DNA，RNA，蛋白質以外の比較的分子量の小さい代謝物質を指す．安定で比較的存在量が多い物質が検出されやすく，また生物の飼育・栽培条件でも大きく変動しやすいので，不安定で微量だが重要な代謝物質を再現性よく検出することが課題である．

g **目玉模様** [eye-spot] 《同》眼状紋．昆虫・小形の魚など被食者となる動物の体にしばしばみられる，中心斑をもつ輪状紋や二重の同心あるいは偏心円状の目玉に似た模様．鳥などの捕食者は突然に示された目玉状の図形を嫌い逃げ去ることが実験的に証明された(A. D. Blest, 1957)が，目玉模様は従来想像されていたように，捕食者に対する威嚇の効果があると考えられるようになった．一方，ジャノメチョウ類の翅の周辺部にみられるような小さな目玉模様は，かえって鳥のつつき行動を引き起こすので，これは捕食者の攻撃を体のあまり重要でない部分へ逸らす，一種のはぐらかし装置(deflecting device)であるとも考えられる．

h **メタモナス類** [metamonads] *エクスカバータに属する一群．基本的に4本(0～多数)の鞭毛をもつ従属栄養性鞭毛虫．ミトコンドリアは酸素呼吸能やゲノムを欠き，*ハイドロゲノソームや*マイトソームに変化している．後生動物の消化管などに共生・寄生するものが多いが，底泥など貧酸素環境に自由生活するものもいる．P. P. Grassé (1952)によって提唱されて以来，その範囲は大きく変遷したが，現在メタモナス門(Metamonada)とした場合は，フォルニカータ類(*ディプロモナス類など)，*副基体類およびアナエロモナス類(オキシモナスなど)を含む．前二者からなる系統群(トリコゾア

a **メタロチオネイン** [metallothionein] 金属によって誘導される蛋白質の一種．このアポ蛋白質はチオネイン(thionein)と呼ばれ，そのSH基が金属と結合する．Zn 2.2%, Cd 5.9%と他の金属蛋白質に比べて10倍近く含量が高い．脊椎動物のほか，貝類，植物，細菌の細胞に含まれる．ウマ腎皮質より単離されたものは分子量6620．構成アミノ酸のうち25%が*システインが占める．全身に分布し Cd, Hg はじめ二価金属を結合して解毒するとともに，Zn などの貯蔵蛋白質としても働く．

b **メダワー** MEDAWAR, Peter Brian 1915～1987 イギリスの生物学者．ネズミの皮膚の移植の実験で，生後1週間以内なら他の個体のものでも受け入れるが，それ以後では拒絶すること，これが免疫反応によることを明らかにした．この実験により生体内自己認識の問題が示された．F. M. Burnet とともに，後天的免疫寛容の発見によって1960年ノーベル生理学・医学賞受賞．[主著] The uniqueness of the individual, 1957.

c **メタン酸化細菌** [methane-oxidizing bacteria] 好気的にメタンを酸化する細菌の総称．メタンまたはメタノールを唯一の炭素源とする培地には生育できるが，肉エキスペプトン培地のような複雑な培地には生育できない．メタン酸化の経路は

$$CH_4 \rightarrow CH_3OH \rightarrow HCHO \rightarrow HCOOH \rightarrow CO_2$$

である．ホルムアルデヒドの代謝系としては，リブロース一リン酸(RuMP)経路とセリン(serine)経路が知られている．メタン酸化細菌の中で Methylomonas, Methylobacter, Methylococcus などのガンマプロテオバクテリア綱細菌は，好気性であるがクエン酸回路が不完全である．ヴェルコミクロビア門(Verrucomicrobia)には好酸性メタン酸化細菌が存在する．また*アーキアドメインには嫌気性メタン酸化菌が知られている．

d **メタン生成菌** [methanegens, methanogenic archaea] 《同》メタン生成アーキア．メタンを生成する原核生物の一群．*アーキアドメインに属する一部の絶対嫌気性菌のみがこの代謝系を有し，メタン生成アーキアとも呼ばれている．アーキアドメインが創設される以前はメタン生成細菌といわれていた．分類学的には*ユーリアーキオータ門のメタノバクテリア綱(Methanobacteria)，メタノコックス綱(Methanococci)，メタノピルス綱(Methanopyri)の3綱に集中して存在する．メタン生成(メタン発酵 methane fermentation)は水素，蟻酸，酢酸，メタノールなどを電子供与体として二酸化炭素を還元し，最終生産物としてメタンを生成するエネルギー代謝系である．水素および酢酸を電子供与体とする反応は以下の式で表される．

$$CO_2 + 4H_2 \rightarrow CH_4 + 2H_2O$$
$$CH_3COOH \rightarrow CH_4 + CO_2$$

湖沼の底質，水田，土壌の嫌気部分やルーメンにおける嫌気的有機物分解の最終反応に関わる菌群として重要であるほか，生物系廃棄物や廃水の嫌気的処理に利用されている．

e **メチオニン** [methionine] 略号 Met または M (一文字表記)．含硫 α-アミノ酸の一つ．J. H. Mueller (1922)がカゼインから発見．蛋白質成分の一つで，オバルブミンやカゼインなどに多い．天然に得られるものは L 型．ヒトでは不可欠アミノ酸の一つで，L 型・D 型ともに有効．ATP からアデノシル基を受けると S-アデノシルメチオニン(活性メチオニン)となり，メチル基転移を行う．メチル基を失うと S-アデノシルホモシステインとなり，ホモシステイン，シスタチオニンを経てシステインと α-ケト酪酸に分解され，後者はさらにスクシニル CoA に代謝される．S-アデノシルメチオニンはクレアチン，コリンなどの生合成のメチル基供与体となるほか，脱炭酸を経て*ポリアミンの構成成分となる．生合成は，アスパラギン酸あるいはセリンから，システインを SH 基供与体とするシスタチオニンの生成を経て，ホモシステインのメチル化により生成する(微生物，植物)．臭化シアンはメチオニン残基のところでペプチドを切断するのでアミノ酸配列の研究によく用いられる．

$$H_3C-S-CH_2-CH_2-\underset{NH_2}{\overset{}{CH}}-COOH$$

f **メチニコフ** METCHNIKOFF, Élie (Мечников, Илья Ильич) 1845～1916 ロシアの動物学者，病理学者．ハリコフ大学を卒業後，ドイツ・イタリアに留学，特にナポリで A. O. Kowalevsky とともに発生学の研究に従事．帰国後オデッサ大学教授．1888年パリのパストゥール研究所に招かれ，終生そこで研究に従事した．1883年イタリアのメッシナで研究中，細胞の食作用を発見，この知見をおし進め，食作用説(食細胞説)と呼ばれる免疫学説を唱えた．また梅毒などの研究に従事し，1908年 P. Ehrlich とともにノーベル生理学・医学賞受賞．[主著] L'immunité dans les maladies infectieuses, 1901.

g **1-メチルアデニン** [1-methyladenine] 1位がメチル化された*アデニンの誘導体．主に，真核細胞の*トランスファー RNA を構成する*微量塩基の一つとして，他の*メチル化塩基とともに見出されている．また，ヒトデにおいては未成熟な卵子を取り囲む濾胞細胞から分泌され，受精にそなえて静止期から*卵成熟を再開させるホルモンとして機能している．

h **6-メチルアミノプリン** [6-methylaminopurine] 《同》N^6-メチルアデニン (N^6-methyladenine)．大腸菌の DNA に見出されるプリン塩基．その量はわずかだが，チミン要求性の株をチミン欠如培地，またはチミン誘導体(5-ブロモウラシル，2-チオチミンなど)を含む培地で培養すると，その菌の DNA に本来含まれるチミンに代わって6-メチルアミノプリンをかなり含む DNA が形成される(➡制限酵素)．そのほか，一部の tRNA, rRNA にも存在する．(➡微量塩基, ➡メチル化塩基)

i **メチル化塩基** [methylated base] *核酸の微量成分で主として主要塩基がメチル化されたもの(➡塩基)．塩基が結合しているリボースのメチル化もある(➡2′-O-メチルリボース)．メチル化は，ポリヌクレオチドが形成された後に種々の塩基転移酵素の働きによって起こり，メチル基は，一般に*S-アデノシルメチオニンから供与される．分離・同定されているメチル化塩基には次のようなものがある．*1-メチルアデニン，2-メチルアデニン，N^6-メチルアデニン(*6-メチルアミノプリン)，N^6,N^6-ジメチルアデニン，3-メチルシトシン，*5-メチルシトシン，1-メチルグアニン，N^2-メチルグアニン，N^2,N^2-ジメチルグアニン，7-メチルグア

ニン，N^2,N^2,7-トリメチルグアニン，1-メチルイノシン，3-メチルウラシル，5-メチルウラシル（リボチミジンとして）．大部分は tRNA から見つかったものであるが，rRNA，mRNA，DNA からも見つかっている．DNA に見つかっている主なメチル化塩基は，5-メチルシトシンと N^6-メチルアデニンであり，生物種によりその含量は異なっているが，およそ 0.05〜3.5% である．tRNA については分子中のメチル化塩基の位置がほぼ決定されている（⇒クローバー葉モデル）．メチル化は核酸の構造と機能に重要な関係があると考えられているが，その機能はまだ十分には解明されていない．tRNAではコドン認識などに関与すると考えられている．真核生物では DNA 中の 5-メチルシトシンが遺伝子の発現調節に関与していることが知られている．また，7-メチルグアニンが mRNA の*キャップ構造を形成している．細菌類では多くの*制限酵素について DNA 上の認識切断配列に 5-メチルシトシンあるいは N^6-メチルアデニンが存在すると切断できなくなることが知られている．

a **メチル基転移反応** [transmethylation] 《同》メチル基転移．メチル基が一つの化合物からほかの化合物へ転移する酵素反応，すなわち A+B-CH₃→A-CH₃+B．*S-アデノシルメチオニン，*ベタイン，ジメチルテチンをメチル基供与体とし，アミノ基，ヒドロキシル基，チオール基をメチル化する酵素をメチル基転移酵素（トランスメチラーゼ transmethylase, メチルトランスフェラーゼ methyltransferase）またはメチル化酵素（methylase）といい，各種の化合物に特異的な酵素が数十種知られている．メチル基は 5,10-メチレンテトラヒドロ葉酸の酵素的還元により 5-メチルテトラヒドロ葉酸として生成し，これからホモシステインに一種のコバミド酵素の作用で移し，メチオニンをつくる．メチオニンは ATP の作用により S-アデノシルメチオニンになり，これがメチル供与体として種々のメチル化合物の生成に用いられる．コリンの酸化された形であるベタインもメチル供与体として働くことがある．メチル基転移反応は，コリン，クレアチン，アドレナリンなどの生体物質の生成に含まれるばかりでなく，解毒，リン脂質の変化，核酸や蛋白質のメチル化などに関与し，生理的にも重要である．

b **メチルグリオキサール** [methylglyoxal] CH₃COCHO 空気中で重合しやすい黄色の液体．沸点 72 °C．1960 年代に A. von Szent-Györgyi によって発見された．解糖系のジヒドロキシアセトンリン酸から酵素的に産生される．メチルグリオキサールはグルタチオンを必要とする酵素グリオキサラーゼ I と II によって 2 段階の反応を経て乳酸に変わる．

c **メチルコバラミン** [methylcobalamin] 《同》メチル B₁₂．コバルトの β 配位子としてメチル基が結合しているコバラミン（⇒コバラミン）．ビタミン B₁₂ の*補酵素型の一つ．生体内ではコバラミンが一価コバルトの状態にまで還元されたのち，メチルトランスフェラーゼの作用で S-アデノシルメチオニンまたは* N^5-メチルテトラヒドロ葉酸によりメチル化されて生成する．メチルコバラミンは分子内にコバルト-炭素シグマ結合をもつ最も単純なアルキルコバラミンであり，厳密な嫌気条件下では光分解に抵抗性を示すが，好気条件下では容易に光分解を受けてアクアコバラミン（またはヒドロキソコバラミン）を生成する．メチルコバラミンは当初，*アデノシルコバラミンのアナログとして合成されたが，その後生体内に実在し，いくつかの酵素系で補酵素として働くことが明らかとなった．特にヒト血漿中では最も高い割合で存在するコバラミンである．この補酵素は動物や原虫・細菌に広く分布するメチオニンシンターゼなどメチル基移動を伴う酵素反応において，メチル基転移中間体として関与する．メチル型コリノイドは H.G.Wood らが見出した嫌気下での二酸化炭素同化経路（アセチル CoA 経路）やメタン生成においても，メチル基転移の中間体として重要な役割を果たしている．

d **5-メチルシトシン** [5-methylcytosine] 多くの動植物の DNA に含まれる*メチル化塩基の一つ．CG 配列中のシトシンが 5-メチルシトシンに置換したものが多数繰り返して存在し，転写の制御を行うとされる（⇒制限酵素）．また，tRNA のアンチコドン，まれに rRNA に見出され，さらに 3-メチルシトシンも tRNA などに見出される．（⇒微量塩基）

e **N^5-メチルテトラヒドロ葉酸** [N^5-methyltetrahydrofolic acid] $C_{20}H_{25}N_7O_6$ 分子量 459.46．*テトラヒドロ葉酸(H₄FA)の C₁ 基をもつ誘導体の一つ．$N^{5,10}$-メチレンテトラヒドロ葉酸($N^{5,10}$-methylene tetrahydrofolic acid)の還元で生成する．天然の N^5-メチルテトラヒドロ葉酸の立体配置は 6R．

$N^{5,10}$-メチルテトラヒドロ葉酸+NADH+H⁺
⇌ N^5-メチルテトラヒドロ葉酸+NAD⁺

N^5-メチルテトラヒドロ葉酸はホモシステインから de novo のメチオニン合成にメチル基供与体として働く．この反応には補酵素型ビタミン B₁₂ が関与する．さらに，デオキシウリジン一リン酸からチミジン一リン酸を合成する際のメチル基供与体としても用いられる．

f **メチルヒスチジン** [methylhistidine] メチル基が 1 個結合した*ヒスチジン．生体には 1-メチルヒスチジンと 3-メチルヒスチジン(N^τ-メチルヒスチジン)が存在する．哺乳類の 3-メチルヒスチジンの大部分は骨格筋においてアクチンとミオシンの翻訳後修飾によって生じると考えられる．遊離の 3-メチルヒスチジンは尿中あるいは血中に検出され，骨格筋の蛋白質分解を反映すると考えられる．鳥類などの骨格筋にはアンセリン（β-アラニル-1-メチルヒスチジン），クジラなどではオフィディン（バレニン，β-アラニル-3-メチルヒスチジン）が含まれており，これらを経口摂取したときにも尿中に 1- または 3-メチルヒスチジンが排泄される．

3-メチルヒスチジン　　1-メチルヒスチジン

g **メチルマロニル CoA** [methylmalonyl-CoA] 奇数炭素鎖脂肪酸の β 酸化などで生じたプロピオニ

CoAをアセチルCoAに変換する経路であるメチルマロニル経路の中間体．3位の炭素に関して2種の光学異性体が存在する．メチルマロニル経路では，プロピオニルCoAからビオチン酵素による二酸化炭素固定によって(S)-メチルマロニルCoAが生成され，これがラセマーゼの働きにより，(R)-メチルマロニルCoAに変換される．ついで，ビタミンB_{12}を補酵素とするムターゼの作用によってスクシニルCoAとなり，クエン酸回路に入り，アセチルCoAに至る．この経路の代謝が阻害されると，メチルマロン酸血症となる．メチルマロニルCoAはメチル分岐鎖を有する脂肪酸やポリケチドの生合成前駆体としても利用される．

a **メチルリジン** [methyllysine] 側鎖のε-アミノ基がメチル化された*リジン．メチル基が1個(モノメチル)，2個(ジメチル)，3個(トリメチル)導入された3種類がある．ヒストン，フラジェリンなどの蛋白質に見出される．ヒストンのメチル化リジンにおいては，酵素により脱メチル化されることが知られている．

$$H_3C-NH-CH_2-CH_2-CH_2-CH_2-CH(NH_2)-COOH$$
モノメチルリジン

$$H_3C-N(CH_3)-CH_2-CH_2-CH_2-CH_2-CH(NH_2)-COOH$$
ジメチルリジン

$$H_3C-N^+(CH_3)(CH_3)-CH_2-CH_2-CH_2-CH_2-CH(NH_2)-COOH$$
トリメチルリジン

b **2′-O-メチルリボース** [2′-O-methylribose] tRNA，rRNAなどに微量成分として含まれているリボース誘導体．分離・同定されている2′-O-メチルリボースを含む*ヌクレオシドには次のようなものがある．2′-O-メチルアデノシン，$N^6,O^{2'}$-ジメチルシチジン，2′-O-メチルシチジン，2′-O-グアノシン，2′-O-メチルウリジン，5-(2′-O-メチルリボシル)ウラシル．生物学的意義は不明だが，tRNAの*アンチコドンの第一文字目，真核生物のmRNAの5′末端ヌクレオシド(時には2番目のヌクレオシドも)やrRNAにもみつかっている．

c **メチルレッド反応** [methyl red reaction] 《同》メチルレッド試験(methyl red test)．細菌の分類学的性状試験の一つで，糖質の発酵に伴う，酸生成の強さを判定する．特に*腸内細菌科の菌種の鑑別性状試験として用いられる．英名を略してMR試験とも呼ばれる．リン酸緩衝のブドウ糖含有ペプトン水で菌を静置培養後，pH指示薬であるメチルレッド溶液を添加し，ただちに判定する．陽性は培地表面が赤色になる．*イムヴィック試験の一つ．

d **メチロトローフ** [methylotroph] メタン以外のC-C結合を欠くC_1化合物のメタノールや蟻酸などで生育する原核生物．多くはメタン酸化を行うこともでき，メタノトローフでもある．(⇒メタノトローフ)

e **滅菌** [sterilization] 病原性の有無を問わず，増殖能力のある全ての微生物が存在しない状態(無菌状態)を作り出すこと．現実には，完全な無菌状態を証明することは困難であるが，生育可能な微生物が完全に死滅あるいは除去された状態を作り出すことを目的とした操作である．主な滅菌法には，熱を用いる火炎滅菌や乾熱滅菌，高圧滅菌(蒸気滅菌やオートクレーブ)の他，電磁波や化学作用を利用した滅菌法(ガンマ線滅菌やエチレンオキサイドガス滅菌など)がある．一般に，フィルターを用いた濾過法は，細菌の除去には有用であるがウイルスのような微小な微生物は除去できない．なお，殺菌とは菌を殺すことであり，厳密にはその程度は問わない．また，静菌とは菌の増殖を阻止するような操作である．

f **メッケル** MECKEL, Johann Friedrich 1781～1833 ドイツの解剖学者．一時パリ自然史博物館のG. L. Cuvierの下で研究し，同名の祖父(J. F. Meckel, 1724～1774)，および父(Philipp Friedrich Meckel, 1756～1803)の後を継ぎ，ハレ大学解剖学教授となる．比較解剖学をドイツに輸入し，興隆させ，諸動物を研究してE. H. Haeckelの生物発生原則の先駆をなす並行法則を見出した．[主著] System der vergleichenden Anatomie, 7巻, 1821～1833．

g **メッセンジャーRNA** [messenger RNA] mRNAと略記．《同》伝令RNA．遺伝子の情報が蛋白質として発現される過程で，情報の担体として合成されるRNA．ゲノム上の遺伝情報は一定の単位でRNAに*転写される．その際，DNA依存性*RNAポリメラーゼはDNA上のプロモーター部位を認識してこれと結合し，特定の位置からこのDNA鎖の一方を転写して，これと相補的なRNA鎖を5′側から3′の方向に合成する．RNAポリメラーゼは*ターミネーター領域にくると転写終結しDNAから離れる．こうして遺伝子DNAの一方の鎖のヌクレオチド配列と相補的な，一連のRNAが合成される．原核生物では，一般に複数個の遺伝子が一つながりのmRNAとして転写される場合が多く，このような同一の転写単位に属する遺伝子(*シストロン)群を*オペロンと呼び，それから合成されるmRNAは，ポリシストロニックメッセンジャーRNA(polycistronic mRNA)と呼ばれる(⇒ポリシストロニック)．原核生物では，ほとんどの場合，転写産物のRNAはそのままmRNAとして翻訳されるが，この際mRNA上の翻訳開始部位の近傍に存在するプリンの多い配列部分(シャイン-ダルガーノ配列 Shine-Dalgarno sequence, SD-sequence)と，リボソームの16S RNAの3′末端部分にあるピリミジンの多い配列との間の相補的な塩基対合によってリボソームはmRNAの翻訳開始部位を識別し，その領域に結合するものと考えられている(⇒開始コドン)．真核生物の場合，一般に遺伝子の転写産物は，そのままmRNAとして翻訳されることはなく，DNAがRNAポリメラーゼIIによって転写されて合成されるhnRNAが，種々の*プロセッシングの過程を経た後，核から細胞質へ移動し，はじめてmRNAとしての機能を果たす．このプロセッシングの過程には，RNAの断片化，5′末端における*キャップ構造の形成，3′末端への*ポリA配列の付加，*スプライシングなどが含まれる．まれに遺伝子によっては，このような末端部分の構造修飾やスプライシングなしにRNAが細胞質に移り

mRNA となる場合もある．真核生物の mRNA は，一般に各遺伝子ごとに形成されるモノシストロニック mRNA (monocistronic mRNA) が多い．mRNA は一般に安定でない．細菌の mRNA の半減期は mRNA の種類によって異なり，37°C で 2〜3 分のものから，10 分程度のものまで知られている．動物細胞では，例えば網状赤血球細胞のグロビン mRNA のように，非常に安定な例も知られている．

a **メトヘモグロビン** [methemoglobin] 《同》ヘミグロビン (hemiglobin)．*ヘモグロビンの二価ヘム鉄が酸化されてできた三価ヘム鉄．赤褐色を呈する物質．弱酸性では 630 nm に特異な吸収を示すやや緑がかって見える（酸性メトヘモグロビン）が，アルカリ性ではこの吸収が消失し赤色味が強くなる（アルカリ性メトヘモグロビン）．二価鉄誘導体と異なり O_2, CO などを結合できないが，CN^-, N_3^-, F^-, 過酸化物などを結合する．赤血球内でも酸素ヘモグロビンの自動酸化により生成するが，主として NADH-メトヘモグロビン還元酵素系により還元されるため，生理的含有量は総ヘモグロビンの 1% 以下に抑えられている．この還元酵素の欠損症やヘモグロビン M 症（ヘモグロビン異常の一つ．ヘモグロビン M はヘム鉄原子と結合するグロビンのヒスチジンがチロシンに置換されたもので，その OH 基の電子吸引性のため，鉄は 3 価になっている）では先天的にメトヘモグロビン含量が高い．亜硝酸塩など酸化剤を含んだ飲料水の摂取や，アニリン，ニトロベンゼンなどの工業中毒では，後天的に高くなる．メトヘモグロビンが総ヘモグロビンの 2% 以上になると血液は暗褐色となり *チアノーゼ症状を呈する．

b **メトレ** [metula, *pl.* metulae] 《同》基底梗子．菌類の *Aspergillus*, *Penicillium* などの分生子柄上に形成され，先端に分生子形成細胞を生じる短い枝．

c **メバロン酸** [mevalonic acid] 3,5-ジヒドロキシ-3-メチル吉草酸．Merck 社の研究者らにより，乳酸菌の酢酸代替生育因子としてアルコール発酵廃液中から見出され，最初ジバロン酸 (divalonic acid) と呼ばれた．またそれとは独立に田村学造によって清酒中の火落菌生育因子として発見され，火落酸 (hiotic acid) と命名されたが，後にメバロン酸に統一された．油状．水および極性有機溶媒によく溶ける．容易にラクトン化して，メバロノラクトン (mevalonolactone) を与える．*コレステロール，テルペン類など*イソプレノイド生合成の重要な中間体（⇌コレステロール生合成）．3 位の炭素が不斉炭素原子なので 2 種の異性体があるが，生物的に利用されるのは 3R 体だけである．

(3R)-メバロン酸　　メバロノラクトン

d **メバロン酸経路** [mevalonic acid pathway] *アセチル CoA から*メバロン酸を経て*イソプレノイドが生合成される代謝経路．（⇌コレステロール生合成）

e **メープルシロップ尿症** [maple syrup urine disease] MSUD と略記．《同》楓糖尿症，側鎖ケト酸尿症 (branched-chain ketonuria)．生後 1〜2 週目に突然，哺乳困難・無呼吸発作・嘔吐・筋緊張異常・後弓反張・痙攣などの症状で発症する先天性代謝異常症．分枝鎖アミノ酸に働く分枝ケト酸デヒドロゲナーゼの欠損に起因する．分枝鎖アミノ酸 3 種（*ロイシン，*イソロイシン，*バリン）のそれぞれのケト酸，2-オキソイソカプロン酸，アロイソロイシン，2-オキソイソ吉草酸が増し，尿中に排出されるため，尿・汗・唾液・涙などがメープルシロップ（サトウカエデシロップ）臭を発するのでこの名がある．本症は常染色体性劣性遺伝形式を示し，その発症の早さ，症状の激しさからみて重篤な疾患である．症状は進行性で，精神的にも身体的にも発育は著しく遅れる．早期に治療を開始できる場合には分枝鎖アミノ酸の少ない食事（低分枝鎖アミノ酸乳）を与えることで臨床症状は改善される．早期診断の必要性から，アミノ酸の定量法であるガスリー法 (Guthrie method, *フェニルケトン尿症に対しても用いられる) による新生児マススクリーニングが行われている．日本では 42 万人に 1 人の割合で出生する．

f **メラトニン** [melatonin] 《同》5-メトキシ-N-アセチルトリプタミン (5-methoxy-*N*-acetyltryptamine)．セロトニン (5HT, 5 ヒドロキシトリプタミン) を前駆体として，アリルアルキルアミン N-アセチル転移酵素 (AANAT, NAT) およびヒドロキシインドール O-メチル転移酵素 (hydroxy indol-*O*-methyl transferase, HIOMT) によって合成される松果体ホルモン．最初，両生類や魚類のメラニン顆粒の凝集作用をもつ物質として発見されたが，現在では光周期情報を体内に伝えるホルモンとしての認識が高くなっている．季節性の生殖応答（光周性）を示す哺乳類では，視床下部および下垂体前葉に働いて GnRH の分泌を制御することにより生殖腺の発達などを調節する．哺乳類では，松果体から分泌されるメラトニン量は律速酵素である NAT の活性が網膜からの光情報によって阻害されるため暗期に高く明期に低い変動を示すと共に，恒暗条件下では視交叉上核からの時刻信号を受けて概日リズムを示す．哺乳類では網膜で受容された光周期情報は網膜視床下部路 (retinohypothalamic tract, RHT) を経て視交叉上核に入り，ノルアドレナリン作動性神経により松果体へ伝達される．一方，鳥類や魚類では松果体自身がメラトニン分泌の自律的なリズムと光受容能をもつ．ハトやウズラでは松果体に加え，網膜もメラトニンを合成する．

g **メラニン** [melanin] 種々の動物の体色に関与する，皮膚そのほかの組織内に存在する褐色ないし黒色の色素．その存在形態はさまざまで，多数の小粒として*メラノサイトのオルガネラ内に含まれ，細胞内で凝集・拡散を示すことがある．哺乳類や鳥類の皮膚や節足動物のクチクラにおいてはその内部に浸潤して存在する．メラニンはチロシン由来の酸化重合体で，温濃硫酸，アルカリには溶けるが，水には溶けない．生体では過剰な光線の吸収に役立っているほか，*体色をつくり出している．メラニンには，黒褐色のユーメラニン (eumelanin) と赤褐色〜黄色のフェオメラニン (pheomelanin) とがある．ヒトの皮膚や毛にはこの 2 種の複合体が含まれており，両者の比率によって皮膚や毛の色に違いが表れる．細胞内メラニンの顆粒が形成されることをメラニン形成

(melanogenesis)と呼び，脊椎動物では神経堤由来の黒色素芽細胞(melanoblast)から分化した黒色素胞やメラノサイト，および網膜の色素細胞において起こる．メラニン形成は，細胞質中に形成されるメラノソーム内で図に示すような過程を経て起こる．

[チロシン → ドーパ → ドーパキノン → インドール-5,6-キノン → 5,6-ジヒドロキシインドール → ドパクロム → メラニン の反応式図]

a **メラニン形成** [melanogenesis]　⇌メラニン
b **メラニン細胞刺激ホルモン** [melanocyte-stimulating hormone, melanotropin]　MSHと略記．《同》中葉ホルモン，黒色素胞刺激ホルモン，メラノトロピン，インテルメジン(intermedin)．メラノフォア，メラノサイトに作用し，メラニン合成の促進やメラノフォア内のメラノソームを拡散させる腺下垂体ホルモンの一つ．ウシ，ブタ，ヒツジなどの腺下垂体中間部から抽出・純化され(J. Porathら，1955)，α，β，γ型が知られている．これらMSHは副腎皮質刺激ホルモン(ACTH)やオピエートペプチド，リポトロピン(LTP)と同一のプロホルモンである*プロオピオメラノコルチン(POMC)から生成される．α-MSHは13のアミノ酸残基からなるポリペプチドで，各種の動物に共通の構造を示す．β-MSHは18のアミノ酸残基からなるポリペプチドであり，動物の種によってアミノ酸配列にいくらかちがいがある．γ-MSHは12個のアミノ酸残基からなる．α-MSHとβ-MSHおよびACTHは，そのポリペプチド鎖の中ほどにMet-Glu-His-Phe-Arg-Trp-Glyという共通部分をもっていて，ACTHにもMSHと似た生物学的作用がある．MSHは変温動物の体色変化を調節しており，下垂体を摘出するとMSHがなくなるので，メラノフォアの中でメラノソームが凝集して体の色が白くなる．この動物に下垂体を移植し，MSHを含む物質を与えるとメラニン顆粒が拡散して皮膚が黒くなる．赤色素胞，虹色素胞に対しては逆に作用する．魚類の黄色素胞の顆粒は下垂体抽出物を与えると拡散する．またMSHを長期間魚類，両生類あるいはヒトに与えると，メラニンの量が増加して色が黒くなり，両生類幼生では黄色素胞中のプテリンの量を増加させる．マウスに

α-MSH	CH₃CO-Ser-Tyr-Ser-Met-Glu-His-Phe-Arg-Trp-Gly-Lys-Pro-Val-NH₂
β-MSH(ウシ)	Asp-Glu-Gly-Pro-Tyr-Lys-Met-Glu-His-Phe-Arg-Trp-Gly-Ser-Pro-Pro-Lys-Asp
β-MSH(ブタ)	Asp-Ser-Gly-Pro-Tyr-Lys-Met-Glu-His-Phe-Arg-Trp-Gly-Ser-Pro-Pro-Lys-Asp
β-MSH(ウマ)	Asp-Glu-Gly-Pro-Tyr-Lys-Met-Glu-His-Phe-Arg-Trp-Gly-Ser-Pro-Arg-Lys-Asp

MSHを投与した場合，抗炎症作用を示す．マウスやヒトでは，MSHの受容体は，脳，皮膚，免疫系細胞をはじめ全身のさまざまな臓器に存在しており，これらの受容体を介して免疫系に作用し保護効果や抗炎症に関わると考えられている．このような作用には，α-MSHとACTHに共通するLys-Pro-Valの部分が重要とされる．
c **メラニン細胞刺激ホルモン放出抑制ホルモン** [melanotropin release-inhibiting hormone, MSH release-inhibiting hormone] MIHと略記．《同》メラニン細胞刺激ホルモン抑制ホルモン，メラニン細胞刺激ホルモン抑制因子(MSH-inhibiting factor, MIF)．視床下部-下垂体神経分泌系から生産・放出され，腺下垂体のメラニン細胞刺激ホルモン(MSH)分泌細胞に直接作用し，MSHの分泌を抑制する物質．MSH分泌細胞は視床下部から主として抑制性の調節を受けており，MIH様作用を示す物質としてドーパミンおよびPro-Leu-Gly-NH₂という構造のトリペプチドが知られている．後者はオキシトシンの分解により生じるC末端ペプチドである．また視床下部にはMSH放出因子(MSH-releasing factor, MRF)様の活性をもついくつかの物質，例えばカテコールアミンが中葉内の神経終末に存在する．
d **メラノサイト** [melanocyte]　哺乳類や鳥類の黒色素胞．*神経堤に由来し，多くは表皮細胞間に属する．メラニン形成に関与する細胞質中の細胞小器官をメラノソーム(melanosome)といい(黒色素胞のものも)，これが表皮細胞内に移送され，皮膚・毛・羽毛・嘴などの暗色化に役立ち，特に色素がフェオメラニン(phaeomelanin)の場合には黄色・赤色を生じる．メラノソームは一重の限界膜内に褐色・黒色のメラニンを含み，黄・赤のフェオメラニンを含むものも．表皮細胞中に存在するものはメラノサイトで産生され，移入されたもの．哺乳類や鳥類では通常長径0.7μm，短径0.3μmほどの楕円体，変温脊椎動物では直径0.5μmほどの球に近い楕円体である．黒色腫細胞などでは，メラノソームが集合したメラノソーム複合体(melanosome complex)となることがある．
e **メラノプシン** [melanopsin]　脊椎動物の網膜神経節細胞(retinal ganglion cell)の一部(光感受性網膜神経節細胞 intrinsically photosensitive retinal ganglion cell, ipRGC)に存在する光受容蛋白質．概日時計(→概日リズム)の光同調のための光受容体(概日光受容体 circadian photoreceptor)として機能している．*オプシンファミリーの一種であり，発色団としてレチナールをもつ．光感受性をもつアフリカツメガエル幼生の黒色素胞(melanophore)において最初に遺伝子が単離・同定されたため，メラノプシンと名付けられた．脊椎動物の幅広い種に存在し，ニワトリでは*松果体にも発現している．*ロドプシンは，光退色に伴い発色団がアポ蛋白質より解離するが，メラノプシンでは解離せず11シス型レチナールと全トランス型レチナールとの間を照射光の波長によって可逆的に往復する．マウスにおいて，網膜のipRGCの神経繊維は概日時計の中枢である視交叉上核(SCN, suprachiasmatic nucleus)に投射している．また，メラノプシンはロドプシンおよび錐体視物質とともに，*瞳孔反射のための光受容体としても機能する．
f **メリクロン** [mericlone]　⇒茎頂培養
g **メリステモイド** [meristemoid]　植物で分裂組織に類したふるまいをする細胞ないし細胞群．[1] 気孔

形成において孔辺母細胞となる細胞．気孔形成過程で一時的ながら幹細胞のようにふるまうことからこの名で呼ばれる．[2] 植物の組織培養において，培養細胞の集団の一部に出現しさかんに分裂を行う細胞塊．このような細胞塊はある条件下ではあたかも通常の植物の*分裂組織のようにふるまい，根・茎または不定胚などを分化させることもある．

a **メリビオース** [melibiose] D-ガラクトースとD-グルコースが1,6結合した還元性二糖の一種で，6-O-α-D-ガラクトピラノシル-D-グルコース．還元末端のグルコースにさらにフルクトースが結合した三糖のラフィノースの形で広く植物界に見出されるが，例えばゼニアオイ (*Malva sylvestris* var. *mauritiana*) の抽出液中にはメリビオースそのものが存在する．

β-メリビオース

b **メリル** MERRILL, Elmer Drew 1876～1956 アメリカの植物分類学者．東洋の植物に詳しく，メリル線を提唱（⇒ウォレス線）．［主著］A bibliography of Eastern Asiatic botany (E. H. Walker との共編), 1938.

c **6-メルカプトプリン** [6-mercaptopurine] 6-MP と略記．核酸塩基類縁体の一種でプリンの6位に SH 基が結合した化合物．チオイノシン一リン酸に代謝されてプリン合成を阻害し，細胞の増殖を阻害する．急性白血病の治療薬として用いられる．

d **メルケル触覚細胞** [Merkel's tactile cell] 触受容性の神経*終末器官の一つ（⇒触受容器）．表皮の一部が感覚神経を豊富に受け，そこの細胞が形態的にも変化し，触覚をつかさどるようになったもの．すでに両生類に認められる．哺乳類では鼻孔や口唇に見られ，表皮深層の細胞が大きくなったもので，その内側には神経繊維がきて触覚盤（独 Tastmenisus）を作っている．

e **メロガミー** [merogamy] メロガメート (merogamete) の*合体をいう．*ホロガミーと対する．原生生物の合体に関与する配偶子が，通常の個体の分裂によって生じ，したがって前者に比べて著しく小さい点などで区別される場合に，この配偶子をメロガメートという．

f **メロサイト** [merocyte, merocyte nuclei] 生理的過程として多精受精が行われたとき，卵核と合一することができなかった余分の精子に由来する核をこう呼んだ (J. Rückert, 1899)．しばしば盤状卵割を行う動物胚の発生初期に，胚盤の周辺域に認められるという．何回か分裂することがあるが（例えばサメ），胚の構成には関与しない．メロサイトの存在には異論が残る．

g **メロゾイト** [merozoite, merozoit] 《同》娘虫．原生生物*胞子虫類において，*無性世代の増員生殖（⇒伝播生殖）により母個体（栄養体 trophozoite という）が分裂することでできた娘個体をいう．（⇒マラリア）

h **メロミオシン** [meromyosin] ミオシン分子のロッド（尾部）の途中にある柔軟性のある部位（可動部）を，トリプシンなどの蛋白質加水分解酵素で切断することによって得られる蛋白質の断片（⇒ミオシン［図］）．A. von Szent-Györgyi (1953) の記載．約120 kDa のライトメロミオシン (light meromyosin, L-メロミオシン, L-meromyosin, LMM) と約340 kDa のヘビーメロミオシン (heavy meromyosin, H-メロミオシン, H-meromyosin, HMM) とがある．LMM はミオシン分子尾部のフィラメント形成能をもつ部分で，フィラメント形成の研究に用いられる．HMM は，ミオシン分子からLMM を除いた部分で，*ミオシンサブフラグメント1 (S1) およびロッドの一部であるミオシンサブフラグメント2 (S2) に分解できる．ミオシン分子のATPアーゼ活性，アクチン結合能などをもつため，ミオシンの重合能が観察を妨げるような反応の解析に用いられる．（⇒ミオシン）

i **メロミキシス** [meromixis, *pl.* meromixes] [1]《同》部分接合体形成．原核生物個体間における部分的なDNA 伝達の総称．原核生物では，*接合，*形質導入，*形質転換などの方法によって他個体の DNA 断片を受け取り，*遺伝的組換えを起こすことがある．このような過程では，一般に完全な接合体の形成ではなく部分的なゲノムの混合が起こる．[2]《同》部分的循環．地形や化学的条件などが原因となって水層の循環がほとんど起こらないこと．このような湖沼を部分的循環湖 (meromictic lake)，循環が起こる通常の湖沼を完全循環湖 (holomictic lake) と呼ぶ．

j **免疫** [immunity] 動物体内の外来性および内因性の異物を生理的に認識・排除し，個体の恒常性を維持するための機構の総称．元来はヒトや動物に病原体が感染してもそれを体内から排除して発病に至らせない状態をいうが，特に，病原体にすでに自然感染していたり，人為的に*ワクチン接種を受けることによって，二度目以降に感染した同じ病原体に対して抵抗力ができる状態のことを指す．すなわち免疫は記憶される (immunological memory)．このように抗原特異的に誘導される*獲得免疫（適応免疫，後天性免疫）のほか，免疫には，抗原非特異的に誘導される*自然免疫（先天性免疫）がある．感染病原体に対する最初の防御は，外来異物の侵入を防ぐ，皮膚・粘膜などの物理的および化学的障壁である．この障壁が無効になると病原体が体内に侵入してくる．この時最初に応答するのが自然免疫系である．自然免疫（先天性免疫）はすべての動物にそなわっている．*マクロファージ，*樹状細胞，*好中球をはじめとする食細胞や*ナチュラルキラー細胞といった，抗原特異的な受容体を発現しない細胞が主役を演じる．自然免疫の起源は非常に古く，その防御機構の仕組みの一部は脊椎動物のみならず，昆虫，植物にも認められている．マクロファージや樹状細胞などには抗原受容体は発現していないが，病原体を認識する，パターン認識受容体 (pattern recognition receptor, PRR) と呼ばれる特殊な受容体が発現している．PRR は，多様な病原体微生物に広く発現する，病原体関連分子パターン (pathogen-associated molecular pattern, PAMP) を認識することで病原体を感知する．その中でもToll 様受容体 (TLR) は非常に重要な PRR ファミリーである（⇒Toll 様受容体）．さらにマクロファージ上にはマンノース受容体，グルカン受容体，スカベンジャー受容体など，細菌，酵母，真菌類などの細胞壁の糖鎖に結合する受容体があり，病原体の認知に関与する．骨髄

由来の未熟樹状細胞は，循環血流を経由して末梢組織に至り全身の監視にあたる．感染巣に局在する未熟樹状細胞は抗原提示機能に特化した細胞で，Toll 様受容体などで細菌のリポ多糖などの共通成分を認識して病原体を取り込んで，その蛋白質成分を細胞内で分解し分解産物（ペプチド）を*主要組織適合遺伝子複合体(MHC)に結合して細胞表面に発現し，局所リンパ節などの末梢リンパ組織内で T 細胞に抗原を提示する．同時に補助刺激分子(co-stimulatory molecules)を発現し，さらに*サイトカインを分泌することで T 細胞を活性化し，獲得免疫を誘導する．このような細胞を*抗原提示細胞という．このように自然免疫系は獲得免疫系の活性化にも密接に関連している．さらに樹状細胞やマクロファージ，好中球上の*Fc 受容体あるいは補体受容体を介して，抗体が結合した病原体を細胞内に取り込み分解する．最近ではある種の*T 細胞，*B 細胞上にも Toll 様受容体が発現しており，獲得免疫系の細胞もまた細菌などの病原体関連分子パターンから影響を受けていることが知られている．自然免疫に働くナチュラルキラー細胞(NK 細胞)は，骨髄においてリンパ球前駆細胞から分化し，T 細胞，B 細胞よりも大きな細胞で，細胞質内に細胞傷害活性分子（パーフォリンやグランザイム）を含む顆粒をもつ．活性化されると脱顆粒によりパーフォリンを放出し標的細胞膜に穴をあけグランザイムを注入して，ウイルス感染細胞やがん細胞などの標的細胞にプログラム細胞死を誘導する．NK 細胞はその細胞上に，類似するが機能の全く反対の 2 種類のレセプター（活性型と抑制型）を同時に発現している．活性型レセプター（C 型レクチンファミリー蛋白質）は標的細胞上の糖鎖を認識して NK 細胞を活性化するのに対し，抑制型レセプター（免疫グロブリンファミリー蛋白質）は標的細胞上の MHC クラス I 分子に結合して NK 細胞の細胞傷害活性を抑制する．従って MHC を発現している正常な自己の細胞は NK 細胞によって攻撃されない．標的細胞が MHC クラス I を発現していない場合（がん細胞ではしばしば MHC の発現が低下あるいは欠損している），あるいはウイルス感染によって MHC の発現が抑制されたり構造が変化したりすると，抑制型レセプターは作用しない．この機構により自己の正常細胞は攻撃せず，がん細胞やウイルス感染細胞などの異常な細胞を選択的に攻撃して排除する．NK 細胞は特異的抗原認識能をもたないが，「変異した自己」を認識して生体のホメオスタシスを守る重要な自然免疫系の細胞である．この他，自然免疫に携わる細胞として好酸球，好塩基球などの白血球，$\gamma\delta$T 細胞などがある．一方，獲得免疫における外来性の異物には，細菌・ウイルス・真菌・リケッチア・原虫・線虫などの病原体，花粉をはじめとする多種のアレルゲン，あるいは輸血・臓器移植・血清療法・妊娠・飲食などによって体内に入った非自己細胞や蛋白質などがあり，内因性の異物には，自己の変性・変異した細胞，がん細胞，ウイルス感染細胞などがある．その*免疫応答は病原体に対する抗原特異的応答であり，一度受けた抗原刺激は記憶されて感染への適応として獲得される応答である．適応免疫系は脊椎動物にのみ存在し，その高度の防御能はリンパ球（T 細胞，B 細胞）のもつ精緻な抗原特異的認識機構による．リンパ球はその表面に抗原受容体(antigen receptor)を発現しており，T 細胞では T 細胞抗原受容体(T cell receptor, TCR)，B 細胞では B 細胞抗原受容体(B cell receptor, BCR)と呼び，個々の抗原を極めて特異的に認識する．リンパ球は骨髄において造血幹細胞からリンパ球前駆細胞を経て分化する．その分化過程において抗原受容体遺伝子での再編成が引き起こされ，多様な抗原特異性が獲得される．B 細胞抗原受容体（免疫グロブリン）遺伝子の再編成は骨髄内（鳥類ではファブリキウス嚢）において，T 細胞抗原受容体遺伝子の再編成は胸腺内で行われる．抗原受容体遺伝子の再編成は個々の前駆細胞クローンにおいて基本的にランダムに起こるので，抗原非依存的に膨大な数の抗原受容体レパートリーが形成される（ヒトでは 10^{12} にも及ぶ）．リンパ球が膨大な数の抗原受容体のレパートリーを有しているため，どのような病原体や抗原に対しても免疫応答を誘導することが可能となる．さらに獲得免疫系では多くの場合，一度感染した同一病原体には再感染しないという免疫記憶が獲得されるので，その防御免疫は時には終生にわたり維持される（一方，自然免疫では免疫記憶は成立しない）．これは初感染すなわち一次応答の際に抗原に応答したリンパ球の一部が記憶細胞(memory cell)へと分化して長期間存続するためであり，同一病原体との再感染時の二次応答は一次応答よりもはるかに速くかつ強く起こる．他方，1950 年代に R. Owen，P. B. Medawar，F. M. Burnet らによって提唱されたように，免疫系は自己組織，自己抗原に対しては反応しない（免疫学的自己寛容 immunological self-tolerance）．獲得免疫は，抗体産生を伴う体液性免疫（液性免疫 humoral immunity）と，リンパ球自身が直接に種々のエフェクター機能を示す*細胞性免疫に大別される．我々の身体にそなわっている免疫システムは，自然（先天性）免疫と獲得免疫との密接な共調作用によって成り立っており，多種のリンパ球，白血球系細胞の密な連携による生体防御機構である．
（→免疫トレランス，→二次応答，→免疫的認識，→免疫グロブリン遺伝子）

a **免疫応答** ［immune response］ 免疫担当細胞が異物に対して行う生体防御反応．異物は病原体，がんの他にアレルゲンや移植臓器，自己成分も含まれ，免疫応答は必ずしも生体にとって有益であるとは限らない．食細胞，*ナチュラルキラー細胞，補体などによる*自然免疫と，T および B 細胞および抗体が主体をなす抗原に特異的な*獲得免疫に大別できるが，これらは互いに調節しあっておりどちらかのみが起こることはまれである．一般的な免疫応答は以下のように進行する．まず，組織に存在する自然免疫系の細胞，特に*マクロファージや*樹状細胞が，*Toll 様受容体を始めとするさまざまな病原体受容体によって異物の侵入を感知するとインターロイキン 1(IL-1)や腫瘍壊死因子 α(TNF-α)などの炎症性サイトカイン(proinflammatory cytokine)が産生され，これらが血管内皮細胞を刺激し，好中球を主体とする白血球を血管から組織へと移動させ局所炎症反応を引き起こす．ウイルス感染に対するインターフェロンの産生もまた免疫応答に含まれる．異物を食貪した樹状細胞は輸入リンパ管を経由して近在のリンパ節に移動し，異物由来の抗原を提示して抗原特異的な T 細胞を活性化する．活性化された T 細胞は激しく増殖（クローン増殖 clonal expansion）するとともに，やはり抗原に特異的な B 細胞を増殖させ，クラススイッチや抗体産生細胞への分化を引き起こす．活性化された T 細胞はリンパ節を離れ血管を経由して炎症反応が起こっている局所に到達し，

T細胞のうちヘルパーT細胞はそこでさまざまなサイトカインを産生してマクロファージを活性化するなどして異物の排除を促進する．キラーT細胞はウイルス感染細胞を殺傷してウイルスの拡散を妨げる．抗体産生細胞によって分泌された抗体はそのクラスに応じてさまざまな組織へと広がり，マクロファージなどによる異物の貪食を促進するとともにウイルスや病原体由来の毒素を中和し，感染の拡大，組織損傷を抑える．抗体は長期間血流中もしくは組織に存在し，新たな異物の侵入に対応する．異物の排除とともに免疫応答は終息し，一部のT細胞およびB細胞は記憶細胞（メモリー細胞）となって長期間にわたって存在しつづけ，異物の再侵入に際して迅速な免疫応答を行う（*免疫記憶）．*ワクチンは人為的に免疫応答を引き起こして免疫記憶を誘導する目的で接種される．免疫系には，抑制性サイトカインや抑制性細胞表面分子，制御性T細胞など，さまざまな抑制性機構がそなわっており，自己成分に対する免疫応答や過剰な免疫応答，免疫応答の遷延化を防いでいる．これらの機構の破綻は自己免疫疾患やアレルギー疾患の原因となる．

a **免疫化** [immunization] 動物体に，ある抗原に対する特異免疫反応力を賦与する操作．単に「免疫する」ということもある．次の二つの方法がある．(1)能動免疫化 (active immunization)：抗原を与えて，生体に抗体産生あるいは細胞性免疫を誘起する．一般に免疫化とはこれを指す．(2)受動免疫化（受身免疫化 passive immunization)：他個体あるいは他種動物で作製された抗体を与えて，免疫力を賦与する．ジフテリア毒素，破傷風毒素，ヘビ毒，ボツリヌス毒素などの急性中毒症状の中和治療などに用いる．(⇒ワクチン)

b **免疫学** [immunology] *免疫の機構を分析的および総合的に研究する学問分野．特に生物学的側面を強調する場合は免疫生物学 (immunobiology) とも呼称するが同義である．近代免疫学は，19世紀終わり近く，L. Pasteur が感染病における再罹患抵抗性を発見し，弱毒生ワクチン接種を実用化したことを出発点とし，その後É. Metchnikoff (1882) による食細胞の発見，E. A. von Behring と北里柴三郎による抗毒素の発見，K. Landsteiner による多数の自然抗原や人工ハプテンの免疫学的特異性の研究などを基礎として，19世紀末から20世紀前半にわたって，微生物病学の一分野として急速に発展した．また，これと並行して，抗体と抗原との試験管内での反応（抗原抗体反応すなわち沈降・凝集・補体結合反応など）の機構を解析する研究分野である血清学も進歩し，病気の診断や種々の分析法に有用な手段を提供した．しかし，1950年代に入って，同種他個体からの移植組織に対する拒絶反応が免疫反応であり，しかもこの反応は抗体に依存しないことが明らかになるに及んで，免疫現象を単に抗体による対病原体抵抗機構であるとするよりも，もっと広い定義を与えた方が妥当であると考えられるようになった．その後，F. M. Burnet (1957) によるクローン選択説の提唱を契機として，それ以前よりははるかに生物学的な意識の上に免疫学は急速に発展している．特に1960年代以降，分子生物学の進歩，遺伝子工学の進歩，ノックアウトマウスなどの発生学的手法の進歩などにより免疫学研究は大きくしかも絶え間なく進歩を続けている．すなわち，抗体分子の構造と遺伝子の解明，抗体多様性獲得機構の解明，T細胞状態の解明，MHC分子の解明と抗原提示機構の解明，数々の*サイトカイン，*ケモカインおよびそれらの受容体の性状と機能，シグナル伝達系の解明，さらに免疫反応の精緻な制御を可能にする種々のヘルパーT細胞，制御性T細胞などの*T細胞サブセットの解明，胸腺，骨髄，末梢リンパ装置などの免疫組織の発生と構造の解明，モノクローナル抗体法の発明，免疫抑制薬の開発，自然免疫系に関わる細胞および分子の解明，粘膜免疫系の解明，さらには最近のiPS細胞研究の導入，ヒト化マウス開発への努力など枚挙にいとまがない．さらにはこれらの成果を基に全身性エリテマトーデス(SLE)，関節リウマチなどの自己免疫疾患の解明と治療に向けた研究，移植免疫の進歩，抗体療法の進歩，腫瘍免疫，アレルギー症の治療に向けての研究も着実に進んでいる．(⇒免疫理論)

c **免疫監視** [immunological surveillance, immune surveillance] 《同》免疫学的監視．生体内の異常細胞とりわけ悪性腫瘍の発生を免疫系によって監視する機構．*クローン選択説の提唱者であるF. M. Burnet は，免疫の働きの主要な意味はリンパ球が自己体の突然変異細胞の生成を敏感に探知して破壊することにあると考え，この概念を提唱した．Rag2 遺伝子変異によるリンパ球欠損マウスなどの免疫不全マウスでは悪性腫瘍の発生頻度が上昇するとの実験結果から，免疫監視の存在は支持されている．

d **免疫記憶** [immunological memory] 獲得免疫において，一度ある抗原に反応すると，次回の同じ抗原刺激に強く，すばやい反応を示す現象．また，その場合の反応を*二次応答（既往反応 anamnestic response) という．二次応答は免疫記憶T細胞 (memory T cells) あるいは免疫記憶B細胞 (memory B cells) が一次応答と同じ抗原で刺激されて誘導される．体細胞高頻度突然変異 (somatic hypermutation) による高い抗原親和性を示す (B細胞)，サイトカイン産生能が高い，増殖能が高い(T細胞) などの特徴的な性質を獲得している．その結果，同一抗原に対する二次応答では，一次応答に比べ反応の程度が強いだけでなく，高親和性のIgG抗体産生が早期からみられる，反応の立ち上がり速度が速い，などの特徴が認められる．

e **免疫記憶T細胞，B細胞** [immunological memory T cell, B cell] 液性免疫において，外来抗原の刺激によって活性化したリンパ球のうち，長期にわたって体内に生き残り，同一または類似の侵入抗原による再刺激を受けたときに，極めて速やかに活性化し生体防御を担う機能を獲得したT細胞，B細胞亜集団の総称．ワクチンによる感染防御に必須の細胞集団．ナイーブT細胞がマクロファージや樹状細胞などの抗原提示細胞により外来抗原の提示を受け活性化されると，それらの一部が*サイトカイン産生能を有するエフェクターヘルパーT細胞や細胞傷害活性を有するエフェクターCTLへと分化，一次免疫反応を担う．このとき活性化したT細胞の一部は記憶T細胞へと分化する．記憶T細胞はサイトカインの産生や表面マーカーの有無によりエフェクターメモリーT細胞とセントラルメモリーT細胞に分類される．一方，抗原とヘルパーT細胞の働きなどによって活性化されたナイーブB細胞は，抗原に対する特異抗体を産生する*形質細胞（プラズマ細胞）や記憶B細胞へと分化する．記憶B細胞は，主に胚中心（二次リンパ小節）において生成され，抗体可変部の遺伝子座

における体細胞突然変異によって抗原に対する高親和性を獲得した細胞を多く含む．記憶T細胞や記憶B細胞は，特異抗原が体内から排除された後も長期間維持され，同一もしくは類似の抗原が再度侵入した際，速やかに活性化され一次応答よりも速やかで強力な二次応答（記憶応答）を惹起する．無毒化・弱毒化した病原体を*ワクチンとして人為的に接種すると，病原体に対する一次応答により記憶T細胞，B細胞が生成され一定期間体内に維持される．そのため，ワクチン接種後に実際の病原体に感染したときには，速やかに記憶応答が誘導され病原体が排除されるため発病を防ぐことができる．

a **免疫グロブリン** [immunoglobulin] Igと略記．《同》抗体（antibody），B細胞受容体（B-cell receptor）．抗体およびB細胞受容体（抗原受容体）を構成する蛋白質の総称．血清学的には血清グロブリン α・β・γ 中のγ-グロブリン（γ-globulin）分画に含まれる．B細胞受容体と抗体は同じ*免疫グロブリン遺伝子にコードされるが，B細胞受容体は膜蛋白質であるのに対し，抗体はB細胞から分化した*形質細胞によって産生される分泌型蛋白質．両者はスプライシングの違いにより3′末端が異なるmRNAから合成される．B細胞受容体と抗体は膨大な多様性を有し，多種多様な抗原と特異的に結合する．多くの脊椎動物において免疫グロブリンにはIgM，IgD，IgG，IgA，IgEの5種類のクラス（アイソタイプともいう）が存在する．さらにIgGにはサブクラスがあり，ヒトではIgGはIgG1，IgG2，IgG3，IgG4の四つ，マウスではIgG1，IgG2a（一部のマウス系統ではIgG2c），IgG2b，IgG3の四つが含まれる．また，ヒトのIgAはIgA1，IgA2の二つのサブクラスからなる．抗原受容体としては，IgMとIgDはともにナイーブB細胞（抗原に感作されていないB細胞）の表面に発現するが，その他のクラスは抗原感作後に*クラススイッチにより形成，記憶B細胞に発現する．抗原受容体は抗原と結合すると細胞内にシグナルを伝達し，B細胞の活性化・増殖・分化を惹起する．この細胞内シグナル伝達には膜型免疫グロブリンと複合体を形成するIgα（CD79a）およびIgβ（CD79b）という膜貫通蛋白質が必要（図右）．免疫グロブリンの基本構造は同一の2本のH鎖（重鎖 heavy chain）と同一の2本のL鎖（軽鎖 light chain）がS-S結合したY字型のヘテロ四量体である（図）．H鎖は分子量5万〜7万7000，L鎖は2万4000のポリペプチドであり，H鎖には糖鎖が結合する．IgM抗体はこの基本構造が5ないし6分子，IgA抗体は2分子がS-S結合で重合し，二量体IgAにはさらにJ鎖と呼ばれる分泌に必要なポリペプチドが結合している．免疫グロブリンのクラスはH鎖に規定され，IgM，IgD，IgG，IgA，IgEのそれぞれのH鎖はμ，δ，γ，α，εと呼ばれる．L鎖にはκ鎖とλ鎖があり，動物種によりほぼ一定の比率で各クラスの抗体に使われる．血清抗体中のκ鎖とλ鎖の比率は，ヒトでは約1.5:1，マウスでは約20:1になる．L鎖は二つ，H鎖は四つ（ただしμ鎖，ε鎖では五つ）の球状ドメインからなり，さらに抗原受容体の場合はH鎖のC末端に膜貫通ドメインと細胞内ドメインが加わる．H鎖，L鎖ともにN末端のドメインが免疫グロブリン遺伝子再構成による多様性を有する可変（V）領域で，抗原との特異的な結合に関与する．個々の抗体は異なる可変部位をもつので，それ自体が固有の抗原性を有する．これをイディオタイプ（idiotype）と呼ぶ．可変領域以外のドメインは定常（C）領域と呼ばれ，H鎖の各クラス・サブクラス，κ鎖，λ鎖はおのおの固有のアミノ酸配列を有する．H鎖の定常領域はクラス特有の生物活性を担う．H鎖定常領域の同種個体間での遺伝的多型性（genetic polymorphism）をアロタイプ（allotype）と呼ぶ．抗体の機能は，第一に抗原に特異的に結合することで毒素や細菌，ウイルスを中和することである．さらに，抗原に結合した後そのFc領域を介して抗体クラス特有の生物活性を発揮する．例えば細菌などの抗原に結合したIgM，IgG1，IgG3には補体活性化能があり，これらのFc領域に結合した*補体は標的である細菌の細胞膜を破壊し死滅させる．また，抗原に結合したIgG抗体はFcγ受容体を介して好中球やマクロファージによる食食を促進する（*オプソニン作用）．さらに，NK細胞やマクロファージはFcγ受容体によってがんなどの標的細胞に特異的に結合したIgGを認識し，その標的細胞を殺す（抗体依存性細胞傷害活性 antibody-dependent cell-mediated cytotoxicity, ADCC）．そのほか，各クラスの抗体の特徴は以下の通りである．IgGはヒト血清中の免疫グロブリンの7割を占める主要な抗体．また，抗体の胎盤を通過できる唯一の抗体で，新生児の感染防御に重要．IgMは個々の抗原結合部位の親和性（affinity）は一般に低いが，五量体であるため多価の抗原に対しては強い結合力（avidity）を示すとともに強力な補体活性化能を示す．また単独で補体を活性化できる．IgAは外分泌液中の主要な免疫グロブリンで，鼻汁，腸管・気道粘膜分泌液，唾液，涙液，初乳などに多く存在する．これは，粘膜固有層において形質細胞から分泌された二量体IgAが上皮基底部にある多量体免疫グロブリン受容体（poly-Ig receptor）と結合して上皮を通過して管腔側に分泌されるためである．血清中には単体IgAも多く存在する．IgDはヒト血清中の免疫グロブリンの1％以下にすぎず，マウスでは抗体として分泌されない．抗体としても抗原受容体としてもその役割は不明．IgEは正常人の血清には微量しか含まれず，分泌されたIgE抗体の大半は速やかにマスト細胞や好塩基球表面の高親和性Fcε受容体（タイプ1）に結合する．本来は寄生虫に対する防御免疫応答に機能するが，マスト細胞上のIgEが花粉などの特異的な抗原（*アレルゲン）によって架橋されると細胞内の分泌顆粒からヒスタミンなどの化学物質が放出されアレルギー症状が誘発される．アレルギーの原因となる抗体はレアギン（reagin）とも呼ばれる．

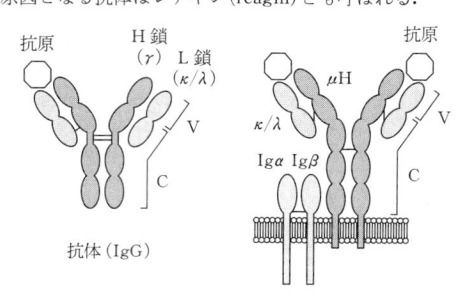

b **免疫グロブリン遺伝子** [immunoglobulin genes] *免疫グロブリンすなわち抗体およびB細胞受容体のH

鎖およびL鎖（κ鎖もしくはλ鎖）の各遺伝子で，それぞれ可変(V)領域と定常(C)領域をコードする複数のエクソンからなる．転写後，H鎖RNAの3′端のスプライシングの違いにより分泌型あるいは膜型のH鎖が作られ，それぞれがL鎖とともに抗体あるいはB細胞受容体を形成する．免疫グロブリン分子の多様性はH鎖およびL鎖の可変(V)領域の遺伝子の多様性によるもので，それを生み出すメカニズムには(1)遺伝子再構成（gene rearrangement），(2)体細胞高頻度突然変異（somatic hypermutation），(3)遺伝子変換（gene conversion）の三つがある．(1)は胎児肝や成体骨髄の造血幹細胞からB細胞への分化過程における可変領域遺伝子がDNA組換えによって形成される過程で起こる．生殖細胞型のH鎖遺伝子のV領域エクソンはV, D, J, L鎖遺伝子のそれはV, Jというそれぞれ多数の遺伝子断片群としてゲノム上に存在する．例えば，マウスのH鎖遺伝子の場合，V断片が約1000個，D断片が12個，J断片が4個ある．B細胞が分化する際に，各断片群の中から一つずつがランダムに選ばれて，DNA組換え(V(D)J組換え)によって結合し，VDJ(H鎖)あるいはVJ(L鎖)という可変領域のエクソンを形成する．V(D)J組換えにはB細胞・T細胞の前駆細胞で特異的に発現するRAG1およびRAG2というDNA切断酵素が必要である．RAG1・RAG2複合体が各断片の端の組換えシグナル(RSS)配列に結合して，そこを切断した後，一般的なDNA二本鎖切断修復機構により末端同士の再結合が起こる．その際，切断端には末端デオキシヌクレオチド転移酵素(terminal deoxynucleotidyl transferase, TdT)によりランダムな塩基の付加が起こるので断片間の結合部位には多様性(N塩基)が生じる．(2)体細胞高頻度突然変異は成熟B細胞が抗原と結合し，さらにヘルパーT細胞から刺激を受けて活性化・増殖して胚中心を形成する過程で可変領域遺伝子のみに起こる突然変異である．これにより抗原特異的な免疫グロブリンに多様性が生じ，その中から抗原に対する親和性が高まった免疫グロブリンを発現するB細胞が選択され，より親和性の高い抗体が産生されることになる(親和性成熟)．(3)遺伝子変換は鳥類やウサギなど特定の種がもつ機構である．これらの種ではV, D, J断片はそれぞれ1個しかなく再構成後に多様性は生じないが，V断片の上流に多数存在するV断片の偽遺伝子とが相同組換えを起こし，両者の一部の配列が入れ替わる．これを繰り返すことによって，可変領域遺伝子は多様性を獲得する．体細胞高頻度突然変異，遺伝子変換とクラススイッチ組換えの三つに共通してAID (activation-induced cytidine deaminase)というシチジン脱アミノ化酵素が必須である．定常領域の遺伝子の数はH鎖κ鎖λ鎖それぞれで異なり，また種によっても異なる．H鎖遺伝子には各アイソタイプを規定する定常領域の各遺伝子が存在する(C_μ, C_δ, C_γ, C_α, C_εなど)．抗原に出会ったB細胞はこの定常領域遺伝子を入れ替えることによって*クラススイッチを起こす．

a **免疫グロブリンスーパーファミリー** [immunoglobulin superfamily] *免疫グロブリンに見られる2種類の基本的構造，すなわち可変(V)領域と定常(C)領域のいずれかあるいは両者を，細胞外領域にもつ蛋白質の一群．各領域とも約100残基程度のアミノ酸から構成され，6〜9個の逆β鎖で形成される2枚のβシートが分子内ジスルフィド結合で安定化された構造をとる．細胞膜表面に発現され，細胞間認識，*細胞接着などに関与する．神経系と免疫系にはこのファミリーに属する分子が多数存在する．[1]神経系では代表的なものとして*NCAM(エヌカム)，MAG (myelin associated glycoprotein)，*L1, P_0, Thy-1などがある．NCAMとL1は神経細胞どうしまたは神経細胞とグリア細胞の細胞接着に関与し，MAGはミエリン形成細胞が発現して軸索との接着に関与しミエリン形成初期の段階に重要である．これらのほかSC1, Tag1, ファシクリン(fasciculin) II，III，コンタクチン(contactin)，ニューログリアン(neuroglian)，NgCAM, NrCAM, テレンセファリン(telencephalin)などがこのファミリーに属する．これらの分子群は空間的・時間的に限られた発現を示し，神経組織の形態形成の各過程にさまざまな様式で関与しているらしい．[2]免疫系ではこのファミリーに属する代表的なものとして，CD2, CD4, CD8, ICAM-1, ICAM-2, ICAM-3 (→ ICAM(アイカム))，VCAM-1などが知られる．これらの分子はいずれも初期の免疫応答，炎症反応における白血球浸潤において重要な役割をすると考えられる．CD2は同じ免疫グロブリンスーパーファミリーに属するCD48およびCD58(LFA-3)をリガンドとする．CD4, CD8はそれぞれ，MHCクラスII分子，MHCクラスI分子に結合してT細胞と抗原提示細胞の接着を強化する働きをもつ．ICAM-1, 2, 3はいずれもLFA-1(白血球に発現される接着分子 β_2 インテグリンの一種)のリガンドとして同定された分子である．ICAM-1は活性化リンパ球，活性化血管内皮細胞に発現され，やはり β_2 インテグリンの一種であるMac-1をリガンドとするとともにライノウイルス(→ピコルナウイルス)の受容体としても機能する．T細胞の抗原認識において共刺激シグナル(co-stimulatory sig-

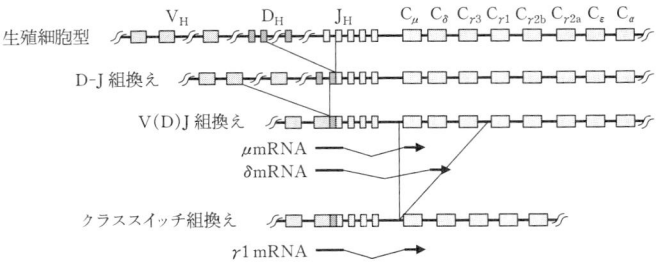

免疫グロブリン遺伝子の再構成とクラススイッチ組換え(マウスIgH鎖遺伝子)

nal)を伝達する分子としても知られる．ICAM-2 は血管内皮細胞に構成的に発現される．ICAM-1，2 共に白血球の血管外移動に関与すると考えられている．VCAM-1 は活性化内皮細胞に発現され，β_1 インテグリンである VLA-4 をリガンドとする．やはり白血球の組織浸潤において役割を果たすと考えられている．

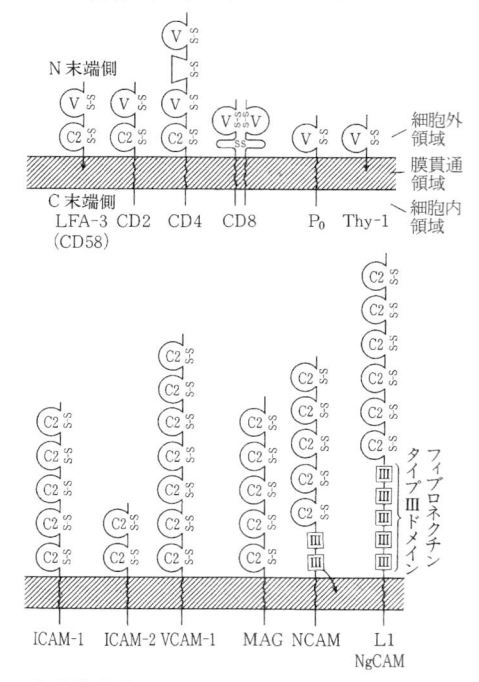

[図：LFA-3 (CD58), CD2, CD4, CD8, P₀, Thy-1, ICAM-1, ICAM-2, VCAM-1, MAG, NCAM, L1/NgCAM の構造図．N 末端側，C 末端側，細胞外領域，膜貫通領域，細胞内領域，フィブロネクチンタイプIIIドメイン]

a **免疫蛍光法** [immunofluorescence method] 《同》クーンズの方法(Coons' method)．抗原あるいは抗体の局在を*蛍光顕微鏡によって探索する方法．A. H. Coons と M. H. Kaplan (1950) が開発．抗原あるいは抗体にフルオレセインやローダミンなどの蛍光色素を結合させて，組織切片あるいは細胞塗抹標本中の，それぞれの対応する抗体あるいは抗原と結合させる．免疫蛍光法には直接法と間接法(サンドイッチ法)がある．直接法が蛍光抗体と抗原あるいは蛍光抗原と抗体との結合によるのに対して，間接法は抗原(抗体)に対する抗体(抗原)をまず結合させ，その後，その抗体(抗原)に対する蛍光抗体を結合させる．間接法は直接法に比べて蛍光量が増大されて検出感度もよく，応用範囲も広い．また近年は退色しにくい多様な蛍光色素が開発されている．(→蛍光抗体法)

b **免疫原** [immunogen] 抗原をヒトや動物に何らかの方法(注射，塗布，経口投与，噴霧)で与えて免疫応答が誘起された場合におけるその抗原．ある抗原が免疫原であるか否かは，抗原の種類，抗原の物理学的性状，動物の免疫能力によって決定される．一般に，抗原が粒子状で，動物が健康な成体である場合には，非自己抗原は免疫原となるが，逆に抗原が可溶性の場合には，抗原はかえって免疫反応を抑制するトレランス原(tolerogen)として作用する傾向が見られる．(→免疫原性, →免疫トレランス)

c **免疫原性** [immunogenicity] 抗原が個体の*免疫応答を誘起する能力．免疫原性は抗原の状態と生物の免疫応答能力によって決定される．免疫原性をもつ抗原を免疫原(immunogen)と呼ぶ．抗原が免疫原性をもつためには，一般にその抗原刺激を受ける動物体の自己体物質とは異なる抗原決定基をもつことが必要であるが，自己体物質でも免疫機構から隔離されているもの(眼のレンズや精子の抗原)は，免疫原性をもつ．免疫原性とは異なり，抗原性(antigenicity)とは，抗体や免疫細胞との反応性を指す概念である．

d **免疫性**(溶原菌の) [immunity] *溶原化に際して，*プロファージが*リプレッサーを産生して，自己の増殖を妨げ，プロファージ状態を保持すると同時に，この溶原菌に重感染した同種のファージの増殖をも阻止する現象．これを，プロファージをもつ菌(溶原菌)が同種のファージに対して免疫性をもつと表現する．

e **免疫担当細胞** [immunocompetent cell] 《同》免疫細胞(immunocyte)．抗原の特異性を認識したり，種々の免疫反応にたずさわる能力をもっている細胞の総称．*リンパ球，*ナチュラルキラー細胞，*単球，*マクロファージ，*樹状細胞，*好中球，*好塩基球，*好酸球などが含まれる．主体はリンパ球である．リンパ球は，*T 細胞(T リンパ球)と*B 細胞(B リンパ球)よりなっており，T 細胞のうち細胞傷害性 T 細胞(cytotoxic T lymphocyte, CTL)は細胞性免疫で中心的な役割を果たしている．液性免疫においては，マクロファージや樹状細胞といった抗原提示細胞が外来性の抗原を*ヘルパー T 細胞に提示して活性化する一方，B 細胞は自身が取り込んだ抗原の断片を T 細胞に提示することによって，*サイトカインに代表されるヘルパー T 細胞からの活性化シグナルを受け取り抗体産生細胞や記憶 B 細胞へと分化・成熟することが知られている．細菌などの感染時の初期には好中球などの自然免疫系が防御を担い，寄生虫などの侵入に対しては好酸球が活性化されることが知られている．炎症時には，好塩基球から炎症メディエーターが放出され他の免疫担当細胞の炎症部位への遊走を誘導する．

f **免疫沈降** [immunoprecipitation] 細胞抽出液のように多くの夾雑物の中から特定の物質をその抗体を用いて特異的に沈降させ，単離する技法．応用としては蛋白質間相互作用や蛋白質複合体の検出に用いられることが多く，プルダウン法と呼ばれることもある．元々は抗 Ig 抗体そのものによる巨大複合体形成を利用して沈降させていたが，沈降条件の選択が難しいので現在では使われておらず，代わって抗体に高親和性のプロテイン A やプロテイン G をビーズなどで固定化したものを使って免疫沈降を行うのが一般的である．得られる物質の量は少なく，使った抗体も混在してくるので，ラジオアイソトープなどで標識した試料が対象とされることが多い．

g **免疫的摘出** [immunosympathectomy] 標的とする組織や生体物質を免疫的に除去する方法で，広義の欠除実験．それらの組織などに対する*抗体を発生途上または成長中の生体に投与することにより，その組織や生体物質は攻撃され傷害を受ける．R. Levi-Montalcini らが神経成長因子蛋白質の証明に使用した．

h **免疫的認識** [immunological recognition] 免疫系による，自己体の健全な構成成分すなわち自己(self)と，そうでない非自己(not-self)との識別．*免疫応答の開始

点となる．生体の胎生期から新生児期への分化，生育過程で確立される獲得免疫系では，リンパ球（T細胞，B細胞）の細胞表面に発現されている抗原受容体（T細胞抗原受容体，B細胞抗原受容体）によって抗原認識が行われる．その際，自己を認識する細胞（クローン）は種々の免疫トレランス誘導機構によって除去され，その結果，自己抗原は認識しないが，あらゆる非自己抗原を認識しうる多様性に富んだ抗原特異的な免疫認識を行う．一方，生まれつき生体にそなわっている自然免疫系では抗原特異的認識は行われず，自然免疫系を担うマクロファージ，樹状細胞などに発現されている*Toll様受容体（TLR），*RIG-I様受容体などにより，病原微生物が発現している病原体関連分子パターン（pathogen-associated molecular pattern, PAMP）と呼ばれる共通の分子パターンを認識し，感染初期に迅速な免疫応答を惹起するとともに，抗原特異的な獲得免疫の惹起にも重要な働きをする．PAMPは主として病原微生物にあるが生体にはほとんどないことからnon-selfである病原体に対して反応が誘導される．（⇒免疫，⇒自然免疫，⇒獲得免疫）

a **免疫電顕法** [immune-electron microscopy] 免疫組織化学的に染色した標本を電子顕微鏡により観察する手法．一般的には，透過電子顕微鏡による観察法を指し，包埋前に免疫組織化学の反応を行う方法（前包埋法）と包埋後の切片に免疫組織化学の反応を行う方法（後包埋法）がある．前者では浸込みの良い酵素組織化学法を，後者では金コロイドを用いた免疫組織化学法を行うことが多い．このほかに，凍結レプリカ（⇒レプリカ法）に免疫組織化学反応を施して透過電子顕微鏡で膜内蛋白質を同定する凍結レプリカ免疫電顕法や，走査電子顕微鏡を用いた免疫走査電顕法に，⇒免疫電顕法．

b **免疫トレランス** [immunological tolerance] 《同》免疫寛容．特定の抗原に対する免疫応答が抑制されている状態．動物は自己体成分に対するトレランス状態にあり，狭義には，免疫トレランスとはこの自己トレランス（自己寛容性 self tolerance）と相同の状態をいう．自己トレランスには次に示す特徴がある．（1）自己体成分に対する免疫非反応性は遺伝的に決定されているのではなく，後天的に成立する．（2）自己トレランスの成立誘因は自己抗原である．（3）T細胞およびB細胞の抗原反応性は，本来自己抗原と非自己抗原とを問わず発現されうるが，このうち自己抗原に反応性をもつ細胞は排除されるか抑制され，その結果として非自己抗原に対する免疫機構の成立が保証される．免疫トレランスは，自己体成分に対してだけでなく，外来の抗原に対しても後天的に生起しうる．主に，胸腺での自己反応性T細胞の除去（負の選択）と，胸腺または二次リンパ器官での制御性T細胞の生成によって形成・維持されている．自己トレランスの破綻は自己免疫につながる．（⇒クローン選択説）

c **免疫粘着** [immune adherence] 《同》免疫付着．[1] 抗原抗体結合物に*補体の第一〜第四成分が結合して生じた複合体は，ヒトやサルの赤血球やその他の哺乳類の血小板に粘着し血球の凝集を起こす現象．補体結合性抗体の鋭敏な検出法として用いられる（⇒補体活性化経路）．[2] 広義には，抗体産生細胞に粒子状抗原が多数に付着する現象もいう．[1]との混乱を避けるため，免疫細胞粘着（immunocyte adherence）といい，抗原が細菌の場合には細菌粘着（bacterial adherence），赤血球の場合にはロゼット形成（rosette formation）という．

d **免疫パラリシス** [immunological paralysis] 《同》免疫麻痺．動物成体に多量の抗原を与えることによって，その抗原に対する抗体産生だけを抑制し，その機能を麻痺させること．*免疫トレランスと同義語として用いられていたが，現在ではこの語はほとんど用いられない．

e **免疫複合体** [immune complex] 可溶性抗原に抗体が結合して生じる複合物で，抗体分子が抗原を架橋して格子形成することにより生成される．抗原と抗体が当量の場合，複合体は最大となりしばしば沈降物を形成する．逆に抗原過剰，あるいは抗体過剰の場合，複合体は小さくなる．体内で生じた免疫複合体は，*Fc受容体および*補体受容体との結合を介して細網内皮細胞（reticular-endothelial cell）により除去されるが，マクロファージや白血球，マスト細胞上のFc受容体に結合すると，これらの細胞は活性化され，TNF-α などの*サイトカインの分泌，分解酵素の分泌（マクロファージや白血球），ヒスタミン（マスト細胞）などの活性物質の放出が引き起こされ，多核白血球の血管から組織への動員，血管透過性の亢進などを惹起して炎症反応を誘導する．また免疫複合体によって補体が活性化され，C3a，C5aなどのアナフィラトキシンが産生され，白血球，マクロファージ上の補体受容体に結合する．C5aは白血球上のC5aレセプターと結合して白血球を活性化し，炎症部位に動員する．SLE（*全身性エリテマトーデス）では自己抗体によって免疫複合体が形成され，腎臓基底膜への複合体の沈着により糸球体腎炎などの腎臓障害が起こる．III型過敏症である血清病あるいは皮膚に惹起されるアルツス現象もまた，免疫複合体によって引き起こされる病態である．（⇒Fc受容体，⇒補体受容体，⇒アルツス現象，⇒血清病）

f **免疫不全** [immunodeficiency] 生体免疫系の先天的（遺伝的）あるいは二次性の欠陥によって免疫系が正常に働かない疾患の総称で，それぞれ原発性免疫不全（先天性免疫不全），続発性免疫不全と呼ばれる．原発性免疫不全とは，自然免疫系，獲得免疫系の発達成熟過程のどこかに先天性の欠陥が生じた状態である．自然免疫系，獲得免疫系の欠陥とは，好中球，マクロファージ，樹状細胞，補体，NK細胞，T細胞，B細胞のどこかの構成要素の欠損や機能不全を意味する．近年，免疫調節障害や易感染性を示さない自己炎症症候群も原発性免疫不全に組み入れられるようになり，現在140以上の遺伝子異常，200以上の原発性免疫不全症候群の異なった病型が知られている．原発性免疫不全症の分類として，T細胞系とB細胞系双方の異常を示す複合免疫不全症，主として抗体系の欠陥を示すもの，その他のよく解析された免疫不全症，免疫系の調節異常による疾患，貪食細胞の数，機能，あるいは両方の先天的欠損を示す疾患，自然免疫系の欠陥を示すもの，自己炎症性疾患，補体系の異常を示す疾患，に分類されている．原発性免疫不全症には，胸腺の形成不全によるディジョージ症候群（Di George syndrome），血小板とT細胞の異常を示すウィスコット−アルドリッチ症候群（Wiskott-Aldrich syndrome），B細胞を欠失する伴性無γ-グロブリン血症，正常なT細胞，B細胞の両方共に欠損がある重症複合免疫不全症（severe combined immunodeficiency, SCID），貪食細胞系の機能不全をもつ慢性肉芽腫症などが含まれる．続発性免疫不全は，薬剤，放射線などの外因，ある

いは栄養障害，悪性腫瘍，ウイルス感染(特に*AIDS)などの疾病によって起こる．その病態は複雑であり，原発性免疫不全症のように明確ではない．AIDS すなわち獲得性免疫不全症で，HIV は，CD4 陽性 T 細胞に感染することによってそれを破壊し，その結果，個体は進行性の免疫不全症におちいる．

a **免疫不全ウイルス** [immunodeficiency virus] ヒトや動物に致死性の免疫不全症を起こす*レトロウイルスの総称．このウイルスの病原性は，CD4 陽性 T 細胞を中心とする免疫担当細胞の破壊に起因する．レトロウイルス科の*レンチウイルス属に分類され，少なくとも 40 種の動物にそれぞれのレンチウイルスがあることが知られている．ヒトにおける*AIDS は，ヒト免疫不全ウイルス (human immunodeficiency virus, HIV) の感染によるもので，1981 年ごろに欧米の同性愛者に顕著な発生をみた免疫不全症患者から 1983 年に分離された I 型 (HIV-1) と，類似の症状を伴う西アフリカの患者から 1986 年に分離された II 型 (HIV-2) がある．両者の類似性は約 40％ と低く，HIV-2 の病原性は HIV-1 に比べ低い．CD4 陽性 T 細胞とマクロファージをその標的とする．感染後，数年(平均 8 年)の臨床的潜伏期を経て，CD4 陽性 T 細胞が著減し，免疫不全症状を呈し，最終的に日和見感染や悪性腫瘍で死にいたる．HIV に近縁のウイルスとしてサル免疫不全ウイルス (simian immunodeficiency virus, SIV) がある．チンパンジーから分離された SIVcpz は HIV-1 に近縁で，HIV-1 はチンパンジーに由来すると考えられている．アカゲザルやスーティーマンガベイから分離された SIVmac や SIVsm のゲノムは HIV-2 のそれとほぼ同一．SIVmac はアジア産のアカゲザルに感染させると，ヒトのエイズ様の免疫不全症状を起こす．一方，SIVsm をスーティーマンガベイに感染させても，高ウイルス血症になりながらも発病はしない．すなわち，自然宿主には病原性はない．SIV にはこのほか，アフリカミドリザルやマンドリルより分離された SIVagm や SIVmnd があるが，自然宿主への病原性はほとんどない．ネコ免疫不全ウイルス (feline immunodeficiency virus, FIV) もレンチウイルスであるが，その病原性は明らかでない．

b **免疫プロテアソーム** [immunoproteasome, immune proteasome] γインターフェロンの信号を受けた細胞で形成される*プロテアソーム複合体．通常の細胞では，プロテアソームの蛋白質分解酵素活性は β1，β2，β5 の 3 種類のサブユニットによって担われているが，*免疫応答などによって γ インターフェロンの信号を受けた細胞では，新たに β1i, β2i, β5i というサブユニットが産生される．これらが β1, β2, β5 と入れ替わることで形成されるプロテアソーム複合体を免疫プロテアソームという．β1i, β2i, β5i を含む免疫プロテアソームは，効率よく MHC クラス I に提示されるペプチドを産生するので，T 細胞を効果的に活性化しうる．さらに γ インターフェロンの信号は，PA28 複合体の産生を誘導し，これがプロテアソームに結合して MHC クラス I へのペプチド提示を促進すると考えられている．胸腺の皮質に局在する胸腺皮質上皮細胞には，別の β5 サブユニットを含む胸腺プロテアソーム (thymoproteasome) と呼ばれる固有のプロテアソームが発現されており，これは T 細胞の正の選択に寄与する．

c **免疫抑制** [immunosuppression] *免疫応答が抑制された状態あるいは免疫応答を抑制する作用や操作．免疫系自体に内在する抑制系（例えば*制御性 T 細胞など）による内因性の免疫抑制と，さまざまな外的要因により引き起こされる外因性の免疫抑制とに大別される．外因性免疫抑制には，放射線や化学療法剤などの物理化学的要因によるものや感染性微生物や腫瘍細胞によるものがある．ある種の病原体はさまざまな機構によって宿主の免疫抑制状態を作り出すことで自身の生存・増殖に有利な環境を作り出すことが知られており，免疫逃避機構と呼ばれている．例えば HIV は $CD4^+$ ヘルパー T 細胞に感染して*アポトーシスを惹起することで免疫抑制を引き起こす．さらに，疾患の治療を目的として人為的に免疫抑制が誘導される場合がある．例えば，臓器移植や骨髄移植における移植片拒絶反応を抑えるためにシクロスポリン A や FK502 などの有効で副作用の少ない免疫抑制剤が開発されて移植の成功率は格段に向上した．自己免疫反応や過剰な免疫応答が原因となるさまざまな*自己免疫疾患や炎症性疾患の治療にも副腎皮質ホルモンやメソトレキセートなどの免疫抑制剤が用いられる．これらの免疫抑制剤は極めて有用であるが，日和見感染や腫瘍の発生などの不可避的な副作用があるので，慎重に使用される．

d **免疫抑制剤** [immunosuppressive agent] 生体にとって不都合とされる免疫反応を人為的に抑制するのに用いる薬剤．臓器移植における拒絶反応の抑制や膠原病などの自己免疫性疾患の治療に用いられる．主な免疫抑制剤としては，アルキル化剤のシクロホスファミド (cyclophosphamide)，プリン拮抗剤のアザチオプリンや 6-メルカプトプリン (6-MP) など，ピリミジン拮抗剤のシタラビン (cytarabine, cytosine arabinoside)，ブロモウラシル，フルオロウラシル，葉酸拮抗剤のメソトレキセート，抗生物質の*マイトマイシン C，アクチノマイシン D，ステロイドホルモン剤のコルチゾン，プレドニゾロン (predonisolone)，デキサメタゾン (dexamethasone) などの薬剤がよく使われてきている．これらはいずれも非特異的に細胞の DNA・RNA 合成あるいは蛋白質生合成を阻害するもので，免疫系に限らず，造血系，腸管上皮など細胞分裂のさかんな再生臓器全体を抑制するので，副作用も多い．副腎皮質ホルモンも有効な免疫抑制作用と抗炎症作用をもつので広く用いられるが，その生体内作用は多岐に及ぶのでやはり多くの副作用から免れない．これに対して，比較的選択的に免疫系の細胞に作用して抑制効果を示すものも開発されている．*シクロスポリンは真菌に由来する疎水性ポリペプチドで，選択的に T 細胞にとりこまれ細胞内受容体に結合し，インターロイキン 2 (IL-2) の産生や IL-2 受容体の発現を抑制することによって強い免疫抑制効果を表す．抗生物質の*タクロリムスとともに臓器移植や一部の膠原病の治療に用いられている．このほかに，種々の免疫担当細胞やその機能分子に対するモノクローナル抗体を用いて，より選択的に免疫反応あるいはその一部だけを抑制しようとする試みも行われている．実際の臓器移植や自己免疫性疾患の治療には，これら多くの作用機序の異なる免疫抑制剤のいくつかが組み合わされて使われることが多い．

e **免疫理論** [theory on immunity] 免疫の成立，とりわけ多様な抗体の特異性が形成される機構について展開された数々の理論．歴史的に代表的な理論をたどれば，

1900年代初めの P. Ehrlich の*側鎖説，F. Haurowitz (1930) や L. Pauling (1940) などの鋳型説 (*指令説)，N. K. Jerne の自然選択説 (1955)，F. M. Burnet の*クローン選択説 (1950年代後半)，Jerne の*ネットワーク説 (1970)，などが提唱されてきた．現在ではクローン選択説が基本とはなっているが，免疫学の急速な進展により多くの修正がなされている．いずれも実験的実証がなされるよりも以前に提唱され，理論・概念の提唱と，それを実証するための実験研究の推進という構図が作られ，その後の免疫学研究のドライビングフォースとなったことは大きな意義がある．(⇌側鎖説，⇌指令説，⇌クローン選択説，⇌ネットワーク説)

a **メンデル** MENDEL, Gregor Johann 1822～1884 オーストリアの遺伝学者．シレジア地方の小村ハインツェンドルフの生まれ．ブリュンのケーニギン修道院の司祭．修道院よりウィーン大学で自然科学を学び，修道院の庭でエンドウの遺伝実験をし，またのちにコウリンタンポポなどを材料として実験．1865年に発表した 'Versuche über Pflanzen-Hybriden' (Verhandlungen des naturforschenden Vereins in Brünn, 第4巻，1865) は遺伝学の基礎を定めた古典的論文で，彼の発見した法則 (メンデルの法則) は1900年に H. de Vries, C. E. Correns, E. von S. Tschermak によって再発見された．

b **メンデル集団** [Mendelian population] 有性生殖をする生物において，その中の個体間でもっぱら交配を行う集団．集団遺伝学におけるやや古いいい方である．(⇌集団)

c **メンデルの法則** [Mendel's laws] 《同》メンデルの遺伝法則 (Mendel's laws of heredity). G. J. Mendel の提唱した，遺伝現象に関する法則．Mendel は論文「植物雑種に関する実験」(1865) でこれを述べたが当時はかえりみられず，後に再発見 (1900) され，その基本法則が C. E. Correns の命名に従い今日までメンデルの法則と呼ばれている．一般には*分離の法則，*独立の法則，*優劣の法則の三つとするが，優劣の法則を除外して，分離と独立の2法則だけをメンデルの法則とする人もある．Mendel 以前にも J. G. Koelreuter, C. F. Gärtner などにより*交雑実験は行われたが，遺伝する性質それぞれの分析，換言すれば*単位形質に注目しなかったため，遺伝現象における法則性を見出すことができなかった．メンデルの法則がエンドウや一般の植物だけでなく動物界へも広く適用されることは，W. Bateson など多くの学者によって確かめられ，日本でも外山亀太郎 (1906) のカイコの研究をはじめとして多くの寄与がなされた．

モ

a **毛顎動物** [chaetognaths, arrow worms, glass worms　ラ Chaetognatha] 《同》ヤムシ類，単鰭動物，平鰭動物(Homalopterigia). 後生動物の一門で，左右相称，腸体腔性の真体腔をもつ動物. 体長数mm〜数cm. 体は細長く背腹にやや扁平な円筒形. 頭・胴・尾の3部からなり，内部の真体腔は頭部横隔膜と尾部横隔膜により三分され，さらに縦隔膜により左右に二分されている. 体壁の縦走筋は背腹各1対ずつの束をなし，この屈曲により，跳ねるように素早く移動する. 口部には顎毛と呼ばれるキチン質の捕食器官が発達している(肉食性). 消化管は直走して尾部横隔膜の直前で肛門として終わる. 感覚器としては頭部背面に1対の眼があるほか，体表には触毛斑と呼ぶ繊毛性の機械受容器が発達. 神経系は梯子形神経系に類似しており，頭部背面には脳神経節があり，これは腹神経節と接続する. 卵割は放射型といわれてきたが，近年は等割らせん型とされる. 真体腔形成は独特で，原腸胚期に腸体腔的に1対の体腔嚢が生じ，左右各側で頭体腔・胴体腔・尾体腔に三分され，いったん中実となったあとに空所が新生される. 雌雄同体で，変態はせず直接発生を行う. 成体の口は原口に由来しないこと，放射卵割，三体腔性の体制などにより*新口動物とされてきたが，卵割がらせん型であることなどが判明し，分子系統学的解析でも他の新口動物と姉妹群をつくらないことから，現在ではそこから除外されている. 系統的位置については全く不明. すべて海産で世界に広く分布し，大多数が浮遊性だが，底生の種が少数ある. 現生既知約130種.

b **毛群** [hair-group] 哺乳類の，接近して一群となった毛孔から出る毛の総称. 単独であるか毛束をなすかにかかわりない. 毛孔は，いくつかが接近して群をなすのが一般的で，3孔が一群をなすのが原型であるともいう. 同一毛孔から多数の毛が出るとき，それを毛束(hair-bundle)という. ただし同一の毛孔から出ても，各々が別々の毛嚢をもつときには偽毛束ということがある.

c **毛細血管** [capillary, capillary vessel] 《同》毛管，毛細管. *閉鎖血管系をもつ動物，特に脊椎動物において，末梢で細く分岐した血管で，毛細動脈・真毛細血管(true capillary)・毛細静脈の総称. 細動脈は毛細動脈となり，これはさらに細かく分岐して真毛細血管の網をつくり，血液と組織液との物質交換を行う. 真毛細血管は毛細静脈に移る. 一部では毛細動脈が直接毛細静脈に短絡する. 真毛細血管の口径は2〜20μm程度で，管壁には筋細胞はなく，内皮細胞と基底膜とからなり，両生類では所々に収縮性の*ルジェー細胞をもつ. 血管神経支配または周囲の媒質が含む物質の作用により収縮し，そのときには赤血球の径よりも細くなって血流を途絶させる. 筋肉では，多数ある毛細血管のうち大部分のものは，毛細動脈にある括約筋の作用により，休止時には閉じているが，活動時には広がるように調節される. ただし，哺乳類に見られる周皮細胞には，このような機能は認められていない. 皮膚(および生殖器，肝臓，脾臓，肺)などでは毛細血管網を短絡する連合枝に富み，その基部の筋肉要素によって局所血流が調節される. 毛細血管内では内圧の勾配も少なく，また心臓の拍動に伴う圧変動も消滅し，血液は一様な速度で流れる. 毛細血管壁は，水および晶質は通すがコロイドを通さないので，動脈側ではいくぶん高い毛細血管内圧が血液の浸透圧に打ち勝って血液成分を組織液のほうに濾過させるが，静脈側ではそれが低いので浸透圧が優越して種々の物質が毛細血管に入りこむ(⇒スターリングの仮説). この機作によって，必要な物質が血液から組織へ，また不要な物質が組織から血液に運ばれる.

d **盲視** [blind sight] 大脳皮質の局所的損傷により，意識的にはものが見えない領域(盲斑部)が視野内に生じているにもかかわらず，その盲斑部内における光点などの視覚対象の位置や動きを捉えることが可能な現象. 静止している物体は見えないが，動かすと位置が分かり，目で追ったり，手でとらえることができる. 多くは両側後頭葉病変による皮質盲症例における現象である. 通常の視覚が，「視神経→*外側膝状体→*一次視覚野」を経由する経路で担われているのに対し(⇒視覚経路)，盲視では，「視神経→中脳上丘→一次視覚野以外の大脳皮質」という経路が関与しているという説がある.

e **毛序** [chaetotaxy] 《同》剛毛式. 昆虫の体表における*刺毛の数と配列. 分類学上の標徴として重要.

f **網状仮足** [reticulopodium] 《同》根状仮足(rhizopodium), 吻合仮足(myxopodium). 一部の原生生物に見られる仮足. 細い糸状の仮足が先端に向かって多数に分岐し，諸所で吻合(anastomosis)して全体として網状を示す点で単一の糸状構造である*糸状仮足とは異なる. 有孔虫などでは顆粒を多く含むため顆粒性網状仮足とも呼ばれる.

g **毛状感覚子** [trichoid sensillum　ラ sensillum trichodeum] 昆虫類の体表にある，長い毛状のクチクラ装置に双極性の一次感覚細胞が付着した*感覚子. 味受容器として機能するものは毛の先端部に小孔(径0.05μm)があり，受容細胞の樹状突起から伸びてきた変形繊毛突起が小孔に達する. 味物質は小孔から突起を刺激する. 嗅受容器として機能する毛状感覚子は滑らかなクチクラ壁に多数の嗅孔(径0.01〜0.1μm)がある. *機械受容器として機能するものはクチクラ壁が厚く，毛の基部は可動関節となり，ここに受容細胞の突起が付着する. 突起内には特に細管構造が発達していて，機械受容細胞の特徴とされている. 昆虫の頭−胸部間，胸−腹部間，肢−胸部間，あるいは肢の基節−転節間などの関節部に見出される触毛の密生してできた毛板(hair plate)は，自己受容器として機能する. また，ゴキブリなどの尾葉の毛状感覚子は振動の受容器. 毛状感覚子が変形しクチクラ壁が厚くなったものが*剛毛感覚子，毛が鱗片状に変形したものが鱗状感覚子と呼ばれる.

h **網状間細胞** [interplexiform cell] 脊椎動物の網膜に存在し，内網状層と外網状層に突起(シナプス)を伸ばしている遠心性神経細胞. 硬骨魚類の網膜で発見され，その後，サル・ウサギ・カエル・エイの網膜でも発見されている. *水平細胞，*アマクリン細胞がそれぞれ外網状

層と内網状層での横の情報処理をつかさどっているのに対し，アマクリン細胞から情報を受けとり，水平細胞や*双極細胞へその情報を伝える役目を果たす．その機能は双極細胞などの受容野の中心-周辺拮抗作用の強度を調節することであると考えられている．

a **網状進化** [reticulate evolution] 異なった系統が交雑により融合する進化．異なった系統の個体が交雑し，できた子孫個体に稔性があり繁殖する場合に起こる．動物よりも植物に多く見られる．祖先種A，祖先種Bの交雑によって生じた系統に属する個体のゲノム中の遺伝子を解析すると，遺伝子によってAとBのどちらに近いかが異なる．遺伝子系統樹が遺伝子によって異なる場合は，網状進化の可能性がある．系統樹は二分枝だが，網状進化の場合は，一度分かれた枝がつながり，網状（ネットワーク）になる．交雑による異なったゲノムの融合により，新奇形質が進化する可能性があり，進化の重要なモードである．

b **網状中心柱** [dictyostele] *管状中心柱において葉隙による大型の欠所が多数形成され，中心柱がいくつかに裂け，網目状を示す中心柱．葉を密生するタイプのシダ類の茎に多く見られる．しばしば葉隙以外の欠所も生じため，横断面では中心柱は何本もの分柱(meristele)に分かれている（例：イヌガンソク）．それぞれの分柱は，外篩包囲維管束(amphicribral)が一般的であるが，篩部に完全に覆われておらず木部の内外の両側に篩部をもつ両篩型(amphiphloic)か，内方の篩部の消失が起こり外側だけに篩部をもつ外篩型(ectophloic)であることもある．分柱とは中心柱の横断面における個々の維管束を指す用語であり，本来*葉跡とは別物と考えるが，実際には両者を横断面から区別するのは困難なことが多い．

c **毛状突起** [trichome] 維管束植物の*表皮が作る，単細胞性・多細胞性の附属物の総称．植物のあらゆる器官にみられ，その形態・構造・機能の分化は極めて多様．形態や発生する器官から，*毛，*鱗片，*乳頭突起，*根毛などに，また機能から，*腺と非分泌性の毛状突起に分類される．同一植物に何種類かの毛状突起が認められるのが一般的であるが，分類群によっては特徴ある形の毛状突起が生ずることもあり，その場合，分類上に便利な標識となる．一方，表皮だけでなく，表皮下の基本組織や維管束が構成に加わっている植物体表面の突起様構造を，毛状体(emergence)と呼び，毛状突起から区別する．モウセンゴケの葉面に生じる一種の腺毛，イラクサの棘毛，バラやサルトリイバラの棘はこの例．毛状突起と毛状体は一般に形態も機能も似ており，発生過程を見ずに外見のみで区別するのは困難であることが多い．

d **網状胞子嚢** [dictyosporangium] 卵菌類のミズカビ類アミワタカビ属(Dictyuchus)の遊走子嚢などにみられ，表面が網目状になった胞子嚢．アミワタカビ属の遊走子は，ミズカビ属(Saprolegnia)にみられるような最初の遊泳を省略し遊走子嚢内で被嚢したのち二次遊走子となり，これは遊走子嚢壁に生じた別々の孔から泳ぎ出すので，その多角形の被嚢胞子壁が遊走子嚢内に残存し，それが網状構造となる．（→一次遊走子）

e **毛足類** [chaetopods ラ Chaetopoda] 体表に剛毛をもつ環形動物に用いられた用語．現在は使用されていない．

f **盲腸** [intestinum caecum] →大腸

g **盲点** [blind spot] 《同》盲斑，マリオットの暗点 (Mariotte's spot)．脊椎動物の網膜において，視神経乳頭の位置に相当し，視覚機能がない部分，またはそれに対応する生理的視野欠損．視神経乳頭（視神経円板）は，視神経が眼を出て脳へ向かう部位で，視神経線維束のほかに網膜中心動脈，静脈があるだけで，視細胞を欠く．ヒトでは，視野中心の外下方に，視角約15°の点を中心に縦7°強，横5°強を占める楕円形の視野欠損部分がある．フランスの物理学者 E. Mariotte (1668) が次のような実験で記載．壁面に小さく十文字とその右方10cmの点を中心とする小円を描く．両者の間隔の約3倍半の位置に立ち，右眼だけで十文字を注視（中心視）すると小円を見ることができない．十文字と小円中心点との間隔を網膜上に投影すると約4mmになる．これは黄斑中心窩と視神経円板中心部との距離に一致する．中心窩に小十文字像が固定されると，小円像がちょうど視神経円板に投射されるので，視野から失われる．盲点の存在が日常自覚されないのは，静止網膜像の一種となり，特に両眼視では盲点が左右の視野の重複領域に含まれ，欠損が補われるからである．（→網膜，→視神経）

h **網膜** [retina] 眼の最内層にあり多数の*視細胞と神経細胞が多層的に並び*視神経を送り出す*感覚上皮．脳の一部．[1] 脊椎動物では眼に入った光は錐体細胞および桿体細胞外節に像を結ぶまでに通光装置と網膜の神経層の大半を通過するため，背光型網膜と呼ばれ，ウズムシを除く無脊椎動物の対光型網膜と異なる．その起源として，ホヤの幼生の眼点，ナメクジウオの神経の上衣組織には，光受容細胞と色素上皮細胞とからなる網膜様構造がある．ヤツメウナギの成体ではカメラ眼が完成される．網膜は，神経板の頭方端に1対の眼溝(optic groove)を生じ，眼胞(optic vesicle)として発生が始まる．その内腔は脳室の，また外面を包む間葉組織はクモ膜の続きである．眼胞は内側に向けて凹み*眼杯をなし，その内腔は網膜下腔(subretinal space)と呼ばれる．眼杯は内板と外板の二重壁をなし，外板の全部と内板の瞳孔に近い1/3とが網膜の色素上皮層(stratum pigmenti, pigment layer, 網膜色素上皮層 pigment epithelium of retina)を，内板の残り2/3が脳層(stratum cerebrale, 網膜脳層 neural layer of retina, 神経層 nervous layer)を形成する．内板の分化を分ける境界を鋸状縁(ora serrata)という．網膜内部では顕著な機能分化が見られる．内板の上皮細胞は光受容細胞（視細胞），神経芽細胞，支持細胞である*ミュラー細胞（放射状膠細胞）に分化する．視細胞は*視物質と細胞内情報伝達機構を発達させ，網膜下腔に突出する繊毛が外節として分化し*膜性円板を形成する．色素上皮層の細胞は，単層上皮構造を保ちながら食作用を獲得し，古い膜性円板を食食し，その更新を助ける．神経芽細胞は分裂して，視細胞層の硝子体側に*水平細胞，*双極細胞，網状層間細胞，*無軸索細胞（*アマクリン細胞），*視神経節細胞（多極神経細胞）からなる多層構造（図）を形成し，シナプス結合により高度に組織化された投射・連合機能をもつ神経回路網を完成する．最後に視神経節細胞の軸索が神経繊維層を経て視神経乳頭（視神経円板）に集まり視神経となる．この部位が*盲点にあたる．一方，ミュラー細胞は内板の本来の上衣構造を保存し単層円柱細胞として発達．この細胞の硝子体面が眼杯内板の基底面であり，その基底膜が網膜の内境界膜となる．網膜の一部には特に高度に発達した部位があり中心視覚面(area centralis)と呼ばれる．霊長

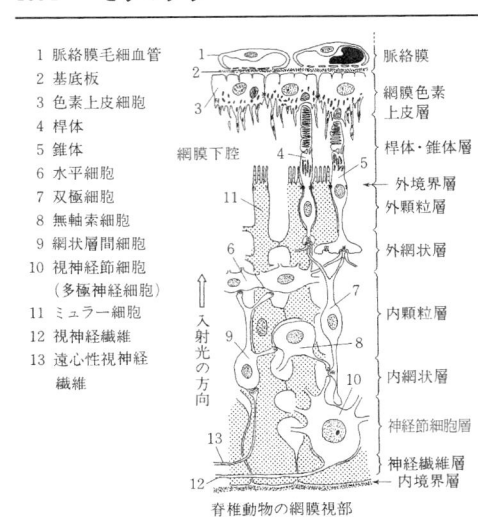

1 脈絡膜毛細血管
2 基底板
3 色素上皮細胞
4 桿体
5 錐体
6 水平細胞
7 双極細胞
8 無軸索細胞
9 網状層間細胞
10 視神経節細胞
　　（多極神経細胞）
11 ミュラー細胞
12 視神経線維
13 遠心性視神経線維

脊椎動物の網膜視部

脈絡膜
網膜色素上皮層
桿体・錐体層
外境界層
外顆粒層
外網状層
内顆粒層
内網状層
神経節細胞層
神経線維層
内境界層

入射光の方向

類では卵形ないし半月形の黄斑(macula)がこれにあたる．黄斑の中心部では錐体だけを残し視細胞以下の細胞体・突起が周辺方向に傾き，脳層が薄くなり，凹状の中心窩(fovea centralis)を形成する．ここでは光は脳層の大部分を通過することを免れ錐体に達し，明所中心視における高い解像力と色覚情報がもたらされる．ヒトの中心窩には錐体だけが見られ，桿体は黄斑周囲に密集する．中心視覚面は食虫類や齧歯類には見られず，鳥類では2個存在するものもある．網膜の細胞構築は種により多様な分化が見られ，特に錐体は魚類・鳥類・爬虫類で著しく，また桿体は両生類で大形化が著しい．齧歯類など原始的な哺乳類では錐体が矮小なものが多く，偶蹄類では桿体が優勢．ヒトの網膜では双極細胞をはじめ高次ニューロンの密度が高く脳層が著しく厚い．網膜の特殊構造として硬骨魚類の鎌状突起(＝毛様体)，鳥類や爬虫類の*櫛状突起がある．[2] 無脊椎動物の網膜は，原始的な後生動物では単独あるいは小集団の光受容細胞が*眼点あるいは眼斑として体表に分散するだけであるが，腹足類では触角の基部または先端に杯眼が分化し，その壁を被う感覚上皮が網膜と呼ばれる．ここでは光受容細胞の頂部が脊椎動物と反対に光の入射側に向き，これを対光型網膜と呼ぶ．ただしウズムシの倒立色素杯単眼は背光型である．タコやイカではさらにレンズ，毛様体や角膜に類似した構造が加わりカメラ眼が完成され，視細胞の頂部がドーム状に成長しその側面に入射光に対して直角に配列される微絨毛からなる感桿分体(rhabdomere)が発達する．さらに，隣接する分体が対称性に配列し感桿構造(rhabdom)を形成する．節足動物では，網膜はさらに幾何学的配列が高度化し，感桿型個眼(ommatidium)の集合からなる*複眼を形成する．（⇒視細胞，⇒眼）

a **網膜運動現象**　[retinomotor phenomenon]　*明暗順応状態に応じて動物の網膜の視細胞(特に錐体)および色素上皮細胞の色素フスシン(fuscin)が移動する現象．剔出眼(てきしゅつがん)や剝離した網膜でもみられる．眼の物理的順応として視細胞における光情報伝達や高次神経細胞における情報処理による順応(生理的順応)過程に対置されることもある．[1] 脊椎動物では，暗順応では桿体が外境界膜に，色素が色素上皮細胞の底部に位置し，錐体は桿体と色素の中間に位置している．これを暗位という．明順応では錐体外節と色素が前進し，桿体はむしろ伸長・後退する．これを明位と呼ぶ．錐体の運動はその内節・類筋(myoid)の伸縮(明で短縮，暗で伸長)によるもので，固定標本や生材料で観察され，その短縮度は30(カエル)～90(魚類)%．暗位では色素が後退(外方移動)し，*薄明視の受容器である桿体が前面に露出して，網膜への入射光の十分な利用をはかる．明眼では，昼間視装置である錐体が前進するとともに，それを色素が囲んで，光の散乱を防ぐものと解される(S. Garten, 1907)．明運動は一般に速やか(強光度下では約10分でほぼ完了)だが，暗運動ははるかに緩慢(1～2時間)である．この現象は魚類と両生類に著しく，鳥類にもみられるが，哺乳類ではほとんど認められない．一般に混合網膜において著明で，純錐体網膜では不顕著であり，また桿体網膜では網膜色素量もその移動も軽少である．色素移動が著明で錐体運動の欠ける場合(ウナギやサンショウウオ)もある．1眼だけを照射しても両眼にこの現象が認められる(共感性応答という)ことは，神経相関の存在も示唆し，脳神経中に特別な遠心性経路(網膜運動経路という)があることを想定させる．[2] 節足動物の複眼にも明暗順応に応じて色素が移動するもの(*重複像眼)があり，上記と同様の機能的意味づけがなされている．

b **網膜芽腫**　[retinoblastoma]　《同》網膜芽細胞腫，網膜神経上皮腫(neuroepithelioma of retina)，網膜膠腫(glioma of retina)．通常3歳以下の小児に起こる眼球網膜に発生する悪性腫瘍．ネコの目のように眼球が光るいわゆる白色瞳孔や斜視で気づかれることが多い．遺伝性の症例が約40%，非遺伝性の症例が約60%の割合で認められる．遺伝性の網膜芽腫は両眼性または片眼性に発生するが，非遺伝性の場合は特別な場合を除き常に片眼性である．組織学的には，胎生期の未熟網膜神経細胞に類似し，胎生期の神経管上皮を模倣するロゼット構造を特徴とする．網膜芽腫は胚細胞と体細胞における2段階の突然変異によって引き起こされるというA. Knudsonが提唱した発がん二段階説と，網膜芽腫細胞における染色体13q14の欠失の発見から，最初のがん抑制遺伝子であるRB1遺伝子が発見された．

c **網膜電図**　[electroretinogram]　ERGと略記．《同》網膜活動電位図．網膜に光刺激が与えられたときに生じる比較的時間経過の緩やかな電気的反応を記録した図．ヒトの場合，一方の電極を角膜上におき，補助電極を眼球の後側の離れた部位(例えば頭皮)において両電極間に生じる電位(差)を記録する．動物では眼球内に電極を入れたり，剝離網膜を用いることもある．脊椎動物のERG

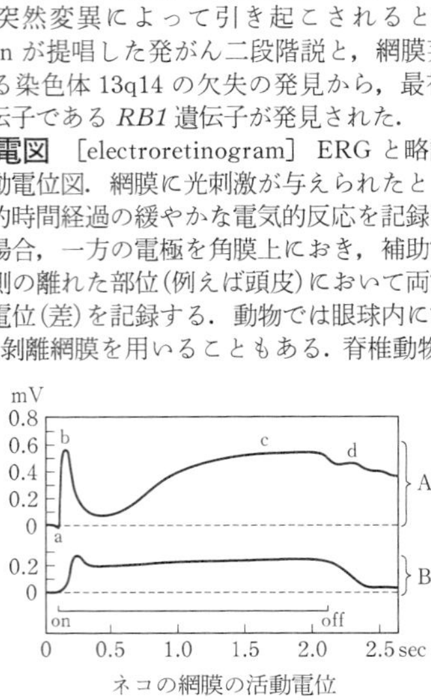

ネコの網膜の活動電位
A：暗順応時　B：明順応時

は複雑な波形をしている．光照射開始後わずかな変化（早期視細胞電位 early receptor potential, ERP）を経て，小さな角膜側陰性の波（a 波）が現れ，次いで陽性の大きな波（b 波），少し下降して再び緩やかな陽性波（c 波）と続く．光を消すと，やはり潜時をおいて陽性波（d 波）が現れたのち基線に戻る．ERP は視物質の光化学的な変化に由来する電位，a 波は視細胞の受容器電位，b 波は網膜内のグリア細胞である*ミュラー細胞および*アマクリン細胞から発生する電位，c 波は色素上皮細胞から発生する電位である．b 波は各成分のなかでも容易に観測できるので，網膜感度の指標として臨床的に用いられる．

a **網膜モザイク** [retinal mosaic] いくつかの生物種で観測される，網膜上の錐体細胞や桿体細胞の規則的配列．魚類には錐体細胞の配置が高い規則性を示すものがあり，魚類錐体モザイク（fish cone mosaic）と呼ばれる．例えばゼブラフィッシュの網膜では，青色，赤色，緑色，紫外線の各波長の光に感度のピークをもつ 4 種の錐体細胞が二次元周期的に現れる，正方格子状のパターンが見られる．網膜モザイクには，空間解像度を一様にする意義があるとされる．網膜モザイクの形成機構は，完全にはわかっていない．セルオートマトンを用いた数理モデルによれば，隣接細胞間の相互作用により接着力もしくは細胞分化制御が影響を受け，それによって網膜モザイクが形成されている可能性がある．

b **網紋道管** [reticulate vessel] 側壁の二次肥厚が不均一に起こり，厚い部分と薄い部分とが交錯して網状の斑紋模様をもつ道管（⇒網紋道管[図]）．主として草本植物の後生木部の太い道管に見られる（ツリフネソウ科，ウリ科など）．

c **毛様体** [ciliary body ラ corpus ciliare] 脊椎動物の水晶体の周辺を囲み，筋繊維の束を含む器官．毛様体小帯に水晶体に連絡し，その曲率半径の調節を行う．毛様体の筋肉が収縮すると，毛様体全体の内径が小さくなり，それと水晶体を連結する細い靱帯である毛様体小帯（zonula ciliaris，チン小帯 zonula zinnii）が弛緩する．その結果，水晶体が自らの弾性により曲率を増し，近い対象物に焦点が調節される．これを*遠近調節における弛緩説という．ヒトの毛様体には，約 70 本の放線状の襞，毛様体突起がある．この中にある毛様体筋は，経線状繊維（ブリュッケ筋），放線状繊維，輪状繊維（ミュラー筋）に分化し，それらの収縮の総和として毛様体小帯の緊張が緩められる．近くの物を見るとき毛様体筋は収縮し，遠くを眺めるときは弛緩する．毛様体の内面を被う毛様体色素上皮層（網膜毛様体部）は前方に続く虹彩色素上皮層（網膜虹彩部）と同様に光受容能力をもたない二層性色素上皮である．毛様体色素上皮層は網膜鋸状縁を境として，後方の網膜視部に続く．両色素上皮層の内板の細胞は色素に乏しく（無色素上皮），眼房水を分泌する．魚類では，毛様体が未分化であり，水晶体に硝子体繊維の一端が付着し，他端が眼球前半部の網膜面に付着し提靱帯（suspensory ligament）と呼ばれる．提靱帯が付着する網膜を支える脈絡膜の中に筋組織が発生し，放線状の隆起を作り，提靱帯付着面積を増大させる．魚類では毛様体隆起が水晶体全周に均等に発達せず，一部に限局した毛様体乳頭（軟骨魚類）や鎌状突起（硬骨魚類）を形成する．視力の調節法も水晶体を網膜方向に牽引するものなど，それぞれ特有なものがある．両生類では放線状の毛様体突起が均等に分布し，前方へ牽引す

ることにより近調節を行う．鳥類や爬虫類では毛様体の筋収縮が水晶体を圧迫して曲率を増す．（⇒眼，⇒レンズ）

d **毛流** [hair stream] 哺乳類の体毛にみられる，同一部域の毛の同一方向への傾斜．背側正中線から腹面に向かうものが主流をなし，直立傾向が強い霊長類・ヒトでは頭側から尾側に流れる．毛渦（hair whorl）は，異なった方向の毛流が一点に会したもので，旋毛ともいい，頭髪や体毛が集中あるいは放散性の渦状になっている．頭頂の毛渦を俗に「つむじ」という．霊長目では一般に 2 個の頭頂毛渦をもつが，ヒトの場合は位置・方向・数に個人差がある．大多数の日本人の頭頂毛渦は 1 個で，5〜10％が 2 個もっており，まれには 3〜4 個の者もある．頭頂の右に偏るもの約 50％，左に偏るもの約 30％で，中央に位置するものは少ない．右巻きのものが多いが，左巻きも少なくない（40〜50％）．頭部には頂部のほか，額の生え際近く，耳の前部，後頭のうなじ近くにも毛渦が現れる．

e **モーガン** MORGAN, Conway Lloyd　1852〜1936　イギリスの心理学者，動物学者．*創発的進化の説の主唱者．鳥類の本能行動などを研究し，比較心理学の先駆者の一人とされる（⇒モーガンの公準）．[主著] Emergent evolution, 1923.

f **モーガン** MORGAN, Thomas Hunt　1866〜1945　アメリカの遺伝学者，発生学者．発生学者として出発し，1910 年頃よりキイロショウジョウバエによる遺伝研究をはじめ，突然変異の研究から連鎖現象の発見，染色体地図を作成した．G. J. Mendel の推定した遺伝要素が染色体上に線状配列をする遺伝子であることを明らかにして，遺伝の染色体説（遺伝子説）を確立．また H. de Vries の提唱した突然変異説を継承発展させ，今日の中立進化論に近い見解を表明した．1933 年，染色体の遺伝機能の研究に対してノーベル生理学・医学賞受賞．[主著] The physical basis of heredity, 1923.

g **モーガンの公準** [Morgan's canon]「一つの行動を心理学的に説明する場合，より低次の能力によって生じる活動の結果として解釈することができる行動を，より高次の心的能力の結果として解釈してはならない」という規準．イギリスの心理学者 C.L. Morgan が，その著書 'An introduction to comparative psychology'（1894）の中で動物の行動の研究に必要な法則として提唱し，のちにモーガンの公準と名づけられた．モーガンは当時の逸話的動物研究法における動物行動の擬人化的解釈に少しでも科学的制約を加えて，動物の行動に関する真の科学をうちたてようと努力し，実験的な比較心理学の生まれる母体となった．

h **目** [order ラ ordo] 生物分類のリンネ式階層分類における基本階級（⇒階級）のうち，綱と科の間におかれる階級，あるいはその階級にある*タクソン．学名は大文字で始まる一語で表現する．古くは J. Lindley，くだって G. Bentham と J. D. Hooker が 'order' という階級で現在の科に相当するタクソンを取り扱ったことに配慮して，国際藻類・菌類・植物命名規約では，科名として意図されながら 'order' ないし 'natural order' という言葉で階級を示して発表された学名は科名として発表されたものと認めている．同規約や国際細菌命名規約は，目あるいは亜目の学名がそれに含まれる科の名称に由来する場合には，その科のタイプ属（⇒担名タイプ）の学名の語幹に，目では -ales，亜目では -ineae という接尾辞を付けて

a **木化** [lignification] 《同》木質化. 維管束植物の成長にともなって, *細胞壁に*リグニンが蓄積され強固になる現象. 細胞壁は幾種類もの異なる構成成分の蓄積によって強固になるが, その最も顕著な例. 成長のかなり初期から見られ, 道管・仮道管・木部繊維の壁において著しいが, *柔組織や*髄の細胞壁でもしばしば起こる. 木化した細胞は最後には死んでしまう. 木化によって組織が強化され, セルロースの分解が妨げられ, 化学的抵抗性が増大する.

b **木材腐朽菌類** [wood-rotting fungi, wood destroying fungi] 菌糸が木材の組織の中に侵入し, セルロースやリグニンなど木材構成物質を分解して栄養源として生活する菌類の総称. 担子菌類に属するものが大部分で, 世界で1000種以上が知られている. 生態的にそれぞれの種類は特有な性質をもち, 特定の樹種を侵すもの, 選択の幅が広いもの, また生きている樹木を侵すもの, 枯死木とか伐採または製材した樹木でないと侵入できないものなどがある. また, その繁殖に昆虫類や線虫類などと密接に関係しあっている例も知られている. 多くは硬質の菌類で, 侵入の箇所と材の腐朽の形態から, 根株心腐れ(butt rot, マツノネクチタケ・カイメンタケ), 幹心腐れ(stem heart rot, マツノカタワタケ・アイカワタケ), 幹辺材腐朽(stem sap rot, オオチリメンタケ・チャカイガラタケ)に分けられ, ナラタケは根部腐朽(root rot)を起こす. 腐朽が進むと, 外部に担子器果である「きのこ」を生じる. 材質腐朽が起こってもすぐに枯死はしないが, 徐々に腐朽が進行し, 台風など強風に遭遇すると折れて風倒木となり, 被害が顕在化する. 侵された材の面に暗色の不規則な線紋すなわち帯線が現れることがある. 細胞壁物質を加水分解する酵素にはリグニナーゼ, セルラーゼ, ヘミセルラーゼ, ポリガラクツロナーゼなどが知られており, 菌糸の若い先端部からさかんに分泌される. このほかアミラーゼ, スクラーゼ, タンナーゼなどもある. (⇒セルロース分解菌類, ⇒リグニン分解菌類)

c **木部** [xylem] *道管, 仮道管組織, 木部柔組織(xylem parenchyma), 木部繊維組織(xylem fiber tissue)からなる複合組織. *維管束の構成要素の一つ. *篩部と対する. 主な機能は水液の通道や体の機械的支持である. 前形成層に由来する木部を*一次木部といい, 植物の一次成長時に作られる. 一方, 二次肥大成長を起こす裸子植物・双子葉類では, 一次木部完成後, 形成層から*二次木部が作られる. 一次・二次木部の両方とも主要組織は, 道管と仮道管組織であるが, これらのなかに木部柔組織と木部繊維組織が介在する. 木部柔組織は結晶・澱粉・樹脂などを含み, 貯蔵の役割をになうとともに, 木部の中で生理的に重要な役割を果たす. 二次木部の木部柔組織には, 縦に走る軸方向柔組織(axial parenchyma)の他に, 横に走る放射柔組織が存在する. 木部柔組織の細胞壁は通常, 木化しており, 壁には単壁孔や有縁壁孔を, 特に仮道管組織や道管と接する壁では半有縁壁孔を作る. 材木(二次木部)の古い部分では道管に接する柔組織細胞から*チロースを形成することがある. 一方, 木部繊維組織は, 機械組織として働き, 木化して極めて肥厚した細胞壁と細隙状の壁孔をもつ繊維である. 被子植物では, カシのような堅い材に多い. 仮道管と形態的な境界が不明瞭で, 両者の中間をなす細胞もあり, 繊維仮道管(fiber tracheid)と呼ばれる.

d **木部輸送** [xylem transport] 植物体内における木部の*蒸散流による物質輸送. 根で吸収された硝酸イオンやカリウムイオンといった無機塩や一部の代謝産物が木部輸送によって運ばれる. 窒素固定植物では, 根粒菌によって固定されたアミノ酸が木部輸送によって運ばれる. 輸送の速度は葉の蒸散速度や*根圧に依存する蒸散流の速さで規定される.

e **木本**(もくほん) [woody plant, arbor] 形成層の活動によって肥大成長した茎および根が多量の木部を形成し, その細胞壁の多くが木化して強固になっている植物. *草本と対する. 高木と低木がある.

f **木理**(もくり) [grain] 材面に現れた木材構成要素の肉眼的配列状態. 木目と俗称. 基本的な木材の断面として, 横断面を木口, 放射断面を柾目(まさめ), 接線断面を板目という. 木理が樹軸あるいは材軸に平行な場合を通直木理といい, 平行でない場合を交走木理という. 交走木理には, らせん木理, 交錯木理, 波状木理などが含まれる.

g **モザイク** [mosaic] [1] 1対の親に由来する, 二つ以上の異なる遺伝子型の細胞から成る個体. 対して, 細胞の親が2対以上ある個体を*キメラと呼び区別する. モザイクの作られる原因は, 発生の過程で染色体の切断や欠損などが起こり, 体細胞突然変異の生ずること, 受精の過程での異常など. 天然でのモザイクの例としては, 昆虫について体色, 毛の有無などの形質が体の一部だけ異なることが見られるが, ヒトや哺乳類での例も知られる. また体の左右それぞれが別の遺伝的形質を発現するような場合や, *雌雄モザイク現象もよく知られる. 実験的には, 胚に放射線を照射するなどにより体細胞に突然変異を起こさせ, モザイクを作ることができる. この方法を利用してある細胞の発生を追跡することができ, 発生生物学における*区画(コンパートメント)の概念が提唱されるに至った. 植物では*シュート頂のコルヒチン処理により倍数性の違う細胞のモザイクを作り, その後の分化を調べる研究が古くから行われている. しかしこの場合はモザイクとは呼ばず, 染色体キメラ(chromosomal chimera)という呼び名が伝統的. [2] 葉, または茎や果実の緑色が部分的に退緑することにより生ずる不規則な濃淡緑色の斑紋. 植物ウイルス病では最も普遍的な病徴. 観葉植物の中には遺伝的な葉の斑入りと混同され, ウイルスに起因するものが品種として取り扱われているものがある.

h **モザイク期** [mosaic stage] いわゆる*調節卵において, 発生が進行して一定発生期に達すると調節的発生能力が失われ, 胚の各部位が手術的に分離されるとほとんどその*予定意義に応じた構造だけを分化するようになるような発生期. しかしモザイク期は画然と調節期と区別できるものではなく, 両時期の移行は漸進的であり, また種々の原基相互の間では変更性がなくなっても同一原基内の調節能はかなり後まで成立する. さらにしばしば胚域ごとに調節性や可塑性の消失の時期に著しいずれがあるから, 一元的にモザイク期を定めることは問題がある.

i **モザイク進化** [mosaic evolution] 進化において表現型のいろいろな部分が独自的に変化していくこと.

*系統発生中に構造上の変化が急に生じ，調整システムが部分的な自律性をもち，機能と形態の関連が深いことで説明されている．アンモナイトの進化などで見やすいが，S. M. Stanley (1979) はさらに次のような例を示している．(1) ヒト科の系統発生では，初期には二本肢移動のために特に腰帯が変化し，他方，頭骨の形や脳の大きさはその後に急速に進化した．(2) ゾウ類の系統発生では，Mammuthus や Elephas の系列では初期には臼歯が急速に変形し，額の短化はわずかであった．Loxodonta の系列では非常に初期に額の短化が起きた一方，臼歯の進化は遅れた．(3) O. Abel (1912) や O. H. Schindewolf (1950) のいう交叉特殊化 (cross-specialization)，および A. Takhtajan (1959) や W. Hennig のいう*ヘテロバスミーも，同種の概念と考えられる．

a **モザイク説** [mosaic theory] [1] 細胞膜は*リポイド部分と蛋白質部分がモザイク状に組み合わされた膜であるという説．細胞構造について A. Nathansohn (1904) が提唱．モザイクの各要素の大きさは透過する分子の数千倍の面積をもっている．したがって，物質分子の透過の難易は分子体積よりもむしろその物理的・化学的性質によってきまる．細胞膜の*選択透過性が生理的条件によって変化するのは，モザイクのコロイド学的性質が変わるためであるという（⇒流動モザイクモデル）．[2] ワイスマン-ルーのモザイク説のこと．（⇒生殖質説）

b **モザイク卵** [mosaic egg] 多細胞動物の卵割期の胚において，*割球そのほか胚の一部の材料を除去したとき，それから発生した胚が除去部位に相応して一定の器官その他を欠如するような場合の卵を総括していう．*調節卵と対する．例えばウリクラゲの8細胞期に割球の分離を行うと，本来8個ある*櫛板列が，その際の割球数に相応した数しかできてこない．またツノギケでは卵割に際し*極葉を生じるが，極葉またはそれを含む割球を除去すると，正常発生で除去部から生じると考えられる頂毛（⇒頂板）や*繊毛環後域を欠いた幼生が生じる．さらにウマカイチュウ卵で*染色質削減を行わない正常核をもった P 細胞を破壊すると，必ず*生殖細胞の欠損となって現れる．モザイク卵の細胞分化は，母性細胞質決定因子（⇒母性効果）の影響が大きく，調節卵は細胞間相互作用が主に分化にかかわる．調節卵も発生が進めば*モザイク期に達するので，モザイク卵と調節卵の区別は相対的なものと考えることもできる（⇒黄色三日月環）．モザイク卵はクシクラゲ類・紐虫類・線虫類・環形動物・節足動物・軟体動物・ホヤ類に一般的である．

c **モササウルス類** [Mosasauridae] 《同》蒼竜類．爬虫綱の海生化石動物で，有鱗目（トカゲ目）の一科．*白亜紀後期に出現して汎世界的に繁栄したが，白亜紀末には絶滅．最大で体長15 m に達する．系統的には現生のオオトカゲ類と近縁だが，海中生活に極めて適応していた．鼻孔が頭頂部まで後退し，四肢は平たい鰭脚になっており，近年の研究では三日月型の尾鰭があったとされる．魚竜や鰭竜類とは異なり，皮膚にはトカゲ類を思わせる鱗があったことが化石によって知られている．同種内での闘争も多かったらしく，しばしば下顎やひれに傷跡や切断の跡をもつ化石が発見される．歯は円錐形のものが多く，魚類や爬虫類などを主食にしていたが，丘状で貝などを食べていたと思われる種類もいた．化石は北米や欧州，アフリカで多く見つかるが，南半球のニュージーランドからも報告されている．日本では，北海道や大阪府，岩手県などの白亜紀後期の地層から，Mosasaurus や Plotosaurus などの頭骨や四肢骨などが発見されている．

d **モジュール** [module] 本来，ひと連なりの部品からなる機能上の単位．[1] 形態学においては，解剖学的体制や*ボディプランを構成する要素群，もしくは蛋白質内の特定の機能部分を指すことが多く，それらはみなある程度の自律性をそなえつつ，他のものと緩やかな結合をなすような何らかの単位となっている．モジュールは，機能や運動の単位であることもあれば，胚体において独立の状態からとり出し，もしくは変化することのできる分節単位や器官原基をいうこともある．あるいは比較発生学的，比較形態学的に認識されるような，相同性決定の単位となり得る形態素，細胞内の分子ネットワークや発生プログラム中の遺伝子制御ネットワークにおいて半ば独立性をそなえた単位，さらには相対的に他のモジュールからは独立に進化できる，機能的に関係した形質複合体など，異なった文脈におけるさまざまな種類のモジュールが認識，提唱されている．生物体がモジュールから構成されていることをモジュラリティ (modularity) という．[2] [protein module] 蛋白質の立体構造上の単位．蛋白質の進化への興味から，エクソン構造との対応が議論された．

e **モース** MORSE, Edward Sylvester 1838～1925 アメリカの動物学者．ハーヴァード大学で J. L. R. Agassiz の助手．ボードイン大学の動物学・比較解剖学教授．1877 年腕足類研究のため来日，東京大学の招きを受け，同大学理学部で初代の動物学教授として生物学・動物学を講じ (1878～1879)，日本の近代的動物学者を養成，東京大学生物学会（のちに東京動物学会・東京植物学会に分かれた）の設立に寄与した．また C. Darwin の進化論を紹介し，かつその普及に努めた．その間，大森貝塚を発見 (1877)，初めてその学術的発掘を行ったほか，近畿・北海道の古墳をも発掘して，日本の考古学・人類学に道をひらいた．[主著] Shell mounds of Omori（大森介墟古物編），1879；動物進化論（講義録，石川千代松訳），1883．

f **モーター蛋白質** [motor proteins] 《同》運動蛋白質．ATP の加水分解エネルギーを利用して，アクチンフィラメントまたは微小管に沿って運動することによって，物質の輸送を行う蛋白質の総称．次の2型に分けられる．(1) アクチン依存性モーター蛋白質：*ミオシンがこれにあたる．ミオシンの運動は，アクチンの矢じり端 (pointed end) から反矢じり端 (barbed end) の方向に行われる．筋収縮はアクチンフィラメント上をミオシンフィラメントが移動することによって起こる．また，植物細胞における*原形質流動は，細胞内に固定化されたアクチンフィラメント上を，膜構造体を結合したミオシンが移動することによって引き起こされる．(2) 微小管依存性モーター蛋白質：*ダイニンと*キネシンがこれにあたる．ダイニンは微小管の+端（重合・脱重合が活発な端）から一端（重合,脱重合が不活発な端）方向に運動する．真核生物の鞭毛・繊毛の場合，1本の微小管に結合したダイニンが隣接する微小管上を運動することによって微小管の間にずれが生じ，鞭毛・繊毛の屈曲が引き起こされる．また，神経軸索中で，+端を軸索末端方向に，一端を細胞体方向に向けて配向している微小管上を，輸送

されるべき物質を包含した膜小胞を結合したダイニンが一端の方向へと運動することによって，逆行性軸索内輸送が行われる．キネシンは，微小管上をその＋端方向へと運動することによって，順行性軸索内輸送を行う．

a **モダリティー** [modality] 《同》感覚種．感覚における類別で，互いに比較することができず，かつその間に移行の認められないもの．H. L. F. von Helmholtz の提唱．例えば視覚と聴覚はモダリティーが異なるという．モダリティーの異なる感覚は，通例は別な種類の感覚器（受容器）によって生ずる．同じモダリティーの感覚，例えば視覚のなかでも，色の感覚などいろいろな質的差別（⇒質）はあるが，刺激の差は連続的であり受容器も同一だから，一つのモダリティーとして取り扱う．（⇒特殊感覚勢力の法則）

b **モチリン** [motilin] 消化管運動に関係するアミノ酸 22 残基からなるペプチドホルモン．分子量 2700．胃・小腸・大腸のクロム親和性細胞から分泌され，胃腸の平滑筋の収縮を引き起こす．モチリンの血中濃度は消化終了後 90 分の周期で変動し，進行性胃腸運動（空腹時に胃から回腸に向かって 5 cm/分の速度で伝播する運動，食事中には消失する）に関係している．

c **モデル** [model] 《同》模型．種々の対象や関係を同一領域や他領域における既知の構造との類比関係において模写・模倣・抽象したもの．その本性や用途上，多種多様なものを包括する．大別して，実体的モデル (substantive model) ないし技術的モデル (technical model) と，論理的な形式的モデル (formal model) とがあり，後者は数学的モデルをその典型とするが，配線ダイアグラムや等価回路モデルの類もこれに含めることができる．その場合でも，対象の本質をとらえた単純なモデルに対して，対象の詳細な構造をとりこんだ，コンピュータシミュレーションを行うモデルは，現実的であることを強調してシミュレータ (simulator) と呼ばれる．実体的モデルはさらに多岐に分かれ，地球儀や原子模型のように対象を縮小または拡大して表現した画像モデル (iconic model) から，管内水流による電流モデルのように対象の特定一側面だけを抽出・表現した類比モデル (analogue model) に及ぶが，一般に内実上の相似性としての複製性，ないし形式上の相似性としての同型性に基づくもので，つねに肯定的類比（相似）と否定的類比（相違）の両面を併せそなえる．これらモデルの用途，特に科学方法論的役割からみると，(1) 解説や教育上の便宜という要素の強い単純化ないし説明的モデル（例：理想気体），と (2) これよりも一層理論構造と密接に結びついた推論的モデル（例：光粒子や DNA 分子モデル）とに大別されるが，後者は単に事象の表示や解釈にとどまらず，いわゆる研究推進モデル (research model) の性格をもち，作業仮説としての発見的ないしは予測的機能までも発揮しうる．筋肉モデルや細胞モデルなどは (1), (2) の性格をあわせもったもので，目的のためにある一面を強調されたり略されたりすることがある．

d **モデル生物** [model organism] 他の生物にも共通する現象をより抽象化して論理的に説明する目的に適した実験用生物．モデル生物においては，研究に必要な情報や実験材料が充実しており，研究を行いやすいよう収集・飼育・培養などの方法が確立していることが求められる．例えばエレガンス線虫は，S. Brenner や J. E. Sulston らが発生過程や*細胞系譜を明らかにしたことで，広くモデル生物として研究されるようになった．また，キイロショウジョウバエは，T. H. Morgan らが突然変異体を集めて解析して染色体地図を作成したことで，遺伝学研究における優れたモデル生物となった．近年ではさまざまな生物のゲノムが解読されることで，モデル生物に含まれる生物が増えてきたといえる．どの生物種をモデル生物に含めるか必ずしも明確ではないが，代表的なものとしては，上記のほか，バクテリオファージ，大腸菌，枯草菌，出芽酵母，シロイヌナズナ，イネ，カタユウレイボヤ，ゼブラフィッシュ，メダカ，マウス，ラットなどがあげられる．実験は不可能だが豊富なデータがあるので，ヒトをモデル生物に含めることもある．

e **本川弘一**（もとかわ こういち）1903〜1971 生理学者．東北帝国大学教授．ヒトの脳波を統計的・定量的に分析することを創始し，大脳機能の研究に寄与した．ヒトの色感覚については電気生理学的基本感覚曲線を見出した．[主著] 大脳生理学, 1960．

f **戻し交雑** [backcross] 《同》戻し交配．*交雑によって生じた*雑種と，その両親のいずれかとの*交配．親は必ずしも，もとの交雑に用いられたものと同じ個体である必要はなく，これと同じ遺伝子座に属し同じ遺伝子型をもつものであればよい．優性対立遺伝子についてホモ接合である親との戻し交雑では，次代の*表現型はすべて親と同じであるが，劣性対立遺伝子についてのホモ接合との戻し交雑では，子に生じた配偶子の遺伝子型が，そのまま次代の表現型となって現れるので，T. H. Morgan らにより交叉価の決定の方法として採用された．G. J. Mendel (1865) も，すでに分離比を確かめる方法として用いている．戻し交雑によって得られる個体は B_1 あるいは B_1F_1 と表す．さらに同じ親あるいは親系統と繰り返し交配することを反復戻し交雑といい，各世代の子孫を B_2, B_3, … と表すことがある．（⇒戻し交雑育種, ⇒検定交雑）

g **戻し交雑育種** [backcross breeding] *戻し交雑を繰り返して品種を育成する方法．ある品種に少数の遺伝子による優良形質があって，これを他の優良品種にとり入れたい場合などに特に有効．連続戻し交雑において繰り返し使われる親を反復親 (recurrent parent)，目的遺伝子をとり入れるために最初の交雑だけに使われる親を一回親 (donor parent) という．また，優良形質遺伝子の両側に残っている供与親の染色体部分を連鎖引きずり (linkage drag) という．（⇒準同質遺伝子系統）

h **モニタリング** [monitoring] 《同》監視．ある対象の状態を継続的に監視し続けること．野生生物のモニタリングでは，ある地域に生息する特定種の個体群を対象とする場合や，その地域に成立する群集や生態系を対象とする場合が多い．個体群モニタリングでは，対象個体群を構成する個体数と，出生率や死亡率，分散率などの個体群パラメータを定期的に調べ，その個体群保全のための情報とする．群集モニタリングでは，群集全体の動態を代表するような種や分類群，機能群を選び，それらの個体数や生物量などに加え，生物間相互作用や物質循環のパターンを定期的に調べることが望ましい．また，個体群や群集などは構成生物の移動分散を通して場所間で影響を与えることがあり，モニタリングの範囲と精度は，これら生物群の移動分散範囲に配慮して設定することが重要だと考えられる．

i **モネラ** [Monera] [1]《同》モネラ界．生物五界

説において，原核生物から構成される一界(⇌界, ⇌原核生物). [2] E.H.Haeckel の*ガストレア起原説における仮想的な動物.

a **モノー** MONOD, Jacques Lucien 1910〜1976 フランスの分子生物学者. パリ大学に学び，パストゥール研究所で細菌を用いた適応酵素を研究. 適当な誘導物質の添加や除去により β-ガラクトシダーゼ産生を制御できることを見出し，F.Jacob らの遺伝解析と結合して, 蛋白質生合成制御の遺伝的機構がオペロン説にまとめられた. 1963 年, アロステリック蛋白質の概念を導入, 遺伝子発現レベルでの調節のほかに酵素作用レベルでの制御があり，多様な代謝経路が統合・調節を受けていることを示した. 1965 年 Jacob, A.M.Lwoff とともにノーベル生理学・医学賞受賞. [主著] Le hasard et la nécessité, 1970.

b **モノクローナル抗体** [monoclonal antibody] 《同》単クローン抗体. ただ一つの抗原決定基だけに対する抗体(単一の抗原決定基に結合する抗体のみを産生する単一クローン由来の抗体). 抗原を動物体に免疫する従来の方法では常に多種類のクローンが刺激され，得られる抗血清中には複数の抗体産生性クローン由来の抗体の複合物が含まれており(ポリクローナル抗体), 単一抗原決定基のみに結合する抗体(モノクローナル抗体)を得ることは事実上不可能であった. 1975 年に G.Köhler と C.Milstein が, 細胞融合法を用いて, 抗体を産生している B 細胞と骨髄腫細胞を融合させて抗体産生性融合細胞(*ハイブリドーマ)を作ることが可能であることを報告した. そこで永続的に増殖能をもつ骨髄腫細胞と免疫動物からの抗体産生細胞との間で 1 対 1 の融合細胞を作ると, 目的の抗体を産生しつつ無限に増殖するハイブリドーマを作製することが出来る. 一つ一つの雑種細胞をクローン培養すれば, 全て 1 種類の同じ抗体を作る単一クローン細胞からなるハイブリドーマが確立される. この方法を用いることにより, 試験管内で純粋なモノクローナル抗体を永続的に大量に産生することが可能になった. 現在では研究, 臨床応用などに用いられている抗体の大部分はモノクローナル抗体である. この抗体は免疫学の研究だけでなく生体や細胞に微量しかない物質の検出, 同定, 精製, 生体内での局在を調べるのに有力な手段であり, 生物学, 医学研究に広く使われているのみならず, がんをはじめ各種の病気の診断, 治療, 毒素の中和などに幅広く実用化されている. さらには工学的な方面にも応用されつつある. Köhler と Milstein はこの画期的な方法の発明により 1984 年にノーベル生理学・医学賞を受賞した. (→キメラ抗体)

c **モノフェノール酸化酵素** [monophenol oxidase] 《同》モノフェノールオキシダーゼ, モノフェノール一酸素添加酵素(monophenol monooxygenase), o-ジフェノール酸化酵素, フェノラーゼ(phenolase), チロシナーゼ(tyrosinase), ポリフェノール酸化酵素. 酸素添加酵素の一種で, フェノールを分子状酸素で o-ジフェノール, さらに o-キノンに酸化する酵素. EC1.14.18.1. 酸素分子の 1 原子の酸素はベンゼン環に結合し, もう 1 原子がフェノールの酸化で水になり, キノンを形成する. ジャガイモ, 菌類の子実体, リンゴなどの植物や, 動物の*メラノサイトなどの組織に広く存在する. 銅蛋白質, 一価銅を含み, 分子量 3 万 4000. CO や CN^- で阻害される. *アスコルビン酸酸化酵素とともにフェノール類を O_2 で酸化するが, 生じたキノン類はキノン還元酵素などの酵素を介して*グルタチオンや NADPH などによって還元され, 一種の電子伝達系をつくる(図). ジャガイモの切口のように細胞が損傷すると, クロロゲン酸や*チロシンの酸化でできたキノンの還元が行われず, 重合してメラニンが生成し, 褐色になる.

$$R-\langle\bigcirc\rangle-OH \xrightarrow{+O_2} R-\langle\bigcirc\rangle\begin{smallmatrix}OH\\OH\end{smallmatrix} \xrightarrow{+O_2} R-\langle\bigcirc\rangle\begin{smallmatrix}O\\O\end{smallmatrix}$$

d **藻場**(もば) [macrophytic bed] 一般に水底で, 大形水生植物が群落状に生育している場所. これを形成する植物の種により, *海草からなる海草藻場(seagrass bed)と藻類からなる藻類藻場(algal bed)に大別される. 海草藻場では, アマモの生育するアマモ場(Zostera bed), 藻類藻場ではホンダワラ類の生育するガラモ場(Sargassum bed), コンブ類が生育するコンブ藻場(Laminaria bed)などがある. アマモ場は主として内湾や入江の平坦な砂泥底に, ガラモ場などは岩石底に形成される. 発達した藻場は, 潮下帯(⇌潮下帯生物)の特徴の一つであり, 植物着生生物や葉上動物(⇌ベントス)に生息場所を与えている. これらの小形生物が食物となり, 茂みの間は波や潮効による水の流動が弱められて捕食者からの隠れ場所となるため, 藻場は魚類など多くの海産動物の初期の生育場となっている. 藻場を形成する大形植物のほとんどは, 動物に直接食われることはなく, 枯死後*デトリタスとなって多くは海底表面に沈積し, 底生動物の腐食連鎖(⇌食物連鎖)を支える. この点で, 藻場における物質循環は, 水中群集における一般的な物質循環とは大きく異なっている. 藻場は浅海域における生物生産や他の生物の生息地の形成, ひいては水産資源の育成にとって重要な場所とされている. (→底生植物)

e **モビング** [mobbing] 被食者側の動物が集団をなして積極的に捕食者を威嚇すること. 巣や巣立ちヒナに猛禽類などの外敵が近づいた場合, 巣の親鳥や周辺にいる鳥たちは, しばしば外敵に猛然と突きかかっていく. ハシブトガラスやオナガが, 巣に近づいたヒトやネコに対して, ときには群れになって攻撃をしかけるのもこの例. また, 樹上で静かに休んでいるフクロウ類などに対しては, その姿を見かけただけで, 付近にいる小鳥類が集団となって威嚇することがある. 小鳥たちは, やかましい声をたてて外敵の付近をすばやく飛びまわったり, 飛び去る外敵を追いかけたりはするが, 実際の危害を加えることはない. 魚類でもソラスズメダイが捕食魚であるサツマカサゴやコチの頭上に多数群がって営巣場所から追い払うことが知られている. モビングはそのとき捕食者を追い払うだけでなく, 将来においてもその場所に近づきにくくさせる効果をもつとされる.

f **模倣** 【1】[mimesis, imitation] 《同》模写行動. 動物のある個体が他の同種または異種の個体の行動をまねること. 哺乳類の子が親に従って狩猟・摂食をおぼえる場合などにはなんらかの模倣的過程が*生得的行動の完成に関与していると見られる. W.H.Thorpe はモデルと観察者の一致が生じる過程を三つに分けている. 第一は*社会的促進で, 例えば仲間が餌を食べているのを見ると, 摂餌直後であっても再び食べ始めるなど, モデルの行動が観察者のレパートリーの中にある同じ行動を生じやすくする過程. 第二は刺激強調(stimulus en-

hancement)あるいは局所強調(local enhancement)で,モデルが当該の行動を行っている場所や対象物に対して観察者が注意を集中し,探索的な行動が向けられることにより,同様の行動が獲得される過程.第三は真の模倣(true imitation)で,観察者が新しい行動のパターンを試行錯誤によらず再現する過程である.真の模倣は,霊長類の他,オウムやイルカなどで確認されているが,ヒト以外の動物では比較的まれである.
【2】[mimesis] 標識的擬態を単に擬態というとき,*隠蔽的擬態を模倣ということがある.

a **モラン** MORAN, Nancy Ann 1954～ アメリカの進化生物学者.エール大学教授.昆虫とその体内の菌細胞に細胞内共生するバクテリアの共進化を研究した功績により,2010年国際生物学賞受賞.

b **モラン効果** [Moran effect] 外的環境の確率的な変動が共有されることにより,空間的に離れた異なる個体群の動態が同調すること.R. Moranによって提案された(1953).モラン理論(Moran's theorem)とも呼ばれる.Moranは,二つの個体群が同様の線形力学で記述されるとき,それらの個体群密度の相関は,個体群密度に依存しない外的環境の確率的な変動の相関と一致することを理論的に示した.外的環境としては,温度や降水量などの気象要因を想定することが多い.

c **森丑之助**(もり うしのすけ) 1877～1926 人類学者,民俗学者.台湾博物館主事.軍人として台湾に赴き,台湾先住民の研究を始める.特に高砂族の研究で知られる.

d **モーリッシュ** MOLISCH, Hans 1856～1937 ドイツの植物学者.1922～1925年東北帝国大学の招きによって来日.植物比較解剖学および植物顕微化学の分野において貢献があり,発光生物の研究も進めた.また日本・インドの植物を研究.[主著] Pflanzenphysiologie als Theorie der Gärtnerei, 1916.

e **モリブデン** [molybdenum] Mo.原子量95.94.すべての動物・植物の組織中に低濃度で存在する*微量元素.窒素固定を触媒する*ニトロゲナーゼはモリブデン酵素であり,根粒菌・アゾトバクターなど窒素固定細菌に含まれる.フラビン酵素の一種キサンチンオキシダーゼもモリブデンを含む金属酵素で,動物で尿酸の生成を触媒する.さらに,硝酸還元酵素・亜硫酸還元酵素・アルデヒドオキシダーゼなどもモリブデン酵素であることが明らかになっている.これらの酵素の活性中心では,硫黄-鉄-モリブデン結合が存在する.モリブデン欠乏により硝酸塩の還元に障害が起こり,植物の葉の白化などが生じる.

f **モール** MOHL, Hugo von 1805～1872 ドイツの植物学者.藻類の細胞の観察から,M. J. Schleidenの細胞形成の説に反対,細胞分裂による細胞増殖の説の基礎を築いた.Protoplasmaという術語は,J. E. Purkinjeが使っていたが,Mohlが植物細胞で用いてから一般的になった.

g **モルヒネ受容体** [morphine receptor] モルヒネ系薬物および*モルヒネ様ペプチドと立体特異的に結合し,神経伝達物質の分泌を抑制することによりモルヒネ様作用を発現する特定の構造体.脳では嗅三角・扁桃核・尾状核頭部,脊髄では後角・後根に多く,末梢組織にも分布し,神経細胞膜表面にあると考えられる.モルヒネ受容体に富む回腸縦走筋や輸精管の電気刺激による筋収縮は,モルヒネ系薬物により抑制されるので,この方法でモルヒネ作用の検定を行う.モルヒネ受容体にはいくつかのサブタイプがあり,モルヒネに特に強い親和性を示すμ型,エンケファリン親和性のδ型,ケトサイクロゾシン親和性のκ型,βリポトロピンのフラグメントであるε型,などが知られている.ナロキソン(naloxone,ナルコン narcon, $C_{19}H_{21}NO_4$)はモルヒネ受容体の拮抗剤であり,モルヒネ依存症の治療に用いられる.(⇌モルフィン)

h **モルヒネ様ペプチド** [morphinomimetic peptide] モルヒネが作用する受容体(モルヒネ受容体)に作用する内在性ペプチド.主なものとしてエンケファリン(enkephalin),エンドルフィン(endorphin),ダイノルフィン(dynorphin)がある.β-エンドルフィンは下垂体から血中へ,また,視床下部から脳,脊髄へ分泌され,主にμ-オピオイド受容体を介して,抑制性ニューロンからのGABA放出を抑制し,*ドーパミン放出を促進し,報酬系を活性化させる.ダイノルフィンは広く中枢神経系,特に視床下部,海馬,脊髄に分布し,主にκ-オピオイド受容体を介して,鎮痛作用などを示す.Met-エンケファリン,Leu-エンケファリンは,δ-オピオイド受容体を介して,痛覚に関与する.

i **モルファクチン** [morphactin] 種子植物において成長調節作用をもつフルオレン-9-カルボン酸誘導体.モルファクチンIおよびIIは構造が*ジベレリンと似ているため,はじめ抗ジベレリンと考えられたが,現在モルファクチンによる成長調節は,*オーキシンの極性移動を阻害することによるとされている.

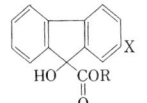

morphactin I : R=CH$_3$, X=Cl
morphactin II : R=(CH$_2$)$_3$CH$_3$, X=H

j **モルフィン** [morphine] 《同》モルヒネ.$C_{17}H_{19}NO_3 \cdot H_2O$ ケシの未熟果皮の乳汁より製されたオピウム(opium,アヘン)に9～14%含まれるアルカロイド.無色柱状または針状結晶で光により褐変.天然品は左旋性.融点254～256°C(分解).ドイツのF. W. A. Sertürner(1806)が単離・結晶化し,これはアルカロイド単離の最初でもあった.イギリスのR. Robinson, J. M. Gualland(1923)が構造式を決定,その有効作用がイソキノリンまたはピペリジン核によると推定され,アメリカのM. Gates(1952)により全合成された.痛覚刺激が脊髄から視床を経て大脳皮質に投射されるのを抑制し,他の種類の感覚を抑制することなく特異的に痛覚を抑制する中枢神経抑制作用がある.痛覚だけでなく呼吸中枢抑制作用も顕著で,大量に投与すると呼吸麻痺で死亡する.そのほか鎮静・催眠,消化管の平滑筋緊張,縮瞳などの作用をもち,これらをモルヒネ様作用と総称する.非経口投与では習慣性(嗜癖)が著しく,いわゆるモルヒネ中毒(モルヒネ依存症)をもたらし,急に投与を中止すると激しい禁断症状が現れる.鎮痛・鎮痙・睡眠剤として用いられる.エンケファリンなどの*モルヒネ様ペプチドはモルフィンと同じ受容体に特異的に結合して鎮痛作用をもたらす.モルフィン類似の構造をもつ拮抗物の*コデイン,ヘロイン(ジアセチルモルフィン)も同様の機作

で働き，一方ナロキソン（naloxone）は鎮痛作用のないアンタゴニストとして知られている．（⇨モルヒネ受容体，⇨オピオイド）

a **モルフォゲン** [morphogen] 多細胞動物の*パターン形成において，細胞に*位置情報を与える機能をもつ物質の総称．特にある大きさの発生の場の中での生成と拡散によってできた濃度勾配を想定し，場の中に部域的差異ができるのをその*勾配で説明する．ショウジョウバエの翅原基の前後軸形成における decapentaplegic (dpp)蛋白質や，脊椎動物の神経管の背腹軸形成における sonic hedgehog(shh)蛋白質などが，モルフォゲンとして機能していると考えられている．また，1細胞に多数の核を含むショウジョウバエ多核胞胚では，bicoid 蛋白質などが勾配をつくり，その濃度がそれぞれの細胞核に位置情報を与えている．

b **モルフォリーノ** [Morpholino] DNA や RNA のもつリボースやデオキシリボース環を，モルフォリン六員環で，さらにリン酸部位を電荷のないホスホロジアミド酸に置き換えることにより生体内での安定性を向上させた人工化合物．DNA と同じ A, T, G, C の塩基をもつオリゴマーを細胞内に導入することで，相補的な配列をもつ mRNA の翻訳やスプライシングを阻害することができ，これにより遺伝子機能を阻害または軽減した効果を見るのに用いられる．

c **モレスホット** MOLESCHOTT, Jacob 1822～1893 オランダの生理学者．エネルギー保存則や有機物の無機物からの合成などを根拠として，生活現象の機械論的化学的説明を主張し，脳の活動すなわち思考はリン化合物の存在によるとした．[主著] Physiologie des Stoffwechsels in Pflanzen und Tieren, 1851; Der Kreislauf des Lebens, 1852.

d **門** 【1】生物分類のリンネ式階層分類体系における基本階級（⇨階級）のうち，界と綱との間におかれる階級，あるいはその階級の*タクソン．学名は大文字で始まる一語で表現する．動物・細菌と植物とで，対応する外国語が異なる．[1] [phylum] 国際細菌命名規約や国際動物命名規約では以下の[2]に見るような規定はない．しかし，例えば動物界（後生動物）では，扁形動物門（Platyhelminthes）を除き，特徴を示す語の語尾は -a（中性複数形を意味する）とした形が慣用されている．動物界の各門は，基本的*体制や発生様式の違いに基づいて設定され，L. Hyman (1940) による約 20 門の体系が広く採用されたが，1971 年に板形動物門（Placozoa），1983 年に胴甲動物門（Loricifera），1995 年に有輪動物門（Cycliophora），2004 年に微顎動物門（Micrognathozoa）が創設される一方，既存の門の細分化と統合が行われた結果，現在では 34 ほどの門を認めるのが一般的．今後，分子系統学的研究の進展に伴い，かなりの改変もありうる（⇨付録：生物分類表）．[2] [division ラ divisio] 国際藻類・菌類・植物命名規約では，門の学名は，それに含まれる科の名称に由来する場合には，その科のタイプ属（⇨担名タイプ）の学名の語幹に -mycota（菌類）ないし -phyta（その他）という接尾辞を付けて示す（なお，亜門の接尾辞はそれぞれ -mycotina ないし -phytina である）．（⇨命名規約）

【2】[hilus] ある種の器官において，動脈・静脈・リンパ管・神経などが，まとまって 1 カ所から出入する部位．肺門 (hilus pulmonis), 腎門 (hilus renalis), 卵巣門 (hilus ovarii) など．門においては，器官は小さい凹みを作ることが多い．

e **モンゴメリー** MONTGOMERY, Thomas Harrison 1873～1912 アメリカの細胞学者．ザイゴテン期において対合する染色体は，それぞれ父と母に由来することを結論，相同染色体に関する H. Henking (1858～1942) の説を発展させた．メンデルの法則を知らず，この対合は染色体を若返らせる方法であると考えた．

f **モンスーン林** [monsoon forest, deciduous monsoon forest ラ hiemilignosa] 《同》季節風林，雨緑樹林 (rain green forest). 年間降水量が 1000～2500 mm あり，4～6 カ月あるいはより長い乾燥期をもつ熱帯に知られる樹林．特にアジア季節風（モンスーン）地方に広く分布するが，オーストラリア北部，アフリカ，マダガスカル，南米などの熱帯多雨林の辺縁部に分布する．主に乾期に落葉する落葉樹で構成されているが，多少常緑樹をまじえている．高木層の高さは 15～35 m（まれに 40 m）で，2 層の樹冠からなり，高木層の落葉樹は比較的大きくやわらかい葉をもっており，熱帯多雨林と異なり優占種がはっきりしている．ミャンマー・タイ・フィリピンなどの一部に発達するチーク（Tectona grandis）の林，ヒマラヤ南部のガンジス平原に分布するサラソウジュ（Shorea robusta）の林などはその典型．高木層の下層には，小形で乾生形態をもった常緑樹が多い．毎年 2～4 カ月間不規則的に落葉する．季節の周期性により年輪を生じる．チークは雨期に開花するが，大部分の樹種は乾期に開花する．低木層は一般に発達がよくなく，タケ類，イネ科植物，つる植物などが生える．着生植物は少ない．野火や人間が火入れをすることも多く，しばしば耐火性の樹種からなる．

g **問題法** [problem method] 動物の学習能力や*知能を評価するために，一定の課題を与え，それを解決する能力あるいは解決の仕方を観察する方法．*学習はすべて問題解決だともいえるが，問題法という場合にはやや高次の心理機能を対象にしている．例えば空腹の動物を箱または籠に入れ，餌を外に置き，一定の操作，すなわち把手を押すとか板を踏むとかすると扉が開いて外に出られるような仕掛けをとりつける．最初は長い時間の無駄な行動ののちに偶然に外に出られるにすぎなかったのが，これを繰り返させているうちに成功までの時間が短くなり，無駄な行動はぶかれていく過程を観察し記録する．上記のような装置を問題箱（problem box）または問題籠（problem cage）といい，E. L. Thorndike の設計したものなどがある．なおこの種の問題解決を学習効果の現れにすぎないとみる立場と，*洞察の成立を認める立場とがある．

h **モンタニエ** MONTAGNIER, Luc Antoine 1932～ フランスのウイルス学者．パストゥール研究所所長．1983 年に*AIDS の原因ウイルスである HIV を発見した功績により，F. Barré-Sinoussi と H. zur Hausen とともに，2008 年ノーベル生理学・医学賞受賞．

i **モンテスキュー** MONTESQUIEU, Charles-Louis de Secondat, Baron de La Brède et de 1689～1755 フランスの政治思想家．生物学史においては，挿し木から樹木が再生，成長することをもって，種子の中にのちの樹木が先在しているという前成説の根本を否定した．

j **門脈** [portal vein ラ vena portae] 《同》門静脈．脊椎動物の血管系において，静脈が漸次合流して心臓に

戻る途中で，一度分枝して再び毛細血管網を形成するもの．肝門脈系，腎門脈系，下垂体門脈系などがあるが，単に門脈という場合は一般には肝門脈を指す．

紋様孔材　[figured-porous wood]　《同》雑孔材 (miscellaneous-porous wood)．材における*道管の分布が，火炎状，X字状などの紋様を形づくっている材の総称．ヒイラギでは道管が不規則な火炎状に群集配列し(図，横断面)，ゴヨウツツジでは特に接線方向に群集する．

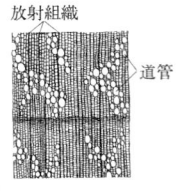

ヤ

a **八重咲** [double flower] 《同》重弁花. 雄ずい・雌ずいなどの花葉がホメオティックに変化して花弁となる現象(弁化 petalody)などにより，本来の花弁数が増加した花. その観賞価値から，園芸品種に多く，一般に遺伝的な形質である. ホメオティックな変換による八重咲の例は各花葉が相同の器官であることの証左とされ，例えばシロイヌナズナでは，*ABC モデルの C 機能の遺伝子が機能を失った agamous 変異体は，萼片と花弁の形成を繰り返す状態となるため(⇒貫生)，無限に近い八重咲となる. なおホメオティックな変換のタイプ以外にも，花弁の原基の数が増加して八重咲が生ずる場合(ヤエザキハクサンシャクナゲなど)も知られる.

b **ヤーキーズ** YERKES, Robert Mearns 1876~1956 アメリカの比較心理学者，霊長類学者. 比較心理学，特に霊長類の心理生物学的研究の発展に指導的役割を果した. [主著] The great apes, 1929; The chimpanzees: A laboratory colony, 1943.

c **葯** [anther] 被子植物の雄ずいの一部で，*花粉をつくる袋状の部分. 典型的には花糸の先端に生じ，葯隔(connective)によって左右の半葯(theca)に二分され，それぞれの半葯には二つの小胞子囊(microsporangium, 花粉囊 pollen sac，または*室ともいう)がある. 発生初期には表皮に包まれた同型の分裂細胞群からなり，やがて表皮に溝ができて 4 片に分かれかけると，表皮直下の細胞が大きな胞原細胞となる. 胞原細胞は外側に*内被の細胞を，内側に*花粉母細胞をつくる. 内被は 3~5 層の葯壁となり，繊維状の細胞層，中間層，*タペータムに分化する. 閉花受精をするもの(例:マメ科)では花粉が葯内で発芽し，繊維状細胞層の発達をみない柔らかな葯壁を通して花粉管を伸長させるが，一般に葯は裂開して花粉を露出する. その方式は表皮下の繊維状の細胞層の存在によって決まり，葯の長軸に沿って葯の内側がやぶれる内開(introrse)，外側が開く外開(extrorse)，側方で開く側開(equifacial)がある. ほかに孔開(例:ツツジ)および弁開(例:メギ)がある. 中間層は通常，減数

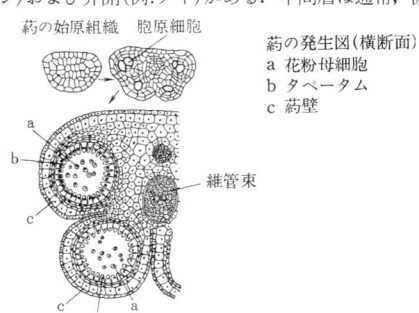

葯の始原組織　胞原細胞

葯の発生図(横断面)
a 花粉母細胞
b タペータム
c 葯壁

分裂時には消失する.

d **薬剤感受性試験** [drug susceptibility test] DST と略記. 抗菌薬や抗真菌薬が微生物の増殖を阻害，あるいは死滅させる能力を調べる試験. より低い薬剤濃度で増殖を阻害した場合に，その薬剤に対する菌の感受性が高いと表現し，より高い濃度を要した場合は，菌の感受性が低いと表現する. 液体培地稀釈法，寒天培地稀釈法，ディスク法，濃度勾配法などの測定方法がある. 一般に，試験結果の評価には，稀釈法による最小発育阻止濃度(minimum inhibitory concentration, MIC)やディスク法による阻止円径が多く用いられている. 疫学的な利用の他，臨床現場では治療効果を予測する一助としても利用されるが，感染症に対する薬剤の効果は，感受性以外にも薬物動態や用法用量，患者の状態など多因子の影響を受けることに留意しておく必要がある.

e **薬剤耐性** [drug resistance] 《同》薬剤抵抗性. 一般にある生物の生育を阻害するような薬剤に対し，その生物が突然変異によって生存・生育できるようになること. [1] 細菌では，染色体上の遺伝子の変異によるものと，プラスミド(*R 因子)上の遺伝子の変異(⇒トランスポゾン)によるものとがある. 機構は大別して 3 種が知られている. (1) 薬剤が特異的に作用する蛋白質のアミノ酸に変化をきたし，薬剤との結合能が消失する，あるいは結合しても活性を失わない立体構造をとるようになる場合(例:*ストレプトマイシンとリボソーム蛋白質との関係). 変異型(抵抗性)は野生型(感受性)に対して一般に劣性. (2) 有害薬剤を分解や修飾などの化学変化によって無害にする機構を獲得する場合. R 因子による薬剤耐性に多い(例:ペニシリン抵抗性がペニシリナーゼ遺伝子の変異によってもたらされる場合). 抵抗性遺伝子は感受性遺伝子に対して一般に優性となる. (3) 細胞表面の透過性の変化により，薬剤が菌体内に入らなくなった結果抵抗性となる場合(⇒抵抗性獲得). [2] 動植物では，殺虫剤や除草剤に対して病害虫や雑草が耐性をもつようになること. [3] がん細胞では，抗がん剤に対して抵抗力が生じ，がん細胞の増殖がおさえられなくなること.

f **薬剤耐性因子** [drug resistance factor] 広義には細菌の薬剤耐性に関与する遺伝子のこと. 狭義には*R 因子に同じ.

g **躍層** [1] 《同》不連続層(discontinuity layer). 海洋や湖沼において，鉛直方向に諸条件が急変する層域の総称. 溶存物質濃度に関する化学躍層(chemocline)，塩分の塩分躍層(halocline)，密度の密度躍層(picnocline)などが知られる(⇒成層). [2] 特に*水温躍層のこと.

h **薬用植物** [medicinal plant] 薬効成分を豊富に含む植物の総称. 草本の場合には薬草ともいう. 特に植物体の全体または一部を著しく加工せずに，生のまま，あるいは乾燥したり煎じたりして用いるものは生薬(crude drugs)と呼ぶ. 薬の原料植物まで含めれば 400 種をこえるといわれる.

i **薬理学** [pharmacology] 主として各種の治療に用いられる薬剤を生体に与えたときに起こるその機能的変化の機序について研究する学問. 近代薬理学の基盤をなす実験薬理学を創始したのは，ドイツの O. Schmiedeberg(1838~1921)である. 特に薬剤代謝などを個体の遺伝的要因と関連づけて解析する分野を薬理遺伝学(pharmacogenetics)という. なお，薬剤は見方を変え

れば毒物でもあり，薬理学は実際には毒物をも研究対象とするので，薬理学のうち特に毒物を対象とするものを毒性学あるいは毒物学(toxicology)として区別し，薬学というときには一般に医薬品開発や合成製造，薬品分析，生薬，薬剤，臨床薬理などより広い分野を含めていうことが多い．

a **水蠆**（やご）［dragonfly naiad］昆虫綱トンボ目の*若虫(ナイアッド)．淡水，ごく稀に汽水中に生活し，*気管鰓または*直腸気管鰓で呼吸する．頭部には大きな複眼，胸部には前後翅の原基があり，腹部が大きい．肉食性で，特にトンボ・ヤンマ類では大きな捕獲*仮面(下唇)が発達する．

b **ヤコブソン器官**［Jacobson's organ］《同》鋤鼻器官(vomeronasal organ)．両生類および哺乳類，爬虫類のあるものに見られる，鼻腔の一部が左右に膨出して形成される1対の嚢状の器官．L. L. Jacobson の命名．その内面は*感覚上皮に包まれ，嗅神経の一部すなわち鋤鼻神経(vomeronasal nerve)が分布する．両生類では鼻腔に開口し，鱗蜴類では口腔に，単孔類や有袋類では鼻腔および口腔にそれぞれ開口する．この導管は鼻口蓋管(nasopalatine canal)といい，この管が貫く骨管を門歯管(切歯管 canalis incisivus)，その管口を門歯孔(切歯孔 foramen incisivum)という．ヤコブソン器官は，ヘビ類やトカゲ類では主要な嗅受容器官として働き，ひっこめた舌の先端は正しくその開口部にあてがわれ，捕捉した嗅物質を感覚上皮(嗅上皮)に送りこむ．哺乳類などでは一般にフェロモン受容に用いられるが，霊長類では胎生時だけに見られない．

c **保井コノ**（やすい この）1880～1971 植物細胞学者．東京女子高等師範学校にて最初，動物学研究を志し，コイ科魚類のウェーベル氏器官を研究したが，のちに植物学に転向．同校の教授となったのち，アメリカに留学．日本の石炭の研究，国際細胞学雑誌 'Cytologia'（キトロギア）の発刊・編集事業に大きく貢献．日本における女性初の理学博士となり，お茶の水女子大学教授．

d **八杉龍一**（やすぎ りゅういち）1911～1997 生物学史家．東京工業大学教授．C. Darwin の『種の起原』など特に進化学に関する本を多数翻訳する一方，進化論，生命論に関する著作も多い．岩波生物学辞典の編者を務めた．

e **ヤスデ類**［millipedes ラ Diplopoda］《同》倍脚類．節足動物門多足亜門の一綱．体長数 mm～最大 30 cm．体は円筒形で頭部と胴部に分かれる．外骨格にカルシウムを含むため体は固い．ほとんど一様に 10～350 の体節からなる．第一胴節には肢がなく頸節(collum)と呼ばれる．第二～第四胴節には各1対の付属肢があり，前者と併せて胸部と呼ぶ．以下の各体節には2対ずつの歩脚があり，腹部を形成する．胴部の*背板は側板と癒合して環状を呈し，左右1対の歩肢の基部は腹面正中線でほとんど接する．頭部には1対の棍棒状の触角，大顎と小顎が癒合した特有の顎唇(gnathochilarium)および数個ないし数十個の単眼の集合した1対の集眼がある．気管系はよく発達し，気門は大部分の体節に2対ずつあり，気門嚢から総状に分岐した気管が出る．神経節も1体節に2対あり，発生の途中で2体節が癒合したことを示す．臭腺が胴体節の側面に1対ずつ開口する．生殖腺は消化管の腹面に1対あり，第二歩脚の後方，第三・第四体節の間に開く．孵化したときには歩肢は3対だけで，成長とともに数が増える．成長の仕方は群によって違い，半増節変態，完増節変態および真増節変態の3通りの様式がある．陸生で約1万種が知られる．

f **野生型**［wild type］野生集団(自然界で普通に生存している集団)中で最も高頻度に観察される*表現型，あるいはそのような表現型をもつ系統・生物・遺伝子．栽培型・飼育型の中から基本と考えられるものを選んで野生型とすることもある．例えばショウジョウバエにおいて，白眼やエオシン眼は突然変異型で，赤眼は野生型とされる．野生型は突然変異型に対し，多くの場合優性である．(⇒原栄養体)

g **野生生物管理**［wildlife management］《同》野生動物管理．生物多様性維持と野生生物との共存を目的に，人間が積極的に自然環境に関与して望ましい状態を保とうとすること．野生生物の個体群を，適正とされる密度に保つための個体群管理(game keeping)，生息環境を保全するための生息地管理(wildlife conservation)，農業被害など人との軋轢を緩和するための被害管理(pest control)で構成される．実施に当たっては，計画を随時見直す*順応的管理の導入が重要とされる．

h **矢田部良吉**（やたべ りょうきち）1851～1899 植物学者．東京大学教授，東京高等師範学校校長．日本の植物分類学の基礎を築いた．E. S. Morse と協力して東京大学生物学会を創始した．植物学を専門とする以前は英文学を専攻していた．［主著］日本植物図解，1891～1893; 新体詩抄，1882．

i **YAC**（ヤック）yeast artificial chromosome (酵母人工染色体)の略．パン酵母の細胞中に，別の生物の*ゲノムの一部分(数百 kb)が挿入された人工の染色体．*テロメア，*セントロメア，*DNA 複製開始点などを含んでいるので，パン酵母の染色体とは独立に DNA 複製ができる．1980 年代に開発され，一時さかんに使われたが，YAC 間で組換えが頻繁に生じるという欠点があるため，その後登場した*BAC にほぼとってかわられた．

j **谷津直秀**（やつ なおひで）1877～1947 動物学者．東京帝国大学教授．シャミセンガイの発生，ナミヒモムシ・ウリクラゲなどの実験細胞学的および実験発生学的研究を行った．［主著］生物学講義，1919．

k **柳町隆造**（やなぎまち りゅうぞう）1928～ 動物発生学者．北海道大学で学び，アメリカ・ウースター研究所の M. C. Chang に師事，1963 年に世界で初めて完全合成培地を用いた哺乳類の体外受精に成功，今日の不妊治療の礎を築いた．ハワイ大学名誉教授．1996 年国際生物学賞受賞．

l **ヤーネ** JERNE, Niels Kaj イェルネとも．1911～1994 イギリス生まれのデンマークの免疫学者．Jerne が創始した溶血斑反応を利用した抗体産生細胞の検出法は免疫学では最も頻繁に用いられる技法．一つのリンパ球は一つの抗体しか作らないという免疫学の根本原理を確立，1974 年にはクローン選択説を発展させたネットワーク説を発表した．免疫制御機構に関する理論の確立とモノクローナル抗体の作製法の開発により，G. J. F. Köhler, C. Milstein とともに 1984 年ノーベル生理学・医学賞受賞．

m **YABBY 遺伝子族**（ヤビーいでんしぞく）［YABBY gene family］植物に特有な YABBY ドメインをもつ*転写因子をコードする遺伝子の一群．被子および裸子

植物のゲノムのみに存在.YABBY蛋白質には,N末端側にC_2H_2タイプの*ジンクフィンガードメインが,C末端側にYABBYドメインと呼ばれるヘリックス=ループ=ヘリックスモチーフをとる領域が存在する.植物の発生・形態形成に重要な役割を果たし,シロイヌナズナでは特に*FILAMENTOUS FLOWER*(*FIL*)などのクラス1は葉原基においてシュート頂分裂組織の制御系を抑制し葉のアイデンティティーを与える働きをもつ.また*CRABS CLAW*(*CRC*)は*蜜腺形成や心皮の背腹性に関わる.またイネの*DROOPING LEAF*(*DL*)は,花の心皮のアイデンティティーを決定する*ホメオティック遺伝子でもあり,葉の中肋形成にも関与する.

a **藪田貞治郎**(やぶた ていじろう) 1888〜1977 農芸化学者.東京帝国大学教授.イネ馬鹿苗病菌の生産する植物徒長物質の本体を単離,ジベレリンと命名,結晶化した.

b **矢部長克**(やべ ひさかつ) 1878〜1969 地質学者,古生物学者.東北帝国大学教授.石狩炭田の白亜系・第三系化石層序を樹立し,日本における化石層序学の先駆をなした.サンゴ・有孔虫・層孔虫化石などを研究し,特にアンモナイト *Nipponites* の研究で著名.

c **山極勝三郎**(やまぎわ かつさぶろう) 1863〜1930 病理学者.東京帝国大学医科大学教授.市川厚一の協力でウサギに最初の人工がん(タールがん)を作ることに成功,後のがん研究の発展に貢献した.

d **山田幸男**(やまだ ゆきお) 1900〜1975 植物分類学者.北海道帝国大学理学部教授.海藻の分類学に従事し,日本近海の海藻相の解明に貢献した.〔主著〕藻類,1931.

e **山中伸弥**(やまなか しんや) 1962〜 医学者.京都大学iPS細胞研究所所長.特定遺伝子の導入などの限定的な操作により,体細胞から*iPS細胞を作製することに成功.2012年,J. B. Gurdon とともにノーベル生理学・医学賞受賞.

f **山本時男**(やまもと ときお) 1906〜1977 発生生物学者.名古屋大学教授.メダカを用いた性ホルモンによる性分化の研究で知られる.

g **ヤモイティウス** [*Jamoytius*] 化石無顎類の一つ.この属名は,古生物学者の J. A. Moy-Thomas に因む.魚形で長さ数 cm.細長い管状をした体の前端に吸いこみ型の口が開き,頭部の両側の眼の後方に1列の円形の鰓孔がある.尾鰭は長い下葉と丈の高い上葉からなり,長い背鰭をもつ.スコットランドのシルル紀後期の海岸に近い地層から発見され,その体側に前後に長く走る体側襞があったため,当初,対鰭の進化を説明する「体側襞起原説(lateral fin fold theory)」を裏付ける,極めて原始的な脊椎動物として注目された.しかし,そののち無甲類(anaspids)の一種としてヤツメウナギ類に近いと考えられたが,無甲類が顎口類の祖先的系統とみなされるに及び,ヤツメウナギとの類縁性も否定されるに至った.

h **夜盲** [night-blindness, nyctalopia] 《同》夜盲症.「鳥目」と俗称.ヒトにおいて,暗順応能力が減弱し,昼間視はほぼ正常でありながら*薄明視が不十分な状態.hemeralopia と記載されることがあるが,語源的に誤用.暗順応曲線は第一相にとどまって,第二相の始まりと進行が極めて遅いか,あるいは欠如する.原因は桿体機能の障害であり,先天性のものと,*ビタミンA欠乏のために起こる特発性夜盲(nyctalopia idiopathica)がある.後者はビタミンAの食物からの摂取が減ったり,その小腸からの吸収が抑制されたりして,ロドプシン代謝回路の障害を起こし,桿体機能不全を起こすと説明されている.また,網膜色素変性症(retinitis pigmentosa)は,ロドプシンなどの先天的異常によって起こる進行性の疾病であり,中途視覚障害(失明を含む)の三大原因の一つであるが,この初期症状としても夜盲が起こることが知られている.

i **ヤロウ** Y<small>ALOW</small>, Rosalyn Sussman 1921〜2011 アメリカの生理学者.極微量の抗原物質,特に血液中のホルモン定量法として,S. A. Berson と協力してラジオイムノアッセイ法を開発.1977年,R. C. L. Guillemin,A. V. Schally とともにノーベル生理学・医学賞受賞.

j **ヤング** Y<small>OUNG</small>, John Zachary 1907〜1997 イギリスの動物学者.脊椎動物,軟体動物などの神経系の比較解剖学的研究が主であり,イカの巨大神経繊維が多数の軸索の融合であることを示し,この神経を利用した生理学的研究に道を開いた.〔主著〕The life of mammals, 1957.

k **ヤング** Y<small>OUNG</small>, Thomas 1773〜1829 イギリスの物理学者,医師,考古学者.特に物理光学の研究で知られるが,乱視や眼の調節作用についての観察もあり,色彩感覚に関する彼の考えは,H. L. F. von Helmholtz の三原色説のもとになった.

優位 [dominance] [1] ⇒順位 [2] ⇒生理的優位 [3] 遺伝学における*優性を優位ということがある.

誘因 [incentive] 動物が行動する場合に内部で働いている*欲求あるいは*動因の向かう対象物または事件や刺激となるもの. 例えば迷路内の空腹なネズミにとって動因は空腹であり(hunger drive), 食物が誘因となる. 誘因は目標(goal)と呼ばれることもある.

遊泳性 [planetism] *遊走子または運動性配偶子が水中を泳ぐ性質. 水生菌類では, その生活環において遊泳期がみられる回数によって, 一回遊泳性(monoplanetism), 二回遊泳性(diplanetism), 多回遊泳性(polyplanetism)に区別される. 例えばミズカビ類では遊走子嚢から泳ぎ出した遊走子は休止しても直ちに発芽することなく, 休止した細胞の内容がアメーバ状になって細胞壁外に脱出し, ふたたび遊走子となって遊泳したのちに初めて発芽する(二回遊泳性). この性質を最も典型的に示す *Pythiopsis* では一次遊泳期と二次遊泳期において遊走子の形態が異なる. 胞子が遊泳性を有しない場合は不動性(aplanetism)という.

有縁壁孔 [bordered pit] 開孔部の周縁が特に張り出して肥厚し, 入口が狭く奥が広くなった*壁孔の一種. 表面から見ると, 入口の輪郭の外側を肥厚縁が囲み, 内外二重の輪郭をなす. 相接して有縁壁孔対(bordered pit-pair)をなす壁孔の隔膜は, 中心部が多くの場合肥厚している. この部分をトールス(torus)という. トールスは通常二つの壁孔を塞ぐ. 有縁壁孔の二重の輪郭がともに円または楕円の場合は裸子植物の仮道管壁に広く存在する(図1). 被子植物の孔紋道管に見られる有縁壁孔は, 通常, 内縁が楕円形となっている. 仮道管および木部繊維ではこの輪郭が細長くかつ対をなす壁孔の内縁は互いに交叉して, 表面から見ると×印の壁孔となる(図2). 特に厚壁の木部繊維では外縁が円形であるのに対し, 内縁は極端に長くかつ裂隙状となる場合が多い. なお, 道管あるいは仮道管と厚壁柔細胞とが接する部分で, 前者の壁には有縁壁孔, 後者の壁には単壁孔を生じ, これを半有縁壁孔対(half-bordered pit-pair)という.

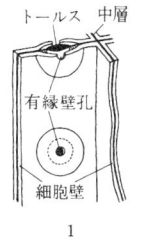

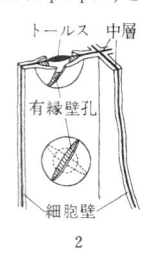

融解温度(DNA の) [melting temperature] 《同》変性温度(denaturation temperature). 加熱された DNA 二本鎖間の水素結合が切れて一本鎖の状態に変化する(*DNA の変性)ときの温度をいう. T_mで表す. 通常, DNA を中性の薄い塩溶液中で加熱して紫外部の吸光度を測定し, その上昇の中点をとって融解温度とする. 融解温度は DNA の種類によって決まり, ヌクレオチド鎖が長いほど, また*GC 含量が高いほど高くなる.

雄核 [male nucleus] 《同》精核(sperm nucleus). 雄性*配偶子(精細胞)の核. この配偶子が運動力をもつ場合には, 精核というが, 厳格に区別せずに用いることが多い. [1] 動物では, 受精後, 第一*卵割に至るまでの間, 精子由来の核と卵子由来の核が独立して存在することがある(哺乳類など). このとき前者を雄核と呼んで区別することがある. [2] *被子植物では, 花粉形成の際にできた雄原細胞が分裂して2個の精細胞を生じる. この精細胞の細胞核は雄核とも精核とも呼ばれる.

有機化 [immobilization] 植物の養分吸収に有効な無機態の窒素, リン, 硫黄などの化合物が, 微生物に固定(同化)されて有機態になる現象および過程. 主に土壌学での用語. 有機物の無機化と逆向きの過程であり, 土壌中では常に無機化と並行して進んでいるので, 両者を併せて論じることが多い. *窒素固定, 植物による養分吸収などはこれに含めない. また, 土壌中で分解される有機物に含まれる*C/N 比が大きいと土壌中の無機態窒素の有機化が過度に進み, 植物の窒素欠乏を引き起こすことが知られている. (⇒無機化)

有機体 [organism] 生物のこと. オルガニゼーション, すなわち, 組織や秩序をもつ, 機能する構造体という意味を含む. (⇒個体性)

有機体論 [organicism] 《同》生体論. 生命現象の基本は部分過程が編制(organize)されてその系に固有の平衡はた発展的変化を可能にしている点にあるとする, 生命論的または生物学方法論的立場. 歴史的には*機論と*生気論との対立を契機として発展した. 特に L. von Bertalanffy らによって, 1928 年前後から 1940 年代にかけて強く主張された. 有機体論は, 生命現象は有機体(organism)の物質と過程がある特定の結合状態・秩序にあるときに可能なものであって, その系にそなわる特性であることを強調する点で, 実際には生気論に近い.

有機農業 [organic farming, organic agriculture] 化学的に合成された肥料および農薬を使用しないこと並びに遺伝子組換え技術を利用しないことを基本とし, 農業生産に由来する環境への負荷をできる限り低減した農業生産の方法を用いて行われる農業(有機農業推進法). 広い意味では, 上述の生産方法で農作物を生産することにとどまらず, 農村の環境や景観および生物の多様性を保全し, 地域資源を利用して生産者と消費者の関係を築く総合的なシステムをいう. また, 有機 JAS 規格では, 堆肥などによる土作りを行い, 播種・植付け前 2 年以上および栽培中に(多年生作物の場合は収穫前 3 年以上), 原則として化学肥料および農薬は使用しないことなどを定めている. 有機農業は, 化学合成肥料・農薬を使用する慣行農業に対する呼称だが, これらの使用量を 50% 以下に減らした特別栽培とともに, 環境保全型農業として位置づけられる.

有棘層 [stratum spinosum] 重層扁平上皮の基底層と顆粒層の間に存在する層. 有棘層の細胞は相互に棘状の突起(細胞間橋)でもって連絡しているように見えるので有棘細胞(prickle cell)と呼ばれる. 電子顕微鏡によ

り，細胞間橋が発達した*デスモソームであると判明した．

a **雄原核** [generative nucleus] 《同》生殖核．雄原細胞すなわち種子植物の花粉内に形成される生殖細胞の核．(⇌雄核)

b **有腔原腸胚** [coelogastrula] 動物の初期発生において，比較的広い原腸胚をもつ*原腸胚．主として*有腔胞胚から形成される．

c **融合酵素** [fused enzyme] 《同》多機能酵素(multifunctional enzyme)．同一分子内に複数種の酵素を併せもつ酵素．各酵素を構成するポリペプチドが連なり1本のポリペプチド鎖からなるもの．例えば，アセチルCoAカルボキシラーゼ(EC6.4.1.2)はビオチンカルボキシラーゼ，ビオチンキャリアー蛋白質，およびカルボキシルトランスフェラーゼの3蛋白質からなる．大腸菌などではこれら蛋白質は別々のサブユニットとして存在，細胞内で会合するが，動植物では，これらの蛋白質は1本のポリペプチド(250〜280 kDa)上にドメインとして存在する．代謝経路上近接する複数の酵素が連なる場合もあり，大腸菌のトレオニン生合成経路のアスパルトキナーゼ(EC2.7.2.4)とホモセリン脱水素酵素(EC1.1.1.3)がその例である．さらに相反する反応を触媒する2酵素からなる融合酵素では，同じエフェクターの結合や可逆的リン酸化により一方は活性化，他方は阻害を受ける，いわゆるフリップフロップ制御を受けるものもある．組換えDNA技術により人工的な融合蛋白質や酵素も数多く作製され，基礎・応用研究において重用されている．例えば，緑色蛍光蛋白質(GFP)やβ-グルクロニダーゼとの融合により対象蛋白質の細胞内局在や動態を可視化する．

d **融合細胞** [fusion cell, fused cell, placental cell] 真正紅藻類において，受精した*造果器が造果糸の他の細胞や支持細胞など付近の細胞と融合してできた細胞．ここから連結糸が生じ*助細胞へ伸長(ヒビロードなど)，または造胞糸が生じ*果胞子体を形成する(サンゴモなど．この場合造果器と融合した細胞は助細胞と見なせる)．

e **有効水** [available water] *土壌水分のうち植物が吸水可能な水の部分．実際には*圃場容水量と永久しおれ(⇌しおれ)点の含水量とに挟まれる部分を指す．土壌によって大きく異なる重要な性質であり，同じ有効水の範囲内でも永久しおれ点に近づくにつれ，吸水はしだいに困難さを増すため，*無効水との境目は明確でない．特に蒸散がはげしい時には，根に接した部分だけが乾くので，大部分の土壌にまだ十分有効水が残っていても吸収できなくなる．

f **有効積算温度** [total effective temperature, effective accumulative temperature, effective cumulative temperature] 生物のある時期における成長や発育に有効な温量，すなわち実際の温度とその生物の発育限界温度(発育ゼロ点)との差の時間積算．単位は日度(degree-day)．発育を完了するのに必要な有効積算温度が一定値をとることの積算温度の法則またはレオミュールの法則(Réaumur's law)という．昆虫の年発生回数や変態，作物の発育，森林植物帯の分布限界，諸種の*フェノロジー的な現象などに適用される．単なる平均温度よりもはるかに信頼できる指標である．

g **有光層** [photic zone] ⇒海洋生態系

h **融合蛋白質** [fusion protein] 《同》キメラ蛋白質(chimeric protein)．遺伝子操作により人工的に作製した，異なる蛋白質あるいはその一部を結合・組み換えた雑種蛋白質．蛋白質のドメインの機能を解析したり，目的とする蛋白質の発現を検出する(⇌レポーター遺伝子，⇌GFP)ために用いられる．なお，自然界に存在する蛋白質でも，ドメイン構造をもつものは，各ドメインの祖先型蛋白質が融合した結果生じた融合蛋白質といえる．また転座などにより本来は全く別の二つの蛋白質が融合してしまうことも，自然界で生じる．こうしたものの中には，異常な機能を獲得して発がんをもたらすものも知られる．

i **有孔虫類** [Foraminifera] さまざまな形態の殻と根足をもつ原生生物．リザリア下界の一門．汽水から深海底まで，極域から熱帯域までのすべての海洋環境に生息する．内陸の塩湖，塩分を含んだ地下水および淡水，熱帯雨林の土壌中にも少数存在する．*カンブリア紀より出現し，浅海から深海の生態系の生物量の主要な部分を占め，重要な役割を果たす．大きさは通常1 mm程度，大形のものになると約5 cm．化石種は最大12 cmに達するものがある．殻には有機質，膠着質，石灰質の種類があり，多くの場合，多数の房室がらせん状・渦巻状・同心円状などに巻く．有孔虫の仮足は，粘液顆粒をもつことで他の原生生物から区別され，根足と呼ばれる．根足は，個体移動や餌の採取に使われる．殻内細胞質は根足とは異なる細胞組織からなり，核，ミトコンドリアなど生命活動をつかさどる器官がある．細胞内には，原核生物，真核単細胞生物が共生や寄生していることがある．特に，熱帯地域で貧栄養海域の浮遊性有孔虫や大型有孔虫には，光合成を行う共生藻類が見られる．生活様式では浮遊生活と底生生活を送るものがいる．有孔虫の生殖様式には無性生殖と有性生殖があり，無性生殖で生まれた個体は大きな初室をもち顕球型個体と呼ばれ，有性生殖でできた個体は初室サイズが小さく微球型個体と呼ばれる．化石が多産し，*示準化石や*示相化石として古生物学において重視される(⇌ヌムリテス)．地層中から多数の個体を得て，群集の特徴から分帯や対比に使う．水温・塩分・深度・底質など環境条件に敏感なものは，地層の堆積環境を知るうえで有効である．*古生代末の*紡錘虫類，*中生代と*新生代の大形有孔虫類や浮遊性有孔虫類の分帯は，国際対比に使われる．古生代以後の記載種は5万種を超えるとされ，現生種は約4000〜5000種とされる．なかでもフズリナ亜目は化石種だけが知られる．

j **有腔胞胚** [coeloblastula] 内部に比較的広い*胞胚腔をもつ*胞胚．胞胚壁をなす細胞層すなわち胞胚葉は，無脊椎動物では単層の細胞からなり，脊椎動物では多層の細胞からなる．ウニやナメクジウオのように無黄卵ないし僅黄卵のものでは，一般に広い胞胚腔をもち，胞胚葉はほぼ一様の厚さをもっているので等葉有腔胞胚(equal coeloblastula, adequal coeloblastula．この語は広腔胞胚と訳されることがあるが，ヤムシ*Sagitta*のように胞胚葉の厚さは一様だが極度に厚いため，胞胚腔の狭いものもあるので適切でない)という．これに対し，両生類のように中黄卵のものでは，一般に植物極側の壁が厚くなり，胞胚腔は動物極側に偏るが，これを不等葉有腔胞胚(inequal coeloblastula, unequal coeloblastula，これを偏腔胞胚と訳すこともある)という．(⇌無腔胞胚，⇌中空幼生，⇌胞胚)

有効名 [valid name] 国際動物命名規約における，あるタクソンにとっての唯一の正しい*学名．有効名は*適格名の中から同規約の諸規定にしたがって選ばれるが，その原則は*先取権の原理である．なお，あるタクソンのすべての適格名のうち，有効名ではないものを無効名(invalid name)という．有効名は，国際藻類・菌類・植物命名規約および国際細菌命名規約における正名(correct name)に相当する．(⇒先取権, ⇒適格名)

有鰓類 【1】[ラ Branchiata] 脊椎動物のうち，終生また幼生期に鰓呼吸を行うものの慣用的総称．円口類・魚形類・両生類などにあたる．これに対し，成体・幼生ともに肺呼吸を行うものを無鰓類(Abranchiata)という．(⇒羊膜類)
【2】[ラ Branchiata] 節足動物のうち鰓で呼吸するものの総称．甲殻類がこれにあたる．三葉虫類を含める場合もある．
【3】[ラ Branchiopneusta] 体節動物のうち鰓で呼吸するものの総称．E. H. Haeckel の命名．環形動物の多毛類と節足動物の甲殻類がこれにあたる．

遊在類 [Eleutherozoa] 棘皮動物門を2亜門に分けたときの一つ．有柄亜門と対する．現生5綱の中では，ヒトデ綱・クモヒトデ綱・ウニ綱・ナマコ綱が含まれ，ウミユリ綱と異なり，幼生も成体も固着することはなく移動可能．柄部を全くもたず，一般に口は自然位置の下方または前方，肛門はその反対側にあり，多孔板をもつなどの特徴を共有する．現生5綱の分類においては，分子系統解析でもこの2亜門は支持される．しかし，化石を含めた棘皮動物の分類においては，この2亜門の体系に化石綱をあてはめることができず，あまり使われない．(⇒有柄類)

有軸仮足 [axopodium] 《同》軸足．原生生物の太陽虫類および放散虫類に見られる*仮足．*葉状仮足・*糸状仮足・根状仮足が一時的な構造であるのに対して，半永久的である．外質だけからなる糸状の直線的な構造で，なかに*軸糸があり，この軸糸は電子顕微鏡での観察では*微小管が二重の渦巻状に並んだもの．体の中心から放射状かつ直線的に出るので放射仮足ともいう．移動には関係なく，摂食と他の物体面への付着に役立つ．

有軸型 [axonia] 生物の基本形態を結晶などに準じて，軸・極・*相称などによって分けるときに規則的な形をもち得る想定できる(⇒軸性)ような*型の総称．E. H. Haeckel の分類に従えば，有軸型に対するものは無軸型(独 Anaxonia)で，これは不相称のものを含む（例：海綿やアメーバ）．有軸型は大別して同軸型(独 Homaxonia)と異軸型(独 Heteraxonia)になり，前者は球形で内部の1点（球の中心）を通ってあらゆる方向に同種の軸を想定でき，普遍相称(universal symmetry)ともいわれる（例：夜光虫や *Volvox*）．異軸型は一つの主軸を想定でき，Haeckel は細かく分類しているが，そのうち単軸型(独 Monaxonia)は楕円体・円筒・円錐など一つの主軸を中心とする回転体にあたる体形のもの（例：ゾウリムシやキイロ），交軸型(独 Stauraxonia)は主軸とこれに交わるいくつかの副軸を想定できるもので，放射相称・二放射相称・左右相称など多くの型が含まれる．場合によっては単軸型を異軸型と同義とし，一つの主軸を考え，単軸型すなわち回転体を多相称(polysymmetry)とし，交軸型の諸種の相称と並べることもある．なお，この規準の分類では，*らせん性を示すものが無軸型に分類される

などの不合理が起こる．

有刺樹林 [thorn forest] 《同》有刺林，棘林，トゲ疎林．乾期が生育期間よりも長い地域に成立する森林．樹高は低く，落葉性であるが，葉は退化し，太くてかつクロロフィルをもつ枝または茎をもつ耐乾性の強い高木(有刺高木林 thorn forest)または低木(有刺低木林 thorn scrub)からなる．同様な形態をもつ草本，多肉植物，短命の一年草などを交えることもある．サバンナと乾荒原の中間の乾燥気候地帯に出現する．アフリカの南部および東部（主な属として *Acacia*, *Adenia*, *Euphorbia*），オーストラリア南部(*Brachychiton*)，南米ブラジル北東部・ペルーおよびチリの一部(*Prosopis*, *Acacia*, *Coreus*)，メキシコおよび北アメリカの一部などに知られている．

有櫛動物（ゆうしつどうぶつ）[ctenophora ラ Ctenophora] 《同》クシクラゲ類，櫛板類．後生動物の一門で，放射相称，二胚葉性の動物．浮遊性のクシクラゲ類(comb jelly)と底生性のクシヒラムシ類などを含む有触手類とウリクラゲ類だけからなる無触手類の2綱からなる．クシクラゲ類は一般に，上下方向にやや細長い風船型・兜型・瓜型で，口の開く下端を口極，体の上端を反口極（感覚極）と呼ぶ．体長 20 cm 以下であるが，帯状のものは 2 m に達する．クシヒラムシ類は扁平で，一見すると扁形動物多岐腸類に似る．感覚極(sensory pole)には平衡胞・極区などの感覚器官があり，ここを中心に放射状に8列に並ぶ櫛板がある．櫛板の運動によって移動する．無触手類を除き，分枝をもった1対の触手がある．触手は中実で，その表面には粘着細胞（膠胞）を多数そなえる．触手の基部に触手鞘(tentacular sheath)と呼ばれる鞘状の構造物体があり，触手はこの中に退縮・収容できる．2本の触手の付着点を含む面である触手面(tentacular plane, 漏斗面 infundibular plane, 横面，横径面 transverse plane)と口に続く扁平な咽頭を含む面である咽頭面(矢状面 pharyngeal plane)を相称面とする二放射相称．口→咽頭→漏斗（胃）に続いて胃水管系がよく発達する．漏斗の左右の側面から水平方向にそれぞれ1本ずつ派出した正輻管(perradial canal)が二分して4本の間輻管となり，さらに二分した8本の従輻管(adradial canal)を経て，櫛板列に沿って子午線方向に走る8本の経線管(meridional canal)に続く細管系と，咽頭を含む触手面に沿ったものが見られる．さらに，胃水管系は漏斗から感覚極側へ細管系（漏斗管と肛門管）を派出し，二つの小さな肛門孔で体外に開口する．経線管の上下両端は一般に盲管に終わるが，ウリクラゲ類では細かく分岐しかつ互いに連絡しあって不規則な網目をなす．生殖巣は内胚葉に由来，経線管の壁面に発達し，雌雄同体．無触手類を除き，幼生はフウ

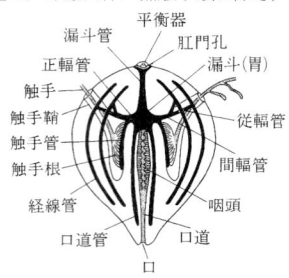

平衡器　肛門孔
漏斗管　漏斗（胃）
正輻管
触手　従輻管
触手鞘
触手管　間輻管
触手根
　　　　咽頭
経線管
口道管　口道
　　　　口

ユウスイ　1409

センクラゲ(cydippid)型．体制的には刺胞動物に近く，外胚葉，間充ゲル，内胚葉の3層からなり，中枢神経はない．すべて海産で，現生約80種が知られる．

a **有糸分裂**［mitosis］真核生物の細胞核の一般的な分裂様式で，染色体や*紡錘体など糸状構造の形成をともなう複雑な核内変化がみられるもの．W. Flemming (1882)の命名．これに対して病的な細胞や退行中の細胞の特殊な分裂を*無糸分裂という．有糸分裂には体細胞の増殖にみられる体細胞有糸分裂(somatic mitosis)と生物の生活環の特定の時期に行われる減数有糸分裂(通常，単に減数分裂 meiosis ということが多い)とがある．体細胞有糸分裂はおのおのの染色体が複製後に縦裂して，はじめと同じ染色体組が各娘核に分配される形式の分裂である．分裂の過程は連続的変化であるが，*前期・*前中期・*中期・*後期・*終期の5期に分けられる．*細胞周期ではこの5期をまとめて有糸分裂期(M期)という．間期の細い*染色糸は前期に入るとらせん状に巻く(特にらせん期 spiral stage ということもある)．らせん期以後の染色糸は縦裂した二重構造が明らかになる．前期の終わりに核内小体物質は分散し核小体構造は見えなくなる．前中期に入ると植物の細胞では極の部分に極帽が現れ，やがて核膜は消失(カビ・酵母などを除く)し，そののち分裂軸に沿って紡錘体が形成され，染色体は紡錘体の*赤道面へ移動する．*動原体が赤道面に整列した時期を中期(metaphase)という．染色体は2本の*姉妹染色分体に縦裂し，前中期から動原体部位より発達し始めた動原体糸によって両極に分かれる(後期)．両極に達した染色体群は次第に膨潤して染色糸に分散し，新しい娘核膜と核小体が再構成される(終期)．終期には，*細胞質分裂も同時に起こる．有糸分裂に要する時間は，細胞の種類・内外の条件，特に温度により影響される．一般に前期と終期が長い．減数有糸分裂では相同染色体の対合が行われ二価染色体が形成されるため，第一分裂前期が時間的に著しく長く複雑な過程である(⇨減数分裂)．有糸分裂が一つの核胞内で起こり姉妹染色分体(娘染色体)の娘核分配が行われない結果，倍数性核を形成する現象を核内有糸分裂という．人工的にも，温度・放射線などの物理的要因やアルカロイドなどの化学的要因によって倍数性核の形成や染色体の切断などの異常を誘起できる．有糸分裂期は染色体の形成や分配など著しく動的な形態変化をもたらす時期であるが，染色体を構成しているDNAの複製やヒストンなど核内蛋白質の合成はほとんど前期以前の間期(細胞周期のS期，G_1期，G_2期)にすでに完了している．有糸分裂の引き金をひくのはサイクリンB–CDK1であり，サイクリンBの分解(CDK1の不活性化)で有糸分裂は完了に向かう．(⇨細胞分裂，⇨サイクリンB–CDK1，⇨核内有糸分裂)

b **有鬚動物**(ゆうしゅどうぶつ)［pogonophorans, beard worms　ラ Pogonophora, Brachiata］環形動物のシボグリヌム科(Siboglinidae)のことで，成体が消化管をもたない極めて細長い蠕虫状動物．ヒゲムシ類とハオリムシ類に分けられるが，前者を全てを含めていうこともある．直径2～40 mm，体長0.1～2.0 mで長いキチン質の棲管の中に生息する．ヒゲムシ類の頭部はさらに前体部と中体部に分けられる．前体部には頭葉と触手をもち，管状の触手の中腔は前体腔に通じる．ヒゲムシ類では消化管が発生の初期に出現し，後にすべて消失するが，ハオリムシ類では発生段階でも出現しないことがある．栄養摂取に体内の共生細菌が大きく関与し，体のほとんどを占める胴部がその役割を果たす．閉鎖血管系内にはヘモグロビンを含む赤い血液を満たす．雌雄異体で生殖巣は胴部の体腔内にある．ヒゲムシ類の卵は左右相称型の全不等割をなし，初期発生は棲管中で進行し，浮遊性の幼生を生じない．ヒゲムシ類発見当初，尾部を欠いた不完全な標本をもとに，三体腔性をもつと誤解されるなどして半索動物に近い原腔動物と考えられ，新口動物の一員とされた．しかしその後採集された完全標本によって，終体部に剛毛節が認められ，多毛類に含まれることが判明し，分子系統学的解析も支持している．すべて海産で，水深20～9000 mの深海まで生息している．ハオリムシ類の一種ガラパゴスハオリムシ(*Riftia pachyptila*, giant tube worms)は，熱水噴出孔周辺に高密度で生息している．現生約100種．

c **有鞘細菌**［sheathed bacteria］シース(鞘)をもつ細菌の総称．*プロテオバクテリア門に属する *Sphaerotilus*, *Leptothrix*, *Crenothrix* などが該当．通常は薄い鞘に包まれた長いフィラメント状の細胞を形成して生活するが，ある条件になると鞘の中で短い細胞に変わり，鞘から出てくる．細胞が出たあとの鞘は空の状態で観察される．還元鉄やマンガンが存在すると，それらの水酸化物で鞘の表面が覆われる．水酸化鉄の沈着は非生物学的反応によると考えられるが，*Leptothrix* はマンガン酸化能を有する．下水溝や活性汚泥処理プロセスなどの有機物に富んだ水環境に生息．

d **有色体**［chromoplast］《同》クロモプラスト．有色の細胞にある，多量の*カロテノイドを含む*プラスチド．トウガラシやウリ，トマトの果皮，ニンジンの根，スイセンやヒマワリの花被，ノウゼンハレンの萼片，サフランの葯などの細胞中に見出される．*チラコイドや*クロロフィルはもたない．多量のカロテノイド色素(カロテン，キサントフィル，ルテイン，リコピン，カプサンチンなど)を，多数の大きな色素顆粒(プラストグロビュール)やストロマ中の膜構造の中に，あるいは結晶の形でもつ．大きさは3～10 μm．形は通常，球形または扁平な球形だが，色素の蓄積が進むと，中の顆粒の結晶のために，極端に細長くなったり角張ったりする．果実の成熟時を含む多くの場合葉緑体から形成されるが，*プロプラスチドなどからも分化する．葉緑体から形成される場合は，チラコイド分解とクロロフィル消失とともにカロテノイド合成が進み，カロテノイド色素を含む構造物が内部に増えてくることによって有色体になる．

e **雄ずい，雄蕊**［stamen］《同》雄しべ．被子植物の花のうちで，花粉をつくる雄性生殖器官．典型的には*葯と花糸(filament)からなる．*ABCモデルによれば，クラスB遺伝子とクラスC遺伝子の働きによって雄ずいが発生する．雄ずい全体を雄ずい群(雄しべ群 androecium)と呼び，通常，*花冠の内側に輪生する．雄ずい同士が*合着する同類合着がしばしばみられ，大部分のキク科植物のように葯が互いに合着した雄ずい群を集葯雄ずい(syngenesious stamen, synandrium, synangium)といい，花糸の少なくとも一部が合着した雄ずい群を合糸雄ずい(adelphous stamen)という．合糸雄ずいのうちで，ツバキのように雄ずいの束が1束のときは単体雄ずい(monadelphous)，マメ科のように2束のときは二体雄ずい(diadelphous)，オトギリソウのように3束のときは三体雄ずい(triadelphous)という．雄ずい

は花被や雌ずいと異組合着することも多く，サクラソウのように花弁と花糸の基部同士が合着して雄ずいが花弁の内面から出る形になる場合を花弁上雄ずい(epipetalous stamen)という．一つの花の中で雄ずいの長さや形が異なる場合もあり，シソ科・ゴマノハグサ科にみられるように4本の雄ずいのうちで2本が長い場合に二強雄ずい(didynamous stamen)，アブラナ科にみられるように6本の雄ずいのうちで4本が長い場合に四強雄ずい(tetradynamous stamen)という．葯と花糸のつながりかたも多様であり，シャクヤクのように葯の下端が花糸の先端につくことを底着(basifixed)または定着(innate)，ユリのように葯の背面中央が花糸の先端につくことを丁字着(versatile)，カンアオイのように葯の内側面または外側面にそって癒着することを側着(沿着，adnate)という．多少とも退化して花粉をつくらない雄ずいを仮雄ずい(仮雄しべ，staminode)といい，特に雌雄異花の植物の雌花の雄ずいが典型的な例である．裸子植物の小胞子葉を雄ずいと呼ぶこともあるが，被子植物の雄ずいと相同であるかどうか明らかでないため，現在では避けることが多い．

a **優性** [adj. dominant] 《同》顕性．ある遺伝子座において，複数の対立遺伝子(例えばA_1とA_2)が存在するとき，*ヘテロ接合体(A_1A_2)の*表現型が，どちらかの対立遺伝子(例えばA_1)の*ホモ接合体(A_1A_1)の表現型と一致するとき，その対立遺伝子(A_1)の他方(A_2)に対する関係をいう．逆(A_2のA_1に対する関係)は*劣性(不顕性)である．優性として現れる程度は形質ごとに異なり，その違いに応じて，完全優性(complete dominance)，不完全優性(incomplete dominance, ⇨共優性)，不規則優性(irregular dominance)，特定優性(?)の別がある．一般に*野生型は突然変異型に対して優性であるが，これは，突然変異により遺伝子産物の機能欠損が引き起こされることが多いためである．「優性・劣性」という対概念は単に遺伝子の発現様式の差によるものなので，「顕性・不顕性」という表現も提唱されている．

b **優生学** [eugenics] 民族の将来の遺伝的素質を，肉体的・精神的な面において向上または減退させる社会的要因を研究する学問．F. Galtonの提唱(1883)．優生学はその目標により積極的優生学，すなわち人類にとって好ましいと考えられる形質をもたらす遺伝子の増加を来す要因・手段を追究するものと，消極的優生学，すなわち好ましくない(有害)遺伝子の減少を可能にする要因・手段を研究するものとに分けられた．その主張に従って，劣悪な遺伝素質をもつものの生殖を阻止する目的の法規(優生法)が，20世紀前半に多くの国で施行された．しかし，どの形質が優良でどれが劣悪かの判断規準には多岐にわたる問題があり，優生法案の悪用により人権の侵害となった歴史的事実もある．一方，医学の進歩に伴って起こる有害突然変異の人類集団への蓄積も指摘されており，医療の進歩や環境の改善だけでは解決しえない基本的な問題を含んでいる．

c **雄性子宮** [uterus masculinus] [1]《同》雄性膣(vagina masculina)，前立腺小室(utriculus prostaticus)，摂護洞(sinus prostaticus, prostatic sinus)．哺乳類において，痕跡的に残存する左右の*ミュラー管の尾方端が合体して形成される，摂護腺(*前立腺)に接して存在する盲嚢．しかしこれは尿生殖洞に直接に接しているので，子宮よりはむしろ膣に相当し，雄性膣とも呼ばれる．食肉類や反芻類ではかなりよく発達していて膣と子宮に当たる部位が区別される．[2] 一部の哺乳類(例:ウサギやネズミ)の*貯精嚢．形態的に子宮と類似しているところからの呼称．

d **有性生殖** [sexual reproduction] 本来は雌雄の性が分化し，両性の個体より生じた*配偶子の合体すなわち*受精による生殖を指す．生物界の主要な生殖のしかた．*無性生殖と対する．[1] 発生学・細胞学では，性の分化の明確でない単細胞生物の配偶子による生殖はこれの萌芽形態として，また*単為生殖はやはり性の存在に基づく生殖法として，いずれも有性生殖に含める．したがって，有性生殖を配偶子による生殖と定義することも可能である(⇨性，⇨有性世代，⇨両性生殖)．[2] これに対して進化生物学では，遺伝子セットが他個体のものと混ぜ合わされて，親と遺伝的に異なる子がつくられる可能性がある生殖様式を有性生殖とする．そのため，単為生殖の中でも*アポミクシスによるものは無性生殖に含める．

e **有性生殖個体** [gonozooid] サルパ類およびウミタル類において，*有性生殖により次代の*無性生殖個体を作り出す個体．外観的には無性生殖個体と酷似するが，生殖腺の有無により区別される．無性生殖個体の腹芽茎(⇨芽茎)上に無性的に多数の芽体が作られ，これらは背芽茎上に移動して3縦列を作り，左右の列は群体の呼吸と栄養とにあずかる食体に，中央の列は育体(phorozooid)となる．育体は，有性生殖個体を担う個体の一型である．育体の成長が進むと腹芽茎上にさらに一群の芽体を生じ，これは育体が背芽茎に着いている柄部に移動し，ついで分裂して数個から十数個の小芽体となる．これが有性生殖個体の原基で，育体の完成により背芽茎から分離する．そしてその後に各有性生殖個体が育体から分離して自由遊泳の生活に入り，有性生殖を行う．育体にも有性生殖個体と同様に育嚢・消化器官などがあるが，生殖器官をもたず，背芽茎に付着するための柄部(腹突起 ventral process)をもつ点で異なる．

f **有性生殖のコスト** [cost of sex] 無性生殖と対比したときの有性生殖の*コスト，すなわち有性生殖が無性生殖に比べて増殖率において不利であること．異型配偶子生殖(anisogamy)を行う有性生殖種では，親は大形の(サイズの大きな)配偶子(卵や胚珠)と小形の(サイズの小さな)配偶子(精子や花粉)とにほぼ同程度の資源を投資する(⇨性比)．ところが小形の配偶子は，遺伝的寄与を除けば，資源のうえでは接合子にほとんど寄与しない．この集団に，受精しなくても親と同じ遺伝子の組(セット)をもつ卵を産む無性生殖する突然変異体が出現すれば，小形配偶子に浪費されていた資源をすべて卵の生産に回すことができるので，世代当たり有性生殖個体の2倍の速度で集団に拡がることができ，ついには有性生殖個体を集団から駆逐してしまう．したがって，有性生殖が進化し，維持されるためには，この2倍のコストを上回るだけの(短期的あるいは長期的な)有利さが有性生殖する生物になければならないと考えられる(⇨有性生殖)．なお，有性生殖をする個体が，繁殖のうえで他個体の精子や花粉を必要とすることによる不利は極めて大であることが多いが，通常は有性生殖のコストには含めない．

g **有性世代** [sexual generation] 動物で有性的に増える世代と無性的に増える世代があるとき，有性生殖を

いとなむ世代．植物では配偶体世代のこと．厳密には*胞子の発芽からはじまり，配偶体上に*配偶子を形成するまでをいう．

a **雄性前核** [male pronucleus] 〖同〗精核(sperm nucleus)．多細胞動物卵の受精に際し，卵細胞内に進入して*雌性前核と合一するまでの間の精子の核．精子の頭部すなわち核の部位は卵進入直後にしばしば一定の方向に転回して向きを変え，かつ頭部は次第にふくれて普通の核の状態となり，頭部に接する中片を中心に単一の*星状体(精子星状体 sperm-aster)が形成される．やがて雌性前核に近づき，それと合一する．

b **雄性先熟** [protandry] 一般に，雄性生殖器官が雌性のそれより先に成熟・機能する現象．*雌性先熟と対する．[1]動物で，*機能的雌雄同体現象においては，精巣およびその他の雄性生殖器官が，卵巣およびその他の雌性生殖器官に先立って成熟する現象．後に雌性生殖器官も成熟して完全な雌雄同体の個体となる．吸口虫類の Myzostoma がその例．隣接的雌雄同体現象では，精巣およびその他の生殖器官がまず成熟して雄相を現し，放精を行って，あたかも雄性雌体動物の雄のように行動する．放精後に雄性生殖器官は退化し，かわって卵巣その他の雌性生殖器官が成熟して雌相に移る．斧足類のカキやフナクイムシ，腹足類のフネガイ，多毛類の Ophryotrocha，甲殻類ボタンエビ類のホッコクアカエビなどの Pandalus，魚類のクロダイなどにその例が多く，フナクイムシなどでは，雄相→雌相→雄相→雌相と交代する．[2]植物の雄ずい先熟については，⇨両性花 [3]動物で雌雄異体の種において，雄個体が雌個体に先立って成熟すること．多くの一化性のチョウでは雄性先熟が見られる．これは羽化後，いったん交尾した雌はその後上雄を受けつけなくなるため(一回交尾)，雄はその日に羽化したばかりの処女雌と交尾せねば繁殖成功が得られないためである．雄は雌に先立って羽化し，雌をめぐって競争する．

c **雄性発生** [androgenesis] 〖同〗雄核発生．受精卵の*雌性前核が除去されるかまたは他の方法で不活性化され，*雄性前核だけが関与して起こる*発生．これは雄性*卵片発生に極めて近いが，卵細胞の細胞質はほとんど本来のまま残されている点で異なる．例えばイモリの受精卵から雌性前核を除去すると単相の雄性前核だけが関与してかなり正常な発生が起こる．受精前に卵細胞を紫外線照射してのち受精させることによっても雄性発生が起こる．

d **雄性不稔** [male sterility] 雄性器官の不稔現象．核内遺伝子によるもの，細胞質によるもの，この両者が関与するものが知られている．自殖性植物で*ヘテロシス育種を行う場合に，雄性不稔系統を母本にすると雑種種子の生産が容易になるので育種上広く利用されている．タマネギでは，この性質を*戻し雑交育種によって多数の品種に移し，*組合せ能力の高い雄性不稔系統を育成することに成功した．核内遺伝子による雄性不稔は自然または誘発突然変異として得られやすく，現在多くの作物では多数の雄性不稔系統が遺伝資源として選抜・保存されている．(⇨細胞質雄性不稔)

e **雄性ホルモン** [male sex hormone, androgenic hormone] 〖同〗男性ホルモン(ヒトの場合)．雄の形質の発達・維持に主として関与する性ホルモン．主に精巣から分泌され，雄性生殖器(輸精管，前立腺，貯精嚢，尿道球腺，外部生殖器など)を発達させてその機能を営ませ，かつ，雄性の三次性徴(ニワトリのとさか，シカの角，繁殖期の婚衣や婚姻色など．⇨性徴)を発現させ，行動や心理にも影響を与える．去勢雄動物に適当量を与えると，精巣のこれらの働きを補う．雄性ホルモンの分泌はすでに胎児期から始まっている場合のあることが知られ，性の分化にもあずかっている場合もある．当初は，男性の尿からアンドロステロンが分離されたが，のちに動物の精巣から分離された強力な*テストステロンが真のホルモンであって，尿から得られるアンドロステロン・デヒドロアンドロステロンおよびアンドロステロンはその代謝産物と考えられるようになった．雄性ホルモンは黄体形成ホルモンの作用のもとに主として精巣の間細胞から分泌される．また副腎皮質や小脳プルキンエ細胞などからもアドロステロンそのほか数種の雄性ホルモンが分泌されることが知られている(⇨ニューロステロイド)．雄性ホルモン作用を示す物質は生体外にも存在する．甲殻類においても造雄腺から雄の形質を発達させるホルモンが分泌されることが明らかとなり，造雄腺ホルモン(AGH, androgenic gland hormone)が分泌されている．オカダンゴムシの AGH は長さが21および44アミノ酸からなる二つのペプチドが S–S 結合によりつながった構造をもつ．(⇨アンドロゲン)

f **優占種** [dominant species] 群集の性格を決定し，代表する種類．主として植物に用いるが，動物に用いることもある．優占種は一般に優占度が最も高く，群落の最上層を形成しており，群落の相観を決定する．また他方では群落の微気候や土壌条件などを変化させ(環境形成作用)，他の群落構成種の生活に強い影響を与える．森林では単一種が優占する場合を純林，複数の優占種をもつ場合を混交林という．混交林の2位以下の優占種は共優占種(codominant)という．何位の種までを共優占種とするかを決める統計的方法もある．優占種は植生区分(群落分類)にしばしば用いられ，こうして決められた群落のタイプを優占型(dominance type)といい，相観植生図の凡例として用いられる(*コンソシエーションなど)．

g **優占度** [dominance] 植物群落内でそれぞれの種が量的にどのくらい優勢か劣勢かを表す群落測度．植物体現存量，体積，*被度，個体数(*数度)など単一の量的測度を優占度として用いる場合と，いくつかの測度を組み合わせて一つの優占度とするものがある．後者には次のようなものがある．(1) J. Braun-Blanquet の優占度(種勢力 独 Artmächtigkeit あるいは全推定値 total estimate ともいう)：被度と数度を組み合わせたもので7階級に分けられる．r：全く孤立，+：被度は非常に低く少数，1：被度は低いが多数，または被度はやや高いが割合少数，2～5：被度階級と同じ．(2) DFD 指数(DFD index)：J. T. Curtis ら(1947)の提案による，密度 D・頻度 F・被度 D の3測度の和で示される総合的な優占度．(3) 相対優占度(relative importance value)：Curtis ら(1951)の提案による，種間の相対的な優劣関係を強調する優占度で，密度・頻度・被度の各相対値の和で表す．(4) 積算優占度(略称 SDR)．沼田真ら(1957)によるいくつかの測度の平均比数で表す優占度．(⇨優占種)

h **遊走細胞** 【1】[wandering cell] 〖同〗変形細胞(amoebocyte)，原生細胞・原始細胞(archaeocyte)．組織内を自由に移動する，未分化の原始的性質をもつ細胞の

総称. 無脊椎動物では海綿動物の間充織ゲル中に存在し, 不定形で仮足を出してアメーバのように海綿体内を移動しうる細胞がその例.
【2】[swarmer] 胞子に相当する遊走子か, 運動性をもつ配偶子か不明であるような, 運動する細胞.

a **遊走子** [zoospore, swarm spore] *胞子の一種で, *鞭毛をもっていて水中を運動するもの. *不動胞子に対していう. 藻類の一部(緑藻類・褐藻類), ツボカビ類の菌類および卵菌類に見られ, 薄膜の遊走子嚢(zoosporangium)中に多数生ずる. 一般に水中(陸生のものでは雨水中)を遊泳したのち適当な基質に達すると, 鞭毛を失って発芽し新個体となるが, 卵菌類のように同一種の生活史中で二形性を示すものもある. (→遊泳性)

b **有窓層板** [annulate lamella] 《同》アニュイレトラメラ, 有窓体. 無脊椎動物の細胞および脊椎動物の卵細胞や未分化の胚細胞, がん細胞などの細胞質中に認められる, 円形窓状の小孔をもつ扁平な嚢が平行に配列した層板状の膜構造. 有窓の扁平嚢は, 小胞体の特殊な領域であり, *核膜孔と類似した孔をもつ. 核分裂の際必要となる*核膜胚複合体の蓄積部位であるとする説もあるが, その機能の詳細はよくわかっていない.

c **有爪動物**(ゆうそうどうぶつ) [onychophorans, velvet worms ラ Onychophora, Polypoda] 《同》カギムシ類, 有爪類, 軟脚類(Malacopoda). 後生動物の一門で, 左右相称, 真体腔をもつ旧口動物. 体長数 cm～十数 cm のイモムシ状で, 体の表面はクチクラ層に覆われ多数の横縞があるが, 環形動物のような体節区画はない. しかし神経節や腎管は体節の配置を示す. これに対応する 14～43 対の同形の付属肢は疣足状で関節がなく, 末端に数個の鉤爪がある. 体側に多数の気門が開き, そこから体内へ気管が分枝して拡がる. 直接発生し, 一般に胎生. 体表のクチクラ層が薄いこと, 筋節の配列, 腎管の配置とその繊毛上皮, 無関節の疣足状の付属肢などは環形動物との共通点である. 一方で節足動物とは, 脱皮すること, 1 対の触角とそれに続く付属肢が大顎と対比できること, 開放血管系で心臓に心門があること, 腎管と生殖腺の内腔が真体腔であること, 雌雄異体で, 交尾により体内受精が行われること, 初期発生の過程などで類似する. 熱帯域や南半球の温帯域に不連続に分布. 陰湿地に生息し, 夜行性で昼間は樹皮下・石下にひそむ. かつては原気管類(Protracheata)と呼んで節足動物の一亜門とされたこともあるが, 分子系統学的解析によれば, 節足動物に近縁とされ, 旧口動物のなかの脱皮動物に位置付けられる. 現生既知約 160 種.

d **有窓毛細血管** [fenestrated capillary] 《同》窓あき毛細血管. 内皮細胞の核周辺部以外が 20～60 nm の薄さになり, 直径 20～100 nm の丸い小孔(窓 pore)が多数開いている毛細血管. 血管内外の物質透過が盛んな部位である. *糸球体, 内分泌腺, 消化管の粘膜固有層, 脳の脈絡層などに見られる. 窓の部分には極めて薄い隔膜(diaphragma)が張っているのが一般的であるが, 隔膜のない毛細血管もある. 窓を含むすべての領域が基底膜に取り囲まれている. これと似た毛細血管に, 内皮細胞内と細胞間に大きな孔が開いている肝臓の洞様毛細血管(*肝門脈系)がある.

e **有蹄類** [Ungulata, ungulates] 偶蹄類(鯨類を含まず), 奇蹄類, 長鼻類, ならびに絶滅した顆節類, 汎歯類, 恐角類など, 蹄をもつ哺乳類の一群. ここには岩狸類と海牛類が加えられることもあった. 現在では用いられない人為的な分類群である.

f **遊動** [nomadism] 哺乳類の集団生活の様態の一つで, 定住的な生活とは対照的に, ある領域内で日常的な生活の場を移しながら生活すること. 一般に草食性または雑食性の陸上哺乳類, 例えば偶蹄類・長鼻類・昼行性の霊長類などの集団に典型的な遊動をみることができる. 食物の季節変化などに伴って, 利用する地域の広さ, 移動の速度・経路など, 遊動の様式には規則的な変化が見られる. 牧畜民(nomad)の移動には遊牧という用語をあてるが, 彼らの移動は家畜の遊動に随伴するものだという説がある.

g **誘導** [induction] [1] 実験発生学において, ある胚域の*分化・発生の方向が, その胚域に近接した他の胚域からの影響下で決定される現象(embryonic induction). すなわち, 胚域の分化はその細胞自身がもつ自律的プログラムによる以外に, 周囲の微環境によるものと考えられ, 微環境のうち一般的体液因子(ホルモンなど)を除く, 近隣の細胞から発せられるシグナルによる場合を誘導と呼ぶ. 最も著名な例は両生類胚の発生初期において動物極細胞が植物極細胞によって中胚葉化される*中胚葉誘導と, 予定外胚葉が*形成体からの影響の下で神経分化を起こす現象. このほか脊椎動物の個々の器官・組織の発生途上では誘導現象の例が数多く知られており, 多くの場合は組織間相互作用の形をとる. すなわち尿管芽による腎小管の誘導, 脊索による筋肉の誘導, 脊髄や脊索による軟骨の誘導, 間充織による唾液腺・消化管上皮分化の誘導, その他多くの上皮細胞分化の誘導など. 作用系と反応系の器官・組織の間に人工の多孔質膜を挟んで誘導現象を解析する膜濾過通過誘導(trans-filter induction)実験などによって, 多くの誘導現象は作用系と反応系の細胞間の接触にはよらず, 小孔を通過できる高分子化合物によることが示されている. また, 誘導を, 反応系の発生運命を決定する*教示的誘導と反応系の内在的発生能を支持する作用としての許容的誘導とに区別することもあるが, 厳密な区分は困難である. (→誘導物質). [2] 細胞に特定の物質(誘導物質)を与えるとそれを細胞内にとりこみ代謝するのに必要な酵素群が生成される現象(酵素合成の誘導). 微生物などでは, 環境の変化に対し適応的に酵素が作られるという意味で酵素適応(enzyme adaptation)と呼び, そのような酵素を特に適応酵素(adaptive enzyme)と呼ぶ. 細菌では一般に糖類やアミノ酸などの分解に関与する酵素などで見られる. すなわち培地に誘導物質が存在しない場合はこれらの酵素はほとんど合成されないが, 誘導物質を与えると急激にその合成率が高まる. 例えば大腸菌の β-D-ガラクトシダーゼでは, 誘導物質のない場合は, 細胞内で作られるリプレッサーによりその合成は 1 細胞当たり数分子以下に抑えられているが, 誘導物質を加えると, その合成率は数百倍にも高まる. 酵素合成誘導の機構は遺伝子形質発現およびその調節機構の一般的な問題として詳しく研究され, F. Jacob と J. L. Monod (1961) によって*オペロン説が提出された(→誘導性酵素, →リプレッション). [3] 遺伝子組換え技術を用いて, 温度変化や特定の化学物質と特異的発現プロモーターを組み合わせ, 人為的に特定の条件・細胞で目的の遺伝子発現を引き起こすこと. 動植物の機能解析に広く使われている. [4] →制止

a **誘導者** [inductor, inducer] 《同》誘導原．動物の胚発生において，一定の反応系に働きかけて*誘導を引き起こす作用をもつもの．*誘導物質が化学物質のみを指すのに対し，この語は*形成体のような組織に対しても用いられる．実際の発生過程で作用する誘導者と同様の作用をもつ他の器官・組織または物質のことを特に異種誘導者 (heterogeneous inductor) と呼ぶこともある．(→誘導物質)

b **誘導性酵素** [inducible enzyme] 《同》誘導酵素．細胞に特定の*誘導物質を加えることによって，合成の速度が増加する酵素．以前には，周囲の環境に適応するという意味で適応酵素 (adaptive enzyme) とも呼ばれた．細胞内で，誘導物質が特異的な*リプレッサーと結合すると，リプレッサーはそれに対応した*オペレーターから離れるため，これに隣接した*オペロンは*RNAポリメラーゼにより転写され，酵素の合成が起こる．逆に，誘導物質を除くと，リプレッサーから誘導物質がはずれ，リプレッサーはオペレーターに結合するため，そのオペロンの新しい転写は阻止され，酵素の合成はすみやかに停止する．誘導性酵素の合成は，通常，グルコースを培地に添加することにより阻害される．この現象はグルコース効果，または広く*カタボライトリプレッションと呼ばれるが，グルコースをはじめ，その異化代謝産物の存在によって，細胞内のcAMP量が減少するため，上記のように酵素の合成が低下するものと考えられる．一般に糖やアミノ酸などの分解酵素などはすべて誘導性酵素に属する．これに対比して，その生成様式に従い*抑制性酵素・*構成性酵素などがある．

c **誘導物質** 【1】 [inducing substance] 発生学において，器官・組織の分化方向が*誘導によって決定されるときに働く物質．誘導因子 (inducing factor) も同様の意味で用いられることが多い．誘導物質研究の初期には，両生類原腸胚の予定外胚葉に対し*形成体作用を現す物質について特に盛んに研究され，グリコゲン，ある種の酸，多環炭化水素などが形成体と同様の作用をもつ物質として報告された．これらの物質は誘導現象を引き起こすという意味で誘導物質の一種といえるが，実際の発生過程では作用していない．形成体が生体内で実際に分泌し，予定外胚葉への神経誘導（表皮分化の抑制）を引き起こす誘導物質は，骨形成蛋白質(BMP)阻害分子であるChordin蛋白質，Noggin蛋白質などであることがわかっている．
【2】 [inducer] それを与えたとき，その摂取・代謝と関連のある酵素を細胞に多量に生成させるような物質．一般に大腸菌の誘導物質は*リプレッサーと結合することによってその作用を現すと考えられる．また誘導物質の多くは代謝性である．例えば大腸菌にラクトースを与えた場合，それによって誘導された酵素の働きでラクトースは分解され，エネルギー源として利用される．しかしIPTGのように代謝されないものもある．前者を代謝性誘導物質 (metabolizable inducer) といい，後者を非代謝性誘導物質 (non-metabolizable inducer) または無償性誘導物質という．糖類は，一般にその糖類分解系オペロンの誘導物質である．

d **誘導防御** [inducible defense, induced defense] 捕食者や病原体に対する防御を行うときに，攻撃を受けたりその可能性を示す情報が与えられてから防御レベルをあげる様式．攻撃を受ける前から危険を予想して防御する定常防御ないし構成的防御 (constitutive defense) への対語．例えば植物が防御物質やトゲなどの物理的構造を植食者に出会う前から作っておく場合が定常防御であり，食われてから防御物質を盛んに生産する場合が誘導防御である．免疫においても防御物質や免疫細胞を準備しておく定常防御は襲われたときの対応に遅れが少ない一方で，捕食者や病原体に出会わないときにはその投資が無駄になる．そのため，病原体に攻撃を受けてから防御物質を新規に構成し免疫細胞を増殖させる誘導防御が有利になる場合がある．

e **有毒菌類** [poisonous fungi] 人体や家畜などに有毒な成分をもつ菌類の総称．麦角中毒症 (ergotism) を起こす麦角菌，黄変米 (yellow rice) をつくり発がん物質を生産する菌類 (*Penicillium islandicum*, *P. citrinum* など)，発がん性物質アフラトキシンを生産する *Aspergillus flavus*，同じくパツリンを生産する *P. urticae* などがよく知られ，またイネ科の植物に寄生する *Gibberella* や *Fusarium* のものにも中毒症を起こすものがある (→マイコトキシン)．キノコにも毒成分をもつものすなわち毒キノコ（毒菌）があり，主に神経系を侵すものと消化器官に影響を与えるものとに二大別される．
(1) 神経系障害を起こすもの：ベニテングタケ・テングタケ・コタマゴテングタケおよびアセタケ属の数種，肢端紅痛症を起こすドクササコ，幻覚性菌類として知られるシビレタケ属のものやワライタケ・オオワライタケなど．
(2) 消化器系障害を起こすもの：タマゴテングタケ・シロタマゴテングタケ・ドクツルタケ，シャグマアミガサタケ，ツキヨタケ，イッポンシメジ・クサウラベニタケ・ニガクリタケなど．(→真菌毒素)

f **有毒植物** [poisonous plant] ヒトや動物に有害な作用を示す植物．植物にはウルシ（ウルシオールやデヒドロウルシオールが原因物質）やイラクサ（主として蟻酸）のようにヒトが触れると皮膚に炎症を起こさせたり，その体の全部あるいは特別な部分に有毒な物質を含んでいて，ヒトや動物がそれを食べると中毒を起こしたり死んだりするものがある．このような植物を一括して有毒植物という．有毒植物には同時に*薬用植物となるものも多い．またヒトに極めて有毒でも魚類や昆虫類にほとんどきかないものもあるし逆の例も多い．日本に産する有毒植物は約200種類あるが，その毒成分は*アルカロイドが圧倒的に多い．例えば麻痺毒をもつものとしてケシ科のケシ・クサノオウ・タケニグサ・キケマン・エンゴサク，セリ科のドクニンジン，キンポウゲ科のトリカブト類・ヒエンソウ，ナス科のチョウセンアサガオ・ハシリドコロ，ヒガンバナ科のヒガンバナ・キツネノカミソリ・ナツズイセンなどがある．古代の矢毒はトリカブト類の根の毒で，Sōcratēs が飲まされたのはドクニンジンの煮出汁といわれる．サボテン科のウバタマは幻覚性毒を含むことで知られる．アルカロイド以外ではジギタリス・ストロファンツス・キョウチクトウなどに含まれる一種の配糖体毒（植物心臓毒）がある．少量を適当に用いると心臓の働きを強めるので，*強心配糖体とも呼ばれる．アンズ・モモ・アーモンドなどの種子はアミグダリン（ベンズアルデヒド・青酸・グルコースからなる配糖体の一種）を含む．特別な有毒植物として南アフリカに産する *Dichapetalum cymosum* があり，1頭のヒツジを殺すのに新葉20gで十分なほどであるが，この原因物質はフルオロ酢酸で，実際にはクエン酸回路に入ってから生ず

るフルオロクエン酸が劇毒の本体であることが明らかにされている.

a **尤度比検定**(ゆうどひけんてい) [likelihood ratio test] *最尤法の枠組みで,帰無仮説に対し対立仮説がデータへの適合度を統計的に有意に向上させるかを検定すること.統計モデルの尤度表現ができれば,いかなる複雑な問題に対しても普遍的に適用できることが最大の強みといえる.帰無仮説の制約を緩めた対立仮説は,一般にデータへの適合度を向上させる.データへの適合度は最大対数尤度で表現される.従って,適合度の向上は最大対数尤度の差,すなわち対数尤度比で表される.テーラー展開により,標準的な条件下では,ある程度データの量が大きいときには,この統計量を2倍したものが帰無仮説の下でχ自乗分布に従うことがわかる.自由度は自由パラメータの数の差である.この分布に照らし合わせて,統計量の値が有意に大きいとき,帰無仮説は棄却される.ただし,帰無仮説が対立仮説のパラメータ領域の境界に位置しているときは,対数尤度比の分布は最尤推定量が境界上に位置する場合と領域の内部に位置する場合とを混合した形となる.

b **誘発**(プロファージの) [induction] *プロファージをもつ菌(溶原菌)に,紫外線照射やマイトマイシンCなどの化学物質による処理を行うことによりファージが増殖を開始する現象.プロファージが産生する*リプレッサーが不活性化されることによる.紫外線照射などにより生じた一本鎖DNAに宿主のRecA蛋白質が結合し,このDNA-蛋白質複合体をリプレッサーが認識して自己分解を起こすことにより,ファージの*初期遺伝子群が発現する.このような誘発を起こすファージを誘発性ファージ(inducible phage),また誘発が生じないファージを非誘発性ファージ(non-inducible phage)という.

c **誘発電位** [evoked potential] EPと略記.種々の刺激によって中枢神経系に起こされた電位変化.脳波のような自発的活動とは区別する.多数のニューロンの活動を細胞外で記録する外界電位(field potential,電場電位ともいう)に用いる語.脳波記録では光刺激,音刺激や皮膚刺激などの感覚刺激による誘発電位のほか,各部の電気刺激による誘発電位が記録される.刺激を反復し,刺激直後の電位記録だけを電子計算機によって加算平均することにより(加算平均法),ヒトの頭皮上からでも微弱な誘発電位を明瞭に記録できる.音刺激に対する誘発電位では大脳皮質だけでなく脳幹の聴覚伝導路の誘発電位も記録できる(聴性脳幹反応).

d **誘発突然変異** [induced mutation] 《同》人為突然変異(artificial mutation).人為的処理によって誘発される突然変異.処理には放射線・化学物質などの突然変異原が用いられる(⇒化学的突然変異生成,⇒放射線突然変異生成).突然変異が人為的に誘発できることはH. J. Muller(1927)の実験によって示された.突然変異率は,形質や遺伝子座の違いにより,また変異原によって突然変異の生じやすい遺伝子座群が異なる.育種のほか,各種の貴重な実験生物の供給源とされている.

e **有柄眼** [stalked eye] *眼柄をもって頭部と連結している形式の眼.節足動物では十脚類・口脚類などの複眼がこれにあたる.これに対し,一般の節足動物の複眼は頭部に直接ついていて坐着眼(sessile eye)と呼ばれる.真軟甲類のうちで有柄眼をもつ甲殻類を柄眼類(Podophthalma),坐着眼をもつ甲殻類を坐眼類(Edriophthalma)として分類することがある.軟体動物では腹足類のカタツムリの眼も眼柄をもつ有柄眼である.

f **有柄類** [Pelmatozoa] 棘皮動物門を2亜門に分けたときの一つ.遊在亜門と対置される.現生5綱の中ではウミユリ綱のみ含められる.化石も含めた分類をする場合にはあまり使われない.(⇒遊在類)

g **有胞子細菌** [sporogenic bacteria, endospore-forming bacteria] 《同》芽胞形成細菌.栄養細胞内に芽胞(内生胞子 endospore)を形成する細菌.*ファーミキューテス門(低G+Cグラム陽性菌群)に含まれる Alicyclobacillus,バチルス属,Geobacillus,Paenibacillus などの好気性の菌属,およびクロストリジウム属,Moorella などの嫌気性菌属が該当.一部の*プロテオバクテリア門細菌(Serratia marcescens, Coxiella の特定種)にも見られる.いずれの菌も芽胞に耐熱性があるため,加熱処理で生き延び,しばしば食品衛生上問題になることがある.(⇒バチルス,⇒クロストリジウム)

h **有毛細胞** [hair cell] *内耳において,管腔に繊毛を出し,その動きにより内耳のつかさどる感覚を受容する細胞.上皮細胞の転化した二次感覚細胞で,各種の支持器官に囲まれる.聴覚を受容する*コルティ器官,重力覚(位置覚)を受容する平衡斑の感覚が典型.繊毛に運動毛・不動毛の2種類がある.運動毛は器官内で局在し,その部位により異なる神経支配を受ける.またその1本の内部構造も極性を示し,中心線を境に左右,上下に対称で,その運動の方向によって異なる神経情報,すなわち細胞膜電位の脱分極,過分極による2種類の情報を中枢に送る.これに対し,不動毛は無構造で,特に極性は示さない.水生脊椎動物の*側線器官も有毛細胞を有する.

i **幽門胃** [pyloric stomach] ⇒ヒトデ類

j **幽門垂** [pyloric appendage, pyloric caecum ラ appendix pylorica] 硬骨魚類の小腸始部に付随する小盲嚢.種類により大きさおよび数が著しく異なる.コイやウナギなどにはなく,これをもつものでも1個(イカナゴ)から約400個(マダラ)まで大きな差が見られる.組織学的には腸と同じく,単層円柱上皮で,1 胃 2 小腸 3 幽門垂
しばしば杯状細胞もまじえる.消化酵素を分泌する反面,吸収能をももつ.食物はいったんこの盲嚢内に入ることが確認されている.

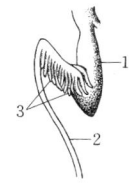

k **幽門盲嚢** [pyloric caecum] ⇒ヒトデ類

l **雄卵** [male egg] 輪虫・ミジンコなど*ヘテロゴニーをなす動物が産む卵の一種(⇒雌卵).上記の動物群では,雄卵は染色体が半数で,小形かつ薄殻であり,それが*単為生殖的に発生して生じた雄虫も雌虫に比べてはなはだ小形で,体制は極めて退化的,寿命も短くわずか数日にすぎないものが多い.雄虫の精子で耐久卵が受精する.アブラムシ($2n=6$)では雄卵の染色体数は $2n-1=5$ で,半減はしていない.この単為生殖で生じた雄虫には減数分裂により染色体数が3の精子と2の精子とができるが,後者は機能をもたない.雄卵は一般に1年に1回,秋の終わりにかぎって生まれるが(単輪廻性),種により,また条件によっては,1年に数回生まれる(多輪廻性).

a **遊離核分裂** [free nuclear division] 細胞質分裂を伴わずに行われる核分裂．この結果，一時的に多核細胞が形成されるが，多くの場合あとで一時に細胞隔壁の形成が起こり1個の多核細胞から多数の娘細胞になる．裸子植物の内乳形成およびある種の被子植物の胚乳形成，昆虫の初期卵割などで見られる．

b **遊離染色体** [isolated chromosome] 細胞から分離した染色体をいう．微小管重合阻害剤(コルヒチン)処理などで分裂期に同調した細胞集団を，界面活性剤(ジギトニンなど)で細胞膜破壊処理をした後に単離できる中期染色体分画．このような遊離染色体(中期染色体分画)は，ショ糖密度勾配分画法やフローサイトメーターによって，染色体サイズごとに更に分別することが可能である．ヒストンを主成分とする蛋白質とDNAの複合体である．1 M NaClでDNAヒストンを抽出した後に残る染色体の形を維持しているものを残余染色体(residual chromosome)と呼んだ．

c **優劣の法則** [law of dominance] 《同》優性の法則．*雑種第一代(F_1)において二つの対立形質のうちいずれか一方だけが現れること．*メンデルの法則の一つ．この表現される形質を*優性，隠されている形質を*劣性と呼ぶ．しかし，F_1の形質が両親の中間になる場合も数多く発見されている．また，表面に現れたF_1の形質は一方の親の形質と全く同じであるが，その形質の発現に関係している酵素や蛋白質の量あるいは性質が両親のものの中間である場合もみつかってきた．こうした違いを検出できるような方法で*表現型を調査すれば，対立形質の間に単純な優劣関係のみられるのがむしろ例外と考えられる．そのため，この法則をメンデルの法則に数えない場合もある．しかし，ある遺伝子に生じた突然変異が優性であるか劣性であるかは，その遺伝子産物の機能を推定する際に，重要な情報を与える．(→遺伝子量効果)

d **輸液** [infusion solution] いろいろな目的で，血管内または皮下に投与する血液以外の液体の総称．目的によって電解質・アミノ酸・糖などの溶液が用いられるが，一般に血液と同じ*浸透圧をもつように調整されている．日本では，ときにそれらを与えること(補液)をも輸液(fluid therapy)という場合がある．

e **uORF** upstream open reading frame(上流オープンリーディングフレーム)の略．《同》上流ORF．真核生物のmRNA上の5'非翻訳領域内に存在する開始コドンから始まる*オープンリーディングフレーム(ORF)．開始コドンと終止コドンがともに5'非翻訳領域内に存在するORFのみをuORFとする場合と，終止コドンが蛋白質コード領域内に存在するORF，すなわち蛋白質をコードする主要なORFと部分的に重複するORFをuORFに含める場合がある．uORFの存在が下流の主要なORFの翻訳にどの程度の影響を与えるかは，uORFの翻訳効率や，uORFを翻訳後のリボソームが下流のORFで翻訳を再開する効率などに依存し，それらの効率を制御することによって主要なORFの翻訳効率が制御される例が知られている．

f **ユクスキュル** UEXKÜLL, Jakob Johann von 1864～1944 ドイツの動物学者，比較心理学者．環境世界論および行動研究の先駆者．主体としての動物が知覚し作用する世界の総体がそれぞれの動物の環境世界(環世界，独 Umwelt)をなすとし，生物の目的追求性は機械論的原理では説明できないとした．[主著] Streifzüge durch die Umwelten von Tieren und Menschen, 1934.

g **ユーグレナ運動** [euglenoid movement] 《同》変形運動，変形現象(metaboly)，すじりもじり運動．ユーグレナ藻に見られる特異な細胞変形運動．細胞の一部が膨張してその膨張部が波のうねりのように移動するものがよく知られているが，細胞がわずかに湾曲する程度のこともある．その機構は不明であるが，細胞蛋白質や細胞膜直下にらせん状に並ぶ蛋白質性の板(ペリクル板 pellicular strip)が関与していると考えられている．変形時にはペリクル板が互いにすべりあっており，またペリクル板が互いに結合しているもの(Phacusなど)は変形しない．おそらく基質上での細胞の移動や大形の餌の取込みに寄与している．

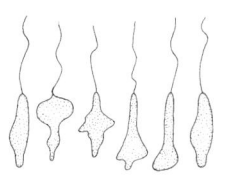

鞭毛虫 Peranemaの変形現象

h **ユーグレナ藻** [euglenoids, euglenophyceans] 《同》ユーグレナ植物，ミドリムシ植物．ユーグレノゾア門に属する系統群の一つ．ほとんどが単細胞自由遊泳性．細胞直下にペリクル板(pellicular strip)と呼ばれる蛋白質性の板が並んでおり，細胞膜や付随する構造と併せてペリクル(pellicle)と呼ばれる．*ユーグレナ運動を行うものが多い．一部の種(ミドリムシなど)は緑色植物との二次共生に由来するクロロフィルa, bを含み三重膜で囲まれた葉緑体をもつが，二次的に光合成能を失って白色体となったものや色素体を全く欠くものも多い．葉緑体をもつものは細胞質基質に明瞭な*眼点をもつ．多くは不溶性β-1,3 グルカンである*パラミロンを貯蔵する．水域に広く生育する．ユーグレナ藻綱(Euglenophyceae, Euglenoidea)にまとめられる．以前は独自のユーグレナ植物門(ミドリムシ植物門 Euglenophyta)に分類されたが，現在ではキネトプラスト類などとともにユーグレノゾア門にまとめられる．

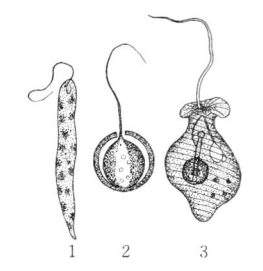

1 *Euglena intermedia*
2 *Trachelomonas volvocina*
3 *Urceolus cyclostomus*

i **ユーグレノゾア類** [euglenozoans] *エクスカバータに属する生物群の一つ．基本的に細胞口に隣接した細胞頂端の窪み(flagellar pocket, flagellar sac, 貯胞 reservoir)から生じる2本の不等運動性鞭毛をもつ単細胞性鞭毛虫．鞭毛軸系に沿って蛋白質性のパラキシアルロッド(paraxial rod)が付随する．ミトコンドリアゲノムに分化が見られ，クリステは盤状．基本的に水域の捕食者として非常に普遍的な存在であるが，ユーグレナ藻の一部は生産者．また他の生物に寄生するものもいる．ユーグレノゾア門(Euglenozoa)とされ，ユーグレナ藻綱，*キネトプラスト綱などを含む．盤状のクリステは

真核生物の中で比較的特異であり，これをもつペルコロゾア門とともに盤状クリステ類(Discicristata)としてまとめることもある．

a **ユークロマチン** [euchromatin] 《同》真正染色質．間期や核分裂前期・終期で特別に濃染しない染色体の主体部分(E. Heitz, 1929)．間期核における遺伝情報の発現(転写活性)は主にこの部分で行われている．*ヘテロクロマチンに対する語．ユークロマチンでは*ヌクレオソームの構成要素であるヒストンが量的・質的にヘテロクロマチンとは異なり，ヒストンH3の9番目のリジン残基へのアセチル修飾と共に4番目のリジンのメチル化修飾などが関わる．(⇨クロマチン)

b **輸血** [blood transfusion] ある個体の*血液を他の個体内に注入する操作．主として臨床的な場合をいい，実験技術としては血液移注という．無脊椎動物の場合は別として，多くは凝固阻止剤を加えた血液を血管内に注入するが，骨髄・皮下・筋肉内または腹腔内などに注入することもある．ヒトの輸血には*血液型不適合を考慮し，同型血液型(ABO式，Rh式)間の輸血が最も望ましいが，緊急の例外として与える血液の赤血球を受け取る側の凝集素が凝集させない組合せ，例えばO型血液を他の血液型のヒトに輸血することもある．ただし，供血者のO型血液の凝集価の高い場合は受血者の赤血球を凝集し溶血を引き起こすので，「危険なO型供血者」として注意されている．輸血には通常，生血でなく血液銀行に保存されている保存血液が用いられており，その有効保存期間は3週間であるが，長期保存を目的として，凍害防止液としてグリセロールを使用して−80℃に保存する冷凍保存血液が開発されている．輸血には，血液成分の補給を目的とし，血漿あるいは赤血球浮遊液・血小板浮遊液だけを輸血することもある．代用血液(デキストランなど)は，主として血液量・膠質浸透圧(*コロイド浸透圧)の低下を緊急に回復させるときに，血漿の代用として用いられる．動物もヒトと同様に血液型が適合していることが望ましいが，不明なことが多いため，*溶血反応や*凝集反応試験によって，その適合性を判定する．

c **輸出管** [efferent duct, efferent canal] 《同》導出管．ある器官からその分泌物，血液，体液，水などを運び出す管の総称．出鰓血管もその一例．海綿動物の襟細胞室から胃腔へ水を送り出す溝もその例で，特に流出溝と呼ぶ．また腺からの分泌物を運び出す管は輸管または導管(excretory duct)という．輸出管の対語は輸入管(導入管 afferent duct, afferent canal)で，入鰓血管のように液体を送りこむ管を指す．海綿動物の体表の小孔から胃腔や襟細胞室へ水を送りこむ流入溝もこれに含む．

d **ユースタティック変動** [eustatic movement] 《同》ユースタシー(eustasy)，海水準変動(eustatic change in sea level)．世界的に同時に起こる海面の昇降．E. Suess(1888)の提唱．ユースタティック変動の原因は，海水の体積変化，陸海の荷重変化や地殻変動による海底地形の変化に大別される．その*第四紀における主な原因は氷床の消長に伴う氷河性海面変化(glacial eustasy)で，海面は約10万年の周期で繰り返す氷期に低く間氷期には高くなり，その高度差は最大100m以上に達する．第四紀のこの変動は，生物の現在の地理的分布に重要な影響を与えたと考えられる．すなわち海面下降により陸生生物が移動したり，海面上昇のため陸の間に地理的隔離が行われて種の分化が促進されたことなどである．

e **輸精管** [vas deferens ラ ductus deferens] 《同》精管．[1] 脊椎動物における，精子の排出路の一部で，輸精小管(*精巣輸出管)と尿道との間を連絡するウォルフ管(*中腎管)由来の部分．ただし硬骨魚類の輸精管に限ってはウォルフ管由来でないものもある．さらに羊膜類や軟骨魚類において，副精巣(*精巣上体)中の著しく屈曲し折り畳まれた輸精管起始部を副精巣管(精巣上体管)と，また輸精管遠位端付近の精嚢(貯精嚢)の開口部から輸精管−尿道移行部までを*射精管と呼ぶこともある．その場合には副精巣管と射精管を除いた部分を輸精管(狭義)と呼ぶ．軟骨魚類や両生類ではこの輸精管は同時に尿の排出管でもあり*尿精管という．[2] 無脊椎動物において，一般に精子を精巣から生殖孔まで運ぶ管．

f **輸送系** [transport system] 生体膜での物質輸送に関与する分子機構を指す包括的な呼称．輸送にエネルギーを必要としない*受動輸送とエネルギーを必要とする*能動輸送がある．受動輸送には単純な拡散とキャリアーを用いる*促進拡散がある(⇨キャリアー輸送)．能動輸送では常にキャリアー(輸送蛋白質)が用いられる．赤血球膜におけるグルコースの輸送は受動輸送の例であり，ナトリウム−カリウムATPアーゼなどの*イオンポンプによるNa^+, K^+の輸送は，ATPの化学エネルギーを用いる能動輸送の例である．(⇨サイトーシス)

g **輸送細胞** [transfer cell] 植物体内で能動的な短距離輸送をつかさどる細胞．細胞壁は細胞内へ数多い突起をつくり，複雑に入り組んだ細胞壁−膜複合体(cell wall-membrane complex, wall protuberances)を形成する．この構造により細胞の表面積を著しく増大させ，溶質(炭水化物，アミノ酸，イオンなど)の輸送を促進する．維管束植物では葉の小脈，葉跡の道管周辺の*柔組織，篩部の*伴細胞，*蜜腺・塩類腺などの分泌細胞，*排水組織などによく発達している．また，マメ科植物の根粒の維管束部でもよく発達している．水生植物の水中葉の背軸側の表皮にも輸送細胞が見られる．輸送細胞へ物質を取り込むときには，トランスポーターを用いて能動的に細胞内へ物質を移動させる．逆に，輸送細胞から物質を分泌するときには，物質を小胞に取り込み，表面積の大きな細胞膜と癒合して細胞外へと分泌する．

h **輸送シグナル** [transport signal] 《同》移行シグナル，輸出シグナル(export signal)．主に*小胞輸送において，蛋白質が特定の細胞小器官に輸送されるために認識されるシグナル．アミノ酸配列や，翻訳後修飾で加えられる糖鎖などがある．輸送シグナルに直接，あるいは受容体を介して間接的に*コート蛋白質が結合することにより，輸送される蛋白質が*輸送小胞に選択的に取り込まれる．蛋白質の核移行シグナルや膜透過におけるシグナル配列を含む場合もある．

i **輸送小胞** [transport vesicle] 《同》被覆小胞(coated vesicle)．*小胞輸送において輸送担体となる球状，あるいは袋状の閉鎖小胞の総称．輸送小胞は，細胞小器官の細胞質側の表面で*Sar/Arf GTPアーゼによって制御されながら*コート蛋白質が集合することにより出芽し，形成された輸送小胞はコート蛋白質により被覆されていることから，被覆しているコート蛋白質の名前を冠した呼び方をする．クラスリン小胞，COPⅠ小胞，COPⅡ小胞などいくつかの種類があり，輸送経路ごと

に異なった輸送小胞が使い分けられている．輸送小胞の大きさは直径50 nm から100 nm を超えるものまで幅がある．

a **油体** [oil body] コケ植物苔類の細胞質の中に含まれている脂肪性含有物．苔類での分類の標徴とされる．

b **輸胆管** [bile duct ラ ductus biliferi] 《同》胆管．脊椎動物において，肝臓と腸を連結し，肝臓からの分泌物である*胆汁の輸管．肝臓内で分枝して小葉間胆管となり，さらに肝小葉中の胆細管に連なる．輸胆管にはしばしばその途中に分枝をもって*胆嚢が付随し，その場合は胆嚢は分枝すなわち胆嚢管 (cystic duct) によって輸胆管に開く．その場合は胆嚢管の開口部と肝臓の間の輸胆管を肝管 (hepatic duct)，開口部と腸の間の部分を総胆管 (ductus choledochus, choledochal duct) という．種により輸胆管の腸への開口の近くで膵管がこれに合する．

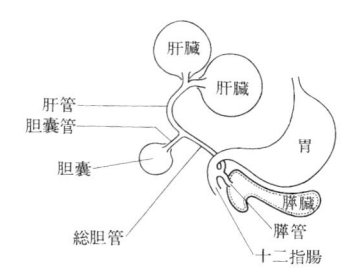

肝管
胆嚢管
胆嚢
総胆管
肝臓
胃
膵臓
膵管
十二指腸

c **ユードキシッド** [eudoxid] 刺胞動物ヒドロ虫綱クダクラゲ類のうち，鐘泳類の群体を構成する幹群の一部が，群体の幹部から離脱して独立生活を営むようになったもの．それ自身もまた小群体である．その小群体中の生殖体に卵および精子が成熟して有性生殖を行う．すなわち群体から無性生殖（出芽と分裂）によりユードキシッドを生じ，ユードキシッドが有性生殖を行うという一種の世代交代であり，通常の群体を多栄養世代，ユードキシッドを単栄養世代と呼ぶ．

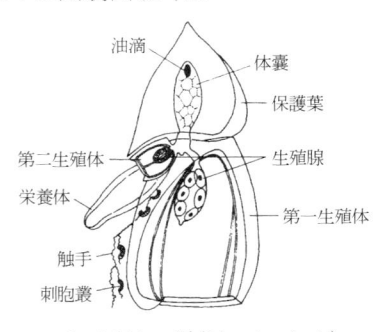

油滴
体嚢
保護葉
第二生殖体
栄養体
生殖腺
第一生殖体
触手
刺胞叢

ヒトツクラゲの一種 (*Muggiaea kochi*) のユードキシッド

d **輸入感染症** [imported infectious disease] 旅行者や輸入食品などを介して，国内には常在しないかもしくは稀な病原体が海外からもち込まれ発生する感染症．広義には，旅行者が海外で感染・発症し，罹患したまま帰国した場合も含まれ，*旅行者下痢症が最も多い．

e **輸尿管** [ureter] 《同》尿管．脊椎動物の成体で，腎臓から尿を体外に排出する管．無羊膜類では中腎管から，羊膜類では中腎管の分枝，すなわち尿管芽 (ureteric bud) として新たに形成される後腎輸管に由来する．狭義には羊膜類の場合だけに用い，無羊膜類のものを原輸尿管 (primitive ureter) という．哺乳類では膀胱の発生に伴い，輸尿管は中腎管（後の輸精管）との連絡を絶たれ，直接膀胱に終わる．(→尿道)

f **輸尿精管** [urinoseminal duct, urinogenital duct, urogenital canal ラ canalis urogenitalis] 《同》輸精尿管．無羊膜類における輸精管．中腎が成体の腎となる無羊膜類では，*中腎管(ウォルフ管)由来の*輸精管が精子と尿の排出路を兼用している，このため呼ぶ．ただし硬骨魚類では，中腎輸管とは別に独自の輸精管ができる．一方，後腎が成体の腎となる羊膜類では，輸尿管が尿を排出し，中腎管由来の輸精管は精子だけを排出するようになる．(→輸精管)

g **指，趾** [finger, toe] 四肢類の外肢末端の分岐部．一般に指と書くが，*後肢（特にヒト）では趾の語を用いる（読みは「ゆび」または「あしゆび」）．5本を基本とするが，系統や種によっては5本より少なく，*前肢と後肢で数が異なるものも多い．指は前側から順に第一〜五指あるいは母指(拇指)，示指，中指，環指，小指という．指の骨(指骨)は複数の指節骨(phalanx)という管状骨から成り，ヒトの第二〜五指の3個の指節骨は，末節骨，中節骨，基節骨と呼ばれる．ヒトの第一指の指節骨は2個で，他の動物種でも第一指の指節骨は他の指より少ない傾向がある．指の背側には末端を保護する*爪や蹄などをもつものがある．

h **ユビキチン** [ubiquitin] Ub と略記．真核細胞に普遍的に存在する蛋白質で，76個のアミノ酸残基からなり，分子量は8600．「あらゆるところに在る」(ubiquitous) が名の由来．熱安定性が高く，アミノ酸配列は進化的に保存性が高い．原核生物，特に古細菌にはUbによく似た蛋白質(Ub-like protein)が存在．Ub は2本のαヘリックス鎖と5本のβシート鎖からなる構造(Ub フォールド)をもつ．Ub は種々の生理機能をもつことが明らかとなってきたが，最初に見出された主な機能は，細胞内で選択的に分解されるべき蛋白質をユビキチン化(Ub 化)して標識することにある．Ub 化は，翻訳後修飾の一つであり，標的蛋白質のリジン残基のε-アミノ基が Ub のカルボキシル側末端(C 末端)のカルボキシル基とイソペプチド結合を形成する反応である．この反応には，3種類の酵素が関与する．最初のUb 化が起こると，その Ub 分子の48番目のリジン残基と第二のUb 分子のC 末端カルボキシル基がイソペプチド結合で結合し，さらに同様の反応が繰り返され，多数(5〜20)のUb 分子が鎖状に結合してポリユビキチン化(ポリ Ub 化)蛋白質を生成する．この修飾を受けた蛋白質のみが，26S プロテアソームによって認識され分解を受ける．これが主要なポリ Ub 化であるが，次に，Ub 分子の63番目のリジン残基を介してポリ Ub 化される蛋白質も知られ，この場合はポリ Ub 鎖は蛋白質結合ドメインとなり，シグナル伝達，DNA 損傷修復などに関与する．さらに，Ub 化が標的蛋白質中の1個あるいは複数のリジン残基に1個ずつ Ub 分子の結合する場合も知られ，それぞれモノ Ub 化およびマルチ Ub 化という．モノ Ub 化を受けた蛋白質は細胞内部での移行の標的となることが知られている．例えば，転写因子の場合には局在部位の変化による遺伝子発現の制御，細胞膜上

の受容体蛋白質の場合にはエンドサイトーシスによる細胞内への取込みによる調節に関与するとされる.

a **ユビキノン** [ubiquinone] UQ と略記.《同》補酵素 Q (coenzyme Q, CoQ).*電子伝達機能をもつベンゾキノン誘導体.R. A. Morton がネズミ肝脂質から分離,命名,その後 F. L. Crane らがウシ心筋のミトコンドリア脂質から分離してコエンザイム Q と命名.抽出する生物の種類によって側鎖のイソプレン単位(⇄イソプレノイド)の数が異なる.$n=6〜10$ が多く,ヒトやウシでは UQ_{10},ネズミでは UQ_9 である.イソプレン基の多いものは黄橙色の結晶状である.酸化型は 275 nm に特有な吸収帯をもつ.動物では*ミトコンドリアにあり,微生物でもその酸化還元反応により($E^{\circ\prime}=0.10$ V,pH 7.4),フラビン蛋白質から 2H をとり*シトクロムに移す*電子伝達体の機能をもつ.ユビキノンは動物体内でも合成されベンゾキノン部はフェニルアラニン,イソプレン部は*アセチル CoA から合成されビタミン様作用物質の一つである.

$$\underset{n=1〜10}{\text{H}_3\text{CO}\diagup\text{benzoquinone with }(\text{CH}_2-\text{CH}=\text{C}-\text{CH}_2)_n\text{H side chain}}$$

b **UPGMA** unweighted pair-group method with arithmetic mean の略.*距離行列法の一種で,進化速度の一定性を暗黙のうちに仮定して*系統樹を作成する.1950 年代に数量分類学が勃興した時に,R. Sokal らが考案した.最小の距離を示す OTU (operational taxonomic unit) の対をまず合体し,それらと他の OTU との平均距離を計算したあと,同じ操作を繰り返していくことで,段階的に系統樹を作成することができる.しかし進化速度は必ずしも一定ではないので,*近隣結合法のように,一定でなくても系統樹を正しく作成できる可能性の高い方法がより広く使われるようになった.

c **ユムシ動物** [echiurans, spoonworms ラ Echiura]《同》イムシ類,蟶類,蟶虫類.左右相称で,裂体腔性の真体腔をもつ旧口動物.体幹は長紡錘形で長さは数十 cm まで.その前方に突出した吻(proboscis)は*星口動物と違って体腔を含まず,体幹に引き込まれない.繊毛と粘液に富む吻の働きで,大量の砂泥とともにデトリタスを摂取するのが通例.吻の無い種がまれにある一方,2 m 以上に伸長できる種もある.口は吻の基部すなわち体幹前端の腹面に開き,肛門は後端にある.口の直後に腹剛毛,肛門の周囲に尾剛毛をもつ種もある.体幹にある唯一の広い真体腔には,長く迂回した消化管,種により 1 個あるいは 1 対から 400 個にもおよぶ腎管,そして直腸の左右に突出する 1 対の肛門嚢 (anal vesicle) が含まれる.体幹全長にわたり体壁から独立して走る 1 本の腹神経索には,神経節は形成されない.一般に閉鎖血管系をもつが,血管を欠くものもある.腎管の排出機能は未解明.雌雄異体.卵や精子は腎管から一時蓄えられた後体外で受精し,らせん卵割してトロコフォア型浮遊幼生となる.ただし,ボネリムシ科(Bonelliidae)の雄は小形で雌の体内に寄生し,受精はここで起こり,卵黄が多いため幼生は変形していて浮遊しない.かつてはホシムシ類などとともに*環形動物類と位置づけられた.その後,独立した一門とされてきたが,分子系統学的研究に基づき*環形動物門の一綱とされることが多い.すべて海産で,全世界の潮間帯から超深海に分布し,砂泥中あるいはサンゴ礁や岩礁中で巣穴を掘って生息.現生既知約 145 種.

d **ゆらぎ** [fluctuation] 平均値からの確率的な時間変位や集団内における各サンプルの変位のこと.例えば,生態系や酵素反応系などのシステムが平衡状態にある場合,厳密にはただ一点の平衡状態をとるのではなくその周りを時間的にふらつくこと.あるいは,細胞や胚のサイズ,遺伝子発現量の空間分布などが集団平均としては固有の空間スケールを有する一方で,サンプルごとには平均値まわりにばらつくこと.ゆらぎの原因には,環境由来の外的な攪乱だけでなく,システム構成要素の少数性に由来する内在的なものがある.例えば,生態学における各動物種の個体数や遺伝子発現過程における mRNA や蛋白質の個数が少ない場合,その増減の確率的・離散的変動が大きくゆらぎの主要な要因となりうる.ゆらぎは正確なシグナル伝達や形態形成の実現にとって障害となるため,多くの生命現象においてゆらぎの存在下においても安定に目的を実現するためのさまざまなメカニズムが存在する.他方,ゆらぎはシステムに入力される信号のシグナルノイズ比(SN 比)を向上させるなど,生体にとってポジティブな作用をもたらすこともある.

e **ゆらぎ仮説** [wobble hypothesis] tRNA による*コドン認識の多様性を説明する仮説.F. H. C. Crick (1966) が提唱し,実証された.一つのアミノ酸に 2 種以上のコドンが対応している場合(⇄縮重),しばしば 1 種類の tRNA が複数のコドンを認識できる.コドンと*アンチコドンが対合する際,コドンの 3 字目 (3′ 末端) の塩基と,アンチコドンの 1 字目 (5′ 末端) との対合にはゆらぎ (wobble) があり,ワトソン-クリックの塩基対以外にいくつかの可能な対合(例えば U〜G)が存在する.その結果,例えば GAA アンチコドンをもったフェニルアラニン tRNA は二つのコドン UUU, UUC に対応できることになる.tRNA のアンチコドン 1 字目にはしばしば修飾塩基(例えばイノシン)が存在し,ゆらぎ対合の多様性に関与している.

f **輸卵管** [oviduct ラ oviductus]《同》卵管.卵巣から卵を受け取り排出する管.一般に,卵生の動物では生殖口に,胎生の動物では子宮に開き,前者では雌性生殖輸管の全部で,後者ではその近位部の一部分にあたる.脊椎動物では一般に*ミュラー管由来,硬骨魚類と無脊椎動物ではミュラー管由来ではなく,卵巣被膜の延長したもの.輸卵管と卵巣との連絡様式については,両者が直接連絡するもの(無脊椎動物と硬骨魚類)と,直接連絡せず,卵巣付近に輸卵管腹腔口として漏斗状に開口するもの(多くの脊椎動物)があり,さらに後者では輸卵管間膜が変化して生じた嚢(*卵巣嚢)の中に卵巣と輸卵管腹腔口が存在するもの(哺乳類の一部)もある.脊椎動物では,輸卵管壁から分泌された卵膜が付加される.哺乳類の輸卵管は,近位部から順に輸卵管傘,漏斗部(腹腔口),膨大部,峡部,子宮部(子宮輸卵管移行部)が区別され,受精は一般に膨大部で起こる.この輸卵管中の精子の上走は主にその筋層の運動によって起こり,受精卵の下走は輸卵管上皮の繊毛運動で起こる.哺乳類の輸卵管はラッパ管 (salpinx) またはファロピウス管(ファロピオ管 tuba Fallopii, Fallopian tube)とも呼ばれる.鳥類など

のように一側の卵巣が退化するものでは，その側の輸卵管も退化する．（⇒卵巣管）

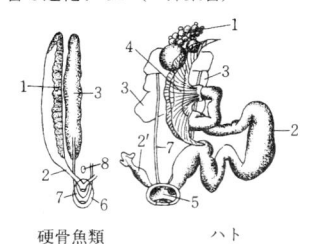

```
1 卵巣
2 輸卵管
3' 退化した輸卵管
3 腎臓
4 漏斗状の腹腔口壁
5 総排泄腔
6 泌尿生殖洞
7 輸尿管
8 肛門
```

硬骨魚類　　ハト

a **ユーリアーキオータ門**［phylum *Euryarchaeota*］《同》ユリアーキオータ門．*アーキアドメインに分類される門（phylum）の一つ．1990年，16S rRNA の相同性に基づいて C. R. Woese らによって*クレンアーキオータ門と共に創設．幅広い極限環境に適応していることからのギリシア語の *eurys*（広いの意味）に由来する命名である．*メタン生成菌，高度好塩菌のほか，超好熱菌，好熱好酸菌，硫酸還元菌，メタン酸化菌などの生理・生態学的に多様な菌群が見られ，アーキアの記載種の多くを包括．（⇒付録：生物分類表）

b **ユング** JUNG, Joachim　1587～1657　ドイツの博物学者，数学者．ギーセン大学の数学教授ののち，ロストック，パドヴァで医学を修め，ヘルムシュテット大学医学教授．ついで1629年ハンブルクの高等学校校長．植物を研究し，死後に弟子により著作が刊行された．植物比較形態学の先駆者といわれる．植物を木と草とに分ける従来の体系に反対した最初の人．また自然発生説の否定者である．［主著］Isagoge phytoscopica, 1678.

ヨ

a **葉** 【1】[lobe] ⇨小葉【3】
【2】[patch] 〚同〛葉弁.外形が葉状の弁.ただし本来の弁の機能と関係なく溝や結合組織などで区画された組織や器官片をいうこともある.

b **葉腋** [leaf axil, axil of leaf] 葉が茎に付着する点の,すぐ上の部位.多くの側芽は葉腋に生じ(⇨腋芽),分枝の行われる場所といえる.

c **養液栽培** [solution culture, nutriculture] 〚同〛無土栽培(soilless culture).*水耕を応用した栽培法.1930年代にアメリカのW.F.Gerickeが考案.太平洋戦争中,米軍が野菜供給のために硫黄島などで初めて本格的に採用した.装置は培地をおさめ植物体を固定するための栽培槽,貯液槽,循環用配管,送液ポンプから構成され,そのほかに酸素供給の方法や装置も不可欠である.培地としては水溶液だけのほか,植物体の固定や酸素供給のために化学的に不活性な培地が用いられ,その方法には,水耕,砂耕(sand culture),礫耕(gravel culture),ロックウール耕(rockwool culture)などがある.このほか,水溶液を根に吹き付ける噴霧耕(mist culture),イギリスで発展途上国向けに資材費を極度に下げて開発されたNFT法(nutrient film technique)など,収量増加,省力,コスト低下を目的に各種の装置が考案されている.

d **蛹化** [pupation] 完全変態を行う昆虫の最終齢幼虫が脱皮して蛹になること.(⇨前胸腺ホルモン,⇨昆虫の変態)

e **幼芽** [plumule] 種子の中で胚の子葉のすぐ上に発達した*頂芽.外部形態的には成熟個体に生ずる芽と大差はないが,その構造はイネ科の子葉鞘をもつ幼芽,サクラやインゲンなどの第一葉を含む幼芽などのように特殊であることがしばしばある.

f **葉芽**(ようが) [foliar bud, leaf bud] 「はめ」とも.栄養葉と茎だけから構成された芽.花を形成する*花芽に対する名で,どの位置に生じたかを問わない.つまり生殖器官を生じない芽はすべて葉芽である.

g **葉間期** [plastochron, plastochrone] 〚同〛プラストクロン.主にシュート頂において,ある葉原基が形成されてから次の節に属する葉原基が同じ状態に形成されるまでの時間.被子植物の形態形成上の用語.もとE.Askenasy(1880)が周期的な現象の1周期の時間をこう呼んだが,A.Schmidt(1924)が上記の意味に転用した.十字対生の葉は1個の葉原基の出発からその直列線上の次の葉の出発までが2葉間期である.転じて葉原基の発生段階を表現するのに用いることもある.栄養期シュート頂の構造は,葉間期の間の段階に応じて葉間期変化(plastochronic change)する.この現象は,対生葉序で特に著しい.

h **幼期雌雄同体現象** [juvenile hermaphroditism] ある種の動物でみられる成体は明瞭な雄個体と雌個体とに区別されるにもかかわらず,幼生期には精巣と卵巣(もしくはそれらの未発達なもの)が共存する現象.カワゲラの*若虫の精巣の前方には卵巣様組織があり,トビムシやアナジャコのある種では幼期の精巣中に卵様細胞を含む.脊椎動物でも円口類・魚類・両生類には,幼時には卵母細胞様細胞をもつ卵巣型の生殖腺をそなえる雄個体がある.この現象と副雌雄同体現象とをあわせて*痕跡的雌雄同体現象と呼ぶ場合がある.

i **葉脚** [leaf base] 〚同〛葉底,葉身基部.*葉身の基部.これに対し葉全体の基部は葉基(leaf base)と呼ぶ.葉の先端を指す葉先(leaf apex)に対する語.葉柄あるいは茎との接し方により,鋭形,鈍形,くさび形,切形,心臓形,円形などが知られている.また,極端に発達した左右の葉脚が癒着すると*盾状葉や漏斗葉になる.

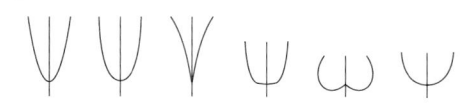

鋭形　鈍形　くさび形　切形　心臓形　円形

j **溶菌** [bacteriolysis] 一般に細菌細胞が何らかの原因で破壊される現象.[1] 抗体が,補体の存在下に対応する細菌菌体を破壊する現象.1894年R.F.J.Pfeifferは,コレラ菌で免疫されたモルモットの腹腔内にコレラ菌を注射すると,菌が特異的に溶菌することを発見し,菌の同定に使用した(プファイファー現象またはPfeifferの溶菌試験).補体として動物の新鮮血清を加えれば,溶菌現象は試験管内でも起こる.これをNeisser-Wechsberg試験管内溶菌反応と呼ぶ.[2] 細菌細胞内でファージが増殖する結果,細胞壁を溶かす酵素が作られ,その働きにより細胞を溶かす現象.(⇨プラーク)

k **溶菌素** [bacteriolysin] 細菌により免疫された動物がつくる抗体のうち,補体の存在下に,対応する細菌菌体を溶解させる抗体.

l **幼形** [juvenile form] 生物の発生過程で,成形への過渡期に示す形態.[1] 維管束植物では,胞子体が胞子形成を行う前の一定の期間に,成形と異なった形態の葉(幼葉)を作る.例えばコケ植物蘚類の茎葉体では,茎葉体形成初期に葉脈の無い葉を作り,幼葉と呼ばれる.幼形を担う因子として,シロイヌナズナを中心に,転写因子,低分子RNA,クロマチン修飾酵素などが同定されている.サワラの園芸品種であるヒムロなどは球果をつけるような成熟した段階になっても幼葉をつける*異時性の突然変異体である.[2] 動物においては,著しい変態をするものの幼形は,特に*幼生(昆虫類では幼虫・若虫)または幼生形(larval form)と呼ばれる.

m **幼形進化** [paedomorphosis] *系統発生への個体発生の影響を考える場合に,形質変化が未成期(胚期・幼生期など)に起こること.これに対し,形質変化が成体期において起こるのを成体進化(gerontomorphosis)という.一般に祖先と子孫の個体発生における各種形質発現期の相対的差異(異時性)の効果を,G.R.de Beer(1940)は次のように整理分類している.まず,祖先型の未成期に存在しているかまたは出現しはじめた形質について,子孫型で出現する時期により次のように分類する.

(a) 未成期にだけ現れて，適応的変異をなすが，成体の系統発生的系列には影響しない(*変形発生)，(b) 未成期にも成体期にも出現するが，成体期に近づくにつれ変形されるため，子孫型は祖先型から漸次的に隔たる(偏向 deviation)，(c) 生殖器官に比して体の発達が相対的に遅滞するため，子孫型は祖先型の幼形を保有しながら成体になる(*ネオテニー)．また，(d) 祖先型では未成期にも成体期にも存在していた形質が未成期だけに出現し成体では欠如または痕跡的になるものがある(減退 reduction)．さらに，(e) 祖先型では成体期に存在した形質が子孫型に出現する場合には，(e) 同様に成体期に出現し，変異を起こして，変種や品種などを形成する(成体変異 adult variation)，(f) 成体のより後期に出現する(遅滞 retardation)，(g) 同じ時期に出現はするが，新しい成体期が相対的に遅れるために「ふみ越え」(overstepping)が行われて，子孫型には祖先型の成体期に続く新しい形質が追加される(*過形成)，(h) 未成期に出現し，子孫型では成体期まで持続することもしないこともある(*促進)，と分類される．以上のうちbとcが幼形進化に当たり，e, g, hが成体進化に当たる．S. J. Gould (1977) の分類によれば，体器官と生殖器官の発生時期の促進と遅滞に着目し，ネオテニー，プロジェネシス(progenesis)，過形成および促進の4様式だけが異時性とみなされる．（→異時性）

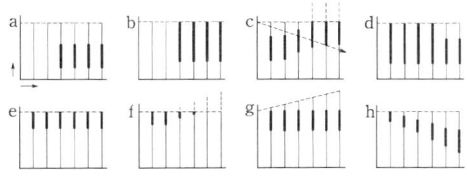

a 変形発生　b 偏向　c ネオテニー　d 減退
e 成体変異　f 遅滞　g 過形成　h 促進

各図において，横軸は系統発生の時間軸，縦軸は個体発生の時間軸．太線部分は新しい形質の出現あるいは変化を示す．

a **葉隙** [leaf gap] 維管束植物で茎から葉が分岐するときに，*葉跡が茎の維管束から離れていくあとに，茎の維管束に残す維管束の欠所．*柔組織で占められている．シダ植物大葉類の茎の*管状中心柱では明瞭にみられるのに対して，小葉類(ヒカゲノカズラ類)の小葉類の茎の*放射中心柱では葉隙が生じないので，大葉類と小葉類との区別の際に重視された．シダ植物の網状中心柱や種子植物の真正中心柱でも葉隙は存在すると考え，一般に1葉当たりの葉隙の数に応じて単隙型(adj. unilacunar)，三隙型(trilacunar)，多隙型(multilacunar) の語が使われる．また葉跡の数も合わせて示す場合，一葉跡三隙型，三葉跡三隙型などという．単子葉類の*不整中心柱では維管束が複雑な分岐や走行を示すので，葉隙がはっきりしないことが多い．

b **溶血性貧血** [hemolytic anemia, hemolytic anaemia]《同》溶血性黄疸．血液中の赤血球が異常に破壊され，*貧血と黄疸を伴う状態．原因として，(1) 赤血球自体に欠陥がある場合と，(2) 血漿または細網内皮系に要因がある場合とがある．(1)には，先天性のものとして赤血球内酵素欠乏症や異常血色素症など，後天性のものとして発作性夜間血色素尿症などがある．(2)には，免疫抗体性要因として自己抗体の存在によるものおよび血液型不適合などによる同種抗体の存在によるもの，臓器性要因として脾機能亢進症があり，さらに外的要因として熱傷，放射線照射，鉛の摂取およびサルファ剤やフェナセチンなどの薬剤によるものがある．また，(a) 先天性のものと(b) 後天性のものにも分類できる．(a)の遺伝性球状赤血球症あるいは先天性無胆汁色素黄疸(congenital acholuric jaundice)では，遺伝的に脆弱な球形の赤血球(spherocyte)しか造られず，正常赤血球に比べて血液中で壊れやすい．(b)の後天的特発性溶血性貧血(idiopathic acquired hemolytic anemia)は，細菌やウイルス感染によって赤血球膜に新しい抗原が生じたり，または赤血球には変化がなくても抗体産生機構に異常が起こることによって赤血球に対する抗体が形成される自己免疫溶血性貧血(autoimmune hemolytic anemia)であることが多いが，その他の原因，例えば赤血球の代謝異常や細網内皮系細胞の異常などもその原因になりうる．*新生児溶血症は，Rh$^-$の母親がRh$^+$の胎児を妊娠することによって起こるが，類似の現象は，Rh$^-$の成人がRh$^+$の血液を繰り返し輸血された場合にも起こる．溶血性貧血における赤血球破壊は，血液中および肝臓と脾臓の細網内皮系細胞によって行われる．

c **溶血素** [hemolysin, haemolysin] 赤血球膜に作用し溶血反応を起こさせる生物学的因子．赤血球膜成分に対する抗体．溶血性連鎖球菌のストレプトリシンO (streptolysin O, SLO)などある種の細菌の分泌する溶血作用をもつ毒素がこれに属する．前者を免疫溶血素 (immunohemolysin)，後者を細菌性溶血素(bacterial hemolysin)と呼ぶ．他に植物毒素の*リシンやヘビ毒，ハチ毒もある．

d **溶血反応** [hemolysis]《同》溶血．一般には，赤血球膜が破れたり，多数の穴が生じたり，極度に伸張することによって，赤血球から*ヘモグロビンが流出する反応．赤血球浮遊液は，溶血とともに透明度が増し，強い赤色を呈するようになる．溶血は次のような場合に生じる．(1) 抗赤血球抗体が赤血球に結合し，抗原抗体複合体形成後に抗体Fc領域を介して補体が結合して赤血球膜面上で補体の活性化が惹起されることによって生じるもの．免疫溶血反応(immune hemolysis)という．抗赤血球自己抗体による溶血が生体内で強く起これば，貧血および黄疸が現れる．このような症状を示す疾患として溶血性貧血(溶血性黄疸ともいう)が知られている．(2) その複合体がFc受容体を介して*マクロファージなどに貪食されて赤血球が壊されることによって生じるもの(オプソニン化)．(3) 他の物理的・化学的・生物学的要因による非特異的なもの．赤血球に対する機械的作用(強い振盪など)，加熱または凍結，浮遊液の浸透圧の低下などの物理的要因，あるいは酸・アルカリ・胆汁酸・サポニンなどの化学的要因で引き起こされる．（→新生児溶血症，→補体活性化経路）

e **溶原化** [lysogenization] 細菌に*溶原性ファージが感染し，*プロファージとして宿主菌ゲノムの一部となること，またはその過程．溶原化した菌を溶原菌(lysogenic bacterium, lysogen)，菌にプロファージが存在している状態を溶原性(lysogeny, lysogenicity)という．また，二つ以上のプロファージが存在する状態を多重溶原性(polylysogeny)という．溶原性ファージが宿主菌に感染すると，菌体内で増殖して最終的には宿主を破壊

(溶菌)して子孫ファージが放出される場合と，溶原化して溶原菌のゲノムの一部となり，溶原菌の増殖によってファージゲノムが複製されていく場合とがある．前者のようなファージの生活環を溶菌サイクル(lytic cycle)，後者を溶原サイクル(lysogenic cycle)という．どちらのサイクルをとるかは，菌の生理的状態などによって決定される．溶原菌では，ファージ自身がコードする*リプレッサーが産生されてファージの増殖に必要な遺伝子が発現されないためにプロファージの状態が維持されるが，紫外線照射などでリプレッサーが不活化するとファージゲノムの*切出しとそれに続くファージの増殖が始まる．

a **溶原化変換** [lysogenic conversion] 《同》ファージ変換(phage conversion)．*溶原性ファージの*溶原化に伴って菌の形質が変化すること．溶原化は形質の発現にとって必須ではないこともあるので用語としては不適当な点もあり，ファージ変換と呼ぶことを主張する人もある．代表的例は，*ジフテリア毒素などの毒素産生能の付与，サルモネラ菌の*O抗原の変換など．

b **葉原基** [leaf primordium] 発生の初期にある葉．葉原基はシュートの頂端にある頂端分裂組織(*シュート頂分裂組織)の周辺部分から，外生的に隆起した突起として現れる．一般にこの突起は多くの被子植物ではシュート頂側面の表面近くの1ないし数細胞層における*並層分裂に由来し，表面の最外層の細胞の並層分裂からは始まらない．ことに真正双子葉類では通常，表面から第二番目の層の細胞に最初の並層分裂がみられる．しかし，イネ科などでは外側の2層の並層分裂に由来する．このようにして生じた突起はその先端に頂端分裂組織を形成し先端成長を始めるが，その活動は一部のシダ植物を除いてはあまりみられない．*YABBY遺伝子族クラス1の働きでシュート頂分裂の制御基としてのアイデンティティーが与えられる一方で，*HD-ZIP III遺伝子族や*KANADI遺伝子族などの働きで葉原基に*背腹性が確立すると，背腹軸の境界に沿って*板状分裂組織が葉原基基部側に成立し，この活動によって葉原基は介在成長的に平面成長を始める．被子植物の葉の表皮系はシュート頂の外衣第一層に由来する周縁始原細胞(marginal initials)から形成され，のちに気孔や毛などを分化する．葉肉や葉脈はシュート頂の第二層から由来する次周縁始原細胞(submarginal initials)から分化する．*複葉が形成される場合は，葉原基基部の周縁部(marginal blastozone)で，クラスI *KNOX* 遺伝子(→KNOX遺伝子族)などの働きにより，小葉原基が生じ，これの発達により葉形が複雑化する．基本的にいず

れも先端部から細胞分裂を止め分化に向かう．葉原基上のこの境目は*アレスト・フロントと呼ばれる．草本や一部の木本では原基発現後は完成までに成長と分化を止めないが，冬芽や多くの腋芽では葉原基のまま長期間休眠する．またシュート頂において葉原基の発生する位置は*オーキシンの極性輸送によって決まり，その結果として葉の茎上における配列(*葉序)が決定される．

c **溶原性ファージ** [temperate phage, lysogenic phage] 《同》テンペレートファージ．宿主菌の染色体に*プロファージとして取り込まれる能力(溶原化)をもつファージ．宿主菌に感染後，通常は菌体内で増殖して宿主の溶菌を起こす(溶菌サイクル)が，ある割合でプロファージとなって溶原化し，宿主菌ゲノムの一部として娘細胞に受け渡される(溶原サイクル)．(⇒溶原化)

d **幼根** [radicle] 種子植物の胚に形成された根．幼根の発生を含めて胚発生の形式は植物群によって異なるが，一般にまず*原根冠として胚の本体になるべき部分の基端に，*胚柄に接して現れた後，胚本体の細胞も取り込みながら形成されていく．種子が発芽したのちは，裸子植物や双子葉類の幼根は主根として伸長することが多い．

e **葉痕** [leaf scar] 《同》葉印．葉の落ちたあと茎面に見られる印痕のこと．多年生の植物では，形成されてから一定の期間を経た葉は基部に*離層を分化して茎から離脱する．葉痕は葉が茎に接した面の形や位置(葉序)を示すよい証拠であり，線形(多くの鱗片葉)，楕円形ないしは角の丸くなった三角形(多くの樹木)，円形，半円形，三日月形，あるいは環形(スズカケノキ)など，種によりさまざまな形となる．多くの場合，維管束の配列状態は葉痕面にはっきり残っている．茎の二次肥大成長が進行すると樹皮のはがれ落ちるのにつれて消えていく．似た現象として，枝が落ちて痕を茎面に残す植物がある．(⇒葉枕[2])

f **葉酸** [folic acid] 《同》ビタミンB$_c$(vitamin B$_c$)，ビタミンM(vitamin M)，プテロイルグルタミン酸(pteroylglutamic acid, PGA)．C$_{19}$H$_{19}$N$_7$O$_6$ 分子量441.40．ビタミンB群の一つ．同様の活性をもつ類似化合物を含めることもある．H. K. Mitchell(1941)らがホウレンソウの葉から抽出精製したので葉酸の名がある．骨髄中の幼若細胞の成熟を助ける作用があり，これが欠乏すると赤血球の異常未熟細胞の増加と貧血および白血球減少をきたす．これは葉酸が関与している核酸のピリミジンやプリンの合成が抑制されるためである．*Lactobacillus casei* その他の微生物の増殖促進因子としても働く．天然には遊離型が一部存在するが，大部分はポリグルタミン酸誘導体として存在する．特にグルタミン酸が6個結合したものはビタミンB$_c$と呼ばれる．葉酸と同じく成長促進・造血促進因子としての働きをもつものが知られており，このうちには葉酸のホルミル誘導体やテトラヒドロ葉酸のホルミル誘導体が含まれる．赤血球中の葉酸量は肝臓中の葉酸量を反映しており，赤血球中の葉酸含量を測定すれば体内の葉酸貯蔵量がわかる．通常，体内に貯蔵されている葉酸の量は，3～4カ月の摂取不足に耐えうる量である．摂取量が不足すると，巨赤芽球性貧血となって現れ，心悸亢進，息切れ，目眩，舌炎，口角炎，うつ病などを伴う．先天性の葉酸代謝異常症として，先天性葉酸吸収障害，ジヒドロ葉酸レダクターゼ欠損症，ホルムイミノトランスフェラーゼ欠損症，

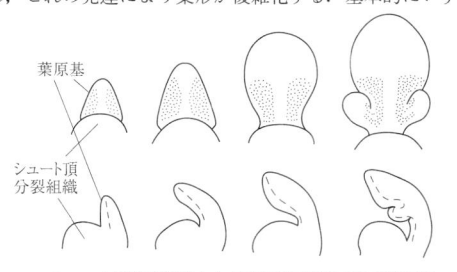

シュート頂分裂組織からの葉原基の発生(真正双子葉植物の場合)．上段は向軸面からの正面像で点は細胞分裂を模式的に示す．下段は側方からの図で破線は背腹軸の境を示す．

メチオニンシンテターゼ欠損症などが知られる．成人の推定平均必要量は1日当たり200μgである．妊娠により必要量が増加するため妊娠時の付加量は1日当たり200μgである（厚生労働省2010年）．（⇌テトラヒドロ葉酸）

プテロイルグルタミン酸（葉酸）の構造

a **幼児図式** [baby schema] ヒトや他の霊長類に育児行動を解発する*鍵刺激の組合せを示す図式．K. Z. Lorenz(1943)が提唱．体の割に大きな頭，突き出た額，下についた大きな目，ふくらんだ頬などの特徴が，幼児をかわいいと感じさせるという．他の動物群にもこの図式が通用する場合があるが，一般にいえば，それぞれの種で幼児の特徴となっているものは，種によって異なると考えられる．

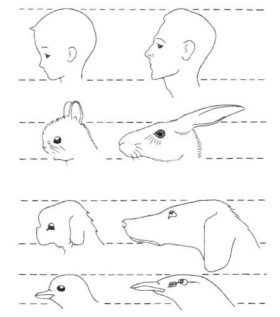

K. Z. Lorenz(1943)による

b **幼時成長** [juvenile growth] 生物体の幼時における成長を指す．特に，樹木の芽生えから稚樹の期間の成長は一般に非常に急激で，高さが指数的に増加するのを特徴とする．動物でも幼時には一般に成長が速やかで，指数関数的にサイズが増大する場合が多い．

c **養子免疫** [adoptive immunity] 免疫動物のリンパ系細胞を他個体に輸注して，免疫性を伝達する操作．免疫不全症やX線照射などによって免疫反応性が抑制された個体や供与者と受容者の*組織適合抗原が同じである場合に，成功率が高い．

d **幼若ホルモン** [juvenile hormone] JHと略記．《同》アラタ体ホルモン．昆虫の*アラタ体から分泌されるホルモン．V. B. Wigglesworthが使いはじめた語．エポキシ-セスキテルペノイドで，構造のやや異なる活性物質，JHI，JHII，JHIII，JH0，JHB3，JHSB3などが知られ，最も普遍的に見られるのはJHIII．その主な作用としては，幼若期には幼虫形質の維持，成虫期には卵巣の成熟など生殖機能の発達があげられる．幼虫期において幼若ホルモンが分泌された後，前胸腺ホルモンが分泌されると幼虫脱皮を起こす．終齢になると，幼若ホルモンの分泌が低下するために，*蛹化(不完全変態昆虫では成虫化)が起こる．ゴキブリやサシガメの雌成虫では，卵巣発育時の脂肪体における*ビテロジェニンの合成・放出，卵母細胞でのそのとりこみが，幼若ホルモンの支配を受けている．このほか，性フェロモンの生産を誘起したり，バッタ類などの体色の緑色化を促したりする作用も知られ，またニカメイガなどの休眠幼虫では幼若ホルモン濃度が高くなることによって脳からの前胸腺刺激ホルモンの分泌が抑制され休眠が維持されている．いくつかの昆虫ではアラタ体の幼若ホルモン分泌は，抑制性のアラトスタチンもしくはアラトスタチンと促進性のアラトトロピンの2種類の神経分泌因子を介して脳からの支配を受けていることが明らかになっている．また，幼若ホルモンは血リンパ中で幼若ホルモンエステラーゼによって不活化されており，幼若ホルモンの濃度はアラタ体における分泌と血リンパ中のエステラーゼ活性によって決まっている．幼若ホルモンはステロイドホルモンと同様に，標的細胞の細胞質に存在する受容体と結合して核へ移行し，転写レベルで働いているという証拠が得られつつある．

JHI	$R_1, R_2 = C_2H_5, R_3 = CH_3$
JHII	$R_1 = C_2H_5, R_2, R_3 = CH_3$
JHIII	$R_1, R_2, R_3 = CH_3$
JH0	$R_1, R_2, R_3 = C_2H_5$

JHB3

JHSB3

e **葉重量比** [leaf weight ratio] 《同》LWR．植物の*成長解析において，個体の乾燥重量のなかで葉の重量の占める割合．個体重当たりの葉面積すなわち*葉面積比は，個体重当たりの葉の重量である葉重量比と，葉の重さ当たりの面積，すなわち*比葉面積との積として表すことができる．

f **葉序** [phyllotaxis, leaf arrangement] 茎に対する葉の配列様式．茎の同じ位置から生じる葉の数や，葉と葉の間の角度にみられる顕著な規則性の様式．葉が全く不規則な配列を示す植物はほとんど知られておらず，種と個体の成長段階により定まった様式を示す．葉序は*節につく葉の枚数により，*互生葉序，*対生葉序，*輪生葉序に分けられる．ただし対生葉序は輪生葉序に含まれることもある．互生葉序には二列互生(二列生)葉序や*らせん葉序などが，対生葉序には十字対生葉序などが，輪生葉序には三輪生葉序，多輪生葉序などがある(図次頁)．葉が規則的に配列していると，茎の上や芽の中の葉を見た際，同一線上に並んだ葉の列が目立つ(⇌斜列線，⇌直列線)．上記の互生，対生，輪生への類別とは別に，この葉の列が茎の軸に対してまっすぐな葉序を*縦生，列が少しねじれる葉序を斜生または螺生と呼ぶ呼び方もある．ただし，斜生の語はらせん葉序の意

味で用いることもあるので注意を要する．葉序の概念は普通の葉だけでなく*花葉にも適用される．普通の葉と花葉との間で葉序の形式が異なることはごく一般的であり，低出葉と高出葉など，一つの個体あるいは*シュートで葉序が違う形式に移り変わることもよくある．葉序の幾何学的な規則性は*シンパー-ブラウンの法則以来，多くの研究者の興味をひいてきた．葉序を支配する基本原則は，シュート頂に新しく葉原基が出現するとき，その位置が既存の若い葉原基からなるべく遠ざかることである．このことは葉原基が生じた後，シュート頂が成長して十分な広さが最初に生じた部分に次の葉原基が発生すると捉えることも，あるいは既存の若い葉原基の周りに阻害的な場が存在すると捉えることもできる．前者の考えを空所接生(geometrical packing)または空間説と呼び，W. Hofmeister (1868) がはじめに提唱し，G. van Iterson (1907) を経て，M. Snow と R. Snow (1931〜1962) が実験的に追究した．後者の考えは，反発説または field theory などと呼ばれ，J. C. Schoute (1913) や F. R. Richards，C. W. Wardlaw ら (いずれも 1950 頃) が追究した．そのほか，既存の*葉原基やそれに入る茎の維管束との連続性に着目して葉序の形成を理解する試み (L. Plantefol や J. E. Loiseau，1950〜1960 年代，P. R. Larson，1970 年代) や，シュート頂表面の細胞壁の力学的な異方性を重視する考え (P. B. Green，1980 年代) もある．これらの学説のいずれが正しいかは決着していないが，2000 年に D. Reinhardt らが*オーキシンによる葉原基の誘導形成を発見して以来，シュート頂内のオーキシンの分布様式から葉序が説明されうることが示されている．すなわち，シュート頂表面の組織において，(1) 隣接する細胞間でオーキシン濃度の低い細胞から高い細胞へとオーキシンが輸送されること，(2) 既存の葉原基はオーキシンを吸引してシュート頂の内方に流し去ること，および (3) 新たな葉原基は，オーキシンの極大域に生ずること，などを仮定すると，オーキシン濃度の極大域の分布が自動生成し，各種の葉序パターンを再現することが，モデル計算および実験の両面から支持されている．なお，二つの独立した葉の配列系が互いに輻輳して一つの茎の上に生じたとみなされる場合 (ケヤキやカシの冬芽が展開したシュートにおける鱗片葉〜托葉の系列と普通葉の系列など)，その葉序を複合葉序 (composed phyllotaxis) と呼ぶことがある．(⇒葉類)

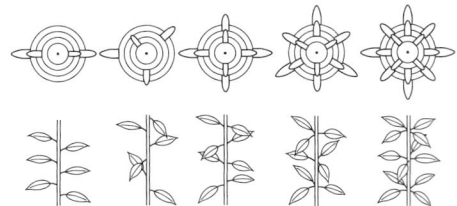

二列互生葉序　らせん葉序　十字対生葉序　三輪生葉序　四輪生葉序

a **葉鞘** [leaf sheath] 茎を鞘状に包むような形に発達した葉の基部．上端に*小舌，小耳，肩毛 (oral setae) のような付属器官を生ずることもある (イネ科)．通常，伸長帯をもち介在成長により上下の方向に伸びながら維管束を分化する．またこの部分で関節をなし，重力に応じて屈曲を引き起こすこともある (葉鞘関節)．葉鞘は茎を1回り以上巻いて両縁が重なり合うことが多いが (タ

ケノコの皮)，両縁が癒着して筒状になることもある (タデ科の托葉鞘 ochrea)．葉鞘を*托葉と相同な器官と解釈する説があるが，一般的には認めがたい．

葉状仮足 【1】[lobopodium] 通常のアメーバ (例えば Amoeba proteus) などに見られる*仮足．ゾル状の内質がゲル状の外質を押しだし，末広がりで先端の円い，または指状の突起として伸びだしたもの (後者を特に指状仮足ともいう)．移動と捕食に役立つ．糸状仮足と同様に一時的な細胞小器官で，数や形はたえず変化する．(⇒アメーバ運動)

【2】[lamellipodium] 真核細胞に見られる仮足のうち，扁平なシート状の仮足をいう．神経細胞の軸索や樹状突起の先端部など，移動細胞の先端に形成される．その形成や運動には*アクチンフィラメントが関与している．

c **葉状植物** [thallophytes ラ Thallophyta] *葉状体をもつ植物．茎葉植物 (⇒陸上植物) の対語で，S. L. Endlicher (1826) の定義．菌類および藻類がこれに属していた．

d **葉状体** [thallus] 茎と葉の区別がない植物体．*茎葉体と対する．広義には非維管束植物の植物体の総称であるが，系統や構造の違いから菌類では菌体，藻類では藻体と呼ぶので別に扱うのが妥当である．狭義にはコケ植物の苔類とツノゴケ類に見られ，ところどころ分枝する背腹性のある扁平な構造をいう．その組織の分化の程度にはさまざまなものがあり，ゼニゴケ科植物のように同化組織と貯蔵組織が分化し，腹鱗片などの付属物をもつものもある．

e **葉身** [lamina, leaf blade] 扁平にひろがった葉の主要部分．葉原基の上部から生じ，*葉柄・*托葉あるいは*葉鞘といった葉の基部の構造に対する．組織的には表皮と葉肉と葉脈とから構成され，光合成をさかんに行う．上下両面の性質を異にし*背腹性を示すのが一般的であるが，両面の区別がない葉身もある (⇒単面性)．背腹性を示す場合，上側 (表側) を向軸 (adaxial) 側，下側 (裏側) を背軸 (abaxial) 側と呼ぶ．葉身の形は多様で各植物の特徴を示す重要な形質である．葉身に切れ込みやぎざぎざがない場合を全縁 (entire)，切れ込みがある場合はその程度により浅裂 (lobed, lobate)，中裂 (cleft)，深裂 (parted, partite)，全裂 (dissected) といい，突出部を裂片 (lobe) と呼ぶ．裂片が左右に列をなす場合は羽状 (pinnate)，放射状に配列する場合は掌状 (palmate) という．切れ込みが葉の主脈に達し，葉身が複数の小部分 (*小葉) に完全に分離されると*複葉となる．葉身全体の形は，その概形により，線形 (linear)，針形 (acerose)，披針形 (lanceolate)，倒披針形 (oblanceolate)，長楕円形 (oblong)，楕円形 (elliptical)，広楕円形 (oval)，卵形 (ovate)，倒卵形 (obovate)，円形 (orbicular, rotund)，心臓形 (cordate)，倒心臓形 (obcordate)，腎臓形 (reniform)，ほこ形 (hastate)，へら形 (spathulate) などと表される (図次頁)．また葉身の先端部 (葉頂または葉先 leaf apex) や基部 (*葉脚) の形状は，鋭形 (acute)，鈍形 (obtuse)，円形 (rotundate)，切形 (truncate)，凹形 (emarginate)，微突形 (mucronate)，突形 (cuspidate)，鋭形 (acuminate)，漸先形 (attenuate)，くさび形 (cuneate) などと表される (⇒葉脚[図])．また葉身の周縁部 (葉縁 leaf margin) の形状に関し，細かなぎざぎざ (*鋸歯) があるかないか，またその形状などにより，全縁，波状 (sinate)，円鋸歯状 (crenate)，鋸歯状 (serrate)，歯状

(dentate)，重鋸歯状(double serrate)などが区別される（図）．また葉脈の走り方にも諸形式が認められる(⇨葉脈，⇨脈系)．発生学的に，葉身は，葉原基先端の*先端成長，周縁における*周縁成長，若い葉身面での*介在成長が順次起こることによりつくられ，各成長の時空間的な長短や強弱の分布が多様な形態の葉身形成を引き起こすと考えられる．また背腹性の境界面が定まることは，その面に沿っての平面成長を促す条件となっている．そのため多くの単面葉(⇨単面性)の葉身は平面性を欠く．介在成長においては，葉肉になる細胞のうち，背軸側の細胞層は，細胞分裂が早くやむために，周囲の組織の成長に追いつけず，細胞が横方向に引き伸ばされるとともに離生細胞間隙を生じて海綿状組織に分化する．一方，向軸側の細胞層では，細胞分裂がつづき，比較的細胞間隙の少ない，縦長細胞からなる柵状組織に分化する．葉身は芽の内部では特異な形式で折り畳まれているが(⇨芽内形態)，展開が完了するとほとんど成長や変形しないのが通例である．ただし葉身の先端が長期間つる状に伸び続けたり(シダ類のカニクサ)，葉上に芽をつけたり(シダ類のウラジロ，クモノスシダ，真正双子葉類のシコロベンケイ)して，無限成長的な性格を示す例もある．

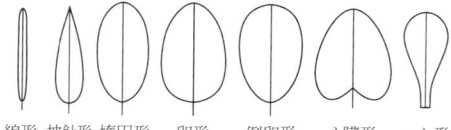

線形　披針形　楕円形　卵形　倒卵形　心臓形　へら形

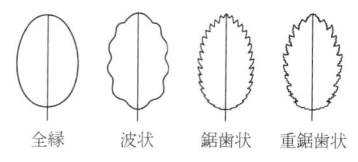

葉身全体の形

全縁　波状　鋸歯状　重鋸歯状

葉縁の形

a **葉針**　[leaf spine, leaf needle, leaf thorn]　葉あるいはその一部分が堅く鋭い突起に変態したもの．サボテンやメギのとげは*葉身の変化したものであり，ニセアカシアのとげは*托葉が変化したもの(托葉針)である．*根針および*茎針とは相似の器官．

b **羊水**　[amniotic fluid　ラ liquor amnii]　《同》羊膜液．脊椎動物の羊膜類において，羊膜腔をみたしている液．羊膜上皮の分泌産物で，母児両体の血管からの浸出液が混じているが，妊娠後期には胎児の排出物や表皮の剝離細胞・毛・皮脂腺の分泌物などがこれに加わる．胚は陸上動物においても直接的にはこの液中にひたって発生することにより種々の点で保護される．

c **容水量**　[water capacity, water holding capacity]　ある状態の土壌において，重力に抗して吸収保持できる水の最大量．土壌の体積に対する水の百分率で表され，土壌の保水能の比較に利用される．土壌粒子の物理化学的性質，特に粒子の大きさ・構造・有機物含量がこの値に関係する．自然状態の土についていう場合が*圃場容水量で，植物の*有効水を決める上限値である．

d **幼生**　[larva]　動物の*個体発生において，*胚と*成体の中間で成体とは形態が著しく異なり，しかも多くの場合，成体とはちがった独立の生活をする時期があるとき，その時期のものをいう．昆虫などでは*幼虫ともいう．幼生には種々特別な名称が付与されていることが多い．幼生の形態はその動物の祖先形を示唆するものと考えられ系統の確立に極めて重要な意味をもつ．幼生が*変態して成体となる際には，幼生の体全部がそのまま成体に移行するのでなく，ある特殊な原基が急速に発達して成体の体を作る例が多い．

e **幼生器官**　[larval organ]　《同》一時的器官(provisory organ)．動物の幼生期にだけ見られ，変態後は消失する器官．昆虫の場合には幼虫器官と訳す．オタマジャクシの尾・鰓，ホヤ幼生の尾，棘皮動物幼生の腕，環形動物のトロコフォア幼生の繊毛環，甲殻類ノープリウスのノープリウス眼，昆虫幼虫の腹脚・気管鰓など，例は多い．

f **陽生植物**　[sun plant]　耐陰性に乏しく陽地を主な生息地としている植物．*陰生植物と対置される．特に木本植物の場合には陽樹(sun tree)と呼ぶこともあり，カラマツ・アカマツ・クロマツ・カンバの類，ヤマナラシなどがその例．

g **葉跡**　[leaf trace]　維管束植物の茎の節に葉がつく際，茎から分かれて葉に入っていく維管束．その際，*葉隙を作るものと作らないものがある．葉がついた茎が二次肥大成長すると，葉につながる維管束すなわち葉跡は，二次木部に取り囲まれることになるが，周囲に柔組織が存在するので，茎の維管束から見ると，二次木部を貫いた一種の髄線(*放射組織の古称)のように見える．これを葉髄線(foliar ray)といい，常緑樹で葉が数年にわたって生き続ける場合には，その年数に応じた年輪の幅だけの長さになる．

h **葉積**　[leaf area duration]　《同》LAD．植物の*成長解析において，個体の葉面積をある期間について時間積分した値．面積×時間の次元をもつ．一定期間の植物の乾燥重量の増加をその期間の葉積で割れば，その期間の平均の*純同化率を求めることができる．

i **ヨウ素**　[iodine]　I．原子量 126.90，原子番号 53 のハロゲン元素．*微量元素．海水中の濃度は 0.05 ppm で，海藻類には，2 g/kg 乾燥重量の高濃度でヨウ素を含む種がある．ヒトには 15～20 mg のヨウ素が含まれ，その 70～80% は甲状腺に存在．甲状腺中のヨウ素はほとんどがチログロブリンと結合しており，モノヨードチロシン，ジヨードチロシン，チロキシン，トリヨードチロニン(*甲状腺ホルモン)などの前駆体である．甲状腺ホルモンは，両生類では変態に関与するホルモンの一つである．哺乳類でのヨウ素の生理作用は甲状腺ホルモンの働きとほぼ一致し，発育促進，形態機能の分化促進，エネルギー代謝の調節，水分と電解質のホメオスタシスなどがある．ヨウ素の欠乏により，ヒトでは知能や発育に障害を引き起こすクレチン病となる．

j **溶存態有機物**　[dissolved organic matter]　海水や湖水，河川水をフィルターで濾過したときに，濾液に含まれる有機物．有機物の存在状態としては，溶存しているものと懸濁している微小粒子状のものがあり，濾紙上に捕集される懸濁態有機物の数十倍になる．その程度は外洋など清澄な水域の方が大きく，富栄養湖では数倍程度．フィルターには，孔径 0.2～1.2 μm の有機物を焼いて除いたガラス繊維濾紙が用いられる．

k **溶脱**　[leaching]　《同》溶脱作用．雨水や浸透水あ

るいは上昇水の作用により，土層中から水溶性の有機・無機物が流し出されたり，下層に移動すること．特に塩分が影響をうけやすく，それに注目して脱塩基作用(base desaturation)・脱アルカリ作用の語を用いることがある．逆に蒸散のはげしい乾燥地では，下層の塩分は地表に蓄積する．これらの作用がはげしい地域では，植生など生物的環境に変化をもたらし，自然保護・農業上の問題となる．

a 幼虫 [larva] 昆虫・クモ類・多足類など陸生節足動物の幼生の総称．昆虫では特に完全変態のものに限ってこの名を用い，不完全変態のものの幼生を*若虫(わかむし)と呼んで区別することもある．(⇒ベルレーゼ説)

b 葉枕 [pulvinus, leaf cushion] 《同》まくら，葉褥．[1] 種子植物において，*葉柄や小葉柄の下端部あるいは上端部に生ずる関節状の肥厚をいう．オジギソウは葉身が刺激をうけると葉枕細胞の透過性が高まり，活動電位が生じ振動傾性運動を起こす．このほかマメ科・カタバミ科・ヤマノイモ科などでは葉枕の膨圧変化によって日光の方向に対する葉身の調位運動や，*就眠運動をするものが多い．[2] 石炭紀の化石シダ，封印木・鱗木の葉の基部に見られる肥厚部．横断面は菱形または卵形．この類の葉は葉枕を茎上に残して落ちるので，葉痕を断面に残して互いに鱗状に配列したまま化石となっているため葉序がわかる．また葉枕・葉痕の形と相互の位置がこの化石シダ類を分類する重要な標徴となっている．(⇒蒸散孔[図])

c 揺動淘汰 [fluctuating selection] 《同》揺動選択．環境が変動するために，適応的な*表現型が世代ごとに変化するような*自然淘汰．H. Levene(1954)の提唱した，表現型の多型を維持する2要因のうちの一つで，もう一つは環境が空間的に不均一で，表現型ごとに適した生態的地位が異なるために多型が維持される多様化淘汰(diversifying selection)である(⇒遺伝的多型)．無性生殖する種の場合，多様化淘汰では多型が維持されうるが，揺動淘汰では多型が維持されにくい．多様化淘汰は分断性淘汰の一つであるが，世代当りの各表現型の適応度に頻度依存性があり，その結果多型が維持される．頻度非依存の分断性淘汰では多型が維持されない．なお揺動淘汰は，有性生殖，突然変異や遺伝子交叉など，親と子で遺伝形質を変える機構が維持される要因の一つである．(⇒中立)

d 葉肉 [mesophyll] 葉の上下両表皮間にある同化組織．主に柔組織からなり，葉緑体を含む．葉肉細胞の形や配列は種類により異なるが，被子植物では一般に向軸側が*柵状組織，背軸側が*海綿状組織に分化する．しかし，ハナショウブやスイセンなどでは葉に上面・下面の別なく，両表皮下に柵状組織，中央部に海綿状組織があり，またイネ科などでは柵状組織と海綿状組織の区別がほとんど明らかでない．アロエやリュウゼツランでは葉肉の一部が貯水組織となっている．多くの陰生植物や沈水植物では葉肉の発達は悪い．

e 用不用 [use and disuse] 《同》用不用の説，習性の作用．器官およびその作用力の発達は，つねにこれらの器官の使用と直接関係しているという原則．J. B. Lamarck(1809)の提唱．すなわち，継続して使用される器官は代を重ねるにつれてますます発達し，反対に，使用されない器官は次第に弱小となり，痕跡的となり，やがて消失することを意味する．「用」については現代進化学では否定されているが，「不用」の方は論理的に中立進化の一側面と似かよっているところがある．

f 葉柄 [petiole] *葉身を支えて茎に接着している葉の柄の部分．茎と葉身の間を結ぶ，水・栄養物質・同化物質の通路となり，また向位運動を起こして葉身を日光の方向に向けたり(マメ科)，他の葉との重なりを調節する(⇒葉枕)．通常は上側がやや凹んだ棒状であるが，一つの枝につく葉の間で葉柄の厚さや長さが変わったり(ハコベ)，浮葉では水深に応じて著しく長くなったり(デンジソウ)，また棒状の葉柄でも基部は広がって平らになり広く茎を抱いたりする(ナンテン)．維管束の配列の向きなどから分化したり，キクやオオバコなどに見られるように上下の背腹性を生じた両面葉柄(bifacial petiole)と，ドクゼリやノボリフジなどのように円柱状で両面の区別のない単面葉柄(unifacial petiole)とがあり，さらに二次的に扁平化した単面葉柄も知られている．一方全く葉柄のない葉も少なくなく，無柄葉(sessile leaf)と呼ばれる(リンドウ，ヒャクニチソウなど)．また同一個体上で葉柄のある葉とない葉を生じる植物もある(アブラナなど)．無柄葉の一種として1枚の葉の左右の*葉脚が著しく発達し茎を挟んで反対側で癒着したり(キバナノツキヌキホトトギス)，2対の対生葉の基部が互いに合着したため(ツキヌキニンドウ)，まるで葉身を茎が貫いてみえるものをつき抜き葉，perfoliate leaf, perfoliated leafという．(⇒仮葉)

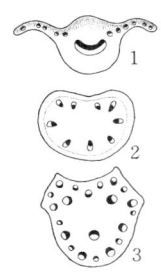

葉柄の断面図
1 維管束の木部が上側にあるもの
2 木部が内側，篩部が外側になって茎に近い配列をするもの
3 二重に環状配列した例
(黒が木部，白が篩部)

g 葉柄内芽 [intrapetiolar bud] *側芽の一種で，特殊な形に発達した葉柄に包みこまれた腋芽．隠れて見えないため隠芽(concealed bud)ともいう．ユリノキやプラタナスなどがその例．シダ類でもハナヤスリなどに見出される．*離層が葉柄の最下部に生じ落葉したのちは，通常の冬芽と変わりないが，環状の葉痕が残るのでよくわかる．ハリエンジュやバイカウツギでも葉柄の基部が発達して腋芽を包む傾向をみせるが不完全で，上側に閉じない部分が残る．

h 羊膜 [amnion] 脊椎動物の羊膜類，無脊椎動物では昆虫類で見られる*胚膜のうち，最内側にあって胚を直接おおう膜．中の腔所を*羊膜腔といい，羊膜類では中に*羊水をみたす．羊膜類では胚体周辺の胚体外体壁葉が，また昆虫類では胚体周辺の薄膜状の胞胚葉が，*羊膜褶という襞をなしてもち上がり，前後左右のものが胚体の上で癒合してその部位の隔壁が消えると，胚体をおおう内外2層の膜が形成される．そのうち外層は*漿膜で内層が羊膜である．羊膜は胚体に続き，羊膜類ではその内面は外胚葉，外面は中胚葉であり，羊膜と漿膜の間の腔所は胚体外体腔で，のちここに尿嚢(allantois)がひろがる．発生が進むと羊膜と尿嚢はほとんど融合して尿羊膜となる．(⇒体壁葉)

a **羊膜腔** [amniotic cavity ラ cavum amnii] 脊椎動物の羊膜類，無脊椎動物の昆虫類などの発生にあたり生じる*羊膜の内腔．一部の哺乳類(例:霊長類)では*胚盤胞の内部細胞塊の外胚葉域にいきなり腔所として現れる．

b **羊膜褶** [amniotic fold ラ plica amnii] 脊椎動物の羊膜類や無脊椎動物の昆虫類の胚において，*羊膜を形成するため胚体外域の胚層によって形成される襞．主として羊膜類では，胚体に対する位置関係によって頭褶 (head fold, cephalic fold)，側褶 (lateral fold, lateral body fold)，尾褶 (tail fold, caudal fold) などを区別する．またそれらは胚体上方で癒合し(癒合部位を羊膜縫線 amniotic raphe という)，その境界は大部分消失するが，一部は残存して漿羊膜連結 (sero-amniotic connection) をなす．

c **羊膜類** [amniotes ラ Amniota] 《同》有羊膜類．脊椎動物のうち，発生の途上で，羊膜(および漿膜・尿膜)を生ずる系統．一般に爬虫類・鳥類・哺乳類を指し，*無羊膜類と対置．生活環の全体を通じて陸上で生活し(二次的に水中に戻ったものもある)，肺呼吸を行う．一生鰓で呼吸しないことから無鰓類 (Abranchiata 独 Abranchiaten, Ebranchiaten) とも呼ばれる．

d **葉脈** [vein, nerve] 葉の*維管束のこと．肉眼的には維管束組織以外の周囲の組織も含む葉面のすじ状の構造を指す．葉脈の配列のしかたを*脈系という．太さや分岐の程度により，主脈 (main vein)，側脈 (lateral vein)，細脈 (veinlet) などを区別する．主脈は一次脈 (primary vein) ともいう．葉の中央を走る最も太い葉脈である中央脈 (midvein) あるいは中肋 (costa, midrib) を指すことが多いが，掌状脈系の場合，葉身基部から放射状に出る太い脈も含める．側脈は，主脈から分岐した葉脈で二次脈 (secondary vein) とも呼ばれる．主脈や側脈のような太い脈は，維管束の周囲をクロロフィルをあまり含まない柔組織や厚角細胞などの支持組織が包み，背軸側に膨らんだ肋をなすことが多い．側脈から順次分岐する葉脈は，三次脈，四次脈…，あるいは一括して二間脈 (intersecondary vein) と呼ばれる．ただし二次間脈は，側脈のうち太さの比較的細いものを指す場合もあるので注意がいる．比較的大きい葉脈を大脈 (major vein)，比較的小さい脈を小脈 (minor vein) と呼ぶこともある．細脈は極めて細い葉脈で，分岐を繰り返した後の最終区画や遊離端(脈端 vein ending)の葉脈を指す．葉脈の維管束では木部が向軸側，篩部が背軸側に配置するのが一般的．ただし複並立維管束の場合は向軸側にも篩部が現れる．ある程度太い葉脈は，維管束のまわりを維管束鞘が取り囲むが，細い脈は維管束鞘をもたず1〜2本の仮道管だけからなる．葉脈は発生上，*前形成層から分化する．主脈や側脈の前形成層は，多列の細胞列が基部から先端ないし周縁に向け前進的に分化するのに対し，これらを連絡する高次の脈では，1列の細胞列がすでに分化した前形成層の間に同時的に発達する．*オーキシンの正常な輸送や情報伝達に必要な遺伝子に突然変異が生じると，葉脈が分断化され連続的につながらなくなることが知られている．維管束はオーキシンを輸送し，オーキシンは維管束の形成を誘導するので，オーキシンを介した維管束の自己誘導的作用が葉脈の発生分化に重要と考えられる．

e **葉面積指数** [leaf area index] 《同》LAI. 植物群落の葉面積を，その群落が占める地表面積で割った値．密生した植物群落では3〜7の値をとる場合が多いが，一時的には10を超す場合もある．葉面積指数が大きい群落では，下方の葉は*補償点を下回る光しか受けられないこともある．葉群の受光態勢が光の透入を大きくする種，例えば直立葉の多いものでは葉面積指数が大きくなりうるが，群落の高さの違い，例えば森林と草本群落との間では似た値になる．

f **葉面積比** [leaf area ratio] 《同》LAR. 植物の*成長解析において，個体の葉面積を，個体の乾燥重量で割った値．この値が大きいほど，個体重当たりにして大きな受光面積をもつことになる．個体重当たりの成長速度，すなわち*相対成長率(RGR)は，個体重当たりの葉面積であるLAR と，葉面積当たりの物質生産速度すなわち*純同化率との積として表すことができる．

g **葉緑体** [chloroplast] 《同》クロロプラスト．光合成を行う*プラスチド．葉緑体は一般的に*プロプラスチドから分化したものであり，黄色の*カロテノイドのほか多量の*クロロフィルを含むため緑色に見える．緑藻と緑色植物はクロロフィルaとbをもち，褐藻などはクロロフィルaとcを含み，紅藻はクロロフィルaのみをもつ．クロロフィルdを使用する藻類も存在する．クロロフィル以外の光合成色素として，褐藻はフィコキサンチンを，紅藻は*フィコビリンを使うため，それぞれ褐色または紅色に見える．単純な体制の藻類などでは細胞当たり1個の球形の葉緑体を含むのみだが，多くの場合複数の葉緑体が細胞内に存在しており，陸上植物では1細胞中に通常数十〜数百個程度含まれる．植物生活環を通じて変化はあるものの，多くの多細胞植物では一般的に，直径 $5 \sim 10 \mu m$，厚さ $2 \sim 3 \mu m$ の凸レンズ形をする．内包膜と外包膜の2枚の膜につつまれ，その内部にはストロマ (stroma) やプラストグロビュル，および内膜系がある．内膜系の基本となっているのは*チラコイドであり，それが積み重なった構造をグラナ (granum, pl. grana) と呼ぶ．チラコイドは，グラナを構成する膜であるグラナチラコイド (grana-thylakoid) とグラナ間を連結する形でストロマ中にでているストロマチラコイド (stroma-thylakoid) とに区別される．各種の光合成色素や光合成の電子伝達成分，光化学反応中心，ATPアーゼなどがチラコイド膜に存在し，光エネルギーによる色素の励起，電子伝達，$NADP^+$ の還元，ATP合成まではチラコイド上およびその表面近くで進行する．これらによって生成したNADPHとATPを用いる二酸化炭素の固定(カルビン回路)はストロマ中で行われる．亜硝酸の還元やクロロフィルの合成などもストロマで行

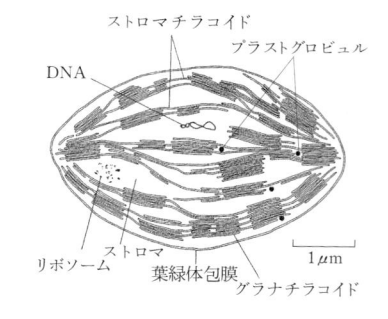

われる.また,成熟した葉緑体では*プラスチドゲノムを含む数十〜数百個の核様体がストロマに分散して存在している.

a **葉緑体光定位運動** [chloroplast photorelocation movement] 《同》葉緑体運動(chloroplast movement).葉緑体が光環境に応じて細胞内を移動する現象.藻類・コケ類・シダ類・種子植物で見られる.弱光に向かう反応(集合反応,弱光反応),強光を避ける反応(逃避反応,強光反応),暗黒下での反応(暗黒定位反応)がある.青色光受容体*フォトトロピンを介した青色光依存の現象だが,隠花植物では赤色光も有効な場合が多く,コケ類では*フィトクロムが,シダ類ではフィトクロムの光受容部位とフォトトロピンが融合したネオクロム(neochrome)が,それぞれ光受容体である.移動には葉緑体周縁前部に現れるアクチン繊維が働くが,植物・組織によっては運動機構が異なるとされ,微小管が関与する場合もある.

b **葉緑体包膜** [chloroplast envelope] 《同》色素体包膜(plastid envelope).*葉緑体を包んでいる内包膜と外包膜の2枚の膜の総称.葉緑体包膜は葉緑体の物質代謝やエネルギー代謝に必要な物質に対して*選択透過性がある.物質の透過や輸送の障壁になっているのは内包膜であり,そこにはリン酸化合物・ジカルボン酸・アデニル化合物・アミノ酸などの輸送キャリアーがある.細胞質で合成される蛋白質は外包膜と内包膜の接合部位にある蛋白質輸送複合体(外包膜に存在するものを TOC, translocator of the outer chloroplast envelope membrane, 内包膜に存在するものを TIC, translocator of the inner chloroplast envelope membrane という)を通って葉緑体内に取り込まれる.内包膜の主要な脂質はガラクト脂質とスルホ脂質であり,リン脂質は少ない.一方,外包膜にはリン脂質も多く含まれいてる.被子植物において,脂肪酸の合成は主に*プラスチドで行われており,葉緑体包膜はアシル合成酵素やガラクト脂質であるモノガラクトシルジアシルグリセロールの合成酵素などをもつ脂質合成の場である.葉緑体をもつ真核生物が他の真核生物へ細胞内共生することによって生じた二次共生植物の葉緑体では,2枚の膜の外に,更に1枚(ユーグレナなど),または2枚(クリプト藻やラフィド藻)の膜が存在する.

c **葉類** [leaf class] *葉類説の前提に立ったとき,同じ系統発生上の起原に由来すると推定できる一群の葉(前川文夫,1952).茎の性質が著しく残る G 葉類(G は Ginkgo の略),茎に起原をもつと解釈される F 葉類(foliage),茎の表面に突起として発達した S 葉類(scale)や E 葉類(Equisetum)などがあり,複数の葉類が 1 枚の葉をなすことがあるとみる.葉類に対して,従来の形態学で行われてきたようなそれぞれの植物が示す葉の構造や機能に基づいて類型したものを葉態といい,葉類説の進展にともない設定された(前川文夫,1950, 1952).子葉・鱗片・普通葉・針状・托葉・苞葉・造胞葉・花序・雄性葉(雄性胞子葉)・雌性葉(雌性胞子葉)・萼・花冠・雄ずい・心皮・珠皮・茎状の各葉態に分けられる.葉類説に基づくと,植物は葉類と葉態から二元的に分類される.

d **葉類説** [concept of leaf-class] 葉と茎の解釈に関する比較形態学および系統学上の一学説(前川文夫ら,1948).次の 3 点の考え方を主な前提としている.(1)維管束植物の全部を通じて葉を一つの範疇として取り扱うことは系統発生的に無理がある(葉には独立したいくつかの進化系列がある), (2) 葉はすべて同じ構成単位のものとは限らない(花葉については従来から認められていた合着などによる多元的構成を,栄養葉にまで拡張する), (3) ある形式の葉はある定まった分類群の植物のみに生じるとは限らない(葉の系統は必ずしも植物の系統と一致しない).この説は古典形態学におけるいくつかの矛盾を指摘し訂正した点で意義が認められる.

e **葉裂** [delamination] 動物胚において,上皮細胞層の細胞が層表面に対して水平に分裂して生じた娘細胞の片方が,母層から分離し,同様に分離した他の細胞とともに新たな細胞層を形成する現象.ある種の刺胞動物の原腸形成やニワトリ胚の胚盤葉下層の形成過程で,ほかの移動形式とともにこの形式による移動があることが知られる.また,単に上皮細胞層から細胞が脱離する現象(脱上皮化)に対しても delamination の語が用いられることがあるが,この場合には葉裂の訳語は用いない.(⇒原腸形成)

f **翼果** [samara] 《同》翅果.果皮の一部が薄く発達した翼(wing)をもち,風散布(anemochory)に適応した果実.*閉果の一種.トネリコ属・ニレ属では果皮全体に 1 翼ができるが,カエデ科では 2 個の分果のそれぞれに 1 翼を生ずる.

g **翼筋** [wing muscle, alary muscle] [1] 鳥およびコウモリの翼を動かす筋肉.胸部骨格と翼をなす*前肢の肢骨とを連結し,翼の上下運動を行わせる.特に胸筋に著しく発達し,それと関連してそれが付着する*胸骨には*竜骨が発達する. [2] 《同》翅筋.昆虫の翅を動かす筋肉.飛翔筋(飛行筋 flight muscle).鱗翅目や蜻蛉目など直接筋肉が翅に付着する直接飛翔筋型と,双翅目や膜翅目など*中胸・後胸各節の*背板と*腹板の間を連結する背腹筋と,前縁と後縁を連結する縦走筋を交互に収縮させて翅を動かす間接飛翔筋型がある.また,双翅目や膜翅目の翼筋は繊維状飛行筋と呼ばれる特殊な筋原繊維をそなえる.

h **翼状筋** [alary muscle]
[1] 節足動物において,長管状の心臓(*背脈管)の左右に,対をなして前後に配列する三角形の筋肉.この筋肉が収縮することにより*心臓が拡張し,血液が心門から心臓内に流入する.そしてこの筋肉が弛緩することで心臓が収縮し,血液は動脈を経て送り出される. [2] ホシムシ類などにおいて直腸の左右からでて体壁に終わる,互いに平行な細い筋肉の一群.

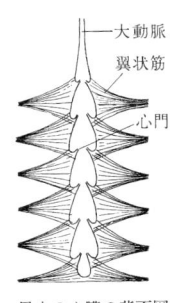

昆虫の心臓の背面図

i **抑制** 【1】[inhibition] [1]《同》阻害.生物学においては,欠乏や不調和,その他の多くの原因によって生物活動や活性が低下する現象.酵素におけるアロステリックな抑制(⇒アロステリック効果)や培養細胞における*同種間阻害など多様な現象が含まれる. [2] 刺激生理学において,一般に*刺激によって*興奮ではなくかえって活動の低下がきたされる現象.抑制作用の働く場はシナプス(あるいは神経筋接合部)であって,一つの神経要素の活動がそれと接する他の神経あるいは筋などの活動を抑えることが抑制の基本を構成している(⇒抑制性シ

ナプス).疲労,麻痺,傷害などによる生理活動の減弱が,回復に時間を要する過程であるのに対し,抑制からの回復は,一般に抑制刺激が去れば即時に起こる.[3]《同》抑止(retardation).精神医学の領域において,精神運動の活動性が渋滞・低調化する現象.[4]条件刺激における*制止のこと.
【2】=サプレッション

a **抑制解除** [derepression] *負の制御による遺伝子発現の抑制が解除されること.

b **抑制後の跳ね返り** [post-inhibitory rebound] 中枢神経系のニューロンにおいて,抑制後にしばしば見られる反動的な興奮現象.例えば延髄のダイテルス核細胞では小脳皮質を刺激するとプルキンエ細胞による抑制の後で反復興奮が起こる.これに関与するものとして,(1)興奮性の上昇すなわち抑制の際の過分極により電位依存性チャネルの不活性化過程が除去される,(2)他の興奮性経路の活動,(3)抑制経路に対する抑制により背景的に活動していた抑制が除去される(*脱抑制)などがある.興奮後の跳ね返りと共にニューロン活動のリズム形成に関与すると考えられる.

c **抑制神経** [inhibitory nerve] その興奮によって支配器官の活動の抑制を引き起こす遠心神経.広義には,中枢性抑制の場合に特定の反射を抑制する効果をもつ求心性繊維,すなわち反射抑制神経(reflex-inhibitory nerve)をも含める.興奮神経または促進神経とならんで効果器を支配し,末梢性抑制を行う.迷走神経による心筋の抑制など内臓の自律神経の拮抗的支配に多くの例が見られ,無脊椎動物ではカニの鋏筋などに典型的なものがある.抑制神経はその終末から抑制性の伝達物質を放出して筋繊維に抑制性シナプス後電位を発生し,また興奮神経終末の前抑制を及ぼす.伝達物質はザリガニの鋏筋では*γ-アミノ酪酸(GABA),脊椎動物の迷走神経では*アセチルコリンである.

d **抑制性酵素** [repressible enzyme] 《同》抑制酵素.特定の代謝物質(アミノ酸,核酸塩基など)を過剰に培地に加えることにより,遺伝子からの合成速度が減少する酵素.*誘導性酵素・*構成性酵素に対比してつけられた名前.例えば,大腸菌の*トリプトファン合成系の酵素群は抑制性の酵素であり,過剰のトリプトファンを培地に加えるとその合成率は低下し,逆にトリプトファンを除くとこれらの酵素の合成率は増大する.一般にアミノ酸やヌクレオチド合成系などの酵素はこの型に属する.(⇒リプレッション)

e **抑制性シナプス** [inhibitory synapse] シナプス前の興奮が伝達されるとシナプス後の興奮に対して抑制的に作用するシナプス.すなわちシナプス前繊維末端が興奮(*活動電位)が到達すると,シナプス後ニューロンにそれが伝達されて抑制性シナプス後電位を発生する.抑制性シナプス後電位はその過分極とイオン透過性増大による短絡効果により興奮性シナプス後電位の脱分極を減少させ,活動電位の発生を抑える.(⇒抑制性伝達物質)

f **抑制性シナプス後電位** [inhibitory postsynaptic potential] IPSPと略記.*抑制性シナプスの活動によりシナプス後ニューロンに引き起こされる膜電位の変化.脊椎動物では過分極性の変化で,例えばネコの脊髄運動ニューロンのIa群抑制によるIPSPはIa群繊維による興奮性シナプス後電位(EPSP)の脱分極とほぼ鏡像をなす時間経過を示し,速い立上り期とゆっくりした回復期をもつ.神経伝達物質がシナプス下膜に作用して主として塩素イオンに対する透過性を増大させる(カリウムイオンの関与が考えられる場合もある).その作用時間は脊髄運動ニューロンではEPSPの場合と同様,ほぼ1ms間だけで,IPSPにもシナプス後電流による相と膜の電気的時定数で減衰する相がある.IPSPはその過分極自体と,イオン透過性増大(コンダクタンス増大)による短絡効果によりEPSPの脱分極を減少させる.脊髄より上位レベルの中枢ニューロンでは,しばしば100ms以上の長いIPSPが見られる.甲殻類の筋肉では*抑制性接合部電位(IJP)が脱分極性であることや膜電位変化のないことがあり,この場合の抑制作用は短絡効果による.以上は一般的な神経伝達による場合であるが,電気的伝達による抑制がキンギョのマウスナー細胞で知られている.

g **抑制性接合部電位** [inhibitory junctional potential] IJPと略記.抑制神経による神経筋接合部に発生するシナプス後電位をいう(⇔興奮性接合部電位).脊椎動物の骨格筋が興奮性の運動神経だけで支配されるのに対し,節足動物の筋肉は運動神経のほかに抑制神経によっても直接,支配される.電位変化としては脱分極向きのこともあるが,発生機序,抑制作用などは*抑制性シナプス後電位(IPSP)とまったく同じである.抑制神経を分離して単独に刺激でき,筋からの抑制性接合部電位の記録も容易であるため,甲殻類の鋏や歩脚の筋肉の抑制性接合部は抑制機構の研究に最もよく用いられる標本である.なおこの接合部の神経伝達物質は*γ-アミノ酪酸(GABA)であることが確定されている.

h **抑制性伝達物質** [inhibitory neurotransmitter, inhibitory transmitter] 抑制性シナプスにおける*神経伝達物質.中枢神経系では*γ-アミノ酪酸(GABA),*グリシン,*ノルアドレナリンなど.主に塩素イオンの膜透過性を上げることにより膜電位を過分極させる.ただし,発生過程のニューロンなど細胞内塩素イオン濃度が高い場合には,塩素イオンの平衡電位が浅いため,GABAは興奮性伝達物質として作用し脱分極性の反応を起こす場合がある.

i **抑制性ニューロン** [inhibitory neurone] シナプス後細胞に対して,過分極の*抑制性シナプス後電位(IPSP)を起こす神経細胞群.神経細胞は,活動電位によりシナプス終末からグルタミン酸などの興奮性神経伝達物質を放出し,後シナプス膜電位の脱分極(EPSP,興奮性シナプス後電位)を起こさせる興奮性ニューロンと,*γ-アミノ酪酸(GABA)やグリシンなどの抑制性神経伝達物質を放出し,後シナプスニューロンの細胞膜電位を過分極させる抑制性ニューロンとに大別できる.脊髄の*レンショー細胞,小脳皮質のプルキンエ細胞,大脳皮質の*籠細胞などが代表例.興奮性細胞と比べて,数は少ないが種類が多く,形態学的性質,共存するペプチド,発火パターンなどにより分類が多岐にわたり,それぞれが固有の機能をもつと考えられる.神経伝達物質の後シナプス細胞に対する作用は,そのイオン環境に依存する.例えば,放出されたGABAは,GABA受容体を活性化し,後シナプス膜のCl⁻透過性を上昇させ,膜電位をCl⁻の平衡電位に近づける.多くの細胞で,Cl⁻の平衡電位は静止膜電位よりも過分極側であることが多く,GABAが抑制性伝達物質と呼

ばれるゆえんである．一方，発生初期の皮膚ニューロンなどでは，細胞内のCl^-濃度が高く，Cl^-の平衡電位は静止膜電位よりも脱分極側であり，GABAはむしろ興奮性の作用をもつ場合がある．

a **翼竜類** [pterosaurs ラ Pterosauria] 《同》プテロサウルス類．爬虫綱双弓亜綱主竜下綱の化石動物で，飛行能力をもつ一目．*三畳紀後期から*白亜紀末にかけて生存．外形は鳥ないしコウモリに類似し，骨が中空で，空中を飛行・滑空するのに適応する．頭は胴体に比べて割合に大きく，鋭く尖り，頸と直角に関節することができた．眼窩は大きく，骨輪をそなえる．前肢の第四指だけが長く延び，皮膜を支える．白亜紀の翼竜は大型のものが多くなり，ケツァルコアトルス(*Quetzalcoatlus*)のように翼を広げると12mに達するものもあった．*ジュラ紀の*Rhamphorhynchus*，白亜紀のプテラノドン(*Pteranodon*)は代表的な種類である．日本では，北海道や岐阜県，石川県，熊本県などの白亜紀の地層から翼竜の化石が報告されている．(⇒主竜類)

b **横山又次郎**(よこやま またじろう) 1860～1942 古生物学者．東京帝国大学理科大学教授．三浦・房総両半島の貝化石の研究は日本新生代の地史ならびに古生物の研究の緒を開いた．[主著]古生物学綱要，1920．

c **吉田富三**(よしだ とみぞう) 1903～1973 病理学者．佐々木研究所研究員，長崎医科大学・東北帝国大学および東京帝国大学医学部の教授，がん研究会がん研究所長を歴任．ラットに肝癌を発生させることに成功．佐々木隆興との共同研究や吉田肉腫の発見など，がん研究に貢献した．

d **吉田肉腫** [Yoshida sarcoma] ラットの移植腫瘍．発がん実験中のラットに，腹水中で浮遊状に増殖するがん細胞として吉田富三(1943)が発見．オルトアミノアゾトルエンで飼育したシロネズミに亜ヒ酸カリウムアルコール溶液を塗布することによって発生させたもので，肉腫細胞が腹腔液中で個々に遊離した状態で増殖することを特徴とする．その後今日までラットからラットに継代されている．吉田肉腫の起原は，未だ不明であるが，肝細胞またはTリンパ球由来と考えられている．吉田肉腫はがん細胞の本質の理解，制がん剤の開発に大きく貢献した．

e **よじのぼり茎** [climbing stem] 《同》攀縁茎，登攀茎．細くかつ長いため直立することができず，*巻きひげや根(よじのぼり根)で他の物にからみついて伸びる．なお，茎自身で他の物に巻きつくものを巻きつき茎(volubile stem, winding stem)として区別するが，これをよじのぼり茎に含めることもある．(⇒つる植物)

f **四日市喘息** [Yokkaichi asthma] 《同》四日市大気汚染．四日市の臨海工業地帯で戦後操業を開始した石油化学コンビナートから発生した硫黄酸化物のため，風下にあたる磯津地区を中心に多発した慢性閉塞性呼吸器疾患．従来の日本の大気汚染の主体であった石炭燃料からの煤塵と異なり，硫黄分の多い重油の大量燃焼による汚染が主体で，著しく高濃度の二酸化硫黄や，硫酸ミストがしばしば検出された．疫学調査では呼吸器疾患の受診率や呼吸器症状有症率が硫黄酸化物濃度と関係していることが示され，特に高齢者の気管支喘息について関連が顕著であった．脱硫装置導入などの発生源対策の結果，現在では汚染は著しく改善されたが，1972年の四日市公害訴訟判決は，硫黄酸化物総量規制，環境基準の改正，公害健康被害者補償法制度の導入などの基礎となった．

g **欲求** [desire] 動物の生理的・心理的安定性が破れた場合の不均衡状態．動物はその安定性をとりもどすように行動する．したがって欲求を充足することが，個体の生命を維持し，社会的生存を保障することになる．欲求を生得的欲求(一次性欲求)と経験の影響に基づく習得的欲求(二次性欲求)とに二分することもあるが，個体の生命を維持するために生得的にもっている生理学的欲求とそれ以外の心因性欲求とに分け，後者をさらに集団生活のなかで生じる社会的欲求と個体の内部から生じる内発的欲求とに分ける機能的分類も試みられている．欲求と類似の用語として，C. L. Hullの用いた要求(need)の概念がある．その区別は現在明確ではないが，要求というときには生理的・生得的な欲求を意味することが比較的多い．

h **欲求行動** [appetitive behavior] [1] 動物行動学において，*動機づけられている行動を解発する*リリーサーないし*鍵刺激を求める行動を指す．例えば，チョウの雄が雌を求めて飛びまわっているとき，チョウは性的に動機づけられていて，雌の翅というリリーサーを探し求める欲求行動を示しているのである．リリーサーが見つかって，交尾行動が開始されると，欲求行動は終わる．交尾行動のように欲求を満足させる行動を完了行動(consummatory behavior)という．[2] 心理学において，動物の心理的・生理的欲求に基づいて起こる生理的色彩の濃い行動をいう．欲求を充足させる行動は同じく完了行動と呼ばれる．例えば食物を探す行動は欲求行動，食物を摂取するのは完了行動である．

i **予定域** [presumptive area, prospective region] ある器官または組織に関して，正常発生で将来それを形成すべき胚域．予定神経板・予定脊索などというときは正常発生で将来それぞれ神経板・脊索などになるべき胚域を指す．予定域という表現は多くは原基の形態が認められる以前の発生段階に用いられる．ある器官の予定域がその器官以外の器官を形成する能力をもっている場合がしばしばある．(⇒発生能)

j **予定意義** [prospective significance, prospective value] 胚の部域が正常発生において実現すべき発生運命．*予定運命とほとんど同義．本来*予定能の語とともに，H. Driesch(1898)により導入された実験発生学の基礎概念で，彼は胚の一部域はそのあらゆる可能な発生運命(予定能)のうちのどれか一つだけを実現するが，この現実の運命を予定意義とした．(⇒調和等能系)

k **予定運命** [presumptive fate] 胚のそれぞれの部域が，正常発生においてたどるべき発生運命．例えばウニ胚の小割球の予定運命は一次間充織細胞，カエル胞胚の動物極付近の細胞の予定運命は頭部表皮である．予定運命を調べるには局所生体染色その他の標識実験を行う必要がある．一般に各種実験条件下において胚の一定部域は必ずしもその予定運命に応じて行動しない．正常発生において将来Aという器官を形成すべき胚域，すなわちAの形成を予定運命としてもつ胚域は予定Aと呼ばれる(例：予定脊索 prospective notochord, presumptive notochord)．(⇒細胞系譜)

l **予定運命図** [fate-map] 《同》原基分布図，発生運命地図．多細胞動物の胚の*予定運命の空間的分布を示す模式図．さまざまな方法で胚を標識し，正常発生における発生運命を調べ，図示する(⇒細胞標識)．W. Vogt

(1926)が両生類の胚での局所生体染色の実験から作ったものが有名.

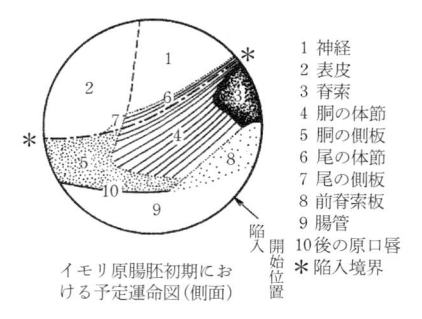

イモリ原腸胚初期における予定運命図(側面)
1 神経
2 表皮
3 脊索
4 胴の体節
5 胴の側板
6 尾の体節
7 尾の側板
8 前脊索板
9 腸管
10 後の原口唇
陥入開始位置
＊陥入境界

a **予定能** [prospective potency] 《同》発生能. 胚の一部域に関して,それが実現できるあらゆる発生過程または発生運命. 実験発生学の基礎概念の一つで,H. Driesch(1898)が*予定意義と並んで提唱. 例えばイモリの初期原腸胚の予定表皮(正常発生で表皮となる予定域)の予定能は外胚葉・中胚葉・内胚葉に属するほとんどすべての組織・器官であり,同じく初期神経胚の予定表皮の予定能は表皮のほか,レンズ・鰓・口・耳・鼻などである. 一般に一つの胚域の予定能は正常発生の進行とともに限定され,ついにそれが予定意義と一致するに至る. そのときにはその胚域は発生的に決定されたこととなる. またもし厳密な意味でモザイク卵というものがあるとすれば,その場合には発生の当初から予定意義と予定能とは一致しているはずである. (→調和等能系)

b **ヨハンセン** JOHANNSEN, Wilhelm Ludwig 1857～1927 デンマークの植物生理学者,遺伝学者. F. Galtonの学説の影響を受け変異統計を導入して行った純系の研究によって,純系内の淘汰は無効に,純系内の個体差は遺伝的変異ではないことを証明. また著作 'Elemente der exakten Erblichkeitslehre' (1909)で,Gen, Genotypus, Phänotypus などを定義し,それに基づいて遺伝現象を秩序立てて解析した.

c **読み過ごし転写** [read-through transcription] 転写終結が正常に行われず,隣接する転写単位にまで転写が継続される現象. 一つの転写単位のプロモーターから転写を開始した*RNAポリメラーゼが,その転写単位の末端に存在する転写終結部位が欠失しているとき,または何らかの理由で終結シグナル(*ターミネーター)が認知されない場合に起こる.

d **読み枠** [reading frame] 《同》リーディングフレーム. mRNA上に塩基配列としてコード化されている遺伝情報が蛋白質に翻訳される際に読み取られていく枠組み. 読み枠は開始コドンの位置によって決定され,コドンごとに3塩基ずつに区切って順次読まれていく. (→遺伝暗号,→フレームシフト突然変異,→オープンリーディングフレーム)

e **四倍体** [tetraploid] 基本数の4倍の染色体数をもつ倍数体. 同一のゲノムを重複してもつ同質四倍体と,異なるゲノムからなる異質四倍体とがある. 同質四倍体は一般に減数分裂において四価染色体を形成するため稔性が低下するが,異質四倍体のうち*複二倍体では二価染色体を形成するため稔性が高い. 人為的につくり出すこともでき*コルヒチンによる染色体倍加が比較的容易であるため,この方法を用いて多くの人為四倍体が得られている. 温度処理・切断法(トマト)なども倍数化に利用できる. 一種の突然変異として現れた有名な例としては,H. de Vriesが栽培中のオオマツヨイグサ($2n=14$)から発見したオニマツヨイグサ($2n=28$)があり,これはもとの二倍体より細胞・茎・葉・花などが大きくて葉の色も濃く,四倍体によくみられるギガス(巨大)型を示している. トマトやキャベツの人為四倍体のビタミンC含量は多く,トウモロコシではビタミンA含量が多くなり,イネやオオムギでは種実が重い. アフリカツメガエル(*Xenopus laevis*)は異質四倍体と考えられており,二倍性種であるネッタイツメガエル(*X. tropicalis*)に比べて体が大きく丈夫で成熟までの期間が長い.

ラ

a ライエル LYELL, Charles 1797〜1875 イギリスの地質学者. 地質学者 W. Buckland (1784〜1856) に地質学と鉱物学を学び，キングスカレッジの地質学教授となる．この間にパリその他ヨーロッパ各地に研究旅行をし，法律学を学んで弁護士の仕事もした．第三紀貝化石と現生貝類との比較研究などに基づいて百分率法(percentage method) なるものを考え，これによって第三紀を始新世，中新世，鮮新世の3区分した．G. L. Cuvier の天変地異説に反対して地質学の先駆者 J. Hutton (1726〜1797) の唱えた斉一説を継承発展させた．C. Darwin の進化論の形成にも大きな影響を与えたが，終生進化論を受け入れなかった．[主著] Principles of geology, 3巻, 1830〜1833.

b ライシメーター [lysimeter] 植物の根圏をすべて含む，大規模なポットのような装置．コンクリート製で，2〜3 m 四方，深さ1〜1.5 m のものが多い．主として圃場や森林に設置して，作物が栽培されている圃場の降水量・蒸発散量・貯水量など水収支の各項を明らかにすることを目的として設計される．肥料養分の作物への吸収や流亡といった種々の物質収支の測定とあわせて多目的に用いられる．最近は，土壌中の硝酸態窒素量を測定するために小型のキャピラリーライシメーターも用いられている．

c ライディー LEIDY, Joseph 1823〜1891 アメリカの動物学者．アメリカの脊椎動物学および古生物学の先駆者で，アメリカ西部の化石研究に先鞭をつけた．その他，寄生虫学，原生生物学，植物学，地質学，鉱物学など多方面の研究がある．

d ライディヒ細胞 [Leydig cell] [1] 精巣内の*間細胞．[2] 有尾類幼生の表皮内に散在する大形の腺細胞．4〜5個の細胞で一つの腺を形成．変態後は消滅する．

e ライト WRIGHT, Sewall 1889〜1988 アメリカの遺伝学者．モルモットを材料として実験遺伝学的研究を行い，アメリカにおける生理・生化学遺伝学の黎明に貢献をした．また，統計遺伝学の分野では量的形質の分析や近親交配の扱いについて画期的な理論を創始した．イギリスの R. A. Fisher, J. B. S. Haldane とともに集団遺伝学の数学的理論の基礎を築き，特に遺伝的浮動(ライト効果)の研究で知られる．[主著] Evolution and the genetics of populations, 2巻, 1968〜1978.

f ライトメロミオシン [light meromyosin] ⇒ メロミオシン

g ライニー植物群 [Rhynie plants, Rhynie flora] スコットランドのライニー周辺に分布する下部デボン系ライニー層のチャートに含まれる約3億9000万年前のケイ化石植物群．炭湿地を形成した初期の陸上植物に加えて，シアノバクテリア，シャジクモ類，地衣，菌，節足動物なども併産し，初期の陸上生態系を知ることができる．植物の多くは，立体二又分枝を繰り返し胞子嚢を頂生する軸状の体をもち，根・茎・葉が未分化で，現在の植物の体制が成立する以前の原型とされる．維管束植物とそれ以外の絶滅系統群が含まれる一方，コケ植物が未発見であることなど，陸上植物の初期進化における多様化の過程を明らかにする上で欠かせない化石群である．リニア(*Rhynia*)，アグラオフィトン(*Aglaophyton*)，アステロキシロン(*Asteroxylon*) などがある．

h ライヒェルト REICHERT, Karl Bogislaus 1811〜1883 ドイツの解剖学者．ケーニヒスベルク，ベルリン両大学に学び，ドルパト大学教授，ブレスラウ大学教授を経て，師 J. P. Müller の後任としてベルリン大学解剖学教授．比較解剖学・細胞学・発生学に業績があり，鰓弓の発生を研究し，また細胞説を発生学に取り入れた．[主著] Das Entwicklungsleben im Wirbeltierreich, 1840.

i ライヒシュタイン REICHSTEIN, Tadeus 1897〜1996 スイスの有機化学者．アスコルビン酸を合成．のち副腎皮質ホルモンの単離と合成に従事し，既知の28種のホルモンのうち26種の構造を明らかにして，E. C. Kendall, P. S. Hench とともに1950年ノーベル生理学・医学賞受賞．その後，シダ植物の細胞分類学，比較生化学の研究を行った．

j ライントランセクト法 [line transect method] 《同》線状法．ある植物群落内，またはいくつかの群落を横切って巻尺などを用いてラインを設定し，これに触れる植物を記録して群落の組成を解析する方法．傾度的に変化する群落組成の解析などに用いる．ラインに一定の幅をもたせ帯状の調査区も設定する方法はベルトトランセクト法(belt transect method) と呼ばれる．植物群落の地上部だけでなく，地下部も含めて層別に行う方法はバイセクト(bisect) と呼ばれる．

k ラウオルフィア [rauwolfia] 《同》ロウウォルフィア．キョウチクトウ科のインド蛇木(*Rauwolfia serpentina*) の根から抽出される物質．血圧降下作用・鎮静作用がある．約8種類のアルカロイドを含み，代表的なものはレセルピン(reserpine)．主な薬理作用は中枢神経系に対する静穏作用と，自律神経系，特に交感神経系に対する抑制ないし遮断作用である．この静穏作用・条件回避反応抑制作用を利用して統合失調症の治療薬として使われ，アドレナリン作動性神経における伝達物質の放出を起こさせ，結果としてのアドレナリン作動性神経における興奮伝達を遮断するので，血圧降下剤として用いられている．

l ラウス ROUS, Francis Peyton 1879〜1970 アメリカの病理学者．ニワトリの移植可能な肉腫を作り，それが濾過性因子によって起こることを証明．現代の腫瘍ウイルス学の出発点となった．因子は現在ラウス肉腫ウイルスと呼ばれ，がん研究の重要な材料として用いられる．1966年，前立腺癌のホルモン療法を発見した C. B. Huggins とともにノーベル生理学・医学賞受賞．

m ラウリン酸 [lauric acid] 《同》ドデカン酸(dodecanoic acid). $CH_3(CH_2)_{10}COOH$ 炭素数12の飽和鎖脂肪酸．トリアシルグリセロールとしてヤシ油・ゲッケイジュ油・パーム油などに見出され，クス油は大部分がトリラウリンである．また鯨蠟中にセチル(ヘキサデカノール, $CH_3(CH_2)_{15}OH$) エステルとして存在する．

a **ラウンケル** RAUNKIAER, Christen 1860〜1938 デンマークの植物生態学者．冬芽の高さで生活形を分類して生態地理学に新しい面をひらいた．自然群落では頻度の両極端の種が多いという法則を立てた．[主著] Life forms of plants and statistical plant geography, 1934.

b **ラカズ-デュティエ** LACAZE-DUTHIERS, Félix Joseph Henri de 1821〜1901 フランスの動物学者．はじめ医学を修め，のちパリ自然史博物館教授，パリ大学教授．軟体動物などの解剖や発生を研究．ロスコフに臨海実験所を創設，また雑誌 'Archives de zoologie expérimentale et générale' を創刊．[主著] Histoire naturelle du corail, 1863.

c **酪酸菌** [butyric acid bacteria] 糖質を発酵して多量の酪酸を形成する細菌群．狭義にはクロストリディウム属細菌の基準種 *Clostridium butyricum* を指す．*C. butyricum* はグラム陽性，偏性嫌気性，発酵性，芽胞形成の運動性桿菌．芽胞の状態で土壌，水界底質などの環境中に広く分布しており，ヒトを含めた動物の消化管内常在菌としても知られる．腸管内の腐敗菌や消化管病原体に対して拮抗作用を有し，乳酸菌などと共生しながら整腸効果を発揮する．芽胞は胃酸に対する抵抗性が高く，整腸剤として用いられる．一方，醸造食品の劣化や毒素型食中毒の原因になる場合もある．*C. butyricum* 以外のクロストリディウム属細菌 (*C. acetobutyricum*, *C. tyrobutyricum* など)，近縁の偏性嫌気性菌，バクテロイデス門細菌にも酪酸を生成するものが多く知られている．(⇒酪酸発酵, ⇒クロストリディウム)

d **酪酸発酵** [butyric acid fermentation] 微生物の作用により糖質から酪酸を生成すること．併せて二酸化炭素，水素ガスなどを生成する．酪酸発酵を行う微生物としては嫌気性細菌である *Clostridium butyricum* などが知られている．微生物の種類や反応条件によっては他にアセトン，ブタノール，2-プロパノール，エタノールなどを生成するが，特にアセトンやブタノールを多量に生成する場合はアセトン-ブタノール発酵という．エムデン-マイエルホフ経路にて生成したピルビン酸から以下の諸反応により酪酸やその他の生成物を生じる．

$$CH_3COCOOH \xrightarrow[CO_2+H_2]{CoA} CH_3CO\text{-}CoA \xrightarrow{CH_3CO\text{-}CoA} CH_3COCH_2CO\text{-}CoA$$
ピルビン酸　　　　　アセチル CoA　　アセトアセチル CoA

$$\rightarrow CH_3CHOHCH_2CO\text{-}CoA \rightarrow CH_3=CHCO\text{-}CoA$$
β-ヒドロキシブチリル CoA　　　　クロトニル CoA

$$\rightarrow CH_3CH_2CH_2CO\text{-}CoA \rightarrow CH_3CH_2CH_2COOH$$
ブチリル CoA　　　　　　　　酪酸

$$\downarrow$$
$$CH_3CH_2CH_2CHO \rightarrow CH_3CH_2CH_2OH$$
ブチルアルデヒド　　　　　ブタノール

また
$$CH_3COCH_2CO\text{-}CoA \xrightarrow[\text{アセチル CoA}]{} CH_3COCH_2COOH \xrightarrow{CO_2}$$
アセトアセチル CoA　　　　　　　アセト酢酸

$$CH_3COCH_3 \rightarrow CH_3CHOHCH_3$$
アセトン　　　　2-プロパノール

e **ラクタシスチン** [lactacystin] 放線菌 *Streptomyces* sp. の生産する神経突起伸長物質．大村智ら (19 91) の発見による．マウス神経芽腫細胞の細胞周期を G_1 および G_2 期で停止させ，神経突起伸長を誘導する．これらの作用は，ラクタシスチンの*プロテアソームに対する下記の阻害作用による．ラクタシスチンは，20 S プロテアソームに作用し，そのトリプシン様活性，キモトリプシン様活性およびペプチジルグルタミルペプチド加水分解活性を阻害する (前二者に対する作用は非可逆的)．ラクタシスチンは哺乳類のプロテアソームのサブユニット X (MB1) の N 末端トレオニンと共有結合することにより，プロテアーゼ活性を阻害する．

f **ラクトース** [lactose] 《同》乳糖．二糖の一種で，4-O-β-D-ガラクトピラノシル-D-グルコピラノース．哺乳類の乳に見出される．人乳含量 6.7％，牛乳 4.5％．植物界ではレンギョウの花の花粉中に含まれることがある．チーズ製造の副産物として大量に得られる．乳糖酵母により発酵する．

β-D-ラクトース

g **ラクトースオペロン** [lactose operon] *ラクトースの代謝に関与するひとつながりの遺伝子群．ラクトース系の*リプレッサーと*オペレーターによって負の制御を受け，同調的に支配される．この系の研究によって，F. Jacob と J. L. Monod (1961) が*オペロン説を提唱した．大腸菌のラクトース系オペロンは，*β-ガラクトシダーゼ，ガラクトシド透過酵素，ガラクトシドアセチル基転移酵素の構造遺伝子がそれぞれ *lacZ* (*z*), *lacY* (*y*), *lacA* (*a*) の順に染色体上にならび，*z* に隣接して，*y* と反対側にオペレーター *lacO* (*o*) が，さらにそのさきに*プロモーター *lacP* (*p*) が存在して，一つのオペロン (ラクトースオペロン) を形成している．なお，このプロモーター領域には*環状 AMP 受容蛋白質 (CRP) の結合部位が含まれ，*正の制御を受けている．ラクトース系リプレッサーの構造を決定する調節遺伝子 *lacI* (*i*) も *p* に隣接して存在している．(⇒オペロン[図])

h **ラクトバチルス** [*Lactobacillus*] 《同》ラクトバシラス，乳酸桿菌．ラクトバチルス属 (乳酸桿菌属，*Lactobacillus*) として分類される*乳酸菌の総称．*ファーミキューテス門バチルス綱 (Bacilli) 乳酸桿菌目 (Lactobacillales) 乳酸桿菌科 (Lactobacillaceae) に属する．基準種は *Lactobacillus delbrueckii*．芽胞非形成のグラム陽性桿菌 ($0.3〜1.8 \times 0.8〜20\,\mu m$) であるが，細胞の大きさは菌種により異なり，球菌に近いものから長桿菌まで存在し，多くは非運動性．カタラーゼ陰性，発酵性で，嫌気条件下におけるグルコースの乳酸発酵で生育するが，酸素存在下でも生育・生存できる*酸素耐性菌．土壌，コン

ポストなど野外から容易に分離されるほか，ヒトや動物の消化管や口腔内にも多く生息している．また，女性の膣内に生息するデーデルライン桿菌と呼ばれる細菌群も，主に本属細菌（*L. acidophilus* など）で構成されている．ヨーグルトや発酵性飲料の製造に古くから用いられてきた菌群（*L. casei* など）であり，漬け物，キムチ，ピクルス，ザワークラウトなどの発酵性植物食品からも分離される．*L. fructivorans*, *L. hilgardii*, *L. paracasei*, *L. rhamnosus* などはアルコールに耐性があり，酒類の醸造，発酵中に混入・増殖すると異臭・酸味を発生させるため，日本酒の製造現場では「火落ち菌」と呼ばれる．一方，*L. paracasei*, *L. plantarum* はワインのマロラクティック発酵に用いられる．

a **ラクナ** 【1】［lacuna］ 解剖学で裂口の意味．特に骨小腔のこと．（⇒骨細胞）
【2】［lacuna］《同》ラキューナ．*コリシン生産菌とのコリシン感受性の指示菌とを軟寒天に混ぜて寒天平板にまき培養したとき，単一細胞の生産したコリシンによって指示菌にみられる小さな発育阻止斑．*バクテリオファージによる*プラークのように見えるが感染性はなく，これと区別するために H. Ozeki ら（1959）によって lacuna と命名された．

b **落葉** ［leaf abscission, leaf fall］ 葉が脱離する現象．正常な場合は一種の生理現象である．葉がある限度の生理的齢に達すると葉内の養分がより若い葉の方に転流したのち，葉身または葉柄の基部に*離層が発達し，物質の流通が妨げられるようになる．そののち離層細胞内では新たに合成された細胞壁分解酵素（cell-wall-digesting enzyme）が分泌されることで離層細胞の分離または崩壊が起こり，葉が脱離する一方で，茎側の断面はコルク層でおおわれる．これら一連の過程は離層部分のオーキシンとエチレンの量で調節されている．落葉は落葉樹でも常緑樹でも起こるが，落葉樹は寒期には乾燥期の前に一斉に落葉して，これらの不利な環境を無葉で過ごす点で異なる．なお熱帯でも年中落葉がつづくものと周期的に落葉するものとがあり，落葉の際に黄葉や紅葉を伴うものも多い．

c **落葉広葉樹林** ［temperate deciduous forest, aestatilignosa］《同》夏緑樹林（summer-green deciduous forest）．冬（寒期）には落葉する広葉樹からなる植物群系．気温の年較差20°C以上，夏期はかなり高温で，十分の湿度があり，冬期はかなり低温になる北半球温帯に分布．ヨーロッパでは北緯40～60°，北米およびアジアでは30～60°付近．この群系の発達する地域が落葉広葉樹林帯（nemoral zone）で，これより暖地には常緑広葉樹林帯（照葉樹林帯），寒地には針葉樹林帯が見られる．林床には低木・ササの類・草本の層などがあり，また土壌は褐色森林土がよく発達．日本では中部以北に多く，中部山岳地帯で 500～1800 m 付近に，北海道では平地から 600 m 付近まで分布，中部以南でも高地には見られる．比較的低いところではケヤキ・クリ・ナラ類・シデ類など，高いところではミズナラ・シラカンバ・ブナなどを主とする．ブナは日本の落葉広葉樹林の代表で，日本海側には特によく発達した純林が見られる．高木からなる落葉広葉高木林（deciduous forest, aestatisilva），低木からなる落葉広葉低木林（deciduous scrub, aestatifruticeta）がある．後者には，日本での代表的なものとして高山の森林限界より上のダケカンバ，ミヤマハンノキ，タカネナ

ナカマドなどの群落がある．

d **落葉樹** ［deciduous tree］ 樹木を葉の生存期間の長短で区別する場合に，1年以内で枯死する葉をもち，結果としてすべての成葉を失い休眠状態に入る時期のある樹木の総称．常緑樹と対する．落葉樹は通常，気候的に温帯に圧倒的に多く，夏に茂り冬に落葉するので，夏緑（summer green）とほとんど同義に使われるが，熱帯～亜熱帯で乾期に落葉するものすなわち雨緑（rain green）も当然含まれる（ミャンマーやタイのフタバガキ類 *Dipterocarpus*，チークなど）．また枯死した葉が必ず落葉するとは限らず，枯葉のついたまま冬を越すものもある（ヤマコウバシ）．一方，常緑樹の葉も，数年もの間枯死しないのではなく，2～3年で交代するが，次々に新しい葉が完成されているので落葉の現象は一般にさほど目立たない．落葉針葉樹（カラマツなど）を除くと大部分の針葉樹は常緑である．

e **落葉性** ［deciduous］ 植物個体が，その生活史において，すべての成葉が脱落する時期をもつ性質．個体が枯死する過程で落葉する場合は含めない．特に落葉性の木本を*落葉樹と呼ぶ．一般に生育に不適な期間に落葉するものが多く，寒冷な時期に落葉するものすなわち夏緑性（summer green），乾燥期に落葉するもの，光条件が悪い時期に落葉するもの（落葉樹の林床に生育する多年生草本の一部）などがある．湿潤で温暖な冬季に葉を展開し，乾燥した夏季に落葉するものは冬緑性（winter green）と呼ぶ．また，落葉期にも一部の緑葉が残るようなものを特に半落葉性と呼んで区別することもある（ヤマツツジなど）．（⇒常緑性）

f **落葉落枝層** ［litter layer］《同》リター層，L層（L layer）．森林において地表面に落ちたままで，まだ土壌生物によってほとんど分解されていない葉・枝・果実・樹皮・倒木など，すなわち落葉落枝（litter 独 Waldstreu）類および動物の糞などの*デトリタスの堆積した層．その発達の程度は供給量と分解量の差で決まり，群落の密なこと，低温，乾燥，過湿などは発達の好条件となる．落葉落枝供給量は熱帯・亜熱帯多雨林から草原，温帯落葉広葉樹林，タイガの針葉樹林，ツンドラの順に減少し，その分解率も同じ順序で減少するが，その傾斜は供給量の場合より急激なので，高緯度のものほど有機物の蓄積量が大きくなる．高い分解率は大形節足動物とミミズの存在と，中間の分解率はミミズの存在と，また低い分解率はヒメミミズの存在と結びついているとされる（O.W. Heal, S.B. Chapman, 1972）．落葉落枝層の下方には分解の進んだ F 層や H 層があり，その下に*A 層がある．（⇒リタートラップ，⇒A_0層）

g **ラジオイムノアッセイ** ［radioimmunoassay］ RIA と略記．放射性同位元素（^{125}I, ^{131}I など）で標識した抗原あるいは抗体を用いて，抗体あるいは抗原量を測定する技術．液相と固相の RIA がある．液相の RIA では液相で抗原抗体反応を行い，二次抗体あるいはプロテイン A にて抗原抗体複合体を沈殿させ放射能を測定する．固相の RIA では，プラスチック表面に固相化させた抗原あるいは抗体に対して抗原抗体反応を行わせる．既知量の標識抗原と抗体の反応系に未知量の非標識抗原（検体）を加えて標識抗原と未標識抗原との抗体への競合的結合を測定する競合法と，一次抗体への抗原の結合を標識二次抗体を結合させて測定する非競合法とがある．感度は非常に鋭敏であり，通常の方法では測定しがたい

微量の物質を測定することができるが，現在では放射性同位元素を用いない*ELISA法が使われるようになってきている．

a 裸子植物 [gymnosperms ラ Gymnospermae] 胚珠が心皮によって被われず露出状態にあることによってまとめられる，種子植物の一群．*被子植物と対する．ソテツ類・イチョウ類・針葉樹類・マオウ類は現生種を含むが，ソテツシダ類・カイトニア類・コルダボク類・ベネチテス類などは化石種だけからなる．進化上被子植物段階に到達する前の段階を示すものとして，裸子植物という群を用いない意見(C.A. Arnold)もあったが，分子系統学的には現生の裸子植物が単系統であることが示されている．

b ラシャペローサン人骨 [La Chapelle-aux-Saints human fossil] 南フランスのラシャペローサンにある洞窟から1908年に発見されたネアンデルタール型の旧人類の化石標本．同年 P.M. Boule が報告した老人男性の骨格．この骨格が関節炎などの病的な変形の結果，加齢性の退行的な形態特徴を示していることから，*ネアンデルタール人全般に対する原始的なイメージが強調されすぎることになる．

c 裸出蛹 (らしゅつよう) [ラ pupa nuda] 昆虫の*蛹のうち，繭をもたず裸出しているもの．*被蛹などの蛹の型による類別とは関係がない．繭をもつ蛹が地味で一定の色彩を示すのに対し，裸出蛹は例えばアゲハチョウ・シロチョウに見られるように形態的体色変化を示すものが多い．この色彩は*隠蔽色の機能をもつとされる．

d RASスーパーファミリー (ラススーパーファミリー) [RAS superfamily] 《同》低分子量GTP結合蛋白質 (low molecular weight GTP-binding protein)．分子量が2万〜3万の単量体として細胞内シグナル伝達系で機能するGTP結合蛋白質が形成するファミリー．これらの蛋白質は，低分子量GTP結合蛋白質とも総称される．そのうち最も早くから研究されてきたのはRasがん遺伝子産物であり，Rasに類似した一群の蛋白質という意味でRASスーパーファミリーと名づけられた．哺乳動物以外にも，酵母，粘菌，線虫，シロイヌナズナなどの種々の真核生物に保存されており，生物種ごとに多種多様な機能を担っている．哺乳動物の場合，RASスーパーファミリーは，Ras, Rho, Rab, Sar/Arf, Ranという五つのファミリーに細分される．Rasファミリーは，MAPキナーゼカスケードなどを介して遺伝子発現とそれに伴う細胞周期の進行，Rhoファミリーは，細胞骨格系の再構成を介する細胞運動や細胞極性，RabファミリーとSar/Arfファミリーは，小胞輸送，Ranファミリーは，核細胞質間輸送をそれぞれ制御している．RASスーパーファミリーGTP結合蛋白質は，1分子のGTPあるいはGDPを結合しており，結合しているGTPをGDPと無機リン酸に加水分解する活性をもつことから，RASスーパーファミリーGTPアーゼとも呼ばれる．シグナル伝達系においては，一般的にGTP結合型が活性型，GDP結合型が不活性型であり，標的蛋白質はGTP結合型と特異的に結合する．GDP結合型がGTP結合型に変換される反応(グアニンヌクレオチド交換反応)は，上流に位置する*GEFにより，GTP加水分解反応は，*GAPにより，それぞれ促進される．GDP結合型とGTP結合型の立体構造を比較すると，スイッチI，スイッチIIと呼ばれる二つの領域が両者の間で大きく異なる．このうち，スイッチIは，エフェクター領域とも呼ばれ，標的蛋白質との相互作用に直接関与している．一方，RASスーパーファミリー蛋白質のC末端近傍は，システイン残基のファルネシル化やゲラニルゲラニル化などの翻訳後脂質修飾を受け，それによりRASスーパーファミリー蛋白質は，細胞膜，小胞体，ゴルジ装置，小胞などに局在している．

e ラセマーゼ [racemase] 《同》ラセミ化酵素．鏡像異性(キラリティー)をもつ基質のラセミ化(鏡像異性体の等量混合物に変える反応)を触媒する酵素群．EC5.1群に属する異性化酵素の一種．複数のキラル(不斉)炭素をもつ基質を異性化する酵素はエピメラーゼと呼ばれる．一般に基質のキラル炭素から水素を引き抜き，非立体特異的に再付加する．アミノ酸ラセマーゼの多くはピリドキサールリン酸を補酵素とするが，グルタミン酸ラセマーゼ，乳酸ラセマーゼなどは補酵素を要求しない．アラニンラセマーゼは細胞壁ペプチドグリカンの必須成分 D-アラニンの合成に関与し，次世代の抗生物質開発の標的と考えられている．アラニンラセマーゼは，細菌に広く分布しており，サルモネラ属由来の酵素はD-アラニン合成に働くAlr遺伝子とアラニン分解に働くDadB遺伝子産物のアイソザイムとして見出されている．真核生物では，D-アラニン資化性の *Schizosaccharomyces pombe* や *Tolypocladium niveum* に存在する．

f ラセミ体 [racemic body] *対掌体の等量からなる光学的に不活性の物体．結晶の場合，右旋性の微結晶と左旋性の微結晶との単なる混合物である場合と，結晶の単位格子の中に対掌体分子が同数ずつ入っている場合とがある．また光学的に不活性化する現象をラセミ化 (racemization) という．

g らせん性 [spirality] 規則的な不相称としてらせん的構造あるいは同種の形態のらせん的配置を示すこと．このような構造または配置は相称的構造とともに生物の基本的形態として広く見られる．動物におけるらせん構造の代表的なものは軟体動物の腹足類に見られる(⇌左巻き)が，部分的にはオタマジャクシの腸の巻き方や魚類の腸のらせん弁などがあり，腸の場合は吸収面積の増大と密接な関係がある．角や触角あるいは触手，内耳の蝸牛管の構造，そのほか哺乳類の毛の配列(毛渦)などにもらせん性が見られることがある．特殊な例としては海産昆虫(例：ウミユスリカ)では腹部が羽化に際して180°あるいは360°主軸のまわりに回転するものがある．卵割様式としては無脊椎動物に広く見られる*らせん卵割があり，腹足類の場合には殻のらせんの左旋・右旋に応じて卵割の向きも逆になっている．植物では巻鬚などにらせん構造があり(⇌回旋運動)，葉における*らせん葉序，花(特に裸子植物の)における花葉の配列，それと関連してマツなどの球果の鱗片の配列にも見られる．微細構造としても，らせん菌や維管束植物の道管・仮道管でらせん紋をもつものがある(⇌らせん紋道管)．動物の精子にも頭部がらせん構造を示す例があり(例：鳥類)，尾部の被軸などにもらせん構造が見出されている．いっそう微細なものでは，染色体のらせん構造やDNAの二重らせん構造がある．動物の腸・植物の巻鬚や花序などのように，その生物の生活にとって意義の明らかなものもあるが，その点が不明のものも少なくない．らせん構造はしばしば，相対する側での成長度の相違など不相称と深い関係がある．古くJ.W. von Goethe は，生物のら

a **らせん紋道管** [spiral vessel] 壁が帯状に肥厚し，それらがらせん状に管の内面を旋回する道管（→環紋道管[図]）．らせんの旋回の疎密には種々の程度がみられ，通常は1条か2条であるが，8条におよぶもの（ダリア）もある．原生木部で最初に形成される環紋道管につづいて形成されるときには，環状肥厚が数個連絡して部分的にらせん状となる場合もある．原生木部は引き伸ばされて破れやすいため，環紋道管のようにらせん状の肥厚部だけが残存することがある（例：トクサ属，イネ科，ハス）．

b **らせん葉序** [spiral phyllotaxis] 1節に1枚ずつ生じる葉が，一定の*開度を保って茎のまわりにらせん状に配列する形式．*互生葉序の一種．開度が180°の場合は除外することが多い．葉の付着点を発生の順につぎつぎ結びつけていくと茎面にらせんが描けるが，これを基礎らせん（genetic spiral）といい，また各葉は左右に交叉する2組の斜めの列（*斜列線）の上に並ぶ．現存植物の葉序ではこのらせん葉序が最も多くの種類で認められる．開度の規則性に関し*シンパー-ブラウンの法則が知られている．

c **らせん卵割** [spiral cleavage] 不等全割に属する卵割の特別な形式で，割球の分裂に際し紡錘の方向が卵の主軸に対して平行せず，規則的に傾斜するため卵極から眺めると紡錘の方向が卵の主軸を中心とする渦巻きのように見える卵割．例えば渦虫類，紐虫類，軟体動物（頭足類を除く），環虫類の卵．渦巻きの方向は各卵割ごとに逆転する．動物極から見て時計の針の進行方向と一致するときに右旋的（dexiotropic），その反対を左旋的（leiotropic）と呼ぶ．奇数回での卵割が右旋，偶数回での卵割が左旋であるのが一般的だが，左巻きの貝殻をもつ巻貝類ではこの反対．らせん卵割をする動物を総称してSpiraliaという．

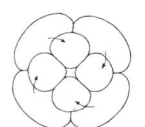

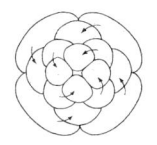

矢印でむすばれた2割球は同じ割球に由来したことを示し，矢印はその分裂の際の紡錘の方向を表す

左：8細胞期　右：16細胞期

d **落花** [floral abscission] 花全体が，一般に結実を迎える以前に脱離する現象．開花以前に落ちるものを落蕾といい，広義には落蕾も落花に含まれる．落花に先立ってサクラやモモのように花弁が散る，すなわち散花が起こる場合もある．いずれも*離層が形成された部分から脱離するもので花弁・雄花など短命な器官の脱離は内的原因によるが，蕾や花の脱離は環境・栄養状態などや配偶子形成ならびに受精の不成立によることが多く，多くの場合エチレンの生成と関連がある．

e **落果** [fruit abscission, fruit drop] 果実が植物体から脱離する現象．特に成熟に達する前に脱離することを指す場合もある．機械的落果，病虫害による落果，*生理的落果に大別される．後二者では果柄の一定の位置に*離層が発達して落ちる．（→落葉）

f **ラッカー** Racker, Efraim　1913～1991　ポーランド生まれのアメリカの生化学者．ペントースリン酸回路の諸酵素の発見に始まり，酸化的リン酸化反応など生体膜の諸酵素系の再構成を行った．特に共役因子の発見は有名．[主著] Mechanisms in bioenergetics, 1965.

g **ラッカーゼ** [laccase]（同）p-ジフェノール酸化酵素，ウルシオールオキシダーゼ．p-ジフェノール（ヒドロキノン）を酸素によって酸化してp-キノンにするフェノール酸化酵素の一種．吉田彦六郎（1883）がウルシの樹液中に「きうるし」を酸化し硬化させる酵素として発見したが，のちに G. E. Bertrand（1894）はインドシナ産のウルシの酵素を詳しく研究して，ラッカーゼと命名した．各種の微生物・菌類にも分布．銅蛋白質の一種で，青色．分子量約12万，銅4原子を含む．CN^-で阻害される．ウルシの液汁中でこの酵素により酸化され黒色色素となる物質はウルシオール・ヒドロウルシオールなどである．

h **ラック** Lack, David Lambert　1910～1973　イギリスの鳥類学者．ケンブリッジ大学で動物学を学び，地方の高校教師となって鳥類の生態学的研究を行う．この間，ガラパゴス諸島を訪ね，ダーウィンフィンチの種分化を研究．その後，アマチュア時代の50編の論文と'The life of the robin'などの著書が認められてSc. D.となり，シジュウカラの個体群生態学的研究やレーダーによる渡りを研究．種分化における生態的隔離の意義の強調および環境によって卵の大きさが選択されるという説により知られる．[主著] The Darwin's finches, 1947.

i **LAK細胞**（ラックさいぼう）[LAK cell]（同）リンフォカイン活性化キラー細胞（lymphokine-activated killer cell）．末梢のリンパ球を高濃度のインターロイキン2（IL-2）存在下で数日間培養して得られる，がん細胞傷害（キラー）活性を有する細胞．標的細胞の主要組織適合遺伝子複合体（MHC）のハプロタイプに無関係に細胞傷害性を示すキラーT細胞や活性化NK細胞からなる不均一な細胞集団で構成される．試験管内で自己由来のがん細胞だけでなく同種ならびに異種のがん細胞に対して非特異的な細胞傷害性を示す．がん患者の末梢血より得られるLAK細胞とIL-2の全身投与を併用したがんの*養子免疫療法が試みられている．

j **ラテブラ** [latebra] 鳥類の卵の*卵黄の中心にある白色卵黄からなる球状部．鳥類の卵は多黄卵で，その大部分は卵黄で占められている．その卵黄には白色卵黄と黄色卵黄の2種があって，卵の中心に白色卵黄が球状になっており，それを覆うに両色の卵黄の層が交互に数層とりまいている．白色卵黄は中心の球状部から*胚盤に向かって柱状に貫き，胚盤直下でやや拡張して全体としてフラスコ状の形をなす．中心の球状部がラテブラで，柱状部はその頸部（ラテブラの首　neck of latebra）といって，卵母細胞の時期に卵黄の蓄積につれ，核（胚胞，→卵核胞）が細胞の中心から周辺に移動した道筋にあたる．また胚盤下の広がりをパンデル核（Pander's

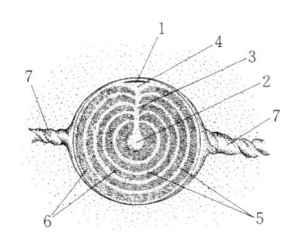

1 胚盤
2 ラテブラ
3 ラテブラの首
4 パンデル核
5 白色卵黄
6 黄色卵黄
7 カラザ

nucleus)と呼び，それは最外層をなす白色卵黄の薄層に続いている．

a　ラートケ Rathke, Martin Heinrich　1793～1860　ドイツの動物学者．ゲッティンゲン，ベルリン両大学に学ぶ．ドルパト大学教授を経て，K. E. von Baer の後継者としてケーニヒスベルク大学教授．脊椎動物の諸器の発生学的研究を行い，鳥類および哺乳類胚の咽頭弓を発見，魚類の鰓と比較した．また胚の排出器の発生に伴う変化を研究．両生類の雄におけるミュラー管の痕跡としてのラートケ管，下垂体原基のラートケ嚢に名を残した．Baer の胚葉説を無脊椎動物に拡張．[主著] Abhandlungen zur Bildungs- und Entwickelungs-Geschichte des Menschen und der Thiere, 1832.

b　ラートケ嚢 [Rathke's pouch]　脊椎動物顎口類の胚において，口腔背壁の口板(口咽頭膜)直前の外胚葉から間脳下面へ向かって生じる管状の陥入．後に間脳腹面の漏斗と合し，下垂体を形成する．腺性下垂体の各部はラートケ嚢に，神経性下垂体は*漏斗に由来する．

c　ラトゾル [latosol]　《同》ラテライト性土壌(lateritic soil)，紅土．*赤色土と同様に雨期に脱ケイ酸作用を強く受けるが，乾期が来ると*溶脱した鉄・アルミニウムの二三酸化物が土層を上昇し，地表面近くに沈積し富化している土壌．このように熱帯の高温多湿地域で母材が急速に分解し，溶脱を受けて鉄・アルミニウムの酸化物が残留するような風化作用をラテライト化作用(lateritization)という．熱帯地方で雨期と乾期が交互するモンスーン・サバンナ地帯に発達．土壌反応は中性ないし微アルカリ性を呈するが，植物養分に乏しく生産力は低い．なお，地中海沿岸の石灰岩地帯に見られるアルミニウム水酸化物を含む濃紅色の土壌はテラロッサ(terra rossa)と呼ばれる．

d　ラノステロール [lanosterol]　《同》ラノステリン(lanosterin), lanosta-8,24-dien-3β-ol, 4,4,14α-trimethylcholesta-8, 24-dien-3β-ol. $C_{30}H_{50}O$　コレステロール生合成の前駆体で，四環式トリテルペン(⇒イソプレノイド)またはトリメチル*ステロイドの一つ．羊毛脂から単離された．

e　ラバ [mule]　雌ウマと雄ロバとの異系交配による一代雑種．体はウマに似て大きく，尾と鳴き声はロバに似る．強健で飼育管理が容易なため(⇒雑種強勢)，動物育種上ひろく実用に供せられる．雄は完全に生殖不能であるが，雌はウマあるいはロバの雄との交配により子を産む場合があるといわれる．雌ロバと雄ウマとの交雑によるものをヒニー(hinny)という．

f　ラビリンツラ類 [ラ Labyrinthulomycota, Labyrinthulomycetes]　葉緑体をもたずに分解吸収による栄養摂取を行う単細胞性のストラメノパイル類の一群で，12属約50種が含まれる．細胞表面にある複雑な膜構造であるボスロソーム(bothrosome)から，ミトコンドリアなどの細胞小器官を含まない外質ネット(ectoplasmic nets)を展開し，硫酸多糖質の薄板状鱗片が重なり合った外被構造をもつ．2グループから構成され，狭義のラビリンツラ類では，複数の細胞の外質が互いに融合して網状の群体となり，紡錘形の細胞が外質の内側を滑走運動する．もう一方のヤブレツボカビ類(thraustochtrids)は，球形から卵形の細胞が外質ネットを仮根状に伸張させ，細胞が外質に埋没することはない．遊走細胞，不動胞子，アメーバ細胞，栄養細胞の分裂などによる無性的な増殖を行う．遊走細胞は細胞の側方から前後に，羽型と尾型の2本の鞭毛を生じる．シナプトネマ構造(synaptonemal structure)が観察されたことから，減数分裂をする可能性があるが，配偶子の接合は確認されていない．海藻やその他の動植物の死骸などに腐生，または海藻や二枚貝などに寄生．主に熱帯から温帯の沿岸域に比較的豊富に生息するが，高緯度の海域や深海，陸上の芝への寄生も知られる．また，ドコサヘキサエン酸やエイコサペンタエン酸などの高度不飽和脂肪酸や，アスタキサンチンなど有用物質を高濃度に蓄積するものも知られる．

g　ラブディティス型 [Rhabditis-type]　線虫類の形態上の一型．フィラリア型(Filaria-type)に対する．Rhabditis に見られるように体はフィラリア型に比較して太く短く，食道も太い．また食道はその後端に顕著な食道球(oesophageal bulb)があるので，前後の2部分に分けられる．フィラリア型では二分されない．

h　ラフト [raft]　《同》脂質ラフト(lipid raft)，脂質ミクロドメイン(lipid microdomain)．スフィンゴ(糖)脂質とコレステロールに富んだ微小膜領域で，主に細胞膜中に存在し，シグナル伝達や膜輸送などに関連する機能ドメイン．K. Simons らにより提唱された．スフィンゴ脂質は長鎖飽和炭化水素鎖をもつため会合しやすく，またコレステロールとの親和性も高いため，これらの脂質分子と特定の蛋白質が互いに会合することによって，ラフトが形成されると考えられている．ラフトには，src や G 蛋白質などのシグナル伝達経路に関連するアシル化蛋白質や GPI アンカー(glycosylphosphatidylinositol anchor, GPI anchor)蛋白質，ある種の膜蛋白質なども集積しており，シグナル伝達，細菌やウイルスの感染，細胞内物質輸送などに関与する．流動性をもつ細胞膜中においてシグナル伝達などに関連する分子群の会合する足場を提供することからラフト(いかだ)と呼ばれている．ラフトは直径10～200 nm の大きさで存在し，細胞の状態に応じてダイナミックに大きさや形，会合する蛋白質や細胞内局在性を変化させる．細胞膜上に観察される壺状の膜構造カベオラ(caveola)はラフトが会合して形成されると考えられている．

i　ラブドウイルス [Rhabdoviridae]　ウイルスの一科．形状が弾丸状なところから，J. L. Melnick, R. M. McComb (1966)がギリシア語の rhabdos (棒)をとって命名．ウイルス粒子は長さ100～430 nm，直径45～100 nm で，細長く一端が平らな弾丸状．*エンベロープの内側にらせん状のヌクレオ*キャプシドを含む．ゲノムは1万1000～1万5000塩基長の一鎖の一本鎖 RNA．*RNA ポリメラーゼを含み，感染直後のウイルス mRNA 合成に関与する．赤血球凝集能・溶血能はない．*ノイラミニダーゼもない．細胞質内で増殖し特有な*封入体が形成される．所属ウイルス：ベシクロウイルス属(Vesiculovirus)の水疱性口内炎ウイルス，リッサウイ

ルス属(*Lyssavirus*)の狂犬病ウイルス，エフェメロウイルス属(*Ephemerovirus*)のウシ流行熱ウイルスなど．昆虫ウイルス(例えばシグマウイルス)や植物ウイルスにも本科に属するウイルス群がある．(⇒付録:ウイルス分類表)

a **ラプラスの法則** [Laplace's law] 円筒の壁の張力 T は，壁の内圧と外圧の差 P と半径 r の積を壁の厚さ w で割ったものに等しい，という伸展圧と壁張力の関係を示す法則．$T=Pr/w$ で表される．ラプラスの法則を血管壁に応用するときには，この式を変形して $P=Tw/r$ とする．このとき壁内外圧差 P は血管内圧と組織圧との差であるが，組織圧は事実上無視できるので，P は血管内圧を示す．さらに，毛細血管のような血管壁が薄い血管では w が無視できるため，簡略化された式は $P=T/r$ となる．すなわち，毛細管の径が小さくなるほど血管内圧とつりあう血管壁の張力は小さくてもよい，ということになる．毛細血管が内圧によって破れないのは径が小さいからである．ヒト大動脈の張力は 1.7 N であるが，毛細血管では 1.6×10^{-4} N である．

b **ラブル配向** [Rabl configuration, Rabl orientation] 間期の細胞核内に見られる染色体配置の一つ．すべての染色体の*セントロメアが核内の一方に配置し，他方に*テロメアが配置し，染色体が方向性をもって配向すること．19 世紀末に報告され，発見者の C. Rabl にちなんでラブル配向と呼ぶ(Rabl, 1885)．染色体が分離するとき，セントロメアが紡錘糸に牽引され，テロメアは後方を移動することによって染色体が配向する．その後，間期に入ると染色体が脱凝縮するが，染色体分離時に作られたセントロメアとテロメアの配向がそのまま残るとされる．細胞種によっては，明確なラブル配向がないこともある．

c **Rab/Ypt GTPアーゼ**(ラブワイピーティージーティーピーアーゼ) [Rab/Ypt GTPase] *小胞輸送において主に機能する*RAS スーパーファミリーに属する低分子量 GTP アーゼの一群．生物間での機能の多様化が著しく，複数のエフェクター分子と活性型状態において相互作用することにより多様な生命現象に関わる．個々の細胞においても，多くの異なる Rab/Ypt GTP アーゼがそれぞれ異なるオルガネラに局在し，オルガネラの運動や形態の維持，リン脂質の生合成などの多様なオルガネラ機能の発現に関わる．中でも最も一般的な機能が，活性化状態に応じて*繋留蛋白質の機能や集合状態を調節し，*輸送小胞を標的オルガネラの膜に結合させるというものである．Rab/Ypt GTP アーゼによりその集合が調節されている繋留複合体として，exocyst, COG complex (conserved oligomeric Golgi complex), HOPS (homotypic vacuole fusion and protein sorting), CORVET (class C core vacuole/endosome tethering) などが知られる．

d **ラマピテクス論争** [Ramapithecus dispute] ラマピテクス(*Ramapithecus*)の人類進化における位置づけをめぐる論争．ラマピテクスは，インドで上顎の一部が発見された中新世の化石類人猿で，*プロコンスル類から分岐したとされ，現在は同時代の化石類人猿シバピテクスと共にシバピテクス属(*Sivapithecus*)にまとめられている．発見者 E. Lewis (1932) は，その歯牙形態に人類的特徴を指摘していた．1960 年代初めから E. L. Simons と D. Pilbeam は，歯牙や復原された上顎骨の形態から，ラマピテクスが約 1500 万年前の人類の直接の祖先であり，二足歩行や道具使用を行っていた最初のヒト科動物であるという説を唱え，定説とされた．しかし，1960 年代終わり頃から，V. M. Sarich と A. C. Wilson (1967) をはじめ，生化学・分子遺伝学によるヒト上科の系統関係の見直しが進み，ヒトとアフリカの類人猿との分岐年代はおよそ 500 万年前であり，ラマピテクスはヒト科には属さないという主張がなされ，激しい論争となった．最終的には，新発見のものも含めた化石の詳細な研究から，ラマピテクスはヒトの系統ではなく，中新世の中・後期にユーラシアに生息していたオランウータンの系統の化石類人猿であると考えられるようになり，Pilbeam につづいて 1982 年に Simons が自説を撤回して論争は終息した．この論争は古人類学だけでなく，進化研究の方法論や科学論に関しても重要な問題提起をした．

e **ラマルキズム** [Lamarckism] J. B. Lamarck の学説に基づく進化思想．*獲得形質の遺伝をいわゆる Lamarck 的要因として，これだけを Lamarck 学説の中核とし，獲得形質の遺伝の説すなわちラマルキズムとする者もあるが，のちに*定向進化説に発展した思想も Lamarck 学説の中心になっている．J. M. Baldwin (1902) は定向成形(orthoplasy) という用語を用いて，進化の方向性が獲得形質の作用によるとした．(⇒ネオラマルキズム)

f **ラマルク** LAMARCK, Jean Baptiste Pierre Antoine de Monet, *Chevalier* de 1744〜1829 フランスの博物学者，進化論者．神学生，軍人などを経て，パリで医学，さらに植物学を学ぶ．G. L. L. de Buffon の後援で 'Flore française' (フランス植物誌，1778) を出版して名を知られる．フランス革命を機に設立された自然史博物館で，昆虫学および蠕虫学の教授に任命，動物学に転じた．動物を脊椎の有無により二大別し，無脊椎動物分類学を開拓．「無脊椎動物」と「生物学」は彼の造語(⇒生物学)．地質学・古生物学，さらに物理学・気象学・化学なども研究．彼の進化論は，最初 'Système des animaux sans vertèbres' (無脊椎動物の体系，1801) において，ついで 'Philosophie zoologique' (動物哲学，2 巻，1809)，および 'Histoire naturelle des animaux sans vertèbres' (無脊椎動物誌，7 巻，1815〜1822) の序論で詳述．無機物からの原始的生命の自然発生を説き，それが進化の必然的傾向をもつとし，進化の副次的要因として用不用説を唱えた(⇒獲得形質)．晩年は無神論者・唯物論者の非難を受けた．[主著] 上記のほか:Recherches sur les causes des principaux faits physiques, 2 巻，1794; Recherches sur l'organisation des corps vivants, 1802.

g **ラミート** [ramet] 〔同〕ラメット．維管束植物において，同一のクローンに属するそれぞれの分球(球根または球茎など)または分株体．

h **ラミナラン** [laminaran] 〔同〕ラミナリン(laminarin)．褐藻類のコンブ科の *Laminaria* その他から得られる貯蔵性 β-*グルカン．D-グルコースが β-1,3 結合した主鎖のグルコース残基の 6 位に少数の側鎖が付いた構造をもつものもある．分枝の程度は由来や画分で異なる．また，1,3 結合と 1,6 結合とが主鎖構造中に存在するものもある．比較的低分子で水溶性が高く，β-1, 3-グルカナーゼの基質としてよく用いられる．

i **ラミニン** [laminin] *基底膜を構成する主要な糖

蛋白質の一種．基底膜を大量に合成する腫瘍であるマウスEHS肉腫から，R. Timpl (1979)が精製，基底膜(basal lamina)に因みラミニンと命名．A鎖(分子量44万)，B1鎖(分子量20万)，B2鎖(分子量22万)が各1分子会合し，十字形の構造をした分子量86万の巨大分子．基底膜をもつすべての動物組織に存在し，ショウジョウバエにも存在する．IV型*コラーゲン，*ヘパラン硫酸プロテオグリカン，*ヘパリン，細胞に結合する．細胞の接着・走化性・増殖を促進し，遺伝子発現を調節し，神経突起の伸長を促す．*細胞接着作用を担うアミノ酸配列として，YIGSR，PDSGR，IKVAV，RGDなど約8種類が分子内に同定されている．細胞表面の受容体は，インテグリン，6.7蛋白質などである．ラミニン分子群として，ヒト胎盤から分子量24万のラミニンM，神経筋接合部の基底膜に発見された分子量20万のsラミニンがある．

a **ラミン** [lamin] 核膜の裏打ち構造である核ラミナ(nuclear lamina)を構成する主要な蛋白質．核ラミナにはラミン受容体をはじめとする多くの核内膜因子が結合し，それら結合因子はクロマチンと相互作用するものが多い．このため，ラミンは核膜と核内クロマチンを繋ぐ主要な構造として間期核のクロマチン構造と機能に寄与する．ラミンの分子量は6万〜7万で，*中間径フィラメントの一種であり，互いに重合して網目状の構造を形成する．哺乳類細胞のラミンは，A，Bの二つのタイプに分類され，タイプAにはラミンA，Cの2種類が，タイプBにはラミンB1，B2，B3の3種類が報告されている．タイプAは，C末端部分に存在する核膜結合領域を欠く点で，タイプBと構造的に異なる．そのため，タイプAは細胞周期において細胞分裂期に細胞内に分散するのに対して，タイプBは細胞周期を通じて膜と結合している．ラミンの種類や存在比は，細胞の種類や状態によって異なり，タイプAは未分化細胞によっては発現がみられない場合があるが，タイプBはすべての細胞に存在する．ヒトの場合，タイプAは*早老症などのラミン病と総称される遺伝子疾患の原因因子であるのに対して，タイプBは必須遺伝子である．ラミン受容体を含むラミンに結合する核内膜因子の中にも遺伝子疾患の原因因子になるものが多い．ラミンは，細胞分裂期に*サイクリンB-CDK1によるリン酸化によって脱重合し，そのことが核膜の崩壊に寄与する．

b **ラム換水** [ram ventilation] 魚類の呼吸法の一つで，能動的な*呼吸運動をせず，自身の移動の結果として口からはいってくる水流によって鰓に一方向性の水流を与えて呼吸する方法．サバ類やサメ類に見られる．

c **λdv** λファージのDNAの複製とその調節に関与する4〜5個の遺伝子群をコードする領域だけからなる*プラスミド．dvはdefective virulentの略．ファージの頭部や尾部形成などに関与する遺伝子群はすべて欠失しており，プラスミドとして子孫の細胞に伝達される．レプリコンの基本構造や複製の調節機構を知る目的などの研究に用いられた．

d **λファージ** [λ phage] 大腸菌K-12株を*溶原化する*バクテリオファージ．E. M. LederbergとJ. Lederberg (1953)が発見．4万8502塩基対の二本鎖DNAをゲノムとしてもつ．両末端には12塩基対の互いに相補性のある一本鎖構造(*付着端)がある．ウイルス粒子の形は正二十面体の頭部と非収縮性で屈曲性の尾部からなる．典型的な*溶原性ファージの一種．物理化学的性質の他にゲノムの遺伝的性質の詳しい検討がなされて，分子生物学の進展に大きく寄与したことで有名であり，また遺伝子操作のための*ベクターとしても重要．他にも性質のよく似た一群のファージ(φ80, φ434, φ21など)が知られており，一括してラムドイドファージ(lambdoid phage)あるいはλ様ファージ(λ-like phage)と呼ぶ．

e **ラムノース** [rhamnose] 《同》6-デオキシマンノース．*フコースと並ぶ代表的な6-デオキシヘキソース．L-ラムノースは植物・細菌に広く分布し，前者では細胞壁の*ペクチン質多糖やゴム質，エンジュ・ソバなどに含まれ，血管収縮作用をもつフラボノール配糖体ルチン(rutin)などの成分となっている．また，ツタウルシ(Rhus toxicodendron)の葉や花には遊離糖として存在する．海産緑藻にはL-ラムノースを主成分とする多糖をもつものがある．グラム陰性細菌の細胞表層にはL-ラムノースを含む多糖・*リポ多糖があり，D-ラムノースや近縁の6-デオキシヘキソースを含むものも見出され，これらが抗原性に関与している場合も多い．L-ラムノースはdTDP-D-グルコースから一連の転換反応によって生合成されるが，最終産物のdTDP-L-ラムノースは特異的な転移酵素によって*配糖体や多糖の合成の基質として用いられる．

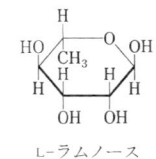

f **ラ＝メトリ** LA METTRIE, Julien Offroy de 1709〜1751 フランスの医師，哲学者．パリで神学を学んでのち，ライデンのH. Boerhaaveのもとで医学を修めた．パリで外科医を開業し，また軍医となった．従軍時の体験などをもとに'Histoire naturelle de l'âme'(1745)を著し，唯物論的見解を述べた．この書は同業者や宗教界の激しい反対にあいライデンに避難．そこで彼の見解を体系づけた'L'Homme-machine'(人間機械論，1747)を出版．翌年ベルリンに去り，Friedrich大王の侍医となった．常に生理学的見地で人間を考え，「魂のすべての能力は脳の組織および体全体に依拠しており」，「魂とは体の中の考える部分にほかならない」ことを主張．

g **ラメラ** [lamella, pl. lamellae] [1]《同》層板．細胞内の扁平な囊状の膜構造(*チラコイド膜や*脂質二重層膜)がいくつか平行に配列して層をなしているもの．囊という印象よりも，広がりをもつ薄い膜が何層も並んでいるように見える．[2]=チラコイド [3]=ラメラ構造(脂質の) [4]《同》薄板．コケ植物蘚類の一部において，葉の中肋表面に見られる板状の構造物．表皮細胞起原で，通常，幅1細胞層，高さ3〜6細胞層からなるラメラが縦方向に何列にも並ぶ．ラメラの細胞は葉緑体を含み，光合成能力の増加に寄与している．スギゴケ属やニワスギゴケ属などでは，ラメラ上端の細胞形態が種の分類形質の一つとなっている．

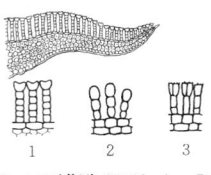

1 コスギゴケ
2 コセイタカスギゴケ
3 セイタカスギゴケ

h **ラメラ構造**(脂質の) [lamellar structure] *脂質

二重層膜が積み重ねられた立体構造．少量の水を含むリン脂質では最も安定な構造である．二重層以外では，例えばホスファチジルエタノールアミンが，それより高温側で六方II相(hexagonal phase II)を取る．二重層膜はその外側に極性基，内側に脂肪鎖をもち，水は膜間に存在する．X線解析により膜の繰返し周期が得られ，卵黄レシチン(ホスファチジルコリン)の場合は0.525 nm(室温)であり，膜の厚さは4 nmである．二重層膜には，リン脂質の脂肪鎖が結晶状に配列したゲル相と，液体状の液晶相とがある．またホスファチジルコリンなどのリン脂質のゲル相で二重層面が彎曲したリップル相も存在する．多量の水が存在すると，二重層膜で囲まれた小胞が得られる．生体膜の脂質も二重層構造をとる．(⇒脂質二重層)

a **ラモン=イ=カハル** RAMÓN Y CAJAL, Santiago カハルとも．1852〜1934 スペインの動物組織学者．サラゴサ大学で医学を修め，バレンシア，バルセロナ両大学教授を経てマドリード大学教授．脳および神経の組織学的研究で知られ，C. Golgiの考案した銀染色法により神経単位が突起により接着していることを確認．Golgiとともに，1906年ノーベル生理学・医学賞受賞．[主著] Textura del sistema nervioso, 2巻, 1899〜1905．

b **裸蛹**(らよう) [pupa exarata, exarate pupa] 昆虫の蛹の一型で，*軟顎蛹のうち，触角・翅・肢は硬化せず，かつ体部から遊離しているもの．*被蛹と対する．皮膚全体に硬化の度が低く，乾燥や日光の照射に耐えられない．多くは土中にあるか，あるいは丈夫な巣や繭の中にいる．鞘翅目・撚翅目・隠翅目・膜翅目の蛹がこれに属する．双翅目環縫類(ハエ類)の囲蛹(⇒囲蛹殻)も広義には裸蛹に含まれる．それ以外のもの，すなわち狭義の裸蛹を自由蛹(pupa libera, free pupa)と呼ぶ．

c **ラワン** [lauan, Philippine mahogany] 《同》メランティ(meranti)，セラヤ(seraya)．比較的軽軟なフタバガキ科Dipterocarpaceae の Shorea, Parashorea, Pentacme の各属木材のフィリピンにおける通称．マレーシアやインドネシアではメランティ，セラヤと呼ばれる．フタバガキ科は東南アジアの熱帯低地多雨林に優占する樹種である．17属約560種が含まれ，3亜科に大別される．フタバガキ亜科14属約520種は，真正のフタバガキ科ともいうべきものでほとんどが東南アジアに，Monotoideae に含まれる2属39種はアフリカおよびマダガスカルに，Pakaraimoideae に含まれる1属1種は南米ギアナに分布．常緑または少数の種が落葉性で，樹高50〜60 mの高木となり，数年に一度開花し，果実は堅果で，多くの種では残存性の萼片(がくへん)が発達した2〜5枚の翼が果実を包む．フタバガキ科の名は，フタバガキ属 Dipterocarpus 樹木が通常，二つの(di-)翼のある(ptero-)果実をつける(-carp)ことに由来する．

d **卵** [ovum, egg] 《同》卵子，たまご．雌性*配偶子，特に雌雄の配偶子間に形態的にも明確な分化が見られ，雄性配偶子が*精子と呼ばれる場合に，それに対応する雌性配偶子．[1] 被子植物では*胚囊の珠孔側にある卵装置中の最も大きな細胞，裸子植物，シダ植物，コケ植物では*造卵器内の大きな1細胞を，卵細胞(egg cell)という．被子植物では*胚囊細胞から由来し，一般に珠孔側が細く反対側がふくらんだ倒卵形で，核はふくらんだ部分にあり，液胞は珠孔側の細い部分にある．裸子植物では*中心細胞が拡大しながら，核がまず二分し，その間に隔壁ができずに珠孔側の核が退化し(マオウ類では退化しない)，内側の1個が大きくなり，細胞質がまわりを包んで卵細胞となる．いわば2個分の場所に1個の核という形をとる．シダ植物とコケ植物では中心細胞由来であるが，中心細胞が分裂すると腹溝細胞と卵細胞とになる点で裸子植物と違う．形は球・卵・西洋ナシ形で，分類群によって定まっている．球形の場合でも細胞質が下部に，液胞が上部にあって，*極性が定まっている．[2] 動物では*後生動物全般にわたって精子と卵の別があり，卵は卵細胞ともいう．一般に球形・楕円形ないしそれらに近い形を示す．また，動物により種々の度合で栄養分としての*卵黄を含み，それにより無黄卵・中黄卵・多黄卵などを区別する．他方，卵黄の分布状態により等黄卵・不等黄卵を区別し，さらに後者では卵黄局在の位置によって端黄卵・心黄卵を区別する(⇒卵黄)．卵黄に対し，卵の細胞質を卵細胞質または卵質といい，心黄卵では卵周辺にある細胞質を特に周辺細胞質(periplasm)という．一般に卵は極性を示し，卵内における母性効果遺伝子産物の局在が*卵軸を規定している．ショウジョウバエの卵には直交する前後軸と*背腹軸がある．ウニやカエルでは動植物軸が明瞭であり，両極をそれぞれ*動物極・*植物極と呼び，中央を*赤道面と呼ぶ．一般に，卵は精子に比べて大形で，動物細胞のうち最大のものに属し，特に卵黄量が多いものでは直径数cmに達する(例：鳥類)．多くは運動性を欠くが，ヒドラの卵のようにアメーバ運動をするものもあり，魚類の卵などでも律動性収縮運動が知られている．卵の語は実際には，種々の状態にあるものに漠然と使用され，明確に区別すると，次のようなものを指す．(1) *卵形成，特に成熟期の諸段階にある第一卵母細胞・第二卵母細胞・成熟卵など．(2) 母体内の位置により卵巣卵(ovarian egg)・体腔卵(coelomic egg)など．(3) 受精との関係において未受精卵・受精卵．以上のほか，広義に卵細胞とそれを包む*卵膜の総体，さらにやや厳密を欠くときには，*孵化前の*胚と卵膜の総体をも卵と呼び，*卵割の過程にある胚を指すことなどもある．これら広義の卵については，その生理的・生態的状態などに応じて，*耐久卵(冬卵)・*夏卵・沈性卵・浮性卵・*複合卵・*単一卵・閉鎖卵などいろいろと区別される．

e **卵円腺** [oval gland] ⇒鰾(うきぶくろ)

f **卵円筒** [egg cylinder] 《同》卵筒．齧歯類の，胚体・前羊膜腔ともに縦に細長くなった円筒状胚．これらの動物の胚では他の哺乳類胚とは異なり，内部細胞塊(⇒胚盤胞)が胚胞腔中に縦長になって突出する．同時に*胚盤葉上層の中央に腔所を生じて前羊膜腔となり，卵円筒を形成する．このとき胚盤葉下層(臓側内胚葉)が筒の外側(胚胞腔に由来する*卵黄囊に面した側)にあり，胚盤葉上層は筒の内側に位置する．このため，その後の原腸陥入の様式や前腸・後腸の形成過程も見かけ上他の哺乳類とはかなり異なっているようにみえる．卵円筒と呼ばれるのはマウスの場合は交尾後5.5〜6.5日であり，8.5日になると胚が反転して内胚葉が内側に，外胚葉が外側にくるようになる．

g **卵黄** [yolk] 動物卵の細胞質内に存在する貯蔵物質．リン蛋白質と脂質の複合体で，多糖・*リポイド・種々の灰分物質を含み，初期胚の栄養物質として，発生の過程で分解され，エネルギー源となるとともに，その一部は他の細胞構成要素に組み入れられると考えられて

いる．細胞質内に分散している場合(カエル卵，卵黄小板 yolk platelet という)と，原形質域と独立に集合して一部域を形成している場合(ニワトリ卵，卵黄球という)とがある．爬虫類や鳥類以外では黄色ではなく卵黄が黒色，白色，無色透明の場合もあるが，これらも卵黄という．細胞質内における卵黄の分布状態および卵黄の量は，初期発生の進行に重要な影響をもつ．一般に卵黄の存在は*卵割における細胞質の分割に対する抵抗となり，他の条件が同様ならば卵黄の濃度勾配は卵割速度あるいは割球の大きさの部域的差異を引き起こす．動物卵は卵黄の量や分布状態によって分類され，ナメクジウオの卵のように，卵黄が卵内にほぼ一様に分布した卵を等黄卵(isolecithal egg, homolecithal egg)といい，両生類，魚類，鳥類の卵のように*卵黄顆粒が卵の片方の極に偏在している卵を端黄卵(telolecithal egg)という．また，卵黄顆粒が卵の中心に集中して分布する卵を心黄卵(centrolecithal egg)といい，主に節足動物でみられる．卵黄の量により分類した場合，鳥類の卵のように卵黄が多い卵を多黄卵(polylecithal egg, megalecithal egg)と呼び，カエルのように中程度の卵黄量をもつ卵を中黄卵(mesolecithal egg)，ウニのように卵黄が少ない卵を無黄卵(alecithal egg)と呼ぶ．哺乳類の卵は無黄卵であるが，発生様式が多黄卵を有する鳥類などと似ており，胎生と関連して二次的に無黄卵になったものと考えられるため，二次無黄卵と呼ぶ．脊椎動物では，卵黄蛋白質は*エストロゲンの作用を受けた肝臓で合成され，血液によって卵巣に運ばれ，成長期の卵母細胞に取り込まれ，蓄積される．昆虫でも，蛹期の雌の血リンパ中に出現しやがて卵母細胞に取り込まれる特有の蛋白質(雌性蛋白質 female protein)が卵黄蛋白質のもとになっている．しかし，多くの無脊椎動物では卵黄蛋白質の起源は明らかでない．卵黄は蛋白質・脂質・糖質・無機塩類・各種ビタミンを含むが，その組成は動物の種によって異なる．脊椎動物の卵黄蛋白質の主体は水溶性のリポ蛋白質であるリポビテレニン(lipovitellenin)と不溶性リポ蛋白質*リポビテリン，リン蛋白質ホスビチンであるが，すべての*血漿蛋白質は卵黄中にわずかずつ存在しているという．両生類の卵黄顆粒中ではホスビチンとリポビテリンが結晶構造をつくっている．卵黄のリン脂質や蛋白質は，一度分解を受けたのち胚に利用されているらしい．卵黄中に豊富に含まれるリンは，胚の活発なリン酸代謝へのリンの主な供給源となっている．

a **卵黄域** [area vitellina, vitelline area] 鳥類の*胚盤葉の*暗域のうち，*中胚葉の進入した*血管域の外周部．いまだ*外胚葉・*内胚葉だけが卵黄表面をおおっている部域．

b **卵黄栄養性発生** [lecithotrophic development] 幼生期において，摂餌をせずに蓄えられた卵黄から栄養を摂り発生を進めること．孵化時の餌環境に左右されることなく成長でき，幼生分散できるという利点がある反面，卵一つ一つにかかるコストが高くなり，卵数は少なくなる．節足動物甲殻亜門，軟体動物，脊椎動物など，さまざまな動物群でみられる．

c **卵黄核** 【1】[yolk nucleus] 《同》バルビアニの卵黄核(Balbiani's yolk nucleus)．各種の多細胞動物の卵細胞，特に卵黄を多量に形成する卵母細胞の細胞質に認められる，球状またはやや不規則な好塩基性の部域．細胞核とは異なる．卵黄核は卵母細胞の成長が一定段階に達すると分散・消失する．

【2】[vitellophage] 昆虫卵が*表割を行うにあたって，卵黄内に残留する分裂核．表割で分裂核が卵表面に移動する際，一部の核(およびそれをとりまく少量の原形質)は表面まで移動せず，卵中央部の卵黄内に残留する(⇒エネルギド)．これを第一次卵黄核，*胚盤葉細胞からの核が再び卵黄に入って分裂・増殖したものを第二次卵黄核という．これらは大形の核で，卵黄の消化に従うとともに，一部の昆虫では*内胚葉(*中腸内壁)そのものに分化する．卵黄核の周囲にはまもなく細胞区画ができるが，その各細胞は長い角錐形を呈しているので，これを卵黄角錐(yolk pyramid)と呼ぶこともある．

d **卵黄顆粒** [yolk granule] 《同》卵黄粒．顆粒状に存在する*卵黄．卵黄顆粒を蛋白質性卵黄顆粒と脂肪性卵黄顆粒に分類する場合もあるが，一般には前者だけを卵黄顆粒といい，後者を脂肪滴として区別している．卵黄顆粒の化学的組成は動物の種類によって異なり，同一種でも，卵黄形成の時期により蛋白質と脂肪の比が異なる．形態も種により異なるが，一般に球形または楕円体を呈し，扁平な小板となっていることもある．魚卵や鳥卵の卵，ウニ卵では球状で，卵黄球(yolk sphere, yolk globule)と呼び，両生類卵では一般に楕円小板で，卵黄小板(yolk platelet)と呼ぶ．大きさは通常，数μm程度で，小さなものでは0.3μmから大きなものでは数十μmにおよぶ．種々の動物卵で，卵黄顆粒に複屈折があり，*異方性が示されている．また，数種の動物(両生類・円口類・巻貝・クモ)では，卵黄顆粒内に*リポ蛋白質の分子が規則正しく配列し結晶構造を作っていることが示されている．卵黄顆粒が卵母細胞内に形成される過程は動物の種によってさまざまであり，飲作用によってとりこまれた小胞の融合によるもの(昆虫・多くの脊椎動物)，小胞体の囊内に形成されるもの(ザリガニ)，ミトコンドリア内部に形成されるもの(カエル)，細胞器官と明確なつながりなく細胞質中に出現するもの(多くの無脊椎動物)などの例が知られている．

e **卵黄細胞** [yolk cell] 【1】後生動物の胚，特に全割卵・不等割卵に属する胚のもつ，*卵黄を多量に含んだ細胞．多くは内胚葉細胞．【2】扁形動物の*複合卵において，卵殻中に卵細胞とともに含まれる細胞．卵黄腺から生じ，卵細胞に栄養を供給する卵黄物質と，卵殻を形成する物質とを含む．卵黄細胞は卵形成腔に送られ，そこで複数のものが1個の受精卵を囲み，その周囲に顆粒を放出して卵殻を形成する．受精卵を取り囲んだ卵黄細胞はやがて融合して多核質となり，卵細胞から胚がつくられるときの栄養補給の役目を果たす．【3】[statocyte] ⇒芽球

f **卵黄循環** [vitelline circulation, yolk sac circulation] 卵黄囊表面に発達した胚体外血管における血液循環．*胚体外域で行われる胚体外循環の一つ．卵黄の吸収とともに胚の呼吸にも関係する．卵黄囊の血管は胚体内の背側大動脈に発する臍腸間膜動脈に続く卵黄動脈(vitelline artery, arteria vitellina)と心臓にいたる臍腸間膜静脈に集合する卵黄静脈(vitelline vein, vena vitellina)があり，いずれも細かく分枝して卵黄囊上に血管網を形成し，両者は血管網の周辺を画する周縁洞(marginal sinus)で連絡．羊膜類ではのちに尿囊が形成されると，別の重要な胚体外循環として尿囊循環(allantoic sac circulation)がはじまり，特に哺乳類では卵黄囊が

痕跡的で，尿嚢循環が胎盤循環となり胎児と母体の間の物質交換に機能する．

a **卵黄栓** [yolk plug] 両生類の*原腸形成にあたり，本来の植物極域にあった*卵黄が多く色素の少ない細胞群(予定内胚葉)は漸次胚内に姿をかくすが，その途次にその一部で，原口唇に取り巻かれて胚表に露出している円形の部域．見方によれば，これは原口唇の口に押し込んだ栓にたとえられるので卵黄栓と呼ぶ．のちに卵黄栓は原口唇の前進とともに縮小し，最後に胚内に取り入れられる．それとともに原口唇は左右から合して，上下(背腹)に長い裂口となって閉じる．

b **卵黄腺** [vitellarium, vitelline gland] [1] 扁形動物のうち*複合卵を産むものにみられる*卵黄細胞をつくる雌性生殖腺の一つ．卵黄細胞は卵細胞に栄養を供給する卵黄物質と卵殻を形成する顆粒を含む．卵黄細胞は卵黄管を経て*卵形成腔に送られ，そこで複数のものが1個の受精した卵細胞を囲み，そのまわりに顆粒を放出して卵殻を形成する．三岐腸類・吸虫類・条虫類の卵黄腺は卵巣から分離した独立器官であるが，新棒腸類では卵巣と合一して胚卵黄腺(germovitellarium)となるものもある．(⇨胚腺)．[2] 《同》卵黄素．昆虫類など節足動物の卵巣小管内で，卵母細胞が保育細胞から栄養を得て成熟する部分．

c **卵黄多核層** [yolk syncytial layer] 硬骨魚類の発生過程で，卵黄内に形成される胚体外組織．硬骨魚類は，一般に卵割の際，盤割形式をとるが，胞胚期に卵黄に接した割球が卵黄に向かって崩壊吸収され，細胞膜をともなわない多核の層を形成する．卵黄多核層の核は，卵黄多核層形成後も分裂し，原腸形成とともに移動する．胚盤に覆われた卵黄部分に存在する多核層を内卵黄多核層と呼び，胚盤の外に見られるものを外内卵黄多核層と呼ぶ．卵黄多核層は原腸形成にともなって，完全に被覆(エピボリー)される．卵黄多核層は，中胚葉誘導・背側形成体誘導などの誘導現象，エピボリー運動，心臓形成などの器官形成など，胚発生にとって重要な役割を演じている．両生類の植物極内胚葉および哺乳類の臓側内胚葉は，これの相同組織と考えられているが，その機能的等価性に関しては異論がある．

d **卵黄蛋白質** [yolk protein] 卵黄に含まれる蛋白質の総称．主要成分は*ビテロジェニン(65%)，リポビテリン(16%)，ホスビチン(4%)などの脂質関連蛋白質．(⇨ビテリン，⇨リポビテリン，⇨ホスビチン)

e **卵黄嚢** [saccus vitellinus, yolk sac] 端黄卵および多黄卵性(⇨卵黄)の動物の胚において，卵黄塊を包む胚体外胚葉からなる嚢状構造物．無脊椎動物では軟体動物の頭足類などで見られ，脊椎動物では魚類や*羊膜類などに見られる．魚類(図左)など*無羊膜類の場合は，胚体外胚盤葉(⇨胚盤葉)の全部が卵黄嚢をなす．卵黄塊を直接包む膜(内臓壁卵黄嚢，図の5)と，前者の外側を包む膜(体壁卵黄嚢，図の6)の二重構造をもっている．前者は消化管壁の延長として内臓葉(⇨側板)からなり，後者は体壁の延長として体壁葉からなる．両嚢の間には胚体外体腔(図の7)がある．羊膜類(図右)では胚体外壁葉は*羊膜・*漿膜(図の8・9)を形成するので，内臓壁卵黄嚢に当たるものだけを卵黄嚢(図の10)という．無羊膜類・羊膜類とも卵黄嚢の胚体との連絡部近くはくびれて細長くなっていて*卵黄柄という．卵黄嚢は本来卵黄の分解および吸収をその機能とするもので，それに応じてその中胚葉層は多量の血管を分化し(⇨卵黄循環)，その毛細管網は卵黄動脈と卵黄静脈を通じて胚体と連絡する．卵黄が消費しつくされるとともに，卵黄嚢の組織は胚の中に吸収される．胎生哺乳類では卵黄塊が存在しないにもかかわらず，他の羊膜類の卵黄嚢に相応する構造を生じ，やはり卵黄嚢または臍小胞(vesicula umbilicalis, umbilical vesicle, 臍嚢)と呼ばれ，*臍帯中に取り入れられる．これは一種の*痕跡器官で，特にヒトでは早期に退化的となる．卵黄嚢血管壁には胚発生最初の造血組織である*血島が形成される．(⇨臍)

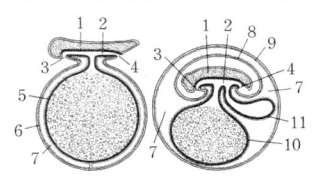

左：魚類　右：羊膜類
1 胚体　2 消化管　3 口　4 肛門　5 内臓壁卵黄嚢　6 体壁卵黄嚢　7 胚体外体腔　8 羊膜　9 漿膜　10 卵黄嚢　11 尿嚢
══ 外胚葉　┅┅ 中胚葉　── 内胚葉

f **卵黄柄** [yolk stalk] *卵黄嚢の胚体との連絡部で，くびれて細長くなっている部位．魚類など*無羊膜類では卵黄柄も二重になっていて，それぞれ内臓柄(splanchnic stalk)と*体壁柄という．*羊膜類では羊膜の胚体との連絡部にあたる体壁柄を卵黄柄ということがあり，その場合はその内部に内臓柄と尿嚢柄(allantoic stalk)を包む．内臓柄は腸管壁の延長でそれを通じて腸の内腔は卵黄塊に続くが，それを卵黄腸管(vitellointestinal duct, yolk duct)または卵黄管ともいう．(⇨臍)

g **卵黄膜** [vitelline membrane] 動物卵の細胞膜の上をおおう丈夫な膜．卵巣内における*卵形成の過程で，卵母細胞と卵胞細胞(⇨濾胞細胞)との間に形成される．多くは特別な構造をもたないかなり厚みのある膜で，卵母細胞表面からの*微絨毛突起が入りこんでいる．しかし，ウニ卵のように非常に薄いものや，魚卵のように層状構造をもつものもある．受精後も顕著な変化を示さないものが多いが，受精時，卵の表面から離れて*囲卵腔を形成するものもある．ウニ卵では受精前の*卵膜だけを卵黄膜と呼び，受精時崩壊した*表層粒成分とともに*受精膜を形成する．鳥類卵では，卵黄膜の内層は卵巣において，外層は子宮内で形成され，*コラーゲンを多く含む．多くの動物卵は卵黄膜の外側にさらに種々の*卵殻をもつ．

h **卵海水** [egg sea water, egg water] 海産の動物の卵を一定の時間入れておいた海水．卵から分泌される分子(⇨ゼリー層)がこの中に含まれていて，それが精子の運動性の活性化，卵への走化性(⇨走性)をもたらす．(⇨受精素)

i **卵核** [egg-nucleus] 卵細胞の核．特に，多細胞動物では*雌性前核に同じ．

j **卵殻** [eggshell ラ testa] 動物卵の最外側の*卵膜で，それが強固なもの．二次卵膜であることもあり(例：硬骨魚の卵膜)，三次卵膜のこともある(例：鳥卵，昆虫卵)．なお硬骨魚や昆虫の卵の卵殻については chorion の語が用いられる．石灰質やキチン質を含んで強固になっていることもあり，外側には斑紋や彫刻様の刻みのあ

るものもある.

a **卵殻腺** 【1】[shell gland] [1] 鳥類・爬虫類などの脊椎動物の*輸卵管の途中にあって*卵殻を分泌する腺. [2] 吸虫類および条虫類のメーリス腺の旧称.
【2】[capsulogenous gland, albumen gland] 《同》蛋白腺(albuminous gland). 貧毛類の生殖器官のある体節(生殖体節 generative segments)の腹面体壁にある腺. 卵殻すなわち「繭」(cocoon)中に収める蛋白質を分泌するとされる. 卵殻そのものは環帯にある腺細胞が分泌する.

b **卵核胞** [germinal vesicle ラ vesicula germinativa]《同》胚胞. 第一次卵母細胞が十分に成長したあと, 成熟分裂を開始する以前にみられる大形の核. J. E. Purkyně(1825)の記載. 未成熟卵の指標となる. ヒトデやナマコの未成熟卵では, 卵核胞が非常に明瞭にみえ, 丸い形で, 直径は卵の30〜40%を占め, 動物極に偏在している. 一般に, *栄養細胞や*濾胞細胞などで養われる卵の卵核胞は小さく, これらを欠く卵では大きいといわれる. 成長期の初めの, 卵母細胞のまだ若い時期に, 染色体は*対合の形成と解離を終え, *キアズマを形成し, 第一分裂前期の*ディプロテン期で減数分裂が停止した状態になる. *四分染色体のままの形, あるいは染色体集合小球(karyosphere), *ランプブラシ染色体, 静止核状の外観などで, 減数分裂の再開始を待つ. 卵核胞の時期には, 核の好塩基染色性は一般に大いに減少する. 卵核胞が大きいのは主として非染色体部の増大による. ことに核小体物質の発達は著しく, 特に卵黄が多量に形成される卵では多数の核小体が現れ, 核内に充満することさえある. 減数分裂の再開にあたっては, 染色体は凝縮して再び強く好塩基染色性を示すようになり, 核小体物質も急速に分解する. 減数第一分裂の際に核膜が崩壊すると, 極紡錘体に二価染色体が参加するほか, 卵核胞を満たしていた核物質の残りの大部分は細胞質と混じってしまう. 卵核胞は減数分裂を経て成熟卵の*雌性前核となる. (⇨卵成熟, ⇨胚斑)

c **卵核胞崩壊** [germinal vesicle breakdown] GVBDと略記.《同》核膜崩壊. 第一次卵母細胞において, 停止していた第一減数分裂が再開始する際, 卵核胞(胚胞)の核膜が消失して染色質が細胞質と混ざる現象. 卵母細胞の成熟開始の指標として用いられる. *卵成熟誘起物質, あるいはそのほかの外界からの刺激により, 卵細胞中で*卵成熟促進因子が活性化され, これがGVBDを誘起する. 卵成熟誘起物質は, ヒトデでは1-メチルアデニン, 魚では17α, 20β-dihydroxy-4-pregnen-3-one または 17α, 20β, 21-trihydroxy-4-pregnen-3-one であり, これらから卵成熟促進因子の活性化に至る経路は動物種によって異なる. しかしいずれの動物種でも, 最終的には細胞質中で活性型に転換された*サイクリンB-CDK1が卵核胞内へ移行して核膜の崩壊をもたらす. (⇨M期, ⇨細胞周期)

d **卵殻膜** 【1】[membrana testae, shell membrane] 鳥類の卵の*卵殻内面に密着する三次卵膜. 卵の鈍端では2枚になって*気室を構成する.
【2】[ephippium]《同》卵殻包, 包卵嚢, 卵皮膜. 甲殻類の枝角類(例えばミジンコ)の*耐久卵の外面の堅固な*キチン質の殻. それぞれの種に固有の外形と表面の刻紋をもち, 分類上の標徴となる. 広葉を二つ折りに畳んだ形で, 両端に鋭い突起と, その上に多数の細鉤があり,

水鳥や魚などの体表に付着して他の池沼に分布する機会をもたらす.

e **卵割** [segmentation, cleavage]《同》分割. 多細胞動物の, 1個の細胞としての受精卵(または活性化された卵)において, 相次いで速やかに起こる体細胞分裂. 卵割によって生ずる細胞を*割球と呼ぶ. 卵割のはじめのうちは各割球は通常ほぼ同時的に分裂するので, 割球の数は2^nで表される. 卵割の各期は通常, 割球(すなわち細胞)の数により, 2細胞期, 16細胞期などと呼ぶ. 卵割に際して分裂の起こる面を*卵割面, また各分裂のはじめに卵割面に沿って各割球の表面に入る溝を卵割溝(*分裂溝 cleavage furrow)という. 卵割時にはしばしば細胞周期のうちG_1期(あるいはG_2期)を欠き, 短時間に多数の割球が生ずるが(例えば両生類では*胞胚は数千の細胞からできている), 胚全体の細胞質量はほぼ一定に保たれるために, 卵割の進行に伴い割球はだんだん小さくなる. また卵割の進行につれ割球の間に一つの腔所(割腔)を生じ, それがしだいに発達して胞胚の胞胚腔となる. 比較発生学的にみると卵割の様式は極めて変化に富み, 種々の観点から分類することができる(⇨卵割型). 卵割期と胞胚期とは明確に区画し得ないが, 細胞が小さくなって胚表が上皮的になめらかになった時期をもって胞胚期に移行したものとみなしている. 卵割における細胞周期の調節は, *卵成熟促進因子(MPF)と*細胞分裂抑制因子(CSF)によることが明らかになっている.

f **卵割核** [cleavage nucleus] 多細胞動物で受精により雌雄の生殖核が融合して生ずる単一の核, またはそれより二分裂によって形成される*割球の核. 父・母に由来する染色体は1個の卵割核内に含まれ分裂によって娘核に均等に分配されるのが一般的であるが, 場合によっては(キクロプスなど), 父・母の染色体組はそれぞれ別々に有糸分裂することがある(*ゴノメリー).

g **卵割型** [cleavage type] 動物の発生初期における*卵割の様式. 種々の観点から分類される. (1)*卵黄の存在は細胞質の分裂に抵抗を生ずるので, 卵黄の量と分布状態により次のような諸型が区別される. *全割:卵割面が割球と割球を完全に仕切るもの. *部分割:多黄卵で見られる型で, 卵割面が割球と割球を完全には仕切らないもの. 端黄卵の場合は胚盤の部位だけで卵割が起こり, この型を*盤割という. また心黄卵では卵の表面でだけ卵割が起こるので*表割という.

様式	卵黄の量と分布	対称性	動物例
全割	等黄卵(少黄卵)	放射相称	ウニ, ナメクジウオ
		らせん状	軟体・環形・扁形動物
		左右相称	ホヤ
		点対称	哺乳類
	中黄卵	放射相称	両生類
部分割	端黄卵	左右相称	頭足類
		盤割	爬虫類, 鳥類
	心黄卵		表割	昆虫

(2)卵割面の幾何学的関係からは*放射卵割, *左右相称卵割, *二相称卵割, *らせん卵割などの諸型が区別される. またそのような比較的単純な型に従わないものは不規則卵割(irregular cleavage)と呼ぶことがあるが, 必

ずしも無秩序というのではない．

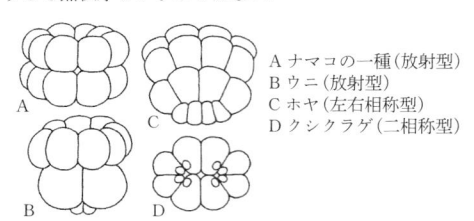

　Aナマコの一種(放射型)
　Bウニ(放射型)
　Cホヤ(左右相称型)
　Dクシクラゲ(二相称型)

a **卵割面** [cleavage plane] 〚同〛分割面．多細胞動物の*卵割に際して、娘細胞(すなわち*割球)間の境界面をいう．卵割面が卵の主軸(卵軸)を含む面またはそれに平行な面であるときはその卵割を経割(meridional cleavage, 縦割)という．それに対し卵割面が卵軸にほぼ直角な面であるときは緯割(latitudinal cleavage, 横割)という．また卵割面が両割球を完全に境するか否かにより、*卵割型を*全割と*部分割とに分ける．

b **卵丘** [ラ cumulus oophorus] 哺乳類における卵巣の成熟卵胞(濾胞)において、卵胞の内壁を覆う顆粒細胞の一部が卵母細胞と*透明帯を包んで卵胞腔に丘状に突出している部分．この部分の顆粒細胞を特に卵丘細胞と呼ぶ．食虫類、翼手類、ウサギ類では成熟卵胞の腔が発達せず、典型的な卵丘が形成されないものもある．卵丘の最内層の、透明帯に接している部分の卵丘細胞は放射状に配列し、放射冠細胞と呼ばれる．排卵直後の卵は*放射冠を含む卵丘細胞をその周囲に付着させている．ウサギ・ネズミ類および食肉類の多くでは排卵後数時間にわたって卵丘細胞が付着するが、有蹄類やヒトでは、排卵後比較的短時間内に消失．試験管内では、ヒアルロニダーゼやプロテアーゼで卵丘細胞を取り除くことができる．

c **卵菌類** [Oomycota, Oomycetes] 造卵器と造精器による有性生殖によって、卵胞子を生じる菌類の一群．106属約956種を含む(P.M. Kirk ら, 2008)．栄養体は無隔壁・多核の菌糸体で、細胞壁の主成分はセルロースと β-グルカン．寄生性の種では、宿主細胞内寄生か、または宿主細胞内に仮根や吸器を挿入するものがある．遊走子嚢を形成し、遊走子を生じる．一次遊走子は前端に、二次遊走子は側面に、尾型と羽型の2本の鞭毛をもつ．遊走子嚢には乳頭状の逸出突起(dehiscence papilla)があるもの、長い逸出管を出すもの、逸出管の先端に球嚢(vesicle)を形成してその中に遊走子を生じるものなどがある．陸生種の中には、遊走子を形成せずに、発芽すると菌糸となり、分生子のように行動するものがある．ミズカビ類は多くは淡水生で、腐生性のもの、まれに淡水魚や陸生の種子植物に寄生するものがあり、ツユカビ類、フハイカビ類には陸生の種子植物に寄生する種が多い．

d **ラング** Lang, Arnold 1855〜1916 スイスの動物学者．E. H. Haeckel に師事し、ナポリの臨海実験所教授を経て、イェナ、のちチューリヒ大学動物学教授．無脊椎動物の比較解剖学の総括者として知られ、特に渦虫類を研究．体腔説の確立にも寄与．[主著] Lehrbuch der vergleichenden Anatomie der wirbellosen Tiere, 1894.

e **卵形成** [oogenesis] 多細胞動物の発生に際して、卵巣内に入った*始原生殖細胞から卵原細胞(oogonium, 卵祖細胞)を経て成熟卵が形成される過程．受精の方法、初期発生の様式などを反映して卵形成過程も成熟卵の構造も多様である．この過程は一般に個体の生涯のごく初期にすでに開始される．卵原細胞は形態的に著しい分化を示さず、はじめは精原細胞と類似している．卵原細胞は卵巣内で*有糸分裂を重ねて増殖する(増殖期)が、やがて分裂を止めて成長期に入り、核および細胞質の容積を著しく増加する．成長期に入った卵原細胞を卵母細胞(oocyte)と呼ぶ(第一および第二成熟分裂完了までを、それぞれ一次卵母細胞 primary oocyte, 二次卵母細胞 secondary oocyte と呼ぶ)．卵母細胞の成長は密接する補助細胞が重要な役割を演ずる．*濾胞細胞は体細胞由来または卵原細胞由来で、卵黄素材などの供給を行う．昆虫などでは濾胞細胞のほかに*哺育細胞がある．これは卵原細胞由来であり、細胞分裂が不十分である結果、卵母細胞と直接細胞質がつながっており、ここで合成されたRNAなど種々の物質を卵母細胞に供給するが、やがて卵母細胞に吸収される．多くの動物では、排卵またはその直前まで巨大な核(*卵核胞または胚胞と呼ばれる)をもつ第一成熟分裂前期の状態(卵核胞期 germinal vesicle stage)にとどまっており、この前期は極めて長い過程である．この間、*パキテン期および*ディプロテン期には*ランプブラシ染色体を形成し、mRNAの合成が盛んである．また巨大なあるいは多数の*核小体(仁)がつくられ(核小体遺伝子増幅)、rRNA 前駆体の合成が活発に行われる．さらに前期には蛋白質や脂質その他の蓄積も盛んである(この間蓄積された諸物質は多くは*卵黄顆粒の形で蓄えられ、受精後の初期発生において利用される)．これらの代謝諸活性はやがて低下し、多くの動物では卵細胞は一種の休止期に入るが、やがてホルモンなどの外的刺激により成熟分裂は再開され、卵核胞崩壊など残りの諸過程を経過する．この際起こる細胞分裂は著しい不等分裂であり、卵母細胞の細胞質の大部分は一方の娘細胞(二次卵母細胞)に残り、他方の娘細胞は核およびごく少量の細胞質を含む極体(polar body, 極細胞, 方向体ともいう)を卵の*動物極に形成する．二次卵母細胞はひきつづき第二成熟分裂を行い、第二極体を放出する．この成熟過程を*卵成熟と呼んでいる．卵巣の発達などは生殖腺刺激ホルモンの支配下にあると考えられており、卵成熟には*卵成熟促進因子が関与する．2極体を放出して成熟分裂を完了した卵を成熟卵という．成熟卵と極体は精細胞に対応するもので、オオティッド(ootid)と呼ばれる．正常の受精に際して精子が貫入する時期は必ずしも成熟卵またはそれに近い時期とは限らず、動物種によっては再び分裂が停止し(脊椎動物では多くの場合第二成熟分裂中期)、受精とともに分裂を再開する．(⇒卵成熟、⇒卵成熟誘起物質)

f **卵形成腔** [ootype] 扁形動物新皮類において*複合卵がつくられる場所．*輸卵管と子宮の間にある拡張部．多数のメーリス腺(Mehlis' gland)によって囲まれる．卵巣から輸卵管を経てきた卵細胞は*受精嚢に蓄えられた精子によって受精し、卵形成腔で*卵黄細胞(卵巣とは独立した*卵黄腺で形成され、卵黄管 vitelline duct によって卵形成腔へと運ばれる)に囲まれ、卵黄細胞の分泌物によって卵殻が形成されて複合卵が完成する．この卵は子宮に送られた後に外界へ排出される．なお、扁形動物吸虫類では受精嚢の基部付近からラウレル管(Laurer's canal)と呼ばれる細管が派出され体背面に開

口する.

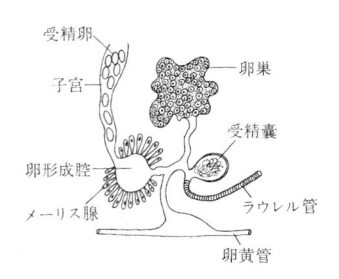

[図: 受精卵, 子宮, 卵形成腔, メーリス腺, 卵巣, 受精嚢, ラウレル管, 卵黄管]

a **ランケスター** LANKESTER, Edwin Ray 1847～1929 イギリスの動物学者. オックスフォード大学を卒業, E. H. Haeckel のもとに留学. ロンドン大学, オックスフォード大学教授を経て, 大英博物館の自然誌館館長. 軟体動物・環形動物・節足動物などの発生学, そのほか原生生物や寄生虫の研究がある. 体腔説を発展させ, 後生動物を腔腸動物と体腔動物に大別した.

b **ランゲルハンス細胞** [Langerhans cell] LC と略記. 表皮の*樹状細胞. ヒトでは 500～1000/mm^2 存在. 皮膚へ侵入した外来抗原を取り込み, リンパ管を経て, 近くのリンパ節へ移動する過程で成熟分化し, *T 細胞に抗原を提示する. 活性化された T 細胞は, 接触性皮膚炎(アトピー性皮膚炎)を引き起こす. 細胞質内には, この細胞に特有のバーベック顆粒(Birbeck granule)が認められる.(⇒樹状細胞)

c **ランゲルハンス島** [islets of Langerhans ラ insula Langerhansis] 《同》膵島 (insula pancreatica, pancreatic island). 多くの脊椎動物の*膵臓内に散在する内分泌腺組織. ドイツの医学者 P. Langerhans (1869) が記載. 膵管は開口せず導管ももたない. 哺乳類では A, B, D (あるいはそれぞれ α, β, γ) の少なくとも 3 種の細胞からなる. A 細胞は酸性色素で赤く染まる顆粒をもち, B 細胞はアルデヒドフクシンで青紫色に染まる分泌顆粒をもつ. D 細胞は銀好性細胞である. *グルカゴンは A 細胞から, *インスリンは B 細胞から分泌される. D 細胞からは*ソマトスタチンが検出されている. 硬骨魚類の膵臓は 1 個の器官にまとまらず, 腸の周囲, 腸間膜・脾臓・肝臓の付近またはその内部に小組織塊をなして分散するが, 多くの種類では, 膵島組織は膵液分泌組織と分離していて, ブロックマン小体 (Brockmann corpuscle) またはシュタニウス小体 (Stannius corpuscle) と呼ばれる. いずれの動物においても, ランゲルハンス島は膵液分泌組織と発生学的に同じ起原である.

d **卵細胞質分離** [ooplasmic segregation] 卵細胞のなかで顕微鏡で識別できる程度に特徴のある細胞質が, 卵内の定まった部分に局在して他から隔離されている現象. これらの特殊細胞質は, 多くの場合, それを含むことになる*割球の発生的運命を決定するので, 卵のモザイク構造の例証となっている. 分離の起こる時期は, 大きく分けて, 卵形成の途中で起こるものと受精に伴って起こるものがある. 前者のなかには, さらに卵形成中に卵母細胞自身のなかに分化が起こるものと周囲の卵胞細胞によって寄与されるものとがある. 地中海産のウニ (Paracentrotus lividus) 卵の赤道下を取り巻く赤橙色の輪状表層, スイクチムシ (Myzostoma) 卵の動物極・植物極それぞれを囲む緑色と赤色の表層, 両生類無尾類卵の植物極に存在して後に生殖細胞に含まれるようになる生殖質, 環形動物・軟体動物卵の植物極を満たし初期割期には極葉を形成しやがて頂毛・中胚葉を形成する極葉細胞質など多くの例が知られる. ヤムシ卵などに見られる細胞質内の 1 個の顆粒を含んだ細胞は将来生殖細胞となるが, この顆粒は卵内に取り込まれて退化した卵胞細胞の残骸である. 受精に伴う卵細胞質分離の例としては, 減数分裂前に精子を受け入れる環形動物や軟体動物の卵のうち受精刺激によって胚胞が崩壊したとき, その透明な内容が動物極に移って*極原形質になる場合がある. 卵細胞質分離の例として有名なのはホヤ卵の Styela partita の黄色顆粒, Boltenia villosa の褐色顆粒の場合で, 未受精卵では卵表面に均等に分布しているこれらの顆粒は受精と同時に植物極に移動してそこに溜まり, つづいてその塊は幼生の後部にまわって半月形になる. この半月形は幼生の後部とその正中面を示す最初の指標であるが, 顆粒は最後には体の左右の筋肉細胞と間充織細胞に分布するようになる. ホヤの場合, 卵核胞内の物質は卵核胞崩壊と同時に動物極に移動し, 上記の色素粒の動きを追って卵表に拡がり, 外胚葉になるといわれる.

e **乱視** [astigmatismus, astigmatism] ⇒屈折異常

f **卵歯** [egg tooth] *孵化の際, 胚の口吻上に形成される突起状の硬組織. 単孔類(カモノハシやハリモグラ)・鳥類・爬虫類・昆虫類(コオロギ, バッタ, トンボ, ノミなど)の胚で見られ, 昆虫類では胚体の上や胚をおおう膜に突起が生じる. これで殻や卵黄を破る機能をもち, 孵化が終わるとしだいに退化あるいは脱落する.

g **卵軸** [egg axis] 卵細胞において想定される軸のこと. 卵細胞には一般にその幾何学的形態, 極体の位置, 核その他細胞学的要素の分布, 色素・卵黄その他の物質の分布や勾配, 各種の生理学的活性, 卵膜の構造などから一つまたは少数の軸を考えることができる. 多くの動物の卵細胞では発生開始前には極体の位置を通る一つの卵軸を認めるだけで, これを主軸と呼ぶ. 主軸によって定められる極のうち, 極体の形成される極を*動物極, その反対の極を*植物極と呼ぶ場合が多い. 昆虫類・頭足類などの卵では明らかに二つの軸が区別され, 卵は左右相称性をもつ. 卵割面・原口の位置・胚の体軸・予定原基の分布など発生的な現象は卵軸と一定の関係において起こる.(⇒頭尾軸)

h **卵質** [ooplasm] *卵または卵母細胞の*細胞質.

i **卵舟** [egg raft] イエカ, ハボシカ, ヌマカなどのカの卵塊. これらの雌は水面で卵を後脚の間に支えながら数列に並べて産み, 1 腹の卵は互いに軽く粘着して長さ数 mm の川舟形またはゴンドラ形をして水に浮かぶのでこのように呼ばれる. ヤブカやハマダラカは卵舟をつくらない.

j **藍色細菌** [cyanobacteria] 《同》ラン細菌, シアノバクテリア. 酸素発生型光合成(植物型光合成)を行う細菌の一群. シアノバクテリアの名称も多用される. *バクテリアドメインの藍色細菌門(Cyanobacteria)として分類され, 基準目はクロオコックス目(Chroococcales). 光合成色素としてクロロフィル a, 補助色素としてフィコビリン類をもつことによる菌体の色に名が由来するが, フィコビリンをもたないものも存在する. 光合成はチラコイド膜と細胞質が場となって進行し, 細胞が構造的に

も機能的にも植物の葉緑体と対応する．そのため，緑色植物の葉緑体は藍色細菌の一種が起原になったとされている．ペプチドグリカン層からなる細胞壁や，グラム陰性菌に一般的な外膜を有する*光合成細菌であるが，長い間，藍色植物（慣用名：ラン藻）として取り扱われてきた．従来の植物分類における藍色植物門（Cyanophyta）および原核緑色植物門（Prochlorophyta）の二門が，現在の細菌分類体系における藍色細菌門に該当．系統学的にはクロオコックス目，グロエオバクター目（Gloeobacterales），ネンジュモ目（ノストック目 Nostocales），ユレモ目（オシラトリア目 Oscillatoriales），プレウロカプサ目（Pleurocapsales）およびスティゴネマ目（Stigonematales）の6群に分けられる．しかし，従来から形態的特徴や光合成色素などの表現型に基づいて分類が行われてきたため分子系統的な分類と一致しない部分が多く，分類体系は流動的である．さらに基準株を2カ国以上の微生物保存機関に寄託しなければならないという細菌命名規約を満たしていない種が多く，正当な学名も少ない．海洋，湖沼，河川，温泉，廃水処理系などの水界に広く分布しており，一次生産や物質循環などにおいて重要な生態学的役割を担っている．アオコやある種の水の華の発生の原因菌でもある．自然界ではしばしば緑色の着色マットを形成し，硫化水素が豊富な温泉環境では*クロロフレクサス門光栄養細菌と光合成色素の吸収波長特性に応じたすみわけを行っている．現在の大気中の酸素濃度は，約27億年前に地球上に誕生したとされる祖先型藍色細菌による光合成の賜物だと考えられており，太古に発生した大量の藍色細菌の遺骸は，*ストロマトライトと呼ばれる化石として残されている．

a **卵子論者** [ovist] 17世紀および18世紀の*前成説を唱えた学者のうち，卵に将来の個体のひな形があると主張し，*精子論者に対立した一派．M. Malpighi, C. Bonnet, A. von Haller らが著名．

b **卵生** [oviparity] 動物の有性生殖に際して，新個体が，広義に*卵といわれる発生初期の段階（一般には*卵膜に包まれた受精卵ないし*胚）から，親の体外において発育すること．*胎生と対する．卵生は哺乳類以外の大部分の動物で行われ（哺乳類のうち単孔類は卵生），卵膜中である発生段階に達すると*孵化する．体外受精（⇒媒精）のものではもちろん，体内受精でも受精直後に*産卵されるときには，発生の最初から卵の体外にあるが，体内受精で産卵までに多少の時間を経過するものでは，親の体内である程度発生が進んで，初期胚の段階から体外で育つことになる（例：鳥類）．卵生の場合には，胚の発生に必要な栄養分として卵中に*卵黄が貯えられているのが一般的である．親が単に水中に放卵するようなものから，卵や幼生にとって安全に発育できる場所あるいは幼生の食物になるものに産卵するもの，さらに卵を世話し，孵化後の幼生の哺育にあたるもの，そして，産卵・育児のため営巣するものにいたるまで，種々の段階がある．（⇒卵胎生）

c **卵成熟** [oocyte maturation] 多くの多細胞動物において，卵巣内で十分成長し，巨大な核（卵核胞）をもつ第一成熟分裂前期の状態で成熟分裂を一旦休止する卵細胞が，*卵成熟誘起物質の作用で成熟分裂を再開し，卵核胞の崩壊にはじまる2回の成熟分裂を遂行し，卵核は*雌性前核となって*雄性前核と合一（受精の完了）可能となる過程．しかし，卵成熟の研究が盛んに行われているカエルなどの場合，再開した成熟分裂は第一極体を放出した後，第二成熟分裂中期において再び休止し，ここで受精が行われそのときの刺激によって第二成熟分裂が完了するので，便宜的に第二成熟分裂中期に達する過程を卵成熟と呼ぶことが多い．哺乳類の場合も同じである．卵成熟は卵成熟誘起物質が卵表面に働いた結果，卵細胞質内に生成される卵成熟促進因子の作用によって誘起される．（⇒卵形成，⇒卵成熟促進因子）

d **卵成熟促進因子** [maturation-promoting factor] MPFと略記．*卵成熟誘起物質の作用によって卵細胞質内に生成され，卵核胞の崩壊に始まる*卵成熟過程を実現させる因子．1971年に増井禎夫らにより，カエルの成熟しつつある卵の細胞質を未成熟卵に注射すると被注射卵の成熟が起こることから見出された．1980年代後半に，MPF活性の本体はサイクリン B-Cdc2 キナーゼ複合体であることが明らかにされた．卵成熟誘起物質によって生成された少量のMPFは，卵内で増幅されて一定の濃度に達すると卵成熟を誘起する．卵細胞質内のMPFは種特異性をもたず，カエル MPF はヒトデ卵の，ヒトデ MPF はヒトデ，ナマコ，カエル卵の成熟を誘起する．MPF活性は分裂期にある哺乳類の株細胞（HeLa細胞，CHO細胞など）やカエルやヒトデの卵割中の割球，ユリの花粉母細胞などにも認められるので，広く細胞分裂の開始にとって重要な因子であると考えられた．卵成熟を起こした卵は，*細胞分裂抑制因子の作用により第二成熟分裂中期に分裂を一旦休止するが，受精により再開し卵成熟の全過程が完了する．この休止からの解除はサイクリンBの分解によるMPF活性の消失による．（⇒細胞周期）

e **卵成熟誘起物質** [maturation-inducing substance] MISと略記．（同）卵成熟誘起ホルモン（maturation-inducing hormone, MIH），卵成熟誘起ステロイド（maturation-inducing steroid）．動物の未成熟卵に作用して*卵成熟を誘起するホルモンの総称．ヒトデでは*1-メチルアデニンであることが1967年に金谷晴夫らおよびアメリカの A. W. Schuetz と J. D. Biggers によりそれぞれ独立に明らかにされた．下垂体から分泌される*生殖腺刺激ホルモンはこれに含まない．MISはサケ科魚類（$17\alpha, 20\beta$-ジヒドロキシ-4-プレグネン-3-オン）で単離・同定されており，カエルではプロゲステロンと考えられている．ヒトデでは神経系の上皮性支持細胞より分泌される分子量4737のリラキシン様ヘテロ二量体ペプチドである生殖腺刺激物質（gonad-stimulating substance）が，両生類・魚類では下垂体から分泌されるLH系生殖腺刺激ホルモンが濾胞細胞に作用してMISの生成・分泌を誘起する．マナマコでは神経系から分泌される分子量651のペプチド（クビフリン）が卵巣に働いてMISを分泌させると考えられている．実験的には哺乳類の*黄体形成ホルモン，*絨毛性生殖腺刺激ホルモンが両生類・魚類のMIS生成に用いられる．濾胞成熟ホルモンはこの実験には無効である．MISは直接に卵成熟を誘起する物質ではなく，卵表面に存在する受容体に作用し，卵細胞質内に卵成熟促進因子を生成させ，これが直接，卵成熟を誘起させる．魚類のMIS研究において，細胞膜結合型の*ステロイドホルモン受容体が発見されている．（⇒卵成熟促進因子）

f **卵精巣** [ovotestis] [1] 哺乳類などの*間性において，なかに若干の精巣組織を混じている*卵巣．あるい

は卵巣，精巣両者の形態をもつ性腺．[2]＝両性腺

a **卵巣** [ovary ラ ovarium] *卵を生じる器官で，雌動物の*生殖巣．[1] 脊椎動物では一般には左右対をなして雌の腹腔中にある実質性の器官．腹膜上皮で囲まれ，その卵巣表面をおおう部分は*生殖上皮をなし，腹腔壁に連結する部分は卵巣間膜(mesovarium)をなす．生殖巣の原基は，発生の初期に体腔背壁から体腔中に突出する*生殖隆起である(⇒性索)．卵になるべき始原生殖細胞は生殖隆起以外の場所で生じ，ここに移動してくる．卵母細胞は 1 個ずつが多数の*濾胞細胞に囲まれて，全体として卵巣濾胞すなわち卵胞を形成する．生殖時期には卵や卵胞が成熟発達するので，その数や大きさによって他の時期に比べ卵巣の形や大きさが著しく変わることが多い．例えば魚類ではおびただしい数の卵が成長することにより，また鳥類では卵内に特に多量の卵黄が蓄積されることにより，卵巣は著しく大きくなる．哺乳類では 1 ないし数個の卵胞が成熟するだけで，大きさにはあまり影響がない．なお卵黄を多量に蓄積する種類でも，しばしば一方の卵巣が退化する．例えば軟骨魚類では左の卵巣が萎縮し，また鳥類では右が痕跡的．哺乳類では卵巣は脳下垂体前葉の濾胞成熟ホルモンの作用を受けて成熟し，これに黄体形成ホルモンが加わると排卵に至る．成熟卵巣は発情ホルモン(*エストロゲン)を分泌し，排卵後に生じる黄体からは*黄体ホルモンが分泌される．

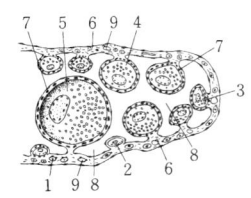

カエルの卵巣の一部
1〜5 種々の発達段階にある卵(後の番号ほどより発達している)
6 生殖上皮
7 濾胞細胞
8 卵巣腔
9 血管

[2] 無脊椎動物では，放射相称・左右相称などの体制により数および配列状態はさまざまで，左右相称でも片節・体節の構造をもつものでは数対，数十対以上にもおよぶことがある(例：条虫類，環形動物)．また体節構造の動物では多くは卵巣のある体節が決まっている．精巣から卵巣へ，および卵巣から精巣への性転換を起こすものや，卵と精子を同時に産生するものもある．(⇒両性腺)

b **卵巣アスコルビン酸減少法** [ovarian ascorbic acid depletion method] ⇒アスコルビン酸減少法

c **卵巣管** [ovariole, ovarian tube] 《同》卵巣小管．線虫類および昆虫類その他の節足動物の*卵巣を構成する細管状構造．線虫類では左右各 1 本で，末端(細端)の卵原細胞から成熟した卵細胞に至るまでのものが 1 列に管中に並び，輸卵管を経て射卵管(ovijector)中に達し，ここで*受精する．左右の卵巣管は射卵管の外端で合して 1 本の膣となり，雌性生殖孔(陰門)で外界に開く．昆虫類では卵管ともいい，左右の卵巣は数本の卵巣管の集合体で，端末(terminal filament 独 Endfaden)の部分が合して体の背壁または脂肪体に着く．卵巣管の主部(egg tube という)は細い形成細胞巣(germarium)と太い卵黄巣(vitellarium)とに分かれ，前者には卵原細胞と栄養細胞(*卵黄細胞または*哺育細胞ともいう)とが混在するが，卵黄巣の部分では 1 個の卵細胞とそれを包む*濾胞細胞(卵胞細胞)および栄養細胞が一定の配列をもって並び，外観上数珠状を呈する．卵はこの部分で成熟を完了し，管壁の平滑筋によって起こる蠕動運動にしたがって，細管状の柄部(pedicel 独 Eiröhrenstiel)を通って輸卵管中に送られる．栄養細胞と卵細胞との関係にしたがって，3 型に分けられる．(1) 無栄養卵巣管(panoistic ovariole)：原始的な型で，栄養細胞はなく，濾胞細胞からなる濾胞上皮が卵胞細胞への栄養の供給と卵殻の分泌とを行う．(2) 部分栄養卵巣管(meroistic ovariole)：栄養細胞が卵黄を供給し，濾胞細胞が*卵殻を作る．(i) 多栄養卵巣管(polytrophic ovariole)：各卵細胞に栄養細胞の一群が専属する．(ii) 端栄養卵巣管(telotrophic ovariole)：栄養細胞は形成細胞巣中だけにあり，細管によって各卵細胞に卵黄を送る．

d **卵巣腔** [ovarian cavity] 脊椎動物の*卵巣の中央部に生じる腔所．魚類や両生類ではこの腔は成体でも残存し，卵がこの腔に排出されるものがある．原則的に，性分化初期の卵巣原基における髄質の退化によって生ずる．ただし，これとは別に二次的に卵巣腔が生ずる種類もある．(⇒性索)

e **卵巣索** [ovarian cord] 羊膜類における，卵巣の二次性索(⇒性索)．多数の原始卵と卵胞細胞(*濾胞細胞)になるべき細胞からなる．哺乳類の固有卵巣索とは別のもの．(⇒プリューガー卵管)

f **卵巣嚢** [ovarian bursa ラ bursa ovarica] 哺乳類の雌において，*卵巣と*輸卵管漏斗部(腹腔口)を包む，輸卵管間膜と輸卵管の*漿膜由来の嚢．この嚢の発達の程度は，嚢を全く作らず卵巣と輸卵管腹腔口が腹膜腔に露出するもの(霊長類など)から，卵巣嚢が卵巣と輸卵管漏斗部を完全に包み卵巣嚢腔と腹膜腔との間に連絡がないものまで，種によってさまざまである．一般に食虫類，翼手類，齧歯類で発達したものが多い．卵巣嚢の機能は不明．

g **卵胎生** [ovoviviparity] 動物の*有性生殖において，新個体は*卵でなく*幼生の形で産出されるが，母内にある卵には栄養分としての*卵黄が貯えられていて，胚は母体に栄養的に依存することなく，単に卵が母体中で発育・孵化するにすぎない場合．哺乳類のように母体と組織的に連絡してそれに栄養的に依存する，真の*胎生と区別していう．胎生と卵胎生の区別が不明確な場合も多い．マムシ・タニシおよび種々の魚類で卵胎生の例が知られる．ただし魚類には種々の形で母体に栄養的に依存するものがあって，それらは真の胎生ともされる．例えばウミタナゴ類では，卵巣内で受精・発生・孵化が行われ，幼魚は*卵巣腔に出て，開口前においても体上皮や*鰓孔を経て，卵巣組織から供給される栄養分を摂取する．さらにサメ・エイの類では，はじめは卵黄に依存するが，卵黄消費後は*卵黄嚢を通じて輸卵管下部のいわゆる子宮(内壁に多数の絨毛を生ずる)に連絡して，母体から栄養分を受け，哺乳類の真胎生に近い状態を示すこともある．なお体内受精で産卵までに母体内である程度発生が進むような場合(例：鳥類)をも，広義に卵胎生ということがまれにある．(⇒胎盤，⇒卵生)

h **ランダムウォークモデル** [random walk model] 《同》酔歩，乱歩．例えば一次元空間において，1 歩左に進む確率が 0.5，1 歩右に進む確率が 0.5 であるような離散時間の確率過程のこと．一次元空間に限らず，次の時刻で可能な到達先の全てに等確率で遷移するランダムウォークは，単純ランダムウォークと呼ばれる．単純ラ

ンダムウォークや，特定の方向へのバイアスを伴う単純でないランダムウォークは，さまざまな生物現象を表すために用いられている．例えば，動物の移動行動はしばしば二次元のランダムウォークで表される．また，侵入する変異体や戦略が最終的に集団に固定される確率を計算するために，有限集団中の侵入者の数を変数としたバイアスを伴う一次元ランダムウォーク（正しくは出生死亡過程）として解析できる．

a　ランダム群集モデル [random community model] 群集動態に影響を与える種間/種内相互作用，増殖率，死亡率などのパラメータが，ランダム行列で与えられた数理モデル．ランダム行列とは，ある確率分布に従う乱数を要素にもつ行列を指す．ランダム群集モデルでは，ランダム行列の対角要素は種内相互作用，特に種内競争を表し，非対角要素は種間相互作用を表す．対応する対角要素が独立なもの(a_{ij}, a_{ji}が独立)を非対称ランダム行列，等しいもの($a_{ij}=a_{ji}$)を対称ランダム行列，符号が逆になるもの($a_{ij}=-a_{ji}$)を反対称ランダム行列と呼び，どの行列が用いられるかが理論的に共存可能な種数に影響を与える．R. May は，各要素が正規分布に従う非対称ランダム行列を仮定したランダム群集モデルを用い，全ての種が共存する解の局所安定性を解析した結果として，「複雑性と安定性のパラドックス」を提案した(1972)．一般に，種間相互作用が無関係な非対称ランダム行列が用いられた場合，種間相互作用の強さが種内競争より大きいときには，群集は種の絶滅を何度も繰り返し最終的には少数種からなる群集へと収束するが，種間相互作用のうち捕食・被食関係が占有する反対称ランダム行列が用いられた場合には，より多様な種の共存が可能であることが理論的に示されている(T. Chawanya & K. Tokita, 2002)．中立モデルと同様，種個体数分布を数学的に導くことができる．

b　ランダムコイル [random coil] 一定の長さのモノマーが多数結合した高分子において，モノマー間の結合のまわりの内部回転が自由であるという条件の下で，その高分子がとる形態，もしくはコンフォメーションのモデル．分子は決まった形をとることはなく，刻々とランダムに形態を変える，ミクロブラウン運動をしている状態を示す．変性状態の蛋白質や核酸のモデルとして用いられる．特に，配列上離れたモノマーどうしのぶつかり（排除体積効果）が無視できる場合には，鎖の両末端のモノマー間の距離の二乗平均を $\langle h^2 \rangle$ とすると，モノマーの数 n，モノマー間の実効結合長 l との間には，$\langle h^2 \rangle = nl^2$ の関係が成立する，理想鎖 (ideal chain) となる．蛋白質では変性状態であっても二次構造，三次構造の一部が残存していることも多く，理想鎖だと近似できるのは完全に変性した場合だけである．なお，球状蛋白質の立体構造には，*α ヘリックス，*β 構造といった配列に沿って連続的な繰り返し構造のほかに，不連続で不規則な構造をとる部分があり，これをランダムコイル，あるいは単にコイルと呼ぶこともある．だが，この場合，不規則であっても一つの立体構造に固定されているので上の定義には反する．

c　ランチオニン [lanthionine] 含硫 α-アミノ酸の一つ．D, L およびメソ型がある．ソーダ処理をした羊毛を酸加水分解したものから発見された(1941)．羽毛，ラクトアルブミンおよびその他の蛋白質からも分離され，アルカリ処理したインスリンからも得られたが，いずれもメソ型である．また人毛をアルカリ処理したものからは DL-ランチオニンが得られた．抗生物質スブチリンおよびナイシン（一種のポリペプチド）中には構成成分として含まれる．

$$CH_2-CHCOOH$$
$$\quad\quad\quad NH_2$$
$$S$$
$$CH_2-CHCOOH$$
$$\quad\quad\quad NH_2$$

d　ラントシュタイナー LANDSTEINER, Karl 1868~1943 オーストリアの医学者，免疫学者．ABO 式血液型，MN 式血液型を発見(P. A. T. Levene と共同研究)．それらの業績により 1930 年ノーベル生理学・医学賞受賞．その後 A. S. Wiener と Rh 式血液型因子を発見．さらに，種々の自然抗原と人工抗原の免疫学的特異性について精細な分析を行った．ほかに梅毒や脊髄灰白質炎に関する仕事がある．[主著] The specificity of serological reactions, 1936.

e　ラント病 [runt disease] 《同》萎縮病，こびと病．GVH 反応により，全身的な成長障害が引き起こされる病気．病状はラント症候群 (runting syndrome) と呼ばれる．免疫能力が未熟な胎児期あるいは新生児期の動物に，同種他個体のリンパ系細胞を輸注すると，その細胞が受容体（宿主）細胞に免疫的攻撃を加える結果起こる(⇌GVH 反応)．ラント病では全身の組織が傷害され，発育成長が妨げられ，常に下痢状態であり，脾臓が肥大し（巨脾症 splenomegaly），幼若期に死亡することが多い．ラント病と見かけ上類似しているものに消耗病 (wasting disease) がある．これは新生児の胸腺摘出によって免疫能力が低下し，病原体感染に対する抵抗性が損なわれたことによる．

f　ランナウェイ説 [runaway theory] 《同》フィッシャー説．雄の派手な形質とそれに対する雌の好みの進化は，両者が正のフィードバックを起こして加速度的に強化されてゆく過程によるとする説．R. A. Fisher の提唱．派手な雄を選んだ雌の息子は派手になり，*繁殖成功が高くなるため，雌の遺伝子も孫の世代で広がる．この過程は，雄の極端に派手な形質による生存上の不利益が繁殖上の利益と平衡するまで続くと考えられる．*ハンディキャップ説との違いは，雌に好まれる雄の形質がその雄の性的魅力以外の何らかの優秀さを示す指標として機能していないということである．ランナウェイ説にしたがうと，進化は平衡状態にとどまらず，次々と異なる形質が交代して雌の配偶者選択に用いられる可能性があることが理論的に示されている．

g　卵嚢 [egg capsule, ootheca] 《同》卵鞘，卵殻．一般に，卵が産出されるまでの包被物のうち，強くて嚢状をし，三次*卵膜にあたるもの．軟骨魚類の卵は卵嚢または*卵殻に包まれており，さまざまな形態のものがみられ，分類形質として有効．サメの卵嚢をカケマモリともいう(図の A, B)．ミミズやヒルも卵嚢をもつが，材料が他の卵嚢と異なり，環帯部の輪卵管外開部表皮面から分泌される．代表的な卵嚢は軟体動物，ことに頭足類や腹足類の卵に多く見られる．後者の卵嚢にはウミホオズキと呼ばれるものがある(図の C, D)．なお，卵嚢本来の意味からは外れるが，三次卵膜に属するもので特異な形態・構造をもつものがいろいろある．サンショウウオ類では，細長い紡錘形のゼリー状．タツナミガイやアメフラシなどの卵を包む細長い紐状の寒天質はウミソウメンと呼ばれ，またツメタガイの卵はスナチャワンといわれるように，寒天質の帯が茶碗状になっている．ゴキブリなどの卵は鞘のような丈夫な袋に包まれ，カマキリ

やバッタなどでは付属腺分泌物が尾毛でかきまわされて生じた泡状のものが固まって，卵塊を包む．また，土壌線虫のネコブセンチュウでは，寄主である植物体の根にゼリー状の物質で包まれた卵嚢を形成する．卵嚢は卵の保護・保温，陸上動物では水分喪失あるいは逆に水に濡れることの防止，他物への，または卵同士の付着，受精の成立などに役立っている．

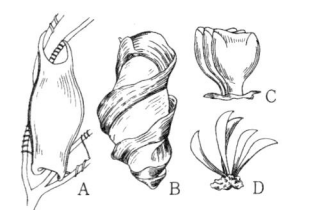

卵嚢の形態
A 多くの軟骨魚類
B ネコザメ
C ナガニシ
D テングニシ

a **卵ノープリウス** [egg nauplius] 節足動物甲殻亜門十脚目の抱卵亜目の*ノープリウス期幼生．卵が大形(直径500μm以上)で多量の卵黄を含むため，ノープリウスは卵表面に浮彫りに姿を現すのみである．したがって，孵化は一般に*ゾエア期まで遅れる．

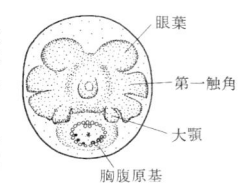

眼葉
第一触角
大顎
胸腹原基

b **卵白** [albumen, egg white] 鳥類の卵の三次*卵膜の一種として，*卵黄膜の外側，*卵殻膜の内側をみたす透明なゾル状物質．卵が*輸卵管を下降してくる間に，管壁から分泌され，卵黄に付加したもの．なお本来，卵白とは卵白のことである．(⇔カラザ)

c **卵白蛋白質** [egg-white protein] 卵白に含まれる蛋白質の総称．主要成分は，オバルブミン(54%)，オボトランスフェリン(12%)，オボムコイド(11%)，アビジン(8%)，オボムチン(3.5%)，リゾチーム(3.4%)，オボインヒビター(1.5%)，オボグリコプロテイン(1%)などの糖蛋白質．オボムコイド(ovomucoid)は，プロテアーゼインヒビターの一種で耐熱性の糖蛋白質．糖含量は40%前後で平均分子量は2.8万．等電点はpH4付近にあり，アルカリ性で失活する．抗原性があり，アレルゲンにもなる．トリプシン，キモトリプシンを阻害するが，ヒト由来の酵素やコラゲナーゼは阻害しない．鳥類には複数種のセリンプロテアーゼを同時に阻害する多頭型オボインヒビター(分子量～5万)が存在する．オボムチン(ovomucin)は，卵黄膜外層に存在する粘性の塩基性糖蛋白質．ニワトリ卵白蛋白質の3.5%を占める．糖含量は約50%で，低含量のα鎖と高含量のβ鎖がS-Sで結合する二本鎖分子．卵黄膜外層は，オボムチンとリゾチーム，ビテリン膜外層蛋白質1(VMO-I)の結合体を素材(微細繊維)とする幅2～6μmのシートが重層した構造体(約25層)である．外層オボムチン鎖が柔軟化するとランダムコイル状となり，バイオゲル状態に変化する．ビテリン膜外層蛋白質(vitelline membrane outer layer protein, VMO)は，排卵後に形成される卵黄膜外層の成分で，VMO-I，-IIの2成分がある．ニワトリVMO-Iは，卵黄膜外層を1% SDSや1.7M食塩液で処理すると可溶化される(約25%)．他の可溶画分はリゾチームとVMO-IIで，不溶画分は1.7～250 kDaの5種の蛋白質混合物である．VMO-Iは，3個の疎水性βシートで構成される塩基性蛋白質(185残基，pI10)で，3組のS-S結合が立体構造を安定化する．δ-エンドトキシンドメインIIと類似する．VMO-IIは抗菌ペプチドのβ-ディフェンシン11で，82残基，3組のS-S結合，2組のCys-Cys隣接配列(38-39位と78-79位)をもつ．6M塩酸グアニジンで変性するが，pH3，尿素存在下で95℃でも安定である．コンアルブミン(conalbumin)は，別名オボトランスフェリン(ovotransferrin)．分子量7.7万，等電点pH6．鉄と強く結合するほか，銅，亜鉛，アルミニウムにも結合する．金属イオンとの高い結合能は，卵白の抗菌性に寄与する．血清トランスフェリンと一次構造は酷似するが，糖成分の種類と数値に微妙な差がある．ガラクトースを含む卵蛋白質はアレルゲンとなる．

d **卵白嚢** [albumen sac] 鳥卵において，孵卵が進むとき水分を失って粘性を増し，量が著しく減少する卵白を囲む*漿尿膜末端に生じた襞のこと．

e **卵表層変化** [cortical change of egg] 動物卵の*受精において，卵と精子の接触・融合に引き続いて卵の表層に起こる一連の形態的・生理的変化．これは，卵と精子の接触後数秒以内に起こる卵細胞膜の電位変化のように，極めて迅速に生ずる変化にはじまるが，主なものは，それに続いて起こる*受精膜の形成であって，海産無脊椎動物，特にウニの卵で最もくわしく調べられている．それによると，成熟卵の細胞表層(細胞膜のすぐ内側)に1層となって配列している*表層粒のうち，精子侵入部周辺のものから順次崩壊(開口分泌)をはじめ，崩壊の波は卵表をひろがり，20秒前後で反対の極に達する．この表層粒の開口分泌は，卵細胞内のカルシウムイオン濃度が上昇することによって生じる．表層粒の内容物は，卵細胞膜と，その外側を覆う*卵黄膜との間に放出される．内容物中のグリコサミノグリカン様物質によりコロイド浸透圧が生じ，周囲の海水が卵黄膜内に浸透し，卵黄膜を押し上げ，*囲卵腔を形成する．内容物の一部は卵黄膜に付着し，これを厚化させるが，内容物には一種のペルオキシダーゼが含まれており，これが卵黄膜蛋白質中のチロシン残基間に酸化的架橋をかけることが実証されている．これらの結果，卵黄膜は厚くなり硬化を起こし，*受精膜となる．形成された受精膜は多精を防ぐとともに，内部の受精卵の機械的保護に役立つ．ウニ以外の動物卵でも同様な表層変化が起こることが知られている．

f **LAMP**(ランプ) loop-mediated isothermal amplificationの略．等温遺伝子増幅法の一種．鎖置換型*DNAポリメラーゼおよび標的遺伝子の6領域に対して設計した4種類の*プライマーを用いる．プライマーは標的遺伝子に対してループを形成し，その相補鎖が次のプライマーの*アニーリング部位またはDNA合成の起点となるため，増幅産物は標的遺伝子のおよそ整数倍の長さとなる．ループプライマーの添加による増幅速度は2～3倍となる．遺伝子増幅の有無は白濁あるいは蛍光により目視で検出可能．*PCRと比べ簡易・迅速・高感度であるため，病原体や遺伝子組換え作物の検出に利用される．また，*逆転写酵素を加えることによりRNA分子の検出も可能．

g **ランプブラシ染色体** [lampbrush chromosome] 主軸に沿って，極めて多数のループ状の突出物が側生し，

全体が一見ランプを磨くブラシのように見える染色体．多くの脊椎動物・無脊椎動物の減数分裂前期のディプロテン期における卵母細胞核の巨大な*二価染色体およびショウジョウバエの精母細胞核内の*Y染色体で観察される．染色分体の相同部分が対合しており，DNAと蛋白質からなる肥厚した粒状の主軸部分と，そこから1対ずつ側生するDNA繊維とリボ核蛋白質からなるループ構造の部分から構成されている．イモリの卵母細胞では1本の染色体の長さは1mmにもなる．電子顕微鏡観察によれば，このループを軸にしてさらに蛋白質とRNAからなる多数の繊維が羽毛状に側生している．長いループの突出する肥厚部は小さく，短いループの突出する肥厚部は大きいことから，ループは主軸部の肥厚部がゆるみ，ほどけることによって形成されると考えられる．このループ形成は多糸染色体の*パフと同様に時期特異性を示し，また可逆的である．酵素処理法，³Hウリジンによるオートラジオグラフ法，電子顕微鏡による観察，およびDNA，RNAの分子雑種法によって，この部分でこの細胞特有のmRNAが合成されていることがわかる．ループ形成は多糸染色体におけるパフ形成と同様，染色体の局部的な活性化の可視パターンを示している．（⇒巨大染色体）

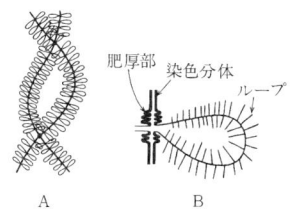

ランプブラシ染色体(A)とその拡大模式図(B)

a **卵片発生** [merogony] 《同》メロゴニー．実験的条件下で動物卵細胞の*細胞質片が発生する現象．多くは精子を与えると，その進入によって発生が開始されるが，*単為生殖的な発生の起こる例もある．発生をはじめた卵片を卵片発生体(merogon)という．ウニの無核卵片に精子をかけると*受精膜ができ，発生が進行し，ときにほとんど完全な，しかし小形の幼生が形成される．ヒモムシ卵で手術的に卵細胞を二分し，無核片をつくり，これに精子を与える実験，またはイモリ卵で受精直後に縛って精核だけを含む細胞質片を分ける実験などでも本質的に同様な結果が得られる．また，このとき精子によって*単相の染色体および*分裂中心が得られる．

b **卵胞液** [folliculi, follicular fluid ラ liquor] 《同》濾胞液．哺乳類の卵胞の腔を満たしている液体．パラアルブミンを高濃度に含む．*エストロゲンや*プロゲステロンなどの卵巣ホルモン含有濃度も高い．排卵の際には卵胞液は卵とともに卵巣外に流出し，ほとんどは体腔内に捨てられるが，一部は卵と共に卵管内に取り込まれる．卵胞液に含まれる成分が*先体反応誘起作用や精子誘引作用を示すとの説もあるが，異論も多い．

c **卵胞子** [oospore] 卵が受精してできた接合子であり，母体から離れて*散布体となるもの．特に卵菌，フシナシミドロ，シャジクモ類，サヤミドロ類などに見られるものを呼ぶ．直接または減数分裂を経て発芽，または遊走子形成を介して栄養体に戻る．

d **卵包腺** [nidamental gland] 《同》纏卵腺．頭足類において，外套腔内の腹面に対在する雌性生殖器の付属腺．この腺から分泌される粘液様物質の中に，輸卵管腺の分泌物で包まれた卵が産み出される．成熟個体では扁平楕円形に大きく肥大する．

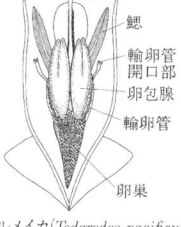

スルメイカ(Todarodes pacificus)の雌

e **卵胞閉鎖** [follicular atresia ラ atresia folliculi] 《同》濾胞閉鎖．卵胞が排卵に至らず，卵母細胞と卵胞細胞の退行変性を特徴として退化する現象．その過程に入った濾胞を閉鎖卵胞(閉鎖濾胞)という．例えば，ヒトの初生児の卵巣には3万～10万の原始卵胞があるが，その大部分は閉鎖におちいり，排卵を完了するのは一生の間に500に満たない．これは特に哺乳類で一般的な生理現象である．閉鎖は卵胞の種々な発育段階で起こり，閉鎖後の成行きも一様でない．あるものは内莢膜細胞に脂肪顆粒が蓄積し黄体類似の閉鎖黄体となり，あるものは全く消失する．

f **卵胞膜** [theca folliculi] 《同》莢膜 (theca, thecal membrane)．二次卵胞となった卵胞の周囲に結合組織性の細胞が集積し，繊維とともに形成される膜．その後，卵胞上皮が重層する頃になると，卵胞膜は内側に細胞が上皮様に配列した内卵胞膜(内莢膜 theca interna)と外側の繊維を主体とした被膜状の外卵胞膜(外莢膜 theca externa)とに分かれる．*グラーフ卵胞期になると内卵胞膜は*アンドロゲンを分泌する．分泌されたアンドロゲンは顆粒層細胞(granulosa cells)に存在する*アロマターゼの働きによってすみやかに*エストロゲンに変換される．

g **卵膜** [egg membrane] 動物の卵細胞を包んでいる非細胞性の皮膜の総称．すなわち卵細胞に付随し，卵自身の表面をなす細胞膜より外側にあって，それとの境界の明瞭な層はすべて卵膜と呼ぶ．大部分の動物の*胚はその発生初期を卵膜の中で過ごすが，それが卵膜から出る(*孵化)発生段階は種類により著しい差がある．卵膜をその由来によって分類すれば次のようになり，はじめのものほどより内側にある．(1)一次卵膜(primary egg membrane):卵細胞の表面から分泌されたと考えられる卵膜(例:卵黄膜・*受精膜)．(2)二次卵膜(secondary egg membrane):卵巣内で濾胞上皮(⇒濾胞)から分泌される卵膜(例:昆虫卵や硬骨魚卵の*卵殻)．(3)三次卵膜(tertiary egg membrane):*輸卵管およびその付属腺または他の腺から分泌されるもの(例:ニワトリ卵の*卵白・*卵殻膜・卵殻，イモリ卵の卵殻，カエル卵の*ゼリー層，軟骨魚卵の卵殻)．一次卵膜および二次卵膜には*卵門を生ずる場合がある．なおどの動物卵でも上記3種類の卵膜をそなえているのではなく，むしろ1または2種類を有するほうが一般的であるが，ニワトリの三次卵膜のように，同種類のものに数層が区別されることはある．

h **卵膜溶解物質** [egg-membrane lysin] 《同》精子ライシン (sperm lysin)．精子の*先体などに含まれていて，受精に際して，*卵黄膜や*透明帯などの卵膜に精子1個が通過して卵内に侵入するのに必要な小孔をあける作用をもつ物質．軟体動物のパテイラやアワビでは，こ

の物質は非酵素的に働くことが知られている．バテイラの精子の作用物質は一本鎖の塩基性ポリペプチド（分子量8800）であり，この分子およそ2000個が卵膜に結合すると，はじめて卵膜を構成するグリコサミノグリカン（分子量500万）が1分子，卵膜から切断され遊離してくるという．一方，哺乳類，ホヤ，ウニなどの卵膜溶解物質は*プロテアーゼであるとされている．哺乳類では，精子の先体にある*アクロシンが受精時に透明帯を溶解すると信じられていたが，現在ではこの説は否定されている．ホヤやウニでは，精子の*プロテアソームが卵膜溶解物質として機能すると考えられている．

a **卵門** [micropyle] 《同》精孔．種々の動物卵の*卵膜にある細い漏斗状の孔．受精の際精子の通路となるものが多いが，卵門があっても精子がこれに関係なく卵膜を通る場合もある．卵の発育に際し栄養の通路となるものもある（⇒卵巣管）．昆虫では*卵殻の一端（一般に鋭端）にある1個または1群の小孔で，脊椎動物では硬骨魚類の卵に同様の構造がある．

b **卵融合** [coalescence of eggs] 同種または近縁の種類の2卵を融合させること．イモリやウニの卵では通常より大形の完全な1個の胚が形成されることがある．色の異なった近縁の2卵を融合させれば，発生のかなり後までどちらの卵に由来した材料であるかが識別できる．卵融合にあたり，しばしば2個，3個の原口が形成されるが，その場合にはそれぞれ重複胚や三重胚ができる．（⇒調和等能系）

c **乱流拡散** [turbulent diffusion] 《同》渦拡散（eddy diffusion）．乱れた流れによる物質の輸送．一般に，大気や海洋での物質の拡散は分子運動から考えられる分子拡散（molecular diffusion）と比較して非常に速い．これは流れに大小さまざまな多数の渦（eddy）が時空間的に不規則に存在し，いわゆる乱れた流れ，すなわち乱流（turbulent）となっているためである．生物個体，群集周辺での酸素や二酸化炭素などの物質，花粉や胞子，プランクトンなどの動きや分布に重要な役割を果たしている．乱流拡散による物質の輸送は乱流拡散係数（渦拡散係数）で表されるが，この係数は一定ではなく，流れの状態や対象とする空間スケールで変化する．（⇒生物拡散）

リ

a **リアノジン受容体** [ryanodine receptor] RyRと略記．横紋筋筋小胞体に存在するカルシウムチャネル．植物アルカロイドのリアノジンによって開口状態に固定される．約5000アミノ酸残基，分子量56万のポリペプチドの四量体で，3種のアイソフォームが知られている．骨格筋では，*T 管の膜に存在するジヒドロピリジン受容体(dihydropyridine receptor, L 型カルシウムチャネル)を介して直接リアノジン受容体に興奮が伝えられ，筋小胞体からの Ca^{2+} の流入が起こる．また心筋では，T 管のジヒドロピリジン受容体を介した Ca^{2+} の細胞外からの流入がリアノジン受容体を活性化し，筋小胞体からの Ca^{2+} の流入が起こる．

b **リアプノフ関数** [Lyapunov function] 微分方程式(力学系 dynamical system)の解軌道に沿って単調に増加(または単調に減少)する関数のこと．力学系の平衡点の大域安定性(global stability)を示す際に用いられる．例えばリアプノフ関数 $V(x)$ が，その最大値を与える点 x^* 以外において解軌道に沿って常に $dV/dt > 0$ を満たしているとする．すると V の値は最終的にその最大値 $V(x^*)$ に到達するので，どのような初期値から始めても解軌道が点 x^* に収束することが分かり，点 x^* の大域安定性が示される．これは x^* のごく近傍から出発した軌道が x^* に収束するという局所安定性よりも強力な性質であるが，反面，リアプノフ関数を導出する一般的方法は存在しない．

c **リアルタイム PCR** [real time PCR] 《同》qPCR, 定量 PCR, 定量的 PCR．*PCR 産物の増加を経時的(リアルタイム)にモニターし，その立ち上がりの早さから鋳型として用いた DNA の量を定量する方法．鋳型 DNA 量が多いほど，増幅産物はより速いサイクルで検出可能になることを利用する．実際には濃度既知のDNA を鋳型に用いて検量線を求め，それとの比較で調べたい DNA の絶対量を測定する．*RT-PCR と組み合わせて，転写産物量の定量や微量 DNA の定量に用いる．

d **リヴァーベレーション** [reverberation] 《同》反響．神経回路網の一部あるいはいくつかの部分を刺激して発生させた興奮の波が，神経回路網上を動きまわり，短時間で消滅せずに，長時間，あるいは永久に消滅しないで動きまわる現象．その様相や発生条件は，神経回路網の性質に依存して異なる．記憶形成と何らかの形で寄与しているとの考えがあるが，詳細は不明である．(→反響回路)

e **利害の対立** [conflict of interest] 複数の個体もしくはグループが，両立し得ない結果を巡って争っている状態．資源，なわばり，配偶者を巡る競争など．例えば，雄がたくさんの雌との交尾を望む一方で，雌は交尾後の雄にその場に留まり子育ての手伝いを望むという状況では，雄の交尾後の行動に関して雌雄の利害が対立している．同一個体の異なる遺伝子の間における利害の対立を考える場合には，*ゲノム内闘争という．利害の対立した状況は*ゲーム理論により記述・分析されることが多い．

f **リガーゼ** [ligase] ⇌合成酵素，→DNA リガーゼ

g **リガンド** [ligand] 《同》配位子．もともと錯体(例えば蛋白質)の中心原子に配位している原子または原子団を意味するが，広義には蛋白質に特異的に結合する低分子物質を指す語として広く使われる．例えば，酵素分子と特定の結合をする基質，補酵素，調節因子のほか，細胞膜上に存在する種々の受容体蛋白質分子と特異的に結合するレクチン，抗原，薬剤，ホルモン，神経伝達物質などを指す．

h **罹患率** [morbidity, morbidity rate] 《同》発生率(incidence)．ある集団での，一定期間中における新発生患者数の集団人口に対する割合．通常，1000 人当たりの数で示し，罹患数が少ないときは 10 万人当たりで示す．厚生労働省の感染病および食中毒の統計用語では，罹患率(年間)＝1 年間の届け出患者数(罹患数)÷人口×10 万と定義される．罹患率は罹病率と同義的に用いられるが，厳密にいえば罹病率は同一人が 2 回同じ病気に罹れば 2 件というように疾病数で数えられるため，患者数で数える罹患率と同一ではない．したがって届け出患者数で計算する場合は罹病率とはいわない．

i **リーキー** LEAKEY, Louis Seymour Bazett 1903〜1972 ケニア生まれのイギリスの人類学者．東アフリカで探検と発掘．妻(Mary Douglas Leakey)および息子たち(Jonathan と Richard)の協力で多くの古人類化石を発掘．*Proconsul*, *Kenyapithecus* (*Ramapithecus*), タンザニアのオルドヴァイ渓谷からの *Zinjanthropus* (*Australopithecus boisei*), そしてヒト属の直接祖先 *Homo habilis* などは特に重要．[主著] A new fossil skull from Olduvai, 1959.

j **力覚** [sense of force] 自己の身体部位(軀幹・四肢)が能動的に発している力や外部から作用する力を直接感知する感覚．E. H. Weber の造語．位置覚や運動覚と同様に，主として筋肉，腱，関節，骨膜などにおける張力や圧力の受容に基づく*深部感覚(特に筋肉覚)の一形態とされ，なかでも*筋紡錘・*腱紡錘の両者が力覚受容器とされる．筋肉の受動的伸展時には筋紡錘も腱紡錘もともに興奮し，能動的収縮時には前者は弛緩し後者だけが興奮して，力覚を生じる．これは，固有反射や姿勢反射を解発するものとしても重要である．ただし，現実の力覚は，これら深部感覚性のものに皮膚圧覚の協同を加えた複雑な総合感覚である．力覚は身体部位における張力自体を張力感覚として感知するほか，能動運動が受ける反作用すなわち外物の抵抗や柔軟の度合を抵抗覚(sense of resistance)の形で直接感受したり，手でもち上げた物体の重量を重量感覚として敏感に評価するような外受容的機能ももつ．皮膚圧覚や肢体の運動感覚もこの際に協同するが，その意義は単に二次的とされ，圧覚の差閾が 1/25 であるのに対し，重量感覚のそれは 1/200 にもおよぶ．これら力覚と位置・運動の両感覚とをあわせて広義の運動感覚もしくは力覚と呼ぶことがある．

k **陸上群集** [terrestrial community] 陸上に見られる生物の*群集を指す一般的な語．地域の気候・土壌・植生などの違いによって，さまざまに類別される．空中ブ

ランクトンや土壌生物(⇒土壌生物群集)を含めても陸上生物の*生物圏は地表近くの比較的薄い層に限られるので，陸上群集は水中群集に比して立体的広がりが小さい．しかし，よく発達した大形緑色植物は，群集内に著しい立体構造を作り出して，陸上群集を特徴づけている．陸上植物の光合成産物は，わずかに5〜15%しか植食動物によって利用されないといわれ，陸上群集では腐食連鎖(⇒食物連鎖)が非常に大きな役割を果たしていることが特徴的である．また生食連鎖は一般に短い．

a **陸上植物** [land plants] コケ植物(⇒コケ類)，*シダ植物，*種子植物の総称．*蘚類，シダ植物，種子植物は葉状体を生じることからその大部分を茎葉植物(cormophytes, Cormophyta)ということもある．約4億年前のシルル紀末に陸上に侵出，2億年前の裸子植物の多様化の時代をへて陸上の植物相を形成した植物で，緑色植物の一群であり，シャジクモ類から進化してきたもの．雌性生殖器官として*造卵器を形成することから，造卵器が顕著なコケ植物，シダ植物を造卵器植物(Archegoniatae)と総称することもある．ただし被子植物では造卵器として明らかに識別できる構造はない．なお，生態的な生活形の区分で，*水生植物と対置されるものとして陸生植物(terrestrial plants)があるが，これは系統分類上の位置には無関係な区分である．

b **陸水学** [limnology] 陸上にある水域，すなわち湖沼・河川・地下水などのいわゆる陸水(inland water 独 Binnengewässer)における物理・化学・生物学的諸現象を研究する科学．なお P.S.Welch (1952)のように，陸水中における生物生産とそれを支配する諸要因に関する学に限定して，*生態学の一分野とする考え方もある．

c **陸生動物** [terrestrial animal, land animal] 陸上で生活する動物の総称．そのほとんどは空気呼吸動物(独 Lufttiere, R.Hesse, 1924)であるが，地中動物(⇒土壌生物群集)には，間隙水中の溶存酸素を呼吸する微小な動物もいる．陸上生活に適応して，空気呼吸，体内水分の蒸発防止，体の支持と運動，卵や幼動物の保護，窒素代謝の終産物をアンモニア態でなく尿素態や尿酸態で排出する，などの機構が発達しているものが多い．(⇒陸上群集)

d **リグナン** [lignan] フェニルプロパンが n-プロピル側鎖の β 位で2分子結合した β, γ-ジベンジルブタン骨格をもつ物質の総称．したがって2個の C_6-C_3 単位からなる基本骨格をもつ．R.D.Haworth(1936)の命名．芳香環は水酸基・メトキシル基・メチレンジオキシ基などで置換され，側鎖はしばしば環状構造をとる．顕花植物に広く分布し，*配糖体あるいは遊離の状態で樹皮，果実，材，葉，根，樹脂浸出液などの中に存在する．ゴマに含まれるセサミンや非常に強い毒性をもつ*ポドフィロトキシンなど600種以上のリグナンが知られている．(⇒フェニルプロパノイド)

e **リグニン** [lignin] 《同》木質素．天然にはセルロースその他の炭水化物と共に存在する*フェニルプロパノイドの重合物．化学構造は3種のフェニルプロパノイド(I〜III)を構成単位として複雑に重合した樹枝状構造(図)．維管束に存在し，木材中の量は20〜30%に達する．*細胞壁のセルロースミクロフィブリル間を充填し，組織を機械的に強固にするのに役立つ．道管・仮道管・木部繊維の一次細胞壁の隅からリグニンの堆積が始まり，中層・細胞間隙へとひろがる．この過程を*木化という．堆積するにつれてリグニンのメトキシル含有率は増加し，一定量に達すると細胞壁の肥大は停止し，木化が完了する．リグニンの生成過程はフェニルプロパノイドの生合成一般と同様，芳香族アミノ酸，特にフェニルアラニンの脱アミノによって生成するケイ皮酸が水酸化・メチル化・還元化によってコニフェリルアルコール，シナピルアルコールなどのケイ皮アルコール類になり，これらの脱水素重合によってリグニンが生成する．リグニンの構成は，針葉樹類は主としてI型，広葉樹ではI，II型からなる．イネ科植物のリグニンはI，IIおよびIII型の重合体である．裸子植物グネツム科，ウェルウィチア科，マオウ科の植物のリグニンは，被子植物類のリグニンにかなり類似している．

f **リグニン分解菌類** [lignin-decomposing fungi] リグニンを分解して利用する能力をもつ菌類の総称．木材腐朽菌類の中のスエヒロタケ，カワラタケ，ヒイロタケ，ベッコウタケ，コフキサルノコシカケなど多くの種では，セルロース・ヘミセルロース・リグニンの分解は同時に起こるが，リグニンがよく分解されてセルロースとヘミセルロースは多く残るので，腐朽材は白っぽく，水分を含んでいる．この腐朽型は「白色腐れ」といわれる．リグニンの分解は非常に遅いといわれる．リグニンを分解して栄養を得るという性質は生物としては特殊なものと考えられる．(⇒セルロース分解菌類)

g **リグノセリン酸** [lignoceric acid] 《同》テトラコサン酸(tetracosanoic acid)．$CH_3(CH_2)_{22}COOH$　炭素数24の飽和直鎖*脂肪酸．ブナやカシなどのタール，落花生油，菜種油からトリアシルグリセロールとして得られ，大部分の天然脂肪にも少量(0.2〜1%)存在する．また，哺乳類神経組織の中にある*スフィンゴミエリンやケラシン(*セレブロシドの一種)の構成成分としても知られている．合成品が L.F.Fieser ら(1948)により得られた．

h **陸封** [land-lock] 海産動物が，地形的に海から完全にあるいはほとんど切り離された湖沼などに生息し，そこで世代を繰り返すようになる現象．このようなものを海産遺存種といい，ニホンイサザアミはその例．ただしこのような現象以外に，海と淡水の間を往復する回遊魚が，何らかの理由で淡水中で世代を繰り返すようになる現象をも，同じく陸封と呼ぶことが多い．例えば，ヒメマスやイワナは，それぞれベニザケおよびアメマスの陸封魚(landlocked fish)と呼ばれる．ただしこれらは，陸封魚と呼ばずに淡水型(freshwater type)と呼ぶべきだとする意見もある．

i **リクルート行動** [recruitment behavior] アリなどの*社会性昆虫に見られる，仲間の増援を促す行動．食物を運んだり，新しい巣へ引っ越したりする個体(働き蟻などの*ワーカー)は，道しるべ*フェロモンによって巣の仲間を導き，連なって移動する(tandem running)．

j **リケッチア** [rickettsia] リケッチア属(Rickettsia)に含まれる細菌の総称．*プロテオバクテリア門アルファプロテオバクテリア綱リケッチア目(Rickettsiales) リケッチア科 (Rickettsiaceae) に属する．外界で増殖できない偏性細胞内寄生菌であり，ノミ・ダニ・シラミなどの節足動物を媒介としてヒトに発疹チフスあるいは各種リケッチア症を引き起こす．属名は発疹チフスの研究に貢献した H. T. Ricketts の名に由来する．基準種の *R. prowazekii*（発疹熱の病原：ヒトのシラミ，ノミが媒介）のほか，*R. typhi*（発疹熱：ネズミのノミが媒介），*R. rickettsii*（ロッキー山紅斑熱：ダニ）など多くの種を包括する．リケッチアは通常の細菌より小さく（細胞径：$0.3～0.5\mu m$），一般的な細菌濾過器では捕捉・分離できない．一般に多態性であるが，基本形は桿菌状あるいは球菌状で，2個以上の連鎖を作る場合もある．典型的なグラム陰性型のペプチドグリカン層とリポ多糖を含む外膜構造を有する．人体内では血管内皮細胞や細網内皮細胞のなかで増殖し，皮膚の発疹・脳症状・間質性肺炎などを起こす．リケッチアはその抗体と補体結合反応を呈し，また一種の毒作用を示す．リケッチア症の患者の血清は，腸内細菌科細菌 *Proteus vulgaris* の菌株 (OX19, OX2, OXK) を凝集する特異的性状をもち，これにより各リケッチア症の鑑別診断，すなわちワイル・フェリックス反応 (Weil-Felix reaction) が広く行われている．ツツガムシ病の病原体として以前本属に分類されていた *R. tsutsugamushi* は現在 *Orientia* に移されている．(⇒ツツガムシ病病原体)

a **リケナン** [lichenan] 《同》リケニン (lichenin)，地衣澱粉．地衣の一種アイスランドゴケの葉状体に多量に含まれる貯蔵性の多糖．主としてセロトリオース分子が β-1,3 結合で直鎖状に連なった構造の D-*グルカンで，一部にセロビオースやセロテトラオースの構造も含まれ，さらに 0.4% のメトキシル基をもっている．大麦などの穀類にも化学構造の類似した β-1,3:1,4-グルカンが含まれている．地衣類にはこのほかにイソリケナン (isolichenan)・プスツラン (pustulan) などの多糖が含まれこれらを地衣多糖と呼ぶ．イソリケナンは α-1,3 および α-1,4 結合を 3:2 の比でもつ直鎖状の D-グルカンで，リケナンより水溶性が高い．プスツランは β-1,6 結合をもった D-グルカンである．これらの地衣多糖は菌共生体の生産物と考えられ地衣類の化学分類上の指標とされる．

b **利己的遺伝子** [selfish gene] *自然淘汰の単位は遺伝子であり，生物の多様な性質は，その性質に影響している遺伝子の生存や増殖にとって有利であるために進化したとする見方を説明するための比喩的表現．R. Dawkins (1976) が提唱．彼は，生物の性質はその生物個体にとって有利であるから自然淘汰によって進化したという「個体からの視点」ではなく，利己的遺伝子という「遺伝子からの視点」の方がより多くの現象を説明できるとした．社会性昆虫のワーカーのように自己犠牲的な行動の進化を考えるときに個体の適応度の最大化では説明できないからだという主張がある．(⇒血縁淘汰，淘汰の単位)

c **利己的 DNA** [selfish DNA] ある特定の塩基配列をもつことで，ゲノム内，集団内にそのコピーが広まる特定の DNA の塩基配列．例えば，ある配列が，組換えを引き起こす作用があると，そのために不等交叉（⇒交叉）が生じやすくなり，その配列がゲノム内にコピーを重複させ，増やしていく．配列がそのコピーを増やしていくメカニズムとしては，上記の不等交叉，*遺伝子変換，転移などが考えられる．配列のコピーは，それが個体の表現型の影響を通して増加するわけではないので，利己的と呼ばれる．生物個体の中で自らのコピーを増やす寄生体とみなすこともできる．R. Dawkins は利己的 DNA の存在を示唆したが，彼のいう*利己的遺伝子と利己的 DNA は同義ではない．利己的 DNA と考えられるものに，ミニサテライト DNA，*トランスポゾン，B 染色体（⇌過剰染色体）などがある．

d **リコーの法則** [Ricco's law] 《同》リッコの法則．明るさの感覚は網膜を照らす面積とその光強度の積に比例するという法則．明るさの感覚が起きる閾（光感覚閾）は光の強さ (I) と光によって照射される網膜の面積 (A) とに関係する．中心窩およびその周辺のごく狭い範囲では，$IA=1$ という関係のあることが A. Ricco (1877) によって確かめられた．そこで，それをさらに拡張して $IA=k$（k:定数）の関係をリコーの法則と呼ぶ．例えば，視点付近において小さな光源を知覚する場合，光強度が $1/n$ になると同じ明るさを知覚するには n 倍の面積（大きさ）を必要とする．一方，周辺視においては，A が大きいときには，$I\sqrt{A}=k$ が成り立つ（パイパーの法則 Piper's law）．これはつまり，視野の周辺部分で比較的大きな物体を知覚する場合，明るさが $1/n$ になると，同じ明度に知覚するためには，n^2 の面積を必要とすることを意味する．これらの法則の網膜の生理学的機構はまだ明らかではないが，網膜の視細胞の種類や，神経要素間における空間的加重 (spatial summation) の様式が網膜の部位によって異なっている可能性が考えられる．

e **リコピン** [lycopene] ⇌カロテノイド

f **リコプシダ** [Lycopsida] 《同》小葉植物類，小葉類 (Microphyllinae)．*ヒカゲノカズラ類を中心にした維管束植物類の一群．ほかにイワヒバ類およびミズニラ類を含み，すべて*小葉をもつ．これに対し*大葉をもつ大葉類 (Euphyllophyta) には，シダ類，裸子植物および被子植物全般が含まれる．*マツバラン類は，大葉をもたないので従来，小葉類に含まれてきたが，現在では，大葉類の方に含められている．分子系統解析によっても，小葉類は，それ以外の現生維管束植物群である大葉類とは別の系統であることが示されている．

g **リコン** [recon] 交叉によって組換えの起こる最小の単位．S. Benzer (1957) の造語．彼は T4 ファージの*rII 遺伝子座の詳細な遺伝解析から，それまで最小不可分と考えられていた遺伝子も，定義によっては可分となることを提唱し，新しい遺伝単位として*シストロン (cistron, 機能の単位)，ミュートン (muton, 突然変異の単位) と共に設定した．現在のような遺伝子概念の確立に大きく貢献したが，その後の分子遺伝学の進展に伴い，リコンとミュートンはいずれも DNA の 1 ヌクレオチド単位にまで還元されることになり，特に遺伝単位とする意味を失って現在ではほとんど死語となっている．

h **LISA**(リサ) low input sustainable agriculture の略．人工資材の投入を抑制 (low input) し，持続性のある作物栽培を実現しようとする農法．近代の農業は，化学肥料や農薬などの資材をふんだんに投入することによって多収を上げてきた (high input, high return) が，近年，農薬による環境汚染や化学肥料の多投による地力の低下が作物生産上大きな問題となってきた．その反省として，化学肥料や農薬の使用をできるかぎり制限する LISA が注目されている．日本で実施されている

減肥料・減農薬栽培，いわゆる環境保全型農業も LISA の一種といえる．また，化学肥料や化学合成農薬を一切使用しない*有機農業(organic farming)，それに加えて除草や耕起もしない自然農法などもある．

a **リザリア** [rhizarians] 真核生物の大系統群の一つ．*放散虫類，*有孔虫類，*ケルコゾア類，*ネコブカビ類などを含む．分子系統解析によって初めて認識されるようになった系統群であり，共通する形態的特徴は見当たらないが，多くは糸状仮足や網状仮足をもち，ミトコンドリアクリステは管状．近年では*アルベオラータや*ストラメノパイルに近縁であることが示されており，分類学的には界レベルで独立または*クロミスタ界リザリア下界(Rhizaria)とされる．

b **リシェ** RICHET, Charles Robert 1850～1935 フランスの生理学者，血清学者．はじめ神経生理学や体温生理学を研究したが，のち血清療法を創始してその研究に従事，人体への最初の血清注射を行った．抗原(異種血清)注射による生体感受性の増強状態を発見して，アナフィラキシーと命名，この発見により 1913 年ノーベル生理学・医学賞受賞．刺胞動物の刺胞毒の生体作用などに関する研究もある．[主著] Propriétés chimiques et physiologiques du suc gastrique, 1879.

c **リシス・フロム・ウィズアウト** [lysis from without]《同》外因性溶菌．細菌細胞がある種の*バクテリオファージを高い多重度で*吸着すると，極めて速やかに*溶菌を起こす現象．この際，宿主細胞の代謝は必要なく，ファージの増殖も起こらない．ファージ粒子にある酵素によって細胞壁が分解されることなどによる．ファージの培養に伴う内因性溶菌(lysis from within)に対し，外側からの溶菌という意味で命名．

d **リシン** [1][ricin] トウゴマ(Ricinus communis)の種子に含まれる猛毒性*レクチン．毒性はマウスに腹腔内投与で LD$_{50}$100 ng．血球凝集作用はない．分子量 6 万 5000 の糖蛋白質(pI7.1)で A 鎖(分子量 3 万 2000, pI7.5, 糖含量 2.4%(重量比))と B 鎖(分子量 3 万 4000, pI4.8, 糖含量 6.5%(重量比))とがジスルフィド結合したもの．リシンはリボソームの 60S サブユニットを失活させ，GTP，EF-1-アミノアシル tRNA 複合体がリボソームへ結合できなくさせることにより蛋白質生合成におけるポリペプチド鎖の延長(➡ポリペプチド鎖延長因子)を阻害する(原核細胞には作用しない)．分離した A 鎖に蛋白質生合成阻害活性がある．B 鎖はガラクトースないしは細胞表面のガラクトースと結合する能力がある．したがって A 鎖は cell free 系だけに作用し，B 鎖には A 鎖を細胞表面に運搬する働きがある．なおリシン 1 分子が 1 個の細胞に入ると，細胞全体の蛋白質生合成は阻害され，毒性を示す．類似作用物質に*アブリンがある．
[2][lysine] = リジン

e **リジン** [lysine] [1]《同》リシン．略号 Lys または K (一文字表記)．塩基性 α-アミノ酸の一つ．E. Drechsel (1889) がカゼインから発見．L-リジンはほとんどすべての蛋白質の成分をなし，特にヒストン，アルブミン，筋肉蛋白質などに多い．ビオチン，リポ酸，ピリドキサールリン酸関与の酵素では補酵素は蛋白質の特定のリジン残基と結合している．また，蛋白質中のリジン残基が，アセチル化，メチル化，水酸化されている場合もある(➡メチルリジン，➡5-ヒドロキシリジン)．脱カルボキシルによりカダベリンを生ずる．ヒトでは不可欠アミノ酸で，D 体は L 体に代用できない．多くのバクテリア，菌類，植物ではアスパラギン酸からジアミノピメリン酸を経由して合成される(ジアミノピメリン酸経路)が，一部の菌類などではアセチル CoA と 2-オキソグルタル酸から α-アミノアジピン酸を経由して合成される(アミノアジピン酸経路)．いずれの経路も種によって多少異なる場合がある．分解はアミノ基転移反応ではなく，哺乳類では α-アミノアジピン酸経路の逆のような経路，すなわち 2-オキソグルタル酸と結合してサッカロピンとなった後，グルタミン酸と α-アミノアジピン酸に分解し，後者はグルタル CoA を経てアセチル CoA を生成する．したがって糖原性かつケト原性．カルニチン生合成の前駆体である．米，小麦，トウモロコシなどでは含量が比較的少ない．

$$H_2N-CH_2-CH_2-CH_2-CH_2-CH-COOH$$
$$NH_2$$

[2] β-リジン(イソリジン isolysine)．H$_2$N(CH$_2$)$_3$CH(NH$_2$)CH$_2$COOH β-アミノ酸の一つ．α-リジンの異性体で，ストレプトトリシン，ストレプトリン，バイオマイシンおよびロゼオトリシンなどの抗生物質中から発見された．蛋白質中には含まれていない．

f **リジン脱カルボキシル酵素** [lysine decarboxylase]《同》リジンデカルボキシラーゼ．L-リジンを脱カルボキシルしてカダベリンを生ずる反応を触媒する酵素．EC4.1.1.18．大腸菌や Bacterium cadaveris などの細菌に存在．ピリドキサールリン酸を補酵素とする．最適 pH=6.0．ヒドロキシリジンにも働く．

g **リスク感受性** [risk sensitivity] 動物の摂餌戦略において，餌が一定量で確実に得られる環境と，餌量が変動するリスクのある環境とに対する反応をいうこと．危険を避けて確実な餌場を好むことをリスク回避(risk averse)，危険を冒してもより多くの餌を得る機会を狙うことをリスク嗜好(リスク愛好 risk prone)と呼ぶ．一般に動物は空腹時にはリスク嗜好的，満腹時にはリスク回避的になる傾向が認められるが，これは同じ量の餌でも個体の状態によりその価値(評価)が変化するためとされる．

h **リスター** LISTER, Joseph 1827～1912 イギリスの外科医．L. Pasteur の研究にヒントを得て，外科手術の際の細菌感染(化膿)の重大性に注目，石炭酸を応用した消毒法の開発によって外科技術に革新をもたらした．
[主著] The collected papers of Joseph, Baron Lister, 2 巻, 1909.

i **離生** [independent, separate] 離生心皮(apocarpy)などのように，花を構成する器官(萼片，*花弁，*雄ずい，*雌ずい)について，同類器官が離れて独立している場合を指す．進化の方向として，花の器官は離生から多様な合着状態へと変化する．心皮と心皮や花弁と花弁などの同類器官が*合着した合生心皮(syncarpous)あるいは*合手などと対比される．

j **離生細胞間隙** [schizogenous intercellular space] 細胞壁が離れることにより生じた*細胞間隙．破壊により生ずる*破生細胞間隙と対置される．若い植物組織細胞は互いに密接しているが，成長とともに各細胞の角隅の部分では相互の細胞壁が中葉の部分で互いに離れ，その部分に生じた小さい間隙はさらに成熟とともに拡がる．

さらに，しばしば各間隙が連絡し，管状または網状となる．いずれの場合もこの間隙は細胞に囲まれるので，輪郭が明瞭なのが特徴．葉の海綿状組織，水生植物（フサモやヒツジグサ）の*通気組織，あるいはキヅタやマツなどの樹脂道のような分泌組織その他一般の柔組織に見る間隙はこれに属する．（⇌細胞間隙［図］）

a **リゼルグ酸** [lysergic acid] $C_{16}H_{16}N_2O_2$ *麦角アルカロイドの母体．図のような2種の立体異性体があり，相互に容易に転換する．この転換はアルカロイド分子の一部となって結合している状態でも同様に起こる．それぞれ光学異性体をもつが天然のものは共にD型．リゼルグ酸ジエチルアミド（*LSD）をヒトにごく微量投与すると，幻覚・自我意識障害が一時的に現れ，統合失調症の症状に類似する．

b **離層** [abscission layer] 葉・花・果実が茎から脱離する場合，それらの器官の基部に形成される特殊な細胞層．基本組織系に由来する柔細胞からなり，木質化しないで機械的にも弱い．分化レベルとして，分化がほとんど認められない場合，わずかに周辺細胞より小形で多角形の層に分化する場合，細長い細胞の層になる場合がある．離層周辺の道管は太く短い．脱離に際しては離層細胞が生産するペクチナーゼ，セルラーゼなどの細胞壁分解酵素によって細胞壁中層が分解され細胞間が離れるか，細胞壁が分解されて細胞自体が崩壊する．離層の分化・発達および離層細胞における細胞壁分解酵素の生成はオーキシンおよびエチレンにより制御される．（⇌器官脱離）

c **理想自由分布** [ideal free distribution] *頻度依存淘汰に基づく，進化的に安定な個体の空間分布．特に資源が不均一に空間分布する場合，個体数が少ないときは全個体が最良の場所に集まるが，個体数が増えると*こみあい効果により1個体当たりの資源が減り，次善の場所にも分布が拡がり，場所ごとの個体数には偏りがあるものの，どの場所でも資源を等しく利用できるような分布になる（S. D. Fretwell & H. L. Lucas, 1970）．この分布は各個体が資源量と個体数の分布を知り，他個体に邪魔されず労力なしに自由に移動でき，各個体が自分の利得を理想的に最大にするようふるまう状態，すなわち理想自由状態（ideal free condition）で実現される．ヒトからミジンコまで多くの種での実験があるが，例えばトゲウオでは，水槽内の6個体に対し両端から餌を2:1の比率で与えると個体は4:2に分かれて分布し，給餌の比率を逆転させると個体の分布も逆転する（M. Milinski, 1979）．最近は，この分布と実験結果とのずれから分布決定因子を抽出するための帰無仮説としても利用されている．

d **リゾカリン** [rhizocaline] 《同》リゾゲン（rhizogen）．植物の器官は特異な器官形成物質の作用で形成されるとした J. von Sachs（1882）の考えに基づいて，R. Bouillenne と F. W. Went（1933）が根の形成を支配する植物ホルモンに与えた名称．葉で形成されて移行し，*オーキシンの存在下で作用するとされている．K. V. Thimann と Went（1934）はオーキシンと同一物であるとしたが，これとは別であるとする考えはまだある．Went（1938）はこのほか，根で生成されて茎の形成に必要なものにカウロカリン（caulocaline），葉の形成に必要なものにフィロカリン（phyllocaline）という名を提唱した．

e **リソソーム** [lysosome] 《同》水解小体．一群の*加水分解酵素をもち，消化作用を営む細胞小器官．C. R. M. J. de Duve（1955）は，ラット肝臓の細胞分画でミトコンドリア分画よりやや軽いところに加水分解酵素を含有する顆粒分画を得て，加水分解を行う小体という意味で lysosome と命名した．リソソームに含まれる加水分解酵素はリソソーム酵素とも呼ばれ，酸性ホスファターゼ，リボヌクレアーゼ，デオキシリボヌクレアーゼ，*カテプシン，アリールスルファターゼ，β-グルクロニダーゼ，エステラーゼなどがある（⇌リソソーム酵素）．いずれも酸性領域に最適pHをもつ加水分解酵素である．これらの酵素が先天的に欠損すると，リソソームで分解されるべき物質が蓄積するため，先天代謝異常疾患であるリソソーム蓄積症を発症する．リソソームの直径は0.4～数 μm で，形態は極めて多様であるため，組織化学的に酸性ホスファターゼ活性陽性のものをリソソームと同定してきた．リソソームは二つに大別され，均質な基質をもつ顆粒状のものを一次リソソーム（primary lysosome），複雑なミエリン様構造などを含有する液胞状のものを二次リソソーム（secondary lysosome）と呼ぶ．一次リソソームに属するものとしては肝実質細胞の高電子密度の顆粒などがある．二次リソソーム（消化胞）は，細胞の食作用の結果生じた*ファゴソームや自食作用の結果生じたオートファゴソームに一次リソソームが融合したものである．分解産物のうちで有用なものは細胞で再利用されるが，不要物や不消化物は細胞外に放出されるか，残余小体として細胞内に留まるものもある．酵母や植物細胞では，液胞がリソソームと類似の細胞内消化の働きを担う（⇌自食作用）．

f **リソソーム酵素** [lysosomal enzyme] 細胞内消化の場である*リソソーム内に存在する*加水分解酵素の総称．多くの酵素は酸性領域に至適pHをもち，蛋白質分解酵素（*カテプシン，*カルボキシペプチダーゼ，*コラゲナーゼ，*エステラーゼなど），糖分解酵素（*ヒアルロニダーゼ，シアリダーゼ，フコシダーゼ，β-N-アセチルヘキソサミニダーゼ，マンノシダーゼ，グルクロニダーゼなど），脂質分解酵素（*リパーゼ，*ホスホリパーゼ，*ホスファターゼ，セラミニダーゼなど），核酸分解酵素（*リボヌクレアーゼ，*デオキシリボヌクレアーゼ）などが含まれる．これらの酵素は，小胞体で合成された後，その糖鎖に特異的に見出される*マンノース-6-リン酸（Man-6-P）が受容体に認識されることにより，リソソームに選別輸送される．Man-6-P 形成に関与するN-アセチルグルコサミン-1-リン酸転移酵素の欠損や活性低下により，本来リソソームに蓄積するべき加水分解酵素は細胞外に分泌される．Man-6-Pとその受容体を介さない別の輸送経路の存在も示唆されている．

g **リソソーム蓄積症** [lysosomal storage disease] 《同》リソソーム病（lysosomal disease）．*リソソーム酵

素の遺伝的な異常により分解されずに残った基質がリソソーム内に蓄積する結果，細胞機能の障害が起き種々の病態を示す疾患の総称．リソソーム蓄積症の概念はH. G. Hers (1963) の発見したポンペ病 (Pompe's disease) から始まり，現在では約30種の疾患が知られている．それらはスフィンゴリピドーシス，ムコポリサッカリドーシス，グリコプロテイノーシス，酸性リパーゼ欠損症，ムコリピドーシス，*糖原病などに分類される．酵素学的には，酵素活性または量の異常（生合成や分解の異常，リソソームへの輸送障害）や内在性酵素インヒビターの異常によることが明らかになっている．

a **リゾチーム** [lysozyme]　《同》ムラミダーゼ (muramidase)．真正細菌の細胞壁を構成する*ペプチドグリカンに作用し N-アセチルムラミン酸と*N-アセチルグルコサミンの間の β-1,4-ムラミド結合を加水分解する酵素．EC3.2.1.17．生菌に直接作用させると細胞壁による抗浸透圧作用を失い溶菌を引き起こし，またキチン質にも作用する．A. Fleming (1922) により発見され，溶菌 (lysis) と酵素 (enzyme) から lysozyme と命名．反応生成物として得られるオリゴ糖の同定は，細胞壁のヘビ構造の研究に重要な手がかりを与える．動物の各種組織・分泌液・卵白などに広く分布．一部の植物からも見出されている（キャベツやカブなど）．ニワトリ卵白中には多量に含まれ結晶化も容易なので，卵白リゾチームが広く研究されてきた．卵白リゾチームは分子量1万4307，アミノ酸残基129の一本鎖ポリペプチドの塩基性蛋白質．4カ所にS-S結合があり，酵素では初めてX線結晶構造解析によって立体構造が明らかにされた．この酵素は p-ニトロフェニル-N,N'-ジアセチルキトビオシドのような合成二糖配糖体に作用して p-ニトロフェノールを遊離することで活性検定できる．活性部位は立体構造の片面にある溝状部にあり，さらにはその多糖鎖と酵素分子アミノ酸残基との相互作用によって引き起こされる加水分解の機構が具体的に示されている．ただし，本来この酵素が存在している動物体での生理的機能については，軽い感染防御作用があるとするほか，ほとんどわかっていない．風邪薬などに配合され臨床的に用いられている．ウシなどの反芻動物や第二の胃をもつ葉食の霊長類（ハクイザル）では，胃で発現するリゾチームの至適 pH が低くなるように独立に進化し，胃中の細菌が宿主の食べた植物のセルロースを分解したあとに溶菌する作用をもつことが知られている．

b **リゾビウム** [Rhizobium]　リゾビウム属 (Rhizobium) に含まれる細菌の総称．*プロテオバクテリア門アルファプロテオバクテリア綱リゾビア目（リゾビウム目 Rhizobiales）リゾビア科（リゾビウム科 Rhizobiaceae）に分類される．基準種は Rhizobium leguminosarum．グラム陰性，好気性，非芽胞形成の桿菌（0.5〜1.0×1.2〜3.0 μm）で，1〜6本の周鞭毛による運動性を有する．炭水化物を含む寒天培地上では粘質状のコロニーを形成．従属栄養性の土壌細菌だが，植物を宿主として根粒を形成し共生的窒素固定を行うものが多く，いわゆる根粒菌の代表．根粒中ではバクテロイドと呼ばれる多型性の細胞になり，宿主から供給される炭水化物をエネルギー源として窒素固定を行う．以前本属として分類されていた菌種のいくつかは，同じリゾビア目の根粒菌である Mesorhizobium や Sinorhizobium に移行されている．

c **リゾプラスト** [rhizoplast]　《同》根索，根形質．鞭毛虫類の*鞭毛の基部にある*基底小体と核とを連結する繊維状構造．すべての鞭毛虫類にあるわけではない．リゾプラストが核に接する直前に小粒が認められる場合には，これをリゾプラスト粒 (rhizoplastic granule) と呼ぶ．

d **リゾホスホリパーゼ** [lysophospholipase]　*リゾリン脂質の脂肪酸エステルを加水分解する酵素．ただし，*ホスホリパーゼB（EC3.1.1.5）の別称としていう場合もある．Aspergillus oryzae, Penicillium notatum, Serratia plymuthicum, Escherichia coli, Mycoplasma laidlawii などの微生物から，脳・膵臓・肝臓など大部分の動物組織，オオムギ芽およびハビ毒などにも存在する．しかし，これらとホスホリパーゼB活性との関係については不明なものも多い．リゾホスホリパーゼの多くは Ca^{2+} を要求せず，Hg^{2+}，ラウリル硫酸ナトリウム (sodium lauryl sulfate)，デオキシコール酸ナトリウム (sodium deoxycholate)，トライトンX-100 (Triton X-100) などにより強く阻害される．（→ホスホリパーゼ）

e **リゾリン脂質** [lysophospholipid, lysophosphatide]　*グリセロリン脂質の一種で，*グリセロールの1位または2位に結合した*脂肪酸のいずれか一方が除かれたモノアシル（あるいはモノアルキル）グリセロリン脂質の総称．アシル（アルキル）基の結合位置によって，1位に結合しているものを1-アシル（アルキル）リゾリン脂質（α-リゾ体ともいう），2位に結合しているものを2-アシル（アルキル）リゾリン脂質（β-リゾ体）と呼ぶ．*ホスホリパーゼ A_1, A_2 による加水分解で生成するが，*プラスマローゲンおよびアルキルアシルエーテル型リン脂質のアルカリ処理によっても生じる．赤血球に対して強い溶血活性を示すことから lyso（溶かすの意の接頭語）と呼ぶ．リゾホスファチジルコリン（*リゾレシチン），リゾホスファチジルエタノールアミン，リゾプラスマローゲンなど，各リン脂質名にリゾをつけて表示する．2位に脂肪酸の結合したリゾリン脂質は特にアルカリ性では不安定で容易に1位に脂肪酸が転移する．一般に水にわずかに溶け，エタノール，メタノール，クロロホルムに可溶．リゾレシチンは臨界ミセル濃度0.01〜0.02 mM で球状ミセルを形成する．

f **リゾレシチン** [lysolecithin]　《同》リゾホスファチジルコリン (lysophosphatidylcholine)．*リン脂質の一種で，レシチン（*ホスファチジルコリン）のホスホリパーゼAによる加水分解生成物の一つ．*グリセロール骨格の1位の水酸基にアシル基がエステル結合した1-アシル型（ホスホリパーゼ A_2 による分解産物）と，2位に結合した2-アシル型（ホスホリパーゼ A_1 による分解産物）とがある（図は1-アシル型）．アセトン，エーテルに不溶．多くの組織のリン脂質の1〜5%を占め，強い溶血活性，細胞融合誘導，酵素の活性化，界面活性など，多彩な生理活性を示すことが知られている．*リゾホスホリパーゼ（EC3.1.1.5）により，残りの脂肪酸エステル（構造式中ROC-）は容易に加水分解を受け，*脂肪酸とグリセロリン酸コリンを生ずる．肝*ミクロソームのア

$$\begin{array}{c} \text{CH}_2\text{OCOR} \\ \text{HO}-\overset{|}{\text{C}}-\text{H} \quad \text{O} \\ \text{CH}_2\text{O}-\overset{|}{\underset{|}{\text{P}}}-\text{OCH}_2\text{CH}_2\text{N}^+(\text{CH}_3)_3 \\ \text{O}^- \end{array}$$

シル CoA アシル基転移酵素により*アシル CoA と反応してレシチンを生ずる.

a 利他行動 [altruistic behavior] 〘同〙利他主義. ある個体が自己の生物的な不利益にもかかわらず他個体に生物的な利益を与える行動. このような現象を一般に利他現象(altruism), 利他行動を示す個体を利他的個体(altruist)と呼ぶ. 生物的な利益・不利益を測る尺度としては通常, 個体の*適応度を用いる. 社会性昆虫にみられる*ワーカー(働き蟻や働き蜂など)や*ソルジャー(兵蟻など)の社会行動は利他行動の典型とみなされる. また鳥類や哺乳類の一部にみられる警戒音(alarm call)の発声や, 繁殖に際して非繁殖個体が近縁個体の子育てを援助する手伝い行動(⇌ヘルパー)なども, 利他行動の例とみなす研究者が多い. ただし警戒音や手伝い行動では, 利益・不利益を適応度の単位で測定することが困難なため, 確実に利他行動と判定された例はほとんどない. 利他行動の進化を説明する仮説としては*血縁淘汰説, *親による操作説などが提出されている. なお他個体の適応度を低下させ自らの適応度を増加させる行動を利己行動(selfish behavior), 自他双方の適応度をともに上昇させる行動を協同的行動, 相互扶助行動(cooperative behavior, mutualism)と呼ぶ. また, 一般にみると利他行動だが, 特定の行為者どうしが互いに利他的な行動を多数回加えあうことによって, 結果としては行為者が適応度上の純利益を受けるタイプの行動を, 特に*互恵的利他主義と呼ぶ. さらに, 第三者への利他行動の履歴により「よい」「わるい」などの評判が形成され, それに基づいて利他行動を行う相手を選ぶことにより利他行動が有利になる場合を, 間接互恵という.

b リーダーシップ [leadership] 動物の集団において, 1個体あるいは数個体のその集団を導く個体すなわちリーダー(leader)により, 集団に秩序と統制が見られる場合, その地位と属性をいう. リーダーに従属する他の構成員をフォロワー(follower)と呼ぶ. 1個体がその地位や経験を生かして群れを導く場合と, 群れの全メンバー, あるいはサブグループが群れの*意思決定に関わる場合がある. 個体が互いに他個体の近くにいたり同じ方向に動く傾向があると, ごく少数の個体しか目的地を知らないとしても, 群れ全体が目的地にたどりつけるという理論的研究がある. (⇌動物の社会)

c リタートラップ [litter trap] 主に森林で, 群落上方からの落葉・落枝すなわちリター(litter)を受け止めるために地表付近に設置する捕虫網状の器具. 樹木の落葉・落枝量の測定などに用いられる. (⇌生産速度)

d リーダーペプチド [leader peptide] [1] 前駆体蛋白質の標的化配列を含むペプチド. 膜透過後に切断される. 特に原核細胞の*分泌蛋白質の N 末端に存在するものをこう呼んだ. この意味では*シグナルペプチドと同義. ほかにもミトコンドリア蛋白質などについても用いられる. [2] *オペロンにおいて, 遺伝子のプロモーターから転写減衰域(⇌転写減衰)までの領域によってコードされる低分子の領域. その領域をリーダー領域(先導領域 leader region)と呼ぶ. 一般にそのオペロンの発現に関与する産物アミノ酸の残基が多く含まれる.

e 律速因子 [rate limiting factor] *制限因子のうち, その系全体の反応速度を律している因子. 一連の酵素反応系列で, 特定の酵素による反応段階の速度だけが特に遅くて全体の速度を左右するとき, この段階が律速段階であり, その酵素が律速因子である. 生体内の反応系列では, 条件によって律速段階の切替えが起こって, 調節機構の一部をなす.

f 立体構造比較(蛋白質の) [structural alignment] 蛋白質の形を比較すること. 遺伝子配列に比して蛋白質の形は保存性が高く, 新たな機能をもった蛋白質の出現といった進化生物学の根源的な問題に答えるための基礎的な情報を提供する. 蛋白質はアミノ酸がペプチド結合で連なり, 複雑に折り畳まれている. その骨格の形状は, 主鎖上にある α 炭素の位置関係で表現される. 回転・平行移動の自由度を除くと, これは α 炭素間の距離行列で一意に決まる. そこで二つの距離行列が類似するよう, アラインメントを行う. 数アミノ酸残基からなる断片内の距離行列と断片間の距離行列に分解することにより, 実用的な計算時間で結果を得るアルゴリズムが開発されている.

g 立体構造予測(蛋白質の) [protein structure prediction] 〘同〙高次構造予測(蛋白質の) (prediction of higher-order structure of protein). 蛋白質の三次構造, あるいは四次構造をその一次構造(アミノ酸配列)から理論的に予測すること. 蛋白質の三次構造の情報は一次構造にすべて含まれているというアンフィンゼンのドグマが正しければ, 物理・化学的な手法による予測が原理的には可能なはずであるが, この問題はこれまでのところまだ完全に解決されたとはいえない状態にある. 一方, 蛋白質の三次構造を決定する実験(X 線結晶解析, 核磁気共鳴法など)に要する時間・手間は膨大であり, それらを少しでも削減したいという実用的な要望も強い. これまでに提案された予測法は, 比較モデリング法(comparative modeling)と第一原理的方法 (ab initio prediction) の二つに大きく分類される. 比較モデリング法では, 立体構造データベースの中から, 標的アミノ酸配列の立体構造に最も近いと予測される構造を, 鋳型構造として選択し, それを修正することで予測構造を得る. 鋳型構造の選択をアミノ酸の配列相同性を利用して行う手法のことを, 特に, ホモロジー・モデリング法(homology modeling)と呼ぶ. 比較モデリング法の予測精度は, 標的蛋白質と鋳型蛋白質の配列類似度に大きく依存する. 一般に, 配列一致度が 50% 以上なら側鎖の原子の位置まで高精度で予測可能であり, 配列一致度が 30% 前後であっても主鎖のおおまかな構造までは予測できる. 比較モデリング法は, 小さな計算コストで済むが, 妥当な鋳型蛋白質が見つからない標的蛋白質についてはまったく予測できない. 第一原理的方法では, 分子シミュレーションの手法を駆使し, 標的アミノ酸配列をもつ蛋白質分子の膨大な配座空間から, 最も自由エネルギーが低い配座を探索する. このアプローチでは, 鋳型蛋白質の有無に予測精度は依存しないが, 膨大なコンフォメーション空間の探索を行うため, 計算コストは高く, 200 残基を超えるような大きな標的蛋白質の予測は容易ではない. 計算時間をできるだけ削減するため, 個々の水分子は考慮せず, 水を連続媒体として近似する粗視化された分子モデルを採用することが多い. さらに, 立体構造データベースの構造を 9 残基程度の長さに切断したフラグメントを用意し, そのフラグメントの組合せで立体構造を構築することで探索を効率化する, フラグメント・アセンブリ法(fragment assembly method)と呼ばれる手法がよく用いられる. 配列類似度や予測二次構造

との適合性などによりフラグメントの候補が選択される.

a **立体視** [stereoscopic vision] 《同》実体視. 二次元の網膜像から, 物体や空間の奥行きや三次元立体構造を知覚すること. 奥行きや立体構造の印象を伴う視覚全般を指す奥行き視の下位概念であり, *両眼視差を手がかりとする両眼立体視 (binocular stereopsis) と*運動視差を手がかりとする単眼立体視 (monocular stereopsis) に大別される. ただし, 奥行き視のことを立体視と呼ぶ場合もある. 霊長類は両眼立体視に非常に優れており, 視角数秒のわずかな両眼視差からも奥行きを検知できる. 奥行き感は, 遠近法, 遮蔽, 陰影, テクスチャー勾配, 相対的大きさ, レンズの焦点調節, 眼球の輻輳からも得ることができるが, 立体視, 特に両眼立体視がもたらす奥行き量や奥行き方向の情報は精度が最も高い. 両眼視差を検知する細胞は大脳皮質に存在しており, これらが両眼立体視の神経基盤であると考えられている.

b **立体配置** [configuration] 不斉原子に直接結合している原子の空間的配列状態. 従来, 化学反応だけを通じての立体配置の議論では, 天然産A化合物の立体配置が天然産B化合物の立体配置とどう関連しているか, あるいは右旋性A化合物の立体配置と左旋性B化合物の立体配置とがどう関連しているか, などが決定できたにすぎなかった. しかしX線結晶構造解析 (⇒X線構造解析) の際, その異常分散を使うことができる場合には, 例えば (hkl) の反射の強度と (h̄k̄l̄) の反射の強度との比較により絶対配置 (absolute configuration) を決定することができる. 例えばL系のアミノ酸の絶対配置は図のようであることが知られている. なお, R-, S-で表示される立体配置では, 20種の通常のL-アミノ酸のうちL-システインのみがR-であり, グリシンを除く18種はS-と表示される.

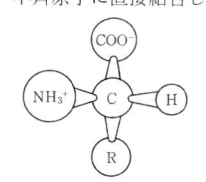

c **RIP** (リップ) repeat-induced point mutation の略. アカパンカビで, ゲノム上に, 約450塩基対以上の重複塩基配列をもつものを片親として掛け合わせると, 子の代に重複部分の双方で変異が現れる現象. 変異を起こすのは重複部分の10〜50%がT-AからC-G塩基対の10〜50%がT-Aに変化するが, しかもTに変化したCが全て同じ鎖上にあるという. 変異は減数分裂前DNA合成の前に起こる. 重複が同じ染色体上の場合は全てで, 異なる染色体上の場合では半数で変異が起こる. この現象は, ゲノムDNA中の塩基配列の相同性をチェックする機構の存在を示唆しており, 重複をなくし, 重複同士の間の組換えによって染色体の再編成が起こるのを防ぐ役割をしていると考えられる.

d **リップマン** LIPMANN, Fritz Albert 1899〜1986 ドイツ, のちアメリカの生化学者. 高エネルギーリン酸結合の概念を確立し, アセチルリン酸・CoAを分離. エネルギー代謝の生化学の発展は彼に負うところが多い. 1953年, 上記の業績でH. A. Krebsとともにノーベル生理学・医学賞受賞.

e **立毛筋** [erector muscles of hair ラ musculus arrector pili] 哺乳類の皮膚にあって, 毛根が皮膚面と鈍角をなす側で毛嚢底とやや離れた位置の真皮表層とを結ぶ微小な*平滑筋繊維の束. 収縮すると皮膚面に斜めに生じている毛をより直立に近い状態にするとともに皮脂腺を圧迫して皮脂を分泌させ, 皮膚表面に粟粒状の小隆起 (とりはだ goose skin) をつくる. 真皮性毛嚢から発生. (⇒毛 [図])

f **リトコール酸** [lithocholic acid] 《同》3α-ヒドロキシ-5β-コラン酸. $C_{24}H_{40}O_3$ *胆汁酸の一つで, *ケノデオキシコール酸から腸内で細菌の代謝によって生じた二次胆汁酸. 腸内で生成したものの大部分は糞便とともに排出されるが, ごく一部は吸収され, 肝で抱合反応を受け, タウロリトコール酸 (taurolithocholic acid), あるいはグリコリトコール酸 (glycolithocholic acid) として胆汁中に現れる. 他の胆汁酸と比べて毒性が強く, 実験動物への大量投与が肝胆道系に種々の障害を起こすことが知られている.

g **リードル** RIEDL, Rupert 1925〜2005 オーストリアの動物学者, 形態学者, 理論進化生物学者. ウィーン学派に強く影響を受けたその研究は多岐にわたり, 進化論的基盤をもった形而上学にまで広がった. 発生負荷の提唱者.

h **離乳** [weaning, ablactation] 親からの*哺乳を受けて初期の発育を進めている哺乳類の新生子が, しばらくたつと乳をあまり飲まなくなり, 乳以外の食物を摂取するようになること. 離乳は子の消化管の機能が強くなってきたことを示すものであり, 多くの場合徐々に起こり, 子はしだいに親の乳房に対する関心を失っていく. これに伴って親の泌乳機能も低下し, 完全な離乳に至る. しかし, 授乳に伴う利益/コスト比の見積りが親子で異なることを原因として, 一般に子は親が授乳をやめようとする時点を超えてなおしばらく乳を要求することが多く, この期間には乳を求める子を拒絶する親との対立が観察される. (⇒親子の対立)

i **利尿ホルモン** [diuretic hormone] 昆虫の脳やその他の神経節の神経分泌細胞が分泌し, 大量の水分排出を引き起こすホルモン. 最初, 吸血昆虫のサシガメで発見された. サシガメの場合, 吸血量は体の大きさの12倍にも達するが, 血液成分のうち必要量以上含まれる水と塩類は直ちに排出されて, 多量の吸血を保証する. このホルモンは, 胸・腹部神経節の中にある神経分泌細胞でつくられるペプチドホルモンで, 吸血による刺激によって神経末端から体液中に分泌される. 一般に吸血をはじめてから1分以内に分泌がはじまり, その作用でマルピーギ管の排出能力が1000倍も高まる. 30分後には体重とほぼ同量, 2〜4時間後までに, 吸血量の半分ほどの水と不必要な塩類を排出する. *セロトニンが類似の作用をもつ. その後, 吸血しないバッタやコオロギでも発見され, バッタの利尿ホルモンは哺乳類の*バソプレシンと類似の塩基配列をもつことが知られている. また, チョウ目昆虫であるタバコスズメガから2種類の利尿ホルモン活性をもつペプチドが純化されており, それらの塩基配列はいずれも哺乳類のコルチコトロピン放出ホルモンに類似している.

j **リネージ** [lineage] [1] 生物の系統関係において,

a **リネン** LYNEN, Feodor 1911〜1979 ドイツの生化学者．リネンのサイクルと呼ばれる脂肪酸β酸化の機構を解明し，脂肪酸生合成に関与する多酵素複合体の概念を築き上げたほか，コレステロールの生合成やビオチンの作用機構に関する重要な発見がある．1964年，K. Bloch とともにノーベル生理学・医学賞受賞．

b **リノール酸** [linoleic acid] 《同》*cis*-9, 12-オクタデカジエン酸 (octadecadienoic acid)．$CH_3(CH_2)_4CH=CHCH_2CH=CH(CH_2)_7COOH$ 9,12位にシス二重結合をもつ炭素数18のジエン*脂肪酸．*アシルグリセロールとして，亜麻仁油・綿実油などの乾性油・半乾性油の主成分となっている．綿実油・ヒマワリ種子油・ゴマ油では全脂肪酸のうち40〜60%，落花生油・オリーブ油では全脂肪酸の25%前後を占める．空気中で酸化されやすく硬化するので乾性油ともいい，また乾性酸を多く含む油を乾性油と呼ぶ．動物組織，微生物にも存在する．動物では12位に二重結合を導入することができないので，食物から摂取しなければならず，動物の*必須脂肪酸である．(→リノレン酸)

c **リノレン酸** [linolenic acid] 《同》*cis*-9, 12, 15-オクタデカトリエン酸 (octadecatrienoic acid)．$CH_3(CH_2CH=CH)_3(CH_2)_6COOH$ 9, 12, 15位にシス二重結合をもつ炭素数18のトリエン*脂肪酸 (α-リノレン酸)．しばしば*リノール酸と関連して現れる．多くの乾性油中に*アシルグリセロールとしてごく微量含まれるが，一定量以上含むものは，亜麻仁油の平均26%（ときに60%）や，大麻油・シソ油の25%などに限られる．動物体内では合成できないので，動物油脂にはほぼ含まれない．しかしヒナ鶏に亜麻仁油を与えると卵黄の脂肪中に17%も見出される．バターにも微量含まれるが，これも餌と関係があるという．リノール酸，*アラキドン酸とともに*必須脂肪酸に属する．

d **リパーゼ** [lipase] 《同》グリセロールエステルヒドロラーゼ (glycerol ester hydrolase)．エステラーゼの一種で，中性脂肪（グリセロールエステル）を加水分解して，脂肪酸とグリセロールに分解する反応を可逆的に触媒する酵素．EC3.1.1.3. 動物・植物・真菌・細菌に見られ，基質がトリグリセリドならばまず1,2-ジグリセリドあるいは2,3-ジグリセリドを，続いて2-モノグリセリドを生成する．モノグリセリドを基質とするリパーゼもある．膵臓や *Rhizopus delemer* のリパーゼは，リン脂質の1位の脂肪酸エステルも加水分解する．ヒマのものは水溶液の状態や酸化剤に不安定であるが，還元型グルタチオンやアスコルビン酸で活性化される．最適pHは9.0（膵臓，ヒマの葉・茎），4.7〜5.0（ヒマの種子）などである．胃液リパーゼ (gastric lipase) は脊椎動物の胃液中に存在し，A. Marcet (1858) 以来知られている．実際的に胃内消化には役立っているとは考えられていない．また膵リパーゼ (pancreatic lipase)，すなわちトリアシルグリセロールリパーゼ (triacylglycerol lipase) は脊椎動物の膵臓および膵液中に存在し，古く J. Eberle (1834), C. Bernard (1846) 以来知られている消化酵素で，ステアプシン (steapsin) ともいう．ブタのものは分子量4.8万の糖蛋白質でアルカリ性で活性，最適温度は40°C，56°Cで破壊される．直鎖脂肪酸のエステルを分解する．生理的には胆汁中に含有される胆汁塩によって脂肪が乳化され，酵素作用を促進させている．膵液中には分子量1.1万のコリパーゼ (colipase) が存在し，リパーゼと1:1で結合し，リパーゼの最適 pH を6.0に変化させ，小腸内 (pH6.0〜6.5) でのリパーゼの作用を強める．またコリパーゼは酵素と基質の両方に結合能があるため，胆汁酸の存在下でも酵素・基質複合体が保たれる．アルカリ性において，胆汁塩，カルシウム塩，アルブミン，オレイン酸塩，シアン化カリウム，アセトニトリル，亜チオン酸塩，システインなどによっても活性が促進され，キニン，アルデヒド（パラアルデヒドを除いて），ベンズアルデヒド，Cu^{2+}, Hg^{2+}, Fe^{3+}, Co^{2+}, ハロゲン，モノヨード酢酸などによって阻害される．なお血清・母乳・肝臓・脳のリパーゼと異なり，膵臓のリパーゼはリン酸トリクレシルによって阻害されない．血清には，ヘパリン投与により誘導されるリパーゼがあり，アルブミンにより活性化されることからリポ蛋白質リパーゼ (lipoprotein lipase) と呼ばれる．無機リン酸塩，ピロリン酸塩，プロタミン，食塩で阻害される．

e **リハビリテーション工学** [rehabilitation engineering] 障害者や高齢者の生活を支援するための手段を開発・評価し，発展させ，適用する工学の一分野．視覚や聴覚などの感覚機能，道具の使用や移動などの運動機能，言語や記憶などの認知機能といった，人間が活動するために必要な機能の障害を軽減し残存能力を拡大することで，自立した生活や社会参加を促進する．実際に利用されているものとしては，拡大読書機，義肢，装具，自助具，車椅子，コミュニケーションエイド，環境制御装置，バリアフリー建築などがある．医工学技術の進歩により脳と装置とをつなぐブレイン−マシン・インターフェース (brain-machine interface, BMI) が登場し，それには人工内耳，人工網膜などの入力型と，脳活動を検出して機器を操作する出力型とがある．

f **リピドA** [lipid A] グラム陰性菌の外膜に埋まり，膜構造を形成すると共に*リポ多糖のアンカーの役を果たすリポ多糖の脂質部分．リポ多糖が示す内毒素（エン

ドトキシン)活性の活性中心. 大部分のリポ多糖から弱酸処理により遊離する. 大腸菌のリピドA(図)は最も基本的で, 腸内細菌科の細菌は全てこれと類似の構造をもつ. 一部のグラム陰性菌のリピドAでは糖の基本骨格であるグルコサミンが2,3-ジアミノグルコースに置換されている. 脂肪酸は, 菌種により異なるが, 一部の例外を除いて炭素鎖12～16の3-ヒドロキシ酸が主要なものとなっている.

a **リピドーシス** [lipidosis] 《同》網内系脂肪蓄積症. 先天性の酵素欠損により脂質代謝に異常をきたし(大部分は分解障害), 細網内皮系に脂質の異常蓄積が起こる疾患. 複合脂質の代謝異常症と中性脂肪および脂肪酸の代謝異常症を含むが, スフィンゴ脂質の代謝異常の頻度が高く, 狭義にはスフィンゴリピドーシス(sphingolipidosis)を指す. これらの疾患では, 細胞内, 体液などに脂質蓄積が起こり, 特有の細胞質内*封入体として存在する. *リソソーム酵素の遺伝性欠損症による*リソソーム蓄積症では, リソソーム内に脂質が蓄積する. 蓄積脂質の種類, 臓器分布は疾患によって異なる. ガングリオシドーシス(*ガングリオシド蓄積症)では, 特に脳の灰白質にガングリオシドの一種G_{M1}の蓄積が著しい. スルファチドの蓄積する異染性ロイコジストロフィーやマルチスルファターゼ欠損症, セレブロシドの蓄積するクラッベ病などでは, 神経系の変性・退行がみられ, 中枢および末梢神経系の脱髄が起こる. グルコセレブロシドの蓄積するゴーシェ病やスフィンゴミエリンの蓄積するニーマン-ピック病には, 種々の病型がある. 中性脂質代謝異常であるウォールマン病やトリヘキソシルセラミドの蓄積するファブリー病などでは, 中枢神経症状はない. 成人期に神経症状を示す疾患としてはコレスタノールが蓄積する脳腱黄色腫症, 膜性脂質ジストロフィーがある. 診断には, 血球, 血漿, 尿, 培養細胞などで各種のリソソーム酵素活性の測定が, 酵素診断が可能である. 本質的治療法はまだない現状で, リポソームを用いた酵素療法, 遺伝子治療などの開発が待たれる.

b **リビトール** [ribitol] *リボフラビンの成分で, D-*リボースの還元生成物. 光学不活性. フクジュソウの一種(*Adonis vernalis*)やミシマサイコの一種(*Bupleurum falcatum*)の根に遊離状態で含まれるが, リボフラビンの成分として広く生細胞に分布し, またテイコ酸の構成成分としてグラム陽性菌細胞表面構造の主要成分の一つ. アセトバクター属細菌の酵素によりL-*リブロースに酸化される.

$$\begin{array}{c}CH_2OH\\H-C-OH\\H-C-OH\\H-C-OH\\CH_2OH\end{array}$$

c ***LEAFY* 遺伝子** (リーフィーいでんし) [*LEAFY* genes] *LFY* 遺伝子(*LFY* genes)と略記. シロイヌナズナにおいて, シュート頂分裂組織のアイデンティティーの決定や花の発生を制御する主要遺伝子の一つ. ヘリックス=ターン=ヘリックスモチーフをもつ植物特有の転写因子をコードしており, シロイヌナズナゲノム中にシングルコピーとして存在し, 遺伝子族は構成しない. *花序メリステムから花メリステムへの転換を制御する. *lfy* 変異体では花が栄養シュート状に変化する. 一方, *LFY* 遺伝子を過剰発現すると, *栄養期シュート頂分裂組織が花芽分裂組織へと早期に転換し, 単一の花をつけて成長が停止する. また, 花器官のアイデンティティーを決定するABC遺伝子(⇒ABCモデル)の発現を制御し, 花の発生のマスター制御因子としての機能をもつ. キンギョソウの *LFY* オーソログ *FLORICAULA* (*FLO*)は *LFY* と類似した機能をもっているが, エンドウの *UNIFOLIATA* (*UNI*)はそれに加え, *複葉の形成に関与している.

d **リーフサイズクラス** [leaf size class] 植物と気候その他の環境要因との関係を考察するための, 葉のサイズ(葉面積)を指標とする階級区分. C. Raunkiaer (1916)の考案. 彼は, 当時知られていた多くの植物の葉を調べて, 自然界でよく見られるサイズ群の境界値として25 mm^{2}を単位とし, これを9の倍数を乗数として区分する方法を採用, 極微小形葉(leptophyll, ～25:単位はmm^2), 微小形葉(nanophyll, 25～225), 小形葉(microphyll, 225～2025), 中形葉(mesophyll, 2025～1万8225), 大形葉(macrophyll, 1万8225～16万4025), 巨大葉(megaphyll, 16万4025～)の6階級とした. その後, オーストラリアの亜熱帯多雨林を調査したL. J. Webb(1959)は, 中形葉のレンジが大きすぎるとしてこれを二分し, 亜中形葉(notophyll, 2025～4500)と中形葉(mesophyll, 4500～1万8225)とした. noto-とは, ここでは南半球のという意味で名づけられたが, 日本の常緑広葉樹林の*優占種にはこのサイズクラスの葉をもつ種が多い. 常緑樹のリーフサイズは, 熱帯山地では標高が増すにつれて, また水平分布では高緯度になるにつれて, さらに, 乾燥が強くなるにつれて小形化することが知られている. なおこれは種の生態学的属性の指標としても用いられる.

e **リー-ブート効果** [Lee-Boot effect] マウスの雌を同一容器に複数飼育したとき発情の遅延が起こる現象. S. van der LeeとL. M. Boot(1956)の発見. この効果はマウスの系統や容器の面積, 雌の数によって異なり, 長期の非発情や偽妊娠が起こることもあり, 単に発情期間の数日の延長に終わることもある. 雌の尿中の匂い物質が副腎に作用することが関わっている.

f **リプレッサー** [repressor] 《同》レプレッサー. ある種の*調節遺伝子により作られ, 特定の遺伝子(群)の形質発現を抑える働きをもつ制御蛋白質の一種. 特定の*オペレーターを認識し, これに結合することによって, そのオペレーターに連なる遺伝子群すなわち*オペロンのmRNA合成を抑制する. 1959年のパーディージャコブ-モノの実験(Pardee-Jacob-Monod experiment)によってその抑制的作用が示された. 誘導性酵素では調節遺伝子の産物はそのままで「活性」であり, 誘導物質と結合すると「不活性」となってオペレーターとの結合性が失われる(*ラクトースオペロンなど). 逆に抑制性酵素では, 調節遺伝子の産物はアポリプレッサー(aporepressor)といわれ, 不活性であるが, コリプレッサー(corepressor)と結合すると活性のあるリプレッサーとなり, オペレーターと結合するようになる(トリプトファンオペロンなど). いずれの場合でも, リプレッサーによる形質発現の調節はmRNA合成を阻害するかどうかという機構によるもので, 負の制御の一種である. ただし, 大腸菌アラビノースオペロン(arabinose operon)の調節遺伝子 *araC* の生成する蛋白質のように, そのままではリプレッサーとして負の制御を行うが, アラビノースと結合するとオペロンの転写を積極的に行わせるような正の制御物質となる場合もある. 大腸菌ラクトースオペロンのリプレッサーは分子量3万8590のサブユニット4個からなる酸性蛋白質で, 誘導物質との結合部位とオペレー

ターとの結合部位をもつ. λファージなどが溶原化した菌では，プロファージによって特異的なリプレッサーが合成され，自己の増殖および重感染した同種のファージの増殖を抑える. したがってこの場合のリプレッサーは免疫性物質(immunity substance)ともいわれる.

a **リプレッション** [repression] 《同》レプレッション. 遺伝子の発現が mRNA 合成(転写)の段階で特異的な調節因子(*リプレッサー)により抑制されること. 細菌のアミノ酸や核酸塩基などの合成系酵素に対する遺伝子の発現において発見された. 例えば大腸菌のトリプトファン合成*オペロンの発現は, トリプトファンにより特異的に抑えられる. それは細胞内のトリプトファン濃度が高まるとリプレッサーが活性化され，それがオペレーターに結合して転写が阻害されるためである. 細胞内のトリプトファン濃度を低くすると, 逆にリプレッションは解除(derepression)される. その合成がこのような調節をうける酵素を*抑制性酵素と呼ぶ. 一方，*誘導性酵素の場合には*誘導物質または特定の代謝物質の存在により酵素合成が*誘導される. それは誘導物質などの結合によりリプレッサーが不活性化され, リプレッションが解除されるためである. 遺伝子発現調節の主要な様式の一つで, その機構も詳しく解析されている. (→リプレッサー)

b **リブロース** [ribulose] リボースに対応するケトペントースの構造をもつ単糖. 遊離して蓄積する例はないが, その 5-リン酸エステルであるリブロース 5-リン酸はセドヘプツロース 7-リン酸とともに, *ペントースリン酸回路と光合成の*還元的ペントースリン酸回路の中間体である. 前者ではグルコースの直接酸化の経路でグルコン酸 6-リン酸の酸化的脱カルボキシルによって生成する. D-リブロース 5-リン酸は, リボースと D-リブロース異性化酵素(EC5.3.1.6)の作用で可逆的に D-リボース 5-リン酸に, また, リブロース 5-リン酸 3-エピメラーゼ(EC 5.1.3.1)の作用で D-キシルロース 5-リン酸になる.

$^1CH_2OH$
$^2C=O$
H^3C-OH
H^4C-OH
$^5CH_2OH$
D-リブロース

c **リブロース-1,5-ニリン酸** [ribulose 1,5-bisphosphate] ⇌ 還元的ペントースリン酸回路

d **リブロース-1,5-ビスリン酸カルボキシラーゼ/オキシゲナーゼ** [ribulose 1,5-bisphosphate carboxylase/oxygenase] Rubisco, RuBisCo (ルビスコ) と略記. 《同》カルボキシジスムターゼ(carboxy dismutase). *還元的ペントースリン酸回路において二酸化炭素固定反応を触媒する酵素(EC4.1.1.39). リブロース-1,5-ビスリン酸(RuBP) と CO_2 から 2 分子の 3-ホスホグリセリン酸を生成する(カルボキシラーゼ反応). CO_2 と拮抗的に酸素(O_2) とも反応し, RuBP と O_2 から 3-ホスホグリセリン酸と光呼吸の基質である 2-ホスホグリコール酸を生成する(オキシゲナーゼ反応). 植物 Rubisco の場合, CO_2, O_2 に対する K_m はそれぞれ 10〜15 μM, 250〜450 μM であり, CO_2 濃度が低いあるいは O_2 分圧が高いとオキシゲナーゼ反応が起こる. CO_2 および O_2 との反応特異性は生物によって異なり, 両者の比(比特異性; $S_{C/O}$, τ, Ωなどと表記)は, 原始紅藻の酵素では 200 前後, 緑色植物では 90 前後, 緑藻では 60 前後, シアノバクテリアでは 40 前後である. 反応速度は 1 秒間に触媒部位当たり 1〜10 回で, 一般的な酵素と比べて 2 桁以上遅い. 緑葉の水溶性蛋白質の 30%程度を占め, 地球上で最も存在量の多い蛋白質とされている. 緑色植物と緑藻のホロ酵素は, 分子量約 5.5 万の触媒部位をもつ大サブユニット(L) と分子量約 1.5 万の小サブユニット(S) 8 個ずつから構成される(L_8S_8). 小サブユニットは核ゲノムに, 大サブユニットは葉緑体ゲノム(⇌プラスチドゲノム)にコードされている. 葉緑体内でのホロ酵素の形成には*分子シャペロンが関与している. 一部の細菌のホロ酵素は大サブユニットのみから構成される($L_{2〜6}$). 植物と緑藻の Rubisco は, 大サブユニットのリジン残基がカルバミル化されると活性型となる(この過程には CO_2 と Mg^{2+} が必要). 暗所または弱光下で生成される 2-カルボキシアラビニトール 1-リン酸 (2-carboxyarabinitol 1-phosphate, CA1P) が結合すると不活性型となる(CA1P を合成しない植物もある). 酵素活性は光強度にともなって増大する. この活性調節には, Rubisco アクチバーゼ(Rubisco 活性化酵素 Rubisco activase) を介する活性化, 明所での CA1P の分解, 代謝産物による調節などさまざまな機構が関与している. Rubisco アクチバーゼは, 不活性型 Rubisco に結合した阻害剤(CA1P, あるいは, カルバミル化していない Rubisco に結合した RuBP) を遊離させ Rubisco を活性化する.

$$2 \times \begin{matrix} COOH \\ HCOH \\ CH_2O\textcircled{P} \end{matrix} \xleftarrow{CO_2} \begin{matrix} CH_2O\textcircled{P} \\ CO \\ HCOH \\ HCOH \\ CH_2O\textcircled{P} \end{matrix} \xrightarrow{O_2} \begin{matrix} COOH \\ HCOH \\ CH_2O\textcircled{P} \end{matrix} + \begin{matrix} CH_2O\textcircled{P} \\ COOH \end{matrix}$$

3-ホスホグリセリン酸　　リブロース-1,5-ビスリン酸　　グリセリン酸 3-リン酸　　2-ホスホグリコール酸

e **リポイド** [lipoid] 《同》類脂質. 本来, *脂質に似ているという意味で, 脂溶剤に溶ける天然物のうち脂質以外のものの総称. 現在では物質名としては, より正確に定義された脂質あるいは*複合脂質などが用いられ, リポイドの語は「リポイド様」という形容詞として, 脂溶剤に溶ける, 脂質に似た性質を表す, の意に使われることが多い.

f **リポイドフィルター説** [lipoid-filter theory, lipoid-sieve theory] 脂質粒子の間隙が一種のフィルター機能をもつとする, 非電解質の膜透過に関する説. R. Collander (1925), Collander と H. Bärlund (1926, 1933) が限外濾過説とリポイド説 (lipoid theory) との一面性を補うために行った実験事実に基づいて提唱. 細胞膜の*透過性は透過物質の分子容積と脂溶性の両方に関係があり, 脂溶性の等しいものでは分子容積の小さいものほど透過性が高い. このことから Collander らは細胞膜は脂質を含んでおり, 中以上の大きさの分子は脂質に溶解することにより膜を透過し, 非常に小さい分子はさらに脂質粒子間隙を通って膜を通過できると考えた.

g **リポキシゲナーゼ** [lipoxygenase] 《同》リポキシダーゼ(lipoxidase), リポ酸添加酵素. 二重結合を 2 個以上含む不飽和*脂肪酸に分子状酸素を添加する二原子酸素添加酵素の 1 種で, 不飽和脂肪酸の cis, cis-1, 4-ペンタジエン構造を認識して, メチレンの水素原子を立体特異的に引き抜き, 反対側(antarafacial)から酸素を添加してヒドロペルオキシドを生成する反応を触媒する酵素. EC1.13.11.12. ダイズ, ジャガイモやエンド

ウなどの植物に含まれ，ダイズのリポキシゲナーゼには酵素学的性質の異なるアイソザイム L-1，L-2，L-3 がある．微生物や動物組織にも存在している．動物では*アラキドン酸に酸素添加する位置の違いによって，5-，12-および15-リポキシゲナーゼがあり，血小板や白血球などの骨髄由来細胞，上皮細胞，神経細胞などに含まれる．5-リポキシゲナーゼはアラキドン酸から5-ヒドロペルオキシ酸を経由して，白血球遊走や平滑筋収縮作用をもつ*ロイコトリエンを合成し，炎症や免疫の病態生理に関与している．植物および動物のリポキシゲナーゼのアミノ酸配列はお互いに相同性を示し，リポキシゲナーゼファミリーを形成している．植物のリポキシゲナーゼは 830〜860 個（分子量 9.4 万〜9.7 万），動物のそれは 660〜670 個（7.5 万〜7.7 万）のアミノ酸から構成される．リポキシゲナーゼは1個の非ヘム鉄を含み，ダイズのL-1では499，504，690番目のヒスチジンとC末端のイソロイシンが鉄のリガンドであることがX線解析によって明らかにされている．（⇒アラキドン酸カスケード）

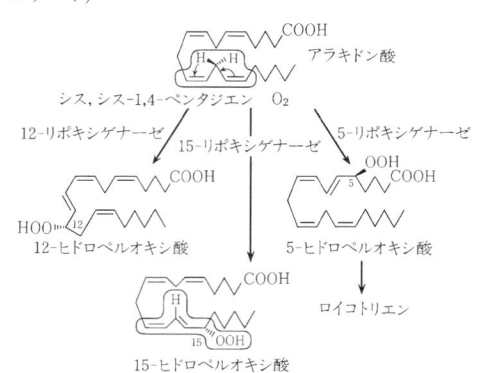

a **リポキシン** [lipoxin] LX と略記．*アラキドン酸カスケードの*リポキシゲナーゼ系の生理活性物質．三つのヒドロキシル基と四連の共役二重結合をもち，LXA$_4$ と LXB$_4$ の 2 種類がある．白血球の*アラキドン酸代謝物質の中の主要な物質で，免疫系の機能調節に関わっている．

b **リポコルチン** [lipocortin] *グルココルチコイドが抗炎症作用を発揮する際にマクロファージ，白血球などで誘導される蛋白質．ホスホリパーゼ A$_2$ の活性を阻害する活性をもつ．また，Ca^{2+} 濃度に依存してリン脂質に結合する．

c **リボザイム** [ribozyme] 酵素活性をもつ RNA の総称．1982年頃，T. R. Cech らにより原生生物テトラヒメナの rRNA 前駆体が*自己スプライシングを起こすことが，また S. Altman らにより tRNA 前駆体の特定部位での切断を触媒する大腸菌の*リボヌクレアーゼ P（RNase P）の RNA 成分が，RNase P と同じ反応を触媒することが示された．以後，植物・脊椎動物・微生物な

どの種々の生物由来の多くの RNA が，RNA の切断や結合の活性をもつことが見出された．リボソームでの蛋白質生合成におけるペプチジル転移酵素（peptidyl transferase）活性も，rRNA そのものにあることが示されている．また，これらの RNA の活性部位を基として，標的とする RNA 分子を特定の XUX の直後で切断する活性，新しい特異性をもつ RNA 切断活性，DNA 切断活性，RNA 合成活性，特定の低分子物質との結合活性などをもつ RNA 分子が，試験管内で作製されるようになった．特異的 RNA 切断酵素活性は，試験管内および生体内において RNA に対する*制限酵素としての利用価値をもつ．RNA の酵素活性は，RNA 分子が多様で柔軟な立体構造をとれること，水酸基のような官能基をもつこと，Mg^{2+} イオンなどと結合できることなどに基づく．また，蛋白質生合成以前の原始的生命体において，RNA が遺伝情報かつ酵素として中心的役割を果たしたという仮説を支持する．（⇒RNA ワールド）

d **リポ酸** [lipoic acid] ［同］チオクト酸（6,8-thioctic acid）．C$_8$H$_{14}$O$_2$S$_2$ 分子量206.33．微生物の発育因子（プロトゲンまたは酢酸代用因子）として発見された（L. J. Reed, I. C. Gunsalus）．この酸化体であるスルホキシドはβ-リポ酸といい，これに対してリポ酸をα-リポ酸ともいう．容易に還元されてジヒドロリポ酸となる（$E°'=-0.29$ V，pH=7.0）．ピルビン酸，ケトグルタル酸の酸化的脱カルボキシル反応の場合の*補酵素となる．この場合リポ酸は*ビオチンの補酵素型のように，アセチル基転移酵素とそのリジンのε-アミノ基とアミド結合をしていて，ヒドロキシエチルチアミン二リン酸からアセチル基を受け取り，S-アセチルジヒドロリポ酸体となってアセチル基を CoA に渡す役割を果たす．このようにリポ酸は生体内ではほとんど結合型で存在しており，その生理作用はビタミン B 群の一つに相当するが，動物は腸内細菌が合成したものを利用するので，動物の欠乏症は知られていない．しかし，リポ酸を補欠分子（⇒補酵素）とするアポ酵素蛋白質の欠損によって，脳・神経および運動障害を主症状とする高乳酸・高ビリルビン酸血症や高グリシン血症などの先天性代謝異常が引き起こされる．

e **リボース** [ribose] アルドペントースの一種．RNA の糖成分として，また ATP，CoA，NAD，FAD など各種*ヌクレオチドや*補酵素の糖成分として，広く生体に見出される．ペントースリン酸回路によって，リボースリン酸の形でグルコースからつくられる．（⇒デオキシリボース）

f **リボスイッチ** [riboswitch] RNA の分子内に存在し，代謝物などの低分子化合物と結合するシス配列，ならびに，その結合を介して RNA 機能のオン・オフを調節する仕組み．原核生物で多く見出され，アミノ酸，補因子，メチル基供与体（*S-アデノシルメチオニン），核酸，金属イオンなどを標的とし，その代謝調節や取込みを制御する．標的物質との結合により，上流のリボス

イッチとしてのRNAが構造変化を起こし，下流に転写終結部位（ターミネーター）を形成することで転写を抑制する例や，あるいは，翻訳に必要なシャイン-ダルガーノ配列（Shine-Dalgarno 配列，SD 配列）を露出あるいは逆に覆い隠すことで，翻訳を調節するなどのさまざまな例が知られる．

a **リボース-5-リン酸** [ribose 5-phosphate] リボヌクレオチドの構成成分．ペントースリン酸回路の中間産物としてリブロース-5-リン酸から生じるが，ATPからのピロリン酸基転移によりリボース-1-リン酸-5-ピロリン酸を生成し，*ヌクレオチド合成の出発点となる．

b **リボースリン酸異性化酵素** [ribosephosphate isomerase] 《同》ホスホペントイソメラーゼ（phosphopento isomerase），ホスホペントースイソメラーゼ（phosphopentose isomerase）．酵母，動物組織，植物などに存在し，Mg^{2+}を必要とし，D-*リボース-5-リン酸⇌D-リブロース-5-リン酸の反応を触媒する酵素．EC5.3.1.6. *ペントースリン酸回路や*還元的ペントースリン酸回路に関与するとともに，グルコースからリボース生成の経路にも含まれる．

c **リボソーム** [ribosome] 遺伝情報の*翻訳，すなわち*蛋白質生合成の場となる細胞内構造体．数種類の*リボソームRNA（rRNA）と多数の*リボソーム蛋白質の複合体．細胞質内に散在する遊離型と膜結合型がある．このほか，ミトコンドリアおよび葉緑体には，細胞質のものとは異なる固有のリボソームが見出される．光学顕微鏡による観察から，かつてはパラディ粒子（Palade granule）と呼ばれた．原核生物の沈降係数70Sを示すリボソーム基本粒子（モノマー）は，50Sサブユニット，30Sサブユニットからなり，真核生物の80Sモノマーは，60Sおよび40Sサブユニットからなる．原核生物の50Sサブユニットは，2種類のRNA（23S rRNAと5S rRNA）と36種類のL蛋白質，30Sサブユニットは，16S rRNAと22種類のS蛋白質で形成されている．tRNAの結合部位はリボソーム1個について*アミノアシル tRNAの結合するA部位（AサイトA site），ペプチジル tRNAの結合するP部位（PサイトP site）とがある．mRNAに多数のリボソーム・モノマーが一定間隔で結合し，同時に蛋白質生合成が進行していることが多い．この機能的構造体を，*ポリソームと呼ぶ（⇒蛋白質生合成）．抗生物質のいくつかは細菌のリボソームを特異的に阻害する働きをもつ．

d **リポソーム** [liposome] リン脂質を緩衝液に懸濁し，その*相転移温度以上に放置するときに形成される，二重膜からなる閉鎖小胞．*人工膜の一種．機械的な振動を与えて作製すると，直径は$0.1 \sim 1 \mu m$と不均一で，多重の同心円状の小胞ができる．これを多重層リポソーム，マルチラメラリポソーム（multilamellar liposome）と呼ぶ．さらに超音波処理を行うと直径$20 \sim 50 nm$の比較的サイズの均一な1枚の脂質二重層からなるリポソームができる．これを一枚膜リポソーム（single compartment liposome）またはユニラメラリポソーム（unilamellar liposome）と呼ぶ．これは直径を25 nmとすると膜の厚さが4 nmにもなるので，表層対裏層のリン脂質のモル比は，同じ密度とした場合に約2:1となる．より大きい一枚膜リポソームの調製は，リン脂質を有機溶媒（エーテルなど）に溶解し，それに緩衝液を加え，水流ポンプで有機溶媒を除いて得られる．直径は$200 \sim 500 nm$程度．リポソームにはコレステロールや糖脂質，アシルグリセロールなどを加えたり，さらに膜蛋白質を組み込ませることも可能であり，生体膜の構造や機能の研究に用いられる．このほか脂質分子の運動，*相転移，*相分離などが研究されている．リポソームは内部に水を含んだ閉鎖小胞であるため，水溶性のイオンや低分子物質，蛋白質などを小胞内に保持させることが可能であり，例えばアドリアマイシンなどの抗がん剤をリポソーム中に封入し，特定の患部だけに薬剤を運ぶキャリアーとしても用いられている．また，このようなリポソームは，それを細胞膜と融合させることによって，細胞膜を通過できない高分子物質やプラスミドなどの細胞内導入を行うのに役立つ．

e **リボソームRNA** [ribosomal RNA] rRNAと略記．リボソームを構成するRNA．細胞の全RNA量の約80％を占める．真核細胞のリボソーム60Sサブユニットは3種類のRNA，すなわち28S（分子量1.6×10^6），5.8Sおよび5S RNA（分子量4×10^4，約120ヌクレオチド）を各1分子含む．これに対し40Sサブユニットは18S RNA（分子量0.7×10^6）1分子だけを含む．原核細胞では50Sサブユニットが23S（分子量1.2×10^6）と5S RNA（分子量4×10^4），30Sサブユニットは16S RNA（分子量0.6×10^6）を各1分子含んでいる．原核生物の16S RNAの3'末端はmRNAの翻訳開始領域にある配列（シャイン-ダルガーノ配列）と相補性があり，翻訳開始反応に関与している．

f **リボソームRNA遺伝子** [ribosomal RNA gene] rDNAと略記．《同》rRNA遺伝子，リボソームRNA反復遺伝子，リボソームDNA．*リボソームを構成するRNAをコードする遺伝子．*リボソームを構成するRNAをコードする遺伝子．細胞中の全RNAの半分以上を占める最多のRNA分子である．そのため真核細胞では，リボソームRNA遺伝子は100コピー以上が連なる巨大反復遺伝子群として染色体上に存在する．ヒトの細胞では13，14，15，21，22番染色体の短腕の大部分を占める．静止期の核においてリボソームRNA遺伝子の周りに*核小体ができることから，核小体形成部位とも呼ばれる．出芽酵母ではリピート間で相同組換えが積極的に誘導され配列の均一化およびコピー数の維持がなされている．またその高い組換え頻度からテロメア同様，細胞老化との関係が指摘されている．その配列は生物系統間の保存性が高く系統解析にも用いられる．

g **リボソームサイクル** [ribosome cycle] 遺伝情報の*翻訳，すなわち*蛋白質生合成過程におけるリボソームの機能サイクル．解離状態のリボソームサブユニット（大サブユニットと小サブユニット）から出発し，*翻訳開始因子によってmRNAと*開始tRNAが結合して，リボソーム開始複合体が形成される．*ポリペプチド鎖延長因子の作用でアミノ酸が重合され，やがて終止コドンにおいて*ポリペプチド鎖解離因子の作用によって蛋白質生合成が終結する．完成ポリペプチドとmRNAが遊離し，リボソームは再びサブユニットに解離する．（⇒蛋白質生合成）

h **リボソーム蛋白質** [ribosomal protein] リボソームを構成する蛋白質．真核細胞では約70種，原核生物では55種が知られる．大腸菌リボソームの30Sサブユニットには$S1 \sim S22$の22種，50Sサブユニットには

L1～L36の36種の蛋白質が含まれる．分子量は約1万～3万．S6，L7，L12を除きすべて塩基性蛋白質．L7とL12は四量体を形成する同一蛋白質であるが，L7はL12のN末端がアセチル化されたものである．大腸菌リボソーム蛋白質のすべてについて，一次構造が決定されている．主な蛋白質の機能は次のとおり．S1: mRNAに結合し，その構造を変えて翻訳効率を上げる．QβファージのRNAレプリカーゼのサブユニットⅠと同一．S4: *ram* (ribosomal ambiguity)遺伝子の生産物．S5: *spc* (spectinomycin 耐性)遺伝子の生産物．S12: *str* (streptomycin 耐性)遺伝子の生産物．L7, L12: *ポリペプチド鎖延長因子 Tu および G と相互作用．開始因子・終止因子とも相互作用する．L11: ペプチジル転移酵素．

a **リボタイピング法** [ribotyping] 原核生物の染色体DNA上に存在するリボソームRNA遺伝子の領域 (rRNA オペロン)の多型性を利用して菌を識別する方法．rRNA オペロンの数およびオペロンを構成する16S rRNA 遺伝子と23S rRNA 遺伝子間に含まれるスペーサー領域の長さ・塩基配列は菌種，菌株により異なるので，この差異を利用して菌を識別する．実際には，抽出した染色体DNAを特定の制限酵素で切断し，電気泳動で分離する．それをメンブレンへブロッティング(転写)した後，rRNA 遺伝子断片の特異的プローブによる*ハイブリダイゼーションを行い，その交雑形成シグナルのパターンを検出する．菌種・菌株間の類縁性を評価し，菌株レベルの同一性を判定することが可能．

b **リポ多糖** [lipopolysaccharide] LPSと略記．一般には共有結合で結ばれた脂質と多糖の複合体で，特に主としてグラム陰性菌の外膜成分として存在する．*エンドトキシンの本体．腸内細菌科の細菌のリポ多糖について古くから研究されてきた．最もよく研究されているサルモネラ菌のリポ多糖は，*細菌外膜中でリポ多糖のアンカーの役をする*リピドAに N-アセチルグルコサミン，ガラクトース，グルコース，L-グリセロ-D-マンノヘプトース，2-ケト-3-デオキシオクトン酸，エタノールアミン，リン酸を構成成分とするコア(core)部分が結合し，そこからさらに多糖鎖が延びている．この多糖鎖は多くのサルモネラ菌ではマンノース，ラムノース，ガラクトースの主鎖にグルコースと，3,6-ジデオキシヘキソース(3,6-dideoxyhexose)の側鎖からなる繰返し構造をとり，O抗原多糖(O特異糖鎖)と呼ばれる．リポ多糖の基本構造には，O抗原多糖を除いて菌種間で共通性がみられるが，分類学的に遠縁の菌間では大きな違いがある．リポ多糖の生合成は少なくとも二つの遺伝子群(*rfa*, *rfb*)の支配のもとに，リピドAが基盤となって，コア，O抗原多糖が順次独立に細胞膜上で結合する．リポ多糖はさまざまな生物活性を示すため内毒素(エンドトキシン)とも呼ばれ，病原細菌のリポ多糖は，宿主の免疫系により感染のシグナルとして認識される．

c **リポ蛋白質** [lipoprotein, lipoproteid] 脂質と蛋白質の複合体の総称．生体膜などに存在する不溶性のもの(構造リポ蛋白質)と，血漿や卵黄などに存在する水溶性リポ蛋白質とに大別し，狭義には後者を指すことが多い．比重の低いものから順に*キロミクロン，超低密度リポ蛋白質(very low density lipoprotein, VLDL)，*低密度リポ蛋白質(LDL)，*高密度リポ蛋白質(HDL)，超高密度リポ蛋白質(very high density lipoprotein, VHDL)に分類されている．その組成はリポ蛋白質によって異なるが，蛋白質を15～50％含み，脂質としてはグリセリド(アシルグリセロール)，コレステロール，コレステロールエステル，リン脂質などを含んでいる．血清リポ蛋白質は水に不溶の脂質の運搬などに重要な役割を果たしている．キロミクロンとVLDLはトリグリセリド，LDLはコレステロール，HDLはリン脂質が比較的多く，VLDLとLDLの増加は動脈硬化を促進するがHDLは組織からコレステロールを動員して代謝するので，その増加は動脈硬化を予防すると考えられている．

d **リボチミジン** [ribothymidine] 《同》5-メチルウリジン(5-methyluridine)．メチル化ヌクレオシドの一つ．rTと略記することが多い．RNA中に存在することが明らかな時には単にTとすることも多い．微量成分としてtRNAのTΨC領域(→クローバー葉モデル)に存在する．(→メチル化塩基，→チミジン)

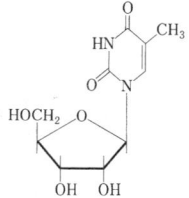

e **リポトロピン** [lipotropin] LPHと略記．《同》脂質動員ホルモン，脂肪動員ホルモン，リポトロフィン(lipotrophin)．下垂体前葉に含まれるホルモン様蛋白質．哺乳類では脳にも存在する．脂肪細胞に作用し，脂肪の分解活性を高めるほか，ステロイドの産生，メラニン色素の産生などに関与する．LPHの分泌は*副腎皮質刺激ホルモン(ACTH)と共通の機構により制御されている．哺乳類には91個のアミノ酸残基からなるβ-LPHとそのN末端側に58個のアミノ酸残基をもつγ-LPHがある．LPHのプロホルモンはACTHと共通のプロオピオメラノコルチン(POMC)でそのC末端側にβ-LPHの配列が位置している．β-LPHの配列中にはγ-LPHとβ-エンドルフィンが含まれている．γ-LPHはさらにβ-MSHの配列をもつ．なお，これは昆虫類の*脂質動員ホルモンとはまったく別種の物質．(→プロホルモン)

f **リボヌクレアーゼ** [ribonuclease] RNアーゼ(RNase)と略記．《同》RNA分解酵素．RNAに作用してヌクレオチド間のリン酸エステル結合を切断する酵素．リボヌクレアーゼにはポリヌクレオチド鎖の5′末端あるいは3′末端からモノヌクレオチドを遊離する*エキソヌクレアーゼと，RNAを内部から切断してオリゴヌクレオチドを生ずる*エンドヌクレアーゼとがある．基質に対する特異性は多様である．動植物・微生物に広く分布しており，1細胞内に数種のリボヌクレアーゼが存在して複雑な生理活性に関与する．*リボヌクレアーゼT₁，リボヌクレアーゼT₂，リボヌクレアーゼU₂，リボヌクレアーゼA(*膵リボヌクレアーゼ)，*リボヌクレアーゼH，*リボヌクレアーゼP，*リボヌクレアーゼⅢ，さらにインターフェロンによって誘導される抗ウイルス因子2-5Aが活性を与えるエンドヌクレアーゼであるリボヌクレアーゼL(ribonuclease L, RNase L)など多種類の酵素が知られている．

g **リボヌクレアーゼH** [ribonuclease H] RNアーゼH(RNase H)と略記．DNA-RNAハイブリッドのRNA鎖を特異的に切断する酵素．5′末端にリン酸基，3′末端に水酸基をもつオリゴマーを生じる*エンドヌクレアーゼで，活性の発現にはMg^{2+}，Mn^{2+}などの2価

の金属イオンを要求.塩基特異性はない.W. H. Stein と P. Hausen (1969) により子ウシ胸腺から初めて単離された.種々のウイルス,ファージ,原核細胞,真核細胞に広く存在.レトロウイルスの RN アーゼ H は,*逆転写酵素(RNA 依存性 DNA ポリメラーゼ)の一領域(ドメイン)として組み込まれ機能している.RN アーゼ H は 2 タイプ(H I および H II)に大別される.大腸菌の RN アーゼ H I は ColE1 プラスミドの複製開始点(ori)に RNA*プライマーを配置させる役割をもつ.ウイルス RN アーゼ H は,逆転写酵素によって一本鎖 RNA ゲノムから RNA-DNA ハイブリッド鎖が合成されたのちに鋳型となった RNA 鎖を分解し,二本鎖 DNA 合成のための RNA プライマーの形成を行う.

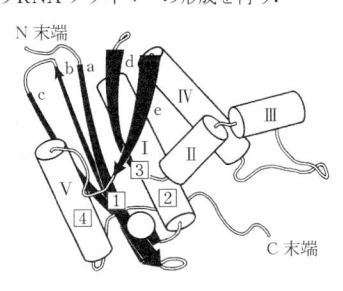

大腸菌 RN アーゼ H I の三次構造.円筒 I〜IV は α ヘリックス,黒矢 a〜e は β 鎖,白丸は Mg^{2+},数字は触媒活性に関与するアミノ酸残基 (1: Asp10, 2: Glu48, 3: Asp70, 4: Asp134). 金谷茂則(1994)による

a **リボヌクレアーゼ III** [ribonuclease III] RN アーゼ III (RNase III) と略記.二本鎖 RNA を特異的に切断する*エンドヌクレアーゼ.大腸菌で発見された.他の生物でも同様な活性をもつリボヌクレアーゼが存在する.RN アーゼ III 活性をもつ Dicer は二本鎖 RNA を 21〜22 塩基対に切断する.生じた二本鎖 RNA は small interfering RNA (siRNA) と呼ばれ,*RNA 干渉による配列特異的な mRNA の分解を誘導する.

b **リボヌクレアーゼ T_1** [ribonuclease T_1] RN アーゼ T_1 (RNase T_1) と略記.グアニン特異性をもつ*リボヌクレアーゼ.EC3.1.27.3. 江上不二夫らが Aspergillus oryzae のタカジアスターゼから分離精製.RNA 中の 3′-グアニル酸残基とヌクレオチドの間のリン酸ジエステル結合を可逆的に切断し,2′, 3′-cGMP と 2′, 3′-cGMP を末端にもつオリゴヌクレオチドを中間的に形成し,ついでこれを非可逆的に水解して 3′-GMP と 3′-GMP を末端にもつオリゴヌクレオチドを生ずる.RNA 分解の最適 pH は 7.5, 2′, 3′-cGMP の水解の最適 pH は 7.2. RNA の一次構造決定や RNA-RNA, RNA-蛋白質の相互作用の解析などに用いられる.

c **リボヌクレアーゼ P** [ribonuclease P] RN アーゼ P (RNase P) と略記.RNA のリン酸エステル結合を 5′ 末端にリン酸基を残すように切断する*エンドヌクレアーゼの一つ.tRNA が前駆体を経て生合成される際に,その中に含まれる tRNA 配列の 5′ 末端の部位で前駆体分子を切断するヌクレアーゼで,すべての tRNA の生成に関与している.リボヌクレアーゼ P は RNA-蛋白質複合体で,活性は RNA 部分が担う RNA 酵素(*リボザイム)である.

d **リボヌクレオシド** [ribonucleoside] ⇌ヌクレオシド

e **リボヌクレオチド** [ribonucleotide] ⇌ヌクレオチド

f **リポビテリン** [lipovitellin] Lvt と略記.ビテロジェニンの限定分解により生成する蛋白質.ニワトリ Lvt の主な産物は,リポビテリン重鎖(LvH:1096 残基),ホスビチン(Pv:217 残基),リポビテリン軽鎖(LvL:238 残基)で,これらの三本鎖が互いに強く会合する.多量の肝臓由来の脂質(約 20%)を含み,リン酸,糖,金属イオンを結合する.卵や胚の生育に不可欠な必須アミノ酸の栄養源とエネルギー源を貯蔵・供給する.

g **リボフラビン** [riboflavin] 《同》ビタミン B_2. ビタミン B 群中の耐熱性成長促進因子,すなわちビタミン B_2 の作用をもつ水溶性ビタミン.ラクトフラビン,オボフラビン,ビタミン G とも呼ばれた.溶液は 260, 375, 450 nm に吸収帯をもち,黄緑色の蛍光を発する.ヒドロ亜硫酸などで還元すると,アロキサジン核の窒素が 2 原子の水素を受け取って無色のロイコフラビンになり,空気中では自動酸化されて水素を放出する.光に対して不安定.酸化還元電位 $E^{\circ\prime}=-0.185\,V$ (pH=7). アルカリ性で光を照射するとリビチル側鎖が切れてルミフラビンが生成する.ルミフラビンは強い蛍光を示すため,この反応はルミフラビンの定量に応用される.また酸性あるいは中性ではルミクロムに光分解する.網膜・乳汁・皮膚・尿中には遊離の形で含まれるほか,*フラビン酵素の*補酵素である*フラビンモノヌクレオチド(FMN),また*フラビンアデニンジヌクレオチド(FAD)の成分として,生細胞中に広く見出され,生体反応を触媒する.動物はリボフラビンをビタミンとして摂取する必要があるが,緑色植物や多くの微生物(Streptococcus, Lactobacillus 類は要求する)はこれを合成する能力をもつ.リボフラビン(ビタミン B_2)は食品としては肝臓・牛乳・肉類・酵母・卵などに FMN または FAD として多く含まれる.B_2 欠乏によって一般に動物の成長は停止し,粘膜ことに口唇部の炎症・咽喉炎・脱毛・白内障などを起こす.ヒトの欠乏症状としては特有な皮膚粘膜移行部の炎症で,口唇炎・舌炎・結膜炎・肛陰部の皮膚炎などである.腸内細菌やウシの第一胃の細菌によって合成され,ある程度利用される.B_2 はエネルギー代謝に関与するので推定平均必要量は 0.50 mg/1000 kcal となる(厚生労働省 2010 年).大量に与えても排出されるので,過剰症はない.

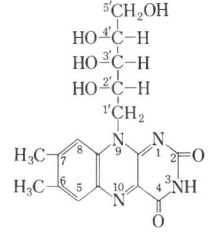

h **リポペプチド系抗生物質** [lipopeptide antibiotics] コア構造として環状ペプチド(cyclopeptide, cyclic peptide)を有し,さらにそれがアシル化された構造をもつ抗生物質の総称.放線菌によって生産される抗生物質として,ダプトマイシンやラモプラニンが知られる.ダプトマイシンは,細菌の細胞膜に結合することで*脱分極を速やかに引き起こし,細胞膜機能が傷害され抗菌力を発揮する.一方,リポペプチド部分がさらに糖化された構造を有し,リポグリコペプチド系抗生物質とも呼ばれる.ラモプラニンは,ペプチドグリカンの重合酵素であるトランスグリコシダーゼ(transglycosidase)を阻害し，細胞壁合成の進行を抑制することで抗菌力を示す．トランスグリコシダーゼ阻害剤には*グリコペプチド系抗生物質であるバンコマイシンがあるが，酵素基質に結合するため標的とする部位が異なる．

ダプトマイシン

ラモプラニン

a **リミットサイクル** [limit cycle] 《同》極限閉軌道．システムの時間変化を記述する微分方程式モデルにおいて，状態空間内の閉軌道 r の近傍の少なくとも1点から出発した軌道が時間変数 $t \to +\infty$ で r に漸近するとき，r をリミットサイクルという．また，近傍の全ての点に対して，その軌道が r に漸近するとき，r は安定なリミットサイクルであるという．閉軌道（周期軌道）とは，微分方程式の解曲線のうち，その上に平衡点をもたず単一閉曲線をなすものをいう．生態学における被食者-捕食者相互作用に基づく個体数変動，心臓の拍動，サーカディアンリズム（⇌概日リズム）や体節形成過程における遺伝子発現レベルのダイナミックスなどで観察される周期的挙動の背後には，リミットサイクルという共通したメカニズムが存在している．数学的には，リミットサイクルは微分方程式系におけるホップ分岐 (Hopf bifurcation) によって生じる．分岐とは微分方程式の解の定性的ふるまいが，式内に含まれるパラメータ値の変化と共に変わることをいう．ホップ分岐の場合，平衡点（時間的に変動しない状態）がリミットサイクル（周期的に変化する状態）に変化する．

b **リモートセンシング** [remote sensing] 《同》隔測，遠隔探査．直接手を触れないで離れたところから物体を識別し，その状態を調べる操作および技術．すべての物体は電磁波に対し固有の反射特性をもつことから，物体から反射される電磁波の強さを数種の波長帯に分けて測定し，その物体が何であるか，またその状態を判定する．アメリカのランドサット地球観測衛星の打ち上げ (1972) 以来，人工衛星によるこの技術の利用が主流となっているが，用途に応じ航空機や気球などが用いられることもある．また，地上で撮影された写真記録の解析技術もこれに含めることもある．リモートセンシングの手段としては，自然界に存在する電磁波（例えば物体から反射してくる太陽光）を利用する受動型センサー（光学センサー）を用いる場合と，衛星などに搭載した能動型センサー（例えば合成開口レーダー）から発したマイクロ波を再びとらえて地上物体の状況を測定する場合があげられる．また，対象とする地域の広さに応じてセンサーの地上分解能も使い分けられる．生物学的利用の例としては，現存植生図や植物分布図の作成，病害虫や気候不順などによる植生への被害状況，植物の活力度判定，農作物の収量測定，海洋プランクトンなどの生物量推定があげられる．

c **硫気孔植物荒原** [solfatara] 火山あるいは温泉地付近の硫気孔の周囲に発達する疎生の植物群系．一種の荒原とされる．疎生の原因は含硫ガスよりは粘土質の土壌にある．酸性が著しく（極端な場合には pH1.0〜3.0），アルミニウムが可溶性になって害を示す．したがってアルミニウムや酸性土壌に強い植物だけが生える．日本ではヤシャブシ，ハナヒリノキ，リョウブ，ドクウツギ，イタドリ，ススキなどが多い．これらの植物には菌根あるいは根粒をもつものや，体の中にアルミニウムをかなり多量に含むものが多い．この群系では木本植物も低木程度の生育を示すにすぎない．

d **隆起成長** [enation] 葉などの植物体の器官から外的に突起を生ずる現象．葉では特に，*背腹性の決定に異常をきたした場合，異所的な背腹軸の境界に沿って葉身状の構造が形成されることがある．

e **竜型類** [ラ Sauromorpha] 脊椎動物の両生類を除く四肢類で，通説とは異なった体系で三分するときの一綱で，鱗竜類・主竜類（⇒爬虫類）と鳥類をあわせた一群．慣用的に用いられる．*爬型類・*獣型類に対置される．F. Huene (1948) が提唱．爬虫類のみを三大別するときの一亜綱名に転用されることも．

f **竜骨** [keel ラ carina] 《同》胸峰．大部分の鳥類において，胸筋の著しい発達と関連して見られる，*胸骨の腹面正中線にそった隆起．哺乳類の翼手類でも類似の隆起が見られる．

g **流産** [abortion] 胎児がまだ生活能力をもたない時期に何らかの理由で妊娠が中絶すること．特に外的な要因によらず胎児または母体の病的原因による流産は自然流産と呼ばれ，感染症，遺伝子や染色体の異常などによる場合が多い．ヒトの場合，妊娠12週未満のものを早期流産，12週以降22週未満のものを後期流産という．医学的には，22週以降の場合には死産と呼ぶが，法的には後期流産も死産に含める．正常の40週以前を早産 (partus praematurus) という．

h **硫酸塩還元菌** [sulfate-reducing microbes] 無酸素条件下で硫酸塩を末端電子受容体として還元し，特定の有機物や分子状水素を酸化してエネルギーを得る偏性嫌気性菌の総称．硫酸還元により最終産物として硫化水素を生成する．*プロテオバクテリア門デルタプロテオバクテリア綱に *Desulfobacter*, *Desulfovibrio*, *Desulfuromonas* などの多くの硫酸還元細菌が知られているほか，*ファーミキューテス門，テルモデスルフォバクテリア門 (Thermodesulfobacteria)，ニトロスピラ門

(Nitrospira)の細菌にもみられる．*アーキアドメインの硫酸還元菌としては好熱性の Archaeoglobus が挙げられる．エネルギー源および炭素源として乳酸・リンゴ酸・ピルビン酸などの有機酸がよく利用されるが，炭水化物はあまり利用されない．また分子状水素と硫酸塩との間の電子伝達でエネルギーを獲得し，それを利用して有機物を同化する化学無機従属栄養生物としての生育も可能な菌種が存在する．有機物や分子状水素が電子供与体として働く電子伝達には，各脱水素酵素やヒドロゲナーゼのほかに，フェレドキシン・シトクロム・メナキノンなどが中間伝達体となる．水界の底層，水田，土壌，油田，沿岸の熱水噴出孔などに生息する．土壌中に硫酸塩があると（例えば硫安施肥土壌），この菌群により硫化水素が発生し，作物の生育に有害な場合があり，鉄材の腐朽を起こすことがある．水界底質で発生した硫化水素が鉄と反応して黒色沈殿を生じることもある．

a **硫脂質** [sulfolipid] 《同》スルホリピド．分子中に硫黄（硫酸基またはスルホン酸基）を含む酸性脂質の総称．天然には硫酸エステル型のスルファチド(sulfatide)とスルホン酸型のスルホノリピド(sulfonolipid)が知られる．硫脂質のほとんどは糖に結合しているので硫糖脂質(sulfoglycolipid)とも呼ばれ，グリセロ硫糖脂質とスフィンゴ硫糖脂質に大別される．グリセロ型のものとしては，植物や藻類の葉緑体，ウニ配偶子に存在するスルホノ基をもつスルホキノボシルジアシルグリセロール(sulfoquinovosyl diacylglycerol)，哺乳類精巣や脊椎動物神経系に含まれるセミノリピド(seminolipid)があり，スフィンゴ型のものとしては，脊椎動物に存在する*スフィンゴ糖脂質に硫酸エステルが結合したスルファチド群（代表例：ガラクトセレブロシド-3-硫酸）がある．

b **粒子説** [particulate theory, corpuscular theory, micromerism] 生物学において，生命現象の基礎に単位的な微粒子を仮定し，特に形質が遺伝する要因を粒子状の仮想的実体に還元しようとする立場をとる諸説の総称．19世紀後半には，C. Darwin の*パンゲネシス説におけるジェミュール，A. Weismann の*生殖質説におけるビオフォア，H. de Vries の*細胞内パンゲン説におけるパンゲンなどの粒子的単位が提唱された．遺伝子説もこれに含める場合がある．なおそれらと多かれ少なかれ関連した粒子的なものとしては，細胞と分子との間にあたる E. H. Haeckel の*プラスティドゥーレまたはプラスマ分子（独 Plasma-Molekül），C. W. von Nägeli のミセル説におけるミセル，M. Verworn の仮定した*ビオゲンなどがある．なお，生命のもとになる胚種(germ)が全世界にひろがっており，それが物質を組成して生物になるという生気論的生命観を唱える立場があった．それを胚種説(germ theory)と呼び，C. Bonnet に代表される．

c **流動複屈折** [double refraction of flow, streaming birefringence] 構造複屈折（形態複屈折）の一つ．コロイド粒子や高分子が棒状または板状である場合，これらの溶液が流動するとき，粒子（分子）の長軸が流れの方向に向いて統計的に平行に並び，そのために粒子（分子）自体が光学的異方性をもたなくても生じる複屈折．この現象を利用して粒子（分子）の大きさおよびその分布を知ることができる．J. T. Edsall (1930) が測定装置を開発して以来，特に筋肉の*アクトミオシンや結合組織の*コラーゲンなどが流動複屈折法で研究されている．

d **流動平衡** *動的平衡に同じ．L. von Bertalanffy の造語．彼は生体が開放系として流動平衡の状態にあること，および生体にないような現象は階層的順位（独 hierarchische Ordnung）の構成を示し，生体的現象がかならずしも部分的現象に還元されないことをもって，生命現象の特質とした．（↪有機体論）

e **流動モザイクモデル** [fluid mosaic model] *生体膜の構造はリン脂質の二重膜内に蛋白質分子がモザイク状に組み込まれ，流動性をもって分布しているというモデル．生体膜構造についての基本的考えの一つで，S. J. Singer と G. L. Nicolson (1972) が提出．*リン脂質の分子が極性をもち，親水性の大きな部分は外側に，疎水性の非極性部分（脂肪酸の直鎖）は内側に配列されて二重膜をつくる．一方，膜上に存在する蛋白質分子のうち親水性の大きな部分はリン脂質膜の外側に，疎水性の部分は脂質層の内部に配列すると考えている．このモデルでは蛋白質分子の回転・膜面上の並進・浮沈などの運動が可能になり，そうした分子運動が種々の方法で確認されている．

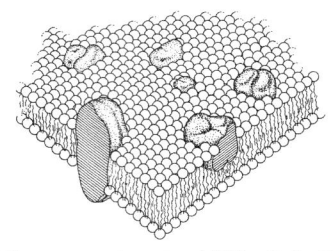

流動モザイクモデルによる生体膜の表面と断面の模式図 (S. J. Singer と G. L. Nicolson, 1972)．白球はリン脂質の極性部分（親水部分），波形の線はリン脂質の非極性部分（疎水部分）を示す．

f **リューベル** RÜBEL, Edward 1876～1960 スイスの植物生態学者，生態地理学者．チューリヒーモンペリエ学派の一人で，恒音度に関する研究は有名．植物と環境との関係を地球上における分布・立地および時間的変化から理解しようとする地球植物学を提唱．[主著] Pflanzengesellschaften der Erde, 1930.

g **両賭け戦略** [bet-hedging strategy] 《同》ベットヘッジング．確率的に複数の表現型を作り出す戦略のこと．時間的空間的に変動する環境においては，単一の遺伝子型が複数の表現型を確率的に作り出すことが自然淘汰で有利になり進化する．それは危険を分散することによって，適応度の相乗平均が改善されるからである．例えば砂漠の一年生草本では，ある年に作られた種子が土壌中で強く休眠し，好適な環境が与えられても全部は発芽せず，複数年にわたって少しずつ発芽する．発芽時点においてその年の降水量が不確定ならば，ある年に全部が発芽すると天候不順で全滅する可能性がある．上記の種子休眠パターンは，この危険を避けるために進化した両賭け戦略と考えられる．繁殖成功が大きく変動するときに，多年生植物が何年にもわたって繁殖するのも同様の効果がある．

h **両眼視** [binocular vision] 《同》双眼視．両眼を同時に用いて得る視知覚のこと．二つの異なった網膜像が与えられるにもかかわらず，両眼からの情報は統合されて，視覚世界は一つに知覚される．この現象を両眼単一

視という．両眼視では，単眼のみでみる場合(単眼視)に比べて視野が広がり，また，同じ対象を両眼でみることでさまざまな視覚タスクを高い精度で行うことができる．例えば，(1)左右の両眼視差を手がかりにして奥行きを知覚できる(両眼立体視)，(2)単眼の場合より空間解像度が上昇し，対象を検出，弁別する感度が上がる(両眼加重)，(3)両眼視線の輻輳角を手がかりにして対象の奥行き距離を判別できる．多くの動物が二つの眼を有するが，両眼視のこのような機能は，霊長類など眼が前方に位置し，広い両眼性視野をもつ動物で特に発達している．なお両眼視特有の混色，対比，輝きなどの知覚効果も知られている．

a **両眼視差** [binocular disparity] 両眼を用いて対象を見るとき，左右の眼での投影画像がわずかに異なるために，二つの画像を両眼の注視点で重ね合わせた時に生じる，画像中の物体の対応する場所間の位置ずれ．この位置ずれは近似的に対象と注視点との奥行きの差に比例する．両眼視差から，視覚系は物体の奥行きや三次元形状を再構成し知覚することができる．注視点より遠い場所と近い場所の像の間の位置ずれは方向が逆になるため，これらの両眼視差は正負の符号が異なる．また，両眼は一般に水平に並んで位置するため，両眼視差の分布は水平方向に大きな分散をもつ．*一次視覚野の多くの神経細胞は両眼視差に選択性をもち，両眼視差による立体視のための情報処理の起点となっている．

b **両眼視野闘争** [binocular rivalry] 両眼にそれぞれ異なる像を見せることのできるハプロスコープなどを通して左右の眼に全く異なった像が投影されたとき，それらが継時的に入れ替わって知覚される現象のこと．像が入れ替わるタイミングは不規則であるが，それぞれの像が知覚される平均期間は，二つの刺激間のコントラストの差異などに依存し，高コントラストの刺激のほうが長い期間知覚される．二つの刺激のサイズが小さい場合は，像全体が同時に入れ替わりながら知覚されるが，大きい場合は，像のある場所では一方の眼の像が，別の場所ではもう一方の眼の像が知覚され，それぞれの場所で知覚の交替が起こる．両眼視野闘争の神経基盤として，視覚経路の初期段階における左眼入力と右眼入力の間の相互作用と，大脳皮質高次領野における二つの像の表象間の相互作用の両方が考えられている．いずれがより強く関与するかは，刺激の時空間特性に依存する．

c **両極分布** [bipolar distribution] 主に温帯植物において，種または属を同じくする群が，熱帯をへだててそれぞれ北極圏および南極圏を中心として分布する様式．種としてガンコウランやカヤツリグサの一種 *Carex magellanica*(北極圏と南アメリカ南部)，属としてコゴメグサ属などがこの例．

d **利用係数** [economic coefficient] 《同》ペッファー係数(Pfeffer coefficient)，増殖収率(growth yield)，菌体生産効率．培養液中で生育した微生物の乾燥重量と，その生育に際して培養液中から消失した炭素源の重量との比．総生産に対する純生産の割合．無機化効率が大きい場合に 0.3 前後．0.5 前後が細菌の平均的な値．(→利用効果)

e **利用効果** [economic effect] 微生物の培養に際して*利用係数を発育に要した時間で除した商．

f **両向的** [*adj.* amphipetal, bidirectional] ある現象が同時に*求頂的および求基的に，または*求心的およ

び遠心的に行われる場合をいう．例えば中軸胎座(→胎座)をもつ植物の一部では各胚珠の完成はまず中央に始まり，それから上下に向かって両向的に行われる．

g **量子収量**(光合成の) [quantum yield of photosynthesis] 《同》量子収率．吸収された 1 個の光量子によって引き起こされる反応の回数または反応産物の個数．光合成においては，電荷分離の回数や発生する酵素(吸収される二酸化炭素)の個数について量子収量を求める場合が多い．光合成有効放射の範囲内においては，電荷分離の量子収量は 0.98 以上，酸素発生の量子収量は 0.1〜0.125 という値となる．エネルギー収量(エネルギー収率)の場合とは異なり，この値は光子 1 個当たりのエネルギーの大きい青色光でもエネルギーの小さい赤色光でも大きく変わらない．680 nm の赤色光を照射して量子収量が 0.125 の場合，光エネルギーから固定された有機物への変換のエネルギー収量は 30％強となる．量子収量とは逆に，酸素 1 分子の発生(二酸化炭素 1 分子の固定)に必要な光量子数を，酸素発生(二酸化炭素固定)の要求量子量という．

h **量子生物学** [quantum biology] 《同》分子下生物学(submolecular biology)．生体物質のふるまいやその基本的過程の機構を，電子のレベルで解明しようとする研究分野．現代生物学は，生物の営む諸生活を細胞レベルの基本的諸過程に還元し，それら諸過程を担う物質群を明らかにし，そしてそれら諸物質の相互作用・相互転化・相互変化に関する知見から，その基本的諸過程を理解しようとしている．このようにして，量子生物学的研究がしだいに発達してきた．ときには電子生物学とも呼ばれる．

i **両性イオン** [amphoteric ion, dipolar ion, zwitterion] 《同》双性イオン．分子内に正負の両電荷が分かれて存在し，双極子モーメントをもつようなイオン．アミノ酸のような両性電解質は分子内に酸および塩基の双方を含む．例えばグリシンは

$$^+H_3NCH_2COOH(I) \rightleftarrows {}^+H_3NCH_2COO^-(II)+H^+$$
$$^+H_3NCH_2COO^-(II) \rightleftarrows H_2NCH_2COO^-(III)+H^+$$

のように電離し，酸性溶液では(I)，アルカリ性溶液では(III)の形をとるが，中性溶液では事実上全部が(II)，すなわち両性イオンとして存在する．アミノ酸がペプチド結合によってつながって生じた蛋白質は分子内に多数の酸性基と塩基性基をもち，両性高分子イオンとなる．両性イオンの電荷は pH によって変化するが，全体としての電荷が 0 になる pH を*等電点という．

j **両性花** [hermaphrodite flower, bisexual flower, monoclinous flower] 被子植物の一つの花中に雌ずいおよび雄ずいを共にもつ花．*単性花と対する．*完全花(perfect flower) ということもある．被子植物では最もよくみられる．両性花には雌ずい・雄ずいの成熟時期が同じで，自家受粉のできる雌雄同熟花(homogamous flower)と，成熟期に時間のずれがあって自家受粉できない雌雄異熟花(dichogamous flower)とがある．後者は両性花でも他家授粉を促進させるための機構で，ヤナギラン属・キク科・ウメバチソウ属・ユキノシタ科・セリ科・ニガクサ属など，雄ずいの成熟が雌ずいの成熟に先行する雄ずい先熟花(protandrous flower)と，ゴマノハグサ科・オオバコ科・アブラナ科・ホソバノシナバ・イヌサフランなど雌ずいの成熟が雄ずいの成熟に先行する雌ずい先熟花(protogynous flower)とがある．雄ずい先熟花

では柱頭・胚珠の成熟時にすでに花粉が成熟して飛散してしまうか,または発芽能力を失ってしまう.

a **両性雑種** [dihybrid] 《同》二遺伝子雑種. 2対の*対立遺伝子について異なる両親の間の*雑種. いま, 二つの遺伝子座A, Bに,完全優性の対立遺伝子A, Bと完全劣性の対立遺伝子a, bがあるとする. この時AABBとaabbを両親とするF$_2$において,二つの遺伝子座が完全に*連鎖していると単性雑種と同じく3:1,まったく非相同の染色体上にあるときは9:3:3:1の分離比が得られる. 連鎖が*交叉によって不完全になると分離比が乱れる.

b **両生植物** [amphibious plant] 水中, 陸上ともに生活することができ, 同時にそれぞれの環境に適応して, はなはだしく外部形態を変える維管束植物. J. Massart(1902)が実験的にエゾノミズタデの水中・陸生の両形が同一個体から導かれることを証明. 水中で節間の膨大するオオイヌタデや, 水が深いときには浮葉だけとなるハスなどもこの例. 広義にはマツムラソウ(台湾産)のように, おそらく湿度のちがいによって全く異なる花をつけるものも含まれる.

c **両性生殖** [bisexual reproduction] 両性の配偶子の合体すなわち*受精による*有性生殖. これに対し, 一方の性だけの存在で行われる生殖を単性生殖(unisexual reproduction)と呼ぶ.

d **両性腺** [hermaphroditic gland, hermaphroditic organ] 《同》両性巣, 卵精巣(ovotestis). 1生殖巣中に卵と精子を作りうる腺. 軟体動物の巻貝類・後鰓類・有肺類の大部分, および二枚貝類の少数のものは雌雄同体であるが, その生殖巣は卵巣と精巣が独立に存在するのではなく, 大部分の種類は*雄性先熟で, 一つの生殖巣中にまず精子を生じ(雄相), 放精後には卵を生ずる(雌相). 種類によっては同一生殖巣の一部で卵を, 他の部で精子を生ずる. カキの仲間などでは*性転換をする. 卵と精子は両性管(hermaphroditic duct), 両性輸管(common genital duct)を経て, それぞれ輸卵管, 輸精管に入る.

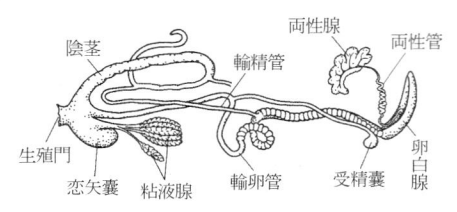

カタツムリの両性腺

e **両生類, 両棲類** [amphibians ラ Amphibia] 伝統的分類体系における脊椎動物亜門の一綱. 成体は四肢をもち, 体表は鱗・羽毛・毛に覆われず, 生きた細胞が裸出する. 頭骨は一般に扁平で, 総鰭類(→硬骨魚類)に比して前方の部分が伸長し, 後頭骨には左右1対の後頭顆がある. 二次口蓋はなく, 鼻孔は口腔へ直通し, また肋骨は胸骨と連結しない. 腰帯は総鰭類に比べて著しく発達して3個の骨となり, ごく初期の一部のものを除いて脊椎骨と関節する. 骨格の骨化は現生種で不全. 歯は一般に同形多生歯性だが, 歯を欠く類もある. 心臓は2心房1心室で, 心臓球がある. 一般に肺呼吸をする一方, 幼生は一般に水中で生活し, 少なくともその初期には鰓呼吸をする. 聴覚器官は一般には成体でも側線器官であるが, 無尾類の成体では内耳と1個の耳小骨を含む中耳とである. 排出器は幼生ではアンモニアイオンを排出する前腎, 成体では尿素を排出する中腎であり, 直腸前方の腹壁の膨出した膀胱と総排泄腔をもつ. 変温性. 卵は羊膜・尿膜を生ぜず, 中黄卵で不等全割をする. デボン紀後期に出現し古生代後期に最も栄えたが, 現生はイモリ類(有尾類)・アシナシイモリ類(無足類)・カエル類(無尾類)の3目だけ. 絶滅群は, 脊椎骨の形態を中心にして, 迷歯類と空椎類の2亜綱に分けられる. 現生約6800種.

f **量的遺伝** [quantitative inheritance] 長さ・面積・重さなど数値で量的に表される*形質の遺伝. このような形質を量的形質(quantitative character)という. 量的遺伝ははじめ*メンデルの法則に従わないと考えられていたが, 遺伝的変異量と非遺伝的変異量とが区別されるようになり, 遺伝的変異量は多くの場合, 複数の量的遺伝子座(QTL)に存在する同義遺伝子によると説明できることが示された. F. Galton(1897)はヒトの身体は「回帰の法則」に従うとしたが, これも現在では*ポリジーンの概念に基づいて説明されている. ただし, その実体はいまだ明らかではない. (→量的遺伝学)

g **量的遺伝学** [quantitative genetics] 多数の微小効果をもつ遺伝子や環境が量的形質に及ぼす影響を研究する, 集団遺伝学および育種学の一分野として発展した. 個々の遺伝子の効果を直接取り扱うことは困難なので, 統計的分析を基盤とする. 量的形質は連続的な分布を示すが, これは適当な変換を用いると正規分布に帰着させられることが多い. このときには, 平均値と分散を測定すれば分布を決めることができるので, 量的遺伝では*分散分析法が重要な役割を果たす. 量的遺伝学は, *育種を基礎に発展したが, 今日では, 同じ手法を生活史戦略や表現型の進化の研究にまで応用することが試みられている. 体長, 羽化日, 種子量など連続的な形質の進化を考えるときに, それらを支配する遺伝システムをブラックボックスにして進化のダイナミックスを理解するための基本理論として用いられる.

h **量的形質遺伝子座** [quantitative trait loci] QTLと略記. 《同》量的形質座位. 量的形質に効果をもつ遺伝子群(染色体領域). 一般には量的形質値が異なる2系統を交配し, そのF$_2$や戻し交雑の子孫B$_2$などを材料に形質値とマーカー遺伝子型との関連解析によって同定される. E. S. Landerと D. Botstein(1989)が開発した区間マッピング法が, 現在多くの方法の基礎となっている. 遺伝子の位置だけでなく, その主効果や優性の度合, あるいは*エピスタシス効果についても推定が可能だが, 遺伝子同定の解像度は組換え率に依存するため, ショウジョウバエの場合, 数百個体レベルの解析では, 単一の遺伝子座の分解能ではなく, 数メガ塩基対程度の領域として同定されることが多い. 交配実験が不可能なヒトなどの生物種では, すべての遺伝子を含む密に構築したマーカーと形質値との関連を, 多数の個体について調べるゲノムワイド関連解析(genome-wide association study, GWAS)によって染色体領域の同定が行われる. この方法では多数の組換えが起こっているため解像度は高いが, 量的形質を生じる遺伝子群の異質性が領域特定の障害となることがある.

i **菱脳** (りょうのう) [rhombencephalon] 《同》菱形脳, 後脳(広義, hindbrain), 原後脳(primary hindbrain).

脊椎動物の個体発生において，*脳胞のうち最後方の部分．その内腔は第四脳室である．発生途上，菱脳は八つの菱脳分節(rhombomere)を形成し，鰓弓神経根との分節的結合をなす(⇨神経分節)．菱脳分節の第一のものは狭義の後脳(metencephalon)として中脳後脳境界からの分子シグナルによってその背側部に小脳を形成する(⇨続脳)．また，菱脳分節は脊椎動物の中枢神経に内在する分節性を反映しているとみられ，各分節は，後に発生してくる感覚神経核や鰓弓運動神経の分節的配置を規定する．さらに，菱脳最吻側の菱脳唇(rhombic lip)の細胞は腹側に移動して，橋や小脳系(precerebellar system)のニューロンを形成する．これらのニューロンの移動にはネトリン，スリットなどの神経ガイダンス分子が関わる．

a **両分** [doubling, chorisis] 1個の器官または部分が独立した2個以上に*分離する現象．進化史的にあるいは発生的に追究した場合に限る．アブラナ科の6本の雄ずいのうち長い4本は，初め2個の原基として出発した後におのおのの2本に分裂して成立した両分の例である．ヤナギ属の雄ずいには1本と2本の場合があって，後者は両分の結果である．

b **両面行動** [ambivalent behavior] 同一の行動場面において，相対立する*欲求のもとで引き起こされる，交互に生じる異なった反応行動．例えばベラの一種の雌が雄の巣に近づいたとき，雄にはまず*攻撃行動が現れ，ついで攻撃と*求愛行動が交互に現れ，最後に雌の産卵が雄の敵意を抑制するに至る．トゲウオのジグザグダンスも攻撃と巣への誘いとの両面行動が*儀式化された結果として現れる．

c **緑陰効果** [leaf-canopy inhibition of germination] 緑陰下の光質によって引き起こされる発芽阻害あるいは*種子休眠誘導効果．種子の休眠や発芽は*フィトクロム系により調節されているが(⇨光発芽)，近赤外光による発芽阻害に対する感受性は種によって大きく異なる．自然条件下で植生の緑陰下にある種子は植物の葉の波長選択的光吸収のため，太陽光に比べて遠赤色光と赤色光の比が著しく大きい光にさらされ，その結果，種子の発芽阻害や種子休眠が起こる．一年生草本，そのなかでもとりわけ立地の*撹乱に依存してその生育地を確保するという生活史上の戦略をもつ種に，緑陰効果感受性の高い種を産するものが多い．緑陰効果感受性のある種は，分散直後の種子の植被下での無駄な発芽を回避することによって埋土種子集団を形成することが多い．(⇨埋土種子)

d **緑化** [greening] 暗所で生育した被子植物の*黄化芽生えに光が照射されたときに起こる緑色化現象．黄化細胞内でプロプラスチドは*エチオプラストへ発達し，その中に膜様結晶状構造体の*プロラメラボディが生じる．ラメラ形成体には，プロトクロロフィリドとプロトクロロフィリドリダクターゼが大量に蓄積している．光照射によりエチオプラストが葉緑体へと変化する過程でラメラ形成体は解体し，数時間後には袋状の構造体チラコイドが形成される．この時蓄積したプロトクロロフィリドはプロトクロロフィリドリダクターゼの光依存的な反応によってクロロフィリドとなり，*クロロフィルの蓄積が起こる．クロロフィルの蓄積は光照射後早いものでは数分後，遅いものでは数時間後に始まる．最初はクロロフィル a だけで b は検出されないが漸次合成

され，数時間後には a の数分の1に達する．光化学系はグラナ形成より前に活性化され，系Iは系IIよりも先に発達するといわれている．炭素同化能は光化学系より遅れて発達し，光照射後数時間を要する．一般に種子植物の緑化は赤・青いずれの光の下でも起こる．

e **緑色硫黄細菌** [green sulfur bacteria] 緑色細菌門に属する絶対嫌気性*光合成細菌で，無機硫黄化合物(H_2S, $S_2O_3^{2-}$)や S^0，Fe^{2+}，H_2 などを電子供与体として利用し，CO_2 をC源として光独立栄養で増殖する．集光装置として*バクテリオクロロフィル c, d, e などを集積し緑色を呈する*クロロソームをもつ．ホモダイマー蛋白質からなるI型光化学*反応中心をもち，反応中心色素はバクテリオクロロフィル a，初期電子受容体は*クロロフィルであり，鉄硫黄クラスターが二次電子受容体として働く．炭素同化は*還元的カルボン酸回路による．

f **緑色糸状性細菌** [green filamentous bacteria] クロロフレクサス門に属する糸状性の光合成細菌で，16S rRNA系統樹では真正細菌の古い時期に分岐したとされる．滑走運動性(gliding motility)を示し，緑色滑走細菌(green gliding bacteria)や緑色非硫黄細菌(green non-sulfur bacteria)とも呼ばれる．主として低分子有機化合物や H_2S を電子供与体として光従属栄養で増殖するが，好気呼吸による増殖もできる．*バクテリオクロロフィル a を含むII型光化学反応中心をもつ．クロロフレクサス類はバクテリオクロロフィル c などからなる*クロロソームと膜貫通性のリング状集光バクテリオクロロフィル a の両方を集光装置としてもち，緑色を呈する．一方，クロロソームをもたないロゼイフレクサス類は赤色を呈する．クロロフレクサス類は3-ヒドロキシプロピオン酸回路で*炭素同化を行う．

g **緑色植物** [Chlorophytes, green plants ラ Chlorophyta] 一次植物中最大で，現在最も発達した体制進化をとげている群．クロロフィル a および b をもち，同化物質としてはショ糖を，貯蔵物質としては $α-1,4-$グルカンを主とする澱粉を形成する．葉緑体は二重〜多重チラコイドラメラからグラナラメラに及ぶ．細胞壁はセルロースを主とし，鞭毛はむち型で体の前端に生ずるが，陸上植物では喪失するものもある．*プラシノ藻類・*緑色藻類・*シャジクモ類・*コケ類・*維管束植物類などが含まれる．

h **緑色藻** [green algae]《同》緑藻．緑色植物のうち陸上植物を除いたものの総称．単細胞性のものから群体性，多細胞性，*多核嚢状性まで体制は多様．生殖様式や生活環も多様であり，多くは水域に生育するが陸上にすむものもいる．古くは緑藻綱(Chlorophyceae)としてまとめられていたが，現在では多数の門，綱に分けられている．そのため緑藻とした場合は緑色藻と同義の場合からその一部である緑色植物門または緑藻綱のみを指す場合まであるので注意が必要．狭義の緑色植物門(Chlorophyta)には緑藻綱(クラミドモナスやイカダモを含む)とともに主に海藻のアオサ藻綱，地衣共生藻や*クロレラを含むトレボウクシア藻綱，以前プラシノ藻綱とされていた多くの緑色藻を含む．これ以外の緑色藻(*Mesostigma*, *Chlorokybus*, *Klebsormidium*, 接合藻, *Coleochaete*, *シャジクモ類など)はシャジクモ藻綱とされたことがあるが，現在ではそれぞれ独立の綱，門とされ陸上植物とともにストレプト植物(streptophytes）としてまとめられる．これらの系統群によって鞭毛装置や細胞分裂様式，グリコール酸代謝経路，セルロース合成酵素複合体の形状などが異なる．

a **緑内障**　[glaucoma]　《同》あおそこひ．眼内圧の調整機能が障害されて圧の異常な上昇をきたし，そのために視機能の障害と，網膜の形態学的変化を伴う疾患．瞳孔が多少緑色を帯びるためこの名がある．眼内圧上昇の直接の原因が房水（眼房水）の排出の不具合による場合が多い．眼圧を下げることにより進行を抑えることができる．一方，眼圧は正常範囲（10～21 mmHg）にありながら，上記と同様の網膜や視神経の異常を示す場合（正常眼圧緑内障）もある．糖尿病と並んで失明を含む中途失明原因疾患として非常に重要である．

b **緑膿菌**　[*Pseudomonas aeruginosa*]　シュードモナス属の基準種 *Pseudomonas aeruginosa* の和名．土壌をはじめとする環境中に常在的な細菌であるが，臨床材料からもよく検出される日和見感染の病原菌である．緑色色素である*ピオシアニンを産生し，膿汁が暗緑色を呈するためにこの名がある．このほか，蛍光性の黄緑色のピオベルジン（フルオレシン），赤色のピオルビン，黒褐色のピオメラニンなどの色素を産生する．C. Gessard（1882）が青色膿汁（blue pus）から分離．グラム陰性，好気性，従属栄養性，極鞭毛による運動性桿菌．硝酸塩を還元して脱窒でも生育する．抗生物質に比較的抵抗性であるため，院内感染が起こった場合，宿主の抵抗力の低下につれて致命的な結果となる場合がある．本菌が分泌する外毒素 A（エキソトキシン A）は分子量 6 万 6000 のペプチドで，ジフテリア毒素と同じように，ポリペプチド鎖延長因子の EF-2 を*ADP リボシル化して失活させ，蛋白質生合成を阻害する．このほか，強い細胞傷害性をもつ蛋白質性溶血毒であるヘモリジンや溶血殺菌作用をもつラムノリピドを分泌する．（⇒シュードモナス）

c **旅行者下痢症**　[traveler's diarrhea]　TD と略記．《同》渡航者下痢症．衛生状態が不良な地域へ渡航した際にみられる，下痢を主症状とした疾患群の総称．しばしば，腹部疝痛や嘔気，嘔吐，発熱なども呈する．感染性の場合，原因となる微生物は細菌，ウイルス，寄生虫などであり，毒素原性大腸菌の頻度が最も高い．主に，食品や飲料水を介した経口感染である．多くは自然軽快するが，下痢により脱水状態が強い場合は，輸液などの治療が必要となる．

d **リヨネー腺**　[Lyonet's gland]　鱗翅目・毛翅目などの昆虫の*絹糸腺に付属して，同腺に開口する有道管腺．P. Lyonet（1760）がボクトウガ幼虫で発見したが，カイコではその発見者の名をとってフィリッピ腺（Filippi's gland）ともいう．カイコでは，左右の前部絹糸腺が吐糸口の近くで合一する所にリヨネー腺の道管が開口する．腺の細胞は絹糸腺の細胞と著しく形態が異なり，典型的な蛋白質分泌細胞の形態をもっていない．腺の位置から考えて，従来は左右の絹糸腺内の絹物質を 1 本に付着させる物質や潤滑剤を分泌すると想像されているが，明確な証拠はなく機能は不明．

e **リリー**　LILLIE, Frank Rattray　1870～1947　アメリカの動物学者．海産無脊椎動物の受精生理や初期発生の実験的研究，脊椎動物の性別，特にフリーマーチンの研究などがある．弟の Ralph Stayner Lillie（1875～1952）は生理学者．［主著］Development of the chick, 1908; Problems of fertilization, 1919.

f **リリーサー**　[releaser]　《同》解発因．動物のもつ，同種他個体の特定の行動的反応を解発するような機能をもった特性．その特性には形態・色彩・音・におい・身振り・行動などが含まれる．K. Z. Lorenz（1935）の提唱．繁殖期のトゲウオの雄の赤い腹部は同種の雄の攻撃行動の，ガの雌の放つ性フェロモンは同種雄の性行動の，カモメの警戒声はヒナの逃避行動の，それぞれリリーサーである．リリーサーにはその行動を解発する*鍵刺激が含まれる．威嚇の誇示におけるリリーサーには，神経興奮の外的表現が二次的にその意義を獲得したもの，いわばされの副産物というべきものが多いとみなされる．今日では同種個体間に限らず，行動を解発するものをリリーサーと呼ぶことも多いが，その場合には，実際には鍵刺激を意味していることが多い．

g **リリーサーフェロモン**　[releaser pheromone]　⇒フェロモン

h **理論生物学**　[theoretical biology]　実験データをふまえたうえで生物学の理論化を進めようとする学問．集団遺伝学も含めての進化・系統の考察，脳・神経科学，生物物理学や分子生物学，生化学のある側面などはその例となる．やや古く理論生物学の名で呼ばれたのは，生物学的方法論や生命論であった．1920 年代より J. J. Uexküll, L. von Bertalanffy, J. H. Woodger などの先駆的著作が相次いで刊行され，以後の発展の基礎を作った．1960 年代から数理モデルに基づいて生物学・生命科学の諸現象を理解する分野として発展した．そのため現在では数理生物学（mathematical biology）とほぼ同義語となっている．

i **臨界期**　[critical period]　ある現象や反応が起こるか起こらないかが決まる時期．臨界期の長さは通常かなり短いが，*刷り込みに見られるように比較的長い場合には感受期（sensitive period）と呼ばれることが多い．また，生物の形質には発生の決まった期間に，一定の温度や光周期にさらされることで発現を見るようなものがあり，その期間を感温期間（temperature-sensitive period）や光周感受期と呼ぶ．

j **臨海実験所**　[marine biological station]　海洋の，特に生物学を対象とする実験施設．世界で最も古い臨海実験所は F. J. H. de Lacaze-Duthiers によってパリ大学の付属として建てられたロスコフの研究所（1872），次はドイツ人 A. Dohrn が私費を投じてイタリアのナポリに建てた Stazione Zoologica（1874）で，ここには世界最初の海産動物の水族館（Acquario）が並設されている．北米では J. L. R. Agassiz がペニキーズ島で初めて臨海実習を行った実習場が 1888 年に本土に移され，規模も拡大されて，現在のウッズホール海洋生物学研究所（Woods Hole Marine Biological Laboratory）へと発展した．日本ではこれに先立ち 1886（明治 19）年に箕作佳吉の提唱によって，東京帝国大学理学部付属の実験所が三崎に創立され，2 年後に完成した．これは後に油壺に移転し（1899），現在は東京大学理学部附属三崎臨海実験所となっている．

k **臨界脱分極**　[critical depolarization]　静止膜電位から出発して臨界膜電位に至るまでの*脱分極の大きさをいう．興奮膜に活動電位を生じさせるためには膜を一定の膜電位のレベル（臨界膜電位，または閾値）まで脱分極させることが必要である．

臨界点乾燥法　[critical point drying technique]

乾燥に伴う水の表面張力の働きによって起こる電子顕微鏡試料の微細な変形を防ぐため，気体と液体の界面がなくなる臨界状態において，試料から液体を除去する方法．T. F. Anderson の考案による．実際には，*クリンシュミット法などで広げた試料を支持膜を張った電子顕微鏡用メッシュに載せたり，*走査型電子顕微鏡で観察するための生物試料であれば固定したあとにアルコールで脱水し，最後に酢酸イソアミルで置換後，臨界点乾燥装置（高圧密閉容器）中に入れ，液体炭酸を注入し，31℃，72.8 atm の臨界状態において乾燥する．

a **臨界日長** [critical day length]　⇒光周反応曲線
b **臨界ミセル濃度** [critical micelle concentration] cmc と略記．*ミセルが形成されるに至る界面活性剤の水溶液の濃度．真の溶液では電気伝導度・氷点降下など，溶液中の粒子数で定まる諸性質は濃度にほぼ比例して変化していくが，界面活性剤では臨界ミセル濃度以上の濃度になると粒子数（ミセル数＋分子数）との間に比例関係は無くなり，この濃度を境にして溶液の物理化学的性質が著しく変化する．

c **リンゲル液** [Ringer's solution]　《同》リンガー溶液，リンゲル液．摘出したカエルまたは他の変温脊椎動物の神経・筋肉・心臓などを長く正常に近い状態に生き続けさせるための媒液．S. Ringer (1882) がカエルの心臓の灌流実験のために処方した最初の*生理的塩類溶液．血清と同様なイオン組成，浸透圧，pH (7.2〜7.3) をもち浸漬液や灌流液などとして生理学的実験に広く用いられる．現在では Ringer 自身の処方を多少変更したものを用いることが多く，例えば F. S. Locke の開発したリンガー液にブドウ糖を添加したロック溶液（ロック液 Locke's solution，リンガー－ロック溶液 Ringer-Locke's solution），M. V. Tyrode の開発した，さらにマグネシウムを添加したタイロード溶液（タイロード液 Tyrode solution，リンガー－タイロード液 Ringer-Tyrode solution）がある．なおリンガー溶液（リンゲル溶液）という語を，代用体液の総称として用いることもある．

d **林学** [forestry]　森林を自然科学，社会科学，人文科学の立場から研究し，体系づける総合的な学問．歴史的には，ドイツにおいてはじめて林業が学問の対象となり，1786 年に山林学校が創立された．その後，林学は，自然科学だけでなく国家財政に関わる学問として発展してきたが，トロントサミット (1988) において提唱された*持続可能な開発の考え方を契機に，その学問領域が，熱帯林の消失に見られる森林資源問題や*地球温暖化に見られる地球環境問題など，資源学と環境学の両分野に大きくまたがった総合的な森林科学 (forest science) になってきている．前者は，森林資源の育成およびその利用に関する分野であり，後者は，森林がそこに存在することによって得られる公益的機能に関する分野である．

e **林冠** [canopy]　多数の*樹冠が互いに相接しているときの，その総体．林冠の閉鎖の度合を鬱閉度 (crown density) という．樹冠が互いに接して隙間がない状態を閉鎖，鬱閉という．林冠は十分な光を受け，乾湿の変動，強風などに対し環境が大きく異なり，林冠を生息地とする多くの生物が林内と異なる群集・生態系（林冠生態系）を形成する．（⇒樹冠）

f **リンク蛋白質** [link protein]　LP と略記．軟骨細胞の細胞外マトリックスを構成する主要3成分の一つ．ヒト LP は 339 残基の糖蛋白質で，2 カ所に糖鎖，5 組の S-S 結合をもつ．細胞外マトリックスでは，LP は巨大糖鎖のヒアルロン酸 (HA, 別名ヒアルロナン，分子量 10 万〜100 万）とコア蛋白質のアグリカン (AG, aggrecan. 分子量約 25 万の糖蛋白質）の両者に結合し，2 個の巨大分子を結ぶ「留め金」役を果たす．LP の結合部位は，アグリカンの N 末端域にあるリンク・モジュールである．HA, AG, LP 三者間の結合は共有結合によらないが，2 種の巨大高分子が構築する細胞外マトリックスは，軟骨や関節が外部から受ける圧力に耐える強度，柔軟性と耐久性を兼備する連結装置として機能する．

g **林型** [stand structure]　林学において，林木の構成状態すなわち林相の構造で分類する型．最も一般的な分類では，(1) 単層林（一段林・一斉林 single-layered forest）：林冠が単一の層とみなされるような森林．(2) 複層林（多段林・多階林 multiple-layered forest）：林冠が 2〜3 層に区別できる樹冠からなる森林．(3) 連続層林（択伐林 continuous-layered forest）：樹木の高さの差が著しく，林冠の構成が複雑なものの 3 型に分ける．林相曲線（⇒胸高断面積）による分類もある．

h **鱗茎** [bulb]　茎の基部や走出枝の先に多肉化した多数の*低出葉が短い（*節間成長しない）茎を囲み地下貯蔵器官となったもの．茎軸自体が肥大した*塊茎や球茎とは異なる．ユリ，チューリップ，ヒヤシンス，クロッカス，タマネギはこの例．越冬休眠器官であるとともに，鱗茎から小鱗茎を生じて栄養増殖を行う．なお鱗茎を形成する多肉の葉を鱗葉（鱗片葉）ということがある．また，外観は鱗茎に似ているが，葉ではなく茎が多肉化したラン科の短枝を偽鱗茎 (pseudobulb) という．

i **輪形動物**　【1】[rotifers, wheel animalcules　ラ Rotifera, Rotatoria]　《同》ワムシ類，輪虫類，クルマムシ類．後生動物の一門で，左右相称で擬体腔をもつ円口動物．体長 0.1〜2 mm．体は 1000 個前後の細胞からなり，球状あるいは円筒状で，頭・胴・尾（足）の 3 部に区分される．体節構造はない．胴部の体表クチクラは厚く被甲となり，頭と足を胴中に引き込むことができる．頭部には繊毛が輪生または列生し移動・捕食の機能をもつ*繊毛環（*輪盤）や*後脳器官の開口部がある．表皮はシンシチウムをなす．皮下筋層はなく，広い擬体腔を横切る器官筋がある．特別の呼吸器官や循環系はない．排出器官は原腎管．足の先端は匍匐運動や固着にあずかる足端突起 (toe) に終わる．雌雄異体．ウミヒルガタワムシ類では両性生殖，ヒルガタワムシ類では雄は知られておらず単為生殖．また単生殖巣類では性的二型が顕著で雄は消化管を欠く矮雄，ヘテロゴニーをなして卵には雌雄卵・雄卵・耐久卵の 3 型がある種が多い．ほとんどが淡水産で，湿った土壌やコケにも生息，少数の海産種もある．浮遊性のものが多いが，固着性，外部寄生性，内部寄生性のものもある．高次分類体系は異説が多いがウミヒルガタワムシ類 (Seisonacea)，ヒルガタワムシ類 (Bdelloidea)，単生殖巣類 (Monogononta) の 3 類が認められ，現生約 2400 種・亜種．さらに鉤頭虫類を輪形動物に含める意見もある．古くは広義の輪形動物や袋形動物に含められていたが，現在ではそれらの系統的類縁関係は否定されている．

【2】[ラ Trochelminthes]　広義の輪形動物．輪虫類・腹毛類を併せたグループ．後に動吻類が追加された．現在はこれらの系統関係は否定されている．広義の線形動物すなわち線虫類・線形虫類・鉤頭虫類と共に袋形動物とし

て扱われることもある．

a **リンゴ酸** [malic acid] 《同》林檎酸．ヒドロキシコハク酸にあたる物質．l-リンゴ酸(L-リンゴ酸)は植物体に広く分布し，特にリンゴやブドウなどの果実に多い．*クエン酸回路の一員で，*フマル酸から1分子の水添加で生成し，*リンゴ酸脱水素酵素の作用で*オキサロ酢酸となる．また*ピルビン酸の還元的カルボキシル化によっても生成される．シダ植物の精子はリンゴ酸に化学走性を示す．

```
         COOH
         |
    HO—C—H
         |
         H—C—H
         |
         COOH
```

b **リンゴ酸酵素** [malic enzyme] 《同》リンゴ酸脱水素酵素(脱カルボキシル)，ピルビン酸-リンゴ酸カルボキシラーゼ(pyruvic-malic carboxylase)．*リンゴ酸の酸化的脱炭酸反応を触媒する酵素．補酵素特異性のちがいによる次の3種が知られている．(1) NAD酵素．EC1.1.1.38. 植物・細菌に見出される．(2) NADP酵素．EC1.1.1.40. 動植物・微生物に広く認められる．

リンゴ酸 + NADP$^+$
⇌ ピルビン酸 + CO$_2$ + NADPH

$\Delta G°' = -0.36$ kcal. *ピルビン酸をカルボキシル化する反応の一つ．(3) EC1.1.1.39. 真核生物の*ミトコンドリアに見出され，補酵素特異性は低い．

c **リンゴ酸脱水素酵素** [malate dehydrogenase] 《同》リンゴ酸デヒドロゲナーゼ．⇒クエン酸回路(図)

d **リン酸** [phosphoric acid] リンのオキソ酸の一つ．リン酸塩(phosphate)およびリン酸エステルとして広く生物界に分布し，生体内ではリンはほとんどリン酸の形で存在．単にリン酸というときは通常，オルトリン酸 H$_3$PO$_4$ を指す(Pを二つもつ H$_4$P$_2$O$_7$ はピロリン酸という)．同族の窒素のオキソ酸，硝酸と異なり，ほとんど酸化作用をもたず，生物学的にも酸化還元を行わない．アルカリの第一塩と第二塩の混合溶液は pH6〜8 における緩衝能が大きく，生化学的緩衝液として最も広く用いられる．リン酸はエステルの形で核酸，リン脂質，リン蛋白質など生体の主要な構成成分を形成しているほかに，一般的に高エネルギーリン酸結合をつくって，エネルギーの担体の役割を演じ，さらに一般的に物質代謝で多くの物質がリン酸エステルの形で転化する．また多くの酵素は補酵素としてリン酸(またはピロリン酸)エステルをもつ有機化合物を必要とし，ある酵素は活性の発現にリン酸イオンの存在が必要である．リン酸イオンを奪われると変性失活する酵素もある．また動物の体液中に乏しいが細胞中には相当量含まれ，炭水化物および脂質代謝に関与する．ヒトの血液中には 3.2〜4.3 mg/100 mL ぐらい含まれ，HPO$_4^{2-}$:H$_2$PO$_4^-$ = 4:1 で存在している．脊椎動物の骨格中には無機塩の [Ca(OH)・Ca$_4$(PO$_4$)$_3$]$_2$ が主成分として多量に含まれ，ここで血液中のリン酸量の調節を行っている．リン酸は生物界には広く分布しているから，食餌中にリン酸が欠乏していることはまずない．通常は無機のオルトリン酸か有機リン酸として摂取されるが，後者も消化管内ではオルトリン酸となる．これは体内に吸収されるとATPに変換されて*高エネルギーリン酸化合物となる．(⇒ホスファゲン，⇒酸化的リン酸化反応)

e **リン酸アセチル基転移酵素** [phosphotransacetylase] 細菌に存在し，アセチルCoA+リン酸 ⇌ アセチルリン酸+CoA の反応を触媒する酵素．EC2.3.1.8. アセチルリン酸は酢酸キナーゼによりADP

に転移するので，これらの酵素によりアセチルCoAの分解でATPが生成することになる．

f **リン酸エステル** [phosphoric acid ester, phosphoric ester] リン酸がアルコール性水酸基にエステル結合した化合物．リン酸は三塩基酸なので，モノエステル，ジエステル，トリエステルの3種が可能であるが，生体内には前二者がある．生体成分として，また代謝中間産物として広く見出される．核酸やリン脂質はジエステルの形である．糖のエステルは糖代謝の中間産物であり，ヌクレオチドはヌクレオシドのリン酸エステルである．(⇒高エネルギーリン酸化合物)

g **リン酸化** [phosphorylation] リン酸基(図)がセリンやトレオニン残基などのOHのHを置換して入ること．NHにリン酸化することもある(例：クレアチンリン酸)．エネルギーを必要とする過程なので，生物的にはATP(*アデノシン三リン酸)からのリン酸基転移反応で行われることが多く，代謝調節はリン酸化と脱リン酸化によって行われることが多い．さらに，無機リン酸からのATPのリン酸結合の生成は*基質レベルのリン酸化，*酸化的リン酸化，*光リン酸化によって行われ，この過程をリン酸化ということもある．

```
     O
     ‖
  —P—O
     |
     OH
```

h **リン酸化ポテンシャル** [phosphorylation potential] 細胞内でATPが合成される際の自由エネルギー変化 $\Delta G' = \Delta G°' + 1.36 \log_{10}([ATP]/[ADP][Pi])$ をいう(Pi はオルトリン酸)．細胞のエネルギー状態を表す指標の一つ．生体のエネルギー変換反応において中心的位置を占める ATP は，解糖，酸化的リン酸化，光リン酸化などにより供給され(ADP+Pi→ATP+H$_2$O，$\Delta G°' = 7.3$ kcal/mol)，逆反応により分解されて生合成・力学的仕事などのエネルギー源となる．ATPの需要と供給のバランスが前者に傾けば[ATP]は低下し[ADP]，[Pi]は上昇するので $\Delta G'$ は小さくなり，逆ならば大きくなる．単離ミトコンドリアでは $\Delta G'$ が最大 13〜15 kcal/mol に達する．(⇒エネルギーチャージ)

i **リン酸ジエステル結合** [phosphodiester bond] オルトリン酸(H$_3$PO$_4$)が二つの糖・アルコールなどの水酸基(R-OH, R'-OH)とエステルを形成して結合すること(図)．代表的なものは核酸のヌクレオチド間の

```
       O
       ‖
  R—O—P—O—R'
       |
       O
```

結合であって，隣接するヌクレオチドの糖の 3'-OH と 5'-OH がリン酸ジエステル結合によって重合している．酸・アルカリや酵素の作用によってこの結合は加水分解

j **リン酸転移反応** [transphosphorylation] 《同》リン酸転移，リン酸基転移反応(phosphate group transfer)．リン酸基 Ph が有機化合物 A-Ph から他の化合物 B へ直接に転移する反応，すなわち A-Ph+B ⇌ A+B-Ph. A-Ph をリン酸供与体(phosphate donor)，B をリン酸受容体と呼ぶ．これを触媒する酵素をリン酸転移酵素(ホスホトランスフェラーゼ phosphotransferase)と呼び，A-Ph が ATP であるとき特に*キナーゼという．生体での役割を類別すれば，(1)高エネルギーリン酸の可逆的転移(例：クレアチンキナーゼ)，(2)低エネルギーリン酸化合物の形成(例：グルコキナーゼ)，(3)低エネルギーリン酸基の転移(例：リン酸ムターゼ類)．また，ホスファターゼが副次的にリン酸転移反応を行うことがある．

a **リン酸モノエステラーゼ** [phosphomonoesterase] PMアーゼ(PMase)と略記.《同》ホスホモノエステラーゼ. リン酸モノエステルを加水分解する酵素. 狭義のホスファターゼ. 条件によってはアルコールへのリン酸基の転移も行う. 特異性が低く多くのリン酸モノエステルに作用するものと, 特異的な基質に作用するものがあり, 後者は基質の名を冠して区別されるが, 前者はさらにその最適pHと阻害・活性化などの性質により, 以下に示すI〜IV型に分けられる. (1) I型(アルカリ性ホスファターゼ alkaline phosphatase, EC3.1.3.1): 分子量は約8万. 最適 pH=8.6〜9.4. pH7.5〜8.5で最も安定. 活性化に必要なZnを含む. Mg^{2+} あるいは他の二価陽イオンでもある程度活性化されるが, システイン, 硫化水素などで阻害される. ホスファターゼの標準的基質として用いられるグリセロールリン酸に対し α-よりも β-異性体を速く分解する. 動物の組織に広く分布し, ことに, 骨, 腸粘膜, 腎臓, 乳腺, 乳汁などに多い. 血清中に見られるものは肝臓, 小腸, 骨組織に由来するといわれる. 細胞では表面膜に結合した形で存在. 小腸粘膜上皮細胞では微絨毛膜に高濃度に存在している. 腎臓の尿細管上皮細胞でも同様らしい. 生理機能は不明. 少数の糸状菌・細菌にも見出されているが, 植物やその他の菌類にはない. (2) II型(酸性ホスファターゼ acid phosphatase, EC3.1.3.2): 最適 pH=5.0〜5.5. pH5.0〜6.0で最も安定. Mg^{2+} で活性化されず, フッ化物で著しく阻害される. SH化合物は影響ない. グリセロールリン酸に対する特異性はI型と同じ. 動物の体に広く分布するが存在する組織がI型と異なる. ヒトの前立腺に多く精液にも分泌される. また植物や菌類には強力なものがあり, *Clostridium acetobutylicum* などの細菌にも見出される. (3) III型: 最適 pH=3.0〜4.2. pH4.5〜5.5で最も安定だが中性でははなはだ不安定. 阻害その他の諸性質は酵素源によって多少異なるが, Mg^{2+} はむしろ阻害し, フッ化物でも阻害されず, システインで阻害される. 特異性はI型に同じ. 動物の組織に広く分布し, ことに肝臓や脾臓に多い. 米ぬか, 酵母, 糸状菌にも存在する. (4) IV型: 最適 pH=5.0〜6.0. pH6.5〜7.5で最も安定. Mg^{2+} や Mn^{2+} で顕著に活性化される. β-グリセロールリン酸よりも α-異性体をよく分解する. 赤血球, 下面酵母, コウジカビ, 多くの細菌に存在する. そのほか, 特異的なリン酸モノエステラーゼに以下のものがある. (a) ヘキソースニリン酸ホスファターゼ. (b) 5'-ヌクレオチダーゼ. (c) アシルホスファターゼ (acylphosphatase): 筋肉や肝臓に存在し, アセチルリン酸などの低級脂肪酸の酸無水物型の高エネルギーリン酸結合に作用. (d) ヘキソース-6-ホスファターゼ (hexose 6-phosphatase): 肝臓に存在. (e) リン蛋白質ホスファターゼ (phosphoprotein phosphatase): カゼインなどのリン蛋白質に特異的に作用. ニワトリ胚・胃の粘膜などに存在. また, ホスホリラーゼ a から特異的にリン酸を離す酵素なども知られ, 酵素蛋白質の修飾による活性調節に関与する.

b **リン脂質** [phospholipid]《同》ホスホリピド, ホスファチド (phosphatide). *複合脂質の一つで, *リン酸エステルおよびホスホン酸エステルをもつ脂質の総称. *糖脂質とともに*脂質の二分をなす. *グリセロールを構成成分にしている*グリセロリン脂質と, スフィンゴシン塩基を構成成分にしている*スフィンゴリン脂質に分類される. 前者は生体組織のリン脂質の70％以上を占めている. 脂肪酸の代わりに長鎖アルキル(アルキルアシル型)または長鎖アルケニル基(アルケニルアシル型)が結合しているグリセロリン脂質も多く見出されている. リン脂質は微生物界・植物界・動物界に広く分布しており, 蛋白質とともに種々の*生体膜を構成する重要な成分の一つである (⇨人工膜). 生体膜の関与する各種の生理機能への関わりが明らかにされてきている. 生体膜脂質のモデルとして, 種々のリン脂質を組み込んで調製した人工膜(脂質人工膜, *リポソーム)に関する研究も盛んである. リン脂質は*ホスホリパーゼ類により加水分解を受ける.

c **臨床疫学** [clinical epidemiology] *疫学の考え方や方法論を, 臨床現場における診療上の判断に応用しようとする学問分野. 1970年代後半〜1980年代に D. Sackett らが提唱し, 1990年代になって EBM (Evidence-Based Medicine) という標語を契機に広く受け入れられた. 実験室で得られた結果ではなく, 臨床的な有効性を判断基準として診断・治療を進めるべきという, 1970年代以降に広まった見解に, 理論的支柱を与えた. 各種の診断・治療法が実際どの程度有効かという「臨床上の疑問 (clinical question)」に臨床医が答えるに当たっては, 患者(被験者)を対象とした臨床研究で得られた結果を根拠 (evidence) とし, 検査医学的データよりも患者の生存率や罹患率, QOL (生活の質) の改善度などの臨床アウトカム (clinical outcome, 患者アウトカム patient outcome) を判断基準として重視すべきと考える. 臨床研究のデータ解析には, 古典的疫学や社会調査と同様, 統計学が多用され, 判断のための根拠も統計的に表現されることが多い.

d **臨床工学** [clinical engineering] *医用工学のうち, 生体医工学技術の医療応用を取り扱う工学. 医療診断・治療に使用される生理情報計測機器, 血液透析体外循環機器などの*人工臓器・生体機能代行機器, 電気メス・レーザーメスなどの治療用機器, 内視鏡などの各種医療機器の開発, 運用, 保守管理に関する技術を取り扱う.

e **輪生** [verticillate phyllotaxis, whorled phyllotaxis]《同》輪生葉序. 広義には一つの節に複数の葉がつく*葉序の総称. 狭義には2枚つく場合を*対生葉序と呼んで輪生から区別し, 3枚以上つく場合を輪生葉序と呼ぶ. したがって, 対生葉序は広義の輪生には含まれるが, 狭義の輪生には含まれない. 通常は, 狭義の意味で使うことが多い. なお, 輪生(広義)でない葉序を非輪生葉序 (acyclic phyllotaxis) と呼ぶこともある. 節につく葉の数に応じて三輪生 (エンレイソウ), 四輪生 (ツクバネソウ), …, 多輪生 (スギナ) という. しかし, この葉の数も個体による変異や発育の違いによる変動などによって増数性や減数性がみられるほか, 極端な場合には一つの茎の上で輪生から対生に, さらに*互生葉序に移り変わる (クルマバックバネソウ). 通常, 輪生を成すおのおのの葉は隣りあう節の葉とちょうど食い違うように配列するから, 一つおきの節ごとに*縦生の関係がみられる. 現存の種子植物のうち, 栄養葉が輪生の種はわずかしかないが, 花葉はたいていの種で見かけ上は輪生している (輪生花, ⇨花葉). 系統的な起源として二つの可能性が考えられる. 一つは花や化石に多く見出されることなどから, 輪生が最も古い型で他の配列は輪生から導かれたとするもので, 他の一つは今でもカジノキやヤマア

ジサイの枝でよく見うけられるような，対生から三輪生，さらに茎がつまって六輪生になるような道すじである．また，一見同じ節に生じる輪生葉にみえても，葉の茎に対する付着点がいくらか茎軸にそって上下にずれているとき，これを偽輪生葉序(false verticillate phyllotaxis)という(クルマユリ，クガイソウ)．

a **隣接ヌクレオチド頻度分析** [nearest-neighbor sequence analysis] 《同》隣接塩基頻度分析(nearest-neighbor base-frequency analysis). 核酸の合成反応において生成物が鋳型の塩基配列を反映しているか否かを知るために用いられる方法．例えば基質として α 位のリン酸を ^{32}P でラベルした dATP(デオキシ ATP) と，ラベルされていない dGTP, dCTP, dTTP を用いて DNA を合成すると，合成された DNA 鎖中で ^{32}P は常にデオキシアデノシンの 5′ 位に存在する．この DNA を*ミクロコッカスヌクレアーゼと*脾リン酸ジエステラーゼで分解すると，^{32}P は鎖の中でアデノシンの 5′ 側に隣接するヌクレオシドの 3′ 位に結合した形で回収される．したがって 4 種のヌクレオチドについて ^{32}P の分布を測定すれば，DNA 中でアデノシンの 5′ 側にある各ヌクレオチドの量がわかる．同様の実験を他のヌクレオチドで行えば，一定の鋳型を用いて合成された DNA に関して 16 種の隣接ヌクレオチドの出現頻度がすべて求められる．この頻度は各 DNA に特有な値を示す．RNA についても同様な分析ができる．

b **リン蛋白質** [phosphoprotein] リン酸を含有する複合蛋白質の総称．牛乳の*カゼイン(リン含有率 0.9％)，ニワトリ卵黄の*ビテリン(0.92％)や*ホスビチン(約 10％)が代表例．リン酸はこれらの蛋白質のなかでヒドロキシアミノ酸(セリンやトレオニン)の OH 基とエステル結合をつくって存在しているとみられる．また，リン酸はプロテインキナーゼの作用によって，特定の蛋白質中のセリン，トレオニン，チロシン，ヒスチジン，あるいはアスパラギン酸に導入され，シグナル伝達などの蛋白質間相互作用や酵素活性の調節などが行われている．プロテインキナーゼの作用によって生成したものは一般にリン酸化蛋白質と呼ばれる．

c **リン糖脂質** [phosphoglycolipid] リン酸，ホスホン酸およびそれらの誘導体を含んだ*糖脂質の総称．グリセロ型とスフィンゴ型の両型がある．前者は，主として細菌の *Mycobacterium*, *Nocardia*, *Bacillus* などに存在し，*ホスファチジルイノシトールに 1 個あるいは 2 個のマンノースが結合したもの(mannosyl-, dimannosyl-phosphatidylinositol)やホスファチジン酸と N-

スフィンゴリン糖脂質の自然界での分布

リン化合物	分 布 域
イノシトールリン酸	植物界
エタノールアミンリン酸	節足動物(昆虫類) 軟体動物(淡水産二枚貝類・アメフラシ類)
コリンリン酸	環体動物(貧毛類・多毛類)
アミノエチルホスホン酸	軟体動物(海産巻貝類・アメフラシ類)
N-メチルアミノエチルホスホン酸	軟体動物(海産巻貝類) 節足動物(甲殻類)

アセチルグルコサミンが結合したものが見出されている．後者は，さらにリン酸ジエステル型(イノシトールリン酸・エタノールアミンリン酸・コリンリン酸の誘導体)と，ホスホン酸型(アミノエチルホスホン酸・N-メチルアミノエチルホスホン酸の誘導体)すなわちホスホノ糖脂質(⇌ホスホノ脂質)に大別される．いずれも植物，軟体動物・節足動物・環形動物などの旧口動物に多くの例が見出されている．イノシトールリン酸を含む糖脂質は植物界に分布し，さらにイノシトールにグルクロン酸を結合した一群のものはフィトグリコリピド(phytoglycolipid)と称されている．

d **リンネ** LINNÉ, Carl von 1707〜1778 スウェーデンの博物学者．1735 年オランダのハルデルウェイク大学で医学の学位をとり，同年ライデンで動・植・鉱物の 3 界を取り扱った 'Systema naturae' を出版．二命名法を取り入れた(⇌命名規約)．1738 年スウェーデンに帰国，医者を開業．1741 年ウプサラ大学の医学教授となり，翌年，植物園園長(没年まで)．1758 年に出版した 'Systema naturae' の第 10 版は動物命名法の基準となり，1753 年出版の 'Species plantarum' は，今日の植物命名法の基準となっている．[主著] 上記のほか: Genera plantarum, 1737, 5 版 1754.

e **リンパ，淋巴** [lympha, lymph] 《同》リンパ液．組織中の細胞外液．もともと血漿に起原していることからその性状も血漿に類似している．透明で無色ないし淡黄色で，少量のアルブミン，グロブリン，糖，尿素，クレアチンおよび無機塩などを含む．しかし血漿のように常に一定した性状をもつことはなく，含有物質の濃度や pH などがそれぞれの場合で多少変化する．蛋白質の濃度は血漿より低い．凝固の能力も低く，十分に固まらない．組織中のリンパ液は全身にくまなく分布している毛細リンパ管(lymph capillary)からリンパ管に入り，最終的に全てのリンパ液は胸管に集められ左鎖骨下静脈に注ぎこまれて血液循環に戻る．小腸に分布するリンパ管中のリンパには栄養として摂取された脂肪が含まれており，乳白色に濁っていて，乳糜(chyle)と呼ばれる．腸に分布するリンパ管は特に乳糜管と呼ばれる．(⇌リンパ系)

f **リンパ管新生** [lymphangiogenesis] 脊椎動物の胚発生途上でリンパ管が構築されること．ヒトでは，まず頸静脈の内皮細胞の一群が出芽して頸部リンパ嚢を形成し，次に大静脈と中腎管から後腹膜リンパ嚢が，さらにこれらが互いに吻合し*胸管などを形成する．末梢リンパ管はリンパ嚢(lymphatic sac)から次々と出芽によって形成される．

g **リンパ球** [lymphocyte] *無顆粒白血球(単核白血球)の一種．*獲得免疫系を担う重要な細胞．リンパ液中の細胞のほぼ 100％を占め，リンパ系組織では大半，末梢血中では全白血球のほぼ 30％を占める．リンパ液および血液中では球形で全身を循環するが，組織中では不定形で緩やかに運動し，しばしば細胞間に入りこむ．直径は 7〜12μm．大きさによって便宜的に次のように分けられる．(1) 小リンパ球(small lymphocyte): 静止期にある成熟リンパ球で，球形あるいは不定形の核が細胞容積のほとんどを占め，細胞質はそのまわりにうすく．細胞質には細胞小器官が少なく，RNA 含量も少ないので塩基性色素に染まりにくい．(2) 大リンパ球(large lymphocyte): 小リンパ球の幼若型あるいは活性

化型(リンパ芽球 lymphoblast). 細胞質も多く塩基性色素によく染まり, 小胞体の発達は悪いがリボソームは多数存在し, 分裂増殖を行う. リンパ球は赤血球や他の白血球と同じく骨髄の造血幹細胞(hematopoietic stem cell, 多能幹細胞 pluripotent stem cell)由来である. リンパ球前駆細胞の一部は血流を通じて*胸腺に移行し, 胸腺内で胸腺細胞(thymocyte)に分化し, その一部はさらに分化して*T細胞になり, 循環系および二次リンパ系組織に分布する(⇌ホーミング). 造血幹細胞の一部は骨髄において(鳥類では*ファブリキウス嚢), *B細胞に分化成熟し, 二次リンパ系組織に定着しさらに*プラズマ細胞(抗体産生細胞), 記憶細胞となる.

a **リンパ球性脈絡髄膜炎ウイルス** [lymphocytic choriomeningitis virus] LCMウイルス(LCM virus)と略記. *アレナウイルス科アレナウイルス属に属するリンパ球性脈絡髄膜炎(LCM)の病原ウイルス. ウイルス粒子は直径50～300 nmで*エンベロープをもつ. ゲノムは, 2分節の一本鎖アンビセンスRNA. 最初C. Armstrong および R.D. Lillie (1934) が分離, その後マウスがしばしば健康状態でもこのウイルスを保有していることがわかった. ヒトにも病原性をもつ. エーテルなどで容易に失活. マウスの脳内接種でよく増殖し, 成熟マウスではリンパ球の浸潤を伴う脈絡髄膜炎によって死ぬことが多い. 新生仔マウスまたは免疫抑制剤を投与した成熟マウスは多量のウイルスを保有しながら生存できるが, このようなウイルス保有個体にはしばしばウイルスと抗体との結合による免疫病が起こり, 腎臓障害が認められる. ウイルスに対する宿主免疫応答を解析するモデルとして実験によく用いられる. ニワトリ胚, マウス胎児, サル腎臓細胞でよく増殖するが, *細胞変性効果は一般に示さない.

b **リンパ球幼若化現象** [blastoid transformation] 《同》リンパ球の芽球化. 末梢リンパ球が抗原受容体からの刺激により大型化し, 分裂・増殖する現象. リンパ球の刺激には, 抗原受容体に対応する抗原のほか, 抗原受容体に対する抗体や非特異的に刺激を入れる分裂促進物質(mitogen)が用いられる. Tリンパ球に対する分裂促進物質として, フィトヘマグルチニン(PHA), コンカナバリンA(ConA)あるいは*ホルボールエステルの一つである 12-O-tetrade-canoylphorbol-13-acetate (TPA)などが知られている. このうちTPAは抗原受容体を直接刺激するのではなく, 抗原受容体下流のシグナル分子を活性化させることにより, 分裂・増殖を引き起こす. リンパ球の幼若化率は, リンパ球の免疫機能の測定に応用されている.

c **リンパ系** [lymphatic system, lymph system] 脊椎動物において, *リンパをみたす一連の管系, およびその付属器官. リンパ管系は組織中の細胞外液を集め最終的に循環血流へと戻す全身性のシステムである. この細胞外液は血液が濾過されて作られるものでリンパ液あるいはリンパと呼ばれる. リンパ液となる組織液がたまっている組織間隙はしばしばリンパ腔(lymph space, lymph sinus)と呼んでリンパ系と区別される. リンパ液は全身に隈無く分布している毛細リンパ管(lymph capillary)の中を流れる. 毛細リンパ管は動物体内のほとんどすべての器官や組織中に細かい網目をつくって分布しており, それらが集まってリンパ管(lymph duct, lymphatic vessel)となる. リンパ管を流れるリンパは最終的に胸腔内の胸管に集められ左鎖骨下静脈に注ぐ循環血液に戻る. リンパ液の流れは筋肉運動などの身体の動きによって生じる. リンパ管内にはところどころに一方向性の弁がありリンパ液の逆流を防いでいる. リンパ管はリンパ液の流れに従って細いものから順次集まって太くなるが, その諸所にリンパを滞留させるふくらみ, すなわちリンパ洞(lymph sinus)がある. リンパ管の構造は血管系の静脈に似る. 全身の要所要所のリンパ管の集合点には二次リンパ組織である所属リンパ節(regional lymph node)が位置している. 皮膚など末梢で感染が生じると抗原を担った樹状細胞が輸入リンパ管を経て所属リンパ節に入る. 一方, 循環血液中のT細胞, B細胞のリンパ球は輸入動脈を通ってリンパ節内に入り高内皮静脈(high endothelial venule, HEV)と呼ばれる特殊な構造をもつ血管壁を介してリンパ節実質に入り, それぞれT細胞領域, B細胞濾胞領域に分かれて分布する. リンパ節で活性化されたリンパ球は増殖, 分化過程を経てエフェクター細胞となり輸出リンパ管を通ってリンパ節から出ていく. リンパ管を通ってさらに上流に運ばれていく. 最終的に胸管から鎖骨下静脈を経て再び循環血流に入り全身循環を繰り返す. リンパ節内のリンパ球の大部分はこのようにリンパ→リンパ管系→循環系→リンパ節と全身をくまなく循環している. これに対して, 同じ二次リンパ組織である脾臓では, リンパ球は柱状動脈から分岐した中心動脈により脾臓に送り込まれる. 脾臓に入ったリンパ球を含む血液は白脾髄内で中心動脈から枝分かれした小動脈, さらに細い血管に分岐し最終的には開放型の傍濾胞帯に運ばれて血液貯留洞を通って白脾髄に入る. 中心動脈周囲はT細胞領域によって取り囲まれている. B細胞は中心動脈から離れた位置でB細胞濾胞を形成して分布する. 白脾髄と赤脾髄との境界は辺縁帯(marginal zone)と呼ばれマクロファージに富み, 辺縁帯B細胞といわれる循環しないB細胞が分布している. 体内に入ってきた病原体は循環血液を流れて脾臓に至り, 辺縁帯のマクロファージに取り込まれ食食されるとともに辺縁帯B細胞が反応してその除去が行われる. 白脾髄のリンパ球は毛細血管網から柱状静脈に移行して静脈系に入り心臓から再び全身循環に入る. 魚類や両生類ではリンパ管の途中に, ポンプ作用をもちリンパ液を全身に循環させるリンパ心臓がある. 魚類ではリンパ管の尾部静脈への開口部, 両生類では胸部と腹部のリンパ管, 爬虫類以上ではリンパ管の大幹である胸管にある. (⇌リンパ, ⇌リンパ球, ⇌リンパ系器官, ⇌リンパ節)

d **リンパ系器官** [lymphoid organ] リンパ球を主体とする器官の総称. リンパ液, 脾臓, リンパ節, 胸腺, 扁桃, パイエル板, 虫垂, 鳥類のファブリキウス嚢などがあり, いずれも免疫に関与しているが, 機能的には次の2類に大別される. (1) 一次リンパ系器官(primary lymphoid organ, 中枢リンパ系器官 central lymphoid organ) : 胸腺と鳥類に特有のファブリキウス嚢に代表され, 骨髄由来の造血幹細胞が胸腺では*T細胞に, ファブリキウス嚢では*B細胞に分化する. これらの器官を出生時前あるいは直後に摘除すると, 著しい免疫不全を引き起こす. 哺乳類ではファブリキウス嚢に相当する器官は骨髄とされる. (2) 二次リンパ系器官(secondary lymphoid organ, 末梢リンパ系器官 peripheral lymphoid organ) : 脾臓とリンパ節に代表され, 一次リンパ

系器官由来のT細胞とB細胞を含み免疫反応に直接的に働く．この他に炎症反応に伴って二次リンパ組織に似たリンパ球の集塊が異所性に形成されることがある．これを三次リンパ組織(tertiary lymphoid tissue)と呼ぶことがある．(⇒胸腺，⇒骨髄，⇒リンパ球，⇒リンパ節，⇒脾臓，⇒粘膜免疫系，⇒胚中心)

a **リンパ腫** [lymphoma] がん化したリンパ球細胞から形成される肉腫．一般的には悪性であり，悪性リンパ腫(malignant lymphoma)という．ホジキン病と非ホジキン病に大別され，また後者は濾胞性と瀰漫(びまん)性とに分けられる．非ホジキンリンパ腫には，Bリンパ球系に由来するものとTリンパ球およびNK細胞系に由来するものがあり，前者をB細胞性腫瘍，後者をT/NK細胞性腫瘍という．欧米ではホジキンリンパ腫が多数を占めるが，日本ではほとんどが非ホジキンリンパ腫．日本での発生率は10万人に10人程度．頸部，鼠蹊部，腋下などのリンパ節腫大が多い．治療としては一般に外科手術による切除は行われず，主に放射線療法および化学療法を適応される．

b **リンパ心臓** [lymph heart] 肺魚，両生類，爬虫類，飛べない鳥類などのリンパ管系に特有の，リンパ液を循環させる特殊なポンプ装置．したがって，これらの動物のリンパ管には通常は弁が認められない．一般にリンパ管が静脈に開く場所で発達．魚類では尾静脈への開口部，両生類ではリンパ主幹に沿い胸部と下腹部，爬虫類では胸管にある．鳥類では胚期にはリンパ心臓があり，リンパ管に弁を欠くが，孵化後のヒナではリンパ心臓は退化し，リンパ管に弁を生じて逆流を防ぐようになる．同時に，多くの鳥類ではリンパ節も発達してくる．哺乳類にはリンパ心臓は全く現れず，リンパ管のところどころにリンパ節が発達し，弁も多くなり，ともにリンパ液の逆流に抵抗している．

c **リンパ節** [lymph node] 《同》リンパ腺(lymphatic gland)．リンパ管の途中に発達する豆状の小臓器で，*二次リンパ組織の一種．リンパ管系(lymphatic system)の一部として全身の各所に配置され，特に膝窩，鼠蹊，腋窩，頸部などの関節周辺，骨盤後壁，腹腔(腸間膜)，胸腔などに多く分布する．胎児期に静脈から派生した原始リンパ嚢内に原基が形成され，この場所にリンパ球が集積して組織構造が発達すると考えられている．リンパ節は，リンパ液が通過することにより外来異物を監視し，その体内拡散を防ぐとともに獲得免疫応答を効果的に誘導するための装置として機能する．リンパ節の組織構造は*皮質と髄質(medulla)に大別され，皮質はさらに結節状の*リンパ濾胞(リンパ小節 lymphatic nodule)と傍皮質(副皮質，胸腺依存域)に分かれる．リンパ濾胞にB細胞が，傍皮質にはT細胞が明確に分離して局在する．これは各領域の組織構造を支える*ストローマ細胞が，それぞれのリンパ球を選択的に誘引する*ケモカインを産生しているためである．すなわち，リンパ濾胞ではストローマ細胞の一種である*濾胞樹状細胞がCXCL13を産生してB細胞を集め，傍皮質では別のストローマ細胞である*細網細胞(細網線維芽細胞 fibroblastic reticular cell)がCCL19とCCL21を産生してT細胞を引き寄せている．リンパ球を含むリンパ液は輸入リンパ管からリンパ節内に流入し，病原体などの異物は辺縁洞(被膜下洞)や髄洞などのリンパ洞に多数存在するマクロファージに捕食される．最終的に髄洞に集められたリンパ液は，輸出リンパ管から排出される．他方，血液中を循環するリンパ球は主として*高内皮静脈から組織内に進入して皮質に集積し，ストローマ細胞によって形成される網目構造を足場にして活発に移動しながら抗原を探索し，抗原に遭遇しなかったリンパ球は輸出リンパ管から出て再び循環する．末梢組織で感染が起こると，局所で微生物由来の抗原を取り込んだ*樹状細胞はリンパ管を通じてリンパ節に到達し，傍皮質に移動してT細胞へ抗原を提示する．抗原特異的なT細胞がこれに遭遇すると活性化され，増殖・分化し，エフェクターT細胞やメモリーT細胞となる．一方，リンパ濾胞において抗原を感知したB細胞は活性化T細胞の補助を受けて増殖し，*胚中心を形成しながら高親和性の抗体を多量に産生する*プラズマ細胞(形質細胞 plasma cell)あるいはメモリーB細胞へと分化する．リンパ節内においてIgGを産生するプラズマ細胞は，もっぱら髄質に分布する．

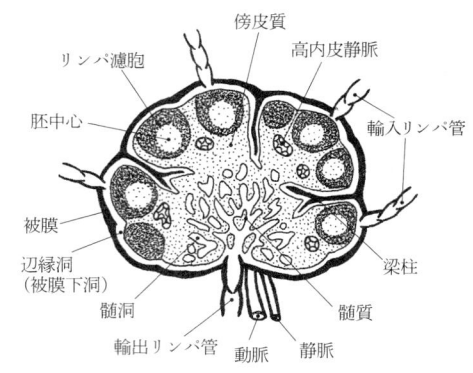

d **リンパ組織インデューサー** [lymphoid tissue inducer] LTiと略記．*二次リンパ組織の発生と組織形成に重要な役割を担う血球系細胞の一群．マウスで最初に発見され，ヒトでも類似の細胞が報告されている．マウスでは胎仔期の*リンパ節やパイエル板の原基に集積するCD4陽性CD3陰性の表現型を示す細胞集団で，胎仔肝の造血前駆細胞に由来するとされる．リンフォトキシンα1β2複合体を産生し，リンフォトキシンβ受容体を発現する原基*ストローマ細胞の活性化・成熟を促す．このストローマ細胞の産生する種々の*ケモカインや接着分子によって*リンパ球が誘引され，定着することによって二次リンパ組織原基が発達する．成体においても類似の細胞群が存在し，二次リンパ組織の再編に関与しているという報告がある．

e **リンパ濾胞** [lymphoid follicle] 《同》濾胞(follicle)．*二次リンパ組織において*B細胞が高密度に集積する領域．球形または楕円体形の明瞭な領域で，その構造はストローマ細胞の一種である*濾胞樹状細胞によって支持されている．休止期のB細胞からなる一次リンパ濾胞と，*胚中心を伴い抗体産生応答が起こっている二次リンパ濾胞に分けられる．抗原刺激を受けたB細胞クローンはリンパ濾胞において活発に分裂しながら胚中心を形成し，*体細胞突然変異による抗体(免疫グロブリン)の親和性上昇や*クラススイッチによる抗体のアイソタイプの変換を経て，プラズマ細胞(*形質細胞)または記憶B細胞へと分化してリンパ濾胞を離れる．

鱗被 [lodicule] イネ科の花において，内花穎と雄ずい輪との中間にあって小形の鱗片様をなす花器の一つ．花被片に相当し，通常2個であるが，本来の3個から背面（向軸側）の1個を喪失したと解釈される．タケ亜科の大部分は3個をもち，原始型とみられる．開花直前に澱粉が解離して糖の濃度が高くなり，水が集まって膨れあがり，その体積の増加で内花穎・外花穎を押しあけて受粉を便にする機能があるが，短時間でしおれて花穎はふたたび閉じる．

林分 [stand] 樹種，樹齢，生育状態などが内部でほぼ一様で，隣接のものとは森林の様相（林相）によって明らかに区別がつく森林．便宜的に，例えば区画線などで区別されたものをも林分と呼ぶ場合がある．

鱗粉 [scale] 昆虫，特に鱗翅目の翅の表面をおおう毛状または葉状の微細な構造物．発生学的には剛毛と類似し，剛毛を作る生毛細胞と相同である表皮の生鱗細胞（scale cell）が体表に突出して表面に嚢状のクチクラ膜を分泌し，細胞の退縮にしたがって扁平化したもの．チョウ類やガ類の翅の表面の各種に固有の紋様は，この鱗粉の種類と配列に起因する．

鱗片 一般に生物体の，多くは表面に生じるうろこ状の構造の総称．【1】[ramentum, scale] [1] シダ類の根茎や葉柄，ときには羽軸上に生じる表皮系起原の突起．単細胞層の薄膜付属物で，形・大きさ・色は種または属の分類上重要な標徴となる．細くなると毛状体と区別しづらい．[2] [scale] *鱗茎や苞葉の*鱗片葉のこと．【2】[scale] [1]《同》扁平板（elytron）．多毛類中のウロコムシ類の体の背面に左右2列にならぶ板状の構造物．疣足（いぼあし）の背足糸が変形したもの．雌では体背面との間に受精卵をおさめて*育房とする．容易に脱落するが，また再生される．[2] =鱗粉 [3]《同》触角鱗（squama, antennal scale）．甲殻類において，第二触角の外枝が扁平な刃状をなすもの．これに対し，内枝は触角鞭（flagellum）である．

鱗片葉 [scale leaf, scaly leaf] 鱗片状の葉を一般的にいう．冬芽を覆う鱗片葉のように，保護の役割をもつことが多い．硬い鱗片状のことが多いが，膜状であることもある．*花芽の場合には*苞葉との間に，*葉芽の場合には*普通葉との間に中間的なものがあって，その区別が不明確なことがある．

鱗木 [*Lepidodendron*] *石炭紀に繁栄した木生の小葉類の一属．茎の表面に，葉の脱落跡が鱗状に残されるため，この名が付いた．大きな個体では高さ40m，茎の直径2mに達した．ミズニラ類と近縁なリンボク類（Lepidodendrales）に含まれる．リンボク類は，一般的な維管束植物に見られる根，茎，葉の他に，根を側生し二又分枝する軸状の器官（*担根体）をもつ．リンボク類の茎および担根体は*原生中心柱または*管状中心柱で，外原型の一次維管束組織と*二次木部を含むが，*二次篩部は形成されない．ただし，二次木部は数cm程度の厚さにしかならず，茎の肥大に貢献するのは*コルク形成層から作られた厚い周皮である．

ル

a **ルー** Roux, Pierre Paul Emil 1853〜1933 フランスの細菌学者. L. Pasteur の協力者として炭疽病ワクチンを開発, また A. Yersin と共同でジフテリアの研究をし, 菌体外毒素の証明をした. 破傷風抗血清改良などの業績もある. Pasteur の狂犬病ワクチンへの協力は有名.

b **ルー** Roux, Wilhelm 1850〜1924 ドイツの動物発生学者. イェナ大学で E. H. Haeckel に, ベルリン大学で R. Virchow に学び, ハレ大学解剖学教授. 発生現象の比較発生学的研究に対し因果分析的方法を強調, 発生機構学を創始. 発生の実験的研究の興隆に道を開いた (⇒ヒス). 遺伝的不等分裂説 (⇒生殖質説) の立場から, 二細胞期のカエルの卵の1割球を焼き殺して半胚を得た. 'Archiv für Entwicklungsmechanik der Organismen' (Roux' Archiv) を創刊. [主著] Ziele und Wege der Entwicklungsmechanik, 1892; Die Entwicklungsmechanik, 1905.

c **類縁関係** [relationship] 生物の分類群の*系統における相互の位置関係, すなわち*系統発生上の近接性の程度. 系統分類の基盤となるものであり, 類縁関係を明らかにするのは系統を解明することにほかならないが, その根拠として古くから比較形態学による形態的な類似性と相同関係が多用され, また生殖法, 交雑試験, 血清学的検査, 地理的分布, 化石なども用いられてきた. 現在では DNA の塩基配列や蛋白質のアミノ酸配列に基づく分子系統学的研究が一般的となり, 次々に新たな発見をもたらしている.

d **類環虫類** [Gephyrea] 〚同〛橋虫類, 星蟲虫類. ホシムシ類, ユムシ類および鰓曳虫類をあわせた一群. 体腔がただ一つで広大であるというこれらの動物群に共通する特徴を相同と見なし A. de Quatrefages (1847) により創設され, *環形動物と*ナマコ類との橋渡しとなる動物と位置づけられた. 学名は「橋」のラテン語に由来. このとき, ユムシ類は剛毛をもつので有毛ゲフィレア (Gephyrea chaetifera, G. armata, 有毛類 Chaetifera), ホシムシ類および鰓曳虫類にはそれがないので無毛ゲフィレア (G. achaeta, G. inermia, 無毛類 Achaetifera, Achaeta) とも呼ばれた. 類環虫類の概念は長く支持されたが, 20 世紀後半には3動物群に直接の類縁関係を認めず, それぞれを独立の門とする体系が一般的となった. しかし, 近年, 分子系統学的解析の結果を受けて, ユムシ類とホシムシ類は*環形動物門に編入される一方, 鰓曳虫類はこれとは系統的にかなり離れた別門とされることが多い. (⇒ユムシ動物, ⇒星口動物, ⇒鰓曳動物)

e **類型学的思考** [typological thinking] 〚同〛本質主義的思考 (essentialistic thinking). 個体変異の実在性とそれが果たす生物学的役割に注目せず, 集団や種を構成する個体はプラトン的な意味でのイデア (eidos) すなわち本質 (essence) のコピーであるとみなす思考. この点で, 集合ではなく個体が生物現象を担うこと, そして個体変異が実在することの認識の上に立つ集団的思考 (population thinking) と対極的. 類型学的思考は, 歴史的にギリシア時代から約 2000 年にわたって生物分類学を支配した (D. L. Hull, 1964).

f **類似係数** [similarity coefficient] *数量分類学において, 対象とする二つの*操作的分類単位 (OTU) 間の「類似の程度」を表す指標. 基本的なものは相関係数 (correlation coefficient) だが, その他多くの係数がある. 0/1 型データの場合には, 単純一致係数 (simple matching coefficient), P. Jaccard (1908), S. Kulczynski (1927), L. R. Dice (1945), A. Ochiai (1957), D. J. Rogers と T. Tanimoto (1960) らの係数があり, これらは生物社会学における調査区相互間の類似性を表す係数の転用が多い. (⇒分類学的距離)

g **類似度** [similarity] 系統学や分類学において, 形質データから得られる対象間の類似性 (similarity, resemblance, affinity), 非類似性 (dissimilarity) あるいは距離 (distance) などの総体. 系統学や分類学上の議論の基礎とされ, また, 集団遺伝学においても, 集団間の遺伝的距離を測るいくつかの概念および方法が提唱されている (例えば Nei の遺伝距離). D. L. Swofford と G. J. Olsen (1990) によれば, 類似度と非類似度の値域は 0 以上 1 以下の実数だが, 距離の値域は非負実数 (0 以上から無限大まで) である. 数学的に見ると, 対象 x, y の間の距離 $d(x, y)$ が計量 (metric) であると呼ばれるのは次の3条件が満たされるときである. (1) 非負性: 任意の x, y に対して $d(x, y) \geq 0$ (等号が成立するのは $x = y$ のとき). (2) 可換性: 任意の x, y に対して $d(x, y) = d(y, x)$. (3) 三角不等式: 任意の x, y, z に対して $d(x, z) \leq d(x, y) + d(y, z)$. ユークリッド距離 (Euclidean distance) やマンハッタン距離 (Manhattan distance) は計量であるが, Nei の遺伝距離や免疫学的距離は計量ではない (非計量 nonmetric と呼ばれる). 系統推定に用いる距離が計量である必要はない. 例えば, *最節約法に基づく系統推定で通常用いられているマンハッタン距離は, 形質状態変化をその遷移確率 (例えば塩基置換率の推定値) によって重みづけすると計量ではなくなることがある. しかし, 系統樹の枝の長さを, 形質状態の変化回数ではなく, その遷移確率の関数であると解釈するならば, 系統推定の上で何も問題はない. 距離法 (distance method) という系統推定法のカテゴリーを代表するのは, 数量表形学 (numerical phenetics) の *UPGMA と分子系統学で広く用いられている*近隣結合法である. UPGMA では全体の類似度 (overall similarity) のデータ行列に基づくクラスター分析を行い, 結果を有根樹状図 (phenegram) によって表示する. 近隣結合法では距離行列を変換補正し, 無根系統樹を構築する. 一方, 類似度行列や距離行列を用いない形質状態法 (character-state method) に属する最節約法でも, 最節約系統樹を構築する過程でマンハッタン距離によって系統樹の枝長および全長を計算する. したがって, 数量的な類似度・非類似度・距離を利用する系統推定法は, 距離行列法だけに属するわけではない.

h **類人猿** [anthropoid, ape] 分類学上, ヒトとともに霊長目ヒト上科 (Hominoidea) を構成する動物群. 身体構造に関し他の霊長類よりもむしろヒトに近いため, この名がある. チンパンジーとボノボが系統的にヒトに

最も近く，DNAの約99％を共有，ゴリラはこれらよりやや DNA の共有率が低く，オランウータンはヒトおよびアフリカの類人猿と DNA の 97％前後を共有する．これら大型類人猿に対して，テナガザル類を小型類人猿と呼ぶ．かつてはオランウータン科(Pongidae)にこれらの大型類人猿を一括して分類していたが，現在ではヒトと大型類人猿をヒト科，小型類人猿をテナガザル科とすることが多い．類人猿が身体行動的にヒトに類似する点として，脳が大きい，半直立もしくは直立姿勢をとる傾向がある，頭蓋骨の基本的構造，歯の形態と歯式(2・1・2・3)，虫垂が存在する，尾が欠如する，四肢の関節の可動性が大きい，左右に扁平な胴をもつなどがある．

a **ルイス** LEWIS, Edward B. 1918～2004 アメリカの生物学者．初期からショウジョウバエの胚発生の過程に見られるホメオーシス現象に関わり，*bithorax* を含む多数の突然変異を利用した遺伝学的手法により，ホメオティック遺伝子群による体節支配機構に関する説を発表，ボディプランの発生生物学的研究に活路を与えた．C. Nüsslein-Volhard, E. Wieschaus とともに 1995 年ノーベル生理学・医学賞受賞．

b **累積子実体** [sorocarp] 《同》ソロカルプ．細胞性粘菌類が無性的に形成する子実体．見かけ上は柄のある1個以上の胞子嚢のように見えるが，この胞子嚢は発生または体制上は個々に独立した細胞からなる胞子の集塊が柄の上に積み重ねてできたものである．*偽変形体から形成され，胞子嚢群(sorus)や柄盤(disk)からなる．

c **累積増殖曲線** [cumulative growth curve] WI38細胞系のような有限継代性細胞の全培養経過における増殖性を見るために用いられる*増殖曲線．継代ごとに植え込む細胞数，収穫細胞数を算定し，その比を累積して表す．

d **涙腺** [lacrimal gland] 羊膜類の上眼瞼の外側にあり，涙(tear)を分泌する複合腺．副交感神経を含む顔面神経の一枝に支配される．涙の大部分は水(98％)で，蛋白質(アルブミン・グロブリンあわせて0.4％)，食塩，炭酸ナトリウム，リン酸塩，脂肪などを含む等張液で(pH＝7.4)，*リゾチームによる殺菌作用をもつ．覚醒時にたえず分泌され，まばたきにより眼の前面に供給される．涙の分泌はヒトでは(1)角膜・結膜・眼瞼などへの痛覚的刺激，(2)鼻粘膜への痛覚刺激，(3)強い光・赤外線・紫外線，(4)身体のあらゆる感覚刺激とりわけ痛覚刺激，(5)激しい情緒，(6)笑い・あくび・せき・嘔吐において促進され，(1)～(3)では刺激側の眼だけに反応が起こる．涙は多数の排出管・結膜の上円蓋部を経て結膜嚢内に流れ込み，多量の場合，一部は眼瞼の縁から溢れ落ち，残余は眼がしらに近い涙湖に集まり，鳥類および哺乳類では眼の内角にある上下の眼瞼の開口部(涙点 punctum lacrimale) から涙小管(canaliculus lacrimalis)に入り，涙嚢(lacrimal sac)という膨大部から鼻涙管(涙鼻管 nasolacrimal duct)を経て鼻腔(下鼻道)に流れ込む．爬虫類では口腔に流れ入る．涙嚢の涙小管に対する開口部を涙孔(lacrimal foramen)という．

e **類線形動物** [hair worms, horsehair worms ラ Nematomorpha, Gordiacea, Gordida] 《同》線形虫類，ハリガネムシ類．後生動物の一門で，左右相称，擬体腔をもつ旧口動物．成体は細長もしくは円筒状で体長数 cm～数十 cm，まれに 1 m 以上になる．体節構造はない．体表にクチクラ層が発達し，体の前端に口があるが，成体の消化管は機能せず退化の傾向がある．特別の呼吸器官，排出器官をもたない．雌雄異体で，雌雄ともにその生殖輸管は消化管の末端部に開いて総排泄腔を形成する．擬体腔はほとんど間充織により埋められている場合が多い．幼生はゴルディオイド幼生(gordioid larva)またはエキノデリド幼生(echinoderid larva)と呼ばれ，頭部に*動吻動物に類似した吻および鉤をそなえる．古くは線虫類および鉤頭虫類と併せて広義の線形動物門を構成したが，現在では独立の門とされる．幼時は昆虫または海産甲殻類の体内に寄生し，成熟後には宿主を去って淡水または海水中で自由生活を営む．ハリガネムシ類(Gordioida)とオヨギハリガネムシ類(Nectonematoida)の 2 目からなる小群で，現生約 260 種．

f **ルイセンコ** LYSENKO, Trofim Denisovich (Лысенко, Трофим Денисович) 1898～1976 ウクライナ出身のソ連の生物学者．植物が低温状況に冬期の一定の期間おかれることによって，開花能力が誘導される「春化」という，現在では*エピジェネティクスととらえられている生物現象をもって，獲得形質が遺伝すると解釈した．本来の遺伝学を資本主義的だとして攻撃し，J. Stalinをはじめとする当時の政権首脳部の支持のもとに遺伝学者を弾圧し，数十年にわたってロシアの生物学の発展を遅らせた．

g **ルウォフ** LWOFF, André Michel 1902～1994 フランスの微生物学者．戦後，溶原菌の研究を始め，集団としての溶原菌ではなく，個々の娘細菌細胞の本能を明らかにし，形質発現の遺伝的制御機構を解明．この業績により，1965 年，F. Jacob, J. L. Monod とともにノーベル生理学・医学賞受賞．

h **ルジェー細胞** [Rouget's cell, Rouget cell] 《同》外膜細胞(adventitial cell)，周細胞(pericyte)，周皮．毛細血管の内皮細胞に接した基底膜の外側にある星形の細胞．多分化能をもつ．血管の分枝部に多い．食作用をもち，多くの細い突起をもって毛細血管を囲む．

i **ルシフェラーゼ** [luciferase] 《同》発光酵素．生物発光を触媒するオキシゲナーゼの総称．発光物質の冷水抽出物を酸素中に放置して発光させるとき，基質である*ルシフェリンが消耗されたあとに残る熱不安定性の蛋白質．結晶として得られたホタルのものは分子量約 1 万．このほか，ウミホタルや発光細菌のルシフェラーゼがある．これらはオキシゲナーゼに属するが，金属や補酵素を含んでいない．発光には酸素のほか，補助因子として ATP などが必要なものと，不要なものとがある．その発光機構などは種によって相当異なることは明らかで，ルシフェラーゼは高度の特異性をもち，一般に近縁の種からとったルシフェリンだけに作用する．ホタルとウミホタルの酵素を交換して発光させることはできない．ウミホタルのルシフェラーゼは乾燥状態ではかなり安定で保存できる．ホタルルシフェラーゼの遺伝子はクロー

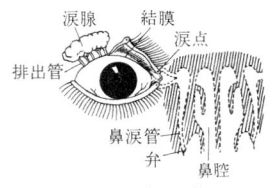

ヒトの涙腺と涙管

ニングされ(1985), アシル CoA リガーゼとの高い相同性が示された. X 線結晶構造解析(1996)により, Ile288 の発光への関与が明らかにされている. バクテリアルシフェラーゼは 40 kDa と 37 kDa の $\alpha\beta$ 型の二量体構造をとり, 活性中心が α サブユニットに存在する. FMN と直鎖状アルデヒドが発光反応に関与する. テトラデカナールがバクテリアルシフェリンである.

a **ルシフェリン** [luciferin] 《同》発光素. 化学発光としての*生物発光における発光物質で, *ルシフェラーゼの触媒作用の基質となる物質の総称. 発光組織や発光細菌の熱水抽出物中には, 生物種ごとに特有な各種の耐熱性低分子成分を含有する. 耐熱性成分が 2 種以上あるときに, そのうちで発光に必要な直接の化学変化を行う物質を一般にルシフェリンという. 例えば発光細菌では*フラビンモノヌクレオチド(FMN)と長鎖飽和アルデヒドの共存が必要であり, 前者をルシフェリンと呼ぶ. また, ルシフェリンとルシフェラーゼのような酵素-基質系以外の系による生物発光もある. (→発光蛋白質)

ウミホタルルシフェリン　ホタルルシフェリン

ラチアルシフェリン　セレンテラジン

b **ルテイン** [lutein] →キサントフィル

c **ルードウィヒ** LUDWIG, Carl Friedrich Wilhelm 1816〜1895 ドイツの生理学者. C. Bernard のフランス学派とならぶ同時代の生理学研究の一大中心を形成. 尿分泌の限外濾過説, 循環生理学を中心に多くの業績をあげ, 筋運動記録器, 摘出臓器の灌流実験法など, 実験・描記技術の考案のうえにも貢献. 顎下腺の神経支配に関する業績も有名. [主著] Lehrbuch der Physiologie des Menschen, 2 巻, 1852〜1856.

d **ルート効果** [Root effect] 水素イオン濃度が上昇した場合に呼吸色素が結合する酸素の量が, 著しく低下する現象. R. V. Root (1931) の発見. *ボーア効果が, 水素イオン濃度の上昇にともない呼吸色素の酸素解離曲線を右方向に移動させるのに対し, ルート効果は下方向に移動させる(→酸素解離曲線[図]). 例外もあるが, ルート効果が大きい場合にはボーア効果もそれにともなって大きいのが一般的なので, ルート効果はボーア効果の極端な場合である可能性が指摘されている. 多くの硬骨魚類のヘモグロビンはボーア効果に加えてルート効果をもつことにより大量の酸素を運搬することができる. さらに, ルート効果は鰾(うきぶくろ)における酸素放出にも役立つ. すなわち, 鰾では解糖系が活発に乳酸形成を行うことによって血液を酸性に保ち, そのため酸素分圧の著しく高い鰾でヘモグロビンが酸素を解離することができる.

e **ル=ドワラン** LE DOUARIN, Nicole Marthe 1930〜 フランスの発生学者. 1970 年代にニワトリとウズラの細胞が組織化学的に弁別できることを発見, 独自のキメラ胚作製技術を確立し, 脊椎動物の細胞から肉眼解剖学的レベルを包含する広範な研究を展開. 神経堤細胞に関する一連の研究が有名. 1986 年, 京都賞先端技術部門受賞. [主著] The neural crest, 1982.

f **ルー瓶** [Roux flask] 約 500〜1000 mL の容量をもつ平たい直方体のガラス培養瓶. この中に液体または固形の培地をその平たい面上につくり, 大きな表面積で細菌・培養細胞などを多量に培養するのに使う. P. P. E. Roux の名を冠する. 今日では, 同形でより小型のプラスチック製品がよく用いられる. 他にナス型培養瓶などが使われる. 初期にはカレル瓶もよく使われた.

g **ループ構造** [loop structure] 《同》クロマチンループ. クロマチンの一部が核マトリックスに結合して形成されるループ状の構造. ループの中に複数の遺伝子座が存在し, ループごとに固有の発現制御を受ける可能性が考えられている. ループ基部 DNA には*マトリックス接着領域が存在し, *インシュレーターを含むこともある. 分裂期染色体の高度に凝集した構造の形成にもループ構造が関わるとされている.

h **ルブナー** RUBNER, Max 1854〜1932 ドイツの代謝生理学者. 1913 年カイザー=ウィルヘルム研究所に労働生理学研究室を設立. 等栄養価(isodynamy)法則, 体表面積の法則, 物質代謝に関するエネルギー保存の法則の検証, 熱発生や体温調節の問題などで成果をあげ, 栄養学の近代的発展の基礎をつくった.

i **ルーメン** [rumen] →反芻胃

j **ルリア** LURIA, Salvador Edward 1912〜1991 イタリア, のちアメリカの分子遺伝学者. M. Delbrück とともにファージ遺伝学の研究をした. 細菌のファージ抵抗性突然変異は環境に適応して起こるのではなく, ランダムに生じて集団中にいる既存の変異体が淘汰に生き残ったものであることの立証, ファージの変異体がクローン中でも指数関数的増殖をすることを示した実験などは, 細菌とファージの遺伝学の礎石となった. ファージ干渉現象, 相互排除現象, 多重感染による再活性化現象など多くの現象を もたらし, 1950 年代前半期から, ファージと宿主との遺伝的相互作用について多くの現象を解明. 1969 年, Delbrück, A. D. Hershey とともにノーベル生理学・医学賞受賞.

k **ルリア−ラタルジェ実験** [Luria-Latarjet experiment] 宿主菌体内でのファージの増殖段階を, 菌を破壊することなしに, 外から紫外線などをあてたときのファージの子孫を残しうる能力(*感染中心の生存率)の程度によって推定する実験. T2 ファージを用いて S. E. Luria と R. Latarjet (1947) が最初に行った. 感染後ファージの増殖過程が進行すると, ファージゲノムの数または DNA プールが増大する程度に応じて, 紫外線抵抗性が増す(どれか一つのゲノムが無事に成熟ファージになる確率が増すため).

l **ルンストレーム** RUNNSTRÖM, John 1888〜1971 スウェーデンの動物学者. 棘皮動物の発生, 特に受精をコロイド化学的立場あるいは代謝生化学の立場から研究. ウニ胚の発生を動物極勾配と植物極勾配との拮抗関係から説明する二重勾配説を提唱した.

m **ルンデゴールド** LUNDEGÅRDH, Henrik Gunnar

1888〜1969 スウェーデンの植物生理学者，生態学者．ウプサラの植物生理学研究所を主宰．植物生理学を基盤として従来の個体生態学から実験生態学を確立．Glockenapparat と呼ばれる二酸化炭素測定装置を考案し，自然界における二酸化炭素の循環を定量的に研究した．また，*アニオン呼吸の概念を提唱した．［主著］Klima und Boden in ihrer Wirkung auf das Pflanzenleben, 1925.

レ

レー RAY (Wray), John 1627〜1705 イギリスの博物学者. F. Willughby とイギリスおよびヨーロッパ大陸の各地を旅行, 動植物の採集をした. 主として植物を研究し, 植物界を三大別して隠花植物, 単子葉植物, 双子葉植物とした. Willughby の死後, その魚学・鳥学に関する業績を編集し, のちには自分も動物を, 解剖学を基本として分類した. はじめて分類学上の種の概念を明確にしたことは重要. 自然神学のイギリス的伝統の最初におかれる思想家でもある. [主著] Historia generalis plantarum, 3 巻, 1686〜1704; Synopsis methodica animalium quadrupedum et serpentini generis, 1693.

齢 [instar, larval instar, age] 節足動物, 特に昆虫類において, 幼虫の発育段階を区分する際に用いる語. 孵化してから第一回の*脱皮までの期間を一齢, 一度脱皮してから第二回目の脱皮までの期間を二齢, …のように呼ぶ. 幼虫期を構成する齢の数は, 種によってほぼ決まっているが, 栄養状態など条件により同種でも異なることがある. 齢数が雌雄によって異なるもの, あるいはカイコのように品種によって異なるものもある. いずれの場合も, 幼虫期最後の齢を最終齢(last instar)といい, これが時間的に最も長く, かつ成長も著しい. 最終齢からは脱皮なしに前蛹(prepupa)へ移行し, 蛹脱皮を経て蛹となるものが多い. なお, ある発育段階に入ってからの経過時間を, 羽化後の齢(日齢)などのように, 齢ということもある.

冷害 [chilling injury] 《同》低温傷害, 寒害. 特に暖地産の植物が, 氷点以上の低温にさらされた場合に起こる傷害・*枯死. そのような植物を低温感受性植物(chilling sensitive plant)と総称する. 氷点下で見られるものは凍害・*霜害と呼んで区別する. 冷害の機構としては, 生体膜の構造変化, すなわち, 膜の一部が低温により*相分離を起こし, それに伴う透過性の増大, 細胞からの溶質の漏出, 原形質組成の変化などの連鎖的な傷害が起こることが考えられている. これを相転移説と呼ぶ. 例えば, 低温感受性植物の葉緑体中にはホスファチジルグリセロールの相転移温度の高い分子種が少ないことが報告されている. ワタの芽生えでは細胞からのイオンの漏れに先がけて還元型グルタチオンと膜のリン脂質の量が減少する. 一般に低温耐性の植物のミトコンドリアでは呼吸に対するアレニウスの*活性化エネルギーが低温から常温にわたって一定であるが, 低温感受性植物のミトコンドリアでは 10〜12°C 以下で著しく増大する. また低温感受性植物のミトコンドリア膜では飽和脂肪酸の不飽和脂肪酸に対する割合が, 冷害の始まる温度で増大する. ある種の培養細胞では粗面小胞体の膨潤とリボソームの遊離に伴う表面の滑面化, 液胞膜の破壊などが見られる. 低温耐性の獲得には*アブシジン酸が関わっている. 冷害は農業上重大な問題である. 例えば, イネの成長や収量は夏の低温によって減少する. 冷害には遅延型と障害型がある. 前者は主に栄養成長期間の低温によって生育が遅延するとともに, 登熟期に秋冷に遭い, 登熟不良によって収量が減少する型である. 後者は花粉形成あるいは受精時に低温に遭遇し, 不受精籾の発生により収量が減少する型である. 被害の特に大きく現れるのは障害型であるが, その機構としては, 葯の糖代謝異常による裂開不良とそれと連動した花粉の充実不良などが考えられている. 6〜8 月の平均気温が約 19°C 以下となると遅延型冷害が, また障害型冷害は約 17°C 前後から発生しやすい. 冷害は果物や野菜の低温保存の際にも, 変色や表面組織の*壊死として現れる.

励起移動 [excitation transfer] 《同》エネルギー伝達. 分子や原子の間をその励起エネルギーが移動する現象. 分子中の電子系の励起エネルギーが分子間を移動する場合には, 分子間結合力の強さ (coupling strength) の順に, 次の三つの型が考えられる. (1)強結合(strong coupling): 分子振動の周期(〜10^{-14} 秒)以内に起こる速い移動. (2)中間結合(intermediate coupling): 振動の緩和時間(〜10^{-12} 秒)以内に起こるやや速い移動. (3)弱結合(weak coupling): 励起状態の寿命(〜10^{-9} 秒)以内に起こる遅い移動. 強結合の場合には, 電子励起は系全体に非局在化しており, 非局在化励起子(delocalized exciton)の概念が非常によく当てはまる. 中間結合の場合には, 電子励起の非局在化は強結合の場合ほど完全でなく, 励起エネルギーは分子変形をひきずって移動するが, やはり非局在化励起子の概念が適用できる. 弱結合の場合には, 局在化した電子励起が分子間を跳躍的に移動する. いわゆるフェルスターの公式 (Förster's formula) は, この跳躍的な移動の割合を, 理論的に示したものである (⇒フェルスターモデル). 原子間の励起移動は, 原子に振動自由度がないので, すべて励起状態の寿命以内に起こるが, その速さは必ずしも小さくない.

霊菌 [*Serratia marcescens*] 《同》セラチア菌. 腸内細菌科セラチア属の基準種である *Serratia marcescens* の和名. 真紅の色素プロジギオシン(prodigiosin)を産生する細菌として知られているが, 色素を産生しない生物型も存在する. グラム陰性, 通性嫌気性, 発酵性, 周鞭毛による運動性の短桿菌で, 多能性を示す. *フォゲス-プロスカウエル反応陽性で, チブチリン, Tween80, DNA などの分解活性をもつ. 水, 土壌, 植物体など自然界に広く分布し, 牛乳や他の食物に生えることもある. 昆虫に対して病原性を示すものがあり, 通常赤い色素を産生するので, 本菌の感染により死んだ昆虫の体も赤みを帯びる. ヒトに対する病原性は弱く, 健康な人には害を生じないが, 高齢者や免疫力が低下している人が感染すると, 肺炎・敗血症などを起こす場合がある日和見感染菌の一つである.

齢構成 [age distribution, age composition, age structure] 《同》年齢分布, 年齢組成. *個体群における各齢層(age class, 年, 月, 日など適当な時間間隔あるいは発育, ステージ)に属する個体数の分布のこと. 総個体数に対する各齢層の割合として示されることが多く, これをヒストグラムに示した図形を年齢ピラミッド (age pyramid)という. その形は, *世代の重なりの大きい個体群では, 個体数の増減と密接に関連して変化する. F. S. Bodenheimer (1938) は, 急速に増大しつつあ

る若齢個体数の割合の大きい齢構成をピラミッド型，個体数が安定し若・中齢層の割合がほぼ等しいものをベル型，衰退しつつある老齢層の多いものを壺型と呼んだ．制限のない環境下で一定の瞬間出生率および死亡率を保ちつつ指数的に増加する個体群では，齢構成は一定となるはずで，これを安定齢構成(stable age distribution)という．また出生率と死亡率が釣り合い，一定個体数を保つ場合にも，齢構成は究極的に一定となると考えられるが，これは定常的齢構成(stationary age distribution)という．これらは理論上の理想分布である．最近では，齢別の生存率や繁殖力を齢(推移行列)で表し，どの齢期が適応度に強く影響するかという生活史の進化の研究や，寄主-捕食寄生者系のように特定のステージの個体どうしが相互作用するような個体群動態の解析，生存率や出生率が時間的に変動する場合など，齢構成に注目した研究が盛んになりつつある．(→感度分析)

a **冷水種** [cold-water species] *生態分布において冷水中だけに出現する種類．生活の最低温度・最適温度・最高温度が低温にあり，高緯度の海域や湖沼，高山の湖沼に多く，河川では上流域に多く見られる．海域ではコンブ・ヒバマタなどの海藻，タラ・ニシンなどの魚類が顕著で，淡水域では，スギナモ・バイカモなどの大形水生植物，トワダカワゲラ・オンダケトビケなどの水生昆虫，イワナ・マス類の魚がその例．また氷期遺存種と呼ばれるものもみな冷水種である．

b **零染色体性** [nullisomy, nullosomy] *異数性の一つで，*二倍体から1対の相同染色体が失われた状態．染色体数は$2n-2$となる．失われた1対の染色体を零染色体(nullisome)と呼ぶ．n対の染色体をもつ植物では，欠如する染色体に応じてn種類の零染色体植物を得ることができ，それぞれ形態的に区別することもできる．E. R. Sears (1944)は21対の染色体をもつパンコムギの半数体に正常花粉を授粉して種々の$2n=41$の一染色体植物を作り，その後代で20の二価染色体(20_{II})をもつ零染色体植物(nullisomics)を多数得た．この方法によって，パンコムギの半数染色体数21に対し21種類の零染色体植物が得られた．木原均および松村清二は，五倍性コムギ雑種の子孫でDゲノムの7染色体に対する7種類の20_{II}をもつ矮性植物を得たが，これはSearsの零染色体植物に当たる．ヒトを含め動物ではこのような状態は個体として通常存在しない．

c **霊長類学** [primatology] 哺乳類中の霊長目を対象とする総合的な科学．ヒトの進化・生理・行動・心理などの理解に有効な資料を提供すると考えられるところから成立した．自然人類学の一分野という位置を与えられることもある．

d **レーヴィ** Loewi, Otto ローイとも．1873〜1961ドイツ，のちアメリカの薬理学者．心臓の鼓動を支配する神経系の機能を研究し，交感神経と迷走神経の末端から分泌される化学物質の存在を明らかにした．この物質は，H. H. Daleらの努力でアセチルコリンであることがわかり，J.と1936年ノーベル生理学・医学賞受賞．

e **レヴィ-モンタルチーニ** Levi-Montalcini, Rita 1909〜2012 イタリアの生化学者．ニワトリ胚にマウスの肉腫を移植し，神経成長因子(NGF)を発見．S. Cohenらの共同研究でこの蛋白質因子を精製，発生神経生物学の発展を導いた．この因子が脳機能の分化とも関連す

ることが明らかとなって，Cohenとともに1986年ノーベル生理学・医学賞受賞．

f **レヴィーン** Levene, Phoebus Aaron Theodore 1869〜1940 アメリカの生化学者．ロシアに生まれ，核酸に含まれる糖がリボース・デオキシリボースであることを証明，核酸のテトラヌクレオチド仮説を提唱した．A. Kossel や E. Hammarsten とともに核酸の生化学の基礎を築いた．[主著] Hexosamines and mucoproteins, 1925.

g **レヴィン** Levin, Simon Asher 1941〜 アメリカの生態学者・数理生物学者．コーネル大学およびプリンストン大学教授．生態プロセスの空間的諸側面を捉える数理的手法を導入し空間生態学を確立した．アメリカをはじめ各地の多数の数理生態学者を育てた．'Fragile dominion: complexity and the commons'では生態系に関するさまざまな視点をまとめた．2005年京都賞基礎科学部門受賞．

h **レーウェンフック** Leeuwenhoek, Anton van 1632〜1723 オランダの博物学者．デルフトに生まれ，独学．1680年にロンドン王立学会会員に推された．商業を営むかたわらレンズを磨いて，単式顕微鏡を多数製作，幾多の物を観察した．特に注目されるのは，細菌や原生生物の発見，赤血球および毛細血管中でのその移動の実際の観察，筋肉の横紋や昆虫の複眼の構成の観察など．また動物の精子を最初に記載し，精子論的前成説の立場をとった．[主著] Sendbrieven, outledingen en ontdekkingen, ondervindingen en beschouwingen, 7巻, 1685〜1718; Opera omnia sive Arcana naturae ope exactissimorum microscopiorum detecta, 7巻, 1715〜1722.

i **レオウイルス** [Reoviridae] ウイルスの一科．reo とは，ウイルスが分離される組織，呼吸器(respiratory)と腸管(enteric)，それに病原性が不明(発見当時)という orphan の頭文字を綴ったもの(A. B. Sabin, 1959)．ウイルス粒子は直径60〜80 nmの正二十面体状．ゲノムは10〜12分節の二本鎖RNA．各RNA分節から1種類の蛋白質がコードされる．*キャプシド内部にRNAポリメラーゼを含み感染直後のウイルスmRNA合成に関与する．赤血球凝集能をもつ．細胞質で増殖する．オルトレオウイルス属(Orthoreovirus:哺乳類オルトレオウイルスなど)，オルビウイルス属(Orbivirus: Bluetongue virus, African horse sickness virusなど)，コルチウイルス属(Coltivirus:コロラドダニ熱ウイルスなど)，ロタウイルス属(Rotavirus:乳児胃腸炎ウイルス，仔ウシ下痢症ウイルスほか多種動物のロタウイルス)などを含む．オルビウイルス属やコルチウイルス属は節足動物で媒介される*アルボウイルスである．(→付録:ウイルス分類表)

j **レオナルド=ダ=ヴィンチ** Leonardo da Vinci 1452〜1519 イタリアの芸術家であり近代解剖学の先駆者．また化石が昔の生物の遺骸であることをはじめて科学的に論じた．観察の方法の工夫などによりすぐれた解剖図を多く残し，A. Vesalius らに先駆．化石についてはイタリア北部で運河工事の際に地層(第三紀層)中から出た貝類その他の化石に注意を向け，現生の貝類などと形態的・生態的に比較考察した．

k **レオミュール** Réaumur, René Antoine Ferchault de 1683〜1757 フランスの物理学者，動物学者．私学

者として生活し科学アカデミー会員．列氏温度計の考案そのほか多方面の科学的業績がある．変温動物の発育速度と温度の関係についての経験則である積算温度の法則を見出した．動物学では昆虫の解剖・発生・生態，ミツバチの社会生活などの研究，軟体動物の殻が分泌により生じることを明らかにし，関連して真珠の生成を研究した．ヒトデの運動，ザリガニの肢の再生，魚の鰭の発生，シビレエイの発電，海産動物の発光，胃液の作用なども研究．[主著] Mémoires pour servir à l'histoire naturelle des insectes, 6巻, 1734～1742.

a **レギュロン** [regulon] 共通の*調節遺伝子によってその発現が制御されている*オペロンの総体．例えば，大腸菌のアルギニン合成系の遺伝子はいくつかのオペロンに編成されており，染色体上の異なる位置に存在している．これらのオペロンは同一の調節遺伝子 argR による制御を受けており，アルギニンレギュロンと呼ばれる．レギュロンは原核生物の遺伝子発現制御系の用語として使用されているが，原理的には普遍的な概念と考えてよい．一般に調節遺伝子の産物は特定の塩基配列に結合する転写調節蛋白質(*リプレッサーまたはアクチベーター)である．一つのレギュロンに属するオペロンの*プロモーターの近傍にはレギュロン特異的な調節蛋白質の結合部位が存在するため，その蛋白質による複数のオペロンの統合的調節が可能になる．転写調節蛋白質の活性は細胞を取り巻く環境要因の変化(栄養源の変化や光や熱などの物理的刺激)に応答して変動する．この結果，一群の遺伝子の発現が変化する．レギュロンの中には，それを構成するオペロンが複数の代謝系に関与する複雑な場合があり，グローバルレギュロン(global regulon)といわれる．環境変化に対応する制御系には，SOSレギュロンや CRP レギュロンなどグローバルレギュロンに属するものが多い．なお，厳密には特定の刺激に対応してその発現が変化する遺伝子群はスティミュロン(stimulon)と呼ばれており，レギュロンとは必ずしも一致しない．また，オペロンのなかにはいくつかのレギュロンに属するものもあり，複雑な調節ネットワークが存在している．

b **レクチン** [lectin] 細胞膜複合糖質(糖蛋白質や糖脂質)の糖鎖と結合することによって，細胞凝集，分裂誘発，機能活性化，細胞障害などの効果をおよぼす蛋白質の総称．ヒトを含めた動物や植物，細菌，ウイルスまで広く分布している．H. Stillmark (1888)が，トウゴマ (Ricinus communis)の毒素に動物赤血球凝集作用を発見したことを端緒として，その後，種々の植物種子から同様の作用を示す物質が発見され，W. C. Boyd ら (1948頃)はそれらを総称してレクチン(ラテン語の legere=to pick up に因む)と命名した．多数の植物由来レクチンが発見されているが，代表的なものとしてはインゲンマメ (Phaseolus vulgaris)の PHA (phytohemagglutinin)，ナタマメ (Canavalia ensiformis)のコンカナバリン A (concanavalin A, ConA と略記)，アメリカヤマゴボウ (Phytolacca americana)の pokeweed mitogen (PWM)，麦芽中の凝集素 (wheat germ agglutinin)などがある．このうち，PHA と ConA は*T 細胞の，PWM は T 細胞と*B 細胞の分裂を誘発する．植物ばかりでなく無脊椎動物(特に節足動物，軟体動物)の体液中にもレクチンの定義に合う物質が発見されつつある．例えば，カブトガニ (Limulus)，ウミザリガニ (Homarus)，イガイ (Mytilus)，シャコガイ (Tridacna)，マイマイ (Helix)などのレクチンは哺乳類赤血球を凝集し，そのうちカブトガニとシャコガイのレクチンはヒトのリンパ球に分裂を誘発する(=フィトヘマグルチニン)．最近では，レクチンを用いた糖鎖プロファイリング法が開発され，レクチンアレイなどによる糖蛋白質の糖鎖構造解析に用いられている．

c **レグヘモグロビン** [leghemoglobin] Lb と略記．《同》根粒ヘモグロビン．マメ科植物の根粒中に見出される*ヘモグロビン．久保秀雄(1939)の発見．分子量15万～17万．同一根粒中に複数の分子種のものが見出されている．根粒のバクテロイドの周囲に分布し，根粒菌の*呼吸鎖に酸素を供給する一方，酸素により阻害されるニトロゲナーゼ周辺の酸素分圧を下げる働きをしている．

d **レジア** [redia] 《同》レディア．扁形動物新皮目吸虫類に属する二生類の一幼生期．中間宿主(主に巻貝類)の*血体腔，特に中腸腺周囲などで*スポロシスト体内の胚細胞が多数に分裂することで生じる．レジアは細長い嚢状で，口・咽頭・棒状の腸・産門をもち，やがてスポロシストの体を破壊して脱出すると，レジア体内の胚細胞が分裂して多数の娘レジア (daughter redia)または*セルカリアを生じる．(→アロイオゲネシス)

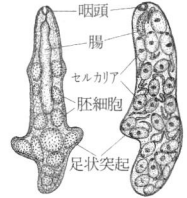

e **レジオネラ** [legionella] レジオネラ属 (Legionella)細菌の総称．基準種は Legionella pneumophila．*プロテオバクテリア門ガンマプロテオバクテリア綱レジオネラ科 (Legionellaceae)に属する．通性細胞内寄生菌の一種で，レジオネラ肺炎(在郷軍人病)などレジオネラ症の原因菌を含む．1976年のフィラデルフィアの在郷軍人大会の出席者4500人中の182人に呼吸器感染症(いわゆる在郷軍人病)が起こり，29人が死亡し，このとき分離された菌が後に L. pneumophilia と名づけられた．現在は50近い菌種が記載されている．病原性は弱く健康な成人では感染者の2%程度が発症するにすぎない．グラム陰性，好気性の運動性桿菌(長さ2～5μm)．培地上の増殖には比較的厳しい条件を要求し，普通寒天培地には生えず，L-システインなどのアミノ酸，鉄 (Fe^{3+})を必要とするほか，pHが6.7～7.0でないと生えない．*β-ラクタマーゼを産生するためβ-ラクタム系抗生物質に抵抗性であるが，マクロライド・リファンピシンに感受性を示す．元来，沼，河川，土壌などに生息する自然環境中の常在菌であり，アメーバなどの原生生物の細胞内に寄生したり，藻類などと共生することによって厳しい栄養要求を満たしているものと考えられる．ヒトの生活環境においては空調設備に用いる循環水や入浴施設など，大量の水を溜めて利用する場所でレジオネラが繁殖する場合があり，これらの水を利用する際に発生する微小なエアロゾルを介してヒトへ感染することが知られている．

f **レジームシフト** [regime shift] [1] 数十年間隔で生じる地球規模での大気・海洋・海洋生態系を含めた全体的な基本構造(レジーム)の急激な変化．主に地球物理学的要因によってつくり出される．水産資源はレジーム

に対応して数十年の周期で高水準期と低水準期を繰り返す．20世紀に約50年の間隔で豊凶を繰り返したマイワシ資源の変動はその典型例．日本周辺では，北太平洋で冬季に発達するアリューシャン低気圧が強い年代にはマイワシ資源は高水準期になり，弱い年代には低水準期となる．一方，カタクチイワシ，マアジ，スルメイカ，サンマ資源ではその逆に増減する．これは魚種交替（fish species alternation）と呼ばれ，レジームシフトの一面である．水産資源の基本的な変動機構であるレジームシフトを考慮した資源の持続可能な利用を図ることが重要である．[2] 生態系がある安定状態から別の状態へと跳躍的，不可逆的に変化する現象．例えば湖沼や干潟などの水辺では，温暖化による水温上昇によって富栄養化が進み，ある時点で生態系全体の構造と機能が跳躍的に変化してしまう場合がある．このような変化が生じると，多少の対応策では生態系をもとの状態に戻すことはできない．

a **RACE法**（レースほう） RACEは rapid amplification of cDNA endsの略．mRNAの配列の一部がわかっている場合に*RT-PCR法を行って，残りの配列を決定する方法．未知領域が既知のmRNAの配列上流（5′側，5′ RACE）にある場合は，既知の配列から5′側に向けてRT-PCRを行い，mRNAを分解後cDNAの3′端にアンカー配列（dCポリマー）を付加する．次に既知の配列とアンカープライマーでPCRを行い，その間のDNAを得る．逆に未知領域がmRNAの下流（3′側，3′ RACE）にある場合，ポリAプライマー（dTポリマー）でRT-PCRを行い，cDNAを作製後既知の配列とポリA間のPCRにより3′側の配列を得る．

b **レセプターキナーゼ** [receptor kinase] 受容体型の*プロテインキナーゼ．細胞膜貫通型の構造をとり，EGF受容体などのチロシンキナーゼ型とTGF-β受容体などのセリン・トレオニンキナーゼ型がある．その種類と下流のシグナル経路は多様．多くの場合，細胞外領域にリガンドが結合することによりレセプターキナーゼが二量体を形成，その構造変化によって細胞内のキナーゼドメインが活性化され，下流のシグナル経路を活性化する．動物，植物を超えて分化，増殖，運動などのさまざまな細胞応答を制御する必須のキナーゼ群である．例えば，EGFレセプターキナーゼが活性化されるとERK/MAPキナーゼが活性化され，遺伝子発現応答が引き起こされる．なお，ロドプシンキナーゼなどのレセプターをリン酸化するキナーゼをレセプターキナーゼと呼ぶ場合もある．

c **レダクターゼ** [reductase] 〖同〗還元酵素．酸化還元酵素の一種で，分子状酸素以外の特異的な基質を電子受容体とする酵素の総称（EC1群）．その基質の名称を付して個々の酵素を示す．生理的な電子供与体が明らかにされていないものもある．硝酸還元酵素や亜硫酸還元酵素などのように嫌気的呼吸や還元的同化・合成に関与するもの，フマル酸還元酵素のように発酵に関与するものもあるが，グルタチオン還元酵素やフェレドキシン-NADP⁺還元酵素のように電子伝達系の一部をなすものに慣用的に命名されることもある．フラビン，モリブデン，ヘムあるいは非ヘム鉄を含むなど，種々の性質のものが知られている．

d **レーダーバーグ** Lederberg, Joshua 1925～2008 アメリカの微生物遺伝学者．大腸菌の遺伝子組換えを発見，またN. Zinderと共同してネズミチフス菌（Salmonella）で形質導入の現象を発見した．そのほか，微生物遺伝学の分野でさまざまな重要な手法を開発した．突然変異体を分離するためのペニシリンスクリーニング法やレプリカ平板法，β-ガラクトシダーゼの比色による活性測定法などは今日でも使われる．G. W. Beadle, E. L. Tatumとともに，1958年ノーベル生理学・医学賞受賞．

e **レチナール** [retinal] 〖同〗ビタミンAアルデヒド，レチネン（retinene），レチナール₁．ビタミンAのアルデヒド型．3位と4位の間が二重結合となった3-デヒドロレチナール（レチナール₂）と区別する場合，レチナール₁とも呼ばれる．トリメチルシクロヘキセンリング（β-イオノン環 β-ionone ringとも呼ばれる）と側鎖の部分に分けられ，分子内に共役二重結合系をもつ．側鎖の部分の二重結合はトランス型およびシス型の構造をとり，合計16種類（2^4）の異性体がある．このうち11-シス型のレチナールは視物質の発色団となる．一部の例外を除いて，淡水産の魚類や両生類の視物質はレチナール₂を発色団とし，それ以外の脊椎動物の視物質はレチナール₁を用いている．同一のオプシンにレチナール₁およびレチナール₂が結合できることが多く，レチナール₂結合型の方が約20 nm長波長に吸収極大をもつ．サケなどの例では淡水環境で発色団がレチナール₂に置き換わることが知られており，海水表層と河川の光環境の違いによる適応と考えられている．視物質が光を吸収すると11-cis-レチナールがトランス型に光異性化され，これが視覚の初発過程である．脊椎動物では，網膜の色素上皮層でレチナールG蛋白質共役受容体（retinal G protein-coupled receptor, RGR）の作用により光依存的に全トランス-レチナールから11-cis-レチナールが生成される．頭足類（イカ）では全トランス-レチナールを発色団としてもつレチノクロムが光を吸収し，特異的に11-cis-レチナールを産生する．

レチノール：R=CH₂OH
レチナール：R=CHO
レチノイン酸：R=COOH

f **レチナール結合蛋白質** [retinal protein, retinal binding protein] 〖同〗レチノイド蛋白質．ビタミンA（レチノール），レチナール，レチノイン酸を分子内に結合させている蛋白質の総称．特に*ロドプシンなど*レチナール（およびその誘導体）を発色団としてもつ光感受性の蛋白質の研究において，頻繁に使われる言葉．この場合はレチナール蛋白質といういい方もよく使われる．一方，retinal proteinという英語は「網膜の蛋白質」という単語と同一であることから，レチナールを結合していない蛋白質も含めて網膜に発現しているを蛋白質全体を指す場合もある．レチナール結合蛋白質は，細菌から脊椎動物にまで見出され，*視物質もその一つである．好塩菌 *Halobacterium salinarium* には4種類のレチナール結合蛋白質が含まれ，すべて全トランス-レチナールを発色団としてもつ．そのうち*バクテリオロドプシン（BR, bacteriorhodopsin）とハロロドプシン（HR, halorhodopsin）はそれぞれ光駆動のプロトンおよび塩化物イオンポンプである．一方センソリーロドプシン（SR, SR I, sensory rhodopsin)とフォボロドプシン(PR, SR Ⅱ, phoborhodopsin)は細菌の光走性に関与する光受容蛋白質である．クラミドモナス(*Chlamydomonas retinhardtii*)に存在する2種類のレチナール結合蛋白質はチャネルロドプシン(ChR1, ChR2)と呼ばれ，そのうちカチオンチャネルの性質をもつChR2は，光による哺乳類神経細胞の制御に応用されている．また，頭足類は網膜に光異性化酵素の*レチノクロムをもつ．

a **レチノイド** [retinoid] *ビタミンA(レチノール)，*レチナール，*レチノイン酸などビタミンA関連化合物の総称．基本骨格は6位の炭素に長鎖の共役二重結合をもつ側鎖が結合したβ-イオノン環である．側鎖の二重結合のシス-トランス異性に基づく多くの立体異性体が存在する．天然のレチノイドは，すべて植物または菌類由来の*プロビタミンAから動物の作用によって生成する．

b **レチノイン酸シグナル** [retinoic acid signal]
内在性レチノイン酸により活性化されるシグナル伝達経路．細胞分化や動物の発生に必須．レチノイン酸(ビタミンA酸とも呼ばれる)は，ビタミンA(レチノール)の重要な代謝産物である．網膜での視覚に関わる作用以外のビタミンAの生理作用は，レチノイン酸によるものとされ，適量において皮膚などの上皮細胞，軟骨，骨髄細胞の分化や動物の正常な発育に必須．レチノイン酸の中で最も生理活性が強いものが全トランス-レチノイン酸で，他に9-*cis*などの異性体も存在する．レチノイン酸の作用は，ステロイドホルモンや甲状腺ホルモンなどの脂溶性ホルモンと同様に，核内受容体(レチノイン酸受容体)によって仲介され，標的遺伝子の転写誘導という形で現れる．全トランス-レチノイン酸の受容体はretinoic acid receptor (RAR)であり，9-*cis*レチノイン酸の受容体はretinoid X receptor (RXR)であり，それぞれ三つのisoform (α, β, γ)が存在．両受容体はホモおよびヘテロダイマーを形成し標的遺伝子の転写制御領域の応答配列と結合する．例えば，全トランス-レチノイン酸は，レチノイン酸応答配列に結合したRAR/RXRヘテロダイマー内のRARに作用し，標的遺伝子の転写を活性化する．*RARβ*遺伝子の転写制御領域には強力なレチノイン酸応答配列があり，レチノイン酸はRARβの誘導を介して増強される．レチノイン酸の結合で活性化されたRARはプロテアソームで分解を受け，レチノイン酸シグナルは収束に向かう．ヒト急性前骨髄球性白血病(APL)に特徴的な染色体相互転座t(15;17)は，17番染色体上の*RARα*遺伝子と15番染色体上の*PML* (promyelocytic leukemia)遺伝子間での相互転座である．その結果生じる融合蛋白質PML-RARαによって前骨髄球の分化の阻害と増殖能の増強が引き起こされることが，APLの病因と考えられる．大量のレチノイン酸を投与することによりPML-RARαのプロテアソームによる分解が起こりAPLは寛解する．一方，肝臓でレチノイン酸シグナルが長期間にわたってブロックされると，肝癌の発症に繋がると推測されている．アルツハイマー病の病因となるアミロイドβ蛋白質の中央部分を切断するαセクレターゼ遺伝子がRARの標的遺伝子であること，また，レチノイン酸を核に運搬する蛋白質の違いにより，薬理量のレチノイン酸はRARのみならず脂質代謝に重要な別の核内受容体PPARβ/δをも活性化する可能性が示されている．薬理量のレチノイン酸には胎児への催奇性があり，妊婦への大量投与は禁忌であるが，レチノイン酸もしくはAm80などの強力な合成RARアゴニストを活用することで，APLのみならず，肝癌，アルツハイマー病，脂質代謝異常症の予防・治療に貢献できる可能性が注目されている．

c **レチノクロム** [retinochrome] 頭足類の網膜に存在する感光性色素蛋白質で，視物質(ロドプシン)の再生に必要な11-*cis*-レチナールを産生する光異性化酵素．吸収スペクトルはロドプシンと似ているが，全トランス-レチナールを発色団とし，光を吸収して11-*cis*-レチナールを遊離する．視物質は感桿分体(rhabdomere)に存在するが，この色素は主に視細胞内節部に存在し，11-*cis*-レチナールを再生する．301個のアミノ酸からなる膜蛋白質であり，ウシロドプシンとのアミノ酸配列の一致は22.8%であるが，ウシロドプシンと同様7本のαヘリックス構造をもっていることが推定されている．

d **レチノール結合蛋白質** [retinol-binding protein] RBPと略記．血清に存在する*ビタミンA輸送蛋白質．ヒト血清中には40〜50μg/mL存在する．分子量1万6000〜2万1000で単量体．アポ蛋白質は1:1のモル比でレチノールを結合する．ビタミンA，レチナール，レチノイン酸，*ビタミンA$_2$を結合するが，レチニルエステルは結合しない(⇌ビタミンA)．ホロ蛋白質は，トランスチレチン(transthyretin)と呼ばれる四量体の甲状腺ホルモン輸送蛋白質と1:1のモル比で強固に結合する．血中のビタミンAの濃度を一定に保つ働きもあると考えられている．

e **裂開果** [dehiscent fruit] 成熟すると果皮が裂開(dehiscence)し，種子の散布が行われる果実．*閉果と対す．一心皮性雌ずいに由来するマメ科の*豆果，ヒエンソウ属やシキミ属の*袋果，合生心皮雌ずいに由来するユリ科・ツツジ科・ホウセンカ・アサガオの*蒴果がその例．なお，アブラナ科の長角果および短角果は蒴果に含まれる．果皮が乾燥して裂開するのが一般的だが，アケビのように多くの水分を含んだまま裂開する例もある．

f **レック** [lek] 《同》集団求愛場．繁殖期の雄が集合して集団で*求愛誘示を行ったり，特定の位置を占めるために儀式的な闘争で争いあったりするような場所あるいは繁殖システム．レックにつどう雌は，例えばレイヨウ類のように特定の位置(中央部)にいる雄と交尾する場合と，シギ類のように求愛頻度の高さなどの好ましい形質をもつ雄を選んで交尾する場合とがある．レック内の一部の雄が雌との配偶を独占することにより，雄の配偶成功に大きな偏りが生じる場合が多い．レックには餌など雌に役立つ資源は何もなく，雌は別の場所で出産・産卵する．

g **RecAファミリーリコンビナーゼ**(レックエーファミリーリコンビナーゼ) [RecA family recombinase] 原核生物に普遍的に存在するRecA蛋白質(RecA protein)と機能的，構造的に類似する組換え酵素群．RecA蛋白質は*相同組換え反応で中心的な役割をはたす分子量約4万の蛋白質で，一本鎖DNAに協同的に結合して1巻き6分子からなる右巻きのらせん構造をしたヌクレオプロテインフィラメントを作る．ATP存在下で，このヌクレオプロテインフィラメントは，相同な二重鎖DNA中に侵入する*Dループ形成活性や，相補的なDNAの対合を伴うDNA鎖交換活性を有する．T4フ

ァージのホモログは uvsX 蛋白質, 真核生物のホモログは, Rad51 と Dmc1 が知られている. これらは, RecA 蛋白質と構造的にも機能的にも相同であり, 総称して RecA ファミリーリコンビナーゼと呼ばれている. 真核生物 Rad51 は, 減数分裂期組換えと体細胞分裂時の組換え修復の両方に関わるが, Dmc1 は減数分裂期に特異的に発現し減数分裂組換えのみに関与する. また, Rad51 はすべての真核生物に存在するが, ショウジョウバエ, 線虫, アカパンカビ, 担子菌などは Dmc1 をもたない. 大腸菌 recA 遺伝子は*組換え遺伝子として相同組換えで中心的な役割を担う一方, 細胞が DNA 傷害を受けたときに行う*SOS 応答でも必須の働きもしている. すなわち, RecA は, 20 個以上の SOS 機能遺伝子(この中には, recA 遺伝子自身や lexA 遺伝子も含まれる)の共通リプレッサーである LexA 蛋白質や λ ファージのリプレッサー蛋白質の切断不活化を促進し, SOS 遺伝子の発現を誘導する. また, SOS 応答で誘導された DNApolV の UmuD サブユニットの N 末端 24 アミノ酸の切断除去による活性化にも関与する. どちらの場合も, ATP が結合した RecA―一本鎖 DNA フィラメントが, その活性を担う構造体として機能する.

a **レッシュ–ナイハン症候群** [Lesch-Nyhan syndrome] 高尿酸血症・脳性小児麻痺・自傷行為(自己咬傷)・知能障害を主徴とする先天性代謝異常症. M. Lesch と W. L. Nyhan(1964)の報告. 男性に伴性劣性遺伝する. 一次障害はプリン生合成の*サルヴェージ経路の酵素ヒポキサンチン–グアニンホスホリボシルトランスフェラーゼ(hypoxanthine-guanine phosphoribosyl-transferase, HGPRT)の欠損に起因する. この遺伝子は X 染色体上にのっている. 乳児期後半から 1 歳ごろに, 筋緊張異常などの中枢性神経症状や精神発達遅延が明らかになる. 自己咬傷とは自分の口唇・指などをはなはだしいときは咬み切るもので, 本症に特徴的. 高尿酸血症の結果, 結石も生じやすい. HGPRT の活性低下と神経症状の発現との関連性は不明. 原因不明の男児の神経症状には, 本症を疑って尿酸値の測定をする必要がある. 発症頻度は男子 10 万人に 1 人である.

b **劣性** [adj. recessive] 《同》不顕性, 潜性. 対立形質をもつ両親の*交雑において, *雑種第一代(F_1)世代に現れないほうの形質. *優性(顕性)の対語.

c **裂体腔** [schizocoel] 《同》分離腔. 発生の際に中胚葉性の細胞塊が内部から裂けるようにして隙間が生じ, その結果生じる体内の腔所. 腸体腔(enterocoel)と対置される(⇒腸体腔囊). 環形動物, 軟体動物, 節足動物などの発生過程で*端細胞に由来する細胞塊から生じる.

d **レディ** REDI, Francesco 1626〜1697 イタリアの医師, 博物学者. ピサ, フィレンツェで医学・哲学を学びトスカナ大公 Ferdinand II の侍医となる. 実験アカデミーの有力会員. 生肉を入れた容器をガーゼでおおう実験によって虫の自然発生を否定した. 内臓の寄生虫や虫癭(ちゅうえい)中の虫については自然発生を認めた. [主著] Esperienze intorno alla generatione degli insetti, 1668.

e **レトロウイルス** [Retroviridae] ウイルスの一科で, ゲノムの+鎖 RNA が感染細胞で二本鎖 DNA に転換され細胞染色体に組み込まれ, *プロウイルスとなるものの総称. H. M. Temin と D. Baltimore (1972)が提唱し, 国際ウイルス命名委員会で科名として採用された (1976). それ以前には, オンコルナウイルス(oncornavirus), ロイコウイルス(leukovirus)と呼ばれていた. ウイルス粒子は約 100 nm の球形. *エンベロープをもち, 内側に直径 40〜60 nm のヌクレオ*キャプシドをもつ. ゲノムの+鎖 RNA は, ウイルス粒子内では二量体を形成している. ウイルス粒子内には逆転写酵素と, DNA 合成のプライマーになる tRNA をもち, ウイルス RNA を鋳型として二本鎖 DNA を合成する. この DNA がプロウイルスとして, 細胞 DNA に組み込まれ, 細胞性 RNA ポリメラーゼにより mRNA が合成され, それをもとに細胞質でウイルス蛋白質が翻訳される. ウイルス RNA ゲノムと合成されたウイルス蛋白質が細胞膜で会合して, ウイルスコアがつくられ, ウイルス膜をかぶってウイルス粒子が細胞外へ遊離する. 電子顕微鏡による形態的な差異により, B 型粒子(B type particle), C 型粒子(C type particle), D 型粒子(D type particle)に分けられることがある. 次の二つの亜科がある. (1) オルトレトロウイルス亜科(Orthoretrovirinae): 六つの属(アルファ, ベータ, ガンマ, デルタ, イプシロンレトロウイルス属と*レンチウイルス属)に分類される. アルファからイプシロンまでのレトロウイルスは哺乳類, 鳥類, 魚類に感染する. 腫瘍原性をもち, 自然宿主に白血病や肉腫を作る. レンチウイルス属は, HIV, SIV, ウマ伝染性貧血症ウイルスを含む. (2) スプーマレトロウイルス亜科(Spumaretrovirinae): フォーミーウイルスとも呼ばれ, 潜在感染の形でよく見出される. またアルファとガンマレトロウイルス属に関連した内在性ウイルスがしばしば見出される. これはプロウイルスの一部または全体が生殖細胞遺伝子上に含まれ, 遺伝的に受けつがれていくものを指す. またアルファとガンマレトロウイルス属は, プロウイルスのとき, 組み込まれた部位の近くの宿主遺伝子をウイルスプロモーター支配下に発現することで, 発がんを誘発することもある. レトロウイルスは遺伝子治療のベクターとしても利用され, また逆転写酵素は, RNA から DNA をつくるのに応用され, 分子遺伝学, 遺伝子工学の進歩に大きな貢献がある. (⇒肉腫ウイルス, ⇒白血病ウイルス)

f **レトロポゾン** [retroposon] *転移因子のうち, 自身の DNA 配列から転写された RNA を逆転写することにより相補的 DNA(cDNA)を合成し転移するものの総称. 次の 2 群に大別される. (1) LTR 型レトロトランスポゾン(LTR retrotransposon): その構造はレトロウイルスと類似し, 両末端に転移に必要な長い繰返し配列(long terminal repeat, LTR)をもつ. 酵母の Ty 因子(Ty element)やショウジョウバエのコピア因子(copia element), マウスの IAP 因子(IAP element)を含む. (2) 非 LTR 型レトロトランスポゾン(non-LTR retrotransposon): ヒトゲノムに存在する L1 因子(L1 element)に代表される LINE(long interspersed element)や, Alu 因子(Alu element)に代表される SINE(short interspersed element)を含む.

g **レトロマー** [retromer] *エンドソームや液胞前区画(prevacuolar compartment, PVC)からトランスゴルジネットワーク(trans Golgi network, TGN)への逆行輸送を担う蛋白質複合体. 構成要素, 機能ともに真核生物に広く保存されている. 出芽酵母の Vps10p を, PVC から TGN に送り返す際必要な複合体として同定. 酵母では, Vps26p, Vps29p, Vps35p, Vps17p, Vps5p

のサブユニットからなる．動物や植物では，Vps17p および Vps5p に代わり sorting nexin (SNX) が複合体に含まれる．Vps35p は積み荷蛋白質の認識に，Vps17p/Vps5p/SNX はリン脂質への結合と膜の変形に，Vps26p と Vps29p は複合体の安定化に関わる．レトロマー複合体の機能不全は，ヒトではアルツハイマー病の発症に関わるという．植物では，レトロマーが種子貯蔵蛋白質の正常な輸送に必須．

a **レニン** [renin] 腎臓皮質に存在するプロテアーゼ．EC3.4.23.15. 分子量約4万の糖蛋白質．最適 pH 約6．ペプスタチンによって阻害される．元来は腎臓ホルモンとして与えられた名称．血漿中の糖蛋白質アンギオテンシノゲンに作用しその分子内の Leu-Leu 結合(ヒトでは Leu-Val)を切断し，*アンギオテンシン I というデカペプチドをつくる作用をもつ．アンギオテンシン I は，肺循環中にある変換酵素の作用によって2個のアミノ酸を失い，オクタペプチドであるアンギオテンシン II になる．レニン自体は酵素としての作用以外にホルモン作用はない．アンギオテンシン II は強力な血管収縮作用(血圧上昇作用)をもち副腎皮質に作用してアルドステロンの分泌を引き起こし，また直接に腎臓の遠位尿細管に作用して Na 再吸収を抑制する．レニンからアンギオテンシン II にいたる系をレニン-アンギオテンシン系(renin-angiotensin system)と呼ぶ．

b **レーニンジャー** Lehninger, Albert Lester 1917～1986 アメリカの生化学者．ミトコンドリアの酸化的リン酸化の研究で知られる．[主著] Biochemistry, 1970.

c **レプチン** [leptin] 肥満遺伝子 *ob* にコードされ，*肥満を防ぐ働きをもつ167アミノ酸残基，分子量1.6万のペプチドホルモン．主に脂肪細胞からその肥大化に伴って分泌され，視床下部の弓状核に作用して*アグーチ関連ペプチドの分泌を抑制し，摂食を抑制する．*褐色脂肪組織に作用して直接エネルギー消費を増加させる．すなわち，レプチンを介して，体脂肪の蓄積が摂食の抑制とエネルギー消費の亢進を引き起こすフィードバックループを形成している．

d **レプトケファルス** [leptocephalus] 《同》葉形幼生．ウナギ目・カライワシ目・ソコギス目魚類の変態前仔魚の呼称．発見当初，前述した魚類とは無関係の独立したグループと考えられ，レプトケファルスという属名をつけられたことに由来する．透明で側扁した形を示す．変態中に体のサイズが小さくなり，親と同形の稚魚になる．

e **レプトテン期** [leptotene stage] 《同》細糸期，レプトネマ期(leptonema stage)．*減数分裂の第一分裂前期の最初の時期．この時期の前に間期核の容積が増大し，コイル状の染色糸構造が出現する(植物細胞では特に著しい)ので，その時期を特にプレレプトテン期または前減数分裂らせん前期として区別することもある．このらせん構造はやがてほどけ，*染色糸が極めて細くかつ長い糸状に現れ，核内に均一に分布する(早期レプトテン期)．やがてこの染色糸は全長にわたって再びらせん構造を示すようになり，いわゆる*染色小粒も観察される．またすでに縦裂して二重構造がみられる例もあるが，多くの場合，光学顕微鏡・電子顕微鏡法での観察では全体として1本の糸であり，この染色糸をレプトネマ(leptonema)という．

f **レフュジア** [refugium, *pl.* refugia] 環境条件の変化などのためにある地域全体の生物が絶滅した際，一部の生物が絶滅を免れて生き残ることができた限られたごく狭い範囲の特定の地域，すなわち*遺存種が生息しているような地域．氷河期に氷河の影響を免れた盆地や谷間を指すのに使われることが多い．

g **レプリカ平板法** [replica plating method] 《同》レプリカ法．寒天平板培地上のコロニーを綿ビロードなどで他の寒天平板上に移す方法．細菌などの遺伝学的研究，すなわち栄養要求性・薬剤抵抗性などに関する変異体の検出に用いられる．栄養要求性の場合には，まず*完全培地の寒天平板上に適当な密度で集落を作らせ，綿ビロードのような布を円柱の平滑な端面(直径はペトリ皿より少し小さ目にしてある)に張ったものを平板上にあてて集落を写しとる．次にこれを印形として，栄養要素を含まない合成培地の寒天平板上に集落を押印する．問題の要素を必要とする集落はその平板上では発育しないため，もとの平板と比較することによって容易に栄養要求性株を検出できる．

h **レプリカ法** [replica technique] [1] 電子顕微鏡用試料作製において，電子線に対して不透明な試料の表面を電子線が透過できるような薄膜の型(レプリカ)に写しとり，それを観察することによって間接的に試料表面の微細構造を検索する方法．試料の性質に応じ，それぞれに適した方法が開発されているが，プラスチックでとった試料表面のレプリカに真空中でカーボン蒸着と白金など重金属によるシャドウイング(→シャドウイング法)を施した後，溶剤でプラスチックを溶かし，遊離したレプリカ-カーボン薄膜を電子顕微鏡用メッシュですくいとり，検索する方法が広く使用されている．試料を凍結固定処理する*フリーズフラクチャー法もレプリカ法の一種．[2] =レプリカ平板法

i **レプリコン説** [replicon hypothesis] 染色体の自律的複製がレプリコン(replicon)と呼ぶ単位で行われることを骨子とする，染色体複製の調節機構に関する作業仮説．F. Jacob ら(1963)の提唱．例えば，大腸菌の染色体 DNA はそれ自身が一つのレプリコンであり，*エピソーム，*プラスミドなどもそれぞれがレプリコンである．各レプリコンには，レプリケーター(replicator)と呼ぶ構造部分，およびイニシエーター(initiator)と呼ぶ細胞質性物質を生成する遺伝子を想定する．例えば，大腸菌 DNA は，大腸菌に特異的なイニシエーターが生成され，これが大腸菌のレプリケーター(複製起点．オリジンあるいは *ori* と呼ばれることが多い)だけに作用し，ここから複製が開始されると考える．*F 因子についても同様であるが，例えば F 因子が大腸菌染色体に組み込まれて Hfr 状態になると，F 因子 DNA は大腸菌レプリコンの一部として複製されるようになる．また真核生物の染色体も，多数のレプリコンが連結されたものと考えられている．レプリコン説では，原核細胞の転写調節で中心的役割を果たす負の調節とは逆に，正の調

節に主導的役割を想定している.

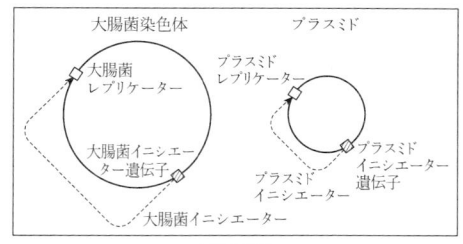

大腸菌染色体／プラスミド

大腸菌レプリケーター／プラスミドレプリケーター
大腸菌イニシエーター遺伝子／プラスミドイニシエーター遺伝子
大腸菌イニシエーター

大腸菌細胞

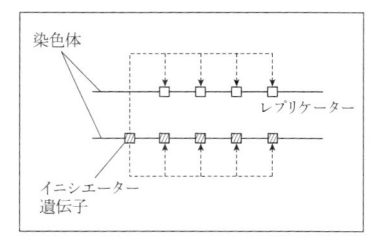

染色体／レプリケーター／イニシエーター遺伝子

真核細胞

a **レベデフ液** [Lebedev juice] 乾燥酵母から水で抽出した液. 一般には*下面酵母を圧搾して常温で乾燥し,粉末にしたものを3倍量の水と混和, 30°C に数時間置いたのち遠心分離した上澄みを指す. *アルコール発酵の酵素(チマーゼ系), その他の脱水素酵素・フラビン酵素などを含む. E. Buchner(1897)が生酵母からの圧搾汁でアルコール発酵を実現してまもなく, A. Lebedev が乾燥酵母からさらに強力な酵素液を得たのにはじまり,酵母の諸酵素を精製する出発点として使われる.

b **レポーター遺伝子** [reporter gene] ある遺伝子の*プロモーターの下流に連結しその融合遺伝子の産物の活性を測定することにより, 元の遺伝子の発現の有無,あるいはその発現の強さを知るために使われる遺伝子.レポーター遺伝子の産物には, 活性の測定が容易であること, 細胞毒性がないこと, 組織あるいは個体レベルでの染色による検出ができることなどが要求される. 例えば, レポーター遺伝子としてクロラムフェニコールアセチル基転移酵素 (chloramphenicol acetyltransferase, CAT)の遺伝子を用いる CAT アッセイ(CAT assay)で は, 遺伝子導入した目的の細胞・組織の抽出液と, 標識した*クロラムフェニコール(CM)を反応させ, CM と CAT によりアセチル化された CM を薄層クロマトグラフィーなどで分離・定量して CAT 活性を算出し, 連結した DNA 断片の転写調節機能を評価する. 近年では,発光生物由来の*ルシフェラーゼを用いたルシフェラーゼアッセイ(luciferase assay)のほか, 定性的な発現レポーターとしては同じく発光生物由来の*GFP や, 大腸菌由来の*β-ガラクトシダーゼ, *β-グルクロニダーゼ(GUS)などが広く用いられる. また逆にレポーター遺伝子の上流にランダムな DNA 断片を挿入し, プロモーター活性をもつ配列を探索するためにも用いる.

c **レマーク** REMAK, Robert 1815〜1865 ドイツの動物学者, 医学者. ベルリン大学で J. P. Müller のもとに学ぶ. 脊椎動物の発生を研究し, K. E. von Baer の四胚葉説を改めて外・中・内の三胚葉説を立てた. 卵割を研究し, 従来の細胞増殖に関する誤った説に対して細胞が分裂により生じることを示し, さらに発生様式について全胚卵・部分胚卵の別を設けた. なお神経については,交感神経を発見・命名し, 神経細胞に発する神経繊維によって神経が形成されることを明らかにした. [主著] Untersuchungen über die Entwicklung der Wirbelthiere, 1851〜1855.

d **レマークの神経節** [Remak's ganglion] 鳥類の腸管膜起始部のほぼ全長にわたって存在する, 細長い神経節. 副交感性の機能をもつ.

e **レマーネ**, Adolf REMANE 1898〜1976 ドイツの動物学者. 脊椎動物の比較形態学, 霊長類学について該博な知識をもち, 霊長類・ヒトの系統学・形態学を集大成した. また形態学の面から行動学を基礎づけた. 思想界に対する貢献も大きい. [主著] Die Grundlagen des natürlichen Systems der vergleichenden Anatomie und der Phylogenetik, 1952.

f **レーマン** LEHMANN, Fritz Erich 1902〜1970 スイスの動物学者. フライブルクで H. Spemann に学び,神経板誘導の実験的研究, リチウムの両生類胚に対する影響(脊索材料の筋肉分化), イトミミズ類(Tubifex)の卵の実験発生学的研究, アメーバや卵細胞の電子顕微鏡的研究などで知られる. [主著] Einführung in die physiologische Embryologie, 1945.

g **レム睡眠** [REM sleep] 《同》逆説睡眠(paradoxical sleep), 賦活睡眠(activated sleep). 急速眼球運動(rapid eye movement)を伴う睡眠. 脳波は覚醒時と同様の低振幅速波を示し, 筋緊張の消失を伴う. E. Aserinsky と N. Kleitman(1953)が発見した. 多くの筋肉は弛緩するが, 外眼筋, 顔面筋, 手指筋などは突発的な収縮を起こす. 心拍, 呼吸, 血圧などの自律神経系機能は不安定に変動する. 睡眠の状態であるにもかかわらず,脳波は覚醒時と同様の低振幅速波を示すので, 逆説睡眠とも呼ばれる. この時期には夢(dream)を見ることが多い. 高振幅の徐波が出現し, ほとんど急速眼球運動の現れない徐波睡眠(slow wave sleep, またはノンレム睡眠 non REM sleep)と区別される. 正常の睡眠は, 徐波睡眠に始まりレム睡眠が続くというサイクルが繰り返される. 成人では, このサイクルが約90分の周期で起き,レム睡眠は睡眠時間の 20〜25% を占める. 新生児ではレム睡眠は 50% を占め, 年齢とともに短くなる. 脳幹のアセチルコリン作動性ニューロンやグルタミン酸作動性ニューロンがレム睡眠の発現・維持に関与している.

h **レラキシン** [relaxin] 《同》リラキシン, 恥骨結合離開ホルモン. 黄体や胎盤, 子宮から分泌され, 恥骨結合の弛緩を引き起こすホルモン. 分子量約 9000 のペプチドで*インスリン様成長因子と構造が類似する. 最初モルモットの卵巣から抽出されたが, これまでに妊娠中の多くの動物で発見されている. 分娩の際に恥骨結合をゆるめ胎児の通過を容易にする作用をもつ. ヒトでは分娩の際に恥骨結合はあまりゆるまないが妊娠中のヒトからも発見されている.

i **レロアール** LELOIR, Luis Federico 1906〜1987 フランス生まれのアルゼンチンの生化学者. ウリジン二リン酸グルコースを発見して構造を決定, グリコゲンの試験管内合成に成功, その生合成機構を解明した. 糖ヌクレオチドの発見と炭水化物の生合成におけるその役割についての研究で 1970 年ノーベル化学賞受賞.

a **連** [tribe ラ tribus] 《同》族．生物分類のリンネ式階層分類体系において必要に応じて設けることができる補助的*階級の一つで，基本階級である科と属の間，亜科の直下に位置する階級，あるいはその階級にある*タクソン．植物や細菌において使用される．国際藻類・菌類・植物命名規約では，連の学名はタイプ属の語幹に-eaeという接尾辞をつけて示す（なお亜連の接尾辞は-inaeである）．動物ではtribeの訳語として族が用いられる．

b **連繫群** [circle of races 独 Rassenkreis] 《同》品種環．少しずつ形態を異にする種より下位の群(独 Rasse)が異なった分布圏を占めながら逐次的に連鎖して，全体として一つのまとまりを示す一群．B.Renschの提案した概念で，種(独 Art)を地理的品種をもたない純一の群と類型学的に規定したとき，それと同格だが内容的には異質な実体として区別したもの．現在の種概念では多型種(⇒亜種)とほぼ同義．なお，古く R.Kleinschmidt(1900)が同じような概念を Formenkreis として提案している．また Rensch はこの群にあたるところがいわゆる種で占められた場合には，その一連のものを*連繫種と呼んだ．

c **連繫種** [circle of species] 《同》種環．全体としては分布圏が広いがそれを構成する個々の種は地方的に少しずつ異なる小さい分布圏をもち，順次置きかわって分布している種の集まり．命名規約上の分類*階級ではない．Artenkreisというドイツ語はB.Renschの提案で*連繫群の上に位置する階級である．

d **連結糸** 【1】[connecting fiber] *有糸分裂後期に両極に向かって移動した娘染色体の間の*紡錘体(中央紡錘体 central spindle)内に出現する糸状構造．終期にかけてこの部分の複屈折性は著しく強くなり，植物細胞ではやがて隔膜形成体を構成する糸状構造になる．
【2】＝連絡糸

e **連合** [association] 刺激と刺激あるいは刺激と反応の間に，何らかの帰納的な結びつきが作り上げられること，あるいはその結びつき．もともとは，哲学において観念と観念の間に機能的関連が形成されることを指す用語．心理学史上は，J.Locke(1700)の「観念の連合」にはじまる．これがイギリス学派による「観念連合の心理学」または「連想心理学」のはじまりである．人間の*意識は観念と観念の連合であるという結合主義は，その後の心理学に深い影響を与えた．それは経験主義心理学のはじまりで，要素論的であり機械論的であった．意識を構成する要素は，その後 W.Wundt においては*感覚と*感情となり，20世紀に入ってアメリカに生まれた*行動主義心理学においても，心理学の対象は意識ではなく*行動となったものの，行動の基本的単位は*条件づけられた刺激-反応の結合であった．要素主義・結合主義の流れは行動主義心理学にもその姿を見ることができる．

f **連合野** [association area] 《同》連合領，連合皮質(association cortex)．*大脳皮質において，運動野および感覚野以外の領域(⇒機能局在)．高度な精神作用の統合機能をもつとされるが，部位によりその機能に差があり，それぞれ前頭連合野は思考・意志・創造・人格などの，前側頭連合野は記憶，頭頂-側頭-後頭前連合野は知覚・認知・判断の座，中枢と考えられる．連合野は周囲の運動野や感覚野といわゆる連合線維により結合しているほか，皮質下の核(視床，視床下部)からも求心性神経繊維を受け，また皮質下に遠心性神経繊維を投射している．

g **連鎖** [linkage] 《同》連関，リンケージ．二つ以上の非対立遺伝子が同一染色体上に存在するため，*独立の法則から期待されるよりも高い頻度で結びついて行動すること．W.Bateson と R.C.Punnett(1905)の発見．彼らはスイートピーで花色と花粉の形について交雑実験を行い，F_2において各々の対立形質は3:1に分離するが，花色と花粉の形を組み合わせた場合は，9:3:3:1の二遺伝子雑種比(dihybrid ratio)を示さず，同じ親からきた二つの形質が期待より高い頻度で組み合って行動することを発見した．この現象は両対立形質を支配する遺伝子が同一染色体上に存在するために生じるが，これを最初に指摘したのは T.H.Morgan(1912)である．

h **連鎖解析** [linkage analysis] 同一染色体上に*連鎖している複数の遺伝子について，どの遺伝子がどの遺伝子と同じ染色体上に乗っており，両者のあいだにどれくらいの距離があるかを推定する研究方法のこと．T.H.Morgan らがショウジョウバエを用いて1910年代に始めたのが最初である．人類遺伝学では，遺伝病のように表現型が既知で遺伝子の場所が未知である場合に，家系のデータを用いた解析を狭義の連鎖解析と呼び，遺伝子の場所が既知なゲノム全体で多数用いて，病気をもつ人間ともたない人間での遺伝子頻度の違いから遺伝子の場所を推定する方法，特にゲノム規模の関連解析(genome-wide association analysis, GWAS)と呼ぶ．

i **連鎖球菌** [streptococci] 《同》レンサ球菌．ストレプトコックス属(*Streptococcus*)細菌の総称．丹毒から F.Fehleisen(1883)が発見，F.J.Rosenbach(1884)が *Streptococcus pyogenes* の名で記載し，本菌が基準種．ヒトおよび哺乳類の咽喉・鼻腔などに寄生生活し，さまざまな感染症の起因菌も含まれる．*ファーミキューテス門バチルス綱(Bacilli)ラクトバチルス目(Lactobacillales)ストレプトコックス科(Streptococcaceae)に属する．グラム陽性，非芽胞形成，非運動性の球菌(直径0.6〜0.8μm)で，連鎖状につらなる傾向の強いことを特徴とする．この連鎖は1対ずつが単位をなして縦に並んだもので，種や培養条件によっては単球菌または双球菌状をとる場合もある．連鎖球菌とは分類法が整理されてない頃の細胞形態に基づく名称であり，かつて形態的に類似する腸球菌(enterococci)なども含まれていたが，現在は同じラクトバチルス目のエンテロコックス科(Enterococcaceae)，*Enterococcus* として再分類されている．条件的嫌気性(酸素耐性)あるいは嫌気性で呼吸によるエネルギー生産は行わず，もっぱら乳酸発酵により生育し，カタラーゼ陰性である．合成培地には生育が悪く，血液寒天(blood agar)に培養することが多い．溶血性により α, β, γ 溶血性の3群に分けられている．臨床的に重要な α 溶血性連鎖球菌としては，*肺炎連鎖球菌(*S.pneumoniae*)，緑色連鎖球菌(*S.viridans*)が挙げられる．β 溶血性のものはさらにランスフィールド抗原群別に A 群，B 群などと呼ばれており，A 群 β 溶血性連鎖球菌(*S.pyogenes*)などがある．

j **連作障害** [continuous cropping hazard, damage by repeated cultivation] 同種類(科や属あるいは種のレベルで)の作物を毎年続けて同一の土地に栽培すること，すなわち連作(continuous cropping, repeated cultivation)による作物への障害．*他感作用の一種．多く

の場合，しだいにその生育が不良となり，収量が減退し，品質が悪くなる．連作の害は俗に忌地（いやち）と呼ばれる．その程度は作物の種類，土壌の性質，気候および栽培法などにより異なり，一般にイネ科作物は連作の害が少なく，ナス科作物，アブラナ科作物，ユリ科作物，セリ科作物などは害が大きい．また砂質の土壌は害が少なく，埴土または腐植質土は大である．連作障害の原因としては，病原菌，害虫，特に土壌線虫の生息密度の上昇，雑草の繁茂，各種養分とりわけ微量要素の欠乏，また，作物の根から分泌される，あるいは土壌中に残留する根の皮部に含まれる各種の他感性物質の作用などがあげられる．連作の害は，周到な整地，石灰の施用，肥料の合理的施用，土壌燻蒸などによる病虫害や雑草の防除，適切な栽培管理ならびに品種改良などでいくぶん軽減できる．一般的には異なる種類の作物を栽培することで連作障害を回避する．

a **連鎖群** [linkage group] 《同》連関群．同一染色体上にあって，相互に*連鎖を示す遺伝子の一群を指す．一般に，連鎖群の数は半数染色体数（n）に等しくなる．ただし，分化した*性染色体をもつ種では，半数染色体数+1 となる．

b **連鎖体** [hormogonium, pl. hormogonia, hormogone] 糸状性のシアノバクテリアにおいて，細胞列の一部が切り出されて形成される栄養増殖用の小細胞列．通常，数細胞からなり，*滑走運動や*ガス胞によって分散し，成長して新個体となる．切り出される際には切断部で細胞死を起こして隔板（separation disc, necridium）を形成する．細胞外被が厚いものは特にホルモシスト（hormocyst）と呼ぶ．

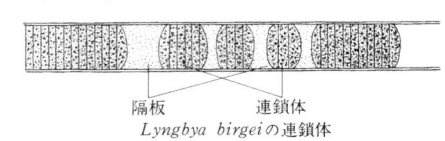

Lyngbya birgei の連鎖体

c **連鎖不平衡** [linkage disequilibrium] LD と略記．《同》連鎖非平衡．二つの遺伝子座について，その対立遺伝子が一配偶子に共存する頻度が，これらの遺伝子座が連鎖していない時に期待される値からずれている現象．二つの遺伝子座 A, B について，その対立遺伝子 A_i および B_j が集団中に存在する頻度をそれぞれ f_i および g_j とすると，A_i と B_j が一つの配偶子に含まれる頻度は，自由組合せであれば理論的には $f_i \times g_j$ で表される．実際に集団を分析してみて，そのような配偶子が生ずる頻度がこの理論値に一致しないとき，その集団では A と B の二つの遺伝子座は連鎖不平衡状態にあるという．反対に，観察値と理論値が等しい場合には*連鎖平衡の状態にあるという．A と B の特定の組合せが有利になる場合（エピスタシス），集団間の移住，集団の個体数が少ないために遺伝的浮動が大きく働くことなどの要因によって連鎖不平衡がつくられるが，やがて生じる組換えによって壊されてゆく．一般的に A, B の遺伝子座が同一染色体上で接近していればいるほど観察値は理論値から大きくはずれ，強い連鎖不平衡を示す．

d **連鎖ブロック** [linkage block] 隣接する二つの連鎖切断点間の染色体部分．交雑後の世代においては，染色体乗換えにより交雑親における染色体上の遺伝子構成が組み換えられて伝えられる．その際，乗換えにより元の遺伝子構成が破られた点が連鎖切断点である．連鎖ブロックが短いほど，交雑様式における遺伝子の組換えの効率が高いとされる．W. D. Hanson (1959) により，自殖，*戻し交雑，相互交配における連鎖ブロックの長さが理論的に求められている．また最近は DNA 多型を利用して，連鎖ブロック長を実験的に求めることが可能となった．

e **連鎖平衡** [linkage equilibrium] 二つ以上の遺伝子座の対立遺伝子が同一の配偶子に含まれる頻度を考えたとき，それが各遺伝子座の対立遺伝子頻度の積になっていることをさす．異なる染色体上にある遺伝子座では，通常連鎖平衡となっている．同一染色体上にある遺伝子座の場合でも，遺伝子座間の組換え率がある程度の大きさであれば，最初*連鎖不平衡であっても，世代がたつにつれて連鎖平衡に近づく．

f **連翅装置** [wing-coupling apparatus] 多くの昆虫において，飛翔の際に*前翅と*後翅を連動させる装置．このほかトンボやバッタ，シロアリのように前後翅が独立して運動する昆虫もある．長翅目（シリアゲムシ類）では前翅後縁基部の翅垂片（jugal lobe）と後翅前縁基部の肩片（humeral lobe）上にある剛毛（bristle）の重なりによって連結している（上図）．この型から他の長翅目・脈翅目・毛翅目・鱗翅目の型が派生したと考えられている．毛翅目の古い型では前翅に翅垂（jugum）だけがあって，後翅の端にそえているだけである．また鱗翅目のコウモリガでは指状の翅垂片をもっていて後翅の前縁基部を挟む．これらを翅垂型連結（jugate wing coupling）という．コバネガでは前翅基部の翅垂が後翅前縁基部の翅棘（frenular bristles）を抱えこんでいる（翅垂棘型連結 jugo-frenate coupling）．多くの鱗翅目では発達した翅棘（抱翅 frenulum．雄では1本，雌では2～20本）と前翅裏面に発達した保帯（抱鉤 retinaculum．雄では R 脈か Sc 脈上にフック状，雌では Cu 脈上に鱗毛状）とで連結する（翅棘型連結 frenate coupling，下図）．また，毛翅目のあるものでは後翅の前縁と前翅の後縁とが折返しによって，膜翅目のあるものでは hamuli というフックの列を後翅の前縁にもっていて，これを前翅後縁の折返しの中に入れることによって，半翅目のあるものでは前後翅縁にあるフックや折返しの変化によって，噛虫目では後翅前縁が前翅 PCu 脈の節にあるフック状突起にひっかかることによって，それぞれ連結している．（→翅脈相）

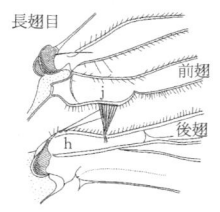

j：翅垂片, h：肩片

鱗翅目ヤガ科

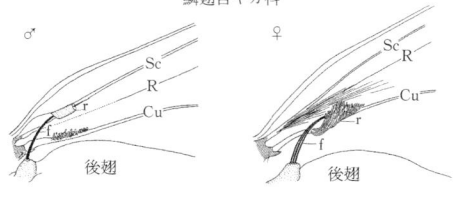

f：翅棘, r：保帯，抱鉤, Sc：亜前縁脈, R：径脈, Cu：肘脈

g **連室細管** [siphuncle] 頭足類オウムガイ類におい

て，内臓嚢の後端から初生房を貫通する肉質の管．オウムガイ類の殻は軟体部の収まる住房から奥は多数の隔壁で仕切られた小室が連続しており，それらの隔壁を貫く住房後端から初生房に至る細長い石灰質の管に連室細管が収まる．オウムガイ類の浮上・沈降のため小室の気体および液体量の調節をつかさどる機能をもつとされる．

a **恋矢嚢**(れんしのう) [dart-sac] 《同》矢嚢，交尾矢嚢，石灰腺 (calciferous gland). 軟体動物有肺類の一部で生殖孔の近くにあって側方に小形の副嚢を伴う小盲嚢．交尾の補助器である恋矢 (交尾矢 love dart) がこの中で1本 (種類によってまれに2本) 作られる．恋矢はカルシウムを含み，交尾前に恋矢嚢が裏返しとなることによって射出され，相手の個体の皮膚に機械的刺激を与え，交尾が終わると捨てられる．刀身状のものが多いが，紡錘形・剣菱形・三角形・山形・円形など種類によってさまざまで，分類上の重要な標徴となる．

b **レンジ分割** [range fractionation] 《同》受容域分担．一つの感覚器官内にある感覚ニューロンが，応答する刺激範囲を分割して担当すること．個々の感覚ニューロンの刺激応答範囲 (担当範囲) を狭くし，少しずつ担当の違う細胞を感覚器官内に並べる．これにより，感覚器官は高い分解能で広い範囲の刺激に応答し，感覚の質を区別することができる．例えば，ヒトの眼には青，緑，赤の3種類の錐体細胞が存在し，これらの*錐体が応答する感受域を分担することにより，370〜700 nm の波長の光を識別できる．また，聴覚器官にもレンジ分割が見られ，哺乳類の内耳の蝸牛基底膜にある個々の*有毛細胞は特定の狭い範囲の周波数にしか応答しない．有毛細胞は，蝸牛管の基部から先端に向けて，応答する周波数の高いものから低いものが基底膜に並んでおり，ヒトでは 20 Hz〜20 kHz の音を識別している．

c **レンシュ** RENSCH, Bernhard 1900〜1990 ドイツの動物学者．進化について総合的に考察，特に地理的変種の観察から環境との関係に基づく漸次的変化を重視した．生命の本質に関し，身体と精神の派生のもととなる実在を主張する汎心論的同一説 (独 panpsychistischer Identismus) を唱えた．[主著] Neuere Probleme der Abstammungslehre, 1947.

d **鎌状突起**(れんじょうとっき) [falciform process ラ processus falciformis] 「かまじょうとっき」とも．魚類の眼球にあり，レンズの*遠近調節をつかさどる膜状の組織．ヒトなどの毛様体と類似の働きをする．脈絡膜の一部から突出する膜状帯で，やや曲がって先端がレンズに向かい，その先端は膨れて丸みのあるハラー鈴状体 (campanula Halleri) となっている．鎌状突起の内部には平滑筋のレンズ牽入筋があり，これの収縮によってレンズは網膜に近づく方に移動するので，遠方に視度を調節することができる．

e **レンショー細胞** [Renshaw cell] 脊髄前角に存在する，脊髄運動ニューロンの反回性抑制経路における抑制性の*介在ニューロン．B. Renshaw (1941) は運動神経を末梢側から中枢側へ興奮が伝わるように逆方向性に刺激すると引き続き運動ニューロンの活動が抑制されることを発見した (逆方向性抑制 antidromic inhibition). この現象に際して，高頻度 (1000 Hz に及ぶ) で反復興奮するニューロンが存在することを発見．のちに J. C. Eccles ら (1954) がこの抑制を詳しく調べ，その介在ニューロンをレンショー細胞と命名した．運動ニューロンの反回性軸索側枝から入力を受け，運動ニューロンに対して抑制性シナプスを形成している．他のニューロンとの間にもシナプス結合がある．

f **レンズ** [lens] 光感覚器，発光器官の前に位置する通光・屈折の機能をもつ構造体．[1] 脊椎動物の形態視を行うカメラ眼のものを特に水晶体 (lens crystallina, crystalline lens) と呼ぶ．水晶体の前後位置または曲率の変化により，網膜の視細胞において結像するよう調節が行われる (→遠近調節). 発生過程で*眼杯の*誘導を受けて頭部表皮の一部が肥厚，水晶体板 (lens placode) となり，これが陥入して単層上皮からなる水晶体胞 (lens vesicle) を形成．水晶体は，後に網膜となる眼杯とともに間葉組織から発生する眼球繊維膜すなわち強膜と角膜に囲まれ，眼球内構造となる．水晶体胞の壁は，角膜に面する前壁は単層の水晶体上皮層 (epithelium lentis) となり，一方，硝子体に面する後壁は細長い水晶体繊維 (fibrae lentis) に変わる．この繊維の細胞形質は*クリスタリンを豊富に含む．形成過程の水晶体胞は血管性間葉組織に囲まれるが，その完成とともに血管が失われ，均質な多糖体層からなる水晶体胞だけが残る (→レンズの再生). [2] 無脊椎動物の眼の形態は極めて多様で，比較的分化の進んだ眼ではレンズ構造をそなえるものがある．ただし実際にレンズの機能をもつかについては不明のものも多い．(1) 細胞性レンズ構造：頭足類のイカ・タコ類の眼は形態視能のあるカメラ眼で，大きなレンズをもちしばしば脊椎動物の眼と比較される．発生的には眼杯が形成され，その上にある表皮細胞が陥入しレンズ構造の前部をつくり，眼杯網膜辺縁部の細胞から分化する後部が付加される．レンズ細胞全体がレンズになるものとしてホタテガイやカミクラゲ，節足動物 (複眼の円錐晶体) などのものが知られる．ほかに，レンズ細胞の一部がレンズになるイソアワモチ (背眼)，ホヤ幼生や，支持細胞の一部がレンズになるゴカイ類，クラゲ・サンゴ類などがある．(2) 細胞分泌物からつくられるレンズ構造：軟体動物のカキ・アマガイ・アメフラシ・カタツムリ・イソアワモチ (杯眼)，節足動物 (複眼の角膜と単眼) のレンズがこれにあたる．ホシムシ類，ヒトデ類，オウムガイの眼はレンズ構造をもたない．なお，魚類，イカ類の*発光器にある集光装置もレンズと呼ばれる．

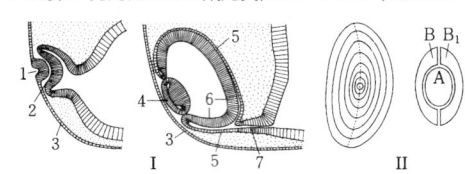

I 脊椎動物レンズ眼の発生　1 水晶体板　2 眼杯　3 表皮　4 水晶体胞　5 網膜色素上皮層　6 角膜　7 眼杯茎

II 哺乳類レンズの光学的構造の模型図　左：等屈折率層　右：Gullstrand の等価核質レンズ．A は核質の凸レンズ，B, B₁ は皮質の凹レンズ

g **レンズの再生** [lens regeneration] イモリなどの成体または幼生においてレンズを全摘出すると，虹彩色素上皮の上縁部が*化生してレンズが再生される現象．はじめ V. Colucci (1891) がイモリ眼球の修復再生の研究の中で簡単に記載したが，G. Wolff (1894) がイモリのレンズだけを除去して虹彩上皮からのレンズ再生を実験的

に証明したので，ウォルフの再生(Wolffian regeneration)と呼ばれる．正常発生ではレンズは*眼杯に接した表皮域の外胚葉から形成されるが，こうして形成されたレンズを完全に取り去ると，背側虹彩上縁の色素上皮細胞がマクロファージの積極的な食食機能によって多量の色素を失って増殖し，1層の上皮からなる小胞(レンズ胞 lens vesicle)を形成する．このレンズ胞が成長して後極からレンズ繊維に順次分化し，やがて正常なレンズと構造的にも機能的にも差異のないレンズになる．レンズ再生は細胞の分化転換の典型例として重要視され，眼球内で進行する色素上皮細胞からレンズ細胞への転換の主要過程が，細胞培養の純化された実験系で完全に再現されている．このような培養系では，in vivo ではレンズ再生能を示さないニワトリの虹彩色素上皮細胞も，レンズ細胞へ転換する．これらのことから，虹彩色素上皮細胞には広くレンズ細胞への転換能があり，その発現制御には上皮細胞の接着性や細胞増殖因子が関与していることが示唆されている．

a **連接** [syzygy] 原生生物アピコンプレクサ門グレガリナ亜綱グレガリナ類に見られる有性的な生殖法．まず，活発に運動する栄養期の2個の*配偶子母細胞(ほぼ同形)がくっつきあい，共通の被膜(*配偶子母細胞囊)でおおわれる．次いでこの被膜の中で減数分裂が起こり，連接子の一方は雌，他方は雄の配偶子を形成する．これらの配偶子はさらに何回かの分裂を経て数を増す．やがて被膜の中で2匹ずつの配偶子の間で接合が起こり，接合子はそれぞれ1個の胞子となって被膜外に出る．この胞子はその中に1〜8個の*種虫を生じ，これにより新しい感染が行われる．

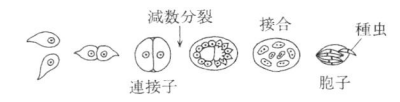

b **連想記憶** [associative memory] *記憶において，一つの事項から他の事項が，あるいは一部分から全体が想起される機能．動物が記憶する際，単一の記憶事項の場合はそれを構成する要因どうしを，いくつかの事項の場合には記憶事項どうしを互いに関連させて，連合的に記銘するという方針をとるためと考えられる．一方コンピュータでは，記憶装置内に記憶事項ごとに独立に場所を割り当てて情報を保存しておき，必要があればその場所を指定して記憶情報を引き出すという方式である．このような記憶方式の違いが，生体とコンピュータの情報処理の違いの重大な要因になっていると考えられる．

c **連続糸** [continuous fiber] 光学顕微鏡レベルで，*紡錘体の両極間または*半紡錘体部位に出現する糸状構造．固定した細胞でははっきり確認できる．グルタルアルデヒドで固定した細胞の電子顕微鏡では内部位に長い連続*微小管が確認されるが，連続糸は種々の条件によって微小管が会合して束となったもの．

d **連続照射反応**(光調節の) [high irradiance response] HIR と略記．連続的に光を照射されたときに引き起こされる光調節反応の総称．植物の光調節反応には，短時間照射によって引き起こされる現象が少なくない．これに対し，連続照射反応が，成長・形態形成から遺伝子発現の調節まで種々知られている．必ずしも光の入射総光量に依存するのではなく，照射の時刻・波長・方向・偏光面などによる．*フィトクロム分子種を欠損する変異体植物の解析から，遠赤色光連続照射による効果はフィトクロム A により，赤色光連続照射の効果は主にフィトクロム B によって誘導されることが明らかになった．青色光と UV-A の作用は，*クリプトクロムによる場合が多い．

e **連続性の原理** [principle of continuity] 自然界においてはすべてのものは段階的にすすみ，何ものも跳躍しないという原理．G. W. Leibniz が，世界の神的調和一般を通じての原理として述べた．数学における微分法の発見もこの原理に関係がある．彼はこの原理で，自然物を段階的に配列し，その連続性を示した．Aristotelēs の思想をうけつぎながら，彼はこの原理から植物と動物をつなぐ生物の存在を予言，彼の死後まもなく，それまで植物と思われていたポリプが運動し捕食することが知られ，中間型とされるに至った．この Leibniz の思想は C. Bonnet (1779) による存在の階梯にもひきつがれた．C. Darwin は進化過程の連続性を主張し，Leibniz に従い「自然は跳躍しない」(Natura non facit saltum)ことを強調した．(⇒自然の階段)

f **連続培養** [continuous culture] 細菌などの単細胞微生物や多細胞生物由来でも足場非依存性に増殖できる細胞を，なるべく一定の条件下で連続的に培養する方法．*バッチ培養では，一定量の液体培地中で培養するため，細胞が増殖するにつれて培養液中の養分は減少し，一方代謝産物の蓄積，pH の変化などが起きて環境条件が変化してしまう．ある培養槽中に培養液を入れて菌を増殖させる場合，外部より常に新しい培養液を一定速度で流入させるとともに，同じ速度で古い培養液を外部に流出させる．このとき，細胞増殖による増大と培養液の稀釈による減少とが等しくなるようにすれば，培養液中の細胞密度は一定となり，培養条件も一定となる．流出物を集めることにより，ほぼ一定条件下で生育した細胞，もしくはその産物を得ることができる．この目的のための装置は一種の物質環境制御装置である．

g **連続発情** [persistent estrus] 膣上皮表層が長期にわたり発情期の細胞像を示しつづける現象．発情の周期性が失われた状態であり，ネズミでは実験的に常時明るい環境におくこと，乳幼期にステロイドホルモンを投与すること，視床下部の一定な域に傷害を与えることなどにより誘起できる．必ずしも生殖腺刺激ホルモンの高まりを意味するものではなく，また通常の発情期に伴う現象のすべてが長期間維持される状態でもない．性周期の機構解明に利用される．

h **連続変異** [continuous variation] ヒトの身長や体重，植物種子の重さや大きさなどの量的形質に表れる連続的な変異．量的形質には多数の*同義遺伝子や*ポリジーンが関与しているほか，環境要因も影響しているので，形質は連続的なものになる．実際の研究に際しては階級に区分して取り扱うことが多い．(⇒遺伝率)

i **レンチウイルス** [Lentivirus] *レトロウイルス科の一属で，緩徐な進行を病像の特徴とするウイルス群．ラテン語の lentus (緩徐 slow)を語源とする．ヒト，サル，ネコ，ウシの*免疫不全ウイルスで，それぞれ HIV，SIV，FIV，BIV と略記．またウマの伝染性貧血症ウイルス(EIAR)，ヤギ関節炎脳炎ウイルス(CAFV)，ヒツジのビスナウイルス，マエディウイルスなどを含む．ウイルスの遺伝子構造はレトロウイルスとしての基本の

構造遺伝子(gag, pol, env)のほか, tat, rev の調節遺伝子および nef, vif, upr/upx, upu (HIV-1) の*アクセサリー遺伝子をもつことが知られている. 調節遺伝子はウイルス複製に必須の蛋白質をコードし, アクセサリー遺伝子は生体内で増殖する際にウイルス増殖に有利な環境を作り出す蛋白質をコードし, いずれもその病原性に関わる遺伝子である. ヒトのエイズの病原ウイルス HIV-1 で代表されるように, 構造蛋白質に変異頻度が高く, 一般に宿主の免疫系によるウイルスの自然排除が困難で, したがってワクチンの開発も困難なウイルスである. (⇒免疫不全ウイルス)

a **連絡糸** [ooblast, connecting filament] 真正紅藻類で*造果器が受精してから*果胞子体となるとき*助細胞に向かって造果器から受精核を送るためにのびる細胞糸. しばしばこの細胞が相対的に長いので(例:*Platoma*), 連絡糸または連結糸と呼ばれる.

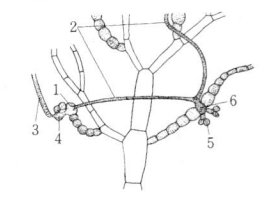

ヒビロード属の造果器
1 ナース細胞
2 連絡糸
3 受精毛
4 造果器
5 造胞糸
6 助細胞

b **連立像眼** [apposition eye] 小網膜が円錐晶体の直下に位置し, 色素細胞が個眼の両端まで伸びているような型の複眼. 個眼のキチン角膜に斜めに入った光線は色素細胞の色素に吸収されて, 個眼軸における像の重複は起こらず, 被視物体のごく一部からの光が1光点として感桿上に結像される(連立像 apposition image). このような個眼の像点が集まれば, 複眼全体としてモザイク像が形成される. 大部分の昼行性昆虫は連立像眼をもち, 連立像が結ばれる. しかし, *重複像眼をもつ夜行性昆虫でも, 明順応時には色素細胞の色素の移動により, 複眼は連立像眼のような働きを示す. 近年の複眼に関する電気生理学的研究によれば, 視葉内の高次ニューロンの受容野は多数の個眼を含む大きな領域である. つまり, 複眼に映じた像は個眼の光学系で決定されるようなモザイク像としてそのまま中枢に投影されない. (⇒複眼[図])

ロ

a **ロイカルト** LEUCKART, Karl Georg Friedrich Rudolf 1822～1898 ドイツの動物学者．植虫類(Zoophyta)と呼ばれていたものを棘皮動物と腔腸動物に分類．内部寄生虫の生活史を実験的に研究して，寄生虫学の基礎を定めた．すぐれた教授者として知られ，日本人を含め門下生も多い．[主著] Über die Morphologie und Verwandtschaftsverhältnisse der wirbellosen Tiere, 1848.

b **ロイコトリエン** [leukotriene] LTと略記．*アラキドン酸(5,8,11,14-エイコサテトラエノイン酸)，5,8,11-エイコサトリエン酸および5,8,11,14,17-エイコサペンタエン酸から5-リポキシゲナーゼなどの酵素によって合成される生理活性物質の一群．主に血液細胞や肺で合成される．LTの構造上の特徴としてC-5位に酸素をもち，3個の共役二重結合をもつ．A～Fの六つの型があり，5,8,11-エイコサトリエン酸，アラキドン酸および5,8,11,14,17-エイコサペンタエン酸から生成されるLTは二重結合を3，4および5個もち，それぞれ3，4，5群と呼ばれる(下図)．動物細胞ではほとんどがアラキドン酸から生成される4群である．LTB$_4$は好中球に対して強力な走化性誘引作用を示し，凝集を誘起する．またヒトリンパ球に対して抗体産生を抑制する．LTC$_4$，LTD$_4$，LTE$_4$およびLTF$_4$は，血管透過性の亢進，および肺実質や回腸，気管支筋，心筋，血管などの平滑筋に対して持続的な強い収縮作用を示し，喘息や即時型過敏反応の起因物質として働くものと考えられている．古くから知られているアナフィラキシーの遅延反応物質(slow reacting substance of anaphylaxis, SRS-A)の本体は，LTC$_4$，LTD$_4$，LTE$_4$およびLTF$_4$である．

c **ロイシン** [leucine] 略号LeuまたはL(一文字表記)．分岐鎖α-アミノ酸の一つ．M. Proust(1819)が発見．L-ロイシンは蛋白質構成アミノ酸．D-ロイシンは蛋白質中には含まれないが，*グラミシジンやポリミキシンにその構成成分として含まれる．ヒトでは不可欠アミノ酸．分解は，アミノ基転移反応，分岐鎖ケト酸脱水素酵素(branched-chain α-keto acid dehydrogenase)によるイソバレリルCoAへの変換を経て，アセト酢酸とアセチルCoAになる．したがってケト原性アミノ酸である．哺乳類では主に筋肉で分解される．微生物，植物などではピルビン酸の2分子縮合からバリンの前駆体でもあるα-ケトイソ吉草酸を経由し，アセチル基の結合・転移，アミノ基転移を経て生成される．他の*分岐鎖アミノ酸と共通した生理的意義をもつが，mTOR(mammalian target of rapamycin)を介した蛋白質の翻訳促進，分解抑制作用は，他のアミノ酸に比べ顕著である．

d **ロイシンアミノペプチダーゼ** [leucine aminopeptidase] 〘同〙シトソールアミノペプチダーゼ(cytosol aminopeptidase)．ポリペプチド鎖のN末端側からアミノ酸を1個ずつ遊離させるエキソペプチダーゼ．EC3.4.11.1．ブタ腎臓，レンズ，ウシ小腸などに見出される．ロイシンがN末端のとき最もよく加水分解するのでこの名があるが，他のアミノ酸の場合にも作用する．Zn^{2+}やMn^{2+}，Mg^{2+}などを必要とする．哺乳類の酵素は6個のサブユニットから構成されている．蛋白質のアミノ酸配列の決定にしばしば利用されている．

e **ロイシンジッパー** [leucine zipper] 〘同〙bZIP蛋白質(bZIP protein)．αヘリックス上で7残基おきにロイシンが4～5回繰り返して出現する真核生物のDNA結合蛋白質のドメイン．ヘリックス2回転ごとに

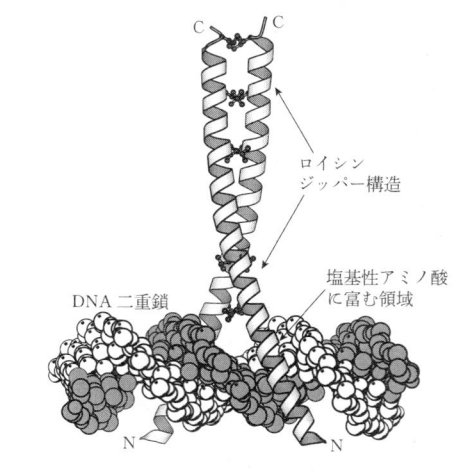

六つのロイコトリエンの生成経路

疎水性のロイシン残基が突出した面ができるため，二つのドメインがロイシン残基を介してジッパー状にかみつき，コイルドコイルの二量体構造を形成する．ロイシンジッパーはポリペプチド鎖同士の接触ドメインであるが，このドメインをもつ*転写因子（トランス作用因子）にはジッパーの近傍に塩基性アミノ酸に富む領域があり，この領域で DNA に結合する．このため，bZIP 蛋白質（b は basic の意）とも呼ばれる．bZIP 構造をもつ因子としては，CAAT ボックスに結合する C/EBP，cAMP 応答配列に結合する ATF/CREB，がん遺伝子産物の Fos と Jun，酵母の転写因子 GCN4 などがある．

a **ロイブ** Loeb, Jacques 1859〜1924 ドイツ生まれ，アメリカの実験生物学者，生理学者．走性や再生の問題から進んで，電解質イオンの生体作用や人為単為生殖の新分野を開拓，晩年には生体電気や蛋白質の物理化学を研究．アメリカ生理学の開拓者であり，実験主義・物理化学主義で一貫したが，同時に生体を全体として見るべきことを説いた．［主著］Organism as a whole, 1916.

b **ロイヤルカップル** ［royal couple］《同》ロイアルカップル．シロアリが一つのコロニーを建設するときに，中心となる 1 対の雌雄．アリやミツバチのコロニーが 1 匹の雌（女王蜂）を中心として発足するのと対照される．

c **ロイヤルゼリー** ［royal jelly］《同》ロイアルゼリー，女王寒天質，王乳．ミツバチの巣において幼虫を育てる若い*ワーカー（働き蜂，保母虫）の咽頭腺の分泌物で，*クイーン（女王蜂）になるべき幼虫に与えられる食物．働き蜂になる幼虫にも孵化後 2 日半ほどは与えられるが，実験的にさらに長く与えると，量が多くまた期間が長いほど生殖腺が発達し，クイーンの形態に近い個体となる．高蛋白質で，全ビタミン B 群，*アセチルコリンなどを含む．

d **ρ 因子** ［rho factor］［1］原核生物の転写終結因子（⇒ターミネーター）．［2］酵母のミトコンドリアゲノム．野生型は ρ^+ と表す．ρ^+ 株を臭化エチジウムにさらすと高頻度で ρ 因子の欠失が誘発され，呼吸欠損菌が出現する（⇒呼吸欠損変異体）．この種の株はグリセロールを主炭素源とした培地上で小さなコロニーを形成するところからプチ株と呼ばれる．ρ 因子の欠失変異の中で一部のミトコンドリア DNA が残っているものを ρ^-，ミトコンドリア DNA が完全に失われたものを ρ^0 という．ρ^+ の二倍体（ρ^+，ρ^-）から高頻度で ρ^- 株が分離する場合がある．これは ρ^- DNA が ρ^+ DNA を排除することによる．このような ρ^- の性質をサプレッシブネス（suppressiveness）という．

e **瘻**（ろう）［fistula］《同》瘻孔．組織に存在する，ある程度以上の大きさと深さをもった管状の欠損．発生途上の異常として本来閉鎖されるべきものが閉じずに残っているような（例えば食道気管瘻やボタロ管開存症，鰓瘻など）奇形ともいうべきものと，炎症や外傷などの結果生じたもの（膿瘻・痔瘻など）とに大別される．

f **蠟**（ろう）［wax］《同》ワックス．*脂質の一つで，高級*脂肪酸と高級アルコールとのエステル．植物の葉や果物の表面，また昆虫の体表面などに見出され，その分泌物である蜜蠟などの主成分をなしている．天然にみられるものは，遊離の脂肪酸やアルコール，高級の炭化水素などを混じている．外観によって液体蠟と固体蠟に，原料によって植物蠟と動物蠟に分類されるが，化学的には脂肪族蠟と多環式蠟に二分される．脂肪族蠟とは成分アルコールが脂肪族のものをいい，多環式蠟とは多環式化合物を含むものをいう．脂質に似て水に不溶，脂質より加水分解されにくく，空気中で変化しない．蜜蠟（パルミチン酸ミリシルとセロチン酸の混合物）・鯨蠟（パルミチン酸セチル）・トウモロコシの花粉蠟（パルミチン酸フィトステロール）・副腎の蠟（ステアリン酸コレステロール）など．生物体表面からの水分の喪失または侵入を防ぐ機能を，また，甲殻類やクジラのような水生動物では，エネルギー源として蓄積脂肪の機能をもつとも思われる．マッコウクジラの鯨油は 70％ ほどの蠟を含んでいて，その構成成分であるアルコールも脂肪酸も比較的に低級であり，また，不飽和の度も高い．なお，結核菌や癩菌などのいわゆる抗酸性菌の*莢膜にも多量の蠟が含まれている．

g **ロヴェーン** Lovén, Sven Ludvig 1809〜1895 スウェーデンの動物学者．スピッツベルゲンに最初の学術探検を行い，北極探検の先鞭をつけた．諸種の海産動物，特にその発生を研究し（⇒ロヴェーン幼生），極体を最初に観察した．

h **ロヴェーン幼生** ［Lovén's larva］環形動物多毛類の発生において，*トロコフォアの体の後端部が延長し，体腔嚢の新生とともに体節を形成しつつある時期の幼生．口前繊毛環を利用し，伸長しつつある体幹部を懸垂した姿勢で遊泳を続ける．30 体節ほどで前部が縮小して*若虫状となり着底する．このような幼生を経る変態を外幼生型変態（morphogenesis of exolarva）という．イイジマムカシゴカイ類にみられる．（⇒内幼生型変態）

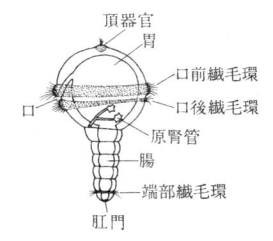

頂器官
胃
口前繊毛環
口後繊毛環
口
原腎管
腸
端部繊毛環
肛門

i **老化** ［senescence］*エイジングのうち，特に衰退的な変化．各種生理機能は性成熟期前後から徐々に低下するが，それは一様ではない．ヒトでは，80 歳で高音域聴覚は生涯最大値の 30％，心臓の安静時 1 回あたり血液拍出量は 45％，肺活量は 50〜60％ に低下するが，低音域聴覚・嗅覚・握力は 70％，神経伝達速度に至っては 85％ を維持する．老化は諸臓器重量の減少も伴い，80 歳で肝臓重量は 80％，胸腺重量は 5％ まで低下するが，脳では平均 7％ の重量減少が見られるだけである．ただし個体差も大きく，80 歳で 20 代と変わらぬ脳の大きさを維持している人もいれば 40 代で 80 歳の大きさまで脳萎縮が進む人もいる．このように個体差が大きいのが老化現象の特色である．また，老化に伴う各種生理活性は一様に低下するわけではなく，一部の酵素活性やホルモンの分泌には増大が見られる．これは代償性機能増進，あるいは制御機構破綻の結果と考えられる．したがって最も普遍的な老化現象とは，生理活性の低下でなく適応能力の低下といえる．老化速度は，一般に体の大きい動物種，性的成熟の遅い動物種，代謝活性の低い動物種あるいは個体ほど遅い．そこで実験動物では性的成熟の阻害・食餌の制限などを行うことによりある程度ま

では老化を遅らせ寿命を延長することができる. 老化指標には, 老化色素と呼ばれるリポフスチンの蓄積のほかいくつもが知られている. なかでも過酸化脂質は動植物に共通して老化個体あるいは老化組織での増加が見られる. 体細胞を培養すると, その分裂可能な回数, すなわち分裂寿命(replicative senescence)は長寿の動物由来の細胞ほど多い. 分裂寿命は発見者である L. Hayflick の名をとり*ヘイフリック限界とも呼ばれ, DNA の複製回数が*テロメア配列により制限されていることと関連している. また培養細胞に限らず, 体細胞は細胞老化(cellular senescence)により分裂能力が低下・喪失するが, それにはテロメア配列の短縮のほか, 酸化ストレスやDNA の損傷, そしてそれらにより引き起こされる p53 などのがん抑制シグナルの活性化が関わっており, 細胞老化は細胞のがん化による異常な増殖の抑制に働くと考えられている. 突然変異体の解析などから, 個体老化の少なくとも一部は細胞老化を含む遺伝的プログラムによって進行すると考えられているが, 老化の機構についてはこのプログラム説(遺伝的プログラム説)の他にも体細胞突然変異説, エラー破綻説, 生活代謝説, フリーラジカル説, 内分泌説, 免疫能破綻説, ストレス説, すりきれ説, 老廃物蓄積説, 架橋説(結合説)などの種々の老化学説があり, これらの複数の要因が関連していると考えられるが, 詳細はわかっていない. 植物では, 葉の黄色化や紅葉といった老化現象がみられるが, これは遺伝的にプログラムされた過程である. (⇒若返り, ⇒老衰)

a **蠟管**(ろうかん) [wax canal] 昆虫の*クチクラにおいて, その最外層を貫通する部位の孔管. 最外層をなす上クチクラはクチクリンからなるが, *孔管がこの層を貫通する際には著しく分岐し内部に細い繊維状の蠟物質が充満している. 蠟物質は蠟管から排出されて, 体の全表面を覆う薄い蠟の膜を形成する.

b **老形** [senile form] 植物において, 成体の末期になってはじめて示す特殊形態. 特にそれが成形の初期に現れるときにいうことが多い. イチョウのお葉付(葉の上に実をつけたイチョウ)や*乳, 無分裂の葉などの出現はいずれもこの例とされたが, 無分裂の葉は乾燥による生態型であるほか, お葉付の形質も遺伝的に決まっており, 樹齢との関連はうすい.

c **老視** [presbyopia] ヒトの眼の調節力が年齢とともに減退して, *近点が遠くなり, 近くの物体が見えにくくなった屈折状態. このような眼を老眼(老視眼 presbyopic eye)という. 正視眼では, 40～50 歳になると, 近点は明視距離(25 cm)以上となり, 読書や近業に不便をきたす. 調節域も当然せばまるが, 遠視とちがって遠点の移動はない. 調節力の減退は, 毛様体筋の変化ではなく, レンズ(水晶体)の弾性, したがって屈折力が減ずるためである. 凸レンズを用いた眼鏡で補正しうるが, 遠方視の際には妨げとなることが多い.

d **老衰** [decrepitude] 個体の*老化に伴い各器官や組織の退行変化が著しく進み機能が大幅に減退し*ホメオスタシスの維持が困難となり衰弱していく現象. 臨床上は通常, 疾病と診断されない. 老人の死因に占める老衰死の割合は東洋や発展途上国では高く, 欧米では低い傾向がある. ただし老衰死の割合の違いには「天寿を全うした」と見る東洋と死には必ず特定の死因があると考える西洋医学の違いが反映している可能性もある. 日本の剖検所見では臓器萎縮だけで明らかな死因を見出せない老人が 3～5% あり老衰死とされてきた. WHO は死因として老衰という診断をなるべく付さないよう勧告している. ショウジョウバエで, 高齢になった雌が産んだ卵だけから次世代を作らせることを多数の世代繰り返すと, 寿命が長くなることが知られている. このように寿命にも遺伝的変異がある. 高齢において死亡率が急激に増加するという老衰のパターンが進化してきた理由としては, 第一に, 毎世代新たに生じている有害遺伝子の中でも, 老齢になってから有害性が現れるものには自然淘汰が働きにくいので, 集団から排除することができないため, 第二に, 年齢ごとの生存率が適応度におよぼす寄与の効果は, 繁殖齢をすぎると急激に減少するので, 高齢での生存率を下げて繁殖活動を増やような変異が広がりやすいためである. (⇒老化)

e **老衰の進化** [evolution of aging, evolution of senescence] 加齢ないし老衰(aging, senescence)には, 進化の結果生じた側面があるとの考え. 多細胞生物において, 繁殖齢を過ぎるとさまざまな故障が生じやすくなり, 単位時間当たりの死亡率が上昇する. これが生じる進化過程には二つの考えがある. 第一に, W. D. Hamilton(1966)によると, ゲノムの複製ミスから生じる有害遺伝子は常に生じて自然淘汰によって除去されるが, 繁殖齢を過ぎてから有害性が表現されるものは除去されにくく, 集団に蓄積する. これによって老齢で死亡率が上昇する. 第二に, 生存率を改善・維持する機構への投資を減らし繁殖を高めることによって個体に有利になる状況があると, 老衰がさらに加速される. 実験室内で寿命の長い系や早期の繁殖力が高い系などを選抜すると, 寿命や繁殖スケジュールが大きく異なる系を作り出すことができる. そのような実験の結果や, 野外で見られる生存曲線や繁殖様式の種を比較する研究から, 環境や生活様式によってそれぞれに特有の生存・繁殖のパターンが自然淘汰によって進化したとする考えが支持されている.

f **蠟腺**(ろうせん) [wax gland] 半翅類・トンボ類・鱗翅類・膜翅類などにおいて, 蠟を分泌する腺. 真皮細胞(表皮細胞)の特殊化したもの. ミツバチの*ワーカー(働き蜂)では腹部の第四～七節の腹面におのおの 1 対あり, その分泌物を後脚でとり, 口に移し, 咀嚼しながら巣を作る. カイガラムシやアブラムシなど半翅類の同翅亜目には多少とも蠟で体を覆うものが極めて多い.

g **漏斗** [infundibulum, funnel] [1] 〚同〛漏斗管(septal funnel). 鉢ポリプの口盤面の間対称面にあって, 足盤の方向に向かうくぼみ. 鉢ポリプ特有の構造で, 鉢クラゲの性巣下腔(⇒鉢虫類)と相同. [2] クシクラゲの胃. 形が漏斗に似ている. 下方は食道(咽頭)を経て口に, 上方は反口極に向かう漏斗水管に, 左右は正輻水管に連なる. 漏斗の縦断面は扁平で, その面はクシクラゲの体を 2 等分する二放射相称の一つの対称面(漏斗面)であり, またこの面内に左右 2 本の触手があるから触手面とも呼ばれる(⇒有櫛動物[図]). [3] 軟体動物頭足類の外套腔内の水・生殖物質および墨汁を噴出する漏斗状の構造. 足が膜状に延びて管状になったもの. 水はこれを通して噴出し, 動物体はその反動により後方に移動する. 鞘形類では漏斗は管状だが, オウムガイ類では広い筋肉膜が巻いたような構造(hyponome)で, 完全な管状になっていない(⇒触腕[図]). [4] 〚同〛腎漏斗(renal infundibulum), 体節漏斗(segmental infundibulum). 環形動物などの*腎管の体腔への開口部. 漏斗状に広がっている. その周縁と内面には繊毛が密生していて体外への水流を起こす(⇌腎管). [5] 脊椎動物の*間脳の底部, 灰白隆起(tuber cinereum)のすぐ前にある円錐状の突起. すなわち, 第三脳室が下方に漏斗状にのびた部分をいう. その下部先端は*下垂体に連なる. 漏斗の基部では灰白隆起は高まりをなし, 正中隆起(median eminence)と呼ばれる. ナメクジウオの脳胞の後方腹側にも*漏斗器官と呼ばれるものがあるが, 脊椎動物の漏斗とは別のもの. (⇌下垂体)

a **漏斗器官** [infundibular organ] ナメクジウオ類の神経管(神経索)前端にある*脳胞(cephalic vesicle)の底部後端付近に分化した, 柱状分泌細胞の集合体. 分泌物は中心管に放出されてライスナー糸となり, 神経管後端の膨大部(ampulla)にいたる. 脊椎動物の*交連下器官との類似性が指摘され, 漏斗器官と命名された.

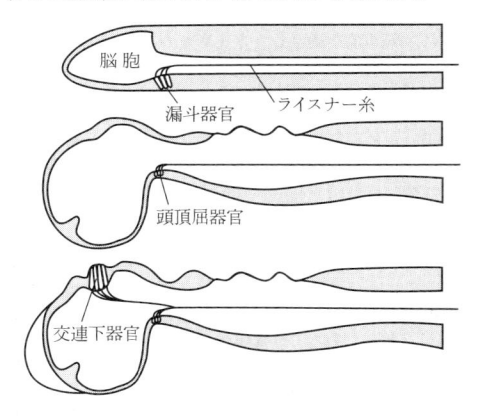

ナメクジウオの漏斗器官とサケの頭頂屈器官および交連下器官

b **老年学** [gerontology] ヒトの加齢にかかわる生物学的問題から, 高齢者にみられる疾患(いわゆる老人病), 老年者の心理, 寿命, 長生法, さらには社会的問題をもふまえて, 老年者の健康で有意義な生活について研究する学問. 医学に限った分野を老年医学(geriatrics)と呼ぶ.

c **老廃物** [waste product] 《同》老廃産物. 生体内における物質代謝の最終産物(end product)あるいは副産物(byproduct)で, 生体には無用のものの総称. [1] 動物では, 体に蓄積され老化現象と関係するといわれるリポフスチンなどや, 筋運動に伴う乳酸なども含まれるが, 主として最終的には尿として排出されるものを指す. 窒素代謝の最終産物が最も重大視される(⇌排出物質). 呼吸で排出されるCO_2などもしばしば老廃物に数えられる. [2] 植物では, 老廃物の一部は排出または分泌によって体外に出されるが, 大部分は植物体中に蓄積する. シュウ酸カルシウム・タンニン・樹脂・精油・アルカロイド・ゴムなどがこれに属し, 植物が極端な飢餓の状態になっても, エネルギー源として再利用されることはほとんどない.

d **濾過** [filtration] 生理学的には, 主として毛細血管壁を通しての血液の通過. 次のような場合がある. (1)濾出(transudation):脊椎動物の組織液とリンパが, 有形成分と血漿蛋白質とを除く血液成分の濾過で生成される過程(⇌濾出液). (2)*滲出:炎症の部位で, 有形成分までも管外に出る. (3)*限外濾過:脊椎動物の腎臓では糸球体において血液が限外濾過を受ける(⇌濾過-再吸収説). すなわち糸球体の細動脈を流れる血液から血漿の水分と溶存する結晶質成分とがボーマン嚢の内腔へ濾過されて尿細管に移る. このような糸球体濾液(glomerular filtrate)が*原尿である. これに対し, 血漿蛋白質や脂質など粒子の大きな物質(蛋白質ならば分子量5万以上)は正常には糸球体壁を透過できず, 血液の残余とともに流れ去る. 糸球体内の濾過圧は血圧によって供給され, 有効濾過圧は, $P_f=P_b-(P_0+P_c)$ (P_bは糸球体内血圧, P_0は血漿コロイド浸透圧, P_cは内腔の内圧)で計算される. ヒトでは$P_0≒30$(mmHg)であり, $P_c=5〜10$, P_bは他の毛細血管に比べて高く心臓の収縮期には70〜80(大動脈血圧の約60%)と推定され, 十分な濾過圧があることが証明される.

e **濾過胃** [filtration stomach] [1] 同翅亜目昆虫の胃すなわち中腸の第一胃. 第二胃と長い細管状の後腸(小腸)とは第一胃の周囲にまつわりつき, 全体が薄い膜で包まれている. 第一胃内の水と炭水化物とは第二胃を通ることなく直接に小腸に移るが, 脂肪と蛋白質は第二胃に進む. [2] 甲殻類(軟甲類)の胃(前胃)の幽門部. 噴門部は咀嚼胃であるが, 幽門部は壁に剛毛列があって, 破砕された食物粒のうち小形のものだけを濾過して腸に送る. [3] 二枚貝類のカキ・イガイ・ヒバリガイ, 腹足類のヘビガイやクモガイなどに見られる選別機能をもつ胃. 運びこまれた食物のうち小形で消化・吸収が可能なものは胃盲嚢に送るが, 大きすぎるものは直ちに腸に送り, 消化・吸収をしないで排出する. この選別は繊毛の働きによる.

f **濾過-再吸収説** [filtration-reabsorption theory] 脊椎動物の腎臓の尿生成機作として, 腎小体における血漿の*濾過(原尿の生成)と, それにつぐ尿細管内の*再吸収とを主張する学説. 古くC.F.W.Ludwig(1844)の提唱. のちにA.R.Cushney(1917)は, 再吸収がLudwigのいうような単純拡散によるものでなく, 尿細管は濾液のなかから生体に必要なものを選択的に再吸収するとした. A.N.Richardsら(1923〜1933)は両生類を用いて, ボーマン嚢と尿細管の各部位に毛細管を挿入して濾液を採集し, 糸球体における濾過と尿細管における物質の選択的再吸収とを初めて実証した. Cushneyは尿細管の分泌を完全に否定したが, 現在, 一部の分泌が証明されている. (⇌分泌説)

g **濾過摂食** [filter feeding] 水中に懸濁している食物の粒子を, *繊毛や剛毛の動きによって集めて食べる摂食法. ホヤ類では, 鰓嚢(咽頭)の表面に列をなす繊毛を用いて水流を起こすことにより, 水を*内柱から分泌した粘液からなる網状の膜を通過させる. 膜に付着したプランクトンなどの食物は, 粘液とともに塊にされて食道へと送りこまれる. ニシンやサバなどのプランクトン食性の魚類では, 鰓篩(*鰓耙)をふるいのようにして小形の甲殻類などの食物をこしとって食べる. 一方, 二枚貝類では, 鰓葉(⇌櫛鰓)表面に並んだ繊毛の運動により粒子を*唇弁へと誘導し, 唇弁は食物とそうでないものを識別して, 食物を繊毛運動により口に送り込む. カイアシ類などの浮遊性の甲殻類は, *小腸にある剛毛とそれに生えた棘を利用して植物プランクトンなどを捕らえ

る．しかし，表層の海水でさえ1L当たり0.2〜1.8 mgの有機物粒子しか含まないので，濾過摂食を行う動物は大量の水を摂食器官に通過させる必要がある．例えばカキ(*Crassostrea*)では1時間に30〜40Lの水を鰓に送り込むことができる．

a **ロコモーション** [locomotion] 《同》前進運動様式．動物の種に普遍的な，身体を前方に移動する様式．特に人類学においては，人類のロコモーションが*直立二足歩行という特異な様式であることから，人類の起原をロコモーションの観点から研究することが多い．長距離を移動するうえで，近縁の大型類人猿が行う四足歩行すなわち*指背歩行よりも，はるかにエネルギーコストが低いロコモーションであり，その獲得は初期人類の採食パターンや移動能力の大きさと関連していると考えられている．

b **ロシエーション** [lociation] 土壌などの違いによって主な*亜優占種が異なる地域的群落単位．F.E.Clementsらの用いた，*ファシエーションの下位にある植物群落または生物群集の小単位．ロシエーションと同性格で*遷移途上にある群落をロシーズ(locies)という．

c **濾紙クロマトグラフィー** [paper chromatography] ⇨クロマトグラフィー

d **ロジスティック曲線** [logistic curve] 生物の個体や個体群の成長を表す代表的なS字状曲線．P.F.Verhulst(1838)が人口増加を表す式として導き，R.PearlとL.J.Reed(1920)がキイロショウジョウバエの個体群成長の研究において独立に同形の式を得て広く知られるようになった．個体数Nに比例して種固有の瞬間増加率(r:内的自然増加率，⇨増殖率)が低下していくと仮定すれば，$dN/dt=N(r-hN)$の微分式が成り立つ．hはフェルフルスト-パール係数(Verhulst-Pearl coefficient)と呼ばれ，増加率0に達したときの個体数上限値は$K(=r/h)$とおくと，上式は$dN/dt=rN(K-N)/K$となり，これから$N=K/(1+ke^{-rt})$，または$N=K/(1+e^{a-rt})$というロジスティック曲線式が導かれる．$k=e^a=(K-N_0)/N_0$である(N_0は初期個体数)．また差分型で表された差分ロジスティック式すなわち

$$N_{i+1}=\frac{\lambda N_i}{1+(\lambda-1)N_i/K}$$

があり，iは世代，λは1世代当たりの期間増加率．これらの式は，Nが時間や世代の経過にともないS字形を描いてKに達するまで増加するが，その後は一定値を保つことを意味し，生物の個体群成長を近似的に表現できるので，理論的考察の基礎としてしばしば用いられている．ロジスティック式は個体の重量や大きさの成長を表す式としても広く用いられているが，維管束植物の成長など，この形式ではうまく表現できないものもあった．篠崎吉郎(1952, 1953)はrやKを時間の関数$r(t)$，$K(t)$とした一般化ロジスティック曲線(general logistic curve)を導いた．(⇨再生産曲線)

e **濾紙電気泳動** [paper electrophoresis] ⇨電気泳動

f **濾出液** [transudate] 《同》漏出液．血液の液体成分が血管から濾出されて体腔内あるいは組織内に病的に蓄積した，水様透明ないし淡黄色の液．蛋白質含量は通常2.5 g/dL以下，比重は1.012以下で，細胞成分や*フィブリノゲンも微量しか含まない．非炎症性原因(鬱血・低蛋白血症・電解質代謝障害・内分泌障害など)により生じやすい．これに対し，炎症性原因により生じる滲出液(exudate)は蛋白質含量が多く比重も大きいが，血漿の蛋白質含量には及ばない．濾出液と滲出液の鑑別には，氷酢酸による白濁を用いたリバルタ反応(Rivalta reaction)，ルネバーグ反応(Runeberg reaction)が用いられ，濾出液では陰性，滲出液では陽性となる．(⇨滲出)

g **ロス Ross**, Ronald 1857〜1932 イギリスの伝染病学者．マラリアについて研究し，病原虫，およびカによる媒介を含めたその生活環を明らかにした．1902年ノーベル生理学・医学賞受賞．

h **ロゼット** 生物学では，一般に生物体や組織・細胞などが示す，バラの花冠状の配列をいう．【1】[rosette, ciliated funnel] 《同》繊毛環．有櫛動物の*胃水管系の壁にある細胞集団．8個ずつの細胞がドーナツ状に二重の環を作って重なり，胃水管系の内腔の側の細胞には短い直毛があり，*間充ゲルの側の細胞には長い繊毛がある．これらの繊毛の運動により胃水管系内の水および栄養が間充ゲル内に送られると考えられる．その構造が原腎管の炎細胞に似ているところから排出器官ともいう．

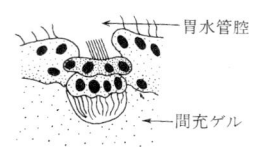

有櫛動物のロゼットの縦断面

【2】[rosette] 植物体の主軸において，胚軸を除く節間の伸長が抑制される成長様式のこと．全ての葉が1カ所(シュート頂の周辺)から放射状に出て並ぶように見える．それらの葉を，ロゼット葉(rosette leaf)，地生葉(ground leaf)，あるいは根出葉(radical leaf)とも呼ぶ．ロゼット葉は形態的に多少簡略化されることもあるが，ロゼット解消後に急速に伸長して花をつける(*抽薹する)主軸(薹，とう flower stalk)につく普通葉と，形態的特徴は大きく異ならないことが多い．またナズナやシロイヌナズナなどのように，むしろロゼット葉の方が複雑な形で花茎主軸につく葉の形は単純化することもある．生活史の一時期にロゼットを示す植物をロゼット植物(rosette plants)と呼ぶ．ロゼット植物はC.Raunkiaer(1907)の設定した*生活形では半地中植物に属する．

【3】[rosette] 《同》菌座．細胞や顆粒が放射状に配列された特殊な構造．神経膠腫の細胞，マラリア原虫のある分裂期にも見られる．

i **ロタウイルス** [Rotavirus] 《同》乳児胃腸炎ウイルス．レオウイルス科セドレオウイルス亜科ロタウイルス属に属する，乳児胃腸炎の病原ウイルス．小児の急性下痢症から1973年に分離された．マウスからサルに至る種々の哺乳類に見出される．ウイルス粒子は直径65〜75 nm，キャプソメアがコアから放射状に配列するように見えるため，車輪(ラテン語のrota)になぞらえて名付けられた．ゲノムは，11分節の二本鎖RNA(全RNA分節の合計は，1万8522塩基対)．ヒトロタウイルスは乳幼児に流行する急性の非細菌性胃腸炎(仮性コレラ，白痢など)の主な原因ウイルスであり，学童の集団下痢症の原因にもなる．ウシやマウスの胃腸炎を起こすロタウイルスと補体結合反応で共通抗原をもつ．ウイルスの分離は困難で，糞便から濃縮・精製したウイ

ルス粒子を直接または免疫凝集させ陰性染色のうえ電子顕微鏡で診断する．弱毒生ワクチンが開発されている．

a **六鉤幼虫** [onchosphaera, onchosphere, hexacanth larva] 《同》オンコスフェーラ．扁形動物真正条虫類の受精卵から最初に生じる幼生．球形の体に3対の鉤をもつ．円葉類の条虫の虫卵は，老熟片節内の子宮に入ったまま片節が離断することで終宿主の糞便と共に外界に出る．虫卵は既に六鉤幼虫を含んでおり，これが中間宿主に摂取されると特定の部位で*囊虫となる．一方，擬葉類の裂頭条虫科では，虫卵は外界に生み出されやがて六鉤幼虫を含むようになる．繊毛をもつこの幼生は*コラシジウムと呼ばれる．また単節条虫類の幼生は，5対の鉤をもつ*十鉤幼虫（リコフォーラ）である．

b **肋骨** [rib ラ costa] 脊椎動物において，椎骨に結合し，その両側の体壁中を腹方に向かう骨性または軟骨性の内骨格成分．内臓を囲む体壁の支持に役立つ．次の3種がある．(1) 上肋 (独 obere Rippe) または背肋 (dorsal rib)：筋系を背腹に分ける水平筋中隔中に生じ，軟骨魚類および四肢動物のものはこれに相当．(2) 下肋 (独 untere Rippe) または腹肋 (ventral rib, pleural rib)：血道突起が血道弓をなさず，左右に開いたまま体腔壁直下に伸びたもの．硬骨魚類に見られ，ある種の魚類は上肋をも併用する．肺魚の後関骨に見られる頭肋も下肋．羊膜類では肋軟骨 (costal cartilage) を介して直接に*胸骨と結合する肋骨を真肋骨 (true rib)，胸骨と結合しないものおよび間接的に上位肋骨の肋軟骨を介して胸骨につながるものを仮肋骨 (false rib) という．これに加え，(3) 魚類では軸上筋間中に epipleural rib が生ずる．

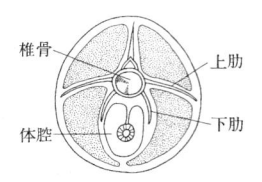

c **LOD 得点** (ロッドとくてん) [LOD score] LOD は logarithm of odds（対数オッズ）の略．本来遺伝解析で二つの遺伝子が同一染色体にあるかどうかを調べるために用いられた値．2座位間に組換えが生じた個体と組換えの見られない個体の比，すなわち組換え率と非組換え率の比（オッズ）が1より有意に大きければ，同一染色体にあるとされる．現在では通常，多型マーカーとの連鎖の情報を利用した*連鎖解析に用いられる．分子マーカーの遺伝情報を独立変数とみなし，遺伝形質に関わる遺伝子のゲノム上の位置と遺伝効果を推測する．ゲノム上の各位置に対して，そこに関連遺伝子が存在した場合と同一染色体上に関連遺伝子がない場合の，対数尤度比を計算する．歴史的経緯から，常用対数が用いられる．位置を一つに決めれば LOD 得点の有意性は χ 自乗分布と対比することにより求められるが，数多くの位置を検討するため，多重性の問題が生ずる．*確率過程の理論を援用し，あるいは遺伝形質の並べ替えたデータを用いたシミュレーションを行うことにより，多重性を考慮に入れて帰無仮説の下での分布が得られる．

d **ロッドベル** RODBELL, Martin 1925〜1998 アメ

リカの生化学者．ラット脂肪組織から遊離させた脂肪細胞を用い，ホルモンの作用を研究する系を確立．グルカゴンが作用するときに GTP が必要であることを発見．これにより A.G. Gilman とともに1994年ノーベル生理学・医学賞受賞．

e **六放海綿類**（ろっぽうかいめんるい） [hexactinellid sponges ラ Hexactinellida] 《同》ガラス海綿類 (glass sponges)．海綿動物門の一綱．体は比較的大型で，個体性が明瞭である．放射相称的で，管状・杯状・塊状・袋状・柱状と多様な形態を示し，唯一，被囊状の種のみが知られていない．全て海産で，主に深海底に生息し，全世界から約600種が知られている．体表はシンシチウム性の薄い薄膜でおおわれており，さらに内部へ向かって柱梁組織網 (trabecular network) が，複雑に張りめぐらされて鞭毛室 (flagellated chamber) を支えている．鞭毛室は，枝分かれした襟細胞 (branching choanocyte) で構成されており，襟や鞭毛はここから室内へ突出する．枝分かれした襟細胞は，一つの有核細胞から複数の stolon が伸び，それぞれの先で襟体 (collar body) と連結した構造をしている．襟体は，無核の襟細胞のような形をしている．間充ゲル (中膠) は，柱梁組織網の中に薄く挟み込まれており，他の海綿類のように，この中を細胞が移動することはない．このような他の海綿類には見られない特徴から，かつては本動物群を独立した門ないし亜界として区別する見解があったが，現在では否定されている．近年の研究から，発生の過程で，分裂した割球のうち大割球が，原腸胚期に融合してシンシチウム (合胞体) を形成することが判明した．三軸六放射相称のケイ質の骨片をもち，主大骨片と微小骨片の区別は明瞭である．これらが，柱梁組織網中に規則正しく配列して，複雑・精巧な骨格を形成する．また，主大骨片は，しばしば癒合して堅固な格子状構造を形成する．骨片の特徴から，両盤亜綱と六放星亜綱の2亜綱に分けられる．このうち，両盤亜綱の幼生は未だ観察例がない．六放星亜綱からトリキメラ幼生が知られており，詳細な観察は1種についてのみ観察されている．

f **ロトカ** LOTKA, Alfred James 1880〜1949 アメリカの数理生物学者．オーストリアの生まれ．1925年，'Elements of physical biology' を発表，被食者-捕食者相互作用に関する基本的な微分方程式 (ロトカ-ヴォルテラ式) を提出．人口動態の数理的研究を行い，現代人口学の確立に尽くした．［主著］Elements of mathematical biology（上記1925年の著書の復刻版），1956．

g **ロトカ-ヴォルテラ式** [Lotka-Volterra equations] *種間競争および*被食者-捕食者相互作用に関する式．A.J. Lotka (1925) と V. Volterra (1926) が独立に導いた．(1) 食物あるいは空間に対して競争する2種の場合：時間 t におけるそれぞれの個体数を N_1, N_2，内的自然増加率 (⇒増殖率) を r_1, r_2，またそれぞれ単独に増殖したときの飽和密度 (個体数の上限，⇒個体群成長) を K_1, K_2 とすれば，2種が競争する条件下では

$$\frac{dN_1}{dt} = r_1 N_1 \left(\frac{K_1 - N_1 - \alpha N_2}{K_1} \right),$$
$$\frac{dN_2}{dt} = r_2 N_2 \left(\frac{K_2 - N_2 - \beta N_1}{K_2} \right)$$

の微分式が得られる．α, β は競争係数 (coefficient of competition) と呼ばれ，$\alpha/K_1, \beta/K_2$ はそれぞれ一方の種の増殖が他方の種の1個体によって妨げられる割合を

示す．これから，(i) 初期密度に応じて種1あるいは種2の一方だけが生き残る（$\alpha>K_1/K_2$, $\beta>K_2/K_1$），(ii) 2種共存（$\alpha<K_1/K_2$, $\beta<K_2/K_1$），(iii) 種1だけ生き残る（$\alpha<K_1/K_2$, $\beta>K_2/K_1$），(iv) 種2だけ生き残る（$\alpha>K_1/K_2$, $\beta<K_2/K_1$）の四つの場合がありうることが示される．(2) 被食者-捕食者関係の場合：被食者個体数N_1と捕食者個体数N_2の増加率は，それぞれ

$$\frac{dN_1}{dt}=r_1N_1-c_1N_1N_2, \quad \frac{dN_2}{dt}=c_2N_1N_2-d_2N_2$$

で与えられる．r_1は被食者の内的自然増加率，d_2は被食者のいないときの捕食者の減少率，c_1, c_2はそれぞれ捕食者が被食者にとらわれ，また捕食者が摂餌によって増加する率に関する定数である．このモデルでは，捕食者と被食者の個体数は1/4周期だけ位相のずれた周期変動を繰り返す．以上二つのモデルは，種間競争や捕食作用による個体群動態の本質をとらえている理論モデルである．

a **ロードシス** [lordosis] [1]《同》脊柱前彎．脊柱または脊椎前彎のこと．脊柱の，矢状面における前方の凸彎をいう．ヒトでは頸椎と腰椎にみられる．これに対し，後方への凸彎を脊柱後彎(kyphosis)といい，胸椎にみられる．この前彎と後彎によって，ヒトの直立姿勢は均衡が保たれている．しかし一方で，これらの部位では加齢性の骨増殖すなわちリッピングス(lippings)が多発する．[2] 動物行動学において，齧歯類に多くみられる雌の交尾姿勢をいう．この姿勢では，背乗り(mounting)した雄の前肢による側腹部への圧迫に反応して前肢を屈曲させ，体前半を低くすると同時に背をそらせて腰部を上げ，膣口部を後方へ突き出す．長い尾をもつ類では尾を側方へ曲げる．発情ホルモン（*エストロゲン）に依存した反応で，*黄体ホルモンにより促進される．発情した雌ではなかなか反射的な反応で，手などによる人工的な刺激によっても起こすことができる．雌の発情状態を判定する指標として，ラットやモルモットなどの性行動の研究に利用される．反応の強さの定量的な計測には，雄の背乗り回数に対するロードシス反応の回数を百分率で表したロードシス商(lordosis quotient, LQ)がよく用いられる．

b **ロドスピリルム科** [family *Rhodospirillaceae*] *プロテオバクテリア門アルファプロテオバクテリア綱ロドスピリルム目(Rhodospirillales)に分類される細菌科の一つ．基準属は紅色非硫黄光合成細菌であるロドスピリルム(*Rhodospirillum*)．接頭語のRhodo-は赤・紅色を指すが，これは当初光合成細菌のみを包括する科として設定されたことによる．現在は系統的に類縁の光栄養細菌および化学栄養細菌の菌属・菌種から構成される．形態的にらせん状やコンマ状の細胞を有するものが多い．（⇒紅色光合成細菌）

c **ロドバクター** [*Rhodobacter*] ロドバクター属（*Rhodobacter*）として分類される紅色非硫黄光合成細菌の総称．*プロテオバクテリア門アルファプロテオバクテリア綱ロドバクター科(Rhodobacteraceae)に属する．基準種は*Rhodobacter capsulatus*．グラム陰性の卵形，短桿菌（直径0.5～2μm）であり，多くは運動性を有する．バクテリオクロロフィル*a*とカロテノイド色素を含み，光合成条件下での培養液は黄緑色～黄橙色を呈するが，酸素に触れると赤色に変化する．低分子の有機物やCO_2を炭素源として嫌気・明条件下でよく生育するが，大部分の菌種は好気・暗条件でも生育する通性光合成細菌．硫化物の酸化能を有するものも多いが，硫黄粒子を形成することはない．池，沼などの淀んだ水環境，下水，廃水処理系，土壌などに広く分布し，有機物の分解や物質循環に重要な役割を担う．ロドバクター科はロドバクター属などの紅色非硫黄光合成細菌以外に，多数の好気性光栄養細菌や好気性従属栄養細菌の菌属を含む．(⇒紅色光合成細菌，⇒付録：生物分類表)

d **ロドプシン** [rhodopsin] 《同》視紅(visual purple). 脊椎動物あるいは無脊椎動物の明暗の識別（*薄明視を含む）に関与する視細胞に含まれる視物質の一つ．発色団として11-*cis*-レチナールをもつ．ロドプシンのアミノ酸配列の変異は，ヒトにおいて先天性・進行性の網膜変性を引き起こす網膜色素変性症(retinitis pigmentosa)の原因の一つである．脊椎動物では桿体外節に含まれ，無脊椎動物では感桿分体（視細胞外節ともいう）に含まれる．カエルやウシの桿体外節では，構成蛋白質の80％以上を占める．7回膜を貫通する膜蛋白質で分子量は3万～6万である．ロドプシンの蛋白質部分を*オプシンという．多くの動物のロドプシンは，11-*cis*-レチナールを結合した際の吸収極大波長は500 nm付近にあり，緑色光を効率よく吸収する．脊椎動物のロドプシンは，光を吸収すると発色団が11-シス型から全トランス型に極めて高い効率で異性化し，その後，短時間のうちに蛋白質部分の段階的な構造変化によって種々の中間状態（中間体）になり，最終的に全トランス-レチナールとオプシンに分解する．無脊椎動物のロドプシンでは，メタロドプシンと呼ばれる中間体が最終産物となる．この過程を光退色過程(photobleaching process)と呼ぶ．脊椎動物のロドプシンの役割は以下の二つに分けられる．その一つは，光を吸収してメタロドプシンIIという中間体になり，G蛋白質であるトランスデューシン(transducin)と結合して，トランスデューシンを活性化する．この結果，視細胞内での酵素カスケード系が活性化され，最終的に視細胞が興奮する(⇒光情報伝達)．他の一つは，メタロドプシンII（あるいはその前駆体であるメタロドプシンI）になった後，特異的なロドプシンキナーゼ（オプシンキナーゼということもある）によってリン酸化され，*アレスチンと結合する．これにより，それ以上トランスデューシンが活性化されなくなり，光センサーレベルで光情報が遮断される．活性化されたトランスデューシンは，光刺激直後にはcGMP分解酵素の活性を高め，陽イオンチャネルの閉鎖を引き起こすが，チャネルが閉鎖して陽イオン濃度が低下した後には，不活性型に変化して視細胞の興奮を止める．ロドプシンは7本のαヘリックス構造をもつ典型的なG蛋白質結合型の受容体蛋白質である．錐体の視物質や*松果体の光受容蛋白質，さらに細胞内情報伝達に関与しロドプシンと共通する構造・機能（G蛋白質を活性化する）をもつ受容体蛋白質まで含めたグループを*ロドプシンファミリーと呼ぶ．

e **ロドプシンファミリー** [rhodopsin family] 《同》ロドプシンスーパーファミリー．*桿体に存在する光受容蛋白質である*ロドプシンと一次構造上の相同性をもち，7本の膜貫通ヘリックス構造をもつ一群の受容体の総称．一部の例外を除き，リガンドと結合した後に活性化状態となりGTP結合蛋白質（*G蛋白質）に情報を伝達するG蛋白質共役型受容体(G-protein-coupled receptor, GPCR)の一種である．ロドプシン，錐体オプシン(cone opsin)，*メラノプシン，ピノプシン(pinopsin)，あるいは無脊椎動物ロドプシンといったレチナール結合性の光受容分子に加えて，嗅覚受容体や種々のホルモン・アミン受容体など多くのGPCRが含まれる．ロドプシンファミリーに属する蛋白質は，おそらく同一の遺伝子から進化したと考えられる．一方，7本の膜貫通ヘリックス構造をもつ点では共通であるが，ロドプシンファミリーに属さないGPCR2やバクテリオロドプシン(bacteriorhodopsin, BR)では，ロドプシンと共通の祖先に由来する証拠はない．また，レチノクロム(retinochrome)は，ロドプシンファミリーに属するが，情報伝達の機能をもたず，光エネルギーを利用して*レチナールの異性化を触媒する酵素である．

a **ロバーツ** Roberts, Richard John 1943～ イギリスの分子生物学者．アデノウイルスを用いた遺伝子構造の研究によって分断遺伝子を発見．P. A. Sharp とともに1993年ノーベル生理学・医学賞受賞．

b **ローハン–ベアード細胞** [Rohon-Beard cell] 円口類，魚類，両生類の発生初期（幼生）において，*神経管背側で天板に接して存在する大形の神経細胞．J. V. Rohonが魚類に，J. Beardが魚類および両生類で記載．*神経堤に由来するとする見解もある．神経管の伸ばした突起を途中で分岐させ，1本は表皮に，もう1本は筋節の細胞に向かって伸ばし，原始的な反射弓を形成する．上記の幼生が脊髄神経系を完成させる以前に刺激に反応して体をくねらせるのはこの細胞の働きによるものとされる．なお羊膜類においてもこれに似た神経細胞が存在する．

c **Rhoファミリー GTPアーゼ**（ローファミリージーティーピーアーゼ）[Rho family of GTPase, Rho family GTPase, Rho GTPase]《同》Rhoファミリー低分子量G蛋白質．20 kDa程度の低分子量G蛋白質の一種で，Rhoの語はRas homologyに由来する．動物では細胞骨格アクチンフィラメントの再構成の制御などに関わる．またさまざまなターゲット蛋白質と相互作用して，細胞分裂，貧食作用，細胞移動などの細胞運動を制御する情報伝達系に関与する．植物ではROP (Rho-like GTPases from plants)と総称される一群のRhoファミリー GTPアーゼを有しており，植物独自の制御因子やそれぞれに特異的なエフェクターを介して，細胞骨格制御，細胞極性形成，ホルモン応答，病原抵抗性など，幅広い生命現象に関与している．動物で代表的なRhoファミリー GTPアーゼ分子はRhoA, Rac1, Cdc42であり，RhoAはストレスファイバー形成，インテグリン活性化，細胞質分裂，細胞運動を制御する．Racは葉状仮足，Cdc42は糸状仮足を誘導することがわかっている．

d **濾胞** [follicle] 動物の組織，特に*内分泌腺において，多数の細胞からなる完全に閉じた胞状構造．胞状構造の壁（濾胞壁）を濾胞上皮（胞上皮follicle epithelium），中央の空所を濾胞腔という．内分泌腺では分泌物はいちど濾胞腔にたまることが多い．卵巣にある卵濾胞（卵胞ovarian follicle）は最も顕著で，中央に卵が位置する．原始卵胞が発育して液体で充満した腔をもつ大きな卵胞になると，*グラーフ卵胞と呼ばれる．甲状腺も多数の濾胞からなり，腺の活性にしたがって濾胞上皮の形がかわる．*下垂体中葉などにも濾胞状構造がみられる．毛根部にあって毛を包む細胞群もfollicle（毛嚢または毛

胞）と呼ばれるが，上記のものとは構造が異なる．乳腺や肺の末端部をなす胞状構造は細管で外部と通じており，完全には閉じていないので濾胞とはいわず，alveoleと呼ばれる．

e **濾胞細胞** [follicle cell] 動物組織に見られる胞状構造の外部を包む単層または多層の上皮様細胞．下垂体，甲状腺濾胞，卵巣濾胞すなわち卵胞に典型的な例が見られる．濾胞細胞（卵胞細胞）は，哺乳類卵巣中では多層，昆虫類卵巣中では単層上皮状をなして各卵母細胞を取り巻く．ホヤ類では一般に，放卵後の卵殻膜の表面は顕著に大きな濾胞細胞で被われる．一般の動物では卵胞細胞は排卵までで役目が終わるが，哺乳類では排卵後の黄体形成にも関与する．なお主として脊椎動物で，卵胞細胞をしばしば顆粒膜細胞（granulosa cell）という．(⇨卵形成)

f **濾胞刺激ホルモン** [follicle-stimulating hormone] FSHと略記．《同》卵胞刺激ホルモン，フォリトロピン(follitropin)，間質細胞刺激ホルモン(intersitial cell-stimulating hormone)．下垂体前葉の好塩基性細胞から分泌される糖蛋白質ホルモン．分子量約2万～5万．αとβの二つのサブユニットからなり，αサブユニットは*黄体形成ホルモン(LH)のαサブユニットと同一である．糖含量約20％．卵胞の発育と成熟，精細胞の発育，精子形成の促進，*エストロゲンの産生・分泌促進などの作用を示す．卵胞での作用はLHとの協同作用が必要とされる．FSHの分泌は，視床下部ホルモンである生殖腺刺激ホルモン放出ホルモン(GnRH)，血中の*性ホルモンの量および*インヒビンや*アクチビンの量などにより調節される．生物検定法としては，ラット(*スティールマン–ポーレイ法)やマウスを用いた卵巣重量法，マウス子宮重量法などがあり，血中量の測定にはELISA法(EIA法)，ラジオイムノアッセイのほか，卵巣の顆粒膜細胞受容体や精巣のセルトリ細胞を用いるラジオレセプターアッセイがある．

g **濾胞刺激ホルモン放出ホルモン** [FSH-releasing hormone] ⇨生殖腺刺激ホルモン放出ホルモン

h **濾胞樹状細胞** [follicular dendritic cell] FDCと略記．《同》濾胞性樹状細胞．*二次リンパ組織の*リンパ濾胞に限局して存在し，密な網目構造を形成する*ストローマ細胞の一種．*B細胞を誘引する*ケモカインおよび接着分子を産生してB細胞の集積と移動の足場となるほか，その恒常性の維持にも関わる．免疫応答時には細胞表面に*補体受容体や*Fc受容体により抗原抗体複合体を捕捉・提示して，抗原特異的B細胞の活性化，*胚中心形成，プラズマ細胞(*形質細胞)や記憶B細胞の分化など，抗体産生応答に重要な役割を担う．濾胞樹状細胞の発達にはB細胞が産生する腫瘍壊死因子(tumor necrosis factor, TNF)およびリンフォトキシンのシグナルが必須．

i **ローマー** Romer, Alfred Sherwood 1894～1973 アメリカの古生物学者．古脊椎動物学の代表的な体系家であり，また魚類より両生類・爬虫類への進化における形態および機能と環境との関係を，比較解剖学や比較発生学の知識を導入して解明した．[主著] Vertebrate paleontology, 1933.

j **ロマーニズ** Romanes, George John 1848～1894 イギリスの生物学者．カナダの生まれ．クラゲおよび棘皮動物の神経系を研究し，他方，人間と動物の心的能力

の発達を進化の立場から考察した．進化の要因として生殖器官や生殖時期などの変異による生理的隔離を説き，それを生理的淘汰と呼んだ．また進化を，時間的に連続して生ずる種の系列である単型的進化(monotypic evolution)と，同時に異なった場所に生ずる種の分岐である多型的進化(polytypic evolution)とに区別した．[主著] Physiological selection, 1885.

a **ローラー示数** [Rohrer's index] 《同》身長体重示数(height-weight index of body build), ローレル指数. 生体人類学で用いる，身長と体重の関係を表現する示数. 体重$(kg) \times 10^7$/身長$(cm)^3$によって与えられる．単位体積に対する重量を示す点から栄養状態，あるいは太っているかやせているかを知る最良の示数であるが，胴の長さや貯蔵脂肪量，体型に個人差や集団差があるため，かならずしも適切な示数とはいえない．特に成長過程では，その値が年齢によりかなり異なる．最近は body mass index (BMI) のほうが多用される．BMI は体重(kg)/身長$(m)^2$で定義され，22 が標準とされる．

b **ロリカ** [lorica] 《同》外殻，被甲．[1] 輪形動物や胴甲動物の体表をおおうキチン質の甲殻．[2] 原生生物の襟鞭毛虫類・有殻アメーバ類・有鐘繊毛虫類などの体をおおう一種の細胞膜の変形物．鎧(よろい)の意．[3] ミドリムシ類の属に見られる原形質を包む袋．原形質の一部ではなく，ゼラチン質から構成されており，セルロースはまったく含まれない．先端の開口部から鞭毛が出ている．形成された直後には無色透明であるが，やがて鉄化合物を含んで暗褐色不透明となることが多い．ロリカの形やその上にある模様は種特異的な特徴を示す．

c **ローリングサークルモデル** [rolling circle model] 特に*環状 DNA に限って見られる定起点・片方向の複製を行う染色体 DNA の特徴的形態，およびその複製様式(⇌DNA 複製)．まず環状二重らせんの1点(起点)に一本鎖切断が入る．どちらの一本鎖に切れ目が入るかによって複製伸長の方向が決まる．切れ目の入り方は，リン酸ジエステル結合を加水分解し，ヌクレオチドのデオキシリボース部分で，$3'$-OH 末端と $5'$-P 末端とを作り出すような切断である．切れ目が入ると，その $5'$-P 末端を先頭にしてほどけながらこれを鋳型としてラギング鎖の DNA 合成を行い，一方の環状単鎖を鋳型としてリーディング鎖の合成を行う．このような DNA 複製の様式は，環状分子がぐるぐる廻りながら進行するというイメージから，一般にローリングサークル型の複製と呼ばれるようになった．ファージのφX174 の RF (二重鎖，環状)，P2, λ(感染後期の)や細菌のプラスミドなどで認められるが，両生類における rRNA 遺伝子の増幅現象のときなどには，ローリングサークル型の複製が行われるとされる．(⇌逐次的複製)

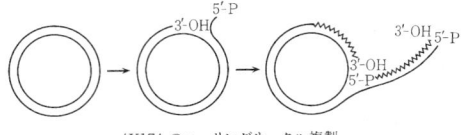

φX174 のローリングサークル複製

d **ローレンツ** LORENZ, Konrad Zacharias 1903～1989 オーストリアの動物学者．鳥類や魚類の行動について厳密な認識論に裏付けられた観察を行い，リリーサーの概念をはじめ，行動の*生得的解発機構の認識を打ち出し，動物行動学を確立．1973 年，K. von Frisch, N. Tinbergen とともにノーベル生理学・医学賞受賞．[主著] Das sogenannte Böse: Zur Naturgeschichte der Aggression, 1963.

e **ローレンツィニ器官** [Lorenzini's organ] 《同》ローレンツィニ瓶体(Lorenzini's ampulla), 膠管(独 Gallertrohr). 板鰓類の吻部，頭部側面に分布する皮膚感覚器の一種．側線器の特殊な型で*電気受容器として働くが，*感丘に見られるような有毛細胞からなる薄膜(クプラ)はそなえていない．体表に開口した細長い管は内部にゼリー様物質を満たし，表皮下に深く入り，その先端は膨大して*アンプル(瓶)を形成する．いくつかの瓶が集合し，単一の導管で体表に開口することもある．*感覚上皮はその上端が瓶の内腔にわずかに達するほど体表から離れて内部に位置しているため，環境と直接機械的接触をもたない．瓶の端部には求心性の神経だけが分布する．本器は一般の側線器同様，水圧や水流などの機械的刺激に反応するため，感度は通常型の側線器に劣る．また，温度変化や塩分濃度の変化にも鋭敏に反応しうるが，感覚細胞が体表から深い位置にあり，ゼリー様物質で刺激の影響が弱められることから，これらの刺激に対しては補助的な役割しか果たしていないと考えられる．一方，瓶の壁は電気抵抗が大きく，ゼリー様物質は電気伝導度が比較的高い．これらのことから，本器が電気受容器として有効であることが示唆される．実際，電気的な受容器としての感度は $0.1\mu V/cm$ にも達し，サメやエイでは，餌となる魚の運動にともなう活動電位にも反応するため，捕食に利用するとされる．硬骨魚類でもゴンズイに類似した器官があることが知られている．

f **ロンドレ** RONDELET, Guillaume 1507～1566 フランスの博物学者．モンペリエ大学で医学を学び，開業し，のち同大学教授．海産脊椎動物および無脊椎動物(当時は総括的に「魚類」とされた)を多数の図と共に記載．[主著] De piscibus marinis, 1554～1555.

ワ

a **Y器官** [Y organ]《同》Y腺(Y gland). 甲殻類頭部の触角節または小顎節にある内分泌器官. 平均直径10μmの細胞からなり, 循環系に接触し, 脱皮を促進するホルモンを分泌する. 脱皮抑制ホルモンを分泌する*X器官-サイナス腺系の支配を受けているという. 神経分泌器官ではなく, 脱皮を促進するホルモンを分泌するなど昆虫の*前胸腺と相似であるが, 相同器官であるとする考えもある.

b **ワイグル効果** [Weigle reactivation, W-reactivation]《同》前照射効果, 紫外線回復(UV reactivation). 紫外線処理したファージが宿主細菌細胞のDNA修復機構により修復されて再活性化が起こる(⇌宿主細胞回復)とき, 宿主細胞にあらかじめ紫外線を照射しておくと, 非照射の場合よりも高い再活性化が起こる現象. *SOS応答の一種. 宿主細胞のDNA修復機構が紫外線照射により活性化されることによると考えられているが, 修復ばかりでなく, 突然変異の誘起やプロファージの誘導にも効果がある. またマイトマイシンCのような化学物質による前処理でも同様な効果が引き起こされる.

c **Yクロマチン** [Y-chromatin]《同》Y小体(Y body), F小体(F body, fluorescent body). キナクリン(quinacrine)またはキナクリンマスタード(quinacrine mustard)で染めて蛍光顕微鏡で観察するとき著しく強い蛍光を発する, ヒトY染色体の長腕の末端寄りの部分. この蛍光は分裂間期の細胞核でも容易に認めることができる. 男性にだけ観察されるので, ヒトにおいてXクロマチン検査と併用して性の判定をより確実に行うことが可能となり, オリンピックのセックスチェックなどにも応用されている. なお, この現象はヒトとゴリラだけで観察され, チンパンジーやオランウータンを含めて他の動物では, Yクロマチンが特に強い蛍光を発することはない. (⇌Y染色体)

d **矮小形**(わいしょうけい) [dwarf] その種類の標準の大きさの1/2程度以下で成熟する, 異常に矮小な生物個体. 多くの原因がある. 園芸植物では育種学的に作出される場合も多い. ヒトでは身長1mにも達しないような場合で, 侏儒という. 特にヒトの場合は, 次のように大別される. (1)真性侏儒(nanosomia vera)は遺伝的に現れることが多く, 全身が一様に小さいが各部の均整はよくとれていて, 精神的発達などに欠陥はない. (2)下垂体侏儒(nanosomia pituitaria)は幼時に下垂体前葉の成長ホルモンの分泌低下によって軟骨の発育が妨げられたもので, 矮小ではあるが身体各部の均整はとれている. 性的発育が遅れるが, 精神障害は示さない. これに対し, (3)甲状腺機能不全によるクレチン病では, 知能・精神の発育が不全である. (4)軟骨異常栄養性侏儒(独 chondrodystrophischer Zwerg)は軟骨萎縮症により先天的に骨の発育に障害がある疾患で, 四肢が体幹に比べて著しく短小なのが目立ち, 巨大な球状の頭部をもつ. これとよく似た(5)くる病性侏儒は, ビタミンD欠乏によって骨の発育障害をきたしたもの. (⇌矮性)

e **ワイス** WEISS, Paul Alfred 1898〜1989 アメリカの動物発生学者. オーストリアの生まれ. 主として脊椎動物を用いて, 再生, 神経系の発生, 細胞の発生学的行動など, 多方面の研究をした. また, 形態形成に関して場の理論を展開し, 「分子生態学」を提唱. [主著] Principles of development, 1939.

f **矮性**(わいせい) [dwarfism]《同》矮化, 萎縮. 一般に生物の*矮小形を示す特性, および矮小形を生ずること. 植物の矮性は主として茎の節間伸長が抑えられることから起こる. 遺伝的矮性は, 一般に単一遺伝子突然変異によるものであるが, *ジベレリンや*オーキシンなどの体内ホルモンの代謝や作用の異常など多面的な関連がある場合が多い. トウモロコシの d_1, d_2, d_3, d_5, an_1, イネの dx(短稈坊主), アサガオの木立などの例では, ジベレリンによって正常回復が得られ, 体内ジベレリンのレベルにも異常があることから, これらの矮性植物は体内ジベレリンの生合成反応の特定の段階に異常をもたらすような遺伝的欠陥をもっていると考えられ, 実際にその責任遺伝子も同定されている. 遺伝子支配の矮性でも, その発現が光に依存することもある. 例えば, エンドウの矮性種のあるものでは暗黒中では正常のものと同じ成長をする. 生理的矮性は, 温度・光などの環境条件によって, 生活環の一時期を一時的に矮性で過ごすものについていう. ロゼット型植物, イチョウの短枝, 高温発芽したモモの芽生えなどはその代表的な例であるが, これらの場合にも, 植物ホルモンの体内レベルに密接な相関が見られる. (⇌半矮性)

g **Y染色体** [Y-chromosome] 雄ヘテロ型の*性決定をする有性生殖をする生物の雄個体がもち, 雌個体には含まれない*性染色体. *X染色体とY染色体が同時に存在する性決定様式では, 雄がX染色体とY染色体をもつ. 減数分裂ではX染色体と対合あるいは部分的に対合することからX-Y染色体間に相同性が残されているが, 互いに形態・構造が大きく異なることが多い. 相同領域ではX染色体とY染色体の間で乗換えが起こる. Y染色体の数は1個とかぎらず, スイバやインドホエジカがもつY染色体(Y_1Y_2)やカモノハシのY染色体($Y_1Y_2Y_3Y_4Y_5$)のように複数のY染色体をもつ生物もあるが, 減数分裂の分離のときには一組となって行動するため, 実質的には1個のY染色体と変わりない. Y染色体とX染色体はもともと1対の常染色体対に由来し, 性決定遺伝子の獲得によって雄特異的に分化した染色体がY染色体である. 構造変化が生じたことによってX染色体との間で組換えが抑制され, その結果, 突然変異が蓄積されることによって遺伝子の偽遺伝子化, 欠失による染色体の矮小化, 反復配列の増幅によるヘテロクロマチン化などが生じ, さらに連鎖する遺伝子が雄特異的な機能を獲得していったと考えられている. ショウジョウバエではほとんどヘテロクロマチンだけからなり, 機能遺伝子は数個しかなく性決定の機能ももたない. 一方, ナデシコ科の *Melandrium* のY染色体は, 1個存在すればX染色体が3個あっても雄となる強力な雄性決定遺伝子をもち, アサ(*Cannabis*)ではX染色体は雌性決定, Y染色体は雄性決定の方向に働く. ヒトを含む真獣類のY染色体にはSRY(Sex-determining region Y）という精巣決定遺伝子があり，X 染色体を過剰にもつ個体でも Y 染色体が存在すれば男性(雄)となる．ヒトの Y 染色体の長腕の末端からおよそ 2/3 の領域は反復 DNA 配列で構成され，キナクリンマスタード染色により強い蛍光を発する．体細胞の間期の核ではこの部分が強く蛍光を発する小体として観察され，これを*Yクロマチンといい，性別判定に利用される．ヒトの全ゲノム配列の解読によって，ヒトの Y 染色体は約 5100 万塩基対からなり，X 染色体には約 1100 個の遺伝子が存在するのに対し，Y 染色体上には約 80 個程度の遺伝子しか存在せず，その中で蛋白質をコードする遺伝子は 30 に満たないことがわかっており，そのほとんどに精巣特異的な機能分化が見られる．偽常染色体部位（PAR, pseudoautosomal region）は X・Y 染色体の両端に存在し，短腕側を PAR1，長腕側を PAR2 と呼び，この領域で X-Y 染色体間に組換えが起こる．また，Y 染色体は回文配列（パリンドローム構造）を多く含むため，同一染色体内で高頻度の組換えが生じている．

a **ワイデンライヒ** WEIDENREICH, Franz 1873～1948 ドイツの解剖学者，人類学者．ナチスを逃れ渡米，また，北京協和医学院解剖学会客員教授かつ中国地質調査所内新生代研究所所長となり，周口店の北京原人遺跡を発掘研究した．北京原人の化石は大戦中に紛失した．北京原人のほか，ピテカントロプス=ロブストス，ギガントピテクス=ブラッキ，ソロ人の骨格を研究．晩年，人類進化に関し巨人説を提唱した．[主著] The skull of Sinanthropus pekinensis, 1943; Apes, giants and man, 1945.

b **矮雄**（わいゆう）[dwarf male] 雌雄異体の動物において，雄が雌に比べて著しく小形である雄．体制も極度に退化し雌に寄生している場合が多い．輪虫類，ボネリムシ，蔓脚類，寄生性カイアシ類，寄生性等脚類などがその例．アンコウの矮雄もよく知られている．(→寄生雄，→補助雄)

c **矮雄体** [nanandrium, dwarf male] 《同》小形雄体，小形精子体．緑藻綱サヤミドロ類における数細胞からなる極めて小形の雄性配偶体．雄性胞子（精子体胞子 androspore）と呼ばれる遊走子が生卵器付近に付着（フェロモンが関与），矮雄体となる．矮雄体は精子を形成し，それが生卵器中の卵と受精，*卵胞子を形成する．このような矮雄体性（nanandrous）に対して雌性配偶体と同大の雄性配偶体を形成するものは大形雄体性（macrandrous）と呼ばれる．またサヤミドロ類にはこのような雌雄異株のものに加えて雌雄同株の種もいる．

d **Y 幼生** [Y-larvae] 18 世紀末に発見された甲殻類の幼生の 1 型．世界中の海洋に産し，およそ 40 の異なる種が確認される．いまだにその成体の姿が同定されていないが，甲殻類の変態ホルモン 20-HE により変態が誘導され，分節や付属肢をもたないナメクジ様の形態となることが観察される．このため，内部寄生性の動物の幼生と推測されている．

e **ワーカー** [worker] *社会性昆虫で，主に採餌，造巣，巣の修復，巣内の卵・幼虫・蛹，他の成員の世話をする役割をもつ雌の個体，あるいはカスト．[1] アリ・シロアリ類では働き蟻と呼ばれる．産卵する個体もあるが，その卵は栄養卵（trophic egg）と呼ばれ，未発達のまま女王や幼虫に食べられてしまう．シロアリのワーカーは雌・雄のニンフ（*若虫）であって，偽働き蟻（pseudo-ergate）とも呼ばれる．これは，発育や成熟は女王からの*フェロモンなどによって抑制されているが，巣内の状況が変化すると兵蟻（*ソルジャー）に分化したり，生殖腺が成熟して代用生殖者になったりする．通常複眼はない．[2] ハチ類では働き蜂と呼ばれる．これらは性決定様式が半倍数体なので，働き蜂の産んだ卵は未受精卵であるため，雄になる．女王蜂と形態の違いが見られることもあるが，アシナガバチ類ではその違いはごくわずかである．雌が女王蜂と働き蜂のどちらになるかは，ごく一部を除き，餌条件など幼虫期の環境条件の違いによる．(→利他行動)

f **和解行動** [reconciliation] 《同》仲直り．動物の*社会集団において，葛藤関係にある個体同士が，それを解消するために行う交渉．葛藤は，*順位，異性・食物をめぐる争いなどによって発生する個体間の緊張や闘争状態で，通常この状態は長く続かず，劣勢な側が屈従（服従）姿勢を示し(→なだめ行動)，優勢な側が親和的な行動でそれに応えることによって解消する．これは両者が同一集団内で再び共存するための交渉である．両性とも複数で大きなサイズの集団で生活する霊長類において，特にこの交渉型が発達している．

g **若返り** [rejuvenescence, rejuvenation] 生理的に衰退した生体系が，若い状態に立ち戻る現象．歴史的には特に性機能の回復増大を若返りの指標ととらえ，19 世紀から動物や人間での睾丸移植や睾丸エキスの注射による性機能の回復が報告された．老齢ネズミに若齢ネズミを並体結合（*パラビオーシス）し，その若返りを試みる実験も古くから行われており，老齢ネズミの外観や発情周期・肝臓の組織像などに若返りが見られる．しかし，この実験によって若齢ネズミの*老化促進のほうが顕著に見られ，肝臓や生殖機能の老化・免疫能の低下が観察されている．老化促進要因として活性酸素が注目されている．このため，その消去剤あるいは捕捉剤を動物体に投与し老化抑制・若返りをはかる試みが行われ，これらの投与により老齢動物の運動能力・持久力・記憶力・免疫力が回復し寿命も延長するとの報告がある．細胞の若返りについては，古くは繊毛虫の*接合による若返り，すなわち無性的に二分裂を繰り返すと生理的退化が起きついには死滅するが，接合により分裂能を回復しその危機を脱する現象が著名である．しかし多くの原生生物では分裂増殖能の維持に必ずしも接合を必要としない．同様に，腫瘍細胞由来でない培養細胞も分裂増殖を繰り返すとやがて分裂能を失う．この分裂能の限界（分裂寿命）には*テロメア配列の長さが深く関わっており，テロメラーゼ（テロメア合成酵素）の活性化によって細胞分裂能が回復あるいは維持される．生物が生体の一部を生殖細胞に分化させ減数分裂で一度半数体にした後，受精により二倍体に戻して新個体を造ること，すなわち，有性生殖によって分裂増殖能をほぼ永久に維持し続けることが可能である．(→老化)

h **若虫**（わかむし）[nymph, larva] 《同》ニンフ．*不完全変態昆虫の幼生．*幼虫の語を用いることも多いが，等翅類（シロアリ類）・総翅類（アザミウマ類）では，初期の翅原基が外部から認められないものを幼虫（larva），翅原基が外部に現れた後期のものを若虫（nymph）と称して区別する（総翅類では若虫の前に翅原基を生じるが，この段階を前若虫という）．ダニ類でもこれと同様に，初期の 6 脚のものを幼虫，かなり成体に近づいた 8 脚

のものを若虫と呼ぶ．(⇨幼虫)

a **ワクスマン** **WAKSMAN**, Selman Abraham 1888～1973 アメリカの微生物学者．ウクライナの生まれ．農学上の問題として土壌の生態学的研究を中心とし，また無機栄養のチオバチルスの研究，微生物のセルロース分解などの研究があるほか，R. J. Dubos のチロトリシンの発見に触発されて放線菌の類からストレプトマイシンその他の治療用抗生物質を発見，抗生物質利用の発展に大きな寄与をした．1952年ノーベル生理学・医学賞受賞．〔主著〕Microbial antagonisms and antibiotic substances, 1945.

b **ワクチニアウイルス** 〔vaccinia virus〕《同》種痘ウイルス，ワクシニアウイルス．*ポックスウイルス科コルドボックス亜科オルトポックスウイルス属に属する，痘瘡ワクチンに用いられるウイルス．ウイルス粒子は約 300×250×200 nm の丸みのある煉瓦状．ゲノムは19万1636塩基対の二本鎖 DNA．粒子中には DNA 依存性 RNA ポリメラーゼおよびトポイソメラーゼなどが存在し，低温下で安定．血清学・免疫学的に*痘瘡ウイルス・牛痘ウイルスと密接な関係をもち，痘瘡の予防ワクチンとして用いられ痘瘡の根絶に重要な役割を果たした．ウイルスの由来については種々の説があったが，ウマポックスウイルス(horsepox virus)が遺伝学的には最も近縁なウイルスであることが判明した．種々の初代培養細胞や株細胞の細胞質中で増殖し，発育鶏卵の漿尿膜にポック(pock)を形成する．ヒトに接種時，一般には皮膚に局在性の病変を示すが，免疫機構に欠陥をもつ場合は全身が冒される全身性痘疱(vaccina generalisata)を起こし，しばしば死に至る．まれに種痘後脳炎も認められる．本ウイルスは近年*ウイルスベクターとして利用される．

c **ワクチン** 〔vaccine〕 伝染性をもった感染症予防(時に治療)のために使用される医薬品で，対象となる感染症を引き起こす病原体の抗原や産生する毒素が用いられる．ワクチンの種類としては，病原体のもつ病原性を減弱させた生ワクチン(live vaccine)，病原性を完全に消失させた不活化ワクチン，病原体の一部を用いたコンポーネントワクチン，病原体の産生する毒素を不活化させたもの(*トキソイド)などに分類される．ワクチン接種(vaccination)により接種した個体(ヒト，動物，媒介動物)の体内で免疫反応が起こり，免疫記憶細胞が誘導されることにより，実際の感染症の際，病原体の感染・流行を阻止する．免疫記憶細胞の誘導機構やその維持機構については完全に理解されていない．なお，ワクチンの名は種痘(vaccination)に由来する．(⇨ワクチニアウイルス)

d **ワーグナー** **WAGNER**, Moritz Friedrich 1813～1887 ドイツの生物学者．世界各地を旅行．各地の動物相の相違が地理的障壁と関係するという観察に基づいて C. Darwin の自然淘汰説を批判し，隔離が進化の最大要因であるとする隔離説を唱えた．〔主著〕Die Darwin'sche Theorie und das Migrationsgesetz der Organismen, 1868.

e **ワーグナー** **WAGNER**, Rudolf 1805～1864 ドイツの生理学者，解剖学者．精子および卵形成の研究，交感神経・神経節・神経終末についての研究などが著名．精神現象については反唯物論的立場をとり，心身の二元論的理論を唱えた．〔主著〕Handwörterbuch der Physiologie, 4巻, 1842～1853.

f **ワーグナー法** 〔Wagner method〕 *操作的分類単位(OTU)の*形質状態をデータとし，形質変化の総数が最小(最節約)となるように分岐点(仮想的分類単位，HTU)を置きながら，*系統樹の樹形を逐次的に構築する方法．数量的系統推定法のアルゴリズムの一つ．J. S. Farris (1970)の提唱．分岐分類学における最節約的な系統樹(*分岐図)探索アルゴリズムの原型となった．この最節約系統樹問題は，数学的には，与えられた OTU 形質状態データのもとでの最短グラフ(シュタイナー木)を探索する「シュタイナー問題」に相当する．シュタイナー問題を解決する有効なアルゴリズムは未発見であり，現代数学における大きな未解決問題として残されている．現在の最節約系統樹構築のためのコンピュータソフトウェアに用いられているアルゴリズムは，ワーグナー法のアルゴリズムを大幅に改善したもので，分枝限定法(branch-and-bound method)や分枝交換法(branch-swapping method)など，系統樹空間の中で大域的最節約系統樹に到達することを目的とするさまざまな離散的最適化の手法が組み込まれている．(⇨類似度)

g **ワーゲン** **WAAGEN**, Wilhelm Heinrich 1841～1900 ドイツの古生物学者．ジュラ紀アンモナイト類の研究から進化の事実を立証し，ある形質が漸次一定の方向に向かって発達することを認め，この変化を Mutation (H. de Vries の定義とは全く異なる)と名づけた．のちにいう定向進化に近い考え．〔主著〕Die Formenreihe des Ammonites subradiatus, 1869.

h **和合性** 〔compatibility〕 生殖細胞間あるいは生殖細胞と体細胞組織の間に，生理的な原因をもつ受精抑制のないこと．*不和合性と対する．

i **渡瀬庄三郎** (わたせ しょうざぶろう) 1863～1929 動物学者．シカゴ大学教授，東京帝国大学理科大学教授．発生学(特に頭足類)・細胞学・生物発光などの研究のほか，応用方面にも関心を示し，シロアリの調査，養狐事業の指導を行い，食用ガエルを初めて輸入し，天然記念物保存事業に尽くした．生物地理学上の渡瀬線は彼の名に由来する．

j **渡瀬線** 〔Watase's line〕 ⇌生物分布境界線

k **渡り** 〔bird migration〕《同》鳥の渡り．*渡り鳥が繁殖地と越冬地との間を毎年定まった季節に繰り返し*移動すること．動物の回帰移動や*季節移動の内，最も広範囲で顕著なものである．渡りを起こさせる原因はまだよくわかっていないが，環境条件としては食物，日照時間，気温，太陽光線の角度などの変化が考えられ，体内要因としては生殖腺の機能の変化や，ホルモンやビタミンの変動などがあげられている．赤道付近で越冬する種では，環境要因の変動が少ないが，これらの種では*生物時計に基づく自発的な年周期性が作用しているという報告もある．鳥の渡りは一定の移動路を経るものが多いが，その方向認知と航路決定(navigation)が何に基づくかについては，陸地の地形を目じるしにする，*太陽コンパスによる，星座を目標にする，地磁気の知覚によるなど，種々議論がある．種によって異なる複数の機構が働いていると考えられる．

l **渡り鳥** 〔migratory bird〕 繁殖地と越冬地との間を決まった季節に移動する鳥．一地方に生息する鳥類はその*渡りから見て，春から夏に渡来して秋に去る*夏鳥，逆に秋に渡来して春に去る*冬鳥，渡りの途中で通過する*旅鳥，その地方の中で繁殖地と越冬地を異にする*漂

鳥，平常では生息も渡来もしないが，暴風雨そのほかの偶然の機会に現れる*迷鳥とに分けられる．夏鳥としてツバメ・ホトトギスなど，冬鳥としてガン・カモ・ツグミなど，旅鳥としてシギやチドリ類，漂鳥としてミソサザイ・ウグイス・ウズラなど，迷鳥としてオガワコマドリ・ベニバラウソなどが知られている．渡り鳥に対して1年中同一地方に生活し，季節移動しない鳥類を留鳥(resident bird)という．日本では，キジやスズメが代表例．しかし，同種であっても，ある地方では留鳥だが別の地方では渡り鳥となることもあり，渡りの性質は必ずしも固定したものではなく，条件により若干変化しうる．渡り鳥は，生息場所の広い鳥であるから，形態や色彩などに特定の環境の影響を受けることが少ない．

a **ワッセルマン反応** [Wassermann reaction] 梅毒の診断に用いられた補体結合反応．A. von Wassermannら(1906)が発表し，のち種々の改良が行われた．反応が陽性であれば，梅毒の疑いが強い．抗原は梅毒トレポネーマと抗原性が交差するリン脂質(*カルジオリピン)で，原法では補体の一定単位を含むモルモット血清の存在下に，カルジオリピン抗原と被検者血清とを反応させた後，残存する補体量をいわゆる溶血系(血球と対応する溶血素を適当な割合に加えたもの)を用いて測定する．もし溶血が起きなければ，被検者血清中に抗体が存在し，*抗原抗体反応が生じて，補体が結合して消費されたことを示し，ワッセルマン反応は陽性である．この際補体を結合する程度によって，反応の強弱が表現される．擬陽性も多く，逆に梅毒患者でも陰性を示すことが少なくない．このため現在では梅毒の診断には，*ELISA法など他の鋭敏な検査法を使用あるいは併用するのが一般的である．（⇌補体結合テスト）

b **ワトソン** WATSON, James Dewey 1928～ アメリカの分子生物学者．F. H. C. Crickと共同してDNAの二重らせん説を提唱．1962年，Crick, M. H. F. Wilkinsとともにノーベル生理学・医学賞受賞．リボソームの機能についても多くの研究がある．ローリングサークル複製の発見者．ヒトゲノム計画の主導者の一人．[主著] Molecular biology of the gene, 1965, 4版 1987.

c **ワトソン** WATSON, John Broadus 1878～1958 アメリカの心理学者．コロンビア大学での講演「行動主義者からみた心理学」(翌年，雑誌'Psychological review'に発表)によって行動主義心理学を提唱．[主著] Behavior: An introduction to comparative psychology, 1914.

d **ワトソン-クリックのモデル** [Watson-Crick model] DNA(デオキシリボ核酸)の分子構造について J. D. Watson と F. H. C. Crick (1953) が提出したモデル．主として，M. H. F. Wilkins や R. E. Franklin による DNA の X線回折データと，E. Chargaff がいろいろな生物から得た DNA 試料について塩基組成を分析した結果から，根拠になっている．Chargaff はアデニンとチミンおよびグアニンとシトシン(またはその誘導体)の比がそれぞれ1であることを見出していた(シャルガフの法則，Chargaff ほか，1949～1953)．このモデルによれば2本の糖-リン酸の長い鎖が同一軸を中心にして，逆方向にらせん状に走って二重らせん(double helix)を形成し，一つの鎖に配列している塩基は他の鎖の塩基と水素結合で対合している．対合は厳密にアデニンとチミン，グアニンとシトシンの間で起こる(*塩基対合則)．したがって，2本の鎖のうち一方の鎖の塩基配列が決まれば，他方の配列も必然的に決まることになり，DNAの*半保存的複製の機構がうまく説明できる．このモデルは実験的にも強い支持を受けており，また，DNAの多くの性質をよく理解させ，分子生物学への貢献は非常に大きい．（⇌DNA）

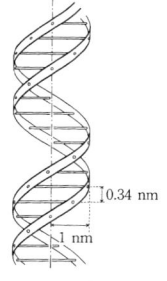

DNA 二重らせん
（B 型構造）
0.34 nm
1 nm

e **和名** [Japanese name, Japanese vernacular name] 生物の日本語名称．狭義には個々の*タクソンに厳密に適用される学術的名称(標準和名 Japanese common name)のこと．*学名ではなく，通俗名(vernacular name)の一つ．標準和名の命名や運用についての統一的なルールはないが，適切な名称を使用するため専門学会レベルの検討や模索が続けられている．

f **ワーランドの原理** [Wahlund's principle] 《同》ワーランド効果．集団中の複数の分集団があたかも一つの*任意交配集団であるかのようにみなしたときに遺伝子型頻度が実際の頻度と異なること．いま，同じ大きさの二つの隔離分集団があって，ある遺伝子座のA遺伝子の頻度がそれぞれp_1とp_2であったとする．二つの分集団を一つの集団とみなしたとき，A遺伝子の頻度は$\bar{p}=(1/2)(p_1+p_2)$であり，それによるホモ接合頻度は$\bar{p}^2$となる．実際のホモ接合頻度は，平均として$(1/2)(p_1^2+p_2^2)$であるので，両者で$(1/2)(p_1^2+p_2^2)-\bar{p}^2=(1/4)(p_1-p_2)^2$の差がある．つまり，Aの頻度が両集団中で異なり，分散$(1/2)(p_1-p_2)^2$だけホモ接合体頻度が増加していたことになる．

g **わりこみ成長** [intrusive growth] 《同》侵入成長．植物組織の分化する過程において，隣接する細胞の細胞壁相互が，この二つの細胞のあいだに成長してくるほかの細胞のわりこみによって離され，その結果として細胞壁相互の部分的ずれ合いが起こる成長方式．形成層・繊維細胞・仮道管・異型細胞の成長過程でこの方式の成長が起こることがある．

h **ワルファリン** [warfarin] $C_{19}H_{16}O_4$ *クマリン誘導体の*抗凝血物質．*ビタミンKの構造類似体．還元型ビタミンKは各種の血液凝固因子のカルボキシル化(⇒γ-カルボキシグルタミン酸)に関わる*ビタミンK依存性カルボキシラーゼの*補酵素となり，カルボキシル化と共役して酸化型ビタミンKとなる．酸化型ビタミンKは還元酵素によって還元されるが，ワルファリンは還元酵素の反応を阻害するので，結果的に血液凝固因子のカルボキシル化が起こらず，血液凝固が起こらない．

i **ワールブルク** WARBURG, Otto Heinrich 1883～1970 ドイツの生化学者．ワールブルク検圧計による検圧法の発展，光合成の量子収量の測定，光合成の一光量子説の提唱，腫瘍代謝の研究，呼吸機作の研究とりわけ鉄酸素添加酵素の発見，アルコール発酵機作の研究とりわけ NADP の発見，ヘキソースの段階的酸化分解に関する研究など，多方面に業績．1931年，鉄酸素添加酵素の発見の業績によりノーベル生理学・医学賞受賞．[主著] Über die katalytischen Wirkungen der lebendigen

Substanz, 1928.

a **ワールブルク検圧計** [Warburg's manometer, Warburg's respirometer] ⇒検圧法

b **ワールブルク効果** [Warburg effect] *光合成に対する酸素の阻害作用. O.H.Warburg(1920)はクロレラを用い, 強光下における光合成が気相中の酸素によって阻害されることを見出した. 気相中のO_2分圧を高めると, ワールブルク効果は大きくなり, これに対応して, 光合成産物としての*グリコール酸生成量が多くなる. これは酸素による光呼吸の促進に対応している.

c **ワルミング** WARMING, Johannes Eugenius Bülow 1841〜1924 デンマークの植物生態学者. 植物生態地理学を区系地理学とはっきり区別し, これに体系を与えた. 環境諸要因中, 特に水分要因を重要視. 栄養方法や水分収支を加味した生活形の設定, 群落遷移に関する一般的法則の発見なども重要. [主著] Plantesamfund, 1895; An introduction to the study of plant communities, 1909.

d **腕間膜** [interbrachial membrane] 《同》傘膜(web). 頭足類の腕と腕との間にある膜状構造. イカ類では顕著でない. タコ類では広く薄い膜として広がる. 浮遊生活をおくる種では腕の先端近くまで広がり, 腕の自由端が極めて短いものもある.

e **彎曲DNA** [curved DNA] 二本鎖DNAのらせん軸が比較的大きく曲がった特殊なDNA構造. この構造をもつDNA断片は*ポリアクリルアミドゲル電気泳動法において塩基対数から推定されるよりも異常に遅い泳動度を与える. B型のDNAでは各塩基対が形成する面はらせん軸に対してほぼ垂直である. しかし, 天然のDNAの各塩基対間で形成される重なり構造は厳密には塩基組成によって変化し, これに起因してらせん軸の曲がりが生じると考えられる. その意味で塩基配列に依存する曲がり(sequence-directed DNA curvature)とも呼ばれ, 蛋白質などがDNAに結合することによって引き起こされるDNAの曲がり(induced DNA bending)とは区別される. 彎曲構造を与える分子機構は完全には理解されていないが, 比較的短いポリdA・dT配列(3〜9塩基対)がらせん周期に対応して繰り返し出現するような塩基配列をもったDNAは顕著な彎曲構造を示す. 彎曲構造は天然のDNA中に比較的高頻度で見出され, 転写調節, DNA複製, DNA組換え, 染色体構築などに関与するのではないかと推定されている.

f **腕溝** [brachial groove] ⇒クラゲ, 水母

g **腕骨** 【1】[ラ carpus] 手根骨のこと. (⇒自由肢, ⇒手)
【2】[arm-skeleton] [1] 腕足動物・有関節類(ホウズキガイなど)の*触手冠の中にある輪状の骨格. 炭酸カルシウム性で, 左右対称的なループを示し, 中央部で背殻に付着して触手列を支える. [2] 棘皮動物のクモヒトデ・ヒトデ・ウミユリ類において, 腕を構成する骨格の総称.

h **腕節** [carpus, carpopodite] [1] 一般に節足動物の*関節肢の第五肢節. [2] 昆虫の*脛節.

i **腕足動物** [brachiopods, lamp-shells ラ Brachiopoda] 《同》腕足類. 後生動物の一門で, 左右相称, 真体腔をもつ旧口動物. A.M.C.Duméril(1806)の創設. 単立・固着性で2枚の殻をもつ. 一見して軟体動物の二枚貝類に似るが, 2枚の殻は左右ではなく背腹に位置することで区別される. よく発達した触手冠をそなえ, U字型の消化管をもち, 肛門は触手冠の外側に開口するなど, 苔虫類・箒虫類との共通点をもつことにより, 触手冠動物門の一綱とされることもあった. 多数の細い触手をそなえた触手冠は外套腔内に突出して, 摂食と呼吸に役立つ. 触手冠以外の体の主要部は背腹2枚の外套膜と殻の間に収まる. 外套膜は感覚をつかさどると考えられる剛毛をそなえ, これらは殻の縁を越えて伸びる. 外套膜の中には外套洞(pallial sinus)が網目状に広がる. 循環器は開放系. ほとんどが雌雄異体で, 生殖巣は一般に背腹の体腔内に生じる. 1〜2対の腎管が生殖輸管を兼ねる. 卵割は全等割放射型. 体腔は腸体腔性または裂体腔性. すべて海産. 次の2群に分けられる. (1)有関節類:チョウチンガイ類やホウズキガイ類を含む. 炭酸カルシウムを主成分とし, 関節構造によって連結されたふくらみのある殻をもち, 殻頂孔と呼ばれる腹殻後端の孔を通って伸びた肉質の柄(肉茎)で岩石などに付着する. 背殻内部の後端には主基, 緒元, 腕骨などと呼ばれる複雑な石灰質構造が発達し, 蝶番, 触手冠の支持, 筋肉の付着などの役を果たす. 幼生は殻を欠き, 卵黄栄養型. 短い浮遊期間を経て付着・変態し成体となる. 幼生・成体とも肛門と平衡胞を欠く. (2)無関節類:シャミセンガイ類に代表され, ふくらみの少ない殻をもつ. 殻は蝶番を欠き筋肉だけで支えられるため殻の内部には有関節類のような石灰質の構造が発達する. 背腹両殻の間から伸びた肉茎を泥の中に挿入するか, あるいは肉茎を欠く種では腹殻で直接岩石などに付着する. 幼生はプランクトン栄養型で変態せずにそのまま着生して成体となる. 多くは幼生・成体ともに平衡胞と肛門を有する. 2万6000を超す化石種と約350の現生種が知られている. (⇒触手冠動物)

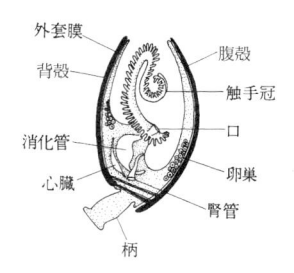

腕足動物の縦断模式図

付　録

分類階級表 ……………………… 1512
ウイルス分類表 ……………… 1513
生物分類表 ……………………… 1531

分類階級表

動物

階級	国際表記	接尾辞(語尾)	例示(ヒト)
界	**Kingdom**		Animalia
亜界	Subkingdom		
門	**Phylum**		Chordata
亜門	Subphylum		Vertebrata
上綱	Superclass		Gnathostomata
綱	**Class**		Mammalia
亜綱	Subclass		Theriiformes
下綱	Infraclass		Holotheria
上団	Superlegion		Trechnotheria
団	Legion		Cladotheria
亜団	Sublegion		Zatheria
下団	Infralegion		Tribosphenida
上区	Supercohort		Theria
区(コホート)	Cohort		Placentalia
亜区	Subcohort		
巨目	Magnorder		Epitheria
上目	Superorder		Preptotheria
大目	Grandorder		Archonta
中目	Mirorder		
目	**Order**		Primates
亜目	Suborder		Haplorrhini
下目	Infraorder		Simiiformes
小目	Parvorder		Catarrhini
上科	Superfamily	-oidea	Hominoidea
科	**Family**	-idae	Hominidae
亜科	Subfamily	-inae	Homininae
上族	Supertribe		
族	Tribe	-ini	Hominini
亜族	Subtribe	-ina	Hominina
属	**Genus**		*Homo*
亜属	Subgenus		
種	**Species**		*Homo sapiens*
亜種	Subspecies		

細菌

階級	国際表記	接尾辞(語尾)	例示(バチルス)
界	**Kingdom**		
門	**Phylum**		
綱	**Class**		
目	**Order**	-ales	
亜目	Suborder	-ineae	
科	**Family**	-aceae	
亜科	Subfamily	-oideae	
連	Tribe	-eae	
亜連	Subtribe	-inae	
属	**Genus**		*Bacillus*
亜属	Subgenus		*Bacillus* (subgen. *Bacillus*)
種	**Species**		*Bacillus* (subgen. *Bacillus*) *cereus*
亜種	Subspecies		*Bacillus* (subgen. *Bacillus*) *cereus* subsp. *mycoides*

植物・藻類・菌類

階級	国際表記	接尾辞(語尾)	例示(シロバナアボイアズマギク)
界	**Regnum**		Plantae
亜界	Subregnum		Viridiplantae
門	**Divisio** または **Phylum**	-mycota(菌類), -phyta(その他)	Tracheophyta
亜門	Subdividio または Subphylum	-mycotina(菌類), -phytina(その他)	Euphyllophytina
綱	**Classis**(cl.)	-phyceae(藻類), -mycetes(菌類), -opsida(その他)	Magnoliopsida
亜綱	Subclassis (subcl.)	-phycidae(藻類), -mycetidae(菌類), -idae(その他)	
目	**Ordo**(ord.)	-ales	Asterales
亜目	Subordo (subord.)	-ineae	
科	**Familia**(fam.)	-aceae	Asteraceae
亜科	Subfamilia (subfam.)	-oideae	Asteroideae
連	Tribus(tr.)	-eae	Astreae
亜連	Subtribus (subtr.)	-inae	
属	**Genus**(gen.)		*Erigeron*
亜属	Subgenus (subg.)		
節	Sectio(sect.)		*Erigeron*
亜節	Subsectio (subsect.)		
列	Series(ser.)		
亜列	Subseries (subser.)		
種	**Species**(sp.)		*Erigeron thunbergii*
亜種	Subspecies (subsp.)		subsp. *glabratus*
変種	Varietas(var.)		var. *angustifolius*
亜変種	Subvarietas (subvar.)		
品種	Forma(f.)		f. *furusei*
亜品種	Subforma (subf.)		

(注記) ここにあげた階級のうち，界，門，綱，目，科，属，種の7つ(太字で示す)は基本階級と呼ばれ，その他はすべて補助的階級と呼ばれる．動物(たとえば昆虫類)においては，表中で示した補助的階級以外に，節 Section，枝 Branch，群 Group，集団 Phalanx，系列 Series などが用いられることがあるが，それらが位置する階層は使用者によって必ずしも一定していない．接尾辞(語尾)欄の空白は，命名規約で規定されていないことを示す．植物・藻類・菌類における特定の階級を指し示す接尾辞(語尾)について，亜目とそれより高位には例外がある．また，例示における空白は，当該階級に位置付けられるタクソンが設定されていないことを示す．

ated.
ウイルス分類表

　本表は国際ウイルス分類委員会（ICTV）の第9次報告に基づき作成された．
　細菌ウイルスを林哲也，植物ウイルスを難波成任，動物ウイルスを柳雄介が担当した．
　属名のあとの〈　〉は，その属のウイルスの宿主がそれぞれ，〈細菌〉＝細菌，〈古細〉＝古細菌，〈菌類〉＝菌類，〈藻類〉＝藻類，〈植物〉＝植物，〈原生〉＝原生動物，〈無脊〉＝無脊椎動物，〈脊椎〉＝脊椎動物であることを示す．また，三点リーダー（…）のあとには，それぞれの属の基準種（タイプ種 type species）を示した．
　和名については，植物ウイルスに関しては日本植物病理学会病名委員会（http://www.ppsj.org/index.html）で認定されたものに従った．和名のないものは国内発生未確認のウイルスである．菌類および藻類ウイルスについては和名の表記はしていない．動物および細菌ウイルスについては，便宜的な和名を記した．

二本鎖 DNA

カウドウイルス目 *Caudovirales*
 マイオウイルス科 *Myoviridae*
  I3 様ウイルス "I3-like viruses" 〈細菌〉 …マイコバクテリウムファージ I3 *Mycobacterium phage I3*
  P1 様ウイルス "P1-like viruses" 〈細菌〉 …腸内細菌ファージ P1 *Enterobacteria phage P1*
  P2 様ウイルス "P2-like viruses" 〈細菌〉 …腸内細菌ファージ P2 *Enterobacteria phage P2*
  SPO1 様ウイルス "SPO1-like viruses" 〈細菌〉 …枯草菌ファージ SPO1 *Bacillus phage SPO1*
  T4 様ウイルス "T4-like viruses" 〈細菌〉 …腸内細菌ファージ T4 *Enterobacteria phage T4*
  μ 様ウイルス "μ-like viruses" 〈細菌〉 …腸内細菌ファージ μ *Enterobacteria phage μ*
  φH 様ウイルス "φH-like viruses" 〈古細〉 …ハロバクテリウムファージ φH *Halobacterium phage φH*
  φKZ 様ウイルス "φKZ-like viruses" 〈細菌〉 …シュードモナスファージ φKZ *Pseudomonas phage φKZ*
 ポドウイルス科 *Podoviridae*
  オートグラフィウイルス亜科 *Autographivirinae*
   SP6 様ウイルス "SP6-like viruses" 〈細菌〉 …腸内細菌ファージ SP6 *Enterobacteria phage SP6*
   T7 様ウイルス "T7-like viruses" 〈細菌〉 …腸内細菌ファージ T7 *Enterobacteria phage T7*
   φKMV 様ウイルス "φKMV-like viruses" 〈細菌〉 …シュードモナスファージ φKMV *Pseudomonas phage φKMV*
  ピコウイルス亜科 *Picovirinae*
   AHJD 様ウイルス "AHJD-like viruses" 〈細菌〉 …ブドウ球菌ファージ 44AHJD *Staphylococcus phage 44AHJD*
   φ29 様ウイルス "φ29-like viruses" 〈細菌〉 …枯草菌ファージ φ29 *Bacillus phage φ29*
  〔亜科分類なし〕
   BPP-1 様ウイルス "BPP-1-like viruses" 〈細菌〉 …ボルデテラファージ BPP-1 *Bordetella phage BPP-1*
   LUZ24 様ウイルス "LUZ24-like viruses" 〈細菌〉 …シュードモナスファージ LUZ24 *Pseudomonas phage LUZ24*
   N4 様ウイルス "N4-like viruses" 〈細菌〉 …エシェリキアファージ N4 *Escherichia phage N4*
   P22 様ウイルス "P22-like viruses" 〈細菌〉 …腸内細菌ファージ P22 *Enterobacteria phage P22*
   ε15 様ウイルス "ε15-like viruses" 〈細菌〉 …サルモネラファージ ε15 *Salmonella phage ε15*
   φeco32 様ウイルス "φeco32-like viruses" 〈細菌〉 …腸内細菌ファージ φeco32 *Enterobacteria phage φeco32*
 サイフォウイルス科 *Siphoviridae*
  c2 様ウイルス "c2-like viruses" 〈細菌〉 …ラクトコッカスファージ c2 *Lactococcus phage c2*
  L5 様ウイルス "L5-like viruses" 〈細菌〉 …マイコバクテリウムファージ L5 *Mycobacterium phage L5*
  N15 様ウイルス "N15-like viruses" 〈細菌〉 …腸内細菌ファージ N15 *Enterobacteria phage N15*
  SPβ 様ウイルス "SPβ-like viruses" 〈細菌〉 …枯草菌ファージ SPβ *Bacillus phage SPβ*
  T1 様ウイルス "T1-like viruses" 〈細菌〉 …腸内細菌ファージ T1 *Enterobacteria phage T1*
  T5 様ウイルス "T5-like viruses" 〈細菌〉 …腸内細菌ファージ T5 *Enterobacteria phage T5*
  λ 様ウイルス "λ-like viruses" 〈細菌〉 …腸内細菌ファージ λ *Enterobacteria phage λ*
  φC31 様ウイルス "φC31-like viruses" 〈細菌〉 …ストレプトマイセスファージ φC31 *Streptomyces phage φC31*
  ψM1 様ウイルス "ψM1-like viruses" 〈古細〉 …メタノバクテリウムファージ ψM1 *Methanobacterium phage ψM1*

ヘルペスウイルス目 *Herpesvirales*
 アロヘルペスウイルス科 *Alloherpesviridae*
  バトラコウイルス属 *Batrachovirus* 〈脊椎〉 …アカガエルヘルペスウイルス 1 *Ranid herpesvirus 1*
  シプリニウイルス属 *Cyprinivirus* 〈脊椎〉 …コイヘルペスウイルス 3 *Cyprinid herpesvirus 3*
  イクタルリウイルス属 *Ictalurivirus* 〈脊椎〉 …アメリカナマズヘルペスウイルス 1 *Ictalurid herpesvirus 1*
  サモニウイルス属 *Salmonivirus* 〈脊椎〉 …サケヘルペスウイルス 1 *Salmonid herpesvirus 1*
 ヘルペスウイルス科 *Herpesviridae*
  アルファヘルペスウイルス亜科 *Alphaherpesvirinae*
   イルトウイルス属 *Iltovirus* 〈脊椎〉 …トリヘルペスウイルス 1 *Gallid herpesvirus 1*
   マルディウイルス属 *Mardivirus* 〈脊椎〉 …トリヘルペスウイルス 2 *Gallid herpesvirus 2*
   シンプレックスウイルス属 *Simplexvirus* 〈脊椎〉 …ヒトヘルペスウイルス 1 *Human herpesvirus 1*
   ワリセロウイルス属 *Varicellovirus* 〈脊椎〉 …ヒトヘルペスウイルス 3 *Human herpesvirus 3*
  ベータヘルペスウイルス亜科 *Betaherpesvirinae*
   サイトメガロウイルス属 *Cytomegalovirus* 〈脊椎〉 …ヒトヘルペスウイルス 5 *Human herpesvirus 5*
   ムロメガロウイルス属 *Muromegalovirus* 〈脊椎〉 …マウスヘルペスウイルス 1 *Murid herpesvirus 1*
   プロボシウイルス属 *Proboscivirus* 〈脊椎〉 …ゾウヘルペスウイルス 1 *Elephantid herpesvirus 1*
   ロゼオロウイルス属 *Roseolovirus* 〈脊椎〉 …ヒトヘルペスウイルス 6 *Human herpesvirus 6*

ガンマヘルペスウイルス亜科 *Gammaherpesvirinae*
　　リンホクリプトウイルス属 *Lymphocryptovirus*〈脊椎〉…ヒトヘルペスウイルス4 *Human herpesvirus 4*
　　マカウイルス属 *Macavirus*〈脊椎〉…アルセラフィンヘルペスウイルス1 *Alcelaphine herpesvirus 1*
　　ペルカウイルス属 *Percavirus*〈脊椎〉…ウマヘルペスウイルス2 *Equid herpesvirus 2*
　　ラディノウイルス属 *Rhadinovirus*〈脊椎〉…サイミリヘルペスウイルス2 *Saimiriine herpesvirus 2*
マラコヘルペスウイルス科 *Malacoherpesviridae*
　　オストレアウイルス属 *Ostreavirus*〈無脊〉…カキ(牡蠣)ヘルペスウイルス1 *Ostreid herpesvirus 1*

〔目分類なし〕

アデノウイルス科 *Adenoviridae*
　　アトアデノウイルス属 *Atadenovirus*〈脊椎〉…ヒツジアデノウイルスD *Ovine adenovirus D*
　　アビアデノウイルス属 *Aviadenovirus*〈脊椎〉…トリアデノウイルスA *Fowl adenovirus A*
　　イクトアデノウイルス属 *Ichtadenovirus*〈脊椎〉…チョウザメアデノウイルスA *Sturgeon adenovirus A*
　　マストアデノウイルス属 *Mastadenovirus*〈脊椎〉…ヒトアデノウイルスC *Human adenovirus C*
　　シアデノウイルス属 *Siadenovirus*〈脊椎〉…カエルアデノウイルス *Frog adenovirus*
アンプラウイルス科 *Ampullaviridae*
　　アンプラウイルス属 *Ampullavirus*〈古細〉…アシディアヌス ボトル型(瓶状)ウイルス *Acidianus bottle-shaped virus*
アスコウイルス科 *Ascoviridae*
　　アスコウイルス属 *Ascovirus*〈無脊〉…ヨウトガアスコウイルス1a *Spodoptera frugiperda ascovirus 1a*
アスファウイルス科 *Asfarviridae*
　　アスフィウイルス属 *Asfivirus*〈脊椎・無脊〉…アフリカブタコレラウイルス *African swine fever virus*
バキュロウイルス科 *Baculoviridae*
　　アルファバキュロウイルス属 *Alphabaculovirus*〈無脊〉…オートグラファカルフォルニカ核多角体病ウイルス *Autographa californica multiple nucleopolyhedrovirus*
　　ベータバキュロウイルス属 *Betabaculovirus*〈無脊〉…コドリンガ顆粒病ウイルス *Cydia pomonella granulovirus*
　　ガンマバキュロウイルス属 *Gammabaculovirus*〈無脊〉…ネオディプリオンレコンテイ核多角体病ウイルス *Neodiprion lecontei nucleopolyhedrovirus*
　　デルタバキュロウイルス属 *Deltabaculovirus*〈無脊〉…クレックスニグリパルプス核多角体病ウイルス *Culex nigripalpus nucleopolyhedrovirus*
ビコウダウイルス科 *Bicaudaviridae*
　　ビコウダウイルス属 *Bicaudavirus*〈古細〉…アシディアヌス ツーテイルウイルス *Acidianus two-tailed virus*
コルチコウイルス科 *Corticoviridae*
　　コルチコウイルス属 *Corticovirus*〈細菌〉…シュードアルテロモナスファージPM2 *Pseudoalteromonas phage PM2*
フーゼロウイルス科 *Fuselloviridae*
　　フーゼロウイルス属 *Fusellovirus*〈古細〉…スルフォロブス スピンドル型ウイルス1 *Sulfolobus spindle-shaped virus 1*
グロブロウイルス科 *Globuloviridae*
　　グロブロウイルス属 *Globulovirus*〈古細〉…ピロバキュラム球状ウイルス *Pyrobaculum spherical virus*
グッタウイルス科 *Guttaviridae*
　　グッタウイルス属 *Guttavirus*〈古細〉…スルフォロブス・ニュージーランディカス液滴状ウイルス *Sulfolobus newzealandicus droplet-shaped virus*
イリドウイルス科 *Iridoviridae*
　　クロルイリドウイルス属 *Chloriridovirus*〈無脊〉…無脊椎動物イリデッセントウイルス3 *Invertebrate iridescent virus 3*
　　イリドウイルス属 *Iridovirus*〈無脊〉…無脊椎動物イリデッセントウイルス6 *Invertebrate iridescent virus 6*
　　リンホシスチウイルス属 *Lymphocystivirus*〈脊椎〉…リンホシスチス病ウイルス1 *Lymphocystis disease virus 1*
　　メガロシチウイルス属 *Megalocytivirus*〈脊椎〉…伝染性脾臓腎臓壊死症ウイルス *Infectious spleen and kidney necrosis virus*
　　ラナウイルス属 *Ranavirus*〈脊椎〉…カエルウイルス3 *Frog virus 3*
リポスリクスウイルス科 *Lipothrixviridae*
　　アルファリポスリクスウイルス属 *Alphalipothrixvirus*〈古細〉…サーモプロテウス・テナクスウイルス1 *Thermoproteus tenax virus 1*
　　ベータリポスリクスウイルス属 *Betalipothrixvirus*〈古細〉…スルフォロブス・アイランディカス繊維状ウイルス *Sulfolobus islandicus filamentous virus*
　　ガンマリポスリクスウイルス属 *Gammalipothrixvirus*〈古細〉…アシディアヌス繊維状ウイルス1 *Acidianus filamentous virus 1*

デルタリポスリクスウイルス属 *Deltalipothrixvirus* 〈古細〉 …アシディアヌス繊維状ウイルス2 *Acidianus filamentous virus 2*
ミミウイルス科 *Mimiviridae*
 ミミウイルス属 *Mimivirus* 〈原生〉 …アカントアメーバポリファーガミミウイルス *Acanthamoeba polyphaga mimivirus*
ニマウイルス科 *Nimaviridae*
 ウィスポウイルス属 *Whispovirus* 〈無脊〉 …ホワイトスポット病ウイルス *White spot syndrome virus*
パピローマウイルス科 *Papillomaviridae*
 アルファパピローマウイルス属 *Alphapapillomavirus* 〈脊椎〉 …ヒト乳頭腫(パピローマ)ウイルス32型 *Human papillomavirus 32*
 ベータパピローマウイルス属 *Betapapillomavirus* 〈脊椎〉 …ヒト乳頭腫ウイルス5型 *Human papillomavirus 5*
 ガンマパピローマウイルス属 *Gammapapillomavirus* 〈脊椎〉 …ヒト乳頭腫ウイルス4型 *Human papillomavirus 4*
 デルタパピローマウイルス属 *Deltapapillomavirus* 〈脊椎〉 …ヘラジカ乳頭腫ウイルス *European elk papillomavirus*
 イプシロンパピローマウイルス属 *Epsilonpapillomavirus* 〈脊椎〉 …ウシ乳頭腫ウイルス5型 *Bovine papillomavirus 5*
 ゼータパピローマウイルス属 *Zetapapillomavirus* 〈脊椎〉 …ウマ乳頭腫ウイルス1型 *Equine papillomavirus 1*
 イータパピローマウイルス属 *Etapapillomavirus* 〈脊椎〉 …ズアオアトリ乳頭腫ウイルス *Fringilla coelebs papillomavirus*
 シータパピローマウイルス属 *Thetapapillomavirus* 〈脊椎〉 …シタクスエリサクスティムネー乳頭腫ウイルス *Psittacus erithacus timneh papillomavirus*
 イオタパピローマウイルス属 *Iotapapillomavirus* 〈脊椎〉 …マストミス乳頭腫ウイルス *Mastomys natalensis papillomavirus*
 カッパパピローマウイルス属 *Kappapapillomavirus* 〈脊椎〉 …ワタオウサギ乳頭腫ウイルス *Cottontail rabbit papillomavirus*
 ラムダパピローマウイルス属 *Lambdapapillomavirus* 〈脊椎〉 …イヌ口腔乳頭腫ウイルス *Canine oral papillomavirus*
 ミューパピローマウイルス属 *Mupapillomavirus* 〈脊椎〉 …ヒト乳頭腫ウイルス1型 *Human papillomavirus 1*
 ニューパピローマウイルス属 *Nupapillomavirus* 〈脊椎〉 …ヒト乳頭腫ウイルス41型 *Human papillomavirus 41*
 クシーパピローマウイルス属 *Xipapillomavirus* 〈脊椎〉 …ウシ乳頭腫ウイルス3型 *Bovine papillomavirus 3*
 オミクロンパピローマウイルス属 *Omikronpapillomavirus* 〈脊椎〉 …コハリイルカ乳頭腫ウイルス *Phocoena spinipinnis papillomavirus*
 パイパピローマウイルス属 *Pipapillomavirus* 〈脊椎〉 …ハムスター口腔乳頭腫ウイルス *Hamster oral papillomavirus*
フィコドナウイルス科 *Phycodnaviridae*
 クロロウイルス属 *Chlorovirus* 〈藻類〉 …*Paramecium bursaria Chlorella virus 1*
 コッコリスウイルス属 *Coccolithovirus* 〈藻類〉 …*Emiliania huxleyi virus 86*
 ファエオウイルス属 *Phaeovirus* 〈藻類〉 …*Ectocarpus siliculosus virus 1*
 プラシノウイルス属 *Prasinovirus* 〈藻類〉 …*Micromonas pusilla virus SP1*
 プリムネシオウイルス属 *Prymnesiovirus* 〈藻類〉 …*Chrysochromulina brevifilum virus PW1*
 ラフィドウイルス属 *Raphidovirus* 〈藻類〉 …*Heterosigma akashiwo virus 01*
プラズマウイルス科 *Plasmaviridae*
 プラズマウイルス属 *Plasmavirus* 〈細菌〉 …アコレプラズマファージL2 *Acholeplasma phage L2*
ポリドナウイルス科 *Polydnaviridae*
 ブラコウイルス属 *Bracovirus* 〈無脊〉 …コテシアメラノセラブラコウイルス *Cotesia melanoscela bracovirus*
 イクノウイルス属 *Ichnovirus* 〈無脊〉 …カムポレティスソノレンシスイクノウイルス *Campoletis sonorensis ichnovirus*
ポリオーマウイルス科 *Polyomaviridae*
 ポリオーマウイルス属 *Polyomavirus* 〈脊椎〉 …シミアンウイルス40(SV40) *Simian virus 40*
ポックスウイルス科 *Poxviridae*
 コルドポックスウイルス亜科 *Chordopoxvirinae*
  アビポックスウイルス属 *Avipoxvirus* 〈脊椎〉 …トリ痘ウイルス *Fowlpox virus*
  カプリポックスウイルス属 *Capripoxvirus* 〈脊椎〉 …ヒツジ痘ウイルス *Sheeppox virus*
  サルビドポックスウイルス属 *Cervidpoxvirus* 〈脊椎〉 …シカ痘ウイルスW-848-83 *Deerpox virus W-848-83*

　　　　レポリポックスウイルス属 *Leporipoxvirus*〈脊椎〉…粘液腫ウイルス *Myxoma virus*
　　　　モルシポックスウイルス属 *Molluscipoxvirus*〈脊椎〉…伝染性軟属腫ウイルス *Molluscum contagiosum virus*
　　　　オルトポックスウイルス属 *Orthopoxvirus*〈脊椎〉…ワクチニアウイルス(種痘ウイルス) *Vaccinia virus*
　　　　パラポックスウイルス属 *Parapoxvirus*〈脊椎〉…オルフウイルス *Orf virus*
　　　　スイポックスウイルス属 *Suipoxvirus*〈脊椎〉…ブタ痘ウイルス *Swinepox virus*
　　　　ヤタポックスウイルス属 *Yatapoxvirus*〈脊椎〉…ヤバサル腫瘍ウイルス *Yaba monkey tumor virus*
　　　エントモポックスウイルス亜科 *Entomopoxvirinae*
　　　　アルファエントモポックスウイルス属 *Alphaentomopoxvirus*〈無脊〉…メロロンタメロロンタエントモポックスウイルス *Melolontha melolontha entomopoxvirus*
　　　　ベータエントモポックスウイルス属 *Betaentomopoxvirus*〈無脊〉…アムサクタモーレイエントモポックスウイルス L *Amsacta moorei entomopoxvirus 'L'*
　　　　ガンマエントモポックスウイルス属 *Gammaentomopoxvirus*〈無脊〉…キロノムスルリダスエントモポックスウイルス *Chironomus luridus entomopoxvirus*
　ルディウイルス科 *Rudiviridae*
　　　ルディウイルス属 *Rudivirus*〈古細〉…スルホロブス・アイランディカス ロッド型ウイルス 2 *Sulfolobus islandicus rod-shaped virus 2*
　テクチウイルス科 *Tectiviridae*
　　　テクチウイルス属 *Tectivirus*〈細菌〉…腸内細菌ファージ PRD1 *Enterobacteria phage PRD1*
〔科分類なし〕
　　　リジディオウイルス属 *Rhizidiovirus*〈原生〉…サカゲカビウイルス *Rhizidiomyces virus*
　　　ソルタープロウイルス属 *Salterprovirus*〈古細〉…ヒス 1 ウイルス *His 1 virus*

一本鎖 DNA

〔目分類なし〕
　　アネロウイルス科 *Anelloviridae*
　　　アルファトルクウイルス属 *Alphatorquevirus*〈脊椎〉…トルクテノウイルス(TT ウイルス)1 *Torque teno virus 1*
　　　ベータトルクウイルス属 *Betatorquevirus*〈脊椎〉…トルクテノミニウイルス 1 *Torque teno mini virus 1*
　　　ガンマトルクウイルス属 *Gammatorquevirus*〈脊椎〉…トルクテノミディウイルス 1 *Torque teno midi virus 1*
　　　デルタトルクウイルス属 *Deltatorquevirus*〈脊椎〉…ツパイトルクテノウイルス *Torque teno tupaia virus*
　　　イプシロントルクウイルス属 *Epsilontorquevirus*〈脊椎〉…タマリントルクテノウイルス *Torque teno tamarin virus*
　　　ゼータトルクウイルス属 *Zetatorquevirus*〈脊椎〉…ヨザルトルクテノウイルス *Torque teno douroucouli virus*
　　　イータトルクウイルス属 *Etatorquevirus*〈脊椎〉…ネコトルクテノウイルス *Torque teno felis virus*
　　　シータトルクウイルス属 *Thetatorquevirus*〈脊椎〉…イヌトルクテノウイルス *Torque teno canis virus*
　　　イオタトルクウイルス属 *Iotatorquevirus*〈脊椎〉…ブタトルクテノウイルス 1 *Torque teno sus virus 1*
　　シルコウイルス科 *Circoviridae*
　　　シルコウイルス属 *Circovirus*〈脊椎〉…ブタシルコウイルス 1 *Porcine circovirus-1*
　　　ジャイロウイルス属 *Gyrovirus*〈脊椎〉…ニワトリ貧血ウイルス *Chicken anemia virus*
　　ジェミニウイルス科 *Geminiviridae*
　　　ベゴモウイルス属 *Begomovirus*〈植物〉…*Bean golden yellow mosaic virus*
　　　クルトウイルス属 *Curtovirus*〈植物〉…*Beet curly top virus*
　　　マストレウイルス属 *Mastrevirus*〈植物〉…*Maize streak virus*
　　　トポクウイルス属 *Topocuvirus*〈植物〉…*Tomato pseudo-curly top virus*
　　イノウイルス科 *Inoviridae*
　　　イノウイルス属 *Inovirus*〈細菌〉…腸内細菌ファージ M13 *Enterobacteria phage M13*
　　　プレクトロウイルス属 *Plectrovirus*〈細菌〉…アコレプラズマファージ MV-L51 *Acholeplasma phage MV-L51*
　　ミクロウイルス科 *Microviridae*
　　　ゴクショウイルス亜科 *Gokushovirinae*
　　　　ブデロミクロウイルス属 *Bdellomicrovirus*〈細菌〉…ブデロビブリオファージ MAC 1 *Bdellovibrio phage MAC 1*
　　　　クラミディアミクロウイルス属 *Chlamydiamicrovirus*〈細菌〉…クラミディアファージ 1 *Chlamydia phage 1*
　　　　スピロミクロウイルス属 *Spiromicrovirus*〈細菌〉…スピロプラズマファージ 4 *Spiroplasma phage 4*

〔亜科分類なし〕
    ミクロウイルス属 *Microvirus*〈細菌〉…腸内細菌ファージ φX174 *Enterobacteria phage φX174*
ナノウイルス科 *Nanoviridae*
    バブウイルス属 *Babuvirus*〈植物〉…バナナバンチートップウイルス *Banana bunchy top virus*
    ナノウイルス属 *Nanovirus*〈植物〉…*Subterranean clover stunt virus*
パルボウイルス科 *Parvoviridae*
    パルボウイルス亜科 *Parvovirinae*
        アムドウイルス属 *Amdovirus*〈脊椎〉…アリューシャンミンク病ウイルス *Aleutian mink disease virus*
        ボカウイルス属 *Bocavirus*〈脊椎〉…ウシパルボウイルス *Bovine parvovirus*
        ディペンドウイルス属 *Dependovirus*〈脊椎〉…アデノ随伴ウイルス2型 *Adeno-associated virus-2*
        エリスロウイルス属 *Erythrovirus*〈脊椎〉…ヒトパルボウイルス B19 *Human parvovirus B19*
        パルボウイルス属 *Parvovirus*〈脊椎〉…マウス微小ウイルス *Minute virus of mice*
    デンソウイルス亜科 *Densovirinae*
        ブレビデンソウイルス属 *Brevidensovirus*〈無脊〉…ネッタイシマカデンソウイルス *Aedes aegypti densovirus*
        デンソウイルス属 *Densovirus*〈無脊〉…ジュノニアケニアデンソウイルス *Junonia coenia densovirus*
        イテラウイルス属 *Iteravirus*〈無脊〉…カイコガデンソウイルス *Bombyx mori densovirus*
        ペフデンソウイルス属 *Pefudensovirus*〈無脊〉…クロゴキブリデンソウイルス *Periplaneta fuliginosa densovirus*

二本鎖 DNA 逆転写

〔目分類なし〕
    カリモウイルス科 *Caulimoviridae*
        バドゥナウイルス属 *Badnavirus*〈植物〉…*Commelina yellow mottle virus*
        カリモウイルス属 *Caulimovirus*〈植物〉…カリフラワーモザイクウイルス *Cauliflower mosaic virus*
        カベモウイルス属 *Cavemovirus*〈植物〉…*Cassava vein mosaic virus*
        ペチュウイルス属 *Petuvirus*〈植物〉…ペチュニア葉脈透化ウイルス *Petunia vein clearing virus*
        ソイモウイルス属 *Soymovirus*〈植物〉…ダイズ退緑斑紋ウイルス *Soybean chlorotic mottle virus*
        ツングロウイルス属 *Tungrovirus*〈植物〉…*Rice tungro bacilliform virus*
    ヘパドナウイルス科 *Hepadnaviridae*
        アビヘパドナウイルス属 *Avihepadnavirus*〈脊椎〉…アヒル B 型肝炎ウイルス *Duck hepatitis B virus*
        オルトヘパドナウイルス属 *Orthohepadnavirus*〈脊椎〉…B 型肝炎ウイルス *Hepatitis B virus*

一本鎖 RNA 逆転写

〔目分類なし〕
    メタウイルス科 *Metaviridae*
        エランチウイルス属 *Errantivirus*〈無脊〉…キイロショウジョウバエジプシーウイルス *Drosophila melanogaster Gypsy virus*
        メタウイルス属 *Metavirus*〈菌類・無脊・植物・脊椎〉…*Saccharomyces cerevisiae Ty3 virus*
        セモチウイルス属 *Semotivirus*〈無脊・脊椎〉…ヒト回虫 Tas ウイルス *Ascaris lumbricoides Tas virus*
    シュードウイルス科 *Pseudoviridae*
        ヘミウイルス属 *Hemivirus*〈藻類・菌類・無脊〉…キイロショウジョウバエコピアウイルス *Drosophila melanogaster copia virus*
        シュードウイルス属 *Pseudovirus*〈菌類・植物〉…*Saccharomyces cerevisiae Ty1 virus*
        サイアウイルス属 *Sirevirus*〈植物〉…*Glycine max SIRE1 virus*
    レトロウイルス科 *Retroviridae*
        オルトレトロウイルス亜科 *Orthoretrovirinae*
            アルファレトロウイルス属 *Alpharetrovirus*〈脊椎〉…トリ白血病ウイルス *Avian leukosis virus*
            ベータレトロウイルス属 *Betaretrovirus*〈脊椎〉…マウス乳癌ウイルス *Mouse mammary tumor virus*
            ガンマレトロウイルス属 *Gammaretrovirus*〈脊椎〉…マウス白血病ウイルス *Murine leukemia virus*
            デルタレトロウイルス属 *Deltaretrovirus*〈脊椎〉…ウシ白血病ウイルス *Bovine leukemia virus*
            イプシロンレトロウイルス属 *Epsilonretrovirus*〈脊椎〉…ウォールアイ皮膚肉腫ウイルス *Walleye dermal sarcoma virus*
            レンチウイルス属 *Lentivirus*〈脊椎〉…ヒト免疫不全ウイルス 1 *Human immunodeficiency virus 1*
        スプーマレトロウイルス亜科 *Spumaretrovirinae*
            スプーマウイルス属 *Spumavirus*〈脊椎〉…サルフォーミーウイルス *Simian foamy virus*

二本鎖 RNA

〔目分類なし〕

ビルナウイルス科 *Birnaviridae*
 アクアビルナウイルス属 *Aquabirnavirus* 〈脊椎・無脊〉…伝染性膵臓壊死症ウイルス *Infectious pancreatic necrosis virus*
 アビビルナウイルス属 *Avibirnavirus* 〈脊椎〉…伝染性ファブリキウス嚢病ウイルス *Infectious bursal disease virus*
 ブロスナウイルス属 *Blosnavirus* 〈脊椎〉…タイワンドジョウウイルス *Blotched snakehead virus*
 エントモビルナウイルス属 *Entomobirnavirus* 〈無脊〉…ショウジョウバエXウイルス *Drosophila X virus*

クライソウイルス科 *Chrysoviridae*
 クライソウイルス属 *Chrysovirus* 〈菌類〉… *Penicillium chrysogenum virus*

シストウイルス科 *Cystoviridae*
 シストウイルス属 *Cystovirus* 〈細菌〉…シュードモナスファージφ6 *Pseudomonas phage φ6*

エンドルナウイルス科 *Endornaviridae*
 エンドルナウイルス属 *Endornavirus* 〈藻類・菌類・植物〉… *Vicia faba endornavirus*

パルティティウイルス科 *Partitiviridae*
 アルファクリプトウイルス属 *Alphacryptovirus* 〈植物〉…シロクローバー潜伏ウイルス1 *White clover cryptic virus 1*
 ベータクリプトウイルス属 *Betacryptovirus* 〈植物〉…シロクローバー潜伏ウイルス2 *White clover cryptic virus 2*
 クリスポウイルス属 *Cryspovirus* 〈原生〉…クリプトスポリジウムパルバムウイルス1 *Cryptosporidium parvum virus 1*
 パルティティウイルス属 *Partitivirus* 〈菌類〉… *Atkinsonella hypoxylon virus*

ピコビルナウイルス科 *Picobirnaviridae*
 ピコビルナウイルス属 *Picobirnavirus* 〈脊椎〉…ヒトピコビルナウイルス *Human picobirnavirus*

レオウイルス科 *Reoviridae*
 セドレオウイルス亜科 *Sedoreovirinae*
  カルドレオウイルス属 *Cardoreovirus* 〈無脊〉…チュウゴクモズクガニレオウイルス *Eriocheir sinensis reovirus*
  ミモレオウイルス属 *Mimoreovirus* 〈藻類〉… *Micromonas pusilla reovirus*
  オルビウイルス属 *Orbivirus* 〈無脊・脊椎〉…ブルータングウイルス *Bluetongue virus*
  フィトレオウイルス属 *Phytoreovirus* 〈無脊・植物〉… *Wound tumor virus*
  ロタウイルス属 *Rotavirus* 〈脊椎〉…ロタウイルスA *Rotavirus A*
  シドルナウイルス属 *Seadornavirus* 〈無脊・脊椎〉…バンナウイルス *Banna virus*
 スピナレオウイルス亜科 *Spinareovirinae*
  アクアレオウイルス属 *Aquareovirus* 〈無脊・脊椎〉…アクアレオウイルスA *Aquareovirus A*
  サイポウイルス属 *Cypovirus* 〈無脊〉…サイポウイルス1 *Cypovirus 1*
  コルチウイルス属 *Coltivirus* 〈無脊・脊椎〉…コロラドダニ熱ウイルス *Colorado tick fever virus*
  ディノベルナウイルス属 *Dinovernavirus* 〈無脊〉…アエデスシュードスクテラリスレオウイルス *Aedes pseudoscutellaris reovirus*
  フィジーウイルス属 *Fijivirus* 〈無脊・植物〉… *Fiji disease virus*
  イドノレオウイルス属 *Idnoreovirus* 〈無脊〉…イドノレオウイルス1 *Idnoreovirus 1*
  マイコレオウイルス属 *Mycoreovirus* 〈菌類〉… *Mycoreovirus 1*
  オルトレオウイルス属 *Orthoreovirus* 〈脊椎〉…哺乳類オルトレオウイルス *Mammalian orthoreovirus*
  オリザウイルス属 *Oryzavirus* 〈無脊・植物〉…イネラギッドスタントウイルス *Rice ragged stunt virus*

トティウイルス科 *Totiviridae*
 ジアルジアウイルス属 *Giardiavirus* 〈原生〉…ランブル鞭毛虫ウイルス *Giardia lamblia virus*
 リーシュマニアウイルス属 *Leishmaniavirus* 〈原生〉…リーシュマニアRNAウイルス1-1 *Leishmania RNA virus 1-1*
 トティウイルス属 *Totivirus* 〈菌類〉… *Saccharomyces cerevisiae virus L-A*
 ビクトリウイルス属 *Victorivirus* 〈菌類〉… *Helminthosporium victoriae virus 190S*

一本鎖 RNA（−鎖）

モノネガウイルス目 *Mononegavirales*

 ボルナウイルス科 *Bornaviridae*
  ボルナウイルス属 *Bornavirus* 〈脊椎〉…ボルナ病ウイルス *Borna disease virus*

フィロウイルス科 *Filoviridae*
 エボラウイルス属 *Ebolavirus*〈脊椎〉…エボラウイルス ザイール株 *Zaire ebolavirus*
 マールブルクウイルス属 *Marburgvirus*〈脊椎〉…マールブルクウイルス ビクトリア湖株 *Lake Victoria marburgvirus*
パラミクソウイルス科 *Paramyxoviridae*
 パラミクソウイルス亜科 *Paramyxovirinae*
  アビュラウイルス属 *Avulavirus*〈脊椎〉…ニューカッスル病ウイルス *Newcastle disease virus*
  ヘニパウイルス属 *Henipavirus*〈脊椎〉…ヘンドラウイルス *Hendra virus*
  モルビリウイルス属 *Morbillivirus*〈脊椎〉…麻疹ウイルス(はしかウイルス) *Measles virus*
  レスピロウイルス属 *Respirovirus*〈脊椎〉…センダイウイルス *Sendai virus*
  ルブラウイルス属 *Rubulavirus*〈脊椎〉…ムンプスウイルス(おたふくかぜウイルス) *Mumps virus*
 ニューモウイルス亜科 *Pneumovirinae*
  メタニューモウイルス属 *Metapneumovirus*〈脊椎〉…トリメタニューモウイルス *Avian metapneumovirus*
  ニューモウイルス属 *Pneumovirus*〈脊椎〉…ヒトRSウイルス *Human respiratory syncytial virus*
ラブドウイルス科 *Rhabdoviridae*
 サイトラブドウイルス属 *Cytorhabdovirus*〈無脊・植物〉…*Lettuce necrotic yellows virus*
 エフェメロウイルス属 *Ephemerovirus*〈脊椎・無脊〉…ウシ流行熱ウイルス *Bovine ephemeral fever virus*
 リッサウイルス属 *Lyssavirus*〈脊椎〉…狂犬病ウイルス *Rabies virus*
 ノビラブドウイルス属 *Novirhabdovirus*〈脊椎〉…伝染性造血器壊死症ウイルス *Infectious hematopoietic necrosis virus*
 ヌクレオラブドウイルス属 *Nucleorhabdovirus*〈無脊・植物〉…*Potato yellow dwarf virus*
 ベシクロウイルス属 *Vesiculovirus*〈脊椎・無脊〉…水疱性口内炎ウイルス インディアナ株 *Vesicular stomatitis Indiana virus*

〔目分類なし〕

 アレナウイルス科 *Arenaviridae*
  アレナウイルス属 *Arenavirus*〈脊椎〉…リンパ球性脈絡髄膜炎ウイルス(LCMウイルス) *Lymphocytic choriomeningitis virus*
 ブニヤウイルス科 *Bunyaviridae*
  ハンタウイルス属 *Hantavirus*〈脊椎・無脊〉…ハンタンウイルス *Hantaan virus*
  ナイロウイルス属 *Nairovirus*〈脊椎・無脊〉…デュグベウイルス *Dugbe virus*
  オルトブニヤウイルス属 *Orthobunyavirus*〈脊椎・無脊〉…ブニヤムウェラウイルス *Bunyamwera virus*
  フレボウイルス属 *Phlebovirus*〈脊椎・無脊〉…リフトバレー熱ウイルス *Rift Valley fever virus*
  トスポウイルス属 *Tospovirus*〈無脊・植物〉…トマト黄化えそウイルス *Tomato spotted wilt virus*
 オフィオウイルス科 *Ophioviridae*
  オフィオウイルス属 *Ophiovirus*〈植物〉…カンキツソローシスウイルス *Citrus psorosis virus*
 オルトミクソウイルス科 *Orthomyxoviridae*
  A型インフルエンザ属 *Influenzavirus A*〈脊椎〉…A型インフルエンザウイルス *Influenza A virus*
  B型インフルエンザ属 *Influenzavirus B*〈脊椎〉…B型インフルエンザウイルス *Influenza B virus*
  C型インフルエンザ属 *Influenzavirus C*〈脊椎〉…C型インフルエンザウイルス *Influenza C virus*
  イサウイルス属 *Isavirus*〈脊椎〉…伝染性サケ貧血ウイルス *Infectious salmon anemia virus*
  トゴトウイルス属 *Thogotovirus*〈脊椎・無脊〉…トゴトウイルス *Thogoto virus*
〔科分類なし〕
 デルタウイルス属 *Deltavirus*〈脊椎〉…D型肝炎ウイルス *Hepatitis delta virus*
 エマラウイルス属 *Emaravirus*〈植物〉…*European mountain ash ringspot-associated virus*
 テヌイウイルス属 *Tenuivirus*〈植物・無脊〉…イネ縞葉枯ウイルス *Rice stripe virus*
 バリコサウイルス属 *Varicosavirus*〈植物〉…レタスビッグベイン随伴ウイルス *Lettuce big-vein associated virus*

一本鎖RNA(＋鎖)

ニドウイルス目 *Nidovirales*
 アルテリウイルス科 *Arteriviridae*
  アルテリウイルス属 *Arterivirus*〈脊椎〉…ウマ動脈炎ウイルス *Equine arteritis virus*
 コロナウイルス科 *Coronaviridae*
  コロナウイルス亜科 *Coronavirinae*
   アルファコロナウイルス属 *Alphacoronavirus*〈脊椎〉…アルファコロナウイルス1 *Alphacoronavirus 1*
   ベータコロナウイルス属 *Betacoronavirus*〈脊椎〉…マウスコロナウイルス *Murine coronavirus*
   ガンマコロナウイルス属 *Gammacoronavirus*〈脊椎〉…トリコロナウイルス *Avian coronavirus*
  トロウイルス亜科 *Torovirinae*

バフィニウイルス属 *Bafinivirus* 〈脊椎〉…ホワイトブリームウイルス *White bream virus*
トロウイルス属 *Torovirus* 〈脊椎〉…ウマトロウイルス *Equine torovirus*
ロニウイルス科 *Roniviridae*
オカウイルス属 *Okavirus* 〈無脊〉…エラ随伴ウイルス *Gill-associated virus*

ピコルナウイルス目 *Picornavirales*

ディシストロウイルス科 *Dicistroviridae*
アパラウイルス属 *Aparavirus* 〈無脊〉…急性ミツバチ麻痺ウイルス *Acute bee paralysis virus*
クリパウイルス属 *Cripavirus* 〈無脊〉…コオロギ麻痺ウイルス *Cricket paralysis virus*
イフラウイルス科 *Iflaviridae*
イフラウイルス属 *Iflavirus* 〈無脊〉…伝染性軟化病ウイルス *Infectious flacherie virus*
マルナウイルス科 *Marnaviridae*
マルナウイルス属 *Marnavirus* 〈藻類〉…*Heterosigma akashiwo RNA virus*
ピコルナウイルス科 *Picornaviridae*
アフトウイルス属 *Aphthovirus* 〈脊椎〉…口蹄疫ウイルス *Foot-and-mouth disease virus*
アビヘパトウイルス属 *Avihepatovirus* 〈脊椎〉…アヒルA型肝炎ウイルス *Duck hepatitis A virus*
カルジオウイルス属 *Cardiovirus* 〈脊椎〉…脳心筋炎ウイルス *Encephalomyocarditis virus*
エンテロウイルス属 *Enterovirus* 〈脊椎〉…ヒトエンテロウイルスC *Human enterovirus C*
エルボウイルス属 *Erbovirus* 〈脊椎〉…ウマ鼻炎Bウイルス *Equine rhinitis B virus*
ヘパトウイルス属 *Hepatovirus* 〈脊椎〉…A型肝炎ウイルス *Hepatitis A virus*
コブウイルス属 *Kobuvirus* 〈脊椎〉…アイチウイルス *Aichi virus*
パレコウイルス属 *Parechovirus* 〈脊椎〉…ヒトパレコウイルス *Human parechovirus*
サペロウイルス属 *Sapelovirus* 〈脊椎〉…ブタサペロウイルス *Porcine sapelovirus*
セネカウイルス属 *Senecavirus* 〈脊椎〉…セネカバリーウイルス *Seneca Valley virus*
テシオウイルス属 *Teschovirus* 〈脊椎〉…ブタテシオウイルス *Porcine teschovirus*
トレモウイルス属 *Tremovirus* 〈脊椎〉…トリ脳脊髄炎ウイルス *Avian encephalomyelitis virus*
セコウイルス科 *Secoviridae*
コモウイルス亜科 *Comovirinae*
コモウイルス属 *Comovirus* 〈植物〉…*Cowpea mosaic virus*
ファバウイルス属 *Fabavirus* 〈植物〉…ソラマメウイルトウイルス1 *Broad bean wilt virus 1*
ネポウイルス属 *Nepovirus* 〈植物〉…タバコ輪点ウイルス *Tobacco ringspot virus*
〔亜科分類なし〕
チェラウイルス属 *Cheravirus* 〈植物〉…*Cherry rasp leaf virus*
トラドウイルス属 *Torradovirus* 〈植物〉…*Tomato torrado virus*
サドゥワウイルス属 *Sadwavirus* 〈植物〉…温州萎縮ウイルス *Satsuma dwarf virus*
セクイウイルス属 *Sequivirus* 〈植物〉…*Parsnip yellow fleck virus*
ワイカウイルス属 *Waikavirus* 〈植物〉…イネ矮化ウイルス *Rice tungro spherical virus*

ティモウイルス目 *Tymovirales*

アルファフレキシウイルス科 *Alphaflexiviridae*
アレキシウイルス属 *Allexivirus* 〈植物〉…シャロットXウイルス *Shallot virus X*
ボトレックスウイルス属 *Botrexvirus* 〈菌類〉…*Botrytis virus X*
ロラウイルス属 *Lolavirus* 〈植物〉…*Lolium latent virus*
マンダリウイルス属 *Mandarivirus* 〈植物〉…*Indian citrus ringspot virus*
ポテックスウイルス属 *Potexvirus* 〈植物〉…ジャガイモXウイルス *Potato virus X*
スクレロダルナウイルス属 *Sclerodarnavirus* 〈菌類〉…*Sclerotinia sclerotiorum debilitation-associated RNA virus*
ベータフレキシウイルス科 *Betaflexiviridae*
キャピロウイルス属 *Capillovirus* 〈植物〉…リンゴステムグルービングウイルス *Apple stem grooving virus*
カルラウイルス属 *Carlavirus* 〈植物〉…カーネーション潜在ウイルス *Carnation latent virus*
シトリウイルス属 *Citrivirus* 〈植物〉…*Citrus leaf blotch virus*
フォベアウイルス属 *Foveavirus* 〈植物〉…リンゴステムピッティングウイルス *Apple stem pitting virus*
トリコウイルス属 *Trichovirus* 〈植物〉…リンゴクロロティックリーフスポットウイルス *Apple chlorotic leaf spot virus*
ビティウイルス属 *Vitivirus* 〈植物〉…*Grapevine virus A*
ガンマフレキシウイルス科 *Gammaflexiviridae*
マイコフレキシウイルス属 *Mycoflexivirus* 〈菌類〉…*Botrytis virus F*
ティモウイルス科 *Tymoviridae*
マクラウイルス属 *Maculavirus* 〈植物〉…ブドウフレックウイルス *Grapevine fleck virus*
マラフィウイルス属 *Marafivirus* 〈植物・無脊〉…*Maize rayado fino virus*
ティモウイルス属 *Tymovirus* 〈植物〉…カブ黄化モザイクウイルス *Turnip yellow mosaic virus*

ウイルス分類表

〔目分類なし〕

- アストロウイルス科 *Astroviridae*
  - アバストロウイルス属 *Avastrovirus*〈脊椎〉…シチメンチョウアストロウイルス *Turkey astrovirus*
  - ママストロウイルス属 *Mamastrovirus*〈脊椎〉…ヒトアストロウイルス *Human astrovirus*
- バルナウイルス科 *Barnaviridae*
  - バルナウイルス属 *Barnavirus*〈菌類〉…*Mushroom bacilliform virus*
- ブロモウイルス科 *Bromoviridae*
  - アルファモウイルス属 *Alfamovirus*〈植物〉…アルファルファモザイクウイルス *Alfalfa mosaic virus*
  - アヌラウイルス属 *Anulavirus*〈植物〉…*Pelargonium zonate spot virus*
  - ブロモウイルス属 *Bromovirus*〈植物〉…*Brome mosaic virus*
  - ククモウイルス属 *Cucumovirus*〈植物〉…キュウリモザイクウイルス *Cucumber mosaic virus*
  - イラルウイルス属 *Ilarvirus*〈植物〉…タバコ条斑ウイルス *Tobacco streak virus*
  - オレアウイルス属 *Oleavirus*〈植物〉…*Olive latent virus 2*
- カリシウイルス科 *Caliciviridae*
  - ラゴウイルス属 *Lagovirus*〈脊椎〉…ウサギ出血病ウイルス *Rabbit hemorrhagic disease virus*
  - ネボウイルス属 *Nebovirus*〈脊椎〉…ニューバリー1ウイルス *Newbury-1 virus*
  - ノロウイルス属 *Norovirus*〈脊椎〉…ノーウォークウイルス *Norwalk virus*
  - サポウイルス属 *Sapovirus*〈脊椎〉…サッポロウイルス *Sapporo virus*
  - ベシウイルス属 *Vesivirus*〈脊椎〉…ブタ水疱疹ウイルス *Vesicular exanthema of swine virus*
- クロステロウイルス科 *Closteroviridae*
  - アンペロウイルス属 *Ampelovirus*〈植物〉…ブドウ葉巻随伴ウイルス3 *Grapevine leafroll-associated virus 3*
  - クロステロウイルス属 *Closterovirus*〈植物〉…ビート萎黄ウイルス *Beet yellows virus*
  - クリニウイルス属 *Crinivirus*〈植物〉…*Lettuce infectious yellows virus*
- フラビウイルス科 *Flaviviridae*
  - フラビウイルス属 *Flavivirus*〈脊椎・無脊〉…黄熱ウイルス *Yellow fever virus*
  - ヘパシウイルス属 *Hepacivirus*〈脊椎〉…C型肝炎ウイルス *Hepatitis C virus*
  - ペスチウイルス属 *Pestivirus*〈脊椎〉…ウシウイルス性下痢ウイルス1 *Bovine viral diarrhea virus 1*
- ヘペウイルス科 *Hepeviridae*
  - ヘペウイルス属 *Hepevirus*〈脊椎〉…E型肝炎ウイルス *Hepatitis E virus*
- ハイポウイルス科 *Hypoviridae*
  - ハイポウイルス属 *Hypovirus*〈菌類〉…*Cryphonectria hypovirus 1*
- レビウイルス科 *Leviviridae*
  - アロレビウイルス属 *Allolevivirus*〈細菌〉…腸内細菌ファージQβ *Enterobacteria phage Qβ*
  - レビウイルス属 *Levivirus*〈細菌〉…腸内細菌ファージMS2 *Enterobacteria phage MS2*
- ルテオウイルス科 *Luteoviridae*
  - エナモウイルス属 *Enamovirus*〈植物〉…*Pea enation mosaic virus-1*
  - ルテオウイルス属 *Luteovirus*〈植物〉…オオムギ黄萎PAVウイルス *Barley yellow dwarf virus-PAV*
  - ポレロウイルス属 *Polerovirus*〈植物〉…ジャガイモ葉巻ウイルス *Potato leafroll virus*
- ナルナウイルス科 *Narnaviridae*
  - ミトウイルス属 *Mitovirus*〈菌類〉…*Cryphonectria mitovirus 1*
  - ナルナウイルス属 *Narnavirus*〈菌類〉…*Saccharomyces 20S RNA narnavirus*
- ノダウイルス科 *Nodaviridae*
  - アルファノダウイルス属 *Alphanodavirus*〈無脊〉…ノダムラウイルス *Nodamura virus*
  - ベータノダウイルス属 *Betanodavirus*〈脊椎〉…シマアジ神経壊死症ウイルス *Striped jack nervous necrosis virus*
- ポティウイルス科 *Potyviridae*
  - ブランビウイルス属 *Brambyvirus*〈植物〉…*Blackberry virus Y*
  - バイモウイルス属 *Bymovirus*〈植物〉…オオムギ縞萎縮ウイルス *Barley yellow mosaic virus*
  - イポモウイルス属 *Ipomovirus*〈植物〉…*Sweet potato mild mottle virus*
  - マクルラウイルス属 *Macluravirus*〈植物〉…*Maclura mosaic virus*
  - ポティウイルス属 *Potyvirus*〈植物〉…ジャガイモYウイルス *Potato virus Y*
  - ライモウイルス属 *Rymovirus*〈植物〉…ライグラスモザイクウイルス *Ryegrass mosaic virus*
  - トリティモウイルス属 *Tritimovirus*〈植物〉…*Wheat streak mosaic virus*
- テトラウイルス科 *Tetraviridae*
  - ベータテトラウイルス属 *Betatetravirus*〈無脊〉…β型ヌドレリアカペンシスウイルス *Nudaurelia capensis β virus*
  - オメガテトラウイルス属 *Omegatetravirus*〈無脊〉…ω型ヌドレリアカペンシスウイルス *Nudaurelia capensis ω virus*
- トガウイルス科 *Togaviridae*
  - アルファウイルス属 *Alphavirus*〈脊椎・無脊〉…シンドビスウイルス *Sindbis virus*

ルビウイルス属 Rubivirus〈脊椎〉…風疹ウイルス Rubella virus
　トンブスウイルス科 Tombusviridae
　　　アウレウスウイルス属 Aureusvirus〈植物〉…Pothos latent virus
　　　アベナウイルス属 Avenavirus〈植物〉…Oat chlorotic stunt virus
　　　カルモウイルス属 Carmovirus〈植物〉…カーネーション斑紋ウイルス Carnation mottle virus
　　　ダイアンソウイルス属 Dianthovirus〈植物〉…Carnation ringspot virus
　　　マクロモウイルス属 Machlomovirus〈植物〉…Maize chlorotic mottle virus
　　　ネクロウイルス属 Necrovirus〈植物〉…Tobacco necrosis virus A
　　　パニコウイルス属 Panicovirus〈植物〉…Panicum mosaic virus
　　　トンブスウイルス属 Tombusvirus〈植物〉…トマトブッシースタントウイルス Tomato bushy stunt virus
　ビルガウイルス科 Virgaviridae
　　　フロウイルス属 Furovirus〈植物〉…コムギ萎縮ウイルス Soil-borne wheat mosaic virus
　　　ホルデイウイルス属 Hordeivirus〈植物〉…ムギ斑葉モザイクウイルス Barley stripe mosaic virus
　　　ペクルウイルス属 Pecluvirus〈植物〉…Peanut clump virus
　　　ポモウイルス属 Pomovirus〈植物〉…ジャガイモモップトップウイルス Potato mop-top virus
　　　トバモウイルス属 Tobamovirus〈植物〉…タバコモザイクウイルス Tobacco mosaic virus
　　　トブラウイルス属 Tobravirus〈植物〉…タバコ茎えそウイルス Tobacco rattle virus
〔科分類なし〕
　　　ベニウイルス属 Benyvirus〈植物〉…ビートえそ性葉脈黄化ウイルス Beet necrotic yellow vein virus
　　　シレウイルス属 Cilevirus〈植物〉…Citrus leprosis virus C
　　　イデオウイルス属 Idaeovirus〈植物〉…ラズベリー黄化ウイルス Raspberry bushy dwarf virus
　　　オルミアウイルス属 Ourmiavirus〈植物〉…Ourmia melon virus
　　　ポレモウイルス属 Polemovirus〈植物〉…Poinsettia latent virus
　　　ソベモウイルス属 Sobemovirus〈植物〉…インゲンマメ南部モザイクウイルス Southern bean mosaic virus
　　　ウンブラウイルス属 Umbravirus〈植物〉…Carrot mottle virus

ウイロイド

〔目分類なし〕

　　アブサンウイロイド科 Avsunviroidae
　　　　アブサンウイロイド属 Avsunviroid〈植物〉…Avocado sunblotch viroid
　　　　エラウイロイド属 Elaviroid〈植物〉…Eggplant latent viroid
　　　　ペラモウイロイド属 Pelamoviroid〈植物〉…モモ潜在モザイクウイロイド Peach latent mosaic viroid
　　ポスピウイロイド科 Pospiviroidae
　　　　アプスカウイロイド属 Apscaviroid〈植物〉…リンゴさび果ウイロイド Apple scar skin viroid
　　　　コカドウイロイド属 Cocadviroid〈植物〉…Coconut cadang-cadang viroid
　　　　コレウイロイド属 Coleviroid〈植物〉…コリウスウイロイド1 Coleus blumei viroid 1
　　　　ホスタウイロイド属 Hostuviroid〈植物〉…ホップ矮化ウイロイド Hop stunt viroid
　　　　ポスピウイロイド属 Pospiviroid〈植物〉…ジャガイモやせいもウイロイド Potato spindle tuber viroid

藻類・菌類・原生動物を宿主とするウイルス

二本鎖 DNA

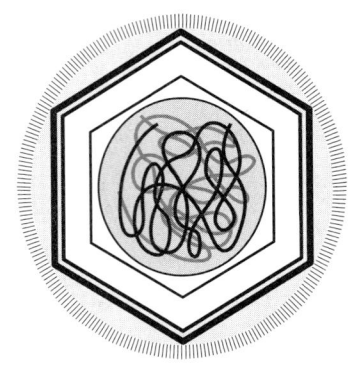

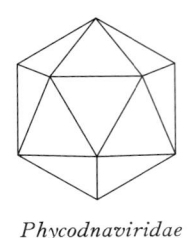

Mimiviridae (1/2 スケール)

Phycodnaviridae

Rhizidiovirus

一本鎖 RNA (＋鎖)

Tymovirales
Alphaflexiviridae, Gammaflexiviridae

Barnaviridae

Picornavirales
Marnaviridae

Hypoviridae

Narnaviridae

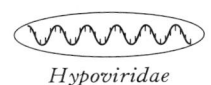

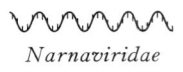

二本鎖 RNA

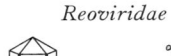

Chrysoviridae

Partitiviridae

Reoviridae
Sedoreovirinae *Spinareovirinae*

Endornaviridae

Totiviridae

一本鎖 RNA 逆転写

Metaviridae ?

Pseudoviridae

100 nm

ウイルス分類表 1525

細菌・古細菌を宿主とするウイルス

二本鎖 DNA

Ampullaviridae

Bicaudaviridae

Fuselloviridae

Lipothrixviridae

Globuloviridae

Rudiviridae

Guttaviridae

Caudovirales

Myoviridae

Plasmaviridae

Podoviridae

Salterprovirus

Siphoviridae

Corticoviridae   *Tectiviridae*

D
N
A

一本鎖 DNA

Inoviridae

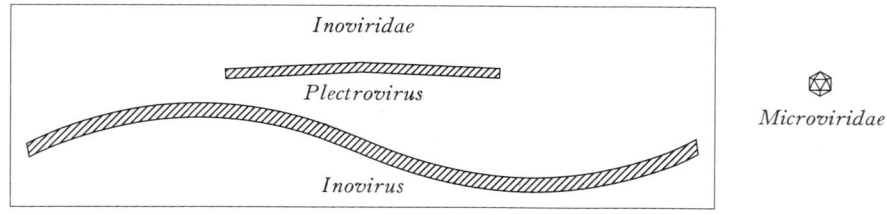

Plectrovirus

Microviridae

Inovirus

R
N
A

二本鎖 RNA

Cystoviridae

一本鎖 RNA（＋鎖）

Leviviridae

100 nm

無脊椎動物を宿主とするウイルス

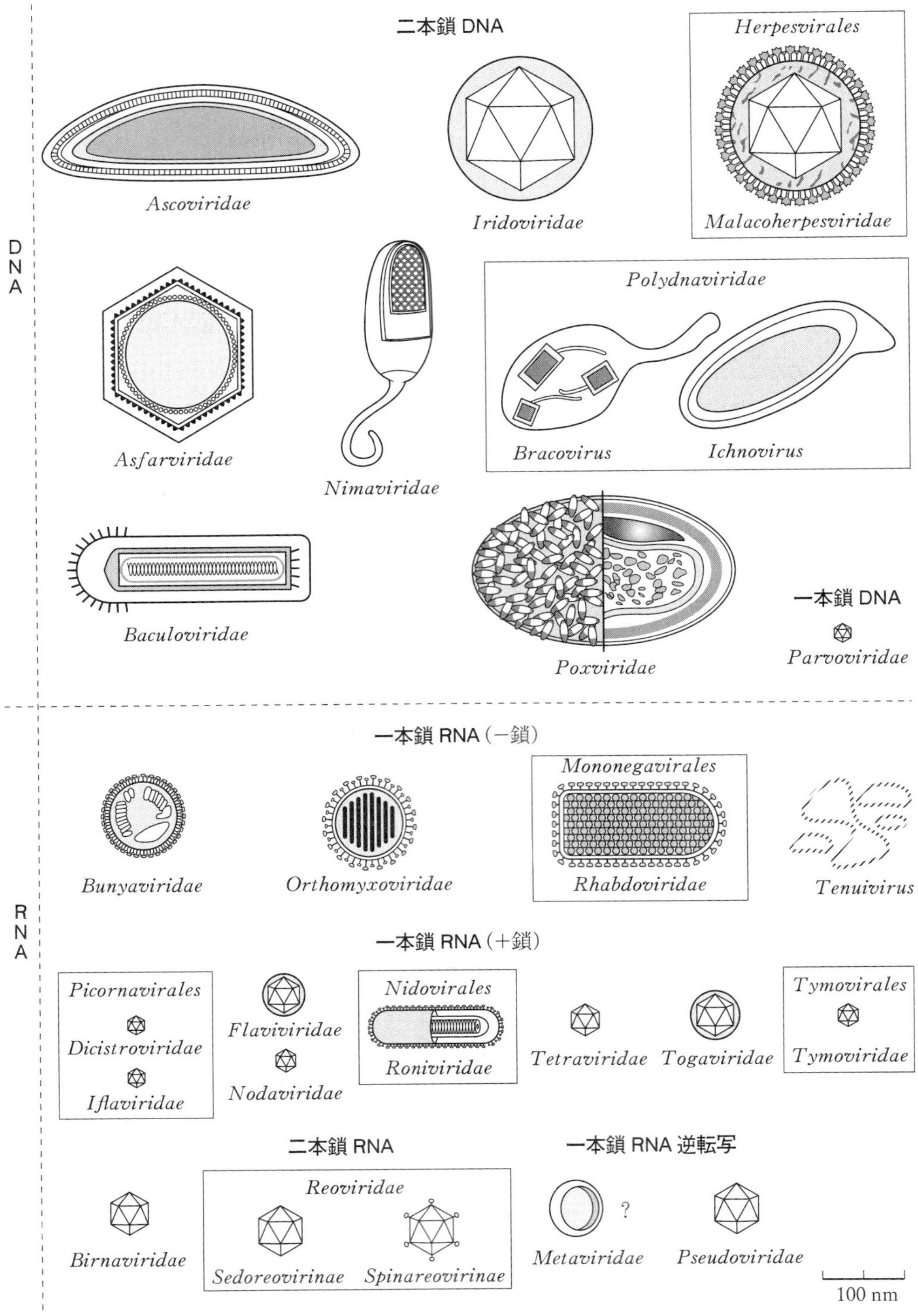

二本鎖 DNA

DNA

- *Ascoviridae*
- *Iridoviridae*
- *Herpesvirales* / *Malacoherpesviridae*
- *Asfarviridae*
- *Nimaviridae*
- *Polydnaviridae*: *Bracovirus*, *Ichnovirus*
- *Baculoviridae*
- *Poxviridae*

一本鎖 DNA

- *Parvoviridae*

RNA

一本鎖 RNA（−鎖）

- *Bunyaviridae*
- *Orthomyxoviridae*
- *Mononegavirales* / *Rhabdoviridae*
- *Tenuivirus*

一本鎖 RNA（＋鎖）

- *Picornavirales*: *Dicistroviridae*, *Iflaviridae*
- *Flaviviridae*
- *Nodaviridae*
- *Nidovirales* / *Roniviridae*
- *Tetraviridae*
- *Togaviridae*
- *Tymovirales* / *Tymoviridae*

二本鎖 RNA

- *Birnaviridae*
- *Reoviridae*: *Sedoreovirinae*, *Spinareovirinae*

一本鎖 RNA 逆転写

- *Metaviridae* ?
- *Pseudoviridae*

100 nm

ウイルス分類表　1527

植物を宿主とするウイルス (1)

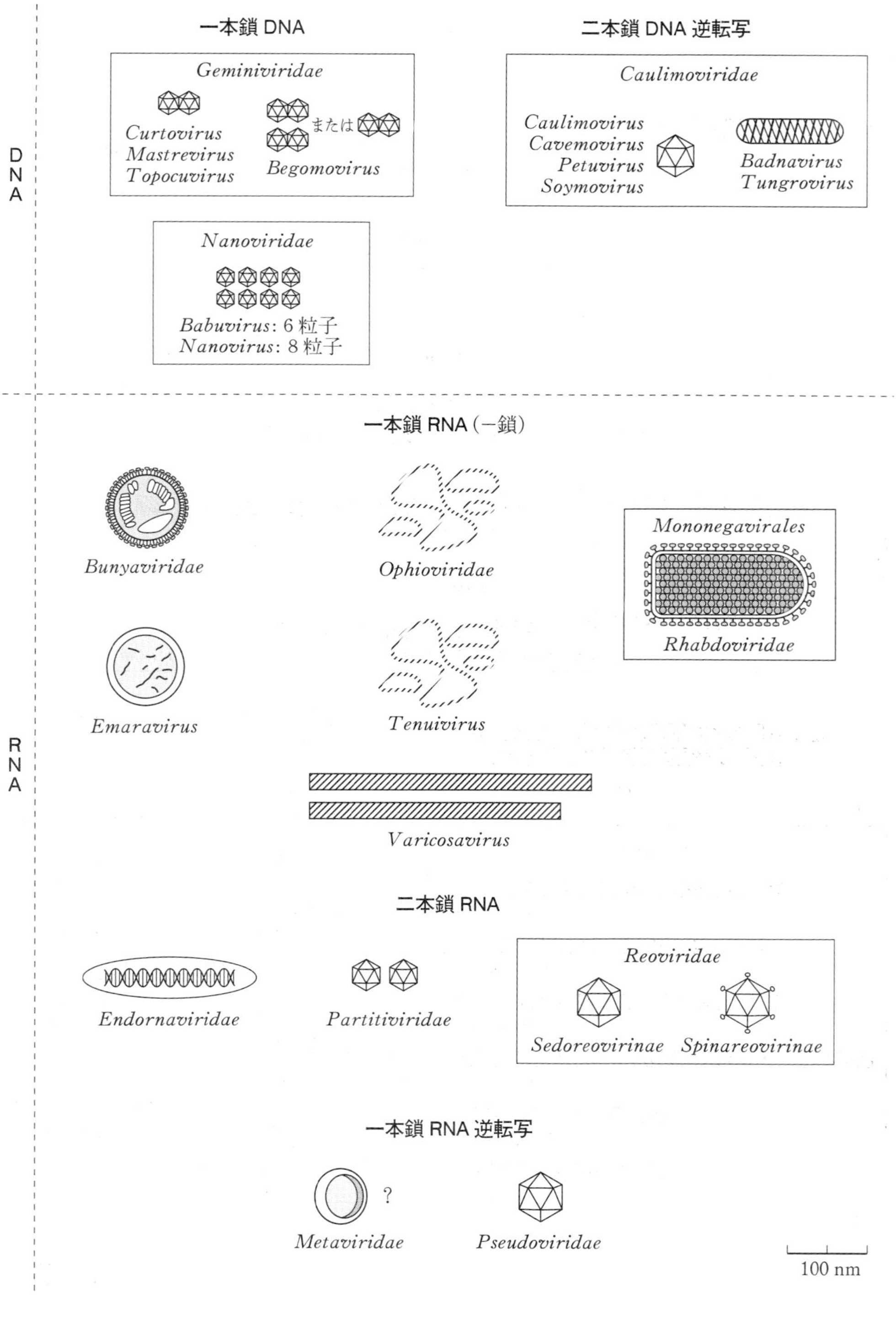

DNA

一本鎖 DNA

Geminiviridae
- *Curtovirus*
- *Mastrevirus*
- *Topocuvirus*
- *Begomovirus* または

二本鎖 DNA 逆転写

Caulimoviridae
- *Caulimovirus*
- *Cavemovirus*
- *Petuvirus*
- *Soymovirus*
- *Badnavirus*
- *Tungrovirus*

Nanoviridae
- *Babuvirus*：6 粒子
- *Nanovirus*：8 粒子

RNA

一本鎖 RNA（一鎖）

Bunyaviridae

Ophioviridae

Mononegavirales
Rhabdoviridae

Emaravirus

Tenuivirus

Varicosavirus

二本鎖 RNA

Endornaviridae

Partitiviridae

Reoviridae
- *Sedoreovirinae*
- *Spinareovirinae*

一本鎖 RNA 逆転写

Metaviridae　?　*Pseudoviridae*

100 nm

植物を宿主とするウイルス（2）

一本鎖 RNA（＋鎖）

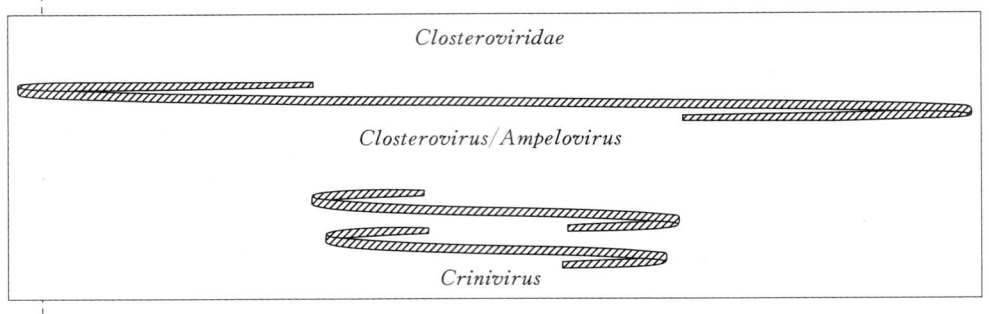

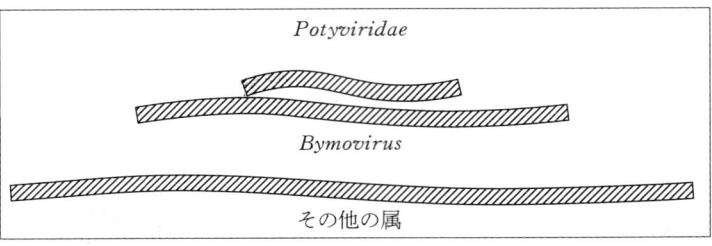

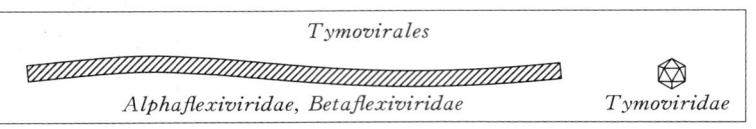

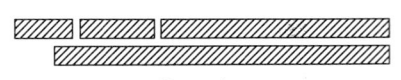

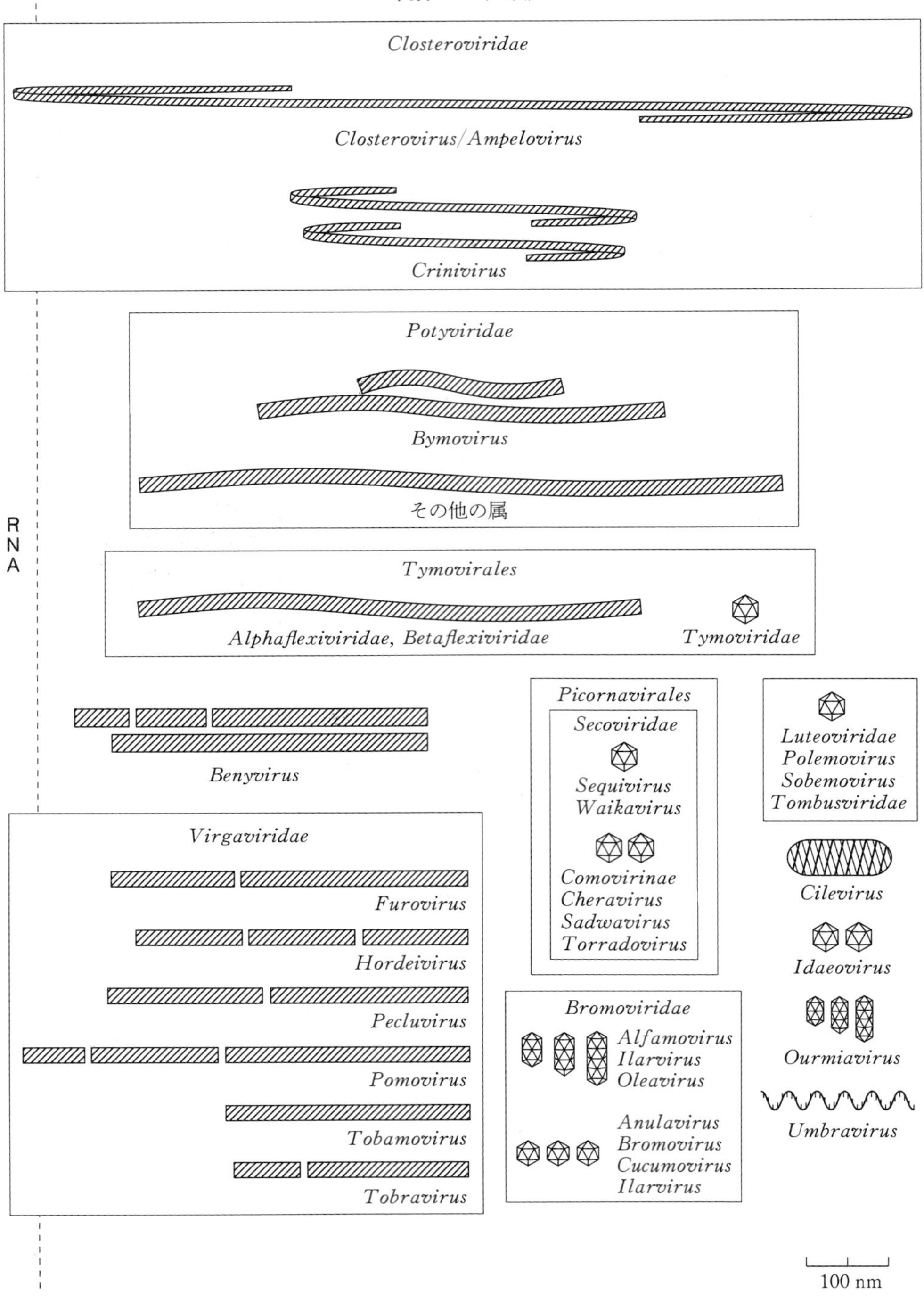

RNA

Closteroviridae
Closterovirus/Ampelovirus

Crinivirus

Potyviridae
Bymovirus

その他の属

Tymovirales
Alphaflexiviridae, Betaflexiviridae　　*Tymoviridae*

Benyvirus

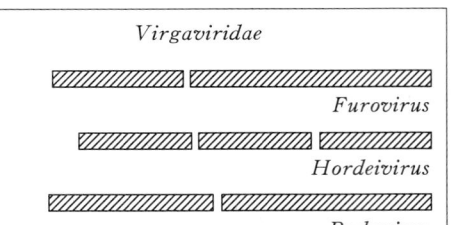

Picornavirales
Secoviridae
Sequivirus
Waikavirus

Comovirinae
Cheravirus
Sadwavirus
Torradovirus

Luteoviridae
Polemovirus
Sobemovirus
Tombusviridae

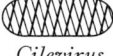

Cilevirus

Idaeovirus

Virgaviridae
Furovirus
Hordeivirus
Pecluvirus
Pomovirus
Tobamovirus
Tobravirus

Bromoviridae
Alfamovirus
Ilarvirus
Oleavirus

Anulavirus
Bromovirus
Cucumovirus
Ilarvirus

Ourmiavirus

Umbravirus

100 nm

ウイルス分類表　1529

脊椎動物を宿主とするウイルス

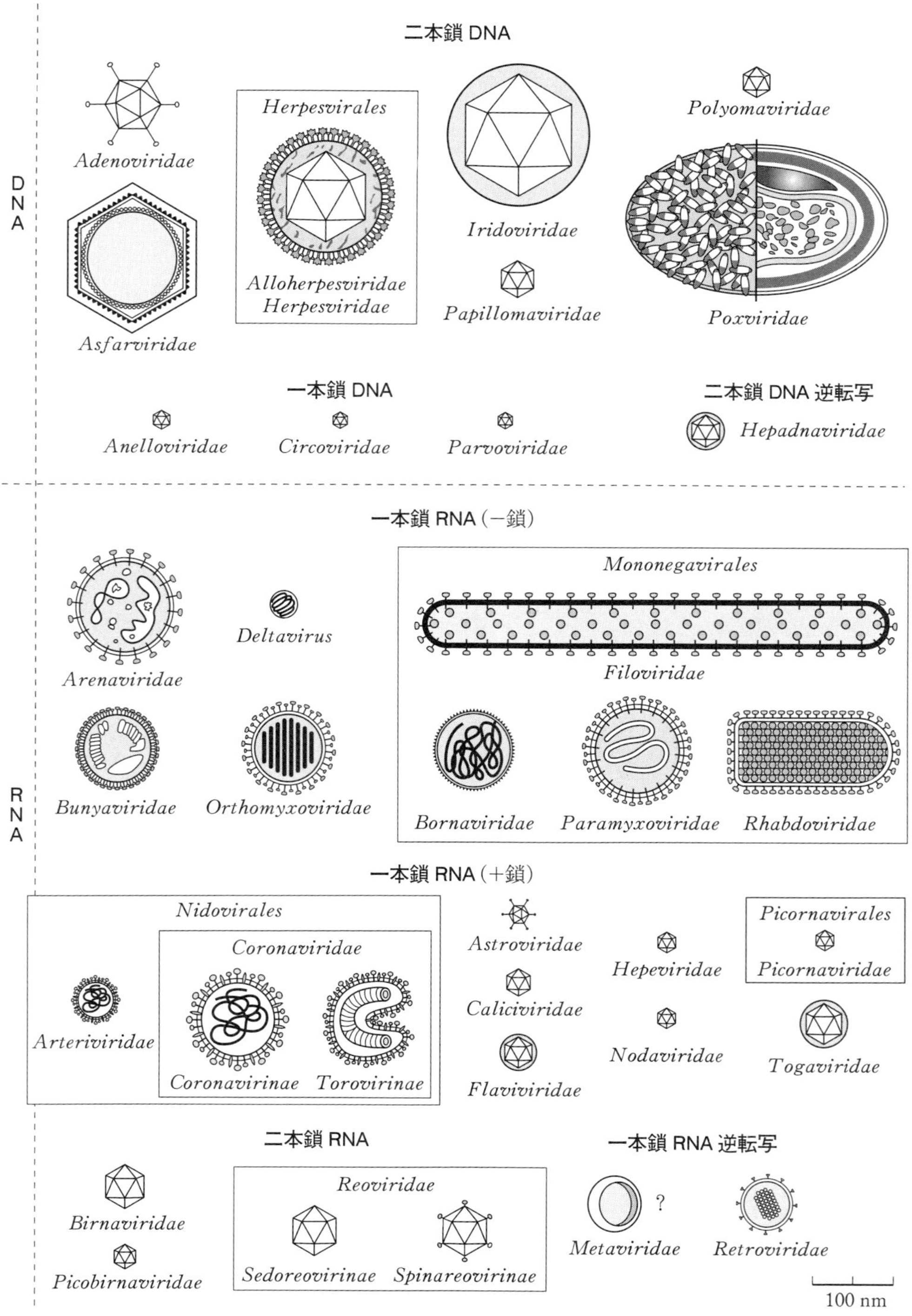

二本鎖 DNA

DNA

Adenoviridae

Herpesvirales
Alloherpesviridae
Herpesviridae

Iridoviridae

Papillomaviridae

Polyomaviridae

Asfarviridae

Poxviridae

一本鎖 DNA

Anelloviridae　*Circoviridae*　*Parvoviridae*

二本鎖 DNA 逆転写

Hepadnaviridae

一本鎖 RNA（−鎖）

RNA

Arenaviridae

Deltavirus

Mononegavirales
Filoviridae
Bornaviridae　*Paramyxoviridae*　*Rhabdoviridae*

Bunyaviridae　*Orthomyxoviridae*

一本鎖 RNA（＋鎖）

Nidovirales
Coronaviridae
Coronavirinae　*Torovirinae*

Arteriviridae

Astroviridae　*Hepeviridae*

Caliciviridae

Flaviviridae　*Nodaviridae*　*Togaviridae*

Picornavirales
Picornaviridae

二本鎖 RNA

Reoviridae
Sedoreovirinae　*Spinareovirinae*

Birnaviridae

Picobirnaviridae

一本鎖 RNA 逆転写

Metaviridae　？　*Retroviridae*

100 nm

生　物　分　類　表

　地球には現在，数千万ともいわれる膨大な種数の生物が複雑多様な相互関係を結びつつ生息している．しかし，我々が固有の名称を与え，種として認識できているものはその一部にすぎず，しかも毎年2万種が新たに記載されているという．これらの種は個別に創造されたのではなく，共通祖先からの変形を伴う分岐，そして時には合流によって歴史的に形成されたとするのが，19世紀後半C. Darwinによって確立された進化論であり，それは生物学にとどまらず現代科学全般における最も基本的なパラダイムの一つとなっている．

　Darwinの進化論によれば，生物が過去にたどった歴史の具体的な道筋，つまり系統は，樹木にたとえればその「枝ぶり」，もしくは樹形として認識できる．しかし言うまでもなく，我々の知らない過去の復元は常に仮説とならざるをえない．系統学は，さまざまな情報から樹形(具体的には枝の分岐の順序と枝長)を推定して系統仮説をつくる作業を繰り返し，生物とそれを育む地球の歴史に肉薄しようとする．新奇な生物群が発見されれば，それが新たな系統仮説をもたらす．一方で，系統仮説をつくる論理や技法もまた変化し発展する．こうして，系統仮説は絶え間なく生み出され，古い仮説に取って代わってゆく．

　生物分類表は，ある系統仮説によって認識されるさまざまなランクのタクサ(その多くは単系統群)を分岐の順序に従って一次元に配列したものである．本来二次元で表現される樹形を一次元で記述するわけであるから，系統学的には等価であるはずの姉妹群に見かけ上，配列順序が付随することになる．しかし，その順序には意味がない．たとえば本表では，左右相称動物が旧口動物と新口動物の二つの姉妹群からなるとする系統仮説を採用するが，新口動物が先に現れるのは恣意的以上のものではない．さらに，分岐の順序が明確でない(樹形では多分岐となる)タクサも少なからず存在し，それを忠実に表に示すのは難しい．このような不都合を解消するため，後生動物については，紙面が許す限り樹形自体も示したので参考とされたい．ともあれ，系統仮説の改訂に伴い分類表もたえず改変される運命にあり，本分類表もまたその例外ではないのである．

　1990年代以降，遺伝情報を駆使した分子系統学が普及し，それは種々の理論的・技術的課題にも精力的に挑みつつ，新しい系統仮説を絶え間なく生み出して今日に至っている．本書旧版(第4版)が1996年に出版された当時から，分子系統学的知見が急増した．それを積極的に採り入れた結果，この版の分類表も大きく変わった．その最たるものは，生物の大区分として，三ドメイン体系を採用したことである．「ドメイン」とは，「界」よりも高位の補助的なカテゴリーであり，全地球生物を細菌ドメイン，アーキアドメイン，そして真核生物ドメインに三分するのがこの体系である(次頁表)．このうち真核生物ドメインは，その系統解析が飛躍的に進んだことを反映して，動物界，菌界，アメーバ界，エクスカバータ界，植物界，クロミスタ界の六つの界に分類された．なお，他の二つのドメインについては，界ランクのタクサは設けなかった．

　こうして，旧版では「細菌・古細菌」，「藻類」，「植物」，「菌類」，「動物」の5パートに分割していたものを今回は一つの表にまとめ，生物全体の系統関係をよりよく理解できるようにした．ただし，どのランクまで掲載するかや代表例をどう挙げるかについて，全体としての統一は行わなかった．

　生物分類表の作成にあたり，倉谷滋，塚谷裕一，遠藤一佳，出川洋介，中山剛，西川輝昭，平石明，横山潤の8名で基本方針を決定し，編集を分担した．その際，仲田崇志氏がウェブサイト「きまぐれ生物学」において作成されている分類表を参考にした．また，動物界については野田泰一氏から編集上の援助を得た．

　分類表の作成と校閲には以下の方々のご協力を得た：
朝川毅守，伊勢優史，稲葉重樹，海老原淳，大原昌宏，小野展嗣，柁原宏，川上新一，北里洋，駒井智幸，小薮大輔，佐々木猛智，佐藤たまき，白井滋，鈴木雄太郎，對比地孝亘，塚越哲，中坊徹次，並河洋，西海功，野田泰一，東山大毅，樋口正信，平沢達矢，平山廉，藤田敏彦，細矢剛，本多大輔，松井正文，松本淳，真鍋真，三浦知之，本川雅治，米倉浩司

生物分類表

アーキアドメイン	細菌ドメイン	
クレンアーキオータ門	アシドバクテリア門	フィブロバクター門
ユーリアーキオータ門	アクチノバクテリア門	ファーミキューテス門
コルアーキオータ門	アクイフェックス門	フソバクテリア門
ナノアーキオータ門	アルマティモナス門	ゲマティモナス門
タウムアーキオータ門	バクテロイデス門	レンティスフェラ門
	カルディセリカ門	ニトロスピラ門
	クラミディア門	プランクトマイセス門
	緑色細菌門	プロテオバクテリア門
	クロロフレクサス門	スピロヘータ門
	クリシオゲネス門	シナーギステス門
	藍色細菌門	テネリキューテス門
	デフェリバクター門	テルモデスルフォバクテリア門
	ディノコックス-テルムス門	テルモトガ門
	ディクチオグロムス門	ヴェルコミクロビア門
	エルシミクロビア門	

真核生物ドメイン

(真核生物所属不明)	アプソゾア門	**アメーバ上界**	
オピストコンタ上界		**アメーバ界**	アメーボゾア門
動物界		**バイコンタ上界**	
	アメービディオゾア門	**エクスカバータ界**	メタモナダ門
	襟鞭毛虫門		ロウコゾア門
	海綿動物門		ペルコロゾア門
	刺胞動物門		ユーグレノゾア門
	有櫛動物門		
	板形動物門	**植物界**	
左右相称動物	珍無腸動物門	灰色植物亜界	灰色植物門
新口動物	棘皮動物門	紅色植物亜界	紅色植物門
	半索動物門	緑色植物亜界	緑藻植物門
	脊索動物門		メソスティグマ植物門
	毛顎動物門		クロロキブス植物門
旧口動物			クレブソルミディウム植物門
冠輪動物	二胚動物門		ホシミドロ植物門
	直泳動物門		コレオケーテ植物門
	扁形動物門		シャジクモ植物門
	顎口動物門	陸上植物	苔植物門
	腹毛動物門		蘚植物門
	微顎動物門		ツノゴケ植物門
	輪形動物門		維管束植物門
	鉤頭動物門		
	有輪動物門	**クロミスタ界**	
	内肛動物門	ハロサ亜界	
	苔虫動物門	ヘテロコンタ下界	ビコソエカ門
	箒虫動物門		ラビリンチュラ門
	腕足動物門		オパロゾア門
	紐形動物門		偽菌門
	軟体動物門		オクロ植物門
	環形動物門	アルベオラータ下界	繊毛虫門
脱皮動物	類線形動物門		アピコンプレクサ門
	線形動物門		クロメラ門
	胴甲動物門		渦鞭毛虫門
	動吻動物門	リザリア下界	放散虫門
	鰓曳動物門		有孔虫門
	緩歩動物門		ケルコゾア門
	有爪動物門	ハクロビア亜界	カタブレファリス門
	節足動物門		クリプト植物門
菌界			ハプト植物門
	クリプト菌門		ヘリオゾア門
	微胞子虫門		テロネマ門
	ツボカビ門		
	ネオカリマスチクス門		
	コウマクノウキン門		
	(接合菌門)		
	グロムス門		
重相菌亜界	子嚢菌門		
	担子菌門		

生物分類表凡例

I. 属に付記したカタカナは属の和名ではなく，その属の代表的な種の和名である．
II. 表中で利用する記号類は以下の通り．
　　　語の左の　†　：化石タクソンであることを示す．
　　　　　　　　‡　：コケ類のうち，日本産でないことを示す．
　　　左肩の　　※　：頁下部に注があることを示す．
　　　右肩の　〔A〕：藻類として扱われることを示す．
　　　　　　　〔F〕：菌類として扱われていたものを含むことを示す．
　　　　　　　〔L〕：菌類のうち地衣化したタクソンであることを示す．
　　　　　　　〔L*〕：菌類のうち一部の属が地衣化したタクソンであることを示す．
　　　　　　　〔M〕：鞭毛虫として扱われていたものを含むことを示す．
　　　　　　　〔P〕：胞子虫として扱われていたものを含むことを示す．
　　　　　　　〔S〕：肉質虫（いわゆるアメーバ類）として扱われていたものを含むことを示す．
　　　　　　　〔1〕：非単系統群である可能性が示唆されており，将来的にその範囲が変更される可能性があるタクソンであることを示す．
　　　　　　　〔2〕：広義のコアノゾア門（Choanozoa s. l.）もしくはメソミセトゾア門（Mesomycetozoa s. l.）にまとめられることがあるが，明らかに非単系統群であることを示す．
III. 菌類の属のうち，[　]で示したものはアナモルフであることを示す．
IV. 動物界では，門・綱・目などのタクソンの名称には可能な限り，その動物群を設立，提唱あるいは初期に解説した著者と年号を記した．これらは参照の便のためであって，命名規約に規定されている学名における著者・命名年と同等のものではない．

アーキアドメイン Archaea

クレンアーキオータ門 Crenarchaeota

テルモプロテウス綱(サーモプロテウス綱) Thermoprotei

アシディロブス目 Acidilobales
 アシディロブス科 Acidilobaceae …*Acidilobus*
 カルディスフェラ科 Caldisphaeraceae …*Caldisphaera*
デスルフロコックス目 Desulfurococcales
 デスルフロコックス科 Desulfurococcaceae …*Aeropyrum, Desulfurococcus, Ignicoccus, Ignisphaera, Staphylothermus, Stetteria, Sulfophobococcus, Thermodiscus, Thermosphaera*
 ピロディクチウム科 Pyrodictiaceae …*Hyperthermus, Pyrodictium, Pyrolobus*
ファーヴィディコックス目 Fervidicoccales
 ファーヴィディコックス科 Fervidicoccaceae …*Fervidicoccus*
スルフォロブス目 Sulfolobales
 スルフォロブス科 Sulfolobaceae …*Acidianus, Desulfurolobus, Metallosphaera, Stygiolobus, Sulfolobus, Sulfurisphaera, Sulfurococcus*
テルモプロテウス目(サーモプロテウス目) Thermoproteales
 テルモフィルム科 Thermofilaceae …*Thermofilum*
 テルモプロテウス科(サーモプロテウス科) Thermoproteaceae …*Caldivirga, Pyrobaculum, Thermocladium, Thermoproteus, Vulcanisaeta*

ユーリアーキオータ門 Euryarchaeota

アーカエグロブス綱 Archaeoglobi

アーカエグロブス目 Archaeoglobales
 アーカエグロブス科 Archaeoglobaceae …*Archaeoglobus, Ferroglobus, Geoglobus*

ハロバクテリア綱 Halobacteria(ハロメバクテリア綱 Halomebacteria)

ハロバクテリア目 Halobacteriales
 ハロバクテリア科 Halobacteriaceae …*Haladaptatus, Halalkalicoccus, Halarchaeum, Haloarcula, Halobacterium, Halobaculum, Halobiforma, Halococcus, Haloferax, Halogeometricum, Halogranum, Halomicrobium, Halonotius, Halopelagius, Halopiger, Haloplanus, Haloquadratum, Halorhabdus, Halorubrum, Halosarcina, Halosimplex, Halostagnicola, Haloterrigena, Halovivax, Natrialba, Natrinema, Natronoarchaeum, Natronobacterium, Natronococcus, Natronolimnobius, Natronomonas, Natronorubrum*

メタノバクテリア綱 Methanobacteria

メタノバクテリア目 Methanobacteriales
 メタノバクテリア科 Methanobacteriaceae …*Methanobacterium, Methanobrevibacter, Methanosphaera, Methanothermobacter*
 メタノテルムス科 Methanothermaceae …*Methanothermus*

メタノコックス綱 Methanococci

メタノコックス目 Methanococcales
 メタノカルドコックス科 Methanocaldococcaceae …*Methanocaldococcus, Methanotorris*
 メタノコックス科 Methanococcaceae …*Methanococcus, Methanothermococcus*

メタノミクロビア綱 Methanomicrobia

〔目不明〕…*Methanomassiliicoccus*
メタノセラ目 Methanocellales
 メタノセラ科 Methanocellaceae …*Methanocella*
メタノミクロビア目 Methanomicrobiales
 〔科不明〕…*Methanocalculus*
 メタノコルプシュルム科 Methanocorpusculaceae …*Methanocorpusculum*
 メタノミクロビア科 Methanomicrobiaceae …*Methanoculleus, Methanofollis, Methanogenium,*

Methanolacinia, *Methanomicrobium*, *Methanoplanus*, *Methanosphaerula*
　　　メタノレギュラ科 Methanoregulaceae …*Methanolinea*, *Methanoregula*
　　　メタノスピリルム科 Methanospirillaceae …*Methanospirillum*
　メタノサルシナ目 Methanosarcinales
　　　メタノサエタ科 Methanosaetaceae …*Methanosaeta*, *Methanothrix*
　　　メタノサルシナ科 Methanosarcinaceae …*Halomethanococcus*, *Methanimicrococcus*, *Methanococcoides*, *Methanohalobium*, *Methanohalophilus*, *Methanolobus*, *Methanomethylovorans*, *Methanosalsum*, *Methanosarcina*
　　　メテルミコックス科 Methermicoccaceae …*Methermicoccus*

メタノピルス綱 Methanopyri
　メタノピルス目 Methanopyrales
　　　メタノピルス科 Methanopyraceae …*Methanopyrus*

テルモコックス綱(サーモコッカス綱) Thermococci
　テルモコックス目(サーモコッカス目) Thermococcales
　　　テルモコックス科(サーモコッカス科) Thermococcaceae …*Palaeococcus*, *Pyrococcus*, *Thermococcus*

テルモプラズマ綱(サーモプラズマ綱) Thermoplasmata
　テルモプラズマ目(サーモプラズマ目) Thermoplasmatales
　　　〔科不明〕…*Thermogymnomonas*
　　　フェロプラズマ科 Ferroplasmaceae …*Acidiplasma*, *Ferroplasma*
　　　ピクロフィルス科 Picrophilaceae …*Picrophilus*
　　　テルモプラズマ科(サーモプラズマ科) Thermoplasmataceae …*Thermoplasma*

コルアーキオータ門 Korarchaeota …*Candidatus*, Korarchaeum

ナノアーキオータ門 Nanoarchaeota …*Nanoarchaeum*

タウマーキオータ門 Thaumarchaeota
　セナーキア目 Cenarchaeales
　　　セナーキア科 Cenarchaeaceae …*Cenarchaeum*

細菌ドメイン Bacteria

アシドバクテリア門 Acidobacteria

アシドバクテリア綱 Acidobacteria

〔目不明〕 ···*Bryobacter*
アシドバクテリア目 Acidobacteriales
  アシドバクテリア科 Acidobacteriaceae ···*Acidobacterium, Edaphobacter, Granulicella, Terriglobus*

ホロファーガ綱 Holophagae

アカントプレウリバクター目 Acanthopleuribacterales
  アカントプレウリバクター科 Acanthopleuribacteraceae ···*Acanthopleuribacter*
ホロファーガ目 Holophagales
  ホロファーガ科 Holophagaceae ···*Geothrix, Holophaga*

アクチノバクテリア門 Actinobacteria

アクチノバクテリア綱 Actinobacteria

アシディミクロビウム亜綱 Acidimicrobidae

アシディミクロビア目 Acidimicrobiales
 アシディミクロビア亜目 Acidimicrobineae
  アシディミクロビア科 Acidimicrobiaceae ···*Acidimicrobium, Ferrimicrobium, Ferrithrix, Ilumatobacter*
  イアミア科 Iamiaceae ···*Iamia*

アクチノバテリア亜綱 Actinobacteridae

放線菌目 Actinomycetales
 放線菌亜目 Actinomycineae
  放線菌科 Actinomycetaceae ···*Actinobaculum, Actinomyces*（アクチノマイセス）, *Arcanobacterium, Falcivibrio, Mobiluncus, Varibaculum*
 アクチノポリスポラ目 Actinopolysporineae
  アクチノポリスポラ科 Actinopolysporaceae ···*Actinopolyspora*
 カテヌリスポラ目 Catenulisporineae
  アクチノスピカ科 Actinospicaceae ···*Actinospica*
  カテヌリスポラ科 Catenulisporaceae ···*Catenulispora*
 コリネバクテリア亜目 Corynebacterineae
  〔科不明〕 ···*Hoyosella*
  コリネバクテリア科 Corynebacteriaceae ···*Bacterionema, Caseobacter, Corynebacterium*（コリネバクテリウム, *C. diphtheriae* ジフテリア菌, *C. glutamicum* グルタミン酸生産菌）, *Turicella*
  ディエチア科 Dietziaceae ···*Dietzia*
  マイコバクテリア科 Mycobacteriaceae ···*Amycolicicoccus, Mycobacterium*（マイコバクテリウム, *M. tuberculosis* 結核菌, *M. leprae* 癩菌）
  ノカルディア科 Nocardiaceae ···*Gordonia, Micropolyspora, Millisia, Nocardia*（ノカルディア）, *Rhodococcus, Skermania, Smaragdicoccus, Williamsia*
  セグリニパルス科 Segniliparaceae ···*Segniliparus*
  ツカムレラ科 Tsukamurellaceae ···*Tsukamurella*
 フランキア亜目 Frankineae
  アシドテルムス科（アシドサーマス科）Acidothermaceae ···*Acidothermus*
  クリプトスポランギウム科 Cryptosporangiaceae ···*Cryptosporangium, Fodinicola*
  フランキア科 Frankiaceae ···*Frankia*
  ゲオデルマトフィルス科 Geodermatophilaceae ···*Blastococcus, Geodermatophilus, Modestobacter*
  ナカムレラ科 Nakamurellaceae ···*Humicoccus, Nakamurella, Saxeibacter*
 グリコミセス目（グリコマイセス目）Glycomycineae
  グリコミセス科 Glycomycetaceae ···*Glycomyces, Haloglycomyces, Stackebrandtia*

ジアンゲラ目 Jiangellineae
　ジアンゲラ科 Jiangellaceae ···*Haloactinopolyspora, Jiangella*
キネオコックス目 Kineosporiineae
　キネオコックス科 Kineosporiaceae ···*Angustibacter, Kineococcus, Kineosporia, Quadrisphaera*
ミクロコックス亜目 Micrococcineae
　〔科不明〕···*Koreibacter, Luteimicrobium*
　ボイテンベルギア科 Beutenbergiaceae ···*Beutenbergia, Miniimonas, Salana, Serinibacter*
　ボゴリエラ科 Bogoriellaceae ···*Bogoriella, Georgenia*
　ブレヴィバクテリア科 Brevibacteriaceae ···*Brevibacterium*
　セルロモナス科 Cellulomonadaceae ···*Actinotalea, Cellulomonas, Demequina, Oerskovia, Paraoerskovia, Tropheryma*
　デルマバクター科 Dermabacteraceae ···*Brachybacterium, Dermabacter, Devriesea, Helcobacillus*
　デルマコックス科 Dermacoccaceae ···*Demetria, Dermacoccus, Kytococcus, Luteipulveratus, Yimella*
　デルマトフィルス科 Dermatophilaceae ···*Dermatophilus, Kineosphaera*
　イントラスポランギウム科 Intrasporangiaceae ···*Arsenicicoccus, Fodinibacter, Humibacillus, Humihabitans, Intrasporangium, Janibacter, Knoellia, Kribbia, Lapillicoccus, Marihabitans, Ornithinicoccus, Ornithinimicrobium, Oryzihumus, Phycicoccus, Serinicoccus, Terrabacter, Terracoccus, Tetrasphaera*
　ジョネシア科 Jonesiaceae ···*Jonesia*
　ミクロバクテリア科 Microbacteriaceae ···*Agreia, Agrococcus, Agromyces, Amnibacterium, Aureobacterium, Chryseoglobus, Clavibacter, Cryobacterium, Curtobacterium, Frigoribacterium, Frondihabitans, Glaciibacter, Gulosibacter, Humibacter, Klugiella, Labedella, Leifsonia, Leucobacter, Marisediminicola, Microbacterium, Microcella, Microterricola, Mycetocola, Okibacterium, Phycicola, Plantibacter, Pseudoclavibacter, Rathayibacter, Rhodoglobus, Salinibacterium, Schumannella, Subtercola, Yonghaparkia, Zimmermannella*
　ミクロコックス科 Micrococcaceae ···*Acaricomes, Arthrobacter, Citricoccus, Kocuria, Micrococcus, Nesterenkonia, Renibacterium, Rothia, Sinomonas, Stomatococcus, Zhihengliuella*
　プロミクロモノスポラ科 Promicromonosporaceae ···*Cellulosimicrobium, Isoptericola, Myceligenerans, Promicromonospora, Xylanibacterium, Xylanimicrobium, Xylanimonas*
　ラロバクター科 Rarobacteraceae ···*Rarobacter*
　ルアニア科 Ruaniaceae ···*Haloactinobacterium, Ruania*
　サングイバクター科 Sanguibacteraceae ···*Sanguibacter*
　ヤニエラ科 Yaniellaceae ···*Yaniella*
ミクロモノスポラ亜目 Micromonosporineae
　ミクロモノスポラ科 Micromonosporaceae ···*Actinaurispora, Actinocatenispora, Actinoplanes, Amorphosporangium, Ampullariella, Asanoa, Catellatospora, Catelliglobosispora, Catenuloplanes, Couchioplanes, Dactylosporangium, Hamadaea, Krasilnikovia, Longispora, Luedemannella, Micromonospora, Phytohabitans, Pilimelia, Planopolyspora, Planosporangium, Plantactinospora, Polymorphospora, Pseudosporangium, Rugosimonospora, Salinispora, Spirilliplanes, Verrucosispora, Virgisporangium*
プロピオニバクテリア亜目 Propionibacterineae
　ノカルディオイデス科 Nocardioidaceae ···*Actinopolymorpha, Aeromicrobium, Hongia, Jiangella, Kribbella, Marmoricola, Nocardioides, Pimelobacter, Thermasporomyces*
　プロピオニバクテリア科 Propionibacteriaceae ···*Aestuariimicrobium, Arachnia, Brooklawnia, Friedmanniella, Granulicoccus, Luteococcus, Microlunatus, Micropruina, Propionibacterium, Propionicicella, Propionicimonas, Propioniferax, Propionimicrobium, Tessaracoccus*
シュードノカルディア亜目 Pseudonocardineae
　〔科不明〕···*Haloechinothrix*
　アクチノシネマ科 Actinosynnemataceae ···*Actinokineospora, Actinosynnema, Alloactinosynnema, Lechevalieria, Lentzea, Saccharothrix, Umezawaea*
　シュードノカルディア科 Pseudonocardiaceae ···*Actinoalloteichus, Actinobispora, Actinomycetospora, Actinophytocola, Allokutzneria, Amycolata, Amycolatopsis, Crossiella, Faenia, Goodfellowiella, Kibdelosporangium, Kutzneria, Prauserella, Pseudoamycolata, Pseudonocardia, Saccharomonospora, Saccharopolyspora, Sciscionella, Streptoalloteichus, Thermobispora, Thermocrispum*
ストレプトマイセス亜目(ストレプトミセス亜目) Streptomycineae
　ストレプトマイセス科(ストレプトミセス科) Streptomycetaceae ···*Actinopycnidium,*

Actinosporangium, *Chainia*, *Elytrosporangium*, *Kitasatoa*, *Kitasatospora*, *Microellobosporia*, *Streptacidiphilus*, *Streptomyces*(ストレプトマイセス, *S. griseus* ストレプトマイシン生産菌), *Streptoverticillium*

ストレプトスポランギウム亜目 Streptosporangineae
　ノカルディオプシス科 Nocardiopsaceae …*Haloactinospora*, *Marinactinospora*, *Murinocardiopsis*, *Nocardiopsis*, *Streptomonospora*, *Thermobifida*
　ストレプトスポランギウム科 Streptosporangiaceae …*Acrocarpospora*, *Herbidospora*, *Microbispora*, *Microtetraspora*, *Nonomuraea*, *Planobispora*, *Planomonospora*, *Planotetraspora*, *Sphaerisporangium*, *Streptosporangium*, *Thermopolyspora*
　テルモモノスポラ科(サーモモノスポラ科) Thermomonosporaceae …*Actinoallomurus*, *Actinocorallia*, *Actinomadura*, *Excellospora*, *Spirillospora*, *Thermomonospora*

ビフィドバクテリア目(ビフィズス菌目) Bifidobacteriales
　ビフィドバクテリア科(ビフィズス菌科) Bifidobacteriaceae …*Aeriscardovia*, *Alloscardovia*, *Bifidobacterium*, *Gardnerella*, *Metascardovia*, *Parascardovia*, *Scardovia*

コリオバクター亜綱 Coriobacteridae

コリオバクター目 Coriobacteriales
　コリオバクター亜目 Coriobacterineae
　　コリオバクター科 Coriobacteriaceae …*Adlercreutzia*, *Asaccharobacter*, *Atopobium*, *Collinsella*, *Coriobacterium*, *Cryptobacterium*, *Denitrobacterium*, *Eggerthella*, *Enterorhabdus*, *Gordonibacter*, *Olsenella*, *Paraeggerthella*, *Slackia*

ニトリリルプトル亜綱 Nitriliruptoridae

ユーゼビア目 Euzebyales
　ユーゼビア科 Euzebyaceae …*Euzebya*
ニトリリルプトル目 Nitriliruptorales
　ニトリリルプトル科 Nitriliruptoraceae …*Nitriliruptor*

ルブロバクター亜綱 Rubrobacteridae

ルブロバクター目 Rubrobacterales
　ルブロバクター亜目 Rubrobacterineae
　　ルブロバクター科 Rubrobacteraceae …*Rubrobacter*
ソリルブロバクター目 Solirubrobacterales
　コネキシバクター科 Conexibacteraceae …*Conexibacter*
　パツリバクター科 Patulibacteraceae …*Patulibacter*
　ソリルブロバクター科 Solirubrobacteraceae …*Solirubrobacter*
テルモレオフィルム目(サーモレオフィルム目) Thermoleophilales
　テルモレオフィルム科(サーモレオフィルム科) Thermoleophilaceae …*Thermoleophilum*

アクイフェックス門 Aquificae

アクイフェックス綱 Aquificae

アクイフェックス目 Aquificales
　〔科不明〕…*Thermosulfidibacter*
　アクイフェックス科 Aquificaceae …*Aquifex*, *Calderobacterium*, *Hydrogenivirga*, *Hydrogenobacter*, *Hydrogenobaculum*, *Thermocrinis*
　デスルフロバクテリア科 Desulfurobacteriaceae …*Balnearium*, *Desulfurobacterium*, *Thermovibrio*
　ヒドロゲノテルムス科(ヒドロゲノサーマス科) Hydrogenothermaceae …*Hydrogenothermus*, *Persephonella*, *Sulfurihydrogenibium*, *Venenivibrio*

アルマティモナス門 Armatimonadetes

アルマティモナス綱 Armatimonadia

アルマティモナス目 Armatimonadales
　アルマティモナス科 Armatimonadaceae …*Armatimonas*

クトノモナス綱 Chthonomonadetes

クトノモナス目 Chthonomonadales
　クトノモナス科 Chthonomonadaceae …*Chthonomonas*

フィムブリイモナス綱 Fimbriimonadia

　　フィムブリイモナス目 Fimbriimonadales
　　　　フィムブリイモナス科 Fimbriimonadaceae ···*Fimbriimonas*

バクテロイデス門 Bacteroidetes

　　〔綱不明〕···*Marinifilum, Prolixibacter, Toxothrix*

　　バクテロイデス綱 Bacteroidia

バクテロイデス目 Bacteroidales
　　〔科不明〕···*Phocaeicola*
　　バクテロイデス科 Bacteroidaceae ···*Acetofilamentum, Acetomicrobium, Acetothermus, Anaerorhabdus, Bacteroides*(バクテロイデス), *Capsularis*
　　マリニラビリア科 Marinilabiaceae ···*Alkaliflexus, Anaerophaga, Marinilabilia*
　　ポルフィロモナス科 Porphyromonadaceae ···*Barnesiella, Butyricimonas, Dysgonomonas, Odoribacter, Oribaculum, Paludibacter, Parabacteroides, Petrimonas, Porphyromonas, Proteiniphilum, Tannerella*
　　プレヴォテラ科 Prevotellaceae ···*Hallella, Paraprevotella, Prevotella, Xylanibacter*
　　リケネラ科 Rikenellaceae ···*Alistipes, Rikenella*

　　シトファーガ綱 Cytophagia

シトファーガ目 Cytophagales
　　シクロバクテリア科 Cyclobacteriaceae ···*Algoriphagus, Aquiflexum, Belliella, Cecembia, Chimaereicella, Cyclobacterium, Echinicola, Fontibacter, Hongiella, Indibacter, Mongoliicoccus, Mongoliitalea, Nitritalea*
　　シトファーガ科 Cytophagaceae ···*Adhaeribacter, Arcicella, Cytophaga, Dyadobacter, Effluviibacter, Ekhidna, Emticicia, Fibrella, Fibrisoma, Flectobacillus, Flexibacter, Hymenobacter, Larkinella, Leadbetterella, Litoribacter, Meniscus, Microscilla, Persicitalea, Pontibacter, Pseudarcicella, Rhodocytophaga, Rhodonellum, Rudanella, Runella, Siphonobacter, Spirosoma, Sporocytophaga*
　　フラムメオヴィルガ科 Flammeovirgaceae ···*Aureibacter, Cesiribacter, Fabibacter, Flammeovirga, Flexithrix, Fulvivirga, Limibacter, Marinicola, Marinoscillum, Marivirga, Perexilibacter, Persicobacter, Rapidithrix, Reichenbachiella, Roseivirga, Sediminitomix, Thermonema*
　　ロドテルムス科(ロドサーマス科) Rhodothermaceae ···*Rhodothermus, Rubricoccus, Salinibacter, Salisaeta*

　　フラボバクテリア綱 Flavobacteria

フラボバクテリア目 Flavobacteriales
　　ブラタバクテリア科 Blattabacteriaceae ···*Blattabacterium*
　　クリモルファ科 Cryomorphaceae ···*Brumimicrobium, Crocinitomix, Cryomorpha, Fluviicola, Lishizhenia, Owenweeksia, Sediminitomix, Wandonia*
　　フラボバクテリア科 Flavobacteriaceae ···*Actibacter, Aequorivita, Aestuariicola, Algibacter, Aquimarina, Arenibacter, Bergeyella, Bizionia, Capnocytophaga, Cellulophaga, Chryseobacterium, Cloacibacterium, Coenonia, Costertonia, Croceibacter, Croceitalea, Dokdonia, Donghaeana, Elizabethkingia, Empedobacter, Epilithonimonas, Eudoraea, Euzebyella, Flagellimonas, Flaviramulus, Flavobacterium*(フラボバクテリウム), *Formosa, Fulvibacter, Gaetbulibacter, Gaetbulimicrobium, Galbibacter, Gelidibacter, Gillisia, Gilvibacter, Gramella, Hyunsoonleella, Jejuia, Joostella, Kaistella, Kordia, Kriegella, Krokinobacter, Lacinutrix, Leeuwenhoekiella, Leptobacterium, Lutaonella, Lutibacter, Lutimonas, Maribacter, Mariniflexile, Maritimimonas, Marixanthomonas, Meridianimaribacter, Mesoflavibacter, Mesonia, Muricauda, Muriicola, Myroides, Nonlabens, Olleya, Ornithobacterium, Persicivirga, Pibocella, Planobacterium, Polaribacter, Pseudozobellia, Psychroflexus, Psychroserpens, Riemerella, Robiginitalea, Salegentibacter, Salinimicrobium, Sandarakinotalea, Sediminibacter, Sediminicola, Sejongia, Soonwooa, Stanierella, Stenothermobacter, Subsaxibacter, Subsaximicrobium, Tamlana, Tenacibaculum, Ulvibacter, Vitellibacter, Wautersiella, Weeksella, Winogradskyella, Yeosuana, Zeaxanthinibacter, Zhouia, Zobellia, Zunongwangia*

　　スフィンゴバクテリア綱 Sphingobacteria

スフィンゴバクテリア目 Sphingobacteriales
  [科不明] ···*Fodinibius*
  キチノファーガ科 Chitinophagaceae ···*Balneola*, *Chitinophaga*, *Ferruginibacter*, *Filimonas*, *Flavihumibacter*, *Flavisolibacter*, *Gracilimonas*, *Lacibacter*, *Niabella*, *Niastella*, *Parasegetibacter*, *Sediminibacterium*, *Segetibacter*, *Terrimonas*
  サプロスピラ科 Saprospiraceae ···*Aureispira*, *Haliscomenobacter*, *Lewinella*, *Saprospira*
  スフィンゴバクテリア科 Sphingobacteriaceae ···*Mucilaginibacter*, *Nubsella*, *Olivibacter*, *Parapedobacter*, *Pedobacter*, *Pseudosphingobacterium*, *Solitalea*, *Sphingobacterium*
  シュライフェリア科 Schleiferiaceae ···*Schleiferia*

カルディセリカ門 Caldiserica

カルディセリカ綱 Caldiserica

カルディセリカ目 Caldiserica
  カルディセリカ科 Caldisericaceae ···*Caldisericum*

クラミディア門 Chlamydiae

クラミディア綱 Chlamydiae

クラミディア目 Chlamydiales
  クラミディア科 Chlamydiaceae ···*Chlamydia*（クラミディア，*C. pneumoniae* クラミジア肺炎菌，*C. psittaci* オウム病病原体，*C. trachomatis* トラコーマ病病原体），*Chlamydophila*
  パラクラミディア科 Parachlamydiaceae ···*Neochlamydia*, *Parachlamydia*
  シムカニア科 Simkaniaceae ···*Simkania*
  ワドリア科 Waddliaceae ···*Waddlia*

緑色細菌門 Chlorobi

緑色細菌綱 Chlorobia (Chlorobea)

緑色細菌目 Chlorobiales
  緑色細菌科 Chlorobiaceae ···*Ancalochloris*, *Chlorobaculum*, *Chlorobium*, *Chloroherpeton*, *Pelodictyon*, *Prosthecochloris*

イグナヴィバクテリア綱 Ignavibacteria

イグナヴィバクテリア目 Ignavibacteriales
  イグナヴィバクテリア科 Ignavibacteriaceae ···*Ignavibacterium*

クロロフレクサス門 Chloroflexi

アナエロリニア綱 Anaerolineae

アナエロリニア目 Anaerolineales
  アナエロリニア科 Anaerolineaceae ···*Anaerolinea*, *Bellilinea*, *Leptolinea*, *Levilinea*, *Longilinea*

カルディリニア綱 Caldilineae

カルディリニア目 Caldilineales
  カルディリニア科 Caldilineaceae ···*Caldilinea*

クロロフレクサス綱 Chloroflexi

クロロフレクサス目 Chloroflexales
  クロロフレクサス科 Chloroflexaceae ···*Chloroflexus*（クロロフレクサス），*Chloronema*, *Heliothrix*, *Roseiflexus*
  オシロクロリス科 Oscillochloridaceae ···*Oscillochloris*
ヘルペトシフォン目 Herpetosiphonales
  ヘルペトシフォン科 Herpetosiphonaceae ···*Herpetosiphon*

デハロコッコイデス綱 Dehalococcoidetes ···*Dehalogenimonas*

テドノバクター綱 Ktedonobacteria

テドノバクター目 Ktedonobacterales
    テドノバクター科 Ktedonobacteraceae ···*Ktedonobacter*
    テルモスポロトリックス科(サーモスポロスリックス科) Thermosporotrichaceae
      ···*Thermosporothrix*
テルモゲムマティスポラ目 Thermogemmatisporales
    テルモゲムマティスポラ科 Thermogemmatisporaceae ···*Thermogemmatispora*

テルモミクロビア綱(サーモミクロビア綱) Thermomicrobia

テルモミクロビア目(サーモミクロビア目) Thermomicrobiales
    テルモミクロビア科(サーモミクロビア科) Thermomicrobiaceae ···*Thermomicrobium*

スフェロバクター亜綱 Sphaerobacteridae

スフェロバクター目 Sphaerobacterales
    スフェロバクター亜目 Sphaerobacterineae
        スフェロバクター科 Sphaerobacteraceae ···*Sphaerobacter*

クリシオゲネス門 Chrysiogenetes

クリシオゲネス綱 Chrysiogenetes

クリシオゲネス目 Chrysiogenales
    クリシオゲネス科 Chrysiogenaceae ···*Chrysiogenes, Desulfurispira, Desulfurispirillum*

藍色細菌門(シアノバクテリア門) Cyanobacteria

クロオコックス目 Chroococcales[1] ···*Acaryochloris, Aphanocapsa, Aphanothece, Chamaesiphon, Chondrocystis, Chroococcus, Chroogloeocystis, Coelosphaerium, Crocosphaera, Cyanobacterium, Cyanobium, Cyanodictyon, Cyanosarcina, Cyanothece, Dactylococcopsis, Euhalothece, Geminocystis, Gloeocapsa, Gloeothece, Halothece, Halothece cluster, Johannesbaptistia, Merismopedia, Microcystis, Prochlorococcus, Prochloron, Radiocystis, Rhabdoderma, Rubidibacter, Snowella, Sphaerocavum, Synechococcus, Synechocystis, Thermosynechococcus, Woronichinia*
グロエオバクター目 Gloeobacterales ···*Gloeobacter*
ノストック目(ネンジュモ目) Nostocales[1]
    ミクロカエテ科 Microchaetaceae ···*Coleodesmium, Fremyella, Hassallia, Microchaete, Petalonema, Rexia, Spirirestis, Tolypothrix*
    ノストック科 Nostocaceae ···*Anabaena, Anabaenopsis, Aphanizomenon, Aulosira, Cyanospira, Cylindrospermopsis, Cylindrospermum, Mojavia, Nodularia, Nostoc* ネンジュモ*, Raphidiopsis, Richelia, Trichormus*
    リヴラリア科 Rivulariaceae ···*Calothrix, Gloeotrichia, Rivularia*
    シトネマ科 Scytonemataceae ···*Brasilonema, Scytonema, Scytonematopsis*
オシラトリア目(ユレモ目) Oscillatoriales[1] ···*Arthronema, Arthrospira, Blennothrix, Crinalium, Geitlerinema, Halomicronema, Halospirulina, Hydrocoleum, Jaaginema, Katagnymene, Komvophoron, Leptolyngbya, Limnothrix, Lyngbya, Microcoleus, Oscillatoria* ユレモ*, Phormidium, Planktolyngbya, Planktothricoides, Planktothrix, Plectonema, Prochlorothrix, Pseudanabaena, Pseudophormidium, Schizothrix, Spirulina, Starria, Symploca, Trichocoleus, Trichodesmium, Tychonema*
プレウロカプサ目 Pleurocapsales ···*Chroococcidiopsis, Dermocarpa, Dermocarpella, Myxosarcina, Pleurocapsa, Solentia, Stanieria, Xenococcus*
スティゴネマ目 Stigonematales ···*Capsosira, Chlorogloeopsis, Fischerella, Hapalosiphon, Mastigocladopsis, Mastigocladus, Nostochopsis, Stigonema, Symphyonema, Symphyonemopsis, Umezakia, Westiellopsis*

デフェリバクター門 Deferribacteres

デフェリバクター綱 Deferribacteres

デフェリバクター目 Deferribacterales
    [科不明] ···*Caldithrix*
    デフェリバクター科 Deferribacteraceae ···*Calditerrivibrio, Deferribacter, Denitrovibrio, Flexistipes, Geovibrio, Mucispirillum*

デイノコックス-テルムス門(デイノコックス-サーマス門) Deinococcus-Thermus

デイノコックス綱 Deinococci

デイノコックス目 Deinococcales
  デイノコックス科 Deinococcaceae ···*Deinobacter, Deinococcus*
  トゥルペラ科 Trueperaceae ···*Truepera*
テルムス目(サーマス目) Thermales
  テルムス科(サーマス科) Thermaceae ···*Marinithermus, Meiothermus, Oceanithermus, Thermus* (テルムス), *Vulcanithermus*

ディクチオグロムス門 Dictyoglomi

ディクチオグロムス綱 Dictyoglomia

ディクチオグロムス目 Dictyoglomales
  ディクチオグロムス科 Dictyoglomaceae ···*Dictyoglomus*

エルシミクロビア門 Elusimicrobia

エルシミクロビア綱 Elusimicrobia

エルシミクロビア目 Elusimicrobiales
  エルシミクロビア科 Elusimicrobiaceae ···*Elusimicrobium*

フィブロバクター門 Fibrobacteres

フィブロバクター綱 Fibrobacteria

フィブロバクター目 Fibrobacterales
  フィブロバクター科 Fibrobacteraceae ···*Fibrobacter*

ファーミキューテス門(フィルミクテス門) Firmicutes

バチルス綱 Bacilli (ファーミバクテリア綱 Firmibacteria)

バチルス目 Bacillales
  〔科不明〕···*Exiguobacterium, Gemella, Geomicrobium, Rummeliibacillus, Solibacillus, Thermicanus*
  アリシクロバチルス科 Alicyclobacillaceae ···*Alicyclobacillus*
  バチルス科 Bacillaceae ···*Aeribacillus, Alkalibacillus, Amphibacillus, Anaerobacillus, Anoxybacillus, Aquisalibacillus, Bacillus*(バチルス, *B. anthrasis* 炭疽菌, *B. cereus* セレウス菌, *B. subtilis* 枯草菌), *Caldalkalibacillus, Cerasibacillus, Falsibacillus, Filobacillus, Geobacillus, Gracilibacillus, Halalkalibacillus, Halobacillus, Halolactibacillus, Lentibacillus, Lysinibacillus, Marinococcus, Microaerobacter, Natronobacillus, Oceanobacillus, Ornithinibacillus, Paraliobacillus, Paucisalibacillus, Pelagibacillus, Piscibacillus, Pontibacillus, Saccharococcus, Salibacillus, Salimicrobium, Salinibacillus, Salirhabdus, Salsuginibacillus, Sediminibacillus, Tenuibacillus, Terribacillus, Thalassobacillus, Tumebacillus, Virgibacillus, Viridibacillus, Vulcanibacillus*
  リステリア科 Listeriaceae ···*Brochothrix, Listeria*
  ペニバチルス科 Paenibacillaceae ···*Ammoniphilus, Aneurinibacillus, Brevibacillus, Cohnella, Fontibacillus, Oxalophagus, Paenibacillus, Saccharibacillus, Thermobacillus*
  パスツウリア科 Pasteuriaceae ···*Pasteuria*
  プラノコックス科 Planococcaceae ···*Bhargavaea, Caryophanon, Filibacter, Jeotgalibacillus, Kurthia, Marinibacillus, Paenisporosarcina, Planococcus, Planomicrobium, Sporosarcina, Ureibacillus*
  スポロラクトバチルス科 Sporolactobacillaceae ···*Pullulanibacillus, Sinobaca, Sporolactobacillus, Tuberibacillus*
  スタフィロコックス科(ブドウ球菌科) Staphylococcaceae ···*Jeotgalicoccus, Macrococcus, Nosocomiicoccus, Salinicoccus, Staphylococcus*(ブドウ球菌, *S. aureus* 黄色ブドウ球菌, *S. epidermidis* 表皮ブドウ球菌)
  テルモアクチノミセス科(サーモアクチノマイセス科) Thermoactinomycetaceae ···*Desmospora,*

Laceyella, Mechercharimyces, Planifilum, Seinonella, Shimazuella, Thermoactinomyces, Thermoflavimicrobium

ラクトバチルス目(乳酸桿菌目) Lactobacillales
    エアロコックス科 Aerococcaceae ···*Abiotrophia, Aerococcus, Dolosicoccus, Eremococcus, Facklamia, Globicatella, Ignavigranum*
    カルノバクテリア科 Carnobacteriaceae ···*Agitococcus, Alkalibacterium, Allofustis, Alloiococcus, Atopobacter, Atopococcus, Atopostipes, Carnobacterium, Desemzia, Dolosigranulum, Granulicatella, Isobaculum, Lacticigenium, Lactosphaera, Marinilactibacillus, Trichococcus*
    腸球菌科 Enterococcaceae ···*Bavariicoccus, Catellicoccus, Enterococcus*(腸球菌)*, Melissococcus, Pilibacter, Tetragenococcus, Vagococcus*
    ラクトバチルス科(乳酸桿菌科) Lactobacillaceae ···*Lactobacillus*(ラクトバチルス(乳酸桿菌))*, Paralactobacillus, Pediococcus, Sharpea*
    ロイコノストック科 Leuconostocaceae ···*Fructobacillus, Leuconostoc, Oenococcus, Weissella*
    ストレプトコックス科(連鎖球菌科) Streptococcaceae ···*Lactococcus, Lactovum, Streptococcus*(連鎖球菌, *S. pneumoniae* 肺炎連鎖球菌)

クロストリディア綱 Clostridia

クロストリディア目 Clostridiales
    [科不明] ···*Acetoanaerobium, Acidaminobacter, Anaerobranca, Anaerococcus, Anaerovirgula, Anaerovorax, Blautia, Carboxydocella, Dethiosulfatibacter, Finegoldia, Flavonifractor, Fusibacter, Gallicola, Guggenheimella, Helcococcus, Howardella, Mogibacterium, Murdochiella, Parvimonas, Peptoniphilus, Proteiniborus, Proteocatella, Pseudoflavonifractor, Sedimentibacter, Soehngenia, Sporanaerobacter, Sulfobacillus, Symbiobacterium, Thermaerobacter, Tissierella*
    カルディコプロバクター科 Caldicoprobacteraceae ···*Caldicoprobacter*
    クロストリディア科 Clostridiaceae ···*Alkaliphilus, Anaerobacter, Anaerosporobacter, Anoxynatronum, Butyricicoccus, Caloramator, Caloranaerobacter, Caminicella, Clostridiisalibacter, Clostridium*(クロストリディウム, *C. botulinum* ボツリヌス菌, *C. butyricum* 酪酸菌, *C. difficile* ディフィシレ菌, *C. perfringens* ウェルシュ菌, *C. tetani* 破傷風菌)*, Fervidicella, Geosporobacter, Lactonifactor, Lutispora, Natronincola, Oxobacter, Proteiniclasticum, Saccharofermentans, Sarcina, Sporosalibacterium, Tepidimicrobium, Thermobrachium, Thermohalobacter, Thermotalea, Tindallia*
    ユーバクテリア科 Eubacteriaceae ···*Acetobacterium, Alkalibacter, Alkalibaculum, Anaerofustis, Eubacterium, Garciella, Pseudoramibacter*
    グラシリバクター科 Gracilibacteraceae ···*Gracilibacter*
    ヘリオバクテリア科 Heliobacteriaceae ···*Heliobacillus, Heliobacterium, Heliophilum, Heliorestis*
    ラクノスピラ科 Lachnospiraceae ···*Acetitomaculum, Anaerostipes, Butyrivibrio, Catonella, Cellulosilyticum, Coprococcus, Dorea, Hespellia, Johnsonella, Lachnobacterium, Lachnospira, Marvinbryantia, Moryella, Oribacterium, Parasporobacterium, Pseudobutyrivibrio, Robinsoniella, Roseburia, Shuttleworthia, Sporobacterium, Syntrophococcus*
    オシリバクター科 Oscillospiraceae ···*Oscillibacter, Oscillospira*
    ペプトコックス科 Peptococcaceae ···*Cryptanaerobacter, Dehalobacter, Desulfitibacter, Desulfitispora, Desulfitobacterium, Desulfonispora, Desulfosporosinus, Desulfotomaculum, Desulfurispora, Pelotomaculum, Peptococcus, Sporotomaculum, Syntrophobotulus, Thermincola, Thermoterrabacterium*
    ペプトストレプトコックス科 Peptostreptococcaceae ···*Anaerosphaera, Filifactor, Peptostreptococcus, Sporacetigenium, Tepidibacter*
    ルミノコックス科 Ruminococcaceae ···*Acetanaerobacterium, Acetivibrio, Anaerofilum, Anaerotruncus, Ethanoligenens, Faecalibacterium, Fastidiosipila, Hydrogenoanaerobacterium, Papillibacter, Ruminococcus, Sporobacter, Subdoligranulum*
    シントロフォモナス科 Syntrophomonadaceae ···*Dethiobacter, Fervidicola, Pelospora, Syntrophomonas, Syntrophospora, Syntrophothermus, Thermohydrogenium, Thermosyntropha*

ハナエロビア目 Halanaerobiales
    ハナエロビア科 Halanaerobiaceae ···*Halanaerobium, Halarsenatibacter, Halocella, Haloincola, Halothermothrix*
    ハロバクテロイデス科 Halobacteroidaceae ···*Acetohalobium, Halanaerobacter, Halanaerobaculum, Halobacteroides, Halonatronum, Natroniella, Orenia, Selenihalanaerobacter, Sporohalobacter*

ナトラナエロビア目 Natranaerobiales
　　ナトラナエロビア科 Natranaerobiaceae …*Natranaerobius, Natronovirga*
テルモアナエロバクター目(サーモアナエロバクター目) Thermoanaerobacterales
　　[科不明] …*Caldicellulosiruptor, Mahella, Thermoanaerobacterium, Thermosediminibacter, Thermovenabulum*
　　テルモアナエロバクター科(サーモアナエロバクター科) Thermoanaerobacteraceae …*Acetogenium, Ammonifex, Caldanaerobacter, Caldanaerobius, Carboxydibrachium, Carboxydothermus, Desulfovirgula, Gelria, Moorella, Tepidanaerobacter, Thermacetogenium, Thermanaeromonas, Thermoanaerobacter, Thermoanaerobium, Thermobacteroides*
　　テルモデスルフォビア科(サーモデスルフォビア科) Thermodesulfobiaceae …*Caldanaerovirga, Coprothermobacter, Thermodesulfobium*

エリシペロトリックス綱 Erysipelotrichia

エリシペロトリックス目 Erysipelotrichales
　　エリシペロトリックス科 Erysipelotrichaceae …*Allobaculum, Bulleidia, Catenibacterium, Coprobacillus, Erysipelothrix, Holdemania, Solobacterium, Turicibacter*

ネガティヴィキューテス綱 Negativicutes

セレノモナス目 Selenomonadales
　　アシダミノコックス科 Acidaminococcaceae …*Acidaminococcus, Phascolarctobacterium, Succiniclasticum, Succinispira*
　　ヴェイオネラ科 Veillonellaceae …*Acetonema, Allisonella, Anaeroarcus, Anaeroglobus, Anaeromusa, Anaerosinus, Anaerovibrio, Centipeda, Dendrosporobacter, Dialister, Megamonas, Megasphaera, Mitsuokella, Negativicoccus, Pectinatus, Pelosinus, Propionispira, Propionispora, Quinella, Schwartzia, Selenomonas, Sporolituus, Sporomusa, Sporotalea, Thermosinus, Veillonella, Zymophilus*

テルモリソバクテリア綱 Thermolithobacteria

テルモリソバクテリア目(サーモリソバクテリア目) Thermolithobacterales
　　テルモリソバクテリア科(サーモリソバクテリア科) Thermolithobacteraceae …*Thermolithobacter*

フソバクテリア門 Fusobacteria

フソバクテリア綱 Fusobacteria

フソバクテリア目 Fusobacteriales
　　フソバクテリア科 Fusobacteriaceae …*Cetobacterium, Fusobacterium, Ilyobacter, Propionigenium, Psychrilyobacter*
　　レプトトリキア科 Leptotrichiaceae …*Leptotrichia, Sebaldella, Sneathia, Streptobacillus*

ゲマティモナス門 Gemmatimonadetes

ゲマティモナス綱 Gemmatimonadetes

ゲマティモナス目 Gemmatimonadales
　　ゲマティモナス科 Gemmatimonadaceae …*Gemmatimonas*

レンティスフェラ門 Lentisphaerae

レンティスフェラ綱 Lentisphaeria

レンティスフェラ目 Lentisphaerales
　　レンティスフェラ科 Lentisphaeraceae …*Lentisphaera*
ヴィクティヴァリス目 Victivallales
　　ヴィクティヴァリス科 Victivallaceae …*Victivallis*

ニトロスピラ門 Nitrospira(Nitrospirae)

ニトロスピラ綱 Nitrospira

ニトロスピラ目 Nitrospirales
　　ニトロスピラ科 Nitrospiraceae …*Leptospirillum, Nitrospira, Thermodesulfovibrio*

プランクトマイセス門 Planctomycetes（プランクトバクテリア門 Planctobacteria）

プランクトマイセス綱 Planctomycetacia（プランクトミセス綱 Planctomycea）
プランクトマイセス目（プランクトミセス目）Planctomycetales
プランクトマイセス科（プランクトミセス科）Planctomycetaceae …*Blastopirellula, Gemmata, Isosphaera, Pirellula, Planctomyces, Rhodopirellula, Schlesneria, Singulisphaera, Zavarzinella*

フィシスフェラ綱 Phycisphaerae
フィシスフェラ目 Phycisphaerales
フィシスフェラ科 Phycisphaeraceae …*Phycisphaera*

プロテオバクテリア門 Proteobacteria

アルファプロテオバクテリア綱 Alphaproteobacteria
〔目不明〕…*Breoghania, Elioraea, Geminicoccus, Rhizomicrobium*
カウロバクター目 Caulobacterales
　カウロバクター科 Caulobacteraceae …*Asticcacaulis, Brevundimonas, Caulobacter, Phenylobacterium*
　ヒフォモナス科 Hyphomonadaceae …*Hellea, Henriciella, Hirschia, Hyphomonas, Maribaculum, Maricaulis, Oceanicaulis, Ponticaulis, Robiginitomaculum, Woodsholea*
キロニエラ目 Kiloniellales
　キロニエラ科 Kiloniellaceae …*Kiloniella*
コルディモナス目 Kordiimonadales
　コルディモナス科 Kordiimonadaceae …*Kordiimonas*
パルヴラルキュラ目 Parvularculales
　パルヴラルキュラ科 Parvularculaceae …*Parvularcula*
リゾビア目 Rhizobiales
　〔科不明〕…*Amorphus, Bauldia, Vasilyevaea*
　アウランティモナス科 Aurantimonadaceae …*Aurantimonas, Fulvimarina, Martelella*
　バルトネラ科 Bartonellaceae …*Bartonella*（バルトネラ）, *Grahamella, Rochalimaea*
　ベイエリンキア科 Beijerinckiaceae …*Beijerinckia, Camelimonas, Chelatococcus, Methylocapsa, Methylocella, Methylovirgula*
　ブラディリゾビア科 Bradyrhizobiaceae …*Afipia, Agromonas, Balneimonas, Blastobacter, Bosea, Bradyrhizobium, Nitrobacter, Oligotropha, Rhodoblastus, Rhodopseudomonas, Salinarimonas*
　ブルセラ科 Brucellaceae …*Brucella*（ブルセラ, *B. melitensis* マルタ熱菌）, *Crabtreella, Daeguia, Mycoplana, Ochrobactrum, Paenochrobactrum, Pseudochrobactrum*
　コヘシバクター科 Cohaesibacteraceae …*Cohaesibacter*
　ヒフォミクロビア科 Hyphomicrobiaceae …*Ancalomicrobium, Angulomicrobium, Aquabacter, Blastochloris, Cucumibacter, Devosia, Dichotomicrobium, Filomicrobium, Gemmiger, Hyphomicrobium, Maritalea, Methylorhabdus, Pedomicrobium, Prosthecomicrobium, Rhodomicrobium, Rhodoplanes, Seliberia, Zhangella*
　メチロバクテリア科 Methylobacteriaceae …*Meganema, Methylobacterium, Microvirga, Protomonas*
　メチロシスタ科 Methylocystaceae …*Albibacter, Hansschlegelia, Methylocystis, Methylopila, Methylosinus, Pleomorphomonas, Terasakiella*
　フィロバクテリア科 Phyllobacteriaceae …*Aminobacter, Aquamicrobium, Chelativorans, Defluvibacter, Hoeflea, Mesorhizobium, Nitratireductor, Phyllobacterium, Pseudaminobacter*
　リゾビア科 Rhizobiaceae …*Agrobacterium*（=*Rhizobium*, アグロバクター）, *Allorhizobium, Carbophilus, Chelatobacter, Ensifer, Kaistia, Rhizobium*（リゾビウム）, *Sinorhizobium*
　ロドビア科 Rhodobiaceae …*Afifella, Anderseniella, Parvibaculum, Rhodobium, Roseospirillum, Tepidamorphus*
　キサントバクター科 Xanthobacteraceae …*Ancylobacter, Azorhizobium, Labrys, Pseudolabrys, Pseudoxanthobacter, Starkeya, Xanthobacter*
ロドバクター目 Rhodobacterales
　ロドバクター科 Rhodobacteraceae …*Agaricicola, Ahrensia, Albidovulum, Albimonas, Amaricoccus, Antarctobacter, Catellibacterium, Celeribacter, Citreicella, Citreimonas, Dinoroseobacter, Donghicola, Gaetbulicola, Gemmobacter, Haematobacter,*

Hwanghaeicola, Jannaschia, Ketogulonicigenium, Labrenzia, Leisingera, Litoreibacter, Loktanella, Lutimaribacter, Mameliella, Maribius, Marinovum, Maritimibacter, Marivita, Methylarcula, Nautella, Nereida, Nesiotobacter, Oceanibulbus, Oceanicola, Octadecabacter, Palleronia, Pannonibacter, Paracoccus, Pelagibaca, Pelagicola, Phaeobacter, Pontibaca, Ponticoccus, Pseudorhodobacter, Pseudoruegeria, Pseudovibrio, Rhodobaca, Rhodobacter(ロドバクター), *Rhodothalassium, Rhodovulum, Roseibaca, Roseibacterium, Roseibium, Roseicyclus, Roseinatronobacter, Roseisalinus, Roseivivax, Roseobacter, Roseovarius, Rubellimicrobium, Rubribacterium, Rubrimonas, Ruegeria, Sagittula, Salinihabitans, Salipiger, Sediminimonas, Seohaeicola, Shimia, Silicibacter, Staleya, Stappia, Sulfitobacter, Tateyamaria, Thalassobacter, Thalassobius, Thalassococcus, Thioclava, Thiosphaera, Tranquillimonas, Tropicibacter, Tropicimonas, Wenxinia, Yangia*

ロドスピリルム目 Rhodospirillales

アセトバクター科 Acetobacteraceae …*Acetobacter, Acidicaldus, Acidiphilium, Acidisoma, Acidisphaera, Acidocella, Acidomonas, Ameyamaea, Asaia, Belnapia, Craurococcus, Gluconacetobacter, Gluconobacter, Granulibacter, Kozakia, Muricoccus, Neoasaia, Paracraurococcus, Rhodopila, Rhodovarius, Roseococcus, Roseomonas, Rubritepida, Saccharibacter, Stella, Swaminathania, Tanticharoenia, Teichococcus, Zavarzinia*

ロドスピリルム科 Rhodospirillaceae …*Azospirillum, Caenispirillum, Conglomeromonas, Defluviicoccus, Dongia, Fodinicurvata, Inquilinus, Insolitispirillum, Magnetospirillum, Marispirillum, Nisaea, Novispirillum, Oceanibaculum, Pelagibius, Phaeospirillum, Rhodocista, Rhodospira, Rhodospirillum*(ロドスピリルム), *Rhodovibrio, Roseospira, Skermanella, Telmatospirillum, Thalassobaculum, Thalassospira, Tistlia, Tistrella*

リケッチア目 Rickettsiales

[科不明] …*Lyticum, Pseudocaedibacter, Symbiotes, Tectibacter*

アナプラズマ科 Anaplasmataceae …*Aegyptianella, Anaplasma, Cowdria, Ehrlichia, Neorickettsia, Wolbachia*

ホロスポラ科 Holosporaceae …*Holospora*

リケッチア科 Rickettsiaceae …*Orientia*(*O. tsutsugamushi* ツツガムシ病原体), *Rickettsia*(リケッチア)

スニーシエラ目 Sneathiellales

スニーシエラ科 Sneathiellaceae …*Sneathiella*

スフィンゴモナス目 Sphingomonadales

エリスロバクター科 Erythrobacteraceae …*Altererythrobacter, Croceicoccus, Erythrobacter, Erythromicrobium, Porphyrobacter*

スフィンゴモナス科 Sphingomonadaceae …*Blastomonas, Erythromonas, Novosphingobium, Sandaracinobacter, Sandarakinorhabdus, Sphingobium, Sphingomonas, Sphingopyxis, Sphingosinicella, Stakelama, Zymomonas*

ベータプロテオバクテリア綱 Betaproteobacteria

バークホルデリア目 Burkholderiales

[科不明] …*Aquabacterium, Aquincola, Ideonella, Inhella, Leptothrix, Methylibium, Mitsuaria, Paucibacter, Piscinibacter, Rivibacter, Rubrivivax, Sphaerotilus, Tepidimonas, Thiobacter, Thiomonas, Xylophilus*

アルカリゲネス科 Alcaligenaceae …*Achromobacter, Advenella, Alcaligenes, Azohydromonas, Bordetella, Brackiella, Castellaniella, Derxia, Kerstersia, Oligella, Paenalcaligenes, Parapusillimonas, Parasutterella, Pelistega, Pigmentiphaga, Pusillimonas, Sutterella, Taylorella, Tetrathiobacter*

バークホルデリア科 Burkholderiaceae …*Burkholderia, Chitinimonas, Cupriavidus, Lautropia, Limnobacter, Pandoraea, Paucimonas, Polynucleobacter, Ralstonia, Thermothrix, Wautersia*

コマモナス科 Comamonadaceae …*Acidovorax, Albidiferax, Alicycliphilus, Brachymonas, Caenibacterium, Caenimonas, Caldimonas, Comamonas*(コマモナス), *Curvibacter, Delftia, Diaphorobacter, Giesbergeria, Hydrogenophaga, Hylemonella, Kinneretia, Lampropedia, Limnohabitans, Macromonas, Malikia, Ottowia, Pelomonas, Polaromonas, Pseudacidovorax, Pseudorhodoferax, Ramlibacter, Rhodoferax, Roseateles, Schlegelella, Simplicispira, Tepidicella, Variovorax, Verminephrobacter, Xenophilus*

オキザロバクター科 Oxalobacteraceae …*Collimonas, Duganella, Herbaspirillum, Herminiimonas, Janthinobacterium, Massilia, Naxibacter, Oxalicibacterium, Oxalobacter, Telluria, Undibacterium*

ヒドロゲノフィルス目 Hydrogenophilales

ヒドロゲノフィルス科 Hydrogenophilaceae …*Hydrogenophilus, Petrobacter, Sulfuricella, Tepidiphilus, Thiobacillus*(チオバチルス)
メチロフィルス目 Methylophilales
　　メチロフィルス科 Methylophilaceae …*Methylobacillus, Methylophilus, Methylotenera, Methylovorus*
ナイセリア目 Neisseriales
　　ナイセリア科 Neisseriaceae …*Alysiella, Andreprevotia, Aquaspirillum, Aquitalea, Bergeriella, Chitinibacter, Chitinilyticum, Chitiniphilus, Chromobacterium, Conchiformibius, Deefgea, Eikenella, Formivibrio, Gulbenkiania, Iodobacter, Jeongeupia, Kingella, Laribacter, Leeia, Microvirgula, Morococcus, Neisseria*(ナイセリア), *N. gonnorrhoeae*淋菌), *Paludibacterium, Prolinoborus, Pseudogulbenkiania, Silvimonas, Simonsiella, Stenoxybacter, Uruburuella, Vitreoscilla, Vogesella*
ニトロソモナス目 Nitrosomonadales
　　ガリオネラ科 Gallionellaceae …*Gallionella*
　　ニトロソモナス科 Nitrosomonadaceae …*Nitrosolobus, Nitrosomonas, Nitrosospira*
　　スピリルム科 Spirillaceae …*Spirillum*
プロカバクター目 Procabacteriales
　　プロカバクター科 Procabacteriaceae …*Procabacter*
ロドシクルス目 Rhodocyclales
　　ロドシクルス科 Rhodocyclaceae …*Azoarcus, Azonexus, Azospira, Azovibrio, Dechloromonas, Dechlorosoma, Denitratisoma, Ferribacterium, Methyloversatilis, Propionibacter, Propionivibrio, Quatrionicoccus, Rhodocyclus, Shinella, Sterolibacterium, Thauera, Uliginosibacterium, Zoogloea*

デルタプロテオバクテリア綱 Deltaproteobacteria

デロヴィブリオ目 Bdellovibrionales
　　バクテリオヴォラクス科 Bacteriovoracaceae …*Bacteriolyticum*(ただし非合法名), *Bacteriovorax*
　　デロヴィブリオ科 Bdellovibrionaceae …*Bdellovibrio, Micavibrio, Vampirovibrio*
　　プレディバクター科 Peredibacteraceae …*Peredibacter*
デスルファルクルス目 Desulfarculales
　　デスルファルクルス科 Desulfarculaceae …*Desulfarculus*
デスルフォバクター目 Desulfobacterales
　　デスルフォバクター科 Desulfobacteraceae …*Desulfatibacillum, Desulfatiferula, Desulfatirhabdium, Desulfobacter, Desulfobacterium, Desulfobacula, Desulfobotulus, Desulfocella, Desulfococcus, Desulfofaba, Desulfofrigus, Desulfoluna, Desulfomusa, Desulfonema, Desulforegula, Desulfosalsimonas, Desulfosarcina, Desulfospira, Desulfotignum*
　　デスルフォブルブス科 Desulfobulbaceae …*Desulfobulbus, Desulfocapsa, Desulfofustis, Desulfopila, Desulforhopalus, Desulfotalea, Desulfurivibrio*
　　ニトロスピナ科 Nitrospinaceae …*Nitrospina*
デスルフォヴィブリオ目 Desulfovibrionales
　　デスルフォハロビア科 Desulfohalobiaceae …*Desulfohalobium, Desulfonatronospira, Desulfonatronovibrio, Desulfonauticus, Desulfothermus, Desulfovermiculus*
　　デスルフォミクロビア科 Desulfomicrobiaceae …*Desulfomicrobium*
　　デスルフォナトロナム科 Desulfonatronaceae …*Desulfonatronum*
　　デスルフォヴィブリオ科 Desulfovibrionaceae …*Bilophila, Desulfocurvus, Desulfomonas, Desulfovibrio, Lawsonia*
デスルフレラ目 Desulfurellales
　　デスルフレラ科 Desulfurellaceae …*Desulfurella, Hippea*
デスルフュロモナス目 Desulfuromonadales
　　デスルフュロモナス科 Desulfuromonadaceae …*Desulfuromonas, Desulfuromusa, Malonomonas, Pelobacter*
　　ジオバクター科 Geobacteraceae …*Geoalkalibacter, Geobacter, Geopsychrobacter, Geothermobacter, Trichlorobacter*
粘液細菌目 Myxococcales
　　シストバクター亜目 Cystobacterineae
　　　　シストバクター科 Cystobacteraceae …*Anaeromyxobacter, Archangium, Cystobacter, Hyalangium, Melittangium, Stigmatella*
　　　　粘液細菌科 Myxococcaceae …*Angiococcus, Corallococcus, Myxococcus, Pyxidicoccus*
　　ナノシスティス亜目 Nannocystineae
　　　　ハリアンギア科 Haliangiaceae …*Haliangium*

コフレリア科 Kofleriaceae ⋯*Kofleria*
ナノシスタ科 Nannocystaceae ⋯*Enhygromyxa, Nannocystis, Plesiocystis*
ソランギア亜目 Sorangiineae
ファセリシスタ科 Phaselicystidaceae ⋯*Phaselicystis*
ポリアンギア科 Polyangiaceae ⋯*Byssovorax, Chondromyces, Jahnella, Polyangium, Sorangium*
シントロフォバクター目 Syntrophobacterales
シントロファス科 Syntrophaceae ⋯*Desulfobacca, Desulfomonile, Smithella, Syntrophus*
シントロフォバクター科 Syntrophobacteraceae ⋯*Desulfacinum, Desulfoglaeba, Desulforhabdus, Desulfovirga, Syntrophobacter, Thermodesulforhabdus*
(目)Unnamed order
シントロフォラブダス科 Syntrophorhabdaceae ⋯*Syntrophorhabdus*

イプシロンプロテオバクテリア綱 Epsilonproteobacteria

カンピロバクター目 Campylobacterales
カンピロバクター科 Campylobacteraceae ⋯*Arcobacter, Campylobacter*(カンピロバクター), *Dehalospirillum, Sulfurospirillum*
ヘリコバクター科 Helicobacteraceae ⋯*Helicobacter*(ヘリコバクター, *H. pylori* ピロリ菌), *Sulfuricurvum, Sulfurimonas, Sulfurovum, Thiovulum, Wolinella*
ヒゴロゲニモナス科 Hydrogenimonaceae ⋯*Hydrogenimonas*
ナウティリア目 Nautiliales
ナウティリア科 Nautiliaceae ⋯*Caminibacter, Lebetimonas, Nautilia, Nitratifractor, Nitratiruptor, Thioreductor*

ガンマプロテオバクテリア綱 Gammaproteobacteria

〔目不明〕⋯*Alkalimonas, Arenicella, Congregibacter, Gallaecimonas, Gilvimarinus, Marinicella, Methylohalomonas, Methylonatrum, Orbus, Porticoccus, Sedimenticola, Simiduia, Solimonas, Spongiibacter, Thiohalobacter, Thiohalomonas, Thiohalophilus, Thiohalorhabdus, Thioprofundum, Umboniibacter*
アシディチオバチルス目 Acidithiobacillales
アシディチオバチルス科 Acidithiobacillaceae ⋯*Acidithiobacillus*
テルミチオバチルス科 Thermithiobacillaceae ⋯*Thermithiobacillus*
アエロモナス目 Aeromonadales
アエロモナス科 Aeromonadaceae ⋯*Aeromonas, Oceanimonas, Oceanisphaera, Tolumonas, Zobellella*
スクシニヴィブリオ科 Succinivibrionaceae ⋯*Anaerobiospirillum, Ruminobacter, Succinatimonas, Succinimonas, Succinivibrio*
アルテロモナス目 Alteromonadales
〔科不明〕⋯*Teredinibacter*
アルテロモナス科 Alteromonadaceae ⋯*Aestuariibacter, Agarivorans, Aliagarivorans, Alishewanella, Alteromonas, Bowmanella, Glaciecola, Haliea, Marinimicrobium, Marinobacter, Marinobacterium, Melitea, Microbulbifer, Saccharophagus, Salinimonas*
コルウェリア科 Colwelliaceae ⋯*Colwellia, Thalassomonas*
フェリモナス科 Ferrimonadaceae ⋯*Ferrimonas, Paraferrimonas*
イディオマリナ科 Idiomarinaceae ⋯*Idiomarina, Pseudidiomarina*
モリテラ科 Moritellaceae ⋯*Moritella, Paramoritella*
シュードアルテロモナス科 Pseudoalteromonadaceae ⋯*Algicola, Pseudoalteromonas*
シュワネラ科 Shewanellaceae ⋯*Shewanella*
カルディオバクテリア目 Cardiobacteriales
カルディオバクテリア科 Cardiobacteriaceae ⋯*Cardiobacterium, Dichelobacter, Suttonella*
クロマチア目 Chromatiales
クロマチア科 Chromatiaceae ⋯*Allochromatium, Amoebobacter, Chromatium*(クロマチウム), *Halochromatium, Isochromatium, Lamprobacter, Lamprocystis, Marichromatium, Nitrosococcus, Pfennigia, Rhabdochromatium, Rheinheimera, Thermochromatium, Thioalkalicoccus, Thiobaca, Thiocapsa, Thiococcus, Thiocystis, Thiodictyon, Thioflavicoccus, Thiohalocapsa, Thiolamprovum, Thiopedia, Thiophaeococcus, Thiorhodococcus, Thiorhodovibrio, Thiospirillum*
エクトチオロドスピラ科 Ectothiorhodospiraceae ⋯*Alkalilimnicola, Alkalispirillum, Aquisalimonas, Arhodomonas, Ectothiorhodosinus, Ectothiorhodospira, Halorhodospira, Natronocella, Nitrococcus, Thioalkalispira, Thioalkalivibrio, Thiohalospira, Thiorhodospira*
グラヌロシコックス科 Granulosicoccaceae ⋯*Granulosicoccus*

細菌ドメイン

ハロチオバチルス科 Halothiobacillacea ⋯*Halothiobacillus, Thioalkalibacter, Thiofaba, Thiovirga*

腸内細菌目 Enterobacteriales
 腸内細菌科 Enterobacteriaceae ⋯*Arsenophonus, Biostraticola, Brenneria, Buchnera, Budvicia, Buttiauxella, Calymmatobacterium, Cedecea, Citrobacter, Cronobacter, Dickeya, Edwardsiella, Enterobacter*(エンテロバクター), *Erwinia*(エルウィニア), *Escherichia*(エシェリキア, *E. coli* 大腸菌), *Ewingella, Hafnia, Klebsiella, Kluyvera, Leclercia, Leminorella, Levinea, Mangrovibacter, Moellerella, Morganella, Obesumbacterium, Pantoea, Pectobacterium, Photorhabdus, Plesiomonas, Pragia, Proteus, Providencia, Rahnella, Raoultella, Saccharobacter, Salmonella*(サルモネラ, *S. enterica* serovar Enteritidis 腸炎菌, *S. enterica* serovar Typhi チフス菌, *S. enterica* serovar Typhimurium ネズミチフス菌), *Samsonia, Serratia*(*S. marcescens* 霊菌), *Shigella*(赤痢菌, *S. dysenteria* 志賀赤痢菌), *Shimwellia, Sodalis, Tatumella, Thorsellia, Trabulsiella, Wigglesworthia, Xenorhabdus, Yersinia*(エルシニア, *Y. pestis* ペスト菌), *Yokenella*

レジオネラ目 Legionellales
 〔科不明〕⋯*Rickettsiella*
 コキシエラ科 Coxiellaceae ⋯*Aquicella, Coxiella*
 レジオネラ科 Legionellaceae ⋯*Fluoribacter, Legionella*(レジオネラ), *Sarcobium, Tatlockia*

メチロコックス目 Methylococcales
 クレノトリックス科 Crenotrichaceae ⋯*Crenothrix*
 メチロコックス科 Methylococcaceae ⋯*Methylobacter, Methylocaldum, Methylococcus, Methylohalobius, Methylomicrobium, Methylomonas, Methylosarcina, Methylosoma, Methylosphaera, Methylothermus*

オーシャノスピリルム目 Oceanospirillales
 〔科不明〕⋯*Salicola, Spongiispira*
 アルカニヴォラクス科 Alcanivoracaceae ⋯*Alcanivorax, Fundibacter, Kangiella*
 ハヘラ科 Hahellaceae ⋯*Endozoicomonas, Hahella, Halospina, Kistimonas, Zooshikella*
 ハロモナス科 Halomonadaceae ⋯*Aidingimonas, Carnimonas, Chromohalobacter, Cobetia, Deleya, Halomonas, Halotalea, Halovibrio, Kushneria, Modicisalibacter, Salinicola, Volcaniella, Zymobacter*
 リトリコラ科 Litoricolaceae ⋯*Litoricola*
 オーシャノスピリルム科 Oceanospirillaceae ⋯*Amphritea, Balneatrix, Bermanella, Marinomonas, Marinospirillum, Neptuniibacter, Neptunomonas, Nitrincola, Oceaniserpentilla, Oceanobacter, Oceanospirillum, Oleispira, Pseudospirillum, Reinekea, Thalassolituus*
 オレイフィルス科 Oleiphilaceae ⋯*Oleiphilus*
 サッカロスピリルム科 Saccharospirillaceae ⋯*Saccharospirillum*

パスツレラ目 Pasteurellales
 パスツレラ科 Pasteurellaceae ⋯*Actinobacillus*(アクチノバチルス), *Aggregatibacter, Avibacterium, Basfia, Bibersteinia, Chelonobacter, Gallibacterium, Haemophilus*(ヘモフィルス, *H. influenzae* インフルエンザ菌), *Histophilus, Lonepinella, Mannheimia, Nicoletella, Pasteurella*(パスツレラ), *Phocoenobacter, Volucribacter*

シュードモナス目 Pseudomonadales
 〔科不明〕⋯*Dasania*
 モラキセラ科 Moraxellaceae ⋯*Acinetobacter, Alkanindiges, Branhamella, Enhydrobacter, Moraxella, Perlucidibaca, Psychrobacter*
 シュードモナス科 Pseudomonadaceae ⋯*Azomonas, Azomonotrichon, Azorhizophilus, Azotobacter*(アゾトバクター), *Cellvibrio, Chryseomonas, Flavimonas, Mesophilobacter, Pseudomonas*(シュードモナス, *P. aeruginosa* 緑膿菌), *Rhizobacter, Rugamonas, Serpens*

サリニスフェラ目 Salinisphaerales
 サリニスフェラ科 Salinisphaeraceae ⋯*Salinisphaera*

チオトリックス目 Thiotrichales
 〔科不明〕⋯*Caedibacter, Fangia*
 フランシセラ科 Francisellaceae ⋯*Francisella*
 ピシリケッチア科 iscirickettsiaceae ⋯*Cycloclasticus, Hydrogenovibrio, Methylophaga, Piscirickettsia, Sulfurivirga, Thioalkalimicrobium, Thiomicrospira*
 チオトリックス科 Thiotrichaceae ⋯*Achromatium, Beggiatoa*(ベギアトア), *Leucothrix, Thiobacterium, Thiomargarita, Thioploca, Thiospira, Thiothrix*

ヴィブリオ目 Vibrionales
 ヴィブリオ科 Vibrionaceae ⋯*Aliivibrio, Allomonas, Beneckea, Catenococcus, Enterovibrio, Grimontia, Listonella, Lucibacterium, Photobacterium, Salinivibrio, Vibrio*(ヴィブリオ, *V. cholerae* コレラ菌, *V. parahaemolyticus* 腸炎ヴィブリオ)

キサントモナス目 Xanthomonadales
 シノバクター科 Sinobacteraceae …*Alkanibacter*, *Hydrocarboniphaga*, *Nevskia*, *Singularimonas*, *Sinobacter*, *Steroidobacter*
 キサントモナス科 Xanthomonadaceae …*Aquimonas*, *Arenimonas*, *Aspromonas*, *Dokdonella*, *Dyella*, *Frateuria*, *Fulvimonas*, *Ignatzschineria*, *Luteibacter*, *Luteimonas*, *Lysobacter*, *Pseudofulvimonas*, *Pseudoxanthomonas*, *Rhodanobacter*, *Rudaea*, *Silanimonas*, *Stenotrophomonas*, *Thermomonas*, *Wohlfahrtiimonas*, *Xanthomonas*, *Xylella*

ゼータプロテオバクテリア綱 Zetaproteobacteria
 マリプロフンダス目 Mariprofundales
  マリプロフンダス科 Mariprofundaceae …*Mariprofundus*

スピロヘータ門 Spirochaetes (Spirochaetae)

スピロヘータ綱 Spirochaetes
スピロヘータ目 Spirochaetales
 [科不明] …*Exilispira*
 ブラキスピラ科 Brachyspiraceae …*Brachyspira*, *Serpulina*
 ブレヴィネマ科 Brevinemataceae …*Brevinema*
 レプトスピラ科 Leptospiraceae …*Leptonema*, *Leptospira*, *Turneriella*
 スピロヘータ科 Spirochaetaceae …*Borrelia*, *Clevelandina*, *Cristispira*, *Diplocalyx*, *Hollandina*, *Pillotina*, *Spirochaeta*(スピロヘータ), *Treponema*(T. pallidum 梅毒トレポネーマ)

シナーギステス門 Synergistetes

シナーギステス綱 Synergistia
シナーギステス目 Synergistales
 シナーギステス科 Synergistaceae …*Aminiphilus*, *Aminobacterium*, *Aminomonas*, *Anaerobaculum*, *Cloacibacillus*, *Dethiosulfovibrio*, *Jonquetella*, *Pyramidobacter*, *Synergistes*, *Thermanaerovibrio*, *Thermovirga*

テネリキューテス門 Tenericutes

モリキューテス綱(モリクテス綱) Mollicutes
アコレプラズマ目 Acholeplasmatales
 アコレプラズマ科 Acholeplasmataceae …*Acholeplasma*
アナエロプラズマ目 Anaeroplasmatales
 アナエロプラズマ科 Anaeroplasmataceae …*Anaeroplasma*, *Asteroleplasma*
エントモプラズマ目 Entomoplasmatales
 エントモプラズマ科 Entomoplasmataceae …*Entomoplasma*, *Mesoplasma*
 スピロプラズマ科 Spiroplasmataceae …*Spiroplasma*
ハロプラズマ目 Haloplasmatales
 ハロプラズマ科 Haloplasmataceae …*Haloplasma*
マイコプラズマ目 Mycoplasmatales
 マイコプラズマ科 Mycoplasmataceae …*Eperythrozoon*, *Haemobartonella*, *Mycoplasma*(マイコプラズマ), *Ureaplasma*

テルモデスルフォバクテリア門(サーモデスルフォバクテリア門) Thermodesulfobacteria

テルモデスルフォバクテリア綱(サーモデスルフォバクテリア綱) Thermodesulfobacteria
テルモデスルフォバクテリア目(サーモデスルフォバクテリア目) Thermodesulfobacteriales
 テルモデスルフォバクテリア科(サーモデスルフォバクテリア科) Thermodesulfobacteriaceae
  …*Caldimicrobium*, *Thermodesulfatator*, *Thermodesulfobacterium*

テルモトガ門(サーモトガ門) Thermotogae

テルモトガ綱(サーモトガ綱) Thermotogae

テルモトガ目(サーモトガ目) Thermotogales
　　テルモトガ科(サーモトガ科) Thermotogaceae …*Fervidobacterium, Geotoga, Kosmotoga, Marinitoga, Petrotoga, Thermococcoides, Thermosipho, Thermotoga*

ヴェルコミクロビア門 Verrucomicrobia
ヴェルコミクロビア綱 Verrucomicrobiae
ヴェルコミクロビア目 Verrucomicrobiales
　　ルブリタレア科 Rubritaleaceae …*Rubritalea*
　　ヴェルコミクロビア科 Verrucomicrobiaceae …*Akkermansia, Haloferula, Luteolibacter, Persicirhabdus, Prosthecobacter, Roseibacillus, Verrucomicrobium*
オピトゥトゥス綱 Opitutae
オピトゥトゥス目 Opitutales
　　オピトゥトゥス科 Opitutaceae …*Alterococcus, Opitutus*
プニセイコックス目 Puniceicoccales
　　プニセイコックス科 Puniceicoccaceae …*Cerasicoccus, Coraliomargarita, Pelagicoccus, Puniceicoccus*

真核生物ドメイン Eukarya

〔上界不明〕

アプソゾア門 Apusozoa[1][M]

I. テコモナデア綱 Thecomonadea

マンタモナス目 Mantamonadida ···*Mantamonas*
アプソモナス目 Apusomonadida ···*Amastigomonas, Apusomonas, Manchomonas, Multimonas, Podomonas, Thecamonas*

II. ヒロモナデア綱 Hilomonadea

アンキロモナス目 Ancyromonadida(Planomonadida) ···*Ancyromonas*（*Planomonas*）

〔門不明〕

〔綱不明〕

コマティオン目 Commatiida[M] ···*Commation*
ディスコセリス目 Discocelida[M] ···*Discocelis*
ギムノスファエラ目 Gymnosphaerida[S] ···*Actinocoryne, Gymnosphaera, Hedraiophrys*
ヘリオモナディダ目 Heliomonadida[S] ···*Heliomorpha*（*Dimorpha*）, *Tetradimorpha*
ヘミマスティクス目 Hemimastigida[M] ···*Hemimastix, Paramastix, Spironema, Stereonema*
ルッフィスファエラ目 Luffisphaerida ···*Luffisphaera*
ミクロヌクレアリア目 Micronucleariida（リジフィラ目 Rigifilida）[S] ···*Micronuclearia, Rigifila*
ペルロフィリダ目 Perlofilida[S] ···*Acanthoperla, Pompholyxophrys*
ロトスファエリダ目 Rotosphaerida[S] ···*Clathrella, Pinaciophora, Rabdiaster, Rabdiophrys*

I. ブレヴィアータ綱 Breviatea[M]

ブレヴィアータ目 Breviatida ···*Breviata, Subulatomonas*

II. ディフィレイア綱 Diphyllatea[M]

ディフィレイア目 Diphylleida ···*Collodictyon, Diphylleia*（*Aulacomonas*）, *Sulcomonas*

＊オピストコンタ上界 Opisthokonta

動物界 Animalia（ホロゾア Holozoa）

〔門不明〕

フィラステレア綱 Filasterea[S][2]

ミニステリア目 Ministeriida ···*Capsaspora, Ministeria*

(1) アメービディオゾア門 Amoebidiozoa[F][P][1][2]（メソミセトゾア門（狭義）Mesomycetozoa s.s.）

I. イクチオスポレア綱 Ichthyosporea（メソミセトゾエア綱（狭義）Mesomycetozoea s.s.）

デルモキスティディウム目 Dermocystida ···*Amphibiocystidium, Amphibiothecum, Dermocystidium, Rhinosporidium, Sphaerothecum*（=rosette agent）
イクチオフォノス目 Ichthyophonida（含 アメービディウム目 Amoebidiales, エクリナ目 Eccrinales）

＊この名前は広く用いられているが，正式な分類群名として提唱されたものではない。

《動物界の分岐図》

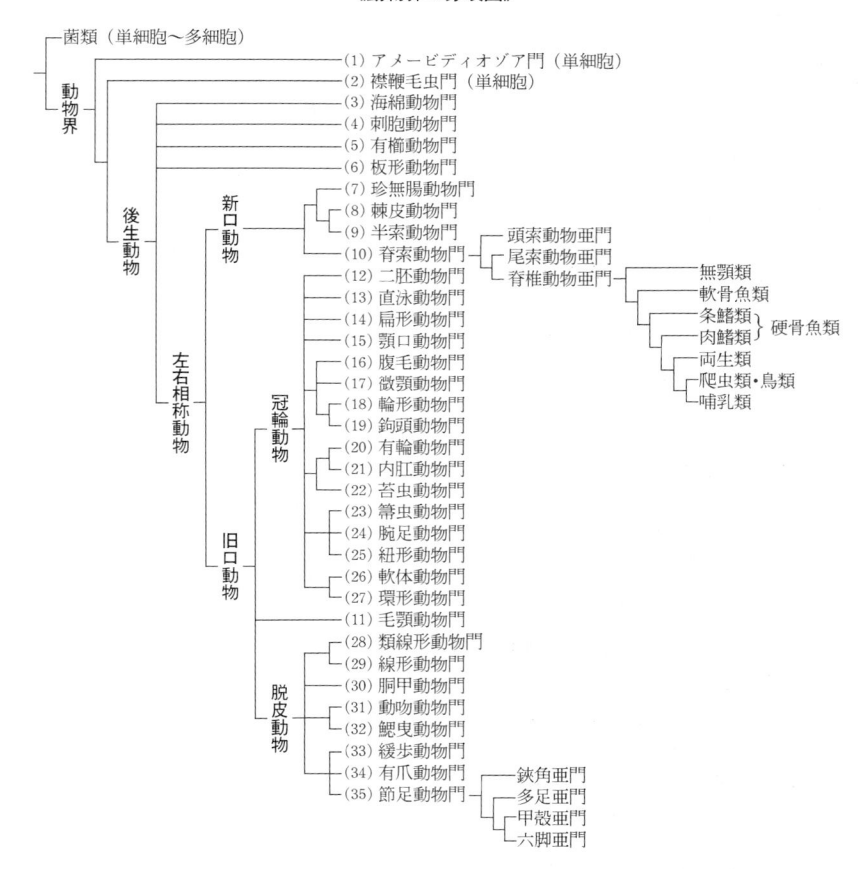

```
菌類（単細胞〜多細胞）
動物界
├─(1) アメービディオゾア門（単細胞）
├─(2) 襟鞭毛虫門（単細胞）
└─後生動物
    ├─(3) 海綿動物門
    ├─(4) 刺胞動物門
    ├─(5) 有櫛動物門
    ├─(6) 板形動物門
    └─左右相称動物
        ├─新口動物
        │   ├─(7) 珍無腸動物門
        │   ├─(8) 棘皮動物門
        │   ├─(9) 半索動物門
        │   └─(10) 脊索動物門─┬─頭索動物亜門
        │                     ├─尾索動物亜門
        │                     └─脊椎動物亜門─┬─無顎類
        │                                    ├─軟骨魚類
        │                                    ├─条鰭類 ┐硬骨魚類
        │                                    ├─肉鰭類 ┘
        │                                    ├─両生類
        │                                    ├─爬虫類・鳥類
        │                                    └─哺乳類
        └─旧口動物
            ├─(12) 二胚動物門
            ├─(13) 直泳動物門
            ├─冠輪動物
            │   ├─(14) 扁形動物門
            │   ├─(15) 顎口動物門
            │   ├─(16) 腹毛動物門
            │   ├─(17) 微顎動物門
            │   ├─(18) 輪形動物門
            │   ├─(19) 鉤頭動物門
            │   ├─(20) 有輪動物門
            │   ├─(21) 内肛動物門
            │   ├─(22) 苔虫動物門
            │   ├─(23) 箒虫動物門
            │   ├─(24) 腕足動物門
            │   ├─(25) 紐形動物門
            │   ├─(26) 軟体動物門
            │   └─(27) 環形動物門
            ├─(11) 毛顎動物門
            └─脱皮動物
                ├─(28) 類線形動物門
                ├─(29) 線形動物門
                ├─(30) 胴甲動物門
                ├─(31) 動吻動物門
                ├─(32) 鰓曳動物門
                ├─(33) 緩歩動物門
                ├─(34) 有爪動物門
                └─(35) 節足動物門─┬─鋏角亜門
                                  ├─多足亜門
                                  ├─甲殻亜門
                                  └─六脚亜門
```

…*Abeoforma, Alacrinella, Amoebidium, Anurofeca, Astreptonema, Aurofeca, Creolimax, Eccrinidus, Enterobryus, Enteromyces, Enteropogon, Ichthyophonus, Palavascia, Paramoebidium, Pirum, Psorospermium, Sphaeroforma, Taeniella*

II. コラロキトリウム綱 Corallochytrea

コラロキトリウム目 Corallochytrida …*Corallochytrium*

(2) 襟鞭毛虫門(狭義のコアノゾア門) Choanozoa *s. s.* [M][2]

I. 襟鞭毛虫綱(立襟鞭毛虫綱) Choanoflagellatea

クラスペディダ目 Craspedida …*Choanoeca, Codosiga, Desmarella, Diploeca, Diplosiga, Monosiga, Proterospongia, Salpingoeca* カラエリヒゲムシ, *Sphaeroeca*

アカンソエカ目 Acanthoecida …*Acanthocorbis, Acanthoeca, Bicosta, Diaphanoeca, Diplotheca, Monocosta, Polyoeca, Savillea, Stephanoeca*

後生動物 Metazoa : Haeckel (1874) (3)〜(35)

[門不明]

…†*Brooksella*

(3) 海綿動物門　Porifera：Grant(1836)

Ⅰ. †古杯綱　Archaeocyatha：Bornemann(1864)

†(目) Monochyathida：Okulitch(1935)　…†*Archaeolynthus*, †*Kyarocyathus*, †*Tumuliolynthus*
†(目) Ajacicyathida：Bedford & Bedford(1939)　…†*Cordobicyathus*, †*Dokidocyathus*
†(目) Tabulacyathida：Vologdin(1956)　…†*Chabakovicyathus*, †*Putapacyathus*
†(目) Capulocyathida：Zhuravleva(1964)　…†*Capsulocyathus*, †*Coscinocyathus*, †*Rhabdolynthus*
†(目) Archaeocyathida：Okulitch(1935)　…†*Antarcticocyathus*, †*Loculicyathus*, †*Mikhnocyathus*
†(目) Kazachstanicyathida：Konyushkov(1967)　…†*Altaicyathus*, †*Bicoscinus*, †*Korovinella*

Ⅱ. †異針海綿綱　Heteractinida：De Laubenfels(1955)

†八放海綿目 Octactinellida：Hinde(1887)　…†*Astraeospongium*, †*Eiffelia*, †*Nucha*, †*Wewokella*
†(目) Hetairacyathida：Bedford & Bedford(1936)　…†*Girphanovella*, †*Radiocyathus*
†ストロマトポラ目(層孔虫類) Stromatoporoidea：Nicholson & Murie(1878)　…†*Stromatopora*

Ⅲ. 石灰海綿綱　Calcarea：Bowerbank(1864)

Ⅲ A. カルキネア亜綱　Calcinea：Bidder(1898)

クラトリナ目 Clathrinida：Hartman(1958)　…*Clathrina*, *Leucetta*
ムレイオナ目 Murrayonida：Vacelet(1981)　…*Murrayona*, *Paramurrayona*

Ⅲ B. カルカロネア亜綱　Calcaronea：Bidder(1898)

アミカイメン目 Leucosolenida：Hartman(1958)　…*Grantessa* クダカイメン, *Grantia*, *Leucandra*,
　　Leucosolenia アミカイメン, *Sycon* ケツボカイメン, *Ute*, *Vosmaeropsis*
ペトロビオナ目 Lithonida：Vacelet(1979)　…*Petrobiona*
(目) Baerida：Borojevic, Boury-Esnault & Vacelet(2000)　…*Eilhardia*, *Leuconia*
†(目) Sphaerocoeliida：Vacelet(1967)　…†*Sphaerocoelia*
†(目) Sycettida：Bidder(1898)　…†*Sycetta*
†(目) Stellispongiida：Finks & Rigby(2004)　…†*Endostoma*, †*Stellispongia*

Ⅳ. 同骨海綿綱　Homoscleromorpha：Dendy(1905)

同骨海綿目 Homosclerophorida：Bergquist(1978)　…*Oscarella* ノリカイメン, *Plakina* ミョウガカイメン,
　　Plakortis

Ⅴ. 尋常海綿綱　Demospongiae：Sollas(1885)

螺旋海綿目 Spirophorida：Bergquist & Hogg(1969)　…*Cinachyra*, *Cinachyrella*, *Craniella* ズガイカイメ
　　ン, *Paratetilla*, *Tetilla* トウナスカイメン
有星海綿目 Astrophorida：Sollas(1888)　…*Alectona*, *Ancorina*, *Asteropus* ホシガタカイメン, *Caminus*,
　　Characella, *Ecionemia*, *Erylus*, *Geodia* チョウズバチカイメン, *Isops*, *Jaspis* ヘキギョク
　　カイメン, *Pachastrella* ハリカイメン, *Penares*, *Poecillastra*, *Rhabdastrella*, *Sidonops*,
　　Stelletta ホシカイメン, *Stoeba*, *Thenea* カサカイメン
硬海綿目 Hadromerida：Topsent(1894)　…*Aaptos* シンジョウカイメン, *Acanthochaetetes*, *Cliona* センコウ
　　カイメン, *Polymastia* タコウカイメン, *Spirastrella* パンカイメン, *Suberites* コルクカイメ
　　ン, *Tethya* タマカイメン
軟骨海綿目 Chondrosida：Boury-Esnault & Lopès(1985)　…*Chondrilla* ナンコツホシカイメン, *Chondrosia*
　　ナンコツカイメン
イシカイメン目 Lithistida (多系統群)　…*Discodermia* イシカイメン, *Theonella* ヨツウデデスマカイメン
多骨海綿目 Poecilosclerida：Topsent(1928)　…*Abyssocladia* シンカイハナビ, *Biemna* ジクカワカイメン,
　　Clathria, *Coelosphaera* マルドウカイメン, *Desmacidon* クサリカイメン, *Esperiopsis* ハネ
　　ハリカイメン, *Hymedesmia*, *Merlia*, *Microciona*, *Mycale*, *Myxilla* ネンエキカイメン,
　　Tedania
磯海綿目 Halichondrida：Gray(1867)　…*Halichondria* イソカイメン, *Hymeniacidon* ウスカワカイメン
アゲラス目 Agelasida：Hartman(1980)　…*Agelas*, *Astrosclera*
単骨海綿目 Haplosclerida：Topsent(1928)　…*Callyspongia* ザラカイメン, *Ephydatia* カワカイメン,
　　Haliclona ムラサキカイメン, *Petrosia* カタカイメン, *Sigmadocia* シグマカイメン,
　　Siphonochalina ジュエダカリナ, *Spongilla* ヌマカイメン, *Xestospongia* ミズガメカイメン
網角海綿目 Dictyoceratida：Minchin(1900)　…*Dysidea* ツチイロカイメン, *Hippospongia* ウマカイメン,
　　Ircinia クロトゲカイメン, *Spongia* モクヨクカイメン, *Vaceletia*
樹状角質海綿目 Dendroceratida：Minchin(1900)　…*Aplysilla*, *Darwinella*
ベロンギア目 Verongida：Bergquist(1978)　…*Aplysina*, *Pseudoceratina*

VI. 六放海綿綱 Hexactinellida：Schmidt(1870)

VI A. 両盤亜綱 Amphidiscophora：Schulze(1886)

両盤目　Amphidiscosida：Schrammen(1924)　⋯*Hyalonema* ホッスガイ，*Monorhaphis*，*Pheronema*，*Poliopogon* ザゼンカイメン，*Sericolophus* バテイカイメン

VI B. 六放星亜綱 Hexasterophora：Schulze(1886)

六放目　Hexactinosida：Schrammen(1903)　⋯*Aphrocallistes* タコアシカイメン，*Eurete*，*Farrea* キヌアミカイメン，*Heterochone*，*Hexactinella*，*Lonchiphora*，*Pararete*，*Periphragella*
（目）Aulocalycoida：Tabachnick & Reiswig(2000)　⋯*Aulocalyx*
（目）Fieldingida：Tabachnick & Janussen(2004)　⋯*Fieldingia*
（目）Lychniscosida：Schrammen(1903)　⋯*Lychnocystis*
散針目　Lyssacinosida：Zittel(1877)　⋯*Acanthascus* サボテンワタカイメン，*Asconema*，*Bolosoma*，*Caulophacus* キノコカイメン，*Euplectella* カイロウドウケツ，*Regadrella* カイロウドウケツモドキ，*Rossella*，*Walteria* スギノキカイメン

(4) 刺胞動物門 Cnidaria：Verrill(1865)

[綱不明]

ミクソゾア類 Myxozoa：Grassé(1970)

粘液胞子虫類 Myxosporea：Bütschli(1881)

双殻目　Bivalvulida：Shulman(1959)　⋯*Ceratomyxa*，*Chloromyxum*，*Myxidium*，*Myxobolus*，*Sinuolinea*，*Sphaeromyxa*，*Sphaerospora*
多殻目　Multivalvulida：Shulman(1959)　⋯*Kudoa*，*Trilospora*

軟胞子虫類 Malacosporea：Canning et al.(2000)　⋯*Buddenbrockia* イトクダムシ，*Tetracapsuloides*

I.（綱）Polypodiozoa：Raikova(1988)

（目）Polypodiozoae：Raikova(1988)　⋯*Polypodium*

II. ヒドロ虫綱 Hydrozoa：Owen(1843)

†（目）Spongiomorphida：Alloiteau(1952)　⋯†*Spongiomorpha*
†（目）Sphaeractinida：Kühn(1929/1939)　⋯†*Sphaeractinia*
ハナクラゲ目（無鞘類）Anthoathecata：Cornelius(1992)
　　ヒドラ亜目（刺頭類）Capitata：Kühn(1913)　⋯*Branchiocerianthus* オトヒメノハナガサ，*Candelabrum* センジュウミヒドラ，*Chlorohydra*，†*Chondrophon*，*Cladonema* エダアシクラゲ，*Climacocodon* ハシゴクラゲ，*Corymorpha* オオウミヒドラ，*Coryne* タマウミヒドラ，*Ctenaria* クシクラゲモドキ，*Hybocodon* ヒトツアシクラゲ，*Hydra* ヤマトヒドラ，*Hydrichthella* ハナヤギウミヒドラ，*Hydrocoryne* オオタマウミヒドラ，*Millepora* アナサンゴモドキ，*Moerisia* ヒルムシロヒドラ，*Pelmatohydra* エヒドラ，*Pennaria* ハネウミヒドラ，*Polyorchis* キタカミクラゲ，*Porpita* ギンカクラゲ，*Protohydra*，*Sarsia* サルシアウミヒドラ，*Solanderia* オオギウミヒドラ，*Spirocodon* カミクラゲ，*Tubularia* クダウミヒドラ，*Velella* カツオノカンムリ
　　ウミヒドラ亜目（刺糸類）Filifera：Kühn(1913)　⋯*Allopora* シロエノシマサンゴ，*Bougainvillia* エダクラゲ，*Clava*，*Cordylophora* エダヒドラ，*Crypthelia* フタサンゴ，*Cytaeis* タマクラゲ，*Distichopora* ヨコアナサンゴモドキ，*Eudendrium* エダウミヒドラ，*Hydractinia* カイウミヒドラ，*Nemopsis* ドフラインクラゲ，*Stylaster* サンゴモドキ
ヤワクラゲ目（有鞘類）Leptothecata：Cornelius(1992)　⋯*Aequorea* オワンクラゲ，*Aglaophenia* シロガヤ，*Campanularia* ウミサカヅキガヤ，*Eucheilota* コモチクラゲ，*Eugymnanthea* カイヤドリヒドラクラゲ，*Gymnangium* ドングリガヤ，*Halecium* ホソガヤ，*Hebella* コップガヤ，*Lafoea* キセルガヤ，*Lytocarpia* クロガヤ，*Obelia* オベリア，*Plumularia* ハネガヤ，*Sertularella* ウミシバ，*Sertularia* フシバナレウミシバ，*Staurostoma* サラクラゲ
クダクラゲ目 Siphonophorae：Eschscholtz(1829)
　　ハコクラゲ亜目（鐘泳類）Calycophorae：Leuckart(1854)　⋯*Abyla* ハコクラゲ，*Diphyes* フタツクラゲ，*Galetta* ナラビクラゲ，*Hippopodius* バテイクラゲ，*Muggiaea* ヒトツクラゲ，*Praya* アイオイクラゲ，*Stephanophyes* ハナワクラゲ
　　ヨウラククラゲ亜目（胞泳類）Physophorae：Eschscholtz(1829)　⋯*Agalma* ヨウラククラゲ，*Forskalia*，*Physophora* バレンクラゲ

真核生物ドメイン　動物界

　　　ボウズニラ亜目(嚢泳類) Rhizophysaliae：Chun(1882)　…*Bathyphysa* マガタマニラ，*Physalia* カツオノエボシ，*Rhizophysa* ボウズニラ
　マミズクラゲ目(淡水クラゲ類) Limnomedusae：Kramp(1938)　…*Armorhydra*, *Craspedacusta* マミズクラゲ，*Gonionemus* カギノテクラゲ，*Limnocnida*, *Olindias* ハナガサクラゲ，*Proboscidactyla* エダクダクラゲ(ニンギョウヒドラ)
　ツリガネクラゲ目(硬クラゲ類) Trachymedusae：Haeckel, E.(1866)　…*Aglantha* ツリガネクラゲ，*Aglaura* ヒメツリガネクラゲ，*Amphogona* フタナリクラゲ，*Crossota* クロクラゲ，*Geryonia* オオカラカサクラゲ，*Liriope* カラカサクラゲ，*Rhopalonema* イチメガクラゲ
　ツヅミクラゲ目(剛クラゲ類) Narcomedusae：Haeckel, E.(1879)　…*Aegina* ツヅミクラゲ，*Aeginopsis*, *Cunina* ヤドリクラゲ，*Pegantha*, *Solmaris* ニチリンクラゲ，*Solmissus*, *Solmundella* ヤジロベエクラゲ
　アクチヌラ目 Actinulida：Swedmark & Teissier(1958)　…*Armohydra*, *Halammohydra* ヒドラクラゲ，*Otohydra*

III. 箱虫綱 Cubozoa：Werner(1975)

　アンドンクラゲ目 Cubomedusae：Haeckel, E.(1880)　…*Carybdea* アンドンクラゲ，*Chironex* ハブクラゲ，*Morbakka* ヒクラゲ，*Tripedalia* ミツデリッポウクラゲ

IV. 十文字クラゲ綱 Staurozoa：Marques & Collins(2004)

　ジュウモンジクラゲ目 Stauromedusae：Haeckel, E.(1880)　…*Haliclystus* アサガオクラゲ，*Kishinouyea* ジュウモンジクラゲ，*Lucernaria*, *Manania* シャンデリアクラゲ，*Stenoscyphus* ムシクラゲ

V. 鉢虫綱 Scyphozoa：Götte(1887)

†コヌラリア目(小錐類) Conulariida：Miller & Gurley(1896)　…†*Conularia*
†リゾストミテス目 Lithorhizostomae：von Ammon(1886)　…†*Rhizostomites*
　カムリクラゲ目 Coronatae：Vanhöffen(1892)　…*Atolla* ムラサキカムリクラゲ，*Atorella*, *Nausithoe* エフィラクラゲ，*Periphylla* クロカムリクラゲ，*Stephanoscyphus*
　ミズクラゲ目(旗口クラゲ類) Semaeostomae：Agassiz, L.(1862)　…*Aurelia* ミズクラゲ，*Chrysaora* ヤナギクラゲ，*Cyanea* ユウレイクラゲ，*Pelagia* オキクラゲ，*Sanderia* アマクサクラゲ
　ビゼンクラゲ目(根口クラゲ類) Rhizostomae：Cuvier(1799)
　　タコクラゲ亜目(原腔類) Kolpophorae：Stiasny(1921)　…*Cassiopea* サカサクラゲ，*Cephea* イボクラゲ，*Mastigias* タコクラゲ，*Netrostoma* エビクラゲ
　　ビゼンクラゲ亜目(原管類) Dactyliophorae：Stiasny(1921)　…*Acromitus*, *Crambione*, *Lychnorhiza*, *Nemopilema* エチゼンクラゲ，*Rhopilema* ビゼンクラゲ
[付]ハネクラゲ類 Pteromedusae：Carlgren(1909)　…*Tetraplatia* プラヌラクラゲ

VI. 花虫綱 Anthozoa：Ehrenberg(1834)

VI A. †四放サンゴ亜綱 (四射珊瑚類) Tetracorallia：Haeckel, E.(1866) (†鱗皮サンゴ亜綱

Rugosa：Milne-Edwards & Haime, 1850/1851)
†スリッパサンゴ目 Cystiphylloidea：Nicholson(1889)　…†*Calceola* スリッパサンゴ，*Cystiphyllum*, †*Goniophyllum*, †*Holmophyllum*, †*Mesophyllum*, †*Palaeocyclus*, †*Tryplasma*
†スタウリア目 Stauriacea：Verrill(1865)
　†スレプテラスマ亜目 Sreptelasmacae：Wedekind(1927)　…†*Kodonophyllum*, †*Streptelasma*, †*Zaphrenthis*
　†プレウロフィルム亜目 Pleurophyllida：Sokolov(1960)　…†*Calophyllum*, †*Lophophyllidium*, †*Plerophyllum*, †*Tachyelasma*, †*Timorphyllum*, †*Verbeekiella*
　†スタウリナ亜目 †Stauriina：Verrill(1865)　…†*Amplexus*, †*Depasophyllum*, †*Stauria*
　†カロスチリス亜目 Calostylina：Prantl(1957)　…†*Calostylis*, †*Lambeophyllum*
　†メトリオフィルム亜目 Metriophyllina：Spasskiy(1965)　…†*Combophyllum*, †*Cyathaxonia*, †*Metriophyllum*
　†アラクノフィルム亜目 Arachnophyllina：Zhavoronkova(1972)　…†*Arachnophyllum*, †*Entelophyllum*
　†ドコフィルム亜目 Ketophyllina：Zhavoronkova(1972)　…†*Dokophyllum*, †*Donacophyllum*, †*Endophyllum*
　†スポンゴフィルム亜目 Ptenophyllina：Wedekind(1927)　…†*Acanthophyllum*, †*Spongophyllum*, †*Stringophyllum*
　†ファラクチス亜目 Lycophyllina：Zhavoronkova(1972)　…†*Phaulactis*
　†ディスフィルム亜目 Columnariina：Rominger(1876)　…†*Acervularia*, †*Disphyllum*, †*Phillipsastrea*
　†キアトフィルム亜目 Cyathophyllina：Nicholson(1889)　…†*Asterobillingsa*, †*Cyathophyllum*, †*Heliophyllum*
　†アンプレクシザフレンチス亜目 Stereolasmatina：Wedekind(1927)　…†*Amplexizaphrentis*
　†カニニア亜目 Caniniina：Wang(1950)　…†*Caninia*

真核生物ドメイン　動物界　1557

　　　†アウロフィルム亜目 Aulophyllina：Hill(1981) ⋯†*Aulophyllum*, †*Palaeosmilia*
　　　†リトストロチオン亜目 Lithostrotinina：Spasskiy & Kachanov(1971) ⋯†*Durhamina*, †*Lithostrotion*
　　　†アクソフィルム亜目 Lonsdaleiina：Spasskiy(1974) ⋯†*Axophyllum*, †*Pseudopavona*,
　　　　†*Waagenophyllum*

　　Ⅵ B. †**床板サンゴ亜綱** Tabulata：Milne-Edwards & Haime(1850/1851)

†ハチノスサンゴ目 Favositacea：Wedekind(1937)
　　　†ハチノスサンゴ亜目 Favositacea：Wedekind(1937) ⋯†*Favosites* ハチノスサンゴ
　　　†クサリサンゴ亜目 Halysitida：Sokolov(1947) ⋯†*Halysites* クサリサンゴ
　　　†ヒイシサンゴ亜目 Heliolitina：Frech(1897) ⋯†*Heliolites* ヒイシサンゴ
†シモウサンゴ目 Chaetetina：Okulitch(1936) ⋯†*Chaetetes* シモウサンゴ
†リケナリア目 Lichenariida：Sokolov(1950) ⋯†*Lichenaria*
†テトラヂウム目 Tetradiida：Okulitch(1936) ⋯†*Tetradium*
†サルキヌラ目 Sarcinulida：Sokolov(1950) ⋯†*Sarcinula*, †*Thecia*
†アウロポラ目 Auloporida：Sokolov(1947) ⋯†*Aulopora*, †*Cladochonus*, †*Syringopora*, †*Thecostegites*

　　Ⅵ C. †**異放サンゴ亜綱** Heterocorallia：Schindewolf(1941)

†ヘテロフィリア目 Heterocorallia：Schindewolf(1941) ⋯†*Heterophyllia*, †*Hexaphyllia*

　　Ⅵ D. **八放サンゴ亜綱** Octocorallia：Haeckel, E.(1866)

†(目) Trachypsammiacea：Montanaro-Gallitelli(1956) ⋯†*Trachypsammia*
ウミトサカ目 Alcyonacea：Lamouroux(1812)
　　原始八放サンゴ亜目 Protoalcyonaria：Hickson(1894) ⋯*Haimeia*, *Taiaroa*
　　ウミヅタ亜目(根生類) Stolonifera：Hickson(1883) ⋯*Cervera* コマイハナゴケ, *Clavularia* ツツウミヅ
　　　タ, *Sarcodictyon* アミゴケ, *Tubipora* クダサンゴ
　　ウミトサカ亜目 Alcyonacea：Lamouroux(1816) ⋯*Alcyonium* ベニウミトサカ, *Anthomastus* ウミテン
　　　グダケ, *Bellonella* ウミイチゴ, *Dendronephthya* オオトゲトサカ, *Nephthea* チヂミトサカ,
　　　Sarcophyton ウミキノコ, *Xenia* ウミアザミ
　　サンゴ亜目(石軸類, 骨軸類) Scleraxonia：Studer(1887) ⋯*Acabaria* イソハナビ, *Corallium* シロサン
　　　ゴ, *Melithaea* イソバナ, *Parisis* トクサモドキ
　　フトヤギ亜目(角軸類, 全軸類) Holaxonia：Studer(1887) ⋯*Acanthogorgia* トゲヤギ, *Anthoplexaura*
　　　ハナヤギ, *Euplexaura* フトヤギ, *Gorgonia*
　　(亜目) Calcaxonia：Grasshoff(1999) ⋯*Calyptrophora* カブトヤギ, *Chrysogorgia* キンヤギ,
　　　Dendrobrachia, *Ellisella* ムチヤギ, *Keratoisis* トクサヤギ, *Plumarella* トゲハネウチワ
アオサンゴ目 Helioporacea：Bock(1938) ⋯*Heliopora* アオサンゴ
ウミエラ目 Pennatulacea：Verrill(1865)
　　ウミサボテン亜目(無柄類, 定座類) Sessiliflorae：Kükenthal(1915) ⋯*Cavernularia* ウミサボテン,
　　　Renilla ウミシイタケ, *Umbellula* フサウミエラ
　　ウミエラ亜目(下位類, 半座類) Subsessiliflorae：Kükenthal(1915) ⋯*Pennatula* ヒカリウミエラ,
　　　Pteroeides トゲウミエラ, *Scytalium*, *Virgularia* ウミヤナギ

　　Ⅵ E. **六放サンゴ亜綱** Hexacorallia：Haeckel, E.(1866)

イソギンチャク目 Actiniaria：Hertwig, R.(1882)
　　ムカシイソギンチャク亜目 Protantheae：Carlgren(1891) ⋯*Gonactinia*, *Protanthea*
　　カワリギンチャク亜目(内腔類) Endocoelantheae：Carlgren(1925/1928) ⋯*Actinernus* ヤツバカワリギン
　　　チャク, *Halcurias* カワリギンチャク, *Isactinernus*
　　イマイソギンチャク亜目 Nynantheae：Carlgren(1899) ⋯*Actinia* ウメボシイソギオンチャク,
　　　Actinostola セトモノイソギンチャク, *Adamsia*, *Anemonia*, *Anthopleura* ヨロイイソギンチ
　　　ャク, *Boloceroides* オヨギイソギンチャク, *Bunodeopsis*, *Calliactis* ベニヒモイソギンチャク,
　　　Cnidopus コモチイソギンチャク, *Edwardsia* ムシモドキイソギンチャク, *Entacmaea* サンゴ
　　　イソギンチャク, *Halcampella* ナスビイソギンチャク, *Metridium* ヒダベリイソギンチャク,
　　　Minyas ウキイソギンチャク, *Nemanthus* ウスアカイソギンチャク, *Peachia* ヤドリイソギン
　　　チャク, *Sagartia*, *Stoichactis* ハタゴイソギンチャク, *Stomphia* フウセンイソギンチャク,
　　　Synandwakia ホウザワイソギンチャク, *Tealia* オオイボイソギンチャク
　　ヒダギンチャク亜目 Ptychodactae：Stephensen(1922) ⋯*Dactylanthus*, *Ptychodactis* ヒダギンチャク
イシサンゴ目 Scleractinia：Bourne(1900)(Madreporaria：Milne-Edwards & Haime, 1857) ⋯*Acropora* ミ
　　ドリイシ, *Alveopora* アワサンゴ, *Astroides*, †*Axosmilia*, *Caryophyllia* チョウジガイ,
　　Cyathelia フタリビワガライシ, *Dendrophyllia* キサンゴ, *Favia* キクメイシ, *Flabellum* セ
　　ンスガイ, *Fungia* クサビライシ, *Galaxea* アザミサンゴ, *Goniastrea* コカメノコキクメイ
　　シ, *Goniopora* ハナガササンゴ, †*Heterocoenia*, *Leptoria* ナガレサンゴ, *Lobophyllia* ハナ
　　ガタサンゴ, †*Margarophyllia*, †*Microsolena*, *Montipora* コモンサンゴ, *Oculina*,
　　†*Orbignygyra*, *Platygyra* ノウサンゴ, *Pocillopora* ハナヤサイサンゴ, *Porites* ハマサンゴ,

Rhizopsammia ムツサンゴ, *Seriatopora* トゲサンゴ, †*Stylina*, †*Stylophyllopsis*, †*Tropidendron*, *Tubastrea* イボヤギ, *Turbinaria* スリバチサンゴ
スナギンチャク目 Zoanthinaria : van Beneden (1898)
　センナリスナギンチャク亜目 (長膜類) Macronemina : Carlgren (1923) …*Epizoanthus* カイメンスナギンチャク, *Isozoanthus*, *Parazoanthus* センナリスナギンチャク
　マメスナギンチャク亜目 (短膜類) Brachycnemina : Carlgren (1923) …*Isaurus* カワギンチャク, *Palythoa* イワスナギンチャク, *Sphenopus*, *Zoanthus* マメスナギンチャク
ホネナシサンゴ目 Corallimorpharia : Stephenson (1937) ; Carlgen (1940) …*Corallimorphus* ホネナシサンゴ, *Corynactis* マメホネナシサンゴ
ツノサンゴ目 (黒珊瑚類) Antipatharia : Milne-Edwards & Haime (1857) …*Antipathes* ウミカラマツ, *Bathypathes* ハネウチワツノサンゴ, *Cirrhipathes* ネジレカラマツ, *Schizopathes*
ハナギンチャク目 Ceriantharia : Perrier (1883/1893)
　ハナギンチャク亜目 Spirularia : Hartog (1977) …*Cerianthus* ムラサキハナギンチャク
　アラクナンサス亜目 Penicilaria : Hartog (1977) …*Arachnanthus*

(5) 有櫛動物門 Ctenophora : Eschscholtz (1829)

Ⅰ. 有触手綱 Tentaculata : Eschscholtz (1825)

オビクラゲ目 Cestida : Gegenbaur (1856) …*Cestum* オビクラゲ, *Velamen*
ガネシャ目 Ganeshida : Moser (1908) …*Ganesha*
カブトクラゲ目 Lobata : Eschscholtz (1825) …*Bolinopsis* カブトクラゲ, *Leucothea* ツノクラゲ, *Mnemiopsis*, *Ocyropsis* チョウクラゲ
タラッソカリケ目 Talassocalycida : Madin & Harbison (1978) …*Thalassocalyce*
フウセンクラゲ目 Cydippida : Lesson (1843) …*Haeckelia*, *Hormiphora* フウセンクラゲ, *Lampea* ヘンゲクラゲ, *Pleurobrachia* テマリクラゲ
クシヒラムシ目 (扁櫛類) Platyctenida : Bourne (1900) …*Coeloplana* クラゲムシ, *Ctenoplana* クシヒラムシ, *Lyrocteis* コトクラゲ, *Tjalfiella* ホヤクラゲ

Ⅱ. 無触手綱 Nuda : Chun (1879) (Atentaculata)

ウリクラゲ目 Beroida : Eschscholtz (1829) …*Beroe* ウリクラゲ, *Neis*

(6) 板形動物門 (平板動物) Placozoa : Grell, K. G. (1971)

…*Trichoplax* トリコプラックス (センモウヒラムシ)

左右相称動物 Bilateria : Hatschek (1888) 　(7)～(35)

[門不明]

…†*Dickinsonia*, †*Nectocaris*, †*Spriggina*

(7) 珍無腸動物門 Xenacoelomorpha : Philippe, H. et al. (2011)

珍渦虫目 Xenoturbellida : Bourlat, S. J. et al. (2006) …*Xenoturbella*
無腸目 Acoela : Uljanin (1870) …*Amphiscolops*, *Convoluta*, *Haplogonaria*, *Hofstenia*, *Mecynostomum*, *Proporus*, *Solenofilomorpha*
皮中神経目 Nemertodermatida : Steinböck (1931) …*Flagellophora*, *Meara*, *Nemertoderma*

新口動物 (後口動物) Deuterostomia 　(8)～(11)

[門不明]

…†*Haikouella*, †*Vetulicola*, †*Yunnanozoon*

(8) 棘皮動物門 Echinodermata : Leuckart, R. (1854)

(8A) (亜門) Homalozoa : Whitehouse, F. W. (1941)

Ⅰ. †(綱) Ctenocystoidea : Domínguez-Alonso, P. (1999)

†テノキスチス目 Ctenocystida : Domínguez-Alonso, P. (1999) …†*Ctenocystis*

Ⅱ. †(綱) Stylophora : Gill, E. D. & Caster, K. E. (1960)

〔目不明〕…†*Ceratocystis*
†スコチエキスチス目 Cornuta : Jaekel, O. (1901)(有角類) …†*Cothurnocystis*, †*Scotiaecystis*
†ミトゥロキスチス目 Mitrata : Jaekel, O. (1918)(僧帽類) …†*Lagynocystis*, †*Mitrocystella*, †*Reticulocarpos*

Ⅲ. †(綱) Homoiostelea : Gill, E. D. & Caster, K. E. (1960)

†デンドロキスチテス目 Soluta : Jaekel, O. (1901) …†*Dendrocystites*

Ⅳ. †(綱) Homostelea : Parsley, R. L. (1999)

†ギロキスチス目 Cincta : Jaekel, O. (1918) …†*Gyrocystis*, †*Trochocystites*

(8B) (亜門) Blastozoa : Sprinkle, J. (1973)

Ⅰ. †(綱) Eocrinoidea : Jaekel, O. (1918)
…†*Gogia*, †*Lepidocystis*, †*Lingulocystis*, †*Rhopalocystis*

Ⅱ. †(綱) Rhombifera : Zittel, K. A. von (1879)(菱孔類)
†(目) Fistuliporita : Paul, C. R. C. (1968) …†*Heliocrinites*
†(目) Dichoporita : Paul, C. R. C. (1968) …†*Caryocrinus*, †*Cheirocrinus*

Ⅲ. †(綱) Diploporita : Müller, J. (1854)(双孔類) …†*Asteroblastus*, †*Glyptosphaerites*, †*Triamara*

Ⅳ. †ウミツボミ綱 Blastoidea : Waters, J. A. & Horowitz, A. S. (1993)

†フェノスキズマ目 Fissiculata : Macurda, D. B. Jr. (1983) …†*Astrocrinus*, †*Codaster*, †*Phaenoschisma*
†(目) Troosticrinida : Waters, J. A. & Horowitz, A. S. (1993) …†*Troosticrinus*
†(目) Nucleocrinida : Waters, J. A. & Horowitz, A. S. (1993) …†*Nucleocrinus*
†(目) Granatocrinida : Waters, J. A. & Horowitz, A. S. (1993) …†*Granatocrinus*
†(目) Pentremitida : Waters, J. A. & Horowitz, A. S. (1993) …†*Pentremites*

Ⅴ. †(綱) Parablastoidea : Fay, R. O. (1968) …†*Blastoidocrinus*

(8C) 百合形動物亜門 Crinozoa : Matsumoto, H. (1929)

Ⅰ. †(綱) Paracrinoidea : Parsley, R. L. & Mintz, L. W. (1975)

†(目) Comarocystitida : Parsley, R. L. & Mintz, L. W. (1975) …†*Amygdalocystites*, †*Comarocystites*, †*Sinclairocystis*
(目) Platycystitida : Parsley, R. L. & Mintz, L. W. (1975) …†*Malocystites*, †*Platycystites*

Ⅱ. ウミユリ綱 Crinoidea : Miller, J. S. (1821)

Ⅱ A. †(亜綱) Aethocrinea : Ausich, W. I. (1998)

†エソクリヌス目 Aethocrinida : Ausich, W. I. (1998) …†*Aethocrinus*, †*Perittocrinus*

Ⅱ B. †(亜綱) Cladida : Ausich, W. I. (1998)

†デンドロクリヌス目 Dendrocrinida : Bather, F. A. 1899 …†*Dendrocrinus*, †*Merocrinus*
†(目) Cyathocrinida : Bather, F. A. 1899 …†*Cyathocrinites*, †*Parisocrinus*

Ⅱ C. †可曲亜綱 Flexibilia : Zittel, K. A. von (1895)

†タクソクリヌス目 Taxocrinida : Springer, F. (1913) …†*Protaxocrinus*, †*Taxocrinus*
†サゲノクリニテス目 Sagenocrinida : Springer, F. (1913) …†*Lecanocrinus*, †*Sagenocrinites*

Ⅱ D. †円頂亜綱 Camerata : Wachsmuth, C. & Springer, F. (1885)

†ロドクリニテス目 Diplobathrida : Moore, R. C. & Laudon, L. R. (1943) …†*Dimerocrinites*, †*Rhodocrinites*
†クセノクリヌス目 Monobathrida : Moore, R. C. & Laudon, L. R. (1943) …†*Glyptocrinus*, †*Platycrinites*, †*Xenocrinus*

Ⅱ E. †(亜綱) Disparida : Moore, R.C. & Laudon, L.R. (1943)

†(目) Eustenocrinida : Ausich, W. I. (1998) ···†*Acolocrinus*, †*Eustenocrinus*
†(目) Maennilicrinida : Ausich, W. I. (1998) ···†*Maennilicrinus*
†(目) Tetragonocrinida : Ausich, W. I. (1998) ···†*Tetragonocrinus*
†(目) Homocrinida : Ausich, W. I. (1998) ···†*Apodasmocrinus*, †*Cincinnaticrinus*
†(目) Calceocrinida : Ausich, W. I. (1998) ···†*Calceocrinus*
†(目) Myelodactyla : Ausich, W. I. (1998) ···†*Iocrinus*, †*Myelodactylus*
†ヒボクリヌス目 Hybocrinida : Jaekel, O. (1918) ···†*Hybocrinus*

Ⅱ F. 関節亜綱 Articulata : Zittel, K.A. von (1879)

†(目) Ampelocrinida : Webster, G.D. & Jell, P.A. (1999) ···†*Ampelocrinus*
†(目) Encrinida : Matsumoto, H. (1929) ···†*Encrinus*
ホソウミユリ目 Millericrinida : Rasmussen, H.W. (1978) ···*Anachalypsicrinus*, †*Apiocrinus*, *Calamocrinus*, *Gephyrocrinus*, *Hyocrinus*, †*Millericrinus*, *Ptilocrinus*, *Thalassocrinus*
マガリウミユリ目 Cyrtocrinida : Rasmussen, H.W. (1978) ···*Cyathidium*, †*Cyrtocrinus*, †*Hemibrachiocrinus*, †*Hemicrinus*, *Holopus*
チヒロウミユリ目 Bourgueticrinida : Rasmussen, H.W. (1978) ···*Bathycrinus* チヒロウミユリ, *Conocrinus*, *Democrinus* ムチウミユリ, *Naumachocrinus*, *Phrynocrinus* ハダカワウミユリ, *Porphyrocrinus*, *Zeuctocrinus*
ゴカクウミユリ目 Isocrinida : Rasmussen, H.W. (1978) ···*Cenocrinus*, *Endoxocrinus* マバラマキエダウミユリ, †*Isocrinus*, *Metacrinus* トリノアシ, *Proisocrinus* ムーランルージュ, *Saracrinus* オオウミユリ
ウミシダ目 Comatulida : Rasmussen, H.W. (1978) ···*Antedon* トゲバネウミシダ, *Heliometra* ヒゲウミシダ, *Lamprometra* ヒガサウミシダ, *Oxycomanthus* ニッポンウミシダ, *Tropiometra* オオウミシダ
†(目) Uintacrinida : Rasmussen, H.W. (1978) ···†*Marsupites*, †*Uintacrinus*
†(目) Roveacrinida : Rasmussen, H.W. (1978) ···†*Saccocoma*

(8D) 星形動物亜門 Asterozoa : Zittel, K.A. von (1895)

Ⅰ. †ムカシヒトデ綱 (体海星類) Somasteroidea : Spencer, W.K. (1951)

†ムカシヒトデ目 Goniactinida : Spencer, W.K. (1951) ···†*Archegonaster*, †*Villebrunaster*

Ⅱ. ヒトデ綱 (海星類) Asteroidea : Blainville, H. de (1834)

†ペトラスター目 (小泡類) Pustulosida : Spencer, W.K. (1951) ···†*Hudsonaster*, †*Petraster*, †*Xenaster*
†ヘリアンタスター目 (半帯類) Hemizonida : Spencer, W.K. (1951) ···†*Helianthaster*
†ウラステレラ目 Uractinida : Spencer, W.K. & Wright, C.W. (1966) ···†*Cnemidactis*, †*Salteraster*, †*Urasterella*

Ⅱ A. (亜綱) Ambuloasteroidea : Blake, D.B. & Hagdorn, H. (2003)

〔下綱不明〕 ···†*Calliasterella*, †*Compsaster*

Ⅱ Aa. 新ヒトデ下綱 Neoasteroidea : Gale, A. (1987)

†トリカステロプシス目 Trichasteropsiida : Blake, D.B. (1987) ···†*Trichasteropsis*
ウデボソヒトデ目 Brisingida : Fisher, W.K. (1928) ···*Brisingella* シワウデボソヒトデ, *Freyella* ハネウデボソヒトデ, *Novodinia* ヒグルマヒトデ
マヒトデ目 Forcipulatida : Blake, D.B. (1987) ···*Asterias* マヒトデ, *Coscinasterias* ヤツデヒトデ, *Rathbunaster*, *Zoroaster* ホソホシガタヒトデ
ニチリンヒトデ目 Velatida : Blake, D.B. (1987) ···*Caymanostella* ヒュウガケイマンヒトデ, *Crossaster* フサトゲニチリンヒトデ, *Hymenaster* マクヒトデ, *Pteraster* カスリマクヒトデ, *Solaster* ニチリンヒトデ
ヒメヒトデ目 Spinulosida : Perrier, E. (1884) ···*Echinaster* ルソンヒトデ, *Henricia* ヒメヒトデ
イバラヒトデ目 Notomyotida : Ludwig, H. (1910) ···*Benthopecten* イバラヒトデ, *Luidiaster* ホソトゲイバラヒトデ
モミジガイ目 Paxillosida : Blake, D.B. (1987) ···*Astropecten* モミジガイ, *Ctenodiscus* スナイトマキヒトデ, *Luidia* スナヒトデ
アカヒトデ目 Valvatida : Blake, D.B. (1987) ···*Acanthaster* オニヒトデ, *Archaster* カスリモミジガイ, *Asteropsis* ノコギリヒトデ, *Ceramaster* ゴカクヒトデ, *Certonardoa* アカヒトデ, *Culcita* マンジュウヒトデ, *Linckia* アオヒトデ, *Mithrodia* フトトゲヒトデ, *Ophidiaster* チャイロホウキボシ, *Patiria* イトマキヒトデ

Ⅱ Ab. シャリンヒトデ下綱 Concentricycloidea : Mah, C. (2006)

ウミヒナギク目 Peripodida : Baker, A. N., Rowe, F. W. E. & Clark, H. E. S. (1986) …*Xyloplax* ウミヒナギク

Ⅲ. クモヒトデ綱(蛇尾類) Ophiuroidea : Gray, J. E. (1840)

†ニセクモヒトデ目(狭蛇尾類) Stenurida : Spencer, W. K. (1951) …†*Stenaster*

Ⅲ A. †ムカシクモヒトデ亜綱(開蛇尾類) Oegophiuridea : Matsumoto, H. (1915)

†ムカシクモヒトデ目 Oegophiurida : Matsumoto, H. (1915) …†*Bundenbachia*, †*Palaeophiura*, †*Protaster*

Ⅲ B. クモヒトデ亜綱(閉蛇尾類) Ophiuridea : Gray, J. E. (1840)

ツルクモヒトデ目 Euryalida : Lamarck, J. B. (1816) …*Asteronyx* キヌガサモヅル, *Asteroschema* ヒトデモドキ, *Astrocladus* セノテヅルモヅル, *Euryale* ユウレイモヅル, *Gorgonocephalus* オキノテヅルモヅル, *Ophiocreas* タコクモヒトデ, *Trichaster* ツルタコヒトデ
クモヒトデ目 Ophiurida : Matsumoto, H. (1915)
　キヌハダクモヒトデ亜目 Ophiomyxina : Fell, H. B. (1962) …*Ophiocanops* ムカシクモヒトデ, *Ophiomyxa* キヌハダクモヒトデ, *Ophiosmilax* カワクモヒトデ
　クモヒトデ亜目 Ophiurina : Fell, H. B. (1962) …*Amphiura* チョウセンクモヒトデ, *Ophiacantha* トゲナガクモヒトデ, *Ophiactis* チビクモヒトデ, *Ophiarachnella* トウメクモヒトデ, *Ophiochiton* リュウコツクモヒトデ, *Ophiocoma* ウデフリクモヒトデ, *Ophioleuce* ゴヨウクモヒトデ, *Ophiomoeris* バラクモヒトデ, *Ophionereis* アミメクモヒトデ, *Ophioplocus* ニホンクモヒトデ, *Ophiothrix* トゲクモヒトデ, *Ophiura* クシノハクモヒトデ

(8E) 有棘動物亜門 Echinozoa : Zittel, K. A. von (1895)

Ⅰ. †螺板綱 Helicoplacoidea : Durham, J. W. (1967)

Ⅰ A. †(亜綱) Polyplacida : Durham, J. W. (1967) …†*Polyplacus*

Ⅰ B. †螺板亜綱 Helicoplacida : Durham, J. W. (1967) …†*Helicoplacus*, †*Waucobella*

Ⅱ. †(綱) Edrioblastoidea : Fay, R. O. (1962) …†*Astrocystites*

Ⅲ. †円盤綱 Cyclocystoidea : Smith, A. B. & Paul, C. R. C. (1982) …†*Cyclocystoides*

Ⅳ. †座ヒトデ綱 Edrioasteroidea : Guensburg, T. E. & Sprinkle, J. (1994)

†カンプトストローマ目 Camptostromatoida : Durham, J. W. (1966) …†*Camptostroma*
†ストロマトキスチテス目 Stromatocystitida : Bell, B. M. (1980) …†*Stromatocystites*
†(目) Isorophida : Bell, B. M. (1976) …†*Agelacrinites*, †*Isorophus*, †*Lepidodiscus*
†エドゥリオアスター目 Edrioasterida : Guensburg, T. E. & Sprinkle, J. (1994) …†*Cyathocystis*, †*Edrioaster*, †*Totiglobus*

Ⅴ. †蛇函綱 Ophiocistioidea : Reich, M. & Haude, R. (2004) …†*Eucladia*, †*Sollasina*, †*Volchovia*

Ⅵ. ウニ綱 Echinoidea : Leske, N. G. (1778)

Ⅵ A. オウサマウニ亜綱 Cidaroidea : Kroh, A. & Smith, A. B. (2010)

オウサマウニ目 Cidaroida : Claus, C. (1880) …*Cidaris* オウサマウニ, *Eucidaris* マツカサウニ, *Goniocidaris* トゲザオウニ, *Psychocidaris* ドングリウニ, *Stereocidaris* ダイオウウニ

Ⅵ B. (亜綱) Euechinoidea : Kroh, A. & Smith, A. B. (2010)

フクロウニ目 Echinothurioida : Claus, C. (1880) …*Asthenosoma* イイジマフクロウニ, *Phormosoma* ナマハゲフクロウニ

Ⅵ Ba. (下綱) Acroechinoidea : Kroh, A. & Smith, A. B. (2010)

(目) Micropygoida : Kroh, A. & Smith, A. B. (2010) …*Micropyga*
ガンガゼ目 Diadematoida : Duncan, P. (1889) …*Diadema* ガンガゼ, *Echinothrix* トックリガンガゼモドキ
クモガゼ目 Aspidodiadematoida : Mortensen, T. (1939) …*Aspidodiadema* クモガゼ
オトメガゼ目 Pedinoida : Mortensen, T. (1939) …*Caenopedina* オトメガゼ

Ⅵ Bb. (下綱) Carinacea : Kroh, A. & Smith, A. B. (2010)

〔目不明〕 …†*Hemicidaris*,　†*Orthopsis*
†ホンウニモドキ目 Phymosomatoida：Kroh, A. & Smith, A. B. (2010) …†*Phymosoma*
オトヒメウニ目 Salenioida：Delage, Y. & Hérouard, E. (1903) …*Salenia* オトヒメウニ, *Salenocidaris* ウラシマウニ
クロウニ目 Stomopneustoida：Kroh, A. & Smith, A. B. (2010) …*Glyptocidaris* ツガルウニ, †*Stomechinus*, *Stomopneustes* クロウニ
アスナロウニ目 Arbacioida：Gregory, J. W. (1900) …*Arbacia* アスナロウニ, *Coelopleurus* ベンテンウニ
ホンウニ目(拱歯類) Camarodonta：Mortensen, T. (1942) …*Echinometra* ナガウニ, *Echinus* ヨーロッパホンウニ, *Heliocidaris* ムラサキウニ, *Hemicentrotus* バフンウニ, *Mespilia* コシダカウニ, *Pseudocentrotus* アカウニ, *Strongylocentrotus* エゾバフンウニ, *Temnopleurus* サンショウウニ, *Toxopneustes* ラッパウニ

VI Bc. 不正形ウニ下綱 Irregularia：Kroh, A. & Smith, A. B. (2010)

†ムカシタマゴウニ目 Holectypoida：Duncan, P. (1889) …†*Holectypus*
タマゴウニ目 Echinoneoida：Clark, H. L. (1925) …*Echinoneus* タマゴウニ
(目) Cassiduloida：Claus, C. (1880) …*Cassidulus*, *Neolampas* ネオマンジュウウニ
マンジュウニ目 Echinolampadoida：Kroh, A. & Smith, A. B. (2010) …*Echinolampas* マンジュウウニ
タコノマクラ目 Clypeasteroida：Agassiz, A. (1872) …*Astriclypeus* スカシカシパン, *Clypeaster* タコノマクラ, *Fibularia* ニホンマメウニ, *Laganum* フジヤマカシパン
ブンブクモドキ目 Holasteroida：Durham, J. W. & Melville, R. V. (1957) …*Pourtalesia* トックリブンブク, *Urechinus* ブンブクモドキ
ブンブク目 Spatangoida：Claus, C. (1876) …*Brissus* オオブンブク, *Echinocardium* オカメブンブク, *Lovenia* ヒラタブンブク, *Schizaster* ブンブクチャガマ, *Spatangus* ホンブンブク

VII. ナマコ綱 Holothuroidea：Blainville, H. de (1834)

†(目) Arthrochirotida：Seilacher, A. (1961) …†*Palaeocucumaria*
キンコ目(樹手類) Dendrochirotida：Grube, E. (1840) …*Cucumaria* キンコ, *Psolus* ジイガセキンコ
イガグリキンコ目(指手類) Dactylochirotida：Pawson, D. L. & Fell, H. B. (1965) …*Ypsilothuria* イガグリキンコ
マナマコ目(楯手類) Aspidochirotida：Grube, E. (1840) …*Apostichopus* マナマコ, *Holothuria* ニセクロナマコ, *Stichopus* アカオニナマコ, *Thelenota* バイカナマコ
カンテンナマコ目(板足類) Elapsipodida：Théel, H. (1882) …*Deima* オニナマコ, *Laetmogone* カンテンナマコ, *Pelagothuria* クラゲナマコ
イモナマコ目(隠足類) Molpadiida：Haeckel, E. (1896) …*Molpadia* イモナマコ, *Paracaudina* シロナマコ
イカリナマコ目(無足類) Apodida：Brandt, J. F. (1835) …*Polycheira* ムラサキクルマナマコ, *Synapta* オオイカリナマコ

(9) 半索動物門 Hemichordata：Bateson, W. (1885)

I. †フデイシ綱(筆石類) Graptolithina：Bronn, H. G. (1846)

†デンドログラプツス目(樹型類) Dendroidea：Nicolson, H. A. (1872) …†*Acanthograptus*, †*Anisograptus*, †*Dendrograptus*, †*Dictyonema*, †*Inocaulis*, †*Ptilograptus*
†チュビデンドゥルム目(管型類) Tuboidea：Kozlowski, R. (1938) …†*Discograptus*, †*Idiotubus*, †*Tubidendrum*
†ビテコカマラ目(房型類) Camaroidea：Kozlowski, R. (1938) …†*Bithecocamara*, †*Cysticamara*
†ホルモグラプツス目 Crustoidea：Kozlowski, R. (1962) …†*Hormograptus*, †*Wimanicrusta*
†ストロノデンドゥルム目(枝型類) Stolonoidea：Kozlowski, R. (1938) …†*Stolonodendrum*
†フデイシ目(正フデイシ類) Graptoloidea：Lapworth, C. (1875)
　†ディディモグラプツス亜目 Didymograptina：Bulman, O. M. B. (1970) …†*Abrograptus*, †*Corynoides*, †*Dicranograptus*, †*Didymograptus*, †*Leptograptus*
　†グロッソグラプツス亜目 Glossograptina：Jaanusson, V. (1960) …†*Cryptograptus*, †*Glossograptus*
　†ディプログラプツス亜目(双フデイシ類) Diplograptina：Bulman, O. M. B. (1970) …†*Archiretiolites*, †*Dimorphograptus*, †*Diplograptus*, †*Lasiograptus*, †*Peiragraptus*, †*Retiolites*
　†モノグラプツス亜目(単フデイシ類) Monograptina：Lapworth, C. (1880) …†*Cyrtograptus*, †*Linograptus*, †*Monograptus*

II. ギボシムシ綱(腸鰓類) Enteropneusta：Gegenbaur, C. (1870)

…*Balanoglossus* ミサキギボシムシ, *Glandiceps* ハネナシギボシムシ, *Harrimania*, *Ptychodera* ヒメギボシムシ, *Saccoglossus* キタギボシムシ, *Saxipendium*, *Torquarator*
〔付〕プランクトスファエラ類 Planctosphaeroidea：Van der Horst, C. J. (1936) …*Planctosphaera*

Ⅲ. **フサカツギ綱**(翼鰓類) Pterobranchia：Lankester, E. R. (1877)
　　　　…*Atubaria* エノコロフサカツギ，*Cephalodiscus* レヴィンセンフサカツギ，†*Galeaplumosus*,
　　　　†*Kystodendron*, *Rhabdopleura*, †*Rhabdopleurites*, †*Rhabdotubus*

(10) 脊索動物門 Chordata：Balfour, F. M. (1880)

[亜門不明]
　　　　…†*Cathaymyrus*, †*Metaspriggina*, †*Pikaia*

(10A) 頭索動物亜門 Cephalochordata：Lankester, E. R. (1877)
　　　　…*Asymmetron* オナガナメクジウオ，*Branchiostoma* ヒガシナメクジウオ，*Epigonichthys* カタナメクジウオ，†*Palaeobranchiostoma*

(10B) 尾索動物亜門 Urochordata：Lankester, E. R. (1877) (被嚢動物亜門 Tunicata)

　　Ⅰ. **オタマボヤ綱**(尾虫類，幼形類) Appendicularia：Huxley, T. H. (1851)
　　　　…*Appendicularia* ゴマオタマボヤ，*Fritillaria* サイヅチボヤ，*Kowalevskia* ノロオタマボヤ，*Oikopleura* ワカレオタマボヤ

　　Ⅱ. **タリア綱** Thaliacea：Garstang, W. (1895)

　　　Ⅱ A. **ヒカリボヤ亜綱**(火体類) Pyrosomata：Garstang, W. (1895)
　　　　…*Pyrosoma* ヒカリボヤ，*Pyrostremma* ナガヒカリボヤ

　　　Ⅱ B. **ウミタル亜綱**(筋体類) Myosomata：Garstang, W. (1895)
ウミタル目 Doliolida：Haeckel, E. (1866) …*Dolioletta* トリトンウミタル，*Doliolum* ウミタル
サルパ目 Salpida：Haeckel, E. (1866) …*Cyclosalpa* ワサルパ，*Pegea* モモイロサルパ，*Salpa* フトサルパ，*Thalia* ヒメサルパ，*Thetys* オオサルパ

　　Ⅲ. **ホヤ綱**(海鞘類) Ascidiacea：Blainville, H. de (1825)
[目不明] …†*Cheungkungella*
マメボヤ目(腸性類) Enterogona：Perrier, E. (1898)
　　マンジュウボヤ亜目(無管類) Aplousobranchia：Lahille, F. (1886) …*Aplidium* マンジュウボヤ，*Clavelina* ワモンツツボヤ，*Didemnum* シロウスボヤ，*Diplosoma* ネンエキボヤ，*Polycitor* ヘンゲボヤ
　　マメボヤ亜目(管鰓類) Phlebobranchia：Lahille, F. (1886) …*Agnezia* ヒメボヤ，*Ascidia* ナツメボヤ，*Ascidiella* ヨーロッパザラボヤ，*Chelyosoma* スボヤ，*Ciona* カタユウレイボヤ，*Corella* ドロボヤ，*Megalodicopia* オオグチボヤ，*Perophora* マメボヤ，*Syndiazona* ボウズボヤ
マボヤ目(壁性類) Pleurogona：Perrier, E. (1898)
　　マボヤ亜目(褶鰓類) Stolidobranchia：Lahille, F. (1886) …*Botryllus* キクイタボヤ，*Halocynthia* マボヤ，*Molgula* マンハッタンボヤ，*Pyura* ミハエルボヤ，*Styela* シロボヤ
　　ヘクサクロビルス亜目 Aspiraculata：Seeliger, O. (1893-1907) …*Asajirus*, *Oligotrema*

(10C) 脊椎動物亜門 Vertebrata：Lamarck, J. B. (1801)；Cuvier, G. (1812)；Balfour, F. M. (1881)

　　(10Ca) 無顎上綱 Agnatha

　　　Ⅰ. **ミロクンミンギア綱** Myllokunmingiida …†*Haikouichthys*, †*Myllokunmingia*, †*Zhongjianichthys*

　　　Ⅱ. **円口綱** Cyclostomata
ヌタウナギ目 Myxiniformes …*Eptatretus* ヌタウナギ，*Myxine* ホソヌタウナギ
ヤツメウナギ目 Petromyzontiformes …†*Endeiolepis*, *Entosphenus* ミツバヤツメ，*Lethenteron* カワヤツメ

　　　Ⅲ. †**コノドント綱** Conodonta …†*Ozarkodina*, †*Prioniodina*

　　　Ⅳ. †**欠甲綱** Anaspida
†ビルケニア目 Birkeniformes …†*Birkenia*, †*Lasanius*
†ヤモイティウス目 Jamoytiiformes …†*Jamoytius*

V. †翼甲形綱 Pteraspidomorphi

†アランダスピス目 Arandaspida …†*Arandaspis*
†アストラスピス目 Astraspida …†*Astraspis*
†異甲目 Heterostraci …†*Drepanaspis*, †*Pteraspis*

VI. †テロードゥス綱 Thelodontiformes …†*Lanarkia*, †*Phlebolepis*, †*Thelodus*

VII. †ガレアスピス綱 Galeaspida (Galeaspidiformes) …†*Eugaleaspis*, †*Polybranchiaspis*

VIII. †頭甲綱 Cephalaspidomorphi

†ケファラスピス目 Cephalaspidiformes (骨甲目 Osteostraci) …†*Boreaspis*, †*Cephalaspis*
†ピトゥリアスピス目 Pituriaspidiformes …†*Neeyambaspis*, †*Pituriaspis*

(10Cb) 顎口上綱 Gnathostomata

IX. †板皮綱 Placodermi

[目不明] …†*Pseudopetalichthys*, †*Stensioella*
†胴甲目 Antiarchiformes …†*Bothriolepis*, †*Yunnanolepis*
†棘胸目 Acanthothoraciformes …†*Brindabellaspis*
†レナニス目 Rheneniformes …†*Gemuendina*
†ペタリクチス目 Petalichthyiformes …†*Lunaspis*
†プティクトドゥス目 Ptyctodontiformes …†*Materpiscis*, †*Ptyctodus*
†節頸目 Arthrodiriformes …†*Coccosteus*, †*Dunkleosteus*

X. 軟骨魚綱 Chondrichthyes

X A. 真軟頭亜綱 Euchondrocephali : Grogan, E. D. & Lund, R. (2000)

[上目不明]
†オロドゥス目 Orodontiformes …†*Hercynolepis*, †*Orodus*
†ペタロドントゥス目 Petarodontiformes …†*Belantsea*, †*Polyrhizodus*
†ヘロードゥス目 Helodontiformes …†*Helodus*
†イニオプテリクス目 Iniopterygiformes …†*Iniopteryx*, †*Promyxele*
†ユーゲネオドントゥス目 Eugeneodontiformes …†*Helicoprion*
全頭上目 Holocephali : Grogan, E. D. & Lund, R. (2000, 2004)
†コクリオドゥス目 Cochliodontiformes …†*Cochliodus*
†メナスピス目 Menaspiformes …†*Menaspis*
ギンザメ目 Chimaeriformes …*Callorhinchus* ゾウギンザメ, *Chimaera* ギンザメ, *Hydrolagus* ココノホシギンザメ, *Rhinochimaera* テングギンザメ

X B. 板鰓亜綱 Elasmobranchii

[下綱不明]
†クラドセラケ目 Cladoselachiformes …†*Cladoselache*
†シンモリウム目 Symmoriiformes …†*Denaea*, †*Falcatus*, †*Stethacanthus*
†キセナカントゥス目 Xenacanthiformes …†*Xenacanthus*

X Ba. 真板鰓下綱 Euselachii : Compagno, L. J. V. (1973)

[区不明]
†クテナカントゥス目 Ctenacanthiformes …†*Bandringa*, †*Ctenacanthus*
†ヒボダス目 Hybodontiformes …†*Acrodus*, †*Hybodus*

新板鰓区 Neoselachii : Compagno, L. J. V. (1977)

ネズミザメ上目 Galeomorhi : Compagno, L. J. V. (1973) (Galea)
ネコザメ目 Heterodontiformes …*Heterodontus* ネコザメ
テンジクザメ目 Orectolobiformes …*Chiloscyllium* イヌザメ, *Orectolobus* オオセ, *Rhincodon* ジンベエザメ, *Stegostoma* トラフザメ
ネズミザメ目 Lamniformes …*Alopias* ハチワレ, *Carcharodon* ホホジロザメ, *Cetorhinus* ウバザメ, *Megachasma* メガマウス, *Mitsukurina* ミツクリザメ
メジロザメ目 Carchariniformes …*Carcharhinus* メジロザメ, *Galeocerdo* イタチザメ, *Mustelus* ホシザメ, *Scyliorhinus* トラザメ, *Sphyrna* シュモクザメ

真核生物ドメイン　動物界　1565

ツノザメ上目 Squalomorphi：Maisey, J. G.（1982）；Shirai, S.（1992）(Squalea)
　カグラザメ目 Hexanchiformes　…*Chlamydoselachus* ラブカ, *Heptranchias* エドアブラザメ
　キクザメ目 Echinorhiniformes　…*Echinorhinus* キクザメ
　ツノザメ目 Squaliformes　…*Centroscymnus* ユメザメ, *Dalatias* ヨロイザメ, *Etmopterus* フジクジラ,
　　　　　　Isistius ダルマザメ, *Squalus* アブラツノザメ
　カスザメ目 Squatiniformes　…*Squatina* カスザメ
　ノコギリザメ目 Pristiophoriformes　…*Pristiophorus* ノコギリザメ
エイ上目 Batoidea：Nelson（2006）
　シビレエイ目 Torpediniformes　…*Narcine* シビレエイ, *Torpedo* ヤマトシビレエイ
　ノコギリエイ目 Pristiformes　…*Pristis* ノコギリエイ
　エイ目 Rajiformes　…*Anacanthobatis* イトヒキエイ, *Raja* メガネカスベ, *Rhina* シノノメサカタザメ,
　　　　　Rhinobatos サカタザメ, *Rhynchobatus* トンガリサカタザメ
　トビエイ目 Myliobatiformes　…*Dasyatis* アカエイ, *Gymnura* ツバクロエイ, *Hexatrygon* ムツエラエイ,
　　　　　Manta オニイトマキエイ, *Platyrhina* ウチワザメ

　　　ⅩⅠ. †棘魚綱 Acanthodii

　†クリマチウス目 Climatiiformes　…†*Climatius*
　†イスクナカンツス目 Ischnacanthiformes　…†*Ischnacanthus*
　†アカントーデス目 Acanthodiformes　…†*Acanthodes*, †*Mesacanthus*

　　　ⅩⅡ. 硬骨魚綱 Osteichthyes

　　　　ⅩⅡA. 条鰭亜綱 Actinopterygii

　　　　　ⅩⅡAa. 腕鰭下綱 Cladistia

　ポリプテルス目 Polypteriformes　…*Erpetoichthys*, *Polypterus*

　　　　　ⅩⅡAb. 軟質下綱 Chondrostei

　†ケイロレピス目 Cheirolepiformes　…†*Cheirolepis*
　†パレオニスカス目 Palaeonisciformes　…†*Acrolepis*, †*Dorypterus*
　†タラシウス目 Tarrasiiformes　…†*Tarrasius*
　†ガルデイクチス目 Guildayichthyiformes　…†*Discoserra*, †*Guildayichthys*
　†ファネロリンカス目 Phanerorhynchiformes　…†*Phanerorhynchus*
　†サウリクチス目 Saurichthyiformes　…†*Acidorhynchus*, †*Saurichthys*
　チョウザメ目 Acipenseriformes　…*Acipenser* チョウザメ, *Polyodon* ヘラチョウザメ
　†プチコレピス目 Ptycholepiformes　…†*Ptycholepis*
　†フォリドプリュウラス目 Pholidopleuriformes　…†*Pholidopleurus*
　†ペルレイダス目 Perleidiformes　…†*Dipteronotus*, †*Perleidus*
　†ルガノイア目 Luganoiiformes　…†*Luganoia*

　　　　　ⅩⅡAc. 新鰭下綱 Neopterygii

　†マクロセミウス目 Macrosemiiformes　…†*Macrosemius*
　†セミオノタス目 Semionotiformes　…†*Dapedium*, †*Semionotus*
　ガー目 Lepisosteiformes　…*Atractosteus*, *Lepisosteus*
　†ピクノダス目 Pycnodontiformes　…†*Gyrodus*, †*Pycnodus*
　アミア目 Amiiformes　…*Amia*, †*Amiopsis*
　†アスピドリンカス目 Aspidorhynchiformes　…†*Aspidorhynchus*, †*Vinctifer*
　†パキコルムス目 Pachycormiformes　…†*Euthynotus*, †*Pachycormus*

　　　　　　真骨区 Teleostei

　†フォリドフォルス目 Pholidophoriformes　…†*Eurycormus*, †*Pleuropholis*
　†レプトレピス目 Leptolepidiformes　…†*Leptolepis*
　†チェルファチウス目 Tselfatiiformes　…†*Tselfatia*
　†イクチオデクタス目 Ichthyodectiformes　…†*Cladocyclus*, †*Icthyodectus*
　†リコプテラ目 Lycopteriformes　…†*Lycoptera*
　ヒオドン目 Hiodontiformes　…*Hiodon*
　アロワナ目 Osteoglossiformes　…*Arapaima* ピラルク, *Mormyrus* モルミリス, *Notopterus* ナギナタナマズ,
　　　　　Scleropages アジアアロワナ
　カライワシ目 Elopiformes　…*Elops* カライワシ, *Megalops* イセゴイ
　ソトイワシ目 Albuliformes　…*Albula* ソトイワシ, *Aldrovandia* トカゲギス, *Pterothrissus* ギス
　ウナギ目 Anguilliformes　…*Anguilla* ウナギ, *Conger* マアナゴ, *Eurypharynx* フクロウナギ,
　　　　　Gymnothorax ウツボ, *Muraenesox* ハモ, *Nemichthys* シギウナギ, *Ophichthus* ウミヘビ

真核生物ドメイン　動物界

†クロソグナタス目 Crossognathiformes …†*Crossognathus*
†エリミクチス目 Ellimmichthyiformes …†*Ellimmichthys*
ニシン目 Clupeiformes …*Clupea* ニシン, *Engraulis* カタクチイワシ, *Sardinops* マイワシ
ネズミギス目 Gonorynchiformes …*Chanos* サバヒー, *Gonorynchus* ネズミギス
コイ目 Cypriniformes …*Cyprinus* コイ, *Misgurnus* ドジョウ
カラシン目 Characiformes …*Paracheirodon* ネオンテトラ, *Serrasalmus* ピラニア
ナマズ目 Siluriformes …*Arius* ハマギギ, *Pseudobagrus* ギバチ, *Silurus* ナマズ
デンキウナギ目 Gymnotiformes …*Electrophorus* デンキウナギ, *Gymnotus*
ニギス目 Argentiniformes …*Glossanodon* ニギス, *Macropinna* デメニギス
キュウリウオ目 Osmeriformes …*Osmerus* キュウリウオ, *Plecoglossus* アユ
サケ目 Salmoniformes …*Oncorhynchus* サケ, *Salvelinus* イワナ
カワカマス目 Esociformes …*Esox* カワカマス, *Umbra* ウンブラ
ワニトカゲギス目 Stomiiformes …*Gonostoma* ツマリヨコエソ, *Polymetme* ギンハダカ, *Sternoptyx* ムネエソ, *Stomias* ワニトカゲギス
シャチブリ目 Ateleopodiformes …*Ateleopus* シャチブリ
ヒメ目 Aulopiformes …*Alepisaurus* ミズウオ, *Aulopus* ヒメ, *Chlorophthalmus* アオメエソ, *Coccorella* ヤリエソ, *Paraulopus* ナガアオメエソ, *Saurida* マエソ
ハダカイワシ目 Myctophiformes …*Diaphus* ハダカイワシ, *Neoscopelus* ソトオリイワシ
アカマンボウ目 Lampridiformes …*Lampris* アカマンボウ, *Regalecus* リュウグウノツカイ, *Trachipterus* サケガシラ
ギンメダイ目 Polymixiiformes …*Polymixia* ギンメダイ
†クテノスリッサ目 Ctenothrissiformes …†*Ctenothrissa*
サケスズキ目 Percopsiformes …*Percopsis* サケスズキ
†スフェノケパルス目 Sphenocephaliformes …†*Sphenocephalus*
タラ目 Gadiformes …*Coelorinchus* トウジン, *Gadus* マダラ, *Nezumia* ソコダラ, *Physiculus* チゴダラ
アシロ目 Ophidiiformes …*Abythites* フサイタチウオ, *Brotula* イタチウオ, *Encheliophis* カクレウオ
ガマアンコウ目 Batrachoidiformes …*Batrachoides* ガマアンコウ
アンコウ目 Lophiiformes …*Antennarius* カエルアンコウ, *Halieutaea* アカグツ, *Himantolophus* チョウチンアンコウ, *Lophiomus* アンコウ
ボラ目 Mugiliformes …*Mugil* ボラ
トウゴロウイワシ目 Atheriniformes …*Hypoatherina* ギンイソイワシ, *Iso* ナミノハナ
ダツ目 Beloniformes …*Cololabis* サンマ, *Cypselurus* ハマトビウオ, *Hyporhamphus* サヨリ, *Oryzias* メダカ, *Strongylura* ダツ
カダヤシ目 Cyprinodontiformes …*Gambusia* カダヤシ, *Poecilia* グッピー
カンムリキンメダイ目 Stephanoberyciformes …*Poromitra* カブトウオ
キンメダイ目 Beryciformes …*Anomalops* ヒカリキンメダイ, *Beryx* キンメダイ, *Monocentris* マツカサウオ, *Myripristis* アカマツカサ
マトウダイ目 Zeiformes …*Grammicolepis* ヒシマトウダイ, *Parazen* ベニマトウダイ, *Zeus* マトウダイ
トゲウオ目 Gasterosteiformes …*Aulichthys* クダヤガラ, *Gasterosteus* イトヨ, *Hippocampus* タツノオトシゴ, *Pegasus* テングノオトシゴ
タウナギ目 Synbranchiformes …*Mastacembelus* トゲウナギ, *Monopterus* タウナギ
スズキ目 Perciformes …*Acanthocepola* アカタチ, *Acanthogobius* マハゼ, *Ammodytes* イカナゴ, *Apogon* テンジクダイ, *Aspasma* ウバウオ, *Branchiostegus* アマダイ, *Calotomus* ブダイ, *Chaetodon* チョウチョウウオ, *Chaetodontoplus* キンチャクダイ, *Champsodon* ワニギス, *Channa* タイワンドジョウ, *Chromis* スズメダイ, *Cirrhitichthys* オキゴンベ, *Cottus* カジカ, *Dactyloptena* セミホウボウ, *Ditrema* ウミタナゴ, *Echeneis* コバンザメ, *Epinephelus* マハタ, *Gerres* クロサギ, *Girella* メジナ, *Goniistius* タカノハダイ, *Kyphosus* イスズミ, *Labracinus* メギス, *Lateolabrax* スズキ, *Lates* アカメ, *Leiognathus* ヒイラギ, *Lepidotrigla* カナガシラ, *Lethrinus* フエフキダイ, *Liparis* クサウオ, *Lutjanus* フエダイ, *Lycodes* マユガジ, *Micropterus* オオクチバス, *Nemipterus* イトヨリダイ, *Nibea* ニベ, *Niphon* アラ, *Opistognathus* アゴアマダイ, *Oplegnathus* イシダイ, *Pagrus* マダイ, *Pampus* マナガツオ, *Parablennius* イソギンポ, *Parapercis* トラギス, *Parapristipoma* イサキ, *Pempheris* ハタンポ, *Pholis* ニシキギンポ, *Platycephalus* コチ, *Polydactylus* ツバメコノシロ, *Priacanthus* キントキダイ, *Prionurus* ニザダイ, *Psenopsis* イボダイ, *Pteropsaron* ホカケトラギス, *Repomucenus* ネズッポ, *Rhynchopelates* シマイサキ, *Sacura* サクラダイ, *Scomber* サバ, *Scorpaena* フサカサゴ, *Sebastes* メバル, *Seriola* ブリ, *Siganus* アイゴ, *Sillago* キス, *Sphyraena* カマス, *Stichaeus* タウエガジ, *Tetrapturus* マカジキ, *Thalassoma* ニシキベラ, *Trachurus* マアジ, *Trichiurus* タチウオ, *Upeneus* ヒメジ, *Uranoscopus* ミシマオコゼ
カレイ目 Pleuronectiformes …*Cynoglossus* イヌノシタ, *Engyprosopon* ダルマガレイ, *Heteromycteris* ササウシノシタ, *Paralichthys* ヒラメ, *Pleuronectes* マガレイ
フグ目 Tetraodontiformes …*Balistoides* モンガラカワハギ, *Diodon* ハリセンボン, *Lactoria* コンゴウフグ,

Mola マンボウ, *Stephanolepis* カワハギ, *Takifugu* トラフグ, *Triacanthodes* ベニカワムキ, *Triacanthus* ギマ

ⅩⅡ B. 肉鰭亜綱 Sarcopterygii

シーラカンス目 Coelacanthiformes …*Latimeria*, †*Miguashaia*
†オニコダス目 Onychodontiformes …†*Onychodus*
†ポロレピス目 Porolepiformes …†*Yongolepis*
ハイギョ目 Ceratodontiformes …†*Ceratodus*, *Lepidosiren* ミナミアメリカハイギョ, *Neoceratodus* オーストラリアハイギョ, *Protopterus* アフリカハイギョ
†リゾーダス目 Rhizodontiformes …†*Rhizodus*, †*Sauripterus*
†オステオレピス目 Osteolepidiformes …†*Osteolepis*
†エルピストステジ類 Elpistostegalia …†*Elpistostege*, †*Panderichthys*

ⅩⅢ. 両生綱 Amphibia : Linnaeus (1758)

ⅩⅢ A. †迷歯亜綱 Labyrinthodontia : Owen (1860)

†イクチオステガ目 Ichthyostegalia : Saeve-Soederbergh (1932) …†*Acanthostega*, †*Ichthyostega*
†エリオプス目(切椎類, 分椎類) Temnospondyli : Zittel (1887-1890) …†*Almasaurus*, †*Branchiosaurus*, †*Cacops*, †*Colosteus*, †*Dissorophus*, †*Doleserpeton*, †*Edops*, †*Eryops*, †*Gerobatrachus*, †*Gerrothorax*, †*Loxomma*, †*Lydekkerina*, †*Mastodonsaurus*, †*Metoposaurus*, †*Parotosaurus*, †*Parotosuchus*, †*Plagiosaurus*, †*Rhinesuchus*, †*Rhytidosteus*, †*Trematosaurus*, †*Trimerorhachis*, †*Tupilakosaurus*
†アントラコサウルス目(炭竜類) Anthracosauria : Saeve-Soederbergh (1935)
　†アントラコサウルス亜目 Embolomeri : Cope (1880) …†*Anthracosaurus*, †*Diplovertebron*, †*Eogyrinus*
　†シームリア亜目 Seymouriomorpha : Watson (1917) …†*Kotlassia*, †*Seymouria*
　†ゲフィロステグス亜目 Gephyrostegi : Jaekel (1911) …†*Gephyrostegus*, †*Solenodonsaurus*
　†ディアデクテス亜目 Diadectomorpha : Watson (1917) …†*Diadectes*

ⅩⅢ B. †空椎亜綱 Lepospondyli : Zittel (1887-1890)

†ムカシアシナシイモリ目(欠脚類) Aistopoda : Miall (1875) …†*Dolichosoma*, †*Ophiderpeton*
†ディプロカウルス目 Nectoridia : Miall (1875) …†*Diplocaulus*, †*Sauropleura*, †*Urocordylus*
†ムカシヤセイモリ目(細竜類) Microsauria : Dawson (1863)
　†トラキステゴス亜目 Tuditanomorpha : Carroll & Gaskill (1978) …†*Rhynchonkos*, †*Trachystegos*
　†ミクロブラキス亜目 Microbrachomorpha : Carroll & Gaskill (1978) …†*Microbrachis*
†リソロフス目 Lysorophia : Williston (1908) …†*Lysorophus*

ⅩⅢ C. 平滑両生亜綱 Lissamphibia : Haeckel, E. (1866)

アシナシイモリ目(無足類) Gymnophiona : Müller, J. (1832) …†*Eocaecilia* オアシナシイモリ, *Ichthyophis* セイロンヌメアシナシイモリ, *Rhinatrema*, *Siphonops* リングアシナシイモリ, *Typhlonectes* ヒラオミズアシナシイモリ, *Uraeotyphlus* ケララアシナシイモリ
イモリ目(有尾類) Caudata : Fischer von Waldheim (1813)
　†カラウルス亜目 Karauroidea : Estes (1981) …†*Karaurus*
　†プロシレン亜目 Prosirenoidea : Estes (1981) …†*Prosiren*
　シレン亜目 Sirenoidea : Goodrich (1930) …*Siren* シレン
　サンショウウオ亜目 Cryptobranchoidea : Dunn (1922) …*Andrias* オオサンショウウオ, *Cryptobranchus* アメリカオオサンショウウオ, *Hynobius* カスミサンショウウオ, *Onychodactylus* ハコネサンショウウオ, *Salamandrella* キタサンショウウオ
　イモリ亜目 Salamandroidea : Noble (1931) …*Ambystoma* アホロートル, *Amphiuma* フタユビアンフューマ, *Cynops* イモリ, *Desmognathus* ウスグロサンショウウオ, *Dicamptodon*, *Plethodon* ヌメサンショウウオ, *Proteus* ホライモリ, *Rhyacotriton* オリンピックサンショウウオ, *Salamandra* マダラサラマンドラ, *Triturus* ヌメイモリ, *Tylototriton* イボイモリ
†トリアドバトラクス目(原無尾類) Proanura : Romer (1945) …†*Triadobatrachus*
カエル目(無尾類) Anura : Fischer von Waldheim (1813)
　ムカシガエル亜目 Archaeobatrachia : Reig (1958) …*Ascaphus* オガエル, *Bombina* スズガエル, *Leiopelma* ムカシガエル, †*Notobatrachus*
　コモリガエル亜目 Mesobatrachia : Laurent (1980) …*Megophrys* アジアツノガエル, *Pelobates* ニンニクガエル, *Pipa* コモリガエル, *Rhinophrynus* メキシコジムグリガエル, *Scaphiopus* ユーチスキアシガエル, *Xenopus* アフリカツメガエル
　カエル亜目 Neobatrachia : Reig (1958) …*Buergeria* カジカガエル, *Bufo* ニホンヒキガエル, *Ceratophrys* ベルツノガエル, *Dendrobates* イチゴヤドクガエル, *Hyla* ニホンアマガエル, *Hyperolius* イロカエクサガエル, *Kaloula* アジアジムグリガエル, *Leptodactylus* ナンベイウ

シガエル, *Lithobates* ウシガエル, *Microhyla* ヒメアマガエル, *Myobatrachus* カメガエル, *Pelophylax* トノサマガエル, *Pseudis* アベコベガエル, *Rana* ニホンアカガエル, *Rhacophorus* モリアオガエル, *Rhinella* オオヒキガエル, *Rhinoderma* ダーウィンハナガエル, *Sooglossus* セーシェルガエル

XIV. 竜弓綱 Sauropsida：Goodrich (1916) (爬虫綱 Reptilia：Laurenti, 1768)

XIV A. †無弓亜綱 Anapsida：Williston (1925) (側爬虫亜綱 Parareptilia：Olson, 1947)

…†*Bolosaurus*, †*Eunotosaurus*, †*Mesosaurus*, †*Millerosaurus*, †*Pareiasaurus*, †*Procolophon*

XIV B. 双弓亜綱 Diapsida：Osborn (1903) (真爬虫亜綱 Eureptilia：Olson, 1947)

…†*Hylonomus*

†カプトリヌス目 Captorhinida：Carroll (1988) …†*Captorhinus*, †*Eocaptorhinus*, †*Labidosaurus*, †*Moradisaurus*

†アレオスケリス目 Araeoscelidia：Williston (1913) …†*Araeoscelis*, †*Petrolacosaurus*

†ヤンギナ目 Youngniformes：Romer (1933) …†*Tangasaurus*, †*Youngina*

†コリストデラ目 Choristodera (分類学的位置不詳)：Cope (1884) …†*Champsosaurus*, †*Shokawa*

カメ目 Testudinata (分類学的位置不詳)：Linnaeus (1758) (Testudines) …†*Triassochelys*

†プロガノケリス亜目 Proganochelyidia：Gaffney (1975) …†*Proganochelys*

曲頸亜目 Pleurodira：Cope (1868) …†*Araripemys*, *Chelus* マタマタ, *Hydromedusa* ヘビクビガメ, *Pelomedusa*, †*Stupendemys*

潜頸亜目 Cryptodira：Cope (1868) …†*Anomalochelys*, †*Baena*, *Caretta* アカウミガメ, *Carettochelys* スッポンモドキ, *Chelonia* アオウミガメ, *Chelydra* カミツキガメ, *Chinemys* クサガメ, *Chrysemys*, *Cyclemys*, *Dermatemys* カワガメ, *Dermochelys* オサガメ, *Emys*, *Eretmochelys* タイマイ, *Geochelone* ゾウガメ, *Kinosternon* ドロガメ, *Mauremys* イシガメ, †*Mesodermochelys*, *Platysternon* オオアタマガメ, †*Pleurosternon*, *Staurotypus* オオニオイガメ, *Testudo*, *Trionyx* スッポン

XIV Ba. †魚竜下綱 Ichthyosauria (分類学的位置不詳)：Owen (1860)

…†*Cymbospondylus*, †*Grippia*, †*Ichthyosaurus*, †*Mixosaurus*, †*Ophthalmosaurus*, †*Shastasaurus*, †*Stenopterygius*, †*Utatsusaurus* ウタツサウルス

XIV Bb. †鰭竜下綱 Sauropterygia：Owen (1860)

†板歯目 Placodontia：Owen (1859) …†*Henodus*, †*Placochelys*, †*Placodus*

†パキプレウロサウルス目 Pachypleurosauria：Sanz (1983) …†*Pachypleurosaurus*

†偽竜目 (ノトサウルス目) Nothosauroidea：Seeley (1882) …†*Lariosaurus*, †*Nothosaurus*, †*Simosaurus*

†首長竜目 (長頸竜目) Plesiosauria：de Blainville (1835) …†*Cryptoclidus*, †*Futabasaurus* フタバスズキリュウ, †*Plesiosaurus*, †*Pliosaurus*, †*Polycotylus*

XIV Bc. 鱗竜形下綱 Lepidosauromorpha：Benton (1983) …†*Kuehneosaurus*, †*Paliguana*

トカゲ上目 Lepidosauria：Haeckel (1866)

ムカシトカゲ目 Sphenodontida：Williston (1925) …†*Gephyrosaurus*, †*Homoeosaurus*, †*Polysphenodon*, *Sphenodon* ムカシトカゲ

有鱗目 (トカゲ目) Squamata：Oppel (1811)

イグアナ下目 Iguania：Camp (1923) …*Agama*, *Amblyrhynchus* ウミイグアナ, *Anolis*, *Calotes*, *Chamaeleo* カメレオン, *Chlamydosaurus* エリマキトカゲ, *Draco* トビトカゲ, *Iguana*, *Japalura* キノボリトカゲ, *Moloch*, *Phrynosoma* ツノトカゲ, *Pogona*

ヤモリ下目 Gekkota：Camp (1923) …*Diplodactylus* イシヤモリ, *Eublepharis*, *Gekko* ヤモリ, *Goniurosaurus* トカゲモドキ, *Lialis* クチボソヒレアシトカゲ, *Pygopus* ヒレアシトカゲ, *Sphaerodactylus* チビヤモリ

ミミズトカゲ下目 Amphisbaenia：Gray (1844) …*Amphisbaena* ミミズトカゲ, *Bipes* フタアシミミズトカゲ, *Rhineura* フロリダミミズトカゲ, *Trogonophis*

オオトカゲ下目 Anguimorpha：Furbringer (1900) …*Anguis* アシナシトカゲ, *Anniella* ギンイロアシナシトカゲ, *Diploglossus* ギャリウオスブ, *Gerrhonotus* アリゲータートカゲ, *Heloderma* ドクトカゲ, *Lanthanotus* ミミナシトカゲ, †*Mosasaurus*, *Shinisaurus* ワニトカゲ, *Varanus* オオトカゲ, *Xenosaurus* メキシコトカゲ

トカゲ下目 Scincomorpha：Camp (1923) …*Cnemidophorus*, *Cordylus* ヨロイトカゲ, *Dibamus* メクラトカゲ, *Feylinia* アリノストカゲ, *Gerrhosaurus* カタトカゲ, *Gymnophthalmus*, *Lacerta* コモチカナヘビ, *Plestiodon* ニホントカゲ, *Scincella* スベトカゲ, *Takydromus* カナヘビ, *Tiliqua* マツカサトカゲ, *Tupinambis* テグートカゲ, *Xantusia* ヨルトカゲ

ヘビ下目 Serpentes：Linnaeus (1758) (Ophidia) …*Achalinus* タカチホヘビ, *Acrochordus* ヤスリミズ

ヘビ, *Agkistrodon* マムシ, *Amphiesma* ヒバカリ, *Anilius* サンゴパイプヘビ, *Anomalepis* カワリメクラヘビ, *Atractaspis*, *Boa*, *Bolyeria* ボアモドキ, *Calamaria* ヒメヘビ, *Coluber*, *Crotalus* ガラガラヘビ, †*Dinilysia*, *Dinodon* マダラヘビ, *Dipsas* マイマイヘビ, *Elaphe* アオダイショウ, *Enhydris* カワヘビ, *Eryx* スナボア, *Eunectes* アナコンダ, *Hydrophis* ウミヘビ, †*Lapparentophis*, *Laticauda* エラブウミヘビ, *Leptotyphlops* ホソメクラヘビ, *Micrurus* サンゴヘビ, *Naja* コブラ, *Natrix* ヨーロッパヤマカガシ, *Ophiophagus* キングコブラ, *Oxyuranus* タイパン, *Pareas* セダカヘビ, *Python* ニシキヘビ, *Rhabdophis* ヤマカガシ, *Trimeresurus* ハブ, *Tropidophis*, *Typhlops* メクラヘビ, *Uropeltis*, *Vipera* クサリヘビ, *Xenopeltis* サンビームヘビ

XIV Bd. 主竜形下綱 Archosauromorpha : von Huene (1946) …†*Hyperodapedon*,
†*Mesosuchus*, †*Rhynchosaurus*, †*Scaphonyx*, †*Trilophosaurus*
†プロラケルタ目 Prolacertiformes : Camp (1915) …†*Macrocnemus*, †*Prolacerta*, †*Protorosaurus*, †*Tanystropheus*, †*Trachelosaurus*

主竜区 Archosauria : Cope (1869) …†*Belodon*, †*Chasmatosaurus*, †*Euparkeria*,
†*Mystriosuchus*, †*Paleorhinus*, †*Parasuchus*, †*Proterochampsa*, †*Proterosuchus*, †*Rutiodon*

クルロタルシ亜区 Crurotarsi : Sereno & Arcucci (1990) …†*Aetosaurus*, †*Ornithosuchus*, †*Poposaurus*, †*Rauisuchus*, †*Stagonolepis*
ワニ形上目 Crocodylomorpha : Hay (1930) …†*Hallopus*, †*Sphenosuchus*
 ワニ目 Crocodylia : Gmelin (1788) …†*Orthosuchus*, †*Protosuchus*
  中正鰐類 Mesoeucrocodylia : Whetstone & Whybrow (1983) …†*Geosaurus*, †*Metriorhynchus*
   後鰐類 Metasuchia : Benton & Clark (1988) …†*Baurusuchus*, †*Sebecus*
    新鰐類 Neosuchia : Garvais (1871) …†*Atoposaurus*, †*Dyrosaurus*, †*Notosuchus*, †*Pholidosaurus*, †*Steneosaurus*, †*Teleosaurus*
     正鰐類 Eusuchia : Huxley (1875) …*Alligator* ミシシッピーワニ, *Caiman* カイマン, *Crocodylus* ナイルワニ, *Gavialis* インドガビアル, *Tomistoma* マレーガビアル

鳥中足骨亜区 Avemetatarsalia : Benton (1999) …†*Scleromochlus*
鳥頸下区 Ornithodira : Gauthier (1986) …†*Lagosuchus*
†翼竜目 Pterosauria : Kaup (1834) …†*Dimorphodon*, †*Rhamphornynchus*, †*Sordes*

《主竜形下綱の分岐図》

```
主竜形下綱
├─†プロラケルタ目
└─主竜区
    ├─クルロタルシ亜区
    │  └─ワニ形上目
    │       └─ワニ目─中正鰐類
    │                    └─後鰐類
    │                         └─新鰐類
    │                              └─正鰐類
    └─鳥中足骨亜区
         └─鳥頸下区
              ├─†翼竜目
              └─恐竜上目
                   ├─竜盤目
                   │   ├─獣脚亜目
                   │   │   ├─†コエロフィシス類
                   │   │   ├─†ケラトサウルス類
                   │   │   └─テタヌラ類
                   │   │        ├─†メガロサウルス類
                   │   │        ├─†アロサウルス類
                   │   │        └─コエルロサウルス類
                   │   │             └─マニラプトル類…†デイノニコサウルス類, 鳥類(鳥綱)
                   │   └─†竜脚形亜目
                   │        └─竜脚下目
                   │             └─新竜脚類
                   │                  └─†マクロナリア類…†ティタノサウルス形類
                   └─†鳥盤目
                        ├─†装盾亜目
                        │    ├─†剣竜下目
                        │    └─†鎧竜下目
                        └─†角脚亜目
                             ├─†堅頭竜下目
                             ├─†角竜下目
                             └─†鳥脚下目
```

　　　　†プテラノドン亜目 Pterodactyloidea : Plieninger (1901) …†*Dsungaripterus*, †*Pteranodon*,
　　　　　　†*Pterodactylus*
恐竜上目 Dinosauria : Owen (1842)
　竜盤目 Saurischia : Seeley (1888)
　　獣脚亜目 Theropoda : Marsh (1881) …†*Herrerasaurus*
　　　†コエロフィシス類 Coelophysoidea : Nopcsa (1928) …†*Coelophysis*
　　　†ケラトサウルス類 Ceratosauria : Marsh (1884) …†*Ceratosaurus*
　　　テタヌラ類 Tetanurae : Gauthier (1986)
　　　　†メガロサウルス類 Megalosauroidea : Fitzinger (1915) …†*Megalosaurus*, †*Spinosaurus*
　　　　†アロサウルス類 Allosauroidea : Marsh (1878) …†*Allosaurus*, †*Fukuiraptor*
　　　　コエルロサウルス類　Coelurosauria : von Huene (1914) …†*Coelurus*, †*Compsognathus*,
　　　　　†*Gorgosaurus*, †*Ornitholestes*, †*Ornithomimus*, †*Tyrannosaurus*
　　　　　マニラプトル類 Maniraptora : Gauthier (1986) …†*Oviraptor*, †*Therizinosaurus*
　　　　　　†デイノニコサウルス類 Deinonychosauria : Colbert & Russell (1969) …†*Deinonychus*,
　　　　　　　†*Dromaeosaurus*, †*Saurornitholestes*, †*Velociraptor*
　　　　　　鳥類 Aves : Linnaeus (1758) …（以下，鳥綱に続く）
　　†竜脚形亜目 Sauropodomorpha : von Huene (1920) …†*Anchisaurus*, †*Plateosaurus*,
　　　　†*Thecodontosaurus*
　　　†竜脚下目 Sauropoda : Marsh (1878)
　　　　†新竜脚類 Neosauropoda : Bonaparte (1986) …†*Apatosaurus*, †*Cetiosaurus*, †*Diplodocus*
　　　　　†マクロナリア類 Macronaria : Wilson & Sereno (1998) …†*Brachiosaurus*, †*Camarasaurus*
　　　　　　†ティタノサウルス形類 Titanosauriformes : Salgado et al. (1997) †*Titanosaurus*, †*Fukuititan*
†鳥盤目 Ornithischia : Seeley (1888) …†*Fabrosaurus*
　†装盾亜目 Thyreophora : Nopcsa (1915) …†*Scelidosaurus*
　　†剣竜下目 Stegosauria : Marsh (1877) …†*Stegosaurus*
　　†鎧竜下目 Ankylosauria : Osborn (1923) …†*Ankylosaurus*, †*Nodosaurus*
　†角脚亜目 Cerapoda : Sereno (1986) …†*Albalophosaurus*
　　†堅頭竜下目 Pachycephalosauria : Maryanska & Osmolska (1974) …†*Pachycephalosaurus*
　　†角竜下目 Ceratopsia : Marsh (1890) …†*Chasmosaurus*, †*Protoceratops*, †*Psittacosaurus*,
　　　†*Triceratops*
　　†鳥脚下目 Ornithopoda : Marsh (1871) …†*Camptosaurus*, †*Fukuisaurus*, †*Hadrosaurus*,
　　　†*Heterodontosaurus*, †*Hypsilophodon*, †*Iguanodon*, †*Nipponosaurus*, †*Thescelosaurus*

　　ⅩⅤ. 鳥綱 Aves : Linnaeus (1758)

　　　ⅩⅤ A. †古鳥亜綱 Archaeornithes

†シソチョウ目 Archaeopterygiformes : Huxley (1871) …†*Archaeopteryx* シソチョウ, †*Xiaotingia* シャオティンギア
†ジェホロルニス目 Jeholornithiformes : Zhou & Zhang (2006) …†*Jeholornis* ジェホロルニス

　　　ⅩⅤ B. †真鳥亜綱 Pygostylia

†コウシチョウ目 Confuciusornithiformes : Hou et al. (1995) …†*Changchengornis* チャンチェンオルニス，
　　†*Confuciusornis* コウシチョウ, †*Eoconfuciusornis* エオコンフキウソルニス
†イベロメソルニス目 Iberomesornithiformes : Sanz & Bonaparte (1992) …†*Iberomesornis* イベロメソルニス
†プロトプテリクス目 Protopterygiformes : Zhang & Zhou (2008) …†*Protopteryx* プロトプテリクス
†ロンギプテリクス目 Longipterygiformes : Zhang et al. (2001) …†*Boluochia* ボルオキア, †*Longipteryx* ロンギプテリクス, †*Longirostravis* ロンギロストラヴィス
†カタイオルニス目 Cathayornithiformes : Zhou et al. (2001) …†*Cathayornis* カタイオルニス
†ゴビプテリクス目 Gobipterygiformes : Elżanowski (1976) …†*Gobipteryx* ゴビプテリクス
†エナンティオルニス目 Enantiornithiformes …†*Avisaurus* アビサウルス, †*Enantiornis* エナンティオルニス
†ヘスペロルニス目 Hesperornithiformes : Sharpe (1890) …†*Hesperornis* タソガレドリ
†イクチオルニス目 Ichthyornithiformes : Fürbringer (1888) …†*Ichthyornis* イクチオルニス

　　　ⅩⅤ C. 新鳥亜綱 Neornithes

　　　　ⅩⅤ Ca. 古口蓋下綱 Palaeognathae

シギダチョウ目 Tinamiformes : Huxley (1872) …*Eudromia* シギダチョウ
ダチョウ目 Struthioniformes : Latham (1790) …*Struthio* ダチョウ
レア目 Rheiformes : Sharpe (1890) …*Rhea* レア
ヒクイドリ目 Casuariiformes : Sharpe (1890) …*Casuarius* ヒクイドリ, *Dromaius* エミュー
†エピオルニス目 Aepyornithiformes : Newton (1884) …†*Aepiornis* リュウチョウ
†モア目 Dinornithiformes : Bonaparte (1853) …†*Dinornis* モア

真核生物ドメイン　動物界　　1571

キウイ目 Apterygiformes：Sharpe (1890) …*Apteryx* キウイ

ⅩⅤ Cb. 新口蓋下綱 Neognathae

キジカモ上目 Galloanserae
　キジ目 Galliformes：Temminck (1820) …*Argusianus* セイラン，*Bambusicola* コジュケイ，*Chrysolophus* キンケイ，*Colinus* コリンウズラ，*Coturnix* ウズラ，*Crax* ホウカンチョウ，*Francolinus* シャコ，*Gallus* ニワトリ，*Lagopus* ライチョウ，*Megapodius* ツカツクリ，*Meleagris* シチメンチョウ，*Numida* ホロホロチョウ，*Pavo* クジャク，*Phasianus* キジ，*Syrmaticus* ヤマドリ，*Tetrastes* エゾライチョウ
　カモ目 Anseriformes：Wagler (1831)
　　サケビドリ亜目 Anhimia …*Anhima* ツノサケビドリ，*Chauna* サケビドリ
　　カモ亜目 Anseres：Linnaeus (1758) …*Aix* オシドリ，*Anas* マガモ，*Anser* マガン，*Anseranas* カササギガン，*Branta* シジュウカラガン，*Cairina* バリケン，*Cygnus* ハクチョウ，*Mergus* カワアイサ，*Tadorna* ツクシガモ

新鳥上目 Neoaves
　アビ目 Gaviiformes：Wetmore & Miller (1926) …*Gavia* アビ
　ペンギン目 Sphenisciformes：Sharpe (1891) …*Aptenodytes* コウテイペンギン，*Pygoscelis* アデリーペンギン
　ミズナギドリ目 Procellariiformes：Fürbringer (1888) …*Diomedea* アホウドリ，*Fulmarus* フルマカモメ，*Oceanodroma* ウミツバメ，*Pelecanoides* モグリウミツバメ，*Puffinus* ハイイロミズナギドリ
　カイツブリ目 Podicipediformes：Fürbringer (1888) …*Podiceps* カイツブリ
　フラミンゴ目 Phoenicopteriformes：Fürbringer (1888) …*Phoenicopterus* フラミンゴ
　ネッタイチョウ目 Phaethontiformes …*Phaethon* ネッタイチョウ
　コウノトリ目 Ciconiiformes：Bonaparte (1854) …*Ciconia* コウノトリ，*Mycteria* トキコウ
　ペリカン目 Pelecaniformes：Sharpe (1891)
　　トキ亜目 Threskiorni …*Nipponia* トキ，*Platalea* ヘラサギ
　　サギ亜目 Ardeae …*Ardea* アオサギ，*Ardeola* アマサギ，*Egretta* コサギ，*Ixobrychus* ヨシゴイ，*Nycticorax* ゴイサギ
　　ペリカン亜目 Pelecani …*Balaeniceps* ハシビロコウ，*Pelecanus* ペリカン，*Scopus* シュモクドリ
　カツオドリ目 Suliformes
　　グンカンドリ亜目 Fregatae …*Fregata* グンカンドリ
　　カツオドリ亜目 Sulae …*Anhinga* ヘビウ，*Phalacrocorax* カワウ，*Sula* カツオドリ
　　†オドントプテリクス亜目 Odontopterygia …†*Odontopteryx*
　タカ目 Accipitriformes：Linnaeus (1758)
　　コンドル亜目 Sarcoramphi …*Vultur* コンドル
　　タカ亜目 Accipitres：Linnaeus (1758) …*Aegypius* クロハゲワシ，*Aquila* イヌワシ，*Buteo* ノスリ，*Circus* チュウヒ，*Haliaeetus* オオワシ，*Milvus* トビ，*Pandion* ミサゴ，*Sagittarius* ヘビクイワシ，*Spizaetus* クマタカ
　ハヤブサ目 Falconiformes：Sharpe (1874) …*Caracara* カラカラ，*Falco* ハヤブサ
　ノガン目 Otidiformes …*Otis* ノガン
　クイナモドキ目 Mesitornithiformes …*Mesitornis* クイナモドキ
　ノガンモドキ目 Cariamiformes …*Cariama* ノガンモドキ
　ジャノメドリ目 Eurypygiformes
　　カグー亜目 Rhynoceti …*Rhynochetos* カグー
　　ジャノメドリ亜目 Eurypygae …*Eurypyga* ジャノメドリ
　ツル目 Gruiformes：Bonaparte (1854)
　　クイナ亜目 Ralli …*Fulica* オオバン，*Gallinula* バン，*Heliornis* ヒレアシ，*Rallus* クイナ，*Sarothrura* キボシクイナ
　　ツル亜目 Grues …*Aramus* ツルモドキ，*Grus* タンチョウ，*Psophia* ラッパチョウ
　†ディアトリマ目 Gastornithiformes …†*Gastornis* ディアトリマ
　チドリ目 Charadriiformes：Huxley (1867)
　　ミフウズラ亜目 Turnices …*Turnix* ミフウズラ
　　チドリ亜目 Charadrii …*Burhinus* イシチドリ，*Calidris* トウネン，*Charadrius* コチドリ，*Chionis* サヤハシチドリ，*Dromas* カニチドリ，*Gallinago* タシギ，*Glareola* ツバメチドリ，*Haematopus* ミヤコドリ，*Himantopus* セイタカシギ，*Hydrophasianus* レンカク，*Ibidorhyncha* トキハシゲリ，*Pedionomus* クビワミフウズラ，*Phalaropus* ヒレアシシギ，*Pluvianellus* マゼランチドリ，*Pluvianus* エジプトチドリ，*Rostratula* タマシギ，*Scolopax* ヤマシギ，*Thinocorus* ヒバリチドリ，*Tringa* イソシギ，*Vanellus* タゲリ
　　カモメ亜目 Lari …*Larus* カモメ，*Rynchops* ハサミアジサシ，*Stercorarius* トウゾクカモメ，*Sterna* アジサシ
　　ウミスズメ亜目 Alcae …*Cepphus* ケイマフリ，*Cerorhinca* ウトウ，*Fratercula* ツノメドリ，*Synthliboramphus* ウミスズメ，*Uria* ウミガラス
　サケイ目 Pteroclidiformes …*Pterocles* クロハラサケイ，*Syrrhaptes* サケイ

ハト目 Columbiformes：Latham(1790) …*Columba* カワラバト，*Ectopistes* リョコウバト(絶滅)，*Goura* カンムリバト，†*Pezophaps* ソリテール，*Raphus* ドードー(絶滅)，*Sphenurus* アオバト，*Streptopelia* キジバト

オウム目 Psittaciformes：Wagler(1830) …*Agapornis* ボタンインコ，*Ara* コンゴウインコ，*Cacatua* キバタン，*Eos* ヒインコ，*Melopsittacus* セキセイインコ，*Psittacus* ヨウム，*Strigops* カカポ，*Trichoglossus* ゴシキセイガイインコ

ツメバケイ目 Opisthocomiformes …*Opisthocomus* ツメバケイ

エボシドリ目 Musophagiformes …*Musophaga* ムラサキエボシドリ，*Tauraco* エボシドリ

ホトトギス目 Cuculiformes：Wagler(1830) …*Centropus* バンケン，*Cuculus* カッコウ

フクロウ目 Strigiformes：Wagler(1830) …*Asio* コミミズク，*Bubo* シマフクロウ，*Ninox* アオバズク，*Nyctea* シロフクロウ，*Otus* コノハズク，*Strix* フクロウ，*Tyto* メンフクロウ

ヨタカ目 Caprimulgiformes：Ridgway(1881)
　アブラヨタカ亜目 Steatornithes …*Nyctibius* タチヨタカ，*Steatornis* アブラヨタカ
　ヨタカ亜目 Caprimulgi …*Caprimulgus* ヨタカ，*Podargus* ガマグチヨタカ

アマツバメ目 Apodiformes：Peters(1940)
　ズクヨタカ亜目 Aegotheli …*Aegotheles* ズクヨタカ
　アマツバメ亜目 Apodi …*Apus* アマツバメ，*Chaetura* ハリオアマツバメ，*Collocalia* アナツバメ，*Hemiprocne* カンムリアマツバメ
　ハチドリ亜目 Trochili …*Archilochus* ノドアカハチドリ，*Ensifera* ヤリハシハチドリ，*Selasphorus* チャイロハチドリ

ネズミドリ目 Coliiformes：Murie(1872) …*Colius* ネズミドリ

キヌバネドリ目 Trogoniformes：*AOU(1886) …*Trogon* キヌバネドリ

オオブッポウソウ目 Leptosomiformes …*Leptosomus* オオブッポウソウ

ブッポウソウ目 Coraciiformes：Forbes(1884)
　カワセミ亜目 Halcyones：Seebohm(1890) …*Alcedo* カワセミ，*Ceryle* ヤマセミ，*Dacelo* ワライカワセミ，*Halcyon* アカショウビン，*Momotus* ハチクイモドキ，*Todus* コビトドリ
　ブッポウソウ亜目 Coraciae …*Brachypteracias* ジブッポウソウ，*Eurystomus* ブッポウソウ
　ハチクイ亜目 Meropes …*Merops* ハチクイ

サイチョウ目 Bucerotiformes
　ヤツガシラ亜目 Upupae …*Phoeniculus* ミドリモリヤツガシラ，*Upupa* ヤツガシラ
　サイチョウ亜目 Bucerotes …*Buceros* サイチョウ，*Bucorvus* ミナミジサイチョウ

キツツキ目 Piciformes：Sharpe(1890)
　キリハシ亜目 Galbulae …*Galbula* キリハシ，*Notharchus* オオガシラ
　オオハシ亜目 Ramphastides …*Eubucco* ゴシキドリ，*Lybius* ハバシゴシキドリ，*Megalaima* オオゴシキドリ，*Ramphastos* オニオオハシ，*Semnornis* オオハシゴシキドリ
　キツツキ亜目 Pici …*Dendrocopos* アカゲラ，*Dryocopus* クマゲラ，*Indicator* ミツオシエ，*Jynx* アリスイ，*Picus* ヤマゲラ，*Sapheopipo* ノグチゲラ

スズメ目 Passeriformes：Seebohm(1890)
　イワサザイ亜目 Acanthisitti …*Xenicus* イワサザイ
　ヒロハシ亜目 Eurylaimi …*Eurylaimus* ヒロハシ，*Pitta* ヤイロチョウ
　タイランチョウ亜目 Tyranni …*Chamaeza* アリツグミ，*Conopophaga* アリサザイ，*Dendrocolaptes* オニキバシリ，*Formicivora* アリドリ，*Furnarius* カマドドリ，*Grallaria* ジアリドリ，*Melanopareia* ムナオビオタテドリ，*Pipra* キモモマイコドリ，*Procnias* スズドリ，*Rhinocrypta* カンムリオタテドリ，*Tityra* ハグロドリ，*Tyrannus* タイランチョウ
　コトドリ亜目 Menurae …*Atrichornis* ワキグロクサムラドリ，*Menura* コトドリ
　スズメ亜目 Passeres：Linnaeus(1758) …*Acrocephalus* オオヨシキリ，*Aegithalos* エナガ，*Alauda* ヒバリ，*Alcippe* チメドリ，*Artamus* モリツバメ，*Bombycilla* キレンジャク，*Buphagus* ウシツツキ，*Calcarius* ツメナガホオジロ，*Certhia* キバシリ，*Cettia* ウグイス，*Chlamydera* オオニワシドリ，*Chloropsis* コノハドリ，*Cinclus* カワガラス，*Cisticola* セッカ，*Climacteris* マミジロキノボリ，*Corvus* ハシブトガラス，*Dasyornis* ヒゲムシクイ，*Dendroica* キイロアメリカムシクイ，*Dicaeum* ハナドリ，*Emberiza* ホオジロ，*Estrilda* カエデチョウ，*Fringilla* アトリ，*Garrulax* ガビチョウ，*Geospiza* ダーウィンフィンチ，*Gerygone* ハシブトセンニュムシクイ，*Heteralocha* ホオダレムクドリ(絶滅)，*Hirundo* ツバメ，*Hypsipetes* ヒヨドリ，*Icterus* ムクドリモドキ，*Lanius* モズ，*Locustella* シマセンニュウ，*Malurus* セアカオーストラリアムシクイ，*Mimus* マネシツグミ，*Motacilla* ハクセキレイ，*Muscicapa* サメビタキ，*Myzomela* ミツスイ，*Nectarinia* タイヨウチョウ，*Oriolus* コウライウグイス，*Paradisaea* フウチョウ，*Paradoxornis* ダルマエナガ，*Pardalotus* ホウセキドリ，*Parus* シジュウカラ，*Passerina* ルリノジコ，*Passer* スズメ，*Pericrocotus* サンショウクイ，*Phylloscopus* メボソムシクイ，*Ploceus* ハタオリドリ，*Polioptila* ブユムシクイ，*Pomatostomus* オーストラリアマルハシ，*Prunella* イワヒバリ，*Regulus* キクイタダキ，*Saxicola* ノビタキ，*Schetba* アカオオハシモ

*アメリカ鳥学会 American Ornithologists' Union

ズ, *Sitta* ゴジュウカラ, *Sturnus* ムクドリ, *Terpsiphone* サンコウチョウ, *Timalia* アカガシラチメドリ, *Troglodytes* ミソサザイ, *Turdus* ツグミ, *Vidua* テンニンチョウ, *Zosterops* メジロ

ⅩⅥ. 単弓綱 Synapsida：Osborn (1903)

ⅩⅥ A. †ペリコサウルス亜綱 (盤竜類) Pelycosauria：Cope (1878)

†カセア目 Caseasauria：Williston (1912) …†*Casea*, †*Cotylorhynchus*, †*Eothyris*, †*Oedaleops*
†ディメトロドン目 Eupelycosauria：Kemp (1982) …†*Aerosaurus*, †*Archaeothyris*, †*Dimetrodon*, †*Edaphosaurus*, †*Elliotsmithia*, †*Glaucosaurus*, †*Ianthasaurus*, †*Mesenosaurus*, †*Ophiacodon*, †*Sphenacodon*, †*Varanodon*, †*Varanosaurus*

ⅩⅥ B. †リストロサウルス亜綱 (獣弓類) Therapsida：Broom (1905)

†ディノケファルス目 (巨頭類) Dinocephalia：Seeley (1895)
　　†チタノフォネウス亜目 Brithopia：Boonstra (1972) …†*Anteosaurus*, †*Titanophoneus*
　　†チタノスクス亜目 Titanosuchia：Broom (1923) …†*Avenantia*, †*Estemmenosuchus*, †*Jonkeria*, †*Moschops*, †*Riebeekosaurus*, †*Struthiocephalus*, †*Tapinocaninus*, †*Tapinocephalus*, †*Titanosuchus*, †*Ulemosaurus*
†ビアルモスクス目 Biarmosuchia：Sigogneau-Russell (1989) …†*Biarmosuchus*, †*Biseridens*, †*Burnetia*, †*Eotitanosuchus*, †*Hipposaurus*, †*Ictidorhinus*, †*Lemurosaurus*
†アノモドン目 (乱歯類) Anomodontia：Owen (1860)
　　†ヴェニュコヴィア亜目 Venyukoviamorpha：Watson & Romer (1956) …†*Otsheria*, †*Suminia*, †*Ulemica*, †*Venyukovia*
　　†ディキノドン亜目 Dicynodontia：Owen (1859) …†*Aulacephalodon*, †*Cistecephalus*, †*Dicynodon*, †*Diictodon*, †*Endothiodon*, †*Eodicynodon*, †*Kannemeyeria*, †*Kingoria*, †*Lystrosaurus*, †*Oudenodon*, †*Pristerodon*, †*Robertia*
†ゴルゴノプス目 Gorgonopsia：Seeley (1895) …†*Clelandina*, †*Gorgonops*, †*Inostrancevia*, †*Leontocephalus*, †*Lycaenops*
†テリオドン目 (獣歯類) Theriodontia：Owen (1876)
　　†テロケファルス亜目 Therocephalia：Broom (1903) …†*Bauria*, †*Ericiolacerta*, †*Euchambersia*, †*Lycosuchus*, †*Moschorinus*, †*Scaloposaurus*
　　キノドン亜目 Cynodontia：Owen (1861) …†*Dvinia*, †*Galesaurus*, †*Procynosuchus*
　　　キノグナトゥス下目 Cynognathia …†*Cynognathus*, †*Diademodon*, †*Traversodon*
　　　プロバイノグナトゥス下目 Probainognathia …†*Probainognathus*, †*Tritylodon*, †*Diarthrognathus*, †*Dromatherium*
　　　哺乳類 Mammalia：Linnaeus (1758) …(以下, 哺乳綱へ続く)

ⅩⅦ. 哺乳綱 Mammalia：Linnaeus (1758)

†モルガヌコドン目 Morganucodonta：Kermack, Mussett & Rigney (1973) …†*Morganucodon*
†ドコドン目 (梁歯目) Docodonta：Kretzoi (1946) …†*Docodon*
†シュオテリウム目 Shuotheridia：Chou & Rich (1982) …†*Shuotherium*
†エウトリコノドン目 Eutriconodonta：Kermack, Mussett & Rigney (1973) …†*Triconodon*
†ゴンドワナテリア目 Gondwanatheria：Mones (1987) …†*Ferugliotherium*, †*Gondwanatherium*, †*Lavanify*, †*Sudamerica*

ⅩⅦ A. アウストラロトリボスフェニック亜綱 Australosphenida：Luo, Kielan-Jaworowska & Cifelli (2001)

†アウスクトリボスフェノス目 Ausktribosphenida：Rich, Vickers-Rich, Trusler, Flannery, Cifelli, Constantine, Kool & van Klaveren (1997) …†*Ambondro*, †*Ausktribosphenos*, †*Steropodon*
単孔目 Monotremata：Bonaparte (1837) …*Ornithorhynchus* カモノハシ, *Tachyglossus* ハリモグラ, *Zaglossus* ミツユビハリモグラ

ⅩⅦ B. †異獣亜綱 Allotheria：Marsh (1880)

†ハラミヤ目 Haramiyida：Hahn (1973) …†*Haramiya*
†多丘歯目 Multituberculata：Cope (1884) …†*Bolodon*, †*Eucosmodon*, †*Meniscoessus*

ⅩⅦ C. †枝獣亜綱 Trechnotheria：McKenna (1975)

†相称歯上目 Symmetrodonta：Simpson (1925) …†*Amphiodon*, †*Kuehneotherium*, †*Spalacotherium*
†ドリオレステス上目 Dryolestoidea：Butler (1939)
　†ドリオレステス目 Dryolestida：Prothero (1981) …†*Krebsotherium*, †*Leonardus*
　†アンフィテリウム目 Amphitheriida：Prothero (1981) …†*Amphitherium*
†最獣上目 Zatheria：McKenna (1975)

†ペラムス目 Peramura : McKenna (1975) …†*Peramus*

ⅩⅦ D. ボレオトリボスフェニック亜綱 Boreosphenida : Luo, Kielan-Jaworowska & Cifelli (2001)

†アエギアロドン目 Aegialodontia : Butler (1978) …†*Aegialodon*, †*Kielantherium*

ⅩⅦ Da. 後獣下綱 Metatheria : Huxley (1880)

オポッサム形目 Didelphiomorpha : Gill (1872) …*Caluromys* セジロウーリーオポッサム, *Didelphis* オポッサム, *Lestodelphys* パタゴニアオポッサム, *Marmosa* アカマウスオポッサム, *Monodelphis* ハイイロジネズミオポッサム, *Philander* ペルーヨツメオポッサム

少丘歯目 Paucituberculata : Ameghino (1894) …*Caenolestes* アンデスケノレステス, *Lestoros* ペルーケノレステス, *Rhyncholestes* チリケノレステス

†砕歯目 Sparassodonta : Ameghino (1894) …†*Borhyaena*

ミクロビオテリウム目 Microbiotheria : Ameghino (1889) …*Dromiciops* チロエオポッサム

フクロモグラ形目 Notoryctemorpha : Kirsch (1977) …*Notoryctes* フクロモグラ

フクロネコ形目 Dasyuromorpha : Simpson (1930) …*Antechinus* アンテキヌス, *Dasyurus* フクロネコ, *Myrmecobius* フクロアリクイ, *Sarcophilus* タスマニアデビル, *Thylacinus* フクロオオカミ (絶滅)

バンディクート目 Peramelemorpha : Ameghino (1889) …*Chaeropus* ブタアシバンディクート, *Isoodon* チャイロコミミバンディクート, *Microperoryctes* マウスバンディクート, *Perameles* ハナナガバンディクート, *Peroryctes* ジャイアントバンディクート

双前歯目 Diprotodontia : Owen (1866)

ウォンバット亜目 Vombatiformes : Burnett (1830) …*Lasiorhinus* キタケバナウォンバット, *Phascolarctos* コアラ, *Vombatus* コモンウォンバット

クスクス亜目 Phalangeriformes : Szalay (1982) …*Acrobates* チビフクロモモンガ, *Burramys* ブーラミス, *Cercartetus* フクロヤマネ, *Petauroides* フクロムササビ, *Petaurus* フクロモモンガ, *Phalanger* ハイイロクスクス, *Pseudocheirus* ハイイロリングテイル, *Tarsipes* フクロミツスイ, *Trichosurus* フクロギツネ

カンガルー亜目 Macropodiformes : Ameghino (1889) …*Bettongia* フサオネズミカンガルー, *Dendrolagus* クロキノボリカンガルー, *Hypsiprymnodon* ニオイネズミカンガルー, *Macropus* オオカンガルー, *Petrogale* アカイワラビー, *Potorous* ハナナガネズミカンガルー, *Wallabia* オグロワラビー

ⅩⅦ Db. 真獣下綱 Eutheria : Gill (1872)

アフリカトガリネズミ目 Afrosoricida : Stanhope (1998)

テンレック形亜目 Tenrecomorpha : Butler (1972) …*Potamogale* ポタモガーレ, *Tenrec* コモンテンレック

キンモグラ亜目 Chrysochloridea : Broom (1915) …*Chrysochloris* キンモグラ

ハネジネズミ目 Macroscelidea : Butler (1956) …*Elephantulus* ハネジネズミ, *Macroscelides* コミミハネジネズミ

管歯目 Tubulidentata : Huxley (1872) …*Orycteropus* ツチブタ

岩狸目 Hyracoidea : Huxley (1869) …*Procavia* イワハイラックス

海牛目 Sirenia : Illiger (1811) …*Dugong* ジュゴン, *Trichechus* マナティー

長鼻目 Proboscidea : Illiger (1811)

†アケボノゾウ亜目 Moeritherioidea : Osborn (1912) …†*Moeritherium*

†バリテリウム亜目 (鈍獣類) Barytherioidea : Simpson (1945) …†*Barytherium*

†デイノテリウム亜目 (恐獣類) Deinotherioidea : Osborn (1921) …†*Deinotherium*

ゾウ亜目 Elephantoidea : Osborn (1921) …*Elephas* インドゾウ, *Loxodonta* アフリカゾウ, †*Mammuthus* マンモス, †*Mastodon*, †*Stegodon*, †*Stegomastodon*

†束柱目 Desmostylia : Reinhart (1953) …†*Cornwallius*, †*Desmostylus*

†重脚目 Embrithopoda : Andrews (1906) …†*Arsinoitherium*

被甲目 Cingulata : Illiger (1811) …*Chlamyphorus* ヒメアルマジロ, *Dasypus* ココノオビアルマジロ, †*Glyptodon* オオアルマジロ

有毛目 Pilosa : Flower (1883)

ナマケモノ亜目 Folivora : Delsuc, Catzeflis, Stanhope & Douzery (2001) …*Bradypus* ミツユビナマケモノ, *Choloepus* フタツユビナマケモノ, †*Megalonyx*, †*Megatherium* オオナマケモノ, †*Mylodon*

アリクイ亜目 Vermilingua : Illiger (1811) …*Myrmecophaga* オオアリクイ

†幻獣目 Apatotheria : Scott & Jepson (1936) …†*Apatemys*

†パントレステス目 Pantolesta : McKenna (1975) …†*Pantolestes*

†レプティクティス目 Leptictida : McKenna (1975) …†*Leptictis*

†アナガレ目 Anagalida : Szalay & McKenna (1971) …*Anagale*

†裂歯目 Tillodontia：Marsh(1875) …†*Esthonyx*, †*Tillotherium*
†紐歯目 Taeniodonta：Cope(1876) …†*Psittacotherium*, †*Stylinodon*
†汎歯目 Pantodonta：Cope(1873) …†*Coryphodon*, †*Pantolambdodon*
†恐角目 Dinocerata：Marsh(1873) …†*Uintatherium*
ハリネズミ形目 Erinaceomorpha：Gregory(1910) …*Atelerix* アルジェリアハリネズミ, *Echinosorex* ジムヌラ, *Erinaceus* アムールハリネズミ, *Hylomys* チュウゴクジムヌラ
トガリネズミ形目 Soricomorpha：Gregory(1910) …*Blarina* ブラリナトガリネズミ, *Chimarrogale* ニホンカワネズミ, *Condylura* ホシバナモグラ, *Crocidura* ジネズミ, *Desmana* デスマン, *Diplomesodon* クラカケジネズミ, *Mogera* アズマモグラ, *Scutisorex* ヨロイジネズミ, *Solenodon* キューバソレノドン, *Sorex* シントウトガリネズミ, *Suncus* ジャコウネズミ, *Uropsilus* チュウゴクミミヒミズ, *Urotrichus* ヒミズ
翼手目 Chiroptera：Blumenbach(1779) …†*Archaeonycteris*, *Cynopterus* コバナフルーツコウモリ, *Desmodus* ナミチスイコウモリ, *Emballonura* オオサシオコウモリ, *Hipposideros* カグラコウモリ, †*Icaronycteris*, *Miniopterus* ユビナガコウモリ, *Murina* テングコウモリ, *Myotis* ヒメホオゲコウモリ, *Pipistrellus* アブラコウモリ, *Pteropus* クビワオオコウモリ, *Rhinolophus* キクガシラコウモリ, *Rousettus* エジプトルーセットオオコウモリ, *Tadarida* オヒキコウモリ, *Vespertilio* ヒナコウモリ
登木目(登攀目) Scandentia：Wagner(1855) …*Dendrogale* ホソオツパイ, *Ptilocercus* ハネオツパイ, *Tupaia* コモンツパイ
皮翼目 Dermoptera：Illiger(1811) …*Cynocephalus* フィリピンヒヨケザル, *Galeopterus* スンダヒヨケザル
霊長目 Primates：Linnaeus(1758)
　†プレシアダピス亜目 Plesiadapiformes：Simons(1972) …†*Paromomys*, †*Plesiadapis*
　曲鼻亜目 Strepsirrhini：Geoffroy Saint-Hilaire(1812)
　　†アダピス下目 Adapiformes：Szalay & Delson(1979) …†*Adapis*, †*Notharctus*
　　キツネザル下目 Lemuriformes：Gray(1821) …*Indri* インドリ, *Lemur* ワオキツネザル, *Lepilemur* イタチキツネザル, *Propithecus* ベローシファカ
　　アイアイ下目 Chiromyiformes：Anthony & Coupin(1931) …*Daubentonia* アイアイ
　　ロリス下目 Lorisiformes：Gregory(1915) …*Galago* ショウガラゴ, *Loris* ホソロリス, *Nycticebus* スローロリス
　直鼻亜目 Haplorhini：Pocock(1918)
　　メガネザル下目 Tarsiiformes：Gregory(1915) …*Tarsius* スラウェシメガネザル
　　真猿下目 Simiiformes：Haeckel(1866)
　　　広鼻小目 Platyrrhini：Geoffroy Saint-Hilaire(1812) …*Alouatta* クロホエザル, *Aotus* ヨザル, *Ateles* ブラウンクモザル, *Callicebus* ティティ, *Callithrix* コモンマーモセット, *Cebus* フサオマキザル, *Chiropotes* ヒゲサキ, *Lagothrix* フンボルトウーリーモンキー, *Saguinus* ワタボウシタマリン, *Saimiri* リスザル
　　　狭鼻小目 Catarrhini：Geoffroy Saint-Hilaire(1812) …†*Apidium*, †*Australopithecus*, *Cercocebus* アジルマンガベイ, *Cercopithecus* クチヒゲグエノン, *Colobus* キングコロブス, †*Dryopithecus*, *Erythrocebus* パタスモンキー, †*Gigantopithecus*, *Gorilla* ニシゴリラ, *Homo* ヒト, *Hylobates* クロテナガザル, *Macaca* ニホンザル, †*Oreopithecus*, *Pan* チンパンジー, *Papio* マントヒヒ, *Pongo* ボルネオオランウータン, *Rhinopithecus* キンシコウ, *Trachypithecus* ゴールデンラングール
鱗甲目 Pholidota：Weber(1904) …*Manis* センザンコウ, †*Necromanis*, †*Palaeanodon*
†肉歯目 Creodonta：Cope(1875) …†*Hyaenodon*, †*Oxyaena*, †*Patrioferis*, †*Sinopa*
食肉目 Carnivora：Bowdich(1821)
　ネコ亜目 Feliformia：Kretzoi(1945) …*Acinonyx* チーター, *Felis* スナネコ, *Herpestes* カニクイマングース, *Hyaena* シマハイエナ, *Lynx* オオヤマネコ, †*Machairodus*, *Neofelis* ウンピョウ, *Paguma* ハクビシン, *Panthera* トラ, *Prionailurus* ベンガルヤマネコ, *Puma* クーガ, †*Smilodon* ケンシコ, *Viverricula* コジャコウネコ
　イヌ亜目 Caniformia：Kretzoi(1938) …*Ailuropoda* ジャイアントパンダ, *Ailurus* レッサーパンダ, *Callorhinus* オットセイ, *Canis* オオカミ, *Enhydra* ラッコ, *Eumetopias* トド, *Gulo* クズリ, *Lutra* ニホンカワウソ, *Lycaon* リカオン, *Martes* テン, *Meles* アナグマ, *Mephitis* シマスカンク, *Mustela* ニホンイタチ, *Nyctereutes* タヌキ, *Odobenus* セイウチ, *Otocyon* オオミミギツネ, *Phoca* ゴマフアザラシ, *Procyon* アライグマ, *Ursus* ヒグマ, *Vulpes* アカギツネ, *Zalophus* アシカ
†無肉歯目 Acreodi：Matthew(1909) …†*Mesonyx*
※鯨目 Cetacea：Brisson(1762)
　†古鯨亜目 Archaeoceti：Flower(1883) …†*Basilosaurus*, †*Dorudon*

※分子系統学研究で鯨目と偶蹄目(p1576)が現生群の中で単一クレードを形成することが明らかとなり, 両者をあわせて鯨偶蹄目 Cetartiodactyla とする研究者もいるが, 科レベルの系統関係に議論があること, 形態や生活史の明確な違いから, ここで示したように両者は二つの目として認められることが多い.

ヒゲクジラ亜目 Mysticeti：Flower(1864) …*Balaenoptera* ナガスクジラ，*Eschrichtius* コククジラ，*Eubalaena* セミクジラ，*Megaptera* ザトウクジラ
ハクジラ亜目 Odontoceti：Flower(1867) …*Berardius* ツチクジラ，*Cephalorhynchus* イロワケイルカ，*Delphinus* マイルカ，*Globicephala* コビレゴンドウ，*Kogia* コマッコウ，*Monodon* イッカク，*Neophocaena* スナメリ，*Orcinus* シャチ，*Phocoena* ネズミイルカ，*Physeter* マッコウクジラ，*Platanista* ガンジスカワイルカ，*Tursiops* ハンドウイルカ，*Ziphius* アカボウクジラ
†顆節目 Condylarthra：Cope(1881) …†*Meniscotherium*，†*Phenacodus*
†アルクトスティロプス目 Arctostylopida：Cifelli, Schaff & McKenna(1989) …†*Arctostylops*
※偶蹄目 Artiodactyla：Owen(1848) …*Alces* ヘラジカ，†*Anoplotherium*，†*Anthracotherium*，*Babyrousa* バビルーサ，*Bison* ヤギュウ，*Bos* ヤク，*Bubalus* スイギュウ，†*Cainotherium*，*Camelus* フタコブラクダ，*Capra* ヤギ，*Capreolus* ノロ，*Capricornis* ニホンカモシカ，*Cervus* ニホンジカ，†*Diacodexis*，*Elaphurus* シフゾウ，*Gazella* インドガゼル，*Giraffa* キリン，*Hexaprotodon* コビトカバ，*Hippopotamus* カバ，†*Homacodon*，*Hydropotes* キバノロ，*Lama* ラマ，†*Megaloceros* オオツノジカ，*Moschus* ヤマジャコウジカ，*Muntiacus* キョン，*Okapia* オカピ，†*Oreodon*，*Oryx* オリックス，*Ovis* ヒツジ，*Pantholops* チルー，*Phacochoerus* イボイノシシ，*Pseudoryx* サオラ，*Rangifer* トナカイ，*Sus* イノシシ，*Tayassu* クチジロペッカリー，*Tragulus* ジャワマメジカ
†南蹄目 Notoungulata：Roth(1903)
　†南祖亜目 Notioprogonia：Simpson(1934) …†*Notostylops*
　†トクソドン亜目 Toxodontia：Owen(1853) …†*Notohippus*，†*Toxodon*
　†ティポテリウム亜目 Typotheria：Zittel(1892) …†*Interatherium*，†*Mesotherium*
　†ヘゲトテリウム亜目 Hegetotheria：Simpson(1945) …†*Hegetotherium*
†滑距目 Litopterna：Ameghino(1889) …†*Macrauchenia*，†*Proterotherium*
†雷獣目(輝獣目) Astrapotheria：Lydekker(1894) …†*Astrapotherium*，†*Trigonostylops*
†火獣目 Pyrotheria：Ameghino(1895) …†*Pyrotherium*
†異蹄目 Xenungulata：Paula Couto(1952) …†*Carodnia*
奇蹄目 Perissodactyla：Owen(1848) …†*Ancylotherium*，*Ceratotherium* シロサイ，*Dicerorhinus* スマトラサイ，*Diceros* クロサイ，†*Epihippus*，*Equus* ウマ，†*Hyracotherium*，†*Menodus*，†*Orohippus*，*Rhinoceros* インドサイ，*Tapirus* マレーバク
†ミモトナ目 Mimotonida：Li(1978) …†*Mimotona*
兎形目 Lagomorpha：Brandt(1855) …*Lepus* ノウサギ，*Ochotona* キタナキウサギ，*Oryctolagus* アナウサギ，*Pentalagus* アマミノクロウサギ
†混歯目 Mixodontia：Sych(1971) …†*Eurymylus*
齧歯目 Rodentia：Bowdich(1821)
　リス亜目 Sciuromorpha：Brandt(1855) …*Aplodontia* ヤマビーバー，*Callosciurus* クリハラリス，*Glirulus* ヤマネ，*Marmota* ヒマラヤマーモット，*Petaurista* ムササビ，*Pteromys* ニホンモモンガ，*Sciurus* ニホンリス，*Spermophilus* ネッタイジリス，*Tamias* シマリス
　ビーバー形亜目 Castorimorpha：Wood(1955) …*Castor* アメリカビーバー，*Chaetodipus* スナポケットマウス，*Dipodomys* サバクカンガルーネズミ，*Geomys* トウブホリネズミ，*Heteromys* モリポケットマウス，*Liomys* メキシコゲポケットマウス，*Orthogeomys* オオホリネズミ，*Perognathus* キヌポケットマウス，*Thomomys* セイブホリネズミ
　ネズミ形亜目 Myomorpha：Brandt(1855) …*Allactaga* ゴビトビネズミ，*Apodemus* アカネズミ，*Clethrionomys* エゾヤチネズミ，*Cricetulus* タカネキヌゲネズミ，*Cricetus* ハムスター，*Dipus* ミユビトビネズミ，*Lemmus* ノルウェーレミング，*Mesocricetus* ゴールデンハムスター，*Micromys* カヤネズミ，*Microtus* ハタネズミ，*Mus* ハツカネズミ，*Ondatra* マスクラット，*Rattus* ドブネズミ，*Sicista* アルタイオナガネズミ，*Spalax* オオモグラネズミ，*Tokudaia* アマミトゲネズミ，*Zapus* セイブトビハツカネズミ
　ウロコオリス形亜目 Anomaluromorpha：Bugge(1974) …*Anomalurus* オオウロコオリス，*Pedetes* ミナミアフリカトビウサギ，*Zenkerella* マクナシウロコオリス
　ヤマアラシ亜目 Hystricomorpha：Brandt(1855)
　　グンディ形下目 Ctenodactylomorphi：Chaline & Mein(1979) …*Ctenodactylus* サバクグンディ，*Felovia* セネガルグンディ，*Massoutiera* ケナガグンディ，*Pectinator* フサオグンディ
　　ヤマアラシ顎下目 Hystricognathi：Tullberg(1899) …*Cavia* モルモット，*Chinchilla* チンチラ，*Cryptomys* コツメデバネズミ，*Ctenomys* ブラジルツコツコ，*Erethizon* カナダヤマアラシ，*Heterocephalus* ハダカデバネズミ，*Hydrochoerus* カピバラ，*Hystrix* タテガミヤマアラシ，*Myocastor* ヌートリア，*Thryonomys* ヨシネズミ

旧口動物(前口動物) Protostomia：Grobben(1908)　(11)〜(35)

(11)毛顎動物門 Chaetognatha：Leuckart, R. (1854)

Ⅰ.†ムカシヤムシ綱 Archisagittoidea：Tokioka(1965) …†*Amiskwia*

Ⅱ.ヤムシ綱 Sagittoidea：Claus & Grobben(1905)

単膜筋目(イソヤムシ類) Phragmophora：Tokioka(1965) …*Bathyspadella* ワダツミヤムシ, *Eukrohnia* クローンヤムシ, *Heterokrohnia*, *Krohnittella*, *Paraspadella* カエデイソヤムシ, *Spadella* イソヤムシ

無膜筋目(ヤムシ類) Aphragmophora：Tokioka(1965) …*Bathybelos*, *Flaccisagitta* フクラヤムシ, *Krohnitta* ホソヤムシ, *Pterokrohnia*, *Pterosagitta* ヘラガタヤムシ, *Sagitta* ヤムシ

冠輪動物 Lophotrochozoa：Halanych et al. (1995) (12)～(27)

(12) 二胚動物門 Dicyemida：van Beneden(1882)(菱形動物門 Rhombozoa)

…*Conocyema*, *Dicyema* ミサキニハイチュウ, *Dicyemennea*, *Kantharella*, *Microcyema*, *Pleodicyema*, *Pseudicyema* コウイカニハイチュウ

(13) 直泳動物門 Orthonectida：Giard(1877)

…*Ciliocincta*, *Pelmatosphaera*, *Rhopalura*, *Stoecharthrum*

(14) 扁形動物門 Platyhelminthes：Hyman(1951) (Plathelminthes：Schneider, 1873)

Ⅰ.小鎖状綱 Catenulida：von Graff(1905)

…*Catenula* イトヒメウズムシ, *Rhynchoscolex* ナガフンヒメウズムシ, *Stenostomum* クサリヒメウズムシ

Ⅱ.有棒状体綱 Rhabditophora：Ehlers(1985)

多食目 Macrostomida：Doe(1986) …*Macrostomum* ヒラヒメウズムシ, *Microstomum* チョウヅメヒメウズムシ

単咽頭目 Haplopharyngida：Karling(1974) …*Haplopharynx*

多岐腸目 Polycladida：Lang(1881)

無吸盤類 Acotylea：Lang(1884) …*Discocelis* ニホンヒラムシ, *Notoplana* ウスヒラムシ, *Planocera* ツノヒラムシ, *Stylochus* イイジマヒラムシ

吸盤類 Cotylea：Lang(1884) …*Boninia* オガサワラヒラムシ, *Pseudoceros* マダラニセツノヒラムシ, *Thysanozoon* ミノヒラムシ

卵黄皮目 Lecithoepitheliata：Reisinger(1924) …*Gnosonesima*, *Prorhynchus* コケウズムシ

吸扁目 Bothrioplanida：Sopott-Ehlers(1985) …*Bothrioplana* ヒメヒラウズムシ

原順列目 Proseriata：Meixner(1938)

担石類 Lithophora：Steinböck(1925) …*Coelogynopora*, *Otoplana*

担爪類 Unguiphora：Sopott-Ehlers(1985) …*Nematoplana*, *Polystyliphora*

棒腸目 Rhabdocoela：Meixner(1925)

樽咽頭類 Dalyellioida：Bresslau(1933) …*Anoplodium*, *Dalyellia*, *Graffilla*

無吻類 Typhloplanoida：Bresslau(1933) …*Castrada*, *Mesostoma* ドロタヒメウズムシ, *Typhloplana*

隠吻類 Kalyptorhynchia：von Graff(1905) …*Gnathorhynchus*, *Gyratrix* ハリヒメウズムシ, *Polycystis*, *Schizorhynchus*

截頭類 Temnocephalida：Blanchard(1849) …*Caridinicola* エビヤドリツノムシ, *Temnocephala*, *Troglocaridicola*

不透明目 Adiaphanida：Noren & Jondelius(2002)

原中黄類 Prolecithophora：Karling(1940) …*Plagiostomum* クロアミメウズムシ, *Vorticeros* イイジマナメクジムシ

三岐腸類 Tricladida：Lang(1884) …*Bipalium* クロイロコウガイビル, *Dendrocoelopsis* エゾウズムシ, *Dugesia* ナミウズムシ, *Ectoplana* カブトガニウズムシ, *Planaria*, *Polycelis* カズメウズムシ

フェカンピア類 Fecampiida：Rhode, Luton & Johnson(1994) …*Fecampia*, *Glanduloderma*, *Kronborgia*, *Notentera*

新皮目 Neodermata：Ehlers(1985)

単生類 Monogenea：van Beneden(1858)

単後吸盤類 Monopisthocotylea：Odhner(1912) …*Acanthocotyle*, *Dactylogyrus*, *Gyrodactylus*, *Monocotyle*, *Tetraonchoides*

多後吸盤類 Polyopisthocotylea：Odhner (1912)　…*Chimaericola*, *Diplozoon* フタゴムシ, *Microcotyle*, *Polystoma*
　吸虫類 Trematoda：Rudolphi (1808)
　　楯吸虫類 Aspidogastrea：Faust & Tang (1936)　…*Aspidogaster* イイジマタテキュウチュウ, *Rugogaster*, *Sychnocotyle*
　　二生類 Digenea：van Beneden (1858)　…*Clonorchis* カンキュウチュウ, *Fasciola* カンテツ, *Leucochloridium* ロイコクロリディウム, *Schistosoma* ニホンジュウケツキュウチュウ
　条虫類 Cestoda：Gegenbauer (1859)
　　単節条虫類 Cestodaria：Monticelli (1892)　…*Amphilina* ヨウヘンジョウチュウ, *Gyrocotyle* エンバイジョウチュウ
　　真正条虫類(多節類) Eucestoda：Southwell (1930)　…*Diphyllobothrium* コウセツレットウジョウチュウ, *Echinococcus* エキノコックス, *Nybelinia* サメニベリンジョウチュウ, *Taenia* ユウコウジョウチュウ

(15) 顎口動物門 Gnathostomulida：Ax, P. (1956)

ハプログナチア目(糸精子類) Filospermoidea：Sterrer (1972)　…*Haplognathia*, *Pterognathia*
グナトストムラ目(嚢腔類) Bursovaginoidea：Sterrer (1972)　…*Agnathiella*, *Gnathostomaria*, *Gnathostomula*, *Mesognatharia*, *Rastrognathia*

(16) 腹毛動物門 Gastrotricha：Metschnikoff (1864)

帯虫目(オビムシ類) Macrodasyida：Remane (1925)　…*Dactylopodola*, *Lepidodasys*, *Macrodasys*, *Planodasys*, *Tetranchyroderma* イカリトゲオビムシ, *Thaumastoderma*, *Turbanella*, *Xenodasys*
毛遊目(イタチムシ類) Chaetonotida：Remane (1925)　…*Chaetonotus*, *Dasydytes*, *Dichaetura*, *Musellifer*, *Neodasys*, *Neogossea*, *Polymerurus* イタチムシ, *Proichthydium*, *Xenotrichula*

(17) 微顎動物門 Micrognathozoa：Kristensen, R.M. & Funch, P. (2000)

　　　…*Limnognathia*

(18) 輪形動物門 Rotifera：Cuvier, G. (1798)（Rotatoria：Ehrenberg, C.G., 1838）

Ⅰ.側輪虫綱 Pararotatoria：Sudzuki, M. (1964)
ウミヒルガタワムシ目 Seisonacea：Wesenberg-Lund, C. (1899)　…*Seison* ウミヒルガタワムシ
Ⅱ.真輪虫綱 Eurotatoria：De Ridder, M. (1957)
　Ⅱ A.ヒルガタワムシ亜綱 Bdelloidea：Hudson, C.T. (1884)
ヒルガタワムシ目 Bdelloida：Hudson, C.T. (1884)　…*Adineta* ハナゲヒルガタワムシ, *Habrotrocha* ドロヒルガタワムシ, *Philodina* ベニヒルガタワムシ, *Philodinavus*, *Rotaria* ヒルガタワムシ
　Ⅱ B.単生殖巣亜綱 Monogononta：Plate, L.H. (1889)
遊泳目(ワムシ類) Ploima：Hudson, C.T. & Gosse, P.H. (1886)　…*Asplanchna* フクロワムシ, *Brachionus* ツボワムシ, *Dicranophorus* テングワムシ, *Epiphanes* ミズワムシ, *Euchlanis* ハオリワムシ, *Gastropus* トクリワムシ, *Keratella* カメノコウワムシ, *Lecane* ツキガタワムシ, *Lepadella* ウサギワムシ, *Mytilina* サヤガタワムシ, *Notommata* コガタワムシ, *Proales* スナワムシ, *Scaridium* オナガワムシ, *Synchaeta* ドロワムシ, *Trichocerca* ネズミワムシ, *Trichotria* オニワムシ
マルサヤワムシ目 Flosculariaceae：Harring, H.K. (1913)　…*Conochilus* テマリワムシ, *Filinia* ミツウデワムシ, *Floscularia* マルサヤワムシ, *Hexarthra* ミジンコワムシ, *Testudinella* ヒラタワムシ
ハナビワムシ目 Collothecaceae：Harring, H.K. (1913)　…*Atrochus*, *Collotheca* ハナビワムシ

(19) 鉤頭動物門 Acanthocephala：Kohlreuther (1771)

Ⅰ.原鉤頭虫綱(獣鉤頭虫類) Archiacanthocephala：Meyer (1931)
大鉤頭虫目 Oligacanthorhynchida：Petrochenko (1956)　…*Macracanthorhynchus* ダイコウトウチュウ, *Oligacanthorhynchus*
ギガントリンクス目 Gigantorhynchida：Southwell & Macfie (1925)　…*Gigantorhynchus*

鎖状鉤頭虫目 Moniliformida：Schmidt(1972) ⋯*Moniliformis* サジョウコウトウチュウ
アポロリンクス目 Apororhynchida：Thapar(1927) ⋯*Apororhynchus*

II．始鉤頭虫綱(魚鉤頭虫類) Eoacanthocephala：Van Cleve(1936)

クアドリギルス目 Gyracanthocephala：Van Cleve(1936) ⋯*Quadrigyrus*
新鉤頭虫目 Neoechinorhynchida：Ward(1917) ⋯*Dendronucleata*, *Neoechinorhynchus* ミガルシンコウトウチュウ, *Tenuisentis*

III．古鉤頭虫綱(鉤頭虫類) Palaeacanthocephala：Meyer(1931)

鉤頭虫目 Echinorhynchida：Southwell & Macfie(1925) ⋯*Acanthocephalus* ヒメコウトウチュウ, *Cavisoma*, *Diplosentis*, *Echinorhynchus* タラコウトウチュウ, *Fessisentis*, *Heteracanthocephalus*, *Heterosentis*, *Hypoechinorhynchus*, *Illiosentis*, *Longicollum* クビナガコウトウチュウ, *Polyacanthorhynchus*, *Pomphorhynchus*, *Rhadinorhynchus* カツオコウトウチュウ, *Transvena*
ポリモルフス目 Polymorphida：Petrochenko(1956) ⋯*Centrorhynchus* ナガコウトウチュウ, *Polymorphus*, *Porrorchis* ナガマエタマコウトウチュウ

(20) 有輪動物門 Cycliophora：Funk, P. & Kristensen, R. M. (1995)

⋯*Symbion*

(21) 内肛動物門 Entoprocta：Nitche(1869) (曲形動物門 Kamptozoa：Cori, C., 1921)

⋯*Barentsia* スズコケムシ, *Loxosoma*, *Pedicellina*, *Urnatella* シマミズウドンゲ

(22) 苔虫動物門 Bryozoa：Ehrenberg, C.G. (1831) (外肛動物門 Ectopocta：Nitche, H., 1870)

I．被口綱(被喉類，掩喉類) Phylactolaemata：Allman(1856)

⋯*Cristatella* アユミコケムシ, *Fredericella*, *Lophopodella* ヒメテンコケムシ, *Pectinatella* オオマリコケムシ, *Plumatella* ハネコケムシ

II．狭口綱(狭喉類) Stenolaemata：Borg(1926)

†胞孔目 Cystoporata：Astrova(1964) ⋯†*Constellaria*, †*Favositella*
†変口目 Trepostomata：Ulrich(1882) ⋯†*Anisotrypa*, †*Hallopora*, †*Monticulipora*, †*Nicholsonella*
†陰口目 Cryptostomata：Vine(1883) ⋯†*Ptilodictya*, †*Rhabdomeson*
†窓格目 Fenestrata：Elias & Condra(1957) ⋯†*Archimedes*, †*Penniretepora*
管口目 Tubuliporata：Johnston(1847) (円口目 Cyclostomata：Busk, 1852) ⋯*Crisia* ヒゲコケムシ, *Heteropora* サンゴコケムシ, *Lichenopora* ハナザラコケムシ, *Tubulipora* クダコケムシ

III．裸口綱(裸喉類) Gymnolaemata：Allman(1856)

櫛口目 Ctenostomata：Busk(1852) ⋯*Alcyonidium* ヤワコケムシ, *Amathia* ツブナリコケムシ, *Bowerbankia* フクロコケムシ, *Flustrellidra* ツノヤワコケムシ, *Zoobotryon* ホンダワラコケムシ
唇口目 Cheilostomata：Busk(1852) ⋯*Aetea* ハイコケムシ, *Bugula* フサコケムシ, *Carbasea* オウギコケムシ, *Celleporella* キタウスコケムシ, *Celleporina* コブコケムシ, *Iodictyum* アミコケムシ, *Membranipora* ヒラハコケムシ, *Microporella* ウスコケムシ, *Schizoporella* ヒラコケムシ, *Smittina* ハグチコケムシ, *Smittipora* ツメバコケムシ, *Steginoporella* ボタンコケムシ, *Thalamoporella* ツノマタコケムシ, *Watersipora* チゴケムシ

(23) 箒虫動物門 Phoronida：Hatschek, B. (1888)

⋯*Phoronis* ホウキムシ, *Phoronopsis*

(24) 腕足動物門 Brachiopoda：Duméril, A. M. C. (1806)

(24A) 舌殻亜門 Linguliformea：Williams et al. (1996)

I．舌殻綱 Lingulata：Gorjansky & Popov(1985)

シャミセンガイ目(舌殻類) Lingulida：Waagen(1885) ⋯*Glottidia*, *Lingula* ミドリシャミセンガイ
カサシャミセン目(盤殻類) Acrotretida：Kuhn(1949) ⋯*Discina*, *Discinisca* カサシャミセン, †*Trematis*

†シフォノトレタ目 Siphonotretida : Kuhn (1949) …†*Siphonotreta*

　　Ⅱ.†パテリナ綱 Peterinata : Williams et al. (1996)

†パテリナ目 Paterinida : Rowell (1965) …†*Paterina*

(24B) 頭殻亜門 Craniiformea : Popov et al. (1993)

　　Ⅰ.頭殻綱 Craniata : Williams et al. (1996)

†クラニオプス目 Craniopsida : Gorjansky & Popov (1985) …†*Craniops*
イカリチョウチン目(頭殻類) Craniida : Waagen (1885) …†*Crania*, *Craniscus* イカリチョウチン
†トリメレラ目 Trimerellida : Gorjansky & Popov (1985) …†*Trimerella*

(24C) 嘴殻亜門 Rhynchonelliformea : Williams et al. (1996)

　　Ⅰ.†キレ綱 Chileata : Williams et al. (1996)

†キレ目 Chileida : Popov & Tikhonov (1990) …†*Chile*
†ディクチオネラ目 Dictyonellida : Cooper (1956) …†*Eodictyonella*

　　Ⅱ.†オボレラ綱 Obolellata : Williams et al. (1996)

†オボレラ目 Obolellida : Rowell (1965) …†*Obolella*
†ナウカト目 Naukatida : Popov & Tikhonov (1990) …†*Naukat*

　　Ⅲ.†クトルギナ綱 Kutorginata : Williams et al. (1996)

†クトルギナ目 Kutorginida : Kuhn (1949) …†*Kutorgina*

　　Ⅳ.†ストロフォメナ綱 Strophomenata : Williams et al. (1996)

†ストロフォメナ目 Strophomenida : Öpik (1934) …†*Leangella*, †*Strophomena*
†プロドゥクトス目 Productida : Sarytcheva & Sokolskaya (1959) …†*Anoplia*, †*Leptodus*, †*Productus*, †*Richthofenia*
†オルトテテラ目 Orthotetida : Waagen (1884) …†*Coolinia*, †*Orthotetella*, †*Triplesia*
†ビリングセラ目 Billingsellida : Schuchert (1893) …†*Billingsella*, †*Clitambonites*, †*Kullervo*

　　Ⅴ.嘴殻綱 Rhynchonellata : Williams et al. (1996)

†プロトオルチス目 Protorthida : Schuchert & Cooper (1931) …†*Protorthis*
オルチス目 Orthida : Schuchert & Cooper (1932) …†*Enteletes*, †*Orthis*
†ペンタメルス目 Pentamerida : Schuchert & Cooper (1931) …†*Pentamerus*, †*Porambonites*
クチバシチョウチン目(嘴殻類) Rhynchonellida : Kuhn (1949) …*Basiliola* テリチョウチンガイ, *Frieleia*, *Hemithiris* クチバシチョウチンガイ, *Notosaria*, †*Rhynchonella*, *Tegulorhynchia* トゲクチバシチョウチンガイ
†アトリパ目 Atrypida : Rzhonsnitskaia (1960) …†*Athyris*, †*Atrypa*, †*Dayia*, †*Homoeospira*
†スピリファー目 Spiriferida : Waagen (1883) …†*Cyrtia*, †*Martinia*, †*Spirifer*
†スピリフェリナ目 Spiriferinida : Ivanova (1972) …†*Cyrtina*, †*Spiriferina*
テキデア目 Thecideida : Pajaud (1970) …†*Thecidea*, *Thecidellina*
ホウズキガイ目(穿殻類) Terebratulida : Waagen (1883) …*Abyssothyris*, †*Aulacothyris*, †*Beecheria*, *Coptothyris* ホウズキガイ, *Dallina* マルグチホウズキガイ, *Frenulina* フレヌラソデガイ, *Gryphus* シロチョウチンホウズキガイ, †*Kingena*, *Laqueus* ホウズキチョウチン, *Nipponithyris* ニッポンホウズキガイ, *Pictothyris* コカメガイ, *Platidia*, †*Stringocephalus*, *Terebratalia* カメホウズキチョウチン, *Terebratulina* タテスジチョウチンガイ

(25) 紐形動物門 Nemertea : Quatrefages (1846) (Rhynchocoela : Schultze, 1851)

　　Ⅰ.古紐虫綱 Palaeonemertea : Hubrecht (1879)

…*Callinera* ニシカワヒモムシ, *Carinesta* ケンサキヒモムシ, *Carinina*, *Carinoma*, *Cephalothrix* アカハナヒモムシ, *Tubulanus* クリゲヒモムシ

　　Ⅱ.担帽綱 Pilidiophora : Thollesson & Norenburg (2003)

…*Cerebratulus* オロチヒモムシ, *Hubrechtella* イイジマヒモムシ, *Lineus* ミドリヒモムシ, *Micrura* アッケシヒモムシ

　　Ⅲ.針紐虫綱 Hoplonemertea : Hubrecht (1879)

Ⅲ A. 単針亜綱 Monostilifera : Brinkmann (1917)
　　　…*Amphiporus* ヤジロベヒモムシ, *Carcinonemertes* カニヒモムシ, *Emplectonema* ホソミドリヒモムシ, *Geonemertes* オガサワラリクヒモムシ, *Malacobdella* ヒモビル, *Nipponnemertes* マダラヒモムシ, *Oerstedia* ボタンヒモムシ, *Ototyphlonemertes*, *Tetrastemma* メノコヒモムシ

Ⅲ B. 多針亜綱 Polystilifera : Brinkmann (1917)
爬行目 Reptantia : Brinkmann (1917) …*Drepanophorus* ミカドヒモムシ
遊泳目 Pelagica : Brinkmann (1917) …*Nectonemertes* ホソオヨギヒモムシ, *Pelagonemertes* オヨギヒモムシ

(26) 軟体動物門 Mollusca : Cuvier (1797)

Ⅰ. 溝腹綱 Solenogastres : Gegenbaur (1878)
(目) Pholidoskepia : Salvini-Plawen (1978) …*Gymnomenia* ハダカウミヒモ, *Lepidomenia* ウロコノヒモ, *Nematomenia* ホソウミヒモ
(目) Neomeniomorpha : Pelseneer (1906) …*Neomenia* サンゴノフトヒモ
(目) Sterrofustia : Salvini-Plawen (1978) …*Phyllomenia* コノハウミヒモ
(目) Cavibelonia : Salvini-Plawen (1978) …*Epimenia* カセミミズ

Ⅱ. 尾腔綱 Caudofoveata : Boettger (1955)
　　　…*Chaetoderma* アッケシケハダウミヒモ, *Limifossor*, *Prochaetoderma*

Ⅲ. 多板綱 Polyplacophora : de Blainville (1816)
†古多板目 Paleoloricata : Bergenhayn (1955)
　†ケロデス亜目 Chelodina : Bergenhayn (1943) …†*Chelodes*
　†セプテムキトン亜目 Septemchitonina : Bergenhayn (1955) …†*Helminthochiton*, †*Septemchiton*
新多板目 Neoloricata : Bergenhayn (1955)
　サメハダヒザラガイ亜目 Lepidopleurina : Thiele (1910) …*Leptochiton* サメハダヒザラガイ
　ウスヒザラガイ亜目 Ischnochitonina : Bergenhayn (1930) …*Acanthopleura* ヒザラガイ, *Ischnochiton* ウスヒザラガイ, *Lepidozona* ヤスリヒザラガイ, *Mopalia* ヒゲヒザラガイ, *Onithochiton* ニシキヒザラガイ, *Placiphorella* ババガセ, *Rhyssoplax* クサズリガイ, *Tonicella* アオスジヒザラガイ
　ケハダヒザラガイ亜目 Acanthochitonina : Bergenhayn (1930) …*Acanthochitona* ケハダヒザラガイ, *Cryptochiton* オオバンヒザラガイ, *Cryptoplax* ケムシヒザラガイ

Ⅳ. 単板綱 Monoplacophora : Odhner in Wenz (1940) (Tryblidia, Tryblidiida)
(目) Tryblidioidea : Lemche (1957) …*Adenopilina*, *Laevipilina*, *Micropilina*, *Monoplacophorus*, *Neopilina*, †*Pilina*, *Rokopella*, †*Scenella*, †*Tryblidium*, *Veleropilina*, *Vema*
†(目) Archinacelloidea : Knight & Yochelson (1958) …†*Archinacella*, †*Cyrtonella*, †*Hypseloconus*
†(目) Cambridioidea : Horný (1957) …†*Cambridium*

Ⅴ. †吻殻綱 Rostroconchia : Pojeta, Runnegar, Morris & Newell (1972)
†(目) Ribeirioida : Kobayashi (1933) …†*Pinnocaris*, †*Ribeiria*, †*Ribeirina*, †*Watsonella*
†(目) Ischyrinioida : Pojeta & Runnegar (1976) …†*Ischyrinia*
†(目) Conocardioida : Meumayr (1891) …†*Conocardium*, †*Hippocardia*

Ⅵ. 掘足綱 Scaphopoda : Bronn (1862)
ゾウゲツノガイ目 Dentaliida : Da Costa (1776) …*Antalis* ツノガイ, *Calliodentalium* サフランツノガイ, *Compressidentalium* ヒラツノガイ, *Dentalium* ヤカドツノガイ, *Episiphon* ロウソクツノガイ, *Fissidentalium* ヤスリツノガイ, *Fustiaria* サケツノガイ, *Pictodentalium* マルツノガイ
クチキレツノガイ目 Gadilida : Starobogatov (1974)
　ミカドツノガイ亜目 Entalimorpha : Steiner (1992) …*Entalina* ミカドツノガイ, *Entalinopsis* ユキツノガイ
　クチキレツノガイ亜目 Gadilimorpha : Steiner (1992) …*Siphonodentalium* クチキレツノガイ

Ⅶ. 二枚貝綱 Bivalvia : Linnaeus (1758)

Ⅶ A. 原鰓亜綱 Protobranchia : Pelseneer (1889)
クルミガイ目 Nuculida : Dall (1889) …*Acila* キララガイ, *Leionucula* クルミガイ
キヌタレガイ目 Solemyida : Dall (1889) …*Acharax* スエヒロキヌタレガイ, *Petrasma* キヌタレガイ

真核生物ドメイン　動物界

ロウバイ目 Nuculanida：Dall (1889)　…*Nuculana* ロウバイ，*Portlandia* ベッコウキララ，*Yoldia* クモリソデガイ

VII B. 翼形亜綱 Pteriomorphia：Beurlen (1944)

フネガイ目 Arcida：Gray (1854)　…*Arca* フネガイ，*Limopsis* オオシラスナガイ
カキ目 Ostreida：Férussac (1822)　…*Crassostrea* マガキ，*Neopycnodonte* ベッコウガキ，*Ostrea* イタボガキ
イガイ目 Mytilida：Férussac (1822)　…*Mytilus* イガイ
ウグイスガイ目 Pteriida：Newell (1965)　…*Pinctada* アコヤガイ，*Pinna* ハボウキガイ，*Pteria* マベ
イタヤガイ目 Pectinida：Gray (1854)　…*Anomia* ナミマガシワ，*Dimya* イシガイ，*Patinopecten* ホタテガイ，*Pecten* イタヤガイ，*Plicatula* ネズミノテガイ
ミノガイ目 Limida：Moore (1952)　…*Lima* ミノガイ

VII C. 古異歯亜綱 Palaeoheterodonta：Newell (1965)

サンカクガイ目 Trigoniida：Dall (1889)　…*Neotrigonia* シンサンカクガイ，†*Trigonia* サンカクガイ
イシガイ目 Unionida：Gray (1854)　…*Margaritifera* カワシンジュガイ，†*Trigonioides*，*Unio* イシガイ

VII D. 異歯亜綱 Heterodonta：Neumayr (1884)

ツキガイ目 Lucinida：Gray (1854)　…*Codakia* ツキガイ，*Conchocele* オウナガイ
†(目) Actinodontida：Dechaseaux (1952)　…†*Actinodonta*
トマヤガイ目 Carditida：Dall (1889)　…*Cardita* トマヤガイ，*Nipponocrassatella* モシオガイ
†ヒプリテス目 Hippuritida：Newell (1965)　…†*Hippurites*
マルスダレガイ目 Venerida：Gray (1854)　…*Calyptogena* シロウリガイ，*Chama* キクザルガイ，*Corbicula* ヤマトシジミ，*Lasaea* チリハギガイ，*Mactra* バカガイ，*Meretrix* ハマグリ，*Ruditapes* アサリ，*Solen* マテガイ，*Sphaerium* ドブシジミ，*Tellinella* ニッコウガイ，*Vasticardium* ザルガイ，*Venus* マルスダレガイ
オオノガイ目 Myida：Stoliczka (1870)　…*Barnea* ニオガイ，*Gastrochaena* ツクエガイ，*Hiatella* キヌマトイガイ，*Mya* オオノガイ
異靭帯目 Anomalodesmata：Dall (1889)　…*Clavagella* クビタテツツガキ，*Cuspidaria* シャクシガイ，*Myadora* ミツカドカタビラガイ，*Pandorella* ネリガイ，*Pholadomya* ウミタケモドキ，*Poromya* スナメガイ，*Thracia* スエモノガイ，*Verticordia* ウズマキゴコロガイ

VIII. 頭足綱 Cephalopoda：Cuvier (1794)

VIII A. †(亜綱) Orthoceratoidea：Kuhn (1940)

†(目) Plectronocerida：Flower (1964)　…†*Plectronoceras*
†(目) Yanhecerida：Chen & Qi (1979)　…†*Aetheloxoceras*，†*Yanheceras*
†(目) Ellesmerocerida：Flower (1950)　…†*Ellesmeroseras*
†(目) Protactinocerida：Cehn & Qi (1979)　…†*Protactinoceras*
†(目) Orthocerida：Kuhn (1940)　…†*Orthoceras*
†(目) Ascocerida：Kuhn (1949)　…†*Ascoceras*

VIII B. †(亜綱) Actinoceratoidea：Teichert (1933)

†(目) Actinocerida：Teichert (1933)　…†*Actinoceras*

VIII C. †(亜綱) Endoceratoidea：Teichert (1933)

†(目) Endocerida：Teichert (1933)　…†*Endoceras*
†(目) Intejocerida：Balashov (1960)　…†*Bajkaloceras*，†*Intejoceras*，†*Padunoceras*

VIII D. オウムガイ亜綱 Nautiloidea：Agassiz (1847)

†(目) Tarphycerida：Flower (1950)　…†*Tarphyceras*
†(目) Oncocerida：Flower (1950)　…†*Oncoceras*
†(目) Discosorida：Flower (1950)　…†*Discosorus*
オウムガイ目 Nautiloidea：Agassiz (1847)　…*Nautilus* オウムガイ

VIII E. †アンモナイト亜綱 Ammonoidea：Agassiz (1847)

†バクトリテス目 Bactritida：Shimanskiy (1951)　…†*Bactrites*
†アナセラス目 Anarcestida：Miller & Furnish (1954)　…†*Agoniatites*，†*Anarcestes*，†*Gephuroceras*，†*Pharciceras*
†ゴニアタイト目 Goniatitida：Hyatt (1884)　…†*Goniatites*，†*Tornoceras*
†クリメニア目 Clymeniida：Wedekind (1914)　…†*Clymenia*，†*Cyrtoclymenia*
†プロレカニテス目 Prolecanitida：Miller & Furnish (1954)　…†*Medlicottia*，†*Prolecanites*
†セラタイト目 Ceratitida：Hyatt (1884)　…†*Arcestes*，†*Ceratites*，†*Otoceras*

†フィロセラス目 Phyllocerida : Kuhn (1940) …†*Phylloceras*
†リトセラス目 Lytocerida : Hyatt (1889) …†*Lytoceras*
†アンモナイト目 Ammonitida : Agassiz (1847) …†*Acanthoceras*, †*Engonoceras*, †*Eoderoceras*,
　　　†*Hammatoceras*, †*Haploceras*, †*Hildoceras*, †*Perisphinctes*, †*Psiloceras*, †*Stepheoceras*
†アンキロセラス目 Ancylocerida : Wiedman (1966) …†*Ancyloceras*, †*Douvilleiceras*, †*Nipponites*,
　　　†*Scaphites*, †*Turrilites*

Ⅷ F. 鞘形亜綱 Coleoidea : Bather (1888)

†(目) Boletzkyida : Bandel, Reitner & Stürmer (1983) …†*Boletzkya*
†(目) Aulacocerida : Stolley (1919) …†*Aulacoceras*
†ベレムナイト目 Belemnitida : Zittel (1885) …†*Belemnites*, †*Belemnopsis*
†(目) Phragmoteuthida : Jeletzky (1964) …†*Phragmoteuthis*
†(目) Belemnoteuthida : Stolley (1919) …†*Belemnoteuthis*
ツツイカ目 Teuthida : Naef (1916) …*Architeuthis* ダイオウイカ, *Chiroteuthis* ユウレイイカ, *Ctenopteryx*
　　ヒレギレイカ, *Enoploteuthis* ホタルイカモドキ, *Gonatus* テカギイカ, *Idiosepius* ヒメイカ,
　　Loligo ヤリイカ, *Loliolus* ジンドウイカ, *Mastigoteuthis* ムチイカ, *Moroteuthis* ニュウド
　　ウイカ, *Octopoteuthis* ヤツデイカ, *Ommastrephes* アカイカ, *Onychoteuthis* ツメイカ,
　　Sepioteuthis アオリイカ, *Thysanoteuthis* ソデイカ, *Todarodes* スルメイカ, *Watasenia* ホ
　　タルイカ
八腕形目 Octopodida : Leach (1818) …*Argonauta* アオイガイ, *Hapalochlaena* ヒョウモンダコ, *Octopus* マ
　　ダコ, *Ocythoe* アミダコ, *Opisthoteuthis* メンダコ, *Tremoctopus* ムラサキダコ
コウイカ目 Sepiida : Naef (1916) …*Euprymna* ミミイカ, *Metasepia* ハナイカ, *Sepia* コウイカ, *Sepiella*
　　シリヤケイカ, *Sepiola* ダンゴイカ, *Spirula* トグロコウイカ
コウモリダコ目 Vampyromorpha : Grimpe (1917) …*Vampyroteuthis* コウモリダコ

Ⅸ. 腹足綱 Gastropoda : Cuvier (1797)

カサガイ目 Patellogastropoda : Lindberg (1986) …*Cellana* ヨメガサ, *Lepeta* シロガサ, *Lottia* カモガイ,
　　Nipponacmea アオガイ, *Niveotectura* ユキノカサ, *Patelloida* ウノアシ, *Scutellastra* ツタ
　　ノハガイ
古腹足目 Vetigastropoda : Salvini-Plawen (1980) …*Haliotis* マダカアワビ, *Lepetodrilus* フネカサガイ,
　　Macroschisma スカシガイ, *Mikadotrochus* オキナエビスガイ, *Scissurella* クチキレエビス,
　　Seguenzia ホウシュエビス, *Trochus* ニシキウズ, *Turbo* サザエ
ワタゾコシロガイ目 Cocculiniformia : Haszprunar (1987) …*Cocculina* ワタゾコシロガイ
アマオブネガイ目 Neritimorpha : Koken (1896) …†*Craspedostoma*, *Georissa* ゴマオカタニシ, *Nerita* アマ
　　オブネガイ, *Neritopsis* アマガイモドキ, *Waldemaria* ヤマキサゴ

Ⅸ A. 後生腹足類 Apogastropoda : Salvini-Plawen & Haszprunar (1987)

新生腹足上目 Caenogastropoda : Cox (1960)
　原始紐舌目 Architaenioglossa : Haller (1892) …*Cipangopaludina* オオタニシ, *Cyclophorus* ヤマタニシ,
　　　Pomacea スクミリンゴガイ
　吸腔目 Sorbeoconcha : Ponder & Lindberg (1997) …*Batillaria* ウミニナ, *Provanna* サガミハイカブリニナ,
　　　Semisulcospira カワニナ
　　(亜目) Hypsogastropoda : Ponder & Lindberg (1997)
　　　タマキビ型新生腹足下目 Littorinimorpha : Golikov & Starobogatov (1975) …*Assiminea* カワザンショ
　　　　ウ, *Calyptraea* カリバガサガイ, *Capulus* カツラガイ, *Charonia* ホラガイ, *Cypraea* ホシダ
　　　　カラ, *Ficus* ビワガイ, *Glossaulax* ツメタガイ, *Hipponix* キクスズメ, *Littorina* タマキビ,
　　　　Oncomelania カタヤマガイ, *Strombus* マガキガイ, *Tonna* ヤツシロガイ, *Velutina* ハナヅ
　　　　トガイ, *Vermetus* クビタテヘビガイ, *Xenophora* クマサカガイ
　　　異足下目 Heteropoda : Lamarck (1812) …*Atlanta* クチキレウキガイ, *Pterotrachea* ハダカゾウクラ
　　　　ゲ
　　　翼舌下目 Ptenoglossa : Gray (1853) …*Cerithiopsis* クリイロケシカニモリ, *Epitonium* オオイトカケ,
　　　　Eulima シロハリゴウナ, *Janthina* アサガオガイ
　　　新腹足下目 Neogastropoda : Wenz (1938) …*Buccinum* エゾバイ, *Cancellaria* コロモガイ, *Conus* マ
　　　　ダライモ, *Murex* ホネガイ, *Oliva* マクラガイ
異鰓上目 Heterobranchia : Burmeister (1837)
　異旋目 Heterostropha : Fischer (1885) …*Amathina* イソチドリガイ, *Ammonicera* ミジンワダチガイ,
　　　Architectonica クルマガイ, *Cingulina* ヨコイトカケギリ, *Heliacus* ナワメグルマ,
　　　Leucotina マキモノガイ, *Mathilda* タクミニナ, *Pyramidella* トウガタガイ, *Turbonilla* シ
　　　ロイトカケギリ, *Valvata* ミズシタダミ
　後鰓目 Opisthobranchia : Milne-Edwards (1846)
　　頭楯亜目 Cephalaspidea : Fischer (1883) …*Bulla* ナツメガイ, *Haloa* ブドウガイ, *Hydatina* ミスガイ,
　　　Philine キセワタ, *Ringicula* マメウラシマ, *Sagaminopteron* ムラサキウミコチョウ

有殻翼足亜目 Thecosomata：Blainville(1824) …*Cavolinia* カメガイ，*Cymbulia* ヤジリカンテンカメガイ，*Limacina* ミジンウキマイマイ
裸殻翼足亜目 Gymnosomata：Blainville(1824) …*Clione* ハダカカメガイ
アメフラシ亜目 Aplysiomorpha：Pelseneer(1906) …*Akera* ウツセミガイ，*Aplysia* アメフラシ
スナウミウシ亜目 Acochlidiacea：Odhner(1937) …*Acochlidium*，*Parhedyle*
嚢舌目 Sacoglossa：Ihering(1876) …*Elysia* コノハミドリガイ，*Julia* ユリヤガイ，*Oxynoe* ナギサノツユ，*Tamanovalva* タマノミドリガイ
ヒトエガイ亜目 Umbraculida：Dall(1889)（傘殻類 Umbraculomorpha：Schmekel, 1985）
…*Umbraculum* ヒトエガイ
側鰓亜目 Pleurobranchomorpha：Pelseneer(1906) …*Pleurobranchaea* ウミフクロウ，*Pleurobranchus* カメノコフシエラガイ
裸鰓亜目 Nudibranchia：Cuvier(1814) …*Aeolidiella* ミノウミウシ，*Chromodoris* シロウミウシ，*Dendrodoris* マダラウミウシ，*Dermatobranchus* オトメウミウシ，*Glaucus* アオミノウミウシ，*Gymnodoris* キヌハダウミウシ，*Hexabranchus* ミカドウミウシ，*Homoiodoris* ヤマトウミウシ，*Hypselodoris* アオウミウシ，*Kalinga* ハナデンシャ，*Melibe* メリベウミウシ，*Phyllidia* キイロイボウミウシ，*Platydoris* クモガタウミウシ，*Plocamopherus* ヒカリウミウシ，*Scyllaea* オキウミウシ
ロドープ亜目 Rhodopemorpha：Salvini-Plawen(1991) …*Rhodope*
有肺目 Pulmonata：Cuvier(1814)
基眼亜目 Basommatophora：Keferstein(1865) …*Ellobium* オカミミガイ，*Physa* サカマキガイ，*Radix* モノアラガイ，*Salinator* ウミマイマイ，*Siphonaria* カラマツガイ
収眼亜目 Systelommatophora：Pilsbry(1948) …*Onchidium* ドロアワモチ，*Peronia* イソアワモチ
柄眼亜目 Stylommatophora：Schmidt(1855) …*Achatina* アフリカマイマイ，*Acusta* ウスカワマイマイ，*Allopeas* オカチョウジガイ，*Arion* コウラクロナメクジ，*Bradybaena* オナジマイマイ，*Cochlicopa* ヤマボタル，*Euglandina* ヤマヒタチオビ，*Euhadra* ミスジマイマイ，*Ezohelix* エゾマイマイ，*Gastrocopta* スナガイ，*Hirasea* エンザガイ，*Limax* マダラコウラナメクジ，*Mandarina* カタマイマイ，*Mirus* キセルモドキ，*Nipponochloritis* ビロウドマイマイ，*Satsuma* コベソマイマイ，*Sinoennea* タワラガイ，*Stereophaedusa* ナミギセル，*Succinea* オカモノアラガイ，*Trishoplita* オトメマイマイ，*Vallonia* ミジンマイマイ，*Vertigo* キバサナギガイ，*Zonitoides* コハクガイ

(27) 環形動物門 Annelida：Lamarck, J.B. de(1809)

（綱 I～III は旧体系では環形動物門多毛綱 Polychaeta に含まれていた）

I．頭節綱 Scolecida：Rouse & Fauchald(1997)

ヒトエラゴカイ目 Cossurida：Fauchald(1977) …*Cossura*
ホコサキゴカイ目 Orbiniida：Fauchald(1977) …*Naineris* ツブラホコムシ，*Scoloplos* ヨロイホコムシ
オフェリアゴカイ目 Opheliida：Fauchald(1977) …*Ophelia* オフェリアゴカイ，*Polyophthalmus* カスリオフェリア，*Scalibregma* トノサマゴカイ，*Travisia* ニッポンオフェリア
イトゴカイ目 Capitellida：Dales(1962) …*Arenicola* タマシキゴカイ，*Capitella* イトゴカイ，*Maldane* ホソタケフシ，*Notomastus* シダレイトゴカイ

II．足刺綱 Aciculata：Rouse & Fauchald(1997)

ウミケムシ目 Amphinomida：Dales(1962) …*Amphinome* ササラウミケムシ，*Chloeia* ウミケムシ，*Euphrosine* ケハダウミケムシ
イソメ目 Eunicida：Dales(1962) …*Arabella* セグロイソメ，*Diopatra* スゴカイ，*Dorvillea* アカスジイソメ，*Eunice* オニオソメ，*Halla* アカムシ，*Lumbrineris* ギボシイソメ，*Marphysa* イワムシ，*Onuphis* ナナテイソメ
ホラアナゴカイ目 Nerillida：Fauchald(1977) …*Nerilla* ホラアナゴカイ
サシバゴカイ目 Phyllodocida：Dales(1962) …*Acoetes* フカミウロコムシ，*Alciopa* ウキゴカイ，*Amblyosyllis* カサネシリス，*Aphrodita* コガネウロコムシ，*Ceratonereis* コケゴカイ，*Chrysopetalum* タンザクゴカイ，*Eulalia* サミドリサシバ，*Glycera* チロリ，*Goniada* キョウスチロリ，*Harmothoe* マダラウロコムシ，*Hediste* ヤマトカワゴカイ，*Hesione* オトヒメゴカイ，*Lepidonotus* フサツキウロコムシ，*Nephtys* シロガネゴカイ，*Perinereis* イシイソゴカイ，*Phyllodoce* ヒモサシバ，*Pisione* スナゴカイ，*Sagitella* ヤムシゴカイ，*Syllis* カラクサシリス，*Tomopteris* オヨギゴカイ，*Trypanedenta* ミサキシリス，*Tylorrhynchus* イトメ，*Typosyllis* オカダシリス
ヒレアシゴカイ目 Spintherida：Fauchald(1977) …*Spinther* ヒレアシゴカイ

III．溝副触手綱 Canalipalpata：Rouse & Fauchald(1997)

チマキゴカイ目 Oweniida：Dales(1962) …*Owenia* チマキゴカイ

ケヤリ目 Sabellida : Dales(1962) …*Chone* コウキケヤリ, *Dexiospira* ウズマキゴカイ, *Hydroides* エゾカサネカンザシ, *Myxicola* ロウトケヤリ, *Pomatoleios* ヤッコカンザシ, *Protula* ナガレカンザシ, *Sabella* ホンケヤリムシ, *Sabellastarte* ケヤリムシ, *Serpula* ヒトエカンザシ, *Spirorbis*, (以下は旧体系で有鬚動物門 Pogonophora, ないしは, 同門のヒゲムシ綱 Frenulata=Perviata などとして分類) *Lamellisabella*, *Oligobrachia* マシコヒゲムシ, *Siboglinum* ヤマトヒトツヒゲムシ, (以下は旧体系で有鬚動物門ハオリムシ綱 Afrenulata=Vestimentifera, ハオリムシ動物門 Vestimentifera などとして分類) *Lamellibrachia* サツマハオリムシ, *Riftia* ガラパゴスハオリムシ

フサゴカイ目 Terebellida : Dales(1962) …*Amphicteis* カザリゴカイ, *Amphitrite* オバナフサゴカイ, *Lagis* ウミイサゴムシ, *Polycirrus* ヒナノフサゴカイ, *Sabellaria* カンムリゴカイ, *Terebella* ハナサキフサゴカイ, *Terebellides* タマグシフサゴカイ, *Thelepus* ニッポンフサゴカイ

ミズヒキゴカイ目 Cirratulida : Dales(1962) …*Cirratulus* チグサミズヒキ, *Cirriformia* ミズヒキゴカイ, *Dodecaceria*, *Paraonis*

クシイトゴカイ目 Ctenodrilida : Fauchald(1977) …*Ctenodrilus* クシイトゴカイ

ハボウキゴカイ目 Flabelligerida : Dales(1962) …*Acrocirrus* クマノアシツキ, *Flabelligera* カンテンハボウキ, *Pherusa* ハボウキゴカイ

ウキナガムシ目 Poeobiida : Heath(1930) …*Poeobius* ウキナガムシ

ダルマゴカイ目 Sternaspida : Dales(1962) …*Sternaspis* ダルマゴカイ

スピオ目 Spionida : Dales(1962) …*Prionospio* ヨツバネスピオ, *Pseudopolydora* オニスピオ, *Spio* マドカスピオ

ツバサゴカイ目 Chaetopterida : Fauchald(1977) …*Chaetopterus* ツバサゴカイ, *Mesochaetopterus* ムギワラムシ

モロテゴカイ目 Magelonida : Dales(1962) …*Magelona* モロテゴカイ

Ⅳ. 環帯綱 Clitellata : Michaelsen(1919)

Ⅳ A. 貧毛亜綱 Oligochaeta : Grube(1850)

オヨギミミズ目 Lumbriculida : Brinkhurst & Jamieson(1971) …*Lamprodrilus*, *Lumbriculus* オヨギミミズ, *Styloscolex*, *Trichodrilus*

ジュズイミミズ目 Moniligastrida : Brinkhurst & Jamieson(1971) …*Drawida* ヤマトジュズイミミズ, *Moniligaster*

ナガミミズ目 Haplotaxida : Brinkhurst & Jamieson(1971)

    ナガミミズ亜目 Haplotaxina : Brinkhurst & Jamieson(1971) …*Haplotaxis* ナガミミズ

    イトミミズ亜目 Tubificina : Brinkhurst & Jamieson(1971) …*Aulodrilus*, *Chaetogaster* カイヤドリミミズ, *Dorydrilus*, *Enchytraeus* ヒメミミズ, *Limnodrilus* ユリミミズ, *Nais* ミズミミズ, *Pachydrilus* イソヒメミミズ, *Paranais*, *Phreodrilus*, *Tubifex* イトミミズ

    ツリミミズ亜目 Lumbricina : Burmeister(1837) …*Dichogaster* フタツミミズ, *Eisenia* シマミミズ, *Metaphire* フツウミミズ, *Ocnerodrilus* カイヨウミミズ

Ⅳ B. ヒル亜綱 Hirudinoidea : Lamarck(1818)

Ⅳ Ba. ヒルミミズ下綱 Branchiobdellida : Holt(1965)

…*Branchiobdella* ザリガニミミズ, *Cambarincola*, *Stephanodrilus*

Ⅳ Bb. トゲビル下綱 Acanthobdellida : Holt(1965) …*Acanthobdella*

Ⅳ Bc. ヒル下綱 Hirudinea : Savigny(1820)

ウオビル目(吻蛭類) Rhynchobdellae : Blanchard(1893) …*Carcinobdella* カニビル, *Glassiphonia* ヒラタビル, *Helobdella* ヌマビル, *Oligobdella* スクナビル, *Ozobranchus* ウミエラビル, *Piscicola* ナミウオビル, *Pontobdella* アカメウミビル

ヒル目(無吻蛭類) Arhynchobdellae : Blanchard(1894) …*Americobdella*, *Erpobdella* シマイシビル, *Gastrostomobdella*, *Haemadipsa* ヤマビル, *Hirudo* チスイビル, *Mesobdella*, *Odontobdella* キバビル, *Orobdella* ムツワクガビル, *Praobdella*, *Semiscolex*, *Whitmania* ウマビル, *Xerobdella*

Ⅴ. スイクチムシ綱(吸口虫類) Myzostomida : von Graff(1877) …*Myzostoma* ツノスイクチムシ, *Protomyzostomum* サガミスイクチムシ

〔綱不明〕(以上の綱Ⅰ~Ⅴのどこに位置づけられるか不明)

イイジマムカシゴカイ目 Polygordiida : Czerniavsky(1881) …*Polygordius* イイジマムカシゴカイ

ムカシゴカイ目 Protodrilida : Pettibone(1982) …*Protodrilus*, *Saccocirrus* ムカシゴカイ

ギボシゴカイ目 Psammodrilida : Swedmark(1952) …*Psammodrilus*

VI. ユムシ綱(ユムシ動物) Echiura : Stephen, A.C. (1965)

キタユムシ目 Echiuroinea : Bock, S. (1942) ; Nishikawa, T. (2002) …*Bonellia* ボネリムシ, *Echiura* キタユムシ, *Ikeda* サナダユムシ, *Thalassema* コゲミドリユムシ
ユムシ目 Xenopneusta : Fisher, W.K. (1946) …*Urechis* ユムシ

VII. ホシムシ綱(星口動物) Sipuncula : Stephen, A.C. (1965)

VII A. スジホシムシ亜綱 Sipunculida : Cutler, E.B. & Gibbs, P.E. (1985)

スジホシムシ目 Sipunculiformes : Cutler, E.B. & Gibbs, P.E. (1985) …*Siphonosoma* スジホシムシモドキ, *Sipunculus* スジホシムシ
フクロホシムシ目 Golfingiiformes : Cutler, E.B. & Gibbs, P.E. (1987) …*Golfingia* フクロホシムシ, *Phascolion* マキガイホシムシ, *Themiste* エダホシムシ, *Thysanocardia* クロホシムシ

VII B. サメハダホシムシ亜綱 Phascolosomatidea : Cutler, E.B. & Gibbs, P.E. (1987)

サメハダホシムシ目 Phascolosomatiformes : Cutler, E.B. & Gibbs, P.E. (1987) …*Antillesoma* アンチラサメハダホシムシ, *Phascolosoma* サメハダホシムシ
タテホシムシ目 Aspidosiphoniformes : Cutler, E.B. & Gibbs, P.E. (1987) …*Aspidosiphon* タテホシムシ, *Cloeosiphon* ビョウホシムシ

脱皮動物 Ecdysozoa : Aguinaldo et al. (1997)　(28)〜(35)

(28) 類線形動物門 Nematomorpha : Vejdovsky (1886) (Gordiacea : von Siebold, 1843)

游線虫目 Nectonematoidea : Rauther (1930) …*Nectonema* オヨギハリガネムシ
ハリガネムシ目 Gordioidea : Rauther (1930) …*Chordodes* ニホンザラハリガネムシ, *Gordius* カスリハリガネムシ, *Parachordodes*, *Paragordius*, *Spinochordodes*

(29) 線形動物門 Nematoda : Diesing (1861) (Nemata : Cobb, 1919)

I. エノプルス綱 Enoplea : Inglis (1983)

I A. エノプルス亜綱 Enoplia : Pearse (1942)

エノプルス上目 Enoplica : Hodda (2007)
エノプルス目 Enoplida : Filipjev (1929) …*Anoplostoma, Enoplus, Phanoderma, Thoracostomopsis*
イロヌス目 Ironida : Hodda (2007) …*Ironus, Leptosomatum, Oxystomina*
トリピロイデス目 Tripyloidida : Hodda (2007) …*Tripyloides, Trischistoma*
アライムス目 Alaimida : Siddiqi (1983) …*Alaimus*
トレフュジア目 Trefusiida : Lorenzen (1981) …*Trefusia* トレフュジア
ラブトシレウス目 Rhaptothyreida : Tchesunov (1997) …*Rhaptothyreus*

I B. オンコライムス亜綱 Oncholaimia : Hodda (2007)

オンコライムス上目 Oncholaimica : Hodda (2007)
オンコライムス目 Oncholaimida : Siddiqi (1983) …*Enchelidium, Oncholaimus*

I C. トリプロンキウム亜綱 Triplonchia : Hodda (2007)

トリプロンキウム上目 Triplonchica : Hodda (2007)
トリプロンキウム目 Triplonchida : Cobb (1920) …*Diphterophora, Trichodorus*
トリピラ目 Tripylida : Siddiqi (1983) …*Odontolaimus, Onchulus, Tripyla*

II. ドリライムス綱 Dorylaimea : Hodda (2007)

II A. バシオドントゥス亜綱 Bathyodontia : Hodda (2007)

モノンクス上目 Monochica : Hodda (2007)
バシオドントゥス目 Bathyodontida : Siddiqi (1983) …*Bathyodontus, Mononchulus*
シヘンチュウ目(糸片虫類) Mermithida : Hyman (1951) …*Aulolaimus, Isolaimium, Mermis, Tetradonema*
モノンクス目 Mononchida : Jairajpuri (1969) …*Anatonchus, Cobbonchus, Iotonchus, Mononchus, Mylonchulus*

真核生物ドメイン　動物界　　1587

　　　ⅡB. ドリライムス亜綱 Dorylaimia : Inglis (1983)
ドリライムス上目 Dorylaimica : Hodda (2007)
　ドリライムス目 Dorylaimida : Pearse (1942)　…*Belondira*, *Dorylaimus*, *Leptonchus*
　　　ⅡC. トリコケファルス亜綱 Trichocephalia : Hodda (2007)
トリコケファルス上目 Trichocephalica : Hodda (2007)
　ディオクトフィメ目 Dioctophymatida : Ryzhikov & Sonin (1981)　…*Dioctophyme* ジンチュウ, *Soboliphyme*
　マリメルミス目 Marimermithida : Rubtzov (1980)　…*Marimermis*
　ムスピケア目 Muspiceida : Maggenti, A. R. (1982)　…*Muspicea*, *Robertdollfusa*
　ベンチュウ目(鞭虫類) Trichocephalida : Spasski (1954)　…*Capillaria* コウモリモウサイセンチュウ, *Trichinella* センモウチュウ, *Trichuris* イヌベンチュウ

　　Ⅲ. クロマドラ綱 Chromadorea : Inglis (1983)

　　　ⅢA. クロマドラ亜綱 Chromadoria : Adamson (1987)
クロマドラ上目 Chromadorica : Hodda (2007)
　クロマドラ目 Chromadorida : Chitwood (1933)　…*Chromadora*, *Cyatholaimus*
　デスモドラ目 Desmodorida : De Coninck (1965)　…*Aponchium*, *Desmodora*, *Draconema* ニホンリュウセンチュウ, *Epsilonema*, *Microlaimus*
　デスモスコレクス目 Desmoscolecida : Filipjev (1929)　…*Desmoscolex* クサリムシ, *Meylia*
　セラキネーマ目 Selachinematida : Hodda (2011)　…*Choanolaimus*, *Choniolaimus*, *Selachinema*
　　　ⅢB. プレクトゥス亜綱 Plectia : Hodda (2007)
モンヒステラ上目 Monhysterica : Hodda (2007)
　モンヒステラ目 Monhysterida : Filipjev (1929)　…*Axonolaimus*, *Comesoma*, *Monhystera*, *Xyala*
プレクトゥス上目 Plectica : Hodda (2007)
　ベンシメルミス目 Benthimermithida : Tchesunov (1997)　…*Benthimermis*
　レプトライムス目 Leptolaimida : Hodda (2007)　…*Leptolaimus*
　プレクトゥス目 Plectida : Malakhov et al. (1982)　…*Chronogaster*, *Plectus*
ラブディティス上目 Rhabditica : Hodda (2007)
　ディプロガステル目 Diplogasterida : Inglis (1983)　…*Carabonema*, *Diplogaster*, *Myolaimus*, *Tylopharynx*
　ドリロネーマ目 Drilonematida : Hodda (2011)　…*Drilonema*, *Homungella*, *Pharyngonema*
　パナグロライムス目 Panagrolaimida : Hodda (2007)　…*Alloionema*, *Aphelenchoides* ハガレセンチュウ, *Aphelenchus* ニセネグサレセンチュウ, *Heterodera* ダイズシストセンチュウ, *Meloidogyne* キタネコブセンチュウ, *Pratylenchus* ネグサレセンチュウ, *Strongyloides* フンセンチュウ, *Tylenchus* ハリセンチュウ
　カンセンチュウ目 Rhabditida : Chitwood (1933)　…*Angiostoma*, *Caenorhabditis* シーエレガンス, *Metastrongylus* ブタハイチュウ, *Rhabditis* カンセンチュウ, *Strongylis* エンチュウ, *Trichostrongylus* ウサギモウヨウセンチュウ
　センビセンチュウ目 Spirurida : Railliet (1914)　…*Anguillicola*, *Anisakis* アニサキス, *Ascaris* カイチュウ, *Dracunculus* メヂナチュウ, *Filaria*, *Gnathostoma* ガクコウチュウ, *Spirura*
テラトケファルス上目 Teratocephalica : Hodda (2007)
　テラトケファルス目 Teratocephalida : Goodey (1963)　…*Teratocephalus*

(30) 胴甲動物門 Loricifera : Kristensen (1983)
コウラムシ目 Nanaloricida : Kristensen (1983)　…*Nanaloricus*, *Pliciloricus*, *Urnaloricus*

(31) 動吻動物門 Kinorhyncha : Reinhard (1887)
円蓋目(キョクヒチュウ類) Cyclorhagida : Zelinka (1896)　…*Antygomonas*, *Cateria*, *Centroderes*, *Condyloderes* セトザラトゲカワ, *Dracoderes* タットゲカワ, *Echinoderes* コガネトゲカワ, *Semnoderes*, *Zelinkaderes*
平蓋目 Homalorhagida : Zelinka (1896)　…*Kinorhynchus* シワヨロイ, *Pycnophyes* クダモチヨロイ

(32) 鰓曳動物門 Priapulida : Théel (1906)
†オットイア目 Ottoiomorpha : Adrianov & Malakhov (1995)　…†*Ottoia*
†セルキルキア目 Selkirkiomorpha : Adrianov & Malakhov (1995)　…†*Selkirkia*
セチコロナリア目 Seticoronaria : von Salvini-Plawen (1974)　…*Maccabeus*

メイオプリアプルス目 Meiopriapulomorpha：Adrianov & Malakhov (1995) …*Meiopriapulus*
ハリクリプトゥス目 Halicryptomorpha：Adrianov & Malakhov (1995) …*Halicryptus*
プリアプルス目（エラヒキムシ類）Priapulomorpha：von Salvini-Plawen (1974) …*Priapulus* エラヒキムシ, *Tubiluchus*

(33) 緩歩動物門 Tardigrada：Spallanzani (1777)

Ⅰ. 異クマムシ綱 Heterotardigrada：Marcus (1927)

節クマムシ目 Arthrotardigrada：Marcus (1927) …*Batillipes* ハマクマムシ, *Florarctus* ハナクマムシ, *Halechiniscus* ウミクマムシ, *Neostygarctus*, *Renaudarctus*, *Stygarctus* チカクマムシ
トゲクマムシ目 Echiniscoidea：Richters (1926) …*Carphania*, *Echiniscoides* イソトゲクマムシ, *Echiniscus* オオトゲクマムシ, *Hypechiniscus* ツルギトゲクマムシ, *Oreella*, *Pseudechiniscus* モヨウニセトゲクマムシ

Ⅱ. 中クマムシ綱 Mesotardigrada：Rahm (1937)

オンセンクマムシ目 Thermozodia：Ramazzotti & Maucci (1983) …*Thermozodium* オンセンクマムシ

Ⅲ. 真クマムシ綱 Eutardigrada：Richters (1926)

遠爪目（ハナレヅメ類）Apochela：Schuster et al. (1980) …*Milnesium* オニクマムシ
近爪目（ヨリヅメ類）Parachela：Schuster et al. (1980) …†*Beorn*, *Calohypsibius* トゲヤマクマムシ, *Eohypsibius* オカコヅメヤマクマムシ, *Hypsibius* ドゥジャルダンヤマクマムシ, *Macrobiotus* ナガチョウメイムシ, *Microhypsibius* コヤマクマムシ, *Minibiotus* チョウメイムシ

(34) 有爪動物門 Onychophora：Grube (1853)

［綱不明］

†（目）Archonychophora：Hou & Bergström (1995) …†*Luolishania*

Ⅰ.†（綱）Xenusia：Dzik & Krumbiegel (1989)

†（目）Protonychophora：Hutchinson (1930) …†*Aysheaia*, †*Xenusion*
†（目）Scleronychophora：Hou & Bergström (1995) …†*Cardiodictyon*, †*Hallucigenia*, †*Microdictyon*

Ⅱ. カギムシ綱 Onychophorida：Grube (1853)

†（目）Paronychophora：Hou & Bergström (1995) …†*Onychodictyon*
（目）Euonychophora：Hutchinson (1930) …*Austroperipatus*, *Cephalofovea*, *Epiperipatus*, †*Helenodora*, *Macroperipatus*, *Ooperipatellus*, *Ooperipatus*, *Oroperipatus*, *Paraperipatus*, *Peripatoides*, *Peripatopsis*, *Peripatus*, *Planipapillus*, †*Succinipatopsis*, †*Tertiapatus*

(35) 節足動物門 Arthropoda：Siebold & Stannius (1845)

†板肢類 Lamellipedia：Hou & Bergström (1997)

Ⅰ.†三葉虫綱 Trilobita：Walch (1771)

†（目）Asaphida：Fortey & Chatterton (1988)
　†（亜目）Asaphoidea：Burmeister (1843) …†*Asaphus*, †*Ceratopyge*
　†（亜目）Cyclopygoidea：Raymond (1925) …†*Cyclopyge*, †*Nileus*, †*Taihungshania*
　†（亜目）Trinucleoidea：Hawle & Corda (1847) …†*Dionide*, †*Raphiophorus*, †*Trinucleus*
†（目）Aulacopleurida：Adrain (2011) …†*Aulacopleura*, †*Solenopleura*, †*Telephina*
†（目）Corynexochida：Kobayashi (1935)
　†（亜目）Corynexochina：Kobayashi (1935) …†*Corynexochus*, †*Dorypyge*, †*Zacanthoides*
　†（亜目）Illaenina：Jaanusson (1959) …†*Illaenus*, †*Stygina*, †*Tsinania*
　†（亜目）Leiostegiina：Bradley (1925) …†*Illaenurus*, †*Kaolishania*, †*Leiostegium*
†（目）Eodiscida：Kobayashi (1939)
　†（亜目）Eodiscina：Kobayashi (1939) …†*Calodiscus*, †*Eodiscus*, †*Yukonia*
†（目）Harpetida：Ebach & McNamara (2002) …†*Harpes*
†（目）Lichida：Moore (1959) …†*Lichakephalus*, †*Lichas*
†（目）Odontopleurida：Whittington (1959) …†*Odontopleura*
†（目）Olenida：Adrain (2011) …†*Asaphiscus*, †*Olenus*, †*Remopleurides*
†（目）Phacopida：Salter (1864)

真核生物ドメイン　動物界　1589

†(亜目) Calymenina : Swinnerton (1915) ⋯†*Bathycheilus*, †*Calymene*, †*Homalonotus*
†(亜目) Cheirurina : Harrington & Leanza (1957) ⋯†*Cheirurus*, †*Encrinurus*, †*Pliomera*
†(亜目) Phacopina : Struve (1959) ⋯†*Acaste*, †*Dalmanites*, †*Phacops*
†(目) Proetida : Fortey & Owens (1975) ⋯†*Proetus*, †*Tropidocoryphe*
†(目) Redlichiida : Richter (1932)
　†(亜目) Olenellina : Walcott (1890) ⋯†*Fallotaspis*, †*Holmia*, †*Olenellus*
　†(亜目) Redlichiina : Richter (1932) ⋯†*Ellipsocephalus*, †*Paradoxides*, †*Redlichina*

[付]プチコパリア類 Ptychoparid ⋯†*Coosella*, †*Kingstonia*, †*Ptychoparia*

(35A) 鋏角亜門 Chelicerata : Heymons, R. (1901)

A1. ウミグモ上綱 Pycnogonida : Latreille, P. A. (1810)

I. ウミグモ綱 Pycnogonida : Latreille, P. A. (1810)

ウミグモ目 Pycnogonida : Latreille, P. A. (1810) (Pantopoda, †Palaeopantopoda) ⋯*Ammothea* イソウミグモ, *Ascorhynchus* トックリウミグモ, *Colossendeis* オオウミグモ, *Nymphon* ユメムシ, †*Palaeoisopus* ウミユリヤドリグモ, †*Palaeopantopus* ムカシウミグモ, *Pallenopsis* ウスイロウミグモ, *Pycnogonum* ヨロイウミグモ

A2. カブトガニ上綱 Xiphosurida : Latreille, P. A. (1802)

II. カブトガニ綱 Xiphosura : Latreille, P. A. (1802)

カブトガニ目 Xiphosura : Latreille, P. A. (1802)
　†ハラフシカブトガニ亜目 Synziphosurina : Richter, R. & Richter, E. (1929) ⋯†*Neolimulus*, †*Pseudoniscus*, †*Weinbergina*
　カブトガニ亜目 Limulina : Richter, R. & Richter, E. (1929)
　　ヒメカブトガニ下目 Bellinurina : Zittel, K. A. von & Eastman, C. R. (1913) ⋯†*Bellinurus*, †*Elleria*, †*Euproops*, †*Liomesaspis*
　　カブトガニ下目 Limulina : Richter, R. & Richter, E. (1929) ⋯†*Austrolimulus*, †*Heterolimulus*, *Limulus* アメリカブトガニ, †*Mesolimulus* ムカシカブトガニ, †*Moravurus*, †*Paleolimulus* コダイカブトガニ, †*Rolfeia*, *Tachypleus* カブトガニ

A3. クモ上綱 Cryptopneustida : Boudreaux, H. B. (1979)

III. †ウミサソリ綱 Eurypterida : Burmeister, H. (1843)

†ウミサソリ目 Eurypterida : Burmeister, H. (1843)
　†アシナガウミサソリ亜目 Stylonurina : Diener, C. (1924) ⋯†*Dolichopterus* カイナガウミサソリ, †*Drepanopterus* カマアシウミサソリ, †*Stylonurus* アシナガウミサソリ, †*Woodwardopterus* ウッドワードウミサソリ
　†ウミサソリ亜目 Eurypterina : Burmeister, H. (1843) ⋯†*Carcinosoma* ハラビロウミサソリ, †*Eurypterus* ウミサソリ, †*Megalograptus* ヒレオウミサソリ, †*Mixopterus* ハリウデウミサソリ, †*Pterygotus* ダイオウウミサソリ

IV. クモ綱 Arachnida : Cuvier, G. (1812)

IV A. ダニ亜綱(無肺類) Apulmonata : Firstman, B. (1973)

クツコムシ目 Ricinulei : Thorell, T. (1876)
　†コダイクツコムシ亜目 Palaeoricinulei : Selden, P. A. (1992) ⋯†*Amarixys*, †*Curculioides*, †*Poliochera*, †*Terpsicroton*
　クツコムシ亜目 Neoricinulei : Selden, P. A. (1992) ⋯*Cryptocellus*, *Pseudocellus*, *Ricinoides*
ダニ目 Acari : Leach, W. E. (1817)
　アシナガダニ亜目(背気門類) Opilioacarida : With, C. (1902) ⋯*Opilioacarus* アシナガダニ
　カタダニ亜目(四気門類) Holothyrida : Thon, K. (1909) ⋯*Allothyrus*, *Holothyrus* カタダニ, *Neothyrus*
　マダニ亜目(後気門類) Ixodida : Leach, W. E. (1815) ⋯*Argas* ヒメダニ, *Haemaphysalis* チマダニ, *Ixodes* マダニ, *Nuttalliella*
　トゲダニ亜目 Gamasida : Leach, W. E. (1815) (Mesostigmata : Canestrini, G., 1891)
　　イタダニ下目 Sejina : Kramer, P. (1885) ⋯*Sejus*, *Uropodella*
　　キノウロダニ下目 Microgyniina : Trägårdh, I. (1942) ⋯*Microgynium*, *Notogynus*
　　ユメダニ下目 Epicuriina : Vitzthum, H. G. (1938) ⋯*Epicrius* ユメダニ, *Zercon* マルノコダニ
　　キョクチダニ下目 Arctacarina : Evans, G. O. (1955) ⋯*Arctacarus*

真核生物ドメイン　動物界

イトダニ下目 Uropodina : Kramer, P. (1881)　…*Oplitis* ムナイタイトダニ, *Uroobovella* タマゴイトダニ, *Uropoda* イトダニ, *Uroseius* ナガイトダニ
クロツヤムシダニ下目 Diarthrophallina : Trägårdh, I. (1946)　…*Diarthrophallus* クロツヤムシダニ
シリダニ下目 Cercomegistina : Camin, J. H. & Gorirossi, F. E. (1955)　…*Asternoseius*, *Cercomegistus*, *Davacarius*, *Seiodes*
ムシノリダニ下目 Antennophorina : Berlese, A. (1892)　…*Aenictegues*, *Antennophorus* ムシノリダニ, *Celaenopsis*, *Diplogynium* イトダニモドキ, *Euzercon*, *Fedrizzia*, *Megacelaenopsis*, *Megisthanus*, *Meinertula*, *Philodana*, *Stenosternum*, *Triplogynium*
ヤドリダニ下目 Parasitina : Reuter, E. (1909)　…*Gamasodes*, *Parasitus* ヤドリダニ, *Pergamasus*
ワクモ下目 Dermanyssina : Kolenati, P. A. (1859)　…*Asca* マヨイダニ, *Dermanyssus* ワクモ, *Haemogamasus* アシボソダニ, *Halarachne* ハイダニ, *Hirstionyssus* アシブトダニ, *Laelaps* トゲダニ, *Macrocheles* ハエダニ, *Macronyssus* オオサシダニ, *Ologamasus* ツブトゲダニ, *Parholaspis* ホコダニ, *Phytoseius* カブリダニ, *Rhinonyssus* ハナダニ, *Rhodacarus* コシボソダニ, *Spelaeorhynchus*, *Spinturnix* コウモリダニ, *Varroa* ヘギイタダニ, *Veigaia* キツネダニ
キュウバンダニ下目 Heterozerconina : Berlese, A. (1892)　…*Discozercon*, *Heterozercon*
ケダニ亜目 Actinedida : Hammen, L. van der (1968)
チビダニ下目 Endeostigmata : Grandjean, F. (1937)　…*Alicorhagia* ニセアギトダニ, *Bimichaelia* マルチビダニ, *Granjeanicus*, *Hybalicius* オオギダニ, *Lordalychus* オタイコチビダニ, *Micropsammus*, *Nanorchestes* ハネトビダニ, *Oehserchestes*, *Sphaerolichus* クシゲチビダニ, *Terpnacarus* ヨコシマチビダニ
ハシリダニ下目 Eupodina : Koch, C. L. (1842)　…*Bdella* テングダニ, *Cunaxa* オソイダニ, *Eupodes* ハシリダニ, *Halacarus* ウシオダニ, *Penthaleus* ムギダニ, *Rhagidia* アギトダニ, *Tydeus* コハリダニ
ヨロイダニ下目 Labidostommatina : Oudemans, A. C. (1906)　…*Labidostomma* ヨロイダニ, *Mahunkiella* ヤマトヨロイダニ
ハモリダニ下目 Anystina : Hammen, L. van der (1973)　…*Anystis* ハモリダニ, *Caeculus* カワダニ, *Pterygosoma* ヤモリダニ, *Teneriffia* ユビダニ
ナミケダニ下目 Parasitengona : Oudemans, A. C. (1909)　…*Amphotrombium*, *Arrenurus* ヨロイミズダニ, *Calyotostoma* ヤリタカラダニ, *Chappuisides* シャブイダニ, *Erythraeus* タカラダニ, *Eylais* メガネダニ, *Hydrovolzia* ヒヤミズダニ, *Hydryphantes* アカミズダニ, *Hygrobates* オヨギダニ, *Johnstoniana* ジョンストンダニ, *Leptotrombidium* アカツツガムシ, *Limnesia* ヌマダニ, *Limnochares* オオヌマダニ, *Litarachna* ワダツミダニ, *Momonia* モモダニ, *Nipponacarus* ニッポンダニ, *Piona* ツチダニ, *Pontarachna* イソダニ, *Stygothrombium*, *Trichothyas* オンセンダニ, *Trombicula* ツツガムシ, *Trombidium* ナミケダニ, *Unionicola* カイダニ
ハダニ下目(並前気門類) Eleutherengona : Oudemans, A. C. (1909)　…*Aceria* カキサビダニ, *Aculops* トマトサビダニ, *Aculus* リンゴサビダニ, *Bryobia* ビラハダニ, *Caraboacarus* オサムシダニ, *Cheyletus* ツメダニ, *Cryptognathus* サヤクチダニ, *Demodex* ニキビダニ, *Eriophyes* フシダニ, *Eupalopsellus* ツツダニ, *Myobia* ケモチダニ, *Pyemotes* シラミダニ, *Pygmephorus* ヒナダニ, *Scutacarus* ヒサシダニ, *Stigmaeus* ナガヒシダニ, *Tarsonemus* ナミホコリダニ, *Tetranychus* ナミハダニ
コナダニ亜目(無気門類) Astigmata : Canestrini, G. (1891)
コナダニ下目 Acaridida : Latreille, P. A. (1802)　…*Acarus* アシブトコナダニ, *Canestrinia* コウチュウダニ, *Carpoglyphus* サトウダニ, *Ebertia* チビコナダニ, *Glycyphagus* ニクダニ, *Hemisarcoptes* カイガラムシダニ, *Histiostoma* ヒゲダニ, *Rhizoglyphus* ネダニ, *Schizoglyphus*, *Tyrophagus* ケナガコナダニ
チリダニ下目 Psoroptidia : Yunker, C. E. (1955)　…*Analges* ウモウダニ, *Dermatophagoides* ヒョウヒダニ, *Epidermoptes* トリハダニ, *Gastronyssus* コウモリハラダニ, *Myocoptes* スイダニ, *Notoedres* ネコヒゼンダニ, *Psoroptes* キュウセンダニ, *Pterolichus* ナミウモウダニ, *Pyroglyphus* チリダニ, *Sarcoptes* ヒゼンダニ, *Turbinoptes* ビコウカイダニ
ササラダニ亜目(隠気門類) Oribatida : Dugès, A. (1834)
ムカシササラダニ下目 Palaeosomata : Grandjean, F. (1969)　…*Acaronychus* ゲンシササラダニ, *Ctenacarus* シリケンダニ, *Palaeacarus* ムカシササラダニ
ヒワダニ下目 Enarthronota : Grandjean, F. (1947)　…*Brachychthonius* ダルマヒワダニ, *Haplochthonius* イエササラダニ, *Hypochthonius* ヒワダニ, *Mesoplophora* ニセイレコダニ
ヒゲツツダニ下目 Parhyposomata : Balogh, J. & Mahunka, S. (1979)　…*Elliptochthonius*, *Gehypochthonius* ウスギヌダニ, *Parhypochthonius* ヒゲツツダニ
イレコダニ下目 Mixonomata : Grandjean, F. (1969)　…*Nehypochthonius* ヤワラカダニ, *Perlohmannia* トノサマダニ, *Phthiracarus* イレコダニ
オニダニ下目 Desmonomata : Woolley, T. A. (1973)　…*Camisia* オニダニ, *Nanhermannia* ツキノワダニ, *Trhypochthonius* モンツキダニ

真核生物ドメイン　動物界　1591

ジュズダニ下目 Brachypylina : Hull, J. E. (1918) …*Autogneta* センロダニ, *Carabodes* イブシダニ, *Cepheus* マンジュウダニ, *Charassobates* ケタヨセダニ, *Cymbaeremaeus* スッポンダニ, *Damaeus* ジュズダニ, *Eremaeus* モリダニ, *Eremobelba* クモスケダニ, *Eremulus* イチモンジダニ, *Fortuynia* ウミノロダニ, *Gymnodamaeus* ジュズダニモドキ, *Hydrozetes* ミズノロダニ, *Liacarus* ツヤタマゴダニ, *Liodes* ウズタカダニ, *Microzetes* ヤッコダニ, *Nippobodes* ダイコクダニ, *Oppia* ツブダニ, *Otocepheus* イカダニ, *Plateremaeus* ヒラセナダニ, *Suctobelba* マドダニ, *Tectocepheus* クワガタダニ, *Zetorchestes* ハネアシダニ

コバネダニ下目 Poronota : Balogh, J. (1965) …*Achipteria* ツノバネダニ, *Ceratozetes* コバネダニ, *Eupelops* エンマダニ, *Galumna* フリソデダニ, *Haplozetes* コソデダニ, *Idiozetes* エボシダニ, *Licneremaeus* モンガラダニ, *Oribatella* カブトダニ, *Oribatula* コイタダニ, *Oripoda* マブカダニ

†ムカシザトウムシ目 Phalangiotarbi : Hasse (1890) …†*Anthracotarbus*, †*Architarbus* ムカシザトウムシ, †*Devonotarbus* デボンザトウムシ, †*Heterotarbus* アシボソムカシザトウムシ, †*Mesotarbus*, †*Opiliotarbus* オオナガムカシザトウムシ

ザトウムシ目 Opiliones : Sundevall, J. C. (1833)

　ダニザトウムシ亜目 Cyphophthalmi : Simon, E. (1879) …*Siro* ダニザトウムシ, *Suzukielus* スズキダニザトウムシ

　マザトウムシ亜目 Eupnoi : Hansen, H. J. & Sørensen, W. (1904) …*Caddo* マメザトウムシ, †*Kustarachne* クスタムシ, *Leiobunum* スベザトウムシ, *Nelima* ナミザトウムシ, *Opilio* ザトウムシ, *Phalangium* マザトウムシ

　アゴザトウムシ亜目 Dyspnoi : Hansen, H. J. & Sørensen, W. (1904) …*Ischyropsalis*, *Nipponopsalis* ニホンアゴザトウムシ, *Sabacon* ブラシザトウムシ

　アカザトウムシ亜目 Laniatores : Thorell, T. (1876)

　　タテヅメザトウムシ下目 Insidiatores : Loman, J. C. (1900) …*Nippononychus* ニホンニセタテヅメザトウムシ, *Travunia* タテヅメザトウムシ

　　アカザトウムシ下目 Grassatores : Kury, A. B. (2002) …*Assamia* カケザトウムシ, *Bandona* ムニンカケザトウムシ, *Phalangodes* アカザトウムシ, *Pseudobiantes* ニホンアカザトウムシ

カニムシ目 Pseudoscorpiones : De Geer, C. (1778)

　ツチカニムシ亜目 Epiocheirata : Harvey, M. S. (1992) …*Allochthonius* オウギツチカニムシ, *Chthonius* ツチカニムシ, †*Dracochela* リュウカニムシ, *Mundochthonius* メクラツチカニムシ

　カニムシ亜目 Iocheirata : Harvey, M. S. (1992) …*Allochernes* モリヤドリカニムシ, *Cheiridium* ウデカニムシ, *Chelifer* イエカニムシ, *Chernes* ヤドリカニムシ, *Garypus* イソカニムシ, *Neobisium* コケカニムシ, *Vachonium* ヴァションカニムシ

ヒヨケムシ目 Solifugae : Sundevall, J. C. (1933) …*Ammotrecha* スナハシリヒヨケムシ, *Eremobates* ヒトリヒヨケムシ, *Galeodes* サメヒヨケムシ, *Rhagodes* オオヒヨケムシ, *Solpuga* ヒヨケムシ

Ⅳ B. クモ亜綱 (書肺類) Pulmonata : Firstman, B. (1973)

サソリ目 Scorpiones : Koch, C. L. (1837)

　†エラサソリ亜目 Branchioscorpionina : Kjellesvig-Waering, E. N. (1986)

　　†フタイタサソリ下目 Bilobosternina : Kjellesvig-Waering, E. N. (1986) …†*Branchioscorpio* エラサソリ, †*Dolichophonus*

　　†ソイタサソリ下目 Holosternina : Kjellesvig-Waering, E. N. (1986) …†*Eoctonus*, †*Mesophonus*, †*Proscorpius*

　　†サケイタサソリ下目 Lobosternina : Pocock, R. I. (1911) …†*Eobuthus*, †*Palaeophonus*, †*Paraisobuthus*

　　†ワレイタサソリ下目 Meristosternina : Kjellesvig-Waering, E. N. (1986) …†*Cyclophthalmus*, †*Microlabis*, †*Palaeobuthus*

　サソリ亜目 Neoscorpionina : Thorell, T. & Lindström, G. (1885) …*Androctonus* フトオサソリ, *Bothriurus* ヒラタサソリ, *Buthacus* エジプトサソリ, *Buthus* キョクトウサソリ, *Centruroides* トゲサソリ, *Heterometrus* チャグロサソリ, *Isometrus* マダラサソリ, *Liocheles* ヤセサソリ, *Mesobuthus* ウスイロキョクトウサソリ, *Pandinus* カニサソリ, *Scorpio* コガネサソリ, *Tityus* ティテュスサソリ, *Vachonus* ヴァーションサソリ, *Vaejovis* アカサソリ

†ワレイタムシ目 Trigonotarbi : Petrunkevitch, A. (1949) …†*Palaeocharinus* デボンワレイタムシ, †*Trigonotarbus* ワレイタムシ

†マルワレイタムシ目 Anthracomarti : Karsch, F. (1882) …†*Anthracomartus* マルワレイタムシ, †*Brachypyge* ゼニガタワレイタムシ

†コスリイムシ目 Haptopoda : Pocock, R. I. (1911) …†*Plesiosiro* コスリイムシ

サソリモドキ目 Uropygi : Thorell, T. (1900) …†*Geralinura* ムカシサソリモドキ, *Hypoctonus*, *Mastigoproctus*, *Thelyphonus* アジアサソリモドキ, *Typopeltis* サソリモドキ

コヨリムシ目 Palpigradi : Thorell, T. (1900) …*Eukoenenia* コヨリムシ, †*Paleokoenenia*, *Prokoenenia* ム

カシコヨリムシ
ヤイトムシ目 Schizomida : Millot, J. (1942)　…†*Calcitro*, *Hubbardia*, *Schizomus* ヤイトムシ
ウデムシ目 Amblypygi : Thorell, T. (1900)
　コダイウデムシ亜目 Palaeoamblypygi : Weygoldt, P. (1996)　…†*Graeophonus*, *Paracharon* カワリウデムシ, †*Thelyphrynus*
　ウデムシ亜目 Euamblypygi : Weygoldt, P. (1996)　…*Charinus*, *Charon* カニムシモドキ, *Damon*, *Phrynus* ウデムシ
クモ目 Araneae : Clerck, C. (1758) (Aranei)
　クモガタムシ亜目 Uraraneida : Selden, P. A. & Shear, W. A. (2008)　…†*Attercopus* クモガタムシ
　ハラフシグモ亜目 Mesothelae : Pocock, R. I. (1892)　…†*Arthrolycosa* コダイハラフシグモ, †*Arthromygale*, *Heptathela* キムラグモ, *Liphistius* ハラフシグモ, †*Palaeothele*, †*Protolycosa*
　クモ亜目 Opisthothelae : Pocock, R. I. (1892)
　　トタテグモ下目 Mygalomorphae : Pocock, R. I. (1892)　…*Aphonopelma* スジアシオオツチグモ, *Atrax* シドニージョウゴグモ, *Atypus* ジグモ, *Avicuraria* トリクイグモ, *Brachypelma* メキシコオオツチグモ, *Latouchia* キシノウエトタテグモ, *Macrothele* ジョウゴグモ
　　クモ下目 Araneomorphae : Millot, J. (1933)　…*Acantheis* アジアシボグモ, *Agelena* クサグモ, *Araneus* オニグモ, *Argiope* コガネグモ, *Argyroneta* ミズグモ, *Chiracanthium* コマチグモ, *Clubiona* フクログモ, *Cupiennius* アメリカシボグモ, *Cyclosa* ゴミグモ, *Deinopis* メダマグモ, *Desis* ウシオグモ, *Dolomedes* ハシリグモ, *Drassodes* ワシグモ, *Erigone* ヒザグモ, *Filistata* カヤシマグモ, *Gnaphosa* メキリグモ, *Hersilia* ナガイボグモ, *Heteropoda* アシダカグモ, *Latrodectus* ゴケグモ, *Loxosceles* イトグモ, *Lycosa* コモリグモ, *Mallinella* ホウシグモ, *Mastophora* ナゲナワグモ, *Myrmarachne* アリグモ, *Nephila* ジョロウグモ, *Neriene* コウシサラグモ, *Nippononeta* ニッポンケシグモ, *Oecobius* チリグモ, *Ordgarius* イセキグモ, *Oxyopes* ササグモ, *Oxytila* オチバカニグモ, *Oxytate* ワカバグモ, *Pholcus* ユウレイグモ, *Phrynarachne* ツケグモ, *Scytodes* ヤマシログモ, *Sitticus* ナミハエトリ, *Synaema* フノジグモ, *Tetragnatha* アシナガグモ, *Theridion* ヒメグモ, *Thomisus* アズチグモ, *Uroctea* ヒラタグモ, *Xysticus* カニグモ

(35B) 多足亜門 Myriapoda : Latreille, P. A. (1802)

C1. ムカデ上綱 Opisthogoneata : Pocock, R. I. (1893)

Ⅰ. ムカデ綱 Chilopoda : Latreille, P. A. (1817)

ⅠA. ゲジ亜綱 (背気門類) Notostigmophora : Verhoeff, K. W. (1901)

ゲジ目 Scutigeromorpha : Pocock, R. I. (1895)　…*Scutigera*, *Thereuonema* ゲジ

ⅠB. ムカデ亜綱 (側気門類) Pleurostigmophora : Verhoeff, K. W. (1901)

イシムカデ目 Lithobiomorpha : Pocock, R. I. (1895)　…*Bothropolys* イッスンムカデ, *Lithobius* イシムカデ, *Monotarsobius* ヒトフシムカデ
ナガズイシムカデ目 Craterostigmomorpha : Pocock, R. I. (1902)　…*Craterostigmus* ナガズイシムカデ
†デボンムカデ目 Devonobiomorpha : Shear, W. A. (1988)　…†*Devonobius* デボンムカデ
オオムカデ目 Scolopendromorpha : Leach, W. E. (1815)　…*Cryptops* メナシムカデ, *Otostigmus* アオムカデ, *Scolopendra* オオムカデ, *Scolopocryptops* アカムカデ
ジムカデ目 Geophilomorpha : Pocock, R. I. (1895)　…*Brachygeophilus*, *Dicellophilus* ヒロズジムカデ, *Escaryus* エスカリジムカデ, *Geophilus* ツチジムカデ, *Mecistocephalus* ナガズジムカデ, *Orya* オリジムカデ, *Strigamia* ベニジムカデ

C2. ヤスデ上綱 Progoneata : Pocock, R. I. (1893)

Ⅱ. コムカデ綱 Symphyla : Ryder, J. A. (1880)

コムカデ目 Scolopendrellida : Bagnall, A. S. (1913)　…*Hanseniella* ナミコムカデ, *Scolopendrella* コムカデ, *Scutigerella* ミゾコムカデ

Ⅲ. エダヒゲムシ綱 Pauropoda : Lubbock, J. (1868)

ネッタイエダヒゲムシ目 Hexamerocerata : Remy, P. A. (1953)　…*Millotauropus* ネッタイエダヒゲムシ
エダヒゲムシ目 Tetramerocerata : Remy, P. A. (1953)　…*Allopauropus* ナミエダヒゲムシ, *Pauropus* エダヒゲムシ, *Stylopauropus* エナガエダヒゲムシ

Ⅳ. ヤスデ綱 Diplopoda : De Blainville, H. M. in Gervais, P. (1844)

Ⅳ A. フサヤスデ亜綱 Penicillata：Latreille, P. A. (1831)

フサヤスデ目 Polyxenida：Lucas, H. (1840) ···*Eudigraphis* ニホンフサヤスデ，*Hypogexenus*，*Lophoturus* リュウキュウフサヤスデ，*Polyxenus* シノハラフサヤスデ，*Synxenus*

Ⅳ B. タマヤスデ亜綱 Pentazonia：Brandt, J. F. (1833)

ナメクジヤスデ上目 Limacomorpha：Pocock, R. I. (1894)
　ナメクジヤスデ目 Glomeridesmida：Latzel, R. (1884) ···*Glomeridesmus* ナメクジヤスデ
タマヤスデ上目 Oniscomorpha：Pocock, R. I. (1887)
　†ムカシタマヤスデ目 Amynilyspedida：Hoffman, R. I. (1969) ···†*Amynilyspes*
　ネッタイタマヤスデ目 Sphaerotheriida：Brandt, J. F. (1833) ···*Sphaerotherium* ネッタイタマヤスデ，*Zephronia* オオタマヤスデ
　タマヤスデ目 Glomerida：Brandt, J. F. (1833) ···*Doderia*，*Glomeridella* ケハダタマヤスデ，*Glomeris*，*Hyleoglomeris* タマヤスデ

Ⅳ C. ヤスデ亜綱 Helminthomorpha：Pocock, R. I. (1887)

Ⅳ Ca. ジヤスデ下綱 Colobognatha：Brandt, J. F. (1833)

セスジヤスデ目 Siphonocryptida：Cook, O. F. (1895) ···*Siphonocryptus* セスジヤスデ
ジヤスデ目 Polyzoniida：Cook, O. F. (1895) ···*Hirudisoma* イトヤスデ，*Kiusiozonium* ツクシヤスデ，*Orisiboe* イトヤスデ，*Polyzonium*，*Rhinotus* ジヤスデ，*Siphonotus*
ギボウシヤスデ目 Siphonophorida：Cook, O. F. (1895) ···*Nematozonium*，*Siphonophora* ギボウシヤスデ，*Siphonorhinus*
ヒラタヤスデ目 Platydesmida：Cook, O. F. (1895) ···*Andrognathus*，*Brachycybe* ヒラタヤスデ，*Platydesmus*，*Symphyopeleurium* アカヒラタヤスデ，*Yamasinaium* ヤマシナヒラタヤスデ

Ⅳ Cb. ヒメヤスデ下綱 Eugnatha：Attems, C. von (1898)

ヒメヤスデ上目 Juliformia：Attems, C. von (1926)
　ヒメヤスデ目 Julida：Brandt, J. F. (1833) ···*Julus* ヒメヤスデ，*Karteroiulus* クロヒメヤスデ，*Okeanobates* ヒロウミヤスデ，*Paeromopus*，*Parajulus*，*Pseudonemasoma* エゾヒメヤスデ，*kleroprotopus* リュウガヤスデ
　マルヤスデ目（フトヤスデ類・フトマルヤスデ類）Spirobolida：Cook, O. F. (1895)
　　マルヤスデ亜目 Spirobolidea：Cook, O. F. (1895) ···*Spirobolellus* カグヤヤスデ，*Spirobolus* マルヤスデ
　　ミナミヤスデ亜目 Trigoniulidea：Bröleman, N. W. (1913) ···*Trigoniulus* ミナミヤスデ
　ヒキツリヤスデ目 Spirostreptida：Brandt, J. F. (1833)
　　ヒゲヤスデ亜目 Cambalidea：Cook, O. F. (1895) ···*Cambala*，*Cambalopsis*，*Dimerogonus* ヒゲヤスデ，*Dolichoglyphius* ヒモヤスデ，*Glyphiulus* ヤハズヤスデ，*Pericambala*
　　ヒメヒキツリヤスデ亜目 Epinannolenidea：Chamberlin, R. V. (1922) ···*Choctella*，*Iulomorpha*，*Physiostreptus*，*Pseudonannolene*
　　ヒキツリヤスデ亜目 Spirostreptidea：Brandt, J. F. (1833) ···*Adiaphorostreptus*，*Atopogestus*，*Harpagophora*，*Odontopyge*，*Spirostreptus* ヒキツリヤスデ
ツムギヤスデ上目 Nematophora：Verhoeff, K. W. (1913)
　ネッタイツムギヤスデ目 Stemmiulida：Cook, O. F. (1895) ···*Stemmiulus* ネッタイツムギヤスデ
　スジツムギヤスデ目 Callipodida：Pocock, R. I. (1894)
　　スジツムギヤスデ亜目 Callipodidea：Pocock, R. I. (1894) ···*Callipus* スジツムギヤスデ
　　フトマキヤスデ亜目 Schizopetalidea：Hoffman, R. L. (1973) ···*Abacion* タイヤヤスデ，*Caspiopetalum*，*Dorypetalum*，*Schizopetalum* フトマキヤスデ
　　ヒガシスジツムギヤスデ亜目 Sinocallipodidea：Shear, W. A. (2000) ···*Sinocallipus* ヒガシスジツムギヤスデ
　ツムギヤスデ目 Chordeumatida：Pocock, R. I. (1894)
　　ヒメケヤスデ亜目 Heterochordeumatidea：Shear, W. A. (2000) ···*Diplomaragna* ミコシヤスデ，*Japanosoma* ヤリヤスデ，*Nipponothrix* ヒメケヤスデ
　　クビブトツムギヤスデ亜目 Striariidea：Cook, O. F. (1896) ···*Caseya*，*Rhiscosoma*，*Striaria* クビブトツムギヤスデ，*Urochordeuma*
　　トゲヤスデ亜目 Craspedosomatidea：Cook, O. F. (1895) ···*Craspedosoma* フチドリヤスデ，*Japanoparvus* シロケヤスデ，*Macrochaeteuma* オオトゲヤスデ，*Niponiosoma* クラサワトゲヤスデ，*Verhoeffia* フェルヘフヤスデ
　　ツムギヤスデ亜目 Chordeumatidea：Pocock, R. I. (1894) ···*Chordeuma* ツムギヤスデ，*Speophilosoma* ホラケヤスデ
　クダヤスデ目 Siphoniulida：Cook, O. F. (1895) ···*Siphoniulus* クダヤスデ
　†ムカシトゲヤスデ目 Euphoberiida：Hoffman, R. L. (1969) (Archipolypoda) ···†*Euphoberia* ムカシトゲヤ

スデ
オビヤスデ上目 Merocheta：Cook, O. F. (1895)
　　†コダイオオヤスデ目 Arthropleurida：Briggs, D. E. G. & Almond, J. E. (1994) …†*Arthropleura* コダイオオヤスデ
　　†コダイヤスデ目 Eoarthropleurida：Shear, W. A. & Selden, P. A. (1995) …†*Eoarthropleura* コダイヤスデ
　　†コムカシヤスデ目 Microdecemplicida：Wilson, H. M. & Shear, W. A. (2000) …†*Microdecemplex* コムカシヤスデ
　　†ムカシオビヤスデ目 Archidesmida：Wilson, H. M. & Anderson, L. I. (2004) …†*Archidesmus* ムカシオビヤスデ
　オビヤスデ目 Polydesmida：Koch, C. (1847)
　　ババヤスデ亜目 Leptodesmidea：Bröleman, N. W. (1916) …*Parafontaria* ババヤスデ, *Riukiaria* アマビコヤスデ, *Xystodesmus* タクワヤスデ
　　ヤケヤスデ亜目 Strongylosomatidea：Bröleman, N. W. (1916) …*Chamberlinius*, *Haplogonosoma* モリヤスデ, *Nedyopus* アカヤスデ, *Orthomorpha* ナンヨウヤケヤスデ, *Oxidus* ヤケヤスデ
　　オビヤスデ亜目 Polydesmidea：Pocock, R. I. (1887) …*Ampelodesmus* ハガヤスデ, *Epanerchodus* オビヤスデ, *Eutrichodesmus* タメトモヤスデ, *Kiusiunum* シロハダヤスデ, *Niponia* マクラギヤスデ, *Polydesmus* モトオビヤスデ
　　タスマニアヤスデ亜目 Dalodesmidea：Hoffman, R. L. (1980) …*Dalodesmus*, *Vaalogonopus*

(35C) 甲殻亜門 Crustacea：Brünnich (1772)

†(目) Phosphatocopina：Müller (1964) …†*Vestrogothia*
†ブラドリア目 Bradoriida：Matthew (1930) …†*Bradoria*
[付]アグノスタス類 Agnostid
　†(亜目) Agnostina：Salter (1864) …†*Agnostus*, †*Doryagnostus*, †*Ptychagnostus*

Ⅰ. 鰓脚綱 Branchiopoda：Latreille (1817)

ⅠA. サルソストラカ亜綱 Sarsostraca：Tasch (1969)

無甲目(ホウネンエビ類) Anostraca：Sars (1867) …*Artemia* アルテミア, *Branchinecta* ホウネンエビモドキ, *Branchinella* ホウネンエビ, *Branchipus*
†レピドカリス目 Lipostraca：Scourfield (1926) …†*Lepidocaris* レピドカリス

ⅠB. 葉脚亜綱 Phyllopoda：Preuss (1951)

†ジェアンロゲリウム目 Kazacharthra：Novozhilov (1957) …†*Jeanrogerium*
†パコニシア目 Acercostraca：Lehmann (1955) …†*Vachonisia*
背甲目(カブトエビ類) Notostraca：Sars (1867) …*Lepidurus* ヘラオカブトエビ, *Triops* アジアカブトエビ
双殻目 Diplostraca：Gerstaecker (1866)
　タマカイエビ亜目 Laevicaudata：Linder (1945) …*Lynceus* タマカイエビ
　カイエビ亜目 Spinicaudata：Linder (1945) …*Caenestheriella* カイエビ, *Eulimnadia* ミスジヒメカイエビ, *Leptestheria* トゲカイエビ, *Limnadia* ヤマトウスヒメカイエビ
　キクレステリア亜目 Cyclestherida：Sars (1899) …*Cyclestheria*, *Paracyclestheria*
　枝角亜目 Cladocera：Latreille (1829) …*Chydorus* マルミジンコ, *Daphnia* ミジンコ, *Diaphanosoma* オナガミジンコ, *Evadne* トゲエボシミジンコ, *Leptodora* ノロミジンコ, *Moina* タマミジンコ, *Penilia* ウスカワミジンコ, *Podon* コウミオオメミジンコ, *Polyphemus* オオメミジンコ, *Sida* シダ

Ⅱ. ムカデエビ綱 Remipedia：Yager (1981)

†(目) Enantiopoda：Birshtein (1960) …†*Tesnusocaris*
ムカデエビ目 Nectiopoda：Schram (1986) …*Godzilliognomus*, *Lasionectes*, *Micropacter*, *Speleonectes*

Ⅲ. カシラエビ綱 Cephalocarida：Sanders (1955)

カシラエビ目 Brachypoda：Birshteyn (1960) …*Hutchinsoniella*, *Lightiella*, *Sandersiella*

Ⅳ. 顎脚綱 Maxillopoda：Dahl (1956)

ⅣA. 舌形亜綱 Pentastomida：Diesing (1836)

ケファロバエナ目 Cephalobaenida：Heymons (1935) …*Cephalobaena*, *Raillietiella*
ポロセファラ目 Porocephalida：Heymons (1935) …*Armillifer*, *Diesingia*, *Linguatula*, *Porochephalus*

ⅣB. 鰓尾亜綱 Branchiura：Thorell (1864)

チョウ目 Arguloida：Yamaguti (1963) …*Argulus* チョウ, *Dolops* ウミチョウ

Ⅳ C. カイアシ亜綱 Copepoda：Milne-Edwards, H. (1840)

Ⅳ Ca. 原始前脚下綱 Progymnoplea：Lang (1948)

プラティコピア目 Platycopioida：Fosshagen (1985) …*Platycopia* プラティコピア

Ⅳ Cb. 新カイアシ下綱 Neocopepoda：Huys & Boxshall (1991)

前脚上目 Gymnoplea：Giesbrecht (1882)
 カラヌス目 Calanoida：Sars (1903) …*Acanthodiaptomus* ヤマヒゲナガケンミジンコ, *Acartia* アカルチア, *Calanus* カラヌス, *Centropages* セントロパジェス, *Eodiaptomus* ヤマトヒゲナガケンミジンコ, *Euchaeta* ユウキータ
後脚上目 Podoplea：Giesbrecht (1882)
 キクロプス目（ケンミジンコ類）Cyclopoda：Burmeister (1834) …*Cyclops* ケンミジンコ, *Doropygus* ホヤノシラミ, *Lernaea* イカリムシ, *Notodelphys*, *Oithona*
 ゲリエラ目 Gellyeloida：Huys (1988) …*Gelyella*
 ハルパクチス目（ソコミジンコ類）Harpacticoida：Sars (1903) …*Canthocamptus*, *Harpacticus* ニッポンソコミジンコ, *Microsetella* オヨギソコミジンコ, *Tigriopus* シオダマリミジンコ, *Tisbe* スナハリイソミジンコ
 ミソフリア目 Misophrioida：Gurney (1933) …*Misophria*
 モンストリラ目 Monstrilloida：Sars (1901) …*Monstrilla*
 モルモニラ目 Mormonilloida：Boxshall (1979) …*Mormonilla*
 ポエキロストマ目（ツブムシ類）Poecilostomatoida：Thorell (1859) …*Chondracanthus*, *Copilia*, *Corycaeus*, *Ergasilus*, *Lichomolgus*, *Oncaea*, *Pectenophilus* ホタテエラカザリ, *Sapphirina* ホタルミジンコ
 シフォノストマ目（ウオジラミ類）Siphonostomatoida：Thorell (1859) …*Caligus* ウオジラミ, *Lernaeopoda* ナガクビムシ, *Pennella* サンマヒシキムシ
 タウマトプシルス目 Thaumatopsylloida：Ho, Dojiri, Hendler & Deets (2003) …*Caribeopsyllus*, *Thaumatopsyllus* タウマトプシルス

Ⅳ D. ヒゲエビ亜綱 Mystacocarida：Pennak & Zinn (1943)

ヒゲエビ目 Mystacocaridia：Pennak & Zinn (1943) …*Derocheilocaris*

Ⅳ E. 鞘甲亜綱（フジツボ亜綱）Thecostraca：Gruvel (1905)

Ⅳ Ea. 彫甲下綱 Facetotecta：Grygier (1985) …*Hansenocaris*

Ⅳ Eb. 嚢胸下綱 Ascothoracida：Lacaze-Duthiers (1880)

（目）Laurida：Grygier (1987) …*Baccalaureus* キンチャクムシ, *Laura*, *Petrarca* スリバチサンゴカクレムシ
（目）Dendrogastrida：Grygier (1987) …*Dendrogaster* モミジガイシダムシ

Ⅳ Ec. 蔓脚下綱（フジツボ下綱）Cirripedia：Burmeister (1834)

根頭上目 Rhizocephala：Müller (1862)
 ケントロゴン目 Kentrogonida：Delage (1884) …*Lernaeodiscus*, *Peltogaster* ナガフクロムシ, *Sacculina* ウンモンフクロムシ
 アケントロゴン目 Akentrogonida：Häfele (1911) …*Boschmaella*, *Clistosaccus*, *Duplorbis*, *Thompsonia* ツブフクロムシ
尖胸上目 Acrothoracica：Gruvel (1905)
 有肛目 Pygophora：Berndt (1907) …*Berndtia* ルリツボムシ, *Cryptophialus*, *Lithoglyptes*
 無肛目 Apygophora：Berndt (1907) …*Trypetesa*
完胸上目 Thoracica：Darwin (1954)
 有柄目 Pedunculata：Lamarck (1818)
  （亜目）Heteralepadomorpha：Newman (1987) …*Heteralepas* ハダカエボシ
  （亜目）Iblomorpha：Newman (1987) …*Ibla* ケハダエボシ
  エボシガイ亜目 Lepadomorpha：Newman (1987) …*Capitulum* カメノテ, *Conchoderma* スジエボシ, *Lepas* エボシガイ
  ミョウガガイ亜目 Scalpellomorpha：Newman (1987) …*Scalpellum* ミョウガガイ
 無柄目 Sessilia：Lamarck (1818)
  ハナカゴ亜目 Verrucomorpha：Pilsbry (1916) …*Verruca* ハナカゴ
  ムヘイレパス亜目 Brachylepadina：Newman & Yamaguchi (1995) …†*Brachylepas*, *Neobrachylepas* レリカムヘイレパス
  フジツボ亜目 Balanomorpha：Pilsbry (1916) …*Acasta* カイメンフジツボ, *Chthamalus* イワフジツボ,

Fistulobalanus シロスジフジツボ, *Megabalanus* アカフジツボ, *Tetraclita* クロフジツボ

IV F. ヒメヤドリエビ亜綱 Tantulocarida : Boxshall & Lincoln (1983)

ヒメヤドリエビ目 Tantulocaridida : Boxshall & Lincoln (1983) ···*Basipodella*, *Deoterthron*, *Itoitantulus* イトウヒメヤドリムシ, *Microdajus*, *Nipponotantulus*, *Stygotantulus*

V. 貝形虫綱 (貝虫綱) Ostracoda : Latreille (1802)

V A. †レペルディティコーパ亜綱 Leperditicopa : Scott (1961)

†レペルディティア目 Leperditicopida : Scott (1961) ···†*Eoleperditia*, †*Leperditia*

V B. ミオドコーパ亜綱 (ウミホタル類) Myodocopa : Sars (1866)

ミオドコピダ目 (ウミホタル類) Myodocopida : Sars (1866) ···*Cypridina*, *Euphilomedes* ウミホタルモドキ, *Vargula* ウミホタル
ハロキプリス目 Halocyprida : Dana (1853) ···*Euconchoecia*

V C. ポドコーパ亜綱 (カイミジンコ類) Podocopa : Müller (1894)

プラティコピダ目 Platycopida : Sars (1866) ···*Cytherella*
ポドコピダ目 (カイミジンコ類) Podocopida : Sars (1866) ···*Cypridopsis* ゴミマルカイミジンコ, *Cythereis* ソコカイミジンコ, *Notodromas* マルカイミジンコ, *Paradoxostoma* ヤツソコカイミジンコ
パレオコピダ目 (ムカシカイムシ類) Palaeocopida : Henningsmoen (1953) ···†*Beyrichia*, †*Kloedenella*, *Manawa*, *Puncia*

VI. 軟甲綱 Malacostraca : Latreille (1802)

VI A. コノハエビ亜綱 Phyllocarida : Packard (1879)

†(目) Archaeostraca : Claus (1888) ···†*Ceratiocaris*, †*Nahecaris*
†(目) Hymenostraca : Rofle (1969) ···†*Hymenocaris*
薄甲目 Leptostraca : Claus (1880) ···*Dahlella*, *Nebalia* コノハエビ, *Nebaliopsis*, *Paranebalia*

VI B. トゲエビ亜綱 Hoplocarida : Calman (1904)

口脚目 Stomatopoda : Latreille (1817) ···*Bathysquilla* シリブトシャコ, *Gonodactylus* フトユビシャコ, *Lysiosquilla* トラフシャコ, *Odontodactylus* ハナシャコ, *Oratosquilla* シャコ
†古口脚目 Palaeostomatopoda : Brooks (1962) ···†*Archaeocaris*, †*Bairdops*, †*Perimecturus*
†奇泳目 Aeschcronectida : Schram (1969) ···†*Aenigmacaris*, †*Crangopsis*, †*Kallidecthes*

VI C. 真軟甲亜綱 Eumalacostraca : Grobben (1892)

厚エビ上目 Syncarida : Packard (1885)
†(目) Palaeocaridacea : Brooks (1962) ···†*Acanthotelson*, †*Minicaris*, †*Palaeocaris*, †*Praenaspides*
†(目) Belotelsonidea : Schram (1981) ···†*Belotelson*
†(目) Waterstonellidea : Schram (1981) ···†*Waterstonella*
†(目) Pygocephalomorpha : Beurlen (1930) ···†*Notocaris*, †*Pygocephalus*, †*Tealliocaris*
アナスピデス目 Anaspidacea : Calman (1904) ···*Anaspides*, *Koonunga*, *Paranaspides*, *Parastygocaris*, *Psammaspides*, *Stygocaris*
ムカシエビ目 Bathynellacea : Chappuis (1915) ···*Allobathynella* カワリムカシエビ, *Bathynella* サイコクムカシエビ, *Parabathynella*, *Thermobathynella*
フクロエビ上目 Peracarida : Calman (1904)
スペレオグリフス目 Spelaeogriphacea : Gordon (1957) ···*Spelaeogriphus*
テルモスバエナ目 Thermosbaenacea : Monod (1927) ···*Monodella*, *Thermosbaena*
アミ目 Mysida : Haworth (1925) ···*Anisomysis* コマセアミ, *Mysis*, *Neomysis* イサザアミ
ロフォガスター目 Lophogastrida : Sars (1870) ···*Eucopia*, *Gnathophausia* オオベニアミ, *Lophogaster*
ミクトカリス目 Mictacea : Bowman, Garner, Hessler & Garner (1985) ···*Hirsutia*, *Mictocaris*
等脚目 Isopoda : Latreille (1817)
フレアトイクス亜目 Phreatoicidea : Stebbing (1893) ···*Phreatoicus*
ウミナナフシ亜目 Anthuridea : Monod (1922) ···*Cyathura* ムロミスナウミナナフシ, *Paranthura* ウミナナフシ
スナナナフシ亜目 Microcerberidea : Lang (1961) ···*Microcerberus* キイスナナナフシ
有扇亜目 Flabellifera : Sars (1882) ···*Aega* グソクムシ, *Bathynomus* オオグソクムシ, *Ceratothoa* タイノエ, *Cirolana* ニセスナホリムシ, *Cymodoce* ウミセミ, *Gnorimosphaeroma* イソコツブムシ, *Limnoria* キクイムシ, *Sphaeroma* ヨツハコツブムシ, *Tecticeps* シオムシ
ウミクワガタ亜目 Gnathiidea : Leach (1814) ···*Gnathia* シカツノウミクワガタ
ミズムシ亜目 Asellota : Latreille (1802) ···*Asellus* ミズムシ, *Ianiropsis* ウミミズムシ, *Joeropsis* ヒラ

タウミミズムシ
　　　　カラボゾア亜目 Calabozoidea : Van Lieshout (1983) ⋯*Calabozoa*
　　　　ヘラムシ亜目 Valvifera : Sars (1882) ⋯*Arcturus* オニナナフシ, *Cleantiella* イソヘラムシ, *Idotea* ヘラムシ, *Symmius* ヤリボヘラムシ
　　　　ヤドリムシ亜目 Epicaridea : Latreille (1831) ⋯*Bopyrus* エビヤドリムシ, *Crinoniscus*, *Cyproniscus* ウミホタルガクレ, *Entoniscus* カニダマシヤドリ
　　　　ワラジムシ亜目 Oniscidea : Latreille (1832) ⋯*Armadillidium* ダンゴムシ, *Armadilloniscus* ハマワラジムシ, *Ligia* フナムシ, *Ligidium* ヒメフナムシ, *Oniscus*, *Porcellio* ワラジムシ, *Porcellionides* ホソワラジムシ, *Trichoniscus* チビワラジムシ
　　　　ハマダンゴムシ亜目 Tyloidea : Vandel (1943) ⋯*Tylos* ハマダンゴムシ
　　端脚目 Amphipoda : Latreille (1816)
　　　　ヨコエビ亜目 Gammaridea : Latreille (1802) ⋯*Ampelisca* カギスガメソコエビ, *Ampithoe* ニッポンモバヨコエビ, *Gammarus*, *Grandidierella* ニホンドロソコエビ, *Jassa* カマキリヨコエビ, *Monocorophium* ウエノドロクダムシ, *Nippochelura* キクイモドキ, *Platorchestia* ヒメハマトビムシ, *Pseudocrangonyx* シコクメクラヨコエビ, *Traskorchestia* オオハマトビムシ
　　　　クラゲノミ亜目 Hyperiidea : Milne-Edwards (1830) ⋯*Hyperia* クラゲノミ, *Oxycephalus* オオトガリズキンウミノミ, *Phronima* オオタルマワシ, *Themisto* ニホンウミノミ, *Vibilia* トガリヘラウミノミ
　　　　ワレカラ亜目 Caprellidea : Leach (1814) ⋯*Caprella* マルエラワレカラ, *Caprogammarus*, *Cyamus* ホソクジラジラミ, *Protomima* ムカシワレカラ
　　　　インゴルフィエラ亜目 Ingolfiellidea : Hansen (1903) ⋯*Ingolfiella*
　　クーマ目 Cumacea : Krøyer (1846) ⋯*Bodotria* ナギサクーマ, *Diastylis* ミツオビクーマ, *Dimorphostylis* サザナミクーマ, *Lamprops* サルスカザリクーマ, *Leucon* シロクーマ
　　タナイス目 Tanaidacea : Dana (1849)
　　　　†(亜目) Anthracocaridomorpha : Sieg (1980) ⋯†*Anthracocaris*
　　　　タナイス亜目 Tanaidomorpha : Sieg (1980) ⋯*Tanais* ケブカタナイス, *Zeuxo* ノルマンタナイス
　　　　ネオタナイス亜目 Neotanaidomorpha : Sieg (1980) ⋯*Neotanais*
　　　　アプセウデス亜目 Apseudomorpha : Sieg (1980) ⋯*Apseudes* ニッポンアプセウデス, *Gigantapseudes* エンマノタナイス
本エビ上目 Eucarida : Calman (1904)
　オキアミ目 Euphauceacea : Dana (1852) ⋯*Bentheuphausia* ソコオキアミ, *Euphausia* ツノナシオキアミ, *Thysanoessa*, *Thysanopoda* マルエリオキアミ
　アンフィオニデス目 Amphionidacea : Williamson (1973) ⋯*Amphionides* アンフィオニデス
　十脚目 Decapoda : Latreille (1802)
　　根鰓亜目 Dendrobranchiata : Bate (1888)
　　　　クルマエビ下目 Penaeidea : Rafinesque (1815) ⋯*Aristeus* ヒカリチヒロエビ, *Gennadas* スベスベチヒロエビ, *Lucifer* ユメエビ, *Marsupenaeus* クルマエビ, *Metapenaeus* シバエビ, *Penaeus* ウシエビ, *Sergia* サクラエビ, *Solenocera* ナミクダヒゲエビ
　　抱卵亜目 Pleocyemata : Burkenroad (1963)
　　　　オトヒメエビ下目 Stenopodidea : Claus (1872) ⋯*Spongicola* ドウケツエビ, *Stenopus* オトヒメエビ
　　　　†(下目) Uncinidea : Beurlen (1930) ⋯†*Uncina*
　　　　プロカリス下目 Procarididea : Felgenhauer & Abele (1983) ⋯*Procaris*, *Vetericaris*
　　　　コエビ下目 Caridea : Dana (1852) ⋯*Acanthephyra* ヒオドシエビ, *Alpheus* テッポウエビ, *Crangon* エビジャコ, *Glyphocrangon* トゲヒラタエビ, *Heptacarpus* アシナガモエビ, *Macrobrachium* テナガエビ, *Palaemon* スジエビ, *Pandalus* ホッコクアカエビ, *Paratya* ヌマエビ
　　　　ザリガニ下目 Astacidea : Latreille (1802) ⋯*Cambaroides* ニホンザリガニ, *Homarus* オマール, *Metanephrops* アカザエビ, *Pacifastacus* ウチダザリガニ, *Procambarus* アメリカザリガニ, *Taumastocheles* オサテエビ
　　　　グリフェア下目 Glypheidea : Winckler (1882) ⋯†*Glyphaea*, *Laurentaeglyphea*, *Neoglyphea*
　　　　アナエビ下目 Axiidea : de Saint Laurent (1979) ⋯*Axiopsis* ヘンゲアナエビ, *Ctenocheles* オサテスナモグリ, *Glypturus*, *Litoraxius* ボウシュウアナエビ, *Neocallichirus*, *Nihonotrypaea* スナモグリ
　　　　アナジャコ下目 Gebiidea : de Saint Laurent (1979) ⋯*Laomedia* ハサミシャコエビ, *Naushonia*, *Thalassina* オキナワアナジャコ, *Upogebia* アナジャコ
　　　　センジュエビ下目 Polychelidea : Scholtz & Richter (1995) ⋯*Pentacheles*, *Polycheles* センジュエビ, *Stereomastis*
　　　　イセエビ下目 Achelata : Scholtz & Richters (1995) ⋯*Chelarctus* ヒメセミエビ, *Ibacus* ウチワエビ, *Jasus* ミナミイセエビ, *Linuparus* ハコエビ, *Panulirus* イセエビ, *Puerulus* クボエビ, *Scyllarides* セミエビ
　　　　異尾下目 Anomura : MacLeay (1838) ⋯*Albunea* クダヒゲガニ, *Birgus* ヤシガニ, *Calcinus* ユビワサンゴヤドカリ, *Clibanarius* イソヨコバサミ, *Coenobita* オカヤドカリ, *Dardanus* ソメンヤ

ドカリ, *Diogenes* ツノヤドカリ, *Galathea* トウヨウコシオリエビ, *Hippa* スナホリガニ, *Lithodes* イバラガニ, *Munida* チュウコシオリエビ, *Munidopsis* ツノナガシンカイコシオリエビ, *Pagurixus* イダテンヒメホンヤドカリ, *Pagurus* ホンヤドカリ, *Paralithodes* タラバガニ, *Petrolisthes* イソカニダマシ, *Pylocheles* カルイシヤドカリ
 短尾下目 Brachyura：Linnaeus(1858) …*Anatolikos* イチョウガニ, *Arcotheres* オオシロピンノ, *Calappa* トラフカラッパ, *Callinectes* ブルークラブ, *Camposcia* モクズショイ, *Carcinus* チチュウカイミドリガニ, *Chionoecetes* ズワイガニ, *Chiromantes* アカテガニ, *Erimacrus* ケガニ, *Eriocheir* モクズガニ, *Geothelphusa* サワガニ, *Hapalocarcinus* サンゴヤドリガニ, *Heikeopsis* ヘイケガニ, *Hemigrapsus* イソガニ, *Latreillia* ミズヒキガニ, *Lauridromia* カイカムリ, *Leucosia* ツノナガコブシガニ, *Macrocheira* タカアシガニ, *Maja* ケアシガニ, *Portunus* ガザミ, *Ranina* アサヒガニ, *Scylla* ノコギリガザミ, *Uca* シオマネキ

(35D)六脚亜門 Hexapoda：Latreille(1825) (広義の昆虫類 Insecta：Linnaeus, 1758 *s.l.*)

Ⅰ. 内顎綱(内腮類) Entognatha：Hirst & Maulik(1926)

ⅠA. 無角亜綱(無尾角類) Ellipura：Börner(1910) (側昆虫類 Parainsecta：Kukalova-Pack, 1987)

コムシ目(双尾類, 倍尾類, 叉尾類, 頬尾類) Diplura：Borner(1904)
 ナガコムシ亜目 Rhabdura：Cook(1896) …*Campodea* ナガコムシ
 ハサミコムシ亜目 Dicellurata：Cook(1896) …*Japyx* ハサミコムシ
カマアシムシ目(原尾類) Protura：Silvestri(1907) …*Eosentomon* カマアシムシ, *Nipponentomon* ヨシイムシ
トビムシ目(粘管類, 弾尾類, 動尾類) Collembola：Lubbock(1871 [1870])
 フシトビムシ亜目 Arthropleona：Börner(1901) …*Isotoma* ミズフシトビムシ
 ミジントビムシ亜目 Neelipleona：Massoud(1971) …*Neelides* ミジントビムシ
 マルトビムシ亜目 Symphypleona：Börner(1901) …*Smithurus* クロマルトビムシ

Ⅱ. 外顎綱(真性昆虫類・外腮類) Ectognatha：Stummer-Traunfels(1891) (狭義の昆虫綱 Insecta：Linnaeus, 1758 *s.s.*)

ⅡA. 単丘亜綱(単関節丘類) Monocondylia：Haeckel(1866) (古顎亜綱(古腮亜綱) Archaeognatha：Börner, 1904)

イシノミ目(古顎類) Archaeognatha：Börner(1904) …*Pedetontus* イシノミ
〔付〕†モヌラ目 Monura：Sharov(1957) …†*Dasyleptus*

ⅡB. 双丘亜綱(双関節丘類) Dicondylia：Haeckel(1866)

ⅡBa. 結虫下綱 Zygentoma：Börner(1904)

シミ目(総尾類) Thysanura：Leach(1815) …*Ctenolepisma* ヤマトシミ

ⅡBb. 有翅下綱(有翅昆虫類) Pterygota：Brauer(1885)

旧翅節 Palaeoptera：Martynov(1923)
 カゲロウ目(蜉蝣類) Ephemeroptera：Hyatt & Arms(1890)
  ヒラタカゲロウ亜目 Schistonota：McCafferty & Edmunds(1979) …*Epeorus* ナミヒラタカゲロウ
  マダラカゲロウ亜目 Pannota：McCafferty & Edmunds(1979) …*Ephemerella* マダラカゲロウ
 †ムカシアミバネ節 Palaeodictyopterida：Bechly(1996)
  †ムカシアミバネ目(古網翅類) Palaeodictyoptera：Goldenberg(1854)+Permothemistida …†*Stenodictya*
  †ムカシカゲロウ目(疎翅類) Megasecoptera：Brongniart(1885) …†*Pseudohymen*
  †ディクリプテラ目 Dicliptera：Grimaldi & Engel(2005)
  †アケボノスケバムシ目(明翅類) Diaphanopterodea：Handlirsch(1906) …†*Diaphanoptera*
 蜻蛉節 Odonatoptera：Martynov(1932)
  †ゲロプテラ目 Geroptera：Brodsky(1994) …†*Geropteron*
  †オオトンボ目(原蜻蛉類) Protodonata：Brongniart(1893) …†*Meganeuropsis*
  トンボ目(蜻蛉類) Odonata：Fabricius(1793)
   イトトンボ亜目 Zygoptera：Selys-Longchamps(1854) …*Agrion* イトトンボ, *Lestes* アオイトトンボ, *Mnais* オオカワトンボ
   ムカシトンボ亜目 Anisozygoptera：Handlirsche(1906) …*Epiophlebia* ムカシトンボ
   トンボ亜目 Anisoptera：Selys-Longchamps & Hagen(1854) …*Aeschna* マダラヤンマ, *Anax* ギンヤンマ, *Anotogaster* オニヤンマ, *Gomphus* サナエトンボ, *Orthetrum* シオカラトンボ, *Sympetrum* アキアカネ
新翅節 Neoptera：Martynov(1923)
†原翅亜節 Protoptera：Rasnitsyn(1977)

真核生物ドメイン　動物界　1599

†パオリダ目　Paoliidae：Handlirsch(1906)　…†*Kemperala*
多新翅亜節（直翅系昆虫類）Polyneoptera：Martynov(1938)
　†ムカシギス目(原直翅類)　Protorthoptera：Handlirsch(1906)　…†*Liomopterum*，†*Ochetopteron*
　ガロアムシ目(非翅類，欠翅類)　Grylloblattodea：Brues & Melander(1932)　…*Galloisiana* ガロアムシ
　カカトアルキ目(踵歩類)　Mantophasmatodea：Klass(2002)　…*Mantophasma* カカトアルキ
　ハサミムシ目(革翅類，畳翅類)　Dermaptera：De Geer(1773)
　　コケイハサミムシ亜目　Protodermaptera：Crampton(1928)　…*Bormansia*
　　コウセイハサミムシ亜目　Epidermaptera：Engel(2003)　…*Arixenia*
積翅上目　Plecopterida：Boudreaux(1979)
　†ムカシカワゲラ目(古積翅類)　Paraplecoptera：Martynov(1925)
　カワゲラ目(積翅類)　Plecoptera：Latereille(1802)
　　ミナミカワゲラ亜目　Antarctoperlaria：Zwick(1973)　…*Tasmanoperla*
　　キタカワゲラ亜目　Arctoperlaria：Zwick(1973)　…*Niponiella*，*Perlodes* アミメカワゲラ，*Scopura* トワダカワゲラ
　†アケボノカワゲラ目(原積翅類)　Protoperlaria：Tillyard(1926)
　シロアリモドキ目(紡脚類)　Embioptera：Lameere(1900)　…*Oligotoma* コケシロアリモドキ
　ジュズヒゲムシ目(絶翅類)　Zoraptera：Silvestri(1913)　…*Zorotypus*
直翅上目　Orthopterida：Boudreaux(1979)
　ナナフシ目(竹節虫類)　Phasmatodea：Jacobson & Bianchi(1902)
　　チビナナフシ亜目　Timematodea　…*Timema*
　　シンセイナナフシ亜目　Euphasmotodea：Bradler(1999)　…*Entoria*
　バッタ目(直翅類，跳躍類)　Orthoptera：Olivier(1789)
　　キリギリス亜目(長弁類，剣弁類)　Ensifera：Chopard(1920)　…*Conocephalus* ササキリ，*Diestrammena* カマドウマ，*Gampsocleis*，*Gryllodes* カマドコオロギ，*Gryllotalpa* ケラ，*Mecopoda* クツワムシ，*Oecanthus* カンタン，*Teleogryllus* エンマコオロギ，*Xenogryllus* マツムシ
　　バッタ亜目(短弁類，雑弁類)　Caelifera：Ander(1936)　…*Acrida* ショウリョウバッタ，*Locusta* トノサマ

《新翅節の分岐図》

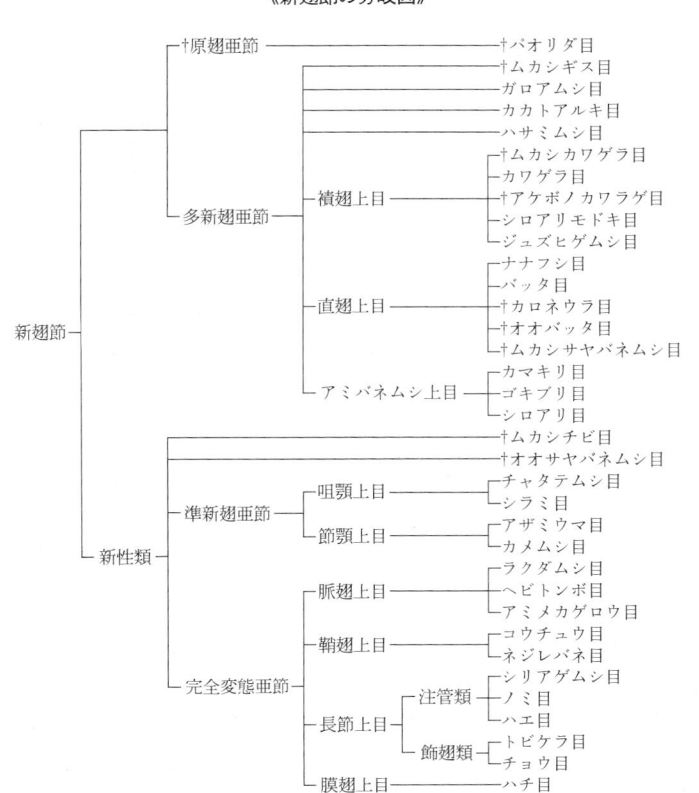

```
                          ┌─†原翅亜節──────────┬─†パオリダ目
                          │                    ├─†ムカシギス目
                          │                    ├─ガロアムシ目
                          │                    ├─カカトアルキ目
                          │                    └─ハサミムシ目
                          │                    ┌─†ムカシカワゲラ目
                          │         ┌─積翅上目─┼─カワゲラ目
                          │         │          ├─†アケボノカワゲラ目
                          │         │          ├─シロアリモドキ目
              ┌─多新翅亜節─┤         │          └─ジュズヒゲムシ目
              │           │         │          ┌─ナナフシ目
              │           │         │          ├─バッタ目
              │           │ ┌─直翅上目─┼─†カロネウラ目
              │           │ │        ├─†オオバッタ目
              │           │ │        └─†ムカシサヤバネムシ目
　新翅節─┤           │ │        ┌─カマキリ目
              │           └─アミバネムシ上目─┬─ゴキブリ目
              │                              └─シロアリ目
              │                                           ┌─†ムカシチビ目
              │                                           ├─†オオサヤバネムシ目
              │           ┌─準新翅亜節─┬─咀顎上目─┬─チャタテムシ目
              │           │            │          └─シラミ目
              │           │            └─節顎上目─┬─アザミウマ目
              └─新性類─┤            │                                 └─カメムシ目
                          │                          ┌─脈翅上目─┬─ラクダムシ目
                          │                          │          ├─ヘビトンボ目
                          │                          │          └─アミメカゲロウ目
                          │            ┌─鞘翅上目─┬─コウチュウ目
                          └─完全変態亜節─┤          └─ネジレバネ目
                                       │            ┌─注管類─┬─シリアゲムシ目
                                       │            │        ├─ノミ目
                                       ├─長節上目─┤        └─ハエ目
                                       │            └─飾翅類─┬─トビケラ目
                                       │                    └─チョウ目
                                       └─膜翅上目──ハチ目
```

バッタ, *Oxya* イナゴ, *Tetrix* ヒシバッタ
　　　†カロネウラ目(華翅類) Caloneurodea : Martynov (1938) …†*Paleuthygramma*
　　　†オオバッタ目(大翅類) Titanoptera : Sharov (1968) …†*Gerarus*
　　　†ムカシサヤバネムシ目(原甲翅類, 原甲虫類) Protelytroptera : Tillyard (1931) …†*Protelytron*
　　アミバネムシ上目(網翅類) Dictyoptera : Latreille (1829)
　　　カマキリ目(蟷螂類) Mantodea : Burmeister (1838) …*Tenodera* オオカマキリ
　　　ゴキブリ目(網翅類) Blattodea : Brunner von Wattenwyl (1882) …*Blattella* チャバネゴキブリ, *Periplaneta* ワモンゴキブリ
　　　シロアリ目(等翅類) Isoptera : Brullé (1832) …*Coptotermes* イエシロアリ, *Reticulitermes* ヤマトシロアリ
10 新性類 Phalloneoptera (Eumetabola)
　〔上目不明〕
　　　†ムカシチビ目(矮翅類) Miomoptera : Martynov (1927) …†*Palaeomantis*
　　　†オオサヤバネムシ目(舌翅類) Glosselytrodea : Martynov (1938) …†*Permoberotha*
　準新翅亜節 Paraneoptera : Martynov (1923)
　　咀顎上目 Psocodea : Hennig (1953)
　　　チャタテムシ目(噛虫類) Psocoptera : Shipley (1904)
　　　　コチャタテ亜目 Trogiomorpha : Rossler (1940) …*Trogium* コチャタテ
　　　　コナチャタテ亜目 Troctomorpha : Rossler (1940) …*Liposcelis* コナチャタテ
　　　　チャタテ亜目 Psocomorpha : Badonnel (1951) …*Psococerastis* オオチャタテ
20　　　シラミ目(虱類, 吸蝨類, 裸尾類, 正脱翅類) Phthiraptera : Haeckel (1896)
　　　　マルツノハジラミ亜目 Amblycera : Kellogg (1896) …*Menopon* タンカクハジラミ
　　　　ホソツノハジラミ亜目 Ischnocera : Kellogg (1896) …*Trichodectes* ケモノハジラミ
　　　　ゾウハジラミ亜目 Rhynchophthirina : Ferris (1931) …*Haematomyzus* ゾウハジラミ
　　　　シラミ亜目 Anoplura : Leach (1815) …*Pediculus* ヒトジラミ
　　節顎上目 Condylognatha : Börner (1904)
　　　アザミウマ目(総翅類, 胞脚類) Thysanoptera : Haliday (1836)
　　　　アザミウマ亜目(穿孔類, 有錐類) Terebrantia : Latreille (1810) …*Aeolothrips* シマアザミウマ, *Thrips* アザミウマ
　　　　クダアザミウマ亜目(有管類) Tubulifera : Haliday (1836) …*Liothrips* クダアザミウマ
30　　　カメムシ目(半翅類, 有吻類) Hemiptera : Linnaeus (1758)
　　　　腹吻亜目 Sternorrhyncha : Amyot & Serville (1843) …*Aphis* ワタアブラムシ, *Icerya* ワタフキカイガラムシ, *Kermes* カーミンカイガラムシ
　　　　頸吻亜目 Auchenorrhyncha : Duméril (1806) …*Aphrophora* シロオビアワフキ, *Cryptotympana* クマゼミ, *Gargara* マルツノゼミ, *Graptopsaltria* アブラゼミ, *Magicicada* ジュウシチネンゼミ, *Nephotettix* ツマグロヨコバイ, *Ricania* ウスバハゴロモ, *Tibicen* エゾゼミ
　　　　鞘吻亜目 Coleorrhyncha : Myers & China (1929) …*Hemiodoecus*
　　　　カメムシ亜目(異翅類) Heteroptera : Latreille (1810) …*Cimex* トコジラミ (南京虫), *Diplonychus* コオイムシ, *Gerris* アメンボ, *Halovelia* ウミアメンボ, *Lethocerus* タガメ, *Lygaeus* マダラナガカメムシ, *Notonecta* マツモムシ, *Pentatoma* ツノアオカメムシ, *Pyrrhocoris* フタモンホシ
40　　　　　カメムシ, *Ranatra* ミズカマキリ, *Rhodnius*, *Triatoma* オオサシガメ
　完全変態亜節 Holometabola : Martynov (1925) (内翅類 Endopterygota : Sharp, 1899)
　　脈翅上目 Neuropterida : Handlirsch (1908)
　　　ラクダムシ目(駱駝虫類) Raphidioptera : Handlirsche (1908) …*Inocellia* ラクダムシ
　　　ヘビトンボ目(広翅類) Megaloptera : Latreille (1802) …*Protohermes* ヘビトンボ, *Sialis* センブリ
　　　アミメカゲロウ目(脈翅類) Neuroptera : Linneaus (1758)
　　　　シロカゲロウ亜目 Nevrorthiformia : Aspöck (1992) …*Nevrorthus*
　　　　ウスバカゲロウ亜目 Myrmeleontiformia : Henry (1978) …*Hagenomyia* ウスバカゲロウ
　　　　ヒメカゲロウ亜目 Hemerobiiformia : Henry (1978) …*Hemerobius* ヒメカゲロウ
　　鞘翅上目 Coleopterida : Handlirsch (1908)
50　　　コウチュウ目(鞘翅類, 甲虫類) Coleoptera : Linnaeus (1758)
　　　　ナガヒラタムシ亜目(始原類, 原腹節類) Archostemata : Kolbe (1908) …*Cupes* ナガヒラタムシ
　　　　オサムシ亜目(食肉類, 飽食類) Adephaga : Schellenberg (1806) …*Carabus* オサムシ, *Cicindela* ハンミョウ, *Cybister* ゲンゴロウ, *Damaster* マイマイカブリ, *Dytiscus* ゲンゴロウダマシ, *Gyrinus* ミズスマシ
　　　　ツブミズムシ亜目(粘食類) Myxophaga : Crowson (1955) …*Delevea* ツブミズムシ, *Hydroscapha* デオミズムシ
　　　　カブトムシ亜目(多食類) Polyphaga : Emery (1886)
　　　　　ハネカクシ下目 Staphyliniformia : Lameere (1900) …*Hister* ヤマトエンマムシ, *Hydrophilus* ガムシ, *Silpha* シデムシ, *Staphylinus* ハネカクシ
60　　　　　コガネムシ下目 Scarabaeiformia : Crowson (1960) …*Allomyrina* カブトムシ, *Cetonia* ハナムグリ, *Geotrupes* センチコガネ, *Lucanus* クワガタムシ, *Popillia* マメコガネ, *Scarabaeus* タマオシコガネ

真核生物ドメイン　菌界　　1601

　　　　コメツキムシ下目 Elateriformia：Crowson (1960)　…*Byrrhus* エカシマルトゲムシ，*Chrysochroa* タマムシ，*Dascillus*，*Elater* オオナガコメツキ，*Luciola* ホタル，*Scirtes* ヒメマルハナノミ
　　　　マキムシモドキ下目 Derodontiformia：Le Conte (1861)　…*Derodontus* モンヒメマキムシモドキ
　　　　ナガシンクイムシ下目 Bostrichiformia：Forbes (1926)　…*Anthrenus* ヒメマルカツオブシムシ，*Bostrichus* ナガシンクイ，*Lyctus* ヒラタキクイムシ
　　　　ヒラタムシ下目 Cucujiformia：Lameere (1938)　…*Apoderus* オトシブミ，*Cerambyx* カミキリ，*Chrysomela* ドロノキハムシ，*Cucujus* ベニヒラタムシ，*Curculio* コナラシギゾウムシ，*Harmonia* テントウムシ，*Lymexylon* ムネアカホソツツシンクイ，*Meloe* ツチハンミョウ，*Tenebrio* ゴミムシダマシ，*Tenebroides* コクヌスト
　　ネジレバネ目 (撚翅類) Strepsiptera：Kirby (1813)
　　　　シミネジレバネ亜目 Mengenillidia：Kinzelbach (1969)　…*Eoxenos*
　　　　ネジレバネ亜目 Stylopidia：Kinzelbach (1969)　…*Stylops* ハナバチネジレバネ，*Xenos* スズメバチネジレバネ
長節上目 Panorpida：Handlirsch (1908) (Mecopterida：Whiting, Carpenter, Wheeler & Wheeler, 1977)
注管類 Antliophora
　　シリアゲムシ目 (長翅類) Mecoptera：Packard (1886)　…*Bittacus* ガガンボモドキ，*Boreus* ユキシリアゲ，*Panorpa* シリアゲムシ
　　ノミ目 (隠翅類，微翅類) Siphonaptera：Latreille (1825)　…*Ctenocephalides* ネコノミ，*Pulex* ヒトノミ
　　ハエ目 (双翅類) Diptera：Linnaeus (1758)
　　　　カ亜目 (糸角類，長角類) Nematocera：Duméril (1805)　…*Aedes* ヤブカ，*Anopheles* ハマダラカ，*Bibio* ケバエ，*Chironomus* ユスリカ，*Clunio* ウミユスリカ，*Culex* アカイエカ，*Culicoides* ヌカカ，*Philorus* アミカ，*Phlebotomus* サシチョウバエ，*Simulium* ブユ，*Tipula* ガガンボ
　　　　ハエ亜目 (短角類) Brachycera：Macquart (1834)　…*Bactrocera* ウリミバエ，*Calliphora* オオクロバエ，*Drosophila* ショウジョウバエ，*Empis* オドリバエ，*Eristalis* ハナアブ，*Exorista* ブランコヤドリバエ，*Lucilia* キンバエ，*Megaselia* ノミバエ，*Musca* イエバエ，*Promachus* シオヤアブ，*Stratiomyia* ミズアブ，*Tabanus* ウシアブ
飾翅類 Amphiesmenoptera：Hennig (1969)
　　トビケラ目 (毛翅類) Trichoptera：Kirby (1815)
　　　　シマトビケラ亜目 Annulipalpia　…*Hydropsyche* シマトビケラ
　　　　ナガレトビケラ亜目 Spicipalpia　…*Rhyacophila* ナガレトビケラ
　　　　エグリトビケラ亜目 Integripalpia　…*Eubasilissa* シマトビケラ，*Goera* ニンギョウトビケラ，*Lepidostoma* カクツツトビケラ
　　チョウ目 (鱗翅類) Lepidoptera：Linnaeus (1758)
　　　　コバネガ亜目 Zeugloptera：Chapman (1917)　…*Micropteryx* コバネガ
　　　　カウリコバネガ亜目 Aglossata：Speidel (1977)　…*Agathiphaga*
　　　　モグリコバネガ亜目 Heterobathmiina：Kristensen & Nielsen (1983)　…*Heterobathmia*
　　　　有吻亜目 Glossata：Fabricius (1775)　…*Alsophila* シロオビフユシャク，*Antheraea* ヤママユガ，*Arctia* ヒトリガ，*Attacus* ヨナクニサン，*Barathra* ヨトウガ，*Bombyx* カイコガ，*Caligula* クスサン，*Chilo* ニカメイガ，*Cnidocampa* イラガ，*Dendrolimus* マツカレハ，*Ephestia* コナマダラメイガ，*Eumeta* オオミノガ，*Euproctis* ドクガ，*Geometra* アオシャク，*Hepialus* コウモリガ，*Hyphantria* アメリカシロヒトリ，*Kallima* コノハチョウ，*Luehdorfia* ギフチョウ，*Lymantria* マイマイガ，*Papilio* キアゲハ，*Pieris* シロチョウ，*Sasakia* オオムラサキ，*Synanthedon* コスカシバ，*Vanessa* タテハチョウ
膜翅上目 Hymenopterida：Handlirsch (1908)
　　ハチ目 (膜翅類) Hymenoptera：Linnaeus (1758)
　　　　ハバチ亜目 (広腰類，無針類) Symphyta：Gerstaecker (1867)　…*Sirex* キバチ，*Tenthredo* ハバチ
　　　　ハチ亜目 (細腰類，有針類) Apocrita：Gerstaecker (1867)　…*Ammophila* ジガバチ，*Apis* ミツバチ，*Bombus* マルハナバチ，*Camponotus* クロオオアリ，*Cynips* タマバチ，*Eciton* グンタイアリ，*Formica* クロヤマアリ，*Habrobracon* コマユバチ，*Ichneumon* ヒメバチ，*Polistes* アシナガバチ，*Trichogramma* タマゴヤドリバチ，*Vespa* スズメバチ，*Xylocopa* クマバチ

菌　界　Fungi (Holomycota)

〔門不明〕

　　　〔綱不明〕
　　　アフェリディウム目 Aphelidida [S]　…*Amoeboaphelidium*，*Aphelidium*
　　　　　　クリスチディスコイデア綱 Cristidiscoidea (Discicristoidea) [S][2]

真核生物ドメイン　菌界

ヌクレアリア目 Nucleariida ⋯*Nuclearia*
フォンティクラ目 Fonticulida[F] ⋯*Fonticula*

(36) クリプト菌門 Cryptomycota

⋯*Rozella*

(37) 微胞子虫門　Microsporidia (Microspora)[P]

I. 微胞子虫綱 Microsporea

メチニコベラ目 Metchnikovellida ⋯*Amphiacantha, Desportesia, Metchnikovella*
微胞子虫目 Microsporida ⋯*Amblyospora, Caudospora, Cystosporogenes, Dictyocoela, Encephalitozoon, Endoreticulatus, Enterocytozoon, Glugea, Gurleya, Hazardia, Heterosporis, Loma, Microgemma, Microsporidium, Nosema, Nosemoides, Nucleospora, Paranosema, Parathelohania, Pleistophora, Tetramicra, Trichonosema, Tuzetia, Vairimorpha, Vavraia*

(38) ツボカビ門(狭義) Chytridiomycota *s. s.*

〔綱不明〕 ⋯ *Thalassochytrium*

〔綱不明〕

フクロカビ科 Olpidiaceae ⋯*Olpidium* フクロカビ

I. ツボカビ綱 Chytridiomycetes

〔目不明〕⋯*Blyttiomyces, Caulochytrium, Mesochytrium, Synchytrium* サビツボカビ
ツボカビ目 Chytridiales
　〔科不明〕⋯*Polyphlyctis, Rhizidium* ネツキツボカビ, *Zygorhizidium*
　ツボカビ科 Chytridiaceae ⋯*Chytridium* ツボカビ, *Phlyctochytrium*
　キトリオミケス科 Chytriomycetaceae ⋯*Asterophlyctis, Chytriomyces, Entophlyctis, Obelidium, Physocladia, Podochytrium, Rhizoclosmatium, Siphonaria*
エダツボカビ目 Cladochytriales
　〔科不明〕⋯*Allochytridium, Catenochytridium, Cylindrochytridium, Nephrochytrium*
　エダツボカビ科 Cladochytriaceae ⋯*Cladochytrium* エダツボカビ
　エンドキトリウム科 Endochytriaceae ⋯*Endochytrium*
　クモノスツボカビ科 Nowakowskiellaceae ⋯*Nowakowskiella* クモノスツボカビ
　セプトキトリウム科 Septochytriaceae ⋯*Septochytrium*
ロブロミケス目 Loblulomycetales
　ロブロミケス科 Lobulomycetaceae ⋯*Alogomyces, Clydaea, Lobulomyces, Maunachytrium*
ポリキトリウム目 Polychytriales
　〔科不明〕⋯*Arkaya, Karlingiomyces, Lacustromyces, Neokarlingia, Polychytrium*
リゾフリクティス目 Rhizophlyctidales
　アリゾナフリクティス科 Arizonaphlyctidaceae ⋯*Arizonaphlyctis*
　ボレアロフリクティス科 Borealophlyctidaceae ⋯*Borealophlyctis*
　リゾフリクティス科 Rhizophlyctidaceae ⋯*Rhizophlyctis*
　ソノラフリクティス科 Sonoraphlyctidaceae ⋯*Sonoraphlyctis*
フタナシツボカビ目 Rhizophydiales
　〔科不明〕⋯*Batrachochytrium* カエルツボカビ, *Coralloidiomyces, Homolaphlyctis, Operculomyces*
　アルファミケス科 Alphamycetaceae ⋯*Alphamyces, Betamyces, Gammamyces*
　アンギュロミケス科 Angulomycetaceae ⋯*Angulomyces*
　アクアミケス科 Aquamycetaceae ⋯*Aquamyces*
　グロボミケス科 Globomycetaceae ⋯*Globomyces, Urceomyces*
　ゴルゴノミケス科 Gorgonomycetaceae ⋯*Gorgonomyces*
　カッパミケス科 Kappamycetaceae ⋯*Kappamyces*
　パテラミケス科 Pateramycetaceae ⋯*Pateramyces*
　プロトルドミケス科 Protrudomycetaceae ⋯*Protrudomyces*
　フタナシツボカビ科 Rhizophydiaceae ⋯*Rhizophydium* フタナシツボカビ
　テラミケス科 Terramycetaceae ⋯*Boothiomyces, Terramyces*
スピゼロミケス目 Spizellomycetales
　〔科不明〕⋯*Catenomyces*

真核生物ドメイン　菌界　1603

スピゼロミケス科 Spizellomycetaceae …*Gaertneriomyces*, *Kochiomyces*, *Spizellomyces*, *Triparticalcar*
パウウェロミケス科 Powellomycetaceae …*Geranomyces*, *Powellomyces*

II. サヤミドロモドキ綱 Monoblepharidomycetes

サヤミドロモドキ目 Monoblepharidales
　〔科不明〕…*Hyaloraphidium*
　ゴナポジア科 Gonapodyaceae …*Gonapodya*, *Monoblepharella*
　ハルポキトリウム科 Harpochytriaceae …*Harpochytium*
　サヤミドロモドキ科 Monoblepharidaceae …*Monoblepharis* サヤミドロモドキ
　オエドゴニオミケス科 Oedogoniomycetaceae …*Oedogoniomyces*

(39) ネオカリマスチクス門 Neocallimastigomycota

I. ネオカリマスチクス綱 Neocallimastigomycetes

ネオカリマスチクス目 Neocallimastigales
　ネオカリマスチクス科 Neocallimastigaceae …*Anaeromyces*, *Caecomyces*, *Cyllamyces*, *Neocallimastix*, *Orpinomyces*, *Piromyces*, *Ruminomyces*

(40) コウマクノウキン門 Blastocladiomycota

I. コウマクノウキン綱 Blastocladiomycetes

コウマクノウキン目 Blastocladiales
　コウマクノウキン科 Blastocladiaceae …*Allomyces* カワリミズカビ, *Blastocladia* コウマクノウキン, *Blastocladiella*, *Microallomyces*
　フシフクロカビ科 Catenariaceae …*Catenaria* フシフクロカビ, *Catenophlyctis*
　ボウフラキン科 Coelomomycetaceae …*Coelomomyces* ボウフラキン, *Coelomomycidium*
　フィソデルマ科 Physodermataceae …*Paraphysoderma*, *Physoderma*
　ソロキトリウム科 Sorochytriaceae …*Sorochytrium*

(接合菌門 Zygomycota 以下の4亜門は側系統群だが，門を認めることも）

〔亜門不明〕

バシディオボルス目 Basidiobolales
　バシディオボルス科 Basidiobolaceae …*Basidiobolus*, *Schizangiella*

〔亜門不明〕

ネフリディオファーガ科 Nephridiophagidae[P] …*Nephridiophaga*

〔亜門不明〕…*Densospora*, *Mononema*, *Nothadelphia*, *Spirogyromyces*

(A) ケカビ亜門 Mucoromycotina

ケカビ目 Mucorales
　コウガイケカビ科 Choanephoraceae …*Blakeslea* ブレークスリーカビ, *Choanephora* コウガイケカビ, *Gilbertella*, *Poitrasia*
　クスダマケカビ科 Cunninghamellaceae …*Absidia* ユミケカビ, *Chlamydoabsidia*, *Cunninghamella* クスダマケカビ, *Gongronella*, *Halteromyces*, *Hesseltinella*
　レンタミケス科 Lentamycetaceae …*Lentamyces*
　リヒテイミア科 Lichiteimiaceae …*Lichiteimia*, *Rhizomucor*, *Thermomucor*
　ケカビ科 Mucoraceae …*Actinomucor* シャジクケカビ, *Backusella*, *Benjaminiella*, *Chaetocladium* イトエダケカビ, *Circinella* カラクサケカビ, *Cokeromyces*, *Dicranophora*, *Ellisomyces*, *Helicostylum*, *Hyphomucor*, *Isomucor*, *Kirkomyces*, *Mucor* ケカビ, *Parasitella*, *Pilaira*, *Pirella*, *Rhizopodopsis*, *Thamnidium* エダケカビ, *Zygorhynchus* ツガイケカビ
　ミコクラドゥス科 Mycocladaceae …*Mycocladus*
　ガマノホカビ科 Mycotyphaceae …*Mycotypha* ガマノホカビ
　ヒゲカビ科 Phycomycetaceae …*Phycomyces* ヒゲカビ, *Spinellus* タケハリカビ
　ミズタマカビ科 Pilobolaceae …*Pilobolus* ミズタマカビ, *Utharomyces*
　ラジオミケス科 Radiomycetaceae …*Radiomyces*
　クモノスカビ科 Rhizopodaceae …*Amylomyces*, *Rhizopus* クモノスカビ, *Sporodiniella*, *Syzygites*

フタマタケビ
サクセナエア科 Saksenaeaceae …*Apophysomyces*, *Saksenaea*
ハリサシカビモドキ科 Syncephalastraceae …*Dichotomocladium*, *Fennellomyces*, *Phascolomyces*, *Protomycocladus*, *Syncephalastrum* ハリサシカビモドキ, *Thamnostylum*, *Zychaea*
ウンベロプシス科 Umbelopsidaceae …*Umbelopsis*

アツギケカビ目 Endogonales
アツギケカビ科 Endogonaceae …*Endogone* アツギケカビ, *Peridiospora*, *Sclerogone*, *Youngiomyces*

クサレケカビ目 Mortierellales(クサレケカビ亜門 Mortierellomycotina とすることも)
〔科不明〕…*Calcarisporiella*, *Echinochlamydosporium*
クサレケカビ科 Mortierellaceae …*Aquamortierella*, *Dissophora*, *Gamsiella*, *Lobosporangium*, *Modicella*, *Mortierella* クサレケカビ

(B)ハエカビ亜門 Entomophthoromycotina

ハエカビ目 Entomophthorales
〔科不明〕…*Zygaenobia*
アンキリステス科 Ancylistaceae …*Ancylistes*, *Conidiobolus*, *Macrobiotophthora*
コムプレトリア科 Completoriaceae …*Completoria*
ハエカビ科 Entomophthoraceae …*Batkoa*, *Entomophaga*, *Entomophthora* ハエカビ, *Erynia*, *Eryniopsis*, *Furia*, *Massospora*, *Orthomyces*, *Pandora*, *Strongwellsea*, *Taricium*, *Zoophthora*
ネオジギテス科 Neozygitaceae …*Apterivorax*, *Neozygites*, *Thaxterosporium*
メリスタクルム科 Meristacraceae …*Ballocephala*, *Meristacrum*, *Zygnemomyces*

(C)トリモチカビ亜門 Zoopagomycotina

トリモチカビ目 Zoopagales
〔科不明〕…*Basidiolum*, *Massartia*
ゼンマイカビ科 Cochlonemataceae …*Amoebophilus*, *Aplectosoma*, *Bdellospora*, *Cochlonema* ゼンマイカビ, *Endocochlus*, *Euryancale*
ヘリコケファルム科 Helicocephalidaceae …*Brachymyces*, *Helicocephalum*, *Rhopalomyces* トムライカビ
エダカビ科 Piptocephalidaceae …*Kuzuhaea*, *Piptocephalis* エダカビ, *Syncephalis* ハリサシカビ
シグモイデオミケス科 Sigmoideomycetaceae …*Reticulocephalis*, *Sigmoideomyces*, *Thamnocephalis*
トリモチカビ科 Zoopagaceae …*Acaulopage*, *Cystopage*, *Stylopage*, *Zoopage* トリモチカビ, *Zoophagus*

(D)キクセラ亜門 Kickxellomycotina

アセラリア目 Asellariales
アセラリア科 Asellariaceae …*Asellaria*, *Baltomyces*, *Orchesellaria*
ジマルガリス目 Dimargaritales
ジマルガリス科 Dimargaritaceae …*Dimargaris*, *Dispira*, *Tieghemiomyces*
ハルペラ目 Harpellales
ハルペラ科 Harpellaceae …*Carouxella*, *Harpella*, *Harpellomyces*, *Klastostachys*, *Stachylina*, *Stachylinoides*
レゲリオミケス科 Legeriomycetaceae …*Allantomyces*, *Austrosmittium*, *Baetimyces*, *Barbatospora*, *Bojamyces*, *Capniomyces*, *Caudomyces*, *Coleopteromyces*, *Dacryodiomyces*, *Ejectosporus*, *Ephemerellomyces*, *Furculomyces*, *Gauthieromyces*, *Genistella*, *Genistelloides*, *Genistellospora*, *Glotzia*, *Graminella*, *Graminelloides*, *Lancisporomyces*, *Legerioides*, *Legeriomyces*, *Legeriosimilis*, *Orphella*, *Pennella*, *Plecopteromyces*, *Pseudoharpella*, *Pteromaktron*, *Simuliomyces*, *Sinotrichium*, *Smittium*, *Spartiella*, *Stipella*, *Tectimyces*, *Trichozygospora*, *Trifoliellum*, *Zygopolaris*
キクセラ目 Kickxellales
キクセラ科 Kickxellaceae …*Coemansia* ブラッシカビ, *Dipsacomyces*, *Kickxella*, *Linderina*, *Martensella*, *Martensiomyces*, *Mycoëmilia*, *Myconymphaea* スイレンカビ, *Pinnaticoemansia*, *Ramicandelaber* エダショクダイカビ, *Spirodactylon*, *Spiromyces*

(41)グロムス門 Glomeromycota

I.グロムス綱 Glomeromycetes

グロムス目 Glomerales
グロムス科 Glomeraceae …*Funneliformis*, *Glomus*, *Septoglomus*, *Simiglomus*

真核生物ドメイン　菌界　1605

            エントロフォスポラ科 Entrophosporaceae …*Albahypha*, *Claroideoglomus*, *Entrophospora*,
                Viscospora
      ジベルシスポラ目 Diversisporales
            アカウロスポラ科 Acaulosporaceae …*Acaulospora*, *Kuklospora*
            ジベルシスポラ科 Diversisporaceae …*Diversispora*, *Otospora*, *Redeckera*, *Tricispora*
            パキスポラ科 Pacisporaceae …*Pacispora*
            サックロスポラ科 Sacculosporaceae …*Sacculospora*
      ギガスポラ目 Gigasporales
            デンチスクタタ科 Dentiscutataceae …*Dentiscutata*, *Quatunica*
            ギガスポラ科 Gigasporaceae …*Gigaspora*
            スクテロスポラ科 Scutellosposporaceae …*Orbispora*, *Scutellospora*
            ラコケトラ科 Racocetraceae …*Centraspora*, *Racocetra*

      Ⅱ. アルカエオスポラ綱 Archaeosporomycetes

      アルカエオスポラ目 Archaeosporales
            アムビスポラ科 Ambisporaceae …*Ambispora*
            アルカエオスポラ科 Archaeosporaceae …*Archaeospora*, *Intraspora*
            ゲオシフォン科 Geosiphonaceae …*Geosiphon*

      Ⅲ. パラグロムス綱 Paraglomeromycetes

      パラグロムス目 Paraglomerales
            パラグロムス科 Paraglomeraceae …*Paraglomus*

重相菌亜界（二核菌亜界）Dikarya　(42)～(43)

    （以下，アナモルフを[　]内に，テレオモルフと対応する場合にはその学名の直後に表記した．地衣化した
    分類群は名称の右肩に[L]を，地衣化した分類群を部分的に含む場合には[L*]を付記した．)

(42) 子嚢菌門 Ascomycota

(42A) タフリナ亜門 Taphrinomycotina

      Ⅰ. アルカエオリゾミケス綱 Archaeorhizomycetes

[目不明] …*Archaeorhizomyces*

      Ⅱ. ヒメカンムリタケ綱 Neolectomycetes

ヒメカンムリタケ目 Neolectales
      ヒメカンムリタケ科 Neolectaceae …*Neolecta* ヒメカンムリタケ

      Ⅲ. プネウモキスチス綱 Pneumocystidomycetes

プネウモキスチス目 Pneumocystidales
      プネウモキスチス科 Pneumocystidaceae …*Pneumocystis*

      Ⅳ. ブンレツコウボキン綱 Schizosaccharomycetes

ブンレツコウボキン目 Schizosaccharomycetales
      ブンレツコウボキン科 Schizosaccharomycetaceae …*Hasegawaea*, *Schizosaccharomyces* ブンレツコ
            ウボキン

      Ⅴ. タフリナ綱 Taphrinomycetes

タフリナ目 Taphrinales
      プロトミケス科 Protomycetaceae …*Protomyces*, *Protomycopsis*, [*Saitoella*], *Taphridium*
      タフリナ科 Taphrinaceae …*Taphrina* [*Lalaria*]

(42B) サッカロミケス亜門 Saccharomycotina

      Ⅰ. サッカロミケス綱 Saccharomycetes

[目不明] …*Conidioascus*, [*Oosporidium*], *Oscarbrefeldia*, *Physokermincola*, [*Selenotila*], *Selenozyma*
サッカロミケス目 Saccharomycetales
      [科不明] …[*Aciculoconidium*], *Ascobotryozyma* [*Botryozyma*], [*Cicadomyces*, *Macrorhabdus*,
            Pseudomycoderma, *Schizoblastosporion*], *Starmerella* [*Candida*], [*Trigonosis*]
      アスコイデア科 Ascoideaceae …*Ascoidea*

真核生物ドメイン　菌界

　　　　　ケファロアスクス科 Cephaloascaceae …*Cephaloascus* [*Hyalodendron*, *Moniliella*]
　　　　　ドバリオミケス科 Debaryomycetaceae …*Babjeviella*, *Debaryomyces* [*Candida*], *Millerozyma*,
　　　　　　　Priceomyces, *Scheffersomyces*
　　　　　ジポドアスクス科 Dipodascaceae …*Basidioascus*, *Dipodascus* [*Geotrichum*, *Galactomyces*],
　　　　　　　Magnusiomyces [*Saprochaete*], *Zendera*
　　　　　エンドミケス科 Endomycetaceae …*Ascocephalophora* [*Fusidium*], *Endomyces*, *Helicogonium*,
　　　　　　　Phialoascus
　　　　　エレモテキウム科 Eremotheciaceae …*Ashbya*, *Eremothecium*, *Spermophthora*
　　　　　リポミケス科 Lipomycetaceae …*Dipodascopsis*, *Lipomyces*, [*Myxozyma*]
　　　　　メチュニコビア科 Metschnikowiaceae …*Clavispora*, *Metschnikowia* [*Candida*]
　　　　　ファフォミケス科 Phaffomycetaceae …*Komagataea*, *Phaffomyces*, *Starmera*
　　　　　ピキア科 Pichiaceae …*Dekkera* [*Brettanomyces*, *Eeniella*], [*Enteroramus*, *Hyphopichia*],
　　　　　　　Komagataella, *Kregervanrija*, *Nakazawaea*, *Ogataea*, *Pichia* [*Candida*], *Saturnispora*,
　　　　　　　Yamadazyma
　　　　　サッカロミケス科 Saccharomycetaceae …*Kazachstania*, *Kluyveromyces*, *Kuraishia*,
　　　　　　　Kurtzmaniella, *Lachancea*, *Nakaseomyces*, *Naumovozyma*, *Saccharomyces*,
　　　　　　　Tetrapisispora, *Torulaspora*, *Vanderwaltozyma*, *Williopsis*, *Zygosaccharomyces*,
　　　　　　　Zygotorulaspora
　　　　　サッカロミコデス科 Saccharomycodaceae …*Hanseniaspora*, *Saccharomycodes*
　　　　　サッカロミコプシス科 Saccharomycopsidaceae …*Saccharomycopsis*
　　　　　トリコモナスクス科 Trichomonascaceae …*Spencermartinsiella*, *Sugiyamaella*, *Trichomonascus*
　　　　　　　[*Blastobtrys*], *Wickerhamiella*, *Zygoascus*

(42C) チャワンタケ亜門 Pezizomycotina

　　　〔綱不明〕

ラーミア目 Lahmiales
　　　　ラーミア科 Lahmiaceae …*Lahmia*
トリブリディウム目 Triblidiales
　　　　トリブリディウム科 Triblidiaceae …*Huangshania*, *Pseudographis*, *Triblidium*

　　　〔綱不明〕

　　　　　…[*Acrodontium*, *Acrophialophora*, *Acrospeira*, *Alatosessilispora*, *Albophoma*, *Alysidiopsis*,
　　　　　Amblyosporium, *Amphichaetella*, *Ampullifera*, *Annellodochium*, *Annellophora*,
　　　　　Arachnophora, *Bactridium*, *Beltrania*, *Beniowskia*, *Bispora*, *Botryosporium*, *Bryosia*,
　　　　　Catenophora, *Chaetendophragmia*, *Circinoconis*, *Circinotrichum*, *Coleophoma*,
　　　　　Conjunctospora, *Coremiella*, *Dendrospora*, *Dichotomophthora*, *Didymobotryum*,
　　　　　Digitodochium, *Diplocladiella*, *Domingoella*, *Dualomyces*, *Echinochondrium*, *Endocalyx*,
　　　　　Flosculomyces, *Fusariella*, *Fusichalara*, *Goidanichiella*, *Gonatobotryum*, *Gyoerffyella*,
　　　　　Gyrothrix, *Heimiodora*, *Helicorhoidion*, *Heterocephalum*, *Hinoa*, *Hormiscioideus*,
　　　　　Hyalohelicomina, *Kionochaeta*, *Kostermansinda*, *Lateriramulosa*, *Lunulospora*,
　　　　　Melanographium, *Milospium*, *Mycoenterolobium*, *Mycosylva*, *Neta*, *Ochroconis*,
　　　　　Ojibwaya, *Olpitrichum*, *Oncopodium*, *Onychophora*, *Ordus*, *Phaeoisaria*, *Phialomyces*,
　　　　　Piricauda, *Pleurophragmium*, *Polyblastospora*, *Pulchromyces*, *Pycnothyrium*,
　　　　　Robillarda, *Scolecobasidium*, *Spegazzinia*, *Speiropsis*, *Stachylidium*, *Strasseriopsis*,
　　　　　Subulispora, *Symbiotaphrina*, *Trichobotrys*, *Triposporina*, *Uberispora*, *Wiesneriomyces*,
　　　　　Zakatoshia, *Zanclospora*, *Zygosporium*]

I. ホシゴケ綱 Arthoniomycetes[L,*]

　〔目不明〕
　　　メラスピレア科 Melaspileaceae[L] …*Labrocarpon*, *Melaspilea* フタゴゴケ
ホシゴケ目 Arthoniales[L]
　　　ホシゴケ科 Arthoniaceae[L] …*Arthonia* ホシゴケ [*Helicobolomyces*, *Subhysteropycnis*],
　　　　　Arthothelium ゴマシオゴケ, *Cryptothecia*, *Eremothecella* ミミズゴケ, *Stirtonia*
　　　コガネゴケ科 Chrysothricaceae[L] …*Byssocaulon*, *Chrysothrix* コガネゴケ
　　　リトマスゴケ科 Roccellaceae[L] …*Chiodecton* ヒョウモンメダイゴケ, *Cresponea* カシゴケ,
　　　　　Dendrographa, *Dichosporidium* フェルトゴケ, *Enterographa* クチナワゴケ, *Lecanographa*
　　　　　シロイワボシゴケ, *Mazosia* [*Sporhaplus*], *Opegrapha* キゴウゴケ, *Pulvinodecton* コナダ
　　　　　イゴケ, *Roccella* リトマスゴケ, *Roccellina* ヘリブトゴケ, *Schismatomma* メダイゴケ

II. クロイボタケ綱 Dothideomycetes[L,*]

真核生物ドメイン　菌界　　1607

〔亜綱不明〕
 アクロスペルムム目 Acrospermales
  アクロスペルムム科 …*Acrospermoides*, *Acrospermum* [*Gonatophragmium*], *Oomyces*
 ボトリオスファエリア目 Botryosphaeriales
  ボトリオスファエリア科 Botryosphaeriaceae …[*Aplosporella*], *Botryosphaeria*, [*Diplodia*], [*Fusicoccum*], *Guignardia* [*Leptodothiorella*, *Phyllosticta*], [*Lasiodiplodia*], *Macrophomina*, *Neoscytalidium*, *Sphaeropsis*]
 モジカビ目 Hysteriales
  モジカビ科 Hysteriaceae …[*Acrogenospora*], *Gloniella*, *Gloniopsis* ユガミモジタケ, *Glonium* モジタケ, *Hysterium* クロミモジタケ, *Hysterographium*, *Hysteropatella*, *Oedohysterium* [*Septoria*]
 ジャフヌラ目 Jahnulales
  アリクアンドスティピテ科 Aliquandostipitaceae …*Aliquandostipite*, [*Brachiosphaera*], *Jahnula*, *Manglicola*, *Megalohypha*, *Patescospora*, [*Xylomyces*]
 パテラリア目 Patellariales
  パテラリア科 Patellariaceae …*Baggea*, *Banhegyia*, *Endotryblidium*, *Holmiella*, *Lahmiomyces*, *Lecanidiella*, *Lirellodisca*, *Murangium*, *Patellaria*, *Rhitidhysteron*, *Tryblidaria*
 チクビゴケ目 Trypetheliales[L]
  チクビゴケ科 Trypetheliaceae[L] …*Aptrootia*, *Buscalionia*, *Campylothelium*, *Pseudopyrenula* モツレサネゴケ, *Trypethelium* チクビゴケ

〔亜綱不明〕
 ツヅミゴケ科 Aspidotheliaceae[L] …*Aspidothelium*
 エオテルフェジア科 Eoterfeziaceae …*Eoterfezia*
 エピグロエア科 Epigloeaceae[L*] …*Epigloea*
 コラリオナステス科 Koralionastetaceae …*Koralionastes*
 ラウトスポラ科 Lautosporaceae …*Lautospora*
 マストディア科 Mastodiaceae …*Mastodia*, *Turqidosculum*
 メリオリナ科 Meliolinaceae …*Meliolina* [*Briania*]
 ミクソトリクム科 Myxotrichaceae …*Byssoascus*, *Gymnostellatospora*, *Myxotrichum* [*Malbranchea*], [*Oidiodendron*], *Pseudogymnoascus* [*Geomyces*]
 ファネロミケス科 Phaneromycetaceae …*Phaneromyces*
 フィロバテリア科 Phyllobatheliaceae[L] …*Phyllobathelium*, *Phyllocratera*
 プロトテレネラ科 Protothelenellaceae[L] …*Macowinteria*, *Protothelenella*
 プセウドエウロチウム科 Pseudeurotiaceae …*Connersia*, *Leuconeurospora*, *Pleuroascus*, *Pseudeurotium*, *Teberdinia*
 ピレノスリックス科 Pyrenothricaceae[L] …*Cyanoporina*, *Pyrenothrix*
 ロエスレリア科 Roesleriaceae …*Roesleria*, *Roeslerina*
 セウラチア科 Seuratiaceae …*Seuratia* [*Atichia*], *Seuratiopsis*
 オオアミゴケ科 Thelenellaceae[L] …*Julella* コアミゴケ, *Microglaena*, *Thelenella* オオアミゴケ
 スロムビウム科 Thrombiaceae[L] …*Thrombium*, *Wernera*

〔亜綱不明〕
 …[*Bactrodesmium*, *Bahusakala*], *Brooksia*, [*Cenococcum*, *Dendryphiopsis*], *Dimerium*, [*Hiospira*], *Karschia*, *Kusanobotrys*, [*Monodictys*, *Septonema*], *Tomeoa*

II A. クロイボタケ亜綱 Dothideomycetidae[L*]

〔目不明〕
 アルジンナ科 Argynnaceae …*Argynna*, *Lepidopterella*
 アスコポリア科 Ascoporiaceae …*Ascoporia*, *Pseudosolidum*
 ブレフェルジエラ科 Brefeldiellaceae …*Brefeldiella*
 エングレルラ科 Englerulaceae …*Englerula* [*Capnodiastrum*], *Schiffnerula* [*Mitteriella*, *Questieriella*, *Sarcinella*]
 エレモミケス科 Eremomycetaceae …*Eremomyces* [*Arthrographis*], *Pithoascina*, *Rhexothecium*
 ヒプソストロマ科 Hypsostromataceae …*Hypsostroma*
 リケノテリウム科 Lichenotheliaceae[L] …*Lichenostigma*, *Lichenothelia*
 メスニエラ科 Mesnieraceae …*Bondiella*, *Mesniera*, *Stegasphaeria*
 ミクロペルチス科 Micropeltidaceae …*Cyclopeltis* [*Cyclopeltella*], *Micropeltis*, *Stomiopeltis* [*Sirothyriella*]
 シズクゴケ科 Microtheliopsidaceae[L] …*Microtheliopsis* シズクゴケ

モリオラ科 Moriolaceae …*Moriola*
ミコポルム科 Mycoporaceae[L] …*Mycoporum*
パルムラリア科 Parmulariaceae …*Dictyocyclus, Dothidasteroma* [*Placomelan*], *Parmularia, Parmulina*
パロジオプシス科 Parodiopsidaceae …*Alina* [*Septoidium*], *Balladyna* [*Tretospora*], *Parodiellina, Parodiopsis, Perisporiopsis* [*Cicinnobella*]
フィリップシエラ科 Phillipsiellaceae …*Phillipsiella*
クロカサキン科 Polystomellaceae …*Dothidella* [*Asteromella*], *Munkiella* [*Lasmenia*], *Polystomella*
プロトスキファ科 Protoscyphaceae …*Protoscypha*
プセウドペリスポリウム科 Pseudoperisporiaceae …*Epibryon, Lasiostemma* [*Chaetosticta*], *Lizonia, Neocoleroa, Pseudoperisporium*
サッカルジア科 Saccardiaceae …*Ascolectus, Johansonia, Rivilata, Saccardia*
アオバゴケ科 Strigulaceae[L] …*Phylloblastia, Strigula* アオバゴケ
ビゼラ科 Vizellaceae …*Blasdalea* [*Chrysogloeum*], *Vizella* [*Manginula*]

カプノジウム目 Capnodiales
アンテンヌラリエラ科 Antennulariellaceae …*Antennulariella* [*Antennariella, Capnodendron, Capnofrasera, Heteroconium*]
アステリナ科 Asterinaceae …*Asterina* [*Asterostomella*], *Batistinula* [*Triposporium*], *Dothidasteromella, Eupelte* [*Pirozynskia*], *Lembosia, Lembosina*, [*Leprieurina*], *Morenoina, Placoasterella, Placoasterina, Placosoma, Prillieuxina, Yamamotoa* [*Peltasterella*]
カプノジウム科 Capnodiaceae …*Capnodium* [*Scolecoxyphium, Fumagospora, Phaeoxyphiella, Polychaetella*], *Capnophaeum*, [*Leptoxyphium*], *Limaciniaseta, Phragmocapnias* [*Conidiocarpus, Tripospermum*], *Scorias* [*Scolecoxyphium*]
ダビディエラ科 Davidiellaceae …*Davidiella* [*Cladosporium, Graphiopsis*], *Hoornsmania*
エウアンテンナリア科 Euantennariaceae[L,*] …*Capnokyma, Euantennaria* [*Antennatula, Hormisciomyces*], *Rasutoria, Strigopodia*, [*Racodium*[L,*] イワゴケ]
メタカプノジウム科 Metacapronidiaceae …*Metacapnodium* [*Capnobotrys, Capnocybe, Capnophialophora, Capnosporium, Hormiokrypsis*], *Ophiocapnocoma* [*Capnophialophora, Hormiokrypsis*], *Rosaria*
コタマカビ科 Mycosphaerellaceae …[*Anguillosporella, Deightoniella, Dothistroma, Floricola, Laocoön, Microcyclospora, Microcyclosporella*], *Melanodothis, Mycosphaerella* コタマカビ [*Cercoseptoria, Cercospora, Cercosporella, Cercosporidium, Cladosporium, Colletogloeum, Fusicladiella, Miuraea, Ovularia, Paracercospora, Phaeoisariopsis, Phloeospora, Pseudocercospora, Pseudocercosporella, Ramularia, Septoria, Sporidesmium, Stenella, Stigmina*], [*Passalora, Periconiella, Pseudostigmidium, Ramichloridium, Ramulispora, Rhabdospora, Sirosporium, Stigmidium, Trochophora*]
ピエドライア科 Piedraiaceae …*Piedraia* 砂毛菌
シゾチリウム科 Schizothyriaceae …*Linopletis, Mycerema* [*Plenotrichaius*], *Myriangiella, Schizothyrium* [*Zygophiala*]
テラトスフェリア科 Teratosphaeriaceae[L,*] …[*Acidomyces, Baudoinia, Capnobtryella, Catenulostroma, Cibiessia, Cystocoleus*[L], *Hortaea, Nothostrasseria, Pseudoramichloridium, Sporidesmium*], *Teratosphaeria* [*Kirramyces*]

クロイボタケ目 Dothideales
コッコイデア科 Coccoideaceae …*Coccoidea, Coccoidella*
クロイボタケ科 Dothideaceae …*Auerswaldia, Dictyodothis, Didymochora, Dothidea* クロイボタケ, *Lucidascocarpa, Omphalospora* [*Podoplaconema*], *Vestergrenia*
ドチオラ科 Dothioraceae …*Dothiora* [*Dothichiza, Hormonema*], [*Kabatia, Kabatiella, Kabatina*], *Saccothecium* [*Aureobasidium*], *Sydowia* [*Dothichiza, Hormonema, Sclerophoma*], *Yoshinagaia* [*Japonia*]
プラニストロメラ科 Planistromellaceae …*Planistroma* [*Kellermania, Piptarthron*], *Planistromella*

ミクロチリウム目 Microthyriales
アウログラフム科 Aulographaceae …*Aulographum, Polyclypeolina*
レプトペルチス科 Leptopeltidaceae …*Dothiopeltis, Leptopeltis*
ミクロチリウム科 Microthyriaceae …*Actinopeltis, Arnaudiella* [*Xenogliocladiopsis*], *Asterinella, Hidakaea, Lembosiella, Lichenopeltella, Microthyrium, Muyocopron, Seynesiella, Trichothyrium* [*Hansfordiella, Isthmospora*]

ミリアンギウム目 Myriangiales
クッケラ科 Cookellaceae …*Cookella, Pycnoderma, Uleomyces*
エルシノエ科 Elsinoaceae …*Elsinoë* [*Sphaceloma*], [*Endosporium*], *Hyalotheles, Saccardinula*,

真核生物ドメイン　菌界　1609

　　　　　　Xenodium [*Xenodiella*]
　　ミリアンギウム科 Myriangiaceae ⋯*Anhellia*, *Eurytheca*, *Myriangium*
　Ⅱ B. メリオラ亜綱 Meliolomycetidae
メリオラ目 Meliolales
　　メリオラ科 Meliolaceae ⋯*Amazonia*, *Appendiculella*, *Armatella*, *Asteridiella*, *Haraea*,
　　　　Irenopsis, *Meliola*, *Metasteridium*, *Xenostigme*
　Ⅱ C. プレオスポラ亜綱 Pleosporomycetidae[L*]
プレオスポラ目 Pleosporales
　　[科不明] ⋯[*Anguillospora*, *Ascochyta*, *Berkleasmium*, *Dictyosporium*], *Leptosphaerulina*
　　　　[*Pithomyces*], *Letendraea*, [*Periconia*, *Phoma*], *Rhopographus*, *Shiraia* シライキン,
　　　　[*Sporidesmium*], *Subbaromyces*
　　アイギアルス科 Aigialaceae ⋯*Aigialus*, *Neoastrosphaeriella*, *Rimora*
　　アムニクリコラ科 Amniculicolaceae ⋯*Amniculicola*, *Murispora*, *Neomassariosphaeria*
　　ニセサネゴケ科 Arthopyreniaceae[L] ⋯*Arthopyrenia* ゴマゴケ・ホシゴケモドキ, *Blastodesmia* ブラ
　　　　ストデスミアゴケ・イシガキサネゴケ
　　コリネスポラスカ科 Corynesporascaceae ⋯*Corynesporasca* [*Corynespora*]
　　ムレタマカビ科 Cucurbitariaceae ⋯*Cucurbitaria* ムレタマカビ [*Camarosporium*, *Pleurostromella*,
　　　　Pyrenochaeta], [*Phoma*], *Syncarpella* [*Syntholus*]
　　ダカンピア科 Dacampiaceae ⋯*Dacampia*, *Munkovalsaria*, *Polycoccum* [*Cyclothyrium*]
　　デリチア科 Delitschiaceae ⋯*Delitschia*, *Ophleriella*
　　ディアデマ科 Diademaceae ⋯*Comoclathris*, *Diadema*
　　ディディメラ科 Didymellaceae ⋯*Boeremia*, *Didymella* [*Ascochyta*, *Dactuliochaete*, *Phoma*],
　　　　[*Epicoccum*]
　　ディディモスファエリア科 Didymosphaeriaceae ⋯*Appendispora*, *Didymosphaeria*, *Roussoëlla*
　　　　[*Cytoplea*]
　　ドジドッチア科 Dothidotthiaceae ⋯*Barriopsis*, *Dothidotthia* [*Dothiorella*], *Thyrostroma*]
　　フェネステラ科 Fenestellaceae ⋯*Fenestella*, *Lojkania*
　　レプトスファエリア科 Leptosphaeriaceae ⋯*Leptosphaeria* [*Coniothyrium*, *Phoma*], *Ophiobolus*
　　リンドゴミケス科 Lindgomycetaceae ⋯*Lindgomyces*, [*Taeniolella*]
　　ナガクチカビ科 Lophiostomataceae ⋯*Acrocalymma*, *Ascocratera*, *Byssolophis*, *Cilioplea*,
　　　　Entodesmium, *Lophionema*, *Lophiostoma* ナガクチカビ, *Lophiotrema*, *Misturatosphaeria*,
　　　　Muroia, *Quintaria*, *Trichometasphaeria* [*Ascochyta*]
　　マッサリナ科 Massarinaceae ⋯[*Aquaticheirospora*, *Helminthosporium*], *Keissleriella*,
　　　　Massarina [*Ceratophoma*], [*Pseudodictyosporium*]
　　メラノムマ科 Melanommataceae ⋯[*Aposphaeria*], *Astrosphaeriella*, *Byssosphaeria*
　　　　[*Pyrenochaeta*], *Melanomma* [*Nigrolentilocus*], *Mycopepon*, *Ohleria* [*Monodictys*],
　　　　Ostropella, [*Sporidesmiella*], *Xenolophium*
　　モンタグヌラ科 Montagnulaceae ⋯*Montagnula*, *Paraphaeosphaeria* [*Microsphaeropsis*,
　　　　Paraconiothyrium]
　　モロスファエリア科 Morosphaeriaceae ⋯*Morosphaeria*
　　ミティリニディオン科 Mytilinidiaceae ⋯*Actidium*, *Glyphium* [*Taeniolella*], *Lophium*,
　　　　Mytilinidion, *Peyronelia*, *Quasiconcha*
　　ネトロキンベ科 Naetrocymbaceae[L*] ⋯*Jarxia*, *Naetrocymbe*, *Leptorhaphis*[L] ホソミゴマゴケ,
　　　　Tomasellia[L]
　　パロディエラ科 Parodiellaceae ⋯*Parodiella*, *Pseudomeliola*
　　ファエオスファエリア科 Phaeosphaeriaceae ⋯[*Ampelomyces*], *Eudarluca*, *Katumotoa*,
　　　　Nodulosphaeria, *Ophiosphaerella* [*Scolecosporiella*], *Phaeosphaeria* [*Phaeoseptoria*,
　　　　Stagonospora], *Phaeosphaeriopsis* [*Phaeostagonospora*], [*Tiarospora*]
　　ファエオトリクム科 Phaeotrichaceae ⋯*Echinoascotheca*, *Phaeotrichum*, *Trichodelitschia*
　　プレオマッサリア科 Pleomassariaceae ⋯*Asteromassaria* [*Scolicosporium*], *Pleomassaria*
　　　　[*Prosthemium*, *Shearia*], *Splanchnonema* [*Ceuthodiplospora*, *Myxocyclus*,
　　　　Stegonsporium], *Trematosphaeria*
　　プレオスポラ科 Pleosporaceae ⋯[*Alternariaster*, *Chalastospora*], *Cochliobolus* [*Bipolaris*,
　　　　Curvularia], [*Dendryphion*, *Edenia*], *Lewia* [*Alternaria*, *Embellisia*], *Macrospora*
　　　　[*Nimbya*], *Pleospora* [*Stemphylium*], *Pyrenophora* [*Drechslera*, *Marielliottia*],
　　　　Setosphaeria [*Exserophilum*], [*Ulocladium*]
　　スポロルミア科 Sporormiaceae ⋯[*Amorosia*, *Phoma*], *Preussia*, *Sporormia*, *Sporormiella*,
　　　　Westerdykella
　　テスツディナ科 Testudinaceae ⋯*Lepidosphaeria*, *Neotestudina*, *Testudina*, *Ulospora*,
　　　　Verruculina

テトラプロスファエリア科 Tetraplosphaeriaceae …*Polyplosphaeria*, [*Pseudotetraploa*, *Quadricrura*], *Tetraplosphaeria* [*Tetraploa*], *Triplosphaeria*
ツベウフィア科 Tubeufiaceae …*Acanthostigma* [*Helicomyces*, *Helicosporium*], *Acanthostigmella* [*Xenosporium*], *Allonecte*, *Boerlagiomyces*, *Chaetosphaerulina* [*Helicosporium*, *Xenosporium*], [*Helicoön*], *Letendraeopsis*, *Malacaria* [*Annellospermosporella*], *Paranectriella* [*Araneomyces*, *Titaea*], *Podonectria* [*Peziotrichum*], *Puttemansia* [*Guelichia*, *Tetracrium*], *Taphrophila* [*Mirandina*], *Thaxterina*, *Tubeuphia* [*Aquaphila*, *Helicoma*, *Helicosporium*, *Pendulispora*], *Uredinophila*
ベンツリア科 Venturiaceae …[*Anungitea*, *Anungitopsis*], *Coleroa*, [*Cylindrosympodium*], *Dibotryon* [*Fusicladium*], *Dimerosporis*, *Gibbera* [*Dictyodochium*], *Lasiobotrys*, *Platychora*, *Pseudoparodiella* [*Spilodochium*], *Pyrenobotrys*, *Rosenscheldiella*, *Uleodothis*, *Venturia*, [*Veronaeopsis*, *Zeloasperisporium*]
ゾフィア科 Zopfiaceae …*Caryospora*, *Rechingeriella*, *Richonia*, *Zopfia*, *Zopfiofoveola*

III. エウロチウム綱 Eurotiomycetes

III A. カエトチリウム亜綱 Chaetothryomycetidae[L*]

〔目不明〕…*Rhynchomeliola*, *Rhynchostoma* [*Arthopycnis*]
カエトチリウム目 Chaetothyriales
〔科不明〕…[*Coniosporium*]
カエトチリウム科 Chaetothyriaceae …*Ceramothyrium* [*Stanhughesia*], *Chaetothyrium* [*Merismella*], [*Cyphellophora*], *Phaeosaccardinula*, *Treubiomyces*
コッコジニウム科 Coccodiniaceae …*Coccodinium*, *Limacinula*, [*Microxiphium*]
ヘルポトリキエラ科 Herpotrichiellaceae …[*Brycekendrickomyces*], *Capronia* (*Herpotrichiella*) [*Cladophialophora*, *Exophiala*, *Fonsecaea*, *Rhinocladiella*], [*Metulocladosporiella*, *Phaeococcomyces*, *Phaeomoniella*, *Phialophora*, *Thysanorea*]
サネゴケ目 Pyrenulales[L]
〔科不明〕…[*Lyromma*], *Porothelium*, *Rhaphidicyrtis*, *Splanchospora*, *Stomatothelium*, *Xenus*
ケロテリウム科 Celotheliaceae …*Celothelium*
フクロミタマカビ科 Massariaceae …*Decaisnella*, *Mamillisphaeria*, *Massaria*
モノブラスティア科 Monoblastiaceae[L] …*Acrocordia* ホシゴケモドキ, *Anisomeridium* ニセゴマゴケ, *Distothelia*, *Monoblastia*, *Musaespora* バショウゴケ, *Trypetheliopsis* アカチクビゴケ・ウメボシゴケ
サネゴケ科 Pyrenulaceae[L] …*Anthracothecium* ニキビゴケ, *Clypeopyrenis*, *Dipyrenis*, *Distopyrenis* コザネゴケ, *Lithothelium*, *Pyrenula* サネゴケ, *Pyrgillus* エントツゴケ, *Sulcopyrenula* ワレミサネゴケ
レクイエネラ科 Requienellaceae[L*] …*Parapyrenis*, *Requienella*
シズミゴケ科 Xanthopyreniaceae[L] …*Collemopsidium* (*Xanthopyrenia*) シズミゴケ, *Didymellopsis*, *Frigidopyrenia*, *Pyrenocollema*, *Zwackhiomyces*
アナイボゴケ目 Verrucariales[L]
〔科不明〕…*Agonimia* ツブゴケ, *Gemmaspora*, *Norrlinia*, *Staurothele* ミドリサネゴケ
アデロコックス科 Adelococcaceae …*Adelococcus*, *Sagediopsis*
アナイボゴケ科 Verrucariaceae …*Catapyrenium* アナウロコゴケ, *Dermatocarpon* カワイワタケ, *Diederimyces*, *Endocarpon* ミドリゴケ, *Heterocarpon*, *Normandina* ノルマンゴケ, *Placidium* ヒメカワイワタケ, *Placocarpus*, *Thelidium* マルミゴケ, *Verrucaria* アナイボゴケ

III B. エウロチウム亜綱 Eurotiomycetidae

〔目不明〕
アモルフォテカ科 Amorphothecaceae …*Amorphotheca* [*Hormoconis*]
エレムアスクス科 Eremascaceae …*Eremascus*
ベニコウジカビ科 Monascaceae …*Fraseriella*, *Monascus* ベニコウジカビ [*Basipetospora*]
アラクノミケス目 Arachnomycetales
アラクノミケス科 Arachnomycetaceae …*Arachnomyces* [*Onychocola*]
ハチノスカビ目 Ascosphaerales
ハチノスカビ科 Ascosphaeraceae …*Arrhenosphaera*, *Ascosphaera* ハチノスカビ, *Bettsia*
ビンタマカビ目 Coryneliales
ビンタマカビ科 Coryneliaceae …*Bicornispora* [*Exophiala*], *Caliciopsis*, *Corynelia* ビンタマカビ, *Coryneliospora*, *Fitzpatrickella*, *Tripospora*
エウロチウム目 Eurotiales
〔科不明〕…[*Thermomyces*]
ツチダンゴ科 Elaphomycetaceae …*Elaphomyces* ツチダンゴ, *Pseudotulostoma* コウボウフデ

テルモアスクス科 Thermoascaceae …*Thermoascus* [*Polypaecilum*]
マユハキタケ科 Trichocomaceae …*Chaetosartorya*, *Chromocleista*, *Dendrosphaera* エダウチホコリタケモドキ, *Dichotomomyces*, *Emericella* [*Aspergillus* コウジカビ], *Eupenicillium* [*Penicillium* アオカビ], *Eurotium* [*Aspergillus*], *Fennellia* [*Aspergillus*], *Hemicarpenteles* [*Aspergillus*], *Neocarpenteles*, *Neopetromyces* [*Aspergillus*], *Neosartorya* [*Aspergillus*], [*Paecilomyces*], *Paratalaromyces* [*Penicillium*], *Petromyces* [*Aspergillus*], *Penicilliopsis* カキノミタケ [*Pseudocordyceps*, *Sarophorum*, *Stilbodendron*], *Sagenoma* [*Sagenomella*], *Talaromyces* [*Penicillium*], [*Thysanophora*, *Torulomyces*], *Trichocoma* マユハキタケ [*Penicillium*], *Warcupiella* [*Aspergillus*]

ホネタケ目 Onygenales
〔科不明〕 …*Apinisia*, *Arachnotheca*, [*Arthropsis*, *Lacazia*]
アジェロミケス科 Ajellomycetaceae …*Ajellomyces* [*Emmonsia*, *Histoplasma*], [*Paracoccidioides*], *Spiromastix*
アルスロデルマ科 Arthrodermataceae …*Arthroderma* [*Microsporum*, *Myceliophthora*, *Trichophyton*], *Ctenomyces*, [*Epidermophyton*]
ギムノアスクス科 Gymnoascaceae …*Acanthogymnoascus*, *Acitheca*, *Amauráscopsis*, *Arachniotus*, *Gymnascella*, *Gymnascoideus*, *Gymnoascus* [*Oncocladium*], *Kraurogymnocarpa*, *Leucothecium*, *Myrillium*, *Neorollandina*, *Orromyces*, *Testudomyces*
ホネタケ科 Onygenaceae …*Amauroascus* [*Chrysosporium*], *Aphanoascus* [*Chrysosporium*], *Ascocalvatia*, *Auxarthron*, *Bifidocarpus*, *Byssoonygena*, *Castanedomyces*], [*Coccidioides*], *Kuehniella*, *Mallochia*, *Nannizziopsis* [*Chrysosporium*], *Neogymnomyces*, *Onygena* ホネタケ, *Pectinotrichum* [*Chrysosporium*], *Shanorella*, *Uncinocarpus*

Ⅲ C. クギゴケ亜綱 Mycocaliciomycetidae

クギゴケ目 Mycocaliciales
クギゴケ科 Mycocaliciaceae …*Chaenothecopsis* ヒメピンゴケ [*Asterophoma*, *Catenomycopsis*], *Mycocalicium* チビピンゴケ・アリピンゴケ, *Phaeocalicium* ノミピンゴケ, *Stenocybe* クギゴケ
イチジクゴケ科 Sphinctrinaceae …*Pyrgidium*, *Sphinctrina* イチジクゴケ

Ⅳ. テングノメシガイ綱 Geoglossomycetes

テングノメシガイ目 Geoglossales
テングノメシガイ科 Geoglossaceae …*Geoglossum* ヒメテングノメシガイ, *Microglosssum* シャモジタケ, *Sarcoleotia* クロズキンタケ, *Trichoglossum* テングノメシガイ

Ⅴ. ラブルベニア綱 Laboulbeniomycetes

Ⅴ A. ラブルベニア亜綱 Laboulbeniomycetidae

ラブルベニア目 Laboulbeniales
ケラトミケス科 Ceratomycetaceae …*Autoicomyces*, *Ceratomyces*, *Drepanomyces*, *Eusynaptomyces*, *Helodiomyces*, *Phurmomyces*, *Plectomyces*, *Rhynchophoromyces*, *Synaptomyces*, *Tettigomyces*, *Thaumasiomyces*, *Thripomyces*
エウケラトミケス科 Euceratomycetaceae …*Cochliomyces*, *Colonomyces*, *Euceratomyces*, *Euzodiomyces*, *Pseudoecteinomyces*
ヘルポミケス科 Herpomycetaceae …*Herpomyces*
ラブルベニア科 Laboulbeniaceae …*Autophagomyces*, *Cantharomyces*, *Chitonomyces*, *Coreomyces*, *Corethromyces*, *Dimeromyces*, *Dimorphomyces*, *Dioicomyces*, *Filariomyces*, *Hesperomyces*, *Hydraeomyces*, *Laboulbenia*, *Monoicomyces*, *Peyritschiella*, *Rhachomyces*, *Rickia*, *Scaphidiomyces*, *Stigmatomyces*, *Troglomyces*, *Zeugandromyces*, *Zodiomyces*
ピクシジオフォラ目 Pyxidiophorales
ピクシジオフォラ科 Pyxidiophoraceae …*Pyxidiophora* [*Pleurocatena*, *Thaxteriola*], [*Gliocephalis*]

Ⅵ. チャシブゴケ綱 Lecanoromycetes[L,*]

〔亜綱不明〕

ロウソクゴケ目 Candelariales[L]
ロウソクゴケ科 Candelariaceae[L] …*Candelaria* ロウソクゴケ, *Candelariella* ロウソクゴケモドキ
イワタケ目 Umbilicariales[L]
コヤスチイ科 Elixiaceae[L] …*Elixia*
チャヘリトリゴケ科 Fuscideaceae[L] …*Fuscidea*, *Hueidea*, *Lettauia*
イワザクロゴケ科 Ophioparmaceae[L] …*Ophioparma* イワザクロゴケ

リゾプラコプシス科 Rhizoplacopsidaceae[L] …*Rhizoplacopsis*
イワタケ科 Umbilicariaceae[L] …*Lasallia* オオイワブスマ, *Umbilicaria* イワタケ

ⅥA. ホウネンゴケ亜綱 Acarosporomycetidae[L]

ホウネンゴケ目 Acarosporales[L]
 ホウネンゴケ科 Acarosporaceae[L] …*Acarospora* ホウネンゴケ, *Glypholecia*, *Lithoglypha*, *Polysporina* スジゴケ, *Thelocarpella*

ⅥB. チャシブゴケ亜綱 Lecanoromycetidae[L]

〔目不明〕
 コニオキベ科 Coniocybaceae[L] …*Chaenotheca* ホソピンゴケ, *Coniocybe* ヌカゴケ
 パキアスクス科 Pachyascaceae[L] …*Pachyascus*
 テロカルポン科 Thelocarpaceae[L] …*Melanophloea*, *Thelocarpon*

チャシブゴケ目 Lecanorales[L]
 〔科不明〕…*Lecania* シブゴケ, *Lecidoma*, *Leprocaulon*, *Melanolecia*, *Mycobilimbia*, *Tylophoron*
 アファノプシス科 Aphanopsidaceae[L] …*Aphanopsis*, *Steinia*
 アルクトミア科 Arctomiaceae[L] …*Arctomia*, *Gregorella*, *Wawea*
 タラコゴケ科 Biatorellaceae[L] …*Biatorella* タラコゴケ, *Evicentia*
 サビイボゴケ科 Brigantiaeaceae[L] …*Argopsis*, *Brigantiaea* サビイボゴケ
 ビッソロマ科 Byssolomataceae[L] …*Byssoloma* ワタヘリゴケ[*Pyriomyces*], *Micarea* タマイボゴケ, [*Szczawinskia*], *Trapelliariopsis*
 カリキディウム科 Calycidiaceae[L] …*Calycidium*
 ハナゴケ科 Cladoniaceae[L] …*Cladia* トゲシバリ, *Cladonia* ハナゴケ, *Gymnoderma* ツブミゴケ, *Heterodea*, *Heteromyces*, *Myelorrhiza*, *Pilophorus* カムリゴケ, *Pycnothelia*, *Thysanothecium* フクレヘラゴケ
 ワタゴケ科 Crocyniaceae[L] …*Crocynia* ワタゴケ
 ダクチロスポラ科 Dactylosporaceae[L] …*Dactylospora*
 エクトレキア科 Ectolechiaceae[L] …*Badimia* ヨツハシゴケ, *Badimiella*, *Barubria* ツエミハシゴケ, *Calopadia* チャハシゴケ・ヨウジョウイボゴケ, *Ectolechia*, *Kantvilasia*, *Lasioloma* ワタハシゴケ, *Loflammia* ベニハシゴケ, *Lopadium* ツブウスゴケ, *Melittosporis*, *Pyrenotrichum*, *Sporopodium* アミハシゴケ, *Tapellaria* クロハシゴケ
 ギプソプラカ科 Gypsoplacaceae[L] …*Gypsoplaca*
 ザクロゴケ科 Haematommataceae[L] …*Haematomma* ザクロゴケ
 ヒメネリア科 Hymeneliaceae[L] …*Bouvetiella*, *Eiglera*, *Hymenelia*, *Ionaspis* イワアバタゴケ, *Pachyospora*
 チャシブゴケ科 Lecanoraceae[L] …*Arctopeltis*, *Bryodina*, *Bryonora*, *Lecanora* チャシブゴケ, *Lecidella*, *Rhizoplaca*
 マルミデア科 Malmideaceae[L] …*Malmidea*
 メガラリア科 Megalariaceae[L] …*Catillochroma*, *Megalaria*, *Tasmidella*
 ミルティデア科 Miltideaeceae[L] …*Miltidea*
 クロアカゴケ科 Mycoblastaceae[L] …*Mycoblastus* クロアカゴケ
 ウメノキゴケ科 Parmeliaceae[L] …*Alectoria* ホネキノリ, *Anzia* アンチゴケ, *Arctoparmelia* イリタマゴゲケ・ワゴケ, *Asahinea* コガネトコブシゴケ, *Bryocaulon* シダレキノリ, *Bryoria* ハリガネキノリ, *Bulbothrix* フトネゴケ, *Cetraria* エイランタイ, *Cetrariella* トゲエイランタイ, *Cetrelia* トコブシゴケ, *Evernia* ヤマヒコノリ, *Everniastrum* ツノマタゴケモドキ, *Flavocetraria* コガネエイランタイ, *Flavoparmelia* キウメノキゴケ, *Flavopunctelia* ヒメキウメノキゴケ, *Hypogymnia* フクロゴケ, *Hypotrachyna* ゴンゲンゴケ, *Imshaugia* ゴヘイゴケ, *Karoowia* ハマキクバゴケ, *Lethalia*, *Lethariella* ナヨナヨサガリゴケ, *Melanelia* タカネゴケ, *Menegazzia* センシゴケ, *Myelochroa* ウチキウメノキゴケ, *Nephromopsis* アワビゴケ, *Nipponoparmelia* テリハゴケ, *Oropogon* ミヤマグラ, *Parmelia* カラクサゴケ, *Parmelina* ナリアイウメノキゴケ, *Parmelinella* ワリキウメノキゴケ, *Parmelinopsis* ヒメウメノキゴケ, *Parmeliopsis* ゴヘイゴケ, *Parmotrema* ウメノキゴケ, *Phacopsis* ヤドリホウネンゴケ, *Protoparmelia* タカネチャゴケ, *Pseudephebe* タカネケゴケ, *Pseudoparmelia*, *Punctelia* ハクテンゴケ, *Relicina* キフトネゴケ, *Usnea* サルオガセ, *Vulpicida* ハイマツゴケ, *Xanthoparmelia* キクバゴケ
 タテゴケ科(カイガラゴケ科) Psoraceae[L] …*Glyphopeltis*, *Protoblastenia* ニセザクロゴケ, *Protomicarea*, *Psora* カイガラゴケ・サイゴクタテゴケ, *Psorula* ヒメカイガラゴケ・モズゴケモドキ
 カラタチゴケ科 Ramalinaceae[L] …*Bacidia* イボゴケ, *Bacidina* コナハリイボゴケ, *Biatora* ツブミイボゴケ, *Catinaria*, *Physcidia*, *Ramalina* カラタチゴケ, *Ramalinopsis*
 サラメアナ科 Sarrameanaceae[L] …*Loxospora* チャザクロゴケ・コフキザクロゴケ
 サンゴゴケ科 Sphaerophoraceae[L] …*Austropeltum*, *Bunodophoron* ヒラサンゴゴケ, *Neophyllis*,

Sphaerophorus サンゴゴケ
　　　　キゴケ科 Stereocaulaceae[L] …*Hertelidea*, *Leploma*, [*Lepraria* レプラゴケ], *Stereocaulon* キゴケ, *Xyleborus*
　　　　クロイボゴケ科 Tephromelataceae[L] …*Calvitimela* ニセクロイボゴケ, *Heppsora*, *Tephromela* クロイボゴケ
　　　　ベズダエア科 Vezdaeaceae[L] …*Vezdaea*
　ヘリトリゴケ目 Lecideales[L]
　　　　レキデア科 Lecideaceae[L] …*Bahianora*, *Cryptodictyon*, *Lecidea*, *Lopacidia*, *Pseudopannaria*
　　　　ヘリトリゴケ科 Porpidiaceae[L] …*Bellemerea*, *Clauzadea*, *Immersaria*, *Koeberiella*, *Labyrintha*, *Pachyphysis*, *Paraporpidia*, *Poeltiaria*, *Poeltidea*, *Porpidia* ヘリトリゴケ, *Porpidinia*, *Xenolecia*
　ツメゴケ目 Peltigerales[L]
　　　　カワラゴケ科 Coccocarpiaceae[L] …*Coccocarpia* カワラゴケ, *Spilonema* カタマリケゴケ, *Spilonemella* カタマリコゴケ
　　　　イワノリ科 Collemataceae[L] …*Collema* イワノリ, *Homothecium*, *Lepidophysma*, *Leptogium* アオキノリ, *Lethagrium*, *Ramalodium* ヒメキノリ
　　　　カブトゴケ科 Lobariaceae[L] …*Lobaria* カブトゴケ, *Lobariella*, *Lobarina*, *Pseudocyphellaria* キンブチゴケ, *Sticta* ヨロイゴケ
　　　　マッサロンゴケ科 Massalongiaceae[L] …*Leptochidium*, *Massalongia* マッサロンゴケ, *Polychidium* ケクズゴケ
　　　　ウラミゴケ科 Nephromataceae[L] …*Nephroma* ウラミゴケ
　　　　ハナビラゴケ科 Pannariaceae[L] …*Austrella*, *Degelia*, *Erioderma* ヌマジリゴケ, *Fuscoderma*, *Fuscopannaria* ヒメハナビラゴケ, *Housseusia*, *Kroswia* イワノリモドキ, *Pannaria* ハナビラゴケ, *Parmeliella* シコロゴケ, *Physma* アツバキノリ・フィズマゴケ, *Protopannaria* チャワンタケモドキ, *Psoroma* プソロマゴケ・ムニンゴケ, *Santessoniella* モクズゴケ
　　　　ツメゴケ科 Peltigeraceae[L] …*Peltigera* ツメゴケ, *Solorina* ヤイトゴケ
　　　　クロサビゴケ科 Placynthiaceae[L] …*Placynthiopsis*, *Placynthium* クロサビゴケ, *Vestergrenopsis* オンタケキノシ
　チズゴケ目 Rhizocarpales[L]
　　　　カチラリア科 Catillariaceae[L] …*Catillaria* カチラリゴケ・フタゴイボゴケ, *Halecania*, *Placolecis*, *Toninia* フジカワゴケ, *Wadeana*, *Xanthopsorella*
　　　　チズゴケ科 Rhizocarpaceae[L] …*Catolechia* キイロスミイボゴケ, *Poeltinula*, *Rhizocarpon* チズゴケ
　ダイダイキノリ目 Teloschistales[L]
　　　　ピンゴケ科 Caliciaceae[L] …*Acroscyphus* カニメゴケ, *Buellia* スミイボゴケ, *Calicium* ピンゴケ, *Cyphelium* コツブヒョウモンゴケ, *Diploicia* オオバスミイボゴケ, *Dirinaria* ヂリナリア, *Pyxine* クロボシゴケ, *Santessonia*, *Sculptolumina* ヤマトスミイボゴケ
　　　　キンカンゴケ科 Letrouitiaceae[L] …*Letrouitia* キンカンゴケ
　　　　コゲボシゴケ科（クロコボシゴケ科）Megalosporaceae[L] …*Megalospora* コゲボシゴケ（クロコボシゴケ）
　　　　ミクロカリキウム科 Microcaliciaceae …*Microcalicium*
　　　　ムカデゴケ科 Physciaceae[L] …*Anaptychia* ヒメゲジゲジゴケ, *Heterodermia* ゲジゲジゴケ, *Hyperphyscia*, *Phaeophyscia* クロウラムカデゴケ, *Physcia* ムカデゴケ, *Physconia*, *Rinodina* ビスケットゴケ
　　　　ロパロスポラ科 Ropalosporaceae[L] …*Ropalospora*
　　　　ダイダイキノリ科 Teloschistaceae[L] …*Caloplaca* ダイダイゴケ, *Ioplaca*, *Teloschistes*, *Xanthoria* オオロウソクゴケ

　　オストロパ亜綱 Ostropomycetidae[L*]

〔目不明〕
　　　　レモンイボゴケ科 Arthrorhaphidaceae[L] …*Anzina*, *Arthrorhaphis* レモンイボゴケ
　マダラゴケ目 Agyriales[L]
　　　　マダラゴケ科 Agyriaceae[L] …*Agyrium* マダラゴケ, *Trapeliopsis*, *Xylographa* モクハンゴケ
　　　　アナミロスポラ科 Anamylopsoraceae[L] …*Anamylospora*
　　　　スカエレリア科 Schaereriaceae[L] …*Schaereria*
　　　　デイジーゴケ科 Trapeliaceae[L] …*Lithographa*, *Placopsis* デイジーゴケ, *Placynthiella*, *Trapelia*
　ヒロハセンニンゴケ目 Baeomycetales[L]
　　　　ヒロハセンニンゴケ科 Baeomycetaceae[L] …*Baeomyces* ヒロハセンニンゴケ, *Phyllobaeis*
　オストロパ目 Ostropales[L*]
　　　　〔科不明〕…*Bryophagus*, *Petraktis* ヒメサラゴケ
　　　　フンカゴケ科 Asterothyriaceae[L] …*Asterothyrium* フンカゴケ, *Gyalidea* コザラゴケ
　　　　スミレモドキ科 Coenogoniaceae[L] …*Coenogonium* スミレモドキ, *Dimerella* ダイダイサラゴケ

ヒゲゴケ科 Gomphillaceae[L] …*Actinoplaca*, *Echinoplaca* ヒメヒゲゴケ, *Gomphillus*, *Gyalectidium* クボミサラゴケ, *Gyalideopsis* ニセコザラゴケ, *Sagiolechia* ツムゴケ, *Tricharia* ヨウジョウヒゲゴケ
モジゴケ科 Graphidaceae[L] …*Glyphis* アミモジゴケ, *Graphis* モジゴケ, *Phaeographis* クロミモジゴケ, *Platygramme*, *Sarcographa* ホシダイゴケ
サラゴケ科 Gyalectaceae[L] …*Cryptolechia*, *Gyalecta* サラゴケ, *Pachyphiale* コウスゴケ, *Ramonia* ホシクチゴケ
ミエロコニス科 Myeloconidiaceae[L] …*Amphorothecium*, *Myeloconis*
オドントトレマ科 Odontotremataceae …*Bryodiscus*, *Coccomycetella*, *Odontotrema*, *Skyttea*, *Tryblis*
フリクティス科 Phlyctidaceae[L] …*Phlyctis*, *Psathyrophlyctis*
ホルトノキゴケ科・マルゴケ科 Porinaceae[L] …*Porina* ホルトノキゴケ・マルゴケ, *Trichothelium*
スチクチス科 Stictidaceae[L*] …*Acarosporina*, *Conotrema*[L], *Cryptodiscus*, *Diploschistes* キッコウゴケ, *Ostropa*, *Robergea*, *Schizoxylon*, *Stictis*
チブサゴケ科 Thelotremataceae[L] …*Leptotrema* カブレゴケ, *Myriotrema* ハリアナゴケ, *Ocellularia* メゴケ, *Thelotrema* チブサゴケ
トリハダゴケ目 Pertusariales[L]
アナツブゴケ科 Coccotremataceae[L] …*Coccotrema* アナツブゴケ, *Gyalectaria*, *Parasiphula*
アオシモゴケ科 Icmadophilaceae[L] …*Dibaeis* センニンゴケ, *Icmadophila* アオシモゴケ, [*Siphula* シロツノゴケ, *Thamnolia* ムシゴケ]
ニセクボミゴケ科 Megasporaceae[L] …*Aspicilia* ハジカミゴケ, *Lobothallia* ウロコクボミゴケ, *Megaspora* ニセクボミゴケ
ニクイボゴケ科 Ochrolechiaceae[L] …*Ochrolechia* ニクイボゴケ, *Varicellaria* フタゴトリハダゴケ
トリハダゴケ科 Pertusariaceae[L] …*Loxosporopsis*, *Pertusaria* トリハダゴケ

Ⅶ. ズキンタケ綱 Leotiomycetes

〔亜綱不明〕

メデオラリア目 Medeolariales
メデオラリア科 Medeolariaceae …*Medeolaria*

〔亜綱不明〕

…*Cyclaneusma*, *Discohainesia* [*Hainesia*], [*Eleutheromyces*, *Geniculospora*, *Hyphozyma*, *Leohumicola*, *Meliniomyces*], *Naemacyclus*, *Sarea*

Ⅶ A. ズキンタケ亜綱 Leotiomycetidae

キッタリア目 Cyttariales
キッタリア科 Cyttariaceae …*Cyttaria* [*Cyttariella*]
ウドンコカビ目 Erysiphales
ウドンコカビ科 Erysiphaceae …*Blumeria*, *Brasiliomyces* [*Oidium*], *Caespitotheca*, *Cystotheca* [*Oidium*], *Erysiphe* [*Oidium*], *Farmanomyces*, *Golovinomyces* [*Oidium*], *Leveillula* [*Oidiopsis*], *Microsphaera*, *Neoerysiphe* [*Oidium*], *Parauncinula*, *Phyllactinia* [*Ovulariopsis*], *Pleochaete* [*Streptopodium*], *Podosphaera* [*Oidium*], *Sawadaea* [*Oidium*], *Typhulochaeta*
ビョウタケ目 Helotiales
〔科不明〕…*Ascocoryne* ムラサキゴムタケ, *Bisporella* ビョウタケ, *Chlorociboria* ロクショウグサレキン, *Chlorscypha*, [*Dactylaria*, *Lemonniera*], *Mitrula*, *Pilidium*, *Pyrenopeziza*, [*Trimmatostroma*], *Trochila*
シノウコウヤクタケ科 Ascocorticiaceae …*Ascocorticium*
ヘソタケ科 Dermateaceae …*Dermea* ヘソタケ [*Corniculariella*], *Diplocarpon* [*Entomosporium*, *Marssonina*], *Drepanopeziza*, *Leptotrochila*, *Mollisia* ハイイロクズチャワンタケ [*Casaresia*], *Neofabraea* [*Cryptosporiopsis*], *Pezicula* [*Cryptosporiopsis*]
ビョウタケ科 Helotiaceae …*Ascoclavulina* クチキトサカタケ, *Ascotremella*, *Bryoscyphus*, *Calloriopsis*, *Cenangium*, *Claussenomyces*, *Crocicreas*, *Cudoniella* ミズベノニセズキンタケ, *Encoeliopsis*, *Gelatinopsis*, *Godronia*, *Helotium*, *Heterosphaeria*, *Hymenoscyphus* ニセビョウタケ [*Idriella*], *Neobulgaria* ニカワチャワンタケ, *Neocudoniella* ニセズキンタケ, *Ombrophila*, *Pocillum*, *Tympanis*, *Unguiculariopsis*
ヘミファキジウム科 Hemiphacidiaceae …*Chlorencoelia*, *Fabrella*, (*Hemiphacidium*), *Heyderia* マツヒメカンムリタケ, *Rhabdocline*
ヒナノチャワンタケ科 Hyaloscyphaceae …*Albotricha* トガリケヒナノチャワンタケ, *Arachnopeziza* クモノスヒナノチャワンタケ, *Calycellina*, *Cistella*, *Dasyscyphella* ニセヒナノチャワンタケ, *Dematioscypha*, *Hamatocanthoscypha*, *Hyalopeziza*, *Hyaloscypha* [*Cheiromycella*],

真核生物ドメイン　菌界　1615

　　　　　Lachnellula ヒナノチャワンタケモドキ, *Lachnum* ヒナノチャワンタケ, *Prttotia* ハナヒナ
　　　　　ノチャワンタケ, *Trichopeziza* トガリケシロヒナノチャワンタケ, *Trichopezizella* アラゲヒ
　　　　　ナノチャワンタケ, *Urceolella*
　　　ロラミケス科 Loramycetaceae …*Loramyces*
　　　ファキジウム科 Phacidiaceae …*Ascocoma*, [*Coma*], *Phacidium* [*Ceuthospora*], *Lophophacidium*
　　　トウヒキンカクキン科 Rutstroemiaceae …*Dicephalospora* ニセキンカクアカビョウタケ,
　　　　　Lambertella チャイロミキンカクキン [*Helicodendron*], *Lanzia* クリノイガワンタケ,
　　　　　Moellerodiscus ニセキボリアキン, *Rutstroemia* トウヒキンカクキン, *Scleromitrula* キツネ
　　　　　ノヤリタケ
　　　キンカクキン科 Sclerotiniaceae …*Botryotinia* [*Botrytis*], *Ciboria* キボリアキンカクキン,
　　　　　Ciborinia ニセキンカクキン, *Dumontinia* タマキンカクキン, *Grovesinia* [*Hinomyces*],
　　　　　[*Haradamyces*], *Monilinia* モニリアキンカクキン [*Monilia*], *Moserella*, *Myriosclerotium*
　　　　　ミリオキンカクキン [*Myrioconium*], *Nervostroma* [*Cristulariella*], *Ovulinia* [*Ovulitis*],
　　　　　Redheadia [*Mycopappus*], *Sclerotinia* キンカクキン [*Myrioconium*], *Stromatinia* カサブタ
　　　　　キンカクキン, *Valdensinia* [*Valdensia*]
　　　ピンタケ科 Vibrisseaceae …[*Acephala*], *Chlorovibrissea*, *Leucovibrissea*, *Vibrissea* ピンタケ
　　　　　[*Anavirga*, *Phialocephala*]
　ズキンタケ目 Leotiales
　　　ゴムタケ科 Bulgariaceae …*Bulgaria* ゴムタケ, *Holwaya* ナガミノクロサラタケ, *Potebniamyces*
　　　　　[*Phacidiopycnis*]
　　　ズキンタケ科 Leotiaceae …[*Alatospora*], *Gelatinipulvinella* [*Aureohyphozyma*], *Geocoryne*,
　　　　　[*Halenospora*], *Leotia* ズキンタケ, *Pezoloma*
　リチスマ目 Rhytismatales
　　　アスコジカエナ科 Ascodichaenaceae …*Ascodichaena* [*Polymorphum*], *Delpinoina*
　　　　　[*Macroallantina*], *Pseudophacidium*
　　　ホテイタケ科 Cudoniaceae …*Cudonia* ホテイタケ, *Spathularia* ヘラタケ
　　　リチスマ科 Rhytismataceae …*Bifusella* [*Crandallia*], *Coccomyces*, *Colpoma* [*Conostroma*],
　　　　　Cryptomyces, *Duplicaria* [*Hysterodiscula*], *Hypoderma*, *Lophodermium* [*Leptostroma*],
　　　　　Marthamyces, *Ploioderma* [*Cryocaligula*], *Propolis* クチキマダラチャワンタケ, *Rhytisma*,
　　　　　Therrya, *Tryblidiopsis* [*Tryblidiopycnis*], *Zeus*
　テレボルス目 Thelebolales
　　　テレボルス科 Thelebolaceae …*Ascozonus*, *Coprotus*, *Thelebolus*

VIII. リキナ綱 Lichinomycetes[L]

VIII A. リキナ亜綱 Lichinomycetidae[L]

　エレミタルス目 Eremithallales[L]
　　　エレミタルス科 Eremithallaceae[L] …*Eremithallus*
　ツブノリ目 Lichinales[L]
　　　グロエオヘッピア科 Gloeoheppiaceae[L] …*Gloeoheppia*, *Pseudopeltula*
　　　ツブノリ科 Lichinaceae[L] …*Anema* ジュズキノリ, *Ephebe* ケゴケ, *Heppia*, *Lempholemma*,
　　　　　Lichina ツブノリ, *Paulia* パウリアゴケ, *Phylliscum* ヤスデゴケモドキ, *Psorotichia*,
　　　　　Pyrenopsis モツレノリ, *Synalissa* アカツブノリ, *Thyrea* ミタキノリ
　　　ゲパンゴケ科 Peltulaceae[L] …*Neoheppia*, *Peltula* ゲパンゴケ, *Phyllopeltula*

IX. オルビリア綱 Orbiliomycetes

IX A. オルビリア亜綱 Orbiliomycetidae

　オルビリア目 Orbiliales
　　　オルビリア科 Orbiliaceae …*Hyalorbilia* [*Brachyphoris*], *Orbilia* オルビリアキン [*Arthrobotrys*,
　　　　　Dactylella, *Dicranidion*, *Drechslerella*, *Dwayaangam*, *Gamsylella*, *Monacrosporium*,
　　　　　Trinacrium], *Pseudorbilia*

X. チャワンタケ綱 Pezizomycetes

X A. チャワンタケ亜綱 Pezizomycetidae

　チャワンタケ目 Pezizales
　　　[科不明] …[*Cephaliophora*], *Psilopezia*, *Pulvinula*, *Strobiloscypha*, *Underwoodia*, *Urceolaria*
　　　スイライカビ科 Ascobolaceae …*Ascobolus* スイライカビ [*Rhizostilbella*], *Ascophanus*,
　　　　　Saccobolus, *Thecoteus*
　　　アスコデスミス科 Ascodesmidaceae …*Ascodesmis*, *Ereutherascus*, *Lasiobolus*
　　　キチャワンタケ科 Caloscyphaceae …*Caloscypha* キチャワンタケ [*Geniculodendron*]

カルボミケス科 Carbomycetaceae …*Carbomyces*
キリノミタケ科 Chorioactidaceae …*Chorioactis* キリノミタケ [*Kumanasamuha*], *Desmazierella* マツバノヒゲワンタケ [*Verticicladium*], *Neournula*, *Wolfina*
フクロシトネタケ科 Discinaceae …*Discina* フクロシトネタケ, *Gyromitra* シャグマアミガサタケ, *Hydnotrya* クルミタケ, *Pseudorhizina* マルミノノボリリュウ
グラジエラ科 Glaziellaceae …*Glaziella*
ノボリリュウ科 Helvellaceae …*Balsamia*, *Barssia* ツチクレタケ, *Helvella* ノボリリュウ, *Wynnella*
カルステネラ科 Karstenellaceae …*Karstenella*
アミガサタケ科 Morchellaceae …*Disciotis* カニタケ, *Imaia* イモタケ, *Kalapuya*, *Morchella* アミガサタケ [*Costantinella*], *Verpa* テンガイカブリ
チャワンタケ科 Pezizaceae …*Amylascus*, [*Glischroderma*], *Hydnobolites*, *Iodophanus* [*Oedocephalum*], *Kimbropeziza*, *Marcelleina* マルセルムラサキサラタケ, *Pachyella* カバイロチャワンタケ, *Pachyphloeus*, *Peziza* チャワンタケ [*Chromelosporium*, *Ostracoderma*], *Plicaria* マルミノチャワンタケ, *Scabropeziza* アレハダチャワンタケ, *Terfezia*
ピロネマ科 Pyronemataceae …[*Actinospora*], *Aleuria* ヒイロチャワンタケ, *Anthracobia* ヒメウロコベニチャワンタケ, *Ascosparassis* アカハナビラタケ, *Boudierella*, *Byssonectria*, *Cheilymenia* クチガネワンタケ [*Dichobotrys*], *Genea* ジマメタケ, *Geopora*, *Geopyxis* ヤケアトワンタケ, *Humaria* シロスズメノワン, *Hydnocystis* ウツロイモタケ, *Jafnea*, *Lamprospora*, *Melastiza* ベニサラタケ, [*Micronematobotrys*], *Miladina*, *Neottiella*, *Octospora*, *Orbicula*, *Otidea* ウスベニミミタケ, *Pyronema* ピロネマキン, *Scutellinia* アラゲコベニチャワンタケ, *Stephensia*, *Tarzetta*, *Tricharina* [*Ascorhizoctonia*], *Wilcoxina*
ツチクラゲ科 Rhizinaceae …[*Phymatotrichopsis*], *Rhizina* ツチクラゲ
ベニチャワンタケ科 Sarcoscyphaceae …*Cookeina* アラゲウスベニコップタケ, *Kompsoscypha*, *Microstoma* シロキツネノサカヅキ, *Nanoscypha* [*Molliardiomyces*], *Phillipsia* ニクアツベニサラタケ [*Molliardiomyces*], *Pithya* イブキアカップエダカレキン [*Molliardiomyces*], *Pseudopithyella*, *Sarcoscypha* ベニチャワンタケ [*Molliardiomyces*], *Wynnea* ミミブサタケ
オオゴムタケ科 Sarcosomataceae …[*Conoplea*], *Donadinia*, *Galiella* オオゴムタケ, *Korfiella* コフキクロチャワンタケ, *Plectania* エナガクロチャワンタケ, *Pseudoplectania* クロチャワンタケ, *Sarcosoma* [*Verticicladium*], *Urnula* エツキクロコップタケ [*Strumella*]
セイヨウショウロ科 Tuberaceae …*Choiromyces*, *Dingleya*, *Labyrinthomyces*, *Paradoxa*, *Tuber* セイヨウショウロ(トリュフ)

XI. フンタマカビ綱 Sordariomycetes

〔亜綱不明〕

クロカワカビ目 Phyllachorales
　ファエオコラ科 Phaeochoraceae …*Cocoicola*, *Phaeochora*, *Phaeochoropsis*, *Serenomyces*
　クロカワカビ科 Phyllachoraceae …*Coccodiella*, *Imazekia*, *Isothea*, *Ophiodothella* [*Acerviclypeatus*], *Phyllachora* [*Linochora*], *Polystigma* [*Polystigmina*, *Rhodosticta*], *Sphaerodothis*, *Telimena*
トリコスファエリア目 Trhichosphaeriales
　〔科不明〕 …*Khuskia* [*Nigrospora*]
　トリコスファエリア科 Trichosphaeriaceae …*Acanthosphaeria*, *Cryptadelphia* [*Brachysporium*], *Eriosphaeria*, *Trichosphaeria*

〔亜綱不明〕

カチステス科 Kathistaceae …*Kathistes*, [*Mattirolella*, *Termitaria*, *Termitariopsis*]

〔亜綱不明〕

…*Barbatosphaeria*, *Ceratosphaeria*, [*Custingophora*, *Ellisembia*], *Kananascus* [*Koorchaloma*], [*Papulaspora*, *Selenosporella*], *Thyronectria*

XI A. ボタンタケ亜綱 Hypocreomycetidae

〔目不明〕

　プレクトスファエレラ科 Plectosphaerellaceae …[*Acremonium*, *Gibellulopsis*, *Musicillium*], *Plectosphaerella* [*Plectosporium*], [*Verticillium*]
〔目不明〕 …*Juncigena* [*Moheitospora*], *Sporoschismopsis* [*Porosphaerellopsis*], *Torpedospora*
コロノフォラ目 Coronophorales
　〔科不明〕 …*Lasiosphaeriopsis*
　ベルティア科 Bertiaceae …*Bertia*

真核生物ドメイン　菌界　1617

クロビロードカビ科 Chaetosphaerellaceae …*Chaetospharella* [*Oedemium, Veramycina*], *Crassochaeta, Spinulosphaeria*

ニチュキア科 Nitschkiaceae …*Acanthonitschkea, Coronophora, Enchnoa, Loranitschkia, Nitschkia, Rhagadostoma*

スコルテキニア科 Scortechiniaceae …*Neofracchiaea, Scortechinia*

ボタンタケ目 Hypocrelaes
　〔科不明〕…*Geosmithia*
　　ビオネクトリア科 Bionectriaceae …[*Albosynnema*], *Bionectria* [*Clonostachys*], *Bryonectria, Dimerosporiella, Globonectria, Heleococcum, Hydropisphaera* [*Gliomastix*], *Ijuhya, Lasionectria, Mycoarachis, Mycocitrus, Nectriella, Nectriopsis* [*Rhopalocladium*], *Ochronectria, Paranectria, Peethambara* [*Didymostilbe*], *Protocreopsis, Roumegueriella, Stilbocrea* [*Gracilistilbella*], *Stomatonectria, Trichonectria,* [*Vesicladiella*]

　　バッカクキン科 Clavicipitaceae …*Aciculosporium* [*Albomyces*], *Atkinsonella* [*Ephelis*], *Sphacelia*], *Balansia* [*Ephelis*], *Berkelella* [*Blistum*], *Polycephalomyces*], *Claviceps* バッカクキン [*Sphacelia*], [*Corallocytostroma, Drechmeria*], *Epichloë* [*Ephelis, Neotyphodium*], *Heteroepichloë, Hypocrella* [*Aschersonia*], *Linearistroma* [*Ephelis*], *Metacordyceps* ミドリクチキムシタケ, [*Metarhizium*], *Moelleriella* [*Aschersonia*], *Myriogenospora, Neobarya* バッカクタケ, *Nigrocornus* カップシタケ, [*Nomuraea* クモタケ], *Parepichloë*, [*Pochonia*], *Podocrella* [*Harposporium*], *Polynema*, [*Pseudomeria*], *Shimizuomyces* サンチュウムシタケモドキ, *Sphaerocordyceps*

　　ノムシタケ科 Cordycipitaceae …*Ascopolyporus, Cordyceps* ノムシタケ・サナギタケ [*Akanthomyces, Beauveria, Isaria* コナサナギタケ, *Lecanicillium*], [*Engyrodontium*], *Hyperdermium*, [*Isaria*], [*Microhilum*], *Neocordyceps* コウヤムシタケモドキ, [*Pseudogibellula, Rotiferophthora*], [*Simplicillium*], *Torrubiella* クモヤドリタケ [*Akanthomyces, Gibellula* ギベルラタケ, *Granulomanus, Lecanicillium*]

　　ボタンタケ科 Hypocreaceae …[*Acrostalagmus*], *Arachnocrea, Hypocrea* ボタンタケ [*Gliocladium, Trichoderma*], *Hypocreopsis* [*Stromatocrea*], *Hypomyces* タケリタケキン [*Cladobotryum, Mycogone, Sepedonium, Sibirina, Stephanoma*], *Podostroma* ツノタケ・カエンタケ [*Trichoderma*], *Protocrea* [*Arachnocrea*], *Pseudohypocrea, Rogersonia, Sarawakus* [*Arachnocrea*], *Sphaerostilbella* [*Gliocladium*], *Tilakidium*

　　ベニアワツブタケ科 Nectriaceae …*Albonectria, Allonectella,* [*Aphanocladium*], *Calonectria* [*Cylindrocladium*], *Calostilbe* [*Calostilbella*], *Chaetopsinectria* [*Chaetopsina*], *Corallomycetella, Cosmospora* [*Cylindrocladiella, Volutella*], *Cyanonectria* [*Fusarium*], *Gibberella* [*Cyanochyta, Cyanophomella, Cylindrocarpon, Fusarium*], *Glionectria* [*Gliocladiopsis*], *Haematonectria, Lanatonectria* [*Actinostilbe*], *Leuconectria* [*Gliocephalotrichum*], [*Mariannaea*], *Nectria* ベニアワツブタケ・アカツブタケ [*Ciliciopodium* センボンタケ, *Flagellospora, Heliscus, Tubercularia, Zythiostroma*], *Nectricladiella* [*Cylindrocladiella*], *Neocosmospora, Neonectria, Ophionectria* [*Antipodium*], *Pseudonectria*, [*Septofusidium, Volutella*], *Viridispora* [*Penicillifer*], *Xenocalonectria* [*Xenocylindrocladium*]

　　ニエスリア科 Niessliaceae …*Circinoniesslia, Cryptoniesslia, Hyaloseta* [*Monocillium*], *Niesslia* [*Monocillium*], *Trichosphaerella, Valetoniella*

　　オフィオコルジケブス科 Ophiocordycipitaceae …[*Chaunopycnis*], *Elaphocordyceps* ハナヤスリタケ [*Tlypocladium*], [*Haptocillium*], *Ophiocordyceps* セミタケ [*Hirsutella, Hymenostilbe*], *Paraisaria, Synglyocladium*]

メラノスポラ目 Melanosporales
　　ケラトストマ科 Ceratostomataceae …*Arxiomyces, Ceratostoma, Melanospora* [*Gonatobotrys*], *Harzia, Proteophiala*], *Persiciospora*, [*Sphaerodes*], *Syspastospora*

ミクロアスクス目 Microascales
　　〔科不明〕…*Sphaeronaemella*
　　クワイカビ科 Ceratocystidaceae …[*Ambrosiella*], *Ceratocystis* クワイカビ, [*Gabarnaudia*], *Gondwanamyces*
　　チャデフアウディエラ科 Chadefaudiellaceae …*Chadefaudiella, Faurelina*
　　ハロスフェリア科 Halosphaeriaceae …*Aniptodera, Anisostagma, Chadefaudia*, [*Cirrenalia*], *Corollospora* [*Clavatospora, Sigmoidea, Varicosporina*], *Halosarpheia, Halosphaeria* [*Trichocladium*], *Halosphaeriopsis, Marinospora, Naïs, Nohea, Oceanitis, Okeanomyces, Trichomaris, Tubakiella, Tunicatispora*
　　ミクロアスクス科 Microascaceae …[*Brachyconidiellopsis*], [*Doratomyces, Echinobotryum*], *Kernia, Lophotrichus, Microascus* [*Cephalotrichum, Graphium, Scopulariopsis, Wardomyces*], *Parascedosporium* [*Graphium*], *Petriella* [*Graphium*], *Pithoascus* [*Scopulariopsis*], *Pseudallescheria* [*Graphium, Scedosporium*], [*Trichurus*]

サボリエラ目 Savoryellales

[科不明] ···*Ascotaiwania*, *Ascothailandia* [*Canalisporium*], *Savoryella*
　ⅩⅠB. **フンタマカビ亜綱** Sordariomycetidae
[目不明]
　　アンヌラタスクス科 Annulatascaceae ···*Annulatascus*, *Annulusmagnus*, *Aquasphaeria*,
　　　Aquaticola, *Ceratostomella*, *Crassoascus*, *Rhamphoria*, [*Rhodoveronaea*]
　　アピオスポラ科 Apiosporaceae ···*Apiospora* [*Arthrinium*, *Cordella*, *Pteroconium*, *Scyphospora*],
　　　Lasiobertia
　　バティスティア科 ···*Batistia* [*Acrostroma*]
　　グロメレラ科 ···*Glomerella* [*Colletotrichum*]
　　マグナポルテ科 ···*Cratosphaerella*, *Clasterosphaeria* [*Clasterosporium*], *Gaeumannomyces*
　　　[*Harpophora*], *Magnaporthe* [*Pyricularia*], *Mycoleptodiscus* [*Omunidemptus*],
　　　[*Nakataea*], *Ophioceras*, *Pseudohalonectria*
　　オブリズム科 ···*Obryzum*
　　パプロサ科 ···*Papulosa*
　　レティクラスクス科 ···*Reticulascus*
　　チリディウム科 ···*Thyridium*
　　ビアラエア科 ···*Vialaea*
[目不明] ···*Lasiosphaeriella*, *Linocarpon*
ヘタタケ目 Boliniales
　　ヘタタケ科 Boliniaceae ···*Apiocamarops*, *Bolinia*, *Camarops* ヘタタケ, *Endoxyla*
　　カタボトリス科 Catabotrydaceae ···*Catabotrys*, *Pseudonectriella*
カロスフェリア目 Calosphaeriales
　　カロスフェリア科 Calosphaeriaceae ···*Calosphaeria* [*Calosphaeriphora*], *Jattaea*, *Phaeocrella*
　　　[*Togniniella*], *Phragmocalosphaeria*, [*Tulipispora*]
　　プレウロストマ科 Pleurostomataceae ···*Pleurostoma*, [*Pleurostomophora*]
カエトスフェリア目 Chaetosphariales
　　カエトスフェリア科 Chaetosphaeriaceae ···*Australiasca* [*Dictyochaetopsis*], *Chaetosphaeria*
　　　[*Cacumisporium*, *Catenularia*, *Chloridium*, *Codinaea*, *Codinaeopsis*, *Craspedodidymum*,
　　　Cryptophiale, *Cylindrotrichum*, *Dictyochaeta*, *Exerticlava*, *Gonytrichum*,
　　　Hemicorynespora, *Menispora*, *Phaeostalagmus*], [*Lecythothecium*], *Menisporopascus*
　　　[*Menisporopsis*], [*Sporoschisma*], *Stanjehughesia* [*Miyoshiella*], *Striatosphaeria*
　　　[*Dictyochaeta*], [*Thozetella*]
コニオカエタ目 Coniochaetales
　　[科不明] ···*Porosphaerella* [*Cordana*, *Pseudobotrytis*], *Wallrothiella* [*Pseudogliomastix*]
　　コニオカエタ科 Coniochaetaceae ···*Ascotrichella*, *Barrina*, *Coniochaeta* [*Lecythophora*],
　　　Coniochaetidium
ジアポルテ目 Diaporthales
　　[科不明] ···[*Botryodiplodia*], *Chadefaudiomyces*, [*Harknessia*], *Hypospillina*, *Mamiania*,
　　　Mamianiella, *Plagiostigme*
　　クリフォネクトリア科 Cryphonectriaceae ···[*Aurapex*], *Chrysoporthe*, [*Chrysopoltella*],
　　　Cryphonectria [*Endothiella*], *Cryptometrion*, *Endothia*, [*Foliocryphia*, *Ursicollum*]
　　ジアポルテ科 Diaporthaceae ···*Clypeoporthella*, *Diaporthe* [*Phomopsis*], *Leucodiaporthe*,
　　　Mazzantia [*Mazzantiella*]
　　グノモニア科 Gnomoniaceae ···*Amphiporthe* [*Discula*], *Apiognomonia* [*Discula*],
　　　Cryptodiaporthe [*Discosporium*], [*Gloeosporidina*], *Gnomonia* [*Cylindrosporella*,
　　　Discula], *Gnomoniella* [*Asteroma*, *Cylindrosporella*], *Plagiostoma* [*Asteroma*,
　　　Diplodina, *Uniseta*], *Pleuroceras* [*Asteroma*, *Cylindrosporella*]
　　メランコニス科 Melanconidaceae ···*Dicarpella* [*Tubakia*], *Mebarria*, [*Melanconiopsis*],
　　　Melanconis [*Melanconium*]
　　メログラムマ科 Melogrammataceae ···*Melogramma*
　　プセウドプラギオストマ科 Pseudoplagiostomataceae ···*Pseudoplagiostoma*
　　プセウドバルサ科 Pseudovalsaceae ···*Pseudovalsa* [*Coryneum*], *Pseudovalsella*
　　シゾパルメ科 Schizoparmaceae ···[*Coniella*], *Schizoparma* [*Pilidiella*]
　　シドウイエラ科 Sydowiellaceae ···*Sydowiella*
　　トグニニア科 Togniniaceae ···*Togninia* [*Phaeoacremoium*]
　　バルサ科 Valsaceae ···*Bagcheea*, *Leucostoma* [*Cytospora*], *Valsa* [*Cytospora*], *Valsella*
　　　[*Cytospora*]
オフィオストマ目 Ophiostomataels
　　オフィオストマ科 Ophiostomataceae ···*Grosmannia* [*Ambrosiella*, *Dryadomyces*, *Leptographium*,
　　　Raffaelea], *Klasterskya*, *Leptographium*, *Ophiostoma* [*Ambrosiella*,
　　　Hyalorhinocladiella, *Leptographium*, *Pesotum*, *Sporothrix*]

真核生物ドメイン　菌界　　1619

フンタマカビ目 Sordariales
　　〔科不明〕　…*Ascotaiwania* [*Brachysporiella*], *Caropoligna* [*Pleurothecium*], *Conioscyphascus* [*Conioscypha*], *Diplogelasinospora*, [*Edmundmasonia*], *Guanomyces*
　　ケファロテカ科 Cephalothecaceae　…*Albertiniella*, *Cephalotheca*, *Cryptendoxyla*, [*Phialemonium*]
　　ケダマカビ科 Chaetomiaceae　…*Achaetomium*, *Chaetomidium*, *Chaetomium* ケダマカビ [*Botryotrichum*], *Corynascella*, *Corynascus*, [*Humicola*], *Thielavia*, [*Trichocladium*]
　　ヘルミントスファエリア科 Helminthosphaeriaceae　…*Ceratosporium*, *Diplococcium*, *Echinosphaeria*, *Endophragmiella*, *Helminthosphaeria*, *Spadicoides*, *Tengiomyces*, *Vermiculariopsiella*
　　ラシオスファエリア科 Lasiosphaeriaceae　…*Apiosordaria* [*Cladorrhinum*], *Arnium*, *Bombardia*, *Bombarioidea* [*Anguilimaya*], *Cercophora* [*Cladorrhinum*], *Eosphaeria*, *Lasiosphaeria* シイノミタケ, *Mycomedusispora*, *Podospora* [*Cladorrhinum*], *Pseudocercophora* [*Mammaria*], *Strattonia*, *Triangularia*, *Zopfiella*, *Zygopleurage*
　　フンタマカビ科 Sordariaceae　…*Gelasinospora*, *Neurospora* アカパンカビ [*Chrysolinia*], *Sordaria*

　　ⅩⅠ C. スパツロスポラ亜綱 Spathulosporomycetidae

ルルウォルチア目 Lulworthiales
　　ヒスピディカルポミケス科 Hispidicarpomycetaceae　…*Hispidicarpomyces*
　　ルルウォルチア科 Lulworthiaceae　…[*Halazoon*, *Hydea*], *Kohlmeyeriella*, *Lindra* [*Anguillospora*], *Lulwoana* [*Cumulospora*, *Zalerion*], *Lulworthia*
　　スパツロスポラ科 Spathulosporaceae　…*Retrostium*, *Spathulospora*

　　ⅩⅠ D. クロサイワイタケ亜綱 Xylariomycetidae

クロサイワイタケ目 Xylariales
　　〔科不明〕　…*Monographella* [*Microdochium*], *Monosporascus*, *Oxydothis*, *Palmicola*, *Phomatospora* [*Phomatosporella*], *Dinemasporium*, *Seynesia*
　　アンフィスファエリア科 Amphisphaeriaceae　…*Amphisphaeria* [*Bleptosporium*], *Blogiascospora* [*Seiridium*], *Broomella* [*Pestalotia*], [*Discosia*], *Discostroma* [*Seimatosporium*], *Griphosphaerioma* [*Labridella*], [*Monochaetia*], *Neobroomella* [*Pestalotiopsis*], *Pestalosphaeria* [*Pestalotiopsis*], [*Phlogicylindrium*]
　　カイニア科 Cainiaceae　…*Atrotorquata*, *Cainia*
　　クリペオスファエリア科 Clypeosphaeriaceae　…*Apioclypea*, *Clypeophysalospora*, *Clypeosphaeria*
　　シトネタケ科 Diatrypaceae　…*Cryptosphaerina*, *Diatrype* シトネタケ [*Libertella*], *Diatrypella* [*Libertella*], *Eutypa* [*Libertella*], *Eutypella* [*Libertella*]
　　ニマイガワキン科 Graphostromataceae　…*Graphostroma* ニマイガワキン
　　ヒポネクトリア科 Hyponectriaceae　…*Arecomyces*, *Ascovaginospora*, *Hyponectria*, *Physalospora*, *Pseudomassaria* [*Beltraniella*]
　　イオドスファエリア科 Iodosphaeriaceae　…*Iodosphaeria*
　　ミエロスペルマ科 Myelospermataceae　…*Myelosperma*
　　クロサイワイタケ科 Xylariaceae　…*Annulohypoxylon* [*Nodulisporium*], *Anthostomella*, *Ascotricha* [*Dicyma*], *Ascovirgaria* [*Virgaria*], *Astrocystis* [*Acanthodochium*], *Biscogniauxia* クロイタタケ [*Nodulisporium*], *Camillea* [*Xylocladium*], *Collodiscula* [*Acanthodochium*], *Creosphaeria* ヒイロミコブタケ, *Daldinia* チャコブタケ [*Nodulisporium*], *Entonaema* ホオズキタケ [*Nodulisporium*], *Hypoxylon* アカコブタケ [*Nodulisporium*], *Kretzschmaria* トゲツブコブタケ, [*Muscodor*], *Nemania* ザラミコブタケ [*Geniculisynnema*, *Geniculosporium*], *Podosordaria* [*Geniculosporium*], *Poronia* ハチスタケ [*Lindquistia*], *Rosellinia* カタツブタケ [*Dematophora*, *Geniculosporium*], *Stromatoneurospora* ヤケアトチャコブタケ, [*Surculiseries*], *Thamnomyces*, *Whalleya* クスノアザコブタケ, *Xylaria* クロサイワイタケ [*Geniculosporium*, *Nodulisporium*, *Xylocoremium*]

(43) 担子菌門 Basidiomycota

　　　〔綱不明〕

マラセジア目 Malasseziales　…[*Malassezia*, *Pityrosporum*]

　　　〔綱不明〕

　　バルテレティア科　…*Bartheletia*

〔綱不明〕
　　　　　　…[*Anastomyces, Anguillomyces, Arcispora, Cystogloea, Dacryomycetopsis*], *Kryptastrina*,
　　　　　　[*Microstella, Nodulospora, Radulodontia, Restilago, Sinofavus, Zygogloea*]

Ⅰ. プクキニア綱 Pucciniomycetes

ⅠA. プクキニア亜綱 Pucciniomycetidae

ムラサキモンパキン目 Helicobasidiales
　　ムラサキモンパキン科 Helicobasidiaceae …*Helicobasidium* ムラサキモンパキン[*Tanatophytum*,
　　　Tuberculina]
パクノキベ目 Pachnocybales
　　パクノキベ科 Pachynocybaceae …*Pachnocybe*
プラチグロエア目 Platygloeales
　　エオクロナルチウム科 Eocronartiaceae …*Eocronartium, Herpobasidium* [*Glomopsis*], *Jola*
　　プラチグロエア科 Platygloeaceae …*Achroomyces, Colacogloea, Glomopsis, Insolibasidium,
　　　Platygloea*
プクキニア目 Pucciniales
　　カコニア科 Chaconiaceae …*Achrotelium, Aplopsora, Botryorhiza, Ceraceopsora, Chaconia,
　　　Goplana, Maravalia, Olivea*
　　コレオスポリウム科 Coleosporiaceae …*Ceropsora*, [*Chrysomyxa*], *Coleosporium, Diaphanopellis,
　　　Gallowaya*
　　クロナルチウム科 Cronartiaceae …*Endocronartium, Peridermium*[*Cronartium*]
　　メランプソラ科 Melampsoraceae …*Melampsora*
　　ミクロネゲリア科 Mikronegeriaceae …*Blastospora, Chrysocelis, Mikronegeria, Petersonia*
　　ファコプソラ科 Phakopsoraceae …*Arthuria* [*Aeciure*], *Batistopsora, Cerotelium* [*Physopella*],
　　　Crossopsora, Dasturella, Kweilingia, [*Macabuna, Malupa*], *Monosporidium, Newinia,
　　　Nothoravenelia, Phakopsora* [*Milesia, Physopella, Uredendo*], *Phragmidiella,
　　　Pucciniostele, Scalarispora, Uredopeltis,* [*Uredostilbe*]
　　フラグミジウム科 Phragmidiaceae …*Arthuriomyces, Campanulospora* [*Gerwasia*], *Frommeëlla,
　　　Gymnoconia, Hamaspora, Joerstadia, Kuehneola, Kunkelia, Morispora* [*Gerwasia*],
　　　Phragmidium [*Physonema*], *Scutelliformis* [*Gerwasia*], *Trachyspora, Xanodochus*
　　ピレオラリア科 Pileolariaceae …*Atelocauda, Pileolaria, Skierka, Uromycladium*
　　プクキニア科 Pucciniaceae …*Chrysella, Chrysocyclus, Chrysopsora, Ciglides, Cleptomyces,
　　　Coleopucciniella, Corbulopsora, Cumminsiella, Cystopsora, Endophyllum,
　　　Gymnosporangium, Kernella, Miyagia, Polioma, Puccinia, Ramakrishnania, Roestelia,
　　　Stereostratum, Uromyces, Xenostele, Zaghouania*
　　プクキニアストルム科 Pucciniastraceae …*Hyalopsora, Melampsorella, Melampsoridium,
　　　Milesina* [*Milesia, Peridiopsora*], *Naohidemyces, Pucciniastrum, Thekopsora,
　　　Uredinopsis*
　　プクキニオシラ科 Pucciniosiraceae …*Aveolaria, Baeodromus, Ceratocoma, Chardoniella,
　　　Cionothrix, Didymopsora, Dietelia, Endophylloides, Gambleola, Pucciniosira,
　　　Trichopsora*
　　ラベネリア科 Raveneliaceae …*Allotelium, Anthomyces, Anthomycetella, Apra, Bibulocystis,
　　　Cumminsina, Cystomyces, Diabole, Diabolium, Dicheirinia, Diorchidiella, Diorchidium,
　　　Endoraecium, Esalque, Hapalophragmium, Kerkampella, Lipocystis, Nyssopsora,
　　　Racospermyces, Ravenelia, Sphaerophragmium, Sphenospora, Spumula, Triphragmiopsis,
　　　Triphragmium, Ypsilospora*
　　ウンコル科 Uncolaceae …[*Calidion*], *Uncol*
　　ウロピクシス科 Uropyxidaceae …*Dasyspora, Didymopsorella, Dipyxis, Kimuromyces,
　　　Leucotelium* (*Soratea*), *Macruropyxis, Mimema, Ochropsora, Phragmopyxis,
　　　Polyomopsis, Prospodium* [*Canasta*], *Protenus, Tranzschelia, Uropyxis*
モンパキン目 Septobasidiales
　　モンパキン科 Septobasidiaceae …*Aphelariopsis, Auriculoscypha, Coccidiodictyon, Ordonia,
　　　Septobasidium* [*Johncouchia*], *Uredinella*

Ⅱ. フクロタンシキン綱 Cystobasidiomycetes

〔目不明〕…*Cyrenella, Sakaguchia*
フクロタンシキン目 Cystobasidiales
　　フクロタンシキン科 Cystobasidiaceae …*Cystobasidium, Occultifur*
エリツロバシジウム目 Erythrobasidiales
　　エリツロバシジウム科 Erythrobasidiaceae …[*Bannoa, Erythrobasidium*]

真核生物ドメイン　菌界　　1621

ナオヒデア目 Naohideales …*Naohidea*
III. アガリコスチルブム綱 Agaricostilbomycetes
〔目不明〕…*Cystobasidiopsis*
アガリコスチルブム目 Agaricostilbales
　　〔科不明〕…[*Mycogloea*]
　　アガリコスチルブム科 Agaricostilbaceae …*Agaricostilbum*, [*Bensingtonia*, *Sterigmatomyces*]
　　キオノスファエラ科 Chionosphaeraceae …*Chionosphaera*, *Fibulostilbum*, [*Kurtzmanomyces*]
　　コンドア科 Kodoaceae …*Kondoa*
スピクログロエア目 Spiculogloeales
　　〔科不明〕…*Spiculogloea*

IV. ミクロボトリウム綱 Microbotryomycetes
〔目不明〕…*Atractocolax*, *Camptobasidium* [*Crucella*], *Curvibasidium*, *Glaciozyma*, *Kriegeria*, *Xenogloea*
ヘテロガストリディウム目 Heterogastridiales
　　ヘテロガストリディウム科 Heterogastridiaceae …*Colacogloea*, *Heterogastridium* [*Hyalopycnis*], *Krieglsteinera*
レウコスポリジウム目 Leucosporidiales
　　レウコスポリジウム科 Leucosporidiaceae …[*Leucosporidiella*], *Leucosporidium*, *Mastigobasidium*
ミクロボトリウム目 Microbotryales
　　〔科不明〕…[*Reniforma*]
　　ミクロボトリウム科 Microbotryaceae …*Bauerago*, *Haradaea*, *Liroa*, *Microbotryumm*, *Sphacelotheca*, *Zundeliomyces*
　　ウスティレンティロマ科 Ustilentylomataceae …*Aurantiosporium*, *Fulvisporium*, *Ustilentyloma*
スポリディオボルス目 Sporidiobolales
　　〔科不明〕…[*Ballistosporomyces*], *Rhodosporidium* [*Erythrobasidium*, *Rhododtorula*]
　　スポリディオボルス科 Sporidiobolaceae …*Aessosporon*, *Rogersiomyces*, *Sporidiobolus* [*Blastoderma*, *Rhodomyces*, *Sporoboromyces*]

V. アトラクチエラ綱 Atractiellomycetes
〔目不明〕…[*Hobsonia*, *Leucogloea*]
アトラクチエラ目 Atractiellales
　　アトラクトグロエア科 Atractogloeaceae …*Atractogloea*
　　ミコゲリディウム科 Mycogelidiaceae …*Mycogelidium*
　　トメバリキン科 Phleogenaceae …*Atractiella*, *Basidiopycnis* [*Basidiopycnides*], *Helicogloea*, *Phleogena* トメバリキン, *Proceropycnis*
　　サッコブラスティア科 Saccoblastiaceae …[*Infundibula*], *Saccoblastia*

VI. クラシクラ綱 Classiculomycetes
クラシクラ目 Classiculales
　　クラシクラ科 Classiculaceae …*Classicula* [*Naiadella*], [*Jaculispora*]

VII. ミクシア綱 Mixiomycetes
ミクシア目 Mixiales
　　ミクシア科 Mixiaceae …*Mixia*

VIII. クリプトミココラクス綱 Cryptomycocolacomycetes
クリプトミココラクス目 Cryptomycocolacales
　　クリプトミココラクス科 Cryptomycocolacaceae …[*Colacosiphon*], *Cryptomycocolax*

IX. クロボキン綱 Ustilaginomycetes
〔亜綱不明〕
ウロキスティス目 Urocystidales
　　ドアサンシオプシス科 Doassansiopsidaceae …*Doassansiella*, *Doassansiopsis*
　　フロモミケス科 Flomomycetaceae …*Antherospora*, *Flomomyces*
　　グロモスポリウム科 Glomosporiaceae …*Glomosporium*, *Kochmania*, *Poikilosporium*, *Sorosporium*, *Thecaphora* [*Rhombiella*, *Thecaphorella*], *Tothiella*
　　ミコシリンクス科 Mycosyringaceae …*Mycosyrinx*
　　ウロキスティス科 Urocystidaceae …*Flamingomyces*, *Melanoxa*, *Melanustilospora*, *Mundkurella*, *Urocystis* [*Paepalopsis*], *Ustacystis*, *Vankya*

IX A. クロボキン亜綱 Ustilaginomycetidae

クロボキン目 Ustilaginales
[科不明] ···*Endothlaspis, Farysizyma, Mycosoma*
アントラコイデア科 Anthracoideaceae ···*Anthracoidea* [*Crotalia*], *Cintractia, Dermatosorus, Farysia, Farysporium, Heterotolyposporium, Kuntzeomyces, Leucocintractia, Moreaua, Orphanomyces, Pilocintractia, Planetella, Portalia, Schizonella, Stegocintractia, Testicularia, Tolyposporium, Trichocintractia, Ustanciosporium*
キントラクティエラ科 Cintractiellaceae ···*Cintractiella*
クリンタムラ科 Clintamraceae ···*Clintamra*
ゲミナゴ科 Geminaginaceae ···*Geminago*
メラノタエニウム科 Melanotaeniaceae ···*Exoteliospora, Melanotaenium, Yelsemia*
ウレイエラ科 Uleiellaceae ···*Uleiella*
クロボキン科 Ustilaginaceae ···*Ahmadiago, Anomalomyces, Bambusiomyces, Centrolepidosporium, Eriocaulago, Eriomoeszia, Eriosporium, Franzpetrakia, Juliohirschhornia, Macalpinomyces, Melanopsichium, Moesziomyces, Parvulago, Pericladium,* [*Pseudozyma*], *Sporisorium, Tranzscheliella, Tubisorus, Ustilago*
ウエブスダネア科 Websdaneaceae ···*Restiosporium, Websdanea*

X. モチビョウキン綱 Exobasidiomycetes

X A. モチビョウキン亜綱 Exobasidiomycetidae

[目不明] ···[*Acaromyces, Meira*]
ケラケオソルス目 Ceraceosorales
[科不明] ···*Ceraceosorus*
ドアサンシア目 Doassaniales
ドアサンシア科 Doassansiaceae ···*Burrillia, Doassansia* [*Savulescuella*], *Doassinga, Entylomaster, Heterodoassansia, Nannfeldtiomyces, Narasimhania, Pseudodermatosorus, Pseudodoassansia, Pseudotracya, Savulescuella, Tracya*
メラニエラ科 Melaniellaceae ···*Melaniella*
ランフォスポラ科 Rhamphosporaceae ···*Rhamphospora*
エンチロマ目 Entylomatales
エンチロマ科 Entylomataceae ···*Entyloma* [*Entylomella, Tilletiopsis*]
モチビョウキン目 Exobasidiales
[科不明] ···*Cladosterigma, Pacellula*
クビレタンシキン科 Brachybasidiaceae ···*Brachybasidium, Dicellomyces* ササノヒメサラタケ, *Kordyana, Proliferobasidium*
クリプトバシディウム科 Cryptobasidiaceae ···*Botryoconis, Clinoconidium, Coniodictyum, Cryptobasidium, Drepanoconis*
モチビョウキン科 Exobasidiaceae ···*Austrobasidium, Endobasidium, Exobasidium* モチビョウキン, *Laurobasidium, Muribasidiospora*
グラフィオラ科 Graphiolaceae ···*Graphiola, Stylina*
ゲオルゲフィシェリア目 Georgefischeriales
エバルリストラ科 Eballistraceae ···*Eballistra*
ゲオルゲフィシェリア科 Georgefischeriaceae ···*Georgefischeria, Jamesdicksonia*
グジャエルミア科 Gjaerumiaceae ···*Gjaerumia*
ティレティアリア科 Tilletiariaceae ···*Phragmotaenium, Tilletiaria, Tolyposporella*
ミクロストマ目 Microstomatales
[科不明] ···*Jaminaea*
ミクロストマ科 Microstromataceae ···*Microstroma* [*Sympodiomycopsis*]
クアムバラリア科 Quambalariaceae ···*Fugomyces, Quambalaria*
ボルボキスポリウム科 Volvocisporiaceae ···*Volvocisporium*
ナマグサクロボキン目 Tilletiales
ナマグサクロボキン科 Tilletiaceae ···*Conidiosporomyces, Erratomyces, Ingoldiomyces, Neovossia, Oberwinkleria, Tilletia*

(43A) ハラタケ亜門 Agaricomycotina

I. シロキクラゲ綱 Tremellomycetes

キストフィロバシジウム目 Cystofilobasidiales
[科不明] ···*Mrakiella*
キストフィロバシジウム科 Cystofilobasidiaceae ···*Cystofilobasidium,* [*Guehomyces, Itersonilia*],

Mrakia, [*Tausonia*, *Udeniomyces*], *Xanthophyllomyces* [*Phaffia*, *Rhodozyma*]
フィロバシジウム目 Filobasidiales
　　フィロバシジウム科 Filobasidiaceae …[*Cryptococcus*], *Filobasidium*
ニカワツノタケ目 Holtermanniales
　　〔科不明〕…*Holtermannia* ニカワツノタケ [*Holtermanniella*]
シロキクラゲ目 Tremellales
　　〔科不明〕…[*Derxomyces*, *Hannaella*], *Kwoniella*, *Sigmogloea*, [*Tremellina*], *Xenolachne*
　　カルキノミケス科 Carcinomycetaceae …*Carcinomyces*, *Christiansenia*, *Syzygospora*
　　クニクリトレマ科 Cuniculitremaceae …[*Fellomyces*, *Kockovaella*], *Cuniculitrema* [*Sterigmatosporidium*]
　　スイショウキン科 Hyaloriaceae …[*Helicomyxa*], *Hyaloria*, *Myxarium*
　　フラグモクセニジウム科 Phragmoxenidiaceae …*Phragmoxenidium*, *Phyllogloea*
　　リンコガストレマ科 Rhynchogastremataceae …*Rhynchogastrema*
　　ジュズタンシキン科 Sirobasidiaceae …*Fibulobasidium*, *Sirobasidium* ジュズタンシキン
　　テトラゴニオミケス科 Tetragoniomycetaceae …*Tetragoniomyces*
　　シロキクラゲ科 Tremellaceae …*Auriculibuller*, *Biatoropsis*, [*Bullera*], *Bulleribasidium*, *Bulleromyces*, *Dictyotremalla*, [*Dioszegia*], *Filobasidiella* [*Cryptococcus*], *Neotremlla*, *Papiliotrema*, *Sirotrema*, *Tremella* シロキクラゲ [*Hormomyces*], [*Tsuchiyaea*]
　　トリコスポロン科 Trichosporonaceae …[*Asterotremella*, *Cryptotrichosporon*, *Hyalodendron*, *Trichosporon*]

II. アカキクラゲ綱 Dacrymycetes

アカキクラゲ目 Dacrymycetales
　　アカキクラゲ科 Dacrymycetaceae …*Calocera* ニカワホウキタケ, *Cerinomyces*, [*Cerinosterus*], *Dacrymyces* アカキクラゲ, *Dacryonaema*, *Dacryopinax* ツノマタタケ, [*Dacryoscyphus*], *Ditiola* フェムスジョウタケモドキ, *Femsjonia* フェムスジョウタケ, *Guepiniopsis* タテガタツノマタタケ

III. ハラタケ綱 Agaricomycetes[L,*]

〔亜綱不明〕

キクラゲ目 Auriculariales
　　〔科不明〕…*Elmerina* ムカシオオミダレタケ, *Guepinia* ニカワジョウゴタケ, *Oliveonia* [*Oliveorhiza*], *Pseudohydnum* ニカワハリタケ, *Stypella*, *Tremellodendropsis* カワシロホウキタケ
　　キクラゲ科 Auriculariaceae …*Auricularia* キクラゲ, *Eichleriella*, *Exidia* ヒメキクラゲ, *Exidiopsis*, *Fibulosebacea*, *Heterochaete* オロシタケ, *Pseudostypella*, *Tremellochaete* ツブキクラゲ
アンズタケ目 Cantharellales[L,*]
　　〔科不明〕…[*Burgella*, *Minimedusa*], *Stilbotulasnella*
　　ビロードホウキタケ科 Aphelariaceae …*Aphelaria* ビロードホウキタケ
　　ボトリオバシジウム科 Botryobasidiaceae …*Botryobasidium* [*Allescheriella* タブノキキハダカビ, *Alysidium*, *Haplotrichum*], *Suillosporium*
　　アンズタケ科 Cantharellaceae …*Cantharellus* アンズタケ, *Craterellus* クロラッパタケ
　　ツノタンシキン科 Ceratobasidiaceae …*Ceratobasidium* ツノタンシキン [*Ceratorhiza*], *Heteroacanthella* [*Acanthellorhiza*], *Thanatephorus* クモノスコウヤクタケ [*Rhizoctonia*]
　　カレエダタケ科 Clavulinaceae[L,*] …*Clavulina* カレエダタケ, *Membranomyces*, *Multiclavula*[L] シラウオタケ
　　カノシタ科 Hydnaceae …*Collarofungus* シロサンゴタケ, *Gloeomucro*, *Hydnum* カノシタ, *Sistotrema* ヒメハリタケモドキ [*Burgoa*, *Ingoldiella*, *Osteomorpha*]
　　ツラスネラ科 Tulasnellaceae …*Pseudotulasnella*, *Tulasnella* [*Epulorhiza*]
コウヤクタケ目 Corticiales[L,*]
　　コウヤクタケ科 Corticiaceae[L,*] …*Acantholichen*[L], *Corticium* コウヤクタケ, *Cytidia* ヤナギノアカコウヤクタケ, *Dendrocorticium*, *Dendrothele* ヒビコウヤクタケ, *Galzinia*, *Laetisaria*, *Leptocorticium* ヘゴノコウヤクタケ, *Licrostroma* アズマコウヤクタケ [*Michenera*], *Marchandiobasidium* [*Marchandiomyces*], *Punctularia* ケシワウロコタケ [*Tretopileus*], *Vuilleminia* シロペンキタケ, *Waitea* [*Chrysorhiza*]
キカイガラタケ目 Gloeophyllales
　　キカイガラタケ科 Gloeophyllaceae …*Boreostereum* サビカワウロコタケ, *Gloeophyllum* キカイガラタケ, *Veluticeps* チズガタサルノコシカケ
タバコウロコタケ目 Hymenochaetales
　　タバコウロコタケ科 Hymenochaetaceae …*Asterodon* ホシゲハリタケ, *Coltricia* オツネンタケ,

Coltriciella ヒメカイメンタケ, Erythromyces キズメウロコタケ, Hydnochaete コガネウス
バタケ, Hymenochaete タバコウロコタケ, Inonotus カワウソタケ, Onnia アズマタケ,
Phellinus キコブタケ, Phylloporia スグリタケ, Pseudoinonotus マクラタケ, Pyrrhoderma
ツヤナシマンネンタケ, Tubulicrinis ナメシカワタケ

ヒナノヒガサ科 Rickenellaceae …Rickenella ヒナノヒガサ, Sidera

アナタケ科 Schizoporaceae …Echinoporia トゲオシロイタケ[Echinodia], Hyphodontia ウスカワ
タケ, Leucophellinus, Paratrichaptum, Schizopora アナタケ

タマチョレイタケ目 Polyporales[L,*]

[科不明] …Crustodontia コガネネバリコウヤクタケ, Lepidostroma[L]

キストステレウム科 Cystostereaceae …Crustomyces ヒメコメバタケ, Cystostereum

ツガサルノコシカケ科 Fomitopsidaceae …Anomoporia, Antrodia ヒメシロアミタケ,
Buglossoporus コカンバタケ, Climacocystis エゾタケ, Dacryobolus ニカワコメバタケ,
Daedalea ホウロクタケ, Fibroporia, Fomitella, Fomitopsis ツガサルノコシカケ・クロサル
ノコシカケ, Ischnoderma ヤニタケ, Laetiporus アイカワタケ[Sporotrichum], Osteina ツ
ガマイタケ, Parmastomyces, Phaeolus カイメンタケ, Piptoporus カンバタケ, Postia オオ
オシロイタケ, Pycnoporellus カボチャタケ[Sporotrichum]

マンネンタケ科 Ganodermataceae …Amauroderma コマタケ, Ganoderma マンネンタケ,
Haddowia, [Thermophymatospora], Trachyderma エビタケ

グラムモテレ科 Grammotheleaceae …Theleporus アナタケモドキ

リムノペルドン科 Limnoperdaceae …Limnoperdon

トンビマイタケ科 Meripilaceae …Grifola マイタケ, Meripilus トンビマイタケ, Physisporinus,
Porotheleum, Rigidoporus スルメタケ

シワタケ科 Meruliaceae …Abortiporus ニクウチワタケ[Sporotrichopsis], Bjerkandera ヤケイロ
タケ, Bulbillomyces [Aegerita], Cabalodontia カタコメバタケ, Cerocorticium,
Cymatoderma フトウラスジタケ, Diacanthodes [Bornetina], Gloeoporus エビウラタケ,
Hydnophlebia ヒイロハリタケ, Hyphoderma シロコメバタケ, Hypochnicium, Irpex ウスバ
タケ, Junghuhnia ニクイロアナタケ, Merulius シワタケ, Mycoacia キコハリタケ,
Mycoleptodonoides ブナハリタケ, Mycorrhaphium チャウラハリタケ, Phlebia シワウロコ
タケ, Podoscypha タチウロコタケ, Radulodon サガリハリタケ・キチャオクバタケ,
Scopuloides ツブニカワカワタケ, Steccherinum ニクハリタケ, Stereopsis ハナウロコタケ

マクカワタケ科 Phanerochaetaceae …Antrodiella ニカワオシロイタケ, Australohydnum ムラサキ
ウスバタケ, Byssomerulius, Candelabrochaete, Ceriporia アミアナタケ, Ceriporiopsis
Climacodon エゾハリタケ, Hjorstamia, Hyphodermella ケコメバタケ, Inflatostereum ヒ
メサジタケ, Meruliopsis カワシワタケ, Phanerochaete マクカワタケ[Erythricium,
Sporotrichum], Phlebiopsis カミカワタケ, Porostereum カミウロコタケ,
Pseudolagarobasidium, Rhizochaete ヒモカワタケ, Terana アイコウヤクタケ

タマチョレイタケ科 Polyporaceae …Abundisporus クロブドウタケ, Aurantiporus アメタケ,
Coriolopsis センベイタケ, Cryptoporus ヒトクチタケ, Cystidiophorus オオシワタケ,
Daedaleopsis チャミダレアミタケ, Datronia シカタケ, Dentocorticium キイロコメバタケ,
Dichomitus マツノオオウズラタケ, Diplomitoporus キイロダンアミタケ, Earliella シマレ
ンガタケ, Echinochaete サビハチノスタケ, Epithele カミコウヤクタケ, Flabellospora ヘラ
ウチワタケ, Fomes ツリガネタケ, Grammothele アイアナタケ, Hapalopilus アカブメタケ,
Haploporus エゾシロアミタケ, Hexagonia カドアナタケ, Laccocephalum, Lentinus ケガワ
タケ [Aegeritina, Pachyma], Lenzites カイガラタケ, Leptoporus オオシミタケ, Lignosus
ヒジリタケ, Lopharia クシノハシワタケ, Macrohyporia [Pachyma], Megasporoporia,
Microporus ツヤウチワタケ, Neolentinus マツウオジ, Nigrofomes ミナミクロサルノコシカ
ケ, Pachykytospora, Panus カワキタケ, Perenniporia ウスキアナタケ, Polyporus タマチ
ョレイタケ・チョレイマイタケ[Mycelithe, Pachyma], Poria, Poronidulus サカズキカワラ
タケ, Pseudofavolus アカハチノスタケ, Pseudopiptoporus, [Ptychogaster], Pycnoporus シ
ュタケ, Pyrofomes ダイダイサルノコシカケ, Skeletocutis ウラベニタケ, Spongipellis ヒツ
ジタケ, Tinctoporellus キゾメタケ, Trametes シロアミタケ, Trichaptum シハイタケ,
Tyromyces オシロイタケ, Wolfiporia ブクリョウ [Pachyma], Xerotus コモタケモドキ

ハナビラタケ科 Sparassidaceae …Sparassia ハナビラタケ

クセナスマ科 Xenasmataceae …Xenasma

ベニタケ目 Russulales

[科不明] …Aleurocystidiellum チョークタケ, Scytinostromella

ニンギョウタケ科 Albatrellaceae …Albatrellus ニンギョウタケ, Jahnoporus シロアミヒラタケ,
[Scutiger]

シブカワタケ科 Amylostereaceae …Amylostereum シブカワタケ

マツカサタケ科 Auriscalpiaceae …Artomyces フサヒメホウキタケ, Auriscalpium マツカサタケ,
Lentinellus ミナミハタケ

ミヤマトンビマイ科 Bondarzewiaceae …Bondarzewia ミヤマトンビマイ, Heterobasidion マツノネ

クチタケ[*Spiniger*], *Stecchericium*, *Taiwanoporia* ウスベニオシロイタケ, *Wrightoporia* ノリミアナタケ
マンネンハリタケ科 Echinodontiaceae …*Echinodontium* マンネンハリタケ, *Laurilia* カサウロコタケモドキ [*Spiniger*]
サンゴハリタケ科 Hericiaceae …*Dentipellis* ハナレハリタケ, *Hericium* サンゴハリタケ, *Laxitextum* ウラジロウロコタケ
ヒボガステル科 Hybogasteraceae *Hybogaster*
ラクノクラジウム科 Lachnocladiaceae …*Asterostroma* ホシゲタケ, *Dichostereum* ツチウロコタケ [*Spiniger*], *Lachnocladium*, *Scytinostroma* ヤケイロコウヤクタケ, *Stereofomes* ビロウマンネンウロコタケ, *Vararia* コウヤクタケモドキ
カワタケ科 Peniphoraceae …*Amylofungus*, *Dendrophora* ヒメサビウロコタケ, *Duportella*, *Entomocorticium*, *Gloiothele* キヌツブカワタケ, *Peniophora* カワタケ
ベニタケ科 Russulaceae …*Cystangium* トゲミノショウロ, *Lactarius* チチタケ, *Multifurca*, *Pleurogala* ヒメシロチチタケ, *Russula* ベニタケ, *Zelleromyces* チチショウロ
ステファノスポラ科 Stephanosporaceae …*Athelidium*, *Cristinia*, *Lindtneria*, *Mayamontana*, *Stephanospora*
キウロコタケ科 Stereaceae …*Aleurocystis* [*Matula*], *Aleurodiscus* アカコウヤクタケ, *Conferticium*, *Gloeocystidiellum* ワモンシブカワタケ, *Gloeodontia*, *Gloeomyces*, *Neoaleurodiscus*, *Stereum* キウロコタケ, *Xylobolus* カタウロコタケ

ロウタケ目 Sebacinales
[科不明] …*Piriformospora*
ロウタケ科 Sebacinaceae …*Craterocolla* [*Ditangium*], *Efibulobasidium* [*Chaetospermum*], *Sebacina* ロウタケ [*Opadorhiza*]

イボタケ目 Thelephorales
マツバハリタケ科 Bankeraceae …*Bankera* マツバハリタケ, *Boletopsis* クロカワ, *Hydnellum* チャハリタケ, *Phellodon* クロハリタケ, *Sarcodon* コウタケ
イボタケ科 Thelephoraceae …[*Parahaplotrichum*], *Polyozellus* カラスタケ, *Thelephora* イボタケ, *Tomentella* ラシャタケ

トゲミノコウヤクタケ目 Trechisporales
ヒドノドン科 Hydnodontaceae …*Brevicellicium* マルミノコツブコウヤクタケ, *Hydnodon*, *Litschauerella*, *Sistotremastrum*, *Sistotremella*, *Sphaerobasidium*, *Subulicystidium* [*Aegeritina*], *Trechispora* トゲミノコウヤクタケ・シロアナコウヤクタケ, *Tubulicium*

〔亜綱不明〕

…*Akenomyces*, *Cotylidia* シロウロコタケ, *Cyphellostereum*[L], *Haloaleurodiscus*, *Jacobia*, *Loreleia* ダイダイサカズキタケ, *Repetobasidium*, *Resinicium* ハリタケモドキ, *Skvortzovia* イボコメバタケ

III A. ハラタケ亜綱 Agaricomycetidae[L*]

〔目不明〕 …*Dictyonema*[L] ケットゴケ
ハラタケ目 Agaricales
[科不明] …*Panaeolina* ヒメシバフタケ, *Panaeolus* ヒカゲタケ, *Plicaturopsis* チヂレタケ
ハラタケ科 Agaricaceae …*Agaricus* ハラタケ, *Arachnion* クモノコタケ, [*Attamyces*], *Batarrea*, *Bovista* シバフダンゴタケ, *Calvatia* ノウタケ, *Chlorophyllum* オオシロカラカサタケ, *Coprinus* ササクレヒトヨタケ, *Cyathus* チャダイゴケ, *Cystoderma* シワカラカサタケ, *Cystodermella* ヒメオニタケ, *Lepiota* キツネノカラカサ [*Coccobotrys*], *Leucoagaricus* シロカラカサタケ, *Leucocoprinus* キヌカラカサタケ, *Lycoperdon* ホコリタケ, *Macrolepiota* カラカサタケ, *Nidularia* キンチャクタケ, *Phaeolepiota* コガネタケ, *Podaxis*, *Queletia* オニノケヤリタケ, *Ripartiella* ニセキツネノカラカサ, *Secotium*, *Tulostoma* ケシボウズタケ
テングタケ科 Amanitaceae …*Amanita* テングタケ, *Catatrama*, *Limacella* ヌメリカラカサタケ, *Torrendia*
オキナタケ科 Bolbitiaceae …*Agrogaster*, *Bolbitius* オキナタケ, *Conocybe* コガサタケ, *Setchelliogaster*
シャカトウタケ科 Broomeiaceae …*Broomeia* シャカトウタケ
シロソウメンタケ科 Clavariaceae …*Clavaria* シロソウメンタケ, *Clavulinopsis* ナギナタタケ, *Mucronella* コメハリタケ, *Ramarinopsis* シロヒメホウキタケ
フウセンタケ科 Cortinariaceae …*Cortinarius* フウセンタケ, *Descolea* キショウゲンジ, *Gigasperma*, *Phaeocollybia* カワムラジンガサタケ, *Pyrrhoglossum*, *Thaxterogaster*
フウリンタケ科 Cyphellaceae …*Cheimonophyllum*, *Cyphella* フウリンタケ, *Gloeostereum* ニカワウロコタケ, *Granulobasidium* ワタゲオコウヤクタケ, *Incrustocalyptella*
イッポンシメジ科 Entolomataceae …*Clitopilus* ヒカゲウラベニタケ, *Entoloma* イッポンシメジ, *Rhodocybe* ムツノウラベニタケ

カンゾウタケ科 Fistulinaceae …*Fistulina* カンゾウタケ [*Confistulina*], *Porodisculus* ヌルデタケ
ヘミガステル科 Hemigasteraceae …*Flammulogaster*, *Hemigaster*
ヒドナンギウム科 Hydnangiaceae …*Durianella*, *Hydnangium*, *Laccaria* キツネタケ
ヌメリガサ科 Hygrophoraceae[L*] …*Ampulloclitocybe* ホテイシメジ, *Chrysomphalina* ミドリタケ, *Eonema*, *Hygrocybe* アカヤマタケ, *Hygrophorus* ヌメリガサ・ハダイロガサ・オトメノカサ, *Lichenomphalia*[L] キサカズキタケ・チャサカズキタケ・アオウロコゴケ・アオウロコタケ, *Muscinupta*, *Porpolomopsis*
アセタケ科 Inocybaceae …*Crepidotus* チャヒラタケ, *Episphaeria*, *Flammulaster*, *Inocybe* アセタケ, *Pellidiscus*, *Phaeosolenia*, *Pleuroflammula*, *Simocybe*, *Tubaria* チャムクエタケ
シメジ科 Lyophyllaceae …*Asterophora* ヤグラタケ [*Ugola*], *Blastosporella*, *Calocybe* ユキワリ, *Hypsizygus* ブナシメジ, *Lyophyllum* ホンシメジ, *Tephrocybe* ヤケノシメジ・イバリシメジ, *Termitomyces* オオシロアリタケ [*Termitosphaera*]
ホウライタケ科 Marasmiaceae …*Anastrophella*, *Baeospora* ニセマツカサシメジ, *Calyptella* エツキヒメサカズキタケ, *Campanella* アミカビタケ, *Chaetocalathus* ケカビタケ, *Clitocybula* ヒメヒロロイダケ, *Crinipellis* ニセホウライタケ, *Gerronema* ミドリサカズキタケ・オリーブサカズキタケ, *Gymnopus* モリノカレバタケ, *Henningsomyces* パイプタケ, *Hydropus* ニセアシナガタケ, *Lactocollybia* ウスキカレエダタケ, *Lentinula* シイタケ, *Macrocystidia* クリイロムクエタケ, *Marasmiellus* シロホウライタケ, *Marasmius* ホウライタケ, *Megacollybia* ヒロヒダタケ, *Moniliophthora*, *Omphalotus* ツキヨタケ, *Pleurocybella* スギヒラタケ, *Rectipilus* シロヒメツツタケ, *Rhodocollybia* アカアザタケ, *Sarcomyxa* ムキタケ, *Tetrapyrgos* アシグロホウライタケ
クヌギタケ科 Mycenaceae …*Favolaschia* ラッシタケ, *Hemimycena* シラウメタケモドキ, *Mycena* クヌギタケ [*Decapitatus*], *Panellus* ワサビタケ, *Resinomycena* ザラメタケ, *Roridomyces* ヌナワタケ, *Tectella* ニセシジミタケ, *Xeromphalina* ヒメカバイロタケ
ニア科 Niaceae …*Flagelloscypha*, *Halocyphina*, *Lachnella*, *Merismodes*, *Nia*, [*Peyronelina*]
フェロリニア科 Phelloriniaceae …*Dictyocephalos*, *Phellorinia*
タマバリタケ科 Physalacriaceae …*Armillaria* ナラタケ, *Cylindrobasidium* エビコウヤクタケ, *Cyptotrama* ダイダイガサ, *Flammulina* エノキタケ, *Hymenopellis* ツエタケ, *Mucidula* ヌメリツバタケ, *Mycaureola*, *Oudemansiella*, *Physalacria* タマバリタケ, *Rhodotus* ホシアンズタケ, *Strobilurus* マツカサキノコ, *Xerula* ビロードツエタケ
ヒラタケ科 Pleurotaceae …*Geopetalum*, *Hohenbuehelia* ヒメムキタケ [*Nematoctonus*], *Plerotus* ヒラタケ [*Antromycopsis*]
ウラベニガサ科 Pluteaceae …*Pluteus* ウラベニガサ, *Volvariella* フクロタケ, *Volvoplueus* オオフクロタケ
イタチタケ科 Psathyrellaceae …*Coprinellus* キララタケ [*Hormographiella*, *Ozonium*], *Coprinopsis* ヒメヒトヨタケ, *Cystoagaricus* クロヒメオニタケ, *Lacrymaria* ムジナタケ, *Parasola* ヒメヒガサヒトヨ, *Psathyrella* ナヨタケ, [*Rhacophyllus*]
カンザシタケ科 Pterulaceae …*Actiniceps*, *Aphanobasidium*, *Merulicium*, *Pterula* フサタケ, *Radulomyces* アカギンコウヤクタケ・オクバタケ
スエヒロタケ科 Schizophyllaceae …*Auriculariopsis*, *Schizophyllum* スエヒロタケ
モエギタケ科 Strophariaceae …*Agrocybe* フミヅキタケ, *Gymnopilus* チャツムタケ, *Hebeloma* ワカフサタケ, *Hymenogaster* サザレイシタケ, *Pholiota* スギタケ, *Psilocybe* シビレタケ, *Stropharia* モエギタケ, *Weraroa*
キシメジ科 Tricholomataceae …*Arrhenia* ヒダサカズキタケ, *Arthrosporella* [*Nothoclavulina*], *Callistosporium* ヒメキシメジ, *Cantharellula* ハイイロサカズキタケ, *Catathelasma* モミタケ, *Clitocybe* ハイイロシメジ, *Conchomyces* トゲミノヒラタケ, *Collybia* ヤグラタケモドキ, *Delicatula*, *Dendrocollybia* [*Tilachlidiopsis*], *Dermoloma*, *Galerina* ケコガサ, *Hygroaster* ホシミノヌメリガサ, *Infundibulicybe* カヤタケ・オオイヌシメジ, *Lepista* ムラサキシメジ, *Leucocortinarius* ヒダホテイタケ, *Leucopaxillus* オオイチョウタケ, *Leucopholiota* ツノシメジ, *Melanoleuca* ザラミノシメジ, *Porpoloma* チチシマシメジ, *Pseudoclitocybe* クロサカズキシメジ, *Resupinatus* シジミタケ, *Ripartites* シロクモノスタケ, *Tricholoma* マツタケ・キシメジ, *Tricholomopsis* サマツモドキ, *Tricholosporum* ウラムラサキシメジ
ガマノホタケ科 Typhulaceae …*Macrotyphula* クダタケ, *Pistillaria* ガマノホタケモドキ, *Typhula* ガマノホタケ [*Sclerotium*]

アミロコルチキウム目 Amylocorticiales
   アミロコルチキウム科 Amylocorticiaceae …*Amylocorticium*, *Anomoporia*, *Ceraceomyces* アワキヒモカワタケ・イトツキマクコウヤクタケ

コツブコウヤクタケ目 Atheliales
   コツブコウヤクタケ科 Atheliaceae …*Amphinema* キワタゲカワタケ, *Athelia* コツブコウヤクタケ [*Fibulorhizoctonia*, *Sclerotium*], *Byssocorticium*, *Byssoporia*, *Fibulomyces* [*Taeniospora*], *Lyoathelia* シロヒモカワタケ, *Melzericium*, *Piloderma*, *Tylospora*

真核生物ドメイン　菌界　1627

イグチ目　Boletales
　　イグチ科　Boletaceae　…*Aureoboletus* ヌメリコウジタケ，*Austroboletus* ヤシャイグチ，*Boletellus* キクバナイグチ，*Boletus* ヤマドリタケ，*Chalciporus* コショウイグチ，*Heimioporus* ベニイグチ，*Heliogaster* ジャガイモタケ，*Leccinellum* クロヤマイグチ，*Leccinum* ヤマイグチ，*Octaviania* ホシミノタマタケ，*Phylloporus* キヒダタケ，*Porphyrellus* クロイグチ，*Pseudoboletus* タマノリイグチ，*Pulveroboletus* キイロイグチ，*Retiboletus* キアミアシイグチ，*Rossbeevera* アオズマクロツブタケ，*Rubinoboletus* キニガイグチ，*Strobilomyces* オニイグチ，*Tylopilus* ニガイグチ，*Xantoconium* ウツロイイグチ
　　ミダレアミイグチ科　Boletinellaceae　…*Boletinellus* ミダレアミイグチ，*Phlebopus*
　　クチベニタケ科　Calostomataceae　…*Calostoma* クチベニタケ　　　　　　　　　　　　　　　10
　　イドタケ科　Coniophoraceae　…*Coniophora* イドタケ，*Gyrodontium* オガサワラハリヒラタケ
　　ジプロキスチス科　Diplocystidiaceae　…*Astraeus* ツチグリ，*Diplocystis*，*Endogonopsis*，*Tremellogaster*
　　ガステラ科　Gasterellaceae　…*Gasterella*
　　ガストロスポリウム科　Gastrosporiaceae　…*Gastrosporium*
　　オウギタケ科　Gomphidiaceae　…*Chloogomphus* クギタケ，*Gomphidius* オウギタケ
　　クリイロイグチ科　Gyroporaceae　…*Gyroporus* クリイロイグチ
　　ヒロハアンズタケ科　Hygrophoraopsidaceae　…*Hygrophoropsis* ヒロハアンズタケ，*Leucogyrophana* ヒメシワタケ
　　ヒダハタケ科　Paxillaceae　…*Alpova*，*Gyrodon* ハンノキイグチ，*Melanogaster* アカダマタケ，*Paxillus* ヒダハタケ　　　　　　　　　　　　　　　　　　　　　　　　　　　　　　　　20
　　プロトガステル科　Protogastraceae　…*Protogaster*
　　ショウロ科　Rhizopogonaceae　…*Rhizopogon* ショウロ，*Rhopalogaster*
　　ニセショウロ科　Sclerodermataceae　…*Pisolithus* コツブタケ，*Scleroderma* ニセショウロ
　　スクレロガステル科　Sclerogasteraceae　…*Sclerogaster*
　　ナミダタケ科　Serpulaceae　…*Gymnopaxillus*，*Neopaxillus*，*Serpula* ナミダタケ
　　ヌメリイグチ科　Suillaceae　…*Suillus* ヌメリイグチ，*Truncocolumella*
　　イチョウタケ科　Tapinellaceae　…*Bondarcevomyces*，*Pseudomerulius* キシワタケ・サケバタケ，*Tapinella* イチョウタケ・ニワタケ
ジャアピア目　Jaapiales　　　　　　　　　　　　　　　　　　　　　　　　　　　　　　　　　　30
　　ジャアピア科　Jaapiaceae　…*Jaapia*

Ⅲ B. スッポンタケ亜綱　Phallomycetidae

ヒメツチグリ目　Geastrales
　　ヒメツチグリ科　Geatraceae　…*Geastrum* ヒメツチグリ，*Myriostoma*，*Schenella* サクホコリ，*Sphaerobolus* タマハジキタケ
ラッパタケ目　Gomphales
　　スリコギタケ科　Clavariadelphaceae　…*Beenakia*，*Clavariadelphus* スリコギタケ
　　ラッパタケ科　Gomphaceae　…*Ceratellopsis* シダガマノホタケモドキ，*Gautieria* シマショウロ，*Gloeocantharellus* オオムラサキアンズタケ，*Gomphus* ラッパタケ・ウスタケ，*Ramaria* ホウキタケ・ヒメホウキタケ，*Ramaricium*　　　　　　　　　　　　　　　　　　　　　　　　　40
　　レンタリア科　Lentariaceae　…*Hydnocristella*，*Kavinia* ウスチャサガリハリタケ，*Lentaria*
ヒステランギウム目　Hysterangiales
　　ガラケア科　Gallaceaceae　…*Austrogautieria*，*Gallacea*，*Hallingea*
　　ヒステランギウム科　Hysterangiaceae　…*Boninogaster* シンジュタケ，*Circulocolumella* ハハジマアコウショウロ，*Hysterangium* アカマメタケ
　　メソフェリア科　Mesophelliaceae　…*Malajczukia*，*Mesophellia*
　　ファロガステル科　Phallogastraceae　…*Phallogaster*，*Protubera*
　　トラッペア科　Trappeaceae　…*Phallobata*，*Trappea*
スッポンタケ目　Phallales
　　クラウスツラ科　Claustulaceae　…*Claustula*，*Geopellis*，*Phlebogaster*　　　　　　　　50
　　スッポンタケ科　Phallaceae　…*Aseroë* イカタケ，*Clathrus* アカカゴタケ，*Colus* コウシタケ，*Echinophallus*，*Ileodictyon* カゴタケ，*Kobayasia* シラタマタケ，*Lysurus* ツマミタケ，*Mutinus* キツネノロウソク，*Phallus* スッポンタケ，*Protuberella* ニカワショウロ，*Pseudocolus* サンコタケ

Ⅳ. エントリザ綱　Entorrhizomycetes

エントリザ目　Entorrhizales
　　エントリザ科　Entorrhizaceae　…*Entorrhiza*，*Talbotiomyces*

Ⅴ. ワレミア綱　Wallemiomycetes

ワレミア目　Wallemiales

ワレミア科 Wallemiaceae …[*Wallemia*]
VI. トリチラキウム綱 Tritirachiomycetes
トリチラキウム目 Tritirachiales
  トリチラキウム科 Tritirachiaceae …[*Tritirachium*]

※アメーバ上界

アメーバ界(アメーバ生物界) Amoebobiota

(44) アメーボゾア門(アメーバ動物門) Amoebozoa[s]

〔綱不明〕

〔目不明〕…*Acramoeba*(*Gephramoeba*), *Corallomyxa*, *Endostelium*[F], *Mayorella*, *Pseudothecamoeba*, *Stereomyxa*, *Thecochaos*, *Vermistella*
アカンソポディダ目 Acanthopodida (セントロアメーバ目 Centramoebida) …*Acanthamoeba*, *Balamuthia*, *Protacanthamoeba*
デルモアメーバ目 Dermamoebida …*Dermamoeba*, *Paradermamoeba*
エキノステリオプシス目 Echinosteliopsidales[F] …*Bursula*, *Echinosteliopsis*
グラシリポディダ目 Gracilipodida …*Filamoeba*, *Flamella*
ヒマティスメニダ目 Himatismenida …*Cochliopodium*, *Gocevia*, *Ovalopodium*, *Paragocevia*, *Parvamoeba*
ホロマスティギダ目 Holomastigida[M] …*Multicilia*
ペリタ目 Pellitida …*Pellita*
ファランステリウム目 Phalansteriida[M] …*Phalanstelium*
スティグアメーバ目 Stygamoebida …*Stygamoeba*
テカアメーバ目 Thecamoebida …*Sappinia*, *Stenamoeba*, *Thecamoeba*
トリコシダ目 Trichosida …*Trichosphaerium*

I. ツブリネア綱 Tubulinea (ロボーセア綱 Lobosea *s.s.*)

ツブリニダ目 Tubulinida(真アメーバ目 Euamoebida)(含 コプロミクサ目 Copromyxida) …*Amoeba*, *Cashia*, *Chaos*, *Copromyxa*[F], *Deuteramoeba*, *Glaeseria*, *Hartmannella*, *Hydramoeba*, *Metachaos*, *Parachaos*, *Polychaos*, *Saccamoeba*, *Trichamoeba*
ナベカムリ目 Arcellinida …*Arcella* ナベカムリ, *Bullinularia*, *Centropyxis* トゲフセツボカムリ, *Cryptodifflugia*, *Difflugia* ナガツボカムリ, *Heleopera*, *Hyalosphenia*, *Nebela* アミカムリ, *Pyxidicula*, *Quadrulella*, *Spumochlamys*, *Trigonopyxis*
レプトミクサ目 Leptomyxida …*Flabellula*, *Gephyramoeba*, *Leptomyxa*, *Paraflabellula*, *Rhizamoeba*
ノランデラ目 Nolandida (ポセイドニダ目 Poseidonida) …*Nolandella*
エキノアメーバ目 Echinamoebida …*Echinamoeba*, *Micamoeba*, *Vermamoeba*

II. フラベリネア綱 Flabellinea (ディスコセア綱 Discosea *s.s.*)

ダクティロポディダ目 Dactylopodida …*Korotnevella*, *Neoparamoeba*, *Paramoeba*, *Pessonella*, *Pseudoparamoeba*, *Squamamoeba*, *Vexillifera*
ヴァンネラ目 Vannellida …*Clydonella*, *Lingulamoeba*, *Protosteliopsis*[F], *Ripella*, *Vannella* (含 *Platyamoeba*)

III. アーケアメーバ綱 Archamoebea (ペロビオンテア綱 Pelobiontea)[M]

ペロミクサ目 Pelobiontida …*Entamoeba* 赤痢アメーバ, *Mastigina*, *Pelomyxa*
マスチゴアメーバ目 Mastigamoebida …*Endamoeba*, *Endolimax*, *Mastigamoeba*, *Mastigella*, *Phreatamoeba*

IV. プロトステリウム綱(原生粘菌) Protosteliomycetes(Protostelea)[F][t]

カボステリム目 Cavosteliida …*Cavostelium*, *Schizoplasmodiopsis*, *Tychosporium*
フラクトビテリダ目 Fractovitellida …*Grellamoeba*, *Soliformovum*
シゾプラズモディウム目 Schizoplasmodiida …*Ceratiomyxella*, *Nematostelium*, *Schizoplasmodium*
プロトステリウム目 Protosteliida(Protosteliales) …*Planoprotostelium*, *Protostelium*
プロトスポランギウム目 Protosporangiida …*Clastostelium*, *Protosporangium*

※この名前は広く用いられているが, 正式な分類群名として提唱されたものではない.

真核生物ドメイン　エクスカバータ界　1629

ツノホコリ目 Ceratiomyxida(Ceratiomyxales) …*Ceratiomyxa* ツノホコリ

V. タマホコリカビ綱 Dictyosteliomycetes(Dictyostelea)[F]

タマホコリカビ目 Dictyosteliales(Dictyosteliida) …*Acytostelium*, *Dictyostelium* タマホコリカビ, *Polysphondylium* ムラサキカビモドキ

VI. 変形菌綱(真正粘菌) Myxomycetes(Myxogastrea)[F]

コホコリ目 Liceales(Liceida) …*Cribraria* アミホコリ, *Licea* コホコリ, *Lindbladia* フンホコリ, *Listerella* ジュズホコリ, *Lycogala* マメホコリ, *Reticularia* ドロホコリ, *Tubifera* クダホコリ

ケホコリ目 Trichiales(Trichiida) …*Arcyria* ウツボホコリ, *Calomyxa* コガネホコリ, *Dianema* イトホコリ, *Hemitrichia* ヌカホコリ, *Minakatella* ミナカタホコリ, *Oligonema* マユホコリ, *Perichaena* ヒモホコリ, *Prototrichia* フデゲホコリ, *Trichia* ケホコリ

ハリホコリ目 Echinosteliales(Echinosteliida) …*Barbeyella* バルベイホコリ, *Clastoderma* クビナガホコリ, *Echinostelium* ハリホコリ

ムラサキホコリ目 Stemonitales(Stemonitida) …*Amaurochaete* スミホコリ, *Brefeldia* ブレフェルトホコリ, *Colloderma* メダマホコリ, *Comartricha* カミノケホコリ, *Lamproderma* ルリホコリ, *Stemonitis* ムラサキホコリ

モジホコリ目 Physarales(Physarida) …*Badhamia* フウセンホコリ, *Diderma* ホネホコリ, *Didymium* カタホコリ, *Elaeomyxa* ロウホコリ, *Fuligo* ススホコリ, *Lepidoderma* キララホコリ, *Physarina* シシガシラホコリ, *Physarum* モジホコリ, *Protophysarum* ヒメモジホコリ

*バイコンタ上界 Bikonta

〔界不明〕

〔綱不明〕

ミクロヘリダ目 Microhelida[S] …*Microheliella*

I. パルピトモナス綱 Palpitea[M]

パルピトモナス目 Palpitida …*Palpitomonas*

*エクスカバータ界 Excavata[1]

〔門不明〕

マラウィモナス綱 Malawimonadea[M]

マラウィモナス目 Malawimonadida …*Malawimonas*

(45) メタモナダ門 Metamonada[M][1]

(45A) アナエロモナダ亜門 Anaeromonada(Axostylaria)

I. アナエロモナデア綱 Anaeromonadea (アクソスティレア綱 Axostylea)

トリマスティックス目 Trimastigida …*Trimastix*

オキシモナス目 Oxymonadida …*Barroella*, *Microrhopalodina*, *Monocercomonoides*, *Notila*, *Oxymonas*, *Paranotila*, *Polymastix*, *Pyrsonympha*, *Saccinobaclus*, *Sauromonas*, *Streblomastix*

(45B) トリコゾア亜門 Trichozoa

B1. 副基体上綱(パラバサリア上綱) Parabasalia

I. ヒポトリコモナス綱 Hypotrichomonadea

ヒポトリコモナス目 Hypotrichomonadida …*Hypotrichomonas*, *Trichomitus*

II. トリコモナス綱 Trichomonadea

*この名前は広く用いられているが，正式な分類群名として提唱されたものではない．

トリコモナス目 Trichomonadida …*Cochlosoma*, *Lacusteria*, *Pentatrichomonas*, *Pentatrichomonoides*, *Pseudotrypanosoma*, *Tetratrichomonas*, *Trichomitopsis*, *Trichomonas* トリコモナス, *Trichomonoides*
ホニックバーギエラ目 Honigbergiellida …*Ditrichomonas*, *Hexamastix*, *Honigbergiella*, *Monotrichomonas*, *Pseudotrichomonas*, *Tetratrichomastix*, *Tricercomitus*

Ⅲ. トリトリコモナス綱 Tritrichomonadea

トリトリコモナス目 Tritrichomonadida …*Dientamoeba* 二核アメーバ, *Histomonas*, *Monocercomonas*, *Parahistomonas*, *Protrichomonas*, *Simplicimonas*, *Tritrichomonas*

Ⅳ. クリスタモナス綱 Cristamonadea

クリスタモナス目 Cristamonadida …*Achemon*, *Bullanympha*, *Caduceia*, *Calonympha*, *Coronympha*, *Criconympha*, *Cyclojoenia*, *Deltotricmpha*, *Devescovina*, *Diplonympha*, *Evemonia*, *Foaina*, *Gigantomonas*, *Gyronympha*, *Hyperdevescovina*, *Joenia*, *Joenina*, *Joenoides*, *Joenopsis*, *Kirbynia*, *Kofoidia*, *Koruga*, *Macrotrichomonas*, *Metacoronympha*, *Metadevescovina*, *Mixotricha*, *Pachyjoenia*, *Placojoenia*, *Polymastigoides*, *Projoenia*, *Prolophomonas*, *Prosnyderella*, *Pseudodevescovina*, *Rhizonympha*, *Snyderella*, *Stephanonympha*

Ⅴ. トリコニンファ綱 Trichonymphea

トリコニンファ目 Trichonymphida …*Apospironympha*, *Barbulanympha*, *Bispironympha*, *Colospironympha*, *Eucomonympha*, *Hoplonympha*, *Idionympha*, *Leptospironympha*, *Lophomonas*, *Macrospironympha*, *Pseudotrichonympha*, *Rhynchonympha*, *Spirotrichosoma*, *Staurojoenina*, *Teranympha*, *Trichonympha* ケカムリ, *Urinympha*

Ⅵ. スピロトリコニンファ綱 Spirotrichonymphea

スピロトリコニンファ目 Spirotrichonymphida …*Holomastigotes*, *Holomastigotoides*, *Microjoenia*, *Micromastigotes*, *Rostronympha*, *Spiromastigotes*, *Spironympha*, *Spirotrichonympha*, *Spirotrichonymphella*, *Uteronympha*

B2. フォルニカータ上綱 Fornicata

〔綱不明〕

〔目不明〕…*Ergobibamus*, *Hicanonectes*, *Kipferlia*
ディスネクテス目 Dysnectida …*Dysnectes*
キロマスティックス目 Chilomastigida …*Chilomastix* メニール鞭毛虫

Ⅶ. カルペディエモナス綱 Carpediemonadea

カルペディエモナス目 Carpediemonadida …*Carpediemonas*

Ⅷ. エオファリンゲア綱 Eopharyngea (含 レトルタモナス綱 Retortamonadea, トレポモナス綱 Trepomonadea)

レトルタモナス目 Retortamonadida …*Retortamonas*
ディプロモナス目 Diplomonadida …*Enteromonas*, *Giardia* ランブル鞭毛虫, *Hexamita*, *Octomitus*, *Spironucleus*, *Trepomonas*, *Trimitus*

ディスコーバ Discoba (46)〜(48)

〔門不明〕

ツクバモナス綱 Tsukubea

ツクバモナス目 Tsukubamonadida[M] …*Tsukubamonas*

(46) ロウコゾア門 Loukozoa[M]

Ⅰ. ジャコバ綱(ヤコバ綱) Jakobea

ジャコバ目(ヤコバ目) Jakobida …*Andalcia*, *Histiona*, *Jakoba*, *Reclinomonas*, *Seculamonas*

(47) ペルコロゾア門 Percolozoa[M][S]

真核生物ドメイン　植物界　1631

Ⅰ.ファリンゴモナス綱 Pharyngomonadea
ファリンゴモナス目 Pharyngomonadida …*Pharyngomonas*

Ⅱ.ヘテロロボーセア綱 Heterolobosea
ネグレリア目 Schizopyrenida[1] …*Adelphamoeba, Allovahlkampfia, Gruberella, Heteramoeba, Naegleria* ネグレリア, *Neovahlkampfia, Paratetramitus, Paravahlkampfia, Pernina, Plaesiobystra, Pleurostomum, Rosculus, Selenaion, Stachyamoeba, Tetramitus, Vahlkampfia, Willaertia*
アクラシス目 Acrasida (Acrasiales)[F] …*Acrasis*
リロモナス目 Lyromonadida …*Harpagon, Monopylocystis, Psalteriomonas*(*Lyromonas*), *Sawyeria*
ペルコロモナス目 Percolomonadida (含 偽繊毛虫目 Pseudociliatida) …*Percolomonas, Stephanopogon*

(48) ユーグレノゾア門 Euglenozoa[M]

〔綱不明〕 …*Anehmia, Bordnamonas*

Ⅰ.ユーグレナ藻綱 Euglenophyceae[A]
〔目不明〕 …*Rapaza*
スフェノモナス目 Sphenomonadales …*Atractomonas, Calycimonas, Notosolenus, Petalomonas, Sphenomonas*
プロエオティア目 Ploeotiales …*Entosiphon, Keelungia, Ploeotia*
ヘテロネマ目 Heteronematales[1] …*Anisonema, Dinematomonas*(*Dinema*), *Heteronema, Metanema, Peranema, Urceolus*
ラブドモナス目 Rhabdomonadales …*Astasia, Distigma, Gyropaigne, Menoidium, Parmidium, Rhabdomonas*
ユーグレナモルファ目 Euglenamorphales …*Euglenamorpha, Hegneria*
ユートレプティア目 Eutreptiales …*Eutreptia, Eutreptiella*
ユーグレナ目 Euglenales …*Colacium, Cryptoglena, Cyclidiopsis, Discoplastis, Euglena* ミドリムシ (含 *Astasia longa, Euglenaria, Khawkinea*), *Lepocinclis, Monomorphina, Phacus* ウチワヒゲムシ, *Strombomonas, Trachelomonas* トックリヒゲムシ

Ⅱ.ポストガアルディ綱 Postgaardea (= Symbiontida)
ポストガアルディ目 Postgaardida …*Bihospites, Calkinsia, Postgaardi*

Ⅲ.ディプロネマ綱 Diplonemea
ディプロネマ目 Diplonemida …*Diplonema*(*Isonema*), *Rhynchopus*

Ⅳ.キネトプラステア綱 (キネトプラスト綱) Kinetoplastea

Ⅳ A.プロキネトプラスチナ亜綱 Prokinetoplastina
プロキネトプラスチダ目 Prokinetoplastida …*Icthyobodo*(*Costia*), *Perkinsiella*

Ⅳ B.メタキネトプラスチナ亜綱 Metakinetoplastina
ネオボド目 Neobodonida …*Dimastigella, Neobodo, Rhynchobodo, Rhynchomonas*
パラボド目 Parabodonida …*Cryptobia, Parabodo, Procryptobia, Trypanoplasma*
ユーボド目 Eubodonida (ボド目 Bodonida *s.s.*) …*Bodo* ボドヒゲムシ
トリパノソーマ目 Trypanosomatida …*Angomonas, Blastocrithidia, Crithidia, Endotrypanum, Herpetomonas, Leishmania* リューシマニア, *Leptomonas, Phytomonas, Sergeia, Strigomonas, Trypanosoma* トリパノソーマ, *Wallaceina*

植物界 Plantae (古色素体類 Archaeplastida)[1]

灰色植物亜界 Biliphyta *s.s.*

(49) 灰色植物門 Glaucocystophyta (Glaucophyta)[A]

Ⅰ.灰色藻綱 Glaucocystophyceae (Glaucophyceae)

真核生物ドメイン　植物界

シアノフォラ目 Cyanophorales …*Cyanophora*
グロエオケーテ目 Gloeochaetales …*Cyanoptyche*, *Gloeochaete*
グラウコシスティス目 Glaucocystales …*Glaucocystis*

紅色植物亜界 Rhodoplantae

(50) 紅色植物門 Rhodophyta[A]

(50A) イデユコゴメ亜門 Cyanidiophytina

Ⅰ.*イデユコゴメ綱 Cyanidiophyceae

イデユコゴメ目 Cyanidiales …*Cyanidioschyzon*, *Cyanidium* イデユコゴメ, *Galdieria*

(50B) 紅藻亜門 Rhodophytina

Ⅰ.*チノリモ綱 Porphyridiophyceae

チノリモ目 Porphyridiales …*Erythrolobus*, *Flintiella*, *Porphyridium* チノリモ, *Timspurckia*

Ⅱ.*オオイシソウ綱 Compsopogonophyceae

オオイシソウ目 Compsopogonales …*Boldia*, *Compsopogon* オオイシソウ (含 *Compsopogonopsis* オオイシソウモドキ), *Pulvinus*
ロドケーテ目 Rhodochaetales …*Rhodochaete*
エリスロペルチス目 Erythropeltidales …*Chlidophyllon*, *Erythrocladia* トゲイソハナビ, *Erythrotrichia* ホシノイト, *Madagascaria*, *Porphyropsis* ヒナノリ, *Porphyrostromium* ホシノオビ, *Pseudoerythrocladia*, *Pyrophyllon*, *Sahlingia* イソハナビ, *Smithora*

Ⅲ.*ベニミドロ綱 Stylonematophyceae

ルフシア目 Rufusiales …*Rufusia*
ベニミドロ目 Stylonematales …*Bangiopsis* ニセウシケノリ, *Chroodactylon* タマツナギ, *Chroothece*, *Colacodictyon* アミマユダマ, *Goniotrichopsis*, *Kyliniella*, *Purpureofilum*, *Rhodaphanes*, *Rhodosorus*, *Rhodospora*, *Stylonema* (*Goniotrichum*) ベニミドロ

Ⅳ.*ロデラ藻綱 Rhodellophyceae

ディクソニエラ目 Dixoniellales …*Dixoniella*, *Neorhodella*
グラウコスファエラ目 Glaucosphaerales …*Glaucosphaera*
ロデラ目 Rhodellales …*Corynoplastis*, *Rhodella*

Ⅴ.*ウシケノリ綱 Banigiophyceae

ウシケノリ目 Bangiales …*Bangia* ウシケノリ, *Boreophyllum* マクレアマノリ, *Clymene*, *Dione*, *Fuscifolium*, *Lysithea*, *Minerva*, *Miuraea* アカネグモノリ, *Porphyra*, *Pseudobangia*, *Pyropia* アマノリ, *Wildemania* ベニタサ

Ⅵ. 真正紅藻綱 Florideophyceae

ⅥA. ベニマダラ亜綱 Hildenbrandiophycidae

ベニマダラ目 Hildenbrandiales …*Apophlaea*, *Hildenbrandia* ベニマダラ

ⅥB. ウミゾウメン亜綱 Nemaliophycidae

カワモズク目 Batrachospermales …*Batrachospermum* カワモズク, *Kumanoa*, *Lemanea*, *Psilosiphon*, *Sirodotia* ユタカカワモズク
ロダクリア目 Rhodachlyales …*Rhodachlya*
チスジノリ目 Thoreales …*Nemalionopsis*, *Thorea* チスジノリ
バリア目 Balliales …*Ballia*
バルビアニア目 Balbianiales …*Balbiania*, *Rhododraparnaldia*
ウミゾウメン目 Nemaliales (Nemalionales) …*Dermonema* カサマツ, *Dichotomaria* ヒラガラガラ, *Galaxaura* ビロードガラガラ, *Helminthocladia* ベニモズク, *Liagora* コナハダ, *Macrocarpus*, *Nemalion* ウミゾウメン, *Neoizziella*, *Scinaia* フサノリ, *Tricleocarpa* ガラガラ

*これら6群 (50A Ⅰ, 50B Ⅰ〜Ⅴ) は原始紅藻 (真正紅藻亜綱 Florideophycidae に対してウシケノリ亜綱 Bangiophycidae) としてまとめられてきたが, これは明らかに非単系統群である.

真核生物ドメイン　植物界　1633

ベニマユダマ目 Colaconematales …*Colaconema* ベニマユダマ
アクロケーチウム目 Acrochaetiales …*Acrochaetium*, *Audouinella*, *Rhodochorton*
ダルス目 Palmariales …*Devaleraea* ベニフクロノリ, *Palmaria* ダルス, *Rhodonematella*, *Rhodophysema* フチトリベニ, *Rubrointrusa*

Ⅵ C. サンゴモ亜綱 Corallinophycidae

ロドゴルゴン目 Rhodogorgonales …*Renouxia*, *Rhodogorgon*
エンジイシモ目 Sporolithales …*Heydrichia*, *Sporolithon* エンジイシモ
サンゴモ目 Corallinales …*Alatocladia* ヤハズシコロ, *Amphiroa* カニノテ, *Chiharaea*, *Corallina* サンゴモ, *Hydrolithon* コブイシモ, *Jania* モサズキ, *Lithophyllum* イシゴロモ, *Lithothamnion* イシモ, *Marginisporum* ヘリトリカニノテ, *Neogoniolithon* イシノミモドキ, *Pneophyllum* モカサ, *Synarthrophyton* クサノカキ, *Titanoderma* ノリマキ

Ⅵ D. イタニグサ亜綱 Ahnfeltiophycidae

イタニグサ目 Ahnfeltiales …*Ahnfeltia* イタニグサ
ピヒエラ目 Pihiellales …*Pihiella*

Ⅵ E. マサゴシバリ亜綱 Rhodymeniophycidae

〔目不明〕
ヌメリグサ科 Calosiphoniaceae …*Calosiphonia* ヌメリグサ, *Schmitzia* ホウノオ
インキューリア科 Inkyuleeaceae …*Inkyuleea*
カギノリ目 Bonnemaisoniales …*Asparagopsis* カギケノリ, *Atractophora*, *Bonnemaisonia* カギノリ, *Delisea* タマイタダキ, *Naccaria*, *Ptilonia* ヒロハタマイタダキ, *Reticulocaulis*
スギノリ目 Gigartinales …*Ahnfeltiopsis* オキツノリ, *Callophyllis* トサカモドキ, *Caulacanthus* イソダンツウ, *Chondracanthus* スギノリ, *Chondrus* ツノマタ, *Dudresnaya* ヒビロード, *Dumontia* リュウモンソウ, *Eucheuma* キリンサイ, *Euthora*, *Gloiopeltis* フノリ, *Gloiosiphonia* イトフノリ, *Halarachnion*スズカケベニ, *Hypnea* イバラノリ, *Kallymenia* ツカナノリ, *Mastocarpus* イボノリ, *Mazzaella* アカバギンナンソウ, *Meristotheca* トサカノリ, *Neodilsea* アカバ, *Phacelocarpus* キジノオ, *Portieria* ナミノハナ, *Rhodophyllis* アミハダ, *Solieria* ミリン, *Tichocarpus* カレキグサ, *Tylotus* ナミイワタケ
イワノカワ目 Peyssonneliales …*Peyssonnelia* イワノカワ, *Sonderopelta*
テングサ目 Gelidiales …*Acanthopeltis* ユイキリ, *Gelidiella* シマテングサ, *Gelidium* テングサ, *Pterocladiella* オバクサ, *Ptilophora* ヒラクサ, *Wurdemannia*
ヒメウギス目 Nemastomatales …*Adelophycus*, *Nemastoma* ヒメウギス, *Platoma* ニクホウノオ, *Predaea* ユルジギヌ, *Schizymenia* ベニスナゴ, *Titanophora* ベニザラサ
ユカリ目 Plocamiales …*Hummbrella*, *Plocamium* ユカリ, *Sarcodia* アツバノリ, *Trematocarpus* ミアナグサ
カクレイト目 Cryptonemiales (イソノハナ目 Halymeniales) …*Carpopeltis*, *Cryptonemia* カクレイト, *Grateloupia* ムカデノリ, *Halymenia* イソノハナ, *Pachymenia*, *Polyopes* マタボウ, *Prionitis* キントキ, *Spongophloea*, *Thamnoclonium*, *Tsengia* ヒカゲノイト, *Yonagunia* ヨナグニソウ
ヌラクサ目 Sebdeniales …*Crassitegula*, *Lesleigha*, *Sebdenia* ヌラクサ
マサゴシバリ目 Rhodymeniales …*Binghamia* カエルデグサ, *Ceratodictyon* カイメンソウ, *Champia* ワツナギソウ, *Coelarthrum* フクロツナギ, *Coeloseira* イソマツ, *Gloiocladia* (*Fauchea*) マダラグサ, *Lomentaria* コスジフシツナギ, *Neolomentaria* フシツナギ, *Rhodymenia* マサゴシバリ, *Sparlingia* アナダルス
オゴノリ目 Gracilariales …*Congracilaria* フシクレタケ, *Gelidiocolax* テングサヤドリ, *Gracilaria* オゴノリ, *Gracilariopsis* ツルシラモ, *Hydropuntia* リュウキュウオゴノリ, *Melanthalia*
アクロシンフィトン目 Acrosymphytales …*Acrosymphyton*, *Schimmelmannia* ナガオバネ
イギス目 Ceramiales …*Aglaothamnion* キヌイトグサ, *Antithamnion* フタツガサネ, *Benzaitenia* ベンテンモ, *Bostrychia* コケモドキ, *Callithamnion*, *Caloglossa* アヤギヌ, *Ceramium* イギス, *Chondria* ヤナギノリ, *Congregatocarpus* コノハノリ, *Crouania* ヨツシノサデ, *Cumathamnion* ヌメノリ, *Dasya* ダジア, *Delesseria*, *Euptilota* イソシノブ, *Griffithsia* カザシグサ, *Heterosiphonia* シマダジア, *Hypoglossum* ベニハノリ, *Laurencia* ソゾ, *Martensia* アヤニシキ, *Neorhodomela* フジマツモ, *Neosiphonia*, *Pleonosporium* クスダマ, *Polysiphonia* イトグサ, *Psilothallia* ベニヒバ, *Ptilota* クシベニヒバ, *Spyridia* ウブゲグサ, *Symphyocladia* コザネモ, *Tiffaniella* ミルヒビダマ, *Wrangelia* ランゲリア

緑色植物亜界 Viridiplantae　(51)〜(61)

(51) 緑藻植物門 Chlorophyta[A]

真核生物ドメイン　植物界

　　　〔綱不明〕
　　〔目不明〕…*Pycocystis*
　　[※]ピラミモナス目 Pyramimonadales^(M) …*Cymbomonas*, *Halosphaera*, *Pterosperma*, *Pyramimonas*,
　　　　Tasmanites(*Pachysphaera*)
　　[※]シュードスコウルフィールディア目 Pseudoscourfieldiales(非正式名)^(M) …*Pseudoscourfieldia*, *Pycnococcus*
　　[※]プラシノコックス目 Prasinococcales(非正式名) …*Prasinococcus*, *Prasinoderma*
　　パルモフィルム目 Palmophyllales …*Palmoclathrus*, *Palmophyllum*, *Verdigellas*
　　[※]スコウルフィールディア目 Scourfieldiales^(M) …*Scourfieldia*

　　　　Ⅰ.[※]マミエラ藻綱 Mamiellophyceae^(M)

　　モノマスティックス目 Monomastigales …*Monomastix*
　　ドリコマスティックス目 Dolichomastigales …*Crustomastix*, *Dolichomastix*
　　マミエラ目 Mamiellales …*Bathycoccus*, *Mamiella*, *Mantoniella*, *Micromonas*, *Ostreococcus*

　　　　Ⅱ.[※]ネフロセルミス藻綱 Nephroselmidophyceae（ネフロ藻綱 Nephrophyceae）^(M)

　　ネフロセルミス目 Nephroselmidales …*Nephroselmis*

　　　　Ⅲ.ペディノ藻綱 Pedinophyceae^(M)

　　ペディノモナス目 Pedinomonadales …*Chlorochytridion*, *Pedinomonas*
　　マルスピオモナス目 Marsupiomonadales …*Marsupiomonas*, *Resultomonas*(*Resultor*)

　　　　Ⅳ.[※]クロロデンドロン藻綱 Chlorodedndrophyceae^(M)

　　クロロデンドロン目 Chlorodedndrales …*Scherffelia*, *Tetraselmis*（含 *Platymonas*, *Prasinocladus*）

　　　　Ⅴ.アオサ藻綱 Ulvophyceae

　　〔目不明〕…*Ignatius*, *Pseudocharacium*
　　ウミイカダモ目 Oltmannsiellopsidales …*Dangemannia*, *Halochlorococcum*（一部の種はヒビミドロ目に属する）, *Oltmannsiellopsis* ウミイカダモ
　　ヒビミドロ目 Ulotrichales[1] …*Acrosiphonia* トゲナシモツレグサ, *Capsosiphon* カプサアオノリ,
　　　　Chamaetricon, *Chlorocystis*, *Chlorothrix*, *Collinsiella* ランソウモドキ, *Desmochloris*,
　　　　Eugomontia, *Gayrella* マキヒトエ, *Gloeotilipsis*, *Gomontia* カイミドリ, *Hazenia*,
　　　　Helicodictyon, *Monostroma* ヒトエグサ, *Planophila*, *Protomonostroma* シワヒトエ,
　　　　Pseudendocloniopsis, *Pseudothrix*, *Spongomorpha* モツレグサ, *Trichophilus*,
　　　　Trichosarcina, *Ulothrix* ヒビミドロ, *Urospora* シリオミドロ
　　アオサ目 Ulvales …*Acrochaete*, *Blidingia* ヒメアオノリ, *Bolbochaete*, *Cloniophora* トゲナシツルギミドロ,
　　　　Endophyton, *Entocladia* ナイセイイトモ, *Kornmannia* モツキヒトエ, *Ochrochaete*,
　　　　Percursaria, *Phaeophila* ネジレミドリ, *Pirula*, *Ruthnielsenia*, *Tellamia*, *Ulvaria* クロヒトエ, *Ulva* アオサ（含 *Chloropelta* ヒメボタンアオサ, *Enteromorpha* アオノリ）,
　　　　Ulvella アワビモ, *Umbraulva* ヤブレグサ
　　スミレモ目 Trentepohliales …*Cephaleuros*, *Phycopeltis*, *Physolinum*, *Printzina*, *Stomatochroon*,
　　　　Trentepohlia スミレモ
　　シオグサ目 Cladophorales（含 ミドリゲ目, クダネダシグサ目 Siphonocladales）…*Aegagropila* マリモ,
　　　　Aegagropilopsis, *Anadyomene* ウキオリソウ, *Basicladia*, *Blastophysa* アワミドリ,
　　　　Boergesenia マガタマモ, *Boodlea* アオモグサ, *Chaetomorpha* ジュズモ, *Cladophora* シオグサ, *Cladophoropsis* キツネノオ, *Dictyosphaeria* キッコウグサ, *Microdictyon* アミモヨウ,
　　　　Okellya, *Phyllodictyon* オオアミハ, *Pithophora* アオミソウ, *Pseudocladophora* カイゴロモ,
　　　　Rhizoclonium ネダシグサ, *Siphonocladus* クダネダシグサ, *Spongiochrysis*, *Struvea* アミハ,
　　　　Valonia（含 *Ventricaria*）バロニア, *Valoniopsis* ホソバロニア, *Wittrockiella*
　　カサノリ目 Dasycladales …*Acetabularia* カサノリ, *Batophora*, *Bornetella* ミズタマ, *Chalmasis*,
　　　　Chlorocladus, *Cladocephalus*, *Cymopolia* ウスガサネ, *Dasycladus*, *Halicoryne* イソスギナ,
　　　　Neomeris フデノホ, *Parvocaulis* ヒナカサノリ
　　ハネモ目 Bryopsidales（含 イワヅタ目 Caulerpales, ミル目 Codiales）…*Avrainvillea* ハウチワ, *Boodleopsis* モツレチョウチン, *Bryopsidella*, *Bryopsis* ハネモ, *Caulerpa* イワヅタ, *Caulerpella* ヒメイワヅタ, *Chlorodesmis* マユハキモ, *Codium* ミル, *Derbesia* ツユノイト, *Dichotomosiphon* チョウチンミドロ, *Flabellia*, *Halimeda* サボテングサ, *Lambia*, *Ostreobium* カイガラミドリイト, *Pedobesia* アシツキイトゲ, *Penicillus*, *Pseudobryopsis* ニセハネモ,
　　　　Pseudochlorodesmis ニセマユハキ, *Pseudocodium* ミルモドキ, *Rhipidosiphon* ヒメイチョウ,

---
[※]ピラミモナス目, シュードスコウルフィールディア目, プラシノコックス目, スコウルフィールディア目, マミエラ藻綱, ネフロセルミス藻綱, クロロデンドロン藻綱（以上 p1634), メソスティグマ植物門（p1635）は, プラシノ藻綱（Prasinophyceae）としてまとめられていたが, これは明らかに非単系統群である.

真核生物ドメイン　植物界　1635

Rhipilia ニセハウチワ, *Rhipocephalus*, *Trichosolen*, *Tydemania* スズカケモ, *Udotea* ハゴロモ

VI. トレボウクシア藻綱 Trebouxiophyceae

〔目不明〕…*Coenocystis*, *Leptosira*, *Lobosphaera*, *Neocystis*, *Parietochloris*
クロレラ目 Chlorellales …*Actinastrum*, *Amphikrikos*, *Auxenochlorella*, *Chlorella*, *Chloroparva*, *Closteriopsis*, *Dicloster*, *Dictyosphaerium*, *Didymogenes*, *Eremosphaera*, *Gloeotila*, *Helicosporidium*[P], *Hegewaldia*, *Heynigia*, *Hindakia*, *Koliella*, *Lagerheimia*, *Makinoella*, *Marinichlorella*, *Marvania*, *Meyrella*, *Micractinium*, *Mucidosphaerium*, *Muriella*, *Nannochloris*, *Oocystis*, *Parachlorella*, *Picochlorum*, *Planctonema*, *Prototheca*, *Tetrachlorella*
カワノリ目 Prasiolales …*Desmococcus*, *Diplosphaera*, *Geminella*, *Gloeotila*, *Koliellopsis*, *Pabia*, *Prasiococcus*, *Prasiola* カワノリ, *Prasiolopsis*, *Pseudochlorella*, *Pseudomarvania*, *Raphidonema*, *Rosenvingiella*, *Stichococcus*
トレボウクシア目 Trebouxiales …*Asterochloris*, *Myrmecia*, *Trebouxia*
ミクロタムニオン目 Microthamniales …*Coleochlamys*(*Fusochloris*), *Microthamnion*
ワタナベア群 *Watanabea*-clade …*Chloroidium*, *Dictyochloropsis*, *Heterochlorella*, *Heveochlorella*, *Kalinella*, *Phyllosiphon*, *Viridiella*, *Watanabea*
コリキスティス群 *Choricystis*-clade …*Botryococcus*, *Choricystis*, *Coccomyxa*, *Elliptochloris*, *Paradoxia*

VII. 緑藻綱 Chlorophyceae

サヤミドロ目 Oedogoniales …*Bulbochaete*, *Oedocladium*, *Oedogonium* サヤミドロ
ケートペルティス目 Chaetopeltidales …*Chaetopeltis*, *Floydiella*, *Hormotilopsis*, *Pseudoulvella*
ケートフォラ目 Chaetophorales …*Aphanochaete*, *Chaetophora* タマモ, *Draparnaldia* ツルギミドロ, *Fritschiella*, *Schizomeris*, *Stigeoclonium*, *Uronema*
ヨコワミドロ目 Sphaeropleales …*Acutodesmus*, *Ankistrodesmus*, *Ankyra*, *Atractomorpha*, *Bracteacoccus*, *Characiopodium*, *Coelastrum*, *Desmodesmus*, *Dictyochloris*, *Dictyococcus*, *Dimorphococcus*, *Hydrodictyon* アミミドロ, *Kirchneriella*, *Microspora*, *Monoraphidium*, *Myconastes* (*Pseudodictyosphaerium*), *Neochloris*, *Pediastrum*(*Monactinus*, *Lacunastrum*, *Parapediastrum*, *Pseudopediastrum*, *Stauridium*) クンショウモ, *Planktosphaeria*, *Polyedriopsis*, *Pseudomuriella*, *Pseudoschroederia*, *Raphidocelis*, *Scenedesmus* イカダモ, *Schizochlamys*, *Schroederia*, *Selenastrum*, *Sphaeroplea* ヨコワミドロ, *Tetraedron*
オオヒゲマワリ目 Volvocales（含 クラミドモナス目 Chlamydomonadales, クロロコックム目 Chlorococcales, ドゥナリエラ目 Dunaliellales, ヨツメモ目 Tetrasporales）[M] …*Asterococcus*, *Asteromoans*, *Asterophomene*, *Brachiomonas*, *Carteria*, *Characiochloris*, *Characiosiphon*, *Chlamydomonas* コナミドリムシ, *Chlorococcum*, *Chlorogonium* ヤリミドリ, *Chloromonas*, *Chlorosarcinopsis*, *Cylindrocapsa*, *Desmotetra*, *Dunaliella*, *Dysmorphococcus*, *Elakatothrix*, *Ettlia*, *Eudorina*, *Fasciculochloris*, *Golenkinia*, *Gonium*, *Gungnir*, *Haematocoous*, *Hafniomonas*, *Hemiflagellochloris*, *Heterochlamydomonas*, *Hormotila*, *Lobochlamys*, *Microglena*, *Neochlorosarcina*, *Oogamochlamys*, *Pandorina* クワノミモ, *Phacotus*, *Pleodorina* ヒゲマワリ, *Pleurastrum*, *Polytoma*, *Polytomella*, *Protosiphon*, *Pteromonas*, *Pyrobotrys*, *Stephanosphaera*, *Tetrabaena*, *Tetracystis*, *Tetraflagellochloris*, *Tetraspora* ヨツメモ, *Treubaria*, *Vitreochlamys*, *Volvox* オオヒゲマワリ, *Volvulina*, *Yamagishiella*

ストレプト植物 Streptophyta　(52)～(61)

(52)～(57)は広義のシャジクモ綱(Charophyceae *s. l.*)またはシャジクモ植物門(Charophyta *s. l.*)として扱われることがあるが, これは明らかに非単系統群である.

(52)※メソスティグマ植物門 Mesostigmatophyta[A][M]

I. メソスティグマ藻綱 Mesostigmatophyceae

メソスティグマ目 Mesostigmatales …*Mesostigma*

(53) クロロキブス植物門 Chlorokybophyta[A]

I. クロロキブス藻綱 Chlorokybophyceae

〔目不明〕…*Spirotaenia*
クロロキブス目 Chlorokybales …*Chlorokybus*

(54) クレブソルミディウム植物門 Klebsormidiophyta[A]

I. クレブソルミディウム藻綱 Klebsormidiophyceae

クレブソルミディウム目 Klebsormidiales …*Entransia*, *Klebsormidium*

(55) ホシミドロ植物門 Zygnematophyta[A]

I. ホシミドロ綱(接合藻綱) Zygnematophyceae

ホシミドロ目 Zygnematales[1] …*Cylindrocystis*, *Mesotaenium*, *Mougeotia* ヒザオリ, *Netrium*, *Roya*, *Spirogonium*, *Spirogyra* アオミドロ, *Zygnema* ホシミドロ, *Zygnemopsis* ホシミドロモドキ
チリモ目 Desmidiales …*Actinotaenium*, *Closterium* ミカヅキモ, *Cosmarium* ツヅミモ, *Desmidium* チリモ, *Euastrum*, *Geniculaia*, *Gonatozygon*, *Hyalotheca*, *Micrasterias*, *Penium*, *Pleurotaenium* コウガイチリモ, *Spondylosium*, *Staurastrum*, *Xanthidium*

(56) コレオケーテ植物門 Coleochaetophyta[A][1]

I. コレオケーテ藻綱 Coleochaetophyceae

コレオケーテ目 Coleochaetales …*Chaetosphaeridium*, *Coleochaete* サヤゲモ

(57) シャジクモ植物門(狭義) Charophyta s.s.[A]

I. シャジクモ綱(狭義) Charophyceae s.s.

†シキジア目 Sycidiales …†*Chovanella*, †*Pinnoputamen*, †*Sycidia*, †*Trochiliscus*
シャジクモ目 Charales …*Chara* シャジクモ, †*Clavator*, *Lamprothamnium* シラタマモ, *Lychnothamnus*, *Nitella* フラスコモ, *Nitellopsis* ホシツリモ, †*Paleochara*, *Tolypella*

陸上植物(造卵器植物 Embryophyta) (58)〜(61)

(58) 苔植物門 Marchantiophyta

I. コマチゴケ綱 Haplomitriopsida

I A. トロイブゴケ亜綱 Treubiidae

トロイブゴケ目 Treubiales
　トロイブゴケ科 Treubiaceae …*Treubia* トロイブゴケ

I B. コマチゴケ亜綱 Haplomitriidae

コマチゴケ目 Calobryales
　コマチゴケ科 Haplomitriaceae …*Haplomitium* コマチゴケ

II. ゼニゴケ綱 Marchantiopsida

II A. ウスバゼニゴケ亜綱 Blasiidae

ウスバゼニゴケ目 Blasiales
　ウスバゼニゴケ科 Blasiaceae …*Blasia* ウスバゼニゴケ, *Cavicularia* シャクシゴケ

II B. ゼニゴケ亜綱 Marchantiidae

ダンゴゴケ目 Sphaerocarpales
　‡ダンゴゴケ科 Sphaerocarpaceae …*Sphaerocarpos* ダンゴゴケ
　‡リエラゴケ科 Riellaceae …*Riella* リエラゴケ
ネオホッジソニア目 Neohodgsoniales
　‡ネオホッジソニア科 Neohodgsoniaceae
ミカヅキゼニゴケ目 Lunulariales
　ミカヅキゼニゴケ科 Lunulariaceae …*Lunularia* ミカヅキゼニゴケ
ゼニゴケ目 Marchantiales
　ゼニゴケ科 Marchantiaceae …*Marchantia* ゼニゴケ

ジンガサゴケ科 Aytoniaceae ···*Reboulia* ジンガサゴケ
ジンチョウゴケ科 Cleveaceae
ヤワラゼニゴケ科 Monosoleniaceae
ジャゴケ科 Conocephalaceae ···*Conocephalum* ジャゴケ
ヒカリゼニゴケ科 Cyathodiaceae ···*Cyathodium* ヒカリゼニゴケ
‡ジャゴケモドキ科 Exormothecaceae
‡ゼニゴケモドキ科 Corsiniaceae
‡アワゼニゴケ科 Monocarpaceae
‡ハタケゴケモドキ科 Oxymitraceae
ウキゴケ科 Ricciaceae ···*Riccia* ウキゴケ, *Ricciocarpos* イチョウウキゴケ
アズマゼニゴケ科 Wiesnerellaceae
ハマグリゼニゴケ科 Targioniaceae ···*Targionia* ハマグリゼニゴケ
‡ミミカキゴケ科 Monocleaceae
ケゼニゴケ科 Dumortiellaceae ···*Dumortiella* ケゼニゴケ

III. ウロコゴケ綱 Jungermanniopsida

III A. ミズゼニゴケ亜綱 Pelliidae

ミズゼニゴケ目 Pelliales
 ミズゼニゴケ科 Pelliaceae ···*Pellia* ミズゼニゴケ
ウロコゼニゴケ目 Fossombroniales
 ミヤマミズゼニゴケ科 Calyculariaceae
 マキノゴケ科 Makinoaceae ···*Makinoa* マキノゴケ
 ‡ペタロフィラ科 Petalophyllaceae
 ‡アリソンゴケ科 Allisoniaceae
 ウロコゼニゴケ科 Fossombroniaceae ···*Fossombronia* ウロコゼニゴケ
クモノスゴケ目 Pallaviciniales
 ‡ウロコゴケダマシ科 Phyllothalliaceae
 ‡サンデオタルス科 Sandeothallaceae
 チヂレヤハズゴケ科 Moerckiaceae
 ‡コケシノブダマシ科 Hymenophytaceae
 クモノスゴケ科 Pallaviciniaceae ···*Pallavicinia* クモノスゴケ

III B. フタマタゴケ亜綱 Metzgeriidae

ミズゴケモドキ目 Pleuroziales
 ミズゴケモドキ科 Pleuroziaceae ···*Pleurozia* ミズゴケモドキ
フタマタゴケ目 Metzgeriales
 フタマタゴケ科 Metzgeriaceae ···*Metzgeria* フタマタゴケ
 スジゴケ科 Aneuraceae ···*Riccardia* スジゴケ
 ‡ヌエゴケ科 Mizutaniaceae
 ‡スジゴケモドキ科 Vandiemeniaceae

III C. ウロコゴケ亜綱 Jungermannidae

クラマゴケモドキ目 Porellales
 クラマゴケモドキ科 Porellaceae
 ‡ゲーベルゴケ科 Goebeliellaceae ···*Goebeliella* ゲーベルゴケ
 ‡レピドレナ科 Lepidolaenaceae
 ケビラゴケ科 Radulaceae ···*Radula* ケビラゴケ
 ヤスデゴケ科 Frullaniaceae ···*Frullania* ヤスデゴケ
 ヒメウルシゴケ科 Jubulaceae ···*Jubula* ヒメウルシゴケ
 クサリゴケ科 Lejeuneaceae ···*Lejeunea* クサリゴケ, *Nipponolejeunea* ケシゲリゴケ
テガタゴケ目 Ptilidiales
 テガタゴケ科 Ptilidiaceae ···*Ptilidium* テガタゴケ
 サワラゴケ科 Neotrichocoleaceae
 ‡ヘルゾギアンタ科 Herzogianthaceae
ウロコゴケ目 Jungermanniales
 ペルソンゴケ亜目 Perssoniellineae
  ‡ペルソンゴケ科 Perssoniellaceae
  オヤコゲ科 Schistochilaceae
 トサカゴケ亜目 Lophocoleineae
  マツバウロコゴケ科 Pseudolepicoleaceae
  ムクムクゴケ科 Trichocoleaceae ···*Neotrichocolea* サワラゴケ, *Trichocolea* ムクムクゴケ

　　　　　　‡グロレア科 Grolleaceae
　　　　　　オオサワラゴケ科 Mastigophoraceae …*Mastigophora* オオサワラゴケ
　　　　　　キリシマゴケ科 Herbertaceae
　　　　　　‡ムカシウロコゴケ科 Vetaformataceae
　　　　　　ヤクシマスギバゴケ科 Lepicoleaceae
　　　　　　モクズムチゴケ科 Phycolepidoziaceae
　　　　　　ムチゴケ科 Lepidoziaceae …*Bazzania* ムチゴケ，*Lepidozia* スギバゴケ
　　　　　　トサカゴケ科 Lophocoleaceae …*Lophocolea* トサカゴケ
　　　　　　‡ブレビナンタ科 Brevinanthaceae
　　　　　　‡コヤバネゴケモドキ科 Chonecoleaceae
　　　　　　ハネゴケ科 Plagiochilaceae …*Plagiochila* ハネゴケ
　　　　ヤバネゴケ亜目 Cephaloziineae
　　　　　　‡ケハネゴケモドキ科 Adelanthaceae
　　　　　　アキウロコゴケ科 Jamesoniellaceae
　　　　　　ヤバネゴケ科 Cephaloziaceae …*Cephalozia* ヤバネゴケ，*Odontoschisma* クチキゴケ
　　　　　　コヤバネゴケ科 Cephaloziellaceae
　　　　　　ヒシャクゴケ科 Scapaniaceae …*Scapania* ヒシャクゴケ
　　　　ウロコゴケ亜目 Jungermanniineae
　　　　　　カタウロコゴケ科 Myliaceae
　　　　　　‡ケバゴケ科 Trichotemnomataceae
　　　　　　ヤクシマゴケ科 Balantiopsidaceae
　　　　　　‡ブレファリドフィラ科 Blepharidophyllaceae
　　　　　　チチブイチョウゴケ科 Acrobolbaceae
　　　　　　‡アルネルゴケ科 Arnelliaceae
　　　　　　タカサゴソコマメゴケ科 Jackiellaceae
　　　　　　ツキヌキゴケ科 Calypogeiaceae …*Calypogeia* ツキヌキゴケ
　　　　　　‡デラヴェラ科 Delavayellaceae
　　　　　　‡イモイチョウゴケ科 Mesoptychiaceae
　　　　　　ツボミゴケ科 Jungermanniaceae …*Jungermannia* ツボミゴケ
　　　　　　ウロコゴケ科 Geocalycaceae …*Harpanthus* カマウロコゴケ
　　　　　　‡ネジミゴケ科 Gyrothyraceae
　　　　　　カサナリゴケ科 Antheliaceae
　　　　　　ミゾゴケ科 Gymnomitriaceae …*Marsupella* ミゾゴケ

(59)蘚植物門 Bryophyta

Ⅰ．ナンジャモンジャゴケ綱 Takakiopsida

　ナンジャモンジャゴケ目 Takakiales
　　　　ナンジャモンジャゴケ科 Takakiaceae …*Takakia* ナンジャモンジャゴケ

Ⅱ．ミズゴケ綱 Sphagnopsida

　ミズゴケ目 Sphagnales
　　　　ミズゴケ科 Sphagnaceae …*Sphagnum* ミズゴケ
　アンブチャナン目 Ambuchananiales
　　　　‡アンブチャナン科 Ambuchananiaceae

Ⅲ．クロゴケ綱 Andreaeopsida

　クロゴケ目 Andreaeales
　　　　クロゴケ科 Andreaeaceae …*Andreaea* クロゴケ

Ⅳ．クロマゴケ綱 Andreaeobryopsida

　クロマゴケ目 Andreaeobryales
　　　　‡クロマゴケ科 Andreaeobryaceae

Ⅴ．イシヅチゴケ綱 Oedipodiopsida

　イシヅチゴケ目 Oedipodiales
　　　　イシヅチゴケ科 Oedipodiaceae …*Oedipodium* イシヅチゴケ

Ⅵ．スギゴケ綱 Polytrichopsida

　スギゴケ目 Polytrichales
　　　　スギゴケ科 Polytrichaceae …*Atrichum* タチゴケ，*Bartramiopsis* フウリンゴケ，*Dawsonia* ネジク

チスギゴケ，*Pogonatum* ニワスギゴケ，*Polytrichum* スギゴケ

VII. ヨツバゴケ綱 Tetraphidopsida
ヨツバゴケ目 Tetraphidales
  ヨツバゴケ科 Tetraphidaceae …*Tetraphis* ヨツバゴケ

VIII. マゴケ綱 Bryopsida

VIII A. キセルゴケ亜綱 Buxbaumiidae
キセルゴケ目 Buxbaumiales
  キセルゴケ科 Buxbaumiaceae …*Buxbaumia* キセルゴケ

VIII B. イクビゴケ亜綱 Diphysciidae
イクビゴケ目 Diphysciales
  イクビゴケ科 Diphysciaceae …*Diphyscium* イクビゴケ

VIII C. クサスギゴケ亜綱 Timmiidae
クサスギゴケ目 Timmiales
  クサスギゴケ科 Timmiaceae …*Timmia* クサスギゴケ

VIII D. ヒョウタンゴケ亜綱 Funariidae
ハイツボゴケ目 Gigaspermales
  ‡ハイツボゴケ科 Gigaspermaceae
ヤリカツギ目 Encalyptales
  ‡ホオズキゴケ科 Bryobartramiaceae
  ヤリカツギ科 Encalyptaceae …*Encalypta* ヤリカツギ
ヒョウタンゴケ目 Funariales
  ヒョウタンゴケ科 Funariaceae …*Funaria* ヒョウタンゴケ
  ヨレエゴケ科 Disceliaceae …*Discelium* ヨレエゴケ

VIII E. シッポゴケ亜綱 Dicranidae
スコウレリア目 Scouleriales
  ‡スコウレリア科 Scouleriaceae
  オオミゴケ科 Drummondiaceae
エビゴケ目 Bryoxiphiales
  エビゴケ科 Bryoxiphiaceae …*Bryoxiphium* エビゴケ
ギボウシゴケ目 Grimmiales
  ギボウシゴケ科 Grimmiaceae …*Grimmia* ギボウシゴケ，*Racomitrium* スナゴケ
  チヂレゴケ科 Ptychomitriaceae
  キヌシッポゴケ科 Seligeriaceae
ツチゴケ目 Archidiales
  ツチゴケ科 Archidiaceae …*Archidium* ツチゴケ
シッポゴケ目 Dicranales
  ホウオウゴケ科 Fissidentaceae …*Fissidens* ホウオウゴケ
  ‡ヒポドンティア科 Hypodontiaceae
  ‡エビゴケモドキ科 Eustichiaceae
  キンシゴケ科 Ditrichaceae …*Ditrichum* キンシゴケ
  ブルフゴケ科 Bruchiaceae
  キブネゴケ科 Rhachitheciaceae
  ヒナノハイゴケ科 Erpodiaceae
  ヒカリゴケ科 Schistostegaceae …*Schistostega* ヒカリゴケ
  ‡エツキカゲロウゴケ科 Viridivelleraceae
  ヤスジゴケ科 Rhabdoweisiaceae
  シッポゴケ科 Dicranaceae …*Dicranum* シッポゴケ
  シラガゴケ科 Leucobryaceae …*Leucobryum* シラガゴケ
  カタシロゴケ科 Calymperaceae …*Syrrhopdon* アミゴケ
センボンゴケ目 Pottiales
  センボンゴケ科 Pottiaceae …*Barbula* ネジクチゴケ，*Pottia* センボンゴケ，*Trichostomum* クチヒゲゴケ
  ‡ツヤサワゴケ科 Pleurophascaceae
  ‡セルトポトルテラ科 Serpotortellaceae
  ‡ミナミヒカリゴケ科 Mitteniaceae

Ⅷ F. マゴケ亜綱 Bryidae

マゴケ上目 Bryanae
 オオツボゴケ目 Splachnales
  オオツボゴケ科 Splachnaceae …*Tetraplodon* マルダイゴケ
  ヌマチゴケ科 Meesiaceae
 マゴケ目 Bryales
  ‡ゴルフクラブゴケ科 Catoscopiaceae
  ‡プルクリノア科 Pulchrinodaceae
  ハリガネゴケ科 Bryaceae …*Bryum* ハリガネゴケ, *Rhodobryum* カサゴケ
  ‡カタフチゴケ科 Phyllodrepaniaceae
  ニセキンシゴケ科 Pseudoditrichaceae
  チョウチンゴケ科 Mniaceae …*Mnium* チョウチンゴケ, *Pohlia* ヘチマゴケ
  ‡ハリヤマゴケ科 Leptostomataceae
 タマゴケ目 Bartramiales
  タマゴケ科 Bartramiaceae …*Bartramia* タマゴケ, *Philonotis* サワゴケ
 タチヒダゴケ目 Orthotrichales
  タチヒダゴケ科 Orthotrichaceae …*Macromitrium* ミノゴケ, *Orthotrichum* タチヒダゴケ
 ヒジキゴケ目 Hedwigiales
  ヒジキゴケ科 Hedwigiaceae …*Hedwigia* ヒジキゴケ
  ‡ホゴケモドキ科 Helicophyllaceae
  ‡ラコカルパ科 Rhacocarpaceae
 ヒノキゴケ目 Rhizogoniales
  ヒノキゴケ科 Rhizogoniaceae …*Pyrrhobryum* ヒノキゴケ
  ヒモゴケ科 Aulacomniaceae
  ‡オルトドンティア科 Orthodontiaceae
ハイゴケ上目 Hypnanae
 キダチゴケ目 Hypnodendrales
  ‡ブライトワイテア科 Braithwaiteaceae
  ホゴケ科 Racopilaceae …*Racopilum* シバゴケ
  ‡プテロブリエラ科 Pterobryellaceae
  キダチゴケ科 Hypnodendraceae
 スジイタチゴケ目 Ptychomniales
  ‡スジイタチゴケ科 Ptychomniaceae
 アブラゴケ目 Hookeriales
  クジャクゴケ科 Hypopterygiaceae …*Cyathophorum* ソテツゴケ, *Hypopterygium* クジャクゴケ
  ‡サウロマタ科 Saulomataceae
  ホソバツガゴケ科 Daltoniaceae …*Distichophyllum* ツガゴケ
  ‡シンペロブリア科 Schimperobryaceae
  アブラゴケ科 Hookeriaceae …*Hookeria* アブラゴケ
  ‡ホソハシゴケ科 Leucomiaceae
  カサイボゴケ科 Pilotrichaceae
 ハイゴケ目 Hypnales
  ‡アフリカトラノオゴケ科 Rutenbergiaceae
  ‡トラキロマ科 Trachylomataceae
  カワゴケ科 Fontinalaceae …*Fontinalis* カワゴケ
  コウヤノマンネングサ科 Climaciaceae …*Climacium* コウヤノマンネングサ, *Pleuroziopsis* フジノマンネングサ
  ヤナギゴケ科 Amblystegiaceae …*Amblystegium* ヤナギゴケ
  ヤリノホゴケ科 Calliergonaceae
  ヌマシノブゴケ科 Helodiaceae
  ‡リゴディア科 Rigodiaceae
  ウスグロゴケ科 Leskeaceae …*Leskea* ウスグロゴケ, *Miyabea* ミヤベゴケ
  シノブゴケ科 Thuidiaceae …*Fauriella* ヒゲゴケ, *Thuidium* シノブゴケ
  ‡ニセウスグロゴケ科 Regmatodontaceae
  ‡ステレオフィラ科 Stereophyllaceae
  アオギヌゴケ科 Brachytheciaceae …*Brachythecium* アオギヌゴケ, *Okamuraea* オカムラゴケ
  ハイヒモゴケ科 Meteoriaceae …*Meteorium* ハイヒモゴケ, *Trachypus* ムジナゴケ
  ‡ミリニア科 Myriniaceae
  コゴメゴケ科 Fabroniaceae …*Fabronia* コゴメゴケ
  ハイゴケ科 Hypnaceae …*Hypnum* ハイゴケ
  ‡カタゴニア科 Catagoniaceae

ネジレイトゴケ科 Pterigynandraceae
イワダレゴケ科 Hylocomiaceae ⋯*Hylocomium* イワダレゴケ
フトゴケ科 Rhytidiaceae ⋯*Rhytidium* フトゴケ
ウニゴケ科 Symphyodontaceae
サナダゴケ科 Plagiotheciaceae ⋯*Plagiothecium* サナダゴケ
ツヤゴケ科 Entodontaceae ⋯*Entodon* ツヤゴケ
コモチイトゴケ科 Pylaisiadelphaceae ⋯*Isopterygium* イチイゴケ
ナガハシゴケ科 Sematophyllaceae
イトヒバゴケ科 Cryphaeaceae ⋯*Cyptodotopsis* カワブチゴケ
‡タイワントラノオゴケ科 Prionodontaceae
イタチゴケ科 Leucodontaceae ⋯*Dozya* リスゴケ, *Leucodon* イタチゴケ
ヒムロゴケ科 Pterobryaceae ⋯*Pterobryum* ヒムロゴケ
‡フナバゴケ科 Phyllogoniaceae
‡オルトリンキア科 Orthorrhynchiaceae
‡ミナミイタチゴケ科 Lepyrodontaceae
ヒラゴケ科 Neckeraceae ⋯*Dolichomitra* トラノオゴケ, *Neckera* ヒラゴケ, *Thamnobryum* オオトラノオゴケ
‡コワバゴケ科 Echinodiaceae
レプトドンティア科 Leptodontaceae
トラノオゴケ科 Lembophyllaceae
ナワゴケ科 Myuriaceae
キヌイトゴケ科 Anomodontaceae
ヒゲゴケ科 Theliaceae
‡ミクロテシエラ科 Microtheciellaceae
‡ソラピラ科 Sorapillaceae

(60) ツノゴケ植物門 Anthocerotophyta

Ⅰ. レイオスポロケロス綱 Leiosporocerotopsida

レイオスポロケロス目 Leiosporocerotales
‡レイオスポロケロス科 Leiosporocerotaceae

Ⅱ. ツノゴケ綱 Anthocerotopsida

Ⅱ A. ツノゴケ亜綱 Anthocerotidae

ツノゴケ目 Anthocerotales
ツノゴケ科 Anthocerotaceae ⋯*Anthoceros* ツノゴケ

Ⅱ B. ツノゴケモドキ亜綱 Notothylatidae

ツノゴケモドキ目 Notothyladales
ツノゴケモドキ科 Notothyladaceae ⋯*Notothylas* ツノゴケモドキ

Ⅱ C. キノボリツノゴケ亜綱 Dendrocerotidae

フィマトケロス目 Phymatocerales
キノボリツノゴケ目 Dendrocerotales
‡フィマトケロス科 Phymatoceraceae
キノボリツノゴケ科 Dendrocerotaceae ⋯*Megaceros* アナナシツノゴケ

†**ホルネオフィトン類**(非維管束植物) ⋯†*Caia*, †*Horneophyton*, †*Tortilicaulis*

〔門不明〕 ⋯†*Aglaophyton*(非維管束植物)

(61) 維管束植物門 Tracheophyta

〔亜門不明〕 ⋯†*Aberlemnia*, †*Cooksonia*, †*Renalia*, †*Sartilmania*, †*Uskiella*, †*Yunia*

(61A) リニア植物亜門 Rhyniophyta

Ⅰ. リニア綱 Rhyniopsida

リニア目 Rhyniales …†*Rhynia*

Ⅱ. トリメロフィトン綱 Trimerophtopsida

トリメロフィトン目 Trimerophytales …†*Trimerophyton*

(61B) ヒカゲノカズラ亜門 Lycophytina (小葉植物亜門 Microphyllophytina)

Ⅰ. ゾステロフィルム綱 Zosterophyllopsida

ゾステロフィルム目 Zosterophyllales …†*Sawdonia*, †*Zotsrophyllum*

Ⅱ. ヒカゲノカズラ綱 Lycopsida

ドレパノフィクス目 Drepanophycales …†*Asteroxylon*, †*Baragwanathia*, †*Drepanophycus*
ヒカゲノカズラ目 Lycopodiales …*Lycopodium* ヒカゲノカズラ・マンネンスギ・ミズスギ・トウゲシバ
古生リンボク目 Protolepidodendrales …†*Leclercqia*, †*Protolepidodendron*
リンボク目 Lepidodendrales …†*Lepidocarpon*, †*Lepidodendron* リンボク, †*Lepidostrobus*, †*Sigillaria* フウインボク, †*Stigmaria*
プレウロメイア目 Pleuromeiales …†*Pleuromeia*
ミズニラ目 Isoetales …*Isoetes* ミズニラ
イワヒバ目 Selaginellales …*Selaginella* クラマゴケ・イワヒバ・ヒモカズラ

(61C) 大葉植物亜門 Euphyllophytina (真葉植物亜門)

Ⅰ. シダ植物綱 Monilopsida (大葉シダ綱)

ⅠA. †クラドキシロン亜綱 Cladoxylidae

†クラドキシロン目 Cladoxylales …†*Cladoxylon*
†イリドプテリス目 Iridopteridales …†*Iridopteris*
†プセウドスポロクヌス目 Pseudosporochnales …†*Pseudosporpchnus*
†スタウロプテリス目 Stauropteridales …†*Stauropteris*
†ジゴプテリス目 Zygopteridales …†*Zygopteris*

ⅠB. トクサ亜綱 Equisetidae

†ヒエニア目 Hyeniales …†*Hyenia*
†プセウドボルニア目 Pseudoborniales …†*Pseudobornia*
†スフェノフィルム目 Sphenophyllales …†*Sphenophyllum*
トクサ目 Equisetales
　　　†アルカエオカラミテス科 Archaeocalamitiaceae …†*Archaeocalamites*
　　　†ロボク科 Calamitaceae …†*Calamites* ロボク
　　　トクサ科 Equisetaceae …*Equisetum* スギナ・トクサ

ⅠC. ハナヤスリ亜綱 Ophioglossidae

ハナヤスリ目 Ophioglossales …*Botrychium* オオハナワラビ, *Cheiroglossa*, *Helminthostachys* ミヤコジマハナワラビ, *Mankyua*, *Ophioglossum* コヒロハハナヤスリ・コブラン
マツバラン目 Psilotales …*Psilotum* マツバラン, *Tmesipteris* イヌナンカクラン

ⅠD. リュウビンタイ亜綱 Marattidae

リュウビンタイ目 Marattales …*Angiopteris* リュウビンタイ, *Christensenia*, *Eupodium*, *Marattia*, †*Psaronius*, *Ptisana* リュウビンタイモドキ

ⅠE. ウラボシ亜綱 Polypodiidae

†ボトリオプテリス目 Botryopteridales
　　†ボトリオプテリス科 Botryopteridaceae …†*Botryopteris*
　　†テデレア科 Tedeleaceae …†*Tedelea*
　　†カプラノプテリス科 Kaplanopteridaceae …†*Kaplanopteris*
ゼンマイ目 Osmundales …*Leptopteris*, *Osmunda* ゼンマイ, *Osmundastrum* ヤマドリゼンマイ, *Todea*
コケシノブ目 Hymenophyllales …*Abrodictyum* ハハジマホラゴケ, *Callistopteris* キクモバホラゴケ, *Cephalomanes* ソテツホラゴケ, *Crepidomanes* アオホラゴケ・ウチワゴケ, *Didymoglossum* ゼニゴケシダ, †*Hopetedia*, *Hymenophyllum* コケシノブ, *Trichomanes*, *Vandenbochia* ハイホラゴケ
ウラジロ目 Gleicheniales
　　ウラジロ科 Gleicheniaceae …*Dicranopteris* コシダ, *Gleichenia* ウラジロ, *Stromatopteris*
　　ヤブレガサウラボシ科 Dipteridaceae …*Cheiropleuria* スジヒトツバ, *Dipteris* ヤブレガサウラボシ,

　　　　　†*Hausmaannia*
　　　マトニア科 Matoniaceae …*Matonia*, *Phanerosorus*
　フサシダ目 Schizaeales
　　　カニクサ科 Lygodiaceae …*Lygodium* カニクサ
　　　フサシダ科 Schizaeaceae …*Schizaea* フサシダ
　　　アネミア科 Anemiaceae …*Anemia*
　サンショウモ目 Salviniales
　　　デンジソウ科 Marsileaceae …*Marsilea* デンジソウ, *Pilularia*, *Regnellidum*, †*Regnellites*
　　　サンショウモ科 Salviniaceae …*Azolla* アカウキクサ, *Salvinia* サンショウモ
　　　†ヒドロプテリス科 Hydropteridaceae …†*Hydropteris*
　ヘゴ目 Cyatheales
　　　チルソプテリス科 Thyrsopteridaceae …*Thyrsopteris*
　　　ロクソマ科 Loxsomataceae …*Loxsoma*, *Loxsomopsis*
　　　クルキタ科 Culcitaceae …*Culcita*
　　　キジノオシダ科 Plagiogyriaceae …*Plagiogyria* キジノオシダ
　　　タカワラビ科 Cibotiaceae …*Cibotium* タカワラビ
　　　ヘゴ科 Cyatheaceae …*Cyathea* ヘゴ
　　　ディクソニア科 Dicksoniaceae …*Calochlaena*, *Dicksonia*, *Lophosoria*
　　　メタキシア科 Metaxyaceae …*Metaxya*
　　　†テンプスキア科 Tempskyaceae …†*Tempskya*
　ウラボシ目 Polypodiales
　　　ロンクティス科 Lonchtidaceae …*Lonchtis*
　　　サッコロマ科 Saccolomataceae …*Orthiopteris*, *Saccoloma*
　　　キストディウム科 Cystodiaceae …*Cystodium*
　　　ホングウシダ科 Lindsaeaceae …*Lindsaea* ホングウシダ, *Sphenomeris* ホラシノブ, *Tapeinidium* ゴザダケシダ
　　　コバノイシカグマ科 Dennstaedtiaceae …*Blotiella*, *Dennstaedtia* コバノイシカグマ, *Histiopteris* ユノミネシダ, *Hypolepis* イワヒメワラビ, *Leptolepia*, *Microlepia* フモトシダ, *Monachosorum* フジシダ, *Oenotrichia*, *Paesia*, *Pteridium* ワラビ
　　　イノモトソウ科 Pteridaceae …*Acrostichum* ミミモチシダ, *Actiniopteris*, *Adiatum* ホウライシダ, *Anogramma*, *Antrophyum* タキミシダ, *Apleniopsis*, *Austrogramme*, *Ceratopteris* ミズワラビ, *Cerosora*, *Cheilanthes* ヒメウラジロ, *Coniogramme* イワガネソウ, *Cosentinia*, *Cryptogramma* リシリシノブ, *Doryopteris*, *Haplopteris* シシラン, *Hemionitis*, *Jamesonia*, *Llava*, *Monogramma*, *Nephopteris*, *Onychium* タチシノブ, *Pellaea*, *Pityrogramma* ギンシダ, *Pteris* イノモトソウ・ハチジョウシダ, *Pterozonium*, *Syngramma*, *Taenitis*, *Vittaria*
　　　ナヨシダ科 Cystopteridaceae …*Acystopteris* ウスヒメワラビ, *Cystoathyrium*, *Cystopteris* ナヨシダ, *Gymnocarpium* ウサギシダ
　　　チャセンシダ科 Aspleniaceae …*Asplenium* チャセンシダ・オオタニワタリ, *Hymenasplenium* ホウビシダ
　　　イワヤシダ科 Diplaziopsidaceae …*Diplaziopsis* イワヤシダ
　　　ヒメシダ科 Thelypteridaceae …*Meniscium*, †*Speirseopteris*, *Stegnogramma* ミゾシダ, *Thelypteris* ヒメシダ・ヒメワラビ・ゲジゲジシダ・ホシダ
　　　イワデンダ科 Woodsiaceae …*Woodsia* イワデンダ
　　　ヌリワラビ科 Rhachidosoraceae …*Rhachidosorus* ヌリワラビ
　　　コウヤワラビ科 Onocleaeae …*Matteuccia* クサソテツ, *Onoclea* コウヤワラビ, *Pentarhizidium* イヌガンソク
　　　シシガシラ科 Blechnaceae …*Blechnum* シシガシラ, *Braniea*, †*Midlandia*, *Sadleria*, †*Trawetsis*, *Woodwardia* コモチシダ
　　　メシダ科 Athyriaceae …*Anisocampium* ウラボシノコギリシダ, *Athyrium* イヌワラビ, *Cornopteris* シケチシダ, *Deparia* シケシダ, *Diplazium* ノコギリシダ
　　　キンモウワラビ科 Hypodematiaceae …*Didymochlaena*, *Hypodematium* キンモウワラビ, *Leucostegia*
　　　オシダ科 Dryopteridaceae …*Acrophorus* タイワンヒメワラビ, *Acrorumohra*, *Arachniodes* ホソバカナワラビ, *Bolbitis* ヘツカシダ, *Ctenitis* カツモウイノデ, *Cyrtomium* ヤブソテツ, *Diacalpe*, *Dryopteris* オシダ・ベニシダ, *Elaphoglossum* アツイタ, *Lastreopsis*, †*Makotopteris*, *Peranema*, *Polystichum* イノデ・ジュウモンジシダ
　　　ツルキジノオ科 Lomariopsidaceae …*Cyclopeltis*, *Lomariopsis* ツルキジノオ, *Thysanosoria*
　　　タマシダ科 Nephrolepidaceae …*Nephrolepis* タマシダ
　　　ナナバケシダ科 Tectariaceae …*Arthropteris* ワラビツナギ, *Tectaria* ナナバケシダ
　　　ツルシダ科 Oleandraceae …*Oleandra* ツルシダ
　　　シノブ科 Davalliaceae …*Davallia* シノブ, *Davallodes*, *Humata* キクシノブ

真核生物ドメイン　植物界

ウラボシ科 Polypodiaceae …*Crypsinus* ミツデウラボシ, *Ctenopteris* キレハオクボシダ, *Drynaria* ハカマウラボシ, *Grammitis* ヒメウラボシ, *Lecanopteris*, *Lemmaphyllum* マメヅタ, *Lepidomicrosrium* ヤノネシダ, *Lepisorus* ノキシノブ, *Loxogramme* サジラン, *Neolepisorus* クリハラン, *Platycerium* ビカクシダ, *Pleurosoriopsis* カラクサシダ, *Polypodium* エゾデンダ, *Pyrrosia* ヒトツバ, *Xiphopteris* オオクボシダ

II. †原裸子植物綱 Progymnospermopsida

†アニューロフィトン目 Aneurophytales …†*Aneurophyton*, †*Rellimia*, †*Triloboxylon*
†アルカエオプテリス目 Archaeopteridales …†*Archaeopteris*, †*Eddya*
†プロトピティス目 Protopityales …†*Protopitys*

III. †シダ種子植物綱 Pteridospermatopsida

カラモピティス目 Calamopityales …†*Calamopitys*, *Stenomyelon*
†リギノプテリス目 Lyginopteridales …†*Genomosperma*, †*Heterangium*, †*Lagenostoma*, †*Lyginopteris*
†メドゥロサ目 Medullosales …†*Medullosa*, †*Neuropteris*, †*Pachytesta*, †*Trigonocarpus*
†カリストフィトン目 Callistophytales …†*Callistophyton*, †*Callospermarion*, †*Emplectopteris*

IV. †グロッソプテリス綱 Glossopteridopsida

†グロッソプテリス目 Glossopteridales …†*Denkania*, †*Glossopteris*, †*Lidgettonia*, †*Vertebraria*

V. †ペルタスペルマ綱 Peltaspermopsida

†ペルタスペルマ目 Peltaspermales …†*Dichophyllum*, †*Lepidopteris*, †*Peltaspermum*, †*Raminervia*

VI. †コリストスペルマ綱 Corystospermopsida

†コリストスペルマ目 Corystospermales …† *Pilphorosperma*, †*Dicroidium*, †*Pachypteris*, †*Umkomasia*

VII. †カイトニア綱 Caytoniopsida

†カイトニア目 Caytoniales …†*Caytonia*, †*Ruflorinia*, †*Sagenopteris*

VIII. †ペントズィロン綱 Pentoxylopsida

†ペントズィロン目 Pentoxylales …†*Carnoconites*, †*Nipaniophyllum*, †*Pentoxylon*

IX. †チェカノフスキア綱 Czekanowskiopsida

†チェカノフスキア目 Czekanowskiales …†*Czekanowskia*, †*Leptostrobus*

X. †キカデオイデア綱 Cycadeoidopsida

†キカデオイデア目 Cycadeoidales（ベネチテス目 Bennettitales）…†*Cycadeoidea*, †*Cycadeoidella*, †*Otozamites*, †*Williamsonia*

XI. ソテツ綱 Cycadopsida

ソテツ目 Cycadales
　　〔科不明〕…†*Antarcticycas*, †*Archaeocycas*, †*Ctenis*, †*Nilssonia*, †*Sanchucycas*, †*Yuania*
　　ソテツ科 Cycadaceae …*Cycas* ソテツ, *Dyerocycas*
　　スタンゲリア科 Stangeriaceae …*Bowenia*, *Stangeria* オオバシダソテツ
　　ザミア科 Zamiaceae …*Ceratozamia*, *Dioon*, *Encephalartos*, *Macrozamia*, *Zamia* メキシコソテツ

XII. イチョウ綱 Ginkgopsida

イチョウ目 Ginkgoales
　　〔科不明〕…†*Baiera*, †*Ginkgodium*, †*Ginkgoites*
　　†トリコピティス科 Trichopityaceae …†*Trichopitys*
　　†カルケニア科 Karkeniaceae …†*Karkenia*, †*Sphenobaiera*
　　†ユィマイア科 Yimaiaceae …†*Yimaia*
　　イチョウ科 Ginkgoaceae …*Ginkgo* イチョウ

XIII. 球果植物綱 Pinopsida（Coniferopsida）

†コルダイテス目 Cordaitales …†*Amyelon*, †*Cordaites*, †*Poroxylon*
†ヴォルツィア目 Voltziales …†*Ernestiodendron*, †*Glyptolepis*, †*Lebachia*, †*Ullmannia*, †*Voltzia*
球果植物目 Coniferales
　　〔科不明〕…†*Brachyphyllum*, †*Cupressinocladus*, †*Pagiophyllum*, †*Podozamites*
　　†ケイロレピス科 Cheirolepidiaceae …†*Classopollis*, †*Frenelopsis*, †*Hirmerella*
　　マツ科 Pinaceae …*Abies* モミ, *Cedrus* ヒマラヤスギ, *Larix* カラマツ, *Picea* トウヒ, *Pinus* アカ

真核生物ドメイン　植物界　　1645

　　　　　マツ, *Pseudotsuga* トガサワラ, *Tsuga* ツガ
　　　ナンヨウスギ科 Araucariaceae …*Agathis* ナンヨウナギ, *Araucaria* ナンヨウスギ, *Wollemia*
　　　マキ科 Podocarpaceae …*Dacrydium*, *Nageia* ナギ, *Parasitaxus*, *Phyllocladus*, *Podocarpus* イヌ
　　　　　マキ
　　　コウヤマキ科 Sciadopityaceae …*Sciadopitys* コウヤマキ
　　　ヒノキ科 Cupressaceae …*Chamaecyparis* ヒノキ, *Cryptomeria* スギ, *Cupressus* イトスギ,
　　　　　Juniperus ビャクシン, *Metasequoia* メタセコイア, *Sequoia*, *Taiwania*, *Taxodium*,
　　　　　Thuja クロベ, *Thujopsis* アスナロ
　　　イヌガヤ科 Cephalotaxaceae …*Amentotaxus*, *Cephalotaxus* イヌガヤ, *Torreya* カヤ
　　　イチイ科 Taxaceae …*Austrotaxus*, *Pseudotaxus*, *Taxus* イチイ　　　　　　　　　　　　　　　　10

ⅩⅣ. グネツム綱 Gnetopsida

グネツム目 Gnetales
　　　グネツム科 Gnetaceae …*Gnetum* グネツム
　　　ウェルウィチア科 Welwitschiaceae …*Welwitschia* サバクオモト
　　　マオウ科 Ephedraceae …*Ephedra* マオウ

ⅩⅤ. 被子植物綱 Magnoliopsida (Angiospermopsida)

アンボレラ目 Amborellales
　　　アンボレラ科 Amborellaceae …*Amborella* アンボレラ
スイレン目 Nymphaeales
　　　ヒダテラ科 Hydatellaceae …*Hydatella* ヒダテラ, *Trithuria*　　　　　　　　　　　　　　　　　　　20
　　　ハゴロモモ科 Cabombaceae …*Brasenia* ジュンサイ, *Cabomba* ハゴロモモ
　　　スイレン科 Nymphaeaceae …*Barclaya*, *Euryale* オニバス, *Nuphar* コウホネ, *Nymphaea* ヒツジ
　　　　　グサ・スイレン, *Victoria* オオオニバス
アウストロバイレヤ目 Austrobaileyales
　　　アウストロバイレヤ科 Austrobaileyaceae …*Austrobaileya* アウストロバイレヤ
　　　マツブサ科 Schisandraceae …*Illicium* シキミ, *Kadsura* サネカズラ, *Schisandra* マツブサ
マツモ目 Ceratophyllales
　　　マツモ科 Ceratophyllaceae …*Ceratophyllum* マツモ
センリョウ目 Chloranthales
　　　センリョウ科 Chloranthaceae …*Chloranthus* ヒトリシズカ, *Sarcandra* センリョウ　　　　　　30
カネラ目 Canellales
　　　シキミモドキ科 Winteraceae …*Drymis*, *Tasmannia* シキミモドキ
コショウ目 Piperales
　　　ドクダミ科 Saururaceae …*Houttuynia* ドクダミ, *Saururus* ハンゲショウ
　　　コショウ科 Piperaceae …*Peperomia* サダソウ, *Piper* コショウ・フウトウカズラ
　　　ウマノスズクサ科 Aristolochiaceae …*Aristolochia* ウマノスズクサ, *Asarum* カンアオイ・フタバ
　　　　　アオイ・ウスバサイシン
モクレン目 Magnoliales
　　　ニクズク科 Myristicaceae …*Myristica* ニクズク
　　　モクレン科 Magnoliaceae …*Liriodendron* ユリノキ, *Magnolia* モクレン・オガタマノキ　　　　40
　　　デゲネリア科 Degeneriaceae …*Degeneria*
　　　エウポマティア科 Eupomatiaceae …*Eupomatia*
　　　バンレイシ科 Annonaceae …*Annona* バンレイシ, *Asimina* ポポー, *Polyalthia* クロボウモドキ
クスノキ目 Laurales
　　　ロウバイ科 Calycanthaceae …*Chimonanthus* ロウバイ
　　　ハスノハギリ科 Hernandiaceae …*Hernandia* ハスノハギリ, *Illigera* テングノハナ
　　　モニミア科 Monimiaceae …*Hedycarya*
　　　クスノキ科 Lauraceae …*Cinnamomum* クスノキ, *Laurus* ゲッケイジュ, *Lindera* クロモジ・アブラ
　　　　　チャン, *Litsea* カノキ, *Machilus* タブノキ, *Persea* アボカド

ⅩⅤ A. 単子葉類 Monocotyledons　　　　　　　　　　　　　　　　　　　　　　　　　　　　　　　　50

オモダカ目 Arismatales
　　　ショウブ科 Acoraceae …*Acorus* ショウブ・セキショウ
　　　サトイモ科 Araceae …*Alocasia* クワズイモ, *Amorphophallus* コンニャク, *Anthurium* ベニウチワ
　　　　　(アンスリウム), *Arisaema* マムシグサ・ウラシマソウ, *Calla* ヒメカイウ, *Colocasia* サトイ
　　　　　モ, *Epipremnum* ハブカズラ, *Lemna* アオウキクサ, *Lysichiton* ミズバショウ, *Monstera* ホ
　　　　　ウライショウ(モンステラ), *Philodendron* ヒトデカズラ, *Pinellia* カラスビシャク,
　　　　　Schismatoglottis コウトウイモ, *Spirodela* ウキクサ, *Symplocarpus* ザゼンソウ, *Wolffia* ミ
　　　　　ジンコウキクサ
　　　チシマゼキショウ科 Tofieldiaceae …*Tofieldia* チシマゼキショウ, *Triantha* イワショウブ

オモダカ科 Alismataceae …*Alisma* サジオモダカ, *Hydrocleys* ミズヒナゲシ, *Sagittaria* オモダカ
ハナイ科 Butomaceae …*Butomus* ハナイ
トチカガミ科 Hydrocharitaceae …*Blyxa* スブタ, *Elodea* コカナダモ, *Halophila* ウミヒルモ, *Hydrilla* クロモ, *Hydrocharis* トチカガミ, *Najas* イバラモ, *Ottelia* ミズオオバコ, *Vallisneria* セキショウモ
ホロムイソウ科 Scheuchzeriaceae …*Scheuchzeria* ホロムイソウ
レースソウ科 Aponogetonaceae …*Aponogeton* レースソウ
シバナ科 Juncaginaceae …*Triglochin* シバナ
アマモ科 Zosteraceae …*Phyllospadix* スガモ, *Zostera* アマモ
ヒルムシロ科 Potamogetonaceae …*Potamogeton* ヒルムシロ・リュウノヒゲモ, *Zannichellia* イトクズモ
カワツルモ科 Ruppiaceae …*Ruppia* カワツルモ
シオニラ科 Cymodoceaceae …*Cymodocea* ベニアマモ, *Halodule* ウミジグサ

サクライソウ目 Petrosaviales
サクライソウ科 Petrosaviaceae …*Japonolirion* オゼソウ, *Petrosavia* サクライソウ

ヤマノイモ目 Dioscoreales
キンコウカ科 Nartheciaceae …*Aletris* ソクシンラン・ノギラン, *Nartheciun* キンコウカ
タシロイモ科 Taccaceae …*Tacca* タシロイモ
タヌキノショクダイ科 Thismiaceae …*Oxygyne* ヒナノボンボリ・ホシザキシャクジョウ, *Thismia* タヌキノショクダイ
ヒナノシャクジョウ科 Burmanniaceae …*Burmannia* ヒナノシャクジョウ
ヤマノイモ科 Dioscoreaceae …*Dioscorea* ヤマノイモ・オニドコロ・ニガカシュウ

タコノキ目 Pandanales
ホンゴウソウ科 Triuridaceae …*Sciaphila* ホンゴウソウ・ウエマツソウ
ビャクブ科 Stemonaceae …*Croomia* ナベワリ, *Stemona* ビャクブ
パナマソウ科 Cyclanthaceae …*Carludovica* パナマソウ
タコノキ科 Pandanaceae …*Freycinetia* ツルアダン, *Pandanus* タコノキ・アダン, *Sararanga*

ユリ目 Liliales
シュロソウ科 Melanthiaceae …*Anticlea* リシリソウ, *Chionographis* シライトソウ, *Helonias* ショウジョウバカマ, *Paris* ツクバネソウ, *Trillium* エンレイソウ, *Veratrum* シュロソウ
ユリズイセン科 Alstroemeriaceae …*Alstroemeria* ユリズイセン(アルストロメリア)
イヌサフラン科 Colchicaceae …*Colchicum* イヌサフラン, *Disporum* チゴユリ・ホウチャクソウ
サルトリイバラ科 Smilacaceae …*Smilax* サルトリイバラ, シオデ
ユリ科 Liliaceae …*Amana* アマナ, *Cardiocrinum* ウバユリ, *Clintonia* ツバメオモト, *Erythronium* カタクリ, *Fritillaria* バイモ・クロユリ, *Gagea* キバナノアマナ, *Lilium* ヤマユリ, *Lloydia* チシマアマナ, *Streptopus* タケシマラン, *Tricyrtis* ホトトギス, *Tulipa* チューリップ

キジカクシ目 Asparagales
ラン科 Orchidaceae …*Apostasia* ヤクシマラン, *Bletilla* シラン, *Bulbophyllum* マメヅタラン, *Calanthe* エビネ, *Calypso* ホテイラン, *Cattleya* カトレア, *Cephalanthera* キンラン, *Chamaegastrodia* ヒメノヤガラ, *Cymbidium* シュンラン, *Cypripedium* アツモリソウ, *Cyrtosia* ツチアケビ, *Dactylorhiza* ハクサンチドリ, *Dendrobium* セッコク, *Epipogium* トラキチラン, *Eria* オサラン, *Gastrochilus* カシノキラン, *Gastrodia* オニノヤガラ, *Goodyera* シュスラン, *Habenaria* ミズトンボ, *Herminium* ムカゴソウ, *Lecanorchis* ムヨウラン, *Liparis* クモキリソウ, *Luisia* ボウラン, *Malaxis* ホザキイチヨウラン, *Neofinetia* フウラン, *Neottia* サカネラン, *Oberonia* ヨウラクラン, *Paphiopedilum*, *Phalaenopsis* コチョウラン, *Platanthera* ツレサギソウ, *Ponerorchis* ウチョウラン, *Sedirea* ナゴラン, *Spiranthes* ネジバナ, *Taeniophyllum* クモラン, *Trixspermum* カヤラン, *Vanda* ヒスイラン, *Vanilla* バニラ
キンバイザサ科 Hypoxidaceae …*Curculigo* キンバイザサ, *Hypoxis* コキンバイザサ
アヤメ科 Iridaceae …*Crocus* クロッカス・サフラン, *Gladiolus* グラジオラス, *Iris* アヤメ・ハナショウブ・ヒオウギ, *Sysyrinchium* ニワゼキショウ
ススキノキ科 Xanthorrhoeaceae …*Aloe* キダチアロエ, *Asphodelus* ツルボラン, *Dianella* キキョウラン, *Hemerocallis* キスゲ, *Xanthorrhoea* ススキノキ
ヒガンバナ科 Amaryllidaceae …*Agapanthus* ムラサキクンシラン, *Allium* ネギ・ニンニク, *Amaryllis* ホンアマリリス, *Clivia* クンシラン, *Crinum* ハマオモト, *Lycoris* ヒガンバナ, *Narcissus* スイセン
キジカクシ科 Asparagaceae …*Agave* リュウゼツラン, *Asparagus* アスパラガス・キジカクシ・クサスギカズラ, *Aspidistra* ハラン, *Barnardia* ツルボ, *Chlorophytum* オリヅルラン, *Cordyline* センネンボク, *Hosta* ギボウシ, *Hyacinthus* ヒアシンス, *Liriope* ヤブラン, *Maianthemum* ユキザサ・マイヅルソウ, *Ophiopogon* ジャノヒゲ, *Polygonatum* アマドコロ, *Reineckea* キチジョウソウ, *Rohdea* オモト, *Yucca* イトラン

真核生物ドメイン　植物界　1647

ヤシ目 Arecales
  ヤシ科 Arecaceae(Palmae) …*Areca* ビンロウジュ, *Arenga* クロツグ・サトウヤシ, *Calamus* トウ, *Clinotigma* ノヤシ, *Cocos* ココヤシ, *Livistona* ビロウ, *Metroxylon* サゴヤシ, *Nypa* ニッパヤシ, *Phoenix* ナツメヤシ, *Satakentia* ヤエヤマヤシ, *Trachycarpus* シュロ, *Washingtonia* オキナヤシ
ツユクサ目 Commelinales
  ツユクサ科 Commelinaceae …*Commelina* ツユクサ, *Murdannia* イボクサ, *Pollia* ヤブミョウガ, *Streptolirion* アオイカズラ, *Tradescantia* ムラサキツユクサ・ムラサキオモト
  タヌキアヤメ科 Philydraceae …*Philydrum* タヌキアヤメ
  ミズアオイ科 Pontederiaceae …*Eichhornia* ホテイアオイ, *Monochoria* コナギ・ミズアオイ　　10
ショウガ目 Zingiberales
  ゴクラクチョウカ科 Strelitziaceae …*Ravenala* オウギバショウ(タビビトノキ), *Strelitzia* ゴクラクチョウカ(ゴクラクチョウバナ)
  オウムバナ科 Heliconiaceae …*Heliconia* ヒメゴクラクチョウカ
  バショウ科 Musaceae …*Musa* バショウ・バナナ
  カンナ科 Cannaceae …*Canna* ダンドク
  クズウコン科 Marantaceae …*Calathea* ヤバネバショウ, *Maranta* クズウコン
  オオホザキアヤメ科 Costaceae …*Cheilocostus* オオホザキアヤメ(フクジンソウ)
  ショウガ科 Zingiberaceae …*Alpinia* ハナミョウガ・クマタケラン・ゲットウ, *Curcuma* ウコン, *Zingiber* ショウガ・ミョウガ　　20
イネ目 Poales
  パイナップル科 Bromeliaceae …*Ananas* パイナップル, *Tillandsia* サルオガセモドキ(スパニッシュモス)
  ガマ科 Typhaceae …*Typha* ガマ
  ミクリ科 Sparganiaceae …*Sparganium* ミクリ
  トウエンソウ科 Xyridaceae …*Xyris* トウエンソウ
  ホシクサ科 Eriocaulaceae …*Eriocaulon* ホシクサ
  イグサ科 Juncaceae …*Juncus* イグサ・コウガイゼキショウ, *Luzula* ヌカボシソウ・スズメノヤリ
  カヤツリグサ科 Cyperaceae …*Carex* カンスゲ・コウボウムギ, *Cyperus* カヤツリグサ・パピルス, *Eleocharis* ハリイ, *Eriophorum* ワタスゲ, *Fimbristylis* テンツキ, *Kobresia* ヒゲハリスゲ,　　30 *Schoenoplectus* フトイ, *Scirpus* アブラガヤ, *Scleria* シンジュガヤ
  サンアソウ科 Restionaceae …*Dapsilanthus* サンアソウ
  トウツルモドキ科 Flagellariaceae …*Flagellaria* トウツルモドキ
  イネ科 Poaceae(Gramineae) …*Aegilops* タルホコムギ, *Agrostis* ヌカボ, *Arundo* ダンチク, *Avena* カラスムギ, *Bambusa* ホウライチク, *Bromus* イヌムギ, *Calamagrostis* ノガリヤス, *Coix* ハトムギ, *Cortaderia* シロガネヨシ(パンパスグラス), *Cymbopogon* オガルカヤ, *Dendrocalamus* マチク, *Digitaria* メヒシバ, *Echinochloa* ヒエ, *Eleusine* オヒシバ, *Elymus* カモジグサ, *Eragrostis* カゼクサ・スズメガヤ, *Glyceria* ドジョウツナギ, *Hordeum* オオムギ, *Imperata* チガヤ, *Melica* コメガヤ, *Miscanthus* ススキ, *Oryza* イネ, *Panicum* キビ, *Phragmites* ヨシ, *Phyllostachys* マダケ・モウソウチク, *Pleioblastus* メダケ, *Poa* イチゴツナギ,　　40 *Saccharum* サトウキビ, *Sasa* チシマザサ・スズタケ, *Secale* ライムギ, *Setaria* アワ, *Sorghum* モロコシ, *Stipa* ハネガヤ, *Triticum* コムギ, *Zea* トウモロコシ, *Zizania* マコモ, *Zoysia* シバ

ⅩⅤ B. 真正双子葉類 Eudocots

キンポウゲ目 Ranunculales
  フサザクラ科 Eupteleaceae …*Euptelea* フサザクラ
  ケシ科 Papaveraceae …*Chelidonium* クサノオウ, *Corydalis* キケマン, *Dicentra* コマクサ, *Macleaya* タケニグサ, *Meconopsis* メコノプシス, *Papaver* ケシ, *Pteridophyllum* オサバグサ
  アケビ科 Lardizabalaceae …*Akebia* アケビ, *Stauntonia* ムベ　　50
  ツヅラフジ科 Menispermaceae …*Cocculus* アオツヅラフジ, *Menispermum* コウモリカズラ, *Sinomenium* ツヅラフジ, *Stephania* ハスノハカズラ
  メギ科 Berberidaceae …*Berberis* メギ・ヒイラギナンテン, *Caulophyllum* ルイヨウボタン, *Diphylleia* サンカヨウ, *Epimedium* イカリソウ, *Nandina* ナンテン, *Ranzania* トガクシソウ
  キンポウゲ科 Ranunculaceae …*Aconitum* ハナトリカブト, *Adonis* フクジュソウ, *Anemone* イチリンソウ, *Aquilegia* オダマキ, *Callianthemum* キタダケソウ, *Caltha* リュウキンカ, *Cimicifuga* サラシナショウマ, *Clematis* ハンショウヅル, *Coptis* オウレン, *Delphinium* オオヒエンソウ, *Glaucidium* シラネアオイ, *Hellebolus* クリスマスローズ, *Hepatica* スハマソウ, *Ranunculus* キンポウゲ, *Thalictrum* カラマツソウ　　60
アワブキ目 Sabiales

アワブキ科 Sabiaceae …*Meliosma* アワブキ, *Sabia* アオカズラ
ヤマモガシ目 Proteales
 ハス科 Nelumbonaceae …*Nelumbo* ハス
 スズカケノキ科 Platanaceae …*Platanus* スズカケノキ
 ヤマモガシ科 Proteaceae …*Banksia*, *Helicia* ヤマモガシ, *Macadamia*, *Protea*
ヤマグルマ目 Trochodendrales
 ヤマグルマ科 Trochodendraceae …*Tetracentron* スイセイジュ, *Trochodendron* ヤマグルマ
ツゲ目 Buxales
 ツゲ科 Buxaceae …*Buxus* ツゲ, *Pachysandra* フッキソウ
グンネラ目 Gunnerales
 グンネラ科 Gunneraceae …*Gunnera* オニブキ(グンネラ)
ユキノシタ目 Saxifragale
 フウ科 Altingiaceae …*Liquidambar* フウ
 マンサク科 Hamamelidaceae …*Corylopsis* トサミズキ, *Disanthus* マルバノキ, *Distylium* イスノキ, *Hamamelis* マンサク, *Loropetalum* トキワマンサク
 カツラ科 Cercidiphyllaceae …*Cercidiphyllum* カツラ
 ユズリハ科 Daphniphyllaceae …*Daphniphyllum* ユズリハ
 ボタン科 Paeoniaceae …*Paeonia* ボタン・シャクヤク
 ズイナ科 Iteaceae …*Itea* ズイナ
 スグリ科 Grossulariaceae …*Ribes* スグリ
 ユキノシタ科 Saxifragaceae …*Astilbe* チダケサシ, *Mitella* チャルメルソウ, *Saxifraga* ユキノシタ, *Tanakaea* イワユキノシタ
 ベンケイソウ科 Crassulaceae …*Hylotelephium* ベンケイソウ, *Kalanchoe* リュウキュウベンケイ, *Rhodiola* イワベンケイ, *Sedum* マンネングサ, *Tillaea* アズマツメクサ
 タコノアシ科 Penthoraceae …*Penthorum* タコノアシ
 アリノトウグサ科 Haloragaceae …*Gonocarpus* アリノトウグサ, *Myriophyllum* フサモ
ブドウ目 Vitales
 ブドウ科 Vitaceae …*Ampelopsis* ノブドウ, *Cayratia* ヤブカラシ, *Leea* オオウドノキ, *Parthenocissus* ツタ, *Vitis* ブドウ
フウロソウ目 Geraniales
 フウロソウ科 Geraniaceae …*Geranium* ゲンノショウコ
クロッソソマ目(ミツバウツギ目) Crossosomatales
 ミツバウツギ科 Staphyleaceae …*Euscaphis* ゴンズイ, *Staphylea* ミツバウツギ
 キブシ科 Stachyuraceae …*Stachyurus* キブシ
フトモモ目 Myrtales
 シクンシ科 Combretaceae …*Lumnitzera* ヒルギモドキ, *Quisqualis* シクンシ, *Terminalia* モモタマナ
 ミソハギ科 Lythraceae …*Lagerstroemia* サルスベリ, *Lythrum* ミソハギ, *Punica* ザクロ, *Sonneratia* ハマザクロ(マヤプシキ), *Trapa* ヒシ
 アカバナ科 Onagraceae …*Epilobium* アカバナ, *Fuchsia* フクシア, *Oenothera* マツヨイグサ
 フトモモ科 Myrtaceae …*Eucalyptus* ユーカリノキ, *Metrosideros* ムニンフトモモ, *Rhodomyrtus* テンニンカ, *Syzygium* フトモモ・アデク・チョウジノキ
 ノボタン科 Melastomataceae …*Bredia* ハシカンボク, *Melastoma* ノボタン, *Osbeckia* ヒメノボタン
ハマビシ目 Zygophyllales
 ハマビシ科 Zygophyllaceae …*Tribulus* ハマビシ
マメ目 Fabales
 マメ科 Fabaceae(Leguminosae) …*Acacia* ソウシジュ・アカシア, *Albizia* ネムノキ, *Arachis* ナンキンマメ(ラッカセイ), *Astragalus* ゲンゲ, *Caesalpinia* ジャケツイバラ, *Chamaecrista* カワラケツメイ, *Derris* シイノキカズラ, *Desmodium* シバハギ, *Gleditsia* サイカチ, *Glycine* ダイズ, *Lathyrus* レンリソウ, *Lespedeza* ハギ, *Medicago* ウマゴヤシ, *Mimosa* オジギソウ, *Mucuna* トビカズラ, *Phaseolus* インゲンマメ, *Pisum* エンドウ, *Pueraria* クズ, *Robinia* ハリエンジュ(ニセアカシア), *Sophora* クララ, *Tamarindus* タマリンド, *Trifolium* シロツメクサ(クローバー), *Vicia* ソラマメ, *Vigna* アズキ, *Wisteria* フジ
 ヒメハギ科 Polygalaceae …*Polygala* ヒメハギ, *Salomonia* ヒナノカンザシ
バラ目 Rosales
 バラ科 Rosaceae …*Amygdalus* モモ・アーモンド, *Armeniaca* ウメ・アンズ, *Cerasus* ヤマザクラ・ソメイヨシノ, *Cotoneaster* シャリントウ, *Crataegus* サンザシ, *Eriobotrya* ビワ, *Fragaria* オランダイチゴ, *Geum* ダイコンソウ, *Malus* リンゴ, *Potentilla* キジムシロ, *Prunus* スモモ, *Pyrus* ナシ, *Rosa* バラ・ハマナス, *Rubus* キイチゴ, *Sorbus* ナナカマド, *Spiraea* シモツケ
 グミ科 Elaeagnaceae …*Elaeagnus* ナツグミ

真核生物ドメイン　植物界　1649

　　　　　クロウメモドキ科 Rhamnaceae …*Berchemia* クマヤナギ, *Rhamnella* ネコノチチ, *Rhamnus* クロウメモドキ, *Ziziphys* ナツメ
　　　　　ニレ科 Ulmaceae …*Ulmus* ハルニレ, *Zelkova* ケヤキ
　　　　　アサ科 Cannabaceae …*Aphananthe* ムクノキ, *Cannabis* アサ, *Certis* エノキ, *Humulus* ホップ・カナムグラ, *Trema* ウラジロエノキ
　　　　　クワ科 Moraceae …*Artocarpus* パンノキ, *Broussonetia* コウゾ, *Fatoua* クワクサ, *Ficus* イチジク・イヌビワ・インドゴムノキ, *Maclura* ハリグワ, *Morus* クワ
　　　　　イラクサ科 Urticaceae …*Boehmeria* ヤブマオ・カラムシ, *Elatostema* ウワバミソウ, *Laportea* ムカゴイラクサ, *Pellionia* サンショウソウ, *Pilea* ミズ, *Urtica* イラクサ
　　ウリ目 Cucurbitales
　　　　　ドウツギ科 Coriariaceae …*Coriaria* ドクウツギ
　　　　　ウリ科 Cucurbitaceae …*Actinostemma* ゴキヅル, *Cucumis* キュウリ・メロン, *Cucurbita* カボチャ, *Gynostemma* アマチャヅル, *Luffa* ヘチマ, *Neoachmandra* スズメウリ, *Sechium* ハヤトウリ, *Trichosanthes* カラスウリ
　　　　　シュウカイドウ科 Begoniaceae …*Begonia* シュウカイドウ・ベゴニア
　　ブナ目 Fagales
　　　　　ナンキョクブナ科 Nothofagaceae …*Nothofagus* ナンキョクブナ
　　　　　ブナ科 Fagaceae …*Castanea* クリ, *Castanopsis* スダジイ, *Fagus* ブナ, *Lithocarpus* マテバシイ, *Quercus* カシワ・コルクガシ・イチイガシ・アカガシ
　　　　　ヤマモモ科 Myricaceae …*Morella* ヤマモモ, *Myrica* ヤチヤナギ
　　　　　クルミ科 Juglandaceae …*Juglans* クルミ, *Platycarya* ノグルミ, *Pterocarya* サワグルミ
　　　　　モクマオウ科 Casuarinaceae …*Casuarina* トクサモクマオウ
　　　　　カバノキ科 Betulaceae …*Alnus* ハンノキ, *Betula* シラカンバ, *Carpinus* アカシデ, *Corylus* ツノハシバミ, *Ostrya* アサダ
　　ニシキギ目 Celastrales
　　　　　ウメバチソウ科 Parnassiaceae …*Parnassia* ウメバチソウ
　　　　　ニシキギ科 Celastraceae …*Celastrus* ツルウメモドキ, *Euonymus* マユミ, *Microtropis* モクレイシ
　　カタバミ目 Oxalidales
　　　　　マメモドキ科 Connaraceae …*Connarus* マメモドキ
　　　　　カタバミ科 Oxalidaceae …*Oxalis* カタバミ
　　　　　ホルトノキ科 Elaeocarpaceae …*Elaeocarpus* ホルトノキ
　　　　　フクロユキノシタ科 Cephalotaceae …*Cephalotus* フクロユキノシタ
　　キントラノオ目 Malpighiales
　　　　　ラフレシア科 Rafflesiaceae …*Rafflesia* ラフレシア
　　　　　ヒルギ科 Rhizophoraceae …*Bruguiera* オヒルギ, *Kandelia* メヒルギ, *Rhizophora* ヤエヤマヒルギ
　　　　　コカノキ科 Erythroxylaceae …*Erythroxylum* コカノキ
　　　　　トウダイグサ科 Euphorbiaceae …*Croton* ハズ, *Euphorbia* トウダイグサ・ショウジョウボク(ポインセチア), *Macaranga* オオバギ, *Mallotus* アカメガシワ, *Manihot* キャッサバ, *Neoshirakia* シラキ, *Ricinus* トウゴマ(ヒマ), *Triadica* ナンキンハゼ
　　　　　ミカンソウ科 Phyllanthaceae …*Antidesma* ヤマヒハツ, *Bischofia* アカギ, *Flueggea* ヒトツバハギ, *Glochidion* カンコノキ, *Phyllanthus* コミカンソウ・コバンノキ
　　　　　オクナ科 Ochnaceae …*Ochna* ミッキーマウスノキ
　　　　　ミゾハコベ科 Elatinaceae …*Elatine* ミゾハコベ
　　　　　キントラノオ科 Malpighiaceae …*Galphimia* キントラノオ, *Tristellateia* コウシュンカズラ
　　　　　アマ科 Linaceae …*Linum* アマ
　　　　　テリハボク科 Clusiaceae (Guttiferae) …*Calophyllum* テリハボク, *Garcinia* フクギ・マンゴスチン
　　　　　カワゴケソウ科 Podostemaceae …*Cladopus* カワゴケソウ, *Hydrobryum* カワゴロモ
　　　　　オトギリソウ科 Hypericaceae …*Hypericum* オトギリソウ, *Triadenum* ミズオトギリ
　　　　　ツゲモドキ科 Putranjivaceae …*Drypetes* ハツバキ, *Putranjiva* ツゲモドキ
　　　　　スミレ科 Violaceae …*Viola* スミレ・パンジー
　　　　　ヤナギ科 Salicaceae …*Idesia* イイギリ, *Populus* ドロノキ・ヤマナラシ, *Salix* ヤナギ・ケショウヤナギ, *Xylosma* クスドイゲ
　　　　　トケイソウ科 Passifloraceae …*Passiflora* トケイソウ
　　アブラナ目 Brassicales
　　　　　ノウゼンハレン科 Tropaeolaceae …*Tropaeolum* ノウゼンハレン
　　　　　ワサビノキ科 Moringaceae …*Moringa* ワサビノキ
　　　　　パパイヤ科 Caricaceae …*Carica* パパイヤ
　　　　　モクセイソウ科 Resedaceae …*Reseda* モクセイソウ
　　　　　フウチョウボク科 Capparaceae …*Capparis* トゲフウチョウボク(ケーパー), *Crateva* ギョボク
　　　　　フウチョウソウ科 Cleomaceae …*Gynandropsis* フウチョウソウ, *Tarenaya* セイヨウフウチョウソウ

アブラナ科 Brassicaceae(Cruciferae) … *Arabidopsis* シロイヌナズナ, *Brassica* アブラナ・ハクサイ, *Capsella* ナズナ, *Cardamine* タネツケバナ, *Draba* イヌナズナ, *Eutrema* ワサビ, *Orychophragmus* ショカツサイ, *Raphanus* ダイコン, *Sinapis* シロガラシ, *Turritis* ハタザオ

ムクロジ目 Sapindales
- カンラン科 Burseraceae … *Canarium* カンラン
- ウルシ科 Anacardiaceae … *Anacardium* カシューナットノキ, *Mangifera* マンゴー, *Pistacia* ランシンボク(カイノキ), *Rhus* ヌルデ, *Toxicodendron* ウルシ
- ムクロジ科 Sapindaceae … *Acer* カエデ, *Aesculus* トチノキ, *Litchi* レイシ(ライチ), *Sapindus* ムクロジ
- ニガキ科 Simaroubaceae … *Ailanthus* ニワウルシ(シンジュ), *Picrasma* ニガキ
- センダン科 Meliaceae … *Melia* センダン, *Swietenia* マホガニー, *Toona* チャンチン
- ミカン科 Rutaceae … *Boenninghausenia* マツカゼソウ, *Citrus* ミカン・カラタチ・キンカン, *Phellodendron* キハダ, *Ruta* ヘンルーダ, *Skimmia* ミヤマシキミ, *Zanthoxylum* サンショウ

アオイ目 Malvales
- ナンヨウザクラ科 Muntingiaceae … *Muntingia* ナンヨウザクラ
- アオイ科 Malvaceae … *Abelmoschus* オクラ, *Adansonia* バオバブ, *Bombax* インドワタノキ(キワタ), *Ceiba* パンヤノキ(カポック), *Cola* コーラノキ, *Durio* ドリアン, *Firmiana* アオギリ, *Gossypium* ワタ, *Heritiera* サキシマスオウノキ, *Hibiscus* フヨウ・ムクゲ・ブッソウゲ, *Malva* ゼニアオイ, *Sida* キンゴジカ, *Sterculia* ピンポンノキ, *Theobroma* カカオノキ, *Tilia* シナノキ, *Triumfetta* ラセンソウ
- ベニノキ科 Bixaceae … *Bixa* ベニノキ
- ジンチョウゲ科 Thymelaeaceae … *Daphne* ジンチョウゲ, *Diplomorpha* ガンピ, *Edgeworthia* ミツマタ
- ハンニチバナ科 Cistaceae … *Helianthemum* ハンニチバナ
- フタバガキ科 Dipterocarpaceae … *Dipterocarpus* フタバガキ, *Hopea*, *Parashorea*, *Shorea* サラソウジュ

ビャクダン目 Santalales
- ツチトリモチ科 Balanophoraceae … *Balanophora* ツチトリモチ
- ビャクダン科 Santalaceae … *Buckleya* ツクバネ, *Korthalsella* ヒノキバヤドリギ, *Santalum* ビャクダン, *Thesium* カナビキソウ, *Viscum* ヤドリギ
- オオバヤドリギ科 Loranthaceae … *Loranthus* ホザキヤドリギ, *Taxillus* マツグミ
- ボロボロノキ科 Schoepfiaceae … *Schoepfia* ボロボロノキ

ビワモドキ目 Dilleniales
- ビワモドキ科 Dilleniaceae … *Dillenia* ビワモドキ

ナデシコ目 Caryophyllales
- ギョリュウ科 Tamaricaceae … *Tamarix* ギョリュウ
- イソマツ科 Plumbaginaceae … *Limonium* イソマツ・スターチス, *Plumbago* ルリマツリ
- タデ科 Polygonaceae … *Aconogonon* オンタデ, *Bistorta* イブキトラノオ, *Fagopyrum* ソバ, *Fallopia* ソバカズラ・イタドリ, *Persicaria* イヌタデ・アイ・ツルソバ, *Polygonum* ミチヤナギ, *Rheum* ダイオウ, *Rumex* スイバ・ギシギシ
- モウセンゴケ科 Droseraceae … *Aldrovanda* ムジナモ, *Dionaea* ハエジゴク(ハエトリソウ), *Drosera* モウセンゴケ
- ウツボカズラ科 Nepenthaceae … *Nepenthes* ウツボカズラ
- ナデシコ科 Caryophyllaceae … *Arenaria* ノミノツヅリ, *Cerastium* ミミナグサ, *Dianthus* カワラナデシコ, *Gypsophila* カスミソウ, *Sagina* ツメクサ, *Silene* ビランジ・フシグロ・センノウ, *Stellaria* ハコベ
- ヒユ科 Amaranthaceae … *Achyranthes* イノコヅチ, *Amaranthus* ヒユ・ハゲイトウ, *Beta* テンサイ, *Celosia* ケイトウ, *Chenopodium* アカザ, *Salicornia* アッケシソウ, *Salsola* オカヒジキ, *Spinacia* ホウレンソウ, *Suaeda* マツナ
- ザクロソウ科 Molluginaceae … *Mollugo* ザクロソウ
- ヌマハコベ科 Montiaceae … *Montia* ヌマハコベ
- ツルムラサキ科 Basellaceae … *Basella* ツルムラサキ
- スベリヒユ科 Portulacaceae … *Portulaca* スベリヒユ・マツバボタン, *Talinum* ハゼラン
- サボテン科 Cactaceae … *Epiphyllum* ゲッカビジン, *Opuntia* ウチワサボテン
- ハマミズナ科 Aizoaceae … *Lampranthus* マツバギク, *Sesuvium* ミルスベリヒユ(ハマミズナ), *Tetragonia* ツルナ
- ヤマゴボウ科 Phytolaccaceae … *Phytolacca* ヤマゴボウ
- オシロイバナ科 Nyctaginaceae … *Bougainvillea* イカダカズラ(ブーゲンビレア), *Mirabilis* オシロイバナ, *Pisonia* オオクサボク(ウドノキ)

ミズキ目 Cornales

ミズキ科 Cornaceae …*Alangium* ウリノキ, *Cornus* ミズキ・ヤマボウシ・アメリカヤマボウシ(ハナミズキ)・サンシュユ・ゴゼンタチバナ
アジサイ科 Hydrangeaceae …*Deutzia* ウツギ, *Hydrangea* アジサイ, *Kirengeshoma* キレンゲショウマ
ヌマミズキ科 Nyssaceae …*Davidia* ハンカチノキ, *Nyssa* ヌマミズキ

ツツジ目 Ericales
ツリフネソウ科 Balsaminaceae …*Impatiens* ツリフネソウ・ホウセンカ
ハナシノブ科 Polemoniaceae …*Polemonium* ハナシノブ
サガリバナ科 Lecythidaceae …*Barringtonia* サガリバナ, *Bertholletia* ブラジルナットノキ
ペンタフィラクス科 Pentaphylacaceae (広義: Ternstroemiaceae モッコク科を含む) …*Cleyera* サカキ, *Eurya* ヒサカキ, *Ternstroemia* モッコク
アカテツ科 Sapotaceae …*Manilkara* サポジラ, *Planchonella* アカテツ
カキノキ科 Ebenaceae …*Diospyros* カキノキ・リュウキュウコクタン
イズセンリョウ科 Maesaceae …*Maesa* イズセンリョウ
テオフラスタ科 Theophrastaceae …*Samolus* ハイハマボッス
サクラソウ科 Primulaceae …*Androsace* リュウキュウコザクラ, *Primula* サクラソウ
ヤブコウジ科 Myrsinaceae …*Anagallis* ルリハコベ, *Ardisia* ヤブコウジ, *Lysimachia* オカトラノオ, *Myrsine* ツルマンリョウ・タイミンタチバナ
ツバキ科 Theaceae …*Camellia* ツバキ・サザンカ・チャ, *Schima* イジュ, *Stewartia* ナツツバキ
ハイノキ科 Symplocaceae …*Symplocos* ハイノキ・クロバイ・サワフタギ
イワウメ科 Diapensiaceae …*Diapensia* イワウメ, *Schizocodon* イワカガミ, *Shortia* イワウチワ
エゴノキ科 Styracaceae …*Pterostyrax* アサガラ, *Styrax* エゴノキ
サラセニア科 Sarraceniaceae …*Darlingtonia*, *Sarracenia* ヘイシソウ(サラセニア)
マタタビ科 Actinidiaceae …*Actinidia* マタタビ・サルナシ・キウイフルーツ, *Saurauia* タカサゴシラタマ
リョウブ科 Clethraceae …*Clethra* リョウブ
ヤッコソウ科 Mitrastemonaceae …*Mitrastemon* ヤッコソウ
ツツジ科 Ericaceae …*Cassiope* イワヒゲ, *Chimaphila* ウメガサソウ, *Elliottia* ホツツジ, *Empetrum* ガンコウラン, *Erica* エリカ, *Gaultheria* シラタマノキ, *Kalmia* カルミア, *Lyonia* ネジキ, *Monotropa* シャクジョウソウ, *Monotropastrum* ギンリョウソウ, *Phyllodoce* ツガザクラ, *Pieris* アセビ, *Pyrola* イチヤクソウ, *Rhododendron* ツツジ・シャクナゲ, *Vaccinium* スノキ・コケモモ

クロタキカズラ目 Icacinales
クロタキカズラ科 Icacinaceae …*Hosiea* クロタキカズラ

ガリア目 Garryales
トチュウ科 Eucommiaceae …*Eucommia* トチュウ
ガリア科 Garryaceae …*Aucuba* アオキ, *Garrya*

リンドウ目 Gentianales
アカネ科 Rubiaceae …*Coffea* コーヒーノキ, *Galium* ヤエムグラ, *Gardenia* クチナシ, *Hedyotis* ソナレムグラ, *Lasianthus* ルリミノキ, *Mussaenda* コンロンカ, *Paederia* ヘクソカズラ, *Rubia* アカネ, *Theligonum* ヤマトグサ, *Uncaria* カギカズラ
リンドウ科 Gentianaceae …*Gentiana* リンドウ, *Swertia* センブリ・ミヤマアケボノソウ, *Tripterospermum* ツルリンドウ
マチン科 Loganiaceae …*Geniostoma* オガサワラモクレイシ, *Mitrasacme* アイナエ, *Strychnos* マチン
キョウチクトウ科 Apocynaceae …*Apocynum* バシクルモン, *Asclepias* トウワタ, *Catharanthus* ニチニチソウ, *Cynanchum* イケマ, *Hoya* サクララン, *Metaplexis* ガガイモ, *Nerium* キョウチクトウ, *Trachelospermum* テイカカズラ

ムラサキ目 Boraginales
ムラサキ科 Boraginaceae …*Ehretia* チシャノキ, *Heliotropium* スナビキソウ, *Hydrophyllum*, *Lithospermum* ムラサキ, *Myosotis* ワスレナグサ, *Nemophila* ルリカラクサ, *Omphalodes* ヤマルリソウ, *Symphytum* コンフリー, *Trigonotis* キュウリグサ

ナス目 Solanales
ヒルガオ科 Convolvulaceae …*Calystegia* ヒルガオ, *Cuscuta* ネナシカズラ, *Ipomoea* サツマイモ・アサガオ
ナス科 Solanaceae …*Capsicum* トウガラシ, *Datura* チョウセンアサガオ, *Lycium* クコ, *Nicotiana* タバコ, *Petunia*, *Physalis* ホオズキ, *Solanum* ナス・ジャガイモ・トマト
ナガボノウルシ科 Sphenocleaceae …*Sphenoclea* ナガボノウルシ
セイロンハコベ科 Hydroleaceae …*Hydrolea* セイロンハコベ

シソ目 Lamiales
モクセイ科 Oleaceae …*Fraxinus* トネリコ, *Jasminum* ソケイ, *Olea* オリーブ, *Osmanthus* キンモクセイ, *Syringa* ムラサキハシドイ(ライラック)

真核生物ドメイン　クロミスタ界

　　　キンチャクソウ科 Calceolariaceae …*Calceolaria* キンチャクソウ(カルセオラリア)
　　　イワタバコ科 Gesneriaceae …*Conandron* イワタバコ, *Saintpaulia* アフリカスミレ(セントポーリア)
　　　オオバコ科 Plantaginaceae …*Antirrhium* キンギョソウ, *Callitriche* アワゴケ, *Hippuris* スギナモ, *Lagotis* ウルップソウ, *Plantago* オオバコ, *Trapella* ヒシモドキ, *Veronica* イヌノフグリ
　　　ゴマノハグサ科 Scrophulariaceae …*Buddleja* フジウツギ, *Myoporum* ハマジンチョウ, *Scrophularia* ゴマノハグサ
　　　アゼナ科 Linderniaceae …*Lindernia* アゼトウガラシ, *Torenia* ハナウリクサ(トレニア)
　　　ゴマ科 Pedaliaceae …*Sesamum* ゴマ
　　　シソ科 Lamiaceae(Labiatae) …*Ajuga* ジュウニヒトエ, *Callicarpa* ムラサキシキブ, *Caryopteris* ダンギク, *Chelonopsis* ジャコウソウ, *Clerodendrum* クサギ, *Isodon* ヤマハッカ, *Lamium* オドリコソウ, *Lavandula* ラベンダー, *Mentha* ハッカ, *Perilla* シソ, *Salvia* アキノタムラソウ, *Tectona* チーク, *Thymus* タチジャコウソウ, *Vitex* ハマゴウ
　　　ハエドクソウ科 Phrymaceae …*Mazus* サギゴケ, *Mimulus* ミゾホオズキ, *Phryma* ハエドクソウ
　　　キリ科 Paulowniaceae …*Paulownia* キリ
　　　ハマウツボ科 Orobanchaceae …*Aeginetia* ナンバンギセル, *Euphrasia* コゴメグサ, *Melampyrum* ママコナ, *Orobanche* ハマウツボ, *Pedicularis* シオガマギク
　　　タヌキモ科 Lentibulariaceae …*Pinguicula* ムシトリスミレ, *Utricularia* タヌキモ
　　　キツネノマゴ科 Acanthaceae …*Acanthus* ハアザミ(アカンサス), *Justicia* キツネノマゴ, *Thunbergia* ヤハズカズラ
　　　ノウゼンカズラ科 Bignoniaceae …*Campsis* ノウゼンカズラ, *Catalpa* キササゲ
　　　クマツヅラ科 Verbenaceae …*Lantana* シチヘンゲ, *Phyla* イワダレソウ, *Verbena* クマツヅラ
　　　ツノゴマ科 Martyniaceae …*Proboscidea* ツノゴマ
　　モチノキ目 Aquifoliales
　　　ハナイカダ科 Helwingiaceae …*Helwingia* ハナイカダ
　　　モチノキ科 Aquifoliaceae …*Ilex* イヌツゲ・タラヨウ
　　キク目 Asterales
　　　キキョウ科 Campanulaceae …*Adenophora* ツリガネニンジン, *Campanula* ホタルブクロ, *Codonopsis* ツルニンジン, *Lobelia* サワギキョウ, *Platycodon* キキョウ
　　　ミツガシワ科 Menyanthaceae …*Menyanthes* ミツガシワ, *Nymphoides* アサザ
　　　クサトベラ科 Goodeniaceae …*Goodenia*, *Scaevola* クサトベラ
　　　キク科 Asteraceae(Compositae) …*Ambrosia* ブタクサ, *Arctium* ゴボウ, *Arnica* ウサギギク, *Artemisia* ヨモギ, *Aster* シオン・ヨメナ, *Chrysanthemum* キク, *Cirsium* アザミ, *Coleopsis* オオキンケイギク, *Cosmos* コスモス, *Crepis* フタマタタンポポ, *Cyanthillium* ムラサキムカショモギ, *Dahlia* ダリア, *Erigeron* ハルジオン・ヒメジョオン, *Eupatorium* フジバカマ, *Gerbera* ガーベラ, *Gnaphalium* ヒメチチコグサ, *Helianthus* ヒマワリ, *Ixeris* イワニガナ, *Lactuca* チシャ(レタス), *Leontopodium* ウスユキソウ, *Petasites* フキ, *Senecio* ノボロギク, *Taraxacum* タンポポ, *Xanthium* オナモミ
　　マツムシソウ目 Dipsacales
　　　レンプクソウ科 Adoxaceae …*Adoxa* レンプクソウ, *Sambucus* ニワトコ, *Viburnum* ガマズミ
　　　スイカズラ科 Caprifoliaceae …*Abelia* ツクバネウツギ, *Linnaea* リンネソウ, *Lonicera* スイカズラ, *Patrinia* オミナエシ, *Scabiosa* マツムシソウ, *Triosteum* ツキヌキソウ, *Valeriana* カノコソウ, *Weigela* タニウツギ, *Zabelia* イワツクバネウツギ
　　セリ目 Apiales
　　　ウコギ科 Araliaceae …*Aralia* タラノキ・ウド, *Eleutherococcus* ウコギ, *Fatsia* ヤツデ, *Hydrocotyle* チドメグサ, *Panax* チョウセンニンジン
　　　トベラ科 Pittosporaceae …*Pittosporum* トベラ
　　　セリ科 Apiaceae(Umbelliferae) …*Angelica* シシウド, *Apium* セロリ, *Cicuta* ドクゼリ, *Coriandrum* コエンドロ, *Cryptotaenia* ミツバ, *Daucus* ニンジン, *Foeniculum* ウイキョウ, *Heracleum* ハナウド

クロミスタ界(広義) Chromista *s.l.*[1]

ハロサ亜界 Harosa(SAR clade)

ヘテロコンタ下界 Heterokonta (ストラメノパイル Stramenopiles)

〔門不明〕

〔綱不明〕
Marine Stramenopiles 3 (MAST-3) …*Solenicola*[M]
(他に環境配列のみが知られている系統群(MAST-1〜12)が多く存在する)

Ⅰ. プラシディア綱 Placidea[M]
プラシディア目 Placidiales …*Placidia*, *Wobblia*

Ⅱ. ヌクレオヘレア綱 Nucleohelea[S]
アクチノフリス目(無殻太陽虫目) Actinophryales (Actinophryida) …*Actinophrys*, *Actinosphaerium* (*Echinosphaerium*)

(62) ビコソエカ門 Bicosoecacea[M]

〔綱不明〕 …*Rictus*

Ⅰ. ビコソエカ綱 Bicosoecea (ビコエカ綱 Bicoecea, Bicosoecophyceae)
ボロカ目 Borocales …*Boroka*
ビコソエカ目 Bicosoecales (ビコエカ目 Bicoecales) …*Bicosoeca*, *Labromonas* (*Pseudobodo*)
アノエカ目 Anoecales …*Anoeca*, *Caecitellus*, *Cafeteria*, *Halocafeteria*, *Symbiomoans*
シュードデンドロモナス目 Pseudodendromonadales …*Adriamonas*, *Cyathobodo*, *Filos*, *Nanos*, *Nerada*, *Paramonas*, *Pseudodendromonas*, *Siluania*

(63) ラビリンチュラ門 Labyrinthulomycota[F]

Ⅰ. ラビリンチュラ綱 Labyrinthulomycetes (Labyrinthulea)
〔目不明〕…*Diplophrys*, *Sorodiplophrys*
ラビリンチュラ目 Labyrinthulales …*Labyrinthula*
ヤブレツボカビ目 Thraustochytriales …*Althornia*, *Aplanochytrium*, *Aurantiochytrium*, *Botryochytrium*, *Japonochytrium*, *Oblongichytrium*, *Parietichytrium*, *Schizochytrium*, *Sicyoidochytrium*, *Thraustochytrium* ヤブレツボカビ, *Ulkenia*

(64) オパロゾア門 Opalozoa

Ⅰ. ブラストキスティス綱 Blastocystea[F][P]
ブラストキスティス目 Blastocystales …*Blastocystis*

Ⅱ. プロテロモナス綱 Proteromonadea[M]
プロテロモナス目 Proteromonadida …*Proteromonas*

Ⅲ. オパリナ綱 Opalinatea[M]
カロトモルファ目 Karotomorphida …*Karotomorpha*
オパリナ目 Opalinida …*Cepedea*, *Opalina*, *Protoopalina*, *Protozelleriella*, *Zelleriella*

(65) 偽菌門 Pseudofungi (含 卵菌門 Oomycota, サカゲツボカビ門 Hypochytridiomycota)

〔綱不明〕
ピルソニア目 Pirsoniales[M] …*Pirsonia*

Ⅰ. ビギロモナデア綱 Bigyromonadea[M]
デヴェロパイエラ目 Developayellales …*Developayella*

Ⅱ. サカゲツボカビ綱 Hypochytridiomycetes[F]
サカゲツボカビ目 Hypochytridiales …*Anisolpidium*, *Hyphochytridium* サカゲツボカビ, *Rhizidiomyces*

Ⅲ. 卵菌綱 Oomycetes (Peronosporomycetes)[F]
〔目不明〕…*Ectrogella*, *Lagena*, *Pontisma*, *Sirolpidium*
シロサビキン目 Albuginales …*Albugo* シロサビキン, *Pustula*, *Wilsoniana*

アトキンシエラ目 Atkinsiellales ···*Atkinsiella*, *Crypticola*
ユーリカスマ目 Eurychasmales ···*Eurychasma*
ハリフソロス目 Haliphtorales ···*Haliphthoros*, *Halodaphnea*(*Halocrusticida*)
ハプトグロッサ目 Haptoglossales ···*Haptoglossa*
ラゲニズマ目 Lagenismatales ···*Lagenisma*
フシミズカビ目 Leptomitales ···*Aphanomycopsis*, *Apodachlya*, *Apodachlyella*, *Brevilegniella*, *Cornumyces*, *Ducellieria*, *Leptolegniella*, *Leptomitus* フシミズカビ, *Nematophthora*
ミズキチオプシス目 Myzocytiopsidales ···*Chlamydomyzium*, *Crypticola*, *Myzocytiopsis*
フクロカビモドキ目 Olpidiopsidales ···*Olpidiopsis* フクロカビモドキ
ツユカビ目 Peronosporales ···*Basidiophora* スリコギツユカビ, *Benua*, *Bremia* ラッパツユカビ, *Graminivora*, *Halophytophthora*, *Hyaloperonospora*, *Novotelnova*, *Paraperonospora*, *Perofascia*, *Peronosclerospora*, *Peronospora* ツユカビ, *Phytophtora* エキビョウキン, *Plasmopara* タンジクツユカビ, *Plasmoverna*, *Protobremia*, *Pseudoperonospora* ニセツユカビ, *Salisapilia*, *Sclerospora* ササラビョウキン, *Viennotia*
フハイカビ目 Pythiales ···*Diasporangium*, *Elongisporangium*, *Globisporangium*, *Lagenidium*, *Ovatisporangium*, *Phytopythium*, *Pilasporangium*, *Pythiogeton*, *Pythium* フハイカビ
オオギミズカビ目 Rhipidiales ···*Aqualinderella*, *Araiospora*, *Mindeniella*, *Rhipidium* オオギミズカビ, *Sapromyces*
ロゼロプシス目 Rozellopsidales ···*Olpidiomorpha*, *Rozellopsis*
ミズカビ目 Saprolegniales ···*Achlya* ワタカビ, *Aphanomyces*, *Aplanes*, *Aplanopsis*, *Blevilegnia*, *Calyptralegnia*, *Dictyuchus* アミワタカビ, *Geolegnia*, *Isoachlya*, *Leptolegnia*, *Newbya*, *Pachymetra*, *Plectospira*, *Protoachlya*, *Pythiopsis*, *Saprolegnia* ミズカビ, *Scoliolegnia*, *Thraustotheca* ヤブレワタカビ
サリラゲニジウム目 Salilagenidiales ···*Salilagenidium*

(66) オクロ植物門 Ochrophyta (不等毛植物門 Heterokontophyta)[A]

〔綱不明〕 ···*Olisthodiscus* スベリコガネモ

I. 珪藻綱 Bacillariophyceae

タルモドキケイソウ目 Paraliales ···*Ellerbeckia* オオタルモドキケイソウ, *Paralia* タルモドキケイソウ
タルケイソウ目 Melosirales ···*Endictya* アミカゴケイソウ, *Melosira* タルケイソウ, *Podosira* ニレンキュウケイソウ, *Stephanopyxis* クシダンゴケイソウ
スジタルケイソウ目 Aulacoseirales ···*Aulacoseira* スジタルケイソウ, *Strangulonema* クビレスジタルケイソウ
コアミケイソウ目 Coscinodiscales ···*Actinocyclus* ヒトツメケイソウ, *Actinoptychus* カザグルマケイソウ, *Aulacodiscus* コウロケイソウ, *Coscinodiscus* コアミケイソウ, *Gossleriella* ホネカサケイソウ, *Hemidiscus* ハンマルケイソウ, *Palmeria* フタゴケイソウ, *Rocella* ハグルマケイソウ
キクノハナケイソウ目 Chrysanthemodiscales ···*Chrysanthemodiscus* キクノハナケイソウ
ウスガサネケイソウ目 Orthoserales ···*Orthoseira* ウスガサネケイソウ
オオコアミケイソウ目 Ethmodiscales ···*Ethmodiscus* オオコアミケイソウ
ニセヒトツメケイソウ目 Stictocycales ···*Stictocyclus* ニセヒトツメケイソウ
クンショウケイソウ目 Asterolamprales ···*Asterolampra* クンショウケイソウ, *Asteromphalus*
クモノスケイソウ目 Arachnoidiscales ···*Arachnoidiscus* クモノスケイソウ
ハスノミケイソウ目 Stictodiscales ···*Stictodiscus* ハスノミケイソウ
イガクリケイソウ目 Corethrales ···*Corethron* イガクリケイソウ
ホソミドロケイソウ目 Leptocylindrales ···*Leptocylindrus* ホソミドロケイソウ
ツツガタケイソウ目 Rhizosoleniales ···*Dactylosolen* ナガツノナシツツガタケイソウ, *Guinardia* ツノナシツツガタケイソウ, *Proboscia* ゾウノハナケイソウ, *Pyxilla* トンガリボウシケイソウ, *Rhizosolenia* ツツガタケイソウ, *Urosolenia* マミズツツガタケイソウ
シマヒモケイソウ目 Hemiaulales ···*Bellerochea* ヒモケイソウ, *Cerataulina* アナヌキノヒモケイソウ, *Climacodium* オオアナノヒモケイソウ, *Eucampia* アナヒモケイソウ, *Hemiaulus* シマヒモケイソウ, *Streptotheca* ネジレオビケイソウ
ツノケイソウ目 Chaetocerotales ···*Acanthoceros* ジャバラケイソウ, *Attheya* カクダコケイソウ, *Bacteriastrum* タコアシケイソウ, *Chaetoceros* ツノケイソウ
ニセコアミケイソウ目 Thalassiosirales ···*Bacteriosira* チョクレツケイソウ, *Cyclotella* タイコケイソウ, *Detonula* ヒメホネツギケイソウ, *Lauderia* ヒメホネツギモドキケイソウ, *Minidiscus* ミツメコブケイソウ, *Planktoniella* カサケイソウ, *Porosira* オワンケイソウ, *Skeletonema* ホネツギケイソウ, *Stephanodiscus* トゲカサケイソウ, *Thalassiosira* ニセコアミケイソウ
サンカクチョウチンケイソウ目 Lithodesmiales ···*Ditylum* クシノハサンカクチョウチンケイソウ, *Lithodesmium* サンカクチョウチンケイソウ

真核生物ドメイン　クロミスタ界　1655

オビダマシケイソウ目 Cymatosirales …*Cymatosira* オビダマシケイソウ, *Minutocellus* マメハネダマシケイソウ, *Papiliocellulus* マメガタツメダマシケイソウ, *Plagiogrammopsis*, *Rutilaraa* シンボウツナギケイソウ
ミカドケイソウ目 Triceratiales …*Auliscus* ギョロメケイソウ, *Ceratalus* オオメダマモドキケイソウ, *Glyphodesmis* シンマルニセハネケイソウ, *Odontella* ヤッコケイソウ, *Plagiogramma* ニセハネケイソウ, *Triceratium* ミカドケイソウ
イトマキケイソウ目 Biddulphiales …*Biddulphia* イトマキケイソウ, *Hydrosera* サンカクガサネケイソウ, *Isthmia* ダイガタケイソウ, *Trigoniumnium* ミスミケイソウ
アミカケケイソウ目 Toxariales …*Toxarium* アミカケケイソウ
デカハリケイソウ目 Ardissoneales …*Ardissonea* デカハリケイソウ
ミズマクラケイソウ目 Anaulales …*Anaulus* ミズマクラケイソウ, *Eunotogramma* カイコガタケイソウ
（伝統的には上記の珪藻類を中心目に，下記の珪藻類を羽状目に分類していた．また上記の珪藻類はコアミケイソウ綱 Coscinodiscophyceae と中間綱 Mediophyceae に分けられることもある）
オビケイソウ目 Fragilariales[1] …*Asterionella* ホシガタケイソウ, *Asterionellopsis* シオホシガタケイソウ, *Diatoma* イタケイソウ, *Fragilaria* オビケイソウ, *Meridion* ヘラケイソウ, *Staurosira* オビジュウジケイソウ, *Tabularia* シオハリケイソウ, *Ulnaria* ハリケイソウ
ヌサガタケイソウ目 Tabellariales …*Oxyneis* ワラジガタケイソウ, *Tabellaria* ヌサガタケイソウ, *Tetracyclus* タテジュウジケイソウ
オウギケイソウ目 Licmophorales …*Licmophora* オウギケイソウ, *Licmosphenia* ホソオウギケイソウ
オカメケイソウ目 Rhaphoneidales …*Diplomenora* マルオカメケイソウ, *Neodelphineis* ハリオカメケイソウ, *Psammodiscus* スナマルケイソウ, *Raphoneis* オカメケイソウ
ウミイトケイソウ目 Thalassionematales …*Thalassionema* ウミイトケイソウ, *Thalassiothrix* オオナガウミハリケイソウ
ドウナガケイソウ目 Rhabdonematales …*Rhabdonema* ドウナガケイソウ
ハラスジケイソウ目 Striatellales …*Grammatophora* ウミヌサガタケイソウ, *Microtabella*, *Striatella* ハラスジケイソウ
シンツキケイソウ目 Cyclophorales …*Cyclophora* シンツキケイソウ, *Entopyla* ミゾナシツメケイソウ, *Gephyria* ウマノクラケイソウ
ハジメノミゾモドキケイソウ目 Protoraphidales …*Protoraphis* ハジメノミゾモドキケイソウ, *Pseudohimantidium* バナナケイソウ
イチモンジケイソウ目 Eunotiales …*Actinella* ツルギケイソウ, *Eunotia* イチモンジケイソウ, *Peronia* ツマヨウジケイソウ
タテゴトケイソウ目 Lyrellales …*Lyrella* タテゴトケイソウ, *Petroneis* チョウガタイロイタケイソウ
チクビレツケイソウ目 Mastogloiales …*Aneumastus* ゴウリキケイソウ, *Mastogloia* チクビレツケイソウ
ニセチクビレツケイソウ目 Dictyoneidales …*Dictyoneis* ニセチクビレツケイソウ
クチビルケイソウ目 Cymbellales …*Anomoeneis* サミダレケイソウ, *Cymbella* クチビルケイソウ, *Cymbopleura* フナガタクチビルケイソウ, *Encyonema* ハラミクチビルケイソウ, *Gomphoneis* クサビフネケイソウ, *Gomphonema* クサビケイソウ, *Placoneis* ダエンフネケイソウ, *Reimeria* カイコメメケイソウ, *Rhoicosphenia* マガリクサビケイソウ
ツメケイソウ目 Achnanthales …*Achnanthes* ツメケイソウ, *Achnanthidium*, *Cocconeis* コメツブケイソウ, *Lemnicola* シマツメワカレケイソウ, *Planothidium* フトスジツメワカレケイソウ, *Psammothidium* スナツメワカレケイソウ
フナガタケイソウ目 Naviculales[1] …*Brachysira* サミダレモドキケイソウ, *Cavinula* ニセコメツブケイソウ, *Cosmioneis* フルイノケイソウ, *Diploneis* マユケイソウ, *Frustulia* ヒシガタケイソウ, *Gyrosigma* エスジケイソウ, *Haslea* アオイロケイソウ, *Luticola* タマスジケイソウ, *Navicula* フナガタケイソウ, *Neidium* ハスフネケイソウ, *Phaeodactylum* デキソコナイケイソウ, *Pinnularia* ハネケイソウ, *Plagiotropis* イカノフネケイソウ, *Pleurosigma* メガネケイソウ, *Scolioneis* ネジレフネケイソウ, *Scoliotropis* シンネジモドキケイソウ, *Sellaphora* エリツキケイソウ, *Stauroneis* ジュウジケイソウ
ハンカケケイソウ目 Thalassiophysales …*Amphora* ニセクチビルケイソウ, *Catenula* ニセイチモンジケイソウ, *Thalassiophysa* ハンカケケイソウ
クサリケイソウ目 Bacillariales …*Bacillaria* クサリケイソウ, *Cylindrotheca* ネジレケイソウ, *Denticula* ハナラビケイソウ, *Fragilariopsis* オビササノハケイソウ, *Hantzschia* ユミケイソウ, *Nitzschia* ササノハケイソウ, *Pseudonitzschia* ニセササノハケイソウ
クシガタケイソウ目 Rhopalodiales …*Epithemia* ハフケイソウ, *Rhopalodia* クシガタケイソウ
コバンケイソウ目 Surirellales …*Auricula* ミミタブケイソウ, *Campylodiscus* クラガタケイソウ, *Cymatopleura* ハダナミケイソウ, *Entomoneis* ヨジレケイソウ, *Surirella* コバンケイソウ

II．ボリド藻綱 Bolidophyceae（パルマ藻綱 Parmophyceae）

ボリドモナス目 Bolidomonadales（パルマ目 Parmales）…*Bolidomonas*, *Pentalamina*, *Tetraparma*, *Triparma*

III. ペラゴ藻綱 Pelagophyceae

サルシノクリシス目 Sarcinochrysidales …*Ankylochrysis, Aureoumbra, Chrysocystis, Chrysonephos, Chrysoreinhardia, Sarcinochrysis*
ペラゴモナス目 Pelagomonadales …*Aureococcus, Pelagococcus, Pelagomonas*

IV. ディクティオカ藻綱 Dictyochophyceae[M]

フロレンシエラ目 Florenciellales …*Florenciella, Pseudochattonella, Sulcochrysis*
ディクティオカ目 Dictyochales (珪質鞭毛虫目 Silicoflagellida) …*Dictyocha* (含 *Distephanus*)
リゾクロムリナ目 Rhizochromulinales …*Ciliophrys, Rhizochromulina*
ペディネラ目 Pedinellales …*Actinomonas, Apedinella, Helicopedinella, Mesopedinella, Pedinella, Pseudopedinella, Pteridomonas*

V. ピングイオ藻綱 Pinguiophyceae

ピングイオクリシス目 Pinguiochrysidales …*Glossomastix, Phaeomonas, Pinguiochrysis, Pinguiococcus, Polypodochrysis*

VI. ピコファグス綱 Picophagea (Picophagophyceae)

ピコファグス目 Picophagales …*Picophagus*

VII. シンクロマ藻綱 Synchromophyceae

〔目不明〕…*Leukarachnion*
シンクロマ目 Synchromales …*Synchroma*
クラミドミクサ目 Chlamydomyxales …*Chlamydomyxa*

VIII. 黄金色藻綱 Chrysophyceae[M]

〔目不明〕…*Cyclonexis, Phaeoplaca*
シヌラ目 Synurales (シヌラ藻綱 Synurophyceae) …*Chrysodidymus, Mallomonas, Synura, Tesselaria*
パラフィソモナス目 Paraphysomonadales …*Paraphysomonas*
オクロモナス目 Ochromonadales …*Anthophysa, Chrysolepidomonas, Chrysonephele, Chysoxys, Dinobryon* サヤツナギ, *Epipyxis, Ochromonas, Poterioochromoans, Spumella, Uroglena, Uroglenopsis*
クロムリナ目 Chromulinales …*Chromulina, Chrysamoeba, Chrysococcus, Oikomonas*
ヒッバーディア目 Hibberdiales …*Chrysocapsa, Chrysonebula, Hibberdia, Kremastochrysis, Naegeliella*
クリソサックス目 Chrysosaccales …*Apoikia, Chromophyton* ヒカリモ, *Chrysosaccus, Lagynion*
ミズオ目 Hydrurales …*Hydrurus*

IX. 真正眼点藻綱 Eustigmatophyceae

ユースティグマトス目 Eustigmatales …*Chlorobotrys, Eustigmatos, Goniochloris, Monodopsis, Nannochloropsis, Pseudocharaciopsis, Pseudostaurastrum, Pseudotetraedriella, Trachydiscus, Vischeria*

X. ラフィド藻綱 Raphidophyceae[M]

ラフィドモナス目 Raphidomonadales (シャットネラ目 Chattonellales) …*Chattonella* シャットネラ, *Chlorinimonas, Fibrocapsa* ウミイトカクシ, *Gonyostomum, Haramonas, Heterosigma* アカシオモ, *Merotricha, Vacuolaria, Viridilobus*

XI. クリソメリス藻綱 Chrysomerophyceae (Chrysomeridophyceae)

クリソメリス目 Chrysomeridales …*Chrysomeris, Giraudyopsis, Nematochrysopsis*

XII. ファエオタムニオン藻綱 Phaeothamniophyceae

ファエオタムニオン目 Phaeothamniales …*Phaeogloea, Phaeoschizochlamys, Phaeothamnion, Stichogloea*

XIII. アウレアレナ藻綱 Aurearenophyceae

アウレアレナ目 Aurearenales …*Aurearena*

XIV. 黄緑色藻綱 Xanthophyceae (トリボネマ藻綱 Tribophyceae)

プレウロクロリデラ目 Pleurochloridellales …*Phaeobotrys, Pleurochloridella*
クロラモエバ目 Chloramoebales[M] …*Botryochloris, Chloramoeba, Chloromeson, Heterochloris, Nephrochloris*
リゾクロリス目 Rhizochloridales …*Myxochloris, Rhizochloris, Rhizolekane, Stipitococcus*

ヘテログロエア目 Heterogloeales …*Gloeochloris, Heterogloea, Malleodendron*
ミスココックス目 Mischococcales[1] …*Arachnochloris, Botrydiopsis, Botryochloris, Bumilleriopsis, Characiopsis, Chlorellidium, Chloridella, Ellipsoidion, Gloeobotrys, Mischococcus, Monodus, Ophiocytium, Peroniella, Pleurochloris*
トリボネマ目 Tribonematales[1] …*Bumilleria, Heterococcus, Tribonema, Xanthonema*
フウセンモ目 Botrydiales …*Botrydium* フウセンモ
フシナシミドロ目 Vaucheriales …*Pseudodichotomosiphon* クビレミドロ, *Vaucheria* フシナシミドロ

ⅩⅤ. シゾクラディア藻綱 Schizocladiophyceae

シゾクラディア目 Schizocladiales …*Schizocladia*

ⅩⅥ. 褐藻綱 Phaeophyceae (Fucophyceae, Melanophyceae)

〔目不明〕…*Bodanella, Diplura* クロハモン, *Heribaudiella, Phaeostrophion, Porterinema*
ディスコスポランギウム目 Discosporangiales …*Choristocarpus, Discosporangium*
イシゲ目 Ishigeales …*Ishige* イシゲ
ペトロデルマ目 Petrodermatales …*Petroderma*
ウスバオウギ目 Syringodermatales …*Microzonia, Syringoderma* ウスバオウギ
クロガシラ目 Sphacelariales …*Battersia* ハネクロガシラ, *Cladostephus, Halopteris* カシラザキ, *Sphacelaria* クロガシラ, *Sphaceloderma*
オンスロウィア目 Onslowiales …*Onslowia, Verosphacela*
アミジグサ目 Dictyotales …*Dictyopteris* ヤハズグサ, *Dictyota* アミジグサ, *Distromium* フタエオウギ, *Homoeostrichus* ヤレオウギ, *Lobophora* ハイオウギ, *Padina* ウミウチワ, *Rugulopteryx* ニセアミジ, *Spatoglossum* コモングサ, *Stypopodium* ジガミグサ, *Zonaria* シマオウギ
コンブ目 Laminariales …*Agarum* アナメ, *Akkesiphycus* コンブモドキ, *Alaria* チガイソ, *Arthrothamnus* ネコアシコンブ, *Aureophycus, Chorda* ツルモ, *Costaria* スジメ, *Cymathaera* ミスジコンブ, *Ecklonia* カジメ, *Eckloniopsis* アントクメ, *Eisenia* アラメ, *Laminaria* ゴヘイコンブ, *Lessonia, Macrocystis, Pseudochorda* ニセツルモ, *Saccharina* コンブ, *Undaria* ワカメ
アステロクラドン目 Asterocladales …*Asterocladon*
シオミドロ目 Ectocarpales (含 ナガマツモ目 Chordariales, ウイキョウモ目 Dictyosiphonales, カヤモノリ目 Scytosiphonales) …*Acinetospora, Botryella* イソブドウ, *Chnoospora* ムラチドリ, *Chordaria* ナガマツモ, *Cladosiphon* オキナワモズク, *Colpomenia* フクロノリ, *Dictyosiphon* ウイキョウモ, *Ectocarpus* シオミドロ, *Elachista* ナミマクラ, *Endarachne* ハバノリ, *Feldmannia, Hincksia, Hydroclathrus* カゴメノリ, *Laminariocolax, Laminarionema* コンブノイト, *Leathesia* ネバリモ, *Myelophycus* イワヒゲ, *Myrionema, Nemacystus* モズク, *Petalonia* セイヨウハバノリ, *Petrosporangium* シワノカワ, *Punctaria* ハバモドキ, *Pylaiella* ピラエラ, *Scytosiphon* カヤモノリ, *Streblonema* ヤドリミドロ, *Tinocladia* フトモズク
イソガワラ目 Ralfsiales …*Analipus* マツモ, *Heteroralfsia* イシツキゴビア, *Mesospora, Neoralfsia, Pseudolithoderma* ニセイシノカワ, *Ralfsia* イソガワラ
ケヤリ目 Sporochnales …*Bellotia, Carpomitra* イチメガサ, *Nereia* ウミボッス, *Sporochnus* ケヤリ
スキトタムヌス目 Scytothamnales …*Asteronema, Bachelotia* ミナミシオミドロ, *Scytothamnus, Splachnidium, Stereocladon*
ウルシグサ目 Desmarestiales …*Arthrocladia, Desmarestia* ウルシグサ
アスコセイラ目 Ascoseirales …*Ascoseira*
チロプテリス目 Tilopteridales (含 ムチモ目 Cutleriales) …*Cutleria, Halosiphon, Haplospora, Mutimo* ムチモ, *Phyllaria, Saccorhiza, Stschapovia, Tilopteris, Zanardinia*
ネモデルマ目 Nemodermatales …*Nemoderma*
ヒバマタ目 Fucales …*Coccophora* スギモク, *Cystoseira* ウガノモク, *Fucus* ヒバマタ, *Hormophysa* ヤバネモク, *Myagropsis* ジョロモク, *Pelvetia* エゾイシゲ, *Sargassum* ホンダワラ (含 *Hizikia* ヒジキ), *Silvetia* エゾイシゲ, *Turbinaria* ラッパモク

アルベオラータ下界 Alveolata (Alveolates)

繊毛虫上門 (異核上門) Heterokaryota

(67) 繊毛虫門 Ciliophora

(67A) ポストシリオデスマトフォラ亜門 Postciliodesmatophora

Ⅰ. 原始大核綱 Karyorelictea

原口目 Protostomatida …*Kentrophoros, Trachelocera, Tracheloraphis*
ロクソデス目 Loxodida …*Cryptopharynx, Loxodes, Remanella*
原始異毛目 Protoheterotrichida …*Avelia, Geleia*

II. 異毛綱 Heterotrichea

異毛目 Heterotrichida …*Blepharisma, Climacostomum, Condylostoma* オオグチミズケムシ, *Folliculina, Gruberia, Maristenor, Pebrilla, Peritromus, Spirostomum, Stentor* ラッパムシ

(67B) イントラマクロヌクレアータ亜門 Intramacronucleata

(67Ba) 旋毛下門 Spirotrichia

I. 旋毛綱 Spirotrichea

〔亜綱不明〕…*Lynnella*

I A. プロトクルジア亜綱 Protocruziidia

プロトクルジア目 Protocruziida …*Protocruzia*

I B. ファコディニウム亜綱 Phacodiniidia

ファコディニウム目 Phacodiniida …*Phacodinium*

I C. リクノフォラ亜綱 Licnophoria

リクノフォラ目 Licnophorida …*Lycnophora*

I D. 下毛類亜綱 Hypotrichia

キイトリカ目 Kiitrichida …*Caryotricha, Kiitricha*
ユープロテス目 Euplotida …*Aspidisca, Certesia, Diophrys, Discocephalus, Euplotes, Gastrocirrhus, Uronychia*

I E. コレオトリカ亜綱 Choreotrichia

ティンティヌス目 Tintinnida …*Acanthostomella, Amphorellopsis, Amphorides, Ascampbelliella, Climacocylis, Codonaria, Codonella, Codonellopsis, Cyttarocylis, Dictyocystis, Epiplocylis, Favella* ビンガタカラムシ, *Helicostomella, Metacylis,* †*Parafavella, Petalotricha, Steenstrupiella, Tintinnidium, Tintinnopsis* ツツスナカラムシ, *Tintinnus* クダカラムシ, *Undella, Xystonella*
コレオトリカ目 Choreotrichida …*Leegaaradiella, Lohmanniella, Strobilidium, Strombidinopsis*

I F. 棘毛亜綱 Stichotrichia

棘毛目 Stichotrichida …*Amphisiella, Atractos, Cladotricha, Hypotrichidium, Kahliella, Kerona, Keronopsis, Lamtostyla, Plagiotoma, Psilotricha, Stichotricha, Uroleptoides, Urostrongylum*
スポラドトリカ目 Sporadotrichida …*Ancystropodium, Gastrostyla, Gonostomum, Halteria, Histriculus, Laurentiella, Oxytricha, Parastylonychia, Pleurotricha, Stylonychia, Tachysoma, Trachelostyla, Urosoma*
ウロスティラ目 Urostylida …*Bakuella, Eschaneustyla, Holosticha, Pseudourostyla, Thigmokeronopsis, Uroleptopsis, Uroleptus, Urostyla*

I G. 少毛亜綱 Oligotrichia

ストロンビディウム目 Strombidiida …*Laboea, Strombidium, Tontonia*

II. カリアコスリックス綱 Cariacotrichea

カリアコスリックス目 Cariacotrichida …*Cariacothrix*

(67Bb) ラメリコルティカータ下門 Lamellicorticata

III. リトストマ綱 Litostomatea

III A. リンコストマティア亜綱 Rhynchostomatia

トラケリウス目 Tracheliida …*Trachelius*
ディレプタス目 Dileptida …*Dileptus, Dimacrocaryon, Rimaleptus*

Ⅲ B. 毒胞亜綱 Haptoria

ラクリマリア目 Lacrymariida …*Lacrymaria, Phialina*
毒胞目 Haptorida …*Acropisthium, Actinobolina, Apertospathula, Bryophyllum, Enchelys, Homalozoon, Lagynophyra, Myriokaryon, Pleuroplites, Pseudoholophrya, Pseudotrachelocera, Spathidium, Trachelophyllum*
シオカメウズムシ目 Didiniida …*Didinium* シオカメウズムシ, *Monodinium*
側口目 Pleurostomatida …*Amphileptus, Litonotus, Loxophyllum*
シクロトリキイダ目 Cyclotrichiida …*Askenasia, Mesodinium, Myrionecta*

Ⅲ C. 毛口亜綱 Trichostomatia

有口庭目 Vestibuliferida …*Balantidium* バランチジウム, *Dasytricha, Isotricha, Paraisotricha, Protocaviella, Protohallida, Pycnothrix*
エントディニウム目 Entodiniomorphida …*Alloiozona, Blepharocorys, Circodinium, Cochliatoxum, Cycloposthium, Didesmis, Enoploplastron, Entodinium, Eremoplastron, Eudiplodinium, Gilchristia, Ochotorenaia, Ophryoscolex, Ostracodinium, Parentodinium, Polydiniella, Polymorphella, Pseudoentodinium, Raabena, Rhinozeta, Telamodinium, Triplumaria*
マクロポディニウム目 Macropodiniida …*Macropodinium, Polycosta*

Ⅳ. 被甲綱 Armophorea

被甲目 Armophorida（メトプス目 Metopina）…*Bothrostoma, Brachonella, Caenomorpha, Cirranter, Eometopus, Ludio, Metopus, Palmarella, Tesnospira*
クリーヴランデラ目 Clevelandellida …*Clevelandella, Inferostoma, Metanyctotherus, Metasicuophora, Neonyctotherus, Nyctotheroides, Nyctotherus, Parasicuophora, Pronyctotherus, Prosicuophora, Sicuophora*

(67Bc) ヴェントラータ下門 Ventrata

Ⅴ. 層状咽頭綱 Phyllopharyngea

Ⅴ A. シルトフォリア亜綱 Cyrtophoria

クラミドドン目 Chlamydodontida …*Atopochilodon, Chilodonella, Chitonella, Chlamydodon, Chlamydonella, Coeloperix, Cyrtophoron, Gastronauta, Gymnozoum, Lynchella, Phascolodon, Trithigmostoma*
ディステリア目 Dysteriida …*Aegyriana, Atelepithites, Brooklynella, Dysteria, Hartmannula, Hartmannulopsis, Kyaroikeus, Microdysteria, Microxysma, Orthotrochilia, Pithites, Plesiotrichopus, Trichopodiella, Trochilia, Trochilioides, Trochochilodon*

Ⅴ B. 漏斗亜綱 Chonotrichia

外生胚目 Exogemmida …*Aurichona, Cavichona, Chilodochona, Filichona, Heliochona, Heterochona, Lobochona, Oenophorachona, Phyllochona, Serpentichona, Toxochona, Vasichona*
内生胚目 Cryptogemmida …*Actinichona, Armichona, Carinichona, Ceratochona, Coronochona, Cristichona, Dentichona, Echinichona, Eriochona, Eurychona, Flectichona, Inversochona, Isochona, Isochonopsis, Kentrochona, Oxychonina, Pleochona, Rhizochona, Spinichona, Stylochona*

Ⅴ C. 有吻亜綱 Rhynchodia

ヒポコマ目 Hypocomatida …*Crateristoma, Hypocoma, Parahypocoma*
有吻目 Rhynchodida …*Ancistrocoma, Colligocineta, Crebricoma, Heterocinetopsis, Hypocoma, Hypocomatidium, Hypocomella, Hypocomides, Ignotocoma, Insignocoma, Raabella, Sphenophyrya*

Ⅴ D. 吸管虫亜綱 Suctoria

外生芽目 Exogenida …*Allantosoma, Dendrosomides, Dentacineta, Ephelota* ハリヤマスイクダムシ, *Lecanophrya, Manuelophrya, Metacineta, Ophryodendron, Paracineta, Phalacrocleptes, Podophrya, Praethecacineta, Severonis, Spelaeophrya* タマスイクダムシ, *Sphaerophrya, Tachyblaston, Thecacineta, Trophogemma*
内生芽目 Endogenida …*Acineta, Acinetopsis, Choanophrya, Corynophrya, Dactylostoma, Dendrosoma, Endosphaera, Erastophrya, Pseudogemma, Rhyncheta, Solenophrya, Tokophrya* ボンボリスイクダムシ, *Trematosoma, Trichophrya*
外転芽目 Evaginogenida …*Cometodendron, Cyathodinium, Dendrocometes* ハナエダスイクダムシ, *Discophrya, Enchelyomorpha, Heliophrya, Periacineta, Prodiscophrya*

Ⅴ E. 単膜亜綱 Synhymeniidia

単膜目 Synhymeniida ···*Nassulopsis, Orthodonella, Scaphidiodon, Synhymenia*

Ⅵ. 梁口綱 Nassophorea

ナスラ目 Nassulida ···*Colpodidium, Enneameron, Furgasonia, Nassula, Paranassula*
ミクロトラクス目 Microthoracida ···*Discotricha, Drepanomonas, Leptopharynx, Microthorax*

Ⅶ. コルポダ綱 Colpodea

プラチフリア目 Platyophryida ···*Ottowphrya, Platyophrya, Sagittaria, Sorogena, Woodruffides*
フクロミズケムシ目 Bursariomorphida ···*Bryometopus, Bursaria* フクロミズケムシ, *Bursaridium, Paracondylostoma*
シルトロフォシス目 Cyrtolophosidida ···*Aristerostoma, Cyrtolophosis, Pseudocyrtolophosis*
コルポダ目 Colpodida ···*Bardeliella, Bresslaua, Bryophrya, Colpoda, Grandoria, Grossglockneria, Hausmanniella, Ilsiella, Maryna, Notoxoma, Tillina*

Ⅷ. 前口綱 Prostomatea

前口目 Prostomatida ···*Aspiktrata(Holophrya), Metacystis, Pelatractus, Vasicola*
シオミズケムシ目 Prorodontida ···*Balanion, Coleps, Cryptocaryon* 海産白点虫, *Holophrya, Lagynus, Malacophrys, Placus, Plagiopogon, Prorodon* シオミズケムシ, *Tiarina, Urotricha*

Ⅸ. プラギオピラ綱 Plagiopylea

プラギオピラ目 Plagiopylida ···*Lechriopyla, Plagiopyla, Sonderia, Trimyema*
櫛口目 Odontostomatida ···*Atopodinium, Discomorphella, Epallxella, Mylestoma, Saprodinium*

Ⅹ. 少膜綱（貧膜口綱）Oligohymenophorea

Ⅹ A. ゾウリムシ亜綱 Peniculia

ゾウリムシ目 Peniculida ···*Didieria, Disematostoma, Frontonia, Lembadion, Marituja, Neobursaridium, Paraclathrostoma, Paramecium* ゾウリムシ, *Stokesia*
ウロセントルム目 Urocentrida ···*Urocentrum*

Ⅹ B. 有スクチカ亜綱 Scuticociliatia

〔目不明〕···*Azerella*
フィラスター目 Philasterida ···*Balanonema, Cinetochilum, Cohnilembus, Cryptochilum, Entodiscus, Entoorhipidium, Helicostoma, Loxocephalus, Paralembus, Paranophrys, Parauronema, Philaster, Pseudocohnilembus, Schizocaryum, Thigmophrya, Thyrophylax, Uronema, Urozona*
プレウロネマ目 Pleuronematida ···*Calyptotricha, Conchophthirus, Ctedectoma, Cyclidium, Dragescoa, Histiobalantidium, Peniculistoma, Pleuronema, Thigmocoma*
触毛目 Thigmotrichida ···*Ancistrospira, Ancistrumina, Hemispeira, Hysterocineta, Nucleocorbula, Paraptychostomum, Plagiospira, Protanoplophrya, Protophrya, Ptychostomum*

Ⅹ C. 膜口亜綱 Hymenostomatia

テトラヒメナ目 Tetrahymenida ···*Colpidium, Curimostoma, Epenardia, Glaucoma, Spirozona, Tetrahymena*
オフリオグレナ目 Ophryoglenida ···*Ichthyophthirius* 白点虫, *Ophryoglena*

Ⅹ D. 隔口亜綱 Apostomatia

隔口目 Apostomatida ···*Collinia, Cyrtocaryum, Gymnodinioides, Hyalophysa, Phoretophrya, Phtorophrya, Sirophrya*
欠口目 Astomatophorida ···*Chromidina, Opalinopsis*
ピリスクトリダ目 Pilisuctorida ···*Ascophrys, Askoella, Conidophyris*

Ⅹ E. 周毛亜綱 Peritrichia

周毛目 Peritrichida ···*Ambiphrya, Astylozoon, Ballodora, Campanella, Carchesium* エダワカレツリガネムシ, *Circolagenophrys, Ellobiophrya, Epistylis, Lagenophrys, Opercularia, Ophrydium, Opisthonecta, Orbopercullariella, Propyxidium, Pyxicola, Rovinjella, Scyphidia, Termitophrya, Usconophrya, Vaginicola, Vorticella* ツリガネムシ, *Zoothamnium*

Ⅹ F. 遊泳亜綱 Mobilia

遊泳目 Mobilida ···*Leiotrocha, Polycycla, Trichodina, Trichodinopsis, Urceolaria, Vauchomia*

真核生物ドメイン　クロミスタ界　1661

Ⅹ G. 無口亜綱 Astomatia

無口目 Astomatida …*Almophrya, Anoplophrya, Buetschliella, Cepedietta, Clausilocola, Contophrya, Dicontophrya, Haptophrya, Haptophryopsis, Hoplitophrya, Intoshellina, Maupasella, Radiophrya, Radiophryoides, Steinella*

ミオゾア上門 Miozoa (＝ミゾゾア門 Myzozoa)

〔門不明〕

コルポネマ綱 Colponemea[M]

コルポネマ目 Colponemida …*Colponema*
アルゴヴォラ目 Algovorida …*Algovora*

ミゾモナデア綱 Myzomonadea[M]

ヴォロモナス目 Voromonadida …*Alphamonas, Voromonas*
キロヴォラ目 Chilovorida …*Chilovora*

(68) アピコンプレクサ門 (アピコンプレックス門) Apicomplexa[P]

Ⅰ. アピコモナデア綱 Apicomonadea[M][1]

コルポデラ目 Colpodellida …*Colpodella*
アクロシールス目 Acrocoelida …*Acrocoelus*

Ⅱ. グレガリナ綱 Gregarinea

〔目不明〕…*Cryptosporidium* クリプトスポリジウム
原グレガリナ目（エクソシゾン目）Archigregarinorida[1] …*Exoschizon, Filipodium, Merogregarina, Platyproteum, Selenidioides*
真グレガリナ目（グレガリナ目）Eugregarinorida[1] …*Ascogregarina, Cephaloidophora, Difficilina, Ganymedes, Gregarina, Heliospora, Hoplorhynchus, Lankesteria, Lecudina, Leidyana, Lithocystis, Monocystis, Nematopsis, Parashneideria, Prismatospora, Psychodiella, Pterospora, Pyxinia, Selenidium, Stenophora, Stylocephalus, Urospora, Thiriotia*
新グレガリナ目（カウレリエラ目）Neogregarinorida …*Caulleryella, Gigaductus, Lipocystis, Mattesia, Ophryocystis, Schizocystis, Syncystis*

Ⅲ. コクシジウム綱 Coccidea（含 Haematozoea）

リチドキスチス目 Agamococcidiorida …*Gemmocystis, Rhytidocystis*
イクソレイス目 Ixorheorida …*Ixorheis*
エリューテロシゾン目 Protococcidiorida …*Eleutheroschizon, Grellia, Myriospora*
コクシジウム目 Eucoccidiorida …*Adelea, Adelina, Aggregata, Barrouxia, Besnoitia, Calyptospora, Caryospora, Cyclospora, Cystoisospora, Dactylosoma, Eimeria* エイメリア, *Haemogregarina, Hammondia, Hepatozoon, Hyaloklossia, Isospora, Karyolysus, Klossia, Klossiella, Lankesterella, Neospora, Sarcocystis* 住肉胞子虫, *Selenococcidium, Toxoplasma* トキソプラズマ
プラスモディウム目 Plasmodiida（血虫目，住胞子虫目 Haemosporida）…*Haemoproteus, Hepatocystis, Leucocytozoon, Plasmodium* マラリア原虫
ピロプラズマ目（バベシア目）Piroplasmorida …*Babesia, Cardiosporidium, Cytauxzoon, Haemohormidium, Nephromyces, Piroplasma, Theileria*

(69) クロメラ門 Chromerida（クロメラ植物門 Chromerophyta）[A][1]

…*Chromera, Vitrella*

(70) 渦鞭毛植物門 Dinophyta（ディノゾア門 Dinozoa, 渦鞭毛虫門 Dinoflagellata）[A][M]

〔綱不明〕

〔目不明〕…*Pronoctiluca, Psammosa*
Marine Alveolate Group Ⅰ …*Euduboscquella*（*Duboscquella*），*Ichthyodinium*

Ⅰ. パーキンサス綱 Perkinsea[P] (＝パーキンソゾア門 Perkinsozoa)

パーキンサス目 Perkinsida …*Perkinsus*
ラストリモナス目 Rastrimonadida …*Parvilucifera*, *Rastrimonas*
ファゴディニウム目 Phagodinida …*Phagodinium*

Ⅱ. エロビオプシス綱 Ellobiopsea (Ellobiophyceae)

タラッソミセス目 Thalassomycetales …*Ellobiopsis*, *Thalassomyces*

Ⅲ. シンディニウム綱 Syndinea (Syndiniophyceae) (Marine Alveolate Group Ⅱ)

シンディニウム目 Syndinida (Syndiniales) …*Amoebophrya*, *Hematodinium*, *Merodinium*, *Solenodinium*, *Sphaeripara*, *Syndinium*

Ⅳ. オキシリス綱 Oxyrrhea

オキシリス目 Oxyrrhida …*Oxyrrhis*

Ⅴ. ヤコウチュウ綱 Noctilucea (Noctiluciphyceae)

ヤコウチュウ目 Noctilucales …*Kofoidinium*, *Noctiluca* ヤコウチュウ, *Spatulodinium*

Ⅵ. 渦鞭毛藻綱 Dinophyceae (Peridinea)

〔目不明〕
　トベリア科 Tovelliaceae …*Bernardinium*, *Esoptrodinium*, *Jadwigia*, *Opisthoaulax*, *Tovellia*
ハプロゾーン目 Haplozoonales …*Haplozoon*
ブラストディニウム目 Blastodiniales …*Blastodinium*
ブラチディニウム目 Brachidiniales …*Brachidinium*, *Karenia*, *Karlodinium*, *Takayama*
ギムノディニウム目 Gymnodiniales[1] …*Akashiwo*, *Amphidinium*, *Ankistrodinium*, *Apicoporus*, *Balechina*, *Cochlodinium*, *Dissodinium*, *Gymnodiniellum*, *Gymnodinium*, *Gyrodinium*, *Lepidodinium*, *Moestrupia*, *Nematodinium*, *Paragymnodinium*, *Phaeopolykrikos*, *Polykrikos*, *Spiniferodinium*, *Testudodinium*, *Togula*, *Warnowia*
アクチニスクス目 Actiniscales …*Actiniscus*
アンフィロツス目 Amphilothhales …*Achradina*, *Amphilothus*
プティコディスクス目 Ptychodiscales …*Ptychodiscus*
スエッシア目 Suessiales (ディノコックス目 Dinococcales) …*Baldinia*, *Biecheleria*, *Biecheleriopsis*, *Borghiella*, *Pelagodinium*, *Polarella*, *Protodinium*, *Sphaerodinium*, *Symbiodinium*, *Woloszynskia*
トラコスファエラ目 Thoracosphaerales …*Amylodinium*, *Calciodinellum*, *Chimonodinium*, *Cryptoperidiniopsis*, *Duboscquella*, *Duboscquodinium*, *Glenodinium*, *Hemidinium*, *Lophodinium*, *Luciella*, *Oodinium*, *Palatinus*, *Paulsenella*, *Pfiesteria*, *Pseudopfiesteria*, *Scrippsiella*, *Stoeckeria*, *Thoracosphaera*, *Tintinnophagus*, *Tyrannodinium*
ディノスリックス目 Dinotrichales …*Dinothrix*, *Durinskia*, *Galeidinium*, *Kryptoperidinium*, "*Peridiniopsis*"
ペリディニウム目 Peridiniales[1] …*Adenoides*, *Amphidoma*, *Archaeperidinium*, *Azadinium*, *Blepharocysta*, *Cladopyxis*, *Corythodinium*, *Diplopelta*, *Diplosalis*, *Dissodium*, *Ensiculifera*, *Gotoius*, *Herdmania*, *Heterocapsa*, *Lessardia*, *Lissodinium*, *Oblea*, *Oxytoxum*, *Pentapharsodinium*, *Peridiniella*, *Peridinium*, *Podolampas*, *Protoperidinium*, *Pseudothecadinium*, *Rhinodinium*, *Sabulodinium*, *Vulcanodinium*
ゴニオラックス目 Gonyaulacales …*Alexandrium*, *Amylax*, *Ceratium* ツノモ, *Ceratocorys*, *Coolia*, *Crypthecodinium*, *Cystodinium*, *Flagilidium*, *Gambierdiscus*, *Gonyaulax*, *Halostylodinium*, *Heteraulacus*(*Goniodoma*), *Heterodinium*, *Lingulodinium*, *Ostreopsis*, *Protoceratium*, *Pyrocystis*, *Pyrodinium*, *Pyrophacus*, *Thecadinium*
ディノフィシス目 Dinophysiales …*Amphisolenia*, *Dinophysis*, *Histioneis*, *Metaphalacroma*, *Ornithocercus*, *Oxyphysis*, *Phalacroma*, *Pseudophalacroma*, *Sinophysis*
プロロケントルム目 Prorocentrales …*Haplodinium*, *Mesoporos*, *Prorocentrum*

リザリア下界 Rhizaria

(71) 放散虫門 Radiozoa[S]

I. ポリシスチネア綱（多泡綱）Polycystinea

†アーケオスピクラリア目 Archaeospicularia …†*Archeoentactinia*, †*Echidnina*, †*Palaeospiculum*, †*Secuicollacta*
†エンタクティナリア目 Entactinaria …†*Capnuchosphaera*, †*Entactinaria*, †*Eptingium*, †*Heptacladus*, †*Heterosoma*, †*Itanigutta*, †*Multiarcusella*, †*Palaeolithocyclia*, †*Pyloctostylus*, †*Proventocitum*, †*Quinquecapsularia*, †*Spongosaturnaloides*, †*Thalassothamnus*
†アルバイレラ目 Albaillellaria …†*Albaillella*, †*Ceratoikiscum*, †*Corythoecia*, †*Follicucullus*, *Palacantholithus*
†ラテンティフィスツラ目 Latentifistularia …†*Cauletella*, †*Latentifistula*
ナッセラリア目 Nassellaria (Nassellarida) …*Acanthodesmia*, *Antarctissa*, *Anthocyrtidium*, *Artostrobus*, *Cladoscenium*, *Cycladophora*, *Eucecryphalus*, *Eucyrtidium*, *Lithomelissa*, *Lithopera*, *Pseudocubus*, *Pterocanium*, *Pterocorys*, *Sethophormis*, *Theocorythium*, *Zigocircus*
スプメラリア目 Spumellaria (Spumellarida) …*Actinomma*, *Cladococcus*, *Cypassis*, *Dicranastrum*, *Dictyocoryne*, *Didymocyrtis*, *Euchitonia*, *Heliodiscus*, *Hexacontium*, *Hymeniastrum*, *Larcopyle*, *Larcospira*, *Ommatartus*, *Phorticium*, *Saturnalis*, *Spongaster*, *Spongodiscus*, *Spongopyle*, *Streblacantha*, *Stylodictya*, *Styptosphaera*, *Tetrapyle*, *Tholospira*, *Triastrum*
コロダリア目 Collodaria …*Acrosphaera*, *Collosphaera*, *Collozoum*, *Raphidozoum*, *Siphonosphaera*, *Sphaerozoum*, *Thalassicolla*, *Thalassophysa*

II. アカンタリア綱（棘針綱）Acantharea

ホロアカンチダ目（アカントキアズマ目）Holacanthida …*Acanthochiasma*, *Acanthocolla*, *Acanthocystha*, *Acanthoplegma*, *Acanthospira*
シンフィアカンチダ目（アンフィリチウム目）Symphyacanthida[1] …*Acantholithium*, *Amphibelone*, *Amphilithium*, *Astrolithium*, *Astrolonche*, *Dicranophora*, *Haliommatidium*, *Heliolithium*, *Pseudolithium*
カウノカンチダ目（コナコン目）Chaunacanthida …*Amphiacon*, *Conacon*, *Gigartacon*, *Heteracon*, *Stauracon*
放射棘虫目 Arthracanthida[1] …*Acanthometra* (*Acanthometron*), *Acanthostaurus*, *Aconthaspis*, *Amphilonche*, *Amphistaurus*, *Coleaspis*, *Coscinaspis*, *Craniaspis*, *Dictyacantha*, *Dictyaspis*, *Diploconus*, *Dorataspis*, *Hexalaspis*, *Hystrichaspis*, *Isosaspis*, *Lithoptera*, *Lonchostaurus*, *Lychnaspis*, *Phatnacantha*, *Phyllostaurus*, *Pleuraspis*, *Pristacantha*, *Spihonaspis*, *Stauracantha*, *Stauraspis*, *Tetralonche*, *Xiphacantha*, *Zygostaurus*

III. タクソポデア綱 Taxopodea

タクソポディダ目 Taxopodida …*Sticholonche*

(72) 有孔虫門 Foraminifera[S]

I. 有孔虫綱 Foraminiferea

無室目 Athalamida …*Reticulomyxa*
アログロミア目 Allogromiida …*Allogromia*, *Astrammina*, *Boderia*, *Myxotheca*, *Psammophaga*
†フズリナ目 Fusulinida …†*Fusulina* 紡錘虫, †*Neoschwagerina*, †*Profusulinella*, †*Schwagerina*
アストロリザ目 Astrorhizida …*Astrorhiza*, *Bathysiphon*, *Chondrodapis*, *Hemisphaerammina*, *Ipoa*, *Lana*, *Psammosphaera*, *Rhizammina*, *Saccammina*, *Schizammina*
リチュオラ目 Lituolida …*Ammobaculites*, *Leptohalysis*, *Lituola*, *Miliammina*, *Reophax*
トロカムミナ目 Trochamminida …*Arenoparrella*, *Potatrochammina*, *Tritaxis*, *Trochammina*, *Trochamminella*
テクスチュラリア目 Textulariida …*Bigenerina*, *Cribrostomoides*, *Cyclammina*, *Cystammnia*, *Eggerella*, *Gaudryina*, *Globotextularia*, *Miliammnia*, *Placopsilina*, *Remaneica*, *Reophax*, *Spiroplectammina*, *Textularia*, *Valvulina*
シリコロキュリナ目 Silicoloculinida …*Miliammellus*, *Silicoloculina*
スピリリナ目 Spirillinida …*Patellina*, *Spirillina*
カーテリナ目 Carterinida …*Carterina*
ミリオリナ目 Miliolida …*Alveolinella*, *Cornuspira*, *Discospirina*, *Edentostomina*, *Gordiospira*, *Hauerina*, *Marginopora* ゼニイシ, *Miliolinella*, *Nubeculina*, *Peneroplis*, *Pseudohauerina*, *Quinqueloculina*, *Spiroloculina*, *Wiesnerella*

真核生物ドメイン　クロミスタ界

　ラゲナ目 Lagenida …*Cushmanina, Glandulina, Lagena, Lenticulina, Nodosaria, Polymorphina, Vaginulina, Webbinella*
　ブリミナ目 Buliminida …*Bifarinella, Bulimina, Buliminella, Globobulimina, Millettia, Rectobolivina, Reussella, Stainforthia, Trimosina, Uvigerina*
　ロタリア目 Rotaliida[1] …*Ammonia, Amphistegina, Annulopatellina, Anomalinella, Baculogypsina* ホシズナ, *Bisaccium, Bolivina, Bolivinella, Bolivinita, Bronnimannia, Bueningia, Buliminoides, Calcarina, Carpenteria, Chilostomella, Cibicides, Cibicidoides, Cymbaloporella, Discorbinella, Discorbis, Epistomaroides, Eponides, Fursenkoina, Glabratella, Globocassidulina, Gypsina, Gyroidinoides, Heronallenia, Heterolepa, Homotrema, Hyalinea, Melonis, Nodogenerina,* †*Nummulites* 貨幣石*, Nuttalides, Operculina, Oridorsalis, Osangularia, Parrellina, Planorbulina, Planulinoides, Pleurostomella, Pseudohelenia, Quadrimorphina, Rosalina, Rotaliela, Rubratella, Siphonina, Tortoplectella, Tosaia, Valvurineria, Virgulinella*
　グロビゲリナ目 Globigerinida …*Beella, Globigerina, Globigerinella, Globigerinita, Globogerinoides, Globorotalia,* †*Globotruncana, Hastigerina, Neogloboquadrina, Orbulina, Paragloborotalia, Pulleniatina, Turborotalit*
　インヴォルティナ目 Involutinida …*Alanwoodia, Involutina, Planispirillina*
　ロバーティナ目 Robertinida …*Ceratobulmina, Hoeglundina, Roberttina*
*プサミナ目 Psamminida …*Celatheammina, Cerelasma, Psammetta, Psammina, Reticulammina, Shinkaiya, Syringammina*
*スタノマ目 Stannomida …*Stannoma, Stannophyllum*

(73) ケルコゾア門 Cercozoa[1]

(ケルコゾア門には環境配列のみが知られる系統群 novel clade が多く存在する)

(73A) エンドミクサ亜門 Endomyxa

Ⅰ. ファイトミクサ綱 Phytomyxea (含 ネコブカビ綱 Plasmodiophoromycetes)

　ファゴミクサ目 Phagomyxida[S] …*Maullinia, Phagomyxa*
　ネコブカビ目 Plasmodiophorida (Plasmodiophorales)[F] …*Ligniera, Membranosorus, Octomyxa, Plasmodiophora* ネコブカビ*, Polymyxa, Sorodiscus, Sorosphaerula (Sorosphaera), Spongospora, Tetramyxa*

Ⅱ. グロミア綱 Gromiidea[S]

　グロミア目 Gromiida …*Gromia*

Ⅲ. アセトスポレア綱 Ascetosporea[P]

　略胞子虫目(ハプロ胞子虫目) Haplosporida …*Bonamia, Haplosporidium, Microcytos, Minchinia, Urosporidium*
　クラウストロスポリディウム目 Claustrosporida …*Claustrosporidium*
　パラディニウム目 Paradinida …*Paradinium*
　パラミクサ目 Paramyxida …*Marteilia, Paramarteilia, Paramyxa*

Ⅳ. プロテオミクサ綱 Proteomyxidea[S][1]

　レティキュロシダ目 Reticulosida …*Filoreta*
　アコンクリニダ目 Aconchulinida …*Arachnula, Biomyxa, Lateromyxa, Penardia, Platyreta, Theratromyxa, Vampyrella*
　シュードスポラ目 Pseudosporida …*Pseudospora*

(73B) フィローサ亜門 Filosa

　〔綱不明〕 …*Guttulinopsis*[F]

Ⅰ. スキオモナデア綱 Skiomonadea

　トレムラ目 Tremulida …*Tremula*

Ⅱ. クロララクニオン藻綱 Chlorarachniophyceae (Chlorarachnea)[A]

　〔目不明〕 …*Minorisa*
　クロララクニオン目 Chlorarachniales …*Amorphochlora, Bigelowiella, Chlorarachnion, Cryptochlora,*

※これらはクセノフィオフォラ門(Xenophyophora)として扱われていた.

真核生物ドメイン　クロミスタ界　1665

　　　　　　　Gymnochlora, *Lotharella*, *Norrisiella*, *Partenskyella*
　　　　Ⅲ. **メトロモナス綱** Metromonadea[M][1]
メトロモナス目 Metromonadida …*Metromonas*, *Micrometopion*
メトピオン目 Metopiida[M] …*Metopion*
　　　　Ⅳ. **グラノフィロセア綱** Granofilosea[S][1]
リムノフィラ目 Limnofilida …*Limnofila*
クリプトフィリダ目 Cryptofilida …*Mesofila*, *Nanofila*
有殻太陽虫目 Desmothoracida …*Clathrulina* カゴメタイヨウチュウ, *Hedriocystis*
ロイコディクティオン目 Leucodictyida …*Leucodictyon*, *Massisteria*, *Minimassisteria*, *Reticulamoeba*
　　　　Ⅴ. **サルコモナデア綱** Sarcomonadea[M][1]
ケルコモナス目 Cercomonadida[1] …*Brevimastigomonas*, *Cavernomonas*, *Cercomoans*, *Eocercomonas*,
　　　　Metabolomonas, *Nucleocercomonas*, *Paracercomonas*
パンソモナディダ目 Pansomonadida[1] …*Agitata*, *Aurigamonas*, *Cercobodo*, *Cholamonas*, *Helkesimastix*,
　　　　Sainouron
グリッソモナディダ目 Glissomonadida …*Allantion*, *Allapsa*, *Bodomorpha*, *Dujardina*, *Flectomonas*,
　　　　Mollimonas, *Neohetromita*(*Heteromita*), *Proleptomonas*, *Sandona*, *Teretomonas*
　　　　Ⅵ. **テコフィローセア綱** Thecofilosea
テクトフィロシダ目 Tectofilosida[S] …*Pseudodifflugia*
クリオモナディダ目 Cryomonadida[M][S] …*Cryothecomonas*, *Lecythium*, *Protaspis*, *Rhizaspis*, *Rhogostoma*
エブリア目 Ebriida[M] …*Botuliforma*, *Ebria*, *Hermesinum*
ヴェントリクレフティダ目 Ventricleftida[M][1] …*Ventrifissura*, *Verrucomonas*
マタザ目 Matazida[M] …*Mataza*
　　　　Ⅶ. **ファエオダレア綱**（濃彩綱）Phaeodarea[S]
（ファエオダレア綱はファエオダレア下綱として上記テコフィローセア綱に含めることがある）
ファエオギムノセリダ目 Phaeogymnocellida …*Gymnocella*, *Halocella*, *Lobocella*, *Phaeodactylis*,
　　　　Phaeodina, *Phaeopyla*, *Phaeosphaera*, *Planktonetta*
ファエオシスチダ目 Phaeocystida …*Asteracantha*, *Aulacantha*, *Castanella*, *Castanissa*
ファエオスファエリダ目 Phaeosphaerida …*Aularia*, *Aulosphaera*, *Aulotractus*, *Coelocantha*,
　　　　Sagenoarium, *Sagenoscena*, *Sagoscena*
ファエオカルピダ目 Phaeocalpida …*Castanea*, *Circoporus*, *Circospathis*, *Haeckeliana*, *Polypyramis*,
　　　　Porospathis, *Tuscaretta*, *Tuscarilla*, *Tuscarora*
ファエオグロミダ目 Phaeogromida …*Borgertella*, *Challengeria*, *Challengeron*, *Euphysetta*, *Gazeletta*,
　　　　Lirella, *Medusetta*, *Protocystis*
ファエオコンキダ目 Phaeoconchida …*Conchellium*, *Conchidium*
ファエオデンドリダ目 Phaeodendrida …*Coelodendrum*, *Coelographis*
　　　　Ⅷ. **インブリカテア綱** Imbricatea
〔目不明〕…*Clautriavia*, *Discomonas*, *Nudifila*
スポンゴモナス目 Spongomonadida[M] …*Spongomonas*
タウマトモナス目 Thaumatomonadida[M] …*Allas*, *Esquamula*, *Gyromitus*, *Hyaloselena*, *Peregrinia*,
　　　　Reckertia, *Thaumatomastix*, *Thaumatomonas*
ユーグリファ目 Euglyphida[S] …*Assulina*, *Cyphoderia*, *Euglypha*, *Ovulinata*, *Paulinella*, *Trinema*
マリモナディダ目 Marimonadida[M][S] …*Auranticordis*, *Pseudopirsonia*, *Rhabdamoeba*

ハクロビア亜界 Hacrobia (CCTH clade)[1]

（ハクロビア亜界の単系統性については否定的な意見が多いが，暫定的に以下にまとめておく）

(74)*カタブレファリス門 Kathablepharida (Katablepharida)[M]

　　　　Ⅰ. **カタブレファリス綱** Kathablepharidea (Katablepharidea)
カタブレファリス目 Kathablepharidida (Katablepharidida) …*Hatena*, *Kathablepharis* (*Katablepharis*),
　　　　Leucocryptos, *Platychilomonas*, *Roombia*

＊カタブレファリス門とクリプト植物門はおそらく単系統群を形成し，クリプチスタ (cryptista) あるいは広義のクリプト植物門にまとめられることがある．

真核生物ドメイン　クロミスタ界

(75) ※クリプト植物門 Cryptophyta[A][M]

〔綱不明〕CRY-1（環境配列のみが知られる）

I. ゴニオモナス綱 Goniomonadea（シアソモナス綱 Cyathomonadea）

ゴニオモナス目 Goniomonadida …*Goniomonas*(*Cyathomonas*)

II. クリプト藻綱 Cryptophyceae

クリプトモナス目 Cryptomonadales（含 ピレノモナス目 Pyrenomonadales）…*Cryptomonas*（含 *Chilomonas, Campylomonas*）, *Chroomonas, Falcomoans, Geminigera, Guillardia, Hannusia, Hemiselmis, Komma, Plagioselmis, Proteomonas, Rhinomonas, Rhodomonas* (*Pyrenomonas*), *Streatula, Teleaulax, Urgorri*

(76) ハプト植物門 Haptophyta[A][M]

〔綱不明〕HAP-1, HAP-2（環境配列のみが知られる）

I. パブロバ藻綱 Pavlovophyceae (Pavlovea)

パブロバ目 Pavlovales …*Diacronema, Exanthemachrysis, Pavlova, Rebecca*

II. コッコリサス藻綱 Coccolithophyceae（プリムネシウム藻綱 Prymnesiophyceae, Patelliferea）

〔目不明〕…*Chrysoculter*
フェオシスティス目 Phaeocystales …*Phaeocystis*
プリムネシウム目 Prymnesiales …*Chrysocampanula, Chrysochromulina, Haptolina, Hyalolithus, Imantonia, Platychrysis, Prymnesium, Pseudohaptolina*
イソクリシス目 Isochrysidales …*Chrysotila, Dicrateria, Emiliania, Gephyrocapsa, Isochrysis, Reticulofenestra*
コッコリサス目 Coccolithales …*Algirosphaera, Alisphaera,* †*Arkhangelskiella, Braarudosphaera, Calcidiscus, Calciosolenia, Calyptrosphaera, Ceratolithus, Coccolithus, Coronosphaera, Cruciplacolithus,* †*Discoasther, Discosphaera,* †*Fasciculithus,* †*Goniolithus, Helicosphaera, Hymenomonas, Jomonlithus, Ochrosphaera, Oolithotus, Papposphaera, Pleurochrysis, Pontosphaera, Rhabdosphaera, Scyphosphaera,* †*Sphenolithus,* †*Stephanolithus, Syracosphaera, Umbellosphaera, Umbilicosphaera,* †*Zygodiscus*

（コッコリサス目からシラコスファエラ目およびジゴディスクス目を分けることもある）

(77) ヘリオゾア門（太陽虫門）Heliozoa[S]

I. 有中心粒綱 Centrohelea

有中心粒目 Centrohelida …*Acanthocystis* カラタイヨウチュウ, *Chlamydaster, Choanocystis, Echinocystis, Heterophrys* トゲタイヨウチュウ, *Marophrys, Oxnerella, Polyplacocystis, Pterocystis, Raphidiophrys* ハリタイヨウチュウ, *Raphidocystis, Sphaerastrum*

（有中心粒目をプテロシスティス目とアカンソシスティス目に分けることもある）

(78) テロネマ門 Telonemia[M]

I. テロネマ綱 Telonemea

テロネマ目 Telonemida …*Telonema*

ピコビリ藻類 Picobiliphytes (Biliphytes)（環境配列のみが知られる）

ラッペモナス類 Rappemonads（環境配列のみが知られる）

索　引

和文索引……………………… 1669
欧文索引……………………… 1857

索引凡例

　索引は，和文索引および欧文索引からなる．

　索引語のあとの数字は，その語の出現するページ数を示す(太字体の数字は，その語が項目語であることを示す)．数字に続くアルファベットは，その語が出現する項目名の先頭に付したアルファベットに対応する．数字に小数字の続くものは，分類表に掲載の語であることを示し，小数字はページ内での行数を示す．[図][表]は，その語が項目中の図・表中にあることを示す．

I．和文索引

1. 項目名，同義語のほか，説明文および分類表中の重要語を収録する．
2. 索引語の配列は，本辞典の凡例の「I．項目の配列」に従う．

II．欧文索引

1. 項目の外国語欄のほか，説明文および分類表中の英・仏・独・ラテン語の大部分を収録する．
2. 本辞典のなかに対応する日本語のあるものについては，合わせて示した．
3. 英・仏・独語などは区別せず，アルファベット順に配列する．
4. 配列は，第一語によって一括する．第一語が反復する場合は──で表す．
5. 化学物質名において異性体を表す D と L，また結合の位置を示す α, β, γ, …や 1, 2, …, N, O, …, o, m, p などは無視して配列する．ギリシア文字を無視できない語は，下記のようにギリシア文字をローマ字に対応させて配列する．そのうち，ギリシア文字を冒頭にもつ語については，対応するローマ字の最初に一括して配列する．

$\alpha \to a$　　$\beta \to b$　　$\gamma \to g$　　$\delta \to d$　　$\zeta \to z$　　$\theta \to t$　　$\kappa \to k$　　$\lambda \to l$
$\mu \to m$　　$\nu \to n$　　$\pi \to p$　　$\rho \to r$　　$\sigma \to s$　　$\phi \to p$　　$\chi \to c$　　$\psi \to p$
$\omega \to o$

和文索引

ア

亜- **1**a
アイ 1650₄₁
アイアイ 1575₂₇
アイアイ下目 1575₂₇
アイアナタケ 1624₄₂
IR 配列 1343b
I 因子 1130b
I-ウロビリノゲン 113d
I-ウロビリン 113d
IHF 蛋白質 96b
ISH 法 386a
IN 蛋白質 96b, 1343b
Int 蛋白質 96b
IAP 因子 1489f
IAP ファミリー **1**b
IA レセプター 1314d
アイオイクラゲ 1555₄₉
アイオドプシン 605g
I 形染色体 806f
アイカワタケ 1624₁₄
アイギアルス科 1609₁₂
アイゴ 1566₅₆
アイコウヤクタケ 1624₃₆
I 細胞 293d
挨拶 **1**e
I3 様ウイルス 1514₄
IGR 剤 503c
IGF シグナル **1**f
I 式 396a
愛情 **1**g
アイスアルジー **1**h
合図刺激 197e
アイスランドゴケ 1454a
I 線毛 759g
アイソザイム **1**i
アイソタイプ 46d, 1386a
アイソタイプ・スイッチ 354a
アイソトープ 975e
I 帯 **2**a
あいだ細胞 261c
会田龍雄 **2**b
アイチウイルス 1521₂₀
愛着 1g
i-t 曲線 937a
I₀ 指数 1252b
I 動作 1183d
アイナメ 1651₄₄
アイヌ人 2c
アイヌ説 2c
アイヌ民族 2c
アイバメクチン 25b
iPS 細胞 **2**d
IP₃ 受容体 665b
アイヒラー **2**f
IPEX 症候群 1190i
アイマー **2**g
アウエル小体 1102f
アウエルバッハ神経叢 697e, 920b
アウスクトリポスフェノス目 1573₄₃
アウストラロトリポスフェニック亜綱 1317f, 1573₄₁
アウストラロビテクス類 **2**h

アウストロバイレヤ 1645₂₅
アウストロバイレヤ科 1645₂₅
アウストロバイレヤ目 1645₂₄
アウタムナリン 496b
アウトサイドアウトパッチ 1107f
アウランティモナス科 1545₂₆
アウリクラリア 171a
アウレアレナ藻綱 1656₄₄
アウレアレナ目 1656₄₅
アウレウスウイルス属 1523₃
アウログラフム科 1608₅₅
アウロフィルム亜目 1557₁
アウロポラ目 1557₁₄
アエギロドン目 1574₇
あえぎ呼吸 **2**i
アエデスシュードスクテラリスレオウイルス 1519₄₀
アエロコックス科 1543₄
アエロモナス科 1548₃₂
アエロモナス目 1548₃₁
亜鉛 **3**a
亜鉛酵素 3a
アオイ科 1650₁₈
アオイガイ 1583₁₉
アオイカズラ 1647₈
アオイトンボ 1598₄₇
アオイ目 1650₁₆
アオイロケイソウ 1655₄₅
アオキクサ 1645₅₅
アオウミウシ 1584₁₅
アオウミガメ 1568₂₁
アオウロコゴケ 1626₆
アオウロコゲ 1626₆
アオガイ 1583₂₆
アオカズラ 1648₁
アオカビ 1611₃
青かび病 3b
アオカビ類 **3**b
青刈り作物 537f
アオキ 1651₃₇
アオギヌゴケ 1640₅₆
アオギヌゴケ科 1640₅₆
アオキノリ 1613₁₅
アオギリ 1650₁₉
青粉 1356c
アオコ 1356c
アオサギ 1571₂₅
アオサ藻綱 1634₂₀
アオサ目 1634₃₀
アオサンゴ 1557₃₂
アオサンゴ目 1557₃₂
青潮 3f
アオシモゴケ 1614₁₉
アオシモゴケ科 1614₁₉
アオシャク 1601₄₀
アオスジヒザラガイ 1581₂₆
あおそこひ 1472a
アオゾメクロツブタケ 1627₇
アオダイショウ 1569₃
青立ち **3**c
アオツヅラフジ 1647₅₁
アオノリ 1634₃₃
アオヒゲナガトビケラ 1608₁₄
アオバゴケ 1608₁₄
アオバゴケ科 1608₁₄
アオバズク 1572₁₀
アオバト 1572₂
アオヒトデ 1560₅₃

アオホラゴケ 1642₄₆
アオミソウ 1634₄₁
アオミドロ 1636₇
アオミノウミウシ 1584₁₃
アオムカデ 1592₃₉
アオメエソ 1566₁₆
アオモグサ 1634₃₉
アオリイカ 1583₁₇
アカアザタケ 1626₂₀
アカイエカ 1601₂₁
アカイカ 1583₁₆
赤池情報量基準 117b
アカイワラビー 1574₂₉
アカウキクサ 1643₉
アカウニ 1562₁₀
アカウミガメ 1568₂₀
アカウロスポラ科 1605₄
アカエイ 1565₁₃
アーカエグロブス科 1534₂₄
アーカエグロブス綱 1534₄₂
アーカエグロブス目 1534₂₃
赤-遠赤色光可逆性 1183a
赤-遠赤色光比反応 1183a
アカオオハシモズ 1572₆₀
アカオニナマコ 1562₂₉
アカガエルヘルペスウイルス 1 1282b, 1514₄₄
アカガゴタケ 1627₅₁
アカガシ 1649₁₉
アカガシラチメドリ 1573₁
アカギ 1649₄₁
アカギクラゲ 1623₂₄
アカキクラゲ科 1623₂₃
アカキクラゲ綱 1623₂₁
アカキクラゲ目 1623₂₂
アカギツネ 1575₅₄
アカギナ 295b
アカギンコウヤクタケ 1626₃₉
アカグツ 1566₂₈
アカクローバー中毒 **3**d
アカゲラ 1572₁₂
アカコウヤクタケ 1625₁₇
アカコブタケ 1619₄₄
アカザ 1650₅₀
アカザエビ 1597₄₈
アカサソリ 1591₅₂
アカザトウムシ 1591₂₇
アカザトウムシ亜目 1591₂₃
アカザトウムシ下目 1591₂₆
アガシー **3**e
アカシア 1648₄₈
赤潮 3f
アカシオモ 1656₃₈
アカシデ 1649₃
アカショウビン 1572₂₆
アカスジイソメ 1584₄₃
アカザメタケ 1624₄₂
アカタチ 1566₄₂
アカダマタケ 1627₂₀
アカチクラゲ 1610₃₀
アカサリガムシ 1590₃₂
アカツブダケ 1617₃₆
アカツブノリ 1615₄₁
アカテガニ 1119b, 1598₇
アカテツ 1651₁₂
アカテツ科 1651₁₂
アカネ 1651₄₁

アカネ科　1651₃₉
アカネグモノリ　1632₃₀
アカネズミ　1576₄₂
赤の女王仮説　3g
アカバ　1633₂₆
アカバギンナンソウ　1633₂₅
アカハチノスタケ　1624₄₉
アカバナ　1648₄₀
アカバナ科　1648₄₀
アカハナヒモムシ　1580₄₃
アカハナビラタケ　1616₁₇
アカパンカビ　4a, 70e, 1619₁₅
アカヒトデ　1560₅₂
アカヒトデ目　1560₅₁
アカヒラタヤスデ　1593₂₁
アカフジツボ　1596₁
アカボウクジラ　1576₆
アカマウスオポッサム　1574₇
agamous 変異　265d
アカマツ　1644₅₀
アカマツカサ　1566₃₇
アカメタケ　1627₄₅
アカマンボウ　1566₁₉
アカマンボウ目　1566₁₉
アカミズダニ　1590₃₁
アカムカデ　1592₄₀
アカムシ　1584₄₄
アカメウミビル　1585₄₄
アカメガシワ　1649₃₉
アカメ　1566₄₈
アガモン　680a
アカヤスデ　1594₁₄
アカヤマタケ　1626₅
アガリコスチルブム科　1621₆
アガリコスチルブム綱　1621₂
アガリコスチルブム目　1621₄
明るさ　4b
アカルチア　1595₆
アガルド　4c
アカルボース　4d
アガロースゲル　4e, 967c
アガロースゲル電気泳動法　4e
アカンサス　1652₁₉
アカンソエカ目　1553₁₀
アカンソボディダ目　1628₁₁
亜寒帯　174b, 269d
亜寒帯林　269d, 715d
アカンタリア綱　1663₂₂
アカンテラ　460f
アカントアメーバポリファーガミミウイルス　1516₄
アカントキアズマ目　1663₂₃
アカントステガ　61a
アカントーデス目　1565₁₈
アカントブレウリバクター科　1536₁₀
アカントブレウリバクター目　1536₉
アカントリ幼生　460f
アキ　1162f
アーキア　4f
アキアカネ　1598₅₂
アーキア超界　5a
アーキアドメイン　5a, 1534₁
アキウロコゴケ科　1638₁₄
秋落ち　5b
アキシャル出芽　641b
アキシン　1266e
アギトダニ　1590₂₃
アキネート　5c
アキノタムラソウ　1652₁₂
亜基板　217d
秋播き性程度　1335j
亜急性硬化性全脳炎　743a, 1341c
亜極相　5d
諦め時間　5e
亜区　996b

アクアグリセロポリン　5f
アクアビルナウイルス属　1519₄
アクアポリン　5f
アクアミケス科　1602₄₃
アクアレオウイルスA　1519₃₇
アクアレオウイルス属　1519₃₇
アクイフェックス科　1538₄₀
アクイフェックス綱　1538₃₇
アクイフェックス目　1538₃₈
アクイフェックス門　1538₃₆
悪液質　5g
悪臭腺　625c
悪循環　1183c
悪性奇形腫　282d
悪性黒色腫　472f
悪性細胞　261e
悪性腫瘍　646e
悪性腫瘍特異物質　647f
悪性繊維性組織球腫　1030f
悪性貧血　1019b, 1177h
悪性リンパ腫　1478a
アクセサリー遺伝子　5h
アクセサリー染色体　135b
アクセサリーボディ　233h
アクセッション番号　5i
アクセル　5j
アクセルロッド　5k
アクソスティレア綱　1629₃₁
アクソニン1　137h
アクソフィルム亜目　1557₃
悪玉コレステロール　576i
アグーチ関連ペプチド　6a
アクチジオン　569e
アクチニスカス目　1662₂₅
アクチニダイン　582j
アクチヌラ　1218i
アクチヌラ目　1556₁₂
アクチノトロカ　6b, 1293a
アクチノバクテリア綱　1536₁₄
アクチノバクテリア門　1536₁₃
アクチノバチルス　6c, 1549₃₉
アクチノバクテリア亜綱　1536₂₁
アクチノファージ　1302e
アクチノフリス目　1653₇
アクチノポリスポラ科　1536₂₇
アクチノポリスポラ目　1536₂₆
アクチノマイシンD　6d, 95g, 1390d
アクチノマイセス　6e, 1536₂₄
アクチノミケス　6e
アクチノミセス　6e
アクチビン　6f
アクチビン結合蛋白質　6g
アクチビン受容体　6g
アクチン　7a
アクチン依存性モーター蛋白質　1397f
アクチン側調節　1351a
アクチンキャッピング蛋白質　7b
アクチン結合蛋白質　7c
アクチン繊維末端結合蛋白質　7b
アクチン調節蛋白質　7c
アクチン-トロポミオシン複合体　1017b
アクチンフィラメント　7a
アクチン-ミオシン複合体　7d
アクトミオシン　7d
アクトミオシンATPアーゼ　1350b
アグノスタス類　1594₂₂
アグマチン　29b, 1321g
アクメ帯　223c
アクモシスト　1300g
アグラオフィトン　1432g
アクラシス菌類　527d
アクラシス目　1631₈
アクラシス類　527d

アクラシノマイシンA　50a
アクラシン　7e
アクラルビシン　50a
アグリカン　1235c, 1473f
アグリカンファミリー　1235c
アグリゲーション　583c
アグリコン　8a
アクリジンオレンジ　8b
アクリジン色素　8b
アクリフラビン　8b
握力把握　1306e
アグルコン　8a
アグルチニン　317k
アグロインフィルトレーション　8c
アグロケーチウム目　1633₂
アグロシノピン　168e
アクロシールス目　1661₁₆
アクロシン　8d
アクロシンフィトン目　1633₄₆
アクロスペルムム科　1607₃
アクロスペルムム目　1607₂
アグロバクター　1545₄₇
アグロバクテリウム　8e
アグロバクテリウム法　8e
アグロビン　168e
アグロビン酸　168e
アクロブラスト　76c
アグロメリン　788c
アクロメリン酸　692c
亜群集　8f
アーケア　4f
アーケアメーバ綱　1628₃₈
亜型　99e
アーケオスピクラリア目　1663₃
アーケステティズム　488i
アーケゾア類　8g
アケビ　1647₅₀
アケビ科　1647₅₀
アケボノカワゲラ目　1599₁₅
アケボノスギ　60e
アケボノスケバムシ目　1598₄₂
アケボノゾウ亜目　1574₄₂
アグラス目　1554₄₆
アケントロゴン目　1595₃₈
顎　8h
アゴアマダイ　1566₅₁
亜高山帯　9a, 724f, 747a
亜恒雪帯　452a
アコウ帯　715c
アゴザトウムシ亜目　1591₂₁
アゴニスト　9b
アコニターゼ　344b[図]
アコニチン　9d
アコニット酸　9d
アコニット酸ヒドラターゼ　9e, 344b[図]
アコニット酸水添加酵素　344b[図]
アコヤガイ　1550₂₉
アコレプラズマ科　1550₂₉
アコレプラズマファージMV-L51　1517₅₀
アコレプラズマファージL2　1516₄₉
アコレプラズマ目　1550₂₈
アコンクリニダ目　1664₄₀
アコントボロシスト　1300g
アサ　1649₄
痣　1318b
アサ科　1649₄
アサガオ　1651₅₄
アサガオガイ　1583₄₉
アサガオクラゲ　1556₁₈
アサガラ　1651₂₂
8-アザグアニン　9f
アサザ　1652₃₀
5-アザシチジン　9g
アサダ　1649₂₄

アセト 1671

アザチオプリン 1390d	アシブトコナダニ 1590₄₄	アスパラギン酸プロテアーゼ 231i
アサヒガニ 1598₁₁	アシブトダニ 1590₁₁	アスパルターゼ 13c
アザミ 1652₃₃	アシボソダニ 1590₁₁	アスパルチルフェニルアラニンメチルエステル 13d
アザミウマ 1600₂₇	アシボソムカシザトウムシ 1591₁₃	アスパルテーム 13d
アザミウマ亜目 1600₂₇	亜社会性 615e	アスピドリンカス目 1565₄₁
アザミウマ目 1600₂₆	亜種 10g	アスピリン 13c
アザミサンゴ 1557₅₅	アシュネル反射 707d	アスファウイルス科 1515₂₀
欺き 879b	アジュバント 10h	アスフィウイルス属 1515₂₁
アザラシ肢症 884i	趾 10i	アスベスト 1077b
アザラシ状奇形 884i	亜硝酸還元酵素 10j	アスペルガー症候群 607d
アサリ 1582₂₀	亜硝酸酸化菌 11a	アスペルギルス症 692b
亜山地帯 315b	アショフ 11b	アスペルギルス=ニドゥランス 13f
肢, 脚, 足 9j	アショフの法則 11c	アズマコウヤクタケ 1623₅₂
足(植物の) 9i	アシラーゼ 11d, 26g	アズマゼニゴケ科 1637₁₁
アジアアロワナ 1565₅₁	アシルアスパラギン酸アミダーゼ 11d	アズマタケ 1624₂
アジアカブトエビ 1594₃₂	アシルアミダーゼ 26g	アズマツメクサ 1648₂₄
アジアサソリモドキ 1591₆₀	アシルアミドアミドヒドロラーゼ 26g	アズマモグラ 1575₉
アジアシボグモ 1592₁₇	アシルアミノ酸アミダーゼ 11d	アズリン 989d
アジアジムグリガエル 1567₅₇	アシル化 577a	アズール 13g
アジアツノガエル 1567₅₂	アシル活性化酵素 12a	アズール顆粒 13g
アシアロ糖蛋白質受容体 10a	アシルカルニチン 246d	アズール B 1376g
アジェロミケス科 1611₁₂	アシル基運搬蛋白質 11e	亜成虫 14a
アシカ 1575₅₅	アシルキャリアー蛋白質 11e	アセタケ 1626₈
アジ化ナトリウム 1005f	アシルグリセロール 11f	アセタケ科 1626₈
アジ化物 10b	アシル CoA 12a	アセタール 1276b
アシクロビル 465a	アシル CoA シンテターゼ 12a	アセタールホスファチド 1217d
アシグロホウライタケ 1626₂₁	N-アシルスフィンゴイド 795e	2-アセチルアミド-2-デオキシマンノース 15d
アジサイ 1651₃	アシルホスファターゼ 1475a	アセチル活性化酵素 12a
アジサイ科 1651₃	アジルマンガベイ 1575₃₇	N-アセチルガラクトサミン 14b
アジサシ 1571₅₇	アシリリン酸 430b	アセチル基転移 14c
亜自然植生 586e	アシロマ会議 78e	アセチル基転移酵素 14c
アシダカグモ 1592₂₁	アシロ目 1566₂₆	アセチルキナーゼ 536e
アシダミノコックス科 1544₁₈	アース 1003b	N-アセチル-α-D-グルコサミニダーゼ 1272i
亜室 591b	アズキ 1648₅₄	N-アセチルグルコサミニルトランスフェラーゼ I 494b
アシツキイトゲ 1634₅₁	アスコイデア科 1605₄₈	
アシディアヌス繊維状ウイルス 1 1515₆₀	アスコウイルス科 1515₁₈	N-アセチルグルコサミン 14d
アシディアヌス繊維状ウイルス 2 1516₁	アスコウイルス属 1515₁₉	N-アセチルグルコサミン-1-リン酸転移酵素 1347h
アシディアヌス ツーテイルウイルス 1515₃₂	アスコジカエナ科 1615₂₄	
	アスコストマ 603e	アセチル CoA 14e
アシディアヌス瓶状ウイルス 1515₁₆	アスコセイラ目 1657₄₃	アセチル CoA アセチル基転移酵素 409g
アシディアヌス ボトル型ウイルス 1515₁₆	アスコデスミス科 1615₅₅	アセチル CoA カルボシラーゼ 14f
アシディチオバチルス科 1548₂₉	アスコボリア科 1607₄₈	アセチル CoA 経路 1319g
アシディチオバチルス目 1548₂₈	アスコルビン酸 12b	アセチル CoA シンテターゼ 12a, 14e
アシディミクロビア亜目 1536₁₇	アスコルビン酸オキシダーゼ 12d	アセチルコリン 15a
アシディミクロビア科 1536₁₈	アスコルビン酸欠乏症 12b	アセチルコリンエステラーゼ 493a
アシディミクロビア目 1536₁₈	アスコルビン酸減少法 12c	アセチルコリン受容体 15b
アシディミクロビウム亜綱 1536₁₅	アスコルビン酸酸化酵素 12d	N-アセチルコンドロサミン 14b
アシディロブス科 1534₅	アスコン型 720e, 911c	アセチルサリチル酸 13e, 546a
アシディロブス目 1534₄	アスタキサンチン 249c	アセチルスピラマイシン 1340a
アジド 10b	アズチグモ 1592₂₇	N-アセチル体 257h
アシドカルソーム 10c	アステリナ科 1608₁₉	アセチルオキナーゼ 12a
アシドサーマス科 1536₄₄	アステロキシロン 1432g	アセチルトランスフェラーゼ 14c
アシドーシス 10d	アステロクラドン目 1657₂₇	N-アセチルノイラミン酸 15c
アシドチミジン 10e	アストベリー 12e	N-アセチル-β-ヘキソサミニダーゼ 258a
アシドテルムス科 1536₄₄	アストラスピス目 1564₃	
アシドバクテリア科 1536₆	アストロウイルス科 1522₂	アセチル補酵素 A 14e
アシドバクテリア綱 1536₃	アストロサイト 695h	N-アセチルマンノサミン 15d
アシドバクテリア目 1536₅	アストロリザ目 1663₄₂	N-アセチルムラミン酸 15e
アシドバクテリア門 1536₂	アスナロ 1645₈	アセチルメチルカルビノール 16b, 547a
アシナガウミサソリ 1589₃₁	アスナロウニ 1562₇	アセチル-β-メチルコリン 685c
アシナガウミサソリ亜目 1589₃₀	アスナロウニ目 1562₇	アセチルリン酸 16a
アシナガグモ 1592₂₇	アスパラガス 1646₅₈	2-アセトアミド-2-デオキシ-D-ガラクトース 14b
アシナガダニ 1589₄₃	アスパラギナーゼ 12f, 12g	
アシナガダニ亜目 1589₄₃	アスパラギン 13a	2-アセトアミド-2-デオキシ-D-グルコース 14d
アシナガバチ 1601₄₉	アスパラギン結合型糖鎖 137g	
アシナガモエビ 1597₄₄	アスパラギン合成酵素 12g	アセトイン 16b
アシナシイモリ目 1567₃₄	アスパラギン酸 13a	アセトイン生成 1190h
アシナシトカゲ 1568₄₈	アスパラギン酸アミノ基転移酵素 13a, 13b	アセトイン発酵 16b
アジナシシス 1205h		アセトウガラシ 1652₈
足場依存性 890e, 527c	アスパラギン酸カルバモイル基転移酵素 247c	アセトキナーゼ 536e
足場依存性増殖 1027e		アセト酢酸 409g
足場材料 954f	アスパラギン酸カルバモイルトランスフェラーゼ 1171a	アセト酢酸デカルボキシラーゼ 409g
足場蛋白質 10f		
足場非依存性増殖 261e, 1027e	アスパラギン酸脱アンモニア酵素 13c	
	アスパラギン酸トランスアミナーゼ 13b	

アセトスポレア綱 1664₃₂
アセトバクター科 1546₁₄
アセトフェノン 908k
アセトン体 409g
アセトン・ブタノール発酵 1103b, 1433d
アゼナ科 1652₈
アセビ 1651₃₁
アセビ中毒 16c
アセボ中毒 16c
アセボトキシン 16c
アゼライン酸 16d
アセラリア科 1604₃₆
アセラリア目 1604₃₅
亜セレン酸 1011b
亜前縁脈 613c
アソシエーション 381f
アソシーズ 16e
アゾトバクター 16f, 1549₄₈
遊び 16g
アゾール系抗真菌剤 16h
アタザナビル 119a
暖かさの指数 16i
アタッチメントサイト 1205g
アダビス下目 1575₂₄
アダプター仮説 1010h
アダプター蛋白質 17a
アダプター蛋白質複合体 17a, 485f
アダプチン 17a
アダプティブダイナミクス 17b
アダプティブマネージメント 652g
頭 17c
アダムエニシダ 121i
アダムス-ストークス病 1144e
アダムのリンゴ 461b
当たり年 207g
亜炭 784b
アダン 1646₂₇
アダンソン 17d
亜地方 996b
亜中形葉 768e, 1461d
亜中形葉常緑広葉樹林 671e
亜潮間帯生物 919d
アツイタ 1643₅₆
圧覚 673d, 681a
アツギケカビ 1604₇
アツギケカビ科 1604₇
アツギケカビ目 1604₆
アッケシケハダウミヒモ 1581₁₇
アッケシソウ 1650₅₀
アッケシヒモムシ 1580₄₆
厚エビ上目 1596₂₉
圧縮 17e
圧縮あて材 18a
圧受容 17f, 1099c
圧受容器 17f
圧受容体 707d
圧点 67d
アツバキノリ 1613₂₄
圧迫眼閃 267d
アツバノリ 1633₃₃
アップレギュレーション 866g
圧ポテンシャル 1356d
圧ボンベ法 1228b
アツモリソウ 1646₄₁
圧流説 606e
亜底節 17g
アーティファクト 687e
亜低木 955e
アデク 1648₄₂
あて材 18a
アデナーゼ 18f
アデニリル硫酸キナーゼ 1310c
アデニル酸 18b
アデニル酸環化酵素 589i
アデニル酸キナーゼ 18c

アデニル酸シクラーゼ 510b, 589i
アデニル酸脱アミノ酵素 18d
アデニレート 18b
アデニン 150e
アデニン脱アミノ酵素 18f
アデノウイルス 18g
アデノウイルス科 1515₉
アデノ関連ウイルス 1117h
アデノシルコバラミン 18h
アデノシルB₁₂ 18h
S-アデノシルメチオニン 19a, 134a
アデノシン 19d, 1049c
アデノシン一リン酸 18b
アデノシンキナーゼ 19c
アデノシン三リン酸 19d
アデノシン-5′-三リン酸 19d
アデノシン三リン酸加水分解酵素 20c
アデノシン三リン酸ホスファターゼ 20c
アデノシン受容体 19e
アデノシン受容体遮断作用 234i
アデノシン脱アミノ酵素 20a
アデノシン二リン酸 20b
アデノシンホスファターゼ 20c
アデノ随伴ウイルス 1117h
アデノ随伴ウイルス2型 1518₁₀
アデリーペンギン 1571₁₆
アデルミン 1171d
アデロコックス科 1610₄₀
アトアデノウイルス属 1515₁₀
Atwater-Rosa-Benedictの熱量計 1058d
アトキンシエラ目 1654₁
後産 20d
後鳴り 277e
アトピー 20e
アトピー遺伝子 20e
アトピー性皮膚炎 20e
アトペニン 970d
アドヘレンスジャンクション 20f
アドホックな仮定 516a
アトラクチエラ綱 1621₂₈
アトラクチエラ目 1621₃₀
アトラクチロシド 20g
アトラクトグロエア科 1621₃₁
アトラジン 20h
アトリ 1572₅₁
アドリアマイシン 20i, 50a, 245c
アトリバ目 1580₃₁
アトルバスタチン 730j
アドレナリン 21a
アドレナリン作動性剤 685c
アドレナリン作動性神経 21b
アドレナリン作動性繊維 21b
アドレナリン作動性ニューロン 21b
アドレナリン遮断剤 685c
アドレナリン受容体 21c
アドレナルフェレドキシン 21d
アドレノコルチコトロピン 1197d
アドレノドキシン 21d
アトロピン 21e
アナイボゴケ 1610₄₃
アナイボゴケ科 1610₄₁
アナイボゴケ目 1610₃₈
アナウサギ 1576₃₁
アナウロコゴケ 1610₄₁
アナエビ下目 1597₅₁
アナエロプラズマ科 1550₃₁
アナエロプラズマ目 1550₃₀
アナエロモナス類 1377b
アナエロモナダ亜門 1629₃₀
アナエロモナデア綱 1629₃₁
アナエロリニア科 1540₃₁
アナエロリニア綱 1540₃₁
アナエロリニア目 1540₃₂
アナガレ目 1574₆₉
アナグマ 1575₅₂

アナゲネシス 690e, 730i, 950f
アナコンダ 1569₄
アナサンゴモドキ 1555₃₃
アナジー 21f, 1307g
アナジャコ 1597₅₅
アナジャコ下目 1597₅₄
アナスピデス目 1596₃₄
アナセラス目 1582₄₈
アナタケ 1624₇
アナタケ科 1624₆
アナタケモドキ 1624₁₉
アナダルス 1633₄₃
アナツバメ 1572₁
アナツブゴケ科 1614₁₈
アナトニー 109c
アナトレプシス 1073b, 1084d
アナナシツノゴケ 1641₄₁
アナヌキノヒモケイソウ 1654₄₈
アナヒモケイソウ 1654₄₉
アナフィラキシー 22a
アナフィラキシーショック 22a
アナフィラキシーの遅延反応物質 1497b
アナフィラトキシン 1314b
アナプラズマ科 1546₂₆
アナボリー 42b
アナボリックステロイド 22b
アナミロスポラ科 1613₅₃
アナメ 1657₂₃
アナモキシソーム 22c
アナモックス 22c
アナモルフ 964g
アナルセステス 51g
アニオン呼吸 22d
アニオンチャネル 57a
アニサキス 1587₃₇
アニシアン階 550f
アニマルキャップ 995c
アニミズム 22e
アニュレイトラメラ 1412b
アニューロフィトン目 1644₇
アニーリング(核酸の) 22f
アニリンブルー 249b
アヌラウイルス属 1522₉
亜熱帯多雨林 22g
アネミア科 1643₆
アネライド 1248f
アネルギー 21f
アネロウイルス科 1517₂₅
アネロ型分生子 1248f
アノイキス 22h
アノイリナーゼ 898b
アノイリン 898c
アノエカ目 1653₁₄
アノキシビオシス 363f
アノテーション 22i
アノテータ 22i
アノマー炭素 1085f
アノモドン目 1573₁₈
アーノン 23a
アバカビル 1049e
アーバスキュラー菌根 333i
アーバスキュラー菌根菌 735e
アバストロウイルス属 1522₃
アパミン 1001d
アパラウイルス属 1521₇
アバンダンス 727f
アビ 1571₁₅
アビアデノウイルス 18g
アビアデノウイルス属 1515₁₁
アビオース 1265b
アビオスポラ科 1618₆
アピカル・コンプレックス 924f
アピコプラスト 23b
アピコモナデア綱 1661₁₄
アピコンプレクサ門 23c, 1661₁₃

アミヒ　1673

アピコンプレクサ類　23c
アピコンプレックス門　1661₁₃
アピコンプレックス類　23c
アビサウルス　1570₄₇
亜ヒ酸塩　23d
アビジン　23e, 1230i
アビビナウイルス属　1519₆
アビヘパトウイルス属　1521₁₅
アビヘパドナウイルス属　1518₃₀
アビポックスウイルス属　1516₅₉
アビ目　1571₁₅
アビュラウイルス属　1520₇
アピリミジン酸　23f
アヒル A 型肝炎ウイルス　1521₁₅
アヒル B 型肝炎ウイルス　1518₃₀
アファノプシス科　1612₁₄
アファノプラスモディウム　1284c
アファール猿人　2h
アフィディコリン　23g
アフィニティークロマトグラフィー　23h
アフィニティーラベリング　23i
アフェリディウム目　1601₅₄
アブサイシン酸　23j
アブサンウイロイド科　104e, 1523₂₉
アブサンウイロイド属　1523₃₀
アブシシン酸　23j
アブシジン酸　23j
アブスカウイロイド属　1523₃₄
アブセウデス亜目　1597₂₈
アブゾア門　1552₃
アブソモルフ目　1552₆
アブタマー　24a
アブテーション　958b
アブデルハルデン　24b
アーブトイド型菌根　333i
アフトウイルス属　1140a, 1521₁₄
ARP 複合体　7c
鐙骨　911e
アブラガヤ　1647₃₁
アブラコウモリ　1575₁₅
アブラゴケ　1640₃₉
アブラゴケ科　1640₃₉
アブラゴケ目　1640₃₄
アブラゼミ　1600₃₄
アブラチャン　1645₄₈
アブラツノザメ　1565₅
油つぼ　1147i
アフラトキシン　24c, 1102b
アブラナ　1650₁
アブラナ科　1650₁
アブラナ目　1649₅₅
脂鰭　1175c
アブラヨタカ　1572₁₃
アブラヨタカ亜目　1572₁₃
アフリカ人　703f
アフリカスミレ　1652₂
アフリカゾウ　1574₄₅
アフリカ単一起原説　1319h
アフリカツメガエル　794f, 1567₅₄
アフリカトガリネズミ目　1574₃₂
アフリカナンオゴケ科　1640₄₃
アフリカハイギョ　1567₈
アフリカブタコレラウイルス　1515₂₁
アフリカマイマイ　1584₂₃
アフリカミドリザル腎　475d
アブリシオプルプリン　586a
アブリン　24d
アプリン酸　24e
アフレビア　24f
アベコベガエル　1568₂
アベナウイルス属　1523₄
アベナ屈曲試験法　24g
アベナテスト　24g
アベリー　123c
アーベル　25a

アベルソン白血病ウイルス　1103a
アベルメクチン　25b
アヘン　168a, 1400j
アヘンアルカロイド　25c
アホウドリ　1571₁₇
アボエクオリン　126a
アボカド　1645₄₉
アポガミー　1371i
アポクリン腺　187b, 1160g
アポ酵素　25d
アポ蛋白質分子　1183a
アボトーシス　25e
アボトーシス小体　25e
アボトーシス　25f
アポ B　955j, 955k
アポフィトクロム　1183a
アポフェリチン　1188f
アポプトーシス　25e
アポプラスト　311b, 713g
アポプラスト型　606e
アポマイオシス　26a
アポミクシス　26b
アポミクト　26b
アポリシス　26c
アポリジニ　165c
アポリプレッサー　1461f
アポホロトール　1054c, 1567₄₄
アポロリンクス目　1579₂
アマ　1649₄₆
雨覆羽　935i
アマオブネガイ　1583₃₂
アマオブネガイ目　1583₃₂
アマ科　1649₄₆
アマガイモドキ　1583₃₃
アマクサクラゲ　1556₂₆
アマクリン細胞　26d
アマサギ　1571₂₅
アマゾン地方　688c
アマダイ　1566₄₃
アマチャヅル　1649₁₃
アマツバメ　1572₁₇
アマツバメ亜目　1572₁₇
アマツバメ目　1572₁₅
アマトキシン　26e
アマドコロ　1646₆₁
アマナ　1646₃₄
アマニチン　26e, 492j
アマノリ　1632₃₁
アマビコヤスデ　1594₁₁
アマミトゲネズミ　1576₄₆
アマミノクロウサギ　1576₃₂
アマモ　1646₉
アマモ科　1646₉
アマモ場　1399d
アマンタジン　429f
アミア目　1565₄₀
アミア類　442i
網胃　1122c
アミカ　1601₂₂
アミカイメン　1554₁₉
アミカイメン目　1554₁₈
アミカケイソウ　1655₉
アミカケイソウ目　1655₉
アミカゴケイソウ　1654₂₉
アミガサタケ　1616₁₀
アミガサタケ科　1616₁₀
アミカムリ　1628₂₈
アミグダラーゼ　365c
アミゴケ　1557₂₂, 1639₄₉
アミコケムシ　1579₃₅
アミジグサ　1119b, 1657₂₀
アミジグサ目　1657₂₀
アミジン基転移　26f
アミドコ　1583₂₀
アミダーゼ　26g

アミド植物　26h
アミドヒドロラーゼ　26g
α-アミノアジピン酸　26i
アミノアシラーゼ　11d
アミノアシルアデニル酸　27a
アミノアシル tRNA　27b
アミノアシル tRNA 合成酵素　27c
アミノアシル tRNA シンテターゼ　27c
アミノアシル tRNA リガーゼ　27c
p-アミノアセトフェノン　898c
2-アミノエタノール　133h
2-アミノエタノールリン酸　133i
アミノエチルスルホン酸　866e
4-(2-アミノエチル)-1, 2-ベンゼンジオール　1007f
アミノ化合物　32c
アミノ基加水分解酵素　30b
アミノ基転移　27d
アミノ基転移酵素　27e
アミノグリコシド系抗生物質　30a, 1053g
アミノグリコシド修飾酵素　1053g
アミノグルコシド 3'-ホスホトランスフェラーゼ　1053g
アミノ酸　28a
アミノ酸アーム　373g
アミノ酸暗号　76g
アミノ酸オキシダーゼ　28b
アミノ酸活性化酵素　27c
アミノ酸カルボキシリアーゼ　29b
アミノ酸酸化酵素　28b
D-アミノ酸酸化酵素　28b
L-アミノ酸酸化酵素　28b
アミノ酸縮合体　616g
アミノ酸受容ステム　373g
アミノ酸生合成　27d, 29a
アミノ酸脱カルボキシル酵素　29b
アミノ酸脱炭酸酵素　29b
アミノ酸置換　903c
アミノ酸デカルボキシラーゼ　29b
アミノ酸配列　894c
アミノ酸配列分析装置　136c
アミノ酸発酵　29c
アミノ酸分析計　56b
1-アミノシクロプロパン-1-カルボン酸　29d, 134a
7-アミノセファロスポラン酸　794j, 1268a
2-アミノ-2-デオキシ-D-ガラクトース　240e
2-アミノ-2-デオキシ-D-グルコース　365c
2-アミノ-2-デオキシ-D-ヘキソース　1264b
アミノ糖　29e
アミノトランスフェラーゼ　27e
アミノ配糖体抗生物質　30a
4-(2-アミノ-1-ヒドロキシエチル)-1, 2-ベンゼンジオール　1068f
2-アミノ-4-ヒドロキシプテリジン　1208c
アミノヒドロラーゼ　30b
6-アミノペニシラン酸　1268a, 1272d
アミノペプチダーゼ　30c
アミノ末端　30d
アミノ末端分析　30d
γ-アミノ酪酸　29b, 30e
γ-アミノ酪酸受容体　30f
δ-アミノレブリン酸　30g
δ-アミノレブリン酸合成酵素　30g
5-アミノレブリン酸合成酵素　1328a
アミハ　1634₄₂
アミハシゴケ　1612₂₉
アミハダ　1633₂₆
アミバネムシ上目　1600₅
アミヒダタケ　1626₁₄

アミフォスチン 1298c
アミホコリ 1629₆
アミマユダマ 1632₂₂
アミミドロ 1635₂₆
アミメアナタケ 1624₃₂
アミメカゲロウ目 1600₄₅
アミメカワゲラ 1599₁₃
アミメコモリグモ 1561₁₈
網目構造 533f
アミ目 1596₄₁
アミモジゴケ 1614₄
アミモヨウ 1634₄₀
アミラーゼ **31**a
アミロイド **31**b
アミロイドーシス **31**b
アミロイド症 **31**b
アミロイド物質 **31**b
アミロコルチキウム科 1626₅₇
アミロコルチキウム目 1626₅₆
アミロース **31**c
アミロプラスト **32**a
アミロペクチン **32**b
アミロマルターゼ 1346a
アミワタカビ 1654₂₁
アミン **32**c
アミンオキシダーゼ **32**d
アミン酸化酵素 **32**d
アムサクトモーレイエントボックスウイルス L 1517₁₁
アムッド人 166j
アムドウイルス属 1518₈
アムニクリコラ科 1609₁₃
アムビスポラ科 1605₁₅
アムホテリシン B 1322e
アムールハリネズミ 1575₆
雨植物 429h
アメタケ 1624₃₇
アメトプテリン 1152c
アメーバ **32**e
アメーバ運動 **32**f
アメーバ界 1628₆
アメーバ型生活相 746e
アメーバ上界 1628₅
アメーバ状タペータム 1284c
アメーバ生物界 33a, 1628₆
アメーバ動物 33a
アメーバ動物門 1628₇
アメービディウム目 1552₃₄
アメービディオゾア門 1552₃₀
アメフラシ 1584₄
アメフラシ亜目 1584₄
アメーボゾア **33**a
アメーボゾア門 33a, 1628₇
アメリカオオサンショウウオ 1567₄₁
アメリカカブトガニ 1589₂₅
アメリカザリガニ 1597₄₈
アメリカシボグモ 1592₁₉
アメリカシロヒトリ 1601₄₁
アメリカ人 703f
アメリカナマズヘルペスウイルス 1 1514₄₆
アメリカビーバー 1576₃₈
アメリカヤマボウシ 1651₁
アメリンド 703f
アメンボ 1600₃₈
アメイジン 350a
亜目 1a, 177a
アモルフ 84f, 865b
アモルフォテカ科 1610₄₇
アーモンド 1648₅₇
アヤギヌ 1633₄₈
アヤニシキ 1633₅₂
アヤメ 1646₅₁
アヤメ科 1646₅₁
アユ 1566₁₀

亜優占種 **33**b
アユミコケムシ 1579₂₁
アラ 1566₅₁
アライグマ 1575₅₄
アライムス目 1586₂₈
アライメント **33**c
アラインメント **33**c
アラキドン酸 **33**d
アラキドン酸カスケード **33**e
アラキドン酸代謝 1311f
アラキン 634c
アラクサナンサス亜目 1558₁₄
アラクノフィルム亜目 1556₄₇
アラクノミケス科 1610₅₁
アラクノミケス目 1610₅₀
アラゲウスベニコップタケ 1616₂₅
アラゲコベニチャワンタケ 1616₂₁
アラゲヒナノチャワンタケ 1615₂
アラタ体 **33**f
アラタ体刺激ホルモン 1063b
アラタ体神経 33f, 1063b
アラタ体ホルモン 1423d
アラトスタチン **33**f
アラトトロピン **33**f
アラトヒビン **33**f
α-アラニン **33**g
β-アラニン **34**a
D-アラニンカルボキシペプチダーゼ 1272e
アラバン **34**b
アラビアゴム 676f
アラビナン **34**b
アラビノガラクタン **34**c
アラビノガラクタン蛋白質 1157b
アラビノース 34c, 34d
アラビノースオペロン 169e, 1461f
アラム 10h
アラメ 1657₂₅
アラメチシン 55d
アラレ石 787e
アーランガー **34**e
アランダスピス目 1564₂
アラントイウス静脈管 667a
アラントイカーゼ 1224b
アラントイナーゼ 1224b
アラントイン 1224b
アラントイン加水分解酵素 1224b
アラントイン酸 1224b
アラントイン酸加水分解酵素 1224b
アリー **34**f
アリイン 35a
アリ学 503b
アリクアンドスティビテ科 1607₁₃
アリクイ亜目 1574₅₅
アリゲモ 1592₂₃
アリゲータートカゲ 1568₄₉
アリー効果 **34**g
アリサザイ 1572₄₁
アリザリン 49f
アリシクロバチルス科 1542₂₆
蟻植物 **34**h
アリシン 35a
アリスイ 1572₃₆
アリストゲネシス 950f
アリストテレス **34**i
アリストテレスの自然群 586b
アリストテレスの提灯 **34**j
アリストテレスのランタン 34j
アリゾナフリクティス科 1602₃₅
アリソンゴケ科 1637₂₃
アリチアミン 35a
アリツグミ 1572₄₁
蟻動物 **35**b
アリドリ 1572₄₂
アリーの原理 517e

アリノストカゲ 1568₅₃
アリノトウグサ 1648₂₆
アリノトウグサ科 1648₂₆
アリの牧畜生活 35b
アリ媒 996d
アリビンゴケ 1611₂₆
アリ分散 635a
アリマ 834f
亜硫酸還元酵素 **35**c
亜硫酸レダクターゼ 35c
アリューシャンミンク病ウイルス 1518₈
アリル 865c
アリール 865b
アリール-4-水酸化酵素 721c
アリールスルファターゼ 742g
RIG-I 様受容体 **35**d
Ri プラスミド 8e
R₁室 576h
REP 配列 1126j
R 因子 **35**e
Rh 式血液型 396a
Rh 式血液型物質 396b
Rh 蛋白質 788d
Rx 遺伝子 102k
RX：グルタチオン R-トランスフェラーゼ 367h
RN アーゼ 1465f
RN アーゼ H 1465g
RN アーゼ Ⅲ 1466h
RN アーゼ T₁ 156b, 1466b
RN アーゼ T₂ 156b, 1466c
RNA–RNA ハイブリダイゼーション 940e
RNA 依存性 RNA ポリメラーゼ **36**c
RNA 依存性 DNA ポリメラーゼ 303c
RNA 依存性 DNA メチル化 **36**d
RNA ウイルス **36**e, 102h
RNA エディティング **36**f
RNA 型ファージ 37b
RNA 干渉 **37**a
RNA 合成 590f
RNA 合成酵素 36c
RNA サイレンシング 38c, 971a
RNA シンテターゼ 36c
RNA スプライシング 740c
RNA–蛋白質 206e
RNA ファージ **37**b
RNA 複製酵素 36c
RNA 分解酵素 1465f
RNA ヘリカーゼドメイン 35d
RNA ポリメラーゼ **37**c
RNA ポリメラーゼⅠ **37**d
RNA ポリメラーゼⅡ **38**a
RNA ポリメラーゼⅢ **38**b
RNA ポリメラーゼⅣ/Ⅴ **38**c
RNA リガーゼ **38**d
RNA レプリカーゼ 36c
RNA 連結酵素 38d
RNA ワールド **38**e
RNP ワールド 38e
RF アミド **38**f
RFA 蛋白質 76b
R_f 値 **38**g
アルカエオカラミテス科 1642₂₉
アルカエオスポラ科 1605₁₆
アルカエオスポラ綱 1605₁₃
アルカエオスポラ目 1605₁₄
アルカエオプテリス目 1644₈
アルカエオリゾミケス綱 1605₂₆
アルカニヴォラクス科 1549₂₆
アルカプトン尿症 **38**h
アルカリ味 1354c
アルカリ栄養湖 **38**i
アルカリ血症 39c
アルカリゲネス科 1554₄₄

アルカリ性ホスファターゼ　1475a
アルカリ性ホスファターゼ検出法　490f
アルカリ土壌　39a
アルカリ熱イオン化検出器　219c
アルカリ病　798e
アルカロイド　39b
アルカローシス　39c
アルギナーゼ　39d
アルギナーゼ欠損症　39d
アルギニノコハク酸尿　39e
アルギニン　39f
アルギニンアミジナーゼ　39f
アルギニンカルボキシペプチダーゼ　294i
アルギニンキナーゼ　370h
アルギニンバソトシン　1281f
アルギニンバソプレシン　395b
アルギニンリン酸　40a
アルギニンレギュロン　1486a
R 技法　307c
アルキル化剤　129e, 1298e
アルギン酸　40b
アルギン酸リアーゼ　39f
アルクスティロプス目　1576₈
アルクトミア科　1612₁₅
アルケア　4f
アルケオシアトゥス類　486i
アルケニルエーテル型リン脂質　1217d
アルゴヴォラ目　1661₉
R 酵素　973a
アルコプラズマ　76c
アルコール　133g
アルコール依存症　133g
アルコール脱水素酵素　40c
アルコール中毒　133g
アルコールデヒドロゲナーゼ　40c
アルコール発酵　40d
RC 遺伝子　336h
アルジェリアハリネズミ　1575₅
RGD 配列　40e
アルジン科　1607₄₇
アルストロメリア　1646₃₁
アルスロデルマ科　1611₁₄
アルセノベタイン　1141a
アルセノリシス　1141a
アルセラフィンヘルペスウイルス 1　1515₃
r 戦略　408g
r 戦略者　408g
R 体　330e
アルタイオナガネズミ　1576₄₆
rII 遺伝子座　40f
アルツス型反応　234f
アルツス現象　40g
アルツハイマー型認知症　41a
アルツハイマー型老年認知症　41a
アルツハイマー病　41a, 1142e, 1191e
RT 蛋白質　1343b
r デターミナント　35e
アルデヒドオキシダーゼ　41c
アルデヒド酸化酵素　41c
アルデヒド-フクシン染色法　490f
アルテミア　1594₂₆
アルテミシニン　41d
アルテリウイルス科　1520₅₁
アルテリウイルス属　1520₅₂
アルテロモナス科　1548₃₈
アルテロモナス目　1548₃₆
r 淘汰　408g, 746d
アルドース　41j, 891e, 1085f
アルドステロン　41e
アルドスリン酸　409e
アルドヘキソース　366a
アルトマン(R.)　41f
アルトマン(S.)　41g
アルドラーゼ　41h, 183h[図]

アルドール開裂転移酵素　1288b[図]
アルドール縮合　41h
アルドロヴァンディ　41i
D-アルトロ-2-ヘプツロース　794b, 1275f
アルドン酸　41j
アルネルゴケ科　1638₂₄
アルバー　41k
アルバイレラ目　1663₉
アルハラクシス　42a
アルバロフォサウルス　323i
R バンド法　809e
RPA 蛋白質　76b
rbcL 遺伝子　945d
アルビノ　42b
RB1 遺伝子　1394b
α アクチニン　42d
α-アミノ酸　12g
α-アミラーゼ　31a
α インターネキシン　910d
アルファウイルス属　1522₆₁
α 運動ニューロン　116c
αN カテニン　42e
αMSH 作動性ニューロン　792a
アルファエントモポックスウイルス属　1517₉
アルファ雄　650b
α カテニン　42e
α-カロテン　249c
アルファクリプトウイルス属　1519₁₈
α-ケラチン　413f
α 構造　42i
α 固縮　682c
アルファコロナウイルス 1　1520₅₅
アルファコロナウイルス属　1520₅₅
アルファサテライト DNA　42f
α 鎖様グロビン遺伝子　374b
α 受容体　21c
α 繊維　42g
α チューブリン　918a
α₂-プラスミンインヒビター　463k
α₂-マクログロブリン　6g, 397a, 463k
アルファトルクウイルス属　1517₂₆
α-トロンビン　1017e
α-ニューロキニン　1044f
アルファノダウイルス属　1522₄₄
α 波　1065f
アルファバキュロウイルス属　1515₂₃
α 波阻止　874h
アルファパピローマウイルス属　1516₉
α-フェトプロテイン　260c, 647f, 1187d
アルファフレキシウイルス科　1521₃₄
アルファプロテオバクテリア綱　1545₁₁
α-ブンガロトキシン　1002e
アルファ分類学　42h
αβT 細胞　951c
α ヘリックス　42i
α ヘリックス含有率　158a
アルファヘルペスウイルス亜科　1514₄₉
アルファミケス科　1602₄₁
Alu ファミリー　1126j
アルファメラニン細胞刺激ホルモン作動性ニューロン　792a
アルファモウイルス属　1522₈
α-ラクトアルブミン　1043b
α らせん構造　42i
アルファリボスリクスウイルス属　1515₅₆
アルファルファモザイクウイルス　880a, 1522₂
アルファレトロウイルス属　1518₄₆
α₁-抗トリプシン　463k
α1 シントロフィン　711e
α₁-フェトグロブリン　1187d
α₁リポ蛋白質　466g
アルブチノ　365f
アルブミノイド　458f

アルブミン　43a
アルブレノロール　1267b
アルベオラータ　43b
アルベオラータ下界　1657₅₀
アルベオリン　1168c
アルベオール　43b, 108g
アルベド　43c
アルベルトゥス=マグヌス　43d
アルボウイルス　43e
アルマジロ　1266e
アルマジロリピート　1266e
アルマティモナス科　1538₄₉
アルマティモナス綱　1538₄₇
アルマティモナス目　1538₄₈
アルマティモナス門　1538₄₆
アルミニウム　43f
アルミニウム植物　43f
R ループ　43g
アレウロ型分生子　1248f
アレオスケリス目　1568₁₃
アレキシウイルス属　1521₃₉
アレクサンダー病　360c
アレスチン　44a
アレスト・フロント　44b
荒地植物　44c
アレナウイルス　44d
アレナウイルス科　1520₂₆
アレナウイルス属　1520₂₇
アレニウスの活性化エネルギー　228g
アレニウスの式　174e, 175d, 457a, 517b
アレニウスプロット　44e
アレリズム　44f
アレル　865b
アレルギー　44g
アレルギー性接触皮膚炎　234f, 792b
アレルギー性鼻炎　20e
アレルゲン　44h
アレロケミカル　194f, 677e
アレロパシー　779b, 868c
アレンードイジ試験　45a
アレンの規則　45b
アレン法　394g
アロイオゲネシス　45c
アロキサン　45d
アロキサンチン　284l
アロキサン糖尿　45d, 992e
アログロミア目　1663₄₀
アロケーション　1088i
アロ抗原　437f
アロ抗体　437g
アロコラン酸　492b
アロコール酸　493e
アロザイム　1i
アロサウルス類　1570₁₀
アロサプレッサー　45e
アロステリック　455a
アロステリックアクチベーター　45f
アロステリックインヒビター　45f
アロステリックエフェクター　45f, 140e
アロステリック効果　45f
アロステリック酵素　45f
アロステリック蛋白質　45f
アロステリック理論　46b
アロ接合体　46c
アロタイプ　46d, 863b, 1386a
アロパトリー　65h
アロフィコシアニン　1181h
アロフェン　43f
アロヘルペスウイルス科　1514₄₃
アロマターゼ　46e
アロマテラピー　779b
アロメトリー　47a
アロモルフォシス　47b
アロモン　47c, 194f
アロレビウイルス属　1522₃₄

アロワナ目　1565₅₀
アワ　1647₄₁
アワキヒモカワタケ　1626₅₇
アワゴケ　1652₄
アワサンゴ　1557₅₃
アワゼニゴケ科　1637₈
アワビゴケ　1612₄₇
アワビモ　1634₃₄
アワブキ　1648₁
アワブキ科　1648₁
アワフキムシ　1109b
アワブキ目　1647₆₁
アワミドリ　1634₃₈
暗位　1394a
暗域　47d
暗回復　47e
アンカー細胞　47f
アンカップラー　874c
アンガラ大陸　47g
アンギオテンシノゲン　47h, 1490a
アンギオテンシン　47h
アンギオテンシンⅡ　1281f
アンギオテンシン変換酵素　294i
アンギオポエチン　1363b
アンギュロミケス科　1602₄₂
アンキリステス科　1604₁₆
アンキリン　788d
アンキロサウルス　323i
アンキロサウルス類　328e
アンキロセラス目　1583₅
アンキロモナス目　1552₉
アンコイン酸　16c
アンコウ　1566₂₉
アンコウ目　1566₂₈
暗呼吸　48a
暗黒期　48b
暗黒定位反応　1428a
アンサマイシン系抗生物質　48c
アンジェルマン症候群　410f
暗視野顕微鏡　48d
暗順応　1374a
暗所視　1094g
アンズ　1648₅₇
アンズタケ　1623₄₁
アンズタケ科　1623₄₁
アンズタケ目　1623₃₆
アンスリウム　1645₅₃
安静代謝　230a
アンセリジオール　48f
アンセリン　34a
アンセロゾイド　48g
暗帯　133e, 161h
アンタゴニスト　48h
アンダーソン病　981a
アンチオーキシン　430h
アンチゴケ　1612₄₀, 1613₅₀
アンチコドン　48i
アンチザイム　442e
アンチセンスRNA　48j
アンチズエア　834f
アンチトロンビンⅢ　436e
アンチビタミン　1152c
アンチプラスミン　463k
アンチホルモン　466d
アンチマイシンA　49a, 970d
アンチモルフ　84f, 865b
アンチラサメハダホシムシ　1586₁₂
安定化淘汰　988f
安定平衡　1259c
安定齢構成　1484f
アンテヌヌス　1574₁₄
アンデスケノレステス　1574₉
アンテナ色素　621i
アンテナペディア複合体　1319a
アンテラキサンチン　285a

アンテンヌラリエラ科　1608₁₇
アントクメ　1657₂₅
アントグラム　49b
アントクロール　172i
アントシアニジン　49d, 1219g
アントシアニン　49d, 243l
アントシアン　49d
アントラキノン　49f
アントラコイデア科　1622₄
アントラコサウルス亜目　1567₂₁
アントラコサウルス目　1567₂₀
アントラサイクリノン　50a
アントラサイクリン系抗生物質　50a
9, 10-アントラセンジオン　49f
アントラニル酸　50b
アンドロゲン　50c
アンドロゲン結合タンパク質　797c
アンドロゲン受容体　604l, 949b
アンドロスタン骨格　50c
アンドロステロン　50c, 1411e
アンドロステンジオン　50c
アンドロメドトキシン　16c
アンドンクラゲ　1556₁₅
アンドンクラゲ目　1556₁₅
アンヌラタスクス科　1618₄
アンハイドロビオシス　363f
AMPA型　369d
アンバーコドン　622d
アンバーサプレッサー　1028d
暗発芽　50d
暗発芽種子　50d
アンバー突然変異　1029a
暗反応　50f
アンピシリン　1268a
アンピシリン耐性遺伝子　1267e
アンビセンスRNA　51a
アンビセンスRNAウイルス　51a
アンピュラ　51b
アンピュロシスト　1300g
アンフィエスマ小胞　108g
アンフィオニデス　1597₃₃
アンフィオニデス目　1597₃₃
アンフィスファエリア科　1619₂₇
アンフィテシウム　51b
アンフィテリウム目　1573₅₄
アンフィテン期　512a
アンフィブラスツラ　911c
アンフィボリック代謝経路　51c
アンフィミクシス　51d
アンフィリチウム目　1663₂₅
アンフィロッス目　1662₂₆
アンフィンゼン　51e
アンフィンゼンのドグマ　1191e
アンフェタミン　1008a, 1008e
アンフォライト　992b
アンブチャナン科　1638₄₂
アンブチャナン目　1638₄₁
アンブラウイルス科　1515₁₅
アンブラウイルス属　1515₁₆
アンブル　51f
アンブレクシザフレンチス亜目　1556₅₆
アンブレナビル　119a
アンペロウイルス属　1522₂₁
アンボレラ　1645₁₈
アンボレラ科　1645₁₈
アンボレラ目　1645₁₇
アンモシーテス幼生　1021f, 1367d
アンモナイト　51g
アンモナイト亜綱　1582₄₆
アンモナイト目　1583₃
アンモナイト類　51g
アンモニア酸化菌　51h
アンモニア植物　551b
アンモニア態窒素　906e
アンモニア排出　52a

アンモニア排出動物　52a
アンモニウム塩　906e
アンモン角　185e
暗領域　1085a

イ

胃　53a, 799b
イアミア科　1536₂₀
ERM タンパク質　7c
ER 局在化シグナル　666a
ER ボディ　53c
慰安行動　324d, 370e
イイギリ　1649₅₂
飯島魁　53d
イイジマタテキュウチュウ　1578₄
イイジマナメクジムシ　1577₄₀
イイジマヒモムシ　1580₄₅
イイジマヒラムシ　1577₂₄
イイジマフクロウニ　1561₃₈
イイジムカシゴカイ　1585₅₂
イイジムカシゴカイ目　1585₅₂
飯塚啓　53e
飯沼慾斎　1331d
囲咽腔　731j
囲咽溝　53f
囲咽帯　53f
イヴレフ　54a
EARドメイン　106e
イエカニムシ　1591₃₃
胃液　54b
胃液リパーゼ　1460d
イエササラダニ　1590₅₆
イエシロアリ　1600₉
ESR 吸収　970a
ES 細胞　301a, 1083a
イエバエ　1601₂₅
EFハンド　54f
EMCウイルス　1140a
EMB 寒天培地　54g
イェルネ　1404l
硫黄　55a
硫黄細菌　55b
硫黄酸化細菌　55b
硫黄の循環　55c
イオタトルクイウイルス属　1517₃₉
イオタパピローマウイルス属　1516₂₅
イオドスファエリア科　1619₃₈
イオニア階　864k
イオノフォア　55d
β-イオノン管　1487e
イオン拮抗作用　55e
イオン強度　56a
イオン交換　56b
イオン交換クロマトグラフィー　56b
イオン交換樹脂　56b
イオン交換セルロース　56b
イオン交換体　56b
異温性　56d
イオン説　56e
イオン選択性フィルター　57a
イオン対抗作用　55e
イオンチャネル　57e
イオン調節　57b
イオンポンプ　57c
イオン密度　878f
イオン誘起型相分離　832c
イオン輸送　58a
異化　59a
いが　206h
イガイ　1582₆
遺骸　222f
遺骸群　58b

イシノ 1677

和文

遺骸群集 **58**b
イガイ目 1582₆
胃潰瘍 1145a
医化学 **58**c
異化型硝酸還元 658d
医学 **58**d
異核共存体 1269g
威嚇行動 **58**e
異核上門 1657₅₁
威嚇色 **58**f
異核性 820b
異核接合体 1269g
イガグリキンコ 1562₂₆
イガグリキンコ目 1562₂₆
イガクリケイソウ 1654₄₃
イガクリケイソウ目 1654₄₃
イカ 988d
胃下腔 1099d
異化作用 **59**a
鋳型 **59**b
異化代謝産物抑制 226a
イカダカズラ 1650₆₀
E型肝炎ウイルス 1522₃₀
イカタケ 1627₅₁
筏効果 1024e
鋳型説 686h
イカダニ 1591₆
イカダモ 1635₂₉
異花柱花 61c
緯割 1444a
イカナゴ 1566₄₂
イカノフネケイソウ 1655₄₇
異花被花 234b
錨状体 **59**c, 1099d
イカリソウ 1647₅₄
イカリチョウチン 1580₇
イカリチョウチン目 1580₇
イカリトゲオビムシ 1578₂₀
イカリナマコ目 1562₃₃
イカリムシ 1595₁₁
胃癌 **59**d
易感染性 **59**e
維管束 **59**f
維管束間形成層 **59**g
維管束系 **59**h
維管束形成層 389a
維管束鞘 **59**i
維管束鞘延長部 **59**i
維管束植物 **59**j
維管束植物門 1641₄₄
維管束遷移 386g
維管束内形成層 **59**k
胃間膜 53a, 667d, 920d
閾 **60**a
遺棄 **60**b
閾下応答 **60**c
閾下刺激 **60**a
閾刺激 **60**a
イギス 1633₄₈
イギス目 1633₄₇
閾素子 **60**d
生きた化石 **60**e
閾値 60a
異規的分節 856e
閾物質 507i, 1045e
異鉄性 1095f
イグアナ下目 1568₄₀
イグアノドン 323i
イグサ 1647₂₈
イグサ科 1647₂₈
イグサ形花序 **60**f
イグザプテーション **60**g
育児嚢 **60**h, 61**b**, 1304c
育児板 1201b
育種 **60**i

育成品種 534b
イクソレイス目 1661₂₉
育体 1370f, 1410e
イクタルリウイルス属 1514₄₆
イクチオサウルス類 330b
イクチオステガ目 1567₁₄
イクチオスポレア綱 1552₂₆
イクチオデクタス目 1565₄₇
イクチオフォヌス目 1552₃₄
イクチオルニス 1570₄₉
イクチオルニス目 1570₄₉
イグチ科 1627₂
イグチ目 1627₁
イクチエビジン 458f
イクティオステガ **61**a
イクトアデノウイルス属 1515₁₂
イグナヴィバクテリア科 1540₂₉
イグナヴィバクテリア綱 1540₂₇
イグナヴィバクテリア目 1540₂₈
育嚢 61b
イクノウイルス属 1516₅₃
育板 1201b
イクビゴケ 1639₁₁
イクビゴケ亜綱 1639₉
イクビゴケ科 1639₁₁
イクビゴケ目 1639₁₀
育房 **61**b
異クマムシ綱 1588₆
異クマムシ類 273e
異クラゲ様体 602g
異型 61g, 1270e
異形花 61c
異形花型自家不和合性 560d
異形核 **61**d
異形核分裂 423b
異系交配 **61**e
異形再生 64f
異型細胞 **61**f, 64g
異形細胞 61f
異形歯性 1069b
異形生 64f
異形成 **61**g
異形性 **62**a
異形精子 **62**b
異形接合性 789b
異形接合体 1270e
異形染色体 **62**c
異形多核 61d
異形対染色体 62c
異型的増殖 61f
異形二価染色体 62c, 1209a
異形配偶 62d, 163i, 744b
異形配偶子 **62**d
異型配偶子 62d
異形配偶子生殖 1410f
異形配偶子囊 1078e
異型分裂 423b
異形胞子 **62**e
異形胞子性 62e
異形胞子嚢 1296e
異形葉 **62**f
異形葉性 62f
EK系 632g
囲血細管管 407f
胃-結腸反射 **62**g
池野成一郎 **62**h
イケマ 1651₄₇
異原発生 414d
胃腔 **63**a
医工学 90d, 763c
移行形 910c
移行型小胞体 **63**b
移行抗体 705a, 1306g
移行材 1285c
移行シグナル 1416e

移行上皮 663b
囲口節 **63**c
移行相 832e
移行帯 127j
移行蛋白質 **63**d
移行板 1289e
囲口部 **63**e
囲肛部 327g
異甲目 1564₄
移行領域 63b
イコサペンタエン酸 117j
囲鰓孔 **63**f
囲鰓腔 **63**g
異鰓上目 1583₅₂
イサウイルス属 172c, 1520₄₁
イサキ 1566₅₂
イサザアミ 1596₄₁
異座性 1271a
胃糸 353h
胃歯 **63**i
異歯亜綱 1582₁₄
イシイソゴカイ 1584₅₁
意志運動 718c
EGF経路 **63**j
EGF受容体 647e
イシガイ 1582₁₃
イシカイメン 1554₄₀
イシカイメン綱 1554₄₀
イシガイ目 1582₁₃
イシガキ 1582₈
イシガキサネゴケ 1609₁₄
石垣状胞子 871c
ECカップリング 464b
イシガメ 1568₂₃
石川千代松 **64**a
意識 **64**b
意識の淘汰 687g
意識の神経相関 697f
異軸型 1408e
イシゲ 1657₁₄
意思決定 **64**c
意思決定理論 292c
イシゲ目 1657₁₄
維持呼吸 **64**d
EC細胞 293d, 1083b
イシサンゴ目 1557₅₂
異歯式 925a
石軸類 1557₂₆
維持収穫量 516e
異歯性 1069c
異時性 **64**e
イシダイ 1566₅₁
イシチドリ 1571₅₁
イシツキゴビー 1657₃₇
異質形成 **64**f, 1146e
異質細胞 **64**g
異質三倍体 1081h
異質十二倍体 1081h
異質染色質 1270a
異質染色体 62c
イシヅチゴケ 1638₅₁
イシヅチゴケ科 1638₅₁
イシヅチゴケ綱 1638₄₉
イシヅチゴケ目 1638₅₀
異質倍数性 1081h
異質倍数体 1081h
異質八倍体 1081h
異質分泌腺 870h
異質誘導 **64**h
異質四倍体 1081h
維持熱 1058a
イシノミ 1598₂₈
イシノミ目 1598₂₈
イシノミモドキ 1633₁₀

イシムカデ 1592[35]
イシムカデ目 1592[35]
イシモ 1633[9]
イシヤモリ 1568[43]
イジュ 1651[19]
移住 678g
異獣亜綱 1317f, 1573[47]
異種ウイルス間干渉 262g
異周期的 65b
移住説 211c
異獣類 1317f
異種間移植 89h
異種間浸透 86e
異種寄生 64i, 289b, 542a
異種寄生種 542a
萎縮 64j, 846b, 1506f
萎縮病 1448e
異種ゲノム 410e
異種抗原 437g
異種膠着作用 754a
異種個体群 477f
異株性 1270f
異種長世代型 542a
移出 64k
移出者 64k
移出入 67d
異種誘導者 1413a
異種類世代型 542a
胃楯 53a, 656f
繖状花序 60f
異常凝縮 65b
異常血色素症 1421b
異常細胞 61f
異常雌雄同体現象 286k
異常心理学 1133c
異常生殖 1270c
異常整流 901d
異状体 76c
異常の冷感 1369h
異常発生 861d
異常フィブリノゲン 65c
異常フィブリノゲン血症 65c
異常ヘモグロビン 1277e
異常流体 418f
異所寄生 65d
移植 65e
移植拒絶反応 437g
異食作用胞 1179d
移植体 65e
移植片 65e, 841b
移植片拒絶反応 841b
移植片対宿主病 65g
移植片対宿主反応 556c
移植片培養 65f
移植放流 721d
移植免疫 65g
異所種 644g
異所性 65h, 1271a
異所性妊娠 565a
異所性ホルモン産生腫瘍 297b
異所的種分化 65i
異翅類 1600[37]
石綿 1077b
石渡腺 65j
異針海綿類 188f, 1554[9]
囲心器官 65k
医真菌学 692b
イジングモデル 797e
囲神経腔 405h
囲心腔 66a, 712m
囲心腔腔 66c
囲心腔壁 66c
囲心細胞 66b, 673g
異親接合 66d
囲心腺 66c, 412b

異靭帯目 1582[25]
異親対合 66d
囲心洞 66a
囲心嚢 66e
異親和合 66d
胃水管系 611c
彙錐類 838c
異数花 66f, 727e
異数性 66g
異数性配偶 66h
異数体 66g
異数体細胞 1039c
異数体マッピング 66i
イスクナカンツス目 1565[17]
イズミ 1566[47]
イズセンリョウ 1651[14]
イズセンリョウ科 1651[14]
イーストツーハイブリッドシステム 67a
イズノキ 1648[14]
イズモ 813b
α-L-イズロニダーゼ 964e
L-イズロン酸 113f, 1273c
異性花 987c
異性化酵素 67b
異性化糖 288f
異性間淘汰 769a
異性基準標本 863h
イセエビ 1597[59]
イセエビ下目 1597[58]
イセエビ類 1186d, 1189a
胃石 67c
移籍 67d
イセキグモ 1592[24]
イセゴイ 1565[52]
E-セレクチン 798b
胃腺 68a
異染色質精子 62b
異旋目 1583[5]
イソアミラーゼ 31a, 973a
イソアレル 68b
イソアワモチ 1077a, 1584[22]
胃相 54b
胃層 68c, 720e
位相応答曲線 68d
位相形成 390i
囲臓腔 405h, 708a
位相後退 68f
位相差顕微鏡 68e
位相性筋 1258f
異相世代交代 786f
位相前進 68f
異層地衣 486c
位相反応曲線 68f, 185d, 922g
位相変位 68f
イソウミグモ 1589[12]
イソカイメン 1554[45]
磯海綿目 1554[45]
イソガニ 1598[9]
イソカニダマシ 1598[4]
イソカニムシ 1591[33]
イソガワラ 1657[38]
イソガワラ目 1657[37]
イソ吉草酸 293c
イソ吉草酸血症 68g, 1162f
イソ吉草酸尿症 68g
イソギンチャク目 1557[39]
イソギンポ 1566[52]
イソクエン酸 344b[図]
イソクエン酸開裂酵素 357i[図]
イソクエン酸脱水素酵素 68i
イソクエン酸デヒドロゲナーゼ 68i
異足下目 1583[46]
異属間移植 89h
イソクラティック溶離法 454a
イソクリシス目 1666[19]

イソ酵素 1i
イソ酵素多型 895f
イソコツブムシ 1596[50]
イソコリスミ酸合成酵素 546a
イソシギ 1571[56]
イソシノブ 1633[50]
胃咀嚼器 841f
イソスギナ 1634[45]
イソタイプ 46d
イソダニ 1590[34]
イソダンツウ 1633[21]
イソチドリガイ 1583[53]
イソテゲクマムシ 1588[9]
イソトリフォリン 3d
イソニアジド 437e, 736g
イソニコチン酸ヒドラジド 736g
イソノノハナ 1633[36]
イソノハナ目 1633[35]
イソバナ 1557[27]
イソハナビ 1557[26], 1632[18]
イソバリン 69a
イソバルチン 69b
イソバレリルグリシン 68g
イソバレリン酸 293c
イソヒメミミズ 1585[54]
イソフェレドキシン 1189b
イソブテン 1657[29]
イソフラバノン 1219b
イソフラボン 1219g
イソプレノイド 69c
イソプレン 69d
イソプレン則 69d
イソプレン単位 69d, 1325f
イソプロテレノール 9b
イソペプチド結合 69e
イソヘラムシ 1597[3]
イソペンテニルアデニン 69f, 518a
Δ^3-イソペンテニル二リン酸 69c
N^6-(Δ^2-イソペンテニル)2-メチルアデニン 1172d
イソマツ 1633[41], 1650[39]
イソマツ科 1650[39]
イソメ目 1584[43]
イソメラーゼ 67b
磯焼け 69g
イソヤムシ 1577[4]
イソヤムシ類 1577[3]
イソヨコバサミ 1597[62]
イソリケナン 1454a
イソリジン 1455e
イソリゼルグ酸 1101d
イソロイシン 69h
イソロイシングラミシジン 356a
遺存 69i
遺存種 60e, 212b
依存分化 69j
イタイイタイ病 70a
遺体供給量 132f
異体性 1270f
胃-大腸反射 62g
イタケイソウ 1655[15]
イタコン酸 70b
イタダニ下目 1589[49]
イタチウオ 1566[26]
イタチキツネザル 1575[25]
イタチゴケ 1641[11]
イタチゴケ科 1641[11]
イタチザメ 1564[48]
イタチタケ科 1626[35]
イタチムシ 1578[23]
イタチムシ類 1200f, 1578[22]
イダテンヒメホンヤドカリ 1598[3]
イタドリ 1650[41]
イータトルクウイルス属 1517[37]
イタニグサ 1633[13]

イタニグサ亜綱　1633₁₂
イタニグサ目　1633₁₃
伊谷純一郎　**70**c
イータパピローマウイルス属　1516₂₁
イタボガキ　1582₅
痛み　**70**d
板目　1396f
イタヤガイ　1582₉
イタヤガイ目　1582₈
イタリアンライグラス　1304g
異担子器　884j
異端選種　1178d
イダント　961c
イチイ　1645₁₀
イチイ科　1645₁₀
イチイガシ　1649₁₉
イチイゴケ　1641₇
一遺伝子一酵素仮説　**70**e
一遺伝子一ポリペプチド鎖仮説　**70**f
一遺伝子雑種　**70**g
位置運動　85b
一塩基多型　**70**h
位置価　**70**i
一かえしの卵　355d
位置覚　**70**j, 1019l
I 型光化学反応中心　509c
I 型繊維　903f
I 型多腺性内分泌自己免疫症候群　117a
I 型糖尿病　**71**a
I 型トポイソメラーゼ　944c
I 型反応　234f
I 型ミオシン　1350a
一関節性　266a
一関節性筋　479i
一菌糸型　336d
位置クローニング　**71**b
一原型　73b, 1299e
位置効果　**71**c
イチゴ状果　621h
イチゴツナギ　1647₄₀
一語名　210b, 1033g
イチゴヤドクガエル　1567₅₆
一酸素添加酵素　163m
一次維管束組織　59f
一次運動ニューロン　116a
一次運動野　116d
一次応答　1034f
一次汚染　721f
一次風切羽　935i
一次感覚野　254d
一次感染　1034g
一次寄生者　317b, 446a
一次休眠　313e, 633g
一次狭窄　**71**d
一次菌糸　**71**e
一次菌糸体　71e
イチジク　1649₆
イチジクゴケ　1611₂₈
イチジクゴケ科　1611₂₈
イチジク状果　71f, 1194b
イチジク状花序　**71**f
一次系列　72d
一次虹彩細胞　1193l
一次コルク形成層　493d
一次根　633c
一次細胞壁　**71**g
一次作物　537f
一次三色色性　551i
一次残像　277e
一次視覚野　**72**a
一次刺激性接触皮膚炎　792b
一次篩部　**72**b
一次柔膜　1065h
一次終末　725e
一次純生産　652b

一次純生産力　652b
一次消費者　664d
一次神経頭蓋壁　668c
一次新生物　1230h
一次髄膜　1065b
一次性索　750f
一次生産　**72**c
一次生産者　72c, 751b
一次成長　1256g
一次性徴　766a
一次性能動輸送体　977d
一次性比　770a
一次性肥満　1162h
一時性プランクトン　1220e
一次精母細胞　753d
一次性欲求　1430g
一次世代交代　786f
一次遷移　**72**e
一次遷移系列　72d, 799c
一次造血　401e
一次総生産　828d
一次総生産力　828d
一次組織　**72**e
一次体腔　425d
一次代謝　1035h
一次単眼　882b
一次胆汁酸　886f
一時の器官　1425e
一時の寄生　289b
一時のしおれ　558c
一次の水生動物　722b
一次の相互移行帯　1035j
一時的凋萎　558c
一時的発現　850b
一次頭蓋底　72f
一次頭蓋壁　**72**f
一次同名　998d
一次尿　426g
一次能動輸送　1065e
一次胚　1036c
一次胚乳　1086c
一次胚柄細胞群　817e
一次胚葉　**72**g
一次肥大成長　1149f
一次肥大分裂組織　1149g
一次ピットプラグ　1153e
一次分裂組織　**73**a
一次壁　71g
一次壁孔域　1263f
一次放射組織　1299c
一次脈　1427d
一次メッセンジャー　781f
一次免疫応答　1034f
一次木部　**73**b
一次遊走子　**73**c
一次誘導　**73**d
重壁　603e
位置情報　73e, 780a
一次卵母細胞　1444e
一次卵膜　1450g
一次リソソーム　1456f
一次リンパ系器官　1477d
一次リンパ組織　73f
一次リンパ濾胞　1478e
異地性化石　222c
一染色体植物　73g
一染色体性　66g, **73**g
一段増殖実験　**73**h
一段林　1473g
異地的　986d
一動原体染色体　**73**i
一年生　73j
一稔生　74f
一年生植物　73j, 221h
一年草　221h

一倍性　1081h, 1122g
一倍体　1122e
一倍体数　1122d
1 ヒット曲線　821c
1 分子蛍光イメージング　**74**b
1 分子 FRET　385d
一分染色体　423b, 1039g
位置ベクトル法　683d
一枚膜リポソーム　1464d
イチメガサ　1657₃₉
イチメガサクラゲ　1556₈
位置毛　70j
イチモンジケイソウ　1655₃₁
イチモンジケイソウ目　1655₃₁
イチモンジダニ　1591₃
イチヤクソウ　1651₃₁
イチヤクソウ型菌根　333i
胃緒　473c
イチョウ　74d, 752e, 1644₄₃
イチョウウキゴケ　1637₁₀
イチョウ科　1644₄₃
イチョウガニ　1598₅
イチョウ綱　1644₃₇
異調染色性　1376g
イチョウタケ　1627₂₉
イチョウタケ科　1627₂₈
胃腸内分泌細胞　293d
一様分布　1252a, 1252d
胃腸ホルモン　654d
イチョウ目　1644₃₈
イチョウ類　**74**d
一卵性双生児　828e
一輪形幼生　**74**e
イチリンソウ　1647₅₆
一回親　1398g
一回結実性　**74**f
一回呼吸気量　1090b
一回拍出量　712d
一回繁殖型　**74**f
一回遊泳性　73c, 1406c
イッカク　1576₄
一核菌糸　71e
一核相　71e
一核性　977c
一化性　221f
一価染色体　**74**g
一過的発現　1011c
一妻多夫　1077i
一酸化炭素　970d
一酸化炭素細菌　**74**h
一酸化炭素中毒　74h
一酸化炭素ヘモグロビン　**74**i
一酸化炭素ミオグロビン　1349f
一酸化窒素　74j
一酸化窒素合成酵素　74j
一者培養　501j
逸出管　**74**k
逸出突起　**74**k
一心皮雌ずい　581c
一穂一列法　212k
イッスンムカデ　1592₃₅
一斉開花・結実　**74**l
一生歯性　1069b
一斉林　1473g
一斉林型　466b
一巣卵　355d
逸脱合成　**75**a
一致指数　**75**b
一致動物　**75**c
一致度係数　75b
五つ子　872k
一点神経支配　876g
一般化線形モデル　**75**d
一般化ロジスティック曲線　1501d
一般感覚　280e

一般感情 280e	遺伝子座制御領域 71c	遺伝力 84h
一般組合せ能力 350c	遺伝子資源 571b	イド 961c
一般形質導入 388a	遺伝子重複 80c	移動 **85**a
一般形態学 299j	遺伝子浸透 86e	移動運動 **85**b, 230a
一般参照体系 **75**e	遺伝子制御ネットワーク 79j	移動運動器官 114d
一般生化学 744i	遺伝子セット 1410d	移動界面電気泳動法 967c
一般生理学 **75**f	遺伝子増幅 80a	移動核 789b
一般染色 806b	遺伝子多型解析 1207b	移動期 939d
一般相同 830b	遺伝子ターゲティング **80**b	移動群飛 383d
一般的活動性法 **75**g	遺伝子置換 903c	伊藤圭介 **85**c, 1331b
溢泌 640i	遺伝子置換に伴う荷重 82h	伊東細胞 **85**d
溢泌圧 500f	遺伝子重畳 80c	移動肢 115d
一夫一妻 1077i	遺伝子治療 80d	移動性筋芽細胞 **85**e
一夫多妻 1077i	遺伝子導入 80e	移動性軸下筋細胞 85e
一方的伝達 1243b	遺伝子トラップ法 157d	移動相 376b
一本鎖 DNA **76**a	遺伝子内サプレッサー 543d	移動装置 85b
一本鎖 DNA 結合蛋白質 **76**b	遺伝子内サプレッション 543g	移動体 **85**f
イッポンシメジ 1625₅₉	遺伝子ノックアウト 81a	移動澱粉 **86**a
イッポンシメジ科 1625₅₉	遺伝子破壊 81a	イトウヒメヤドリムシ 1596₃
逸話主義 288g	遺伝子破壊法 81a	医動物学 290b
イディオグラム 200h	遺伝子発現 **81**b	移動分散理論 1113i
イディオソーム **76**c	遺伝子微細地図 **81**c	移動路 191f
イディオタイプ 46d, **76**d, 1057g, 1386a	遺伝子標識法 **81**d	意図運動 **86**b
イディオトープ 76d	遺伝子頻度 **81**e	イトエダケカビ 1603₄₀
イディオプラズマ **76**e	遺伝子一文化共進化 1242i	イトグサ 1633₅₃
イディオマリナ科 1548₄₃	遺伝子分析 84f	イドクスウリジン 465a
胃底腺 53a, 1295b	遺伝子平衡説 265e, 748b	イトクズモ 1646₁₀
異蹄目 1576₂₆	遺伝子変換 **81**f, 1180d, 1386b	イトクダムシ 1555₂₁
イデオウイルス属 1523₂₁	遺伝子歩行法 810d	イトグモ 1592₂₂
イデユコゴメ 1632₈	遺伝子マッピング 810e, 850b	イトゴカイ 1584₃₈
イデユコゴメ亜門 1632₆	遺伝子モデル 769a	イトゴカイ目 1584₃₈
イデユコゴメ綱 1632₇	遺伝情報 **81**g	イトスギ 1645₈
イデユコゴメ目 1632₈	遺伝子ライブラリー 78d, 78g	イドタケ 1627₁₁
イテラウイルス属 1518₁₇	遺伝子流 79f	イドタケ科 1627₁₁
遺伝 **76**f	遺伝子量 **82**a	イトダニ 1590₂
遺伝暗号 **76**g	遺伝子量効果 **82**b	イトダニ下目 1590₁
遺伝暗号表 76g	遺伝子療法 80d	イトダニモドキ 1590₂
遺伝因子 **77**d	遺伝子量補償 **82**c	イトツキマクコウヤクタケ 1626₅₇
遺伝解析 84f	遺伝子連鎖群 806f	イトトンボ 1598₄₇
遺伝学 **77**a	遺伝人類学 716a	イトトンボ亜目 1598₄₇
遺伝学的地図 808h	遺伝生化学 **82**d	イドノレオウイルス 1 1519₄₃
遺伝獲得量 **77**b	遺伝性水頭症 149i	イドノレオウイルス属 1519₄₃
遺伝距離 **77**c	遺伝性非ポリポーシス大腸癌 943c, 947e	イトヒキエイ 1565₁₁
遺伝形質 77d	遺伝相関 **82**e	イトヒバゴケ科 1641₉
移転酵素 966b	遺伝相談 **82**f	イトヒメウズムシ 1577₁₆
遺伝コード 76g	遺伝地図 808h	イトフノリ 1633₂₃
遺伝子 **77**d	遺伝的アルゴリズム **82**g	イトホコリ 1629₈
遺伝子移入 86e	遺伝的荷重 **82**h	イトマキケイソウ 1655₇
遺伝子改変植物 8e	遺伝的距離 77c	イトマキケイソウ目 1655₇
遺伝子拡散 79f	遺伝的組換え **82**i	イトマキヒトデ 1560₅₄
遺伝子間サプレッサー 543d	遺伝的疾患 84d	イトミミズ 1585₃₄
遺伝子間サプレッション 543g	遺伝的症候群 **83**a	イトミミズ亜目 1585₃₂
遺伝子記号 **78**a	遺伝的植民地化 8e	イトメ 1584₅₃
遺伝子機能救助 **78**b	遺伝的進歩 77b	イトヤスデ 1593₁₆, 1593₁₇
遺伝子給源 **78**c	遺伝的制御 747e	イトヨ 1566₃₉
遺伝子銀行 **78**d	遺伝的脆弱性 **83**b	イトヨリダイ 1566₅₀
遺伝子組換え 351g	遺伝的多型 **83**c	イトラコナゾール 16h
遺伝子組換え作物 78f	遺伝的単型 83c	イトラン 1646₆₂
遺伝子組換え実験規制 **78**e	遺伝的致死 904d	異食液胞 1179d
遺伝子組換え植物 8e, **78**f	遺伝的地図距離 905d	イナイリュウ 331b
遺伝子クローニング 942a	遺伝的伝達 **83**d	イナゴ 1600₁
遺伝子クローン **78**g	遺伝的同化 **83**e	イニオプテリクス目 1564₂₅
遺伝子型 **79**a	遺伝的浮動 **83**f	イニシエーション(発がんの) **86**c
遺伝子型-環境相互作用 **79**b	遺伝的不等分裂 757g	イニシエーター 196c, 1490i
遺伝子系図学 **79**c	遺伝的プログラム説 1498i	移入 **86**d, 421h
遺伝子型分散 1166g	遺伝的平衡 **84**a	移入交雑 **86**e
遺伝資源 **79**d	遺伝的閉鎖 1006c	移入種 191a
遺伝子工学 **79**e	遺伝的変емь **84**b	移入組織 **86**f
遺伝子交換 79f	遺伝的ゆらぎ **84**c	イヌ亜目 1575₅₀
遺伝子構成 79a	遺伝病 **84**d	イヌイット 512g
遺伝子交流 79f	遺伝標識 **84**e	イヌガヤ 1645₉
遺伝子座 **79**g	遺伝分析 84f	イヌガヤ科 1645₉
遺伝子再構成 79h, 1386b	遺伝マーカー 84e	イヌガンソク 1643₄₆
遺伝子再編成 **79**h	遺伝子後 **84**g	イヌ口腔乳頭腫ウイルス 1516₂₉
遺伝子削減 **79**i	遺伝率 **84**h	イヌサフラン 1646₃₂

イワテ　1681

イヌサフラン科　1646₃₂
イヌザメ　1564₄₄
イヌタデ　1650₄₁
イヌツゲ　1652₂₆
イヌトルクテノウイルス属　1517₃₈
イヌナズナ　1650₂
イヌナンカクラン　1642₃₅
イヌノシタ　1566₆₀
イヌノフグリ　1652₅
イヌビワ　1649₆
イヌベンチュウ　1587₁₀
イヌマキ　1645₃
イヌマキラクトン　1024g
イヌムギ　1647₃₅
イヌラーゼ　**86g, 655e**
イヌリナーゼ　86g
イヌリン　1225f
イヌリンクリアランス　357f
イヌワシ　1571₃₄
イヌワラビ　1643₅₀
イネ，稲　**86i**, 1647₃₉
イネ萎縮ウイルス　**87a**
イネ科　1647₃₄
イネ科草原　**87b**
イネ科牧草　1304g
イネキシン　486d
イネ縞葉枯ウイルス　1520₄₆
易熱性エンテロトキシン　858b
イネ馬鹿苗病菌　607f
イネ目　1647₂₁
イネラギッドスタントウイルス　1519₄₆
イネ矮化ウイルス　1521₃₆
胃嚢　89g
イノウイルス科　1517₄₈
イノウイルス属　1517₄₉
井上信也　**87c**
伊能嘉矩　**87d**
イノコヅチ　1650₄₉
イノシシ　1576₁₆
イノシトール　**87e**
イノシトール-1, 4, 5-三リン酸　1326b
イノシトール三リン酸　**87f**, 781f
イノシトールプラスマローゲン　1217d
イノシトールヘキサキスリン酸　1182f
イノシトール-1-リン酸生成酵素　87e
イノシトールリン脂質　**88a**
イノシン　**88b**
イノシン-5′-一リン酸　88c
5′-イノシン酸　127h, 203a
イノシン酸　**88c**
イノシン三リン酸　**88d**
イノシン-5′-三リン酸　88d
イノシンヌクレオシダーゼ　1049b
イノデ　1643₅₇
イノベーション　982e
イノモトソウ　1643₃₅
イノモトソウ科　1643₃₀
異倍数性　66g
異発生誘導　64h
イバラガニ　1598₂
イバラノリ　1633₂₄
イバラヒトデ　1560₄₇
イバラヒトデ目　1560₄₇
イバラモ　1646₄
イバリシメジ　1626₁₁
胃板　63i
囲皮　1303d
異尾　168d
EB ウイルス　**88e**
EB ウイルスレセプター　1314d
異尾下目　1597₆₁
イブキアカップエダカレキン　1616₂₇
イブキトラノオ　1650₄₀
イブシダニ　1591₁

ε15 様ウイルス　1514₂₈
イブシロントルクウイルス属　1517₃₃
イブシロンパピローマウイルス属　1516₁₇
イブシロンプロテオバクテリア綱　1548₁₃
イブシロンレトロウイルス属　1518₅₀
異物同名　998d
イフラウイルス科　1521₉
イフラウイルス属　1521₁₀
異分化　450c
異分割　**88f**
イベリット　1341g
イベルメクチン　25b
イベロメソルニス　1570₄₁
イベロメソルニス目　1570₄₁
易変遺伝子　**88g**
異変態　503d
疣足　**88h**
疣足動物　837d
イボイノシシ　1576₁₅
イボイモリ　1567₄₇
異放サンゴ亜綱　1557₁₅
異方性　**88i**, 133e
異方性分散成長　527b
イボクサ　1647₇
イボクラゲ　1556₂₈
イボゴケ　1612₅₇
イボコメバタケ　1625₃₅
イボダイ　1566₅₄
イボタケ　1625₂₇
イボタケ科　1625₂₇
イボタケ目　1625₂₄
イボテン酸　692c
イボノリ　1633₂₅
イボメアマロン　1182k
イボモウイルス属　1522₅₀
イボヤギ　1558₂
イマイソギンチャク亜目　1557₄₃
今西錦司　**89a**
今西進化論　89a
意味体　1112f
β-イミダゾールアクリル酸　113a
β-イミダゾールエチルアミン　1144j
イミドジペプチダーゼ　1240d
イミノ酸　28a, 1157a, 1240b
イミノジペプチダーゼ　1240a
イミノ尿素　342a
イムヴィック試験　**89b**
イムジ類　1418c
イムノクロマト法　**89c**
イムノフィリン　1274a
イムノブロッティング　**89d**
異名　**89e**
異名一覧　89e
異名リスト　89e
芋，薯，藷　**89f**
イモイチョウゴケ科　1638₂₈
異毛綱　1658₄
胃盲嚢　**89g**
異毛目　1658₅
異属間移植　**89h**
異属間誘導　89h
イモタケ　1616₁₀
いもち病　**90a**
イモナマコ　1562₃₂
イモナマコ目　1562₃₂
芋虫型幼虫　1282h
イモリ　1567₄₅
イモリ亜目　1567₄₄
イモリ目　1567₃₇
イモ類　**90b**
忌地　1492j
囲蛹　90c, 1440b
囲蛹殻　**90c**
医用工学　**90d**
医用情報工学　90d

異葉性　62f
医用生体工学　763c
医用電子工学　90d
医用ヒル　1174b
医用マイクロデバイス　90e
医用マイクロマシン　**90e**
意欲感覚　280e
胃抑制ペプチド　154h, 366b
イラガ　1601₃₉
イラクサ　1649₉
イラクサ科　1649₈
イラルウイルス属　1522₁₂
囲卵液　90f
囲卵腔　**90f**
囲卵腔液　90f
医理学　58c
入皮　**90h**
イリタマゴゴケ　1612₄₀
イリドウイルス　**91a**
イリドウイルス科　1515₄₅
イリドウイルス属　1515₄₈
イリドソーム　562e
イリドフォア　563f
イリドプテリス目　1642₂₀
イリノテカン　272d
医療　58d
医療化学　58c
医療工学　763c
医療情報学　**91b**
異類合着　229d, 1409e
異類間受精　287b
異類交配　999i
イルジン　692c
イールディン　527b
イルトウイルス属　1514₅₀
いれこ説　**91c**
イレコダニ　1590₆₀
イレコダニ下目　1590₅₉
イロカエクサガエル　1567₅₇
色感覚　**91d**
色感受性ニューロン　**91e**
色対比　862b
色対立型ニューロン　91e
イロヌス目　1586₂₆
色の三属性　4b, 91d
イロワケイルカ　1576₃
イワアバタゴケ　1612₃₂
イワウチワ　1651₂₁
イワウメ　1651₂₁
イワウメ科　1651₂₁
イワカガミ　1651₂₁
イワガネソウ　1643₃₂
イワゴケ　1608₂₈
岩崎灌園　1331d
イワザクロゴケ　1611₅₆
イワザクロゴケ科　1611₅₆
イワサザイ　1572₃₉
イワサザイ亜目　1572₃₉
イワショウブ　1645₅₉
イワスナギンチャク　1558₇
岩田久二雄　**91f**
イワタケ　1612₂
イワタケ科　1612₂
イワタケ目　1611₅₃
岩狸目　1574₃₉
イワタバコ　1652₂
イワタバコ科　1652₂
イワダレゴケ　1652₂
イワダレゴケ科　1641₂
イワダレソウ　1652₂₂
イワツクバネウツギ　1652₄₃
イワツタ　1634₄₈
イワツタ目　1634₄₇
イワデンダ　1643₄₄
イワデンダ科　1643₄₄

イワナ 1566₁₁
イワナガワ 1652₃₆
イワノカワ 1633₂₈
イワノカワ目 1633₂₈
イワノリ 1613₁₅
イワノリ科 1613₁₅
イワノリモドキ 1613₂₃
イワハイラックス 1574₃₉
イワヒゲ 1651₂₈, 1657₃₃
イワヒバ 1642₁₅
イワヒバ目 1642₁₅
イワヒバリ 1572₆₀
イワヒバ類 **91**g
イワヒメワラビ 1643₂₈
イワフジツボ 1595₅₄
イワベンケイ 1648₂₄
イワムシ 1584₄₄
イワヤシダ 1643₄₁
イワヤシダ科 1643₄₁
イワユキノシタ 1648₂₂
$E1A$ 遺伝子 **91**h
$E1B$ 遺伝子 **92**a
陰イオン交換樹脂 56b
陰イオン呼吸 22d
インヴィヴォ **92**b, 93f
in vivo パッチ法 1107f
インヴィトロ **92**b
in vitro 翻訳系 1369d
インヴォルティナ目 1664₁₇
陰影反応 **92**c
陰窩 653h
隠芽 1426g
因果関係 **92**g
陰核 **92**d
陰核海綿体 188d
陰核亀頭 **92**d
陰核包皮 94b
因果形態学 390g
インカ骨 **92**e
インカ細胞 875b
隠花植物, 陰花植物 **92**f
隠花植物学 674e
因果性 **92**g
印環細胞癌 59d
隠気門類 1590₅₂
インキュベーター **92**h
インキューリア科 1633₁₈
咽峡 1067g
陰極電気緊張 967f
陰極抑圧 967f
陰具片 **92**i
隠クラゲ様体 602g
陰茎 **92**j, 777e, 803d, 1284d
陰茎海綿体 188d
陰茎亀頭 92j
陰茎骨 **93**a
陰茎鞘 1284d
陰茎嚢 1284d
インゲンホウス **93**b
インゲンマメ 1648₅₂
インゲンマメ南部モザイクウイルス 1523₂₄
咽喉 **93**c, 1067g
隠孔生物 1019j
陰光性プランクトン 1220e
陰口目 1579₂₆
インゴルフィエラ亜目 1597₂₁
インサイチュ 93f
インサイドアウトパッチ 1107f
飲作用 **93**d
飲作用胞 93d
因子 102h
インジカキサンチン 1268b
インジゴ **93**e
インジゴチン 93e

インジゴブルー 93e
インシトゥ **93**f
in situ ハイブリダイゼーション **93**g
インジナビル 119a
因子分析 **93**h
陰樹 93i
インシュリン 94d
インシュレーター **94**a
印象化石 222c
隠翅類 1601₁₈
陰唇 **94**b
飲水中枢 **94**c
インスリン 94d
インスリンシグナル **94**e
インスリンシグナル経路 118b
インスリン受容体 **95**a
インスリン単位 **95**b
インスリン B 363i
インスリン分泌活性化蛋白質 1163d
インスリン様成長因子 **95**c
インスリン様成長因子シグナル 1f
陰性条件反射 1241d
陰生植物 **95**d
陰性の残像 551j
陰性波 **95**e
陰性プロファージ 363c
インセクトロン 1074e
インセスト 95f
インセスト回避 **95**f
インセストタブー 95f, 337c
隠足類 1562₃₂
インターカレーション **95**g
インターカレーションモデル 325h
インターニューロン 180e
インターフェロン **96**a
インターリューキン 518b
インターロイキン 518b
陰挺 92d
インディゴ 93e
インテイン 187c
インテイン 1235a
インテグラーゼ **96**b
インテグラーゼ阻害剤 429i
インテグラティブサプレッション **96**c
インテグリン **96**d
インテルメジン 1382c
咽頭 **96**e
インドゥアン階 550f
隠頭花序 71f
咽頭弓 534d
咽頭溝 534d
咽頭骨 97a
咽頭鰓節 1020i, 1020k
咽頭歯 **97**a
咽頭鞘 108h
咽頭上溝 53f, 519e
咽頭腺 866i
咽頭咀嚼器 **97**b
咽頭咀嚼嚢 97c
咽頭嚢 534d, 678d
咽頭嚢派生体 534d
咽頭胚期 **97**d
咽頭派生体 534d
咽頭扁桃 1287c
咽頭膜 433c
咽頭面 1408g
咽頭裂 471a, 534d
インド-オーストラリア界 1027c
インドガゼル 1576₁₂
インドガビアル 1569₂₆
インドゴムノキ 1649₆
インドサイ 1576₂₉
インド蛇木 1432k
インドゾウ 834c, 1574₄₅
インド-太平洋区 97e

インド-西太平洋区 **97**e
インドフェノール酸化酵素 600a
イントラスポランギウム科 1537₁₆
イントラマクロヌクレアータ亜門 1658₇
インドリ 1575₂₅
インドールアセチルアスパルテート 402b
インドールアセチルグルコース 402b
インドールアミン 2,3-酸素添加酵素 1013c
インドール化合物 149h
インドール-3-酢酸 **97**f
インドール酢酸 97f
インドール酢酸化酵素 **98**a
インドール生成 **98**b
イントロン **98**c
インドワタノキ 1650₁₈
隠道 1292e
院内感染 **98**d
陰嚢 **98**e
インバージョン 952g
インパルス **98**f
インパルス応答 232c
咽皮管 **98**g
インヒビン **99**a
咽部 93c
陰阜 903d
インファウナ 1019j, 1287i
インフォケミカル 194f
インフォームドコンセント **99**b
陰部神経小体 **99**c
陰部ヘルペス 770c
インフラディアンリズム 776g
インフラマソーム **99**d
インプリカテア綱 1665₃₆
インプリンティング 742f
インフルエンザウイルス **99**e
インフルエンザ菌 1549₄₁
隠吻類 1577₃₅
隠蔽 **99**f
隠蔽効果 99f
隠蔽作用 99f
隠蔽種 644g
隠蔽色 **100**a
隠蔽生物 1287i
隠蔽的異物擬態 **100**b
隠蔽的擬態 **100**b
隠蔽的植物擬態 100b
隠蔽的動物擬態 100b
インベルターゼ 730a
隠変態 503d
インポーティン **100**c
陰門 803d, 906c
陰葉 **100**d

ウ

ヴァイカリアント 930g
ヴァイスマン **101**a
ヴァヴィロフ **101**b
ヴァションカニムシ 1591₃₄
ヴァーションサソリ 1591₅₂
ヴァーマス **101**c
ヴァリン 1116b
Varley-Gradwell のグラフ法 1287e
ヴァロア **101**d
ヴァンデンベルク効果 1189c
ヴァンネラ目 1628₃₆
羽衣 111g
Vi 抗原 **101**e
VEGF ファミリー 401a
ウィーヴァー-ブレイの効果 198f
VA 菌根 333i

V型ATPアーゼ 135g	ウェーバー 105g	ウコギ 1652₄₅
V形染色体 806f	ウェーバー–エドサル溶液 1351c	ウコギ科 1652₄₅
羽域 111g	ウェーバー器官 105h	ウコン 1647₁₉
ウイキョウ 1652₄₉	ウェーバー線 105i	ウサイ 108c
ウイキョウモ 1657₃₁	ウェーバーの圏域 253b	羽鰓類 1120a
ウイキョウ油 779b	ウェーバーの法則 105j	ウサギギク 1652₃₂
ヴィクティヴァリス科 1544₄₃	ウェーバー–フェヒナーの法則 105k	ウサギシダ 1643₃₈
ヴィクティヴァリス目 1544₄₂	ウエブスダネア科 1622₁₇	ウサギ出血病ウイルス 1522₁₅
ウィグルズワース 101f	ヴェーラー 106a	ウサギモウヨウセンチュウ 1587₃₆
ヴィーシャウス 101g	ヴェーラム 106b	ウサギワムシ 1578₃₆
ヴィジランス 909f	ヴェリジャー 106b	蛆 108d
ウィスコット–アルドリッチ症候群 1389f	ウェルウィチア科 1645₁₄	ウシアブ 1601₂₆
ウィスコンシン一般検査装置 101h	ヴェルコミクロビア科 1551₄	ウシウイルス性下痢ウイルス1 1522₂₈
ヴィスコンティ–デルブリュックの理論 101i	ヴェルコミクロビア綱 1551₅	ウシエビ 1597₃₇
	ヴェルコミクロビア目 1551₆	ウシオグモ 1592₂₀
ヴィーゼル 101j	ヴェルコミクロビア門 1551₄	ウシオダニ 1590₂₃
ウィッティントン 101l	ヴェルシュ菌 106c, 1543₂₉	ウシ海綿状脳症 1221d
V(D)J組換え 1386b	ヴェルソン細胞 121h	ウシガエル 1568₁
ヴィテラリア 1012d	ウェルチ菌 106c	羽軸 111g
ヴィノグラドスキー 101m	ウェルナー症候群 834e	ウシケノリ 1632₂₉
VP反応 1190h	ウェルニッケ脳症 898c	ウシケノリ綱 1632₂₉
ヴィブリオ 102b, 1549₆₁	ウェルニッケ野 420d	ウシケノリ目 1632₂₉
ヴィブリオ科 1549₆₀	ウェント 106d	ウシ膵臓トリプシンインヒビター 1233a
ヴィブリオ目 1549₅₉	ヴェントラータ下門 1659₂	ウシツツキ 825e, 1572₄₇
ヴィーラント 102c	ヴェントリクレフティダ目 1665₂₁	失われた鎖 108e
ウィリアムズ 102d	ウオジラミ 1595₂₂	失われた環 108e
ヴィリヤムス 102e	ウオジラミ類 1595₂₂	ウシ乳頭腫ウイルス5型 1516₁₇
ウイルウィッチア科 349f	WOX遺伝子族 106e	ウシ乳頭腫ウイルス3型 1516₃₅
ウィルキンズ 102f	ウォディントン 106f	ウシ白血病ウイルス 1518₄₉
ヴィルシュッテター 102g	ウォートン管 866j	ウシパルボウイルス 1518₉
ウイルス 102h	ウォートン軟肉 106g	蛆病 553j
ウイルス学 102h	ウオビル目 1585₄₂	ウシヘルペスウイルス1 1282b
ウイルス干渉 262g	ウォーラーの変性 106h	羽状 1424e
ウイルス向性 102j	ウォーラーの変性法則 106h	羽状複葉 1200h
ウイルス受容性 102i	ウォーラーの法則 106h	羽状脈系 1363c
ウイルス親和性 102j	ウォールアイ皮膚肉腫ウイルス 1518₅₀	羽状目 390d
ウイルス抵抗性遺伝子 102k	ウォルコット 106i	鱗蝕 242e
ウイルス伝染 103a	ウォルツィア目 1644₄₆	ウシ流行熱ウイルス 1520₁₈
ウイルス伝達 103a	ヴォルテラ 106j	渦 1451c
ウイルス伝播 103a	ウォールド 106k	ウスアカイソギンチャク 1557₄₈
ウイルス伝搬 103a	ウォルバキア 107a	羽髄 111g
ウイルスの分類 103b	ウォルフ(C.F.) 107b	ウスイロウミグモ 1589₁₄
ウイルスベクター 103c, 1264c	ウォルフ(E.) 107c	ウスイロキョクトウサソリ 1591₅₁
ウイルス膜 157h	ウォルフ管 912g, 1416e	渦拡散 1451c
ウイルス様粒子 1193e	ウォルフ体 912f	ウスガサネ 1634₄₅
ウイルス粒子 103d	ウォルフの再生 221e, 1494g	ウスガサネケイソウ 1654₃₇
ウイルスレセプター 102i	ウォールマン病 1461a	ウスガサネケイソウ目 1654₃₇
ウイルスング管 722e	ウォレシア 107e	ウスカワカイメン 1554₄₅
ウィルソン 103e, 104a	ウォレス 107d	ウスカワタケ 1624₆
ウィルソン病 975d	ウォレス線 107e	ウスカワマイマイ 1584₂₃
ヴィルタネン 104b	ヴォロモナス目 1661₁₁	ウスカワミジンコ 1594₄₀
ウィルヒョウ 1186a	ウォンバット亜目 1574₂₁	ウスキアナタケ 1624₄₇
ウィルムス腫瘍 104c, 225a	羽化 107f, 541c	ウスキカレエダタケ 1626₁₇
ヴィルレント突然変異株 104d	羽芽 111g	ウスギヌタケ 1590₅₆
ヴィルレントファージ 104d	迂回路課題 982e	ウスグロゴケ 1640₅₂
ウイロイド 104e	ウガノモク 1657₄₇	ウスグロゴケ科 1640₅₂
ヴィロファージ 1362g	羽化ホルモン 107g	ウスグロサンショウウオ 1567₄₅
ウィンクラー 104f	羽冠 107h	ウスコケムシ 1579₃₆
ウィングレス 104g	ウキイソギンチャク 1557₄₈	渦相関法 662g
ヴィンセント曲線 204c	ウキオリソウ 1634₃₈	ウズタカダニ 1591₅
ウィンダウス 104h	ウキクサ 1645₅₇	ウスター 1627₃₉
Wntシグナル(カノニカル経路) 104i	ウキゴカイ 1584₄₇	ウスチャサガリハリタケ 1627₄₁
Wntシグナル(非カノニカル経路) 104j	ウキゴケ 1637₁₀	ウスティレンティロマ科 1621₂₃
Wntβカテニン経路 104i	ウキゴケ科 1637₁₀	ウスニン酸 108f
ウヴァロフ 105a	浮島 108a	ウスバオウギ 1657₁₆
ヴェイネラ科 1544₂₀	ウキナガムシ 1585₁₇	ウスバオウギ目 1657₁₆
ヴェイン 105b	ウキナガムシ目 1585₁₇	ウスバカゲロウ 1600₄₇
ヴェサリウス 105c	浮秤法 1142f	ウスバカゲロウ亜目 1600₄₇
ウエスタンブロッティング 89d	鱚 108b	ウスバサイシン 1645₃₆
ウエストナイルウイルス 105d	ウグイス 1572₄₈	ウスバゼニゴケ 1636₃₁
ウェットシュタイン 105e	ウグイスガイ目 1582₇	ウスバゼニゴケ亜綱 1636₂₉
ヴェデンスキーの抑制 105f	受身凝集反応 788b	ウスバゼニゴケ科 1636₃₁
ヴェヌコヴィア亜目 1573₁₉	受身適応 815j	ウスバゼニゴケ目 1636₃₀
ウエノドロクダムシ 1597₁₄	受身免疫 643c	ウスバタケ 1624₂₆
	受身免疫化 1385d	ウスバハゴロモ 1600₃₅

ウシヒザラガイ 1581_24
ウシヒザラガイ亜目 1581_24
ウシヒメワラビ 1643_37
ウスヒラムシ 1577_23
ウスベニオシロイタケ 1625_1
渦鞭毛植物 108g
渦鞭毛植物門 1661_42
渦鞭毛藻核 108g
渦鞭毛藻綱 108g, 1662_14
渦鞭毛虫 108g
渦鞭毛虫門 1661_42
うずまき管 198c
ウズマキゴカイ 1585_1
ウズマキゴコロガイ 1582_27
うずまき細管 198e
渦虫綱 108h
渦虫類 108h, 1301c
渦虫類起原説 820a
ウスユキソウ 1652_37
ウズラ 1571_5
右旋 1153a
右旋性 804a
右旋的 1436c
宇田川榕庵 109a, 1331d
歌制御システム 109b
歌津魚竜 330b
ウタツサウルス 1568_28
ウチキウメノキゴケ 1612_47
内先型 109c
ウチダザリガニ 1597_48
内田亨 109d
内巻き 214b, 232h
内巻き型 206g
内向きのフラックス 58a, 1218e
宇宙生物学 109e
ウチョウラン 1646_47
ウチワエビ 1597_58
ウチワゴケ 1642_46
ウチワサボテン 1650_56
ウチワザメ 1565_14
ウチワヒゲムシ 1631_25
ウツギ 1651_3
鬱血 109f
鬱血性心不全 713e
ウッジャー 109g
Ussing の判定式 58a
ウッズホール海洋生物学研究所 1472j
ウッセミガイ 1584_4
ウッド–ワークマン反応 109h
ウッドワードウミサソリ 1589_31
鬱熱症 1057c
うつ病 110a
鬱閉 1473e
鬱閉型 1473e
ウツボ 1565_55
ウツボカズラ 673a, 1650_45
ウツボカズラ科 1650_45
ウツボホコリ 1629_8
ウツロイイグチ 1627_8
ウツロイモタケ 1616_19
腕 110b, 1159h
ウデカニムシ 1591_32
腕羽 935i
ウデフリクモヒトデ 1561_17
ウデボソヒトデ目 1560_39
ウデムシ 1592_7
ウデムシ亜目 1592_6
ウデムシ目 1592_3
腕渡り 1212j
ウド 1652_45
ウトウ 1571_59
ウドノキ 1650_61
ウドンコカビ科 1614_36
ウドンコカビ目 1614_35
ウドンコ菌 110c

うどんこ病 110c
ウナギ 1565_54
ウナギ目 1565_54
うなり 1119b
ウニ原基 110d
ウニ綱 1561_33
ウニゴケ科 1641_4
羽乳頭 111g
羽乳頭細胞 251b
ウニ類 110e, 125c, 1221h, 1227a
海胆類 110e
ウノアシ 1583_26
羽囊 111g
ウバウオ 1566_43
ウバザメ 1564_46
ウバユリ 1646_34
羽板 111g
うぶ毛 384a, 851g
ウブゲグサ 1633_53
羽柄 111g
羽片 110f
羽弁 111g
羽包 111g
ウマ 1576_28
ウマカイメン 1554_50
ウマゴヤシ 1648_51
ウマ伝染性貧血 110g
ウマ動脈炎ウイルス 1520_52
ウマトロウイルス 499d, 1521_2
ウマ乳頭腫ウイルス 1 型 1516_19
ウマノクラケイソウ 1655_28
ウマノスズクサ 1645_36
ウマノスズクサ科 1645_36
ウマ鼻炎ウイルス 1521_18
ウマビル 1585_47
ウマヘルペスウイルス 2 1515_4
ウマヘルペスウイルス 4 1282b
うま味 110h
うま味物質 110h
ウマ類 111a
膿 1062c
ウミアザミ 1557_25
ウミアメンボ 1600_38
ウミイカダモ 1634_23
ウミイカダモ目 1634_22
ウミイグアナ 1568_40
ウミイサゴムシ 1585_9
ウミイチゴ 1557_24
ウミイトカクシ 1656_38
ウミイトケイソウ 1655_22
ウミイトケイソウ目 1655_22
ウミウチワ 1657_21
ウミエラ亜目 1557_36
ウミエラビル 1585_43
ウミエラ目 1557_33
ウミガラス 1571_60
ウミカラマツ 1558_10
ウミキノコ 1557_25
海草藻場 1399d
ウミクマムシ 1588_8
ウミグモ綱 1589_11
ウミグモ上綱 1589_10
ウミグモ目 1589_12
ウミグモ類、海蜘蛛類 111b, 1237b
ウミクワガタ亜目 1596_52
ウミケムシ 1584_41
ウミケムシ目 1584_41
ウミサカヅキガヤ 1555_43
ウミサソリ 1589_34
ウミサソリ亜目 1589_33
ウミサソリ綱 1589_28
ウミサソリ目 1589_29
ウミサソリ類 229e
ウミサボテン 1557_34
ウミサボテン亜目 1557_34

ウミシイタケ 1557_35
ウミジグサ 1646_13
ウミシダ目 1560_22
ウミシダ類 111e
ウミシバ 1555_46
ウミスズメ 1571_60
ウミスズメ亜目 1571_59
ウミセミ 1596_50
ウミソウメン 1448g
ウミゾウメン 1632_46
ウミゾウメン亜綱 1632_35
ウミゾウメン目 1632_42
ウミタケモドキ 1582_26
ウミタナゴ 1447g, 1596_46
ウミタル 1370f, 1410e, 1563_18
ウミタル亜綱 1563_17
ウミタル目 1563_18
ウミタル類 1140g
ウミチョウ 1594_52
ウミヅタ亜目 1557_21
ウミツバメ 1571_18
ウミツボミ綱 1559_19
海ツボミ類 111c
ウミテングダケ 1557_23
ウミトサカ亜目 1557_23
ウミトサカ目 1557_19
ウミナナフシ 1596_46
ウミナナフシ亜目 1596_46
ウミニナ 1583_38
ウミヌサガタケイソウ 1655_25
ウミノロダニ 1591_4
ウミヒドラ亜目 1555_38
ウミヒナギク 1561_2
ウミヒナギク目 1561_2
ウミヒナギク類 111d
ウミヒルガタワムシ 1578_28
ウミヒルガタワムシ目 1578_26
ウミヒルガタワムシ類 1473i
ウミヒルモ 1646_3
ウミフクロウ 1584_10
ウミヘビ 1565_55, 1569_4
ウミホオズキ 1448g
ウミホタル 1596_10
ウミホタルガクレ 1597_5
ウミホタルモドキ 1596_9
ウミホタル類 1596_8, 1596_9
ウミボズ 1657_39
ウミマイマイ 1584_21
ウミミズムシ 1596_53
ウミヤナギ 1557_37
ウミユスリカ 1119b, 1601_21
ウミユリ綱 1559_31
ウミユリヤドリグモ 1589_14
ウミユリ類 111e, 1012d, 1287c
海リンゴ類 111f
ウメ 1648_57
ウメガサソウ 1651_28
ウメノキゴケ 1612_50
ウメノキゴケ科 1612_40
ウメバチソウ 1649_26
ウメバチソウ科 1649_26
ウメボシイソギンチャク 1557_43
ウメボシゴケ 1610_30
羽毛 111g
ウモウダニ 1590_48
ウラシマウニ 1562_9
ウラシマソウ 1645_54
ウラシル 150e
ウラシル–ウラシル二量体 1172a
ウラジロ 1642_50
ウラジロウロコタケ 1625_6
ウラジロエノキ 1649_5
ウラジロ科 1642_50
ウラジロ目 1642_49
ウラステレラ目 1560_33

ウラベニガサ 1626₃₃
ウラベニガサ科 1626₃₃
ウラベニタケ 1624₅₀
ウラボシ亜綱 1642₃₉
ウラボシ科 1644₁
ウラボシノコギリシダ 1643₅₀
ウラボシ目 1643₂₁
ウラミゴケ 1613₂₁
ウラミゴケ科 1613₂₁
ウラムラサキシメジ 1626₅₂
ウラン塩 970b
ウリ科 1649₁₂
ウリカーゼ 1046c
ウリクラゲ 1558₂₇
ウリクラゲ目 1558₂₇
ウリ状果 653j
ウリジル酸 1050d[表]
ウリジレート 112b
ウリジン 1049c
ウリジン—リン酸 112b
ウリジン-5'-三リン酸 112c
ウリジン三リン酸 **112**d
ウリジン二リン酸-*N*-アセチルグルコサミン 992f[表]
ウリジン二リン酸-4-エピメラーゼ 112e
ウリジン二リン酸ガラクトース 992f[表]
ウリジン二リン酸ガラクトース-4-エピメラーゼ欠損症 241b
ウリジン二リン酸グルクロン酸 992f[表]
ウリジン二リン酸グルコース 992f[表]
ウリジン二リン酸グルコース-4-エピ化酵素 112e
ウリジンヌクレオシダーゼ 1049b
ウリノキ 1651₁
ウリミバエ 1601₂₃
ウリ目 1649₁₀
雨緑 1434d
雨緑樹林 466c, 1401f
ウルシ 633e, 1436g, 1650₈
ウルシオール 1413f, 1436g
ウルシオールオキシダーゼ 1436g
ウルシ科 1650₇
ウルシグサ 1657₄₂
ウルシグサ目 1657₄₂
ヴルスト 184a
ウルップソウ 1652₃
ウルトラディアンリズム 776g
ウルトラマフィク 618g
ウルトラミクロオートラジオグラフ法 167d
ウルトラミクロトーム **112**f
ウレアーゼ 112g, 1038a
ウレイエラ科 1622₁₂
ウレイドコハク酸 1171h
ウレイド植物 **112**h
ウレタン 1102b
ウロカニン酸 113a
ウロキスティス科 1621₅₃
ウロキスティス目 1621₄₇
ウロキナーゼ 1217h
ウロクロム 113b
ウロクロモゲン 113b
鱗 113c
ウロコオリス形亜目 1576₄₈
ウロコブミゴケ 1614₂₁
ウロコゴケ亜綱 1637₃₉
ウロコゴケ亜目 1638₁₈
ウロコゴケ科 1638₃₀
ウロコゴケ綱 1637₁₅
ウロコゴケダマシ科 1637₂₆
ウロコゴケ目 1637₅₂
ウロコゼニゴケ 1637₂₄
ウロコゼニゴケ科 1637₂₄
ウロコゼニゴケ目 1637₁₉
ウロコノヒモ 1581₁₁

ウロスティラ目 1658₃₅
ウロセントルム目 1660₂₄
ウロテンシン 1160f, 1197e
ウロニド 113f
ウロピクシス科 1620₄₇
L-ウロビリノゲン 732f
ウロビリノゲン 113d, 1173c
L-ウロビリン 732f
ウロビリン **113**d
ウロポルフィリノゲン 113e
ウロポルフィリノゲンⅢ生成酵素 1328d
ウロポルフィリン **113**e
ウロン酸 113f
ウロン酸回路 364f
ウロン酸含有糖脂質 **114**a
ウワバイン **114**b
ウワバゲニン 114b
ウワバミソウ 1649₈
ウンガー **114**c
ウンコル科 1620₄₆
温州萎縮ウイルス 1521₃₄
ウンデカプレノール 1094b
運動 **114**d
運動解析 1075h
運動覚 **115**a
運動学習 **115**b
運動器官 114d
運動記録器 **115**c
運動細胞 1292a
運動肢 **115**d
運動視 **115**e
運動視差 **115**f
運動失調 **115**g
運動視反応 556d
運動終板 628c
運動終末器官 629e
運動準備電位 **115**h
運動神経 **116**a
運動神経繊維 116a
運動性 114d
運動性言語中枢 420c
運動性失語 593c
運動性配偶子 1077f
運動繊維 116a
運動前電位 115c
運動繊毛 819d
運動前野 116d
運動測定障害 838e
運動単位 **116**b, 513g
運動蛋白質 1397f
運動ニューロン 116a, **116**c
運動麻痺 1344e
運動毛 255d, 1414h
運動野 **116**d
運搬共生 1290f
運搬体 1305c
ウンビョウ 1575₄₇
ウンブラ 1566₁₂
ウンブラウイルス属 1523₂₆
ウンベリフェロン 350c
ウンベロプシス科 1604₅
雲霧林 **116**e, 909a
ウンモンフクロムシ 1595₃₆

エ

柄 885a, 1025h
エアプランクトン 343f
エアープラント 909a
エイ上目 1565₈
穎果 117d, 822b, 1292d
永久黄体 160e
永久花 117e

永久歯 1069b
永久しおれ 558c, 558d
永久しおれ点 558d
永久腎 **117**f, 449b
永久組織 1256g
永久凋萎 558c
永久凍土 937d
永久プレパラート 1228f
永久胞胚 **117**g
永久躍層 718f, 759h
影響種 **117**h
エイクマン **117**i
営繭不能蚕 1201d
曳綱期 1074f
エイコサペンタエン酸 **117**j
エイジグループ **118**a
エイジング **118**b
エイズ **118**c
衛星ウイルス 541a
衛星雄 540i
衛星細胞 **118**d, 332g
営巣 718a
永続型伝搬 **118**e
永続の伝搬 118e
永続的発現 1011a
永続変異 390e
永存組織 1256g
HIV-1 レトロペプシン **118**f
HIV 侵入阻害剤 429i
HIV プロテアーゼ **118**f
HIV プロテアーゼ阻害剤 **119**a
HRGP スーパーファミリー 1157f
HEV 細胞 1318a
Hh シグナル 1269c
Hfr 菌株 119c
HFT 溶菌液 388b
HMA ファミリー 1030a
HMG-CoA 還元酵素 1157c
HMG-CoA リアーゼ 409g, 1157c
HMG 蛋白質 **119**d
HMG ドメイン 119d
HMG ボックス 119d
HLA 遺伝子 119e
HLA 抗原 **119**e
HOM 複合体 1319a
HCN チャネル 965d
H 層 132f
H 帯 **119**f
H-2 遺伝子 119g
H-2 抗原 **119**g
H₂受容体拮抗薬 1145a
HTLV 関連脊髄症 759f
HDL コレステロール 576i
HD-ZIP Ⅲ遺伝子族 **119**h
H 盤 119f
HBe 抗原 252a
HP1 **119**i
HBs 抗原 252a
HBc 抗原 252a
H-メロミオシン 1349g, 1383h
ATP:チアミンピロホスホトランスフェラーゼ 899b
AP-エンドヌクレアーゼ 669c
エイムズ試験 **120**a
エイメリア 1661₃₂
エイ目 1565₁₁
栄養 **120**b
栄養塩類 **120**c
栄養塩類吸支 120d
栄養塩類滞在時間 120d
栄養塩類の循環 **120**d
栄養外胚葉 120f
栄養核 **120**e
栄養芽層 **120**f
栄養型 290d

栄養器官　122a
栄養期茎頂　120g
栄養期シュート頂　**120g**
栄養共生　**121**a
栄養系　379b
栄養形式　**121**b
栄養系選抜　**121**c
栄養茎頂　120g
栄養系分離　**121**d
栄養元素　121e
栄養交換　121f
栄養個虫　**121**g
栄養個虫孔　121g
栄養細胞　**121**h, 198d
栄養雄核　121i
栄養受精　926b
栄養シュート頂　120g
栄養障害萎縮　278c
栄養助細胞　679d
栄養神経　**121**j, 153a
栄養生殖　122f
栄養成長　197a, 373e
栄養素　**121**k, 310d
栄養組織　**122**a
栄養体　812e, 972i, 1159d, 1371g, 1383g
栄養体部　611c
栄養段階　**122**b
栄養段階生産効率　751b
栄養段階同化効率　751b
栄養的刺激　**122**c
栄養的無配生殖　1371i
栄養動態　**122**d
栄養嚢　**122**e
栄養繁殖　**122**f
栄養腐植　1004g
栄養胞　120f
栄養胞子　1295e
栄養胞子葉　1301a
栄養ポリプ　121g
栄養膜　120f
栄養膜合胞体細胞　120f
栄養膜細胞　120f
栄養葉　1301a
栄養要求性　122h
栄養要求性突然変異体　**122**g
栄養要求体　**122**h
栄養卵　1507e
エイランタイ　1612₄₂
癭瘤　**122**i
会陰　**122**j
会陰縫線　122j
エウアンテンナリア科　1608₂₇
エヴォデヴォ　690g
エウケラトミクス科　1611₃₉
エウスターキョ　**123**a
エウスターキョ管　911e
エウスターキョ弁　667b
エウステノプテロン　**123**b
エウトリコノドン目　1573₃₈
エウポマティア科　1645₄₂
エーヴリー　**123**c
エウロチウム亜綱　1610₄₅
エウロチウム綱　1610₁₄
エウロチウム目　1610₅₇
AHJD 様ウイルス　1514₁₉
AAAD 法　12c
AMO1618　677b
AMP デアミナーゼ　18d
Alu 因子　1489f
Alu 配列　944a
エオクロナルチウム科　1620₁₂
エオコンプトソルニス　1570₄₀
エオシン好性　444h
エオシン染色　863h
エオシン-メチレンブルー　54g

エオゾオン=カナデンセ　**123**d
エオテルフェジア科　1607₂₄
エオファリンゲア綱　1630₃₃
エオリアン帯　452a, 724f
エカシマルトゲムシ　1601₁
A 型インフルエンザウイルス　1520₃₈
A 型インフルエンザ属　1520₃₈
A 型肝炎ウイルス　1521₁₉
江上不二夫　**123**e
液圧　500f
液果　**123**f
腋芽　**123**g
液界電位　123i
疫学　**123**h
腋窩静脈　537h
液間電位　**123**i
液耕　720b
エキシマ　126b
液晶　**123**j
液晶相　123j, 577f, 829h, 1439h
エキシン　187c
液浸標本　1169e
エキストラループ　373g
エキスポーティン　**123**k
腋生貫生　265d
液性支配　1258f
液性説　195d
液性相図　**124**a
液性免疫　528b, 1383j
エキソゲノート　155a
エキソサイトーシス　**124**b
エキソスポリウム　1100b
エキソトキシン　185e
エキソヌクレアーゼ　**124**c
エキソペプチダーゼ　**124**d
エキソン　127a
液体稀釈法　436j
液体クロマトグラフィー　376b
液体クロマトグラフィー-質量分析法　454a
液体シンチレーション計数器　**124**e
液体培地　**124**f
液体病理学　1170a
液体蠟　1498f
液中培養　124f
液内培養　124f
A キナーゼ　**125**a
エキノアメーバ目　1628₃₂
エキノコックス　1302h, 1578₁₂
エキノステリオプシス目　1628₁₄
エキノスピラ　**125**b
エキノデリド幼虫　1481e
エキノプルテウス　**125**c
疫病(植物の)　**125**d
エキビョウキン　1654₁₂
液胞　**125**e
液胞化　125e
液胞経路　666c
液胞前区画　1489e
液胞分離　418h
液胞膜　**125**f
エキリン　131e
エキレニン　131e
エクオリン　126a, 562c
エクサイブレックス　126b
エクサイマー　**126**b
エクジシオトロピン　802e
エクジステロイド　126c
エクジソン　**126**c
エクジソン受容体　**126**d
エクスカバータ　**126**e
エクスカバータ界　1629₂₅
エクステイン　1235e
エクステンシン　1157b
エクスパンシン　**126**f

エクソシゾン目　1661₁₉
エクソン　**127**a
エクダイソン　126c
エクトチオロドスピラ科　1548₅₆
エクトデスマ　**127**b
エクトレイア科　1612₂₆
エクトロメリアウイルス　**127**c
エグリトビケラ亜目　1601₃₁
エクリナ目　1552₃₄
エクリン腺　187b, 1160g
エクルズ　**127**d
エケード　**127**f
エコーウイルス　**127**g
エコクライン　763d
エコジェノデーム　239b
エコシステム　762c
Ecogpt 遺伝子　**127**h
エコツーリズム　**127**i
エコトロン　1074e, 1352g
エコトーン　**127**j
エゴノキ　1651₂₂
エゴノキ科　1651₂₂
エコノミー症候群　837f
エコフェーン　127f
エコロジー経済学　762c
A サイト　1325i, 1464c
A 細胞　363i
江崎梯三　**127**k
餌乞い　**128**a
餌の切替え　725a
壊死　**128**b
AGM 領域　401e
エシェリキア　**128**c, 1549₆
エシェリキアファージ N4　1514₂₆
エージェントベースモデル　479c
Ac グロブリン　**128**d
壊死性炎　152g
ACD 液　398e
ACDL 液　398e
ACP-アセチルトランスフェラーゼ　11e
ACP-マロニルトランスフェラーゼ　11e
エジプトサソリ　1591₄₉
エジプトチドリ　1571₅₅
エジプトルーセットオオコウモリ　1575₁₆
s/r 比　905a
SRP 受容体　568b
S-R 変異　**128**f
S-R 理論　**129**a
Se 型　1250f
se 型　1250f
SV40　**129**b
SV40 ベクター　129b
SH 基　**129**c, 582e
SH 酵素　**129**d
SH 試薬　**129**e
SH 蛋白質　**130**a
SH2 ドメイン　1129a
SH プロテアーゼ　582j
S-S 結合　584c
SSB 蛋白質　76b
SOS 応答　**130**c, 736a
SOS 機能　130c
SOS 修復　130c
SOS ボックス　130c
SOS レギュロン　1486a
S 型レクチン　997a
S 期　**130**d
エスキモー　512g
エスキュレチン　350a
S-クリスタリン　367h
エスケリキア　128c
S 抗原　44a
ESCRT 複合体　**130**e
S 細胞　293d, 786c

エネ　1687

SCF ユビキチンリガーゼ複合体　164b, 607f
SGLT ファミリー　366g
SC 系　632g
エスジケイソウ　1655₄₅
SC35 ドメイン　205g
S 字状曲線　477h, 767b
S 蛋白質　1158c
STR 多型　1333i
SD 因子　1254e, 1333g
SDS-ポリアクリルアミドゲル電気泳動法　130f
STO 細胞株　1083a
SD 配列　1463f
エステラーゼ　131a
S 電位　131b
エストラジオール　46e
エストラジオール-17β　131c
エストリオール　131e
エストロゲン　131e, 770b
エストロゲン受容体　1041e
エストロン　131e, 1105e
S ハプロタイプ　560d
SPF 動物　132b
SPO1 様ウイルス　1514₇
S-ヒドロキシアルキルグルタチオンリアーゼ　367h
SPβ 様ウイルス　1514₃₄
SP6 様ウイルス　1514₁₄
Sp1 蛋白質　132c
S 複対立遺伝子　560d
24S-メチルコレスタ-5, 7, 22-トリエン-3β-オール　148k
s ラミニン　1438i
エスレル　377g
S1 ヌクレアーゼ　156b
S1 プロテクションアッセイ　132d
S1 マッピング　132d
エゼチミブ　497f
エゼリン　132e
A₀ 層　132f
A 染色体　217d
壊疽　132g
エソー　133a
エゾイシゲ　1657₄₈, 1657₄₉
A 層　133b
A 相　746e
エゾウズムシ　1577₄₂
エゾカサネカンザシ　1585₁
エソグラム　133c
エソクリヌス目　1559₃₃
エゾシロアミタケ　1624₄₃
壊疽性炎　152g
エゾゼミ　1600₃₅
エゾタケ　1624₁₂
エゾデンダ　1644₅
エゾノミズタマ　1470b
エゾバイ　1583₅₀
エゾバフンウニ　1562₁₀
エゾハリタケ　1624₃₃
エゾヒメヤスデ　1593₂₅
エゾマイマイ　1584₂₅
エゾヤチネズミ　1576₄₃
エゾライチョウ　1571₈
エソロジー　995d
枝　1245e
エダアシクラゲ　1555₃₀
A 帯　133e
エダウチコヒリタケモドキ　1611₂
エダウミヒドラ　1555₄₀
エダカビ　1604₃₀
エダカビ科　1604₃₀
枝変わり　217e
枝切りアミラーゼ　31a
枝切り酵素　31a, 973a

エダクダクラゲ　1556₄
エダクラゲ　1555₃₈
エダケカビ　1603₄₃
枝挿　538d
エダショクダイボシ　1604₅₂
エタップ　133f
エタップ理論　133f
エダツボカビ　1602₂₆
エダツボカビ科　1602₂₆
エダツボカビ目　1602₂₄
エタノール　133g
エタノールアミン　133h
エタノールアミンキナーゼ　133i
エタノールアミンプラスマローゲン　1217d
エタノールアミンリン酸　133i
エタノールアミンリン酸シチジル基転移酵素　133i
エタノールアミンリン酸転移酵素　597c
エダヒゲムシ　1592₅₀
エダヒゲムシ綱　1592₄₈
エダヒゲムシ目　1592₅₀
エダヒゲムシ類　133j
エダヒバ　1555₃₉
エダフォン　1004b
枝胞子　1115i
エダホシムシ　1586₁₀
エタリウム　908m
エダワカレツリガネムシ　1660₄₅
枝分かれ部位　740c
エタンブトール　437e
エチオピア亜区　313a
エチオプラスト　133k
エチニルクラゲ　1556₃₁
エチニルエストラジオール　1023b
エチルアルコール　133g
N-エチルマレイミド　129e
エチルメタンスルホン酸　1005f
エチレン　134a
エチレンオキサイド　539a
エチレンジアミン四酢酸　134b
cis-1, 2-エチレンジカルボン酸　1346g
A 痛覚　934d
エツキカゲロウゴケ科　1639₄₅
エツキクロコップタケ　1616₃₁
エツキヒメサカズキタケ　1626₁₃
Xis 蛋白質　96b
X 器官　134c, 407c
X 器官-サイナス腺系　134d
X クロマチン　134e
X 線顕微鏡　134f
X 線構造解析　135a
X 染色体　135b
X 染色体不活性化　135c
X 層　135d
X 連鎖性重症複合免疫不全症　103c
A2 蛋白質　37b
越冬　998c
越年芽　308d
越年生　1038j
越年草　73j
越年卵　135e
エディアカラ生物群　135f
ATR 遺伝子　1297c
ATM 遺伝子　1297e
ATP アーゼ　20c
ATP 依存性 DNA 緩和酵素　944c
ATP 依存性トポイソメラーゼⅡ　944c
ATP:D-グルコン酸-6-ホスホトランスフェラーゼ　367e
ATP クレアチンリン酸基転移酵素　370h
ATP 合成酵素　135d
ATP:コリンホスホトランスフェラーゼ　493c
ATP:酢酸ホスホトランスフェラーゼ

536e
ADP-Glc ピロホスホリラーゼ　973b
ATP シンターゼ　135g
ATP:チアミンホスホトランスフェラーゼ　898f
ADP リボシル化　136a
ADP リボシル化因子　1228i
ADP リボシルトランスフェラーゼ　136a
ADP-5′-リボース　1322b
エディンガー・ウェストフェル核　981i
エデスチン　634c
エテフォン　377b
エーデルマン　136b
エーテル硫酸　408h
エドアブラザメ　1565₂
エドゥリオアスター目　1561₃₀
エドマン分解法　136c
エトラビリン　1159b
エードリアン　136d
エードリアンの法則　136e
エドワーズ症候群　807b
エナガ　1572₄₆
エナガエダヒゲムシ　1592₅₁
エナガクロチャワンタケ　1616₃₀
エナメル芽細胞　1069b
エナメル器　1069b
エナメル質　1069b
エナメル上皮　1069b
エナメロイド　113c, 1069b
エナモウイルス属　1522₃₇
エナンティオルニス　1570₄₇
エナンティオルニス目　1570₄₇
NEM 感受性融合蛋白質　137c
N15 様ウイルス　1514₃₃
N 遺伝子　102k
N 因子　102k
N/S 比　137f
N-エチルマレイミド　137c
NAD アーゼ　137f
NADH-シトクロム c 還元酵素系　137e
NADH-シトクロム c レダクターゼ　137e
NADH デヒドロゲナーゼ　137e
NADH-ユビキノン還元酵素　137e
NAD⁺ ヌクレオシダーゼ　137f
NADPH-アドレノキシン還元酵素　497c
NADPH-アドレノドキシンレダクターゼ　1189b
NFT 法　1420c
NMDA 型　369d
NOR バンド法　809e
N 型糖鎖　137g
N-カルボキシビオチン　1131g
n 環中心柱　264b
NK 活性　1025e
NK 細胞　1025e
N-結合型糖鎖　137g
NKT 細胞　138a
N/C 比　201g
N 線　2a
n-π* 遷移　138b
N バンド法　809e
N 末端分析　30d
N4 様ウイルス　1514₂₆
N 粒子　330c
エネルギー獲得系　121b, 193d, 193b
エネルギー供給反応　138c, 1100f
エネルギー収支　1056a
エネルギー充足率　138e
エネルギー準位　310f
エネルギー植物　138d
エネルギー代謝　851i
エネルギー代謝率　230a
エネルギーチャージ　138f
エネルギー伝達　1484g

エネ

エネルギー転流　138g	エフィラ　**140**c	M 蛋白質　**145**c
エネルギド　**138**f	エフィラクラゲ　1556₂₃	M-T カーブ　852a
エネルギーモデル　1195j	エフィラ弁　353h	M-T 曲線　852a
エネルギー流　**138**g	A フィラメント　1351d	mt ゲノム　1360c
エネルゲイア　748a	エフィルラ　140c	MD リング　1256j
エノキ　1649₄	F 因子　**140**d	エムデン-マイエルホーフ経路　183h
エノキタケ　1626₂₈	エフェクター　**140**e, 431h	エムトリシタビン　1049e
エノコロフサカツギ　1563₂	エフェクター細胞　1339h	MP 法　516b
エノサイト　**138**h	エフェクター CTL　1385e	M フィラメント　145b
エノシトイド　**139**a	エフェクターヘルパー T 細胞　1385e	エメリー・ドライフェス筋ジストロフィー症　209g
エノプルス亜綱　1586₂₃	エフェクターメモリー T 細胞　1385e	AUX/IAA 蛋白質　97f, 164b, 430h
エノプルス綱　1586₂₂	FSH 抑制蛋白質　6g	AUX1 蛋白質　164c
エノプルス上目　1586₂₄	エフェドリン　39b, **141**a	Au 抗原　252a
エノプルス目　1586₂₅	FMRF アミド　**141**b	A4 蛋白質　1266c
エノラーゼ　183h [図]	FMRF アミド関連ペプチド　141b	鰓　**145**e
エノールエーテル　735e	FMRF 族　141b	エライオソーム　216a, 635d
エノールリン酸　430b	エフェメロウイルス属　1437i, 1520₁₈	ELISA 法　**146**a
エバネッセント光　337f	FLRF アミド　141b	エライジン酸　172g
エバーメクチン　25b	F 型 ATP アーゼ　135g	鰓板　520c
エバルリストラ科　1622₄₁	FK506 結合蛋白質　1274a	A ライフ　701h
AP1 結合部位　650c	FGF 経路　**141**c	エラウロイド属　1523₃₀
A-P-1 細胞　255f	FGF 受容体　141c	エラーカタストロフ　**146**b
エビウラタケ　1624₂₅	FGF 受容体遺伝子　141c	エラグ酸　892c
ABH 血液型物質　396b	Fc 受容体　**141**d	鰓呼吸　**146**c
AP エンドヌクレアーゼ　943c, 156b	F 小体　1506c	鰓呼吸型循環系　**146**d
ABO 式血液型　396a	Fc レセプター　141d	エラサソリ　1591₄₀
エピオルニス目　1570₅₆	エプスタイン症候群　1058f	エラサソリ亜目　1591₃₉
エピカテキン　892c	Epstein-Barr ウイルス　1282b	エラジタンニン　892c
エピカリダ去勢　289c	F 線毛　**142**a	鰓心臓　**146**e
エピクテノソーム　1300g	F 層　132f	エラ随伴ウイルス　1521₄
エピクチクラ　347a	FtsZ リング　1215e	エラスターゼ　**146**f
エピクラゲ　1556₂₉	FDP アーゼ　1226c	エラスチン　**146**g
エピグロエア科　1607₂₅	F 導入　**143**b	エラー破綻説　1498i
A-B 構造　499a	F' 因子　**143**c	鰓曳動物　**146**h
エビコウヤクタケ　1626₂₇	F⁺ 菌株　37b, 140d, 800d	鰓曳動物門　1587₄₈
エビゴケ　1639₂₉	F 分布　1245d	エラヒキムシ　1588₃
エビゴケ科　1639₂₉	F-box 蛋白質　164b	エラヒキムシ類　1588₃
エビゴケ目　1639₂₈	F-box 蛋白質群　560d	鰓曳虫類　146h
エビゴケモドキ科　1639₃₉	エブリア目　1665₂₀	エラブウミヘビ　1569₅
APC 遺伝子　225a	エフリュッシ　**143**d	鰓蓋　507d
ABC エクシヌクレアーゼ　669c	エフリン　**143**e	エラブトキシン　1002a
エビジェネティクス　**139**d	エポキシ樹脂　1303g	エランツロウイルス属　1518₃₆
ABCDE モデル　139e	エボジアミン　1117i	襟　**147**a, 1120a
ABC モデル(花の発生における)　**139**e	エボシガイ　1595₄₈	エリオブス目　1567₁₅
エビジャコ　1597₄₃	エボシガイ亜目　1595₄₇	エリカ　1144f, 1651₂₉
ABC 輸送体　164c	エボシダニ　1591₉	襟管　147a
エピスタシス　**139**f	エボシドリ　1572₈	エリクタス　834f
エピスタシス分散　1166h	エボシドリ目　1572₈	エリコイド型菌根　333i
エピソーム　**139**g	エボラウイルス　1186b	襟細胞　**147**b, 1502e
エビタケ　1624₁₈	エボラウイルス ザイール株　1520₂	襟細胞室　147b, 188f
エピデミック　1124i	エボラウイルス属　1520₂	襟細胞層　147b, 188f
エピトーキー　**139**h	エボラ出血熱　703g	エリシター　**147**c
エピトープ　438c, 438d	エマーソン(R.)　**143**g	エリシペロトリックス科　1544₁₄
エピドラ　1555₃₄	エマーソン(R. A.)　**143**h	エリシペロトリックス綱　1544₁₂
エピネ　1646₄₀	エマーソン効果　143i	エリシペロトリックス目　1544₁₃
エピネフリン　21a	エマラウイルス属　1520₄₅	襟神経索　1502f
エピバチジン　39b	エミュー　1570₅₅	エリスポット法　**147**d
エピファイト　677d	mRNA 合成　169d	エリスロウイルス属　1518₁₁
エビファウナ　1167a, 1287i	mRNA 前駆体　740d	エリスロバクター科　1546₃₄
AP 複合体　17a, 485f	MHC 抗原　841b	エリスロペルチス目　1632₁₆
エピブラスト　72g, **140**a, 1088b	MSH 放出因子　1382c	エリスロポイエチン　148d
エピプラズム　186e	*matK* 遺伝子　945d	エリスロマイシン　**147**e, 893a
エピフラム　147a	MN 式　396a	襟体　1502e
エピボリー　1162c	MN 式血液型抗原　396b	襟体腔　147a, 148a
エピボリン　1158c	MM 菌　898b	エリツキケイソウ　1665₄₈
エビヤドリツノムシ　1577₃₇	M 期　**144**e, 1409a	エリツロバシジウム科　1620₅₈
エビヤドリムシ　1597₅	M 期キナーゼ　1255d	エリツロバシジウム目　1620₅₇
APUD 系　**140**b	M 期サイクリン　510d	エリトロクルオリン　148b
エビ類　1237a, 1354a	M 期促進因子　**144**f	エリトロース-4-リン酸　**148**c
エピレナミン　21a	M 橋　145b	エリトロポエチン　**148**d
FIS 蛋白質　96b	MCH 作動性ニューロン　792g	エリプソイド　574f
F アクチン　7a	MCM 複合体　**145**a	襟鞭毛虫綱　1553₇
エファビレンツ　1159b	M 線　**145**b	襟鞭毛虫門　1553₆
エファプス　522i	M 相　746e	襟鞭毛虫類　**148**e
A 部位　1325i, 1464c	M 帯　145b	

エリマキトカゲ 1568₄₁
エリミクチス目 1566₂
A 粒子 1042a
エリューテロシゾン目 1661₃₀
エール 667c
l-アルテレノール 1068f
LEA 蛋白質 **148**f
LE 細胞 811f
LEY 遺伝子 1461c
エルウィニア **148**g, 1549₆
LH サージ **148**h
LSD 様活性 692c
LFT 溶菌液 388b
エルガストプラスム 665b
L 型 131b
L 型カルシウムチャネル 1452a
L 型菌 **148**j
エルギン 1101d
エルゴカルシフェロール 148k, 1151f
エルゴスタ-5, 7, 22-トリエン-3β-オール **148**k
エルゴステロール **148**k
エルゴソーム 1324a
エルゴタミン 1101d
エルゴメーター 535f
エルゴメトリン 1101d
L5 様ウイルス 1514₃₂
L 細胞 648d
LCM ウイルス 1477a, 1520₂₇
L システム **149**b
エルシニア **149**c, 1549₁₄
エルシノエ科 1608₆₂
エルシミクロビア科 1542₁₆
エルシミクロビア綱 1542₁₄
エルシミクロビア目 1542₁₅
エルシミクロビア門 1542₁₃
L-セレクチン 798b
L 層 1434f
エルソン-モルガン反応 149h
LTR 型レトロトランスポゾン 1489f
LDL コレステロール 576i
LDL 受容体 955k
エルドレジ **149**e
エルトン **149**f
エルトンの地位 763g
エルトンのピラミッド 478e
LB 因子 1124h
エルピストステジ類 1567₁₁
エルボウイルス属 1140a, 1521₁₈
Ellman 試薬 129e
L-メロミオシン 1349g, 1383h
LUZ24 様ウイルス 1514₂₄
エールリヒ **149**g
エールリヒ試薬 149h
エールリヒ反応 **149**h
エールリヒ腹水癌 1197g
L1 因子 1489f
L1 ファミリー 1126j
エレクトロカルディオグラフ 706b
エレクトロポレーション 968f
エレドイシン 868e
エレミタルス科 1615₃₆
エレミタルス目 1615₃₅
エレムアスクス科 1610₄₈
エレモテキウム科 1606₈
エレモミケス科 1607₅₂
エーレンベルク **150**a
エロビオプシス綱 1662₅
エワルドの法則 921f
遠位色素細胞 1193l
遠位臓側内胚葉 818f
遠位担鰭骨 882d
遠位的 331i
遠位網膜色素ホルモン 564a
円蓋目 1587₄₄

遠覚 252d
遠隔受容器 573a, 646g
遠隔触覚 681a
遠隔探査 1467b
沿岸域 **150**b, 189f
沿岸細胞 533f
沿岸性群集 **150**c
沿岸性プランクトン 1220e
沿岸帯 616e
沿岸帯群集 **150**d
塩基(核酸の) **150**e
遠基鰭軟骨 882d
塩基好性 430d
塩基好性腺 187b
塩基修飾 943e
塩基除去修復 117c, 943b, 947c
塩基性アミノ酸 200d
塩基性 α-アミノ酸 1145c, 1455e
塩基性色素 **150**f
塩基性赤芽球 781i
塩基性蛋白質 **150**g
塩基多様性 **150**h
塩基置換 903c
塩基置換突然変異 151b
塩基対合則 **151**a
塩基対置換 **151**b
塩基の相補性 151a
塩基配列データベース 944b
塩基配列として同一 399a
塩基配列に依存した曲がり 1510e
塩基配列の複雑さ 944a
炎球 422e
遠近視差 574d
遠近調節 151c
エングラー **151**d
エングラム **151**e
エングレルラ科 1607₅₀
嚥下 151g
園芸学 **151**f
園芸作物 537f
円形精子細胞 753a
円形動物 803d
円形濾紙法 436j
嚥下運動 **151**g
嚥下中枢 151g
エンケファリン 1400h
エンゲリガルト **152**b
円口綱 1563₃₉
炎光光度検出器 219c
円口類 **152**c
掩喉類 1579₂₀
エンザイム 452f
エンザザイ 1584₂₆
遠視 349a
縁歯 537c, 585g
エンジイシモ 1633₇
エンジイシモ目 1633₇
沿軸中胚葉 **152**e
塩湿地植生 **152**f
炎症 **152**g
炎症性ケモカイン 412g
炎症性サイトカイン 1384a
炎症部位肉芽腫マクロファージ 1339h
炎症メディエーター 1388c
縁触手 670b, 1325c
焰色植物門 **152**h
猿人 152i, 716d
遠心顕微鏡 **152**j
遠心性経路 153a
遠心性コピー 153h
遠心性神経 **153**a
遠心性神経経路 723b
遠心性神経繊維 153a
遠心性神経繊維束 171e

遠心性淘汰 988f
遠心性ニューロン 153a
遠心的 311f
遠心的木部 73b
遠心的雄ずい群 311f
遠心分画 919a
猿人類 223b
延髄 **153**b
円錐花序 **153**c
円錐細胞 723a
円錐晶体 1193l
円錐晶体糸 926c
円錐中隔 909k
延髄動物 682c
円錐乳頭 793c
塩生系列 593g
塩生荒原 153c
塩生植物 **153**d
塩生草原 **153**e
塩生プランクトン 1220e
円石 153g
塩析 **153**f
遠赤色光吸収型 1183a
円石藻 **153**g
塩素 **153**h
塩素移動 1127b
塩素呼吸 874i
塩素量 **154**a
塩耐性 **154**b
エンタクチン 40e
エンタクティナリア目 1663₅
エンダース **154**c
遠担鰭骨 882d
円ダンス 1360a
沿着 1409e
エンチュウ 1587₃₅
円柱細胞誘導 **154**d
円柱上皮 663b
円頂亜綱 1559₄₀
延長因子 **1325**i
延長因子 1 1325i
延長因子 G 1325i
延長因子 T 1325i
延長因子 2 1325i
延長された表現型 **154**e
遠調節 151c
沿腸中胚葉 **154**f
鉛直移動 85a
エンチロマ科 1622₃₀
エンチロマ目 1622₂₉
エンデミック 1124i
エンテレケイア 748a
エンテレヒー **154**g
エンテロウイルス属 1140a, 1521₁₇
エンテロガストロン 54b, **154**h
エンテロキナーゼ 154i
エンテログラフ 154j
エンテログラフ法 154j
エンテログラム 154j
エンテロトキシン 858b, 1208d
エンテロバクター **154**k, 1549₆
エンテロペプチダーゼ 154i
遠点 151c
塩度 157e
エンドウ 1648₅₂
円頭化 891f
エンドウ冠 919f
円筒平板法 436j
エンド型キシログルカン転移酵素/加水分解酵素 **154**m
エンドキトリウム科 1602₂₇
エンドグルクロニダーゼ型酵素 1129c
エンドグルコサミン開裂酵素 1129b
エンドゲノート **155**a
エンドサイトーシス **155**b

エンドセリン　**155**c
エンドソーム　**155**d
エントツゴケ　1610_{33}
エントディニウム目　1659_{12}
エンドテシウム　51b
エンドトキシン　**155**e
エンドトキシンショック　155e
エントナードゥドロフの経路　156a
エンドヌクレアーゼ　**156**b
エンドヌクレアーゼⅦ　156b
エンドプラスミン　555g
エンドヘキソサミニダーゼ型酵素　1129c
エンドヘキソサミン開裂型酵素　1129c
エンドペプチダーゼ　**156**c
エンドポリガラクツロナーゼ　531f
エンドミクサ亜門　1664_{24}
エンドミクシス　**156**d
エンドミケス科　1606_{6}
エントモプラナウイルス属　1519_{9}
エントモプラズマ科　1550_{33}
エントモプラズマ目　1550_{32}
エントモポックスウイルス　1315f
エントモポックスウイルス亜科　1517_{8}
エントリザ科　1627_{57}
エントリザ綱　1627_{55}
エントリザ目　1627_{56}
エントリッヒャー　**156**e
エンドルナウイルス科　1519_{15}
エンドルナウイルス属　1519_{16}
エンドルフィン　1400h
エントレインメント　989h
エントロピー　**157**b
エントロピー変化　1058e
エントロフォスポラ科　1605_{1}
円二色性　158a
縁嚢状体　1064b
エンパイジョウチュウ　1578_{9}
縁板　428h
円盤綱　1561_{25}
エンハンサー　**157**c
エンハンサートラップ法　**157**d
円盤状胎盤　861e
縁部　415d
エンブリオジェニックカルス　245f
塩　**157**e, 157g
塩分泌　**157**f
塩分泌腺　1148a
塩分躍層　759h, 1403g
塩分要因　**157**g
エンベロープ（ウイルスの）　**157**h
縁弁　353h
縁弁器官　**157**i
円偏光二色性　**158**a
エンボリズム　318b, 1355f
エンボロメリ類　613f
エンマコオロギ　1599_{25}
エンマダニ　1591_{9}
エンマノタナイス　1597_{28}
遠洋性堆積物　183d, 1029d
遠洋性粘土　183d
円鱗　113c, 442i
塩類細胞　**158**b
塩類腺　**158**c, 1148a
塩類分泌細胞　158b
塩類輸送　**158**d
エンレイソウ　1646_{30}

オ

尾　**159**a
オアシナシイモリ　1567_{34}
O–GlcNAc 糖鎖　163c
オイキア　635b

追星　159b
オイラー　**159**c
オイラー–ケルビン　159d
オイルボディ　159e
黄化　159f
横隔膜　159g, 208g
横溝　1444a
黄褐色植物門　152h
黄褐色森林土　160b
扇形花序　622b
オウギケイソウ　1655_{19}
オウギケイソウ目　1655_{19}
オウギコケムシ　1579_{34}
オウギタケ　1627_{16}
オウギタケ科　1627_{16}
扇畳み　232h
オウギツケカニムシ　1591_{29}
オウギバショウ　1647_{12}
黄癉病　553j
横径面　1408g
横溝　108g
横行小管　949j
横後頭縫合　92e
横行連合　162c
黄金色植物門　159h
黄金色藻　**159**h
黄金色藻綱　159h, 1656_{20}
黄金嚢状体　1064b
黄細胞　**159**i, 1175b
オウサマウニ　1561_{35}
オウサマウニ亜綱　1561_{34}
オウサマウニ目　1561_{35}
オウサマウニ類　731j
黄色素細胞　563f
黄色素胞　563f
横軸　826a
黄色顆粒　160c, 1445c
黄色酵素　1219d
黄色骨髄　481b
黄色腫　224h
黄色植物　164g
黄色植物門　164g
黄色新月環　160c
黄色靱帯　707e
黄色土　160b
黄色ブドウ球菌　1542_{46}
黄色鞭毛藻　159h
黄色三日月環　**160**c
黄青色盲　561i
黄癬　692b
横側頭回　860c
黄体　**160**d
王台　1253b
黄体形成　160f
黄体形成ホルモン　**160**f
黄体形成ホルモン放出ホルモン　656b, 758c
黄体刺激ホルモン　842j, 1239c
黄体ホルモン　**160**g
黄体ホルモン物質　386e
黄疸　1173c
横断切片　793f
横断面　765e
横地反応　1261a
横中隔　**160**h
横堤歯　1069b
嘔吐　**160**i
黄土　160b
応答　**161**a, 1125e
応動　1120b
応答　1120b
応答能　**161**b
横突起　784c
オウナガイ　1582_{15}
王乳　1498c

黄熱ウイルス　**161**c, 1522_{26}
黄白化　1092e
黄斑　1393h
横分体　**161**d
横分体形成　140c, 161d, 729b
横分裂　**161**e, 1262a
凹脈　613b, 613c
横脈　613b, 613c
オウムガイ　1582_{45}
オウムガイ亜綱　1582_{41}
オウムガイ目　1582_{45}
オウムガイ類　**161**f, 988d
オウムバナ科　1647_{14}
オウム病病原体　**161**g, 1540_{17}
オウム目　1572_{4}
横面　1408g
横紋　161h, 1258f
横紋筋　**161**h
横紋筋繊維　725e
横紋筋肉腫　1030f
応用生理学　**162**a
黄緑色藻　**162**b
黄緑色藻綱　162b, 1656_{46}
黄緑藻　162b
オウレン　1647_{58}
横連合　**162**c
横連神経　12c
OAAD 法　12c
オーエスキー病　1282b
オエドゴニオミケス科　1603_{10}
O-F 試験　983c
オーエン　**162**d
大頭，大腮　**162**e
大顎腺　**162**f
オオアタマガメ　1568_{24}
オオアナノヒモケイソウ　1654_{49}
オオアミゴケ　1607_{40}
オオアミゴケ科　1607_{40}
オオアミハ　1634_{41}
オオアリクイ　1574_{55}
オオアルマジロ　1574_{50}
おおいかぶせ運動　1162c
オオイカリナマコ　1562_{33}
大井次三郎　**162**g
オオイシソウ綱　1632_{12}
オオイシソウ目　1632_{13}
オオイシソウモドキ　1632_{13}
オオイチョウタケ　1626_{49}
オオイトカケ　1583_{48}
オオイヌシメジ　1626_{48}
オオイボイソギンチャク　1557_{50}
オオイワブスマ　1612_{9}
オオウドノキ　1648_{28}
オオウミガメ　1589_{13}
オオウミシダ　1560_{23}
オオウミヒドラ　1555_{31}
オオウミユリ　1560_{20}
オオウロコオリス　1576_{48}
オオオシロイタケ　1624_{15}
オオオニバス　1645_{23}
大賀一郎　**162**h
オオガシラ　1572_{33}
大型環状 DNA　296b
大形コンドロイチン硫酸プロテオグリカン　1235c
大形藻　834b
大形多巡草原　437b
大型地上植物　904h
大形プランクトン　1220e
大型プレ B 細胞　1228g
大形分生子　1248f
大形雄体性　1507c
大形葉　1461d
大型類人猿　1480h
オオカマキリ　1600_{6}

オコウ 1691

オオカミ 1575[51]	オオバッタ目 1600[3]	オキアミ目 1597[31]
オオカラカサクラゲ 1556[7]	オオハナワラビ 1642[33]	オキアミ類 243a, 1226f
オオカワトンボ 1598[48]	おおばね 111g	オキウミウシ 1584[17]
オオカンガルー 1574[29]	オオハマトビムシ 1597[15]	オキクラゲ 1556[26]
オオギウミヒドラ 1555[36]	オオバヤドリギ科 1650[33]	オキゴンベ 1566[45]
大きさの原理 513g	オオバン 1571[45]	オキサセフェム 1268a
大きさの恒常性 574d	オオバンヒザラガイ 1581[29]	オキサロコハク酸 68i
オオギダニ 1590[19]	オオヒエンソウ 1647[58]	オキサロ酢酸 344b
オオギミズカビ 1654[17]	オオヒキガエル 1568[3]	オキザロバクター科 1546[58]
オオギミズカビ目 1654[17]	オオヒゲマワリ 1635[41]	オキシゲナーゼ **163**m
オオギンケイギク 1652[26]	オオヒゲマワリ目 1635[31]	オキシダーゼ 548d
オオクサボク 1650[61]	オオヒヨケムシ 1591[36]	オキシダティブバースト **163**n
オオグソクムシ 1596[49]	オオフクロタケ 1626[33]	オキシトシン **164**a
オオクチバス 1566[50]	オオブッポウソウ 1572[23]	2,3-オキシドスクアレン＝ラノステロール
オオグチボヤ 1563[29]	オオブッポウソウ目 1572[23]	環化酵素 729e
オオグチミズケムシ 1658[5]	オオブンブク 1562[21]	オキシドレダクターゼ 548a
オオクボシダ 1644[5]	オオベニアミ 1596[42]	オキシビオチン 1131g
オオクロバエ 1601[23]	オオホザキアヤメ 1647[18]	オキシモナス目 1629[33]
オオコアミケイソウ 1654[38]	オオホザキアヤメ科 1647[18]	オキシリス綱 1662[10]
オオコアミケイソウ目 1654[38]	オオホリネズミ 1576[40]	オキシリス目 1662[10]
オオゴシキドリ 1572[34]	オオマリコケムシ 1579[22]	N-オキシルテトラメチルピペリジン
オオゴムタケ 1616[29]	オオミゴケ科 1639[27]	739b
オオゴムタケ科 1616[29]	オオミノガ 1601[40]	オーキシン **164**a
オオサシオコウモリ 1575[13]	オオミミギツネ 1575[53]	オーキシン極性移動 **164**c
オオサシガメ 1600[40]	オオムカデ 1592[40]	オーキシン極性輸送 164c
オオサシダニ 1590[12]	オオムカデ目 1592[39]	オキセタン 1095a
オオサヤバネムシ目 1600[13]	オオムギ 1647[38]	オキソカンファー 662e
オオサルパ 1563[20]	オオムギ黄萎PAVウイルス 1522[38]	2-オキソグルタル酸 134a
オオサワラゴケ 1638[2]	オオムギ縞萎縮ウイルス 1522[49]	2-オキソグルタル酸依存型二酸素原子添
オオサワラゴケ目 1638[2]	オオムラサキ 1601[42]	加酵素 607g
オオサンショウウオ 1567[41]	オオムラサキアンズタケ 1627[39]	3-オキソ酸-CoAトランスフェラーゼ
オオシマタケ 1624[4]	オオメダマモドキケイソウ 1655[4]	409g
オオシラスナガイ 1582[4]	オオメミジンコ 1594[40]	17-オキソステロイド 409d
オオシラビソ 612e	オオモグラネズミ 1576[46]	Δ^{4}-3-オキソステロイド 732h
オオシロアリタケ 1626[12]	オオヤマネコ 1575[47]	3-オキソ酪酸 409g
オオシロカラカサタケ 1625[42]	オオヨシキリ 1572[46]	オキソリン酸 942e
オオシロピンノ 1598[5]	オオロウソクゴケ 1613[46]	オキツノリ 1633[21]
オオシワタケ 1624[38]	オオワシ 1571[35]	オキナエビスガイ 1583[29]
オオセ 1564[44]	丘浅次郎 **162**j	オキナタケ 1625[50]
オオタニシ 1583[36]	オカウイルス属 1521[4]	オキナタケ科 1625[50]
オオタニワタリ 1643[39]	オガエル 1567[50]	オキナヤシ 1647[5]
オオタマウミヒドラ 1555[33]	オカコゾメヤマクマムシ 1588[17]	オキナワアナジャコ 1597[55]
オオタマヤスデ 1593[10]	オーカーコドン 622d	オキナワモズク 1657[30]
オオタマカマワシ 1591[17]	岡崎フラグメント **162**k	オーキネート **164**d
オオタルモドキケイソウ 1654[28]	岡崎令治 **163**a	オキノテヅルモヅル 1561[10]
オオチッド 1444e	オーカーサプレッサー 1028d	奥行き視 1459a
オオチャタテ 1600[19]	オガサワラハリヒラタケ 1627[11]	cis-9, 12-オクタデカジエン酸 1460b
オオツノジカ 1576[14]	オガサワラヒラムシ 1577[25]	cis-9, 12, 15-オクタデカトリエン酸
オオツボゴケ科 1640[4]	オガサワラモクレイシ 1651[44]	1460c
オオツボゴケ目 1640[3]	オガサワラクビヒモムシ 1581[3]	オクタデカン酸 731m
オオトカゲ 1568[51]	オカダ酸 **163**b	11-オクタデセン酸 1093a
オオトカゲ下目 1568[48]	オカダシリス 1584[54]	cis-9-オクタデセン酸 172g
オオトガリズキンウミノミ 1597[16]	O型糖鎖 **163**c	trans-9-オクタデセン酸 172g
オオトゲクマムシ 1588[9]	岡田節人 **163**d	オクタン 235b
オオトゲトサカ 1557[2]	オガタモノキ 1645[40]	オクチル酸 235b
オオトゲヤスデ 1593[52]	岡田要 **163**e	オクテロニーのテスト 414i
オオトラノオゴケ 1641[16]	オカチョウジガイ 1584[24]	オクトパミン **164**e
オオトンボ目 1598[45]	オーカー突然変異 1029a	オクトピン 168e
オオナガウミハリケイソウ 1655[22]	オカトラノオ 1651[17]	オクトピン酸 168e
オオナガコメツキ 1601[2]	オーガナイザー 389b	オクナ科 1649[43]
オオナガムカシザトウムシ 1591[14]	オカビ 1575[14]	オクナ目 1626[39]
オオナマケモノ 1574[53]	岡彦一 **163**g	奥行認知 342l
オオニオイガメ 1568[24]	オカヒジキ 1650[50]	オクラ 1650[18]
オオニワシドリ 1572[48]	丘英通 **163**h	オクラトキシンA 1333l
オオヌマダニ 1590[33]	雄株 619c	小倉謙 **164**f
オオノガイ 1582[24]	オーガミー **163**i	オクリカンクリ 67c
オオノガイ目 1582[23]	オカミミガイ 1584[20]	オクルーディン 373b, 859b
大野乾 **162**i	岡村金太郎 **163**j	オクロ植物 **164**g
オオバギ 1649[39]	オカムラゴケ 1640[56]	オクロ植物門 164g, 1654[24]
オオバコ 1652[5]	オカメケイソウ 1655[21]	オクロモナス目 1656[25]
オオバコ科 1652[4]	オカメケイソウ目 1655[20]	オグロワラビー 1574[30]
オオハシ亜目 1572[34]	オカメブンブク 1562[21]	O-結合型糖鎖 163c
オオハシゴシキドリ 1572[35]	オカモノアラガイ 1584[28]	オケノン 249c
オオバシダツ 1644[34]	オカヤドカリ 1597[62]	オーケン **164**h
オオバスミイロゴケ 1613[36]	オガルカヤ 1647[36]	O抗原 155e, **165**a

O抗原多糖　1465b	おたふくかぜ　166b	オニナマコ　1562₃₀
オゴノリ　1633₄₄	おたふくかぜウイルス　166b, 1520₁₁	オニノケヤリタケ　1625₄₆
オゴノリ目　1633₄₄	オダマキ　1647₅₇	オニノヤガラ　1646₄₃
オサガメ　1568₂₂	オタマジャクシ　166c	オニバス　1645₂₂
オサテエビ　1597₄₉	オタマジャクシ形幼生　166d	オニヒトデ　1560₅₁
オサテスナモグリ　1597₅₁	オタマボヤ綱　1140g, 1563₁₁	オニブキ　1648₁₁
幼い種　1316c	オタマボヤ類　783b	オニヤンマ　1598₅₁
オサバグサ　1647₄₈	オダム　166e	オニワムシ　1578₃₈
オサムシ　1600₅₂	オチバカニグモ　1592₂₅	小野蘭山　167e, 1331d
オサムシ亜目　1600₅₂	オーチャードグラス　1304g	おばあさん細胞仮説　167f
オサムシダニ　1590₃₈	オチョア　166f	オバクサ　1633₃₀
オサラン　1646₄₃	オッカムの剃刀　516a	オーバーシュート　230b
小沢儀明　165b	オッディ括約筋　889d	お花畑　444g, 966a
オーシアン　888a	オットイア目　1587₄₉	オバナフサゴカイ　1585₉
オジギソウ　1648₅₁	オットセイ　1575₅₁	尾羽　167g, 168a
オーシスト　165c	尾つながり　1078k	オーバーラップ遺伝子　214e
オシダ　1643₅₆	オツネンタケ　1623₅₉	オパリナ綱　1653₂₉
オシダ科　1643₅₄	オッペル　166g	オパリナ目　1653₃₁
おしつぶし法　1008l	ODS-シリカゲル　303b, 454a	オパーリン　167h
オシドリ　1571₁₁	オーディオメトリー　166h	オパールガラス法　167i
雄しべ　1409e	オーデュボン　166i	オパールコドン　622d
雄しべ群　1409e	オートインデューサー　345b	オーバル細胞　515c
オーシャノスピリルム科　1549₃₂	頷　166j	オパールサプレッサー　1028d
オーシャノスピリルム目　1549₂₄	頷隆起　166j	オパール突然変異　1029a
オシラトリア目　1541₃₅	オートガミー　167a	オバルブミン　167k
オシリバクター科　1543₄₃	オトギリソウ　1649₄₉	オパロゾア門　1653₂₄
オシロイ花　1624₅₂	オトギリソウ科　1649₄₉	OprDファミリー　1327c
オシロイバナ　1650₆₀	O特異糖鎖　1465b	オビウム　485c, 1400j
オシロイバナ科　1650₆₀	オートグラファカルフォルニカ核多角体病ウイルス　1515₂₃	オビエート　168a
オシロクロリス科　1540₄₁	オートグラフィウイルス亜科　1514₁₃	オピオイド　168b
雄　165d	オートゴニー　587h	オピオイド受容体様受容体　1067c
雄効果　1189c	オトシブミ　1601₆	オヒキコウモリ　1575₁₆
雄殺し　107a	オート接合体　46c	オビクラゲ　1558₁₇
オスチオール　165e	オトヒメウニ　1562₃	オビクラゲ目　1558₁₇
オステオポローシス　482g	オトヒメウニ目　1562₃	オビケイソウ　1655₁₅
オステオレピス目　1567₁₀	オトヒメエビ　1597₄₀	オビケイソウ目　1655₁₄
オストラコーダ　179d	オトヒメエビ下目　1597₄₀	オビササノハケイソウ　1655₅₃
オーストラリア亜区　165f	オトヒメゴカイ　1584₂₉	オヒシバ　1647₃₇
オーストラリア区　165f	オトヒメノハナガサ　1555₂₉	オビジュウジケイソウ　1655₁₅
オーストラリア原住民　165g	オートファゴソーム　574a	帯状胎盤　168b
オーストラリア抗原　252a	オートファジー　580c	帯状胎盤期　168b
オーストラリア植物区系界　675a[表]	オートファジック細胞死　167b	オピストコンタ　168c
オーストラリア先住民　165g	オート胞子　585a	オピストコンタ上界　1552₂₅
オーストラリアハイギョ　1567₇	オートマトン　167c	オビダマシケイソウ　1655₁
オーストラリアマルハシ　1572₅₉	オートマトンモデル　728a	オビダマシケイソウ目　1655₅
オーストラロイド　165g, 703f	オートミクシス　167a	オピトゥトゥス科　1551₁₂
オストレアウイルス属　1515₇	オトメウミウシ　1584₁₃	オピトゥトゥス綱　1551₁₀
オストロバ亜綱　1613₄₈	オトメガゼ　1561₄₄	オピトゥトゥス目　1551₁₁
オストロバ目　1613₅₈	オトメガゼ目　1561₄₄	帯鞭毛藻　108g
オストローム　165h	オトメノカサ　1626₅	オビムシ類　1573₁₉
オズボーン　165i	オトメマイマイ　1584₂₉	オビヤスデ　1594₁₅
オズモビオシス　363f	オートラジオグラフ法　167d	オビヤスデ亜目　1594₁₅
オスモル　165j	オドリコソウ　1652₁₁	オビヤスデ上目　1594₂
オスモル濃度　165j	オドリバエ　1601₂₄	オビヤスデ目　1594₁₀
オセアニア亜区　864f	オドントトレマ科　1614₉	オヒルギ　1649₃₅
オセアニア区　864f	オドントプテリクス目　1571₃₁	尾鰭　168d, 765b
小関治男　165k	オナガナメクジウオ　1563₈	オピン　168e
オビゾウ　1646₁₅	オナガミジンコ　1594₃₈	オーファン受容体　168f
オセルタミビル　429f	オナガワムシ　1578₃₈	オーファンドラッグ　435c
遅い順応　681a	オナジマイマイ　1584₂₄	オフィオウイルス科　1520₃₅
遅い速筋繊維　835e	オナモミ　1652₃₈	オフィオウイルス属　1520₃₆
オソイダニ　1590₂₂	オニイグチ　1627₇	オフィオコルジケプス科　1617₄₃
遅い痛覚　934d	オニイトマキエイ　1565₁₄	オフィオストマ科　1618₅₉
O層　132f	オニオオハシ　1572₃₅	オフィオストマ目　1618₅₈
O側鎖　155e	オニオソメ　1584₄₄	オフィオトキシン　1273d
おそぐされ病　891c	オニキバシリ　1572₄₁	オフィオプルテウス　125c, 1227a
恐れ　661f	オニクマムシ　1588₁₅	オフェリアゴカイ　1584₃₆
汚損生物　1205d	オニグモ　1592₁₈	オフェリアゴカイ目　1584₃₆
オゾン層　165l	オニコダス目　1567₅	オフ応答　169a
オゾン層破壊　1651	オニスピオ　1585₁₉	O-フコース型糖鎖　163c
オゾンホール　165l	オニダニ　1590₆₁	オプシン　168g
オーダー　383a	オニダニ下目　1590₆₁	オプソニン　168h
オタイコチビダニ　1590₁₉	オニドコロ　1646₂₂	オプソニン化　1421d
オタイコイド　166a	オニナナフシ　1597₃	オプソニン効果　438d
オーダーパラメータ　1338c		オフ反応　169a

オ

オフリオグレナ目 1660₃₈
オブリズム科 1618₁₃
オープンリーディングフレーム **169**b
オペラント 169c, 460d
オペラント条件づけ **169**c
オベリア 1555₄₅
オペレーター **169**d
オペレーター構成性突然変異 450i
オペロン **169**e
オペロン説 **170**a
オポッサム 60e, 1574₆
オポッサム形目 1574₆
オボトランスフェリン 1449c
オボフラビン 1466g
オボムコイド 989c, 1449c
オボムチン 1449c
オボレラ綱 1580₁₃
オボレラ目 1580₁₄
オマチン 170d
オマチン D 170d
オマール 1597₄₇
O-マンノース型糖鎖 163c
オミクス解析 **170**b
オミクロンパピローマウイルス属 1516₃₇
オミナエシ 1652₄₂
オミン 170d
オムニポテントサプレッサー 45e, 543h
ω 型ヌドレリアカペンシスウイルス 1522₅₈
ω 酸化 **170**c
ω 蛋白質 944c
オメガテトラウイルス属 1522₅₈
オモクロム 170d
オモダカ 1646₁
オモダカ科 1646₁
オモダカ目 1645₅₁
オモト 1646₆₂
親子鑑定 **170**e
オヤコゴケ科 1637₅₅
親子の対立 170f
親による操作 **170**g
オヨギイソギンチャク 1557₄₅
オヨギガニ 1584₅₃
オヨギソコミジンコ 1595₁₄
オヨギダニ 1590₃₁
オヨギハリガネムシ 1586₁₈
オヨギハリガネムシ類 1481e
オヨギヒモムシ 1581₈
オヨギミミズ 1585₂₆
オヨギミミズ目 1585₂₆
オーラーエンゼン **170**h
オランウータン科 1480h
オランダイチゴ 1648₅₈
オリガーゼ 655e
オーリクラリア **171**a
オリゴウロニド 39d
オリゴデンドロサイト 1349c
オリゴ糖 **171**b
オリゴヌクレオチド **171**c
オリゴペプチド 1274c
オリゴマー 895c
オリゴマイシン **171**d
オリザウイルス属 1519₄₆
オリザニン 898c, 1149j
オリジムカデ 1592₄₂
オリジン 1490i
オリゼニン 370b
折畳み 232h, 665b, 1191e
オリックス 1576₁₅
オリヅルラン 1646₅₉
オーリニャク 376d
オリーブ 153b, 1651₆₁
オリーブ蝸牛束 **171**e
オリーブ核 153b

オリーブ油 172g
オリンツス **171**f
オリンピックサンショウウオ 1567₄₆
オルガニジン 391b
オルガニズマル説 **171**g
オルガニゼーション 478f
オルガネラ 526e
オルガネラ DNA 1217e
オルキノール 1182k
オルシノール反応 **172**a
オルシン反応 240d
オルソミクソウイルス 172c
オルソロガス 651i
オルソログ 651i
オルチス目 1580₂₆
オルテガ細胞 695h
オルトキネシス 295g, 363a
オルトテテラ目 1580₂₂
オルトドンティア科 1640₂₅
オルドビス紀 **172**b
オルトブニヤウイルス属 1520₃₂
オルトヘパドナウイルス属 1518₃₁
オルトポックスウイルス 1517₄
オルトミクソウイルス **172**c
オルトミクソウイルス科 1520₃₇
オルトリンキア科 1641₁₄
オルトリン酸 1176f, 1474d
オルトレオウイルス属 1485i, 1519₄₅
オルトレトロウイルス亜科 1489e, 1518₄₅
オルニチン **172**d
オルニチン回路 1046e
オルニツール酸 172d
オルビウイルス属 1485i, 1519₃₂
オルビターレ 561h
オルビニー 1015a
オルビリア亜綱 1615₄₄
オルビリア科 1615₄₆
オルビリアキン 1615₄₆
オルビリア綱 1615₄₃
オルビリア目 1615₄₅
オルファクトメーター **172**f
オルフウイルス 1517₅
オルミアウイルス属 1523₂₂
オレアウイルス属 1522₁₃
オレアノール酸 543i
オレイフィルス科 1549₃₆
オレイン酸 **172**g
オーレウシジン 172i
オレオシン 159e
オレオソーム 159e
オレオピテクス 1231a
オーレオマイシン 962c
オレキシン **172**h
オレキシン A 172h
オレキシン作動性ニューロン 792a
オレキシン B 172h
折り畳まり 1191e
オレタチ 533c
オレネキアン階 550f
折れ棒モデル 636f
オレンジ G 染色 863a
オレンジ油 779b
オロシタケ 1623₃₄
オロチジル酸デカルボキシラーゼ 1171h
オロチヒモムシ 1580₄₅
オロドゥス目 1564₂₂
オロト酸 1171h
オロト酸ホスホリボシルトランスフェラーゼ 1171h
オーロラキナーゼ 815c
オーロラキナーゼ B 980f
オーロン **172**i
オーロン類 172i
オワンクラゲ 1555₄₂
オワンケイソウ 1654₅₅

オン-オフ制御 1183d
オン-オフ反応 169a
温覚 174c
温器官 175a
音響散乱層 **173**a
音響性残像 549d
温血動物 431b
音源定位 **173**b
オンコジーン 249g
オンコスフェーラ 1502a
オンコセルカ症 25b
オンコライムス亜綱 1586₃₁
オンコライムス上目 1586₃₂
オンコライムス目 1586₃₃
オンコルナウイルス 1489f
遠志 544a
温室 **173**c
温室効果 903e
温室効果ガス 903e
温湿図 173d
温-湿度関係 **173**d
音受容 **173**e, 1019l
音受容器 **173**f, 1362f
温受容器 175a
音受容器官 173f
オンスロウィア目 1657₁₉
音声 1106a
オンセンクマムシ 1588₁₃
オンセンクマムシ目 1588₁₃
温泉生物 **174**a
オンセンダニ 1590₃₅
温帯 **174**b
温帯性針葉樹林 714h
温帯草原 1229a
オンタケキノリ 1613₂₇
オンタデ 1650₄₀
温点 174c, 175a
温度依存性 175d
温湯除雄法 683a
温度覚 **174**c
温度感受性突然変異体 **174**d
温度休眠 313e
温度屈性 348h
温度係数 **174**e
温度傾性 388h
温度受容器 **175**a
温度順化 **175**b
温度順応 175b
温度耐性 **175**c
温度点 174c
温度-反応速度関係 **175**d
温度補償性 181d, 621b
温度要因 **176**a
温熱性発汗 1101g
オン反応 169a
温量指数 16j

カ

下- 177a
科 **177**b
カ亜目 1601₂₀
界 **177**c, 776d, 996b
カイアシ亜綱 1595₁
カイアニエロの方程式 **177**d
外衣 177e
外衣-内体説 **177**e
外因系凝固インヒビター 839e
外因子 1019b
外因性溶菌 1455c
外因性リズム 776g
カイウミヒドラ 1555₄₀
下位運動ニューロン 116c

外穎　1292d
カイエビ　1594_35
カイエビ亜目　1594_35
外円錐眼　1193l
外黄卵　1284d
外温性　**177**g
外温動物　177g
蓋果　**177**h, 536b
外開　1403c
回外筋　293a
外界電位　1414c
貝害プランクトン　3f
外花穎　1292d
外殻　1505b
蓋殻　1132f
外顎綱　1598_24
外殻層　177i
外花被　234b
外果皮　215e
開花ホルモン　221i
カイカムリ　1598_9
貝殻　177i
カイガラゴケ　1612_55
カイガラゴケ科　1612_54
貝殻腺　**178**a
貝殻帯　**178**b
カイガラタケ　1624_44
貝殻囊　178c
カイガラミドリイト　1634_50
カイガラムシダニ　1590_26
外顆粒層　524a
海果類　**178**c
外感覚　252d
外眼筋　178e, 479i, 855d, 1373e
海岸荒原　**178**d
開環状DNA　264c
外眼神経群　**178**e
海岸林　**178**f
回帰移動　85a
外気管支　1076i
回帰神経　**178**g
回帰性　**178**h
回帰性感覚繊維　1282c
外基礎層板　482f
回帰直線　822e
皆脚類　111b
階級　**179**a, 1178c
階級分化フェロモン　1189c
海牛目　1574_40
外莢　480c
外莢膜　1450f
外クチクラ　347a
外群　**179**b
外群比較　**179**b
塊茎　**179**c
塊茎状器官　905h
外頸動脈　636d
貝形虫綱　1596_5
貝形虫類　**179**d
介形虫類　179e
外頸動脈　393b
壊血病　12b
概月リズム　403h
外原型　73b
外腱周膜　415c
外原腸形成　179e
外原腸胚　**179**e
解硬　572d
外向　**179**f
外套　1110n
開口数　432c
会合体形成　665b
海溝底帯生物　688f
外後頭骨　698c, 848h
外肛動物　473c

外肛動物門　1579_19
外後頭隆起　461a
外向胚　179f
開口分泌　124b
開口放出　124b, 812k
カイコガ　1601_38
カイコガタケイソウ　1655_11
カイコガデンソウイルス　1518_17
外呼吸　469h
外鼓骨　911e
外骨格　479h
カイコノウジバエ　553j
カイコメメケイソウ　1655_39
カイゴロモ　1634_41
塊根　**180**a
外婚　**180**b
外鰓　**180**c
介在型逆位　302a
介在欠失　403e
外鰓上腔　513a
介在成長　**180**d
介在層板　482f
介在ニューロン　**180**e
介在配列　98c
介在板　332d, 522i, 691f
介在分裂組織　**180**f
蓋細胞　828c
外腮類　1598_24
海産遺存種　1453h
外傘触手　670b
海産白点虫　1660_15
外枝　180g
外肢　**180**g
外耳　**180**h
外篩型　264b, 1263b, 1292b, 1393b
外耳孔上縁最高点　561h
外篩骨　698c
開始コドン　**181**a
χ自乗検定　**181**b
外質　**181**c
概日光受容体　1382e
概日周波数　11c
概日則　11c
概日時計　181d, 446g, 561b, 572b, 775a, 1002i, 1163h, 1342h
概日時計遺伝子　1002i
外質ネット　1437f
概日リズム　68f, **181**d
開始tRNA　181e
外耳道　180h
開始複合体　893c
外篩包囲維管束　1292b, 1393b
外鬚　346e
ガイジュセク　181f
外出血　641d
外種皮　633d
外樹皮　645a
外受容器　573a, 646g
外受容性感覚　252d
外受容反射　573c
外鞘　1303d
介助ウイルス　1281d
外傷性自己免疫性精巣炎　40g
塊状生礁　1074i
外傷の再生　514b
街上毒　485b
外鞘類　1140g, 1563_21
外植　**181**g
灰色植物　**181**h
灰色植物亜界　1631_42
灰色植物門　181h, 1631_43
灰色藻　181h
灰色藻綱　181h, 1631_44
外植体　181g
外植片　481g

介助ファージ　401b
外翅類　503d, 1020d
外腎　713h
外靱帯　707e
海水準変動　1416d
外錐体細胞層　524a
外生　**182**a
外生芽目　1659_45
海生菌　722a
外生菌根　333i
外制止　752c
外生出芽　640j
外生出芽型　1248f
灰青藻　181h
外生胚目　1659_33
外生分枝　182a
外生胞子　**182**c
海星類　1156a, 1560_30
外節　723a
回旋　**182**d
疥癬　770c
回旋運動　**182**e
回旋回　860c
回旋筋　293a
回旋植物　1336g
回旋転頭運動　182e
海草　**182**f
海藻　834b
灰像　426l
階層クラスター分析　354b
階層クレード分析　**182**g
階層構造　854a
階層的拡散　771a
階層的機構　182h
階層の順位　1468d
階層の制御機構　**182**h
海草藻場　1399d
階層論　**182**i
外側外套　184a
外側嗅索　**182**j, 310b
外側巨大ニューロン　489i
外側膝状体　**183**a
外側斜面　550b
外側大脳皮　860c
外側中胚葉　847m
外側板　838i
外側皮質脊髄路　723c
海鼠類　1026f
解体型　1091g
開拓期　180h
開拓神経　1074f
開拓繊維　1074f
カイダニ　1590_35
開蛇尾類　1561_6
カイチュウ　1587_37
回虫駆除薬　185b
外中胚葉　**183**b
外中胚葉系間葉　274h
回腸　661a
開張筋　293a
回腸憩室　661a
概潮汐時計　922g
概潮汐リズム　922g
外聴道　180h
カイツブリ　1571_19
カイツブリ目　1571_19
海底堆積物　**183**d
外的一致モデル　714d
外適応　60g
外的適応　428d
外的符号モデル　714d
外転芽目　1659_52
回転関節　755b
回転筋　293a, 479i
外転筋　293a

回転後振盪 709b	蓋板 **186**d, 694a	カイメンフジツボ 1595₅₄
回転時間 183f	鎧板 108g	怪網 301b
外転神経 178e	概半月時計 1119b	外毛根鞘 384a
外転振盪 709b	概半月リズム 1119b	外木型 1292b
回転スペクトル 310f	回避 1293b	外木包囲維管束 1292b
回転速度 120d	外皮, 外被 **186**e, 187c, 208c, 371h, 1159i	カイモグラフ 115c
回転対称性 183e		階紋 73b
回転対称全割 **183**e	回避訓練 **186**f	階紋仮道管 232b
回転反応 709b	外鼻孔 1109h	階紋道管 **189**a
回転卵割 183e	外被蛋白質 **186**g	カイヤドリヒドラクラゲ 1555₄₃
回転率 **183**f	外皮膜 **186**h	カイヤドリミミズ 1585₃₂
回転輪 75g	外被膜 279f	回遊 85a, 189b
開度 **183**g	海氷藻 1h	回遊魚 189b
ガイドRNA 36f, 296b	開鰓類 108g	回遊性魚類 **189**b
解糖 183h	海浜域 **186**i	潰瘍 **189**c
外套 **184**a	外部環境 75c, 256a, 923d, 1022d	外葉 428a
外套眼 **184**b	外部寄生 289b	外洋域 **189**d, 189f
外套筋痕 1041a	外部寄生者 290d	海洋回遊 189b
解糖系 452f	外部共生 **186**j	海洋学 190a
外套腔 **184**c	回復 464a	海洋群集 724a
外套溝 878b	回復打 819e	海洋細菌 **189**e
外套痕 1041a	外部クチクラ 347a	海洋酸素同位体ステージ 864k
外套鰓 1034e	回復熱 1058a	外幼生型変態 1498h
外套細胞 118d	外部出芽 640j	海洋生態系 **189**f
外套触手 670b, 986e	外部受容刺激 569g	海洋生物学 **190**a
外套洞 1510i	外部成虫原基 765c	海洋生物地理学 **190**b
外套内臓神経節 836k	貝蓋 1204c	海洋生物地理区 **190**c
外套膜 184a	回分培養 1107g	外洋性プランクトン 1220e
外套彎入 **184**d	外分泌 **187**a	海洋動物 722d
貝毒 **184**e	外分泌細胞 805a	海洋微生物 **190**d
外毒素 **185**a	外分泌腺 **187**b	海洋プランクトン 1220e
外突起 266f	外壁 **187**c	カイヨウミミズ 1585₃₆
カイトニア綱 1644₂₁	開放維管束 1261c	外来種 **191**a
カイトニア目 1644₂₂	開放花 61c	外来性洞窟動物 978f
回内筋 293a	解剖学 **187**d	外来性発熱原 1108d
カイナガウミサソリ 1589₃₀	解剖学的現代人 716d, 1319h	外来生物 **191**b
カイニア科 1619₃₁	解剖学的死腔 571f	快楽説 **191**c
外肉 181c	開放型中心柱 714c	快楽中枢 1300c
外乳 1086c	外鞘 **187**e	外卵胞膜 1450f
外妊 565a	開放血管系 **187**f	解離 **191**d
カイニン酸 **185**b	開放細胞群 817e	解離曲線 **191**d
カイニン酸型 369d	開放循環系 187f	外立内皮 1022a
カイネース 294g	外縫線 976d	解離定数 **191**e
カイネチン **185**c	下位包膜 1303h	鎧竜下目 1570₂₆
概年時計 185d	外包膜 1428b	鎧竜類 328e
概年リズム **185**d	外膜 187c, **187**g	改良品種 534b
外嚢 913e	蓋膜 186h, **187**h, 495g	外リンパ 198e, 1338e
カイノキ 1650₇	外膜細胞 1481h	外リンパ腔 1338f
海馬 **185**e	外膜蛋白質輸送複合体 1360b	下位類 1557₃₆
外胚乳 1086c	カイマン 1569₂₅	貝類学 1029c
外胚葉 **185**f	カイミジンコ 179d	開裂酵素 876d
外胚葉化 995b	カイミジンコ類 1596₁₂, 1596₁₄	カイロイノシトール 87e
外胚葉型 843c	カイミドリ 1634₂₆	回廊 **191**f
外胚葉系間充織 274h	貝虫綱 1596₅	カイロウドウケツ 1555₁₂
外胚葉形成質 160c	貝虫類 179d	カイロウドウケツモドキ 1555₁₂
外胚葉系中胚葉 183b	貝紫 586a	カイロミクロン 331h
外胚葉性間葉 274h	海綿栄養芽層 120f	回路網熱力学 761h
外胚葉性頂堤 **185**g	界面活性剤 **187**i	カイロモン **192**a, 194f
χ配列 **186**a	界面活性様作用 544a	会話 **192**b
灰白質 **186**b	海綿質 63a, 720e	会話ダンス 990f
灰白植物 181h	海綿骨 482f	会話分析 192b
灰白髄炎 1322f	海綿骨質 **188**a	貝割 1354e
灰白隆起 1499g	海綿質 188b	下咽頭 **192**c
海馬溝 860c	海綿質繊維 **188**b	ガウス分布 747c
海馬溝回 860c	海綿状組織 **188**c	ガウゼ **192**d
海馬采 185e	カイメンスナギンチャク 1558₄	ガウゼの法則 321a
貝柱 1258e	海綿繊維形成細胞 **188**b	カウドウイルス目 1514₂
海馬支脚 185e	カイメンソウ 1633₄₀	カウノカンチダ目 1663₂₈
海馬足 185e	海綿体 **188**d	カウパー腺 1047b
海馬体 185e	カイメンタケ 1624₁₅	ガウブ **192**e
解発因 1472f	界面展開法 353c	カウリコバネガ亜目 1601₃₅
解発機構 769c	界面動電位 **188**e	カウレリエラ目 1661₂₅
解発フェロモン 1189c	界面動電現象 188e	カウレン **192**f
貝原益軒 **186**c, 1331d	海綿動物 **188**f	*ent*-カウレン 192f
外板 1393h	海綿動物門 1554₁	*ent*-カウレン合成酵素 192f

カウロカリン　1456d
カウロネマ　421e
カウロバクター科　1545₁₄
カウロバクター目　1545₁₃
カウンターシェイディング　100a
過栄養　1186j
過栄養湖　1187a
カエデ　1650₉
カエデイソヤムシ　1577₄
カエデチョウ　1572₅₁
楓糖尿症　1381e
カエトスフェリア科　1618₂₇
カエトスフェリア目　1618₂₆
カエトチリウム亜綱　1610₁₅
カエトチリウム科　1610₁₉
カエトチリウム目　1610₁₇
カエルアデノウイルス　1515₁₄
カエル亜目　1567₅₅
カエルアンコウ　1566₂₈
カエルウイルス3　1515₅₄
カエルツボカビ　1602₄₀
カエルデグサ　1633₄₀
カエル目　1567₄₉
カエンタケ　1617₂₈
顔　192h
顔細胞　192i
カオス　192j
カオス結合系　192j
顔認識　193a
花芽　193b
花蓋　234b
科階級群　193c
花蓋片　234b
花外蜜腺　1358d
ガガイモ　1651₄₇
カカオノキ　1650₂₁
下殻　1132f
下顎　8h
芽核　636e
化学因子　22a
化学栄養　193d
化学化石　1246b
化学感覚　193e
化学基　1305c
化学共役説　194e
化学屈性　348h
下顎計　982b
化学傾性　388h
下顎腔　981b
化学効果器　431h
化学合成　193f
化学合成細菌　1056c
化学合成生態系　193g
化学合成生物　193h
化学合成速度　751d
化学合成無機栄養生物　193h
下顎骨　1020k
下顎骨舌側歯槽隆起　196g
化学混合栄養　193h
化学シフト　203c
化学修飾　194a
化学受容　194b
化学受容器　194c
化学受容引き金帯　160i
化学進化　194d
下顎神経　507j
化学浸透圧説　194e
化学生態学　194f
化学相関　124a
下顎中央下端　258b
化学的暗反応　193h
化学的環境　1207c
化学的酸素要求量　195b, 721f
化学的消化　653i
化学的伝達　195c

化学的伝達説　195d
化学的突然変異原　195e
化学的突然変異生成　195f
化学的発生学　196a
化学的防除　1164g
化学伝達　195c
化学伝達説　195d
化学伝達物質　196b
下顎軟骨　1020k, 1028b
化学発がん　196c
化学発光　196d
化学分化　196e
化学分析法　941a
化学分類　196f
化学ポテンシャル　709c
化学無機栄養　193d
化学無機従属栄養　193d
化学無機独立栄養　193d
化学躍層　1403z
化学有機栄養　193d
下顎隆起　196g
化学療法　196h
化学療法係数　196h
化学療法剤　852c
花芽形成　197a, 221g
花芽原基　417a
カカトアルキ　1599₅
カカトアルキ目　1599₅
花芽内形態　232h, 1193j
花芽分化　446g, 447a
花芽分裂組織　756e
カカポ　1572₅
下函　1132f
花冠　197b
窩眼　823g
下眼瞼　258h
過乾性林　747a
花冠筒部　197b
ガガンボ　1601₂₂
ガガンボモドキ　1601₁₆
花冠裂片　197b
花卉　151f
花期　634e
鉤　660j, 750c
垣内史朗　197c
鍵革新　690c
カギカズラ　1651₄₁
鉤形形成　197d
鉤形構造　197d
花器感染　374d
カギケノリ　1633₁₉
カキサビダニ　1590₃₇
鍵刺激　197e
鉤状突起　727b
カギスガメソコエビ　1597₁₂
過寄生　198a
鉤爪　198b
下気道　294d
カキノキ　1651₁₃
カキノキ科　1651₁₃
カキノテクラゲ　1556₄
カキノミタケ　1611₇
カギノリ　1633₁₉
カギノリ目　1633₁₉
カキ(牡蠣)ヘルペスウイルス1　1515₇
カギムシ綱　1588₂₅
カギムシ類　1412c
カキ目　1582₅
過鞭門　301f
可逆の逆位　1222e
可逆的吸着段階　312e
可逆的酸化還元系　548b
可逆的修飾　1222e
下丘　916a
蝸牛　198c, 294b

芽球　198d, 481i
蝸牛管　198e
芽球形成　198d
芽球口　198d
蝸牛効果　198f
蝸牛神経　198c, 495g, 922d
蝸牛マイクロフォン作用　198f
架橋　199a
架橋試薬　199b
架橋説　199b
架橋法　484g
可曲亜綱　1559₃₇
家禽　199c
核　186b, 199d, 210d
翻　111g
カグー　1571₄₂
萼　111e, 200a, 208a
核アクセプター　200b
カグー亜目　1571₄₂
核異型　200c
核移行シグナル　200d
核移植　200e
核液　203f
楽音　420c
角化　203g
核果　781g
角回　860c
殻蓋　61b
核外遺伝　524f
核外輸送シグナル　200f
核学　522c
角化細胞　200g
角化層　1168i
殻下層　177i
核型　200h
核型分析　809e
核顆粒　325f
殻眼　201a, 579d
顎関節　976h
顎基　201b, 235a
顎器　207h
顎弓　534d, 1020i
核凝縮　201c
核局在化シグナル　200d
額棘毛　328c
核菌類　913c
角隅厚角組織　432c
核原形質　203f
核孔　209b
殻口　1204c
隔鰓亜綱　1660₃₉
ガクコウチュウ　1587₃₈
殻口部　147a
隔口目　1660₄₀
顎口類　201d
顎骨　34j
核骨格　210a
顎骨間筋　34j
顎骨弓　534d, 1020i, 1020k
顎骨後引筋　34j
顎骨上綱　1564₁₀
顎骨伸筋　34j
顎骨中胚葉　994d
顎骨前動筋　1578₁₄
角鰓節　1020i, 1020k
核細胞質雑種　201e
核-細胞質相互作用　201f
核-細胞質比　201g
隔鰓類　1285h
核鎖繊維　725e
拡散　1356c
拡散(発生の)　201h
核酸　201i
拡散圧差　202a
拡散因子　1129c

カコン　1697

拡散過程　211d
拡散共進化　**202**b
核酸系逆転写酵素阻害剤　429i, 1049e
核酸系抗真菌剤　449d
拡散係数　316a
核酸生合成　**202**c
拡散抵抗　316a
拡散の水透過係数　1356f
拡散電位　**202**d
拡散透過性　1356e
拡散透過性係数　1356a
核酸発酵　**203**a
拡散放射組織　1299c
角歯　204a
核糸　**203**b, 806c
顎肢　227c, 1367g
顎歯　207h
額嘴　660j
核磁気共鳴　**203**c
核磁気共鳴画像法　144a
殻軸　**203**d, 203e
殻軸筋　**203**e
角軸類　1557₂₈
角質　**203**f, 912i
角質化　**203**g, 384a, 1169b
角質鰭条　287c
角質形成歯　**203**h
角質歯　204a
角質鞘　348a
角質繊維　209c
角質層　1168i
殻質層　177i
角質軟化症　1150a
角質鱗　113c
核質リング　209c
額嘴嚢　660j
学習　**204**b
学習曲線　**204**c
学習する機械　**204**d
核周部　695a
学習法　**204**e
顎舟葉　**204**f
学習理論　204b
学術標本　1169e
角鞘　935g
核小体　**204**g
核小体形成狭窄　317g
核小体形成体　**205**a, 205c
核小体形成部位　1464f
核小体欠如突然変異体　**205**b
核小体質　242g
核小体前駆体　**205**c
核小体染色体　205d
核小体低分子 RNA　**205**e
核小体低分子リボ核蛋白質複合体　205e
核小体優勢　**205**f
革翅類　1599₆
角心　935g
顎髭　1404e
核心体温　845i
核スペックル　**205**g
隔世遺伝　**206**a
覚醒反応　874h, 1065f
殻腺　178a, **206**b, 428b
顎前腔　981b
顎中胚葉　994d
画線培養　**206**c
画線平板　206c
核相交代　**206**d
核相交番　206d
隔測　1467b
核体　511g
殻帯　1132f
拡大再生産　1206c

核袋繊維　725e
核多角体病ウイルス　867f, 1092a
カクダコケイソウ　1654₅₁
核蛋白質　200d, **206**e
核置換　**206**f
下クチクラ　347a
角柱層　177i
殻頂　**206**g
拡張型心筋症　209g
拡張期　623b
拡張期血圧　395a
カクツツトビケラ　1601₃₂
核定数性　529f
確定的影響　1297e
殻斗　**206**h
萼筒　1159e
殻斗果　206h
獲得形質　**206**i
獲得性解発機構　769c
獲得抵抗性　263d
獲得的　769b
獲得反射　657f
獲得免疫　**207**a
核内受容体　**207**b
核内小体　199d
核内多倍数性　207c
核内低分子 RNA　130b, 955c
核内倍数化　**207**c
核内封入体　**207**d
殻内ミュラー幼生　1364i
核内有糸分裂　**207**e
核内輸送シグナル　200d
確認法　**207**f
隔年結果　**207**g
隔年結実　207g
核の二形性　1031d
角板　113c
隔板　480c, 1493b
額板　208d
顎板　**207**h
殻板系　922a
撹拌培養　1211g
角皮　347a
殻皮　177i, 208c
角皮化　348d
角皮下索　625e
角皮下層　**207**i
角皮素　348c
殻皮層　177i
萼部　**208**a
核封入体　1186h
核分裂　**208**b
殻壁　**208**c
隔壁　208g, 581c, 591b, 856c
隔壁繊維　799d
萼片　200a, 234b
額片　**208**d
顎片　**208**e
核胞　**208**a
殻胞子　501g
角膜　1373b
核膜　**208**f
隔膜　**208**f, 856c, 1412d
角膜下組織　1077a
隔膜間室　208g
角膜乾燥症　1150a
角膜形成体　**209**a
核膜孔　**209**b
隔膜孔　208g
核膜孔複合体　**209**c
隔膜糸　353h
隔膜質　**209**d
角膜晶体　882b, 1193l
角膜下層　1193l
角膜乳頭突起　**209**f

核膜病　**209**g
角膜ヘルペス　888h
核膜崩壊　1443c
角膜レンズ　882b, 1193l
核マトリックス　**210**a
学名　**210**b
殻面　1132f
顎毛　1392a
カグヤヤスデ　1593₂₈
核融合　242f
核輸送　**210**c
核様構造　199d
核様体　**210**d
カグラコウモリ　1575₁₃
カグラザメ目　1565₂
核ラミナ　1439a
撹乱, 攪乱　**210**e
撹乱過程　586f
撹乱耐性型　210f
隔離　**210**g
隔離機構　**211**a
隔離飼育　**211**b
隔離水界　1352g
隔離説　**211**c
確率過程　**211**d, 727g
確率的影響　1297e
確率的モデル　**211**e
確率微分方程式　**211**f
確率母集団　1252a
確率論的モデル　211e, 1167b
核リプログラミング　**212**a
隔離分布　**212**b
角竜下目　1570₂₉
角鱗　**212**c
各鰭層　786e
カクレイト　1633₃₅
カクレイト　1633₃₅
カクレウオ　1566₂₆
かくれが　**212**d
隠れマルコフモデル　**212**e
家計　761i
芽茎　**212**f, 602g
家系育種法　**212**g
化茎現象　452b
下頭神経節　755h
家系図　**212**i
過形成　**212**j, 828b
可形性緊張　225c
家系選抜　**212**k
化茎腕　452b
カケザトウムシ　1591₂₆
欠けた環　108e
可欠アミノ酸　**213**a
カケマモリ　1448g
カゲロウ目　14a, 1598₃₅
蜉蝣類　1598₃₅
仮現運動　115e
果壺　806a
籠足細胞　**213**b
囲いこみ行動　1109a
河口群集　724b
下降刺激驚航反応　322a
下行大動脈　858f
下喉頭　1374e
過呼吸　458g
花後現象　**213**c
籠細胞　**213**d
花後増大　**213**e
化骨　479g
カコニア科　1620₁₆
過去の競争　**213**f
カゴメタイヨウチュウ　1665₈
カゴメノリ　1657₃₂
仮根　**213**g, 1113d
仮根菌糸　213g

仮根状菌糸体　**214**a
仮根体　213g
傘　**214**b
カザアミノ酸　268g
下腮　428a
夏材　824i
下鰓節　1020i, 1020k
芽細胞　**214**c
カサイボゴケ科　1640_{41}
カサウロコタケモドキ　1625_3
カサカイメン　1554_{34}
カサガイ目　1583_{25}
風切羽　935i
下索　**214**d
カザグルマケイソウ　1654_{33}
カサケイソウ　1654_{55}
カサゴ　1640_9
カササギガン　1571_{11}
カザシグサ　1633_{50}
カサシャミセン　1579_{45}
カサシャミセン目　1579_{45}
重なり　232h
重なり遺伝子　**214**e
カサナリゴケ科　1638_{32}
カサネシリス　1584_{48}
かさ嚢状体　1064b
カサノリ　200e, 1634_{44}
カサノリ目　1634_{44}
カサブタキノカクキン　1615_{14}
カサマツ　1632_{42}
ガザミ　1598_{11}
カザリゴカイ　1585_9
過酸化酵素　1280a
過酸化脂質　**214**f, 1498i
火山砂土　214g
火山性土　**214**g
火山灰土　214g
仮死　**214**h
可視域　91d
可視オートラジオグラフ法　167d
カジカ　1566_{45}
カジカガエル　1567_{55}
花式　**214**i
寡肢期　1282h
花式図　214i
花軸　**215**a
仮軸型　1248f
仮軸分枝　**215**b, 622b
かしこいハンス　**215**c
カシゴケ　1606_{52}
火事生態学　**215**d
カシ帯　715d
果実　**215**e
カシニン　868e
カシノキラン　1646_{43}
舵羽　167g
可視変形体　1180_{25}
カジメ　1657_{25}
果樹　151f
加重　**215**f
過シュウ酸エステル化学発光　196d
荷重-速度関係　903b
果汁嚢　1352d
火獣目　1576_{25}
過熟(卵の)　**215**g
花熟期　221g
カシューナットノキ　1650_7
仮種皮　**216**a
仮種皮状　216a
花序　**216**b
火傷　**216**c
花床　**217**a
芽条　642g
過剰核精子　62b
窩状感覚子　217b, 593l

過常期　**217**c
過少再生　1146e
過剰再生　1146e
過剰歯　1069b
花状図　49b
過剰摂餌　791c
過剰染色体　**217**d
花床筒　1159e
芽条突然変異　**217**e
過剰乳房　1043c
下小脳脚　153b, 662d
過剰排卵　**217**f
下子葉部　1079j
花色　**217**g
花序シュート頂　756e
カシラエビ綱　1594_{45}
カシラエビ目　1594_{46}
カシラザキ　1657_{17}
かじり喰い　371g
華翅類　1600_2
カシワ　1649_{19}
下顎　**217**h, 348b, 659i, 713h
下神経節　507j
下顎鬚　**217**i
下顎腺　866i
下錐　108g
下垂体　**217**j
下垂体後葉ホルモン　693h
下垂体侏儒　1506d
下垂体道　313c
下垂体腹葉　**218**a
下垂体隆起部　**218**b
下垂体隆起葉　218b
加水分解　**218**c
加水分解酵素　**219**a
加水分解性タンニン　892c
かすがい連結　**219**b
カスガマイシン　30a
ガスクロマトグラフィー　**219**c
ガスクロマトグラフィー-質量分析法　219c
カスケード制御　219d
カスケード反応　**219**e
ガス交換　469h, 470c
カスザメ　1565_6
カスザメ目　1565_6
ガス腺　108b
カスタノスペルミン　982d[表]
カスタマー　825e
ガスツレア　**220**a
ガステラレラ科　1627_{14}
ガステロ胞子　314b
カスト制　**220**a
カースト制　220a
ガストリシン　1273g
ガストリン　**220**b
ガストリンCCK族　**220**c
ガストリン放出ペプチド　220b
ガストルラ　220d
ガストレア　220d, 923i
ガストレア起原説　**220**d
ガストロスポリウム科　1627_{15}
カスパーゼ　**220**e
カスパー・ハウザー動物　**221**a
カスパリー線　**221**b
カスパリー点　221b
カスペルゾーン　**221**c
ガス胞　**221**d
カスミサンショウウオ　1567_{42}
カスミソウ　1650_{47}
カズメウズムシ　1577_{43}
カスリオフェリア　1584_{36}
カスリハリガネムシ　1586_{19}
ガスリー法　1381e
カスリマクヒトデ　1560_{44}

カスリモミジガイ　1560_{51}
カセア目　1573_6
下生　660b
化生　**221**e
化性　**221**f
花成　**221**g
過生　828b
仮性胃　53a
夏生一年生植物　**221**h
窩生細胞　779a
加生歯　1069b
芽生生殖　640j
下生体　217j
仮声帯　761f
仮性大動脈瘤　859a
仮性嚢胞　1066c
花成ホルモン　**221**i
カゼイン　**222**a, 931d, 1013c, 1378e
カゼインキナーゼ　**222**b
化石　**222**c
化石化作用　**222**d
化石群集　58b
化石現生人類　**222**e
化石鉱脈　222f
化石シダ　**223**a
化石人骨　475c
化石人類　223b
化石層序学　760e
化石足痕学　476e
化石帯　**223**c
化石DNA　478g
化石年代決定　**223**d
化石燃料　890j
化石糞　476e
カゼクサ　1647_{38}
風散布　553k, 1428f
下舌　589c
カセット　223e
カセットモデル　**223**e
顎節目　1576_7
カセミミズ　1581_{15}
花前現象　**224**a
河川堆積物　474e
下前頭回　860c
河川の群集　**224**b
河川の生態的区分　**224**c
河川プランクトン　1220e
河川盲目症　25b
過疎　517e
芽層　232h
画像解析(電子顕微鏡の)　**224**d
画像形成視覚　558k
下層酵母　239a
画像診断工学　**224**e
仮想的行動　914e
仮想的分類単位　1508f
画像モデル　1398c
仮足　**224**f
家族　**224**g
家族育種法　212g
仮足運動　32f
家族性高コレステロール血症　**224**h, 955k
家族性腫瘍　**225**a
家族性大腸ポリポーシス　225a, 801f
仮足様突起　766d
過疎効果　490a
可塑性　**225**b
可塑性緊張　**225**c
カーソン　**225**d
型　**225**e, 418a
型安定　1094d
芽体　**225**f, 1218a
カタイオルニス　1570_{45}
カタイオルニス目　1570_{45}

過大特殊化 950f
火体類 1563[15]
カタウロコゴケ科 1638[19]
カタウロコタケ 1625[19]
カタカイメン 1554[48]
花托 217a
カタクチイワシ 1566[3]
硬クラゲ類 1556[6]
カタクリ 1646[35]
肩毛 1424a
カタゲネシス 950f
カタゴニア科 1640[61]
カタコメバタケ 1624[24]
型循環説 1094d
カタシロゴケ科 1639[49]
カタストロフィ 225g
カタダニ 1589[44]
カタダニ亜目 1589[44]
カタツブタケ 1619[47]
カタツムリ形花序 622b
カタツムリ媒 996d
カタトカゲ 1568[53]
カタトニー 109c
カタトレプシス 1073b, 1084d
カタナメクジウオ 1563[8]
カタニン 525e
型の一致 225h
型の永続性 730i
型発生 1094d
肩羽 935i
カタバミ 1649[30]
カタバミ科 1649[30]
カタバミ目 1649[28]
カタフチゴケ科 1640[10]
カタブレファリス綱 1665[46]
カタブレファリス目 1665[47]
カタブレファリス門 1665[45]
カダベリン 29b, 1321g, 1455e
型変換 387g
型崩壊 1094d
カタホコリ 1629[16]
カタボトリス科 1618[21]
カタボライト遺伝子活性化蛋白質 262j
カタボライトリプレッション 226a
カタマイマイ 1584[27]
片巻き 232h
塊 304a
カタマリケゴケ 1613[13]
カタマリゴケ 1613[14]
カダヤシ 1566[34]
カダヤシ目 1566[34]
カタヤマガイ 1583[44]
カタユウレイボヤ 966e, 1563[28]
カタラーゼ 226b
カタル 226c
カチオンチャネル 57a
家畜 226d
家畜化 226e
家畜化形質 226e
カーチス 226f
カチステス科 1616[46]
勝ち残り型 644k
花柱 581c
花柱溝 581c
花虫口道 1325c
芽中姿勢 232h
芽中心 1085a
夏虫冬草 989e
芽中苞覆 232h
花虫類 1110h
可聴閾 226h
過長縁 403a
下腸間膜静脈 920e
可聴範囲 226h
カチラリア科 1613[30]

カチラリゴケ 1613[30]
滑液 266a
カツオコウトウチュウ 1579[11]
カツオドリ 1571[30]
カツオドリ亜目 1571[30]
カツオドリ目 1571[28]
カツオノエボシ 1556[1]
カツオノカンムリ 1555[37]
額角 227a
顎下腺 866i
顎下腺ウイルス 519b
顎下腺ムチン 227b
顎脚 227c, 317h
角脚亜目 1570[27]
顎脚綱 1594[47]
割球 227d
滑距目 1576[23]
脚気 591d, 898c
割腔 227e
カッコウ 1572[9]
顎口動物 227f
ガッサー 227g
活酸性 551g
滑車神経 178e
カッシュマン 227h
褐色顆粒 1445d
褐色一致 227i
褐色脂肪 227j
褐色脂肪組織 227j
褐色森林土 228a
褐色体 473c
褐色土 228b
活性 228c
活性汚泥 228d
活性汚泥生物 228e
活性化 228f
活性化エネルギー 174e, 228g
活性化エンタルピー 228g
活性化エントロピー 228g
活性化自由エネルギー 228g
活性型形質導入ファージ 388b
活性型レセプター 1383j
活性キモシン 301d
活性酢酸 14e
活性錯体 228g
活性酸素 1507g
活性C[1]単位 962d
活性糖 992f
活性部位 452f
活性メチオニン 19a
活性硫酸 1310c
褐藻 228h
滑走運動 229a
滑走運動細菌 229b
滑走運動性 1471f
褐藻綱 228h, 1657[10]
滑走細菌 229b
滑走性緑色光栄養細菌 379a
滑走説 740f
褐藻素 1202d
合体 229c, 1218a
合体期 1091j
合着 229d, 772e
甲冑魚類 229e
褐虫藻 319d
カッツ 229f
ガッティガム 676f
葛藤 1507f
活動化熱 1058a
滑動計 982b
葛藤行動 229g
活動混合層 759b
活動状態 464a
活動状態(筋肉の) 229h
活動性 228c

滑動性運動 323c
滑動性眼球運動 255e
活動代謝 230a
活動電位 230b
活動電流 230c
ガットパージ 231a
カッパパピローマウイルス属 1516[27]
カッパミケス科 1602[46]
κ粒子 231b
カップシタケ 1617[18]
活物寄生 289b
カップ法 436j
滑膜 266a
滑膜細胞 231c
滑面嗅感覚子 721i
滑面小胞体 50c, 665b
カツモウイノデ 1643[55]
括約筋 63f, 293a
闊葉樹 467k
カツラ 1648[16]
カツラ科 1648[16]
カツラガイ 1583[42]
活力 231d
活力度 231d
活力論 748a
カテキン 231e, 1219g
カテゴリー 231f
カテコールアミン 231g
カテコール-1,2-二酸素添加酵素 163m
カテナン 231h, 944c, 945a
カテヌリスポラ科 1536[6]
カテヌリスポラ目 1536[28]
カテネーション 231h
カテプシン 231i
カテマー 500l
カーテリナ目 1663[52]
カドアナタケ 1624[43]
花頭 611c
果糖 1225h
ガドウ 232a
仮道管, 仮導管 232b
仮道管状篩管 560e, 575a
可動結合 266a
加藤栄 1216e
可動性遺伝子因子 965f
下頭頂小葉 860c
可動部 1349g
過渡応答 232c
過渡的多型 436d
カドヘリン 232d
カドヘリンリピート 232d
カドミウム 232e
カートリッジ(視覚の) 232f
カトレア 1646[40]
ガードン 232g
芽内形態 232h
カナガシラ 1566[49]
カナダヤマアラシ 1576[54]
KANADI遺伝子族 233a
カナバナーゼ 39d
カナバニン 233b
カナバリン 634c
カナビキソウ 289e, 1650[32]
カナヘビ 1568[54]
カナマイシン 30a, 233c, 813d
カナムグラ 1649[4]
カナリン 233d
カーニアン階 550f
カニクイマングース 1575[46]
カニクサ 1643[4]
カニクサ科 1643[4]
カニグモ 1592[28]
カニサソリ 1591[51]
カニタケ 1616[10]
カニダマシヤドリ 1597[6]

和文

カニチドリ 1571₅₂
カニニア亜目 1556₅₇
カニノテ 1633₈
カニヒモムシ 1581₂
カニビル 1585₄₂
蟹味噌 265c
カニムシ亜目 1591₃₂
カニムシ目 1591₂₈
カニムシモドキ 1592₆
カニメゴケ 1613₃₅
加入 **233**d
加入量 233d
カニューレ **233**e
ガネシャ科 1558₁₈
カーネーション潜在ウイルス 1521₄₉
カーネーション斑紋ウイルス 1523₅
金平線 105i
カネラ目 1645₃₁
ガノイン 113c
ガノイン鱗 113c
化膿 1062c
果嚢 806a
化膿性炎 152g
カノキ 1645₄₉
カノコソウ 1652₄₂
カノシタ 1623₄₆
カノシタ科 1623₄₆
カバ 1576₁₃
ガ媒 996d
カバイロチャワンタケ 1616₁₃
カバーグラス **233**f
蚊柱 383d, 500i
カバット **233**g
カバノキ科 1649₂₃
カハル 1440a
カハール小体 **233**h
芽盤 **233**i
下半殻帯 1132f
下半被殻 1132f
下皮 **234**a
花被 **234**b
果皮 215e, 237k
痂皮 **234**c
かび **234**d
加ヒ酸分解 1141a
ガビチョウ 1572₅₂
カビ毒 692c, 1333l
カビ毒症 1333l
カピバラ 1576₅₅
花被片 234b
過敏感反応 **234**e
過敏症 **234**f
株 **234**g
カブウェ人 **234**h
カフェイン **234**i
カフェ酸 488b
カフェータンニン 892c
カフェテリア実験 815a
カブ黄化モザイクウイルス 1521₆₀
カブサアオノリ 1634₂₄
株細胞 648d
下部山地帯 724f, 747a
カプシド 306f
カブトウオ 1566₃₅
カブトウオ類 229e
カブトエビ類 1594₃₂
カブトガニ 60e, 1589₂₆
カブトガニ亜目 1589₂₁
カブトガニウズムシ 1577₄₃
カブトガニ綱 1589₁₇
カブトガニ下目 1589₂₄
カブトガニ上綱 1589₁₆
カブトガニ目 1589₁₈
カブトガニ類 **235**a
カブトクラゲ 1558₁₉

カブトクラゲ目 1558₁₉
カブトゴケ 1613₁₇
カブトゴケ科 1613₁₇
カブトダニ 1591₁₀
カブトムシ 1600₆₀
カブトムシ亜目 1600₅₇
カブトヤギ 1557₃₀
カブトリヌス目 1568₁₁
カブノジウム科 1608₂₃
カブノジウム目 1608₁₆
カブラノプテリス科 1642₄₃
カブリダニ 1590₁₃
カブリボックスウイルス属 1516₆₀
カプリル酸 **235**b
カプリン酸 235c
カブレゴケ 1614₁₅
カプロン酸 **235**d
花粉 **235**e
花粉 S 因子 560d
花粉塊 235e
花粉学 235e
花粉籠 236a
花粉管 235e
花粉管ガイダンス 236b
花粉管核 **236**c
花粉管誘引物質 236b
花粉競争 753c
過分極 876a
過分極性後電位 230b
花粉室 **236**d
花粉櫛 236a
花粉四分子 235e
花粉症 **236**f, 477c
下分節 152e
花粉伝染 103a
花粉嚢 1403c
花粉媒介動物 677e
花粉培養 **237**b
花粉ブラシ 236a
花粉プレス 236a
花粉分析 235e, **237**d
花粉母細胞 235e
花粉粒 235e
花粉蠟 1498f
花柄 **237**e
花柄状終末 549g
貨幣石 1664₁₀
貨幣石類 1052b
カベオラ 337a, 1437h
芽嚢 232h
カベッキ **237**f
カベモウイルス属 1518₂₅
ガーベラ 1652₃₆
花弁 **237**g
花弁上雄ずい 1409e
可変性拮抗 293a
可変性膠原組織 303f
下偏成長 664f
可変性特異的糖蛋白質 1311g
可変性二年草 1038j
カーペンター **237**h
過変態 503d
寡変態 503d
可変的決定 406d
可変的性転換 768e
可変領域 373g
果胞 806a
芽胞 477b, 1295e, 1414g
芽胞果 1296f
芽胞形成細菌 1414g
果胞子 **237**j
果胞子体 **237**k
果胞子嚢 237j
加法的成長 765f
過放牧 371g

カポジ水痘様発疹症 888h
カポジ肉腫 118c, **237**l
カボステリム目 1628₄₃
カボチャ 1649₁₂
カボチャタケ 1624₁₆
カポック 1650₁₉
カポット環 **237**m
Gabor ウェーブレット変換 888f
Gabor 関数 888f
カーボワックス 1303g
禾本草原 87b
ガマ 1647₂₀
カマアシウミサソリ 1589₃₁
カマアシムシ 1598₁₈
カマアシムシ目 1598₁₈
ガマアンコウ 1566₂₇
ガマアンコウ目 1566₂₇
カマウロコゴケ 1638₃₀
ガマ科 1647₂₄
かま形花序 622b
カマキリ目 1600₆
カマキリヨコエビ 1597₁₃
ガマグチヨタカ 1572₁₄
鎌状赤血球貧血 **237**n
鎌状突起 1494d
カマス 1566₅₇
ガマズミ 1652₄₀
カマドウマ 1599₂₃
ガマ毒 **237**o
カマドコオロギ 1599₂₄
カマドドリ 1572₄₂
ガマノホカビ 1603₄₅
ガマノホカビ科 1603₄₅
ガマノホタケ 1626₅₅
ガマノホタケ科 1626₄₆
ガマノホタケモドキ 1626₅₄
ガマブホタリン 237o
カミウロコタケ 1624₃₅
咬み型口器 **238**a
カミカワタケ 1624₃₅
カミキリ 1601₆
カミクラゲ 1555₃₆
カミコウヤクタケ 1624₄₁
花蜜 **238**b
過密 517e
カミツキガメ 1568₂₁
過密効果 490a
カミノケホコリ 1629₁₄
夏眠 **238**c
カーミンカイガラムシ 1600₃₂
CAM 型光合成 **238**d
CaM キナーゼ 248d
ガムシ 1600₅₈
CAM 植物 238d
カムフラージュ 100b
カムボレティスソノレンシスイクノウイルス 1516₅₃
カムリクラゲ目 1556₂₃
カムリゴケ 1612₂₂
カメガイ 1584₁
カメガエル 1568₁
ガメート 239c
ガメトゴニー **238**f
ガメトサイト 239c
ガメトシスト 1078j
ガメトフォア **238**g
カメノコウワムシ 1578₃₆
カメノコフシエラガイ 1584₁₀
カメノテ 1595₄₇
カメホウズキチョウチン 1580₃₉
カメムシ亜目 1600₃₇
カメムシ目 1600₃₀
カメ目 1568₁₆
カメラ眼 823g, 1373b
カメラリウス **238**h

カメラルシダ **238**i
カメレオン 1568₄₁
仮面 **238**j
下面酵母 **239**a
仮面状 713h
下面杯葉 1064c
カモ亜目 1571₁₁
下毛 384a
下毛類亜綱 1658₁₇
カモガイ 1583₂₅
下目 177a
ガー目 1565₃₈
ガモゴニー 23c
カモジグサ 1647₃₈
ガモデーム **239**b
カモノハシ 1573₄₅
カモメ 1571₅₇
カモメ亜目 1571₅₇
カモメ目 1571₉
ガモン 789b, 1228h
ガモント 23c, **239**c, 680a
カヤ 1645₉
カヤスマグモ 1592₂₁
カヤタケ 1626₄₈
カヤツリグサ 1647₂₉
カヤツリグサ科 1647₂₉
カヤネズミ 1576₄₅
カヤモノリ 1657₃₅
カヤラン 1646₄₈
仮雄ずい 1409e
粥状硬化 998b
仮葉 **239**d, 315l
花葉 **239**e
可溶性 NSF 付着蛋白質 137c
可溶性フィブリンモノマー複合体 **239**f
過ヨウ素酸塩 **239**g
殻 110e, **239**h
カラー 147a, **240**a, 1248f
空威張り 879b
カライワシ 1565₅₂
カライワシ目 1565₅₂
カラウルス亜目 1567₃₈
カラエリヒゲムシ 1553₉
カラカサクラゲ 1556₈
カラカサタケ 1625₄₅
カラカラ 1571₃₇
ガラガラ 1632₄₄
ガラガラヘビ 1569₃
ガラガラヘビ毒 1273d
カラギーナン 241e
カラクサケカビ 1603₄₁
カラクサゴケ 1612₄₈
カラクサシダ 1644₄
カラクサシシス 1584₅₂
がらくた DNA **240**b
ガラクタン **240**c
ガラクツロン酸 **240**d
ガラクトキナーゼ 241a
ガラクトキナーゼ欠損症 241b
ガラクトゲン **240**c
ガラクトサミン **240**e
β-ガラクトシダーゼ **240**f
ガラクトシド 1085f
ガラクトシルジアシルグリセロール 361d
ガラクトシルセラミド 241d
β-1, 4-ガラクトシルトランスフェラーゼ 494b
ガラクトース 34c, **240**g
ガラクトースキナーゼ 241a
ガラクトース血症 **241**b
D-ガラクトース酸化酵素 240g
ガラクトース制限食 241b
ガラクトース-1-リン酸 **241**c
ガラクトース-1-リン酸ウリジルトランス

フェラーゼ欠損症 241b
ガラクトセレブロシダーゼ 241d
ガラクトセレブロシド **241**d
ガラクトマンナン 1347e
ガラクトマンノグリカン 876i
ガラケア科 1627₄₃
カラゲナン **241**e
カラザ **241**f
カラー細胞 251b
カラシン目 1566₆
カラスウリ 1649₁₄
ガラス化 **241**g
ガラス海綿類 1502e
ガラス器内培養 840h
ガラス体 593e, 1193l, 1373b
ガラス体細胞 1193l
カラスタケ 1625₂₇
からすとんび 207h
ガラスナイフ 112f
ガラス軟骨 1028a
カラスビシャク 1645₅₆
ガラス膜 384a
カラスムギ 1647₃₅
ガラス様液 1373b
カラタイヨウチュウ 1666₃₀
カラタチ 1650₁₃
カラタチゴケ 1612₅₈
カラタチゴケ科 1612₅₇
ガラニン 234i
カラヌス 1595₇
カラヌス目 1595₆
ガラパゴスハオリムシ 1585₈
カラバル 132e
カラブリア階 864k
カラボゾア亜目 1597₂
カラマツ 1644₅₀
カラマツガイ 1584₂₁
カラマツソウ 1647₆₀
カラムクロマトグラフィー 376b, 468e
カラムシ 1649₈
ガラモ場 1399d
夏卵 **242**a
ガリア科 1651₃₇
カリアコスリックス綱 1658₃₉
カリアコスリックス目 1658₄₀
ガリア目 1651₃₅
カリウム **242**b
カリウム-アルゴン法 223d
カリウム植物 **242**c
カリウムチャネル **242**d
カリエス **242**e
カリオガミー **242**f
仮雄しべ 1409e
カリオソーム **242**g
ガリオネラ科 1547₁₄
仮親 869a
カリキディウム科 1612₂₀
ガリグ **242**h
カリクレイン **242**i
カリクレイン-キニン系 242i
カリシウイルス **242**j
カリシウイルス科 1522₁₄
カリストフィトン目 1644₁₄
カリバガサガイ 1583₄₂
カリブ亜区 818h
カリプトビス **243**a
カリプトラ **243**b
カリフラワーモザイクウイルス **243**c, 1518₂₀
カリモウイルス科 1518₂₂
カリモウイルス属 243c, 1518₂₄
顆粒球 243f
顆粒球コロニー刺激因子 458h, 518b
顆粒球-マクロファージコロニー刺激因子

458h
顆粒細胞 **243**d
顆粒質 1020a
顆粒性結膜炎 1009g
顆粒性網状仮足 1392f
顆粒腺 610d, 820f, 1160g
顆粒層 **243**e, 1168i
顆粒層細胞 1450f
顆粒白血球 **243**f
顆粒皮質 254d
顆粒病ウイルス 1092a
顆粒膜細胞 1504e
夏緑 1434d
夏緑樹林 466c, 1434c
夏緑性 1434e
ガリン 1232c
加リン酸分解 **243**g
ガル **243**h
ガール 1010b
カルイシヤドカリ 1598₄
ガルヴァーニ **243**i
ガルヴィン **243**j
カルカロネア亜綱 1554₁₇
カルキネア亜綱 1554₁₄
カルキノミケス科 1623₈
カルケニア科 1644₄₁
カルコン 1219c
カルコン生成酵素 243l
カルコン類 172i
カルシウム **244**a
カルシウム ATP アーゼ 245b
Ca²⁺/カルモジュリン依存性プロテインキナーゼ 248e
カルシウム感受性 7d
カルシウム結合蛋白質 **244**b
カルシウム振動 **244**c
カルシウムチャネル **244**d
カルシウム電流 **245**a
カルシウム波 244c
Ca²⁺非依存性 PLA₂ 1311f
カルシウムプール 665b
カルシウムポンプ **245**b
カルシウム-マグネシウム ATP アーゼ 245b
カルジオウイルス属 1140a, 1521₁₆
カルジオリピン **245**c
カルシトニン **245**d
カルシトニン遺伝子関連ペプチド 245d
カルシニューリン **245**e
カルス **245**f
カールス **245**g
カルステネラ科 1616₉
カルス板 249b
カルセオラリア 1652₁
カルセクエストリン **245**h, 337a
カルセケストリン 245h
カールゾン **246**a
カルチノイド **246**b
カルチノイド症候群 246b
カルチャーコレクション 770e
カルディオグラフ 706b
カルディオバクテリア科 1548₄₈
カルディオバクテリア目 1548₄₇
ガルディクチス目 1565₂₇
カルディコプロバクター科 1543₂₅
カルディスフェラ科 1534₆
カルディセリカ科 1540₁₃
カルディセリカ綱 1540₁₁
カルディセリカ目 1540₁₂
カルディセリカ門 1540₁₀
カルディリニア科 1540₃₆
カルディリニア綱 1540₃₄
カルディリニア目 1540₃₅
カルデスモン **246**c
カルデノライド 319a

カルト

ガルトナー管 1201a	ガロアムシ 1599₄	癌 **249**f, 262d
カルトラクチン 738d	ガロアムシ目 1599₄	がん 646e
カルドレオウイルス属 1519₂₉	下肋 1502b	カンアオイ 1645₃₆
カルーナ 1144f	カロース **249**b	幹圧 500f, 640i
カルニチン 246d	カロース栓 236b	眼圧 271c
カルニチンアシルトランスフェラーゼ 246d	カロスチリス亜目 1556₄₄	眼圧調節 **249**g
カルネキシン 246e	カロスフェリア科 1618₂₃	がん遺伝子 **249**g
カルノシナーゼ 246f	カロスフェリア目 1618₂₂	がん遺伝子産物 **251**a
カルノシン 34a, **246**f	ガロタンニン 892c	完羽 111g
カルノシン血症 246f	カロチノイド 249c	冠羽 107h
カルノバクテリア科 1543₆	カロチン 249c	換羽 **251**b
カルパイン **246**g	仮肋骨 1502b	がんウイルス由来抗原 260c
カルバコール **246**h	カロテノイド **249**c, 1202d	肝炎ウイルス **252**a
カルバスタチン 1233a	カロテノイド酸化開裂酵素 735e	乾塩生植物 153d
カルバペネム系抗生物質 1268a	カロテノイド小胞 562e	感温期間 1472i
カルバミジン 342a	カロテン 249c	寒温帯 174b, 269d
カルバミド 1046d	カロトモルファ目 1653₃₀	乾果 **252**c
カルバミノヘモグロビン **247**a	カロネウラ目 1600₂	管牙 1000i
カルバミルコリン 246h	カロリメーター 1058d	がん化 1101h
カルバミン酸キナーゼ **247**b	カワアイサ 1571₁₂	眼窩 1028b
N-カルバモイルアスパラギン酸 1171h	カワイワタケ 1610₄₁	寒害 1484c
カルバモイル基転移 247c	カウウ 1571₃₀	眼外光受容器 255f
カルバモイルリン酸 **247**c	カワオニグモ 1624₂	眼窩下縁最低点 561h
カルバモイルリン酸合成酵素 247c	カワカイメン 1554₄₇	感覚 **252**d, 995h
カルバモイルリン酸合成酵素 I 369a	カワカマス 1566₁₂	感覚器 253a, 646e
カルバモイルリン酸合成酵素 II 1171h	カワカマス目 1566₁₂	感覚記憶 277i
カルバモイルリン酸シンターゼ II 1171h	カワガメ 1568₂₂	感覚器官 **253**a, 1373b
カルビン 243j	カワガラス 1572₄₉	感覚極 1408e
カルビン回路 259d, 360a	カワキタケ 1624₄₇	感覚圏 **253**b
カルビン-ベンソン回路 259d	カワギンチャク 1558₆	感覚孔 134c
カルペディエモナス綱 1630₃₁	カワクモヒトデ 1561₁₄	感覚溝 681b, 981c
カルペディエモナス科 1630₃₂	カワゲラ目 1599₁₁	感覚孔 X 器官 134c
2-カルボキシアラビニトール 1-リン酸 1462d	カワゴケ 1640₄₅	感覚細胞 **253**c
カルボキシイオノフォア 55c	カワゴケ科 1640₄₈	感覚子 **253**d
3-O-α-カルボキシエチル-D-グルコサミン 1372c	カワゴケソウ 393h, 1649₄₈	感覚刺激 569g
	カワゴケソウ科 1649₄₈	感覚始原説 488i
4-カルボキシグルタミン酸 247d	カワゴロモ 1649₄₈	感覚遮断 **253**e
γ-カルボキシグルタミン酸 **247**d	カワザンショウ 1583₄₁	感覚種 1398a
カルボキシジスムターゼ 1462d	カワシロホウキタケ 1623₃₁	感覚終末器 629e
カルボキシソーム 1034b	カワシワタケ 1624₃₄	感覚順応 **253**f
カルボキシペプチダーゼ **247**e	カワシンジュガイ 1582₁₃	感覚上皮 **253**g
カルボキシラーゼ **247**f	カワセミ 1572₂₅	感覚神経 **253**h
カルボキシリアーゼ 874a	カワセミ亜目 1572₂₅	感覚神経細胞 253i
カルボキシル化 874b	カワタケ 1625₁₂	間隔スケジュール 316e
カルボキシル化酵素 247f	カワタケ科 1625₁₁	感覚性言語中枢 420c
カルボキシル末端分析 **248**a	カワダニ 1590₂₇	感覚性根 783c
カルボニルヘモグロビン 74i	カワツルモ 1646₁₂	感覚性失語 593e
カルボニン **248**b	カワツルモ科 1646₁₂	感覚繊毛 819d
カルボヒドラーゼ 655e	カワニナ 1583₃₉	感覚単位 116b, **254**a
カルボミケス科 1616₁	カワノリ 1635₁₂	感覚点 **254**b
カルボリガーゼ **248**c	カワノリ目 1635₁₁	感覚の放散 253b
カルマン症候群 149i	カワハギ 1567₁	間隔板腔 480c
カルミア 1651₂₉	河東直磨 1331d	感覚皮質 254d
カルミン 49f	カワブチゴケ 1641₉	間隔法 330a
カルムウイルス属 1523₅	カワヘビ 1569₄	感覚膜孔 1336d
カルモジュリン **248**d	カワムラジンガサタケ 1625₅₆	感覚毛 **254**c, 407a
カルモジュリンキナーゼ **248**e	川村多実二 **249**e	感覚野 **254**d
カルモジュリン結合蛋白質 248d	カワモズク 1632₃₆	感覚融合 1352a
カルラウイルス属 1521₄₉	カワモズク目 1632₃₆	管殻類 1321f
カルレティキュリン **248**f	カワヤツメ 1563₃₁	癌家系 G 947e
カルンクラ 216a	かわら重ね状 1193j	肝芽腫 254f
ガレアスピス綱 1564₆	カワラケツメイ 1648₄₉	眼窩上孔 391d
加齢 118b	カワラゴケ 1613₁₃	眼窩上隆起 **254**e
過冷却 **248**g	カワラゴケ科 1613₁₃	ガンガゼ 1561₄₂
過冷却点 979i	瓦状 232h	ガンガゼ目 1561₄₂
カレイ目 1566₆₀	カワラナデシコ 1650₄₆	眼下腺 274b
カレエダタケ 1623₄₄	カワラバト 1572₁	眼窩翅 668c
カレエダタケ科 1623₄₄	カワリウデムシ 1592₉	眼窩側頭部 698c
花暦 1188d	カワリギンチャク 1557₄₂	眼窩蝶形骨 668c, 698c
花暦学 1188e	カワリギンチャク亜目 1557₄₁	眼窩翼 668c
カレキグサ 1633₂₇	カワリミズカビ 1603₁₉	カンガルー亜目 1574₂₇
ガレノス **248**h	カワリムカシエビ 1596₃₆	カンガルーネズミ 541f
カレル **249**a	カワリメクラヘビ 1569₁	肝管 1417b
	稈 985d	感桿 1193l
	環 209b	肝癌 **254**f

カンシ 1703

感桿型個眼 1393h	管型類 1562₃₉	ガンジスカワイルカ 1576₆
感桿構造 1393h	間隙血管系 399d	鉗子生検 1075b
肝幹細胞 515c	岩隙植物 258f	カンジダ 270c
感桿分体 1193l, 1393h, 1488c	間隙帯 223c	カンジダ症 692b
がん関連抗原 260c	間隙動物群 258g	間質 576f, 593d, 646e
換気 254g	間欠強化 316e	乾湿運動 262b
間期 254h	間歇滅菌法 956g	間質型コラーゲン 491e
管器 255d	還元 1106f	岩質荒原 262c
喚起因子 255c	眼瞼 258h	間質細胞 261c, 520f, 635f, 737b
間期核 255a	還元型 NADP 1033a	間質細胞刺激ホルモン 160f, 1504f
間基鰭軟骨 882d	還元型ニコチンアミドアデニンジヌクレオ	間質組織 262a
換気機能 470a	チドリン酸(NADPH)オキシダーゼ複	管歯目 1574₃₈
含気骨 255b	合体 458h	患者アウトカム 1475c
喚起作用 255c	還元型ユビキノン 555i	幹種 883d, 1285i
カンキツソローシスウイルス 1520₃₆	眼瞼結膜 407f	癌腫 262d
完気門 301f	還元酵素 1487c	間充ゲル 262e
鉗脚 1220d	還元主義 259d	間充織 274h, 576f
感丘 255d	がん原性物質 1102b	間充織形成段 160c
眼丘 111b	還元体 1106f	間充織上皮転換 664a
眼球 1373h	還元的アセチル CoA 経路 891b	間充織性細胞 188b
眼球運動 255e	還元的カルボン酸回路 259b	間充織細胞胚 262f
眼球外光受容器 255f	還元的クエン酸回路 259b	管周象牙質 1069b
眼球血管膜 1373b	還元的脱ハロゲン酵素 874i	間充組織 274h
眼球結膜 407f	還元的 TCA 回路 259b	肝十二指腸靱帯 667d
眼球神経膜 1373h	還元的分裂 259c	感受期 742f, 1166b, 1472i
眼球心臓反射 707f	還元的ペントースリン酸回路 259d	干渉 262g, 320d
眼球繊維膜 1373h, 1494f	還元能 548b	環礁 550b, 932g
カンキュウチュウ 1578₆	還元分裂 423b	感情 262h
眼球電図 255g	還ヘマチン 1276h	環状一本鎖 DNA 800d, 1179b
環 256a	還元論 259a	環状 AMP 510b
環境アセスメント 256b	喚語 593c	環状 AMP 依存性蛋白質リン酸化酵素 125a
環境因子 257d	汗口 1160g	環状 AMP シグナル 510b
環境影響評価 256b	冠溝 1099d	環状 AMP 受容蛋白質 262j
環境エンリッチメント 256c	管孔 260c	緩衝液 262k
環境学習 256d	管溝 1110h	緩衝価 263e
環境攪乱 346d	鉗合 260b	管状花 986b
環境基準 721f	眼溝 1393h	環状管 353h
環境休眠 313e	乾荒原 541e	環状筋 263a
環境教育 256d	がん抗原 260c	緩衝系 263b
環境教育推進法 256d	環孔材 260d	緩衝係数 263e
環境経済学 256e	感光層 1193l	干渉顕微鏡 263c
環境形成作用 545g, 762a, 1120b, 1411f	感光点 270g	管状個員 1110h
環境傾度分析 256f	肝硬変 254f	干渉効果 263d
環境作用 545g	肝硬変症 465c	管状個虫 1110h
環境収容力 257a, 408g	管口目 1579₂₈	管状骨 921d
環境条件づけ 774c	感荒葉 1026h	桿状細胞 269c
完胸上目 1595₄₃	ガンコウラン 1651₂₉	緩衝作用 263e
環境性決定 257b	岩骨 698c	環状 GMP 510c
環境世界 1415f	カンコノキ 1649₄₂	環状 GMP 依存性蛋白質リン酸化酵素 564f
環境抵抗 776a	感作 261a	環状順列 263f
環境的制御 747c	間鰓 145e	感情障害 299f
環境毒性学 764b	間在細胞 261c	冠状静脈 264g
環境の変動性 626g	桿細胞 269c	管状小毛 1290c
環境のゆらぎ 513c	肝細胞 159i, 261b	干渉色 854d
環境分散 1166h	間細胞 261c	観賞植物 151f
環境変異 257c	幹細胞 261d	環状水管 263g, 353h
環境変動による確率性 793g	管細胞 616f	干渉性欠損粒子 263h
環境保全型農業 1406j	がん細胞 261e	管状腺 642c, 870h
環境ホルモン 1023g	幹細胞移植 481c	環状腺 263i, 802d
環境要因 257d	肝細胞癌 261f	眼上腺 274h
環境倫理 257e	肝細胞索 268k	環状染色体 264a
がん拒絶抗原 260c	肝細胞成長因子 518c	管状組織 1041d
桿菌 257f	肝細胞増殖因子 261g, 515c	桿晶体 656f
眼筋 1373h	幹細胞ニッチ 261d, 855c, 1116f	桿状体 269c, 1300g
ガングリオシド 257g	管鰓類 1563₂₇	環状胎盤 168b
ガングリオシド蓄積症 258a	カンザシゴカイ 747b	管状中心柱 264b
幹群 1158b	カンザシタケ科 1626₃₈	感情調整剤 450f
顔型 258b	感差反応 1245a	環状 DNA 231h, 264c, 264c
肝憩室 274g	換歯 1069b	環状デブシペプチド 963d
完系 258c, 883d	監視 1398h	環状電子伝達 651d
完系統群 381e	環指 1417g	冠状動脈 271a
環形動物 258d, 1278g	眼脂 1335e	環状軟骨 459k, 461b
環形動物型循環系 258e	ガンシクロビル 465a	環状ヌクレオチド 1050d
環形動物門 1584₃₁	鉗子咬合 439e	
顔型分類 258b	顔示録 258b	

カンシ

環状ヌクレオチドホスホジエステラーゼ 510b
環状剝皮 264d
環状ペプチド 1274e, 1466h
桿状胞 264e
肝静脈 274g, 264f
冠静脈 264c
眼状紋 1377g
肝小葉 261b, 268k
管状要素 264h
感触糸 63c
感触手 670b
感触鬣 63c
感触体 1158b
間腎 264i
緩進化 1330i
眼神経 507j
幹神経節 434a
完新世 264j, 705c
完新世海進 667g
間腎腺 264i
間腎組織 264i
眼振盪 709b
ガンス 265a
換水 265b
環水管 353h
換水機能 470a
冠水サバンナ 541g
肝脾臓 265c
含水量 1004h
カンスゲ 1647₂₉
貫生 265d
間性 265e
乾性壊疽 132g
幹生花 314a, 485h, 1057b
完成化の原理 950f
乾生形態 265f
乾生系列 265h, 799c
乾性降下物 551c
乾生サバンナ 541g
乾性酸 1460b
乾生植物 265f
岩生植物 265g
乾生遷移 265h
乾生遷移系列 265h, 799c
乾生動物 265i
肝性ポルフィリン症 1328d
乾性油 1460b, 1460c
貫生葉 1426f
乾性林 747a
環世界 1415f
岩石系列 265h
岩石植物 265g
岩石遷移系列 265h
関節 266a, 855h
環節 63c, 855h
関節亜綱 1560₉
間接鋳型説 686h
関節運動 266a
関節炎 1230a
関節窩 266b
関節陥 266b
間接環境傾度分析 256f
環節器 856g
関節丘 266b
間接凝集反応 317k, 788b
関節腔 266a
間接効果 266c, 583c
間接互恵性 266d
関節骨 911e, 1020k
間接骨伝導 483c
関節鰓 266e
間接視 614e
関節肢 266f
間接相互作用 772a

間接的 mRNA 複雑度 411c
間接的化学的突然変異 195f
間接的相互作用 266c
間接的相利共生 266c
関節頭 266b
環節動物 856f
関節軟骨 266a
関節嚢 266a
間接発生 928d, 1286j
間接光回復 267a
間接飛翔筋 1428g
間接法 146a
関節包 266a
関節リウマチ 267b
感染 267c
眼閃 267d
顔膜 274b
完全アジュバント 1230a
完全一様分布 1252a
完全花 267e
完全確認 207f
完全加水分解 895d
感染型 290d
完全環帯 269e
感染管理 268c
完全寄生 792e
完全強縮 318c
感染経路 267f
完全鰓 145e
完全再生 1146c
完全循環湖 1383i
感染症 267g
肝線条 121g
感染症新法 268a
感染症動態 267h
感染症法 268a
感染症予防法 268a
巻旋植物 1336a
完全植物性栄養 268e
完全浸透度 711b
完全スミス分解 742b
感染性核酸 268b
感染制御 268c
感染性 cDNA 268b
完全世代 1193f
感染対策 268c
カンセンチュウ 1587₃₅
感染中心 268d
カンセンチュウ目 1587₃₄
完全動物性栄養 268e
感染特異的の蛋白質 1129b
完全な競争者 321a
感染の多重度 268f
完全培地 268g
完全伴性遺伝 1122g
完全ヒト抗体 300g
肝前部 815g
完全変態 503d
完全変態亜綱 1600₄₁
完全変態類 268i, 503d
完全麻痺 1344e
完全雄性 268j
完全優性 1410e
完全養殖 721e
感染幼虫 1143i
管巣 747b
甘草 544a
肝臓 268k, 915j
肝臓癌 254f
乾草原 87b
間挿細胞 261c
乾燥死 558c
乾燥耐性 269a
カンゾウタケ 1626₁
カンゾウタケ科 1626₁

乾燥標本 1169e
管束 59f
管足 269b
杆体 269c
桿体 269c, 1503d
冠体 1331e
寒帯 269d
管体 121j
環帯 269e
間代 373f
環帯綱 1585₂₄
癌胎児抗原 260c, 646e
桿体視細胞 269c
癌胎児性抗原 297b, 647f
癌胎児性蛋白質 1187d
桿体小球 574g
間対称面 1298f
寒帯植物 327f
完全一様分布 273b
桿体層 1373b
桿体網膜 269c
寒帯林 269d
環帯類 270a
カンタキサンチン 249e
カンタリジン 1293c
カンタン 1599₂₅
肝胆汁 886d
寒地型牧草 1304g
寒地荒原 270b
寒地植物 270c
環椎 784d
貫通刺胞 608a
カンジダ 270d
カンジダ症 270d, 465g
カンテツ 1578₆
カンデル 270e
寒天 262c, 270f, 353h
眼点 184b, 270g
カンテンナマコ 1562₃₀
カンテンナマコ目 1562₃₀
カンテンハボウキ 1585₁₅
寒天平板拡散法 436j
寒天平板稀釈法 436j
冠動脈 271a
眼動脈 668c
がん特異移植抗原 260c
がん特異抗原 260c
感度分析 271b, 626g
眼内圧 271c, 1472a
眼内閃光 267d
カンナ科 1647₁₆
陥入 271d, 433c, 952g
陥入吻 271e, 750c, 1241a
観念形態学 271f
間脳 217j, 271g
感応 862b
官能基 271h
間脳腔 695f
感応痛 1020h
間脳動物 682c
眼杯、眼盃 271h
眼杯上衣細胞 1364h
眼杯裂 1363f
カンバタケ 1624₁₅
間伐 272a
間板 152e
眼斑 1373b, 1393h
ガンビ 1650₂₄
完備花 267e
環ヒトデ類 272b
カンピロバクター 272c, 1548₁₅
カンピロバクター科 1548₁₅
カンピロバクター目 1548₁₄
冠部 111e
幹部 1158b

キ

環部　1099d
カンファー　662e
間輻部　327g
カンプトストローマ目　1561₂₇
カンプトテシン　272d, 942d
カンブリア紀　272e
カンブリア紀の爆発　222f
ガンフリント植物群　273a
カンフル　662e
眼柄　273b
眼柄ホルモン　273c, 519c
眼胞　273d, 1393h
眼房水　442k, 1395c
灌木　955e
間歩帯　327g
カンプカデア型幼虫　1282h
緩歩動物　273e
緩歩動物門　1588₅
緩歩類　273e
γ運動ニューロン　116c
γ遠心性繊維　273f
ガンマエントモポックスウイルス属　1517₁₃
がんマーカー　367h, 647f
γ-カゼイン　989c
γ-カロテン　249c
γ-グロブリン製剤　643c
γ固縮　682c
ガンマコロナウイルス属　1520₅₇
γ-セクレターゼ　1067f
γ繊維　725e
γ2シントロフィン　711e
γδT細胞　951b, 951c
ガンマトルクウイルス属　1517₂₉
γ-トロンビン　1017e
γ波　1065f
ガンマバキュロウイルス属　1515₂₇
ガンマパピローマウイルス属　1516₁₃
ガンマフィールド　1005f
ガンマフレキシウイルス科　1521₅₅
ガンマプロテオバクテリア綱　1548₂₃
ガンマ分類学　42h
ガンマヘルペスウイルス亜科　1515₁
ガンマリポスリクスウイルス属　1515₆₀
ガンマレトロウイルス属　1518₄₈
γ1シントロフィン　711e
緩慢発生　273g
甘味　1354b
鹹味　1354b
乾眠　363f
幹無性虫　566g
カンムリアマツバメ　1572₁₈
カンムリオタテドリ　1572₄₄
カンムリキンメダイ目　1566₃₅
カンムリゴカイ　1585₁₀
カンムリバト　1572₁
カンメラー　273h
がん免疫　274a
顔面神経　507j
顔面腺　274b
顔面重複奇形　925i
顔面頭蓋　192h, 1020k
冠毛　107h, 274d
換毛　274e
肝盲嚢　1076c
環紋　73b, 209h, 1248f
環紋仮道管　232b
環紋道管　274f
肝門脈系　274g
眼優位性　492a
眼優位性コラム　72c
含油樹脂　633c
間葉　274h, 467m
癌様腫　246b
間葉上皮転換　664a

観葉植物　151f
がん抑制遺伝子　274i
乾酪壊死　128b
含ラクトンペプチド　1274e
環らせん終末　275a
カンラン　1650₆
カンラン科　1650₆
灌流　276a
含硫アミノ酸　55a
含硫α-アミノ酸　582b, 582e, 1378e
灌流液　276a
完了行為　940a
完了行動　1430h
眼輪筋　258h
冠輪動物　1201c, 1577₈
寒冷血管拡張反応　276b
寒冷血管反応　276b
眼裂　271h
関連性　192b
甘露　35b, 238b
緩和時間　310c
緩和措置　762g

キ

キアゲハ　1601₄₂
キアズマ　277a
キアズマ型説　277b
キアズマ頻度　277c
キアトフィルム亜目　1556₅₄
キアミアシイグチ　1627₆
倚位　835a
キイスナナナフシ　1596₄₈
キイチゴ　1648₆₀
キイチゴ状果　621h, 781g
偽遺伝子, 擬遺伝子　277d
キイトリカ目　1658₁₈
キイロアメリカムシクイ　1572₅₀
キイロイグチ　1627₅
キイロイボウミウシ　1584₁₆
キイロキナ　295b
キイロコメバタケ　1624₃₉
キイロショウジョウバエコピアウイルス　1518₄₀
キイロショウジョウバエジプシーウイルス　1518₃₅
キイロスミイボゴケ　1613₃₂
キイロダンアミタケ　1624₄₀
キウイ　1571₁
キウイフルーツ　1651₂₄
キウイ目　1571₄₄
キウメノキゴケ　1612₄₄
キウロコタケ　1625₁₉
キウロコタケ科　1625₁₇
偽H域　119f
消え行き　277e
ギエルモン　277f
偽円錐狽　277g, 1193l
偽黄体　160e
既往反応　1034f, 1385d
偽横分裂, 擬横分裂　277h
記憶　277i
記憶応答　1385e
記憶細胞　1140e, 1383j, 1384a
記憶障害　278a
記憶喪失性貝毒　184e
記憶増強　278a
記憶方程式　177d
キオノスファエラ科　1621₇
奇泳目　1596₂₇
帰化　191a
機化　286b
飢餓　278c

偽花　278d
偽果　278e
機械化学連関　1375f
キカイガラタケ　1623₅₆
キカイガラタケ科　1623₅₆
キカイガラタケ目　1623₅₅
機械効果器　431h
機械刺激受容　278f
期外収縮　278g
期外収縮後機能亢進　278g
飢餓萎縮　278c
機械受容器　279a
機械組織　279b
機械的隔離　211a
機械的受容　278f
機械的発達　488i
機械伝染　103a
機会分布　1252a, 1252d
機械論　279c
幾何学的錯視　538f
疑核　507j
偽隔膜　208g
帰化種　191a
偽仮根皮　216a
飢餓状態　279d
飢餓衝動　343i
帰化植物　191a
ギガスポラ科　1605₁₀
ギガスポラ目　1605₈
偽化石　222c
偽花説　278d, 279e
キカデオイデア綱　1644₂₇
キカデオイデア目　1644₂₈
帰化動物　191a
偽花被　279f
気管　279g
器官　280a
偽眼　681b
基眼亜目　1584₂₀
気管鰓　280b
器官外凍結　280c
器官覚　280e
器官学　280d
気管芽細胞　281b
気管型鳴管　1374e
器官感覚　280e, 1020h
気管-気管支型鳴管　1374e
器官筋　280f
気管系　280g
器官系　280a
器官形成　280h
器官原基　417a
器官固有部　815a
器官再生　288i
気管支　281a
気管支型鳴管　1374e
気管支樹　281a
気管支梢　507h
期間自然増加率　827a
気管支喘息　20e
気管支軟骨　281a
気管終端細胞　279g
気管小枝　281b, 507h
器官脱着　281c
器官特異性　840g, 1168h
ギガントピテクス　281d
ギガントピテクス説　329d
ギガントリンクス目　1578₄₇
気管内膜　279g
機関内倫理委員会　281e
気管軟骨　279g
気管嚢　296d
器官の場　1071a
気管肺　682d
器官培養　281f

1706　キカン

器官発生　280h
気管分岐部　281a
気管膜　489f
利き腕　1286i
偽気管　1093b
擬寄生者　1307e
危機的絶滅寸前種　794a
基鰭軟骨　882d
基脚　622c
鰭脚　**281**g
危急種　794a
キキョウ　1652₂₉
桔梗　544a
キキョウ科　1652₂₈
奇驚網　301b
キキョウラン　1646₅₃
気菌糸　292g
偽菌糸　281h
偽菌門　1653₃₂
偽菌類　341a
キク　1652₃₃
菊石類　51g
キクイタダキ　1572₆₀
キクイタボヤ　1563₃₁
キクイムシ　1596₅₁
キクイモドキ　1597₁₄
偽空胞　221d
キク科　1652₃₂
菊果　822b
キクガシラコウモリ　1575₁₆
キクザメ　1565₃
キクザメ目　1565₃
キクザルガイ　1582₁₉
キクシノブ　1643₆₂
キクスズメ　1583₄₃
キクセラ亜門　1604₃₄
キクセラ科　1604₅₀
キクセラ目　1604₄₉
キクノハナケイソウ　1654₃₆
キクノハナケイソウ目　1654₃₆
キクバゴケ　1612₅₃
キクバナイグチ　1627₂
キクメイシ　1557₅₄
キク目　1652₂₇
キクモバホラゴケ　1642₄₅
キクラゲ　1623₃₃
キクラゲ科　1623₃₃
キクラゲ目　1623₂₉
キクレステリア亜目　1594₃₇
キクロプス　489c
キクロプス型幼虫　1282h
キクロプス目　1595₁₀
基群集　**282**a
基群叢　282a
偽群体　382e
奇形，奇型　**282**b
奇形学　**282**c
奇形癌幹細胞　1083b
奇形癌腫　282d, 301a
奇形形成　282b
鰭形肢　180g
奇形腫　**282**d
奇形腫細胞　1083b
奇形生成　282b
偽系統　835f
偽結社　1115j
キケマン　1647₄₇
偽堅果　415i
偽原形質分離　418h
偽減数　1550j
起原の中心　**282**e
気孔　282f, 1331a
記号　567i, 1112f
気候区　**283**a
気候区分　283a

キゴウゴケ　1606₅₄
気孔コンダクタンス　283b
偽高山帯　715a
気候順化　650d
気孔蒸散　658c
気孔装置　282f
気候帯　283c, 747a
記号体系　419d, 420c
気孔抵抗　283b
気候的　256a
気候的極相　**283**d
気候的系列　283d
気候的制限解除　861d
気候的遷移系列　283d
気候に対する反応　1120b
気孔の開閉　**283**e
偽交尾　996d
擬口柄　353h
記号放逐法　1167b
気孔母細胞　282f
気候要因　**283**f
偽穀類　472i
キゴケ　1613₂
キゴケ科　1613₂
偽コノイド　924f
キコハリタケ　1624₂₇
キコブタケ　1624₃
偽コリンエステラーゼ　493a
気根　**283**g
気根着生　909a
記載　**284**a
偽鯉　284b
記載生物学　**284**c
偽細毛体　**284**d
記載論文　284a
キサカズキタケ　1626₆
擬索類　1120a
擬鎖骨　589d
キササゲ　1652₂₁
刻み　329c
蟻酸　**284**e
キサンゴ　1557₅₄
蟻酸脱水素酵素　**284**f
キサンチル酸　**284**g
キサンチン　**284**h
キサンチン-グアニン-ホスホリボシルトランスフェラーゼ　127h
キサンチン酸化酵素　41c, **284**i
キサンチン蓄積　903i
キサンチン尿症　284i
キサンツレン酸　**284**j
蟻酸デヒドロゲナーゼ　284f
キサントキシン　23j, **284**k
キサントシン　284g
キサントシン-リン酸　284g
キサントバクター科　1545₅₁
キサントプシン　605g
キサントプロテイン反応　931d
キサントフィル　**284**l
キサントフィルサイクル　**285**a
キサントマチン　170d, 1156f
キサントモナス科　1550₄
キサントモナス目　1550₁
キジ　1571₇
擬死　**285**b
キジカクシ　1646₅₈
キジカクシ科　1646₅₈
キジカクシ目　1646₃₈
キジカモ上目　1571₃
儀式　285c
儀式化　**285**c
ギシギシ　1650₄₂
儀式的闘争　**285**d
起始丘　1038d

擬軸柱　292h
擬似交接　**285**e
擬似産卵　**285**f
偽糸状体　579f
気室　**285**g, 535h
気質　695b
基質　**286**a
器質化　**286**b
気室孔　**286**c
基質サイクル　343h
基質細胞　737b
基質性子座　574e
基質阻害　455a
基質特異性　455d
基質飽和曲線　1351f
基質レベルのリン酸化　**286**d
起始点　479i
キシノウエトタテグモ　1592₁₆
偽子嚢殻　**286**e
キジオ　1633₂₆
キジノオシダ　1643₁₅
キジノオシダ科　1643₁₅
キジバト　1572₅
キジムシロ　1648₅₉
キジメジ　1626₅₂
キシメジ科　1626₄₄
キジ目　1571₄
稀釈検定法　436j
稀釈法　**286**f
寄主　**286**g, 632b
擬種　**286**h
擬似有性生活環　286i
擬似有性の生活環　13f, **286**i
偽重層上皮　663b
偽柔組織　**286**j, 336k
偽雌雄同体現象，擬雌雄同体現象　**286**k
擬充尾虫　**286**l
輝獣目　1576₂₄
気腫気窩　255b
寄主-寄生者相互作用　**287**a
寄宿舎効果　1189c
寄主植物　286g
偽受精　**287**b
偽受精生殖　**287**c
技術的モデル　1398c
寄主転換　289b
寄主品種　1178a
基準株　**287**d
基準系列　863g
基準種　863h
基準属　896g
基準培養菌株　**287**d
基準標本　863h
基準標本産地　863f
基準法　863i
鰭条　**287**e
擬傷　**287**f
キショウゲンジ　1625₅₅
希少疾病用医薬品　435c
稀少種　**287**g
偽常染色体部位　1506g
奇静脈　**287**h
偽助細胞　679d
キシラナーゼ　**288**a
キシラン　**288**b
キシルロース　**288**c
キシルロース-5-リン酸　1288b［図］
キシログルカン　**288**d
キシロース　**288**e
キシロース異性化酵素　**288**f
キシワタケ　1627₂₈
偽心材　703a
擬人主義　**288**g
キス　1566₅₇
キース　**288**h

ギス 1565₅₃	基層板 371h	拮抗的阻害 320f
汽水菌 722a	記相文 1127c	拮抗薬 48h
汽水動物 722d	帰巣本能 178h	喫食 371g
汽水プランクトン 1220e	基礎 NST 1161c	吉草酸 293c
奇数羽状 1200h	偽足 224f	キッタリア科 1614₃₄
傷屈性 288j	偽側糸 291g	キッタリア目 1614₃₃
キスゲ 1646₅₄	規則分布 1252d	キツツキ亜目 1572₃₆
傷上皮 288i	基礎生産 72c	キツツキ目 1572₃₂
キスチケルコイド 297f	基礎体温 291h	Kidd 式 396a
キストステレウム科 1624₁₀	基礎代謝 291i	キツネザル下目 1575₂₅
キストディウム科 1643₂₄	基礎代謝率 230a, 291i	キツネタケ 1626₃
キストフィロバシジウム科 1622₅₇	基礎部 198e	キツネダニ 1590₁₄
キストフィロバシジウム目 1622₅₅	キゾメウロコタケ 1624₁	キツネノ 1634₄₀
キーストーン種 914a	キゾメタケ 1624₅₁	キツネノカラカサ 1625₄₄
キーストーン捕食者 914b	基礎らせん 1436b	キツネノマゴ 1652₁₉
傷物質 288l	北アフリカーインド植物区系区 675a[表]	キツネノマゴ科 1652₁₉
キース-フラックの結節 570e	北アメリカ大西洋岸植物区系区 675a[表]	キツネノヤリタケ 1615₈
キスペプチン 288k	北アメリカ太平洋岸植物区系区 675a[表]	キツネノロウソク 1627₅₃
傷ホルモン 289a	期待 1112f	キテア 220d
寄生 289b	擬態 291j	基底外側核 1287f
寄生去勢 289c	偽体腔 292a	基底顆粒細胞 293d
気生菌糸 292g	擬体腔 292a, 425d	基底菌糸 335d
基生菌糸 335d	擬体腔動物 292b	基底梗子 1381b
偽性グロブリン 374c	擬体腔植物 292b	基底細胞 1286b
寄生根 289d	期待効用理論 292c	基底細胞母斑症候群 225a
寄生植物 289e	偽体腔類 847m	基底小体 293e
寄生性昆虫 1307e	擬態者 291j	基底状態 310f, 385c
寄生蠕虫類 803e	期待寿命 778b	基底層 294a, 565h, 1168i, 1406k
寄生体 925i	擬体節 345c	基底側コンパートメント 398b
寄生虫 290a	擬体節制 855h	基底体 293e
寄生虫学 290b	偽胎盤 861e	基底軟骨 882d
寄生虫除去動物 290c	偽対立遺伝子 292d	基底乳頭 198e, 1019l
寄生動物 290d	キタウスコケムシ 1579₃₅	基底膜 294b
寄生発光 775d	キタカミクラゲ 1555₃₅	奇蹄目 1576₂₇
寄生雄 290e	キタカワゲラ亜目 1599₁₃	基電圧 294c
寄生連鎖 446a, 679a	キタギボシムシ 1562₅₄	基点受精 924e
擬石 222c	キタケバナウォンバット 1574₂₁	起電性イオンポンプ 57c
基節 290f, 538e, 953e	北里柴三郎 292e	基底流 294c, 937a
季節移動 291a	キタサンショウオ 1567₄₃	亀頭 92j, 188d
季節型 291b	キタダケソウ 1647₅₇	気道 294d
基節腔 1200a	キダチアロエ 1646₅₃	起動 143c
偽接合胞子 790k	キダチゴケ科 1640₃₁	起動電位 294e, 1136a
基節骨 1417g	キダチゴケ目 1640₂₇	起動フェロモン 1189c, 1212e
基節腺 352e, 625c	キタナキウサギ 1576₃₁	キトゥラ 220d
季節遷移 291f	キタネコブセンチュウ 1587₃₁	ギトゲニン 543i
季節相 291f	北マキネシア 1336b	キトサミン 365c
基節側板 838i	キタユムシ 1586₂	キトサン 292j
季節的隔離 211a	キタユムシ目 1586₂	企図振戦 705f, 1183c
季節的単為生殖 880n	偽単為結果 880k	稀突起膠細胞 695h
季節的トーパー 56d	偽単眼 681b	稀突起神経膠 721j
季節二形性 1031d	偽単極神経細胞 696b	稀突起神経膠細胞 721g
基節嚢 593l	キチジョウソウ 1646₆₂	キトリオミケス科 1602₂₂
季節風林 1401f	キチナーゼ 292f	キナクリン 289e, 306e, 1506c
季節変異 291b	キチノファーガ科 1540₃	キナクリンマスタード 1506c
偽絶滅 291c	キチノボクバタケ 1624₂₉	キナ酸 294f
季節躍層 718f, 759h	キチャワンタケ 1615₅₆	キナーゼ 294g
キセナカントゥス目 1564₃₆	キチャワンタケ科 1615₅₆	キナルジン酸 295f
キセニア 291d	気中菌糸 292g	偽軟骨 1028c
キセルガヤ 1555₄₅	偽柱軸 292h	擬軟体動物 294h
キセルゴケ 1639₈	気中微生物 292i	ギナンドロモルフ 629k
キセルゴケ亜綱 1639₆	気中葉 62f	ギニアグラス 1304g
キセルゴケ科 1639₈	岐腸 268k	キニガイグチ 1627₇
キセルゴケ目 1639₇	キチン 292j	キニジン様作用 463f
キセルモドキ 1584₂₇	キチン角膜 882b, 1193l	キニナーゼ 294i
キセワタ 1583₅₉	キチン質 298c	キニナーゼⅠ 294i
帰先遺伝 812h	キチン質円錐体 194c	キニナーゼⅡ 294i
偽仮節 812e	拮抗因 293b	キニーネ 295b, 1345f
偽繊毛 291e	拮抗筋と共力筋 293c	キニノゲニン 242i
基礎医学 58d	拮抗現象 293b	キニノゲン 295b
季相 291f	キッコウグサ 1634₄₀	気乳 905h
記相 1127c	拮抗作用 293b	奇乳 295a
基層 588f	キッコウゴケ 1614₁₃	偽乳頭 1043c
偽爪 936i	拮抗神経支配 832a	キニン 295b
帰巣性 178h		キニン-カリクレイン系 242i
偽相同 1321a		偽妊娠 295c

1708　キニン

和文

偽妊娠黄体　295c
キニン分解酵素　294i
キヌアミカイメン　1555₆
絹糸　1185c
キヌイトグサ　1633₄₇
キヌイトゴケ科　1641₂₂
キヌガサモツル　1561₉
キヌカラカサタケ　1625₄₅
キヌシッポゴケ科　1639₃₃
砧骨　911e
砧槌関節　911e
砧部　97c
キヌタレガイ　1581₅₀
キヌタレガイ目　1581₅₀
キヌツブカワタケ　1625₁₂
キヌハダウミウシ　1584₁₄
キヌハダクモヒトデ　1561₁₄
キヌハダクモヒトデ亜目　1561₁₃
キヌバネドリ　1572₂₂
キヌバネドリ目　1572₂₂
キヌポケットマウス　1576₄₁
キヌマトイガイ　1582₂₃
キヌレニナーゼ　295d
キヌレニン　295e
キヌレン酸　295f
キネオコックス科　1537₄
キネオコックス目　1537₃
キネシクス　1068i
キネシス　295g
キネシン　296a
キネシンスーパーファミリー　296a
キネチン　185c
キネトゲネシス　488i
キネトコア　980c
キネトシスト　1300g
キネトソーム　293e
キネトプラステア綱　1631₃₁
キネトプラスト　296b
キネトプラスト綱　1631₃₁
キネトプラストDNA　296b
偽年輪　296c
気嚢　927e, 296d
機能　296c
機能円柱　492a, 861a
技能学習　115b
機能型　745f
機能環　1024d
機能期　297g
偽脳奇形，擬脳奇形　296f
機能局在　296g
機能形態学　297a
機能性腫瘍　297b
機能性消費　291i
機能性肥大　1149b
機能性ヘテロクロマチン　1270a
機能層　565h
機能的エクジソン受容体　126d
機能的MRI　144a
機能的サプレッサー　543d
機能的残気量　1090b
機能的刺激　122c
機能的雌雄同体現象　297c
機能的相関　694e
機能的反応（捕食者の）　297d
機能転換　297e
機能発生　297g
機能発生　297g
擬嚢尾虫　297f
機能分化　297g
キノウロダニ下目　1589₅₀
キノグナトゥス下目　1573₃₀
きのこ　577c, 885a
キノコカイメン　1555₁₂
きのこ体　297h
キノドン亜目　1573₂₉

キノドン類　422d
キノプロテイン　297i
キノポリツノゴケ亜綱　1641₃₇
キノポリツノゴケ科　1641₄₁
キノポリツノゴケ目　1641₃₉
キノポリトカゲ　1568₄₂
キノーム　1234e
キノリンアルカロイド　272d
キノロンカルボン酸系抗菌剤　298a
キノロン系抗菌剤　298a
キノン回路　298b
キノン化合物　297i
キノン硬化　298c
キノン蛋白質　297i
キノンプロファイル法　471e
キノン補酵素　298d
牙　207h, 1069b
キバサナギガイ　1584₂₉
キバシリ　1572₄₈
キハダ　1650₁₂
キバタン　1572t
キバチ　1601₄₆
ギバチ　1566₇
キバナノアマナ　1646₃₅
キバノロ　1576₁₃
キバビル　1585₄₇
木原均　298e
基板　92i, 217h, 694a, 916a
偽反射　567d
キビ　1647₃₉
忌避剤　540e
偽被子器　286e
偽被実性　885a
キヒダタケ　1627₅
基部　679b, 924b
キフォナウテス　298f
キフォナウテス幼生　473c
キフォノーテス　298f
基部再生　299i
ギブサイト　783c
キブシ　1648₃₄
キブシ科　1648₃₄
ギブズエネルギー　619e
ギブズ－ドナン効果　1006i
ギブズ－ドナンの膜平衡　1006j
基部成長　299d
基附節　1203l
ギプソブラカ科　1612₃₀
基部体　293e, 299c
擬縁膜　1095e
ギフチョウ　1601₄₁
キフトネゴケ　1612₅₂
基部乳　905h
キブネゴケ科　1639₄₂
キブリス　299d
気分　780e
偽糞　299e
擬糞　299e
偽分枝　1245e
気分障害　299f
偽柄　299g
偽平均棍　1259a
ギベルラタケ　1617₂₅
ギベレリン　607f
旗弁　920h
偽変形体　85f, 299h
偽鞭毛　291e
気胞　228h
ギボウシ　1646₆₀
ギボウシゴケ　1639₃₁
ギボウシゴケ科　1639₃₁
ギボウシゴケ目　1639₃₀
ギボウシヤスデ　1593₁₈
ギボウシヤスデ科　1593₁₈

偽包膜　1303h
ギボシイソメ　1584₄₄
キボシクイナ　1571₄₆
ギボシゴカイ目　1585₅₄
ギボシムシ綱　1120a, 1562₅₂
ギボシムシ類　1014h
キボリアキンカキン　1615₁₀
基本L鎖　1350c
基本感覚　299i
基本型　299j
基本形態学　299j
基本光化学当量　431g
基本再生産数　299k
基本再生産比　299k
基本集合度指数　1252b
基本数（染色体の）　300a
基本組織系　300b
基本体　371h
基本的社会集団　615c
基本的社会単位　615c
基本的神経回路　271g, 1021e
基本転写因子　38a, 38b
基本ニッチ　763c
基本分裂組織　300c
基本要因分析　1287e
基本粒子　1360b
ギマ　1567₂
鰭膜　1175c
帰無仮説　772c
ギムザ染色法　300d
ギムノアスクス科　1611₁₆
ギムノスファエラ目　1552₁₄
ギムノディニウム目　1662₂₁
キムラグモ　1592₁₁
木村資生　300e
記銘　277i, 1305i
キメラ　300f
キメラHRGP　1157b
キメラ解析　300f, 379c
キメラ抗体　300g
キメラ蛋白質　1407h
キメラマウス　301a
奇網　301b
キモグラフ　115c, 301c
キモゲン　301d
キモシン　301d, 322b
キモトリプシノゲン　301e
キモトリプシン　301e, 655e
キモモマイコドリ　1572₄₃
気門　301f
気門室　279g, 301f
偽薬　1215c
逆位　302a, 320e
逆遺伝学　302b
逆位反復配列　1126j, 1216a
逆位ヘテロ接合体　302a
脚基　302c
脚基突起　1193k
逆吸収　507i
逆交雑　747d
脚鰓　574f
脚細胞　1261d
逆作用　1120b
脚子座　574e
脚鬚　302d
逆数式　302e
逆性洗剤　539a
逆成長　846b, 1106f
逆説睡眠　1491g
逆染色法　303a
逆選択遺伝子　813d
逆蠕動　816c
逆相クロマトグラフィー　303b
逆送シグナル　666a
客体の環境　256a

キュウ 1709

脚端部 302c	求愛給餌 **307**e	吸蟲類 1600₂₀
逆転写 970f	求愛行動 307d	休止能動代謝量 1167g
逆転写酵素 **303**c	吸胃 **307**f	臼歯部 162e
逆転写ポリメラーゼ連鎖反応 41b	キュヴィエ **307**g	吸収 **310**d
逆伝播 971i	キュヴィエ管 636d	吸収型口器 719c
逆分化 1106f	キュヴィエ器官 **307**h	吸収口 1099d
逆平行β構造 1266g	キュヴィエの原則 307g	吸収細胞 265c, 310g
脚胞 1261d	吸引細胞診 1075b	吸収上皮 **310**e
逆方向遺伝学 302b	吸引生検 1075b	吸収スペクトル **310**f
逆方向繰返し配列 1126j, 1364b	吸エルゴン反応 **308**a	吸収線量 1298d
逆方向性伝導 971i	球花 308b	吸収組織 **310**g
逆方向性抑制 1494e	球果 **308**b	吸収毛 310g
逆方向反復配列 831b	嗅窩 **308**c	嗅受容 308f
逆向き移植 299a	休芽 308d, 314a, 473c	嗅受容器 **311**a
逆理の冷感 1369h	嗅角 308i	嗅受容器官 1404b
Cas 蛋白質 361a	嗅覚 308e, 313b, 628a	球状 480i
客観異名 89e	嗅覚器官 **308**f	球状核 662b
逆行型 838h	嗅覚神経 311d	球状群体 382c
逆行クエン酸回路 259b	嗅覚測定器 172f	丘状歯 1069b
逆行性健忘 278a	嗅覚電図 **308**g	球状小体 353e
逆行性シグナル 143e	嗅覚動物 308h	球状成長 1101a
逆行性変性 106i	嗅覚突起 **308**i	球状赤血球症 705a
逆行輸送 666c	嗅覚疲労 308e	球状層 41e
キャッサバ 1649₃₉	嗅覚毛 314d	球状帯 1197c
キャッスル **303**d	球果植物 714i	球状蛋白質 **311**b
キャッチ機構 **303**e	球果植物綱 1644₄₄	球状胚 1207h
キャッチ筋 768f	球果植物目 1644₄₇	嗅上皮 311a, 1109h
キャッチ結合組織 **303**f	球果類 714i	球状連結生活体 382e
キャッチ状態 303e	嗅感覚子 314d	吸触手 **311**c
キャッチ触手 670f	球桿体 823c	旧人 716d, 1319h
CAT アッセイ 1491b	吸管虫亜綱 1659₄₄	急進化 1330i
キャッピング（細胞の） **304**a	求基的 312h	旧深海底帯 688f
キャップ 304f	嗅球 **308**a	旧人型ホモ=サピエンス 1319h
ギャップ **304**b, 305c, 327d, 346f, 954e	救急説 **309**b	求心管 353h
GAP **304**c, 507a	球棘 110e	嗅神経 **311**d
ギャップ遺伝子 1249e	究極要因 **309**d	求心性経路 311e
キャップ形成 304a	吸気予備量 1090b	求心性神経 279a, **311**e
ギャップ結合 **304**d	球菌 **309**e	求心性神経繊維 311e
ギャップ結合細胞間連絡 522i	球茎 **309**f, 1473h	求心性淘汰 988f
キャップ構造（mRNA の） **305**a	球形咽頭 108h	求心性ニューロン 311e
キャップ再生 305c	球形囊 **309**g	求心的 **311**f
ギャップジャンクション 304d	吸血昆虫 1174b	求心の木部 73b
ギャップ修復 **305**b	嗅結節 313b	求心的雄ずい群 311f
キャップ Z 1266b	吸血動物 **309**h	旧人類 223b
ギャップ層 1153e	嗅検器 **309**i	吸水 **311**g
ギャップ相 305c	吸口 1099d	吸水計 **312**a
キャップ蛋白質 7c	嗅孔 721i	吸水困難 265f
ギャップ動態 **305**c	吸溝 660j	吸水毛 310g
ギャップ動態理論 327d	吸光係数 309k	吸水力 **312**b
ギャップ分析 **306**a	吸口虫類 837d	吸水鱗片 310g
キャップ膜 1153e	吸光度 **309**k	偽優性 **312**c
ギャップ面積 183f	旧口動物 310a, 1576₅₇	急性影響 1297e
キャナリゼーション **306**b	吸腔目 1583₃₈	急性炎症 152g
キャノン **306**c	吸根 289d	急性間欠性ポルフィリン症 1328d
GABA 回路 30e	球根 89f	急性冠症候群 692a
GABA 受容体 30f	嗅細胞 311a, 1109h	急性心筋梗塞 692a
キャビテーション **306**d	嗅索 **310**b	急性ミツバチ麻痺ウイルス 1521₇
キャピラリーゲル電気泳動法 306e	休止 313e	旧線条体 860c
キャピラリーゾーン電気泳動法 306e	嗅糸 311d	嗅前神経 624c
キャピラリー電気泳動法 **306**e	給餌 128a	キュウセンダニ 1590₅₀
キャピラリー等電点電気泳動法 306e	休止芽 308d	急増員 812g
キャピロウイルス属 1521₄₇	休止核 255a	急速眼球運動 890g, 1491g
キャプシド 186g, **306**f	休止期 585i	急速低温耐性 **312**d
キャプシド蛋白質 186g	休止期骨芽細胞 480d	急速低温耐性強化 **312**d
キャプソマー 306f	休止細胞 754b	吸息ニューロン 472b
キャプソメア 306f	休止時 310c	急速発生 17e, 273g
キャリアー **306**g, 437g	休止時間 **310**c	吸着（ウイルスの） **312**e
キャリアーガス 219c	休止指数 310c	吸着円盤 955b
キャリアー輸送 **307**a	休止状態 464a	吸着器 313d
ギャリウオスプ 1568₄₉	旧翅節 1598₃₄	吸着器官 479d
キャンディン系抗真菌剤 449d	休止代謝 230a	吸着水 1004a
キャンベルのモデル **307**b	休止代謝量 1167g	吸着説 **312**f
Q-R 関係 **307**c	嗅質 622e	吸着盤 479e
キューイン 1172d	吸湿 1004a	吸虫類 **312**g, 1578₃
求愛 **307**d		求頂的 **312**h

キユウ

旧ツベルクリン　936a
牛痘　988a
牛痘ウイルス　988a
旧頭蓋　698c
吸乳行動　1317e
球尿道腔　1047b
旧熱帯界　1057a
旧熱帯区　**313**a
旧熱帯植物区系界　675a[表]
嗅粘膜　1148a
嗅粘膜電図　308g
球嚢　309g, 1444c
嗅脳　**313**b
嗅嚢　**313**c
9の法則　216c
急発卵　242a
吸盤　**313**d, 660j
キュウバンダニ下目　1590_16
吸盤類　1577_25
旧皮質　488c
宮阜　861e
嗅部　1109h
9+2構造　752e, 1290a, 819d
吸扁目　1577_28
旧北亜区　818h
休眠　**313**e
休眠因子　314c
休眠芽　308d, **314**a
休眠型細胞　121h
休眠シスト　583f
休眠終了後の休止　313e
休眠打破　313e, 507c
休眠発育　313e
休眠胞子　**314**b
休眠胞子嚢　464h
休眠ホルモン　**314**c
休眠卵　135e, 314c
嗅毛　311a, **314**d
嗅野　313b
吸葉　660j
嗅蕾　311a
キュウリ　1649_12
キュウリウオ　1566_10
キュウリウオ目　1566_10
キュウリグサ　1651_52
キュウリモザイクウイルス　315a, 1522_11
丘陵帯　**315**b, 724f, 747a
嗅裂　313b
キュエノ　**315**c
Q 塩基　1172d
Q_{O_2}　**315**d
Q 技法　307c
キューケンタール　**315**e
Q 酵素　1246e
Q_{10}　**315**f
キュースター　**315**g
キューティクル　347a
キューネ　**315**h
キューバソレノドン　1575_10
Q バンド法　809e
Qβ ファージ　36c
キューン　**315**i
距　**315**j
峡　1066b
橋　**315**k
気葉　62f
偽葉　315l
偽葉縁　**315**m
狭塩性　710d
狭温性　175c
強化　**315**n
境界溝　694a, 1083j
境界層　**316**a
境界層抵抗　316a
境界板　522i, 691f

境界膜　294b, 691f
胸郭　**316**b
鋏角　235a, **316**c
橋核　315k
鋏角亜門　1589_9
恐角目　1575_4
鋏角類　**316**d
強化刺激　169c
強化スケジュール　**316**e
強化説(学習の)　**316**f
強化説(生殖の隔離の)　**316**g
協関　822e
胸管　**317**a
共感性反射　981i
共感的誘発　616a
共寄生　**317**b
胸脚　**317**h
橋脚　315k
狂牛病　743a
橋屈曲　1063d
凝血　396c
凝血因子　397a
強結合　1484d
強権　1375b
狂犬病ウイルス　**317**c, 1520_19
胸腔　**317**d
狭口網　1579_23
胸高断面積　**317**e
強光反応　1428a
競合法　146a, 1434g
狭腔胞形　1121e
狭喉類　1579_23
凝固壊死　128b
胸骨　**317**f
胸鰓　266e
狭窄(染色体の)　**317**g
狭酸素性　552g
胸肢　**317**h
共刺激シグナル　1387a
教師付き学習　204d
共時的構造　615c
教示的誘導　**317**i
鋏鬚　302d, 1095f
凝集素　**317**j, 523b
凝集体　1232e
凝集反応　**317**k
凝集力運動　318a
凝集力説　**318**b
恐獣類　1574_44
強縮　**318**c
強縮性痙攣　394b
強縮性刺激　318c
強縮性収縮　318c
鋏状咬合　439e
共焦点レーザー顕微鏡　**318**d
拱歯類　1562_8
共進化　**318**e
強靭結合組織　800f
強心剤　237o
強心作用　319a
暁新世　**318**f, 478c
強心配糖体　**319**a
強心利尿剤　564c
狭心類　982c
恐水病ウイルス　317c
キョウスチロリ　1584_49
共生　**319**b
強制休眠　313e
強制交尾　**319**c
共生者　319b
共生説　778a
共生藻　**319**d
共生発芽　319e, 333i
共生発光　775d, 1104a
狭舌　585g

胸腺　**319**f
胸腺依存域　**320**a
胸腺依存性抗原　437g
胸腺核酸　940d
胸腺細胞　951b, 1476g
共線性　**320**b
胸腺ナース細胞　1025c
胸腺非依存性抗原　437g
胸腺プロテアソーム　319f, 1390b
胸腺ホルモン　**320**c
胸腺リンパ球　951b
競争　**320**d
鏡像　**320**e, 826a
鏡像関係　320e
競争係数　1502g
競争交雑　814a
競争阻害剤　320f
競争的阻害　**320**f
協奏転移モデル　46b
競争排除則　**321**a
兄妹検定　393e
きょうだい殺し　**321**b
狭蛇尾類　1561_5
キョウチクトウ　1651_47
キョウチクトウ科　1651_46
橋虫類　1480d
協調　**321**c
協調進化　871e
強直　318c, 447b
胸椎　784d
共通化学感覚　**321**d
共通祖先　631b
共通配列　502h
狭適応種　605c
共同育仔　615e
共同運動　323c
驚動運動　363a
共同営巣　615e
挟動原体逆位　302a
共同作用の原理　870b
協同性　45f
驚動走性　322a, 363a
協同的　76b
協同の行動　1458a
共同繁殖　**321**e
驚動反応　**322**a
共肉　611c
共肉塊　611c
共肉溝系　1110h
共肉体　611c
共肉部　611c
凝乳酵素　**322**b
凝乳作用　301d
供胚動物　1072c
橋尾　168d
橋被蓋　315k
強皮症　**322**c
狭鼻小目　1575_37
共鼻虫　**322**d
共表形行列　322e
共表形相関係数　**322**e
共皮類　227f
頬尾類　1598_15
胸部　1371e
胸腹腔　708a
胸部腺　**322**f
胸部付属肢　337h
恐怖物質　1189c
胸部鱗弁　668c
莢壁　480c
胸峰　1467f
喬木　465i
喬木限界　466a
喬木層　466b
喬木林　466c

キレコ　1711

莢膜　**322**g, 1450f
胸膜　**322**h
強膜　1373b
胸膜腔　**322**i
莢膜抗原　**322**g
莢膜細胞　**322**g
強膜静脈洞　442k
胸膜体壁葉　**322**h
莢膜多糖　**322**g
胸膜内臓葉　**322**h
共鳴器　1375a
共鳴器説　**322**j
共鳴説　**322**j
共鳴動作　990f
共役　**323**a
共役因子　**323**b
共役運動　**323**c, 890g
共役核分裂　219b, 1034h
共役眼球運動　**323**c, 890g
共有原始形質　**323**d
共有子孫形質　**323**f
共優性　**323**e
共優占種　1411f
共有祖先形質　**323**d
共有派生形質　**323**f
共輸送　849b, 1065e
供与菌　**323**g
共抑制　**323**h
供与者　65e, 841b
恐竜上目　1570_3
恐竜類　**323**i
頰髭類　1090d
共力筋　**293**a
協力の原理　870b
協力の進化　1113i
協力の進化機構　**324**a
行列相関係数　322e
巨猿化石　281d
魚介毒　**324**b
巨核芽球　324c, 401e
巨核球　**324**c, 401e
巨核球コロニー形成細胞　148d
巨核細胞　324c
漁業資源管理　721c
挙筋　479i
蟻浴　**324**d
極核　**324**e
極顆粒　325f, 325g
極管　**324**f
極環　**324**g
棘胸目　1564_{14}
棘魚綱　1565_{15}
棘魚類　**325**a
極区　**325**b
曲頭亜目　1568_{18}
曲形動物　1019h
曲形動物門　1579_{17}
極限開度　183g
極限環境微生物　**325**c
極限形質　**325**d
極限酵素　325c
極限閉軌道　1467a
極限平衡定数　1260d
棘甲　1200a
極荒原　270b, 937d
極興奮の法則　**325**e
棘鮫類　325a
局在型動原体　980c
極細胞　**325**f, 1444e
極細胞質　325d, **325**g
局在マッピング　810e
極座標　325h
極座標モデル　**325**h
極糸　1059i

極小刺激　60a
局所回路説　**326**a
局所回路ニューロン　180e
局所感染　267c
局所強調　1399f
局所収縮　336f
局所生体染色　**326**b
局所の資源競争　**326**c
局所の制約　1107a
局所の配偶競争　**326**d, 770a
局所電流　326a
局所反応　**326**e
局所ホルモン　166a
局所麻酔　1341d
局所麻酔剤　1341e
局所麻酔薬　469f, 972a
棘針　481a
棘針綱　1663_{22}
曲生　1080b
極性　299a, **326**f
極性化活性帯　**327**a
極性興奮の法則　325e
極性細胞　1010c
極盛相　327d
極性転換　327c
極性突然変異　**327**b
極性反転　**327**c
極節　64g
極相　**327**d
極相植生　327d
極相森林　593g
極相パターン説　**327**e
極体　1444e
極帯　269d
局地気候　283f
極地荒原　270b
極地高山植物　445b
極地植物　**327**f
キョクチダニ下目　1589_{52}
局地標徴värttem　1168g
極枕　565g
曲筒型　707e
キョクトウサソリ　1591_{49}
棘突起　737g, 784d
極嚢　1059i
極嚢胞子虫　324f
曲鼻亜目　1575_{23}
極板　325b
キョクヒチュウ類　997d, 1588_{44}
棘皮動物　**327**g
棘皮動物門　1558_{41}
局部感染　374d
局部の運動　114d
局部病斑　234e, **328**a
局部病斑法　328a
極帽　325f, **328**b
極帽期　328b
棘毛　**328**c, 384a, 614b
棘毛亜綱　1658_{28}
棘毛性細菌　1290a
棘毛目　1658_{29}
極葉　**328**d
曲竜類　**328**e
棘林　1408f
極輪　924f
魚形類　**329**a
虚血性心疾患　998b
魚鉤頭虫類　1579_3
巨細胞　61f, **329**b
鋸歯　**329**c
魚種交替　1486f
裾礁　550b, 932b
鋸状縁　1393f
距状突起　407g
鋸状縫合　1293e

巨人症　767i
巨人説　**329**d
拠水林　541g
去勢　**329**e
去勢細胞　**329**f
巨赤芽球性貧血　1422f
巨赤芽球様細胞　781i
巨赤血球　787i
拒絶波　95e
拒絶反応　841b
虚足　224f
巨大型　1081h
巨大細胞　329b
巨大軸索　329g
巨大神経繊維　**329**g
巨大染色体　**329**h
巨大繊毛　**329**i
巨大プランクトン　1220e
巨大葉　1461d
巨頭類　1573_{11}
魚毒作用　544a
魚毒性　**329**j
巨脾症　1448e
拒否波　95e
ギョボク　1649_{60}
許容的誘導　317i
魚雷型胚　1207h
距離　1480g
距離行列法　**329**l
距離法　**330**a, 1480g
ギョリュウ　1650_{38}
ギョリュウ科　1650_{38}
魚竜下綱　1568_{26}
魚竜類　**330**b
魚鱗症　**330**c
魚鱗癬　330c
魚類　**330**d
魚類学　994f
魚類錐体モザイク　1395a
ギョロメケイソウ　1655_4
キョン　1576_{14}
キラー　**330**e
キラー細胞　**330**f
キラーT細胞　330f, 951b
キラー抑制性受容体　330f
キララガイ　1581_{49}
キララタケ　1626_{35}
キラリホコリ　1629_{17}
キリ　1652_{15}
キリ科　1652_{15}
キリギリス亜目　1599_{23}
キリシマゴケ科　1638_3
切出し(プロファージの)　**331**a
起立反射　584k
キリノミタケ　1616_2
キリノミタケ科　1616_2
キリハシ　1572_{33}
キリハシ亜目　1572_{33}
切斑　1185f
鰭竜下綱　1568_{29}
基粒体　293e
偽竜目　1568_{32}
偽竜類　**331**b
キリン　1576_{12}
偽鱗茎　1473h
キリンサイ　1633_{22}
偽輪生葉序　1475e
キルス　1249a
ギルド　**331**c
キルトピア　**331**d
ギルバート　**331**e
ギルマン　**331**f, **331**g
ギルモア自然性　586b
キレ綱　1580_{10}

和文

キレハ 1712

キレハオオクボシダ 1644₁	菌交代症 333g	菌体抗原 165a
キレ目 1580₁₁	均衡的成長 333h	菌体脂肪酸 338f
キレンゲショウマ 1651₃	キンゴジカ 1650₂₁	菌体生産効率 1469d
キレンジャク 1572₄₇	菌こぶ 331l	菌体類 1563₁₇
キロヴォラ目 1661₁₂	キンコ 1562₂₅	近担鰭骨 882d
ギロキスチス目 1559₁₁	菌根 333i	禁断症状 339a
キロニエラ科 1545₁₉	菌座 1501h	禁断精神病 339a
キロニエラ目 1545₁₈	筋細繊維 333b	筋蛋白質 339i
キロノムスルリダスエントモボックスウイ	菌細胞 335a	キンチャクソウ 1652₁
ルス 1517₁₃	菌細胞 335b	キンチャクソウ科 1652₁
キロマスティックス目 1630₃₀	菌細胞塊 335a	キンチャクダイ 1566₄₄
キロミクロン 331h	ギンザメ 1564₃₀	キンチャクタケ 1625₄₆
キワタ 1650₁₈	ギンザメ目 1564₃₀	キンチャクムシ 1595₃₁
キワタゲカワタケ 1626₆₀	菌傘 214b	緊張 418h
筋 339g	近視 349a	緊張(筋肉の) 339b
筋胃 541d	菌糸 335d	緊張筋 903f
近位色素細胞 1193l	筋 566a	緊張性運動ニューロン 116c
ギンイソイワシ 1566₃₁	禁止 752c	緊張性筋 1258E
近位担鰭骨 882d	菌糸塊 425e	緊張性収縮 339b
近位的	近紫外-青色光反応 335e	緊張性受容器 339c
ギンイロアシナシトカゲ 1568₄₈	禁止クローン 336a	近調節 151c
筋運動 331j	菌糸結合 71e	近点 151c
筋運動記録器 331k	キンシコウ 1575₄₁	筋電図 339e, 967e
菌纓 221e, 331l	キンシゴケ 1639₄₀	均等的分裂 339f
筋衛星細胞 118d	キンシゴケ科 1639₄₀	キントキ 1633₃₇
近縁度 399a	筋仕事量計 535f	キントキダイ 1566₅₄
菌界 177c, 1601₅₁	菌糸小体 1249g	キントラクティエラ科 1622₈
菌蓋 214b, 332a	筋ジストロフィー 336b	キントラノオ 1649₄₅
近海性堆積物 183d	菌糸束 335d	キントラノオ科 1649₄₅
近覚 252d	菌糸組織 336c	キントラノオ目 1649₃₃
菌核 332b	菌糸組織型 336d	筋内部膜系 874d
筋覚 339h	菌糸組織系 335d	筋肉 339g
菌学 332c, 674e	ギンシダ 1643₃₄	筋肉覚 339h
キンカクキン 1615₁₄	菌糸体 335d	筋肉細胞 335b
キンカクキン科 1615₁₀	均質象牙質 1069b	筋肉蛋白質 339i
ギンカクラゲ 1555₃₅	菌糸分析 336d	筋肉モデル 339j
筋芽細胞 85e, 332d	近似ベイズ計算 1261h	キンバイザサ 1646₅₀
筋型動脈 399f	菌種 336e	キンバイザサ科 1646₅₀
筋型動脈中膜石灰化 998b	菌褶 1148i	キンバエ 1601₂₅
菌株 332e	菌収縮 336f	ギンハダカ 1566₁₃
菌株保存機関 287d	菌収縮モデル 339j	筋発生 332g
キンカン 1650₁₃	菌従属栄養植物 336g	筋尾 337e
菌環 332f	緊縮因子 336h, 342i	筋疲労性 782b
キンカンゴケ 1613₃₈	緊縮調節 336h	キンブチゴケ 1613₁₇
キンカンゴケ科 1613₃₈	筋漿 335b, 691f	近傍 340a
筋管細胞 332d, 332g	筋上皮 336i	菌帽 214b
近基鰭軟骨 882d	筋上皮細胞 213d, 336i	近傍型 796e
菌寄生植物 336g	筋小胞体 337a	キンポウゲ 1647₆₀
キンギョソウ 1652₄	筋小胞体Ca²⁺-ATPアーゼ 337a	キンポウゲ科 1647₅₆
近距離反射 981i	筋神経接合部 694c	キンポウゲ目 1647₄₅
筋緊張 339b	近親結婚 337c	筋紡錘 340a
キングコブラ 1569₆	近親交配 337b	筋紡錘体 340b
キングコロブス 1575₃₈	近親婚 337c	菌膜 1075a
筋群 293a	近親者食い 474a	緊密化 505h
銀化 332h	菌数測定 509f	筋無力症 340c
キンケイ 1571₄	菌生菌類 337d	キンメダイ 1566₃₆
筋形質 335b	筋性血管 1342g	ギンメダイ 1566₂₁
筋形成 332g	菌棲動物 341c	キンメダイ目 1566₃₆
筋形成細胞 332g	近赤外光機能画像法 1144c	ギンメダイ目 1566₂₁
筋形成質 160c, 961c	筋節 337e, 546f, 982c	キンモウワラビ 1643₅₂
菌血症 1079c	筋節中隔 337e	キンモウワラビ科 1643₅₂
筋腱結合部位抗原 963a	近接場光学顕微鏡 337f	キンモクセイ 1651₆₂
筋原細胞 332d	近接要因 309d	キンモグラ 1574₃₅
筋原性 333a	筋繊維 335b	キンモグラ亜目 1574₃₅
筋原説 333a	筋繊維鞘 338a	キンヤギ 1557₃₀
筋原繊維 333b	銀染色 338b	ギンヤンマ 1598₅₀
キンコ 1562₂₅	銀染色法 446e	筋様体 566a
均衡 1259c	筋層 1258f	キンラン 1646₄₀
キンコウカ 1646₁₇	筋層間神経叢 697e	ギンリョウソウ 1651₃₀
キンコウカ科 1646₁₇	筋層管神経叢 920b	菌輪 332f
近交系 333c	菌足 338c	近隣結合法 340d
近交系数 333d	金属味 1354c	菌類 341a
近交系マウス 333e	金属酵素 338d, 1173a	菌類ウイルス 341b
近交弱勢 333f	金属プロテアーゼ 338e	菌類学 332c
菌交代現象 333g, 465g	菌体 1424d	菌類ステロール 735a

菌類相　1239b
菌類動物　**341**c
筋腕　803d

ク

区　489d, 675a, 776d, 996b
クアドリギルス目　1579₄
グアナーゼ　342e
グアナゾロ　9f
グアニジノ酢酸　359b
グアニジン　**342**a
グアニジンリン酸　430b, 1308g
グアニド基　1308g
グアニド酢酸　359b
グアニリン　**342**b
5′-グアニル酸　203a
グアニル酸　**342**c
グアニレート　342c
グアニン　150e
グアニン細胞　903i
グアニン脱アミノ酵素　**342**e
グアニンデアミナーゼ　9f
グアニンヌクレオチド交換因子　411f
グアニン-シトシン含量　576b
グアノ　342f, 1241b
グアノシン　1049c
グアノシン一リン酸　342c
グアノシン三リン酸　**342**h
グアノシン-5′-三リン酸　342h
グアノシン-5′-二リン酸-3′-二リン酸　342i
グアノシン二リン酸マンノース　992f[表]
グアノシン四リン酸　**342**i
グアノ動物　978f
クアムパラリア科　1622₄₈
グアルニエリ小体　1315f
杭　480c
クイナ　1571₄₅
クイナ亜目　1571₄₅
クイナモドキ　1571₃₉
クイナモドキ目　1571₃₉
食いわけ　**342**j
クイーン　**342**k
空間閾　342l
空間覚　252d, **343**a
空間孔　1063g
空間周波数コラム　72a
空間生態学　**343**b, 384b
空間説　1423f
空間定数　1024b
空間の加重　215f, 1454d
空間の感応　862b
空間の共線性　320b
空間の促通　838d
空間認知　343a
空間分布様式　1252d
空気間隙　522e, 934e
空気溝　630d
空気呼吸　**343**c
空気呼吸動物　1453c
空気伝導　**343**d
食う-食われるの関係　1144a
空所接生　1423f
偶生羽状　1200h
偶生種　**343**e
偶棲宿主　632b
偶然発生　587h
空中線量　1298d
空中浮遊生物　343f
空中プランクトン　**343**f
空腸　661a
空椎亜綱　1567₂₆

空椎類　1470e
偶蹄目　1576₉
偶蹄類　1122b
空転サイクル　**343**h
空頭病　553j
偶発的再生　514b
偶発的雌雄同体現象　286k
空腹動因　**343**i
空胞細胞　265c
空胞膜　125f
クエリー配列　1216c
クェリング　**343**j
クェルセチン　3d
クエルチトール　569c
クエン酸　**344**a
枸櫞酸　344a
クエン酸回路　**344**b
クエン酸資化性　**344**c
クエン酸シンターゼ　344d
クエン酸生成酵素　**344**d
クエン酸ナトリウム　344a
クエン酸発酵　**345**a
クオドループルバー　1071b
クオラム・センシング　**345**b
クーガ　1575₄₈
区画（発生の）　**345**c
区画化　345c
区画法　**345**e
区間グラフ　678j
区間マッピング法　1470h
茎　**345**f
クギゴケ　1611₂₆
クギゴケ亜綱　1611₂₃
クギゴケ科　1611₂₅
クギゴケ目　1611₂₄
クギタ　1627₁₆
茎の維管束　714c
区切れ平衡説　890h
ククモウイルス属　1522₁₁
ククルビチン　634c
区系　675a
区系界　675a
区系区　675a
区系地理学　773k, 930i
クコ　1651₅₆
クサウオ　1566₄₉
クサガメ　1568₂₁
クサギ　1652₁₁
クサグモ　1592₁₇
クサスギカズラ　1646₅₈
クサスギゴケ　1639₁₄
クサスギゴケ亜綱　1639₁₂
クサスギゴケ科　1639₁₄
クサスギゴケ目　1639₁₃
クサズリガイ　1581₂₆
クサソテツ　1643₄₆
クサトベラ　1652₃₁
クサトベラ科　1652₃₁
クサノオウ　1647₂₂
クサノカキ　1633₁₁
クサビケイソウ　1655₃₈
クサビフネケイソウ　1655₃₇
クサビライシ　1557₅₅
クサリカイメン　1554₄₂
クサリケイソウ　1655₅₂
クサリケイソウ目　1655₅₂
クサリゴケ　1637₄₇
クサリゴケ科　1637₄₇
クサリサンゴ　1557₈
クサリサンゴ亜目　1557₈
クサリヒメウズムシ　1577₁₆
クサリヘビ　1569₈
クサリムシ　1587₁₇
クサレケカビ　1604₁₂
クサレケカビ亜門　1604₉

クサレケカビ科　1604₁₁
クサレケカビ目　1604₉
櫛板　346a
櫛板帯　346a
櫛板類　594b, 1408g
クシイトゴカイ　1585₁₄
クシイトゴカイ目　1585₁₄
櫛鰓　346b
クシガタケイソウ　1655₅₅
クシガタケイソウ目　1655₅₅
クシクラゲ起原説　346c
クシクラゲモドキ　1555₃₂
クシクラゲ類　594b, 1186f, 1408g
クシゲチビジン　1590₂₀
櫛状器　642d
櫛状板　346a
クシダンゴケイソウ　1654₃₀
クシノハクモヒトデ　1561₁₉
クシノハサンカクチョウチンケイソウ　1654₅₇
クシノハシワタケ　1624₄₅
クシーパピローマウイルス属　1516₃₅
くじ引きモデル　**346**d
クシヒラムシ　1558₂₄
クシヒラムシ目　1558₂₄
クシベニヒバ　1633₅₃
グジャエルミア科　1622₄₃
クジャク　1571₇
クジャクゴケ　1640₃₅
クジャクゴケ科　1640₃₅
鯨鬚　388f
鯨目　1575₅₇
クズ　1648₅₂
クズウコン　1647₁₇
クズウコン科　1647₁₇
クスクス亜目　1574₂₃
クスサン　1601₃₈
クスダマ　1633₅₂
クスダマケカビ　1603₃₆
クスダマケカビ科　1603₃₆
クスタムシ　1591₁₉
クスドイゲ　1649₅₃
クスノアザコブタケ　1619₄₈
クスノキ　1645₄₈
クスノキ科　1645₄₈
クスノキ目　1645₄₄
薬　196h
クズリ　1575₅₁
クセナスマ科　1624₅₄
クセノクリヌス目　1559₄₃
グソクムシ　1596₄₉
クダアザミウマ　1600₂₉
クダアザミウマ亜目　1600₂₉
クダウミヒドラ　1555₃₆
クダカイメン　1554₁₈
クダカラムシ　1658₂₅
クダクラゲ目　1555₁₂
クダクラゲ類　872g, 1417c
クダコケムシ　1579₂₉
クダサンゴ　1557₂₂
クダタマ　1626₅₄
クダネダシグサ　1634₄₂
クダネダシグサ目　1634₃₇
クダヒゲガニ　1597₆₁
クダホコリ　1629₇
クダモチヨロイ　1587₄₇
クダヤガラ　1566₃₉
クダヤスデ　1593₅₆
クダヤスデ目　1593₅₆
口　**346**e
クチガネワンタケ　1616₁₈
クチキゴケ　1638₁₅
クチキトサカタケ　1614₄₉
クチキマダラチャワンタケ　1615₂₉
クチキレウキガイ　1583₄₆

クチキ　1713

クチキレエビス 1583₂₉
クチキレツノガイ 1581₄₆
クチキレツノガイ亜目 1581₄₆
クチキレツノガイ目 1581₄₃
クチクラ 347a
クチクラ縁 347b, 539e
クチクラ化 347a, 348d
クチクラコンダクタンス 283b
クチクラ質 585g
クチクラ蒸散 658c
クチクラ上皮 347c
クチクリン 347d
クチクリン層 347d
クチジロペッカリー 1576₁₆
クチナシ 1651₃₉
クチナワゴケ 1606₅₃
嘴 348a
クチバシチョウチンガイ 1580₂₉
クチバシチョウチン目 1580₂₈
嘴のふれあい 1e
クチヒゲケイソウ 1575₃₈
クチヒゲゴケ 1639₅₁
唇 348b
クチビルケイソウ 1655₃₆
クチビルケイソウ目 1655₃₆
クチベニタケ 1627₁₀
クチベニタケ科 1627₁₀
クチボソヒレアシトカゲ 1568₄₄
駆虫薬 435c
クチン 348c
クチン化 348d
屈曲運動 348e
屈曲子嚢体 348f
屈曲走性 827f
屈曲反射 348g
屈筋 293a
屈筋反射 348g
クッケラ科 1608₆₁
屈光性 1135b
屈光体 960c
クツコムシ亜目 1589₄₁
クツコムシ目 1589₃₈
屈傷性 288j
クッション植物 881f
クッシング症候群 482g
屈性 348h
屈折異常 349a
掘足類 1321f
グッタウイルス科 1515₄₂
グッタウイルス属 1515₄₃
屈地性 630e
グッドの緩衝液 262k
グッドリッチ 349b
クッパー細胞 1339h, 349c
クッパー星細胞 349c
クッパー胞 545b
グッピー 1566₃₄
クツワムシ 1599₂₄
クテナカントゥス目 1564₃₉
クテノスリッサ目 1566₂₂
クトノモナス科 1538₅₂
クトノモナス綱 1538₅₀
クトノモナス目 1538₅₁
グドール 349d
クトルギナ綱 1580₁₆
クトルギナ目 1580₁₇
グナトストムラ目 1578₁₆
クニクリトレマ科 1623₉
クニドーム 608a
クニーブ 349e
クヌギタケ 1626₂₂
クヌギタケ科 1626₂₂
グネツム 1645₁₃
グネツム科 349f, 1645₁₃
グネツム綱 1645₁₁

グネツム植物 349f
グネツム目 1645₁₂
クノップ液 720b
グノモニア科 1618₄₄
頸 349g, 393d, 1120a
クビタテツノガイ 1582₂₅
クビタテヘビガイ 1583₄₅
クビナガコウトウチュウ 1579₁₀
クビナガホコリ 1629₁₁
首長竜目 1568₃₃
首長竜類 349h
クビブトツムギヤスデ 1593₄₉
クビブトツムギヤスデ亜綱 1593₄₉
クビレジタルケイソウ 1654₃₁
クビレタンシキン科 1622₃₃
クビレミドロ 1657₇
クビワオオヤモリ 1575₁₅
クビワミフウズラ 1571₅₄
クブラ 921g, 1118b
区別域 564h
クボエビ 1597₅₉
クボミサラゴケ 1614₂
クマゲラ 1572₃₆
クマサカガイ 1583₄₅
熊沢正夫 349i
クーマシー染色 130f
クーマシーブリリアントブルー 349j
クマゼミ 1600₃₃
クマタカ 1571₃₆
クマタケラン 1647₁₉
クマツヅラ 1652₂₂
クマツヅラ科 1652₂₂
クマノアシツキ 1585₁₅
クマバチ 1601₅₀
クママイシン 942e, 1026i
クマムシ類 273e
クーマ目 1597₃₂
クマヤナギ 1649₁
クマリン 350a
クマリン植物 350b
組合せ 845a
組合せ育種 443h
組合せ能力 350c
組合せ理論 350d
グミ科 1648₆₂
組換え遺伝子 350e
組換えウイルス 351a
組換え価 351b
組換えシグナル配列 36a
組換え修復 351c
組換え体ウイルス 351a
組換え体蛋白質 351d
組換え DNA 実験 351e
組換え DNA 実験指針 351e, 1207d
組換え率 351f
組込み 830h
クームスのテスト 352a
久米又三 352b
グメリン 352c
クモ亜綱 1591₃₇
クモ亜目 1592₁₃
クモ上綱 1589₂₇
クモ学 352e, 503b
クモガゼ 1561₄₃
クモガゼ目 1561₄₃
クモガタウミウシ 1584₁₆
クモガタムシ 1592₉
クモガタムシ亜目 1592₉
クモ下目 1592₁₇
クモキリソウ 1646₄₅
クモ綱 1589₃₆
クモ指症 83a
クモスケダニ 1591₃
クモノカタ 1617₁₈
クモノコタケ 1625₄₁

クモノスカビ 1603₄₉
クモノスカビ科 1603₄₉
クモノスケイソウ 1654₄₁
クモノスケイソウ目 1654₄₁
クモノスコウヤクタケ 1623₄₃
クモノスゴケ 1637₃₀
クモノスゴケ科 1637₃₀
クモノスゴケ目 1637₂₅
クモノスツボカビ 1602₂₈
クモノスツボカビ科 1602₂₈
クモノスヒナノチャワンタケ 1614₅₆
くもの巣膜 1022c
クモヒトデ亜綱 1561₈
クモヒトデ科 1561₁₅
クモヒトデ綱 1561₄
クモヒトデ目 1561₁₂
クモヒトデ類 352d, 1227a
クモ膜 1065b
クモ膜下腔 1065b
クモ膜下出血 1064a
クモ目 1592₈
クモヤドリタケ 1617₂₄
クモラン 1646₄₈
クモリソデガイ 1582₁
クモ類 352e
グライ層 352f
クライソウイルス科 1519₁₁
クライソウイルス属 1519₁₂
グライ土 352f
クライマクテリック 352g
クライマクテリック型果実 352g
クライマクテリック上昇 352g
クライマックス 327d
グライムの三角形 353a
クライモグラフ 173d
クライン 353b, 462a
クラインシュミット法 353c
クラインフェルター症候群 353d
グラウコシスティス目 1632₃
グラウコスファエラ目 1632₂₆
グラウコトエ 372j
クラウストロスポリジウム目 1664₃₅
クラウゼ小体 353e
クラウゼの終末棍状体 353e
クラウセン 353f
クラウディン細胞 495g
クラウンエーテル 55d
クラウンゴール 353g
クラカケジネズミ 1575₉
クラガタケイソウ 1655₅₆
クラゲ, 水母 353h
クラゲ芽 602g, 869e
クラゲナマコ 1562₃₁
クラゲノミ 1597₁₆
クラゲノミ亜目 1597₁₆
クラゲムシ 1558₂₂
クラサワトゲヤスデ 1593₅₂
グラジエラ科 1616₆
グラジエント溶離法 454a, 842a
グラジオラス 1646₅₁
クラシクラ科 1621₃₈
クラシクラ綱 1621₃₆
クラシクラ目 1621₃₇
クラシックカドヘリン 232d
グラシリバクター科 1543₃₅
グラシリボディダ目 1628₁₅
クラス 383a
クラススイッチ 354a
クラススイッチ組換え 354a
クラスター分析 354b
クラスペディダ目 1553₈
クラスリン 354c
クラスリン小胞 507a, 1416i
クラスリン被覆ピット 355a

クリフ　1715

クラーチ **355**b	クリイロケシカニモリ　1583₄₈	クリスタロシスト　1300g
クラッシ　**355**c	栗色土　**357**g	クリスチディスコイデア綱　1601₅₅
クラッチ　**355**d	クリイロムクエタケ　1626₁₇	クリステ　1360b
クラッチサイズ　355d, 554i	クリーヴランデラ目　1659₂₀	クリスボウイルス属　1519₂₂
クラッベ病　241d, 1461a	グリオキサラーゼⅠ　367g	クリスマス病　407h
クラドキシロン亜綱　1642₁₈	グリオキシソーム　1279i	クリスマスローズ　1647₅₉
クラドキシロン目　1642₁₉	グリオキシル酸　**357**h	グリーゼバハ　**361**b
クラドグラム　1243i	グリオキシル酸回路　**357**i	グリセリド　11f
クラドゲネシス　690e, 730i	クリオコナイトホール　793d	グリセリン　362b
クラドセラケ目　1564₃₄	クリオスタット　1353b	グリセリン筋　**361**c
クラトリナ目　1554₁	クリオビオシス　363f	グリセリン酸　360a[図]
クラトロシスト　1300g	クリオプロテクタント　460b	グリセリン酸-1,3-二リン酸　183h
グラナ　930b, 1427g	クリオモナディダ目　1665₁₉	グリセリン酸-2,3-二リン酸　**361**e
グラナ間ラメラ　930b	繰返し配列　1126j	グリセリン酸二リン酸ムターゼ　361e
グラナチラコイド　930b, 1427g	グリカゴン　363j	グリセリン酸-2-リン酸　183h[図]
グラニエ法　659b	グリカン　876i	グリセリン酸リン酸キナーゼ　183h[図]
クラニオプス目　1580₆	クリーク法　750b	グリセリン酸リン酸ムターゼ　183h[図]
グラニット　**355**e	クリゲヒモムシ　1580₄₃	グリセリン浸漬筋　361c
グラニットハーパーの法則　1221i	グリコゲニン　358b	グリセリンモデル　361c
グラニューローシスウイルス　1092a	グリコケノデオキシコール酸　410c	グリセルアルデヒド　**361**f
グラノロコックス科　1548₆₀	グリコゲン　**358**a	D-グリセルアルデヒド-3-リン酸　**361**g
グラノフィロセア綱　1665₅	グリコゲン顆粒　358a	グリセルアルデヒド-3-リン酸　1012c
CLV 遺伝子群　**355**f	グリコゲン合成酵素キナーゼ 3β　94e	グリセルアルデヒド-3-リン酸脱水素酵素　183h[図]
CLV3 ペプチド　355f	グリコゲン生合成　358b	グリセロ型　1476c
クラビナ人骨　**355**g	グリコゲン生成酵素　358b	グリセログリコリピド　361h
グラーフ　**355**h	グリコゲン生成酵素キナーゼ　358b	グリセロ脂肪　739c
グラフィオラ科　1622₃₉	グリコゲン蓄積症Ⅲ型　358c	グリセロ糖脂質　**361**h
グラフト　65e, 841h	グリコゲン糖デブランチング酵素　358c	グリセロホスホ脂質　1311c
クラブトリー効果　**355**i	グリコゲン分解　358c	グリセロ硫糖脂質　1468a
クラブラン酸　1267e	グリコゲンホスホリラーゼ　1312c	αグリセロリン酸　362d
グラーフ卵胞　**355**j	グリコゲンホスホリラーゼキナーゼ　1312d	グリセロリン脂質　**362**a
グラーフ濾胞　355j	グリココル　360b	グリセロール　**362**b
クラマゴケ　1642₁₅	グリコール酸　493e, 1295a	グリセロールエステルヒドロラーゼ　1460d
クラマゴケモドキ科　1637₄₁	グリコサミノグリカン　**359**a	グリセロールキナーゼ　362b
クラマゴケモドキ目　1637₄₀	グリコシアミジン　359b	グリセロール発酵　**362**c
クラミジア肺炎菌　1540₁₇	グリコシアミン　**359**b	グリセロールリン酸　362c
グラミシジン　**356**a	グリコシダーゼ　**359**c	D-グリセロール-1-リン酸　362d
グラミシジン S　356a	グリコシド　365f, 1085f	L-グリセロール-3-リン酸　**362**d
グラミシジンシンテターゼ　356a	グリコシド転移　359d	sn-グリセロール-3-リン酸　362d
クラミディア　**356**b, 1540₁₇	グリコシルヒドロラーゼ　359c	グリセロールリン酸往復輸送系　362e
クラミディア科　1540₁₆	グリコシル基転移　**359**d	グリセロールリン酸シャトル　362e
クラミディア綱　1540₁₅	グリコシル転移　359d	グリセロール-3-リン酸脱水素酵素　**362**f
クラミディアファージ 1　1517₅₆	グリコシルホスファチジルイノシトール　1157b	グリセロール-3-リン酸デヒドロゲナーゼ　362f
クラミディアミクロウイルス属　1517₅₆	グリコスルファターゼ　742g	クリソサックス目　1656₃₀
クラミディア目　1540₁₆	グリコデオキシコール酸　956i	クリソメリス藻綱　1656₄₀
クラミディア門　1540₁₄	グリコプロテイノーシス　1456g	クリソメリス目　1656₄₁
クラミドドン目　1659₂₆	グリコプロテイン　989c	クリソラミナリン　159h
クラミドミクサ目　1656₁₉	グリコペプチド　1274e	クリソン　**362**g
クラミドモナス目　1635₃₁	グリコペプチド系抗生物質　**359**e	クリタマバチ　909g
グラム陰性菌　**356**c	グリコホリン　788d	クリック　**362**h
グラム陰性菌脂質多糖体　1313l	グリコマイセス目　1536₄₉	クリッツモナディダ目　1665₁₅
グラム染色法　**356**d	グリコミセス科　1536₅₀	クリトリス　92d
グラムモテレ科　1624₁₉	グリコミセス目　1536₄₉	クリーナー　825e
グラム陽性菌　**356**e	グリコリトコール酸　1459f	クリニウイルス属　1522₂₄
クララ　1648₅₃	グリコリピド　984b	クリノイガワンタケ　1615₇
クラリスロマイシン　1340c	N-グリコリル体　257h	クリノキネシス　**363**a
クラーレ　**357**a	グリコール酸　**359**f	クリノスタット　**363**b
クラーレ様作用　1273d	グリコール酸オキシダーゼ　360a[図]	クリーパー　104g
クラン　**357**b	グリコール酸経路　**360**a	クリパウイルス属　1521₈
グランザイム　330f, 1383j	クリシオゲネス科　1541₁₇	クリハラリス　1576₃₅
クランツ構造　683e	クリシオゲネス綱　1541₁₅	クリハラン　1644₄
グラント　**357**c	クリシオゲネス目　1541₁₆	Gli ファミリー　1269c
グラント夫妻　**357**d	クリシオゲネス門　1541₁₄	グリフェア下目　1597₅₀
グランドリ触小体　**357**e	グリシニン　634c	クリフォネクトリア科　1618₄₀
クランプ　219b	グリシン　**360**b	クリプティックプロファージ　**363**c
クランプコネクション　219b	グリシンシンターゼ　360b	クリプト菌門　1602₃
クリ　1649₁₈	グリシンデカルボキシラーゼ複合体　360a[図]	クリプトクロム　**363**d
グリア細胞　695h	グリシン抱合胆汁酸　1295a	クリプト植物　**363**e
γ-グリアジン　634f	グリシンリッチ蛋白質ファミリー　1157b	クリプト植物門　363e, 1666₁
グリアジン　1239i	クリスタモナス綱　1630₉	クリプトスポリジウム　1661₁₈
グリアフィラメント　910d	クリスタモナス目　1630₁₀	クリプトスポリジウムパルバムウイルス 1　1519₂₂
グリアフィラメント酸性蛋白質　960h	クリスタリン　**360**c	
クリアランス　**357**f		
クリイロイグチ　1627₁₇		
クリイロイグチ科　1627₁₇		

クリプト藻綱 363e, 1666₅
クリプトバシディウム科 1622₃₅
クリプトビオシス 363f
クリプトフィリダ目 1665₇
クリプトミココラクス科 1621₄₄
クリプトミココラクス綱 1621₄₂
クリプトミココラクス目 1621₄₃
クリプトモナス目 1666₆
クリベオスファエリア科 1619₃₂
クリボトスポランギウム科 1536₄₅
クリマチウス目 1565₁₆
クリマルディ人 222e, 376d
クリミア・コンゴ出血熱 1209e
クリム 444c, 1355h
クリメニア門 7
クリメニア目 1582₅₁
クリモルファ科 1539₃₆
グリーンケミストリー 852e
クリンタムラ科 1622₉
グリンネルの原理 321a
グリーンバーグ骨格異形成 209g
グリーンワルドエステル 361e
グルー 363g
グルヴィチ 363h
グルカゴン 363i
グルカゴン誘導体 366b
β-1,3-グルカナーゼ 1129b
α-1,3-グルカン 960a
α-1,6-グルカン 960a
β-1,4-グルカン 797f
グルカン 364a
グルカン合成酵素 364b
1,4-α-グルカン分枝酵素 1246e
α-グルカンホスホリラーゼ 1312c
クルキタ科 1643₁₄
クルーグ 364c
クルクミン 364d
β-グルクロニダーゼ 364e
グルクロニド 365a
グルクロン酸 364f
グルクロン酸経路 364f
グルクロン酸抱合 365a
グルコアミラーゼ 31a
グルコキナーゼ 366c
グルココルチコイド 365b
グルコサミン 365c
α-グルコシダーゼ 365d
β-グルコシダーゼ 365e
グルコシド 365f, 1085f
β-D-グルコシドグルコヒドロラーゼ 365e
グルコシノレート 1085f
グルコシルセラミド 367c
グルコース 366a
グルコース依存インスリン分泌刺激ペプチド 366b
グルコースオキシダーゼ 366e
グルコースキナーゼ 366c
グルコース効果 366d
グルコース酸化酵素 366e
グルコース脱水素酵素 366f
グルコース単輸送体 788d
グルコース調節蛋白質 94 555g
グルコース調節蛋白質 78 1153g
D-グルコース定量試薬 366e
グルコースデヒドロゲナーゼ 366f
グルコーストランスポーター 366g
グルコース配糖体 402c
グルコース-1-ヒ酸 1141a
グルコース-6-ホスファターゼ 367a
グルコース-6-リン酸 183h[図]
グルコース-6-リン酸アデニリル転移酵素 973b
グルコースリン酸異性化酵素 183h[図], 1288b[図]

グルコース-6-リン酸脱水素酵素 366h, 1288b[図]
グルコース-6-リン酸デヒドロゲナーゼ 366h, 1288b[図]
グルコース-6-リン酸ホスファターゼ 367a
グルコースリン酸ムターゼ 367b
グルコセレブロシダーゼ 367c
グルコセレブロシド 367c
β-D-グルコピラノシルウロン酸 364f
4-O-α-D-グルコピラノシル D-グルコース 1346a
グルコマンナン 1276d
グルコン酸 367d
グルコン酸キナーゼ 367e
グルコン酸発酵 367d, 367f
グルコン酸-6-リン酸 367e
グルコン酸リン酸酸化経路 367d
グルコン酸-6-リン酸脱水素酵素 1288b[図]
グルタチオン 367g
グルタチオン S-アルキルトランスフェラーゼ 367h
グルタチオン S-トランスフェラーゼ 367h
グルタチオン還元酵素 368a
グルタチオンペルオキシダーゼ 798e
グルタチオンレダクターゼ 368a
グルタミナーゼ 368b, 368d
グルタミノピン 168e
γ-グルタミルトランスフェラーゼ 368c
γ-グルタミルペプチド転移酵素 368c
グルタミン 368d
グルタミン-2-オキソグルタル酸アミノ基転移酵素 369c
グルタミン-α-ケトグルタル酸アミノ基転移酵素 369c
グルタミン合成酵素 368d, 368e, 907a
グルタミン酸 369a
グルタミン酸-オキサロ酢酸トランスアミナーゼ 13b
γ-グルタミン酸回路 369b
グルタミン酸:グリオキシル酸アミノトランスフェラーゼ 360a[図]
グルタミン酸合成酵素 369a, 369c, 907a
グルタミン酸受容体 369d
グルタミン酸シンターゼ 369c
グルタミン酸生産菌 1536₃₄
グルタミン酸脱カルボキシル酵素 369e
グルタミン酸脱水素酵素 369a, 370a
グルタミン酸デカルボキシラーゼ 369e
グルタミン酸デヒドロゲナーゼ 370a
γ-L-グルタミン-L-システイニルグリシン 367g
グルタルアルデヒド 199a
グルテニン 370b
グルテリン 370b
グルテン 370b
グールド 370c
クルトウイルス属 557c, 1517₄₅
くる病 1151f
クール病 743a
くる病性偽瘤 1506c
グループ効果 370d
クルペイン 1232d
クルマエビ 1597₃₇
クルマエビ下目 1597₃₆
クルマエビ類 1308d
クルマガイ 1583₅₄
クルマムシ類 1473i
クルミ 1649₂₁
クルミ科 1649₂₁
クルミガイ 1581₄₉
クルミガイ目 1581₄₉

クルミ冠 919f
クルミタケ 1616₅
グルーミング 370e
クルムホルツ帯 466a
クルロタルシ亜区 1569₁₇
L-グルロン酸 40b
クレアチニン 370g
クレアチン 370g
クレアチンキナーゼ 370h
クレアチンホスホキナーゼ 370h
クレアチンリン酸 370h, 371a
グレイ 1298d
グレイ(A.) 371b
グレイ(H.) 371c
グレイ(L.H.) 371d
CLE 遺伝子族 371e
grayling 域 224c
グレーヴズ病 1098c
クレオソート油 1303f
グレガリナ綱 1661₁₇
グレガリナ目 1661₂₁
グレゴリ 371f
グレージング 371g
クレチン病 1425i, 1506d
クレックスニグリパルブス核多角体病ウイルス 1515₂₉
クレッチマーの分類 851h
クレード 258c, 1243i
CLE ドメイン 371e
クレノウ酵素 941a
クレノトリックス科 1549₂₀
グレバ 371h
クレブス 371i
クレブズ 371j
クレブズ回路 344b, 371k
クレブソルミディウム植物門 1636₁
クレブソルミディウム藻綱 1636₂
クレブソルミディウム目 1636₃
クレペプチド 372a
CLE ペプチド 372a
Kremer ボディ 1131b
クレメンツ 372b
クレモフォア EL 1095a
Cre リコンビナーゼ 372c
グレリン 372c
Cre-loxP システム 372d
クレンアーキオータ門 372e, 1534₂
クロー 372f
クロアカゴケ 1612₃₉
クロアカゴケ科 1612₃₉
クロアミメズムシ 1577₄₀
クロイグチ 1627₅
クロイタタケ 1619₄₂
クロイツァート 372g
クロイツフェルト・ヤコブ病 743a, 1221d
クロイボゴケ 1613₄
クロイボゴケ科 1613₄
クロイボタケ 1608₄₇
クロイボタケ亜綱 1607₄₅
クロイボタケ科 1608₄₇
クロイボタケ綱 1606₅₆
クロイボタケ目 1608₄₇
クロイロコウガイビル 1577₄₂
クロウニ 1562₆
クロウニ目 1562₅
クロウメモドキ 1649₁
クロウメモドキ科 1649₁
クロウラムカデゴケ 1613₄
グロエオケーテ目 1632₂
グロエオバクター目 1541₂₆
グロエオヘッピア科 1615₃₈
クロオアリ 1601₄₈
クロオコックス目 1445j, 1541₁₉
クロカサギン科 1608₈
クロガシラ 1657₁₈

クロガシラ目　1657₁₇
クロカムリクラゲ　1556₂₄
クロガヤ　1555₄₅
クロガリ　1625₂₅
クロカワカビ科　1616₃₈
クロカワカビ目　1616₃₆
グロキディウム　372h
クロキノボリカンガルー　1574₂₈
グロー曲線　1057i
クログ　372i
クロクラゲ　1556₇
クロゴキブリデンソウイルス　1518₁₈
クロゴケ　1638₄₅
クロゴケ科　1638₄₅
クロゴケ綱　1638₄₃
クロゴケ目　1638₄₄
グロコット染色　1008k
グローコテ　372j
クロコボシゴケ　1613₃₉
クロコボシゴケ科　1613₃₉
クロサイ　1576₂₈
クロサイワイタケ　1619₄₉
クロサイワイタケ亜綱　1619₂₃
クロサイワイタケ科　1619₄₀
クロサイワイタケ目　1619₂₄
クロサカズキシメジ　1626₅₁
クロサギ　1566₄₇
クロサビゴケ　1613₂₇
クロサビゴケ科　1613₂₇
クロサルノコシカケ　1624₁₃
黒珊瑚類　1558₁₀
黒潮系生物相　97e
グロージャーの規則　372k
L-グロース　379d
クロズキンタケ　1611₃₂
クロステロウイルス科　1522₂₀
クロステロウイルス属　1522₂₃
クロストリディア科　1543₂₆
クロストリディア綱　1543₁₇
クロストリディア目　1543₁₈
クロストリディウム　373a, 1543₂₈
クロストリパイン　582j
クロスプレゼンテーション　373b
クロソゾナタス目　1566₁
黒タイガ　846e
クロタキカズラ　1651₃₄
クロタキカズラ科　1651₃₄
クロタキカズラ目　1651₃₃
黒種　135e
クロタラトキシン　1273d
クロチャワンタケ　1616₃₀
クロッカス　1646₄
クロツグ　1647₂
グロッソグラブッス亜目　1562₄₇
グロッソマ目　1648₃₂
グロッソプテリス綱　1644₁₅
グロッソプテリス目　1644₁₆
グロッソプテリス類　505c
グロットゥスードレイパーの法則　431f
クロツヤムシダニ　1590₃
クロツヤムシダニ下目　1590₃
クローディン　373c, 859b
クロテナガザル　1575₄₀
クロード　373d
クロトキシン　1273d
クロトゲカイメン　1554₅₁
クロトン油　1329b
クロナキシー　590b
クローナル植物　373e
クロナルチウム科　1620₂₀
クローニング　942a
クローニングベクター　1264h
クローヌス　373f
クローヌス性痙攣　394b
クローネ　631c

クロノバイオロジー　561d
L-グロノ-γ-ラクトン　379d
γ-グロノラクトン　379d
L-グロノ-γ-ラクトンオキシダーゼ　12b
クローバー　1648₅₃
クロバイ　1651₂₀
クロバゲワシ　1571₃₄
クロハシゴケ　1612₂₉
クロハモン　1657₁₁
クローバー葉モデル　373g
クロハラサケイ　1571₆₁
クロハリタケ　1625₂₆
グローバルレギュロン　1486a
グロビゲリナ軟泥　1029d
グロビゲリナ目　1664₁₄
クロヒトエ　1634₃₂
クロヒメオニタケ　1626₃₆
クロヒメヤスデ　1593₂₄
クロビロードカビ科　1617₁
グロビン　374a
グロビン遺伝子　374b
クロフジツボ　1596₁
クロブドウタケ　1624₃₇
グロブリン　374c
グロブロウイルス科　1515₄₀
グロブロウイルス属　1515₄₁
クロベ　1645₈
グロボイド　895g
グロボイド細胞　241d
クロボウモドキ　1645₄₃
クロホエザル　1575₃₃
クロボキン亜綱　1622₁
クロボキン科　1622₁₃
クロボキン綱　1622₄₅
クロボキン目　1622₂
クロボキン類　374d
クロボシゴケ　1613₃₇
グロボシド　984h
クロボシムシ　1586₁₀
クロボトキン　375a
黒穂病　374d
クロボ胞子　375b
黒穂胞子　375b
グロボミケス科　1602₄₄
グロボロタリア軟泥　1029d
黒膜　375c
クロマゴケ科　1638₄₈
クロマゴケ綱　1638₄₆
クロマゴケ目　1638₄₇
クロマチア科　1548₅₀
クロマチア目　1548₄₉
クロマチウム　375d, 1548₅₀
クロマチン　375e
クロマチン間顆粒群　205g
クロマチン境界　375f
クロマチン再構築　376a
クロマチン再構築因子　375g, 376a
クロマチンサイレンシング　375h
クロマチン周辺繊維　205a
クロマチンドメイン　809c
クロマチン免疫沈降法　375i, 907b
クロマチンリモデリング　376a
クロマチンリモデリング因子　375g
クロマチンループ　1482g
クロマトグラフィー　376b
クロマトグラム　454a
クロマトフォア　563f
クロマトフォア(細菌の)　376c
クロマドラ亜綱　1587₁₂
クロマドラ綱　1587₁₁
クロマドラ上目　1587₁₃
クロマドラ目　1587₁₄
クロマニョン人　376d
クロマフィン顆粒　376g
クロマルトビムシ　1598₂₃

グロミア綱　1664₃₀
グロミア目　1664₃₁
クロミスタ界　376e, 1652₅₁
クロミジゴケ　1614₄
クロミモジタケ　1607₁₀
クロム　376f
クロムアルベオラータ　376e
クロム親和細胞　376g
クロム親和性顆粒　376g
クロム親和性反応　377a
グロムス科　1604₅₆
グロムス綱　1604₅₄
グロムス目　1604₅₅
グロムス類　377b, 1604₅₃
クロム明礬ヘマトキシリン-フロキシン染色法　490f
クロムリナ目　1656₂₇
クロメラ植物門　1661₄₀
クロメラ門　1661₄₀
クロメラ類　23c
グロメレラ科　1618₉
クロモ　1646₄
クロモジ　1645₄₈
グロモスポリウム科　1621₅₀
クロモブラスト　1409d
クロモマイシンA₃　377c
クロモメア　806e
クロヤマアリ　1601₄₉
クロヤマイグチ　1627₄
クロユリ　1646₃₅
クロラッパタケ　1623₄₁
クロラムフェニコール　377d, 893a
クロラムフェニコールアセチル基転移酵素　1491b
クロラモエバ目　1656₄₈
クロララクニオン藻　377e
クロララクニオン藻綱　377e, 1664₄₇
クロララクニオン藻門　1664₄₉
クロリン　1328c
クロルイリドウイルス属　1515₄₆
クロルブロマジン　1008a
グロレア科　1638₁
クロレラ　377f
クロレラウイルス　834d
クロレラ目　1635₅
クロロウイルス属　1516₄₂
2-クロロエチルホスホン酸　377g
クロロキブス植物門　1635₄₉
クロロキブス藻綱　1635₅₀
クロロキブス目　1635₅₂
クロロキン　95g
クロロクルオリン　377h
クロロクルオロヘム　1328c
クロロクルオロポルフィリン　1328c
クロロゲン酸　294f, 488b
クロロコックム目　1635₃₁
クロロソーム　378a
クロロデンドロン藻綱　1634₉
クロロデンドロン目　1634₁₉
クロロネマ　421e
クロロバクテン　249c
クロロフィラーゼ　378b
クロロフィリド　378c
クロロフィリド型　378c
クロロフィル　378c
クロロフィル=クロロフィリド-ヒドロラーゼ　378b
クロロフィル蛋白質複合体　378d
クロロフィル P700　441c
クロロフィル P680　441c
クロロフィルフォーム　378c
クロロプラスト　1427d
クロロフレクサス　1540₃₉
クロロフレクサス科　1540₃₉
クロロフレクサス綱　1540₃₇

クロロフレクサス目 1540₃₈
クロロフレクサス門 379a, 1540₃₀
クロロマイセチン 377d
p-クロロメルクリ安息香酸 129c
クロララクニオン植物門 377e
クロワザ 372g
クローン 379b
クローン化 942a
クローン解析 379c
L-グロン酸 364f
グロン酸 379d
クローン集合体 380b
クローン植物 373e
クローン成長 122g
クローン選択説 379e
クローン選抜 121c
クローン増殖 207a, 379e, 380c, 1384a
クローン動物 380a
クローン排除 380b
クローン培養 380c
クローン病 381a
クローンヤムシ 1577₃
クローンライブラリー 381d
クワ 1649₇
クワイカビ 1617₅₁
クワイカビ科 1617₅₁
クワ科 1649₆
クワガタダニ 1591₇
クワガタムシ 1600₆₁
クワクサ 1649₆
クワ状果 1194e
クワズイモ 1645₅₃
桑田義備 381c
クワドルルス 666d
クワノミヒ 1635₃₈
クーン 381d
群 354e
軍拡競走 318e
グンカンドリ 1571₂₉
グンカンドリ亜目 1571₂₉
群帰属形質 381e
群居相 832e
群網 383a
群集 381f
群集傾度 763d
群集構成の個別概念 672a
群集生態学 382a
群集組成 1374d
群集の安定性 382b
群集の多様性 914b
群集の多様度 637a
群集の中立モデル 382c
群集モニタリング 1398h
群集有機体 381f
群集理論 382d
群集連続説 672a
クンショウケイソウ 1654₄₀
クンショウケイソウ目 1654₄₀
燻蒸剤 540e
クンシラン 1646₅₆
クーンズの方法 1388a
群生相 832e
群生態学 382a, 476d, 677a
群選択 383c
群体 382e
グンタイアリ 1601₄₈
群体起原説 220d
群体形成 382e
群団 381f, 383a
グンディ形下目 1576₅₁
群度 383b
群淘汰 383c
グンネラ 1648₁₁
グンネラ科 1648₁₁
グンネラ目 1648₁₀

群飛 383d
群目 383a
群落 676c
群落集団 383e
群落上方 1458c
群落生態学 382a, 676a
群落測度 383f
群落複合体 383e
群落分類群 383g

ケ

毛 384a
ケアシガニ 1598₁₀
系 392c
警戒音 1458a
形骸細胞 475g
警戒色 386f
警戒声 601c
経割 1444a
景観 191f, 384b
景観構成要素 191f
景観生態学 384b
頚管ポリープ 1325d
頚器官 385a
頚気嚢 296d
頚胸神経節 755h
頚屈曲 1063d
経験主義心理学 1492e
経験的遺伝予後 84g
経験剝奪 385b
蛍光 385c
頚溝 385a
蛍光イメージング計量法 385d
蛍光 in situ ハイブリダイゼーション法 386d
蛍光ギムザ法 612c
蛍光共鳴エネルギー移動 126a
蛍光共鳴エネルギー転移 385d
蛍光顕微鏡 386b
蛍光抗体法 386c
蛍光相関分光法 386d
蛍光相互相関分光法 386d
経口的消化 653i
経口避妊薬 386c
警告 386f
警告反応 1124g
脛骨示数 1289a
茎根匍移部 386g
経済-生態結合ダイナミックス 762e
経済的被害許容水準 1164g
経済密度 478b
頚索 146c
計算機シミュレーション 613d
ケイ酸植物, 珪酸植物 387a
計算生物学 387b
ケイ酸沈着胞 1132f
茎刺 388g
継時闇 342l
形式的相同 830b
形式的モデル 1398c
経時寿命 1256g
継時性 387c
継時性対比 862b
形質 387d
形質芽細胞 387e
形質グループ 1015f
形質細胞 387e
形質細胞様樹状細胞 635d
形質状態 387f
形質状態法 1480g
形質進化 392i
形質人類学 716c

形質置換 321a, 742c, 986f
形質転換 387g
形質転換植物 8e
形質転換成長因子 387h
形質転換生物 1010d
形質転換物質 387g
形質導入 388a
形質導入体 388a
形質導入ファージ 388b
珪質軟泥 1029d
形質の重みづけ 388c
形質の分岐 388d
形質発現 388e
珪質鞭毛虫目 1656₇
形質膜 532e
継時波 387c
傾斜屈性 348h
傾斜重力屈性 630e
鯨鬚 388f
痙縮 447b
形状覚 343a
頚小体 512b
頚静脈 636d
頚静脈神経節 507j
茎針 388g
系図 212i
形成 390g
傾性 388h
形成異常 282b
形成期骨芽細胞 480d
形成細胞巣 1447c
形成性緊張 225c
形成層 389a, 484a
形成層帯 389b
形成体 389b
形成中心 389c
形成的刺激 122c
形成能 1107b
形成不全 389d
脛性麻痺 1344e
茎節 538c
脛節 390a
頚節 1404c
脛節器官 173f
迎接突起 639c
頚節片 349g
経線管 1408g
経線状繊維 1395c
ケイ素 390b
珪藻綱 1654₂₇
ケイ藻土 1132f
珪藻軟泥 1029d
形走類 390c
珪藻類 390c
計測基準点 707f
計測形質 391d
継続変異 390e
ケイソン法 390f
繋帯 1095e
継代 391h
形態異常 282b
形態学 390g
形態学顔示数 258b
形態形質の変換系列 391f
形態形成 390h
形態形成運動 390i
形態形成の数学理論 391a
形態形成のポテンシャル 391b
形態再編 520f
形態視 391c
形態種 644g
形態循環 391i
形態小変異(頭蓋骨の) 391d
形態測定学 391e
形態調節 520f

形態的傾斜　**391**f	痙攣　**394**b	血液凝固阻止物質　1273c
形態的勾配　**391**f	痙攣性疾患　394b	血液減量症　1177h
形態的種概念　619a	ケイロイド　871c	血液細胞　401c
形態的体色変化　854d, 1084h	鯨蠟　1498f	血液色素　403d
形態的突然変異体　1006c	ケイロレピス科　1644₄₉	血液絨毛膜胎盤　861e
形態的不稳性　1209g	ケイロレピス目　1565₂₄	血液循環　398a
形態的分化　297g	ケイロン　**394**c	血液精巣関門　**398**b
形態的ヘテロタリズム　1270f	頸腕神経叢　697e	血液単球　1339h
形態的防衛　1292e	KA菌　898b	血液蛋白質　**398**c
継代培養　**391**h	KL菌　898b	血液沈降　604e
形態発現　591j	ゲオシフォン科　1605₁₇	血液脳関門　**398**d
経胎盤感染　724d	ゲオデルマトフィルス科　1536₄₇	血液脳脊髄液関門　398c
形態輪廻　**391**i	ゲオルゲフィシェリア科　1622₄₂	血液保存液　**398**e
茎端　644a	ゲオルゲフィシェリア目　1622₄₀	血液流動学　777a
茎頂　644a, 644b	ケカゴタケ　1626₁₄	血液量　**398**f
茎頂培養　**392**b	ケガニ　1598₇	血縁交配　462j
茎頂分裂組織　644b	ケカビ　1603₄₂	血縁識別　**398**g
頸椎　349g, 784d	ケカビ亜門　1603₃₂	血縁集団　**398**h, 399b
傾度　462e	ケカビ科　1603₄₀	血縁選択　399b
ケイトウ　1650₅₀	ケカビ目　1603₃₃	血縁度　399a
系統　**392**c	ケカムリ　1630₂₁	血縁淘汰　**399**b
系統育種　**392**d	ケガワタケ　1624₄₃	血縁淘汰理論　398g
系統学　**392**e	隙窩循環系　187f	血縁認識　398g
系統学的自然群　586b	激変説　973d	血縁判別　398g
系統学的種概念　619a	ケクズゴケ　1613₂₀	血痂　234c
系統化石帯　223c	ゲーゲンバウル　**394**d	結果　403f
系統形態学　390g, **392**f	K抗原　101e	結核　**399**c
系統樹　**392**g	ケゴサ　1626₄₇	結核菌　1536₃₈
系統生物学　1073g	ケゴケ　1615₃₉	結核性肉芽腫　234f
系統漸進説　811c	ケコメバタケ　1624₃₃	ゲッカビジン　1650₅₆
系統抽出　345e	ケシ　1647₄₈	血管　**399**d
系統地理学　772e	ゲジ　1592₃₃	血管域　399e, 406l
系統の慣性　392h	ゲジ亜綱　1592₃₂	血管運動神経　**400**a
系統の制約　**392**h	ゲジ科　1647₄₇	血管運動中枢　**400**a
系統胚子発生　781c	ゲジゲジゴケ　1613₄₂	血管運動反射　**400**c
系統発生　**392**i	ゲジゲジシダ　1643₄₃	血管運動領野　400b
系統発生的分類　1166a	ケシゲリゴケ　1637₄₇	血管外膜細胞　1339h
系統分岐学　1099b	ケージドATP　394e	血管拡張　**400**a
系統分類　1254f	ケージド化合物　**394**e	血管拡張神経　400a
系統分類学　1255a	ケシボウズタケ　1625₄₇	血管拡張性失調症　225a
頸動脈　**393**b	ゲシュタルト心理学　**394**f	血管拡張中枢　400a
頸動脈球　393c	ケショウヤナギ　1649₅₂	血管芽細胞　**400**d, 1363h
頸動脈小体　**393**c	ケシワウロコタケ　1623₅₃	血管間隙　882d
頸動脈腺　393c	下水処理　228d	血管間膜　1376b
頸動脈洞　400c	ゲスターゲン　**394**g	血管系　**400**e
頸動脈洞反射　707d	ゲストローゲン　394g	血管作動性アミン　152g
軽軟材　507f	ゲスナー　**394**h	血管作動性小腸ペプチド　**400**f
茎熱収支法　659b	ケゼニゴケ　1637₁₄	血管周囲腔　954g
頸板　349g	ケゼニゴケ科　1637₁₄	血管周囲細胞　1376b
ケイ皮アルコール　1453e	K選択　408g	血管収縮　400a
顕微光度計　529c	K戦略　408g	血管収縮神経　400a
ケイ皮酸　1453e	K戦略者　408g	血管収縮中枢　400b, 400c
ケイヒ油　779b	ケダニ亜目　1590₁₇	血管収縮ペプチド　155c
系譜　406m	ケダマカビ　1619₆	血管神経　400a
頸部　349g, **393**d, 535h, 660j, 752e	ケダマカビ科　1619₆	血管新生　**400**g, 1363b
傾伏　1318d	ケタヨセダニ　1591₂	血管新生促進　1230h
頸部軟骨　755h	血圧　**395**a	血管洞　533f
頸吻亜目　1600₃₃	血圧降下剤　1432k	血管透過性因子　401a
頸膨大　783d	血圧上昇作用　**395**b, 693h	血管内皮細胞　**400**h, 461f
警報フェロモン　1189c	血圧上昇ホルモン　1098f	血管内皮細胞増殖因子　**401**a
兄妹検定　**393**e	血圧調節反射　400c	血管肉腫　1030f
兄妹交配　651g	ケツァルコアトルス　1430a	血管囊　1063h
ケイマフリ　1571₅₉	血液　**395**c, 845e	血管反射　400c
径脈　613b, 613c	血液移注　1416b	欠陥ファージ　**401**b
茎葉植物　473d, 1453a	血液鰓　**395**d	血管平滑筋細胞　400h
茎葉体　**393**g	血液学　**395**e	血管野　399e
茎葉体制　1245e	血液型　**396**a	欠陥溶原菌　401b
経卵感染　724d	血液型抗原　396b	欠脚類　1567₂₇
経卵伝染　87d, 724d	血液型物質　**396**b	血球　**401**c
渓流植物　393h	血液型不適合　396a, 705a	血球芽細胞　401e
渓流沿い植物　**393**h	血液寒天　1492i	血球計算　401d
繫留蛋白質　**394**a	血液凝固　**396**c	血球計数器　**401**d
繫留複合体　394a	血液凝固因子　**397**a	血球新生　**401**e
計量　1480g	血液凝固阻止剤　344a	血球素　1277d
系列化石帯　223c		血球容積　1275i

ケツク

毛づくろい 370e
血系 407b
月経 402a
月経黄体 160e
月経血 402a
ゲッケイジュ 1645[48]
月経周期 402a, 1105d
月経閉止 402a
結合型オーキシン 97f, 402b
結合型ジベレリン 402c
結合管 198e
結合菌糸 336d
欠甲綱 1563[43]
結合織 402e
結合写像格子 192j
結合主義 1492e
結合水 402d
結合節 1020k
結合説 1498i
結合繊毛 574g
結合双生児 925i
結合組織 402e, 576e, 793c, 800f
結合組織骨 479g
結合組織絨毛胎盤 565i
結合組織絨毛膜胎盤 861e
結合組織性毛嚢 384f
結合組織軟骨 1028a
結合組織病 439c
結合組織母斑 1318b
結合組織マクロファージ 840c
結合帯 403a
結合の重み 1044g
欠口目 1660[42]
結合問題 403b
結合類 490c
結骨 105h
結婚 500g
結婚飛行 500i
血細管 407b
結紮実験 403c
血色素 403d, 1277d
血色素計 1277f
欠失 403e
結実 403f
欠失マッピング 403g
齧歯目 1576[34]
月周期性 403h
月周性 403h
血漿 404a
血漿カリクレイン 242i
血漿凝固因子 397a
血漿クリアランス 357f
結晶砂 404b
結晶細胞 404b
結晶束 404b
楔状束 783d
結晶体 895h
結晶体変性 1286e
血漿蛋白質 404c
血漿糖蛋白質 404d
血漿トロンボプラスチン 1018b
血漿トロンボプラスチン成分 1018a
血漿トロンボプラスチン前駆因子 1018b
血小板 404e
血小板アクトミオシン 1018a
血小板活性化因子 404f
血小板活性化因子アセチルヒドロラーゼ 1311f
血漿搬出法 1217c
血小板由来成長因子 404g
血漿フィブロネクチン 1185d
血漿リポ蛋白質 331h
欠除実験 592f
欠如症 282b
欠翅類 599[4]

齧歯類 1440f
欠神 967b
血清 405b
血清アルブミン 405c
血清学 457b, 1385b
血清学的分類 405d
血清型 405d, 547a, 1055f
血青素 1278b
血清阻止力 405e
血清蛋白質 404c, 466g
血清中伸展因子 1158c
血清培地 1011b
血清病 405c
血清リポ蛋白質 1465c
血清療法 643c
結節 545b, 1286h
結節性多発性動脈炎 439c
結節点 558j
結節部 217j
血栓 405g
血栓細胞 404e
血栓症 405c
血栓溶解剤 1217b
血族結婚 337c
欠損ウイルス 1193e
欠損型形質導入ファージ 388b
欠損地域 899c
欠損ファージ 401b
血体腔 187f, 274g, 405h
血体腔媒精 405i
血虫下綱 1598[31]
血虫目 1661[36]
結腸 857g
結腸癌 858a
結腸紐 406a
結腸膨起 406b
血沈 788c
ゲッテ 406c
決定 406d
決定因 406e
決定因子 961c
決定原因 406e
決定子 961c
結締織 402e
決定中心(昆虫卵の) 406f
決定的卵割 406g
決定転換 406h
決定論的モデル 406i
ゲッテ幼生 406j
血洞 405h, 406k, 533f
血島 406l
血統 406m
血糖 407a
ゲットウ 1647[19]
血洞環 784d
血洞弓 784d
血洞系 407b
血統系列 842d
血糖上昇ホルモン 407c
血洞腺 519c
血統登録 406m
血道突起 784d
血洞毛 407d, 1118d
欠頭類 1041e
ケットゴケ 1625[38]
血餅 396c
血餅収縮 396c
ケッペンの気候区 283a
欠乏症 121k
ケツボカイメン 1554[19]
結膜 407f
結膜円蓋 407f
結膜嚢 407f
結膜半月襞 407f, 652i
血脈洞 407e

距 407g
血友病 407h, 1122g
楔葉類 223a, 1001a
血流 395a
血流計 395a
血流量 395a
血リンパ 408b, 705g
血リンパ節 408c
ゲーテ 408d
KDEL モチーフ 666a
Kety 法 1182b
ゲート 408e
β-ケトアジピン酸 408f
K 淘汰 408g
解毒 408h, 600e
α-ケトグルタル酸 344b
α-ケトグルタル酸セミアルデヒド 30g
α-ケトグルタル酸脱水素酵素 344b[図], 409b
α-ケトグルタル酸脱水素酵素系 409b
ケト原性アミノ酸 980b
ケトコナゾール 16h
ゲートコントロール説 934d
α-ケト酸カルボキシラーゼ 1174h
ケトーシス 409c
α-ケトシド結合 555f
ケトース 891e, 1085f
17-ケトステロイド 409d
3-ケトステロイドΔ^4-Δ^5-イソメラーゼ 732h
ケートフォラ目 1635[22]
ケトヘキソキナーゼ 1226f
ケートベルティス目 1635[21]
β-ケト酪酸 409g
ケトール 409e
ケトール転移酵素 409e, 1288b[図]
ケトレ 409f
ケトン症 409c
ケトン体 409g
ケナガグンディ 1576[52]
ケナガコナダニ 1590[47]
ケーニヒスワルト 410a
ケニヤビテクス 1231a
ゲニン 8a, 410b
毛抜状咬合 439e
ゲネコロギー 639c
解熱鎮痛薬 933f
ケノサイト 867c
ケノデオキシコール酸 410c
ケノビウム 952g
ゲノミック DNA ライブラリー 410d
ゲノミックライブラリー 410d
ゲノム 410e
ゲノムインプリンティング 410f
ゲノム規模の関連解析 1492h
ゲノム計画 410g
ゲノムコンプレキシティー 411c
ゲノムサイズ 590a
ゲノム対立 411b
ゲノム重複 410h
ゲノムデータベース 411a
ゲノム突然変異 807a
ゲノム内闘争 411b
ゲノムの複雑度 411c
ゲノム不安定性 411d
ゲノム分析 411e
ゲノムライブラリー 410d
ゲノムワイド関連解析 1470h
ケーパー 1649[60]
ケバエ 1601[20]
ケバゴケ科 867g
ケハダウミケムシ 1584[42]
ケハダエボシ 1595[46]
ケハダタマヤスデ 1593[11]
ケハダヒザラガイ 1581[28]

ケハダヒザラガイ亜目 1581[28]	ケルコゾア門 1664[22]	嫌気的代謝 **417**d
ケハネゴケモドキ科 1638[13]	ケルコゾア類 414f	嫌気的脱水素酵素 874e
ゲバンゴケ 1615[42]	ケルコモナス目 1665[11]	嫌気培養 **417**e
ゲバンゴケ科 1615[42]	Kell式 396a	原基分布図 1430l
ケビラゴケ 1637[44]	ゲルシフト法 **414**g	減却 838d
ケビラゴケ科 1637[44]	ゲル浸透クロマトグラフィー 415b	原脚期 1282h
ケファラスピス目 1564[8]	ケルセチン 1152b	研究推進モデル 1398c
ケファリン 1309a	ゲル相 577f, 829h, 1439h	研究倫理 **417**f
ケファロアスクス科 1606[1]	ゲルゾリン 7c	研究倫理委員会 281e
ケファロテカ科 1619[4]	ゲルダナマイシン 48c	弦響器 415h
ケファロバエナ目 1594[49]	ゲルトナー **414**h	弦響器官 415h
ケフィロステグス亜目 1567[24]	ゲル内拡散法 414i	原菌糸 336d
ケブカタナイス 1597[26]	ケールロイター 415a	原クチクラ 347a
ケープ植物区系界 675a[表]	ゲル濾過 **415**b	原グレガリナ目 1661[19]
K物質 1044f	ゲル濾過クロマトグラフィー 415b	ゲンゲ 1648[49]
ケーブル説 **411**g	ケロデス亜目 1581[20]	原型 **418**a
ゲール 412a	ケロテリウム科 1610[27]	原形質 **418**b
ケーベル器官 412b	ゲロプテラ目 1598[44]	原形質運動 **418**c
ゲーベルゴケ 1637[42]	腱 415c	原形質ゲル **418**d
ゲーベルゴケ科 1637[42]	舷 415d	原形質構造説 418b
ケホコリ 1629[10]	減圧症 390f	原形質測定法 **418**e
ケホコリ目 1629[8]	減圧反射 400c	原形質ゾル **418**f
ゲマティモナス科 1544[37]	検圧法 **415**e	原形質体 1237c
ゲマティモナス綱 1544[35]	牽引筋 479i	原形質吐出 418h
ゲマティモナス目 1544[36]	牽引糸 980e	原形質復帰 **418**g
ゲマティモナス門 1544[34]	原因性 92g	原形質分離 **418**h
ケミカルコントロール **412**c	嫌雨植物 415f, 429h	原形質分離剤 418h
ケミカルメディエーター 1342a	幻影細胞 475g	原形質分離時 418h
ゲミナゴ科 1622[10]	原栄養体 415g	原形質分離度 418h
ゲミニ 423b	検疫 676e	原形質分離透過性 418h
ケミルミネセンス 196d	弦音感覚子 415h	原形質膜 532e
毛虫 412d	弦音器官 415h	原形質融合 1218a
ケムシヒザラガイ 1581[29]	犬熾熱 583e	原形質流動 **419**a
ゲーム理論 **412**e	堅果 415i	原形質連絡 **419**b
ケーメン 412f	原窩 421h	減形成 389d
ケモカイン **412**g	限界 60a	原形体 1284c
ケモカイン受容体 **413**a	限界暗期 446g, 447a, 885e	原形発生 **419**c
ケモスタット **413**b	限界稀釈培養法 415k	原結節 1286h
ケモタクティクサイトカイン 412g	限界稀釈法 380c	原原種 421g
ケモチダニ 1590[40]	限界原形質分離 418h	言語 **419**d
ケモノハジラミ 1600[22]	限外顕微鏡 48d	絹膠 795g
ケヤキ 1649[3]	原塊体 1236f	原口 **420**a
ケヤリ 1657[39]	限界値 60a, 517c	原溝 421h
ケヤリムシ 1585[3]	限界値定理 **416**a	原口管 783c
ケヤリ目 1585[1], 1657[39]	限界デキストリン **416**b	肩甲骨 589d
ケラ 1599[24]	限界点 596c	検光子 1285d
ケーラー(G.J.F.) **413**c	限界電位 416c	原甲翅類 1600[4]
ケーラー(W.) **413**d	限界電流 **416**c	原口唇 **420**a
ケラケオソルス目 1622[21]	原外胚葉 72g	原甲虫類 1600[4]
ケラシン 241d, 1453g	限外濾過 **416**d	原鉤頭虫綱 1578[44]
ケラタン硫酸 **413**e	限外濾過膜 416d	原鉤頭虫類 460f
ケラチノサイト 200g	幻覚 538h	原口動物 310a
ケラチン **413**f	原核 210d	原腔動物 **420**b
ケラトサウルス類 1570[7]	幻覚剤 450f	原後脳 1470i
ケラトストマ科 1617[47]	原核細胞 416e	原口背腎部 73d, 421h
ケラトヒアリン顆粒 200g, **413**g	幻覚性菌類 416f	原口 1658[1]
ケラトミケス科 1611[36]	原核生物 **416**g	原腔類 1556[28]
ケラト硫酸 413e	原核緑色植物 **416**h	言語音 **420**c
ゲラニイン 892c	原核緑色植物門 1445j	言語筋 420c
ゲラニウム酸 1024h	顕花植物 416i, 634d	言語中枢 419e
ゲラニオール **414**a, 414b, 779b, 1024h	原芽体 **416**j	言語普遍 419g
ゲラニルゲラニル化 414b	原感覚 299i	言語野 **420**d
trans-ゲラニルゲラニル二リン酸 192f	減感作 **416**k	言語領域 593c
ゲラニルゲラニル二リン酸 **414**b	原環動物 421a	ゲンゴロウ 1600[53]
ゲラニルゲラニルピロリン酸 414b	原管類 1556[30]	ゲンゴロウダマシ 1600[53]
ケララアシナシイモリ 1567[36]	幻器 803d	原根層 **420**e
ゲランガム **414**c	原基 **417**a	原鰓亜綱 1581[48]
下痢 1032d, 1241b	腱器官 427e	原鰓類 1285h
ゲリエラ目 1595[12]	原気管類 1412c	ケンサキヒモムシ 1580[42]
ケリカー **414**d	幻器綱 803d	検索 277i, 1305i
下痢性貝毒 184e	原記載者 287d	原索動物 **420**f
ゲーリング **414**e	嫌気生活 417b	検索表 **420**g
ゲル移動度シフト法 414g	嫌気性菌 **417**c	犬歯 1069b
ケルカリア 797g	嫌気の呼吸 469h	原翅亜類 1598[54]
ゲルクロマトグラフィー 415b	嫌気の酸化反応 **417**c	原始異毛目 1658[3]

ケンシ 1721

和文

ケンシ

原始右心室　691e
犬歯窩　420h
原肢型幼虫　1282h
原始環虫類　421a
原子間力顕微鏡　825c
原肢期　1282h
原色素体　1238d
原始基本数　300a
原始形質共有　323d
犬歯隙　1069b
原刺激　551j
ケンシコ　1575_49
原始紅藻　449a
顕示行動　421b
原始細胞　1411h
原始索　1083i
ゲンシササラダニ　1590_53
原子質量単位　1014g
原始紐舌目　1583_36
原始条　421h
原始植生　422a
原始心筒　1035c
限雌性遺伝　421i
原始生殖細胞　571e
原始生物　1055b
絹糸腺　421d
原始前脚下綱　1595_2
原始線条　421h
原糸体　421e
原始大核綱　1657_54
原始体腔動物　420b
原始蛋白質　421f
原始の形質状態　179b, 323d
原始軟体類　827c
原始八放サンゴ亜目　1557_20
原種　421g
原褶　421h
幻獣目　1574_56
原獣類　1317f
原種圏　421g
原順列目　1577_29
原条　421h
弦状感覚子　415h
減色効果　889b
原植生　422a
原植生復元図　671d
原植物　422b
原植物林　422c, 972f
犬歯類　422d
原人　716d, 1319d
原腎　810i
原腎管　422e
原人類　223b
懸垂糸　1089a
減衰成長　423a
減衰伝導　971i, 1202b
減数花　727e
減数性　727e
減数分裂　208b, 423b, 1039g, 1409d
減数有糸分裂　423b, 1409a
ケーンズモデル　423c
顕性　1410a, 1489b
現世　264j
減生　389d
限性遺伝　424a
原生細胞　1411h
原生篩部　72b
現生人類　1319h
原生生物　424b
原生生物界　177c, 424b
原生生物学　424b
現生生物学　476a
限性染色体　424c
原生代　424d

原生中心柱　424e
原生動物　424f
原生動物門　424f
原生粘菌　1628_42
原正尾　168d
原生分子体　424g
原生胞子　424h
原生木部　73b
原生林　422c, 972f
顕積累代　424i
原襀翅類　1599_15
原脊椎　424j
原脊椎板　424j
原節　201b, 425a
嫌石灰植物　425b
建設相　305c
腱繊維　415c
原繊維　799d
原前脳　817b
腱束　415c
腱組織　415c
原組織説　425c
現存植生図　671d
現存量　773h
肩帯　589d
減退　1420m
原体腔　425d
原体腔動物　847m, 848i, 1370j
原体節　855h
懸濁採取　1369b
懸濁培養　425e, 1211g
懸濁物食　953d
懸濁物量　579e, 721f
懸濁粒子　299e
ゲンタマイシン　30a, 425f
ゲンチアノース　171b
ゲンチアンバイオレット　562c
ゲンチオビアーゼ　365e
原地性化石　222c
捲着刺細胞　608a
原中心柱　425c
原中層細胞　917a
原虫類　424f
原腸　425g
減張　425h
原腸蓋　425i
減張期　623b
原腸形成　425j
原腸腔　425g
原腸体腔幹　923j
原腸嚢　924a
原腸胚　425k
原腸壁　849d
原直翅類　1599_3
限定因子　749a
検定系統　426a
検定交雑　426a
検定植物　426b
限定的加水分解　895d
限定点　687c
限定分解　1332c
懸滴培養　426c
原頭蓋　1028b
堅頭竜下目　1570_28
堅頭類　426d
減毒　1166j
ケンドル　426e
ケンドルー　426f
ケントロゴン目　1595_36
原蜻蛉類　1598_45
原口胚葉　72g
原軟体類　827c
原尿　426g
犬尿酸　295f
顕熱　1056a

原脳　426h
原脳域　426h
原脳的部域　426h
ゲンノショウコ　892c, 1648_31
原爆症　426i
原発癌　426j
原発腫瘍　426j
原発性マクログロブリン血症　1339f
原発性免疫不全　1389f
原発巣　426j
瞼板　258h, 1335e
腱反射　426k
瞼板腺　1335e
顕微灰化法　426l
顕微解剖　427b
顕微鏡　427a
顕微鏡学者　427a
顕微鏡技術　427b
原皮質　185e, 860c, 861a
顕微手術　427b
顕微授精　758g
顕微照射法　1353c
原皮層　425c
顕微操作　427c
顕微注射　427b
顕微注入法　80e
顕微描画装置　238i
顕微分光測光法　427d
顕微マニピュレーション　427c
原表皮　425c
剣尾類　235a
原尾類　1598_18
舷部　237g
原腹節数　1600_51
原分割　88f
肩片　1493f
原変態　425g
剣弁類　1599_23
健忘　278a
原胞子　896e
腱紡錘　427e
健忘性失語　593c
腱膜　415c
研磨切片法　873g
ケンミジンコ　1595_10
ケンミジンコ類　1595_10
原無尾類　1567_48
肩毛　1424a
限雄性遺伝　427f
原輪尿管　1417e
原葉　427g
原葉体　820e
原裸子植物　427h
原裸子植物綱　1144f
原卵黄類　1577_40
剣竜下目　1570_25
剣竜類　427i
原輪子　427j

コ

コア　1315f
小顎, 小腮　208e, 428a, 719c
コア酵素　37c, 569b
小顎腺　428b, 681c
小顎鬚　428a
コアセルヴェート　428c
コア蛋白質　1235e
コアヒストン　1145e
コアプテーション　428d
コアミケイソウ　1654_34
コアミケイソウ綱　1655_12
コアミケイソウ目　1654_33

コウケ　1723

コアミゴケ　1607₄₀
コアラ　1574₂₂
コイ　1566₅
ゴイサギ　1571₂₆
古異歯亜綱　1582₁₁
小泉源一　428e
小泉丹　428f
コイタダニ　1591₁₀
ゴイトロゲン　439g
コイバー泥灰岩　550f
コイヘルペスウイルス　1282b
コイヘルペスウイルス3　1514₄₅
コイ目　1566₅
コイルドコイル　428g
コイルドボディ　233h
甲　428h
翅　111g
溝　976h
綱　428j
高IgM血症　117c
抗悪性腫瘍薬　433g
高圧蒸気滅菌釜　656e
恒圧植物　725c
広圧性細菌　429a
好圧性細菌　429a
高圧滅菌釜　429b
好アルカリ菌　429c
口囲　63e
コウイカ　1583₂₁
コウイカニハイチュウ　1577₁₁
コウイカ目　1583₂₁
口域　63e
広域抗生物質　436h
広域適応性　429d
広域発がん　429e
広域分布種　899c
口胃神経系　434c
高異数倍数性　66g
抗インスリン　363i
口咽頭膜　346e, 433c
抗インフルエンザ薬　429f
後羽　111g
抗ウイルス剤　429g
好雨植物　429h
抗うつ剤　450f
抗HIV薬　429i
高エネルギー化合物　429j
高エネルギー結合　430a
高エネルギーリン酸化合物　430b
高エネルギーリン酸結合　430a
口縁　63e
好塩基球　430c
好塩基球性皮膚過敏反応　684c
好塩基性　430d
好塩基性赤芽球　401e
好塩基性白血球　430a
好塩菌　430e
口円錐　1158b
広塩性　710d
好塩性　430f
口縁膜　430g
後回　784d
項横筋　566b
抗オーキシン　430h, 1024g
恒温器　92h
高温菌　461h
高温殺菌　949f
高温障害(作物に対する)　431a
広温性　175c
恒温性　431b
高温耐性　461h
高温耐性　175c
高温耐性菌　461h
恒温動物　431b
口窩　346e, 433c

硬化　298c
溝牙　1000i
口蓋　431c
コウガイケカビ　1603₃₄
コウガイケカビ科　1603₃₄
抗壊血病ビタミン　12b
口蓋骨　1020k
孔開蒴果　536b
口蓋枝　507j
抗灰色毛因子　1114f
コウガイゼキショウ　1647₂₈
口蓋腺　431d
コウガイチリモ　1636₁₀
口蓋帆　431c
口蓋扁桃　1287d
口蓋方形軟骨　1020k
口蓋縫線　835g
硬海綿目　1554₃₅
口蓋葉　218a
口蓋裂症　835g
降河回遊魚　189b
光化学オキシダント　847h
光化学活性の原理　431f
光化学系　431e
光化学系Ⅰ　431e
光化学系Ⅱ　431e, 552e
光化学系反応中心複合体　441b
光化学第一法則　431f
光化学第二法則　431g
光化学当量の法則　431g
効果器　431h
甲殻　463a, 1505b
光覚　1134h
後角　783d
合核　432a
甲殻亜門　1594₁₉
光学活性　432b
光学顕微鏡　432c
抗核抗体　439c, 556f
厚角細胞　432d
口角腺　866i
厚角組織　432d
光学の対掌体　853i
後額片　208d
光学密度　309k
硬頸蛆　432e
甲殻類　432f
後鰐類　1569₂₂
膠芽細胞　695h
膠芽腫　433a
効果の法則　433b
抗かび剤　449d
硬化病　553j
後過分極　230b
陥陥　308c, 433c, 439c
口環　535h
孔管　433d
肛陥　467c
硬癌　262d
睾丸　759i
後感覚　549d
交換拡散　433e
睾丸決定因子　760b
後還元　433f
後還元的分裂　423e
抗がん剤　433g
光感受性網膜神経節細胞　1382c
交感神経　434a
交感神経系　434a
交感神経唾液　1251a
交感神経-副腎系　685a
交感神経様作用剤　685c
好乾性　593l
交換転座　824c

後眼房　1373b
交換輸送体　849b
口器　434c
孔器　175a, 255d, 781h
後期　434c
高気圧療法　390f
後期遺伝子　434e
後期旧石器時代人　376b
後期組換え節　602c
コウキケヤリ　1585₁
後基準標本　863g
好気水生菌　722a
好気生活　435a
好気性菌　435c
好気性光合成細菌　435b
抗寄生虫剤　435c
後期促進複合体　435d
好気の呼吸　469h
好気の代謝　435e
好気の脱水素酵素　874e
後期胚　1072a
後基板　217h
光輝壁紙　878h
後気門　301f
後気門類　1589₄₆
口脚　445e
後脚　445f
後脚上目　1595₉
口脚目　1596₂₄
口丘　1158b
口球　435f
後臼歯　1069b
高級脂肪酸活性化酵素　235b
口球神経節　436a
高級胆汁酸　436b
口吸盤　313d
後吸盤　313d
後胸　436c
後頬　266b, 459j
工業暗化　436d
後胸気嚢　296d
口峡狭部　1067g
抗凝血物質　436e
後胸腺　625c
後胸背板　1087c
口極　436f
後極類　325f
後極相　436g
肛棘毛　328c
後期落果　780h
抗菌スペクトル　436h
抗菌ペプチド　436i
抗菌力検定　436j
鉤具形成　197d
光屈性　1135b, 1250c
抗グロブリンテスト　352a
後脛骨静脈　921e
工芸作物　537f, 537g
後形質　437a
光傾性　388h
降形成　450c
高茎草原　437b
抗痙攣剤　450f, 1341e
攻撃　437c
攻撃距離　437d
高血圧　395a
抗結核薬　437e
抗血清　457b
高血糖　437f
抗原　437g
荒原　438a
抗原エスケープ　879i
光顕オートラジオグラフ法　167d
抗幻覚妄想剤　450f

抗原型変換 **438**b
抗原結合部位 **438**d
抗原決定基 **438**c, 438d
抗原原罪説 99e
膠原原繊維 439a
抗原抗体反応 **438**d
抗原抗体複合体 1313l
膠原細繊維 439a
膠質繊維 439a
抗原受容体 1383j
後減数 433f
抗原性 437g, 1388c
膠原繊維 439a
抗原提示細胞 **439**b
抗原特異的細胞傷害作用 528b
膠原病 439c
口腔 63e, 435f, **439**d, 523e, 1067g
口溝 63e
孔口 165e, 603b
肛口 1321f
咬合 **439**e
後行異名 89e
硬口蓋 431c
孔口周糸 **439**f
抗甲状腺剤 439g
抗甲状腺刺激ホルモン 466d
抗甲状腺物質 **439**g
光合成 **440**a, 688f, 977e
光合成遺伝子 **440**b
光合成曲線 **440**c
光合成細菌 **440**d
光合成産物 **440**e
光合成色素 **440**f
光合成商 **440**g
光合成生物 **440**h
光合成速度 **441**a, 751d
光合成単位 **441**b
光合成の炭素還元回路 259d
光合成のリン酸化 468g
光合成の増進効果 143i
光合成の電子伝達系 **441**c
光合成の反応中心 **442**a
光合成の誘導期現象 **442**b
光合成比 440g
光合成有効放射 **442**c
口後節 63c
口腔腺 **442**d
口腔前庭 348b
抗酵素 **442**e
肛後腸 **442**f
好高張性 462e
後喉頭 1374e
後口動物 702e, 1558₃₈
広腔胞胚 1407j
咬合面 1069b
口後繊毛環 1016h
硬骨海綿綱 **442**h
硬骨海綿類 **442**h
硬骨魚綱 1565₁₉
硬骨魚類 **442**i
後骨髄球 401e
硬骨組織 482f
抗コリンエステラーゼ剤 685c
抗コリン剤 685c
高コレステロール血症 730j
後根 783d, 783e
交叉 **442**j
虹彩 **442**k
硬材 507b, 1368b
抗細菌剤 **443**a
抗細菌ペプチド 436i
虹彩欠損 1363e
虹彩色素上皮層 442k, 1395c
虹彩支質 442k
後鰓体 **443**b

好細胞性抗体 **443**c
後鰓目 1583₅₇
後鰓類 63i
交又価 442j, 905a
交又型組換え 81f
口索 1120a
後索 783d
交錯木理 1396f
交叉伸展反射 **443**e
交叉耐性 444b
交叉単位 **443**f
交雑 **443**g
交雑育種 **443**h
交雑再活性化 **443**i
交雑受精 867a
交雑帯 **443**j
交雑発生異常 **443**k, 1130b
交雑不稔 **444**a
交雑不和合性 444a, 1240i
交叉抵抗性 540f
交叉適応 **444**b
交叉特殊化 1396i
交叉反応物質 **444**c, 1355h
交叉免疫 444b
交叉抑制 302a
交叉抑制因子 **444**d
交又率 442j
後産 20d
好酸球 **444**e
抗酸菌 **444**f
高山植物 **444**g
好酸性 **444**h
抗酸性菌 444f
好酸性細胞 1195b
向酸性試薬 155d
抗酸性染色法 **445**a
好酸性白血球 444e
広酸素性 552g
高山帯 **445**b, 724f, 747a
高山ツンドラ 937d
高山動物 **445**c
高山病 **445**d
口肢 **445**e, 997c
光子 431e
後肢 180g, **445**f, 857d
後翅 **445**g
鉸歯 925a
麹 **445**h
合耳 597g
コウジカビ 1611₃
コウジカビ属 **445**i
コウジカビ病 445i
高次感覚野 254d
高次冠性 111a
厚糸期 1091j
合糸期 512a
高次寄生 **446**a
高次寄生者 446a
虹色素胞 563f
項耳筋 566b
向 **446**b
厚軸 1088d
交軸型 1408e
向軸助 1088e
高脂血症 576i
高次構造予測(蛋白質の) 1458g
後耳骨 698c
コウシサラグモ 1592₂₄
麹酸 **446**c
高次神経活動 **446**d
後時価 387c
格子繊維 **446**e
後肢帯 589d
コウシタケ 1627₅₁
コウシチョウ 1570₄₀

コウシチョウ目 1570₃₉
硬実 463e
膠質管 1505c
鉱質コルチコイド 1026a, 1362b
膠質浸透圧 499c
好湿性 593l
向日性 1135b
膠質性結合組織 467m
膠質層 235e
格子モデル **446**f, 727g
公衆衛生学 58d
後獣下綱 1574₅
光周期 446g
合糸雄ずい 1409e
光周性 **446**g
光周性誘導 446g
光周反応曲線 **447**a
抗重力反応 363b
後獣類 1317f
拘縮 **447**b
後熟 313e, **447**c, 755f
後主静脈 636d
抗受精素 638b
抗出血性ビタミン 1151h
高出葉 **447**d
耕種的防除 1164g
光受容体 **1136**g
光受容様式 1134h
紅樹林 1347c
コウシュンカズラ 1649₄₅
恒常現象 902e
向上進化傾向 689f
恒常性 1318c
恒常性ケモカイン 412g
甲状腺 **447**e
甲状腺癌 **447**f
甲状腺機能低下症 69b
甲状腺刺激ホルモン **447**g
甲状腺刺激ホルモン放出ホルモン 447g, **448**a
甲状腺腫 439g
甲状腺ホルモン **448**b
口上突起 **448**c
甲状軟骨 459k, 461b
鉤状毛 614b
合植 **448**d
紅色硫黄細菌 55b
紅色光合成細菌 **448**f
紅色細菌 448f
肛触糸 879g
口触手 353b, 670b, 1325c
紅色植物 **449**a
紅色植物亜界 1632₄
紅色植物門 1632₅
腔所形成 306d
口触角 986e
後触角 859d
高所病 445d
広翅類 1600₄₄
網翅類 1600₇
口唇 348b, 353h
更新 514b
紅唇 348b
後腎 **449**b
交信攪乱法(性フェロモンによる) **449**c
後腎芽組織 449b
後腎管 691d, 912g
後腎間充織 449b
抗真菌抗生物質 449d
抗真菌剤 **449**d
抗真菌ペプチド 436i
抗真菌薬 449d
抗神経炎性ビタミン 898c
向神経性 102j
口唇紅部 348b

コウト 1725

更新世 **449**e, 705c	光線過敏性皮膚炎 3d	後体部 818b
口唇腺 348b, 866i	口前繊毛環 106b, 1016h	抗体療法 **458**d
項靱帯 707e	口前腸 442f	抗体レパートリー 458c
高浸透液 987b	口前葉 **452**e	抗体レパートワ 458c
恒浸透性動物 **449**f	酵素 **452**f	甲柝 1354e
高浸透調節型動物 711a	コウゾ 1649₆	コウタケ 1625₂₆
高振幅徐波 1065f	合祖 79c, 772e	後睡膜 **458**e, 866i
口唇ヘルペス 888h	紅藻 449a	後担子器 884j
後錐 862c	鉸装 925a	硬蛋白質 **458**f
降水量 725i	紅藻亜門 1632₉	高順化 **458**g
高数性 66g	構造安定性 **452**g	合着 229d
コウスゴケ 1614₆	構造異型 62a	膠着胞 1060d
広スペクトル抗生物質群 436h	構造遺伝子 77d, **452**h	口柱 353h
向性 102j, **450**a	構造 MRI 144a	後柱 783d
抗生 **450**b	光増感 1137a	口柱管 353h
降生 **450**c	構造ゲノミクス 453b	好中球 **458**h
構制 854h	構造雑種 **452**i	構中性 401e
合成 193f	高層湿原 **453**a	好稠性 462c
合成オーキシン 164b	構造色 854d	好中性白血球 458h
合成海水培地 701b	光走性 **1137**b, 1250c	コウチュウダニ 1590₄₄
後生殻 847c	構造生物学 453b	甲虫媒 996c
後生花被類 465e	光走速性 **1137**c	コウチュウ目 1600₅₀
合成期 130d	構造的異型接合性 452i	甲虫類 1600₅₀
校正機能 947d	紅藻澱粉 449a	嚙虫類 1600₁₆
構成酵素 450h	構造斑入り 1185f	肛腸 **459**a
合成酵素 **450**d	交層分裂 722g	後腸 **459**b
構成呼吸 **450**e	交出木理 1396f	腔門 611c
合成サイトカイニン 185c, 518a	酵素活性の調節 453c	高張液 **459**d, 922e
抗生作用 857f	合祖過程 453d	腔腸溝系 1110h
後生篩部 72b	酵素-基質複合体 1351f	抗張性 439a
合成種 644g	拘束 **453**e	高張性 459d, 922e
合生心皮 1455i	後足 453f	腔腸動物 **459**e
向精神薬 **450**f	梗塞 **453**g	後腸門 926g
合成ステロイド剤 22b	高速液体クロマトグラフィー **454**a	硬直 **459**f, 1349g
抗生スペクトル 436h	後足腺 837e	口蹄疫ウイルス **459**h, 1521₁₄
構成性エンドサイトーシス **450**g	後続同名 998d	後 DNA 合成期 591g
構成性酵素 **450**h	肛側板 465b, 1164f	コウテイペンギン 1571₁₆
構成性突然変異 **450**i	後側板 812j, 838i	合点 **459**h
構成生物学 450j	酵素欠如現象 1224b	光電効果 **459**i
合生生物学 **450**j	酵素工学 **454**b	合点受精 459h, 924e
構成性分泌 **451**a	酵素抗体法 **454**c	後天性形質 206i
後成説 139d, **451**b	硬組織 480c	後天性免疫 207i
後成的 451b	酵素前駆体 **454**d	後天性免疫不全症候群 118c
合成的 51c	酵素阻害 455a	後天的特発性溶血性貧血 1421b
構成的防御 1413b	酵素多型 895f	紅土 1437c
後生動物 **451**c, 1553₁₂	酵素適応 455c, 1412g	咬頭 1069b
高精度分染法 809e	酵素嚢のサイクリング **455**b	後頭 **459**j
合成培地 **451**d	酵素的適応 **455**c	喉頭 **459**k
コウセイハサミムシ亜目 1599₈	酵素の光回復 1134f	口道 433c, 1110h, 1325c
合成反応 218c	酵素特異性 **455**d	行動 **460**a
合成品種 **451**e	酵素の触媒機構 **455**e	肛道 467c
抗生物質 **451**f	酵素の精製 456a	溝道 1110h
構成ヘテロクロマチン 1270a	酵素の単位 456b	行動遺伝学 77a
合成ポリヌクレオチド 1321b	酵素の分類 **456**c	コウトウイモ 1645₅₇
後生木部 73b	酵素の命名法 **456**d	後頭顆 784d
合成用酵素 1016a	酵素番号 456d	喉頭蓋 459k, 1035a
後生類 812e	酵素反応の阻害 455a	口道外口 1325c
洪積世 449e	酵素反応の速度論 **457**a	喉頭蓋軟骨 459k
交接 463c	酵素法 941a	喉頭癌 262d
肛節 258d	酵素免疫測定法 194a	行動干渉 490a
後節 812e	抗体 **457**b, 1386a	好洞窟性動物 978f
梗節 680g	後体 1120a	抗凍結糖蛋白質 404d
硬節 855h	後退 421h	抗凍結物質 **460**b
好石灰植物 **451**g	抗体依存性細胞傷害活性 330f, 528b, 1025e, 1386a	行動圏 **460**c
交接刺 803d		喉頭口 459k
恒雪帯 **452**a, 724f	抗体結合力 **457**c	孔道口 1147h
交接突起 92j	抗体腔 425d, 924a	後頭骨 698c
交接囊 463g	後退咬合 439e	喉頭室 761f
コウツツレットウジョウチュウ 1578₁₁	抗体酵素 **457**d	行動主義心理学 204b, **460**d
広節裂頭条虫 349g	抗体産生細胞 387e	行動睡眠 726g
交接腕 **452**b	後大静脈 854c	行動生態学 **460**e, 476d
鉸線 925a	抗体親和力 **458**a	喉頭前庭 459k
向腺下垂体神経分泌系 579b	合体節 **458**b	後頭体部 459j
光線過敏症 563c	後大脳 859g	鉤頭虫目 1579₇
	抗体の多様性 458c	鉤頭虫類 460f, 1579₇

行動的隔離　211a
行動的体温調節　1283f
行動の防衛　1292e
鉤頭動物　460f
鉤頭動物門　1578_43
後頭突起　349g
行動突然変異体　1006c
口道内口　1325c
喉頭軟骨　459k, 461b
行動パターン　460g
後頭部　698c
後頭葉　860c
行動様式　460g
後頭隆起　461a
喉頭隆起　461b
後頭稜　461a
光動力作用　1137g
後頭鱗　461a
抗毒素　461c
高度好熱菌　461h
抗突然変異原　461d
抗突然変異物質　461d
高度不飽和脂肪酸　461e, 1231d
抗トロンビンⅢ　397a, 436e
高内皮細胞脈　461f
高内皮細胞　461f
高内皮静脈　461f, 1477c
口内孵化　1304c
口内保育　461g
口内保育魚　461g
口内膜　430g
高尿酸血症　934g
好熱菌　461h
好熱性菌　461h
好熱蛋白質　462a
後脳　462b, 725f, 1066b, 1470i
喉嚢　761f
後脳腔　695f
好濃性　430f, 462c
コウノトリ　1571_22
コウノトリ目　1571_22
交配　462d
勾配　462e
勾配学説　538c, 992i
交配型　462f
後交配ホルモン　462g
向背軸　1088e
向背軸極性　119h
後胚子発生　462h
交配種　586c
後胚発生　462h
光背反応　462i
交配様式　462j
後発射　462k
口板　433c
口盤　1118e
鋏板　925a
広範囲散在反復配列　303c
鋏板靭帯　707e
後反応　462k
甲皮　463a
硬皮　463b, 480c
交尾　463c
硬皮化　838i
交尾器　463d, 1027h, 1126d
交尾器官　463d
硬皮休眠　633g
交尾拒否姿勢　319c
交尾群飛　383d
交尾後ガード　1078k
交尾矢　1494a
交尾矢嚢　1494a
硬皮種子　463e
広鼻小目　1575_33

抗ヒスタミン剤　463f
抗微生物ペプチド　436i
交尾前ガード　1078k
交尾嚢　463g, 1284d
交尾針　92j
口鼻膜　308c
後氷期　463h
喉鰾類　108b
甲皮類　229e
高頻度形質導入型溶菌液　388b
高頻度血液型　396a
後負荷　463i
溝腹綱　1581_10
溝副触手綱　1584_56
降伏の姿勢　1196e
光腹反応　462i
後腹部　463j
広布種　1123g
後部体腔嚢　924a
抗不妊症因子　1151g
口部付属肢　445c
口部膜板帯　666d
抗プラスミン　463k
興奮　464a, 937a
高分子キニノゲン　397a, 1214h, 295b
興奮収縮連関　464b
興奮状態　464a
興奮性　55e
興奮性シナプス　464c
興奮性シナプス後電位　513g, 601f, 1429f
興奮性接合部電位　464d
興奮性組織　464e
興奮性膜　464e
興奮伝導系　570c
口柄　353h
後閉殻筋　1258e
口柄支持柄　353h
厚壁　269e
腔壁　425g
厚壁細胞　464g
厚壁柔細胞　59i, 464g
厚壁柔組織　626b
厚壁繊維　464g
厚壁組織　464g
厚壁嚢　464h
厚壁胞子　314b
抗ペラグラ因子　1032d
抗ヘルペス薬　465a
肛片　465b
硬変　465c
合弁　465c
抗変異原　461d
合弁花冠　197b
合弁花類　465e
口辺細胞　269e
孔辺細胞　465f
酵母　465g
膠胞　1060d
後方腎　465h
睾傍体　837b
合胞体　703d
後方重複奇形　925i
コウボウフデ　1610_59
後方縁縁帯　421h
後方鞭毛生物　168c
後包埋法　1389d
コウボウムギ　1647_29
合法名　805i, 959e
酵母核酸　36b
高木　465i
高木限界　466a
高木層　466b
高木林　466c
酵母細胞壁成分　1313l
酵母人工染色体　1404i

酵母ツーハイブリッド蛋白質複合体検出システム　67a
コウホネ　1645_22
硬母斑　1318b
抗ホルモン　466d
口膜　433c
硬膜　1065b
硬膜下腔　1065b
硬膜上腔　1065b
厚膜嚢　464h
コウマクノウキン　1603_19
コウマクノウキン科　1603_19
コウマクノウキン綱　1603_17
コウマクノウキン目　1603_18
コウマクノウキン門　466e, 1603_16
高マンノース型糖鎖　466f
コウミオオメミジンコ　1594_40
高密度繊維構造域　204g
高密度リポ蛋白質　466g, 1465c
肛脈　613b, 613c
抗ミュラー管因子　1364g
抗ミュラー管ホルモン　1364g
剛毛　384a, 1493f
口盲管　712b, 1120a
剛毛感覚子　467a
後毛細管静脈　320a
剛毛式　1392e
剛毛節　63c, 452e
剛毛体　1064b
コウモリガ　1493f, 1601_40
コウモリカズラ　1647_51
コウモリダコ　1583_23
コウモリダコ目　1583_23
コウモリダニ　1590_14
コウモリ媒　996e
コウモリハラダニ　1590_49
コウモリモウサイセンチュウ　1587_9
孔紋　73b, 1263f
肛門　467b
肛門窩　467c
孔紋仮道管　232b
肛門陥　467c
肛門鑑別法　620j
肛門挙筋　467d
肛門周囲腺　467e
肛門腺　467e, 928h, 1196g
肛門道　467c, 1250d
孔紋道管　467f
肛門突起　467g
肛門嚢　625c, 928h, 1080g, 1196g, 1418c
肛門板　1080f
肛門膜　1080f
コウヤクタケ　1623_50
コウヤクタケ科　1623_50
コウヤクタケ目　1623_49
コウヤクタケモドキ　1625_10
コウヤノマンネングサ　1640_46
コウヤノマンネングサ科　1640_46
コウヤマキ　1645_5
コウヤマキ科　1645_5
コウヤムシタケモドキ　1617_23
コウヤワラビ　1643_46
コウヤワラビ科　1643_46
抗雄性ホルモン物質　467h
後葉　217j
紅葉　467i
黄葉　467i
硬葉　467j
広腰亜目　1164f
硬葉高木林　467l
広葉樹　467k
硬葉樹林　467l
広葉植生　823j
後幼生発生　462h
広葉草本植生　823j

ココメ　1727

膠様組織　106g, **467**m
硬葉低木林　467l
後葉ホルモン　575c, 693h
広腰類　1601₄₆
広鼻類　229e
コウライウグイス　1572₅₆
交絡感作　444b
交絡抵抗　444b
コウラクロナメクジ　1584₂₄
コウラムシ目　1587₄₂
コウラムシ類　981h
ゴウリキケイソウ　1655₃₄
抗利尿作用　**468**b, 693h
抗利尿ホルモン　**468**c, 1098f
向流クロマトグラフィー　468e
硬粒種子　463g
恒流動性適応　**468**d
向流熱交換　849c
向流分配法　**468**e
光量子　431g
光量測定法　**468**f
口輪筋　348b
光リン酸化　**468**g
硬鱗質　113c
好冷菌　**468**h
好冷生物　**468**i
好冷藻　1h
口裂　439d
交感下器官　**468**j
交感器官　**469**a
交感後器官　469a
交感繊維　860c
コウロケイソウ　1654₃₄
航跡決定　85a, 1508k
口腔　353h
声　1106a
護頴　1292e
コエヌルス　322d
コエノプテリス類　223a
コエビ下目　1597₄₃
コエルロサウルス類　1570₁₁
コエロフィシス類　1570₆
コーエン　**469**b
コエンザイム　1305c
コエンザイム R　1131g
コエンザイム A　**469**c
コエンザイム Q　1418a
コエンチーム　1305c
コエンチーム A　469c
コエンドロ　1652₄₉
コオイムシ　1600₃₇
牛黄　890a
コ・オプション　**469**d
氷構造化蛋白質　1208i
郡場寛　**469**e
コオロギ麻痺ウイルス　1521₈
語音　420c
コカイン　**469**f
古顎亜綱　1598₂₆
ゴカクウミユリ目　1560₁₉
ゴカクヒトデ　1560₅₂
古顎類　1598₂₈
コガサタケ　1625₅₀
コーカソイド　703c
小型環状 DNA　296b
小型球形細胞塊　297h
小形精子体　1507c
小型染色体　856i
小型地上植物　904h
小形プランクトン　1220e
小型プレ B 細胞　1228g
小形分生子　1248f
小形雄体　1507c
小形葉　1461d
小型類人猿　1480h

コガタワムシ　1578₃₇
コカドウイロイド属　1523₃₅
コカナダモ　1646₃
小金井良精　**469**g
コガネウスバタケ　1624₁
コガネウロコムシ　1584₄₈
コガネエイランタイ　1612₄₄
コガネグモ　1592₁₈
コガネゴケ　1606₅₁
コガネゴケ科　1606₅₁
コガネサソリ　1591₅₂
コガネタケ　1625₄₆
コガネトゲカワ　1587₄₅
コガネトコブシゴケ　1612₄₁
コガネネバリコウヤクタケ　1624₉
コガネホコリ　1629₈
コガネムシ下目　1600₆₀
コノキ　1649₃₇
コノキ科　1649₃₇
コカメガイ　1580₃₈
コカメノコキクイメシ　1557₅₅
コカルボキシラーゼ　899a
個眼　170d, 1193l
コカンバタケ　1624₁₂
個眼面　1193l
コキシエラ科　1549₁₇
ゴキヅル　1649₁₂
ゴキブリ目　1600₇
呼吸　**469**h
呼吸運動　**470**a
呼吸運動描記器　**470**b
呼吸型還元酵素　658e
呼吸型硝酸還元　658d
呼吸管　519d
呼吸器官　**470**c, 1072b
呼吸筋　470a
呼吸計　**470**f
呼吸欠損変異　524f
呼吸欠損変異体　**470**e
呼吸孔, 呼吸門　**471**a
呼吸腔　282f
呼吸孔鰓　284b
呼吸酵素　**471**b
呼吸根　**471**c
呼吸鎖　**471**d
呼吸鎖キノン　**471**e
呼吸鎖阻害剤　970d
呼吸色素　**471**f
呼吸樹　**471**g
呼吸商　**471**h
呼吸数　254g
呼吸制御　**472**a
呼吸速度　751d
呼吸代謝　435e
呼吸中枢　153b, **472**b, 1227g
呼吸調節　472a
呼吸反射　685d
呼吸部　1109h
呼吸率　471h
呼吸量　1374b
呼気予備量　1090b
コキンバイザサ　1646₅₀
子食い　474a
刻印づけ　742f
国牛十図　1331c
コククジラ　1576₁
国際ウイルス分類委員会　103b
国際原核生物命名規約　1375b
国際細菌命名規約　**472**c, 1375b
国際植物科学会議　1375b
国際植物防疫条約　676e
国際植物命名規約　1375b
国際藻類・菌類・植物命名規約　1375b
国際単位　**472**d

国際単位系　472d
国際動物命名規約　1375b
コクサギ型葉序　624f
コクサッキーウイルス　**472**e
黒色素芽細胞　1381g
黒色素細胞　563f
黒色素胞　563f
黒色素胞刺激ホルモン　1382b
コクシジウム綱　1661₂₇
コクシジウム目　1661₃₁
黒質　860b, 916a
ゴクショウイルス亜科　1517₅₃
黒色アルカリ土　39a
黒色色素細胞　458e
黒色腫　**472**f
黒色素胞神経　564b
黒色土　**472**g
黒色土壌　**472**g
黒心　703a
黒舌病　1032g
木口　1396f
黒土　472g
黒痘病　891c
コクナーゼ　**472**h
コクヌスト　1601₉
極微小形葉　1461d
極微プランクトン　1220e
ゴクラクチョウカ　1647₁₂
ゴクラクチョウカ科　1647₁₂
ゴクラクチョウバナ　1647₁₂
コクリオドゥス目　1564₂₈
穀類　**472**i
古鯨亜目　1575₅₈
互恵行動　473a
固形樹脂　633e
固形腫瘍　1197g
互恵性　266c
互恵制　473a
互恵の利他主義　**473**a
固形培地　**473**b
コケイハサミムシ亜目　1599₇
コケウズムシ　1577₂₇
コケ型植生　823j
コケカニムシ　1591₃₄
ゴケグモ　1592₂₂
コケゴカイ　1584₄₈
コケシノブ　1642₄₇
コケシノブダマシ科　1637₂₉
コケシノブ目　1642₄₅
コケ植物　**473**c
苔植物門　865e, 1636₂₀
コケシロアリモドキ　1599₁₆
コケーツンドラ　937d
ゴケボシゴケ　1613₃₉
コゲボシゴケ科　1613₃₉
コゲミドリユムシ　1586₃
苔虫動物　**473**c
苔虫動物門　1579₁₉
コケモドキ　1633₄₈
コケモモ　1651₃₂
コケ類　**473**d
コケ類学　674e
コケーン症候群　834e
古口蓋下綱　1570₅₁
古口脚目　1596₂₆
古銅頭虫綱　1579₇
古銅頭虫類　460f
五口動物　787h
五穀　472i
鼓骨　180h
ココナツウォーター　**473**e
ココナツミルク　473e
ココノオビアルマジロ　1574₄₉
ココノホシギンザメ　1564₃₀
コゴメグサ　289e, 1652₁₆

コゴメゴケ 1640₅₉	互生 475h	古多板目 1581₁₉
コゴメゴケ科 1640₅₉	個性化 255c	コタマガイ 1608₃₃
ココヤシ 473e, 1647₃	古生化学 1246f	コタマガイ科 1608₃₂
子殺し 474a	古生花被類 465e	こだま定位 1118j
心の理論 474b	古生菌類 476a	五炭糖 1288a
古腮亜綱 1598₂₆	古生シダ類 24f	コチ 1566₅₃
古細菌 474c	湖成層 474e	古地中海 961e
コサギ 1571₂₅	古生代 476b	コチドリ 1571₅₁
誤差逆伝播学習法 1098d	古生態学 476c	固着器官 479d
鼓索神経 507j, 1251a, 1365b	個生態学 476d	固着生活 513h
鼓索神経唾液 1251a	古生ツボカビ類 476a	固着性大食細胞 840c
ゴザダケシダ 1643₂₅	古生菌類 476e	固着生物 1205d
コザネゴケ 1610₃₃	古生物学 476e	固着腺 794m
コサネモ 1633₅₄	古生マツバラン類 476f	固着盤 794m
コサプレッション 323h	互生葉序 475h	コチャタテ 1600₁₇
誤差分布 747c	古生リンボク目 1642₁₀	コチャタテ亜目 1600₁₇
ゴザラゴケ 1613₆₀	古積翅類 1599₁₀	孤虫 286l
古参異名 89e	古脊椎動物学 476e	個虫 479f
古参同名 998d	古赤道植物分布 477a	古鳥亜綱 1570₃₄
誇示 953b	ゴゼンタチバナ 1651₁	コチョウラン 1646₄₆
ゴーシェ病 365e, 367c, 1461a	枯草菌 477b, 1542₂₉	コチレニン 1202h
ゴシキセイガイインコ 1572₆	枯草菌ファージSPO1 1514₇	骨化 479g
古色素体類 1631₄₁	枯草菌ファージSPβ 1514₃₄	黒海-中央アジア植物区系区 675a[表]
ゴシキドリ 1572₃₄	枯草菌ファージφ29 1514₂₁	国家環境政策法 256b
五色沼 547b	枯草熱 20e, 477c	骨格 479h
孤児受容体 168f	呼息ニューロン 472b	骨学 1317g
五指性 622c	コソデダニ 1591₉	骨格筋 479i
コシダ 1642₅₀	個体 477d	骨格菌糸 336d
コシダカウニ 1562₉	五胎 872k	骨格筋ポンプ 480a
鼓室 911e	個体維持能力 776a	骨格形成 549i
鼓室階 198c	コダイオオムシ亜目 1592₄	骨格計測 480b
鼓室小骨 911e	コダイオオヤスデ 1594₃	骨格的食物連鎖 679a
固視微動 755c	コダイオオヤスデ目 1594₃	骨格年齢 483c
コシボソゾウ 1590₁₃	古代型ホモ=サピエンス 1319h	骨隔壁 480c
古翅脈網 613c	コダイカブトガニ 1589₂₆	国家研究法 281e
コジャコウネコ 1575₄₉	個体間距離 477e	骨芽細胞 480d
ゴジュウカラ 1573₁	個体距離 477e	骨化中心 480e
コジュケイ 1571₄	コダイクツコムシ亜目 1589₃₉	骨化点 480e
呉茱萸 1117i	個体群 477f, 626c, 1404g	黒化度 135a
コーシュランド-ネメシー-フィルマーモデル 46b	個体群圧力 771a	骨幹 921d
	個体群管理 1404g	コーツキー効果 442b
コショウ 1645₃₅	個体群効率 751b	骨基質 480f
コショウイグチ 1627₃	個体群生態学 476d, 477g	コック 480g
コショウ科 1645₃₅	個体群成長 477h	コック効果 480h
湖沼学 1186j	個体群動態 1502g	骨形成層 484a
湖沼型 474d	個体群動態論 477i	骨結合 266a
鼓状器官 489f	個体群の絶滅 478a	骨原芽細胞 484a
湖沼生態系 474f	個体群パラメータ 626g	コッコイデア科 1608₄₆
湖沼堆積物 474e	個体群密度 478b	コッコイド 480i
湖沼の群集 474f	個体群モニタリング 1398h	骨甲目 1564₈
湖沼標式 474d	古第三紀 478c	コッコジニウム科 1610₂₁
湖沼沼 474d	個体数推定 478d	コッコスフェア 153g
後生腹足類 1583₃₄	個体数増減指数 827a, 1287e	コッコリサス藻綱 1666₁₄
湖沼プランクトン 1220e	個体数の安定化 586f, 1359c	コッコリサス目 1666₂₁
コショウ目 1645₃₃	個体数ピラミッド 478e	コッコリス 153g
古植代 475a	個体数リクルートメント 233d	コッコリスウイルス属 1516₄₃
古植物学 476e	個体性 478f	コッコリス軟泥 1029d
古植物代 475a	個体選択 479a	骨細管 480f, 480j
個人距離 477e	固体相 829h	骨細胞 480j
個人ゲノム 475b	古代DNA 478g	骨細胞性骨溶解 480j
古人骨 475c	個体淘汰 399b, 479a	骨軸学 1557₂₆
古人類学 476e	個体認知 1048a	骨小窩 480f
湖水プランクトン 1220e	個体の適応度 1292h	骨小管 480j
コスカシバ 1601₄₃	個体発生 479b	骨小腔 480f, 1434a
COS細胞 475d	個体発生的アロメトリー 47a	骨小体 480f
コスジフシツナギ 1633₄₂	コダイハラフシゲモ 1592₁₀	骨小筒 1090h
コスティチェフ 475e	個体反射 657f	骨小囊 480f
コスト 475f	個体ベースモデル 479c, 701h	骨針 481a
ゴースト 475g, 737a	個体密度 478b	骨髄 481b
コスト-ベネフィット関係 475f	古代紫 586a	骨髄移植 481c
コスミド 1264h	コダイヤスデ 1594₅	骨髄芽球 401e, 481d
コズミン 113c	コダイヤスデ目 1594₅	骨髄芽症ウイルス 1103a
コズミン鱗 113c	固体蠟 1498f	骨髄キメラマウス 482a
コスモス 1652₃₄	古武反応 1013c	骨髄球 401e
コスリイム 1591₅₈	小盾板, 小楯板 659e	骨髄球系細胞 401c
コスリイム目 1591₅₈		

コフロ 1729

骨髄球症ウイルス　1103a
骨髄系幹細胞　499h
骨髄腔　483b, 720d
骨髄骨　**482**b
骨髄腫　387e, **482**c
骨髄腫蛋白質　**482**d
骨髄性白血病　1102f
骨髄性ポルフィリン症　1328d
骨髄膜　483b
骨性結合　1069b
コッセル　**482**e
骨層板　482f
骨組織　482f
骨粗鬆症　**482**f
骨多孔症　482g
骨端　921d
骨単位　482f, 1090h
骨端線　921d
骨端軟骨　921d
骨中アミノ酸ラセミ化年代測定法　223d
骨伝導　483a
コット解析　944a
骨内膜　**483**b
骨軟化症　232e
骨・軟部腫瘍　1030f
骨肉腫　1030f
骨年齢　**483**c
骨盤　483d
骨半規管　484b
骨盤腔　483d
コツブガヤ　1555₄₄
コツブコウヤクタケ　1626₆₀
コツブコウヤクタケ科　1626₆₀
コツブコウヤクタケ目　1626₅₉
コツブタケ　1627₂₄
COP Ⅱ　485f
COP Ⅱコート蛋白質　1160c
COP Ⅱ小胞　485f, 507a, 1160c, 1416i
コツブヒョウモンゴケ　1613₃₆
COP Ⅰ　485f
COP Ⅰコート蛋白質　1160c
COP Ⅰ小胞　485f, 507a, 1160c, 1416i
骨片　**483**e
骨片形成細胞　**483**f
骨片母細胞　483f
コッホ　**483**g
コッホ現象　**483**h
コッホ蒸気釜　656e
コッホの原則　483i
コッホの四原則　483i
骨膜　**484**a
骨迷路　**484**b
コツメデバネズミ　1576₅₄
骨免疫学　**484**c
骨由来成長因子　1131d
骨様象牙質　1069b
骨梁　482f
固定　**484**d
固定液　**484**e
固定確率　**484**f
固定化酵素　**484**g
固定化生体触媒　484g
固定化 pH 勾配ゲル　992b
固定性　1318i
固定相　376b
固定像　687e
固定的動作パターン　**485**a
固定毒　**485**b
コデイン　**485**c
コテシアメラノセラブラコウイルス 1516₅₁
コデヒドロゲナーゼⅠ　1032e
コデヒドロゲナーゼⅡ　1033e
古典経路　1314a
古典的 Wnt 経路　104i

古典的条件づけ　**485**d
コート　306f
コード　76g
五糖　171b
五島清太郎　**485**e
古動物学　476e, 994g
固頭類　1090d
孤独相　832a
コトクラゲ　1558₂₅
コート蛋白質　**485**f
コトドリ　1572₄₅
コトドリ亜目　1572₄₅
コードファクター　1353g
コートマー　485f
コドラート　1252d
コドラート法　345e
ゴトランド紀　686f
コード領域　127a
コドリンガ顆粒病ウイルス　1515₂₅
コドン　**485**g
コトン効果　804d
コドンの誤読　736g
コーナー　**485**h
コナギ　1647₁₀
コナコン目　1663₂₈
コナサナギタケ　1617₂₂
コナダイゴケ　1606₅₄
コナダニ亜目　1590₄₃
コナダニ下目　1590₄₄
コナチャタテ　1600₁₈
コナチャタテ亜目　1600₁₈
コナハダ　1632₄₃
コナハリイボゴケ　1612₅₇
ゴナボジア科　1603₇
コナマダラメイガ　1601₃₉
コナミドリムシ　1635₃₄
コナラシギゾウムシ　1601₇
コナリア　1218i
ゴニアタイト　51g
ゴニアタイト目　1582₅₀
コニイン　**486**a
コニオカエタ科　1618₃₅
コニオカエタ目　1618₃₃
コニオキベ科　1612₉
ゴニオモナス綱　363e, 1666₃
ゴニオモナス目　1666₄
ゴニオラックス目　1662₄₃
小西正一　**486**b
ゴニディア　**486**c, 952g
コヌラリア目　1556₂₁
コネキシバクター科　1538₃₁
コネキシン　304d, **486**d
コネキシンファミリー　304d
コネクソン　304d, 486d
コネクチン　**486**e
コノイド　924f
壺嚢　608c
コノシスト　1300g
子の世話　**486**f
コノドン　**486**g
コノドント綱　1563₄₂
コノハウミヒモ　1581₁₄
コノハエビ　1596₂₂
コノハエビ亜綱　1596₁₉
コノハズク　1572₁₁
コノハドリ　1601₄₁
コノハドリ亜目　1572₄₉
コノハノリ　1633₄₉
コノハミドリガイ　1584₆
5 の法則　216c
子の保護　486f
ゴノメリー　**486**h
古杯綱　1554₂
五倍子　909g

五倍子タンニン　892c
古杯類　188f, **486**i
琥珀　**487**a, 633e
コハクガイ　1584₃₀
コハク酸　344b[図]
コハク酸オキシダーゼ　487c
コハク酸酸化酵素　**487**c
コハク酸脱水素酵素　487d
コハク酸デヒドロゲナーゼ　487d
コハク酸-ユビキノン還元酵素　137e
コバナフルーツコウモリ　1575₁₂
コバネガ　1493f, 1601₃₄
コバネガ亜目　1601₃₄
コバネダニ　1591₈
コバネダニ下目　1591₈
コバノイシカグマ　1643₂₇
コバノイシカグマ科　1643₂₇
コバミド　487e
コバラミン　**487**e
コバリイルカ乳頭腫ウイルス　1516₃₇
コハリダニ　1590₂₃
ent-コパリル二リン酸合成酵素　192f
コバルト　**488**a
コバルト-炭素シグマ結合　18h, 1379c
虎斑　1185f
壺斑　925f, 936c
コバンケイソウ　1655₅₇
コバンケイソウ目　1655₅₆
コバンザメ　1566₄₆
コバンノキ　1649₄₂
虎斑物質　1038d
虎斑融解　1038d
コピア因子　1489f
コーヒー酸　**488**b
古皮質　**488**c
コヒーシン　**488**d
コピー数　1217f
小人　759b
コビトカバ　1576₁₂
小人症　767i
コビトドリ　1572₂₆
こびと病　1448e
コーヒーノキ　1651₃₉
ゴビプテリクス　1570₄₆
ゴビプテリクス目　1570₄₆
古紐虫綱　1580₄₁
コピレゴンドウ　1576₄
コヒロハハナヤスリ　1642₃₄
コーブ　**488**e
コファクター(酵素の)　**488**f
瘤胃　1122c
コブイシモ　1633₉
コフィブリン　1185a
コフィリン　7c
コブウイルス属　1140a, 1521₂₀
コフォイド　**488**g
コフキザクロゴケ　1612₅₉
鼓舞器官　**488**h
コフキクロチャワンタケ　1616₂₉
古腹足目　1583₂₈
コブコケムシ　1579₃₅
鼓舞作用　488h
こぶ状器　968d, 972j
個物　586e
コーブの法則　**488**i
コブラ　1569₆
コブラ毒　1273d
コブラ毒因子　1313l
コブラン　1642₃₄
コブリック斑　1341c
コブリン　692c
コフレリア科　1548₁
コプロスタノール　**489**a
コプロステリン　489a
コプロステロール　489a

コプロテアーゼ 130c
コプロミクサ目 1628_24
コプロライト 1249c
糊粉層 489b, 1086c
ゴヘイゴケ 1612_45, 1612_50
ゴヘイゴケ目 1612_50
ゴヘイコンブ 1657_25
コヘシバクター科 1545_35
コベソマイマイ 1584_28
個別概念 381f
個別説 676c
個別適応 47b
コペポディッド 489c
古変態 503d
ゴボウ 1652_32
コホコリ 1629_6
コホコリ目 1629_6
コホート 489d
ゴマ 1652_9
駒井卓 489e
コマイハナゴケ 1557_21
ゴマオカタニシ 1583_32
ゴマオタマボヤ 1563_12
ゴマ科 1652_9
鼓膜 489f, 911e
護膜 208c, 542c
鼓膜器官 489f
コマクラ 1647_47
ゴマゴケ 1609_14
ゴマシオゴケ 1606_50
コマタエミ 1596_41
コマタケ 1624_17
コマチグモ 1592_18
コマチゴケ 1636_27
コマチゴケ亜綱 1636_25
コマチゴケ科 1636_27
コマチゴケ綱 1636_21
コマチゴケ目 1636_26
コマッコウ 1576_4
5'末端(核酸の) 201i
コマティオン目 1552_12
ゴマノハグサ 1652_7
ゴマノハグサ科 1652_6
ゴマフアザラシ 1575_54
コマモナス 489h, 1546_52
コマモナス科 1546_51
コマユバチ 1601_49
コマンドニューロン 489i
こみあい効果 490a
コミカンソウ 1649_42
ゴミグモ 1592_19
コミットメント 453e
ゴミマルカイミジンコ 1596_14
コミミズク 1572_10
コミミハネジネズミ 1574_36
ゴミムシダマシ 1601_9
コミュニケーション 490b
ゴム 676f
コムカシヤスデ 1594_6
コムカシヤスデ目 1594_6
コムカデ 1592_46
コムカデ綱 1592_45
コムカデ目 1592_46
コムカデ類 490c
コムギ 1647_42
コムギ萎縮ウイルス 1523_12
コムギ型 74g
コムシ目 1598_15
ゴム腫 1085g
ゴム腫性壊死 128b
コムストック 490d
古無脊椎動物学 476e
ゴムタケ 1615_19
ゴムタケ科 1615_19
ゴム道 634i, 1059g
コムプレトリア科 1604_17

ゴム漏出 1059g
こめかみ腺 274b
コメガヤ 1647_39
コメツキムシ下目 1601_1
コメツブケイソウ 1655_40
コメハリタケ 1625_54
コモウイルス亜科 1521_27
コモウイルス属 1521_28
古網翅目 1111h
古網翅類 1598_39
コモタケモドキ 1624_52
コモチイソギンチャク 1557_46
コモチイトゴケ科 1641_7
コモチカナヘビ 1568_53
コモチクラゲ 1555_43
コモチシダ 1643_49
コモリガエル 1567_53
コモリガエル亜科 1567_52
コモリグモ 1592_22
子守り行動 490e
ゴモリ染色法 490f
コモンウォンバット 1574_22
コモングサ 1657_22
コモンサンゴ 1557_57
コモンツパイ 1575_19
コモンテンレック 1574_33
コモンマーモセット 1575_34
コヤスチイ科 1611_54
コヤバネゴケ科 1638_16
コヤバネゴケモドキ科 1638_10
コヤマクマムシ 1588_18
固有 490g
固有解離定数 191e
固有光 1134h
固有種 191a, 490g
固有宿主 632b
固有受容器 573a
固有生物 490g
固有層 565h
固有地域 491a
固有背筋 491b
固有派生形質 491c
固有反射 573c
固有物質代謝 754b
固有卵巣索 1447e
ゴユビトビネズミ 1576_42
ゴヨウクモヒトデ 1561_17
コヨリムシ 1591_61
コヨリムシ目 1591_61
コラゲナーゼ 491d
コラーゲン 491e
コラーゲン繊維 439a
コラシジウム 491f
コラシディウム 491f
コラズニン 491g
コラナ 491h
コラーの鎌 491i
コーラノキ 1650_19
コラミン 133h
コラム構造 492a
コラリオナステス科 1607_26
コラロキトリウム綱 1553_4
コラロキトリウム目 1553_5
5α-コラン酸 492b
5β-コラン酸 492b
コラン酸 492b
コリ 492c
コリウスウイロイド1 1523_36
コリオゴナドトロピン 629j
コリオバクター亜綱 1538_15
コリオバクター亜目 1538_17
コリオバクター科 1538_18
コリオバクター目 1538_16
コリキスティス群 1635_18
コリシウム 492d

コリシン 492e
コリシン因子 492f
コリシン生産性 492g
コリスチン 1326c
コリストスペルマ綱 1644_19
コリストスペルマ目 1644_20
コリストデラ目 1518_15
コリスミン酸 1293g
コリドー 191f
コリネスプラスカ科 1609_16
CORYNE蛋白質 355f
コリネバクテリア亜目 1536_31
コリネバクテリア科 1536_33
コリネバクテリウム 492i, 1536_33
コリネフォルム細菌 492i
コリノイド補因子 874i
コリノミコール酸 1353g
コリノミコレン酸 1353g
コリパーゼ 1460d
コリプレッサー 140e, 1461f
コリン 492j
コリンアセチル基転移酵素 15a
コリンウズラ 1571_5
コリンエステラーゼ 493a
コリンキナーゼ 493c
コリン作動性 1194g
コリン作動性剤 685c
コリン作動性神経 493b
コリン作動性繊維 493b
コリン作動性ニューロン 493b
コリン遮断剤 685c
コリンプラスマローゲン 1217d
コリンリン酸 493c
コリンリン酸シチジル基転移酵素 493c
コリンリン酸転移酵素 597d
ゴール 909g
コルアーキオータ門 4f, 1535_23
コルウェリア科 1548_41
コルク化 741a
コルクカイメン 1554_36
コルクガン 1649_19
コルク形成層 493d
コルク酸 741a
コルク組織 493d
コルク皮層 493d, 1163c
ゴルゴニン 458f
ゴルゴノブス目 1573_24
ゴルゴノミケス科 1602_45
コール酸 493e
ゴルジ 493f
コルシェルト 493g
ゴルジ小体 495a
ゴルジ小胞 494a
ゴルジ槽 493h, 494a
ゴルジ槽成熟 493h
ゴルジ装置 494a
ゴルジ層板 494a
ゴルジ体 494a
ゴルジ体残留シグナル 494b
ゴルジ体内輸送 494a
ゴルジ嚢 494a
ゴルジ複合体 494a
ゴルジ法 338g
ゴルジ-マッツォニ小体 495a
ゴルジマトリックス 495b
ゴルジリボン 494a
ゴルジン 494a
コルダイテス目 1644_45
コルチウイルス属 1519_39
コルチ器 495c
コルチコイド 1197f
コルチコウイルス科 1515_34
コルチコウイルス属 1515_35
コルチコステロイド 1197f

コルチコステロイド結合グロブリン 733b
コルチコステロン 365d
コルチコステロン 18-モノオキシゲナーゼ 733f
コルチコトロピン 1197d
コルチコリベリン 1197e
コルチゾル **495**d
コルチゾール 495d
コルチゾン 365b
コルチナ 1022c
コルチン 1197f
ゴルツの打診試験 **495**f
ゴルディオイド幼生 1481e
コルティ器官 **495**g
コルティ溝 **495**g
コルディモナス科 1545₂₁
コルディモナス目 1545₂₀
ゴールデンハムスター 1576₄₄
ゴールデンラングール 1575₄₁
ゴールドシュミット **495**h
コルドボックスウイルス 1315f
コルドボックスウイルス亜科 1516₅₈
ゴールドマンの式 **495**i
ゴルトン **496**a
ゴルトン-ワトソン過程 211d
コルヒチン **496**b
ゴルフクラブゴケ科 1640₇
コルボダ綱 1660₆
コルボダ目 1660₁₁
コルボデラ目 1661₁₅
コルボネマ綱 1661₇
コルボネマ目 1661₈
Kollmann の顔示数 258b
コルメラ細胞 **496**c
コールラウシュの屈曲 1374a
コーリィ **496**d
コレイン酸 **496**e
コレイン酸説 496e
コレウロイド属 1523₃₆
コレオケーテ植物門 1636₁₁
コレオケーテ藻綱 1636₁₂
コレオケーテ目 1636₁₃
コレオスポリウム科 1620₁₈
コレオトリカ亜綱 1658₂₁
コレオトリカ目 1658₂₇
コレオプシン 172i
コレカルシフェロール 1151f
コレシストキニン **496**f
コレシストキニン・パンクレオチミン 496f
コレスタノール **496**g
コレスタン 732g, 735a
コレスチラミン **497**f
コレステノン 496g
コレステノン 5α 還元酵素 **497**a
コレステリン 497b
コレステロール **497**b, 734c
コレステロールエステラーゼ **497**c
コレステロールエステル 888g
コレステロール生合成 **497**d
コレステロール側鎖切断酵素 **497**e
コレステロール代謝調節剤 **497**f
コレステロール排出 920a
コレニア 737c
コレミウム 1249b
コレラエンテロトキシン 499e
コレラ菌 **497**g, 1549₆₂
コレラジェン 499a
コレラトキシン 499a
コレラ毒素 **499**a
コレログラム 573f
コレンス **499**b
コロイド浸透圧 **499**c, 731d
コロダリア目 1663₂₀

コロナウイルス **499**d
コロナウイルス亜科 1520₅₄
コロナウイルス科 1520₅₃
コロナチン 616g
コロニー **499**e, 1180g
コロニー型 630b
コロニー形成単位 **499**f
コロニー形成率 379c, **499**g
コロニー刺激因子 148d, **499**h
コロニーハイブリッド法 **500**a
コロニー PCR 法 500a
コロノフォラ目 1616₅₅
コロフォニウム 633c
コロミン酸 555f
コロモガイ 1583₅₀
コロラドダニ熱ウイルス 1519₃₉
コロンボ **500**b
剛クラゲ類 1556₉
コワレフスキー **500**c, **500**d
コワレフスキー科 1641₁₈
コーン **500**e
根圧 **500**f
コンアルブミン 1449c
婚衣 111f
婚姻 **500**g
婚姻器 159b
婚姻色 **500**h
婚姻贈呈 307e
婚姻飛行 **500**i
婚姻飛翔 500i
婚羽 111g
混芽 500k
婚外交尾 935a
コンカテネート 500l
コンカテマー(DNA の) 500l
コンカナバリン A 634c, 1184d, 1477b, 1486b
根冠 **501**a
コンキオリン 177i, 458f, 836a
コンクリン **501**b
混群 1372g
根系 **501**c
根茎 902g, 1158a
根形質 1457c
根圏 501c
ゴンゲンゴケ 1612₄₅
コンゴウインコ 1572₄
混合栄養 121b
混合栄養植物 336g
混合感染 925h, 1034g
混合機能酸素添加酵素 163m
混合指示菌 576c
混合腫瘍 646e
混合色 854d
混合神経 693c
混合性結合組織病 439c
混合生殖 45c
混合腺 870b
混合戦略 565e, 821a
混合層 718f, 759h
混合白血球反応 **501**e
コンゴウフグ 1566₆₂
混合有機酸発酵 1103b
混交林 1411e
混合リンパ球反応 **501**f
コンコセリス期 **501**g
コンコセリス相 501g
婚後飛行 500i
根鰓亜目 1597₃₅
根索 1457c
根刺 502b
コンジェニックマウス **501**h
根持体 883e
根出芽 1207e

根出葉 1501h
混種培養 **501**j
根鞘 501k
根鞘仮足 1392f
根状菌糸束 **501**l
根状出芽 640j
根鞘小皮 384c
棍状毛 274e
根状葉 **502**a
根針 502b
混信回避反応 **502**c
ゴンズイ 1648₃₃
混数性 505e
混成型糖鎖 137g
混成品種 **502**d
根生類 1557₂₁
根跡 **502**e
痕跡器官 502f
痕跡的雌雄同体現象 **502**g
コンセンサス配列 **502**h
根挿 538d
混層地衣 486c
根足虫上綱 1030e
コンソシエーション **502**i
コンソシーズ 502i
コンタギオン 1212i
根托 883c
コンダクタンス **502**j, 950h
コンダクタンス曲線 973g
コンタクチン 1387a
コンタミネーション **502**k
根端 **502**l
根端分裂組織 **503**a
昆虫ウイルス 103b
昆虫学 **503**b
昆虫成長制御剤 **503**c
昆虫相 996a
昆虫の変態 **503**d
昆虫類 **504**a
コンティグ **504**b
コンディションドメディウム **504**c
コンデンシン **504**d
コンドア科 1621₈
根頭癌腫 353g
根頭癌腫病 8c
根頭癌腫病菌 8e
根頭上目 1595₃₅
コントラスト 862b
コンドリオイド 1376e
コンドリオジーン 1217b
コンドリオーム 1360b
コンドル 1571₃₃
コンドル亜目 1571₃₇
コンドロイチナーゼ **504**f
コンドロイチン開裂酵素 504f
コンドロイチンリアーゼ 504f
コンドロイチン-4-硫酸 **505**a
コンドロイチン-6-硫酸 **505**a
コンドロイチン硫酸 55a, 413e, **505**a
コンドロイチン硫酸 B 964e
コンドロイチン硫酸プロテオグリカン 505a
コンドロサミン 240e
コンドロシン **505**b
コントロール 853c
ゴンドワナ植物群 **505**c
ゴンドワナ大陸 **505**d
ゴンドワナテリア目 1573₃₉
コンニャク 1645₅₃
コンニャクマンナン 1347e
混倍数性 **505**e
混倍数体 505e
コーンバーグ(A.) **505**f
コーンバーグ(R.D.) **505**g
コンパクション **505**h

コンハ

コンパス植物 **506**a
混歯目 1576₃₃
コンパリウム 834h
根被 **506**b
コンピテンシー **506**c
コンピテント細胞 80e
コンピュータシミュレーション 583c
コンブ 1657₂₆
ゴンフォテリウム科 834c
コンフォメーション **506**d
コンブノイト 1657₃₃
根部腐朽 1396b
コンブ目 1657₂₃
コンブモドキ 1657₂₃
コンブ藻場 1399d
コンフリー 1651₅₂
コンプロマイズドホスト 59e
コンブロン 833f
根柄 883f
ゴンペルツ曲線 477h, 767b
コンベンショナル動物 1368f
コンポーネントワクチン 1508c
根毛 **506**f
根毛形成細胞 506f
根毛非形成細胞 506f
根葉 502a
根粒，根瘤 **506**g
根粒菌 **506**h
根粒細胞 906f
根粒ヘモグロビン 1486c
コンロンカ 1651₄₀

サ

座 79g
Sar/Arf GTP アーゼ **507**a
材 **507**b
サイアウイルス属 1518₄₃
サイアノブシン 605g
載域 784d
鰓窩 519d
催芽 **507**c
鰓蓋 **507**d
鰓蓋鰓 **507**e
鰓下筋群 **507**f
鰓下溝 1021f
サイカシン 1102b
サイカチ 1648₅₀
鰓間隔壁 145e, 534d
細管細胞 854d
差閾 564h
細気管支 281a, **507**h
催奇形因子 282b
鰓気門 301f
腮脚 227c
鰓脚綱 1594₂₄
鰓弓 145e, 520c, 534d, 1020i
鰓弓筋 479i, 1020j
鰓弓骨格 1020k
再吸収 **507**i
鰓弓神経 **507**j
鰓弓動脈弓 **508**a
鰓弓分節性 534d
鰓弓列 856e
細菌 **508**b
細菌ウイルス 1093f
細菌外毒素 185a
細菌外被 509a
細菌外膜 **509**a
細菌学 **509**b
細菌学名承認リスト 1375b
細菌型光合成 **509**c
細菌性溶血素 1421b

細菌超界 1093c
細菌毒素 **509**d
細菌ドメイン 1093c, 1536₁
細菌粘質 **509**e
細菌粘着 1389c
細菌の発育相 **509**f
細菌プランクトン 1220e
細菌鞭毛基部体 299c
細菌濾過器 510a
cAMP シグナル **510**b
cGMP 依存性プロテインキナーゼ 510c
cGMP シグナル **510**c
サイクリン **510**d
サイクリン依存性キナーゼ 595b
サイクリン B-CDK1 **511**a
サイクリン B-Cdc2 キナーゼ 511a
サイクリンボックス 510d
サイクル 776b
サイクロスポリン 569d
サイクロセリン 532a
再結合修復 **511**b
再現危険率 84g
柴胡 544a
細孔 209b
臍孔 1199e
鰓孔 **511**c, 534d, 1140g
鰓溝 520c, 534d
再興感染症 **511**d
最高血圧 395a
再構成 **511**e, 1106f
再構成核 **511**f
再構成細胞 **511**g
再構成膜 702g
鰓後腺 245d
鰓後体 443b
最後野 1063h
サイコクムカシエビ 1596₃₆
サイゴタタテゴケ 1612₅₅
ザイゴテン期 **512**a
ザイゴネマ 512a
ザイゴネマ期 512a
サイコン型 720e
鰓残体 **512**b
腮肢 227c
鰓糸 145e, 329i
鰓枝 507j
鰓師 519f
鰓歯 519f
鰓篩 519f
採餌 791c
細糸期 1490e
鰓式 **512**c
鰓軸 346b
鰓室 **512**d
採餌なわばり 1027b
砕歯目 1574₁₁
腰鬐 302d
採集仮説 649b
最終共通祖 **512**e
最終産物 1500c
最終産物阻害 1184e
最終収量一定の法則 **512**f
採集狩猟 649b
採集狩猟民 **512**g
最獣上目 1573₅₅
最終表現型 596d
細絨毛 1142h
最終齢 1484b
再受精 **512**h
採種園 421g
再循環エンドソーム 155d
鰓書 679c
最少以下の刺激 60a
鰓上腔 **513**a

鰓上溝 53f, 519e
最小細胞内持ち分 764g
最小視角 686c
最小刺激 60a
采状皺襞 589c
最少受光量 845d
最小生育阻止濃度 436j
最小生存可能個体数 **513**c
最小存続可能個体数 513c
最小致死量 905c
最少培地 **513**d
最小発育阻止濃度 1139b, 1403d
臍小胞 1442e
臍静脈 274g, 666f, 667a
鰓静脈 642b
最小面積 **513**e
最小有効量 144c
鰓小葉 520c
最少律 513f
最少量の法則 **513**f
採食 371g
再神経支配 680c
再侵入 793g
サイズ組成 513h
サイズの原理 **513**g
サイズ排除クロマトグラフィー 415b
サイズ頻度分布 513h
サイズ分布 **513**h
サイズ分布動態 **514**a
再生 277i, **514**b
再生アクトミオシン 7d
再生医療 **515**a
再生円錐 515b
再生芽 **515**b, 1373a
再生肝 **515**c
細精管 750e
鰓性器官 534d
再生経路 546b
再生産 1206c
再生産曲線 **515**d
再生産率 827a
再生生産 704j
再生セルロース 987e
再生組織 954f
再生体 514b
再生不良性貧血 1177h
最節約系統樹 1508f
最節約原理 **516**a
最節約法 **516**b
腮腺 428b, 681c
最善試験管法 612d
材線虫病 **516**c
臍帯 467m, **516**d
最大維持収穫量 **516**e
最大強縮 318c
最大許容線量 821b
最大経済生産量 516e
臍帯血移植 481c
最大刺激 60a
最大持続生産量 516e
最大蒸発散量比 747a
最大節約原理 516a
最大短縮速度 **516**f
最大等尺性収縮張力 903b
鰓胎盤 861c
最大反応 60a
最短間挿入 325h
最短距離法 330a
サイチョウ 1572₃₁
鰓腸 470c, **517**a
サイチョウ亜目 1572₃₁
細長型 851h
サイチョウ目 1572₂₉
サイヅチボヤ 1563₁₂
最低血圧 395a

サイホ　1733

最適餌選択モデル　517c
最適化　517d
最適曲線　**517**b
最適採餌戦略　**517**c
最適採餌理論　204b, 517c
最適刺激　570d
最適者生存　959g
最適制御理論　727g
最適生産量　516e
最適選択　517d
最適戦略　**517**d
最適配分問題　1088i
最適パッチ使用問題　517c
最適捕食戦略　517c
最適密度　**517**e
ザイデル　**517**f
彩度　91d
細動性短縮　706c
細動脈　1392c
鰓動脈　**517**g, 830g, 1042b
細動脈硬化　998b
サイトカイニン　**518**a
サイトカイン　**518**b
サイトカイン受容体　**518**c
サイトガミー　533c
サイトカラシンB　**518**d
サイトカルビン　248d
サイトクロム　597k
サイトケラチン　200g
サイトーシス　**519**a
サイトダクション　525d
サイトタクチン　963a
サイトファーガ　601a
サイトメガロウイルス　**519**b
サイトメガロウイルス属　1514₅₅
サイトラブドウイルス属　1520₁₇
サイナス腺　**519**c
サイナス腺ホルモン　273c, 519c
催乳　1304h
細尿管　1058g
再認　277i
臍嚢　1442e
鰓嚢　98g, **519**d, 534d, 982c, 1140g
鰓嚢背膜　**519**e
鰓嚢壁　511c
鰓耙　**519**f
栽培　**519**g
栽培化　**519**h
栽培漁業　519g, 721d
再発　**520**a
サイバネティクス　**520**b
臍盤　1199e
鰓板　**520**c
再反転点　979i
鰓尾亜綱　1594₅₁
サイフォウイルス科　1514₃₀
サイフォノーテス　298f
サイフォノーテス幼生　473c
再複葉　1200h
サイフリッツ　**520**d
サイブリッド　511g
再分化　875f
細分化　1376i
再分極　876a, 1244b
再分離　**520**e
臍柄　1200c
鰓弁　145e, 507e
再編再生　**520**f
再変態　503d
砕片分離　**520**g
細片分離　**520**g
細胞　**520**h
細胞異型　62a
細胞遺伝学　77a, **520**i
サイボウイルス1　1519₃₈

サイボウイルス属　1519₃₈
細胞咽頭　**521**a
細胞咽頭装置　521a
細胞運動　**521**b
細胞栄養芽層　120f
細胞液　**521**c
細胞外液　845e
細胞外基質　521g
細胞外酵素　**521**d
細胞外消化　529g
細胞外電解質　1026a
細胞外凍結　**521**e
細胞外発光　775d
細胞外発熱　575g
細胞外被　**521**f
細胞外マトリックス　**521**g, 766d
細胞解離　**522**a
細胞化学　**522**b
細胞化学的染色　806b
細胞核　199d
細胞学　**522**c
細胞学的地図　808h
細胞株　**522**d
細胞間移行　63d, 811b
細胞間橋　419b, 1406k
細胞間隙　**522**e
細胞間コミュニケーション　490b, 522i
細胞間質　**522**f, 663b
細胞間接着　528d, 529c
細胞間接着装置　**522**g
細胞間チャネル　522i
細胞間認識　1387a
細胞間物質　917e
細胞内分泌細胞　**522**h
細胞間分泌学　522h
細胞間連絡　**522**i
細胞器官　526e
細胞–基質間アドヘレンスジャンクション　1190e
細胞–基質接着　528d, 529c
細胞競合　**523**a
細胞凝集素　**523**b
細胞銀行　530j
細胞系　**523**c
細胞形質転換　1011c
細胞系譜　**523**d
細胞口　**523**e
細胞工学　**523**f
細胞構築学　**524**a
細胞肛門　**524**b
細胞呼吸　469h
細胞骨格　**524**c
細胞国家説　528c
細胞索　214d
細胞死　**524**d
細胞糸　579f
細胞質　203f, **524**e
細胞質遺伝　**524**f
細胞質遺伝子　1217b
細胞質基質　**525**a
細胞質雑種　**525**b
細胞質雑種細胞　511g
細胞質小滴　753e
細胞質性呼吸欠損変異体　470e
細胞質星状体　755i
細胞質繊維　209c
細胞質体　511g, 525g
細胞質ダイニン　859e
細胞質多角体病ウイルス　867f
細胞質置換　**525**c
細胞質導入　**525**d
細胞質突起　480d
細胞質表層微小管　**525**e
細胞質フィラメント　**525**f
細胞質封入体　1186h
細胞質不和合　107a

細胞質分裂　**525**g
細胞質PLA₂　1311f
細胞質膜　509a
細胞質融合　1218a
細胞質雄性不稔　411b, **526**a
細胞質流動　419a
細胞質リング　209c
細胞社会学　840b
細胞周期　**526**b
細胞周期エンジン　526b
細胞集合　**526**c
細胞集合体　526c
細胞集成体　796c
細胞集団仮説　167f
細胞集団倍加数　**526**d
細胞寿命　531a, 1039c
細胞傷害作用　528b
細胞傷害性T細胞　330f, 1388e
細胞小器官　**526**e
細胞診　**527**a
細胞診断　527a
細胞伸長　**527**b
細胞伸展　**527**c
細胞侵入性大腸菌　858h
細胞性　528c
細胞性輝板　563f
細胞生殖　755j
細胞生成腺　799a
細胞性タペータム　878h
細胞成長因子　1272i
細胞性粘菌類　**527**d
細胞性胚盤葉　**527**e
細胞性フィブロネクチン　1185d
細胞生物学　**528**a
細胞性胞胚葉　527c
細胞性免疫　**528**b
細胞生理学　75f
細胞説　522c, **528**c
細胞接着　526c, **528**d
細胞接着受容体　529c
細胞接着性蛋白質　529c
細胞接着斑　**529**a
細胞接着斑キナーゼ　**529**b
細胞接着分子　**529**c
細胞選別　**529**d
細胞礎　525a
細胞測光法　**529**e
細胞体　696b
細胞中心　1256h
細胞定数性　**529**f
細胞内共生　1360b
細胞内腔所　1161a
細胞内酵素　521d
細胞内細胞形成　528c
細胞内消化　**529**g
細胞内情報伝達　568a
細胞内電解質　242b
細胞内電極　530a
細胞内凍結　**530**b
細胞内発光　775d
細胞内発熱　575g
細胞内パンゲン説　**530**c
細胞内分泌細管　**530**d
細胞内膜　376c
細胞内膜系　**530**e
細胞内持ち分　764g
細胞内輸送　**530**f
細胞内レチノイン酸結合蛋白質　**530**g
細胞内レチノール結合蛋白質　1150a
細胞認識　1195g
細胞培養　**530**h
細胞培養法　1089i
細胞破砕　531c
細胞板　**530**i
細胞バンク　**530**j

サイホ 1734

細胞標識 **530**k
細胞表層微小管 1142c
細胞病理学 1170a
細胞不死化 **531**a
細胞分化 **531**b
細胞分解 532c
細胞分画法 **531**c
細胞分類 1254f
細胞分裂 525g, **531**d
細胞分裂周期変異 596d
細胞分裂誘起物質 1334d
細胞分裂抑制因子 **531**e
細胞壁 **531**f, 1274d
細胞壁合成阻害剤 **532**a
細胞壁構造蛋白質 1157b
細胞壁再編酵素 154m, 527b
細胞壁再編蛋白質 527b
細胞壁のゆるみ 527b
細胞壁分解酵素 551f, 1237c, 1434b
細胞壁-膜複合体 1416g
細胞変性効果 **532**b
細胞崩壊 532c
細胞飽和密度 **532**d
細胞膜 **532**e
細胞膜裏打ち構造 186e, **533**a
細胞膜侵襲複合体 1314a
細胞モデル **533**b
細胞融合 **533**c
細胞溶解 532c
細胞領域基質 1028a
細胞老化 1464f, 1498i
サイホン 719d
細脈 1427d
サイミュリン 320c
サイミリヘルペスウイルス 2 1515₅
サイミン 320c
細網細胞 **533**c
細網性結合組織 533d
細網繊維 446e
細網繊維芽細胞 1478e
細網組織 533d
細毛体 **533**e
細網内皮系 533f
サイモシン 320c
サイモペンティン 320c
サイモポエチン 320c
サイモンズ **533**g
最尤推定 533h
最尤法 **533**h
鰓葉 346b, 520c, 1500g
細腰類 1601₄₇
在来種 191a, 712a
在来品種 **534**b
鰓隆起 520c
細竜類 1567₂₉
再利用経路 546b
催リンパ剤 **534**c
催涙性物質 321d
サイレージ 1304g
鰓裂 511c, **534**d
サイレンサー 157c, 1210a
サイレント DNA 590a
臍瘻 661a
鰓嚢 1498e
鰓籠 **534**e
サイロキシン 448b
サイロスティムリン **534**f
サイン 1112f
サインーゲシュタルト 1112f
サインーゲシュタルト理論 1112f
サイン刺激 197e
サインポスト 1027a
サヴィ器官 **535**a
サウヴァジン 1197e
サウリクチス目 1565₂₉

サウロマタ科 1640₃₆
さえずり **535**b
サオラ 1576₁₆
サカキ 1651₁₀
叉角 935g
坂口反応 39f
逆毛 1315d
サカゲカビウイルス 1517₂₁
サカゲツボカビ 1653₃₈
サカゲツボカビ綱 1653₃₇
サカゲツボカビ目 1653₃₈
サカゲツボカビ門 1653₃₂
サカゲツボカビ類 **535**c
サカサクラゲ 1556₂₈
サカズキカワラタケ 1624₄₈
サカタザメ 1565₁₂
サーカディアンリズム 181d
サカネラン 1646₄₆
サカマキガイ 1584₂₀
サガミスイクチムシ 1585₅₀
サガミハイカブリニナ 1583₃₈
坂村徹 **535**d
サガリバナ 1651₉
サガリバナ科 1651₉
サガリハリタケ 1624₂₉
鎖間架橋 199a
砂間動物 258g
坐眼類 1414e
叉器 538e
サギ亜目 1571₂₅
サギゴケ 1652₁₄
サキシトキシン 1199g
サキシマスオウノキ 1650₂₀
サキナビル 119a
砂丘植物 **535**e
作業記憶 277i
作業記録계 535f
叉棘 **535**g
萌, 朔 **535**h
src 遺伝子 **536**a
萌果 **536**b
酢酸 **536**c
酢酸カーミン **536**d
酢酸キナーゼ **536**d
酢酸キナーゼ:ピロリン酸 **536**e
酢酸菌 **537**a
酢酸-CoA リガーゼ 14e
酢酸発酵 **537**b
萌歯 **537**c
錯視 538h
朔軸 567g
搾取 772a
柵状組織 100d, **537**d
索状体 153b, 783d
索状帯 1197c
柵状誘導 154d
ザクス 539b
サクセッション 799c
サクセナエア科 1604₂
萌柄 535h
萌壁 535h
サクホコリ 1627₃₄
ザクマン **537**e
作物 **537**f
作物化 **537**f
作物学 **537**g
腋葉庫 1112j
腋葉標本 1169e
作畦 197a
サクライソウ 1646₁₅
サクライソウ科 1646₁₅
サクライソウ目 1646₁₄
サクラエビ 1597₃₈
サクラソウ 1651₁₆
サクラソウ科 1651₁₆

サクラダイ 1566₅₅
サクラニン 365f
サクララン 1651₄₇
ザクロ 1648₃₈
ザクロソウ 1612₃₁
ザクロソウ科 1612₃₁
ザクロソウ 1650₅₂
ザクロソウ科 1650₅₂
サケ 1566₁₁
サケイ 1571₆₁
サケイタサソリ下目 1591₄₄
サケイ目 1571₆₁
サケガシラ 1566₁₉
サケスズキ 1566₂₃
サケスズキ目 1566₂₃
サケツノガイ 1581₄₂
サゲノクリニテス目 1559₃₉
サケバタケ 1627₂₈
サケビドリ 1571₁₀
サケビドリ亜目 1571₁₀
サケヘルペスウイルス 1 1514₄₇
サケ目 1566₁₁
砂耕 1420c
鎖骨 589d
坐骨 589d
鎖骨下静脈 **537**h
鎖骨間気嚢 296d
坐骨神経腓腹筋標本 694d
サゴヤシ 1647₃
ササウシノシタ 1566₆₀
サザエ 1583₃₀
ササキリ 1599₂₃
ササグモ 1592₂₅
ササクレヒトヨタケ 1625₄₃
サザナミクーマ 1597₂₂
ササノハケイソウ 1655₅₄
ササノヒメサラタケ 1622₃₃
ささやき 420c
ササラウミケムシ 1584₄₁
ササラダニ亜目 1590₅₂
ササラボウキン 1654₁₄
サザランド **537**i
サザレイシタケ 1626₄₂
サザンカ 1651₁₉
サザン法 **538**a
叉肢 1034i
サジオモダカ 1646₁
刺し型口器 **538**b, 719c
差次感受性 **538**c
挿木 **538**d
刺し-吸い型口器 719c
差次接着仮説 529d
サシチョウバエ 1601₂₂
差次的遺伝子発現 814c
サシバゴカイ目 1584₄₇
差引きハイブリッド法 543c
挿穂 538e
叉状器 **538**e
叉状甲 538e
サジョウコウトウチュウ 1579₁
鎖状鉤頭虫目 1579₁
鎖状デプシペプチド 963d
叉状突起 538e
叉状分枝 1204f
鎖状ペプチド 1274e
サジラン 1644₃
鎖生 **538**f
砂生植物 1420c
坐節 **538**g
左旋 1153a
ザゼンカイメン 1555₄
左旋性 804c
ザゼンソウ 1645₅₇
左旋的 1436c
サソリ亜目 1591₄₈

サソリ形花序 622b
サソリ目 1591₃₈
サソリモドキ 1591₆₀
サソリモドキ目 1591₅₉
サソリ類 346a, 757d
サダソウ 1645₃₅
坐着眼 1414e
錯覚 538h
Saaz 型酵母 239a, 1174a
殺かび剤 449d
サッカラーゼ 730a
サッカルジア科 1608₁₃
サッカロース 681h
サッカロスピリルム科 1549₃₇
サッカロビン 538i
サッカロミケス亜門 1605₄₂
サッカロミケス科 1606₁₅
サッカロミケス綱 1605₄₂
サッカロミケス属 538j
サッカロミケス目 1605₄₅
サッカロミコデス科 1606₁₉
サッカロミコプシス科 1606₂₀
殺菌 1380e
雑菌混入 502k
殺菌剤 539a
ザックス 539b
ザックス液 720b
サックス器官 539c
サックリナ去勢 289c
サックロスポラ科 1605₇
サッケード 255e, 890g
雑孔材 1402a
雑穀類 472i
サッコブラスティア科 1621₃₅
サッコロマ科 1643₂₃
刷子縁 539e, 1142a
雑種 539f
雑種強勢 539g
雑種強勢育種 1270d
雑種細胞 539h
雑種弱勢 539g
雑種第一代 540a
雑種致死 540b
雑種発生 646a
雑種不稔性 540c
雑種崩壊 211a
殺生寄生 1203h
雑草 540d
殺虫剤 540e
殺虫剤抵抗性 540f
SAT 染色体 540g
サットン 540h
雑弁類 1599₂₆
サッポロウイルス 1522₁₈
サツマイモ 1651₅₄
サツマハオリムシ 1585₇
サテライト 540i
サテライト RNA 315a
サテライトウイルス 541a
サテライト細胞 118d
サテライト DNA 541b
サトイモ 1645₅₄
サトイモ科 1645₅₃
砂糖 681h
サトウキビ 1647₄₁
ザトウクジラ 1576₂
砂糖腺 866i
作動体 431h
サトウダニ 1590₄₅
差動反応 1245c
ザトウムシ 1591₁₉
ザトウムシ目 1591₁₅
サトウヤシ 1647₂
サドウワウイルス属 1521₂₄
サナエトンボ 1598₅₁

蛹 541c
蛹休眠 313e
サナギタケ 1617₂₁
サナダゴケ 1641₅
サナダゴケ科 1641₅
サナダユムシ 1586₃
ザナミビル 429f
サニオ線 232b
サニルブジン 1049e
サネカズラ 1645₂₆
サネゴケ 1610₃₃
サネゴケ科 1610₃₂
サネゴケ目 1610₂₅
砂嚢 541d
サバ 1566₅₆
砂漠 541e, 747a
サバクオモト 1645₁₄
サバクカンガルーネズミ 1576₃₉
サバクグンディ 1576₅₁
砂漠植物 541e
砂漠動物 541f
サバジン 1278h
サバヒー 1566₄
サバンナ 541g
サバンナゾウ 834c
サビイボゴケ 1612₁₇
サビイボゴケ科 1612₁₇
サビカワウロコタケ 1623₅₆
サビキン類 542a
サビツボカビ 1602₁₈
座ヒトデ綱 1561₂₆
座ヒトデ類 542b
サビハチノスタケ 1624₄₁
さび胞子 542a, 542c
さび胞子堆 542c
座標計 982b
座標づけ 683d
叉尾類 1598₁₅
サブカスト 220a
サブゲノム RNA 543a
サブスタンス K 1044f
サブスタンス P 543b
サブトラクション法 543c
サフラン 1646₅₁
サフランツノガイ 1581₄₀
サフール人 703f
サフール大陸 716d
サフールランド 165g
サプレッサー 543d, 543g
サプレッサー遺伝子 543d, 543g
サプレッサー感受性突然変異体 543g
サプレッサー細胞 747f
サプレッサー T 細胞 747f
サプレッサー突然変異 543g
サプレッシブネス 1498g
サプレッション 543g
サブロスピラ科 1540₆
差分ロジスティック式 1501d
サペロウイルス属 1521₂₂
サボウイルス属 1522₁₈
サーボ機構 543h
サボゲニン 543i
サボジラ 1651₁₂
サボテン科 1650₅₆
サボテンキミガヨ 1634₅₀
サボテンワタカイメン 1555₁₁
サポニン 544a
サボリエラ目 1617₆₂
サーマス 964f
サーマス科 1542₇
サーマス目 1542₆
サマツモドキ 1626₅₂
ザミア科 1644₃₅
サミダレケイソウ 1655₃₆
サミダレモドキケイソウ 1655₄₃

サミドリサシバ 1584₄₉
サムエルソン 544b
寒さの指数 544c
サムナー 544d
サメニベリンジョウチュウ 1578₁₂
サメハダヒザラガイ 1581₂₃
サメハダヒザラガイ科 1581₂₃
サメハダホシムシ 1586₁₃
サメハダホシムシ亜綱 750c, 1586₁₁
サメハダホシムシ目 1586₁₂
サメビタキ 1572₅₅
サメヒヨケムシ 1591₃₆
ザメン 888g
サーモアノマイセス科 1542₄₈
サーモアナエロバクター科 1544₆
サーモアナエロバクター目 1544₃
砂毛菌 1608₃₉
サーモコッカス科 1535₁₅
サーモコッカス綱 1535₁₃
サーモコッカス目 1535₁₄
サーモスポロスリックス科 1541₃
サーモデスルフォバクテリア科 1550₄₃
サーモデスルフォバクテリア綱 1550₄₁
サーモデスルフォバクテリア目 1550₄₂
サーモデスルフォバクテリア門 1550₄₀
サーモデスルフォビア科 1544₁₀
サーモトガ科 1551₂
サーモトガ綱 1550₄₆
サーモトガ目 1551₁
サーモトガ門 1550₄₅
サーモトロピック液晶 123j
サモニウイルス属 1514₄₇
サーモビオシス 363f
サーモプラズマ科 1535₂₂
サーモプラズマ綱 1535₁₇
サーモプラズマ目 1535₁₈
サーモプロテウス・テナクスウイルス 1 1515₅₆
サーモプロテウス科 1534₁₉
サーモプロテウス綱 1534₃
サーモプロテウス目 1534₁₇
サーモミクロビア科 1541₉
サーモミクロビア綱 1541₇
サーモミクロビア目 1541₈
サーモモノスポラ科 1538₁₀
サーモリソバクテリア科 1544₂₇
サーモリソバクテリア目 1544₂₆
サーモレオフィルム科 1538₃₅
サーモレオフィルム目 1538₃₄
鞘 243b, 544e
サヤガタワムシ 1578₃₇
サヤクチダニ 1590₃₉
サヤゲモ 1636₁₃
サヤツナギ 1656₂₅
莢動脈 544f
鞘翅 578l
サヤミドロ 1635₂₀
サヤミドロ目 1635₂₀
サヤミドロモドキ 1603₉
サヤミドロモドキ科 1603₉
サヤミドロモドキ綱 544g, 1603₄
サヤミドロモドキ目 1603₅
左右形 320e
左右軸形成 545a
左右性 545b
左右相称 826a
左右相称花 545c
左右相称動物 545d, 1558₃₀
左右相称卵割 545e
左右対称性のゆらぎ 545f
左右非相称性 545b
左右非対称性 545b
作用 545g
作用スペクトル 545h

サヨリ　1566₃₂
ザラカイメン　1554₄₇
サラクラゲ　1555₄₆
サラゴケ　1614₆
サラゴケ科　1614₆
サラシナショウマ　1647₅₈
サラセニア　1651₂₃
サラセニア科　1651₂₃
サラセミア　545i, 1090f
サラソウジュ　1401f, 1650₂₇
ザラミコブガイ　1619₄₅
ザラミノシメジ　1626₅₀
サラメアナ科　1612₅₉
ザラメタケ　1626₂₃
ザリガニ下目　1597₄₇
ザリガニミミズ　1585₃₉
サリチル酸　546a
サリドマイド　884i
サリニスフェラ科　1549₅₁
サリニスフェラ目　1549₅₀
サリラゲニジウム目　1654₂₄
サルヴェージ経路　546b
サルオガセ　1612₅₂
サルオガセモドキ　1647₂₂
ザルガイ　1582₂₁
サルガッソ海　1024e
サルキヌラ目　1557₁₃
サルコイドーシス　546c
サルコイド症　546c
サルコグリカン　583g
サルコシン　546d
サルコスパン　583g
サルコフスキー反応　546e
サルコメア　546f
サルコモナデア綱　1665₁₀
サルサイトメガロウイルス　519b
サルシアウミヒドラ　1555₃₅
ザルシタビン　1049c
サルシノクリシス目　1656₂
サルスカザリクーマ　1597₂₃
サルスベリ　1648₃₈
サルソストラカ亜綱　1594₂₅
サル痘ウイルス　988a
サルトリイバラ　1646₃₃
サルトリイバラ科　1646₃₃
サルナシ　1651₂₄
サル肉腫ウイルス　1030h
サルパ　1370f, 1410e
サルパ目　1563₁₉
サルパ類　1140g
サルバルサン　196h
サルビドボックスウイルス属　1516₆₁
サルファ剤　546g
サルファマスタード　1341g
サルフォーミーウイルス　1518₅₄
サルヘルペスウイルス　88e
サルミン　1232d
サル免疫不全ウイルス　1390a
サルモネラ　547a, 1549₁₀
サルモネラファージε15　1514₂₈
サルモネラ変異原テスト　120a
サワガニ　1598₈
サワギキョウ　1652₂₉
サワグルミ　1649₂₁
サワゴケ　1640₁₅
サワフタギ　1651₂₀
サワラゴケ　1637₅₈
サワラゴケ科　1637₅₀
サン　512g
サンアソウ　1647₃₂
サンアソウ科　1647₃₂
散逸構造　761h
酸栄養湖　547b
傘縁　214b
酸塩基平衡　547c

酸-塩基リン酸化　547d
酸汚染　547e
散花　1436d
サンガー　547f
三回羽状複葉　1200h
山塊効果　715a, 724f
酸化還元酵素　548a
酸化還元電位　548b
三角窩　180h
サンカクガイ　548c, 1582₁₂
サンカクガイ目　1582₁₂
サンカクガネケイソウ　1655₇
三核共存体　1269g
サンカクチョウチンケイソウ　1654₅₈
サンカクチョウチンケイソウ目　1654₅₇
山岳病　445d
三角竜　1012f
酸化酵素　548d
酸化剤　129e
酸化ストレス応答　736a
三価染色体　1654₂
Ⅲ型反応　234f
酸化的過程　469h
酸化的脱アミノ　27d
酸化的脱アミノ反応　28b
酸化的脱カルボキシル反応　874b
酸化的脱炭酸反応　874b
酸化的同化　549a
酸化的リン酸化　549b
酸化的リン酸化反応　549b
酸化発酵　549c
サンガー法　941a
サンカヨウ　1647₅₄
残感覚　549d
残基旋光度　804a
三脚骨　105h
三岐腸類　1577₄₂
三丘脳類　1317f
三鰭竜　1012f
残気量　1090b
三菌糸型　336d
サングイバクター科　1537₃₅
散形花序　549e
三系交雑　549f
散形終末　549g
三隙型　1421a
酸血症　10d
三ゲノム性半数体　1122e
三原型　1299e
三原色説　549h
サンゴ, 珊瑚　549i
サンゴ亜目　1557₂₆
サンゴイソギンチャク　1557₄₆
散孔材　550a
酸好性　444h
酸好性腺　187b
サンコウチョウ　1573₁
三項目随伴性　169c
サンゴ群集　550c
サンゴゴケ　1613₁
サンゴゴケ科　1612₆₀
サンゴコケムシ　1579₂₉
サンゴ礁　550b
サンゴ礁群集　550c
サンゴ組織　480c
産後退縮　853c
サンゴ虫　1627₅₃
サンゴ虫類　1110h
サンゴノフトヒモ　1581₁₃
サンゴパイプヘビ　1569₁
サンゴハリタケ　1625₅
サンゴハリタケ科　1625₅
サンゴヘビ　1569₅
三語名　210b, 646d, 1033c
サンゴモ　1633₈

サンゴモ亜綱　1633₅
サンゴモドキ　1555₄₁
サンゴモ目　1633₈
サンゴヤドリガニ　1598₈
散在神経系　550d, 1002f
散在性胎盤　861e
三細胞性花粉　235e
三叉顔面部　72f
サンザシ　1648₅₈
三叉神経　507j
三叉神経節　507j
三次風切羽　935i
三次寄生者　446a
三軸　483e
三次三染色体性　551i
産仔数　554i
三次性徴　766a
三者培養　501j
35S プロモーター　243c
三重染色法　490f
30 nm クロマチン繊維　550e
三重二倍体　872c
三出複葉　1200h
サンシュユ　1651₁
三主要点　517b
サンショウ　1650₁₄
サンショウウオ亜目　1567₄₁
サンショウウオ科　1562₁₀
三畳紀　550f
サンショウバラ　1572₅₈
サンショウソウ　1649₉
サンショウモ　1643₉
サンショウモ科　1643₉
サンショウモ目　1643₇
三色旗モデル　1221b
三色視　562b
産褥熱　551a
酸植物　551b
三次卵膜　1450g
三次リンパ組織　1477d
三心皮雌ずい　581c
散針目　1555₁₁
酸性アミノ酸　13a
酸性α-アミノ酸　369a
酸性雨　551c
酸性好性白血球　444e
酸性色素　551d
酸性指示薬　155d
酸性多糖　876i
酸性蛋白質　551e, 1159f
酸成長　164b, 551f
酸成長説　551f
酸性土壌　551g
酸性植物　551h
酸性プロテアーゼ　231i
酸性ホスファターゼ　1475a
酸性ホスファターゼ検出法　490f
酸性霧　715b
酸性ムコイド　1368h
酸性リパーゼ欠損症　1456g
酸腺　866i
三染色体植物　551i
三染色体性　66g, 551i
残像　551j
三爪幼虫　1282h
酸素解離曲線（ヘモグロビンの）　552a
酸素化酵素　163m
酸素含量（血液の）　552b
酸素屈性　348h
酸素結合曲線　552a
酸素効果　552c
酸素呼吸　469h, 470d
酸素消費度　315d
酸素親和性　361e
酸素耐性菌　552d

シカイ　1737

酸素耐性嫌気性菌　552d
酸素添加　552b, 1277d
酸素添加酵素　163m, 548a
酸素電極　470d
酸素伝達酵素　471b
酸素発生型光合成　509c
酸素発生系　552e
酸素負債　552f
酸素ヘモグロビン　1277d
酸素飽和度　552a
酸素ミオグロビン　1349f
酸素要因　552g
酸素容量　552b
酸素利用率　552h
三胎　872k
残体　552i
三大栄養素　121k
散大筋　293a
三体雄ずい　1409e
三炭糖　1012b
山地草原　553a
山地帯　553b, 724f, 747a
サンチュウムシタケモドキ　1617₂₀
山頂洞人　553c
サン-チレール　682e, 682f
3T3 細胞　648d
サンデオタルス科　1637₂₇
三点試験　553e
サンドイッチ法　146a
三塡　171h
産道　758i, 906a
散瞳　981i
ザントキシン　284k
サントリオ　553f
サントリーニ管　722e
産熱　553g
産熱器官　227j
産熱蛋白質　1361b
酸敗　1210e
三倍性　1081h
三倍体　553h
三胚葉動物　553i, 847m
サンビームヘビ　1569₉
蚕病　553j
散布　553k
サンフィリポ A 症候群　1272i
三幅面　327g
散布体　553l
サンフレック　554a
サンプンマチャン人　844f
散房花序　554b
三歩帯区　327g
サンマ　1566₃₂
傘膜　1510d
3′末端（核酸の）　201i
サンマヒシキムシ　1595₂₃
散漫神経系　550d
酸味　1354b
産門　554d
三葉虫型期　328a
三葉虫型幼生　554e
三葉虫綱　554f, 1588₃₂
三葉虫類　554f
残基染色体　1415b
産卵　554g
産卵管　554h
産卵数　554i
産卵フェロモン　1189c
産卵ホルモン　554j
産卵門　554d
残留シグナル　666a
三量体 G 蛋白質共役型受容体　413a
三輪廻　880e
三連微小管　293e
山麓帯　315b

死　555a
試合闘争　285d
G アクチン　7a
ジアシルグリセロール　11f, 781f, 1138h
ジアシルグリセロールキナーゼ　1310b
ジアスターゼ　31a
ジアセチルモルフィン　1400j
2-ジアゾ-5-オキソノルロイシン　365c
シアソモナス綱　1666₃
シアデノウイルス属　1515₁₄
シアニドメトミオグロビン　1349f
シアネラ　555b
シアネレ　555b
シアノコバラミン　487e
シアノバクテリア　1445j
シアノバクテリア門　1541₁₈
シアノフォラ目　1632₁
シアノーム　555b
ジアポルテ科　1618₄₂
ジアポルテ目　1618₃₇
ジアミノピメリン酸　555d
ジアミノベンジジン　1313b
ジアミン酸化酵素　32d
シアリダーゼ　1062a
シアリドリ　1572₄₂
シアリル α2→6N-アセチルガラクトサミン　14b
シアリル Tn 抗原　14b
α-2,6-シアリルトランスフェラーゼ　494c
シアリルラクトース　171b
シアリルルイス A 糖鎖抗原　647f
シアリン酸　555f
ジアール　555e
シアル酸　555f
シアル酸含有糖脂質　257h
ジアルジアウイルス属　1519₄₈
ジアルジア症　955b
CRP レギュロン　1486a
シアロ脂質　257h
シアン化合物　970d
シアン化物　555h
シアン感受性因子　599b
シアン感受性呼吸　555i
ジアンゲラ科　1537₂
ジアンゲラ目　1537₁
シアン耐性呼吸　555i
シアン配糖体　556a, 1085f
シアン発生植物　556a
シアン非感受性呼吸　555i
ジイガセキンコ　1562₂₅
篩域，篩域　556b
ジイソプロピルフルオロリン酸　685c
シイタケ　1626₁₇
シイノキカズラ　1648₅₀
シイノミタケ　1619₁₂
子音　420c
C 因子　444d
g 因子　970a
G 因子　1325i
耳羽　180h
GVH 反応　556c
ジウロニド　39d
視運動性眼球運動　255e
視運動性眼振　255e
視運動反応　556d
GARP ドメイン　233a
ジェアンログレリウム目　1594₃₀
J 鎖　1386a
CHH 族ペプチド　407c

GH16 グルコシル加水分解酵素ファミリー　154m
GH3 蛋白質　402b
CAAT ボックス　970g, 1497e
JNK 経路　556e
J 形染色体　806f
CA 繰返し配列　947e
シェーグレン症候群　556f
JC ウイルス　1322g
C-S-R 三角形　353a
ジェスチャー　1362e
ジエチルスチルベストロール　731k, 1023b
CX₃C ケモカイン　412g
CXC ケモカイン　412g
ジェニングズ　556h
GnRH ニューロン　556i
C/N 比　557
シーエヌレシオ　557a
ジェネット　122f
ジェホロルニス　1570₃₇
ジェホロルニス目　1570₃₇
ジェミニ　423b
ジェミニウイルス　557c
ジェミニウイルス科　1517₄₃
ジェミニン　1198g
ジェミュール　530c, 1119g
CM-セルロース　56b
G_{M1}-β-ガラクトシダーゼ　258a
ジェラ階　705c, 864k
ジェリコーのバラ　541e
シェリントン　557e
CIB 法　557f
シェルフォード　557f
GLUT ファミリー　366g
シーエレガンス　1587₃₄
ジェンナー　557i
COI 遺伝子　945d
塩味　1354b
耳横筋　566b
シオガマギク　1652₁₇
シオカメウズムシ　1659₆
シオカメウズムシ目　1659₆
シオカラトンボ　1598₅₁
9, 10-ジオキソアントラセン　49f
シオグサ　1634₃₉
シオグサ目　1634₃₉
ジオスゲニン　543i, 544b
潮溜り　558a
シオダマリミジンコ　1595₁₄
CO₂ 補償点　1307₂
シオデ　1646₃₃
シオニラ科　1646₁₃
ジオバクター科　1547₅₃
シオハリケイソウ　1655₁₆
シオホシガタケイソウ　1655₁₄
シオマイシン A　902a
シオマネキ　1598₁₁
シオミズケムシ　1660₁₆
シオミズケムシ目　1660₁₅
シオミドロ　1657₂₉
シオミドロ目　1657₂₈
シオムシ　1596₅₁
潮目　558b
シオヤアブ　1601₂₅
しおれ　558c
しおれ係数　558d
シオン　1652₃₃
翅果　1428f
雌花　889h
肢芽　578b
翅蓋　578f
視蓋　558f
耳介　180h
紫外吸収法　894b

耳介結節　180h
耳介枝　507j
紫外線　**558**g
視蓋前域　699jf, 981i
紫外線A　558g
紫外線回復　1506b
紫外線顕微鏡　**558**h
紫外線C　558g
紫外線B　558g
紫外線ランプ　558g
耳介軟骨　180h
自家感染　267f
志賀潔　**558**i
枝角　935g
視角　**558**j
視覚　**558**k
雌核　**559**a
耳殻　1028b
枝角亜目　1594₃₈
嘴殻亜門　1580₉
視角閾　60a
視覚経路　**559**b
嘴殻綱　1580₂₄
四核性　1086e
視覚性運動失調　**559**c
視覚性失認　**559**d
視覚前野　**559**e
自覚の光感覚　1134h
視覚領　560a
糸角類　1601₂₀
嘴殻類　1580₂₈
自家受精　**560**b, 580b
自家受粉　**560**c
自家生殖　167a
志賀赤痢菌　1549₁₂
耳下腺　866i
C型　131b
C型インフルエンザウイルス　1520₄₀
C型インフルエンザ属　1520₄₀
C型肝炎ウイルス　1522₂₇
シカタケ　1624₃₉
C型粒子　1489e
C型レクチン　997a
C型レクチンファミリー蛋白質　1383j
自割　585h
シカツノウミクワガタ　1596₅₂
シガテラ毒　324b
シカ痘ウイルス W-848-83　1516₆₁
ジガバチ　1601₄₇
自家不稔性　1209e
自家不和合性　**560**d
ジガミグサ　1657₂₂
雌花葉　239e
ジカルボン酸　622a
弛緩　944c
脂肝　608d
歯冠　1069b
篩管, 師管　**560**e
耳管　911e
弛緩因子　**560**f
時間遅れ　**561**a
時間覚　252d, 561b
弛緩型閉環状 DNA　942e
時間感覚　**561**b
弛緩期　623b
時間記憶　561b
弛緩期血圧　395a
自観現象　1225e
弛緩神経　768f
耳眼水平面　561h
雌雌性　265e
時間生物学　**561**d
弛緩性麻痺　723c, 1344e
弛緩説　1395c
時間的隔離　211a

時間的加重　215f
時間的感応　862b
時間的共線性　320b
時間的促通　838d
視感度　4b, 561e, 1225c
視感度曲線　**561**e
指間突起　**561**f
弛緩熱　1058a
時間配分　**561**g
翅幹部　1371e
時間別生命表　778b
耳管扁桃　1287d
耳眼面　**561**h
篩管要素　560e
閾　60a
敷石状　232h, 1193j
シギウナギ　1565₅₅
色覚　91d, 723a, 1225c
色覚異常　**561**i
色感視野　562b
雌器床　756e
磁気異方性　348h
磁気コンパス　**562**a
シキジア目　1636₁₆
色視野　**562**b, 614e
色弱　561i
視機性運動　323c
色素　**562**c, 563b, 563f
色相　91d
色素拡散因子　562d
色素拡散神経　564b
色素拡散ホルモン　**562**d
色素顆粒　**562**e
色素幹細胞　1116f
色素凝集神経　564b
色素凝集ホルモン　564a
色素結合法　894b
色素細胞　**563**a
色素細胞母斑　1318b
色素楯板　270g
色素上皮　663b
色素上皮細胞　1336j
色素上皮層　1393h
色素色　854d
色素性乾皮症　**563**c, 669c
色素組織　563b
色素体　1215c
色素体遺伝子　1217b
色素体ゲノム　1216a
色素体周辺区画　1051e
色素体DNA　1216a
色素体突然変異　**563**d
色素体分裂リング　1215e
色素体包膜　1428b
色素蛋白質　**563**e
シキソトロピー　843h
色素杯　999g, 1077a
色素胞　**563**f
色素胞器官　563f
色素胞刺激ホルモン　**564**a
色素胞神経　564b
雌操能　879b
シギダチョウ　1570₅₂
シギダチョウ目　1570₅₂
ジギタリス　544a, **564**c
自拮抗　**564**d
ジギトキシン　319a, 564e, 707c
ジギトゲニン　543i, 564c
ジギトニド　564e, 735a
ジギトニン　544a, **564**e
C キナーゼ　1329h
G キナーゼ　**564**f
C キナーゼシグナル　1138b
識別　**564**g
識別閾　**564**h

識別閾値　686c
識別種　**564**i
シキミ　1645₂₆
シキミ酸　**564**j
シキミ酸経路　564j
シキミモドキ　1645₃₂
シキミモドキ科　1645₃₂
四気門類　1589₄₄
色盲　561i
自脚　622c
四脚類　580d
子宮　**564**k
糸球　565f
子宮陰窩　653h
子宮外妊娠　**565**a
子宮癌　**565**b
子宮筋縮作用　164a
子宮筋収縮ホルモン　164a
子宮筋層　**565**c
子宮頸癌　565b, 1113b
子宮口　554d
子宮収縮作用　164a
子宮収縮ホルモン　164a
子宮鐘　460f
子宮小丘　565i, 861e
子宮腺　565h
持久戦ゲーム　**565**e
四丘体　916a
糸球体　311d, **565**f, 1301d, 1500d
糸球体外メサンギウム　1295f
子宮体癌　565b
糸球体間質　1376b
糸球体近接細胞　565g
糸球体腎炎　40g
糸球体嚢　704d
糸球体傍細胞　**565**g
糸球体傍装置　1295f
糸球体濾液　426g, 1500d
糸球体濾過量　357f
子宮内診断　642e
子宮内膜　**565**h, 908n
子宮内膜癌　565b
子宮内膜症　**565**i
子宮粘膜　565h
指示皮膚紋理　614d
刺莢　1158b
四強雄ずい　1409e
翅棘　1493f
翅棘型連結　1493f
糸筋　**566**a
翅筋　1428g
雌菌　140d
耳筋　**566**b
嗜銀性　446e
嗜銀繊維　446e
至近要因　309d
蜃区　111g
軸足　1295d
シークエンサー　**566**c
軸下筋板　855h
軸芽細胞　564b
ジクカワカイメン　1554₄₁
軸桿　**566**d, 1194a
軸器官　407b
軸腔　720c
軸腔嚢　924a
軸勾配　**566**f
軸細胞　**566**g
軸索　566d, **566**h, 697d
軸索起始部　**567**a
軸索形質　567b
軸索-軸索間シナプス　601f
軸索漿　567b
ジグザグダンス　229g
軸索投射　984h

シシカ　1739

軸索突起　566h, 1045c
軸索内輸送　**567**c
軸索反射　**567**d
軸索帽　1335f
軸索末端　696e
軸索流　567c
軸糸　**567**e, 752e, 753a
軸上筋　491b
軸上筋板　855h
軸状構造　602c
軸針　481a
軸性　**567**f
軸性異質形成　64f
軸設定　567f
軸腺　407b
軸足　1408d
軸足虫上綱　1030e
軸柱　203d, **567**g, 911f
軸柱筋　203e
軸椎　784d
軸洞　407b
シグナリング　568a
シグナル　**567**i, 1412g
シグナル化学物質　567i
シグナル仮設　569a
シグナル伝達　**568**a
シグナル伝達系　567i
シグナルトランスダクション　568a
シグナル認識粒子　568b
シグナルの進化　**568**c
シグナル配列　569a
シグナル物質　196b
シグナルペプチダーゼ　569a, 1337e
シグナルペプチド　**569**a
軸部　428a
軸方向柔組織　1396c
σ因子　**569**b
シグマカイメン　1554[48]
シグマ体　483e
ジクマロール　1152c
ジグモ　1592[15]
シグモイデオミクス科　1604[31]
シクリトール　**569**c
シクロアルテノール　600g
シクロオキシゲナーゼ　1231d
シクロスポリン　**569**d
シクロトリキイダ目　1659[8]
シクロバクテリア科　1539[19]
シクロフィリン　1274a
シクロヘキシミド　**569**e
シクロヘプタトリエノン　1017c
シクロペンタノペルヒドロフェナントレン
　炭素骨格　732g
シクロホスファミド　1390d
ジクロロイソプロテレノール　48h
2,4-ジクロロフェノキシ酢酸　**569**f
2,6-ジクロロフェノールインドフェノー
　ル　129g
シクンシ　1648[36]
シクンシ科　1648[36]
子茎　602g
歯頸　1069b
枝型類　1562[43]
刺戟，刺戟　**569**g
枝隙　**570**a
刺激閾　60a
刺激閾時　**570**b
刺激運動　**570**c
刺激強調　1399f
刺激駆動型注意　909f
刺激選択性　**570**d
刺激伝導系　**570**e
刺激特異性　1027a
刺激般化　**570**f
刺激-反応理論　129a

刺激文脈　538h
刺激文脈依存的反応修飾　1253d
刺激毛　673d
刺激量の法則　**571**a
シケシダ　1643[51]
シケチシダ　1643[50]
止血　396c
ジゲニン酸　185b
C ケモカイン　412g
屍検　1075b
資源　320d, 477h, **571**b
資源解析　571b
試験管内受精　571c, 847b
試験管ベビー　**571**c
資源管理　571b
始原菌　4f
シーケンサー　566c
始原細胞　**571**d
始原性細胞　571e
始原生殖細胞　**571**e
始原生物　**571**f
資源配分　571b, 1088i
資源防衛型　1077i
資源利用の分割　1038e
資源利用パターン　763g, 1038e
始原類　1600[51]
自己　1388h
死腔　**571**g
視紅　1503d
篩孔　**571**h
歯垢　960a
自光　1134e
耳垢　597i
耳甲介艇　180h
視交叉　580f
試行錯誤　**572**a
視交叉上核　**572**b
指向性運動　**572**c
指向走性　363a, 827f
死硬直　**572**d
始鉤頭虫綱　1579[3]
始鉤頭虫類　460f
刺咬毒　324b
嗜好性作物　537f
自己炎症症候群　1389f
自己完結性　**572**e
自己感受反射　573c
自己干渉　262g
自己感染　267f
自己寛容性　1389c
ジゴキシン　319a
自己擬態　291j
自己欺瞞　879b
シコクメクラヨコエビ　1597[15]
自己蛍光　**572**f
C[3] 経路　30g
自己原性緊張　339b
自己抗原　437f
自己咬傷　1489d
自己抗体　437g
死後硬直　572d
自己刺激　**572**g
自己集合　**572**h
自己受容器　**573**a
自己受容刺激　569g
自己受容性感覚　252d, **573**b
自己受容反射　**573**c
自己消化　574b, 580c
自己消化胞　1179d
自己スプライシング　**573**d
自己制御　**573**e
自己切断　585h
自己相関　**573**f
自己相関関数　573f

自己増殖機械　**573**g
自己組織化　572e, **573**h
自己組織化システム　573i
自己組織化マップ　573i
自己組織系　**573**i
自己調節　421b
指骨　622c, 939a
歯骨　1020k
篩骨　698c
篩骨部　698c
仕事肥大　1149b
自己トレランス　1389b
自己貪食　580c
自己貪食液胞　**574**a
自己発光　1104f
自己複製子　1198e
ジゴブテリス目　1642[23]
自己分化　686b
自己分解　**574**b
事後法　388c
自己間引き　588d, 612e
自己免疫　**574**c
自己免疫疾患　**574**c
自己免疫性多腺性内分泌疾患 I 型　574c
自己免疫性多腺性内分泌不全症・カンジダ
　症・外胚葉性ジストロフィー　117a
自己免疫調節遺伝子　117a
自己免疫病　574c
自己免疫溶血性貧血　1421b
シコロゴケ　1613[24]
歯根　1069b
自混　167a
シコン型　720e
歯根膜　1069b
視差　**574**d
子座　**574**e
耳砂　1259h
肢鰓　**574**f
歯細管　1069b
C 細胞　443b
糸細胞　1059h
刺細胞　608a
視細胞　**574**g
篩細胞　**575**a
G 細胞　220b, 293d
篩細胞組織　605d
刺細胞突起　608a
死細胞貪食　**575**b
四鰓類　51g, 988b
視差運動　574c
視索　559b, 580e, 580f
視索上核　**575**c
視索前核　575c
時差症候群　**575**d
自殺　**575**e
自殺遺伝子　25e
自殺基質　**575**f
自殺実験　975e
示差熱分析　**575**g
時差ぼけ　575d
四酸化オスミウム　484e
C[3]型光合成　576a
C[3]光合成　259d, 576a
C3 コンベルターゼ　1314e
C[3] 植物　**576**a
C3b レセプター　1314d
C3 レセプター　1314d
四肢　180g, 882b
示指　1417g
刺糸　608a
シシウド　1652[48]
指示液稀釈法　712d
CCA ステム　373g
指示隔膜　1110h
シシガシラ　1643[48]

シシガシラ科　1643₄₈
シシガシラ属　315m
シシガシラホコリ　1629₁₈
GC 含量　**576**b
歯式　1069b
指示菌　**576**c
四軸　483e
CC ケモカイン　412g
視紫紅　605g
支持根　283g
支持細胞　**576**d, 822d
指指試験　838e
支持層　611c
支持組織　279b, 439a, **576**e
支持体　306g
仔質　1304h
支質　**576**f, 593d
脂質　**576**g
翅室　**576**h
脂質異常症　**576**i
脂質過酸化物　214f
子実下層　603f
支質細胞　737b
子実作物　472i
子実上層　603f
脂質人工膜　702g, 1309c
脂質生合成　**577**a
脂質性発光顆粒　1104a
子実層　**577**b
子実層上皮　603f
子実層托　603f
子実層囊状体　1064b
子実体　**577**c, 1059d
子実体形成菌糸層　**577**d
脂質中間体　137g
脂質動員ホルモン　**577**e, 1465e
脂質動員ホルモン/赤色色素凝集ホルモン族　**577**e
脂質二重層　**577**f
脂質ミクロドメイン　1437h
脂質メディエーター　1311f
脂質ラフト　1437h
CG 島　604j
四肢動物　580d
刺糸胞　608a
GC ボックス　**578**a
支持膜　611c
シジミタケ　1626₅₁
耳斜筋　566b
指示薬　**578**b
四射サンゴ類　610a
四射珊瑚類　1556₃₄
耳珠　180h
時種　**578**c, 619a
枝獣細網　1317c, 1573₅₀
次周縁始原細胞　1422b
シジュウカラ　1572₅₇
シジュウカラガン　1571₁₂
C₁₉ステロイド　732g
紫汁腺　586a
C₁₈ステロイド　732g
耳珠筋　566b
支出　475f
指手類　1562₂₆
c-Jun N 末端キナーゼ　556e
示準化石　**578**d
思春期　651e
思春期不妊　**578**e
枝序　885d
肢鞘　765c
翅鞘　**578**f, 765c
視床　183a, **578**g, 699f
視床下核　860b
歯状核　662d
糸状仮足　**578**h

視床下部　**579**a
視床下部-下垂体系　579b
視床下部-下垂体後葉神経分泌系　579b
視床下部-下垂体神経分泌系　579b
視床下部-下垂体神経葉系　579b
視床下部-下垂体腺葉系　579b
視床下部-正中隆起系　579b
視床下部ホルモン　579b
指状鉗合　260b
指状嵌入細胞　635f
事象関連電位　**579**c
次常期　217c
枝状器官　**579**d
糸状菌　234d
視床後部　271g
刺状個虫　1158b
指状個虫　1158b
指状個虫孔　121g
耳小骨　198c, 911e
耳小骨伝導　343d
自浄作用　**579**e
矢状軸　1088d
視床上部　271g
糸状触手　670b
糸状性緑色光合栄養細菌　379a
視床前域　699f
糸状足　766f
矢状体　1301c
糸状体　**579**f
糸状体制　1245e
耳小柱　567g, 911e
指状突起　989b
糸状乳頭　793c
茸状乳頭　793c
歯小囊　1069b
肢上部　812j
糸状胞子　871c
矢状面　765c, 1408g
糸上毛胞　1300g
矢状稜　**580**a
自殖　**580**b
自食作用　**580**c
自食作用胞　574a
自殖シンドローム　580b
自所刺激　597h
シシラン　1643₃₃
四肢類　**580**d
刺糸類　1555₃₈
刺針　608a
枝針　388g
歯針　273e
視神経　**580**e
視神経円板　580e, 580g, 1393g
視神経管　668c
視神経交叉　**580**f
視神経十字　580f
視神経節　**580**g
視神経節細胞　**581**a
視神経乳頭　580e, 1393g
始新世　478c, **581**b
磁針毛　384a
翅垂　1493f
歯髄　1069b
雌ずい, 雌蕊　**581**c
耳垂　180h
雌ずい S 因子　560d
翅垂型連結　1493f
翅垂棘型連結　1493f
雌ずい群　581d
歯髄腔　1069b
歯髄細胞　1069b
雌ずい先熟花　1469j
翅垂片　1493f
指数的増殖　514a
シズクゴケ　1607₅₈

シズクゴケ科　1607₅₈
シスゴルジ網　494a, 1010b
シス作用エレメント　923f
シスタチオナーゼ　581e
シスタチオニン　**581**d
β-シスタチオニン開裂酵素　581e
γ-シスタチオニン開裂酵素　581e
シスタチオニン開裂酵素　**581**e
シスタチオニン γ-リアーゼ　901k
シスタチオニン尿症　581d
シスチケルクス　1066a
シスチジア　1064b
シスチジアン　**582**a
シスチジオール　1064b
シスチセルクス　1066a
シスチセルコイド　297f
シス調節配列　668g
シスチン　**582**b
シスチン蓄積症　**582**c
シスチン尿症　**582**d
システアミン　1298c
システィディアン　582a
システイン　**582**e
システイン酸　**582**f
システインスルフィン酸　**582**g
システインスルフィン酸脱カルボキシル酵素　**582**h
システインタイプカルボキシペプチダーゼ　582j
システイン脱硫化水素酵素　**582**i
システインデスルフヒドラーゼ　582i
システインプロテアーゼ　**582**j
システインリッチペプチド　678b
システイニン　289a, **583**a
システム　583b
システム生態学　**583**c
システム生物学　**583**d
システム全体のモデル　583c
システム分析　583c
ジステンパー　583e
ジステンパーウイルス　**583**e
シスト　290d, **583**f, 1066c
シストウイルス科　1519₁₃
シストウイルス属　1519₁₄
シス特異的　584a
シストバクター亜目　1547₅₆
シストバクター科　1547₅₇
シスト壁　583f
シストランス検定　833e
ジストログリカン　**583**g
g-ストロファンチジン　114b
g-ストロファンチン　319a, 114b
ジストロフィン　**583**h
ジストロフィン結合蛋白質複合体　583g
ジストロフィン結合糖蛋白質 1　583g
シストロン　**584**a
シストロン解析　833e
シストロン内相補性　833d
シストロン内相補単位　833f
シス配列　909e
シズミゴケ　1610₃₆
シズミゴケ科　1610₃₆
シス面　494a
シス優性　169d, **584**b
ジスルフィド結合　**584**c
雌性　**584**d
自生　**584**e
市井感染　591a
磁性細菌　1338b
雌性産生単為生殖　107a, 880n
次生節部　1035c
糸精子類　1578₁₅
雌性生殖輸管　**584**f, 1418f
自生性植物　474e
雌性前核　**584**g, 879j

シツシ　1741

雌性先熟　**584**h, 768e	次善の策　**587**g	シタムシ類　787h
始生代　**584**i	自然の実験　1165f	シタラビン　942d, 1390d
自生体　925i	自然のはしご　587f	シダ類　**589**a
雌性蛋白質　1440g	自然発生　**587**g	シダレイトゴカイ　1584₃₉
自生定数群体　952g	自然分類　1254f	シダレキノリ　1612₄₁
雌性配偶子　559a, 1440d	事前法　388c	C 蛋白質　**589**h
雌性配偶体　1080b, 1086b	自然保護　1069b	G 蛋白質　**589**i
雌性発生　**584**j, 1122b	自然保護区　**588**b	G 蛋白質共役型受容体　589i, 1503e
姿勢反射　**584**k	自然保全　**588**c	次端部動原体染色体　806f
自生胞子　585a	自然間引き　**588**d, 644e	C 値　**590**a
自生胞子嚢　**585**a	自然間引きに関する二分の三乗則　1039h	時値　294c, **590**b
雌性ホルモン　131i, **585**b	自然免疫　**588**e	G 値　**590**c
次生木部　1036e	自然林　422c, 972f	シチジル酸　1050d
地生葉　1501h	シソ　1652₁₂	シチジン　1049c
雌性卵片　**585**c	C 相　746e	シチジン一リン酸　590d
雌性卵片発生　**585**c	C 層　**588**f	シチジン一リン酸-N-アセチルノイラミン
枝跡　**585**d	雌蕊　297c	酸　992f
耳石　1259h	G 層　352f	シチジン-5'-三リン酸　**590**f
次世代シークエンサー　566c	示相化石　**588**g	シチジン三リン酸　**590**f
次世代シークエンシング法　941a	歯槽弓　1069b	シチジン二リン酸　**590**f
肢節　**585**e	歯槽叉棘　535e	シチジン二リン酸エタノールアミン　597c
指節　**585**f	歯槽部　188a	シチジン二リン酸グリセロール　**590**g
刺舌　192c	シソ科　1652₁₂	シチジン二リン酸コリン　597c
歯舌　**585**g	シソ科タンニン　892c	シチジン二リン酸リビトール　**590**h
自切　**585**h	視束　580e	七炭糖　1275f
自截　585h	氏族　357b	C 値パラドックス　**590**a
指節骨　1417g	持続可能最大収量　516e	シチヘンゲ　1652₂₂
歯舌突起　**585**g	持続可能性　**588**h	シチメンチョウ　1571₆
歯舌嚢　585g	持続可能な開発　**588**i	シチメンチョウアストロウイルス　1522₃
自切反射　585h	持続可能な開発のための教育　256d	市中感染　**591**a
G₀ 期　**585**i	視束交叉　580f	支柱気根　283g
糸腺　642c	歯足骨性結合　1069b	次中部動原体染色体　806f
紫腺　**586**a	視束上核　575c	室　**591**b
趾腺　837e	持続性頸反射　584k	質（感覚の）　**591**c
歯尖　585g	持続性痙攣　394b	湿塩生植物　153d
篩腺　604f	持続性支配　685a	膝蓋腱反射　591d
耳腺　610d	持続性迷路反射　584k	膝蓋反射　**591**d
歯繊維　1069b	シゾクラディア藻綱　1657₈	膝下器官　**591**e
自然遺産　781d	シゾクラディア目　1657₉	膝窩静脈　921e
視線運動反応　556d	四足類　580d	失活　455a
史前帰化植物　191a	シゾゴニー　23c, 972i	実花葉　239e
自然群　**586**b	シゾサッカロミケス属　**589**a	疾患　1165f
自然言語　702b	シゾチョウ　1570₃₅	疾患モデル動物　**591**f
自然言語処理　702b	始祖鳥　**589**b	G₂ 期　**591**g
自然抗体　457b	シゾチョウ目　1570₃₅	十脚目　1597₃₄
自然個体群　477f	シゾチリウム科　1608₄₀	シックのテスト　**591**h
自然再生　762g	シゾバルメ科　1618₅₃	膝クローヌス　373f
自然雑種　**586**c	シゾプラズモディウム目　1628₄₅	湿原　**591**i
自然史　1094e	シゾマイシン　30a	実現因　406e
自然誌　1094e	シソ目　1651₆₀	実験形態学　**591**j
自然史学　1255a	子孫形質共有　323f	実験個体群　**591**k
自然史博物館　**586**d	シゾント　972i	実験室個体群　591k
自然誌博物館　586d	舌　**589**c, 915f	実験室内感染　1074h
自然宿主　632b	シダ　1594₄₁	実験宿主　632b
自然受粉　701f, 814a	四胎　872k	実験植物社会学　676g
自然植生　**586**b	刺体　1158b	実験神経症　**592**a
自然人類学　716g	肢帯　**589**d	実験心理学　762f
自然制御　**586**f	肢帯型筋ジストロフィー　583g	実験生態系　**592**c
自然選択　587b	死体硬直　572d	実験生物学　**592**d
自然選択説　379e, 587c	θ 型複製　423c	実験的アレルギー性脳脊髄炎　**592**e
自然体系　586b	シダガマノホタケモドキ　1627₃₈	実現ニッチ　763f, 763g
自然単為生殖　880n	シタクスエリサクスティムネー乳頭腫ウイ	実験発生学　403c, **592**f
自然哲学　**587**a	ルス　1516₂₃	実験発生学的手法　**592**g
自然淘汰　**587**b	シダ係数　**589**e	実験病理学　1170a
自然淘汰説　**587**c	シダ種子植物綱　1644₁₀	実験分類学　**592**h
自然淘汰の基本定理　**587**d	シダ植物　**589**f	実行器　431h
自然淘汰のコスト　82f	シダ植物綱　1642₁₇	実効性比　**593**a, 770a
自然淘汰の万能　1054b	シダ植物時代　475a	実行点　596d
自然突然変異　1006a	シダ多様体　1313l	櫛口部　1579₃₁, 1660₁₉
自然突然変異頻度　1006b	シータトルクウイルス属　1517₃₈	十鉤幼虫　**593**b
自然突然変異率　1006e	ジダノシン　1049e	失語症　**593**c
自然に近い植生　586e	θ 波　1065f	櫛鰓　346b
自然の階段　**587**f	シータパピローマウイルス属　1516₂₃	実質　**593**d, 646e, 1148i
自然の階梯　587f	シータ複製　423c	実質組織　593d
自然の経済　763g		実質嚢状体　1064b

湿潤林 747a	3,6-ジデオキシ-D-グルコース 1115d	シトルリン **601**b
櫛状突起 **593**e	ジデオキシシークエンシング法 597f	シトレオビリジン 1333l
膝神経節 507j	ジデオキシシチジン 597f	シトロネロール 779b
湿性壊疽 132g	ジデオキシチェーンターミネーター法 941a	地鳴き **601**c
湿生系列 593g, 799c	3,6-ジデオキシヘキソース 1465b	シナーギステス科 1550₂₃
湿性降下物 551c	ジデオキシリボヌクレオシド三リン酸 597f	シナーギステス綱 1550₂₁
湿生サバンナ 541g		シナーギステス目 1550₂₂
湿生植物 593f, 725i	至適温度 176a	シナーギステス門 1550₂₀
湿生遷移 **593**g	至適刺激 570d	シナ-日本植物区系区 1037h
湿生遷移系列 593g, 799c	至適帯 363a	シナノキ 1650₂₂
湿生動物 593f	磁鉄鉱 604b	シナプシス 934b
湿草動土 **593**h	シデムシ 1600₅₉	シナプス **601**d
実体顕微鏡 593i	ジテルペン 69c, 633e	シナプス下襞 790j
実体視 1459a	耳頭 597g	シナプス下膜 **601**e
実体のモデル 1398c	シドウイエラ科 1618₅₄	シナプス間隙 601b
湿地草原 **593**j	自動血球計数器 401d	シナプス結合 566h, 1045c
湿地草原期 593g	自動興奮性 597h	シナプス後電位 **601**f
室頂核 662d	自動性 **597**h	シナプス後膜 601e
質の形質 **593**k	耳道眼 597i	シナプス後抑制 **601**g
質の相互作用 79b	自動中枢 **597**j	シナプス小胞 602a
質の抵抗性 1165b	自動的単為結果 880k	シナプス小胞仮説 602a
実働遺伝子 813d	自動同花受粉 560c	シナプス結合 792c
湿度覚 593l	耳道軟骨 180h	シナプス前膜 601e
失読失書 594a	刺頭類 1555₂₉	シナプス前抑制 **601**g
失読症 594a	シトクロム **597**k	シナプス増強 225b
湿度受容器 593l	シトクロム a **598**a	シナプス遅延 **602**b
櫛板 346a	シトクロム a₁ **598**b	シナプス電位 601f
櫛板類 **594**b	シトクロム a₃ **598**c	シナプス伝達物質 196b
シッフ塩基 1171c	シトクロム(a+a₃)複合体 598d	シナプス襞 790j
シッフの試薬 **594**c	シトクロム b **598**e	シナプス抑圧 225b
ZIP ファミリー 1030a	シトクロム b₂ **599**a	シナプトネマ構造 **602**c
しっぺ返し 624e	シトクロム b₅ **599**b	歯肉 1069b
室壁 761f	シトクロム b₆ **599**c	歯肉上皮 1069b
室傍核 **594**d	シトクロム b₅₅₉ 599d	シニグリン 1085f
室傍核下部領域 572b	シトクロム b₅₆₃ 599c	C₂₁ ステロイド 732g
シッポゴケ 1639₄₇	シトクロム bc₁ 複合体 **599**e	C₂₄ ステロイド 732g
シッポゴケ亜綱 1639₂₄	シトクロム b₆f 複合体 599f	2,4-ジニトロフェノール **602**d
シッポゴケ科 1639₄₇	シトクロム c 25f, 599g	Gini の集中係数 513h
シッポゴケ目 1639₃₆	シトクロム c₁ **599**h	歯乳頭 1069b
櫛膜 593e	シトクロム c₆ 599i	c2 様ウイルス 1514₃₁
悉無律 801d	シトクロム c₅₅₃ 599i	シヌクレイン **602**e
実葉 1301a	シトクロム c オキシダーゼ 600a	シヌシア **602**f, 635b
質量オスモル濃度 165i	シトクロム c 酸化酵素 **600**a	シヌラ藻綱 159h, 1656₂₂
質量スペクトル 594e	シトクロム c ペルオキシダーゼ 600b	シヌラ目 1656₂₂
質量分析法 **594**e	シトクロム f **600**c	ジネズミ 1575₈
質量モル濃度 165j	シトクロム o **600**d	シネミン 910d
櫛鱗 113c, 442i	シトクロム P450 **600**e	子嚢 **602**g
指定 406d	シトクロム P450 一原子酸添加酵素 518a, 607f	矢嚢 1494e
歯堤 1069b		次脳 838f
cDNA ライブラリー 410d, 940e	シトクロム P450 一原子酸添加酵素群 1215a	耳嚢 1028b
CDK インヒビター **596**a		子嚢果 **603**a
CDK 活性化キナーゼ 511a, 595b	シトクロムオキシダーゼ 600a	子嚢殻 **603**b
CDK 結合蛋白質 596a	シトクロム還元酵素 137e	子嚢果中心体 **603**c, 913c
CDC 遺伝子 **596**a	シトクロム酸化酵素 10j, 555i	子嚢果内菌糸系 603c
CDC2 遺伝子 **596**b	シトシン 150e	子嚢菌門 1605₂₄
Cdc2 キナーゼ 511a	シトシン-シトシン二量体 1172a	子嚢菌類 **603**d
Cdc25 ホスファターゼ **596**c	シトステリン 600g	子嚢形成 602g
CDC 変異 **596**d	β-シトステロール 600g	シノウコウヤクタケ科 1614₄₅
時定数 **597**a	シトステロール **600**g	子嚢軸 567g
Cd 染色法 809e	シトソールアミノペプチダーゼ 1497d	子嚢子座 **603**e
CD20 **597**b	翅突起 838i	子嚢室 291g
CD8⁺T細胞 528b	歯突起 784f	子嚢盤 **603**f
GTP アーゼ活性化蛋白質 304c, 507a	シドニージョウゴグモ 1592₁₅	子嚢柄 602g
CDP エタノールアミン **597**c	シトネタケ 1619₃₃	子嚢胞子 **603**g
CDP-グリセロール 590g	シトネタケ科 1619₃₃	子嚢母細胞 197d
CDP コリン **597**d	シトネマ科 1541₃₄	ジノゲネシス 880n
GDP/GTP 交換因子 1228i	シトファーガ **601**a	死の四重奏 1377e
GDP-マンノース 1347h	シトファーガ科 1539₂₂	シノニム 89e
CDP-リビトール 590h	シトファーガ綱 1539₁₇	シノノメサカタザメ 1565₁₁
CDP-リビトールピロホスホリラーゼ 590h	シトファーガ目 1539₁₈	死の灰 1191b
	ジドブジン 10e	シノバクター科 1550₂
指定部位突然変異誘発 **597**e	シトラール 1024h	シノハラフサヤスデ 1593₃
CD4⁺T細胞 528b	シトリウイルス属 1521₅₀	シノビウム 952g
CD4 陽性 T 細胞 1281e	シドルナウイルス属 1519₃₅	シノブ 1643₆₂
ジデオキシイノシン 597f		シノブ科 1643₆₂

シマヒ 1743

シノブゴケ 1640₅₃
シノブゴケ科 1640₅₃
シノブファギン 237o
シノモン 194f
シバ 1647₄₃
歯胚 1069b
シバイタケ 1624₅₁
支配比 116b
シバエビ 1597₃₇
シバゴケ 1640₂₉
磁場コンパス 562a
磁場受容 604b
柴田桂太 604c
自発運動 684i
自発運動麻痺 723c
自発休眠 313e
自発行動 604d
自発の遷移 799c
自発分散 635a
シバナ 1646₈
シバナ科 1646₈
シバハギ 1648₅₀
シバビテクス 1231a
シバビテクス属 1438d
シバフダンゴタケ 1625₄₂
ジパルミトイルレシチン 1309c
ジバロン酸 1381c
死斑 604e
篩板 556b, 604f
耳板 608c
児斑 604g
篩板腺 604f, 642c
C バンド法 809e
G バンド法 809e
C 反応性蛋白質 1313l
GPI アンカー 1437h
GPI アンカリング膜結合蛋白質 604h
C-P 結合 1311c
ジピコリン酸 604i
CpG アイランド 604j
GPCR 依存的三量体 G 蛋白質活性化経路 589i
指鼻試験 838c
CpG 島 604j
CPD 液 398e
ジヒドロウラシル 1172d
ジヒドロウリジン領域 373g
ジヒドロオロターゼ 247c, 1171h
ジヒドロオロト酸デヒドロゲナーゼ 1171h
ジヒドロカルコン 1239i
ジヒドロキシアセトンリン酸 183h[図]
3,4-ジヒドロキシケイ皮酸 488b
ジヒドロキシコハク酸 640d
3α,7α-ジヒドロキシ-5β-コラン酸 410c
3α,12α-ジヒドロキシ-5β-コラン酸 956i
α,γ-ジヒドロキシ-β,β'-ジメチルブチル-β-アラニン 1125b
3,4-ジヒドロキシフェニルアラニン 1007b
3,5-ジヒドロキシ-3-メチル吉草酸 1381c
ジヒドロクロロリン 1328c
ジヒドロコレステロール 496g
ジヒドロスフィンゴシン 739d
5α-ジヒドロテストステロン 604l
ジヒドロテストステロン 604l
ジヒドロピリジン 244d
ジヒドロピリジン受容体 1452d
ジヒドロポルフィリン 1328c
ジヒドロ葉酸 962d
ジヒドロ葉酸還元酵素 605a
ジヒドロ葉酸レダクターゼ 605a, 962d
ジヒドロリポアミドアセチルトランスフェラーゼ 1175a
ジヒドロリポアミド脱水素酵素 1175a
ジヒドロリポアミドレダクターゼ (NADH) 1175a
ジヒドロリポ酸 129c, 1463d
ジビニルクロロフィル 605b
CBB 染色 349j
子苗感染 374d
指標形質 387d
指標種 605c
指標植物 605c
指標生物 605c
歯表皮 1069b
シビレエイ 1108b, 1565₉
シビレエイ目 1565₇
シビレタケ 1626₄₂
嘴部 206g
篩部, 師部 605d
ジフェニルウレア 605e
1,3-ジフェニルプロパノイド 1219g
o-ジフェノール酸化酵素 1399c
p-ジフェノール酸化酵素 1436c
ジフェルロイルメタン 364d
ジフェンヒドラミン 463f
シフォノストマ目 1595₂₂
シフォノトレタ目 1580₁
シブカワタケ 1624₅₉
シブカワタケ科 1624₅₉
シブゴケ 1612₁₃
SIF 細胞 605f
篩部柔組織 605d
篩部繊維 713c
篩部繊維組織 605d
シブゾウ 1576₁₂
ジフタミド 136a, 606c
死物寄生 289b, 1203h
視物質 605g
視物質の計算図表 606a
ジブッポウソウ 1572₂₇
ジフテリア菌 606b, 1536₃₄
ジフテリアトキシン 606c
ジフテリア毒素 606c
シフトアップ 606d
シフトダウン 606d
篩部放射組織 1299c
篩部輸送 606e
篩部様繊維 799d
G+C 含量 576b
シプリニウイルス属 1514₄₅
シプリニン 1232d
ジプロキスチス科 1627₁₂
四分果胞子囊 607b
四分子 606f
四分子分析 4a, 606g
四分染色体 607a
四分胞子 607b
四分胞子体 607c
四分胞子嚢 607b
自閉症 607d
自閉症スペクトル障害 572g
ジベカシン 30a
ジベトン 625c, 779c
ジベナミン 685c
ジペプチジルカルボキシペプチダーゼ 294i
ジペプチジルペプチダーゼ I 231i
ジペプチダーゼ 607e
ジペプチド 1274c
ジベルシスポラ科 1605₅
ジベルシスポラ目 1605₃
シーベルト 1298d
ジベレリン 607f
シヘンチュウ目 1586₄₂
糸片虫類 1586₄₂
刺胞 608a, 1300g

子房 581c
耳胞 608c, 1261b
脂肪壊死 128b
子房下位 581c
子房下生 581c
脂肪肝 608d
脂肪球皮膜蛋白質 608e
脂肪骨組 481b
脂肪細胞 608f
脂肪酸 608g
脂肪酸基運搬蛋白質 11e
脂肪酸合成酵素 609a
四放サンゴ亜綱 1556₃₄
四放サンゴ類 610a
脂肪酸シンターゼ 609a
脂肪酸生合成 610b
子房周縁性 581c
脂肪種子 633d
子房上位 581c
子房上生 581c
脂肪性卵黄顆粒 1441d
脂肪摂取細胞 85c
視放線 183a
耳傍腺 610d
刺胞相 610a
刺胞叢 121g
死亡速度 751c
脂肪族蠟 1498f
脂肪組織 611a
刺胞体 1158b
脂肪体 611b
脂肪滴 1441d
刺胞頭 121g
脂肪動員ホルモン 577e, 1465e
刺胞動物 520g, 611c, 1218i
刺胞動物門 459e, 1555₁₄
脂肪肉腫 1030f
刺胞嚢 984g
脂肪分解酵素 655e
脂肪変性 611d, 1286e
死亡率 611e
刺胞類 611c
ジホスファチジルグリセロール 245c
1,3-ジホスホグリセリン酸 361d
2,3-ジホスホグリセリン酸 361e
ジホスホグリセロムターゼ 361e
ジホスホピリジンヌクレオチド 1032e
ジポドアスクス科 1606₄
シーボルト 611g
ジーボルト (K.T.E. von) 611f
ジーボルト (P.F. von) 611g
シマアザミウマ 1600₂₇
シマアジ神経壊死症ウイルス 1522₄₅
姉妹細胞 612d
シマイサキ 1566₅₅
シマイシビル 1585₄₅
姉妹種 612a
姉妹染色分体 612b
姉妹染色分体交換 612c
姉妹選択法 612d
シマオウギ 1657₂₂
縞枯れ 612e
縞枯山 612e
シマショウロ 1627₃₈
シマスカンク 1575₅₂
シマセンニュウ 1572₅₄
シマダジア 1633₅₁
C 末端分析 248a
シマツメワカケイソウ 1655₄₁
シマテングサ 1633₂₉
シマトビケラ 1601₂₉, 1601₃₁
シマトビケラ亜目 1601₂₉
島の生物地理学 612f
シマハイエナ 1575₄₇
シマヒモケイソウ 1654₄₉

シマヒ

シマヒモケイソウ目 1654[48]
シマフクロウ 1572[10]
シマミズウドンゲ 1579[18]
シマミミズ 1585[35]
島モデル 613a
シマリス 1576[37]
ジマルガリス科 1604[38]
ジマルガリス目 1604[37]
シマレンガタケ 1624[40]
シミアンウイルス 40 1516[56]
シミ型幼虫 1282h
シミズジレバネ亜目 1601[11]
シミ目 1598[32]
翅脈 613b
翅脈相 613c
シミュレーション 613d
シミュレータ 1398c
シミュレーテッドアニーリング 613e
四眠蚕 1365l
ジムカデ目 1592[41]
シムカニア科 1540[20]
ジムヌラ 1575[5]
ジムノピリン 692c
シムノール 886e
シームリア 613f
シームリア亜目 1567[23]
しめ殺し植物 937c, 1124d
シメジ科 1626[10]
N^6, N^6-ジメチルアデニン 1378i
ジメチルアミノエタノール 450f
p-ジメチルアミノベンズアルデヒド 149h
ジメチルアリル二リン酸 69c
1,3-ジメチルキサンチン 957k
3,7-ジメチルキサンチン 234i
N^2, N^2-ジメチルグアニン 1378i
ジメチルニトロソアミン 614a
7,12-ジメチルベンゾアントラセン 722f
死滅分解速度 751d
2,3-ジメルカプトプロパノール 1116d
ジメーンス 502j
刺毛 614b
シモウサンゴ 1557[10]
シモウサンゴ目 1557[10]
シモツケ 1648[60]
下村脩 614c
指紋 614d
視野 614e
ジャアピア科 1627[31]
ジャアピア目 1627[30]
ジャイアントパンダ 1575[50]
ジャイアントパンディクート 1574[19]
ジャイアントロゼット 445b
ジャイレース 942e
ジャイロウイルス属 1517[42]
シャイン-ダルガーノ配列 181a, 1380g, 1463f
シャウディン 614f
シャオティンギア 1570[35]
社会化 614g
社会距離 615a
社会構造 615c
社会行動 615b
社会集団 615c
社会進化論 615d
社会人類学 716b
社会性アメーバ 527d
社会性昆虫 615e
社会生物学 615f
社会ダーウィニズム 615g
社会的回避 95f
社会的促進 616a
社会的同調 989h
社会的剝奪 385b

社会的欲求 1430g
社会分裂 839c
ジャガイモ 1651[57]
ジャガイモ X ウイルス 1521[43], 616b
ジャガイモモタブ 1627[4]
ジャガイモ葉巻ウイルス 1522[39]
ジャガイモモップトップウイルス 1523[15]
ジャガイモやせいもウイロイド 1523[38]
ジャガイモ Y ウイルス 1522[52]
シャカトウタケ 1625[52]
シャカトウタケ科 1625[52]
視覚競争 614e
弱結合 1484d
弱光反応 1428a
シャクシガイ 1582[25]
シャクシゴケ 1636[31]
シャクジョウソウ 1651[30]
シャクジョウソウ型菌根 333i
ジャクソンてんかん 967b
弱毒ウイルス株 616c
弱毒化 616c, 1166j
弱毒株 616c
尺取虫運動 816e
シャクナゲ 1651[31]
シャグマアミガサタケ 1616[4]
シャクヤク 1648[18]
ジャケツイバラ 1648[49]
シャコ 1571[5], 1596[25]
ジャコウジカ 625c
斜交線 618l
麝香腺 625c
ジャコウソウ 1652[11]
ジャコウネズミ 1575[10]
ジャゴケ 1637[4]
ジャゴケ科 1637[4]
ジャゴケモドキ科 1637[6]
ジャコブ網 1630[43]
ジャコブ目 1630[44]
ジャコブ 616d
ジャコブ-モノのモデル 170a
シャコ類 1308c
視野再現 254d, 863d
視野再現構造 617c
斜視 323c
シャジクケカビ 1603[40]
車軸藻帯 616e
車軸藻類 616f
シャジクモ 1636[17]
シャジクモ綱 616f, 1636[15]
シャジクモ植物門 616f, 1636[14]
シャジクモ藻綱 1471h
シャジクモ目 1636[17]
シャジクモ類 616f
射出管 777d
射出糸 882d
射出嚢 1299c
射出装置 1300g
射出体 363e, 1300g
射出胞子 886c
ジャスデ 1593[17]
ジャスデ下綱 1593[14]
ジャスデ目 1593[16]
ジャスモン酸 616g
射精 617a
斜生 624f, 1423f
射精管 617b, 820h
射精中枢 617a
遮断抗体 841d
遮断剤 48h
シャチ 1576[5]
視野地図 617c
シャチブリ 1566[15]
シャチブリ目 1566[15]
ジャック 540i

JAK-STAT 経路 617d
ジャックナイフ法 617e
シャットネラ 1656[37]
シャットネラ属 1656[37]
シャドウイング 617f
シャドウイング法 617f
蛇頭叉棘 535g
シャトルベクター 1041b, 1264h
ジャノヒゲ 1646[61]
ジャノメドリ 1571[43]
ジャノメドリ亜目 1571[43]
ジャノメドリ目 1571[41]
ジャバラケイソウ 1654[51]
シャービー繊維 484a, 1069b
シャープ 618a
シャーファーメンター 124f
シャブイダニ 1590[30]
視野復元 863d
ジャフヌラ目 1607[12]
遮蔽色素 170d
シャベル状切歯 618b
シャペロニン 1247a
シャペロン 618c
ジャマイカ嘔吐症 1162f
シャミセンガイ 60e
シャミセンガイ目 1579[44]
シャミッソー 618d
シャム双生児 925i
斜面培養 618f
シャモジタケ 1611[31]
蛇紋岩植物 618g
斜紋筋 618h
シャラー 618i
射卵管 617b, 1447c
シャリー 618j
シャリントウ 1648[58]
シャリンヒトデ下綱 1561[1]
シャリンヒトデ科 111d
シャルガフ 618k
シャルガフの法則 1509d
シャーレ 1272a
斜列 618l
斜列線 618l
斜列法 618l
シャロット X ウイルス 1521[39]
ジャワ原人 618m
ジャワマメジカ 1576[17]
ジャンク DNA 240b
シャンスラード人 222e, 376d
ジャンセン 618n
シャンデリアクラゲ 1556[19]
シャンボンの規則 740c
種 336e, 619a
種衣 216a
主域 445b
篩疣 604f
シュヴァン 619b
重脚目 1574[48]
周域 47d
周囲形成層 1020c
雌雄異株 619c
雌雄異熟 580b
雌雄異熟花 987c, 1469j
雌雄異体 619c, 768b
雌雄異体現象 627f
11S グロブリン 634c
褶咽頭 108h
自由運動 85b
臭腺 625c
汁液伝染 103a
自由エネルギー 619e
周縁気刊 301f
周縁棘毛 328c
周縁効果 619f
周縁始原細胞 1422b

シユウ 1745

周縁質 **620**a	集合放射組織 1299c	重相菌亜界 1605₂₁
周縁成長 **620**b	集合遊走子 162b	重相菌糸 1034h
周縁多核質 620a	縦溝類 390d	縦走構造 625e
周縁中内胚葉 620c	周細胞 1481h	縦走索 **625**e
周縁堤 **620**c	柔細胞 626b, 1299c	重層上皮 663b
シュヴェンデナー **620**d	柔細胞洞 621k	就巣性 **625**f
周縁洞 1441f	褶鰓類 1563₃₁	縦走線 625e
周縁分裂組織 620b, 1121d	シュウ酸 **622**a	重層扁平上皮 53a, 243e, 1159i, 1406k
周縁胞胚 **620**e	蓚酸 622a	終足 660g
周縁ラメラ 164g	集散花序 **622**b	従属 321c
集塊 786d, 962f, 1232e	周産期 624h	収束安定性 17b
シュウカイドウ 1649₁₅	13トリソミー症候群 807b	収束育種 350c
シュウカイドウ科 1649₁₅	自由肢 **622**c	従属栄養 121k, **625**g
臭化エチジウム 4e, 95g, **620**f	ジュウケイソウ 1655₄₉	従属栄養生物 625g, 751d
周核体 696b	銹子腔 542c	従属種 **626**a
収穫ダンス 1360a	終止コドン **622**d	柔組織 286j, **626**b
臭覚突起 308i	周糸状体 603c	柔組織鞘 1022a
収穫法 936g	十字状二又分枝 1204f	周胎 872k
縦割 1444a	十字対生 854i	従対称面 1298f
習慣 **620**g	ジュウシチネンゼミ 1600₃₄	集団 477f, **626**c
集眼 **620**h	十字重複奇形 925i	集団育種 **626**d
聚眼 620h	臭質 **622**e	集団移出 64k
収眼亜目 1584₂₂	鞣質 892c	集団遺伝学 **626**e
習慣強度 **620**i	充実期 623b	集団移入 86d
重感染 925h	銹子嚢 542c	終端還元 1077g
重感染排除 925h	C有糸分裂 496b	集団求愛場 1488f
雌雄鑑別 **620**j	銹子毛 542c	集団ゲノム学 626e
周期 776g	終樹 696e	集団構造 **626**f
終期 **620**k	収縮 622f	集団枯死 612e
周期活動 621b	収縮環 **623**a	集団除雄 683a
周気管腺 621a	収縮期 512a, **623**b	集団生存力分析 **626**g
周期性 **621**b	収縮期血圧 395a	集団生物学 **626**h
重寄生 446a	収縮弧 623a	縦断切片 793f
周期性単性生殖 1270c	収縮根 **623**c	集団選択 383c
周期性洞窟動物 978f	収縮時間 **623**d	集団選抜 **627**a
周期の遷移 621b	終宿主 290a, 632b	じゅうたん組織 878h
周期変作用 706d	収縮素 622f	集団的思考 1480e
周気門腺 **621**c	収縮性蛋白質 **623**e, 923c	集団淘汰 383c
獣脚亜目 1570₅	収縮帯 **623**f	集団の有効な大きさ **627**b
獣弓類 1573₁₀	収縮帯壊死 623f	集団病理学 123h
周莢 480c	収縮の法則 **623**g	終端付加 **627**c
自由頬 554f	収縮胞 **623**h	集団分化指数 140f, 556g
周極種 1123g	収縮要素 229h	縦断面 765e
重金属塩 970b	集受細胞 1080c	集中神経系 **627**d
周茎部 642g	舟状窩 180h	集中分布 1252a, 1252b
自由継続周期 11c, 181d, 621d	重症急性呼吸器症候群 499d	終腸 459a
自由継続リズム **621**d	重症筋無力症 340c	終腸腺 928h
獣型類 **621**e	舟状骨 105h	雌雄同株 **744**b
充血 **621**f	重症複合免疫不全症 481c, **624**a, 728d, 1389f	縦生 **624**f
終結コドン 622d	修飾アミノ酸 **624**b	従性遺伝 **624**g
住血胞子虫目 1661₃₆	修飾塩基 1010h, 1172c	習性学 995d
臭検器 309i	獣歯類 1573₂₆	周生 **624**h
重原子同型置換体 **621**g	周心管 624d	重成長勾配 767c
縦溝 108g, 390d	終神経 **624**c	習性の作用 1426e
重合 850h	自由神経終末 253h, 696e	終生ブランクトン 1220e
集合果 215e, **621**h	周心細胞 **624**d	重生遊走子嚢 **625**a
集合化石帯 223c	囚人のジレンマゲーム **624**e	集積培養 625b
集合腺 706a	終髄 134c, 580g	雌雄同熟花 987c, 1469j
集光器 432c	終髄神経節後X器官 134c	雌雄淘汰 769a
重硬材 507b	雌雄性 **744**b	雌雄同体 297c, 560b, 627e
自由交雑集団 1123b	縦生 **624**f	雌雄同体現象 **627**f
集合種 644g	従性遺伝 **624**g	雌雄同体個体 1308b
周口小膜域 666d	習性学 995d	雌雄同体性 **627**f
水管 263c	周生 **624**h	習得的欲求 1430g
集光性クロロフィル a/b 蛋白質 440b	重成長勾配 767c	柔突起 **629**h
集光性クロロフィル蛋白質複合体 378d	習性の作用 1426e	17野 72a
集光性色素 **621**i	終生ブランクトン 1220e	10ナノメーターフィラメント 910d
集合腺 642c	重生遊走子嚢 **625**a	柔軟部位 1349g
周口中胚葉 154f, **621**j	集積培養 625b	住肉胞子虫 1661₃₄
周口唇上周人 1361e	紐舌 585g	雌雄二形 768b
獣鉤頭虫類 1578₄₄	臭腺 **625**c	十二指腸 661a
自由交配集団 54e	自由相 **625**d	十二指腸液 918h
集合反応 1428a	重相 1034h	十二指腸腺 661a, 1227h
周口部 327g	縦走筋 263a, 1428a	ジュウニヒトエ 1652₁₀
集合フェロモン 1189c		周乳 1086c
		周年生活環 746b
		周年単為生殖 1372e
		終脳 **628**a
		聚嚢 1296e
		雌雄の認知 307d
		周波再現 254d

周波数　166h
周波数特性　**628**b
周波数非増加　989h
18トリソミー症候群　807b
終板　**628**c, 922a
終板器官　1063h
終板電位　**628**d
周皮　**628**e, 1481h
周皮細胞　1363h
皺皮サンゴ亜綱　1556[34]
修復　514b, **628**f
従幅　1298f
修復誤り　**628**g
修復誤りモデル　1298a
修復エラー　**628**g
修復管　1408g
重複感染　925h
重複奇形　925i
修復合成　**628**h
重複受精　**926**b
重複像眼　**926**c
修復象牙質　1069b
修復ポリメラーゼ　943c
縦分裂　**628**i
雌雄別株　619c
終片　752e
重弁胃　1122c
重弁花　1403a
周辺効果　**629**a
周辺細胞　912h
周辺細胞質　1083i, 1440d
周辺視　614e
周辺質　**629**c
周辺視野　614e
周辺小花　986b
周辺小管　819d
周辺帯　845b
周辺胎座　849g
周辺蛋白質　245h
周辺微小管　819d, 1142c
周辺微小管間リンク　1054z
周辺分枝　**629**d
周辺分裂組織　644b
周辺変形体　1284c
柔膜　1065b
終末器　**629**e
終末器官　**629**e
終末残留　**629**f
終末槽　337a
終末装置　**629**e
終末部　870b
終末ボタン　1045c
縦脈　613b, 613c
就眠運動　**629**g
柔毛　**629**h
絨毛　310d, **629**h, 918g, 1043f
周毛亜綱　1660[44]
絨毛癌　**629**i
絨毛間腔　406k
絨毛上皮腫　1301b
周毛性細菌　1290a
絨毛性腫瘍　**629**i
絨毛性生殖腺刺激ホルモン　**629**j
絨毛膜　861e
絨毛膜絨毛　168b
絨毛膜性ゴナドトロピン　**629**j
絨毛膜性生殖腺刺激ホルモン　**629**j
周毛目　1660[45]
絨毛様突起　1142b
雌雄モザイク現象　**629**k
十字遺伝　1122g
十文字クラゲ綱　1556[18]
十文字クラゲ綱　1556[17]
ジュウモンジクラゲ目　1556[18]

ジュウモンジシダ　1643[57]
集薬雄ずい　1409e
自由蛸　1440b
14-3-3蛋白質　**630**a
集落　499e
集落型　**630**b
収量　**630**c
収量構成要素　**630**c
雌雄量の決定説　748b
重力覚　**630**d
重力屈性　**630**e
重力受容器　**630**d
重力水　1004a
重力の効果　480a
重力ポテンシャル　1356d
獣類　1317f
収斂　**630**f, 835f
縦連合　**630**g
縦連神経　**630**g
収斂伸長　**631**a
16S rRNA系統樹　**631**b
十腕類　988d
ジュエダガカリナ　1554[49]
シュオテリウム目　1573[37]
珠芽　1367e
種階級群　193c
主核　847d
種カテゴリー　231f
種環　1492c
樹冠　**631**c
主観異名　89e
樹幹解析　**631**d
種間競争　**631**e
種間交雑　**631**f
種間雑種　**631**f
樹冠生態系　631c
種間相互作用　202b
種間托卵　869a
主観的輪郭　538h
種間比較　**632**a
種間比較法　630f
主気管支　1076i
縮合型タンニン　892c
縮合酵素　344d
宿主　286g, **632**b
宿主域　**632**c
宿主域変異　632c
縮重　**632**d
宿主回復　632e
宿主-寄生体相互関係　286g
宿主細胞回復　**632**e
宿主支配性修飾　**632**f
宿主支配性制限・修飾　749d
宿主支配性変異　749d
宿主転換　289b
宿主特異性　286g
宿主-ベクター系　**632**g
宿主変更　289b
縮退　632d
主屈曲　1063d
縮瞳　981i
縮葉病　3311
種群　644g, 700f
手形肢　180g, 622g
種形成　646a
樹径成長計　**633**a
種形容語　646d
蛛形類　352e
樹型類　1562[37]
珠孔　1080b
珠孔受精　924e
受光面積　1427f
受光量　845d

シュゴシン　**633**b
主根　**633**c
ジュゴン　1574[40]
主根系　501c
手根骨　939a
手根三叉　667e
主細胞　1195d
蛛糸　642d
種子　**633**d
樹脂　**633**e
種子アルブミン　**633**f
種子休眠　**633**g, 1134i
主軸　567f, 634a, 643g, 1298f
主軸形成　**634**a
主軸説　**634**b
種子グロブリン　**634**c
樹脂細胞　1250h
種子散布　635a
種子集団　1334e
樹枝状体　333i
樹枝状マクロファージ　1339h
種子植物　**634**d, 634e
樹脂植物　138d
種子生産　**634**e
種子蛋白質　**634**f
種子貯蔵物質　**634**g
種子伝染　103a
樹脂道　**634**i
種子軟骨　1028c
種子分散　**635**a, 677e
種子捕食者　287a
種社会　**635**b
種子油　235c
侏儒　1506d
ジュシュー（A.L.de）　**635**c
ジュシュー（B.de）　**635**d
主宿主　632b
手術ロボット　**635**e
樹手類　1562[25]
樹状角質海綿目　1554[52]
樹状群体　382e
樹状細胞　**635**f
樹状図　**636**a
樹上生活　**636**b
樹状突起　**636**c, 1045c
樹状突起間シナプス　1369f
主静脈　**636**d
種小名　646d
種子流産　633d, 634e
主針　1163b
珠心　**636**e, 1080b
珠心性胚　1208a
主膵管　722e
主錐体　723e
ジュズイミミズ目　1585[28]
種数-個体数関係　**636**f
種数多様度　**637**a
種数-面積曲線　**637**b
ジュズキノリ　1615[39]
ジュズダニ　1591[3]
ジュズダニ下目　1591[1]
ジュズダニモドキ　1591[4]
ジュズタンシキン　1623[14]
ジュズタンシキン科　1623[14]
ジュズヒゲムシ目　1599[17]
ジュズホコリ　1629[6]
ジュズモ　1634[39]
シュスラン　1646[44]
酒精　133g
受精　**638**a
授精　638a, 1082d
主成因分析　639g
受精管　789c
受精丘　639c
受精競争　814a

シユン　1747

受精菌糸　753b	シュードウイルス科　1518$_{39}$	シュモクドリ　1571$_{27}$
受精糸　640b	シュードウイルス属　1518$_{42}$	主躍層　718f
受精障害　431a	種痘ウイルス　1508b, 1517$_4$	主葉　217j
受精衝撃　639f	受動運動　85b	腫瘍　646e, 705e
受精素　**638**b	種痘後脳炎　1508b	受容　252a
受精素説　638b	種淘汰　**643**a	受容域　**646**f
種生態学　476d, **639**a	受動的拡散　771a	受容域分担　1494b
受精能　**639**b	受動的発生能　1107b	腫瘍壊死因子　5g, 1504h
受精電位　**639**b	受動的分散　1245b	腫瘍壊死因子 α　947a
受精突起　**639**c, 640b	受動皮膚アナフィラキシー反応　**643**e	腫瘍壊死因子ファミリー　947a
受精囊　**639**d, 1284d	受動免疫　**643**c	主要塩基性蛋白質　444a
受精能獲得　**639**e, 753d, 754d	受動免疫化　1385a	腫瘍化成長因子　387h
受精能破壊　**639**e	受動輸送　**643**d	受容器　**646**g, 1183d
受精能付与　**639**e	種特異抗原　46d	主要気候　283a
受精能抑制因子　754d	種特異性　**643**e	受容器細胞　253c
受精波　**639**f	種特異的配偶者認知システム　**643**f	受容器電位　**647**a
主成分分析　**639**g, 683d	シュート系　**643**g	受容菌　**647**b
受精膜　**640**a	シュートスコウルフィールディア目　1634$_5$	腫瘍細胞　261e
受精毛　640b, 753b	シュードスポラ目　1664$_{42}$	受容者　65c, 841b
受精毛柄　640b	シュート頂　**644**a, 644b	腫瘍増殖因子　518b
受精抑制　1508h	シュート頂分裂組織　**644**b	主要組織適合遺伝子複合体　**647**c
受精卵　638a	シュードデンドロモナス目　1653$_{15}$	主要組織適合抗原　840f
受精卵移植　1072d	シュードノカルディア亜目　1537$_{52}$	主要組織適合性抗原　437g
受精卵クローン　200e	シュードノカルディア科　1537$_{56}$	受容体　**647**d
種勢力　1411g	シュードモナス　**644**c, 1549$_{49}$	受容体介在エンドサイトーシス　**647**e
酒石酸　**640**c	シュードモナス科　1549$_{47}$	受容単位　254a
酒石酸アンモニウム　640c	シュードモナスファージ LUZ24　1514$_{24}$	受容能　506c
主繊維　1069b	シュードモナスファージ φKMV　1514$_{16}$	腫瘍マーカー　367h, **647**f
種選択　643a	シュードモナスファージ φKZ　1514$_{11}$	腫瘍免疫　274a
酒造　40d	シュードモナスファージ φ6　1519$_{14}$	受容野　26d, **647**g
種属反射　657f	シュードモナス目　1549$_{43}$	腫瘍溶解性ウイルス　**648**a
主体　1001d	シュトラースブルガー　**644**d	主翼羽　935i
主大骨片　704b	シュート•ルート比　905a	シュライデン　**648**b
主対称面　1298f	種内擬態　291j	シュライフェリア科　1540$_9$
主体の環境　256a	種内競争　**644**e	ジュラ紀　**648**c
種タクソン　231f	種内托卵　869a	受卵器　1178f
シュタケ　1624$_{49}$	種内捕食　1009f	樹立細胞株　**648**d
シュタニウス小体　722g, 1445c	授乳行動　1317e	主竜区　1569$_{14}$
シュタニウスの結紮　**640**d	種の起源　587c, 865g	主竜形下綱　1569$_{10}$
種多様性　637a	種の集合法則　**644**f	主竜類　**648**e, 1099e
種多様性の緯度勾配　640e	種の諸概念　**644**g	狩猟仮説　**648**f
シュタール　**640**f	種の繁殖　412e	狩猟行動　**649**a
シュタルク　**640**g	ジュノニアケニアデンソウイルス　1518$_{16}$	狩猟採集　**649**b
手段-目的関係　1112f	種の繁殖　412e	種鱗　**649**c
種虫　23c, **640**h	シュバイツァー試薬　797f	樹林群系　**649**d
出液　**640**i	受胚動物　1072d	種類間アロモルフォシス　47b
出液水　640i	主伐　272a	シュルツェ　**649**e
出芽　**640**j	珠皮　1080b	シュルツェの重複形成　925i
出芽型　1248f	種皮　633d	シュルツ-デール反応　**649**f
出芽痕　**641**a	樹皮　**645**a	シュレム管　271c, 442k
出芽繁殖　640j	種非特異性　643e	シュロ　1647$_4$
出芽部位決定　**641**b	種苗　519g	シュロソウ　1646$_{30}$
出芽部位選択　641b	種苗放流　721d	シュロソウ科　1646$_{29}$
出芽胞子　**641**c	種阜　216a	シュワイゲル-ザイデル鞘　544f
出血　**641**d	主部　162e, 217j	シュワネラ科　1548$_{46}$
出血性壊死　128b	シュプレンゲル　**645**b	シュワノーマ　**649**g
出血性炎　152g	受粉　634e, **645**c	シュワルツマン因子　**649**h
出血性梗塞　453e	授粉　645c	シュワルツマン現象　**649**h
出血性ショック　681e	種分化　**646**a	シュワルツマン物質　649h
出血性素質　**642**a	種分岐図　899c, 1245b	シュワルツマン濾液　649h
出血毒　1273d	種分岐学　1073g, 1255a	シュワルベ　**650**a
出鰓血管　**642**b	種分類群　383g	シュワン　619b
出糸腺　**642**c	珠柄　1080b	シュワン細胞　696h, 721g, 721j, 1349c
出糸突起　**642**d	シュペーマン　**646**b	シュワン鞘　696h
出生率　642f	シュペーマン中心　389c	準安定状態　1057i
出水　640i	主胞　623h	順位　**650**b
出水孔　63f, 471a, 720e	種縫　633c	順位制　650b
出生痕　641a	シュマルハウゼン　**646**c	純一次生産　652b
出生死亡過程　211d	シュミット線　776d	*jun* 遺伝子　**650**c
出生前診断　**642**e	主脈　1427c	春化　650e
出生率　**642**f	種名　**646**d	順化, 馴化　**650**d
出滴　1081c	樹木　631d	馴化　1027a
シュート　**642**g, 643g	樹木学　674e	春化処理　**650**e
シュードアルテロモナス科　1548$_{45}$	樹木限界　466a, 715a	純活物寄生菌　1271e
シュードアルテロモナスファージ PM2　1515$_{35}$	シュモクザメ　1564$_{49}$	純化淘汰　587b

1748　シユン

循環器　651a	上衣細胞　296f, **653**e	上菌　1132f
循環器官　**651**a	上位性決定機構　1097a	耳葉感覚器官　653c
循環系　**651**b	小遺伝子　1323g	小感器　201a
循環遷移　305c, 799c	上位包膜　1303h	上眼瞼挙筋　258h
循環選抜　**651**c	小陰唇　94b	小冠細胞　1063h
瞬間増加率　477h	上咽頭　**653**f	少環節蟜虫類　803e
循環置換　1090e	上咽頭癌　88e	小汗腺　1160g
循環的光リン酸化　468g	小羽枝　111g	晶杆体　656d
循環的電子伝達　**651**d	小羽片　110f, 667i	晶桿体　**656**d
循環転座　969f	鐘泳類　1555₄₈	条鰭亜綱　1565₂₀
和文 純寄生　792e	漿液　653g	小気候　847i
春季大発生　3f	漿液細胞　653g	上気道　294b
春機発動期　**651**e	漿液性炎　152g	蒸気滅菌釜　**656**e
純　**651**f	漿液性脂肪細胞　608f	少脚類　133j
純系実験動物　**651**g	漿液腺　**653**g	上丘　558f, 559b, 916a
純系説　**651**h	礁縁　550b	小球形　680a
順系相同遺伝子　**651**i	昇温プログラム　219c	小球細胞　**656**f
純形態学　390g	小花　660a, 1292d	小臼歯　1069b
楯形葉　651j	小窩　653h	少丘歯目　1574₉
順行型　838h	消化　653i	消去　**656**g
純光合成速度　441a	漿果　**653**j	上莢　480c
順向性健忘　278a	ショウガ　1647₂₀	消去制止　656g, 752c
順向性シグナル　143e	上科　653d	条鰭類　442i
順行輸送　666c	小塊　704i	上クチクラ　347a, 875a
純古生物学　476e, 689h	傷害　**653**k	鞘形亜綱　1583₇
春材　824i	傷害応答　653k	鞘形成　721j
ジュンサイ　1645₂₁	傷害刺激　688e	鞘形類　988d
純再生産率　827a	傷害道管要素　**654**a	衝撃反応　1245a
楯細胞　828c	生涯繁殖成功　1121i	礁原　550b
順次転座　969f	生涯繁殖成功度　517d	条件陰生植物　95d
楯手類　1562₂₈	障害物法　**654**a	小堅果　415i
準社会性　615e	小塊粒　664c	条件刺激　**657**f
盾状葉，楯状葉　**651**j	消化液　653i	条件致死　904c
準新翅亜節　1600₁₄	ショウガ科　1647₁₉	条件致死突然変異体　**657**a
純粋失読　594a	消化管　**654**c	条件付き戦略　821a
純粋種　651f	消化管外消化　653i	条件付きノックアウト　**657**b
純粋腺　870a	消化管内消化　653i	条件付き不可欠アミノ酸　1192d
純粋戦略　565e, 821a	消化管ホルモン　154h, **654**d	条件づけ　**657**c
純粋培養　**652**a	消化器　654e	条件づけ過程　586f
純生産　**652**b	消化器官　**654**e	条件の寄生　**657**d
純生産速度　652b, 751d	消化共生　**654**f	条件の寄生虫　657d
純成長効率　751b	硝化菌　**655**a	条件の嫌気性　552g
順相クロマトグラフィー　303b	小核　**655**b	条件的嫌気性菌　417b
純増殖率　827a	小顎　428a, 597g	条件的嫌気性生物　**657**e
順続的複製　903h	上殻　1132f	条件的好塩性　430f
準超薄切片　925e	孃核　1370a	条件的植物着生生物　677d
準超薄切片法　925e	上顎　8h	条件の腐生　657d
純同化効率　751b	小核果　781g	条件反射　**657**f
純同化作用　**652**c	上顎骨　**655**c	条件反射の強化　657f
純同化速度　751d	小核試験　**655**d	条件反応　485d
純同化率　**652**d	上顎神経　507j	礁湖　550b
準同質遺伝子系統　**652**e	常核精子　62b	小孔　121j, 346e, 720e, 1412d
準熱帯多雨林　671e	上顎切歯　618e	鞘甲亜綱　1595₂₈
順応　151c, 253f, **652**f, 1374a	上顎腺　274D	症候群　**657**g
順応的管理　**652**g	上顎洞　655c	小孔細胞　**657**h
純培養　652a	消化系　654e	小膠細胞　695h, 840c, 1339h
盾板　1087c	消化酵素　**655**e	症候性てんかん　967b
盾板小盾板線　659e	硝化作用　**655**f	上行性網様体賦活系　**658**a
純繁殖率　827a	消化シンシチウム　**655**g	上項線　461a
準備打　819e	松果腺　656b	上後頭骨　698c, 848h
準不可欠アミノ酸　1192d	消化腺　**656**a	ジョウゴグモ　1592₁₆
順方向性伝導　971i	松果体　**656**b	常個虫　1110h
純放射　652h, 1056a	小芽体　640h	掌骨　939a
瞬膜　**652**i	松果体複合体　656b	小腿　428a
瞬膜腺　**653**a	浄化値　357f	上腿　162e
シュンラン　1646₄₁	消化中毒剤　540e	上鰓器官　1375d
純林　1411b	小割球　**656**c	小腿髭　428a
賞　315n	消化胞　669g, 1179d, 1339h	上鰓節　1020i, 1020k
子葉　**653**b	消化盲囊　915g	常在度　**658**b
視葉　580g	ショウガ目　1647₁₁	常在度階級　658b
耳葉　**653**c	ショウガラゴ　1575₂₈	上鰓ブラコード　1214d
自養　1002e	小冠　616f	孃細胞　1370b
上-　**653**d	小環　847g	小細胞系　559b
昇圧作用　395b	小眼　882b	小鎖状網　1577₁₅
上位運動ニューロン　116c		蒸散　**658**c, 662g

シヨウ　1749

硝酸塩　659a, 906e
硝酸塩還元　658d
硝酸塩呼吸　658d, 658e, 907a
硝酸塩同化　658e
硝酸還元　658d
硝酸還元酵素　658e
蒸散係数　1357a
蒸散孔　658f
硝酸植物　659a
硝酸態窒素　906e
硝酸同化　10j
蒸散流　659b
硝酸レダクターゼ　658e
小枝　616f
小指　1417g
小歯　208e
松脂　633e
鞘翅　578f
小耳　660d
障子　976g
少肢型幼虫　1282f
少肢期　1282h
正直なシグナル　568a
上耳骨　698c
常時雌雄同体現象　627f
鞘翅上目　1600₄₉
小嘴体　723d
硝子体　1193l, 1373b
小室　603e, 1493g
消失　277e
照射線量　1298d
照射反応　659d
上種　644g
茸腫　1325d
子葉種子　633d
小盾板, 小楯板　659e
子葉鞘　659f
症状　659g
掌状　1424e
鐘状感覚子　659h
上昇刺激驚動反応　322a
茸状乳頭　793c
上小脳脚　662d
ショウジョウバエ　1601₂₄
ショウジョウバエⅩウイルス　1519₉
ショウジョウバカマ　1646₂₉
掌状複葉　1200h
ショウジョウボク　1649₃₈
掌状脈系　1363c
小触角　845c
小耳輪筋　566b
鞘翅類　1600₅₀
畳翅類　1599₆
上腎　348b, 659i, 713h
上腎　704e, 1196f
小進化　854f
小腎管　1196g
上神経節　507j
上心臓枝　507j
小穂　660a
上錐　108g
小穂軸　1292d
小錐類　1556₂₁
少数多重遺伝子族　871e
上生　660b
上生骨　34j
小生子　886c
上生体　656h
上星体　660c
脂溶性ビタミン　1149j
焦性ブドウ酸　1174f
小石果　781g
常赤芽球　401e, 781i
硝石植物　659a

小舌　660d
小赤血球　787i
小接合個体　789b
条線　1132f
上線条体　860c
小染色体　856i
常染色体　660e
常染色体異常　807b
小前腸腺　866j
小前庭腺　815i
上前頭回　860c
篩要素　264h, 560e
醸造　660f
小足　660g
上足　660h
上足触手　660h, 670b, 986e
上足腺　837e
晶体　656f
状態空間　517d
小唾液腺　866i
沼沢期　593g
沼沢植物　660i
沼沢堆積物　474e
小托葉　868j
上達幹　465i
娘虫　1383g
小柱エナメル質　1069b
小中隔　759i
条虫類　393d, 660j, 1578₈
小腸　310c, 661a
象徴　567i
小腸液　918d
上腸間膜静脈　920e
象徴機能　661b
冗長性　192b
小転節　838i, 971e
昇度　624f
小頭　661c
少糖　171b
衝動　975h
情動　579a, 661e
常同行動　950a
上洞人　553c
衝動性運動　323c, 890g
衝動性眼球運動　255e, 890g
上頭頂小葉　860c
情動反応　661f
小刀類　661g
消毒　661h
消毒剤　539a
衝突回避行動　662a
衝突感受性神経細胞　662a
小突然変異　691c
小児斑　604g
小児麻痺　1322f
常乳　1043a
鐘乳体　404b, 903i
漿尿膜　662b
漿尿膜移植　662b
漿尿膜胎盤　861e
小脳　662d
小嚢　309g, 313c, 867g
樟脳　662e
上脳　462b
小脳核　662g
小嚢状体　1064e
小脳テント　72f, 1065h
小脳半球　662d
小脳鎌　1065h
小配偶子　62d
小配偶子嚢　1078f
小配偶子母細胞　1078i
上胚軸　662f, 1079j
松柏類　714i

蒸発　662g
蒸発散　662g
小板　580g
床板　480c, 542b, 916a
上半殻帯　1132f
床板サンゴ亜綱　1557₅
床板サンゴ類　663a
上半被殻　1132f
消費　320d
上皮　663b, 1169b
消費型競争　262g
上皮間充織界面　663c
上皮間充織遷移　664a
上皮間充織相互作用　663d
上皮間充織転換　664a
上皮間葉遷移　664a
上皮間葉相互作用　663d
上皮間葉転換　664a
上皮筋細胞　611c
上皮細胞層　1193l
小皮子　664c
小皮子柄　664c
小皮子柄索　664c
消費者　664d
上皮絨毛胎盤　565i
上皮絨毛膜胎盤　861e
上皮小体　1195d
上皮漿膜胎盤　861e
消費性凝固障害　405g
上皮組織　663b
上皮電位　664c
上皮電流　664e
上皮板　653e
ショウブ　1645₅₂
掌部　585f, 679b
ショウブ科　1645₅₂
小輻　1298f
上覆　663b
上部山地帯　9a, 724f
鞘吻亜目　1600₃₆
上分節　152e
小柄　884j
障壁　1252c
小偏成長　664f
小変態　503e
上変態　503d
小苞　349f, 1304a
小胞　664g
小房　603e
娘胞　1302h
情報　664h
小胞化　1336h
情報化学物質　677e
小胞管状構造　665b
情報基　194a
情報幾何学　664i
情報高分子　665a
小胞子　62e, 235e, 1295e
焦胞子　375b
小胞子形成　235e
小胞子嚢　1296e, 1403c
小胞子嚢果　1296f
小房子嚢菌類　913c
小胞子母細胞　235e, 878h
小胞 SNAP 受容体　737d
小胞体　665b
小胞体関連分解　665c
小胞体局在化シグナル　666a
小胞体-ゴルジ体間輸送　666c
小胞体ストレス応答　736a
小胞体部位　63b
小胞体内腔　665b
小胞体品質管理　666b
情報多重遺伝子族　871e

シヨウ

情報的サプレッサー 543d
乗法的成長 765f
情報伝達物質 196b
娘胞嚢 1302h
小胞輸送 666c
情報量規準 774f
情報理論 664h
小泡類 1560_{31}
小発作 967b
踵歩類 1599_5
小膜 666d
漿膜 666e
少膜綱 1660_{20}
正味のフラックス 58a, 1218e
正味放射 1056a
小脈 1427d
静脈 666f
静脈管 667a
静脈血圧 395a
静脈洞, 静脈竇 667b
静脈弁 666f
上面酵母 667c
上面杯葉 1064c
掌面皮膚紋理 667e
小網 667d
上毛 384a
少毛亜綱 1658_{37}
消耗性色素 64j
消耗戦ゲーム 565e
消耗病 1448e
小網膜 667d
掌紋 667e
条紋縁 667f
縄文海進 667g
縄文人 667h
生薬 1403h
小輸精管 760h
小葉 667i, 1200h
鞘葉 659f
小葉間結合組織 268k
照葉高木林 668e
照葉樹林 668e
小葉植物 667i
小葉植物亜門 1642_4
小葉植物類 1454f
照葉低木林 668e
小葉柄 1200h
漿羊膜腔 666e
漿羊膜連結 1427b
小葉類 667i, 1454f
小翼 668c
上翼状腔 72f
小らせん 864l
小離鰭 765b
省略反射時間 1121b
上流 ORF 1415e
上流オープンリーディングフレーム 1415e
上流転写活性化配列 668k
上流転写抑制配列 668d
ショウリョウバッタ 1599_{26}
常緑広葉高木林 668e
常緑広葉樹林 22g, 668e
常緑広葉樹林帯 668e
常緑広葉低木林 668e
常緑樹 668f
常緑樹林帯 668e
常緑性 668g
小リンパ球 1476g
礁嶺 550h
ショウロ 1627_{23}
ショウロ科 1627_{23}
上肋 1502b
上腕動脈 537h
女王 342k

女王蟻 342k
女王寒天質 1498c
女王蜂 342k
女王フェロモン 668h
女王物質 668h
除核 668i
ショカツサイ 1650_3
初感染 1034a
初期遺伝子 669a
初期猿人 2h
初期吸収 625d
初期組換え節 602c
初期熱 1058a
初期発生 669b
除共役剤 874c
除去修復 669c
除去付加酵素 876d
除去法 669d
触角鱗 1479d
触脚 235a
職業がん 669e
食細胞 669g
触細胞 670a
食細胞性消化 529g
食作用 669g, 1339h
食作用胞 1179d
殖産学 1094e
触糸 670b
触刺激 670g
食餌実験 670a
食餌性高血糖 437f
食餌性糖尿 992e
触手 670b
触蠕 63c, 670c, 1138f, 1220d
触手冠 473c, 670f
触手冠器官 670d
触手冠動物 670e
触手鞘 670b, 1408h
触手動物 670e
触手胞 670f
触手面 1408g, 1499g
触手葉 983b
触受容 1334c, 1383f
触受容器 670g
触手列 670d
触手腕 1120a
触小体 670g
植食者誘導性植物揮発性物質 671a
飾翅類 1601_{27}
触唇 713h
食性 671b
植生 671c
植生学 382a, 676b
植生図 671d
植生帯 671e
植生地理学 773k
植生連続説 672a
植生連続体観 672a
植生連続体説 672a
食体 1370f
喰体 1370f
食虫植物 673a
食中毒 324b, 673b
植虫類 673c
触点 673d
食道 673e
食道下神経節 673f
食道下腺 673g
食道下体 673g
食道嚢 59d, 262b
食道気管中隔 673h
食道気管瘻 673h, 1498e
食道球 1437g
食道上神経節 673i
食道神経環 674a

食道腸間弁 803c
食道嚢 673e
食道皮管 98g
食道抱接神経環 674a
食肉目 1575_{45}
食肉類 1600_{52}
触媒抗体 457d
触媒サブユニット C 125a
触媒部位 452f
樗盤 818c
植被 671c
植被率 1154d
食品中毒 915l
植物 674a
植物ウイルス 103b, 674c
植物嬰瘤 353g
植物エクジソン 126c
植物園 674d
植物塩基 39b
植物界 177c, 994e, 1631_{41}
植物回転器 363b
植物外部形態学 676d
植物解剖学 187d, 676a
植物科学 674e
植物学 674e
植物器官学 676d
植物球 674f
植物共同体 676c
植物極 674g
植物極化 674h
植物区系 675a
植物区系要素 675b
植物群系 676a
植物群集 676b
植物群系生態学 382a
植物群落 381f, 676c
植物群落学 676g
植物計 1184e
植物形態学 676d
植物検疫 676e
植物個生態学 677a
植物ゴム 676f
植物誌 1239b
植物社会 676c
植物社会学 676g
植物腫瘍 122i
植物ステロール 735a
植物性アルブミン 43a
植物性エダフォン 1004b
植物性器官 280a, 676h
植物性機能 676b
植物性揮発油 779b
植物性女性ホルモン様物質 1023b
植物性神経系 685a
植物生態学 677b
植物生態地理学 677a
植物成長阻害物質 1024g
植物成長阻害剤 678c
植物成長調節剤 880k
植物成長調節物質 412c, 678a
植物成長抑制剤 677b, 678c
植物性発情ホルモン様物質 1105e
植物性鞭毛虫綱 1290e
植物生理学 677c
植物相 1239b
植物組織学 676d
植物帯 671e
植物着生生物 677d
植物地理学 773k
植物–動物間相互作用 677e
植物毒素 1001g
植物内部形態学 676d
植物半球 674f
植物病理学 678a
植物プランクトン 1220e

植物ペプチドシグナル 678c	初乳小体 682b	自立栄養 1002e
植物ペプチドホルモン **678**b	ジョネシア科 1537₂₀	自立化 1253f
植物ペントス 953c	除脳 **682**c	自律屈性 684i
植物ホルモン **678**c	除脳固縮 682c	自律形成，自立形成 **684**j
植物蠟 1498f	除脳動物 682c	自律神経嵐 339a
植物矮化剤 677b	書肺 **682**d	自律神経系 434a, **685**a
食糞 **678**d	書肺類 1591₃₇	自律神経遮断剤 685c
植分 678e	徐波睡眠 726g, 1491g	自律神経節 **685**c
食胞 678f	初発乾燥 558c	自律神経毒 **685**c
植民 **678**g	初発原形質分離 1130c	自律神経反射 **685**d
触毛 407d, **678**h	初発しおれ 558c	自律性 181d
触毛斑 1392a	初発凋萎 558c	自律性反射 1120e
触毛目 1660₃₃	鋤鼻器官 311a, 1404b	自律中枢 784a
食物アレルギー 20e	鋤鼻神経 624c, 1404b	自律の制御 573c
食物共有仮説 649b	ジョフロア＝サン—チレール(É.) 682e	自律内皮 1022a
食物嫌悪学習 204b	ジョフロア＝サン—チレール(I.) **682**f	自律反射 784a
食物糸 712e	徐脈 712e	自律複製因子 **686**a
食物的地位 763g	除雄 **683**a	自律分化，自立分化 **686**b
食物分配 678i	ジョルダン **683**b	尻鰭 765b
食物胞 678f	ジョルダン種 644g	シリブトシャコ 1596₂₄
食物網 678j, 679a	ジョルダンの規則 **683**c	シリヤケイカ 1583₂₁
食物網グラフ **678**j	初列風切羽 935i	糸粒体 1360b
食物要因 257d	序列法 **683**d	飼料 1169c
食物連鎖 **679**a	ジョロウグモ 1592₂₃	飼料作物 537f, 537g
食物連鎖効率 751b	ジョロウグモ毒素 185b	視力 **686**c
食用作物 537f, 537g	ジョロモク 1657₄₈	耳輪 180h
触腕 **679**b	C_4型光合成 683c	シルヴィウス(F.) **686**d
助酵素 1305c	C_4光合成 **683**e	シルヴィウス(J.) **686**e
鋤骨 698c	C_4光合成回路 683e	シルヴィウス水道 916a
書鰓 **679**c	C_4ジカルボン酸回路 683e	シルコウイルス科 1517₄₀
助剤 10h	C_4植物 683c	シルコウイルス属 1517₄₁
助細胞 **679**d	ジョンストン器官 **684**b	シルト 1005c
ジョサマイシン 1340a	ジョンストンダニ 1590₃₂	シルトシスト 1300c
初室 **680**a	ジョーンズ—モート反応 **684**c	シルトス 521a
除子葉胚 1086g	$C4b$レセプター 1314d	シルトフォリア亜綱 1659₂₅
処女生殖 880n	歯蕾 1069b	シルトロフォシス目 1660₁₀
処女膜 **680**b	シライキ 1609₁₀	silver spike point 法 1341d
処女膜痕 680b	シライトソウ 1646₂₉	シルル紀 **686**f
処女林 422c	白井光太郎 **684**d	司令細胞 686i
除神経 **680**c	シラウタケ 1623₄₄	自励振動 **686**g
助精 1082d	シラウメタケモドキ 1626₂₂	指令説 **686**h
初生殻 829d, 847c	シラガゴケ 1639₄₈	指令的誘導 317i
初成長指数 47a	シラガゴケ科 1639₄₈	司令ニューロン 489i, **686**i
初生腐植質 1203d	シーラカンス目 1567₄	シレウイルス属 1523₂₀
女性ホルモン 131e, 585b	シーラカンス類 **684**e	指列 622c
初節 567a	シラカンバ 1649₂₃	歯列 1069b
除草剤 **680**e	シラキ 1649₄₀	次列風切羽 935i
助胎細胞 679d	白子 42c	歯列弓 1069b
初代培養 **680**f	白太 1285g	歯列の咬合せ 439e
初虫 298f, 473c	シラタマタケ 1627₅₂	歯列不整合 1069b
触角 670b, **680**g	シラタマノキ 1651₂₉	シレン 1567₄₀
触覚 673d, **681**a	シラタマモ 1636₁₇	シレン亜目 1567₄₀
触覚芽 670c	耳ラッパ管 911e	シロアナコウヤクタケ 1625₃₂
触覚器 670g	ジラード **684**f	シロアミタケ 1624₅₁
触角器官 670g	シラネアオイ 1647₅₉	シロアミヒラタケ 1624₅₇
触角計 982b	シラビソ 612e	シロアリ 1498b
触角後器官 **681**b	シラビソ・オオシラビソ帯 724f	白蟻植物 687a
触覚棍 670g	シラビソ・トドマツ帯 715d	白蟻生物 **687**a
触覚腺 **681**c	シラミ亜目 1600₂₄	白蟻動物 687a
触覚盤 1383d	シラミダニ 1590₄₀	シロアリ目 1600₉
触角鞭 1479d	シラミ目 1600₂₀	シロアリモドキ目 1599₁₆
触角類 **681**d	虱類 1600₂₀	シロイトカゲギリ 1583₅₅
触感器 535c	シラン 1646₃₉	シロイナズナ 1333e
ショック **681**e	雌卵 **684**g	シロイヌナズナ 1650₁
食溝 819h	紫藍症 898a	シロイノシトール 87e
ショットガン実験 **681**f	シリアゲムシ 1601₅₇	シロイワボシゴケ 1606₅₃
ショットガン配列決定法 **681**g	シリアゲムシ目 1601₁₆	痔瘻 1498e
ショ糖，蔗糖 **681**h	シリオミドロ 1634₂₉	シロウスボヤ 1563₂₅
ショ糖合成酵素 681h	シリケンダニ 1590₅₄	シロウミウシ 1584₁₂
ショ糖ホスホリラーゼ **682**a	シリコンキュリナ目 1663₅₀	シロウリガイ 1582₁₉
ショ糖密度勾配遠心法 933a, 1359b	シリコン型 911c	シロウリガイ類 1056c
ショ糖リン酸 681i	ジリジンモチーフ 666a	シロウロコタケ 1625₃₄
ショ糖リン酸合成酵素 681h	尻だこ，尻胼胝 **684**h	シロエノシマサンゴ 1555₃₈
ショニサウルス 330b	シリダニ下目 1590₄	シロオビアワフキ 1600₃₃
初乳 682b, 1043a	自律運動 **684**i	シロオビフユシャク 1601₃₇

シーロカウレ　1278k
シロカゲロウ亜目　1600_46
シロガサ　1583_25
シロガネゴカイ　1584_51
シロガネヨシ　1647_36
シロガヤ　1555_42
シロカラカサタケ　1625_44
シロガラシ　1650_3
シロキクラゲ　1623_18
シロキクラゲ科　1623_16
シロキクラゲ綱　1622_54
シロキクラゲ目　1623_6
シロキツネノサカヅキ　1616_26
シロクーマ　1597_23
シロクモノスタケ　1626_51
シロクローバー潜伏ウイルス1　1519_18
シロクローバー潜伏ウイルス2　1519_20
シロケヤスデ　1593_52
シロコメバタケ　1624_26
シロサイ　1576_27
シロサビキン　1653_41
シロサビキン目　1653_41
シロサンゴ　1557_26
シロサンゴタケ　1623_46
シロシビン　692_c
シロシン　692_c
シロスジフジツボ　1596_1
シロスズメノワン　1616_19
シロソウメンタケ　1625_53
シロソウメンタケ科　1625_53
白タイガ　846_e
シロチョウ　1601_42
シロチョウチンホウズキガイ　1580_37
シロツノゴケ　1614_19
シロツメクサ　1648_53
シロナマコ　1562_32
シロハダヤスデ　1594_16
シロハリゴウナ　1583_49
シロヒドロクロリン　35_c
シロヒメツタケ　1626_20
シロヒメホウキタケ　1625_54
シロヒモカワタケ　1626_62
シロフクロウ　1572_11
シロベンキタケ　1623_54
シロホウライタケ　1626_18
シロボヤ　1563_32
白未熟粒　431_a
皺胃　1122_c
シワウデボソヒトデ　1560_39
シワノコタケ　1624_28
シワカラカサタケ　1625_43
シワタケ　1624_27
シワタケ科　1624_23
シーワード　687_b
シワノカワ　1657_34
シワヒトエ　1634_27
しわより　232_h
シワヨロイ　1587_47
C1インアクチベーター　463_k
G_1期　687_c
C1qレセプター　1314_d
仁　204_g
腎　706_a
塵埃細胞　687_d
シンアナモルフ　869_d
真アメーバ目　1628_24
親暗相　714_a
人為構造　687_e
人為受精　702_f
人為受粉　701_f
人為除去速度　751_d
人為植生　853_f
人為処女生殖　687_f
人為選択　687_g

人為単為生殖　687_f
人為単為発生　687_f
人為的群淘汰　627_a
人為淘汰　687_g
人為突然変異　1006_a, 1414_d
人為分類　1254_f
心因性発汗　1101_g
心因性欲求　1430_f
新羽　111_g
腎盂　449_b
新ウォレス線　107_e
真猿下目　1575_32
心円錐　691_e
真円錐眼　687_h
真黄体　160_e
心黄卵　1440_d, 1440_g
心音　687_j, 707_c
心音曲線　687_j
進化　687_k
真果　688_a
シンガー　688_b
新界　688_c
新カイアシ下綱　1595_4
進化医学　688_d
シンカイコシオリエビ類　1056_c
侵害刺激　348_g, 688_e
侵害受容器　688_e
深海水層生物　689_b
深海堆積物　183_d
深海底生群集　688_f
深海底生生物　688_f
深海底帯生物　688_f
進化遺伝学　77_a
深海動物　688_g
シンカイハナビ　1554_41
深海微生物　689_a
シンカイヒバリガイ類　1056_c
深海漂泳群集　689_b
深海漂泳生物　689_b
心外膜　66_e, 705_g
進化距離　689_c
真核　689_d
真核細胞　689_d
真核生物　689_d
真核生物ドメイン　1552_1
新鰐類　1569_23
進化傾向　689_f
進化ゲーム理論　689_g
進化古生物学　689_h
腎芽細胞腫　104_c
ジンガサゴケ　1637_1
ジンガサゴケ科　1637_1
腎芽腫　104_c
進化重要単位　690_d
進化生態学　728_a, 746_a
真花説　690_a
進化速度　690_b
新身体　212_f
進化的安定性　17_b, 678_j
進化的種概念　619_a
進化的新機軸　690_c
進化的新奇性　690_c
進化的に安定な状態　54_c
進化的に安定な戦略　54_c, 1374_j
進化的に重要な単位　690_d
進化的分枝　17_b
進化時計　1248_a
進化に関する古い概念　690_e
進化の荷重　82_h
進化の停滞　690_f
進化の要因論　691_c
進化発生学　690_g
進化不可逆の法則　691_a
進化分類学　691_b, 1255_a
進化論　691_c

腎管　691_d, 854_g, 856_d
腎管口　700_g
深眼神経　507_j
腎間腺　264_i
腎管排出孔　691_d
新鰭　442_i
新キアズマ型説　277_b
新鰭下綱　1565_35
新基準　287_d
新基準標本　896_g
新規ニコチン様物質　1054_c
唇基部　208_d
唇脚類　1367_g
心球　691_e, 997_h
心筋　66_e, 691_f
伸筋　293_a
真菌ウイルス　341_g
心筋梗塞　692_a
真菌症　692_b
心筋層　691_f, 705_g
真菌毒素　692_c
真菌類　341_a
シンク　606_e, 842_b, 973_e
真空活動　769_c
真空行動　769_c
シンク―ソース関係　842_b
Znフィンガー　692_e
ジンクフィンガー　692_e
真クマムシ綱　1588_14
真クマムシ類　273_e
新組合せ　692_f
真クラゲ様体　602_g
シンクリミット　842_b
シングルバースト実験　693_a
シングルユニット記録　693_b
真グレガリナ目　1661_21
新グレガリナ目　1661_25
シンクロマ藻綱　1656_16
シンクロマ目　1656_18
神経　693_c
深径闊　342_l
神経インパルス　98_f
神経液　700_c
神経化　693_d
神経回路網　693_e, 700_d
神経化因子　693_f
唇形花冠　713_h
神経核　594_f
神経芽細胞　693_g
神経下垂体　217_j, 1098_h
神経下垂体ホルモン　693_h
神経冠　698_a
神経幹　693_c, 697_d
神経管　694_a
神経環　696_f
神経間棘　882_c
神経管形成　631_a, 694_b
神経脚標本　694_d
神経弓　784_d
神経筋接合部　694_c
神経筋標本　694_d
神経グリア　695_h
神経系　694_e, 697_b
神経形質　695_a
神経形成質　160_c
神経系の型　695_b
神経血液器官　695_c
神経血管器官　699_c
神経原性　695_d
神経原性緊張　339_b
神経原説　695_d
神経原繊維　695_a
神経孔　695_e
神経腔　695_f
神経溝　695_g

シンセ 1753

神経膠 **695**h
神経膠芽腫 433a
神経膠細胞 695h
神経向性 **695**i
神経行動学 **696**a
神経交連 162c
神経個眼 232f
神経細糸 1045a
神経細胞 **696**b
神経細胞層 232f
神経弛緩剤 1341d
神経軸索 566h
神経支配 **696**c
神経遮断剤 450f
神経襞 **696**d
神経修飾物質 195c
神経周膜 693c
神経終末 **696**e
神経集網 **696**f, 697e
神経症 **696**g
神経鞘 **696**h
神経漿 695a
神経鞘腫 649g
神経上膜 693c
神経親和性 102j
新形成 64f
神経性貝毒 184e
神経性下垂体ホルモン 575c, 594d
腎形成索 910g
神経性脊髄下垂体 1160f
神経相関 995h
仁形成体 205a
神経成長因子 **697**a
神経性脳下垂体 217j
神経節 **697**b, 792c
神経節衛星細胞 118d
神経節式中枢神経系 914c
神経腺 **697**c
神経繊維 **697**d, 1045a
神経繊維腫症 225a
神経層 1393h
神経叢 **697**e, 913c
神経相関 **697**f
神経走性 695i
神経組織 694e, **697**g
神経単位 1045c
神経断管 **697**h
神経調節因子 1023d
神経堤 **698**a
神経伝達物質 **698**b
神経頭蓋 **698**c
神経毒 1273d
神経毒作用 1273d
神経突起 696b, 784d
神経内分泌系 699a
神経内分泌系 **699**b
神経内膜 693c
神経胚 **699**c
新形発生 1285a
神経発生学 **699**c
神経板 **699**d
神経光感覚 **699**e
神経部 217j
神経複合体 697c
神経分節 **699**f, 856e
神経分泌 **699**g
神経分泌顆粒 699g
神経分泌系 579b
神経分泌細胞 594d, 699g
神経分泌物質 699g
神経ペプチド **700**a, 1045b
神経ペプチドY **700**b
神経変性疾患 1191e
神経方程式 177d
神経ホルモン **700**c

神経末端 696e
神経網 580g, 697e, **700**d
神経誘導 **700**e, 1413c
神経誘導因子 693f
神経葉 217j
神経葉ホルモン 217j, 579b, 693h
神経連繋 630g
神経籠 673d
新結合 692f
腎血漿流量 1114e
仁欠如突然変異体 205b
腎血流量 1114e
シンゲン **700**f
信号 567i
腎口 **700**g, 810i
腎腔 712c, 1321b
人エイオノフォア 55d
新口蓋下綱 1571₂
人工海水 **701**a
人工海水培地 **701**b
人工海水培養液 701b
人口学の蓋然性 701c
人口学の確率性 211e, 513c, 701c, 793g
人口学のゆらぎ 478a, **701**c
新興感染症 **701**d
人工血管 702a
人工言語 702b
信号検出理論 **701**e
人工抗原決定基 1113e
人工産物 687e
信号刺激 197e
人工弱毒ウイルス 616c
人工受精 702f
人工授精 702f
人工種苗 721e
人工受粉 **701**f
人工処女生殖 687f
人工心臓 702a
人工腎臓 702a
人工心肺 702a
進行性胃腸運動 1398b
進行性染色 **701**g
進行性多巣性白質脳症 743a
人工生命 **701**h
進行遷移 848g
人工染色体 **701**i
真光層 186j, 189f, 1369b
人工臓器 **702**a
人工造林 972e
人工知能 **702**b
人工低体温 **702**c
進行的遷移 848g
人口統計学 827a
新行動主義 460b
人工透析 987e
新鉤頭虫目 1579₅
新口動物 702e, 849a, 1558₃₈
新腔動物 420b
人工冬眠 702c
人工ニューラルネットワーク 1044e
人工妊娠 1072e
進行波 771a
人工媒精 **702**f
進行説 322j
人工不越年卵 135f
信号物質 194f
人工膜 **702**g
人エマトリックス 521g
唇口目 1579₃₄
人口論 727g
真骨魚類 442i
真骨区 1565₄₃
真骨類 442i
心材 **703**a
腎細管 691d, 1058g

深在神経系 **703**b
真再生 514b, 1192f
深在性真菌症 692b
新細胞説 171g
新異名 89e
シンサンカクガイ 1582₁₂
新参同名 998d
真歯 1069b
心耳 705g
振子運動 **703**c
浸漬ческ液 841a
シンジェン 700f
新翅節 1598₅₃
シンシチウム **703**d
心室 705g
仁質 242g
心室駆出期 623b
心室細動 706c
心室充満期 623b
心室中隔筋性部 909k
真社会性 615e
真社会性昆虫 615e
心遮断 1232f
新種 388d
シンジュ 1650₁₁
真珠 **703**e
人種 **703**f
真鰓下綱 1574₃₁
人獣共通感染症 **703**g
新修本草 1331d
真獣類 1317f
シンジュガヤ 1647₃₁
真珠器 159b
伸縮胞 623h
人種形質 **703**f
真珠質 703e
真珠層 177i
シンジュタケ 1627₄₄
滲出 **703**h
滲出液 1501f
滲出炎 703h
浸潤 **704**a
シンジョウカイメン 1554₃₅
尋常海綿綱 1554₂₈
尋常海綿類 **704**b
腎症候性出血熱 1209e
腎症候性出血熱ウイルス **704**c
尋常性魚鱗癬 330c
尋常性狼瘡 811f
針状体 1243f
腎小体 **704**d
腎上体 **704**e
唇状突起 1132f
腎小胞 449b
尋常葉 1205i
新植代 **704**f
新植物代 704f
新人 716d, 1319h
新人型ホモ=サピエンス 1319h
新人類 222e, 223b
親水性原子団 1357e
親水性-疎水性バランス 187i
深水層 718f, 1369b
真正核 689d
真正核生物 689e
真正眼点藻綱 162b, 1656₃₂
真性寄生 792e
真性拮抗 293a
新生気論 748a, 777g
真正クラゲ類 1099d
真性グロブリン 374c
新生経路 546b, 1171h
真正後生動物 **704**g
真正紅藻 449a
真正紅藻綱 1632₃₂

シンセ

真性コラゲナーゼ 1344c
真正コリンエステラーゼ 493a
真性昆虫類 1598₂₄
真正細菌 416g, **704**h
新成細胞 515b
新生細胞 **704**i
真正雑種強勢 539g
真生産 **704**j
新生児期 624h
真正子嚢菌類 4a, 13f
新生児マススクリーニング 241b, 1188a, 1320c, 1381e
真性侏儒 1506d
新生児溶血症 396a, **705**a
新生児溶血性疾患 705a
真正条虫類 660j, 1578₁₁
真正世代交代 **705**b
真正染色質 1416
真正染色体 62c
真正象牙質 1069b
真正双子葉類 826e, 1141f, 1647₄₄
新生代 **705**c
真正体腔 708a
真性大動脈瘤 859a
真正中心柱 **705**d
真性底生動物 953c[表]
腎性糖尿 992e
シンセイナナフシ亜目 1599₂₁
真性二年草 1038j
真正粘菌 1629₅
真性囊胞 1066c
新生腹足上目 1583₃₅
真正腐植質 1203d
新生物 704i, **705**e
真正分枝 1245e
真正胞子 1295e
新生ポリペプチド鎖 893c
新性類 1600₁₀
腎節 152e, 910g
新石器革命 226e
真節足動物亜門 837d
腎節板 152e
ジーンセラピー 80d
振顫 **705**f
唇腺 866i
振戦 705f
新線条体 860c
仁染色体 205d
心尖拍動 707c
真爪 936i
心臓 **705**g
腎臓 **706**a
深層域 189f
深層音響散乱層 173a
心臓型胚 1207h
心臓球 691e, 997h
心臓曲線単位 706b
心臓曲線記録装置 **706**b
心臓記録装置 706b
心臓筋 691f
新総合説 824a
心臓細動 **706**c
心臓枝 507j
心臓神経 **706**d
心臓神経節 **707**a
心臓神経中枢 706d
深層生物 689b
心臓顫動 706c
心臓中隔 909k
心臓内逆短絡 898a
心臓肺標本 707b
心臓拍動 **707**c
心臓反射 707d
深層プランクトン 1220e
心臓ブロック 1232f

シンゾエア 834f
靭帯 **707**e
身体依存 339a
人体解剖学 187d
人体計測 763a
人体計測示数 716c
人体計測点 **707**f
靭帯結合 266a
真体腔 **708**a
腎体腔説 848e
真体腔動物 **708**b, 847m
真体腔類 847m
新第三紀 **708**c
真胎生 855a
人体生理学 676h
身体大化の法則 857c
身体発育年齢 1061b
真胎盤 861e
シンタイプ 863g
シンターゼ 450d
新多板目 1581₂₂
腎単位 1058g
新置換名 998d
人畜伝染病 703g
ジンチュウ 1587₆
真鳥亜綱 1570₃₈
真鳥綱 1570₅₀
ジンチョウゲ 1650₂₄
ジンチョウゲ科 1650₂₄
ジンチョウゲ科 1637₂
新鳥上目 1571₁₄
身長体重示数 1505a
伸張反射 573c
新陳代謝 851i
シンツキケイソウ 1655₂₇
シンツキケイソウ目 1655₂₇
シンディニウム綱 1662₇
シンディニウム目 1662₈
シンデヴォルフ **708**d
シンデカン 1235c
心的生気論 748a
浸滴虫類 960d
シンテターゼ 450d
シンテニー **708**e
シンテニック遺伝子 708e
伸展受容器 921j
心電図 **709**a, 967e
振盪 **709**b
浸透圧 **709**c
浸透圧受容器 **709**d
浸透圧調節作用 1321b
ジンドウイカ 1583₁₅
振動音 1100g
浸透価 **709**e
新頭蓋 698c
振動回転スペクトル 310f
振動覚 **709**f
真洞窟性動物 978f
浸透計 **710**a
振動傾性 388f
振動傾性運動 1426g
浸透殺虫剤 540e
振動子強度 **710**b
振動受容 173e
振動受容器 1099c
浸透順応型動物 **710**c
振盪症 709b
新頭足類 51g
浸透調節 **710**d
浸透調節型動物 **711**a
浸透適応 710d
浸透的水透過係数 1356f
浸透度 **711**b
浸透透過性 1356a
浸透透過性係数 1356a

シントウトガリネズミ 1575₁₀
浸透濃度 **711**c
振盪培養 425e, 1211g
浸透ポテンシャル 1130c, 1228b, 1356d
シンドビスウイルス **711**d, 1522₆₁
心止め 959d
シントロファス科 1548₈
シントロフィン 583g, **711**e
シントロフォバクター科 1548₉
シントロフォバクター目 1548₇
シントロフォモナス科 1543₅₃
シントロフォラブダス科 1548₁₂
シンドローム 657g
心内膜 705g
心内膜炎 **711**f
心内膜枕 711f
真軟甲亜綱 1596₂₈
真軟頭亜綱 1564₂₀
真軟頭類 1027h
侵入 **712**a
侵入菌糸 1205c
侵入成長 1509g
侵入適応度 17b
シンネジモドキケイソウ 1655₄₈
新熱帯亜区 688c
新熱帯界 1057a
新熱帯区 688c, 996b
新熱帯植物区系界 675a[表]
心囊 66e, **712**b
腎囊 **712**c
心囊腔 66a
真囊性 1296c
神農本草経 141a
神農本草経集注 1331d
真の光合成速度 441a
真の中葉 917e
真の密度 478b
真の模倣 1399f
心肺標本 707b
心拍 707c
心拍出量 **712**d, 713e
心拍数 **712**e
シンバスタチン 730j, 1157c
真爬虫類亜綱 1568₉
シンパトリー 986d
シンパー-ブラウンの数列 **712**f
シンパー-ブラウンの法則 712f
腎盤 449b
新板鰓下綱 1564₃₇
新板鰓区 1564₄₁
ジーンバンク 78d
心皮 581c
真皮 **712**h
靭皮 713c
心皮間柱 581c
真皮黒色素胞 563f
真皮色素胞単位 713c
新皮質 184a, 860c, 861a
真皮樹状細胞 635f
真皮性器官 1160b
真皮性毛嚢 384a
靭皮繊維 **713**c, 799d
新ヒトデ下綱 1560₃₇
真皮乳頭 712h
新皮目 1577₄₇
新皮類 1284d
シンフィアカンチダ目 1663₂₅
深部感覚 **713**d
振幅 776g
新腹足下目 1583₅₀
心不全 **713**e
シンプソン **713**f
シンプラスト **713**g
シンプラスト型 606e
ジーンプール 78c

スイノ 1755

シンプレックスウイルス属 1514₅₂
唇吻 713h
ジンベエザメ 1564₄₄
シンペロブリア科 1640₃₈
唇弁 713h, 1026h
新変態 503d
振鞭体 473c
心胞 712b
心房 705g
腎胞 449b
心房音 687j
心房細動 706c
心房性ナトリウム利尿ペプチド 510c, 714b
シンボウツナギケイソウ 1655₂
心房反射 707d
新北亜区 818h
新北区 818h
シンボジオ型分生子 1248f
シンボディウム 714c
心膜腔 712b
シンマルニセハネケイソウ 1655₅
新名 998d
親明相 714d
震毛 407d
真毛細血管 1392c
シンモリウム目 1564₃₅
心門 714e
腎門 1401d
心門弁 714e
腎門脈系 714f
針葉高木林 714h
針葉樹 714g
針葉樹林 714h
針葉樹林帯 714h
針葉樹類 714i
真葉植物亜門 1642₁₆
針葉低木林 714h
心理遺伝学 77a
心理的回避 95f
心理物理学 714j
侵略的外来種 191a
新竜脚類 1570₂₀
心理ラマルキズム 714k
森林 466c, 649d
森林科学 1473b
森林限界 715a
森林更新 715e
森林サバンナ 541g
森林植物帯 671e, 715d
森林衰退 715b
森林ステップ 715c
森林帯 715d
真輪虫綱 1578₂₉
森林ツンドラ 715a, 937d
森の更新 715e
人類遺伝学 716a
人類学 716b
人類学的示数 716c
人類化石 223b
人類の進化 716d
心霊進化 829a
深裂 1424e
腎臓斗 1499g
真肋骨 1502b
親和性 717c
親和性成熟 458a, 1386b
親和性標識 23i
親和力 717a

ス

巣 718a

シンプレックスウイルス属 （右列）
ズアオアトリ乳頭腫ウイルス 1516₂₁
錘 1099d
髄 718b
随意運動 718c
推移行列 514a
随意筋 718d
随意神経系 855f, 1065a
推移帯 127j
推移平衡理論 1260f
膵液 718e
膵臓 718e
水温変化 718f
水温躍層 718f
水塊 1133i
水解 218c
水解酵素 219a
水解小体 1456e
水界生物学 722c
錘外繊維 725e
髄外造血 719a
水芽 719b
髄核 784d
スイカズラ 1652₄₁
スイカズラ科 1652₄₁
吸い型口器 719c
水管 719d
膵管 722e
膵癌 722f
髄冠 718b
髄管 694a
水管環 263g
水管筋 184d
水管系 719e
水管嚢 184d
スイギュウ 1576₁₀
水禽 199c
スイクチムシ綱 1585₄₉
吸口虫類 1585₄₉
推計学 719f
水圏 773a
水孔 720a
水耕 720b, 1420e
水腔 720c
髄腔 208g, 720d
髄溝 695g
水溝系 720e
水腔動物 721a
水腔嚢 720c, 924a
垂棍 460f
水晶 719b
髄索 750f
水酸化アルミニウム 10h
水酸化酵素 721b
水産資源 721c, 1399d
水産増殖 721d
水産養殖 721e
髄質 718b, 758a, 1478c
水質汚染 721f
水質汚濁 721f
推尺異常 838e
水腫 839f
髄褶 696d
髄鞘 721g, 1349c
穂状花序 721h
錐状感覚子 721i
スイショウキン科 1623₁₁
髄鞘形成 721j
錐状晶体 1193l
水晶錐体 1193l
水晶体 1494f
錐状体 723a
水晶体上皮層 1494f
水晶体繊維 1494f
水晶体板 1494f
水晶体胞 1494f
髄小脳脚 153b

髄状分裂組織 644b
水食 1003h
水色変化 1356c
錐歯類 486g
水生菌類 722a
スイセイジュ 1648₇
水生植物 722b
水生生物学 722c
水生草原 724b
水生淡水植物 823j
水生動物 722d
水性二相溶媒 468e
スイセン 1646₅₇
髄線 1299c
水素イオン濃度指示薬 578b
膵臓 722e
水層域 150c
膵臓壊死 718e
膵臓エラスターゼ 146f
膵臓癌 722f
膵臓腺房細胞 496f
膵臓分泌型トリプシンインヒビター 1233a
垂層分裂 722g
水素炎イオン化検出器 219c
水素供与体 548a, 970c
推測統計学 719f
垂側分裂 722g
水素結合 722h
水素細菌 722i
水素酸化菌 722i
水素受容体 548a, 970c
衰退 64j
錐体 723a
錐体オプシン 1503e
錐体外路 723b
錐体交叉 153c
錐体細胞 723a, 861a
錐体視細胞 723a
錐体小足 574g
錐体神経核 507j
錐体層 1373b
錐体束 723c
錐体網膜 723a
錐体路 723c
水沢草原 914a
スイダニ 1590₄₉
ずい柱, 蕊柱 723d
水中群集 724a
水中草原 724b
水中媒 725g
水中微生物 724c
水中葉 62f, 1211m
垂直移動 85a
垂直感染 724d
垂直的成層構造 724e
垂直分布 724f
垂直分布帯 671e
スイッチング（餌の）725a
推定雑種 586c
膵デオキシリボヌクレアーゼ 957e
水田土壌 725b
水田土壌化作用 725b
水度 725c
水痘 725d
膵島 1445c
水痘ウイルス 725d
膵島腫瘍 297b
水頭性無脳 1371a
水痘-帯状疱疹ウイルス 725d
ズイナ 1648₁₉
錘内筋繊維 725e
錘内繊維 725e
ズイナ科 1648₁₉
水嚢 1203b

髄脳 **725**f	スエヒロキヌタレガイ 1581₅₀	730a
髄脳腔 695f	スエヒロタケ 1626₄₀	スクロースホスホリラーゼ 682a
スイバ 1650₄₂	スエヒロタケ科 1626₄₀	ズークロレラ 319d
水肺 471g	スエモノガイ 1582₂₇	スゲ草原期 593g
水媒 **725**g	頭蓋 976h	スケーリング **730**d
スイーパー触手 670b	ズガイカイメン 1554₂₉	スケルチン 960h
髄板 699d	スカエリナ科 1613₅₄	スケルミン 145b
随伴発射 **725**h	スカシガイ 1583₂₉	スコウルフィールディア目 1634₈
髄尾域 994a	スカシカシパン 1562₁₇	スコウレリア科 1639₂₆
水表生物 1044c	スガモ 1646₉	スコウレリア目 1639₂₅
水分環境 **725**i	スカンク 625c	スゴカイ 1584₂₁
水分屈性 348h	スギ 1645₆	スコチエキスチス目 1559₅
水分経済 726a	スキオファイト 95d	スコトプシン 168g
水分走性 593l	スキオモナデア綱 1664₄₅	スコポラミン 21e, 685c
水分平衡 **726**a	スギ花粉 236f	スコポレチン 350a
水分ポテンシャル 1356d	スギゴケ 1639₁	スコルテキニア科 1617₅
水分要因 725i	スギゴケ科 1638₅₄	スコンプリン 1232d
水平遺伝子移行 726c	スギゴケ綱 1638₅₂	スジアシオオツチグモ 1592₁₄
水平移動 85a	スギゴケ目 1638₅₃	スジイタチゴケ科 1640₃₃
水平感染 724d, 726c	スギタケ 1626₄₂	スジイタチゴケ目 1640₃₂
水平降雨 116e	杉田玄白 **728**c	スジエビ 1597₄₅
水平細胞 **726**b	SCID-hu マウス 728d	スジエボシ 1595₄₇
水平サブマリン型 4e, 967c	SCID マウス **728**d	スジゴケ 1637₃₆
水平進化 **726**c	スキトタムヌス目 1657₄₀	スジゴケ科 1637₃₆
水平分布 **726**d	スギナ 1642₃₁	スジゴケモドキ科 1637₃₈
酔歩 1447h	スキナー箱 **729**a	スジゴケゴケ 1612₆
水疱性口内炎ウイルス 648a, **726**e	スギナモ 1652₄	スジタルケイソウ 1654₃₁
水疱性口内炎ウイルス インディアナ株	スギノキカイメン 1555₁₃	スジタルケイソウ目 1654₃₁
1520₂₃	スギノリ 1633₂₂	スジツムギヤスデ 1593₄₁
水胞体 **726**f	スギノリ目 1633₂₁	スジツムギヤスデ亜目 1593₄₁
スイポックスウイルス属 1517₆	スギバゴケ 1638₇	スジツムギヤスデ目 1593₄₀
膵ポリペプチド 700b	スギヒラタケ 1626₁₉	スジヒトツバ 1642₅₁
髄膜 1065b	スキフィストマ 729b	スジホシムシ 1586₆
睡眠 **726**g	スキフラ **729**b	スジホシムシ亜綱 750c, 1586₆
睡眠促進物質 727a	スギモク 1657₄₇	スジホシムシ目 1586₇
睡眠物質 **727**a	スキャッチャードプロット **729**c	スジホシムシモドキ 1586₇
睡眠薬 450f	スキャフォールド蛋白質 10f	スジメ 1657₂₄
睡眠誘発物質 727a	ズキンタケ 1615₂₂	筋目 558b
水面媒 725g	ズキンタケ亜綱 1614₃₂	すじりもじり運動 1415g
水葉 62f	ズキンタケ科 1615₂₁	スズガエル 1567₅₀
垂蛹 **727**b	ズキンタケ綱 1614₂₅	スズカケノキ 1648₄
水様液 271c, 1373b	ズキンタケ目 1615₁₈	スズカケノキ科 1648₄
髄様癌 447f	スキンドファイバー 874d	スズカケベニ 1633₂₄
髄様骨 482b	スクアレン **729**d	スズカケモ 1635₁
水溶性ビタミン 1149j	スクアレン一酸素添加酵素 729e	スズキ 1647₃₉
水溶性封入剤 1186g	スクアレンエポキシ化酵素 729e	スズキ 1566₄₈
水様明細胞 1195c	スクアレン酸化環化酵素 729e	鈴木梅太郎 **730**e
スイライカビ 1615₅₃	スクアレン水酸化酵素 729e	スズキダニザトウムシ 1591₁₆
スイライカビ科 1615₅₃	スクアレンモノオキシゲナーゼ 721b	ススキノキ 1646₅₄
膵リソホスホリパーゼ 497c	スクーグ **729**f	ススキノキ科 1646₅₃
膵リパーゼ 1460d	スクシナモビン 168e	鈴木尚 **730**f
膵リボヌクレアーゼ **727**c	スクシニヴィブリオ科 1548₃₄	スズキ目 1566₄₂
水硫基 129c	スクシニル CoA **729**g	スズコケムシ 1579₁₈
水流屈性 348h	スクシニル CoA 合成酵素 729g	スズタケ 1647₄₁
スイレン 1645₂₂	スクシニル補酵素 A 729g	スズドリ 1572₄₃
スイレン科 1645₂₂	スクテロスポラ科 1605₁₁	ススホコリ 1629₁₇
スイレンカビ 1604₅₁	スクナビル 1585₄₃	スズメ 1572₅₈
スイレン目 1645₁₉	スクミリンゴガイ 1583₃₇	スズメ亜目 1572₄₆
推論的モデル 1398c	ズクヨタカ 1572₁₆	スズメウリ 1649₁₃
スウィベラーゼ 944c	ズクヨタカ亜目 1572₁₆	スズメガヤ 1647₃₈
スヴェードベリ **727**d	スクラーゼ **730**a	スズメダイ 1566₄₅
スヴェードベリ単位 932c	スクランブラーゼ 1222c	スズメノヤリ 1647₂₈
枢軸 784d	スクランブル型 1077i	スズメバチ 1601₅₀
数性 **727**e	スグリ 1648₂₀	スズメバチネジレバネ 1601₁₂
数値分類学 728b	スグリ科 1648₂₀	スズメ目 1572₃₈
数的反応 1307d	スグリタケ 1624₃	裾野草原 553c
数度 **727**f	スクリーニング **730**b	スタイルスークロフォード効果 **730**g
数理遺伝学 77a	スクリーンフィルター 510a	スタイン **730**h
数理生態学 **727**g	スクレイピー 743a	スタウリア亜目 1556₄₃
数理生物学 **728**a, 1472h	スクレリン **730**c	スタウリア目 1556₃₈
数理モデル 626h	スクレロガステル科 1627₂₅	スタウロプテリス目 1642₂₂
数量表形学 1480g	スクレロダルナウイルス属 1521₄₄	スタキオース 171b
数量表形学派 586b	スクロース 681h	stachysporous 系統 427h
数量分類学 **728**b	スクロース α-グルコシダーゼ 730a	スタキドリン 1240b
スエッシア目 1662₂₈	スクロース α-D-グルコヒドロラーゼ	スダジイ 1649₁₈

スダジイ・タブノキ帯 724f
スタシゲネシス 730i
スターチス 1650₃₉
スタチン系薬剤 730j
スタッキング(核酸塩基の) 730k
スタティックγ運動ニューロン 273f
スタート 526b, 585i, 687c
スタートヴァント 731a
START ドメイン 23j
スタト胞子 731b
スタノマ目 1664₂₁
スタノロン 604l
スタフィロコックス 1208d
スタフィロコックス科 1542₄₅
スターリング 731c
スターリングの仮説 731d
スターリングの心臓の法則 731e
スターリングの法則 731e
スターン 731f
スタンゲリア科 1644₃₄
スタンド 678e
スタンリー 731g
スチクチス科 1614₁₃
スチグマステリン 731h
スチグマステロール 731h
スチビタミン酸 1017c
スチュワード 731i
スチュワート器官 731j
スチルベストロール 731k
スチルベン誘導体 1219g
スチロプス去勢 289c
スッポン 1568₂₅
スッポンタケ 1627₅₃
スッポンタケ亜綱 1627₃₂
スッポンタケ科 1627₅₁
スッポンタケ目 1627₄₉
スッポンダニ 1591₂
スッポンモドキ 1568₂₀
スツリン 1232d
ステアプシン 1460d
ステアリン酸 731m
スティキジウム 1058h
スティックアメーバ目 1628₂₀
スティグマリア 883c
スティグネマ目 1541₄₃
スティックランド反応 732a
スティミュロン 1486a
スティールマン-ポーレイ法 732b
ステゴサウルス 323i, 427i
ステゴサウルス類 427i
ステゴドン科 834c
ステップ 732c
ステップ応答 232c
ステップワイズ溶離法 454a
ステート遷移 732d
ステーニス 1181b
ステノ 732e
ステノ管 866i
ステノーミスの法則 905f
ステファノスポラ科 1625₁₅
ステム 373g
ステラ 735a
ステリグマトシスチン 1333l
ステリン 735a
ステルコビリノゲン 732f
ステルコビリン 732f
ステレオフィラ科 1640₅₅
ステロイド 732g
ステロイドΔ異性化酵素 732h
ステロイド C17-C20 開裂酵素 733a
ステロイド系 544a
ステロイド結合蛋白質 733b
ステロイドサポニン 564e
ステロイド 11β水酸化酵素 733c
ステロイド 16α水酸化酵素 733d
ステロイド 17α水酸化酵素 733e

ステロイド 18 水酸化酵素 733f
ステロイド 21 水酸化酵素 733g
ステロイド水酸化酵素 721b
ステロイドスルファターゼ 742g
ステロイド 11β-ヒドロキシラーゼ 733c
ステロイド 19-ヒドロキシラーゼ 46e
ステロイドホルモン 734a
ステロイドホルモン受容体 734b
ステロイドホルモン生合成 734c
ステロイドホルモン代謝酵素 734c
ステロイドホルモンレセプター 734b
ステロイド 11β-モノオキシゲナーゼ 733c
ステロイド 16α-モノオキシゲナーゼ 733d
ステロイド 17α-モノオキシゲナーゼ 733e
ステロイド 18-モノオキシゲナーゼ 733f
ステロイド 21-モノオキシゲナーゼ 733g
ステロイド C17-C20 リアーゼ 733a
ステロール 735a
ステーンストルプ 735b
ステンソン管 655c, 1404b
ステンソン腺 1109h
ストークスの法則 932f
ストップドフロー法 457a
ストマチン 788d
ストラティフィケーション 507c
ストラメノパイル 735c, 1652₅₃
ストリキニーネ 735d
ストリキニン 735d
ストリーキング 540i
ストリゴラクトン 735e
ストリンジェントコントロール 336h
ストレス 612e, 735f, 1124g
ストレス応答(細胞の) 736a
ストレス活性化プロテインキナーゼ 736b
ストレスキナーゼ 736b
ストレス説 735f, 1498i
ストレス蛋白質 736c
ストレスファイバー 736d
ストレス偏移 958f
ストレッサー 735f
ストレプトキナーゼ 736f, 1217h
ストレプトコックス科 1543₁₅
ストレプトコックス肺炎 1073c
ストレプト植物 1471h, 1635₄₃
ストレプトスポランギウム亜目 1538₄
ストレプトスポランギウム科 1538₇
ストレプトゾチシン 45d
ストレプトマイシン 736g
ストレプトマイシン生産菌 1538₂
ストレプトマイセス 736h, 1538₂
ストレプトマイセス亜目 1537₆₁
ストレプトマイセス科 1537₆₂
ストレプトマイセスファージ φC31 1514₃₈
ストレプトミケス 736h
ストレプトミセス 736h
ストレプトミセス亜目 1537₆₁
ストレプトミセス科 1537₆₂
ストレプトリシン O 1421c
ストロノデンドゥルム目 1562₄₃
ストロビラ 161d
ストロフォメナ綱 1580₁₈
ストロフォメナ目 1580₁₉
ストロマ 737a, 1427g
ストローマ細胞 737b
ストロマチラコイド 930b, 1427g
ストロマトキスチテス目 1561₂₈
ストロマトボラ目 1554₁₂
ストロマトライト 737c
ストロン 824g, 1318d
ストロンビディウム目 1658₃₈

スナイトマキヒトデ 1560₄₉
スナウミウシ亜目 1584₅
スナガイ 1584₂₆
スナギンチャク目 1558₅
スナゴカイ 1584₅₂
スナゴケ 1639₃₁
砂地系列 265h
砂地遷移系列 265h
スナヂャワン 1448g
スナツメワカレケイソウ 1655₄₂
砂時計型生物時計 775a
スナナナフシ亜目 1596₄₈
スナネコ 1575₄₆
スナハシリヒヨケムシ 1591₃₅
スナビキソウ 1651₅₀
スナヒトデ 1560₅₀
スナボア 1569₄
スナポケットマウス 1576₃₈
スナホリガニ 1598₁
スナマルケイソウ 1655₂₁
スナメイガ 1582₂₇
スナメリ 1576₅
スナモグリ 1597₅₂
スナワムシ 1578₃₇
スニーカー 540i
スニーキング 540i
スニーシエラ科 1546₃₂
スニーシエラ目 1546₃₁
SNARE 仮説 737c
SNARE 複合体 737d
SNARE モチーフ 737d
スネーク 1089c
スネル 737e
スネル培地 771d
スノーアルジー 793d
スノキ 1651₃₂
スノーボールアース 737f
スパイク 98f, 157h, 693b
スパイン 737g
スーパーオキシド 737h
スーパーオキシドジスムターゼ 737h, 1347a
巣箱 738a
スーパーコイル DNA 264c, 945a
スーパー抗原 738b
スーパーサプレッサー 738c
スパスミン 738d
スパスモネーム 738d
スパツロスポラ亜綱 1619₁₇
スパツロスポラ科 1619₂₂
スパニッシュモス 1647₂₂
スハマソウ 1647₅₉
スパランツァーニ 738e
スパルフロキサシン 298a
スピオ目 1585₁₉
スビクルム 577d
スピクログロエア目 1621₉
スビゼロミケス科 1603₁
スビゼロミケス目 1602₅₁
スピナセン 729d
スピナレオウイルス亜科 1519₃₆
スピノサウルス 956c
スピリファー 738f
スピリファー目 1580₃₂
スピリフェリナ目 1580₃₃
スピリフェリダ目 1663₅₁
スピリルム 738g
スピリルム科 1547₁₆
スピリロキサンチン 249c
スピロスタン 544a, 564e
スピロトリコニンファ綱 1630₂₂
スピロトリコニンファ目 1630₂₃
スピロプラズマ科 1550₃₄
スピロプラズマファージ 4 1517₅₈

スピロヘータ 738h, 1550₁₉
スピロヘータ科 1550₁₈
スピロヘータ綱 1550₁₂
スピロヘータ目 1550₁₃
スピロヘータ門 1550₁₁
スピロミクロウイルス属 1517₅₈
スピン 970a
スピンドルアセンブリー因子 100c
スピンドル極体 739a
スピンドルポールボディ 596d
スピン標識法 739b
スピンラベル法 739b
4-スフィンゲニン 739d
スフィンゴイド 739c, 739d
スフィンゴエタノールアミン 740b
スフィンゴ型 1476c
スフィンゴ脂質 739c
スフィンゴ脂質蓄積症 739c
スフィンゴシルホスホコリン 740a
スフィンゴシン 739d
スフィンゴ糖脂質 739e
スフィンゴバクテリア科 1540₇
スフィンゴバクテリア綱 1539₅₄
スフィンゴバクテリア目 1540₁
スフィンゴホスホ脂質 1311c
スフィンゴミエリナーゼ 740a
スフィンゴミエリン 740a
スフィンゴモナス科 1546₃₆
スフィンゴモナス目 1546₃₃
スフィンゴリピド 739c
スフィンゴリピドーシス 739e, 1456g, 1461a
スフィンゴ硫糖脂質 1468a
スフィンゴリン脂質 740b
スフェノケパルス目 1566₂₄
スフェノフィルム目 1642₂₇
スフェノブシダ 1001a
スフェノモナス目 1631₁₅
スフェロイデノン 249c
スフェロイデン 440f
スフェロソーム 159e
スフェロバクター亜綱 1541₁₀
スフェロバクター亜目 1541₁₂
スフェロバクター科 1541₁₃
スフェロバクター目 1541₁₁
スフェロブラスト 148j, 1237c
スプタ 1646₃
ズブチリス 477b
スプートニク 1362g
スプーマウイルス属 1518₅₄
スプーマレトロウイルス亜科 1489e, 1518₅₃
スプメラリア目 1663₁₅
スプライシング 740c
スプライシング因子領域 205g
スプライス部位 740c
スプライセオソーム 740d
スフール人 166j
スペクチノマイシン 30a
スペクトリン 788d
スベザトウムシ 1591₁₉
スペシア 635b
スペシフィシティー定数 457a
スベスベベチヒロエビ 1597₃₆
スベトカゲ 1568₅₄
滑り 7a
スベリ 740e
スベリコガネモ 1654₂₆
滑り説 740f
スベリヒユ 1650₅₅
スベリヒユ科 1650₅₅
スベリン 741a
スベリン酸 741a
スペルミジン 1321g
スペルミン 1321g

スペルモカルプ 741b
スペレオグリフス目 1596₃₉
スペンサー 741c
スポーク 819d
スポット AJ 20f
スボヤ 1563₂₈
スポラドトリカ目 1658₃₂
スポリディオボルス科 1621₂₆
スポリディオボルス目 1621₂₄
スポロクラディア 741d
スポロゴニー 23c, 165c, 972i
スポロゴン 741e
スポロシスト 165c, 583f, 741f
スポロゾイト 23c, 640h, 1345f
スポロドキア 1249a
スポロブラスト 165c
スポロポレニン 187c, 235e
スポロラクトバチルス科 1542₄₃
スポロルミア科 1609₅₇
スポロント 1078i
スポンゴフィルム亜目 1556₅₀
スポンゴモナス目 1665₃₈
スポンジ体 263g
スマトラサイ 1576₂₇
スミイボゴケ 1613₃₅
住木諭介 741g
すみ込み共生 1290f
スミーズ 741h
スミス 741i, 742a
スミス分解 742b
すみ場 760i
すみ場所 760j
スミホコリ 1629₁₃
スミレ 1649₅₁
スミレ科 1649₅₁
スミレモ 1634₃₆
スミレモ目 1634₃₆
スミレモドキ 1613₆₁
スミレモドキ科 1613₆₁
すみわけ 742c
スメクチック 123j
スモモ 1648₅₉
スモルト 332h
スモルト化 332h
スライスパッチ法 1107f
スライドグラス 742d
スラウェシメガネザル 1575₃₁
スラブ電気泳動法 953a, 967c
ずり応力 742e
すりきれ説 1498i
スリコギタケ 1627₃₇
スリコギタケ科 1627₃₇
スリコギツユカビ 1654₁₀
刷り込み 742f
ずり速度 742e
スリッパサンゴ 1556₃₆
スリッパサンゴ目 1556₃₆
スリバチサンゴ 1558₂
スリバチサンゴカクレムシ 1595₃₁
ズルチン 1363a
スルファターゼ 742g
スルファチド 1468a
スルファニルアミド 546g, 1152c
スルファミダーゼ 742g
スルファミン 1152c
スルファミン剤 546g
スルフォロブス科 1534₁₅
スルフォロブス目 1534₁₄
スルフヒドリル基 129c
スルフヒドリル試薬 129e
スルフレイン 172i
スルホキシド 1463d
スルホキノボシルジアシルグリセロール 1468a
スルホノリピド 1468a

スルホヒドラターゼ 742g
スルホリピド 1468a
スルホロブス・アイランディカス繊維状ウイルス 1515₅₈
スルホロブス・アイランディカス ロッド型ウイルス 2 1517₁₆
スルホロブス スピンドル型ウイルス 1515₃₈
スルホロブス・ニュージーランディカス液滴状ウイルス 1515₄₃
スルホンアミド 546g, 1152c
スルメイカ 1583₁₇
スルメタケ 1624₂₂
スレオニン 1015h
スレプテラスマ亜目 1556₃₉
スローウイルス感染症 743a
スロムビウム科 1607₄₁
スローロリス 1575₂₈
ズワイガニ 1598₇
スワインソニン 982d[表]
巣分かれ 1253b
巣框 738a
スワンメルダム 743b
スンダヒヨケザル 1575₂₀
スンダランド 165g
スンナリイソミジンコ 1595₁₄

セ

背 1088e
瀬 224c
セアカオーストラリアムシクイ 1572₅₄
ゼアキサンチン 249c, 284l, 285a
trans-ゼアチン 518a
ゼアチン 744a
ゼアラレノン 1333l
性 462f, 744b
西阿 1331d
生育温度(微生物の) 744c
生育期 744d
生育期間 744d
生育場 1399d
生育障害 616b
斉一説 744e
整位反射 873d
性因子 140d, 744f
成因植物社会学 676g
成因的相同 830b, 1321a
正羽 111f
セイウチ 1575₅₃
精液 744g
精液糖 752e
正化 744h
生骸 222c
生化学 744i
生化学的遺伝学 82d
生化学的進化 745a
生化学的相似 745b
生化学的相同 745c
生化学的突然変異体 745d, 1006c
生化学的反復 745e
生化学的pHスタット 1130f
成殻 847c
精核 1406f, 1411a
正鰐類 1569₂₅
生活型 745f
生活環 745g
生活形 745h
生活系 762i
生活形群落 602f
生活形標準スペクトル 746a
生活史 746b
生活史進化 746c

セイシ　1759

生活史戦略　**746**d	生産者　**751**c	星状石　**925**f
生活史パラメータ　746b	生産性　**752**a	正常赤血球　787i
生活相　**746**e	生産生態学　772d, 773e	星状体　**483**e, **755**i
生活帯　**747**a, 1075g	生産-生物体量比　183f	正常体温　56d
生活代謝率説　1498i	生産速度　**751**d	正常光屈性　348h
生活反応　764c	生産速度ピラミッド　478e	精上皮腫　794l
性感　1160a	生産量　516e, 751d	星状毛　384a
棲管　**747**b	生産力　**752**a	生殖　**755**j
精管　750e, 1416e	正視　**752**b	生殖羽　111g
正眼　**752**b	制止　**752**c	生殖窠　**756**f
性感染症　770c	星糸　**752**d	生殖核　**756**a, 789b, 1407a
性鑑定　620j	精子　542a, **752**e, 753b	生殖隔離　758e
性淘汰　769a	静止核　255a, 789b	生殖カスト　220a
生気　997g	正視眼　752b	生殖型個体　139h
精気　1330d	精子間競争　753c	生殖管　**756**b
正規化　1252a	精子完成　**753**a	生殖期　159b
正基準　287d	精子器　**753**b	生殖器　756c
正基準標本　863g	静止期　585i	生殖器官　**756**c
正規分布　**747**c	精子競争　**753**c	生殖器官系　1158e
性器ヘルペス　888h	精子形成　**753**d	生殖期茎頂　756d
正逆交雑　**747**d	精子膠着素　**754**a	生殖期シュート頂　**756**d
精球　777d	静止細胞　**754**b	生殖器床　**756**e
制御　**747**e	精子受容体　998g	生殖器巣　**756**f
制御遺伝子　923a	静止状態　229h	生殖菌糸　336d
制御因子モデル　223e	精子侵入　754c	生殖群泳　**757**a
制御英　777d	精子進入　**754**c	生殖茎頂　756d
制御L鎖　1350c	性指数　265e	生殖系列　757g
制御性T細胞　**747**f, 1281e	斉時性　387c	生殖系列キメラ　301a, 1083a
制御領域　77d	精子成熟　**754**d	生殖結節　**757**b
生気力　528c	精子星状体　1411a	生殖原細胞　**757**c
生気論　**748**a	静止繊毛　1142a	生殖減退　1209g
静菌　1380e	精子束　**754**e	生殖壺　756b
静菌剤　539a	精子体胞子　1507c	生殖個員　1158b
生菌数　415k	精子置換　753c	生殖口　463d, 756c
正形ウニ類　110e	静止中心　**754**f	生殖孔　269e
生計学　761i	静止長　1024a	生殖腔　1284d
正型再生　1146e	静止張力　889k, 1024a	生殖腔説　848e
性形質　766a	静止電位　**755**a	生殖口板　**757**d
正形精子　62b	精子頭部　753a	生殖個虫　1158b
性決定　**748**b	静止熱　1058a	生殖細胞　235e, **757**e, 886b
性決定遺伝子　**748**c	精子の活性化　638a	生殖細胞系列　325g, 757f
性決定物質　748c	精子の取引き　1078d	生殖細胞決定因子　**757**f
性検　1075c	精子の誘引　638a	生殖細胞質　758a
制御因子　**749**a	精子発生　753c	生殖肢　92i
制限エンドヌクレアーゼ　156d, 749b	静止飛翔　**755**b	生殖自切　585h
制限酵素　**749**b	精子被覆抗原　639e	生殖室　1114b
制限酵素切断地図　**749**c	精子変態　753c	生殖質　757e, 757g
性原細胞　757c	静止膜電位　755a	生殖質説　**757**g
精原細胞　235e, 571e, 753d, 757c	静止網膜像　**755**c	生殖質淘汰　757g, 1054b
制限・修飾　**749**d	静視野　614e	生殖質の連続性　757g
生元素　**749**e	脆弱X症候群　**755**d	生殖褶　757b
制限断片長多型　**749**f	脆弱部位　**755**d	生殖周期　755e
制限点　526b, 585i, 687c	性周期　**755**e	生殖受精　926b
性交　463c	性集団　398h	生殖シュート頂　756d
精孔　1451a	正獣類　1317c	青色症　898a
性行為感染症　770c	成熟　352g, **755**f	生殖上皮　**758**a
生合成　**750**a	成熟型奇形腫　282d	生殖新月環　758h
整合性分析　**750**b	成熟材　1357c	生殖成長　197a
整合的形質　750b	成熟相　305c	生殖脊髄中枢　784a
星口動物　**750**c	成熟蛋白質　1332c	生殖節　463d
正向反射　873d	成熟B細胞　1140e	生殖腺　758d
生痕科　750d	成熟分裂　423b	生殖腺刺激ホルモン　**758**b
生痕化石　**750**d	成熟ホルモン　134a	生殖腺刺激ホルモン放出ホルモン　**758**c
生痕種小名　750d	成熟卵　1444e	生殖腺刺激ホルモン放出抑制ホルモン　38f
生痕属名　750d	精漿　744g, 769e, 820f	生殖腺除去　329a
性差　768b	星状異型組織　61f	生殖染色質　655c
性細胞　**750**e	正常型　851h	生殖腺内腔　708a
性細胞　757e	正常化淘汰　988f	生殖巣　**758**d
精細胞　235e, 753d	精小管　760h	生殖巣下腔　353h, 1099a
性腺　750f	正常屈性　348h	生殖巣刺激物質　758b, 1446e
精索　**750**g	星状膠細胞　695k, 1364h	生殖巣堤　759a
生産　773c	星状構造　1289e	生殖体　1077f
生産過程　751d, 773a	星状細胞　467m, 861a	生殖体節　1443a
生産構造　**751**a	正常重力屈性　630e	生殖体部　611c
生産効率　**751**b	星状神経節　**755**h	

生殖腸管　1284d
生殖堤　759a
生殖的隔離　758e
生殖的形質置換　316g
生殖的無配生殖　1371i
生殖嚢　352d
生殖能力　776a
生殖板　922a
生殖皮膜　758a
生殖変形　139h
生殖法　786f
生殖母細胞　758f, 829e
生殖補助医療　758g
生殖母体　239c
生殖三日月環　758h
生殖門蓋板　757d
生殖輸管　758i
生殖翼　463g
生殖粒　757f
生殖隆起　759a
生食連鎖　679a
生殖腕　452b
精子ライシン　1450h
精子論者　759b
成人型ヘモグロビン　787i
精神昇揚剤　450f
精神性発汗　1101g
精神遅滞　759c
成人T細胞白血病　759d, 1155d
成人T細胞白血病ウイルス　1155d
精神分裂病　981g
静水環境　474f
静水群集　724a
性ステロイド結合グロブリン　733b
性ステロイドホルモン　1197f
整正花　1299a
生成酵素　450d
生成物阻害　455a
生成文法理論　419d
性腺　758g
性腺刺激ホルモン放出ホルモン　99g
性染色質　759e
性染色体　62a, 759f
性染色体異常　807b
性染色体説　748b
正染性赤芽球　781i
性選択　769a
星蠕虫類　1480d
性線毛　759g
成層　759h
性巣　758d
精巣　759i
精層位学　760e
性巣下腔　353h, 1099d
正相関　822e
精巣間膜　759i
精巣決定因子　760b
成層圏　165l
精巣上体　760c
精巣上体管　750e
精巣上体垂　760d
精層序学　760e
生層序帯　223c
精巣垂　726f
精巣精子採取　758g
精巣性女性化症　777a
精巣性女性化症候群　949b
精巣潜伏　760f
精巣動脈-蔓状静脈叢系　760g
精巣特異蛋白質　1232d
精巣付属体　726f
精巣傍体　837b
精巣網　750f
精巣輸出管　750e, 760h

精巣卵　760i
清掃率　357f
生息域外保全　690d
生息地　760j
生息地鋳型説　746c
生息地管理　1404g
生息地単位　478b
生息地の地位　763g
生息地分割　761a
生息地分断　761a
生息密度　478b
生息場所　760j
生息場所隔離　211a
精租細胞　750f
生存価　958c
生存期間帯　223c
生存競争　761b
生存曲線　778b
生存シグナル　761c
生存帯　223c
生存闘争　761d
生存率　959a
生帯　223c
成体　761e
臍帯　516d
生体医工学　90d
生体遺伝学　77a, 761g, 1247b
生体エネルギー論　761h
生体外酵素　521d
生体外培養　92b
生体学　761i
生体観察　1138g
生態気候　762a
生体機能　676h
生態群　762b
生態系　762c
生態型　762d
生態系アプローチ　773c
生態系過程　191a, 762h
生態系機能　762h
生態系経済学　762e
生態系サービス　762f
生態系修復　762g
生態系生態学　762h
生体計測　763a
生態系の公益的機能　762f
生態系復元　762g
生態ゲノミクス　763b
生態圏　773a
生体元素　749e
生体工学　763c
生体鉱化作用　1075e
生体構成物質　906g
成帯構造　854a
生態勾配　763d
生態効率　751b
生体材料　1075d
生体システム　583c
生態種　644g
成体進化　1420m
生態遷移　799c
生体染色　763e
生体組織工学　954e
生態地理学　773k
生態的回廊　191f
生態的隔離　211a
生態的最適地　763f
生態的地位　763g
生態的分布　764d
生体電気　764a
生体電磁工学　90d
生態毒性学　764b
生体内培養　840m
成体盤　765d
生体反応　764c

生体反応利用装置　1076a
声帯　761f
声帯襞　761f
生態表現型　127f
生体微量因子　1074k
生態分布　764d
成帯分布　854a
成体変異　1420m
生体防御　1293b
生体膜　764e
生態密度　478b
生態力学　1075h
生態リスク　764f
生体論　1406i
セイタカシギ　1571[53]
ぜいたく消費　764g
正脱翅類　1600[20]
静置培養　124f
成虫　765a
精虫　752e, 759b
成虫化　1423d
成虫芽　765c
正中鰭　765b
成虫休眠　313e
成虫原基　765c
正中肢　180g
正中側面軸　826a
成虫脱皮　107f
正中断　765e
成虫盤　765d
正中鰭　765b
成虫分化　541c
正中面　765e
正中隆起　217j, 579b, 1499g
正中隆起部　217j
成長, 生長　765f
性徴　766a
成長因子　766b, 1334d
成長運動　766c
成長円錐　766d, 767g
生長応力　766e
成長解析　767a
成長過程　631d
成長逆行　848a
成長曲線　767b
成長勾配　767c
成長効率　751c
成長呼吸　450e
成長式　767d
成長線　767e
成長速度　652d, 751d, 826h
成長帯　425c
生長中心　767f
成長調整物質　767f
成長点　767g
成長点培養　767h
成長比　1260d
成長ホルモン　767i
成長ホルモン分泌促進因子　372c
成長ホルモン分泌不全性低身長症　767i
成長ホルモン放出因子　579b, 768a
成長ホルモン放出ホルモン　768a
成長ホルモン放出抑制ホルモン　843b
成長ホルモン抑制因子　579b
成長脈　767g
成長力　1054e
成長輪　1061a
成長肋　767e
性的隔離　211a
性的刷り込み　742f
性的成熟　118b
性的二形　744b, 768b
静的捕食係数　751b
性の役割　768c
性的役割の逆転　768c

性的両能性　760i, **768**d
性的連合　224g
性転換　**768**e
制動筋　**768**f
性淘汰　**769**a
正統分類学　592h
生得的　**769**b
生得的解発機構　**769**c
生得的行動　204b
生得的行動パターン　485a
生得的欲求　1430g
性内淘汰　769a, 1078l
性二形　768b
正二十面体様対称性　**769**d
性の一致　646d
精嚢　**769**e, 929d
正の干渉　262g
正の強化　315n
正の強化子　315n
正の強化刺激　315n
正の残像　551j
正の自然淘汰　587b
性の支配　**769**f
正の制御　**769**g
正の選択　319f
性の対立　319c
性の統御　769f
性の淘汰　988f
正の二項分布　1252a
正のフィードバック　1183c
正倍数性　1081h
性配分　**769**h, 1088i
青斑核　21b
性比　**770**a
性皮　**770**b
正尾　168d
性病　**770**c
性病性リンパ肉芽腫　770c
性フェロモン　779c, 1189c
正輻管　1408g
生物　**770**d
生物遺伝資源保存機関　**770**e
生物海洋学　190a
生物化学　744i
生物科学　**770**g
生物化学的酸素要求量　721f, **770**f
生物学　**770**g
生物拡散　**771**a
生物学的応答調節剤　772b
生物学的効果比　**771**b
生物学的時間　**771**c
生物学的種　619a
生物学的定量　**771**d
生物学的年齢　1061p
生物学的半減期　1022h
生物学的反応修飾物質　772b
生物学的分類　1244c
生物学的変換器　**771**e
生物攪乱　183d
生物型　497g
生物岩丘　1074i
生物間相互作用　**772**a
生物気温　715d, 747a
生物季節　1188c
生物季節学　1188e
生物機能修飾物質　772b
生物群系　1075g
生物群集　**772**c
生物経済学　**772**d
生物系統学　1073g
生物系統地理学　**772**e
生物圏　762c, **773**a
生物源堆積物　183d
生物検定　771d
生物工学　**773**b

生物効果比率　771b
生物災害　1074h
生物試験　771d
生物資源管理　**773**c
生物資源収奪　907c
生物システム　583b
生物指標　1184e, 1374d
生物障壁　1252c
生物情報学　583d
生物進化　**773**d
生物数学　728a
生物生産　**773**e
生物セストン　786e
生物相　**773**f
生物相不調和　**773**g
生物測定学　774f
生物体セストン　786d
生物体量　**773**h
生物体量ピラミッド　478e
生物多様性　**773**i
生物多様性ホットスポット　**773**j
生物地球化学　762h
生物地理移行帯　776d
生物地理学　**773**k
生物的　774a
生物的環境　761i, **774**a
生物的極相　**774**b
生物的条件づけ　**774**c
生物的封じ込め　**774**d
生物的防除　**774**e, 1164g
生物電気　764a
生物統計学　774f
生物時計　**775**a
生物二界説　994e
生物濃縮　**775**b
生物農薬　**775**c, 1066d
生物発光　**775**d
生物発生原則　**775**e
生物繁栄能力　**776**a
生物物理学　728a, **776**b
生物分布学　**776**c
生物分布境界線　**776**d
生物分布帯　747a
生物分類地理学　930i
生物兵器　**776**e
生物ポンプ　**776**f
生物膜　1075a
生物リズム　**776**g, 990b
生物量　773h
生物レオロジー　**777**a
正フデイシ類　1562₄₄
セイブトビハツカネズミ　1576₄₇
セイブホリネズミ　1576₄₁
性分化　**777**b
性分配　769h
生分類学　1073g
性別判定　620j
青変　**777**c
青変菌　777c
精包　**777**d
正方形枠　345e
精包嚢　**777**e
精母細胞　758f
性ホルモン　585b, **777**f, 1411e
精密把握　1306e
セイムリア　613f
正名　89e, 805i, 1408a
生命　**777**g
生命永久説　587h
生命樹　662d
生命衝動　829a
生命情報科学　1073f
生命担荷体　1132c
生命の起原　**778**a
生命表　**778**b

生命力　748a
生命倫理学　**778**c
生毛細胞　**779**a, 1479c
生毛体　752e, 753d
性モザイク　629k
声門　294d, 761f
声門裂　459k, 761f
精油　**779**b
性誘引物質　**779**c
精油植物　138d
セイヨウショウロ　1616₃₂
セイヨウショウロ科　1616₃₂
セイヨウスモモグース　676f
セイヨウハナノリ　1657₃₄
セイヨウフウチョウソウ　1649₆₁
セイヨウワサビペルオキシダーゼ　1313b
セイラン　1571₄
生卵器　**779**d
生理遺伝学　**779**e
生理化学　781b
生理学　**779**f
生理学的　779f
生理学的時間　771c
生理学的死腔　571g
生理学的突然変異体　657a
生理学的年齢　1061b
生理学的引き金　1141d
生理学的欲求　1430g
生理型　781b
生理活性アミン　32c
生理形態学　390g
生理勾配　**780**a
生理種　781b
生理食塩水　**780**b
生理生態学　476d
生理的　779f
生理的塩類溶液　**780**c
生理的乾燥　**780**d
生理的気分　**780**e
生理的再生　514c
生理的最適　**780**f
生理的順応　1374a
生理的食塩水　780b
生理的振顫　705f
生理的体色変化　854d
生理的低γ-グロブリン血症　949l
生理的統合　373e
生理的分離　**780**g
生理的平衡溶液　780c
生理的ヘテロタリズム　1270f
生理的ホメオスタシス　1318i
生理的優位　**780**i
生理的落果　**780**h
生理時計　775a
生理病（植物の）　**781**a
生理品種　781b
青緑植物　181h
精霊崇拝　22c
セイロンヌメアシナシイモリ　1567₃₄
セイロンハコベ　1651₅₉
セイロンハコベ科　1651₅₉
ゼイン　1239g
セヴェルツォフ　**781**c
セウラチア科　1607₃₉
世界遺産　**781**d
世界遺産条約　781d
セカリン　1239g
背側化　**781**e
セカンドメッセンジャー　**781**f
セカンドメッセンジャー学説　781f
石化　846c
石果　**781**g
赤外線受容器　**781**h
赤芽球　406l, **781**i

赤芽球コロニー形成細胞　148d
赤芽球症ウイルス　1103a
赤芽球前駆細胞　6f
赤芽球分化誘導因子　6f
赤核　916a
赤核脊髄路　723b
赤芽細胞　781i
石管　263g, 719e, 924a
赤筋　**782b**
赤筋繊維　782b
蜥形類　**782c**
石細胞　**782d**
脊索　**782e**
脊索下腔　982c
脊索下索　214d
脊索下体　214d
脊索形成質　160c
脊索鞘　782e
脊索前板　**782f**, 994b
脊索中胚葉　**783a**
脊索中胚葉管　783a
脊索中胚葉マント　783a
脊索動物　**783b**
脊索動物門　1563₄
積算温度の法則　1407f
積優占度　1411g
石児　1349b
襀翅上目　1599₉
襀翅類　1599₁₁
赤色素細胞　563f
赤色素胞　563f
赤色盲　561i
セキショウ　1645₅₂
セキショウモ　1646₅
赤色アース　783c
赤色筋　782c
赤色光–遠赤色光可逆性　1183a
赤色光吸収型　1183a
赤色骨髄　324c, 481b
赤色色素凝集ホルモン　273c, 564a
赤色唇縁　348b
赤色土　783c
赤色脾髄　1148c
赤色野鶏　199c
赤色リンパ節　408c
赤心　703a
脊髄　**783d**
脊髄血管運動中枢　400b
赤髄索　1148e
脊髄神経　**783e**
脊髄神経節　783d
脊髄神経前枝　697e
脊髄前角細胞　116c
脊髄動物　682c
脊髄反射　**784a**
脊髄反射弓　784a
脊髄副交感神経　400a
脊髄膜　1065b
セキセイインコ　1572₅
赤腺　108b
赤体　160e
石炭　**784b**
石炭紀　**784c**
石炭酸係数　661h
脊柱　**784d**
脊柱後彎　1503b
脊柱前彎　1503b
赤沈　788c
脊椎　784d
脊椎管　784d
脊椎骨　784d
脊椎動物　**785a**
脊椎動物亜門　1563₃₄
脊椎内膜　1065b

脊椎麻酔　1341e
赤道帯　1057a
赤道板　785b
赤道面　**785b**
赤斑　108b
石版石灰岩　**785c**
石版石灰岩層　**785c**
赤脾髄　1148e
積分動作　1183d
積法則　571a
赤盲　561i
石油　**785d**
石油植物　138d
赤痢アメーバ　1628₃₉
赤痢菌　**785e**, 1549₁₂
赤緑色盲　561i
セクイウイルス属　1521₃₅
セクシーサン説　**786b**
セグメントポラリティー遺伝子　1249e
セグリニパルス科　1536₄₁
セクレチン　**786c**
セグロイソメ　1584₄₃
セコウイルス科　1521₂₆
セサミン　1453d
セーシェルガエル　1568₄
セジロウーリーオポッサム　1574₆
背白粒　431a
セスキテルペン　69c, 633e, 1180h
セスジヤスデ　1593₁₅
セスジヤスデ目　1593₁₅
セスタテルペン　69c
セストン　**786d**
世代　**786e, 786f**
世代あたり生存率　1287e
世代交代　**786f**
世代交番　786f
世代時間　786e, **786g**
世代二形性　1031a
世代の重なりあい　786e
世代の長さ　786e
セダカヘビ　1569₇
ζ電位　188e
ゼータトルクウイルス属　1517₃₅
ゼータパピローマウイルス属　1516₁₉
ゼータプロテオバクテリア綱　1550₈
セーチェノフ　**786h**
セチコロナリア目　1587₅₁
節　**786i**, 902g, 1057h
舌咽神経　507j
セッカ　1572₄₉
節果　**787a**
石灰化　159b, 549i
石灰海綿綱　1554₁₃
石灰海綿類　**787b**, 911c
石灰環　1026f
石灰岩　451f
石灰索類　**787c**
石灰質ナノプランクトン　153g
石灰質軟泥　1029d
石灰小体　660j
石灰植物　451g
切開生検　1075b
石灰質　451g
石灰腺　158c, 842i, 1081e, 1494a
石灰藻　**787e**
石灰藻類　550b
石灰誘導白化　244a
舌殻網　1579₄₂
舌殻目　1579₄₃
舌顎枝　507j
節顎上目　1600₂₅
舌顎軟骨　1020k
舌顎類　1579₄₄
舌顎裂　534d

舌下神経　1064f
舌下神経核　1064f
舌下腺　866i
赤褐器　412b
節間　786i, 787g, 902g
接眼　882c
舌癌　262c
節間細胞　616f
節間成長　**787g**
節間反射　857b
節間部　1158b
節間分裂組織　787g
節間膜　266a, 347a, 856c
接眼レンズ　432c
セッキー円板　999b
積極的発生能　1107b
舌筋　507f, 589c, 789a
節クマムシ目　1588₇
Sec61p複合体　665b
舌形亜綱　1594₄₈
舌形動物　**787h**
節頸目　1564₁₈
赤血球　**787i**
赤血球凝集　788b
赤血球凝集試験　317k
赤血球凝集素　**788a**, 917k
赤血球凝集反応　**788b**
赤血球系前駆細胞　781i
赤血球ゴースト法　523f
赤血球数　1275i
赤血球沈降速度　**788c**
赤血球内酵素欠乏症　1421b
赤血球膜　**788d**
赤血球膜裏打ち構造　788d
舌腱膜　**789a**
接　**789b**
接合型　462f
接合管　**789c**
接合完了期　**790a**
接合期　512a
接合菌門　1603₂₅
接合菌類　**790b**
接合個体　**790c**
接合子　**790c**
接合枝　**790d**
接合子還元　**790e**
接合糸期　512a
接合質　795a
接合嚢　165c
接合子嚢子　165c
接合子柄　**790d**
接合上皮　1069b
接合腺　794m
接合藻　**790f**
接合藻綱　1636₅
接合体　789b, 790c
接合体遺伝子　1313d
接合体致死　904c, 1078c
接合体不稔性　**790g**
接合伝達　**790h**
接合部電位　**790i**
接合部襞　**790j**
接合胞子　790c, **790k**
接合誘発　**791a**
節口類　**791b**
セッコク　1646₄₂
摂護腺　820f
節後繊維　792c
舌骨下筋群　507f
舌骨弓　534d, 1020i, 1020k
舌骨腔　981b
舌骨中胚葉　994d
摂護洞　1410c
舌根　589c

節細胞　581a
切歯　1069b
摂餌　791c
接次閾　342l
切歯管　655c, 1404b
切歯孔　1404b
切歯骨　655c
摂餌速度　416a, 791c
切歯部　162e
接種　791d
摂取速度　751d
舌状花　986b
節状神経節　507j
雪上藻　793e
舌状体　192c
摂食　791e
接触化学感覚　791e
接触化学刺激　1354d
接触化学受容器　1354d
摂食型幼生　791f
摂食管　121g
接触器　159b
接触屈性　348h, 1336d
接触傾性　388h, 1336d
接触形態形成　791g
絶食効果　118e
接触殺虫剤　540e
接触指導　695i, 791h
接触性動物　477e
接触相　396c
摂食阻害剤　540e
接触阻止　791i
摂食中枢　792a
接触皮膚炎　792b
接触フェロモン　791e, 1189c
摂食ポリプ　121g
切除修復　669c
切除生検　1075b
摂餌量　791c
舌翅類　1600₁₃
絶翅類　1599₁₇
雪線　452a
節前繊維　792c
接線分裂　1262a
切線面　765e
節足動物　792d
節足動物化　885f
節足動物門　1588₃₀
舌体　589c
絶対閾値　686c
絶対寄生　792e
絶対寄生菌　542a, 792e
絶対嫌気性菌　417c
絶対嫌気性細菌　417b
絶対検量線法　454a
絶対従属栄養　625g
絶対送粉共生　996b
絶対適応度　1358g
絶対的嫌気性　552g
絶対的好気性　552g
絶対的植物着生物　677d
絶対配置　1459b
絶対繁栄能力　776a
絶対標徴種　1168g
絶対不応期　1190c
絶対密度　478b
切山　484d
切端確認　207f
切断−再結合モデル　792g
切断地図　749c
切断−融合−染色体橋サイクル　792h
切断誘導型複製　792i
切断誘導型複製モデル　792i
接着域　529a
接着装置複合体　20f, 522g

接着帯　20f
接着斑　529a, 960j
接着複合体　20f
接着野　20f
舌紐　585g
舌中隔　789a
節長果　793a
切椎類　1567₁₅
截頭類　1577₃₇
Z型DNA　940d
Z線　793b
Z帯　793b
Z板　793b
Z盤　793b
Z膜　793b
節内神経回路　580g
舌軟骨　1020k
舌乳頭　793c, 1354d
雪氷藻　793d
節部細胞　616f
切片　793f
切片染色法　970b
舌扁桃　793e, 1287d
切片法　793f
絶滅　793g, 1572₁, 1572₂, 1572₅₃, 1574₁₅
絶滅危惧種　794a
絶滅寸前種　794a
絶滅率　626g
絶滅率一定の法則　3g
舌盲孔　447e
セディメントトラップ　932f
セトザラトゲカワ　1587₄₅
セドヘプツロース　794b
セドヘプツロース-1,7-二リン酸　794c
セドヘプツロース-7-リン酸　794d, 1288b[図]
セトモノイソギンチャク　1557₄₄
セドレオウイルス亜科　1519₂₈
せな受け　835a
セナーキア科　1535₂₇
セナーキア目　1535₂₆
ゼニアオイ　1383a, 1650₂₁
ゼニイシ　1663₅₄
ゼニガタワレイタムシ　1591₅₇
ゼニゴケ　1636₄₁
ゼニゴケ亜綱　1636₃₂
ゼニゴケ科　1636₄₁
ゼニゴケ綱　1636₂₈
ゼニゴケシダ　1642₄₆
ゼニゴケ目　1636₄₀
ゼニゴケモドキ科　1637₇
ゼニック培養　501j
セネガ　544a
セネカウイルス属　1521₂₃
セネカバリーウイルス　1521₂₃
セネガルグンディ　1576₅₂
セネビエ　794e
セノガモデーム　239b
セノテデルモゾル　1561₁₀
ゼノパステスト　794f
背乗り　1503a
セバジリン　1278h
セバジン　1278h
セパラーゼ　794g
セピアプテリン　563c
セピオメラニン　1304F
セビタミン酸　12b
背鰭　794h
セファデックス　960a
セファリン　1309a
セファロスポリナーゼ　1267e
セファロスポリン　794i
セファロスポリンC　794j
セフェム系抗生物質　794j, 1268a

セーフサイト　954e
セプシス　128e, 1079c
セプタ　522i
セプテートジャンクション　522g, 794k
セプテムキトン亜目　1581₂₁
セプトキトリウム科　1602₂₉
セミアセタール　1276b
セミエビ　1597₆₀
セミオノタス目　1565₃₇
セミクジラ　1576₂
セミセル　931a
セミタケ　1617₄₄
セミノース　1347g
セミノーマ　794l
セミノリビド　1468a
セミホウボウ　1566₆
セミリゾビスホスファチジン酸　1309b
セメント芽細胞　1069b
セメント質　1069b
セメント腺　794m, 837e, 1060c
セメント物質　795a
セモチウイルス属　1518₃₈
ゼーモン　795b
セラキネーマ目　1587₁₈
セラタイト　51g
セラタイト目　1582₅₃
セラチア菌　1484e
ゼラチナーゼA　1344c
ゼラチン　439a, 795c
ゼラチン液化　795d
ゼラチンゼリー　795d
ゼラチン包膜　747b
セラミダーゼ　795e
セラミド　795e
セラミドアミノエチルホスホン酸　740b
セラミドガラクトシド　241d
セラミドグルコシド　367c
セラミドコリンリン酸　740a
セラミドシリアチン　740b
セラミドホスホエタノールアミン　740b
セラミドホスホコリン　740a
セラミドモノヘキソシド　798d
セラヤ　1440c
セリエ　795f
セリ科　1652₄₈
セリグリシン　1273b, 1273c
セリシン　795g, 795i
セリシン蚕　1201d
ゼリー層　795h
セリ目　1652₄₄
セリン　795i
セリンカルボキシペプチダーゼA　231i
セリン−グリオキシル酸トランスアミナーゼ　360a[図]
セリンタイプカルボキシペプチダーゼ　796a
セリン脱水酵素　795i
セリン・トレオニンキナーゼ　1234e
セリン・トレオニン結合型糖鎖　163c
セリン・トレオニン−チロシンキナーゼ　931f
セリン・トレオニンプロテインキナーゼ　134a
セリン・トレオニンホスファターゼ　1235b
セリンヒドロキシメチル基転移酵素　360b, 795i
セリンヒドロキシメチルトランスフェラーゼ　360a[図]
セリンプラスマローゲン　1217d
セリンプロテアーゼ　301e, 796a
セリンリン酸　795i
セル　796b
セルアセンブリ　796c
セルアタッチパッチ　1107f

セルヴェトゥス **796**d
セルオートマトン **796**e
セルカリア **797**a
セルキルキア目 1587₅₀
セル構造オートマトン **796**e
セルセンター 1256d
セルセンターダイナミックス **797**b
セルソーティング 842g
セルトボトレラ科 1639₅₄
セルトリ細胞 **797**c
セルバンク 530j
セルピン 1233a
セルフグルーミング 370e
セルラーゼ 655e, **797**d, 1237d
セルラーポッツモデル **797**e
セルレイン 220b, 220c
セルロース 347a, **797**f
セルロースエステル 987e
セルロース合成酵素 **797**d
セルロース微繊維 531f, 797f, 797g
セルロース分解菌類 **798**a
セルロプラスミン 404d, 975d, 989d
セルロモナス科 1537₁₀
セレウス菌 1542₂₈
セレギリン 575f
セレクチン **798**b
SELEX法 24a
セレノシステイン **798**c, 798e, 798g
セレノシステイン挿入配列 798c
セレノモナス目 1544₁₇
セレブロシド **798**d
セレブロース 240g
セレブロン 241d
セレン **798**e
セーレンセン **798**f
セレン蛋白質 **798**g
セレンテラジン 126a
セロイジン 1303g
セロイジン切片法 793f
0/1型データ 1480f
セロトニン 29b, 656b, **798**h
セロトニン作動性ニューロン 798h
セロトニン受容体 **798**i
セロビアーゼ 365e
セロビオース 171b
セロリ 1652₄₈
腺 **799**a
腺胃 541d, **799**b, 800a
線維 799d
遷移 **799**c
繊維 **799**d
前胃 541d, **800**a
遷移学 676g
繊維芽細胞 800f
繊維芽細胞成長因子 141c
繊維芽細胞増殖因子 141c
繊維伝導管 232g, 799d, 1301g, 1396c
前繊管束組織 803c
扇域 445g
繊維菌糸組織 336c
繊維形成コラーゲン 491e
遷移系列 799c
繊維構造域 204g
繊維厚壁異形細胞 464c
繊維細胞 265c, 800f
繊維作物 537f
遷移順序 391f
繊維状蛋白質 **800**b
繊維状飛白筋 **800**c, 1428g
繊維状ファージ **800**d
繊維図形 **800**e
繊維性結合 1069b
繊維性結合組織 **800**f
繊維性骨化 479g
繊維性タペタム 878h

前位腺 820f
繊維腺腫 805h
繊維素 1185b
繊維層 484a
繊維束 293e
繊維素原 1184g
繊維素性炎 152c
繊維素溶解 **800**g
遷移度 **800**h
繊維軟骨 1028a
繊維肉腫 1030f
繊維輪 784d
前鳥口骨 589d
全 cis-5, 8, 11, 14-エイコサテトラエン酸 33d
線エネルギー付与 **800**i
全縁 1424e
前縁脈 613e
前凹 784d
漸加 812g
蘚蓋 535h
浅海性堆積物 183d
浅海動物 800h
旋回培養 **801**a, 1211g
前角 783d
前核 210d, 756a
前角細胞 783d
前核細胞 416e
前額神経節 434b, **801**b
前核生物 416e
前額腺 1085b
前額片 208d
前額面 765e
穿殻類 1580₃₅
腺下垂体 217j, 218b
全割 **801**c
全科博士 43d
全か無かの法則 **801**d
腺癌 262d
前還元 **801**e
前還元的分裂 423b
前がん症状 801f
前がん状態 801f
潜函病 390f
前がん病変 **801**f
先カンブリア時代 **801**g
前眼房 1373b
前期 **801**h
前擬充尾虫 **802**a
全寄生 289b, 289e
前期前微小管束 **802**b
前機能期 297g
前基板 217h
前気門 301f
前脚 110b, 805h
前脚上目 1595₅
栓球 404e
前臼歯 1069b
全球凍結 737f
前吸盤 313e
前胸 **802**c
前胸気嚢 296d
尖胸上目 1595₄₀
前胸腺 322f, **802**d
前胸腺刺激ホルモン 802e
前胸腺ホルモン **802**f
前胸背板 1087c
前極 436f
前極細胞 325f
前極相 **802**g
前糸体 **802**h
先駆者原理 825f
先駆植物 **802**i
先駆森林期 593g

前駆体 **803**a
前駆B細胞 1228g
先駆物質 **803**a
前駆物質 803a
潜頭亜目 1568₂₀
線型遺伝 1209h
前脛骨静脈 921e
尖形コンジローマ 770c
扇形実験 1015b
扇形集落 **803**b
前形成層 **803**c
全形成能 817c
線形装置 679d
繊形装置 1086d
線形虫類 1481e
線形動物 **803**d
蠕形動物 803d
線形動物門 1586₂₁
全血量 398f
漸減 277e
前懸垂糸 817e
前減数 801e
前減数分裂らせん前期 1490e
宣言的記憶 277i
穿孔 **803**f
腺腔 799a, 818g, 870h
先行異名 89e
センコウカイメン 1554₃₅
顫光感覚 1221i
閃光現象 267d
前口綱 1660₁₃
選好湿度 593l
旋光性 **804**a
選好性 857f
穿孔性二枚貝 999c
穿孔腺 866i
穿孔体 **804**b
先口動物 310a
前口動物 310a, 1096f, 1196h, 1576₅₇
前肛動物 **804**c
先行同名 998c
旋光能 804a
穿孔板 870f
閃光光分解法 1218g
旋光分散 **804**d
前口目 1660₁₄
前口葉 452e, 819h
穿孔類 1600₂₇
前後勾配 992i
前後軸 993a
仙骨 784d
前骨髄球 401e
前根 783d, 783e
全鰓 145e
潜在意識 861b
潜在害虫 1164g
潜在学習 **804**e
潜在酵素 **804**f
潜在自然植生 **804**g
潜在自然植生図 671d
全載電顕法 804h
全載電子顕微鏡法 **804**h
腺細胞 269e, 799a, **805**a, 1301c
前鰓類 1055e
前索 783d
全索類 982c
センザンコウ 1575₄₃
潜酸化 551g
潜時 **805**b
前肢 110b, 180g, **805**c
前翅 **805**d
全色覚異常 561i
尖軸感覚器 591e
全軸類 1557₂₈
センシゴケ 1611₄₇

センチ 1765

前耳骨 698c
先史人類学 716b
前肢帯 589d
線質係数 805e
全実性 805f
センシティブ 330e
穿刺培養 805g
腺腫 805h
先住効果 1027b
センジュウミヒドラ 1555_{29}
センジュエビ 1597_{56}
センジュエビ下目 1597_{56}
先取権 805i
前主静脈 636d
戦術 821a
全出芽型 1248f
前出葉 806a
前盾板 1087c
前障 860b, 860c
漸消 277e
栓状核 662d
前上顎骨 655c
線状群体 382c
漸消時間 277e
前照射効果 1506b
腺上皮 187b, 663b
線状ファージ 800d
線状法 1432j
線条野 183a
線状連結生活体 382e
前初期遺伝子 669a
染色 806b
染色糸 806c
染色質 375e
染色質削減 806d
染色質融解 1038d
染色小粒 806e
染色体 806f
染色体異常 807a, 1130b
染色体異常症候群 807b
染色体 in situ ハイブリダイゼーション 386a
染色体外遺伝 1163a
染色体学説 808d
染色体環 807c
染色体基本繊維 550e
染色体キメラ 1396g
染色体ギャップ 304b
染色体橋 810h
染色体凝縮 807d
染色体検査 620j
染色体顕微切断 807e
染色体構成 200h
染色体鎖 808a
染色体彩色 808b
染色体再編成 1130b
染色体削減 808c
染色体糸 980e
染色体集合小球 1443b
染色体説 808d
染色体切断症候群 808e
染色体ソーティング 808f
染色体断片 808g
染色体地図 808h
染色体テリトリー 809a
染色体導入 809b
染色体突然変異 807c
染色体ドメイン 809c
染色体による遺伝子導入 80c
染色体パッセンジャー蛋白質 809d
染色体パネル 850b
染色体パフ 1113c
染色体不安定 411d
染色体不安定症候群 808e
染色体不分離 810b

染色体分染法 809e
染色体分配 810a
染色体分離 810b
染色体ペインティング 808b
染色体胞 810c
染色体放棄 808c
染色体歩行法 810d
染色体マッピング 810e
染色中央粒 810f
染色中心 810f
蘚植物門 821d, 1638_{34}
染色分体 810g
染色分体ギャップ 304c
染色分体橋 810h
染色粒 806e
前触角 845c
前翅鱗弁 668c
前腎 810i
前進運動器官 929a
前進運動様式 1501a
漸深海水層生物 689b
漸深海底帯生物 688f
全身獲得抵抗性 811a
前腎管 810i, 912g
全身感覚 280e
全身感染 267c, 811b
前神経孔 817b
前進進化 690e, 950f
漸進進化 811c
浅・深心臓神経叢 697e
鮮新世 708c, 811d
漸新世 478c, 811e
全身性アナフィラキシー 22a
全身性エリテマトーデス 811f
全身性炎症反応症候群 128e
全身性強皮症 322c
全身性硬化症 439c
全身性紅斑性狼瘡 811f
全身性自己免疫疾患 439c, 574c
漸深層域 189f
漸深層生物 689b
前進則 282e, 1099b
漸進大発生 861d
前進的発達 811g
漸進的分化 1241d
全身性痘疱 1508b
前進突然変異 1205k
前伸腹節 1200c
漸進分岐様式 646a
全身麻酔 1341d
全身麻酔剤 1341e
前錐 862c
全推定値 1411g
潜水反射 811i
潜水夫病 390f
全数性 812a
全数体不稳性 790g
センスガイ 1557_{54}
センス鎖 59b, 1149d
潜性 1489b
腺性下垂体 1437b
腺性カリクレイン 242i
前生殖腺 611b
前成説 139d, 812b
腺性脳下垂体 217j
前生物的合成 812c
腺性棒状小体 1301c
前性類 812d
前赤芽球 781i
前節 812c
扇舌 585g
前節 812e, 812f, 1153i
全接合 789d
全線 558b
前染色体 810f

前先体 76c
前先体顆粒群 76c
仙前椎 784d
蟾酥 237o
漸増 812g, 1341b
漸増加 812g
漸増反応 812g
先祖返り 812h
栓塞 390f
前足 812i
浅速呼吸 2i
前足腺 837c
前側板 812j, 838i
センソリーロドプシン 1487f
先体 812k
尖体 812k
腺体 870h
前体 1120a
センダイウイルス 812l, 1520_{10}
先体外膜 812k, 813b
前体腔 425d, 924a
前大静脈 854c
全体性 813a
蘚苔層 813a
全体的類似度 586b, 1480g
先体突起 812k, 813b
全体突然変異 854f
先体内膜 812k, 813b
前大脳 859g
前大脳経路 109b
先体反応 813b
前体部 818b, 1371e
先体胞 753a, 812k
蘚苔類 473d
蠕体類 1120a
全体論 813a
選択 988f
選択圧 988g
選択遺伝子 813c
選択吸収 813e
選択係数 791c
選択勾配 988h
選択受精 814a
選択性殺虫剤 540e
選択染色 814b
選択的遺伝子増幅 1000h
選択的遺伝子発現 814c
選択的除草剤 680c
選択的スプライシング 814d
選択的接着 529d
選択的注意 909f
選択的透過性 814e
選択透過性 814e
選択胥性 814f
選択の単位 989a
選択培地 814g
選択複写モデル 814h
選択法 815a
前唾腺 866i
善玉コレステロール 576i
センダン 1650_{12}
全単為生殖 880n
センダン科 1650_{12}
先端化則 325h
先端貫走 265d
前単球 1339h
先端巨大症 767i
前担子器 884j
先端小胞 815b
先端神経 624c
先端成長 527b, 815c
先端疼痛症 1171d
先端部 679b
センチコガネ 1600_{61}
前恥骨 849f

センチ

線虫　1179a
前柱　783d
蠕虫学　803e
蠕虫型幼生　**815**d
前中期　**815**e
線虫伝搬性球状ウイルス　815f
線虫伝搬性棒状ウイルス　815f
線虫病　815f
線虫類　803d
蠕虫類　803e
前腸　**815**g
前蝶形骨　698c
前腸門　926g
仙椎　784d
前庭　63e, 346e, 484k, **815**h, 1375e
前 DNA 合成期　687c
前庭階　198c
前庭階壁　198e
前庭器　1375d
前庭器官　1375e
選定基準　287d
前定常状態の速度論　457a
前庭神経　922d, 925f, 1375d
前庭性運動　323c
前庭脊髄路　723b
前庭腺　**815**i
前庭動眼反射　255e
前庭膜　198e
前適応　612d, **815**j
前電位　1265c
全天写真　816a
先天性ガラクトース血症　241b
先天性巨細胞封入体症　519b
先天性代謝異常　**816**b
先天性銅過剰蓄積症　975d
先天性無胆汁色素尿黄疸　1421b
先天性無トランスフェリン血症　1011b
先天性免疫　588e
先天性免疫不全　1389f
尖度　513h
蠕動　816d
顫動運動　**816**c
蠕動運動　**816**d
前頭眼運動野　116d
前頭器官　656b, **816**e, 989b
全動原体染色体　1245c
前頭骨　698c
全頭上目　1564[27]
前頭神経節　801b
前頭前野　559b
先導端　**816**f
前頭洞　254e
前頭葉　**816**g
前頭部生際　258b
前頭縫合　391d
前頭葉　860c
先導領域　1458d
全頭類　1027h
セントジェルジ　**816**h
セントポーリア　1652[2]
セントラルドグマ　**816**i
セントラルベアゾーン　1351d
セントラルメモリー T 細胞　1385e
セントリン　738d
セントロアメーバ目　1628[11]
セントロパジェス　1595[7]
セントロメア　**816**j
セントロメア蛋白質　817a
センナリスナギンチャク　1558[5]
センナリスナギンチャク亜目　1558[4]
仙女の環　332f
センニンゴケ　1614[19]
潜熱　1056g
センネンボク　1646[60]
センノウ　1650[47]

前脳　**817**b
前脳器官　989b
膁嚢叉棘　535g
全能性　**817**c
前脳胞　817b
センバー　**817**d
前胚　**817**e
前配偶子嚢　**817**f
全配偶性　**817**g
全胚培養　1086g
前柄細胞群　817e
全肺容量　1090b
選抜　**817**h
選抜差　77b
先発枝　984a
ゼンバー幼生　1218i
センビセンチュウ目　1587[37]
前表皮　**817**i
前負荷　463i
潜伏芽　314a, 1373a
潜伏加重　215f
潜伏感染　267c
潜伏期　805b, **817**j
潜伏睾丸　760f
潜伏弛緩　**818**a
潜伏精巣　760f
前腹部　**818**b
先跗節　585f, **818**c
先跗節付属器　818c
センブリ　1600[44], 1651[42]
全分泌腺　187b
前分裂組織　**818**d
前閉殻筋　1258e
全米ギャップ分析計画　306a
センペイタケ　1624[38]
腺ペスト　149c
前変態　503b
漸変態　503b
蘚帽　243b
前房　301f, 812f
前胞子嚢群　**818**e
前胞子嚢堆　**818**e
前方心臓領域　1035c
前方側内胚葉　**818**f
腺房中心細胞　**818**g
前方重複奇形　925f
前方内胚葉　994b
前包埋法　1389a
全北区　**818**h
全北植物区系界　675a[表]
センボンゴケ　1639[51]
センボンゴケ科　1639[51]
センボンゴケ目　1639[50]
センボンタケ　1617[37]
ゼンマイ　1642[44]
ゼンマイカビ　1604[26]
ゼンマイカビ科　1604[26]
ゼンマイ目　1642[44]
ゼンメルワイス　**819**a
腺毛　819b
線毛　**819**c
繊毛　**819**d
繊毛運動　**819**e
繊毛凹　385a
繊毛窩　819h
繊毛下構造　186e
旋毛下門　1658[8]
繊毛冠　298f, 473c
繊毛環　819f, 1501h
繊毛逆転　**819**g
旋毛綱　1658[9]
繊毛溝　697c, **819**h
繊毛軸糸　819d, 1289d
繊毛上皮　663b, 819h
繊毛上皮活動　321c

繊毛打　819e
センモウチュウ　1587[10]
繊毛虫起原説　**820**a
繊毛虫上門　1657[51]
繊毛虫門　1657[52]
繊毛虫類　**820**b, 847b
繊毛虫類起原説　820a
繊毛波　**820**c
センモウヒラムシ　1558[29]
繊溶　800g
前葉　217j, 806a
前蛹　**820**d, 1484b
前葉体　**820**e
前葉体細胞　235e
前幼虫　1084f
前裸子植物　427h
全卵割　801c
前立腺　760c, **820**f, 1231b
前立腺癌　**820**g
前立腺小室　1410c
前立腺特異抗原　820g
戦略　412e, **821**a
千粒重　630c
センリョウ　1645[30]
線量　1298d
センリョウ科　1645[30]
線量減効率　939g
線量限度　**821**b
線量効果曲線　**821**c
線量当量　805e, 1298d
センリョウ目　1645[29]
線量率　1298d
生鱗細胞　1479c
蘚類　**821**d
浅裂　1424e
全裂　1424e
センロダニ　1591[1]
前若虫　1507b

ソ

ゾアンチナ　1218i
ゾアンテラ　1218i
ソイタサソリ下目　1591[42]
ソイモウイルス属　1518[27]
素因　851h
層　1004c
槽　1062b
総当たり交配　845a
増圧反射　400c
ゾウ亜目　1574[45]
走暗性　1137b
層位学　476e
総一次生産　828a
増員生殖　755j, 878g, 972i, 1383g
躁うつ病　299f
噪音　420c
痩果　**822**a
ゾウ科　834c
相害　772a
霜害　**822**c
造果器　**822**d
藻学　834b
双角子宮　564k
双殻目　1555[18], 1594[33]
双殻類　1041a
造果枝　822b
相加的遺伝分散　1166h
ゾウガメ　1568[23]
相関　**822**e
相観　**822**f
挿管　233e
相関行列　307c, 728b

ソウ 1767

相関係数　822e, 1480f
双眼視　1468h
双関節丘類　266b, 1598₃₀
増殖体　1137a
爪間突起　818c
爪間盤　818c
相関らせん　822g
臓器　803d
臓器　822h
臓器移植　822i
早期癌　59d
臓器感覚　280e
双器網　803d
早期視細胞電位　1394c
早期受容器電位　823a
総基準標本　863g
臓器親和性　823b
臓器特異性　840g
臓器特異的自己免疫疾患　574c
早期胚　1072a
双気門　301f
爪脚　1204a
双丘亜綱　1568₉, 1598₃₀
双球菌　823c
双弓類　1099e
増強　225b, 1341b
早期溶菌　40f
増強神経　836l
双極奇網　301b
双極細胞(網膜の)　823d
双極神経細胞　696b
双極性障害　299f
双曲線法則　571a
双極導出　985e
早期落果　780h
総鰭類　442i
相近　630f
ゾウギンザメ　1564₃₀
藻菌類　823f
造形運動　390i
双系集団　615c
総頸静脈　636d
像形成眼　823g
造形中心　406f
総頸動脈　393b
総頸動脈幹　393b
双経類　827c
象牙芽細胞　1069b
象牙細管　1069b
象牙質　1069b
象牙前質　1069b
造血　401e
造血因子　518b
造血幹細胞　261d, 401e, 1476b
造血器　823h
造血器官　823h
造血剤　823i
造血調節因子　499h
ゾウゲツノガイ目　1581₄₀
ゾウゲヤシ　1347e
草原　823j
双懸果　823k, 1254b
草原群系　914a
巣口　165e
槍孔　1263f
窓格目　1579₂₇
総合完成　572c
総光合成速度　441a
奏効細胞　1339g
走光性　1137a
総合説(進化理論の)　824a
層孔虫類　824b, 1554₁₂
総合病害虫管理　1164g
相互交雑　747d
相互刺激　490a

相互情報量　824c
相互神経支配　832a
造骨細胞　483f
相互的散在　824d
相互転座　824e
相互排除　1179h
相互扶助　824f
相互扶助行動　1458a
相互利他行動　473a
爪根　833c, 936i
走根　824g, 1158a
巣根着生　909a
操作(寄生者による)　824h
早材　824i
総再生産率　827a
走査運動　825a
走査型電子顕微鏡　824j, 969a
走査眼　825a
操作的分類単位　825b
走査プローブ顕微鏡　825c
早産　1467g
造山運動　476b
双児　828e
相似　825d
双糸期　955a
掃除共生　825e
創始者原則　825f
創始者原理　825f
創始者効果　825f
ソウシジュ　1648₄₈
桑実期　825g
桑実胚　825g
桑実胚胞　825h
桑実類　915d
爪鬚　302d
早熟　825i
早熟性　828f
総主静脈　636d
走出枝　902g
装盾亜目　1570₂₄
爪蹠　936i
爪床　936i
相称　826a
創傷　826b
相乗因　826d
層状咽頭網　1659₂₄
総状花序　826c
叢状群体　382e
層状構造　209f
爪状叉棘　535g
相乗作用　826d
造礁サンゴ　97e, 549i
相称歯上目　1573₅₁
層状生礁　1074a
造礁生物　550b
草状地上植物　904h
創傷治癒　826b
相称的結合双生児　925i
創傷物質　288j
創傷ホルモン　289a
双子葉類　826e
層序学　476e
草食　371g
増殖　755j
増殖因子　766b
増殖温度　744c
増殖型 DNA　1179b
増殖型ファージ　826f
増殖曲線　515d, 826g
増色効果　1064e
増殖細胞核抗原　946b
増殖索　750f
増殖刺激活性体　95c
増殖収率　1469d
増殖速度　826h

増殖体　826i
増殖ポテンシャル　776a
増殖率　827a
相助作用　826g
双翅類　1601₁₉
総翅類　1600₂₆
槽歯類　827b
双神経類　827c
造腎細胞索　706a
双心子　912j
双心小体　912j
総穂花序　827d
送水管　110e, 719g
増数花　727e
増数性　727e
双生　827e
双星　755i
走性　827f
槽生　827b, 1069b
叢生　828a
増生　828b
臓性　1020f
双性イオン　1469i
造精器, 蔵精器　828c
臓性筋　855d
総生産　828d
総生産速度　751d, 828d
総生産量　1374b
総生産力　652b, 828d
双生児　828e
造精糸　828c
相性受容器　339c
早成性　828f
相説　832e
増節現象　503d
創設雌　342k
双腺　803d
双腺綱　803d
双前歯目　1574₂₀
造巣上皮　1302g
創造説　1001c
創造的進化　829a
想像妊娠　295c
臓側胸膜　322h
臓側内胚葉　1084b, 1088b
爪体　936i
双胎　828e
藻体　1424d
相対成長　47a
相対成長関係　513h
相対成長係数　1260b
相対成長率　829b
相対速度検定　1248a
相対的雌雄性　829c
相対繁栄能力　776a
相対不応期　1190c
増大胞子　829d
増大母細胞　829e
相対密度　478b
相対優占度　1411g
総胆管　1417e
増張　829f
増張力性収縮　829g
相転移(脂質二重層膜の)　829h
相同異質形成　1318h
相同異質形成突然変異　1319b
相同遺伝子組換え　80b
総同化効率　751b
総同化速度　751d
双頭奇形　925i
相同組換え　1198d
相同ゲノム　410e
相同性　830b
相動性運動ニューロン　116c
相動性筋　835e

相同性検索　**830**c
相同性検索のためのアルゴリズム　**830**d
相動性収縮　**830**e
相動性受容器　339c
相同染色体　**830**f
相同の法則　488i
相同配列検索　830c
総動脈幹　691e, **830**g
総動脈幹中隔　909k
挿入　390i
挿入（ファージの）　**830**h
挿入因子　831b
挿入器　**831**a
挿入骨　105h
挿入剤　95g
挿入実験　592g
挿入突然変異体　81d
挿入配列　**831**b
挿入脈　613b
造嚢器　**831**c
造嚢糸　**831**d
相の転換　832e
ゾウノハナケイソウ　1654₄₆
総排出腔　831e
総排泄腔　803d, **831**e
総排泄腔膀胱　1080g
ゾウハジラミ　1600₂₃
ゾウハジラミ亜目　1600₂₃
創発　701h
早発痴呆　981g
創発的進化　**831**f
創発論者　831f
爪板　833c, 936i
巣板　**831**g
層板　1062d, 1090h, 1439e
相互交雑　747d
相反シナプス　1369f
層板小体　1099c
相互神経支配　**832**a
巣脾　831g
総被　186e
双尾奇形　832b
双尾類　1598₁₅
総尾類　1598₃₂
双腹奇形　**832**b
双腹胚　832b
総腹膜腔　322i, 847m
双フデイシ類　1562₄₈
送粉　645c
送粉共生　996d
送粉者　645c, 996d
送粉シンドローム　996d
送粉様式　645c
相分離（脂質二重層膜の）　**832**c
層別刈取法　**832**d
層別抽出　345e
ゾウヘルペスウイルス１　1514₅₇
相変異　**832**e
双鞭毛藻　108g
総苞　833a, 1304a
相貌失顔示数　258b
僧帽筋群　1064f
僧帽細胞　182j, 309a, 1301d
造胞糸　237k
相貌失認　193a
造胞体　1296c
総苞片　833a, 1304a
爪母基　**833**c, 936i
相補鎖間架橋　843f
相補性　44f
相補性（遺伝的な）　**833**d
相補性検定　**833**e, 850b
相補地図　**833**f
相補DNA　595a
草本　**833**g

草本性つる植物　937c
草本性半着生植物　937c
草本層　833h
草木図説　1331d
造雄腺　**833**i
造雄腺ホルモン　833i, 1411e
総輪卵管　895e
臓葉　322h
造卵器, 蔵卵器　**833**j
造卵器植物　1453a, 1636₁₉
相離　1243g
相利共生　**833**k
ゾウリムシ　231b, 438b, **834**a, 1660₂₃
ゾウリムシ亜綱　1660₂₁
ゾウリムシ目　1660₂₂
層流境界層　316a
蒼竜類　1397c
藻類　**834**b
ゾウ類　**834**c
藻類ウイルス　**834**d
藻類学　674e, 834b
藻類藻場　1399d
早老症　**834**e
総和群集　383e
ゾエア　**834**f
阻害　1428i
阻害剤　48h
遡河回遊魚　189b
咀嚼上目　1600₁₅
族　**834**g, 1180g, 1492a
属　**834**h
側位　**835**a
側位包膜　1303h
側芽　**835**b
側開　1403c
属階級群　193c
側角　783d
側芽抑制　919e
側眼　**835**c
属間雑種　**835**d
側気管支　1076i
側気門　301f
側気門類　1592₃₄
側極細胞　325f
側極性　1258f
速筋　**835**e
速筋繊維　835e, 888c
足クローヌス　373f
側系統　**835**f
側系統群　381e
側系統性　835f
足孔　836a
側甲　578f, 838i
側口蓋突起　**835**g
側口目　1659₇
側昆虫類　1598₁₄
側鰓　**835**h
側鰓亜目　1584₁₀
足細胞　**835**i
側索　625e, 783d
側鎖ケト酸尿症　1381e
側鎖説　**835**j
足糸　**836**a
足刺　**836**b
側糸　603c
側枝　121g, 566h, 643g
側歯　585g
足刺綱　1584₄₀
即時型過敏反応　234f
側軸　634a
足糸孔　836a
足糸腔　836a
足刺状剛毛　836b
足糸状体　603c
足糸腺　836a

側社会性　615e
側褶　1083j, 1427b
測樹計　633a
俗称　210b
側静脈　836e
側所性　836f
側所的種分化　**836**g
促進　**836**h
促進拡散　**836**i
足神経幹　827c
足神経節　**836**j
側神経節　**836**k
足神経節横連合　162c
促進神経　**836**l
側心体　**836**m
側心体神経　836m, 1063b
促進的異時性　64e
ソクシンラン　1646₁₇
側性　**837**a
側生毛　1109g
側精巣　**837**b
側生動物　**837**c
側節足動物　**837**d
側舌突起　192c
足腺　**837**e
側線　837g
塞栓　**837**f
速繊維　835e
側線管　625e
側線管器　837g
側線器　837g
側線器官　**837**g
塞栓子　837f
塞栓症　837f
側線迷路系　923h
側足　**838**a
側足縦連合　630g
側単眼　882b
足端突起　1473i
側着　1409e
側柱　783d
束目目　1574₄₇
束柱類　**838**c
促通　**838**d
測通障害　**838**e
側底膜　859b
側頭回　860c
側頭骨　698c
側頭頭項筋　566b
側頭葉　860c
側頭翼　72f
続脳　**838**f
続脳域　838f, 838g
側脳室　860c
側縁状体　1064b
続脳誘導者　838g
足波　**838**h
束胚柄　1089a
側爬虫亜綱　1568₆
続発性骨粗鬆症　482g
続発性免疫不全　1389f
足板　694e
側板　17g, **838**i
側尾脚　803d
側腹腺　838i
側部中胚葉　152e
側部分裂組織　1256f
側片板　838i
側方分枝　885d, 1245e
側方要素　602c
側方抑制　1067f
側方抑制（神経伝達における）　**839**b
側膜周辺台座　849g
側膜胎座　849g
側脈　1427d

属名 646d, 834h
側面屈性 348h
側面誇示 953b
側面重力屈性 630e
側面光屈性 1135b
側盲嚢 89g
側葉 1200g
側卵巣 1201a
側立維管束 1263b
側輪虫綱 1578$_{27}$
ソケイ 1651$_{61}$
鼠蹊管 98e
鼠蹊リンパ肉芽腫症 770c
ソケット細胞 779a
底魚 921i
鼠咬症 703g
ソコオキアミ 1597$_{31}$
ソコカイミジンコ 1596$_{14}$
ソコダラ 1566$_{25}$
底曳漁場 921i
ソコミジンコ類 1595$_{13}$
ソシオトミー 839c
ソシオン 282a
組織 839d
組織アクチベーター 1217h
組織因子 1018a
組織因子経路インヒビター 839e
組織液 839f, 845e
組織解離酵素 839g
組織化学 840a
組織化学的染色 806b
組織学 840b
組織褐変症 38h
組織カリクレイン 242i
組織幹細胞 855c
組織球 840c, 1339h
組織系 840d
組織形成 841c
組織-血液型抗原 396b
組織呼吸 469h
組織再構築 511e, 529d
組織細胞 520h
組織指向性の獲得 1318g
組織親和性 840e
組織切片 841a
組織体制 1245e
組織適合抗原 840f
組織適合性抗原 840f
組織動物 704g
組織特異性 840g
組織トロンボプラスチン 1018b
組織培養 840h
組織薄片 841a
組織反応 1297e
組織不適合性 841b
組織プラスミノゲンアクチベーター 1217g
組織分化 841c
組織ヘモグロビン 1349f
組織片培養 65f
組織マクロファージ 840c
阻止抗体 841d
素質 841e, 851h
粗死亡率 611e
咀嚼 841g
咀嚼胃 800a, 841f
咀嚼型口器 238i
咀嚼器 97c, 841f
咀嚼器官 841g
咀嚼嚢 97i
咀嚼板 97c
粗出生率 642f
ソシュール 841h
疎翅類 1598$_{40}$
ソース 606e, 842g, 973i

疎水結合 841i
疎水性 841j
疎水性アミノ酸 841j
疎水性原子団 1357c
疎水性指標 1086b
疎水性相互作用 841i
疎水性相互作用クロマトグラフィー 842a
疎水相互作用 841i
ソース-シンク関係 842b
ゾステロフィルム綱 1642$_5$
ゾステロフィルム植物門 476f
ゾステロフィルム目 1642$_6$
ソースリミット 842b
蘇生 273e
疎生群落 842c
疎性結合組織 800f, 1065b
粗生産 828a
粗生産速度 828d
粗成長効率 751b
粗線 912d
祖先形質共有 323d
祖先系列 842d
ソゾ 1633$_{51}$
粗大運動 116d
疎通 838d
側脚 842e
ソックス 847h
側根 842f
卒倒病 553j
ソデイカ 1583$_{17}$
ソーティング 842g
ソデ群落 619f
ソテツ 752e, 1644$_{33}$
ソテツ科 1644$_{33}$
ソテツ綱 1644$_{30}$
ソテツゴケ 1640$_{35}$
ソテツ植物時代 912e
ソテツホラゴケ 1642$_{46}$
ソテツ目 1644$_{31}$
ソテツ類 842h
ソトイワシ 1565$_{53}$
ソトイワシ目 1565$_{53}$
粗動 706c
ソトオリイワシ 1566$_{18}$
外先型 109c
外巻き 232h
外向きのフラックス 58a, 1218e
ゾーナルローター 1359b
ソナレムグラ 1651$_{39}$
sonic hedgehog 遺伝子 327a
嗉嚢 842i, 842j
嗉嚢腺 842j
嗉嚢乳 842j, 1043a
ソノラフリクティス科 1602$_{38}$
ソバ 1650$_{40}$
ソバカズラ 1650$_{41}$
ソハヤキ要素 675b, 1040d
襲速紀要素 1040d
ゾブイア科 1610$_{13}$
ソベモウイルス属 1523$_{24}$
ゾベル 843a
ソマトスタチン 843b
ソマトタイピング 843c
ソマトメジン 95c
ソマトメジンC 1f
ソマトラクチン 217j
ソマトリベリン 768a
ゾーマリン酸 1118e
粗密度 478b
ソミトメア 843d
ソメイヨシノ 1648$_{57}$
粗面小胞体 665b
ソメンヤドカリ 1597$_{62}$
ソーラス 1296c

ソラツニン 843e
ソラニジン 843e
ソラニン 843e
ソラビラ科 1641$_{25}$
ソラマメ 1648$_{54}$
ソラマメウイルトウイルス1 1521$_{29}$
ソラレン 843f
ソラーレン 843f
ソランギア亜目 1548$_3$
ソリテール 1572$_2$
素量 843g
素量的放出 843g
ソリルプロバクター科 1538$_{33}$
ソリルプロバクター目 1538$_{30}$
疎林 842c
ゾルーゲル転換 843h
ソルジャー 844a
ソルターブロウイルス属 1517$_{22}$
ソルビット 844b
ソルビトール 844b
ソルビノース 844d
ソルブリーグ 844c
ソルボース 844d
ゾルンホーフェン層 785c
ソーレー帯 844e
ソロカルプ 1481b
ソロキトリウム科 1603$_{24}$
ソロ人 844f
ソロネッツ 39a, 472g
ソロンチャック 39a
ゾーン遠心法 1359b
ソングシステム 109b
ソングパスウェイ 109b
存在の偉大な連鎖 587f
存在の連鎖 587f
存在論的最節約 516a
損失 475f
損傷電位 844h
損傷電流 416c, 844h
損傷乗越え合成 947d
損傷乗越え複製 1198d
ゾーンダイク 844i
ゾーン電気泳動法 967c
ソンネボーン 844j
存不存仮説 1262d
孫胞 1302h

タ

体 757g
ダイアグノシス 1127c
耐圧性細菌 429a
ダイアレルクロス 845a
ダイアンソウイルス属 1523$_6$
体域 63c
帯域 845b
大域安定性 1452b
第I因子 1184g
第一間期 687c
第一原理の方法 1458g
第一鰓嚢 1287d
第一鰓裂 471a
第一次情報伝達物質 781f
第一次心房中隔 909k
第一次分裂 1244e
第一小顎 428a
第一触角 680g, 845c
第一次卵黄核 1441c
第一内臓弓 1020i
第一脳神経 311d
第一水点 979i
第一盲 561i
第一葉 653b, 1354e

タイイ

太陰周期性　403h	体腔上皮　666e, 847m	体肢筋　558e
大陰唇　94b	体腔上覆　708a	体軸　567f, 1298f
耐陰性　845d	対抗植物　848c	対制激性　827f
体液　845e	退行性染色　701g	胎児性癌抗原　260c
体液性免疫　528b, 1383j	体腔説　848e	体質　757g, 851h
体液病理学　1170a	退行遷移　848g	胎児封入奇形　925i
耐塩菌　845f	体腔蟯虫類　848f	胎児付属膜　1089e
耐塩性　154b, 430f	退行相　305c	胎児ヘモグロビン　787i
ダイオウ　1650_{42}	対抗適応　677e	代謝　851i
ダイオウイカ　1583_{13}	退行中心柱　424e	代謝異常　816b
ダイオウウニ　1561_{36}	退行的進化　846b	代謝–温度曲線　852a
ダイオウウミサソリ　1589_{25}	退行的遷移　848g	代謝回転　852b
対応植物　845g	大後頭孔　848h	代謝核　255a
ダイオキシン　845h	ダイコウトウチュウ　1578_{45}	代謝活性　227j
ダイオキシン様ポリ塩化ビフェニル　845h	大鉤頭虫目　1578_{45}	代謝期　254h
ダイオドラスト　357f	体腔動物　848i	代謝拮抗剤　942d
体温　845i	体腔内移植　592g	代謝拮抗比　852c
体温調節　174c, 431b, 845i	退行二分子　1039f	代謝拮抗物質　852c
退化　846b, 1286e	体腔嚢　849a	代謝経路　852d
帯化　846c	体腔壁　916c	代謝経路図　852d
袋果　846d	対向輸送　849b	代謝工学　852e
タイガ　846e	体腔卵　1440d	代謝水　726a
胎芽　847a	対向流系　849c	代謝制御発酵　29c, 203a
体外受精　758g, 847b	対向流熱交換　849c	代謝性誘導物質　1413c
体海星類　1560_{28}	対向流理論　849d	代謝中間体　853a
体外培養　92b, 181g	ダイコクダニ　1591_5	代謝調節　853b
体核　1140g	タイコケイソウ　1654_{53}	代謝排出速度　751d
胎殻　847c	タイコ酸　951a	対珠　180h
大核　847c	太古植物代　849e	第XI因子　1018g
大顎　162e	太古代　584i	第十一脳神経　1064f
大顎触鬚　162e	袋骨　60h, 849f	第十二脳神経　1064f
大顎類　847e	ダイコン　1650_3	対珠筋　566b
ダイガタケイソウ　1655_8	ダイコンソウ　1648_{59}	退縮　846g, 853c, 1106f
大割球　847f	胎座　581c, 849g	体循環　853c
体幹　975c, 1120a	大腮　162e	大循環　853d
体環　847g, 1175b	大腮型口器　238a	対称　826a
大感器　201a	体細胞　850a	対照　853e
耐乾性　269a	台細胞　828c	帯状回　860c
耐寒性　175c, 858e, 979f	体細胞遺伝学　850b	対照実験　853e
大汗腺　1160g	体細胞組換え　850c	代償植生　853h
耐乾燥性　269a	体細胞クローン　200e	代償性機能増進　853h
耐寒蛋白質　1208i	大細胞系　559b	代償性休止　278g
体幹部　975c	体細胞減数分裂　850d	代償性増殖　853g
台木　935b	体細胞交叉　850e	代償性肥大　853h
大気汚染　847h	体細胞交雑　850f	苔状繊維　662a
大気汚染防止法　847h	体細胞高頻度突然変異　850g, 1385d, 1386b	対照染色　863a
大気圏　773a		対掌体　853i
大気候　847i	体細胞雑種　533c	帯状胎盤　168b
待機宿主　632b	体細胞接合　850h, 850i	苔状着生　909a
待機分裂組織説　847j	体細胞染色体対合　850i	袋状部　664c
退却　1292e	体細胞多倍数性　1081h	帯状分布　854a
帯脚　847k	体細胞対合　850i	帯状分布構造　920c
第IX因子　1018b	体細胞淘汰　851a	帯状疱疹　725d
耐久型細胞　1296b	体細胞突然変異　850g, 851b	体静脈　854b
大球形　680c	体細胞突然変異説　1498i	大静脈　854c
大臼歯　1069b	体細胞乗換え　850e	体色　854d
耐久腐植　1004g	体細胞分離　851c	大食球　840c, 1339h
耐久卵　847l	体細胞分裂　208b	大食細胞　1339h
体型　851h	体細胞有糸分裂　1409e	体色神経　153a, 564b
体系分類学　1255a	胎座型　849g	体色変化　563f, 854d
体形類型区分　843c	タイ-ザックス病　739e	大触角　859d
胎原列　822d	胎座枠　536b	対耳輪　180h
タイコイン酸　951a	第III因子　1018b	大耳輪筋　566b
第V因子　128d	第三眼瞼　652i	大翅類　1600_3
体腔　322i, 720c, 847m, 849a	第三紀　705c	大進化　854f
退行　848a	第三紀北極要素　675c	大腎管　854g
対　934b	第三脳室　1499g	ダイズ　1648_{50}
大孔　121g, 346e, 720e	第三脳神経　178e	対数オッズ　1502c
体腔液　845e	体肢　180g	対数期　826g
対光性網膜　1393b	胎脂　851e	対数級数則　636b
大孔器　837g	胎児　1072a, 1253a	対数級数分布　1252a
対抗現象　293b	胎児化　851f	対数正規則　636b
対抗作用　293b	太糸期　1091j	ダイズシストセンチュウ　1587_{31}
	胎児期　624h, 851j	ダイズ退緑斑紋ウイルス　1518_{27}
	胎児器官　1089c	体制　478f, 854h

タイヨ　1771

体性　1020f
対生　**854**i
退生　450c
胎生　**855**a
耐性　857f
体性運動　855f
胎生学　1106c
耐性獲得　950g
胎生型 NCAM　137h
胎生癌　1079h
体性感覚　855b
体性幹細胞　**855**c
体性筋　**855**d
耐性菌　**855**e
代生歯　1069b
胎生種aws　855a
体性神経系　855f, 1065a
耐性伝達因子　35e, **855**g
体性-内臓反射　685d
体性反射　784a, 1120e
大成葉　864e
対生葉序　854i
堆積物食　953d
体節　85e, **855**h, 856g
腿節　**856**a
体節隔膜　856c
体節感覚器　**856**b
体節間膜　**856**c
体節器　**856**d
体節球　843d
体節筋　479i, 855d
大赤血球　787i
大接合体　789b
体節制　**856**e
体節中胚葉　783e, 856e
体節動物　**856**f
体節時計　**856**g
体節板　152e, 855h, **856**h
体節漏斗　1499g
大染色体　**856**i
大前腸腺　866i
大前庭腺　815i, 1047b
大蠕動　62g
ダイゼンホーファー　**857**a
大臍　544a
対側性　**857**b
体側相応　837c
体側不相応　837a
体側襞起原説　1405g
ダイダイガザ　1626₂₈
体大化の法則　**857**c
ダイダイキノリ科　1613₄₆
ダイダイキノリ目　1613₃₄
代替軽鎖　594f
代替経路　1314a
大腿孔　**857**d
ダイダイゴケ　1613₄₆
大腿骨　921d
ダイダイサカズキタケ　1625₂₈
ダイダイサラゴケ　1613₆₁
ダイダイサルノコシカケ　1624₅₀
代替酸化酵素　555i
大腿静脈　921e
大腿腺　857f
代替戦術　857e
代替戦略　**857**e
大唾液腺　866i
代置転座　1318b
耐虫性　**857**f
帯虫目　1578₁₉
袋虫類　1201c
大腸　**857**g
大腸液　918a
大腸癌　**858**a
大腸間膜　920b

大腸菌　**858**b, 1549₇
大腸菌緊縮飢餓蛋白質　367h
大腸菌群　**858**c
大腸菌 K12 株　**858**d
大腸菌染色体　410e
体長有利性モデル　768e
タイチン　486e
ダイテルス核　723b
ダイテルス細胞　495g
胎動　851g
耐凍性　**858**e
大動脈　**858**f
大動脈弓　508a
大動脈球　998a
大動脈弧　508a
大動脈根　858f
大動脈-肺動脈中隔　909k
大動脈反射　707d
大動脈瘤破裂　**859**a
タイトジャンクション　**859**b
体内移行　290a
体内受精　1082d
体内消化　653i
体内長　1024a
体内時計　775a
体内培養　592g
体内分離　1253f
ダイナミックγ運動ニューロン　273f
ダイナミン　**859**c
ダイナミンリング　1215e
第二胃　89g
第Ⅱ因子　1237e
第二間期　591g
第二期箭部　1035b
第二期組織　1035g
第二期分裂組織　1036d
第二期木部　1036e
第二極体　1444e
第二経路　1314a
第二刺激　1190c
第二次情報伝達物質　781f
第二次心房中隔　909k
第二次分蘗　1244e
第二小顎　428a
第二触角　680g, **859**d
第二次卵黄核　1441c
第二象牙質　1069c
第二転節　538g
第二脳神経　580e
第二水点　979i
第二水俣病　1361f
第二盲　561i
第二腕節片　838i
ダイニン　**859**e
耐熱性　175c
耐熱性蛋白質　462a
胎盤　**859**f
大脳　**859**g
大脳化　860a
大脳基底核　**860**b
大脳脚　916a
大脳溝　860c
大脳縦裂　860d
大脳-小脳連関ループ　662d
大脳神経核　860e
大脳髄質　861a
大脳底部　313b
大脳半球　**860**c
大脳皮質　**861**a
大脳皮質視覚野　560a
大脳辺縁系　**861**b
大脳鎌　1065b
タイノエ　1596₄₉
ダイノサウルス類　323i
ダイノルフィン　1400x

胎胚　847a
大配偶子　62d
大配偶子囊　1078e
大配偶子母細胞　1078i
大肺胞細胞　1072b
第八脳神経　922d
大発生　**861**c
胎盤　**861**e
タイパン　1569₇
胎盤型グルタチオン S-トランスフェラーゼ　86c
胎盤性ラクトーゲン　862a
胎盤増殖因子　401a
胎盤ホルモン　**862**a
体皮　862c
対比　**862**b
体皮細胞　**862**c
対比色　862b
対比染色　**863**a
大氷河時代　863b
体表消化　653i
体表面積の法則　**863**c
体部位再現　**863**d
タイプⅠ銅蛋白質　1216e
体部位復元　863d
タイプ A 精原細胞　753d
タイプ化　863f
体幅　863e, 1298f
タイプ固定　863i
タイプ産地　**863**f
タイプ指定　863i
タイプ種　896g
タイプシリーズ　**863**g
タイプ属　177b, 896g
対物レンズ　432c
タイプ標本　**863**h
タイプ法　863i
退分化　875f
体柄　1200c
体壁中胚葉　838i
体壁板　838i
体壁柄　**863**j
体壁葉　838i
体壁卵黄囊　1442e
帯片　1132f
大胞子　62e, 1295c
大胞子囊　**864**a
大胞子囊果　1296f
大発作　967b
タイマイ　1568₂₃
タイマー型生物時計　775a
大脈　1427d
タイミンタチバナ　1651₁₈
台芽　864b
帯面　1132f
大網　864c
大網膜　**864**c
ダイモン交配　1214c
ダイヤモンドナイフ　112f
タイヤヤスデ　1593₄₂
帯蛹　**864**d
大葉　864e
大洋亜区　864f
代用液　780c
大洋区　**864**f
太陽黒点周期　861d
太陽コンパス　**864**g
大葉シダ綱　1642₁₇
大葉植物亜門　1642₁₆
大葉植物類　864j
太陽神経叢　697e
代用繊維　799d
代用体液　1473c
太陽虫門　1666₂₈
太陽虫類　**864**h, 1271d

タイヨウチョウ 1572₅₆
対葉法 328a
大葉類 864e, **864**j
大翼 668c
第四紀 **864**k
第四性病 770c
第四脳室 315k, 662d
第四脳神経 178e
第四の胚葉 698a
大らせん **864**l
タイランチョウ 1572₄₄
タイランチョウ亜目 1572₄₁
大陸移動説 865a
対立遺伝子 **865**b
対立遺伝子排除 46d
対立遺伝子頻度 81e
対立因子 865b
対立性の検定 292d
大量絶滅 793g, **865**c
退緑 **865**d
大リンパ球 1476g
苔類 **865**e
第六脳神経 178e
タイロシン 931d
タイロード液 1473c
タイロード溶液 1473c
タイワンジョウ 1566₄₅
タイワンジョウウイルス 1519₈
タイワントラノオゴケ科 1641₁₀
タイワンヒメワラビ 1643₅₄
多因子遺伝病 84d
タウ 1142e
ダーウィニズム **865**f
ダーウィン(C.R.) **865**g
ダーウィン(E.) **866**a
ダーウィン **866**b
ダーウィン医学 688d
ダーウィン結節 180h
ダーウィン説 **866**c
ダーウィン適応度 959a
ダーウィン淘汰 988f
ダーウィンの法則 866c
ダーウィンハナグエル 1568₃
ダーウィンフィンチ 1572₅₂
ダーウィン律 866c
タウエガジ 1566₅₇
ダヴェンポート **866**d
ダヴェンポート現象 99e
タウナギ 1566₄₁
タウナギ目 1566₆₁
ダウノマイシノン 50a
ダウノマイシン 50a
ダウノルビシン 50a
タウマーキオータ門 4f, 1535₂₅
タウマトシルス 1595₂₅
タウマトシルス目 1595₂₄
タウマトモナス目 1665₃₉
タウリン 29b, **866**e
多雨林 747a
タウリン抱合胆汁酸 1295d
タウロケノデオキシコール酸 410c
タウロコール酸 493e, 1295d
タウロデオキシコール酸 956i
タウロリトコール酸 1459f
ダウン症候群 **866**f
ダウンレギュレーション(受容体の) **866**g
多栄養世代 1417c
多栄養卵巣管 1447c
唾液 **866**h
唾液腺 **866**i
唾液腺染色体 872m
唾液腺ホルモン **867**a
多エネルギド核 138f
ダエンフネケイソウ 1655₃₈

多黄卵 620a, **867**b, 1436j, 1440d, 1440g
タカアシガニ 1598₁₀
タカアミラーゼ 20a
タカ亜目 1571₃₄
多回交尾 **867**c
多回遊泳性 1406c
多階属 1473c
多花果 1194e
多核管状体 867g
多核共存体 1269g
多核巨細胞 1306a
多核細胞 867e
多角図法 **867**d
多角性胚盤葉 527e
多角体 867f
多角体 **867**e
多角体起原説 820a
多角体病 553j
多角体病ウイルス **867**f
多核嚢状体 **867**g
多核配偶子 1195f
多核白血球 243f
多殻目 1555₂₀
タカクワヤスデ 1594₁₂
タカサゴシラタマ 1651₂₄
タカサゴソコマメゴケ科 1638₂₅
タカジアスターゼ 868b
他家受精 **867**h
他花受粉 867h
他家受粉 560c, 867h
多化性 221f
多価染色体 **868**a
タカチホヘビ 1568₅₆
タカネキヌゲネズミ 1576₄₃
タカネゴケ 1612₅₁
タカネゴケ 1612₄₆
タカネチャゴケ 1612₅₁
タカノハダイ 1566₄₇
タカ・ハトゲーム 565e
高原氏病 1367f
他家不稔性 1209g
他家不和合性 1240i
タガメ 1600₃₈
タカ目 1571₃₂
タカラダニ 1590₃₀
タカリベウイルス 44d
タカワラビ 1643₁₆
タカワラビ科 1643₁₆
多管型 624d
他感作用 **868**c
多環式蟻 1498f
多換歯性 1069b
多関節性筋 479i
多関節蟬虫類 803e
ダカンピア科 1609₁₉
蛇函類 **868**d, 1561₃₂
タキキニン 543b, **868**e
タキサン 1095a
タキシス 827f
タキシン 39b
多寄生 **868**f
多寄生者 868f
タキソイド 1095a
タキシテール 1095a
タキソール 1095a
多岐腸目 1577₂₂
多機能酵素 1407c
タキミシダ 1643₃₁
多脚期 1282h
多丘歯目 1573₄₉
多極移入 86d
多極細胞 581a
多極神経細胞 581a, 696b
多極相説 **868**g

多極紡錘体 **868**h
タギング 81d
ダークコントラスト 68e
タクサ **868**i
タクソクリヌス目 1559₃₈
タクソボデア綱 1663₃₅
タクソボディダ目 1663₃₆
タクソン **868**i
ダクチロスポラ科 1612₂₅
ダクチロボディダ目 1628₃₄
択伐林 1473c
択伐林型 466b
托柄 756e
タクミニナ 1583₅₅
托葉 **868**j
托葉冠 616f
托葉鞘 1424a
托葉針 868j, 1425a
托卵 **869**a
タクロリムス **869**b
多クローン抗体 1323c
多形核 401e
多形核白血球 243f, 1102e
多形細胞層 524a
多型種 10g
多系進化 883c
多形性 **869**c
多型性 437g, 869c
多型性(菌類生活環の) **869**d
多型性群体 **869**e
多形態性 873c
竹市雅俊 **869**f
多型的進化 1504j
多系統 **869**g
多系統群 381e, 1554₄₀
多系統性 869g
多型不完全世代性 869d
蛇頸竜類 349h
打撃音 1100g
多層型 1421a
タケシマラン 1646₃₆
ターゲット説 **869**h
タケニグサ 1647₄₈
タケハリカビ 1603₄₆
タケリ 1571₅₆
タケリタケキン 1617₂₇
多元筋 **870**a
多原型 73b, 1299e
多元統一作用 **870**b
タコアシカイメン 1555₆
タコアシケイソウ 1654₅₂
タコ足細胞 660g, 835i
タコカイメン 1554₃₆
多後吸盤類 1284d, 1578₁
多交叉 1031f
多交雑 **870**d
多光子レーザー顕微鏡 **870**e
多鉤頭虫類 460f
多孔板 **870**f
タコモヒトデ 1561₁₁
タコクラゲ 1556₂₉
タコクラゲ亜目 1556₂₈
多骨海綿目 1554₄₁
タコノアシ 1648₂₅
タコノアシ科 1648₂₅
タコノキ 1646₂₇
タコノキ科 1646₂₇
タコノキ目 1646₂₃
タコノマクラ 1562₁₇
タコノマクラ目 1562₁₇
多婚 1077i
多剤耐性因子 35e
多細胞化 **870**g
多細胞腺 **870**h
多細胞体制 870g

多産性　871a	TATA ボックス　38a, 1238h	脱皮前行動　875b
多酸素性　552g	多段階的発がんモデル　858a	脱皮抑制ホルモン　875e
多糸　871b	多段階発生論　1101h	脱プリン　943e
ダジア　1633₅₀	多段抽出　345e	脱分化　875f
多肢型幼虫　1282h	多段林　1473g	脱分極　876a
多肢期　1282h	多地域進化説　1319h	脱分枝酵素　973a
タシギ　1571₅₂	タチウオ　1566₅₈	脱変異原　461d
多軸　483e	タチウロコタケ　1624₂₉	脱メチル酵素　948b
多軸型　885c	立襟　147a	脱毛剤　413f
多歯式　925a	立ちくらみ　480a	ダツ目　1566₃₂
多糸性　871b, 872m	タチゴケ　1638₅₄	脱抑制　876b
多糸染色体　871b	タチシノブ　1643₃₄	脱落歯　1069b
多室性　680a	タチジャコウソウ　1652₁₃	脱落速度　751d
多室担子器　884j	立直り反射　873e	脱落膜　585h
多室胞子　871c	タチヒダゴケ　1640₁₇	脱離酵素　876d
多シナプス経路　871d	タチヒダゴケ科　1640₁₇	脱離節　585h
多シナプス反射　871d	タチヒダゴケ目　1640₁₆	立襟鞭毛虫類　148e, 1553₇
多重遺伝子族　871e	立虫類　473c, 873e	タデ科　1650₄₀
多重感染　925h	ダチョウ　1570₅₃	タテガタツノマタタケ　1623₂₅
多重感染再活性化　872a	ダチョウ目　1570₅₃	鱓　876e
多重寄生　317b	タチヨタカ　1572₁₃	タテガミヤマアラシ　1576₅₅
多重神経支配　1036i	ダツ　1566₃₃	楯吸虫類　312g, 1578₄
多重整列　872b	脱アミノ酵素　873f	タテゴケ科　1612₅₄
多重層リボソーム　1464c	脱アミノ反応　873f	タテゴトケイソウ　1655₃₃
多重ニッチ多型　879h	脱アルカリ作用　1425k	タテゴトケイソウ目　1655₃₃
多重二倍体　872c	脱 A フィブリン　1185a	盾細胞　616f
多重乗換え　1031f	脱塩　415f	縦軸　993a
多重溶原性　1421e	脱塩基作用　1425k	タテジュウジケイソウ　1655₁₈
多種スルファターゼ欠損症　742g	脱灰　873g	楯状感覚子　876f
多出集散花序　216b, 622b	脱外皮　873h	タテスジチョウチンガイ　1580₃₉
多条中心柱　872d	脱核　668i	タテヅメザトウムシ　1591₂₅
多女王制　342k	脱殻（ウイルスの）　873h	タテヅメザトウムシ下目　1591₂₄
他殖　872e	脱顆粒　22a, 1342m	タテハチョウ　1601₄₃
他食作用胞　1179d	脱カルボキシル酵素　874a	タテホシムシ　1586₁₄
多色色素胞　563f	脱カルボキシル反応　874b	タテホシムシ目　1586₁₄
他殖性植物　872e	脱感作　261a, 416k	多点移入　1088b
多食目　1577₁₉	脱共役剤　874c	多点神経支配　876g
多食類　1600₅₇	Taq DNA ポリメラーゼ　964f	ダート　876h
タシロイモ　1646₁₈	脱ケイ酸作用　1437c	多糖　876i
タシロイモ科　1646₁₈	脱周期　874h	多筒型　707e
田代安定　872f	脱受精能因子　639e	多動原体染色体　877a
多針亜綱　1581₆	脱受精能獲得　639e	他動的単為結果　880k
多新翅亜節　1599₂	脱鞘筋繊維　874d	タナイス亜目　1597₂₆
多心皮雌ずい　581c	脱上皮化　1428e	タナイス目　1597₂₄
多数器官説　872g	脱神経　680c	田中線　877b
多数個虫説　872g	脱水酵素　1355j	田中義麿　877c
多数同義遺伝子　978b	脱水素酵素　874e	ターナー症候群　877d
タスマニアデビル　1574₁₅	脱制止　752c	ダニ亜綱　1589₃₇
タスマニアヤスデ亜目　1594₁₈	脱石灰　873g	タニウツギ　1652₄₃
多精　872h	脱疽　132c	Danielli-Davson のモデル　532e
多精核融合　872i	脱促通　874f	ダニ学　352g, 503b
多精拒否　872j	脱炭酸　874b	多肉茎植物　877e
多性雑種　539f	脱炭酸酵素　874a	多肉茎地上植物　904h
多生児　872k	脱炭酸反応　874b	多肉植物　258f, 877e
多精子受精　872l	田土　725b	ダニザトウムシ　1591₁₆
多生歯性　1069b	脱窒　874g	ダニザトウムシ亜目　1591₁₆
多精受精　872l	脱窒素細菌　10j, 906g	ダニ室　877f
他生性堆積物　474e	脱窒素作用　874g	ダニ目　1589₄₂
多性半数体　1122e	脱同期　874h	多乳頭　1043c
多節類　1578₁₁	タットゲカワ　1587₄₅	多乳房　1043c
唾腺　866i	手綱核　271g, 1020g	タヌキ　1575₅₃
多染色体個体　66g	タツノオトシゴ　1566₃₉	タヌキアヤメ　1647₉
多染色体性　872l	立羽　934a	タヌキアヤメ科　1647₉
多染色性赤芽球　401e, 781i	脱ハロゲン呼吸　874i	タヌキノショクダイ　1646₁₉
唾腺染色体　872m	脱ハロ呼吸　874i	タヌキノショクダイ科　1646₁₉
多相称　1408e	脱皮　875a	タヌキモ　673a, 1652₁₈
多層上皮　663b	脱皮液　875a	タヌキモ科　1652₁₈
多層表皮　873e	脱皮開始ホルモン　107g, 875b	タネツケバナ　1650₂
タソガレドリ　1570₄₈	脱皮殻　875a, 875c	種なし果実　553h
多足亜門　812d, 1592₂₉	脱皮ゲル　875a	多年生　877g
他足性　857b	脱皮腺　875d	多年生植物　877g
多足類　873b	脱皮阻害剤　503c	多能幹細胞　1476g
多胎　872k	脱皮動物　1201c, 1586₁₆	多能性（発生の）　877h
多態性　873c	脱被覆 ATP アーゼ　1160c	多胚　877i
多胎盤胎盤　861e	脱皮ホルモン　802f	多胚形成　877i

多倍数性　1081h
多倍数単相体　1122e
多胚生殖　877i
タバコ　1651_56
タバコウロコタケ　1624_2
タバコウロコタケ科　1623_59
タバコウロコタケ目　1623_58
タバコ茎えそウイルス　880a, 1523_17
タバコ条斑ウイルス　1522_12
タバコモザイクウイルス　878a, 1523_16
タバコモザイク病　878a
タバコ輪点ウイルス　1521_30
多発性筋炎　439c
多発性硬化症　592e
多発性骨髄腫　482c
多発性内分泌腫瘍2A型　447f
多発性内分泌腺腫症候群　225a
他発的遷移　799c
多板綱　1581_18
多板類　878b
タヒキニン　868e, 1045b
ダビディエラ科　1608_26
タービドスタット　413b
旅鳥　878d
タビビトノキ　1647_12
蛇尾類　352d, 1561_4
Duffy式　396a
タフォノミー　878e
ダプトマイシン　1466h
タブノキ　1624_49
タブノキキハダカビ　1623_39
タフ変異　543d
タフリナ亜門　1605_25
タフリナ科　1605_41
タフリナ綱　1605_38
タフリナ目　1605_39
WI38細胞　1262g
W値　878f
WT遺伝子　225a
WUSドメイン　106e
ダブルバー　1071b
ダブルブラインドテスト　1215d
多能化能　1083a
多分胞子　607b
多分裂　878g
タペータム　878h
タペータム細胞　878h
多変態　503d
多変量解析　728b, 1133d
多変量形質解析　307c, 1127d
多胞綱　1663_2
多胞体　879a
タボン人　222e
タマイタダキ　1633_20
タマイボゲ　1612_18
タマウミヒドラ　1555_31
タマオシコガネ　1600_61
タマカイエビ　1594_24
タマカイエビ亜目　1594_24
タマカイメン　1554_37
タマキビ　1583_43
タマキビ型新生腹足下目　1583_41
タマキンカクキン　1615_11
タマグシフサゴカイ　1585_11
タマクラゲ　1555_39
たまご　1440d
タマゴイトダニ　1590_1
タマゴウニ　1562_14
タマゴウニ目　1562_14
タマゴケ　1640_15
タマゴケ科　1640_15
タマゴケ目　1640_14
タマゴテングタケ　26e, 1180j
タマゴヤドリバチ　1601_50
だまし　879b

タマシギ　1571_55
タマシキゴカイ　1584_38
タマシダ　1643_59
タマシダ科　1643_59
タマスイクダムシ　1659_47
タマスジケイソウ　1655_45
タマチョレイタケ　1624_47
タマチョレイタケ科　1624_37
タマチョレイタケ目　1624_8
タマツナギ　1632_21
タマネギ体　134c
タマノミドリガイ　1584_7
タマノリイグチ　1627_6
タマハジキタケ　1627_35
タマバチ　1601_48
タマバリタケ　1626_29
タマバリタケ科　1626_27
タマホコリカビ　1629_3
タマホコリカビ綱　1629_2
タマホコリカビ目　1629_3
タマホコリカビ類　527d
タマミジンコ　1594_39
タマムシ　1601_1
タマモ　1635_22
タマヤスデ　1593_12
タマヤスデ亜綱　1593_4
タマヤスデ上目　1593_7
タマヤスデ目　1593_11
タマリンド　1648_53
タマリントルクテノウイルス　1517_33
ターミネーター　879c
田宮博　879d
ダム　879e
タメトモヤスデ　1594_16
多面形質発現　879f
多面作用　879f
多面的発現　879f
多面発現　879f
多面発現遺伝子　879f
多毛類　74e, 139h, 258d, 879g, 880c, 917i, 1023g, 1372d, 1498h
他養　625g
多様化選択　879h
多様化淘汰　879h, 1426c
多様性閾値仮説　879i
多様度指数　637a
タラコウトウチュウ　1579_9
タラコゴケ　1612_16
タラコゴケ科　1612_16
タラシウス目　1565_26
タラッソカリケ目　1558_21
タラッソミセス目　1662_6
タラノキ　1652_45
タラバガニ　1598_3
タラ目　1566_25
タラヨウ　1652_26
多卵黄卵　867b
多卵核融合　879j
タラント階　864c
ダリア　1652_35
ダリア綱　1140g, 1563_14
ダリア類　783c
ダリスグラス　1304g
多粒子性ウイルス　880b
多量栄養元素　121e
多量元素　120c, 1173a
多量体免疫グロブリン受容体　1386a
タリン　1177d
多輪形幼生　880c
ダーリントン　880d
多輪廻　880e
多輪廻性　1414l
タルイ病　981a
樽咽頭類　1577_33
たる形孔　335d

タールがん　880f
ダルクーパステールス説　391b
タルケイソウ　1654_29
タルケイソウ目　1654_29
ダルス　1633_3
ダルス目　1633_3
ダルトン　1014g
ダルベッコ　880g
タルホコムギ　1199b, 1647_34
タルボサウルス　956c
ダルマエナガ　1572_57
ダルマガレイ　1566_60
ダルマゴカイ　1585_18
ダルマゴカイ目　1585_18
ダルマザメ　1565_5
ダルマヒワダニ　1590_55
タルモドキケイソウ　1654_28
タルモドキケイソウ目　1654_28
多列上皮　663b
TALEN法　80b
タワラガイ　1584_28
俵形幼生　880h, 1156a
田原の結節　570e
痰　281a
ダーン　880i
単胃　1122c
単位過程　583d
単位形質　77d, 880j
単為結果　880k
単為結実　880k
単位格子　880l
単位集団　615c, 880m
単為生殖　880n
単為生殖雌虫　684g, 1039a
単一遺伝子病　84d
単一茎頂型　644b
単一視　881a
単一子宮　564k
単一腺　870h
単一組織　881b
単一卵　881b, 1284d
単位努力当たり漁獲量　669d
単為発生　880n
単位膜　532e
単為卵片発生　881c
単因子雑種　70g
単咽頭　108h
単咽頭目　1577_21
単栄養世代　1417c
端栄養卵巣管　1447c
胆液　886d
単エネルギド核　138f
端黄卵　1440d, 1440g
ターンオーバー　852b
ターンオーバー数　456b
暖温帯　174b
暖温帯多雨林　668e
暖温帯林　715d
単果　215e
段階稀釈　436j
段階系列　842d
団塊植物　881f
段階的応答　215f, 881g
単芽虫　1339h
短角果　536b
単核球　882f
単核食細胞系　881h
タンカクハジラミ　1600_21
単核白血球　1367h
単殻類　896a
短角類　1601_23
担頸類　227f
単花序　216b
團勝磨　882a
単花被花　234b

単冠　919f	炭酸脱水酵素　**884**g	淡水海綿　198d
胆管　1417b	炭酸同化　891b	淡水型　1453h
単眼　**882**b, 882c	炭酸ヒドロリアーゼ　884g	炭水化物　984c
胆管癌　254f	単視　881a	炭水化物分解酵素　655e
単眼奇形　882c	短枝　**884**h	胆膵管括約筋　889d
単管型　624d	短肢　**884**i	淡水菌　722a
単眼三角区　882b	端糸　1447c	淡水クラゲ類　1556₃
単眼視　1468h	弾糸　1295e	淡水動物　722d
単関節　266a	短翅型　832e	タンズリー　889e
単関節丘類　266b, 1598₂₆	担子器　**884**j	単性　**889**f
単眼葉　882b	担子器果　**885**e	単星　755i, **889**g
単眼立体視　1459a	担子器下嚢　884j	単精　872h
短期記憶　277i	担子器上嚢　884j	単性花　**889**h
ダンギク　1652₁₀	担子菌酵母　885b	弾性型動脈　399f
担鰭骨　882d	担子菌門　1619₅₁	単性奇網　301b
単寄生　**882**e	担子菌類　**885**a	単性雑種　70g
単寄生者　882e	単軸　483e	単精子受精　872h
短期の可塑性　225b	単軸型　885c, 1408e	弾性糸状体　1153i
単鰭動物　1392a	単軸性仮軸分枝　215c	単性受精　872h
端脚目　1597₁₁	タンジクツユカビ　1654₁₃	単生殖巣亜網　1578₃₃
単球　**882**f	単軸分枝　**885**d	単生殖巣類　1473k
単丘亜綱　1598₂₆	単枝型　88h	単性生殖　1470c
単球菌　309e	短日植物　**885**e	弾性繊維　**889**i
単弓綱　1573₄	単室性　680a	弾性組織　**889**j
単極移入　86d	単室生殖器官　886b	弾性軟骨　180h, 1028a
単極奇網　301b	短日植物　885e	男性ホルモン　50c, 1411e
単極神経細胞　696b	単室担子器　884j	弾性要素(筋肉の)　**889**k
単極相説　883a	単室胞子嚢　886b	単生類　889l, 1577₄₈
単極導出　985e	単肢動物　**885**f	胆石　**890**a
単筋　1258e	単シナプス経路　886a	胆赤素　1173c
タンク培養　**883**b	単シナプス反射　886a	担石類　1577₃₀
単クローン抗体　1399b	単子嚢　886b	短世代型　542a
単系　618l	単篩板　556b	端節　538e, 812e
単形核白血球　1102e, 1367h	担子柄　884j	単節条虫類　660j, 1578₉
単型種　10g	単子房　581c	炭素　**890**b
単系進化　**883**c	担子胞子　542a, **886**c	単相　71e, **890**c
単型性　745g	胆汁　**886**d	単相化　286i
単型の進化　1504j	胆汁アルコール　**886**e	短草型草原　823j
単系統　258c, **883**d	団集花序　622b	淡蒼球　860b, 860c
単系統群　381e, 883d	5α-胆汁酸　492b	単相菌糸　71e
単系統性　883d	胆汁酸　**886**f	単層上皮　663b, 1494f
単隙型　1421a	胆汁酸塩　**887**a	単相植物　**890**d
単元型　870a	胆汁酸塩活性化リパーゼ　497c	単相数　1122d
探検繊維　1074f	胆汁酸生合成　**887**b	単走性　838h
ダンゴイカ　1583₂₂	胆汁色素　**888**a	単相性　1122e
単後吸盤類　1577₄₉	単収縮　**888**b	単相生活環　745g
単孔目　1573₄₅	単収縮繊維　**888**c	短草草原　823j
単孔類　165f, 1027c	短縮核分裂　**888**d	単層培養　**890**e
ダンゴゴケ　1636₃₄	短縮減数分裂　**888**e	単層林　1473g
ダンゴゴケ科　1636₃₄	短縮熱　1058a	担爪類　1577₃₁
ダンゴゴケ目　1636₃₃	担鬃節　217i	炭疽菌　**890**f, 1542₂₈
短骨　1317g	単出集散花序　216b, 622b	断続性運動　323c, **890**g
単骨海綿目　1554₄₇	担鬃部　428a	断続性運動抑制　890g
ダンゴムシ　1597₇	単純一致係数　1480f	断続平衡説　**890**h
単婚　1077i	単純拡散法　414i	炭素源　**890**i
担根体　91g, **883**e	単純型細胞　**888**f	炭素循環　**890**j
担細胞　212f	単純型受容野　72a	炭素-窒素比　557a
端細胞　**883**f	単純茎頂型　644b	炭素同位体　891a
端細胞幹　**883**g	単純孔隔壁　335d	炭素同位体分別値　**891**a
端細胞系統幹　883g	単純脂質　**888**g	炭素同化　**891**b
単細胞生物　508b, **883**h	単純多糖　876i	炭疽病　890f
単細胞腺　**884**a	単純中心柱　424e	炭疽病(植物の)　**891**c
単細胞体制　870g	単純転座　969f	担体　306g, 437g, 1113k
単細胞培養　**884**b	単純配列多重遺伝子族　871e	弾帯　707e
タンザクゴカイ　1584₄₉	単純反射　784a	弾帯受　707e
探索像　**884**c	単純ヘルペスウイルス　**888**h	担体型イオノフォア　55d
探査行動　**884**d	単子葉類　**889**a, 1645₅₀	担体結合法　484g
単鎖DNA　76a	単色系　561i	担体蛋白質　977d
短鎖翻訳後修飾ペプチド　678b	淡色効果　**889**b	単体胞子嚢群　1296c
炭酸暗固定　109h, 891b	単色視　562b	単体雄ずい　1409e
炭酸ガスインキュベーター　**884**f	単肢類　**889**c	担体輸送　307a
炭酸カルシウム補償深度　1029d	ダンシル法　30d	暖地型牧草　1296e
炭酸緩衝系　263b	単針亜綱　1581₁	ダンチク　1647₃₄
炭酸固定　891b	単親発生生物　644a	タンチョウ　1571₄₇
炭酸固定酵素　247f	単身複葉　1200h	短長日植物　**891**d

短長日性植物　891d
タンデム　1078k
タンデム型質量分析　594e
単糖　891e
短頭化現象　891f
単筒型　707c
単頭ミオシン　892a
ダンドク　1647₁₆
単独遊び　16g
単独確認　207f
単独行動者　892b
単独混合　156d
単独生活的　382e
単ニューロン神経支配　876g
タンニン　892c
タンニング　1096g
タンニン細胞　892d
胆嚢　892e
端脳　628a
胆嚢管　1417b
端脳腔　695f
胆嚢胆汁　886d
端背板　1087c
蛋白　1449b
蛋白顆粒　895g
蛋白細胞　892f
蛋白質　892g
タンパク質　892g
蛋白質 S-S 架橋酵素　893b
蛋白質キナーゼ　1234c
蛋白質合成阻害剤　893a
蛋白質ジスルフィドイソメラーゼ　893b
蛋白質ジスルフィド交換酵素　893c
蛋白質集合体　390h
蛋白質性感染性粒子　1221d
蛋白質生合成　893c
蛋白質性卵黄顆粒　1441d
蛋白質代謝　894a
蛋白質多型　895f
蛋白質単分子膜法　353c
蛋白質蓄積型液胞　125e, 895g
蛋白質定量法　894b
蛋白質同化作用　22b
蛋白質の一次構造　894c
蛋白質の局所構造　895a
蛋白質の再生　894d
蛋白質の三次構造　894e
蛋白質の天然構造　894e
蛋白質の天然状態　894e
蛋白質の二次構造　895a
蛋白質の変性　895b
蛋白質の四次構造　895c
蛋白質の立体構造　894e
蛋白質の領域　1009c
蛋白質複合体　895c
蛋白質分解　895d
蛋白質分解酵素　655e, 1232h
蛋白質リン酸化酵素　1234e
蛋白腺　895e, 1443a
蛋白多型　895f
蛋白粒　895g
断髪遺伝子　421c
端板　628c
単板綱　1581₃₀
単反射　784a
端板電位　628d
単尾類　896c
短尾　1213b
単肥　1172c
短尾下目　1598₅
短尾奇形　1213b
単尾虫　1066a
短尾突然変異体　1213b
弾尾類　1598₂₀
単複相植物　896b

端部繊毛環　1016h
単フデイシ類　1562₅₀
端部動原体染色体　806f
単分子膜　702g
単壁孔　1263f
単壁孔対　1263f
断片化(染色体の)　896d
断片分離　520g
短弁器　1599₂₆
担帽綱　1580₄₄
単胞子　896e
担胞子体　896f
単胞子嚢　896e
タンポポ　1652₃₈
単膜亜綱　1660₁
単膜筋目　1577₃
単膜目　1660₂
短膜類　1558₆
断眠　727a
単名　1033c
担名基準　896g
単名式名　1033c
淡明層　998f, 1168i
担名タイプ　896g
単面性　896h
単面葉　896i
単面葉柄　896h, 1426f
単輸送体　977d
単葉　896i
担葉体　1301a
短絡電流　57c
短絡路　1315c
担卵脚　1220d
単離　191c
団粒　896k
単粒構造　896j
団粒構造　896k
炭竜類　1567₂₀
弾力性分析　271b
胆緑素　1171f
担輪子幼生　1016h
単輪廻　880c
単輪廻性　1414l
断裂　896l
談話分析　192b
短腕　71d

チ

チアネレ　555b
チアノーゼ　898a
チアミナーゼ　898b
チアミナーゼ細菌　898c
チアミン　898c
チアミンアリルジスルフィド　35a
チアミンーリン酸　898d
チアミンーリン酸キナーゼ　898e
チアミンキナーゼ　898f
チアミン二リン酸　899a
チアミンピロホスホキナーゼ　899b
チアミンピロリン酸　899a, 1174h
チアンフェニコール　377d
地衣化菌類　899e
地域の相互交配集団　239c
地域分岐図　899c
地域連続説　1319h
地衣形成菌類　899e
地衣計測法　899e
地衣酸　899d
地衣成分　899d
地衣多糖　1454e
地衣ツンドラ　937d
地衣澱粉　1454e

地衣類　899e
チェカノフスキア綱　1644₂₅
チェカノフスキア目　1644₂₆
チェザルピーノ　900a
チェス盤状パターン　65h
チェック　900b
チェックポイントコントロール　596d
チェックポイント制御　900c
チェトヴェリコフ　900d
チエナマイシン　1268a
チェラウイルス属　1521₃₂
チェリーゴム　676f
チェルノジョーム　900e
チェルノーゼム　900e
チェルノブイリ原発事故　900f
チェルノファウス目　1565₄₆
チェルマク　900g
遅延型過敏反応　234f
遅延型免疫応答　528b
遅延蛍光　901b
澄江動物相　901c
澄江バイオータ　901c
遅延整流　901d
遅延整流性カリウムチャネル　901d
遅延着床　901e
遅延熱　1058a
チェンバーズ　901f, 901g
遅延発光　901b
遅延非見本合わせ課題　901h
遅延見本合わせ課題　901h
4-チオウラシル　901i, 1172a
チオカルバミド　439g
6-チオグアニン　9f
チオクト酸　1463e
チオクロム　901j
チオシアン酸塩　901k
チオシステイン　901k
2-チオシトシン　1172d
チオストレプトン　893a, 902a
チオセリン　582c
チオテンプレート機構　356a
チオトリックス科　1549₅₇
チオトリックス目　1549₅₂
チオニン　1376g
チオネイン　1378a
チオバチルス　902b, 1547₂
チオペプチン　902a
チオラーゼ　409g
チオラートアニオン　600e
チオール基　129c
チオールプロテアーゼ　582j
チオレドキシン　902c
チオレドキシン還元酵素　902d
チオレドキシンレダクターゼ　902d
チガイソ　1657₂₃
知覚　902e
知覚学習　902f
知覚細胞　253c
知覚神経　253h
知覚像　884c
チカクマムシ　1588₈
地下茎　902g
地下結実　902h
地下水群集　724a
地下水動物　978f
地下生命圏　903a
チガヤ　1647₃₉
力-速度関係(筋肉の)　903b
置換　903c
置換骨　479g
恥丘　903d
地球温暖化　903e
地球外生命　777g
地球植物学　676g, 1468f
地峡　931a

遅筋 **903**f	チタノスクス亜目 1573[13]	チミジル酸合成酵素 908f
遅筋繊維 903f	チタノフォネウス亜目 1573[12]	チミジル酸シンターゼ 908f
チキンフット構造 1198d	乳(イチョウの) 905h	チミジル酸生成酵素 **908**f
チーク 1401f, 1652[13]	チチシマシメジ 1626[50]	チミジン **908**g
チグサミズヒキ 1585[12]	チチショウロ 1625[14]	チミジン−リン酸 908e
畜産学 **903**g	チチタケ 1625[13]	チミジンキナーゼ **908**f
逐次重みづけ法 388c	チチブイチョウゴケ科 1638[23]	チミジン-5′-三リン酸 908e
逐次的複製 903h	チヂミトサカ 1557[24]	チミジン-5′-二リン酸 908e
逐次転移モデル 46b	地中海植物区系区 675a[表]	緻密結合組織 800f
蓄積脂肪 11f	地中海貧血 1090f	緻密骨 482f, 1090h
蓄積腎 **903**i	チチュウカイミドリガニ 1598[6]	緻密骨質 921d
播搖 373f	地中植物 **905**i	緻密斑 1295f
チクビゴケ 1607[21]	地中植物相 1004b	チミュリン 320c
チクビゴケ科 1607[20]	地中性動物群 258g	チミン 150e, 320c
チクビゴケ目 1607[19]	地中生物群集 1004b	チミン飢餓死 **908**j
チクビレツケイソウ 1655[34]	地中動物 1004e, 1453c	チミン二量体 **908**k
チクビレツケイソウ目 1655[34]	地中動物相 1004b	チミン要求体 122h
蓄養 721e	チヂレゴケ科 1639[32]	チメドリ 1572[47]
地形的極相 868g	チヂレタケ 1625[40]	知母 544a
地圏 773d	チヂレヤハズゴケ科 1637[28]	チモーゲン 454d, 1344c
治験薬 **904**b	膣, 腟 463d, **906**a	チモーゲン顆粒 1250g
遅効性密度依存要因 1358f	チックテスター 620j	チモシー 1304g
チゴゲニン 543i	膣脂膏法 906b	チモシン 7c
チゴケムシ 1579[38]	膣スミアテスト **906**b	チモペンチン 320c
チゴダラ 1566[25]	膣前庭 906c	チモポエチン 320c
恥骨 589d	窒素 **906**d	チャ 1651[19]
恥骨結合 1253a	窒素化合物 906g	チャイルド **908**l
恥骨結合離開ホルモン 1491h	窒素源 **906**e	チャイルドの勾配説 780a
チゴテン期 512a	窒素固定 **906**f	チャイロコミミバンディクート 1574[17]
チゴネマ 512a	窒素循環 **906**g	チャイロハチドリ 1572[19]
チゴネマ期 512a	窒素代謝 **907**a	チャイロホウキボシ 1560[53]
チゴユリ 1646[32]	窒素同化 907a	チャイロミキンカクキン 1615[7]
致死閾 60a	窒素利用効率 557a	チャウラハリタケ 1624[28]
致死遺伝子 **904**c	チップシークエンス 907b	着合子嚢体 **908**m
地磁気 178h, 1313f	チップセック 907b	着床 **908**n
致死効果 904g	ChIP-seq 法 375i	着床異常 1301b
致死作用 904c	ChIP-chip 法 907b	着色エナメル質 1069b
致死相当数 **904**d	ChIP 法 375i	着生 229d
致死相当量 904d	知的障害 759c	着生植物 **909**a
地質学的編年 223d	知的所有権問題 **907**c	着生の地上植物 904h
地質時代 **904**e	池塘 108a	チャグロサソリ 1591[50]
地史的遷移 799c	チトクロム 597k	チャーコット・マリー歯病 209g
致死同座性 44f	チトーデ **907**d	チャコニン 843e
致死突然変異 **904**g	チドメグサ 1652[46]	チャコブタケ 1619[43]
チシマアマナ 1646[36]	チドリ亜目 1571[51]	チャサカズキタケ 1626[6]
チシマザサ 1647[41]	チドリ目 1571[49]	チャザクロゴケ 1612[59]
チシマゼキショウ 1645[59]	知能 **907**e	チャシブゴケ 1612[34]
チシマゼキショウ科 1645[59]	チノリモ 1632[11]	チャシブゴケ亜綱 1612[7]
チシャ 1652[37]	チノリモ綱 1632[10]	チャシブゴケ科 1612[34]
チシャノキ 1651[50]	チノリモ目 1632[11]	チャシブゴケ綱 1611[49]
稚樹 1423b	遅発性ウイルス感染症 743a	チャシブゴケ目 1612[12]
地上植物 **904**h	遅発突然変異 **908**a	チャセンシダ 1643[39]
地上部・地下部比率 **905**a	遅発優生 **908**b	チャセンシダ科 1643[39]
池沼プランクトン 1220e	チビクモヒトデ 1561[16]	茶素 234i
地床フロラ **905**b	チビコナダニ 1590[45]	チャダイゴケ 664c, 1625[43]
地植物学 676g	チビダニ下目 1590[18]	チャタテ亜目 1600[19]
致死量 **905**c	チビナナフシ亜目 1599[20]	チャタテムシ目 1600[16]
チスイビル 1585[46]	チビピンゴケ 1611[26]	チャツムタケ 1626[41]
チズガタサルノコシカケ 1623[57]	チビフクロモモンガ 1574[23]	チャデフアウディエラ科 1617[53]
地図距離 **905**d	チビヤモリ 1588[45]	チャネル形成イオノフォア 55f
チズゴケ 1613[32]	地表植物 **908**c	チャネル直結型伝達物質 698b
チズゴケ科 1613[32]	チヒロウミユリ 1560[16]	チャネル非直結型伝達物質 698b
チズゴケ目 1613[29]	チヒロウミユリ科 1560[16]	チャハシゴケ 1612[27]
チスジノリ 1632[39]	チビワラジムシ 1597[9]	チャバネゴキブリ 1600[7]
チスジノリ目 1632[39]	チブサゴケ 1614[16]	チャハリタケ 1625[25]
地図単位 905d	チブサゴケ科 1614[15]	チャヒラタケ 1626[8]
知性 907e	チフス菌 1549[11]	チャプマン **909**b
知性珠 297h	地方 675a, 776d, 996b	チャヘリトリゴケ科 1611[55]
地層同定の法則(化石による) **905**e	地方標準種 1168g	チャミダレアミタケ 1624[39]
地層累重の法則 **905**f	地方品種 534b	チャムクエタケ 1626[9]
チーター 1575[46]	チマキゴカイ 1584[57]	チャルメルソウ 1648[21]
遅滞 1420h	チマキゴカイ目 1584[57]	チャレンジャー探検 **909**c
遅滞遺伝 **905**g	チマーゼ **908**d	チャワンタケ 1616[14]
遅滞的異時性 64e	チマダニ 1589[46]	チャワンタケ亜綱 1615[50]
チダケサシ 1648[21]	チミジル酸 **908**e	チャワンタケ亜門 1606[23]

チャワンタケ科　1616₁₂
チャワンタケ綱　1615₄₉
チャワンタケ目　1615₅₁
チャワンタケモドキ　1613₂₄
チャンス　**909**d
チャンチェンオルニス　1570₃₉
チャンチン　1650₁₂
チュア　**909**e
注意　**909**f
虫癭　**909**g
中栄養湿原　591i
中央胃腔　611c
中央液胞　125e
中央階　198
中央核　**909**h
中央眼　835c
中央細胞　1086d
中央接着　806d
中央前頭器官　816e
中央体　525g, **909**i, 912i
中央帯　644b
中央胎座　849g
中央大西洋障壁　1133i
中央洞　565f, 712b
中央胞　623h
中央紡錘体　1492d
中央脈　1427d
中央要素　602c
中黄卵　1440d, 1440g
中央リング　209c
中温帯　189e, 744c
仲介輸送　307a
中隔　**909**k
中隔子宮　564k
中隔接着斑　794k
柱下体　581c
中形イネ科草原　823j
中形地上植物　904h
中形プランクトン　1220e
中形葉　1461d
中割球　**910**a
中果皮　215e
柱管　353h
中間域　1127e
中間期　423b
中間嗅索　310b
中間筋　782b
中間筋繊維　782b
中間形　**910**e
中間径フィラメント　**910**d
中間結合　20f, 1484d
中間綱　1655₁₃
中間骨　34j
中間骨筋　34j
中間細胞塊　910g
昼間視　558k, **910**e
中間湿原　**910**f
中間宿主　290a, 632b
中間代謝　852d, 853a
中間中胚葉　**910**g
中間部　217j
注管類　1601₁₅
中期　**910**h
中気管支　1076i
中期-後期移行チェックポイント　1302a
中期更新世気候変換期　864z
中期板　785g
中期胞胚遷移　911a
中期胞胚変移　**911**a
中規模攪乱説　210f
中脚　911d
柱脚　581c, 622c
中胸　911b
中胸背板　1087c
中空触手　670b

中空胞胚　787b
中空幼生　**911**c
中クマムシ綱　1588₁₂
中クマムシ類　273e
中継体　183a, 578g
中継細胞　606e
中原型　73b
中膠　262e
中膠筋　262e
昼行性　181d
中国原人　1264g
チュウゴクジムヌラ　1575₆
チュウゴクミミヒミズ　1575₁₁
チュウゴクモズクガニレオウイルス　1519₂₉
チュウコシオリエビ　1598₂
中肢　**911**d
中指　1417g
中歯　585g
中耳　**911**e
柱軸　**911**f
中軸型　885c
中軸器官　**912**a
中軸骨格　784d
中軸胎座　849g
中軸中内胚葉　620c
中耳腔　911e
中篩骨　698b
注視視野　614e
中室　576h
虫室　**912**b
中実触手　670b
中日性植物　915b
中実幼生　**912**c
注視点　890g
紐歯目　1575₂
中手骨　939a
抽出　696a
柱状大腿骨　**912**d
中小脳脚　315k, 662b
中褥　820e
中植代　**912**e
中植物代　**912**e
中腎　**912**f
中心窩　91d, 614e, 1393h
中深海水層生物　689b
中深海底帯生物　688f
中心灰白質　783f
中心核　324e, 909h, 1287f
中心管　783d
中心極限定理　747c
中心溝　860c
中心後回　860c
中腎細管　912f
中心細胞　**912**h, 1086d
中心細胞質　912i
中心子　912j
中心視　614e, 890g
中心歯　585g
中心視覚面　1393h
中心糸型　885c
中心子周辺物質　912j
中心皿　680a
中心質　**912**i
中心視野　614e
中心-周辺拮抗型の受容野　581a, 823d
中心小花　986b
中心小窩　91d
中心小管　819d
中腎小管　760h
中心小体　**912**j
中新世　708c, **913**c
中心性チアノーゼ　898a

中心前回　860c
中深層域　189f
中深層生物　689b
中束　**913**b
中心体　868h, 912i, **913**c
中心柱　**913**d
中心柱説　913d
中心動脈　1148e
中心ドグマ　816i
中心乳糜管　1043g
中心嚢　**913**d
中心嚢壁　**913**e
中心盤　1099d
中心微小管　819d, 1142e
中心複合体　913c
中腎傍管　1364f
中心目　390d
中腎輸管　912g
中心粒　864h, 912j
中腎隆起　1158f
虫垂　**913**f
抽水植物　**913**g
抽水草原　**914**a
中枢化　627d
中枢種　**914**b
中枢神経系　**914**c
中枢性興奮状態　**914**d
中枢性パターン生成機構　**914**e
中枢性麻痺　1344c
中枢性抑制状態　914d, **914**f
中枢性リズム生成機構　914e
中枢性リンパ組織　73f
中枢時計　1342h
中枢捕食者　914b
中枢リンパ系器官　1477d
中性イオノフォア　55d
中性花　**914**g
中正鰐類　1569₂₁
虫生菌類　**914**h
中性好性白血球　458h
中性脂肪　11f, **914**i
中生植物　725i, **915**a
中性植物　**915**b
中生代　**915**c
中性多糖　876i
中生動物　**915**d
中性胞子　**915**e
中性ムコイド　1368h
沖積世　264j
中舌　217h, **915**f
中節骨　1417g
中前頭回　860c
中層　917e
中層プランクトン　1220e
中足　**915**g
中体　1120a
虫体　473c, 479f, 912b
抽だい，抽薹　**915**h
中体腔　425d, 924a
虫体内潜伏期間　118e
中大脳　859g
中体部　818b
中腸　**915**i
中腸腺　265c, **915**j, 1021b
中点受精　924e
柱頭　581c
中毒　**915**l
中度好熱菌　461h
中内胚葉　1021g
注入管　623h
中脳　**916**a
中脳腔　695f
中脳後脳境界　916a
中脳水道　916a, 1063g
中脳動物　682g

中脳被蓋　916a
中脳胞　916a
虫媒　996b
中胚軸　1087d
虫媒伝染　**916b**
中胚葉　274h, **916c**
中胚葉因子　916d
中胚葉化因子　**916d**
中胚葉型　843f
中胚葉細胞　883f
中胚葉性エナメル　1069b
中胚葉節　855h, **916e**
中胚葉帯　**916f**
中胚葉体節　916e
中胚葉端細胞　883f, 917a
中胚葉母細胞　**917a**
中胚葉マント　**917b**
中胚葉誘導　**917c**
中胚葉誘導因子　916d
チュウヒ　1571₃₅
中皮　666e, 847m
虫部　662d
中部動原体染色体　806f
中分節　152e
中片部　752e
稠密体　971d
稠密卵白　241f
中脈　613b, 613c
肘脈　613b, 613c
中毛　384a
昼夜移動　**917d**
昼夜運動　629g
中葉　217j, 831a, **917e**
虫様突起　913c
中葉片　238k
中葉ホルモン　1382b
中立　**917f**
柱立開綻　1296a
中立進化　**917g**
中立突然変異　**917h**
中立論　917f
柱梁組織網　1502e
中輪形幼生　**917i**
扭損　1055d
中裂　1424e
中肋　**917j**, 1427d
中肋胎座　849g
中和抗体　**917k**
中和試験　917k
中和指示薬　578b
チュビデンドゥルム目　1562₃₉
チューブリン　**918a**
チューブリン結合モチーフ　1142e
チューリップ　1646₃₆
チューリヒモンペリエ学派　676g
チューリングモデル　**918b**
チョウ　1594₅₂
腸　**918c**
凋萎　558c
凋萎係数　558d
腸陰窩　653h, 923g
腸運動記録法　154j
腸液　**918d**
超越育種　443h
超越分離　**918e**
腸炎ヴィブリオ　**918f**, 1549₆₂
超塩基性岩植物　618g
腸炎菌　1549₁₀
超遠心機　**919a**
腸炎ビブリオ　918f
調音　1106a
頂芽　**919b**
超界　474c
聴覚　495g, **919c**
聴覚閾　60a

長角果　536b
聴覚器　173f
聴覚器官　173f
聴覚疲労　927d
聴覚野　926h
長角類　1601₂₀
潮下帯　919d
潮下帯群集　919d
潮下帯生物　**919d**
蝶型紅斑　811f
超活性化　639e, 754d
頂芽優性　**919e**
頂環　602g
鳥冠　**919f**
腸管　654c
聴管　911e
腸管関連リンパ組織　1060i
腸管出血性大腸菌　858b
腸–肝循環　**920a**
腸管神経系　**920b**
潮間帯　920c
潮間帯群集　920c
潮間帯生物　**920c**
腸管毒　1208d
腸管ホルモン　654d
腸間膜　864c, **920d**
腸間膜静脈　920e
腸間膜動脈　**920f**
頂器官　1016h
長期記憶　277i
超寄生　446a
長期生存形質細胞　387e
長期増強　**920g**
長期的可塑性　225b
鳥脚下目　1570₃₁
腸球菌　1492i, 1543₁₀
腸球菌科　1543₁₀
長期抑圧　**920g**
鳥距溝　860c
長距離移行　63d, 811b
チョウクラゲ　1558₂₀
超グラフ　678j
腸クロム親和性細胞　293d
腸クロム親和性細胞様細胞　54b, 220b
蝶形花冠　**920h**
鳥頸下区　1569₂₈
蝶形骨　668c, 698c
長頸竜目　1568₃₃
長頸竜類　349d
長経路反射　784a, 1120e
鳥綱　1570₃₃
腸溝　926g
超高圧菌　429a
超高圧電子顕微鏡　**921a**
彫甲下綱　1595₂₉
蝶咬節　428a
超好熱菌　461h
超高木　466b, 1057b
超高木層　466b
超高密度リポ蛋白質　1465c
腸呼吸　**921b**
超個体　**921c**
超個体の個体　921c
長骨　**921d**
腸骨　589d
腸骨静脈　**921e**
聴梶　670f
腸鰓類　1120a, 1562₅₂
長鎖塩基　739d
チョウザメ　1565₃₀
チョウザメアデノウイルス A　1515₁₂
チョウザメ目　1565₃₀
超酸化物　737h
超酸化物不均化酵素　737h

長枝　884h
張糸　285g
長雌　**921f**
腸枝　507j
チョウジガイ　1557₅₃
長翅型　832e
蝶耳骨　698c
聴櫛　**921g**
長日植物　**921h**
長日性植物　921h
チョウジノキ　1648₄₂
チョウジ油　779b
超収縮　413f
潮周帯　**921i**
潮周帯群集　921i
潮周帯生物　**921i**
張受容器　**921j**
聴受容器　173f
腸小窩　923g
頂上系　**922a**
聴小骨　911e
潮上帯　**922b**
潮上帯群集　**922b**
潮上帯生物　**922b**
頂上板　**922c**
頂上板系　922a
腸上皮化生　221e
頂小葉　1200h
聴飾　670f
長翅類　1601₁₆
超深海水層生物　689b
超深海底帯生物　688f
聴神経　**922d**
聴神経節　608c
超深層域　189f
超深層生物　689b
チョウズバチカイメン　1554₃₂
張性　**922e**
腸臍　1266a
頂生花　1109g
調整器　**922f**
超生体染色　763e
聴性脳幹反応　1414c
調整卵　923c
調整類　1563₂₃
聴石　1259b
潮汐周期性　**922g**
長節　**922h**
調節　151c, **922i**
調節遺伝子　**923a**
調節 L 鎖　1350c
調節過程　586f
調節期　1396b
調節筋　151c
調節サブユニット R　125a
長節上目　1601₁₄
調節スミス分解　742b
調節性 T 細胞　747f
調節性分泌　**923b**
調節蛋白質　**923c**
調節的 NST　1161c
調節動物　**923d**
調節卵　923c
調節領域　**923f**
腸腺　**923g**
チョウセンアサガオ　21e, 1651₅₆
朝鮮海峡線　776d
チョウセンモミヒトデ　1561₁₅
チョウセンニンジン　1652₄₆
腸相　54b
長草イネ科植生　823j
長草型草原　823j
聴側線系　**923h**
腸祖動物　220d, **923i**
腸体腔　924a, 1489c

1780　チョウ

腸体腔幹　**923**j
腸体腔説　848e
腸体腔動物　923j
腸体腔囊　849a, **924**a
超大陸　865a
頂端　924b
頂端器官　1016h
頂端-基部軸　**924**b
頂端細胞　**924**c
頂端細胞型　644b
頂端細胞群型　644b
頂端細胞説　924c
長短日植物　**924**d
長短日性植物　924d
頂端受精　**924**e
頂端成長　815c
頂端複合体　**924**f
頂端分裂組織　**924**g
頂端膜　859d
鳥中足骨亜区　1569$_{27}$
チョウチョウウオ　1566$_{44}$
チョウチンアンコウ　1566$_{28}$
チョウチンゴケ　1640$_{12}$
チョウチンゴケ科　1640$_{12}$
超沈澱　**924**h
チョウチンミドロ　1634$_{49}$
蝶番　266b, **925**a
蝶番靱帯　707e
蝶番性結合　1069b
チョウヅメヒメウズムシ　1577$_{19}$
超低光量反応　1135c, 1183a
超低密度リポ蛋白質　1465c
頂点位相　776g
鳥頭体　473c
腸内細菌　**925**c
腸内細菌科　1549$_4$
腸内細菌相　925c
腸内細菌ファージSP6　1514$_{14}$
腸内細菌ファージN15　1514$_{33}$
腸内細菌ファージM13　1517$_{49}$
腸内細菌ファージMS2　1522$_{35}$
腸内細菌ファージQβ　1522$_{34}$
腸内細菌ファージT1　1514$_{35}$
腸内細菌ファージT5　1514$_{36}$
腸内細菌ファージT7　1514$_{15}$
腸内細菌ファージT4　1514$_{16}$
腸内細菌ファージPRD1　1517$_{19}$
腸内細菌ファージP1　1514$_{14}$
腸内細菌ファージP2　1514$_6$
腸内細菌ファージP22　1514$_{27}$
腸内細菌ファージφeco32　1514$_{29}$
腸内細菌ファージφX174　1518$_2$
腸内細菌ファージμ　1514$_9$
腸内細菌ファージλ　1514$_{37}$
腸内細菌目　1549$_3$
腸内フローラ　925c
鳥尿石　342f
チョウ媒　996d
鳥媒　996d
腸背壁膜　**925**d
超薄切片　**925**e
聴斑　925f
頂板　**925**g
頂盤　925g
聴板　608c
鳥盤目　1570$_{23}$
超微細構造　970a
長鼻目　1574$_{41}$
重複　925i
重複閾　342l
重複遺伝子　214e
重複感染　**925**h
重複奇形　**925**i
重複寄生　446a
重複寄生菌類　337d

重複子宮　564k
重複視野　614e
重複受精　**926**b
重複像　926c
重複像眼　**926**c
重複多重遺伝子族　871e
重複分布　899c
重複ポテンシャル論　391b
頂部構造　602g
鳥糞石　342f, 1241b
腸扁桃　913f
超鞭毛虫類　1194a
長弁類　1599$_{23}$
聴胞　608c, 1261b
聴峰　921g
頂帽　**926**d
頂帽細胞　**926**e
長棒状体　1301c
長膜類　1558$_4$
超ミクロトーム　112f
チョウメイムシ　1588$_{18}$
頂毛　925g
頂毛成長　228h
腸盲囊　**926**f
チョウ目　1594$_{52}$, 1601$_{33}$
鳥目　1405h
腸門　**926**g
聴野　**926**h
跳躍器　538c
跳躍進化　**927**a
跳躍説　1100e
跳躍伝導　**927**b
跳躍類　1599$_{22}$
超雄　921f
超優性　**927**c
超優性荷重　82h
超容積ニッチ　763b
超らせんDNA　264c, 945a
聴稜　921g
聴力　**927**d
張力-長さ曲線　1024a
超臨界流体クロマトグラフィー　376b
鳥類　**927**e, 1570$_{16}$
鳥類学　**927**f
調和湖　474d
調和的　837a
調和等能系　**927**g
長腕　71d
チョーク　**928**a
直泳動物　**928**b
直泳動物門　1577$_{12}$
直翅系昆虫類　1599$_2$
直翅上目　1599$_{18}$
直翅類　1599$_{22}$
直進　950f
直神経類　1055d
直生　1080b
直接鋳型説　686h
直接感覚刺激　573a
直接環境傾度分析　256f
直接効果　**928**c
直接互恵　473a
直接互恵性　266c
直接骨伝導　483a
直接作用　928c
直接視　614e
直接染色法　701g
直接発生　**928**d
直接反射　981i
直接飛翔筋　1428c
直接分裂　1369g
直線閾値無しモデル　**928**e
直線走路　**928**f
チョークタケ　1624$_{56}$

直達　950f
直達発生　**928**d
直腸　857g
直腸鰓　**928**g
直腸温　845i
直腸癌　858a
直腸間膜　920d
直腸気管鰓　**928**g
直腸腺　**928**h
直腸囊　1156a
直腸盤　459b
直腸襞　**928**i
直腸盲囊　929a
直鼻亜目　1575$_{30}$
直游類　928b
直立細胞　1299c
直立姿勢　929a
直立二足歩行　**929**a
直立歩行　929a
直列　929b
チョクレツケイソウ　1654$_{53}$
直列線　**929**b
直列弾性要素　889k
貯食分散　635a
貯水組織　**929**c
貯精囊　617b, **929**d
貯蔵根　180a
貯蔵組織　**929**e
貯蔵多糖　929f
貯蔵蛋白質　634g
貯蔵澱粉　**929**g
貯蔵物質　**929**h
貯蔵放出器官　695c, 699g
貯蔵放出部　695c, 699g
貯熱　1056a
貯熱量　1056a
貯胞　1415i
貯蜜房　831g
チョムスキー　**930**a
貯留囊胞　1066c
チョレイマイタケ　1624$_{47}$
チラコイド　**930**b
チラコイド膜　930b
ちらつき　1221i
チラミン　29b, **930**c
チリキトキシン　1199g
チリグモ　1592$_{24}$
チリケノレステス　1574$_{10}$
地理情報システム　**930**d
チリダニ　1590$_{51}$
チリダニ下目　1590$_{48}$
チリ地方　688c
チリディウム科　1618$_{16}$
地理的隔離　**930**e
地理的勾配　**930**f
地理的姉妹群　930g
地理的種分化　65i
地理的代置群　**930**g
地理的品種　**930**h
地理的分布　**930**i
ヂリナリア　1613$_{36}$
チリハギガイ　1582$_{20}$
地理病理学　1170a
チリモ　1636$_8$
チリモ目　1636$_8$
チリモ類　**931**a
チルー　1576$_{15}$
チルソプテリス科　1643$_{12}$
チール・ニールセン染色　1008k
チール・ニールセン法　445a
チロエボッサム　1574$_{12}$
チロカルシトニン　245d
チロキシン　448b
チロキシン結合蛋白質　404c
チログロブリン　448b

ツノナ 1781

和文

チロシナーゼ 42c, 931d, 1399c	痛覚 70d, **934**d	ツチカニムシ 1591₃₀
チロシン **931**d	痛覚閾 926h	ツチカニムシ亜目 1591₂₉
チロシンアミノ基転移酵素 **931**e	痛覚過敏症 1020h	ツチクジラ 1576₃
チロシンアミノトランスフェラーゼ 931e	通過細胞 1022a	ツチクラゲ 1616₂₄
チロシンキナーゼ **931**f	通気間隙 522e, 934e	ツチクラゲ科 1616₂₄
チロシン水酸化酵素 931d	通気組織 **934**e	ツチグリ 1627₁₂
チロシン脱リン酸化酵素 931g	通気培養 124f	ツチクレタケ 1616₇
チロシンホスファターゼ **931**g, 1235b	通時的構造 615c	ツチゴケ 1639₃₅
チロシンリン酸 931d	通常個員 1110h	ツチゴケ科 1639₃₅
チロシン-ロイシンリッチ蛋白質ファミリー 1157b	通常個虫 1110h	ツチゴケ目 1639₃₄
	通常無性虫 566g, 815d	槌骨 911e
チロース **932**a	通水コンダクタンス 1356f	ツチダニ 1590₃₄
チロソール 931d	通性化学無機独立栄養細菌 722i	ツチダンゴ 1610₅₉
チロプテリス目 1657₄₄	通性 CAM 植物 238c	ツチダンゴ科 1610₅₉
チロリ 1584₄₉	通性嫌気性菌 417b	ツチトリモチ 289e, 1650₃₀
チロリペリン 448a	通性嫌気性生物 657e	ツチトリモチ科 1650₃₀
血を見る闘い 285d	通性好気性菌 435a	ツチハンミョウ 1601₈
珍渦形動物 **932**b	通俗名 210b	槌部 97c
珍渦虫目 1558₃₄	痛帯 1020h	ツチブタ 1574₃₈
珍渦虫類 932b	通直木理 1396f	ツチムカデ 1592₄₂
鎮咳作用 485c	痛点 934d, **934**f	ツツイカ目 1583₁₃
沈下成虫原基 765c	通囊 309g	ツツウミヅタ 1557₂₁
沈降係数 **932**c	通発 658c	ツツガタケイソウ 1654₄₇
沈降説 **932**d	痛風 **934**g	ツツガタケイソウ目 1654₄₅
沈降線 933b	痛風腎 934c	ツツガムシ 1590₃₅
沈降素 **932**e	ツエタケ 1626₂₈	ツツガムシ病原体 1546₂₉
沈降速度 **932**f	ツエミハシゴケ 1612₂₆	ツツガムシ病病原体 **935**d
沈降速度法 **933**a	ツガ 1645₁	つつきの順位 650b
沈降定数 932c	つがい外交尾 **935**a	ツツジ 1651₃₁
沈降反応 **933**b	ツガイケカビ 1603₄₃	ツツジ科 1651₂₈
沈降物トラップ 932f	ツガゴケ 1640₃₇	ツツジ型菌根 333i
沈降フラックス 932f	ツガザクラ 1651₃₁	ツツジ科低木林 **935**e
沈降平衡法 **933**c	ツカサノリ 1633₂₄	ツツジ目 1651₆
沈糸 121g	ツガサルノコシカケ 1624₁₃	ツツスナカラムシ 1658₂₅
チン小帯 1395c	ツガサルノコシカケ科 1624₁₁	ツツダニ 1590₄₀
沈水植物 **933**d	ツカツクリ 1571₆	ツヅミクラゲ 1556₉
沈水植物期 593g	ツガマイタケ 1624₁₄	ツヅミクラゲ目 1556₉
沈水草原 823j, **933**e	ツカムレラ科 1536₄₂	ツヅミゴケ科 1607₂₃
沈水葉 1211l	ツガルウニ 1562₅	ツヅミモ 1636₃
鎮静剤 450f	ツキガイ 1582₁₅	ツヅラフジ 1647₅₂
沈性卵 1440d	ツキガイ目 1582₁₅	ツヅラフジ科 1647₅₁
チンダル 956g	ツキガタワムシ 1578₃₆	ツニカマイシン 982d [表]
チンチラ 1576₅₃	接木 **935**b	ツニシン 1159c
鎮痛剤 1341d, 1341e	接木雑種 121i	角 **935**g
鎮痛薬 933f	接木親和性 935b	ツノアオカメムシ 1600₃₉
沈泥 1005b	接木伝染 **935**c	ツノガイ 1581₄₀
沈澱速度 932f	ツキヌキゴケ 1638₂₆	ツノガイ綱 1321f
沈澱電位 188e	ツキヌキゴケ科 1638₂₆	ツノクラゲ 1558₁₉
チンパンジー 1575₄₀	ツキヌキソウ 1652₄₂	ツノケイソウ 1654₅₂
珍無腸動物門 932b, 1558₃₃	つき抜き葉 1426f	ツノケイソウ目 1654₅₁
	ツキノワダニ 1590₆₁	ツノゴケ 1641₃₃
	接穂 935b	ツノゴケ亜綱 1641₃₁
ツ	ツキヨタケ 1104b, 1626₁₉	ツノゴケ科 1641₃₃
	ツクエガイ 1582₂₃	ツノゴケ綱 1641₃₀
ツァイトゲーバー 990b	ツクシガモ 1571₁₃	ツノゴケ植物門 935h, 1641₂₆
椎間円板 784d	ツクシヤスデ 1593₁₆	ツノゴケ目 1641₃₂
椎間板 784d	ツクバネ 289c, 1650₃₁	ツノゴケモドキ 1641₃₆
椎間板ヘルニア 1281a	ツクバネウツギ 1652₄₁	ツノゴケモドキ亜綱 1641₃₄
対鰭 **934**a	ツクバネソウ 1646₃₀	ツノゴケモドキ科 1641₃₆
椎弓 784d	ツクバモナス綱 1630₄₀	ツノゴケモドキ目 1641₃₅
対合 **934**b	ツクバモナス目 1630₄₁	ツノゴケ類 **935**h
対合誤りモデル 195f	ツグミ 1573₂	ツノゴマ 1652₂₃
対合期 512a	ツゲ 1648₉	ツノゴマ科 1652₂₃
対合性損傷 943e	ツケオグモ 1592₂₄	ツノサケビドリ 1571₁₀
椎骨 784d	ツゲ科 1648₉	ツノザメ上目 1565₁
追熟 755f	ツゲ目 1648₈	ツノザメ目 1565₄
椎心 784d	ツゲモドキ 1649₅₀	ツノサンゴ目 1558₁₀
追随眼球運動 890g	ツゲモドキ科 1649₅₀	ツノシメジ 1626₅₀
ツイスト数 945a	対馬線 776d	ツノスイクチムシ 1585₄₉
追跡運動 825a	ツタ 1648₂₉	ツノタケ 1617₂₈
追跡子 1016b	ツタノハガイ 1583₂₆	ツノタンシキン 1623₄₂
椎体 784d	土 1003b	ツノタンシキン科 1623₄₂
ツィッテル **934**c	ツチアケビ 1646₄₂	ツノトカゲ 1568₄₂
椎板 428h	ツチイロカイメン 1554₅₀	ツノナガコブシガニ 1598₁₀
	ツチウロコタケ 1625₈	ツノナガシンカイコシオリエビ 1598₂

和文

ツノナシオキアミ 1597₃₁
ツノナシツツガタケイソウ 1654₄₅
ツノハシバミ 1649₂₃
ツノバネダニ 1591₈
ツノヒラムシ 1577₂₃
ツノホコリ 1629₁
ツノホコリ目 1629₁
ツノマタ 1633₂₂
ツノマタコケムシ 1579₃₈
ツノマタゴケモドキ 1612₄₃
ツノマタタケ 1623₂₄
ツノメドリ 1571₅₉
ツノモ 1662₄₃
ツノワカリ 1598₁
ツノヤワコケムシ 1579₃₂
つば 1022c
ツバイトルクテノウイルス 1517₃₁
ツバキ 1651₁₉
ツバキ科 1651₁₉
ツバクロエイ 1565₁₃
翼 935i
ツバサゴカイ 1585₂₁
ツバサゴカイ目 1585₂₁
ツバメ 1572₅₃
ツバメオモト 1646₃₄
ツバメコノシロ 1566₅₃
ツバメドリ 1571₅₂
ツーヒット説 274i
ツブウスゴケ 1612₂₈
ツブキクラゲ 1623₃₄
ツブゴケ 1610₃₉
ツブダニ 1591₆
ツブトゲダニ 1590₁₂
ツブナリコケムシ 1579₃₁
ツブニカワカワタケ 1624₃₀
ツブノリ 1615₄₀
ツブノリ科 1615₃₉
ツブノリ目 1615₃₇
ツブフクロムシ 1595₃₈
ツブミイボゴケ 1612₅₇
ツブミゴケ 1612₂₁
ツブミズムシ 1600₅₅
ツブミズムシ亜目 1600₅₅
ツブムシ類 1595₁₉
ツブラホコムシ 1584₃₅
ツブリニダ目 1628₂₄
ツブリネア綱 1628₂₃
ツベフィア科 1610₃
ツベルクリン 1334a
ツベルクリン反応 936a
ツベルクリン皮膚テスト 936a
ツベルクロステアリン酸 936b
つぼ 885a
つぼ(内耳の) 936c
坪井正五郎 936d
ツボカビ 1602₂₁
ツボカビ科 1602₂₁
ツボカビ綱 1602₁₇
ツボカビ目 1602₁₉
ツボカビ門 1602₁₃
ツボカビ類 936h
d-ツボクラリン 357a
壺状感覚子 217b
つぼ突起 936c
蕾 936f
ツボミゴケ 1638₂₉
ツボミゴケ科 1638₂₉
ツボワムシ 1578₃₄
ツマグロヨコバイ 1600₃₅
ツマミタケ 1627₅₂
ツマヨウジケイソウ 1655₃₁
ツマリヨコエソ 1566₁₃
積上げ法 936g
積込み 606e
積箱試験 936h, 978d

ツムギヤスデ 1593₅₄
ツムギヤスデ亜目 1593₅₄
ツムギヤスデ上目 1593₃₈
ツムギヤスデ目 1593₄₆
ツムゴケ 1614₂
爪 237g, 818c, 936i
ツメイカ 1583₁₆
ツメクサ 1650₄₇
ツメケイソウ 1655₄₀
ツメケイソウ目 1655₄₀
ツメゴケ 1613₂₆
ツメゴケ科 1613₂₆
ツメゴケ目 1613₁₂
ツメタガイ 1583₄₃
ツメダニ 1590₃₉
ツメナガホオジロ 1572₄₈
ツメバケイ 1572₇
ツメバケイ目 1572₇
ツメバコケムシ 1579₃₇
ツヤウチワタケ 1624₄₆
ツヤゴケ 1641₆
ツヤゴケ科 1641₆
ツヤサワゴケ科 1639₅₃
ツヤタマゴダニ 1591₅
ツナナシマンネンタケ 1624₃
ツヤプリシン 1017c
ツユカビ 1271e, 1654₁₂
ツユカビ目 1654₁₀
ツユクサ 1647₇
ツユクサ科 1647₇
ツユクサ目 1647₆
ツユノイト 1634₄₉
強い人工生命 701h
強さ 166h
強さ-期間曲線 937a
ツラスネラ科 1623₄₈
ツラレミア 703g
ツリガネクラゲ 1556₆
ツリガネクラゲ目 1556₆
ツリガネタケ 1624₄₂
ツリガネニンジン 1652₂₈
ツリガネムシ 1660₄₈
ツリフネソウ 1651₇
ツリフネソウ科 1651₇
ツリミミズ亜目 1585₃₅
ツルアダン 1646₂₇
ツル亜目 1571₄₇
ツルウメモドキ 1649₂₇
ツルギケイソウ 1655₃₁
ツルキジノオ 1643₅₈
ツルキジノオ科 1643₅₈
ツールキット遺伝子 937b
ツルギトゲクマムシ 1588₁₀
ツルギミドロ 1635₂₂
ツルクモヒトデ目 1561₉
ツルシダ 1643₆₁
ツルシダ科 1643₆₁
つる植物, 蔓植物 937c
ツルシラモ 1633₄₅
蔓性地上植物 904h
ツルソバ 1650₄₁
ツルタコヒトデ 1561₁₁
ツルナ 1650₅₈
ツルニンジン 1652₂₉
ツルボ 1646₅₉
ツルボラン 1646₅₃
ツルマンリョウ 1651₁₈
ツルムラサキ 1650₅₄
ツルムラサキ科 1650₅₄
ツルモ 1657₂₄
ツル目 1571₄₄
ツルモドキ 1571₄₇
ツルリンドウ 1651₄₃
ツレサギソウ 1646₄₇
ツーロ紫 586a

ツングロウイルス属 1518₂₈
ツンドラ 937d
ツンベルク 1000b
ツンベルク管 938a

テ

手 939a
デアザフラビン型酵素 1134g
手足口病 472e
L-テアニン 939b
デアミナーゼ 873f
デアミネーション 873f
TIR1 蛋白質 97f, 430h, 569f, 1026c
TIM バレルフォールド 1191f
TI 抗原 437g
Ti プラスミド 8e
ディアキネシス期 939d
低悪性度腫瘍 805h
ディアデクテス亜目 1567₂₅
ディアデマ科 1609₂₁
ディアトリマ 1571₄₈
ディアトリマ目 1571₄₈
D-アミノ酸 939e
tRNA 分子種 632d
tRNA 様構造 939f
定位 939h
DEAE-セルロース 56b
DEAE-デキストラン法 1011a
低異数倍数性 66g
D1 蛋白質 441c
T1 様ウイルス 1514₃₅
T 遺伝子座 939j
定位反応 940a
定位飛行 940b
T 因子 1325i
TAR 配列 1343b
Th1 細胞 1281c
Th17 細胞 1281e
Th2 細胞 1281e
低栄養細菌 189e
Diego 式 396a
TA 細胞 261d
TSH 受容体 534f
ディエチア科 1536₃₆
DN アーゼ 957c
DN アーゼ I 156b, 957e
DN アーゼ I 高感受性部位 957f
DN アーゼインヒビター 957g
DN アーゼ高感受性領域 940c
DNA-RNA ハイブリダイゼーション 940e
DNA-RNA ハイブリッド 1465g
DNA 依存性 RNA ポリメラーゼ 37c
DNA 依存性 DNA ポリメラーゼ 943c, 947d
DNA ウイルス 102h
DNA 塩基損傷 943e
DNA 塩基配列決定法 941a
DNA 鑑定 170e
DNA グリコシラーゼ 669c, 943c
DNA クローニング 942a
DNA 結合薬 95g
DNA 結合蛋白質 942b
DNA 結合モチーフ 942b
DNA 合成依存的単鎖アニーリングモデル 942c
DNA 合成準備期 687c
DNA 合成阻害剤 942d
DNA 鎖損傷 943e
DNA 雑種法 944a
DnaJ ファミリー 1153g
DNA シークエンサー 941a

DnaG 蛋白質　1212d
DNA ジャイレース　**942**e
DNA 修飾酵素　**943**a
DNA 修復　**943**b
DNA 修復酵素　**943**c
DNA 診断　**943**d
DNA 損傷　943e
DNA 損傷耐性経路　1198d
DNA 多型　83c
DNA-蛋白質　206e
DNA チップ　1333h
DNA-DNA ハイブリダイゼーション　**944**a
DNA データベース　**944**b
DNA トポイソメラーゼ　**944**c
DNA トポロジー異性体　**945**a
DNA トランスポゾン　965f
DNA 二重鎖切断修復モデル　**945**b
DNA による遺伝子導入　80e
DNA の変性　**945**c
DNA の曲がり　1510e
DNA の融解　945c
DNA バーコーディング　**945**d
DNA バーコード　945d
DNA フォトリアーゼ　1134g
DNA 複製　**945**e
DNA 複製開始点　946a
DNA 複製酵素　946b
TNF ファミリー　**947**a
DNA ヘリカーゼ　**947**b
DNA 歩行法　810d
DNA ボディ　947c
DNA ポリメラーゼ　**947**d
DNA ポリメラーゼ I ラージフラグメント　941a
DNA 巻き戻し酵素　947b
DNA 巻き戻し蛋白質　76b
DNA ミスマッチ修復遺伝子　**947**e
DNA メチル化　**948**a
DNA メチル化酵素　948b
DNA メチル基転移酵素　**948**b
DNA ライブラリー　410d
DNA リガーゼ　**948**c
DNA リガーゼ IV　36a
DNA レプリカーゼ　946b
DNA 連結酵素　948c
DNA ワクチン　**948**d
DNA ワールド　**949**a
T/NK 細胞性腫瘍　1478a
DNP 法　30d
低エネルギーリン酸結合　430a
T_{FH} 細胞　1281e
Tfm 遺伝子　**949**b
DFD 指数　1411g
Tm-1 遺伝子　102k
Dlx 遺伝子群　1020i
庭園作物　537f
ディオーキシー　**949**c
ディオクトフィメ目　1587$_6$
ディオスコリデス　**949**d
低温感受性植物　1484c
低温感受性突然変異体　174d
定温器　92h
低温菌　189e, 429a
低温殺菌　**949**f
低温傷害　1484c
低温ショック蛋白質　**949**g
低温ショックドメイン　949g
低温処理　507c
定温性　431b
低温生物学　**949**h
低温耐性　175c, 468k, 858k
低温動物　431b
低温不溶性グロブリン　1185a
テイカカズラ　1651$_{48}$

D 型肝炎ウイルス　1520$_{44}$
D 型幼生　949i
低カタラーゼ症　1367f
D 型粒子　1489e
T 管　**949**j
ティガン　949k
低 γ-グロブリン血症　**949**l, 1367i
定期出現性　290a
T 奇数ファージ　950b
定期性プランクトン　1220e
ディキノドン亜目　1573$_{21}$
低級脂肪酸活性化酵素　235c
挺空植物　904h
T 偶数ファージ　950b
停空飛翔　755b
ディクソニア科　1643$_{18}$
ディクチニエラ目　1632$_{25}$
ディクチオグロムス科　1542$_{12}$
ディクチオグロムス綱　1542$_{10}$
ディクチオグロムス目　1542$_{11}$
ディクチオグロムス門　1542$_9$
ディクチオソーム　494a
ディクチオネラ目　1580$_{12}$
ディクチオカ藻綱　1656$_5$
ディクティオカ目　1656$_7$
ディクリプテラ目　1598$_{41}$
ディクロイディウム植物群　505c
T 系　949j
定型行動　950a
低形成　389d
T 系ファージ　**950**b
低血糖　**950**c
抵抗覚　1452j
抵抗型　290d
抵抗期　1124g
抵抗血管　1342g
T 抗原　**950**e
D 抗原　396a
定向進化　**950**f
抵抗性　857f
抵抗性獲得　**950**g
定向成形　1438e
抵抗性適応　175b
底後頭骨　698c, 848h
定向淘汰　950d
定向発達　950f
抵抗モデル（拡散過程の）　**950**h
低光量反応　1135c, 1183a
テイコ酸　**951**a
テイコプラニン　359e
T5 様ウイルス　1514$_{36}$
底鰓節　1020i, 1020k
T 細胞　**951**b
D 細胞　293d
T 細胞抗原受容体　1383j
T 細胞抗原レセプター　951c
T 細胞受容体　438c, **951**c
T 細胞ハイブリドーマ　1088h
T 細胞マーカー　1140e
定座類　879g
低座蛋白質　1557$_{34}$
低酸素応答　**952**a
低酸素応答配列　952a
低酸素誘導因子　952a
提示　1e
TCA 回路　344b
TGF-β 経路　**952**d
DCA 法　683d
低歯冠性　111a
デイジーゴケ　1613$_{55}$
デイジーゴケ科　1613$_{55}$
ディシストロウイルス科　1521$_6$
丁字着　1409e
低出葉　**952**e
定常期　826g

定常状態　644e, 991g, 1259c
定常状態の速度論　457a
定常齢構成　1484f
定常防衛　1413d
定常モデル　3g
釘植　1069b
ディジョージ症候群　1051f, 1389f
定所的種分化　952f
停所的種分化　**952**f
提靱帯　1395c
低浸透液　987b
定浸透動物　449f
低浸透調節型動物　711a
低浸透尿　726a
低振幅速波　1065f
挺水植物　913g
挺水草原　914a
定数群体　**952**g
低数性　66g
ディスク電気泳動法　**953**a
ディスコイディン I　40e
ディスコサウルス科　613f
ディスコスポランギウム目　1657$_{13}$
ディスコセア綱　1628$_{33}$
ディスコセリス目　1552$_{13}$
ディスコーバ　1630$_{38}$
ディステリア目　1659$_{29}$
ディスネクテス目　1630$_{29}$
ディスフィルム亜目　1556$_{53}$
ディスプレイ　**953**b
底生植物　953c
底生生物　1287i
底生生物相　773f
底生動物　**953**d
底節　290f, **953**e
ティセリウス　953f
ティセリウスの電気泳動装置　967c
T 染色体　**953**h
D 層　1004c
低層湿原　**954**a
底層プランクトン　1220e
停滞　690f
低体温　56f
ティタノサウルス形類　1570$_{22}$
T 端　953h
泥炭ウシ　226d
泥炭湿原　591i
泥炭地　954a, 1203b
泥炭ヒツジ　226d
低地草原　**954**c
低地帯　315b, 724f, 747a
底着　1409e
定着　191a, **954**d, 1409e
定着性マクロファージ　1339h
定着適地　**954**e
低張液　459d
底蝶形骨　698c
低張性　922e
ティチン　486e
ティッシュエンジニアリング　**954**f
ディッセ腔　**954**g
ティティ　1575$_{34}$
TT ウイルス 1　1517$_{26}$
T-DNA タギング　81d
TD 抗原　437g
dTDP-D-グルコース　1439e
ディディメラ科　1609$_{22}$
ディディモグラプツス亜目　1562$_{45}$
ディディモスファエリア科　1609$_{24}$
蹄鉄腎　1108c
ティーデマン小体　263g
ティティウスサソリ　1591$_{52}$
底点位相　776g
定電場方程式　495i
D 動作　1183d

T7様ウイルス　1514₁₅
ティーネマン　**954**h
ディノケファルス目　1573₁₁
デイノコックス科　1542₄
デイノコックス綱　1542₂
デイノコックス-サーマス門　1542₁
デイノコックス-テルムス門　1542₁
デイノコックス門　1542₃
デイノコックス目　1662₂₈
ディノスリックス目　1662₃₆
ディノゾア門　1661₄₂
ディノゾア類　108g
デイノテリウム亜目　1574₄₄
ディノニコサウルス類　1570₁₄
ディノフィシス目　1662₄₈
ディノベルナウイルス属　1519₄₀
底板　694a
TpG配列　604j
低頻度形質導入型溶菌液　388b
ディファレンシャルディスプレイ法　**954**i
ディフィシレ菌　1543₂₉
低フィブリノゲン血症　65c
ディフィレイア綱　1552₂₃
ディフィレイア目　1552₂₄
ディフェンシン　1129b
T4トポイソメラーゼⅡ　944c
T4様ウイルス　1514₈
TΨC領域　373g
ディブリュールラ　**954**j
ディブリュールラ幼生　1213b
ディプロカウルス目　1567₂₈
ディプロガステル目　1587₂₇
ディプログラブッス亜目　1562₄₈
ディプロテカ科　1607₂₃
ディプロテン期　**955**a
ディプロネマ　955a
ディプロネマ綱　1631₂₉
ディプロネマ目　1631₃₀
ディプロモナス目　1630₃₆
ディプロモナス類　**955**b
低分子RNA　**955**c
低分子キニノゲン　295b
低分子枝鎖アミノ酸乳　1381e
低分子量G蛋白質　955d
低分子量GTPアーゼ　**955**d
低分子量GTP結合蛋白質　955d, 1435d
T分裂　1331e
ディペンドウイルス属　1518₁₀
低木　**955**e
低木砂漠　747a
低木層　**955**f
低木ツンドラ　937d
低木林　466a, **955**g
Tボックス　1213b
ティボテリウム亜目　1576₂₁
デイホフ　**955**h
ティマン　**955**i
低密度培養解析　379c
低密度培養法　380c
低密度リポ蛋白質　**955**j, 1465c
低密度リポ蛋白質受容体　**955**k
ティミリャーゼフ　**956**a
ディーム　963g
ディメトロドン目　1573₇
底面発酵酵母　239a
ティモウイルス科　1521₅₇
ティモウイルス属　1521₆₀
ティモウイルス目　1521₃₇
ティモフェエフ-レソフスキー　**956**b
低優性　927c
ティラノサウルス　323i, **956**c
デイリートーパー　56d
定留寄生　289b
停留睾丸　760f

D領域　373g
定量的PCR　1452c
定量PCR　1452c
Tリンパ球　951b
デイルの原理　493b
D ループ　**956**d
ティルマンモデル　**956**e
ティレットアリア科　1622₄₄
ディレプタス目　1658₄₅
Ty因子　1489f
テイン　234i
ディーン　**956**f
ティンダル　**956**g
ティンダル現象　956g, 1135c
ティンティヌス目　1658₂₂
ティンバーゲン　**956**h
ティンパーライン　715a
デヴェロパイエラ目　1653₃₆
デオキシウリジル酸　908f
6-デオキシ-L-ガラクトース　1202e
デオキシコール酸　**956**i
デオキシコール酸ナトリウム　1457c
11-デオキシコルチコステロン　365b
11-デオキシコルチゾル　1197f
デオキシシチジル酸ヒドロキシメチル基転移酵素　**957**b
デオキシチミジン　908g
デオキシニバレノール　1333l
1-デオキシノジリマイシン　982d[表]
デオキシピリドキシン　1152c
デオキシヘモグロビン　1277d
1-デオキシマンノジリマイシン　982d[表]
6-デオキシマンノース　1439e
デオキシリボ核酸　940d
2-デオキシ-D-リボース　957c
デオキシリボ酸　**957**c
デオキシリボヌクレアーゼ　**957**d
デオキシリボヌクレアーゼⅠ　**957**e
デオキシリボヌクレアーゼⅡ高感受性部位　**957**f
デオキシリボヌクレアーゼ阻害剤　**957**g
デオキシリボヌクレオシド　1049c
デオキシリボヌクレオシド三リン酸　1049f[表]
デオキシリボヌクレオチド　1050d
デオキシリボピリミジンフォトリアーゼ　943c
テオフィリン　**957**k
テオフラスタ科　1651₁₅
テオフラストス　**957**l
テオブロミン　234i, 957k
デオミズムシ　1600₅₅
テオレル　**957**m
テカ　**957**n
テカアメーバ目　1628₂₁
テカギイカ　1583₁₄
テガタゴケ　1637₄₉
テガタゴケ科　1637₄₈
テガタゴケ目　1637₄₈
デカテネーション　231h
デカハリケイソウ　1655₁₀
デカハリケイソウ目　1655₁₀
デカミン　1162j
デカメトニウム　694c
デカルト　**958**a
デカルボキシラーゼ　874a
デカルボキシレーション　874b
デカン酸　235c
適応　253f, **958**b
適応応答　943c
適応価　**958**c
適応酵素　1412g, 1413b
適応主義　**958**d
適応主義者のプログラム　958d

適応進化　**958**e
適応制御　**958**f
適応生成　47b
適応戦略論　**958**g
適応帯　**958**h
適応ダイナミックス　17b
適応値　959a
適応地形　**958**i
適応地形図　958i
適応的　958b
適応的管理　652g
適応的システム　1242c
適応度　517d, **959**a
適応度地形　**959**b
適応の谷　958i
適応の峰　958i
適応万能論者のパラダイム　958d
適応病　735f, 1124g
適応放散　**959**c
適応論的アプローチ　958g
摘芽　**959**d
適格性　161l
適格名　**959**e
滴下先端　1057b
適合刺激　960e
適合度　**959**f
適合溶質　154b, 269a
デキサメタゾン　1390d
適刺激　960e
適者生存　**959**g
適潤植物　915a
滴状分離　125e
摘心　959d
デキストラン　**960**a
デキストランスクラーゼ　960a
デキストロース　366a
デキソコナイケイソウ　1655₄₆
敵対　772a
敵対行動　**960**b
滴虫型幼生　**960**c
滴虫源有性体　566c
滴虫類　**960**d
テキデア目　1580₃₄
適当刺激　**960**e
適用期　1074f
摘蕾　959d
テクスチュラリア目　1663₄₇
テクウイルス科　1517₁₈
テクウイルス属　1517₁₉
テグートカゲ　1568₅₅
テクトフィロシダ目　1665₁₈
手頸　939a
テグメン　805d, 831a
デゲネリア科　1645₄₁
テコドント類　827b
テコフィローセア綱　1665₁₇
テコモナデア綱　1552₄
デコリン　1235c
テシオウイルス属　1140a, 1521₂₄
デシル酸　235c
デスチオビオチン　1131g
テスツディナ科　1609₅₉
テスト細胞　**960**f
テストステロン　**960**g
デスドメイン　1179i
デストラキシン　963d
デスポット　650b
デスマン　1575₈
デスミッド　931a
デスミン　**960**h
デスモグレイン　960i, 960j
デスモコリン　960i, 960j
デスモシン　889i
デスモスコレクス目　1587₁₇

デスモスチルス類　838c
デスモスティルス類　838c
デスモソーマルカドヘリン　**960**i
デスモゾーム　**960**j
デスモブラキン　960j
デスモチューブル　419b
デスモドラ目　1587₁₅
デスモプラキン　960j
デスルファルクルス科　1547₃₁
デスルファルクルス目　1547₃₀
デスルフォヴィブリオ科　1547₄₆
デスルフォヴィブリオ目　1547₄₁
デスルフォナトロナム科　1547₄₅
デスルフォバクター科　1547₃₃
デスルフォバクター目　1547₃₂
デスルフォハロビア科　1547₄₂
デスルフォブルブス科　1547₃₈
デスルフォミクロビア科　1547₄₄
デスルフロモナス科　1547₅₁
デスルフロモナス目　1547₅₀
デスルフレラ科　1547₄₉
デスルフレラ目　1547₄₈
デスルフロコックス科　1534₈
デスルフロコックス目　1534₇
デスルフロバクテリア門　1538₄₂
デスホビリジン　35c
デスレセプター　1361a
デゾル幼生　**961**a
データ行列　307c, 728b
テタヌス　318c
テタヌストキシン　1097c
テタヌラ類　1570₈
テタノスパスミン　1097b
タタフォリジン　1097b
データマイニング　**961**b
デターミナント　**961**c
テータム　961d
テチス海　**961**e
鉄　**961**f
鉄硫黄クラスター　441c, 1189b
鉄運搬蛋白質　1011b
鉄栄養湖　474d
鉄還元菌　**961**g
鉄呼吸菌　961g
鉄酸化細菌　**962**a
鉄赤芽球　781i
鉄蛋白質　1038g
手続き記憶　277i
鉄道眼振盪　709b
鉄筒熱量計　1058d
テッポウウリ　1248d
テッポウエビ　1597₄₃
鉄ポドゾル　1317b
鉄‐モリブデン蛋白質　1038g
鉄‐モリブデン補助因子　1038g
テヅルモヅル類　352d
デテルミナント　961c
デーデルライン　**962**b
テデレア科　1642₄₂
テドノバクター科　1541₂
テドノバクター綱　1540₄₅
テドノバクター目　1541₁
デトライタス　962f
テトラウイルス科　1522₅₅
テトラエチルピロリン酸　685c
テトラ型　606g
2,3,7,8‐テトラクロロジベンゾパラダイオキシン　845h
テトラコサン酸　1453g
テトラゴニオミケス科　1623₁₅
テトラサイクリン系抗生物質　**962**c
テトラゾリウム塩還元活性　1334e
テトラヂウム目　1557₁₂
テトラチオン酸　129e
12-O-テトラデカノイルホルボール-13-アセテート　650c, 1329b

テトラデカン酸　1365g
テトラテルペン　69c
テトラヒドロビレン　732f
テトラヒドロプテロイルグルタミン酸　962d
5,6,7,8-テトラヒドロ葉酸　962d
テトラヒドロ葉酸　**962**d
テトラヒドロ葉酸デヒドロゲナーゼ　605a
テトラヒドロポルフィリン　1328c
テトラヒメナ　1463c
テトラヒメナ目　1660₃₆
テトラピラン　888a
テトラピロール　**962**e
テトラブロスファエリア科　1610₁
デトリタス　**962**f
テトロドトキシン　1199g
テナガエビ　1597₄₅
テナガザル科　1480h
テナキュラ　1113d
テネイウイルス属　1520₄₆
テネイシン　**963**a
テネリキューテス門　1550₂₆
テノキスチス目　1559₂
掌　939a
デノボ合成　750a
テノホビル　1049e
テバイン　25c
デハードニング　1109e
手羽　935i
デハロコッコイデス綱　1540₄₄
デヒドラターゼ　1355j
デヒドロアスコルビン酸　12b
デヒドロアンドロステロン　50c
デヒドロエピアンドロステロン　50c
デヒドロゲナーゼ　874e
7-デヒドロコレステロール　**963**b
デヒドロステロール　1151f
デヒドロフィトスフィンゴシン　739d
3-デヒドロレチノール　1150a, 1150b
デフェリバクター科　1541₅₀
デフェリバクター綱　1541₄₇
デフェリバクター目　1541₄₈
デフェリバクター門　961g, 1541₄₆
デフォンテーヌ　**963**c
デプシド　294f, 1188b
デプシペプチド　**963**d
デプスフィルター　510a
デブリ　962f
テベシウス弁　667b
デボン紀　**963**e
デボンザトウムシ　1591₁₃
デボンムカデ　1592₃₈
デボンムカデ目　1592₃₈
デボンワレイタムシ　1591₅₄
テマリクラゲ　1558₂₃
テマリワムシ　1578₄₀
テミン　**963**f
テーム　**963**g
テーム内淘汰　1015f
デメニギス　1566₉
デメレッツ　**963**h
デュヴィニョー　**963**i
テュクセン　**963**j
デュグベウイルス　1520₃₁
デュシェンヌ型筋ジストロフィー　583g
デュジャルダン　**963**k
デューテロコニディウム　424g
デュボア　**963**l
Dubois の式　291i
デュボアーレモン　**963**m
デュボス　**964**a
DELLA 遺伝子族　**964**b
デラヴェラ科　1638₂₇

DELLA 蛋白質　607f
テラトケファルス上目　1587₃₉
テラトケファルス目　1587₄₀
テラトスフェリア科　1608₄₂
テラトーマ　282d
デラビルジン　1159b
テラミケス科　1602₅₀
テラロッサ　1437c
テリオドン目　1573₂₆
デリチア科　1609₂₀
テリチョウチンガイ　1580₂₈
テリトリー　1027b
テリハゴケ　1612₄₈
テリハボク　1649₄₇
テリハボク科　1649₄₇
テーリン　1177e
デール　**964**c
デルタウイルス属　1520₄₄
デルタ睡眠誘発ペプチド　727a
デルタトルクウイルス属　1517₃₁
δ波　1065f
デルタバキュロウイルス属　1515₂₉
デルタパピローマウイルス属　1516₁₅
デルタプロテオバクテリア綱　1547₂₄
デルタリボスリクスウイルス属　1516₁
デルタレトロウイルス属　1518₄₉
デルブリュック　**964**d
テルペノイド　69c
テルペン　69c
デルマコックス科　1537₁₃
デルマタン硫酸　**964**e
デルマタン硫酸プロテオグリカン　964e
デルマトフィルス科　1537₁₅
デルマバクター科　1537₁₂
テルミチオバチルス科　1548₃₀
テルムス　**964**f, 1542₇
テルムス科　1542₇
テルムス目　1542₆
テルモアクチノミセス科　1542₄₈
テルモアスクス科　1611₁
テルモアナエロバクター科　1544₄
テルモアナエロバクター目　1544₃
テルモアメーバ目　1628₁₃
テルモキスティディウム科　1552₃₂
テルモゲムマティスポラ科　1541₆
テルモゲムマティスポラ目　1541₅
テルモコックス科　1535₁₅
テルモコックス綱　1535₁₃
テルモコックス目　1535₁₄
テルモスバエナ目　1596₆₀
テルモスポロトリックス科　1541₃
テルモデスルフォバクテリア科　1550₄₃
テルモデスルフォバクテリア綱　1550₄₁
テルモデスルフォバクテリア目　1550₄₂
テルモデスルフォバクテリア門　1550₄₀
テルモデスルフォビア科　1544₁₀
テルモトガ科　1551₂
テルモトガ綱　1550₄₆
テルモトガ目　1551₁
テルモトガ門　1550₄₅
テルモフィルム科　1534₁₄
テルモプラズマ科　1535₂₂
テルモプラズマ綱　1535₁₇
テルモプラズマ目　1535₁₈
テルモプロテウス科　1534₁₉
テルモプロテウス綱　1534₃
テルモプロテウス目　1534₁₇
テルモミクロビア科　1541₉
テルモミクロビア綱　1541₇
テルモミクロビア目　1541₈
テルモミクロスポラ科　1538₁₀
テルモリソバクテリア科　1544₂₇
テルモリソバクテリア綱　1544₂₅
テルモリソバクテリア目　1544₂₆
テルモレオフィルム科　1538₃₅

テルモ　1785

テルモレオフィルム目　1538₃₄
テレオモルフ　964g
テレビン油　633e, 779b
テレボルス科　1615₃₂
テレボルス目　1615₃₁
テレメーター　1074d
テレメトリー　1074d
デレレ　964h
テレンセファリン　1387a
デロヴィブリオ科　1547₂₈
デロヴィブリオ目　1547₂₅
テロカルポン科　1612₁₁
テロケファルス亜目　1573₂₇
テロードゥス綱　1564₅
テロネマ綱　1666₃₅
テロネマ目　1666₃₆
テロネマ門　1666₃₄
テロム　964i
テロム説　964i
テロメア　965a
テロメア結合蛋白質　965b
テロメラーゼ　965c, 1507g
テン　1575₅₂
電圧依存性チャネル　965d
電圧作動性チャネル　965d
転位　592g, 969f, 1009j
転移　965e
転移 RNA　1010h
電位依存性チャネル　965d
転移因子　443k, 965f
転移荒原　966a
転移酵素　966b
転位行動　966c
電位固定　966d
電位センサー蛋白質　966e
転移相　832e
転化　681h
テンガイカブリ　1616₁₁
電解質コルチコイド　1362b
展開제　966f
電荷移動構造　966g
電荷移動錯体　966g
電荷移動スペクトル　966g
電荷移動複合体　966g
電荷移動力　966g
転嫁行動　967a
添加転座　1318e
転化糖　238b, 681h
てんかん，癲癇　967b
転換　1010g
電函　539c, 1108a
転換効率　751b
転換者　664d, 1242a
臀鰭　765b
電気魚　1108b
デンキウナギ　1108b, 1566₈
デンキウナギ目　1566₈
電気泳動　967c
電気泳動核型　1116h
電気泳動的適用法　967d
電気泳動変異　895f
電気回路モデル　950h
電気化学ポテンシャル　57a
電気感覚葉　968d
電気眼球図　255g
電気器官　1108a
電気器官放電　502c
電気記録図　967e
電気緊張　967f
電気緊張性電位　60c, 967f
電気緊張の結合　522i, 968a
電気屈性　348h
電気傾性　388h
電気効果器　431h
電気格子　968h

電気シナプス　522i, 968c
電気受容器　968d
電気心臓曲線　709a
電気浸透　188e
電気生理学　968e
電気穿孔法　968f
電気双極子　1244a
電気双極子モーメント　710b
電気定位　972j
電気の結合　522i, 968a
電気の興奮　969a
電気の定数　969b
電気の伝達　195c, 522i
電気の伝達説　195d
電気の連合体　726b
デンキナマズ　1108b
電気二重層　1244d
電気板　1108a
電気ピンセット　969c
デングウイルス　969d
テングギンザメ　1564₃₁
テングコウモリ　1575₁₄
テングサ　1633₂₉
テングサ目　1633₂₉
テングサヤドリ　1633₄₄
天狗巣　828a
テングタケ　1625₄₈
テングタケ科　1625₄₈
テングダニ　1590₂₂
デング熱　969d
テングノオトシゴ　1566₄₀
テングノハナ　1645₄₆
テングノメシガイ　1611₃₂
テングノメシガイ科　1611₃₁
テングノメシガイ綱　1611₂₉
テングノメシガイ目　1611₃₀
テングワムシ　1578₃₅
転形　969e
典型亜群集　8f
電顕　969g
電顕オートラジオグラフ法　167d
転向走性　827f
転座　969f
テンサイ　1650₄₉
天災説　973d
甜菜糖　681h
電子供与体　548a, 970c
テンジクザメ目　1564₄₄
テンジクダイ　1566₄₂
電子顕微鏡　969g
電子受容体　548a, 970c
電子スピン共鳴　970a
電子スピン共鳴法　223d
電子スペクトル　310f
電子生物学　1469h
電子染色　970b
電子線密度　970c
デンジソウ　1643₈
デンジソウ科　1643₈
電子伝達　970c, 1189b
電子伝達系阻害剤　970d
電子伝達体　970c
電子捕獲検出器　219c
電子密度　970e
電子密度分布図　135c
転写（遺伝情報の）　970f
転写因子　970g
転写活性化因子　157c
転写減衰　970h
転写減衰域　970h
転写後 RNA 修飾　36f
転写後遺伝子サイレンシング　323h, 971a
転写酵素　37c
転写後抑制　971a
転写終結シグナル　879c

転写制御因子　970g
転写促進因子　1238h
転写単位　169e, 923f
転写調節　971b
転写調節因子　217j
転写調節蛋白質　1486a
添充細胞　1163c
填充体　932a
転出人　67d
伝承　971c
テンシン　529b
デンスプラーク　960h
デンスボディ　971d
転成　390g
転節　971e
伝染性紅斑　1117e
伝染性サケ貧血ウイルス　1520₄₁
伝染性膵臓壊死症ウイルス　1519₄
伝染性造血器壊死症ウイルス　1520₂₀
伝染性単核症　88e
伝染性軟化病ウイルス　1521₁₀
伝染性軟属腫ウイルス　1517₂
伝染性脾臓腎臓壊死症ウイルス　1515₅₂
伝染性ファブリキウス囊病ウイルス　1519₆
デンソウイルス　1117h
デンソウイルス亜科　1518₁₃
デンソウイルス属 Densovirus　1518₁₆
伝達　971f
伝達関数　971g
伝達性海綿状脳症　743c
伝達組織　581c
伝達物質　698b
デンチスクタタ科　1605₉
テンツキ　1647₃₀
天敵　677e, 971h
天敵農業　775c
伝導　971i
伝導器　922f
伝導係数　1356f
伝導遮断　972a
点頭性てんかん　967b
テントウムシ　1601₈
点突然変異　972b
デンドロキスチテス目　1559₉
デンドログラプツス目　1562₃₇
デンドログラム　636a
デンドロクリヌス目　1559₃₅
デントン　972c
テンニンカ　1648₄₁
テンニンチョウ　1573₂
点熱説　869h
天然アクトミオシン　1351c
天然オーキシン　164b
天然界面活性剤　1309c
天然記念物　972d
天然更新　972e
天然構造　1191e
天然ゴム　69d
天然種苗　721e
天然状態　1191e
天然生林　972f
天然痘　988a
天然培地　1084c
天然変性蛋白質　972g
伝播　972h
伝播過程　1210b
伝播生殖　972i
田畑輪換栽培　540d
電場定位　972j, 1108b
電場電位　1414c
伝貧　110g
テンプスキア科　1643₂₀
テンプレートスイッチ　1198d
澱粉　973a

澱粉加水分解酵素　31a
澱粉ゲル電気泳動法　741h
澱粉合成酵素　**973**b
澱粉種子　633d
澱粉鞘　1022a
澱粉平衡石説　1259e, 1260a
澱粉ホスホリラーゼ　1312c
澱粉葉　**973**c
澱粉粒　929g
テンペレートファージ　1422c
天変地異説　**973**d
天疱瘡　960j
腎脈　613b
纏卵腺　1450d
転流　**973**e
電流眼閃　**973**f
デーン粒子　252a
電流電圧曲線　**973**g
伝令 RNA　1380g
テンレック形亜目　1574₃₃

ト

ドアサンシア科　1622₂₆
ドアサンシア目　1622₂₃
ドアサンシオプシス科　1621₄₈
ドイジ　**975**a
ドイジノリン酸　1105e
ドイセンス　**975**b
トウ　1647₂
島　70d, 860c
薹　1501h
胴　**975**c
銅　**975**d
糖衣　521f
等イオン点　992a
同位元素　**975**e
同位社会　635b
同位染色分体ギャップ　304b
同位体　**975**e
同位体トレーサー法　**975**f
同位体標識　**975**g
統一体的概念　381f
トゥイッチン　486e
動因　**975**h
動員　233d
糖液間隙技術　**976**a
トウエンソウ　1647₂₆
トウエンソウ科　1647₂₆
頭横溝　981c
等黄卵　1440d, 1440g
トゥォート　**976**c
豆果　**976**d
頭化　**976**e
頭花　986b
冬芽　308d
同化　**976**f
同価　830c
冬蓋　**976**g, 1204c
頭蓋　**976**h
頭蓋キネシス　295g
頭蓋計　979b
頭蓋計測　**982**b
頭蓋鼓室伝導　483a
頭蓋骨　**976**i
頭蓋椎骨説　**976**i
頭蓋内膜　1065b
凍害防御物質　460b
頭蓋容量　**977**a
同化型硝酸還元　658d
透過型電子顕微鏡　969z
同化器官　1088f
洞角　935g

頭殻亜門　1580₄
頭殻綱　1580₅
同核状態　**977**c
等確率抽出　719f
頭殻類　1580₇
透過係数　58a, **977**f
透過酵素　**977**d
同化効率　751b
同化根　**977**e
同化作用　976f
同花受粉　560c
透過性　**977**f
透過性バリア　209c
同化速度　441a
同化組織　**977**g
トウガタガイ　1583₅₅
等割　801c
同化澱粉　973c, **977**h
透過度　309k, **977**i
同花被花　234b
同化誘導　984f
トウガラシ　1651₅₆
頭眼　**977**j
道管, 導管　**977**k, 1416c
頭感器　978a
動眼筋　825a
道管状仮道管　232b
道管状節管　560e
動眼神経　178e, 323c
導管腺　187b
動眼中枢　323c
道管要素　977k
同規　830b
同期　989h
動機　975h, 978c
同義　830b
冬季一年生植物　1038j
同義遺伝子　**978**b
同義語コドン　485g, 632d
同義置換　903c
動機づけ　**978**c
同規の体節　258d
同規の分節　856c
等脚目　1596₄₄
頭胸甲　463a
頭胸部　1282h, 1371e
糖供与体　991h
等筋　1258e
動菌類　1060b
頭腔　981b
道具使用　**978**d
頭屈曲　1063f
洞窟研究所　978e
洞窟生物学　**978**e
洞窟堆積物　474e
洞窟動物　**978**f
道具的条件づけ　169c
頭型　**979**b
同型　830b, 1320e
統計遺伝学　77a
同形花　61c
同形花型自家不和合性　560d
同形核　61d
同型核分裂　423b
同系交配　**979**c
同形歯性　1069b
同形成　976f
同形性　1321a
同型性　**979**d
同型接合性　789b
同型接合体　1320e
同型双生児　828e
同形多核　61d
統計的解離定数　191e

統計的決定理論　727g
同形配偶　744b, 979A
同形配偶子　**979**e
同型配偶子　**979**f
同形配偶子嚢　1078e
同型分裂　423b
同形胞子　62e, 1295e
同形胞子嚢　1296e
トウゲシバ　1642₉
凍結ウルトラミクロトーム　112f, 1353b
ドウケツエビ　1597₄₀
凍結回避　**979**f
等結果性　187e
凍結割断法　1221g
凍結乾燥　**979**g
凍結乾燥法(顕微鏡観察の)　**979**h
凍結曲線　979e
凍結原形質分離　521e
洞穴生物学　978e
洞結節　570e
凍結切片法　793f
凍結耐性　858e
凍結置換　484d
凍結置換法　979h
洞穴動物　978f
凍結ミクロトーム　1353b
凍結融解法　**980**a
凍結レプリカ法　1221g
糖原　358a
糖原質変性　1286e
糖原性アミノ酸　**980**b
糖原生合成　358b
動原体　816j, **980**c
動原体距離　**980**d
動原体糸　**980**e, 1301f
動原体指数　1155c
動原体-微小管結合　**980**f
動原体標識　980d
糖原病　**981**a
糖原分解　358c
頭腔　843d, **981**b
頭溝　**981**c
統合　**981**d
瞳　442b, 730g, 1373b
瞳孔括約筋　**981**e
陶弘景　1331d
洞溝系　1175b
頭甲綱　1564₇
瞳孔散大筋　**981**f
統合失調症　**981**g
統合失調症治療薬　450f
銅酵素　975d
胴甲動物　**981**h
胴甲動物門　1587₄₁
同向反射　997c
瞳孔反射　**981**i
瞳孔不静　981i
胴甲目　1564₁₃
トウゴウロウイワシ目　1566₃₁
頭骨　**982**a
同骨海綿綱　1554₂₅
同骨海綿目　1554₂₆
頭骨計測　**982**b
トウゴマ　1455d, 1649₄₀
胴細胞　325f
頭索動物　**982**c
頭索動物亜門　1563₇
頭索類　982c
同座性　44f
糖鎖生合成阻害剤　**982**d
同位性の割合　44f
洞察　**982**e
凍死　**983**a
糖刺　987g
頭糸　**983**b

同時閾 342l
糖資化性 **983**c
盗色素体化 319d
同軸型 1408e
同時形質導入 **983**d
同時枝 **984**a
糖脂質 **984**b
同時出生集団 118a
頭示数 979b
同歯性 1069b
同時性対比 862b
糖質 891e, **984**c
同質遺伝子系統 **984**d
同質遺伝子個体群 700f
同質形成 64f, 1146e
糖質コルチコイド 365b
同質三倍体 1081h
糖質生合成 **984**e
同質接合 987a
同質倍数性 1081h
同質倍数体 1081h
同質分泌腺 870h
同質誘導 **984**f
同質四倍体 1081h
同時的雌雄同体現象 297c
動視反応 556d
盗刺胞 **984**g
投射 **984**h
動視野 614e
等尺性収縮 336f, **985**a
等尺性収縮期 623b
等尺性単収縮 229h
投射繊維 860c
ドゥジャルダンヤマクマムシ 1588[17]
頭襟 1083j, 1427b
頭縦溝 999k
同種間阻害 **985**b
同種寄生 542a, **985**c
同種寄生種 542a
登熟 **985**d
登熟期 985d
登熟障害 431a
登熟歩合 630c
同種抗原 437g
同種膠着作用 754a
同株性 1320g
同種他個体 1024d
同種長世代型 542a
導出管 1416c
導出電極 **985**e
糖受容体 991h
同種類世代型 542a
頭楯 208d, **986**a
頭楯亜門 1583[58]
頭状花序 **986**b
頭状菌足 338c
頭状体 **986**c
豆状突起 911e
同所性 **986**d
頭触角 308i, **986**e
同所的種分化 **986**f
等翅類 1600[9]
トウジン 1566[25]
頭腎 810i
同心環網 111d
頭神経節 673i, **986**g
糖新生 **986**h
同親接合 987a
同親対合 **987**a
頭振盪 709b
同浸透液 922e, **987**b
同伸葉同伸分蘖理論 1244e
同親和合 987a
同数花 66f, 727e
倒生 1080h

同性花 **987**c
同性間競争 1078l
同性間淘汰 769a
等成長 1260d
同性配偶 **987**d
透析 **987**e
透析培養 **987**f
透析平衡法 987e
頭節 660j
頭節綱 1584[33]
頭腺 989b
糖穿刺 **987**g
套線鱸入 719d
逃走 1292e, 1293b
痘瘡 988a, 1315f
頭相 54b
痘瘡ウイルス **988**a
逃走距離 **988**b
逃走行動 58e
同相世代交代 786f
動爪盤 818c
道束 913b
導束 913b
頭足開口 1321f
トウゾクカモメ 1571[57]
頭足綱 1582[28]
同側性 857c
頭足類 777e, **988**c
頭足類学 1029c
同体性 **988**e
同祖染色体 988e
同祖的 399a
淘汰 **988**f
淘汰圧 **988**g
冬帯 1061a
導帯 803d
トウダイグサ 1081c, 1649[38]
トウダイグサ科 1649[38]
同体性 1320g
等体節 258d
等大配偶体 979e
淘汰係数 959a
淘汰勾配 **988**h
淘汰差 77b
淘汰値 959a
淘汰の単位 **989**a
頭端器官 **989**b
同担子器 884j
糖蛋白質 **989**c
銅蛋白質 **989**d
同地基準標本 863h
洞膣球 906a
同地的 986d
冬虫夏草 **989**e
等張 990c
頭頂 **989**f
頭腸 989g
同調 **989**h
胴腸 989a
同調因子 **990**b
等張液 922e, **990**c
頭頂眼 **990**d
頭頂屈曲 1063b
等張係数 **990**e
同調行動 **990**f
頭頂骨 698c
等張性 922
同調性 181d
等長性収縮 985a
同調の酵素合成 **990**g
同調培養法 **990**h
頭頂板 925g
同調分裂 **991**a

頭頂葉 860c
等張力性収縮 336f, **991**b
疼痛刺激 688e
疼痛点 934f
トウツルモドキ 1647[33]
トウツルモドキ科 1647[33]
同定 **991**c
童貞生殖 **991**d
動的最適化 517c
動的最適化モデル **991**e
動的植物社会学 676g
動的分類系 **991**f
動的平衡 **991**g
動的捕食係数 751b
動的目的論 748a
糖転移酵素 **991**h
等電点 992
等電点電気泳動法 **992**b
頭突起 **992**c
洞内皮細胞 533f
ドウナガケイソウ 1655[24]
ドウナガケイソウ目 1655[24]
トウナスカイメン 1554[30]
ドゥナリエラ目 1635[31]
頭軟骨 **992**d
トゥニカ-コルプス説 177e
導入 191a
導入管 1416c
導入鰓動脈 1042b
糖尿 **992**e
糖尿病 4d, 45d, 992e
糖ヌクレオチド **992**f
トウネン 1571[51]
同能 830b
同発生誘導 984f
頭盤 765d, 1120a
胴盤 765d
登攀茎 1430e
登攀目 1575[18]
トウヒ 1644[50]
套皮 649c, **992**g
套被 506b
等比級数則 636f
トウヒキンカクキン 1615[8]
トウヒキンカクキン科 1615[6]
逃避訓練 **992**h
頭尾勾配 **992**i
頭尾軸 **993**a
等皮質 861a
頭尾性 **993**c
逃避反応 1428e
胴尾部形成体 **994**a
動尾類 1598[20]
頭部 752e
倒覆瓦状 1193j
同腹児 828e
頭部 **994**e
頭部形成体 **994**b
胴部形成体 **994**c
頭部後方部 459j
頭部腺 997b
頭部ソミトメア 843d
頭部体節 843d
頭部中胚葉 **994**d
動物 994e
動物愛護 996e
動物アルカロイド 39b
同物異名 89e
動物ウイルス 103b
動物園 **994**f
動物界 177c, 994e, 1552[26]
動物解剖学 187d
動物学 **994**g
動物極 **995**a
動物極化 **995**b
動物極キャップ **995**c

動物極キャップ検定法　995c
動物権　996e
動物行動学　**995**d
動物実験　**995**e
動物社会学　995d
動物-植物間相互作用　677e
動物神経症　**995**f
動物心理学　**995**g, 1133c
動物心理物理学　714j
動物ステロール　735a
動物性アルブミン　43a
動物性エダフォン　1004b
動物性器官　280a, 995h
動物性機能　**995**h
動物性神経系　1065a
動物性鞭毛虫綱　1290e
動物相　**996**a
動物地理学　773k
動物地理区　**996**b
動物的器官　995a
動物毒素　1001g
動物の社会　996c
動物媒　**996**d
動物半球　117g, 995a
動物福祉　**996**e
動物プランクトン　1220e
動物分散　635a
動物ベントス　953d
動物命名法国際審議会　1375b
動物レクチン　**997**a
動物蠟　1498f
頭部腹面腺　**997**b
頭部付属肢　**997**c
トウブホリネズミ　1576[39]
頭部誘導者　838g
動物動物　**997**d
頭動動物門　146h
頭動動物門　1587[43]
動物類　997d
倒立維管束　1263b
同変態　503d
洞房結節　570e
同方向屈曲反射　**997**e
同胞種　**997**f
等方性　2a, 88i
等方性分散成長　527c
同胞双生児　828e
登木目　1575[18]
動脈　**997**g
動脈円錐　**997**h
動脈幹　830g, 997g, 997h
動脈管　1315c
動脈管索　1315c
動脈弓　534d
動脈球　**998**a
動脈血圧　395a
動脈硬化　395a, 998b
動脈硬化症　248b, 395a, **998**b
動脈周囲リンパ球鞘　1148e
動脈性充血　621f
冬眠　**998**c
冬眠期の動物　998c
冬眠腺　227j
冬眠動物　998c
冬眠療法　702c
同名　**998**d
同盟　**998**e
透明化現象　7d
透明質　76c, 181c
透明層　**998**f
透明帯　**998**g
透明帯反応　**999**a
透明度　**999**b
透明なプラーク　1213c
透明膜　998f

トウメクモヒトデ　1561[16]
等面葉　896h
ドウモイ酸　184e
トウモロコシ　1647[42]
糖葉　973c
頭葉　452e, **999**c
東洋亜区　313a
洞様血管　349c, **999**d
等容性収縮期　623b
等容性心室弛緩期　623b
等葉無腔胞胚　1369c
洞様毛細血管　274g, 954g, 999d
等葉有腔胞胚　1407j
盗葉緑体　108g, 319b
冬卵　847l
倒立　**999**e
倒立維管束　1263b
倒立顕微鏡　**999**f
倒立色素杯小網　**999**g
糖料作物　537f
冬緑性　1434e
ドゥーリン　**999**h
同類合着　229d, 1409e
同類交配　462j, **999**i
同類対立遺伝子　68b
トゥールヌフォール　**999**j
トゥルペラ科　1542[5]
同齢集団　118a
同齢出生集団　514a
頭裂　**999**k
蟷螂類　1600[6]
トウワタ　1651[46]
等腕染色体　806f
同腕染色体　**1000**a
トゥーンベリ　1000b
通し回遊魚　189b
トガウイルス　**1000**c
トガウイルス科　1522[60]
トガクシソウ　1647[54]
トカゲ下目　1568[52]
トカゲギス　1565[53]
トカゲ上目　1568[36]
トカゲ目　1568[39]
トカゲモドキ　1568[44]
トガサワラ　1645[1]
トガリケシヒナノチャワンタケ　1615[2]
トガリケヒナノチャワンタケ　1614[56]
トガリネズミ形目　1575[7]
トガリヘラウミノミ　1597[17]
トキ　1571[24]
ト＝カンドル　**1000**d
トキ亜目　1571[24]
トキコウ　1571[22]
トキシン　1001g
トキソイド　**1000**e
トキソプラズマ　1661[35]
ドキソルビシン　20i, 50a
トキハシゲリ　1571[53]
トキワマンサク　1648[15]
ドーキンス　**1000**f
鍍銀染色　338b
鍍銀法　490f
特異性　**1000**g
特異的遺伝子増幅　**1000**h
特異的親和性　23h
特異的接着　529d
特異的ポリン　1327a
ドクウツギ　1649[11]
ドクウツギ科　1649[11]
ドクガ　1601[40]
毒牙　**1000**i, 1001f
毒キノコ　1413e
トクサ　1642[31]
トクサ亜綱　1642[24]

毒腮　1001f
独裁制　650b
トクサ科　1642[31]
毒叉棘　1001f
トクサバモクマオウ　1649[22]
トクサ目　1642[28]
トクサモドキ　1557[27]
トクサヤギ　1557[31]
トクサ類　**1001**a
毒刺　614b
独自誘導　1313i
特殊活力の法則　1001b
特殊化の混在　1271c
特殊感覚勢力の法則　**1001**b
特殊形質導入　388a
特殊神経活力の法則　1001b
特殊創造説　**1001**c
特殊相同　830b
特殊内臓筋　1020j
毒針　**1001**d
毒性学　1403i
毒性元素　232e
毒性の進化　**1001**e
毒性ファージ　104d
ドクゼリ　1652[48]
毒腺　610d, **1001**f
毒素　**1001**g
毒爪　1001f
毒素原性大腸菌　858b
毒素蛋白質　**1002**a
トクソドン亜目　1576[20]
ドクダミ　1645[34]
ドクダミ科　1645[34]
特徴　387f
特徴抽出性　**1002**b
特定外来生物　**1002**c
特定組合せ能力　350c
特定死亡率　611e
特定出生率　642f
特定配偶者認知システム　643f
特定優性　1410a
ドクトカゲ　1568[49]
トグニニア科　1618[55]
特発性多発性色素沈着肉腫　237l
特発性夜盲　1405h
毒物　**1002**d
毒物学　1403i
特別栽培　1406j
特別天然記念物　972d
毒胞　1300g
毒胞亜綱　1659[1]
毒胞目　1659[3]
独立栄養　121k, **1002**e
独立栄養生物　751d, 1002e
独立型錐体　723e
独立効果器　**1002**f
独立脂腺　1160g
独立の法則　**1002**g
トクリワムシ　1578[36]
トグロコウイカ　1583[22]
棘　868j, **1002**h
時計遺伝子　**1002**i
トケイソウ　1649[54]
トケイソウ科　1649[54]
トゲイソハナビ　1632[16]
時計蛋白質　1002i
免形目　1576[3]
トゲウオ　197e, 229g
トゲウオ目　1566[39]
トゲウナギ　1566[41]
トゲウミエラ　1557[37]
トゲエイランタイ　1612[42]
トゲエビ亜綱　1596[23]
トゲエボシミジンコ　1594[39]
トゲオシロイタケ　1624[6]

トゲカイエビ 1594₃₆
トゲカサケイソウ 1654₅₆
トゲクチバシチョウチンガイ 1580₂₉
トゲカムシ目 1588₉
トゲクモヒトデ 1561₁₉
トゲザオウニ 1561₃₆
トゲザラソリ 1591₅₀
トゲサンゴ 1558₁
トゲシバリ 1612₂₁
トゲ疎林 1408f
トゲタイヨウチュウ 1666₃₁
トゲダニ 1590₁₁
トゲダニ亜目 1589₄₈
トゲツブコブタケ 1619₄₅
トゲナガクモヒトデ 1561₁₅
トゲナシツルギミドロ 1634₃₀
トゲナシモツレゲ 1634₂₄
トゲハネウチワ 1557₃₁
トゲバネウミシダ 1560₂₂
トゲヒラタエビ 1597₄₄
トゲビル下綱 1585₄₀
トゲフウチョウボク 1649₆₀
トゲフセツボカムリ 1628₂₇
トゲミノコウヤクタケ 1625₃₂
トゲミノコウヤクタケ目 1625₂₉
トゲミノショウロ 1625₁₃
トゲヤギ 1557₂₈
トゲヤスデ亜目 1593₅₁
トゲヤマクマムシ 1588₁₆
渡航者下痢症 1472c
ドコサヘキサエン酸 117j, 461e
トコジラミ 1600₃₇
トゴトウイルス 1520₄₂
トゴトウイルス属 172c, 1520₄₂
トコトリエノール 1151g
ドコドン目 1573₃₆
ドコフィルム亜目 1556₄₈
トコフェロール 1151g
トコブシゴケ 1612₄₃
トコール 1151g
吐根 160i
吐剤 160i
鶏冠 919f
トサカゴケ 1638₈
トサカゴケ亜目 1637₅₆
トサカゴケ科 1638₈
とさか試験 771d
トサカノリ 1633₂₅
トサカモドキ 1633₂₁
トサミズキ 1648₁₄
Dorsal 蛋白質 781e
都市生態学 1003a
ドジドッチア科 1609₂₆
徒手切片法 793f
ドジョウ 1566₅
土壌 1003b
土壌汚染 1003c
土壌汚染対策法 1003c
土壌改良剤 1172c
土壌型 1003b
土壌感染 1003d
土壌気候 1003f
土壌群集 1004b
土壌構造 1003e
土壌呼吸 1003f
土壌呼吸速度 1003f
土壌固有 1003g
土壌シードバンク 1334e
土壌-植物体-大気の連続体 950h
土壌侵食 1003h
土壌図 1003i
土壌水 1004a
土壌水分 725i, 1004a
土壌生成要因 133b, 1003b, 1148f
土壌生物群集 1004b

登上繊維 662d
土壌層位 1004c
土壌断面 1004c
ドジョウツナギ 1647₃₈
土壌的 256a
土壌的極相 868g
土壌伝染 1003d
土壌動物 1004e
土壌微生物 1004f
土壌病 1003d
土壌病害 1003d
土壌ファウナ 1004b
土壌腐植 1004g
土壌フローラ 1004b
土壌要因 1004h
土壌粒子 896j
土壌粒子間隙 1004f
トシルフェニルアラニルクロロメチルケトン 23i
度数 1178c
トスフロキサシン 298a
トスポウイルス属 1520₃₄
ドーセ 1005a
土性 1005b
ドセタキセル 1095a
トタテグモ下目 1592₁₄
ドチオラ科 1608₄₉
トチカガミ 1646₄
トチカガミ科 1646₃
土地に対する反作用 1120b
トチノキ 1650₉
トチュウ 1651₃₀
トチュウ科 1651₃₆
土中植物 905i
突起体 1300g
凸性(分類群の) 1005d
突然発生 1270b
突然変異 1005e
突然変異育種 1005f
突然変異確立 1005g
突然変異荷重 82h
突然変異原 1005h
突然変異生成 1006a
突然変異説 1006b, 1101h
突然変異体 1006c, 1146g
突然変異頻度 1006d
突然変異誘発要因 1005h
突然変異抑制因子 461d
突然変異率 79c, 1006e
トッド 1006f
突発大発生 861d
トップ交雑 1006g
凸脈 613b, 613c
トティウイルス科 1519₄₇
トティウイルス属 1519₅₁
ドデカン酸 1432m
ドデシル硫酸ナトリウム 130f, 187i
ド=デューヴ 1006h
ドト 1575₅₁
ドードー 1572₂
ドナー 65e, 841b
トナカイ 1576₁₆
ドナン効果 1006i
ドナン自由相 625d
ドナンの膜電位 1006j
ドナンの膜平衡 1006j
トーヌス 339b
利根川進 1007a
ネリコ 1651₆₁
トノサマガエル 1568₂

トノサマガイ 1584₃₇
トノサマダニ 1590₆₀
トノサマバッタ 1599₂₆
トノブラスト 125f
トパ 1007c
トーパー 56d
ドーパ 1008a
トパキノン 1007c
ドーパ脱カルボキシル酵素 1007d
ドハーティ 1007c
ドーパデカルボキシラーゼ 1007d
ドーパミン 1007f
ドーパミン作動性ニューロン 1007f
ドーパミン受容体 1008a
トパモウイルス属 878a, 1523₁₆
ド=バリ 1008b
ドバリオミケス科 1606₂
トビ 1571₃₅
ド=ビーア 1008c
トビエイ目 1565₁₃
トビカズラ 1648₅₂
トビケラ目 1601₂₈
飛越え様式 646a
トビトカゲ 1162g, 1568₄₁
飛羽 935i
トビムシ目 1598₂₀
ドービング 1008e
ドブシジミ 1582₂₁
ドブジャンスキー 1008f
ドブネズミ 1576₄₆
ドフライン 1008g
ドフラインクラゲ 1555₄₁
トブラウイルス属 1523₁₇
トブラマイシン 30a
ド=フリース 1008h
ド=フリースの等張係数 990e
トベラ 1652₄₇
トベラ科 1652₄₇
トベリア科 1662₁₆, 1662₅₁
トボクウイルス属 557c, 1517₄₇
トポクライン 353b
トポタイプ 863h
トポタキシス 827f
トポテカン 272d
トポテシン 272d
トポロジー 1191f
ドーマーク 1008i
トーマス 1008j
塗抹検査 1008k
塗抹法 1008l
トマト 1651₅₇
トマト黄化えそウイルス 1520₃₄
トマトサビダニ 1590₃₇
トマトブッシースタントウイルス 1523₁₀
トマヤガイ 1582₁₇
トマヤガイ目 1582₁₇
ドミナントネガティブ 1008m
ドミナントネガティブ型変異 1008m
ドミナントネガティブ変異 1008m
ドミネーター-モジュレーター説 355e
トム 1009a
トームス繊維 1069b
トムソン 1009b
トムライカビ 1604₂₈
ドメイン 77d, 177c, 474c
ドメイン(蛋白質の) 1009c
ドメイン・シャッフリング 1009c
止め金機構 303e
止め金筋 768f
トメバリキン 1621₃₄
トメバリキン科 1621₃₃
共食い 1009d
共倒れ型 644e
外山亀太郎 1009e
土用芽 314a

トラ 1575₄₈
ドライアイスセンセーション 324b
トライトン X-100 1457d
trout 域 224c
トラウマチン 289a, **1009f**
トラウマチン酸 289a
トラガカントゴム 676f
トラギス 1566₅₂
トラキステゴス亜目 1567₃₀
トラキチラン 1646₄₂
トラキローマ科 1640₄₄
トラケリウス目 1658₄₄
トラコスファエラ目 1662₃₁
トラコーマ 1009g
トラコーマ病原体 **1009g**
トラコーマ病原体 1540₁₈
トラザメ 1564₄₉
ドラージュ **1009h**
トラッペア科 1627₄₈
トラドウイルス属 1521₃₃
トラノオゴケ 1641₁₆
トラノオゴケ科 1641₂₀
トラフカラッパ 1598₆
トラフグ 1567₁
トラフザメ 1564₄₅
トラフシャコ 1596₂₅
トラベキュラ 911f, **1009i**
トラマ 1148i
トランジション **1009j**
トランジット配列 909e
トランスアセチラーゼ 14c
トランスアミナーゼ 27e
トランスアルドラーゼ 1288b[図]
トランスキャプシデーション **1009k**
トランスクリプトーム **1009l**
トランスクリプトーム解析 1010a
トランスケトラーゼ 409e
トランスゴルジネットワーク 1489g
トランスゴルジ網 **1010b**
トランスゴルジ網状構造体 1010b
トランスコルチン 733f
トランスサイトーシス **1010c**
トランス作用因子 970g
トランスジェニック生物 **1010d**
トランススプライシング **1010e**
トランスダクション 388a
トランスチレチン 1488d
トランスデューサー 771e
トランスデューシン 1136c, 1503d
トランスバージョン **1010g**
トランスファー RNA **1010h**
トランスフェクション **1011a**
トランスフェラーゼ 966b
トランスフェリン **1011b**
トランスフェリン受容体 1011b
トランスフォーミング成長因子 387h
トランスフォーメーション 387g, **1011c**
トランスポザーゼ 350e
トランスポジション 965f
トランスポゾン **1011d**
トランスポゾンタギング 81d, 1130b
トランスポーター 307a
トランスメチラーゼ 1379a
トランス面 494a
トランブレー **1011e**
ドリー 380a
トリアクシン **1011f**
鳥足状複葉 1200h
鳥足状脈系 1363c
トリアシルグリセロール 11f
トリアシルグリセロールリパーゼ 1460d
トリアス紀 550f
トリアス植物群 1165d
トリアデノウイルス A 1515₁₁
トリアドバトラクス目 1567₄₈

ドリアン 1650₁₉
ドリアン説 485h
鳥居龍蔵 1012a
トリウロニド 39d
トリオース **1012b**
トリオースリン酸異性化酵素 183h[図], **1012c**
トリオースリン酸イソメラーゼ 183h[図], 1012c
ドリオピテクス 1231a
トリオラリア **1012d**
ドリオレステス上目 1573₅₂
ドリオレステス目 1573₅₃
トリカイン 144d
トリカステロプシス目 1560₃₈
トリカルボン酸回路 344b
取木 **1012e**
トリクイグモ 1592₁₅
トリケラトプス 323i, **1012f**
トリコウイルス属 1521₅₂
トリコケファルス亜綱 1587₄
トリコケファルス上目 1587₅
トリコシスト 1300g
トリコシダ目 1628₂₂
トリコスファエリア科 1616₄₃
トリコスファエリア目 1616₄₁
トリコスポロン 1623₁₉
トリコゾア 1377h
トリコゾア亜門 1629₃₅
トリコテセン 1333l
トリゴニア類 548c
トリコニンファ綱 1630₁₇
トリコニンファ目 1630₁₈
トリコピティス科 1644₄₀
トリコブラックス 1558₂₉
ドリコマスティックス目 1634₁₁
取込み誤りモデル 195f
トリコーム 579f, 677e
トリコモナス 1630₂
トリコモナス科 1606₂₁
トリコモナス綱 1629₃₉
トリコモナス症 1194a
トリコモナス目 1630₁
ドリコール **1012g**
ドリコールピロリン酸-N-アセチルグルコサミン 1012c
トリコロナウイルス 1520₅₇
トリサルコーマウイルス 17 650c
ドリーシュ **1012h**
トリスケリオン構造 354c, 485f
トリセルリン 373c
トリソミー 551i, 866f
取り出し 1305i
トリチウム 975e
トリチラキウム科 1628₄
トリチラキウム綱 1628₂
トリチラキウム目 1628₃
トリティモウイルス属 1522₅₄
トリテルペン 69c, 544a, 633e
トリテルペン系 544a
トリ痘ウイルス 1516₅₉
トリトリコモナス綱 1630₆
トリトリコモナス目 1630₇
トリトンウミツボ 1563₁₈
トリトン X-100 533f
トリトンモデル 533b
トリ肉腫ウイルス 1030h
トリニール原人 329d
トリノアシ 1560₂₀
トリ脳脊髄炎ウイルス 1521₂₅
鳥の渡り 1508k
とりはだ 1459c
トリハダゴケ 1614₂₄
トリハダゴケ科 1614₂₄
トリハダゴケ目 1614₁₇

トリハダダニ 1590₄₉
トリ白血病ウイルス 1518₄₆
トリパノソーマ 438b, 1631₄₀
トリパノソーマ目 1631₃₈
トリパフラビン 8b
トリパルミチン 1117j
3α,7α,12α-トリヒドロキシ-5α-コラン酸 493e
3α,7α,12α-トリヒドロキシ-5β-コラン酸 493e
2,4,5-トリヒドロキシフェニルアラニン 1007c
2,6,8-トリヒドロキシプリン 1046a
トリビラ目 1586₃₇
トリピロイデス目 1586₂₇
トリフィン 187c, 235e
トリフォリウム 3d
トリプシノゲン 1013a
トリプシン **1013b**
トリプタミン **1013b**
トリプトファナーゼ 1013d
トリプトファン **1013c**
トリプトファンオキシゲナーゼ 1013e
トリプトファンオキシダーゼ 1013e
トリプトファン開裂酵素 **1013d**
トリプトファン-2,3-酸素添加酵素 1013c
トリプトファン酸素添加酵素 **1013e**
トリプトファンシンターゼ 1013f
トリプトファン生成酵素 **1013f**
トリプトファントリプトキノン 1013g
トリプトファントリプトフィルキノン **1013g**
トリプトファン-2,3-二酸素添加酵素 1013e
トリプトファンピロラーゼ 1013e
トリプトファンペルオキシダーゼ 1013e
トリプトファン 5-モノオキシゲナーゼ 798h
トリプリディウム科 1606₂₈
トリプリディウム目 1606₂₇
XXX 女性 807g
トリプレット 485g
トリプレット暗号 76g, 485g
トリプレットリピート病 **1014a**
トリプロ IV 551i
トリブロンキウム亜綱 1586₃₄
トリブロンキウム上目 1586₃₅
トリブロンキウム目 1586₃₆
トリヘルペスウイルス 1 1514₅₀
トリヘルペスウイルス 2 1514₅₁
トリホスホピリジンヌクレオチド 1033a
トリボネマ藻綱 1656₄₆
トリボネマ目 1657₅
トリマスティックス目 1629₃₂
トリミリスチン 1365d
トリメタニューモウイルス 1520₁₃
トリメチルアミン 1014b
トリメチルアミンオキシド **1014b**
γ-トリメチルアンモニウム-β-ヒドロキシ酪酸 246c
トリメチルオキサミン 1014b
N²,N²,7-トリメチルグアニン 1378i
トリメチルグリシン 1266d
トリメレラ目 1580₈
トリメロフィトン綱 1642₂
トリメロフィトン植物門 476f
トリメロフィトン目 1642₃
トリモチカビ 1604₃₂
トリモチカビ亜門 1604₂₃
トリモチカビ科 1604₃₂
トリモチカビ目 1604₂₄
トリュフ 1616₃₂
2,3,5-トリヨード安息香酸 **1014c**
トリヨードサイロニン 448b
3,5,3'-トリヨードチロニン 448b

ドリライムス亜綱 1587₁	トロポコラーゲン 491e	内腱周膜 415c
ドリライムス綱 1586₃₈	ドロホコリ 1629₇	内向 179f
ドリライムス上目 1587₂	トロポニン **1017**a	内腔 855h
ドリライムス目 1587₃	トロポニンⅠ 1017a	内甲系 1336i
トリラウリン 1432m	トロポニンC 1017a	内腔小胞 130e
ドリロネーマ目 1587₂₉	トロポニンT 1017a	内向性 664e
ドリロパチン 1239i	トロポミオシン **1017**b	内腔側コンパートメント 398b
トルイジンブルー 1376g	ドロボヤ 1563₂₈	内肛動物 **1019**h
トルクテノウイルス1 1517₂₆	トロポロン **1017**c	内肛動物門 1579₁₇
トルクテノミディウイルス1 1517₂₉	トロール **1017**d	内向胚 179f
トルクテノミニウイルス1 1517₂₈	ドロワムシ 1578₃₈	内腔壁 1022a
TOR経路 **1014**e	トロンビン **1017**e	内腔類 1557₄₁
トルコ鞍 217j	トロンボキサン 33e, 117j, 461e	内呼吸 469h
トールス 1406d	トロンボキサンA₂ 1232a	内骨格 479h
ドルーデ **1014**f	トロンボステニン **1018**a	内混 156d
ドルトン **1014**g	トロンボプラスチン **1018**b	内婚 180b
トルナリア **1014**h	トロンボモジュリン **1018**c	内棍 99c
ドルビニ **1015**a	ドワイエール丘 628c	内鰓 180c
トールボットの法則 **1015**b	トワダカワゲラ 1599₁₃	内鰓上腔 513a
トールボット-プラトーの法則 1015b	トンガリサカタザメ 1565₁₂	内在性発熱原 1108d
ドルミン 23j	トンガリボウシケイソウ 1654₄₆	内在性膜蛋白質 1337a
Toll様受容体 **1015**c	ドングリウニ 1561₃₆	内在性レトロウイルス **1019**i, 1103a
ドールン **1015**d	ドングリガヤ 1555₄₄	内在ベントス **1019**j
ドルン効果 188e	鈍獣類 1574₄₃	内鰓類 1598₁₃
奴隷使用 **1015**e	貪食 669g	内傘窩 1099d
トレイトグループ **1015**f	貪食液胞 1179d	内枝, 内肢 **1019**k
トレイトグループ淘汰 1015f	貪食細胞 1339h	内耳 **1019**l
トレヴィラヌス **1015**g	トンビマイタケ 1624₂₁	ナイジェリシン 55d
トレオニン **1015**h	トンビマイタケ科 1624₂₁	内視現象 1225e
トレオニンアルドラーゼ 1015h	トンブスウイルス科 1523₂	内耳神経 922d
トレオニン脱水素酵素 1015h, **1016**a	トンブスウイルス属 1523₁₀	内質 **1020**a
トレオニン脱水素酵素 1015h	トンボ亜目 1598₅₀	内実性 885c
トレオニンデアミナーゼ 1016a	蜻蛉節 1598₄₃	内鬚 346e
トレオニンデヒドラターゼ 1016a	トンボ目 1598₄₆	内出血 641d
トレオニンリン酸 1015h	蜻蛉類 1598₄₆	内種皮 633d
トレーサー **1016**b	鈍麻状態 56d	内樹皮 645a
トレードオフ **1016**c		内受容 **1020**b
トレニア 1652₈		内受容器 646g, **1020**h
ドレパノフィクス目 1642₈	**ナ**	内受容性感覚 252d
トレハラーゼ **1016**d		内鞘 **1020**c
トレハロース **1016**e		内殖 86d
トレハロース上昇ホルモン 407c	ナイアシン 1032d	内植 592g
トレフュジア 1586₂₉	内圧記録図 623b	内翅類 503d, **1020**d
トレフュジア目 1586₂₉	ナイアッド 503d	内腎 713h
トレボウクシア藻綱 1635₃	内因子 **1019**b	内靱帯 707e
トレボウクシア目 1635₁₄	内因性光学信号イメージング 1019c	内錐体細胞層 524a
トレボモナス属 955b, 1630₃₃	内因性光感受性網膜神経節細胞 558k	ナイスタチン 1322e
トレムラ目 1664₄₆	内因性細胞死経路 1361a	内生 182a
トレモウイルス属 1521₂₅	内因性信号イメージング **1019**c	ナイセイイトモ 1634₃₁
トレランス原 1388b	内因性溶菌 1455c	内生芽目 1659₄₉
トレンチング試験 **1016**f	内因性リズム 776g	内生菌根 **1020**e
ドロ **1016**g	内穎 1292d	内生群体 952g
ドロアワモチ 1584₂₂	内縁脈 **1019**e	内制止 752c
トロイゴケ 1636₂₄	内黄卵 881b, 1284d	内生出芽 640j
トロイゴケ亜綱 1636₂₂	内温性 **1019**f	内生出芽型 1248f
トロイゴケ科 1636₂₄	内温動物 1019f	内生胚目 1659₃₅
トロイゴケ目 1636₂₃	内開 1403c	内生分枝 182a
トロウイルス亜科 1520₅₈	内外生菌根 333i	内省法 460d
トロウイルス属 1521₂	内外套神経 755h	内生胞子 182c, 477b, 1414g
トロカムミナ目 1663₄₅	内蓋膜 1022c	内節 723a
ドロガメ 1568₂₃	内花穎 1292d	ナイセリア 1547₁₀
ドロクダムシ 747b	内顎綱 1598₁₃	ナイセリア科 1547₇
トロコフォア **1016**h	内花被 234b	ナイセリア目 1547₆
トロコフォラ 1016h	内果皮 215e	内旋 214b
ドロソプテリン 563p	内顆粒層 26d, 524a, 823d	内臓 **1020**f
ドロタヒメウズムシ 1577₃₄	内感覚 252d	内臓位 **1020**g
ドロノキ 1649₅₂	内眼角襞 **1019**g	内臓塊 1021b
ドロノキハムシ 1601₇	内気管支 1076i	内臓感覚 **1020**h
ドロの法則 691a	内基礎層板 482f	内臓逆位 1020g
トロパンアルカロイド 21e	内莢膜 1450f	内臓弓 **1020**i
トロビズム 102j	内クチクラ 347a	内臓筋 **1020**j, 1258f
ドロヒルガタワムシ 1578₃₁	内群 179b	内臓腔 838i, 1084e
トロフィー 97c	内頸静脈 636d	内臓骨格 **1020**k
トロフォゾイト 972i	内頸動脈 393b	内臓上覆 159i
トロフォブラスト 120f, 629i	内原型 73b	内臓真菌症 692b

内臓神経幹　827c
内臓神経節　1021a
内臓神経節横連合　162c
内臓性　1020f
内臓中胚葉　838i
内臓痛覚　1020h
内臓頭蓋　1020k
内臓-内臓反射　685d
内臓嚢　534d, 1021b
内臓板　838i
内臓反射　1021c
内臓柄　1442f
内臓壁卵黄嚢　1442e
内臓放出　585h
内臓葉　838i
内臓隆起　1021b
内臓裂　534d
内側外套　184a
内側嗅索　310b
内側膝状体　183a
内側縦束　1021e
内側板　838i
内側壁　1022b
内体　177e
内柱　567g, 1021f
内中胚葉　183b
内中胚葉母細胞　883f
内的自然増加率　408g, 477h
内的適応　428d
内転筋　293a
内毒素　155e, 1465b
内突起　266a, 266f, 479i
ナイトロジェンマスタード　199b, 1341g
内乳　324e, 1086c
内乳始原細胞　324e
内乳母細胞　324e
内嚢　831a, 913e
内胚乳　1086c
内胚葉　1021g
内胚葉化　674h
内胚葉型　843c
内胚葉形成質　160c
内胚葉胚　1021h
内胚葉板　353h
内発的欲求　1430g
内板　1393h
内皮　663b, 1022a
内被　1022b
内鼻孔　308c, 1035a, 1109h
内皮細胞　533f
内皮細胞性弛緩因子　276b
内皮絨毛膜胎盤　861e
内皮膜　1022c
内標準法　454a
内部環境　1022d
内部寄生　289b
内部寄生者　290d
内部共生　186j
内部共生　1022e
内部クチクラ　347a
ナイーブ細胞　1022f
内部細胞塊　1087e, 1440f
内部周辺帯　1022g
内部出芽　640j
内部受容刺激　569g
内部成虫原基　765c
内部帯域　1022g
ナイーブT細胞　1022f
内部頭状体　986c
内部媒質　1022d
ナイーブB細胞　1022f
内部被曝　1022h
内分泌　1022i
内分泌学　1023a
内分泌攪乱物質　1023b

内分泌器官　1023c
内分泌細胞　805a
内分泌説　1498i
内分泌腺　1023d
内分泌相関　1023e
内壁　187c, 1023f
内包　723c, 860c
内房　1110h
内縫線　976d
内包膜　1428b
内膜　1023f
内膜蛋白質輸送複合体　1360b
内膜複合体　23c
内毛根鞘　384a
内葉　201b, 428a
内幼生型変態　1023g
内卵胞膜　1450f
内リンパ　198e, 1338e
内リンパ管　1338e
内リンパ洞　1338e
ナイルワニ　1569₂₅
ナイロウイルス属　1520₃₁
ナヴァシン　1023h
ナウカト目　1580₁₅
ナウティリア科　1548₂₁
ナウティリア目　1548₂₀
ナウマンゾウ　1023i
ナオヒデア目　1621₁
ナガアオメエソ　1566₁₇
中井猛之進　1023j
ナガイダニ　1590₂
ナガイボグモ　1592₂₁
ナガウニ　1562₈
ナガオバネ　1633₄₆
ナガクチカビ　1609₃₁
ナガクチカビ科　1609₃₀
ナガクビムシ　1595₂₂
ナガコウトウチュウ　1579₁₃
ナガコムシ　1598₁₆
ナガコムシ亜目　1598₁₆
長さ-張力曲線（筋肉の）　1024a
長さ定数　1024b
ナガシンクイ　1601₅
ナガシンクイムシ下目　1601₄
ナガズイシムカデ　1592₃₇
ナガズイシムカデ目　1592₃₇
ナガスクジラ　1576₁
ナガズジムカデ　1592₄₂
ナガチョウメイムシ　1588₁₇
ナガツノナシツツガタケイソウ　1654₄₅
ナガツボカムリ　1628₂₈
仲直り　1507f
ナガハシゴケ科　1641₈
ナガパノイシモチソウ　673a
中原和郎　1024c
ナガヒカリボヤ　1563₁₆
ナガヒシダニ　1590₄₁
ナガヒラタムシ　1600₅₁
ナガヒラタムシ亜目　1600₅₁
ナガフクロムシ　1595₃₆
ナガフンヒメウズムシ　1577₁₆
ナガボノウルシ　1651₅₈
ナガボノウルシ科　1651₅₈
仲間　1024d
ナガマエタマコウトウチュウ　1579₁₄
ナガマツモ　1657₃₀
ナガマツモ目　1657₂₈
ナガミノクロサラタケ　1615₁₉
ナガミミズ　1585₃₁
ナガミミズ亜目　1585₃₁
ナガミミズ目　1585₃₀
ナカムレラ科　1536₄₈
ナガレカンザシ　1585₂
ナガレサンゴ　1557₅₆
ナガレトビケラ　1601₃₀

ナガレトビケラ亜目　1601₃₀
流れ藻　1024e
ナギ　1645₃
鳴き交わし　1024f
ナギサクーマ　1597₂₂
ナギサノツユ　1584₆
ナギナタタケ　1625₅₀
ナギナタナマズ　1565₅₀
ナギラクトン　1024g
投縄型RNA　740c
ナゲナワグモ　1592₂₃
ナゴラン　1646₄₇
ナサノフ腺　1024h
ナシ　1648₆₀
ナシ状果　1025a
ナス　1651₅₇
ナース　1025b
ナス科　1651₅₆
ナース細胞　679d, 1025c
ナズナ　1650₂
ナスビイソギンチャク　1557₄₇
ナス目　1651₅₃
ナスラ目　1660₄
なすりつけ法　1008l
なだめ行動　1025d
ナチュラルキラー　1025e
ナチュラルキラー活性　1025e
ナチュラルキラー細胞　1025e
夏型一年草　221h
夏枯れ　1304g
NAC遺伝子族　1025f
NACドメイン　1025f
ナツグミ　1648₆₂
ナックルウォーキング　604a
Nash均衡解　412e
ナッセラリア目　1663₁₂
ナツツバキ　1651₁₉
夏鳥　1025g
夏羽　111g
夏胞子　542a, 1025h
夏胞子器　1025h
夏胞子堆　1025h
夏胞子堆型さび胞子堆　542c
ナツメ　1649₂
ナツメガイ　1583₅₈
ナツメボヤ　1563₂₇
ナツメヤシ　1647₄
ナデシコ科　1650₄₆
ナデシコ目　1650₃₇
ナトラナエロビア科　1544₂
ナトラナエロビア目　1544₁
ナトリウム　1026a
ナトリウムアジド　10b
ナトリウム-カリウムATPアーゼ　1026b
ナトリウム説　56e
ナトリウムポンプ　1026b
名取の標本　874d
名取のファイバー　874d
7Sグロブリン　634c
ナナカマド　1648₆₀
ナナテイソメ　1584₄₅
ナナバケシダ　1643₆₀
ナナバケシダ科　1643₆₀
ナナフシ目　1599₁₉
竹節虫類　1599₁₉
7-ルチノシド　1152b
ナノアーキオータ門　4f, 1535₂₄
ナノウイルス科　1518₃
ナノウイルス属　1518₅
ナノシスタ科　1548₂
ナノシスティス亜目　1547₆₀
ナノス　566f, 832b
ナノ軟泥　1029d
ナノプランクトン　1057e, 1220e
1-ナフタレン酢酸　1026c

ナフタ　1793

ナフタレン酢酸 **1026**c
ナフタレンジオン 1026e
1-ナフチル酢酸 1026c
N-1-ナフチルフタラミン酸 1026d
ナフチルフタラミン酸 **1026**d
N-(1-ナフチル)フタルアミド酸 1026d
ナフトキノン 471e, **1026**e, 1151h
ナフトレゾルシン反応 240d
ナベカムリ 1628[27]
ナベカムリ目 1628[27]
ナベワリ 1646[25]
生草 1304g
ナマガサクロボキン科 1622[51]
ナマガサクロボキン目 1622[50]
ナマケモノ亜目 1574[52]
ナマコ綱 1562[23]
ナマコ類 1012d, **1026**f, 1287b
ナマズ 1566[7]
ナマズ目 1566[7]
ナマハゲフクロウニ 1561[38]
鉛塩 970b
生ワクチン 1508c
ナミイワタケ 1633[27]
ナミウオビル 1585[43]
ナミウズムシ 1577[43]
波うち膜 **1026**g
ナミウモウダニ 1590[50]
ナミエダヒゲムシ 1592[50]
ナミギセル 1584[28]
ナミクダヒゲエビ 1597[38]
ナミケダニ 1590[35]
ナミケダニ下目 1590[29]
ナミコムカデ 1592[46]
ナミザトウムシ 1591[19]
涙 1481d
ナミダタケ 1627[26]
ナミダタケ科 1627[26]
ナミチスイコウモリ 1575[13]
ナミノハナ 1566[31], 1633[26]
ナミハエトリ 1592[26]
ナミハダニ 1590[42]
ナミヒラタカゲロウ 1598[36]
ナミホコリダニ 1590[41]
ナミマガシワ 1582[8]
ナミマクラ 1657[1]
舐め型口器 **1026**h
ナメクジウオ型循環系 982c
ナメクジウオ類 783b, 982c
ナメクジヤスデ 1593[6]
ナメクジヤスデ上目 1593[5]
ナメクジヤスデ目 1593[6]
ナメシカワタケ 1624[4]
舐め-吸い型口器 1026h
ナヨシダ 1643[37]
ナヨシダ科 1643[37]
ナヨタケ 1626[37]
ナヨナヨサガリゴケ 1612[46]
ナラタケ 1104b, 1626[27]
ナラビクラゲ 1555[49]
ナリアイウメノキゴケ 1612[49]
ナリジクス酸 **1026**i
成り年 207g
鳴止み 277e
ナルコレプシー 172h
ナルコン 1400g
ナルナウイルス科 1522[40]
ナルナウイルス属 1522[42]
慣れ **1027**a
ナロキソン 1400g, 1400j
ナワゴケ科 1641[21]
なわばり **1027**b
なわばり行動 1027b
なわばり制 1027b
なわばり宣言歌 1027b
ナワメグルマ 1583[54]

南界 **1027**c
軟顎蛭 **1027**d
軟化病 553j
軟寒天培養 **1027**e
軟脚類 1412c
軟骨 **1027**f
軟骨異常栄養性侏儒 1506d
軟骨化 **1027**g
ナンコツカイメン 1554[38]
軟骨海綿目 1554[38]
軟骨芽細胞 1027g
軟骨型プロテオグリカン 505a, 1235c
軟骨基質 1028a
軟骨魚綱 1564[19]
軟骨魚類 **1027**h
軟骨結合 266a
軟骨細胞 1028a
軟骨質 1028a
軟骨小腔 1028a
軟骨性骨 479g
軟骨声門 761f
軟骨組織 **1028**a
軟骨単位 1028a
軟骨頭蓋 **1028**b
軟骨内骨化 479g
ナンコツホシカイメン 1554[38]
軟骨膜 1027f, 1065b
軟骨模型 1027f
軟骨様組織 **1028**c
軟材 507b, 1368j
軟質下綱 1565[23]
ナンジャモンジャゴケ 1638[37]
ナンジャモンジャゴケ科 1638[37]
ナンジャモンジャゴケ綱 1638[35]
ナンジャモンジャゴケ目 1638[36]
軟条 287e
軟性下疳 770c
ナンセンスコドン 76g, 622d
ナンセンスサプレッサー **1028**d
ナンセンス突然変異 **1029**a
南祖動物 1576[19]
軟体動物 **1029**b
軟体動物学 **1029**c
軟体動物相 996a
軟体動物門 1581[9]
軟泥 **1029**d
南蹄目 1576[18]
ナンテン 1647[54]
ナンバンギセル 289e, 1652[16]
軟腐病 **1029**e
ナンベイウシガエル 1567[57]
軟胞子虫類 1059i, 1555[21]
軟膜 1065b
ナンヨウザクラ 1650[17]
ナンヨウザクラ科 1650[17]
ナンヨウスギ 1645[2]
ナンヨウスギ科 1645[2]
ナンヨウヤナギ 1645[2]
ナンヨウヤケヤスデ 1594[14]

二

ニア科 1626[25]

ニアー人 222e
二遺伝子雑種 1470a
二遺伝子雑種比 1492g
IIa型繊維 835e
ニエスリア科 1617[41]
2n世代 1370g
匂い 308e, 622e
ニオイネズミカンガルー 1574[28]
匂いプリズム 622e
匂い分子 308e
ニオガイ 1582[23]
ニガイグチ 1627[8]
二回三出複葉 1200h
二回遊泳性 73c, 1406c
ニガカシュウ 1646[22]
ニガキ 1650[11]
ニガキ科 1650[11]
二価金属トランスポーター **1030**a
二価金属陽イオントランスポーター 1030a
二核アメーバ 1630[7]
二核共存体 977c
二核菌亜界 885b, 1605[21]
二核菌糸 1034h
二核性 820b, 1086e
二核性花粉 235e
二核相 71e, 1034h
苦潮 3f
二化性 221f
二価性試薬 194a
二価染色体 **1030**b
II型光化学反応中心 509c
II型繊維 835e
II型トポイソメラーゼ 944c
II型反応 234f
II型ミオシン 1349g
苦味 1354b
ニカメイガ 1601[39]
膠 795c
ニカワオシロイタケ 1624[31]
ニカワコメバタケ 1624[12]
ニカワジョウゴタケ 1623[30]
ニカワチャワンタケ 1614[52]
ニカワツノタケ 1623[5]
ニカワツノタケ目 1623[4]
ニカワハリタケ 1623[31]
ニカワホウキタケ 1623[23]
二関節性筋 479i
ニギス 1566[9]
ニギス目 1566[9]
二基二倍体 1039b
ニキビゴケ 1610[32]
ニキビダニ 1590[39]
二強雄ずい 1409e
二極性 1270f
二菌糸型 336d
ニクアツベニサラタケ 1616[26]
ニクイボゴケ 1614[23]
ニクイボゴケ科 1614[23]
ニクイロアナタケ 1624[27]
ニクウチワタケ 1624[23]
肉芽 1030d, 1367e
肉隔壁 **1030**c
肉芽腫性炎 152g
肉芽組織 **1030**d
肉鰭亜綱 1567[3]
肉質球果 308b
肉質種皮 633d
肉質虫亜門 1030e
肉質虫類 **1030**e
肉質鞭毛虫門 1030e
肉歯目 1575[44]
肉腫 **1030**f
肉汁 **1030**g
肉腫ウイルス **1030**h

ニセス 1795

肉状体 249b, 1035b
肉垂 **1031**a
肉穂花序 **1031**b
ニクズク 1645₃₉
ニクズク科 1645₃₉
肉髯 1031a
肉帯 **1031**c
肉体感覚 280e
ニクダニ 1590₄₅
肉柱 1258e
ニクハリタケ 1624₃₀
ニクホウノオ 1633₃₁
二形花 61c
二形性，二型性 745g, **1031**d
二形性群体 1031d
二形精子 62b
二ゲノム性半数体 1122e
二原型 73b, 1299e
二元説(視覚の) **1031**e
二交叉 **1031**f
二項分布 **1031**g
2-5A合成酵素 **1032**a
ニコチアナミン **1032**b
ニコチン **1032**c
ニコチンアミド 1032d
ニコチン作用 1033b
ニコチン酸 **1032**d
ニコチン酸アミド 1032d
ニコチン(酸)アミドアデニンジヌクレオチド **1032**e
ニコチン(酸)アミドアデニンジヌクレオチドリン酸 **1033**a
ニコチン性アセチルコリン受容体 15b
ニコチン様作用 **1033**b
濁ったプラーク 1213c
二語名 210b, 1033c
二語名法 **1033**c
ニコル **1033**d
ニコルソン **1033**e
ニコルソン-ベイリーモデル **1033**f
二細胞性花粉 235e
二鰓類 988d
二叉型肢 1034i
二叉骨 34j
二叉骨下制筋 34j
二叉骨上挙筋 34j
ニザダイ 1566₅₄
二叉分枝 1204f
二酸化炭素固定 891b
二酸化炭素受容 **1034**a
二酸化炭素同化 891b
二酸化炭素濃縮機構 **1034**b
二酸化炭素要因 **1034**c
二酸素添加酵素 163m
二次維管束組織 59f, **1034**d
二次運動ニューロン 116c
二次運動野 116d
二次鰓 **1034**e
二次応答 **1034**f
二次汚染 721f
二次風切羽 935i
二枝型 88h
ニシカワヒモムシ 1580₄₂
二次感覚野 254d
二次感染 **1034**g
二次眼胞 271h
二次間脈 1427c
ニシキウズ 1583₃₀
ニシキギ科 1649₂₇
ニシキギ目 1649₂₅
ニシキギンポ 1566₅₃
二次寄生者 446a
ニシキヒザラガイ 1581₂₅
ニシキヘビ 1569₇
ニシキベラ 1566₅₈

二次休眠 313e, 633g
二次共生植物 1428e
二次菌糸 **1034**h
二次菌糸体 1034h
二枝型付属肢 **1034**i
二次系列 1035f
二次元ゲル電気泳動法 **1034**j
二次元DNAアガロースゲル電気泳動法 1034j
二次元電気泳動 946a
二次元法 414i
二次口蓋 **1035**a
二次虹彩細胞 1193l
二次骨 479g
ニシゴリラ 1575₃₉
二次コルク形成層 493d
二次鰓弁 146c
二次細胞壁 71g, 531f
二次作物 537f
二次三染色体性 551i
二次残像 277e
二次篩部 1035b
二次柔膜 1065b
二次終末 725e
二次消費者 664d
二次植生 853f
二次心臓領域 **1035**c
二次水温躍層 718f
二次性索 750f, 1447e
二次生産 **1035**d
二次性収縮 **1035**e
二次性単収縮 1035e
二次成長 1256g
二次性徴 766a, 876e, 960g
二次性能動輸送体 977d
二次性肥満 1162h
二次精母細胞 753d
二次性欲求 1430g
二次世代交代 786f
二次遷移 **1035**f
二次遷移系列 799c, 1035f
二次前脳 817b
二次造血 401e
二次組織 **1035**g, 1256g
二次体腔 708a
二次代謝 **1035**h
二次胆汁酸 886f
西塚泰美 **1035**i
二次の雌雄同体現象 627f
二次の水生動物 722d
二次の接触 **1035**j
二次の微生物相 **1036**a
二次動原体 953h
二次同名 998d
西ナイルウイルス 105d
二次軟骨 **1036**b
二次能動輸送 1065e
二次胚 **1036**c
二次胚乳 1086c
二次胚盤葉下層 1088b
二次胚葉 72g
二次肥大成長 628e, 1149g
二次肥大分裂組織 1149f
二次ピットプラグ 1153e
二次分裂組織 **1036**d
二次壁 71g
二次放射組織 1299c
西マキネシア 1336b
二次脈 1427d
二次無黄卵 1440g
二次メッセンジャー 781f
二次免疫応答 1034f
二次木部 **1036**e
二者培養 501j
二重感染 925g

二重期 955a
二重交叉 1031f
二重勾配説 **1036**f
二重鎖切断 **1036**g
二重三染色体的二倍体 66g
二十四綱分類法 **1036**h
二重神経支配 **1036**i
二重錐体 558k
二重染色法 970b
二重遊走子 73c
二誘導 **1037**a
二重特異性ホスファターゼ 1235b
二重特異的ホスファターゼ 931g
二重の倍体 872c
二重乗換え 1031f
二重標識法 975f
二重壁 603e
二重保証 **1037**b
二重盲検法 1215d
二重らせん 1509d
二重らせん構造 76a
二重らせん繊維 1142e
二出集散花序 71f, 216b, 622g
西ユーラシア人 703f
二畳紀 1282e
二色系 561i
二色視 562b
二色性 1285e
二次卵母細胞 1444e
二次卵膜 1450g
二次リソソーム 1179d, 1456e
二次リンパ系器官 1477d
二次リンパ組織 **1037**c
二次リンパ濾胞 1478e
ニシン 1566₃
二唇 713h
二心皮離ずい 581c
ニシン目 1566₃
ニスタグムス 709e
ニセアカシア 868j, 1648₅₂
ニセアギトダニ 1590₁₈
ニセアシナガタケ 1626₁₆
ニセアミジ 1657₂₁
二精 872b
二生歯性 1069b
ニセイシノカワ 1657₃₈
ニセイチモンジケイソウ 1655₅₀
二成分制御系 **1037**d
二生類 312g, 1578₆
ニセイレコダニ 1590₅₆
ニセウシケノリ 1632₂₁
ニセウスグロゴケ科 1640₅₄
ニセキツネノカラカサ 1625₄₇
ニセキポリアキン 1615₈
ニセキンカクアカビョウタケ 1615₆
ニセキンカクキン 1615₁₁
ニセキンシゴケ科 1640₁₁
ニセクチビルケイソウ 1655₅₀
ニセクボミゴケ 1614₂₂
ニセクボミゴケ科 1614₂₁
ニセクモヒトデ目 1561₅
ニセクロイボゴケ 1613₄
ニセクロナマコ 1562₂₈
ニセコアミケイソウ 1654₅₆
ニセコアミケイソウ目 1654₅₃
ニセコザラゴケ 1614₂
ニセゴマゴケ 1610₂₉
ニセコメツブケイソウ 1655₄₃
ニセザクロゴケ 1612₅₄
ニセササノハケイソウ 1655₅₄
ニセサネゴケ 1609₅₄
ニセシジミタケ 1626₂₄
ニセショウロ 1627₂₄
ニセショウロ科 1627₂₄
ニセズキンタケ 1614₅₂

ニセスナホリムシ 1596₅₀	ド 1038h	乳因子 1041e, 1042a
ニセチクビレツケイソウ 1655₃₅	ニトロフラゾン誘導体 1303f	乳液 1041d
ニセチクビレツケイソウ目 1655₃₅	二年化 221f	乳管 1041d
ニセツユカビ 1654₁₃	二年果 1038i	乳癌 1041e
ニセツルモ 1657₂₆	二年生 1038j	乳癌ウイルス 1042a
ニセネグサレセンチュウ 1587₃₁	二倍性 812a, 1081h	乳区 1043c
ニセハウチワ 1635₁	二倍性単為生殖 1039a	入鰓血管 1042b
偽働き蟻 1507e	二倍化 1039b	乳細胞 1250h
ニセハネケイソウ 1655₅	二倍体細胞 1039c	乳酸 1042c
ニセハネモ 1634₅₁	二倍体不稔性 790g	乳酸桿菌 1433h, 1543₁₂
ニセヒトツメケイソウ 1654₃₉	二胚虫類 915d, 1039d	乳酸桿菌科 1543₁₂
ニセヒトツメケイソウ目 1654₃₉	二胚動物 325f, 1039d	乳酸桿菌目 1543₃
ニセヒナノチャワンタケ 1614₅₇	二胚動物門 1577₉	乳酸菌 1042d
ニセビョウタケ 1614₅₁	二胚葉動物 1039e	乳酸脱水素酵素 1042e
ニセホウライタケ 1626₁₅	ニバレノール 1333l	乳酸デヒドロゲナーゼ 1042e
ニセマツカサシメジ 1626₁₃	IIb 型繊維 835e	乳酸発酵 1042f
ニセマユハキ 1634₅₂	二幅面 327g	乳歯 1069b
二染色体性 66g	二後頭骨 92e	乳嘴 1043c
二相性卵割 1037e	二子 1039f	乳児胃腸炎ウイルス 1501i
二走性 838h	2 分子 FRET 385d	乳汁 1043c
二相溶媒 468e	二分染色体 1039g	乳漿蛋白質 1043b
二体雄ずい 1409e	二分の三乗則 1039h	入水孔 720e
ニーダム 1037f, 1037g	二分胞子 607b	乳清蛋白質 1043b
ニーダム嚢 777d, 777e	二分裂 1040a	乳腺 1043c
ニチニチソウ 1177g, 1651₄₆	ニベ 1566₅₀	乳線 1043c
日補償深度 474f	二放射相称 826a	乳腺刺激ホルモン 1239c
日躍層 718f	二歩帯足 327g	乳腺堤 1043c
ニチュキア科 1617₃	ニホンアカガエル 1568₂	乳腺発育ホルモン 1239c
ニチリンクラゲ 1556₁₀	ニホンアカザトウムシ 1591₂₇	乳腺隆起 1043c
ニチリンヒトデ 1560₄₄	ニホンアゴザトウムシ 1591₂₁	乳糖 1433l
ニチリンヒトデ目 1560₄₃	ニホンアマガエル 1567₅₆	乳頭 1043c, 1043f
日齢鑑定 1061c	ニホンイタチ 1575₅₃	ニュウドウイカ 1583₁₅
日華植物区系区 1037h	ニホンウミノミ 1597₁₇	乳頭癌 447f
ニッケル 1038a	日本海地区 1040d	乳頭腫ウイルス 1113b
ニッコウガイ 1582₂₁	ニホンカモシカ 1576₁₁	乳頭層 712h
日射病 1057c	ニホンカワウソ 1575₅₂	乳頭突起 989b, 1043f
日周期性 181d	ニホンカワネズミ 1575₇	乳頭毛 1043f
日周垂直移動 1038c	日本河熱 935d	乳囊 1043c
日周輪 1061c	ニホンクモヒトデ 1561₁₈	乳白粒 431a
ニッスル小体 1038d	ニホンザラハリガネムシ 1586₁₉	乳糜 1476e
ニッスル小体消失 1038d	ニホンザリガニ 1597₄₇	乳糜胃 53a, 915i
ニッチ 763g	ニホンザル 1575₄₀	乳糜管 1043g
ニッチェ 763g	ニホンジカ 1576₁₁	乳糜脂粒 331h
ニッチの類似限界説 763g	ニホンジュウケツキュウチュウ 1578₇	乳糜腸 915i
ニッチ分化 1038e	ニホントカゲ 1568₅₄	乳房 1043c
ニッパヤシ 1647₃	ニホンドロソコエビ 1597₁₃	入門機構 171e
ニッポンサウルス 323i	ニホンニセタテヅメザトウムシ 1591₂₄	乳様突起 461a
ニッポンアブセウデス 1597₂₈	日本脳炎ウイルス 1040f	ニューカッスル病ウイルス 1044a, 1520₇
ニッポンウミシダ 1560₂₃	日本の植物区系 1040d	ニューキューブセンター 421h, 916c
ニッポンオフェリア 1584₃₇	ニホンヒキガエル 1567₅₅	ニューコープ 1044b
ニッポンケシグモ 1592₂₄	ニホンヒラムシ 1577₂₃	ニュージーランド亜区 864f
ニッポンソコミジンコ 1595₁₃	ニホンフサヤスデ 1593₂	ニューストン 1044c
ニッポンダニ 1590₃₄	ニホンマメウニ 1562₁₈	ニュスライン=フォルハルト 1044d
ニッポンフサゴカイ 1585₁₁	ニホンモモンガ 1576₃₆	ニューパピローマウイルス 1516₃₃
ニッポンホウズキガイ 1580₃₈	ニホンリス 1576₃₇	ニューバリー 1 ウイルス 1522₁₆
ニッポンモバヨコエビ 1597₁₂	ニホンリュウセンチュウ 1587₁₅	ニューモウイルス亜科 1520₁₂
二点闘 253b, 342l	日本列島人 1040e	ニューモウイルス属 1520₁₅
二糖 171b	二枚貝綱 1581₄₇	ニューモシスチス肺炎 118c
ニドウイルス目 1520₅₀	二枚貝類 656d, 1041a	ニューラルネット 1044e
二動原体染色体 1038f	ニマイガワキン 1619₃₅	ニューラルネットワーク 1044e
ニドゲン 663c	ニマイガワキン科 1619₃₅	ニュルンベルク・コード 1280c
ニトリリルプトル亜綱 1538₂₁	ニマウイルス科 1516₅	ニューロエシックス 417f
ニトリリルプトル科 1538₂₅	ニーマン-ピック病 740a, 1461a	ニューロエソロジー 696a
ニトリリルプトル目 1538₂₄	2μ プラスミド 1041b	ニューロカン 1235c
ニトロキシドラジカル類 739b	2 ミクロンプラスミド 1041b	ニューロキニン α 1044f
ニトロキノリンオキシド 1019c	2μ プラスミド染色体消失法 66i	ニューロキニン A 1044f
ニトロゲナーゼ 1038g	二名 1033c	ニューロキニン B 868e
ニトロスピナ科 1547₄₀	二式名 1033c	ニューログリアン 149i, 1387a
ニトロスピラ科 1544₄₇	二名法 1033c	ニューロコンピューティング 1044g
ニトロスピラ綱 1544₄₅	二命名法 1033c	ニューロステロイド 1044h
ニトロスピラ目 1544₄₆	二面交配 845a	ニューロテンシン 1044i
ニトロスピラ門 1544₄₄	二毛類 1041c	ニューロネーム 566a
ニトロソモナス科 1547₁₅	ニュアージュ 757e, 757f	ニューロパイル 1044j
ニトロソモナス目 1547₁₃	乳 1043a	ニューロフィジン 164a, 579b, 1098f
o-ニトロフェニル-β-D-ガラクトピラノシ	乳アルブミン 43a	ニューロフィラメント 1045a

ニューロペプチド　700a
ニューロペプチドY作動性ニューロン　792a
ニューロマスト　255d
ニューロメジン　**1045**b
ニューロメジンL　1044f
ニューロン　696b, **1045**c
ニューロン新生　**1045**d
ニューロン説　1045c
ニューロン発生　1045d
尿　**1045**e
尿アクチベーター　1217h
尿管　1417e
尿管芽　449b, 1417e
尿細管　704d, 1058g
尿細管変性症　1058f
尿酸　**1046**a
尿酸形成　1046b
尿酸酸化酵素　**1046**c
尿酸排出　1046b
尿酸排出動物　1046b
尿漿膜　662b
尿生殖洞　1158f
尿生殖洞　467b
尿生殖道　1250d
尿生殖隆起　1158f
尿素　**1046**d
尿素回路　1046e
尿素形成　**1046**f
尿素血　**1046**g
尿素浸透性動物　**1046**h
尿素排出　1046f
尿素排出動物　1046f
二要素モデル　229h, 985a
尿直腸隔壁　122j
尿直腸中隔　122j, 1159a
尿道　**1047**a
尿道海綿体　188d
尿道球腺　**1047**b
尿道腺　**1047**c
尿毒症　1046b
尿嚢　838i, 1047d, 1426h
尿嚢管　1047d
尿嚢循環　1441f
尿嚢柄　1047d, 1442f
尿嚢膀胱　1293f
尿膜　**1047**d
尿膜静脈　667a
尿羊膜　1426h
二卵性双生児　828e
ニリン酸　1176f
二輪廻　880e
ニレ科　1649₃
二列互生葉序　475h
二列斜生葉序　475h
二列縦生　475h
二列生　475h
二列対生　854i
二列らせん階段型葉序　475h
ニレンキュウケイソウ　1654₂₉
ニーレンバーグ　**1047**e
ニワウルシ　1650₁₁
ニワスギゴケ　1639₁
ニワゼキショウ　1646₅₂
ニワトコ　1627₂₉
ニワトコ　1652₄₀
ニワトリ　1571₆
ニワトリ伝染性気管支炎ウイルス　499d
ニワトリ貧血ウイルス　1517₄₂
任意寄生　657d
任意嫌気性菌　417b
任意交配　**1047**f
任意抽出　719f
任意標本　719f
任意腐生　657d

ニンギョウタケ　1624₅₇
ニンギョウタケ科　1624₅₇
ニンギョウトビケラ　1601₃₁
ニンギョウヒドラ　1556₄
人間-機械系　1047g
人間工学　**1047**g
認識　**1048**a
認識細胞仮説　167f
認識色　**1048**b
妊娠　**1048**c
ニンジン　1652₄₉
人参　544a
妊娠維持　862a
妊娠黄体　160e, **1048**d
妊娠中絶　1048c
妊娠不成立　1226g
妊性　959a, 1209g
認知症　1032c
認知心理学　**1048**e
認知地図　**1048**f, 1097d
認知論　1112f
ニンニク　1646₅₅
ニンニクガエル　1567₅₂
妊馬血清性生殖腺刺激ホルモン　217f, 629j
妊馬血清性性腺刺激ホルモン　565i
ニンヒドリン　**1048**g
ニンヒドリン-シッフ反応　594c
ニンヒドリン反応　1048g
ニンフ　1507h
妊孕性　1209g

ヌ

ヌエゴケ科　1637₃₇
ヌカカ　1601₂₁
ヌカゴケ　1612₉
ヌカボ　1647₃₄
ヌカホコリ　1629₉
ヌカボシソウ　1647₂₈
ヌクレアーゼ　**1049**a
ヌクレアリア目　1602₁
ヌクレイン　201i
ヌクレオイド　1315f
ヌクレオキャプシド　306f
ヌクレオシダーゼ　**1049**b
ヌクレオシド　**1049**c
ヌクレオシドキナーゼ　19c, **1049**d
ヌクレオシド系逆転写酵素阻害剤　**1049**e
ヌクレオシド-5'-三リン酸　**1049**f
ヌクレオシド二リン酸グルコース　364b
ヌクレオシドホスホリラーゼ　**1049**g
ヌクレオソーム　**1050**a
ヌクレオソームコア粒子　1050a
ヌクレオソーム配置　**1050**b
ヌクレオソーム分布　1050b
ヌクレオチダーゼ　**1050**c
ヌクレオチド　**1050**d
ヌクレオチド除去修復　943b
ヌクレオチドピロホスファターゼ　**1051**a, 1176c
ヌクレオヒストン　**1051**b
ヌクレオプラスミン　1247a
ヌクレオプロタミン　**1051**c
ヌクレオヘア綱　1653₆
ヌクレオポリン　**1051**d
ヌクレオモルフ　**1051**e
ヌクレオラブドウイルス属　1520₂₂
ぬけがら　875c
ヌサガタケイソウ　1655₁₇
ヌサガタケイソウ目　1655₁₇
ヌタウナギ　1563₄₀
ヌタウナギ目　1563₄₀

ヌタウナギ類　1059h, 1367d
ヌードマウス　**1051**f
ヌートリア　1576₅₆
ヌナワタケ　1626₂₃
ヌマエビ　1597₄₅
ヌマカイメン　1554₄₉
ヌマシノブゴケ科　1640₅₀
沼正作　**1052**a
ヌマジリゴケ　1613₂₂
ヌマダニ　1590₃₂
ヌマチゴケ科　1640₅
沼地抽水草原　914a
沼熱　110g
ヌマハコベ　1650₅₃
ヌマハコベ科　1650₅₃
ヌマビル　1585₄₃
ヌマミズキ　1651₅
ヌマミズキ科　1651₅
ヌムリテス　**1052**b
ヌメイモリ　1567₄₇
ヌメサンショウウオ　1567₄₅
ヌメハノリ　1633₅₀
ヌメリイグチ　1627₂₇
ヌメリイグチ科　1627₂₇
ヌメリガサ　1626₅
ヌメリガサ科　1626₄
ヌメリカラカサタケ　1625₄₈
ヌメリガサ　1633₁₇
ヌメリグサ科　1633₁₇
ヌメリコウジタケ　1627₂
ヌメリツバタケ　1626₂₈
ヌラクサ　1633₃₉
ヌラクサ目　1633₃₉
ヌリワラビ　1643₄₅
ヌリワラビ科　1643₄₅
ヌルデ　1650₈
ヌルデタケ　1626₁

ネ

根　**1053**a
ネーアー　**1053**b
ネアンデルタール人　**1053**c
ネアンデルタール人論争　**1053**d
ネイサンズ　**1053**e
Neiの遺伝距離　1480g
根井正ман　**1053**f
Neo遺伝子　**1053**g
ネオカラミテス　1001a
ネオカリマスチクス科　1603₁₄
ネオカリマスチクス綱　1603₁₂
ネオカリマスチクス目　1603₁₃
ネオカリマスチクス門　**1053**h, 1603₁₁
ネオカルチノスタチン　**1054**a
ネオキサンチン　23j
ネオクロム　1135b, 1428a
ネオゲネシス　42b
ネオジギテス科　1604₂₁
ネオセントロメア　808g
ネオタイプ　896g
ネオダーウィニズム　**1054**b
ネオタナイス亜目　1597₂₇
ネオディブリオンレンコンテイ核多角体病ウイルス　1515₂₇
ネオテニー　**1054**c
ネオニコチノイド　**1054**d
ネオパンスペルミア説　1122f
ネオピリナ綱　896a
ネオホッジソニア　1636₃₇
ネオホッジソニア目　1636₃₆
ネオボド目　1631₃₅
ネオマイシン　1214g
ネオマンジュウウニ　1562₁₅

和文

ネオモルフ 84f, 865b
ネオラマルキズム **1054**e
ネオラマルク派 1054e
ネオンテトラ 1566₆
ネガティヴィキュークス綱 1544₁₆
ネガティブ染色 303a
ネガティブフィードバック制御 1210c
ネギ 1646₅₅
ネキシンリンク **1054**f
ネクサス 522i
ネクサレセンチュウ 1587₃₂
根口クラゲ類 1556₂₇
ネクトケータ **1054**g
ネグリ **1055**a
ネグリ小体 317c, 1186h
ネグリト 512g
ネグレリア 1631₅
ネグレリア目 1631₄
ネグロイド 703f
ネクロウイルス属 1523₈
ネクローシス 128b
ネクローゼ 128b
ネクロホルモン 289a
ネーゲリ **1055**b
ネーゲレインエステル 361d
ネコアシコンブ 1657₂₃
ネコ亜目 1575₄₆
ネコザメ 1564₄₃
ネコザメ目 1564₄₃
ネコトルクテノウイルス 1517₃₇
猫なき症候群 807b
ネコ肉腫ウイルス 1030h
ネコノチチ 1649₁
ネコノミ 1601₁₉
ネコヒゼンダニ 1590₅₀
ネコブカビ 1664₂₈
ネコブカビ綱 1664₂₅
ネコブカビ目 1664₂₇
ネコブカビ類 **1055**c
ネコ免疫不全ウイルス 1390a
ネジキ 1651₃₀
ネジクチゴケ 1639₅₁
ネジクチスギゴケ 1638₅₄
ネジバナ 1646₄₈
ネジモゴケ科 1638₃₁
捩れ(体軸の) **1055**d
ネジレイトゴケ科 1641₁
ネジレオビケイソウ 1654₅₀
ネジレカラマツ 1558₁₁
ネジレケイソウ 1655₅₂
ネジレバネ亜目 1601₁₂
ネジレバネ目 1601₁₀
ネジレフネケイソウ 1655₄₈
ネジレミドリ 1634₃₂
捩れ戻り 1055e
ネスチン 910d
ネズッポ 1566₅₅
ネース=フォン=エーゼンベック **1055**e
ネズミイルカ 1576₅
ネズミ形亜目 1576₄₂
ネズミギス 1566₄
ネズミギス目 1566₄
ネズミザメ上目 1564₄₂
ネズミザメ目 1564₄₆
ネズミチフス菌 **1055**f, 1549₁₁
ネズミドリ 1572₂₁
ネズミドリ目 1572₂₁
ネズミノテガイ 1582₉
ネズミワムシ 1578₃₈
ネダシグサ 1634₄₂
ネダニ 1590₄₆
根頂端分裂組織 503a
ネッキツボカビ 1602₂₀
熱硬直 459f
熱死 **1055**g

熱射病 1057c
熱収支 **1056**a
熱収支式 1056a
熱収支法 662g
熱傷 216c
熱ショック応答 736a
熱ショック蛋白質 48c, **1056**b
熱水生態系 1369b
熱水生物群集 **1056**c
熱生産 553g
熱生産蛋白質 1361b
熱帯 **1057**a
熱帯雨林 1057b
ネッタイエダヒゲムシ 1592₄₉
ネッタイエダヒゲムシ目 1592₄₉
ネッタイシマカデンソウウイルス 1518₁₄
ネッタイジリス 1576₃₇
熱帯多雨林 **1057**b
ネッタイタマヤスデ 1593₉
ネッタイタマヤスデ目 1593₉
ネッタイチョウ 1571₂₁
ネッタイチョウ目 1571₂₁
ネッタイツムギヤスデ 1593₃₉
ネッタイツムギヤスデ目 1593₃₉
熱帯熱 1345f
熱帯林 715d
熱弾性効果 1058a
熱中症 **1057**c
熱の中性域 852a
熱のヒステリシス 1058b
熱伝導度検出器 219c
ネットプランクトン **1057**e, 1220e
ネットワーク **1057**f
ネットワーク説 **1057**g
ネットワークモチーフ **1057**h
熱発光 **1057**i
熱発生 553g
熱発生(筋肉の) **1058**a
熱ヒステリシス **1058**b
熱プロテノイド 421f
熱平衡 1259c
熱誘起型相分離 832c
熱力学第二法則 **1058**c
熱量計 **1058**d
ネトロキンベ科 1609₄₃
ネナシカズラ 1651₅₄
ネバリモ 1657₃₃
ネビラピン 1159b
ネフリディオファーガ科 1603₃₀
ネプリン **1058**e
ネフローゼ 1058f
ネフローゼ症候群 **1058**f
ネフロセルミス藻綱 1634₁₃
ネフロセルミス目 1634₁₄
ネフロ藻綱 1634₁₃
ネフロン **1058**g
ネボウイルス属 1522₁₆
ネボウイルス属 1521₃₀
ネマチック 123j
ネマテシウム **1058**h
ネマトジェン 815d
ネマトーダ 803d
ネマトデスマ 521a
ネムノキ 1648₄₈
ネモデルマ目 1657₄₆
ネリガイ 1582₂₆
ネリネア **1058**i
ネルヴィズム 1059a
ネルフィナビル 119c
ネルボン 241d
ネルンストの式 **1059**b
ネロリ酸 1024h
ネロール 414a
粘液 **1059**c
ネンエキカイメン 1554₄₃

粘液管 1059g
粘液腔 1059g
粘液細菌 **1059**d
粘液細菌科 1547₅₉
粘液細菌目 1059d, 1547₅₅
粘液細胞 1059e, 1250h
粘液糸 1059h
粘液腫ウイルス 1517₁
粘液小体 1300g
粘液膜 653g, 1059c, **1059**e
粘液層 **1059**f
粘液道 **1059**g
粘液嚢 1059g, **1059**h, 1251f
粘液胞 1300g
粘液胞子 1059d, 1059i
粘液胞子虫類 **1059**i, 1555₁₇
ネンエキボヤ 1563₂₅
粘液網 1059h
粘竿 673b
粘管類 1598₂₀
粘菌アメーバ **1060**a
粘菌類 **1060**b
粘質層 509e
ネンジュモ 1541₃₁
ネンジュモ目 1541₂₇
燃焼率 471h
粘食類 1600₅₅
撚翅類 1601₁₀
稔性 959a, 1209g
稔性因子 140d
稔性回復遺伝子 526a
粘性係数 1338c
粘性胞子 1249a
粘性嚢緊張 225c
粘素 1370l
粘着 1314d
粘着器 313d, 794m, **1060**c
粘着細胞 **1060**d
粘着刺胞 608a
粘着腺 794m, 837e
粘着体 **1060**e
粘着体嚢 1060e
粘土栄養湖 **1060**f
粘嚢体 1064b
ネンブタール 1232f
粘膜 **1060**g
粘膜下神経叢 697e, 920b
粘膜下組織 1060g
粘膜関連リンパ組織 1060i
粘膜筋板 1060g
粘膜固有層 1060g
粘膜上皮 1060g
粘膜免疫系 **1060**i
粘毛 819b
年輪 **1061**a
年輪界 1061a
年齢 **1061**b
年齢鑑定 **1061**c
年齢キメラ **1061**d
年齢組成 1484f
年齢ピラミッド 1484f
年齢分布 1484f

ノ

ノアの方舟説 1319h
ノイストン 1044c
ノイラミンダーゼ 429f, **1062**a
ノイラミン酸 555f
ノイローゼ 696c
脳 673i, **1062**b
農 1062f
膿 **1062**c

ハ　1799

嚢　1062d	能動汗腺　1160g	Notch シグナル　1067f
嚢泳類　1556₁	能動打　819e	のっとり雄　474a
脳炎　1062e	能動的拡散　771a	のど　93c
ノーウォークウイルス　1522₁₇	能動的分散　1245b	喉　1067g
脳化　860a	能動免疫　643c	ノドアカハチドリ　1572₁₉
嚢果　237k	能動免疫化　1385a	ノートカチン　1017c
嚢外原形質　913e	能動輸送　1065c	ノトサウルス目　1568₃₂
農学　1062f	嚢内原形質　913e	ノトサウルス類　331b
脳下神経節　178g, 836m	脳内自己刺激　572g, 1300c	ノトバイオート　1068a
脳下垂体　217j	脳内臓縦連合　630g	ノトバイオトロン　1074e
脳下垂体結節部　218b	脳軟化症　998b	のどぼとけ　461b
脳下腺　697c	脳の中の小人　863d	ノナクチン　55d
脳幹　1063a	脳波　967e, 1065f	ノナン酸　1278i
脳間部　1063b	嚢胚　425i	ノニデット P-40　533b
脳間部一側心体-アラタ体系　1063b	嚢胚形成　425j	ノバリン　168a
脳関門　398d	脳波賦活　874h	ノバリン酸　168e
膿球　1062c	脳盤　765g	野火　541g
脳弓下器官　1063h	嚢尾虫　1066a	ノビタキ　1572₆₀
農業　1063e	農夫病　40g	ノビラブドウイルス属　1520₂₀
嚢胸下綱　1595₃₀	脳胞　1066b	ノブドウ　1648₂₈
農業生態学　1063c	嚢包　806e	ノープリウス　1068b
農業生態系　1063c	嚢胞　1066c	ノープリウス眼　1068c
脳屈曲　1063d	嚢胞体　1158c	ノボカイン　1230e
農芸化学　744i	脳ホルモン　802e	ノボタン　1648₄₃
脳血栓　1063f	脳膜　1065b	ノボタン科　1648₄₃
脳腱黄色腫症　886e, 1461a	濃密体　971d	ノボビオシン　942e, 1068d
農耕　1063e	農薬　1066d	ノボリリュウ　1616₇
脳梗塞　1063f	膿瘍　1066e	ノボリリュウ科　1616₇
脳後方内分泌腺群　1063b	脳容積　977b	ノボロギク　1652₃₇
嚢腔類　1578₁₆	農用地土壌汚染防止法　1003c	ノマルスキー光学系　1161d
脳固定装置　1065d	脳梁　860c	ノミノツヅリ　1650₄₆
濃彩網　1665₂₃	能力適応　175b	ノミバエ　1601₂₅
嚢細胞　554j	膿瘻　1498e	ノミピンコウ　1611₂₆
ノウサギ　1576₃₁	脳鷺曲　1063d	ノミ目　1601₁₈
農作物　537f	ノガリヤス　1647₃₅	ノムタケ　1617₂₁
ノウサンゴ　1557₅₈	ノカルジア　1066f	ノムシタケ科　1617₂₁
嚢子　290d, 583f	ノカルディア　1066f, 1536₃₉	ノモゲネシス　690e
脳磁図法　1144c	ノカルディア科　1536₃₉	ノヤシ　1647₃
脳室　1063g	ノカルディオイデス科　1537₄₆	ノランデラ目　1628₃₁
脳室周囲器官　1063h	ノカルディオプシス科　1538₅	海苔　1068a
脳褶曲　1063d	ノカルドミコール酸　1353g	ノーリアン階　550f
濃縮空胞　494a	ノガン　1571₃₈	ノリカイメン　1554₂₆
濃縮係数　1063i	ノガン目　1571₃₈	乗換え　442j
脳出血　1064a	ノガンモドキ　1571₄₀	乗換え価　442j
脳-消化管ホルモン　654d	ノガンモドキ目　1571₄₀	乗換え単位　443f
嚢状花被　806a	芒　1292d	乗換え抑制因子　444d
嚢状体　333i, 1064b	ノキシノブ　1644₃	ノリマキ　1633₁₁
嚢状葉　1064c	ノギテカン　272d	ノリミアナタケ　1625₁
嚢状卵胞　1064d	ノギラン　1646₁₇	ノルアドレナリン　1068f
濃色効果　1064e	ノグチゲラ　1572₃₇	ノルウェーレミング　1576₄₄
脳心筋炎ウイルス　1140a, 1521₁₆	野口英世　1067a	ノルエピネフリン　1068f
脳神経　1064f	ノグルミ　1649₂₁	ノルシネフリン　164e
脳神経節　697c, 986g	ノコギリエイ　1565₁₀	ノルバリン　1068g
膿清　1062c	ノコギリエイ目　1565₁₀	ノルフロキサシン　298a
脳脊髄液　1064g	ノコギリガザミ　1598₁₁	ノルマンゴケ　1610₄₂
脳脊髄液脳関門　398d, 653e	ノコギリザメ　1565₇	ノルマンタナイス　1597₂₆
脳脊髄神経系　1065a	ノコギリザメ目　1565₇	ノルロイシン　1068h
脳脊髄膜　1065b	ノコギリシダ　1643₅₁	ノロ　1576₁₁
嚢舌亜綱　1584₆	ノコギリヒトデ　1560₅₂	ノロウイルス属　1522₁₇
ノウゼンカズラ　1652₂₁	ノーザン法　1067c	ノロオタマボヤ　1563₁₂
ノウゼンカズラ科　1652₂₁	ノシセプチン　1067c	野呂元丈　1331d
ノウゼンハレン　1649₅₆	ノシセプチン受容体　1067c	ノロミジンコ　1594₃₉
ノウゼンハレン科　1649₅₆	ノジリマイシン　982d[表]	ノンコーディングRNA　1139i
脳膿　1393h	ノストック科　1541₃₀	ノンバーバルコミュニケーション　1068i
脳足縦連合　630g	ノストック目　1541₂₇	ノンレム睡眠　1491g
脳塞栓　1063f	ノスリ　1571₃₄	ノンレム睡眠誘発ペプチド　727a
嚢堆　1296g	ノースロップ　1067d	
脳代謝賦活薬　597d	ノダウイルス科　1522₄₃	
ノウタケ　1625₄₂	ノタチン　366e	ハ
嚢虫　1065c	ノダムラウイルス　1522₄₄	
脳-腸管ペプチド　496f, 654d, 1044i	nodal 遺伝子　545b	葉　1069a
脳定位固定装置　1065d	Nodal シグナル　1021g	歯　34j, 1069b
脳底褶　1066b	ノックス　847h	場(発生の)　1071a
脳電図　967e, 1065f	KNOX 遺伝子族　1067e	バー　1071b
脳頭蓋　698c	Notch 細胞内ドメイン　1067f	

把握弁　831a
ハアザミ　1652₁₉
胚　**1072**a
肺　**1072**b
胚圧搾汁　1084i
ハイアット　**1072**c
Bial反応　172a
胚域　1253f
配位子　1452g
胚移植　**1072**d
ハイイロクスクス　1574₂₅
ハイイロクズチャワンタケ　1614₄₇
ハイイロサカズキタケ　1626₄₅
ハイイロジネズミオポッサム　1574₇
ハイイロシメジ　1626₄₆
灰色新月環　1073a
灰色半月環　1073a
灰色三日月環　**1073**a
ハイイロミズナギドリ　1571₁₈
ハイイロリングテイル　1574₂₅
胚運動　**1073**b
媒液　1080a
バイエル板　**1073**c
肺炎球菌　1073d
肺炎双球菌　1073d
肺炎連鎖球菌　**1073**d, 1543₁₆
バイオアエロゾル　292i
バイオアッセイ　771d
バイオイメージング　**1073**e
バイオインスパイアード　1075f
バイオインフォマティクス　**1073**f
ハイオウギ　1657₂₁
バイオサイバネティクス　520b
バイオシステマティクス　**1073**g
バイオストローム　**1074**a
バイオスフェア　773a
バイオセンサー　**1074**b
バイオゾーン　223c
バイオータ　773f
バイオチップ　**1074**c
バイオテクノロジー　773b
バイオテレメトリー　**1074**d
バイオトロン　**1074**e
バイオニア相　305c
バイオニアニューロン　**1074**f
バイオニクス　**1074**g, 1075f
バイオハザード　**1074**h
バイオハーム　**1074**i
バイオバンク　**1074**j
バイオファクター　**1074**k
バイオフィルム　**1075**a
バイオプシー　**1075**b
バイオマイシン　1274e
バイオマス　773h
バイオマット　**1075**c
バイオマテリアル　**1075**d
バイオミネラリゼーション　**1075**e
バイオミネラル　1075e
バイオミメティクス　**1075**f
バイオーム　**1075**g
バイオーム型　1075g
バイオメカニクス　**1075**h
バイオリアクター　**1076**a
バイオリズム　776g
バイオレオロジー　777a
バイオレメディエーション　**1076**b
胚化　1106g
媒介昆虫　916b
媒介虫　87a
媒介動物　267f
倍加核　888d
倍加期間　827a
胚殻　847c
背角　783d, **1076**c
背芽茎　212f

胚下腔　**1076**d
倍加時間　**1076**e
胚下周縁質　620a
倍加線量　**1076**f
胚芽層　294a, 1168i
肺活量　1090b
バイカナマコ　1562₂₉
倍加半数体　**1076**g
胚管　1089a
胚環　**1076**h
肺管　**1076**i
杯眼　1373b, 1393h
背眼　**1077**a
肺癌　**1077**b
肺換気量　254g
胚幹細胞　1083a
背鰭　794h
背気管支　1076i
排気組織　**1077**c
倍脚類　1404e
胚球　**1077**d
胚休眠　313e
肺胸膜　322h
ハイギョ目　1567₇
肺魚類　165f, 442i, 1027c
黴菌　234d
配偶型　462f
配偶行動　**1077**e
配偶子　**1077**f
配偶子還元　**1077**g
配偶子形成　**1077**h
配偶システム　**1077**i
配偶子生殖　755j
配偶子接合　**1078**a
配偶子致死　**1078**c
配偶子取り引き　**1078**d
配偶子嚢　**1078**e
配偶子嚢接合　**1078**f
配偶子配偶子嚢接合　**1078**g
配偶子不稔性　**1078**h
配偶子母細胞　**1078**i
配偶子母細胞嚢　**1078**j
配偶子母体　1078i
配偶子母体嚢　1078j
配偶者ガード　**1078**k
配偶者選択　**1078**l
配偶者認知システム　643f
配偶者防衛　1078k
配偶子融合　638a
配偶世代　1078m
配偶体　**1078**m
配偶体型自家不和合性　560d
配偶体世代　1410g
配偶体嚢　1078j
ハイグロマイシン　813d
ハイグロマイシンB　30a
胚形成　**1079**a
背景絶滅　**1079**b
胚系列　207a
敗血症　**1079**c
胚結節　1087e
胚原細胞群　817e
胚孔　**1079**d
背甲　428e
背腔　66a
肺溝　673h
背光型網膜　1393h
背甲目　1594₃₂
肺呼吸　470a, 470c, **1079**e
肺呼吸型循環系　**1079**f
ハイゴケ　1640₆₀
ハイゴケ科　1640₆₀
ハイゴケ上目　1640₂₆
ハイコケムシ　1579₃₄

ハイゴケ目　1640₄₂
背根　783e
バイコンタ　**1079**g
バイコンタ上界　1629₁₉
配座　506d
杯細胞　1059e, 1060g
胚細胞　757e
胚細胞性腫瘍　**1079**h
背索　625e, 697c
バイサルファイトシークエンス法　**1079**i
胚子　1072a
背枝　783e
配子　**1077**f
背軸　446b
胚軸　73d, **1079**j
胚軸芽　89f
胚軸面　1088e
媒質　**1080**a
胚珠　**1080**b
胚珠心　636e
胚種説　1468b
排出　**1080**c
排出管　187b, 977k
排出器官　710d, **1080**d
排出器内腔　708a
排出孔　**1080**e
排出腔窩　**1080**f
排出腔陥　1080f
排出腔中隔　831e, 1159a
排出腔嚢　921b
排出腺　1080f
排出細胞　803d
排出速度　751d
排出嚢　**1080**g
排出物質　**1081**a
胚盾, 胚楯　**1081**b
肺循環　398a, 1079f
肺書　682g
胚条　1083i
杯状花序　**1081**c
杯状器官　856e
杯状細胞　1060g
杯状体　**1081**d
胚上皮　758a
肺静脈　1079f
杯状葉　1064c
排除限界　416c
背腎　465h
排水　**1081**e
排水細胞　1081f
排水腺　1081e
排水組織　909a, **1081**f
排水毛　1081f
倍数系列　1081g
倍数種　**1081**g, 1081h
倍数性　**1081**h
倍数性単為生殖　1039d
倍数性半数体　1122e
倍数体　1081h
倍数体育種　**1082**a
倍数体化　410h
倍数体複合　**1082**b
倍数単相体　1122e
バイスタンダー効果　**1082**c
媒精　**1082**d
胚性幹細胞　**1083**a
胚性癌腫　1079h
胚性癌腫細胞　**1083**b
胚性腫瘍細胞　1083b
胚生成　1079a
媒精反応　**1083**c
バイセクト　1432j
排泄　1080c
排泄管　625e
排泄腔　831a

排泄囊　1080g	胚嚢細胞　**1086**e	培養　**1089**i
排泄物　1081a	胚嚢母細胞　1086d	培養液　720b, 1084g
胚腺　**1083**e	ハイノキ　1651₂₀	培養基　1084g
媒染剤　**1083**f	ハイノキ科　1651₂₀	培養検査　**1089**j
馬医草紙　1331d	π-π*遷移　**1086**f	培養細胞　**1089**k
背側外套　184a	胚培養　**1086**g	胚様体　282d, 1207h
背側隔膜　159g	胚発生　**1087**a	培養体細胞株　**1090**a
背側経路　559b, 1294c	バイパーの法則　1454d	胚葉動物　704c
背足枝　88h, 836b	バイパピローマウイルス属　1516₃₉	肺容量　**1090**b
背側枝　783e	バイハマボッス　1651₁₅	排卵　**1090**c
背側肢　88h	ハイパーモルフ　84f	胚卵黄腺　1083e, 1442b
背側小舌　519e	胚斑　**1087**b	排卵数　217f
背側大動脈　858f	胚板　**1087**c	排卵ホルモン　462g
背側大動脈-生殖器-中腎領域　401e	胚盤　765d	排卵誘発剤　872k
背側腸間膜　920b	胚盤　765d, **1087**d	排卵抑制剤　386c
背側脳室隆起　184a, 860c	胚盤細胞　871b	背隆起　1021b
背側板　838i	胚反応　1073b, 1084d	杯竜類　**1090**d
背側皮質　184a, 860c	胚盤胞　**1087**e	配列循環変異　**1090**e
背側付属器　1321f	胚盤葉　47d, **1088**a, 1089e	配列の複雑度　411c
背側プラコード　1214d	胚盤葉下層　491i, 1021g, 1088b	バイロイド　104e
胚組織　**1083**h	胚盤葉上層　**1088**b	背肋　1502b
バイソラックス複合体　1319a	胚盤葉明域　491i	バイロジェン　1108d
胚体　1079j, 1442f	胚被　1087c	ハインツ小体　**1090**f
胚帯　**1083**i	ハイヒモゴケ　1640₅₇	バインディン　813b
媒体　1080a	ハイヒモゴケ科　1640₅₇	ハインロート　**1090**g
胚体域　**1083**j	倍尾類　1598₁₅	ハヴァース管　1090h
胚体外域　**1084**a	ハイファル・ボディ　1249g	ハヴァース系　**1090**h
胚体外血管　1084a	背腹極性決定遺伝子　781e	ハヴァース層板　482f, 1090h
胚体外体腔　1084a, 1442e	背腹筋　**1088**c, 1428g	Bauer反応　594c
胚体外中胚葉　1084a	背腹軸　**1088**d	ハーヴィ　**1091**a
胚体外内胚葉　**1084**b	背腹性　**1088**e	バウエロミケス科　1603₃
胚体外胚層　1442e	胚付属膜　1089c	ハウエル-ジョリー小体　**1091**b
胚体外胚盤葉　1084a	バイブタケ　1626₁₆	ハウエルズ　**1091**c
胚体外胞胚葉　1084c	背部中胚葉　152e	ハウシップ窩　1095d
胚体外膜　**1084**c	背部突起　697c	ハウス　1302g
胚帯伸長　**1084**d	パイプモデル　**1088**f	ハウスキーピング遺伝子　604j, **1091**d
胚帯短縮　1084d	ハイブリダイゼーション(核酸の)　**1088**g	ハウチワ　1634₄₇
胚体内血管　1084a	ハイブリッド HRGP　1157b	バウヒン　1291d
胚体内体腔　**1084**e	ハイブリッドーマ　**1088**h	バウリアゴケ　1615₄₀
胚脱皮　1084f	配分　**1088**i	バウリ反応　931d, 1145b
ハイダニ　1590₁₁	胚柄　**1089**a	バウル　**1091**e
背単眼　882b	肺ペスト　149c	パヴロフ　**1091**f
培地　**1084**g	肺胞　1072b	ハエ亜目　1601₂₃
背地効果　**1084**h	胚胞　1443b	ハエカビ　1604₁₈
胚致死　904c	胚帽　926e	ハエカビ亜門　1604₁₃
背地適応　1084h	ハイボウイルス科　1522₃₁	ハエカビ科　1604₁₈
胚抽出物　**1084**i	ハイボウイルス属　1522₃₂	ハエカビ目　1604₁₄
胚中心　**1085**a	背方化　**1089**c	ハエジゴク　1650₄₃
背中腺　**1085**b	背方化因子　693f	ハエダニ　1590₁₂
ハイツ　**1085**c	肺胞気量　571g	ハエドクソウ　1652₁₄
胚接木　1072d	肺胞上皮　1072b	ハエドクソウ科　1652₁₄
ハイツゴケ科　1639₁₇	肺胞上皮細胞　1072b	ハエトリソウ　673a, 1650₄₃
ハイツゴケ目　1639₁₆	背縫線　976d	ハエ媒　996d
ハイデ　935e, 1144f	肺胞大食細胞　687d	ハエ目　1601₁₉
肺笛　1076i	背方中軸　912a	ハエ類　90c
ハイデルベルク原人　1085d	肺胞マクロファージ　840c, 1339h	バオバブ　1650₁₈
ハイデルベルク人　**1085**d	ハイプラスト　72g	パオリダ目　1599₁
ハイデンハイン　**1085**e	ハイポモルフ　84f, 865b	ハオリムシ綱　1585₆
配糖化酵素　402c	ハイラゴケ　1642₄₇	ハオリムシ動物門　1585₇
配糖体　**1085**f	バイポーラ出芽　641b	ハオリワムシ　1578₃₅
配糖体結合　1085f	胚本体　1077d	破壊的撹乱　513c
肺動脈　1079f	胚膜　**1089**e	破壊的寄生　1203h
梅毒　738h, **1085**g	ハイマツゴケ　1612₅₂	破壊ボックス　510d
梅毒トレポネーマ　1550₁₉	ハイマンス-ファンデンベルグ反応　1173c	バカガイ　1582₂₀
ハイドロイド　913b	背脈管　858f, **1089**f	破瓜型　**1091**g
ハイドロゲノソーム　**1086**a, 1360b	背面腎細胞　66b	馬学　994g
ハイドロパシー　**1086**b	バイモ　1646₃₅	バーカー効果　**1091**h
ハイドロパシー・プロット　1086b	バイモウイルス属　1522₄₉	バーカー帯　1091h
バイナップル　1647₂₂	背盲嚢　89g	バーガーの方法　710a
バイナップル科　1647₂₂	ハイモール洞　655c	ハカマウラボシ　1644₂
バイナリーベクター　8c	肺門　1401d	ハガヤスデ　1594₁₅
胚乳　**1086**c	杯葉　1064c	ハガレセンチュウ　1587₃₀
肺嚢　682d, 1072b	胚葉　**1089**h	ハギ　1648₅₁
背嚢　1063h		バキアスクス科　1612₁₀
胚嚢　**1086**d		掃込　1185f

和文

バキコルムス目 1565₄₂
バーギー式分類 1096b
バキシリン 529b, 1333l
バキスポラ科 1605₆
バーキットリンパ腫 1091i, 1358a
バキテン期 1091j
バキネマ 1091j
バキプレウロサウルス目 1568₃₁
バキュロウイルス 1092a
バキュロウイルス科 1515₂₂
バキュロウイルスベクター 103c, 1092a
パーキンサス綱 1662₁
パーキンサス目 1662₂
パーキンソア門 1662₁
パーキンソン病 602e, 860b, 1007f, **1092**b
バーグ **1092**c
白亜紀 **1092**d
白化 42c, 244a, **1092**e
麦芽 445h
麦芽糖 1346a
白筋 782b
白筋繊維 782b
ハクサイ 1650₁
ハクサンチドリ 1646₄₂
白色素細胞 563f
白色素胞 563f
白質 **1092**f
白色アルカリ土 39a
白色筋 782b
白色脂肪組織 227j
白色体 **1092**g
白色脾髄 1148e
ハクジラ亜目 1576₃
薄心類 982c
ハクスリ(A.F.) **1092**h
ハクスリ(H.E.) **1092**i
ハクスリ(J.S.) **1092**j
ハクスリ(T.H.) **1092**k
ハクスリ線 107e
ハクスリ層 384a
ハクセキレイ 1572₅₅
白癬 692b
バクセン酸 **1093**a
薄層クロマトグラフィー 376b
薄束 783d
白体 **1093**b
ハグチコケムシ 1579₃₇
ハクチョウ 1571₁₂
バクテリア 508b
バクテリア人工染色体 1102d
バクテリア超界 1093c
バクテリアドメイン **1093**c
バクテリアフィトクロム 1183a
バクテリオヴォラクス科 1547₂₆
バクテリオクロロフィル **1093**d
バクテリオシン **1093**e
バクテリオファージ **1093**f
バクテリオフェオフィチン 1187b
バクテリオロドプシン **1093**g, 1503e
バクテロイデス 1539₁₀
バクテロイデス科 1539₉
バクテロイデス綱 1539₆
バクテロイデス目 1539₅
バクテロイデス門 **1094**a, 1539₄
バクテロイド 506h
バクテンゴケ 1612₅₂
白点虫 1660₃₈
バクトイソプレノール 1094b
バクトプレン 413b
バクトプレノール **1094**b
バクトリテス目 1582₄₇
白内障 **1094**c
薄嚢シダ類 269e
薄嚢性 1296e

バクノキベ科 1620₁₀
バクノキベ目 1620₉
爆発音 1100g
爆発的進化 **1094**d
爆発の発生 1094d
薄板 1439g
白板症 801f
白斑性母斑 1318b
薄皮 186e
ハクビシン 1575₄₈
白脾髄 1148b
博物学 **1094**e
博物誌 1094e
薄片生検 1075b
バークホルデリア科 1546₄₈
バークホルデリア目 1546₄₀
白膜 759i, **1094**f
薄膜 186e
薄膜胎座 849g
薄明視 558k, **1094**g
薄明薄暮性 181d
麦門冬 544a
拍容量 712d
はぐらかし 1167e, 1292e
はぐらかし行動 287f
はぐらかし装置 1377g
バクリタキセル **1095**a
ハグルマケイソウ 1654₃₅
ハグロドリ 1572₄₄
ハクロビア亜界 1113f, 1665₄₃
バクロブトラゾール 677b
ハゲイトウ 1650₄₉
爬型類 **1095**b
刷毛縁 539e
ハーゲン–ポアズイユの式 **1095**c
爬行目 1581₇
ハコエビ 1572₅₉
箱形クラゲ 1095e
ハコクモヒトデ類 868d
ハコクラゲ 1555₄₈
ハコクラゲ亜目 1555₄₈
破骨細胞 **1095**d, 1195e
バコニシア目 1594₃₁
ハコネサンショウウオ 1567₄₂
ハコベ 1650₄₈
箱虫綱 1556₁₄
箱虫類 **1095**e
ハゴロモ 1635₁
ハゴロモモ 1645₂₁
ハゴロモモ科 1645₂₁
破砕胃 841f
葉先 1420i
鋏, 螯 **1095**f
ハサミアジサシ 1571₅₇
ハサミコムシ 1598₁₇
ハサミコムシ亜目 1598₁₇
ハサミシャコエビ 1597₅₄
ハサミムシ目 1599₆
ハーシー 1096a
把持 1305i
ハーシェイ **1096**a
バージェイ式分類 1096b
ハーシェイ–チェイスの実験 **1096**c
バージェス頁岩 **1096**d
バシオドントゥス亜綱 1586₃₉
バシオドントゥス目 1586₄₁
はしかウイルス 1341c, 1520₉
ハジカミゴケ 1614₂₁
バーシカン 1235c
ハシカンボク 1648₄₃
はじきだし運動 **1096**e
バシクルモン 1651₄₆
梯子形神経系 **1096**f
ハシゴクラゲ 1555₃₁
梯子–状接合 789b

はしご説 189f
バーシコン **1096**g
バシディオボルス科 1603₂₈
バシディオボルス目 1603₂₇
バシトラシン **1096**h
ハシビロコウ 1571₂₇
ハシブトガラス 1572₅₀
ハシブトセンニョムシクイ 1572₅₂
ハジメノミゾモドキケイソウ 1655₂₉
ハジメノミゾモドキケイソウ目 1655₂₉
橋本春雄 **1097**a
橋本病 40g
把手細胞 616f, 828c
バショウ 1647₁₅
波状縁 1095d
バショウ科 1647₁₅
波状更新 712e
バショウゴケ 1610₃₀
バー小体 135b, 759e
破傷風菌 **1097**b, 1543₂₉
破傷風毒素 **1097**c
波状膜 1109c
波状木理 1396f
場所細胞 **1097**d
場所説 198f
場所ニューロン 1097d
柱細胞 495g
ハシリグモ 1592₂₀
ハシリダニ 1590₂₂
ハシリダニ下目 1590₂₂
ハシリドコロ 21e
ハス 1648₃
ハース **1097**e
ハズ 1329b, 1649₃₈
ハス科 1648₃
パス解析 **1097**f
パスツレラ 1549₄₂
パスツレラ科 1549₃₉
パスツレラ目 1549₃₈
パステウリア科 1542₃₉
パストゥール **1097**g
パストゥール効果 **1097**h
ハースト現象 555f
ハスノハカズラ 1647₅₂
ハスノハギリ 1645₄₆
ハスノハギリ科 1645₄₆
ハスノミケイソウ 1654₄₂
ハスノミケイソウ目 1654₄₂
パス反応 **1098**a
ハスフネケイソウ 1665₄₆
派生形質共有 323f
破生細胞間隙 **1098**b
破生通気間隙 934e
派生的形質状態 179b, 323f
破生分泌組織 1251c
バセドウ病 **1098**c
パーセプトロン **1098**d
長谷部言人 **1098**e
ハゼラン 1650₅₅
パソトシン 468c
バソプレシン **1098**f
ハダイロガサ 1626₅
ハタオリドリ 1572₅₉
ハダカイワシ 1566₁₈
ハダカイワシ目 1566₁₈
ハダカウミヒモ 1581₁₁
ハダカエボシ 1595₄₅
ハダカカメガイ 1584₂
ハダカカワウミユリ 1560₁₇
ハダカゾウクラゲ 1583₄₆
ハダカデバネズミ 1576₅₅
旗口クラゲ類 1556₂₅
ハタケゴケモドキ科 1637₉
ハタゴイソギンチャク 1557₄₉
パタゴニアオポッサム 1574₇

ハタザオ　1650₃
バタスモンキー　1575₃₉
ハーダー腺　**1098**g
パターソン　**1098**h
葉畳み　232h
ハダナミケイソウ　1655₅₇
ハダニ下目　1590₃₇
ハタネズミ　1576₄₅
働き蟻　1507e
働き蜂　342k, 1507e
働き蜂房　831g
パターン形成（発生の）　**1098**i
パターン情報　1099a
破綻性出血　641d
パターン調節　325h
パターン認識　1099a
パターン認識受容体　635f, 1383j
パターン分岐学　1099b
ハタンポ　1566₅₃
ハチ亜目　1601₄₇
ハチェック小窩　217j
ハチクイ　1572₂₈
ハチクイ亜目　1572₂₈
ハチクイモドキ　1572₂₆
鉢クラゲ　353h, 1099d
鉢クラゲ類　140c, 1099d
ハチジョウシダ　1643₃₅
蜂須賀線　776d
ハチスタケ　1619₄₆
ハチ毒　1001d
ハチドリ亜目　1572₁₉
パチーニ小体　**1099**c
8の字ダンス　1360a
蜂巣胃　1122c
ハチノスカビ　1610₅₃
ハチノスカビ科　1610₅₃
ハチノスカビ目　1610₅₂
ハチノスサンゴ　1557₇
ハチノスサンゴ亜目　1557₇
ハチノスサンゴ目　1557₆
鉢ポリプ　729b, 1099d
蜂蜜　238b
鉢虫綱　1556₂₀
鉢虫類　**1099**d
ハチ目　1601₄₅
爬虫綱　1568₅
爬虫類　**1099**e
爬虫類学　1100a
バチルス　**1100**b, 1542₂₈
バチルス科　1542₂₇
バチルス綱　1542₂₂
バチルス目　1542₂₃
八連球菌　309e
ハチワレ　1564₄₆
八腕形目　1583₁₉
八腕類　988d
罰　315n
発育因子　1124h
発育限界温度　**1100**c, 1407f
発育ゼロ点　1100c, 1407f
発育阻害ペプチド　**1100**d
発育段階　**1100**e
発育不全　389d
発育零点　1100c
発エルゴン反応　**1100**f
発音　**1100**g
発音器官　1067g, 1100g
ハッカ　1652₁₂
発芽　**1101**a
発芽管　**1101**b
麦角　**1101**c
麦角アルカロイド　930c, **1101**d
バッカクキン　1617₁₄
麦角菌　**1101**e
バッカクキン科　1617₁₃

バッカクタケ　1617₁₈
麦角中毒症　1413e
発芽孔　1101b
発芽後成長　1101a
発芽スリット　1101b
発芽阻害　1471c
発芽促進　730c
パッカード　**1101**f
ハツカネズミ　1576₄₅
ハッカ油　779b
発芽率　1101a
発汗　**1101**g
発がん　**1101**h
発眼期　**1102**a
発がん二段階説　1394b
発がんの染色体説　808d
発汗反射　685d
発がん物質　**1102**b
発がんプロモーター　196c, 1329b
発甘味団　1354b
白瘢病　553h
白金耳　**1102**c
白金針　1102c
バックグラウンド効果　1084h
ハックスリ　1092h, 1092i, 1092j, 1092k
罰系　572g
白血球　**1102**d
白血球エラスターゼ　146f
白血球ジストロフィー症　209g
白血球接着不全症　1314d
白血球ローリング現象　798b
白血病　**1102**f
白血病ウイルス　**1103**a
白血病細胞　481c
発現振動　855h
発現度　1166l
発現ベクター　1264h
発光　775d
発酵，醱酵　**1103**b
発酵管　**1103**c
発光器　**1104**a
発光器官　1104a
発光菌類　**1104**b
発光酵素　1481i
発光細菌　**1104**c, 1104f
発光植物　**1104**d
発光性深海魚類　1104a
発光腺　1160g
発香腺　1105a
発光素　1482c
薄光層　189f
発光蛋白質　**1104**e
発光動物　1104d, **1104**f
発光分光分析法　975f
薄甲目　1596₂₂
発香鱗　**1105**a
発根阻害物質　1327c
発根誘導物質　1327c
ハッサル小体　**1105**b
発散投射説　1020h
パッシェン小体　988a
発射レベル　230b
発情　**1105**c
発情間期　1105d
発情期　1105d
発情後期　1105d
発情期　**1105**d
発情前期　1105d
発情ホルモン　131e, 585b
発情ホルモン物質　1105e
発色基質　**1105**f
発色性基質　1105f
発色団　562c
発生　**1105**g
発声　589c, **1106**a

発生暗号　813d
発生異常　584j
発生遺伝学　77a, **1106**b
発声運動経路　109b
発生運命地図　1430l
発生学　**1106**c
発生機構学　592f
発生規準表　1106i
発生特異性　**1106**e
発生逆行　**1106**f
発生拘束　453e, 1107a
発生消失過程　871e
発生生物学　**1106**g
発生生理学　**1106**h
発生段階表　1106i
発生的制約　**1107**a
発生的不穏性　1209g
発生能　**1107**b, 1431a
発生負荷　**1107**c
発生率　1452h
パッセンジャー蛋白質　404c
バッタ亜目　1599₂₆
八田三郎　**1107**d
八田線　776d
発達心理学　1133c
発達段階　460h
バッタ目　1599₂₂
ハッチ　**1107**e
パッチクランプ法　**1107**f
パッチダイナミックス　305c
バッチ培養　**1107**g
ハッチンソン　**1107**h
ハッチンソン=ギルフォード症候群　834e
発電器官　**1108**a
発電魚　**1108**b
発動器電位　294e
HAT 培地　**1108**c
発熱　553g
発熱因子　1108d
発熱原　**1108**d
発熱物質　1108d
ハツバキ　1649₅₀
八放海綿目　1554₁₀
八放サンゴ亜綱　1557₁₇
発味原子団　1354b
発味団　1354b
バツリン　1333l
発話交代　192b
バテイカイメン　1555₄
バテイクラゲ　1555₄₉
バーティクルガン　80e
バーディージャコブーモノの実験　1461f
馬蹄腎　1108e
バティスティア科　1618₈
馬蹄鉄腎　**1108**e
ハーディーワインベルクの法則　**1108**f
バーディング　**1109**a
バーテックスモデル　797b
バテュリバクター科　1538₃₂
バテラミケス科　1602₄₇
バテラリア科　1607₁₆
バテラリア目　1607₁₅
バテリ腺　**1109**b
バテリナ綱　1580₂
バテリナ目　1580₃
ハーデン-ヤングエステル　1226b
波動の生成　1216b
バドゥナウイルス属　1518₂₃
波動膜　430g, **1109**c
バトー症候群　807b
ハドソン　**1109**d
ハードニング　**1109**e
ハトムギ　1647₃₆
歯止め機構　303e
ハト目　1572₁

ハートライン 1109f	花虫類 1110h	バヒアグラス 1304g
バトラコウイルス属 1514[44]	花芽 193b	ハビタット 760j
バトラコトキシン 237o	ハナヤギ 1557[28]	バビラ 1043f
ハードリチカ 1279e	ハナヤギウミヒドラ 1555[33]	ハビリス原人 1320h
花 1109g	ハナヤサイサンゴ 1557[58]	バビルーサ 1576[9]
鼻 1109h	ハナヤスリ亜綱 1642[32]	パピルス 1647[29]
ハナアブ 1601[24]	ハナヤスリ科 1617[43]	パピローマウイルス 1113b
ハナイ 1646[2]	ハナヤスリ目 1642[33]	パピローマウイルス科 1516[8]
ハナイカ 1583[21]	歯並び 1069b	ハブ 1569[8]
ハナイ科 1646[2]	ハナラビケイソウ 1655[52]	バフ 1113c
ハナイカダ 1652[25]	バナール 1111a	パプア亜区 165f
ハナイカダ科 1652[25]	離れザル 892b	バー部位 1071b
ハナウド 1652[50]	遠爪目 1588[15]	バフィニウイルス属 1521[1]
ハナウリクサ 1652[8]	ハナレヅメ類 1588[15]	バブウイルス属 1518[4]
ハナウロコタケ 1624[30]	ハナレハリタケ 1625[5]	パーフォリン 330f, 1383j
ハナエダスイクダムシ 1659[52]	ハナワクラゲ 1555[50]	ハブカズラ 1645[5]
ハナエロビア科 1543[57]	ハニーガイド 1111b	ハブクラゲ 1556[15]
ハナエロビア目 1543[56]	バニコイド型 1111c	ハブケイソウ 1655[55]
ハナカゴ 1595[51]	バニコウイルス属 1523[9]	ハプテラ 1113d
ハナカゴ亜目 1595[51]	パニッツァ孔 1111d	ハプテロン 664c
ハナガサクラゲ 1556[4]	埴原和郎 1111e	ハプテン 437g, 1113e
ハナガササンゴ 1557[56]	馬尿酸 1111f	ハプトグロッサ目 1654[4]
ハナガタサンゴ 1557[56]	バニラ 1646[49]	ハプトグロブリン 404d
ハナギンチャク亜目 1558[13]	羽 111g, 1111g	ハプトシスト 311c, 1300g
ハナギンチャク目 1558[12]	翅 1111h	ハプト植物 1113f
ハナクマムシ 1588[7]	ハネアシダニ 1591[7]	ハプト植物門 1113f, 1666[10]
ハナクラゲ目 1555[26]	ハネウチワツノサンゴ 1558[11]	ハプト藻 1113f
バナグロライムス目 1587[30]	ハネウデボソヒトデ 1560[39]	ハプトネマ 1113f
花形質 1110d	ハネウミヒドラ 1555[34]	ハプトベントス 1287i
ハナゲヒルガタワムシ 1578[31]	ハネオツパイ 1575[18]	パープル腺 586a
ハナゴケ 1612[21]	跳ね返り現象 1112a	ハプログナチア目 1578[15]
ハナゴケ科 1612[21]	ハネカクシ 1600[59]	ハプロサ科 1618[2]
ハナサキフサゴカイ 1585[10]	ハネカクシ下目 1600[58]	ハプロズーン目 1662[18]
ハナザラコケムシ 1579[29]	羽型一毛菌類 535c	ハプロタイプ 438c, 1113g
バナジウム 1110a	ハネガヤ 1555[45], 1647[42]	ハプロバ藻綱 1666[12]
バナジウム細胞 1110b	羽換わり 251b	ハプロバ目 1666[13]
バナジウム色素原 1110c	ハネキシン 486d	ハプロ胞子虫目 1664[33]
ハナシノブ 1651[8]	ハネクラゲ類 1556[32]	ハプロIV 73g
ハナシノブ科 1651[8]	ハネクロガシラ 1657[17]	バフンウニ 1562[9]
ハナシャコ 1596[25]	ハネケイソウ 1655[47]	バベシア目 1661[38]
花シュート頂 756d	ハネゴケ 1638[11]	バーベック顆粒 1445b
ハナショウブ 1646[51]	ハネゴケ科 1638[11]	ハヘラ科 1549[27]
花生態学 1110d	ハネコケムシ 1579[22]	barbel 域 224c
鼻茸 1325d	ハネネズミ 1574[36]	ハボウキガイ 1582[7]
ハナダニ 1590[13]	ハネネズミ目 1574[36]	ハボウキゴカイ 1585[16]
花束期 1110e	羽づくろい 370e, 1112b	ハボウキゴカイ目 1585[15]
ハナヅトガイ 1583[44]	バーネット 1112c	パポーバウイルス 1113b, 1322g
ハナデンシャ 1584[15]	パネット 1112d	ハマウツボ 289e, 1652[17]
バナドクロム 1110c	パネット細胞 1112e	ハマウツボ科 1652[16]
ハナドリ 1572[51]	ハネトビダニ 1590[20]	ハマオモト 1646[56]
ハナトリカブト 1647[56]	ハネナシギボシムシ 1562[53]	ハマオモト線 1113h
バナナ 1647[15]	ハネハリカイメン 1554[42]	ハマギギ 1566[7]
ハナナガネズミカンガルー 1574[29]	ハネモ 1634[48]	ハマキクバゴケ 1612[46]
ハナナガバンディクート 1574[18]	ハネモ目 1634[47]	ハマクマムシ 1588[7]
バナナケイソウ 1655[30]	場の理論(心理学の) 1112f	ハマグリ 1582[20]
バナナバンチートップウイルス 1518[4]	ハーバー 1112g	ハマグリゼニゴケ 1637[12]
ハナバチ 996d	パパイヤ 1649[58]	ハマグリゼニゴケ科 1637[12]
ハナバチネジレバネ 1601[12]	パパイヤ科 1649[58]	ハマゴウ 1652[13]
ハナバチ媒 996d	パパイン 582j, 1112h	ハマザクロ 1648[39]
ハナヒナノチャワンタケ 1615[1]	母親への愛着 1g	ハマサンゴ 1557[58]
ハナビラゴケ 1613[23]	パパガセ 1581[26]	ハマジンチョウ 1652[6]
ハナビラゴケ科 1613[22]	ババシゴシキドリ 1572[34]	ハマダラカ 1601[20]
ハナビラタケ 1624[53]	ハハジマアコウショウロ 1627[44]	ハマダンゴムシ 1597[10]
ハナビラタケ科 1624[53]	ハハジママホラゴケ 1642[45]	ハマダンゴムシ亜目 1597[10]
ハナビワムシ 1578[42]	ハバチ 1601[46]	ハマトビウオ 1566[32]
ハナビワムシ目 1578[42]	ハバチ亜目 1601[46]	ハマナス 1648[60]
鼻ブラコード 308c, 1109h	パバニコロウ染色 1008k	ハマビシ 1648[46]
花ポリプ 1110h	ハバノリ 1657[31]	ハマビシ科 1648[46]
バナマソウ 1646[26]	パパベリン 25c	ハマビシ目 1648[45]
バナマソウ科 1646[26]	ハバモドキ 1657[34]	ハマミズナ 1650[57]
ハナミズキ 1651[1]	ババヤスデ 1594[11]	ハマミズナ科 1650[57]
ハナミョウガ 1647[19]	ババヤスデ亜目 1594[11]	ハマワラジムシ 1597[7]
ハナムグリ 1600[60]	ハーバーラント 1112i	バーミアーゼ 977d
花虫綱 1556[33]	ハーバリウム 1112j	ハミルトン 1113i
花虫口道 1110h	バーバンク 1113a	

ハミルトンの規則　1292h	パラフィン　1303g	バルク輸送　451a
ハムスター　1576₄₃	パラフィン切片法　793f	春コムギ　1335j
ハムスター口腔乳頭腫ウイルス　1516₃₉	パラフシカブトガニ亜目　1589₁₉	バルサ科　1618₅₆
バーム油　1117j	パラフシグモ　1592₁₁	バルサム　633e
ハムレット　1078d	パラフシグモ亜目　1592₁₀	バルジ　1116f
葉芽　1420f	バラ胞子　1115i	ハルジオン　1652₃₅
ハモ　1565₅₅	バラ胞子嚢　1115i	パルスチェイス分析法　1116g
ハモリダニ　1590₂₇	パラポックスウイルス属　1517₅	パルスフィールドゲル電気泳動法　1116h
ハモリダニ下目　1590₂₇	パラボド目　1631₃₆	ハルダー腺　1098g
速い順応　681a	パラミオシン　1115j	ハルツァー　1116i
速い速筋繊維　835e	パラミクサ目　1664₃₇	パルティティウイルス科　1519₁₇
速い痛覚　934a	パラミクソウイルス　1115k	パルティティウイルス属　1519₂₄
早いもの勝ち型　1077i	パラミクソウイルス亜科　1520₆	ハルティヒ・ネット　333i
早田文蔵　1114a	パラミクソウイルス科　1520₅	パルテレティア科　1619₅₅
ハヤトウリ　1649₁₃	パラミクチビルケイソウ　1655₃₇	ハルトゼーカー　1117a
ハヤブサ　1571₃₇	ハラミヤ目　1573₄₈	バルトネラ　1117b, 1545₂₇
ハヤブサ目　1571₃₇	パラミューテーション　1115l	バルトネラ科　1545₂₇
腹　1088e, 1114b	パラミロン　1115m	ハルトマン　1117c
ハラー　1114c	バラ目　1648₅₆	バルトリヌス　1117d
バラ　1648₆₀	パラモヒース　1144f	バルトリン腺　815i, 1047b
パラアミノ安息香酸　1114d	ハラー鈴状体　1494d	バルナウイルス科　1522₅
パラアミノサリチル酸　736g	パラレクトタイプ　863g	バルナウイルス属　1522₆
パラアミノ馬尿酸　1114e	パラロガス　1151i	ハルニレ　1649₃
パラアミノベンゼンスルホンアミド	パラログ　651i	ハルパクチス目　1595₁₃
546g	ハラン　1646₅₉	バルビアニ目　1632₄₁
払いのけ反射　321d	ブランチジウム　1659₁₀	バルビアニ環　1117e
パラインフルエンザウイルス　1115k	ハリアナゴ科　1614₁₅	バルビアニの卵黄核　1441c
バラ科　1648₅₇	バリア目　1632₄₀	バルビツール酸　30f
パラカゼイン　222a	ハリアンギア科　1547₆₁	バルビトモナス綱　1629₂₃
バラ冠　919f	ハリイ　1647₃₀	バルビトモナス目　1629₂₄
ハラー器官　194c	ハリウデウミサソリ　1589₃₄	バルブアルブミン　1117f
パラキシアルロッド　1415i	ハリエンジュ　1648₅₂	バルフォア　1117g
パラクモヒトデ　1561₁₈	ハリオアマツバメ　1572₁₇	バルベイホコリ　1629₁₁
パラクラミディア科　1540₁₉	ハリオカメケイソウ　1655₂₀	ハルペラ科　1604₄₀
パラグロムス科　1605₂₀	ハリカイメン　1554₃₃	ハルペラ目　1604₃₉
パラグロムス綱　1605₁₈	ハリガネキノリ　1612₄₁	バルボウイルス　1117h
パラグロムス目　1605₁₉	ハリガネゴケ　1640₉	バルボウイルス亜科　1518₇
バラ血友病　128d	ハリガネゴケ科　1640₉	バルボウイルス科　1518₆
パラケルスス　1114f	ハリガネムシ目　1586₁₉	バルボウイルス属　1518₁₂
パラコアグレーション　1114g	ハリガネムシ類　1481e	バルボウイルス B19　1117h
パラコート　1114h	ハリクノス　658f	ハルボキトリウム科　1603₈
パラコノドント　486g	ハリクリプトゥス目　1588₂	春播き性程度　1335j
パラージ現象　1114i	ハリグワ　1649₇	パルマ藻綱　1655₅₈
パラージ反応　1114i	ハリケイソウ　1655₁₆	パルマ目　1655₅₉
バラ状果　1115a	ハリケン　1571₁₂	ハルマリン　1117i
ハーラー症候群　964e	バリコサウイルス属　1520₄₇	ハルマンアルカロイド　1117i
腹白粒　431a	針細胞　1163b	パルミチン酸　1117j
パラシンビオシス　319b	ハリサシカビ　1604₃₀	パルミトオレイン酸　1118a
パラス　1115b	ハリサシカビモドキ　1604₄	パルミトレイン酸　1118a
ハラスジケイソウ　1655₂₅	ハリサシカビモドキ科　1604₃	ハルミン　1117i
ハラスジケイソウ目　1655₂₅	針生検　1075b	パルムラリア科　1608₃
パラスペックル　199d	ハリセンチュウ　1587₃₃	パルメラ期　1118b
パラソル細胞　559b	ハリセンボン　1566₆₂	パルメラ状　1118b
パラタイプ　863g	針装置　1163b	パルメラ状群体　1118b
ハラタケ　1625₄₁	ハリソン　1116a	パルモフィルム目　1634₇
ハラタケ亜綱　1625₃₇	ハリタイヨウチュウ　1666₃₂	パレオコビダ目　1596₁₆
ハラタケ亜門　1622₅₃	ハリタケモドキ　1625₃₅	パレオニスカス目　1565₂₅
ハラタケ科　1625₄₁	ハリテリウム亜目　1574₄₃	パレコウイルス属　1140a, 1521₂₁
ハラタケ綱　1623₂₇	ハリネズミ形目　1575₅	パレット　1147h
ハラタケ目　1625₃₉	ハリヒメウズムシ　1577₃₅	パレード　1115c
パラーデ　1115c	針紐虫綱　1580₄₇	ハレム　1118c
パラディ　1115c	ハリフソロス目　1654₃	ハーレム　1118c
パラディニウム目　1664₃₆	ハリホコリ　1629₁₂	バレリアン酸　293c
パラトス　1115d	ハリホコリ目　1629₁₁	バレリン酸　293c
パラトルモン　1195e	ハリモグラ　1573₄₅	バレル皮質　1118d
パーラーニ　1115e	ハリヤマゴケ科　1640₁₃	バレンキメラ　912c
パラニューロン　1115f	ハリヤマスイクダムシ　1659₄₅	バレンクラゲ　1555₅₂
パラバサリア　1194a	場理論　1112f	波浪　922b
パラバサリア上綱　1629₃₆	バリン　1116b	ハロキプリス目　1596₁₁
バラバトリー　836l	バリングラミシジン　356a	ハロゲンフェノール　602d
パラビオーシス　1115g	バリンドローム　1116c	ハロサ亜界　1652₅₂
腹襞　1115h	バール　1116d	バロジオプシス科　1608₅
腹鰭　934a	パール　1116e	ハロスフェリア科　1617₅₄
ハラビロウミサソリ　1589₃₃	パルヴァルキュラ科　1545₂₃	バロセプター　17f
パラフィソモナス目　1656₂₃	パルヴァルキュラ目　1545₂₂	ハロセン　1341e

ハロオバチルス科　1549₁
バロチン　867a
パロディエラ科　1609₄₅
バロニア　1634₄₃
ハロバクテリア科　1534₂₇
ハロバクテリア綱　1534₂₅
ハロバクテリア目　1534₂₆
ハロバクテリウムファージφH　1514₁₀
ハロバクテロイデス科　1543₅₉
ハロプラズマ科　1550₃₆
ハロプラズマ目　1550₃₅
ハロメバクテリア綱　1534₂₅
ハロモナス科　1549₂₈
パロロ　403h
ハロロドプシン　1487f
ハワイ亜区　864f
パン　1571₄₅
盤　1118e
半陰陽　1118f
半永久保存死体　1349a
攀縁茎　1430e
攀縁根　283g
攀援植物　937c
攀縁植物　937c
半縁壁孔対　1263f
般化　570f
パンカイメン　1554₃₆
半殻帯　1132f
盤殻類　1579₄₅
ハンカケケイソウ　1655₅₁
ハンカケケイソウ目　1655₅₀
半化石　222c
ハンカチノキ　1651₅
盤割　1118g
半規管　1118h
汎気候　847i
晩期受容器電位　1136a
半奇静脈　287h
半寄生　289b, 289e
半球間裂　860c
反響　1452d
反響回路　1118i
反響定位　173b, 1118j
蟠曲子嚢体　348f
半巨大型　553h
ハンクス液　780c
パンクレオチミン　496f
パンゲア　865a
パンゲア大陸　1315e
板形動物　915d, 1119a
板形動物門　1558₂₈
ハンゲショウ　1645₃₄
半月歯　1069b
半月周期性　922g, 1119b
半月周性　1119b
半月周リズム　1119b
半月神経節　507j
半月紋　1119c
パンゲネシス　1119d
パンケン　1572₉
パンゲン　530c
パンゲン説　1119d
反口極　436f
半交叉　580f
反口触手　670b, 1325c
半合成ペニシリン　1268a
パン酵母　1119e
パンコマイシン　359e, 532a
瘢痕　1119f
板根　1057b, 1119g
半鰓　145e
晩材　824i
板鰓亜綱　1564₃₂
半栽培　519h
半細胞　931a

伴細胞　1119h
板鰓類　1027h, 1505e
半索動物　1120a
半索動物門　1562₃₅
反作用　545g, 1120b, 1125e
半座類　1557₃₆
パンジー　1649₅₁
半翅蓋　1120c
半翅類　1600₃₀
盤子器　603f
半翅鞘　805d, 1120c
半自然林　972f
半歯目　1575₃
板歯目　1568₃₀
反射　958a, 1120e
半社会性　615e
反射器　1104a
反射弓　1120f
反射緊張　1121a
反射係数　1125c
反射弧　1120f
反射細胞　1104a
反射時　1121b
反射時間　1121b
反射小板　562e, 563f
反射神経　253h
反射中枢　1120f
反射の広がり　394b
反射抑制神経　1429c
反射連鎖　914e
半種　644g
晩熟性　828f
播種性血管内凝固症候群　705a
板状器官　876f
盤状クリステ類　1415i
盤状原腸胚　1088a
板状厚角組織　432d
半鞘翅　1120c
盤状胎盤　861e
板状中心柱　1121c, 1299e
ハンショウヅル　1647₅₈
板状動物　1119a
板状分裂組織　1121d
盤状胞　1300g
盤状胞胚　1121e
繁殖　755j, 1121f
繁殖価　1121g
繁殖可能性　1209g
繁殖期　1121h
繁殖システム　1077i
繁殖成功　1121i
繁殖努力　1121j
繁殖なわばり　1027b
繁殖能力　554i
繁殖のコスト　1122a
繁殖不能性　1209g
繁殖胞　1302b
繁殖保証モデル　580b
板肢類　1588₃₁
半水生菌　722a
反芻　1122b
反芻胃　1122c
半数植物　890d
半数性　1122d
半数性単為生殖　1039a
半数体　1122e
半数体育種法　1076g
反芻動物　1122b
ハンストレーム器官　134c
パンスペルミア説　1122f
伴性　1122g
伴性遺伝　1122h
伴性遺伝性魚鱗癬　330c
伴生種　959f

汎生殖集団　1123b
晩成性　828f
伴性致死遺伝子　904c
伴性導入　143b
汎生物地理学　372g, 773k
伴性無γ-グロブリン血症　1389f
半接合体　1276c
半接着斑　1276e
半染色分体のキアズマ　1324c
ハンセン病　1123c, 1334a
反前面繊毛　329i
半象牙質　1069b
半側空間無視　1123d
反足細胞　1086d
板足類　1562₃₀
パンソモナディダ目　1665₁₃
ハンソン　1123f
汎存種　1123g
ハンター　1123h
パンダー　1124a
反対咬合　439e
反対色説　549h, 726b
半胎盤　861e
半帯類　1560₃₂
ハンタウイルス属　1520₃₀
ハンター症候群　964e
ハンタンウイルス　1520₃₀
半致死遺伝子　904c
パンチ生検　1075b
半地中植物　1124c
パンチ病　1177h
半着生植物　1124d
反跳現象　1112a
ハンチントン病　1014a
ハンディキャップ説　1124e
ハンディキャップの原理　568c
バンディクート目　1574₁₇
バンティング　1124f
バンティング　2i
ハンティング反応　276b
汎適応症候群　1124g
パンテチン　1124h
パンテテイン　1124h
パンテテイン-4′-リン酸　11e, 1124h
パンテノール　1125d
パンデミア　1124i
パンデミック　1124i
パンデル核　1436j
反転　197b
反転期　1124j
反転成虫原基　765c
反転性脳脱　296f
反転電位　1260e
ハント　1125a
バンド　1125b
パントイン酸-β-アラニンリガーゼ　1125d
ハンドウイルカ　1576₆
半頭蓋　1371a
半透過性　1125c
半頭型幼虫　1371b
半倒生　1080b
半透性　1125c
半透膜　709c, 1125c
N-D-パントテノイル-β-アミノエタンチオール　1124h
パントテン酸　1125d
パントテン酸シンテターゼ　1125d
パントラクトン　1125d
パントレステス目　1574₅₇
バンナウイルス　1519₃₅
ハンニチバナ　1650₂₆
ハンニチバナ科　1650₂₆
汎熱帯種　1123g
反応　161a, 1125e

ヒカソ　1807

ヒ

反応拡散系　**1125**f
反応拡散方程式　728a
反応拡散モデル　1098i
反応機構依拠型酵素不活化剤　575f
反応規準　1166e
反応時　1125g
反応資格　161b
反応時間　805b
反応中心　1085a, **1125**h
反応中心クロロフィル　378c
反応中心クロロフィル蛋白質複合体　378d
反応中心バクテリオクロロフィル　1093c
反応中心複合体　440b, 441c, 1125h
反応特異性　455d
反応能　161b
反応ポテンシャル　620i
ハンノキ　1649₂₃
バンノキ　1649₆
ハンノキイグチ　1627₂₀
半胚　**1126**a
半倍数性決定　748b
ハンバーガー　**1126**b
パンパス　**1126**c
パンパスグラス　1647₃₆
晩発影響　1297e
反発行動　960b
汎発性血管内血液凝固　405g
反発説　1423f
半被殻　1132f
板皮綱　1564₁₁
半被実性　884j, 885a
板皮類　**1126**d
反復　42b
反復親　1398g
反復興奮　**1126**e
反復再生　514b
反復刺激　**1126**f
反復刺激後過分極　**1126**g
反復刺激後増強　**1126**h
反復囚人のジレンマゲーム　624e
反復生殖　**1126**i
反復説　775a
反復配列　**1126**j
反復発生　419c, 1126i
反復平均法　683d
反復名　**1127**a
反復戻し交雑　1398f
晩腐病　891c
ハンブルガー現象　**1127**b
ハンブルガーシフト　1127b
判別関数　**1127**d
判別寄主　426a
判別宿主　426b
判別文　**1127**c
判別分析　1127d
半紡錘体　**1127**e
半保存的複製　**1127**f
ハンマーヘッド型リボザイム　104e
ハンマルケイソウ　1654₃₅
バンミクシー　**1128**a
ハンミョウ　1600₅₂
繁茂　352e
斑紋　352f
半莢　1403c
反矢じり端　7a
バンヤノキ　1650₁₉
半有縁壁孔対　1263f, 1406d
半葉法　328a
半落葉性　1434e
盤竜類　1573₅
半輪生花　239c
バンレイシ　1645₄₃
バンレイシ科　1645₄₃
半矮性　**1128**b

PIN 蛋白質　164c
PI3 キナーゼ　1326g
PI3,4,5-三リン酸　1129b
PI3K 経路　**1129**a
PI4,5-二リン酸　1129a
PI4-リン酸　1129a
ヒアシンス　1646₆₀
ヒアラエア科　1618₁₇
Pr 型　1183a
PR 酵素　1134g
PR 蛋白質　**1129**b
ビアモスクス目　1573₁₆
ヒアルロナン　1129d
ヒアルロニダーゼ　**1129**c
ヒアルロネート　1129d
ヒアルロノグルクロニダーゼ　1129c
ヒアルロノグルコサミニダーゼ　1129c
ヒアルロン酸　**1129**d
ヒアルロン酸リアーゼ　1129c
非維管束植物　1641₄₂
非閾物質　507i, 1045e
ヒイシサンゴ　1557g
ヒイシサンゴ亜目　1557g
P_1 型プリン受容体　19e
B-1 細胞　1140e
P1 様ウイルス　1514₅
pet 変異体　470e
非遺伝的変異　**1130**a
ヒイラギ　1566₄₈
ヒイラギナンテン　1647₅₃
ヒイロチャワンタケ　1616₁₆
ヒイロハリタケ　1624₂₆
ヒイロミコブタケ　1619₄₃
ヒインコ　1572₇
微小作用　93d
P 因子　**1130**b
$\Delta 2,2'(3H,3'H)$-ビ[1H-インドール]-3,3'-ジオン　93e
P-V 曲線法　**1130**c
P-V 法　1130c
ビウレット反応　894b, **1130**d
ヒエ　1647₃₇
非永続的伝搬　118e, 916b
Ph¹ 染色体　1102f, 1185e
pH 指示薬　578b
pH スタット　**1130**f
脾エキソヌクレアーゼ　1173d
BS 系　632g
ピエドライア科　1608₃₉
ヒエニア目　1642₂₅
非A非B型肝炎ウイルス　252a
Pfr 暗失活　1183a
Pfr 暗反転　1183a
Pfr 型　1183a
PM アーゼ　1475a
PML ボディ　**1131**b
BMP 骨形成蛋白質　1131d
BMP2/4 シグナル　**1131**c
BMP ファミリー　**1131**d
ピエリジジン A　970d
PL 鎖　1350c
非 LTR 型レトロトランスポゾン　1130b, 1489f
ヒオウギ　1646₅₁
ビオゲン　**1131**e
ビオシアニン　**1131**f
ビオシチン　1131g
ビオシン　1093e
dl-ヒオスシアミン　21e
ビオスIIb　1131g

ビオタ　773f
火落酸　1381c
ビオチニダーゼ　1131g
ビオチン　**1131**g
ビオチン結合蛋白質　14f
ビオチン酵素　1131g
ビオチンラベル　**1132**a
ヒオドシエビ　1597₄₃
ビオトープ　760j, **1132**b
ビオドン目　1565₅₉
ビオネクトリア科　1617₈
P/O 比　549b
ビオフォア　**1132**c
ビオプテリン　1208c
ビオラキサンチン　23j, 284k, 285a
皮果　**1132**d
鼻窩　308c
尾芽　**1132**e
被害管理　1404g
被蓋骨　479g
被蓋上皮　663b
被蓋脊髄路　723a
非階層クラスター分析　354b
被蓋膜　187h
尾芽期　1132e
皮下筋肉　1138e
皮下筋肉層　1138e
皮殻　208c, 371h
被殻　860b, 860c, **1132**f
鼻殻　1028b
比較解剖学　**1132**g
比較形態学　690g, **1133**a
比較ゲノム　**1133**b
比較行動学　995d
非核酸系逆転写酵素阻害剤　429i, 1159b
ビカクシダ　1644₄
比較心理学　**1133**c
比較生化学　**1133**d
被核生物　689e
比較生物学　**1133**d
比較生理学　**1133**e
比較生理生化学　1133e
比較の方法　1133d
微顎動物　**1133**f
微顎動物門　1578₂₄
比較認知科学　995g
比較認知論　995g
比較発生学　690g, **1133**g
比較病理学　1170a
比較法　632a, 1133d
比較モデリング法　1458g
ヒカゲウラベニタケ　1625₅₉
ヒカゲタケ　1625₄₀
ヒカゲノイト　1633₃₇
ヒカゲノカズラ　1642₉
ヒカゲノカズラ亜門　1642₄
ヒカゲノカズラ綱　1642₇
ヒカゲノカズラ目　1642₉
ヒカゲノカズラ類　**1133**h
皮下骨板　483e
ヒガサウミシダ　1560₂₃
皮下座　574e
ヒガシスジツムギヤスデ　1593₄₄
ヒガシスジツムギヤスデ亜目　1593₄₄
東太平洋区　97c
東太平洋障壁　**1133**i
ヒガシナメクジウオ　1563₈
東ブラジル地方　688c
皮下脂肪　11f, 1134c
皮下脂肪組織　11f, 1134c
皮下受精　**1134**a
東ユーラシア人　703f
微化石　**1134**b
非画像形成視覚　558k
非画像形成光応答　558k

皮下組織　**1134**c
B 型インフルエンザウイルス　1520[39]
B 型インフルエンザ属　1520[39]
P 型 ATP アーゼ　135g
B 型肝炎ウイルス　1518[31]
B 型粒子　1489e
光アフィニティーラベリング　23i
光依存型プロトクロロフィリド還元酵素
　　133k
ヒカリウミウシ　1584[16]
ヒカリウミエラ　1557[36]
光運動　**1134**d
光栄養細菌　**1134**e
光栄養生物　440h
光回復　47e, **1134**f
光回復酵素　**1134**g
光活動性　488h, 1137c
光感覚　**1134**h
光環境　**1134**i
光吸収　710b
光強度　468f
光驚動性　**1135**a
ヒカリキンメダイ　1566[36]
光屈性　**1135**b, 1250c
光傾性　388h
光形態形成　**1135**c
光原形質流動　419a
光効果器　431h
光呼吸　**1135**d
ヒカリゴケ　1639[44]
ヒカリゴケ科　1639[44]
光混合栄養　440h
光再活性化酵素　1134g
光散乱　**1135**e
光資源　1134i
光周期情報　1381f
光従属栄養　440h
光受容器　1077a, **1135**f
光受容器官　1135f
光受容器電位　**1136**a
光受容細胞　656b, 1136b
光受容体　**1136**b
光情報伝達(視覚の)　**1136**c
光親和性標識　23i
光生物学　**1136**d
ヒカリゼニゴケ　1637[5]
ヒカリゼニゴケ科　1637[5]
光増感　**1137**a
光走性　**1137**b, 1250c
光走速性　**1137**c
光阻害(光合成の)　**1137**d
光退色過程(ロドプシンの)　1503d
光退色蛍光減衰　385d
光退色後蛍光回復　385d
ヒカリチヒロエビ　1597[36]
光中断　**1137**f
光定位反応　1137b
光動力作用　**1137**g
光による制御　440b
光発芽　**1137**h
光発芽種子　1137h
光発芽胞子　1137h
光反射　981i
光平衡状態　1183a
光変換　**1138**a
光防護　**1138**b
光補償点　845d, 1307b
ヒカリボヤ　1563[16]
ヒカリボヤ亜綱　1563[15]
光無機栄養生物　440h
ヒカリモ　1656[30]
光誘導電位　1138c
光誘導膜電位　**1138**c
光要因　1134i
光力学作用　1137g

皮幹筋　1138e
ヒガンバナ　1646[56]
ヒガンバナ科　1646[55]
非完備花　267e
尾鰭　168d
ビキア科　1606[12]
ヒキガエル　237o
微気候　1138d
引込み　989h
微気象　**1138**d
微気象学　1138d
ヒキツリヤスデ　1593[37]
ヒキツリヤスデ亜目　1593[36]
ヒキツリヤスデ目　1593[31]
尾鋏　1095f, 1164f
非競合法　1434g
非共生発芽　319e
非競争的阻害　320f, 455a
非協力平衡解　412e
非局在型動原体　1245c
非局在化励起子　1484d
尾極細胞　325f
尾棘毛　328c
ビギロモナデア綱　1653[35]
皮筋　**1138**f
ヒギンズ幼生　981h
皮筋節　855h
皮筋層　1138e
ヒコイドリ　1570[55]
ヒコイドリ目　1570[55]
鼻腔　1109h
ピクシジオフォラ科　1611[47]
ピクシジオフォラ目　1611[46]
ピクトリウイルス属　1519[52]
ピクノダス目　1565[39]
ヒグマ　1575[54]
ピグミー　512g
ピグメントシスト　1300g
ヒクラゲ　1556[16]
ピグリカン　1235c
ヒグリン　1240b
ビーグル号　865g
ヒグルマヒトデ　1560[40]
ピクロフィルス科　1535[12]
ひげ　407d
鬚　302d, **1138**e
鼻型　**1138**g
尾型一毛菌類　936e
非経口的消化　653i
鼻型分類　1138g
非計量　1480g
BK ウイルス　1322g
ヒゲウミシダ　1560[22]
ヒゲエビ亜科　1595[26]
ヒゲエビ目　1595[27]
ヒゲカビ　1603[46]
ヒゲカビ科　1603[46]
ヒゲクジラ亜目　1576[1]
ヒゲクジラ類　388f
ヒゲゴケ　1640[53]
ヒゲゴケ科　1614[1], 1641[39]
ヒゲゴケムシ　1579[28]
ヒゲサキ　1575[35]
PKC シグナル　**1138**h
ヒゲダニ　1590[46]
非結合構造　966a
ヒゲツダニ　1590[58]
ヒゲツダニ下目　1590[57]
非決定的卵割　406g
ひげ根　**1139**a
ひげ根系　501c
ヒゲハリスゲ　1647[30]
P-K 反応　643b
ヒゲヒザラガイ　1581[25]
ヒゲマワリ　1635[39]

ヒゲムシクイ　1572[50]
ヒゲムシ綱　1585[4]
ヒゲヤスデ　1593[32]
ヒゲヤスデ亜目　1593[32]
ビゲーラ型　74g
尾剣　1147f
ビコイド蛋白質　566f
肥厚　1149b
被甲　**1139**d, 1505b
飛蝗　**1139**e
鼻孔　313c, 1109h
ビコウイルス亜科　1514[18]
鼻甲介　1109h
鼻口蓋管　1404b
ビコウカイダニ　1590[51]
肥厚期　939d
微好気性　**1139**f
微好気性菌　435a
飛行筋　1428g
被甲綱　1579[20]
被甲綱　1659[17]
尾腔綱　1581[16]
非構造性炭水化物　985d
ビコウダウイルス科　1515[31]
ビコウダウイルス属　1515[32]
非合法名　959e, 1547[26]
被甲目　1574[49], 1659[18]
被喉類　1579[20]
ビコエカ綱　1653[11]
ビコエカ目　1653[13]
P5C 還元酵素　1240b
P5C 脱水素酵素　1240b
微古生物学　**1139**g
ビコソエカ綱　1653[11]
ビコソエカ目　1653[13]
ビコソエカ門　1653[9]
皮骨　**1139**h
尾骨　784d
鼻骨　698c
腓骨静脈　921e
皮骨頭蓋　668c
非古典的 Wnt 経路　104j, 1263a
非コード RNA　**1139**i
ビコドナウイルス　1117h
非コード領域　**1139**j
ビコビリ藻類　1666[37]
ビコビルナウイルス科　1519[25]
ビコビルナウイルス属　1519[26]
ビコファグス綱　1656[14]
ビコファグス目　1656[15]
ビコプランクトン　1220e
ビコルナウイルス　**1140**a
ビコルナウイルス科　1521[13]
ビコルナウイルス目　1521[5]
ビコゲノモナス科　1548[19]
脾コロニー法　**1140**b
微砂　1005b
皮鰓　1156b
尾鰓　**1140**d
微細糸　1143d
微細種　644g
微細藻　834b
微細藻類　764g
P サイト　1325i, 1464c
B 細胞　**1140**e
P 細胞　1397b
B 細胞抗原受容体　1383j
B 細胞受容体　438c, 1140e, 1386a
非細胞植物　**1140**f
B 細胞性腫瘍　1478a
非細胞生物　883b
B 細胞レセプター　1228g
ヒザオリ　1636[6]
ヒサカキ　1651[11]
皮索　750f

ヒタキ　1809

脾索　1148e	微小循環　1143c	ビスマルク褐染色　863
尾索動物　**1140**g	微小生息地　760j	p38 MAPK 経路　**1146**d
尾索動物亜門　1563[10]	微小生息場所　1283f	皮臍　1266a
ヒザグモ　1592[20]	微小遷移　799c	非正型再生　**1146**e
尾索類　1140g	微小繊維　1143d	非正式名　1634[5]
尾坐骨　784d	微小染色体対　1143e	比成長率　1260d
ヒサシダニ　1590[41]	微小柱　524c	非正統的組換え　82i, 1148h
ビサチン　1182k	微小転移　1143f	微生物　**1146**f
ヒザラガイ　1581[24]	微小電極　1143g	微生物遺伝学　**1146**g
ヒザラガイ綱　878b	微小プランクトン　1220e	微生物学　**1147**a
ヒ酸　**1141**a	脾静脈　920e	微生物株保存機関　332e, 472c, 770e
ヒ酸効果　1141a	尾静脈　714f, 1143h	微生物コンソーシアム　**1147**b
非酸素発生型光合成　509c	微小毛　660j	微生物食物連鎖　1147e
ヒシ　1648[39]	被鞘幼虫　1143i	微生物生態学　**1147**c
皮歯　113c	眉上隆起　254e	非生物セストン　786d
PCA 反応　643b	被食者-捕食者関係　679a	微生物増殖因子　1131g
Bcl-2 ファミリー　**1141**c	被食者-捕食者相互作用　**1144**a	非生物セストン　786d
ヒシガタケイソウ　1655[44]	被食植物　371g	非生物的合成　812c
被子器　603b	被食速度　751d	微生物農薬　775c
ヒジキ　1657[48]	被食分散　635a	微生物皮膜　1075c
P 式　396a	ビショップ　**1144**b	微生物分類学　**1147**d
ヒジキゴケ　1640[19]	ビシリケッチア科　1549[55]	微生物ループ　1147c, 1147e
ヒジキゴケ科　1640[19]	ヒジリタケ　1624[44]	皮性棒状小体　1301c
ヒジキゴケ目　1640[18]	ビシリン　634c	皮節　855h
被刺激性　**1141**d	非翅類　1599[4]	尾節　**1147**f
被刺激性形体　1141d	微翅類　1601[18]	非石灰海綿類　912c
非自己　1388h	非神経性光感覚　1161a	非摂食型幼生　791f
被子植物　**1141**f	非侵襲性イメージング　**1144**c	非接触性動物　477e
被子植物綱　1645[16]	ヒス　**1144**d	ビゼラ科　1608[15]
被子植物時代　704f	ヒス (Jr.)　**1144**e	P-セルロース　56b
鼻示数　1138f	ヒース　**1144**f	P-セレクチン　798b
皮脂腺　1160g	ビーズアレイ法　**1144**g	皮腺　1160g
尾脂腺　**1147**i	非水相　**1144**h	尾栓　**1147**h
皮質　186b, 718b, **1141**g	非錐体細胞　861a	尾扇　1147f
皮質延髄路　723c	ヒス 1 ウイルス　1517[22]	尾腺　803d, **1147**i
皮質原形質　181c	非水溶性封入剤　1186g	鼻腺　**1148**a
皮質細胞質　181c	ヒスイラン　1646[48]	ビゼンクラゲ　1556[31]
被実性　884j, 885a	ビスケットゴケ　1613[44]	ビゼンクラゲ亜目　1556[30]
皮質内臓病理学　1059a	ビスジアミン　**1144**i	ビゼンクラゲ目　1556[27]
皮質内側核　1287f	ヒス束　570e	非線形力学系　727g
bZIP 型転写因子　23j	ヒスタミナーゼ　32d	尾腺綱　803d
bZIP 蛋白質　1497e	ヒスタミン　29b, **1144**j	比旋光度　804a
ヒシバッタ　1600[1]	ヒスタミン受容体　**1145**a	B 染色体　217d
ヒシマトウダイ　1566[38]	ヒスチジン　**375**e	非選択遺伝子　813d, **1148**b
ヒシモドキ　1652[5]	ヒスチジン-アスパラギン酸 (His-Asp) リン酸リレー系　518a	非選択的除草剤　680e
ビシャー　**1141**h		ヒゼンダニ　1590[51]
ヒシャクゴケ　1638[17]	ヒスチジンキナーゼ　518a, 1037d	鼻前頭縫合中点　258b
ヒシャクゴケ科　1638[17]	ヒスチジン血症　1145c	ヒ素　**1148**c
尾褶　1083j, 1427b	ヒスチジン脱アンモニア酵素　**1145**c	皮層　616f, 758a, 1100b, **1148**d
微絨毛　574g, **1142**a	ヒスチジン脱カルボキシル酵素　**1145**d	脾臓　**1148**e
非主要組織適合抗原　840f	ヒスチジン脱炭酸酵素　1145d	B 層　**1148**f
非受容体型チロシンキナーゼ　1175d	ヒスチジンデアミナーゼ　1145c	皮層維管束　**1148**g
非循環的光リン酸化　468g	ヒスチジンデカルボキシラーゼ　1145d	脾臓コロニー形成単位　1140b
尾鞘　752e	ヒスチダーゼ　1145c	皮層小孔　720e
微小核　80e	ヒステランギウム科　1627[44]	非造礁サンゴ　549i
尾状核　860b, 860c	ヒステランギウム目　1627[42]	皮層走査　1148g
微小核雑種法　809b	ビストサウルス類　349h	非相同　1321a
尾状花序　**1142**b	ヒストピン　168e	非相同組換え　**1148**h
微小顆粒構造域　204g	ヒストプラズマ症　692b	非相同的組換え　82i
微小管　**1142**c	ヒストン　375e, **1145**e	ひだ, 襞 (菌類の)　**1148**i
微小管依存性モーター蛋白質　1397d	ヒストン遺伝子座スペックル　199d	額　**1149**a
微小管形成中心　**1142**d	ヒストン mRNA　1322d	肥大　**1149**b
微小管結合蛋白質　**1142**e	ヒストンコア　1050a	尾帯　1091h
微小気管　281c	ヒストンコード仮説　**1145**f	非対合　1205h
飛翔筋　577e, 800c, 1428g	ヒストンシャペロン　**1146**a	非代謝性誘導物質　**1149**c, 1413c
微小形葉　1461d	ヒストン修飾　**1146**b	非対称　826a
微小検圧法　1142f	ヒストン八量体　1050a	非対称の転写　**1149**d
非条件つき戦略　821a	ヒストンバリアント　**1146**c	非対称二価染色体　1209a
微小呼吸測定法　1142f	ヒストンフォールド　1145e	非対称分裂　**1149**e
微小骨片　704b	ビスナウイルス感染症　743a	肥大成長　**1149**f
微小細胞　**1142**g	ヒスナビディカルボミケス科　1619[19]	非ダーウィン進化　**1149**g
微小細胞　80e	1,7-ビス (4-ヒドロキシ-3-メトキシフェニル)-1, 6-ヘプタジエン-3,5-ジオン　364d	日高敏隆　1149h
微小糸　1143a		ビタカンファー　662e
微小シナプス後電位　**1143**a		ビダー器官　**1149**i
微小終板電位　**1143**b	ビスホスファチジン酸　1309b	ヒダギンチャク　1557[51]

和文

1810　ヒタキ

ヒダギンチャク亜目　1557₅₁
ヒダサカズキタケ　1626₄₄
ピーターセン法　1167b
脾脱疽病　890f
ヒダテラ　1645₂₀
ヒダテラ科　1645₂₀
ヒダハタケ　1627₂₁
ヒダハタケ科　1627₂₀
ヒダベリイソギンチャク　1557₄₇
ヒダホテイタケ　1626₄₉
ビタミン　1149j
ビタミン A　1150a, 1487e
ビタミン A₂　1150b
ビタミン A アルデヒド　1487e
ビタミン A 過剰症　1150a
ビタミン B₁　898c, 899a
ビタミン B₂　1466g
ビタミン B₆　1170g, 1171a, 1171c, 1171d
ビタミン B₁₂　487e, 1379c
ビタミン B₁₂ 補酵素　18h
ビタミン B₁₂ 類　487e
ビタミン B_c　1422f
ビタミン B_T　246d
ビタミン C　12b
ビタミン D　1151f
ビタミン D₂　148k
ビタミン E　1151g
ビタミン F　1153d
ビタミン G　1466g
ビタミン H　1131g
ビタミン H'　1114g
ビタミン K　1151h
ビタミン K₁　1186c
ビタミン K₂　471c
ビタミン K 依存性カルボキシラーゼ
　1152a
ビタミン M　1422f
ビタミン P　1152b
ビタミン拮抗体　1152c
ビタミン欠乏症　12b
ビタミン様作用物質　1152d
ビダラビン　465a
左利き　1286i
左巻　1153a, 1336a
左巻きらせん構造　940d
B 端　7a
P 端　7a
尾端骨　784d
非蛋白質性アミノ酸　28a
尾端光受容器　255f
鼻中隔　1109h
鼻中隔軟骨　1109h
皮中神経目　1558₃₇
尾虫類　1140g, 1563₁₁
尾腸　442f, 1132k
非調和湖　474d
尾椎　784d
非対合　1205h
非対合性損傷　943e
B 痛覚　934b
引っ掻き反射　1153c
ビッグバン　194d
ヒツジ　1576₁₅
ヒツジアデノウイルス D　1515₁₀
ヒツジ顎下腺ムチン　227b
ヒツジグサ　1645₂₂
ヒツジ科　1624₅₀
ヒツジ痘ウイルス　1516₆₀
必須アミノ酸　1192c
必須遺伝子　904₂, 1091d
必須元素　749e
必須脂肪酸　1153f
必須性拮抗　293a
ビッソロマ科　1612₁₈
ヒット　869h

ピット器官　781h
ピットコネクション　1153e
ヒット説　869h
ピットプラグ　1153e
泌乳　1153f
泌乳刺激ホルモン　1239c
ヒッパーディア目　1656₂₈
引張りあて材　18a
ヒップリカーゼ　1111f
ヒッポクラテス　1153h
蹄　936i
ビティウイルス属　1521₅₄
P-D 器官　1153i
BT 剤　775c
PTC 味盲　1363a
PD リング　1256j
ビテコカメラ目　1562₄₁
ビテラリア　352d
ビテリン　1154a
ビテリン膜外層蛋白質　1449c
ビテロゲニン　1154b
ビテロジェニン　1154b
非典型的な三量体 G 蛋白質経路　589i
非伝染病　1154b
ヒト　1154c, 1575₃₉
日度　1407f
被度　1154d
ヒトアストロウイルス　1522₄
ヒトアデノウイルス C　1515₁₃
ヒト RS ウイルス　1520₁₅
ビート萎黄ウイルス　1522₂₃
脾洞　1148e
尾筒　167g
非同化器官　1088f
非働化血清　405b
非同義置換　903c
非同期飛行筋　800c
P 動作　1183c
P-糖蛋白質　1154e
非等方性分子運動　702g
尾動脈　1154f
ビトゥリアスピス目　1564₉
非同類交配　462j
ヒトエガイ　1584₉
ヒトエガイ亜目　1584₈
ヒトエカンザシ　1585₃
ヒトエグサ　1634₂₇
ビートえそ性葉脈黄化ウイルス　1523₁₉
ヒトエラゴカイ目　1584₃₄
ヒトエンテロウイルス C　1521₁₇
ヒト化　1154g
ヒト科　1480h
ヒト回虫 Tas ウイルス　1518₃₈
ヒト化抗体　1154h
ヒト化マウス　1155a
非特殊型の法則　488i
ヒトタケ　1624₃₈
ヒトゲノム計画　1155b
ヒトゲノムプロジェクト　410g
ヒトコロナウイルス　499d
ヒトサイトメガロウイルス　519b, 1282b
ヒト絨毛性ゴナドトロピン　732b
ヒト絨毛性生殖腺刺激ホルモン　217f, 629j
ヒト上科　1480h
ヒトジラミ　1600₂₄
ヒト染色体命名法　1155c
ヒトアシクラゲ　1555₃₂
ヒトツクラゲ　1555₄₉
微突形菌足　338c
ヒトツバ　1644₅
ヒトツバハギ　1649₄₁
ヒトツメケイソウ　1654₃₃
ヒト T 細胞白血病ウイルス　1155d
ヒト T リンパ球向性ウイルス　1155c

ヒトデカズラ　1645₅₆
ヒトデ綱　1560₃₀
ヒトデモドキ　1561₉
ヒトデ類　1156a, 1212k
ヒドナンギウム科　1626₃
ヒト乳頭腫ウイルス 1 型　1516₃₁
ヒト乳頭腫ウイルス 5 型　1516₁₁
ヒト乳頭腫ウイルス 41 型　1516₃₃
ヒト乳頭腫ウイルス 4 型　1516₁₃
ヒト乳頭腫(パピローマ)ウイルス 32 型
　1516₉
ヒトの進化　716d
ヒドノドン科　1625₃₀
ヒトノミ　1601₁₈
ヒト胚研究　1156b
一腹産仔数　871a
一腹産卵数　871a
一腹仔数　554i
一腹卵　355d
ヒートパルス法　659b
ヒトパルボウイルス B19　1518₁₁
ヒトパレコウイルス　1521₂₁
ヒトピコビルナウイルス　1519₂₆
ヒトフシムカデ　1592₃₆
ヒトヘルペスウイルス　1282b
ヒトヘルペスウイルス 1　888h, 1514₅₂
ヒトヘルペスウイルス 5　1514₅₅
ヒトヘルペスウイルス 3　725d, 1514₅₃
ヒトヘルペスウイルス 2　888h
ヒトヘルペスウイルス 8　237l
ヒトヘルペスウイルス 4　88e, 1515c
ヒトヘルペスウイルス 6　1514₅₈
ヒトボカウイルス　1117h
一穂粒数　630c
ヒト-マウス雑種細胞　810e
ひとみ　442k, 1373b
ヒト免疫不全ウイルス　118c, 119a, 429i,
　1049e, 1159b, 1390a
ヒト免疫不全ウイルス 1　1518₅₂
ヒドラ亜目　1556₁₂
ヒドラクラゲ　1556₁₂
ヒドラジン分解　248a, 1156c
ヒドラターゼ　1355j
ヒトリガ　1601₃₇
ヒトリザル　892k
ヒトリシズカ　1645₃₀
ヒトリヒヨケムシ　1591₃₅
ビトリフィケーション　241g
2,4'-ビトリブトファン-6',7'-ジオン
　1013g
ビードル　1156d
ヒドルラ　1156e
ヒドロ花　1158b
ヒドロキシアパタイト　480f
p-ヒドロキシ安息香酸ブチルエステル
　1303f
3-ヒドロキシアントラニル酸　1156f
20-ヒドロキシエクジソン　126c
ヒドロキシエクジソン　138h
ヒドロキシカンファー　662e
ヒドロキシキヌレン酸　284j
8-ヒドロキシグアニン　195f
ヒドロキシコハク酸　1474a
3α-ヒドロキシ-5β-コラン酸　1459f
ヒドロキシ脂肪酸　608g
Δ⁵-3β-ヒドロキシステロイド脱水素酵素
　1156g
17β-ヒドロキシステロイド脱水素酵素
　1156h
β-ヒドロキシチラミン　164e
cis-4-ヒドロキシドデセノール酸ラクトン
　779c
6-ヒドロキシドーパキノン　1007c
5-ヒドロキシトリプタミン　798k

ヒメイ 1811

6-ヒドロキシトロボロン-4-カルボン酸 1017c
2-ヒドロキシトロボン 1017c
ヒドロキシネルボン 241d
ヒドロキシビタミン D_3 1151f
5-ヒドロキシ-2-ヒドロキシメチル-4-ピ 446c
ヒドロキシビリルビン酸リダクターゼ 360a[図]
p-ヒドロキシフェニルエチルアミン 930c
7α-ヒドロキシプレグネノロン **1156**i
α-ヒドロキシプロピオン酸 1042c
3-ヒドロキシプロピオン酸回路 891b
ヒドロキシプロリン **1157**a, 1240b
ヒドロキシプロリンリッチ糖蛋白質 **1157**b
4-[1-ヒドロキシ-2-(メチルアミノ)エチ ル]-1, 2-ベンゼンジオール 21a
ヒドロキシメチルグルタリル CoA **1157**c
ヒドロキシメチルグルタリル CoA リアー ゼ 409g
5-ヒドロキシメチルシトシン **1157**d
D-3-ヒドロキシ酪酸 409g
3-ヒドロキシ酪酸脱水素酵素 409g
ヒドロキシラーゼ 721b
11β-ヒドロキシラーゼ欠損症 733c
17α-ヒドロキシラーゼ欠損症 733e
21-ヒドロキシラーゼ欠損症 733g
5-ヒドロキシリジン **1157**e
ヒドロキシルアミン 195e, 195f
ヒドロクラゲ 353h, 1158b
ヒドロ茎 1158d
ヒドロゲナーゼ **1157**f
ヒドロゲノサーマス科 1538_{44}
ヒドロゲノソーム 1086a
ヒドロゲノテルムス科 1538_{44}
ヒドロゲノフィルス科 1547_1
ヒドロゲノフィルス目 1546_{61}
ヒドロコルチゾン 495d
ヒドロ根 **1158**a
ヒドロ虫綱 1555_{25}
ヒドロ虫類 **1158**b
ヒトロネクチン **1158**c
ヒドロブテリス科 1643_{10}
ヒドロペルオキシダーゼ 226b
ヒドロポリプ 1158b
α/β-ヒドロラーゼ 607f
ヒドロラーゼ 219a
ヒナカサノリ 1634_{46}
ヒナコウモリ 1575_{17}
ヒナダニ 1590_{40}
ヒナノカンザシ 1648_{55}
ヒナノシャクジョウ 1646_{21}
ヒナノシャクジョウ科 1646_{21}
ヒナノチャワンタケ 1615_1
ヒナノチャワンタケ科 1614_{56}
ヒナノチャワンタケモドキ 1615_1
ヒナノハイゴケ 1639_{43}
ヒナノヒガサ 1624_5
ヒナノヒガサ科 1624_5
ヒナノフサゴケ 1585_{10}
ヒナノボンボリ 1646_{19}
ヒナノリ 1632_{17}
ヒニー 1437c
P_2型プリン受容体 19e
B-2 細胞 1140e
ビニトール 569c
P22 様ウイルス 1514_{27}
泌乳 1153c
非ニュートン性流体 418f
P2 様ウイルス 1514_6
泌尿器 **1158**d
泌尿器官 1158d

泌尿器官系 1158e
泌尿生殖器官 756c
泌尿生殖器 **1158**e
泌尿生殖口 1159a
泌尿生殖溝 **1158**f
泌尿生殖洞 **1159**a
泌尿生殖板 1080f
泌尿生殖膜 1080f
泌尿生殖輸管 1047a
非ヌクレオシド系逆転写酵素阻害剤 **1159**b
被嚢 **1159**c
鼻嚢 313c, 1028b
被嚢細胞 960f, 1159c
被嚢動物 1140g
被嚢膜 1303a
被嚢類 1159c
ヒノキ 1645_6
ヒノキ科 1645_6
ヒノキゴケ 1640_{23}
ヒノキゴケ科 1640_{23}
ヒノキゴケ目 1640_{22}
ヒノキチオール 1017c
ヒノキバヤドリギ 1650_{31}
ピノサイトーシス 93d
ピノソーム 93d, 664g
ピノブゾン 168g, 605g, 1503e
疲憊期 1124g
非配偶体 **1159**d
ヒバカリ 1569_1
ビーバー形亜目 1576_{38}
ヒバマタ 1657_{47}
ヒバマタ目 1657_{47}
ヒバリ 1572_{46}
ヒバリチドリ 1571_{55}
ビバリン酸 293c
皮板 855h
被板 542f
肥胖細胞 1342a
ヒバンチウム **1159**e
PPI アーゼ 1274a
ビヒエラ目 1633_{14}
ヒビコウヤクゴケ 1623_{51}
非ヒストン蛋白質 **1159**g
非必須アミノ酸 213a
P/B 比 183f
BPP-1 様ウイルス 1514_{23}
非肥満性糖尿病 71a
ヒビミドロ 1634_{29}
ヒビミドロ目 1634_{24}
ヒビロード 1633_{22}
ビビンナリア **1159**h
皮膚 **1159**i
尾部 159a, 752e
P 部位 1325i, 1464c
ビフィズス菌 1042d
ビフィズス菌科 1538_{13}
ビフィズス菌目 1538_{12}
ビフィドバクテリア科 1538_{13}
ビフィドバクテリア目 1538_{12}
皮膚炎 1032d
ヒフォミクロビア科 1545_{36}
ヒフォモナス科 1545_{16}
尾部下垂体 1063h
皮膚がん 1318b
皮膚感覚 **1160**a
皮膚鏡 **1160**b
尾部器官原基 1132e
皮膚筋炎 439c
被覆 1162c
被覆上皮 663b
被覆小胞 **1160**c, 1416i
被覆組織 720c
被覆蛋白質 485f
被覆柱状細胞 198d

被嚢動物亜門 1563_{10}
尾部交感神経系 434b
皮膚呼吸 **1160**d
皮膚骨格 479h, 1139h
皮膚色調 1160e
皮膚受容器 175a, 670g
皮膚色 **1160**e
皮膚真菌症 692b
皮膚真菌類 692b
尾部神経分泌系 **1160**f
皮膚腺 875d, **1160**g
ヒプソストロマ科 1607_{53}
P 物質 543b
皮膚電位 664e
皮膚電気反射 1216f
皮膚毒 324b
皮膚光感覚 255f, **1161**a
皮膚紋理 **1161**b
ビブリオ 102b
ヒブリテス目 1582_{18}
非ふるえ産熱 **1161**c
微分干渉顕微鏡 **1161**d
微分動作 1183d
非分泌型 1250f
非平衡説 772c
非平衡説(多種共存の) **1161**e
非閉鎖卵 1261f
ピペコリン酸 **1162**a
非ヘム鉄 **1162**b
被包 **1162**c
尾胞 802a
尾方化因子 916d
微胞子虫綱 1602_6
微胞子虫目 1602_8
微胞子虫門 1602_5
微胞子虫類 **1162**d
ヒポガステル科 1625_7
ヒポキサンチン **1162**e
ヒポキサンチン-グアニンホスホリボシル トランスフェラーゼ 9f
ヒポキサンチン(グアニン)リン酸リボシル 基転移酵素 934g, 1489a
ヒポクラテス 1153h
ヒポグリシン A **1162**f
ヒポクリヌス目 1560_8
ヒポクレチン 172h
ヒポコマ目 1659_{40}
非ホジキンリンパ腫 1478a
ヒポダス目 1564_{40}
ヒポトリコモナス綱 1629_{37}
ヒポトリコモナス目 1629_{36}
ヒポドンティア科 1639_{38}
ヒポネクトリア科 1619_{36}
ヒポブラスト 1088b
ヒマ 1649_{40}
飛膜 **1162**g
飛沫帯 922b
ヒマティスメニダ目 1628_{16}
ヒマラヤ回廊 1037h
ヒマラヤスギ 1644_{50}
ヒマラヤマーモット 1576_{14}
ピマリシン 1322e
ヒマワリ 1652_{36}
肥満 **1162**h
肥満型 851h
肥満細胞 1342a
肥満症 1162h
ヒミズ 1575_{11}
ヒムロゴケ 1641_{12}
ヒムロゴケ科 1641_{12}
ヒメアオノリ 1634_{30}
ヒメアマガエル 1568_1
ヒメアルマジロ 1574_{49}
ヒメイカ 1583_{14}
ヒメイチョウ 1634_{52}

ヒメイワヅタ 1634_48
ヒメウスギヌ 1633_31
ヒメウスギヌ目 1633_31
ヒメオオキゴケ 1612_49
ヒメウラジロ 1643_32
ヒメウラボシ 1644_2
ヒメウルシゴケ科 1637_46
ヒメウロコベニチャワンタケ 1616_16
ヒメオニタケ 1625_44
ヒメカイウ 1645_54
ヒメカイガラゴケ 1612_55
ヒメカイメンタケ 1624_1
ヒメカゲロウ 1600_48
ヒメカゲロウ亜目 1600_48
ヒメカバイロタケ 1626_24
ヒメカブトガニ下目 1589_22
ヒメカワイワタケ 1610_4
ヒメカンムリタケ 1605_30
ヒメカンムリタケ科 1605_30
ヒメカンムリタケ綱 1605_28
ヒメカンムリタケ目 1605_29
ヒメキウメノキゴケ 1612_44
ヒメキクラゲ 1623_3
ヒメキシメジ 1626_45
ヒメキノリ 1613_16
ヒメギボシムシ 1562_54
ヒメグモ 1592_27
ヒメゲジゲジゴケ 1613_42
ヒメケヤスデ 1593_48
ヒメケヤスデ亜目 1593_47
ヒメコウトウチュウ 1579_8
ヒメゴクラクチョウカ 1647_14
ヒメコノハタケ 1624_10
ヒメサジタケ 1624_33
ヒメサビウロコタケ 1625_11
ヒメサラゴケ 1613_59
ヒメサルパ 1563_20
ヒメジ 1566_58
ヒメシダ 1643_43
ヒメシダ科 1643_42
ヒメシバフタケ 1625_40
ヒメジョオン 1652_35
ヒメシロアミタケ 1624_11
ヒメシロチチタケ 1625_14
ヒメシワタケ 1627_18
ヒメセミエビ 1597_58
ヒメダニ 1589_46
ヒメチチコグサ 1652_36
ヒメツチグリ 1627_34
ヒメツチグリ科 1627_32
ヒメツチグリ目 1627_33
ヒメツリガネクラゲ 1556_6
ヒメテングノメシガイ 1611_31
ヒメテンコケムシ 1579_21
ヒメネス染色 1008k
ヒメネリア 1612_32
ヒメノボタン 1648_43
ヒメノヤガラ 1646_41
ヒメハギ 1648_55
ヒメハギ科 1648_55
ヒメハチ 1601_49
ヒメハナビラゴケ 1613_23
ヒメハマトビムシ 1597_14
ヒメハリタケモドキ 1623_47
ヒメヒガサヒトヨ 1626_37
ヒメヒキツリヤスデ亜目 1593_34
ヒメヒゲゴケ 1614_1
ヒメヒトデ 1560_46
ヒメヒトデ目 1560_46
ヒメヒナヨタケ 1626_36
ヒメヒラウズムシ 1577_28
ヒメヒロヒダタケ 1626_14
ヒメピンゴケ 1611_25
ヒメフナムシ 1597_8

ヒメヘビ 1569_2
ヒメホウキタケ 1627_39
ヒメホオゲコウモリ 1575_14
ヒメボタンアオサ 1634_33
ヒメホネツギケイソウ 1654_54
ヒメホネツギモドキケイソウ 1654_54
ヒメボヤ 1563_27
ヒメマルカツオブシムシ 1601_4
ヒメマルハナノミ 1601_2
ヒメミミズ 1585_33
ヒメムキタケ 1626_31
ヒメ目 1566_16
ヒメモジホコリ 1629_18
ヒメヤスデ 1593_24
ヒメヤスデ下綱 1593_22
ヒメヤスデ上目 1593_23
ヒメヤスデ目 1593_24
ヒメヤドリエビ亜綱 1596_2
ヒメヤドリエビ目 1596_3
ヒメリン酸 1162i
ヒメワラビ 1643_43
被面子幼生 106b
ビメンチン 1162j
非メンデル遺伝 1163a
尾毛 1164f
ヒモカズラ 1642_15
紐形動物 1163b
紐形動物門 1580_40
ヒモカワタケ 1624_36
皮目 1163c
ヒメ 1566_16
ヒモケイソウ 1654_57
ヒモケイゾウ 1654_48
ヒモゴケ科 1640_24
ヒモサシバ 1584_52
ヒモビル 1581_3
ヒモホコリ 1629_9
紐虫類 1163b
ヒモヤスデ 1593_33
ビャクシン 1645_7
ビャクダン 1650_31
ビャクダン科 1650_31
ビャクダン目 1650_29
百日咳菌 1163d
百日咳トキシン 1163d
百日咳毒素 1163d
ビャクブ 1646_25
ビャクブ科 1646_25
百分率法 1432a
ヒヤミズダニ 1590_31
ヒユ 1650_49
ヒュウガケイマンヒトデ 1560_43
非誘発性ファージ 1414b
ヒユ科 1650_49
ビュッター説 1163e
ビュッチュリ 1163f
ビュニング 1163g
ビュニングの仮説 1163h
ビュヒナー 1164a
ビュフォン 1164b
ビューベル 1164c
ヒューミン 1203e
ビューロマイシン 1164d
被蛹 1164e
尾葉 465b, 1164f
病因 1165f
病因論 1170a
漂泳生態系 189f, 1220e
漂泳生物 1278f
表海水層群集 1168a
病害虫 1066d
病害虫防除 1164g
病害抵抗性(植物の) 1165a
氷核 1165b
氷河時代 1165c

氷河植物群 1165d
氷河性海面変化 1416d
氷河制約説 932d
表割 1165e
病気 1165f
氷期遺存種 1485a
鰾気管 108b, 294d
表形的自然群 586b
表型的樹状図 636a
表型的分類 1166a
表型模写 1166b
表現遅れ 1166c
表現型 1166d
表現型可塑性 1166e
表現型混合 1166f
表現型多型 1166e
表現型復帰 1166g
表現型分散 1166h
表現型模写 1166b
表現行動 1167f
病原細菌学 509b
病原性 1166i
病原性減弱 1166j
病原性大腸菌 858b
病原体 1166k
病原体関連分子パターン 207a, 1383j, 1388h
表現度 1166l
病原微生物 1166k
表在性膜蛋白質 1337a
表在層 524a
表在動物 1167a, 1287i
表在ベントス 1167a
標識遺伝子 84e
標識再捕法 1167b
標識色 1167c
標識進路説 1167d
標識通路 695i
標識的擬態 1167e
比葉重 1169h
表出行動 1167f
標準アベナテスト 24g
標準遺伝暗号表 76g
標準化石 578d
標準酸化還元電位 548b
標準正規分布 747c
標準代謝量 1167g
標準偏差 822g
表情 192h
苗条 642g, 643g
氷晶核 1165b
苗条系 643g
表水層 718f
氷雪藻 793d
氷雪帯 724f, 747a
表層 181c, 186e
表層域 189f
表層回転 1167h
表層顆粒 639b
表層細胞質 181c
表層上皮 758a
表層性群集 1168a
表層土 1168a
表層プランクトン 1220e
表層胞 1168c
表層粒 1168d
ビョウタケ 1614_42
ビョウタケ科 1614_49
ビョウタケ目 1614_41
ヒョウタンゴケ 1639_22
ヒョウタンゴケ亜綱 1639_15
ヒョウタンゴケ科 1639_22
ヒョウタンゴケ目 1639_21
漂鳥 1168e
標徴 387d

病徴 **1168**f	ヒラタカゲロウ亜目 1598₃₆	B リンパ球 1140e
標徴種 564i, **1168**g	ヒラタキクイムシ 1601₅	ヒル(A. V.) **1173**e
標徴群 381f	ヒラタクモ 1592₂₈	ヒル(R.) **1173**f
標的の器官 **1168**h	ヒラタケ 1626₃₁	ヒル亜綱 1585₃₇
標的 SNAP 受容体 737d	ヒラタケ科 1626₃₁	鼻涙管 1481f
標的重複 1130b	ヒラタサソリ 1591₄₉	非類似性 1480g
標的論 869i	ヒラタビ **1585**₄₂	ビルガウイルス科 1523₁₁
表土 1168b	ヒラタブンブク 1562₂₂	ヒルガオ 1651₅₄
皮様囊腫 282d	ヒラタムシ下目 1601₆	ヒルガオ科 1651₅₄
表皮 660j, **1168**i	ヒラタヤスデ 1593₂₀	ヒル下綱 1585₄₁
表皮化 693d	ヒラタヤスデ目 1593₂₀	ヒルガタワムシ 1578₃₂
表皮筋細胞 611c	ヒラタワムシ 1578₄₁	ヒルガタワムシ亜綱 1578₃₀
表皮系 **1169**a	ヒラツノガイ 1581₄₁	ヒルガタワムシ目 1578₃₁
表皮黒色素胞 563f	平爪 936i	ヒルガタワムシ類 1473i
表皮細胞 **1169**b	ビラトリエン 888a, 1171f	ヒルギ科 1649₃₅
表皮神経系 **1169**c	ビラニア 1566₆	ヒルギモドキ 1648₃₆
表皮性器官 1160c	ピラノクマリン 350a	ビルケ **1173**g
表皮成長因子 63j, 518b	ピラノース 891e	ヒル係数 191d, 1174d
表皮性毛囊 384a	ヒラハコケムシ 1579₃₆	ビルケニア目 1563₄₄
ヒョウヒダニ 1590₄₈	ヒラハダニ 1590₃₈	ヒルゲンドルフ **1173**h
表皮的分化 693d	ヒラヒメウズムシ 1577₁₉	ビール酵母 1174i
表皮内黒色腫 472f	ピラミダス目 1634₃	ヒルジン **1174**b, 1175b
表皮ブドウ球菌 1542₄₆	ヒラメ 1566₆₁	ビルスナー 239a
表皮メラニン単位 **1169**d	ビラルク 1565₅₀	ビルソニア目 1653₃₄
標品 1169e	ビラン 888a	ビルトダウン人 **1174**c
表変態 503d	糜爛 189c	ビルナウイルス科 1519₃
ビョウホシムシ 1586₁₅	ビリ 1650₄₇	昼寝現象 1357a
標本 719f, **1169**e	ビリオドグラム 573f	ヒルの式 191d
標本抽出 **1169**f	ビリオン 103d	ヒルの特性式 903b
表面活性 312f	ビリジンヌクレオチド **1170**e	ヒルのブロット **1174**d
表面活性剤 187i	ビリスクトリダ目 1660₄₃	ヒル反応 **1174**e
表面感覚 **1169**g	ビリ線毛 819c	ビリルビン酸 **1174**f
表面抗原 1062a	ビリチアミン 1152c	ビリルビン酸オルトリン酸ジキナーゼ 683e
比表面積 **1169**h	比率スケジュール 316c	ビリルビン酸カルボキシラーゼ 1174g
表面腺 870h	ビリディウム **1170**f	ビリルビン酸カルボキシル化酵素 **1174**g
表面代謝説 778a	ビリドキサミン **1170**g	ビリルビン酸キナーゼ 183h[図]
表面排除 1217i	ビリドキサミン 5′-リン酸 1170g	ビリルビン酸シンターゼ 1189b
表面培養 **1169**i	ビリドキサミンリン酸オキシダーゼ **1170**h	ビリルビン酸脱カルボキシル酵素 **1174**h
表面発酵酵母 667c	ビリドキサール **1171**a	ビリルビン酸脱水素酵素 1175a
表面プラズモン共鳴 **1169**j	ビリドキサールキナーゼ 1171b	ビリルビン酸脱水素酵素(リボアミド) 1175a
表面プラズモン共鳴法 **1169**j	ビリドキサール 5′-リン酸 1171c	
ヒョウモンドコ 1583₁₉	ビリドキシン **1171**d	ビリルビン酸デカルボキシラーゼ 1174h
ヒョウモンメダイゴケ 1606₅₂	ビリドキシン酸 **1171**e	ビリルビン酸デヒドロゲナーゼ 1175a
病理解剖学 1170a	ビリドキシンリン酸オキシダーゼ 1170h	ビリルビン酸デヒドロゲナーゼ系 1175a
病理学 **1170**a	ビリドキソール 1171d	ビリルビン酸フェレドキシン酸化還元酵素 1189b
病理学的 779f	ビリドンカルボン酸系抗菌薬 298a	
病理学的細胞死 128b	ビリノイリン 492j	ビリルビン酸-リンゴ酸カルボキシラーゼ 1474b
病理組織学 1170a	ビリベルジン **1171**f	
病理的 779f	ビリベルジン結合蛋白質 1171f	P-ループフォールド 1191f
病理的再生 514b	ビリミジン塩基 150e	ビルミミズ下綱 1585₃₈
肥沃化 **1170**b	ビリミジン生合成経路 **1171**h	ヒルムシロ 1646₁₀
肥沃度 752a	ビリミジン二量体 1134g, **1172**a	ヒルムシロ科 1646₁₀
皮翼目 1575₂₀	ビリミジンヌクレオシド 1049c	ヒルムシロヒドラ 1555₃₄
ヒヨケムシ 1591₃₆	ビリミジンヌクレオシドホスホリラーゼ 1049g	ヒル目 1585₄₅
ヒヨケムシ目 1591₃₅		ヒル類, 蛭類 258d, **1175**b
dl-ヒヨスチアミン 21e	ビリミジンヌクレオチド 1050d	ビレンス 1166i
ヒヨスチアミン 21e	B 粒子 330e, 1042a	鰭 **1175**c
ヒヨドリ 1572₅₃	微粒子病 553j	ヒレアシ 1571₄₅
日和見感染 267c	肥料 **1172**c	ヒレアシゴカイ 1584₅₅
P4-ATP アーゼ 1222c	微量栄養素 121e	ヒレアシゴカイ目 1584₅₅
ピラエラ 1657₃₅	微量塩基 **1172**d	ヒレアシシギ 1571₅₄
ヒラオミズアシナシイモリ 1567₃₅	微量元素 **1173**a	ヒレアシトカゲ 1568₄₄
ヒラガラガラ 1632₄₂	微量呼吸計 1142f	比例動作 1183c
ヒラクサ 1633₃₀	肥料三要素 1172c	ヒレオウミサソリ 1589₃₄
ヒラゴケ 1641₁₆	非両親型 606g	ビレオラリア科 1620₃₀
ヒラゴケ科 1641₁₆	微量注入法 80e	ヒレギレイカ 1583₁₃
ヒラケムシ 1579₃₆	微量毒作用 **1173**b	非レセプターチロシンキナーゼ **1175**d
HeLa 細胞 648d	ビリルビン **1173**c	非裂開果 1258d
ヒラサンゴゴケ 1612₆₀	ビリン 7c	披裂軟骨 459k
ピラジエン 888a, 1173c	ビリン酸 7c	ビレノイド 1034b, **1175**e
ピラジナミド 437e	ビリングセラ目 1580₂₃	ビレノスリックス科 1607₃₇
ピラスター大腿骨 912c	脾リン酸ジエステラーゼ 124c, **1173**d	ビレノモナス目 1666₆
平瀬作五郎 **1170**d	非輪生花 239e	ビレン 888a
ヒラセナダニ 1591₆	非輪生葉序 1475e	ピレン 126b
ヒラタウミミズムシ 1596₅₃		

ヒレン 1813

非連合学習 204b
非連続的進化 **1176**a
ビロイド 104e
疲労 **1176**b
ビロウ 1647₃
疲労計 1124g
疲労計 535f
疲労検査法 1221i
疲労凍死 983a
ビロウドマイマイ 1584₂₇
ビロウマンネンウロコタケ 1625₉
ヒロウミヤスデ 1593₂₄
ビロカテカーゼ 163m
ヒロズジムカデ 1592₄₁
ビロセラ型 74g
ピロディクチウム科 1534₁₁
ビロードガラガラ 1632₄₃
ビロードツエタケ 1626₃₀
ビロードホウキタケ 1623₃₈
ビロードホウキタケ科 1623₃₈
ビロードモウズイカ 1334e
ピロネ科 1616₁₆
ピロネマキン 1616₂₁
ヒロハアンズタケ 1627₁₈
ヒロハアンズタケ科 1627₁₈
ピロバキュラム球状ウイルス 1515₄₁
ヒロハシ 1572₄₀
ヒロハシ亜目 1572₄₀
ヒロハセンニンゴケ 1613₅₇
ヒロハセンニンゴケ科 1613₅₇
ヒロハセンニンゴケ目 1613₅₆
ヒロハタマイタダキ 1633₂₀
ヒロヒダタケ 1626₁₉
ピロプラズマ目 1661₃₈
ピロホスファターゼ **1176**c
ピロホスファチジン酸 1309b
ピロマイシノン 50a
ピロモナデア綱 1552g
ピロリ菌 **1176**d, 1548₁₇
ピロリジン 739b, **1176**c
ピロリン酸 430b, **1176**f, 1474d
ピロロキノリンキノン **1176**g
ビワ 1648₅₈
ビワガイ 1583₄₃
ヒワダニ 1590₅₆
ヒワダニ下目 1590₅₅
ビワモドキ 1650₃₆
ビワモドキ科 1650₃₆
ビワモドキ目 1650₃₅
貧栄養湖 **1177**b
貧栄養湿原 591i
貧栄養植生 55a
ビンカアルカロイド **1177**c
貧核精子 62b
ビンガタカラムシ 1658₂₄
びん型細胞 **1177**d
瓶器 968d, 972j
ピンキュリン **1177**e
ピングイオクリシス目 1656₁₂
ピングイオ藻綱 1656₁₁
びん首効果 **1177**f
ピンクリスチン **1177**g
貧血 **1177**h
貧血性梗塞 453g
ビンゴケ 1613₃₅
ビンゴケ科 1613₃₅
貧歯式 925a
品種 **1178**a
品種改良 60i
品種環 1492b
便乗 **1178**b
便乗行動 1178b
瓶状腺 642c
瓶状部 623h
品胎 872k

ピンタケ 1615₁₆
ピンタケ科 1615₁₆
ピンタマカビ 1610₅₅
ピンタマカビ科 1610₅₅
ピンタマカビ目 1610₅₄
Hintze の皮色計 1160e
頻度 513b, **1178**c
頻度依存選択 1178d
頻度依存淘汰 **1178**d
頻度逆依存淘汰 1178d
頻度増強 838d
ピンナグロビン 403d, 1347a
瓶囊 269b, **1178**e
ピンプラスチン 1177c, 1177g
ピンポンノキ 1650₂₁
貧膜口綱 1660₂₀
頻脈 712e
貧毛綱 1585₂₅
貧毛類 258d, 452e, **1178**f
ピンロウジュ 1647₂

フ

ファイアー **1179**a
φeco32様ウイルス 1514₂₉
φH様ウイルス 1514₁₀
φX174 ファージ **1179**b
φKMV様ウイルス 1514₁₆
φKZ様ウイルス 1514₁₁
φC31様ウイルス 1514₃₈
φ-デキストリン 416b
ファイトクロム 1183a
ファイトスルフォカイン 1183c
ファイトトロン 1074e
ファイトプラズマ 828a, 1334b
ファイトマー **1179**c
ファイトミクサ綱 1664₂₅
ファイトレメディエーション 1076b
φ29様ウイルス 1514₂₁
ファイロタイプ 1316c
ファイロティピック段階 97d
ファーヴィディコックス科 1534₁₃
ファーヴィディコックス目 1534₁₂
ファウナ 996a
ファエオウイルス属 1516₄₄
ファエオカルピダ目 1665₃₀
ファエオギムノセリダ目 1665₂₅
ファエオグロミダ目 1665₃₂
ファエオコラ科 1616₃₇
ファエオコンキダ目 1665₃₄
ファエオシチダ目 1665₂₇
ファエオスファエリア科 1609₄₆
ファエオスファエリダ目 1665₂₈
ファエオタムニオン藻綱 1656₄₂
ファエオタムニオン目 1656₄₃
ファエオダレア綱 1665₂₃
ファエオデンドリダ目 1665₃₅
ファエオトリクム科 1609₄₉
ファオゾーム 574g
ファキジウム科 1615₅
ファゴソーム **1179**d
ファコディニウム亜綱 1658₁₃
ファコディニウム目 1658₁₄
ファゴプソラ科 1620₂₃
ファゴクサ目 1664₂₆
ファゴリソソーム 669g, 1339g
ファージ 1093f
ファシエーション **1179**e
ファシクリン 1387a
ファシース **1179**f
ファージディスプレイ **1179**g
ファージの排除 **1179**h

ファージ変換 1422a
Fas 抗原 25e
ファーストメッセンジャー 781f
Fas リガンド 330f
ファセオリン 633f, 634c, 1182k
ファセリシスタ科 1548₄
ファーターパチーニ小体 1099c
ファーチゴット **1180**a
ファーチリシン 1144i
ファネル・モデル 1191e
ファネロプラスモディウム **1180**b
ファネロミケス科 1607₃₂
ファネロリンカス目 1565₂₈
ファパウイルス属 1521₂₉
ファーバー症候群 795e
ファフォミケス科 1606₁₁
ファブリキウス (アクアペンデンテの) **1180**c
ファブリキウス囊 **1180**d
ファブリ病 739e
ファブリー病 1461a
ファーブル **1180**e
ファーミキューテス門 **1180**f, 1542₂₁
ファーミクテス門 1180f
ファーミバクテリア綱 1542₂₂
ファミリー **1180**g
ファラクテス亜目 1556₅₂
ファランステリウム目 1628₁₉
ファリンゴモナス綱 1631₁
ファリンゴモナス目 1631₂
ファルネシル二リン酸 **1180**h
ファルネシル二リン酸合成酵素 1180h
ファルネシルピロリン酸 1180h
ファルネソール 1180h
ファルビチン 293c
ファレート状態 **1180**i
ファレート成虫 1180i
ファロイジン **1180**j
ファロガステル科 1627₄₇
ファロピウス **1181**a
ファロピウス管 1418f
ファロピオ管 1418f
ファンコニー症候群 83a, 225a
ファンコニー貧血症 225a, 808e
ファンジトロン 1074e
ファン=ステーニス **1181**b
不安定因子 128d
不安定狭心症 692a
不安定な決定 406d
不安定平衡 1259c
ファンデルワールス半径 1181c
ファンデルワールス力 **1181**c
ファントホッフの係数 990e
ファントホッフの式 457a
ファン=ヘルモント 1282g
フィアライド 1248f
フィアロ型分生子 1248f
フィアロポア 952g
部位異温性 849c
フィエステリア科 1662₄₉
部位覚 343a
部域化 1181d
部域性 **1181**d
部域分化 1181d
不育 1209g
フィコウロビリン 1181h
フィコエリスロビリン 1181h
フィコエリトリン 888a, 1181h
フィコシアニン 888a, 1181h
フィコシアノビリン 1181h
フィコドナウイルス科 1516₄₁
フィコビオント 319d
フィコビリソーム **1181**g
フィコビリ蛋白質 1181g, 1181h
フィコビリビオリン 1181h

フオク 1815

フィコビリン **1181**h
フィザラミン 868e
フィジーウイルス属 1519₄₂
フィシスフェラ科 1545₉
フィシスフェラ綱 1545₇
フィシスフェラ目 1545₈
フィシン 582j
フィズマゴケ 1613₂₄
フィゾスチグミン 132e
フィソデルマ科 1603₂₃
フィーダー細胞 1083a
フィターゼ **1182**a, 1182c
フィーダー層 **1182**b
フィタン 273a
フィチン 1182a, 1182c
フィチン酸 **1182**c
フィックの原理 **1182**d
Fick の直接法 1182d
フィッシャー(A.) **1182**e
フィッシャー(E.H.) **1182**f
フィッシャー(E.) **1182**g, **1182**h
フィッシャー(H.) **1182**i
フィッシャー(R.A.) **1182**j
フィッシャー説 1448d
フィッシャーの対数級数則 636f
FISH 法 386a
部位的異温性 56d
フィトアレキシン 2431, **1182**k
部位特異的エンドヌクレアーゼ 156b
部位特異的組換え 82i
フィトゲリコリピド 1476c
フィトクロム **1183**
フィトクロム A 1183a
フィトクロム C 1183a
フィトクロム B 1183a
フィトクロモビリン 962e, 1183a
フィトスフィンゴシン 739d
フィトスルフォカイン **1183**b
フィードバック **1183**c
フィードバック制御 **1183**d
フィードバック阻害 **1184**a
フィードフォワード **1184**b
フィードフォワード制御 1184b
フィードフォワードループ **1184**c
フィトヘマグルチニン 1184d, 1477b
フィトベントス 953c
フィトマー 642g
フィトメーター **1184**e
フィトール **1184**f
フィトレオウイルス属 1519₃₃
フィトン説 642g
フィトンチッド 868c
フィブリナーゼ 1217h
フィブリノゲン **1184**g
フィブリノーゲン 1184g
フィブリノゲン-フィブリン分解産物 143g
フィブリノペプチド **1185**a
フィブリノリシス 800g
フィブリノリジン 1217h
フィブリリン 1015h, **1185**b
フィブリンクロット 396c
フィブロイン **1185**c
フィブロネクチン 529c, **1185**d
フィブロバクター科 1542₂₀
フィブロバクター綱 1542₁₈
フィブロバクター目 1542₁₉
フィブロバクター門 1542₁₇
フィボナッチ数列 712f
フィマトケロス科 1641₄₀
フィマトケロス目 1641₃₈
フィムブリイモナス科 1539₃
フィムブリイモナス綱 1539₁
フィムブリイモナス目 1539₂
ブイヨン 1030g

フィラグリン 413g
フィラスター目 1660₂₇
フィラステレア綱 1552₂₈
フィラデルフィア染色体 **1185**e
フィラミン 7c
フィラリア型 1437g
斑入り 792h, **1185**f
フィリアルカニバリズム 1009d
斑入り位置効果 71c
フィリップ腺 1472d
フィリップシエラ科 1608₂
フィリピンヒヨケザル 1575₂₀
フィルヒョー **1186**a
フィルミクテス門 1180f, 1542₂₁
フィロウイルス **1186**b
フィロウイルス科 1520₁
フィロカリン 1456d
フィロキニン 295c
フィロキノン 1151h, **1186**c
フィローサ亜門 1664₄₃
phyllosporous 系統 427h
フィロセラス 51g
フィロセラス目 1583₁
フィロソーマ **1186**d
フィロバクテリア科 1545₄₄
フィロバシジウム科 1623₃
フィロバシジウム目 1623₂
フィロバテリア科 1607₃₃
フィロム 964i
フィンガープリント法 1275d
フィンブリン 7c
フウ 1648₁₃
フウインボク 1642₁₁
フウ科 1648₁₃
風食 1003h
風疹 1000c, 1186e
風疹ウイルス **1186**e, 1523₁
フウセンイソギンチャク 1557₄₉
フウセンクラゲ 1408g, 1558₂₂
風船クラゲ型幼生 **1186**f
フウセンクラゲ目 1558₂₂
フウセンタケ 1625₅₆
フウセンタケ科 1625₅₅
フウセンホコリ 1629₁₆
フウセンモ 1657₆
フウセンモ目 1657₆
フウチョウ 1572₅₆
フウチョウソウ 1649₆₁
フウチョウソウ科 1649₆₁
フウチョウボク科 1649₆₀
フウトウカズラ 1645₃₅
封入奇形 925i
封入剤 **1186**g
封入体 351d, **1186**h
風媒 **1186**i
フウラン 1646₄₅
フウリンゴケ 1638₅₄
フウリンタケ科 1625₅₇
フウロソウ科 1648₃₁
フウロソウ目 1648₃₀
富栄養 1186j
富栄養化 **1186**j
富栄養湖 **1187**a
富栄養性雨 551c
富栄養湿原 591i
フェオシスティス目 1666₁₆
フェオフィチン **1187**b
フェオフォルビド 1187b
フェオポルフィリン 1328c
フェオメラニン 562e, 1381g, 1382d
フェカンピア類 1577₄₅
フェスツコイド型 1111c
フエダイ 1566₄₉
フェチュイン 404d, 1187d
フェドゥーシア **1187**c

α-フェトプロテイン **1187**d
フェナジン 487d
o-フェナントロリン 247e
フェニルアラニン **1187**e
フェニルアラニンアンモニアリアーゼ 653k
フェニルアラニン-4-一酸素添加酵素 1187f
フェニルアラニン-4-水酸化酵素 **1187**f
フェニルアラニン水酸化酵素 721b, 931d, 1187f
L-フェニルアラニン脱アンモニア酵素 **1187**g
フェニルアラニン-4-ヒドロキシラーゼ 1187f
フェニルイソチオシアネート法 136c
2-フェニルエタノール 1188c
フェニルクロマン 1219g
フェニルケトン尿症 **1188**a
フェニルチオカルバミド 1363a
フェニルチオヒダントイン 136c
フェニルチオヒダントイン法 136c
フェニルプロパノイド **1188**b
2-フェニル-1,4-ベンゾピロン 1219g
フェノル硫酸 1310c
フェネステラ科 1609₂₇
フェネチルアルコール **1188**c
フェノキシエチルアミン 463f
フェノグラム 636c
フェノスキズマ目 1559₂₀
フェノラーゼ 1188d, 1399c
フェノールオキシダーゼ **1188**d
フェノール係数 661h
フェノール酸化酵素 **1188**d
フェノール指数 661i
フェノール硫酸 408f
フェノロジー **1188**e
フェノン 728b
フェノンライン 728b
フエフキダイ 1566₄₉
フェムスジョウタケ 1623₂₅
フェムスジョウタケモドキ 1623₂₅
フェムトプランクトン 1220e
フェリチン **1188**f
フェリチン抗原法 1188f
フェリチン抗体法 **1188**g
フェリニン **1188**h
フェリーポーターの法則 1221i
フェリモナス科 1548₄₂
フェーリング溶液 1264c
フェル **1188**i
フェルヴォルン **1188**j
フェルスターの公式 1484d
フェルスターモデル **1188**k
フェルトゴケ 1606₅₃
フェルフルストーパール係数 1501d
フェルヘフヤスデ 1593₅₃
ブエルルス **1189**a
フェレドキシン **1189**b
フェレドキシン-NADP⁺還元酵素 1189b
フェロケラターゼ 1328d
フェロプラズマ科 1535₂₀
フェロプロトポルフィリン 1276h
フェロヘム 1276h
フェロポーチン1 1030a
フェロポルフィリン 1276h
フェロモン **1189**c
フェロリニア科 1626₂₆
フェン効果 **1190**a
フォイルゲン反応 594c, **1190**b
不応期 **1190**c
フォーカス **1190**d
フォーカス形成単位 **1190**d
フォーカルコンタクト **1190**e
フォークト(K.) **1190**f

フォークト(W.) **1190**g
フォゲス-プロスカウエル反応 **1190**h
フォスアンブレナビル 119a
フォッサマグナ 1336b
フォッサマグナ要素 675c
フォトダイナミック作用 1137g
フォトトロピン **1191**a
フォトブシン 168g
フォトレセプター 1136b
フォーナ 996a
フォーブス病 981a
フォベアウイルス属 1521₅₁
フォボロブシン 1487f
フォーミーウイルス 1489e
フォリスタチン 6g
フォリドフォルス目 1565₄₄
フォリドブリウラス目 1565₃₂
フォリトロピン 1504f
フォリン反応 931d
フォールアウト **1191**b
フォルクマン管 1090h
フォルスコリン **1191**c
フォルスマン抗原 **1191**d
フォルスマン抗体 1191d
フォールディング **1191**e
フォールディング異常病 1191e
フォールド **1191**f
フォルニカータ上綱 1630₂₆
フォルニカータ類 1377h
フォルミン 7c
フォロワー 1458b
フォンヴィルブランド因子 40e
フォン-オイラー 159c
フォン=ギールケ病 367a, 981a, **1192**a
フォンティクラ目 1602₂
フォン=ベルタランフィー曲線 767b
フォン=マグヌス現象 262g
フォン=マグヌス粒子 263h
孵化 **1192**b
深江輔仁 1331d
不可逆的な吸着段階 312e
不確定ヘテロカリオン 1269g
付加形成 1192f
孵化鶏卵培養法 1089l, **1192**c
不可欠アミノ酸 1013c, 1015h, **1192**d, 1455e
不可欠元素 749e
不可欠脂肪酸 1153d
孵化酵素 **1192**e
付加再生 **1192**f
孵化腺細胞 1192e
付活 228f
賦活 228f
部割 1210g
不活化 455a, **1192**g
賦活睡眠 1491g
不活性 228c
不活性化 230b, 1192h
不活性化線量 1193a
不活性化断面積 **1193**a
不活性染色体 **1193**b
賦活電位 639e
不活動性 228c
フカミウロコムシ 1584₄₇
孵化率 **1193**c
不感蒸泄 553f, **1193**d
部間成長 180c
不完全アジュバント 1230a
不完全ウイルス **1193**e
不完全花 267e, 889h
不完全環帯 269e
不完全寄生 657c
不完全強縮 318c
不完全菌類 **1193**f
不完全再生 1146e

不完全浸透度 711b
不完全世代 **1193**f
不完全伴性遺伝 1122g
不完全ファージ 401b
不完全変態 503b
不完全変態類 268i, 503d
不完全麻痺 1344e
不完全優性 323e, 1410a
不完全粒子 263h
不関帯 363a
不関電極 985e
フキ 1652₃₇
不稀釈精液 744g
不規則性蛋白質 972g
不規則性核 1410a
不規則卵割 1443g
腐朽 1210c
不競争的阻害 320f, 455a
不均衡の成長 **1193**h
複胃 1122c
フクイサウルス 323i
復位反射 873d
フクイラプトル 323i
複咽頭 108h
副牙 1000i
副芽 **1193**i
副核 655b
腹角 783d
腹芽茎 212f
複花序 216b
覆瓦状 **1193**j
腹管 **1193**k
副眼 882b
複眼 **1193**l
副感触毛 670b
複関節 266a
腹鰭 934a
フクギ 1649₄₇
副気管支 1076i
腹気管支 1076i
副基準標本 863g
副基体 1194a
副基体上綱 1629₃₆
副基体類 **1194**a
ブクキニア亜綱 1620₅
ブクキニア科 1620₃₁
ブクキニア綱 1620₄
ブクキニアストルム科 1620₃₅
ブクキニア目 1620₁₅
ブクキニオシラ科 1620₃₈
腹気嚢 296d
腹脚 **1194**b
副嗅索 310b
腹吸盤 313d
腹棘毛 328c
腹菌類 **1194**c
腹腔 1194d
複屈折 1468c
複屈折性 1285d
腹茎 1200c
複系 618l
複茎頂型 644b
副経路 1314e
腹血洞 682d
復元力 382b
副腎 111j
腹甲 428h
腹腔 405h, 1084e, **1194**a
複合遺産 781d
複合果 **1194**e
複合確認 207f
複合花序 216b
複合型ジベレリン 402c
複合型糖鎖 **1194**f
副寧丸 760b

副交感神経 **1194**g
副交感神経系 **1195**a
副交感神経遮断剤 685c
副交感神経遮断作用 21e
副交感神経様作用剤 685c
副後基準標本 863g
複合奇網 301b
複合傾度 763d
腹溝細胞 1440d
複交雑 **1195**b
複合脂質 **1195**c
複合種 700f
副甲状腺 **1195**d
副甲状腺ホルモン **1195**e
腹腔神経叢 697e
複合性接合子 1195f
複合性配偶子 **1195**f
複合生物 921c
複合腺 870h
複合組織 839d
複合体Ⅲ 599e
複合体Ⅳ 598e
複合多糖 876i
複合抵抗性 540f
複合糖質 **1195**g
腹腔動脈 **1195**h
複合肥料 1172c
腹腔マクロファージ 1339h
複合葉序 1423f
複合卵 **1195**i, 1284d
副呼吸器 343c
腹根 783c
複婚 1077i
副細胞 679d
腹索 625e
複雑型細胞 **1195**j
複雑型受容野 72a
複雑反射 784c
副産物 1500c
副刺 803d
匐枝 1318c
副肢 953e, **1196**a
腹枝 783e
複視 881a
フクシア 1648₄₀
複糸期 955a
複式RNAスプライシング 814d
副軸 567f
福祉工学 **1196**b
複糸染色体 207c
複室生殖器官 1196c
複姿胞子嚢 **1196**c
副次的食物因子 670a
複子囊 **1196**c
複篩板 556b
複子房 581c
福島第一原発事故 **1196**d
輻射 1296i
輻射骨 882d
輻射軟骨 882d
服従行動 **1196**e
副雌雄同体 1149i
副雌雄同体現象 502g
フクジュソウ 1647₅₆
副松果体 656b, 990d
副上生体 656b
輻状称 1298f
腹小板 1200a
副針 1163c
副腎 **1196**f
副腎アスコルビン酸減少法 12c
複腎管 1196g
副神経 1064f
腹神経索 **1196**h
腹神経節連鎖 1196h

副腎髄質 1196i	副組織適合性抗原 437g	フクロミズケムシ 1660₈
副腎性アンドロゲン 1197a	副対称面 1298f	フクロミズケムシ目 1660₈
副腎性性ホルモン 1197a	複対立遺伝子 1199f	フクロミタマカビ科 1610₂₈
副腎性雄性化 1197b	副蝶形骨 698c	フクロミツスイ 1574₂₅
フクジンソウ 1647₁₈	フグ毒 1199g	フクロムササビ 1574₂₄
副腎摘出 1196f	腹突起 1410e	フクロモグラ 1574₁₃
副針嚢 1163b	複二倍体 1199h	フクロモグラ形目 1574₁₃
副腎皮質 1197c	副乳腺 1043c	フクロモモンガ 1574₂₄
副腎皮質刺激ホルモン 1197d	副乳頭 1043c	フクロヤマネ 1574₂₄
副腎皮質刺激ホルモン放出因子 579b, 1197e	複ニューロン神経支配 876g	フクロユキノシタ 1649₃₂
	腹板 1200a	フクロユキノシタ科 1649₃₂
副腎皮質刺激ホルモン放出ホルモン 1197e	副鼻腔 1109h	フクロワムシ 1578₃₄
	副皮質 320a	父系集団 615c
副腎皮質ホルモン 1197f	輻部 327g	ブーケ構造 1202a
腹髄 1196h	副幅 1298f	不結繭蚕 1201d
副膵管 722e	副副腎 1200b	ブーケ配向 1202a
腹水がん 1197g	腹部遊泳肢 266f, 1034i	不減衰伝導 971i
腹水腫瘍 1197g	腹吻亜目 1600₃₁	不減衰伝導説 1202b
複穂状花序 721h	腹分裂 878g	不減数分裂 1202c
副錐体 723a	腹柄 1200c	不顕性 1489b
複数レベル選択 383c	複並立維管束 1263b	不顕性感染 267c
複数レベル淘汰 383c	副変態 503c	ブーゲンビレア 1650₆₀
複製 1198a	副変態類 503d	フコイジン 1202e
複製誤り 1198b	複胞子嚢群 1296g	フコイダン 228h
複製因子 C 946b	複放射組織 1299c	符号のうえでの競争 1352c
複製エラー 1198b	腹縫線 976d	フコキサンチン 284l, 1202d
複製開始点認識複合体 946a, 1198g	腹膜管 159g	フコース 1202e
複製開始点ライセンス化 1198h	腹膜腔 1084e, 1200d	浮根 471c
複製型転移 1364b	腹鳴 1200e	φM1 様ウイルス 1514₄₀
複製型分子(ファージの) 1198c	腹面腺 997b	フサイタチウオ 1566₂₆
複製起点 946a	腹毛動物 1200f	フサウミエラ 1557₃₅
複製後修復 1198d	腹毛動物門 1578₁₈	フサオグンディ 1576₅₂
複製子 1198e	腹毛類 1200f	フサオネズミカンガルー 1574₂₇
複製子ダイナミックス 689g	フグ目 1566₆₂	フサオマキザル 1575₃₄
副精巣 760c	腹葉 1200g	フサカサゴ 1566₅₆
副精巣管 760c	複葉 1200h	房型類 1562₄₁
副精巣付属体 726f	副翼羽 935i	フサカツギ綱 1120a, 1563₁
副生体 1063h	フクラヤムシ 1577₆	フサゴカイ目 1585₉
複製中間体(RNA ファージの) 1198f	副卵巣 1201a	フサコケムシ 1579₃₄
	覆卵葉 1201b	フサザクラ 1647₄₆
複製の泡 945e	ブクリョウ 1624₁₆, 1624₅₂	フサザクラ科 1647₄₆
複製の目 945e	覆輪 1185f	フサシダ 1643₅
複製フォーク 945e	腹鱗片 1424d	フサシダ科 1643₅
複製前複合体 1198g	フクレヘラゴケ 1612₂₃	フサシダ目 1643₅
複製ライセンス化 1198h	フクロアリクイ 1574₁₅	フサタケ 1626₃₈
腹積 982c	フクロウ 1572₁₁	フサツキウロコムシ 1584₅₁
副節 826a	フクロウナギ 1565₅₄	フサトゲニチリンヒトデ 1560₄₃
副舌 217h	フクロウニ目 1561₃₉	フサノリ 1632g
腹腺 803d	フクロウニ類 731j	フサヒメホウキタケ 1624₆₀
副染色体 1339d	フクロウ目 1572₁₀	ブサミナ目 1664₁₉
複相 1039b, 1199a	フクロエビ上目 1596₃₈	フサモ 1648₂₆
複像 881a	フクロオオカミ 1574₁₅	フサヤスデ亜綱 1593₁
輻輳運動 323c	袋形動物 1201c	フサヤスデ目 1593₂
複相化 1199b	フクロカビ 1602₁₆	ブサンゴー 1202f
輻輳開散運動 255e	フクロカビ科 1602₁₆	節 786i
複相植物 1199c	フクロカビモドキ 1654₉	フジ 1648₅₄
複相性 812a	フクロカビモドキ目 1654₉	藤井健次郎 1202g
複相生活環 745g	フクロギツネ 1574₂₆	フジウツギ 1652₆
複相世代 1370g	腹肋 1502b	フジカワゴケ 1613₃₁
複相体 1039b	フクログモ 1592₁₉	フジクジラ 1565₄
腹窓法 1199d	フクロゴケ 1612₄₅	フシクレタケ 1633₄₄
複層林 1473g	フクロコケムシ 1579₃₂	フシグロ 1650₄₇
腹側化 781e	フクロシトネタケ 1616₄	フシコクシン 1202h
腹側外套 184a	フクロシトネタケ科 1616₄	フジシダ 1643₂₉
腹側経路 559b	フクロタケ 1626₃₃	フジシジン酸 1202i
腹足 1583₂₄	フクロタンシキン科 1620₅₆	フシダニ 1590₃₉
腹足枝 88h, 836b	フクロタンシキン綱 1620₅₃	フシツナギ 1633₄₂
腹側枝 783e	フクロタンシキン目 1620₅₅	フジツボ亜綱 1595₂₈
腹側肢 88i	フクロツナギ 1633₄₁	フジツボ亜目 1595₅₄
腹側腺 837e	袋角 935g	フジツボ下綱 1595₃₄
腹側大動脈 858f	フクロネコ 1574₁₄	フシトビムシ亜目 1598₂₁
腹側腸間膜 920d	フクロネコ形目 1574₁₄	フシナシミドロ 1657₇
腹側脳褶 1063h	フクロノリ 1657₃₀	フシナシミドロ目 1657₇
腹側板 838i	フクロホシムシ 1586₉	フジノマンネングサ 1640₄₆
腹側皮質脊髄路 723a	フクロホシムシ目 1586₉	フジバカマ 1652₃₅
腹足類 1199e		

フシバナレウミシバ 1555_{46}
フシフクロカビ 1603_{21}
フシフクロカビ科 1603_{21}
ブシブラム **1203**a
フジマツモ 1633_{52}
フシミズカビ 1654_7
フシミズカビ目 1654_6
フジヤマカジバン 1562_{18}
浮腫 839f
ブシュール **1203**b
不消化排出速度 751d
負傷電位 844h
腐植栄養湖 **1203**c
腐植化 **1203**d
腐植酸 1203e
腐植質 **1203**e
腐食性 1203h
腐植ポドゾル 1317b
腐食連鎖 679a, 1399d
ブシロフィトン類 476f
不親和 935b
不随意運動 718c
不随意筋 **1203**f
不随意神経系 685a
付随宿主 632b
浮水植物 1044c
付随体 **1203**g
フスシン 1394a
ブスツラン 1454a
フズリナ目 1663_{41}
フズリナ類 1302b
腐生 **1203**h
父性遺伝 **1203**i
不正花 1299a
腐生菌 1203h
不正形ウニ下綱 1562_{12}
不正形ウニ類 110e
父性行動 **1203**j
不正視 752b
腐生植物 336g
不整中心柱, 不斉中心柱 **1203**k
父性的行動 1203j
浮性卵 1440d
ブセウドエウロチウム科 1607_{35}
ブセウドスポロクヌス目 1642_{20}
ブセウドバルサ科 1618_{52}
ブセウドプラギオストマ科 1618_{51}
ブセウドペリスポリウム科 1608_{11}
ブセウドボルニア目 1642_{26}
對節 **1203**l
フーゼロウイルス科 1515_{37}
フーゼロウイルス属 1515_{38}
不全感染 1209f
敷素 370b
ブソイドウリジン **1203**m
ブソイドゾエア 834f
ブソイドモナス 644c
負相関 822e
不相称 826a
付属管 420c
付属肢 **1204**a
付属腺 **1204**b
付属体 146e
斧足類 1041a
フソバクテリア科 1544_{31}
フソバクテリア綱 1544_{29}
フソバクテリア目 1544_{30}
フソバクテリア門 1544_{28}
ブソラマゴケ 1613_{25}
蓋 74k, **1204**c
ブタアシバンディクート 1574_{37}
フタアシミミズトカゲ 1568_{46}
ブダイ 1566_{43}
不対合 1205h
フタイタサソリ下目 1591_{40}

フタエオウギ 1657_{20}
ブタクサ 236f, 1652_{32}
双児 828e
フタゴイボゴケ 1613_{30}
双子型雑体 723a
フタゴケイソウ 1654_{35}
フタゴゴケ 1606_{47}
双子スポット **1204**d
フタゴトリバゴケ 1614_{23}
フタコブラクダ 1576_{10}
フタゴムシ 1578_1
ブタコレラウイルス **1204**e
ブタサベロウイルス 1521_{22}
フタサンゴ 1555_{39}
ブタシルコウイルス1 1517_{41}
ブタ水疱疹ウイルス 1522_{19}
フタツイミミズ 1585_{35}
二つ折り $232h$
フタツガサネ 1633_{47}
二つ組 337a, 546f
フタツクラゲ 1555_{48}
フタツユビナマケモノ 1574_{53}
ブタテシオウイルス 1521_{24}
ブタ痘ウイルス 1517_6
ブタトルクテノウイルス1 1517_{39}
フタナシツボカビ 1602_{49}
フタナシツボカビ科 1602_{49}
フタナシツボカビ目 1602_{39}
ふたなり 1118f
フタナリクラゲ 1556_7
フタバアオイ 1645_{36}
ブタハイチュウ 1587_{35}
フタバガキ 1650_{27}
フタバガキ科 107e, 1650_{27}
フタバスズキリュウ 349h, 1568_{33}
ブタヘルペスウイルス1 1282b
フタマタケカビ 1603_{49}
フタマタゴケ 1637_{35}
フタマタゴケ亜綱 1637_{31}
フタマタゴケ科 1637_{35}
フタマタゴケ目 1637_{34}
二又性仮軸分枝 215b
フタマタタンポポ 1652_{34}
二又分枝 **1204**f
二又脈系 1363c
フタモンホシカメムシ 1600_{39}
フタユビアンフューマ 1567_{44}
フタリビワガライシ 1557_{54}
淵 224c
ブチアリン 655e
フチオール **1204**g
フチオン酸 **1204**h
ブチ株 1498d
ブチコバリア類 1589_8
ブチコレビス目 1565_{31}
フチトリベニ 1633_3
フチドリヤスデ 1593_{51}
ブチ変異体 470e
縁膜 346e
縁膜クラゲ 353h
縁膜胞 **1205**b
付着圧 312f
付着圧説 312f
付着器 1113d, **1205**c
付着茎 1200c
付着根 283g
付着細胞 415h
付着生物 **1205**d
付着藻類 953c
付着端(ファージDNAの) **1205**e
付着稚貝 **1205**f
付着点 479i
付着板 960j
付着部位(プロファージの) **1205**g
付着分散 635a

不調和的 837a
ブチリル CoA シンテターゼ 12_2
ブチリルコリンエステラーゼ 493a
ブチロフェノン 1008a
不対鰭 765b
不対合 **1205**h
不対電子 970a
普通海綿類 704b
普通線毛 819c
フツウミミズ 1585_{36}
普通葉 **1205**i
仏炎苞 1031b, 1304a
フッカー **1205**j
フッカー–フォーブス法 394g
復帰 1321a
フッキソウ 1648_9
復帰突然変異 **1205**k
復帰変異株 850b
復旧核 **1206**a
復旧的再生 514b
フック **1206**b
物質交代 851i
物質再生産 **1206**c
物質循環 **1206**d
物質生産 **1206**e
物質代謝 851i
ブッシュマン 512g
ブーツストラップ確率 **1206**f
ブーツストラップ法 **1206**f
ブッソウゲ 1650_{20}
フッ素法 223d
物体認識 **1206**g
フッド **1206**h
フットプリント法 **1206**i
ブッポウソウ 1572_{27}
ブッポウソウ亜目 1572_{27}
ブッポウソウ目 1572_{24}
物理鰓 **1207**a
物理色 854d
物理的遺伝子地図 **1207**b
物理的環境 **1207**c
物理的順応 1374a
物理的消化 653i
物理的地図 808h, 1207b
物理的地図距離 905d
物理的封じ込め **1207**d
物理的防除 1164g
物理的明暗順応 1373b
物理分散 635a
物理療法 196h
不定芽 **1207**e
不定期DNA合成 628h
ブティクトドゥス目 1564_{17}
不定形蛋白質 972g
ブティコディスクス目 1662_{27}
不定根 **1207**f
フデイシ綱 1120a, 1562_{36}
フデイシ目 1562_{44}
筆石類 **1207**g, 1562_{36}
不定胚 **1207**h
不定胚形成 **1208**a
不適格名 959e
不適合妊娠 396a
不適合輸血 396a
不適正塩基対修復 117c
不適正塩基対修復酵素系 943c
フデゲホコリ 1629_{10}
ブーテナント **1208**b
フデノホ 1634_{46}
ブテラノドン 1430a
ブテラノドン亜目 1570_1
ブテリジン **1208**c
ブテリノソーム 562e
ブテリン **1208**c, 1304f

フライ　1819

プテロイルグルタミン酸　1422f	フトマルヤスデ類　1593₂₇	部分受精　1210j
プテロカルパン　1219g	フトモズク　1657₃₆	部分シュート説　642g
プテロサウルス類　1430a	フトモモ　1648₄₂	部分接合体形成　1383i
プテロビブリオファージ MAC 1　1517₅₄	フトモモ科　1648₄₁	部分相同ゲノム　410e
プテロプシダ　864e	フトモモ目　1648₃₅	部分相同染色体　830f
プテロベルジン　888a	フトヤギ　1557₂₉	部分単為生殖　880n
プテロミクロウイルス属　1517₅₄	フトヤギ亜目　1557₂₈	部分重複奇形　2
フトイ　1647₃₁	フトヤスデ類　1593₂₇	部分的循環　1383i
太いフィラメント　525f, 1351d	フトユビシャコ　1596₂₄	部分的循環湖　1383i
浮島　108a	フトレッシン　29b, 1321g	部分的接合体　**1210**k
浮動　83f	ブナ　1649₁₈	部分二化　221f
ブドウ　1648₂₉	ブナ科　1649₁₈	部分二倍体　143b, 143c, 155a, 1210k
不等黄卵　1440d	フナガタクチビルケイソウ　1655₃₇	部分排除　1179h
ブドウ科　1648₂₈	フナガタケイソウ　1655₄₆	部分分泌腺　187b
ブドウガイ　1583₅₈	フナガタケイソウ目　1655₄₃	部分変性地図(DNA の)　**1211**a
不等割　801c	ブナ型葉序　475h	部分卵割　1210g
不等関節　266a	フナクイムシ　53a	不分離　**1211**b
ブドウ球菌　1208d, 1542₄₆	フナクイムシ類　1147b	普遍形質導入　388a
ブドウ球菌科　1542₄₅	ブナシメジ　1626₁₁	普遍種　1123g
ブドウ球菌外毒素　738b	ブナ帯　715d, 724f	不偏性寄生　657d
ブドウ球菌ファージ 44AHJD　1514₁₉	フナゴケ科　1641₁₃	普遍相称　1408e
不等筋　1258e	ブナハリタケ　1624₂₈	不変態　503b
不動結合　266a	フナムシ　1597₈	不変態類　503d
不等結合双生児　925i	ブナ目　1649₁₆	普遍的組換え　82i
不等交叉　442j, **1208**e	不成り年　207g	普遍的制約　1107a
ブドウ酸　640c	フニセイコックス科　1551₁₄	不飽和脂肪酸　608g
ブドウ酒　640b	フニセイコックス目　1551₁₃	不飽和鉄結合能　1011b
葡萄状奇胎　629i	ブニヤウイルス　**1209**e	ブホゲニン　237o
ブドウ状腺　642c, **1208**f	ブニヤウイルス科　1520₂₉	ブホタリン　237o
ブドウ状組織　**1208**g	ブニヤムウェラウイルス　1520₃₂	ブホトキシン　237o
不動性　1406c	不妊　1209g	フマラーゼ　344b[図], 1211f
不動性関節　266a	不妊症　1209g	フマル酸　**1211**d
不動精子　**1208**h	プネウモキスチス科　1605₃₃	フマル酸還元酵素　**1211**e
不動精子嚢　1208h	プネウモキスチス綱　1605₃₁	フマル酸発酵　1103b, 1211d
不動繊毛　1209c	プネウモキスチス目　1605₃₂	フマル酸ヒドラターゼ　344b[図], 1211f
不等大配偶子　62d	フネガイ　1582₄	フマル酸水添加酵素　344b[図]
不凍蛋白質　**1208**i	フネガイ目　1583₂₈	フマル酸レダクターゼ　1211e
ブドウ糖　366a	フネカサガイ　1583₂₈	ふみ越え　1420m
不等二価染色体　**1209**a	不稔感染　**1209**f	フミトレモルゲン　1333l
不等乗換え　442j, 1208e	不稔形質導入　1209g	フミン　1203e
不動配偶子　1077f	不稔性　**1209**g	フモトシダ　1643₂₈
不動配偶子生殖　789b	不稔二形性　1031d	ブユ　1601₂₂
ブドウ葉巻随伴ウイルス 3　1522₂₁	不稔溶原化　**1209**h	浮遊生態系　189f
不等皮質　861a	不能汗腺　1160g	浮遊性底生動物　953c[表]
舞踏病　860b	負の干渉　262g	浮遊生物　1220e
不等双子型錐体　723a	負の強化　315n	浮遊適応　1222j
不凍物質　460b	負の効果の法則　433b	浮遊培養　**1211**g
ブドウフレックウイルス　1521₅₈	負の残像　551j	浮遊密度　**1211**h
不等分裂　1149e	フノジグモ　1592₂₇	冬コムギ　1335j
不動胞子　**1209**b	負の自然淘汰　587b	冬鳥　**1211**i
不動胞子嚢　1209b	負の制御　**1210**a	冬羽　111g
ブドウ房状腺　1208f	負の選択　319f	冬胞子　542a, **1211**j
不透明目　1577₃₉	負の淘汰　988f	冬胞子器　1211j
不動毛　**1209**c, 1414h	負の二項分布　**1210**b	冬胞子堆　1211j
不等毛植物　164g	負の二項分布則　636f	ブユムシクイ　1572₅₉
不等毛植物門　164g, 1654₂₅	負のフィードバック　1183c	フューリン　1010b
不等毛類　162b	負のフィードバック制御　**1210**c	フュールブリンガー　**1211**k
ブドウ目　1648₂₇	フノリ　1633₂₃	フヨウ　1650₂₀
不等葉　1209d	フーバー　**1210**d	浮葉　**1211**l, 1211m
不等葉性　62f, **1209**d	腐敗　**1210**e	不溶化酵素　484g
不等葉無腔胞胚　1369c	フハイカビ　1654₁₆	浮葉植物　**1211**m
不等葉有腔胞胚　1407j	フハイカビ目　1654₁₅	浮葉植物期　593g
フトウラスジタケ　1624₂₅	浮表生物　1044c	浮葉植物帯　**1211**n
不等腕染色体　806f	ブファジェノライド　319a	不溶性酵素　484g
フトオサゾリ　1591₄₈	ブファリン　238a	不溶性ムコイド　1368h
フトゴケ　1641₃	ブフナー　**1210**f	浮葉草原　823j
フトゴケ科　1641₃	部分異質倍数性　1081m	フライ-ウィスリング　**1212**a
フトサルパ　1563₁₉	部分栄養卵巣管　1447c	ブライトコントラスト　68e
不吐糸蚕　1201d	部分割　**1210**g	ブライトワイテア科　1640₄₄
フトシジメワカレケイソウ　1655₄₁	部分間の闘争　**1210**h	プライマー(DNA, RNA の)　**1212**b
フトトゲヒトデ　1560₅₃	部分強化　316c	プライマー伸長法　**1212**c
フトネゴケ　1612₄₂	不分極電極　**1210**i	プライマーゼ　**1212**d
フトマキヤスデ　1593₄₃	部分再生　1146c	プライマーフェロモン　1189c
フトマキヤスデ亜目　1593₄₂	部分色覚異常　561i	プライマリープロスタグランジン　1231d
	不分枝腺　870h	プライモソーム　946a

ブラウスニッツ−キュストナー反応 643b	ブラストミセス症 692b	フラボ蛋白質 1219e
ブラウン(D.D.) **1212**f	ブラストレーション **1216**f	フラボドキシン 906f
ブラウン(R.) **1212**g	ブラストロン 1207a	フラボノイド **1219**g
ブラウンアース 228a	ブラストロン呼吸 **1216**g	フラボノイド生合成系 2431
ブラウン運動 211d, 211f	ブラス−マイナス法 941a	フラボノール 1219g
ブラウンクモザル 1575$_{34}$	プラズマウイルス科 1516$_{48}$	フラボバクテリア科 1539$_{38}$
ブラウン−セカール **1212**h	プラズマウイルス属 1516$_{49}$	フラボバクテリア綱 1539$_{33}$
ブラカストーロ **1212**i	プラズマ細胞 387e, **1217**a	フラボバクテリア目 1539$_{34}$
ブラキエーション **1212**j	プラズマジーン **1217**b	フラボバクテリウム **1220**a, 1539$_{42}$
ブラキエーター 1212j	プラズマ蛋白質 404c	フラボン 1219g
ブラキオサウルス 323i	プラズマトリプシノゲン 1217h	プーラミス 1574$_{23}$
ブラキオピラ綱 1660$_{17}$	プラズマフェレシス **1217**c	フラミンゴ 1571$_{20}$
ブラキオピラ目 1660$_{18}$	プラズマ分子 1468b	フラミンゴ目 1571$_{20}$
ブラキオラリア **1212**k	プラズマール反応 594c, 1217d	プラムバーグ 1220c
ブラキオラリア腕 1212k	プラズマローゲン **1217**d	フラムメオヴィルガ科 1539$_{27}$
ブラキストン 1227k	プラスミド **1217**e	プラリドキシム 15a
ブラキストン線 776d	プラスミド不和合性 **1217**f	プラリナトガリネズミ 1575$_{7}$
ブラキスピラ科 1550$_{15}$	プラスミドベクター 1264h	孵卵器 92h
ブラキユリ **1213**b	プラスミノゲン 1217h	フランキア亜目 1536$_{43}$
プラーク **1213**c	プラスミノーゲン 1217h	フランキア科 1536$_{46}$
プラークアルブミン 167k	プラスミノゲンアクチベーター 1217h	負卵脚 **1220**d
プラーク形成細胞 1213g	プラスミノゲン活性化因子 1217h	Frank-Condon の原理 385c
プラーク形成単位 **1213**d	プラスミン **1217**g	フランク・スターリングの法則 731e
プラーク形成法 1213g	プラスミンインヒビター 463k	プランクター 1220b
プラグコア 1153e	プラスモガミー **1218**a	プランクトスファエラ類 1120a, 1562$_{55}$
フラクションコレクター **1213**e	プラスモゴニー 587h	プランクトバクテリア門 1545$_{1}$
フラクタル **1213**f	プラスモディウム 1284c	プランクトマイセス科 1545$_{4}$
プラークテスト **1213**g	プラスモディウム属 1345f	プランクトマイセス綱 1545$_{2}$
フラクトビテリダ目 1628$_{44}$	プラスモディウム目 1661$_{36}$	プランクトマイセス目 1545$_{3}$
ブラークハイブリッド法 **1213**h	プラスモデスマータ 419b	プランクトマイセス門 22c, 1545$_{1}$
フラグミジウム科 1620$_{27}$	プラスモデスム 419b	プランクトミセス科 1545$_{4}$
フラグメント・アセンブリ法 1458g	プラズモン **1218**c	プランクトミセス綱 1545$_{2}$
フラグモクセニジウム科 1623$_{12}$	プラセボ 1215d	プランクトミセス目 1545$_{3}$
フラグモソーム **1214**a	プラソーム **1218**d	プランクトン **1220**c
フラグモブラスト 209a	プラダー・ウィリー症候群 410f	プランクトン栄養型幼生 791f
ブラクラ **1214**b	プラタバクテリア科 1539$_{35}$	プランクトン食性 1500g
ブラケア 952g	プラチグロエア科 1620$_{13}$	プランクトンネット 1220e
ブラー現象 **1214**c	プラチグロエア目 1620$_{11}$	フランクフルト水平面 561h
ブラコウイルス属 1516$_{51}$	プラチディニウム目 1662$_{20}$	ブランコヤドリバエ 1601$_{24}$
プラコグロビン 960j, 1266e	プラチフリア目 1660$_{7}$	フランシェ **1221**a
ブラコード **1214**d	プラックス **1218**e	フランシセラ科 1549$_{54}$
ブラシェー **1214**e	ブラックスモーカー 1056c	フランス国旗モデル **1221**b
フラジェリン **1214**f	ブラックバーン **1218**f	プランテオース 171b
フラジオマイシン **1214**g	フラッシュフォトリシス法 **1218**g	プランビウイルス属 1522$_{48}$
ブラジキニン **1214**h	ブラッシン 1215c	ブリ 1566$_{56}$
ブラジザトウムシ 1591$_{22}$	ブラットの小胞 843d	ブリアプルス目 1588$_{3}$
プラシディア綱 1653$_{4}$	Bradford 法 894b	ブリアプルス類 1546h
プラシディア目 1653$_{5}$	プラーテ **1218**h	ブーリアンネットワーク **1221**c
プラシノウイルス属 1516$_{45}$	プラティークネミー 1289a	フーリエ変換 135a
プラシノコックス目 1634$_{6}$	プラディゲネシス 273g	プリオン **1221**d
プラシノステロイド **1215**a	プラティコピア 1595$_{3}$	プリオン病 1191e
プラシノ藻 **1215**b	プラティコピア目 1595$_{3}$	フリクティス科 1614$_{11}$
プラシノ藻綱 1215b	プラティコピダ目 1596$_{13}$	振子運動 703c
プラシノライド **1215**c	プラディトローフ 1006c	ブリジェズ **1221**e
プラシーボ **1215**d	プラディリゾビア科 1545$_{30}$	フリーズエッチング法 **1221**g
プラシーボ効果 1215d	プラテンゾール 3d	プリスタン 273a
ブラジルツコツコ 1576$_{54}$	ブラドリア目 1594$_{21}$	ブリーストリ **1221**f
ブラジルナットノキ 1651$_{9}$	プラトール 3d	フリーズフラクチャー法 **1221**g
フラスコ細胞 1177d	プラニストメラ科 1608$_{52}$	プリズム幼生 **1221**h
プラスチッド **1215**e	プラヌラ **1218**i	フリソダダニ 1591$_{9}$
プラスト **1215**f	プラヌラ起原説 **1218**j	フリッカー **1221**i
プラスチドゲノム **1216**a	プラヌラクラゲ 1556$_{32}$	ブリッグス **1222**a
プラスチド DNA 1216a	プラヌラ様動物 915a, 1218j	フリッシュ **1222**b
プラステア 220d	プラノコックス科 1542$_{40}$	フリッパーゼ **1222**c
プラスティドゥーレ **1216**b	フラノース 891e	フリップフロップ 1222c
プラストゥラ 220d	フラバスタチン 730j, 1157c	フリップフロップモデル **1222**e
プラストキスティス綱 1653$_{25}$	フラバノン 1219g	プリニウス **1222**f
プラストキスティス目 1653$_{26}$	フラビ **1219**b	プリプノーボックス 923f, 1238h
プラストキノン **1216**c	フラビウイルス科 1522$_{25}$	プリマキン症 366h
プラストグロビュル 1215e	フラビウイルス属 1522$_{26}$	フリーマーチン **1222**g
プラストシール 1420g	フラビンアデニンジヌクレオチド **1219**c	フリミナ科 1764$_{3}$
プラストシアニン **1216**d	フラビン酵素 **1219**d	bream 域 224c
プラストジーン 1217b	フラビン蛋白質 1219d, **1219**e	プリムネシウム藻綱 1666$_{14}$
プラストディニウム目 1662$_{19}$	フラビンモノヌクレオチド **1219**f	プリムネシウム目 1666$_{17}$
プラストデスミアゴケ 1609$_{14}$	フラベリネア綱 1628$_{33}$	プリムネシオウイルス属 1516$_{46}$

フロク 1821

ブリューガー **1222**h
ブリューガーの収縮の法則 623g
ブリューガー卵管 **1222**i
ブリューストン 1044c
ブリュッケ筋 1395c
浮力の調節 **1222**j
フリーラジカル 1298c
フリーラジカル説 1498i
フリーラン周期 621d
フリーランリズム 621d
プリン塩基 150e, 1162e
プリンク **1223**b
プリングスハイム **1223**c
プリン受容体 19e
プリン生合成経路 **1223**d
プリンヌクレオシド 1049c
プリンヌクレオシドホスホリラーゼ 1049g
プリンヌクレオチド 1050d
プリン分解経路 **1224**b
プール **1224**c
フルイノメケイソウ 1665$_{44}$
ふるえ 705f
ふるえ産熱 **1224**d
フルオレスセイン誘導体 394e
5-フルオロウラシル 942d, **1224**e
フルオロクエン酸 1413f
フルオログラフィー **1224**f
フルオロ酢酸 1413f
5-フルオロデオキシウリジン **1224**e
プルキニエ **1225**b
プルキニエ現象 **1225**c
プルキニエ効果 **1225**c
プルキニエ細胞 665b, 1429i
プルキニエ-サンソン像 **1225**d
プルキニエ-サンソンの鏡像 **1225**d
プルキニエ繊維 570e
プルキニエ像 **1225**d
プルキニエの血管像 **1225**e
プルキニエの残像 551j
プルキンエ現象 **1225**c
β-2,1-フルクタナーゼ 86g
フルクタン **1225**f
フルクトキナーゼ **1226**a
フルクトサン **1225**f
β-D-フルクトシダーゼ 730a, **1225**g
フルクトース **1225**h
フルクトース-1-キナーゼ **1226**a
フルクトース-6-キナーゼ **1226**a
フルクトースキナーゼ **1226**a
フルクトース尿症 **1226**a
フルクトース-1,6-二リン酸 183h[図]
フルクトース-2,6-二リン酸 **1226**a
フルクトース二リン酸アルドラーゼ 41h
フルクトース二リン酸ホスファターゼ 986b
フルクトース-1,6-ビスホスファターゼ **1226**d
フルクトース-2,6-ビスホスファターゼ **1226**d
フルクトース-ビスホスファターゼ 1264d
フルクトース-1,6-ビスリン酸 **1226**b
フルクトース-1-リン酸 **1226**a
フルクトース-6-リン酸 183h[図]
フルクトース-6-リン酸-1-キナーゼ 183h[図]
フルクトース-6-リン酸-2-キナーゼ **1226**b
β-D-フルクトフラノシダーゼ **1225**g
ブルークラブ 1598$_6$
ブルクリノア科 1640$_8$
フルコナゾール 16r
プルシナー **1226**e

フルシリア **1226**f
ブルース効果 1189c, **1226**g
ブルストレーム **1226**h
ブルセラ **1226**i, 1545$_{33}$
ブルセラ科 1545$_{33}$
ブルダハ **1226**j
ブルータンウイルス 1519$_{32}$
ブルッフゴケ科 1639$_{41}$
ブルテウス **1227**a
ブルドー **1227**b
フールドリチカ 1279e
古畑種基 **1227**c
ブールハーフェ **1227**d
ブルーフリーディング 1364c
プルブロガリン 1017c
フルボ酸 1203e
フルマカモメ 1571$_{17}$
ブルーム **1227**e
ブルーム症候群 225a, 808e
プルーメンバハ **1227**f
フルーランス **1227**g
ブルンナー腺 661a, **1227**h
プルンフェルス **1227**i
Bray-Curtis法 683d
プレイヤー 412e
ブレイン・マシン・インターフェース 115h, 417f, 1460e
プレヴィアータ綱 1552$_{21}$
プレヴィアータ目 1552$_{22}$
プレヴィネマ科 1550$_{16}$
プレヴィバクテリア科 1537$_9$
プレヴォテラ科 1539$_{15}$
プレウロカプサ目 1541$_{41}$
プレウロクロリデラ目 1656$_{47}$
プレウロ科タ科 1618$_{25}$
プレウロネマ目 1660$_{31}$
プレウロフィルム亜目 1556$_{41}$
プレウロメイア 1356b
プレウロメイア目 1642$_{13}$
プレオスポラ亜綱 1609$_7$
プレオスポラ科 1609$_{53}$
プレオスポラ目 1609$_8$
プレオマイシン **1227**j
プレオマッサリア科 1609$_{50}$
プレカラム誘導体化 454a
プレカリクレイン 397c
プレーキストン **1227**k
プレーキストン線 776d
プレクスリーカビ 1603$_{34}$
プレクトゥス亜綱 1587$_{19}$
プレクトゥス上目 1587$_{22}$
プレクトゥス目 1587$_{25}$
プレクトスファエレラ科 1616$_{52}$
プレクトロウイルス属 1517$_{50}$
5β-プレグナンジオール 1230i
プレグネノロン **1227**l
プレグネノロン合成酵素 497e
プレゲノムRNA 243c
プレシアダピス亜目 1575$_{22}$
プレシオサウルス類 349h
プレストンの対数正規則 636f
プレセニリン **1228**a
プレセネリン **1228**a
プレッシャーチェンバー法 318b, **1228**b
プレッシャープローブ法 318b
プレT細胞 **1228**c
プレT細胞受容体 **1228**c
プレデバクター科 1547$_{29}$
プレート効果 1262e
プレートテクトニクス 865a
プレドニゾロン 1390d
プレナー **1228**d
プレニル基 1325f

プレニルトランスフェラーゼ **1228**e
フレヌラソデガイ 1580$_{36}$
フレノシン 241d
プレパラート **1228**f
プレビカン 1235c
プレB細胞 **1228**g
プレB細胞受容体 594f
プレB細胞レセプター **1228**g
プレビデンソウイルス属 1518$_{14}$
プレビナンタ科 1638$_9$
プレファリスミン **1228**h
プレファリドフィラ科 1638$_{22}$
プレフェルジエラ科 1607$_{49}$
プレフェルジンA **1228**i
プレフェルトホコリ 1629$_{13}$
プレプロオレキシン 172h
プレプロホルモン 1238f
プレベトキシン 184e
プレボウイルス属 1520$_{33}$
プレボレアル期 864k
フレミング **1228**j, **1229**a
フレーム **1229**b
フレームシフトサプレッサー 1229d
フレームシフト突然変異 **1229**c
フレームワーク・モデル 1191e
プレーリー **1229**e
プレリソソーム 1179d
プレーリー土壌 1229c
プレレプトテン期 1490e
プレロケルコイド 286l
プレロセルコイド 286l
不連続呼吸 **1229**f
不連続出芽 640j
不連続層 1403g
不連続複製 **1229**g
不連続分布 212b
フレンチ **1229**h
フレンチプレス 1320a
フレンドウイルス 1103a
フレンド細胞 6f
プロアクセセリン 128d
プロイストン 1044c
フロイト **1229**i
プロインスリン 94d
フロイントのアジュバント **1230**a
プロウイルス **1230**b
プロウイルス属 1523$_{12}$
プロエオティア目 1631$_{17}$
プロエラスターゼ 146f
プロオピオメラノコルチン **1230**c, 1238f, 1465e
ブロカ **1230**d
ブローカ 1230d
プロカイン **1230**e
プロガノケリス亜目 1568$_{17}$
プロカバクター科 1547$_{18}$
プロカバクター目 1547$_{17}$
ブローカ野 420c, 420d
プロカリス下目 1597$_{42}$
プロカルプ 822d
プロカルボキシペプチダーゼ 247e
プロキネシス 295g
プロキネトプラスチダ目 1631$_{33}$
プロキネトプラスチナ亜綱 1631$_{32}$
プロキモシン 301d
プロキセミクス 1068i
フロクマリン 350a, 843f
プログラム言語 702b
プログラム細胞死 25e, 524d
プログラム進化 1259g
プログラム説 1498i
プログラムDNA除去 **1230**g
プログルカゴン 363i
プログレッション(がんの) **1230**h
プロクロロコッカス 605b

和文

プロゲスチン 394g
プロゲステロン **1230**i
プロゲステロン受容体 1041e
プロゲステロン類似ステロイド 394g
プロゲストーゲン 394g
プロケルコイド 802a
プロコラーゲン 480d
プロコンスル **1231**a
フローサイトメトリー 377c, **1231**b
プロジェクチン 486e
プロジェネシス 1420m
プロジオキシン **1231**c, 1484e
プロシレン亜目 1567₃₉
プロスタグランジン **1231**d
プロスタグランジンI₂ 1232a
プロスタグランジンエンドペルオキシドシンターゼ 1231d
プロスタグランジン生成酵素 1231d
プロスタサイクリン 1231d, **1232**a
プロスタン 544a
プロスタン酸 1231d
プロスチグミン 493a
フロストハードニング 1109e
プロスナウイルス属 1519₈
プロスペクト理論 292c
プロセス型偽遺伝子 277d
プロセッシング **1232**g
プロセッシングプロテアーゼ 1232b
プロセテリー **1232**c
プロセトコイド 802a
プロセントリック動原体 512a
プロタミン **1232**d
プロチモシンα 1358a
ブロック **1232**e
ブロック **1232**f
ブロック染色法 970b
ブロックマン小体 722e, 1445c
フロッパーゼ 1222c
プロップ 72a
プロッホ **1232**g
プロツォクラ幼生 427j
プロテアーゼ 655e, **1232**h
プロテアーゼインヒビター 1233a
プロテアーゼ阻害剤 **1233**a
プロテアソーム **1234**a
プロティスト 424b
プロテイナーゼ **1234**b
プロテイノイド 1234c
プロテイノイドミクロスフェア **1234**c
プロテイノブラスト 1215e
プロテイン A **1234**d
プロテイン S 397a, 436e, 1018c
プロテインキナーゼ **1234**e
プロテインキナーゼA 125a, 510b
プロテインキナーゼC 1341d
プロテインキナーゼG 510c, 564f
プロテインキナーゼCシグナル 1138g
プロテインキナーゼB 127e
プロテイン C 397a, 436e, 1018c
プロテイン G 1234d
プロテインスプライシング **1235**a
プロテインホスファターゼ **1235**b
プロテインホスファターゼ2C 23j
プロテインホスファターゼ2B 245e
プロテオグリカン **1235**c
プロテオース 1174b
プロテオバクテリア 448f
プロテオバクテリア門 **1236**a, 1545₁₀
プロテオブラスト 1215e
プロテオヘパリン 1273c
プロテオミクサ綱 1664₃₈
プロテオーム **1236**b
プロテオリピド **1236**c
プロテオゲネシス 708d
プロテオモナス綱 1653₂₇

プロテロモナス目 1653₂₈
プロドゥクトス目 1580₂₀
プロトオルチス目 1580₂₅
プロトオンコジーン 249g
プロトガステル科 1627₂₂
プロトクティスタ 424b
プロトクルジア亜綱 1658₁₁
プロトクルジア目 1658₁₂
プロトクロロフィリド **1236**d, 1471d
プロトクロロフィリド還元酵素 **1236**e, 1239h
プロトクロロフィリドリダクターゼ 1471d
プロトクロロフィル 1236d
プロトコノドント 486g
プロトコーム **1236**f
プロトスキフ科 1608₁₀
プロトステリウム綱 1628₄₂
プロトステリウム目 1628₄₆
プロトスポランギウム目 1628₄₇
プロトゾエア **1237**a
プロトテレネラ科 1607₃₄
プロトトローフ 415c
プロトニューロン 694e
プロトニンフォン **1237**b
プロトビティス目 1644₉
プロトプテリクス目 1570₄₂
プロトプテリクス目 1570₄₂
プロトプラスト **1237**c
プロトプラスト融合 533c
プロトプラスモディウム 1284c
プロトヘマチン 1328c
プロトヘミン 1328c
プロトヘム 1237d, 1276h, 1328c
プロトペリゾニウム 829d
プロトポルフィリン 1328c
プロトポルフィリンIX **1237**d
プロトマー 46b, 895c
プロトマー-ポリマーの転換 14f
プロードマンの脳地図 524a
プロトミケス科 1605₄₀
プロトルドミケス科 1602₄₈
プロトロンビナーゼ複合体 128d, 396c
プロトロンビン **1237**e
プロトン ATPアーゼ 1237f
プロトン Qサイクルモデル 599e
プロトンポンプ **1237**f
プロニャール **1237**g
プロバイノグナトゥス下目 1573₃₁
プロバフェン 467i, 892c
プロピオニバクテリア亜目 1537₄₅
プロピオニバクテリア科 1537₄₈
プロピオン酸発酵 **1238**a
プロビタミン D **1238**b
プロビタミン D 963b, 1151f
プロビタミン D₂ 148k
(2S)-2-プロピルピペリジン 486a
プロファージ **1238**c
プロファージの除去 331a
プロフィブリノリジン 1217h
プロフィラグリン 413g
プロフィリン 7c
プローブプール 808b
プロプラスチド 1238d
プロプラスチド **1238**d
プロプラノロール 48h, 1267b
プロフラビン 8b
プロブレソフィジン 1238e
プロへキサジオンカルシウム 677b
プローベル **1238**f
プロボシウイルス属 1514₅₇
プロホルモン **1238**f
プロポンビキシン 1331g
プロミクロモノスポラ科 1537₃₁
ブロメライン 582j

ブロモウイルス科 1522₇
ブロモウイルス属 1522₁₀
5-ブロモウラシル **1238**g
ブロモウラゾン 1390d
ブロモーション 196c
ブロモーター 196c, **1238**h
5-ブロモデオキシウリジン **1239**a
ブロモデオキシウリジン 628d
ブロモミケス科 1621₄₉
フロラ **1239**b
フローラ 1239b
ブロラクチン **1239**c
ブロラクチン放出因子 **1239**d
ブロラクチン放出ホルモン 1239d
ブロラクチン放出抑制因子 **1239**e
ブロラクチン放出抑制ホルモン 1239e
ブロラクトスタチン 1239e
ブロラクトリベリン 1239f
ブロラケルタ目 1569₁₂
フロラの滝 **1239**f
ブロラミン 634f, **1239**g
ブロラメラボディ **1239**h
フロリゲン 221i
フロリジン **1239**i
フロリダーゼ 1240d
フロリダミミズトカゲ 1568₄₇
フロリドシド 449a
ブロリナーゼ 1240d
ブロリルエンドペプチダーゼ 156c
ブロリルジペプチダーゼ **1240**a
ブロリン **1240**b
プロリン酸化酵素 **1240**c
プロリンジペプチダーゼ **1240**d
プロリン-3-水酸化酵素 1157a
プロリン-4-水酸化酵素 1157a
プロリン脱水素酵素 1240b
プロリンデヒドロゲナーゼ 1240c
プロリンリッチ蛋白質 1157b
ブロレカニテス 51g
ブロレカニテス目 1582₅₂
フローレス原人 1319d
フロレチン 1239i
フロレンシエラ目 1656₆
ブロロケントルム目 1662₅₀
フロン 165l
ブロン(H.G.) **1240**f
ブロン(P.) **1240**e
フロンガス 165l
ブロンドゲースト緊張 1121a
ブロントサウルス類 **1240**g
ブロントジル 546g
ブローン-ブランケ **1240**h
不和合性 **1240**i
吻 1120a, **1241**a, 1418c
糞 **1241**b
分域 1253f
粉芽 **1241**c
分化 1243g, **1241**d
分果 1254b
文化 **1241**e
分解型液胞 125e
文化遺産 781d
分解者 **1242**a
粉塊状子実体 1340b
分化異常説 1101h
分解層 474f
分解的 51c
文化遺伝子 1362h
分界電流 416c
分解能 432c
分解能(X線解析の) **1242**b
分解用酵素 1016a
分芽型胞子 641c
分化逆行 848a
分画遠心法 531c

吻殻綱　1581₃₅
分角法　330a
分画膜　324c
分化クラスター　594f
分化形質　531b
フンカゴケ科　1613₆₀
文化財保護法　972d
文化子　1362h
文化進化　**1242**c
文化進化論　1242c
文化心理学　1133c
文化人類学　716r, 1366b
分化制止　752c
分化全能　1243d
分化多能　1243d
分化単能　1243d
分化中心　406f
分割　1443e
分割球　227d
分割腔　227e
分割細胞分裂　**1243**a
分割面　1444a
分化程度　1243g
文化的行動　**1243**b
噴火的進化　1094d
分化転換　**1243**c
文化伝播　972b
分化能　**1243**d
分化抑制　1241d
分化率　379c
ブンガロトキシン　**1243**e
吻管　1241a, **1243**f
分岐　**1243**g
分岐学　1244b
分岐傾向　689f
分岐原理　388d
分岐鎖アミノ酸　**1243**h
分岐鎖α–アミノ酸　1116b, 1497c
分岐鎖アミノ酸アミノ基転移酵素　**1243**h
分岐鎖ケト酸脱水素酵素　69h, 1116b, 1243h, 1497c
分岐図　**1243**i
分岐成分分析　**1244**a
分岐腸　316d
分岐分類学　**1244**b
分業　**1244**c
吻極　436f
分極　**1244**d
分岐論　1244b
分群集　282a
分蘗　**1244**e
分蘗枝　1244e
吻牽引筋　271e
吻孔　346e
吻腔　1163b, **1244**f
吻合　**1244**g, 1392f
吻合仮足　1392f
吻骨格　1241a
分差感度　105j, 1245a
分叉肢　1034i
分差反応　363a, **1245**a, 1373c
分散　513h, **1245**b, 1245d
分散型動原体　**1245**c
分散曲線　804d
分散指数　1252b
分散成長　228h, 527b
分散生物地理学　773b
分散光感覚器官　1161c
分散分析法　**1245**d
分枝　**1245**e
分枝アミノ酸　1243h
分子遺伝学　77a, **1246**a
分枝因子　1246e
分子拡散　1451c
分子下生物学　1469m

分子化石　**1246**b
分枝過程　211d
分子間架橋　199a
分枝環状ペプチド　1274e
分子擬態　1326a
分子吸光係数　309k
分子駆動　**1246**c
分枝系　379b
分子系統学　**1246**d
分枝系統樹　77c
分枝系淘汰　121c
分枝系分離　121d
分枝ケト酸デヒドロゲナーゼ　1381e
分枝古生物学　**1246**e
分枝鎖アミノ酸　1381e
分子細胞生物学　528a
分歯式　925a
分枝限定法　1508f
分枝交換法　1508f
分枝酵素　**1246**e
分枝脂肪酸　608g
分子シャペロン　**1247**a
分子進化　**1247**b
分子進化学　728a, **1247**c
分子生態学　**1247**d
分子生物学　**1247**e
分枝腺　870h
分子層　524a
分実性　805f
吻蛭類　1175b, 1585₄₂
分枝点移動　1324c
分子動力学　**1247**g
分子時計　**1248**a
分子内架橋　199a
分子発生学　**1248**b
分子病　**1248**c
分子ふるいクロマトグラフィー　415b
分子ふるい効果　4e, 130f, 415b, 1321z
吻収縮筋　271e
噴出運動　**1248**d
吻針　1163b
噴水型　885c
噴水孔　1027h
糞生菌類　1241b, **1248**e
分生子　**1248**f
分生子果　**1249**a
分生子殻　1249a
分生子殻状菌核　1249a
分生子座　1249a, 1249b
分生子頭　3b
分生子盤　1249a
分生子柄　**1249**b
分生子柄束　1249b
分生胞子　1248f
糞石　**1249**c
糞石層　1249c
分析用超遠心機　919a
分節　**1249**d
分節遺伝子　1249e
分節運動　**1249**f
分節化　420c
分節型胞子　641c, 1248f
分節間反射　1120e
分節菌類　**1249**g
分節状ゲノム（ウイルスの）　**1250**a
分節時計　855h, 856g
分節内反射　784a, 1120e
分節反射　784a
分節胞子嚢　**1250**b
吻腺　565f
フンセンチュウ　1587₃₂
分染法　200h
ブンゼン–ロスコーの法則　**1250**c
分層群落　602f
吻側神経菱　817a

分体　1255c
分帯　223c
吻体腔　1244f
ブンター砂岩　550f
フンタマカビ亜綱　1618₂
フンタマカビ科　1619₁₅
フンタマカビ綱　1616₃₄
フンタマカビ目　1619₁
分断遺伝子　98c
分断現象　372g, 899c, 1245b
分断色　100a
分断性淘汰　988f
分断生物地理学　491a, 773b
分断平衡説　890h
分柱　1393e
吻虫類　146h
分椎類　1567₁₅
糞道　**1250**d
分配係数　468e
吻盤　765d
分泌　**1250**e
分泌型(血液型物質の)　**1250**f
分泌顆粒　805a, **1250**g
分泌管　1251e
分泌間隙　522e
分泌期エナメル芽細胞　1069b
分泌経路　124b
分泌細胞　**1250**h
分泌上皮　663b
分泌小胞　**1250**i
分泌神経　153a, **1251**a
分泌性PLA₂　1311f
分泌説　**1251**b
分泌組織　**1251**c
分泌蛋白質　**1251**d
分泌道　**1251**e
分泌嚢　**1251**f
分泌部　870h
分泌物　799a, 1250e
分布(生物の)　**1251**g
分布域　1251g
分布型　**1252**a, 1252d
分布関数　1252a
分布境界線　776d
ブンブクチャガマ　1562₂₂
ブンブク目　1562₂₁
ブンブクモドキ　1562₂₀
ブンブクモドキ目　1562₁₉
分布圏　1251g
分布集中度　1252b
分布集中度指数　**1252**b
分布障壁　**1252**c
分布密度関数　513h
分布様式　**1252**d
糞便　1241b
分娩　20d, **1253**a
糞便性大腸菌群　858c
分封　**1253**b
フンホコリ　1629₆
フンボルト　**1253**c
フンボルトウーリーモンキー　1575₃₅
文脈依存性　1253c
文脈依存的修飾　**1253**d
文脈効果　1253d
噴霧耕　1420c
噴門　53a
噴門胃　1156a
噴門腺　53a
噴門部　53a
噴門弁　815g
ブンヤウイルス　1209e
分葉核　324c
分容量　712d
分離　**1253**f
分離遅れ　**1254**a

1824　フンリ

分離果　**1254**b
分離株　332e
分離脳　**1254**c
分離の荷重　82h
分離の法則　**1254**d
分離の歪み　**1254**e
分離比　1253f
分離片　1253f
分離用超遠心機　919a
分類　**1254**f
分類階級　179a
分類学　**1255**a
分類学的距離　1255b
分類群　868i
分裂　**1255**c
分裂可能回数　1256c
分裂間期　254h
分裂期　144e
分裂期キナーゼ　**1255**d
分裂極　1256h
分裂菌類　1256d
分裂腔　1489c
分裂溝　**1255**e
分裂酵母　589a
ブンレツコウボキン　1605₃₆
ブンレツコウボキン科　1605₃₆
ブンレツコウボキン綱　1605₃₄
ブンレツコウボキン目　1605₃₅
分裂サイクル　526b
分裂子　**1256**a
分裂指数　**1256**b
分裂シスト　583f
分裂子柄　1256a
分裂周期　526a
分裂寿命　118b, **1256**c, 1498i
分裂準備期　591g
分裂植物　**1256**d
分裂真正中心柱　705d
分裂前体　972i
分裂装置　**1256**e
分裂藻類　1256d, **1256**f
分裂促進物質　1334d, 1477b
分裂組織　**1256**g
分裂多極　817e
分裂中心　**1256**h
分裂面　**1256**i
分裂リング　**1256**j

ヘ

ベーア　**1258**a
ベアエッジ　1351d
ベア外交尾　935a
ベア型　615c
ベア近似　446f
ヘアペンシル　**1258**b
ベアルール遺伝子　1249e
ベイエリンキア科　1545₂₈
ベイエリンク　**1258**c
閉果　**1258**d
閉介筋　1258e
平蓋目　1587₄₇
閉殻筋　**1258**e
閉殻筋痕　1041a
閉花受精　560b
平滑筋　**1258**f
平滑筋肉腫　1030f
平滑縫合　1293e
平滑末端　947b
平滑両生綱　1567₃₃
平眼　1373b
柄眼亜目　1584₂₃
閉環状DNA　264c

柄眼類　1414e
兵蟻　844a
平鰭動物　1392a
平均　513h
平均桿　1259b
平均こみあい度　478b, 1252b
平均こみあい度-平均密度法　1252b
平均梶　**1259**a
平均赤血球容積　1275i
平均体　**1259**b
平均適応度　587d
平均場近似　446f
平均余命　778b
閉経期　402a
閉経後骨粗鬆症　482g
ヘイケガニ　1598₉
平衡　**1259**c
平衡塩類溶液　780c
平衡覚　1259f
平衡型ヘテロカリオン　1269g
平衡桿　1259b
平衡器　670f
平衡梶　670f
平衡砂　1259h
平衡細胞　**1259**e
平衡砂膜　309g
平衡受容　**1259**f
平衡受容器　1362f
平行進化　**1259**g
並行進化　1259g
平衡石　**1259**h
平衡石細胞　1259h
平衡石説　**1260**a
平衡石膜　309g
平衡選択　1260g
平行帯状維管束　1121c
平衡多型　**1260**b
平衡致死　**1260**c
平衡致死遺伝子　539f
平行定向進化　1259g
平衡定数　**1260**d
平衡電位　58a, **1260**e
平衡転移説　**1260**f
平衡淘汰　**1260**g
平衡嚢　1261b
平衡斑　1259h
平衡反射　**1261**a
平行光屈性　1135b
平行β構造　1266g
平衡胞　630d, **1261**b
平衡密度　515d
平衡密度勾配遠心法　919a, 933c, 1359b
平行脈系　1363c
閉鎖　1473e
閉鎖維管束　**1261**c
柄細胞　235c, **1261**d
閉鎖黄体　160e
閉鎖花　61c
閉鎖型中心柱　714c
閉鎖系　187c
閉鎖血管系　**1261**e
閉鎖結合　859j
閉鎖循環系　1261e
閉鎖帯　859b, 1364h
閉鎖ニューロン回路　1118i
閉鎖卵　**1261**f
閉鎖卵胞　1450e
閉鎖濾胞　1450e
柄子　753b
柄子器　753b
ヘイシソウ　673a, 1651₂₃
閉子嚢殻　**1261**g
並進拡散定数　1338c
ベイズ因子　1261h

ベイズ推定　**1261**h
柄節　680g
並前気門類　1590₃₇
並層分裂　**1262**a
柄足細胞　1249b
閉塞体　249b
並側分裂　1262a
兵隊アブラムシ　844a
並体結合　1115g
閉蛇尾類　1561₈
ベイツ　**1262**b
ベイトソン　**1262**c, **1262**d
柄嚢状体　1064b
併発指数　1031f
平板　480c
柄盤　1481b
平板効率　**1262**e
平板動物　1119a, 1558₂₈
平板培養　**1262**f
並皮切片　793f
閉鰓類　108c
柄部　1147h, 1447c
平伏　1318d
平伏細胞　1299c
ヘイフリック限界　1256c, **1262**g
柄胞子　1249a
平面状二又分枝　1204f
平面内極性　1263a
平面内細胞極性　**1263**a
平面培養　1262f
並立維管束　1263b
ヘイルズ　1263c
並列弾性要素　889k
ベインター　**1263**d
ベインブリッジの反射　707d
ヘウイット液　720b
壁圧　1291j
ベギアトア　**1263**e, 1549₅₇
ヘギタタダニ　1590₁₄
ヘキギョクカイメン　1554₃₂
壁口　1263f
壁孔　**1263**f
壁孔対　1263f
壁孔膜　1263f
壁孔連絡　**1264**a
壁細胞　1295b
ヘキサデカン酸　1117j
cis-9-ヘキサデセン酸　1118a
ヘキサブレイキオン　963a
ヘキサン酸　235d
ペキシシスト　1300g
ヘキシル酸　235d
ヘキスロン酸　12b
壁性類　1563₃₀
ヘキセストロール　731k, 1105e
ヘキソキナーゼ　183h[図]
壁側胸膜　322h
壁側内胚葉　1084b
ヘキソサミン　**1264**b
ヘキソース　**1264**c
ヘキソースジホスファターゼ　1264d
ヘキソーストランスポーター　366g
ヘキソース二リン酸ホスファターゼ　**1264**d
ヘキソース-6-ホスファターゼ　1475a
ヘキソース-1-リン酸ウリジリル基転移酵素　240g, 241c
ヘキソースリン酸分路　1288b
ペキソファゴソーム　1264e
ペキソファジー　**1264**e
ヘキソン　769d
べき法則，冪法則　**1264**f
壁葉　322h
北京原人　**1264**g
ヘクサクロビルス亜目　1563₃₃

ヘクソカズラ 1651₄₀
ベクター **1264**h
ベクターゼ 1265a
ペクチナーゼ 1323a
ペクチニン酸 1265b
ペクチン 347a, 1265b
ペクチンエステラーゼ **1265**a
ペクチン酵素 1323a
ペクチン酸 1265b
ペクチン質 **1265**a
ペクチン小胞 664g
ペクチン性多糖 1265b
ペクチン発酵 1355i
ペクチン分解酵素 1323a
ペクチンペクチルヒドラーゼ 1265a
ペクチンポリガラクツロナーゼ 1323a
ペクチンメチルエステラーゼ 527b, 1265a
ペクチンメトキシラーゼ 1265a
ペクテノキサンチン 284l
ベクルロウイルス属 1523₁₄
ベーケーシ **1265**c
ペケシー 1265c
ヘゲトリウム亜目 1576₂₂
ヘゴ 1643₁₇
ヘゴ科 1643₁₇
ヘゴニア 1649₁₅
ヘゴノコウヤクタケ 1623₅₂
ヘゴモウイルス属 557c, 1517₄₄
ヘゴ目 1643₁₁
ベシウイルス属 1522₁₉
ベシクロウイルス属 1437i, 1520₂₃
ベズダエア科 1613₆
ベスチュウイルス属 1522₂₈
ペスト菌 149c, 1549₁₄
ペスト症 149c
ヘスの残像 551j
ヘスペリジン 1152b
ヘスペリチン 1152b
ヘスペロルニス目 1570₄₈
ペースメーカー 702a, 1126e, **1265**d
ペースメーカー電位 **1265**e
ベセスダシステム 527a
膵 633d, **1266**a
ヘソタケ 1614₄₆
ヘソタケ科 1614₄₆
へその緒 516d
臍 1204c
β アクチニン **1266**b
β-アミラーゼ 31a
β アミロイド仮説 1228a
β-アミロイド蛋白質 **1266**c
ベタイン **1266**d
ベータエントモポックスウイルス属 1517₁₁
β 型ヌドレリアカペンシスウイルス 1522₅₆
β カテニン **1266**e
β-カロテン 249c, **1266**f
ベタキサンチン 1268b
ベータクリプトウイルス属 1519₂₀
β-ケラチン 413f
β 構造 **1266**g
ベータコロナウイルス属 1520₅₆
β 細胞 1140e
β 鎖様グロビン遺伝子 374b
β 酸化 **1267**a
ベタシアニン 1268b
β シート 1266g
β 遮断薬 **1267**b
β 受容体 21c
β 繊維 **1267**c
β 繊維症 31b
ヘタタケ 1618₂₀
ヘタタケ科 1618₂₀

ヘタタケ目 1618₁₉
β チューブリン 918a
β2 シントロフィン 711e
ベータテトラウイルス属 1522₅₆
ベータトルクウイルス属 1517₂₈
β-トロンビン 1017e
ベタニジン 1268b
β₂-ミクログロブリン **1267**d
ベタニン 1268b
ベータノダウイルス属 1522₄₅
β 波 1065f
ベータバキュロウイルス属 1515₂₅
ベータパピローマウイルス属 1516₁₁
β バレル 1327a
β プリーツシート 31b
ベータフレキシウイルス科 1521₄₆
ベータブロッカー 1267b
ベータプロテオバクテリア綱 1546₃₉
β-ブンガロトキシン 1002a
ベータ分類学 42h
ベータヘルペスウイルス亜科 1514₅₄
β-ラクタマーゼ **1267**e
β-ラクタム系抗生物質 1268a
β-ラクトグロブリン 1043b
ベタラミン酸 1268b
ベタリクチス目 1564₁₆
ベータリボスリクスウイルス属 1515₅₈
β リボ蛋白質 955j
β リボン 942b
ベタレイン **1268**b
ベータレトロウイルス属 1518₄₇
ベタロドントゥス目 1564₂₃
ベタロフィラ科 1637₂₂
β1 シントロフィン 711e
ベーチェット症候群 1268c
ベーチェット病 **1268**c
ベチマ 1649₁₃
ヘチマゴケ 1640₁₂
ペチュウイルス属 1518₂₆
ペチュニア葉脈透化ウイルス 1518₂₆
ベッカー型筋ジストロフィー 583g
ヘツカシダ 1643₅₅
HEK 細胞 1269d
HEK293 細胞 **1269**a
ベック類肉腫症 546c
ヘッケル **1269**b
ベッコウガキ 1582₅
ベッコウキララ 1582₁
Hedgehog シグナル **1269**c
ペッスル 1320a
ヘッセ 1269d
ペッツ細胞 116d
ヘッドの帯 1020h
ベットヘッジング 1468g
バッファー **1269**e
バッファー係数 1469d
PEP カルボキシラーゼ 1310c
ヘップシナプス 1269f
ヘップ則 1269f
ヘップの法則 **1269**f
ペディネラ目 1656₉
ペディノ藻綱 1634₁₅
ペディノモナス目 1634₁₆
ベドラゲニン 543i
ヘテロ 1270e
ヘテロエクサイマー 126b
ヘテロオーキシン 97f
ヘテロ核 RNA 119b
ヘテロガストリディウム科 1621₁₅
ヘテロガストリディウム目 1621₁₄
ヘテロカリオシス 1269g
ヘテロカリオン **1269**g
ヘテログロエア目 1657₁
ヘテロクロニー 64e
ヘテロクロマチン **1270**a

ヘテロゲネシス **1270**b
ヘテロコッコリス 153g
ヘテロゴニー **1270**c
ヘテロコンタ 735g
ヘテロコンタ下界 1652₅₃
ヘテロシス 539g
ヘテロシス育種 **1270**d
ヘテロシスト 64g
ヘテロ接合 1260c
ヘテロ接合性の消失 274i
ヘテロ接合体 **1270**e
ヘテロ接合体消失 792i
ヘテロ接合度 79c
ヘテロ多糖 876i
ヘテロタリズム **1270**f
ヘテロトピー **1271**a
ヘテロトロピック効果 45f
ヘテロ二本鎖 DNA **1271**b
ヘテロ乳酸発酵 1042f
ヘテロネマ目 1631₁₈
ヘテロバスミー **1271**c
ヘテロフィリア目 1557₁₆
ヘテロ部分二倍体 1210k
ヘテロプラスミー 1360c
ヘテロホスファターゼ 183h[図]
ヘテロロボーセア綱 1631₃
ヘドガミー **1271**d
べと病 **1271**e
ペトラスター目 1560₃₁
ペトリ皿 **1272**a
ペトロデルマ目 1657₁₅
ペトロビオナ目 1554₂₀
ペナセラフ **1272**b
ペニアマモ 1646₁₃
ペニアワツブタケ 1617₃₆
ペニアワツブタケ科 1617₃₁
ベニイグチ 1627₃
ベニウイルス属 1523₁₉
ベニウチワ 1645₅₃
ベニミトサカ 1557₂₃
ベニカワムキ 1567₁
ベニキュラス 666d
ベニコウジカビ 1610₄₉
ベニコウジカビ科 1610₄₉
ベニザラサ 1633₃₂
ベニサラタケ 1616₂₀
ベニシダ 1643₅₆
ベニジムカデ 1592₄₃
ベニシラミン **1272**c
ペニシリナーゼ 1267e
ペニシリン **1272**d
ペニシリン結合蛋白質 **1272**e
ペニシリン酸 1333l
ペニシリン/セファロスポリンアミド-β-ラクタムヒドロラーゼ 1267e
ペニシリン選択法 **1272**f
ペニシルス 3b
ベニスナゴ 1633₃₂
ベニタケ 1625₁₄
ベニタケ科 1625₁₃
ベニタケ目 1624₅₅
ベニタサ 1632₃₁
ベニチャワンタケ 1616₂₈
ベニチャワンタケ科 1616₂₅
ヘニック **1272**g
ベニテングタケ 1369k
ベニノキ 1650₂₃
ベニノキ科 1650₂₃
ベニバウイルス属 1520₈
ベニハシゴケ 1612₂₈
ベニバチルス科 1542₃₇
ベニハノリ 1633₅₁
ベニバ 1633₅₃
ベニヒモイソギンチャク 1557₄₅
ベニヒラタムシ 1601₇

和文

1825 ヘニヒ

ベニヒルガタワムシ 1578₃₂
ベニフクロノリ 1633₃
ベニマダラ 1632₃₄
ベニマダラ亜綱 1632₃₃
ベニマダラ目 1632₃₄
ベニマトウダイ 1566₃₈
ベニマユダマ 1633₁
ベニマユダマ目 1633₁
ベニミドロ 1632₂₃
ベニミドロ綱 1632₁₉
ベニミドロ目 1632₂₁
ベニモズク 1632₄₃
ベネチテス目 1644₂₈
Benedict式呼吸測定装置 1058d
ベネーデン 1272h
ベネフィット 475f
ヘパシウイルス属 1522₂₇
ヘパトウイルス属 1140a, 1521₁₉
ヘパドナウイルス科 1518₂₉
ヘパラン硫酸 1272i
ヘパラン硫酸エリミナーゼ 1273a
ヘパラン硫酸リアーゼ 1273a
ヘパリチナーゼ 1273a
ヘパリナーゼIII 1273b
ヘパリチン硫酸 1272i
ヘパリナーゼ 1273b
ヘパリン 1273c
ヘパリンエリミナーゼ 1273b
ヘパリン開裂酵素 1273c
ヘパリンリアーゼ 1273b
ヘビ 1571₃₀
ヘビ下目 1568₅₆
ヘビクイワシ 1571₃₅
ヘビクビガメ 1568₁₈
ヘビ毒 28b, 1273d
ヘビ毒ホスホジエステラーゼ 1273e
ヘビトの糸 418h
ヘビトンボ 1600₄₄
ヘビトンボ目 1600₄₄
ヘビーメロミオシン 1349g, 1383h
ペプシノゲン 1273f
ペプシン 1273g
ペプスタチン 1273g, 1490a
ペプチジルグルタミン酸4-カルボキシラーゼ 1152a
ペプチジル転移酵素 1463c
ペプチジルプロリルイソメラーゼ 1274a
ペプチダーゼ 1274b
ペプチド 1274c
ペプチドグリカン 1274d
ペプチドグリカン層 1274d
ペプチド系抗生物質 1274e
ペプチド結合 1275a
ペプチド転移 1275b
ペプチド転移反応 1275b
ペプチドヒドロラーゼ 1232h
ペプチドホルモン 1275c
ペプチドマスフィンガープリント法 594f
ペプチドマップ 1275d
ペプチドYY 700b, 1275e
ペプツロース 1275f
ペプデンソウイルス属 1518₁₈
ペプトコックス科 1543₄₄
ペプトース 1275f
ペプトストレプトコックス科 1543₄₈
ペプトン 1275g
ヘプヘスチン 1030a
ペプロマー 157h
ヘペウイルス科 1522₂₉
ヘペウイルス属 1522₃₀
ヘマグルチニン 788a
ヘマタイト 783c
ヘマチン 1328c
ヘマテイン 1275h
ヘマトキシリン-エオシン二重染色法

1275h
ヘマトキシリン-サフラン-ファストグリーン三重染色法 1275h
ヘマトキシリン染色法 1275h
ヘマトクリット 1275i
ヘマトクロム 1276a
ヘマトシド 257h
ヘミアセタール 1276b
ヘミウイルス属 1518₄₀
ヘミガステル科 1626₂
ヘミクシス 1276f
ヘミグロビン 1381a
ヘミケタール 1276b
ヘミケトンアセタール 1276b
ヘミスポア 424g
ヘミ接合体 1276c
ヘミセルロース 1276d
ヘミデスモソーム 1276e
ヘミパリスムス 860b
ヘミファキジウム科 1614₅₄
ヘミマスティクス目 1552₁₆
ヘミミクシス 1276f
ヘミン 1328c
ヘミン調節蛋白質 1276g
ヘミン調節翻訳阻害因子 1276g
ヘミン調節リプレッサー 1276g
ヘム 1276h
ヘムエリトリン 1276i
ヘム間相互作用 1277a
ヘム生成酵素 1328d
ヘム蛋白質 1277b
ヘメラ 1277c
ヘモクロブレイン 737h
ヘモグロビン 1277d
ヘモグロビン異常 1277e
ヘモグロビンS 237n
ヘモグロビンM症 1381a
ヘモグロビン計 1277f
ヘモクロマトシス 1278c
ヘモクロム 1276h, 1278a
ヘモクロモゲン 1278a
ヘモサイト 401c
ヘモシアニン 1278b
ヘモシデリン 1278c
ヘモシデロシス 1278c
ヘモバナジウム 1110c
ヘモナジン 403d, 1110c
ヘモフィルス 1278d, 1549₄₀
ヘモフェリン 1276i
ヘモメーター 1277f
ヘラー 1278e
ヘラウチワタケ 1624₄₁
ヘラオカブトエビ 1594₃₂
ヘラガタヤムシ 1577₇
ヘラグラ 1032d
ヘラケイソウ 1655₁₅
ヘラゴス 1278f
ヘラゴスフェラ 1278g
ペラゴ藻綱 1656₁
ペラゴモナス目 1656₄
ヘラサギ 1571₂₄
ヘラジカ 1576₃
ヘラジカ乳頭腫ウイルス 1516₁₅
ヘラタケ 1615₂₆
ヘラチョウザメ 1565₃₀
ヘラトリジン 1278h
ヘラトリン 1278h
ベラドンナアルカロイド 21e
ヘラムシ 1597₃
ヘラムシ亜目 1597₃
ヘラムシ上目 1574₁
ベラモウイロイド属 1523₃₂
ベラルゴン酸 1278i
ヘリアンジン 1278j
ヘリアンタスター目 1560₃₂

へり受け 835a
ベリエンザイム 1279f
ヘリオゾア門 1666₂₈
ヘリオゾア類 1666₂₈
ヘリオバクテリア 440d
ヘリオバクテリア科 1543₃₆
ヘリオモナディダ目 1552₁₅
ペリカン 1571₂₇
ペリカン亜目 1571₂₇
ペリカン目 1571₂₃
ベリギニウム 1278k
ヘリクラ 347a
ヘリクル 186e, 1415h
ヘリクル板 1415g, 1415h
ヘリコケファルム科 1604₂
ヘリコサウルス亜綱 1573₅
ヘリコバクター 1279a, 1548₁₇
ヘリコバクター科 1548₁₇
ヘリコバクター・ピロリ 1176d
ベリジオール 664c
ベリジニン 1279b
ペーリス 1279c
ベリストレーム 1279d
ベリゾニウム 829d
ベリタ目 1628₁₈
ベリチカ 1279e
ヘリックス=ターン=ヘリックスモチーフ 942b
ヘリックス=ループ=ヘリックス 942b, 1404m
ペリディニウム目 1662₃₈
ペリディニン 108g
ヘリトリカニノテ 1633₁₀
ヘリトリゴケ 1613₉
ヘリトリゴケ科 1613₉
ヘリトリゴケ目 1613₇
ペリフィシス 439f
ペリフィトン 1205c
ペリフェリン 910d
ペリプトーゼ 1606₅₅
ペリプラスト 363e
ペリプラズム 1050c, 1279f
ベーリンギア 818h
ベーリング 1279g
ヘリングの残像 551j
ヘーリング-ブロイエル反射 685d
ベル 1279h
ベルーいぼ 1117b
ベルー疣状疹 1117b
ペルオキシソーム 1279i
ペルオキシダーゼ 1280a
ペルオキシン 1279i
ベルカウイルス属 1515₄
ベルクマンの規則 1280b
ベルーケノレステス 1574₉
ベルコロゾア門 1630₄₅
ベルコロモナス目 1631₁₀
ベール細胞 635f
ベルジャー・ヒュット奇形 209g
ヘルシンキ宣言 1280c
ヘールスタディウス 1280d
ヘルヅギアンタ科 1637₅₁
ベルソンゴケ亜目 1637₅₃
ベルソンゴケ科 1637₅₃
ベルタスペルマ綱 1644₁₇
ベルタスペルマ目 1644₁₈
ベルタランフィー 1280e
ベルーツ 1280f
ベルツノガエル 1567₅₆
ベルティア科 1616₅₇
ベルディングジリス 398₂
ヘルトヴィヒ(O.) 1280g
ヘルトヴィヒ(R.) 1280h
ヘルトヴィヒ上皮鞘 1069b
ヘルトヴィヒの法則 1280i

ベルトデスモソーム 20f
ベルトランセクト法 1432j
ベルドペルオキシダーゼ 1349e
ベルトラン 1280k
ベルナール 1280l
ヘルニア 1281a
ベルヌーイの原理 1281b
ベルヌーイの定理 1281b
ベルの法則 1282c
ベールの法則 309k
ヘルパー 490e, 1281c
ヘルパーウイルス 1281d
ヘルパーT細胞 1281e
ベルビック・シート・パッチ 1281f
ベルビック・パッチ 1281f
ヘルプスト 1281g
ヘルプスト小体 1282a
ヘルペスウイルス 1282b
ヘルペスウイルス科 1514₄₈
ヘルペスウイルスB 1282b
ヘルペスウイルス目 1514₄₂
ヘルペス性瘭疽 888h
ヘルペトシフォン科 1540₄₃
ヘルペトシフォン目 1540₄₂
ヘルポトリキエラ科 1610₂₂
ヘルポベントス 1287i
ヘルポミケス科 1611₄₁
ベルマジャンディーの法則 1282c
ベルミアーゼ 977d
ヘルミントスファエリア科 1619₈
ヘルミントスポール酸 1282d
ヘルミントスポロール 1282d
ヘルム紀 1282e
ヘルムホルツ 1282f
ヘルムホルツエネルギー 619e
ヘルモント 1282g
ベルーヨツメオポッサム 1574₈
ベールライン 636f
ベルレイダス目 1565₃₃
ベルレーゼ説 1282h
ベルンシュタイン 1283a
ベルンシュタインの膜説 1283b
ベレムナイト目 1583₁₀
ベレムナイト類 1283c
ヘロイン 1400j
ベローシファカ 1575₂₆
ベロードゥス目 1564₂₄
ベロトキシン 858h
ベロビオンテア綱 1628₃₈
ベロミクサ目 1628₃₉
ベロリア化 744h
ヘロルド腺 1283d
ベロンギア目 1554₅₃
片 208e
辺 1057h
変異 1005e, 1283e
変異原 1005h
変異原不活性化因子 461d
変異生成 1005g
便益 475f
辺縁帯 1148e, 1477c
辺縁皮質 488c, 861a
変温性 1283f
変温動物 1283f
弁化 1403a
片害 772a
変化性遍減の法則 690e
ベンガルボダイジュ 1124d
ベンガルヤマネコ 1575₄₈
変化を伴う由来 687b
ペンギン目 1571₁₆
ヘンゲアナエビ 1597₅₁
扁茎 1284a
変形運動 1415g
変形菌綱 1629₅

変形現象 1415g
変形細胞 1411h
ベンケイソウ 1648₂₃
ベンケイソウ科 1648₂₃
ベンケイソウ型酸代謝 238d
ベンケイソウ型有機酸代謝 238d
変形体 1284c
変形体虫類 928b
扁形動物 1284d
扁形動物門 1577₁₄
変形発生 1285h
変形分岐学 1099b
変形膜 1285b
ヘンゲクラゲ 1558₂₂
ヘンゲボヤ 1563₂₅
偏向 1420m
変更遺伝子 1285c
偏向極相 799c
偏光屈性 1135b, 1285e
偏光顕微鏡 1285d
偏光子 1285d
偏光受容 1285e
偏向遷移系列 799c
偏光走性 1285e
偏腔胞胚 1407j
変口目 1579₂₅
ベンザー 1285f
片鰓 145e
辺材 1285g
弁細胞 258e, 705g
弁鰓類 1285h
偏差成長係数 1260d
偏差則 1285i
ベンサム 1285j
ベンザルクマラノン 172i
変質 1210e
変質形成 221e
扁楢類 1558₂₄
ベンシメルミス目 1587₂₃
変種 1285k
変周期作用 564c
編集距離 1285l
鞭状部 859d
6-ベンジルアミノプリン 1286a
ベンジルヴァニア紀 476b
ベンジルカルビノール 1188c
偏心細胞 1286b
変浸透性動物 1286c
変水層 718f
ベンス-ジョーンズ蛋白質 482c
片頭痛 267d
偏頭痛 267d
変成 1286d
変性 455a, 1286e
変性温度 1406e
偏性CAM植物 238c
偏性寄生 792e
偏性嫌気性菌 417b
偏性好気性菌 435e
変性剤 895b
変性種 1286f
編制体 389b
変性地図 1211a
編制中心 389c
変性毒素 1000e
変性法 106h
ベンゼストロール 731k, 1105e
片節 161d, 660j
鞭節 680g
片節連体 161d
ベンゼン 1286g
ヘンゼン結節 1286h
変旋光 891e
ヘンゼン細胞 495g
変遷蛋白質 1232c

扁爪 936i
ベンゾキノン 471e
片側優位性 1286i
ベンゾジアゼピン 30f
変態 1286j
変態阻害剤 503c
変態ホルモン 802f, 1287a
ペンタクツラ 1287b
ペンタクリノイド 1287c
ペンタフィラクス科 1651₁₀
ペンタメルス目 1580₂₇
ペンタン酸 293c
ベンチュウ目 1587₉
鞭虫類 1287i
ベンツリア科 1610₉
ベンテンウニ 1562₇
変伝導性作用 706d
ベンテンモ 1633₄₇
扁桃 913f, 1287d
扁桃核 1287f
変動係数 513h
偏動原体逆位 302a
扁桃細胞 138h
変動主要因 1287e
変動主要因分析 1287e
扁桃腺 1287d
扁桃体 1287f
変動非対称 1287g
ペントサン 1287h
ベントス 1287i
ベントース 1288a
ペントズィロン綱 1644₂₃
ペントズィロン目 1644₂₄
ペントース尿症 379d
ペントースリン酸回路 1288b
ヘンドラウイルス 1520₈
ペントン 769d
編年 223d
変敗 1210e
偏微分方程式 727g
扁平脛骨 1289a
扁平骨 1317g
扁平細胞 188f
扁平細胞層 1289b
扁平上皮 663b
扁平上皮癌 262d
扁平肺胞細胞 1072b
扁平板 1479d
扁平胞胚 1214b
弁別 564g
弁別学習 1289b
弁別刺激 169c
片麻痺 723c
ヘンメルリング 1289f
鞭毛 1289d
鞭毛移行帯 1289e
鞭毛移行部 1289e
鞭毛運動 1290a
鞭毛型生活相 746e
鞭毛菌類 1290b
鞭毛抗原 101e
鞭毛根 1290c
鞭毛室 1502e
鞭毛上皮 663b
鞭毛小毛 1290c
鞭毛繊維 1290a
鞭毛・繊毛ダイニン 859e
鞭毛藻 1290d
鞭毛装置 1290d
鞭毛虫亜門 1290e
鞭毛虫類 1290e
鞭毛肥厚部 270g
片利共生 1290f
変量 1252a
変力性作用 706d

ホ

変力動作用 564c
ヘンルーダ 1650₁₄
ヘンレ **1290**g
ヘンレ係蹄 57b
ヘンレ層 384a

ボーア効果 **1291**a
ボアズ **1291**b
ポアソン分布 **1291**c
ボーア-ホールデン効果 1291a
ボアモドキ 1569₂
ボーアン **1291**d
保育 486f
哺育細胞 **1291**e
ボイセン＝イェンセン **1291**f
ホイットマン **1291**g
ホイットン効果 1189c, **1291**h
ボイテンベルギア科 1537₇
ホイーラー **1291**i
母音 420c
補因子 488f
保因者 306g
ポインセチア 1649₃₈
苞 1304c
房 591b, 831g
膨圧 **1291**j
膨圧運動 **1292**a
包囲維管束 **1292**b
方位コラム 72a
包囲説 642g
方位選択性 72a, 492a, 570d, 888f, 1195j, 1294c
ボヴェ **1292**c
苞穎 **1292**d
防衛 **1292**e
防衛距離 437d
胞泳虫 1555₅₁
防疫 676e
ボヴェリ **1292**f
ホウオウゴケ 1639₃₇
ホウオウゴケ科 1639₃₇
妨害極相 774b
崩壊細胞間隙 1098b
方解石 787e
訪花者 996d
包括適応度 **1292**h
包括適応度効果 1292h
包括法 484g
棒眼 1071b
ホウカンチョウ 1571₅
胞間裂開蒴果 536b
箒状細胞 188b
ホウキタケ 1627₃₉
ホウキムシ 1579₄₀
ホウキムシ類 448c
箒虫動物 **1293**a
箒虫動物門 1579₃₉
箒虫類 1293a
胞胚類 1600₂₆
紡脚類 1599₁₆
蜂球 1253b
防御 1292e
抱棘 1493f
防御形質 677e
防御反応 **1293**b
防御物質 **1293**c
帽菌類 **1293**d
暴君竜 956c
方形骨 911e, 1020k
傍系相同 44f
帽形幼生 1170f

房型類 1562₄₁
剖検 1075b
抱鉤 538e, 1493f
抱合 408h
縫合 **1293**e
膀胱 663b, 1080g, **1293**f
方向閾 342l
方向隔膜 1110h
芳香化酵素 46e
傍睾丸 837b
芳香環生合成 **1293**g
抱合解毒 365a, 408h
方向軸 1110h
彷徨試験 **1294**a
方向性淘汰 988f
縫合線 1293e, **1294**b
方向選択性 **1294**c
芳香族α-アミノ酸 931d, 1013c, 1187c
芳香族-L-アミノ酸デカルボキシラーゼ 1007d
方向軸 1444c
膀胱体 691d
抱合胆汁酸 **1295**a
方向認識 115e
彷徨変異 257c
胞孔目 1579₂₄
芳香油 779b
防護自切 585h
飽差 283b
傍細胞, 旁細胞 **1295**b
棒細胞 269c
棒索軟骨 1028b
ホウザワイソギンチャク 1557₅₀
放散 **1295**c
放射相称 1298f
放散虫軟泥 1029d
放散虫門 1663₇
放散虫類 **1295**d
胞子 **1295**e
胞子角 1249a
胞子殻 604i, 1100b
抱雌管 312g
胞子還元 1296b
傍糸球体細胞 565g
旁糸球体装置 **1295**f
傍糸球体装置 565g, **1295**f
傍軸中胚葉 152e
ホウシグモ 1592₂₂
胞軸裂開 **1296**a
胞軸裂開蒴果 536b
胞子形成 755j, **1296**b
胞子形成細胞 878h
胞子原形質 324f
胞子室 285g, 535h
胞子体 **1296**c
胞子体型自家不和合性 560d
胞子体世代 1296c, 1370g
胞子団 375b
胞子虫綱 1296d
胞子虫類 **1296**d, 1371d
泡室 43b
傍室核 594d
房室管 711f
房室管中隔 909k
房室結節 570e
房室栓 711f
房室束 570e
胞子嚢 269e, **1296**e
胞子嚢果 **1296**f
胞子嚢群 **1296**g, 1481a
胞子嚢堆 308b
胞子嚢托 1296g
胞子嚢柄 **1296**h
胞子嚢柄膨大部 122e
胞子嚢胞子 1296e

胞子紋 886c
放射 **1296**i
放射維管束 1299e
放射仮道管 **1296**j, 1299c
放射冠 **1296**k
放射管 353h
放射乾燥度 662g
放射棘虫目 1663₃₀
放射血洞 407b
放射腔 611c
放射孔材 **1297**a
放射軸 826a
放射収支 903e, 1056a
放射収支式 1056a
放射状グリア細胞 695h
放射状膠細胞 1364h
放射状水管 623h
放射水管 **1297**b
放射性降下物 1191b
放射性炭素（¹⁴C）法 223d
放射性同位体 1016b
放射線 **1297**c
放射線遺伝学 77a, **1297**f
放射線感受性 **1297**d
放射線効果 **1297**e
放射線障害 1297e
放射線生物学 **1297**f
放射線突然変異生成 **1298**a
放射線発がん **1298**b
放射線防護物質 **1298**c
放射線量 **1298**d
放射線類似作用化学物質 **1298**e
放射相称 **1298**f
放射相称花 **1299**a
放射相称動物 **1299**b
放射組織 **1299**c
放射組織始原細胞 389a, 1036e, 1299c
放射帯 **1299**d
放射中心柱 **1299**e
放射囊 611c
放射分裂 1262a
放射面 765e
放射卵割 **1300**a
放射冷却 **1300**b
報酬 315n
ボウシュウアナエビ 1597₅₂
報酬系 572g, **1300**c
報酬漸減の法則 **1300**d
胞周裂開蒴果 536b
ホウシュエビス 1583₃₀
膨出 **1300**e
放出因子 579b
放出数（ファージの） **1300**f
放出体 **1300**g
放出ホルモン 579b
膨潤 1101a
胞子葉 **1301**a
棒状眼 1071b
胞状管腺 870h
胞状奇胎 629i, **1301**b
胞状支持組織 1028b
棒状小体 **1301**c
胞状腺 870h
棒状体 602g, 1301c
胞上皮 1504d
胞状卵胞 355j
胞状濾胞 355j
房飾細胞 **1301**d
飽食類 1600₅₂
傍神経節 **1301**e
房水 271c, 1373b
紡錘 1436c
紡錘形始原細胞 389a, 1036e
紡錘細胞 861a, **1301**g
紡錘糸 **1301**f, 1301h

紡錘状細胞　467m	包埋　484d	保護培養　**1305**g
紡錘状毛胞　1300g	包埋剤　**1303**c	ポゴリエラ科　**1537**₈
紡錘組織　336c, **1301**g	包膜, 胞膜　**1303**h	ホコリタケ　1625₄₅
紡錘体　**1301**h	包膜型生活相　746e	母細胞　**1305**h, 1370b
紡錘体原形質　1301h	泡沫細胞　1123c	ホザキイチョウラン　1646₄₅
紡錘体チェックポイント　**1302**a	胞紋　1132f	ホザキヤドリギ　1650₃₃
紡錘虫　1663₄₁	苞葉, 包葉　**1304**a	匍枝　1318d
紡錘虫類　**1302**b	抱擁反射　**1304**a	捕糸　670b
紡錘電位　340b	ホウライシダ　1643₃₀	保持　277i, **1305**i
ホウズキガイ　1580₃₆	ホウライショウ　1645₅₅	母指　1417g
ホウズキガイ目　1580₃₅	ホウライタケ　1626₁₈	拇指　1417g
ホウズキチョウチン　1580₃₇	ホウライタケ科　1626₁₃	ホシアンズタケ　1626₂₉
ボウズニラ　1556₂	ホウライチク　1647₃₅	ホシカイメン　1554₃₄
ボウズニラ亜目　1556₁	抱卵　**1304**a	ホシガタカイメン　1554₃₁
ボウズボヤ　1563₂₉	放卵　554g	ホシガタケイソウ　1655₁₄
紡績管　642d	ホウラン　1646₄₅	星形動物亜門　1560₂₇
紡績器　**1302**c	抱卵亜目　1597₃₉	ホジキン(A.L.)　**1306**a
紡績区　642d	包卵嚢　1443d	ホジキン(D.M.C.)　**1306**b
紡績腺　642c	苞鱗　308b, 649c	ホジキン-カッツの式　58a
紡績突起　642d	ホウレンソウ　1650₅₁	ホジキンサイクル　56e, 230b
ホウシキドリ　1572₅₇	ホウロクタケ　1624₁₃	ホジキン-ハクスリの式　**1306**c
紡績乳頭　642d	傍濾胞細胞　443b	ホジキン病　**1306**d
抱接　**1302**d	飽和脂肪酸　608g	ホジキンリンパ腫　1478a
ホウセンカ　1651₇	飽和度　91d	穂軸　215a
放線冠　1296k	飽和光強度　441a	ホシクサ　1647₂₇
放線菌　**1302**e	飽和密度　477h	乾草　1304g
放線菌亜目　1536₂₃	補液　1415d	ホシクサ科　1647₂₇
放線菌科　1536₂₄	ボエキロストマ目　1595₁₉	干し草山モデル　326d
放線菌症　6e, 1302e	ボーエン比　1056a	ホシクチゴケ　1614₇
放線菌目　1536₂₂	頬　**1304**d	ホシゲタケ　1625₈
放線状繊維　1395c	ホオジロ　1572₅₁	ホシゲハリタケ　1623₅₉
放線胞子　1059i	ホオズキ　1651₅₇	ホシゴケ　1606₄₉
ホウ素　**1302**f	ホオズキゴケ科　1639₁₉	ホシゴケ科　1606₄₉
包巣　1140g, **1302**g	ホオズキタケ　1619₄₄	ホシゴケ綱　1606₄₅
胞巣　262d	ホオダレムクドリ　1572₅₃	ホシゴケ目　1606₄₈
疱瘡　1315f	ボカウイルス属　1518₉	ホシゴケモドキ　1609₁₄, 1610₂₉
胞祖動物　220d	ホカケトラギス　1566₅₄	ホシザキシャクジョウ　1646₁₉
膨大部稜　921g	歩環管　263g	ホシザメ　1564₄₈
ホウチャクソウ　1646₃₂	穂木　538d, 935b	保持時間　454a
包虫　**1302**h	ポーキー突然変異　524f	ポジショナルクローニング　71b
包虫砂　1302h	歩脚　**1304**e	ホシズナ　1664₅
包虫症　290a	補気量　1090b	ホシダ　1643₄₃
棒腸目　1577₃₂	墨汁　1304f	拇指対向　1306e
放任受粉　701f	墨汁腺　1304f	母指対向性　**1306**e
ホウネンエビ　1594₂₇	墨汁染色　1008k	ホシダイゴケ　1614₅
ホウネンエビモドキ　1594₂₆	墨汁嚢　**1304**f	ホシダカラ　1583₄₂
ホウネンエビ類　1594₂₆	牧草　**1304**g	ホシツリモ　1636₁₉
ホウネンゴケ　1612₆	牧畜　**1304**h	ポジティブ選択　80e, 1011a
ホウネンゴケ亜綱　1612₃	牧畜民　1412e	ポジトロンCT　**1306**f
ホウネンゴケ科　1612₅	ホグネス配列　1238h	ポジトロン断層撮影法　1144a
ホウネンゴケ目　1612₄	ホーグランド　**1305**a	ホシノイト　1632₁₆
包嚢　**1303**a	ホーグランド液　720b	ホシノオビ　1632₁₇
胞嚢　867g	黒子　1318c	ホシバナモグラ　1575₈
傍脳室器官　1063h	母傾遺伝　631f	ホシミドロ　1636₉
胞嚢体　273d	母系集団　615c	ホシミドロ綱　1636₅
ホウノオ　1633₁₇	母系選抜　**1305**b	ホシミドロ植物門　790f, 1636₄
胞胚　**1303**b	母系メッセンジャーRNA　1313e	ホシミドロ目　790f, 1636₆
胞胚形成　1303b	補欠分子族　488f	ホシミドロモドキ　1636₇
胞胚腔　**1303**c	補欠分子団　488f	ホシミノタマタケ　1627₅
胞胚葉　86d, 1088a, 1303b, 1369c	ボーケリア植物門　162b	ホシミノヌメリガサ　1626₄₈
胞背裂開蒴果　536b	補酵素　25d, **1305**c	ホシムシ綱　1586₅
包皮　92d, 757b, **1303**d	補酵素 I　1032e	ホシムシ類　750c
胞被　1303h	補酵素 A　469c	母子免疫　**1306**g
ホウビシダ　1643₃₉	補酵素 F　962d	母児免疫　**1306**g
包皮腺　**1303**e	補酵素 Q　1418a	補修現象　514b
膨腹現象　687a	補酵素 II　1033e	母集団　719f
膨腹部　1200c	補酵素 B_{12}　18h	補充反応　**1306**h
防腐剤　**1303**f	歩行中枢　**1305**d	堡礁　550b, 932d
ボウフラキン　1603₂₂	ホゴケ科　1640₂₉	補償　175b
ボウフラキン科　1603₂₂	ホゴケモドキ科　1640₂₀	圃場作物　537f
傍分泌　166a	ホコサキゴカイ目　1584₃₅	補償作用　**1307**a
傍分泌物質　1023d	保護鞘　1022a, **1305**e	補償深度　999b
方法論的最節約　516a	保護上皮　663b	補償性休止　278g
放牧　371g	保護色　**1305**f	補償点　**1307**b
放牧圧　371g	ホコダニ　1590₁₃	圃場容水量　**1307**c

捕食 **1307**i
捕食寄生者 287a, 289b, **1307**e
捕食係数 751b
捕食作用 1307d
補色順化 **1307**f
捕食物連鎖 1147e
捕食装置 521a
捕食連鎖 679a
補助色素 621i
補助刺激分子 10h, 484c, **1307**g, 1383j
補助宿主 632b
補助心臓 398a
補助拍動器官 **1308**a
補助雄 **1308**b
拇指隆起 **1308**c
穂数 630c
母数 719f, 1252a
ボスコップ人 222e, 376d
ホスタウイロイド属 1523₃₇
ポストアルブミン 1187d
ポストガアルディ綱 1631₂₇
ポストガアルディ目 1631₂₈
ポストカラム誘導体化 454a
ポストシリオデスマトフォラ亜門 1657₅₃
ポストプロリン分解酵素 156c
ポストラーバ **1308**d
ホストレース 1178a
ポスピウイロイド科 104e, 1523₃₃
ポスピウイロイド属 1523₃₈
ホスピタリズム **1308**e
ホスビチン **1308**f
ホスファゲン **1308**g
ホスファターゼ **1308**h
ホスファチジルアラニン 1310a
ホスファチジルイノシトール 1129a, **1308**i
ホスファチジルイノシトールオリゴマンノシド 361h
ホスファチジルイノシトール-4,5-二リン酸 1311g, 1326B
ホスファチジルイノシトール-4-リン酸 1326b
ホスファチジルエタノールアミン **1309**a
ホスファチジルグリセロール **1309**b
ホスファチジルコリン **1309**c
ホスファチジルセリン 1310a
ホスファチジルセリン小胞 1338f
ホスファチジルトレオニン 1310a
ホスファチジン酸 **1310**b
ホスファチジン酸ホスファターゼ 1310b
ホスファチド 1475b
3′-ホスホ-5′-アデニリル硫酸 **1310**c
3′-ホスホアデノシン-5′-ホスホ硫酸 1310c
ホスホアルギニン 40a
ホスホイノシチド 88a, 1308i
ホスホエタノールアミン 133i
ホスホエノールピルビン酸 183h[図]
ホスホエノールピルビン酸カルボキシキナーゼ 238d, 683i
ホスホエノールピルビン酸カルボキシキナーゼ(GTP) 1311a
ホスホエノールピルビン酸カルボキシラーゼ **1310**d
ホスホエノールピルビン酸カルボキシル化酵素(GTPリン酸化) **1311**a
ホスホグリコール酸ホスファターゼ 360a[図]
ホスホグリセリン酸 440e
ホスホグリセリン酸キナーゼ 183h[図]
ホスホグリセロムターゼ 183h[図]
ホスホグルコイソメラーゼ 183h[図], 1288b[図]
6-ホスホグルコノラクトナーゼ 1288b[図]

6-ホスホグルコノ-δ-ラクトン 367d
ホスホグルコムターゼ 367b
6-ホスホグルコン酸デヒドロゲナーゼ 1288b[図]
ホスホクレアチン 371a
ホスホコリン 493c
ホスホジエステラーゼ **1311**b
ホスホジエステラーゼ3B 94e
ホスホセリン 795i
ホスホチロシン 931d
ホスホトランスフェラーゼ 294g, 1474j
ホスホトレオニン 1015h
ホスホノ化合物 1311c
ホスホノ脂質 **1311**c
ホスホノ糖脂質 1311c
ホスホノリピド 1311c
6-ホスホフルクト-1-キナーゼ 183h[図]
6-ホスホフルクト-2-キナーゼ 1226b
ホスホフルクトキナーゼ 1226c
ホスホフルクトキナーゼ2 1226d
ホスホプロテインホスファターゼ 1235d
ホスホヘキソキナーゼ 183h[図]
ホスホペントイソメラーゼ 1464b
ホスホペントースイソメラーゼ 1464b
ホスホマイシン 532a
ホスホマンノイソメラーゼ 1348a
ホスホモノエステラーゼ 1475a
ホスホランバン 1311d
ホスホリパーゼ **1311**e
ホスホリパーゼA **1311**f
ホスホリパーゼA₁ 1311f
ホスホリパーゼA₂ 1311f
ホスホリパーゼC **1311**g
ホスホリパーゼD **1312**a
ホスホリピド 1475b
5-ホスホリボシル1-二リン酸 1312b
5-ホスホリボシルピロリン酸 1312b
ホスホリラーゼ **1312**c
ホスホリラーゼキナーゼ 1312d
ホスホリラーゼbキナーゼ 1312d
ホスホリラーゼホスファターゼ 1313a
ホスホリルエタノールアミン 133i
ホスホリルコリン 493c
ホスホリルコリントランスフェラーゼ 493c
ホースラディッシュペルオキシダーゼ **1313**b
ホスソーム 1437f
母性遺伝 **1313**c
母性因子 669b, 1313d
母性効果 **1313**d
母性胎盤 876c
ポセイドニダ目 1628₃₁
補正板 1285d
母性メッセンジャーRNA **1313**e
保全遺伝学 1313g
母川回帰 **1313**f
保全生態学 1313g
保全生物学 **1313**g, 1376i
保全名 805i
細いフィラメント 525f
ホソウミヒモ 1581₁₂
ホソウミユリ目 1560₁₂
ホソオウギケイソウ 1655₁₉
ホソオツバイ 1575₁₈
ホソオヨギヒモムシ 1581₈
ホソガヤ 1575₄₄
細川線 776d
補足遺伝子 **1313**h
補足因子決定説 748b
補足運動野 116d
ホソクジラジラミ 1597₁₉
捕捉ビーズ 1144g
補足誘導 **1313**i
ホソタケフシ 1584₃₈

ホソツノハジラミ亜目 1600₂₂
ホソトゲイバラヒトデ 1560₄₇
ホソヌタウナギ 1563₄₀
ホソバナカワラビ 1643₅₄
ホソハシゴケ科 1640₄₀
ホソバツガゴケ科 1640₃₇
ホソピニアゴケ 1634₄₃
ホソピンゴケ 1612₅
ホソヒシガタヒトデ 1560₄₂
ホソミゴマゴケ 1609₄₃
ホソミドリヒモムシ 1581₂
ホソミドロケイソウ 1654₂
ホソミドロケイソウ目 1654₄₄
ホソメクラヘビ 1569₅
ホソヤムシ 1577₇
ホソロリス 1575₂₈
ホソワラビシ 1597₉
保存名 805i
ポーター(K.R.) **1313**j
ポーター(R.R.) **1313**k
歩帯 327g
保帯 1493f
補体 **1313**l
補体活性化経路 **1314**a
補体系 1313l
補体結合テスト **1314**b
歩帯孔 327g
歩帯溝 327g
補体受容体 **1314**d
補体成分 1313l
歩帯動物 721a
歩帯板 327g, 542b
補体レセプター 1314d
補脱水素酵素I 1032e
補脱水素酵素II 1033a
ホタテエラカザリ 1595₂₀
ホタテガイ 1582₈
ボーダーブリム **1315**b
ポタモガーレ 1574₃₃
ホタル 1601₂
ホタルイカ 1583₁₇
ホタルイカモドキ 1583₁₄
ホタルブクロ 1652₂₈
ホタルミジンコ 1595₂₀
ボタロ管 **1315**c
ボタロ管開存症 1498e
ボタロ鞍帯 1315c
ボタン 1648₁₈
ボタンインコ 1572₄
ボタン科 1648₁₈
ボタンコケムシ 1579₃₇
ボタンタケ 1617₂₆
ボタンタケ亜綱 1616₅₀
ボタンタケ科 1617₂₆
ボタンタケ目 1617₆
ボタンヒモムシ 1581₄
捕虫網 718a
捕虫葉 **1315**d
歩調取り 1265d
歩調取り電位 1265e
北界 **1315**e
勃起 188d, 617a
北極亜区 818h
北極植物区系区 675a[表]
北極地第三紀要素 675b
ボック 1315f, 1508b
Hox遺伝子群 1319a, 1319c
ボックスウイルス **1315**f
ボックスウイルス科 1516₅₇
Hoxコード **1316**a
ホッコクアカエビ 1597₄₅
北国要素 675b
発作性夜間血色素尿症 1421b
ホッスガイ 1555₃

ポッター-エルヴェージェムホモジェナイザー 1320a
発端者 **1316b**
発端種 **1316c**
ホツツジ 1651₂₈
ホットスポット(突然変異の) **1316d**
ホップ 1649₄
ホップ分岐 1467a
ホップ矮化ウイロイド 1523₃₇
ホッペ=ザイラー **1316e**
北方山地帯 9a
北方帯 174b
北方林 269d
ボツリヌス ADP トランスフェラーゼ 136a
ボツリヌス菌 **1316f**, 1543₂₈
ボツリヌストキシン 1316g
ボツリヌス毒素 **1316g**
ホテイアオイ 1647₁₀
ボティウイルス科 1522₄₇
ボティウイルス属 1522₅₂
ホテイシメジ 1626₄
ホテイタケ 1615₂₆
ホテイタケ科 1615₂₆
ボディプラン **1316h**, 1319c
ホテイラン 1646₄₀
ボテックスウイルス属 1521₄₃
補綴工学 90d
ボーデンハイマー **1316i**
ボドウ科 1514₁₂
保毒菌 1317a
保毒昆虫 1317a
保毒時間 118e
保毒植物 **1317a**
ボドコーバ亜綱 1596₁₂
ボドコピダ目 1596₁₄
ボドー人 222e
ボドゾル **1317b**
ボドゾル化作用 1317b
ボドゾル性土 1317b
ホトトギス 1646₃₀
ホトトギス目 1572₉
ボドヒゲムシ 1631₃₇
ボドフィロトキシン 942d, **1317c**
ボド目 1631₃₇
ボドラクトン 1024g
Podler-Rogers の方法 1287e
ボトリオスファエリア科 1607₅
ボトリオスファエリア目 1607₄
ボトリオバジウム科 1623₃₉
ボトリオブテリス科 1642₄₁
ボトリオブテリス目 1642₄₀
ボトルネック効果 1177f
ボトレックスウイルス属 1521₄₀
ボナー **1317c**
ボナラクトン 1024g
ホニックバーギエラ目 1630₄
哺乳 1153f, **1317e**
哺乳綱 1573₃₄
哺乳類 **1317f**, 1573₃₃
哺乳類オルトレオウイルス 1519₄₅
哺乳類学 994g
骨 **1317g**
ボネ 1318a
ホネガイ 1583₅₁
ホネカサケイソウ 1654₃₄
ホネキノリ 1612₄₀
ホネタケ 1611₂₂
ホネタケ科 1611₁₉
ホネタケ目 1340b, 1611₂₀
ホネツギイソウ 1654₅₅
ホネナシサンゴ 1558₈
ホネナシサンゴ目 1558₈
骨太型猿人 2h
ホネホコリ 1629₁₆

骨細型猿人 2h
ボネリムシ 1586₂
ボネリムシ科 1418c
炎細胞 422e
焰細胞 422e
母斑 **1318a**
ホプキンズ **1318c**
ホプキンズ・コール反応 1013c
葡匐運動性細菌 229b
葡匐根 824g
葡匐根茎 1318d
葡匐枝 **1318b**
ホーフマイスター **1318e**
ホーフマイスターの系列 **1318f**
ポポー 1645₄₃
ホホジロザメ 1564₄₆
頬ヒゲ 1118d
ホマト 533c
ボーマン腺 1109h
ボーマン嚢 660g, 704d, 1500M
ホミニゼーション 716d, 1154g
ホーミング **1318g**
ホムンクルス 863g
ホメオーシス **1318h**
ホメオスタシス 547c, **1318i**
ホメオティック遺伝子 **1319a**
ホメオティック突然変異 **1319b**
ホメオティック変異 1319b
ホメオドメイン 1319c
ホメオボックス 992i, **1319c**
ホモ 1320e
ホモウイルス属 1523₁₅
ホモエストロン 1105e
ホモ=エレクトゥス **1319d**
ホモガラクツロナン 531f, 1265b
ホモカリオン **1319e**
保母標性 827f
ホモゲンチジン酸 **1319f**
ホモゲンチジン酸酸素添加酵素 1319f
ホモゲンチジン酸-1,2-二酸素添加酵素 38h
ホモ酢酸生成菌 1319g
ホモ=サピエンス **1319h**
ホモジェナイザー **1320a**
ホモジェネート **1320b**
ホモシスチン尿症 **1320c**
ホモシステイン 1320c
ホモ接合体 **1320e**
ホモセリン **1320f**
ホモ多糖 876i
ホモタリズム **1320g**
ホモトロピック効果 45f
ホモニム 998d
ホモ乳酸発酵 1042f
ホモ=ハビリス **1320h**
ホモフィリック相互作用 232d
ホモ部分二倍体 1210k
ホモブラシー **1321a**
ホモプロリン 1162a
ホモ=フロレシエンシス 716d, 1319d
ホモロジー検索 830c
ホモロジー・モデリング法 1458g
ホヤクラゲ 1558₂₅
ホヤ綱 1140g, 1563₂₁
ボヤヌス器官 **1321b**
ホヤノシラミ 1595₁₀
ホヤ類 783b
補雄 1308b
補抑圧遺伝子 45e
補抑制遺伝子 45e
ボラ 1566₃₀
ホラアナゴカイ 1584₄₆
ホラアナゴカイ目 1584₄₆
ホライモリ 1567₄₆
ホラガイ 1583₄₂

ホラケヤスデ 1593₅₄
ホラシノブ 1643₂₅
ボラ目 1566₃₀
ボラロン **1321c**
ボラロン効果 1321c
ホーリー **1321d**
ボリア=エッゲンベルガー分布 1210b
ポリアクリルアミドゲル 967c
ポリアクリルアミドゲル電気泳動法 1321e
掘足類 **1321f**, 1581₃₉
ボリアーゼ 655e
ポリ-β-1,4-N-アセチルグルコサミン 292j
ポリアデニル化 1322d
ポリアデノシン二リン酸リボース 1322b
ポリアミン **1321g**
ボリアンギア科 1548₅
ポリイソプレノール 1325f
ポリウリジル酸 **1321h**
ポリウロニド **1322a**
ポリウロニドヘミセルロース 1276d
ポリウロン酸 40b
ポリ ADP リボシル化 136a, 1322b
ポリ ADP リボース **1322b**
ポリ ADP リボース合成酵素 1322b
ボリエドラ **1322c**
ポリ A 配列 **1322d**
ポリ A 配列付加シグナル 879c, 1322d
ポリ A 付加反応 1322d
ポリ A ポリメラーゼ 1322d
ポリ塩化ジベンゾパラダイオキシン 845h
ポリ塩化ジベンゾフラン 845h
ポリエン系抗真菌剤 **1322e**
ポリエン脂肪酸 461e, 608g
ポリエンマクロライド 1340a
ポリオ 1322f
ポリオウイルス **1322f**
ポリオーマウイルス **1322g**
ポリオーマウイルス科 1516₅₅
ポリオーマウイルス属 1516₅₆
ポリオン 561h
ポリガラクツロナーゼ **1323a**
ポリ-α-1,4-ガラクツロニド=グリカノヒドラーゼ 1323a
ポリガラクツロン酸 240d
ボリキトリウム目 1602₃₂
ポリ-β-1,4-グルコサミン 292j
ポリグルタミン酸 **1323b**
ポリクローナル抗体 **1323c**, 1399b
ポリクローン 345c
ポリコナゾール 16h
ポリコーム遺伝子 **1323d**
ポリシース **1323e**
ポリシスチネア綱 1663₂
ポリシストロン 1216a, **1323f**
ポリシストロニックメッセンジャー RNA 1380g
ポリジーン **1323g**
ポリジーン系 1323g
ポリソーム **1324a**
ポリ dA・dT 配列 1510e
ポリデイ構造 1324c
ポリデイジャンクション **1324b**
ホリデイモデル **1324c**
ポリテルペン 69c
ボリド藻綱 1655₅₈
ポリドナウイルス **1324d**
ポリドナウイルス科 1516₅₀
ボリドモナス目 1655₅₉
ポリヌクレオチダーゼ 1049a
ポリヌクレオチド 1050d
ポリヌクレオチドキナーゼ **1324f**
ポリヌクレオチドホスホリラーゼ **1325a**

ポーリ嚢 263g	ホルミルテトラヒドロ葉酸 284e	本草綱目啓蒙 1331d
ポリ-β-ヒドロキシ酪酸 **1325**b	ホルミルメチオニル tRNA **1329**d	本草書 1331d
ポリブ **1325**c	N-ホルミルメチオニン 1329d	本草図譜 1331d
ポリーブ **1325**d	ホルミルメチオニン **1329**e	本草和名 1331d
ポリフェニズム 1166e	ホルムアミダーゼ 1329c	ホンソメワケベラ 825e
ポリフェノール酸化酵素 **1325**e, 1399c	ホルムアルデヒド 199b	本体 **1331**e
ポリテルス目 1565₂₂	ホルモグラブッス目 1562₄₂	本体一冠体説 **1331**e
ポリプレニルアルコール 1325f	ホルモシスト 1493e	ホンダワラコケムシ 1579₃₂
ポリプレノール **1325**f	ホルモール滴定 **1329**f	ホンダワラ類 1024e
ポリプロテイン **1325**g	ホルモン **1329**g	本能 **1331**f
ポリヘッド 1323e	ホルモン依存性乳腺腫 1042a	本能的 769b, 1331f
ポリペプチド 894a, **1325**h	ホルモン A 48f	本能的行動 204b
ポリペプチド鎖延長因子 **1325**i	ホルモン受容体 **1330**a	ボンビキシン **1331**g
ポリペプチド鎖開始因子 **1330**b	ホルモン蛋白質 1330b	ボンビコール 1189c
ポリペプチド鎖解離因子 **1326**a	ホルモン放出ホルモン **1330**c	ポンプ 57a
ポリペプチド鎖終結因子 1326a	ホルモンレスポンスエレメント 734b	ホンブンブク 1562₂₂
ポリホスホイノシタイド **1326**b	ポレアロフリクティス科 1602₃₆	ポンペシン 1045b
ポリマートラッピング 606e	ポレオトリボスフェニック亜綱 1317f, 1574₂	ボンベ熱量計 1058d
ポリミキシン **1326**c		ポンベ病 981a, 1456g
ポリマタリン酸 1326d	ポレモウイルス属 1523₂₃	ボンボリスイクダムシ 1659₅₀
ポリメチルガラクツロナーゼ 1323a	ポレリ **1330**c	翻訳（遺伝情報の） **1332**a
ポリメラーゼ連鎖反応 1141b	ポレロウイルス属 1522₃₉	翻訳開始因子 **1332**b
ポリメラーゼ連鎖反応法 1141b	ポレンキット 187c	翻訳可能領域 169b
ポリモルフス目 1579₁₃	ポレンコート 187c	翻訳後修飾 **1332**c
ポリ(U) 1321h	ホレンダー **1330**e	翻訳調節 **1332**d
保留走性 827f	ホロアカンチダ目 1663₂₃	ホンヤドカリ 1598₃
ポリリボソーム 1324a	ポロ型分生子 1248f	
ポリリボヌクレオチドヌクレオチジルトランスフェラーゼ 1325a	ホロガミー **1330**f	
	ホロガメート 1330f	**マ**
ポリリン酸 **1326**d	ポロカ目 1613₁₂	
ポリリン酸ホスファターゼ 1308h	ホロガモデーム 239b	マアジ 1566₅₈
ポリン **1327**a	ポーローグ **1330**g	マアナゴ 1565₅₄
ポーリング **1327**b	ホロゲネシス 690e	マイア(E.W.) **1333**a
ポルオキア 1570₄₃	ホロ酵素 25d, 37c, 488f, 569b	マイア(H.F.) **1333**b
ホールスライド 742d	ホロコッコリス 153g	マイヴァート **1333**c
ホールセルレコーディング 1107f	ホロスポラ科 1546₂₈	マイエルホーフ **1333**d
ポルチェラール **1327**c	ホロセファラ目 1594₅₀	マイエロヴィッツ **1333**e
ポルチン 492i, 1326d	ホロセルロース **1330**h	マイオウイルス科 1514₃
ポルデ **1327**d	ホロセントロメア 980c	マイオグラフ 331k
ホルデウイルス属 1523₁₃	ホロゾア 1552₂₆	*MyoD* 遺伝子 **1333**f
ポルティモア **1327**e	ホロタイプ 863g	マイオティックドライブ **1333**g
ホルデイン 1239g	ホロテリー **1330**i	マイオプラズム 961c
ボルデテラファージ BPP-1 1514₂₃	ホロファーガ目 1536₁₂	マイオアレイ **1333**h
ホールデン(J.B.S.) **1327**f	ホロファーガ綱 1536₈	マイクロインジェクション 80e
ホールデン(J.S.) **1327**g	ホロファーガ目 1536₁₁	マイクロインジェクション法 523f
ホールデン効果 **1327**h	ホロホロチョウ 1571₇	マイクロクローン 807c
ホールデンの法則 540c, 631f	ホロボロノキ 1650₃₄	マイクロサテライト DNA **1333**i
ホールデン-マラーの原理 82h, 1327f	ホロボロノキ科 1650₃₄	マイクロネクトン **1333**j
ホルトノキ 1649₃₁	ホロマスティギダ目 1628₁₇	マイクロフィラメント 518d, 1143d
ホルトノキ科 1649₃₁	ホロムイソウ 1646₆	マイクロフォン効果 198f
ホルトノキゴケ 1614₁₂	ホロムイソウ科 1646₆	マイクロフォン電位 **1333**k
ホルトノキゴケ科 1614₁₂	ポロメーター **1331**a	マイクロボディ 1279i
ホルトフレーター **1327**i	ホロモルフ 964g	マイクロマニピュレーション 427c
ホルトマン **1328**a	ポロレビス目 1567₆	マイコトキシン **1333**l
ポルナウイルス **1328**b	ホワイト(G.) **1331**b	マイコバクテリア科 1536₃₇
ポルナウイルス科 1519₅₅	ホワイト(P.R.) **1331**c	マイコバクテリウム **1334**a, 1536₃₇
ポルナウイルス属 1519₅₆	ホワイトスポット病ウイルス 1516₇	マイコバクテリウムファージ I3 1514₄
ポルナ病ウイルス 1328b, 1519₅₆	ホワイトブリームウイルス 1521₁	マイコバクテリウムファージ L5 1514₃₂
ボルネオオランウータン 1575₄₁	捕腕 670b	マイコプラズマ **1334**b, 1550₃₈
ホルネオフィトン類 1641₄₂	ホンアマリリス 1646₅₆	マイコプラズマ科 1550₃₈
ポルフィリア 1328d	ホンウニ目 1562₈	マイコプラズマ目 1550₃₇
ポルフィリン **1328**c	ホンウニモドキ目 1562₂	マイコフレキシウイルス属 1521₅₆
ポルフィリン症 **1328**d	本エビ上目 1597₃₀	マイコレオウイルス属 1519₄₄
ポルフィリン生合成 **1329**a	本鰓 346b	埋在動物 1019j, 1287i
ポルフィリン尿症 1328d	ホングウシダ 1643₂₅	マイスナー小体 **1334**c
ポルフィロプシン 605g	ホングウシダ科 1643₂₅	マイスナー触小体 1334c
ポルフィロモナス科 1539₁₂	ホンケヤリムシ 1585₃	マイスナー神経叢 697e, 920b
ポルフィン 1328c	ホンゴウソウ 1646₂₄	マイセトーム 335a
ポルボキスポリウム科 1622₄₉	ホンゴウソウ科 1646₂₄	マイタケ 1624₂₁
ポルホビリノゲン 1329a	本質主義的思考 1480e	マイズルソウ 1646₆₁
ホルボールエステル **1329**b	ホンシメジ 1626₁₁	マイトジェン **1334**d
ホルボールミリステートアセテート 1329b	本草 1331d	埋土種子 **1334**e
	本草家 1331d	埋土種子集団 1334e
ホルマリン 1303f	本草学 **1331**d	マイトソーム **1335**a, 1360b
ホルミルキヌレニン **1329**c	本草綱目 1331d	

マタラ 1833

マイトファジー **1335**b	マクカワタケ科 1624₃₁	マゴケ上目 1640₂
マイトマイシンC **1335**c	膜貫通型受容体キナーゼ 372a, 678b	マゴケ目 1640₆
マイナー 1244c	膜結合リボソーム 665b	マコモ 1647₄₂
−35エレメント 923f	膜攻撃経路 1314a	マザエジウム 1340b
−35配列 923f, 1238h	膜交通 666c	マザエジウム属 **1340**b
−10配列 923f, 1238h	膜口亜綱 1660₃₅	マサゴシバリ 1633₄₂
マイノット **1335**d	膜骨 479g, 1336i	マサゴシバリ亜綱 1633₁₅
毎分呼吸量 1090b	膜骨格 533a	マサゴシバリ目 1633₄₀
毎分拍出量 712d	マクサム−ギルバート法 941a	摩擦音 1100g
マイボーム腺 **1335**e	膜翅上目 1601₄₄	摩擦器 **1340**c
マイマイガ 1601₄₂	マクシモヴィッチ **1336**f	摩擦片 **1340**d
マイマイカブリ 1600₅₃	マクシモフ **1336**g	マザトウムシ 1591₂₀
マイマイヘビ 1569₃	膜出芽 **1336**h	マザトウムシ亜目 1591₁₈
マイヤー 1333a	幕状骨 **1336**i	柾目 1396f
マイルカ 1576₄	膜翅類 1601₄₅	マシコヒゲムシ 1585₅
マイワシ 1566₃	膜性円板 **1336**j	マーシャル **1340**e
マウアーの下顎骨 1085d	膜性円盤 1336j	マーシャル小体 127c
マウスEHS肉腫 1438i	膜性骨 479g	マジャンディー **1340**f
マウス肝炎ウイルス 499d	膜性骨化 479g	マジャンディーの法則 1282c
マウスコロナウイルス 1520₅₆	膜性脂質ジストロフィー 1461a	マーシュ 1341a
マウスサイトメガロウイルス 519b	膜性迷路 1338e	増し行き **1341**b
マウス胎児繊維芽細胞 1182b	膜先導領域 816f	麻疹 1341c
マウスナー細胞 **1335**f	膜蛋白質 **1337**a	麻疹ウイルス **1341**c, 1520₉
マウス肉腫ウイルス 1030h	膜抵抗 **1337**b	麻酔 **1341**d
マウス乳癌ウイルス 1042a, 1518₄₇	膜テイコ酸 951a	麻酔剤 1341e
マウス白血病ウイルス 1518₄₈	膜電位 **1337**c	麻酔薬 1341d, **1341**e
マウスバンディクート 1574₁₈	膜電流 **1337**d	マス解析 594e
マウス微小ウイルス 1518₁₂	膜透過停止配列 **1337**e	マースキー **1341**f
マウスブリーディング 461g	膜動輸送 519a	マスクラット 1576₄₅
マウスヘルペスウイルス1 1514₅₆	膜内粒子 **1337**f	マス効果 370d
マウスポリオーマウイルス 1322g	マグナシウロコオリス 1576₄₉	マススペクトル 594e
マウトナー細胞 1335f	マグナポルテ科 1618₁₀	マススペクトロメトリー 594e
マウンティング 1e	マグネシウム **1338**a	マスターコントロール遺伝子 414e
前川文夫 **1335**g	マグネシウムプロトポルフィリンIX	マスターサークル 1360e
マエソ 1566₁₇	1237d	マスタードガス **1341**g
前野良沢 **1335**h	マグネトソーム **1338**b	マスチゴアメーバ目 1628₄₀
マオウ 141a, 1645₁₅	膜の流動性 1338c	マスチゴネマ 1290c
マオウ科 349f, 1645₁₅	膜板 666d	マストアデノウイルス 18g
マオウ類 **1335**i	マクヒトデ 1560₄₄	マストアデノウイルス属 1515₁₃
マーカー遺伝子 84e	膜鰭 765b	マスト細胞 **1342**a
マカウイルス属 1515₃	マクブライド **1338**d	マスト細胞脱顆粒ペプチド 1359e
マガキ 1582₅	膜分裂 1336h	マストディア科 1607₂₈
マガキガイ 1583₄₄	膜迷路 **1338**e	マストドン属 426d
マカジキ 1566₅₇	膜融合 **1338**f	マストミス乳頭腫ウイルス 1516₂₅
マガタマニラ 1556₁	膜様迷路 1338e	マストレウイルス属 557c, 1517₄₆
マガタマモ 1634₃₉	膜容量 **1339**a	マセラーゼ 917e
マガモ 1571₁₁	まくら 1426b	マゼランチドリ 1571₅₄
マガリウムユリ目 1560₁₄	マクラウイルス属 1521₅₈	マダイ 1566₅₁
マガリクサビケイソウ 1655₃₉	マクラウド **1339**b	マダカアワビ 1583₂₈
マガレイ 1566₆₁	マクラガイ 1583₅₁	マダケ 1647₄₀
マーカーレスキュー 443i	マクラギヤスデ 1594₁₆	マダコ 1583₁₉
マガン 1571₁₁	マクラタケ 1624₃	マタザ目 1665₂₂
巻枝 208a	マクラーレン **1339**c	またたき反射 1121b
マキ科 1645₃	マクラング **1339**d	マタタビ 1651₂₄
マキガイ綱 1199e	マクリントック **1339**e	マタタビ科 1651₂₄
マキイホシムシ 1586₁₀	マクルウイルス属 1522₅₁	マダニ 1589₄₆
巻込み 271d, 390i	マクレアマノリ 1632₂₉	マダニ亜目 1589₄₆
マキシサークル 296b	マクロオートラジオグラフ法 167d	マタボウ 1633₃₆
マキシサークルDNA 36f	膜濾過過過誘導 1412g	マタマタ 1568₁₈
まき性,播き性 **1335**j	マクロガモント 239c	マダラ 1567₄₀
巻き添え競争 1352c	マクログリセロ糖脂質 361h	マダライモ 1583₅₀
巻きつき茎 1430e	マクログロブリン **1339**f	マダラウミウシ 1584₁₃
巻きつき植物 **1336**a	マクロシスト **1339**g	マダラウロコムシ 1584₅₀
マキネシア **1336**b	マクロセミウス目 1565₃₆	マダラカゲロウ 1598₃₇
マキノゴケ 1637₂₁	マクロナリア類 1570₂₁	マダラカゲロウ亜目 1598₃₇
マキノゴケ科 1637₂₁	マクロファージ **1339**h	マダラクサ 1633₄₁
牧野線 1336b	マクロプランクトン 1220e	マダラコウラナメクジ 1584₂₆
牧野富太郎 **1336**c	マクロブリューストン 1044c	マダラゴケ 1613₅₂
巻ひげ **1336**d	マクロベキソファジー 1264e	マダラゴケ科 1613₅₂
マキヒトエ **1336**e	マクロボディニウム目 1659₁₆	マダラゴケ目 1613₅₂
マキムシモドキ下目 1601₃	マクロモウイルス属 1523₇	マダラサソリ 1591₅₀
マキモノガイ 1583₅₅	マクロライド系抗生物質 **1340**a	マダラサラマンドラ 1567₄₇
マーキング行動 **1336**f	マクロリド 1340a	マダラナガカメムシ 1600₃₈
マーキング法 1167g	マゴケ亜綱 1640₁	マダラニセツノヒラムシ 1577₂₅
マカワタケ 1624₃₄	マゴケ綱 1639₅	マダラヒモムシ 1581₃

マダラヘビ 1569₃
マダラヤンマ 1598₅₀
まだら溶菌斑 1213c
マチク 1647₃₇
マーチソン 1342b
マチン 735d, 1651₄₄
マチン科 1651₄₄
マツオウジ 1624₄₆
マツ科 1644₅₀
マッカーサー 1342c
マッカサウオ 1566₃₆
マッカサウニ 1561₃₅
マッカサキノコ 1626₃₀
マッカサタケ 1624₆₀
マッカサタケ科 1624₆₀
マッカサトカゲ 1568₅₅
マツカゼソウ 1650₁₃
マッカードル病 981a
松枯れ病 815f
マッカロービッツの神経モデル 1342d
マッキー 1342e
末期乳 1043a
末脚 622c
松くい虫被害 516c
マツグミ 1650₃₃
まつ毛 258h
マッコウクジラ 1576₅
マッサリナ科 1609₄
マッサロンゴゴケ 1613₁₉
マッサロンゴゴケ科 1613₁₉
末梢概日時計 1342h
末梢血幹細胞移植 481c
末梢神経 1064f, 1342f
末梢神経系 1342f
末梢性チアノーゼ 898a
末梢性麻痺 1344e
末梢性リンパ組織 1037c
末梢抵抗 1342g
末梢時計 1342h
末梢リンパ系器官 1477d
MADS ドメイン 139e
MADS ボックス 139e
MADS ボックス遺伝子 1343a
末節骨 1417g
マツタケ 1626₅₂
末端型逆位 302a
末端器 629e
末端器官 422e, 629e
末端繰返し配列 1343b
末端欠失 403e
末端残留 629f
末端重複 1343c
末端宿主 290a
末端触手 269b
末端蛋白質 18g
末端重複 1343f
末端デオキシヌクレオチド転移酵素 1386b
末端反復配列 1343b
末端肥大症 767i
末端壁 977k
マツナ 1650₅₁
末脳 725f
マツノオオウズラタケ 1624₄₀
マツノネクチタケ 1624₆₂
マツノウロコゴケ 1637₅₇
マツバギク 1650₅₇
マツバノヒゲワンタケ 1616₂
マツバハリタケ 1625₂₅
マツバハリタケ科 1625₂₅
マツバヒメカンムリタケ 1614₅₄
マツハーブロイアー説 1343d
マツバボタン 1650₅₅
マツバラン 1642₃₅

マツバラン目 1642₃₅
マツバラン類 1343e
MAPKAP キナーゼ 1343f
MAP キナーゼ 1343f
マツブサ 1645₂₆
マツブサ科 1645₂₆
マツムシ 1599₂₅
マツムシソウ 1652₄₂
マツムシソウ目 1652₃₉
松村松年 1344a
マツムラソウ 1470b
マツモ 1645₂₈, 1657₃₇
マツモ科 1645₂₈
マツモムシ 1600₃₉
マツモ目 1645₂₇
松やに 633e
マツヨイグサ 1648₄₀
マテガイ 1582₂₁
マテバシイ 1649₁₈
窓 1412c
窓あき毛細血管 1412d
間藤細胞 1339h
マトウダイ 1566₃₈
マトウダイ目 1566₃₈
マドカスビオ 1585₁₉
マドダニ 1591₇
マトニア科 1643₂
マトリックス接着領域 1344b
マトリックスメタロプロテアーゼ 1344c
マトリックスポテンシャル 1344d
マトリライシン 1344c
マナガツオ 1566₅₂
マナティー 1574₄₀
マナマコ 1562₂₈
マナマコ目 1562₂₈
マニピュレーション 824h
魔乳 295a
マニラプトル類 1570₁₃
マネシツグミ 1572₅₅
マハゼ 1566₄₂
マハタ 1566₄₆
まばたき反射 1121b
マハラノビス距離 1255b
マバラマキエダウミユリ 1560₁₉
麻痺 1344e
麻痺性貝毒 184e
マヒトデ 1560₄₁
マヒトデ目 1560₄₁
麻痺ペプチド 1345a
マブカダニ 1591₁₀
まぶた 258h
マベ 1582₇
マヘシュワリ 1345b
マホガニー 1650₁₂
マボヤ 1563₃₁
マボヤ亜目 1563₃₁
マボヤ目 1563₃₀
ママウイルス 1362g
ママコナ 289e, 1652₁₆
ママストロウイルス属 1522₄
マミエラ藻綱 1634₉
マミエラ目 1634₁₂
マミジロキノボリ 1572₄₉
マミズクラゲ 1556₃
マミズクラゲ目 1556₃
マミズツツガタケイソウ 1654₄₇
マミラ 1043f
マムシ 1569₁
マムシグサ 1645₅₄
マムシ毒 1273d
マムート科 834c
マメウラシマ 1583₅₉
マメ科 1648₄₈
マメガタツメダマシケイソウ 1655₂
マメ科牧草 1304g

豆冠 919f
マメコガネ 1600₆₁
マメザトウムシ 1591₁₈
マメスナギンチャク 1558₇
マメスナギンチャク亜目 1558₆
マメヅタ 1644₂
マメヅタラン 1646₃₉
マメハネダマシケイソウ 1655₁
マメホコリ 1629₇
マメホネナシサンゴ 1558₉
マメボヤ 1563₂₇
マメボヤ亜目 1563₂₇
マメボヤ目 1563₂₃
マメ目 1648₄₇
マメモドキ 1649₂₉
マメモドキ科 1649₂₉
マメ類 1648₃₉
麻薬性鎮痛薬 933f
マヤブシキ 1648₃₉
繭 1345i, 1443a
マユガジ 1566₅₀
マユケイソウ 1655₄₄
マユハキタケ 1611₉
マユハキタケ科 1611₂
マユハキモ 1634₄₉
マユホコリ 1629₉
マユミ 1649₂₇
マヨイダニ 1590₁₀
マラー 1345e
マラウィモナス綱 1629₂₇
マラウィモナス目 1629₂₈
マラガシー亜区 313a
マラコヘルペスウイルス科 1515₆
マラセチア目 1619₅₃
マラーのラチェット 478a
マラフイウイルス属 1521₅₉
マラリア 1345f
マラリア原虫 23b, 23c, 1661₃₇
マリオットの暗点 1393g
マリグラヌール 1345g
マリゴケ 674f
マリス 1345h
マリニラビリア科 1539₁₁
マリブロフンダス科 1550₁₀
マリブロフンダス目 1550₉
マリメルミス目 1587₇
マリモ 674f, 1345i, 1634₃₇
マリモナディダ目 1665₄₂
マルエラワレカラ 1597₁₉
マルエリオキアミ 1597₃₂
マルオカメケイソウ 1655₂₀
マルカイミジンコ 1596₁₅
マルグチホウズキガイ 1580₃₆
マルゴケ 1614₁₂
マルゴケ科 1614₁₂
マルコフ過程 211d, 211e
マルコフ連鎖 211d
マルコフ連鎖モンテカルロ法 1261h
マルサス係数 408g, 477h, 959a
マルサス的成長 477h
マルサヤワムシ 1578₄₁
マルサヤワムシ目 1578₄₀
マルスダレガイ 1582₂₂
マルスダレガイ目 1582₁₉
マルスピウム 1278k
マルスピオモナス目 1634₁₇
マルセルムラサキサラタケ 1616₁₃
マルダイゴケ 1640₄
マルターゼ 365d, 655e
マルタ熱菌 211d
マルタの十字 1349d
マルチノッティ細胞 861a
マルチビダニ 1590₁₈
マルチプルシングルユニット記録 693b
マルチプルユニット記録 693b

ミクロ　1835

マルチラメラリボソーム　1464d
マルツノガイ　1581₄₂
マルツノゼミ　1600₃₄
マルツノハジラミ亜目　1600₂₁
マルディウイルス属　1514₅₁
マルテン　1345j
マルドウカイメン　1554₄₂
マルトース　1346a
マルトトリオース　171b
マルトビムシ亜目　1598₂₃
マルナウイルス科　1521₁₁
マルナウイルス属　1521₁₂
マルノコダニ　1589₅₁
マルハナバチ　1601₄₈
マルバノキ　1648₁₄
マルピーギ　1346b
マルピーギ管　1346c
マルピーギ小体　704d
マルファン症候群　83a
マールブルクウイルス　1186b
マールブルクウイルス属　1520₃
マールブルクウイルス ビクトリア湖株　1520₃
マールブルグ熱　703g
マルホルミン　1346d
マルホルミン A　1346d
マルホルミン B　1346d
マルミゴケ　1610₄₃
マルミジンコ　1594₃₈
マルミゾウ　834c
マルミデア科　1612₃₆
マルミノコツブコウヤクタケ　1625₃₀
マルミノチャワンタケ　1616₁₅
マルミノノボリリュウ　1616₅
マルヤスデ　1593₂₈
マルヤスデ亜目　1593₂₈
マルヤスデ目　1593₂₇
マルワレイタムシ　1591₅₆
マルワレイタムシ目　1591₅₆
マレー(E.J.)　1346e
マレー(J.E.)　1346f
マレイン酸　1346g
マレーガビアル　1569₂₆
マレック病ウイルス　1346h
マレーバク　1576₂₉
マロニル CoA　1346i
マロン酸　1346i
まわり道実験　982e
マンガン　1347a
マンガン還元　1347b
マンガンクラスター　552e
マンガン酵素　1347a
蔓脚下綱　1595₃₄
蔓脚類　1308b
マングローブ　1347c
マングローブ林　1347c
マンゴー　1650₇
マンゴスチン　1649₄₇
マンゴルト　1347d
マンサク　1648₁₅
マンサク科　1648₁₄
マンジュウウニ　1562₁₆
マンジュウウニ目　1562₁₆
マンジュウダニ　1591₂
マンジュウヒトデ　1560₅₂
マンジュウボヤ　1563₂₄
マンジュウボヤ亜目　1563₂₄
慢性炎症　152a
慢性骨髄性白血病　249g
慢性増殖炎　152c
慢性肉芽腫症　458h, 1389f
マンソン孤虫　286l
マンタモナス属　1552₅
マンダリウルス属　1521₄₂
マント　1303h

マント群落　619f
マントー反応　936a
マントヒヒ　1575₄₀
マンドリル　291j
マンナン　1347e
マンニット　1347f
マンニトール　1347f
D-マンヌロン酸　113f
マンヌロン酸　39d
マンネングサ　1648₂₄
マンネンスギ　1642₉
マンネンタケ　1624₁₇
マンネンタケ科　1624₁₇
マンネンハリタケ　1625₃
マンネンハリタケ科　1625₃
マンノシド　1085l
マンノース　1347g
マンノース結合レクチン　1314a
マンノース-6-リン酸　1347c
マンノース-6-リン酸異性化酵素　1348a
マンノース-6-リン酸受容体　1347h
マンノビン　168e
マンノビン酸　168e
マンノプロテイン　1347e
D-マンノヘプツロース　1275f
マンハッタン距離　1480g
マンハッタンボヤ　1563₃₂
マンボウ　1567₁
マンモス　1574₄₆

ミ

実　215e
ミアナグサ　1633₃₃
ミイラ　1349a
木乃伊　1349a
ミイラ化　1349b
ミイラ変性　1349b
ミエリン　721g, 1349a
ミエリン形成　721j
ミエリン鞘　721g, 721j
ミエリン髄形成　721j
ミエリン像　1349d
ミエロコニス科　1614₈
ミエロスペルマ科　1619₃₉
ミエロペルオキシダーゼ　458h, 1349e
ミエローマ　387e, 482c
ミエローマ蛋白質　482d
ミオイノシトール　87e
ミオイノシトール六リン酸　1182c
ミオキナーゼ　18c
ミオグラフ　331k
ミオクローヌス　373f
ミオグロビン　1349f
ミオシン　1349g
ミオシン I　1350a
ミオシン A　1349g
ミオシン S1　1351b
ミオシン ATP アーゼ　1350b
ミオシン L 鎖　1350c
ミオシン L 鎖キナーゼ　1350d
ミオシン L 鎖ホスファターゼ　1350e
ミオシン側調節　1351a
ミオシン軽鎖　1350c
ミオシン軽鎖ホスファターゼ　1350e
ミオシン軽鎖リン酸化酵素　1350d
ミオシンサブフラグメント 1　1351b
ミオシンサブフラグメント 2　1351b
ミオシンスーパーファミリー　1349g
ミオシン II　1349g, 1350a
ミオシン B　1351c
ミオシンフィラメント　1351d
ミオシンモータードメイン　1349g

ミオゾア上門　1661₅
ミオドコーバ亜綱　1596₈
ミオドコビダ目　1596₉
ミオヘマチン　597k
ミオメシン I　145b
ミオメシン II　145c
ミカエリス　1351e
ミカエリス定数　1351f
ミカエリス-メンテンの式　1174d, 1351f
味覚　791e, 1352a
味覚閾　1352a
味覚器　1352b
味覚器官　1352b
味覚受容体　837g
味覚性発汗　1101g
味覚測定　1352a
見かけの怒り　488c, 579a, 661f
見かけの拮抗　293a
見かけの競争　320d, 1352c
見かけの同化作用　652c
ミカズキゼニゴケ　1636₃₉
ミカズキゼニゴケ科　1636₃₉
ミカズキゼニゴケ属　1636₃₈
ミカヅキモ　1636₈
ミカドウミウシ　1584₁₄
ミカドケイソウ　1655₆
ミカドケイソウ目　1655₄
ミカドツノガイ　1581₄₄
ミカドツノガイ亜目　1581₄₄
ミカドヒモムシ　1581₇
ミガルシンコウトウチュウ　1579₅
ミカン　1650₁₃
ミカン科　1650₁₃
ミカン状果　653j, 1352d
ミカンソウ科　1649₄₁
幹　345f
右利き　1286i
三木茂　1352f
右巻き　1153a, 1336a
ミクシア科　1621₄₁
ミクシア綱　1621₃₉
ミクシア目　1621₄₀
ミクソコックス目　1059d
ミクソゾア類　1059i, 1555₁₆
ミクストリクム科　1607₃₀
ミクトカリス目　1596₄₃
ミクリ　1647₂₅
ミクリ科　1647₂₅
ミクロアスクス科　1617₅₈
ミクロアスクス目　1617₅₈
ミクロウイルス科　1517₅₂
ミクロウイルス属　1518₂
ミクロオートラジオグラフ法　167d
ミクロカエテ科　1541₂₈
ミクロガモント　239c
ミクロカリキウム科　1613₄₁
ミクロコスム　1352g
ミクロコッカスヌクレアーゼ　1352h
ミクロコックス亜目　1537₅
ミクロコックス科　1537₂₈
ミクロシスト　1339g
ミクロストマ科　1622₄₇
ミクロストマ目　1622₄₅
ミクロスフェア　1234c
ミクロソーム　1353a
ミクロタムニオン属　1635₁₅
ミクロチリウム科　1608₅₇
ミクロチリウム目　1608₅₇
ミクロ接木　935b
ミクロテシエラ科　1641₂₄
ミクロトーム　1353b
ミクロトーム切片法　793f
ミクロトラクス科　1660₅
ミクロヌクレアリア目　1552₁₈
ミクロネゲリア科　1620₂₂

ミクロネーム 924f
ミクロバクテリア科 1537₂₁
ミクロビオテリウム目 1574₁₂
ミクロビーム照射法 1353c
ミクロフィブリル 797f, 797g
ミクロフィラリア 1353d
ミクロブラキス亜目 1567₃₁
ミクロプランクトン 1220e
ミクロヘキソファジー 1264e
ミクロヘリダ目 1629₂₂
ミクロペルチス科 1607₅₆
ミクロボディ 1279i
ミクロボトリウム科 1621₂₁
ミクロボトリウム綱 1621₁₁
ミクロボトリウム目 1621₁₉
ミクロモノスポラ亜目 1537₃₇
ミクロモノスポラ科 1537₃₈
ミクロレスピロメーター 1142f
ミケル 1353f
味孔 1365b
ミコクラドゥス科 1603₄₄
ミコゲリディウム科 1621₃₂
ミコシヤスデ 1593₄₇
ミコシリンクス科 1621₅₂
ミコース 1016e
ミコナゾール 16h
ミコボルム科 1608₂
ミコール酸 1353g
味細胞 1352b, 1353h
ミサイル療法 1353i
ミサキギボシムシ 1562₅₃
ミサキシリス 1584₅₃
ミサキニハイチュウ 1577₁₀
ミサゴ 1571₃₅
ミジェット細胞 559b
ミシシッピー紀 476b
ミシシッピーワニ 1569₂₅
ミシス 1354a
味質 1354b
ミシマオコゼ 1566₅₉
味四面体 1354b
ミーシャー 1354c
未熟型奇形腫 282d
未熟樹状細胞 1383j
未受精卵 638a
味受容器 1354d
実生 1354e
実生集団 1334e, 1354f
実生バンク 305c, 715e, 1354f
ミジンウキマイマイ 1584₂
ミジンコ 1594₃₈
ミジンコウキクサ 1645₅₇
ミジンコワムシ 1578₄₁
ミジントビムシ 1598₂₂
ミジントビムシ亜目 1598₂₂
ミジンマイマイ 1584₂₉
ミジンワダチガイ 1583₅₃
ミズ 1649₉
水 1355a
ミズアオイ 1647₁₀
ミズアオイ科 1647₁₀
ミズアブ 1601₂₆
水移動 1356f
ミズウオ 1566₁₆
ミズオオバコ 1646₄
水汚染 721f
ミズオトギリ 1649₄₉
ミズオ目 1656₃₁
ミズガイ 1583₅₈
蹼 1355b
ミズカビ 1654₂₂
ミズカビ目 1654₂₀
ミズカマキリ 1600₄₀
ミズガメカイメン 1554₄₉
水関係 1355c

ミズキ 1651₁
ミズキ科 1651₁
ミズキ目 1650₆₂
水食材 1355d
ミズグモ 1592₁₈
ミズクラゲ 1556₂₅
ミズクラゲ目 1556₂₅
水硬直 459f
水呼吸 1355e
ミズゴケ 453a, 591i, 1638₄₀
ミズゴケ科 1638₄₀
ミズゴケ綱 1638₃₈
ミズゴケ湿原 453a
ミズゴケ目 1638₃₉
ミズゴケモドキ 1637₃₃
ミズゴケモドキ科 1637₃₃
ミズゴケモドキ目 1637₃₂
ミスココックス目 1657₂
水栽培 720b
水散布 553k
ミスジコンブ 1657₂₄
ミスジタダミ 1583₅₆
ミスジヒメカイエビ 1594₃₅
ミスジマイマイ 1584₂₅
水収支 726a, 1355c
水自由相 625d
ミズスギ 1642₉
水ストレス 1355f
ミズスマシ 1600₅₄
ミズゼニゴケ 1637₁₈
ミズゼニゴケ亜綱 1637₁₈
ミズゼニゴケ科 1637₁₈
ミズゼニゴケ目 1637₁₇
ミスセンスサプレッサー 1355h
ミスセンス突然変異 1355h
ミズタマ 1634₄₄
ミズタマカビ 1603₄₇
ミズタマカビ科 1603₄₇
水チャネル 5f
ミス対合の修正 1356e
水漬け 1355i
水添加酵素 1355j
水透過性 418h
水透過性係数 1356a
ミスト繁殖 538d
ミズトンボ 1646₄₄
ミズナギドリ目 1571₁₇
ミズニラ 1642₁₄
ミズニラ目 1642₁₄
ミズニラ類 1356b
水の華 3f, 1356c
ミズノロダニ 1591₄
ミズバショウ 1645₅₅
ミズヒキガニ 1598₉
ミズヒキゴカイ 1585₁₂
ミズヒキゴカイ目 1585₁₂
ミズヒナゲシ 1646₁
ミズフシトビムシ 1598₂₁
ミズベノニセズキンタケ 1614₅₀
水抱痂 725d
水ポテンシャル 1356d
ミズマクラケイソウ 1655₁₁
ミズマクラケイソウ目 1655₁₁
ミスマッチ修復 943b, 1356f
ミスマッチ修復酵素系 943c
ミスマッチ分布 772e
ミズミケイソウ 1655₈
ミズミミズ 1585₃₃
ミズムシ 1596₅₃
ミズムシ亜目 1596₅₃
水輸送 1356f
水要因 725i
水利用効率 1357a
ミズワムシ 1578₃₅
ミズワラビ 1643₃₁

未成入皮 90h
未成熟材 1357b
未成熟染色体凝縮 1357c
未成熟溶菌 1357d
ミセル 1357e
ミセル説 1357e
ミセル動電クロマトグラフィー 306e
ミゾキチオプシス目 1654₈
ミゾゴケ 1638₃₃
ミゾゴケ科 1638₃₃
ミゾコムカデ 1592₄₇
ミソサザイ 1573₂
ミゾシダ 1643₄₂
ミゾア門 1661₅
ミゾナシツメケイソウ 1655₂₇
ミソハギ 1648₃₈
ミソハギ科 1648₃₈
ミゾハコベ 1649₄₄
ミゾハコベ科 1649₄₄
ミソフリア目 1595₁₆
ミゾホオズキ 1652₁₄
ミゾモナデア綱 1661₁₀
ミタキノリ 1615₄₁
ミダレアミイグチ 1627₉
ミダレアミイグチ科 1627₉
ミチゲーション 762g
道しるベフェロモン 1189c
道づけ 306b
ミチヤナギ 1650₄₁
ミチューリン 1357f
ミツウデワムシ 1578₄₀
ミツオシエ 1572₃₆
ミツオビクーマ 1597₂₂
ミツガシワ 1652₃₀
ミツガシワ科 1652₃₀
ミツカドカタビラガイ 1582₂₆
三日熱 1345f
三日ばしか 1000c, 1186e
ミッキーマウスノキ 1649₄₃
myc 遺伝子 1358a
三つ組 546f
箕作佳吉 1358b
ミツクリザメ 1564₄₇
三つ子 872k
蜜しるべ 1111b
ミッシングリンク 108e
ミッスイ 1572₅₅
密錐花序 622b
密生群落 1358c
密性結合組織 800f, 1094f
蜜腺 1358d
ミッチェル 1358e
密着結合 859b
ミツデウラボシ 1644₁
蜜滴 753b
ミツデリッポウクラゲ 1556₁₆
密度依存過程 1358f
密度依存性 1358f
密度依存淘汰 1358g
密度依存要因 1358f
密度逆依存要因 1358f
密度効果 1359a
密度勾配遠心法 1359b
密度-集中度係数 1252b
密度制御フェロモン 1189c
密度調節 1359c
密度独立要因 1358f
密度突然変異体 1359d
密度躍層 759h, 1403g
ミツバ 1572₄₉
ミツバウツギ 1648₃₃
ミツバウツギ科 1648₃₃
ミツバウツギ目 1648₃₂
ミツバチ 1498c, 1601₄₇
ミツバチ毒 1359e

ムカシ　1837

ミツバチのダンス　**1360**a
ミツバヤツメ　1563₄₁
蜜標　996d, 1111b
ミツマタ　1650₂₄
ミツメコブケイソウ　1654₅₄
ミツユビナマケモノ　1574₅₂
ミツユビハリモグラ　1573₄₆
蜜蠟　1498f
ミティリニディオン科　1609₄₁
ミデカマイシン　1340a
ミトウイルス属　1522₄₁
ミトゥロキスチス目　1559₆
見通し　982e
ミトゲン線　363h
ミトコンドリア　**1360**b
ミトコンドリアイヴ　1360c
ミトコンドリア核　1360c
ミトコンドリア核様体　1360c
ミトコンドリアゲノム　**1360**c
ミトコンドリア細胞死経路　**1361**a
ミトコンドリア鞘　752e[図]
ミトコンドリア染色体　1360c
ミトコンドリア脱共役蛋白質　**1361**b
ミトコンドリア膜　1360b
ミトコンドリアマトリックス　1360b
ミトファジー　1335b
ミドリイシ　1557₅₂
ミドリクチキムシタケ　1617₁₇
ミドリゲ目　1634₃₇
ミドリゴケ　1610₄₂
ミドリサカズキタケ　1626₁₅
ミドリサネゴケ　1610₃₉
ミドリシャミセンガイ　1579₄₄
ミドリゾウリムシ　834a
ミドリタケ　1626₄
緑の革命　79d
ミドリヒモムシ　1580₄₅
ミドリムシ植物　1415h
ミドリモリヤツガシラ　1572₃₀
南方熊楠　**1361**d
ミナカタホコリ　1629₉
港川人　**1361**e
水俣病　**1361**f
ミナミアフリカトビウサギ　1576₄₈
ミナミアメリカハイギョ　1567₇
ミナミイセエビ　1597₅₉
ミナミイタチゴケ科　1641₁₅
ミナミカワゲラ亜目　1599₁₂
ミナミクロサルノコシカケ　1624₄₆
ミナミオミドロ　1657₄₀
ミナミジサイチョウ　1572₃₁
ミナミヒカリゴケ科　1639₅₅
ミナミヤスデ　1593₃₀
ミナミヤスデ亜目　1593₃₀
ミニ細胞　**1362**a
ミニサークル　296b
ミニサークル DNA　36f
ミニステリア目　1552₂₉
ミニミオシン　1350a
ミネラル　121k
ミネラルコルチコイド　**1362**b
糞　1076c
ミノウミウシ　1584₁₂
ミノガイ　1582₁₀
ミノガイ目　1582₁₀
ミノゴケ　1640₁₇
ミノヒラムシ　1577₂₆
ミハエルボヤ　1563₃₂
ミヘル　**1362**c
MYB 遺伝子族　**1362**d
ミフウズラ　1571₅₀
ミフウズラ亜目　1571₅₀
味物質　1352a, 1354b
身ぶり　**1362**e
身ぶり言語　1362e

未分化癌　262d, 447f
未分化細胞　515b
未分節中胚葉　855h
耳　**1362**f
ミミイカ　1583₂₁
ミミウイルス　**1362**g
ミミウイルス科　1516₃
ミミウイルス属　1516₄
ミミカキゴケ科　1637₁₃
耳先　180h
ミミズトカゲ　1568₄₆
ミミズトカゲ下目　1568₄₆
ミミズホシゴケ　1606₅₀
ミミズ類　1178f
ミミタブケイソウ　1655₅₆
ミミナグサ　1650₄₆
ミミナシトカゲ　1568₅₀
ミミナミハタケ　1624₆₁
ミミブサタケ　1616₂₈
耳ブラコード　608c, 1019l
ミミモチシダ　1643₃₀
ミーム　**1362**h
味盲　**1363**a
ミモトナ目　1576₃₀
ミモレオウイルス属　1519₃₁
宮川小体　356b
脈　1363d
脈圧　395a
脈管系　651b
脈管新生　**1363**b
脈管性母斑　1318b
脈管象牙質　1069b
脈球　565f
脈系　**1363**c
脈翅上目　1600₄₂
脈翅類　1600₄₅
脈相　613c
脈端　1427d
脈動　623h
脈動胞　623h
脈波　1363d
脈波記録図　1363d
脈拍　**1363**d
脈拍計数装置　553f
脈波計　1363d
脈網　613c, 714f
脈絡上皮層　653e
脈絡叢　1063h, 1064g
脈絡膜　1373b
脈絡膜欠損　**1363**e
脈理　1363c
三宅線　776d
ミヤコジマハナワラビ　1642₃₃
ミヤコドリ　1571₅₂
ミヤベゴケ　1640₅₂
宮部線　776d
ミヤマアケボノソウ　1651₄₂
ミヤマクグラ　1612₄₈
ミヤマシキミ　1650₁₄
ミヤマトンビマイ　1624₆₂
ミヤマトンビマイ科　1624₆₂
ミヤマミズゼニゴケ科　1637₂₀
ミューテーション　1005e
ミューテーター遺伝子　**1364**a
ミュートン　1454g
μ の法則　175d
ミューパピローマウイルス属　1516₃₁
ミユビトビネズミ　1576₄₃
μ ファージ　**1364**b
Mu ファージ　1364b
μ 様ウイルス　1514₉
ミュラー(F.)　**1364**c
ミュラー(J.P.)　**1364**d
ミュラー(P.H.)　**1364**e
ミュラー管　**1364**f

ミュラー管抑制因子　**1364**g
ミュラー管抑制物質　1364g
ミュラー筋　1395c
ミュラー細胞　**1364**h
ミュラーの法則　481a, 1001b
ミュラー幼生　**1364**i
μ 粒子　1374i
ミョウガ　1647₂₀
ミョウガガイ　1595₄₉
ミョウガガイ亜目　1595₄₉
ミョウガカイメン　1554₂₆
三好学　**1365**a
味蕾　**1365**b
未来指数　**1365**c
ミラシジウム　**1365**d
ミラシジウム　1365d
ミラーニューロン　**1365**e
ミラーニューロンシステム　1365e
ミラーの放射実験　**1365**f
ミリアンギウム科　1609₂
ミリアンギウム目　1608₆₀
ミリオキンカクキン　1615₁₂
ミリオスモル　165j
ミリオリナ目　1663₅₃
ミリスチン酸　**1365**g
ミリニア科　1640₅₈
ミリン　1633₂₇
ミル　1634₄₉
ミルステイン　**1365**h
ミルスベリヒユ　1650₅₇
ミルティデア科　1612₃₈
ミルヌ-エドワール　**1365**i
ミルヒビダマ　1633₅₄
ミルベル　**1365**j
ミル目　1634₄₇
ミルモドキ　1634₅₂
ミロクンミンギア綱　1563₃₇
ミロシン細胞　61f
ミロン反応　931d
眠　**1365**k
眠性　**1365**l
民族　**1366**a
民族学　**1366**b
民族誌　1366b
民族心理学　1133c

ム

ムーア　**1367**a
無意識的淘汰　687g
無胃動物　**1367**b
無羽域　111g
無栄養卵巣管　1447c
無円錐眼　1193l
無黄卵　1440d, 1440g
無顎　597c
無角亜綱　1598₁₄
無核渦鞭毛藻　108g
無核細胞　907f
無顎上綱　1563₃₆
無核精子　62b
無殻太陽虫目　1653₇
無隔膜　208g
無角類　680g
無顎類　**1367**d
むかご　**1367**e
零余子　1367e
ムカゴイラクサ　1649₈
ムカゴソウ　1646₄₄
ムカシアシナシイモリ　1567₂₇
ムカシアミバネ節　1598₃₈
ムカシアミバネ目　1598₃₉
ムカシイソギンチャク亜目　1557₄₀

ムカシウミグモ 1589₁₄
ムカシウロコゴケ科 1638₄
ムカシエビ目 1596₃₆
ムカシオオミダレタケ 1623₃₀
ムカシオビヤスデ 1594₈
ムカシオビヤスデ目 1594₈
ムカシガイムシ類 1586₁₆
ムカシガエル 1567₅₁
ムカシガエル亜目 1567₅₀
ムカシカゲロウ目 1598₄
ムカシカブトガニ 1589₂₅
ムカシカワゲラ目 1599₁₀
ムカシギス目 1599₃
ムカシクモヒトデ 1561₁₃
ムカシクモヒトデ亜綱 1561₆
ムカシクモヒトデ目 1561₇
ムカシゴカイ 1585₅₃
ムカシゴカイ目 1585₅₃
ムカシコヨリムシ 1591₆₁
ムカシサラダニ 1590₅₄
ムカシササラダニ下目 1590₅₃
ムカシサソリモドキ 1591₅₉
ムカシザトウムシ 1591₁₂
ムカシザトウムシ目 1591₁₂
ムカシサヤバネムシ目 1600₄
ムカシタマゴウニ目 1562₁₃
ムカシタマヤスデ目 1593₈
ムカシチビ目 1600₁₂
ムカシトカゲ 1568₃₈
ムカシトカゲ目 1568₃₇
ムカシトゲヤスデ 1593₅₇
ムカシトゲヤスデ目 1593₅₇
ムカシトンボ 1598₄₉
ムカシトンボ亜目 1598₄₉
ムカシヒトデ綱 1560₂₈
ムカシヒトデ目 1560₂₉
ムカシヤセイモリ目 1567₂₉
ムカシヤムシ綱 1577₁
ムカシワレカラ 1597₂₀
無カタラーゼ血症 1367f
無カタラーゼ症 1367f
ムカデ亜綱 1592₃₄
ムカデエビ目 1594₄₂
ムカデエビ目 1594₄₄
ムカデ綱 1592₃₁
ムカデゴケ 1613₄₃
ムカデゴケ科 1613₄₂
ムカデ上綱 1592₃₀
ムカデノリ 1633₃₆
ムカデ類 1367g
無花被花 234b
無顆粒白血球 1102e, 1367h
無環節蜱虫類 803e
無関節類 1510i
無γ-グロブリン血症 1367i
無管類 1563₂₄
ムギ斑葉モザイクウイルス 1523₁₃
無機栄養 1002e
無機栄養生物 72c
無機化 1368a
無機化合物 1368a
無気呼吸 469h
無機呼吸 1368b
無機酸性湖 547b
無機従属栄養 625g
無寄生虫動物 290c
ムギタケ 1626₂₀
ムギダニ 1590₂₃
無機炭素濃縮機構 1034b
無機の代謝 417d
ムギネ酸 1368c
無機ピロホスファターゼ 1176c
無気門 301f
無気門類 1590₄₃
無弓亜綱 1568₆

無球腎硬骨魚類 1251b
無吸盤類 1577₂₃
無機養素 1368d
無極移入 86d
無極細胞 1161a
無極神経細胞 696b
ムギワラムシ 1585₂₁
無歯状態 1368e
無菌動物 1368f
ムクゲ 1650₂₀
ムクドリ 1573₁
ムクドリモドキ 1572₅₃
ムクノキ 1649₄
むくみ 839f
ムクムクゴケ 1637₅₈
ムクムクゴケ科 1637₅₈
ムクロジ 1650₉
ムクロジ科 1650₉
ムクロジ目 1650₅
無形結合組織 800f
無血清培地 1368g
無血動物 994e
無限花序 216b, 827d
無限成長 765f
無限母集団 719f
ムコイド 1368h
無口亜綱 1661₁
無向グラフ 678j
無虹彩 1368i
無孔材 1368j
無効水 1369a
無光層 189f, 689b, 1369b
無光帯 1369b
無腔胞胚 1369c
無効名 1408a
無口目 1661₂
無甲目 1594₂₆
無肛目 1595₄₂
ムコ多糖 359a
ムコ多糖代謝異常症 964e, 1272i
ムコ多糖蛋白質 1235c
ムコ蛋白質 1235c
ムコポリサッカリドーシス 1456g
ムコリピドーシス 1456g
無根系統樹 392g[図]
無細胞性セメント質 1069b
無細胞蛋白質合成系 1369d
無細胞翻訳系 1369d
無鰓類 1408b, 1427c
無作為化検定 1206f
無作為交配 1047f
無作為抽出 345e, 719f
無作為標本 719f
ムササビ 1576₃₆
無差別遺伝子発現 319f
無酸素血症 216c
無酸素呼吸 469h
無酸素性 552g
無酸素の代謝 417d
無肢 282b, 884i
無翅 104g
無翅型 832e
無肢型幼虫 1282h
無色素性黒色腫 472h
無条球体腎 1369e
無瞳区 111g
無軸型 1408e
無鞘索細胞 26d, 1369f
無軸胚盤葉 421h
ムシクラゲ 1556₁₉
ムシゴケ 1614₂₀
虫こぶ 909g
無室目 1663₃₉
ムシトリスミレ 673a, 1652₁₈
ムジナゴケ 1640₅₇

ムジナタケ 1626₃₆
ムジナモ 673a, 1650₄₃
ムシノリダニ 1590₆
ムシノリダニ下目 1590₆
虫歯 242e
無糸分裂 1369g
無刺胞類 594b
ムシモドキイソギンチャク 1557₄₆
ムシモール 692c
無縦溝藻 390d
無種子維管束植物 589f
矛盾冷感 1369h
無小核種族 655b
無条件寄生 792c
無条件刺激 657f
無条件反射 657f
無条件反応 485d
無償性誘導物質 1149c
無鞘ミクロフィラリア 1353d
無鞘類 1555₂₈
無色硫黄細菌 55b
無触手綱 1558₂₆
無神経肢 1369i
無心臓 1369j
無針類 1241a, 1601₄₆
無髄神経 721g
ムスカリン 1369k
ムスカリン作用 1369l
ムスカリン性アセチルコリン受容体 15b
ムスカリン様作用 1369l
ムスコン 625c, 779c
ムスビケア目 1587₈
結び目 944c
娘核 1370a
娘群体 952g
娘個体 1218a
娘細胞 1370b
娘定数群体 952g
娘レジア 1486d
無性芽 1370c
無性個体 1370d
無精子症 386e
無性生殖 1370e
無性生殖個体 1370f
無性世代 1370g
無性虫 928b
無性胞子 1295e
無生命合成 812c
無性葉状体 1370h
無脊椎動物 1370i
無脊椎動物イリデッセントウイルス3 1515₄₆
無脊椎動物イリデッセントウイルス6 1515₄₈
無節乳管 1041d
無舌類 1133h
無相関 822e
無足類 1470e, 1562₃₃, 1567₃₄
無体腔 425d
無体腔動物 1370j
無体腔類 847m
無対肢 180g
無対性腹側神経 434b
ムターゼ 1370k
ムタン 960a
無担体電気泳動分画法 531c
ムチイカ 1583₁₅
ムチウミユリ 1560₁₇
ムチゴケ 1638₇
ムチゴケ科 1638₇
ムチナーゼ 1129c
ムチモ 1657₄₄
ムチモ目 1657₄₄
ムチヤギ 1557₃₁
無柱エナメル質 1069b

無中胚葉域 917b	ムラサキカビモドキ 1629₄	鳴嚢 **1375**a
無腸型扁形動物門 932b, 1284d	ムラサキカムリクラゲ 1556₂₃	明反応 50f
無腸目 1558₃₅	ムラサキクルマナマコ 1562₃₃	命名基準 896g
無腸類起原説 820a	ムラサキクンシラン 1646₅₅	命名規約 **1375**b
無腸類緣動物 1218j	ムラサキゴムタケ 1614₄₂	命名の基準 896g
ムチン 231c, **1370**l	ムラサキシキブ 1652₁₀	命名法上のタイプ 896g
ムチン型糖蛋白質 227b	ムラサキシメジ 1626₄₈	明領域 1085a
ムチン前駆体 1059e	ムラサキダコ 1583₂₀	迷路 1019l
ムツエラエイ 1565₁₃	ムラサキツメクサ中毒 3d	迷路覚 713d
ムツサンゴ 1558₁	ムラサキツユクサ 1647₁	迷路学習 **1375**c
ムッシェルカルク石灰岩 550f	ムラサキハシドイ 1651₆₂	迷路器官 **1375**c
ムツノウラベニタケ 1625₆₀	ムラサキハナギンチャク 1558₁₃	迷路状器官 **1375**d
ムツワクガビル 1585₄₇	ムラサキホコリ 1629₁₅	迷路前庭 **1375**e
無定位運動性 295g	ムラサキホコリ目 1629₁₃	迷路部 698c
無定位性 659d	紫膜 **1372**b	メガシン 1093e
無頭蓋 **1371**a	ムラサキムカシヨモギ 1652₃₄	メガネカスベ 1565₁₁
無頭型幼虫 **1371**b	ムラサキ目 1651₄₉	メガネケイソウ 1655₄₇
無道管植物 1141f	ムラサキモンパキン 1620₇	メガネザル下目 1575₃₁
無導管腺 799a	ムラサキモンパキン科 1620₇	メガネダニ 1590₃₁
無動原体染色体 **1371**c	ムラサキモンパキン目 1620₆	メカノケミカルカップリング **1375**f
無動原体断片 1371c	ムラチドリ 1657₂₉	雌株 619c
無頭類 982c, 1041a, **1371**d	ムラミダーゼ 1457₂	メガプランクトン 1220e
無土栽培 1420c	ムラミン酸 **1372**c	メガマウス 1564₄₇
ムナイタイトダニ 1590₁	ムーランルージュ 1560₂₀	メガラリア科 1612₃₇
ムナオビオタテドリ 1572₄₃	無輪形幼生 **1372**d	メガロサウルス類 1570₉
胸鰭 934a	無輪廻 **1372**e	メガロシチウイルス属 1515₅₂
無精歯目 1575₅₆	ムルダー **1372**f	メガローパ **1375**g
ムニンカケザトウムシ 1591₂₆	群れ **1372**g	メガントロプス原人 329d
ムニンゴケ 1613₂₅	ムレイオナ目 1554₁₆	メギ 1647₅₃
ムニンフトモモ 1648₄₁	ムレイン 1274f	メギ科 1647₅₃
胸 **1371**e	群れ落ち 892b	メキシコオオツチグモ 1592₁₅
ムネアカホソツツシンクイ 1601₈	ムレタマカビ 1609₁₇	メキシコサンショウウオ 1054c
ムネエゾ 1566₁₃	ムレタマカビ科 1609₁₇	メキシコジムグリガエル 1567₅₃
無脳 282b, **1371**f	ムロミスナウミナナフシ 1596₄₆	メキシコソテツ 1644₃₅
無配偶子生殖 **1371**g	ムロメガロウイルス属 1514₅₆	メキシコトカゲ 1568₅₁
無配種 **1371**h	ムンプスウイルス 166b, 1520₁₁	メキシコトゲポケットマウス 1576₄₀
無配生殖 **1371**i		メギス 1566₄₈
無胚乳種子 633d		メキリグモ 1592₂₁
無配胞子 915e	**メ**	メクラッチカニムシ 1591₃₀
無肺類 1589₃₇		メクラトカゲ 1568₅₂
無尾 **1371**j	芽 **1373**a	メクラヘビ 1569₈
無尾角類 1598₁₄	眼, 目 **1373**b	メゴケ 1614₁₆
無尾類 1470e, 1567₄₉	明暗サイクル 990b	メコノプシス 1647₄₈
無フィブリノゲン血症 65c	明暗視 **1373**c	メサー 776g
無縁膜クラゲ 353h, 1099d	明暗順応 1374a	メーザー **1376**a
無吻蛭類 1175b, 1585₄₅	明暗対比 862b	メサンギウム **1376**b
無物類 1577₃₄	明暗瓶法 **1374**b	メサンギウム基質 1376b
ムベ 1647₅₀	明位 1394a	メサンギウム細胞 1376b
無柄叉棘 535g	明域 47d, **1374**c	メシダ科 1643₅₀
無柄水胞体 726f	メイオファウナ 1374d	メジナ 1566₄₇
無柄目 1595₅₀	メイオブリアブルス目 1588₁	めしべ 581c
無柄葉 1426f	メイオベントス **1374**d	メジャー 1244c
無柄類 1557₃₄	鳴管 **1374**e	Mejbaum 法 172a
ムヘイレバス亜目 1595₅₂	メイ・ギムザ染色 1008c	メジロ 1573₂
無変態 503d	迷器類 1375d	メジロザメ 1564₄₈
無胞子生殖 **1371**k	迷歯亜綱 1567₁₃	メジロザメ目 1564₄₈
無膜筋目 1577₆	明視距離 1499c	雌 **1376**c
無味者 1363a	明順応 1374a	雌化 107a
無名静脈 537h	明所視 910e	雌擬態 291j
無毛ゲフィレア 1480d	明類 1598₄₂	メスキートゴム 676f
無毛類 1480d	迷歯類 1470e	メストラノール 386e
無紋筋 1258f	迷走管 837b	メスニエラ科 1607₅₅
無融合種子形成 633d	迷走交感神経 706d	メス防衛型 1077c
無羊膜類 **1372**a	迷走神経 507j	メセルソン-スタールの実験 **1376**d
ムヨウラン 1646₄₄	迷走神経物質 **1374**g	メソイノシトール 87e
無翼 104g	明帯 2a, 161h	メソキネシス 295g
無翼奇形 104g	明中心 1085a	メソコスム 592c, 1352g
ムラサキ 1651₅₁	迷鳥 **1374**h	メソスティグマ植物門 1635₄₆
ムラサキウスバケ 1624₃₁	迷蝶 1374h	メソスティグマ藻綱 1635₄₇
ムラサキウニ 1562₉	明度 4b, 91d	メソスティグマ目 1635₄₈
ムラサキミコチョウ 1583₅₉	メイトキラー **1374**i	メソズーム **1376**g
ムラサキエボシドリ 1572₈	メイナード-スミス 1374j	メソビリベルジン 1171f
ムラサキオモト 1647₈	迷入 **1374**k	メソビリルビノゲン 113d, 1173c
ムラサキ科 1651₅₀	迷入膵 1374k	メソビリルビン 1173c
ムラサキカイメン 1554₄₈		メソビレン 113d

1840　メソフ

和文

メソフェリア科　1627₄₆
メソプランクトン　1220e
メソミセトゾア門　1552₃₀
メソミセトゾエア綱　1552₃₁
メソム　964i
メダイゴケ　1606₅₅
メタウイルス科　1518₃₄
メタウイルス属　1518₃₇
メダカ　1566₃₂
メタカイン　144d
メタカプノジウム科　1608₂₉
メタキシア科　1643₁₉
メタキセニア　**1376**f
メタキネシス　295g, 815e
メタキネトプラスチナ亜綱　1631₃₄
メタクロマジー　**1376**g
メダケ　1647₄₀
メタゲノミクス　**1376**h
メタゲノム　1376h
メタケルカリア　1377b
メタ個体群　793g
メタ個体群動態　**1376**i
メタスチン　288k
メタセコイア　60e, 1352f, 1645₇
メタセテリー　**1377**a
メタセルカリア　**1377**b
メタ道具　978d
メタニューモウイルス属　1520₁₃
メタノカルドコックス科　1534₄₀
メタノコックス科　1534₄₁
メタノコックス綱　1534₃₈
メタノコックス目　1534₃₉
メタノコルプシュルム科　1534₄₈
メタノサエタ科　1535₅
メタノサルシナ科　1535₆
メタノサルシナ目　1535₄
メタノスピリルム科　1535₃
メタノセラ科　1534₄₅
メタノセラ目　1534₄₄
メタノテルムス科　1534₃₇
メタノトローフ　**1377**c
メタノバクテリア科　1534₃₅
メタノバクテリア綱　1534₃₃
メタノバクテリア目　1534₃₄
メタノバクテリウムファージ φM1　1514₄₀
メタノピルス科　1535₁₂
メタノピルス綱　1535₁₀
メタノピルス目　1535₁₁
メタノープリウス　**1377**d
メタノミクロビア科　1534₄₉
メタノミクロビア綱　1534₄₂
メタノミクロビア目　1534₄₆
メタノレグラ科　1535₂
メタボリックシンドローム　**1377**e
メタボリックマップ　852d
メタボローム　**1377**f
メタマー　642g
メダマグモ　1592₁₉
メダマホコリ　1629₁₄
目玉模様　**1377**g
メタモナス門　1377h
メタモナス類　**1377**h
メタモルフォ蛾　1629₂₉
メタロアントシアニン　49d
メタロチオネイン　232e, **1378**a
メタロドプシン　1503d
メタロプロテアーゼ　338e
メダワー　**1378**b
メタン酸化細菌　**1378**c
メタン生成　1378d
メタン生成アーキア　1378d
メタン生成菌　**1378**d
メタン発酵　1076a, 1103b, 1378d
メチオニン　**1378**e

メチシリン　1267e, 1268a
メチシリン耐性黄色ブドウ球菌　144b
メチナチュウ　1587₃₈
メチニコフ　**1378**f
メチニコベラ目　1602₇
メチュニコビア科　1606₁₀
メチラポン　733c
N-メチル-D-アスパラギン型　369d
1-メチルアデニン　**1378**g
2-メチルアデニン　1378i
N⁶-メチルアデニン　1378h
6-メチルアミノプリン　**1378**h
3-メチルウラシル　1378i
5-メチルウラシル　1378i
5-メチルウリジン　1465d
メチルエチル酢酸　293c
D-10-メチルオクタデカン酸　936b
メチル化塩基　**1378**i
メチル化グルクロン酸　114a
メチル化酵素　1379a
メチル化ヌクレオシド　1465d
N-メチルカルバメート系　15a
メチル基供与体　492j
メチル基転移　1379a
メチル基転移酵素　1379a
メチル基転移反応　**1379**a
1-メチルグアニン　1378i
7-メチルグアニン　1378i
N²-メチルグアニン　1378i
O⁶-メチルグアニン DNA メチル基転移酵素　943c
メチルグリオキサール　**1379**b
メチルグリコシアミン　370g
N-メチルグリシン　546d
メチルコバラミン　**1379**c
3-メチルシトシン　1378i, 1379d
5-メチルシトシン　**1379**d
N⁵-メチルテトラヒドロ葉酸　**1379**e
メチルトランスフェラーゼ　1379a
N-メチルトリプトファン　24d
N-メチル-N'-ニトロ-N-ニトロソグアニジン　195f
メチルビオローゲン　1114h, 1174e
メチル B₁₂　1379c
メチルヒスチジン　**1379**f
1-メチルヒポキサンチン　1172d
2-メチル-1,3-ブタジエン　69d
メチル分枝脂肪酸　936b
メチルマロニル経路　1379g
メチルマロニル CoA　**1379**g
メチルマロン酸血症　1379g
メチルモルフィン　485c
メチルリジン　**1380**a
2'-O-メチルリボース　**1380**b
メチルレッド試験　1380c
メチルレッド反応　**1380**c
N⁵,¹⁰-メチレンテトラヒドロ葉酸　1379e
メチロコックス科　1549₂₁
メチロコックス目　1549₁₉
メチロシスタ科　1545₄₂
メチロトローフ　**1380**d
メチロバクテリア科　1545₄₀
メチロフィルス科　1547₄
メチロフィルス目　1547₃
滅菌　**1380**e
メッケル　**1380**f
メッケル憩室　661a
メッケル軟骨　1020k, 1028b
メッセンジャー RNA　**1380**g
メディエーター　970g
メデオラリア科　1614₂₈
メデオラリア目　1614₂₇
メテナミン銀染色法　490f
メテフィラ　140c
メテルミコックス科　1535₉

メドゥロサ目　1644₁₃
メトキサチン　1176g
メトキサレン　350a
5-メトキシ-N-アセチルトリプタミン　1381f
メトキシル　1453e
メトトレキサート　962d, 1152c
メトビオン目　1665₄
メトブス目　1659₁₈
メトヘモグロビン　1090f, **1381**a
メトミオグロビン　1349f
メトランド培養法　1089i
メトリオフィルム亜目　1556₄₅
メトレ　**1381**b
メトロモナス綱　1665₂
メトロモナス目　1665₃
メナジオン　471e, 1151h, 1186c
メナジオン　1151h
メナシムカデ　1592₃₉
メナスビス目　1564₂₉
メニール鞭毛虫　1630₃₀
メノコヒモムシ　1581₄
芽生え　1354e
メバル　1566₅₆
メバロノラクトン　**1381**c
メバロン酸　**1381**c
メバロン酸経路　**1381**d
メバロン酸代謝　414b
メヒシバ　1647₃₇
メヒルギ　1649₃₅
メフェネシン　735d
メープルシロップ尿症　**1381**e
メボソムシクイ　1572₅₈
メマツヨイグサ　1334e
メモリー細胞　207a, 1384a
メラスピレア科　1606₄₇
メラトニン　656b, **1381**f
メラニエラ科　1622₂₇
メラニン　**1381**g
メラニン顆粒　1160e
メラニン凝集神経　564b
メラニン凝集ホルモン作動性ニューロン　792a
メラニン形成　**1381**g
メラニン細胞刺激ホルモン　1238f, **1382**b
メラニン細胞刺激ホルモン放出抑制ホルモン　**1382**c
メラニン細胞刺激ホルモン抑制因子　1382c
メラニン細胞刺激ホルモン抑制ホルモン　1382c
メラノサイト　**1382**d
メラノスポラ目　1617₄₆
メラノソーム　562e, 1382d
メラノソーム複合体　1382d
メラノタエニウム科　1622₁₁
メラノトロピン　1382b
メラノフォア　563f
メラノブシン　**1382**e
メラノーマ　472f
メラノマムシ　1609₃₅
メーラー反応　1174e
メランコニス科　1618₄₈
メランティ　1440c
メランプソラ科　1620₂₁
メリオラ亜綱　1609₃
メリオラ科　1609₅
メリオラ目　1609₄
メリオリナ科　1607₂₉
メリクロン　392g, 767h, 1236f
メーリス腺　1444f
メリスタクルム科　1604₂₂
メリステモイド　**1382**g
メリチン　1001d, 1359b
メリビオース　**1383**a

モカサ 1841

メリベウミウシ 1584₁₅
メリル **1383**b
メリル線 107e
メリロトサイド 350b
メルカプチド形成剤 129e
メルカプチル酸 582e
メルカプト基 129c
6-メルカプトプリン 942d, **1383**c
メルケル触覚細胞 **1383**d
メレジトース 171b, 238b
メロガミー **1383**e
メロガメート 1078i, 1383e
メログラムマ科 1618₅₀
メロゴニー 23c, 1450a
メロザイゴート 1210k
メロサイト **1383**f
メロゾイト 23c, **1383**g
メロミオシン **1383**h
メロミキシス **1383**i
メロロンタメロロンタエントモポックスウイルス 1517₉
メロン 1649₁₂
免疫 **1383**j
免疫遺伝学 77a
免疫応答 **1384**a
免疫応答遺伝子 647c
免疫化 **1385**a
免疫学 **1385**b
免疫学的監視 1385c
免疫学的自己寛容 1383j
免疫学的分類 405d
免疫監視 **1385**c
免疫寛容 1389b
免疫記憶 207a, **1385**d
免疫記憶 T 細胞 1385d
免疫記憶 T 細胞, B 細胞 **1385**e
免疫記憶 B 細胞 1385d
免疫グロブリン 457b, **1386**a
免疫グロブリン遺伝子 **1386**b
免疫グロブリン H 鎖結合蛋白質 1153g
免疫グロブリンスーパーファミリー **1387**a
免疫グロブリンファミリー蛋白質 1383j
免疫グロブリンフォールド 1191f
免疫蛍光法 **1388**a
免疫系ヒト化マウス 1155a
免疫血清 457b
免疫原 **1388**b, 1388c
免疫原性 437g, **1388**c
免疫細胞 1388e
免疫細胞組織化学的染色 806b
免疫細胞粘着 1389c
免疫性(溶原菌の) **1388**d
免疫生物学 1385b
免疫生物質 1461f
免疫担当細胞 **1388**e
免疫沈降 **1388**f
免疫沈降反応 933b
免疫の摘出 **1388**g
免疫の認識 1048a, **1388**h
免疫電気泳動 414i
免疫電顕法 **1389**a
免疫逃避機構 1390c
免疫毒素 1353i
免疫トレランス **1389**b
免疫粘着 **1389**c
免疫能破綻説 1498i
免疫パラリシス **1389**d
免疫複合体 1313l, **1389**e
免疫複合体病 811f
免疫不全 **1389**f
免疫不全ウイルス **1390**a
免疫付着 1389c
免疫フリーズフラクチャー法 1221g

免疫プロット法 89d
免疫プロテアソーム **1390**b
免疫麻痺 1389d
免疫優性決定基 438c
免疫溶血素 1421c
免疫溶血反応 1421d
免疫抑制 **1390**c
免疫抑制剤 **1390**d
免疫理論 **1390**e
面積効果 726b
メンダコ 1583₂₀
メンタム 723d
メンデル **1391**a
メンデル遺伝の歪み 1254c
メンデル集団 **1391**b
メンデルの遺伝法則 1391c
メンデルの法則 **1391**c
面盤 106b
メンフクロウ 173b, 1572₁₁

モ

藻 834b
モア 1570₅₇
モア目 1570₅₇
モアレ 763d
毛衣 384a
毛窶 756f
毛芽 384a
網角海綿目 1554₅₀
毛顎動物 **1392**a
毛顎動物門 1576₅₈
毛幹 384a
毛管 **1392**c
毛管水 1004a, 1344d
毛球 384a
毛群 **1392**b
盲孔 447e
毛口亜綱 1659₉
モウコ症 866f
モウコ斑 604g
モウコ馨 1019g
毛根 384a
毛根鞘 384a
毛根病菌 8e
毛細管 **1392**c
毛細管血圧 395a
毛細管呼吸測定法 1142f
毛細気管 281b
毛細血管 **1392**c
毛細血管拡張性運動失調症 808e
毛細静脈 1392c
毛細動脈 1392c
毛細リンパ管 1477c
盲視 **1392**d
毛序 **1392**e
毛状羽 111g
網状仮足 **1392**f
毛状感覚子 **1392**g
網状関係 991f
網状間細胞 **1392**h
毛状根 8e
網状進化 **1393**a
網状赤血球 781i
網状層 712h
網状層間細胞 1393h
網状組織 533d
毛状体 1002h, 1393c
網状帯 1197c
網状中心柱 **1393**b
毛状突起 **1393**c
網状軟骨 1028a
毛小皮 384a

網状胞子嚢 **1393**d
網状脈系 1363c
毛翅類 1601₂₈
網翅類 1600₅
毛髄質 384a
毛尖 384a
モウセンゴケ 673a, 1650₄₄
モウセンゴケ科 1650₄₃
モウセンゴケ型 74g
モウソウチク 1647₄₀
毛束 1392b
毛足類 **1393**e
毛体外路網様系 934d
毛帯系 934d
盲腸 857g
盲腸芽 857g
盲腸癌 858a
盲点 **1393**g
網内系 533f
網内系脂肪蓄積症 1461a
毛乳頭 384a
毛囊 384a, 407d, 1504d
盲囊 316d
毛囊鞘 384a
毛囊腺 384a
盲斑 **1393**g
毛板 1392g
盲樋 925d
毛皮質 384a
毛包 384a
毛胞 1300g
毛包幹細胞 1116f
毛母基 384a
毛母細胞 779a
網膜 44a, 878h, **1393**h
網膜運動経路 **1394**a
網膜運動現象 **1394**a
網膜下腔 1393h
網膜芽細胞腫 225a, 274i, 1394b
網膜芽腫 **1394**b
網膜活動電位図 **1394**c
網膜虹彩帯 **1395**c
網膜膠質 1394a
網膜再現構造 617c
網膜色素上皮 271h
網膜色素上皮層 1373b, 1393h
網膜色素変性症 1405h, 1503d
網膜視床下部路 572b, 1381f
網膜櫛 593e
網膜神経上皮腫 1394b
網膜神経節細胞 581a, 1294c
網膜像 558j
網膜単位 254a
網膜中心動脈 1393g
網膜電図 **1394**c
網膜脳層 1373b, 1393h
網膜部位再現 863d
網膜ミジェット細胞 391c
網膜毛様体部 1395c
網膜モザイク **1395**a
網紋 73b
網紋道管 **1395**b
毛遊目 1578₂₂
網様構造体 356b
毛様体 **1395**c
網様体 658a
毛様体色素上皮層 1395c
毛様体小帯 1395c
毛様体神経節 178e
毛様体脊髄路 723b
毛流 **1395**c
毛隆起 1116f
モエギタケ 1626₄₃
モエギタケ科 1626₄₁
モカサ 1633₁₀

モーガン（C.L.） **1395**e
モーガン（T.H.） **1395**f
モーガンの公準 **1395**g
模擬実験 613d
目 **1395**h
木化 **1396**a
木材腐朽菌類 **1396**b
木質化 1396a
木質素 1453e
モクズガニ 1598₈
モクズゴケ 1613₂₅
モクズショイ 1598₆
モクズムチゴケ科 1638₆
モクセイ科 1651₆₁
木性シダ 22g
モクセイソウ 1649₅₉
モクセイソウ科 1649₅₉
木舌 6c
木栓質 741a
モクハンゴケ 1613₅₂
目標 1406b
目標走性 827f
木部 **1396**c
木部柔組織 1396c
木部繊維組織 1396c
木部放射組織 1299c
木部輸送 **1396**d
木本 **1396**e
木本性つる植物 937c
木本性半着生植物 937c
モクマオウ科 1649₂₂
木目 **1396**f
モクヨクカイメン 1554₅₁
木理 **1396**f
モグリウミツバメ 1571₁₈
モグリコバネガ亜目 1601₃₆
モクレイシ 1649₂₇
モクレン 1645₄₀
モクレン科 1645₄₀
モクレン目 1645₃₈
模型 **1398**c
モザイク **1396**g, 1468e
モザイク期 **1396**h
モザイク進化 **1396**i
モザイク説 **1397**a
モザイク卵 **1397**b
モササウルス類 **1397**c
モサズキ 1633₉
モシオガイ 1582₁₇
モジカビ科 1607₉
モジカビ目 1607₈
模式産地 863f
模式標本 863h
モジゴケ 1614₄
モジゴケ科 1614₄
モジタケ 1607₉
モジホコリ 1629₁₈
モジホコリ目 1629₁₆
模写行動 1399f
モジュラリティ 1397d
モジュール 1009c, **1397**d
モース **1397**e
モズ 1572₅₄
モズク 1657₃₄
モズクゴケモドキ 1612₅₅
モーター蛋白質 **1397**f
モダリティ **1398**a
モチノキ科 1652₂₆
モチノキ目 1652₂₄
餅病 3311
モチビョウキン 1622₃₇
モチビョウキン亜綱 1622₁₉
モチビョウキン科 1622₃₇
モチビョウキン綱 1622₁₈
モチビョウキン目 1622₃₁

モチーフ 502h, 1009c
モチリン **1398**b
モツキヒトエ 1634₃₁
モッコク 1651₁₁
没食子 909g
没食子酸 719b, 892c
モツレグサ 1634₂₈
モツレサネゴケ 1607₁₂
モツレチョウチン 1634₄₇
モツレノリ 1615₄₁
モデル 291j, **1398**c
モデル生物 **1398**d
モトオビヤスデ 1594₁₇
本川弘一 **1398**e
戻し交雑 **1398**f
戻し交雑育種 **1398**g
戻し交配 1398f
もと種子 421g
モニタリング **1398**h
モニミア科 1645₄₇
モニリアキンカクキン 1615₁₂
モヌラ目 1598₂₉
モネラ 220d, **1398**i
モネラ界 177c, 1398i
モネラ類 220d
モネンシン 55d
モノー **1399**a
モノアシルグリセロール 11f
モノアラガイ 1584₂₀
モノ ADP リボシル化 136a
モノエン脂肪酸 608g
モノカリオン 977c
モノグラブツス亜目 1562₅₀
モノクローナル抗体 **1399**b
モノクロモソーム雑種 809b
モノサイト 882f
モノシストロニック 1323f
モノシストロニック mRNA 1380g
モノソミー 73g
モノデヒドロアスコルビン酸 12b
モノテルペノイドインドールアルカロイド 1177c
モノテルペン 69c
モノテルペンインドールアルカロイド 272d
モノトロポイド型菌根 333i
モノヌクレオソーム 1050a
モノネガウイルス目 1519₅₄
モノバクタム 1268a
モノフェノール一酸素添加酵素 **1399**c
モノフェノールオキシダーゼ 1399c
モノフェノール酸化酵素 **1399**c
モノプラスティア科 1610₂₉
モノホスホイノシチド 1308i
モノマスティックス目 1634₁₀
モノ–ワイマン–シャンジュモデル 46b
モノンクス上目 1586₄₀
モノンクス目 1586₄₄
藻場 69g, **1399**d
モビング **1399**e
モフィットーヤンの式 804d
模倣 100b, 291j, **1399**f
モミ 1644₅₀
籾殻 117d
モミジガイ 1560₄₉
モミジガイシダムシ 1595₃₃
モミジガイ目 1560₄₉
モミタケ 1626₄₅
モミの波 612e
モミ 1648₅₇
モモイロサルパ 1563₁₉
モモ潜在モザイクウイロイド 1523₃₂
モモダニ 1590₃₃
モモタマナ 1648₃₆

モヨウニセトゲクマムシ 1588₁₀
モラキセラ科 1549₄₅
モラン **1400**a
モラン効果 **1400**b
モラン理論 1400b
モリアオガエル 1568₃
森丑之助 **1400**c
モリオラ科 1608₁
モリキューテス綱 1550₂₇
モリクテス綱 1550₂₇
モリス法 1287d
モリス–ワット法 1287e
モリダニ 1591₃
モーリッシュ **1400**d
モリツバメ 1572₄₇
モリテラ科 1548₄₄
モリノカレバタケ 1626₁₆
モリブデン **1400**e
モリポケットマウス 1576₃₉
モリヤスデ 1594₁₃
モリヤドリカニムシ 1591₃₂
モール **1400**f
モルガーニ水胞体 726f
モルガーニ洞 761f
モルガヌコドン目 1573₃₅
モルガン–エルソン反応 149h
モルガン単位 443f
モル吸光係数 309k
モルシボックスウイルス属 1517₂
モル濃度 165j
Mohr の銀滴定法 154a
モルヒネ **1400**j
モルヒネ依存症 1400j
モルヒネ受容体 **1400**g
モルヒネ中毒 1400j
モルヒネ様作用 1400j
モルヒネ様ペプチド **1400**h
モルビリウイルス属 1520₉
モルファクチン **1400**i
モルフィン 1400j
モルフォゲン **1401**a
モルフォネーム 566a
モルフォプラズマ 961c
モルフォリーノ **1401**b
モルミリス 1565₅₀
モルモット 1576₅₃
モルモニラ目 1595₁₈
モラ 220d
モーレ 629i
モレア 220d
モレスホット **1401**c
モロコシ 1647₄₂
モロスファエリア科 1609₄₀
モロテゴカイ 1585₂₃
モロテゴカイ目 1585₂₃
門 **1401**d
モンガラカワハギ 1566₆₂
モンガラダニ 1591₁₀
モンゴメリー **1401**e
モンゴロイド 703f
門歯管 1404b
門歯孔 1404b
門静脈 1401j
モンステラ 1645₅₅
モンストリラ目 1595₁₇
モンスーン林 **1401**f
問題 1401g
問題箱 1401g
問題法 **1401**g
モンタグヌラ科 1609₃₈
モンタニエ **1401**h
モンツキダニ 1590₆₂
モンテカルロ法 613d
モンテスキュー **1401**i
モンパキン科 1620₅₁

モンパキン目 1620_{50}
モンヒステラ上目 1587_{20}
モンヒステラ目 1587_{21}
モンヒメマキムシモドキ 1601_3
門脈 274g, **1401j**
紋様孔材 **1402a**

ヤ

矢 309g
矢石類 1283c
箭石類 1283c
ヤイトゴケ 1613_{26}
ヤイトムシ 1592_2
ヤイトムシ目 1592_2
ヤイロチョウ 1572_{40}
八重咲 **1403a**
ヤエムグラ 1651_{39}
ヤエヤマヒルギ 1649_{35}
ヤエヤマヤシ 1647_4
野外個体群 591k
ヤカドツノガイ 1581_{41}
ヤギ 1576_{11}
ヤーキーズ **1403b**
ヤギュウ 1576_{10}
ヤク 1576_{10}
薬 **1403c**
薬隔 1403c
薬学 **1403i**
軛脚 622c
薬剤感受性試験 **1403d**
薬剤耐性 **1403e**
薬剤耐性因子 35e, **1403f**
薬剤抵抗性 1403e
ヤクシマゴケ科 1638_{21}
ヤクシマスギバゴケ科 1638_5
ヤクシマラン 1646_{39}
薬床 723d
躍層 **1403g**
薬培養 237b
薬物アレルギー 40g
薬物送達システム 1075d
薬物動態学 1139b
厄水 3f
薬用酵母 1119e
薬用植物 **1403h**
薬用植物学 674e
ヤグラタケ 1626_{10}
ヤグラタケモドキ 1626_{46}
薬理遺伝学 77a, 1403i
薬理学 **1403i**
薬力学 1139b
ヤケアトチャコブタケ 1619_{48}
ヤケアトワンタケ 1616_{18}
ヤケイロコウヤクタケ 1625_9
ヤケイロタケ 1624_{23}
火傷 216c
ヤケノシメジ 1626_{11}
ヤケヤスデ 1594_{14}
ヤケヤスデ亜目 1594_{13}
水蚤 **1404a**
夜行性 181d
ヤコウチュウ 1104d, 1662_{13}
ヤコウチュウ綱 1662_{12}
ヤコウチュウ目 1662_{13}
ヤコバ綱 1630_{43}
ヤコバ目 1630_{44}
ヤコブソン器官 **1404b**
野菜 151f
ヤシ科 1647_2
ヤシガニ 1597_{61}
ヤシサバンナ 541g
ヤシ目 1647_1

ヤシャイグチ 1627_2
ヤジリカンテンカメガイ 1584_1
矢じり構造 7a, 1349g
矢じり端 7a
ヤジロベエクラゲ 1556_{10}
ヤジロベヒモムシ 1581_2
保井コノ **1404c**
八杉龍一 **1404d**
ヤスジゴケ科 1639_{46}
ヤスデ亜綱 1593_{13}
ヤスデ綱 1592_{52}
ヤスデゴケ 1637_{45}
ヤスデゴケ科 1637_{45}
ヤスデゴケモドキ 1615_{40}
ヤスデ上綱 1592_{44}
ヤスデモドキ類 133j
ヤスデ類 **1404e**
ヤスリツノガイ 1581_{42}
ヤスリヒザラガイ 1581_{25}
ヤスリミズヘビ 1568_{56}
野生 584e
野生型 **1404f**
野生種 421g
野生生物管理 **1404g**
野生動物管理 1404g
ヤセサソリ 1591_{51}
矢田部良吉 **1404h**
ヤタボックスウイルス属 1517_7
ヤチヤナギ 1649_{20}
ヤツガシラ 1572_{30}
ヤツガシラ亜目 1572_{30}
ヤッコカンザシ 1585_2
ヤッコケイソウ 1655_5
ヤッコソウ 289e, 1651_{27}
ヤッコソウ科 1651_{27}
ヤッコダニ 1591_5
ヤツシロガイ 1583_{44}
ヤツシロカイミジンコ 1596_{15}
ヤツデ 1652_{45}
ヤツデイカ 1583_{16}
ヤツデヒトデ 1560_{41}
谷津直秀 **1404j**
ヤツバカワリギンチャク 1557_{41}
ヤツメウナギ目 1563_{41}
ヤツメウナギ類 1367d
野兎病 703g
ヤドリイソギンチャク 1557_{48}
ヤドリカニムシ 1591_{33}
ヤドリギ 289e, 1650_{32}
ヤドリクラゲ 1556_{10}
ヤドリダニ 1590_9
ヤドリダニ下目 1590_9
ヤドリホウネンゴケ 1612_{50}
ヤドリミドロ 1657_{35}
ヤドリムシ亜目 1597_5
ヤナギ 1649_{52}
ヤナギ科 1649_{52}
ヤナギギクラゲ 1556_{25}
ヤナギゴケ 1640_{48}
ヤナギゴケ科 1640_{48}
ヤナギノアカコウヤクタケ 1623_{50}
ヤナギノリ 1633_{49}
柳町隆造 **1404k**
ヤニエラ科 1537_{36}
ヤニタケ 1624_{14}
ヤヌスグリーン 763e
ヤヌス緑顆粒 1168d
ヤーネ **1404l**
屋根状咬合 439e
ヤノネシダ 1644_3
ヤバサル腫瘍ウイルス 1517_7
ヤハズカズラ 1652_{20}
ヤハズグサ 1587_{20}
ヤハズシコロ 1633_8
ヤハズヤスデ 1593_{33}

ヤバネゴケ 1638_{15}
ヤバネゴケ亜目 1638_{12}
ヤバネゴケ科 1638_{15}
ヤバネバショウ 1647_{17}
ヤバネモク 1657_{47}
YABBY遺伝子族 **1404m**
YABBYドメイン 1404m
ヤブカ 1601_{20}
ヤブカラシ 1648_{28}
ヤブコウジ 1651_{17}
ヤブコウジ科 1651_{17}
ヤブソテツ 1643_{55}
藪田貞治郎 **1405a**
ヤブマオ 1649_8
ヤブミョウガ 1647_7
ヤブラン 1646_{60}
ヤブレガサウラボシ 1642_{51}
ヤブレガサウラボシ科 1642_{51}
ヤブレグサ 1634_{34}
ヤブレツボカビ 1653_{23}
ヤブレツボカビ目 1653_{21}
ヤブレツボカビ類 1437f
ヤブレワタカビ 1654_{23}
矢部長克 **1405b**
ヤマアラシ亜目 1576_{50}
ヤマアラシ顎下目 1576_{53}
病 1165f
ヤマイグチ 1627_4
ヤマカガシ 1569_7
ヤマキサゴ 1583_{33}
山極勝三郎 **1405c**
ヤマグルマ 1648_7
ヤマグルマ科 1648_7
ヤマグルマ目 1648_6
ヤマゲラ 1572_7
ヤマゴボウ 1650_{59}
ヤマゴボウ科 1650_{59}
ヤマザクラ 1648_{57}
ヤマシギ 1571_{55}
ヤマシナヒラタヤスデ 1593_{21}
ヤマジャコウジカ 1576_{14}
ヤマシログモ 1592_{26}
ヤマセミ 1572_{25}
ヤマタニシ 1583_{36}
山田幸男 **1405d**
ヤマトウスヒメカイエビ 1594_{36}
ヤマトウミウシ 1584_{14}
ヤマトエンマムシ 1600_{58}
ヤマトカワゴカイ 1584_{50}
ヤマトグサ 1651_{41}
ヤマトシジミ 1582_{19}
ヤマトシビレエイ 1565_9
ヤマトシミ 1598_{32}
ヤマトジュズイミミズ 1585_{28}
ヤマトシロアリ 1600_9
ヤマトスミイボゴケ 1613_{37}
ヤマトヒゲナガケンミジンコ 1595_7
ヤマトヒトツレゲムシ 1585_6
ヤマトヒドラ 1555_{32}
大和本草 1331d
ヤマトヨロイダニ 1590_{26}
ヤマドリ 1571_7
ヤマドリゼンマイ 1642_{44}
ヤマドリタケ 1627_3
山中伸弥 **1405e**
ヤマナラシ 1649_{52}
ヤマネ 1576_{36}
ヤマノイモ 1646_{22}
ヤマノイモ科 1646_{22}
ヤマノイモ目 1646_{16}
ヤマハッカ 1652_{11}
ヤマヒゲナガケンミジンコ 1595_6
ヤマヒコノリ 1612_{43}
ヤマヒタチオビ 1584_{25}
ヤマビーバー 1576_{35}

ヤマヒハツ 1649₄₁
ヤマビル 1585₄₆
ヤマボウシ 1651₁
ヤマボタル 1584₂₅
ヤママユガ 1601₃₇
ヤマモガシ 1648₅
ヤマモガシ科 1648₅
ヤマモガシ目 1648₂
山本時男 **1405**f
ヤマモモ 1649₂₀
ヤマモモ科 1649₂₀
ヤマユリ 1646₃₅
ヤマルリソウ 1651₅₁
ヤムシ 1577₇
ヤムシ綱 1577₂
ヤムシゴカイ 1584₅₂
ヤムシ類 1392a, 1577₆
ヤモイティウス **1405**g
ヤモイティウス目 1563₄₅
夜盲 **1405**h
夜盲症 1031e, 1150a, 1405h
ヤモリ 1568₄₃
ヤモリ下目 1568₄₃
ヤモリダニ 1590₂₈
ヤリイカ 329g, 1583₁₅
槍糸 1110h
ヤリエソ 1566₁₆
ヤリカツギ 1639₂₀
ヤリカツギ科 1639₂₀
ヤリカツギ目 1639₁₈
ヤリタカラダニ 1590₃₀
ヤリノホゴケ科 1640₄₉
ヤリハシハチドリ 1572₁₉
ヤリボヘラムシ 1597₄
ヤリミドリ 1635₃₄
ヤリヤスデ 1593₄₈
ヤレオウギ 1657₂₁
ヤロウ **1405**i
ヤワクラゲ目 1555₄₂
ヤワコケムシ 1579₃₁
ヤワラダニ 1590₅₉
ヤワラゼニゴケ科 1637₃
ヤンギナ目 1568₁₄
ヤング(J. Z.) **1405**j
ヤング(T.) **1405**k
ヤング-ヘルムホルツの色感説 549h

ユ

ユイキリ 1633₂₉
ユィマイア科 1644₄₂
ユーイング肉腫 1030f
優位 650b, **1406**a
uvrABC エクシヌクレアーゼ 156b
uvsX 蛋白質 1488g
優位眼球カラム 580f
優位者 650b
誘因 **1406**b
誘引剤 540e
遊泳亜綱 1660₄₉
遊泳剛毛 1054g
遊泳性 **1406**c
遊泳性底生動物 953c[表]
遊泳生物 1055a
遊泳目 1578₃₄, 1581₈, 1660₅₀
遊泳類 879g
有益種 814f
優越種 117c
有縁壁孔 **1406**d
有縁壁孔対 1263f, 1406d
雄花 889h
融解壊死 128b
融解温度(DNA の) **1406**e

有害刺激 688e
有害種 814f
有害生物防除 1164g
雄核 **1406**f
有殻亜門 827c
有殻渦鞭毛藻 108g
有郭乳頭 793c
雄核発生 1122e, 1411c
雄核由来 629i
有角類 680g
有顎類 201d
有殻太陽虫目 1665₈
有殻翼足亜目 1584₁
雄花葉 239e
有管エナメル質 1069b
有管細胞 213b
雄雌性 265e
有桿感覚子 415h
有桿細胞 415h
有関節類 1510i
有管類 1600₂₉
遊戯 16g
有機栄養 625g
有機栄養生物 1242a
有機化 **1406**g
有機感覚 280e
有機構成 478f
有機酸性湖 547b
有機酸発酵 1103b
有機質肥料 1172c
有機従属栄養 625g
雄器床 756e
有機水銀中毒 1361f
ユウキータ 1595₈
有機体 **1406**h
有機態 1406g
有機体論 777g, **1406**i
有基突起 1132f
有機農業 **1406**j
有機物生産 72c, 751c, 1369b
有機物生産量 828d
有棘細胞 1406k
有棘サバンナ 541g
有棘層 1168i, **1406**k
有棘動物 146h
有棘動物亜門 1561₂₀
雄菌 140d
雄菌特異的ファージ 142a
優群集 502i
有血動物 994e
雄原核 **1407**a
有限序序 216b, 622b
有限継代性 523c
雄原細胞 235e
有限成長 765f
融合 229c
融合核 432a
有溝嗅感覚子 721i
有向グラフ 678j
有腔原腸胚 **1407**b
有効光化学当量 431g
融合酵素 **1407**c
有孔材 1368j
融合細胞 **1407**d
有鉤子 372h
ユウコウジョウチュウ 1578₁₂
有効水 **1407**e
有効積算温度 **1407**f
有光層 189f, 1369b
有効打 819c
融合蛋白質 **1407**h
有孔虫綱 1663₃₈
有孔虫軟泥 1029d
有孔虫門 1663₃₇
有孔虫類 **1407**i

有口庭目 1659₁₀
有腔動物 848i
融合毒素 1353i
有効繁殖力 554i
有効分子旋光度 804a
融合ペプチド 1338f
有腔胞胚 **1407**j
有効名 **1408**a
有肛目 1595₄₁
有効濾過圧 1500d
有根系統樹 392g[図]
有根樹状図 1480g
有細胞性セメント質 1069b
有鰓類 **1408**b
遊在類 **1408**c
有翅下綱 1598₃₃
有翅型 832e
有翅胸節 1371e
有軸仮足 **1408**d
有軸型 **1408**e
有刺高木林 1408f
有翅昆虫類 1598₃₃
有刺樹林 747a, **1408**f
有櫛動物 **1408**g
有櫛動物門 459e, 1558₁₅
有櫛類 594b
有刺低木林 1408f
有糸分裂 208b, **1409**a
有糸分裂期 1409a
有糸分裂促進因子 144f
有刺胞類 611c
有鬚動物 **1409**b
有鞘細菌 **1409**c
有鞘ミクロフィラリア 1353d
有鞘類 1555₄₂
有色質 912i
有触手綱 1558₁₆
有色体 **1409**d
有刺林 1408f
有針類 1241a, 1601₄₇
雄ずい, 雄蕊 **1409**e
雄ずい群 1409e
有髄原生中心柱 424e
有髄神経 721g
雄ずい先熟 1411b
雄ずい先熟花 1469j
雄ずい筒 723d
有錐類 1660₂₇
有スクチカ亜綱 1660₂₅
雄性 584d
優性 **1410**a
雄性化 1197b
有星海綿目 1554₃₁
優生学 **1410**b
有性個体 1370d
雄性産生単為生殖 880n
雄性子宮 **1410**c
有性生殖 **1410**d
有性生殖個体 1158b, **1410**e
有性生殖のコスト **1410**f
有性世代 **1410**g
雄性腺 833i
雄性前核 **1411**a
雄性先熟 768e, **1411**b
優性阻害 1008m
雄精体 1208h
優性致死 904g
雄性腟 1410c
優成長 1260g
優性の法則 1415c
雄性発生 **1411**c
雄性不稔 **1411**d
雄性不稔細胞質 526a
優性分散 1166h
優生法 1410b

ユホト 1845

有性胞子　1295e
雄性胞子　1507c
雄性ホルモン　50c, **1411**e
雄性卵片　585c
雄性卵片発生　585c
有線乳管　1041d
有節類　1001a
有扇亜目　1596₄₉
有線外視覚野　559e
優占型　1411f
優先権　805i
優占種　**1411**f
優占種群落　502i
游線虫目　1586₁₈
優占度　**1411**g
有線野　72a
雄相　297c
遊走細胞　**1411**h
遊走子　**1412**a
遊走子嚢　1412a
遊走性マクロファージ　1339c
有窓層板　**1412**b
有窓体　1412b
有爪動物　**1412**c
有爪動物門　1588₁₉
有窓毛細血管　**1412**d
有爪類　1412c
有足細胞　835i
有胎盤類　1027c
有帯類　270a
有袋類　60h, 1027c
有中心粒綱　1666₂₉
有中心粒目　1666₃₀
有中心粒類　864h
有腸動物　704g
有対鰭　934a
有対翅　180g
有対前頭器官　816e
有蹄類　**1412**e
尤度　533h
遊動　**1412**f
誘導　752c, 862b, **1412**g
誘導因子　1413c
有頭型幼虫　1371b
誘導期　826g
誘導休眠　313e, 633g
誘導原　1413a
誘導酵素　1413b
誘導者　**1413**a
有頭触手　670b
誘導性エンドサイトーシス　647e
誘導性酵素　1413b
誘導性制御性T細胞　747f
誘導蛋白質　892g
誘導適合説　455e
誘導電極　985e
誘導物質　**1413**c
誘導防御　**1413**d
有頭的　1199e, 1371d
誘導連鎖　1037a
尤度関数　533h
有毒菌類　**1413**e
有毒植物　**1413**f
有毒プランクトン　3f
尤度比検定　**1414**a
有胚乳種子　633d
有肺目　1584₁₉
有肺類　1494a
誘発（プロファージの）　**1414**b
誘発性ファージ　1414b
誘発電位　**1414**c
誘発突然変異　850b, 1006a, **1414**d
誘発突然変異率　1006e
有尾類　1470e, 1567₃₇
有吻亜綱　1659₃₉

有吻亜目　1601₃₇
有吻目　1659₄₁
有吻類　1600₃₀
有柄ウミユリ類　171a
有柄眼　**1414**e
有柄叉棘　535g
有柄成虫原基　765c
有柄体　297h, 580g
有柄目　1595₄₄
有柄類　**1414**f
有胞子細菌　**1414**g
有棒状体綱　1577₁₈
雄蜂房　831g
遊牧　1304h, 1412f
有味者　1363a
有毛亜門　390c
有毛ゲフィレア　1480d
有毛細胞　198f, 255d, 837g, **1414**h
有毛類　390c, 1480d, 1574₅₁
幽門　53a
幽門胃　1156a
有紋筋　161h, 339g
幽門垂　**1414**j
幽門腺　53a
幽門部　53a
幽門盲嚢　1156a
有羊膜類　1427c
雄卵　1414l
遊離核分裂　**1415**a
遊離型ジベレリン　402c
遊離感丘　255d, 837g
遊離基　195f, 970a, 1298c
遊離細胞　520h
遊離細胞培養　884b
遊離成虫原基　765c
遊離染色体　**1415**b
遊離側線器　837g
有輪動物門　1579₁₅
有鱗目　1568₃₉
ユウレイイカ　1583₁₃
ユウレイグモ　1592₂₅
ユウレイクラゲ　1556₂₆
ユウレイモズル　1561₁₀
優劣の法則　**1415**c
誘惑腺　625c
有腕柵状組織細胞　537d
輸液　**1415**d
ユガミモジタケ　1607₉
ユカリ　1633₃₃
ユーカリア　474c
ユーカリノキ　1648₄₁
ユカリ目　1633₃₃
ユーカリ油　779b
油間隙技術　755a
ユキザサ　1646₆₁
ユキシリアゲ　1601₁₆
ユキツノガイ　1581₄₄
ユキノカサ　1583₂₆
ユキノシタ　1648₂₁
ユキノシタ科　1648₂₁
ユキノシタ目　1648₁₂
雪の華　793d
雪眼　558g
油球　723a
ユキワリ　1626₁₀
ユクスキュル　**1415**f
ユークリッド距離　1255b, 1480g
ユーグリファ目　1665₄₁
ユーグレナ運動　**1415**g
ユーグレナ植物　1415f
ユーグレナ植物門　1415b
ユーグレナ藻　**1415**h
ユーグレナ藻綱　1415h, 1631₁₃
ユーグレナ目　1631₂₄

ユーグレナモルファ目　1631₂₂
ユーグレノア門　1631₁₁
ユーグレノア類　**1415**i
ユークロマチン　**1416**a
輸血　**1416**b
ユーゲネオドントゥス目　1564₂₆
ユーコイラ型幼虫　1282h
ユーコノドント　486g
輸出管　**1416**c
輸出シグナル　1416h
癒傷組織　245f
油小滴　723a
癒傷ホルモン　289c
ユースタキー管　911e
ユースタシー　1416d
ユースタティック変動　**1416**d
ユースティグマトス目　1656₃₃
ユスリカ　1601₂₁
ユズリハ　1648₁₇
ユズリハ科　1648₁₇
輸精管　**1416**e
輸精小管　760h
輸精尿管　**1417**f
油性囊状体　1064b
ユーゼビア科　1538₂₃
ユーゼビア目　1538₂₂
輸送ATPアーゼ　1065e
輸送系　**1416**f
輸送細胞　**1416**g
輸送シグナル　**1416**h
輸送小胞　**1416**i
輸送体　307a
輸送蛋白質　1065e
油体　**1417**a
ユタカカワモズク　1632₃₇
輸胆管　**1417**b
ユーチスキアシガエル　1567₅₃
油中水滴型乳剤　1230a
ユッチャ　474e
UDP-グルクロン酸　113f, 365a
UDP-グルコース　113f, 358b, 797g
UDP-グルコース-β-D-グルカングルコシルトランスフェラーゼ　797g
UDP-グルコース-セルロースグルコシルトランスフェラーゼ　797g
ユードキシッド　**1417**c
ユートレプティア目　1631₂₃
ユニーク配列　1126j
ユニット　456b, 472d
輸入管　1416c
輸入感染症　**1417**d
輸尿管　**1417**e
輸尿精管　**1417**f
ユニラメラリポソーム　1464d
油嚢　1251f
ユノミネシダ　1643₂₇
ユーバクテリア科　1543₃₃
指　939a
指, 趾　**1417**g
ユビキチン　**1417**h
ユビキチン化　1417h
ユビキチン化経路　104i
ユビキチンリガーゼ　616g
ユビキノール-シトクロム c 酸化酵素　599e
ユビキノール-シトクロム c レダクターゼ　599e
ユビキノン　**1418**a
ユビキノン-シトクロム c 還元酵素　137e
ユビダニ　1590₂₈
ユビナガコウモリ　1575₁₄
ユビワサンゴヤドカリ　1597₆₁
癒復　514b
ユープロテス目　1658₁₉
ユーボド目　1631₃₇

1846　ユミケ

ユミケイソウ　1655₅₃
ユミケカビ　1603₃₆
ユムシ　1586₄
ユムシ綱　1586₁
ユムシ動物　1418c, 1586₁
ユムシ目　1586₄
蛹虫類　1418c
ユメエビ　1597₃₇
ユメザメ　1565₄
ユメダニ　1589₅₁
ユメダニ下目　1589₅₁
ユメムシ　1589₁₃
ユーメラニン　562e, 1381g
ゆらぎ　1418d
ゆらぎ仮説　1418e
ゆらぎ試験　1294a
輸卵管　1418f
ユリアーキオータ門　1419a
ユーリアーキオータ門　1419a, 1534₂₁
ユリ目　1646₃₄
ユーリカスマ目　1654₂
百合形動物亜門　1559₂₆
ユリズイセン　1646₃₁
ユリズイセン科　1646₃₁
ユリノキ　1645₄₀
ユリミミズ　1585₃₃
ユーリーミラーの実験　1365f
ユリ科　1646₂₈
ユリヤガイ　1584₆
油料作物　537f
蛹類　1418c
ユルジギヌ　1633₃₂
ユレモ　1541₃₇
ユレモ目　1541₃₅
ユング　1419b

ヨ

余韻　277e
葉　1420a
葉胃　1122c
陽イオン交換樹脂　56b
葉印　1422c
葉腋　1420b
養液栽培　1420c
葉縁　1424e
蛹化　1420d
幼芽　1420e
葉芽　1420f
溶解酵素　998g
幼芽鞘　659f
蛹化ホルモン　802f
痒感　934d, 1160a
葉間期　1420f
葉間期変化　1420g
葉基　1420i
幼期雌雄同体現象　1420h
葉脚　1204a, 1420i
葉脚亜綱　1594₂₉
要求　975h, 978c, 1430g
要求量子量　1469g
陽極開放興奮　325e
陽極開放刺激　967f
陽極電気緊張　967f
溶菌　1420j
溶菌サイクル　1421e
溶菌素　1420k
溶菌斑　1213c
幼形　1420l
幼形進化　1420m
幼形成熟　1054c
葉形幼生　1490d
幼形類　1140g, 1563₁₁

葉隙　1421a
溶血　1421d
溶血活性　740a
溶血性黄疸　1421b, 1421d
溶血性貧血　1421b, 1421d
溶血素　1421c
溶血毒　1273d
溶血斑形成法　1213g
溶血反応　1421d
溶原化　1421d
溶原化変換　1422a
葉原基　1422b
溶原菌　1421e
溶原サイクル　1421e
溶原性　1421e
溶原性ファージ　1422c
陽光性プランクトン　1220e
幼根　1422d
葉痕　1422e
葉酸　1422f
葉酸型酵素　1134g
葉耳　660d
葉軸　1200h
幼児図式　1423a
幼時成長　1423b
養子免疫　643c, 1423c
幼若胚乳プロトプラスト　1237c
幼若ホルモン　33f, 1423d
陽樹　93i, 1425f
葉重量比　1423e
葉序　1423f
葉鞘　1424a
ヨウジョウイボゴケ　1612₂₇
葉上芽　1207e
葉状仮足　1424b
葉鞘関節　1424a
葉状茎　1284e
葉状叉棘　535g
葉状植物　1424c
葉状腺　642c
葉状体　353h, 1424d
葉状体型　1248f
葉上動物　677d, 1287i
葉状乳頭　793c
ヨウジョウヒゲゴケ　1614₃
葉状部　1147h
葉褥　1426b
養殖真珠　703e
葉身　1424e
葉針　1425a
葉身基部　1420i
葉身体　24f
羊水　1425b
羊水診断　1425e
葉髄線　1425g
腰髄膨隆　1160f
要水量　1357a
容水量　1425c
幼生　1425d
幼生器官　1425e
幼生形　1420l
幼生骨格　125c
陽性条件反射　1241d
幼生触手　6b
陽生植物　1425f
幼生生殖　1054c
陽性洗剤　539a
幼生単為生殖　880n
陽性の残像　551j
葉跡　1425g
葉積　1425h
葉舌　660d
葉先　1424e
腰仙神経叢　697e
ヨウ素　1425i

養素　121k
葉挿　538d
要素主義的心理学　394f
要素面積　637b
溶存酸素　721f, 1186j
溶存酸素量　1374b
溶存態有機物　1163e, 1425j
要胎　872k
葉態　1428c
腰帯　589d
幼態成熟　1054c
溶脱　1425k
溶脱作用　1425k
溶脱層　133b
幼虫　1426a
幼虫移行症　290a
幼虫器官　1425e
幼虫期致死　904c
幼虫休眠　313e
葉頂　1424e
葉頂端分裂組織　924g
葉枕　1426b
腰椎　784d
葉底　1420i
陽電子コンピュータ断層装置　1306f
揺動試験　1294a
揺動選択　1426c
揺動淘汰　1426c
ヨウトガアスコウイルス 1a　1515₁₉
葉内間隙　1081e
洋ナシ状腺　642c
葉肉　1426d
陽斑　554a
葉皮説　642g
用不用　1426e
用不用の説　1426e
葉柄　1426f
葉柄内芽　1426g
葉弁　1420c
ヨウヘンジョウチュウ　1578₉
腰膨大　783d
羊膜　1426h
羊膜液　1425b
羊膜腔　1427a
羊膜褶　1427b
羊膜縫線　1427b
羊膜類　1427c
葉脈　1427d
ヨウム　1572₅
葉面境界層　316a
葉面積　652d, 1425h
葉面積指数　1427e
葉面積比　1427f
羊毛脂　235c
幼葉　1420l
陽葉　100d
幼葉鞘　659f
幼葉重畳法　232h
ヨウラククラゲ　1555₅₁
ヨウラククラゲ亜目　1555₅₁
ヨウラクラン　1646₄₆
溶離液　454a
楊柳学　674e
容量オスモル濃度　165j
葉緑鞘　59i
葉緑素　378c
葉緑体　1427g
葉緑体運動　1428a
葉緑体ゲノム　1216a
葉緑体周辺区画　1051e
葉緑体 DNA　1216a
葉緑体光定位運動　1428a
葉緑体包膜　1428b
葉類　1428c
葉類説　1428d

葉裂 **1428**e	ヨツバゴケ 1639₄	癩 1123c
翼 935i, **1428**f	ヨツバゴケ科 1639₄	ライエル **1432**a
抑圧 225b	ヨツバゴケ綱 1639₂	ライオトニン 1351a
抑圧遺伝子 543d, 543g	ヨツバゴケ目 1639₃	ライオニゼーション 135b, 135c
翼果 **1428**f	ヨツハコツブムシ 1596₅₁	裸域 111g
翼筋 **1428**e	ヨツハシゴケ 1612₂₆	癩菌 1536₃₈
翼形亜綱 1582₃	ヨツバネスピオ 1585₁₉	ライグラスモザイクウイルス 1522₅₃
翼甲形網 1564₁	ヨツメモ 1635₄₁	ライコムギ 1199h
翼細胞 415c	ヨツメモ目 1635₃₁	ライシメーター **1432**b
翼鰓類 148a, 1120a, 1563₁	予定域 **1430**i	雷獣目 1576₂₄
抑止 **1428**i	予定意義 **1430**j	ライシン 813b
翼耳骨 698c	予定運命 **1430**k	ライジング数 945a
翼手目 1575₁₂	予定運命図 **1430**l	ライスナー索 468j
翼手類 1162g	予定筋芽細胞 332g	ライスナー糸 468j
翼状筋 63g, **1428**h	予定脊索 1430k	ライスナー膜 198e
翼状骨 1020k	予定能 **1431**a	ライチ 1650g
抑制 752c, **1428**i	予定柄細胞 85f	ライチョウ 1571₆
抑制遺伝子 543d	予定胞子細胞 85f	ライディー **1432**c
抑制因子 579b	ヨードアセトアミド 129e	ライディヒ管 912g
抑制解除 **1429**a	ヨトウガ 1601₃₈	ライディヒ細胞 261c, **1432**d
抑制型レセプター 1383j	ヨード酢酸 129e	ライデッカー線 107e
抑制酵素 1429d	o-ヨードノ安息香酸 129e	ライト **1432**e
抑制後の跳ね返り **1429**b	ヨードヒドロキシベンジルピンドロール 1267b	ライト効果 83f
抑制刺激 569g	ヨナクニサン 1601₃₈	ライトメロミオシン 1349g, 1383h
抑制神経 **1429**c	ヨナグニソウ 1633₃₇	ライニー植物群 **1432**g
抑制性酵素 **1429**d	ヨハンセン **1431**b	ライヒェルト **1432**h
抑制性シナプス **1429**e	予備吸気量 1090b	ライヒシュタイン **1432**i
抑制性シナプス後電位 **1429**f	予備呼気量 1090b	ライフゲーム 796e
抑制性接合部電位 **1429**g	ヨヒンビン 1117i	ライヘルト説 911e
抑制性伝達物質 **1429**h	読み過ごし転写 **1431**c	ライムギ 1647₄
抑制性ニューロン **1429**i	読み通し 157d	ライモウイルス属 1522₅₃
抑制ホルモン 579b	読み枠 **1431**d	ライラック 1651₆₂
翼舌 585g	ヨメガカサ 1583₂₅	雷竜 1240g
翼舌下目 1583₄₈	ヨメナ 1652₃₃	ライントランセクト法 **1432**j
翼足類 1199e	ヨモギ 1652₃₃	ラウオルフィア **1432**k
翼足類軟泥 1029d	近爪目 1588₁₆	ラウシャーウイルス 1103a
翼蝶形骨 698c	ヨリゾメ類 1588₅	ラウス **1432**l
翼板 694a	ヨルトカゲ 1568₅₅	ラウス肉腫ウイルス 536a, 1030h
翼覆 935i	ヨレゴケ 1639₂₃	ラウトスポラ科 1607₂₇
翼弁 920h	ヨレゴケ科 1639₂₃	ラウリル硫酸ナトリウム 1457d
翼膜 1162g	ヨロイイソギンチャク 1557₄₄	ラウリン酸 **1432**m
翼竜目 1569₂₉	ヨロイウミグモ 1589₁₅	ラウレル管 1444f
翼竜類 1162g, **1430**a	ヨロイゴケ 1613₁₈	ラウンケル **1433**a
ヨコアナサンゴモドキ 1555₄₀	ヨロイザメ 1565₄	ラウンケルの休眠型 746a
ヨコイトカケギリ 1583₅₄	ヨロイイネズミ 1575₉	ラガー 239g
ヨコエビ亜目 1597₁₂	ヨロイダニ 1590₂₅	裸核生物 416g
横縞像 871b	ヨロイダニ下目 1590₂₅	裸殻翼足亜目 1584₃
ヨコシマフビダニ 1590₂₁	ヨロイトカゲ 1568₅₂	ラカズ-デュティエ **1433**b
横山又次郎 **1430**b	ヨロイホコムシ 1584₃₅	裸花葉 239e
ヨコワミドロ 1635₃₀	ヨロイミズダニ 1590₂₉	羅漢果 544a
ヨコハロドロ 1635₂₄	ヨーロッパザラボヤ 1563₂₈	ラキューナ 1434a
ヨザル 1575₃₃	ヨーロッパ-シベリア植物区系区 675a[表]	ラギング鎖 945e
ヨザルトルクテノウイルス 1517₃₅	ヨーロッパホンウニ 1562b	酪酸菌 **1433**c, 1543₂₈
ヨシ 1647₄₀	ヨーロッパヤマカガシ 1569₆	酪酸-CoA リガーゼ 12a
ヨシイムシ 1598₁₈	よろめき病 1333l	酪酸発酵 **1433**d
ヨシゴイ 1571₂₅	弱い人工生命 701h	落枝 1458c
ヨシースゲ湿原 954a	四価染色体 868a	ラクタシスチン **1433**e
吉田富三 **1430**c	IV型グリコゲン蓄積症 1246e	ラクターゼ 240f
吉田肉腫 **1430**d	IV型反応 234f	ラクダムシ 1600₄₃
ヨシ沼地期 593g	四極性 1270f	ラクダムシ目 1600₄₃
ヨシヱズミ 1576₅₆	四ゲノム性半数体 1122e	駱駝虫類 1600₄₃
よじのぼり茎 **1430**e	四重二倍体 872c	ラクトイルグルタチオン開裂酵素 367g
よじのぼり根 283g	48 kDa 蛋白質 44a	ラクトイルグルタチオンリアーゼ 367g
ヨジケイソウ 1655₅₇	4d (mesenoblast) 細胞 883f	ラクトゲン 1239c
ヨタカ 1572₁₄	四糖 171b	ラクトコッカスファージ c2 1514₃₁
ヨタカ亜目 1572₁₄	四倍体 **1431**e	ラクトース **1433**f
ヨタカ目 1572₁₂	4 本ヘリックス束フォールド 1191f	ラクトースオペロン **1433**g
ヨツデスマカイメン 1554₄₀		ラクトバシラス **1433**h
四日市喘息 **1430**f		ラクトバチルス **1433**h, 1543₁₂
四日市大気汚染 1430f	**ラ**	ラクトバチルス科 1543₁₂
四日熱 1345f		ラクトバチルス属 1543₃
欲求 **1430**g		ラクトフラビン 1466g
欲求行動 **1430**h		ラクトペルオキシダーゼ 1280a
四つ子 872k	らい 1123c	ラクナ **1434**a
ヨツソサデ 1633₄₉		ラクノクラジウム科 1625₈

ラクノスピラ科 1543₃₈
落葉 1434b, 1458c
落葉広葉高木林 1434c
落葉広葉樹林 **1434c**
落葉広葉樹林帯 1434c
落葉広葉低木林 1434c
落葉枝速度 751d
落葉樹 **1434d**
落葉性 **1434e**
落葉落枝 1434f
落葉落枝層 **1434f**
落蕾 1436d
ラクリマリア目 1659₂
ラグナ目 1664₁
ラゲニズマ目 1654₅
ラゴウイルス属 1522₁₅
裸口綱 1579₃₀
裸喉類 1579₃₀
ラコカルパ科 1640₂₁
ラコケトラ科 1605₁₂
ラゴン 911c
裸鰓亜目 1584₁₂
ラジオイムノアッセイ **1434g**
ラジオスファエリア科 1619₁₁
ラジオミケス科 1603₄₈
裸子器 603f
裸子植物 **1435a**
裸子植物時代 912e
裸実性 884j, 885a
螺刺胞 608a
ラシャタケ 1625₂₈
ラシャベローサン人骨 **1435b**
裸出蛹 **1435c**
RAS スーパーファミリー **1435d**
ラストリモナス目 1662₃
ラズベリー黄化ウイルス 1523₂₁
螺生 624f, 1423f
裸舌 585c
ラセマーゼ **1435e**
ラセミ化 1435f
ラセミ化酵素 1435e
ラセミ混合物 853i
ラセミ体 **1435f**
らせん階段型葉序 854i
螺旋海綿目 1554₂₉
らせん期 1409a
らせん器官 495g
らせん菌 738g
らせん構造 1289e
らせん糸 806c
らせん状個虫 1158b
らせん状豆果 976d
らせん性 **1435g**
ラセンソウ 1650₂₂
らせん不安定化蛋白質 76b
らせん弁 918c
らせん木理 1396f
らせん紋 73b
らせん紋仮道管 232b
らせん紋道管 **1436a**
らせん葉序 **1436b**
らせん卵割 **1436c**
ラダラン 22c
ラタリア 1218i
落花 **1436d**
落果 **1436e**
ラッカー **1436f**
ラッカーゼ **1436g**
ラッカセイ 1648₄₈
ラック **1436h**
LAK 細胞 **1436i**
ラッコ 1575₅₁
ラッサ熱 703g
ラッサ熱ウイルス 44d
ラッシタケ 1626₂₂

ラット卵巣増大法 732b
ラッパウニ 1562₁₁
ラッパ管 1418f
ラッパ細胞 228h
ラッパタケ 1627₃₉
ラッパタケ科 1627₃₈
ラッパタケ目 1627₃₆
ラッパチョウ 1571₄₇
ラッパツユカビ 1654₁₀
ラッパムシ 1658₆
ラッパモク 1657₄₉
ラッペモナス類 1666₃₈
ラディニアン階 550f
ラディノウイルス属 1515₅
ラテックス 138d
ラテックス凝集試験 317k
ラテブラ **1436j**
ラテブラの首 1436j
ラテライト化作用 1437c
ラテライト性土壌 1437c
ラテンティフィスツラ目 1663₁₁
ラド 1298d
ラートケ **1437a**
ラートケ管 1437a
ラートケ囊 **1437b**
ラトゾル **1437c**
ラナウイルス属 1515₅₄
ラノステリン 1437d
ラノステロール **1437d**
ラノステロールシンターゼ 729e
ラノリン 235c
ラバ **1437e**
ラバマイシン 1274a
ラバマイシン結合蛋白質 1274a
螺板亜綱 1561₂₃
螺板綱 1561₂₁
ラビリンチュラ綱 1653₁₈
ラビリンチュラ目 1653₂₀
ラビリンチュラ門 1653₁₇
ラビンツラ類 **1437f**
裸尾類 1600₂₀
ラーブ 301d
ラフィドウイルス属 1516₄₇
ラフィド藻綱 1656₃₁
ラフィドモナス目 1656₃₇
ラフィノース 171b, 1383a
ラブカ 1565₂
Rab GTP アーゼ 666c
ラブディティス型 **1437g**
ラブディティス上目 1587₂₆
ラフト **1437h**
ラブドウイルス **1437i**
ラブドウイルス科 1520₁₆
ラブトシレウス目 1586₃₀
ラブドス 521a
ラブドモナス目 1631₂₀
ラプラスの法則 **1438a**
ラブル配向 **1438b**
ラブルベニア亜綱 1611₃₄
ラブルベニア科 1611₄₂
ラブルベニア綱 1611₃₃
ラブルベニア目 1611₃₅
ラフレシア 289e, 1649₃₄
ラフレシア科 1649₃₄
Rab/Ypt GTP アーゼ **1438c**
ラベネリア科 1620₄₁
ラベル 147a
ラベンダー 1652₁₂
ラマ 1576₁₃
ラマビテクス 1438d
ラマビテクス論争 **1438d**
ラマルキズム **1438e**
ラマルク **1438f**
ラマンの褐土 228a
ラーミア科 1606₂₆

ラーミア目 1606₂₅
ラミダス猿人 2h
ラミート 122f, **1438g**
ラミナジョイント 1215a
ラミナラン 876i, **1438h**
ラミナリン 228h, 1438h
ラミニン 529c, **1438i**
ラミニン M 1438i
ラミブジン 1049e
ラミン **1439a**
ラム換水 **1439b**
ラムシュ育種 626d
ラムダパピローマウイルス属 1516₂₉
λ ファージ **1439d**
λ 様ウイルス 1514₃₇
λ 様ファージ 1439d
ラムドイドファージ 1439d
ラムノガラクツロナン I 531f, 1265b
ラムノガラクツロナン II 531f
ラムノース **1439e**
ラム変異 543d
ラメット 1438g
ラ=メトリ **1439f**
ラメラ 930b, **1439g**
ラメラ形成体 1239h
ラメラ構造(脂質の) **1439h**
ラメリコルティカータ下門 1658₄₁
ラモブラニン 1466b
ラモン=イ=カハル **1440a**
裸葉 1301a
裸蛹 **1440b**
ラロバクター科 1537₃₃
ラワン **1440c**
卵 **1440d**
卵アルブミン 167k
ランヴィエ絞輪 721g, 927b
ランヴィエ節 721g
卵栄養型幼生 791f
卵円腺 108b
卵円筒 **1440f**
卵黄 **1440g**
卵黄域 **1441a**
卵黄栄養性発生 **1441b**
卵黄核 **1441c**
卵黄角錐 1441c
卵黄顆粒 **1441d**
卵黄管 1284d, 1442f, 1444f
卵黄球 1441d
卵黄細胞 198d, **1441e**
卵黄循環 **1441f**
卵黄小板 1440g, 1441d
卵黄静脈 1441f
卵黄栓 **1442a**
卵黄腺 1284d, **1442b**
卵黄巣 1442b, 1447c
卵黄多核層 **1442c**
卵黄蛋白質 **1442d**
卵黄腸管 1442f
卵黄動脈 1441f
卵黄嚢 **1442e**
卵黄嚢臍 1266a
卵黄嚢静脈 274g
卵黄嚢造血 823h
卵黄嚢胎盤 861e
卵黄嚢皮 1577₂₇
卵黄柄 661a, **1442f**
卵黄柄臍 1266a
卵黄膜 **1442g**
卵黄粒 1441d
ラン科 1646₃₉
卵塊サイズ 554i
卵海水 **1442h**
卵核 584g, **1442i**
卵殻 **1442j**, 1448g
卵殻腺 **1443a**

卵核胞　**1443**b	卵装置　1086d	リウマトイド因子　439c, 556f
卵殻包　**1443**d	卵巣嚢　**1447**f	リヴラリア科　1541₃₃
卵核胞期　1444e	卵巣傍体　1201a	利益　475f
卵核胞崩壊　**1443**c	ランソウモドキ　1634₂₅	離液系列　1318f
卵殻膜　**1443**d	卵巣門　1401d	リエラゴケ　1636₃₅
ラン型菌根　333i	卵巣卵　1440d	リエラゴケ科　1636₃₅
卵割　**1443**e	卵巣濾胞　1447a, 1504d	リオトロピック液晶　123j
卵割核　**1443**f	卵祖細胞　1444e	利害の対立　**1452**e
卵割型　**1443**g	卵胎生　**1447**g	リカオン　1575₅₂
卵割球　227d	卵白腺　1204b	理化学研究所細胞銀行　530j
卵割腔　227e	卵胞腺　1204b	リガーゼ　450d
卵割溝　1255e	ランダムウォークモデル　**1447**h	離間数　1239f
卵割面　1444a	ランダム群集モデル　**1448**a	リガンド　**1452**g
卵管　1418f, 1447c	ランダムコイル　**1448**b	リガンド作動性イオンチャネル　57a
卵管妊娠　565a	ランダムサンプリング　719f	罹患率　**1452**h
卵管破裂　565a	ランダム出芽　641b	リーキー　**1452**i
卵丘　**1444**b	ランダム分散　1245b	力価　1213d
卵丘細胞　1444b	ランダム分布　1252d	力覚　**1452**j
卵休眠　313e	ランダムペア法　330a	力学系　1452b
卵菌綱　1653₃₉	ランチオニン　**1448**c	力学効果器　431h
卵菌門　1653₃₂	卵着床　908o	リキッドオーダー相　829h
卵菌類　**1444**c	卵筒　1440f	リキッドクリスタル相　829h
ラング　**1444**d	ラントシュタイナー　**1448**d	力動的進化　488i
ラングハンス巨細胞　329b	ラント症候群　1448e	リキナ亜綱　1615₃₄
ラングハンス細胞　120f	ラント病　**1448**e	リキナ綱　1615₃₃
卵形成　**1444**e	ランナウェイ説　**1448**f	リギノプテリス目　1644₁₂
卵形成腔　1284d, 1444f	卵嚢　60h, **1448**g	陸化　914a
卵形嚢　309g, 1118h	卵の取引き　1078d	陸橋　818h
ランケスター　**1445**a	卵ノープリウス　**1449**a	陸禽　199c
ランゲリア　1633₅₄	卵白　**1449**b	陸源堆積物　183d
ランゲルハンス細胞　**1445**b	卵白蛋白質　**1449**c	陸上群集　**1452**k
ランゲルハンス島　**1445**c	卵白嚢　**1449**d	陸上植物　**1453**a, 1636₁₉
卵原細胞　571e, 757c, 1444c	卵白リゾチーム　1457a	陸水　186i, 1453b
乱婚　1077i	ランバートの法則　309k	陸水学　**1453**b
ラン細菌　1445j	ランバートーベールの法則　309k	陸水群集　724a
卵細胞　1086d, 1440d	卵皮膜　1443d	陸水堆積物　474e
卵細胞質　325d, 1440d	卵表層変化　**1449**e	陸生菌　722a
卵細胞質分離　**1445**d	ランプ応答　232c	陸生形　62f
乱視　349a	ランフォスポラ科　1622₂₈	陸生植物　1453a
卵子　1440d	ランプブラシ染色体　**1449**g	陸生生物相　773f
卵歯　1192b, **1445**f	ランブル鞭毛虫　955b, 1630₃₆	陸生動物　**1453**c
卵子移植　1072c	ランブル鞭毛虫ウイルス　1519₄₈	リグナン　**1453**d
卵軸　**1445**g	卵片発生　**1450**a	リグニン　**1453**e
卵子生殖　163i	卵片発生体　1450a	リグニン分解菌類　**1453**f
卵室　912b	乱歩　**1447**h	リグノセリン酸　**1453**g
卵質　629c, **1445**h	卵胞　1447a, 1504d	リクノフォラ亜綱　1658₁₅
卵舟　**1445**i	卵胞液　**1450**b	リクノフォラ目　1658₁₆
ランジュバン方程式　211f	卵胞細胞　1504e	陸封　**1453**h
卵鞘　1448g	卵胞子　616f, **1450**c	陸封魚　1453h
藍色細胞　1256f, **1445**j	卵胞刺激ホルモン　1504f	リクルート行動　**1453**i
藍色細菌門　1445j, 1541₁₈	卵包腺　**1450**d	リクルートメント　233d
藍色植物門　1445j	卵胞嚢胞　1064d	リケッチア　**1453**j, 1546₂₉
乱歯類　1573₁₈	卵胞閉鎖　**1450**e	リケッチア科　1546₂₉
卵子論者　**1446**a	卵胞ホルモン　131e	リケッチア目　1546₂₄
ランシンボク　1650₇	卵胞膜　**1450**f	リケナーゼ　655e
卵生　**1446**b	卵母細胞　758f, 1444e	リケナリア目　1557₁₁
卵成熟　**1446**c	卵膜　**1450**g	リケナン　**1454**a
卵成熟神経分泌ホルモン　309h	卵膜溶解物質　**1450**h	リケニン　1454a
卵成熟促進因子　**1446**d	卵門　**1451**a	リケネラ科　1539₁₆
卵成熟誘起ステロイド　1446e	乱融合　**1451**b	リケノテリウム目　1607₅₄
卵成熟誘起物質　**1446**e	乱流　1451c	利己行動　1458a
卵成熟誘起ホルモン　1446e	乱流拡散　**1451**c	リゴディア科　1640₅₁
卵性診断　828e	乱流拡散係数　1451c	利己的遺伝子　**1454**b
卵精巣　**1446**f, 1470d	乱流境界層　316a	利己的DNA　**1454**c
卵接合　163i		リコーの法則　**1454**d
卵腺　1083c		リコピン　249c
巣　1083e, 1284d, **1447**a	**リ**	リコフォーラ　593b
卵巣アスコルビン酸減少法　12c		リコプシダ　**1454**f
卵巣管　**1447**c	リアーゼ　876d	リコプテラ目　1565₄₈
卵巣間膜　1447a	リア蛋白質　148f	リコン　**1454**g
卵巣腔　**1447**d	リアノジン受容体　665b, **1452**a	リサイクリング　666c
卵巣索　**1447**e	リアブノフ関数　**1452**b	リサージェンス　1164g
卵巣小管　1447f	リアルタイムPCR　**1452**c	リザリア　**1455**i
卵巣上体　1201a	リヴァーベレーション　**1452**d	リザリア下界　1662₅₂
卵巣除去　329e		離散型対数正規分布　1252a

離散数学 350d	リゾホスファチジルエタノールアミン 1457e	リバノール 8b
離散モデル 514a	リゾホスファチジルグリセロール 1309b	リハビリテーション工学 1460e
リシェ 1455b	リゾホスファチジルコリン 1457e, 1457f	リバルタ反応 1501f
リシス・フロム・ウィズアウト 1455c	リゾホスホリパーゼ 1457d	離反運動 323c
リシチン 1182k	リゾリン脂質 1457e	リピッドボディ 159e
李時珍 1331a	リゾレシチン 1457f	リピド 576h
リシディオウイルス属 1517₂₁	リゾロフス目 1567₃₂	リービッヒの最少律 513f
リジフィラ目 1552₁₈	リター 1458c	リヒテイミア科 1603₃₉
離出分泌腺 187b	リーダー 1458b	リピドA 1460f
リーシュマニアRNAウイルス1-1 1519₄₉	利他現象 1458a	リピドーシス 1461a
リーシュマニアウイルス属 1519₄₉	利他行動 1458a	リピドⅡ 359e
梨状葉 182j, 310b, 313b	リーダーシップ 1458b	リビトール 1461b
リシリシノブ 1643₃₃	利他主義 1458a	罹病率 1452h
リシリソウ 1646₂₉	リター層 1434f	リファンピシン 48c, 437e
リジルブラジキニン 295b	離脱現象 339a	LEAFY遺伝子 1461c
リシン 1455d, 1455e	利他的個体 1458a	リーフサイズクラス 1461d
β-リジン 1455e	リタートラップ 1458c	リーブート効果 1189c, 1461e
リジン 1455e	リーダーペプチド 1458d	リフトバレー熱ウイルス 1520₃₃
リジン水酸化酵素 1157e	リーダー領域 1458d	リーフラウメニ症候群 225a
リジン脱カルボキシル酵素 1455f	リチスマ科 1615₂₇	リプレッサー 1461f
リジンデカルボキシラーゼ 1455f	リチスマ目 1615₂₃	リプレッション 1462a
リス亜目 1576₃₅	リチドキスチス目 1661₂₈	リブロース 1462b
リスク愛好 1455g	リチドーム 645a	リブロース-1,5-二リン酸 259d
リスク依存採餌 517c	リチュオラ目 1663₄₄	リブロース-1,5-ビスリン酸 259d, 1462b
リスク回避 1455g	リッカー-モラン曲線 515d	リブロース-1,5-ビスリン酸カルボキシラーゼ/オキシゲナーゼ 1462d
リスク感受性 1455g	リッコの法則 1454d	リブロース-5-リン酸 1288b[図]
リスク嗜好 1455g	リッサウイルス属 1437i, 1520₁₉	リブロースリン酸-3-エピ化酵素 1288b[図]
リスク型鉄硫黄クラスター 441c	律速因子 1458e	リーベルキューン腺 923g
リスク型鉄硫黄蛋白質 599e, 599f	律速段階 1458e	離弁花冠 197b
リスゴケ 1641₁₁	立体異性体 891e	離片萼 200a
リスザル 1575₃₆	立体化学的特異性 455d	離弁花類 465e
リスター 1455h	立体構造比較(蛋白質の) 1458f	リボイド 1462e
リステリア科 1542₃₆	立体構造予測(蛋白質の) 1458g	リボイド説 1462f
リステリア症 703g	立体視 1459a	リボイドフィルター説 1462f
リストロサウルス亜綱 1573₁₀	立体配置 1459b	リボ核酸 36b
離生 1253f, 1455i	立地 760j	リボ核蛋白質 36b
離生細胞間隙 1455j	律動性 621b	リボキシゲナーゼ 1462g
離生心皮 1455i	律動飛行筋 800c	リボキシゲナーゼファミリー 1462g
離生通細間隙 934e	リッピング 1503a	リボキシダーゼ 1462g
離生分泌組織 1251c	リップ 713h	リボキシン 1463a
リセプター 647d	リップマン 1459d	リボグリコペプチド系抗生物質 1466h
リゼルグ酸 1456a	リップル相 1439h	リボコルチン 1463b
リゼルグ酸ジエチルアミド 148i	立方クラゲ 353h, 1095e	リボザイム 1463c
離層 1456b	立方クラゲ類 1095e	リボ酸 1463d
理想鎖 1448b	立方上皮 663b	リボ酸素添加酵素 1462g
理想自由状態 1456c	立毛筋 434a, 1459e	5-リボシルウラシル 1203m
理想自由分布 1456c	リーディング鎖 945e	リボース 1463e
離巣性 828f	リーディングフレーム 1431d	リボスイッチ 1463f
離巣鳥 828f	リドカイン 1230e	リボスリクスウイルス科 1515₅₅
理想非電解質溶液 165j	利得関数 412e	リボース-5-リン酸 1464a
リゾカリン 1456d	リトコール酸 1459f	リボースリン酸異性化酵素 1288b[図], 1464b
リゾクロムリナ目 1656₈	リトストマ綱 1658₄₂	リボソーム 1464c
リゾクロリス目 1656₅₀	リトストロチオン亜目 1557₂	リボソーム 1464d
リゾゲン 1456d	リトセラス 51g	リボソームRNA 1464e
リソシン 1172d	リトセラス目 1583₂	リボソームRNA遺伝子 1464f
リゾストミテス目 1556₂₂	リトナビル 119a	rRNA遺伝子 1464f
リソソーム 666c, 1456e	リトマスゴケ 1606₅₅	リボソームRNA反復遺伝子 1464f
リソソーム酵素 1456f	リトマスゴケ科 1606₅₂	リボソームサイクル 1464g
リソソーム蓄積症 1456g	リトリコラ科 1549₃₁	リボソーム蛋白質 1464h
リソソームPLA₂ 1311f	リードル 1459b	リボソームDNA 1464f
リソソーム病 1456e, 1456g	リトレ腺 1047c	リボソーム法 523f
リゾーダス目 1567₉	リニア 1432c	リボタイピング法 1465a
リゾチーム 1457a	リニア綱 1641₄₇	リポ多糖 1115d, 1465b
リゾビア科 1545₄₇	リニア植物亜門 1641₄₆	リポ蛋白質 1465c
リゾビア目 1545₂₄	リニア植物門 476f	リポ蛋白質結合性プロテアーゼインヒビター 839e
リゾビウム 1457b, 1545₄₈	リニア目 1642₁	リポ蛋白質リパーゼ 1460d
リゾビスホスファチジン酸 1309c	リニア類 913d	リボチミジン 1378i, 1465d
リソビン 168e	離乳 1459h	リポテイコ酸 951a
リゾブラコプシス科 1612₁	利尿ホルモン 1459i	リポトロピン 1465e
リゾブラスト 1457c	リネージ 1459j	リポトロフィン 1465e
リゾブラスト粒 1457c	リネン 1460a	
リゾプラスマローゲン 1457e	リノール酸 1460b	
リゾフリクティス科 1602₃₇	リノレン酸 1460c	
リゾフリクティス目 1602₃₄	リパーゼ 655e, 1460d	

リボヌクレアーゼ　**1465**f
リボヌクレアーゼH　**1465**g
リボヌクレアーゼL　1465f
リボヌクレアーゼⅢ　**1466**a
リボヌクレアーゼT₁　**1466**b
リボヌクレアーゼP　**1466**c
リボヌクレオシド　88b, 1049c
リボヌクレオチド　1050d
リボビテリン　**1466**f
リボビテレニン　1440g
リポフスチン　64j, 1498i, 1500c
リボフラビン　**1466**g
リボフラビンアデニンジヌクレオチド　1219c
リボフラビン-5′-リン酸　1219f
リボペプチド　1274e
リボペプチド系抗生物質　**1466**h
リボミケス科　1606₉
リボンシナプス　574g
リミットサイクル　**1467**a
リムノフィラ目　1665₆
リムノベルドン科　1624₂₀
リモートセンシング　**1467**b
攣感　1160a
略胞子虫目　1664₃₃
硫安分画　153f
流域水収支法　662g
硫化ソーダ　413f
リュウカニムシ　1591₃₀
リュウガヤスデ　1593₂₆
硫気孔植物荒原　**1467**c
隆起成長　**1467**d
隆起説　1005c
隆起部　217j
竜脚下目　1570₁₉
竜脚形亜目　1570₁₇
リュウキュウオゴノリ　1633₄₅
竜弓綱　1568₅
リュウキュウコクタン　1651₁₃
リュウキュウコザクラ　1651₁₆
リュウキュウフサヤスデ　1593₂
リュウキュウベンケイ　1648₂₃
隆起葉　217j
リュウキンカ　1647₅₇
リュウグウノツカイ　1566₁₉
竜型類　**1467**e
柳江人　222e, 376d, 1361e
流行性耳下腺炎　166b
流行性耳下腺炎ウイルス　166b
竜骨　**1467**f
リュウコツクモヒトデ　1561₁₇
竜骨弁　920h
流産　**1467**g
硫酸アデニリル基転移酵素　1310c
硫酸塩還元菌　**1467**h
硫酸化因子　95c
硫酸化グルクロン酸　114a
硫酸基転移酵素　1310c
硫酸ニコチン剤　1032c
硫脂質　**1468**a
粒子銃　80e
粒子状物質　786d
粒子説　**1468**b
粒子蛋白殻　1193e
流出溝　720e
流出大孔　720e
流出路　1035c
流水群集　724
リュウゼツラン　1646₅₈
留巣性　828f
留巣目　828f
流束　1218e
流体静力学的骨格　398z
リュウチョウ　1570₅₆
留鳥　1508l

硫糖脂質　1468a
流動電位　188e
流動複屈折　**1468**c
流動平衡　**1468**d
流動モザイクモデル　1468e
流入溝　720e
流入小孔　720e
リュウノヒゲモ　1646₁₀
竜盤目　1570₄
リュウビンタイ　1642₃₇
リュウビンタイ亜綱　1642₃₆
リュウビンタイ目　1642₃₇
リュウビンタイモドキ　1642₃₈
リュウモンソウ　1633₂₂
リューコソーム　563f
リューコン型　720e, 911c
リューシマニア　1631₃₉
リューベル　**1468**f
領域　77d
領域化　1181d
領域間基質　1028a
領域性　1181d
両域胞胚　787b
両域幼生　911c
両凹　784d
両賭け戦略　**1468**g
両花被花　234b
両眼加重　1468h
両眼視　323c, **1468**h
両眼視差　720e
両眼視野闘争　**1469**a
両眼単一視　1468h
両眼単視　881a
両眼立体視　1459a, 1468h
梁器　521a
両極細胞　823d
両極分布　**1469**c
利用係数　**1469**d
菱形動物　1039d
菱形動物門　1577₉
菱形脳　700e
菱形無性虫　566g, 960c
利用効果　**1469**e
梁口綱　1660₃
両向的　**1469**f
利用時　590b, 937a
両籠型　264b, 1263b, 1393b
量子収率　394e, 431g, **1469**g
量子収量　431g
量子収量(光合成の)　**1469**g
量子生物学　**1469**h
梁歯目　1573₃₆
菱状部　659e
菱型形　606g
両親の中間指数　1365c
両親媒性　1357e
両星　755i
両性イオン　**1469**i
両性花　**1469**j
両性管　1470d
両性綱　1567₁₂
両性混合　51d
両性雑種　**1470**a
両性産生単為生殖　880n
両生植物　**1470**b
両性生殖　**1470**c
両性生殖雌虫　1039a
両性腺　554j, **1470**d
両性巣　1470d
両性電解質　992a
両生爬虫類学　1100a
両性輸管　1470d
両生類, 両棲類　**1470**e
梁舌　585g

両側回遊魚　189b
両側性　857b
両側性運動　723c
両側性伝導　888b
稜柱層　177i
量的遺伝　**1470**f
量的遺伝学　**1470**g
量的遺伝子　1323g
量的遺伝子座　1470f
量的学説　265e
量的形質　1470f
量的形質遺伝子座　**1470**h
量的形質座位　1470h
量的相互作用　79b
量的抵抗性　1165a
両特異性キナーゼ　931f
梁軟骨　1009i, 1028b
菱脳　**1470**i
菱脳腎　315k, 1470i
菱脳分節　699f, 1470i
両盤亜綱　1555₂
両盤目　1555₃
リョウブ　1651₂₆
リョウブ科　1651₂₆
両分　**1471**a
両扁　784d
両面行動　**1471**b
両面葉柄　1426f
両立内皮　1022a
緑陰効果　**1471**c
緑化　**1471**d
緑顆体　486c
緑色盲　561i
緑色硫黄細菌　55b, **1471**e
緑色滑走細菌　1471f
緑色細菌科　1540₂₅
緑色細菌綱　1540₂₃
緑色細菌目　1540₂₄
緑色細菌門　1540₂₂
緑色糸状性細菌　**1471**f
緑色植物　**1471**g
緑色植物亜界　1633₅₅
緑色藻　**1471**h
緑色半寄生　289e
緑色非硫黄細菌　1471f
緑腺　681c
緑藻　1471h
緑藻綱　**1471**h, 1635₁₉
緑藻植物門　1471h, 1633₅₆
緑内障　**1472**a
緑膿菌　**1472**b, 1549₄₉
緑盲　561i
緑葉ペルオキシソーム　1279i
旅行者下痢症　**1472**c
リョコウバト　1572₁
リヨネー腺　**1472**d
リラキシン　1491h
リリー　**1472**e
リリーサー　**1472**f
リリーサーフェロモン　1189c
リロモナス目　1631₉
理論生物学　728a, **1472**h
リンイノシチド　1308i
鱗芽　1367e
臨界期　**1472**i
臨海実験所　**1472**j
臨界色融合頻度　1221i
臨界脱分極　**1472**k
臨界値定理　416a
臨界点乾燥法　**1472**l
臨界日長　447a
臨界ミセル濃度　**1473**b
臨界融合周波数　1221i
臨界融合頻度　1221i
リンガー液　**1473**c

林学　**1473**d
隣花受粉　560c
リンガー-タイロード液　1473c
リンカー DNA　1050a
リンカー-ヒストン　1145e
リンガー溶液　1473c
リンガー-ロック溶液　1473c
林冠　**1473**e
林冠生態系　1473e
輪間節　721g
リンカン法　1167b
林業　1473d
淋菌　1547$_{10}$
リンキング数　944c, 945a
リングアシナシイモリ　1567$_{35}$
リンク蛋白質　**1473**f
リングテスト　933b
林型　**1473**g
鱗茎　1473h
輪形動物　529f, **1473**i
輪形動物門　1578$_{26}$
リンケージ　1492g
臨月　851g
リンゲル液　1473c
リンゴ　1648$_{59}$
鱗甲目　1575$_{43}$
リンゴガステレマ科　1623$_{13}$
リンコキネシス　295g
リンゴクロロティックリーフスポットウイルス　1521$_{52}$
リンゴさび果ウイロイド　1523$_{34}$
リンゴサビダニ　1590$_{38}$
リンゴ酸　**1474**a
林檎酸　1474a
リンゴ酸-アスパラギン酸シャトル　13a
リンゴ酸合成酵素　357i[図]
リンゴ酸酵素　**1474**b
リンゴ酸脱水素酵素　344b[図]
リンゴ酸脱水素酵素(脱カルボキシル)　1474c
リンゴ酸デヒドロゲナーゼ　344b[図], 1474c
リンゴステムグルービングウイルス　1521$_{47}$
リンゴステムピッティングウイルス　1521$_{51}$
リンコストマティア亜綱　1658$_{43}$
鱗骨　698c
リンゴ病　1117h
リン酸　**1474**d
リン酸アセチル基転移酵素　**1474**e
リン酸エステラーゼ　1308h
リン酸エステル　**1474**f
リン酸塩　1474d
リン酸化　**1474**g
リン酸化酵素　294g
輪散花序　622b
リン酸化ポテンシャル　**1474**h
リン酸カルシウム共沈澱法　80e
リン酸カルシウム-DNA 共沈澱法　1011a
リン酸緩衝系　263b
リン酸基　430a
リン酸基転移反応　1474j
リン酸基転移メディエーター　518a
リン酸供与体　1474j
リン酸ジエステラーゼ　1311b
リン酸ジエステル結合　**1474**i
リン酸受容体　1474j
リン酸転移　1474j
リン酸転移酵素　1474j
リン酸転移反応　**1474**j
リン酸トリクレシル　1460d
リン酸モノエステラーゼ　1308h, **1475**a
リン酸リレー情報伝達系　1037d
リン脂質　**1475**b

臨時性プランクトン　1220e
淋疾　770c
臨床アウトカム　1475c
臨床医学　58d
臨床疫学　**1475**c
鱗状鰭条　287e
輪状筋　1249f
臨床工学　**1475**d
輪状種　644g
林床植物相　905b
鱗状繊維　1395c
鱗状縫合　1293e
鱗翅類　1601$_{33}$
輪生　**1475**e
輪生花　239e
輪生枝　616e
輪生葉序　1475e
隣接塩基頻度分析　1476a
隣接個体法　330a
隣接細胞間接合　789b
隣接対　192e
隣接的雌雄同体　768e
隣接的雌雄同体現象　297c, 584h, 627f
隣接ヌクレオチド頻度分析　**1476**a
輪走筋　263a
輪藻類　616f
リン蛋白質　**1476**b
リン蛋白質ホスファターゼ　1475a
リンチ症候群　225a, 947e
リンデマン効率　751b
リンデマン比　751b
リンデンマイヤーシステム　149b
リンドウ　1651$_{42}$
リンドウ科　1651$_{42}$
リン糖脂質　**1476**c
リンドウ目　1651$_{38}$
リンドゴミケス科　1609$_{29}$
リンネ　**1476**d
リンネ種　644g
リンネソウ　1652$_{41}$
リンパ, 淋巴　**1476**e
リンパ液　845e, 1476e
リンパ芽球　1085a, 1476g
リンパ管　1477c
リンパ管系　1478c
リンパ管新生　**1476**f
リンパ球　**1476**g
リンパ球性脈絡髄膜炎ウイルス　44d, **1477**a, 1520$_{27}$
リンパ球の芽球化　1477b
リンパ球ホーミング　1318g
リンパ球幼若現象　**1477**b
リンパ系　**1477**c
リンパ系器官　**1477**d
リンパ腔　1477c
リンパ腫　**1478**a
リンパ小節　1478c
リンパ心臓　**1478**b
リンパ性白血病　1102f
リンパ節　**1478**c
リンパ腺　1478c
リンパ組織　823h
リンパ組織インデューサー　**1478**d
リンパ洞　1477c
リンパ導管　1284d
リンパ肉芽腫症　1306d
リンパ嚢　1478e
リンパ濾胞　1478e
鱗被　214b, **1479**a
リンフォカイン活性化キラー細胞　1436j
リンフォトキシン　1504h
林分　678e, **1479**b
鱗粉　1479c
鱗片　**1479**d

鱗片葉　**1479**e
リンボク　1642$_{11}$
鱗木　**1479**f
リンボク目　1642$_{11}$
リンボクリブトウイルス属　1515$_2$
リンボク類　223a
リンホシスチウイルス属　1515$_{50}$
リンホシスチス病ウイルス1　1515$_{50}$
鱗毛　384a
鱗竜形下綱　1568$_{35}$

ル

ルー(P.P.E)　**1480**a
ルー(W.)　**1480**b
ルアー　678b
ルアニア科　1537$_{34}$
涙液　1019g
類縁関係　**1480**c
類環虫類　**1480**d
涙丘　1019g
類筋　566a, 1394a
類型学　225e
類型学的思考　**1480**e
涙湖　1481d
涙孔　1481d
涙骨　698c
類骨　480f, 480j
ルイサイト　1116d
類似係数　**1480**f
類脂質　1462e
類似性　**1480**g
類似染色体　708e
類似度　**1480**h
類似度行列　322e
涙小管　1481d
類人猿　**1480**h
累進効率　751b
ルイス　**1481**a
ルイス式　396a
ルイス-バー症候群　225a
累積子実体　**1481**b
累積増殖曲線　**1481**c
累積膜　702g
涙腺　**1481**d
類繊維素性壊死　128b
類線形動物　1481e
類線形動物門　1586$_{17}$
ルイセンコ　**1481**f
ルイセンコ説　206i
涙点　407f, 1481d
類澱粉体　31b
類天疱瘡　1276e
類洞　999d
涙嚢　1481d
涙鼻管　1481d
類比モデル　1398c
ルイヨウボタン　1647$_{53}$
ルウォフ　**1481**g
ルガノイア目　1565$_{34}$
ルジェー細胞　**1481**h
ルシフェラーゼ　**1481**i
ルシフェラーゼアッセイ　1491b
ルシフェリン　**1482**a
Luschan の皮膚色調表　1160e
ルソンヒトデ　1560$_{46}$
ルタエカルビン　1117i
ルチン　1152b, 1490c
ルッフィスファエラ目　1552$_{17}$
ルッフィーニ小体　175a
ルディウイルス科　1517$_{15}$
ルディウイルス属　1517$_{16}$

ルテイン 284l	冷血動物 1283f	レスポンデント条件づけ 485d
ルテオウイルス科 1522₃₆	冷光 775d	レセプター 647d
ルテオウイルス属 1522₃₈	齢構成 **1484**f	レセプターキナーゼ **1487**b
ルテナースカイリン 1333l	霊魂精気 958a	レセプター破壊酵素 1062a
ルテオトロビン 1239c	齢差分業 1244c	レセルピン 1432k
Lutheran 式 396a	レイシ 1650₉	レゾルシン反応 1264c
ルードウィヒ **1482**d	冷受容器 175a	レゾルバーゼ 1324b
ルート効果 1482d	捩神経類 1055d	レダクターゼ **1487**c
ルトロビン 160f	冷水種 **1485**a	レタス 1652₃₇
ル=ドワラン **1482**e	零染色体 1485b	レタスビッグベイン随伴ウイルス 1520₄₇
ルネバーグ反応 1501f	零染色体植物 1485b	レーダーバーグ **1487**d
ルビウイルス属 1523₁	零染色体性 66g, **1485**b	レチアン階 550f
ルビスコ 1462d	齢層 118a, 1484f	11-cis-レチナール 1503d
Rubisco アクチバーゼ 1462d	霊長目 1575₂₁	レチナール **1487**e
Rubisco 活性化酵素 1462d	霊長類学 716b, **1485**c	レチナール₁ 1487e
ルー瓶 **1482**f	冷点 174c, 175a	レチナール型光合成 431e
ループ 373g	捩転 1055c	レチナール結合蛋白質 **1487**f
ループ構造 **1482**g	レイノー現象 322c	レチナール G 蛋白質共役受容体 **1487**e
ルフシア目 1632₂₀	レイノルズ症候群 209g	レチニルエステル 1150a
ルーブナー **1482**h	齢分布 513h	レチニルパルミテート 1150a
ルーブナーの法則 863c	齢別死亡率 611e	レチネン 1487e
ルブラウイルス属 1520₁₁	齢別出生率 642f	レチノイド **1488**a
ルブリタレア科 1551₇	齢別生存率 1287e	レチノイド蛋白質 1487f
ルブロバクター亜綱 1538₂₆	齢別生命表 778b	レチノイン酸シグナル **1488**b
ルブロバクター亜目 1538₂₈	冷湧水 1056c	レチノクロム **1488**c, 1503d
ルブロバクター科 1538₂₉	冷湧水生物群集 1056c	レチノール 1150a
ルブロバクター目 1538₂₇	レーウィ **1485**d	レチノール結合蛋白質 404c, **1488**d
ルミクロム 1466e	レヴィ小体 602e, 1092b	レチノールリン酸エステル 1150a
ルミゾーム 1104e	レヴィ=モンタルチーニ **1485**e	列 786i
ルミコックス 1543₅₀	レヴィーン **1485**f	劣位 650b
ルミノール 196d	レヴィン **1485**g	劣位者 650b
ルミフラビン 1466g	レヴィンセンフサカツギ 1563₂	劣位種 626a
ルーメン 930b	レヴィンタールのパラドックス 1191e	裂開 1488e
ルーメン微生物 654f	レウェンフック **1485**h	裂開果 **1488**e
ルリア **1482**j	レウコスポリジウム科 1621₁₈	裂脚 1034i
ルリア-デルブリュック実験 **1482**k	レウコスポリジウム目 1621₁₇	レック **1488**f
ルリカケス 1651₅₁	レオウイルス **1485**i	RecA 蛋白質 1488g
ルリツボムシ 1595₄₁	レオウイルス科 1519₂₇	RecA ファミリーリコンビナーゼ **1488**g
ルリノジコ 1572₅₇	レオナルド=ダ=ヴィンチ **1485**j	LexA 蛋白質 130c
ルリハコベ 1651₁₇	レオミュール **1485**k	裂口 1434e
ルリホコリ 1629₁₄	レオミュールの法則 1407f	レッサーパンダ 1575₅₀
ルリマツリ 1650₃₉	レオロジー 777a	裂歯目 1575₁
ルリミノキ 1651₄₀	レーキ 1083f, 1275h	レッシュ-ナイハン症候群 **1489**a
ルルウォルチア科 1619₂₀	礫耕 1420c	劣性 **1489**b
ルルウォルチア目 1619₁₈	歴史群 586b	劣性形質 312c
ルンストレーム **1482**l	歴史生物地理学 773k	劣性致死 904g
ルンデゴールド **1482**m	歴史的相同 830b, 1321b	劣成長 1260d
	レキデア科 1613₈	劣性抵抗性 102a
レ	レギュロン **1486**a	劣性ホモ 426a
	レクイエナ科 1610₃₅	裂体腔 **1489**c
レー **1484**a	レクタムパッド 928i	裂体腔説 848g
レア 1570₅₄	レクチン **1486**b	レッツ蛋白質 1185d
レアギン 1386a	レクチン経路 1314a	レッドブック 794a
レア目 1570₅₄	レクトタイプ 863g	レッドリスト 794a
齢 **1484**b	レグヘモグロビン **1486**c	裂片 1424e
レイオスポロケロス科 1641₂₉	レグメリン 633f	裂片法 520g
レイオスポロケロス綱 1641₂₇	レゲリオミケス科 1604₄₂	レディ **1489**d
レイオスポロケロス目 1641₂₈	レゴリス 1003b	レディア 1486d
冷温帯 174b	レコンビナントウイルス 351a	レティキュロシダ目 1664₃₉
冷温樹林 715d	レジア **1486**d	レティクラスカ科 1618₁₅
冷害 **1484**c	レジオネラ **1486**e, 1549₁₈	レトルタモナス目 1630₃₅
冷覚 174c	レジオネラ科 1549₁₈	レトロウイルス **1489**e
齢間隔 778b	レジオネラ目 1549₁₅	レトロウイルス科 1518₄₄
齢鑑定 1061c	レジスターゼ 1311c	レトロトランスポジション 965f
励起移動 **1484**d	レシチナーゼ 1311e	レトロトランスポゾン 965f
励起エネルギー 1484d	レシチン 1309f	レトロポゾン **1489**f
冷気官 175a	レシピエント 65e, 841b	レトロマー **1489**g
励起状態 310f	レジームシフト **1486**f	レナニス目 1564₁₅
霊気説 640f	レース 1178a	レニン **1490**a
励起電子状態 385c	レスキュー 78c	レニン-アンギオテンシン系 1490a
励起二量体 126b	レースソウ 1646₇	レニンジャー **1490**b
霊菌 1484e, 1549₁₂	レースソウ科 1646₇	レバルギル酸 16d
レイク=マンゴー人 222e, 376d	レスピロウイルス属 1520₁₀	レバン 1225f
	RACE 法 **1487**a	レビウイルス科 1522₃₃
	レスポンスレギュレーター 518a, 1037b	レビウイルス属 1522₃₅

レヒソ

レビゾステウス類　442i
レピドカリス　1594_{28}
レピドカリス目　1594_{28}
レピドレナ科　1637_{43}
レフコヴィッチ行列　514a
レプチン　**1490**c
レプティクティス目　1574_{58}
レプトイド　913b
レプトケファルス　**1490**d
レプトスピラ科　1550_{17}
レプトスピラ症　703g
レプトスファエリア科　1609_{28}
レプトテン期　**1490**e
レプトトリキア科　1544_{33}
レプトドンティア科　1641_{19}
レプトネマ　423b, **1490**e
レプトネマ期　**1490**e
レプトペルチス科　1608_{56}
レプトホルモン　289a
レプトミクサ目　1628_{30}
レプトライムス目　1587_{24}
レプトレピス目　1565_{45}
レフュジア　**1490**f
レブラゴケ　1613_{2}
レプリカ平板法　**1490**g
レプリカ法　1490g, **1490**h
レプリケーター　946a, 1490i
レプリケータダイナミックス　689g
レプリコン　1198e, **1490**i
レプリコン説　**1490**i
レプリソーム　945e
レプレッサー　1461f
レプレッション　1462a
レブロース　1225h
レベデフ液　**1491**a
レペルディティア目　1596_{7}
レペルディティコーパ亜綱　1596_{6}
レポーター遺伝子　**1491**b
レマーク　**1491**c
レマーク繊維　697d
レマークの神経節　**1491**d
レマーネ　**1491**e
レーマン　**1491**f
レム　1298d
レム睡眠　**1491**g
レムナーゼ　301d
レモンイボゴケ　1613_{50}
レモンイボゴケ科　1613_{50}
ラキシン　**1491**h
レリカムヘイレバス　1595_{52}
レリック　69i
レロアール　**1491**i
連　**1492**a
レンカク　1571_{53}
連関　**1492**g
連関群　**1493**c
連関形質導入　983d
連関痛　1020h
レンギョウ　1433f
連繋群　**1492**b
連繋鎖　**1492**c
連結橋　199a
連結酵素　450d
連結糸　1492d, 1496a
連結のコアプテーション　428d
連合　998e, **1492**e
連合学習　204b, 485d
連合繊維　860c
連合中枢　914c
連合皮質　**1492**f
連合野　**1492**f
連合領　**1492**f
連鎖　**1492**g
連鎖解析　**1492**h

レンサ球菌　1492i
連鎖球菌　1492i, 1543_{15}
連鎖球菌科　1543_{15}
連作　1492j
連作障害　**1492**j
連鎖群　**1493**a
連鎖切断点　1493d
連鎖体　**1493**b
連鎖地図　553e, 808h, 1207b
連鎖引きずり　1398g
連鎖非平衡　1493c
連鎖不平衡　**1493**c
連鎖ブロック　**1493**d
連鎖平衡　**1493**e
恋矢　1494a
連翅装置　**1493**f
連室細管　1493g
恋矢嚢　**1494**a
レンジ分割　**1494**b
レンシュ　**1494**c
攣縮　888b
鎌状突起　**1494**d
レンショー細胞　**1494**e
レンズ　**1494**f
レンズ核　860c
レンズ眼　1373b
レンズ状乳頭　793c
レンズの再生　**1494**g
レンズ胞　1494g
連接　**1495**a
連想記憶　**1495**b
連想心理学　1492e
連続共生進化説　1022e
連続継代性　523c
連続糸　**1495**c
連続出芽　640j
連続照射反応　1135c
連続照射反応(光調節の)　**1495**d
連続性の原理　**1495**e
連続層林　1473g
連続体指数　800h
連続的多型　832e
連続の法則　488i
連続培養　**1495**f
連続発情　**1495**g
連続分裂　878g
連続変異　**1495**h
連続胞子嚢群　1296g
連続モデル　514a
連続戻し交雑法　206f
レンタミケス科　1603_{38}
レンタリア科　1627_{41}
レンチウイルス　**1495**i
レンチウイルス属　1518_{52}
レンティスフェラ科　1544_{41}
レンティスフェラ綱　1544_{39}
レンティスフェラ目　1544_{40}
レンティスフェラ門　1544_{38}
レンナー複合体　807c
レンニン　301d, 322b
レンネット　301d
連嚢管　1019l
レンプクソウ　1652_{40}
レンプクソウ科　1652_{40}
連絡糸　679d, **1496**a
レンリソウ　1648_{51}
連立像　**1496**a
連立像眼　**1496**b

ロ

ローイ　1485d
ロイアルカップル　1498b

ロイアルゼリー　**1498**c
ロイカルト　**1497**a
ロイコアントシアニジン　1219g
ロイコウイルス　1489c
ロイコクロリディウム　1578_{7}
ロイコシン　633f
ロイコソーム　562e
ロイコディクティオン目　1665_{9}
ロイコトリエン　**1497**b
ロイコトリエン C_4 合成酵素　367h
ロイコノストック属　1543_{14}
ロイコプラスト　1092e
ロイコフラビン　1466g
ロイコマイシン　1340a
ロイシノビン　168e
ロイシン　**1497**c
ロイシンアミノペプチダーゼ　**1497**d
ロイシンジッパー　**1497**e
ロイシンリッチリピート型受容体キナーゼ　1183b, 1215a
ロイシンリッチリピート配列　372a, 678g
ρ 依存性ターミネーター　879c
ロイブ　**1498**a
ロイヤルカップル　**1498**b
ロイヤルゼリー　**1498**c
ρ 因子　**1498**d
瘻　**1498**e
蠟　**1498**f
ロウウォルフィア　1432k
ロヴェーン　**1498**g
ロヴェーン幼生　**1498**h
老化　31c, **1498**i
老化学説　1498i
老化過程　352g
老化色素　1498i
蠟管　**1499**a
老眼　1499c
老形　**1499**b
瘻孔　1498e
ロウゾウア門　1630_{42}
老視　**1499**c
老視眼　1499c
漏出　1006c
漏出液　1501f
漏出性出血　641d
漏出性突然変異体　1006c
漏出分泌腺　187b
老人性骨粗鬆症　482g
老人性難聴　927d
老人性白内障　1094c
老人斑　41a, 1266c
老衰　**1499**d
老衰的萎縮　853c
老衰的退縮　853c
老衰の進化　**1499**e
蠟-セメント層　347d
蠟腺　**1499**f
ロウソクゴケ　1611_{52}
ロウソクゴケ科　1611_{52}
ロウソクゴケ目　1611_{51}
ロウソクゴケモドキ　1611_{52}
ロウソクツノガイ　1581_{41}
ロウタケ　1625_{23}
ロウタケ科　1625_{22}
ロウタケ目　1625_{20}
漏斗　**1499**g
漏斗亜綱　1659_{32}
漏斗管　1499g
漏斗器官　**1500**a
ロウトケヤリ　1585_{2}
漏斗面　1408g, 1499g
漏斗葉　651j, 1064c
老年医学　**1500**b
老年学　**1500**b
ロウバイ　1582_{1}, 1645_{45}

ワクモ 1855

ロウバイ科 1645₄₅	六放海綿類 1502e, 1555₁	ローム 214g
老廃産物 1500c	六放サンゴ亜綱 1557₃₈	ロラウイルス属 1521₄₁
老廃物 **1500**c	六放星亜綱 1555₅	ローラー示数 **1505**a
老廃物蓄積説 1498i	六方Ⅱ相 829h, 1439h	ロラミケス科 1615₄
ロウバイ目 1582₁	六放目 1555₆	ロリカ **1505**b
ロウホコリ 1629₁₇	ロデオース 1202e	ロリケイト幼生 146h
ロエスレリア科 1607₃₈	ローデシア人 234h	ロリス下目 1575₂₈
濾過 **1500**d	ロテノン 970a	ローリング 461f
濾過胃 **1500**e	ロデラ藻綱 1632₂₄	ローリングサークルモデル **1505**c
濾過-再吸収説 **1500**f	ロデラ目 1632₂₇	ローレル指数 1505a
濾過食者 299e	ロトカ **1502**f	ローレンツ **1505**d
ローカス 79g	ロトカ-ヴォルテラ式 **1502**g	ローレンツィニ器官 **1505**e
濾過性病原体 102h	ロトカ-ヴォルテラの法則 321a	ローレンツィニ瓶器 **1505**e
濾過摂食 **1500**g	ロドクリニテス目 1559₄₁	ロンギプテリクス 1570₄₃
ロキシスロマイシン 1340c	ロドケーテ目 1632₁₅	ロンギプテリクス目 1570₄₃
ロキタマイシン 1340a	ロドゴルゴン目 1633₆	ロンギロストラヴィス 1570₄₄
露菌病 1271e	ロドサーマス科 1539₃₁	ロンクティス科 1643₂₂
肋 346a	ロドシクルス科 1547₂₀	ロンドレ **1505**f
ロクショウサレキン 1614₄₂	ロドシクルス目 1547₁₉	ロンボジェン 960c
6層構造 861a	ロドシス **1503**a	
ロクソデス目 1658₂	ロードシス商 1503a	
ロクソマ科 1643₁₃	ロドスピリルム 1546₂₂	**ワ**
六炭糖 1264c	ロドスピリルム科 **1503**b, 1546₁₉	
六糖 171b	ロドスピリルム目 1546₁₃	YIp型ベクター 1041b
肋軟骨 1502b	ロドテルムス科 1539₃₁	YEp型ベクター 1041b
肋板 428h	ロドバクター **1503**c, 1546₆	Y塩基 1172d
肋膜 322h	ロドバクター科 1545₅₄	矮化 **1506**f
6-4光産物 1134f, 1172a	ロドバクター目 1545₅₃	ワイカウイルス属 1521₃₆
ロコモーション **1501**a	ロドビア科 1545₄₉	Y器官 **1506**a
ロシエーション **1501**b	ロード亜目 1584₁₈	ワイグル効果 **1506**b
濾紙クロマトグラフィー 376b	ロドプシン **1503**d	Yクロマチン **1506**c
ロシーズ 1501b	ロドプシンスーパーファミリー 1503e	矮形地上植物 904h
ロジスティック曲線 **1501**d	ロドプシンファミリー 1503e	矮小形 **1506**d
濾紙電気泳動 967c	ロドマイシノン 50a	Y小体 **1506**c
濾紙電気泳動法 967c	ロドマチン 170a	矮小体 1370h
濾出 1500d	ロニウイルス科 1521₃	矮翅類 1600₁₂
濾出液 **1501**f	ロバスタチン 1157c	ワイス **1506**e
ロジン 633e	ロバーツ **1504**a	ワイスの実験式 937a
ロス **1501**g	ロバーティナ目 1664₁₈	ワイスマン 101a
ロスマンフォールド 1191f	ロバートソン型転座 969f	ワイスマンの環 263i
ローズ油 779b	ロバートソン転座 969f	ワイスマン-ルーのモザイク説 757g
ロゼオトリシン 1455e	ロバロスボラ科 1613₄₅	矮性 **1506**f
ロゼオロウイルス属 1514₅₈	ローハン-ベアード細胞 **1504**b	矮生低木ヒースツンドラ 937d
ロゼット 797g, **1501**h	ρ⁻非依存性ターミネーター 879c	Y腺 1506a
ロゼット形成 1389c	ロビナビル 119a	Y染色体 427f, **1506**g
ロゼット細胞 817e	Rhoファミリー GTPアーゼ **1504**c	ワイデンライヒ **1507**a
ロゼット植物 1501h	Rhoファミリー低分子量Gタンパク質 1504c	歪度 513h
ロゼット葉 1501h	ロフォガスター目 1596₄₂	矮雄 **1507**b
ロゼロプシス目 1654₁₉	ロブストス原人 329d	矮雄体 **1507**c
ρ⁰変異体 470e	ロブトリー 924f	矮雄体性 1507c
ロタウイルス **1501**i	ロプロミケス科 1602₃₁	Y幼生 **1507**d
ロタウイルスA 1519₃₄	ロプロミケス目 1602₃₀	ワイル病 703g
ロタウイルス属 1485i, 1519₃₄	濾胞 447e, 1478e, **1504**d	ワイル-フェリックス反応 1453j
ロダクリア目 1632₃₈	濾胞液 1450b	YY症候群 807b
ロータス効果 1075f	濾胞癌 447f	YY男性 807b
ロダナーゼ 408h	濾胞腔 1504d	ワオキツネザル 1575₂₅
ロタマーゼ 1274a	濾胞細胞 **1504**e	ワーカー 342k, **1507**e
ロタリア目 1664₅	濾胞刺激ホルモン **1504**f	和解行動 **1507**f
ロダン酸 117g	濾胞刺激ホルモン放出ホルモン **1504**g	若返り **1507**g
ロダン酸ナトリウム 1036f	濾胞樹状細胞 **1504**h	ワカブグモ 1592₂₅
顱頂眼 990d	濾胞上皮 1504d	ワカフサタケ 1626₄₁
顱頂孔 990d	濾胞成熟ホルモン 1446e	若虫 **1507**h
六価クロム 376f	濾胞性樹状細胞 **1504**h	ワカメ 1657₂₆
六脚亜門 812d, 1598₁₂	濾胞性嚢胞 1066e	ワカレオタマボヤ 1563₁₃
六脚類 504a	濾胞性ヘルパーT細胞 1281e	ワキグロクサムラドリ 1572₄₅
ロックウール耕 1420c	濾胞閉鎖 1450e	ワクシニアウイルス 1508b
ロック液 1473c	ロボク 1642₃₀	ワクスマン **1508**a
loxP配列 372d	ロボク科 1642₃₀	ワクチニアウイルス **1508**b, 1517₄
ロック溶液 1473c	蘆木類 223a, 1001a	ワクチン **1508**c
六鉤幼虫 **1502**a	ローボーセア綱 1628₂₃	ワーグナー(M.F.) **1508**d
肋骨 1502b	ローマー **1504**i	ワーグナー(R.) **1508**e
ロータリーモデル 346d	ρ⁻変異体 470e	ワーグナー法 **1508**f
ロット解析 940e	ロマーニズ **1504**j	枠法 345e
LOD得点 **1502**c	ローマン酵素 370h	ワクモ 1590₁₀
ロッドベル **1502**d	ローマン反応 370h	

ワクモ下目　1590[10]
ワーゲン　**1508**g
和合性　**1508**h
ワサビ　1612[40]
ワサビ　1650[2]
ワサビタケ　1626[23]
ワサビノキ　1649[57]
ワサビノキ科　1649[57]
ワサルパ　1563[19]
ワシグモ　1592[20]
ワジャク人　222e, 376d
ワスレナグサ　1651[51]
ワタ　1650[20]
ワタアブラムシ　1600[31]
ワタオウサギ乳頭腫ウイルス　1516[27]
ワタカビ　1654[20]
ワタゲオオコウヤクタケ　1625[57]
ワタゴケ　1612[24]
ワタゴケ科　1612[24]
ワタスゲ　1647[30]
渡瀬庄三郎　**1508**i
渡瀬線　776d
ワタツコシロガサ　1583[31]
ワタツコシロガサ目　1583[31]
ワダツミダニ　1590[33]
ワダツミヤムシ　1577[3]
ワタナベア群　1635[16]
ワタハシゴケ　1612[27]
綿羽　111g
ワタフキカイガラムシ　1600[31]
ワタヘリゴケ　1612[18]
ワタボウシタマリン　1575[35]
渡り　**1508**k
渡り鳥　**1508**l

ワタリバッタ類　832e, 861d
ワックス　1498f
ワッセルマン反応　**1509**a
ワツナギソウ　1633[40]
ワトソン(J.B.)　**1509**b
ワトソン(J.D.)　**1509**c
ワトソン-クリックのモデル　**1509**d
ワドリア科　1540[21]
ワニ形上目　1569[19]
ワニギス　1566[44]
ワニチドリ　825e
ワニトカゲ　1568[50]
ワニトカゲギス　1566[14]
ワニトカゲギス目　1566[13]
ワニ目　1569[20]
ワムシ類　1473i, 1578[34]
輪虫類　1473i
和名　**1509**e
ワモンゴキブリ　591e, 1600[7]
ワモンシブカワタケ　1625[18]
ワモンツツボヤ　1563[25]
ワライカワセミ　1572[25]
ワラジガタケイソウ　1655[17]
ワラジムシ　1597[8]
ワラジムシ亜目　1597[7]
ワラビ　1643[29]
ワラビツナギ　1643[60]
わらび巻き　232h
ワーランド効果　1509f
ワーランドの原理　**1509**f
ワリキウメノキゴケ　1612[49]
わりこみ成長　**1509**g
ワリセロウイルス属　1514[53]
ワーリングブレンダー　1320a

ワルダイヤー卵胞　1222i
ワルファリン　1152c, **1509**h
ワルブルク　**1509**i
ワールブルク検圧計　415e, 470d, 1142f
ワールブルク効果　**1510**b
ワールブルク-ディケンズ経路　1288b
ワーミング　**1510**c
ワレイタサソリ下目　1591[46]
ワレイタムシ　1591[55]
ワレイタムシ目　1591[54]
ワレカラ亜目　1597[19]
ワレミア科　1628[1]
ワレミア綱　1627[58]
ワレミア目　1627[59]
ワレミサネゴケ　1610[34]
腕　111c
腕管　353h
腕間膜　**1510**d
腕鰭下綱　1565[21]
彎曲 DNA　**1510**e
腕鰭類　442i
腕溝　353h
腕骨　352d, 670d, 939a, **1510**g
湾生　1080b
腕節　**1510**h
腕足動物　**1510**i
腕足動物門　1579[41]
腕足類　1510i
腕頭静脈　537h
鸞入　184d
腕盤　353h
腕比　1155c
ワンメールユニット　615c

欧文索引

数字

10 nanometer filament　10 ナノメーターフィラメント　910d
14-3-3 protein　14-3-3 蛋白質　**630**a
16S ribosomal RNA phylogenetic tree　16S rRNA 系統樹　**631**b
17KS　17-ケトステロイド　409d
2, 4-D　569f
2-5A　**1465**f
2μ plasmid　2μ プラスミド　**1041**b
2n-generation　2n 世代　1370g
3′-end　3′ 末端(核酸の)　**554**c
30 nm chromatin fiber　30 nm クロマチン繊維　**550**e
3T3 cell　3T3 細胞　648d
4NQO　4-ニトロキノリン-1-オキシド, ニトロキノリンオキシド　943e, 1019i
5′-end　5′ 末端(核酸の)　**489**g
6-4 photoproduct　6-4 光産物　1172a
70 kDa ribosomal protein S6 kinase　94e

A

α₁-antitrypsin　α₁-抗トリプシン　463k
α₁-AT　α₁-抗トリプシン　463k
α₁-fetoglobulin　α₁-フェトグロブリン　1187d
α-1-fetoprotein　α-フェトプロテイン　647f
α₂-M　α₂-マクログロブリン　463k
α₂-macroglobulin　α₂-マクログロブリン　6g, 397a, 463k
α₂-PI　α₂-プラスミンインヒビター　463k
α₂-plasmin inhibitor　α₂-プラスミンインヒビター　463k
α-actinin　α アクチニン　**42**d
α-alanine　α-アラニン　**33**g
α-blocking　α 波阻止　874h
α-bungarotoxin　α-ブンガロトキシン　1002a
α-catenin　α カテニン　**42**e
α-fetoprotein　α-フェトプロテイン　**1187**d
α fiber　α 繊維　**42**g
α-helix　α ヘリックス　**42**i
α-LA　α-ラクトアルブミン　1043b
α-lactoalbumin　α-ラクトアルブミン　1043b
α-like globin genes　α 鎖様グロビン遺伝子　374b
α male　アルファ雄　650b
α receptor　α 受容体　21c
α-rigidity　α 固縮　682c
α-structure　α 構造　42i
α wave　α 波, 高振幅徐波　1065f
A　アデノシン, 肛脈　19b, 613c
A₀ horizon　A₀層　**132**f
A23187　55d
A4 protein　A4 蛋白質　1266c
A₆U　135g
A.africanus　骨細型猿人　2h
AAM　生得的解発機構　769c
Aaptos　1554₃₅
aaRS　アミノアシル tRNA 合成酵素　27c
AAV　アデノ関連ウイルス, アデノ随伴ウイルス　1117j
ABA　アブジシン酸　23j
Abacion　1594₂
A band　A 帯　**133**e
abaxial　背軸　446b
—— surface　背軸面　1088e
ABCB1　P-糖蛋白質　1154e

ABC exinuclease　ABC エクスヌクレアーゼ　669c
ABC model (of flower development)　ABC モデル(花の発生における)　**139**e
ABDERHALDEN, Emil　アブデルハルデン　**24**b
abdomen　腹　**1114**c
abdominal air-sac　腹気嚢　296d
—— cavity　腹腔　**1194**d
—— fin　腹鰭　934a
—— leg　腹脚　**1194**b
—— pedicle　腹柄　**1200**c
—— window method　腹窓法　**1199**d
abducent nerve　外転神経, 第六脳神経　178e
abductor　外転筋　293a
Abelia　1652₄₁
Abelmoschus　1650₁₈
ABEL, Othenio　アーベル　**25**a
Abelson leukemia virus　アベルソン白血病ウイルス　1103a
Abeofroma　1553₁
Aberlemnia　1641₄₅
aberrant duct　迷走管　837b
aberratio　変性種, 迷入　**1286**f, **1374**k
aberration　変性種　**1286**f
abfrontal cilium　反前面繊毛　329i
Abies　1644₅₀
ab initio prediction　第一原理的方法　1458g
abiogenesis　偶然発生, 自然発生　**587**i
abioseston　非生物セストン, 非生物体セストン　786d
Abiotrophia　1543₄
ABL　1102f
ablactation　離乳　**1459**h
abnormal fibrinogen　異常フィブリノゲン　**65**c
—— hemoglobin　異常ヘモグロビン　1277c
—— hermaphroditism　異常雌雄同体現象　286c
A.boisei　骨太型猿人　2h
abomasum　皺胃　1122c
aboral pole　反口極　436f
—— tentacle　反口触手, 縁触手　670b, 1325c
abortion　流産　**1467**g
Abortiporus　1624₂₃
abortive infection　不稔感染　**1209**f
—— lysogenization　不稔溶原化　**1209**h
—— transduction　不稔形質導入　1209h
ABO system of blood group　ABO 式血液型　396a
Abranchiata　無鰓類　1408b, 1427c
Abranchiaten　無鰓類　1427c
abrin　アブリン　**24**d
abrine　アブリン　**24**d
Abrodictyum　ハハジマホラゴケ　1642₄₅
Abrograptus　1562₄₅
abscess　膿瘍　**1066**e
abscisic acid　アブシジン酸　**23**j
abscission　器官脱離　**281**c
—— layer　離層　**1456**b
absence　欠神　967b
Absidia　1603₃₆
absolute biotic potential　絶対繁栄能力　776a
—— configuration　絶対配置　1459b
—— density　真の密度, 絶対密度　478b
—— refractory period　絶対不応期　1190c
absorbance　吸光度　**309**k
absorbancy　吸光度　**309**k
absorbed dose　吸収線量　1298d
absorption　吸収　**310**d
—— coefficient　吸光係数　309k
—— spectrum　吸収スペクトル　**310**f
absorptive cell　吸収細胞　310g
—— epithelium　吸収上皮　310c

―― hair 吸収毛 310g
―― scale 吸水鱗片 310g
―― tissue 吸収組織 **310**g
Abstammung 687k
abstinence psychosis 禁断精神病 339a
―― symptom 禁断症状 **339**a
abundance 数度 **727**f
Abundisporus 1624₃₇
Abwehrdistanz 防衛距離 437d
Abyla 1555₄₈
abyssal sediment 深海堆積物 183d
―― zone 無光層 **1369**b
abyssobenthic organism 深海底帯生物 688f
Abyssocladia 1554₄₁
abyssopelagic organism 深層生物, 深層水層生物 689b
―― zone 深層域 189f
Abyssothyris 1580₃₅
Abythites 1566₂₆
abzyme 抗体酵素 **457**d
7-ACA 7-アミノセファロスポラン酸 794j, 1268a
Acabaria 1557₂₆
Acacia 1648₄₈
Acalephae 鉢虫類 **1099**d
Acanthaceae キツネノマゴ科 1652₁₉
Acanthamoeba 1628₁₁
Acanthamoeba polyphaga mimivirus 1362g
Acanthamoeba polyphaga mimivirus アカントアメーバポリファーガミミウイルス 1516₂
Acantharea アカンタリア綱, 棘針綱 1663₂₂
Acanthascus 1555₁₁
Acanthaster 1560₅₁
Acantheis 1592₁₇
acanthella アカンテラ 460f
Acanthellorhiza 1623₄₃
Acanthephyra 1597₄₃
Acanthisitti イワサザイ亜目 1572₃₉
Acanthobdella 1585₄₀
Acanthobdellida トゲビル下綱 1585₄₀
Acanthocephala 鉤頭動物, 鉤頭動物門 460f, 1578₄₃
Acanthocephalus 1579₈
Acanthocepola 1566₄₂
Acanthoceras 1583₃
Acanthoceros 1654₅₁
Acanthochaetetes 1554₃₅
Acanthochiasma 1663₂₃
Acanthochitona 1581₂₈
Acanthochitonina ケハダヒザラガイ亜目 1581₂₈
Acanthocolla 1663₂₃
Acanthocorbis 1553₁₀
Acanthocotyle 1577₄₉
Acanthocystha 1663₂₃
Acanthocystis 1666₃₀
Acanthodes 1565₁₈
Acanthodesmia 1663₁₂
Acanthodiaptomus 1595₆
Acanthodiformes アカントーデス目 1565₁₈
Acanthodii 棘魚綱, 棘魚類 325a, 1565₁₅
Acanthodochium 1619₄₁, 1619₄₂
Acanthoeca 1553₁₀
Acanthoecida アカンソエカ目 1553₁₀
Acanthogobius 1566₄₂
Acanthogorgia 1557₂₈
Acanthograptus 1562₃₇
Acanthogymnoascus 1611₁₆
Acantholichen 1623₅₀
Acantholithium 1663₂₅
Acanthometra 1663₃₀
Acanthometron 1663₃₀
Acanthonitschkea 1617₃
Acanthopeltis 1633₂₉
Acanthoperla 1592₁₉
Acanthophyllum 1556₅₀
Acanthoplegma 1663₂₄
Acanthopleura 1581₂₄
Acanthopleuribacter 1536₁₀

Acanthopleuribacteraceae アカントプレウリバクター科 1536₁₀
Acanthopleuribacterales アカントプレウリバクター目 1536₉
Acanthopodida アカンソポディダ目 1628₁₁
acanthor larva アカントール幼生 460f
Acanthosphaeria 1616₄₃
Acanthospira 1663₂₄
Acanthostaurus 1663₃₀
Acanthostega アカントステガ 61a, 1567₁₄
Acanthostigma 1610₃
Acanthostigmella 1610₃
Acanthostomella 1658₂₂
Acanthotelson 1596₃₀
Acanthothoraciformes 棘胸目 1564₁₄
Acanthus 1652₁₉
acarbose アカルボース **4**d
acardia 無心臓 **1369**j
Acari ダニ目 1589₄₂
Acaricomes 1537₂₂
Acaridida コナダニ下目 1590₄₄
acarology ダニ学 352e, 503b
Acaromyces 1622₂₀
Acaronychus 1590₅₃
Acarospora 1612₅
Acarosporaceae ホウネンゴケ科 1612₅
Acarosporales ホウネンゴケ目 1612₄
Acarosporina 1614₁₃
Acarosporomycetidae ホウネンゴケ亜綱 1612₃
Acartia 1595₆
Acarus 1590₄₄
Acaryochloris 1541₁₉
Acasta 1595₅₄
Acaste 1589₃
acatalasemia 無カタラーゼ血症 1367f
acatalasia 無カタラーゼ症 **1367**f
Acaulopage 1604₂₃
Acaulospora 1605₄
Acaulosporaceae アカウロスポラ科 1605₄
ACC 1-アミノシクロプロパン-1-カルボン酸 134a
acceleration 促進 **836**h
accelerator globulin 128d
―― nerve 促進神経 **836**l
accession number アクセッション番号 **5**i
accessorius nerve 副神経, 第十一脳神経 1064f
accessory adrenal 副副腎 **1200**b
―― axis 副軸 567f
―― body アクセサリーボディ 233h
―― bud 副芽 **1193**i
―― chromosome アクセサリー染色体, 副染色体 135b, 1339d
―― complex 946b
―― cone 副錐体 723a
―― food factor 副次的食物因子 670a
―― fruit 偽果 **278**e
―― gene アクセサリー遺伝子 **5**h
―― gland 付属腺 **1204**b
―― heart 補助心臓 398a
―― mammary gland 副乳腺 1043c
―― nerve 副神経, 第十一脳神経 1064f
―― olfactory tract 副嗅索 310b
―― pigment 補助色素 621i
―― pulsatile organ 補助拍動器官 **1308**a
―― respiratory organ 副呼吸器 343c
―― stylet 副針 1163b
―― stylet pouch 副針嚢 1163b
accidental cave animal 外来性洞窟動物 978f
―― hermaphroditism 偶発的雌雄同体現象 286k
―― regeneration 偶発的再生 514b
―― species 偶生種 **343**e
Accipitres タカ亜目 1571₃₄
Accipitriformes タカ目 1571₃₂
acclimation 順化, 馴化 **650**d
acclimatization 順化, 馴化 **650**d
―― to altitude 高地順化 **458**g

accommodation　遠近調節, 順応　**151**c, **652**f
accumbent　側位　**835**a
accumulation factor　濃縮係数　**1063**i
ACDL solution　ACDL 液　398e
ACD solution　ACD 液　398e
ACE　アンギオテンシン変換酵素　294i
acellular cementum　無細胞性セメント質　1069b
—— organisms　非細胞生物　883h
—— plant　非細胞植物　**1140**f
acentric chromosome　無動原体染色体　**1371**c
—— fragment　無動原体断片　1371c
Acephala　無頭類　1041a, **1371**d
Acephala　1615₁₆
Acephalina　無頭類　**1371**d
acephalous larva　無頭型幼虫　**1371**b
Acer　1650₉
Acerata　無角類　680g
Acercostraca　バコニシア目　1594₃₁
Aceria　1590₃₇
Acerviclypeatus　1616₃₈
Acervularia　1556₅₃
acervulus　分生子盤　1249a
Acetabularia　1634₄
acetabulum　関節窩, 腹吸盤　266b, 313d
acetal　アセタール　1276b
—— phosphatide　アセタールホスファチド　1217d
2-acetamido-2-deoxy-D-galactose　2-アセトアミド-2-デオキシ-D-ガラクトース　14b
2-acetamido-2-deoxy-D-glucose　2-アセトアミド-2-デオキシ-D-グルコース　14d
Acetanaerobacterium　1543₅₀
acetate-CoA ligase　酢酸-CoA リガーゼ　14e
acetate kinase　酢酸キナーゼ　**536**e
—— kinase:pyrophosphate　酢酸キナーゼ:ピロリン酸　536e
acetic acid　酢酸　**536**c
—— acid bacteria　酢酸菌　**537**a
—— acid fermentation　酢酸発酵　**537**b
Acetitomaculum　1543₃₈
Acetivibrio　1543₅₀
acetoacetate decarboxylase　アセト酢酸デカルボキシラーゼ　409g
acetoacetic acid　アセト酢酸　409g
Acetoanaerobium　1543₁₉
Acetobacter　1546₁₄
Acetobacteraceae　アセトバクター科　1546₁₄
Acetobacterium　1543₃₃
acetocarmine　酢酸カーミン　**536**d
Acetofilamentum　1539₉
Acetogenium　1544₆
Acetohalobium　1543₅₉
acetoin　アセトイン　**16**b
Acetomicrobium　1539₉
acetone body　アセトン体　409g
Acetonema　1544₂₀
acetophenone　アセトフェノン　908k
Acetothermus　1543₉
acetyl-activating enzyme　アセチル活性化酵素　12a
acetylcholine　アセチルコリン　**15**a
—— esterase　アセチルコリンエステラーゼ　493a
—— receptor　アセチルコリン受容体　**15**b
N-acetylchondrosamine　N-アセチルコンドロサミン　14b
acetyl-CoA　アセチル CoA, アセチル補酵素 A　**14**e
—— acetyltransferase　アセチル CoA アセチル基転移酵素　409g
—— carboxylase　アセチル CoA カルボキシラーゼ　**14**f
—— pathway　アセチル CoA 経路　1319g
—— synthetase　アセチル CoA シンテターゼ　12a, 14e
N-acetylgalactosamine　N-アセチルガラクトサミン　14b
N-acetylglucosamine　N-アセチルグルコサミン　**14**b
N-acetyl-α-D-glucosaminidase　N-アセチル-α-D-グルコサミニダーゼ　1272i
N-acetyl-β-hexosaminidase　N-アセチル-β-ヘキソサミニダーゼ　258a
N-acetylmannosamine　N-アセチルマンノサミン　**15**d

acetylmethylcarbinol　アセチルメチルカルビノール　**16**b, 547f
acetyl-β-methylcholine　アセチル-β-メチルコリン　685c
N-acetylmuramic acid　N-アセチルムラミン酸　**15**c
N-acetylneuraminic acid　N-アセチルノイラミン酸　**15**c
acetyl phosphate　アセチルリン酸　**16**a
acetylsalicylic acid　アセチルサリチル酸　13e
acetylspiramycin　アセチルスピラマイシン　1340a
acetyltransferase　アセチルトランスフェラーゼ　14c
Ac-globulin　Ac グロブリン　**128**c
Achaeta　無毛類　1480d
Achaetifera　無毛類　1480d
Achaetomium　1619₆
Achalinus　1568₅₆
Acharax　1581₅₀
Achatina　1584₂₃
Achelata　イセエビ下目　1597₅₈
Achemon　1630₁₀
achene　痩果　**822**b
Achipteria　1591₈
achlamydeous flower　無花被花　234b
Achlya　1654₂₀
Achnanthales　ツメケイソウ目　1655₄₀
Achnanthes　1655₄₀
Achnanthidium　1655₄₀
Acholeplasma　1550₂₉
—— *phage L2*　アコレプラズマファージ L2　1516₄₉
—— *phage MV-L51*　アコレプラズマファージ MV-L51　1517₅₀
Acholeplasmataceae　アコレプラズマ科　1550₂₉
Acholeplasmatales　アコレプラズマ目　1550₂₈
AChR　アセチルコリン受容体　15b
Achradina　1662₂₆
Achromatium　1549₅₇
achromatopsia　全色覚異常, 色覚異常　**561**i
Achromobacter　1546₄₄
A-chromosome　A 染色体　217d
Achroomyces　1620₁₃
Achrotelium　1620₁₆
Achyranthes　1650₄₉
acicular tree　針葉樹　**714**g
Aciculata　足刺綱　1584₄₀
aciculifruticeta　針葉低木林　714h
aciculilignosa　針葉樹林　**714**h
aciculisilva　針葉高木林　714h
Aciculoconidium　1605₄₆
Aciculosporium　1617₁₃
aciculum　足刺　**836**b
Acidaminobacter　1543₁₉
Acidaminococcaceae　アシダミノコックス科　1544₁₈
Acidaminococcus　1544₁₈
acid-base balance　酸塩基平衡　**547**c
—— phosphorylation　酸-塩基リン酸化　**547**d
acid-citrate-dextrose solution　ACD 液　398e
acide-base equilibrium　酸塩基平衡　**547**c
acid-fast bacteria　抗酸菌　**444**f
—— staining method　抗酸性染色法　**445**a
acid gland　酸腺　866i
—— growth　酸成長　**551**f
acid-growth hypothesis　酸成長説　551f
Acidianus　1534₁₅
—— *bottle-shaped virus*　アシディアヌス ボトル型ウイルス, アシディアヌス瓶状ウイルス　1515₁₆
—— *filamentous virus 1*　アシディアヌス繊維状ウイルス 1　1515₆₀
—— *filamentous virus 2*　アシディアヌス繊維状ウイルス 2　1516₁
—— *two-tailed virus*　アシディアヌス ツーテイルウイルス　1515₃₂
Acidicaldus　1546₁₄
acidic dye　酸性色素　**551**d
acidification　酸敗　1210e
Acidilobaceae　アシディロブス科　1534₅
Acidilobales　アシディロブス目　1534₄
Acidilobus　1534₅

Acidimicrobiaceae アシディミクロビア科 1536₁₈
Acidimicrobiales アシディミクロビア目 1536₁₆
Acidimicrobidae アシディミクロビウム亜綱 1536₁₅
Acidimicrobineae アシディミクロビア亜目 1536₁₇
Acidimicrobium 1536₁₈
Acidiphilium 1546₁₄
Acidiplasma 1535₂₀
Acidisoma 1546₁₄
Acidisphaera 1546₁₅
Acidithiobacillaceae アシディチオバチルス科 1548₂₉
Acidithiobacillales アシディチオバチルス目 1548₂₈
Acidithiobacillus 1548₂₉
Acidobacteria アシドバクテリア綱, アシドバクテリア門 1536₂, 1536₃
Acidobacteriaceae アシドバクテリア科 1536₆
Acidobacteriales アシドバクテリア目 1536₅
Acidobacterium 1536₆
acidocalcisome アシドカルシソーム 10c
Acidocella 1546₁₅
Acidomonas 1546₁₅
Acidomyces 1608₄₂
acidophil 好酸性, 好酸球, 酸好性 444e, 444h
acidophile 好酸性, 好酸球, 酸好性 444e, 444h
acidophil gland 酸好性腺 187b
acidophilic 好酸性, 酸好性 444h
Acidorhynchus 1565₂₉
acidosis アシドーシス 10d
Acidothermaceae アシドサーマス科, アシドテルムス科 1536₄₄
Acidothermus 1536₄₄
acidotrophic lake 酸栄養湖 547b
acidotropic reagent 向酸性試薬, 酸性指向試薬 155d
Acidovorax 1546₅₁
acid phosphatase 酸性ホスファターゼ 1475a
 ─── plant 酸植物 551b
 ─── pollution 酸汚染 547e
 ─── protein 酸性蛋白質 551e, 1159g
 ─── rain 酸性雨 551c
 ─── soil 酸性土壌 551g
Acila 1581₄₉
acinar cell 膵臓腺房細胞 496f
Acineta 1659₄₉
Acinetobacter 1549₄₅
Acinetopsis 1659₄₉
Acinetospora 1657₂₉
aciniform gland ブドウ状腺 642c
Acinonyx 1575₄₆
acinous gland 胞状腺 870h
Acipenser 1565₃₀
Acipenseriformes チョウザメ目 1565₃₀
Acitheca 1611₁₆
ackee アキ 1162f
aclacinomycin A アクラシノマイシン A 50a
aclarubicin アクラルビシン 50a
acme zone アクメ帯 223c
acmocyst アクモシスト 1300g
Acnidaria 無刺胞類 594b
Acochlidiacea スナウミウシ亜目 1584₅
Acochlidium 1584₅
Acoela 無腸目 1558₃₅
acoele theory 無腸類起原説 820a
acoeloid 無腸類様動物 1218j
Acoelomata 無体腔動物 1370j
acoelomates 無体腔動物 1370j
Acoelomorpha 無腸型扁形動物門 932b, 1284d
Acoetes 1584₄₇
Acolocrinus 1560₂
Aconchulinida アコンクリニダ目 1664₄₀
acone eye 無円錐眼 1193l
aconitase アコニターゼ 9e, 344b[図]
aconitate hydratase アコニット酸ヒドラターゼ, アコニット酸水添加酵素 344b[図]
aconitic acid アコニット酸 9d
aconitine アコニチン 9c
Aconitum 1647₅₆

Aconogonon 1650₄₀
Aconthaspis 1663₃₀
acontium 槍糸 1110h
acontobolocyst アコントボロシスト 1300g
Acoraceae ショウブ科 1645₅₂
acorn 殻斗果 206h
 ─── worms ギボシムシ綱, 腸鰓類 1120a
Acorus 1645₅₂
Acotylea 無吸盤類 1577₂₃
acoustic nerve 聴神経 922d
acoustico-lateralis system 聴側線系 923h
ACP アシル基運搬蛋白質 11e
acquired character 獲得形質 206i
 ─── immunity 獲得免疫 207a
 ─── immunodeficiency syndrome 後天性免疫不全症候群 118c
 ─── releasing mechanism 獲得性解発機構 769c
 ─── resistance 獲得抵抗性 263d
acquisition of resistance 抵抗性獲得 950g
Acramoeba 1628₉
Acrania 無頭類 1371d
acrania 無頭蓋 1371a
acraniates 無頭類 1371d
Acrasiales アクラシス目, アクラシス菌類, アクラシス類 527d, 1631₈
Acrasida アクラシス目, アクラシス菌類, アクラシス類 527d, 1631₈
Acrasid cellular slime mold アクラシス菌類, アクラシス類 527d
acrasin アクラシン 7e
Acrasis 1631₈
Acraspedota 無縁膜クラゲ類 1099d
acraspedote medusa 無縁膜クラゲ 353h
Acremonium 1616₅₂
Acreodi 無肉歯目 1575₅₆
Acrida 1599₂₆
acridine dye アクリジン色素 8b
Acrobates 1574₂₃
acroblast アクロブラスト 76c
Acrobolbaceae チチブイチョウゴケ科 1638₂₃
Acrocalymma 1609₃₀
Acrocarpospora 1538₇
Acrocephalus 1572₄₆
Acrochaete 1634₄₀
Acrochaetiales アクロケーチウム目 1633₂
Acrochaetium 1633₂
Acrochordus 1568₅₆
Acrocirrus 1585₁₅
Acrocoelida アクロシールス目 1661₁₆
Acrocoelus 1661₁₆
Acrocordia 1610₂₉
Acrodontium 1606₃₀
Acrodus 1564₄₀
acrodyna 先端疼痛症 1171d
Acroechinoidea 1561₄₀
acrogamy 頂端受精 924e
Acrogenospora 1607₉
Acrolepis 1565₂₅
Acromitus 1556₃₀
acropetal 求頂的 312h
acrophase 頂点位相 776g
Acrophialophora 1606₃₀
Acrophorus 1643₅₄
Acropisthium 1659₃
Acropora 1557₅₂
Acrorumohra 1643₅₄
Acroscyphus 1631₃₅
acrosin アクロシン 8d
Acrosiphonia 1634₂₄
acrosomal cone 先体突起 813b
 ─── process 先体突起 812k, 813b
 ─── vesicle 先体胞 753a, 812k
acrosome 先体, 尖体 812k
 ─── reaction 先体反応 813b
Acrospeira 1606₃₀

Acrospermales	アクロスペルムム目	1607[2]
Acrospermoides		1607[3]
Acrospermum		1607[3]
Acrosphaera		1663[20]
Acrostalagmus		1617[26]
Acrostichum		1643[30]
Acrostroma		1618[8]
Acrosymphytales	アクロシンフィトン目	1633[46]
Acrosymphyton		1633[46]
acrotergite	端背板	1087c
Acrothoracica	尖胸上目	1595[40]
Acrotretida	カサシャミセン目, 盤殻類	1579[45]
ACTH	副腎皮質刺激ホルモン	1197d
Actibacter		1539[38]
actidione	アクチジオン	569e
Actidium		1609[41]
actin	アクチン	**7**a
Actinastrum		1635[5]
Actinaurispora		1537[38]
actin-binding protein	アクチン結合蛋白質	**7**c
actin capping protein	アクチンキャッピング蛋白質, アクチン繊維端結合蛋白質	**7**b
Actinedida	ケダニ亜目	1590[17]
Actinella		1655[31]
Actinernus		1557[41]
Actinia		1557[43]
Actiniaria	イソギンチャク目	1557[39]
Actiniceps		1626[38]
Actinichona		1659[35]
actinidain	アクチニダイン	582j
Actinidia		1651[24]
Actinidiaceae	マタタビ科	1651[24]
Actiniopteris		1643[30]
Actiniscales	アクチニスクス目	1662[25]
Actiniscus		1662[25]
actin-linked regulation	アクチン側調節	1351a
actin-myosin complex	アクチン-ミオシン複合体	**7**d
Actinoallomurus		1538[10]
Actinoalloteichus		1537[56]
Actinobacillus	アクチノバチルス	1549[39]
actinobacillus	アクチノバチルス	**6**c
Actinobacteria	アクチノバクテリア綱, アクチノバクテリア門	1536[13], 1536[14]
Actinobacteridae	アクチノバクテリア亜綱	1536[21]
Actinobaculum		1536[24]
Actinobispora		1537[56]
Actinobolina		1659[3]
Actinocatenispora		1537[38]
Actinoceras		1582[37]
Actinoceratoidea		1582[36]
Actinocerida		1582[37]
Actinocorallia		1538[11]
Actinocoryne		1552[14]
Actinocyclus		1654[33]
Actinodonta		1582[16]
Actinodontida		1582[16]
Actinokineospora		1537[54]
Actinomadura		1538[11]
actinometry	光量測定法	468f
Actinomma		1663[15]
Actinomonas		1656[9]
actinomorphic flower	放射相称花	1299a
Actinomucor		1604[40]
Actinomyces	アクチノマイセス	**6**e, 1536[24]
Actinomycetaceae	放線菌科	1536[24]
Actinomycetales	放線菌目	1536[22]
actinomycetes	放線菌	**1302**e
Actinomycetospora		
actinomycin D	アクチノマイシン D	**6**d
Actinomycineae	放線菌亜目	1536[23]
actinomycosis	放線菌症	6e, 1302e
Actinopeltis		1608[57]
actinophage	アクチノファージ	1302e
actinopharynx	花虫口道	1110h, 1325c
Actinophryales	アクチノフリス目, 無殻太陽虫目	1653[7]

Actinophryida	アクチノフリス目, 無殻太陽虫目	1653[7]
Actinophrys		1653[7]
Actinophytocola		1537[57]
Actinoplaca		1614[1]
Actinoplanes		1537[38]
Actinopodea	軸足虫上綱	1030e
Actinopolymorpha		1537[46]
Actinopolyspora		1536[27]
Actinopolysporaceae	アクチノポリスポラ科	1536[27]
Actinopolysporineae	アクチノポリスポラ亜目	1536[26]
Actinopterygii	条鰭亜綱	1565[20]
Actinoptychus	カザグルマケイソウ	1654[33]
Actinopycnidium		1537[62]
Actinosphaerium		1653[7]
Actinospica		1536[29]
Actinospicaceae	アクチノスピカ科	1536[29]
Actinospora		1616[16]
Actinosporangium		1538[1]
actinospore	放線胞子	1059i
actinost	射出骨	882d
actinostele	放射中心柱	**1299**e
Actinostemma	ゴキヅル	1649[12]
Actinostilbe		1617[35]
Actinostola	セトモノイソギンチャク	1557[44]
actinostome	口道外口	1325c
Actinosynnema		1537[54]
Actinosynnemataceae	アクチノシネマ科	1537[54]
Actinotaenium		1636[8]
Actinotalea		1537[10]
actinotrocha	アクチノトロカ	**6**b
Actinozoa	サンゴ虫類	1110h
actin-regulatory protein	アクチン調節蛋白質	7c
actinula	アクチヌラ	1218i
Actinulida	アクチヌラ目	1556[12]
action	作用	**545**g
── current	活動電流	230c
── potential	活動電位	**230**b
── spectrum	作用スペクトル	**545**h
activated sleep	賦活睡眠	1491g
── sludge	活性汚泥	**228**d
── sludge organisms	活性汚泥生物	228e
activating pathway of complements	補体活性化経路	**1314**a
activation	付活, 活性化, 賦活	**228**f
── center	決定中心(昆虫用)	**406**f
── energy	活性化エネルギー	174e, **228**g
── heat	活動化熱	1058a
activation-induced cytidine deaminase		117c, 354a, 1386f
activation potential	賦活電位	639b
active acetate	活性酢酸	14e
── acidity	活酸性	551g
── C_1 unit	活性C_1単位	962d
── diffusion	能動的拡散	771a
── dispersal	能動的分散	1245b
── immunity	能動免疫	643c
── immunization	能動免疫化	1385a
── methionine	活性メチオニン	19a
activer Schlag	有効打, 能動打	819c
active site	活性部位	452f
── state	活動態, 活動状態(筋肉の)	**229**h, 464a
── sudoriferous gland	能動汗腺	1160g
── sugar	活性糖	992f
── sulfate	活性硫酸	1310c
── transport	能動輸送	**1065**e
activin	アクチビン	**6**f
── binding protein	アクチビン結合蛋白質	**6**g
activity	活動性, 活性	**228**c
── metabolism	活動代謝	**230**a
actomyosin	アクトミオシン	**7**d
── ATPase	アクトミオシン ATP アーゼ	1350b
acuity of vision	視力	**686**c
Aculops		1590[37]
Aculus		1590[38]
Acusta		1584[23]
Acute bee paralysis virus	急性ミツバチ麻痺ウイルス	1521[7]
acute effect	急性影響	1297e

―― pancreatic necrosis 膵臓壊死 718e
Acutodesmus 1635₂₄
acyclic 無輪廻 **1372**e
―― flower 非輪生花 239e
―― phyllotaxis 非輪生葉序 1475e
acyl-activating enzyme アシル活性化酵素 12a
acylamidase アシルアミダーゼ 26g
acylamide amido hydrolase アシルアミドアミドヒドロラーゼ 26g
acylamino-acid amidase アシルアミノ酸アミダーゼ **11**d
acylase アシラーゼ 11d, 26g
acylaspartate amidase アシルアスパラギン酸アミダーゼ 11d
acyl carrier protein アシル基運搬蛋白質 **11**e
acyl-CoA アシル CoA **12**a
―― synthetase アシル CoA シンテターゼ 12a
acylglycerol アシルグリセロール 11f
acylphosphatase アシルホスファターゼ 1475a
N-acylsphingoid *N*-アシルスフィンゴイド 795e
Acystopteris 1643₃₇
Acystostelium 1629₃
ADA アデノシン脱アミノ酵素 20a
Adam's apple アダムのリンゴ 461b
Adamsia 1557₄₄
Adams-Stokes' disease アダムス-ストークス病 1144e
Adansonia 1650₁₈
ADANSON, Michel アダンソン **17**d
Adapiformes アダピス下目 1575₂₄
Adapis 1575₂₄
adaptation 適応, 順応 652f, **958**b
―― disease 適応病 1124g
adaptationism 適応主義 **958**d
adaptationist program 適応戦略論 **958**g
adaptation to luminosity 明暗順応 **1374**a
adaptive control 適応制御 **958**f
―― dynamics アダプティブダイナミックス **17**b
―― enzyme 適応酵素 1412g, 1413b
―― evolution 適応進化 **958**e
―― landscape 適応地形 **958**i
―― management アダプティブマネージメント, 適応的管理, 順応的管理 **652**g
―― peak 適応の峰 958i
―― radiation 適応放散 **959**c
―― response 適応応答 943c
―― topography 適応地形図 958i
―― valley 適応の谷 958i
―― value 適応価, 適応値 **958**c, 959a
―― zone 適応帯 **958**b
adaptor protein アダプター蛋白質 **17**a
―― protein complex AP 複合体, アダプター蛋白質複合体 485f
adaxial 向軸 **446**b
―― surface 向軸面 1088e
ADCC 抗体依存性細胞傷害活性 330f, 528b, 1025e, 1386a
additive genetic variance 相加的遺伝分散 1166h
―― growth 加法的成長 765f
―― species 合成種 644g
adductor 内転筋 293a
―― muscle 閉殻筋 **1258**e
―― scar 閉殻筋痕 1041e
Adelanthaceae ケハネゴケモドキ科 1638₁₃
Adelea 1661₃₁
Adelina 1661₃₁
Adelochordata 擬索類 1120a
Adelococcaceae アデロコックス科 1610₄₀
Adelococcus 1610₄₀
Adelophycus 1633₃₁
Adelphamoeba 1631₄
adelphous stamen 合生雄ずい 1409e
adenal rhabdoid 腺性棒状小体 1301f
adenase アデナーゼ 18f
adenine アデニン 150e
―― deaminase アデニン脱アミノ酵素 **18**f
Adeno-associated virus-2 アデノ随伴ウイルス 2 型 1518₁₀
adenocarcinoma 腺癌 262d

adenohypophysis 腺下垂体, 腺性脳下垂体 217j
Adenoides 1662₃₈
adenoma 腺腫 **805**h
Adenophora 1652₂₈
Adenophorea 双腺綱, 尾腺綱 803d
Adenopilina 1558₃₁
adenosine アデノシン **19**b
―― deaminase アデノシン脱アミノ酵素 **20**a
―― diphosphate アデノシン二リン酸 **20**b
―― kinase アデノシンキナーゼ **19**c
―― monophosphate アデノシン一リン酸 18b
―― receptor アデノシン受容体 **19**e
―― triphosphatase アデノシンホスファターゼ **20**c
―― triphosphate アデノシン三リン酸 **19**d
adenosylcobalamin アデノシルコバラミン **18**h
Adenoviridae アデノウイルス, アデノウイルス科 **18**g, 1515₉
adenylate アデニレート 18b
―― cyclase アデニル酸シクラーゼ, アデニル酸環化酵素 589i
―― deaminase アデニル酸脱アミノ酵素 **18**d
―― kinase アデニル酸キナーゼ **18**c
adenyl cyclase アデニル酸シクラーゼ, アデニル酸環化酵素 589i
adenylic acid アデニル酸 18b
adenylyl cyclase アデニル酸シクラーゼ 510b
adenylylsulfate kinase アデニリル硫酸キナーゼ 1310c
Adephaga オサムシ亜目, 食肉類, 飽食類 1600₅₂
adequal coeloblastula 等葉有腔胞胚 1407j
adequate stimulus 適当刺激 **960**e
adermin アデルミン **1171**d
ADH 抗利尿ホルモン 468c
Adhaeribacter 1539₂₂
adherens junction アドヘレンスジャンクション **20**f
adhering root よじのぼり根, 付着根, 攀縁根 283c
adhesive cell 粘着細胞 **1060**d
―― disc 吸着円盤, 吸着盤 **479**e, 955b
―― organ 固着器官 **479**d
Adiaphanida 不透明目 1577₃₉
Adiaphorostreptus 1593₃₆
Adiatum 1643₃₀
Adineta 1578₃₁
adipokinetic hormone 脂質動員ホルモン **577**e
adipose fin 脂鰭 1175c
―― tissue 脂肪組織 **611**a
aditus laryngis 喉頭口 459k
adjacent pairs 隣接対 192b
adjustor 調整器 **922**f
adjuvant アジュバント **10**h
―― arthritis 関節炎 **1230**a
Adlercreutzia 1538₁₈
adnate 側着, 沿着 1409e
adnation 異類合着 229d
adolescaria メタセルカリア **1377**b
adolescent sterility 思春期不妊 **578**e
Adonis 1647₅₆
adoptive immunity 養子免疫 643c, **1423**c
adoral zone of membranelles 口部膜板帯, 周口小膜域 666f
―― zone of oral polykinetids 口部膜板帯, 周口小膜域 666f
Adoxa 1652₄₀
Adoxaceae レンプクソウ科 1652₄₀
ADP アデノシン二リン酸 20b
ADP-ribosylation ADP リボシル化 **136**d
―― factor ADP リボシル化因子 1228i
ADP-ribosyltransferase ADP リボシルトランスフェラーゼ 136a
adradial canal 従幅管 1408g
adradius 従対称面, 従幅 1298f
adrenal ascorbic acid depletion method AAAD 法, 副腎アスコルビン酸減少法 12c
―― cortex 副腎皮質 **1197**c
―― corticoid 副腎皮質ホルモン **1197**f
adrenalectomy 副腎摘出 1196f
adrenal ferredoxin アドレナルフェレドキシン 21d

―― gland 副腎 **1196**f
adrenaline アドレナリン **21**a
―― receptor アドレナリン受容体 **21**c
adrenal medulla 副腎髄質 **1196**i
―― sex hormone 副腎性性ホルモン **1197**a
―― virilism 副腎性雄性化 **1197**b
adrenergic blocking drug アドレナリン遮断剤 685c
―― drug アドレナリン作動性剤 685c
―― fiber アドレナリン作動性繊維 **21**b
―― nerve アドレナリン作動性神経 **21**b
―― neuron アドレナリン作動性ニューロン **21**b
―― receptor アドレナリン受容体 **21**c
adrenocortical hormone 副腎皮質ホルモン **1197**f
adrenocorticotrophic hormone 副腎皮質刺激ホルモン **1197**d
adrenocorticotrophin アドレノコルチコトロピン **1197**d
adrenocorticotropic hormone 副腎皮質刺激ホルモン **1197**d
adrenocorticotropin アドレノコルチコトロピン **1197**d
adrenodoxin アドレノドキシン **21**d
Adriamonas 1653$_{15}$
Adriamycin アドリアマイシン **20**i
adriamycin アドリアマイシン 50a
ADRIAN, Edgar Douglas エードリアン **136**d
Adrian's law エードリアンの法則 **136**e
adsorption 吸着（ウイルスの） 312e
―― theory 吸着説 **312**f
―― water 吸着水 1004a
adult 成体，成虫 **761**e, **765**a
―― eclosion 羽化 541c
―― neurogenesis ニューロン新生 **1045**d
―― T-cell leukemia 成人 T 細胞白血病 **759**d
―― T-cell leukemia/lymphoma virus 成人 T 細胞白血病ウイルス **1155**d
―― variation 成体変異 1420m
Advenella 1546$_{44}$
adventitial cell 外膜細胞，血管外膜細胞 1339h, 1481h
adventitious bud 不定芽 **1207**e
―― root 不定根 **1207**f
adventive embryo 不定胚 **1207**h
aecidium 銹子腔 542i
aeciospore さび胞子 542a, 542c
aecium さび胞子堆 **542**c
Aeciure 1620$_{23}$
aedeagus 挿入器 **831**a
Aedes 1601$_{20}$
Aedes aegypti densovirus ネッタイシマカデンソウイルス 1518$_{14}$
Aedes pseudoscutellaris reovirus アエデスシュードスクテラリスレオウイルス 1519$_{40}$
Aega 1596$_{49}$
Aegagropila 1634$_{37}$
Aegagropila linnaei マリモ **1345**i
Aegagropilopsis 1634$_{38}$
Aegerita 1624$_{24}$
Aegeritina 1624$_{43}$, 1625$_{31}$
Aegialodon 1574$_{4}$
Aegialodontia アエギアロドン目 1574$_{4}$
Aegilops 1647$_{34}$
Aegina 1556$_{9}$
Aeginetia 1652$_{16}$
Aeginopsis 1556$_{9}$
Aegithalos 1572$_{46}$
Aegotheles 1572$_{16}$
Aegotheli ズクヨタカ亜目 1572$_{16}$
Aegypius 1571$_{34}$
Aegyptianella 1546$_{26}$
Aegyriana 1659$_{29}$
Aenictegues 1590$_{6}$
Aenigmacaris 1596$_{27}$
aeolian zone エオリアン帯 452a, 724f
Aeolidiella 1584$_{12}$
Aeolothrips 1600$_{27}$
Aepiornis 1570$_{56}$
Aepyornithiformes エピオルニス目 1570$_{56}$
Aequorea 1555$_{42}$

aequorin エクオリン **126**a
Aequorivita 1539$_{38}$
AER 外胚葉性頂堤 185g
aerenchyma 通気組織 **934**e
aerial chi-chi 気乳 905h
―― hypha 気中菌糸 **292**g
―― leaf 気中葉，気葉 62f
―― plant 着生植物 **909**a
―― respiration 空気呼吸 343c
―― root 気根 **283**g
Aeribacillus 1542$_{27}$
Aeriscardovia 1538$_{13}$
aero-aquatic fungi 好気水生菌，半水生菌 722a
aerobic metabolism 好気的代謝 **435**c
―― microorganism, aerobe 好気性菌 **435**a
―― photosynthetic bacteria 好気性光合成細菌 **435**b
―― respiration 好気的呼吸，酸素呼吸 469h
aerobiosis 好気生活 435a
Aerococcaceae アエロコックス科 1543$_{4}$
Aerococcus 1543$_{4}$
Aeromicrobium 1537$_{46}$
Aeromonadaceae アエロモナス科 1548$_{32}$
Aeromonadales アエロモナス目 1548$_{31}$
Aeromonas 1548$_{32}$
aeroplankton 空中プランクトン **343**f
Aeropyrum 1534$_{8}$
Aerosaurus 1573$_{7}$
aerotolerant anaerobe 酸素耐性菌 **552**d
aerotropism 酸素屈性 348h
Aeschcronectida 奇泳目 1596$_{27}$
Aeschna 1598$_{50}$
Aesculus 1650$_{9}$
Aessosporon 1621$_{26}$
aestatifruticeta 落葉広葉低木林 **1434**c
aestatilignosa 落葉広葉樹林 **1434**c
aestatisilva 落葉広葉高木林 1434c
aesthete 枝状器官 **579**d
aestivation 夏眠，花芽内形態 232h, **238**c, 1193j
Aestuariibacter 1548$_{38}$
Aestuariicola 1539$_{38}$
Aestuariimicrobium 1537$_{48}$
Aetea 1579$_{34}$
aethalium 着合子嚢体 **908**m
Aetheloxoceras 1582$_{31}$
Aethocrinea 1559$_{32}$
Aethocrinida エソクリヌス目 1559$_{33}$
Aethocrinus 1559$_{33}$
aetiology 病因論 1170a
Aetosaurus 1569$_{17}$
AF 185g
afferent branchial vessel 入鰓血管 **1042**b
―― canal 導入管，輸入管 1416c
―― duct 導入管，輸入管 1416c
―― fibers 求心性神経繊維 311e
―― nerve 求心性神経 **311**e
―― neurons 求心性ニューロン 311e
―― pathway 求心性経路 311e
affinity 親和性，類似性 **717**a, 1480g
―― chromatography アフィニティークロマトグラフィー **23**h
―― labeling アフィニティーラベリング **23**i
―― maturation 親和性成熟 458a
―― of antibodies 抗体親和力 **458**a
Afifella 1545$_{49}$
A filament A フィラメント **1351**d
Afipia 1545$_{30}$
aflatoxin アフラトキシン **24**c, 1102b
AFM 原子間力顕微鏡 825c
AFP α-フェトプロテイン 647f, 1187d
A/F ratio 727f
Afrenulata 有鬚動物門ハオリムシ綱 1585$_{6}$
African swine fever virus アフリカブタコレラウイルス 1515$_{21}$
Afrosoricida アフリカトガリネズミ目 1574$_{32}$
afterbirth 後産 **20**d

afterdischarge 後発射 **462**k
afterglow 遅延発光 **901**b
after hyperpolarization 後過分極, 過分極性後電位 **230**b
after-image 残像 **551**j
afterloading 後負荷 **463**i
after-ripening 後熟 **313**e, **447**c
after-sensation 残感覚 **549**d
after-shaft 副羽, 後羽 **111**g
AG アグリカン **1473**f
Agalma **1555**₅₁
Agama **1568**₄₀
agamete 非配偶体 **1159**d
agammaglobulinemia 無γ-グロブリン血症 **1367**i
Agamococcidiorida リチドキスチス目 **1661**₂₈
agamocytogony 無配偶子生殖 **1371**g
agamogenesis 無配偶子生殖 **1371**g
agamogony 無配偶子生殖 **1371**g
agamont アガモント **680**a
agamospecies 無配種 **1371**h
agamospore 無配胞子 **915**e
Agapanthus **1646**₅₅
Agapornis **1572**₄
agar 寒天 **270**f
agar-agar 寒天 **270**f
AGARDH, Carl Adolf アガルド **4**c
agar diffusion method 寒天平板拡散法 **436**j
—— dilution method 寒天平板稀釈法 **436**j
Agaricaceae ハラタケ科 **1625**₄₁
Agaricales ハラタケ目 **1625**₃₉
Agaricicola **1545**₅₄
Agaricomycetes ハラタケ綱 **1623**₂₇
Agaricomycetidae ハラタケ亜綱 **1625**₃₇
Agaricomycotina ハラタケ亜門 **1622**₅₃
Agaricostilbaceae アガリコスチルブム科 **1621**₆
Agaricostilbales アガリコスチルブム目 **1621**₄
Agaricostilbomycetes アガリコスチルブム綱 **1621**₂
Agaricostilbum **1621**₆
Agaricus **1625**₄₁
Agarivorans **1548**₃₈
agarose gel electrophoresis アガロースゲル電気泳動法 **4**e
Agarum **1657**₂₃
AGASSIZ, Jean Louis Rodolphe アガシー **3**e
Agathiphaga **1601**₃₅
Agathis **1645**₂
Agave **1646**₅₈
AGE アガロースゲル電気泳動法 **4**e
age 年齢, 齢 **1061**b, **1484**b
—— class 各齢層, 齢層 **118**a, **786**e, **1484**f
—— composition 齢構成 **1484**f
—— determination 年齢鑑定 **1061**c
—— distribution 齢分布, 齢構成 **513**h, **1484**f
—— group エイジグループ **118**a
—— interval 齢間隔 **778**b
Agelacrinites **1561**₂₉
Agelas **1554**₄₆
Agelasida アゲラス目 **1554**₄₆
Agelena **1592**₁₇
agent based model 個体ベースモデル **479**c
agents for regulation of cholesterol metabolism コレステロール代謝調節剤 **497**f
age of angiosperms 被子植物時代 **704**f
—— of cycads ソテツ植物時代 **912**e
—— of ferns シダ植物時代 **475**a
—— of gymnosperms 裸子植物時代 **912**e
—— pyramid 年齢ピラミッド **1484**f
age-specific birth rate 齢別出生率 **642**f
—— death rate 齢別死亡率 **611**e
—— fertility 齢別出生率 **642**f
—— life table 齢別生命表 **778**b
—— survival rate 齢別生存率 **1287**c
age structure 齢構成 **1484**f
agglomerate eye 集眼 **620**h
agglomerin アグロメリン **788**c
agglutination 凝集反応 **317**c
agglutinin アグルチニン, 凝集素, 細胞凝集素 **317**j, 317k,

523b
aggrecan アグリカン **1235**c, 1473f
Aggregata **1661**₃₁
aggregate 団粒, 集合果, 集塊 **215**e, 786d, 896k, 962f
aggregated distribution 集中分布 **1252**a, 1252d
aggregate fruit 集合果 **621**h
—— gland 集合腺 **642**c
—— ray 集合放射組織 **1299**c
Aggregatibacter **1549**₃₉
aggregation アグリゲーション **583**c
—— index 分布集中度指数 **1252**b
—— pheromone 集合フェロモン **1189**c
aggression 攻撃 **437**c
AGH 造雄腺ホルモン **833**i, 1411e
aging エイジング **118**b
Agitata **1665**₁₃
Agitococcus **1543**₆
Agkistrodon **1569**₁
Aglantha **1556**₆
Aglaophenia **1555**₄₂
Aglaophyton アグラオフィトン **1432**g, 1641₄₃
Aglaothamnion **1663**₄₇
Aglaura **1556**₆
aglomerular kidney 無糸球体腎 **1369**e
Aglossata カウリコバネガ亜目 **1601**₃₅
aglucone アグルコン **8**a
aglycon アグリコン **8**a
aglycone アグリコン **8**a
agmatine アグマチン **1321**g
AGMK アフリカミドリザル腎 **475**d
Agnatha 無顎上綱, 無顎類 **1367**d, 1563₃₆
agnathia 無顎 **597**g
Agnathiella **1578**₁₆
Agnezia **1563**₂₇
Agnostid アグノスタス類 **1594**₂₂
Agnostina **1594**₂₃
Agnostus **1594**₂₃
Agoniatites **1582**₄₈
Agonimia **1610**₃₉
agonist アゴニスト **9**b
agonistic behavior 敵対行動 **960**b
agouti-related peptide アグーチ関連ペプチド **6**a
AGP アラビノガラクタン蛋白質 **1157**b
agranulocyte 無顆粒白血球 **1367**h
Agre, P. **5**f
Agreia **1537**₂₁
agricultural science 農学 **1062**f
agriculture 農, 農学, 農耕 **1062**f, 1063e
Agrion **1598**₄₇
Agrobacterium アグロバクテリウム **8**e
Agrobacterium **1545**₄₇
Agrobacterium-mediated transformation method アグロバクテリウム法 **8**e
Agrobacterium tumefaciens 根頭癌腫病菌 **8**e
Agrococcus **1537**₂₁
Agrocybe **1626**₄₁
agroecology 農業生態学 **1063**c
agroecosystem 農業生態系 **1063**c
Agrogaster **1625**₅₀
agroinfiltration アグロインフィルトレーション **8**c
Agromonas **1545**₃₀
Agromyces **1537**₂₁
agronomy **1062**f
agropine アグロピン **168**e
agropinic acid アグロピン酸 **168**e
Agrostis **1647**₃₄
ague マラリア **1345**f
Agyriaceae マダラゴケ科 **1613**₅₂
Agyriales マダラゴケ目 **1613**₅₁
Agyrium **1613**₅₂
ahermatypic coral 非造礁サンゴ **549**i
"AHJD-like viruses" AHJD様ウイルス **1514**₁₉
Ahmadiago **1622**₁₃
Ahnfeltia **1633**₁₃
Ahnfeltiales イタニグサ目 **1633**₁₃

Ahnfeltiophycidae　イタニグサ亜綱　1633₁₂
Ahnfeltiopsis　1633₂₁
A horizon　A層　**133**b
Ahrensia　1545₅₄
AI　オートインデューサー　345b
AIC　情報量規準　**117**b, 774f
Aichi virus　アイチウイルス　1521₂₀
AID　**117**c, 354a, 1386b
Aidingimonas　1549₂₈
AIDS　**118**c
aIF　1332b
Aigialaceae　アイギアルス科　1609₁₂
Aigialus　1609₁₂
Ailanthus　1650₁₁
ailment　病気　**1165**f
Ailuropoda　1575₅₀
Ailurus　1575₅₀
Ainu　アイヌ人　**2**c
air bladder　鰾　**108**b
airborn microorganism　気中微生物　**292**i
air chamber　気室　**285**g
──── conduction　空気伝導　**343**d
──── duct　気道　**294**d
AIRE　**117**a
Aire　319f
air-plankton　空中プランクトン　**343**f
air plant　エアープラント，着生植物　**909**a
──── pollution　大気汚染　**847**h
──── pore　呼吸口，呼吸孔，気室孔　**286**g, **471**a
air-sac　気嚢　**296**d
air space　気室，空気間隙，通気間隙　**285**g, **934**e
──── ventilation　換気　**254**g
airway　気道　**294**b
Aistopoda　ムカシアシナシイモリ目，欠脚類　1567₂₇
AIV　ニワトリ伝染性気管支炎ウイルス　499d
Aix　1571₁₁
Aizoaceae　ハマミズナ科　1650₅₇
AJ　アドヘレンスジャンクション　20f
Ajacicyathida　1554₄
Ajellomyces　1611₁₂
Ajellomycetaceae　アジェロミケス科　1611₁₂
Ajuga　1652₁₀
Akaike's information criterion　赤池情報量基準　**117**b
Akanthomyces　1617₂₁, 1617₂₄
akashiwo　赤潮　**3**f
Akashiwo　1662₂₁
Akebia　1647₅₀
Akenomyces　1625₃₄
Akentrogonida　アケントロゴン目　1595₃₈
Akera　1584₄
AKH　脂質動員ホルモン　**577**e
AKH/RPCH family　脂質動員ホルモン/赤色色素凝集ホルモン族　**577**e
A-kinase　A キナーゼ　**125**a
akinete　アキネート　**5**c
akiochi　秋落ち　**5**b
Akkermansia　1551₈
Akkesiphycus　1657₂₃
akontobolocyst　アコントボロシスト　**1300**g
Akt　**127**e
aktive Entwicklungspotenz　積極的発生能　**1107**b
AL　人工生命　**701**h
Al　**43**f
ALA　δ-アミノレブリン酸　**30**g
Ala　**33**g
ala　翼弁　**920**h
Alacrinella　1553₁
Alaimida　アライムス目　1586₂₈
Alaimus　1586₂₈
ala major　大翼　**668**c
──── minor　小翼　**668**c
Alangium　1651₁
Alanwoodia　1664₁₇
ala orbitalis　眼窩翼　**668**c
Alaria　1657₂₃

alarm call　警戒音　**1458**a
──── pheromone　警報フェロモン　**1189**c
──── reaction　警告反応　**1124**g
alar plate　翼板　**694**a
──── squama　前翅鱗弁　**668**c
alary muscle　翼状筋，翼筋　**1428**g, **1428**h
ala spuria　小翼　**668**c
alate　有翅型　**832**e
ala temporalis　側頭翼　72f
Alatocladia　1633₈
Alatosessilispora　1606₃₀
Alatospora　1615₂₁
Alauda　1572₄₆
Albahypha　1605₁
Albaillella　1663₉
Albaillellaria　アルバイレラ目　1663₉
Albalophosaurus　アルバロフォサウルス　323i, 1570₂₇
Albatrellaceae　ニンギョウタケ科　1624₅₇
Albatrellus　1624₅₇
albedo　アルベド　**43**c
Albertiniella　1619₄
ALBERTUS MAGNUS　アルベルトゥス=マグヌス　**43**d
Albibacter　1545₄₂
Albidiferax　1546₅₁
Albidovulum　1545₅₄
Albimonas　1545₅₄
albinism　白化　**42**c, **1092**e
albino　アルビノ，白子　**42**c
Albizia　1648₄₈
Albomyces　1617₁₃
Albonectria　1617₂₁
Albophoma　1606₃₀
Albosynnema　1617₈
Albotricha　1614₅₆
Albuginales　シロサビキン目　1653₄₁
Albugo　1653₄₁
Albula　1565₅₃
Albuliformes　ソトイワシ目　1565₅₃
albumen　卵白，胚乳　**1086**c, **1449**b
──── gland　卵殻腺，蛋白腺　**895**e, **1443**a
──── sac　卵白嚢　**1449**d
albumin　アルブミン　**43**a
──── gland　蛋白腺　**895**e
albuminoid　アルブミノイド　**458**f
albuminous cell　蛋白細胞　**892**f
──── gland　蛋白腺　653g, **895**e, **1443**a
──── seed　有胚乳種子　**633**d
Albunea　1597₆₁
Alcae　ウミスズメ亜目　1571₅₉
Alcaligenaceae　アルカリゲネス科　1546₄₄
Alcaligenes　1546₄₄
Alcanivoracaceae　アルカニヴォラクス科　1549₂₆
Alcanivorax　1549₂₆
alcaptonuria　アルカプトン尿症　**38**h
Alcedo　1572₂₅
Alcelaphine herpesvirus 1　アルセラフィンヘルペスウイルス1　1515₃
Alces　1576₉
Alciopa　1584₄₇
Alcippe　1572₄₇
alcohol　アルコール　**133**g
──── dehydrogenase　アルコールデヒドロゲナーゼ，アルコール脱水素酵素　**40**c
──── fermentation　アルコール発酵　**40**d
alcoholism　アルコール中毒　**133**g
Alcyonacea　ウミトサカ亜目，ウミトサカ目　1557₁₉, 1557₂₃
Alcyonidium　1579₃₁
Alcyonium　1557₂₃
aldehyde oxidase　アルデヒドオキシダーゼ，アルデヒド酸化酵素　**41**c
aldolase　アルドラーゼ　**41**h, 183h［図］
aldonic acid　アルドン酸　**41**j
aldose　アルドース　891e, **1085**f
aldosterone　アルドステロン　**41**e
Aldrovanda　1650₄₃

Aldrovandia 1565₅₃
ALDROVANDI, Ulisse (Ulissi) アルドロヴァンディ **41**i
alecithal egg 無黄卵 1440g
Alectona 1554₃₁
Alectoria 1612₄₀
Alepisaurus 1566₁₆
Aletris 1646₁₇
Aleuria 1616₁₆
aleuroconidium アレウロ型分生子 1248f
Aleurocystidiellum 1624₅₆
Aleurocystis 1625₁₇
Aleurodiscus 1625₁₇
aleurone layer 糊粉層 **489**b, 1086c
aleuron layer 糊粉層 **489**b
Aleutian mink disease virus アリューシャンミンク病ウイルス 1518₈
Alexander disease アレクサンダー病 360c
Alexandrium 1662₄₃
alexia 失読症 **594**a
Alfalfa mosaic virus アルファルファモザイクウイルス 1522₈
alfalfa mosaic virus アルファルファモザイクウイルス 880a
Alfamovirus アルファモウイルス属 1522₈
algae 藻類 **834**b
algal bed 藻類藻場 1399d
—— fungi 藻菌類 **823**f
—— virus 藻類ウイルス **834**b
Algibacter 1539₃₈
Algicola 1548₄₅
alginase アルギナーゼ **39**d
alginate lyase アルギン酸リアーゼ 39d
alginic acid アルギン酸 **40**b
Algirosphaera 1666₂₁
Algoriphagus 1539₁₉
Algorithm for homology search 相同性検索のためのアルゴリズム **830**d
Algovora 1661₉
Algovorida アルゴヴォラ目 1661₉
Aliagarivorans 1548₃₈
Alicorhagia 1590₁₈
Alicycliphilus 1546₅₁
Alicyclobacillaceae アリシクロバチルス科 1542₂₆
Alicyclobacillus 1542₂₆
alien organism 外来生物 191a
—— species 外来種, 移入種 **191**a
A-life A ライフ 701h
alignment アラインメント **33**c
Aliivibrio 1549₆₀
alima アリマ 834f
alimentary canal 消化管 **654**c
Alina 1608₅
Aliquandostipitaceae アリクアンドスティピテ科 1607₁₃
Aliquandostipite 1607₁₃
Alishewanella 1548₃₉
Alisma 1646₁
Alismataceae オモダカ科 1646₁
Alisphaera 1666₂₀
alisphenoid bone 翼蝶形骨 698c
Alistipes 1539₁₆
alitruncus 翅幹部 1371e
alizarin アリザリン 49f
Alkalibacillus 1542₂₇
Alkalibacter 1543₃₃
Alkalibacterium 1543₆
Alkalibaculum 1543₃₃
Alkaliflexus 1539₁₁
Alkalilimnicola 1548₅₆
Alkalimonas 1548₂₄
alkaline phosphatase アルカリ性ホスファターゼ 1475a
alkaliphiles 好アルカリ菌 **429**c
Alkaliphilus 1543₅
alkali soil アルカリ土壌 **39**a
Alkalispirillum 1548₅₆
alkalitrophic lake アルカリ栄養湖 38i
alkaloid アルカロイド **39**b

alkalosis アルカローシス **39**c
Alkanibacter 1550₂
Alkanindiges 1549₄₅
alkaptonuria アルカプトン尿症 **38**h
alkenyl ether-containing phospholipid アルケニルエーテル型リン脂質 1217d
Allactaga 1576₄₂
Allantion 1665₁₅
allantochorion 漿尿膜 **662**b
allantoic acid アラントイン酸 1224b
allantoicase アラントイカーゼ, アラントイン酸加水分解酵素 1224b
allantoic bladder 尿嚢膀胱 1293f
—— membrane 尿膜 **1047**d
—— sac 尿嚢 1047d
—— sac circulation 尿嚢循環 1441f
—— stalk 尿嚢柄 1047d, 1442f
—— vein 尿膜静脈 667a
—— vesicle 尿嚢 1047d
allantoin アラントイン 1224b
allantoinase アラントイナーゼ, アラントイン加水分解酵素 1224b
allantois 尿嚢, 尿膜 **1047**d, 1426h
Allantomyces 1604₄₂
Allantosoma 1659₄₅
Allapsa 1665₁₅
Allas 1665₃₉
allatohibin アラトヒビン 33f
allatostatin アラトスタチン 33f
allatotropin アラトトロピン 33f
Allee effect アリー効果 **34**g
Allee's principle アリーの原理 517e
ALLEE, Warder Clyde アリー **34**f
allele 対立遺伝子 **865**b
—— frequency 対立遺伝子頻度 81e
allelic exclusion 対立遺伝子排除 46d
allelism アレリズム **44**f
—— rate 同座性の割合 44f
—— test 対立性の検定 292d
allelochemical アレロケミカル 194f
allelopathy 他感作用 **868**c
Allen-Doisy test アレン-ドイジ試験 **45**a
Allen's method アレン法 394g
Allen's rule アレンの規則 **45**b
allergen アレルゲン **44**h
allergy アレルギー **44**g
Allescheriella 1623₃₉
Allexivirus アレキシウイルス属 1521₃₉
alliance 同盟, 群団 **383**a, **998**e
allicin アリシン 35a
Alligator 1569₂₅
alliin アリイン 35a
Allisonella 1544₂₀
Allisoniaceae アリソンゴケ科 1637₂₃
allithiamine アリチアミン **35**a
Allium 1646₅₅
Alloactinosynnema 1537₅₄
alloantigen 同種抗原 437g
Allobaculum 1544₁₄
Allobathynella 1596₃₆
allocation 配分 **1088**i
Allochernes 1591₃₂
allocholanic acid 5α-コラン酸, アロコラン酸 492b
allocholic acid アロコール酸 493e
Allochromatium 1548₅₀
Allochthonius 1591₂₉
allochthonous fossil 異地性化石 222c
—— sediment 他生性堆積物 474c
Allochytridium 1602₂₅
allocortex 不等皮質 861a
allocyclic 他周期的の 65b
Allofustis 1543₆
allogamous plant 他殖性植物 872e
allogamy 他殖 872e
allogeneic inhibition 同種間阻害 **985**b

allogenic succession　他発的遷移　799c
Allogromia　1663₄₀
Allogromiida　アログロミア目　1663₄₀
Alloherpesviridae　アロヘルペスウイルス科　1514₄₃
Alloiococcus　1543₆
alloiogenesis　アロイオゲネシス　45c
Alloionema　1587₃₀
Alloiozona　1659₁₂
Allokutzneria　1537₅₇
Allolevivirus　アロレビウイルス属　1522₃₄
allometaboly　異変態　503d
allometric relationship　相対成長関係　513h
allometry　アロメトリー　47a
allomimesis　隠蔽的異物擬態　100b
Allomonas　1549₆₀
allomone　アロモン　47c, 194f
allomorphosis　アロモルフォシス　47b
allomothering　子守行動　490e
Allomyces　1603₁₉
Allomyrina　1600₆₀
Allonecte　1610₄
Allonectella　1617₃₁
allopatric speciation　異所的種分化　65i
allopatry　異所性　65h
Allopauropus　1592₅₀
Allopeas　1584₂₄
allophane　アロフェン　43f
allophycocyanin　アロフィコシアニン　1181h
alloplasm　525c
alloplasmic　525c
alloploid　異質倍数体　1081h
alloploidy　異質倍数性　1081h
allopolyploid　異質倍数体　1081h
allopolyploidy　異質倍数性　1081h
Allopora　1555₃₈
Allorhizobium　1545₄₇
all-or-none law　全か無かの法則　801d
all or nothing law　全か無かの法則　801d
Allosauroidea　アロサウルス類　1570₁₀
Allosaurus　1570₁₀
Alloscardovia　1538₁₃
allosome　異質染色体　62c
allospecies　異所種　644g
allosteric activator　アロステリックアクチベーター　45f
―― effect　アロステリック効果　45f
―― effector　アロステリックエフェクター　45f
―― enzyme　アロステリック酵素　45f
―― inhibitor　アロステリックインヒビター　45f
―― protein　アロステリック蛋白質　45f
―― theory　アロステリック理論　46b
allosuppressor　アロサプレッサー　45e
―― gene　抑制制御遺伝子，補抑圧遺伝子　45e
allosynapsis　異親対合　66d
allosyndesis　異親対合　66d
Allotelium　1620₄₁
allotetraploid　異質四倍体　1081h
Allotheria　異獣亜綱　1573₄₇
Allothyrus　1589₄₄
allotopic　異地的　986d
allotriploid　異質三倍体　1081h
allotype　アロタイプ，異性基準標本　46d, 863h, 1386a
Allovahlkampfia　1631₄
alloxan　アロキサン　45d
―― diabetes　アロキサン糖尿　45d, 992p
alloxanthin　アロキサンチン　284l
allozygote　アロ接合体　46c
allozyme　アロザイム　1i
alluring gland　誘惑腺　625c
Alluvium　沖積世　264j
Almasaurus　1567₁₅
Almophrya　1661₂
Alnus　1649₂₃
Alocasia　1645₅₃
Aloe　1646₅₃
Alogomyces　1602₃₁

Alopias　1564₄₆
Alouatta　1575₃₃
Alphabaculovirus　アルファバキュロウイルス属　1515₂₃
Alphacoronavirus　アルファコロナウイルス属　1520₅₅
Alphacoronavirus 1　アルファコロナウイルス1　1520₅₅
Alphacryptovirus　アルファクリプトウイルス属　1519₁₈
Alphaentomopoxvirus　アルファエントモポックスウイルス属　1517₈
Alphaflexiviridae　アルファフレキシウイルス科　1521₃₈
Alphaherpesvirinae　アルファヘルペスウイルス亜科　1514₄₉
Alphalipothrixvirus　アルファリポスリクスウイルス属　1515₅₆
Alphamonas　1661₁₁
Alphamyces　1602₄₁
Alphamycetaceae　アルファミケス科　1602₄₁
Alphanodavirus　アルファノダウイルス属　1522₄₄
Alphapapillomavirus　アルファパピローマウイルス属　1516₉
Alphaproteobacteria　アルファプロテオバクテリア綱　1545₁₇
Alpharetrovirus　アルファレトロウイルス属　1518₄₆
alpha satellite DNA　アルファサテライトDNA　42f
―― taxonomy　アルファ分類学　42h
Alphatorquevirus　アルファトルクウイルス属　1517₂₆
Alphavirus　アルファウイルス属　1522₆₁
Alpheus　1597₄₃
alpine animal　高山動物　445c
―― plant　高山植物　444g
―― region　高山帯　445b
―― tundra　高山ツンドラ　937d
―― zone　高山帯　445b, 724f
Alpinia　1647₁₉
Alpova　1627₂₀
Alsophila　1601₃₇
Alstroemeria　1646₃₁
Alstroemeriaceae　ユリズイセン科　1646₃₁
Altaicyathus　1554₈
alteration of nuclear phases　核相交代　206d
Altererythrobacter　1546₃₄
Alternaria　1609₅₄
Alternariaster　1609₅₃
alternate　互生　475h
―― bearing　隔年結果　207g
―― phyllotaxis　互生葉序　475h
―― year bearing　隔年結果　207g
alternation of generations　世代交代　786p
alternative oxidase　代替酸化酵素　555i
―― pathway　代替経路　1314a
―― RNA splicing　選択的スプライシング　814d
―― strategy　代替戦略　857e
―― tactics　代替戦術　857e
Alterococcus　1551₁₂
Alteromonadaceae　アルテロモナス科　1548₃₈
Alteromonadales　アルテロモナス目　1548₃₆
Alteromonas　1548₃₉
altherbosa　高茎草原　437b
Althornia　1653₂₁
Altingiaceae　フウ科　1648₁₃
altitude anoxia　高山病　445d
―― disease　高山病　445d
altitudinal belt　垂直分布帯　671e
―― zone　垂直分布帯　671e
ALTMANN, Richard　アルトマン　41f
ALTMAN, Sidney　アルトマン　41g
altricity　晩成性，晩熟性　828f
altroheptulose　セドヘプツロース　794b
altruism　利他現象　1458a
altruist　利他的個体　1458a
altruistic behavior　利他行動　1458a
Alu element　Alu因子　1489f
―― family　Alu ファミリー　1126j
alula　小翼　668c
Alum　アラム，水酸化アルミニウム　10h
aluminum　アルミニウム　43f
―― plant　アルミニウム植物　43f

alveolar 胞巣 262d
—— arch 歯槽弓 1069b
—— epithelium 肺胞上皮 1072b
—— gland 胞状腺 870b
—— macrophage 肺胞マクロファージ 1339h
—— pedicellaria 歯槽叉棘 535g
—— phagocytes 肺胞大食細胞 687d
—— volume 肺胞気量 571g
Alveolata アルベオラータ下界 1657₅₀
alveolates アルベオラータ 43b
Alveolates アルベオラータ下界 1657₅₀
alveole 1504d
alveoli 肺胞 1072b
alveolin アルベオリン 1168c
Alveolinella 1663₅₃
alveoli pulmonis 肺胞 1072b
alveolus アルベオル, 泡室 43b
Alveopora 1557₅₃
alveo-tubular gland 胞状管状腺 870h
alvincular 単筒型 707e
Alysidiopsis 1606₃₀
Alysidium 1623₄₀
Alysiella 1547₇
Alzheimer's disease アルツハイマー病 41a, 1191e
amacrine cell アマクリン細胞 26d
Amana 1646₃₄
Amanita 1625₄₈
Amanitaceae テングタケ科 1625₄₈
Amanita phalloides タマゴテングタケ 26e
amanitin アマニチン 26e
amanitine アマニチン 492j
Amaranthaceae ヒユ科 1650₄₉
Amaranthus 1650₄₉
Amaricoccus 1545₅₅
Amarixys 1589₃₉
Amaryllidaceae ヒガンバナ科 1646₅₅
Amaryllis 1646₅₆
Amastigomonas 1552₆
Amathia 1579₃₁
Amathina 1583₅₃
amatoxin アマトキシン 26e
Amaurascopsis 1611₁₆
Amauroascus 1611₁₉
Amaurochaete 1629₁₃
Amauroderma 1624₁₇
Amazonia 1609₅
Amazonian province アマゾン地方 688c
amber 琥珀 487a
—— codon アンバーコドン 622d
—— mutation アンバー突然変異 1029a
—— suppressor アンバーサプレッサー 1028d
Ambiphrya 1660₄₅
ambisense RNA アンビセンス RNA 51a
—— RNA virus アンビセンス RNA ウイルス 51a
Ambispora 1605₁₅
Ambisporaceae アムビスポラ科 1605₁₅
ambivalent behavior 両面行動 1471a
Amblycera マルツノハジラミ亜目 1600₂₁
Amblyospora 1602₈
Amblyosporium 1606₃₁
Amblyosyllis 1584₄₈
Amblypygi ウデムシ目 1592₃
Amblyrhynchus 1568₄₀
Amblystegiaceae ヤナギゴケ科 1640₄₈
Amblystegium 1640₄₈
Ambondro 1573₄₄
Amborella 1645₁₈
Amborellaceae アンボレラ科 1645₁₈
Amborellales アンボレラ目 1645₁₇
Ambrosia 1652₃₂
Ambrosiella 1617₅₁, 1618₅₉, 1618₆₀
Ambuchananiaceae アンブチャナン科 1638₄₂
Ambuchananiales アンブチャナン目 1638₄₁
ambulacral foot 管足 269b
—— groove 歩帯溝 327g

Ambulacralia 水腔動物 721a
ambulacral plate 歩帯板 327g
—— pore 歩帯孔 327g
—— ring canal 歩環管 263g
ambulacrum 歩帯 327g
ambulacular groove 歩帯溝 1314c
ambulatory leg 歩脚 1304e
Ambuloasteroidea 1560₃₅
Ambystoma 1567₄₄
Amdovirus アムドウイルス属 1518₈
ameboid movement アメーバ運動 32f
ameiosis 不減数分裂 1202c
amelanotic melanoma 無色素性黒色腫 472f
amelia 無肢 884i
ameloblast エナメル芽細胞, 分泌期エナメル芽細胞 1069b
ament 尾状花序 1142b
Amentotaxus 1645₉
American Type Culture Collection 530j
Americobdella 1585₄₅
Ames test エイムズ試験 120a
Ametabola 不変態類 503d
ametaboly 不変態, 無変態 503d
ametropia 不正視 752b
Ameyamaea 1546₁₅
AMF 抗ミュラー管因子 1364g
AMH 抗ミュラー管ホルモン 1364g
Amia 1565₄₀
amicronucleate race 無小核種族 655b
amictic female 単為生殖雌虫 1039a
amidase アミダーゼ 26g
amide plant アミド植物 26h
amidohydrolase アミドヒドロラーゼ 26g
amifostine アミフォスチン 1298c
Amiiformes アミア目 1565₄₀
amine アミン 32c
—— oxidase アミン酸化酵素 32d
Aminiphilus 1550₂₃
p-aminoacetophenone p-アミノアセトフェノン 898c
D-amino acid D-アミノ酸 939e
amino acid アミノ酸 28a
—— acid activating enzyme アミノ酸活性化酵素 27c
—— acid biosynthesis アミノ酸生合成 29a
—— acid code アミノ酸暗号 76g
amino-acid decarboxylase アミノ酸脱カルボキシル酵素 29b
amino acid fermentation アミノ酸発酵 29c
D-amino-acid oxidase D-アミノ酸酸化酵素 28a
L-amino-acid oxidase L-アミノ酸酸化酵素 28b
amino-acid oxidase アミノ酸酸化酵素 28b
amino acid replacement substitution 非同義置換 903c
—— acid sequence アミノ酸配列 894c
—— acid sequence analyzer アミノ酸配列分析装置 136c
aminoacyl-adenylate アミノアシルアデニル酸 27a
aminoacyl-tRNA アミノアシラーゼ 11d
aminoacyl-tRNA アミノアシル tRNA 27b
—— ligase アミノアシル tRNA リガーゼ 27c
—— synthetase アミノアシル tRNA 合成酵素 27c
α-aminoadipic acid α-アミノアジピン酸 26i
Aminobacter 1545₄₄
Aminobacterium 1550₂₃
p-aminobenzoic acid パラアミノ安息香酸 1114d
γ-aminobutyric acid γ-アミノ酪酸 30e
—— acid receptor γ-アミノ酪酸受容体 30f
7-aminocephalosporanic acid 7-アミノセファロスポラン酸 794j
1-aminocyclopropane-1-carboxylic acid 1-アミノシクロプロパン-1-カルボン酸 29d
2-amino-2-deoxy-D-galactose 2-アミノ-2-デオキシ-D-ガラクトース 240e
2-amino-2-deoxy-D-glucose 2-アミノ-2-デオキシ-D-グルコース 365c
2-amino-2-deoxy-D-hexose 2-アミノ-2-デオキシ-D-ヘキソース 1264b
4-(2-aminoethyl)-1, 2-benzendiol 4-(2-アミノエチル)-1, 2-ベンゼンジオール 1007f

aminoethylsulfonic acid　アミノエチルスルホン酸　866e
aminoglycoside antibiotics　アミノ配糖体抗生物質　30a
── modifying enzyme　アミノグリコシド修飾酵素　1053g
p-aminohippuric acid　パラアミノ馬尿酸　1114e
aminohydrolase　アミノヒドロラーゼ　**30**b
δ-aminolevulinate synthase　δ-アミノレブリン酸合成酵素　30g
5-aminolevulinate synthase　5-アミノレブリン酸合成酵素　1328d
δ-aminolevulinic acid　δ-アミノレブリン酸　**30**g
Aminomonas　1550$_{23}$
6-amino penicillanic acid　6-アミノペニシラン酸　1272d
aminopeptidase　アミノペプチダーゼ　**30**c
amino sugar　アミノ糖　**29**e
amino-terminal analysis　アミノ末端分析　**30**d
amino terminus　アミノ末端　30d
aminotransferase　アミノトランスフェラーゼ，アミノ基転移酵素　**27**e
Amiopsis　1565$_{40}$
Amiskwia　1577$_1$
amitosis　無糸分裂　**1369**g
amixia　交雑不稔　**444**a
Ammobaculites　1663$_{44}$
ammocoetes　アンモシーテス幼生　1367d
Ammodytes　イカナゴ　1566$_{42}$
Ammonia　1664$_5$
ammonia oxidizer　アンモニア酸化菌　**51**h
ammonia-oxidizing microbe　アンモニア酸化菌　**51**h
ammonia plant　アンモニア植物　551b
Ammonicera　1583$_{53}$
Ammonifex　1544$_7$
Ammoniphilus　1542$_{37}$
ammonites　アンモナイト類　**51**g
Ammonitida　アンモナイト目　1583$_3$
ammonium sulfate fractionation　硫安分画　153f
Ammonoidea　アンモナイト亜綱，アンモナイト類　**51**g, 1582$_{46}$
ammonotelic animal　アンモニア排出動物　**52**a
ammonotelism　アンモニア排出　52a
Ammon's horn　アンモン角　185e
Ammophila　1601$_{47}$
Ammothea　1589$_{12}$
Ammotrecha　1591$_{35}$
amnesia　健忘　278a
amnesic shellfish poison　記憶喪失性貝毒　184e
Amnibacterium　1537$_{21}$
Amniculicola　1609$_{13}$
Amniculicolaceae　アムニクリコラ科　1609$_{13}$
amnion　羊膜　**1426**h
Amniota　羊膜類　**1427**c
amniotes　羊膜類　**1427**c
amniotic cavity　羊膜腔　**1427**a
── fluid　羊水　**1425**b
── fold　羊膜褶　**1427**b
── raphe　羊膜縫線　1427c
amoeba　アメーバ　**32**e
Amoeba　1628$_{24}$
amoebae　アメーバ　**32**e
Amoebidiales　アメービディウム目　1552$_{34}$
Amoebidiozoa　アメービディオゾア門　1552$_{30}$
Amoebidium　1553$_1$
Amoeboaphelidium　1601$_{54}$
Amoebobacter　1548$_{20}$
Amoebobiota　アメーバ生物界，アメーバ界　33a, 1628$_6$
amoebocyte　変形細胞　1411h
amoeboid movement　アメーバ運動　**32**f
── syncytial form　無性虫　928b
── tapetum　アメーバ状タペタム　1284c
Amoebophilus　1604$_{26}$
Amoebophrya　1662$_8$
Amoebozoa　アメーバ動物門，アメーボゾア門　33a, 1628$_7$
amoebozoans　アメーボゾア　**33**c
Amorosia　1609$_{57}$
amorph　アモルフ　865b
Amorphochlora　1664$_{49}$

Amorphophallus　1645$_{53}$
Amorphosporangium　1537$_{39}$
Amorphotheca　1610$_{47}$
Amorphothecaceae　アモルフォテカ科　1610$_{47}$
Amorphus　1545$_{25}$
amount of feeding　摂餌量　791c
── of production　生産量　751d
AMP　アデニル酸　18b
── deaminase　AMPデアミナーゼ　18d
Ampelisca　1577$_{12}$
Ampelocrinida　1560$_{10}$
Ampelocrinus　1560$_{10}$
Ampelodesmos　1594$_{15}$
Ampelomyces　1609$_{46}$
Ampelopsis　1648$_{28}$
Ampelovirus　アンペロウイルス属　1522$_{21}$
amphetamine　アンフェタミン　1008e
Amphiacantha　1602$_7$
Amphiacon　1663$_{28}$
Amphibacillus　1542$_{17}$
Amphibelone　1663$_{25}$
Amphibia　両棲類，両生綱，両生類　1470e, 1567$_{12}$
amphibians　両棲類，両生類　**1470**e
Amphibiocystidium　1552$_{32}$
Amphibiothecum　1552$_{32}$
amphibious plant　両生植物　**1470**b
amphiblastula　両域胞胚，中空幼生　787b, **911**c
amphibolic pathway　アンフィボリック代謝回路　**51**c
Amphichaetella　1606$_{31}$
amphicoelous　両凹　784d
amphicribral　外篩包囲維管束　1393b
amphicribral bundle　外篩包囲維管束　1292b
Amphicteis　1585$_7$
amphicyte　外套細胞，神経節衛星細胞　118d
amphid　側尾腺，双器，双腺，幻器　803d
Amphidinium　1662$_{21}$
amphidiploid　複二倍体　**1199**h
Amphidiscophora　両盤亜綱　1555$_2$
Amphidiscosida　両盤目　1555$_3$
Amphidoma　1662$_{38}$
amphidromous fish　両側回遊魚　189b
Amphiesma　1569$_1$
Amphiesmenoptera　飾翅類　1601$_{27}$
Amphikrikos　1635$_5$
Amphileptus　1659$_7$
Amphilina　1578$_9$
Amphilithium　1663$_{26}$
Amphilonche　1663$_{31}$
Amphilothhales　アンフィロツス目　1662$_{26}$
Amphilothus　1662$_{26}$
amphimictic population　自由交雑集団　1123b
amphimixis　アンフィミクシス，両性混合　**51**d
Amphinema　1626$_0$
Amphineura　双神経類　**827**c
Amphinome　1584$_{41}$
Amphinomida　ウミケムシ目　1584$_{41}$
Amphiodon　1573$_{51}$
Amphionidacea　アンフィオニデス目　1597$_{33}$
Amphionides　1597$_{33}$
amphioxus　頭索動物　**982**f
amphioxus-plan of circulatory system　ナメクジウオ型循環系　982c
amphipathic　両親媒性　1357e
amphipetal　両向的　**1469**f
amphiphloic　両篩型　1263b, 1393b
── siphonostele　両篩型　264b
amphiplatyan　両扁　784d
amphipneustic　双気門　301f
Amphipoda　端脚目　1597$_{11}$
Amphiporthe　1618$_{44}$
Amphiporus　1581$_2$
Amphiroa　1633$_8$
Amphisbaena　1568$_{46}$
Amphisbaenia　ミミズトカゲ下目　1568$_{46}$
Amphiscolops　1558$_{35}$

Amphisiella　1658₂₉
Amphisolenia　1662₄₈
Amphisphaeria　1619₂₇
Amphisphaeriaceae　アンフィスファエリア科　1619₂₇
Amphistaurus　1663₃₁
Amphistegina　1664₅
amphitene stage　アンフィテン期　512a
amphithecia　アンフィテシウム　51b
amphithecium　アンフィテシウム　51b
Amphitheriida　アンフィテリウム目　1573₅₄
Amphitherium　1573₅₄
Amphitrite　1585₉
amphitropous　曲生　1080b
Amphiuma　1567₄₄
Amphiura　1561₁₅
amphivasal bundle　外木包囲維管束　1292b
Amphogona　1556₇
ampholite　アンフォライト　992b
Amphora　1655₅₀
Amphorellopsis　1658₂₂
Amphorides　1658₂₂
Amphorothecium　1614₈
amphoteric ion　両性イオン　**1469**i
Amphotrombium　1590₂₉
Amphritea　1549₃₂
Ampithoe　1597₁₂
ample　補助拍動器官　**1308**a
Amplexizaphrentis　1556₅₆
amplexus　抱接　**1302**d
Amplexus　1556₄₃
amplitude　振幅　776g
ampulla　アンプル，瓶嚢，瓶状部，補助拍動器官　**51**f, 269b, 623h, **1178**e, **1308**a
ampullaceal gland　瓶状腺　642c
Ampullariella　1537₃₉
ampullary organ　瓶器　968d, 972j
Ampullaviridae　アンプラウイルス科　1515₁₅
Ampullavirus　アンプラウイルス属　1515₁₆
Ampullifera　1606₃₁
Ampulloclitocybe　1626₄
ampullocyst　アンピュロシスト　1300g
Amsacta moorei entomopoxvirus 'L'　アムサクタモーレイエントモポックスウイルスL　1517₁₁
amu　原子質量単位　1014g
Amycolata　1537₅₇
Amycolatopsis　1537₅₇
Amycolicicoccus　1536₃₇
Amyelon　1644₄₅
amygdala　扁桃体　**1287**f
Amygdalocystites　1559₂₈
amygdaloid bodies　扁桃体　**1287**f
──── nucleus　扁桃核　1287f
Amygdalus　1648₅₇
Amylascus　1616₁₂
amylase　アミラーゼ　**31**a
Amylax　1662₄₃
Amylocorticiaceae　アミロコルチキウム科　1626₅₇
Amylocorticiales　アミロコルチキウム目　1626₅₆
Amylocorticium　1626₅₇
Amylodinium　1662₃₁
Amylofungus　1625₁₁
amyloidosis　アミロイドーシス　**31**b
amylomaltase　アミロマルターゼ　1346a
Amylomyces　1603₄₉
amylopectin　アミロペクチン　**32**b
amylophyll　澱粉葉　**973**c
amyloplast　アミロプラスト　**32**a
amylose　アミロース　**31**c
Amylostereaceae　シブカワタケ科　1624₅₉
Amylostereum　1624₅₉
Amynilyspedida　ムカシタマヤスデ目　1593₈
Amynilyspes　1593₈
Anabaena　1541₃₀
Anabaenopsis　1541₃₀
anabiosis　蘇生　273e

anabolic　合成的　51c
──── steroid　アナボリックステロイド　**22**b
anabolism　同化，同化作用　**976**f
anaboly　アナボリー　42b
Anacanthobatis　1565₁₁
Anacardiaceae　ウルシ科　1650₇
Anacardium　1650₇
Anachalypsicrinus　1560₁₂
anadidymus　前方重複奇形　925i
anadromous fish　遡河回遊魚　189b
anadromy　内先型　**109**c
Anadyomene　1634₃₈
Anaeroarcus　1544₂₀
Anaerobacillus　1542₂₇
Anaerobacter　1543₂₆
Anaerobaculum　1550₂₄
anaerobe　嫌気性菌　**417**f
anaerobic ammonium oxidation　22c
──── culture　嫌気培養　417e
──── metabolism　嫌気的代謝，無気的代謝，無酸素的代謝 **417**f
──── microbe　嫌気性菌　**417**b
──── microorganism　嫌気性菌　417b
──── oxidation　嫌気的酸化反応　**417**c
──── respiration　嫌気の呼吸，無気呼吸，無酸素呼吸 469h
anaerobiosis　嫌気生活　417b
Anaerobiospirillum　1548₃₄
Anaerobranca　1543₁₉
Anaerococcus　1543₁₉
Anaerofilum　1543₅₀
Anaerofustis　1543₃₃
Anaeroglobus　1544₂₀
Anaerolinea　1540₃₃
Anaerolineaceae　アナエロリニア科　1540₃₃
Anaerolineae　アナエロリニア綱　1540₃₁
Anaerolineales　アナエロリニア目　1540₃₂
Anaeromonada　アナエロモナダ亜門　1629₃₀
Anaeromonadea　アナエロモナデア綱　1629₃₁
Anaeromusa　1544₂₁
Anaeromyces　1603₁₄
Anaeromyxobacter　1547₅₇
Anaerophaga　1539₁₁
Anaeroplasma　1550₃₁
Anaeroplasmataceae　アナエロプラズマ科　1550₃₁
Anaeroplasmatales　アナエロプラズマ目　1550₃₀
Anaerorhabdus　1539₁₀
Anaerosinus　1544₂₁
Anaerosphaera　1543₄₈
Anaerosporobacter　1543₂₆
Anaerostipes　1543₃₃
Anaerotruncus　1543₅₁
Anaerovibrio　1544₂₁
Anaerovirgula　1542₂₇
Anaerovorax　1543₂₀
Anagale　1574₅₉
Anagalida　アナガレ目　1574₅₉
Anagallis　1651₁₇
anagenesis　アナゲネシス，前進進化　690e, 730i, 950f
anagenetic trend　向上進化傾向　689f
anal　肛脈　613c
──── fin　尻鰭，臀鰭　765b
──── flap　肛片　**465**b
Analges　1590₄₈
analgesic　鎮痛剤，鎮痛薬　**933**f, 1341e
anal gill　尾鰓　**1140**d
──── gland　肛門腺　**467**e, 928h, 1196g
Analipus　1657₃₇
anal membrane　肛門膜　1080f
analogue model　類比モデル　**1398**c
analogy　相似　**825**d
anal opening　肛口　1321f
──── papilla　肛門突起　**467**g
──── pit　肛門陥　**467**c
──── plate　肛門板　1080f

—— sac 肛門嚢 625c
—— vesicle 肛門嚢 928h, 1080g, 1196g, 1418c
analysis of variance 分散分析法 **1245**d
analyzer 検光子 1285d
anammox アナモックス **22**c
anammoxosome アナモキソソーム 22c
anamnestic response 既往反応 1034f, 1385d
Anamnia 無羊膜類 **1372**a
anamorph アナモルフ 964g
anamorphosis 増節現象 503d
Anamylopsoraceae アナミロスポラ科 1613₅₃
Anamylospora 1613₅₃
Ananas 1647₂₂
anaphase 後期 **434**d
—— promoting complex/cyclosome 後期促進複合体 **435**d
anaphylatoxin アナフィラトキシン 1314c
anaphylaxis アナフィラキシー **22**a
—— shock アナフィラキシーショック，全身性アナフィラキシー 22a
anaplasia 退生 450c
Anaplasma 1546₂₆
Anaplasmataceae アナプラズマ科 1546₂₆
anaplerotic reaction 補充反応 **1306**f
anapleurite 背側板 838i
Anapsida 無弓亜綱 1568₆
Anaptychia 1613₄₂
Anarcestes 1582₄₈
Anarcestida アナセラス目 1582₄₈
Anas 1571₁₁
Anaspida 欠甲綱 1563₄₃
Anaspidacea アナスピデス目 1596₃₄
Anaspides 1596₃₄
anastomosis 吻合 **1244**g, 1392f
Anastomyces 1620₂
Anastrophella 1626₁₃
Anatolikos 1598₅
anatomically-modern *Homo sapiens* 新人類 222e, 223b
—— human 解剖学的現代人 716d
anatomy 解剖学 **187**d
Anatonchus 1586₄₄
anatonosis 増張 829f
anatony アナトニー 109c
anatrepsis アナトレプシス 1073b, 1084f
anatropous 倒生 1080b
Anaulales ミズマクラケイソウ目 1655₁₁
Anaulus 1655₁₁
Anavirga 1615₁₆
Anax 1598₅₀
anaxonal cell 無軸索細胞 **1369**f
Ancalochloris 1540₂₅
Ancalomicrobium 1545₃₆
ancestral series 祖先系列 **842**d
ancestrula 初虫 298f, 473c
Anchisaurus 1570₁₇
anchoic acid アンコイン酸 16d
anchor 錘，錨状体 **59**c, 1099d
anchorage dependence 足場依存性 527c
—— dependent growth 足場依存性増殖 1027e
—— independent growth 足場非依存性増殖 1027e
anchor cell アンカー細胞 **47**f
ancient DNA 古代 DNA **478**g
—— human skeleton 古人骨 475c
Ancistrocoma 1659₄₁
Ancistrospira 1660₃₃
Ancistrumina 1660₃₃
Ancorina 1554₃₁
Ancylistaceae アンキリステス科 1604₁₆
Ancylistales 1041c
Ancylistes 1604₁₆
Ancylobacter 1545₅₁
Ancyloceras 1583₅
Ancylocerida アンキロセラス目 1583₅
Ancylotherium 1576₂₇
Ancyromonadida アンキロモナス目 1552₉

Ancyromonas 1552₉
Ancystropodium 1658₃₂
Andalcia 1630₄₄
Anderseniella 1545₄₉
Anderson's disease アンダーソン病 981a
Andreaea 1638₄₅
Andreaeaceae クロゴケ科 1638₄₅
Andreaeales クロゴケ目 1638₄₄
Andreaeobryaceae クロマゴケ科 1638₄₈
Andreaeobryales クロマゴケ目 1638₄₇
Andreaeobryopsida クロマゴケ綱 1638₄₆
Andreaeopsida クロゴケ綱 1638₄₃
Andreprevotia 1547₇
Andrias 1567₄₁
androconium 発香鱗 **1105**a
Androctonus 1591₄₈
androecium 雄しべ群，雄ずい群 1409e
androgen アンドロゲン **50**c
androgenesis 童貞生殖，雄性発生，雄核由来，雄核発生 629i, **991**d, 1122e, **1411**c
androgenic gland 造雄腺 **833**i
—— gland hormone 造雄腺ホルモン 833i, 1411e
—— hormone 雄性ホルモン **1411**e
Andrognathus 1593₂₀
androgynous 627e
andromedotoxin アンドロメドトキシン 16c
andromerogon 雄性卵片 585c
andromerogony 雄性卵片発生 585c
Androsace 1651₁₆
androspore 精子体胞子，雄性胞子 1507c
androstenedione アンドロステンジオン 50c
androsterone アンドロステロン 50c
Anehmia 1631₁₂
anelectrotonus 陽極電気緊張 967f
Anelloviridae アネロウイルス科 1517₂₅
Anema 1615₃₉
Anemia 1643₆
anemia 貧血 **1177**h
Anemiaceae アネミア科 1643₆
anemochory 風散布 553k, 1428f
Anemone 1647₅₆
Anemonia 1557₄₄
anemophily 風媒 **1186**i
anencephaly 無脳 **1371**f
anergy アナジー **21**f, 1307g
anesthesia 麻酔 **1341**d
anesthetic 麻酔薬 1341d, **1341**e
aneugamy 異数性配偶 **66**h
Aneumastus 1655₃₄
aneuploid cell 異数体細胞 1039c
—— mapping 異数体マッピング **66**i
aneuploidy **66**g
Aneuraceae スジゴケ科 1637₃₆
aneural photosensitivity 非神経性光感覚 1161a
aneurinase アノイリナーゼ 898b
Aneurinibacillus 1542₃₇
aneurogenic limb 無神経肢 **1369**i
Aneurophytales アニューロフィトン目 1644₇
Aneurophyton 1644₇
ANFINSEN, Christian Boehmer アンフィンゼン **51**e
Anfinsen's dogma アンフィンゼンのドグマ 1191e
Angara land アンガラ大陸 **47**g
Angelica 1652₄₈
Angelman syndrome アンジェルマン症候群 410f
angiocarpous 被実性 884j, 885a
Angiococcus 1547₅₉
angiogenesis 血管新生 **400**g, 1363b
angiopoietin アンギオポエチン 1363b
Angiopteris 1642₃₇
Angiospermae 被子植物 **1141**f
Angiospermopsida 被子植物綱 1645₁₆
angiosperms 被子植物 **1141**f
Angiostoma 1587₃₄
angiotensin アンギオテンシン **47**h
—— II アンギオテンシンII 1281f

ang

—— converting enzyme　アンギオテンシン変換酵素　294i
angiotensinogen　アンギオテンシノゲン　47h
angle gland　口角腺　866i
—— method　分角法　330a
Angomonas　1631₃₈
Anguilimaya　1619₁₂
Anguilla　1565₅₄
Anguillicola　1587₃₇
Anguilliformes　ウナギ目　1565₅₄
Anguillomyces　1620₂
Anguillospora　1609₉, 1619₂₀
Anguillosporella　1608₃₂
Anguimorpha　オオトカゲ下目　1568₄₈
Anguis　1568₄₈
angular collenchyma　角隅厚角組織　432d
Angulomicrobium　1545₃₆
Angulomyces　1602₄₂
Angulomycetaceae　アンギュロミケス科　1602₄₂
Angustibacter　1537₄
Anhellia　1609₂
Anhima　1571₁₀
Anhimia　サケビドリ亜目　1571₁₀
Anhinga　1571₃₀
anhydrobiosis　アンハイドロビオシス　363f
anidian　無軸胚盤葉　421h
—— blastoderm　無軸胚盤葉　421h
Anilius　1569₁
animal　動物　994e
—— anatomy　動物解剖学　187d
—— cap　動物極キャップ　995c
animalculist　精子論者　759b
Animale　動物界　177c
animal experiment　動物実験　995e
—— experimentation　動物実験　995e
—— function　動物性機能　995h
—— geography　動物地理学　773k
—— hemisphere　動物半球　995a
Animalia　動物界　177c, 994e
　　　　　動物界　1552₂₆
animalization　動物極化　995b
animal lectin　動物レクチン　997a
—— model of disease　疾患モデル動物　591f
—— nervous system　動物性神経系　1065a
—— neurosis　動物神経症　995f
—— organ　動物性器官　280a, 995h
—— parasite　寄生動物　290d
animal-plant interaction　動物-植物間相互作用　677e
animal pole　動物極　995a
—— pollination　動物媒　996d
—— prevention　動物愛護　996e
—— psychology　動物心理学　995g
—— psychophysics　動物心理物理学　714j
—— right　動物権　996e
—— science　畜産学　903g
—— society　動物の社会　996c
—— sociology　動物社会学　995d
—— virus　動物ウイルス　103g
—— welfare　動物福祉　996e
animism　アニミズム，霊気説　22e, 640f
anion channel　アニオンチャネル　57a
—— respiration　アニオン呼吸　22d
Aniptodera　1617₅₄
aniridia　無虹彩　1368i
Anisakis　1587₃₇
Anisian　アニシアン階　550f
Anisocampium　1643₅₀
anisogametangium　異形配偶子嚢　1078e
anisogamete　不等大配偶子，異形配偶子　62d
anisogamontic　異形接合性　789b
anisogamy　異型配偶子生殖，異形配偶　62d, 744j, 1410f
Anisograptus　1562₃₇
Anisolpidium　1653₃₈
Anisomeridium　1610₂₉
anisomerous flower　異数花　727e
anisomyaria　不等筋　1258e

Anisomysis　1596₄₁
Anisonema　1631₁₈
anisophyll　不等葉　1209d
anisophylly　不等葉性　1209d
Anisoptera　トンボ亜目　1598₅₀
anisospore　異形胞子　62e
Anisostagma　1617₅₄
anisotropic diffuse growth　異方性分散成長　527b
—— molecular motion　非等方性分子運動　702g
anisotropism　異方性　88i, 133e
anisotropy　異方性　88i
Anisotrypa　1579₂₅
Anisozygoptera　ムカシトンボ亜目　1598₄₉
anisozygote　ヘテロ接合体　1270e
Ankistrodesmus　1635₂₄
Ankistrodinium　1662₂₁
ankle clonus　足クローヌス　373f
Ankylochrysis　1656₂
Ankylosauria　曲竜類，鎧竜下目　328e, 1570₂₆
ankylosaurs　曲竜類　328e
Ankylosaurus　アンキロサウルス　323i, 1570₂₆
Ankyra　1635₂₄
ankyrin　アンキリン　788d
ankyrosis　骨性結合　1069b
annealing　アニーリング（核酸の）　22f
Annelida　環形動物，環形動物門　258d, 1584₃₁
annelid-plan of circulatory system　環形動物型循環系　258e
annelids　環形動物　258d
annellation　環紋　1248f
annellide　アネライド　1248f
annelloconidium　アネロ型分生子　1248f
Annellodochium　1606₃₁
Annellophora　1606₃₁
Annellospermosporella　1610₅
Anniella　1568₄₈
Annona　1645₄₃
Annonaceae　バンレイシ科　1645₄₃
annotation　アノテーション　22i
annotator　アノテータ　22i
annual　一年生，一年生植物　73j
—— life cycle　周年生活環　746b
—— plant　一年生植物　73j, 221h
—— ring　年輪　1061e
—— ring boundary　年輪界　1061a
—— tracheid　環紋仮道管　232b
annular protuberance　橋　315k
—— vessel　環紋道管　274f
Annulata　環形動物　258d
Annulatascaceae　アンヌラタスクス科　1618₄
Annulatascus　1618₄
annulate lamella　有窓層板　1412b
Annulipalpia　シマトビケラ亜目　1601₂₉
Annulohypoxylon　1619₄₀
Annulopatellina　1664₅
annulo-spiral endings　環らせん終末　275a
annulus　つば，体環，口環，環紋　209b, 269e, 535h, 847g, 1022c, 1175b
Annulusmagnus　1618₄
anode break excitation　陽極開放興奮　325e
anodyne　鎮痛剤　1341e
Anoeca　1653₁₄
Anoecales　アノエカ目　1653₁₄
Anogramma　1643₃₁
anoikis　アノイキス　22h
Anolis　1568₄₀
Anomalepis　1569₁
Anomalinella　1664₅
Anomalochelys　1568₂₀
Anomalodesmata　異靱帯目　1582₂₅
Anomalomyces　1622₁₃
Anomalops　1566₃₆
anomalous fluid　異常流体　418f
—— rectification　異常整流　901d
Anomaluromorpha　ウロコオリス形亜目　1576₄₈
Anomalurus　1576₄₈

Anomia 1582₈
Anomodontaceae キヌイトゴケ科 1641₂₂
Anomodontia アノモドン目，乱歯類 1573₁₈
Anomoeneis 1655₃₆
Anomoporia 1624₁₁, 1626₅₇
Anomura 異尾下目 1597₆₁
Anopheles ハマダラカ 1601₂₀
Anopla 無針類 1241a
Anoplia 1580₂
Anoplodium 1577₃₃
Anoplophrya 1661₂
Anoplostoma 1586₂₅
Anoplotherium 1576₉
Anoplura シラミ亜目 1600₂₄
anorthoploidy 66g
Anostraca ホウネンエビ類，無甲目 1594₂₆
Anotogaster オニヤンマ 1598₅₁
anoxemia 無酸素血症 216c
Anoxybacillus 1542₂₈
anoxybiosis アノキシビオシス 363f
anoxybiotic 無酸素性 552g
anoxygenic photosynthesis 非酸素発生型光合成 509c
Anoxynatronum 1543₂₇
ANP 心房性ナトリウム利尿ペプチド 510c, 714b
ANR 吻側神経菱 817b
ansamycin antibiotics アンサマイシン系抗生物質 48c
Anser 1571₁₁
Anseranas 1571₁₁
Anseres カモ亜目 1571₁₁
Anseriformes カモ目 1571₉
antagonism 対抗作用，対抗現象，拮抗作用，拮抗現象，敵対 293b, 772a
antagonist アンタゴニスト，拮抗因 48h, 293b
antagonistic innervation 拮抗神経支配 832a
―― plant 対抗植物 848c
antagonists and synergists 拮抗筋と共力筋 293a
Antalis 1581₄₀
Antarcticocyathus 1554₇
antarctic plant 極地植物 327f
Antarctics 南極植物区系界 675a[表]
Antarctic floral kingdom 南極植物区系界 675a[表]
―― subregion 南極亜区 864f
Antarcticycas 1644₃₂
Antarctissa 1663₂₂
Antarctobacter 1545₅₅
Antarctogaea 南極界 864f
Antarctoperlaria ミナミカワゲラ亜目 1599₁₂
ANT-C アンテナペディア複合体 1319a
Antechinus 1574₁₄
anteclypeus 前額片 208d
Antedon 1560₂₂
antenna 大触角，第二触角，触角 680g, 859d
antennal gland 触角腺 681c
―― scale 触角鱗 1479d
Antennapedia complex アンテナペディア複合体 1319c
antenna pigment アンテナ色素 621i
Antennariella 1608₁₇
Antennarius 1566₂₈
antennary gland 触角腺 681c
Antennata 有角類，触角類 680g, 681c
Antennatula 1608₂₇
Antennophorina ムシノリダニ下目 1590₆
Antennophorus 1590₆
Antennulariella 1608₁₇
Antennulariellaceae アンテンヌラリエラ科 1608₁₇
antennule 小触角 845c
Anteosaurus 1573₁₂
anterior cardinal vein 前主静脈 636d
―― chamber 前眼房 1373b
―― column 前柱 783d
―― cone 前錐 862c
―― fold 頭葉 999c
―― forebrain pathway 前大脳経路 109b
―― heart field 前方心臓領域 1035c
―― horn 前角 783d

―― horn cell 前角細胞 783d
―― intestinal portal 前腸門 926g
―― lobe 前葉 217j
―― neural ridge 吻側神経菱 817b
―― pedal gland 前足腺 837e
―― pole 前極 436f
―― root 前根 783d, 783e
―― salivary gland 前唾腺 866i
―― stomach 前胃 541d, 800a
―― sucker 前吸盤 313d
―― thoracic air-sac 前胸気嚢 296d
―― visceral endoderm 前方臓側内胚葉 818f, 1084b
anterograde transport 順行輸送 666c
antero-posterior axis 前後軸 993a
―― gradient 前後勾配 992i
anthela イグサ形花序 60f
Antheliaceae カサナリゴケ科 1638₃₂
anthelix 対耳輪 180h
anther 葯 1403c
Antheraea 1601₃₇
anther culture 葯培養 237b
antheridial filament 造精糸 828c
antheridiol アンセリジオール 48f
antheridiophore 雄器床 756e
antheridium 蔵精器，造精器 828c
Antherospora 1622₄₉
antherozoid アンセロゾイド 48g
Anthoathecata ハナクラゲ目，無鞘類 1555₂₈
Anthoceros 1641₃₃
Anthocerotaceae ツノゴケ科 1641₃₃
Anthocerotae ツノゴケ類 935h
Anthocerotales ツノゴケ目 1641₃₂
Anthocerotidae ツノゴケ亜綱 1641₃₁
Anthocerotophyta ツノゴケ植物門 935h, 1641₂₆
Anthocerotopsida ツノゴケ綱，ツノゴケ類 935h, 1641₃₀
anthochlor アントクロール 172i
anthocodium 花頭 611c
anthocyan アントシアン 49d
anthocyanidin アントシアニジン 49d
anthocyanin アントシアニン 49d
Anthocyrtidium 1663₁₂
anthogenesis 花成 221g
anthogram アントグラム 49b
Anthomastus 1557₂₃
Anthomyces 1620₄₁
Anthomycetella 1620₄₁
Anthophysa 1656₂₄
Anthophyta 被子植物 1141f
Anthopleura 1557₄₄
Anthoplexaura 1557₂₈
anthopolyp 花ポリプ 1110h
Anthostomella 1619₄₀
Anthozoa 花虫綱，花虫類 1110h, 1556₃₃
anthozoans 花虫類 1110h
9,10-anthracenedion 9,10-アントラセンジオン 49f
anthracnose 炭疽病(植物の) 891c
Anthracobia ヒメウロコベニチャワンタケ 1616₁₆
Anthracocaridomorpha 1597₂₅
Anthracocaris 1597₂₅
Anthracoidea 1622₄
Anthracoideaceae アントロコイデア科 1622₄
Anthracomarti マルワレイタムシ目 1591₅₆
Anthracomartus 1591₅₆
Anthracosauria アントラコサウルス目，炭竜類 1567₂₀
Anthracosaurus 1567₂₁
Anthracotarbus 1591₁₂
Anthracothecium 1610₃₂
Anthracotherium 1576₉
anthracycline antibiotics アントラサイクリン系抗生物質 50a
anthracyclinone アントラサイクリノン 50a
anthranilic acid アントラニル酸 50b
anthraquinone アントラキノン 49f
anthrax 炭疽病 890f
―― bacillus 炭疽菌 890f

ant

Anthrenus 1601₄
anthropoid 類人猿 **1480**b
anthropological index 人類学的示数 **716**c
―― measuring-point 人体計測点 **707**f
anthropology 人類学 **716**b
anthropomorphism 擬人主義 288g
anthroposcopy 生体観察 1138g
anthropotomy 人体解剖学 187d
Anthuridea ウミナナフシ亜目 1596₄₆
Anthurium 1645₅₃
antiandrogen 抗雄性ホルモン物質 **467**h
Antiarchiformes 胴甲目 1564₁₃
antiauxin 抗オーキシン **430**h
antibacterial peptide 抗菌ペプチド **436**i
―― spectrum 抗菌スペクトル **436**h
antibiosis 抗生, 抗生作用 **450**b, 857f
antibiotics 抗生物質 **451**f
antibiotic spectrum 抗生スペクトル 436h
antibody 抗体 **457**b, 1386a
antibody-dependent cell-mediated cytotoxicity 抗体依存性細胞傷害活性 528b, 1386a
antibody dependent cellular cytotoxicity 抗体依存性細胞傷害活性 330f
―― diversity 抗体の多様性 **458**c
antibody-forming cell 抗体産生細胞 387e
antibody therapy 抗体療法 **458**d
anti-cancer drug 抗がん剤, 抗悪性腫瘍薬 **433**g
―― immunity がん免疫 **274**a
anticholinesterase drug 抗コリンエステラーゼ剤 685c
Anticlea 1646₂₉
anticlinal division 垂層分裂 **722**g
anticoagulant 抗凝血物質 **436**e
―― for storage of whole blood 血液保存液 **398**e
anticodon アンチコドン **48**i
anticonvulsant 抗痙攣剤 450f
antidepressant 抗うつ剤 450f
Antidesma 1649₄₁
antidiuretic activity 抗利尿作用 **468**b
―― hormone 抗利尿ホルモン **468**c
antidromic conduction 逆方向性伝導 971i
―― inhibition 逆方向性抑制 1494f
antienzyme 抗酵素 **442**e
antifeedant 摂食阻害剤 540e
antifertilizin 抗受精素 638b
antifreeze compound 抗凍結物質 **460**b
anti-freeze compound 抗凍結物質 **460**b
antifreeze glycoprotein 抗凍結糖蛋白質 404d
―― protein 不凍蛋白質 **1208**i
―― substance 抗凍結物質 **460**b
anti-freeze substance 抗凍結物質 **460**b
antifungal agent, antimycotic agent 抗真菌剤 **449**d
―― antibiotics 抗真菌抗生物質 449d
―― drug 抗真菌薬 449d
―― peptide 抗真菌ペプチド 436i
antigen 抗原 **437**g
antigen-antibody complex 抗原抗体複合体 1313l
―― reaction 抗原抗体反応 **438**g
antigen-binding site 抗原結合部位 438d
antigenic determinant 抗原決定基 **438**c
―― escape 抗原エスケープ 879i
antigenicity 抗原性 **437**g, 1388c
antigenic transformation 抗原型変換 **438**f
―― variation **438**b
antigen presenting cell 抗原提示細胞 **439**b
―― receptor 抗原受容体 1383j
anti-globulin test 抗グロブリンテスト 352a
anti-gray hair factor 抗灰色毛因子 1114d
antihemorrhagic vitamin 抗出血性ビタミン 1151h
anti-herpes drug 抗ヘルペス薬 **465**a
antihistaminic agent 抗ヒスタミン剤 **463**f
anti-HIV agents 抗 HIV 薬 **429**i
antihormone 抗ホルモン **466**c
anti-influenza drug 抗インフルエンザ薬 **429**f
anti-insulin 抗インスリン 363i
Antillesoma 1586₁₂

antimere 体幅 **863**e, 1298f
antimetabolite 代謝拮抗物質 **852**c
antimicrobial compound 抗細菌剤 **443**a
―― peptide 抗微生物ペプチド 436i
―― spectrum 抗菌スペクトル **436**h
antimold agent 抗かび剤 449d
antimorph アンチモーフ 865b
antimutagen 抗突然変異原 **461**d
antimycin A アンチマイシン A **49**a
anti-mycobacterial agents 抗結核薬 **437**e
anti-Müllerian factor 抗ミュラー管因子 1364g
―― hormone 抗ミュラー管ホルモン 1364g
antineuritic vitamin 抗神経炎性ビタミン 898c
anting 蟻浴 **324**g
antiparallel beta structure 逆平行 β 構造 **1266**g
antiparasitic agent 抗寄生虫剤 **435**c
Antipatharia ツノサンゴ目, 黒珊瑚類 1558₁₀
Antipathes 1558₁₀
antiperistalsis 逆蠕動 816g
antiphantastica 抗幻覚妄想剤 450f
antiphonal song 鳴き交わし **1024**f
antiplasmin 抗プラスミン **463**k
antipodal cell 反足細胞 1086d
Antipodium 1617₃₈
antiport 対向輸送 849b
antiporter 交換輸送体 849b
antipsychotic drug 統合失調症治療薬 450f
Antirrhium 1652₄
antiscorbutic vitamin 抗壊血病ビタミン 12b
antisense RNA アンチセンス RNA **48**j
antiseptic 防腐剤 **1303**f
antiserum 抗血清 457b
antisterility factor 抗不妊症因子 1151g
Antithamnion 1633₄₇
antithrombin Ⅲ アンチトロンビン Ⅲ, 抗トロンビン Ⅲ 397a, 436e
antithyroid substance 抗甲状腺物質 **439**g
antithyrotropin 抗甲状腺刺激ホルモン 466d
antitoxin 抗毒素 **461**c
antitragus 対珠 180h
anti-tumor immunity がん免疫 **274**a
antiviral agent 抗ウイルス剤 **429**g
antivitamin アンチビタミン 1152c
antizoea アンチゾエア 834f
antizyme 抗酵素 442e
antler 叉角, 枝角 935g
Antliophora 注管類 1601₁₅
ant plant 蟻植物 **34**h
Antrodia 1624₁₁
Antrodiella 1624₃₁
Antromycopsis 1626₃₁
Antrophyum 1643₃₁
Antygomonas 1587₄₄
anucleolate mutant 核小体欠如突然変異体 **205**b
Anulavirus アヌラウイルス属 1522₉
anulus fibrosus 繊維輪 784d
Anungitea 1610₉
Anungitopsis 1610₉
Anura カエル目, 無尾類 1567₄₉
Anurofeca 1553₁
anus 肛門 **467**b
Anystina ハモリダニ下目 1590₂₇
Anystis 1590₂₇
Anzia 1612₄₀
Anzina 1613₅₀
aorta 大動脈 **858**f
―― carotis 頸動脈 **393**b
―― descendens 下行大動脈 858f
aorta-gonad-mesonephros region AGM 領域, 背側大動脈-生殖器-中腎領域 401e
aortic arch 動脈弓 **534**d
―― arches 鰓弓動脈弓 **508**a
―― bulb 動脈球 **998**b
aorticopulmonary septum 大動脈-肺動脈中隔 909k
aortic trunk 総動脈幹 **830**g

Aotus 1575₃₃
AOX 代替酸化酵素 555i
AP1 650c
6-APA 6-アミノペニシラン酸 1268a, 1272d
Apaf-1 25f
apamin アパミン 1001d
Aparavirus アパラウイルス属 1521₇
Apatemys 1574₅₆
Apatosaurus 1570₂₀
Apatotheria 幻獣目 1574₅₆
APC 抗原提示細胞 439b, 1266e
APC/C 後期促進複合体 435d
ape 類人猿 1480h
APECED 自己免疫性多腺性内分泌不全症・カンジダ症・外胚葉性ジストロフィー，自己免疫性多腺性内分泌疾患Ⅰ型 117a, 574c
Apedinella 1656₉
AP endonuclease APエンドヌクレアーゼ 156b, 943c
Apertospathula 1659₃
aperture 殻口 1204c
apex 殻頂 206g
—— beat 心尖拍動 707c
Aphananthe 1649₄
Aphanizomenon 1541₃₀
Aphanoascus 1611₁₉
Aphanobasidium 1626₃₈
Aphanocapsa 1541₁₉
Aphanochaete 1635₂₂
Aphanocladium 1617₃₁
Aphanomyces 1654₂₀
Aphanomycopsis 1654₆
aphanoplasmodium アファノプラスモディウム 1284c
Aphanopsidaceae アファノプシス科 1612₁₄
Aphanopsis 1612₁₄
Aphanothece 1541₁₉
aphasia 失語症 593c
Aphelaria 1623₃₈
Aphelariaceae ビロードホウキタケ科 1623₃₈
Aphelariopsis 1620₅₁
Aphelenchoides 1587₃₁
Aphelenchus 1587₃₁
Aphelidida アフェリディウム目 1601₅₄
Aphelidium 1601₅₄
aphidicolin アフィディコリン 23g
Aphis 1600₃₁
aphlebia アフレビア 24f
Aphonopelma 1592₁₄
aphotic zone 無光層 189f, 1369b
Aphragmophora ヤムシ類，無膜筋目 1577₆
Aphrocallistes 1555₆
Aphrodita 1584₄₈
Aphrophora 1600₃₃
Aphthovirus アフトウイルス属 1140a, 1521₁₄
Apiaceae セリ科 1652₄₈
Apiales セリ目 1652₄₄
apical apparatus 頂部構造 602g
—— basal axis 頂端－基部軸 924b
—— bud 頂芽 919b
—— cap 頂帽 926d
—— cell 頂端細胞 924c
—— cells type 頂端細胞群型 644b
—— cell theory 頂端細胞説 924c
—— cell type 頂端細胞型 644b
—— complex 頂端複合体 924f
—— disc 頂盤 925g
—— dominance 頂芽優性 919e
—— ectodermal ridge 外胚葉性頂堤 185g
—— fold 185g
—— growth 先端成長，頂端成長 815c
—— membrane 頂端膜 859b
—— meristem 頂端分裂組織 924g
—— meristem culture 成長点培養 767h
—— organ 前脳器官，頂器官，頂端器官，頭頂器官 989b, 1016h
—— plate 頂上板，頂板 922c, 925g

—— plate system 頂上板系 922a
—— ring 頂環 602g
—— system 頂上系 922a
—— tuft 頂毛 925g
—— vesicle 先端小胞 815b
Apicomonadea アピコモナデア綱 1661₁₄
Apicomplexa アピコンプレクサ門，アピコンプレックス門 23c, 1661₁₃
apicomplexans アピコンプレクサ類 23c
apicoplast アピコプラスト 23b
Apicoporus 1662₂₁
Apidium 1575₃₇
Apinisia 1611₁₁
Apiocamarops 1618₂₀
Apioclypea 1619₃₂
Apiocrinus 1560₁₂
Apiognomonia 1618₄₄
Apiosordaria 1619₁₁
Apiospora 1618₆
Apiosporaceae アピオスポラ科 1618₆
Apis 1601₄₇
Apium 1652₄₈
aPKC 1138h
Aplanes 1654₂₀
aplanetism 不動性 1406c
Aplanochytrium 1653₂₁
aplanogamete 不動配偶子 1077f
aplanogamy 不動配偶子生殖 789b
Aplanopsis 1654₂₀
aplanosporangium 不動胞子嚢 1209b
aplanospore 不動胞子 1209b
aplasia 欠如症 282b
aplastic anemia 再生不良性貧血 1177h
Aplectosoma 1604₂₆
Apleniopsis 1643₃₁
Aplidium 1563₂₄
Aplodontia 1576₃₅
aploidy 66g
Aplopsora 1620₁₆
Aplosporella 1607₅
Aplousobranchia マンジュウボヤ亜目，無管類 1563₂₄
Aplysia 1584₄
Aplysilla 1554₅₂
Aplysina 1554₅₃
Aplysiomorpha アメフラシ亜目 1584₄
aplysiopurpurin アプリシオプルプリン 586a
APMV 1362g
apneustic 無気門 301f
Apo-1 1179i
apoaequorin アポエクオリン 126a
apocarpy 離生心皮 1455i
Apochela ハナレヅメ類，遠爪目 1588₁₅
apocrine gland アポクリン腺，大汗腺，離出分泌腺 187b, 1160g
Apocrita ハチ亜目，有針類，細腰類 1601₄₇
Apocynaceae キョウチクトウ科 1651₄₆
Apocynum 1651₄₆
apocyte 多核体，多核細胞 867e
Apodachlya 1654₆
Apodachlyella 1654₆
Apodasmocrinus 1560₅
apodeme 内突起 266a, 479i
Apodemus 1576₄₂
Apoderus 1601₆
Apodi アマツバメ亜目 1572₁₇
Apodida イカリナマコ目，無足類 1562₃₃
Apodiformes アマツバメ目 1572₁₇
apodous larva 無肢型幼虫 1282h
apoenzyme アポ酵素 25d
apoferritin アポフェリチン 1188f
apogamy 無配生殖 1371i
Apogastropoda 後生腹足類 1583₃₄
Apogon 1566₄₂
Apoikia 1656₃₀
apolar cell 無極細胞 1161a

―― ingression　無極移入　86d
―― nerve cell　無極神経細胞　696b
apolysis　アポリシス　26c
apomeiosis　アポマイオシス　26a
apomict　アポミクト　26b
apomixis　アポミクシス　26b
Aponchium　1587₁₅
aponeurosis　腱膜　415c
―― linguae　舌腱膜　789a
Aponogeton　1646₇
Aponogetonaceae　レースソウ科　1646₇
Apophlaea　1632₃₄
Apophysomyces　1604₂
apoplast　アポプラスト　311g, 713g
apoplastic pathway　311g
apoptosis　アポトーシス　25e
apoptosis-associated speck-like protein containing a CARD　99d
apoptosis protease-activating factor-1　25f
apoptosome　アポトソーム　25f
apoptotic body　アポトーシス小体　25e
aporepressor　アポリプレッサー　1461f
Apororhynchida　アポロリンクス目　1579₂
Apororhynchus　1579₂
aposematic coloration　警告色　386f
Asposphaeria　1609₃₅
Apospironympha　1630₁₈
apospory　無胞子生殖　1371k
Apostasia　1646₃₉
apostatic selection　異端選択　1178d
a posteriori weighting　事後法　388c
Apostichopus　1562₂₈
Apostomatia　隔口亜綱　1660₃₉
Apostomatida　隔口目　1660₄₀
apothecium　子嚢盤　603f
apparent assimilation　見かけの同化作用　652c
―― competition　見かけの競争　320d, 1352c
―― death　仮死　214h
appeasement behavior　なだめ行動　1025d
appendage　付属肢, 外肢　180g, 1204a
Appendicularia　オタマボヤ綱, 尾虫類, 幼形類　1140g, 1563₁₁
Appendicularia　1563₁₂
Appendiculella　1609₅
Appendispora　1609₂₄
appendix epididymidis　精巣上体垂　760d
―― pylorica　幽門垂　1414j
―― testis　精巣付属体, 精巣垂　726f
―― vermiformis　虫垂　913f
appetitive behavior　欲求行動　1430h
Apple chloretic leaf spot virus　リンゴクロロティックリーフスポットウイルス　1521₅₂
―― *scar skin viroid*　リンゴさび果ウイロイド　1523₃₄
―― *stem grooving virus*　リンゴステムグルービングウイルス　1521₄₇
―― *stem pitting virus*　リンゴステムピッティングウイルス　1521₅₁
application phase　適用期　1074f
applied physiology　応用生理学　162a
apposition eye　連立像眼　1496b
―― image　連立像　1496b
appressorium　付着器　1205c
Approved lists of bacterial names　細菌学名承認リスト　1375b
approximate Bayesian computation　近似ベイズ計算　1261h
Apra　1620₄₁
a priori weighting　事前法　388c
aprismatic enamel　無柱エナメル質　1069b
APS-I　I型多腺性内分泌自己免疫症候群　117a
Apscaviroid　アプスカウイロイド属　1523₃₄
Apseudes　1597₂₈
Apseudomorpha　アプセウデス亜目　1597₂₈
aptamer　アプタマー　24a
aptation　アプテーション　958b
Aptenodytes　1571₁₆

aptera　無翅型　832e
apteria　無翼区, 無羽域, 裸域　111g
Apterivorax　1604₂₁
Apterygiformes　キウイ目　1571₁
Apteryx　1571₁
Aptrootia　1607₂₀
APUD system　APUD系　140b
Apulmonata　ダニ亜綱, 無肺類　1589₃₇
apurinic/apyrimidinic endonuclease　AP-エンドヌクレアーゼ　943c
apurinic acid　アプリン酸　24e
Apus　1572₁₇
Apusomonadida　アプソモナス目　1552₆
Apusomonas　1552₆
Apusozoa　アプソゾア門　1552₃
Apygophora　無肛目　1595₄₂
apyrene spermatozoon　無核精子　62b
apyrimidinic acid　アピリミジン酸　23f
AQP　アクアポリン　5f
Aquabacter　1545₃₆
Aquabacterium　1546₄₁
Aquabirnavirus　アクアビルナウイルス属　1519₄
aquaculture　水産養殖　721c
aquaeductus mesencephali　中脳水道　916a
―― Sylvii　シルヴィウス水道　916a
aquaglyceroporin　アクアグリセロポリン　5f
Aqualinderella　1654₁₇
Aquamicrobium　1545₄₄
Aquamortierella　1604₁₁
Aquamyces　1602₄₃
Aquamycetaceae　アクアミケス科　1602₄₃
Aquaphila　1610₇
aquaporin　アクアポリン　5f
Aquareovirus　アクアレオウイルス属　1519₃₇
Aquareovirus A　アクアレオウイルスA　1519₃₇
Aquasphaeria　1618₄
Aquaspirillum　1547₇
aquatic animal　水生動物　722d
―― community　水中群集　724a
―― fungi　水生菌類　722a
Aquaticheirospora　1609₃₃
Aquaticola　1618₅
aquatic plant　水生植物　722b
―― respiration　水呼吸　1355e
aqueous-aqueous polymer phase system　水性二相溶媒　468e
aqueous humor　房水, 水様液　271c, 1373b
―― sediment　陸水堆積物　474a
Aquicella　1549₁₇
aquiculture　水産養殖　721c
aquiferous system　水溝系　720e
―― tissue　貯水組織　929c
Aquifex　1538₄₀
Aquificaceae　アクイフェックス科　1538₄₀
Aquificae　アクイフェックス綱, アクイフェックス門　1538₃₆, 1538₃₇
Aquificales　アクイフェックス目　1538₃₈
Äquifinalität　等結果性　187e
Aquiflexum　1539₁₉
Aquifoliaceae　モチノキ科　1652₂₆
Aquifoliales　モチノキ目　1652₂₄
aquiherbosa　水中草原　724b
Aquila　1571₃₄
Aquilegia　1647₅₇
Aquimarina　1539₃₉
Aquimonas　1550₄
Aquincola　1546₄₁
aquiprata　水中草原　724b
Aquisalibacillus　1542₂₈
Aquisalimonas　1548₅₇
Aquitalea　1547₇
Ara　アラビノース　34d
Ara　1572₄
araban　アラバン　34b
Arabella　1584₄₃
Arabidopsis　1650₁

arc 1877

arabinan アラビナン **34**b
arabinogalactan アラビノガラクタン **34**c
—— protein アラビノガラクタン蛋白質 1157b
arabinose アラビノース **34**d
—— operon アラビノースオペロン 169e, 1461f
AraC シタラビン 942d
Araceae サトイモ科 1645$_{53}$
arachidonate cascade アラキドン酸カスケード **33**e
arachidonic acid アラキドン酸 **33**d
arachin 11S グロブリン, アラキン 634c
Arachis 1648$_{48}$
Arachnanthus 1558$_{14}$
Arachnia 1537$_{48}$
Arachnida クモ綱, クモ類 **352**e, 1589$_{36}$
arachnids クモ類 **352**e
Arachniodes 1643$_{54}$
Arachnion 1625$_{41}$
Arachniotus 1611$_{16}$
Arachnochloris 1657$_2$
Arachnocrea 1617$_{26}$, 1617$_{29}$, 1617$_{30}$
arachnoides クモ膜 1065b
Arachnoidiscales クモノスケイソウ目 1654$_{41}$
Arachnoidiscus 1654$_{41}$
archnology クモ学 352e, 503b
Arachnomyces 1610$_{51}$
Arachnomycetaceae アラクノミケス科 1610$_{51}$
Arachnomycetales アラクノミケス目 1610$_{50}$
Arachnopeziza 1614$_{56}$
Arachnophora 1606$_{32}$
Arachnophyllina アラクノフィルム亜目 1556$_{47}$
Arachnophyllum 1556$_{47}$
Arachnotheca 1611$_{11}$
Arachnula 1664$_{40}$
Araeoscelidia アレオスケリス目 1568$_{13}$
Araeoscelis 1568$_{13}$
aragonite アラレ石 787e
Araiospora 1654$_{17}$
Aralia 1652$_{45}$
Araliaceae ウコギ科 1652$_{45}$
A. ramidus ラミダス猿人 2h
Aramus 1571$_{47}$
Arandaspida アランダスピス目 1564$_2$
Arandaspis 1564$_2$
Araneae クモ目 1592$_4$
Araneomorphae クモ下目 1592$_{17}$
Araneomyces 1610$_6$
Araneus 1592$_{18}$
Arapaima 1565$_{50}$
Araripemys 1568$_{18}$
Araucaria 1645$_2$
Araucariaceae ナンヨウスギ科 1645$_2$
Arbacia 1562$_7$
Arbacioida アスナロウニ目 1562$_7$
ARBER, Werner アルバー **42**a
arbor 木本, 高木 **465**i, **1396**e
arboreal life 樹上生活 **636**b
arboroid colony 樹状群体 382c
arbor vitae 生命樹 662d
arbovirus アルボウイルス **43**c
arbuscular mycorrhiza VA菌根, アーバスキュラー菌根 333i
arbuscule 樹枝状体 333i
arbutoid mycorrhiza アーブトイド菌根, イチヤクソウ型菌根 333i
Arca 1582$_4$
Arcanobacterium 1536$_{27}$
Arcella 1628$_{27}$
Arcellinida ナベカムリ目 1628$_{27}$
Arcestes 1582$_{53}$
Archaea アーキアドメイン 1534$_1$
Archaea アーキア **4**f
archaea アーキア **4**f
Archaean eon 始生代 **584**i
archaebacteria 古細菌 **474**c
Archaeobatrachia ムカシガエル亜目 1567$_{50}$

Archaeocalamites 1642$_{29}$
Archaeocalamitiaceae アルカエオカラミテス科 1642$_{29}$
Archaeocaris 1596$_{26}$
Archaeoceti 古鯨亜目 1575$_{58}$
Archaeocyatha 古杯綱, 古杯類 **188**f, **486**i, 1554$_2$
Archaeocyathida 1554$_7$
Archaeocycas 1644$_{32}$
archaeocyte 原始細胞, 原生細胞 1411h
Archaeoglobaceae アーカエグロブス科 1534$_{24}$
Archaeoglobales アーカエグロブス目 1534$_{23}$
Archaeoglobi アーカエグロブス綱 1534$_{22}$
Archaeoglobus 1534$_{24}$
Archaeognatha イシノミ目, 古顎亜綱, 古顎亜綱, 古顎類 1598$_{26}$, 1598$_{29}$
archaeological human remains 古人骨 **475**c
Archaeolynthus 1554$_3$
Archaeonycteris 1575$_{12}$
archaeophytic era 太古植物代 849e
Archaeopteridales アルカエオプテリス目 1644$_8$
Archaeopteris 1644$_8$
Archaeopterygiformes シソチョウ目 1570$_{35}$
Archaeopteryx 始祖鳥 **589**b, 1570$_{35}$
archaeorganism 始原生物 **571**f
Archaeorhizomyces 1605$_{27}$
Archaeorhizomycetes アルカエオリゾミケス綱 1605$_{26}$
Archaeornithes 古鳥亜綱 1570$_{34}$
Archaeospicularia アーケオスピクラリア目 1663$_3$
Archaeospora 1605$_{16}$
Archaeosporaceae アルカエオスポラ科 1605$_{16}$
Archaeosporales アルカエオスポラ目 1605$_{14}$
Archaeosporomycetes アルカエオスポラ綱 1605$_{13}$
Archaeostraca 1596$_{20}$
Archaeothyris 1573$_7$
Archaeperidinium 1662$_{38}$
Archaeplastida 古色素体類 1631$_{41}$
archaesthetism アーケステティズム, 感覚始原説 488i
archaic Homo sapiens 旧人型ホモ＝サピエンス 1319h
Archallaxis アルハラクシス **42**b
Archamoebea アーケアメーバ綱 1628$_{38}$
Archangium 1547$_{57}$
Archaster 1560$_{51}$
archedyction 古翅脈網 613c
Archegonaster 1560$_{29}$
Archegoniatae 造卵器植物 1453a
archegoniophore 雌器床 756e
archegonium 蔵卵器, 造卵器 **833**j
archencephalic region 原脳域 426h
archencephalon 原脳 **426**h
archenteric pouch 原腸嚢 924a
—— roof 原腸蓋 425i
archenteron 原腸 **425**g
—— roof 原腸蓋 **425**i
Archeoentactinia 1663$_3$
archeospore 原胞子 896c
archetype 原型 **418**e
archezoans アーケゾア類 **8**g
Archiacanthocephala 原鉤頭虫綱, 原鉤頭虫類, 獣鉤頭虫類 460f, 1578$_{44}$
Archiannelida 原始環虫類 **421**a
archiannelids 原始環虫類 **421**a
archibenthic zone 旧深海底界 688f
Archicoelomata 原腔動物 **420**b
archicortex 原皮質 860c, 861a
Archidesmida ムカシオビヤスデ目 1594$_8$
Archidesmus 1594$_8$
Archidiaceae ツチゴケ科 1639$_{35}$
Archidiales ツチゴケ目 1639$_{34}$
Archidium 1639$_{35}$
Archigastropoda 原始軟体類, 原軟体類 827c
Archigregarinorida エクソシゾン目, 原グレガリナ目 1661$_{19}$
Archilochus 1572$_{19}$
Archimedes 1579$_{27}$
archimetaboly 原変態 503d
Archimycetes 古生菌類 **476**a

Archinacella	1581_{33}
Archinacelloidea	1581_{33}
Archiretiolites	1562_{48}
Archisagittoidea ムカシヤムシ綱	1577_1
Architaenioglossa 原始紐舌目	1583_{36}
Architarbus	1591_{12}
Architectonica	1583_{54}
Architeuthis	1583_{13}
architomy 原分割	88f
Archonychophora	1588_{21}
archoplasma アルコプラスマ	76c
Archosauria 主竜区, 主竜類	**648e**, 1569_{14}
Archosauromorpha 主竜形下綱	1569_{10}
archosaurs 主竜類	**648**e
Archostemata ナガヒラタムシ亜目, 原腹節類, 始原類	1600_{51}
Arcicella	1539_{22}
Arcida フネガイ目	1582_4
Arcispora	1620_2
Arcobacter	1548_{15}
Arcotheres	1598_5
Arctacarina キョクチダニ下目	1589_{52}
Arctacarus	1589_{52}
Arctia	1601_{37}
arctic-alpine plants 極地高山植物	445b
arctic desert 寒地荒原, 極荒原	**270**b, 937d
Arctic floral region 北極植物区系区	675a[表]
arctic plant 極地植物	**327**f
Arctic subregion 北極亜区	818h
arctic zone 寒帯	**269**d
Arctium ゴボウ	1652_{32}
Arctogaean realm 北界	**1315**e
Arctomia	1612_{15}
Arctomiaceae アルクトミア科	1612_{15}
Arctoparmelia	1612_{40}
Arctopeltis	1612_{34}
Arctoperlaria キタカワゲラ亜目	1599_{13}
Arctostylopida アルクトスチロプス目	1576_8
Arctostylops	1576_8
Arcto-tertiary element 北極地第三紀要素, 第三紀北極要素	675_2
Arcturus	1597_3
arcus aortae 鰓弓動脈弓	**508**a
Arcyria	1629_8
Ardea	1571_{25}
Ardeae サギ亜目	1571_{25}
Ardeola	1571_{25}
Ardisia	1651_{17}
Ardissonea	1655_{10}
Ardissoneales デカハリケイソウ目	1655_{10}
area centralis 中心視覚面	1393j
—— cladogram 地域分岐図, 種分岐図	**899**c, 1245b
—— embryonalis 胚体域	**1083**j
—— of endemism 固有地域	**491**a
—— opaca 暗域	**47**d
—— pellucida 明域	**1374**c
—— postrema 最後野	1063h
—— vasculosa 血管域	**399**e, 406l
—— vitellina 卵黄域	**1441**a
Areca	1647_2
Arecaceae ヤシ科	1647_2
Arecales ヤシ目	1647_1
Arecomyces	1619_{36}
Arenaria	1650_{46}
Arenaviridae アレナウイルス	**44**d
Arenaviridae アレナウイルス科	1520_{26}
Arenavirus アレナウイルス属	1520_{27}
Arenga	1647_2
Arenibacter	1539_{39}
Arenicella	1548_{24}
Arenicola	1548_{38}
Arenimonas	1550_4
Arenoparrella	1663_{45}
areola 胞紋	1132f
ARF ADP リボシル化因子	1228i
ARFGEF GDP/GTP 交換因子	1228i
Arg	39f
Argas	1589_{46}
Argentiniformes ニギス目	1566_9
argentophil fiber 嗜銀繊維	446e
arginase アルギナーゼ	**39**d
—— deficiency アルギナーゼ欠損症	39d
arginie vasotocin アルギニンバソトシン	1281f
arginine アルギニン	**39**f
—— amidinase アルギニンアミジナーゼ	39d
—— phosphate アルギニンリン酸	**40**a
argininosuccinic aciduria アルギニノコハク酸尿	**39**e
Argiope	1592_{18}
Argonauta	1583_{19}
Argonaute	37a
Argopsis	1612_{17}
Arguloida チョウ目	1594_{52}
Argulus	1594_{52}
Argusianus	1571_4
argyllotrophic lake 粘土栄養湖	**1060**f
Argynna	1607_{47}
Argynnaceae アルジンナ科	1607_{47}
Argyroneta	1592_{18}
A. rhizogenes 毛根病菌	8e
Arhodomonas	1548_{57}
Arhynchobdellae ヒル目, 無吻蛭類	1585_{45}
aril 仮種皮	**216**a
arillocarpium 仮種皮果	216a
arillode 偽仮種皮	216a
Arion	1584_{24}
Arisaema	1645_{54}
Arismatales オモダカ目	1645_{51}
arista 触鬚	**670**c
Aristerostoma	1660_{10}
Aristeus	1597_{36}
aristogenesis アリストゲネシス	950f
Aristolochia	1645_{36}
Aristolochiaceae ウマノスズクサ科	1645_{36}
ARISTOTELĒS アリストテレス	**34**i
Aristotle's lantern アリストテレスの提灯	**34**j
Arius	1566_7
Arixenia	1599_8
Arizonaphlyctidaceae アリゾナフリクティス科	1602_{35}
Arizonaphlyctis	1602_{35}
Arkaya	1602_{33}
Arkhangelskiella	1666_{21}
Arlacel A	1230_2
ARM 獲得性解発機構	769c
arm 腕	**110**b
Armadillidium	1597_7
armadillo アルマジロ	1266e
Armadilloniscus	1597_7
Armatella	1609_5
Armatimonadaceae アルマティモナス科	1538_{49}
Armatimonadales アルマティモナス目	1538_{48}
Armatimonadetes アルマティモナス門	1538_{46}
Armatimonadia アルマティモナス綱	1538_{47}
Armatimonas	1538_{49}
Armeniaca	1648_{57}
Armichona	1659_{35}
Armillaria	1626_2
Armillifer	1594_{50}
Armohydra	1556_{12}
Armophorea 被甲綱	1659_{17}
Armophorida 被甲目	1659_{18}
armored dinoflagellates 有殻渦鞭毛藻	108g
—— fishes 甲冑魚類	**229**c
Armorhydra	1556_3
armour 被甲	**1139**d
arm-palisade cell 有腕柵状組織細胞	537d
arm ratio 腕比	1155c
arm-skeleton 腕骨	**1510**g
arms race 軍拡競走	318e
arm vertebrae 腕骨	352d
arm-wing 腕羽	935i

Arnaudiella　1608₅₇
Arnelliaceae　アルネルゴケ科　1638₂₄
Arnica　1652₃₂
Arnium　1619₁₁
ARNON, Daniel Israel　アーノン　**23**a
A.robustus　骨太型猿人　**2**h
arolium　爪間盤　818c
aromatase　アロマターゼ　**46**e
aromatic biosynthesis　芳香環生合成　**1293**g
aromatic-L-amino acid decarboxylase　芳香族-L-アミノ酸デカルボキシラーゼ　1007d
aromorphosis　アロモルフォシス　**47**b
arousal reaction　覚醒反応　1065f
Arrenurus　1590₂₉
arrest front　アレスト・フロント　**44**b
arrestin　アレスチン　**44**a
Arrhenia　1626₄₄
Arrhenius activation energy　アレニウスの活性化エネルギー　228g
── equation　アレニウスの式　175d, 457a
── plot　アレニウスプロット　**44**b
Arrhenosphaera　1610₅₃
arrhenotoky　雄性産生単為生殖　880n
arrow worms　毛顎動物　**1392**a
ARS　686f
arsenic　ヒ素　**1148**c
── acid　ヒ酸　**1141**a
Arsenicicoccus　1537₁₆
arsenite　亜ヒ酸塩　**23**d
arsenolysis　アルセノリシス, 加ヒ酸分解　1141a
Arsenophonus　1549₄
Arsinoitherium　1574₄₈
Artamus　1572₄₇
artefact　人為構造　**687**e
Artemia　1594₂₆
Artemis　36a
Artemisia　1652₃₃
artemisinin　アルテミシニン　**41**d
l-arterenol　*l*-アルテレノール　1068f
arteria　動脈　**997**g
── branchialis　鰓動脈　**517**g
── carotis　頸動脈　**393**b
── caudalis　尾動脈　**1154**f
── coeliaca　腹腔動脈　**1195**h
── coronaria　冠動脈　**271**a
arterial cone　動脈円錐　**997**h
── trunk　総動脈幹　**830**g
arteria mesenterica　腸間膜動脈　**920**f
── pulmonalis　肺動脈　1079f
── vitellina　卵黄動脈　1441f
arteriolosclerosis　細動脈硬化　**98**b
arteriosclerosis　動脈硬化, 動脈硬化症　395a, **998**b
Arteriviridae　アルテリウイルス科　1520₅₁
Arterivirus　アルテリウイルス属　1520₅₂
artery　動脈　**997**g
Arthonia　1606₄₉
Arthoniaceae　ホシゴケ科　1606₄₉
Arthoniales　ホシゴケ目　1606₄₈
Arthoniomycetes　ホシゴケ綱　1606₄₅
Arthopycnis　1610₁₆
Arthopyrenia　1609₁₄
Arthopyreniaceae　ニセサネゴケ科　1609₁₄
Arthothelium　1606₅₀
Arthracanthida　放射棘虫目　1663₃₀
Arthrinium　1618₆
Arthrobacter　1537₂₈
Arthrobotrys　1615₄₆
arthrobranch　関節鰓　**266**e
Arthrochirotida　1562₂₄
Arthrocladia　1657₄₂
Arthroderma　1611₁₄
Arthrodermataceae　アルスロデルマ科　1611₁₄
arthrodial membrane　節間膜　347a
Arthrodiriiformes　節頸目　1564₁₈
Arthrographis　1607₅₂

Arthrolycosa　1592₁₀
Arthromygale　1592₁₁
Arthronema　1541₃₅
Arthropleona　フシトビムシ亜目　1598₂₁
Arthropleura　コダイオオヤスデ　1594₃
Arthropleurida　コダイオオヤスデ目　1594₃
Arthropoda　節足動物, 節足動物門　792d, 1588₃₀
arthropodization　節足動物化　885f
arthropods　節足動物　**792**d
Arthropsis　1611₁₁
Arthropteris　1643₆₀
Arthrorhaphidaceae　レモンイボゴケ科　1613₅₀
Arthrorhaphis　1613₅₀
Arthrospira　1541₃₅
arthrospore　分節型胞子　641c, 1248f
Arthrosporella　1626₄₄
Arthrotardigrada　節クマムシ目　1588₇
Arthrothamnus　1657₂₃
Arthuria　1620₂₃
Arthuriomyces　1620₂₇
Arthus' phenomenon　アルツス現象　**40**g
articular　関節骨　911e, 1020k
── capsule　関節包, 関節嚢　266a
── cartilage　関節軟骨　266a
── movement　関節運動　266a
Articulata　体節動物, 関節亜綱　856f, 1560₉
articulated laticifer　有節乳管　1041d
articulatio　**266**a
── composita　複関節　266a
articulation　分節化, 調音, 関節　266a, 420c, 1106a
articulatio simplex　単関節　266a
articulus mandibularis　顎関節　976h
artifact　人為構造　**687**e
artificial chromosome　人工染色体　**701**i
── classification　人為分類　1254f
── fertilization　人工受精, 人工授精, 人為受精　702f
── group selection　人工的群淘汰　627a
── hypothermia　人工低体温　**702**c
── insemination　人工媒精, 人工授精　702f
── intelligence　人工知能　**702**b
── language　人工言語　702b
── life　人工生命　**701**h
── lipid membrane　脂質人工膜　702g
── membrane　人工膜　**702**g
── mutation　人為突然変異　1006a, 1414d
── organ　人工臓器　**702**a
── parthenogenesis　人為単為生殖　**687**f
── pollination　人工受粉　**701**f
── regeneration　人工造林　972e
── sea water　人工海水　**701**a
── selection　人為淘汰　**687**c
── vegetation　人為植生　853f
Artiodactyla　偶蹄目　1576₉
Artmächtigkeit　種勢力　**1411**g
Artocarpus　1649₆
Artomyces　1624₆₀
Artostrobus　1663₁₂
Arundo　1647₃₄
Arxiomyces　1617₄₇
arylsulfatase　アリールスルファターゼ　742g
arytenoid cartilage　披裂軟骨　459k
AS　アンジェルマン症候群, 活性汚泥　228d, 410f
As　ヒ素　1148c
Asaccharobacter　1538₁₈
Asahinea　1612₄₁
Asaia　1546₁₅
Asajirus　1563₃₃
Asanoa　1537₃₉
Asaphida　1588₃₃
Asaphiscus　1588₄₇
Asaphoidea　1588₃₄
Asaphus　1588₃₄
Asarum　1645₃₆
ASC　99d
Asca　1590₁₀

Ascampbelliella 1658₂₂
Ascaphus 1567₅₀
Ascaris 1587₃₇
—— *lumbricoides Tas virus* ヒト回虫 Tas ウイルス 1518₃₈
ascending reticular activating system 上行性網様体賦活系 658a
Ascetosporea アセトスポレア綱 1664₃₂
Aschelminthes 袋形動物 **1201**c
aschelminths 袋形動物 **1201**c
Aschersonia 1617₁₆, 1617₁₇
Aschner reflex アシュネル反射 707d
ASCHOFF, Ludwig アショフ **11**b
Aschoff's rule アショフの法則 **11**c
Ascidia 1563₂₇
Ascidiacea ホヤ綱, 海鞘類 1140g, 1563₂₁
ascidial leaf 嚢状葉, 杯状葉, 杯葉 **1064**c
ascidians ホヤ綱, 海鞘類 1140g
ascidian tadpole オタマジャクシ形幼生 **166**d
Ascidiella 1563₂₈
ascidium 嚢状葉, 杯状葉, 杯葉 **1064**c
ascites tumor 腹水腫瘍 **1197**g
Asclepias 1651₄₆
Ascobolaceae スイライカビ科 1615₅₃
Ascobolus 1615₅₃
Ascobotryozyma 1605₄₆
Ascocalvatia 1611₂₀
ascocarp 子嚢果 **603**a
—— centrum 子嚢果中心体 **603**c, 913c
Ascocephalophora 1606₆
Ascoceras 1582₃₅
Ascocerida 1582₃₅
Ascochyta 1609₉, 1609₂₂, 1609₃₂
Ascoclavulina 1614₄₉
Ascocoma 1615₅
Ascocorticiaceae シノノコヤクタケ科 1614₄₅
Ascocorticium 1614₄₅
Ascocoryne 1614₄₂
Ascocratera 1609₃₀
Ascodesmidaceae アスコデスミス科 1615₅₅
Ascodesmis 1615₅₅
Ascodichaena 1615₂₄
Ascodichaenaceae アスコジカエナ科 1615₂₄
ascogenesis 子嚢形成 602g
ascogenous hypha 造嚢糸 **831**d
ascogonium 造嚢器 **831**c
Ascogregarina 1661₂₁
Ascoidea 1605₄₈
Ascoideaceae アスコイデア科 1605₄₈
Ascolectus 1608₁₃
ascolocule 子嚢室 291g
ascoma 子嚢果 **603**a
Ascomycetes 子嚢菌類 **603**d
Ascomycota 子嚢菌門, 子嚢菌類 **603**d, 1605₂₄
Asconema 1555₁₁
asconoid アスコン型 720e
ascon type アスコン型 720e
Ascophanus 1615₅₃
Ascophrys 1660₄₃
Ascopolyporus 1617₂₁
Ascoporia 1607₄₈
Ascoporiaceae アスコポリア科 1607₄₈
ascorbate oxidase アスコルビン酸オキシダーゼ, アスコルビン酸化酵素 **12**d
ascorbic acid アスコルビン酸 **12**b
—— acid depletion method アスコルビン酸減少法 **12**c
Ascorhizoctonia 1616₂₁
Ascorhynchus 1589₁₃
Ascoseira 1657₄₃
Ascoseirales アスコセイラ目 1657₄₃
Ascosparassis 1616₁₇
Ascosphaera 1610₅₃
Ascosphaeraceae ハチノスカビ科 1610₅₃
Ascosphaerales ハチノスカビ目 1610₅₂
ascospore 子嚢胞子 **603**g

ascostroma 子嚢子座 **603**e
Ascotaiwania 1618₁, 1619₂
Ascothailandia 1618₁
Ascothoracida 嚢胸下綱 1595₃₀
Ascotremella 1614₄₉
Ascotricha 1619₄₁
Ascotrichella 1618₃₅
Ascovaginospora 1619₃₆
Ascovirgaria 1619₄₁
Ascoviridae アスコウイルス科 1515₁₈
Ascovirus アスコウイルス属 1515₁₉
Ascozonus 1615₃₂
ascus 子嚢 **602**g
—— mother cell 子嚢母細胞 **197**d
asebotoxin アセボトキシン 16c
Asellaria 1604₃₆
Asellariaceae アセラリア科 1604₃₆
Asellariales アセラリア目 1604₃₆
Asellota ミズムシ亜目 1596₅₃
Asellus 1596₅₃
aseptate 無隔膜 208g
aseptic condition 無菌状態 **1368**e
asexual generation 無性世代 **1370**g
—— individual 無性生殖個体 **1370**f
—— reproduction 無性生殖 **1370**e
Asfarviridae アスファウイルス科 1515₂₀
Asfivirus アスフィウイルス属 1515₂₁
Ashbya 1606₈
asialoglycoprotein receptor アシアロ糖蛋白質受容体 **10**a
Asimina 1645₄₃
Asio 1572₁₀
A site A サイト, A 部位 1325i, 1464c
Askenasia 1659₈
Askoella 1660₄₃
ASL 1362e
Asn 12g
Asn-linked glycan アスパラギン結合型糖鎖 137g
ASP 記憶喪失性貝毒 184e
Asp 13a
Asparagaceae キジカクシ科 1646₅₈
Asparagales キジカクシ目 1646₃₈
asparaginase アスパラギナーゼ **12**f, 12g
asparagine アスパラギン **12**g
—— synthetase アスパラギン合成酵素 12g
Asparagopsis 1633₁₉
Asparagus 1646₅₈
aspartame アスパルテーム **13**d
aspartase アスパルターゼ 13c
aspartate amino transferase アスパラギン酸アミノ基転移酵素 13a, **13**b
—— ammonia-lyase アスパラギン酸脱アンモニア酵素 **13**c
—— carbamoyltransferase アスパラギン酸カルバモイルトランスフェラーゼ 1171h
—— transaminase アスパラギン酸トランスアミナーゼ 13b
—— transcarbamoylase アスパラギン酸カルバモイルトランスフェラーゼ 1171h
aspartic acid アスパラギン酸 **13**a
—— protease アスパラギン酸プロテアーゼ 231i
Aspasma 1566₄₃
aspect 季相 **291**f
aspergillosis アスペルギルス症 692b
Aspergillus コウジカビ属 445i, 1611₃, 1611₄, 1611₅, 1611₆, 1611₇, 1611₉
Aspergillus nidulans アスペルギルス=ニドゥランス **13**f
Asphodelus 1646₅₃
asphyxia 仮死 **214**h
Aspicilia 1614₂₁
Aspidisca 1658₁₉
Aspidistra 1646₅₉
Aspidochirotida マナマコ目, 楯手類 1562₂₈
Aspidodiadema 1561₄₃
Aspidodiadematoida クモガゼ目 1561₄₃

Aspidogaster	1578[4]		*Asteronyx*	1561[9]
Aspidogastrea 楯吸虫類	1578[4]		*Asterophlyctis*	1602[22]
Aspidorhynchiformes アスピドリンカス目	1565[41]		*Asterophoma*	1611[25]
Aspidorhynchus	1565[41]		*Asterophomene*	1635[33]
Aspidosiphon	1586[14]		*Asterophora*	1626[10]
Aspidosiphoniformes タテホシムシ目	1586[14]		*Asteropsis*	1560[52]
Aspidotheliaceae ツツミゴケ科	1607[23]		*Asteropus*	1554[31]
Aspidothelium	1607[23]		*Asteroschema*	1561[9]
Aspiktrata	1660[14]		*Asterostomella*	1608[19]
Aspiraculata ヘクサクロビルス亜目	1563[33]		*Asterostroma*	1625[8]
aspiration biopsy 吸引生検	1075b		Asterothyriaceae フンカゴケ科	1613[60]
—— cytology 吸引細胞診	1075b		*Asterothyrium*	1613[60]
aspirin アスピリン	13e		*Asterotremella*	1623[19]
Asplanchna	1578[34]		*Asteroxylon* アステロキシロン	1432g, 1642[8]
Aspleniaceae チャセンシダ科	1643[39]		Asterozoa 星形動物亜門	1560[27]
Asplenium	1643[39]		*Asthenosoma*	1561[38]
Aspromonas	1550[4]		*Asticcaulis*	1545[14]
Assamia	1591[26]		Astigmata コナダニ亜目, 無気門類	1590[43]
assay method of antimicrobial activity 抗菌力検定	436j		astigmatism 乱視	349a
assemblage zone 集合化石帯	223c		astigmatismus 乱視	349a
assembling 会合体形成	665b		*Astilbe*	1648[21]
assimilation 同化	976f		Astomatia 無口亜綱	1661[1]
—— efficiency 同化効率, 総同化効率	751b		Astomatida 無口目	1661[2]
—— root 同化根	977e		Astomatophorida 欠口目	1660[42]
—— starch 同化澱粉	977h		*Astraeospongium*	1554[10]
—— tissue 同化組織	977g		*Astraeus*	1627[12]
assimilatory induction 同化誘導	984f		*Astragalus*	1648[49]
Assiminea	1583[41]		astral body 星状体	755i
assisted reproductive technology 生殖補助医療	758g		—— ray 星糸	752d
association 共生, 群集, 連合	319b, 381f, 1492e		*Astrammina*	1663[40]
—— area 連合野	1492f		Astrapotheria 輝獣目, 雷獣目	1576[24]
—— cortex 連合皮質	1492f		*Astrapotherium*	1576[24]
—— fiber 連合繊維	860c		Astraspida アストラスピス目	1564[3]
associative learning 連合学習	204b		*Astraspis*	1564[3]
—— memory 連想記憶	1495b		*Astreptonema*	1553[1]
associes アソシーズ	16e		*Astriclypeus*	1562[17]
assortative mating 同類交配	462j, 999i		astrobiology 宇宙生物学	109e
Assulina	1665[41]		*Astrocladus*	1561[9]
AST アスパラギン酸アミノ基転移酵素	13a, 13b		*Astrocrinus*	1559[20]
Astacidea ザリガニ下目	1597[47]		*Astrocystis*	1619[41]
Astasia	1631[20]		*Astrocystites*	1561[24]
Astasia longa	1631[24]		astrocyte アストロサイト, 星状膠細胞	695h
astaxanthin アスタキサンチン	249c		*Astroides*	1557[53]
ASTBURY, William Thomas アストベリー	12e		*Astrolithium*	1663[26]
Aster	1652[33]		*Astrolonche*	1663[26]
aster 星状体	483e, 755i		*Astropecten*	1560[49]
Asteracantha	1665[27]		Astrophorida 有星海綿目	1554[31]
Asteraceae キク科	1652[32]		*Astrorhiza*	1663[42]
Asterales キク目	1652[27]		Astrorhizida アストロリザ目	1663[42]
Asterias	1560[41]		*Astrosclera*	1554[46]
Asteridiella	1609[5]		astrosclereid 星状異型組織	61f
Asterina	1608[19]		*Astrosphaeriella*	1609[35]
Asterinaceae アステリナ科	1608[19]		Astroviridae アストロウイルス科	1522[2]
Asterinella	1608[57]		*Astylozoon*	1660[45]
Asterionella	1655[14]		ASV トリ肉腫ウイルス	1030h
Asterionellopsis	1655[14]		ASV17 トリサルコーマウイルス17	650c
asteriscus 星状石	925f		asymbiotic germination 非共生発芽	319e
Asternoseius	1590[4]		asymmetric division 非対称分裂	1149e
Asterobillingsa	1556[54]		—— transcription 非対称的転写	1149d
Asteroblastus	1559[18]		*Asymmetron* オナガナメクジウオ	1563[8]
Asterochloris	1635[14]		asymmetry 不相称, 非対称	826a
Asterocladales アステロクラドン目	1657[2]		asynapsis 不対合	1205l
Asterocladon	1657[27]		asynchronous flight muscle 非同期飛行筋	800c
Asterococcus	1635[32]		asyndesis 不対合	1205h
Asterodon	1623[59]		atactostele 不整中心柱, 不斉中心柱	1203k
Asteroidea ヒトデ綱, ヒトデ類, 海星類	1156a, 1560[30]		*Atadenovirus* アトアデノウイルス属	1515[10]
Asterolampra	1654[40]		ATAF1	1025f
Asterolamprales クンショウケイソウ目	1654[40]		ATAF2	1025f
Asteroleplasma	1550[31]		atavism 先祖返り, 隔世遺伝	206a, 812h
Asteroma	1618[46], 1618[47]		ataxia 運動失調	115g
Asteromassaria	1609[50]		—— telangiectasia 血管拡張性失調症, 毛細血管拡張性運動失調症	225a, 808e
Asteromella	1608[8]		ataxie optique	559c
Asteromoans	1635[32]		ATCC	530j
Asteromphalus	1654[40]		Ateleopodiformes シャチブリ目	1566[15]
Asteronema	1657[40]			

Ateleopus　1566₁₅
Atelepithites　1659₂₉
Atelerix　1575₅
Ateles　1575₃₄
Atelocauda　1620₃₀
Atelocerata　有角類, 触角類　680g, **681**d
Atentaculata　1558₂₆
ATF/CREB　1497e
Atg32　1335b
Athalamida　無室目　1663₃₉
Athelia　1626₆₀
Atheliaceae　コブコウヤクタケ科　1626₆₀
Atheliales　コブコウヤクタケ目　1626₅₉
Athelidium　1625₁₅
Atheriniformes　トウゴウロウイワシ目　1566₃₁
atherosclerosis　粥状硬化　998b
athrocyte　集受細胞　1080d
Athyriaceae　メシダ科　1643₅₀
Athyris　1580₃₁
Athyrium　1643₅₀
Atichia　1607₃₉
Atkinsiella　1654₁
Atkinsiellales　アトキンシエラ目　1654₁
Atkinsonella　1617₁₃
Atkinsonella hypoxylon virus　1519₂₄
ATL　成人 T 細胞白血病　759d, 1155d
Atlanta　1558₄₆
Atlantic North American floral region　北アメリカ大西洋岸植物区系区　675a［表］
atlas　環椎, 載域　784d
Atlas of Protein Sequence and Structure　955h
ATLV　成人 T 細胞白血病ウイルス　1155d
atmosphere　大気圏　773a
atoll　環礁　550b
Atolla　1556₂₃
atomic bomb disease　原爆症　**426**i
—— force microscope　原子間力顕微鏡　825c
Atopobacter　1543₇
Atopobium　1538₁₈
Atopochilodon　1659₂₆
Atopococcus　1543₇
Atopodinium　1660₁₉
Atopogestus　1593₃₆
Atoposaurus　1569₂₃
Atopostipes　1543₇
atopy　アトピー　**20**e
Atorella　1556₂₃
ATP　アデノシン三リン酸　19d, 430b
atp　440b
ATP:acetate phosphotransferase　ATP:酢酸ホスホトランスフェラーゼ　536e
ATPase　ATP アーゼ　20c
ATP:creatine transphosphorylase　ATP クレアチンリン酸転移酵素　370h
ATP-dependent DNA relaxing enzyme　ATP 依存性 DNA 緩和酵素　944c
—— topoisomerase Ⅱ　ATP 依存性トポイソメラーゼⅡ　944c
ATP synthase　ATP 合成酵素　**135**g
Atractaspis　1569₂
Atractiella　1621₃₃
Atractiellales　アトラクチエラ目　1621₃₀
Atractiellomycetes　アトラクチエラ綱　1621₂₈
Atractocolax　1621₁₂
Atractogloea　1621₃₁
Atractogloeaceae　アトラクトグロエア科　1621₃₁
Atractomonas　1631₁₅
Atractomorpha　1635₂₄
Atractophora　1633₁₉
Atractos　1658₂₉
Atractosteus　1565₃₈
atractyloside　アタラクチロシド　**20**g
Atrax　1592₁₅
atrazine　アトラジン　**20**h
atresia folliculi　卵胞閉鎖　**1450**e

atretic corpus luteum　閉鎖黄体　160e
atrial cavity　囲鰓腔　**63**g
—— fibrillation　心房細動　706c
—— natriuretic peptide　心房性ナトリウム利尿ペプチド　**714**b
—— septum primum　第一次心房中隔　909k
atrichoblast　根毛非形成細胞　506f
Atrichornis　1572₄₅
Atrichum　1638₅₄
atriopore　囲鰓孔　**63**f
atrio-ventricular bundle　房室束　570e
—— canal　房室管　711f
—— canal septum　房室管中隔　909k
—— node　房室結節　570e
—— plug　房室栓　711f
atrium　前房, 囲鰓腔, 心房, 気門室, 海綿腔　**63**g, 279g, 301f, 705g, 720e
—— reflex　心房反射　707d
atrochal larva　無輪形幼生　**1372**d
Atrochus　1578₄₂
Atropa belladonna　21e
atrophy　萎縮　**64**j
—— due to inanition　栄養障害萎縮, 飢餓萎縮　278c
atropine　アトロピン　**21**e
atropous　直生　1080b
Atrotorquata　1619₃₁
Atrypa　1580₃₁
Atrypida　アトリパ目　1580₃₁
attached algae　付着藻類　953c
—— organism　付着生物　**1205**d
attachment　付着(ウイルスの)　**312**e
—— cell　付着細胞　415h
—— site　アタッチメントサイト, 付着部位(プロファージの)　**1205**g
attack distance　攻撃距離　**437**d
Attacus　1601₃₈
Attamyces　1625₄₁
attention　注意　**909**f
attenuated virus strain　弱毒ウイルス株　**616**c
attenuation　病原性減弱, 転写減衰　970h, **1166**j
attenuator region　転写減衰域　970h
Attercopus　1592₉
Attheya　1654₅₁
attractant　誘引剤　540e
attractoplasm　紡錘体原形質　1301h
Atubaria　1563₂
atypia　異型, 異型性　61g, **62**a
atypical cell　異型細胞　**61**f
—— PKC　1138h
—— ploliferation　異型的増殖　61f
—— regeneration　非正型再生　**1146**e
—— spermatozoon　異形精子　**62**b
Atypus　1592₁₅
Auchenorrhyncha　頸吻亜目　1600₃₃
Aucuba　1651₃₇
audible range　可聴範囲　**226**h
audiometry　オーディオメトリー　**166**h
auditory acuity　聴力　**927**d
—— apparatus　聴覚器, 聴覚器官　173f
—— capsule　耳嚢, 耳殻　1028b
—— club　聴棍　670f
—— crest　聴櫛　**921**g
—— macula　聴斑　**925**f
—— organ　聴覚器, 聴覚器官　173f
—— ossicle　耳小骨, 聴小骨, 鼓室小骨　911e
—— placode　聴板　608c
—— receptor　聴受容器　173f
—— sense　聴覚　**919**c
—— sense area　聴野　**926**h
—— threshold　聴覚閾　60a
—— vesicle　耳胞　**608**c
Audouinella　1633₂
AUDUBON, John James　オーデュボン　**166**i
Auerbach plexus　アウエルバッハ神経叢　920b
Auerbach's plexus　アウエルバッハ神経叢　697c

Auer's body　アウエル小体　1102f
Auerswaldia　1608₄₇
AUG　181a
augmentor nerve　増強神経　836l
Aulacantha　1665₂₇
Aulacephalodon　1573₂₁
Aulacoceras　1583₉
Aulacocerida　1583₉
Aulacodiscus　1654₃₄
Aulacomniaceae　ヒモゴケ科　1640₂₄
Aulacomonas　1552₂₄
Aulacopleura　1588₃₇
Aulacopleurida　1588₃₇
Aulacoseira　1654₃₁
Aulacoseirales　スジタルケイソウ目　1654₃₁
Aulacothyris　1580₃₅
Aularia　1665₂₈
Aulichthys　1566₃₉
Auliscus　1655₄
Aulocalycoida　1555₈
Aulocalyx　1555₈
Aulodrilus　1585₃₂
Aulographaceae　アウログラフム科　1608₅₅
Aulographum　1608₅₅
Aulolaimus　1586₄₂
Aulophyllina　アウロフィルム亜目　1557₁
Aulophyllum　1557₁
Aulopiformes　ヒメ目　1566₁₆
Aulopora　1557₁₄
Auloporida　アウロポラ目　1557₁₄
Aulopus　1566₁₆
Aulosira　1541₃₀
Aulosphaera　1665₂₈
Aulotractus　1665₂₈
Auluroidea　環ヒトデ類　272b
aural microphonics　蝸牛マイクロフォン作用　198f
Auranticordis　1665₄₂
Aurantimonadaceae　アウランティモナス科　1545₂₆
Aurantimonas　1545₂₆
Aurantiochytrium　1653₂₁
Aurantiosporium　1621₂₃
Aurantiporus　1624₃₇
Aurapex　1618₄₀
Aurearena　1656₄₅
Aurearenales　アウレアレナ目　1656₄₅
Aurearenophyceae　アウレアレナ藻綱　1656₄₄
Aureibacter　1539₂₇
Aureispira　1540₆
Aurelia　1556₂₅
Aureobacterium　1537₂₂
Aureobasidium　1608₅₀
Aureoboletus　1627₂
Aureococcus　1656₄
Aureohyphozyma　1615₂₁
aureomycin　オーレオマイシン　962c
Aureophycus　1657₂₄
Aureoumbra　1656₂
Aureusvirus　アウレウスウイルス属　1523₃
Aurichona　1659₃₃
auricle　心耳，耳葉　653c, 705g
Auricula　1655₅₆
auricula cordis　705g
auricularia　オーリクラリア　171a
Auricularia　1623₃₃
Auriculariaceae　キクラゲ科　1623₃₃
Auriculariales　キクラゲ目　1623₂₉
Auriculariopsis　1626₄₀
auricular lappet　耳葉　653c
――― lobe　耳葉　653c
――― sense organ　耳葉感覚器官　653c
――― sound　心房音　687j
auricule　小耳，葉耳　660d
Auriculibuller　1623₁₆
auriculo-orbital plane　耳眼面　561h
Auriculoscypha　1620₅₁

auriculo-ventricular bundle　房室束　570e
――― node　房室結節　570e
Aurigamonas　1665₁₃
Aurignacian　オーリニャク　376d
auris　耳　**1362f**
Auriscalpiaceae　マツカサタケ科　1624₆₀
Auriscalpium　1624₆₀
auris interna　内耳　**1019l**
Aurofeca　1553₇
aurone　オーロン　172i
Aurora kinase　オーロラキナーゼ　815e
――― kinase B　オーロラキナーゼ B　980f
Ausktribosphenida　アウスクトリボスフェノス目　1573₄₃
Ausktribosphenos　1573₄₄
Auslösemechanismus　解発機構　769c
Australia antigen　Au 抗原，オーストラリア抗原　252a
Australian floral kingdom　オーストラリア植物区系界　675a〔表〕
――― region　オーストラリア区　165f
――― subregion　オーストラリア亜区　165f
Australiasca　1618₂₇
Australohydnum　1624₃₁
Australopithecinae　アウストラロピテクス類　**2h**
Australopithecus　猿人類　223b, 1575₃₇
――― *afarensis*　アファール猿人　2h
――― *boisei*　1320h
Australosphenida　アウストラロトリボスフェニック亜綱　1573₄₁
Austrella　1613₂₂
Austrobaileya　1645₂₅
Austrobaileyaceae　アウストロバイレヤ科　1645₂₅
Austrobaileyales　アウストロバイレヤ目　1645₂₄
Austrobasidium　1622₃₇
Austroboletus　1627₂
Austrogautieria　1627₄₃
Austrogramme　1643₃₁
Austrolimulus　1589₂₄
Austropeltum　1612₆₀
Austroperipatus　1588₂₇
Austrosmittium　1604₄₂
Austrotaxus　1645₁₀
autacoid　オータコイド　**166a**
autapomorphy　固有派生形質　**491c**
autecology　個生態学　**476d**
author　原記載者　287d
autism　自閉症　**607d**
autoantigen　自己抗原　437g
autochthonic stimulus　自所刺激　597h
autochthonous fossil　原地性化石　222c
――― sediment　自生堆積物　474e
autoclave　高圧滅菌釜　**429f**
autocoenobium　自生定数群体　952g
autocolony　内生群体　952g
auto-correlation　自己相関　573f
――― function　自己相関関数　573f
autodemicyclic form　同種類世代型　542a
autodifferentiation　自己分化，自律分化，自立分化　**686b**
autoecious life cycle　同種寄生　542a
――― species　同種寄生種　542a
autoecism　同種寄生，定留寄生　289b, **985c**
autofluorescence　自己蛍光　**572f**
autogamy　オートガミー，自家受精，自家生殖　**167a, 560b**
autogenic succession　自発的遷移　799c
――― tonus　自己原性緊張　339b
autogenous regulation　自己制御　573e
Autogneta　1591₁
Autogonie　オートゴニー　587h
Autographa californica multiple nucleopolyhedrovirus　オートグラファカルフォルニカ核多角体病ウイルス　1515₂₃
Autographivirinae　オートグラフィウイルス亜科　1514₁₃
Autoicomyces　1611₃₆
autoimmune disease　自己免疫疾患　**574c**
――― hemolytic anemia　自己免疫溶血性貧血　1421b

欧文

—— polyendocrinopathy-candidiasis-ectodermal dystrophy 自己免疫性多腺性内分泌不全症・カンジダ症・外胚葉性ジストロフィー, 自己免疫性多腺性内分泌疾患Ⅰ型 117a, 574c
—— regulator 319f
—— regulator gene 自己免疫調節遺伝子 117a
autoinducer オートインデューサー 345b
autoinfection 自家感染, 自己感染 267f
autointerference 自己干渉 262g
autolysis 自己分解, 自己消化 574b
automacrocyclic form 同種長世代型 542a
automatic center 自動中枢 597j
automaticity 自動性 597h
automatic self-pollination 自動同花受粉 560c
automatism 自動性 597h
automaton オートマトン 167c
—— model オートマトンモデル 728a
automimicry 自己擬態 291j
automixis オートミクシス, 自混 167a
autonomic-blocking agent 自律神経遮断剤 685c
autonomic drug 自律神経毒 685c
—— ganglion 自律神経節 685b
—— movement 自律運動 684i
—— nervous system 自律神経系 685a
—— parthenocarpy 自動的単為結果 880k
—— reflex 自律反射 784a
Autonomisierung 自立化 1253f
autonomous center 自律中枢 784a
—— induction 独自誘導 1313h
autonomously replicating sequence 自律複製配列 686a
autonomous oscillation 自励振動 686g
—— reflex 自律反射 784a
—— regulation 自律的制御 573e
autophagic cell death オートファジック細胞死 167b
Autophagomyces 1611₄₂
autophagosome オートファゴソーム, 自己貪食液胞, 自食作用胞 574a
autophagy オートファジー, 自己消化, 自己貪食, 自食作用 580c
autoploidy 同質倍数性 1081h
autopodium 自脚 622c
autopolyploid 同質倍数体 1081h
autopolyploidy 同質倍数性 1081h
autopsy 剖検 1075b
autoradiography オートラジオグラフ法 167d
autoregulation 自己制御 573e
autosite 自生体 925i
autosome 常染色体 660e
autosporangium 自生胞子囊 585a
autospore 自生胞子 585a
autosynapsis 同親対合 987a
autosyndesis 同親対合 987a
autotetraploid 同質四倍体 1081h
autotomy 自切 585h
—— reflex 自切反射 585h
autotriploid 同質三倍体 1081h
autotroph 独立栄養生物 1002e
autotrophy 独立栄養 1002e
autotropism 自体屈性 684i
autoxenous 同種寄生, 定向寄生 289b, 985c
autozooid 常通虫, 通常個虫, 通常個虫 1110h
autozygote オート接合子 46c
Auxarthron 1611₂₀
Auxenochlorella 1635₅
auxiliary cell 助細胞 679f
auxin オーキシン 164b
auxocyte 増大母細胞 829e
auxospore 増大胞子 829d
auxotonic contraction 増張力性収縮 829g
auxotroph 栄養要求体 122h
auxotrophic mutant 栄養要求性突然変異体 122j
auxotrophy 栄養要求性 122h
available name 適格名 959b
—— water 有効水 1407e
Avastrovirus アバストロウイルス属 1522₃

AVE 1084b
Avelia 1658₃
Avemetatarsalia 鳥中足骨亜区 1569₂₇
Avena 1647₃₅
Avena curvature test アベナ屈曲試験法 24g
Avenantia 1573₁₃
—— test アベナテスト 24g
Avenavirus アベナウイルス属 1523₄
Aveolaria 1620₃₈
avermectin アベルメクチン 25b
AVERY, Oswald Theodore エーヴリー 123c
Aves 鳥綱, 鳥類 927e, 1570₁₆, 1570₃₃
Aviadenovirus アビアデノウイルス属 18g
Aviadnovirus アビアデノウイルス属 1515₁₁
Avian coronavirus トリコロナウイルス 1520₅₇
—— encephalomyelitis virus トリ脳脊髄炎ウイルス 1521₂₅
Avian infections bronchitis virus ニワトリ伝染性気管支炎ウイルス 499d
Avian leukosis virus トリ白血病ウイルス 1518₄₆
—— metapneumovirus トリメタニューモウイルス 1520₁₃
avian sarcoma virus トリ肉腫ウイルス 1030h
—— sarcoma virus 17 トリサルコーマウイルス17 650c
Avibacterium 1549₄₀
Avibirnavirus アビビルナウイルス属 1519₆
avicularium 鳥頭体 473c
Avicuraria 1592₁₅
avidin アビジン 23e
avidity of antibodies 抗体結合力 457c
Avihepadnavirus アビヘパドナウイルス属 1518₃₀
Avihepatovirus アビヘパトウイルス属 1521₁₅
Avipoxvirus アビポックスウイルス属 1516₅₉
Avisaurus 1570₄₇
A-V node 房室結節 570e
Avocado sunblotch viroid 1523₃₀
avoidance 回避 1293b
—— training 回避訓練 186f
Avrainvillea 1634₄₇
Avsunviroid アブサンウイロイド属 1523₃₀
Avsunviroidae アブサンウイロイド科 1523₂₉
Avulavirus アビュラウイルス属 1520₇
AXEL, Richard アクセル 5j
AXELROD, Julius アクセルロッド 5k
axenic culture 一者培養, 純粋培養 501j, 652a
axial bundle 茎の維管束 714c
—— cell 軸細胞 566g
—— element 軸状構造 602c
—— fiber 軸糸 567e, 752e
—— filament 軸糸 567e
—— firlment 軸糸 752e
—— gland 軸腺 407b
—— gradient 軸勾配 566f
—— heteromorphosis 軸性異質形成 64f
axiality 軸性 567f
axial mesendoderm 中軸中内胚葉 620c
—— organ 中軸器官, 軸器官 407b, 912a
—— parenchyma 軸方向柔組織 1396c
—— placenta 中軸胎座 849g
—— sinus 軸洞 407b
—— skeleton 中軸骨格 784d
—— theory 主軸説 634b
—— triradiate 手根三叉 667e
axiation 軸設定 567f
Axiidea アナエビ下目 1597₅₁
axillary bud 腋芽 123g
axil of leaf 葉腋 1420b
Axiopsis 1597₅₁
axis 枢軸, 殻軸, 軸柱, 軸椎 203d, 567g, 784d
axis-cylinder 軸索 566h
axo-axonic synapse 軸索-軸索間シナプス 601d
axoblast 軸芽細胞 566g
axocoel 軸腔, 軸腔囊 720c, 924a
axolotl アホロートル 1054c
axon 軸索, 軸索突起 566h, 1045c

axonal flow　軸索内輸送　**567**c
axon cap　軸索帽　**1335**f
axoneme　繊毛軸糸, 繊毛軸系　819d, **1289**d
axon hillock　起始丘　**1038**d
axonia　有軸型　**1408**e
axonin 1　アクソニン 1　**137**h
axon initial segment　軸索起始部　**567**a
Axonolaimus　**1587**₂₁
axon process　軸索突起　**566**h
―― reflex　軸索反射　**567**d
―― terminal　軸索末端　**696**e
Axophyllum　**1557**₃
axoplasm　軸索形質　**567**b
axopodia　軸足　**1295**d
axopodium　有軸仮足　**1408**d
Axosmilia　**1557**₅₃
Axostylaria　アナエロモナダ亜門　**1629**₃₀
axostyle　軸桿　**566**d, **1194**a
Axostylea　アクソスティレア綱　**1629**₃₁
Aysheaia　**1588**₂₃
Aytoniaceae　ジンガサゴケ科　**1637**₁
5-azacytidine　5-アザシチジン　**9**g
Azadinium　**1662**₃₈
8-azaguanine　8-アザグアニン　**9**f
azelaic acid　アゼライン酸　**16**d
Azerella　**1660**₂₆
azide　アジド　**10**b
azidothymidine　アジドチミジン　**10**e
AZM　口部膜板帯, 周口小膜域　**666**d
Azoarcus　**1547**₂₀
Azohydromonas　**1546**₄₄
azole antifungal agent　アゾール系抗真菌剤　**16**h
Azolla　**1643**₉
Azomonas　**1549**₄₇
Azomonotrichon　**1549**₄₇
Azonexus　**1547**₂₀
Azorhizobium　**1545**₅₁
Azorhizophilus　**1549**₄₇
Azospira　**1547**₂₀
Azospirillum　**1546**₁₉
Azotobacter　アゾトバクター　**16**f, **1549**₄₈
Azovibrio　**1547**₂₀
AZT　アジドチミジン　**10**e
azur　アズール　**13**g
azurin　アズリン　**989**d
azurophile granule　アズール顆粒　**13**g
azygospore　偽接合胞子　**790**k
azygos vein　奇静脈　**287**h

B

β_2-microglobulin　β_2-ミクログロブリン　**1267**d
β-actinin　β アクチニン　**1266**b
β-alanine　β-アラニン　**34**a
β-amyloid protein　β-アミロイド蛋白質　**1266**c
β-blocker　β 遮断薬　**1267**b
β-bungarotoxin　β-ブンガロトキシン　**1002**a
β-carotene　β-カロテン　**1266**f
β-catenin　β カテニン　**1266**e
β fiber　β 繊維　**1267**c
―― fibrillosis　β 繊維症　**31**h
β-lactam antibiotics　β-ラクタム系抗生物質　**1268**a
β-lactamase　β-ラクタマーゼ　**1267**e
β-lactoglobulin　β-ラクトグロブリン　**1043**b
β-LG　β-ラクトグロブリン　**1043**b
β-like globin genes　β 鎖様グロビン遺伝子　**374**b
β-oxidation　β 酸化　**1267**a
β-pleated sheet　β プリーツシート　**31**b
β receptor　β 受容体　**21**c
β-ribbon　β リボン　**942**b
β-sheet　β シート　**1266**g
β-structure　β 構造　**1266**d
β wave　β 波, 低振幅速波　**1065**g

B　ホウ素　**1302**f
b　**300**a
B₁　**1177**a, **1398**f
Babesia　**1661**₃₈
Babinski reflex　バビンスキーの反射　**723**c
Babjeviella　**1606**₂
Babuvirus　バブウイルス属　**1518**₄
Babyrousa　**1576**₉
baby schema　幼児図式　**1423**a
BAC　**1102**d
bacca　漿果　**653**j
Baccalaureus　**1595**₃₁
Bachelotia　**1657**₄₀
Bacidia　**1612**₅₇
Bacidina　**1612**₅₇
Bacillaceae　バチルス科　**1542**₂₇
Bacillales　バチルス目　**1542**₂₃
Bacillaria　**1655**₅₂
Bacillariales　クサリケイソウ目　**1655**₅₂
Bacillariophyceae　珪藻綱　**1654**₂₇
Bacille de Calmette-Guérin　**1141**e
Bacilli　バチルス綱　**1542**₂₂
bacillus　バチルス　**1100**b
Bacillus　**1542**₂₈
―― *anthracis*　炭疽菌　**890**f
―― *phage* φ29　枯草菌ファージ φ29　**1514**₂₁
―― *phage* SPβ　枯草菌ファージ SPβ　**1514**₃₄
―― *phage* SPO1　枯草菌ファージ SPO1　**1514**₇
―― *subtilis*　枯草菌　**477**b
bacitracin　バシトラシン　**1096**h
back　背　**1088**e
backcross　戻し交雑　**1177**a, **1398**f
―― breeding　戻し交雑育種　**1398**g
background effect　背地効果　**1084**h
―― extinction　背景絶滅　**1079**b
back mutation　復帰突然変異　**1205**k
back-propagation　逆伝播　**971**i
Backusella　**1603**₄₀
bacteremia　菌血症　**1079**c
Bacteria　細菌ドメイン　**1536**₁
bacteria　バクテリア, 細菌　**508**b
bacterial adherence　細菌粘着　**1389**c
―― artificial chromosome　**1102**d
―― cell　菌細胞　**335**a
―― conjugation　接合　**789**b
―― filter　細菌濾過器　**510**a
―― hemolysin　細菌性溶血素　**1421**c
―― mucilage　細菌粘質　**509**e
―― outer membrane　細菌外膜　**509**a
―― photosynthesis　細菌型光合成　**509**c
―― plaque　歯垢　**960**a
―― slime　細菌粘質　**509**e
―― toxin　細菌毒素　**509**d
―― virus　細菌ウイルス　**1093**f
Bacteriastrum　**1654**₅₂
bacteriochlorophyll　バクテリオクロロフィル　**1093**d
bacteriocin　バクテリオシン　**1093**e
bacteriology　細菌学　**509**b
bacteriolysin　溶菌素　**1420**k
bacteriolysis　溶菌　**1420**j
Bacteriolyticum　非合法名　**1547**₂₆
Bacterionema　**1536**₃₃
bacteriophage　バクテリオファージ　**1093**f
―― φX174　φX174 ファージ　**1179**b
bacteriopheophytin　バクテリオフェオフィチン　**1187**b
bacterioplankton　細菌プランクトン　**1220**e
bacteriorhodopsin　バクテリオロドプシン　**1093**g, **1503**b
Bacteriosira　**1654**₅₃
bacteriostatic agent　静菌剤　**539**a
Bacteriovoracaceae　バクテリオヴォラクス科　**1547**₂₆
Bacteriovorax　**1547**₂₇
bacterium　バクテリア, 細菌　**508**b
bacteroid　バクテロイド　**506**h
Bacteroidaceae　バクテロイデス科　**1539**₉
Bacteroidales　バクテロイデス目　**1539**₇

Bacteroides 1539₁₀
Bacteroidetes バクテロイデス門 1539₄, **1094**a
Bacteroidia バクテロイデス綱 1539₇
bactogen バクトジェン 413b
bactoisoprenol バクトイソプレノール 1094b
bactoprenol バクトプレノール **1094**b
Bactridium 1606₃₂
Bactrites 1582₄₇
Bactritida バクトリテス目 1582₄₇
Bactrocera 1601₂₃
Bactrodesmium 1607₄₃
Baculogypsina 1664₅
Baculoviridae バキュロウイルス科 1515₂₂
baculovirus バキュロウイルス **1092**a
—— vector バキュロウイルスベクター 103c, 1092a
Badhamia 1629₁₆
Badimia 1612₂₆
Badimiella 1612₂₆
Badnavirus バドナウイルス属 1518₂₃
Baena 1568₂₀
Baeodromus 1620₃₈
Baeomyces 1613₅₇
Baeomycetaceae ヒロハセンニンゴケ科 1613₅₇
Baeomycetales ヒロハセンニンゴケ目 1613₅₆
Baeospora 1626₁₃
Baerida 1554₂₁
Baer, Karl Ernst von ベーア **1258**a
Baetimyces 1604₄₂
Bafinivirus バフィニウイルス属 1521₁
bag cell 囊細胞 554j
Bagcheea 1618₅₆
Baggea 1607₁₆
Bahianora 1613₈
Bahusakala 1607₄₃
Baiera 1644₃₉
Bainbridge reflex ベインブリッジの反射 707d
Bairdops 1596₂₆
Bajkaloceras 1582₄₀
Bak 1141c
baker's yeast パン酵母 **1119**e
Bakuella 1658₃₅
BAL バール **1116**d
Balaeniceps 1571₂₇
Balaenoptera 1576₄
Balamuthia 1628₁₁
balance 均衡 1259c
balanced growth 均衡的成長 **333**h
—— heterocaryon 平衡型ヘテロカリオン 1269g
—— lethal gene 平衡致死遺伝子 539f
—— lethality 平衡致死 **1260**c
—— polymorphism 平衡多型 **1260**b
—— saline 平衡塩類溶液 780c
balancer 平均体 **1259**b
balancing selection 平衡淘汰 **1260**g
Balanion 1660₁₅
Balanoglossus 1562₅₃
Balanomorpha フジツボ亜目 1595₅₄
Balanonema 1660₂₇
Balanophora 1650₃₀
Balanophoraceae ツチトリモチ科 1650₃₀
Balansia 1617₁₄
Balantidium 1659₁₀
Balantiopsidaceae ヤクシマゴケ科 1638₂₁
Balbiania 1632₄₁
Balbianiales バルビアニア目 1632₄₁
Balbiani ring バルビアニ環 **1117**e
Balbiani's yolk nucleus バルビアニの卵黄核 1441c
Baldinia 1662₂₈
Balechina 1662₂₂
baleen 鯨鬚 **388**f
Balfour, Francis Maitland バルフォア **1117**g
Balistoides 1566₆₂
Balladyna 1608₅
Ballia 1632₄₀
Balliales バリア目 1632₄₀

ballistospore 射出胞子 886c
Ballistosporomyces 1621₂₅
Ballocephala 1604₂₂
Ballodora 1660₄₅
Balnearium 1538₄₂
Balneatrix 1549₃₂
Balneimonas 1545₃₀
Balneola 1540₃
balsam バルサム 633e
Balsamia 1616₇
Balsaminaceae ツリフネソウ科 1651₇
Baltimore, David ボルティモア **1327**e
Baltomyces 1604₃₆
Baltzer, Fritz バルツァー **1116**i
Bambusa 1647₃₅
Bambusicola 1571₄
Bambusiomyces 1622₁₃
Banana bunchy top virus バナナバンチートップウイルス 1518₄
band バンド, 帯片 **1125**b, 1132f
banding pattern 横縞像 871b
Bandona 1591₂₆
Bandringa 1564₃₉
Bangia 1632₂₉
Bangiales ウシケノリ目 1632₂₉
Bangiopsis 1632₂₁
Banhegyia 1607₁₆
Banigiophyceae ウシケノリ綱 1632₂₈
Bankera 1625₂₅
Bankeraceae マツバハリタケ科 1625₂₅
Banksia 1648₅
Banna virus バンナウイルス 1519₃₅
Bannoa 1620₅₈
B. anthrasis 炭疽菌 1542₂₈
Banting, Frederick Grant バンティング **1124**f
6-BAP 6-ベンジルアミノプリン 1286a
Bar バー **1071**b
Baragwanathia 1642₈
Bárány, Robert バーラーニ **1115**e
Barathra 1601₃₈
Barbatosphaeria 1616₄₈
Barbatospora 1604₄₃
barbed end B端, 反矢じり端 7a
barbella 小羽枝 111g
Barbeyella 1629₁₁
Barbula 1639₅₁
Barbulanympha 1630₁₈
Barclaya 1645₂₂
Bardeliella 1660₁₁
bare edge ベアエッジ 1351d
Barentsia 1579₁₈
Barger's method バーガーの方法 710a
bark 樹皮 **645**a
—— pocket 入皮 **90**h
—— pocket precursor 未成入皮 90h
Barley stripe mosaic virus ムギ斑葉モザイクウイルス 1523₁₃
—— *yellow dwarf virus*-PAV オオムギ黄萎 PAV ウイルス 1522₃₈
—— *yellow mosaic virus* オオムギ縞萎縮ウイルス 1522₄₉
Barnardia 1646₅₉
Barnaviridae バルナウイルス科 1522₅
Barnavirus バルナウイルス属 1522₆
Barnea 1522₂₃
Barnesiella 1539₁₂
baroceptor 圧受容器 **17**f
barophilic bacterium 好圧性細菌 **429**a
barotolerant 耐圧性細菌 429a
barrage phenomenon バラージ現象 **1114**i
Barr body バー小体 135b, 759e
Bar region バー部位 1071b
barrel cortex バレル皮質 **1118**d
barrel-shaped larva 俵形幼生 **880**h, 1156a
barren ground 磯焼け **69**g
Barré-Sinoussi, F. 1401h

barrier 障壁 1252c
—— reef 堡礁 550b
Barrina 1618₃₅
Barringtonia 1651₉
Barriopsis 1609₂₆
Barroella 1629₃₃
Barrouxia 1661₃₁
Barssia 1616₇
Bartheletia 1619₅₅
Bartholin's gland バルトリン腺 815i
BARTHOLINUS, Thomas バルトリヌス **1117**d
bartonella バルトネラ **1117**b
Bartonella バルトネラ 1545₂₇
Bartonellaceae バルトネラ科 1545₂₇
Bartramia タマゴケ 1640₁₅
Bartramiaceae タマゴケ科 1640₁₅
Bartramiales タマゴケ目 1640₁₄
Bartramiopsis フウリンゴケ 1638₅₄
Barubrium ツエミハシゴケ 1612₂₆
Barytherioidea バリテリウム亜目, 鈍獣類 1574₄₃
Barytherium 1574₄₃
basal area 胸高断面積 317e
—— body 基底小体, 基部体 293e, 299c
—— body temperature 基礎体温 291h
—— cell nevus syndrome 基底細胞母斑症候群 225a
—— chi-chi 基部乳 905h
—— ganglia 大脳基底核 860b
—— granular cell 基底顆粒細胞 293d
—— growth 基部成長 299b
basalia 基底軟骨 882d
basal lamina 基底膜 294b
—— layer 基底層 294a, 1168i
—— metabolic rate 基礎代謝率 291i
—— metabolism 基礎代謝 291i
—— placenta 中央胎座 849g
—— plate 基板 694a, 916a
—— segment 近基鰭軟骨 882d
—— zone 丘陵帯 315b
base 塩基(核酸の) 150e
—— complementarity 塩基の相補性 151a
—— damage DNA 塩基損傷 943e
—— desaturation 脱塩基作用 1425k
Basedow disease バセドウ病 1098c
base excision repair 塩基除去修復 117c, 943b, 947d
Basella 1650₅₄
Basellaceae ツルムラサキ科 1650₅₄
basement cell 基底細胞 1286b
—— membrane 基底膜 294b
base number 基本数(染色体の) 300a
base-pairing rule 塩基対合則 151a
base pair substitution 塩基置換 151b
—— substitution mutation 塩基置換突然変異 151b
Basfia 1549₄₀
basibranchial 底鰓節 1020k
basic dye 塩基性色素 150f
Basicladia 1634₃₈
Basic Local Alignment Search Tool 830d
basic number 基本数(染色体の) 300a
basiconic sensillum 錐状感覚子 721i
basic protein 塩基性蛋白質 150g
—— reproduction number 基本再生産数 299k
—— reproduction ratio 基本再生産比 299k
—— social unit 基本的社会単位, 基本的社会集団 615c
Basidio 1606₄
Basidiobolaceae バシディオボルス科 1603₂₈
Basidiobolales バシディオボルス目 1603₂₇
Basidiobolus 1603₂₈
basidiocarp 担子器果 885a
Basidiolum 1604₂₅
basidioma 担子器果 885a
Basidiomycetes 担子菌類 885b
basidiomycetous yeast 担子菌酵母 885b
Basidiomycota 担子菌門, 担子菌類 885b, 1619₅₁
Basidiophora 1654₁₀
Basidiopycnides 1621₃₃

Basidiopycnis 1621₃₃
basidiospore 担子胞子 542a, 886c
basidium 担子器 884j
basifixed 底着 1409e
basilar membrane 基底膜 294b
Basiliola 1580₂₈
Basilosaurus 1575₅₈
basipetal 求基的 312h
Basipetospora 1610₄₉
Basipodella 1596₃
basipodite 基節 290f
basipodium 基脚 622c
basis 原始基本数 300a
basisphenoid bone 底蝶形骨 698c
basket cell 籠細胞 213d
—— stars テヅルモヅル類 352d
basolateral membrane 側底膜 859b
—— nucleus 基底外側核 1287f
Basommatophora 基眼亜目 1584₂₀
basophil 塩基好性, 好塩基性, 好塩基球 430c, 430d
basophile 塩基好性, 好塩基性, 好塩基球 430c, 430d
basophil gland 塩基好性腺 187b
basophilic 塩基好性, 好塩基性 430d
—— erythroblast 塩基性赤芽球, 好塩基性赤芽球 401e, 781i
basophil leukocyte 好塩基性白血球 430c
bastard wing 小翼 668c
bast fiber 靱皮繊維 713c, 799d
Batarrea 1625₄₁
batch culture バッチ培養 1107g
Batelli's gland バテリ腺 1109b
BATES, Henry Walter ベイツ **1262**b
BATESON, Gregory ベイトソン **1262**c
BATESON, William ベイトソン **1262**d
Bathybelos 1577₆
bathybenthic organism 漸深海底帯生物 688f
Bathycheilus 1589₁
Bathycoccus 1634₁₂
Bathycrinus 1560₁₆
Bathynella 1596₃₆
Bathynellacea ムカシエビ目 1596₃₆
Bathynomus 1596₄₉
Bathyodontia バシオドントゥス亜綱 1586₃₉
Bathyodontida バシオドントゥス目 1586₄₁
Bathyodontus 1586₄₁
Bathypathes 1558₁₁
bathypelagic organism 漸深層生物, 漸深海水層生物 689b
—— plankton 深層プランクトン 1220e
—— zone 漸深海域 189f
bathyphase 底点位相 776g
Bathyphysa 1556₁
Bathysiphon 1663₄₂
Bathyspadella 1577₃
Bathysquilla 1596₂₄
Batillaria 1583₃₈
Batillipes 1588₇
Batistia 1618₈
Batistinula 1608₁₉
Batistopsora 1620₂₃
Batkoa 1604₁₈
Batoidea エイ上目 1565₈
Batophora 1634₄₄
Batrachochytrium 1602₄₀
Batrachoides 1566₂₇
Batrachoidiformes ガマアンコウ目 1566₂₇
Batrachospermales カワモズク目 1632₃₆
Batrachospermum 1632₃₆
batrachotoxin バトラコトキシン 237o
Batrachovirus バトラコウイルス属 1514₄₄
Batrassia 1657₁₇
battery of nematocyst 刺胞叢 121g
battle of parts 部分間の闘争 **1210**h
Baudoinia 1608₄₂
Bauerago 1621₂₁
BAUHIN, Gaspard (Kaspar) ボーアン **1291**d

Bauldia 1545₂₅
Bauplan 225e
BAUR, Erwin バウル **1091**e
Bauria 1573₂₇
Baurusuchus 1569₂₂
Bavariicoccus 1543₁₀
Bax 1141c
Bayes factor ベイズ因子 **1261**h
Bayesian inference ベイズ推定 **1261**h
BAYLISS, William Maddock ベーリス **1279**c
Bayol F 1230a
Bazzania 1638₇
BBB 血液脳関門 398d
BBT 基礎体温 291h
BCAT 分岐鎖アミノ酸アミノ基転移酵素 1243h
B cell B細胞, 免疫記憶T細胞 **1140**e, **1385**e
—— cell receptor B細胞レセプター, B細胞抗原受容体 1228g, 1383j
B-cell receptor B細胞受容体 1386a
B. cereus セレウス菌 1542₂₈
BCG **1141**e
B-chromosome B染色体 217d
BCKD 分岐鎖ケト酸脱水素酵素 1243h
Bcl-2 family Bcl-2ファミリー **1141**c
Bcl-xL 1141c
BCR B細胞受容体, B細胞レセプター, B細胞抗原受容体 438c, 1228g, 1383j
BCR 1102f
Bdella 1590₂₂
Bdelloida ヒルガタワムシ目 1578₃₁
Bdelloidea ヒルガタワムシ亜綱, ヒルガタワムシ類 1473i, 1578₃₀
Bdellomicrovirus ブデロミクロウイルス属 1517₅₄
Bdellospora 1604₂₆
Bdellovibrio 1547₂₈
Bdellovibrionaceae デロヴィブリオ科 1547₂₈
Bdellovibrionales デロヴィブリオ目 1547₂₅
Bdellovibrio phage MAC 1 ブデロビブリオファージMAC 1 1517₅₂
BDG BMP骨形成蛋白質, 骨由来成長因子 1131d
BEADLE, George Wells ビードル **1156**d
beads array ビーズアレイ法 **1144**g
beak 嘴, 嘴部 206g, **348**a
Bean golden yellow mosaic virus 1517₄₄
bear-animalcules 緩歩動物 **273**e
beard worms 有鬚動物 **1409**b
bearing year 当たり年, 成り年 207g
Bearuveria 1617₂₂
beat うなり 1119b
—— volume 拍容量 712d
Beck's sarcoid ベック類肉腫症 546c
Becker's muscular dystrophy ベッカー型筋ジストロフィー 583g
bee ハナバチ 996d
Beecheria 1580₃₅
Beella 1664₁₄
Beenakia 1627₃₇
Beer's law ベールの法則 309k
beer yeast ビール酵母 **1174**a
Beet curly top virus 1517₄₅
—— necrotic yellow vein virus ビートえそ性葉脈黄化ウイルス 1523₁₉
bee toxin ミツバチ毒 **1359**e
Beet yellows virus ビート萎黄ウイルス 1522₂₃
bee venom ハチ毒, ミツバチ毒 1001d, **1359**e
beggiatoa ベギアトア **1263**e
Beggiatoa 1549₅₇
Begomovirus ベゴモウイルス属 557c
Begomovirus ベゴモウイルス属 1517₄₄
Begonia 1649₁₅
Begoniaceae シュウカイドウ科 1649₁₅
behavior 行動 460a
behavioral development 行動発達 **460**h
—— ecology 行動生態学 **460**e
—— interference 行動干渉 490a

—— mutant 行動突然変異体 1006c
behaviorism 行動主義心理学 **460**d
behavior pattern 行動パターン **460**g
Behçet's disease ベーチェット病 **1268**c
—— syndrome ベーチェット症候群 1268c
BEHRING, Emil Adolph von ベーリング **1279**g
BEIJERINCK, Martinus Willem ベイエリンク **1258**c
Beijerinckia 1545₂₈
Beijerinckiaceae ベイエリンキア科 1545₂₈
BÉKÉSY, Georg von ベーケーシ **1265**c
Belantsea 1564₂₃
BĚLAŘ, Karl ベラー **1278**e
belemnites ベレムナイト類 **1283**c
Belemnites 1583₁₁
Belemnitida ベレムナイト目 1583₁₀
Belemnoidea ベレムナイト類 **1283**c
Belemnopsis 1583₁₀
Belemnoteuthida 目 1583₁₂
Belemnoteuthis 1583₁₂
belladonna alkaloid ベラドンナアルカロイド 21e
BELL, Charles ベル **1279**h
Bellemerea 1613₉
Bellerochea 1654₄₈
Belliella 1539₁₉
Bellilinea 1540₃₃
Bellinurina ヒメカブトガニ下目 1589₂₂
Bellinurus 1589₂₂
Bell-Magendie's law ベル-マジャンディーの法則 **1282**c
Bellonella ウミイチゴ 1557₂₄
Bellotia 1657₃₉
Bell's law ベルの法則 1282c
belly 腹 **1114**b
—— stalk 腹柄 **1200**c
Belnapia 1546₁₅
Belodon 1569₁₄
Belondira 1587₃
Beloniformes ダツ目 1566₃₂
BELON, Pierre ブロン **1240**e
Belotelson 1596₃₁
Belotelsonidea 1596₃₁
belt desmosome ベルトデスモソーム 20f
Beltrania 1606₃₂
Beltraniella 1619₃₇
belt transect method ベルトトランセクト法 1432j
BENACERRAF, Baruj ベナセラフ **1272**b
Bence-Jones protein ベンス-ジョーンズ蛋白質 482c
Beneckea 1549₆₀
BENEDEN, Edouard van ベーネーデン **1272**h
Beneden, Pierre Joseph van 1272h
benefit ベネフィット, 便益, 利益 475f
benign tumor 良性腫瘍 646e
Beniowskia 1606₃₂
Benjaminiella 1603₄₀
Bennettitales ベネチテス目 1644₂₈
Bensingtonia 1621₆
BENTHAM, George ベンサム **1285**j
Bentheuphausia 1597₃₁
benthic animal 底生動物 **953**d
—— biota 底生生物相 773f
—— organism 底生生物 1287i
—— plant 底生植物 **953**c
Benthimermis 1587₂₃
Benthimermithida ベンシメルミス目 1587₂₃
benthonic organism 底生生物 1287i
—— plant 底生植物 **953**c
Benthopecten 1560₄₇
benthophyte 沈水植物 **933**c
benthos ベントス **1287**i
Benua 1664₁₀
Benyvirus ベニウイルス属 1523₁₉
Benzaitenia 1633₄₇
benzalcoumaranon 172i
BENZER, Seymour ベンザー **1285**f
benzestrol ベンゼストロール 731k, 1105e
3, 4-benzopyrene 1102b

benzoquinone ベンゾキノン 471e	Beyrichia 1596₁₆
6-benzylaminopurine 6-ベンジルアミノプリン **1286**a	bFGF 1235c
benzyl carbinol ベンジュカルビノール 1188c	*Bhargavaea* 1542₄₀
Beorn 1588₁₆	bHLH-Zip 1358a
BER 塩基除去修復 117c	B horizon B層 **1148**f
Berardius 1576₃	Biarmosuchia ビアルモスクス目 1573₁₆
Berberidaceae メギ科 1647₅₃	*Biarmosuchus* 1573₁₆
Berberis 1647₅₃	*Biatora* 1612₅₇
Berchemia クマヤナギ 1649₁	*Biatorella* 1612₁₆
Bereitschaftspotential 運動準備電位 **115**h	Biatorellaceae タラコゴケ科 1612₁₆
Bergeriella 1547₇	*Biatoropsis* 1623₁₆
Bergeyella 1539₃₉	*Bibersteinia* 1549₄₀
Bergey's classification バーギー式分類，バージェイ式分類 **1096**b	*Bibio* 1601₂₀
	Bibulocystis 1620₄₁
Bergmann's rule ベルクマンの規則 **1280**b	bicarpellary pistil 二心皮雌ずい 581c
BERG, Paul バーグ **1092**c	bicaudal embryo 双腹胚 832b
BERGSTRÖM, Sune ベリストレーム **1279**d	—— malformation 双腹奇形 **832**b
beriberi 脚気 898c	Bicaudaviridae ビコウダウイルス科 1515₃₁
Beringia ベーリンギア 818h	*Bicaudavirus* ビコウダウイルス属 1515₃₂
Berkelella 1617₁₄	bicellular pollen 二細胞性花粉 235e
Berkleasmium 1609₉	BICHAT, Marie François Xavier ビシャー **1141**h
Berlese's theory ベルレーゼ説 **1282**h	Bicoecales ビコエカ目 1653₁₃
Bermanella 1549₃₂	Bicoecea ビコエカ綱 1653₁₁
BERNAL, John Desmond バナール **1111**a	bicoid mRNA 1313d
BERNARD, Claude ベルナール **1280**l	bicollateral vascular bundle 複並立維管束 1263b
Bernardinium 1662₁₆	*Bicornispora* 1610₅₅
Berndtia 1595₄₁	*Bicoscinus* 1554₈
Bernoulli's principle ベルヌーイの原理 **1281**b	*Bicosoeca* 1653₁₃
—— theorem ベルヌーイの原理 **1281**b	Bicosoecacea ビコソエカ門 1653₉
BERNSTEIN, Julius ベルンシュタイン **1283**a	Bicosoecales ビコソエカ目 1653₁₃
Bernstein's membrane theory ベルンシュタインの膜説 **1283**b	Bicosoecea ビコソエカ綱 1653₁₁
	Bicosoecophyceae ビコエカ綱 1653₁₁
Beroe 1558₂₇	*Bicosta* 1553₁₀
Beroida ウリクラゲ目 1558₂₇	Bidder's organ ビダー器官 **1149**i
berry 漿果 653j	*Biddulphia* 1655₇
BERTALANFFY, Ludwig von ベルタランフィー **1280**e	Biddulphiales イトマキケイソウ目 1655₇
Bertholletia 1651₉	bidirectional 両向的 **1469**f
Bertia 1616₅₇	*Biecheleria* 1662₂₈
Bertiaceae ベルティア科 1616₅₇	*Biecheleriopsis* 1662₂₈
BERTRAND, Gabriel Emile ベルトラン **1280**k	*Biemna* 1554₄₁
Beryciformes キンメダイ目 1566₃₆	biennial 二年生 **1038**j
Beryx 1566₃₆	—— fruit 二年果 **1038**i
Besnoitia 1661₃₁	bifacial petiole 両面葉柄 **1426**f
best of bad job 次善の策 **587**g	*Bifarinella* 1664₃
Beta 1650₄₉	Bifidobacteriaceae ビフィズス菌科，ビフィドバクテリア科 1538₁₃
Betabaculovirus ベータバキュロウイルス属 1515₂₅	
Betacoronavirus ベータコロナウイルス属 1520₅₆	Bifidobacteriales ビフィズス菌目，ビフィドバクテリア目 1538₁₂
Betacryptovirus ベータクリプトウイルス属 1519₂₀	
betacyanin ベタシアニン 1268b	*Bifidobacterium* 1538₁₄
Betaentomopoxvirus ベータエントモポックスウイルス属 1517₁₁	*Bifidocarpus* 1611₂₀
	bifunctional reagent 二価性試薬 194a
Betaflexiviridae ベータフレキシウイルス科 1521₄₆	bifurcatio tracheae 気管分岐部 281a
Betaherpesvirinae ベータヘルペスウイルス亜科 1514₅₄	*Bifusella* 1615₂₇
betaine ベタイン **1266**d	*Bigelowiella* 1664₄₉
betalain ベタレイン **1268**b	*Bigenerina* 1663₄₇
betalamic acid ベタラミン酸 1268b	biglycan ビグリカン 1235c
Betalipothrixvirus ベータリポスリクスウイルス属 1515₅₈	Bignoniaceae ノウゼンカズラ科 1652₂₁
Betamyces 1602₄₁	Bigyromonadea ビギロモナデア綱 1653₃₅
betanidin ベタニジン 1268b	*Bihospites* 1631₂₈
Betanodavirus ベータノダウイルス属 1522₄₅	Bikonta バイコンタ，バイコンタ上界 **1079**g, 1629₁₉
Betapapillomavirus ベータパピローマウイルス属 1516₁₁	bikonts バイコンタ **1079**g
Betaproteobacteria ベータプロテオバクテリア綱 1546₃₉	bilabiate 713h
Betaretrovirus ベータレトロウイルス属 1518₄₇	biladiene ビラジエン 888a, 1173c
Betatetravirus ベータテトラウイルス属 1522₅₆	bilane ビラン 888a
Betatorquevirus ベータトルクウイルス属 1517₂₈	bilateral 両側性 **857**b
betaxanthin ベタキサンチン 1268b	—— cleavage 左右相称卵割 **545**e
bet-hedging strategy 両賭け戦略 **1468**g	Bilateralia 左右相称動物 **545**d
Bettongia 1574₂₇	bilateral symmetry 左右相称 826a
Bettsia 1610₅₃	Bilateria 左右相称動物 **545**d, 1558₃₀
Betula 1649₂₃	bilatriene ビラトリエン 888a, 1171f
Betulaceae カバノキ科 1649₂₃	Bildung 形成 390g
Betz cell ベッツ細胞 116d	Bildungszentrum 造形中心 406f
Beutenbergia 1537₇	bile 胆汁 **886**d
Beutenbergiaceae ボイテンベルギア科 1537₇	—— acid 胆汁酸 **886**f
Beutler, B. 1015c	—— alcohol 胆汁アルコール **886**e

—— duct　輸胆管　**1417**b
bilene　ビレン　888a
bile pigment　胆汁色素　**888**a
—— salt-activated lipase　胆汁酸塩活性化リパーゼ　497c
—— salts　胆汁酸塩　**887**f
bilineurine　ビリノイリン　492j
Biliphyta　灰色植物亜界　1631_{42}
Biliphytes　ピコビリ藻類　1666_{37}
bilirubin　ビリルビン　**1173**c
biliverdin　ビリベルジン　**1171**f
—— binding protein　ビリベルジン結合蛋白質　1171f
bill　嘴　**348**a
Billingsella　1580_{23}
Billingsellida　ビリングセラ目　1580_{23}
Bilobosternina　フタイタサソリ下目　1591_{40}
biloment　節長果　**793**a
Bilophila　1547_{46}
Bimichaelia　1590_{18}
binary division　二分裂　**1040**a
—— fission　二分裂　**1040**a
Bindegewebesknochen　結合組織骨　479g
Bindegewebesknorpel　結合組織軟骨　1028a
Bindin　バインディン　813b
binding hyphae　結合菌糸　336d
—— problem　結合問題　**403**c
Binghamia　1633_{40}
Binnengewässer　陸水学　**1453**b
binocular disparity　両眼視差　**1469**a
—— rivalry　両眼視野闘争　**1469**b
—— stereopsis　両眼立体視　1459a
—— vision　両眼視　**1468**h
binomen　二名, 二名式名, 二語名　210b, 1033c
binomial distribution　二項分布　**1031**g
—— nomenclature　二語名法　1033c
binominal name　二名, 二名式名, 二語名　210b, 1033c
binucleate pollen　二核性花粉　235e
bioaerosol　気中微生物　292i
biobank　バイオバンク　**1074**j
biochemical analogy　生化学的相似　**745**b
—— evolution　生化学的進化　**745**a
—— genetics　生化学的遺伝学　82d
—— homology　生化学的相同　**745**c
—— mutant　生化学的突然変異体　745d, 1006c
—— oxygen demand　生物化学的酸素要求量　**770**f
—— recapitulation　生化学的反復　**745**e
biochemistry　生化学　**744**i
biochip　バイオチップ　**1074**c
biocoenology　群集生態学　**382**c
biocoenosis　生物群集　**772**c
biocybernetics　バイオサイバネティクス　520b
biocytin　ビオシチン　**1131**g
biodiffusion　生物拡散　**771**a
biodiversity　生物多様性　**773**i
—— hotspots　生物多様性ホットスポット　**773**j
bioeconomics　生物経済学　**772**d
bioelectricity　生体電気　**764**a
bioelement　生元素　**749**e
bioenergetics　生体エネルギー論　**761**h
bioengineering　生体工学　**763**c
bioethics　生命倫理学　**778**c
biofactor　バイオファクター　**1074**k
biofilm　バイオフィルム　**1075**a
Bio-Gel　415b
biogen　ビオゲン　**1131**e
biogenetic law　生物発生原則　**775**e
biogenic amine　生理活性アミン　32c
—— sediment　生物源堆積物　183d
biogeochemistry　生物地球化学　762h
biogeographic boundary　生物分布境界線　**776**d
—— line　生物分布境界線　**776**d
—— transition zone　生物地理移行帯　776d
biogeography　生物地理学　**773**k
biohazard　バイオハザード, 生物災害　**1074**h
bioherm　バイオハーム　**1074**i
bioimaging　バイオイメージング　**1073**e

bioinformatics　バイオインフォマティクス　**1073**f
bioinspired　バイオインスパイアード　1075f
biological accumulation　生物濃縮　**775**b
—— anthropology　自然人類学　716b
—— assay　バイオアッセイ, 生物学的定量, 生物検定, 生物試験　**771**d
—— chemistry　生物化学　744i
—— clock　生物時計　**775**a
—— conditioning　生物の条件づけ　**774**c
—— containment　生物の封じ込め　**774**d
—— control　生物の防除　770f, 1164g
—— diversity　生物多様性　**773**i
—— half-life　生物学的半減期　1022h
—— membrane　生体膜　**764**e
—— oceanography　生物海洋学　190a
—— production　生物生産　**773**e
—— pump　生物ポンプ　**776**f
—— resource center　生物遺伝資源保存機関　770e
—— response modifier　生物学的反応修飾物質, 生物学的応答調節剤, 生物機能修飾物質　**772**b
—— rhythm　生物リズム　**776**g
—— sciences　生物科学　**770**g
—— species　生物学的種　619a
—— system　生体システム, 生物システム　583b
—— time　生物学的時間　**771**c
—— transducer　生物学的変換器　**771**e
—— weapon　生物兵器　**776**e
biology　生物学　**770**g
bioluminescence　生物発光　**775**d
biomass　生物量　**773**h
biomat　バイオマット　**1075**c
biomaterial　バイオマテリアル　**1075**d
biomathematics　数理生物学, 生物数学　**728**a
biome　バイオーム, 植物群系　676a, 1075g
biomechanics　バイオメカニクス　**1075**h
biomedical electromagnetics　生体電磁工学　90d
—— imaging　バイオイメージング　**1073**e
—— measurement　生体計測　**763**a
biomembrane　生体膜　**764**e
biometrics　生物測定学　**774**f
biometry　生物測定学　**774**f
biome type　バイオーム型　1075g
biomimethics　バイオミメティクス　**1075**f
biomineral　バイオミネラル　**1075**e
biomineralization　バイオミネラリゼーション　**1075**e
Biomyxa　1664_{40}
Bionectria　1617_{8}
Bionectriaceae　ビオネクトリア科　1617_{8}
bionics　バイオニクス　**1074**g, 1075f
biophore　ビオフォア　**1132**c
biophylaxis　生体防御　**1293**b
biophysics　生物物理学　**776**b
biopiracy　生物資源収奪　907c
biopsy　バイオプシー　**1075**b
bioreactor　バイオリアクター　**1076**a
bioremediation　バイオレメディエーション　**1076**b
bioresource management　生物資源管理　**773**c
biorheology　バイオレオロジー, 生物レオロジー　**777**a
biorhythm　バイオリズム　776g
biosensor　バイオセンサー　**1074**b
bioseston　生物セストン, 生物体セストン　786d
biospeleology　洞窟生物学　**978**a
biosphere　生物圏　762c, **773**a
biostatistics　生物統計学　**774**f
Biostraticola　1549_{4}
biostratigraphy　生層序学　**760**e
biostrome　バイオストローム　**1074**c
biosynthesis　生合成　**750**a
—— of bile acid　胆汁酸生合成　**887**b
—— of carbohydrates　糖質生合成　**984**e
—— of cholesterol　コレステロール生合成　497c
—— of fatty acids　脂肪酸生合成　**610**b
—— of lipids　脂質生合成　**577**a
—— of nucleic acid　核酸生合成　**202**c
—— of steroid hormones　ステロイドホルモン生合成

734c
biosynthetic enzyme 合成用酵素 1016a
biosystematics バイオシステマティックス **1073**g
biota 生物相 **773**f
biotechnology 生物工学 **773**b
biotelemetry バイオテレメトリー **1074**d
biotic 生物的 774a
—— barrier 生物障壁 1252c
—— climax 生物的極相 **774**b
—— community 生物群集 **772**c
—— disharmony 生物相不調和 **773**e
—— environment 生物的環境 **774**a
—— formation 生物群系 1075g
—— pesticide 生物農薬 **775**c
—— potential 生物繁栄能力 **776**a
biotin ビオチン **1131**g
biotinidase ビオチニダーゼ 1131g
biotin label ビオチンラベル **1132**a
biotope ビオトープ 760j, **1132**b
biotron バイオトロン **1074**e
bioturbation 生物攪乱 183d
biovar 生物型 497g
biozone 生帯 223c
BiP **1153**g
Bipalium 1577₄₂
bipartite occipital bone 二分後頭骨 92e
Bipes 1568₄₆
bipinnaria ビピンナリア **1159**h
bipolar cell 双極細胞（網膜の）**823**d
—— disorder 双極性障害 **823**e
—— distribution 両極分布 **1469**c
Bipolaris 1609₅₃
bipolarity 二極性 1270f
bipolar lead 双極導出 985e
—— mirabile net 双極奇網 301b
—— nerve cell 双極神経細胞 696b
—— sexuality 二極性 1270f
BIR 切断誘導型複製 792i
biradial symmetry 二放射相称 826a
biramous 二枝型 88h
—— appendage 二枝型付属肢 **1034**i
Birbeck granule バーベック顆粒 1445b
bird migration 渡り **1508**k
birds 鳥類 927e
bird's-nest fungi チャダイゴケ 664c
birefringency 複屈折性 1285d
Birgus 1597₆₁
Birkenia 1563₄₄
Birkeniformes ビルケニア目 1563₄₄
Birnaviridae ビルナウイルス科 1519₃
birth and death process 発生消失過程 871e
—— canal 産道 906a
birth-death process 出生死亡過程 211d
birth pore 産門 **554**d
—— rate 出生率 **642**f
—— scar 出生痕 641a
2,2′-Bis(2,3-dihydro-3-oxoindolyliden) Δ2,2′(3H,3′H)-ビ[1H-インドール]-3,3′-ジオン 93e
1,7-bis(4-hydroxy-3-methoxyphenyl)-1,6-heptadiene-3,5-dione 1,7-ビス(4-ヒドロキシ-3-メトキシフェニル)-1,6-ヘプタジエン-3,5-ジオン 364d
Bisaccium 1664₆
Bischofia 1649₄₁
Biscogniauxia 1619₄₂
bisdiamine ビスジアミン **1144**i
bisect バイセクト 1432j
Biseridens 1573₁₆
bisexual flower 両性花 **1469**j
—— reproduction 両性生殖 **1470**c
Bɪsʜᴏᴘ, John Michael ビショップ **1144**f
Bison 1576₁₀
bisphosphatidic acid ビスホスファチジン酸 1309b
Bispironympha 1630₁₈
Bispora 1606₃₂
bispore 二分胞子 607b

Bisporella 1614₄₂
bisporic 二核性 1086e
Bistorta 1650₄₀
bisulfite sequencing バイサルファイトシークエンス法 **1079**i
biternate leaf 二回三出複葉 1200h
Bithecocamara 1562₄₁
bithorax complex バイソラックス複合体 1319a
biting mouthpart 咬み型口器 **238**a
Bittacus 1601₁₆
bitterness 苦味 1354b
bitter rot おそぐされ病，晩腐病 891c
bitunicate 二重壁 603e
biuret reaction ビウレット反応 894b, **1130**d
bivalent chromosome 二価染色体 **1030**b
bivalves 二枚貝類 **1041**a
Bivalvia 二枚貝綱，二枚貝類 **1041**a, 1581₄₇
Bivalvulida 双殻目 1555₁₈
bivium 二歩帯区，二幅面 327g
bivoltine 二化性 221f
Bixa 1650₂₃
Bixaceae ベニノキ科 1650₂₃
Bizionia 1539₃₉
Bjerkandera 1624₂₃
BK ブラジキニン 1214h
Blackberry virus Y 1522₄₈
Bʟᴀᴄᴋʙᴜʀɴ, Elizabeth Helen ブラックバーン **1218**i
black earth 黒色土壌 **472**c
—— lipid film 黒膜 **375**c
—— lipid membrane 黒膜 **375**c
Black sea-Central Asiatic floral region 黒海-中央アジア植物区系区 675a[表]
black smoker ブラックスモーカー 1056c
—— soil 黒色土壌 **472**c
bladder 膀胱，膀胱体 691d, 1080g, **1293**f
—— worm 嚢虫 **1065**c
blade 葉状部 1147h
Blakeslea 1603₃₄
Blakiston's line ブラキストン線，ブレーキストン線 776d
Bʟᴀᴋɪsᴛᴏɴ, Thomas Wright ブレーキストン **1227**k
Blarina 1575₇
Blasdalea 1608₁₅
Blasenzelle 空胞細胞 265c
Blasia 1636₃₁
Blasiaceae ウスバゼニゴケ科 1636₃₁
Blasiales ウスバゼニゴケ目 1636₃₀
Blasiidae ウスバゼニゴケ亜綱 1636₂₉
BLAST 830d, **1216**j
blast いもち病，芽細胞 **90**a, **214**c
blastaea ブラステア，胞祖動物 220d
blastema 胚体 **225**f
—— of regeneration 再生芽 **515**b
blastic 出芽型 1248f
Blastobacter 1545₃₀
Blastobtrys 1606₂₁
Blastochloris 1544₃₇
Blastocladia 1603₁₉
Blastocladiaceae コウマクノウキン科 1603₁₉
Blastocladiales コウマクノウキン目 1603₁₈
Blastocladiella 1603₂₀
Blastocladiomycetes コウマクノウキン門，コウマクノウキン綱 466e, 1603₁₇
Blastocladiomycota コウマクノウキン門 1603₁₆
Blastocladiomycota コウマクノウキン門 **466**e
Blastococcus 1536₄₇
blastocoel 割腔，胞胚腔 **227**e, **1303**c
blastocoele 割腔 **227**e
Blastocrithidia 1631₃₈
blastocyst 胚盤胞 **1087**e
Blastocystales ブラストキスティス目 1653₂₆
Blastocystea ブラストキスティス綱 1653₂₅
Blastocystis 1653₂₆
blastoderm 胚盤葉，胞胚葉 **1088**a, 1303b
Blastoderma 1621₂₆
Blastodesmia 1609₁₄

Blastodiniales ブラストディニウム目 1662₁₉
Blastodinium 1662₁₉
blastodisc 胚盤 765d, **1087d**
blastogenic 220a
Blastoidea ウミツボミ綱, 海ツボミ類 **111c**, 1559₁₉
Blastoidocrinus 1559₂₅
blastoids 海ツボミ類 **111c**
blastoid transformation リンパ球幼若化現象 **1477b**
blastokinesis 胚運動 **1073b**
blastomere 分割球, 割球 **227d**
Blastomonas 1546₃₆
blastomycosis ブラストミセス症 692b
Blastophysa 1634₃₈
Blastopirellula 1545₄
blastoporal canal 原口管 783a
blastopore 原口 **420a**
──── lip 原口唇 420a
Blastospora 1620₂₂
blastospore 出芽胞子, 分芽型胞子 **641c**
Blastosporella 1626₁₀
blastostyle 子茎, 芽茎 602g
Blastozoa 1559₁₂
blastozooid 無性個体 **1370d**
blastula ブラストゥラ, 胞胚 220d, **1303b**
blastulation 胞胚形成 1303b
Blattabacteriaceae ブラタバクテリア科 1539₃₅
Blattabacterium 1539₃₅
Blattella 1600₇
Blattodea ゴキブリ目, 網翅類 1600₇
Blautia 1543₂₀
bleaching 白化 **1092e**
Blechnaceae シシガシラ科 1643₄₈
Blechnum 1643₄₈
bleeding 出液, 出血 **640i, 641d**
──── fluid 出液水 640i
──── pressure 液圧, 溢泌圧 500f
Blennothrix 1541₃₅
bleomycin ブレオマイシン **1227j**
Blepharidophyllaceae ブレファリドフィラ科 1638₂₂
Blepharisma 1658₅
blepharismin ブレファリスミン **1228h**
Blepharocorys 1659₁₂
Blepharocysta 1662₃₉
blepharoplast 生毛体 752e, 753d
Bleptosporium 1619₂₇
Bletilla 1646₃₉
Blevilegnia 1654₂₀
Blidingia ヒメアオノリ 1634₃₀
Blimp-1 387e
blind gut 盲腸 857e
──── sight 盲視 **1392d**
──── spot 盲点 **1393g**
Blistum 1617₁₄
blk 536a
BLOBEL, Günter ブローベル **1238e**
BLOCH, Konrad ブロッホ **1232g**
block ブロック **1232f**
blocking antibody 阻止抗体 **841d**
Blogiascospora 1619₂₇
blood 血液 **395c**
──── agar 血液寒天 1492i
blood-brain barrier 血液脳関門 **398d**
blood cake 血餅 396c
blood cell 血球 **401c**
──── cell counter 自動血球計数器 401c
blood-cerebrospinal fluid barrier 血液脳脊髄液関門 398d
blood circulation 血液循環 **398c**
──── circulatory system 血管系 **400e**
bloodclot 血痂, 血餅 234c, 396c
blood coagulation 血液凝固 **396c**
──── coagulation factor 血液凝固因子 **397a**
──── coagulation factor Ⅰ 第Ⅰ因子 **1184g**
──── coagulation factor Ⅱ 第Ⅱ因子 **1237e**
──── coagulation factor Ⅲ 第Ⅲ因子 **1018b**
──── coagulation factor Ⅴ 第Ⅴ因子 **128d**

──── coagulation factor Ⅸ 第Ⅸ因子 **1018b**
──── coagulation factor Ⅺ 第Ⅺ因子 **1018b**
──── flow 血流 **395a**
──── gill 血液鰓 **395c**
──── group 血液型 **396a**
──── group antigen 血液型抗原 396b
──── group incompatibility 血液型不適合 396a
──── group substance 血液型物質 **396b**
──── island 血島 **406l**
──── monocyte 血液単球 **1339h**
──── pigment 血色素 **403d**
──── plasma 血漿 **404a**
──── pressure 血圧 **395d**
──── protein 血液蛋白質 **398c**
──── serum 血清 **405b**
──── sinus 血洞, 血管洞 **406k, 533f**
blood-sinus system 血洞系 **407b**
blood-sucking animal 吸血動物 **309h**
blood sugar 血糖 **407a**
blood-testis barrier 血液精巣関門 **398b**
blood transfusion 輸血 **1416b**
──── vessel 血管 **399d**
──── vessel endothelial cell 血管内皮細胞 **400h**
──── volume 血液量 **398f**
Bloom syndrome ブルーム症候群 225a, 808e
Blosnavirus ブロスナウイルス属 1519₈
Blotched snakehead virus タイワンドジョウウイルス 1519₈
Blotiella 1643₂₇
blue mould アオカビ類 **3b**
──── pus 青色膿汁 1472b
blue-stain 青変 **777c**
Bluetongue virus ブルータングウイルス 1519₃₂
BLUMBERG, Baruch Samuel ブラムバーグ **1220c**
BLUMENBACH, Johann Friedrich ブルーメンバハ **1227f**
Blumeria 1614₃₆
blunt end 平滑末端 947b
B lymphocyte Bリンパ球 **1140e**
Blyttiomyces 1602₁₈
Blyxa 1646₃
BM 基礎代謝 291i
B. melitensis マルタ熱菌 1545₃₃
BMI ブレイン・マシン・インターフェース, 体格指数 417f, 1162h, 1460e, 1505a
BMP 骨形成蛋白質 **1131c**
BMP2/4 signal BMP2/4 シグナル **1131c**
BMP family BMP ファミリー **1131d**
BMPs 952d
BMR 基礎代謝率 291i
Boa 1569₂
BOAS, Franz ボアズ **1291b**
Bocavirus ボカウイルス属 1518₉
BOD 生物化学的酸素要求量 579e, 770f
Bodanella 1657₁₁
BODENHEIMER, Frederick Simon ボーデンハイマー **1316i**
Boderia 1663₄₀
Bodo 1631₃₇
Bodomorpha 1665₁₅
Bodonida ボド目 1631₃₇
Bodotria 1597₂₂
body axis 体軸 567f, 1298f
body-cap theory 本体-冠体説 **1331e**
body cavity 体腔 **847m**
──── color 体色 **854d**
──── coloration 体色 **854d**
──── fluid 体液 **845e**
──── length 体内長 1024a
──── mass index 体格指数 1162h, 1505a
──── plan ボディプラン **1316h**
──── stalk 体柄 **1200c**
──── temperature 体温 **845i**
Boehmeria 1649₈
Boenninghausenia 1650₁₃
Boeremia 1609₂₂
Boergesenia 1634₃₉
BOERHAAVE, Hermann ブールハーフェ **1227d**

Boerlagiomyces 1610₄
bog 湿原 **591**i
Bogoriella 1537₈
Bogoriellaceae ボゴリエラ科 1537₈
Bohrdrüse 唾液腺 **866**i
Bohr effect ボーア効果 **1291**a
Bohr-Haldane effect ボーア-ホールデン効果 1291a
Bojamyces 1604₄₃
Bojanus' organ ボヤヌス器官 **1321**b
Bolbitiaceae オキナタケ科 1625₅₀
Bolbitis 1643₅₅
Bolbitius 1625₅₀
Bolbochaete 1634₃₀
Boldia 1632₁₃
Boletaceae イグチ科 1627₂
Boletales イグチ目 1627₁
Boletellus 1627₂
Boletinellaceae ミダレアミイグチ科 1627₉
Boletinellus 1627₉
Boletopsis 1625₂₅
Boletus 1627₃
Boletzkya 1583₈
Boletzkyida 1583₈
Bolidomonadales ボリドモナス目 1655₅₉
Bolidomonas 1655₅₉
Bolidophyceae ボリド藻綱 1655₅₈
Bolinia 1618₂₀
Boliniaceae ヘタタケ科 1618₂₀
Boliniales ヘタタケ目 1618₁₉
Bolinopsis 1558₁₉
Bolivina 1664₆
Bolivinella 1664₆
Bolivinita 1664₆
Bollstädt, Albert von 43d
Boloceroides 1557₄₅
bolochory 散布 553k
Bolodon 1573₄₉
Bolosaurus 1568₇
Bolosoma 1555₁₁
bolting とう立ち, 抽だい, 抽薹, 薹立ち **915**h
Boluochia 1570₄₃
Bolyeria 1569₂
Bombardia 1619₁₁
Bombarioidea 1619₁₂
Bombax 1650₁₈
bomb-calorimeter ボンベ熱量計, 鉄筒熱量計 1058d
bombesin ボンベシン 1045b
Bombina 1567₅₀
Bombus 1601₄₈
Bombycilla 1572₄₇
bombykol ボンビコール 1189c
Bombyx 1601₃₈
bombyxin ボンビキシン **1331**c
Bombyx mori densovirus カイコガデンソウイルス 1518₁₇
Bonamia 1664₃₃
Bondarcevomyces 1627₂₈
Bondarzewia 1624₆₂
Bondarzewiaceae ミヤマトンビマイ科 1624₆₂
Bondiella 1607₅₅
bone 骨 **1317**g
── age 骨年齢 **483**c
── canalicule 骨小管, 骨細管 480j
── capsule 骨小嚢 **480**f
── cell 骨細胞 **480**j
── conduction 骨伝導 **483**a
── corpuscle 骨小体 480f
bone-derived growth factor BMP 骨形成蛋白質, 骨由来成長因子 1131d
bone lacuna 骨小窩, 骨小腔 480f
── lamella 骨層板 482f
Bonellia 1586₂
bone marrow 骨髄 **481**b
bone-marrow cavity 髄腔 **720**d
bone marrow chimera mouse 骨髄キメラマウス **482**a
── marrow transplantation 骨髄移植 **481**c

── matrix 骨基質 **480**f
bone morphogenetic protein 骨形成蛋白質 952d, 1131c
── tissue 骨組織 **482**f
── travecula 骨梁 482f
Boninia 1577₂₅
Boninogaster 1627₄₄
Bonnemaisonia 1633₁₉
Bonnemaisoniales カギノリ目 1633₁₉
BONNER, James ボナー **1317**d
BONNET, Charles ボネ **1318**a
Bonpland, Aimé 1253c
bony fishes 硬骨魚類 **442**i
── labyrinth 骨迷路 **484**b
── tissue 骨組織 482f
Boodlea 1634₃₉
Boodleopsis 1634₄₇
book-gill 書鰓 **679**c
book-lung 書肺 **682**d
Boolean network ブーリアンネットワーク **1221**c
Boothiomyces 1602₅₀
bootstrap method ブーツストラップ法 **1206**f
Bopyrus 1597₅
Boraginaceae ムラサキ科 1651₅₀
Boraginales ムラサキ目 1651₄₉
borborygmi 腹鳴 **1200**e
border-brim ボーダーブリム **1315**b
bordered pit 有縁壁孔 **1406**d
── pit-pair 有縁壁孔対 1263f, 1406d
border effect 周辺効果 **629**a
Bordetella 1546₄₅
Bordetella phage BPP-1 ボルデテラファージ BPP-1 1514₂₃
BORDET, Jules ボルデ **1327**d
Bordnamonas 1631₁₂
boreal forest 北方林 269d
── montane zone 北方山地帯 9a
Borealophlyctidaceae ボレアロフリクティス科 1602₃₆
Borealophlyctis 1602₃₆
boreal zone 北方帯 174b
Boreaspis 1564₈
BORELLI, Giovanni Alfonso ボレリ **1330**d
Boreophyllum 1632₂₉
Boreosphenida ボレオトリボスフェニック亜綱 1574₂
Boreostereum 1623₆₆
Boreus 1601₁₆
Borgertella 1665₃₂
Borghiella 1662₂₉
Borhyaena 1574₁₁
BORLAUG, Norman Ernest ボーローグ **1330**g
Bormansia 1599₇
Borna disease virus ボルナ病ウイルス 1328b
Borna disease virus ボルナ病ウイルス 1519₅₆
Bornaviridae ボルナウイルス, ボルナウイルス科 **1328**b, 1519₅₆
Bornavirus ボルナウイルス属 1519₅₆
Bornetella 1634₄₄
Bornetina 1624₂₅
Borocales ボロカ目 1653₁₂
Boroka 1653₁₂
boron ホウ素 **1302**f
Borrelia 1550₁₈
Bos 1576₁₀
Boschmaella 1595₃₈
Bosea 1545₃₁
Boskop ボスコップ人 376d
Bostrichiformia ナガシンクイムシ下目 1601₄
Bostrichus 1601₅
Bostrychia 1633₄₈
bostryx カタツムリ形花序 622b
Botallo's duct ボタロ管 **1315**c
botanical garden 植物園 **674**f
botanic garden 植物園 674d
botany 植物学 **674**e
bothridium 吸葉 660j
Bothriolepis 1564₁₃

Bothrioplana	1577[28]	box-stacking test 積箱試験	936h
Bothrioplanida 吸扇目	1577[28]	BOYSEN JENSEN, Peter ボイセン=イェンセン	1291f
bothrium 吸溝	660j	BP 運動準備電位	115h
Bothriurus	1591[49]	bp	1159f
Bothropolys	1592[35]	"BPP-1-like viruses" BPP-1様ウイルス	1514[23]
bothrosome ボスロソーム	1437f	BPTI ウシ膵臓トリプシンインヒビター	1233a
Bothrostoma	1659[18]	BR バクテリオロドプシン	1503e
Botrexvirus ボトレックスウイルス属	1521[40]	*Braarudosphaera*	1666[21]
botrioidal tissue ブドウ状組織	**1208**g	BRACHET, Jean ブラシェー	**1214**e
Botrychium	1642[33]	brachial canal 腕管	353h
Botrydiales フウセンモ目	1657[6]	── disc 腕盤	353h
Botrydiopsis	1657[2]	── groove 腕溝	353h
Botrydium	1657[6]	Brachiata 有鬚動物	**1409**k
Botryllus	1563[31]	brachiater ブラキエーター	1212j
Botryobasidiaceae ボトリオバシジウム科	1623[39]	brachiation ブラキエーション	**1212**j
Botryobasidium	1623[39]	Brachidiniales ブラチディニウム目	1662[20]
Botryochloris	1656[48], 1657[2]	*Brachidinium*	1662[20]
Botryochytrium	1653[21]	brachiolaria ブラキオラリア	**1212**k
Botryococcus	1635[18]	brachiole 腕	111c
Botryoconis	1622[35]	*Brachiomonas*	1635[33]
Botryodiplodia	1618[38]	*Brachionus*	1578[34]
Botryopteridaceae ボトリオプテリス科	1642[41]	Brachiopoda 腕足動物, 腕足動物門	**1510**i, 1579[41]
Botryopteridales ボトリオプテリス目	1642[40]	brachiopods 腕足動物	**1510**i
Botryopteris	1642[41]	*Brachiosaurus* ブラキオサウルス	323i, 1570[21]
Botryorhiza	1620[16]	*Brachiosphaera*	1607[13]
Botryosphaeria	1607[5]	brachium 腕	**110**b
Botryosphaeriaceae ボトリオスファエリア科	1607[5]	── pontis 橋脚	315k
Botryosphaeriales ボトリオスファエリア目	1607[4]	*Brachonella*	1659[18]
Botryosporium	1606[32]	*Brachybacterium*	1537[12]
Botryotinia	1615[10]	Brachybasidiaceae クビレタンシキン科	1622[33]
Botryotrichum	1619[6]	*Brachybasidium*	1622[33]
Botryozyma	1605[46]	brachycephalization 短頭化現象	891f
botrys 総穂花序	**827**d	Brachycera ハエ亜目, 短角類	1601[23]
Botrytella	1657[29]	*Brachychthonius*	1590[55]
Botrytis	1615[10]	Brachycnemina マメスナギンチャク亜目, 短膜類	1558[6]
── *virus F*	1521[56]	*Brachyconidiellopsis*	1617[58]
── *virus X*	1521[40]	*Brachycybe*	1593[20]
bottle cell びん型細胞	**1177**d	*Brachygeophilus*	1592[41]
bottleneck effect びん首効果	**1177**f	Brachylepadina ムヘイレパス亜目	1595[52]
bottom fermenting yeast 底面発酵酵母	239a	*Brachylepas*	1595[52]
── yeast 下層酵母, 下面酵母	239a	brachymeiosis 短縮減数分裂	**888**e
Botuliforma	1665[20]	brachymitosis 短縮核分裂	**888**d
botulinum toxin ボツリヌス毒素	**1316**g	*Brachymonas*	1546[51]
Boudierella	1616[17]	*Brachymyces*	1604[28]
Bougainvillea	1650[60]	brachyodont 低歯冠性	111a
Bougainvillia	1555[38]	*Brachypelma* メキシコオオツチグモ	1592[15]
bouillon 肉汁	**1030**g	*Brachyphoris*	1615[46]
BOULE, Pierre Marcellin ブール	**1224**c	*Brachyphyllum*	1644[48]
boundary layer 境界層	**316**a	Brachypoda カシラエビ目	1594[46]
bound gibberellin 結合型ジベレリン	**402**c	*Brachypteracias*	1572[27]
── water 結合水	**402**d	brachypterous form 短翅型	832c
bouquet configuration ブーケ配向	**1202**a	*Brachypyge*	1591[57]
── stage 花束期	**1110**e	Brachypylina ジュズダニ下目	1591[1]
Bourgueticrinida チヒロウミユリ目	1560[16]	*Brachysira*	1655[43]
BOUSSINGAULT, Jean Baptiste Joseph Dieudonné ブサンゴー **1202**f		*Brachyspira*	1550[15]
Bouvetiella	1612[32]	Brachyspiraceae ブラキスピラ科	1550[15]
BOVERI, Theodor ボヴェリ	**1292**f	*Brachysporiella*	1619[2]
BOVET, Daniel ボヴェ	**1292**c	*Brachysporium*	1616[43]
Bovine ephemeral fever virus ウシ流行熱ウイルス	1520[18]	Brachytheciaceae アオギヌゴケ科	1640[56]
── *leukemia virus* ウシ白血病ウイルス	1518[49]	*Brachythecium*	1640[56]
── *papillomavirus 3* ウシ乳頭腫ウイルス3型	1516[35]	Brachyura 短尾下目	1598[5]
── *papillomavirus 5* ウシ乳頭腫ウイルス5型	1516[17]	brachyury ブラキユリ	**1213**b
── *parvovirus* ウシパルボウイルス	1518[9]	*Brackiella*	1546[45]
bovine spongiform encephalopathy ウシ海綿状脳症	1221d	brackish water animal 汽水動物	722d
Bovine viral diarrhea virus 1 ウシウイルス性下痢ウイルス 1	1522[28]	── water fungi 汽水菌	722a
Bovista	1625[42]	── water plankton 汽水プランクトン	1220e
Bowenia	1644[34]	*Bracovirus* ブラコウイルス属	1516[51]
Bowen ratio ボーエン比	1056a	bract 包葉, 苞葉, 苞鱗	649c, **1304**a
Bowerbankia	1579[32]	*Bracteacoccus*	1635[24]
Bowmanella	1548[39]	bracteole 小苞	1304a
Bowman gland ボーマン腺	1109h	*Bradoria*	1594[21]
Bowman's capsule ボーマン嚢	704d	Bradoriida ブラドリア目	1594[21]
box jelly 箱形クラゲ	1095e	bradyauxesis 劣成長	1260d
		Bradybaena	1584[24]
		bradycardia 徐脈	712e

bradygenesis　ブラディゲネシス，緩慢発生　**273**g
bradykinin　ブラジキニン　**1214**h
Bradymorphie　64e
Bradypus　1574₅₂
Bradyrhizobiaceae　ブラディリゾビア科　1545₃₀
Bradyrhizobium　1545₃₁
bradytely　緩進化　1330i
bradytroph　ブラディトローフ　1006c
brain　脳，脳神経節　697c, **1062**b
brain-gastrointestinal hormone　脳-消化管ホルモン，脳-腸管ペプチド　654d
brain-gut peptide　脳-腸管ペプチド　496f
brain hormone　脳ホルモン　802e
brain-machine interface　ブレイン-マシン・インターフェース　1460e
brain stem　脳幹　**1063**a
── vesicle　脳胞　**1066**b
Braithwaiteaceae　ブライトワイテア科　1640₂₈
Brambyvirus　ブランビウイルス属　1522₄₈
branch　枝　1245e
branch-and-bound method　分枝限定法　1508f
branched-chain amino acid　分岐鎖アミノ酸　**1243**h
── amino acid aminotransferase　分岐鎖アミノ酸アミノ基転移酵素　1243h
── α-keto acid dehydrogenase　分岐鎖ケト酸脱水素酵素　69h, 1116b, 1243h, 1497c
── ketonuria　側鎖ケト酸尿症　1381e
branched gland　分枝腺　870a
branch gap　枝隙　570a
branchial arch　鰓弓　534d
── arches　鰓弓　1020i
── arch skeleton　鰓弓骨格　1020k
── artery　鰓動脈　**517**g
── basket　鰓籠　534e
── chamber　鰓室　**512**d
── cleft　鰓孔，鰓裂　**511**c, **534**d
── filament　鰓糸　145e, 329i
── formula　鰓式　**512**c
── groove　鰓溝　534d
── heart　鰓心臓　**146**e
── intestine　鰓腸　**517**a
── lamella　鰓弁　145e
── leaflet　鰓小葉　520c
── mantle　鰓蓋　**507**d
── muscle　鰓弓筋　479i
── nerves　鰓弓神経　**507**j
── plate　鰓板　**520**c
── pouch　鰓嚢　534d
── respiration　鰓呼吸　**146**c
── ridge　鰓隆起　520c
── sac　鰓嚢　982c, 1140g
── slit　鰓裂　**534**d
── vein　鰓静脈　642b
Branchiata　有鰓類　**1408**b
Branchinecta　1594₂₆
Branchinella　1594₂₇
branching　分枝　**1245**d
── choanocyte　襟細胞　1502e
── enzyme　分枝酵素　**1246**e
── factor　分枝因子　1246e
Branchiobdella　1585₃₉
Branchiobdellida　ヒルミミズ下綱　1585₃₈
Branchiocerianthus　1555₂₉
branchioferous segment　145e
branchiogenic organ　鰓性器官　534d
branchiomeric nerves　鰓弓神経　**507**j
branchiomery　鰓弓分節性　534c
Branchiopneusta　有鰓類　**1408**b
branchiopneustic　鰓気門　301f
Branchiopoda　鰓脚綱　1594₂₄
Branchiosaurus　1567₁₅
Branchioscorpio　1591₄₀
Branchioscorpionina　エラサソリ亜目　1591₃₉
branchiostegite　鰓蓋　**507**d
Branchiostegus　1566₄₃

Branchiostoma　1563₈
Branchipus　1594₂₇
Branchiura　鰓尾亜綱　1594₅₁
branchlet　小枝　616f
branch migration　分枝点移動　1324c
── site　枝分かれ部位　740c
branch-swapping method　分枝交換法　1508f
branch taxis　枝序　885e
── trace　枝跡　**585**d
Branhamella　1549₄₅
Braniea　1643₄₆
Branta　1571₁₂
Brasenia　1645₂₄
Brasiliomyces　1614₃₆
Brasilonema　1541₃₄
Brassica　1650₁
Brassicaceae　アブラナ科　1650₁
Brassicales　アブラナ目　1649₅₅
brassinolide　ブラシノライド　**1215**c
brassinosteroid　ブラシノステロイド　**1215**a
BRAUN-BLANQUET, Josias　ブローン-ブランケ　**1240**h
BrdU　5-ブロモデオキシウリジン　1239a
breakage-fusion-bridge cycle　切断-融合-染色体橋サイクル　792h
breakage-reunion model　切断-再結合モデル　**792**g
break-induced replication　切断誘導型複製　792i
── replication model　切断誘導型複製モデル　**792**i
breast　胸　**1371**e
── bone　胸骨　317f
── cancer　乳癌　**1041**e
Bredia　1648₄₃
breeding　繁殖，育種　**60**i, **1121**f
── season　繁殖期　**1121**h
── system　繁殖システム　1077i
Brefeldia　1629₁₃
Brefeldiella　1607₄₉
Brefeldiellaceae　ブレフェルジエラ科　1607₄₉
brefeldin A　ブレフェルジン A　**1228**i
BREHM, Alfred Edmund　ブレーム　**1229**b
Bremia　1654₁₀
Brenneria　1549₄
BRENNER, Sydney　ブレナー　**1228**d
Brennhaar　刺毛　614b
Brenztraubensäure　焦性ブドウ糖　1174f
Breoghania　1545₁₂
Bresslaua　1660₁₁
Brettanomyces　1606₁₂
brevetoxin　ブレベトキシン　184e
Breviata　1552₂₂
Breviatea　ブレヴィアータ綱　1552₂₁
Breviatida　ブレヴィアータ目　1552₂₂
Brevibacillus　1542₃₇
Brevibacteriaceae　ブレヴィバクテリア科　1537₉
Brevibacterium　1537₉
brevican　ブレビカン　**1235**c
Brevicellicium　マルミノコツブコウヤクタケ　1625₃₀
Brevidensovirus　ブレビデンソウイルス属　1518₁₄
Brevilegniella　1654₆
Brevimastigomonas　1665₁₁
Brevinanthaceae　ブレビナンタ科　1638₉
Brevinema　1550₁₆
Brevinemataceae　ブレヴィネマ科　1550₁₆
Brevundimonas　1545₁₄
brewery yeast　ビール酵母　**1174**a
brewing　醸造　**660**f
Briania　1607₂₉
BRIDGES, Calvin Blackman　ブリジェズ　**1221**e
Brigantiaea　1612₁₇
Brigantiaeaceae　サビイボゴケ科　1612₁₇
BRIGGS, Winslow Russell　ブリッグス　**1222**a
brightness contrast　明暗対比　862b
── vision　明暗視　**1373**c
bright particle　B 粒子　330e
Brindabellaspis　1564₁₄
BRINK, Royal Alexander　ブリンク　**1223**b

Brisingella 1560₃₉
Brisingida ウデボソヒトデ目 1560₃₉
Brissus 1562₂₁
bristle 剛毛 1493f
—— chaeto 剛毛 384a
Brithopia チタノフォネウス亜目 1573₁₂
British anti-lewisite バール 1116d
brittle stars クモヒトデ類 352d
BRM 生物機能修飾物質 772b
Broad bean wilt virus 1 ソラマメウイルトウイルス1 1521₂₉
broad leaved herb vegetation 広葉草本植生 823j
broad-leaved tree 広葉樹 467k
broad-spectrum antibiotics 広スペクトル抗生物質群, 広域抗生物質 436h
BROCA, Paul ブロカ 1230d
Broca's area ブローカ野 420c, 420d
Brochothrix 1542₃₆
Brockmann body ブロックマン小体 722e
—— corpuscle ブロックマン小体 1445c
Brodmann, K. 524a
broken stick model 折れ棒モデル 636f
—— wingruse 擬傷 287f
bromelain ブロメライン 582j
Bromeliaceae パイナップル科 1647₂₂
Brome mosaic virus 1522₁₀
5-bromo-4-chloro-3-indolyl-β-D-galactopyranoside 240f
5-bromodeoxyuridine 5-ブロモデオキシウリジン 1239a
5-bromouracil 5-ブロモウラシル 1238g
Bromoviridae ブロモウイルス科 1522₇
Bromovirus ブロモウイルス属 1522₁₀
Bromus 1647₃₅
bronchial cartilage 気管支軟骨 281a
—— syrinx 気管支型鳴管 1374e
—— tree 気管支樹 281a
bronchiole 細気管支 507h
bronchiolus 細気管支 281a
bronchotracheal syrinx 気管−気管支型鳴管 1374e
bronchulus 細気管支 507h
bronchus 気管支 281a
Brondgeest's tonus ブロンドゲースト緊張 1121a
BRONGNIART, Adolphe Théodore ブロニャール 1237g
BRONN, Heinrich Georg ブロン 1240f
Bronnimannia 1664₆
Brontosaurus ブロントサウルス類 1240g
brood bud 肉芽 1367e
—— capsule 繁殖胞 1302h
—— chamber 育房 61b
broodiness 就巣性 625f
brooding of eggs 抱卵 1304c
brood parasitism 托卵 869a
brood-plate 育児板 1201b
brood pouch 育児嚢 60h
Brooklawnia 1537₄₈
Brooklynella 1659₂₉
Brooksella 1553₁₄
Brooksia 1607₄₃
BROOM, Robert ブルーム 1227e
Broomeia 1625₅₂
Broomeiaceae シャカツタケ科 1625₅₂
Broomella 1619₂₈
broth 肉汁 1030g
Brotula 1566₂₆
Broussonetia 1649₆
brown adipose tissue 褐色脂肪組織 227j
—— algae 褐藻 228h
—— body 褐色体 473c
BROWN, Donald David ブラウン 1212f
brown fat 褐色脂肪 227j
—— forest soil 褐色森林土 228a
Brownian motion ブラウン運動 211d, 211f
BROWN, Robert ブラウン 1212g
brown soil 褐色土 228b
BROWN-SÉQUARD, Charles Edouard ブラウン-セカール 1212h

brown tide 赤潮 3f
—— tube 褐色管 227i
browsing かじり喰い 371g
Bruce effect ブルース効果 1226g
Brucella 1545₃₃
brucella ブルセラ 1226i
Brucellaceae ブルセラ科 1545₃₃
Bruchiaceae ブルフゴケ科 1639₄₁
Bruguiera 1649₃₅
Brumimicrobium 1539₃₆
BRUNFELS, Otto ブルンフェルス 1227i
Brunner's gland ブルンナー腺 1227h
5-BrUra 5-ブロモウラシル 1238g
brush border 刷子縁 539e
Bryaceae ハリガネゴケ科 1640₉
Bryales マゴケ目 1640₆
Bryanae マゴケ上目 1640₂
Brycekendrickomyces 1610₂₂
Bryidae マゴケ亜綱 1640₁
Bryobacter 1536₄
Bryobartramiaceae ホオズキゴケ科 1639₁₉
Bryobia 1590₃₈
Bryocaulon 1612₄₁
Bryodina 1612₃₄
Bryodiscus 1614₉
bryology コケ類学 674e
Bryometopus 1660₈
Bryonectria 1617₈
Bryonora 1612₃₄
Bryophagus 1613₅₉
Bryophrya 1660₁₁
Bryophyllum 1659₃
Bryophyta コケ類, 蘚植物門 473d, 821d, 1638₃₄
bryophytes コケ類 473d
Bryopsida マゴケ綱, 蘚類 821d, 1639₅
Bryopsidales ハネモ目 1634₄₇
Bryopsidella 1634₄₈
Bryopsis 1634₄₈
Bryoria ハリガネキノリ 1612₄₁
Bryoscyphus 1614₄₉
Bryosia 1606₃₂
Bryoxiphiaceae エビゴケ科 1639₂₉
Bryoxiphiales エビゴケ目 1639₂₈
Bryoxiphium 1639₂₉
Bryozoa 苔虫動物, 苔虫動物門 473c, 1579₁₉
bryozoan 苔虫動物 473c
bryozoans 苔虫動物 473c
Bryum 1640₉
BSE ウシ海綿状脳症, 狂牛病 743a, 1221d
BSG 赤血球沈降速度 788c
BS system BS系 632g
B. subtilis 枯草菌 1542₂₉
B type particle B型粒子 1489e
Bubalus 1576₁₀
Bubo 1572₁₀
bubonic plague 腺ペスト 149c
buccal bulb 口球 435f
—— cavity 口腔 63e, 523e
—— diverticulum 口盲管 1120a
—— ganglion 口球神経節 436c
—— gland 口腔腺 442d
—— mass 口球 435f
Buccinum 1583₅₀
bucco-pharyngeal membrane 口咽頭膜 433c
Buceros 1572₃₁
Bucerotes サイチョウ亜目 1572₃₁
Bucerotiformes サイチョウ目 1572₂₉
Buchnera 1549₄
BUCHNER, Eduard ブフナー 1210f
BÜCHNER, Friedrich Karl Christian Ludwig ビュヒナー 1164₂
Buck, L. 5j
Buckleya 1650₃₁
Bucorvus 1572₃₁
bud 芽 1373a

Buddenbrockia 1555₂₁
budding 出芽 **640**j
budding-site determination 出芽部位決定 **641**b
Buddleja 1652₆
bud mutation 芽条突然変異 **217**e
──── reproduction 出芽繁殖, 芽生繁殖 **640**j
──── scar 出芽痕 **641**a
bud-site selection 出芽部位選択 **641**b
Budvicia 1549₄
Buellia 1613₃₅
Bueningia 1664₆
Buergeria 1567₅₅
Buetschliella 1661₂
bufadienolide ブファジエノライド 319a
bufalin ブファリン 237o
buffer 緩衝液 **262**k
──── action 緩衝作用 **263**e
buffering 緩衝作用 **263**e
buffer solution 緩衝液 **262**k
──── system 緩衝系 **263**e
BUFFON, Georges Louis Leclerc de ビュフォン **1164**b
Bufo 1567₅₅
bufogenine ブホゲニン 237o
bufotalin ブホタリン 237o
bufotoxin ブホトキシン 237o
Bufo vulgaris ヒキガエル 237o
Buglossoporus 1624₁₂
Bugula 1579₃₄
built-up film 累積膜 702g
bulb 鱗茎 **1473**h
bulbil 鱗芽 **1367**e
Bulbillomyces 1624₂₄
Bulbochaete 1635₂₀
bulb of eye 眼球 **1373**b
Bulbophyllum 1646₃₉
Bulbothrix 1612₄₂
bulbourethral gland 尿道球腺 **1047**b
bulbous pharynx 球形咽頭 108h
bulbus aortae 動脈球 **998**a
──── arteriosus 動脈球 **998**a
──── cordis 心球 **691**e
──── oculi 眼球 **1373**b
──── olfactorius 嗅球 **309**a
Bulgaria 1615₁₉
Bulgariaceae ゴムタケ科 1615₁₉
bulge バルジ **1116**f
Bulimina 1664₃
Buliminella 1664₃
Buliminida ブリミナ目 1664₃
Buliminoides 1664₇
bulk breeding 集団育種 **626**d
──── emasculation 集団除雄 683a
bulk-population breeding 集団育種 **626**d
bulk transport バルク輸送 451a
Bulla 1583₅₈
Bullanympha 1630₁₀
Bulleidia 1544₁₄
Bullera 1623₁₆
Bulleribasidium 1623₁₆
Bulleromyces 1623₁₇
Buller phenomenon ブラー現象 **1214**c
Bullinularia 1628₂₇
Bumilleria 1657₃
Bumilleriopsis 1657₂
Bundenbachia 1561₇
bundle of His ヒス束 570e
──── sheath extension 維管束鞘延長部 59i
bungarotoxin ブンガロトキシン **1243**e
BÜNNING, Erwin ビュニング **1163**g
Bünning's hypothesis ビュニングの仮説 **1163**h
Bunodeopsis 1557₄₅
bunodont 丘状歯 1069b
Bunodophoron 1612₆₀
Bunsen-Roscoe's law ブンゼン-ロスコーの法則 **1250**c
Bunter ブンター砂岩 550f

Bunyamwera virus ブニヤムウェラウイルス 1520₃₂
Bunyaviridae ブニヤウイルス, ブニヤウイルス科 **1209**e, 1520₂₉
buoyancy adaptation 浮遊適応 **1222**j
──── control 浮力の調節 **1222**j
buoyant density 浮遊密度 **1211**h
Buphagus 1572₄₇
bur いが 206h
BURBANK, Luther バーバンク **1113**a
BURDACH, Karl Friedrich ブルダハ **1226**j
burdo ブルドー **1227**b
Burgella 1623₃₇
Burgess Shale バージェス頁岩 **1096**d
Burgoa 1623₄₇
Burhinus 1571₅₁
Burkholderia 1546₄₈
Burkholderiaceae バークホルデリア科 1546₄₈
Burkholderiales バークホルデリア目 1546₄₀
Burkitt's lymphoma バーキットリンパ腫 **1091**i
Burmannia 1646₂₁
Burmanniaceae ヒナノシャクジョウ科 1646₂₁
burn 火傷 **216**c
BURNET, Frank Macfarlane バーネット **1112**c
Burnetia 1573₁₆
Burramys ブーラミス 1574₂₃
burried seeds 埋土種子 **1334**e
Burrillia 1622₂₄
bursa 囊, 生殖囊 352d, **1062**d
──── copulatrix 463g
──── Fabricii ファブリキウス嚢 **1180**d
──── of Fabricius ファブリキウス嚢 **1180**d
──── ovarica 卵巣嚢 **1447**f
Bursaphelenchus xylophilus 516c
Bursaria 1660₈
Bursaridium 1660₈
Bursariomorphida フクロミズケムシ目 1660₈
Burseraceae カンラン科 1650₆
bursicle 粘着体嚢 1060e
bursicon バーシコン **1096**g
Bursovaginoidea グナトストムラ目, 囊腔類 1578₁₆
BURSTRÖM, Hans ブルストレーム **1226**h
burst size 放出数(ファージの) **1300**f
Bursula 1628₄
Buscalionia 1607₂₀
BUTENANDT, Adolf Friedrich Johann ブーテナント **1208**b
Buteo 1571₃₄
Buthacus 1591₄₉
Buthus 1591₄₉
Butomaceae ハナイ科 1646₂
Butomus 1646₂
BÜTSCHLI, Otto ビュッチュリ **1163**f
Buttiauxella 1549₅
buttress root 板根 1057b, **1119**g
butyric acid bacteria 酪酸菌 **1433**c
──── acid fermentation 酪酸発酵 **1433**d
Butyricicoccus 1543₂₇
Butyricimonas 1539₁₂
Butyrivibrio 1543₃₈
butyrylcholinesterase ブチルコリンエステラーゼ 493a
butyryl-CoA synthetase ブチリル CoA シンテターゼ 12a
Buxaceae ツゲ科 1648₉
Buxales ツゲ目 1648₉
Buxbaumia 1639₈
Buxbaumiaceae キセルゴケ科 1639₈
Buxbaumiales キセルゴケ目 1639₇
Buxbaumiidae キセルゴケ亜綱 1639₆
Buxus 1648₉
BX-C バイソラックス複合体 1319a
Bymovirus バイモウイルス属 1522₄₉
byproduct 副産物 **1500**c
Byrrhus 1601₁
byssal gland 足糸腺 836a
Byssoascus 1607₃₀
Byssocaulon 1606₅₁
Byssocorticium 1626₆₁

byssogenous cavity　足糸腔　836a
Byssoloma　1612₁₈
Byssolomataceae　ビッソロマ科　1612₁₈
Byssolophis　1609₃₀
Byssomerulius　1624₃₂
Byssonectria　1616₁₇
Byssoonygena　1611₂₀
Byssoporia　1626₆₁
Byssosphaeria　1609₃₅
Byssovorax　1548₅
byssus　足糸　836a
byssus-gland　足糸腺　836a
byssus orifice　足糸孔　836a
bystander effect　バイスタンダー効果　1082c
bZIP protein　bZIP蛋白質　1497e

C

χ-sequence　χ配列　186a
χ-square test　χ自乗検定　181b
C　前縁脈, 炭素, 補体　613c, 890b, 1313l
C1INA　C1インアクベベーター　463k
"c2-like viruses"　c2様ウイルス　1514₃₁
C3 convertase　C3 コンベルターゼ　1314a
C₃ photosynthesis　C₃光合成, C₃型光合成　576a
—— plant　C₃植物　576a
C₄-dicarboxylic acid cycle　C₄ジカルボン酸回路　683e
C₄ photosynthesis　C₄光合成　683e
—— photosynthetic pathway　C₄光合成回路　683e
—— plant　C₄植物　684a
C₅ cycle　C₅経路　30g
CA　セルオートマトン　796e
Ca　カルシウム　244a
CA 19-9　シアリルルイスA糖鎖抗原　647f
CA1P　2-カルボキシアラビニトール1-リン酸　1462d
Ca²⁺/calmodulin-dependent protein kinase　Ca²⁺/カルモジュリン依存性プロテインキナーゼ　248e
Cab　440b
Cabalodontia　1624₂₄
cable theory　ケーブル説　411g
Cabomba　1645₂₁
Cabombaceae　ハゴロモモ科　1645₂₁
Cabot's ring　カボット環　237m
Cacatua　1572₄
cachexy　悪液質　5g
Cacops　1567₁₆
Cactaceae　サボテン科　1650₅₆
Cacumisporium　1618₂₇
cadaverine　カダベリン　1321g
Caddo　1591₁₈
cadherin　カドヘリン　232d
cadmium　カドミウム　232e
Caduceia　1630₁₀
caecal appendix　虫垂　913f
—— bud　盲腸芽　857g
Caecitellus　1653₁₄
Caecomyces　1603₁₄
caecotroph　678d
caecotrophy　食糞　678d
Caeculus　1590₂₇
caecum　盲腸　857g
Caedibacter　1549₅₃
Caelifera　バッタ亜目, 短弁類, 雑弁類　1599₂₆
Caenestheriella　1594₃₅
Caenibacterium　1546₅₂
Caenimonas　1546₅₂
Caenispirillum　1546₁₉
Caenogastropoda　新生腹足上目　1583₃₅
caenogenesis　変形発生, 新形発生　1285a
Caenolestes　1574₉
Caenomorpha　1659₁₈
Caenopedina　1561₄₄
caenophytic era　新植代　704f

Caenorhabditis　1587₃₄
Caenorhabditis elegans　523d
caerulein　セルレイン　220b, 220c
Caesalpinia　1648₄₉
Caespitotheca　1614₃₆
Cafeteria　1653₁₄
caffeic acid　コーヒー酸　488b
caffeine　カフェイン　234i
caged ATP　ケージドATP　394e
—— compounds　ケージド化合物　394e
Caia　1641₄₂
Caianiello's equation　カイアニエロの方程式　177d
Caiman　1569₂₅
Cainia　1619₃₁
Cainiaceae　カイニア科　1619₃₁
Cainotherium　1576₁₀
Cairina　1571₁₂
Cairns form　ケーンズモデル　423c
—— model　ケーンズモデル　423c
caisson disease　ケイソン病　390f
Cajal body　カハール小体　233h
CAK　CDK活性化キナーゼ　511a, 595b
calabar　カラバル　132e
Calabozoa　1597₂
Calabozoidea　カラボゾア亜目　1597₂
Calabrian　カラブリア階　864k
Calamagrostis　1647₃₅
Calamaria　1569₂
calamistrum　櫛状器　642d
Calamitaceae　ロボク科　1642₃₀
Calamitales　蘆木類　1001a
Calamites　1642₃₀
Calamocrinus　1560₁₃
Calamopityales　カラモピティス目　1644₁₁
Calamopitys　1644₁₁
Calamus　1647₂
Calanoida　カラヌス目　1595₇
Calanthe　1646₄₀
Calanus　1595₇
Calappa　1598₆
Calathea　1647₁₇
Calcarea　石灰海綿綱, 石灰海綿類　787b, 1554₁₃
calcareous　石灰質　451g
—— algae　石灰藻, 石灰藻類　550b, 787e
—— body　石灰小体　660j
—— corpuscle　石灰小体　660j
—— ooze　石灰質軟泥　1029d
—— ring　石灰環　1026f
—— sponges　石灰海綿類　787b
Calcarina　1664₇
Calcarisporiella　1604₁₀
Calcarius　1572₄₈
Calcaronea　カルカロネア亜綱　1554₁₇
Calcaxonia　1557₃₀
Calceocrinida　1560₆
Calceocrinus　1560₆
Calceola　1556₃₆
Calceolaria　1652₁
Calceolariaceae　キンチャクソウ科　1652₁
calciblastula　中空胞胚　787b
Calcichordates　石灰索類　787c
calcicole plant　好石灰植物　451g
Calcidiscus　1666₂₂
calciferous gland　石灰腺　842i, 1494a
calcification　石灰化　549i
calcifuge plant　嫌石灰植物　425b
Calcinea　カルキネア亜綱　1554₁₄
calcineurin　カルシニューリン　245e
Calcinus　1597₆₁
calcioblast　骨片形成細胞　483f
Calciodinellum　1662₃₁
Calciosolenia　1666₂₂
calciphilous plant　好石灰植物　451g
Calcispongiae　石灰海綿類　787b
calcite　方解石　787e

―― compensation depth 炭酸カルシウム補償深度　1029d
calcitonin　カルシトニン　**245**d
Calcitro　1592₂
calcium　カルシウム　**244**a
　―― binding protein　カルシウム結合蛋白質　**244**b
　―― channel　カルシウムチャネル　**244**d
　―― current　カルシウム電流　**245**a
　―― oscillation　カルシウム振動　**244**c
　―― phosphate coprecipitate method　リン酸カルシウム共沈澱法　80e
　―― phosphate-DNA coprecipitation method　リン酸カルシウム-DNA 共沈澱法　1011d
　―― pump　カルシウムポンプ　**245**b
　―― sensitivity　カルシウム感受性　7d
　―― wave　カルシウム波　**244**c
Calcoblast　骨片形成細胞　**483**f
Caldalkalibacillus　1542₂₉
Caldanaerobacter　1544₇
Caldanaerobius　1544₇
Caldanaerovirga　1544₁₀
Calderobacterium　1538₄₀
caldesmon　カルデスモン　**246**c
Caldicellulosiruptor　1544₄
Caldicoprobacter　1543₂₅
Caldicoprobacteraceae　カルディコプロバクター科　1543₂₅
Caldilinea　1540₃₆
Caldilineaceae　カルディリニア科　1540₃₆
Caldilineae　カルディリニア綱　1540₃₄
Caldilineales　カルディリニア目　1540₃₅
Caldimicrobium　1550₄₄
Caldimonas　1546₅₂
Caldiserica　カルディセリカ目, カルディセリカ綱, カルディセリカ門　1540₁₀, 1540₁₁, 1540₁₂
Caldisericaceae　カルディセリカ科　1540₁₃
Caldisericum　1540₁₃
Caldisphaera　1534₆
Caldisphaeraceae　カルディスフェラ科　1534₆
Calditerrivibrio　1541₅₀
Caldithrix　1541₄₉
Caldivirga　1534₁₉
Caliciaceae　ピンゴケ科　1613₃₅
Caliciopsis　1610₅₅
Calicium　ピンゴケ　1613₃₅
Caliciviridae　カリシウイルス, カリシウイルス科　242j, 1522₁₄
Calidion　1620₄₆
Calidris　1571₅₁
Caligula　1601₃₈
Caligus　1595₂₂
Calkinsia　1631₂₈
CALLA　260c
Calla　1645₅₄
Calliactis　1557₄₅
Callianthemum　1647₅₇
Calliasterella　1560₃₆
Callicarpa　1652₁₀
Callicebus　1575₃₄
Calliergonaceae　ヤリノホゴケ科　1640₄₉
Callinectes　1598₆
Callinera　1580₄₂
Calliodentalium　1581₄₀
Calliphora　1601₂₃
Callipodida　スジツムギヤスデ目　1593₄₀
Callipodidea　スジツムギヤスデ亜目　1593₄₁
Callipus　1593₄₁
Callistophytales　カリストフィトン目　1644₁₄
Callistophyton　1644₁₄
Callistopteris　1642₄₅
Callistosporium　1626₄₅
Callithamnion　1633₄₈
Callithrix　1575₃₄
Callitriche　1652₄
call note　地鳴き　**601**c
Callophyllis　1633₂₁
Callorhinchus　1564₃₀
Callorhinus　1575₅₁
Calloriopsis　1614₅₀
Callosciurus　1576₃₅
callose　カロース　**249**b
　―― plug　カロース栓　236b
Callospermarion　1644₁₄
callus　カルス, カルス板, 肉状体, 閉塞体　**245**f, 249b, 1035b
　―― germinalis　生殖隆起　**759**a
Callyspongia　1554₄₇
calmodulin　カルモジュリン　**248**d
calmodulin-binding protein　カルモジュリン結合蛋白質　248d
calmodulin kinase　カルモジュリンキナーゼ　**248**e
calnexin　カルネキシン　**246**e
Calobryales　コマチゴケ目　1636₂₆
Calocera　1623₂₃
Calochlaena　1643₁₈
Calocybe　1626₁₀
Calodiscus　1588₄₃
Caloglossa　1633₄₈
Calohypsibius　1588₁₆
Calomyxa　1629₈
Calonectria　1617₃₁
Caloneurodea　カロネウラ目, 華翅類　1600₂
Calonympha　1630₁₀
Calopadia　1612₂₇
Calophyllum　1556₄₁, 1649₄₇
Caloplaca　1613₄₆
Caloramator　1543₂₇
Caloranaerobacter　1543₂₇
calorimeter　熱量計　**1058**d
Caloscypha　1615₅₆
Caloscyphaceae　キチャワンタケ科　1615₅₆
Calosiphonia　1633₁₇
Calosiphoniaceae　ヌメリグサ科　1633₁₇
Calosphaeria　1618₂₃
Calosphaeriaceae　カロスフェリア科　1618₂₃
Calosphaeriales　カロスフェリア目　1618₂₂
Calosphaeriphora　1618₂₃
Calostilbe　1617₃₂
Calostilbella　1617₃₂
Calostoma　1627₁₀
Calostomataceae　クチベニタケ科　1627₁₀
Calostylinea　カロスチリス亜目　1556₄₄
Calostylis　1556₄₄
Calotes　1568₄₀
Calothrix　1541₃₃
Calotomus　1566₄₃
callotte　極帽　325f
callotte cell　極細胞　**325**f
calpain　カルパイン　**246**g
Calpastatin　カルパスタチン　1233a
calponin　カルポニン　**248**b
calreticulin　カルレティキュリン　**248**f
calsequestrin　カルセクエストリン　**245**h, 337a
Caltha　1647₅₇
Caluromys　1574₆
Calvatia　1625₄₂
Calvin-Benson cycle　カルビン-ベンソン回路　259d
Calvin cycle　カルビン回路　259d
CALVIN, Melvin　カルヴィン　**243**j
Calvitimela　1613₄
calycal process　微絨毛　574g
Calycanthaceae　ロウバイ科　1645₄₅
Calycellina　1614₅₇
Calycidiaceae　カリキディウム科　1612₂₀
Calycidium　1612₂₀
Calycimonas　1631₁₅
Calycophorae　ハコクラゲ亜目, 鐘泳類　1555₄₈
Calyculariaceae　ミヤマミズゼニゴケ科　1637₂₀
calyculus gustatorius　味蕾　**1365**b
Calymene　1589₁
Calymenina　1589₁
calymma　嚢外原形質　913e

Calymmatobacterium 1549₅
Calymperaceae カタシロゴケ科 1639₄₉
Calyotostoma 1590₃₀
Calypogeia 1638₂₆
Calypogeiaceae ツキヌキゴケ科 1638₂₆
Calypso 1646₄₀
Calyptella 1626₁₃
Calyptogena 1582₁₉
calyptopis カリプトピス 243a
Calyptospora 1661₃₁
Calyptotricha 1660₃₁
calyptra カリプトラ 243b
calyptrae カリプトラ 243b
Calyptraea 1583₄₂
Calyptralegnia 1654₂₁
Calyptrophora 1575₃₀
Calyptrosphaera 1666₂₂
Calyssozoa 曲形動物 1019h
Calystegia 1651₅₄
calyx 萼, 萼部 111e, 200a, 208a
Camarasaurus 1570₂₁
Camarodonta ホンウニ目, 拱状類 1562₈
Camarodeia ビテコカマラ目, 房形類 1562₄₁
Camarops 1618₂₀
Camarosporium 1609₁₇
Cambala 1593₃₂
Cambalidea ヒゲヤスデ亜目 1593₃₂
Cambalopsis 1593₃₂
Cambarincola 1585₃₉
Cambaroides 1597₄₇
cambial zone 形成層帯 389a
cambium 形成層 389a
―― layer 形成層 389a, 484a
Cambrian explosion カンブリア紀の爆発 222f
―― period カンブリア紀 272e
Cambridioidea 1581₃₄
Cambridium 1581₃₄
Camelimonas 1545₂₈
Camellia 1651₁₉
Camelus 1576₁₀
camera lucida カメラルシダ 238i
―― oculi anterior 前眼房 1373b
―― oculi posterior 後眼房 1373b
CAMERARIUS, Rudolph Jakob カメラリウス 238h
Camerata 円頂亜綱 1559₄₀
Camillea 1619₄₂
Caminibacter 1548₂₁
Caminicella 1543₂₇
Caminus 1554₃₁
Camisia 1590₆₁
camouflage カムフラージュ 100b
cAMP 環状AMP 510b
Campanella 1626₁₄, 1660₄₅
campaniform sensillum 鐘状感覚子 659h
Campanula 1652₂₈
Campanulaceae キキョウ科 1652₂₈
campanula Halleri ハラー鈴状体 1494h
Campanularia 1555₄₃
Campanulospora 1620₂₇
Campbell model キャンベルのモデル 307b
cAMP-dependent protein kinase 環状AMP依存性蛋白質リン酸化酵素 125a
camphor 樟脳 662e
CAM photosynthesis CAM型光合成 238d
―― plant CAM植物 238d
Campodea 1598₁₆
campodeiform larva カンポデア型幼虫 1282h
Campoletis sonorensis ichnovirus カムポレティスソノレンシスイクノウイルス 1516₅₃
Camponotus 1601₄₈
Camposcia 1598₆
cAMP signal cAMPシグナル 510b
Campsis 1652₂₁
Camptobasidium 1621₁₂
Camptosaurus 1570₃₁

Camptostroma 1561₂₇
Camptostromatoida カンプトストローマ目 1561₂₇
camptothecin カンプトテシン 272d
Campylobacter カンピロバクター 272c, 1548₁₅
Campylobacteraceae カンピロバクター科 1548₁₅
Campylobacterales カンピロバクター目 1548₁₄
Campylodiscus 1655₅₆
Campylomonas 1666₇
Campylothelium 1607₂₀
campylotropus 湾生 1080b
CaMV カリフラワーモザイクウイルス 243c
canaliculus lacrimalis 涙小管 1481d
canaline カナリン 233b
Canalipalpata 溝副触手網 1584₅₆
canalis centralis 中心管 783d
―― incisivus 切歯管, 門歯管 1404b
Canalisporium 1618₁
canalis reuniens 結合管 198e
―― Schlemmi シュレム管 442k
―― semicircularis 半規管 1118h
―― urogenitalis 輸尿精管 1417f
canalization キャナリゼーション, 道づけ 306b
canal of Schlemm シュレム管 271c
―― organ 管器 255d
―― system 水溝系 720e
Canarium 1650₆
Canasta 1620₄₉
canavalin カナバリン 634c
canavanase カナバナーゼ 39d
canavanine カナバニン 233b
Cancellaria 1583₅₀
cancellous bone 海綿骨質 188a
cancer がん, 癌 249f, 646e
―― cell がん細胞 261e
―― marker がんマーカー 367h, 647f
―― of the liver 肝癌 254f
―― of the thyroid 甲状腺癌 447f
cancerogenic substance 発がん物質 1102b
cancer prone heredity disease 家族性腫瘍 225a
Candelabrochaete 1624₃₂
Candelabrum 1555₂₉
Candelaria 1611₅₂
Candelariaceae ロウソクゴケ科 1611₅₂
Candelariales ロウソクゴケ目 1611₅₁
Candelariella 1611₅₂
Candida カンジダ 270d, 1605₄₇, 1606₂, 1606₁₀, 1606₁₃
Candidatus 1535₂₃
candidiasis カンジダ症, カンジダ症 270d, 465g, 692b
candidosis カンジダ症 270d
Canellales カネラ目 1645₃₁
Canestrinia 1590₄₄
cane sugar 砂糖 681h
Caniformia イヌ亜目 1575₅₀
canine 犬歯 1069b
Canine distemper virus ジステンパーウイルス 583e
canine fossa 犬歯窩 420h
Canine oral papillomavirus イヌ口腔乳頭腫ウイルス 1516₂₉
Caninia 1556₅₇
Caniniina カニニア亜目 1556₅₇
Canis 1575₅₁
Canna 1647₁₆
Cannabaceae アサ科 1649₄
Cannabis 1649₄
Cannaceae カンナ科 1647₁₆
cannibalism 共食い 1009d
CANNON, Walter Bradford キャノン 306c
cannula カニューレ 233e
canonical G-protein signaling pathway GPCR依存的三量体G蛋白質活性化経路 589i
―― Wnt signaling pathway Wntシグナル(カノニカル経路) 104i
canopy 林冠 1473e
Cantharellaceae アンズタケ科 1623₄₁
Cantharellales アンズタケ目 1623₃₆

Cantharellula 1626₄₅
Cantharellus 1623₄₁
cantharidin カンタリジン 1293c
Cantharomyces 1611₄₂
cantharophily 甲虫媒 996d
canthaxanthin カンタキサンチン 249c
Canthocamptus 1595₁₃
CAP カタボライト遺伝子活性化蛋白質 262j
cap 傘, キャップ 214b, 304a
cap1 305a
capacitation 受精能獲得 639e, 753d, 754d
capacity adaptation 能力適応 175b
cap cell 頂帽細胞 926e
CAPECCHI, Mario カペッキ 237f
Cape floral kingdom ケープ植物区系界 675a[表]
Capillaria 1587₉
capillary 毛細血管 1392c
—— electrophoresis キャピラリー電気泳動法 306e
—— respirometric method 毛細管呼吸測定法 1142f
—— vessel 毛細血管 1392c
—— water 毛管水 1004a
capillitium 細毛体 533e
Capillovirus キャピロウイルス属 1521₄₇
Capitata ヒドラ亜目, 刺頭類 1555₂₉
capitate hyphopodia 頭状菌足 338c
—— tentacle 有頭触手 670b
Capitella 1584₃₈
Capitellida イトゴカイ目 1584₃₈
capitulum 頭状花序 986b
Capitulum 1595₄₇
cap layer キャップ層 1153e
—— membrane キャップ膜 1153e
Capniomyces 1604₄₃
Capnobotrys 1608₂₉
Capnobtryella 1608₄₂
Capnocybe 1608₂₉
Capnocytophaga 1539₃₉
Capnodendron 1608₁₇
Capnodiaceae カプノジウム科 1608₂₃
Capnodiales カプノジウム目 1608₁₆
Capnodiastrum 1607₅₀
Capnodium 1608₂₃
Capnofrasera 1608₁₈
Capnokyma 1608₂₇
Capnophaeum 1608₂₄
Capnophialophora 1608₃₀
Capnosporium 1608₃₀
Capnuchosphaera 1663₅
Ca pool カルシウムプール 665b
Capparaceae フウチョウボク科 1649₆₀
Capparis 1649₆₀
capping キャッピング(細胞の), キャップ形成 304a
Capra 1576₁₁
Caprella 1597₁₉
Caprellidea ワレカラ亜目 1597₁₉
Capreolus 1576₁₁
capric acid カプリン酸 235c
Capricornis 1576₁₁
Caprifoliaceae スイカズラ科 1652₄₁
Caprimulgi ヨタカ亜目 1572₁₄
Caprimulgiformes ヨタカ目 1572₁₂
Caprimulgus 1572₁₄
Capripoxvirus カプリポックスウイルス属 1516₆₀
Caprogammarus 1597₁₉
caproic acid カプロン酸 235d
Capronia 1610₂₂
caprylic acid カプリル酸 235d
Capsaspora 1552₂₉
Capsella 1650₂
Capsicum 1651₅₆
capsid カプシド 306f
capsomere カプソマー, カプソメア 306f
Capsosiphon 1634₂₄
Capsosira 1541₄₃
cap structure (of mRNA) キャップ構造(mRNAの) 305a

capsula glomeruli 糸球体囊 704d
—— interna 内包 723c, 860c
—— nasalis 鼻囊, 鼻殻 1028b
capsular antigen 莢膜抗原 322g
Capsularis 1539₁₀
capsular membrane 中心囊壁 913e
—— polysaccharide 莢膜多糖 322g
—— wall 中心囊壁 913e
capsule 莢膜, 蒴, 蒴果 322g, 535h, 536b
—— cell 外套細胞, 神経節衛星細胞 118d
Capsulocyathus 1554₆
capsulogenous gland 卵殻腺 1443a
captacula 殻糸 983b
Captorhinida カブトリヌス目 1568₁₁
Captorhinus 1568₁₁
capture-recapture method 標識再捕法 1167b
capturing tentacle 捕腕 670b
Capulocyathida 1554₆
Capulus 1583₄₂
Cap Z キャップ Z 1266₂
Caraboacarus 1590₃₈
Carabodes 1591₁
Carabonema 1587₂₇
Carabus 1600₅₂
Caracara 1571₃₇
carapace 甲皮, 背甲 428h, 463a
carbachol カルバコール 246h
carbamate kinase カルバミン酸キナーゼ 247b
carbamide カルバミド 1046d
carbamidin カルバミジン 342a
carbaminohemoglobin カルバミノヘモグロビン 247a
carbamoyl phosphate カルバモイルリン酸 247c
—— phosphate synthetase カルバモイルリン酸合成酵素 247c
—— phosphate synthetase I カルバモイルリン酸合成酵素 I 369a
—— phosphate synthetase II カルバモイルリン酸合成酵素 II 1171h
carbamylcholine カルバミルコリン 246h
Carbasea 1579₃₄
carbohydrate 糖質 984c
—— antigen 19-9 シアリルルイスA糖鎖抗原 647f
—— processing inhibitor 糖鎖生合成阻害剤 982d
carboligase カルボリガーゼ 248c
Carbomyces 1616₁
Carbomycetaceae カルボミケス科 1616₁
carbon 炭素 890b
—— assimilation 炭素同化 891b
carbonate hydro-lyase 炭酸ヒドロリアーゼ, 炭酸脱水酵素 884d
carbon concentrating mechanism 1034b
—— cycle 炭素循環 890j
—— dioxide assimilation 二酸化炭素同化, 炭酸同化 891b
—— dioxide concentrating mechanism 二酸化炭素濃縮機構 1034b
carbon-dioxide factor 二酸化炭素要因 1034c
carbon dioxide fixation 二酸化炭素固定, 炭酸固定 891b
—— dioxide reception 二酸化炭素受容 1034a
carbonic anhydrase 炭酸脱水酵素 884g
Carboniferous period 石炭紀 784d
carbon isotope discrimination value 炭素同位体分別値 891a
—— monoxide intoxication 一酸化炭素中毒 74i
carbon-nitrogen ratio 炭素-窒素比 557a
carbon source 炭素源 890i
carbonylhemoglobin 一酸化炭素ヘモグロビン 74i
Carbophilus 1545₄₈
2-carboxyarabinitol 1-phosphate 2-カルボキシアラビニトール1-リン酸 1462b
Carboxydibrachium 1544₇
carboxy dismutase カルボキシジスムターゼ 1462d
carboxydobacteria 一酸化炭素細菌 74h
Carboxydocella 1543₂₀
Carboxydothermus 1544₇

carboxydotrophic bacteria 一酸化炭素細菌 **74**h
γ-carboxyglutamic acid γ-カルボキシグルタミン酸 **247**d
carboxylase カルボキシラーゼ **247**f
α-carboxylase ピルビン酸デカルボキシラーゼ 1174h
carboxylation カルボキシル化 874b
carboxyl-terminal analysis カルボキシル末端分析 **248**a
carboxy-lyase カルボキシリアーゼ 874a
carboxypeptidase カルボキシペプチダーゼ **247**e
carboxysome カルボキシソーム 1034b
Carcharhinus 1564₄₈
Carchariniformes メジロザメ目 1564₄₈
Carcharodon 1564₄₆
Carchesium 1660₄₅
Carcinobdella 1585₄₂
carcinoembryonic antigen 癌胎児性抗原, 胎児性癌抗原 260c, 297b, 647f
—— protein 癌胎児性蛋白質 1187d
carcinogen 発がん物質 **1102**b
carcinogenesis 発がん **1101**h
carcinoid カルチノイド **246**b
—— syndrome カルチノイド症候群 246b
carcinoma 癌腫 **262**d
—— of the esophagus 食道癌 59d
Carcinomyces 1623₈
Carcinomycetaceae カルキノミケス科 1623₈
Carcinonemertes 1581₂
Carcinosoma 1589₃₃
Carcinus 1598₆
Cardamine 1650₂
cardenolide カルデノライド 319a
cardia 噴門, 食道腸間弁 53a, 803b
cardiac center 心臓神経中枢 706d
—— ganglion 心臓神経節 **707**a
—— gland 噴門腺 53a
—— glycoside 強心配糖体 319a
—— muscle 心筋 **691**f
—— nerve 心臓神経 **706**d
—— orifice 噴門 53a
—— output 心拍出量 **712**d
—— output per minute 毎分拍出量 712d
—— portion 噴門部 53a
—— reflex 心臓反射 **707**d
—— sac 心囊 **712**b
—— septa 心臓中隔 909k
—— sound 心音 **707**c
—— stomach 前胃, 噴門胃, 噴門部 53a, 800a, 1156a
—— valve 噴門弁 815g
—— vesicle 心囊 **712**b
cardinal vein 主静脈 **636**d
Cardiobacteriaceae カルディオバクテリア科 1548₄₈
Cardiobacteriales カルディオバクテリア目 1548₄₇
Cardiobacterium 1548₄₈
cardiocoele 66a
Cardiocrinum 1646₃₄
Cardiodictyon 1588₂₄
cardiogram 心臓曲線 706b
cardiograph 心臓曲線記録装置 **706**b
cardiolipin カルジオリピン **245**c
Cardiosporidium 1661₃₈
Cardiovirus カルジオウイルス属 1140a, 1521₁₆
Cardita 1582₁₇
Carditida トマヤガイ目 1582₁₇
cardo 軸部 428a
Cardoreovirus カルドレオウイルス属 1519₂₉
Caretta 1568₂₀
Carettochelys 1568₂₀
Carex 1647₂₉
Cariacothrix 1658₄₀
Cariacotrichea カリアコスリックス綱 1658₃₉
Cariacotrichida カリアコスリックス目 1658₄₀
Cariama 1571₄₀
Cariamiformes ノガンモドキ目 1571₄₀
Caribbean subregion カリブ亜区 818n
Caribeopsyllus 1595₂₄
Carica 1649₅₈

Caricaceae パパイヤ科 1649₅₈
Caridea コエビ下目 1597₄₃
Caridinicola 1577₃₇
caries カリエス **242**e
carina 竜骨, 竜骨弁 920h, **1467**f
Carinacea 1561₄₅
Carinesta 1580₄₂
Carinichona 1659₃₅
Carinina 1580₄₂
Carinoma 1580₄₂
Carlavirus カルラウイルス属 1521₄₉
Carlsson, A. 270e
Carludovica 1646₂₆
carminic acid カルミン酸 49f
Carmovirus カルモウイルス属 1523₅
Carnation latent virus カーネーション潜在ウイルス 1521₄₉
—— *mottle virus* カーネーション斑紋ウイルス 1523₅
—— *ringspot virus* 1523₆
Carnian カーニアン階 550f
Carnimonas 1549₂₈
carnitine カルニチン **246**d
Carnivora 食肉目 1575₄₅
carnivorous plant 食虫植物 **673**a
Carnobacteriaceae カルノバクテリア科 1543₆
Carnobacterium 1543₇
Carnoconites 1644₂₄
carnosinase カルノシナーゼ 246f
carnosine カルノシン **246**f
carnosinemia カルノシン血症 246f
Carodnia 1576₂₆
Caropoligna 1619₂
carotene カロテン **249**c
carotenoid カロテノイド **249**c
—— vesicle カロテノイド小胞 562e
carotid artery 頸動脈 **393**b
—— body 頸動脈小体 **393**c
—— gland 頸動脈小体 **393**c
—— sinus 頸動脈洞 400c
carotis externa 外頸動脈 393b
—— interna 内頸動脈 393b
Carouxella 1604₄₀
Carpediemonadea カルペディエモナス綱 1630₃₁
Carpediemonadida カルペディエモナス目 1630₃₂
Carpediemonas 1630₃₂
carpel 心皮 581c
CARPENTER, Clarence Ray カーペンター **237**h
Carpenteria 1664₇
Carphania 1588₉
Carpinus 1649₂₃
Carpoglyphus 1590₄₅
carpogonia 造器器 **822**d
carpogonial branch 胎原列, 造果枝 822d
—— filament 胎原列, 造果枝 822d
carpogonium 造器器 **822**d
Carpoids 海果類 **178**c
Carpomitra 1657₃₉
Carpopeltis 1633₃₅
carpophore 心皮間柱 581c
carpopodite 腕節 1510h
carposporangium 四分果胞子囊 237j
carpospore 果胞子 **237**j
carposporophyte 果胞子体 **237**k
carpotetrasporangium 四分果胞子囊 607b
carpus 基部, 腕節, 腕骨 679b, **1510**g, **1510**h
carrageenan カラゲナン **241**e
CARREL, Alexis カレル **249**a
carrier キャリアー, 担体, 支持体, 運搬体 **306**g, 437g, 1113e, 1305c
carrier-free electrophoresis 無担体電気泳動分画法 531c
carrier gas キャリアーガス 219c
carrier-mediated transport キャリアー輸送 **307**a
carrier protein 担体蛋白質, 輸送蛋白質 977d, 1065e
Carrot mottle virus 1523₂₆
carrying capacity 環境収容力 **257**a

Carson, Rachel Louise　カーソン　**225**d
Carteria　1635₃₃
Carterina　1663₅₂
Carterinida　カーテリナ目　1663₅₂
cartilage　軟骨　1027f
―― bone　軟骨性骨　479g
―― cavity　軟骨小腔　1028a
―― cell　軟骨細胞　1028a
―― lacuna　軟骨小腔　1028a
―― matrix　軟骨基質　1028a
―― model　軟骨模型　1027f
cartilagenous fishes　軟骨魚類　**1027**h
cartilage tissue　軟骨組織　1028a
cartilago　軟骨　**1027**f
―― auriculae　耳介軟骨　180h
―― meatus acustici　耳道軟骨　180h
―― Meckeli　メッケル軟骨，下顎軟骨　1028b
caruncle　カルンクラ，子宮小丘，種阜　216a, 565i, 861e
carunculae hymenales　処女膜痕　680b
caruncula lacrimalis　涙丘　1019g
Carus, Carl Gustav　カールス　**245**g
Carybdea　1556₁₅
Caryocrinus　1559₁₇
Caryophanon　1542₄₀
Caryophyllaceae　ナデシコ科　1650₄₆
Caryophyllales　ナデシコ目　1650₃₇
Caryophyllia　1557₅₃
caryopsis　穎果，穎果　**117**d, 822b
Caryopteris　1652₁₀
Caryospora　1610₁₃, 1661₃₂
Caryotricha　1658₁₈
casamino acid　カザアミノ酸　268g
Casaresia　1614₄₇
cascade control　カスケード制御　219d
―― reaction　カスケード反応　219d
Casea　1573₆
Caseasauria　カセア目　1573₆
caseation necrosis　乾酪壊死　128b
casein　カゼイン　**222**a
―― kinase　カゼインキナーゼ　**222**b
Caseobacter　1536₃₃
Caseya　1593₄₉
Cashia　1628₂₅
Caspar Bartholinus　1117d
Casparian dot　カスパリー点　221b
―― point　カスパリー点　221b
―― strip　カスパリー線　**221**b
Caspase　カスパーゼ　**220**e
Caspersson, Torbjörn Oskar　カスペルソーン　**221**c
Caspiopetalum　1593₄₂
Cassava vein mosaic virus　1518₂₅
cassette model　カセットモデル　**223**e
Cassiduloida　1562₁₅
Cassidulus　1562₁₅
Cassiope　1651₂₈
Cassiopea　1556₂₈
Castanea　1649₁₈, 1665₃₀
Castanedomyces　1611₂₀
Castanella　1665₂₇
Castanissa　1665₂₇
Castanopsis　1649₁₈
castanospermine　カスタノスペルミン　982d[表]
caste differentiation pheromone　階級分化フェロモン　1189c
Castellaniella　1546₄₅
caste system　カスト制　**220**a
Castle, William Ernest　キャッスル　**303**d
Castor　1576₃₈
Castorimorpha　ビーバー形亜目　1576₃₈
Castrada　1577₃₄
castration　去勢，除雄　**329**e, **683**a
―― cell　去勢細胞　**329**f
Casuariiformes　ヒクイドリ目　1570₅₅
Casuarina　1649₂₂
Casuarinaceae　モクマオウ科　1649₂₂
Casuarius　1570₅₅

CAT　クロラムフェニコールアセチル基転移酵素　1491b
catabolic　分解的　51c
―― enzyme　分解用酵素　1016a
catabolism　異化作用　**59**a
catabolite gene activator protein　カタボライト遺伝子活性化蛋白質　262j
―― repression　カタボライトリプレッション　**226**a
Catabotrydaceae　カタボトリス科　1618₂₁
Catabotrys　1618₂₁
catadromous fish　降河回遊魚　189b
catadromy　外先型　109c
Catagoniaceae　カタゴニア科　1640₆₁
catalase　カタラーゼ　**226**b
Catalpa　1652₂₁
catalytic antibody　抗体酵素　**457**d
―― mechanisms of enzyme　酵素の触媒機構　**455**e
―― site　触媒部位　452f
―― subunit　触媒サブユニット C　125a
cataphyll　低出葉　952e
cataplasia　降形成，降生　**450**c
Catapyrenium　1610₄₁
cataract　白内障　**1094**c
cataracta　白内障　**1094**c
catarrh　カタル　**226**c
Catarrhini　狭鼻小目　1575₃₇
CAT assay　CAT アッセイ　1491b
catastrophe　カタストロフィ，破壊的撹乱　**225**g, 513c
catastrophism　天変地異説　**973**d
Catathelasma　1626₄₅
Catatrama　1625₄₈
catch condition　キャッチ状態　303e
―― connective tissue　キャッチ結合組織　303f
―― mechanism　キャッチ機構　**303**e
―― muscle　制動筋　**768**f
―― per unit effort　単位努力当たり漁獲量　669d
―― tentacle　キャッチ触手　670b
cat cry syndrome　猫なき症候群　807b
catechin　カテキン　**231**e
catechol 1, 2-dioxygenase　カテコール-1, 2-二酸素添加酵素　163m
catecholamine　カテコールアミン　**231**g
category　カテゴリー，階級　**179**a, **231**f
catelectrotonus　陰極電気緊張　967f
Catellatospora　1537₃₉
Catellibacterium　1545₅₅
Catellicoccus　1543₁₀
Catelliglobosispora　1537₃₉
catemer　カテマー　500l
catenane　カテナン　231h, 945a
Catenaria　1603₂₁
Catenariaceae　フシフクロカビ科　1603₂₁
catenate　鎖生　**538**f
catenation　カテネーション　**231**h
Catenibacterium　1544₁₄
Catenochytridium　1602₂₅
Catenococcus　1549₆₀
catenoid coenobium　線状連結生活体　382e
―― colony　線状群体　382e
Catenomyces　1602₅₂
Catenomycopsis　1611₂₅
Catenophlyctis　1603₂₁
Catenophora　1606₃₃
Catenula　1577₁₆, 1655₅₀
Catenularia　1618₂₈
Catenulida　小鎖状綱　1577₁₅
Catenulispora　1536₃₀
Catenulisporaceae　カテヌリスポラ科　1536₃₀
Catenulisporineae　カテヌリスポラ目　1536₂₈
Catenuloplanes　1537₄₀
Catenulostroma　1608₄₃
Cateria　1587₄₄
Catharanthus　1651₄₆
Catharanthus roseus　1177g
Cathaymyrus　1563₆
Cathayornis　1570₄₅

Cathayornithiformes カタイオルニス目 1570_{45}
cathepsin カテプシン **231**i
cathodal depression 陰極抑圧 967f
Catillaria 1613_{30}
Catillariaceae カチラリア科 1613_{30}
Catillochroma 1612_{37}
Catinaria 1612_{58}
cation channel カチオンチャネル 57a
cationic detergent 逆性洗剤, 陽性洗剤 539a
catkin 尾状花序 **1142**b
Catolechia 1613_{32}
Catonella 1543_{38}
Catoscopiaceae ゴルフクラブゴケ科 1640_7
Cattleya 1646_{40}
cauda 尾 **159**a
caudal artery 尾動脈 **1154**f
—— band 尾帯 1091h
—— cirri 尾棘毛 328c
—— fin 尾鰭 **168**d
—— fold 尾褶 1083j, 1427b
—— gill 1140d
—— gland 尾腺 803d
caudalizing agent 尾方化因子 916d
caudal neurosecretory system 尾部神経分泌系 **1160**f
—— sympathetic system 尾部交感神経系 434b
—— vein 尾静脈 **1143**h
—— vertebrae 尾椎 784d
—— vesicle 尾胞 802a
Caudata イモリ目, 有尾類 1567_{37}
caudate nucleus 尾状核 860c
caudodorsal cell hormone 後背側細胞ホルモン 462g
Caudofoveata 尾腔綱 1581_{16}
Caudomyces 1604_{43}
Caudospora 1602_8
Caudovirales カウドウイルス目 1514_2
Caulacanthus 1633_{21}
Caulerpa 1634_{48}
Caulerpales イワヅタ目, ミル目 1634_{47}
Caulerpella 1634_{48}
Cauletella 1663_{11}
cauliflory 幹生花 314a, 485h, 1057b
Cauliflower mosaic virus カリフラワーモザイクウイルス 1518_{24}
cauliflower mosaic virus カリフラワーモザイクウイルス **243**c
Caulimoviridae カリモウイルス科 1518_{22}
Caulimovirus カリモウイルス属 1518_{24}
cauline bundle 茎の維管束 714c
Caulleryella 1661_{25}
CAULLERY, Maurice コーリー **496**d
Caulobacter 1545_{14}
Caulobacteraceae カウロバクター科 1545_{14}
Caulobacterales カウロバクター目 1545_{13}
caulocaline カウロカリン 1456d
Caulochytrium 1602_{18}
caulocystidium 柄嚢状体 1064b
caulonema カウロネマ 421e
Caulophacus 1555_{12}
Caulophyllum 1647_{53}
causality 原因性, 因果性, 因果関係 **92**g
causal morphology 因果形態学 390g
cause of determination 決定原因 406e
cave animal 洞窟動物 **978**f
Cavemovirus カベモウイルス属 1518_{25}
caveola カベオラ 337a, 1437h
cavernicole 洞窟動物 **978**f
Cavernomonas 1665_{11}
cavernous body 海綿体 **188**d
Cavernularia 1557_{34}
cave sediment 洞窟堆積物 474e
Cavia 1576_{53}
Cavibelonia 1581_{15}
Cavichona 1659_{33}
Cavicularia 1636_{31}
Cavinula 1655_{43}

Cavisoma 1579_8
cavitation キャビテーション **306**d
cavity 関節窩 266b
Cavolinia 1584_1
Cavosteliida カボステリム目 1628_{43}
Cavostelium 1628_{43}
cavum abdominis 腹腔 **1194**d
—— amnii 羊膜腔 **1427**a
—— epidurale 硬膜上腔 1065b
—— epipericum 上翼状腔 72f
—— medullare 髄腔 **720**d
—— oris 口腔 **439**d
—— perilymphaticum 外リンパ腔 1338e
—— peritonei 腹膜腔 **1200**d
—— pleurae 胸膜腔 **322**i
—— subarachnoides クモ膜下腔 1065b
—— subdurale 硬膜下腔 1065b
—— thoracis 胸腔, 胸腔 **317**d
—— tympani 鼓室 911e
Caymanostella 1560_{43}
Cayratia 1648_{28}
Caytonia 1644_{22}
Caytoniales カイトニア目 1644_{22}
Caytoniopsida カイトニア綱 1644_{21}
C-banding C バンド法 809e
C. botulinum ボツリヌス菌 1543_{28}
C. butyricum 酪酸菌 1543_{28}
CCC 向流クロマトグラフィー 468e
CCD 向流分配法 468e
C cell C 細胞 443b
CCFF 臨界色融合頻度 1221i
CCK コレシストキニン 496f
CCK-PZ コレシストキニン・パンクレオチミン 496f
CCM 1034b
CCTH clade 1665_{43}
CD 158a, **594**e
Cd カドミウム 232e
CD11b 1314d
CD11c 1314d
CD2 1387a
CD20 **597**b
CD21 1314d
CD35 1314d
CD4 1387a
CD44 1129d
CD8 1387a
CD95 1179i
Cdc25 phosphatase Cdc25 ホスファターゼ **596**c
CDC28 596b
CDC2 gene *CDC2* 遺伝子 **596**b
Cdc42 1504c
CDC gene *CDC* 遺伝子 596d
CDCH 後背側細胞ホルモン 462g
CDC mutation CDC 変異 **596**d
CDI 596a
C. difficile ディフィシレ菌 1543_{29}
C. diphtheteriae ジフテリア菌 1536_{34}
CDK **595**b
CDK-activating kinase CDK 活性化キナーゼ 511a, 595b
CDK inhibitor CDK インヒビター **596**a
CDK-interacting protein CDK 結合蛋白質 596a
cDNA **595**a
CDP シチジン二リン酸 590f
—— choline CDP コリン **597**d
—— ethanolamine CDP エタノールアミン **597**c
CDP-glycerol CDP-グリセロール, シチジン二リン酸グリセロール 590g
CDP-ribitol CDP-リビトール, シチジン二リン酸リビトール 590h
Cd staining Cd 染色法 809e
CE キャピラリー電気泳動法 306e
CEA 癌胎児性抗原, 胎児性癌抗原 260c, 647f
C/EBP 970g, 1497e
Cebus 1575_{34}
Cecembia 1539_{19}

CECH, Thomas Robert　チェック　**900**b
cecidium　癭瘤　**122**i
cecum cancer　盲腸癌　**858**a
Cedecea　**1549**₅
Cedrus　**1644**₅₀
Ceiba　**1650**₁₉
Celaenopsis　**1590**₇
Celastraceae　ニシキギ科　**1649**₂₇
Celastrales　ニシキギ目　**1649**₂₅
Celastrus　**1649**₂₇
Celatheammina　**1664**₁₉
Celeribacter　**1545**₅₅
cell　房, 細胞, 育房　**61**b, **520**h, **831**g
—— adhesion　細胞接着　**528**d
—— adhesion molecule　細胞接着分子　**529**c
—— adhesion receptor　細胞接着受容体　**529**c
cell-adhesive protein　細胞接着性蛋白質　**529**c
cell aggregation　細胞集合　**526**c
Cellana　**1583**₂₅
cell-anus　細胞肛門　**524**b
cell assembly　セルアセンブリ　**796**c
cell-attached patch　セルアタッチトパッチ　**1107**f
cell bank　細胞バンク, 細胞バンク, 細胞銀行　**530**j
—— biology　細胞生物学　**528**a
—— body　細胞体　**696**b
—— bridge　細胞間橋　**419**b
cell-cell adhesion　細胞間接着　**528**d
—— adhesion molecule　**529**c
—— channel　細胞間チャネル　**522**i
cell center dynamics　セルセンターダイナミックス　**797**c
—— coat　細胞外被　**521**f
—— competition　細胞競合　**523**a
—— constancy　細胞定数性　**529**f
—— contact　細胞接着　**528**d
—— culture　細胞培養　**530**h
—— cycle　細胞周期　**526**c
—— cycle checkpoint regulation　チェックポイント制御　**900**c
—— cycle engine　細胞周期エンジン　**526**b
—— death　細胞死　**524**d
—— differentiation　細胞分化　**531**b
—— disaggregation　細胞解離　**522**a
—— dissociation　細胞解離　**522**a
—— division　細胞分裂　**525**g, **531**d
—— division cycle　分裂サイクル　**526**b
—— division cycle mutation　CDC 変異, 細胞分裂周期変異　**596**d
—— elongation　細胞伸長　**527**b
—— engineering　細胞工学　**523**f
Celleporella　**1579**₃₅
Celleporina　**1579**₃₅
cell expansion　細胞伸長　**527**b
—— fractionation　細胞分画法　**531**c
cell-free translation system　無細胞翻訳系　**1369**d
cell fusion　細胞融合　**533**c
—— homogenization　細胞破砕　**531**c
—— line　細胞株, 細胞系　**522**d, **523**i
—— lineage　細胞系譜　**523**e
—— M　中室　**576**h
—— marking　細胞標識　**530**k
cell-mediated immunity　細胞性免疫　**528**b
cell membrane attacking complex　細胞膜侵襲複合体　**1314**a
—— model　細胞モデル　**533**b
—— mouth　細胞口　**523**e
—— movement　細胞運動　**521**b
—— nucleus　細胞核　**199**d
cellobiose　セロビオース　**171**b
cell of wing　翅室　**576**h
—— organelle　細胞小器官　**526**e
—— physiology　細胞生理学　**75**f
—— plate　細胞板　**530**i
—— population doubling level　細胞集団倍加数　**526**d
—— quota　細胞内持ち分　**764**g
—— R₁　R₁室　**576**h
—— sap　細胞液　**521**c

—— saturation density　細胞飽和密度　**532**d
—— sorting　セルソーティング, 細胞選別　**529**d, **842**g
cell-spreading　細胞伸展　**527**c
cell strain　細胞株　**522**d
cell-substrate adhesion　細胞–基質接着　**528**d
—— adhesion molecule　**529**c
—— AJ　細胞–基質間アドヘレンスジャンクション　**1190**e
cell technology　細胞工学　**523**f
—— theory　細胞説　**528**c
cell-to-cell channel　細胞間チャネル　**522**i
—— communication　細胞間コミュニケーション　**490**b
—— movement　細胞間移行　**63**d
cellular atypia　細胞異型　**62**a
—— automata model　格子モデル　**727**g
—— automaton　セルオートマトン, セル構造オートマトン　**796**e
—— blastoderm　細胞性胚盤葉　**527**e
—— cementum　有細胞性セメント質　**1069**b
—— fatty acids　菌体脂肪酸　**338**f
cellularity　細胞性　**528**c
cellular life span　細胞寿命　**1039**c
—— pathology　細胞病理学　**1170**a
—— Potts model　セルラーポッツモデル　**797**e
—— respiration　細胞呼吸　**469**b
—— retinoic acid binding protein　細胞内レチノイン酸結合蛋白質　**530**g
—— retinol binding protein　細胞内レチノール結合蛋白質　**1150**A
—— senescence　細胞老化　**1498**i
—— slime mold　細胞性粘菌類　**527**d
cellulase　セルラーゼ　**797**f
Cellulomonadaceae　セルロモナス科　**1537**₁₀
Cellulomonas　**1537**₁₀
Cellulophaga　**1539**₃₉
cellulose　セルロース　**797**f
cellulose-decomposing fungi　セルロース分解菌類　**798**a
cellulose synthase　セルロース合成酵素　**797**g
Cellulosilyticum　**1543**₃₉
Cellulosimicrobium　**1537**₃₁
Cellvibrio　**1549**₄₈
cell wall　細胞壁　**531**f
cell-wall-digesting enzyme　細胞壁分解酵素　**551**f, **1434**b
cell wall loosening　細胞壁のゆるみ　**527**b
—— wall-membrane complex　細胞壁–膜複合体　**1416**e
—— wall remodeling enzymes　細胞壁再編酵素　**527**b
—— wall synthesis inhibitor　細胞壁合成阻害剤　**532**a
Celosia　ケイトウ　**1650**₅₀
Celotheliaceae　ケロテリウム科　**1610**₂₇
Celothelium　**1610**₂₇
cement　セメント質　**1069**b
—— gland　セメント腺, 固着器官　**479**d, **794**m, **1060**c
cementoblast　セメント芽細胞　**1069**b
cement organ　固着器官　**479**d
—— substance　セメント物質　**795**a
Cenangium　**1614**₅₀
Cenarchaeaceae　セナーキア科　**1535**₂₇
Cenarchaeales　セナーキア目　**1535**₂₆
Cenarchaeum　**1535**₂₇
Cenococcum　**1607**₄₃
Cenocrinus　**1560**₁₉
cenocyte　ケノサイト　**867**e
Cenozoic era　新生代　**705**c
center of origin　起原の中心　**282**e
Centipeda　**1544**₂₁
centipedes　ムカデ類　**1367**g
central artery　中心動脈　**1148**e
—— bare zone　セントラルベアゾーン　**1351**d
—— body　中央体, 中心体　**912**i, **913**c
—— capsule　中心嚢　**913**e
—— cell　中央細胞, 中心細胞　**912**h, **1086**d
—— clock　中枢時計　**1342**h
—— cyanosis　中心性チアノーゼ　**898**a
—— cylinder　中心柱　**913**d
—— disc　中心盤　**1099**d
—— dogma　セントラルドグマ, 中心ドグマ　**816**i

―― element 中央要素 602c
Centrales 中心目 390d
central excitatory state 中枢興奮状態 914d
central-filament type 中心糸型 885c
central inhibition 中枢性抑制状態 914f
―― inhibitory state 中枢性抑制状態 914d
centralization 中枢化 627d
central lacteal 中心乳糜管 1043g
―― limit theorem 中心極限定理 747c
―― lymphoid organ 中枢リンパ系器官 1477d
―― nervous system 中枢神経系 914c
―― nucleus 中央核, 中心核 909h, 1287f
―― pattern generator 中枢性パターン生成機構 914e
―― rhythm generator 中枢性リズム生成機構 914e
―― ring 中央リング 209c
―― scotoma 中心性暗点 1374a
―― sinus 中央洞 565f, 712b
―― spindle 中央紡錘体 1492d
―― stomach 中央胃腔 611c
―― strand 中心束 913b
―― tooth 中心歯, 中歯 585c
―― visual field 中心視野 614e
―― zone 中央帯 644b
Centramoebida セントロアメーバ目 1628₁₁
Centraspora 1605₁₂
centric fusion 中央接着 806d
centrifugal 遠心的 311f
―― androecium 遠心的雄ずい群 311f
―― nerve 遠心性神経 153a
―― selection 遠心性淘汰 988f
―― xylem 遠心の木部 73b
centrifuge microscope 遠心顕微鏡 152j
centriole 中心小体 912j
centripetal 求心的 311f
―― androecium 求心的雄ずい群 311f
―― canal 求心管 353h
―― selection 求心性淘汰 988f
―― xylem 求心の木部 73b
centroacinar cell 腺房中心細胞 818g
centroacinous cells 腺房中心細胞 818g
Centroderes 1587₄₄
Centrohelea 有中心粒綱 1666₂₉
Centrohelida 有中心粒目 1666₃₀
centrohelids 有中心粒類 864h
centrolecithal egg 心黄卵 1440g
Centrolepidosporium 1622₁₄
centromere セントロメア 816j
―― distance 動原体距離 980d
―― index 動原体指数 1155c
―― marker 動原体標識 980d
―― protein セントロメア蛋白質 817a
centromeric dot staining Cd 染色法 809e
Centropages 1595₇
centroplasm 中心質 912i
centroplast 中心粒 864h
Centropus 1572₉
Centropyxis 1628₂₇
Centrorhynchus 1579₁₃
Centroscymnus 1565₄
centrosome 中心小体 868h, 913c
centrum 中心体, 椎体, 椎心 784d, 913b
Centruroides 1591₅₀
CEPA 2-クロロエチルホスホン酸 377g
Cepedea 1653₃₁
Cepedietta 1661₂
Cephalanthera 1646₄₀
Cephalaspidea 頭楯亜目 1583₅₈
Cephalaspidiformes ケファラスピス目 1564₈
Cephalaspidomorphi 頭甲綱 1564₇
Cephalaspis 1564₈
Cephaleuros 1634₃₅
cephalic appendage 頭部付属肢 997c
―― cartilage 頭軟骨 992d
―― eye 頭眼 977j
―― filament 頭糸 983b

―― flexure 主屈曲, 脳屈曲, 頭屈曲, 頭頂屈曲 1063d
―― fold 頭葉, 頭褶 999c, 1083j, 1427b
―― furrow 頭横溝 981c
―― ganglion 頭神経節 986g
―― gland 頭腺 989b
―― groove 頭溝 981c
―― hood 頭巾 999c
―― index 頭示数 979b
―― plate 頂板 925g
―― shield 頭楯, 頭盤 986a, 1120a
―― slit 頭裂 999k
―― tentacle 頭触角 986e
cephalin ケファリン, セファリン 1309a
Cephaliophora 1615₅₂
cephalization 大脳化, 頭化 860a, 976e
Cephaloascaceae ケファロアスクス科 1606₁
Cephaloascus 1606₁
Cephalobaena 1594₄₉
Cephalobaenida ケファロバエナ目 1594₄₉
Cephalocarida カシラエビ綱 1594₄₅
cephalo-caudal gradient 頭尾勾配 992i
Cephalochordata 頭索動物, 頭索動物亜門 982c, 1563₇
Cephalodiscus 1563₂
cephalodium 頭状体 986c
Cephalofovea 1588₂₇
Cephaloidophora 1661₂₁
Cephalomanes 1642₄₆
cephalopedal opening 頭足開口 1321f
Cephalophora 有頭類 1199e, 1371d
Cephalopoda 頭足綱, 頭足類 988d, 1582₂₈
cephalopods 頭足類 988d
Cephalorhyncha 頭吻動物門 146h
Cephalorhynchus 1576₃
cephalosporin セファロスポリン 794j
cephalosporinase セファロスポリナーゼ 1267e
Cephalotaceae フクロユキノシタ科 1649₃₂
Cephalotaxaceae イヌガヤ科 1645₉
Cephalotaxus 1645₉
Cephalotheca 1619₄
Cephalothecaceae ケファロテカ科 1619₄
cephalothorax 頭胸部 1282h
Cephalothrix 1580₄₃
Cephalotrichum 1617₅₉
Cephalotus 1649₃₂
Cephalozia 1638₁₅
Cephaloziaceae ヤバネゴケ科 1638₁₅
Cephaloziellaceae コヤバネゴケ科 1638₁₆
Cephaloziineae ヤバネゴケ亜目 1638₁₂
Cephea 1556₂₈
cephem antibiotics セフェム系抗生物質 794j
Cepheus 1591₂
Cepphus 1571₅₉
Ceraceomyces 1626₅₇
Ceraceopsora 1620₁₆
Ceraceosorales ケラケオソルス目 1622₂₁
Ceraceosorus 1622₂₂
Ceramaster 1560₅₂
Cerambyx 1601₆
Ceramiales イギス目 1633₄₇
ceramidase セラミダーゼ 795e
ceramide セラミド 795e
―― 2-aminoethylphosphonate セラミドアミノエチルホスホン酸 740b
―― ciliatine セラミドシリアチン 740b
―― galactoside セラミドガラクトシド 241d
―― glucoside セラミドグルコシド 367c
―― monohexoside セラミドモノヘキソシド 798d
―― phosphocholine セラミドホスホコリン 740a
―― phosphoethanolamine セラミドホスホエタノールアミン 740b
Ceramium 1633₄₈
Ceramothyrium 1610₁₉
Cerapoda 角脚亜目 1570₂₇
Cerasibacillus 1542₂₉
Cerasicoccus 1551₁₄

cerasin　ケラシン　241d
Cerastium　1650_46
Cerasus　1648_57
Cerataulina　1654_48
Cerataulus　1655_4
Ceratellopsis　1627_38
ceratin　ケラチン　413f
Ceratiocaris　1596_20
Ceratiomyxa　1629_1
Ceratiomyxales　ツノホコリ目　1629_1
Ceratiomyxella　1628_45
Ceratiomyxida　ツノホコリ目　1629_1
Ceratites　1582_53
Ceratitida　セラタイト目　1582_53
Ceratium　1662_43
Ceratobasidiaceae　ツノタンシキン科　1623_42
Ceratobasidium　ツノタンシキン　1623_42
ceratobranchial　角鰓節　1020k
Ceratobulmina　1664_18
Ceratochona　1659_35
Ceratocoma　1620_38
Ceratocorys　1662_43
Ceratocystidaceae　クワイカビ科　1617_51
Ceratocystis　1559_4, 1617_51
Ceratodictyon　カイメンソウ　1633_40
Ceratodontiformes　ハイギョ目　1567_7
Ceratodus　1567_7
Ceratoikiscum　1663_9
Ceratolithus　1666_22
Ceratomyces　1611_36
Ceratomycetaceae　ケラトミケス科　1611_36
Ceratomyxa　1555_18
Ceratonereis　1584_48
Ceratophoma　1609_34
Ceratophrys　1567_56
Ceratophyllaceae　マツモ科　1645_28
Ceratophyllales　マツモ目　1645_27
Ceratophyllum　1645_28
Ceratopsia　角竜下目　1570_29
Ceratopteris　1643_31
Ceratopyge　1588_34
Ceratorhiza　1623_42
Ceratosauria　ケラトサウルス類　1570_7
Ceratosaurus　1570_7
Ceratosphaeria　1616_48
Ceratosporium　1619_8
Ceratostoma　1617_47
Ceratostomataceae　ケラトストマ科　1617_47
Ceratostomella　1618_5
Ceratotherium　1576_27
Ceratothoa　1596_49
ceratotrichia　角質鰭条　287e
Ceratozamia　1644_35
Ceratozetes　1591_8
cercaria　セルカリア　797a
Cercartetus　1574_24
Cercidiphyllaceae　カツラ科　1648_16
Cercidiphyllum　1648_16
Cercobodo　1665_13
Cercocebus　1575_37
Cercomegistina　シリダニ下目　1590_4
Cercomegistus　1590_4
cercomer　尾胞　802a
Cercomoans　1665_11
Cercomonadida　ケルコモナス目　1665_11
Cercophora　1619_12
Cercopithecus　1575_38
Cercoseptoria　1608_33
Cercospora　1608_34
Cercosporella　1608_34
Cercosporidium　1608_34
Cercozoa　ケルコゾア門　1664_22
cercozoans　ケルコゾア類　414f
cercus　尾毛, 尾葉　465b, **1164**f
cereals　穀類　472i

cerebellar nuclei　小脳核　662d
cerebellum　小脳　**662**d
cerebral bleeding　脳出血　**1064**a
—— cortex　大脳皮質　**861**a
—— ganglion　脳神経節　697c, 986g
—— hemisphere　大脳半球　**860**c
—— infarction　脳梗塞　**1063**f
cerebralization　大脳化　**860**a
cerebral medulla　大脳髄質　861a
—— sensory organ　頭感器　**978**a
—— ventricle　脳室　**1063**g
—— vesicle　脳胞　**1066**b
Cerebratulus　1580_45
cerebron　セレブロン　241d
cerebro-pedal connective　脳足縦連合　630g
cerebrose　セレブロース　240g
cerebroside　セレブロシド　**798**g
cerebrospinal fluid　脳脊髄液　**1064**g
—— fluid-brain barrier　脳脊髄液脳関門　398d
—— nervous system　脳脊髄神経系　**1065**a
cerebrotendinous xanthomatosis　脳腱黄色腫症　886e
cerebro-visceral connective　脳内臓縦連合　630g
cerebrum　大脳　**859**g
Cerelasma　1664_19
Ceriantharia　ハナギンチャク目　1558_12
Cerianthus　1558_13
Cerinomyces　1623_23
Cerinosterus　1623_23
Ceriporia　1624_32
Ceriporiopsis　1624_32
Cerithiopsis　1583_48
Cerocorticium　1624_24
cerodecyte　エノサイト　138h
Ceropsora　1620_18
Cerorhinca　1571_59
Cerosora　1643_32
Cerotelium　1620_23
certation　受精競争　814a
Certesia　1658_19
Certhia　1572_48
Certis　1649_4
Certonardoa　1560_52
ceruloplasmin　セルロプラスミン　404d, 989d
ceruminous gland　耳道腺　**597**i
Cervera　1557_21
cervical air-sac　頸気囊　296d
—— flexure　頸屈曲　1063c
—— polyp　頸管ポリープ　1325d
—— sclerite　頸節片　349g
—— vertebra　頸椎　349g
—— vertebrae　頸椎　784d
Cervidpoxvirus　サルビドポックスウイルス属　1516_61
Cervus　1576_11
Ceryle　1572_25
CESALPINO, Andrea　チェザルピーノ　**900**a
Cesiribacter　1539_27
Cestida　オビクラゲ目　1558_17
Cestoda　条虫類, 条虫類　**660**j, 1578_8
Cestodaria　単節条虫類, 単節条虫類　660j, 1578_9
cestode　条虫類　**660**j
cestodes　条虫類　**660**j
Cestum　1558_17
Cetacea　鯨目　1575_57
Cetiosaurus　1570_20
Cetobacterium　1544_31
Cetonia　1600_60
Cetorhinus　1564_46
Cetraria　1612_42
Cetrariella　1612_42
Cetrelia　1612_43
Cettia　1572_48
Ceuthodiplospora　1609_51
Ceuthospora　1615_5
cevadilline　セバジリン　1278h
cevadine　セバジン　1278h

C-factor　C因子　444d
CFF　臨界融合周波数, 臨界融合頻度　1221i
CFU　コロニー形成単位　499f
CFU-S　脾臓コロニー形成単位　1140b
CGD　慢性肉芽腫症　458h
C. glutamicum　グルタミン酸生産菌　1536_{34}
cGMP　環状GMP　510c
cGMP-dependent protein kinase　環状GMP依存性蛋白質リン酸化酵素　564f
cGMP signal　cGMPシグナル　510c
CGN　シスゴルジ網　494a, 1010b
CGRP　カルシトニン遺伝子関連ペプチド　245d
Chabakovicyathus　1554_{5}
Chaconia　1620_{16}
Chaconiaceae　カコニア科　1620_{16}
Chadefaudia　1617_{54}
Chadefaudiella　1617_{53}
Chadefaudiellaceae　チャデファウディエラ科　1617_{53}
Chadefaudiomyces　1618_{38}
Chaenotheca　1612_{9}
Chaenothecopsis　1611_{25}
Chaeropus　1574_{17}
Chaetendophragmia　1606_{33}
Chaetetes　1557_{10}
Chaetetina　シモウサンゴ目　1557_{10}
Chaetifera　有毛類　1480d
chaetigerous segment　剛毛節　63c
Chaetocalathus　1626_{14}
Chaetoceros　1654_{52}
Chaetocerotales　ツノケイソウ目　1654_{51}
Chaetocladium　1603_{40}
Chaetoderma　1581_{17}
Chaetodipus　1576_{38}
Chaetodon　1566_{44}
Chaetodontoplus　1566_{44}
Chaetogaster　1585_{32}
Chaetognatha　毛顎動物, 毛顎動物門　1392a, 1576_{58}
chaetognaths　毛顎動物　1392a
Chaetomiaceae　ケダマカビ科　1619_{6}
Chaetomidium　1619_{6}
Chaetomium　1619_{6}
Chaetomorpha　1634_{39}
Chaetonotida　イタチムシ類, 毛遊目　1578_{22}
Chaetonotus　1578_{22}
Chaetopeltidales　ケートペルティス目　1635_{21}
Chaetopeltis　1635_{21}
Chaetophora　1635_{22}
Chaetophorales　ケートフォラ目　1635_{22}
Chaetopoda　毛足類　1393e
chaetopods　毛足類　1393e
Chaetopsina　1617_{32}
Chaetopsinectria　1617_{32}
Chaetopterida　ツバサゴカイ目　1585_{21}
Chaetopterus　1585_{21}
Chaetosartorya　1611_{2}
Chaetospermum　1625_{22}
Chaetosphaerellaceae　クロビロードカビ科　1617_{1}
Chaetosphaeria　1618_{27}
Chaetosphaeriaceae　カエトスフェリア科　1618_{27}
Chaetosphaeridium　1636_{13}
Chaetosphaerulina　1610_{4}
Chaetospharella　1617_{1}
Chaetosphariales　カエトスフェリア目　1618_{26}
Chaetosticta　1608_{11}
chaetotaxy　毛序　1392e
Chaetothryomycetidae　カエトチリウム亜綱　1610_{15}
Chaetothyriaceae　カエトチリウム科　1610_{19}
Chaetothyriales　カエトチリウム目　1610_{17}
Chaetothyrium　1610_{19}
Chaetura　1572_{17}
Chainia　1538_{1}
chain of being　存在の連鎖　587f
—— of induction　誘導連鎖　1037a
—— of reflex　反射連鎖　914e
Chalastospora　1609_{53}

chalaza　カラザ, 合点　241f, 459h
chalazal haustorium cell　胚盤細胞　871b
chalazogamy　合点受精　924e
Chalciporus　1627_{3}
chalcone　1,3-ジフェニルプロパノイド, カルコン　1219g
—— synthase　カルコン生成酵素　243l
Chalfie, M.　614c
chalk　チョーク　928a
chalkone　カルコン　243k
'Challenger' expedition　チャレンジャー探検　909c
Challengeria　1665_{32}
Challengeron　1665_{32}
Chalmasis　1634_{44}
chalone　ケイロン　394c
Chama　1582_{19}
Chamaecrista　1648_{49}
Chamaecyparis　1645_{6}
Chamaegastrodia　1646_{41}
Chamaeleo　1568_{41}
chamaephyte　地表植物　908c
Chamaesiphon　1541_{19}
Chamaetricon　1634_{25}
Chamaeza　1572_{41}
chamber　室　591b
Chamberlinius　1594_{13}
CHAMBERS, Robert　チェンバーズ　901f, 901g
Chambon's rule　シャンボンの規則　740c
CHAMISSO, Adelbert von　シャミッソー　618k
Champia　1633_{40}
Champsodon　1566_{44}
Champsosaurus　1568_{15}
CHANCE, Britton　チャンス　909d
Chancelade humans　シャンスラード人　376d
Changchengornis　1570_{39}
change of function　機能転換　297e
Channa　1566_{45}
channel-linked neurotransmitter　チャネル直結型伝達物質　698b
Chanos　1566_{4}
Chan Su　蟾酥　237o
chaos　カオス　192j
Chaos　1628_{25}
chaperone　シャペロン　618c
chaperonine　シャペロニン　1247a
CHAPMAN, Royal Norton　チャブマン　909b
Chappuisides　1590_{30}
Chara　1636_{17}
Characella　1554_{32}
Characiformes　カラシン目　1566_{6}
Characiochloris　1635_{33}
Characiopodium　1635_{25}
Characiopsis　1657_{3}
Characiosiphon　1635_{33}
character　形質　387d
—— displacement　形質置換　321a, 742c, 986f
characteristic species　標徴種　1168g
character phylogeny　形質進化　392i
—— state　形質状態　387f
character-state method　形質状態法　1480g
character weighting　形質の重みづけ　388c
Charadrii　チドリ亜目　1571_{51}
Charadriiformes　チドリ目　1571_{49}
Charadrius　1571_{51}
Charales　シャジクモ目　1636_{17}
Charassobates　1591_{2}
Chara zone　車軸藻帯　616e
Charcot-Marie-Tooth disease type B1　チャーコット・マリー歯病　209g
Chardoniella　1620_{38}
CHARGAFF, Erwin　シャルガフ　618k
charge-transfer complex　電荷移動錯体　966g
—— force　電荷移動力　966g
—— spectrum　電荷移動スペクトル　966g
Charinus　1592_{6}
Charon　1592_{6}

Charonia 1583₄₂
Charophyceae シャジクモ綱 616f, 1636₁₅
Charophyta シャジクモ植物門 616f, 1636₁₄
charophytes シャジクモ類 **616**f
Chasmatosaurus 1569₁₄
chasmogamous flower 開放花 61c
chasmophyte 岩隙植物 **258**f
Chasmosaurus 1570₂₉
Chattonella 1656₃₇
Chattonellales シャットネラ目 1656₃₇
Chauna 1571₁₀
Chaunacanthida カウノカンチダ目，コナコン目 1663₂₈
Chaunopycnis 1617₄₃
check cross 検定交雑 **426**a
checkpoint control チェックポイントコントロール 596d
—— regulation チェックポイント制御 **900**c
cheek 頬 **1304**d
cheesy varnish 胎脂 **851**e
CHEF 1116h
Cheilanthes 1643₃₂
Cheilocostus 1647₁₈
cheilocystidium 縁嚢状体 1064b
Cheilostomata 唇口目 1579₃₄
Cheilymenia 1616₁₈
Cheimonophyllum 1625₅₇
Cheiridium 1591₃₂
Cheirocrinus 1559₁₇
Cheiroglossa 1642₃₃
cheiroid ケイロイド 871c
Cheirolepidiaceae ケイロレピス科 1644₄₉
Cheirolepiformes ケイロレピス目 1565₂₄
Cheirolepis 1565₂₄
Cheiromycella 1614₅₈
Cheiropleuria 1642₅₁
Cheirurina 1589₂
Cheirurus 1589₂
chela 螯，鋏 **1095**f
Chelarctus 1597₅₈
Chelativorans 1545₄₄
Chelatobacter 1545₄₈
Chelatococcus 1545₄₈
chelicera 鋏角 **316**c
chelicerae 鋏角 235a
Chelicerata 鋏角亜門，鋏角類 **316**d, 1589₉
Chelidonium 1647₄₇
Chelifer 1591₃₃
Chelodes 1581₂₀
Chelodina ケロデス亜目 1581₂₀
Chelonia 1568₂₁
Chelonobacter 1549₄₀
Chelonopsis 1652₁₁
chelophore 鉗脚 **1220**d
Chelus 1568₁₈
Chelydra 1568₂₁
Chelyosoma 1563₂₈
chemical carcinogenesis 化学発がん **196**c
—— control ケミカルコントロール，化学的防除 **412**c, **1164**d
—— correlation 化学相関 124a
—— coupling hypothesis 化学共役説 194e
—— digestion 化学の消化 653i
—— ecology 化学生態学 **194**f
—— embryology 化学的発生学 **196**a
—— environment 化学の環境 **1207**c
—— evolution 化学進化 **194**d
—— fossil 化学化石 1246b
—— group 化学基 1305c
—— mediator 化学因子 22a
—— modification 化学修飾 **194**a
—— mutagen 化学的突然変異原 **195**e
—— mutagenesis 化学的突然変異生成 **195**f
—— oxygen demand 化学的酸素要求量 **195**b
—— sense 化学感覚 **193**e
—— shift 化学シフト 203c
—— synthesis 化学合成 **193**f

—— theory of synaptic transmission 化学的伝達説 **195**d
—— transmission 化学の伝達 **195**c
—— transmitter 化学伝達物質 **196**b
chemiluminescence 化学発光 **196**d
chemiosmotic theory 化学浸透圧説 **194**e
chemocline 化学躍層 1403₂
chemodifferentiation 化学分化 **196**e
chemokine ケモカイン **412**g
—— receptor ケモカイン受容体 **413**a
chemolithoautotrophy 化学無機独立栄養 **193**d
chemolithoheterotrophy 化学無機従属栄養 **193**d
chemolithotrophic ecosystem 化学合成生態系 **193**g
chemolithotrophy 化学無機栄養 **193**d
chemomixotrophy 化学混合栄養 **193**d
chemonasty 化学傾性 **388**f
chemoorganotrophy 化学有機栄養 **193**d
chemoreception 化学受容 **194**e
chemoreceptor 化学受容器 **194**c
—— trigger zone 化学受容引き金帯 160i
chemostat ケモスタット **413**c
chemosynthesis 化学合成 **193**f
chemosynthetic organism 化学合成生物 **193**h
—— rate 化学合成速度 751d
chemotactic cytokines ケモタクティックサイトカイン **412**g
chemotaxonomy 化学分類 **196**f
chemotherapeutic coefficient 化学療法係数 **196**h
chemotherapy 化学療法 **196**i
chemotophy 化学栄養 **193**d
chemotropism 化学屈性 348h
Chengjiang biota 澄江バイオータ **901**c
—— fauna 澄江動物相 901c
chenodeoxycholic acid ケノデオキシコール酸 **410**c
Chenopodium 1650₅₀
Cheravirus チェラウイルス属 1521₃₂
Chernes 1591₃₃
Chernobyl nuclear accident チェルノブイリ原発事故 **900**f
chernozem チェルノーゼム **900**e
cherry gum チェリーゴム 676g
Cherry rasp leaf virus 1521₃₂
chersophyte 荒地植物 **44**c
chessboard pattern チェス盤型パターン 65h
chestnut soil 栗色土 **357**g
Chetverikov, Sergei Sergeevich **900**d
Cheungkungella 1563₂₂
Cheyletus 1590₃₉
CHH 血糖上昇ホルモン **407**c
chiasma キアズマ **277**a
—— frequency キアズマ頻度 **277**c
—— opticum 視神経交叉 **580**f
chiasmata キアズマ **277**a
chiasmatype theory キアズマ型説 **277**b
chi-chi 乳（イチョウの） **905**h
Chicken anemia virus ニワトリ貧血ウイルス 1517₄₂
chicken foot structure チキンフット構造 **1198**d
chickenpox virus 水痘ウイルス 725d
chick-tester チックテスター **620**j
chief cell 主細胞 **1195**d
Chiharaea 1633₈
CHILD, Charles Manning チャイルド **908**l
Chile 1580₁₁
Chilean province チリ地方 688c
Chileata キレ綱 1580₁₀
Chileida キレ目 1580₁₁
chilling injury 冷害 **1484**c
—— sensitive plant 低温感受性植物 1484c
Chilo 1601₃₉
Chilodochona 1659₃₃
Chilodonella 1659₂₆
Chilomastigida キロマスティックス目 1630₃₀
Chilomastix メニール鞭毛虫 1630₃₀
Chilomonas 1666₆
Chilopoda ムカデ綱，ムカデ類 **1367**g, 1592₃₁
Chiloscyllium 1564₄₄
Chilostomella 1664₇
Chilovora 1661₁₂

Chilovorida キロヴォラ目 1661[12]
chimaera キメラ **300f**
Chimaera 1564[30]
Chimaereicella 1539[20]
Chimaericola 1578[1]
Chimaeriformes ギンザメ目 1564[30]
Chimaphila 1651[26]
Chimarrogale 1575[7]
chimera キメラ **300f**
chimeric analysis キメラ解析 300f
—— antibody キメラ抗体 **300g**
—— mouse キメラマウス **301a**
—— protein キメラ蛋白質 1407h
Chimonanthus 1645[45]
Chimonodinium 1662[31]
chin 頤 **166j**
Chinchilla 1576[53]
Chinemys 1568[21]
Chiodecton 1606[52]
Chionis 1571[51]
Chionoecetes 1598[7]
Chionographis 1646[29]
Chionosphaera 1621[7]
Chionosphaeraceae キオノスファエラ科 1621[7]
ChIP クロマチン免疫沈降法, チップ法 907b
ChIP-Seq チップセック **907b**
ChIP-sequencing 907b
Chiracanthium 1592[18]
chiro-inositol カイロイノシトール 87e
Chiromantes 1598[7]
Chiromyiformes アイアイ下目 1575[27]
Chironex 1556[15]
Chironomus 1601[21]
Chironomus luridus entomopoxvirus キロノムスルリダスエントモポックスウイルス 1517[13]
Chiropotes 1575[35]
Chiroptera 翼手目 1575[12]
chiropterophily コウモリ媒 996d
chiropterygium 手形肢 180g
Chiroteuthis 1583[13]
chi-sequence χ配列 **186a**
chitin キチン **292j**
chitinase キチナーゼ **292f**
Chitincornea キチン角膜 1193l
Chitinibacter 1547[8]
Chitinilyticum 1547[8]
Chitinimonas 1546[48]
Chitiniphilus 1547[8]
Chitinophaga 1540[3]
Chitinophagaceae キチノファーガ科 1540[3]
chitinous substance キチン質 298c
Chitonella 1659[26]
Chitonomyces 1611[42]
chitons 多板類 **878b**
chitosamine キトサミン 365c
chitosan キトサン, ポリ-β-1,4-グルコサミン 292j
Chlamydaster 1666[30]
Chlamydera オオニワシドリ 1572[48]
chlamydia クラミジア **356b**
Chlamydia 1540[17]
Chlamydiaceae クラミジア科 1540[17]
Chlamydiae クラミジア綱, クラミジア門 1540[14], 1540[15]
chlamydiae クラミジア **356b**
Chlamydiales クラミジア目 1540[16]
Chlamydiamicrovirus クラミジアミクロウイルス属 1517[56]
Chlamydia phage 1 クラミジアファージ1 1517[56]
Chlamydia psittaci オウム病病原体 161g
Chlamydia trachomatis トラコーマ病病原体 **1009g**
Chlamydoabsidia 1603[36]
chlamydocyst 厚壁嚢 **464h**
Chlamydodon 1659[26]
Chlamydodontida クラミドドン目 1659[26]
Chlamydomonas 1635[34]

Chlamydomyxa 1656[19]
Chlamydomyxales クラミドミクサ目 1656[19]
Chlamydomyzium 1654[8]
Chlamydonella 1659[27]
Chlamydophila 1540[18]
Chlamydosaurus 1568[41]
Chlamydoselachus 1565[2]
Chlamydospermopsida マオウ類 **1335i**
chlamydospore 厚壁胞子 314b
Chlamyphorus 1574[49]
Chlidophyllon 1632[16]
Chloeia 1584[41]
Chloogomphus 1627[16]
chloragen cell 黄細胞 **159i**, 1175b
chloragogen cell 黄細胞 **159i**, 1175b
Chloramoeba 1656[48]
Chloramoebales クロラモエバ目 1656[48]
chloramphenicol クロラムフェニコール **377d**
—— acetyltransferase クロラムフェニコールアセチル基転移酵素 1491b
Chloranthaceae センリョウ科 1645[30]
Chloranthales センリョウ目 1645[29]
Chloranthus 1645[30]
Chlorarachnea クロララクニオン藻綱 377e, 1664[47]
Chlorarachniales クロララクニオン目 1664[49]
chlorarachnids クロララクニオン藻 377e
Chlorarachnion 1664[49]
Chlorarachniophyceae クロララクニオン藻綱 377e, 1664[47]
Chlorarachniophyta クロララクニオン植物門 377e
chlorarachniophytes クロララクニオン藻 377e
Chlorella クロレラ **377f**, 1635[5]
Chlorellales クロレラ目 1635[5]
Chlorellidium 1657[3]
Chlorencoelia 1614[54]
chloride 塩化物 153h
—— cell 塩類細胞 **158b**
Chloridella 1657[3]
chloride secretory cell 塩類分泌細胞 158b
—— shift 塩素移動 1127b
Chloridium 1618[28]
chlorine 塩素 **153h**
Chlorinimonas 1656[38]
chlorinity 塩素量 154a
Chloriridovirus クロルイリドウイルス属 1515[46]
2-chloro-4-ethylamino-6-isopropylamino-*s*-triazine アトラジン 20h
chlorobactene クロロバクテン 249c
Chlorobaculum 1540[25]
Chlorobea 緑色細菌綱 1540[23]
Chlorobi 緑色細菌門 1540[22]
Chlorobia 緑色細菌綱 1540[23]
Chlorobiaceae 緑色細菌科 1540[25]
Chlorobiales 緑色細菌目 1540[24]
Chlorobium 1540[25]
Chlorobotrys 1656[33]
Chlorochytridion 1634[16]
Chlorociboria 1614[42]
Chlorocladus 1634[45]
Chlorococcales クロロコックム目 1635[31]
Chlorococcum 1635[34]
chlorocruorin クロロクルオリン **377h**
chlorocruorohaem クロロクルオロヘム 1328c
chlorocruoroporphyrin クロロクルオロポルフィリン 1328c
Chlorocystis 1634[25]
Chlorodendrales クロロデンドロン目 1634[19]
Chlorodendrophyceae クロロデンドロン藻綱 1634[18]
Chlorodesmis 1634[49]
2-chloroethyl phosphonic acid 2-クロロエチルホスホン酸 **377g**
Chloroflexaceae クロロフレクサス科 1540[39]
Chloroflexales クロロフレクサス目 1540[38]
Chloroflexi クロロフレクサス綱, クロロフレクサス門 **379a**, 1540[30], 1540[37]
Chloroflexus 1540[39]
Chlorogloeopsis 1541[43]

Chlorogonium 1635[34]
Chloroherpeton 1540[25]
Chlorohydra 1555[30]
Chloroidium 1635[16]
Chlorokybales クロロキブス目 1635[52]
Chlorokybophyceae クロロキブス藻綱 1635[50]
Chlorokybophyta クロロキブス植物門 1635[49]
Chlorokybus 1635[52]
p-chloromercuribenzoate *p*-クロロメルクリ安息香酸 129e
Chloromeson 1656[48]
Chloromonas 1635[34]
Chloromyxum 1555[18]
chloronema クロロネマ 421e
Chloronema 1540[39]
Chloroparva 1635[5]
Chloropelta 1634[33]
N-3-chlorophenyl-*N*′-phenyl urea 605e
Chlorophthalmus 1566[16]
Chlorophyceae 緑藻綱 1471h, 1635[19]
chlorophyll クロロフィル 378a
chlorophyllase クロロフィラーゼ 378b
chlorophyll chlorophyllido-hydrolase クロロフィル=クロロフィリド-ヒドロラーゼ 378b
chlorophyllide クロロフィリド 378c
chlorophyll-protein complex クロロフィル蛋白質複合体 378d
Chlorophyllum 1625[42]
chlorophyl sheath 葉緑鞘 59i
Chlorophyta 緑色植物, 緑色植物門 1471g, 1471h, 1633[56]
Chlorophytes 緑色植物 1471g
Chlorophytum 1646[59]
chloroplast 葉緑体 1427g
── DNA 葉緑体DNA 1216a
── envelope 葉緑体包膜 1428b
── genome 葉緑体ゲノム 1216a
── movement 葉緑体運動 1428a
── photorelocation movement 葉緑体光定位運動 1428a
Chloropsis 1572[49]
chlororespiration 塩素呼吸 874i
Chlorosarcinopsis 1635[35]
Chloroscypha 1614[43]
chlorosis 白化, 退緑 865d, 1092e
chlorosome クロロソーム 378a
Chlorothrix 1634[25]
Chlorovibrissea 1615[16]
Chlorovirus クロロウイルス属 1516[42]
Chnoospora 1657[29]
choana 内鼻孔 1035a
Choanephora 1603[34]
Choanephoraceae コウガイケカビ科 1603[34]
Choanocystis 1666[30]
choanocyte 襟細胞 147b
── chamber 襟細胞室 147b, 188f
choanoderm 襟細胞層 147b, 188f
Choanoeca 1553[8]
Choanoflagellatea 立襟鞭毛虫綱, 襟鞭毛虫綱 1553[7]
choanoflagellates 襟鞭毛虫類 148e
Choanolaimus 1587[18]
Choanophrya 1659[49]
Choanozoa コアノゾア門, 襟鞭毛虫門 1553[6]
Choctella 1593[34]
choice method 選択法 815a
Choiromyces 1616[32]
Cholamonas 1665[13]
cholangiocarcinoma 胆管癌 254f
cholanic acid コラン酸 492b
cholecalciferol コレカルシフェロール 1151f
cholecystokinin コレシストキニン 496f
choledochal duct 総胆管 1417b
choleic acid コレイン酸 496c
cholera enterotoxin コレラエンテロトキシン 499a
choleragen コレラジェン 499a
cholera spirillum コレラ菌 497g
── toxin コレラ毒素 499a

cholest-4-en-3-one コレステノン 496g
cholesta-5, 7-dien-3β-ol 963b
cholestane コレスタン 732g, 735a
5α-cholestan-3β-ol 496g
5β-cholestan-3β-ol 489a
cholestanol コレスタノール 496g
cholestenone 5α-reductase コレステノン5α還元酵素 497a
cholesterin コレステリン 497b
cholesterol コレステロール 497b
── esterase コレステロールエステラーゼ 497c
── side-chain cleavage enzyme コレステロール側鎖切断酵素 497c
cholic acid コール酸 493e
cholilytic drug 抗コリン剤 685c
choline コリン 492j
── acetylase コリンアセチル基転移酵素 15a
── blocking drug コリン遮断剤 685c
── kinase コリンキナーゼ 493c
── phosphate コリンリン酸 493c
choline-phosphate cytidylyltransferase 597d
cholinephosphotransferase コリンリン酸転移酵素 597d
choline plasmalogen コリンプラスマローゲン 1217d
cholinergic drug コリン作動性剤 685c
── fiber コリン作動性線維 493b
── nerve コリン作動性神経 493b
── neuron コリン作動性ニューロン 493b
cholinesterase コリンエステラーゼ 493a
Choloepus 1574[53]
CHOMSKY, (Avram) Noam チョムスキー 930a
Chondracanthus 1595[19], 1633[22]
Chondria 1633[49]
Chondrichthyes 軟骨魚綱, 軟骨魚類 1027h, 1564[19]
chondrification 軟骨化 1027g
Chondrilla 1554[38]
chondrin 軟骨質 1028a
chondriogene コンドリオジーン 1217b
chondrioid コンドリオイド 1376e
chondriome コンドリオーム 1360b
chondroblast 軟骨芽細胞 1027c
chondrocranium 軟骨頭蓋 1028b
Chondrocystis 1541[20]
chondrocyte 軟骨細胞 1028a
Chondrodapis 1663[42]
chondroid tissue 軟骨様組織 1028c
chondroitinase コンドロイチナーゼ 504f
chondroitin lyase コンドロイチンリアーゼ, コンドロイチン開裂酵素 504f
── sulfate コンドロイチン硫酸 505a
── sulfate B コンドロイチン硫酸B 964e
Chondromyces 1548[5]
chondron 軟骨単位 1028a
Chondrophon 1555[30]
chondrophore 弾帯受 707e
chondrosamine コンドロサミン 240e
Chondrosia 1554[38]
Chondrosida 軟骨海綿目 1554[38]
chondrosin コンドロシン 505b
Chondrostei 軟質下綱 1565[23]
Chondrus 1633[22]
Chone 1585[1]
Chonecoleaceae コヤバネゴケモドキ科 1638[10]
Choniolaimus 1587[18]
Chonotrichia 漏斗亜綱 1659[32]
Chorda 1657[24]
chorda dorsalis 脊索 782e
chordamesoderm 脊索中胚葉 783a
chorda-mesoderm 脊索中胚葉 783a
chorda-mesodermal canal 脊索中胚葉管 783a
Chordaria 1657[40]
Chordariales ナガマツモ目 1657[28]
chorda saliva 鼓索神経唾液 173b
Chordata 脊索動物, 脊索動物門 783b, 1563[4]
chordates 脊索動物 783b
chorda tympani 鼓索神経 507j
── tympani nerve 鼓索神経 1365b

Chordeuma 1593₅₄
Chordeumatida ツムギヤスデ目 1593₄₆
Chordeumatidea ツムギヤスデ亜目 1593₅₄
Chordodes 1586₁₉
chordo-mesoblast 脊索中胚葉 783a
chordoplasm 脊索形成質 160c
Chordopoxvirinae コルドポックスウイルス 1315f
Chordopoxvirinae コルドポックスウイルス亜科 1516₅₈
chordotonal organ 弦音器官 415h
―― sensilla 弦音感覚子 415h
chorea 舞踏病 860b
Choreotrichia コレオトリカ亜綱 1658₂₁
Choreotrichida コレオトリカ目 1658₂₇
Choricystis 1635₁₈
Choricystis-clade コリキスティス群 1635₁₈
Chorioactidaceae キノリミタケ科 1616₂
Chorioactis 1616₂
chorio-allantoic membrane 漿尿膜 662b
―― placenta 漿尿膜胎盤 861e
―― transplantation 漿尿膜移植 662b
choriocarcinoma 絨毛癌 629i
chorioma 絨毛性腫瘍 629i
chorion 漿膜, 絨毛膜 666e, 861e, 1442j
chorionic gonadotropin 絨毛性生殖腺刺激ホルモン, 絨毛膜性ゴナドトロピン, 絨毛膜性生殖腺刺激ホルモン 629j
choripetalous plants 古生花被類, 離弁花類 465e
chorisis 両分 1471a
chorismic acid コリスミン酸 492h
Choristocarpus 1657₁₃
Choristodera コリストデラ目 1568₁₅
C horizon C層 588f
choroidea 脈絡膜 1373b
choroid fissure 眼裂 271h
―― plexus 脈絡叢 1063h
chorology 生物分布学 776c
Chovanella 1636₁₆
Christensenia 1642₃₇
Christiansenia 1623₈
Chromadora 1587₁₄
Chromadorea クロマドラ綱 1587₁₁
Chromadoria クロマドラ亜綱 1587₁₂
Chromadorica クロマドラ上目 1587₁₃
Chromadorida クロマドラ目 1587₁₄
chromaffin cell クロム親和細胞 376g
―― granule クロマフィン顆粒, クロム親和性顆粒 376g
―― reaction クロム親和性反応 377a
Chromalveolata クロムアルベオラータ 376e
Chromatiaceae クロマチア科 1548₅₀
Chromatiales クロマチア目 1548₄₉
chromaticity type C型 131b
chromatic nerve 体色神経 564b
chromatid 染色分体 810c
―― bridge 染色分体橋 810h
―― gap 染色分体ギャップ 304b
chromatin クロマチン 375f
―― border クロマチン境界 375f
―― boundary クロマチン境界 375f
―― diminution 染色質削減 806d
―― domain クロマチンドメイン 809c
―― immunoprecipitation クロマチン免疫沈降法, チップ法 375i, 907b
―― remodeling クロマチンリモデリング 376a
―― remodeling factor クロマチン再構築因子 375g
―― silencing クロマチンサイレンシング 375h
―― thread 核糸 203b
Chromatium クロマチウム 375d, 1548₅₀
chromatogram クロマトグラム 454a
chromatography クロマトグラフィー 376b
chromatophore クロマトフォア(細菌の), 色素胞 376c, 563f
―― nerve 色素胞神経 564b
―― organ 色素胞器官 563f
chromatophorotropic hormone 色素胞刺激ホルモン 564a
chromatophorotropin 色素胞刺激ホルモン 564a
chromatoplasm 有色質 912i

Chromelosporium 1616₁₄
Chromera 1661₄₁
Chromerida クロメラ門 1661₄₀
chromerids クロメラ類 23c
Chromerophyta クロメラ植物門 1661₄₀
Chromidina 1660₄₂
Chromis 1566₄₅
Chromista クロミスタ界 376e, 1652₅₁
chromium クロム 376f
Chromobacterium 1547₈
chromocenter 染色中心 810f
Chromocleista 1611₂
Chromodoris 1584₁₂
chromogenic substrate 発色基質 1105f
Chromohalobacter 1549₂₈
chromomere 染色小粒 806e
chrommycin A₃ クロモマイシンA₃ 377c
chromonema 染色糸 806c
chromonemata 染色糸 806c
chromophore 発色団 562c
Chromophyta 黄色植物, 黄色植物門 164g
Chromophyte 黄色植物 160a
Chromophyton 1656₃₀
chromoplasm 有色質 912i
chromoplast 有色体 1409d
chromoprotein 色素蛋白質 563e
chromosomal chimera 染色体キメラ 1396g
―― domain 染色体ドメイン 809c
―― fiber 染色体糸 980e
―― passenger protein 染色体パッセンジャー蛋白質 809d
―― rearrangement 染色体再編成, 染色体異常 1130b
―― vesicle 染色体胞 810c
chromosome 染色体 806f
―― aberration 染色体異常 807a
―― abnormality syndrome 染色体異常症候群 807b
―― banding 染色体分染法 809e
―― breakage syndrome 染色体切断症候群 808e
―― bridge 染色体橋 810h
―― chain 染色体鎖 808a
―― condensation 染色体凝縮 807d
―― disjunction 染色体分離 810b
―― domain 染色体ドメイン 809c
―― dyad 二分染色体 1039d
―― elimination 染色体削減 808c
―― examination 染色体検査 620j
―― fragment 染色体断片 808g
―― gap 染色体ギャップ 304b
―― instability 染色体不安定 411d
―― instability syndrome 染色体不安定症候群 808e
―― map 染色体地図 808h
―― mapping 染色体マッピング 810e
chromosome-mediated gene transfer 染色体による遺伝子導入 80c
chromosome microdissection 染色体微細切断 807e
―― mutation 染色体突然変異 807a
―― nondisjunction 染色体不分離 810b
―― painting 染色体彩色 808b
―― panel 染色体パネル 850b
―― puff 染色体パフ 1113c
―― ring 染色体環 810f
―― segregation 染色体分配 810c
―― separation 染色体分配 810a
―― sorting 染色体ソーティング 808f
―― territory 染色体テリトリー 809a
―― tetrad 四分染色体 607a
―― theory of cancer 発がんの染色体説 808d
―― theory (of inheritance) 染色体説 808d
―― transfer 染色体導入 809b
―― walking 染色体歩行法 810d
Chromulina 1656₂₇
Chromulinales クロムリナ目 1656₂₇
chronaxie 時値 590b
chronobiology 時間生物学 561d
Chronogaster 1587₂₅

chronological lifespan 経時寿命 1256c
chronology 編年 223d
chronospecies 時種 578c, 619a
chronotropic action 周期変更作用, 変周期作用 564c, 706d
Chroococcales クロオコックス目 1445j, 1541[19]
Chroococcidiopsis 1541[41]
Chroococcus 1541[20]
Chroodactylon 1632[21]
Chroogloeocystis 1541[20]
Chroomonas 1666[7]
Chroothece 1632[21]
chrysalis 蛹 541c
Chrysamoeba 1656[27]
Chrysanthemodiscales キクノハナケイソウ目 1654[36]
Chrysanthemodiscus 1654[36]
Chrysanthemum 1652[33]
Chrysaora 1556[25]
Chrysella 1620[31]
Chrysemys 1568[22]
Chryseobacterium 1539[40]
Chryseoglobus 1537[22]
Chryseomonas 1549[48]
Chrysiogenaceae クリシオゲネス科 1541[17]
Chrysiogenales クリシオゲネス目 1541[16]
Chrysiogenes 1541[17]
Chrysiogenetes クリシオゲネス綱, クリシオゲネス門 1541[14], 1541[15]
Chrysocampanula 1666[17]
Chrysocapsa 1656[28]
Chrysocelis 1620[22]
Chrysochloridea キンモグラ亜目 1574[35]
Chrysochloris 1574[35]
Chrysochroa 1601[1]
Chrysochromulina 1666[27]
Chrysochromulina brevifilum virus PW1 1516[46]
Chrysococcus 1656[27]
Chrysoculter 1666[15]
Chrysocyclus 1620[31]
chrysocystidium 黄金嚢状体 1064b
Chrysocystis 1656[2]
Chrysodidymus 1656[22]
Chrysogloeum 1608[15]
Chrysogorgia 1557[30]
chrysolaminaran クリソラミナラン 159h
chrysolaminarin クリソラミナリン 159h
Chrysolepidomonas 1656[24]
Chrysolinia 1619[15]
Chrysolophus 1571[4]
Chrysomela 1601[7]
Chrysomeridales クリソメリス目 1656[41]
Chrysomeridophyceae クリソメリス藻綱 1656[40]
Chrysomeris 1656[41]
Chrysomerophyceae クリソメリス藻綱 1656[40]
Chrysomphalina 1626[4]
Chrysomyxa 1620[18]
Chrysonebula 1656[28]
Chrysonephele 1656[24]
Chrysonephos 1656[2]
Chrysopetalum 1584[49]
Chrysophyceae 黄金色藻綱 159h, 1656[20]
Chrysophyta 黄金色植物門 159h
chrysophytes 黄金色藻 159h
Chrysopoltella 1618[40]
Chrysoporthe 1618[40]
Chrysopsora 1620[31]
Chrysoreinhardia 1656[3]
Chrysorhiza 1623[54]
Chrysosaccales クリソサックス目 1656[30]
Chrysosaccus 1656[30]
Chrysosporium 1611[19], 1611[21], 1611[22]
Chrysothricaceae コガネゴケ科 1606[51]
Chrysothrix 1606[51]
Chrysotila 1666[23]
Chrysoviridae クライソウイルス科 1519[11]
Chrysovirus クライソウイルス属 1519[12]

Chthamalus 1595[54]
Chthonius 1591[30]
Chthonomonadaceae クトノモナス科 1538[52]
Chthonomonadales クトノモナス目 1538[51]
Chthonomonadetes クトノモナス綱 1538[50]
Chthonomonas 1538[52]
CHUA, Nam-Hai チュア 909e
CHUN, Carl クーン 381d
Chydorus 1594[38]
chyle 乳糜 1476e
—— duct 乳糜管 1043g
—— stomach 乳糜胃 53a
chylestomach 乳糜胃 915i
chyliferous vessel 乳糜管 1043g
chylomicron カイロミクロン, キロミクロン 331h
Chylusdarm 乳糜腸 915i
chymogen キモゲン 301d
chymoplasm 間充織形成質 160c
chymosin キモシン 301d, 322b
chymotrypsin キモトリプシン 301e
chymotrypsinogen キモトリプシノゲン 301e
Chysoxys 1656[24]
Chytridiaceae ツボカビ科 1602[22]
Chytridiales ツボカビ目 1602[19]
Chytridiomycetes ツボカビ綱 1602[17]
Chytridiomycota ツボカビ類, ツボカビ門 936e, 1602[13]
Chytridium 1602[21]
Chytriomyces 1602[22]
Chytriomycetaceae キトリオミケス科 1602[22]
CI 一致指数, 寒さの指数 75b, 544c
Ci 1269c
Cibicides 1664[7]
Cibicidoides 1664[7]
Cibiessia 1608[43]
Ciboria 1615[10]
Ciborinia 1615[11]
Cibotiaceae タカワラビ科 1643[16]
Cibotium 1643[16]
Cicadomyces 1605[46]
Cicindela 1600[52]
Cicinnobella 1608[6]
Ciconia 1571[22]
Ciconiiformes コウノトリ目 1571[22]
Cicuta 1652[48]
CID 先天性巨細胞封入体症 519b
Cidaris 1561[35]
Cidaroida オウサマウニ目 1561[35]
Cidaroidea オウサマウニ亜綱 1561[34]
Ciglides 1620[31]
ciguatera toxin シガテラ毒 324b
Cilevirus シレウイルス属 1523[20]
cilia 繊毛 819d
ciliary band 繊毛環 819f
—— beat 繊毛打 819e
—— body 毛様体 1395c
—— groove 繊毛溝 819h
—— movement 繊毛運動 819e
—— pit 繊毛窩 819h
—— reversal 繊毛逆転 819g
—— ring 繊毛環 819f
ciliated epithelium 繊毛上皮 663b
—— funnel ロゼット 1501h
—— groove 繊毛溝 819h
—— pit 繊毛凹 385a
ciliates 繊毛虫類 820b
ciliate theory 繊毛虫起原説 820a
Ciliciopodium 1617[37]
Ciliocincta 1577[13]
Ciliophora 繊毛虫門 1657[52]
ciliophora 有毛亜門, 有毛類 390c
ciliophorans 有毛門, 有毛類 390c
Ciliophrys 1656[8]
Cilioplea 1609[30]
cilium 繊毛 819d
Cimex 1600[37]

Cimicifuga 1647₅₈
Cinachyra 1554₂₉
Cinachyrella 1554₂₉
Cinchona succirubra アカキナ 295b
Cincinnaticrinus 1560₅
cincinnus サソリ形花序 622b
cinclide 壁孔 **1263**f
cinclis 壁孔 **1263**f
Cinclus 1572₄₉
Cincta ギロキスチス目 1559₁₁
Cinetochilum 1660₂₇
Cingulata 被甲目 1574₄₉
Cingulina 1583₅₄
cingulum 半殻帯, 横溝 108g, 1132f
── extremitatis 肢帯 **589**d
Cinnamomum 1645₄₈
cinobufagin シノブファギン 237o
Cintractia 1622₄
Cintractiella 1622₈
Cintractiellaceae キントラクチエラ科 1622₈
Ciona 1563₂₈
Cionothrix 1620₃₉
Cip CDK結合蛋白質 596a
Cipangopaludina 1583₃₆
circadian clock gene 概日時計遺伝子 1002i
── photoreceptor 概日光受容体 1382e
── rhythm 概日リズム **181**d
── rule 概日則 11c
circalittoral community 潮周帯群集 921i
── organism 潮周帯生物 **921**i
── zone 潮周帯 921i
circalunar rhythm 概月リズム 403h
circannual clock 概年時計 185d
── rhythm 概年リズム **185**d
circasemilunar clock 概半月時計 1119b
── rhythm 概半月リズム 1119b
circatidal clock 概潮汐時計 922g
── rhythm 概潮汐リズム 922g
circinate 渦巻き状 232h
Circinella 1603₄₁
Circinoconis 1606₃₃
Circinoniesslia 1617₄₁
Circinotrichum 1606₃₃
circle of races 連繋群 **1492**b
── of species 連繋種 **1492**c
Circodinium 1659₁₂
Circolagenophrys 1660₄₆
Circoporus 1665₃₀
Circospathis 1665₃₀
Circoviridae シルコウイルス科 1517₄₀
Circovirus シルコウイルス属 1517₄₁
circuit model 電気回路モデル 950h
circular canal 環水管, 環状水管, 環状管 353h
── dichroism 円偏光二色性 158a
── DNA 環状DNA **264**c
── muscle 環状筋 263a, 293a
── permutation 環状順列, 配列循環変異 263f, 1090e
circulatory organ 循環器官 **651**a
── system 循環系 **651**b
Circulocolumella 1627₄₄
circumanal gland 肛門周囲腺 467e
circumnutation 回旋運動 **182**e
circum-oesophageal commissure 食道神経環 674a
── nerve-ring 食道神経環 **674**a
circumoral hemal ring 血洞環 407b
── ring canal 周口水管 263g
circumpolar species 周極種 1123g
circumscissle capsule 胞周裂開蒴果, 蓋果 536m
circumvallate papilla 有郭乳頭 793c
circumventricular organs 脳室周囲器官 **1063**h
Circus 1571₃₅
Cirolana 1596₅₀
Cirranter 1659₁₈
Cirratulida ミズヒキゴカイ目 1585₁₂
Cirratulus 1585₁₂

Cirrenalia 1617₅₄
Cirrhipathes 1558₁₁
Cirrhitichthys 1566₄₅
Cirrhobranchia 1321f
cirrhosis 硬変 **465**c
cirrhus キルス 1249a
cirri 外鬚, 棘毛 328c, 346e
Cirriformia 1585₁₂
Cirripedia フジツボ下綱, 蔓脚下綱 1595₃₄
cirrium 巻枝 208a
cirrus 交接突起, 巻枝, 棘毛, 陰茎 92j, 208a, **328**c, 1284d
── sac 陰茎嚢 1284d
── sheath 陰茎鞘 1284d
Cirsium 1652₃₃
cis-acting element シス作用エレメント 923f
cis-dominance シス優性 **584**b
cis Golgi network シスゴルジ網 494a, 1010b
cis-specific シス特異的 584b
Cistaceae ハンニチバナ科 1650₂₆
Cistecephalus 1573₂₁
Cistella 1614₅₇
cisterna 嚢 **1062**d
cisternae 嚢 **1062**d
Cisticola 1572₄₉
cis-trans test シストランス検定 833e
cistron シストロン **584**a
── analysis シストロン解析 833e
citrate assimilation クエン酸資化性 **344**c
── synthase クエン酸生成酵素 **344**d
Citreicella 1545₅₅
Citreimonas 1545₅₅
citric acid クエン酸 **344**a
── acid cycle クエン酸回路 **344**b
── acid fermentation クエン酸発酵 **345**a
Citricoccus 1537₂₈
Citrivirus シトリウイルス属 1521₅₀
Citrobacter 1549₅
citronellol シトロネロール 779b
citrulline シトルリン **601**b
Citrus 1650₁₃
── *leaf blotch virus* 1521₅₀
── *leprosis virus* C 1523₂₀
── *psorosis virus* カンキツソローシスウイルス 1520₃₆
CIVD 寒冷血管拡張反応 276b
civet 625c
civetone シベトン 625c
CJD クロイツフェルト・ヤコブ病 1221d
c-Jun N-terminal kinase c-Jun N末端キナーゼ 556e
CKI 596a
C-kinase signal Cキナーゼシグナル 1138h
Cl 塩素 153h
Cl 154a
clade クレード 258c, 1243i
Cladia 1612₂₁
Cladida 1559₃₄
Cladistia 腕鰭下綱 1565₂₁
cladistic component analysis 分岐成分分析 **1244**a
cladistics 分岐分類学 **1244**b
Cladobotryum 1617₂₇
Cladocephalus 1634₄₅
Cladocera 枝角亜目 1594₃₈
Cladochonus 1557₁₄
Cladochytriaceae エダツボカビ科 1602₂₆
Cladochytriales エダツボカビ目 1602₂₄
Cladochytrium 1602₂₆
Cladococcus 1663₁₅
Cladocyclus 1565₄₇
cladodium 扁茎 **1284**c
cladogenesis クラドゲネシス 690e, 730i
cladogenetic trend 分岐傾向 689f
cladogram 分岐図 **1243**i
Cladonema 1555₃₀
Cladonia 1612₂₁
Cladoniaceae ハナゴケ科 1612₂₁
Cladophialophora 1610₂₂

Cladophora	1634₃₉	*Claviceps purpurea* 麦角菌	**1101**e
Cladophorales シオグサ目	1634₃₇	Clavicipitaceae バッカクキン科	1617₁₃
Cladophoropsis	1634₄₀	clavicle 鎖骨	589d
cladophyll 葉状茎	1284a	*Clavispora*	1606₁₀
Cladopus	1649₄₈	*Clavularia*	1557₂₁
Cladopyxis	1662₃₉	*Clavulina*	1623₄₄
Cladorrhinum	1619₁₁, 1619₁₂, 1619₁₃	Clavulinaceae カレエダタケ科	1623₄₄
Cladoscenium	1663₁₃	*Clavulinopsis*	1625₅₃
Cladoselache	1564₃₄	claw 爪，鉤爪	**198**b, **237**g, **818**c, **936**i
Cladoselachiformes クラドセラケ目	1564₃₄	*ClB*-technique *ClB*法	**557**f
Cladosiphon	1657₃₀	cleaner クリーナー	825e
Cladosporium	1608₂₆, 1608₃₄	cleaning symbiosis 掃除共生	**825**e
Cladostephus	1657₁₇	*Cleantiella*	1597₃
Cladosterigma	1622₃₂	clearance クリアランス	**357**f
cladotaxis 枝序	885d	clearing response 透明化現象	7d
Cladotricha	1658₂₉	clear layer 透明層	**998**f
Cladoxylales クラドキシロン目	1642₁₉	── plaque 透明なプラーク	1213c
Cladoxylidae クラドキシロン亜綱	1642₁₈	── zone 透明帯	**998**g
Cladoxylon	1642₁₉	cleavage 卵割	**1443**e
clamp connection かすがい連結	**219**b	── furrow 分裂溝	**1255**e
clan クラン	**357**b	── map 切断地図	749c
Claroideoglomus	1605₁	── nucleus 卵割核	**1443**f
clasper 交尾器，鰭脚	**281**g, **1027**h, **1126**d	── plane 卵割面	**1444**a
clasping reflex 抱擁反射	**1304**h	── polyembryony 分裂多極	817c
class クラス，綱，群網，階級	**383**a, **428**i, **1178**c	── type 卵割型	**1443**f
── C core vacuole/endosome tethering	1438c	*C.ledgeriana* キイロキナ	295b
classical conditioning 古典的条件づけ	**485**d	cleft 中裂	1424e
── swine fever virus ブタコレラウイルス	**1204**e	CLE gene family CLE 遺伝子族	**371**e
Classicula	1621₃₈	cleidoic egg 閉鎖卵	**1261**f
Classiculaceae クラシクラ科	1621₃₈	cleistocarp 閉子嚢殻	**1261**g
Classiculales クラシクラ目	1621₃₇	cleistogamous flower 閉鎖花	61c
Classiculomycetes クラシクラ綱	1621₃₆	cleistogamy 閉花受精	560b
classification 分類	**1254**f	cleistothecium 閉子嚢殻	**1261**g
── of enzymes 酵素の分類	**456**c	cleithrum 擬鎖骨	589d
── of viruses ウイルスの分類	**103**b	*Clelandina*	1573₂₄
classis 綱	**428**i	*Clematis*	1647₅₈
Classopollis	1644₄₉	CLEMENTS, Frederic Edward クレメンツ	**372**b
class switch クラススイッチ	**354**a	Cleomaceae フウチョウソウ科	1649₆₁
Clasterosphaeria	1618₁₀	CLE peptide クレペプチド	**372**a
Clasterosporium	1618₁₀	cleptocnida 盗刺胞	**984**g
Clastoderma	1629₁₁	*Cleptomyces*	1620₃₁
Clastostelium	1628₄₇	*Clerodendrum*	1652₁₁
Clathrella	1552₂₀	*Clethra*	1651₂₆
Clathria	1554₄₂	Clethraceae リョウブ科	1651₂₆
clathrin クラスリン	**354**c	*Clethrionomys*	1576₄₃
Clathrina	1554₁₅	Cleveaceae ジンチョウゴケ科	1637₂
clathrin-coated pit クラスリン被覆ピット	**355**a	*Clevelandella*	
Clathrinida クラトリナ目	1554₁₅	Clevelandellida クリーヴランデラ目	1659₂₀
clathrocyst クラトロシスト	1300g	*Clevelandina*	1550₁₈
Clathrulina	1665₈	clever Hans かしこいハンス	**215**c
Clathrus	1627₅₁	*Cleyera*	1651₁₀
CLAUDE, Albert クロード	**373**d	*Clibanarius*	1597₆₂
claudin クローディン	**373**c, **859**b	Climaciaceae コウヤノマンネングサ科	1640₄₆
Claudius' cell クラウディウス細胞	**495**g	*Climacium*	1640₄₆
CLAUSEN, Jens クラウセン	**353**f	*Climacocodon*	1555₃₁
Clausilocola	1661₂	*Climacocylis*	1658₂₃
Claussenomyces	1614₅₀	*Climacocystis*	1624₁₂
Claustrosporida クラウストロスポリディウム目	1664₃₅	*Climacodium*	1654₄₉
Claustrosporidium	1664₃₅	*Climacodon*	1624₃₃
claustrum 前障，結骨	**105**h, **860**b, **860**c	*Climacostomum*	1658₅
Claustula	1627₅₀	climacteric クライマクテリック	**352**g
Claustulaceae クラウスツラ科	1627₅₀	── rise クライマクテリック上昇	**352**g
Clautriavia	1665₃₇	*Climacteris*	1572₄₉
Clauzadea	1613₉	climate classification 気候区分	**283**a
Clava	1555₃₉	climatic 気候的	256a
Clavagella	1582₂₅	── climax 気候の極相	**283**d
Clavaria	1625₅₃	── factor 気候要因	**283**f
Clavariaceae シロソウメンタケ科	1625₅₃	── province 気候区	**283**a
Clavariadelphaceae スリコギタケ科	1627₃₇	── reaction 気候に対する反作用	**1120**b
Clavariadelphus	1627₃₇	── release 気候の制限解除	861d
Clavator	1636₁₇	── zone 気候帯	**283**c
Clavatospora	1617₅₅	Climatiiformes クリマチウス目	1565₁₆
Clavelina	1563₂₅	*Climatius*	1565₁₆
Clavibacter	1537₂₂	climax 極相	**327**d
Claviceps	1617₁₄	── pattern theory 極相パターン説	**327**e

—— vegetation 極相植生 327d
climbing fibers 登上繊維 662d
—— plant つる植物, 蔓植物 **937**c
—— root よじのぼり根, 付着根, 攀縁根 283g
—— stem よじのぼり茎 **1430**e
climograph クライモグラフ, 温湿図 173d
clinandrium 葯床 723d
cline クライン **353**b, 462e
clinical engineering 臨床工学 **1475**d
—— epidemiology 臨床疫学 **1475**c
—— outcome 臨床アウトカム 1475c
Clinoconidium 1622$_{35}$
clinostat クリノスタット **363**b
Clinotigma 1647$_3$
Clintamra 1622$_9$
Clintamraceae クリンタムラ科 1622$_9$
Clintonia 1646$_{34}$
Cliona 1554$_{35}$
Clione 1584$_3$
clique method クリーク法 750b
clisere 気候的系列, 気候的遷移系列 283d
Clistosaccus 1595$_{38}$
Clitambonites 1580$_{23}$
Clitellata 環帯綱, 環帯類 **270**a, 1585$_{24}$
clitellum 環帯 **269**e
clitochory 553k
Clitocybe 1626$_{46}$
Clitocybula 1626$_{14}$
Clitopilus 1625$_{59}$
clitoris 陰核 **92**d
Clivia 1646$_{56}$
cloaca 総排泄腔 803d, **831**e
cloacal bladder 総排泄腔膀胱 1080g
—— membrane 排出腔膜 1080f
—— pit 排出腔窩 **1080**f
—— sac 排出腔嚢 921b
—— septum 排出腔中隔 831e, 1159a
Cloacibacillus 1550$_{24}$
Cloacibacterium 1539$_{40}$
clock gene 時計遺伝子 **1002**i
Cloeosiphon 1586$_{15}$
clonal abortion クローン排除 **380**b
—— analysis クローン解析 379c
—— cell culture クローン培養 **380**c
—— deletion クローン排除, 負の選択 319f, **380**b
—— elimination クローン排除 **380**b
—— expansion クローン増殖 379e, 1384a
—— growth クローン成長, 栄養成長 122f, 373e
—— plant クローナル植物 **373**e
—— selection 栄養系選抜 **121**c
—— selection theory クローン選択説 **379**d
—— separation 栄養系分離 **121**d
clone クローン **379**b
—— animal クローン動物 **380**a
—— library クローンライブラリー **381**b
clonic convulsion クローヌス性痙攣 394b
cloning クローニング 942d
—— vector クローニングベクター 1264h
Cloniophora 1634$_{30}$
Clonorchis 1578$_6$
Clonostachys 1617$_8$
clonus クローヌス **373**f
closed blood-vascular system 閉鎖血管系 **1261**e
—— bryoid vegetation コケ型植生 823j
—— circular DNA 閉環状 DNA 264c
—— circulatory system 閉鎖循環系 1261e
—— community 密生群落 **1358**c
—— neuron circuit 閉鎖ニューロン回路 1118i
—— stele 閉鎖型中心柱 714c
—— system 閉鎖系 187e
—— vascular bundle 閉鎖維管束 **1261**d
—— vegetation 密生群落 **1358**c
closest individual method 最短距離法 330a
Closteriopsis 1635$_6$
Closterium 1636$_8$

Closteroviridae クロステロウイルス科 1522$_{20}$
Closterovirus クロステロウイルス属 1522$_{23}$
Clostridia クロストリディア綱 1543$_{17}$
clostridia クロストリディウム **373**a
Clostridiaceae クロストリディア科 1543$_{26}$
Clostridiales クロストリディア目 1543$_{18}$
Clostridiisalibacter 1543$_{28}$
Clostridium クロストリディウム **373**a, 1543$_{28}$
Clostridium botulinum ボツリヌス菌 **1316**f
Clostridium perfringens ウェルシュ菌 **106**c
Clostridium tetani 破傷風菌 **1097**b
clostripain クロストリパイン 582j
clot retraction 血餅収縮 396c
cloud forest 雲霧林 **116**e
cloverleaf model クローバー葉モデル **373**g
club hair 棍状毛 274e
Clubiona 1592$_{19}$
club-mosses ヒカゲノカズラ類 **1133**h
clumped 集中分布 1252d
—— distribution 集中分布 1252a
Clunio 1601$_{21}$
Clupea 1566$_2$
Clupeiformes ニシン目 1566$_3$
clupeine クルペイン 1232c
Clusiaceae テリハボク科 1649$_{47}$
cluster 群 354b
—— analysis クラスター分析 **354**b
clustered regularly interspaced short palindromic repeats 361a
cluster of determination 分化クラスター 594f
—— of differentiation 分化クラスター 594f
clutch クラッチ **355**d
—— size クラッチサイズ 355d, 554i
CLV1 355f
CLV2 355f
CLV3 355f
CLV genes CLV 遺伝子群 **355**f
Clydaea 1602$_{31}$
Clydonella 1628$_{36}$
Clymene 1632$_{29}$
Clymenia 1582$_{51}$
Clymeniida クリメニア目 1582$_{51}$
Clypeaster 1562$_{17}$
Clypeasteroida タコノマクラ目 1562$_{17}$
Clypeophysalospora 1619$_{32}$
Clypeoporthella 1618$_{42}$
Clypeopyrenis 1610$_{32}$
Clypeosphaeria 1619$_{32}$
Clypeosphaeriaceae クリペオスファエリア科 1619$_{32}$
clypeus 額片 **208**d
cmc 臨界ミセル濃度 1473b
CM-cellulose CM-セルロース **557**d
CMH セラミドモノヘキソシド 798d
C-mitosis C 有糸分裂 496b
CMP 590d
CMS 細胞質雄性不稔 411b
CMV キュウリモザイクウイルス 315a
cnemic index 脛骨示数 1289a
Cnemidactis 1560$_{33}$
Cnemidophorus 1568$_{52}$
cnida 刺胞 **608**a
Cnidaria 刺胞動物, 刺胞動物門 **611**c, 1555$_{14}$
cnidarians 刺胞動物 **611**c
cnidoblast 刺細胞 608a
Cnidocampa 1601$_{39}$
cnidocil 刺細胞突起, 刺針 608a
cnidocyst 刺胞 1300c
cnidome クニドーム, 刺胞相 608a
Cnidopus 1557$_{46}$
cnidosac 刺胞嚢 984g
C/N ratio C/N 比 **557**c
Co コバルト 488a
Co II 補酵素 II 1033a
CO$_2$ compensation point CO$_2$補償点 1307b
—— concentrating mechanism 二酸化炭素濃縮機構

1034b
CO₂-factor 二酸化炭素要因 1034c
CO₂-incubator 炭酸ガスインキュベーター 884f
CoA コエンザイムA, コエンチームA, 補酵素A 469c
coacervate コアセルヴェート 428e
coagulation necrosis 凝固壊死 128b
coal 石炭 784b
coalescence 合着, 合祖 79c, 229d, 772e
—— of eggs 卵融合 1451b
coalescent process 合祖過程 453d
coaptation コアプテーション 428d
—— d'accrochage 連結のコアプテーション 428d
coarctate pupa 囲蛹 90c
coastal desert 海岸荒原 178d
—— zone 沿岸域 150b
coat コート 306f
coated vesicle 被覆小胞 1160c, 1416i
coat protein コート蛋白質, 外被蛋白質, 被覆蛋白質 186g, 485f
—— protein complex Ⅰ COP Ⅰ 485f
—— protein complex Ⅱ COP Ⅱ 485f
cobalamin コバラミン 487e
cobalt コバルト 488a
Cobbonchus 1586₄₄
Cobetia 1549₂₈
Cocadviroid コカドウイロイド属 1523₃₅
cocaine コカイン 469f
cocarboxylase コカルボキシラーゼ 899a
cocci 球菌 309e
Coccidea コクシジウム綱 1661₂₇
Coccidiodictyon 1620₅₁
Coccidioides 1611₂₁
coccobacillus 球桿菌 823c
Coccobotrys 1625₄₄
Coccocarpia 1613₁₃
Coccocarpiaceae カワラゴケ科 1613₁₃
Coccodiella 1616₃₈
Coccodiniaceae コッコジニウム科 1610₂₁
Coccodinium 1610₂₁
coccoid コッコイド 480i
Coccoidea 1608₄₆
Coccoideaceae コッコイデア科 1608₄₆
Coccoidella 1608₄₆
coccolith コッコリス, 円石 153g
Coccolithales コッコリサス目 1666₂₁
coccolith ooze コッコリス軟泥 1029d
coccolithophores 円石藻 153g
coccolithophorids 円石藻 153g
Coccolithophyceae コッコリサス藻綱 1666₁₄
Coccolithovirus コッコリスウイルス属 1516₄₃
Coccolithus 1666₂₂
Coccomyces 1615₂₇
Coccomycetella 1614₉
Coccomyxa 1635₁₈
Cocconeis 1665₄₀
Coccophora 1657₄₇
Coccorella 1566₁₆
coccosphere コッコスフェア 153g
Coccosteus 1564₁₈
Coccotremataceae アナツブゴケ科 1614₁₈
Coccotrema 1614₁₈
Cocculina 1583₃₁
Cocculiniformia ワタゾコシロガサ目 1583₃₁
Cocculus 1647₅₁
coccus 球菌 309e
coccyx 尾骨 784d
cochlea らせん状豆果, 蝸牛 198c, 976d
cochlear canal 蝸牛管 198e
—— duct 蝸牛管 198e
—— effect 蝸牛効果 198f
Cochliatoxum 1659₁₂
Cochlicopa 1584₂₅
Cochliobolus 1609₅₃
Cochliodontiformes コクリオドゥス目 1564₂₈
Cochliodus 1564₂₈

Cochliomyces 1611₃₉
Cochliopodium 1628₁₆
Cochlodinium 1662₂₂
Cochlonema 1604₂₆
Cochlonemataceae ゼンマイカビ科 1604₂₆
Cochlosoma 1630₁
Cocoicola 1616₃₇
Coconut cadang-cadang viroid 1523₃₅
coconut water ココナツウォーター 473e
cocoon 繭 1345d, 1443a
cocoonase コクナーゼ 472h
Cocos 1647₃
COD 化学的酸素要求量 195b
Codakia 1582₁₅
Codaster 1559₂₀
code コード 76g
codehydrogenase Ⅱ コデヒドロゲナーゼⅡ, 補脱水素酵素Ⅱ 1033a
codeine コデイン 485c
Codiales 1634₄₇
Codinaea 1618₂₈
Codinaeopsis 1618₂₈
Codium 1634₄₉
codominance 共優性 323e
codominant 共優占種 1411f
codon コドン 485g
Codonaria 1658₂₃
codon bias 485g
Codonella 1658₂₃
Codonellopsis 1658₂₃
codon misreading コドンの誤読 736g
Codonopsis 1652₂₉
Codosiga 1553₈
coefficient of coincidence 併発指数 1031f
—— of competition 競争係数 1502g
—— of consanguinity 血縁度 399a
—— of dispersion 分散指数 1252b
—— of inbreeding 近交係数 333d
—— of kinship 血縁度 399a
—— of relationship 血縁度 399a
—— of variation 変動係数 513h
Coelacanthiformes シーラカンス目 1567₄
Coelacanthina シーラカンス類 684e
coelacanths シーラカンス類 684e
Coelarthrum 1633₄₁
Coelastrum 1635₂₅
Coelenterata 腔腸動物 459e
coelenterates 腔腸動物 459e
coelenterazine セレンテラジン 126a
coelenteron 腔腸 611c
Coelhelminthes 体腔蠕虫類 848f
coeliac artery 腹腔動脈 1195h
coeloblastula 有腔胞胚 1407j
Coelocantha 1665₂₈
coelocaule シーロカウレ 1278k
Coelodendrum 1665₃₅
coelogastrula 有腔原腸胚 1407b
Coelographis 1665₃₅
Coelogynopora 1577₃₀
coelom 体腔 322i, 847m
Coelomaria 体腔動物 848i
Coelomata 体腔動物 848i
coelomates 体腔動物 848i
coelomic egg 体腔卵 1440a
—— epithelium 体腔上皮 847m
—— fluid 体腔液 845e
—— pouch 体腔嚢 849a
—— sac 体腔嚢 849a
—— vesicle 体腔嚢 849a
Coelomocoela 有腔動物 848i
Coelomomyces 1603₂₂
Coelomomycetaceae ボウフラキン科 1603₂₂
Coelomomycidium 1603₂₂
Coeloperix 1659₂₇
Coelophysis 1570₆

Coelophysoidea　コエロフィシス類　1570₆
Coeloplana　1558₂₄
Coelopleurus　1562₇
Coelorinchus　1606₂₅
Coeloseira　1633₄₁
Coelosphaera　1554₄₂
Coelosphaerium　1541₂₀
Coelurosauria　コエルロサウルス類　1570₁₁
Coelurus　1570₁₁
Coemansia　1604₅₀
coenenchyme　共肉体, 共肉塊, 共肉部　611c
coenesthesia　一般感覚　280e
Coenobita　1597₆₂
coenobium　定数群体　952g
coenocline　群集傾度　763d
Coenocystis　1635₄
coenocyte　ケノサイト, 多核嚢状体　867e, 867g
coenogamete　複合性配偶子　1195f
coenogamodeme　セノガモデーム　239b
Coenogoniaceae　スミレモドキ科　1613₆₁
Coenogonium　1613₆₁
Coenonia　1539₄₀
Coenopteridales　コエノプテリス類　223a
coenosarc　共肉　611c
coenosori　連続胞子嚢群　1296g
coenospecies　集合種　644g
coenozygote　複合性接合子　1195f
coenurus　共尾虫　322d
coenzyme　補酵素　1305c
——— II　補酵素II　1033a
——— A　コエンザイムA, コエンチームA, 補酵素A　469c
——— B₁₂　補酵素B₁₂　18h
——— F　補酵素F　962d
——— Q　補酵素Q　1418a
coercive copulation　強制交尾　319c
coevolution　共進化　318e
cofactor of enzyme　コファクター(酵素の)　488f
Coffea　1651₃₉
co-fibrin　コフィブリン　1185a
cofilin　コフィリン　7c
COG complex　1438c
cognitive map　認知地図　1048f, 1097d
——— psychology　認知心理学　1048e
——— theory　認知論　1112f
Cohaesibacter　1545₃₅
Cohaesibacteraceae　コヘシバクター科　1545₃₅
COHEN, Stanley　コーエン　469b
cohesin　コヒーシン　488d
cohesion　同類合着　229d
——— movement　凝集力運動　318a
——— theory　凝集力説　318b
cohesive end　付着端(ファージDNAの)　1205e
Cohnella　1542₃₇
COHN, Ferdinand Julius　コーン　500e
Cohnilembus　1660₂₇
cohort　コホート, 同時出生集団, 同齢出生集団　118a, 489d, 514a
coiled body　コイルドボディ　233h
——— coil　コイルドコイル　428g
coitus　交尾, 交接　463c
Coix　1647₃₆
Cokeromyces　1603₄₁
Cola　1650₁₉
Colacium　1631₂₄
Colacodictyon　1632₂₂
Colacogloea　1620₁₃, 1621₁₅
Colaconema　1633₁
Colaconematales　ベニマユダマ目　1633₁
Colacosiphon　1621₄₄
colamine　コラミン　133h
Colchicaceae　イヌサフラン科　1646₃₂
colchicine　コルヒチン　496b
Colchicum　1646₃₂
cold-blooded animal　冷血動物　1283f

cold death　凍死　983a
——— girdling　264d
cold-induced protein　低温ショック蛋白質　949g
——— vasodilatation　寒冷血管拡張反応　276b
cold insoluble globulin　低温不溶性グロブリン　1185d
coldness index　寒さの指数　544c
cold receptor　冷受容器　175a
——— resistance　低温耐性, 耐寒性　175c, 858e, 979f
cold-seep community　冷湧水生物群集　1056c
cold-sensitive mutant　低温感受性突然変異体　174d
cold-shock domain　低温ショックドメイン　949g
——— protein　低温ショック蛋白質　949g
cold spot　冷点　174c
cold-temperate zone　寒温帯　174b, 269d
cold tolerance　低温耐性, 耐寒性　175c, 858e, 979f
cold-water species　冷水種　1485a
cold zone flora　寒帯植物　327f
Coleaspis　1663₃₁
Coleochaetales　コレオケーテ目　1636₁₃
Coleochaete　1636₁₃
Coleochaetophyceae　コレオケーテ藻綱　1636₁₂
Coleochaetophyta　コレオケーテ植物門　1636₁₁
Coleochlamys　1635₁₅
Coleodesmium　1541₂₈
Coleoidea　鞘形亜綱　1583₇
Coleophoma　1606₃₃
coleophyllum　子葉鞘　659f
Coleopsis　1652₃₃
Coleoptera　コウチュウ目, 甲虫類, 鞘翅類　1600₅₀
Coleopterida　鞘翅上目　1600₄₉
Coleopteromyces　1604₄₃
coleoptile　子葉鞘　659f
Coleopucciniella　1620₃₂
coleorhiza　根鞘　501k
Coleorrhyncha　鞘吻亜目　1600₃₆
Coleosporiaceae　コレオスポリウム科　1620₁₈
Coleosporium　1620₁₈
Coleps　1660₁₅
Coleroa　1610₉
Coleus blumei viroid 1　コリウスウイロイド1　1523₃₆
Coleviroid　コレウイロイド属　1523₃₆
colicin　コリシン　492e
——— factor　コリシン因子　492f
colicinogenic factor　コリシン因子　492f
colicinogenicity　コリシン生産性　492g
colicinogeny　コリシン生産性　492g
colic tenia　結腸紐　406b
coliform bacteria　大腸菌群　858c
coliforms　大腸菌群　858c
Coliiformes　ネズミドリ目　1572₂₁
colinearity　共線性　320b
Colinus　1571₅
colipase　コリパーゼ　1460d
colistin　コリスチン　1326c
Colius　1572₂₁
collagen　コラーゲン　491e
collagenase　コラゲナーゼ　491i
collagen disease　膠原病　439c
——— fiber　膠原繊維　439a
collagenous fiber　膠原繊維　439a
——— fibril　膠原原繊維　439a
——— filament　膠原細繊維　439a
collar　カラー, 襟　147a, 1120a
——— body　襟体　1502e
——— canal　襟管　147a
——— cavity　襟体腔　148a
——— cell　カラー細胞, 襟細胞　147b, 251b
——— coelom　襟体腔　147a, 148a
collarette　カラー　1248f
collar nerve cord　襟神経索　627d
Collarofungus　1623₄₆
collateral　側枝　566h
——— gland　粘液腺　1059e
——— vascular bundle　並立維管束　1263b
collecting chamber　1203b

—— tubule　集合管　706a
Collema　1613₁₅
Collemataceae　イワノリ科　1613₁₅
Collembola　トビムシ目, 動尾類, 弾尾類, 粘管類　1598₂₀
Collemopsidium　1610₃₆
collenchyma　厚角組織　**432**d
—— cell　厚角細胞　**432**d
collencyte　間充織性細胞　188b
Collenia　737c
colleterial gland　卵台腺, 卵胎腺, 粘液腺　**1059**e, **1204**b
Colletogloeum　1608₃₅
Colletotrichum　891c, 1618₉
colliculus caudalis　下丘　916a
—— rostralis　上丘　916a
Colligocineta　1659₄₁
Collimonas　1546₅₈
Collinia　1660₄₀
Collinsella　1538₁₈
Collinsiella　1634₂₅
collision avoidance behavior　衝突回避行動　**662**a
colloblast　膠着胞　1060d
Collocalia　1572₁₇
Collodaria　コロダリア目　1663₂₀
Colloderma　1629₁₄
Collodictyon　1552₂₄
Collodiscula　1619₄₂
colloid osmotic pressure　コロイド浸透圧　**499**c
Collosphaera　1663₂₀
Collotheca　1578₄₂
Collothecaceae　ハナビワムシ目　1578₄₂
Collozoum　1663₂₀
collum　頸節　1404e
—— dentis　歯頸　1069b
Collybia　1626₄₆
Colobognatha　ジヤスデ下綱　1593₁₄
coloboma choroideae　脈絡膜欠損　**1363**e
—— iridis　虹彩欠損　**1363**e
—— of choroid　脈絡膜欠損　**1363**e
Colobus　1575₃₈
Colocasia　1645₅₄
Cololabis　1566₃₂
Colombo, Matteo Realdo　コロンボ　**500**b
colominic acid　コロミン酸　555f
colon　結腸　857g
—— bacterium　大腸菌　**858**b
—— cancer　結腸癌　858a
colonial form　集落型　**630**b
—— theory　群体起原説　220d
—— type　集落型　**630**b
colonization　定着, 植民　**678**g, **954**a
Colonomyces　1611₃₉
colony　コロニー, 群体　**382**e, **499**e
—— formation　群体形成　382e
colony-forming units　コロニー形成単位　**499**f
colony hybridization method　コロニーハイブリッド法　**500**a
colony-stimulating factor　コロニー刺激因子　148d, **499**h
Colorado tick fever virus　コロラドダニ熱ウイルス　1519₃₉
color amblyopia　色弱　561i
—— blindness　色覚異常　**561**i
—— breaking　斑入り　**1185**f
—— change　体色変化　854d
—— contrast　色対比　862b
colorectal cancer　大腸癌　**858**a
colorless sulfur bacteria　無色硫黄細菌　55b
color-opponent neuron　色対立型ニューロン　91e
color sense　色感覚　**91**d
color-sensitive neuron　色感受性ニューロン　**91**e
color visual field　色視野　614e
Colospironympha　1630₁₉
Colossendeis　1589₁₃
Colosteus　1567₁₆
colostrum　初乳　**682**b
—— body　初乳小体　682b
Colpidium　1660₃₆

Colpoda　1660₁₁
Colpodea　コルポダ綱　1660₆
Colpodella　1661₁₅
Colpodellida　コルポデラ目　1661₁₅
Colpodida　コルポダ目　1660₁₁
Colpodidium　1660₄
Colpoma　1615₂₇
Colpomenia　1657₃₀
Colponema　1661₁
Colponemea　コルポネマ綱　1661₇
Colponemida　コルポネマ目　1661₈
Coltivirus　コルチウイルス属　1519₃₉
Coltricia　1623₅₉
Coltriciella　1624₁
Coluber　1569₂
Columba　1572₁
Columbiformes　ハト目　1572₁
columella　柱軸, 殻軸, 軸柱　**203**d, **567**g, **911**f
—— auris　耳小柱　**567**g, **911**e
—— cell　コルメラ細胞　**496**c
columellar muscle　殻軸筋　203e
column　ずい柱, 蕊柱, コラム構造　**492**a, **723**d
columnar epithelial cell　被覆柱状細胞　198d
—— epithelium　円柱上皮　663b
Columnariina　ディスフィルム亜目　1556₅₃
columnar organization　コラム構造　**492**a
column chromatography　カラムクロマトグラフィー　376b
Colus　1627₅
Colwellia　1548₄₁
Colwelliaceae　コルウェリア科　1548₄₁
Coma　1615₅
Comamonadaceae　コマモナス科　1546₅₁
Comamonas　コマモナス　**489**h, 1546₅₂
Comarocystites　1559₂₈
Comarocystitida　1559₂₈
Comartricha　1629₁₄
Comatulida　ウミシダ目　1560₂₂
comb　巣板, 鶏冠　**831**g, **919**f
—— gill　櫛鰓　346b
combination breeding　組合せ育種　443h
—— color　混合色　854d
combinatio novum　新組合せ　**692**f
combinatorics　組合せ理論　**350**d
combining ability　組合せ能力　**350**c
Combophyllum　1556₄₅
comb plate　櫛板　**346**a
Combretaceae　シクンシ科　1648₃₆
comb row　櫛板帯, 肋　346a
combustion quotient　燃焼率　471h
Comesoma　1587₂₁
Cometodendron　1659₅₂
comfort behavior　慰安行動　324d, 370e
command cell　司令ニューロン　**686**i
—— neuron　コマンドニューロン, 司令ニューロン　**489**i, **686**i
Commatiida　コマティオン目　1552₁₂
Commation　1552₁₂
Commelina　1647₇
Commelinaceae　ツユクサ科　1647₇
Commelinales　ツユクサ目　1647₆
Commelina yellow mottle virus　1518₂₃
commensalism　片利共生　**1290**f
comminator muscle　顎骨間筋　34j
commissural fiber　交連繊維　860c
—— organ　交連器官　**469**a
commissure　横連合　**162**c
commitment　コミットメント, 拘束　**453**e
common acute lymphocytic leukemia antigen　260c
—— ancestor　共通祖先　**631**b
—— cardinal vein　総主静脈　636d
—— carotid artery　総頸動脈　393b
—— carotid trunk　総頸動脈幹　393b
—— chemical sense　共通化学感覚　**321**d
—— genital duct　両性輸管　1470b
common-mediator SMAD　952d

common pili 普通線毛 819c
―― sensation 一般感覚 280e
communal breeding 共同繁殖 **321**e
communication コミュニケーション，伝達 **490**b, **971**f
―― intercellulaire 522i
community 社会集団，群集 **381**f, **615**c
community-acquired infection 市中感染 **591**a
community complex 群落集団 **383**f
―― continuum 植生連続説 **672**a
―― ecology 群集生態学 **382**e
―― gradient 群集傾度 763d
―― of soil organism 土壌生物群集 **1004**b
―― stability 群集の安定性 **382**b
―― theory 群集理論 **382**d
Comoclathris **1609**₂₁
Comovirinae コモウイルス亜科 1521₂₇
Comovirus コモウイルス属 1521₂₈
compaction コンパクション **505**h
compact substance 緻密骨 482f
companion 仲間 **1024**d
―― cell 伴細胞 **1119**h
―― species 伴生種 959f
comparative anatomy 比較解剖学 **1132**f
―― biochemistry 比較生化学 1133e
―― biology 比較生物学 **1133**f
―― cognition 比較認知論 995g
―― cognitive science 比較認知科学 995g
―― embryology 比較発生学 690g, **1133**f
―― genomics 比較ゲノム **1133**b
―― method 比較法，比較的方法，種間比較法 630f, 1133
―― modeling 比較モデリング法 **1458**g
―― morphology 比較形態学 690g, **1133**f
―― pathology 比較病理学 1170a
―― physiology 比較生理学 **1133**e
―― psychology 比較心理学 **1133**c
comparium コンパリウム 834h
compartment 区画(発生の) **345**c
compartmentalization 区画化 345c
compass 二叉骨 34j
―― plant コンパス植物 **506**a
compatibility 和合性 **1508**h
―― analysis 整合性分析 750b
compensation 補償，補償作用 175b, **1307**a
―― point 補償点 **1307**b
compensator 補正板 1285d
compensatory 代償性休止，補償性休止 278g
―― hyperfunction 代償性機能亢進 853h
―― hypertrophy 代償性肥大 **853**h
―― proliferation 代償性増殖 **853**g
competence 反応能，反応資格，応答能，適格性 **161**b
competency コンピテンシー **506**c
competent cell コンピテント細胞 80e, **506**c
competition 競争 **320**d
―― in past 過去の競争 **213**f
competitive exclusion principle 競争排除則 **321**a
―― inhibition 競争的阻害 **320**f
―― inhibitor 競争阻害剤 320f
complantation 合植 **448**d
complement 補体 **1313**l
complementary cell 添充細胞 1163c
―― chromatic adaptation 補色順化 **1307**f
―― DNA 595a
―― gene 補足遺伝子 **1313**h
―― induction 補足誘導 **1313**i
―― male 補助雄 **1308**c
complementation 相補性 44f, **833**d
―― map 相補地図 **833**f
―― test 相補性検定 **833**e
complement components 補体成分 1313l
―― fixation test 補体結合テスト **1314**b
―― receptor 補体受容体 **1314**b
―― receptor type 2 1314d
―― receptor type 3 1314d
―― system 補体系 1313l

complete adjuvant 完全アジュバント **1230**a
―― competitors 完全な競争者 **321**a
―― dominance 完全優性 **1410**a
―― flower 完備花 267e
completely uniform distribution 完全一様分布 **1252**a
complete medium 完全培地 **268**g
―― metamorphosis 完全変態 503d
―― parasitism 完全寄生 792e
―― penetrance 完全浸透度 **711**b
―― regeneration 完全再生 1146e
―― selection 完全確認 207f
―― Smith degradation 完全スミス分解 742b
Completoria **1604**₁₇
Completoriaceae コンプレトリア科 **1604**₁₇
complex 種群，複合種 **700**f
―― adaptive system 適応的システム **1242**c
―― carbohydrates 複合糖質 **1195**g
―― gradient 複合傾度 763d
Complexipes **1616**₂₂
complex lipid 複合脂質 **1195**c
―― organism 超個体 **921**c
complex-type glycan 複合型糖鎖 **1194**f
complon コンプロン 833f
composed phyllotaxis 複合葉序 1423f
Compositae キク科 1652₃₂
composite egg 複合卵 **1195**i, **1284**d
―― pharynx 複咽頭 108h
―― variety 混成品種 **502**d
compound acinar gland ブドウ状腺 **1208**f
―― alveolar gland ブドウ状腺 **1208**f
―― eye 複眼 **1193**l
―― gland 複合腺 870h
―― inflorescence 複合花序，複花序 **216**b
―― leaf 複葉 **1200**h
―― lipid 複合脂質 **1195**c
―― ovary 複子房 **581**c
―― ray 複放射組織 **1299**c
―― selection 複合確認 207f
―― spike 複穂状花序 **721**h
―― tissue 複合組織 839d
―― trichocyst 糸上毛胞 **1300**g
Compressidentalium **1581**₄₁
compression wood 圧縮あて材 18a
compromised host コンプロマイズドホスト 59e
Compsaster **1560**₃₆
Compsognathus **1570**₁₁
Compsopogon **1632**₁₃
Compsopogonales オオイシソウ目 **1632**₁₃
Compsopogonophyceae オオイシソウ綱 1632₁₂
Compsopogonopsis **1632**₁₃
computational biology 計算生物学 **387**b
computer simulation コンピュータシミュレーション 583c
COMSTOCK, John Henry コムストック **490**d
comsummatory act 完了行為 940a
ConA コンカナバリンA 1477b, **1486**b
Conacon **1663**₂₈
conalbumin コンアルブミン **1449**c
Conandron **1652**₂
conaria コナリア 1218i
concanavalin A コンカナバリンA 634c, 1184d, 1486b
concatemer コンカテマー(DNAの) **500**l
concatenate コンカテネート 500l
concave vein 凹脈 613b, 613c
concealed bud 隠芽 1426g
concealing coloration 隠蔽色 **100**a
concentrated nervous system 集中神経系 **627**d
concentric vascular bundle 包囲維管束 **1292**c
Concentricycloidea シャリンヒトデ下綱，シャリンヒトデ網，同心環綱 111d, 1561₁
conceptacle 生殖器巣 **756**f
concept of leaf-class 葉類説 **1428**d
concepts of species 種の諸概念 **644**g
concerted evolution 協調進化 871e
―― transition model 協奏転移モデル 46b
Conchellium 1665₃₄

Conchidium 1665₃₄
Conchiformibius 1547₈
conchiolin コンキオリン 458f
Conchocele 1582₁₅
Conchocelis-phase コンコセリス期 **501**g
Conchoderma 1595₄₇
conchology 貝類学 1029c
Conchomyces 1626₄₆
Conchophthirus 1660₃₁
conchospore 殻胞子 501g
condensation 圧縮 **17**e
condenser 集光器 432c
condensin コンデンシン **504**d
condensing vacuoles 濃縮空胞 494a
conditional knock out 条件付きノックアウト 657b
—— lethal 条件致死 904g
—— lethal mutant 条件致死突然変異体 657a
conditionally essential amino acid 条件付き不可欠アミノ酸, 準不可欠アミノ酸 1192d
conditional reflex 条件反射 657f
conditioned medium コンディションドメディウム **504**c
—— reflex 条件反射 657f
—— response 条件反応 485d
—— stimulus 条件刺激 657f
conditioning 条件づけ 657c
—— process 条件づけ過程 586f
conductance コンダクタンス **502**j
conducting strand 中心束 913b
conduction 伝導 971i
—— block 伝導遮断 **972**a
—— system 刺激伝導系 570e
—— with decrement 減衰伝導 971i
conductor 伝導器 922f
conduplicate 二つ折り 232h
Condylarthra 顆節目 1576₇
condyle 関節丘 **266**b
Condyloderes 1587₄₅
Condylognatha 節顎上目 1600₂₅
Condylostoma 1658₅
Condylura 1575₈
condylus occipitalis 後頭顆 784d
cone 球果, 錐体 **308**b, **723**a
—— cell 円錐細胞, 錐体細胞 723a
—— layer 錐体層 1373b
—— opsin 錐体オプシン 1503e
—— retina 錐体網膜 723a
Conexibacter 1538₃₁
Conexibacteraceae コネキシバクター科 1538₃₁
Conferticium 1625₁₈
configuration 立体配置 **1459**b
Confistulina 1626₁
conflict behavior 葛藤行動 **229**g
—— of interest 利害の対立 **1452**e
confocal laser scanning microscopy 共焦点レーザー顕微鏡 **318**c
conformation コンフォメーション **506**d
conformer 一致動物 **75**c
Confuciusornis 1570₄₀
Confuciusornithiformes コウシチョウ目 1570₃₉
congenic mouse コンジェニックマウス **501**h
congenital acholuric jaundice 先天性無胆汁色素黄疸 1421b
—— dermal melanocytosis 児斑 **604**b
Conger 1565₅₄
congestion 鬱血 **109**f
Conglomeromonas 1546₁₉
Congracilaria 1633₄₄
Congregatocarpus 1633₄₉
Congregibacter 1548₂₄
conical papilla 円錐乳頭 793c
conicyst キネトシスト **1300**g
Conidioascus 1605₄₄
Conidiobolus 1604₁₆
conidiocarp 分生子果 1249a
Conidiocarpus 1608₂₄

conidioma スポロドキア, 分生子座, 分生子果 **1249**a
conidiophore 分生子柄 **1249**b
conidiospore 分生子 **1248**f
Conidiosporomyces 1622₅₁
conidium 分生子 **1248**f
Conidophyris 1660₄₃
Coniella 1618₅₃
conifer 針葉樹 **714**g
Coniferae 球果植物 714i
Coniferales 球果植物目 1644₄₇
Coniferophyta 針葉樹類 **714**i
Coniferopsida 球果植物綱, 針葉樹綱 **714**i, 1644₄₄
coniferous forest 針葉樹林 **714**h
conifers 針葉樹類 714i
coniine コニイン **486**a
conilignosa 針葉樹林 **714**h
Coniochaeta 1618₃₅
Coniochaetaceae コニオカエタ科 1618₃₇
Coniochaetales コニオカエタ目 1618₃₃
Coniochaetidium 1618₃₆
Coniocybaceae コニオキベ科 1612₉
Coniocybe 1612₇
Coniodictyum 1622₃₅
Coniogramme 1643₃₂
Coniophora 1627₁₁
Coniophoraceae イドタケ科 1627₁₁
Conioscypha 1619₂
Conioscyphascus 1619₂
Coniosporium 1610₁₈
Coniothyrium 1609₂₈
conjoined twins 結合双生児 925i
conjugal transfer 接合伝達 **790**h
conjugant 接合体, 接合個体 789c
Conjugatae 接合藻 **790**f
conjugated auxin 結合型オーキシン **402**b
—— bile acid 抱合胆汁酸 **1295**a
—— gibberellin 複合型ジベレリン 402c
—— lipid 複合脂質 **1195**c
conjugate eye movement 共役眼球運動 323c
—— movement 共役運動 **323**c
—— nuclear division 共役核分裂 219b, 1034h
conjugation 抱合, 接合 408h, **789**b
—— tube 接合管 **789**c
conjunctiva 結膜 **407**f
Conjunctospora 1606₃₄
CONKLIN, Edwin Grant コンクリン **501**b
Connaraceae マメモドキ科 1649₂₉
Connarus 1649₂₉
connation 同類合着 229d
connectin コネクチン **486**e
connecting fiber 連結糸 **1492**d
—— filament 連絡糸 679d, **1496**a
connective 縦連合, 葯隔 **630**g, 1403₂
—— tissue 結合組織 402e
—— tissue disease 結合組織病 439c
—— tissue hair follicle 結合組織性毛囊 384a
Connersia 1607₃₅
connexin コネキシン 304d, **486**d
—— family コネキシンファミリー 304d
connexon コネクソン 304d, 486d
Conocardioida 1581₃₈
Conocardium 1581₃₈
Conocephalaceae ジャゴケ科 1637₄
Conocephalum 1637₄
Conocephalus 1599₂₃
Conochilus 1578₄₀
Conocrinus 1560₁₆
Conocybe 1625₅₀
Conocyema 1577₁₀
conocyst コノシスト **1300**g
conodont コノドント **486**g
Conodonta コノドント綱 1563₄₂
conoid コノイド 924f
Conoplea 1616₂₉
Conopophaga 1572₄₁

Conostroma 1615₂₇
Conotrema 1614₁₃
consanguineous marriage 近親婚 **337**c
consciousness 意識 **64**c
conscious selection 意識的淘汰 687g
consecutive hermaphroditism 隣接的雌雄同体現象 297c, 584h
consensual reaction 共感性反応 981i
consensus sequence コンセンサス配列, 共通配列 **502**h
conservation biology 保全生物学 **1313**d
—— ecology 保全生態学 1313g
—— genetics 保全遺伝学 1313g
conserved name 保存名 805i
—— oligomeric Golgi complex 1438c
consistency index 一致指数 **75**b
consociation コンソシエーション **502**i
consocies コンソシーズ 502i
conspecific 同種他個体 1024d
constancy phenomena 恒常現象 902e
constant field equation 定電場方程式 495i
Constellaria 1579₂₄
constitution 体質 **851**h
constitutive defense 構成的防御 1413d
—— endocytosis 構成性エンドサイトーシス **450**g
—— enzyme 構成性酵素 **450**h
—— gene 必須遺伝子 1091d
—— heterochromatin 構成性ヘテロクロマチン 1270a
—— mutation 構成的突然変異 **450**i
—— secretion 構成性分泌 **451**a
constriction 狭窄(染色体の) **317**c
—— experiment 結紮実験 **403**c
construction respiration 構成呼吸 **450**e
consumer 消費者 **664**d
consummatory behavior 完了行動 1430h
consumption coagulopathy 消費性凝固障害 405g
—— rate 摂取速度 751d
contact animals 接触性動物 477e
—— chemical sense 接触化学感覚 **791**e
—— chemoreceptor 接触化学受容器 1354d
—— dermatitis 接触皮膚炎 **792**b
—— guidance 接触指導 **791**h
contactin コンタクチン 1387a
contact inhibition 接触阻止 **791**i
—— insecticide 接触殺虫剤 540e
—— organ 接触器 159b
—— pheromone 接触フェロモン 791e, 1189c
contagion コンタギオン 1212i
contagious distribution 集中分布 1252d
—— process 伝播過程 1210b
contamination コンタミネーション **502**k
contest type 勝ち残り型 644e
context dependency 文脈依存性 1253d
contextual effect 文脈効果 1253d
—— modulation 文脈依存的修飾 **1253**d
contig コンティグ **504**b
continuous 連続継代性 523c
—— budding 連続出芽 640g
—— cropping 連作 1492j
—— cropping hazard 連作障害 1492j
—— culture 連続培養 **1495**f
—— fiber 連続糸 **1495**c
continuous-layered forest 択伐林, 連続層林 1473g
continuous model 連続モデル 514d
—— polymorphism 連続的多型 832e
—— variation 連続変異 **1495**d
continuum 植生連続説 **672**a
—— index 連続体指数 800h
Contophrya 1661₂
contour-clamped homogeneous electric-field electrophoresis 1116h
contour feather おおばね, 正羽 111g
contractile arc 収縮弧 623a
—— element 収縮要素 229h
—— protein 収縮性蛋白質 **623**e
—— ring 収縮環 **623**i

—— root 収縮根 **623**c
—— vacuole 収縮胞 **623**h
contractility 収縮性 622f
contraction 収縮 622f
—— band 収縮帯 **623**f
—— band necrosis 収縮帯壊死 623f
—— phase (of muscle) 収縮期 **623**b
—— time 収縮時間 **623**d
contracture 拘縮 **447**b
contralateral 対側性 **857**c
contrast コントラスト, 対比 **862**b
—— color 対比色 862b
control コントロール, 制御, 対照 747e, 853e
—— experiment 対照実験 853e
controlled Smith degradation 調節スミス分解 742b
controlling element model 制御因子モデル 223e
control of enzyme activity 酵素活性の調節 **453**c
Conularia 1556₇
Conulariida コヌラリア目, 小錐類 1556₂₁
Conus 1583₅₀
conus arteriosus 動脈円錐 **997**h
—— cordis 心円錐 691e
—— septum 円錐中隔 909k
conventional animal コンベンショナル動物 1368f
—— fighting 儀式的闘争 **285**c
—— PKC 1138f
convergence 収斂 630f, 835f
—— and extension 収斂伸長 **631**b
—— breeding 収束育種 350c
—— stability 収束安定性 17b
—— theory 集束の原理 512e
convergent extension 収斂伸長 **631**a
conversation 会話 **192**c
—— analysis 会話分析 192b
convexity 凸性(分類群の) **1005**d
convex vein 凸脈 613b, 613c
convivium コンヴィヴィウム 619a
Convoluta 1558₃₅
convolute 片巻き 232h
Convolvulaceae ヒルガオ科 1651₅₄
convulsion 痙攣 **394**b
convulsive diseases 痙攣性疾患 394b
Cookeina 1616₂₅
Cookella 1608₆₁
Cookellaceae クッケラ科 1608₆₁
Cooksonia 1641₄₅
Coolia 1662₄₄
Coolinia 1580₂₂
cool-temperate forest zone 冷温帯林 715d
—— zone 冷温帯 174b
Coomassie Brilliant Blue クーマシーブリリアントブルー **349**j
Coombs' test クームスのテスト **352**a
Coons' method クーンズの方法 1388a
cooperative 協同的 76b
—— behavior 協同的行動, 相互扶助行動 1458a
—— breeding 協同繁殖 321e
cooperativity 協同性 **45**f
co-option コ・オプション **469**d
coordinate caliper 座標計 982b
—— enzyme synthesis 同調的酵素合成 **990**g
coordination 協調 **321**c
Coosella 1589₈
COP 159f
COPE, Edward Drinker コープ **488**e
Copelata オタマボヤ綱, 尾虫類, 幼形類 1140g
Copepoda カイアシ亜綱 1595₁
copepodid コペポディッド **489**c
Cope's laws コープの法則 **488**i
cophenetic correlation coefficient 共表形相関係数 **322**e
—— matrix 共表形行列 322c
copia element コピア因子 1489f
Copilia 1595₁₉
copper 銅 **975**d
—— protein 銅蛋白質 **989**h

Coprinellus	1626₃₅
Coprinopsis	1626₃₆
Coprinus	1625₄₃
Coprobacillus	1544₁₅
Coprococcus	1543₃₉
coprodaeum 糞道	**1250**d
coprolite 糞石	**1249**c
coprology 化石糞学	476e
Copromyxa	1628₂₅
Copromyxida コプロミクサ目	1628₂₄
coprophagous fungi 糞生菌類	**1248**e
coprophagy 食糞	**678**d
coprophilous fungi 糞生菌類	**1248**e
coprostanol コプロスタノール	**489**a
coprosterin コプロステリン	489a
coprosterol コプロステロール	489a
co-protease コプロテアーゼ	130c
Coprothermobacter	1544₁₁
Coprotus	1615₃₂
Coptis	1647₅₈
Coptotermes	1600₉
Coptothyris	1580₃₆
copula 帯片, 結合節	1020k, 1132f
copulation 交尾, 交接, 合体, 接合, 融合	**229**c, **463**c, **789**b
copulatory bursa 交尾嚢	1284d
—— organ 交尾器官	**463**d
—— pouch 交尾嚢	**463**g
copy choice model 選択複写モデル	814h
CoQ 補酵素 Q	1418a
CoR コエンザイム R	1131g
cor 心臓	**705**g
Coraciae ブッポウソウ亜目	1572₂₇
coracidium コラシジウム	**491**f
Coraciiformes ブッポウソウ目	1572₂₄
coral サンゴ, 珊瑚	**549**i
—— community サンゴ群集	550c
Coraliomargarita	1551₁₄
Corallimorpharia ホネナシサンゴ目	1558₈
Corallimorphus	1558₈
Corallina	1633₈
Corallinales サンゴモ目	1633₈
coralline flat 磯焼け	**69**g
—— sponges 硬骨海綿類	**442**h
Corallinophycidae サンゴモ亜綱	1633₅
Corallium	1557₂₆
Corallochytrea コラロキトリウム綱	1553₄
Corallochytrida コラロキトリウム目	1553₅
Corallochytrium	1553₅
Corallococcus	1547₅₉
Corallocytostroma	1617₁₅
Coralloidiomyces	1602₄₀
Corallomycetella	1617₃₃
Corallomyxa	1628₉
coral reef サンゴ礁	**550**b
—— reef community サンゴ礁群集	550c
—— tissue サンゴ組織	480c
corazonin コラゾニン	**491**f
Corbicula	1582₁₉
Corbulopsis	1620₃₂
Cordaitales コルダイテス目	1644₄₅
Cordaites	1644₄₅
Cordana	1618₃₄
Cordella	1618₆
cord factor コードファクター	1353g
Cordobicyathus	1554₄
Cordyceps	1617₂₁
Cordycipitaceae ノムシタケ科	1617₂₁
Cordyline	1646₆₀
Cordylophora	1555₃₉
Cordylus	1568₅₂
cordylus 聴棍	670h
core コア	1315f
—— enzyme コア酵素	37c
—— histone コアヒストン	1145e
Corella	1563₂₈
Coremiella	1606₃₄
coremium コレミウム	1249b
Coreomyces	1611₄₂
corepressor コリプレッサー	1461f
core temperature 核心体温	845i
Corethrales イガクリケイソウ目	1654₄₃
Corethromyces	1611₄₃
Corethron	1654₄₃
core wood 未成熟材	**1357**b
Coriandrum	1652₄₉
Coriaria	1649₁₁
Coriariaceae ドクウツギ科	1649₁₁
Cori, Carl Ferdinand コリ	**492**c
Coriobacteriaceae コリオバクター科	1538₁₈
Coriobacteriales コリオバクター目	1538₁₆
Coriobacteridae コリオバクター亜綱	1538₁₅
Coriobacterineae コリオバクター亜目	1538₁₇
Coriobacterium	1538₁₉
Coriolopsis	1624₃₈
corium 真皮	**712**h
cork cambium コルク形成層	**493**d
cork-cortex コルク皮層	493d, 1163c
cork-tissue コルク組織	493d
corm 球茎	**309**f
cormidium 幹群	1158c
Cormophyta 茎葉植物	473d, 1453a
cormophytes 茎葉植物	1453a
cormus 茎葉体	**393**g
Cornaceae ミズキ科	1651₁
Cornales ミズキ目	1650₆₂
cornea 角膜	1373b
corneagen layer 上皮細胞層, 角膜生成層	1193l
corneal layering 層状構造	209f
—— lens 角膜レンズ, 角膜晶体	882b, 1193l
—— nipple 角膜乳頭突起	**209**f
Corner, Edred John Henry コーナー	**485**h
Corniculariella	1614₄₆
cornification 角質化	**203**g
Cornopteris	1643₅₀
cornu 角	**935**z
Cornumyces	1654₇
Cornus	1651₁
Cornuspira	1663₅₃
Cornuta スコチエキスチス目	1559₅
Cornwallius	1574₄₇
corolla 花冠	**197**b
corollary discharge 随伴発射	**725**h
Corollospora	1617₅₅
corona 冠部, 環部, 繊毛冠	111e, 298f, 473c, 1099d
—— dentalis 歯冠	1069b
coronal groove 冠溝	1099d
—— system 殻板系	922a
corona radiata 放射冠	**1296**k
coronary artery 冠動脈	**271**a
—— vein 冠静脈	**264**g
Coronatae カムリクラゲ目	1556₂₃
Coronaviridae コロナウイルス, コロナウイルス科	**499**d, 1520₅₃
Coronavirinae コロナウイルス亜科	1520₅₄
coronet cell 小冠細胞	1063h
Coronochona	1659₃₅
Coronophora	1617₃
Coronophorales コロノフォラ目	1616₅₅
Coronosphaera	1666₂₂
coronula 小冠	616f
Coronympha	1630₁₀
corpora allata アラタ体	**33**f
—— cardiaca 側心体	**836**m
—— pedunculata 有柄体	297h, 580g
—— quadrigemina 四丘体	916a
corpus 内体	177e
—— albicans 白体	**1093**b
—— album 白体	**1093**b
—— allatum アラタ体	**33**f

—— callosum	脳梁	860c
—— cardiacum	側心体	**836**m
—— cavernosum	海綿体	**188**d
—— cavernosum clitoridis	陰核海綿体	188d
—— cavernosum penis	陰茎海綿体	188d
—— ciliare	毛様体	**1395**c
corpuscula bulboidea	球状小体	353e
—— lamellosa	層板小体	1099c
—— nervorum genitalium	陰部神経小体	99c
corpuscular theory	粒子説	**1468**b
corpusculum Malpighii	マルピーギ小体	704d
—— renis	腎小体	**704**d
corpusculus tactis	触小体, 触覚棍, 触覚芽	670g
corpus geniculatum laterale	外側膝状体	**183**a
—— geniculatum mediale	内側膝状体	183a
—— glandulae	腺体	870h
—— linguae	舌体	589c
—— luteum	黄体	**160**e
—— luteum atreticum	閉鎖黄体	160e
—— luteum graviditatis	妊娠黄体, 真黄体	160e
—— luteum hormone	黄体ホルモン	**160**g
—— luteum of pregnancy	妊娠黄体	**1048**d
—— mandibulae	主部	162e
—— pineale	松果体	**656**b
—— restiforme	索状体	153b
—— spongiosum	海綿体	**188**d
—— spongiosum penis	尿道海綿体	188d
—— suprarenale	腎上体	**704**e
—— unguis	爪体, 爪板	936i
—— vitreum	ガラス体, 硝子体	1193l, 1373b
correct name	正名	89e, 1408a
correlation	対比, 相関	**822**e, **862**b
—— coefficient	相関係数	822e, 1480f
—— matrix	相関行列	307c, 728b
correlogram	コレログラム	573f
CORRENS, Carl Erich	コレンス	**499**b
corresponding plants	対応植物	**845**g
corridor	回廊	**191**f
corrinoid cofactor	コリノイド補因子	874i
corrugate	しわより	232h
Corsiniaceae	ゼニゴケモドキ科	1637₇
Cortaderia		1647₃₆
cortex	毛皮質, 皮層, 皮質, 表層	181c, 186e, 384a, 616f, 718b, 758a, 1100b, **1141**g, **1148**d
Corti, A.		495g
cortical alveoli	表層胞	**1168**c
—— bundle	皮層維管束	**1148**g
—— change of egg	卵表層変化	**1449**e
—— cord	皮索	750f
—— cytoplasm	皮質細胞質, 表層細胞質	181c
—— granule	表層粒, 表層顆粒	639b, **1168**d
—— microtubule	細胞質表層微小管	**525**e
—— protoplasm	皮質原形質	181c
—— rotation	表層回転	**1167**f
Corticiaceae	コウヤクタケ科	1623₅₀
Corticiales	コウヤクタケ目	1623₄₉
Corticium		1623₅₀
corticoid	コルチコイド	1197f
corticomedial nucleus	皮質内側核	1287f
corticosteroid	コルチコステロイド	1197f
corticosterone	コルチコステロン	365b
—— 18-monooxygenase	コルチコステロン 18-モノオキシゲナーゼ	733f
corticotropin-releasing hormone	副腎皮質刺激ホルモン放出ホルモン	**1197**e
Corticoviridae	コルチコウイルス科	1515₃₄
Corticovirus	コルチコウイルス属	1515₃₅
cortin	コルチン	1197f
cortina	くもの巣膜, コルチナ	1022c
Cortinariaceae	フウセンタケ科	1625₅₅
Cortinarius		1625₅₅
Corti's canal	コルティ溝	495g
cortisol	コルチゾル, コルチゾール	**495**d
cortisone	コルチゾン	365b
Corti's organ	コルティ器官	**495**g

CORVET		1438c
Corvus		1572₅₀
Corycaeus		1595₁₉
Corycium		**492**d
Corydalis		1647₄₇
Corylopsis		1648₁₄
Corylus		1649₂₃
corymb	散房花序	**554**b
Corymorpha		1555₃₁
Corynactis		1558₇
Corynascella		1619₇
Corynascus		1619₇
Coryne		1555₃₁
Corynebacteriaceae	コリネバクテリア科	1536₃₃
Corynebacterineae	コリネバクテリア亜目	1536₃₁
corynebacterium	コリネバクテリウム	**492**i
Corynebacterium	コリネバクテリア属	1536₃₃
Corynebacterium diphtheriae	ジフテリア菌	**606**b
coryneform bacteria	コリネフォルム細菌	492i
Corynelia		1610₅₅
Coryneliaceae	ビンタカビ科	1610₅₅
Coryneliales	ビンタカビ目	1610₅₄
Coryneliospora		1610₅₆
Corynespora		1609₁₆
Corynesporasca		1609₁₆
Corynesporascaceae	コリネスポラスカ科	1609₁₆
Coryneum		1618₅₂
Corynexochida		1588₃₈
Corynexochina		1588₃₉
Corynexochus		1588₃₉
Corynoides		1562₄₅
Corynophrya		1659₄₉
Corynoplastis		1632₂₇
Coryphodon		1575₃
Corystospermales	コリストスペルマ目	1644₂₀
Corystospermopsida	コリストスペルマ綱	1644₁₉
Corythodinium		1662₃₉
Corythoecia		1663₉
Cos2		1269c
COS cell	COS 細胞	**475**d
Coscinaspis		1663₃₁
Coscinasterias		1560₄₁
Coscinocyathus		1554₆
Coscinodiscales	コアミケイソウ目	1654₃₃
Coscinodiscophyceae	コアミケイソウ綱	1655₁₂
Coscinodiscus		1654₃₄
Cosentinia		1643₃₂
Co-SMAD		952d
Cosmarium		1636₈
cosmid	コスミド	1264h
cosmin	コズミン	113c
Cosmioneis		1655₄₄
cosmobia	相称的結合双生児	925i
cosmoid scale	コズミン鱗	113c
cosmopolitan	汎存種	**1123**g
cosmopolitic species	汎存種	**1123**g
Cosmos		1652₃₄
Cosmospora		1617₃₃
Cossura		1584₃₄
Cossurida	ヒトエラゴカイ目	1584₃₄
cost	コスト	**475**f
costa	中肋, 前縁脈, 櫛板帯, 肋, 肋骨	346a, 613c, 1427d, **1502**b
Costaceae	オオホザキアヤメ科	1647₁₈
Costal2		1269c
costal cartilage	肋軟骨	1502b
—— plates	肋板	428h
Costantinella		1616₁₀
Costaria		1657₂₄
Costertonia		1539₄₀
Costia		1631₃₃
co-stimulatory molecule	補助刺激分子	484c, **1307**g
—— molecules	補助刺激分子	1383j
—— signal	共刺激シグナル	1387a
cost of natural selection	自然淘汰のコスト	82h

―― of reproduction 繁殖のコスト **1122**a
―― of sex 有性生殖のコスト **1410**f
cosuppression 共抑制 **323**h
Cot analysis コット解析 **944**a
cotB 85f
Cotesia melanoscela bracovirus コテシアメラノセラブラコウイルス 1516₅₁
Cothurnocystis 1559₅
Cotoneaster 1648₅₈
co-transduction 同時形質導入 **983**d
cotransport 共輸送 849b, 1065e
Cotton effect コトン効果 **804**d
Cottontail rabbit papillomavirus ワタオウサギ乳頭腫ウイルス 1516₂₇
Cottus 1566₄₅
Coturnix 1571₅
Cotylea 吸盤類 1577₂₅
cotyledon 子葉, 宮阜 **653**b, **861**e
cotyledonary placenta 多胎盤胎盤 **861**e
cotylespermous seed 子葉種子 **633**d
Cotylidia 1625₃₄
Cotylorhynchus 1573₆
Cotylosauria 杯竜類 **1090**d
cotylosaurs 杯竜類 **1090**d
Couchioplanes 1537₄₀
coumarin クマリン **350**a
―― plant クマリン植物 **350**b
coumermycin クママイシン 942e, 1026i
counteradaptation 対抗適応 **677**e
countercurrent chromatography 向流クロマトグラフィー 468e
―― distribution method 向流分配法 **468**e
―― heat exchange 対向流熱交換 **849**c
―― system 対向流系 849c
―― theory 対向流理論 **849**d
counterselecting marker 逆選択遺伝子 813d
counter shading カウンターシェイディング **100**a
―― staining 対比染色 **863**a
counting chamber 血球計算板 401d
coupled economical and ecological dynamics 経済―生態結合ダイナミックス 762e
coupling 共役 **323**a
―― factor 共役因子 **323**b
courtship 求愛 **307**d
―― behavior 求愛行動 **307**d
―― feeding 求愛給餌 **307**e
cover 被度 **1154**d
coverage 被度 **1154**d
cover cell 蓋細胞 828c
―― degree 被度 **1154**d
―― glass カバーグラス **233**f
covering plate 被板 542b
cover slip カバーグラス **233**f
Cowdria 1546₂₆
Cowpea mosaic virus 1521₂₈
Cowper's gland カウパー腺 1047b
cowpox 牛痘 988a
―― virus 牛痘ウイルス **988**a
coxa 底節 290f, 953e
coxal cavity 基節腔 1200a
―― gland 基節腺 352e, 625c
―― process 脚基突起 1193k
Coxiella 1549₁₇
Coxiellaceae コキシエラ科 1549₁₇
coxopleurite 基節側板 838i
coxopodite 底節 290f, **953**e
Coxsackie virus コクサッキーウイルス **472**a
CPD solution CPD液 398e
CPE 細胞変性効果 532b
C. perfringens ウェルシュ菌 1543₂₉
CPG 914e
CpG island CpGアイランド **604**j
cPKC 1138f
cPLA₂ 細胞質PLA₂ 1311f
C. pneumoniae クラミジア肺炎菌 1540₁₇

C-protein C蛋白質 **589**h
C. psittaci オウム病病原体 1540₁₇
CPUE 単位努力当たり漁獲量 669d
CPV 細胞質多角体病ウイルス **867**f
CQ 燃焼率 471h
CR 危機的絶滅寸前種 794a
Cr 376f
CR2 1314d
CR3 1314d
CR4 1314d
CRABP 細胞内レチノイン酸結合蛋白質 530g
Crabtree effect クラブトリー効果 **355**i
Crabtreella 1545₃₃
Crambione 1556₃₀
cramp 痙攣 **394**b
Crandallia 1615₂₇
Crangon 1597₄₃
Crangopsis 1596₂₇
Crania 1580₇
cranial bones 頭蓋骨, 頭骨 976h, **982**a
―― capacity 頭蓋容量 **977**b
―― cartilage 頭軟骨 **992**d
―― flexure 脳屈曲 **1063**e
―― kinesis 頭蓋キネシス 295g
―― nerves 脳神経 **1064**f
―― nonmetric variants 形態小変異(頭蓋骨の) **391**d
Craniaspis 1663₃₁
Craniata 頭殻綱 1580₅
Craniella 1554₂₉
Craniida イカリチョウチン目, 頭殻類 1580₇
Craniiformea 頭殻亜門 1580₄
craniocaudal axis 頭尾軸 **993**a
craniocaudality 頭尾性 993a
craniometry 頭骨計測 **982**b
Craniops 1580₆
Craniopsida クラニオプス目 1580₆
craniotympanal conduction 頭蓋鼓室伝導 483a
Craniscus 1580₇
cranium 頭蓋 **976**h
Craspedacusta 1556₃
Craspedida クラスペディダ目 1553₈
Craspedodidymum 1618₂₈
craspedon 縁膜 **1205**a
Craspedosoma 1593₅₁
Craspedosomatidea トゲヤスデ亜目 1593₅₁
Craspedostoma 1583₃₂
craspedote medusa 縁膜クラゲ 353h
Crassitegula 1633₃₉
Crassoascus 1618₅
Crassochaeta 1617₂
Crassostrea 1582₅
Crassulaceae ベンケイソウ科 1648₂₃
crassulacean acid metabolism ベンケイソウ型有機酸代謝, ベンケイソウ型酸代謝 238d
Crataegus 1648₅₈
Craterellus 1623₄₁
Crateristoma 1659₄₀
Craterocolla 1625₂₂
Craterostigmomorpha ナガズイシムカデ目 1592₃₇
Craterostigmus 1592₃₇
Crateva 1649₆₀
Cratosphaerella 1618₁₀
Craurococcus 1546₁₅
Crax 1571₅
CRBP 細胞内レチノール結合蛋白質 1150a
CRC 1404m
C-reactive protein C反応性蛋白質 1313l
creatine クレアチン **370**g
―― kinase クレアチンキナーゼ **370**h
―― phosphate クレアチンリン酸 **371**a
creatinine クレアチニン 370f, 370g
creationism 創造説 1001c
creative evolution 創造的進化 **829**a
Crebricoma 1659₄₁
creeper クリーパー 104g

creeping stolon　匍匐根　824g
Cre-loxP system　Cre-loxP システム　372d
cremaster　鉤状突起　727b
cremocarp　双懸果　823k, 1254b
Cremophor EL　クレモフォア EL　1095a
Crenarchaeota　クレンアーキオータ門　372e, 1534₂
Crenothrix　1549₂₀
Crenotrichaceae　クレノトリックス科　1549₂₀
Creodonta　肉歯目　1575₄₄
Creolimax　1553₂
Creosphaeria　1619₄₃
Crepidomanes　1642₄₆
Crepidotus　1626₈
Crepis　1652₃₄
crepuscular　薄明薄暮性　181d
crescent marking　半月紋　1119c
Cresponea　1606₅₂
crest　羽冠, 鳥冠　107h, 919f
Cretaceous period　白亜紀　1092d
Creutzfeldt-Jakob disease　クロイツフェルト・ヤコブ病　743a, 1221d
CRF　副腎皮質刺激ホルモン放出因子　1197e
CRH　副腎皮質刺激ホルモン放出ホルモン　1197e
cribellar gland　篩板腺, 篩板乳　604f
cribellum　師板, 篩板　604f
——— gland　篩板腺　642c
Cribraria　1629₆
cribriform plate　師板, 篩板　604f
Cribrostomoides　1663₄₇
cribrum branchiale　鰓耙　519f
Cricetulus　1576₄₃
Cricetus　1576₄₃
Cricket paralysis virus　コオロギ麻痺ウイルス　1521₈
CRICK, Francis Harry Compton　クリック　362h
cricoid cartilage　環状軟骨　459k, 461b
Criconympha　1630₁₁
Crinalium　1541₃₅
Crinipellis　1626₁₅
Crinivirus　クリニウイルス属　1522₂₄
Crinoidea　ウミユリ綱, ウミユリ類　111e, 1559₃₁
crinoids　ウミユリ類　111e
Crinoniscus　1597₅
Crinozoa　百合形動物亜門　1559₂₆
Crinum　1646₅₆
Crinum line　ハマオモト線　1113h
Cripavirus　クリパウイルス属　1521₈
Crisia　1579₂₈
CRISPR　361a
CRISPR-associated protein　Cas 蛋白質　361a
criss-cross inheritance　十文字遺伝　1122g
crista　クリステ　1360b
——— acustica　聴櫛　921g
——— ampullaris　膨大部稜　921g
cristae　クリステ　1360b
Cristamonadea　クリスタモナス綱　1630₉
Cristamonadida　クリスタモナス目　1630₁₀
crista occipitalis　後頭稜　461a
Cristatella　1579₂₁
Cristichona　1659₃₆
Cristidiscoidea　クリスチディスコイデア綱　1601₅₅
Cristinia　1625₁₅
Cristispira　1550₁₈
Cristulariella　1615₁₃
Crithidia　1631₃₈
critical color fusion frequency　臨界色融合頻度　1221i
——— dark period　限界暗期　447a, 885e
——— day length　臨界日長　447a
——— depolarization　臨界脱分極　1472k
——— fusion frequency　臨界融合周波数, 臨界融合頻度　1221i
Critically Endangered species　危機の絶滅寸前種　794a
critical micelle concentration　臨界ミセル濃度　1473b
——— period　臨界期　1472i
——— point drying technique　臨界点乾燥法　1472l
CRM　クリム, 交叉反応物質　444c, 1355d

Croceibacter　1539₄₀
Croceicoccus　1546₃₄
Croceitalea　1539₄₀
Crocicreas　1614₅₀
Crocidura　1575₈
Crocinitomix　1539₃₆
Crocodylia　ワニ目　1569₂₀
Crocodylomorpha　ワニ形上目　1569₁₉
Crocodylus　1569₂₅
Crocosphaera　1541₂₀
Crocus　1646₅₁
Crocynia　1612₂₄
Crocyniaceae　ワタゴケ科　1612₂₄
Crohn's disease　クローン病　381a
CROIZAT, Leon　クロイツァート　372g
Cro-Magnon humans　クロマニョン人　376d
cron　690b
Cronartiaceae　クロナルチウム科　1620₂₀
Cronartium　1620₂₀
Cronobacter　1549₅
Croomia　1646₂₅
crop　嗉嚢　842i
——— gland　嗉嚢腺　842j
——— milk　嗉嚢乳　842j, 1043a
crops　作物　537f
crop science　作物学　537g
cross　交雑　443g
——— adaptation　交叉適応　444b
Crossaster　1560₄₃
cross breeding　交雑育種　443h
cross-bridge　架橋　199a
crossed extension reflex　交叉伸展反射　443e
——— resistance　交絡抵抗　444b
——— sensitization　交絡感作　444b
cross-feeding　栄養共生　121a
cross-fertilization　他家受精, 他殖　867h, 872e
Crossiella　1537₅₈
cross immunity　交叉免疫　444b
cross-incompatibility　交雑不和合性　444a
crossing　交配　462c
crossing-over　交叉　442j
——— suppression　交叉抑制　302a
——— suppressor　交叉抑制因子　444d
——— unit　交叉単位　443f
——— value　乗換え価, 交叉価, 交叉率　442j
crosslink　架橋　199a
crosslinking reagent　架橋試薬　199b
Crossognathiformes　クロソグナタス目　1566₁
Crossognathus　1566₁
Crossopsora　1620₂₄
Crossosomatales　クロッソソマ目, ミツバウツギ目　1648₃₂
Crossota　1556₇
cross-pollination　他家受粉, 他花受粉　560c, 867h
cross presentation　クロスプレゼンテーション　373b
——— protection　干渉効果　263d
——— reacting material　交叉反応物質　444c
——— reactivation　交雑再活性化　443i
——— resistance　交叉抵抗性　540f
——— section　横断切片　793f
cross-specialization　交叉特殊化　1396i
cross-sterility　交雑不稔, 他家不稔性　444a, 1209g
cross-striated muscle　横紋筋　161i
cross striation　横紋　161h
——— tolerance　交叉耐性　444b
——— vein　横脈　613b, 613c
Crotalia　1622₄
crotalotoxin　クロタロトキシン　1273d
Crotalus　1569₃₈
Croton　1649₃₈
crotoxin　クロトキシン　1273d
Crouania　1633₄₉
crowding effect　こみあい効果　490a
CROW, James Franklin　クロー　372f
crown　冠部, 樹冠, 歯冠　111e, 631c, 1069b
——— density　鬱閉度　1473e

―― gall クラウンゴール **353**g
crozier 鉤形構造 197d
―― formation 鉤形形成 **197**d
CRP 環状 AMP 受容蛋白質 262j
CRP55 カルレティキュリン 248f
Crucella 1621₁₂
Cruciferae アブラナ科 1650₁
Cruciplacolithus 1666₂₃
crude birth rate 粗出生率 642f
―― death rate 粗死亡率 611e
―― density 粗密度 478b
―― drugs 生薬 1403h
crumb structure 団粒構造 **896**k
Crurotarsi クルロタルシ亜区 1569₁₇
crus cerebri 大脳脚 916a
―― medullocerebellare 髄小脳脚 153b
crust 痂皮 **234**c
Crustacea 甲殻亜門, 甲殻類 **432**c, 1594₁₉
crustacean hyperglycemic hormone 血糖上昇ホルモン **407**c
crustaceans 甲殻類 **432**f
Crustodontia 1624₉
Crustoidea ホルモグラプツス目 1562₄₂
Crustomastix 1634₁₁
Crustomyces 1624₁₀
CRY-1 1666₂
Cryobacterium 1537₂₂
cryobiology 低温生物学 **949**h
cryobiosis クリオビオシス 363f
Cryocaligula 1615₂₉
cryoconite hole クリオコナイトホール 793d
Cryomonadida クリオモナディダ目 1665₁₉
Cryomorpha 1539₃₆
Cryomorphaceae クリモルファ科 1539₃₆
cryophilic algae 好冷藻 1h
cryophyton 好冷藻 1h
cryoprotectant クリオプロテクタント, 凍害防御物質, 抗凍結物質 460b, **977**a
cryoprotective agent 抗凍結物質 460b
cryostat クリオスタット 1353b
Cryothecomonas 1665₁₉
cryo-ultramicrotome 凍結ウルトラミクロトーム 112f, 1353b
Cryphaeaceae イトヒバゴケ科 1641₉
Cryphonectria 1618₄₁
Cryphonectriaceae クリフォネクトリア科 1618₄₀
Cryphonectria hypovirus 1 1522₃₂
Cryphonectria mitovirus 1 1522₄₁
Crypsinus 1644₁
crypt 陰窩 653h
crypta 陰窩 653h
Cryptadelphia 1616₄₃
Cryptanaerobacter 1543₄₄
Cryptendoxyla 1619₄
Crypthecodinium 1662₄₄
Crypthelia 1555₃₉
cryptic coloration 隠蔽色 **100**a
―― enzyme 潜在酵素 **804**f
―― female choice 1078l
Crypticola 1654₁, 1654₈
cryptic prophage クリプティックプロファージ, 陰性プロファージ 363c
―― species 隠蔽種 644g
Cryptobacterium 1538₁₉
Cryptobasidiaceae クリプトバシジウム科 1622₃₅
Cryptobasidium 1622₃₆
Cryptobia 1631₃₆
cryptobion 隠蔽生物 1287i
cryptobiosis クリプトビオシス **363**f
Cryptobranchoidea サンショウウオ亜目 1567₄₁
Cryptobranchus 1567₄₁
Cryptocaryon 1660₁₅
Cryptocelles 1589₄₁
Cryptochilum 1660₂₇
Cryptochiton 1581₂₉
Cryptochlora 1664₄₉

cryptochrome クリプトクロム **363**d
Cryptoclidus 1568₃₃
Cryptococcus 1623₃, 1623₁₇
Cryptodiaporthe 1618₄₅
Cryptodictyon 1613₈
Cryptodifflugia 1628₂₈
Cryptodira 潜頸亜目 1568₂₀
Cryptodiscus 1614₁₃
Cryptofilida クリプトフィリダ目 1665₇
crypt of Lieberkühn リーベルキューン腺 923g
Cryptogamae 隠花植物 **92**f
Cryptogamia 隠花植物 **92**f
cryptogamic botany 隠花植物学 674e
cryptogamous plants 隠花植物 **92**f
cryptogams 隠花植物 **92**f
Cryptogemmida 内生胚目 1659₃₅
Cryptoglena 1631₂₄
Cryptognathus 1590₃₉
Cryptogramma 1643₃₃
Cryptograptus 1562₄₇
Cryptolechia 1614₆
cryptomedusoid 隠クラゲ様体 602g
Cryptomeria 1645₆
cryptometaboly 隠変態 503d
Cryptometrion 1618₄₁
Cryptomonadales クリプトモナス目 1666₆
cryptomonads クリプト植物 363e
Cryptomonas 1666₆
Cryptomyces 1615₂₈
Cryptomycocolacaceae クリプトミココラクス科 1621₄₄
Cryptomycocolacales クリプトミココラクス目 1621₄₃
Cryptomycocolacomycetes クリプトミココラクス綱 1621₄₂
Cryptomycocolax 1621₄₄
Cryptomycota クリプト菌門 1602₃
Cryptomys 1576₅₄
Cryptonemia 1633₃₅
Cryptonemiales カクレイト目 1633₃₄
Cryptoniesslia 1617₄₁
Cryptoperidiniopsis 1662₃₂
Cryptopharynx 1658₂
Cryptophiale 1618₂₉
Cryptophialus 1595₄₁
Cryptophyceae クリプト藻綱 363e, 1666₅
Cryptophyta クリプト植物門 363e, 1666₁
cryptophyte 地中植物 **905**i
cryptophytes クリプト植物 363e
Cryptoplax 1581₂₉
Cryptopneustida クモ上綱 1589₂₇
Cryptoporus 1624₃₈
Cryptops 1592₃₉
cryptorchidism 精巣潜伏 760f
cryptorchism 精巣潜伏 760f
Cryptosphaerina 1619₃₃
Cryptosporangiaceae クリプトスポランギウム科 1536₄₅
Cryptosporangium 1536₄₅
Cryptosporidium 1661₁₈
Cryptosporidium parvum virus 1 クリプトスポリジウムパルバムウイルス1 1519₂₂
Cryptosporiopsis 1614₄₈
Cryptostomata 陰口目 1579₂₆
Cryptotaenia 1652₄₉
Cryptothecia 1606₅₀
Cryptotrichosporon 1623₁₉
Cryptotympana 1600₃₃
Cryspovirus クリスポウイルス属 1519₂₂
crystal cell 結晶細胞 **404**b
crystalliferous cell 結晶細胞 **404**b
crystallin クリスタリン **360**c
crystalline cone 円錐晶体, 水晶錐体, 錐状晶体 1193l
―― cone thread 円錐晶体糸 926c
―― lens 水晶体 1494f
―― style 晶桿体 **656**d
crystallocyst クリスタロシスト 1300g
crystalloid 結晶体 895g
csd 748c

CSF	コロニー刺激因子, 細胞分裂抑制因子 148d, 499h, 531e	Cudoniaceae	ホテイタケ科 1615₂₆
CSP	低温ショック蛋白質 949g	Cudoniella	1614₅₀
C-S-R triangle	C-S-R 三角形 353a	CUÉNOT, Lucien Claude Jules Marie キュエノ 315c
Ctedectoma	1660₃₁	Culcita	1560₅₂, 1643₁₄
Ctenacanthiformes	クテナカントゥス目 1564₃₉	Culcitaceae	クルキタ科 1643₁₄
Ctenacanthus	1564₃₉	Culex	1601₂₁
Ctenacarus	1590₅₄	── nigripalpus nucleopolyhedrovirus クレックスニギリパルプス核多角体病ウイルス 1515₂₉
Ctenaria	櫛板類 594b		
Ctenaria	1555₃₂	Culicoides	1601₂₁
ctenidial axis	鰓軸 346b	cultivar	品種 1178a
ctenidium	櫛鰓 346b	cultivation	栽培 519g
Ctenis	1644₃₂	── test	培養検査 1089j
Ctenitis	1643₅₅	cultural anthropology	文化人類学 716b
Ctenocephalides	1601₁₈	── behavior	文化的行動 1243b
Ctenocheles	1597₅₁	── control	耕種的防除 1164g
Ctenocystida	テノキスチス目 1559₂	── evolution	文化進化 1242c
Ctenocystis	1559₂	── evolutionism	文化進化論 1242c
Ctenocystoidea	1559₁	── transmission	文化伝播 972h
Ctenodactylomorphi	グンディ形下目 1576₅₁	culture	培養, 文化, 栽培 519g, 1089i, 1241e
Ctenodactylus	1576₅₁	── collection	カルチャーコレクション, 菌株保存機関 287d, 770e
Ctenodiscus	1560₄₉		
Ctenodrilida	クシイトゴカイ目 1585₁₄	cultured cell	培養細胞 1089k
Ctenodrilus	1585₁₄	── somatic cells	培養体細胞株 1090a
ctenoid scale	櫛鱗 113c, 442i	culture gene	文化遺伝子 1362b
Ctenolepisma	1598₃₂	── in vitro	体外培養, ガラス器内培養 92b, 181g, 840h
Ctenomyces	1611₁₅	── in vivo	体内培養, 生体内培養 592g, 840h
Ctenomys	1576₅₄	── medium	培地 1084g
Ctenophora	有櫛動物, 有櫛動物門, 有櫛類 594b, 1408g, 1558₁₅	── solution	培養液 720b
		Cumacea	クーマ目 1597₂₂
ctenophores	有櫛動物 1408g	Cumathamnion	1633₅₀
ctenophore theory	クシクラゲ起源説 346c	Cumminsiella	1620₃₂
Ctenoplana	1558₂₄	Cumminsina	1620₄₂
Ctenopteris	1644₁	cumulative growth curve	累積増殖曲線 1481c
Ctenopteryx	1583₁₃	Cumulospora	1619₂₁
Ctenostomata	櫛口目 1579₃₁	cumulus oophorus	卵丘 1444b
Ctenothrissa	1566₂₂	Cunaxa	1590₂₂
Ctenothrissiformes	テノスリッサ目 1566₂₂	Cuniculitrema	1623₉
C-terminal analysis	C末端分析 248a	Cuniculitremaceae	クニクリトレマ科 1623₉
C. tetani	破傷風菌 1543₂₉	Cunina	1556₁₀
CTL	キラーT細胞, 細胞傷害性T細胞 330f, 1388e	Cunninghamella	1603₃₆
CTP	590f	Cunninghamellaceae	クスダマカビ科 1603₃₆
C. trachomatis	トラコーマ病病原体 1540₁₈	cup	つぼ, 尊部 208a, 885a
C type particle	C型粒子 1489c	Cupes	1600₅₁
CTZ	化学受容引き金帯 160i	Cupiennius	1592₁₉
Cu	肘脈, 銅 613c, 975d	cup method	カップ法 436j
cubical epithelium	立方上皮 663b	Cupressaceae	ヒノキ科 1645₆
cubital remiges	腕羽 935i	Cupressinocladus	1644₄₈
cubitus	肘脈 613b, 613c	Cupressus	1645₆
Cubitus interruptus	1269c	Cupriavidus	1546₄₈
cubomedusa	立方クラゲ 353h	cup-shaped organ	杯状器官 856b
Cubomedusa	立方クラゲ類 1095e	cupula	クプラ, 殻斗 206h, 921g
Cubomedusae	アンドンクラゲ目 1556₁₅	cupule	殻斗 206h
Cubozoa	箱虫綱, 箱虫類 1095e, 1556₁₄	curare	クラーレ 357a
cubozoans	箱虫類 1095e	Curculigo	1646₅₀
CUC	644b	Curculio	1601₇
CUC2	1025f	Curculioides	1589₃₉
Cucujiformia	ヒラタムシ下目 1601₆	Curcuma	1647₁₉
Cucujus	1601₇	curcumin	クルクミン 364d
Cuculiformes	ホトトギス目 1572₉	Curimostoma	1660₃₆
cucullaris muscles	僧帽筋群 1064f	curing	プロファージの除去 331a
Cuculus	1572₉	current-rip	潮目 558b
Cucumaria	1562₂₅	current-voltage relationship	電流電圧曲線 973g
Cucumber mosaic virus	キュウリモザイクウイルス 1522₁₁	CURTIS, William	カーチス 226f
cucumber mosaic virus	キュウリモザイクウイルス 315a	Curtobacterium	1537₂₂
Cucumibacter	1545₃₇	Curtovirus	クルトウイルス属 557c, 1517₄₅
Cucumis	1649₁₂	curvature movement	屈曲運動 348e
Cucumovirus	ククモウイルス属 1522₁₁	curved DNA	彎曲 DNA 1510e
Cucurbita	1649₁₂	Curvibacter	1546₅₂
Cucurbitaceae	ウリ科 1649₁₂	Curvibasidium	1621₁₂
Cucurbitales	ウリ目 1649₁₀	Curvularia	1609₅₄
Cucurbitaria	1609₁₇	Cuscuta	1651₁₂
Cucurbitariaceae	ムレタマカビ科 1609₁₇	Cushing syndrome	クッシング症候群 482g
cucurbitin	ククルビチン 634c	cushion	中褥 820e
Cudonia	1615₂₆	── of fat	皮下脂肪 1134c
		── plants	団塊植物 881f

Cushmanina 1664₁	Cyanthillium 1652₃₄
CUSHMAN, Joseph Augustine カッシュマン 227h	Cyathaxonia 1556₄₅
cusp 咬頭, 歯尖 585g, 1069b	Cyathea 1643₁₇
Cuspidaria 1582₂₅	Cyatheaceae ヘゴ科 1643₁₇
Custingophora 1616₄₈	Cyatheales ヘゴ目 1643₁₁
customer カスタマー 825e	Cyathelia 1557₅₄
cutaneous basophil hypersensitivity 好塩基球性皮膚過敏反応 684c	Cyathidium 1560₁₄
── cancer 皮膚がん 1318b	cyathium 杯状花序 1081c
── gland 皮膚腺 1160g	Cyathobodo 1653₁₅
── muscle 皮筋 1138e	Cyathocrinida 1559₃₆
── respiration 皮膚呼吸 1160d	Cyathocrinites 1559₃₆
── sense 皮膚感覚 1160a	Cyathocystis 1561₃₀
cuticle クチクラ 347a	Cyathodiaceae ヒカリゼニゴケ科 1637₅
── of root sheath 根鞘小皮 384a	Cyathodinium 1659₅₂
cuticular border クチクラ縁 347b, 539e	Cyathodium 1637₅
cuticularization クチクラ化 347a	Cyatholaimus 1588₁₄
cuticular transpiration クチクラ蒸散 658c	Cyathomonadea シアソモナス綱 1666₃
cuticulated epithelium クチクラ上皮 347c	Cyathomonas 1666₄
cuticulin クチクリン 347d	Cyathophorum 1640₃₅
── layer クチクリン層 347d	Cyathophyllina キアトフィルム亜目 1556₅₄
cutin クチン 348c	Cyathophyllum 1556₅₄
cutinization クチン化 348d	Cyathura 1596₄₆
Cutleria 1657₄₄	Cyathus 1625₄₃
Cutleriales ムチモ目 1657₄₄	cybernetics サイバネティクス 520b
cuttage 挿木 538d	Cybister 1600₅₃
cutting 挿木, 挿穂, 穂木 538d	cybrid サイブリッド, 細胞質雑種, 細胞質雑種細胞 511g, 525b
CUVIER, Georges Léopold Chrétien Frédéric Dagobert キュヴィエ 307g	Cycadaceae ソテツ科 1644₃₃
Cuvierian duct キュヴィエ管 636d	Cycadales ソテツ目 1644₃₁
── organ キュヴィエ器官 307h	Cycadeoidales キカデオイデア目 1644₂₈
── principle キュヴィエの原則 307g	Cycadeoidea 1644₂₈
── tubules キュヴィエ器官 307h	Cycadeoidella 1644₂₈
Cuvier's organ キュヴィエ器官 307h	Cycadeoidopsida キカデオイデア綱 1644₂₇
CV-1 475d	Cycadophyceae ソテツ類 842h
C value C値 590a	Cycadophytes ソテツ類 842h
── value paradox C値パラドックス 590a	Cycadopsida ソテツ綱, ソテツ類 842h, 1644₃₀
CVF コブラ毒因子 1313l	Cycas 1644₃₃
Cyamus 1597₁₉	cycasin サイカシン 1102b
Cyanea 1556₂₆	Cycladophora 1663₁₃
cyanelle シアネレ 555b	Cyclammina 1663₄₇
cyanide シアン化物 555h	Cyclaneusma 1614₃₀
── insensitive respiration シアン耐性呼吸 555i	Cyclanthaceae パナマソウ科 1646₂₆
cyanide-resistant respiration シアン耐性呼吸 555i	cycle サイクル 776g
cyanide sensitive respiration シアン感受性呼吸 555i	Cyclemys 1568₂₂
Cyanidiales イデユコゴメ目 1632₈	cycle of matter 物質循環 1206d
Cyanidiophyceae イデユコゴメ綱 1632₇	Cyclestheria 1594₃₇
Cyanidiophytina イデユコゴメ亜門 1632₆	Cyclestherida キクレステリア亜目 1594₃₇
Cyanidioschyzon 1632₈	cyclic adenosine 3′, 5′-monophosphate 環状 AMP 510b
Cyanidium 1632₈	cyclical translocation 循環転座 969f
Cyanobacteria シアノバクテリア門, 藍色細菌門 1445j, 1541₁₈	cyclic AMP 環状 AMP 262i
cyanobacteria シアノバクテリア, 藍色細菌 1445j	── AMP receptor protein 環状 AMP 受容蛋白質 262j
Cyanobacterium 1541₂₁	── electron transport 循環的電子伝達 651d
Cyanobium 1541₂₁	── flower 輪生花 239e
Cyanochyta 1617₃₄	── GMP 環状 GMP 510c
cyanocobalamin シアノコバラミン 487e	── nucleotide 環状ヌクレオチド 1050d
Cyanodictyon 1541₂₁	3′, 5′-cyclic-nucleotide phosphodiesterase 環状ヌクレオチドホスホジエステラーゼ 510b
cyanogenetic plant シアン発生植物 556a	cyclic peptide 環状ペプチド 1466h
cyanogenic plant シアン発生植物 556a	── photophosphorylation 循環的光リン酸化 468g
cyanoglycoside シアン配糖体 556c	── respiration 不連続呼吸 1229f
cyanome シアノーム 555b	── single stranded DNA 環状一本鎖 DNA 800d, 1179b
Cyanonectria 1617₃₃	── succession 循環遷移 305c, 799c
Cyanophomella 1617₃₄	Cyclidiopsis 1631₂₄
Cyanophora 1632₁	Cyclidium 1660₃₁
Cyanophorales シアノフォラ目 1632₁	cyclin サイクリン 510d
Cyanophyta 藍色植物門 1445j	── B-Cdc2 kinase サイクリン B–Cdc2 キナーゼ 511a
Cyanoporina 1607₃₇	── B-CDK1 サイクリン B–CDK1 511a
cyanopsin サイアノプシン 605g	── box サイクリンボックス 510d
Cyanoptyche 1632₂	cyclin-dependent kinase 595b
Cyanosarcina 1541₂₁	Cycliophora 有輪動物門 1579₁₅
cyanose チアノーゼ 898a	cyclitol シクリトール 569c
cyanosis チアノーゼ 898a	Cyclobacteriaceae シクロバクテリア科 1539₁₉
Cyanospira 1541₃₀	Cyclobacterium 1539₂₀
Cyanothece 1541₂₁	Cycloclasticus 1549₅₅
	Cyclocystoidea 円盤綱 1561₂₅

Cyclocystoides 1561₂₅
cyclohepta trienolon シクロヘプタトリエノロン 1017c
cycloheximide シクロヘキシミド **569**e
cycloid scale 円鱗 113c, 442i
Cyclojoenia 1630₁₁
cyclomorphosis 形態輪廻 **391**i
Cyclonexis 1656₂₁
cyclo oxygenase シクロオキシゲナーゼ 1231d
Cyclopeltella 1607₅₆
Cyclopeltis 1607₅₆, 1643₆₈
cyclopentanoperhydrophenanthrene シクロペンタノペルヒドロフェナントレン炭素骨格 732g
cyclopeptide 環状ペプチド 1466h
cyclophilin シクロフィリン 1274a
Cyclophora 1655₂₇
Cyclophorales シンツキケイソウ目 1655₂₇
Cyclophorus 1583₃₆
cyclophosphamide シクロホスファミド 1390d
Cyclophthalmus 1591₄₆
cyclopia 単眼, 単眼奇形 **882**b, **882**c
Cyclopoda キクロプス目, ケンミジンコ類 1595₁₀
cyclopoid larva キクロプス型幼虫 1282h
Cycloposthium 1659₁₃
Cyclops 1595₁₀
cyclops キクロプス 489c
Cyclopyge 1588₃₅
Cyclopygoidea 1588₃₅
Cyclorhagida キョクヒチュウ類, 円盾目 1587₄₄
Cyclosa 1592₁₉
Cyclosalpa 1563₁₉
Cyclospora 1661₃₂
cyclosporin シクロスポリン **569**d
Cyclostomata 円口綱, 円口類 **152**c, 1563₃₉
cyclostomes 円口類 **152**c
Cyclotella 1654₅₃
Cyclothyrium 1609₁₉
Cyclotrichiida シクロトリキイダ目 1659₈
Cydia pomonella granulovirus コドリンガ顆粒病ウイルス 1515₂₅
cydippid 1408g
Cydippida フウセンクラゲ目 1558₂₂
cydippid larva 風船クラゲ型幼生 **1186**f
Cygnus 1571₁₂
cylinder plate method 円筒平板法 436j
Cylindrobasidium 1626₂₇
Cylindrocapsa 1635₃₅
Cylindrocarpon 1617₃₄
Cylindrochytridium 1602₂₅
Cylindrocladiella 1617₃₃, 1617₃₈
Cylindrocladium 1617₃₁
Cylindrocystis 1636₆
Cylindrospermopsis 1541₃₁
Cylindrospermum 1541₃₁
Cylindrosporella 1618₄₅, 1618₄₆, 1618₄₇
Cylindrosympodium 1610₉
Cylindrotheca 1655₅₂
Cylindrotrichum 1618₂₉
Cyllamyces 1603₁₄
Cymathaera 1657₂₄
Cymatoderma 1624₂₅
Cymatopleura 1655₅₇
Cymatosira 1655₁
Cymatosirales オビダマシケイソウ目 1655₁
cymba conchae 耳甲介艇 180h
Cymbaeremaeus 1591₂
Cymbaloporella 1664₈
Cymbella 1655₃₆
Cymbellales クチビルケイソウ目 1655₃₆
Cymbidium 1646₄₁
Cymbomonas 1634₃
Cymbopleura 1655₃₇
Cymbopogon 1647₃₆
Cymbospondylus 1568₂₇
Cymbulia 1584₁
cyme 集散花序 **622**b

Cymodoce 1596₅₀
Cymodocea 1646₁₃
Cymodoceaceae シオニラ科 1646₁₃
Cymopolia 1634₄₅
Cynanchum 1651₄₇
cynarrhodion バラ状果 **1115**a
Cynips 1601₄₈
Cynocephalus 1575₂₀
Cynodontia キノドン亜目, 犬歯類 **422**d, 1573₂₉
cynodonts 犬歯類 **422**d
Cynoglossus 1566₆₀
Cynognathia キノグナトゥス下目 1573₃₀
Cynognathus 1573₃₀
Cynops 1567₄₅
Cynopterus 1575₁₂
CYP 600e
Cypassis 1663₁₅
Cyperaceae カヤツリグサ科 1647₂₉
Cyperus 1647₂₉
Cyphelium 1613₃₆
Cyphellaceae フウリンタケ科 1625₅₇
Cyphella 1625₅₇
Cyphellophora 1610₂₀
Cyphellostereum 1625₃₄
Cyphoderia 1665₄₁
cyphonautes キフォノーテス, キフォナウテス **298**f
——— larva キフォナウテス幼生, サイフォノーテス幼生 473c
Cyphophthalmi ダニザトウムシ亜目 1591₁₆
Cypovirus サイボウイルス属 1519₃₈
Cypovirus 1 サイボウイルス 1 1519₃₈
Cypraea 1583₄₂
Cypridina 1596₉
cypridopathy 性病 **770**c
Cypridopsis 1596₁₄
Cyprinid herpesvirus 3 コイヘルペスウイルス 3 1514₄₅
Cypriniformes コイ目 1566₅
cyprinine シプリニン 1232d
Cyprinivirus シプリニウイルス属 1514₄₅
Cyprinodontiformes カダヤシ目 1566₃₄
Cyprinus 1566₅
Cypripedium 1646₄₁
cypris キプリス **299**d
Cyproniscus 1597₅
cypsela 菊果 822b
Cypselurus 1566₃₂
Cyptodotopsis 1641₉
Cyptotrama 1626₂₈
Cyrenella 1620₅₄
Cyrtia 1580₃₂
Cyrtina 1580₃₃
Cyrtocaryum 1660₄₀
Cyrtoclymenia 1582₅₁
Cyrtocrinida マガリウミユリ目 1560₁₄
Cyrtocrinus 1560₁₄
cyrtocyst シルトシスト 1300g
Cyrtograptus 1562₅₀
Cyrtolophosidida シルトロフォシス目 1660₁₀
Cyrtolophosis 1660₁₀
Cyrtomium 1643₅₅
Cyrtonella 1581₃₃
Cyrtophoria シルトフォリア亜綱 1659₂₅
Cyrtophoron 1659₂₇
cyrtopia キルトピア **331**d
cyrtopodocyte 籠足細胞 **213**b
cyrtos シルトス, 梁器 521a
Cyrtosia 1646₄₂
Cys 582e
cyst シスト, 嚢子, 嚢胞 290d, **583**f, **1066**c
Cystammnia 1663₄₇
Cystangium 1625₁₃
cystathionase シスタチオナーゼ, シスタチオニン開裂酵素 **581**e
cystathionine シスタチオニン **581**d
——— γ-lyase シスタチオニン γ-リアーゼ 901k

cysteamine システアミン 1298c
cysteic acid システイン酸 582f
cysteine システイン 582e
cysteine-aspartic acid protease 220e
cysteine desulfhydrase システインデスルフヒドラーゼ，システイン脱硫化水素酵素 582i
—— protease システインプロテアーゼ 582j
—— sulfinate decarboxylase システインスルフィン酸脱カルボキシル酵素 582h
—— sulfinic acid システインスルフィン酸 582g
cysteine-type carboxypeptidase システインタイプカルボキシペプチダーゼ 582j
Cysticamara 1562₄₁
cystic duct 胆嚢管 1417b
cysticercoid キスチケルコイド，シスチセルコイド，擬囊尾虫 297f
cysticercus 嚢尾虫 1066a
cystic follicle 卵胞嚢胞，嚢状卵胞 1064d
cystid 虫室 912b
cystidian システジアン 582a
cystidiole システジオール，小嚢状体 1064b
Cystidiophorus 1624₃₈
cystidium 嚢状体 1064b
cystine シスチン 582b
cystinosis シスチン蓄積症 582c
cystinuria シスチン尿症 582d
Cystiphylloidea スリッパサンゴ目 1556₃₆
Cystiphyllum 1556₃₆
cyst membrane 包嚢 1303a
Cystoagaricus 1626₃₆
Cystoathyrium 1643₃₇
Cystobacter 1547₅₇
Cystobacteraceae シストバクター科 1547₅₇
Cystobacterineae シストバクター亜目 1547₅₆
Cystobasidiaceae フクロタンシキン科 1620₅₆
Cystobasidiales フクロタンシキン目 1620₅₅
Cystobasidiomycetes フクロタンシキン綱 1620₅₃
Cystobasidiopsis 1621₃
Cystobasidium 1620₅₆
cystocarp 嚢果 237k
Cystocoleus 1608₄₃
Cystoderma 1625₄₃
Cystodermella 1625₄₄
Cystodiaceae キストディウム科 1643₂₄
Cystodinium 1662₄₄
Cystodium 1643₂₄
Cystofilobasidiaceae キストフィロバシジウム科 1622₅₇
Cystofilobasidiales キストフィロバシジウム目 1622₅₅
Cystofilobasidium 1622₅₇
Cystogloea 1620₂
Cystoidea 海リンゴ類 111f
cystoids 海リンゴ類 111f
Cystoisospora 1661₃₂
cystolith 鐘乳体 404b, 903i
Cystomyces 1620₄₂
Cystopage 1604₃₂
Cystoporata 胞孔目 1579₂₄
Cystopsora 1620₂
Cystopteridaceae ナヨシダ科 1643₃₇
Cystopteris 1643₃₇
Cystoseira 1657₄₇
Cystosporogenes 1602₈
Cystostereaceae キストステレウム科 1624₁₀
Cystostereum 1624₁₀
Cystotheca 1614₃₆
Cystoviridae シストウイルス科 1519₁₃
Cystovirus シストウイルス属 1519₁₄
cyst wall シスト壁 583f
cytaea キテア 220d
Cytaeis 1555₃₉
cytarabine シタラビン 1390d
cytaster 細胞質星状体 755i
Cytauxzoon 1661₃₈
Cythereis 1596₁₄
Cytherella 1596₁₃

Cytidia 1623₅₀
cytidine シチジン 590e
—— diphosphate glycerol シチジン二リン酸グリセロール 590g
—— diphosphate ribitol シチジン二リン酸リビトール 590h
—— monophosphate シチジン一リン酸 590d
—— monophosphate *N*-acetylneuraminic acid, CMP-NeuAc シチジン一リン酸-*N*-アセチルノイラミン酸 992f[表]
—— triphosphate シチジン三リン酸 590f
cytidylic acid シチジル酸 590d
cytoarchitecture 細胞構築学 524a
cytocalbin サイトカルビン 248d
cytochalasin B サイトカラシン B 518d
cytochemistry 細胞化学 522b
cytochrome シトクロム 597k
—— *a* シトクロム *a* 598a
—— *a*₁ シトクロム *a*₁ 598b
—— *a*₃ シトクロム *a*₃ 598c
—— (*a*+*a*₃) complex シトクロム(*a*+*a*₃)複合体 598d
—— *b* シトクロム *b* 598e
—— *b*₂ シトクロム *b*₂ 599a
—— *b*₅ シトクロム *b*₅ 599b
—— *b*₅₅₉ シトクロム *b*₅₅₉ 599d
—— *b*₆ シトクロム *b*₆ 599c
—— *b*₆*f* complex シトクロム *b*₆*f* 複合体 599f
—— *bc*₁ complex シトクロム *bc*₁ 複合体 599e
—— *c* シトクロム *c* 599g
—— *c*₁ シトクロム *c*₁ 599h
—— *c*₆ シトクロム c₆ 599i
—— *c* oxidase シトクロム *c* 酸化酵素 600a
—— *c* peroxidase シトクロム *c* ペルオキシダーゼ 600b
—— *f* シトクロム *f* 600c
—— *o* シトクロム *o* 600d
—— oxidase シトクロム酸化酵素 10j
—— P450 シトクロム P450 600e
—— reductase シトクロム還元酵素 137e
cytodiagnosis 細胞診 527a
cytoduction 細胞質導入 525d
cytofertilizin 638b
cytogamy サイトガミー 533c
cytogenetics 細胞遺伝学 520i
cytogenous gland 細胞生成腺 799a
cytogony 細胞生殖 755j
cytokeratins サイトケラチン 200g
cytokine サイトカイン 518b
—— receptor サイトカイン受容体 518c
cytokinesis 細胞質分裂 525g
cytokinin サイトカイニン 518a
cytological map 細胞学的地図 808h
cytologic diagnosis 細胞診 527a
cytology 細胞学，細胞診 522c, 527a
cytolysis 細胞崩壊 532c
cytomegalic inclusion disease 先天性巨細胞封入体症 519b
Cytomegalovirus サイトメガロウイルス，サイトメガロウイルス属 519b, 1514₆
cytopathic effect 細胞変性効果 532b
Cytophaga 1539₂₂
cytophaga シトファーガ 601a
Cytophagaceae シトファーガ科 1539₂₂
Cytophagales シトファーガ目 1539₁₈
Cytophagia シトファーガ綱 1539₁₇
cytopharyngeal apparatus 細胞咽頭装置 521a
cytopharynx 細胞咽頭 521b
cytophilic antibody 好細胞性抗体 443c
cytophotometry 細胞測光法 529c
cytoplasm 細胞質 524e
cytoplasmic droplet 細胞質小滴 753a
—— fibril 細胞質繊維 209c
—— filament 細胞質フィラメント 525f
—— fission 細胞質分裂 525g
—— inclusion body 細胞質封入体 1186h
—— incompatibility 細胞質不和合 107a
—— inheritance 細胞質遺伝 524f

―― male sterility 細胞質雄性不稔 411b, **526**a
―― membrane 細胞質膜 509a
Cytoplasmic polyhedrosis virus 細胞質多角体病ウイルス 867f
cytoplasmic ring 細胞質リング 209c
―― streaming 細胞質流動 419a
―― substitution 細胞質置換 **525**c
cytoplast 細胞質体 511g, 525g
Cytoplea 1609₂₄
cytoproct 細胞肛門 **524**b
cytopyge 細胞肛門 **524**b
Cytorhabdovirus サイトラブドウイルス属 1520₁₇
cytosine シトシン 150e
―― arabinoside シタラビン 1390d
cytosine-cytosine dimer シトシン-シトシン二量体 1172a
cytosis サイトーシス **519**a
cytoskeleton 細胞骨格 **524**c
cytosol 細胞質基質 **525**a
―― aminopeptidase シトソールアミノペプチダーゼ 1497d
Cytospora 1618₅₆
cytostatic factor 細胞分裂抑制因子 **531**e
cytostome 細胞口 **523**e
cytotaxonomy 細胞分類 1254f
cytotoxic T lymphocyte 細胞傷害性T細胞 1388e
―― T lymphocytes キラーT細胞, 細胞傷害性T細胞 330f
cytotrophoblast 栄養膜細胞 120f
Cyttaria 1614₃₄
Cyttariaceae キッタリア科 1614₃₄
Cyttariales キッタリア目 1614₃₃
Cyttariella 1614₃₄
Cyttarocylis 1658₂₃
cytula キトゥラ 220d
Czekanowskia 1644₂₆
Czekanowskiales チェカノフスキア目 1644₂₆
Czekanowskiopsida チェカノフスキア綱 1644₂₅

D

δ wave δ波 1065f
Da 1014g
Daan, Serge ダーン 880i
Dacampia 1609₁₉
Dacampiaceae ダカンピア科 1609₁₉
Dacelo 1572₂₅
Dacrydium 1645₃
Dacrymyces 1623₂₄
Dacrymycetaceae アカキクラゲ科 1623₂₃
Dacrymycetales アカキクラゲ目 1623₂₂
Dacrymycetes アカキクラゲ綱 1623₂₁
Dacryobolus 1624₁₂
Dacryodiomyces 1604₄₃
Dacryomycetopsis 1620₂
Dacryonaema 1623₂₄
Dacryopinax 1623₂₄
Dacryoscyphus 1623₂₄
Dactuliochaete 1609₂₂
dactyl 指節 **585**f
Dactylanthus 1557₅₁
Dactylaria 1614₄₃
Dactylella 1615₄₇
Dactyliophorae ビゼンクラゲ亜目, 原管類 1556₃₀
Dactylochirotida イガグリキンコ目, 指手類 1562₂₆
Dactylococcopsis 1541₂₁
Dactylogyrus 1577₄₉
Dactylopodida ダクチロポディダ目 1628₃₄
dactylopodite 指節 **585**f
Dactylopodola 1578₁₉
dactylopore 小孔, 指状個虫孔 121g
Dactyloptena 1566₄₆
Dactylorhiza 1646₄₂
Dactylosolen 1654₄₅

Dactylosoma 1661₃₂
Dactylospora 1612₂₅
Dactylosporaceae ダクチロスポラ科 1612₂₅
Dactylosporangium 1537₄₀
Dactylostoma 1659₄₉
dactylozooid 指状個虫 1158b
dactylus 先端部, 指節 **585**f, 679b
Daedalea 1624₁₃
Daedaleopsis 1624₃₉
Daeguia 1545₃₃
Dahlella 1596₂₂
Dahlia 1652₃₅
daily migration 昼夜移動 **917**d
―― periodicity 日周期性 181d
―― torpor デイリートーパー 56d
―― vertical migration 日周垂直移動 **1038**c
Dalatias 1565₆
Daldinia 1619₄₃
Dale, Henry Hallett デール **964**c
Dale's principle デイルの原理 493b
Dallina 1580₃₆
Dalmanites 1589₃
Dalodesmidea タスマニアヤスデ亜目 1594₁₈
Dalodesmus 1594₁₈
dalton ドルトン **1014**g
Daltoniaceae ホソバツガゴケ科 1640₃₇
Dalyellia 1577₃₃
Dalyellioida 樽咽頭類 1577₃₃
Damaeus 1591₃
damage by repeated cultivation 連作障害 **1492**j
damaging fight 血を見る闘い 285d
Damaster 1600₅₃
Dam, Carl Peter Henrik ダム **879**e
Damon 1592₆
damson gum セイヨウスモモゴム 676f
dance of bees ミツバチのダンス **1360**a
Dane particle デーン粒子 252a
Dangemannia 1634₂₂
dansyl method ダンシル法 30d
D antigen D抗原 396a
Dapedium 1565₃₇
Daphne 1650₂₄
Daphnia 1594₃₈
Daphniphyllaceae ユズリハ科 1648₁₇
Daphniphyllum 1648₁₇
DAPI **878**c
Dapsilanthus 1647₃₂
Dardanus 1597₆₂
dark adaptation 暗順応 1374a
―― band 暗帯 133c, 161h
―― decay of Pfr Pfr暗失活 1183a
―― destruction of Pfr Pfr暗失活 1183a
―― field microscope 暗視野顕微鏡 **48**d
―― fixation of carbon dioxide 炭酸暗固定 109h
―― germinater 暗発芽種子 50d
―― germination 暗発芽 **50**d
―― reaction 暗反応 **50**f
―― reactivation 暗回復 **47**e
―― region 暗領域 1085a
―― repair 暗回復 **47**e
―― respiration 暗呼吸 **48**a
―― reversion of Pfr to Pr Pfr暗反転 1183a
―― zone 暗領域 1085a
Darlington, Cyril Dean ダーリントン **880**d
Darlingtonia 1651₂₃
Darmnabel 腸臍 1266a
Darmrohr 腸管 654c
Dart, Raymond Arthur ダート **876**h
dart-sac 恋矢嚢 **1494**a
darwin ダーウィン **866**b
Darwin, Charles Robert ダーウィン **865**g
Darwinella 1554₅₂
Darwin, Erasmus ダーウィン **866**a
Darwinian fitness ダーウィン適応度 959a
―― medicine ダーウィン医学 688d

―― selection ダーウィン淘汰 988f
Darwinism ダーウィニズム 865f
Darwin's law ダーウィンの法則 866c
―― point ダーウィン結節 180h
―― rule ダーウィン律 866c
―― theory ダーウィン説 866c
Dasania 1549₄₄
Dascillus 1601₂
Dasturella 1620₂₄
Dasya 1633₅₀
Dasyatis 1565₁₃
Dasycladales カサノリ目 1634₄₄
Dasycladus 1634₄₅
Dasydytes 1578₂₂
Dasyleptus 1598₂₉
Dasyornis 1572₅₀
Dasypus 1574₄₉
Dasyscyphella 1614₅₇
Dasyspora 1620₄₇
Dasytricha 1659₁₀
Dasyuromorpha フクロネコ形目 1574₁₄
Dasyurus 1574₁₄
data matrix データ行列 307c, 728b
―― mining データマイニング 961b
dating of fossils 化石年代決定 223d
dative structure 電荷移動構造 966g
Datronia 1624₃₉
Datura 1651₅₆
Daubentonia 1575₂₇
Daucus 1652₄₉
Dauerhumus 耐久腐植 1004g
dauermodification 継続変異 390e
daughter cell 娘細胞 1370b
―― coenobium 娘定数群体 952g
―― colony 娘群体 952g
―― cyst 娘胞, 娘胞囊 1302h
daughter-nucleus 娘核 1370a
daughter redia 娘レジア 1486d
daunomycin ダウノマイシン 50a
daunorubicin ダウノルビシン 50a
DAUSSET, Jean ドーセ 1005a
Davacarius 1590₅
Davallia 1643₆₂
Davalliaceae シノブ科 1643₆₂
Davallodes 1643₆₂
DAVENPORT, Charles Benedict ダヴェンポート 866d
Davenport's phenomenon ダヴェンポート現象 99e
Davidia 1651₅
Davidiella 1608₂₆
Davidiellaceae ダビディエラ科 1608₂₆
DAWKINS, (Clinton) Richard ドーキンス 1000f
Dawsonia 1638₅₄
DAYHOFF, Margaret Oakley デイホフ 955h
Dayia 1580₃₁
daylight vision 昼間視 910e
day-neutral plant 中性植物 915b
DC 635f
DD ディファレンシャルディスプレイ法 954i
DDBJ 944b
ddC ジデオキシシチジン 597f
ddI ジデオキシイノシン 597f
DDS 薬物送達システム 1075d
dead space 死腔 571g
DEAE-cellulose DEAE-セルロース 939i
DEAE-dextran method DEAE-デキストラン法 1011a
deaminase デアミナーゼ, 脱アミノ酵素 873f
deamination デアミネーション, 脱アミノ反応 873f
DEAN, Bashford ディーン 956f
death 死 555a
―― domain デスドメイン 1179i
―― gene 自殺遺伝子 25e
death-inducing signaling complex 1179i
death mimicry 擬死 285b
―― rate 死亡率 611e
―― rigor 死硬直 572d

―― spot 死斑 604e
DE BARY, Heinrich Anton ド=バリ 1008b
Debaryomyces 1606₂
Debaryomycetaceae ドバリオミケス科 1606₂
DE BEER, Gavin Rylands ド=ビーア 1008c
debranching amylase 枝切りアミラーゼ 31a
―― enzyme 枝切り酵素 31a
decacanth 十鉤幼虫 593b
Decaisnella 1610₂₈
decalcification 脱灰 873g
decamethonium デカメトニウム 694c
decamin デカミン 1162j
De Candolle, Alphonse Louis Pierre Pyrame 1000d
DE CANDOLLE, Augustin Pyrame ド=カンドル 1000d
decanoic acid デカン酸 235c
decapacitation 受精能破壊, 脱受精能獲得 639e
―― factor 受精能抑制因子, 脱受精能因子 639e, 754d
Decapitatus 1626₂₂
Decapoda 十脚目 1597₃₄
decarboxylase デカルボキシラーゼ, 脱カルボキシル酵素, 脱炭酸酵素 874h
decarboxylation デカルボキシレーション, 脱カルボキシル反応, 脱炭酸, 脱炭酸反応 874h
decatenation デカテネーション 231h
deception だまし 879b
decerebrate animal 除脳動物 682c
―― rigidity 除脳固縮 682c
decerebration 除脳 682f
Dechloromonas 1547₂₀
Dechlorosoma 1547₂₁
decidua 脱落膜 876c
deciduous 落葉性 1434b
―― forest 落葉広葉高木林 1434c
―― monsoon forest モンスーン林 1401f
―― scrub 落葉広葉低木林 1434c
―― teeth 脱落歯 1069b
―― tree 落葉樹 1434d
decision making 意思決定 64c
―― making theory 意思決定理論 292c
deck cell 基細胞 828c
declaration of Helsinki ヘルシンキ宣言 1280c
declarative memory 宣言的記憶 277i
decomposer 分解者 1242c
decomposition rate 死滅分解速度 751d
decompound leaf 再複葉 1200h
decompression sickness 減圧症 390f
decorin デコリン 1235c
decotylated embryo 除子葉胚 1086g
decremental conduction 減衰伝導 1202b
decrementless conduction 不減衰伝導 971i
decrepitude 老衰 1499e
decumbent 傾伏 1318d
decussate 十字対生 854i
decussatio pyramidum 錐体交叉 153b
decyl acid デシル酸 235c
dedifferentiation 脱分化 875f
DE DUVE, Christian René Marie Joseph ド=デューヴ 1006b
Deefgea 1547₉
deep culture 液中培養, 液内培養 124f
―― nervous system 深在神経系 703b
―― scattering layer 深層音響散乱層 173a
deep-sea animal 深海動物 688g
―― benthic community 深海底生群集 688f
―― benthic organism 深海底生生物 688f
deep sea microbes 深海微生物 689a
deep-sea pelagic community 深海漂泳群集 689b
―― pelagic organism 深海漂泳生物 689b
deep sensation 深部感覚 713d
Deerpox virus W-848-83 シカ痘ウイルス W-848-83 1516₆₁
defaunated animal 寄生虫除去動物 290c
defecation rate 不消化排出速度 751d
defect experiment 欠除実験 592g
defective interfering particle 干渉性欠損粒子 263h
―― lysogen 欠陥溶原菌 401b

—— phage　不完全ファージ，欠損ファージ，欠陥ファージ　**401**b
—— transducing phage　欠損型形質導入ファージ　388b
—— virus　欠損ウイルス　1193e
defence　防衛　**1292**e
defense chemical　防御物質　**1293**c
—— reaction　防御反応　**1293**b
defensin　ディフェンシン　1129b
defensive character　防御形質　677e
—— substance　防御物質　**1293**c
Deferribacter　1541₅₀
Deferribacteraceae　デフェリバクター科　1541₅₀
Deferribacterales　デフェリバクター目　1541₄₈
Deferribacteres　デフェリバクター綱，デフェリバクター門　961g, 1541₄₆, 1541₄₇
deficiency　欠乏症　121k
definite inflorescence　有限花序　216b
definitive hematopoiesis　二次造血　401e
—— host　固有宿主　632b
—— kindey　永久腎　449b
deflecting device　はぐらかし装置　1377g
deflection　はぐらかし　1167e, 1292e
Defluvibacter　1545₄₅
Defluviicoccus　1546₂₀
Degelia　1613₂₂
degeneracy　縮重　**632**d
degeneration　変性，退化　846b, **1286**e
—— method　変性法　106h
Degeneria　1645₄₁
Degeneriaceae　デゲネリア科　1645₄₁
deglutition　嚥下運動　**151**g
degradative enzyme　分解用酵素　1016a
degranulation　脱顆粒　22a, 1342a
degree-day　日度　1407f
degree of aggregation　分布集中度　1252b
—— of plasmolysis　原形質分離度　418h
—— of relatedness　血縁度　**399**a
—— of succession　遷移度　**800**h
degrowth　逆成長　846b
Dehalobacter　1543₄₄
Dehalococcoidetes　デハロコッコイデス綱　1540₄₄
Dehalogenimonas　1540₄₄
dehalorespiration　脱ハロ呼吸　**874**i
Dehalospirillum　1548₁₆
dehardening　デハードニング　1109e
dehiscence　裂開　1488e
—— papilla　逸出突起　**74**k
dehiscent fruit　裂開果　**1488**e
—— tube　逸出管　74k
dehydratase　デヒドラターゼ，脱水酵素　1355j
dehydroandrosterone　デヒドロアンドロステロン　50c
dehydroascorbic acid　デヒドロアスコルビン酸　12b
7-dehydrocholesterol　7-デヒドロコレステロール　**963**b
dehydroepiandrosterone　デヒドロエピアンドロステロン　50c
dehydrogenase　脱水素酵素　**874**e
3-dehydroretinol　3-デヒドロレチノール　1150b
Deightoniella　1608₃₂
Deima　1562₃₀
Deinobacter　1542₄
Deinococcaceae　デイノコックス科　1542₄
Deinococcales　デイノコックス目　1542₃
Deinococci　デイノコックス綱　1542₂
Deinococcus　1542₄
Deinococcus-Thermus　デイノコックス-サーマス門，デイノコックス-テルムス門　1542₁
Deinonychosauria　デイノニコサウルス類　1570₁₄
Deinonychus　1570₁₄
Deinopis　1592₁₉
Deinotherioidea　デイノテリウム亜目，恐獣類　1574₄₄
Deinotherium　1574₄₄
DEISENHOFER, Johann　ダイゼンホーファー　**857**a
Deiters' cell　ダイテルス細胞　495g
Deiters nucleus　ダイテルス核　723b
Dekkera　1606₁₂

DELAGE, Yves　ドラージュ　**1009**h
delamination　葉裂　**1428**e
Delavayaceae　デラヴェラ科　1638₂₇
delay　時間遅れ　**561**g
delayed density-dependent factor　遅効性密度依存要因　1358f
—— dominance　遅発優性　**908**b
—— fluorescence　遅延蛍光　**901**b
—— heat　遅延熱　1058a
—— hypersensitivity　遅延型過敏反応　234f
—— implantation　遅延着床　**901**e
—— inheritance　遅滞遺伝　**905**g
—— light emission　遅延発光　**901**b
—— matching to sample task　遅延見本合わせ課題　**901**h
—— mutation　遅発突然変異　**908**a
—— nonmatching to sample task　遅延非見本合わせ課題　901h
—— rectification　遅延整流　**901**d
—— type hypersensitivity　遅延型過敏反応　**901**a
DELBRÜCK, Max　デルブリュック　**964**d
De le Boë, Franz　686d
Delesseria　1633₅₀
deletion　欠失　**403**e
—— mapping　欠失マッピング　**403**g
Delevea　1600₅₅
Deleya　1549₂₉
Delftia　1546₅₃
Delicatula　1626₄₇
Delisea　1633₂₀
Delitschia　1609₂₀
Delitschiaceae　デリチア科　1609₂₀
DELLA gene family　DELLA遺伝子族　**964**b
delocalized exciton　非局在化励起子　1484d
Delphinium　1647₅₈
Delphinus　1576₄
Delpinoina　1615₂₄
Deltabaculovirus　デルタバキュロウイルス属　1515₂₉
Deltalipothrixvirus　デルタリポスリクスウイルス属　1516₁
Deltapapillomavirus　デルタパピローマウイルス属　1516₁₅
Deltaproteobacteria　デルタプロテオバクテリア綱　1547₂₄
Deltaretrovirus　デルタレトロウイルス属　1518₄₉
delta sleep-inducing peptide　デルタ睡眠誘発ペプチド　727a
Deltatorquevirus　デルタトルクウイルス属　1517₃₁
Deltavirus　デルタウイルス属　1520₄₄
Deltotricmpha　1630₁₁
demarcation current　限界電流　**416**c
—— membrane　分画膜　324c
—— potential　限界電位　416c
Dematioscypha　1614₅₈
Dematophora　1619₄₇
deme　デーム　**963**g
dementia　認知症　1032d
—— of the Alzheimer type　アルツハイマー型認知症　**41**a
Demequina　1537₁₀
DEMEREC, Milislav　デメレッツ　**963**h
Demetria　1537₁₃
Democrinus　1560₁₇
Demodex　1590₃₉
demographic parameter　個体群パラメータ　626g
—— stochasticity　人口学的ゆらぎ，人口学的確率性　211e, 513c, **701**c, 793g
demosponges　尋常海綿類　**704**b
Demospongiae　尋常海綿綱，尋常海綿類　**704**b, 1554₂₈
Denaea　1564₃₅
denaturation　変性　455a, **1286**e
—— map　変性地図　1211a
—— temperature　変性温度　1406e
dendrite　樹状突起　**636**c, 1045c
dendritic cell　樹状細胞　**635**f
—— macrophage　樹枝状マクロファージ　1339h
Dendrobates　1567₅₆
Dendrobium　1646₄₂
Dendrobrachia　1557₃₁
Dendrobranchiata　根鰓亜目　1597₃₅
Dendrocalamus　1647₃₇

Dendroceratida　樹状角質海綿目　1554₅₂
Dendrocerotaceae　キノボリツノゴケ科　1641₄₁
Dendrocerotales　キノボリツノゴケ目　1641₃₉
Dendrocerotidae　キノボリツノゴケ亜綱　1641₃₇
Dendrochirotida　キンコ目，樹手類　1562₂₅
Dendrocoelopsis　1577₄₂
Dendrocolaptes　1572₄₁
Dendrocollybia　1626₄₇
Dendrocometes　1659₅₂
Dendrocopos　1572₃₆
Dendrocorticium　1623₅₁
Dendrocrinida　デンドロクリヌス目　1559₃₅
Dendrocrinus　1559₃₅
Dendrocystites　1559₉
Dendrodoris　1584₁₃
Dendrogale　1575₁₈
Dendrogaster　1595₃₃
Dendrogastrida　1595₃₃
dendrogram　樹状図　636a
Dendrographa　1606₅₃
Dendrograptus　1562₃₃
Dendroica　1572₅₀
Dendroidea　デンドログラプツス目，樹型類　1562₃₇
Dendrolagus　1574₂₈
Dendrolimus　1601₃₉
dendrology　樹木学　674e
dendrometer　樹径成長計　633a
Dendronephthya　1557₂₄
Dendronucleata　1579₅
Dendrophora　1625₁₁
Dendrophyllia　1557₅₄
Dendrosoma　1659₄₉
Dendrosomides　1659₄₅
Dendrosphaera　1611₂
Dendrospora　1606₃₄
Dendrosporobacter　1544₂₁
Dendrothele　1623₅₁
Dendryphion　1609₅₄
Dendryphiopsis　1607₄₃
denervation　除神経　680c
dengue virus　デングウイルス　969d
Denitratisoma　1547₂₁
denitrification　脱窒，脱窒素作用　874g
Denitrobacterium　1538₁₉
Denitrovibrio　1541₅₀
Denkania　1644₁₆
Dennstaedtia　1643₂₇
Dennstaedtiaceae　コバノイシカグマ科　1643₂₇
de novo pathway　新生経路　546b
de novo synthesis　デノボ合成　750a
dens　歯突起，茎節　538e, 784d
dense body　デンスボディ　971d
　―― connective tissue　密性結合組織，強靱結合組織，緻密結合組織　800f
　―― fibrillar component　高密度繊維構造域　204g
　―― plaque　デンスプラーク　960h
density dependence　密度依存性　1358g
density-dependent factor　密度依存要因，密度依存過程　1358f
density dependent selection　密度依存淘汰　1358g
　―― effect　密度効果　1359a
density-gradient centrifugation method　密度勾配遠心法　1359b
density-independent factor　密度独立要因　1358b
density mutant　密度突然変異体　1359d
Densospora　1603₃₁
Densovirinae　デンソウイルス，デンソウイルス亜科　1117h, 1518₁₃
Densovirus　デンソウイルス属　1518₁₆
Dentacineta　1659₄₅
dental　歯の　1020k
　―― arch　歯列弓　1069b
　―― cuticle　歯表皮　1069b
　―― follicle　歯小嚢　1069b
　―― formula　歯式　1069b

　―― germ　歯胚　1069b
Dentaliida　ゾウゲツノガイ目　1581₄₀
Dentalium　1581₄₁
dental lamina　歯堤　1069b
　―― papilla　歯乳頭　1069b
　―― pulp　歯髄　1069b
　―― sac　歯小嚢　1069b
　―― tubule　歯細管，象牙細管　1069b
Dentichona　1659₃₆
Denticula　1655₅₂
dentinal fiber　歯繊維　1069b
Dentipellis　1625₅
Dentiscutata　1605₉
Dentiscutataceae　デンチスクタタ科　1605₉
Dentocorticium　1624₃₉
DENTON, Eric James　デントン　972c
denudation　磯焼け　69g
Deoterthron　1596₃
deoxycholic acid　デオキシコール酸　956i
11-deoxycorticosterone　11-デオキシコルチコステロン，11-デオキシコルチコステロン　365b
deoxycytidylate hydroxymethylase　デオキシシチジル酸ヒドロキシメチル基転移酵素　957b
6-deoxy-L-galactose　6-デオキシ-L-ガラクトース　1202e
deoxyhemoglobin　デオキシヘモグロビン　1277d
1-deoxymannojirimycin　1-デオキシマンノジリマイシン　982d[表]
1-deoxynojirimycin　1-デオキシノジリマイシン　982d[表]
deoxyribonuclease　デオキシリボヌクレアーゼ　957d
　―― I　デオキシリボヌクレアーゼI　957e
　―― I hypersensitive site　デオキシリボヌクレアーゼI高感受性部位　957f
　―― inhibitor　デオキシリボヌクレアーゼ阻害剤　957g
deoxyribonucleic acid　940d
deoxyribonucleoprotein　DNA-蛋白質　206e
deoxyribonucleoside　デオキシリボヌクレオシド　957h
　―― triphosphate　デオキシリボヌクレオシド三リン酸　957i
deoxyribonucleotide　デオキシリボヌクレオチド　957j
deoxyribopyrimidine photolyase　デオキシリボピリミジンフォトリアーゼ　943c
deoxyribose　デオキシリボース　957c
Deparia　1643₅₁
Depasophyllum　1556₄₃
dependent differentiation　依存分化　69j
Dependovirus　ディペンドウイルス属　1518₁₀
deplasmolysis　原形質復帰　418g
depolarization　脱分極　876a
deposit feeding　堆積物食　953d
depot fat　蓄積脂肪　11f
depression　うつ病　110a
　―― side glass　ホールスライド　742d
depressor muscle of compass　二叉骨下制筋　34j
　―― reflex　減圧反射　400c
deprivation of experience　経験剥奪　385b
depside　デプシド　1188b
depsipeptide　デプシペプチド　963d
depth filter　デプスフィルター　510a
depurination　脱プリン　943e
Derbesia　1634₄₉
derepression　抑制解除　1429a
derma　真皮　712h
Dermabacter　1537₁₂
Dermabacteraceae　デルマバクター科　1537₁₂
Dermacoccaceae　デルマコックス科　1537₁₃
Dermacoccus　1537₁₃
dermal bone　皮骨　1139h
　―― chromatophore unit　真皮色素胞単位　713b
　―― dendritic cell　真皮樹状細胞　635f
　―― denticle　皮歯　113c
　―― gland　皮膚腺，脱皮腺　875d, 1160g
　―― layer　皮層　1148d
　―― light sense　皮膚光感覚　1161a
　―― melanophore　真皮黒色素胞　563f
　―― muscle　皮筋　1138e

―― organ 皮膚器官，真皮性器官 **1160**b
―― ostium 皮層小孔 720e
―― pore 皮層小孔 720e
―― respiration 皮膚呼吸 **1160**d
―― rhabdoid 皮性棒状小体 1301c
―― skeleton 皮膚骨格 479h, 1139h
―― tooth 皮歯 113c
Dermamoeba 1628₁₃
Dermamoebida デルモアメーバ目 1628₁₃
dermamyotome 皮筋節 855h
Dermanyssina ワクモ下目 1590₁₀
Dermanyssus 1590₁₀
Dermaptera ハサミムシ目, 畳翅類, 革翅類 1599₆
dermatan sulfate デルマタン硫酸 **964**e
Dermateaceae ヘソタケ科 1614₄₆
Dermatemys 1568₂₂
dermatitis 皮膚炎 1032d
Dermatobranchus 1584₁₃
Dermatocarpon 1610₄₁
dermatocranium 皮骨頭蓋 668c
dermatogen 原表皮 425c
dermatoglyphic pattern 皮膚紋理 **1161**b
dermatome 皮板, 皮節 855h
dermatomycosis 皮膚真菌症 692b
Dermatophagoides 1590₄₈
Dermatophilaceae デルマトフィルス科 1537₁₅
Dermatophilus 1537₁₅
dermatophytes 皮膚真菌類 692b
Dermatosorus 1622₄
Dermea 1614₄₆
dermic hair follicle 真皮性毛嚢 384a
dermis 真皮 **712**h
Dermocarpa 1541₄₁
Dermocarpella 1541₄₁
Dermochelys 1568₂₂
Dermocystida デルモキスティディウム目 1552₃₂
Dermocystidium 1552₃₂
dermoid cyst 皮様嚢腫 282d
Dermoloma 1626₄₇
dermo-muscular coat 皮下筋肉層, 皮筋層 1138e
―― layer 皮下筋肉層, 皮筋層 1138e
Dermonema 1632₄₂
Dermoptera 皮翼目 1575₂₀
Derocheilocaris 1595₂₇
Derodontiformia マキムシモドキ下目 1601₃
Derodontus 1601₃
Derris 1648₅₀
Derxia 1546₄₅
Derxomyces 1623₇
DES ジエチルスチルベストロール 731k
des-A fibrin 脱Aフィブリン 1185a
DESCARTES, René デカルト **958**a
descent group 血縁集団 **398**h
―― with modification 687k
Descolea 1625₅₅
description 記載 **284**a
descriptive biology 記載生物学 **284**c
Desemzia 1543₇
desert 砂漠, 荒原 **438**a, **541**e
deserta 荒原 **438**a
desert animal 砂漠動物 **541**f
Desert hedgehog 1269c
desertion 遺棄 **60**b
DESFONTAINES, René Louiche デフォンテーヌ **963**c
desiccation 乾燥死 558c
desire 欲求 **1430**g
Desis 1592₂₀
Desmacidon 1554₄₂
Desmana 1575₈
Desmarella 1553₈
Desmarestia 1657₄₂
Desmarestiales ウルシグサ目 1657₄₂
Desmazierella 1616₂
Desmidiales チリモ目 1636₈
Desmidium 1636₈

desmids チリモ類 **931**a
desmin デスミン **960**h
Desmochloris 1634₂₅
desmocine デスモシン 889i
Desmococcus 1635₁₁
desmocollin デスモコリン 960j
Desmodesmus 1635₂₅
Desmodium 1648₅₀
Desmodora 1587₁₅
Desmodorida デスモドラ目 1587₁₅
Desmodus 1575₁₃
desmoglein デスモグレイン 960j
Desmognathus 1567₄₅
Desmonomata オニダニ下目 1590₆₁
Desmophyceae 帯鞭毛藻 108g
desmoplakin デスモプラキン 960j
Desmoscolecida デスモスコレクス目 1587₁₇
Desmoscolex 1587₁₇
desmosomal cadherin デスモソーマルカドヘリン **960**i
―― plaque 付着板 960j
desmosome デスモソーム **960**j
Desmospora 1542₄₈
Desmostylia 束柱目, 束柱類 **838**c, 1574₄₇
Desmostylus 1574₄₇
Desmotetra 1635₃₅
Desmothoracida 有殻太陽虫目 1665₈
desmotubule デスモチューブル 419b
desmutagen 脱変異原 461d
Desor's larva デゾル幼生 **961**a
Desportesia 1602₇
despot デスポット 650b
despotism 独裁制 650b
desthiobiotin デスチオビオチン 1131g
destruction box 破壊ボックス 510d
Desulfacinum 1548₉
Desulfarculaceae デスルファルクルス科 1547₃₁
Desulfarculales デスルファルクルス目 1547₃₀
Desulfarculus 1547₃₁
Desulfatibacillum 1547₃₃
Desulfatiferula 1547₃₃
Desulfatirhabdium 1547₃₄
Desulfitibacter 1543₄₄
Desulfitispora 1543₄₅
Desulfitobacterium 1543₄₅
Desulfobacca 1548₈
Desulfobacter 1547₃₄
Desulfobacteraceae デスルフォバクター科 1547₃₃
Desulfobacterales デスルフォバクター目 1547₃₂
Desulfobacterium 1547₃₄
Desulfobacula 1547₃₄
Desulfobotulus 1547₃₄
Desulfobulbaceae デスルフォブルブス科 1547₃₈
Desulfobulbus 1547₃₈
Desulfocapsa 1547₃₈
Desulfocella 1547₃₅
Desulfococcus 1547₃₅
Desulfocurvus 1547₄₆
Desulfofaba 1547₃₅
Desulfofrigus 1547₃₅
Desulfofustis 1547₃₈
Desulfoglaeba 1548₉
Desulfohalobiaceae デスルフォハロビア科 1547₄₂
Desulfohalobium 1547₄₂
Desulfoluna 1547₇₅
Desulfomicrobiaceae デスルフォミクロビア科 1547₄₄
Desulfomicrobium 1547₄₄
Desulfomonas 1547₄₆
Desulfomonile 1548₈
Desulfomusa 1547₃₅
Desulfonatronaceae デスルフォナトロナム科 1547₄₅
Desulfonatronospira 1547₄₂
Desulfonatronovibrio 1547₄₃
Desulfonatronum 1547₄₅
Desulfonauticus 1547₄₃
Desulfonema 1547₃₆

Desulfonispora　1543₄₅
Desulfopila　1547₃₉
Desulforegula　1547₃₆
Desulforhabdus　1548₉
Desulforhopalus　1547₃₉
Desulfosalsimonas　1547₃₆
Desulfosarcina　1547₃₆
Desulfospira　1547₃₆
Desulfosporosinus　1543₄₅
Desulfotalea　1547₃₉
Desulfothermus　1547₄₃
Desulfotignum　1547₃₇
Desulfotomaculum　1543₄₆
Desulfovermiculus　1547₄₃
Desulfovibrio　1547₄₇
Desulfovibrionaceae　デスルフォヴィブリオ科　1547₄₆
Desulfovibrionales　デスルフォヴィブリオ目　1547₄₁
Desulfovirga　1548₁₀
Desulfovirgula　1544₈
desulfoviridin　デスルホビリジン　35c
Desulfurella　1547₄₉
Desulfurellaceae　デスルフレラ科　1547₄₉
Desulfurellales　デスルフレラ目　1547₄₈
Desulfurispira　1541₁₇
Desulfurispirillum　1541₁₇
Desulfurispora　1543₄₆
Desulfurivibrio　1547₃₉
Desulfurobacteriaceae　デスルフロバクテリア科　1538₄₂
Desulfurobacterium　1538₄₂
Desulfurococcaceae　デスルフロコックス科　1534₈
Desulfurococcales　デスルフロコックス目　1534₇
Desulfurococcus　1534₈
Desulfurolobus　1534₁₅
Desulfuromonadaceae　デスルフロモナス科　1547₅₁
Desulfuromonadales　デスルフロモナス目　1547₅₀
Desulfuromonas　1547₅₁
Desulfuromusa　1547₅₁
desynchronization　脱同期　874h
Deszendenz　687k
DET　159f
detection of magnetic fields　磁場受容　604b
determinant　デターミナント　961c
determinate cleavage　決定的卵割　406g
―― growth　有限成長　765f
determination　決定　406d
deterministic effect　確定的影響　1297e
―― model　決定論的モデル　406i
Dethiobacter　1543₅₃
Dethiosulfatibacter　1543₂₀
Dethiosulfovibrio　1550₂₄
Detonula　1654₅₄
detorsion　捩れ戻り　1055d
detoxication　解毒　408h
detritus　デトリタス　962f
―― food-chain　腐食連鎖　679a
Deuteramoeba　1628₂₅
deuteranopia　第二盲　561i
deuterencephalic inductor　続脳誘導者　838g
―― region　続脳域　838f
deuterencephalon　続脳　838f
deuteroconidium　デューテロコニディウム　424g
Deuteromycetes　不完全菌類　1193f
Deuteromycotina　不完全菌類　1193f
deuterostomes　新口動物　702e
Deuterostomia　後口動物, 新口動物　702e, 1558₃₈
deuterotoky　両性産生単為生殖　880n
deutocerebrum　中脳　859g
deutomerite　後節　812e
Deutzia　1651₃
Devaleraea　1633₃
Developayella　1653₃₆
Developayellales　デヴェロパイエラ目　1653₃₆
development　発生　1105g
developmental biology　発生生物学　1106g
―― burden　発生負荷　1107c

―― code　発生暗号　813d
―― constraints　発生拘束, 発生的制約　453e, 1107a
―― genetics　発生遺伝学　1106b
―― physiology　発生生理学　1106h
―― potency　発生能　1107b
―― stage　発育段階, 発達段階　460h, 1100e
―― threshold temperature　発育限界温度　1100c
―― zero　発育ゼロ点, 発育零点　1100c
Devescovina　1630₁₁
deviation　偏向　1420m
―― rule　偏差律　1285i
Devonian period　デボン紀　963e
Devonobiomorpha　デボンムカデ目　1592₃₈
Devonobius　1592₃₈
Devonotarbus　1591₁₃
Devosia　1545₃₇
De Vries' coefficient　ド＝フリースの等張係数　990e
Devriesea　1537₁₂
DE VRIES, Hugo　ド＝フリース　1008h
dexamethasone　デキサメタゾン　1390d
Dexiospira　1585₁
dexiotropic　右旋的　1436c
dextral　右巻き, 右旋　1153a
dextran　デキストラン　960a
―― sucrase　デキストランスクラーゼ　960a
dextro rotatory　右旋性　804a
dextrose　デキストロース　366a
DFC　高密度繊維構造域　204g
DFD index　DFD 指数　1411g
DG　ジアシルグリセロール, ジストログリカン　583g, 1138h
DHA　ドコサヘキサエン酸　117j
DHEA　デヒドロエピアンドロステロン　50c
D'HERELLE, Félix Hubert　デレル　964h
DHF　ジヒドロ葉酸　962d
Dhh　1269c
D horizon　D 層　1004c
DHP　ジヒドロピリジン　244d
dhurrin　ドゥーリン　999h
diabetes mellitus　糖尿病　992e
Diabole　1620₄₂
Diabolium　1620₄₂
Diacalpe　1643₅₆
Diacanthodes　1624₂₅
Diacodexis　1576₁₂
Diacronema　1666₁₃
diacylglycerol　ジアシルグリセロール　11f, 1138h
―― kinase　ジアシルグリセロールキナーゼ　1310b
Diadectes　1567₂₅
Diadectomorpha　ディアデクテス亜目　1567₂₅
Diadema　1561₄₂, 1609₂₁
Diademaceae　ディアデマ科　1609₂₁
Diadematoida　ガンガゼ目　1561₄₂
Diademodon　1573₃₀
diadromous fish　通し回遊魚　189b
diagnosis　判別文　1127c
diagravitropism　側面重力屈性　630e
diakinesis stage　ディアキネシス期　939d
dialedphous　二体雄ずい　1409e
Dialister　1544₂₁
diallel cross　ダイアレルクロス　845c
dialysis　透析　987e
―― culture　透析培養　987f
4',6-diamidino-2-phenylindole　878c
diamine oxidase　ジアミン酸化酵素　32d
3,3'-diaminobenzidine　ジアミノベンジジン　1313b
diaminopimelic acid　ジアミノピメリン酸　555d
Dianella　1646₅₃
Dianema　1629₈
Dianthovirus　ダイアンソウイルス属　1523₆
Dianthus　1650₄₆
diapause　休眠　313e
―― development　休眠発育　313e
―― factor　休眠因子　314c
―― hormone　休眠ホルモン　314c
Diapensia　1651₂₁

Diapensiaceae イワウメ科 1651₂₁
Diaphanoeca 1553₁₀
Diaphanopellis 1620₁₈
Diaphanoptera 1598₄₂
Diaphanopterodea アケボノスケバムシ目，明翅類 1598₄₂
Diaphanosoma 1594₃₈
Diaphorobacter 1546₅₃
diaphototropism 側面光屈性 1135b
diaphragm 横隔膜，隔膜 **159g, 208g**
diaphragma 隔膜 1412d
―― *pleurale* 背側隔膜 159g
Diaphus 1566₁₈
diaphysis 先端貫生，骨幹 265d, 921d
Diaporthaceae ジアポルテ科 1618₄₂
Diaporthales ジアポルテ目 1618₃₇
Diaporthe 1618₄₂
Diapsida 双弓亜綱 1568₉
diarch 二原型 1299e
diarrhea 下痢 1032d, 1241b
diarrhetic shellfish poison 下痢性貝毒 184e
Diarthrognathus 1573₃₁
Diarthrophallina クロツヤムシダニ下目 1590₃
Diarthrophallus 1590₃
diarthrosis 可動結合 266a
Diasporangium 1654₁₅
diaspore 散布体 **553l**
diastase ジアスターゼ 31a
diastema 犬歯隙，隔膜質 **209e**, 1069b
diastole 弛緩期，拡張期 623b
diastolic blood pressure 弛緩期血圧，拡張期血圧 395a
Diastylis 1597₂₂
Diatoma 1655₁₅
diatomaceous earth ケイ藻土 1132f
diatomite ケイ藻土 1132f
diatom ooze 珪藻軟泥 1029d
diatoms 珪藻類 **390d**
diatropism 側面屈性 348h
Diatrypaceae シトネタケ科 1619₃₃
Diatrype 1619₃₃
Diatrypella 1619₃₃
diauxie ディオーキシー **949**c
Dibaeis 1614₁₉
Dibamus 1568₅₂
dibekacin ジベカシン 30a
dibenamine ジベナミン 685c
dibiontic 二型性 745g
Dibotryon 1610₁₀
DIC 汎発性血管内血液凝固，播種性血管内凝固症候群 405g, 705a
Dicaeum 1572₅₁
Dicamptodon 1567₄₅
Dicarpella 1618₄₈
Dicellomyces 1622₃₃
Dicellophilus ヒロズジムカデ 1592₄₁
Dicellurata ハサミコムシ亜目 1598₁₇
Dicentra 1647₄₇
dicentric chromosome 二動原体染色体 **1038**f
Dicephalospora 1615₆
Dicer 37a
Dicerorhinus 1576₂₇
Diceros 1576₂₈
Dichaetura 1578₂₂
dichasium 二出集散花序 622b
Dicheirinia 1620₄₂
Dichelobacter 1548₄₈
dichlamydeous flower 両花被花 234b
dichloroisoproterenol ジクロロイソプロテレノール 48h
2,6-dichlorophenolindophenol 2,6-ジクロロフェノールインドフェノール 129e
2,4-dichlorophenoxyacetic acid 2,4-ジクロロフェノキシ酢酸 **569**f
Dichobotrys 1616₁₈
dichogamous flower 雌雄異熟花 987c, 1469j
dichogamy 雌雄異熟 580b
Dichogaster 1585₃₅
Dichomitus 1624₄₀
Dichophyllum 1644₁₈
Dichoporita 1559₁₇
Dichosporidium 1606₅₃
Dichostereum 1625₈
Dichotomaria 1632₄₂
Dichotomicrobium 1545₃₇
Dichotomocladium 1604₃
Dichotomomyces 1611₃
Dichotomophthora 1606₃₄
Dichotomosiphon 1634₄₉
dichotomous branching 二又分枝 **1204**f
―― venation 二又脈系 1363c
dichotomy 二又分枝 **1204**f
dichroism 二色性 1285e
dichromatic system 二色系 561i
―― vision 二色視 562b
Dicistroviridae ディシストロウイルス科 1521₆
Dickenachse 背腹軸 **1088**d
Dickeya 1549₅
Dickinsonia 1558₃₂
Dicksonia 1643₁₈
Dicksoniaceae ディクソニア科 1643₁₈
Dicliptera ディクリプテラ目 1598₄₁
Dicloster 1635₆
dicondylar 双関節丘類 266b
Dicondylia 双丘亜綱，双関節丘類 1598₃₀
Dicontomycetes 二毛菌類 **1041**c
Dicontophrya 1661₃
dicots 双子葉類 **826**e
Dicotyledoneae 双子葉類 **826**e
dicotyledons 双子葉類 **826**e
dicoumarol ジクマロール 1152c
Dicranaceae シッポゴケ科 1639₄₇
Dicranales シッポゴケ目 1639₃₆
Dicranastrum 1663₁₅
Dicranidae シッポゴケ亜綱 1639₂₄
Dicranidion 1615₄₇
Dicranograptus 1562₄₆
Dicranophora 1603₄₁, 1663₂₆
Dicranophorus 1578₃₅
Dicranopteris 1642₅₀
Dicranum 1639₄₇
Dicrateria 1666₁₉
Dicroidium 1644₂₀
Dictyacantha 1663₃₁
Dictyaspis 1663₃₂
Dictyocephalos 1626₂₆
Dictyoceratida 網角海綿目 1554₅₀
Dictyocha 1656₇
Dictyochaeta 1618₂₉, 1618₃₁
Dictyochaetopsis 1618₂₇
Dictyochales ディクティオカ目 1656₇
Dictyochloris 1635₂₅
Dictyochlorpsis 1635₁₆
Dictyochophyceae ディクティオカ藻綱 1656₅
Dictyococcus 1635₂₅
Dictyocoela 1602₈
Dictyocoryne 1663₁₆
Dictyocyclus 1608₃
Dictyocystis 1658₂₃
Dictyodochium 1610₁₀
Dictyodothis 1608₄₇
Dictyoglomaceae ディクチオグロムス科 1542₁₂
Dictyoglomales ディクチオグロムス目 1542₁₁
Dictyoglomi ディクチオグロムス門 1542₉
Dictyoglomia ディクチオグロムス綱 1542₁₀
Dictyoglomus 1542₁₂
Dictyoneidales ニセチクビレッケイソウ目 1655₃₅
Dictyoneis 1655₃₅
Dictyonellida ディクチオネラ目 1580₁₂
Dictyonema 1562₃₈, 1625₃₈
Dictyophyllum 223a
Dictyoptera アミバネムシ上目，網翅類 1600₅
Dictyopteris 1657₂₀

Dictyosiphon 1657₃₁
Dictyosiphonales ウイキョウモ目 1657₂₈
dictyosome ディクチオソーム 494a
Dictyosphaeria 1634₄₀
Dictyosphaerium 1635₆
dictyosporae 石垣状胞子 871c
dictyosporangium 網状胞子嚢 **1393**d
Dictyosporium 1609₉
Dictyostela タマホコリカビ類 527d
dictyostele 網状中心柱 **1393**b
Dictyostelea タマホコリカビ綱 1629₂
Dictyosteliales 1629₃
dictyostelid cellular mold タマホコリカビ類 527d
Dictyosteliida タマホコリカビ目 1629₃
Dictyosteliomycetes タマホコリカビ綱, タマホコリカビ類 527d, 1629₂
Dictyostelium 1629₃
Dictyota 1657₂₀
Dictyotales アミジグサ目 1657₂₀
Dictyotremalla 1623₁₇
Dictyuchus 1654₂₁
dicyclic 二輪廻 880e
Dicyema 1577₁₀
Dicyemennea 1577₁₀
Dicyemida 二胚動物, 二胚動物門 1039d, 1577₁₀
dicyemids 二胚動物 **1039**d
Dicyma 1619₄₁
Dicynodon 1573₂₁
Dicynodontia ディキノドン亜目 1573₂₁
Didelphiomorpha オポッサム目 1574₇
Didelphis 1574₆
Didemnum 1563₂₅
dideoxy chain termination method デオキシチェーンターミネーター法 941a
dideoxycytidine ジデオキシシチジン 597f
3,6-dideoxyhexose 3,6-ジデオキシヘキソース 1465b
dideoxyinosine ジデオキシイノシン 597f
dideoxyribonucleoside triphosphate ジデオキシリボヌクレオシド三リン酸 597f
dideoxy-sequensing method ジデオキシシークエンシング法 597f
Diderma 1629₁₆
didermic 425k
Didesmis 1659₁₃
Didieria 1660₂₂
Didiniida シオカメウズムシ目 1659₉
Didinium 1659g
Didymella 1609₂₂
Didymellaceae ディディメラ科 1609₂₂
Didymellopsis 1610₃₆
Didymium 1629₁₆
Didymobotryum 1606₃₄
Didymochlaena 1643₅₂
Didymochora 1608₄₇
Didymocyrtis 1663₁₆
Didymogenes 1635₆
Didymoglossum 1642₄₆
Didymograptina ディディモグラプツス亜目 1562₄₅
Didymograptus 1562₄₆
Didymopsora 1620₃₉
Didymopsorella 1620₄₇
Didymosphaeria 1609₂₄
Didymosphaeriaceae ディディモスファエリア科 1609₂₄
Didymostilbe 1617₁₁
didynamous stamen 二強雄ずい 1409e
Diederimyces 1610₄₂
diel migration 昼夜移動 **917**d
—— thermocline 日躍層 718f
diencephalic animal 間脳動物 682c
diencephalon 間脳 **271**g
Dientamoeba 1630₇
Diesingia 1594₅₀
Diestrammena 1599₂₃
diestrus 発情間期 1105d
Dietelia 1620₃₉

diethylstilbestrol ジエチルスチルベストロール 731k, 1023b
Dietzia 1536₃₆
Dietziaceae ディエチア科 1536₃₆
DIF-1 85f
diferuloylmethane ジフェルロイルメタン 364d
difference limen 識別閾 **564**h
differential adhesion hypothesis 差次接着仮説 529d
—— centrifugation 分画遠心法, 遠心分画 531c, 919a
Differential Display ディファレンシャルディスプレイ法 **954**i
differential gene expression 差次の遺伝子発現 814c
—— growth coefficient 偏差成長係数 1260d
—— host 判別寄主 426b
—— inhibition 分化抑制 1241d
—— interference microscope 微分干渉顕微鏡 **1161**d
—— reaction 分差反応 **1245**a
—— sensibility 分差感度 1245a
—— sensitivity 分差感度 105j
—— species 識別種 **564**i
—— staining of chromosome 染色体分染法 809e
—— susceptibility 差次感受性 **538**c
—— thermal analysis 示差熱分析 575g
differentiation 分化 **1241**d
—— center 分化中心 406f
—— potency 分化能 **1243**d
differentiatio sui 自律分化, 自立分化 **686**b
Difficilina 1661₂₁
Difflugia 1628₂₈
diffuse centromere 分散型動原体 **1245**c
—— growth 分散成長 228h, 527b
—— kinetochore 分散型動原体 **1245**c
—— light sense organ 分散光覚器官 1161d
—— nervous system 散在神経系 **550**d
—— placenta 散在性胎盤 861e
diffuse-porous wood 散孔材 **550**a
diffuse ray 拡散放射組織 1299c
diffusion 伝播, 拡散 **972**h, 1356a
diffusional permeability 拡散透過性 1356c
—— permeability coefficient 拡散透過性係数 1356a
—— water permeability coefficient 拡散的水透過係数 1356f
diffusion potential 拡散電位 **202**b
—— pressure deficit 拡散圧差 **202**a
—— process 拡散過程 211d
diffusive coevolution 拡散共進化 **202**b
Digenea 二生類 1578₆
Di George's syndrome ディジョージ症候群 1051f
—— George syndrome ディジョージ症候群 1389f
digestion 消化 **653**i
digestive diverticulum 消化盲嚢 915j
—— enzyme 消化酵素 **655**e
—— gland 消化腺 **656**f
—— juice 消化液 653i
—— organ 消化器官 **654**e
—— symbiosis 消化共生 **654**f
—— syncytium 消化シンシチウム **655**g
—— system 消化系 654e
—— vacuole 消化胞 1179d
digitalis ジギタリス **564**c
Digitalis purpurea 564c
Digitaria 1647₃₇
digitate process 指状突起 989b
digitiform gland 粘液腺 **1059**a
Digitodochium 1606₃₅
digitogenin ジギトゲニン 564e
digitonide ジギトニド 564e, 735a
digitonin ジギトニン **564**e
digitoxin ジギトキシン 319a, 564e, 707c
digoxin ジゴキシン 319a
digraph 有向グラフ 678j
dihaploid 二ゲノム性半数体 1122e
dihybrid 両性雑種 **1470**a
—— ratio 二遺伝子雑種比 1492g
dihydrocholesterol ジヒドロコレステロール 496g

dihydrofolate reductase ジヒドロ葉酸還元酵素 605a
dihydrolipoamide acetyltransferase ジヒドロリポアミドアセチルトランスフェラーゼ 1175a
—— dehydrogenase ジヒドロリポアミドレダクターゼ (NADH), ジヒドロリポアミド脱水素酵素 1175a
dihydrolipoic acid ジヒドロリポ酸 129c
dihydroorotase ジヒドロオロターゼ 1171h
dihydroorotate dehydrogenase ジヒドロオロト酸デヒドロゲナーゼ 1171h
dihydropyridine ジヒドロピリジン 244d
—— receptor ジヒドロピリジン受容体 1452a
5α-dihydrotestosterone 5α-ジヒドロテストステロン 604l
5,6-dihydrouracil ジヒドロウラシル 604k
dihydroxyacetone phosphate ジヒドロキシアセトンリン酸 183b[図]
3,4-dihydroxyphenylalanine 3,4-ジヒドロキシフェニルアラニン 1007b
Diictodon 1573₂₂
diisopropyl fluorophosphate ジイソプロピルフルオロリン酸 685c
Dikarya 二核菌亜界, 重相菌亜界 885b, 1605₂₁
dikaryon 二核共存体 977c
dikaryophase 二核相, 重相 1034h
dikaryotic phase 二核相, 重相 1034h
dilated cardiomyopathy 拡張型心筋症 209g
—— cisternae 53c
dilator 散大筋, 開張筋 293a
—— of pupil 瞳孔散大筋 981f
Dileptida ディレプタス目 1658₄₅
Dileptus 1658₄₅
Dillenia 1650₃₆
Dilleniaceae ビワモドキ科 1650₃₆
Dilleniales ビワモドキ目 1650₃₅
dilution assay method 稀釈検定法 436j
—— method 稀釈法 286f
Diluvial age 洪積世 449e
Diluvium 洪積層 449e
Dimacrocaryon 1658₄₅
Dimargaris 1604₃₈
Dimargaritaceae ジマルガリス科 1604₃₈
Dimargaritales ジマルガリス目 1604₃₇
Dimastigella 1631₃₅
2,3-dimercaptopropanol 2,3-ジメルカプトプロパノール 1116d
Dimerella 1613₆₁
Dimerium 1607₄₃
Dimerocrinites 1559₄₁
Dimerogonus 1593₃₂
Dimeromyces 1611₄₃
Dimerosporiella 1617₉
Dimerosporis 1610₁₀
7,12-dimethyl benzanthracene 7,12-ジメチルベンゾアントラセン 722f
1,2'-dimethyl-4,4'-bipyridinium dichloride パラコート 1114h
dimethylnitrosamine ジメチルニトロソアミン 614a
1,3-dimethylxanthine 1,3-ジメチルキサンチン 957k
Dimetrodon 1573₇
dimitic 二菌糸型 336d
dimlight vision 薄明視 1094g
di-mon mating ダイモン交配 1214c
Dimorpha 1552₁₅
dimorphic colony 二形性群体 1031a
—— flower 二形花 61c
—— sperm 二形精子 62b
dimorphism 二型性, 二形性 1031d
Dimorphococcus 1635₂₅
Dimorphodon 1569₂₉
Dimorphograptus 1562₄₉
Dimorphomyces 1611₄₃
Dimorphostylis 1597₂₂
Dimya 1582₈
Dinema 1631₁₈
Dinemasporium 1619₂₆
Dinematomonas 1631₁₈

Dingleya 1616₃₂
Dinilysia 1569₃
2,4-dinitrophenol 2,4-ジニトロフェノール 602d
Dinobryon 1656₂₅
Dinocephalia ディノケファルス目, 巨頭類 1573₁₁
Dinocerata 恐角目 1575₄
Dinococcales ディノコックス目 1662₂₈
Dinodon 1569₃
Dinoflagellata 渦鞭毛虫門 1661₄₂
dinoflagellates 渦鞭毛虫 108g
dinokaryon 渦鞭毛藻核 108g
Dinophyceae 渦鞭毛藻綱 108g, 1662₁₄
Dinophysiales ディノフィシス目 1662₄₈
Dinophysis 1662₄₈
Dinophyta 渦鞭毛植物門 1661₄₂
dinophytes 渦鞭毛植物 108g
Dinornis 1570₅₇
Dinornithiformes モア目 1570₅₇
Dinoroseobacter 1545₅₆
Dinosauria 恐竜上目, 恐竜類 323i, 1570₃
dinosaurs 恐竜類 323i
Dinothrix 1662₃₆
Dinotrichales ディノスリックス目 1662₃₆
Dinovernavirus ディノベルナウイルス属 1519₄₀
Dinozoa ディノゾア門 1661₄₂
dinozoans ディノゾア類 108g
dinucleate pollen 二核性花粉 235e
diocoel 間脳腔 695f
Dioctophymatida ディオクトフィメ目 1587₆
Dioctophyme 1587₆
Diodon 1566₆₂
diodrast ダイオドラスト 357f
dioecism 雌雄異株 619c
—— gonochorism 雌雄異体現象 627f
Diogenes 1598₁
Dioicomyces 1611₄₃
Diomedea 1571₁₇
Dionaea 1650₄₃
Dione 1632₂₉
Dionide 1588₃₆
Dioon 1644₃₅
Diopatra 1584₄₃
Diophrys 1658₁₉
Diorchidiella 1620₄₂
Diorchidium 1620₄₂
Dioscorea 1646₂₂
Dioscoreaceae ヤマノイモ科 1646₂₂
Dioscoreales ヤマノイモ目 1646₁₆
DIOSCORIDĒS, Pedanius ディオスコリデス 949d
Diospyros 1651₁₃
Dioszegia 1623₁₇
diovular twins 二卵性双生児 828e
dioxin ダイオキシン 845h
dioxin-like polychlorinated biphenyls ダイオキシン様ポリ塩化ビフェニル 845h
9,10-dioxoanthracene 9,10-ジオキソアントラセン 49f
dioxygenase 二酸素添加酵素 163m
dipeptidase ジペプチダーゼ 607e
dipeptide ジペプチド 1274c
1,3-diphenylpropanoid 1,3-ジフェニルプロパノイド, カルコン 1219g
1,3-diphenyl urea 605e
N,N'-diphenyl urea 605e
diphenyl urea ジフェニルウレア 605e
diphosphatidylglycerol ジホスファチジルグリセロール 245c
1,3-diphosphoglycerate グリセリン酸-1,3-二リン酸 361d
2,3-diphosphoglycerate グリセリン酸-2,3-二リン酸 361e
diphosphoglyceromutase グリセリン酸二リン酸ムターゼ, ジホスホグリセロムターゼ 361e
diphosphoric acid 二リン酸 1176f
Diphterophora 1586₃₆
diphthamide ジフタミド 136a, 606e
diphtheria bacillus ジフテリア菌 606b
—— toxin ジフテリア毒素 606c

diphycercal tail　原正尾　168d
Diphyes　1555_{48}
Diphyllatea　ディフィレイア綱　1552_{23}
Diphylleia　1552_{24}, 1647_{54}
Diphylleida　ディフィレイア目　1552_{24}
Diphyllobothrium　1578_{11}
Diphyllobothrium latum　広節裂頭条虫　349g
diphyodonty　二生歯性　1069b
Diphysciaceae　イクビゴケ科　1639_{11}
Diphysciales　イクビゴケ目　1639_{10}
Diphysciidae　イクビゴケ亜綱　1639_{9}
Diphyscium　1639_{11}
dipicolinic acid　ジピコリン酸　**604i**
diplanetism　二回遊泳性　1406c
Diplaziopsidaceae　イワヤシダ科　1643_{41}
Diplaziopsis　1643_{41}
Diplazium　1643_{51}
dipleurula　ディプリュールラ　**954**j
Diplobathrida　ロドクリニテス目　1559_{41}
Diploblastica　二胚葉動物　**1039**e
Diplocalyx　1550_{18}
Diplocarpon　1614_{46}
Diplocaulus　1567_{28}
diplochromosome　複糸染色体　207c
Diplocladiella　1606_{35}
Diplococcium　1619_{8}
diplococcus　双球菌　**823**c
Diploconus　1663_{32}
Diplocystidiaceae　ジプロキスチス科　1627_{12}
Diplocystis　1627_{12}
Diplodactylus　1568_{43}
Diplodia　1607_{5}
Diplodina　1618_{47}
Diplodocus　1570_{20}
Diploeca　1553_{8}
Diplogaster　1587_{27}
Diplogasterida　ディプロガステル目　1587_{27}
Diplogelasinospora　1619_{3}
Diploglossus　1568_{49}
Diplograptina　ディプログラプトス亜目，双フデイシ類　1562_{48}
Diplograptus　1562_{49}
Diplogynium　1590_{7}
diplohaplont　単複相植物　**896**b
Diploicia　1613_{36}
diploid　二倍体　**1039**b
diploidale Generation　無性世代　**1370**g
diploid cell　二倍体細胞　**1039**c
――― generation　複相世代　1370g
diploidization　複相化　**1199**g
diploid parthenogenesis　二倍性単為生殖　**1039**a
――― phase　複相　**1199**a
diploidy　全数性　**812**a
Diplomaragna　1593_{47}
Diplomenora　1655_{20}
Diplomesodon　1575_{9}
Diplomitoporus　1624_{40}
Diplomonadida　ディプロモナス目　1630_{36}
diplomonads　ディプロモナス類　**955**b
Diplomorpha　1650_{24}
Diploneis　1655_{44}
diplonema　ディプロネマ　955a
Diplonema　1631_{30}
Diplonemea　ディプロネマ綱　1631_{29}
Diplonemida　ディプロネマ目　1631_{30}
diplont　二倍体，複相植物　**1039**b, **1199**c
diplontic sterility　二倍体不稔性　790g
diplont plant　複相植物　**1199**c
Diplonychus　1600_{37}
Diplonympha　1630_{11}
diplopagus　相称的結合双生児　925i
Diplopelta　1662_{39}
diplophase　複相　**1199**a
Diplophrys　1653_{19}
Diplopoda　ヤスデ綱，ヤスデ類　**1404**e, 1592_{52}

Diploporita　1559_{18}
Diplosalis　1662_{39}
Diploschistes　1614_{13}
Diplosentis　1579_{9}
Diplosiga　1553_{8}
Diplosoma　1563_{25}
diplosome　双心体，双心小体　912j
Diplosphaera　1635_{11}
Diplostraca　双殻目　1594_{33}
diplotene stage　ディプロテン期　**955**a
Diplotheca　1553_{10}, 1607_{23}
Diplothecaceae　ディプロテカ科　1607_{23}
Diplovertebron　1567_{21}
Diplozoon　1578_{1}
Diplura　コムシ目，倍尾類，叉尾類，双尾類，頬尾類　1598_{15}
Diplura　1657_{17}
Dipneusti　肺魚類　165f
Dipnoi　肺魚類　165f, 1027c
Dipodascaceae　ジボドアスクス科　1606_{4}
Dipodascopsis　1606_{9}
Dipodascus　1606_{4}
Dipodomys　1576_{39}
dipolar ion　両性イオン　**1469**i
diprosopus　顔面重複奇形　925i
Diprotodontia　双前歯目　1574_{20}
Dipsacales　マツムシソウ目　1652_{39}
Dipsacomyces　1604_{50}
Dipsas　1569_{3}
Diptera　ハエ目，双翅類　1601_{19}
Dipteridaceae　ヤブレガサウラボシ科　1642_{51}
Dipteris　1642_{51}
Dipterocarpaceae　フタバガキ科　1650_{27}
Dipterocarpus　1650_{27}
Dipteronotus　1565_{33}
Dipus　1576_{43}
Dipyrenis　1610_{32}
Dipyxis　1620_{47}
direct development　直接発生　**928**d
directed graph　有向グラフ　678j
direct effect　直接効果　**928**c
――― extensor reflex　直接伸筋反射　443e
――― gradient analysis　直接環境傾度分析　256f
directional movement　指向性運動　**572**c
――― selection　方向性淘汰　988f
――― selectivity　方向選択性　**1294**c
directive mesentery　指示隔膜，方向隔膜　1110h
――― radius　方向軸　1110h
――― septum　指示隔膜，方向隔膜　1110h
direct reaction　直接反射　981i
――― reciprocity　直接互恵性　266d
――― staining method　直接染色法　701g
――― template theory　直接鋳型説　686h
――― type　順行型　838h
Dirinaria　1613_{36}
disaccharide　二糖　171b
Disanthus　1648_{14}
disassortative mating　異類交配，非同類交配　462j, 999i
disbudding　摘芽，摘蕾　**959**d
DISC　25f, 1179i
disc　盤　**1118**i
disc electrophoresis　ディスク電気泳動法　**953**a
Disceliaceae　ヨレエゴケ科　1639_{23}
Discelium　1639_{23}
Discicristata　盤状クリステ類　1415i
Discicristoidea　クリステディスコイデア綱　1601_{55}
Discina　1579_{45}, 1616_{4}
Discinaceae　フクロシトネタケ科　1616_{4}
Discinisca　1579_{45}
Disciotis　1616_{4}
disclimax　妨害極相　774b
Discoaster　1666_{23}
Discoba　ディスコーバ　1630_{38}
discoblastula　盤状胞胚　**1121**e
discobolocyst　盤状胞　1300g

discocarp 盤子器 603f
Discocelida ディスコセリス目 1552$_{13}$
Discocelis 1552$_{13}$, 1577$_{23}$
Discocephalus 1658$_{19}$
Discodermia 1554$_{40}$
discogastrula 盤状原腸胚 1088a
Discograptus 1562$_{39}$
Discohainesia 1614$_{30}$
discoidal cleavage 盤割 **1118g**
discolored water 赤潮 **3f**
Discomonas 1665$_{37}$
Discomorphella 1660$_{19}$
discontinuity layer 不連続層 1403g
discontinuous budding 不連続出芽 640j
── distribution 不連続分布 212b
── replication 不連続複製 **1229g**
── respiration 不連続呼吸 **1229f**
Discophrya 1659$_{53}$
Discoplastis 1631$_{24}$
Discorbinella 1664$_{8}$
Discorbis 1664$_{8}$
Discosauriscus ディスコサウリスクス 613f
Discosea ディスコセア綱 1628$_{33}$
Discoserra 1565$_{27}$
Discosia 1619$_{28}$
Discosorida 1582$_{44}$
Discosorus 1582$_{44}$
Discosphaera 1666$_{23}$
Discospirina 1663$_{53}$
Discosporangiales ディスコスポランギウム目 1657$_{13}$
Discosporangium 1657$_{13}$
Discosporium 1618$_{45}$
Discostroma 1619$_{28}$
Discotricha 1660$_{5}$
discourse analysis 談話分析 192b
Discozercon 1590$_{16}$
discrepancy 歯列不整合 1069b
discrete log-normal distribution 離散型対数正規分布 1252a
── mathematics 離散数学 350d
── model 離散モデル 514a
discriminant analysis 判別分析 **1127d**
── function 判別関数 1127d
discrimination 識別 **564g**
── learning 弁別学習 **1289b**
discriminative stimulus 弁別刺激 169c
Discula 1618$_{44}$, 1618$_{46}$
discus membranaceus 膜性円板 **1336j**
disdifferentiation 異分化 450c
── theory 分化異常説 1101h
disease 疾患, 病気 **1165f**
disease-model animal 疾患モデル動物 **591f**
disease of silkworm 蚕病 **553j**
── resistance 病害抵抗性(植物の) **1165a**
Disematostoma 1660$_{22}$
disfacilitation 脱促通 **874f**
disharmonic 不調和的 837a
disinfection 消毒 **661h**
disinhibition 脱抑止, 抑制 752c, **876b**
disjunct distribution 隔離分布 212b
disjunctive movement 輻輳運動, 離反運動 323c
disk 柄盤, 盤 **1118e**, 1481b
── floret 中心小花 986b
disomy 二染色体性 66g
Disparida 1560$_{1}$
dispensable amino acid 可欠アミノ酸 **213a**
dispermy 二精 872h
dispersal 分散, 散布 **553k**, **1245b**
── biogeography 分散生物地理学 773k
dispersed multigene family 871e
dispersion index 分光集中度指数 **1252b**
disphotic zone 薄光層 189f
Disphyllum 1556$_{53}$
Dispira 1604$_{38}$
displacement activity 転位行動 966c
── behavior 転位行動 966c

── loop Dループ 956d
display ディスプレイ **953b**
Disporum 1646$_{32}$
disposition 素因, 芽中苞覆, 芽層, 重なり 232h, 851h
disruptive coloration 分断色 100a
── selection 分断性淘汰 988f
dissected 全裂 1424e
disseminated intravascular coagulation 播種性血管内凝固症候群 705a
── intravascular coagulation 汎発性血管内血液凝固 405g
disseminule 散布体 **553l**
dissimilarity 非類似性 1480g
dissimilation 異化作用 **59a**
dissipative structure 散逸構造 761h
dissociation 解離 **191c**
── constant 解離定数 **191e**
── curve 解離曲線 **191d**
dissoconch 後生殻, 成殻 847c
Dissodinium 1662$_{22}$
Dissodium 1662$_{39}$
dissogeny 反復生殖 **1126i**
dissogony 反復生殖 **1126i**
dissolved organic matter 溶存態有機物 1163e, **1425j**
Dissophora 1604$_{11}$
Dissorophus 1567$_{16}$
distal 遠位的 331i
distalization rule 先端化則 325h
distal lobe 主葉, 主部 217j
── pigment cell 遠位色素細胞 1193l
── pterygiophore 遠位担鰭骨, 遠担鰭骨 882d
── retinal pigment hormone 遠位網膜色素ホルモン 564a
── segment 遠基鰭軟骨 882d
── visceral endoderm 遠位臓側内胚葉 818f
distance 距離 1480g
── matrix method 距離行列法 329l
── method 距離法 330a, 1480g
── receptor 遠隔受容器 573a
distemper ジステンパー, 犬瘟熱 583e
Distephanus 1656$_{7}$
Distichophyllum 1640$_{37}$
Distichopora 1555$_{40}$
distichous opposite 二列対生 854i
── phyllotaxis 二列互生葉序, 二列生, 二列縦生 475h
Distigma 1631$_{20}$
Distopyrenis 1610$_{33}$
Distothelia 1610$_{30}$
distraction はぐらかし, はぐらかし行動 287f, 1167e
distribution 分布(生物の), 集中分布 **1251g**, 1252d
distributional area 分布圏, 分布域 1251g
── barrier 分布障壁 **1252c**
distribution density function 分布密度関数 513h
── function 分布関数 1252a
── type 分布型 **1252a**
Distromium 1657$_{20}$
disturbance 攪乱, 攪乱 **210f**
── climax 妨害極相 774b
disturbing process 攪乱過程 586f
Distylium 1648$_{14}$
disulfide bond ジスルフィド結合 **584c**
disymmetrical cleavage 二相称卵割 **1037e**
Ditangium 1625$_{22}$
ditaxic 二走性 838h
Ditiola 1623$_{25}$
Ditrema 1566$_{46}$
Ditrichaceae キンシゴケ科 1639$_{40}$
Ditrichomonas 1630$_{4}$
Ditrichum 1639$_{40}$
Ditylum 1654$_{57}$
diuretic hormone 利尿ホルモン **1459i**
diurnal 昼行性 181d
divalent metal cation transporter 二価金属陽イオントランスポーター 1030a
── metal transporter 二価金属トランスポーター

1030a
divalonic acid　ジバロン酸　1381c
divergence　分岐, 拡散(発生の), 開度　183g, 201h, 1243g
── modes　漸進分岐様式　646a
── of characters　形質の分岐　388d
diversifying selection　多様化淘汰　879h, 1426c
Diversispora　1605₅
Diversisporaceae　ジベルシスポラ科　1605₅
Diversisporales　ジベルシスポラ目　1605₃
diversity index　多様度指数　637a
── threshold hypothesis　多様性閾値仮説　879i
diverticula　分岐腸, 盲嚢　316d
diverticulum　岐腸　268k
── ilei　回腸憩室　661a
dividing ring　分裂リング　1256j
diving reflex　潜水反射　811i
divinyl chlorophyll　ジビニルクロロフィル　605b
divisio　門　1401d
division　分裂, 門　1255c, 1401d
── center　分裂中心　1256h
── cyst　分裂シスト　583f
── of labor　分業　1244c
── plane　分裂面　1256i
── plate　分裂面　1256i
── pole　分裂極　1256h
dixenic culture　三者培養　501j
Dixoniella　1632₂₅
Dixoniellales　ディクソニエラ目　1632₂₅
dizygotic twins　二卵性双生児　828e
DL　1404m
D loop　D ループ　956d
DL-PCB　ダイオキシン様ポリ塩化ビフェニル　845h
DM　1358d
DMAE　ジメチルアミノエタノール　450f
DMBA　7,12-ジメチルベンゾアントラセン　722f
Dmc1　1488g
DMT　二価金属トランスポーター　1030a
DM-W　748c
DMY　748c
DNA　940d
── barcoding　DNA バーコーディング　945d
── binding motif　DNA 結合モチーフ　942b
── body　DNA ボディ　947c
── cloning　DNA クローニング　942a
── damage　DNA 損傷　943e
── damage tolerance pathway　DNA 損傷耐性経路　1198d
── database　DNA データベース　944b
── denaturation　DNA の変性　945c
DNA-dependent RNA polymerase　DNA 依存性 RNA ポリメラーゼ　37c
DNA diagnosis　DNA 診断　943d
DNA-directed DNA polymerase　DNA 依存性 DNA ポリメラーゼ　947d
DNA-DNA hybridization　DNA–DNA ハイブリダイゼーション　944h
DNA double strand break repair model　DNA 二重鎖切断修復モデル　945b
── glycosylase　DNA グリコシラーゼ　943c
── gyrase　DNA ジャイレース　942e
── helicase　DNA ヘリカーゼ　947b
── joinase　DNA リガーゼ　948c
── lesion　DNA 損傷　943e
── ligase　DNA リガーゼ　948c
DNA-mediated gene transfer　DNA による遺伝子導入　80e
DNA melting　DNA の融解　945c
── methylase　DNA メチル化酵素　948b
── methyltransferase　DNA メチル基転移酵素　948b
── mismatch repair genes　DNA ミスマッチ修復遺伝子　947e
── modification enzyme　DNA 修飾酵素　943a
── nicking-closing　944c
── partial denaturation map　部分変性地図(DNA の)　1211b
── photolyase　DNA フォトリアーゼ　1134g

DNA-PKcs　36a
DNA polymerase　DNA ポリメラーゼ　947d
── repair　DNA 修復　943b
── repair enzymes　DNA 修復酵素　943c
── replicase　DNA 複製酵素　946b
── replication　DNA 複製　945e
── replication origin　DNA 複製開始点　946a
DNA-RNA hybridization　DNA–RNA ハイブリダイゼーション　940e
DNase　DN アーゼ　957d
── hypersensitive sites　DNase 高感受性領域　940c
── inhibitor　DN アーゼインヒビター　957g
DNA sequencer　DNA シークエンサー　941a
── sequencing　DNA 塩基配列決定法　941a
── synthesis inhibitor　DNA 合成阻害剤　942d
── topoisomer　DNA トポロジー異性体　945a
── topoisomerase　DNA トポイソメラーゼ　944c
── transposon　DNA トランスポゾン　965f
── unwinding enzyme　DNA 巻き戻し酵素　947b
── unwinding protein　DNA 巻き戻し蛋白質　76b
── vaccine　DNA ワクチン　948d
── virus　DNA ウイルス　102h
── world　DNA ワールド　949a
DNP　DNA-蛋白質　206c
DNP method　DNP 法　30d
Doassaniales　ドアサンシア目　1622₂₃
Doassansia　1622₂₄
Doassansiaceae　ドアサンシア科　1622₂₄
Doassansiella　1621₄₈
Doassansiopsidaceae　ドアサンシオプシス科　1621₄₈
Doassansiopsis　1621₄₈
Doassinga　1622₂₄
Dobzhansky, Theodosius　ドブジャンスキー　1008f
docetaxel　ドセタキセル　1095a
Docodon　1573₃₆
Docodonta　ドコドン目, 梁歯目　1573₃₆
docoglossa　梁舌　585c
docosahexaenoic acid　ドコサヘキサエン酸　117j
Dodecaceria　1585₁₃
dodecanoic acid　ドデカン酸　1432m
Doderia　1593₁₁
Döderlein, Ludwig　デーデルライン　962b
Doflein, Franz　ドフライン　1008g
Doherty, Peter Charles　ドハーティ　1007j
Dohrn, Anton　ドールン　1015f
Dohrn, August　1015d
Doisy, Edward Adelbert　ドイジ　975a
doisynolic acid　ドイジノリン酸　1105e
Dokdonella　1550₄
Dokdonia　1539₄₁
Dokidocyathus　1554₄
Dokophyllum　1556₄₈
Doleserpeton　1567₁₆
Dolichoglyphius　1593₃₃
dolichol　ドリコール　1012g
Dolichomastigales　ドリコマスティックス目　1634₁₁
Dolichomastix　1634₁₁
Dolichomitra　1641₁₆
Dolichophonus　1591₄₁
Dolichopterus　1589₃₀
Dolichosoma　1567₂₇
doliolaria　ドリオラリア　1012d
Doliolletta　1563₁₈
Doliolida　ウミタル目　1563₁₈
doliolids　ウミタル類　1140g
Doliolum　1563₁₈
dolipore　たる形孔　335d
Dollo, Louis　ドロ　1012c
Dollo's law　ドロの法則　691a
Dolomedes　1592₂₀
Dolops　1594₅₂
Dolosicoccus　1543₄
Dolosigranulum　1543₇
DOM　溶存態有機物　1163e
Domagk, Gerhard　ドーマク　1008i

domain ドメイン，ドメイン(蛋白質の)，超界，領域 77d, 177c, 474c, **1009**c
Domain *Archaea* アーキアドメイン **5**a
—— *Bacteria* バクテリアドメイン **1093**c
domain shuffling ドメイン・シャッフリング 1009c
domatium ダニ室 **877**f
domestic animal 家畜 **226**d
domestication 作物化，家畜化，栽培化 **226**e, **519**h, **537**f
—— characteristics 家畜化形質 226e
dominance 優位，優占度 650b, **1406**a, **1411**g
—— hierarchy 順位，順位制 **650**b
—— system 順位制 650b
—— type 優占型 1411f
—— variance 優性分散 1166h
dominant 優位者，優占 650b, **1410**a
—— lethal 優性致死 904g
—— negative ドミナントネガティブ **1008**m
—— species 優占種 **1411**f
Dominanz 優位 650b
dominator-modulator theory ドミネーター—モデュレーター説 355e
Domingoella 1606₃₅
domoic acid ドウモイ酸 184e
DON 2-ジアゾ-5-オキソノルロイシン 365c
Donacophyllum 1556₄₈
Donadinia 1616₂₉
Donghaeana 1539₄₁
Donghicola 1545₅₆
Dongia 1546₂₀
Donnan free space ドナン自由相 625d
Donnan's effect ドナン効果 **1006**i
—— membrane equilibrium ドナンの膜平衡 **1006**j
—— membrane potential ドナンの膜電位 1006j
donor ドナー，供与者，供与菌 65e, **323**g, 841b
—— bacteria 供与菌 **323**g
—— parent 一回親 1398g
DOPA ドーパ **1007**b
—— decarboxylase ドーパデカルボキシラーゼ，ドーパ脱カルボキシル酵素 **1007**d
dopamine ドーパミン **1007**f
dopamin receptor ドーパミン受容体 **1008**a
doping ドーピング **1008**e
Dorataspis 1663₃₂
Doratomyces 1617₅₈
D'ORBIGNY, Alcide Dessalines ドルビニ **1015**a
Dorea 1543₃₉
dormancy 休眠 **313**e
—— break 休眠打破 313e
dormant bud 休眠芽 **314**a
dormin ドルミン 23j
Dorn effect ドルン効果 188e
Doropygus 1595₁₀
dorsal aorta 背側大動脈 858f
—— appendage 背側付属器 1321f
—— caecum 背盲嚢 89g
—— cord 背索 625e
—— cortex 背側皮質 184a, 860c
—— eye 背眼 **1077**a
—— fin 背鰭 **794**h
—— fold 頭葉 **999**c
—— gland 背中腺 **1085**b
—— horn 背角 783d
—— hump 背隆起 1021b
dorsalization 背側化，背方化 **781**e, **1089**c
dorsalizing factor 背方化因子 693f
dorsal lamina 鰓嚢背膜 519d
—— languet 背側小舌 519e
—— light reaction 光背反応 **462**i
—— mesoderm 背部中胚葉 152e
—— nephrocyte 背面腎細胞 66b
—— ocellus 背単眼 **882**b
—— pallium 背側外套 184a
—— papilla 背角 **1076**c
—— pore 背孔 **1079**d
—— posterior gland 837e
—— rib 背肋 1502b
—— root 背根 783e
—— root ganglion 脊髄神経節 783d
—— sac 背嚢 **1063**h
—— sinus 背腔 66a
—— strand 背索 697c
—— suture 背縫線 976d
—— thalamus 視床 699f
—— tubercle 背側突起 697c
—— ventricular ridge 背側脳室隆起 184a, 860c
—— vessel 背脈管 **1089**f
dorsiventrality 背腹性 **1088**e
dorsobronchus 背気管支 1076i
dorso-lateral placode 背側プラコード 1214c
dorso-ventral axis 背腹軸 **1088**d
dorsoventral muscle 背腹筋 **1088**c
dorsum 背 1088e
Dorudon 1575₅₈
Dorvillea 1584₄₃
Doryagnostus 1594₂₃
Dorydrilus 1585₃₃
Dorylaimea ドリライムス綱 1586₃₈
Dorylaimia ドリライムス亜綱 1587₁
Dorylaimida ドリライムス上目 1587₂
Dorylaimida ドリライムス目 1587₃
Dorylaimus 1587₃
Doryopteris 1643₃₃
Dorypetalum 1593₄₃
Dorypterus 1565₂₅
Dorypyge 1588₃₉
dose-effect curve 線量効果曲線 **821**c
dose equivalent 線量当量 1298d
—— limit 線量限度 **821**b
—— rate 線量率 1298d
dose-reduction factor 線量減効率 939g
dosis letalis 致死量 **905**c
Dothichiza 1608₄₉, 1608₅₀
Dothidasteroma 1608₃
Dothidasteromella 1608₂₀
Dothidea 1608₄₇
Dothideaceae クロイボタケ科 1608₄₇
Dothideales クロイボタケ目 1608₄₅
Dothidella 1608₈
Dothideomycetes クロイボタケ綱 1606₅₆
Dothideomycetidae クロイボタケ亜綱 1607₄₅
Dothidotthia 1609₂₆
Dothidotthiaceae ドジドッチア科 1609₂₆
Dothiopeltis 1608₅₆
Dothiora 1608₄₉
Dothioraceae ドチオラ科 1608₄₉
Dothiorella 1609₂₆
Dothistroma 1608₃₂
double assurance 二重保証 **1037**b
—— *Bar* ダブルバー 1071b
—— blind test ダブルブラインドテスト，二重盲検法 1215d
—— cone 不等双子型錐体 723a
—— cross 複交雑 **1195**b
—— crossing-over 二交叉 **1031**f
doubled haploid 倍加半数体 **1076**g
double endodermis 両立内皮 1022a
—— fertilization 重複受精 **926**b
—— flower 八重咲 **1403**a
—— gradient theory 二重勾配説 **1036**f
—— growth gradient 重成長勾配 767c
—— head 双頭奇形 925i
—— helix 二重らせん 1509d
—— image 881a
—— infection 二重感染 925h
—— innervation 二重神経支配 **1036**i
—— malformation 重複奇形 **925**i
—— minute 1358a
—— minute chromosome 微小染色体対 **1143**e
—— monster 重複奇形 **925**i
double-point threshold 重複閾 342l

double potential theory　重複ポテンシャル論　391b
——　refraction of flow　流動複屈折　1468c
double-strand break　二重鎖切断　1036g
double trisomic diploid　二重三染色体的二倍体　66g
doubling　両分　1471a
——　dose　倍加線量　1076f
——　time　倍加時間, 倍加期間　827a, 1076e
doubule cone　二重錐体　558k
Douvilleiceras　1583₅
down feather　綿羽　111g
——　regulation　ダウンレギュレーション（受容体の）　866g
Down's syndrome　ダウン症候群　866f
downy mildew　べと病　1271e
doxorubicin　ドキソルビシン　20i, 50A
Dozya　1641₁₁
DPD　拡散圧差　202a
DPN　ジホスホピリジンヌクレオチド　1032e
Draba　1650₂
Draco　1568₄₁
Dracochela　1591₃₀
Dracoderes　1587₄₅
Draconema　1587₁₅
Dracunculus　1587₃₈
Dragescoa　1660₃₁
dragonfly naiad　水蠆　1404a
Draparnaldia　1635₂₂
Drassodes　1592₂₀
Drawida　1585₂₈
drawing prism　カメラルシダ　238i
Drechmeria　1617₁₅
Drechslera　1609₅₅
Drechslerella　1615₄₇
Drepanaspis　1564₄
drepanium　かま形花序　622b
Drepanoconis　1622₃₆
Drepanomonas　1660₅
Drepanomyces　1611₃₆
Drepanopeziza　1614₄₇
Drepanophorus　1581₇
Drepanophycales　ドレパノフィクス目　1642₈
Drepanophycus　1642₈
Drepanopterus　1589₃₁
DRF　939g
Driesch, Hans　ドリーシュ　1012h
drift　浮動　83f
drifting seaweed　流れ藻　1024e
Drilonema　1587₂₉
Drilonematida　ドリロネーマ目　1587₂₉
drinking center　飲水中枢　94c
drip-tip　滴下先端　1057b
drive　動因, 衝動　975h
Dromaeosaurus　1570₁₅
Dromaius　1570₅₅
Dromas　1571₅₂
Dromatherium　1573₃₂
Dromiciops　1574₁₂
dromotropic action　変伝導性作用　706d
drone cell　雄蜂房　831g
dropping　糞　1241b
Drosera　1650₄₄
Droseraceae　モウセンゴケ科　1650₄₃
Drosophila　1601₂₄
——　*melanogaster* copia virus　キイロショウジョウバエコピアウイルス　1518₄₀
——　*melanogaster* Gypsy virus　キイロショウジョウバエジプシーウイルス　1518₂₅
——　X virus　ショウジョウバエ X ウイルス　1519₉
drosopterin　ドロソプテリン　563f
drought tolerance　乾燥耐性, 耐乾性, 耐乾燥性　269₄
DRPH　遠位網膜色素ホルモン　564a
Drude, Oscar　ドルーデ　1014f
drug　薬　196h
——　delivery system　薬物送達システム　1075d
——　resistance　薬剤抵抗性, 薬剤耐性　1403e

dug　1945

——　resistance factor　薬剤耐性因子　1403f
drug-resistant strain　耐性菌　855e
drug susceptibility test　薬剤感受性試験　1403d
Drummondiaceae　オオミゴケ科　1639₂₇
drupe　石果　781g
drupecetum　キイチゴ状果　621h, 781g
drupel　小核果, 小石果　781g
drupelet　小核果, 小石果　781g
Dryadomyces　1618₅₉
Dryas flora　ドリアス植物群　1165d
dry fruit　乾果　252c
dry-ice sensation　ドライアイスセンセーション　324b
dry matter production　物質生産　1206e
——　matter reproduction　物質再生産　1206c
Drymis　1645₃₂
Drynaria　1644₂
Dryocopus　1572₃₆
Dryolestida　ドリオレステス目　1573₅₃
Dryolestoidea　ドリオレステス上目　1573₅₂
Dryopithecus　1231a, 1575₃₈
Dryopteridaceae　オシダ科　1643₅₄
Dryopteris　1643₅₆
Drypetes　1649₅₀
dry sperm　不稀釈精液　744g
DSB　二重鎖切断　1036g
DSBR model　DNA 二重鎖切断修復モデル　945b
D-shaped larva　D 型幼虫　949i
DSIP　デルタ睡眠誘発ペプチド　727a
DSL　深層音響散乱層　173a
DSP　二重特異性ホスファターゼ, 下痢性貝毒　184e, 1235b
dsRNA　330e
DST　薬剤感受性試験　1403d
Dsungaripterus　1570₁
dT　デオキシチミジン　908h
D type particle　D 型粒子　1489e
Dualomyces　1606₃₅
dual specificity kinase　両特異性キナーゼ　931f
dual-specificity phosphatase　二重特異性ホスファターゼ　1235b
dual-specific phosphatase　二重特異的ホスファターゼ　931g
Dubois, Eugène　デュボア　963l
Dubois, Jacques　686e
Du Bois-Reymond, Emil Heinrich　デュ=ボア-レモン　963m
Duboscquella　1661₄₅, 1662₃₂
Duboscquodinium　1662₃₂
Dubos, René Jules　デュボス　964a
Ducellieria　1654₇
Duchenne's muscular dystrophy　デュシェンヌ型筋ジストロフィー　583f
Duck hepatitis A virus　アヒル A 型肝炎ウイルス　1521₁₅
——　hepatitis B virus　アヒル B 型肝炎ウイルス　1518₃₀
duct cells　818g
——　gland　導管腺　187b
ductless gland　無導管腺　799a
duct of Cuvier　キュヴィエ管　636d
ductuli aberrantes　迷走管　837b
ductus arteriosus Botalli　ボタロ管　1315c
——　biliferi　輸胆管　1417b
——　Botalli　ボタロ管　1315c
——　choledochus　総胆管　1417b
——　cochlearis　蝸牛管　198e
——　deferens　輸精管　1416e
——　efferentis testis　精巣輸出管　760h
——　ejaculatorius　射精管　617b
——　endolymphaticus　内リンパ管　1338e
——　epididymis　副精巣管　760c
——　Mülleri　ミュラー管　1364f
——　oesophageo-cutaneus　食道皮管　98g
——　pancreaticus　膵管　722e
——　utriculosaccularis　連嚢管　1019l
——　venosus　静脈管　667a
——　venosus Arantii　アランティウス静脈管　667a
Dudresnaya　1633₂₂
Duganella　1546₅₈
Dugbe virus　デュグベウイルス　1520₃₁

Dugesia　1577₄₃
Dugong　1574₄₀
Dujardina　1665₁₅
DUJARDIN, Félix　デュジャルダン　**963**k
DULBECCO, Renato　ダルベッコ　**880**g
dulcin　ズルチン　1363a
dulosis　1015e
Dumontia　1633₂₂
Dumontinia　1615₁₁
Dumortiella　1637₁₄
Dumortiellaceae　ケゼニゴケ科　1637₁₄
Dunaliella　1635₃₅
Dunaliellales　ドゥナリエラ目　1635₃₂
dung　糞　**1241**b
Dunkleosteus　1564₁₈
duodenal glands　十二指腸腺　661a, 1227h
—— juice　十二指腸液　918d
duodenum　十二指腸　661a
duplex apex　複茎頂型　644b
—— uterus　重複子宮　**926**a
Duplicaria　1615₂₈
duplicate twins　同型双生児　828e
duplication　重複　925i
duplicitas anterior　前方重複奇形　925i
—— cruciata　十字重複奇形　925i
duplicituas posterior　後方重複奇形　925i
duplicity theory　二元説(視覚の)　**1031**e
Duplorbis　1595₃₈
duplosori　複胞子嚢群　1296g
Duportella　1625₁₁
dura mater　硬膜　1065b
Durhamina　1557₂
Durianella　1626₃
durifruticeta　硬葉低木林　467l
duriherbosa　イネ科草原　**87**b
durilignosa　硬葉樹林　467l
Durinskia　1662₃₆
Durio　1650₁₉
duriprata　イネ科草原　**87**b
durisilva　硬葉高木林　467l
dust cell　塵埃細胞　**687**d
DU VIGNEAUD, Vincent　デュ=ヴィニョー　**963**i
DUYSENS, Louis Nico Marie　ドイセンス　**975**b
Dvinia　1573₂₉
DVR　背側脳室隆起　184a, 860c
dwarf　矮小形　**1506**d
dwarfism　矮性　**1506**f
dwarf male　矮雄, 矮雄体　**1507**b, **1507**c
—— shrub heath tundra　矮生低木ヒースツンドラ　937d
Dwayaangam　1615₄₇
dyad　二つ組, 二分子, 二分染色体　337a, **1039**f, **1039**g
Dyadobacter　1539₂₂
dye　色素　**562**c
—— coupling　522i
Dyella　1550₅
Dyerocycas　1644₃₃
dye stuff　色素　**562**c
dynamical system　力学系　1452b
dynamic ecotrophic coefficient　動的捕食係数　751b
—— equilibrium　動的平衡　**991**g
—— evolution　力動的進化　488i
—— γ motoneuron　ダイナミックγ運動ニューロン　273f
—— optimization model　動的最適化モデル　**991**e
dynamics of infectious diseases　感染症動態　**267**h
—— of size distribution　サイズ分布動態　**514**a
dynamic system of classification　動的分類系　**991**f
—— teleology　動的目的論　748a
—— visual field　動視野　614e
dynamin　ダイナミン　**859**c
dynein　ダイニン　**859**e
dynorphin　ダイノルフィン　1400h
Dyrosaurus　1569₂₃
dysentery bacillus　赤痢菌　**785**e
dysfibrinogenemia　異常フィブリノゲン血症　65a
Dysgonomonas　1539₁₂

Dysidea　1554₅₀
dyslipidemia　脂質異常症　**576**i
dysmetria　測定障害　**838**e
Dysmorphococcus　1635₃₅
Dysnectes　1630₂₉
Dysnectida　ディスネクテス目　1630₂₉
dysodonty　貧歯式　925a
dysplasia　異形成　**61**g
dysploid　66g
dysploidion　66g
Dyspnoi　アゴザトウムシ亜目　1591₂₁
Dysteria　1659₂₉
Dysteriida　ディステリア目　1659₂₉
dystroglycan　ジストログリカン　583g
dystrophic lake　腐植栄養湖　**1203**c
dystrophin　ジストロフィン　**583**g
dystrophin-associated glycoprotein 1　ジストロフィン結合糖蛋白質1　583g
—— protein complex　ジストロフィン結合蛋白質複合体　583g
Dytiscus　1600₅₃

E

"ε15-like viruses"　ε15様ウイルス　1514₂₈
E1A gene　*E1A* 遺伝子　**91**h
E1B gene　*E1B* 遺伝子　**92**a
E2B　18g
EAE　592e
EAM　獲得性解発機構　769c
ear　耳　**1362**f
—— capsule　耳嚢, 耳殻　1028b
ear-covert　耳羽　180h
Earliella　1624₄₀
earlier homonym　先行同名　998d
early development　初期発生　**669**b
—— embryo　早期胚　1072a
—— gene　初期遺伝子　**669**a
—— neuronal scaffold　基本的神経回路　271c, 1021e
—— receptor potential　早期受容器電位, 早期視細胞電位　823a, 1394c
—— recombination nodule　初期組換え節　602c
—— wood　早材　**824**i
ear muscle　耳筋　**566**b
earth　アース　1003b
ear-to-row method　一穂一列法　212k
East Brazilian province　東ブラジル地方　688c
—— Pacific barrier　東太平洋障壁　**1133**i
—— Pacific region　東太平洋区　97e
Eballistra　1622₄₁
Eballistraceae　エバリストラ科　1622₄₁
Ebenaceae　カキノキ科　1651₁₃
Ebertia　1590₄₅
EBI　944b
EBM　1475c
Ebola hemorrhagic fever　エボラ出血熱　703g
Ebolavirus　エボラウイルス属　1520₂
Ebranchiaten　無鰓類　1427c
Ebria　1665₂₀
Ebriida　エブリア目　1665₂₀
Ebstein's syndrome　エブスタイン症候群　1058f
EBV　Epstein-Barr ウイルス　1282b
EB virus　EBウイルス　**88**e
EC　酵素番号　456d
ecad　エケード　**127**f
ecblastesis　腋生貫生　265d
EC cell　EC細胞　1083b
eccentric cell　偏心細胞　**1286**c
ECCLES, Sir John Carew　エクルズ　**127**d
EC coupling　ECカップリング　464b
Eccrinales　エクリナ目　1552₃₄
eccrine gland　エクリン腺, 小汗腺, 漏出分泌腺　187b, 1160g

Eccrinidus 1553₂	Echo virus エコーウイルス **127**g
ECD 電子捕獲検出器 219c	echter Antagonismus 真性拮抗 293a
ecdysiotropin エクジシオトロピン 802e	*Ecionemia* 1554₃₂
ecdysis 脱皮 **875**a	*Eciton* 1601₄₈
ecdysis-triggering hormone 脱皮開始ホルモン 107g, **875**b	*Ecklonia* 1657₂₅
ecdysone エクジソン **126**c	*Eckloniopsis* 1657₂₅
—— receptor エクジソン受容体 **126**d	ECL 腸クロム親和性細胞様細胞 220b
Ecdysozoa 脱皮動物 1586₁₆	eclipse period 暗黒期 **48**b
ecdysteroid エクジステロイド 126c	eclosion 羽化 **107**f, 541c
ecesis 定着 **954**d	eclosion hormone 羽化ホルモン **107**g
ECF 細胞外液 845e	*ecmA* 85f
ECG 709a	*ecmB* 85f
Echeneis 1566₄₆	ecoclimate 生態気候 **762**a
Echidna 1663₃	ecocline 生態勾配 **763**d
Echinamoeba 1628₃₂	ecogenodeme エコジェノデーム 239b
Echinamoebida エキノアメーバ目 1628₃₂	ecogenomics 生態ゲノミクス **763**b
Echinaster 1560₄₆	*Ecogpt* gene *Ecogpt* 遺伝子 **127**h
Echinichona 1659₃₆	*E. coli* 大腸菌 1549₇
Echinicola 1539₂₀	ecological biogeography 生態地理学 773k
Echiniscoidea トゲマクムシ目 1588₉	—— density 生態密度 478b
Echiniscoides 1588₉	—— distribution 生態分布 **764**d
Echiniscus 1588₈	—— division of the river 河川の生態的区分 224c
Echinoascotheca 1609₄₉	—— economics 生態経済学 **762**e
Echinobotryum 1617₅₈	—— efficiency 生態効率 751b
Echinocardium 1562₂₁	—— genetics 生態遺伝学 **761**g, 1247d
Echinochaete 1624₄₁	—— group 生態群 **762**b
Echinochlamydosporium 1604₁₀	—— isolation 生態的隔離 211a
Echinochloa 1647₃₇	—— niche 生態的地位 **763**g
Echinochondrium 1606₃₅	—— optimum 生態の最適域 **763**f
echinococcus エキノコックス, 包虫 **1302**h	—— plant geography 植物生態地理学 677a
Echinococcus 1578₁₂	—— risk 生態リスク **764**f
Echinocystis 1666₃₀	—— succession 生態遷移 799c
Echinodera 動吻動物 **997**d	ecology 生態学 **761**i
Echinoderes 1587₄₅	economic coefficient 利用係数 **1469**d
echinoderid larva エキノデリド幼生 1481e	—— density 経済密度 478b
Echinodermata 棘皮動物, 棘皮動物門 **327**g, 1558₄₁	—— effect 利用効果 **1469**e
echinoderms 棘皮動物 **327**g	—— injury level 経済的被害許容水準 1164g
Echinodia 1624₆	—— species 有益種 814f
Echinodiaceae コワタゴケ科 1641₁₈	economy of nature 自然の経済 763g
Echinodontiaceae マンネンハリタケ科 1625₃	ecophene エコフェーン **127**f
Echinodontium 1625₃	ecophenotype 生態表現型 **127**f
Echinoidea ウニ綱, ウニ類 **110**e, 1561₃₃	ecospecies 生態種 644g
echinoids ウニ類 **110**e	ecosphere 生態圏 773a
Echinolampadoida マンジュウウニ目 1562₁₆	ecosystem 生態系 **762**c
Echinolampas 1562₁₇	—— approach 生態系アプローチ 773c
Echinometra 1562₈	—— ecology 生態系生態学 **762**h
Echinoneoida タマゴウニ目 1562₁₄	—— function 生態系機能 762h
Echinoneus 1562₁₄	—— process 生態系過程 191a, 762h
Echinophallus 1627₅₂	—— restoration 生態系修復 **762**g
Echinoplaca 1614₁	—— services 生態系サービス **762**f
echinopluteus エキノプルテウス **125**c	ecotone エコトーン **127**j
Echinoporia 1624₆	ecotourism エコツーリズム **127**i
Echinorhiniformes キクザメ目 1565₃	ecotoxicology 生態毒性学 **764**b
Echinorhinus 1565₃	Ecotron エコトロン 1352g
Echinorhynchida 鉤頭虫目 1579₈	ecotron エコトロン 1074e
Echinorhynchus 1579₉	ecotrophic coefficient 捕食係数 751b
Echinosorex 1575₅	ecotype 生態型 **762**d
Echinosphaeria 1619₉	EcR エクジソン受容体 126d
Echinosphaerium 1653₇	ectendomycorrhiza 内外生菌根 333i
echinospira larva エキノスピラ **125**b	ectethmoid bone 外篩骨 698c
Echinosteliales 1629₁₁	ectobronchus 外気管支 1076i
Echinosteliida ハリホコリ亜目 1629₁₁	Ectocarpales シオミドロ目 1657₂₈
Echinosteliopsidales エキノステリオプシス目 1628₁₄	*Ectocarpus* 1657₃₁
Echinosteliopsis 1628₁₄	*Ectocarpus siliculosus virus 1* 1516₄₄
Echinostelium 1629₁₂	ectoderm 外胚葉 **185**f
Echinothrix 1561₄₂	ectodermization 外胚葉化 995b
Echinothurioida フクロウニ目 1561₃₈	ectodesma エクトデスマ **127**b
Echinozoa 有棘動物亜門 1561₃₀	Ectognatha 外顎綱, 真性昆虫類・外腮類 1598₂₄
Echinus 1562₈	*Ectolechia* 1612₂₇
echinus rudiment ウニ原基 **110**d	Ectolechiaceae エクトレキア科 1612₂₆
Echiura ユムシ動物, ユムシ綱 **1418**c, 1586₁	ectolecithal egg 外黄卵 1284c
Echiura 1586₂	ectomesenchyme 外胚葉系間充織 274h
echiurans ユムシ動物 **1418**c	ectomesoderm 外中胚葉 **183**b
Echiuroidea キタユムシ目 1586₂	ectomorphy 外胚葉型 843c
echolocation 反響定位 **1118**j	ectomycorrhiza 外生菌根 333i

ectoparasite 外部寄生者 290d
ectoparasitism 外部寄生 289b
ectophloic 外篩型 1263b, 1292b, 1393b
──── siphonostele 外篩型 264b
ectopic pregnancy 子宮外妊娠 565a
Ectopistes 1572₁
Ectoplana 1577₄₃
ectoplasm 嚢外原形質, 外胚葉形成質, 外質 160c, **181**c, 913e
ectoplasmic nets 外質ネット 1437f
Ectopocta 外肛動物門 1579₁₉
Ectoprocta 外肛動物 473c
ectosarc 外肉 181c
ectosymbiosis 外部共生 **186**j
ectotherm 外温動物 177g
ectothermy 外温性 **177**g
Ectothiorhodosinus 1548₅₇
Ectothiorhodospira 1548₅₁
Ectothiorhodospiraceae エクトチオロドスピラ科 1548₅₆
ectotrophic mycorrhiza 外生菌根 **182**b
ectotympanic 外鼓骨 911e
ectoxylic 外木型 1292b
Ectrogella 1653₄₀
Ectromelia virus エクトロメリアウイルス **127**c
edaphic 土壌的 256a
──── climax 土壌の極相 868g
──── endemism 土壌固有 **1003**g
──── factor 土壌要因 **1004**h
──── reaction 土地に対する反作用 1120b
Edaphobacter 1536₆
edaphone エダフォン 1004b
Edaphosaurus 1573₈
eddy 渦 1451c
Eddya 1644₈
eddy diffusion 渦拡散 1451c
EDELMAN, Gerald Maurice エーデルマン **136**b
edema むくみ, 水腫, 浮腫 839f
Edenia 1609₅₄
Edentostomina 1663₅₃
edestin エデスチン 634c
EDF 赤芽球分化誘導因子 6f
edge 辺 1057h
──── effect 周縁効果 **619**f
Edgeworthia 1650₂₄
Ediacara biota エディアカラ生物群 **135**f
Edinger-Westphal Nucleus エディンガー・ウェストフェル核 981i
edit distance 編集距離 **1285**l
Edman degradation method エドマン分解法 **136**c
Edmundmasonia 1619₃
EDNH 卵成熟神経分泌ホルモン 309h
Edops 1567₁₆
EDRF 内皮細胞性弛緩因子 276b
Edrioaster 1561₃₁
Edrioasterida エドゥリオアスター目 1561₃₀
Edrioasteroidea 座ヒト綱, 座ヒト類 **542**b, 1561₂₆
Edrioblastoidea 1561₂₄
Edriophthalma 坐眼類 1414e
EDTA エチレンジアミン四酢酸 134b
EdU 1239a
Education for Sustainable Development 持続可能な開発のための教育 256d
Edwardsia 1557₄₆
Edwardsiella 1549₆
Edwards syndrome エドワーズ症候群 807b
EEG 脳波 1065f
──── activation 脳波賦活 874h
Eeniella 1606₁₂
EF 延長因子 1325i
EF-1 延長因子1 1325i
EF-2 延長因子2 1325i
effective accumulative temperature 有効積算温度 **1407**f
──── cumulative temperature 有効積算温度 **1407**f
──── number of population 集団の有効な大きさ **627**b
──── size of population 集団の有効な大きさ **627**b

──── stroke 有効打, 能動打 819e
effect of population density 密度効果 **1359**a
effector エフェクター, 効果器 **140**e, **431**h
──── cell エフェクター細胞, 奏効細胞 1339h
efference copy 遠心性コピー 725h
efferent branchial vessel 出鰓血管 **642**b
──── canal 輸出管 **1416**c
──── duct 輸出管 **1416**c
──── fiber 遠心性神経繊維 153a
──── nerve 遠心性神経 **153**a
──── neuron 遠心性ニューロン 153a
──── pathway 遠心性経路 153a
efficiency of plating 平板効率 **1262**e
Effluviibacter 1539₂₃
efflux 外向きのフラックス 58a, 1218e
EF-G G因子, 延長因子G 1325i
EF hand EFハンド **54**f
Efibulobasidium 1625₂₂
EF-T T因子, 延長因子T 1325i
EF-Ts 1325i
EF-Tu 1325i
EGF 表皮成長因子 63j, 518b
EGFR 表皮増殖因子受容体 931f
egg 卵 **1440**d
──── albumin 卵アルブミン 167k
──── apparatus 卵装置 1086d
──── axis 卵軸 **1445**a
──── capsule 卵嚢 **1448**g
──── cell 卵細胞 1086d, 1440d
egg cylinder 卵円筒 **1440**f
egg development neurosecretory hormone 卵成熟神経分泌ホルモン 309h
Eggerella 1663₄₇
Eggerthella 1538₁₉
egg infectious dose 53b
egg-laying hormone 産卵ホルモン **554**j
egg-mass size 卵塊サイズ 554i
egg membrane 卵膜 **1450**g
egg-membrane lysin 卵膜溶解物質 **1450**h
egg nauplius 卵ノープリウス **1449**a
egg-nucleus 卵核 **1442**i
Eggplant latent viroid 1523₃₁
egg raft 卵舟 **1445**i
──── receptor 受卵器 1178f
──── sea water 卵海水 **1442**h
eggshell 卵殻 **1442**j
egg tooth 卵歯 **1445**f
──── tube 1447c
──── water 卵海水 **1442**h
──── white 卵白 **1449**b
egg-white protein 卵白蛋白質 **1449**c
Egretta 1571₂₅
E_h 548c
EHEC 腸管出血性大腸菌 858b
EHRENBERG, Christian Gottfried エーレンベルク **150**a
Ehretia 1651₅₀
Ehrlichia 1546₅₂
EHRLICH, Paul エールリヒ **149**g
Ehrlich reaction エールリヒ反応 **149**h
Ehrlich's ascites carcinoma エールリヒ腹水癌 1197g
──── reagent エールリヒ試薬 149h
Eichhornia 1647₁₀
EICHLER, August Wilhelm アイヒラー **2**f
Eichleriella 1623₃₃
eicosapentaenoic acid エイコサペンタエン酸 **117**j
eicosatetraenoic acid 全 *cis*-5, 8, 11, 14-エイコサテトラエン酸 33d
EID_{50} **53**b
eIF 1332b
Eiffelia 1554₁₀
Eiglera 1612₃₂
EIJKMAN, Christiaan エイクマン **117**i
Eikenella 1547₉
EIL 経済的被害許容水準 1164g
Eilhardia 1554₂₁

Eimeria 1661₃₂
EIMER, Theodor アイマー **2g**
einfächerig 1室 591b
eingelenkiger Muskel 一関節性筋 479i
Eiröhrenstiel 卵巣管 **1447c**
Eisenbahnnystagmus 鉄道眼振盪 709b
Eisenia 1585₃₅, 1657₂₅
ejaculation 射精 **617a**
ejaculatory duct 射精管 **617b**
ejectisome 射出体 363e, 1300g
ejectosome 射出体 1300g
Ejectosporus 1604₄₄
EJP 興奮性接合部電位 464d
Ekhidna 1539₂₃
EK system EK系 632g
Elachista 1657₃₁
Elaeagnaceae グミ科 1648₆₂
Elaeagnus 1648₆₂
Elaeocarpaceae ホルトノキ科 1649₃₁
Elaeocarpus 1649₃₁
Elaeomyxa 1629₁₇
elaidic acid *trans*-9-オクタデセン酸, エライジン酸 172g
elaiosome エライオソーム 216a
Elakatothrix 1635₃₆
élan vital 生命衝動 829a
Elaphe 1569₃
Elaphocordyceps 1617₄₃
Elaphoglossum 1643₅₆
Elaphomyces 1610₅₉
Elaphomycetaceae ツチダンゴ科 1610₅₉
Elaphurus 1576₁₂
Elapsipodida カンテンナマコ下目, 板足類 1562₃₀
Elasmobranchii 板鰓亜綱 1564₂₄
elastase エラスターゼ **146f**
elastic cartilage 弾性軟骨 180h, 1028a
—— fiber 弾性繊維 **889i**
elasticity analysis 弾力性分析 271b
elastic strand 弾性糸状体 1153i
—— tissue 弾性組織 **889j**
—— type artery 弾性型動脈 399d
elastin エラスチン **146g**
elater 弾糸 1295e
Elater 1601₂
Elateriformia コメツキムシ下目 1601₁
Elatinaceae ミゾハコベ科 1649₄₄
Elatine 1649₄₄
Elatostema 1649₈
Elaviroid エラウイロイド属 1523₃₁
ELDREDGE, Niles エルドレジ **149e**
electrical circuit analogue model 電気回路モデル 950h
—— coupling 電気の結合, 電気緊張の結合 522i, **968a**
—— excitation 電気の興奮 **969a**
—— phosphene 電流眼閃 **973f**
—— transmission 電気の伝達 195c, 522i
—— transmission theory 電気の伝達説 195d
electric constant 電気的定数 **969b**
—— coupling 電気の連合体 726b
—— fish 発電魚 **1108b**
—— grid 電気格子 **968b**
—— organ 発電器官 **1108a**
—— synapse 電気シナプス **968c**
electrocardiogram 心電図 **709a**
electrocardiograph エレクトロカルディオグラフ 706b
electro-encephalogram 脳波 **1065f**
electroendosmosis 電気浸透 188e
electrogenic ion pump 起電性イオンポンプ 57c
electrogram 電気記録図 **967e**
electrokinetic phenomenon 界面動電現象 188e
—— potential 界面動電位 **188e**
electromyogram 筋電図 **339g**
electronasty 電気傾性 388e
electron acceptor 電子受容体 970c
electron capture detector 電子捕獲検出器 219c
—— carrier 電子伝達体 970c
—— density 電子密度 970e

—— donor 電子供与体 970c
electronic potential 電気緊張性電位 967f
electron microscope 電子顕微鏡 **969g**
—— spin resonance 電子スピン共鳴 **970a**
—— stain 電子染色 **970b**
—— transfer 電子伝達 **970c**
electron-transfer inhibitor 電子伝達系阻害剤 **970d**
electron transport 電子伝達 **970c**
electro-oculogram 眼球電図 **255g**
electro-olfactogram 嗅覚電図 **308g**
electrophoresis 電気泳動 **967c**
—— mobility shift assay ゲルシフト法 **414g**
electrophoretic administration 電気泳動の適用法 **967d**
—— karyotype 電気泳動核型 1116h
—— variant 電気泳動変異 895f
Electrophorus 1566₈
electrophysiology 電気生理学 **968e**
electroplaque 電函 1108a
electroplate 電気板 1108a
electroporation 電気穿孔法 **968f**
electroreceptor 電気受容器 **968d**
electroretinogram 網膜電図 **1394f**
electrotonic coupling 電気緊張の結合 522i, **968a**
electrotonus 電気緊張 **967f**
electrotropism 電気屈性 348h
eledoisin エレドイシン 868e
elemental area 要素面積 637b
elementary chromosome fibril 染色体基本繊維 550e
Eleocharis 1647₃₀
Elephantidae ゾウ科 834c
Elephantid herpesvirus 1 ゾウヘルペスウイルス1 1514₅₇
Elephantoidea ゾウ亜目 1574₄₅
elephants ゾウ類 834c
Elephantulus 1574₃₆
Elephas 1574₄₅
—— *maximus* インドゾウ 834c
Eleusine 1647₃₇
Eleutherengona ハダニ下目, 並前気門類 1590₃₇
Eleutherococcus 1652₄₅
Eleutheromyces 1614₃₀
Eleutheroschizon 1661₃₀
Eleutherozoa 遊在類 **1408e**
elevator muscle of compass 二叉骨上挙筋 34j
ELH 産卵ホルモン 554f
elicitor エリシター **147c**
Elioraea 1545₁₂
ELISA **146a**
ELISPOT assay エリスポット法 **147d**
Elixia 1611₅₄
Elixiaceae コヤスチイ科 1611₅₄
Elizabethkingia 1539₄₁
Ellerbeckia 1654₂₈
Elleria 1589₂₂
Ellesmerocerida 1582₃₂
Ellesmeroseras 1582₃₂
Ellimmichthyiformes エリミクチス目 1566₂
Ellimmichthys 1566₂
Elliotsmithia 1573₅
Elliottia 1651₂₈
Ellipsocephalus 1589₇
Ellipsoidion 1657₃
Elliptochloris 1635₁₈
Elliptochthonius 1590₅₇
Ellipura 無尾角類, 無角亜綱 1598₁₄
Ellisella 1557₅₁
Ellisembia 1616₄₈
Ellisomyces 1603₄₁
Ellobiophrya 1660₄₆
Ellobiophyceae エロビオプシス綱 1662₅
Ellobiopsea エロビオプシス綱 1662₅
Ellobiopsis 1662₆
Ellobium 1584₂₀
Elmerina 1623₃₀
Elodea 1646₃
elongation factor 延長因子 1325i

Elongisporangium 1654₁₅
Elopiformes カライワシ目 1565₅₂
Elops 1565₅₂
Elpistostegalia エルピストステジ類 1567₁₁
Elpistostege 1567₁₁
ELSI **54**c
Elsinoaceae エルシノエ科 1608₆₂
Elsinoë 1608₆₂
Elson-Morgan reaction エルソン–モールガン反応 149h
Elton, Charles Sutherland エルトン **149**f
Eltonian niche エルトンの地位 763e
—— pyramid エルトンのピラミッド 478e
eluent 溶離液 454a
Elusimicrobia エルシミクロビア綱, エルシミクロビア門 1542₁₃, 1542₁₄
Elusimicrobiaceae エルシミクロビア科 1542₁₆
Elusimicrobiales エルシミクロビア目 1542₁₅
Elusimicrobium 1542₁₆
Elymus 1647₃₈
Elysia 1584₆
elytra 翅鞘 **578**f
elytron 扁平板, 翅鞘 **578**f, 1479d
Elytrosporangium 1538₁
Emaravirus エマラウイルス属 1520₄₅
emasculation 除雄 **683**a
EMB agar EMB寒天培地 **54**g
Emballonura 1575₁₃
Embden-Meyerhof pathway エムデン–マイヤーホーフ経路 183h
embedding 包埋 484d
—— agent 包埋剤 **1303**g
Embellisia 1609₅₄
Emberiza 1572₅₁
Embioptera シロアリモドキ目, 紡脚類 1599₁₆
EMBL ヨーロッパ分子生物学研究所 944b
emboitement theory いれこ説 **91**c
embolism 塞栓症 837f
Embolomeri アントラコサウルス亜目, エンボロメリ類 613f, 1567₂₁
embolus 塞栓 **837**f
emboly 陥入 **271**d
Embrithopoda 重脚目 1574₄₈
embryo 胚 **1072**a
embryoblast 胚結節 1087e
embryo culture 胚培養 **1086**g
—— extract 胚抽出物 **1084**i
embryogenesis 胚形成, 胚生成, 胚発生 **1079**a, **1087**a
embryogeny 胚発生 **1087**a
embryoid 胚様体 1207h
—— body 胚様体 282d
embryo juice 胚圧搾汁 1084i
embryolemma 胚膜 **1089**e
embryology 発生学 **1106**c
embryonal cap 胚帽 926e
—— carcinoma 胎生癌, 胚性癌腫 1079h
—— carcinoma cell 胚性癌腫細胞 **1083**b
embryonale Gaumenspalte 口蓋裂口 835g
embryonalization 胚化 1106f
embryonal tube 束胚柄, 胚管 1089a
embryonated egg-culture 孵化鶏卵培養法 **1192**c
embryonic area 胚体域 **1083**j
—— axis 胚軸 1079j
—— carcinoma cell 胚性腫瘍細胞 1083b
—— ecdysis 胚脱皮 **1084**f
—— induction 1412g
—— membrane 胚膜 **1089**e
—— molting 胚脱皮 **1084**f
—— region 胚体域 **1083**j
—— shield 胚楯, 胚盾 **1081**b
—— stem cells 胚性幹細胞 **1083**a
—— tissue 胚組織 **1083**h
Embryophyta 造卵器植物 1636₁₉
embryo proper 胚本体 1077d
—— sac 胚嚢 **1086**d
embryo-sac cell 胚嚢細胞 **1086**e

—— mother cell 胚嚢母細胞 1086d
embryo transplantation 胚移植 **1072**d
emergence 創発, 毛状体, 羽化 **107**f, 541c, 701h, 1393c
emergency theory 救急説 **309**c
emergent 超高木 1057b
—— evolution 創発的進化 831f
—— grassland 抽水草原 **914**a
emergentist 創発論者 831f
emergent plant 抽水植物, 挺水植物 **913**g
—— whole 572e
emerging infectious disease 新興感染症 **701**d
Emericella 1611₃
emersiherbosa 抽水草原 **914**a
Emerson effect エマーソン効果 143i
—— enhancement エマーソン効果 **143**i
Emerson, Robert エマーソン **143**g
Emerson, Rollins Adams エマーソン **143**h
Emery-Dreifuss muscular dystrophy エメリー・ドライフェス筋ジストロフィー症 209g
emetics 吐剤 160i
emigrant 移出者 64k
emigration 移出 **64**k
Emiliania 1666₁₉
—— *huxleyi virus 86* 1516₄₃
eminence of Doyère ドワイエール丘 628c
emmetropia 正視 **752**b
emmetropic eye 正眼, 正視眼 752b
Emmonsia 1611₁₂
emotion 情動 579a, **661**e
emotional reactions 情動反応 **661**f
Empedobacter 1539₄₁
Empetrum 1651₂₉
Empis 1601₂₄
Emplectonema 1581₂
Emplectopteris 1644₁₄
empodium 爪間突起 818c
EMS エチルメタンスルホン酸 **1005**f
EMSA ゲルシフト法 414g
EMT 22h, 664a
Emticicia 1539₂₃
Emys 1568₂₂
EN 絶滅寸前種 794a
enamel エナメル質 1069b
—— epithelium エナメル上皮 1069b
enameloid エナメロイド 113c, 1069b
enamel organ エナメル器 1069b
Enamovirus エナモウイルス属 1522₃₇
enantiomer 対掌体 853i
enantiomorph 対掌体, 左右形 320e, **853**i
Enantiopoda 1594₄₃
Enantiornis 1570₄₇
Enantiornithiformes エナンティオルニス目 1570₄₇
Enarthronota ヒワダニ下目 1590₅₅
enation 隆起成長 **1467**d
—— theory 突起説 **1005**c
Encalypta 1639₂₀
Encalyptaceae ヤリカツギ科 1639₂₀
Encalyptales ヤリカツギ目 1639₁₈
Encephalartos 1644₃₅
encephalitis 脳炎 **1062**e
Encephalitozoon 1602₈
Encephalomyocarditis virus EMCウイルス, 脳心筋炎ウイルス 1140a
Encephalomyocarditis virus 脳心筋炎ウイルス 1521₁₆
encephalon 脳 **1062**b
Enchelidium 1586₃₃
Encheliophis 1566₂₆
Enchelyomorpha 1659₅₃
Enchelys 1659₃
Enchnoa 1617₃
Enchytraeus 1585₃₃
enclosure 隔離水界 **1352**g
encoding 277i
Encoeliopsis 1614₅₁
Encrinida 1560₁₁

Encrinurus	1589₂
Encrinus	1560₁₁
Encyonema	1655₃₇
Endamoeba	1628₄₀
endangered species 絶滅寸前種	794a
Endarachne	1657₃₁
endarch 内原型	73b
end-brain 終脳	**628**a
Enddarm 終腸	459a
Endeiolepis	1563₄₁
endemic エンデミック	1124i
—— organism 固有生物	490g
—— species 固有種	191a, 490g
endemism 固有	**490**g
Endeostigmata チビダニ下目	1590₁₈
endergonic reaction 吸エルゴン反応	308a
ENDERS, John Franklin エンダース	**154**e
Endfaden 端糸	1447c
Endictya	1654₂₉
endite 内突起, 内葉	201b, 266f
ENDLICHER, Stephan Ladislaus エントリッヒャー	**156**e
endoadaptation 内的適応	428d
Endobasidium	1622₃₇
endobenthos 内在ベントス	**1019**j
endoblast 二次胚盤葉下層	1088b
Endocalyx	1606₃₅
endocardial cushion 心内膜床	**711**f
endocardium 心内膜	705g
endocarp 内果皮	215e
Endocarpon	1610₄₂
endocarpous 内実性	885a
Endoceras	1582₃₉
Endoceratoidea	1582₃₈
Endocerida	1582₃₉
endochondral ossification 軟骨内骨化	479g
Endochytriaceae エンドキトリウム科	1602₃₇
Endochytrium	1602₂₇
Endocochlus	1604₂₇
Endocoelantheae カワリギンチャク亜目, 内腔類	1557₄₁
endocoelome 胚体内体腔	1084e
endocranium 頭蓋内膜	1065b
endocrine correlation 内分泌相関	**1023**e
—— disrupters 内分泌攪乱物質	**1023**b
—— disrupting chemicals 内分泌攪乱物質	**1023**b
—— disruptors 内分泌攪乱物質	**1023**b
—— gland 内分泌腺	**1023**d
—— organ 内分泌器官	**1023**c
endocrinology 内分泌学	**1023**a
Endocronartium	1620₂₀
endocuticle 内クチクラ	347a
endocycle 核内有糸分裂	**207**e
endocytosis エンドサイトーシス	**155**b
endoderm 内胚葉	**1021**q
endodermal lamella 内胚葉板	353h
—— plate 内胚葉板	353h
endodermis 内皮	**1022**a
endodermization 内胚葉化	674h
endoenzyme 細胞内酵素	521d
endogamy 内婚	180b
endogean fauna 地中性動物群	258g
Endogenida 内生芽目	1659₄₉
endogenote エンドゲノート	**155**a, 1210k
endogenous 内生	182a
—— branching 内生分枝	182a
—— budding 内生出芽, 内部出芽	640j
—— metabolism 固有物質代謝	754b
—— pyrogen 内在性発熱原	1108a
—— retro virus 内在性レトロウイルス	**1019**i
—— rhythm 内因性リズム	776g
Endogonaceae アツギカビ科	1604₇
Endogonales アツギカビ目	1604₆
Endogone	1604₇
Endogonopsis	1627₁₂
endolecithal egg 内黄卵, 単一卵	**881**b, 1284b
Endolimax	1628₄₀

endolympha 内リンパ	1338e
endomembrane system 細胞内膜系	**530**e
endomesoderm 内中胚葉	183b
endometrial cancer 子宮内膜癌	565b
—— cup 子宮内膜杯	**565**i
endometrium 子宮内膜	**565**h
endomitosis 核内有糸分裂	**207**e
endomixis エンドミクシス, 内混, 単独混合	**156**d
endomorphy 内胚葉型	843c
Endomyces	1606₆
Endomycetaceae エンドミケス科	1606₆
endomycorrhiza 内生菌根	**1020**e
Endomyxa エンドミクサ亜門	1664₂₄
endoneurium 神経内膜	693c
endonuclease エンドヌクレアーゼ	**156**b
endoparasite 内部寄生者	290d
endoparasitism 内部寄生	289b
endopeptidase エンドペプチダーゼ	**156**c
endophragmal system 内甲系	1336i
Endophragmiella	1619₉
Endophylloides	1620₃₉
Endophyllum	1556₄₉, 1620₃₂
Endophyton	1634₃₁
endoplasm 内質, 嚢内原形質	913e, **1020**a
endoplasmic reticulum 小胞体	**665**b
—— reticulum associated degradation 小胞体関連分解	**665**c
—— reticulum body	53c
—— reticulum exit site 小胞体出口部位	63b
—— reticulum-Golgi transport 小胞体-ゴルジ体間輸送	666c
—— reticulum localization signal 小胞体局在化シグナル	666a
—— reticulum quality control 小胞体品質管理	**666**b
—— reticulum stress response 小胞体ストレス応答	736a
endoplasmin エンドプラスミン	555g
endopod 内枝, 内肢	**1019**k
endopodite 内枝, 内肢	**1019**k
endopolygalacturonase エンドポリガラクツロナーゼ	531f
endopolyploidy 核内倍数性	**207**c
Endoprocta 曲形動物	1019w
Endopterygota 内翅類	503d, **1020**d
Endoraecium	1620₄₃
endoral membrane 口内膜	430g
endoreduplication 核内有糸分裂	**207**e
Endoreticulatus	1602₉
end organ 末端器官, 終末器官	422e, **629**e
endorhachis 脊椎内膜	1065b
Endornaviridae エンドルナウイルス科	1519₁₅
Endornavirus エンドルナウイルス属	1519₁₆
endorphin エンドルフィン	1400h
endoscopic 内向	179f
—— embryo 内向胚	179f
endoskeleton 内骨格	479h
endosome エンドソーム	**155**d
endosperm 内乳, 内胚乳, 胚乳	**1086**c
—— anlage 内乳始原細胞	324e
—— mother cell 内乳母細胞	324e
Endosphaera	1659₅₀
endospore 内生胞子, 内膜, 芽胞	182c, 477b, **1023**f, 1414g
endospore-forming bacteria 有胞子細菌	**1414**g
Endosporium	1608₆₂
Endostelium	1628₉
endosteum 骨内膜	**483**b
Endostoma	1554₂₄
endostyle 内柱	**1021**f
endosymbiosis 内部共生, 細胞内共生	186j, 1360b
—— theory 内部共生説	**1022**e
endothecium エンドテシウム, 内被	51b, **1022**b
endothelial cell 内皮細胞	533f
endothelin エンドセリン	**155**c
endothelium 内皮	663b, **1022**a
endothelium-derived relaxing factor 内皮細胞性弛緩因子	276b
endotherm 内温動物	1019f

endothermy 内温性 **1019**f
Endothia 1618₄₁
Endothiella 1618₄₁
Endothiodon 1573₂₂
Endothlaspis 1622₃
endotoxin エンドトキシン **155**e
endotrophic mycorrhiza 内生菌根 **1020**e
Endotryblidium 1607₁₆
Endotrypanum 1631₃₈
Endoxocrinus 1560₁₉
Endoxyla 1618₂₀
endozoic algae 共生藻 **319**d
Endozoicomonas 1549₂₇
end piece 終片 752e
end-plate 終板 **628**c
endplate 終板 **628**c
end-plate potential 終板電位 **628**d
end product 最終産物 **1500**c
endproduct inhibition 最終産物阻害 **1184**a
end wall 末端壁 977k
energid エネルギド **138**f
energy acquisition system エネルギー獲得系 **193**d, **193**h
—— balance エネルギー収支 **1056**a
—— charge エネルギーチャージ, エネルギー充足率 **138**e
—— flow (in ecosystem) エネルギー流 **138**g
—— level エネルギー準位 310f
—— metabolism エネルギー代謝 851i
—— model エネルギーモデル 1195j
—— plants エネルギー植物 **138**d
—— rich compound 高エネルギー化合物 **429**j
energy-supplying reaction エネルギー供給反応 **138**c, **1100**f
energy-yielding reaction エネルギー供給反応 **138**c
enforced dormancy 強制休眠 313e
ENGELGARDT, Vladimir Aleksandrovich エンゲリガルト **152**b
ENGLER, Heinrich Gustav Adolf エングラー **151**d
Englerula 1607₅₀
Englerulaceae エングレルラ科 1607₅₀
Engonoceras 1583₃
engram エングラム **151**e
Engraulis 1566₃
Engyprosopon 1566₆₀
Engyrodontium 1617₂₂
enhancement effect 光合成の増進効果 **143**i
enhancer エンハンサー **157**c
—— trap method エンハンサートラップ法 **157**d
Enhydra 1575₅₁
Enhydris 1569₄
Enhydrobacter 1549₄₅
Enhygromyxa 1548₂
enkephalin エンケファリン **1400**h
Enneameron 1660₄
enolase エノラーゼ **183**h[図]
enol phosphate エノールリン酸 **430**b
Enopla 有針類 **1241**e
Enoplea エノプルス綱 1586₂₂
Enoplia エノプルス亜綱 1586₂₃
Enoplica エノプルス上目 1586₂₄
Enoplida エノプルス目 1586₂₅
Enoploplastron 1659₁₃
Enoploteuthis 1583₁₄
Enoplus 1586₂₅
enrichment culture 集積培養 **625**b
ensheathed larva 被鞘幼虫 **1143**i
—— microfilaria 有鞘ミクロフィラリア **1353**d
Ensiculifera 1662₄₀
Ensifer 1548₆₁
Ensifera 1572₁₉
Ensifera キリギリス亜目, 剣弁類, 長弁類 1599₂₃
Entacmaea 1557₄₆
Entactinaria エンタクティナリア目 1663₅
Entactinia 1663₅
Entalimorpha ミカドツノガイ亜目 1581₄₄
Entalina 1581₄₄

Entalinopsis 1581₄₄
Entamoeba 1628₃₉
entelecheia エンテレケイア **748**a
entelechy エンテレヒー **154**g
Enteletes 1580₂₆
Entelophyllum 1556₄₇
enteral digestion 体内消化, 消化管内消化 **653**i
enteric bacteria 腸内細菌 **925**c
—— canal 腸管 **654**c
—— cytopathogenic human orphan **127**g
—— nervous system 腸管神経系 **920**b
Enterobacter エンテロバクター **154**k, 1549₆
Enterobacteriaceae 腸内細菌, 腸内細菌科 **925**c, 1549₄
Enterobacteriales 腸内細菌目 1549₃
Enterobacteria phage λ 腸内細菌ファージλ 1514₃₇
—— *phage μ* 腸内細菌ファージμ 1514₉
—— *phage M13* 腸内細菌ファージM13 1517₄₉
—— *phage MS2* 腸内細菌ファージMS2 1522₃₅
—— *phage N15* 腸内細菌ファージN15 1514₃₃
—— *phage P1* 腸内細菌ファージP1 1514₅
—— *phage P2* 腸内細菌ファージP2 1514₆
—— *phage P22* 腸内細菌ファージP22 1514₂₇
—— *phage ϕeco32* 腸内細菌ファージϕeco32 1514₂₉
—— *phage ϕX174* 腸内細菌ファージϕX174 1518₂
—— *phage PRD1* 腸内細菌ファージPRD1 1517₃
—— *phage Qβ* 腸内細菌ファージQβ 1522₃₄
—— *phage SP6* 腸内細菌ファージSP6 1514₁₄
—— *phage T1* 腸内細菌ファージT1 1514₈
—— *phage T4* 腸内細菌ファージT4 1514₃₅
—— *phage T5* 腸内細菌ファージT5 1514₃₆
—— *phage T7* 腸内細菌ファージT7 1514₁₅
enteroblastic 内生出芽型 **1248**f
Enterobryus 1553₂
enterochromaffin-like cell 腸クロム親和性細胞様細胞 **54**b, **220**b
Enterococcaceae 腸球菌科 1543₁₀
enterococci 腸球菌 **1492**i
Enterococcus 1543₁₀
enterocoel 腸体腔 **924**a, **1489**c
Enterocoela 腸体腔動物 **923**i
enterocoelic pouch 腸体腔嚢 **924**a
enterocoel series 腸体腔幹 **923**j
—— theory 体腔説, 腸体腔説 **848**e
Enterocytozoon 1602₂
enteroendocrine cell 胃腸内分泌細胞 **293**d
enterogastron エンテロガストロン **54**b, **154**h
Enterogona マメボヤ目, 腸性類 1563₂₃
enterogram エンテログラム **154**j
enterograph エンテログラフ **154**j
Enterographa 1606₅₃
enterography エンテログラフ法 **154**j
enterohemorrhagic *E. coli* 腸管出血性大腸菌 **858**b
enterohepatic circulation 腸-肝循環 **920**a
enterokinase エンテロキナーゼ **154**i
Enteromonas 1630₃₆
Enteromorpha 1634₃₃
Enteromyces 1553₂
enteropathogenic *E. coli* 病原性大腸菌 **858**b
enteropeptidase エンテロペプチダーゼ **154**i
Enteropneusta ギボシムシ綱, 腸鰓類 1562₅₂
Enteropogon 1553₂
Enteroramus 1606₁₂
Enterorhabdus 1538₁₉
enterostome 口道内口 **1325**c
enterotoxigenic *E. coli* 毒素原性大腸菌 **858**b
enterotoxin エンテロトキシン, 腸管毒 **858**b, **1208**d
Enterovibrio 1549₆₀
Enterovirus エンテロウイルス属 **1140**a, 1521₁₇
Enterozoa 有腸動物 **704**g
entire 全縁 **1424**e
Entner-Doudoroff pathway エントナー-ドゥドロフの経路 **156**a
entobranchia 内鰓 **180**c
entobronchus 内気管支 **1076**i
Entocladia 1634₃₁

entocoel 内房 1110h
entoderm 内胚葉 **1021**g
Entodesmium 1609₃₁
Entodiniomorphida エントディニウム目 1659₁₂
Entodinium 1659₁₃
Entodiscus 1660₂₇
Entodon 1641₆
Entodontaceae ツヤゴケ科 1641₆
Entognatha 内顎類, 内顎綱 1598₁₃
entolecithal egg 単一卵 **881**b
Entoloma 1625₅₉
Entolomataceae イッポンシメジ科 1625₅₉
Entomobirnavirus エントモビルナウイルス属 1519₉
Entomocorticium 1625₁₂
entomogenous fungi 虫生菌類 **914**h
entomology 昆虫学 **503**b
Entomoneis 1655₅₇
Entomophaga 1604₁₈
entomophily 虫媒 996d
Entomophthora 1604₁₈
Entomophthoraceae ハエカビ科 1604₁₈
Entomophthorales ハエカビ目 1604₁₄
Entomophthoromycotina ハエカビ亜門 1604₁₃
Entomoplasma 1550₃₃
Entomoplasmataceae エントモプラズマ科 1550₃₃
Entomoplasmatales エントモプラズマ目 1550₃₂
Entomopoxvirinae エントモポックスウイルス, エントモポックスウイルス亜科 1315f, 1517₈
Entomosporium 1614₄₆
Entonaema 1619₄₄
Entoniscus 1597₆
Entoorhipidium 1660₂₈
Entophlyctis 1602₂₂
entoplasm 内胚葉形成質 160c
entoproct 内肛動物 **1019**h
Entoprocta 内肛動物, 内肛動物門 **1019**h, 1579₁₇
entoprocts 内肛動物 **1019**h
entoptic phenomena 内視現象, 自観現象 1225e
Entopyla 1655₂₇
Entoria 1599₂₁
Entorrhiza 1627₅₇
Entorrhizaceae エントリザ科 1627₅₇
Entorrhizales エントリザ目 1627₅₆
Entorrhizomycetes エントリザ綱 1627₅₅
Entosiphon 1631₁₇
entosomatic fertilization 体内受精 1082d
Entosphenus 1563₄₁
entrainability 同調性 181d
entrainment 同調 **989**h
Entransia 1636₃
Entrophospora 1605₁
Entrophosporaceae エントロフォスポラ科 1605₁
entropy エントロピー **157**b
entry 侵入 **712**a
Entwickelung 687k
Entwicklung 687k
Entwicklungsmechanik 実験形態学, 発生機構学 **591**j, 592f
Entyloma 1622₃₀
Entylomaster 1622₂₅
Entylomataceae エンチロマ科 1622₃₀
Entylomatales エンチロマ目 1622₂₉
Entylomella 1622₃₀
enucleation 脱核, 除核 **668**i
envelope エンベロープ (ウイルスの) **157**h
environment 環境 **256**a
environmental capacity 環境収容力 **257**a
—— conditioning 環境条件づけ 774c
—— control 環境的制御 747e
—— disturbance 環境攪乱 346d
—— dormancy 環境休眠 313e
—— economics 環境経済学 **256**e
—— education 環境教育 **256**d
—— endocrine disruptors 内分泌攪乱物質 **1023**b
—— enrichment 環境エンリッチメント **256**c
—— ethics 環境倫理 **257**e
—— factor 環境要因 **257**d
—— impact assessment 環境アセスメント **256**b
—— resistance 環境抵抗 776a
—— sex determination 環境性決定 **257**b
—— stochasticity 環境のゆらぎ, 環境変動による確率性 513c, 793g
—— study 環境学習 256d
—— toxicology 環境毒性学 764b
—— variability 環境の変動性 626g
—— variance 環境分散 1166h
—— variation 環境変異 **257**c
enzymapheresis 酵素欠如現象 1224b
enzymatic adaptation 酵素的適応 **455**c
—— cycling 酵素のサイクリング **455**d
—— engineering 酵素工学 **454**b
—— photoreactivation 酵素的光回復 1134f
enzyme 酵素 **452**f
—— adaptation 酵素適応 1412g
—— antibody technique 酵素抗体法 **454**c
—— code 酵素番号 456d
—— immunoassay 酵素免疫測定法 194a
—— kinetics 酵素反応の速度論 **457**f
enzyme-linked immunosorbent assay 146a
—— immunospot assay エリスポット法 **147**d
enzyme nomenclature 酵素の命名法 **456**d
—— polymorphism 酵素多型 895f
—— precursor 酵素前駆体 **454**d
enzyme-substrate complex 酵素-基質複合体 1351f
Eoacanthocephala 始鉤頭虫綱, 始鉤頭虫類, 魚鉤頭虫類 460f, 1579₃
Eoarthropleura 1594₅
Eoarthropleurida コダイヤスデ目 1594₅
Eobuthus 1591₄₄
Eocaecilia 1567₃₄
Eocaptorhinus 1568₁₁
Eocene 始新世 478c
—— epoch 始新世 **581**b
Eocercomonas 1665₁₁
Eoconfuciusornis 1570₄₀
Eocrinoidea 1559₁₃
Eocronartiaceae エオクロナルチウム科 1620₁₂
Eocronartium 1620₁₂
Eoctonus 1591₄₂
Eoderoceras 1583₃
Eodiaptomus 1595₇
Eodictyonella 1580₁₂
Eodicynodon 1573₂₂
Eodiscida 1588₄₂
Eodiscina 1588₄₃
Eodiscus 1588₄₃
EOG 嗅覚電図, 眼球電図 255g, 308g
Eogyrinus 1567₂₂
Eohypsibius 1588₁₇
Eoleperditia 1596₇
Eometopus 1659₇
Eonema 1626₅
EOP 平板効率 1262e
eop 平板効率 1262e
Eopharyngea エオファリンゲア綱 1630₃₃
Eos 1572₅
Eosentomon 1598₁₈
eosin methylene blue エオシン-メチレンブルー 54g
eosinophil エオシン好性 444h
eosinophile エオシン好性 444h
eosinophilic エオシン好性 444h
eosinophil leukocyte 好酸性白血球, 酸性好性白血球 444e
Eosphaera 1619₂
Eoterfezia 1607₂₄
Eoterfeziaceae エオテルフェジア科 1607₂₄
Eothyris 1573₆
Eotitanosuchus 1573₁₇
Eoxenos 1601₁₁
Eozoon canadense エオゾオン=カナデンセ **123**d
EP 誘発電位 1414c

EPA　エイコサペンタエン酸　117j
Epallxella　1660₁₉
Epanerchodus　1594₁₅
epaxial muscles　軸上筋　491b
EPC　つがい外交尾　935a
EPEC　病原性大腸菌　858b
Epenardia　1660₃₆
epencephalon　上脳　462b
ependymal cell　上衣細胞　296f, **653**e
Epeorus　1598₃₆
Eperythrozoon　1550₃₈
ephapse　エファプス　522i
Ephebe　1615₃₉
ephebogenesis　童貞生殖　**991**d
Ephedra　マオウ　141a, 1645₁₅
Ephedraceae　マオウ科　1645₁₅
ephedrine　エフェドリン　**141**a
Ephelis　1617₁₃, 1617₁₄, 1617₁₅, 1617₁₆
Ephelota　1659₄₅
Ephemerella　1598₃₇
Ephemerellomyces　1604₄₄
Ephemeroptera　カゲロウ目，蜉蝣類　1598₃₅
Ephemerovirus　エフェメロウイルス属　1437i, 1520₁₈
Ephestia　1601₃₉
ephippium　卵殻膜　**1443**d
ephrin　エフリン　**143**e
EPHRUSSI, Boris　エフリュッシ　**143**d
Ephydatia　1554₄₇
ephyra　エフィラ　**140**c
ephyral lappet　エフィラ弁　353h
ephyrula　エフィルラ　140c
epiascidium　上面杯葉　1064c
epibasidium　担子器上嚢　884j
epibatidine　エピバチジン　39b
epibenthos　表在ベントス　**1167**a
epiblast　エピブラスト，原外胚葉，胚盤葉上層　72g, **140**a, **1088**b
epiboly　被包　**1162**c
epibranchial　上鰓節　1020k
── groove　咽頭上溝，鰓上溝　53f
── placode　上鰓プラコード　1214c
epibranchials　上鰓節　1020i
Epibryon　1608₁₁
epicanthic fold　内眼角襞　**1019**f
epicardium　心外膜　66e, 705g
Epicaridea　ヤドリムシ亜目　1597₅
epicaridization　エピカリダ去勢　289c
epicarp　外果皮　215e
epichile　上唇　**659**i
Epichloë　1617₁₅
epicingulum　上半殻帯　1132f
Epicoccum　1609₂₃
epicone　上錐　108g
epicotyl　上胚軸　**662**f
Epicrius　1589₅₁
Epicuriina　ユメダニ下目　1589₅₁
epicuticle　上クチクラ，上クチクラ　347a, 875a
epideictic behavior　顕示行動　**421**b
epidemic　エピデミック　1124i
── parotitis　流行性耳下腺炎　166b
epidemiology　疫学　**123**h
epidermal cell　表皮細胞　**1169**b
── differentiation　表皮的分化　693d
── growth factor　表皮成長因子　63j, 518b
── growth factor pathway　EGF 経路　63j
── melanin unit　表皮メラニン単位　**1169**d
── melanophore　表皮黒色素胞　563f
── nervous system　表皮神経系　**1169**c
── organ　表皮性器官　1160b
── sheath　毛根鞘　384a
── system　表皮系　**1169**a
Epidermaptera　コウセイハサミムシ亜目　1599₈
epidermic hair follicle　表皮性毛嚢　384a
epidermis　表皮　**1168**i
epidermization　表皮化　693d

Epidermophyton　1611₁₅
Epidermoptes　1590₄₉
epididymis　精巣上体　**760**c
── duct　副精巣管　760c
epifauna　エピファウナ，表在動物　1167a, 1287i
epigenesis　後成説　**451**b
── theory　後成説　139d
epigenetic　後成的　139f
epigenetics　エピジェネティクス　**139**d
Epigloea　1607₂₅
Epigloeaceae　エピグロエア科　1607₂₅
epiglottic cartilage　喉頭蓋軟骨　459k
epiglottis　喉頭蓋　459k, 1035a
Epigonichthys　1563₈
epigyny　上生，子房上生　581c, **660**b
Epihippus　1576₂₈
epihydrogamy　水面媒　725g
epilepsy　てんかん，癲癇　**967**b
epilimnion　表水層　718f
Epilithonimonas　1539₄₁
Epilobium　1648₄₀
epimatium　套皮　649c, **992**g
Epimedium　1647₅₄
Epimenia　1581₁₅
epimere　上分節　152e
epimerite　先節　**812**e
epimeron　後側板，肢上部　812j
Epimetabola　不変態類　503b
epimetaboly　上変態，表変態　503d
epimorphic regeneration　付加再生　**1192**f
epimorphosis　付加再生　**1192**f
Epinannolenidea　ヒメキツリヤスデ亜目　1593₃₄
epinasty　上偏成長　**664**f
Epinephelus　1566₄₆
epinephrine　エピネフリン　21a
epineurium　神経上膜　693c
Epiocheirata　ツチカニムシ亜目　1591₂₉
Epiophlebia　1598₄₉
epiotic bone　上耳骨　698c
epiparasitic plant　菌寄生植物　336g
epipelagic community　表層生物群集　**1168**a
── plankton　表層プランクトン　1220e
── zone　表層域　189f
Epiperipatus　1588₂₇
epipetalous stamen　花弁上雄ずい　1409e
Epiphanes　1578₃₅
epipharyngeal groove　咽頭上溝，鰓上溝　53f, 519e
epipharynx　上咽頭　**653**e
epiphragm　エピフラム，冬蓋　147a, **976**g
epiphyllous bud　葉上芽　1207e
Epiphyllum　1650₅₆
epiphyseal cartilage　骨端軟骨　921d
── complex　松果体複合体　656b
── line　骨端線　921d
epiphysis　上生体，上生骨，骨端　34j, 656b, 921d
── cerebri　上生体　656b
epiphyte　植物着生生物，着生植物，着生の地上植物　**677**d, 904h, **909**a
epiplasm　エピプラズム　186e
epipleural rib　1502b
Epiplocylis　1658₂₄
epipod　副肢　**1196**a
epipodial tentacle　上足触手　660b, 670b, 986e
epipodite　副肢　**1196**a
epipodium　上足　**660**h
Epipogium　1646₄₂
Epipremnum　1645₅₅
epiproct　肛片　280b, **465**b
Epipyxis　1656₇₆
epirenamin　エピレナミン　21a
Episiphon　1581₄₁
episome　エピソーム　**139**g
Epispaeria　1626₈
epistasis　エピスタシス　**139**f
epistatic variance　エピスタシス分散　1166h

epistellar body　上星体　**660**c
episternum　前側板　**812**j
epistomal suture　前額溝　208d
Epistomaroides　1664₈
epistome　口上突起　**448**c
epistriatum　上線条体　860c
epistropheus　枢軸,軸椎　784d
Epistylis　1660₄₆
epithalamus　視床上部　271g
epitheca　上半被殻,上莢,周莢,外莢　480c, 1132f
epithecium　子実上層,子実層上皮　603f
Epithele　1624₄₁
epithelial current　上皮電流　664e
――　mesenchymal interaction　上皮間充織相互作用　**663**d
――　mesenchymal transition　上皮間葉転換　22h, **664**a
――　muscle cell　上皮筋細胞,表皮筋細胞　611c
――　potential　上皮電位　**664**e
――　tissue　上皮組織　663b
epithelio-chorial placenta　上皮絨毛胎盤　565i
epitheliomesenchymal interface　上皮間充織界面　**663**c
epithelium　上皮　**663**b
――　lentis　水晶体上皮層　1494f
Epithelkörperchen　上皮小体　1195d
epithem　被覆組織　720a
Epithemia　1655₅₅
epitoke　生殖型個体　139h
epitoky　エピトーキー　**139**h
Epitonium　1583₄₈
epitope　エピトープ,抗原決定基　438c, 438d
epitracheal gland　周気管腺　**621**a
epivalve　上函,上殻　1132f
epixenosome　エピクセノソーム　1300g
Epizoanthus　1558₄
Eponides　1664₈
epoophoron　副卵巣　**1201**a
EPP　628d
Epsilonema　1587₁₆
Epsilonpapillomavirus　イプシロンパピローマウイルス属　1516₁₇
Epsilonproteobacteria　イプシロンプロテオバクテリア綱　1548₁₃
Epsilonretrovirus　イプシロンレトロウイルス属　1518₅₀
Epsilontorquevirus　イプシロントルクウイルス属　1517₃₃
EPSP　興奮性シナプス後電位　513g, 601f, 1429f
Epstein-Barr virus　88e
Eptatretus　1563₄₀
Eptingium　1663₅
Epulorhiza　1623₄₈
EqTV　ウマトロウイルス　499d
equal cleavage　等割　801c
――　coeloblastula　等葉有腔胞胚　1407j
――　conjoind twins　相称の結合双生児　925i
――　stereoblastula　等葉無腔胞胚　1369c
equational division　均等の分裂　**339**f
equatorial plane　赤道面　**785**a
――　plate　赤道板　785b
equatrial zone　赤道帯　1057a
Equid herpesvirus 2　ウマヘルペスウイルス2　1515₄
equifacial　側開　1403c
――　leaf　等面葉　896h
equilenin　エキレニン　131e
equilibrium　平衡　**1259**g
――　constant　平衡定数　**1260**d
――　density　平衡密度　515d
――　density-gradient centrifugation method　平衡密度勾配遠心法　1359b
――　potential　平衡電位　58a, **1260**e
――　reception　平衡受容　**1259**f
equilin　エキリン　131e
Equine arteritis virus　ウマ動脈炎ウイルス　1520₅₂
equine infectious anemia　ウマ伝染性貧血　**110**g
Equine papillomavirus 1　ウマ乳頭腫ウイルス1型　1516₁₉
――　*rhinitis B virus*　ウマ鼻炎Bウイルス　1521₁₈
Equine torovirus　ウマトロウイルス　499d
Equine torovirus　ウマトロウイルス　1521₂

Equisetaceae　トクサ科　1642₃₁
Equisetales　トクサ目　1642₂₈
Equisetidae　トクサ亜綱　1642₂₄
Equisetopsida　トクサ類　**1001**a
Equisetum　1642₃₁
Equus　1576₂₈
ER　665c
erabutoxin　エラブトキシン　1002a
ERAD　665c
Eragrostis　1647₃₈
Erastophrya　1659₅₀
ER body　ERボディ　**53**c
Erbovirus　エルボウイルス属　1140a, 1521₁₈
erbungleiche Teilung　遺伝的不等分裂　757g
erect bipedalism　直立二足歩行　**929**a
erection　勃起　188d
erector muscle of hair　立毛筋　**1459**e
erect posture　直立姿勢　929a
Eremaeus　1591₃
Eremascaceae　エレマスクス科　1610₄₈
Eremascus　1610₄₈
Eremithallaceae　エレミタルス科　1615₃₆
Eremithallales　エレミタルス目　1615₃₅
Eremithallus　1615₃₆
Eremobates　1591₃₅
Eremobelba　1591₃
Eremococcus　1543₄
Eremomyces　1607₅₂
Eremomycetaceae　エレモミケス科　1607₅₂
eremophyte　砂漠植物　541e
Eremoplastron　1659₁₃
Eremosphaera　1635₆
Eremothecia　1606₅₀
Eremotheciaceae　エレモテキウム科　1606₈
Eremothecium　1606₈
Eremulus　1591₃
Erethizon　1576₅₄
Eretmochelys　1568₂₃
Ereutherascus　1615₅₅
eRF1　1326a
ERG　網膜電図　1394c
Ergasilus　1595₂₀
ergastoplasm　エルガストプラスム　665b
ergine　エルギン　1101d
Ergobibamus　1630₂₈
ergocalciferol　エルゴカルシフェロール　148k, 1151f
ergograph　作業記録器　**535**f
ergometer　作業記録器　**535**f
ergometrine　エルゴメトリン　1101d
ergonomics　人間工学　**1047**g
ergosome　エルゴソーム　1324a
ergosterol　エルゴステロール　**148**k
ergot　麦角　**1101**c
――　alkaloid　麦角アルカロイド　**1101**d
ergotamine　エルゴタミン　1101d
ergotism　麦角中毒症　1413e
Eria　1646₄₃
Erica　1651₂₉
Ericaceae　ツツジ科　1651₂₈
Ericales　ツツジ目　1651₆
erichtus　エリクタス　834f
ericifruticeta　ツツジ科低木林　**935**e
Ericiolacerta　1573₂₇
ericoid mycorrhiza　エリコイド型菌根,ツツジ型菌根　333i
Erigeron　1652₃₅
Erigone　1592₂₀
Erimacrus　1598₇
Erinaceomorpha　ハリネズミ形目　1575₅
Erinaceus　1575₆
Eriobotrya　1648₅₈
Eriocaulaceae　ホシクサ科　1647₂₇
Eriocaulago　1622₁₄
Eriocaulon　1647₂₇
Eriocheir　1598₈

Eriocheir sinensis reovirus チュウゴクモズクガニレオウイルス 1519₂₉
Eriochona 1659₃₆
Erioderma 1613₂₂
Eriomoeszia 1622₁₄
Eriophorum 1647₃₀
Eriophyes 1590₃₉
Eriosphaeria 1616₄₄
Eriosporium 1622₁₄
Eristalis 1601₂₄
ERLANGER, Joseph アーランガー **34**e
Ernestiodendron 1644₄₆
erosio 糜爛 189c
ERP 早期受容器電位, 早期視細胞電位 579c, 823a, 1394c
ERp57 246e, 893b
ERp72 893b
Erpetoichthys 1565₂₂
Erpobdella 1585₄₅
Erpodiaceae ヒナノハイゴケ科 1639₄₃
ERQC 666b
Errantia 遊泳類 879g
Errantivirus エランチウイルス属 1518₃₅
erratic parasitism 迷入 **1374**k
Erratomyces 1622₅₁
ER retention signal ER 局在化シグナル 666a
error catastroph エラーカタストロフ **146**b
── distribution 誤差分布 747c
eruciform larva 芋虫型幼虫 1282h
eruptive evolution 噴火的進化 1094d
Erwinia エルウィニア **148**g, 1549₆
erworbener Auslösemechanismus 獲得性解発機構 769c
Erylus 1554₃₂
Erynia 1604₁₈
Eryniopsis 1604₁₉
Eryops 1567₁₆
Erysipelothrix 1544₁₅
Erysipelotrichaceae エリシペロトリックス科 1544₁₄
Erysipelotrichales エリシペロトリックス目 1544₁₃
Erysipelotrichia エリシペロトリックス綱 1544₁₂
Erysiphaceae ウドンコカビ科 1614₃₆
Erysiphales ウドンコカビ目 1614₃₅
Erysiphe 1614₃₇
Erythraeus 1590₃₀
Erythricium 1624₄₃
Erythrobacter 1546₃₄
Erythrobacteraceae エリスロバクター科 1546₃₄
Erythrobasidiaceae エリツロバシジウム科 1620₅₈
Erythrobasidiales エリツロバシジウム目 1620₅₇
Erythrobasidium 1620₅₈, 1621₂₅
erythroblast 赤芽球 **781**i
── differentiation factor 赤芽球分化誘導因子 6f
erythroblastosis virus 赤芽球症ウイルス 1103a
Erythrocebus 1575₃₉
Erythrocladia 1632₁₆
erythrocruorin エリトロクルオリン **148**b
erythrocyte 赤血球 **787**i
── ghost-cell fusion method 赤血球ゴースト法 523f
── membrane 赤血球膜 **788**c
── membrane meshwork structure 赤血球膜裏打ち構造 788d
── sedimentation rate 赤血球沈降速度 **788**c
erythrodiapedesis 703h
erythroid colony-forming cell 赤芽球コロニー形成細胞 148d
Erytholobus 1632₁₁
Erythromicrobium 1546₃₅
Erythromonas 1546₃₆
Erythromyces 1624₁
erythromycin エリスロマイシン **147**e
Erythronium 1646₃₅
Erythropeltidales エリスロペルチス目 1632₁₆
erythrophore 赤色素細胞, 赤色素胞 563f
erythropoietin エリトロポエチン **148**d
── responsive cell 赤血球系前駆細胞 781i
erythrose-4-phosphate エリトロース-4-リン酸 148c

Erythrotrichia 1632₁₆
Erythrovirus エリスロウイルス属 1518₁₀
Erythroxylaceae コカノキ科 1649₃₇
Erythroxylum 1649₃₇
Eryx 1569₄
Esalque 1620₄₃
ESAU, Katherine エソー **133**a
escape 逃走 1292e, 1293b
── synthesis 逸脱合成 **75**a
── training 逃避訓練 992h
Escaryus 1592₄₂
ES cell ES 細胞 **54**d
Eschaneustyla 1658₃₅
Escherichia エシェリキア **128**c, 1549₆
── *coli* 大腸菌 858b
── *coli* strain K-12 大腸菌 K12 株 858d
── *phage N4* エシェリキアファージ N4 1514₂₆
Eschrichtius 1576₁
ESCRT complex ESCRT 複合体 130e
escutcheon 菱状部 659e
ESD 持続可能な開発のための教育 256c
eserine エゼリン **132**e
Eskimo エスキモー 512g
Esociformes カワカマス目 1566₁₂
esophagotracheal fistula 食道気管瘻 673h
── septum 食道気管中隔 673h
esophagus 食道 **673**e
Esoptrodinium 1662₁₆, 1662₅₁
Esox 1566₁₂
Esperiopsis 1554₄₂
Esquamula 1665₃₉
ESR 赤血球沈降速度, 電子スピン共鳴 788c, 970a
ESS **54**c
essential amino acid 不可欠アミノ酸 **1192**d
── fatty acid 必須脂肪酸 **1153**d
── gene 必須遺伝子 904g, 1091d
essentialistic thinking 本質主義的思考 1480e
essential oil 精油 **779**b
── oil plants 精油植物 138d
EST **54**e
established cell strain 樹立細胞株 648d
establishment 定着 191a, **954**d
Estemmenosuchus 1573₁₃
esterase エステラーゼ **131**e
Esthonyx 1575₁
estimation of age 年齢鑑定 **1061**c
── of population size 個体数推定 478d
estradiol-17β エストラジオール-17β **131**c
estra-1, 3, 5(10)-triene-3, 17-β diol 131c
Estrilda 1572₅₁
estriol エストリオール 131e
estrogen エストロゲン **131**e
estrogenic substance 発情ホルモン物質 **1105**e
estrogen receptor エストロゲン受容体 1041e
estrone エストロン 131e, **132**a
estrous cycle 発情周期 **1105**e
estrus 発情, 発情期 **1105**c, 1105d
estuarine community 河口群集 724a
ESU 690d
ET エンドセリン 155c
etaerio 集合果 **621**h
etap エタップ **133**f
Etapapillomavirus イータパピローマウイルス属 1516₂₁
etario 集合果 215e
Etatorquevirus イータトルクウイルス属 1517₃₇
ETEC 毒素原性大腸菌 858b
ETH 脱皮開始ホルモン 875b
ethanol エタノール **133**g
ethanolamine エタノールアミン **133**h
── kinase エタノールアミンキナーゼ 133i
── phosphate エタノールアミンリン酸 **133**i
── phosphate cytidylyltransferase エタノールアミンリン酸シチジル基転移酵素 133i
ethanolamine-phosphate cytidylyltransferase 597c
ethanolaminephosphotransferase エタノールアミンリン酸転

移酵素　597c
ethanolamine plasmalogen　エタノールアミンプラスマローゲン　1217d
Ethanoligenens　1543₅₁
ethephon　エテフォン　377g
etherial sulfate　エーテル硫酸　408h
ethical legal and social implications　54h
───── legal and social issues　54h
ethidium bromide　臭化エチジウム　620f
17α-ethinylestradiol　エチニルエストラジオール　1023b
Ethiopian subregion　エチオピア亜区　313a
Ethmodiscales　オオアミケイソウ目　1654₃₈
Ethmodiscus　1654₃₈
ethmoid bone　篩骨　698c
ethnic group　民族　**1366**a
ethnography　民族誌　1366b
ethnology　民族学　**1366**b
ethogram　エソグラム　**133**c
ethological isolation　行動的隔離　211a
ethology　動物行動学　**995**d
Ethrel　エスレル　377g
ethylalcohol　エチルアルコール　133g
ethyl carbamate　ウレタン　1102b
24S-ethylcholesta-5, 22-dien-3β-ol　731h
24R-ethylcholest-5-en-3β-ol　600g
ethylene　エチレン　**134**a
ethylenediaminetetraacetic acid　エチレンジアミン四酢酸　**134**b
N-ethylmaleimide　N-エチルマレイミド　137c
ethyl methanesulfonate　エチルメタンスルホン酸　1005f
etiolation　黄化　**159**f
etioplast　エチオブラスト　**133**k
Etmopterus　1565₄
Ettlia　1635₃₆
Euamblypygi　ウデムシ亜目　1592₆
Euamoebida　真アメーバ目　1628₂₄
Euantennaria　1608₂₇
Euantennariaceae　エウアンテンナリア科　1608₂₇
euanthium theory　真花説　**690**a
Euarthropoda　真節足動物亜門　837d
Euastrum　1636₉
Eubacteria　真正細菌　416g
eubacteria　真正細菌　**704**h
Eubacteriaceae　ユーバクテリア科　1543₃₃
Eubacterium　1543₃₄
Eubalaena　1576₂
Eubasilissa　1601₃₁
eubenthos　真性底生動物　953c[表]
Eublepharis　1568₄₃
Eubodonida　ユーボド目　1631₃₇
Eubucco　1572₃₄
Eucalyptus　1648₄₁
Eucampia　1654₄₉
Eucarida　本エビ上目　1597₃₀
eucarpy　分実性　805f
Eucarya　ユーカリア, 真核生物　474c, **689**e
eucaryotic cell　真核細胞　**689**d
Eucecryphalus　1663₁₃
eucephalous larva　有頭型幼虫　1371b
Euceratomyces　1611₃₉
Euceratomycetaceae　エウケラトミケス科　1611₃₉
Eucestoda　多節類, 真正条虫類　660j, 1578₁₁
Euchaeta　1595₈
Euchambersia　1573₂₇
Eucheilota　1555₄₃
Eucheuma　1633₂₃
Euchitonia　1663₁₆
Euchlanis　1578₅₆
Euchondrocephali　真軟頭亜綱　1564₂₀
euchromatin　ユークロマチン　**1416**a
euchromosome　真正染色体　62c
Eucidaris　1561₃₅
Eucladia　1561₃₂
Euclid distance　ユークリッド距離　1255b
Euclidean distance　ユークリッド距離　1480g

Eucoccidiorida　コクシジウム目　1661₃₁
eucoelom　真体腔　**708**a
Eucoelomata　真体腔動物　**708**b
eucoelomates　真体腔動物　**708**b
eucoliform larva　ユーコイラ型幼虫　1282h
Eucommia　1651₃₆
Eucommiaceae　トチュウ科　1651₃₆
Eucomonympha　1630₁₉
Euconchoecia　1596₁₁
eucone eye　真円錐眼　**687**h
euconodonts　ユーコノドント　486g
Eucopia　1596₄₂
Eucosmodon　1573₄₉
Eucyrtidium　1663₁₃
Eudarluca　1609₄₆
Eudendrium　1555₄₀
Eudigraphis　1593₂
Eudiplodinium　1659₁₃
Eudicots　真正双子葉類　1647₄₄
Eudoraea　1539₄₁
Eudorina　1635₃₆
eudoxid　ユードキシッド　**1417**c
Eudromia　1570₅₂
Euduboscquella　1661₄₅
Euechinoidea　1561₃₇
Eugaleaspis　1564₆
Eugeneodontiformes　ユーゲネオドントゥス目　1564₂₆
eugenics　優生学　**1410**b
Euglandina　1584₂₅
Euglena　1631₂₄
Euglenales　ユーグレナ目　1631₂₄
Euglenamorpha　1631₂₂
Euglenamorphales　ユーグレナモルファ目　1631₂₂
Euglenaria　1631₂₅
Euglenoidea　ユーグレナ藻綱　1415h
euglenoid movement　ユーグレナ運動　**1415**g
euglenoids　ユーグレナ藻　**1415**h
Euglenophyceae　ユーグレナ藻綱　1415h, 1631₁₃
euglenophyceans　ユーグレナ藻　**1415**h
Euglenophyta　ミドリムシ植物, ユーグレナ植物門　1415h
Euglenozoa　ユーグレノゾア門　1631₁₁
euglenozoans　ユーグレノゾア類　**1415**i
euglobulin　真性グロブリン　374c
Euglypha　1665₄₁
Euglyphida　ユーグリファ目　1665₄₁
Eugnatha　ヒメヤスデ下綱　1593₂₂
Eugomontia　1634₂₆
Eugregarinorida　グレガリナ目, 真グレガリナ目　1661₂₁
Eugymnanthea　1555₄₃
Euhadra　1584₂₅
Euhalothece　1541₂₂
euheterosis　真正雑種強勢　539g
Eukarya　真核生物ドメイン　1552₁
eukaryon　真核, 真正核　689d
Eukaryota　真核生物　**689**e
eukaryote　真核生物　**689**e
eukaryotic cell　真核細胞　**689**d
Eukoenenia　1591₆₁
Eukrohnia　1577₃
Eulalia　1584₄₉
EULER-CHELPIN, Hans Karl August Simon von　オイラー-ケルピン　**159**d
EULER, Ulf Svante von　オイラー　**159**c
Eulima　1583₄₉
Eulimnadia　1594₃₅
eulimnoplankton　湖水プランクトン　1220e
eulittoral organism　潮間帯生物　920h
Eumalacostraca　真軟甲亜綱　1596₂₈
eumedusoid　真クラゲ様体　602g
eumelanin　真メラニン　562e, 1381g
Eumeta　1601₄₀
Eumetabola　新性類　1600₁₀
Eumetazoa　真正後生動物　**704**g
Eumetopias　1575₅₁
Eumycetes　真菌類　**692**d

Eumycota 真菌類 **692**d
Eunectes 1569₄
Eunice 1584₄₄
Eunicida イソメ目 1584₄₃
Eunotia 1655₃₁
Eunotiales イチモンジケイソウ目 1655₃₁
Eunotogramma 1655₁₁
Eunotosaurus 1568₇
Euonychophora 1588₂₇
Euonymus 1649₂₇
Eupalopsellus 1590₄₀
euparasitism 絶対寄生 **792**e
Euparkeria 1569₁₄
Eupatorium 1652₃₅
Eupelops 1591₉
Eupelte 1608₂₀
Eupelycosauria ディメトロドン目 1573₇
Eupenicillium 1611₃
Euphasmotodea シンセイナナフシ亜目 1599₂₁
Euphauceacea オキアミ目 1597₃₁
Euphausia 1597₃₁
Euphilomedes 1596₉
Euphoberia 1593₅₇
Euphoberiida ムカシトゲヤスデ目 1593₅₇
Euphorbia 1649₃₈
Euphorbiaceae トウダイグサ科 1649₃₈
euphotic zone 有光層, 真光層 189f, 1369b
Euphrasia 1652₁₆
Euphrosine 1584₄₂
Euphyllophyta 大葉植物類 864j
Euphyllophytina 大葉植物亜門 1642₁₆
Euphysetta 1665₃₂
Euplectella 1555₁₂
Euplexaura 1557₂₉
Euplotes 1658₁₉
Euplotida ユープロテス目 1658₁₉
Eupnoi マザトウムシ亜目 1591₁₈
Eupodes 1590₂₂
Eupodina ハシリダニ下目 1590₂₂
Eupodium 1642₃₇
Eupomatia 1645₄₂
Eupomatiaceae エウポマティア科 1645₄₂
Euproctis 1601₄₀
Euproops 1589₂₃
euproöps larva 三葉虫型幼生 **554**e
Euprymna 1583₂₁
Euptelea 1647₄₆
Eupteleaceae フサザクラ科 1647₄₆
Euptilota 1633₅₀
eupyrene spermatozoon 常核精子 62b
Eureptilia 真爬虫亜綱 1568₉
Eurete 1555₆
European elk papillomavirus ヘラジカ乳頭腫ウイルス 1516₁₅
European mountain ash ringspot-associated virus 1520₄₅
Euro-Siberian floral region ヨーロッパ・シベリア植物区系区 675a[表]
Eurotatoria 真輪虫綱 1578₂₉
Eurotiales エウロチウム目 1610₅₇
Eurotiomycetes エウロチウム綱 1610₁₄
Eurotiomycetidae エウロチウム亜綱 1610₄₅
Eurotium 1611₄
Eurya 1651₁₁
Euryale 1561₁₀, 1645₂₂
Euryalida ツルクモヒトデ目 1561₉
Euryancale 1604₂₇
Euryarchaeota ユーリアーキオータ門 **1419**a, 1534₂₁
eurybaric bacterium 広圧性細菌 429a
Eurychasma 1654₂
Eurychasmales ユーリカスマ目 1654₂
Eurychona 1636₉
Eurycormus 1565₄₄
euryhaline 広塩性の 710d
Eurylaimi ヒロハシ亜目 1572₄₀
Eurylaimus 1572₄₀

Eurymylus 1576₃₃
euryoxybiotic 広酸素性 552g
Eurypharynx 1565₅₄
Eurypterida ウミサソリ目, ウミサソリ綱 1589₂₈, 1589₂₉
Eurypterina ウミサソリ亜目 1589₃₃
Eurypterus 1589₃₄
Eurypyga 1571₄₃
Eurypygae ジャノメドリ亜目 1571₄₃
Eurypygiformes ジャノメドリ目 1571₄₁
Eurystomus 1572₂₇
Eurytheca 1609₂
eurythermal 広温性 175c
Euscaphis 1648₃₃
Euselachii 真板鰓下綱 1564₃₇
eusocial 真社会性 **615**e
—— insect 真社会性昆虫 **615**e
esporangiate 真嚢性 1296e
euspore 真正胞子 1295e
Eustachian tube エウスターキョ管, ユースタキー管 911e
EUSTACHIO (Eustacchi), Bartolommeo エウスターキョ **123**a
eustasy ユースタシー 1416d
eustatic change in sea level 海水準変動 1416d
—— movement ユースタティック変動 **1416**d
eustele 真正中心柱 **705**d
Eustenocrinida 1560₂
Eustenocrinus 1560₂
Eusthenopteron **123**b
Eustichiaceae エビゴケモドキ科 1639₃₉
Eustigmatales ユースティグマトス目 1656₃₃
Eustigmatophyceae 真正眼点藻綱 162b, 1656₃₂
Eustigmatos 1656₃₃
Eusuchia 正鰐類 1569₂₅
Eusynaptomyces 1611₃₆
Eutardigrada 真クマムシ綱 1588₁₄
Eutheria 真獣下綱 1574₃₁
Euthora 1633₂₃
Euthyneura 直神経類 1055d
Euthynotus 1565₄₂
Eutrema 1650₂
Eutreptia 1631₂₃
Eutreptiales ユートレプティア目 1631₂₃
Eutreptiella 1631₂₃
Eutrichodesmus 1594₁₆
Eutriconodonta エウトリコノドン目 1573₃₈
eutrophic acid rain 富栄養酸性雨 551c
eutrophication 富栄養化 **1186**j
eutrophic lake 富栄養湖 **1187**a
—— moor 富栄養湿原 591i
Eutypa 1619₃₄
Eutypella 1619₃₄
Euzebya 1538₂₃
Euzebyaceae ユーゼビア科 1538₂₃
Euzebyales ユーゼビア目 1538₂₂
Euzebyella 1539₄₂
Euzercon 1590₇
Euzodiomyces 1611₄₀
Evadne 1594₃₉
evagination 膨出 **1300**e
Evaginogenida 外転芽目 1659₅₂
evanescent light エバネッセント光 337f
Evans, M. 237f
evaporation 蒸発 662g
evapotranspiration 蒸発散 **662**g
Evemonia 1630₁₁
even-pinnately 偶数羽状 1200h
event-related potential 事象関連電位 **579**c
evergreen 常緑性 **668**g
—— broad-leaved forest 常緑広葉樹林 **668**e
—— tree 常緑樹 **668**f
everlasting flower 永久花 117e
Evernia 1612₄₃
Everniastrum 1612₄₃
Evicentia 1612₁₆
Evidence-Based Medicine 1475c

evisceration 内臓放出 585h
evocation 喚起作用 **255**c
evocator 喚起因子 255c
Evo-Devo エヴォデヴォ **690**g
evodiamine エボジアミン 1117i
evoked potential 誘発電位 **1414**c
evolution 進化 **687**k
evolutionarily significant unit 進化的に重要な単位 **690**d
—— stable strategy 進化的に安定な戦略 54c
evolutionary branching 進化的分枝 17b
—— clock 進化時計 1248a
—— developmental biology 進化発生学 **690**g
—— distance 進化距離 **689**c
—— ecology 進化生態学 728a
—— game theory 進化ゲーム理論 **689**g
—— innovations 進化的新機軸 **690**c
—— load 進化の荷重 82h
—— medicine 進化医学 **688**d
—— novelties 進化的新機軸 **690**c
—— paleobiology 進化古生物学 **689**h
—— significant unit 進化的に重要な単位 **690**d
—— species concept 進化的種概念 619a
—— stability 進化的安定性 17b, 678j
—— stasis 進化の停滞 **690**f
—— systematics 進化分類学 **691**b
—— taxonomy 進化分類学 1255a
—— trend 進化傾向 **689**f
evolution ecology 進化生態学 746d
—— of aging 老衰の進化 **1499**e
—— of multicellularity 多細胞化 **870**g
—— of senescence 老衰の進化 **1499**e
—— of signal シグナルの進化 **568**c
—— of virulence 毒性の進化 **1001**e
—— theory 展開説, 進化論 **691**c, **966**f
Ewald's law エワルドの法則 921g
Ewingella 1549₇
Ewing sarcoma ユーイング肉腫 1030f
exalbuminous seed 無胚乳種子 633d
exaltation 464a
Exanthemachrysis 1666₁₃
exaptation イグザプテーション **60**g
exarate pupa 裸蛹 **1440**b
exarch 外原型 73b
Excavata エクスカバータ界 1629₂₅
excavates エクスカバータ 126c
Excellospora 1538₁₁
exchange-diffusion 交換拡散 **433**e
excimer エキシマ, エキサイマー **126**b
exciplex エクサイプレックス 126b
excipulum 子実層托 603f
excision 切出し (プロファージの) **331**a
excisional biopsy 切除生検 1075b
excision repair 除去修復 **669**c
excitable membrane 興奮性膜 464e
—— tissue 興奮性組織 **464**e
excitation 興奮 **464**a
excitation-contraction coupling 興奮収縮連関 **464**b
excitation transfer 励起移動 **1484**e
excitatory junctional potential 興奮性接合部電位 **464**d
—— postsynaptic potential 興奮性シナプス後電位 601f
—— state 興奮状態 464a
—— synapse 興奮性シナプス **464**c
excited state 励起状態 310f
exconjugant 接合完了体 **790**a
excreting duct 導管, 道管, 排出管 187b, **977**k
excretion 排出 **1080**c
—— rate 代謝排出速度 751d
excretory ampulla 排出囊 **1080**g
—— bladder 排出囊 **1080**f
—— duct 導管, 道管, 排出管 187b, **977**k, 1416c
—— organ 排出器官 **1080**f
—— pore 排出孔 **1080**e
—— substance 排出物質 **1081**a
—— tubule 腎管 **691**d
—— vesicle 排出囊 **1080**g

excurrent 上達幹 465i
—— canal 流出溝 720e
—— pore 出水孔 471a
execution point 実行点 596d
exergonic reaction 発エルゴン反応 **1100**f
Exerticlava 1618₂₉
exhalant canal 流出溝 720e
Exidia 1623₃₃
Exidiopsis 1623₃₄
Exiguobacterium 1542₂₄
Exilispira 1550₁₄
exine 外壁, 外膜 187c, **187**g
exite 外突起 266f
exiting tube 逸出管 74k
exoadaptation 外的適応 428d
Exobasidiaceae モチビョウキン科 1622₃₇
Exobasidiales モチビョウキン目 1622₃₁
Exobasidiomycetes モチビョウキン綱 1622₁₈
Exobasidiomycetidae モチビョウキン亜綱 1622₁₉
Exobasidium 1622₃₇
exocarp 外果皮 215e
exocoel 外腔 1110h
exocoelome 胚体外体腔 1084a
exocone eye 外円錐眼 1193l
exocrine gland 外分泌腺 **187**l
exocuticle 外クチクラ 347a
exocyst 1438c
exocytosis エキソサイトーシス, 開口放出 124b, 812k
exoderm 外皮, 外被 186e
exodermis 外皮, 外被 186e
exoenzyme 細胞外酵素 **521**d
exogamy 外婚, 異系交配 61e, 180b
exogastrula 外原腸胚 179e
exogastrulation 外原腸形成 179e
Exogemmida 外生胚目 1659₃₃
Exogenida 外生芽目 1659₄₅
exogenote エキソゲノート 155a, 1210k
exogenous 外生 **182**a
—— branching 外生分枝 182a
—— budding 外生出芽, 外部出芽 640j
—— pyrogen 外来性発熱原 1108d
—— rhythm 外因性リズム 776g
—— spore 外生胞子 **182**c
exon エキソン **127**k
exonuclease エキソヌクレアーゼ 124c
exopeptidase エキソペプチダーゼ **124**d
Exophiala 1610₂₃, 1610₅₅
exoplasm 外質 **181**c
exopodite 外肢 **180**g
Exopterygota 外翅類 1020d
Exorista 1601₂₄
Exormothecaceae ジャゴケモドキ科 1637₆
Exoschizon 1661₁₉
exoscopic 外向 **179**f
—— embryo 外向胚 179f
exoskeleton 外骨格 479h
exospore 外壁, 外生胞子, 外膜 182c, 187c, **187**g
exosporium エキソスポリウム, 外壁, 外膜 **187**c, **187**g, 1100b
Exoteliospora 1622₁₁
Exoterygota 外翅類 503d
exotheca 上莢, 周莢, 外莢 480c
exotic organism 外来生物 191a
—— species 外来種, 移入種 **191**a
exotoxin 外毒素 **185**a
expansin エクスパンシン **126**f
expected utility theory 期待効用理論 **292**c
experiment ハーシェイ-チェイスの実験 **1096**c
experimental allergic encephalomyelitis 実験的アレルギー性脳脊髄炎 **592**e
—— biology 実験生物学 **592**e
—— ecosystem 実験生態系 **592**c
—— embryology 実験発生学 **592**f
—— host 実験宿主 632b
—— morphology 実験形態学 **591**j

―― neurosis 実験神経症 **592**a
―― pathology 実験病理学 1170a
―― population 実験個体群 **591**k
―― psychology 実験心理学 **592**b
―― taxonomy 実験分類学 **592**h
expiratory reserve volume 予備呼気量, 呼気予備量 **1090**b
explant 外植, 外植片 181g
explantation 外植 **181**g
explant culture 移植片培養 **65**f
exploitation 消費 320d
exploratory behavior 探査行動 **884**d
―― fiber 探険繊維 1074f
explosion sound 爆発音 **1100**g
explosive Entwicklung 爆発的進化 **1094**d
―― evolution 爆発的進化 **1094**d
exponential multiplication 指数的増殖 514a
exportin エキスポーティン **123**k
export signal 輸出シグナル **1416**e
exposure 照射線量 1298d
expressed sequence tag 54e
expression vector 発現ベクター **1264**h
expressive behavior 表出行動 **1167**f
expressivity 表現度 **1166**l
Exserophilum 1609₅₆
EXT エクスタンシン 1157b
extein エクステイン 1235a
extended phenotype 延長された表現型 **154**e
extensin エクステンシン 1157b
extension filament 張糸 285g
extensor 伸筋 293a
external auditory meatus 外耳道, 外聴道 180h
―― carotid artery 外頸動脈 393b
―― coincidence model 外的一致モデル, 外的符号モデル 714d
―― cuticle 外部クチクラ 347a
―― ear 外耳 **180**h
―― endodermis 外立内皮 1022a
―― fertilization 体外受精 **847**b
―― gill 外鰓 **180**c
―― inhibition 外制止 752c
―― labial palp 外唇 713h
―― ligament 外靭帯 707e
―― nares 外鼻孔 1109h
―― respiration 外呼吸 469h
―― root sheath 外毛根鞘 384a
―― secretion 外分泌 **187**a
exteroceptive reflex 外受容反射 573c
―― sense 外受容性感覚, 外感覚 252d
exteroceptor 外受容器 573a, 646g
extinction 消去, 絶滅 **656**g, **793**g
―― risk 絶滅リスク 626g
extinctive inhibition 消去制止 656g
extine 外壁, 外膜 **187**c, **187**g
extirpation experiment 欠除実験 592g
extracapsulum 外嚢 913e
extracellular digestion 細胞外消化 529g
―― enzyme 細胞外酵素 **521**d
―― exotherm 細胞外発熱 575g
―― fluid 細胞外液 845e
―― freezing 細胞外凍結 **521**e
―― matrix 細胞外マトリックス **521**g, 766d
extrachromosomal inheritance 染色体外遺伝 1163a
extra chromosome 過剰染色体 **217**d
extraembryonic area 胚体外域 **1084**a
―― blastoderm 胚体外胚盤葉 **1084**a, 1084c
―― blood vessel 胚体外血管 1084a
―― coelom 胚体外体腔 1084c
―― endoderm 胚体外内胚葉 **1084**b
―― membrane 胚体外膜 **1084**c
―― region 胚体外域 1084c
extrafloral nectary 花外蜜腺 1358d
extrafusal fiber 錘外繊維 725e
extraglomerular mesangium 糸球体外メサンギウム 1295f
extramedullary hematopoiesis 髄外造血 719a
extranuclear inheritance 核外遺伝 524f

extraocular photoreceptor 眼外光受容器, 眼球外光受容器 **255**f
extraorgan freezing 器官外凍結 **280**c
extrapair copulation つがい外交尾 **935**a
extrapyramidal tract 錐体外路 **723**b
extrastriate cortex 有線外視覚野 559e
extrasystole 期外収縮 **278**a
extreme barophile 超高圧菌 429a
―― thermophile 高度好熱菌 461h
extremophile 極限環境微生物 **325**c
extremozyme 極限酵素 325c
extrinsic eye muscle 外眼筋, 眼筋 1373b
―― factor 外因子 1019b
―― ocular muscles 外眼筋 178e, 855d
―― pathway inhibitor 外因系凝固インヒビター 839e
extrorse 外向, 外開 **179**f, 1403c
extrusive organelle 射出装置 1300g
extrusome 放出体 **1300**g
exudate 出液水, 滲出液 640i, 1501f
exudation 出液, 滲出 **640**i, **703**h
exudative inflammation 滲出炎 703h
exumbrellar tentacle 外傘触手 670b
exuviae 脱皮殻 875a
exuvium 脱皮殻 **875**c
eye 目, 眼 **1373**b
eyeball 眼球 1373b
eyed period 発眼期 **1102**a
eyelash まつ毛 258h
eyeless 1166l
eyelid 眼瞼 **258**h
eye movement 眼球運動 **255**e
―― nystagmus 眼振盪 709b
eyepiece 接眼レンズ 432c
eye-spot 目玉模様, 眼点 **270**g, **1377**g
eyestalk 眼柄 **273**b
―― hormone 眼柄ホルモン **273**c
Eylais 1590₃₁
Ezohelix 1584₂₅

F

F 1245d
F₀F₁ ATP 合成酵素 135g
F₁ **143**f
F₆ 135g
FA 左右対称性のゆらぎ, 細胞接着斑 529a, 545f
Fabaceae マメ科 1648₄₈
Fabales マメ目 1648₄₇
Fabavirus ファバウイルス属 1521₂₉
Fabibacter 1539₂₇
Fabre, Jean Henri ファーブル **1180**e
Fabrella 1614₅₄
Fabricius ab Aquapendente, Hieronymus ファブリキウス (アクアペンデンテの) **1180**c
Fabronia 1640₅₉
Fabroniaceae コゴメゴケ科 1640₅₉
Fabrosaurus 1570₂₃
Fabry's disease ファブリ病 739e
face 顔 **192**h
―― neuron 顔細胞 **192**i
―― recognition 顔認識 **193**a
facet 個眼面 1193l
Facetotecta 彫甲下綱 1595₂₉
facial cranium 顔面頭蓋 1020k
―― form 顔型 **258**b
―― form classification 顔型分類 258b
―― gland 顔面腺 **274**b
―― index 顔示数 258b
―― nerve 顔面神経 507j
faciation ファシエーション **1179**f
facies ファシース **1179**f
facies-fossil 示相化石 **588**g
facies-index 示相化石 588g

facilitated diffusion 促進拡散 **836**i
facilitation 促通 **838**d
Facklamia 1543₅
FACS 1231b
facteur thymique serique 320c
F-actin Fアクチン 7a
factor 因子 102h
―― analysis 因子分析 **93**h
―― of determination 決定因 **406**e
facultative aerobe 通性好気性菌 435a
―― anaerobe 任意嫌気性菌, 条件的嫌気性菌, 通性嫌気性生物, 通性嫌気性菌 417b, **657**e
―― anaerobic 条件の嫌気性 552e
―― biennial 可変性二年草 1038j
―― CAM plant 通性CAM植物 238d
―― epiphyte 条件的植物着生生物 677d
―― halophilic 条件的好塩性 430f
―― heterochromatin 機能性ヘテロクロマチン 1270a
facultatively chemolithoautotrophic bacteria 通性化学無機独立栄養細菌 722i
facultative parasite 条件的寄生菌 657d
―― parasitism 条件的寄生 **657**d
―― shade plant 条件陰生植物 95d
FAD フラビンアデニンジヌクレオチド 1219c
Faecalibacterium 1543₅₁
Faenia 1537₅₈
Fagaceae ブナ科 1649₁₈
Fagales ブナ目 1649₁₆
Fagopyrum 1650₄₀
Fagus 1649₁₈
fairy ring 菌環 **332**f
Falcatus 1564₃₅
falciform process 鎌状突起 **1494**d
Falcivibrio 1536₂₅
Falco 1571₃₇
Falcomoans 1666₇
Falconiformes ハヤブサ目 1571₃₇
falling 消え行き **277**e
fall of flora フロラの滝 **1239**f
Fallopia 1650₄₁
Fallopian tube ファロピウス管, ファロピオ管 1418f
F<small>ALLOPIUS</small>, Gabriel ファロピウス **1181**a
Fallotaspis 1589₆
fallout フォールアウト **1191**d
false-alarm 誤り **701**e
false annual ring 偽年輪 **296**c
―― branching 偽分枝 1245e
―― fertilization 偽受精 **287**b
―― fruit 偽果 **278**e
―― heartwood 偽心材 703a
―― nail 偽爪 936i
―― nipple 偽乳頭 1043c
―― rib 偽肋骨 1502b
―― verticillate phyllotaxis 偽輪生葉序 1475e
―― vocal cord 仮声帯, 室襞 761f
Falsibacillus 1542₂₉
falx cerebelli 小脳鎌 1065b
―― cerebri 大脳鎌 1065b
familia 科 **177**b
familial adenomatous polyposis 家族性大腸ポリポーシス 225a, 801f
―― hypercholesterolemia 家族性高コレステロール血症 **224**h, 955k
family ファミリー, 家族, 族, 科 **177**b, **224**g, **834**g, **1180**g
―― group 科階級群 **193**c
―― method of breeding 家系育種法 **212**g
―― *Rhodospirillaceae* ロドスピリルム科 **1503**d
―― selection 家系選抜 **212**k
Fanconi anemia ファンコニー貧血症 225a, 808e
―― syndrome ファンコニー症候群 83a, 225a
Fangia 1549₅₃
F antigen フォルスマン抗原 **1191**d
Farber's syndrome ファーバー症候群 795c
farm animal 家畜 **226**d

Farmanomyces 1614₃₇
farnesol ファルネソール 1180h
farnesyl diphosphate ファルネシル二リン酸 **1180**h
―― diphosphate synthetase ファルネシル二リン酸合成酵素 1180h
―― pyrophosphate ファルネシルピロリン酸 1180h
FaRP FMRFアミド関連ペプチド 141b
far point 遠点 151c, **154**l
Farrea 1555₆
farsightedness 遠視 349a
Farysia 1622₅
Farysizyma 1622₃
Farysporium 1622₅
Fas **1179**i
fascia adherens 接着野 20f
fasciation 帯化, 石化 **846**c
fascicular cambium 維管束内形成層 **59**k
fasciculin ファシクリン 1387a
Fasciculithus 1666₂₃
Fasciculochloris 1635₃₆
fasciculus cuneatus 楔状束 783d
―― gracilis 薄束 783d
―― longitudinalis medialis 内側縦束 **1021**e
―― opticus 視束 580e
―― pyramidalis 錐体束 723c
Fasciola 1578₅
FASTA 830d
Fastidiosipila 1543₅₁
fast muscle **835**e
―― muscle fiber Ⅱ型繊維, 速筋繊維, 速繊維 835e, 888c
―― photovoltage 823a
fast-twitch muscle fiber Ⅱb型繊維, 速い速筋繊維 835e
fat body 脂肪体 **611**b
―― cell 脂肪細胞 **608**f
fate-map 予定運命図 **1430**l
fatigue 疲労 **1176**b
fat marrow 脂肪骨髄 481b
Fatoua 1649₆
Fatsia 1652₄₅
fat-soluble vitamin 脂溶性ビタミン 1149j
fat storing cell 脂肪摂取細胞 85d
―― tissue 脂肪組織 **611**a
fatty acid 脂肪酸 **608**g
―― acid synthase 脂肪酸合成酵素 **609**a
―― acyl CoA:carnitine fatty acid transferase カルニチンアシルトランスフェラーゼ 246d
―― degeneration 脂肪変性 **611**d
―― liver 脂肪肝 **608**d
―― seed 脂肪種子 633d
fauces 咽喉 1067g
Fauchea 1633₄₁
fauna 動物相 **996**a
faunal region 動物地理区 **996**b
faune endogée 地中性動物群 258g
Faurelina 1617₅₃
Fauriella 1640₅₃
Favella 1658₂₄
Favia 1557₄₉
Favolaschia 1626₂₂
Favositacea ハチノスサンゴ亜目, ハチノスサンゴ目 1557₆, 1557₇
Favositella 1579₂₄
Favosites 1557₇
favus 黄癬 692b
Fbg フィブリノゲン 1184g
Fbn フィブリン 1185b
F body F小体 1506c
FBPase 681h
FC 繊維構造域 204g
FCCS 蛍光相互相関分光法 386d
FcR Fc受容体 141d
Fc receptor Fc受容体 **141**d
FCS 蛍光相関分光法 386d
Fd フェレドキシン 1189b

FDC　濾胞樹状細胞　1504h
FDP　**143**a
F-duction　F 導入　**143**b
Fe　鉄　961f
fear　恐れ　661f
feather　羽毛　**111**g
── bud　羽芽　111g
── follicle　羽包, 羽嚢　111g
── germ　羽芽　111g
── papilla　羽乳頭　111g
── papilla cell　羽乳頭細胞　251b
── pulp　羽髄　111g
── stars　ウミシダ類　111e
── tract　羣区, 羽域　111g
feature detection property　特徴抽出性　**1002**b
fecal coliforms　糞便性大腸菌群　858c
Fecampia　1577₄₅
Fecampiida　フェカンピア類　1577₄₅
feces　糞　**1241**b
fecundity　一腹産仔数, 一腹産卵数, 繁殖能力　554i, 871a
Fedrizzia　1590₇
Feduccia, Alan　フェドゥーシア　**1187**c
feedback　フィードバック　**1183**c
── control　フィードバック制御　**1183**d
── inhibition　フィードバック阻害　**1184**a
feeder layer　フィーダー層　**1182**b
feedforward　フィードフォワード　**1184**b
── control　フィードフォワード制御　1184b
── loop　フィードフォワードループ　**1184**c
feeding　摂餌　**791**c
── apparatus　捕食装置　521a
── center　摂食中枢　**792**a
── experiment　食餌実験　**670**a
── habit　食性　**671**b
── larva　摂食型幼生　**791**f
── rate　摂餌速度　791c
feeling　感情　**262**h
Feldmannia　1657₃₂
Feliformia　ネコ亜目　1575₄₆
feline immunodeficiency virus　ネコ免疫不全ウイルス　1390c
── sarcoma virus　ネコ肉腫ウイルス　1030h
felinine　フェリニン　**1188**h
Felis　1575₄₆
Fell, Honor Bridget　フェル　**1188**i
Fellomyces　1623₉
Felovia　1576₅₂
Fem　748c
female　雌　**1376**c
── choice　1078l
── egg　雌卵　**684**g
── flower　雌花　889f
── gamete　大配偶子　62d
── gametophyte　雌性配偶体　1080b, 1086d
── intersex　雌間性　265e
── mimicry　雌擬態　291j
femaleness　雌性　**584**d
female nucleus　雌核　**559**a
── phase　雌相　297c
── producer　単為生殖雌虫　1039a
── pronucleus　卵核, 雌性前核　**584**g
── protein　雌性蛋白質　1440g
── receptacle　雌器床　756e
── reproductive tract　雌性生殖輸管　**584**f
── sex hormone　雌性ホルモン　**585**b
feminity　雌性　**584**d
feminization　雌化　107a
Fe-Mo cofactor　鉄-モリブデン補助因子　1038g
femoral pore　大腿孔　**857**d
Femsjonia　1623₂₅
femtoplankton　フェムトプランクトン　1220e
femur　腿節　**856**a
fen　湿原　591i
Fenestella　1609₂₇
Fenestellaceae　フェネステラ科　1609₂₇

Fenestrata　窓格目　1579₂₇
fenestrated capillary　有窓毛細血管　**1412**d
Fenn effect　フェン効果　**1190**a
Fennellia　1611₄
Fennellomyces　1604₃
fermentation　発酵, 醱酵　**1103**b
── by metabolic regulation　代謝制御発酵　29c, 203a
── tube　発酵管　**1103**c
fern　シダ類　**589**g
ferredoxin　フェレドキシン　**1189**b
ferredoxin-NADP⁺ reductase　フェレドキシン-NADP⁺還元酵素　1189b
Ferribacterium　1547₂₁
Ferrimicrobium　1536₁₈
Ferrimonadaceae　フェリモナス科　1548₄₂
Ferrimonas　1548₄₂
Ferrithrix　1536₁₈
ferritin　フェリチン　**1188**f
── antibody technique　フェリチン抗体法　**1188**g
── antigen technique　フェリチン抗原法　1188g
ferrochelatase　フェロケラターゼ, ヘム生成酵素　1328d
Ferroglobus　1534₂₄
ferroheme　フェロヘム　1276h
Ferroplasma　1535₂₀
Ferroplasmaceae　フェロプラズマ科　1535₂₀
ferroporphyrin　フェロポルフィリン　1276h
ferroportin 1　フェロポーチン 1　1030a
ferroprotoporphyrin　フェロプロトポルフィリン　1276h
Ferruginibacter　1540₇
Ferry-Porter's law　フェリー-ポーターの法則　**1221**i
fertile floral leaf　実花葉　239e
── frond　実葉　**1301**a
── leaf　実葉　1301a
fertility　出生率, 妊性, 有効繁殖力, 稔性, 肥沃度　554i, 642f, 752a, 959a, 1209g
fertility-restoring gene　稔性回復遺伝子　526a
fertilization　受精, 肥沃化　**638**a, 1170b
── cone　受精突起　**639**c
── membrane　受精膜　**640**a
── potential　受精電位　**639**b
── tube　受精管　789c
── wave　受精波　**639**f
fertilized egg　受精卵　638a
fertilizer　肥料　**1172**c
fertilizin　受精素　**638**b
fertilysin　ファーチリシン　**1144**i
Ferugliotherium　1573₃₉
Fervidicella　1543₃₀
Fervidicoccaceae　ファーヴィディコックス科　1534₁₃
Fervidicoccales　ファーヴィディコックス目　1534₁₂
Fervidicoccus　1534₁₃
Fervidicola　1543₅₃
Fervidobacterium　1551₂
Fessisentis　1579₉
festucoid type　フェスツコイド型　**1111**c
FeSV　ネコ肉腫ウイルス　1030h
fetomaternal immunity　母子免疫　**1306**g
α-fetoprotein　α-フェトプロテイン　**1187**d
fetuin　フェチュイン　404d, 1187d
Feulgen's reaction　フォイルゲン反応　**1190**b
Feylinia　1568₅₃
F factor　F 因子　**140**d
F′ factor　F′因子　**143**c
Ffh　568b
FFU　フォーカス形成単位　1190d
FGF　繊維芽細胞増殖因子, 繊維芽細胞成長因子　141c
── pathway　FGF 経路　141c
fgr　536a
F horizon　F 層　132f
fiber　繊維　**799**g
── diagram　繊維図形　**800**e
fiber-sclereid　繊維厚壁異形細胞　464g
fiber tracheid　繊維仮道管　232b, 799d, 1301g, 1396c
Fibonacci series　フィボナッチ数列　712f
fibra dentalis　歯繊維　1069b

fibrae lentis 水晶体繊維 1494f
fibre 繊維 799d
Fibrella 1539₂₃
fibril 原繊維 799d
fibrillar center 繊維構造域 204g
—— connective tissue 繊維性結合組織 800f
—— contraction 細動性短縮 706e
—— flight muscle 繊維状飛行筋 800c
fibrillation 細動性短縮 706c
—— of heart 心臓細動 706e
Fibrillenzelle 繊維細胞 265c
fibrin フィブリン 1185b
fibrinase フィブリナーゼ 1217h
fibrin-clot フィブリンクロット 396c
fibrinogen フィブリノゲン,フィブリノーゲン 1184g
—— and fibrin degradation products フィブリノゲン-フィブリン分解産物 143a
fibrinolysin フィブリノリジン 1217h
fibrinolysis 繊維素溶解 800g
fibrino-peptide フィブリノペプチド 1185a
Fibrisoma 1539₂₃
fibro-adenoma 繊維腺腫 805h
Fibrobacter 1542₂₀
Fibrobacteraceae フィブロバクター科 1542₂₀
Fibrobacterales フィブロバクター目 1542₁₉
Fibrobacteres フィブロバクター門 1542₁₇
Fibrobacteria フィブロバクター綱 1542₁₈
fibroblast 繊維芽細胞 800f
—— growth factor 繊維芽細胞増殖因子, 繊維芽細胞成長因子 141e
fibroblastic reticular cell 細網繊維芽細胞 1478c
Fibrocapsa 1656₃₈
fibro-cartilage 繊維軟骨 1028a
fibrocyst 糸上毛胞 1300g
fibrocyte 繊維細胞 800f
fibroin フィブロイン 1185c
fibronectin フィブロネクチン 1185d
Fibroporia 1624₁₃
fibrous attachment 繊維性結合 1069b
—— cartilage 繊維軟骨 1028a
—— layer 繊維層 484a
—— ossification 繊維性骨化 479g
—— protein 繊維状蛋白質 800b
—— root ひげ根 1139u
Fibularia 1562₁₈
Fibulobasidium 1623₁₄
Fibulomyces 1626₆₁
Fibulorhizoctonia 1626₆₀
Fibulosebacea 1623₃₄
Fibulostilbum 1621₇
ficin フィシン 582j
Fick's principle フィックの原理 1182d
fictive behavior 仮想的行動 914e
Ficus 1583₄₃, 1649₆
FID 水素炎イオン化検出器 219c
fidelity 適合度 959f
field 場(発生の) 1071a
—— cancerization 広域発がん 429e
—— carcinogenesis 広域発がん 429e
—— capacity 圃場容水量 1307c
—— crops 作物, 圃場作物 537f
Fieldingia 1555₉
Fieldingida 1555₉
field inversion gel electrophoresis 1116h
—— population 野外個体群 591k
—— potential 外界電位, 電場電位 1414c
—— theory 場の理論(心理学の) 1112f, 1423f
FIGE 1116h
figured-porus wood 紋様孔材 1402a
Fiji disease virus 1519₄₂
Fijivirus フィジーウイルス属 1519₄₂
FIL 1404m
filaggrin フィラグリン 413g
filament 糸状体 579f
filamentous actin Fアクチン 7a

—— fungi 糸状菌 234d
—— green phototrophic bacteria 糸状性緑色光栄養細菌 379a
—— phage 線状ファージ, 繊維状ファージ 800d
filamin フィラミン 7c
Filamoeba 1628₁₅
Filaria 1587₃₈
Filaria-type フィラリア型 1437g
Filariomyces 1611₄₃
Filasterea フィラステレア綱 1552₂₈
filial 143f
—— cannibalism フィリアルカニバリズム 1009d
Filibacter 1542₄₀
Filichona 1659₃₃
Filifactor 1543₄₈
Filifera ウミヒドラ亜目,剌糸類 1555₃₈
filiform apparatus 線形装置, 繊形装置 679d, 1086b
—— papilla 糸状乳頭 793c
—— tentacle 糸状触手 670b
Filimonas 1540₃
Filinia 1578₄₀
Filipodium 1661₁₉
Filippi's gland フィリッピ腺 1472d
Filistata 1592₂₁
Filobacillus 1542₂₉
Filobasidiaceae フィロバシジウム科 1623₃
Filobasidiales フィロバシジウム目 1623₂
Filobasidiella 1623₁₇
Filobasidium 1623₃
Filomicrobium 1545₃₇
filopodia 糸状足 766d
filopodium 糸状仮足 578h
Filoreta 1664₃₉
Filos 1653₁₅
Filosa フィローサ亜門 1664₄₃
Filospermoidea ハプログナチア目, 糸精子類 1578₁₅
Filoviridae フィロウイルス,フィロウイルス科 1186b, 1520₁
filterable microorganism 濾過性病原体 102h
filter feeder 濾過食者 299e
—— feeding 濾過摂食 1500g
filtering 抽出 696a
filtration 濾過 1500d
filtration-reabsorption theory 濾過-再吸収説 1500f
filtration stomach 濾過胃 1500e
filum olfactorium 嗅毛, 嗅糸 311a, 311d
fimbria 線毛 819c
fimbriae 線毛 819c
fimbria hippocampi 海馬采 185e
Fimbriimonadaceae フィムブリイモナス科 1539₃
Fimbriimonadales フィムブリイモナス目 1539₂
Fimbriimonadia フィムブリイモナス綱 1539₁
Fimbriimonas 1539₃
fimbrin フィンブリン 7c
Fimbristylis 1647₃₀
fimicolous fungi 糞生菌類 1248e
fin 鰭 1175c
final common pathway 最終共通路 512e
—— host 終宿主 290a, 632b
Finegoldia 1543₂₀
fin fold 膜鰭 765b
finger 指, 趾 939a, 1417c
—— dermatoglyph 指紋 614d
fingerprinting フィンガープリント法 1275d
finger print pattern 指紋 614d
finite 有限継代性 523c
—— rate of natural increase 期間自然増加率 827a
finlet 小離鰭 765b
fin membrane 鰭膜 1175c
—— ray 鰭条 287e
—— suspensorium 担鰭骨 882d
FIRE, Andrew Zachary ファイアー 1179a
fire ecology 火事生態学 215d
firing level 発射レベル 230b
Firmiana 1650₁₉

Firmibacteria　ファーミバクテリア綱　1542₂₂
Firmicutes　ファーミキューテス門，フィルミクテス門　1180f, 1542₂₁
first antenna　第一触角　**845**c
―― filial generation　雑種第一代　**540**a
―― law of photochemistry　光化学第一法則　**431**f
―― leaf　第一葉　1354e
―― maxilla　第一小顎　428a
―― messenger　ファーストメッセンジャー，一次メッセンジャー，第一次情報伝達物質　781f
―― visceral arch　第一内臓弓　1020i
fir wave　縞枯れ　612e
FISCHER, Albert　フィッシャー　**1182**e
FISCHER, Edmond Henri　フィッシャー　**1182**f
FISCHER, Emil　フィッシャー　**1182**g
FISCHER, Eugen　フィッシャー　**1182**h
FISCHER, Hans　フィッシャー　**1182**i
Fischerella　1541₄₃
fish cone mosaic　魚類錐体モザイク　1395a
―― culture　水産養殖　**721**e
fisheries management　漁業資源管理　721c
FISHER, Sir Ronald Aylmer　フィッシャー　**1182**j
Fisher's logarithmic series　フィッシャーの対数級数列，対数級数則　636f
fishery resource　水産資源　**721**c
―― stock enhancement　水産増殖　**721**d
fishes　魚類　330d
fish farming　栽培漁業　519g
―― species alternation　魚種交替　1486f
Fissiculata　フェノスキズマ目　1559₂₀
Fissidens　1639₃₇
Fissidentaceae　ホウオウゴケ科　1639₃₇
Fissidentalium　1581₄₂
fission　分裂　**1255**c
―― fungi　分裂菌類　1256d
―― yeast　分裂酵母　589a
fissura cerebri lateralis　外側大脳裂　860c
―― interhemisphaerica　半球間裂　860c
―― longitudinalis cerebri　大脳縦裂　860c
fistula　瘻　**1498**e
Fistulina　1626₁
Fistulinaceae　カンゾウタケ科　1626₁
Fistuliporita　1559₁₆
Fistulobalanus　1596₁
fit　正しい反応　701e
fitness　適応度　**959**a
―― landscape　適応度地形　**959**b
Fitzpatrickella　1610₅₆
FIV　ネコ免疫不全ウイルス　1390a
fixation　固定　**484**d
―― image　固定像　687e
―― probability　固定確率　**484**f
fixative　固定液　**484**e
―― solution　固定液　**484**e
fixed action pattern　固定的動作パターン　**485**a
―― macrophage　固着性大食細胞，定着性マクロファージ　840c, 1339h
―― virus　固定毒　**485**b
fixing gland　固着腺　794m
fixité　固定性　1318i
FK506　869b, 1274a
FK506-binding protein　FK506結合蛋白質　1274a
FKBP　FK506結合蛋白質　1274a
Flabellia　1634₅₀
Flabellifera　有扇亜目　1596₄₉
Flabelligera　1585₁₅
Flabelligerida　ハボウキゴカイ目　1585₁₅
Flabellinea　フラベリネア綱　1628₃₃
Flabellospora　1624₄₁
Flabellula　1628₃₀
Flabellum　1557₅₄
flaccid paralysis　弛緩性麻痺　723c
Flaccisagitta　1577₆
flacherie　軟化病　553j
flagella　鞭毛　**1289**d

flagellar antigen　鞭毛抗原　101e
―― apparatus　鞭毛装置　**1290**d
―― hair　鞭毛小毛　**1290**c
Flagellaria　1647₃₃
Flagellariaceae　トウツルモドキ科　1647₃₃
flagellar movement　鞭毛運動　**1290**a
―― root　鞭毛根　1290d
flagellated chamber　鞭毛室　1502e
―― epithelium　鞭毛上皮　663b
flagellates　鞭毛虫類　**1290**e
Flagellimonas　1539₄₂
flagellin　フラジェリン　**1214**f
Flagellophora　1558₃₇
Flagelloscypha　1626₂₅
Flagellospora　1617₃₇
flagellum　触角鞭，鞭毛，鞭状部，鞭節　680g, 859d, **1289**f, 1479d
Flagilidium　1662₄₄
flagmented tissue culture　組織片培養　65f
flame bulb　炎球　422e
―― cell　炎細胞，焰細胞　422e
Flamella　1628₁₅
flame photometric detector　炎光光度検出器　219c
―― thermionic detector　アルカリ熱イオン化検出器　219c
Flamingomyces　1621₅₃
Flammeovirga　1539₂₈
Flammeovirgaceae　フラムメオヴィルガ科　1539₂₇
Flammulaster　1626₈
Flammulina　1626₂₈
Flammulogaster　1626₂
flange　偽縁　**315**m
flash photolysis　フラッシュフォトリシス法　**1218**g
flask cell　フラスコ細胞　1177d
flat bone　扁平骨　1317e
flatworm　扁形動物　**1284**d
flatworms　扁形動物　**1284**d
flavanone　フラバノン　1219g
Flavihumibacter　1540₄
Flavimonas　1549₄₈
flavin adenine dinucleotide　フラビンアデニンジヌクレオチド　**1219**c
flavine adenine dinucleotide　フラビンアデニンジヌクレオチド　**1219**c
―― mononucleotide　フラビンモノヌクレオチド　**1219**f
flavin enzymes　フラビン酵素　**1219**d
―― mononucleotide　フラビンモノヌクレオチド　**1219**f
Flaviramulus　1539₄₂
Flavisolibacter　1540₄
Flaviviridae　フラビウイルス，フラビウイルス科　**1219**b, 1522₂₅
Flavivirus　フラビウイルス属　1522₂₆
Flavobacteria　フラボバクテリア綱　1539₃₃
Flavobacteriaceae　フラボバクテリア科　1539₃₈
Flavobacteriales　フラボバクテリア目　1539₃₄
Flavobacterium　フラボバクテリウム　**1220**a, 1539₄₂
Flavocetraria　1612₄₄
flavodoxin　フラボドキシン　906f
flavon　フラボン　**1220**b
flavone　フラボン　1219g
Flavonifractor　1543₂₀
flavonoid　フラボノイド　**1219**g
Flavoparmelia　1612₄₄
flavoprotein　フラビン蛋白質　**1219**e
Flavopunctelia　1612₄₄
Flectichona　1659₃₆
Flectobacillus　1539₂₃
Flectomonas　1665₁₅
FLEMING, Alexander　フレミング　**1228**j
FLEMMING, Walther　フレミング　**1229**a
fleshy fruit　液果　**123**f
Flexibacter　1539₂₃
Flexibilia　可曲亜綱　1559₃₇
flexible region　可動部　1349g
flexion reflex　屈曲反射　**348**g
Flexistipes　1541₅₁

Flexithrix 1539₂₈
flexor 屈筋 293a
—— reflex 屈筋反射 348g
flicker フリッカー 1221i
flight distance 逃走距離 988b
—— feather 飛羽 935i
—— muscle 飛翔筋, 飛行筋 800c, 1428g
flimmer 鞭毛小毛 1290c
Flintiella 1632₁₁
FLIP 光退色蛍光減衰 385d
flip-flop フリップフロップ 1222d
—— model フリップフロップモデル 1222e
flippase フリッパーゼ 1222c
FLO 1461c
floating adaptation 浮遊適応 1222j
—— island 浮島 108a
—— leaf 浮葉 1211l
—— leaf water plant 浮葉植物 1211m
floating-leaved plant 浮葉植物 1211m
floating meadow 浮葉草原 823j
—— root 浮根 471c
—— seaweed 流れ藻 1024e
floc フロック 1232e
flock 群れ 1372g
Flomomyces 1621₄₉
Flomomycetaceae フロモミケス科 1621₄₉
floor plate 床板, 底板 694a, 916a
floppase フロッパーゼ 1222c
flora フロラ, 植物相 1239b
floral abscission 落花 1436d
—— axis 花軸 215a
—— biology 花生態学 1110d
—— bud 蕾 936f
—— diagram 花式図 214i
—— ecology 花生態学 1110d
—— element 植物区系要素 675b
—— envelop 花被 234b
—— formation 花成 221g
—— formula 花式 214i
—— kingdom 区系界 675a
—— leaf 花葉 239e
—— meristem 花シュート頂, 花芽分裂組織 756e
—— primordium 花芽原基 417a
—— provinces in Japan 日本の植物区系 1040a
—— region 区系, 植物区系 675a
flora of forest floor 地床フロラ 905b
Florarctus 1588₇
Florenciella 1656₆
Florenciellales フロレンシエラ目 1656₆
floret 小花 1292d
FLORICAULA 1461c
Floricola 1608₃₂
floridean starch 紅藻澱粉 449a
Florideophyceae 真正紅藻綱 1632₃₂
floridoside フロリドシド 449a
florigen フロリゲン 221i
floristic region 区系, 植物区系 675a
Floscularia 1578₄₁
Flosculariaceae マルサヤワムシ目 1578₄₀
Flosculomyces 1606₃₆
FLOURENS, Marie Jean Pierre フルーランス 1227g
flow cytometry フローサイトメトリー 1231b
flower 花 1109g
—— bud 花芽, 蕾 193b, 936f
flower-bud formation 花芽形成 197a, 221g
—— color 花色 217g
—— infection 花器感染 374d
flowering hormone 花成ホルモン 221i
FLOWERING LOCUS T 221i
flowering plants 顕花植物 416g
flower initiation 花芽形成 197a
—— spray ending 散形終末 549g
—— stalk とう, 薹 1501h
—— visitor 訪花者 996d
flox 372d

Floydiella 1635₂₁
FLP 1041b
—— recognition target 1041b
fluctuating asymmetry 変動非対称, 左右対称性のゆらぎ 545f, 1287f
—— selection 揺動淘汰 1426c
fluctuation ゆらぎ, 彷徨変異 257c, 1418d
—— test 彷徨試験 1294d
Flueggea 1649₄₁
fluence フルーエンス 468f
—— rate 光強度 468f
fluid mosaic model 流動モザイクモデル 1468e
—— therapy 輸液 1415d
flukes 吸虫類 312g
fluorescence 蛍光 385c
—— activated cell sorter 1231b
—— correlation spectroscopy 蛍光相関分光法 386d
—— cross correlation spectroscopy 蛍光相互相関分光法 386d
—— imaging measurement method 蛍光イメージング計量法 385d
—— *in situ* hybridization 蛍光 *in situ* ハイブリダイゼーション法 386a
—— loss in photobleaching 光退色蛍光減衰 385d
—— microscope 蛍光顕微鏡 386b
—— recovery after photobleaching 光退色後蛍光回復 385d
—— resonance energy transfer 蛍光共鳴エネルギー移動, 蛍光共鳴エネルギー転移 126a, 385d
fluorescent antibody technique 蛍光抗体法 386c
—— body F 小体 1506c
Fluoribacter 1549₁₈
fluorine dating フッ素法 223d
fluoroacetic acid フルオロ酢酸 1224g
5-fluorodeoxyuridine 5-フルオロデオキシウリジン 1224e
fluorography フルオログラフィー 1224f
5-fluorouracil 5-フルオロウラシル 1224e
Flustrellidra 1579₃₂
flutter 粗動 706c
fluviatile sediment 河川堆積物 474c
Fluviicola 1539₃₆
flux フラックス 1218e
flying locust 飛蝗 1139c
—— membrane 飛膜 1162g
fMet-tRNA ホルミルメチオニル tRNA 1329d
FMN フラビンモノヌクレオチド 1219f
FMRF amide FMRF アミド 141b
—— amide-related peptide FMRF アミド関連ペプチド 141b
—— family FMRF 族 141b
fMRI 機能的 MRI 144a
Foaina 1630₁₂
focal adhesion 細胞接着斑 529a
—— adhesion kinase 細胞接着斑キナーゼ 529b
—— contact フォーカルコンタクト, 細胞接着斑 529a, 1190e
—— innervation 一点神経支配 876g
focus フォーカス 1190d
—— forming unit フォーカス形成単位 1190d
Fodinibacter 1537₁₆
Fodinibius 1540₂
Fodinicola 1536₄₅
Fodinicurvata 1546₂₀
Foeniculum 1652₄₉
foetalization 胎児化 851f
foetal membrane 胎児付属膜 1089e
—— organ 胎児器官 1089e
—— period 胎児期 851g
—— sac 胎嚢 859f
foetus 胎児 1072a, 1253a
—— in foetu 胎児封入奇形 925i
fold フォールド 1191f
folding フォールディング, 折畳み 665b, 1191e
foliage leaf 普通葉 1205i
foliar bud 葉芽 1420f

―― ray 葉髄線 1425g
foliate papilla 葉状乳頭 793c
folic acid 葉酸 **1422**f
Foliocryphia 1618₄₁
Folivora ナマケモノ亜目 1574₅₂
follicarpium 皮果 **1132**d
follicetum 1132d
follicle 濾胞, 袋果 447e, **846**d, 1478e, **1504**d
―― cell 濾胞細胞 **1504**e
―― cyst 卵胞嚢胞, 嚢状卵胞 **1064**d
―― epithelium 濾胞上皮, 胞上皮 1504d
―― sheath 毛嚢鞘 384a
follicle-stimulating hormone 濾胞刺激ホルモン **1504**f
Folliculus 1663₉
follicular atresia 卵胞閉鎖 **1450**e
―― carcinoma 濾胞癌 447f
―― cyst 卵胞嚢胞, 嚢状卵胞, 濾胞性嚢胞 **1064**d, 1066c
―― dendritic cell 濾胞樹状細胞 **1504**h
―― fluid 卵胞液 **1450**e
―― helper T cell T_FH 細胞, 濾胞性ヘルパー T 細胞 1281e
Folliculina 1658₅
folliculus ovaricus vesiculosus 胞状卵胞, 胞状濾胞 355j
follistatin フォリスタチン 6g
follitropin フォリトロピン 1504f
follower フォロワー 1458b
Fomes 1624₄₂
Fomitella 1624₁₃
Fomitopsidaceae ツガサルノコシカケ科 1624₁₁
Fomitopsis 1624₁₃
Fonsecaea 1610₂₃
Fontibacillus 1542₃₈
Fontibacter 1539₂₀
Fonticula 1602₂
Fonticulida フォンティクラ目 1602₂
Fontinalaceae カワゴケ科 1640₄₅
Fontinalis 1640₄₅
food aversion learning 食物嫌悪学習 204b
―― begging 餌乞い **128**l
food-chain 食物連鎖 **679**a
―― efficiency 食物連鎖効率 751b
food crops 食用作物 537f
―― factor 食物要因 257d
―― habit 食性 **671**b
―― poisoning 食中毒 673b
―― segregation 食いわけ **342**j
―― sharing 食物分配 **678**i
―― sharing hypothesis 食物共有仮説 649b
―― string 食物糸 656d
―― vacuole 食胞 **678**f
―― web 食物網 **678**j, 679a
―― web graph 食物網グラフ **678**j
foot 足, 足(植物の) **9**i, **9**j
Foot and mouth disease virus 口蹄疫ウイルス **459**g
Foot-and-mouth disease virus 口蹄疫ウイルス 1521₁₄
foot cell 柄足細胞 1249b
footgill 肢鰓 **574**f
foot-gland 足腺 **837**e
footprinting method フットプリント法 **1206**i
forage crops 飼料作物 537f
foraging 摂食 791c
―― habit 671b
foramen caecum linguae 盲孔, 舌盲孔 447e
―― incisivum 切歯孔, 門歯孔 1404b
―― interventricularis 空間孔 1063g
―― magnum 大後頭孔 **848**h
―― occipitale magnum 大後頭孔 **848**h
―― of Panizza パニッツァ孔 **1111**d
―― Panizzae パニッツァ孔 **1111**d
Foraminifera 有孔虫門, 有孔虫類 **1407**i, 1663₃₇
foraminifera ooze 有孔虫軟泥 1029d
Foraminiferea 有孔虫綱 1663₃₈
Forbes disease フォーブス病 981a
forbidden clone 禁止クローン **336**a

forb vegetation 広葉植生 823j
forced copulation 強制交尾 **319**c
―― heterocaryon 平衡型ヘテロカリオン 1269g
―― sprouting 催芽 **507**c
forceps 尾鋏 1095f, 1164f
―― biopsy 鉗子生検 1075b
force-velocity relationship 力-速度関係(筋肉の) **903**b
forcing of germination 催芽 **507**c
Forcipulatida マヒトデ目 1560₄₁
forebrain 前脳 **817**b
foregut 前腸 **815**g
forehead 額 **1149**a
fore-leg 前肢 **805**c
foreskin 包皮 92d, 757b, **1303**d
forest 森林, 高木林 **466**c, 649d
―― decline 森林衰退 **715**b
―― limit 森林限界 **715**c
―― line 森林限界 **715**c
fore-stomach 前胃 **800**a
forest regeneration 森林の更新 **715**e
forestry 林学 **1473**d
forest science 森林科学 **1473**d
―― steppe 森林ステップ **715**c
―― tundra 森林ツンドラ 715a, 937b
―― zone 森林帯 **715**c
fore-wing 前翅 **805**d
forkhead box p3 1190i
Form 形態 **1133**a
form 型, 品種 **225**e, **1178**a
forma 型, 品種 **225**e, **1178**a
formal model 形式的モデル 1398c
formamidase ホルムアミダーゼ 1329c
formate dehydrogenase 蟻酸脱水素酵素 **284**f
formation 植物群系 **676**a
formative movement 造形運動 390i
―― osteoblast 形成期骨芽細胞 480d
Formica 1601₄₉
formic acid 蟻酸 **284**e
Formicivora 1572₄₂
formin フォルミン 7c
Formivibrio 1547₉
formol titration ホルモール滴定 **1329**f
Formosa 1539₄₃
form vision 形態視 **391**c
formylkynurenine ホルミルキヌレニン **1329**c
formylmethionine ホルミルメチオニン **1329**e
formylmethionyl-tRNA ホルミルメチオニル tRNA **1329**d
Fornicata フォルニカータ上綱 1630₂₆
Forskalia 1555₅₁
forskolin フォルスコリン **1191**c
Forssman hapten フォルスマン抗原 **1191**d
Forssman's antibody フォルスマン抗体 1191d
―― antigen フォルスマン抗原 **1191**d
Förster model フェルスターモデル **1188**k
Förster's formula フェルスターの公式 1484d
Fortuynia 1591₄
forward mutation 前進突然変異 **1205**k
―― signal 順行性シグナル 143e
fossa canina 犬歯窩 **420**h
―― navicularis 舟状窩 180h
―― triangularis 三角窩 180h
fossil 化石 **222**c
―― coenosis 化石群集 58b
―― DNA 化石 DNA 478g
―― ferns 化石シダ **223**a
―― humans 化石人類 **223**b
―― human skeleton 化石人骨 475c
fossilization 化石化作用 **222**f
fossil Lagerstätte 化石鉱脈 **222**f
―― Lagerstätten 化石鉱脈 **222**f
―― modern humans 化石現生人類 **222**e
―― pteridophytes 化石シダ **223**a
―― zone 化石帯 **223**c
Fossombronia 1637₂₄
Fossombroniaceae ウロコゼニゴケ科 1637₂₄

Fossombroniales　ウロコゼニゴケ目　1637₁₉
fouling organism　汚損生物　1205d
foundation seed　原原種　421g
founder effect　創始者効果　825f
──── principle　創始者原理　825f
foundress　創設雌　342k
fountain type　噴水型　885c
four-helical bundle fold　4本ヘリックス束フォールド　1191f
four-molter　四眠蚕　1365l
fovea　中心窩　91d
──── centralis　中心窩　1393h
──── nasalis　鼻窩　308c
Foveavirus　フォベアウイルス属　1521₅₁
foveola　中心小窩，小窩　91d, 653h
fowl　家禽　199c
Fowl adenovirus A　トリアデノウイルス A　1515₁₁
Fowlpox virus　トリ痘ウイルス　1516₅₉
FOXP2　419d
Foxp3　1190i
FP　フェロポーチン1　1030a
FPD　炎光光度検出器　219c
F pilus　F線毛　142a
FPV　823a
Fracastorius　フラカストーロ　1212i
FRACASTORO, Girolamo　フラカストーロ　1212i
fractal　フラクタル　1213f
fraction collector　フラクションコレクター　1213e
Fractovitellida　フラクトビテリダ目　1628₄₄
fradiomycin　フラジオマイシン　1214g
Fragaria　1648₅₈
Fragilaria　1655₁₅
Fragilariales　オビケイソウ目　1655₁₄
Fragilariopsis　1655₅₃
fragile site　脆弱部位　755d
──── X syndrome　脆弱X症候群　755d
fragment assembly method　フラグメント・アセンブリ法　1458g
fragmentation　断片化(染色体の)，砕片分離，細分化　520g, 896d, 1376i
frameshift mutation　フレームシフト突然変異　1229d
──── suppressor　フレームシフトサプレッサー　1229d
framework model　フレームワーク・モデル　1191e
FRANCHET, Adrien　フランシェ　1221a
Francisella　1549₅₄
Francisellaceae　フランシセラ科　1549₅₄
Francolinus　1571₅
Frankeniaceae　158c
Frankfurt plane　フランクフルト水平面　561h
Frankia　1536₄₆
Frankiaceae　フランキア科　1536₄₆
Frankineae　フランキア亜目　1536₄₃
Frank-Starling's law　フランク・スターリングの法則　731e
Franzpetrakia　1622₁₄
FRAP　光退色後蛍光回復　385d
Fraseriella　1610₄₉
Fratercula　1571₅₉
Frateuria　1550₅
Fraxinus　1651₆₁
Fredericella　1579₂₁
free cell　遊離細胞　520h
──── cell culture　遊離細胞培養　884b
──── central placenta　中央胎座　849g
──── cheek　自由頬　554f
──── energy　自由エネルギー　619e
──── gibberellin　遊離型ジベレリン　402c
──── hand sectioning　徒手切片法　793f
──── lateral-line organ　遊離側線器　837b
──── limb　自由肢　622c
──── macrophage　遊走性マクロファージ　1339h
freemartin　フリーマーチン　1222g
free movement　自由運動　85b
──── nerve ending　自由神経終末　696e
──── nuclear division　遊離核分裂　1415e
──── pupa　自由蛹　1440b
──── radical　フリーラジカル，遊離基　195f, 1298c

free-running period　フリーラン周期，自由継続周期　181d, 621d
──── rhythm　自由継続リズム　621d
free space　自由相　625d
freeze avoidance　凍結回避　979f
freeze-drying method　凍結乾燥法(顕微鏡観察の)　979h
freeze etching technique　フリーズエッチング法　1221g
──── fracture technique　フリーズフラクチャー法　1221g
freeze-replica-technique　凍結レプリカ法　1221g
freeze-substitution　凍結置換　484d
freeze tolerance　凍結耐性，耐凍性　858e
freeze-substitution method　凍結置換法　979h
freezing　擬死　285b
──── and thawing method　凍結融解法　980a
──── avoidance　凍結回避　979f
──── curve　凍結曲線　979i
──── death　凍死　983a
──── microtome　凍結ミクロトーム　1353b
──── tolerance　凍結耐性，耐凍性　858e
Fregata　1571₂₉
Fregatae　グンカンドリ亜目　1571₂₉
freie Talgdrüse　独立脂腺　1160g
Fremyella　1541₂₈
frenate coupling　翅棘型連結　1493f
FRENCH, Charles Stacy　フレンチ　1229h
French-flag model　フランス国旗モデル　1221b
French press　フレンチプレス　1320a
Frenelopsis　1644₄₉
frenular bristles　翅棘　1493f
Frenulata　ヒゲムシ綱　1585₄
Frenulina　1580₃₆
frenulum　抱棘，繋帯，翅繋　1095e, 1493f
frequency　周波数，頻度　166h, 1178c
──── characteristic　周波数特性　628b
──── demultiplication　周波数非増加　989h
──── dependent selection　頻度依存淘汰　1178d
──── potentiation　頻度増強　838g
freshwater animal　淡水動物　722a
──── community　陸水群集　724a
──── fungi　淡水菌　722a
──── type　淡水型　1453h
FRET　蛍光共鳴エネルギー移動，蛍光共鳴エネルギー転移　126a, 385d
FREUD, Sigmund　フロイト　1229i
Freund's adjuvant　フロイントのアジュバント　1230a
Freycinetia　1646₂₇
Freyella　1560₃₉
FREY-WYSSLING, Albert　フライ-ウィスリング　1212a
FR-HIR　1183a
frictional sound　摩擦音　1100g
Friedmanniella　1537₄₉
Frieleia　1580₂₈
Friend virus　フレンドウイルス　1103a
fright substance　恐怖物質　1189c
Frigidopyrenia　1610₃₇
frigid zone　寒帯　269d
──── zone flora　寒帯植物　327f
Frigoribacterium　1537₂₃
frigorideserta　寒地荒原　270b
Fringe　1067f
fringe community　ソデ群落　619f
Fringilla　1572₅₁
Fringilla coelebs papillomavirus　ズアオアトリ乳頭腫ウイルス　1516₂₁
fringing reef　裾礁　550b
FRISCH, Karl von　フリッシュ　1222f
Fritillaria　1563₁₂
Fritillaria　1646₃₅
Fritschiella　1635₂₃
Frog adenovirus　カエルアデノウイルス　1515₁₄
Frog virus 3　カエルウイルス3　1515₅₄
Frommeëlla　1620₂₇
Frondihabitans　1537₂₃
frons　額　1149a
front　前線　558f

frontal bone 前頭骨 698c
―― cirri 額棘毛 328c
―― eye field 前頭眼運動野 116d
―― ganglion 前額神経節 434b, **801**b
―― gland 前額腺, 頭腺 989b, 1085b
―― organ 前頭器官, 頭端器官 656b, **816**e, **989**b
―― plane 前額面 765e
―― sac 前額嚢 **816**g
―― sensory organ 頭端器官 **989**b
Frontonia 1660₂₂
frost hardening フロストハードニング 1109e
―― injury 霜害 **822**c
frost-killing 凍死 **983**a
frost-plasmolysis 凍結原形質分離 521e
FRT 1041b
fructan フルクタン **1225**f
β-2, 1-fructanase β-2, 1-フルクタナーゼ 86g
fructification 子実体, 結実, 結果 **403**f, **577**c
Fructobacillus 1543₁₄
β-D-fructofranosidase β-D-フルクトフラノシダーゼ 1225g
fructosan フルクトサン 1225f
fructose フルクトース **1225**h
fructose-2, 6-bisphosphatase フルクトース-2, 6-ビスホスファターゼ 1226d
fructose-bisphosphatase フルクトース-ビスホスファターゼ 1264d
fructose-1, 6-bisphosphate フルクトース-1, 6-二リン酸 **1226**f
fructose 2, 6-bisphosphate フルクトース-2, 6-二リン酸 **1226**c
fructose-1-phosphate フルクトース-1-リン酸 1226a
fructose-6-phosphate フルクトース-6-リン酸 183h[図]
fructose-6-phosphate 2-kinase フルクトース-6-リン酸-2-キナーゼ **1226**d
β-D-fructosidase β-D-フルクトシダーゼ **1225**g
fruit 果実 **215**e
―― abscission 落果 **1436**e
―― body 子実体 **577**c
―― drop 落果 **1436**e
fruiting body 子実体 1059d
fruit tree 果樹 151f
Frullania 1637₄₅
Frullaniaceae ヤスデゴケ科 1637₄₅
frustration フラストレーション **1216**f
frustulation 細片分離 520j
frustules 被殻 **1132**f
Frustulia 1655₄₄
fruticeta 低木林 **955**g
FSH 濾胞刺激ホルモン 1504f
FSH-releasing hormone 濾胞刺激ホルモン放出ホルモン **1504**g
FSH-suppressor protein FSH 抑制蛋白質 6g
FSP FSH 抑制蛋白質 6g
Fst **140**f
FT 融合毒素 1353i
FT 221i
FTID アルカリ熱イオン化検出器 219c
FTS 320c
FtsY 568b
5-FU 5-フルオロウラシル 942d, 1224e
Fuc フコース 1202e
Fucales ヒバマタ目 1657₄₇
Fuchsia 1648₄₀
fucoidan フコイダン 228h
fucoidin フコイジン 1202c
Fucophyceae 褐藻綱 1657₁₀
fucose フコース **1202**c
fucoxanthin フコキサンチン 284l, **1202**d
Fucus 1657₄₇
Fugomyces 1622₄₈
fugu toxin フグ毒 **1199**g
Fukuiraptor フクイラプトル 323i, 1570₁₀
Fukuisaurus フクイサウルス 323i, 1570₃₁
Fukushima Daiichi nuclear accident 福島第一原発事故 **1196**d

Fulica 1571₄₅
Fuligo 1629₁₇
Fulmarus 1571₁₇
Fulvibacter 1539₄₃
fulvic acid フルボ酸 1203e
Fulvimarina 1545₂₆
Fulvimonas 1550₅
Fulvisporium 1621₂₃
Fulvivirga 1539₂₈
Fumagospora 1608₂₃
fumarase フマラーゼ 344b[図], 1211f
fumarate hydratase フマル酸ヒドラターゼ, フマル酸水添加酵素 344b[図]
―― reductase フマル酸還元酵素 **1211**e
fumaric acid フマル酸 **1211**d
fumigant 燻蒸剤 540e
Funaria 1639₂₂
Funariaceae ヒョウタンゴケ科 1639₂₂
Funariales ヒョウタンゴケ目 1639₂₁
Funariidae ヒョウタンゴケ亜綱 1639₁₅
function 機能 **296**e
functional differentiation 機能分化 **297**g
―― group 官能基 194a
―― hermaphroditism 機能的雌雄同体現象 **297**c
―― hypertrophy 機能性肥大 1149b
―― localization 機能局在 **296**g
―― morphology 機能形態学 **297**a
―― MRI 機能的 MRI 144a
―― residual capacity 機能的残気量 1090b
―― response 機能的反応(捕食者の) **297**d
―― stimulus 機能的刺激 122c
―― suppressor 機能的サプレッサー 543d
―― type 機能型 745f
functioning tumor 機能性腫瘍 **297**b
function rescue by gene 遺伝子機能救助 **78**b
fundamental niche 基本ニッチ 763c
―― sensation 基本感覚 **299**i
―― theorem of natural selection 自然淘汰の基本定理 **587**d
―― tissue system 基本組織系 **300**b
Fundibacter 1549₂₆
fundic gland 胃底腺 **1295**b
Fundusdrüsen 傍細胞, 旁細胞 **1295**b
fundus gland 胃底腺 53a
fungal toxin 真菌毒素 **692**c
―― virus 菌類ウイルス **341**b
Fungi 菌界 177c, 1601₅₁
fungi 菌類 **341**a
Fungia 1557₅₅
fungicide 殺かび剤 449d
fungicolous fungi 菌生菌類 **337**d
fungiform papilla 茸状乳頭 793c
Fungi imperfecti 不完全菌類 **1193**f
fungitron ファンジトロン 1074c
fungus-gall 菌癭 **331**l
funicular cord 小皮子柄索 664c
funiculus 小皮子柄, 珠柄, 胃緒 473c, 664c, 1080b
―― dorsalis 後索 783d
―― lateralis 側索 783d
―― spermaticus 精索 **750**g
―― umbilicalis 臍帯 **516**c
―― ventralis 前索 783d
Funktionskreis 機能環 1024d
funnel 漏斗 **1499**g
Funneliformis 1604₅₆
funnel model ファネル・モデル 1191e
fur 下毛 384a
5-FUra 5-フルオロウラシル 1224e
furanose フラノース 891e
FÜRBRINGER, Max フュールブリンガー **1211**k
furca 叉状器 **538**e
FURCHGOTT, Robert Francis ファーチゴット **1180**a
furcilia フルシリア **1226**f
Furculomyces 1604₄₄
furculum 叉状器 **538**e

Furgasonia 1660₄
Furia 1604₁₉
Furnarius 1572₄₂
furocoumarin フロクマリン 843f
Furovirus フロウイルス属 1523₁₂
Fursenkoina 1664₈
Fusariella 1606₃₆
Fusarium 1617₃₃, 1617₃₄
Fuscidea 1611₅₅
Fuscideaceae チャヘリトリゴケ科 1611₅₅
Fuscifolium 1632₃₀
fuscin フスシン 1394a
Fuscoderma 1613₂₂
Fuscopannaria 1613₂₃
fused cell 融合細胞 1407d
—— enzyme 融合酵素 1407c
Fuselloviridae フーゼロウイルス科 1515₃₇
Fusellovirus フーゼロウイルス属 1515₃₈
Fusibacter 1543₂₁
Fusichalara 1606₃₆
Fuscicladiella 1608₃₅
Fusicladium 1610₁₀
fusicoccin フシコクシン **1202**h
Fusicoccum 1607₆
fusidic acid フシジン酸 **1202**i
Fusidium 1606₆
fusiform body 53c
—— initial 紡錘形始原細胞 389a
—— trichocyst 紡錘状毛胞 1300g
fusion 合着 **229**d
—— cell 融合細胞 **1407**d
—— protein 融合蛋白質 **1407**h
fusion-toxin 融合毒素 1353i
Fusobacteria フソバクテリア綱, フソバクテリア門 1544₂₈, 1544₂₉
Fusobacteriaceae フソバクテリア科 1544₃₁
Fusobacteriales フソバクテリア目 1544₃₀
Fusobacterium 1544₃₁
Fusochloris 1635₁₅
Fustiaria 1581₄₂
Fusulina 紡錘虫 1663₄₁
Fusulinida フズリナ目 1663₄₁
Fusulinidae 紡錘虫類 **1302**b
Futabasaurus フタバスズキリュウ 349h, 1568₃₃
futile cycle 空転サイクル **343**h
futurity index 未来指数 **1365**c
fyn 536a

G

γ efferent γ遠心性繊維 **273**f
—— efferent fiber γ遠心性繊維 **273**f
γ-rigidity γ固縮 **682**c
γ wave γ波 1065f
G グアノシン 342g
G₀ phase G₀期 **585**i
G₁ phase G₁期 **687**c
G₂ phase G₂期 **591**g
G418 1053g
GA ジベレリン, 遺伝的アルゴリズム 82g, 607f
GABA γ-アミノ酪酸 30e
Gabarnaudia 1617₅₁
G-actin Gアクチン 7a
Gadiformes タラ目 1566₂₅
Gadilida クチキレツノガイ目 1581₄₃
Gadilimorpha クチキレツノガイ亜目 1581₄₆
GADOW, Hans Friedrich ガドウ **232**a
Gadus 1566₂₅
Gaertneriomyces 1603₁
Gaetbulibacter 1539₄₃
Gaetbulicola 1545₅₆
Gaetbulimicrobium 1539₄₃
Gaeumannomyces 1618₁₀

GAG グリコサミノグリカン 359a
Gagea 1646₃₅
GAI 964b
Gaius Plinius Secundus プリニウス 1222f
GAJDUSEK, Daniel Carleton ガイジュセク **181**f
Gal ガラクトース 240g
galactan ガラクタン **240**c
galactocerebrosidase ガラクトセレブロシダーゼ 241d
galactocerebroside ガラクトセレブロシド **241**d
galactogen ガラクトゲン 240c
galactokinase ガラクトースキナーゼ **241**a
galactomannoglycan ガラクトマンノグリカン 876i
Galactomyces 1606₄
galactosamine ガラクトサミン **240**e
galactose ガラクトース **240**g
galactosemia ガラクトース血症 **241**b
galactose-1-phosphate ガラクトース-1-リン酸 **241**c
galactosylceramide ガラクトシルセラミド 241d
galactosyldiacylglycerol ガラクトシルジアシルグリセロール 361h
galacturonic acid ガラクツロン酸 **240**d
Galago 1575₂₈
Galathea 1598₁
Galaxaura 1632₄₃
Galaxea 1557₅₅
Galbibacter 1539₄₃
Galbula 1572₃₃
Galbulae キリハシ亜目 1572₃₃
galbulus 肉質球果 308b
Galdieria 1632₈
Galea 1564₄₂
galea 外葉 428a
Galeaplumosus 1563₂
Galeaspida ガレアスピス綱 1564₆
Galeaspidiformes ガレアスピス綱 1564₆
Galeidinium 1662₃₆
GALENOS ガレノス **248**h
Galeocerdo 1564₄₈
Galeodes 1591₃₆
Galeomorhi ネズミザメ上目 1564₄₂
Galeopterus 1575₂₀
Galerina 1626₄₇
Galesaurus 1573₂₉
Galetta 1555₄₉
Galiella 1616₂₉
Galium 1651₃₉
gall 癭瘤, ゴール, 虫癭, 虫こぶ **122**i, **909**g
Gallacea 1627₄₃
Gallaceaceae ガラケア科 1627₄₃
Gallaecimonas 1548₂₄
gall bladder 胆嚢 **892**e
—— bladder bile 胆嚢胆汁 886d
Gallertrohr 膠質管 1505e
GALL, Franz Joseph ガル **243**f
Gallibacterium 1549₄₀
Gallicola 1543₂₁
Gallid herpesvirus 1 トリヘルペスウイルス1 1514₅₀
—— *herpesvirus 2* トリヘルペスウイルス2 1514₅₁
Galliformes キジ目 1571₄
Gallinago 1571₅₂
galline ガリン 1232d
Gallinula 1571₄₅
Gallionella 1547₁₄
Gallionellaceae ガリオネラ科 1547₁₄
Galloanserae キジカモ上目 1571₃
Galloisiana 1599₄
Galloway 1620₁₉
gallstone 胆石 **890**a
Gallus 1571₆
GalNAc N-アセチルガラクトサミン 14b
Galphimia 1649₄₅
GALT 腸管関連リンパ組織 1060i
GALTON, Francis ゴルトン **496**a
Galton-Watson process ゴルトン-ワトソン過程 211d
Galumna 1591₉

galvanic pincette 電気ピンセット **969**c
GALVANI, Luigi ガルヴァーニ **243**i
Galzinia 1623₅₁
gamabufotalin ガマブホタリン 237o
Gamasida トゲダニ亜目 1589₄₈
Gamasodes 1590₉
Gambierdiscus 1662₄₄
Gambleola 1620₃₉
Gambusia 1566₃₄
game keeping 個体群管理 1404g
gametangial copulation 配偶子嚢接合 **1078**f
gametangiogamy 配偶子嚢接合 **1078**f
gametangium 配偶子嚢 **1078**e
gametangy 配偶子嚢接合 **1078**f
gamete ガメート, 配偶子 239c, **1077**f
── trading 配偶子取り引き **1078**d
game theory ゲーム理論 **412**e
gametic copulation 配偶子接合 **1078**b
── lethality 配偶子致死 **1078**c
── nucleus 生殖核 789b
── reduction 配偶子還元 **1077**g
── sterility 配偶子不稔性 **1078**h
gametocyst ガメトシスト, 配偶体嚢, 配偶子母体嚢, 配偶子母細胞嚢 **1078**j
gametocyte ガメトサイト, 生殖母細胞, 配偶子母細胞 239c, **758**f, **1078**i
gameto-gametangial copulation 配偶子配偶子嚢接合 **1078**g
gametogamy 配偶子接合 **1078**b
gametogenesis 配偶子形成 **1077**h
gametogony ガメトゴニー **238**f
gametophore ガメトフォア **238**g
gametophyte 配偶体 **1078**m
gametophytic generation 配偶世代 1078m
Gammabaculovirus ガンマバキュロウイルス属 1515₂₇
Gammacoronavirus ガンマコロナウイルス属 1520₅₇
Gammaentomopoxvirus ガンマエントモポックスウイルス属 1517₁₃
gamma-field ガンマフィールド 1005f
Gammaflexiviridae ガンマフレキシウイルス科 1521₅₅
Gammaherpesvirinae ガンマヘルペスウイルス亜科 1515₁
Gammalipothrixvirus ガンマリポスリクスウイルス属 1515₆₀
Gammapapillomavirus ガンマパピローマウイルス属 1516₁₃
Gammaproteobacteria ガンマプロテオバクテリア綱 1548₂₃
Gammaretrovirus ガンマレトロウイルス属 1518₄₈
Gammaridea ヨコエビ亜目 1597₁₂
Gammarus 1597₁₃
Gammatorquevirus ガンマトルクウイルス属 1517₂₉
Gammmamyces 1602₄₁
gamocytogony 配偶子生殖 755j
gamodeme ガモデーム **239**b
gamogony ガモゴニー, 配偶子生殖 23c, 755j
gamone ガモン 789b
gamont ガモント 23c, **239**c, 680a
Gamopetalae 合弁花類 **465**e
gamopetaly 合弁 **465**d
Gampsocleis 1599₂₄
Gamsiella 1604₁₁
Gamsylella 1615₄₇
Ganesha 1558₁₈
Ganeshida ガネシャ目 1558₁₈
ganglion 神経節 **697**l
── ciliare 毛様体神経節 178e
── geniculi 膝神経節 507j
ganglionic central nervous system 神経節式中枢神経系 914c
ganglion inferius 下神経節 507j
── jugularis 頸静脈神経節 507j
── nodosum 節状神経節 507j
── petrosum 錐体神経節 507j
── semilunare Gasseri 半月神経節 507j
── superius 上神経節 507j
ganglioside ガングリオシド 257g

gangliosidosis ガングリオシド蓄積症 **258**a
gangrene 壊疽 **132**g
Ganoderma 1624₁₇
Ganodermataceae マンネンタケ科 1624₁₇
ganoid scale ガノイン鱗 113c
ganoin ガノイン, 硬鱗質 113c
GANS, Carl ガンス **265**a
Ganymedes 1661₂₂
Ganzheit 全体性 813c
GAP GTP アーゼ活性化蛋白質, 全米ギャップ分析計画 **304**c, 306a
gap ギャップ **304**b, 305c, 327d, 346d, 954e
── analysis ギャップ分析 **306**a
── area ギャップ面積 183f
── dynamics ギャップ動態 **305**c
── dynamics theory ギャップ動態理論 327d
── gene ギャップ遺伝子 1249e
gaping 128a
gap junction ギャップ結合 **304**d
── junctional intercellular communication ギャップ結合細胞間連絡 522i
── regeneration ギャップ再生 305c
gap-repair ギャップ修復 **305**b
Garciella 1543₃₄
Garcinia 1649₄₇
garden crops 庭園作物 537f
Gardenia 1651₃₉
Gardnerella 1538₁₄
Gargara 1600₃₄
garigue ガリグ **242**h
Garrulax 1572₅₂
Garrya 1651₃₇
Garryaceae ガリア科 1651₃₇
Garryales ガリア目 1651₃₅
GÄRTNER, Joseph ゲルトナー **414**h
Gartner's canal ガルトナー管 1201a
── duct ガルトナー管 1201a
Garypus 1591₃₃
gas bladder 鰾 **108**b
── chromatography ガスクロマトグラフィー **219**c
── gland ガス腺 108b
GASSER, Herbert Spencer ガッサー **227**g
gaster 膨腹部 1200c
Gasterella 1627₁₄
Gasterellaceae ガステラ科 1627₁₄
gasteroconidium ガステロ胞子 314b
Gasteromycetes 腹菌類 **1194**c
gasterospore ガステロ胞子 314b
Gasterosteiformes トゲウオ目 1566₃₉
Gasterosteus 1566₃₉
Gastornis 1571₄₈
Gastornithiformes ディアトリマ目 1571₄₈
gastraea ガスツレア, ガストレア, 腸祖動物 220d, **923**i
── theory ガストレア起原説 **220**d
gastral cavity 胃腔 **63**c
── filament 胃糸 353h
── layer 胃層 **68**c, 720e
── mesoderm 治腸中胚葉 **154**f
── pocket 胃嚢 89g
gastric caecum 胃盲嚢 **89**g
── cancer 胃癌 **59**d
── filament 胃糸 353h
── gland 胃腺 **68**a
── inhibitory peptide 胃抑制ペプチド 366b
── inhibitory polypeptide 胃抑制ペプチド 154h
── juice 胃液 **54**c
── lipase 胃液リパーゼ 1460d
── mill 胃咀嚼器 841f
── respiration 腸呼吸 **921**b
── shield 胃楯 53a, 656b
── teeth 胃歯 **63**i
gastrin ガストリン **220**b
gastrin-CCK family ガストリン CCK 族 **220**c
gastrin containing cell G 細胞 220b
── releasing peptide ガストリン放出ペプチド 220b

gastrisin　ガストリシン　1273g
Gastrochaena　1582_{23}
Gastrochilus　1646_{43}
Gastrocirrhus　1658_{19}
gastrocoel　原腸腔　425g
gastrocolic reflex　胃-結腸反射　**62**g
Gastrocopta　1584_{26}
Gastrodia　1646_{43}
gastrointestinal hormone　消化管ホルモン，胃腸ホルモン　654d
gastrolith　胃石　**67**c
Gastronauta　1659_{27}
Gastronyssus　1590_{49}
Gastropoda　腹足綱，腹足類　**1199**e, 1583_{24}
gastropods　腹足類　**1199**e
gastropore　大孔，栄養個虫孔　121g
Gastropus　1578_{36}
Gastrosporiaceae　ガストロスポリウム科　1627_{15}
Gastrosporium　1627_{15}
Gastrostomobdella　1585_{46}
Gastrostyla　1658_{32}
Gastrotricha　腹毛動物，腹毛動物門　**1200**f, 1578_{18}
gastrotrichs　腹毛動物　**1200**f
gastrovascular system　胃水管系　611c
gastrozoid　喰体，食体　1370f
gastrozooid　栄養個虫　121g
gastrula　ガストルラ，原腸胚　220d, **425**k
gastrulation　原腸形成　**425**j
gas vacuole　ガス胞　**221**d
―― vesicle　ガス胞　**221**d
gate　ゲート　**408**e
―― control theory　ゲートコントロール説　934d
gathering hypothesis　採集仮説　649b
gating mechanism　入門機構　171e
gattine　空頭病　553j
Gaucher disease　ゴーシェ病　365e, 367c
Gaudryina　1663_{48}
Gaultheria　1651_{29}
GAUPP, Ernst Wilhelm Theodor　ガウプ　**192**e
GAUSE, Georgii Frantsevich　ガウゼ　**192**d
Gaussian distribution　ガウス分布　747c
Gauthieromyces　1604_{44}
Gautieria　1627_{38}
Gavia　1571_{15}
Gavialis　1569_{26}
Gaviiformes　アビ目　1571_{15}
Gayreria　1634_{26}
Gazeletta　1665_{32}
Gazella　1576_{12}
G-banding　G バンド法　809e
GBP　発育阻害ペプチド　1100d
GC　ガスクロマトグラフィー，微小顆粒構造域　204g, 219c
―― box　GC ボックス　578a
―― content　GC 含量　576b
G cell　G 細胞　220b
GC-MS　ガスクロマトグラフィー—質量分析法　219c
G-CSF　造血因子，顆粒球コロニー刺激因子　458h, 518b
GDFs　952d
GDP-Man　グアノシン二リン酸マンノース　992f[表]
Geastrales　ヒメツチグリ目　1627_{33}
Geastrum　1627_{34}
Geatraceae　ヒメツチグリ科　1627_{34}
Gebiidea　アナジャコ下目　1597_{54}
GEF　411f
GEGENBAUR, Karl　ゲーゲンバウル　**394**d
GEHRING, Walter Jakob　ゲーリング　**414**e
Gehypochthonius　1590_{58}
Geitlerinema　1541_{36}
geitonogamy　隣花受粉　560c
Gekko　1568_{43}
Gekkota　ヤモリ下目　1568_{43}
Gelasian　ジェーラ階　705c, 864k
Gelasinospora　1619_{15}
gelatin　ゼラチン　**795**d
gelatinaseA　ゼラチナーゼ A　1344c

Gelatinipulvinella　1615_{21}
gelatin jelly　ゼラチンゼリー　795d
―― liquefaction　ゼラチン液化　**795**d
Gelatinopsis　1614_{51}
gelatinous connective tissue　膠様組織　**467**m
―― cover　ゼラチン包膜，管巣　747b
gel chromatography　ゲルクロマトグラフィー　415b
―― diffusion method　ゲル内拡散法　414i
Geleia　1658_{3}
gel filtration　ゲル濾過　**415**b
―― filtration chromatography　ゲル濾過クロマトグラフィー　415b
Gelidiales　テングサ目　1633_{29}
Gelidibacter　1539_{43}
Gelidiella　1633_{29}
Gelidiocolax　1633_{44}
Gelidium　1633_{29}
gellan gum　ゲランガム　**414**c
Gellyeloida　1595_{12}
gel permeation chromatography　ゲル浸透クロマトグラフィー　415b
―― phase　ゲル相　577f
Gelria　1544_{8}
gelsolin　ゲルゾリン　7c
Gelyella　1595_{12}
Gemella　1542_{24}
Geminaginaceae　ゲミナゴ科　1622_{10}
Geminago　1622_{10}
Geminella　1635_{11}
gemini　ゲミニ，ジェミニ　423b
Geminicoccus　1545_{12}
Geminigera　1666_{7}
geminin　ジェミニン　1198g
Geminiviridae　ジェミニウイルス科　1517_{43}
geminivirus　ジェミニウイルス　**557**c
Geminocystis　1541_{22}
gemma　無性芽　**1370**c
―― cup　杯状体　**1081**d
Gemmaspora　1610_{39}
Gemmata　1545_{4}
Gemmatimonadaceae　ゲマティモナス科　1544_{37}
Gemmatimonadales　ゲマティモナス目　1544_{36}
Gemmatimonadetes　ゲマティモナス綱，ゲマティモナス門　1544_{34}, 1544_{35}
Gemmatimonas　1544_{37}
gemmation　芽球形成　198d
Gemmiger　1545_{37}
Gemmobacter　1545_{56}
Gemmocystis　1661_{28}
gemmule　ジェミュール，芽球　**198**d, 1119d
―― aperture　芽球口　198d
Gemuendina　1564_{15}
GenBank　944b
gender agreement　性の一致　646d
gene　遺伝子　**77**d
genealogy　家系図，系統学，系統発生　212i, 392e, 392i
gene amplification　遺伝子増幅　80a
Genea　1616_{18}
gene bank　遺伝子銀行　78d
―― clone　遺伝子クローン　78g
―― cloning　遺伝子クローニング　942a
genecology　種生態学　**639**a
gene conversion　遺伝子変換　81f, 1180d, 1386b
gene-culture coevolution　遺伝子—文化共進化　1242c
gene dosage　遺伝子量　82a
―― dosage compensation　遺伝子量補償　82c
―― dosage effect　遺伝子量効果　82b
―― duplication　遺伝子重複　80c
―― elimination　遺伝子削減　79i
―― engineering　遺伝子工学　79e
―― exchange　遺伝子交換　79f
―― expression　遺伝子発現　81b
―― flow　遺伝子交流　79f
―― frequency　遺伝子頻度　81e
―― genealogy　遺伝子系図学　79c

―― knockout 遺伝子破壊 **81**a
―― library 遺伝子ライブラリー 78g
―― locus 遺伝子座 **79**g
―― mapping 遺伝子マッピング 810e, 850b
―― ontology GO **557**i
―― pool 遺伝子給源 **78**c
genera 属 **834**h
general activity method 一般的活動性法 **75**g
―― adaptation syndrome 汎適応症候群 **1124**g
―― anesthesia 全身麻酔 1341d
―― anesthetic 全身麻酔剤 1341e
―― chemical sense 共通化学感覚 **321**d
―― combining ability 一般組合せ能力 350c
―― homology 一般相同 830b
generalized linear model 一般化線形モデル **75**d
―― transduction 一般形質導入 388a
general logistic curve 一般化ロジスティック曲線 1501d
―― physiology 一般生理学 **75**f
―― recombination 普遍的組換え **82**i
―― reference system 一般参照体系 **75**e
―― sensation 一般感覚 280e
―― sense 一般感覚 280e
―― splanchnic coelom 総腹膜腔 322i
―― transcription factor 基本転写因子 38a, 38b
generatio aequivoca 自然発生 **587**h
generation 世代 786e
―― overlapping 世代の重なりあい 786e
Generationsdimorphismus 世代二形性 1031d
generation survival rate 世代あたり生存率 1287e
―― time 世代時間 **786**e
generative Apogamie 無配生殖 **1371**i
―― cell 雄原細胞 235e
―― hyphae 原菌糸, 生殖菌糸 336d
―― nucleus 雄原核 **1407**a
―― segments 生殖体節 1443a
generator potential 起動電位 **294**e, 1136a
gene rearrangement 遺伝子再構成, 遺伝子再編成 **79**h, 1386b
―― redundancy 80c
―― regulatory network 遺伝子制御ネットワーク **79**j
Generelle Morphologie 基本形態学 **299**j
generic name 属名 646d, 834h
genes of photosynthesis 光合成遺伝子 **440**b
gene symbol 遺伝子記号 **78**a
genet ジェネット **122**f
gene tagging 遺伝子標識法 **81**d
―― targeting 遺伝子ターゲティング **80**b
―― therapy 遺伝子治療 **80**d
genetical anthropology 遺伝人類学 716a
genetic algorithm 遺伝的アルゴリズム **82**g
genetically modified crops 遺伝子組換え作物 78f
―― modified organisms 遺伝子組換え植物 **78**f
―― modified plant 遺伝子改変植物, 遺伝子組換え植物 8e
genetic analysis 遺伝分析 **84**f
―― assimilation 遺伝の同化 **83**e
―― biochemistry 遺伝生化学 **82**d
―― code 遺伝暗号 **76**g
―― code table 遺伝暗号表 76g
―― colonization 遺伝的植民地化 8e
―― control 遺伝の制御 747e
―― conversion 遺伝子変換 **81**f
―― correlation 遺伝相関 **82**e
―― counseling 遺伝相談 **82**f
―― distance 遺伝距離 **77**c
―― drift 遺伝的浮動 **83**f
―― equilibrium 遺伝の平衡 **84**a
―― factor 遺伝因子 77d
―― fine map 遺伝子微細地図 **81**c
―― gain 遺伝獲得量 **77**b
―― information 遺伝情報 **81**g
―― load 遺伝の荷重 **82**h
―― map 遺伝地図, 遺伝学的地図 808h
―― map distance 遺伝的地図距離 905b
―― marker 遺伝標識 **84**e

―― monomorphism 遺伝的単型 83c
―― polymorphism 遺伝的多型 **83**c
―― prognosis 遺伝予後 **84**g
―― progress 遺伝的進歩 77b
―― recombination 遺伝的組換え **82**i
―― resource 遺伝子資源, 遺伝資源 **79**d, 571b
genetics 遺伝学 **77**a
genetic spiral 基礎らせん 1436b
―― stochasticity 遺伝的ゆらぎ **84**c
―― syndrome 遺伝的症候群 **83**a
―― transfer 遺伝的伝達 **83**d
―― variation 遺伝の変異 **84**b
―― vulnerability 遺伝的脆弱性 **83**b
gene transfer 遺伝子導入 **80**c
―― trap method 遺伝子トラップ法 157d
Geniculaia 1636₉
Geniculisynnema 1619₄₅
Geniculodendron 1615₅₆
Geniculospora 1614₃₀
Geniculosporium 1619₄₆, 1619₄₇, 1619₄₉
genin ゲニン **410**b
Geniostoma 1651₄₄
Genistella 1604₄₄
Genistelloides 1604₄₅
Genistellospora 1604₄₅
genital alae 生殖翼 463g
―― cavity 生殖腔 1284d
―― chamber 生殖室 463g, 1114b
―― corpuscle 陰部神経小体 **99**c
―― duct 生殖輸管 **758**i
―― end bulb 陰部神経小体 **99**c
―― fold 生殖褶 757b
genitalia 交尾器 463d
genital organ 生殖器官 **756**c
―― photoreceptor 尾端光受容器 255f
―― plate 生殖口板, 生殖板 **757**d, 922a
―― ridge 生殖隆起 **759**a
―― swelling 生殖隆起 **759**a
―― tagma 生殖節 463d
―― tubercle 生殖結節 **757**b
genitointestinal canal 生殖腸管 1284d
Gennadas 1597₃₆
genom ゲノム **410**e
genome ゲノム **410**e
genome-analysis ゲノム分析 **411**e
genome complexity ゲノムの複雑度 **411**c
―― database ゲノムデータベース **411**a
―― duplication ゲノム重複 **410**h
―― mutation ゲノム突然変異 807a
―― project ゲノム計画 **410**g
―― size ゲノムサイズ 590a
genome-wide association analysis ゲノム規模の関連解析 1492h
―― association study ゲノムワイド関連解析 1470h
genomic imprinting ゲノムインプリンティング **410**f
―― instability ゲノム不安定性 **411**d
―― library ゲノミックライブラリー **410**d
Genomosperma 1644₁₂
genotype 遺伝子型 **79**a
genotype-environment interaction 遺伝子型-環境相互作用 **79**j
genotypic variance 遺伝子型分散 1166h
gentamicin ゲンタマイシン **425**f
gentamycin ゲンタマイシン 30a, **425**f
Gentiana 1651₄₂
Gentianaceae リンドウ科 1651₄₂
Gentianales リンドウ目 1651₃₈
gentianose ゲンチアノース 171b
genus 属 **834**h
―― group 属階級群 193c
―― hybrid 属間雑種 **835**d
―― name 属名 646d, 834h
Geoalkalibacter 1547₅₃
Geobacillus 1542₃₀
Geobacter 1547₅₃

Geobacteraceae ジオバクター科 1547₅₃
Geobotanik 地球植物学 676g
geobotany 地植物学 676g
Geocalycaceae ウロコゴケ科 1638₃₀
geocarpy 地下結実 902h
Geochelone 1568₂₃
Geocoryne 1615₂₁
Geodermatophilaceae ゲオデルマトフィルス科 1536₄₇
Geodermatophilus 1536₄₇
Geodia 1554₃₂
GEOFFROY SAINT-HILAIRE, Isidore ジョフロア=サン-チレール 682f
—— SAINT-HILAIRE, Étienne ジョフロア=サン-チレール 682e
Geoglobus 1534₂₄
Geoglossaceae テングノメシガイ科 1611₃₁
Geoglossales テングノメシガイ目 1611₃₀
Geoglossomycetes テングノメシガイ綱 1611₂₉
Geoglossum 1611₃₁
geographical cline 地理的勾配 930f
—— distribution 地理的分布 930i
—— isolation 地理的隔離 930e
—— pathology 地理病理学 1170a
geographic information system 地理情報システム 930d
—— race 地理的品種 930h
—— speciation 地理的種分化 65i
Geolegnia 1654₂₁
geological chronology 地質学的編年 223d
—— succession 地史的遷移 904f
—— time 地質時代 904e
geologic time 地質時代 904e
Geometra 1601₄₀
geometrical optical illusion 幾何学的錯視 538h
—— packing 空所接受 1423f
Geomicrobium 1542₂₄
Geomyces 1607₃₁
Geomys 1576₃₉
Geonemertes 1581₃
Geopellis 1627₅₀
Geopetalum 1626₃₁
Geophilomorpha ジムカデ目 1592₄₁
Geophilus 1592₄₂
geophyte 土中植物, 地中植物 905i
Geopora 1616₁₈
Geopsychrobacter 1547₅₃
Geopyxis 1616₁₈
Georgefischeria 1622₄₂
Georgefischeriaceae ゲオルゲフィシェリア科 1622₄₂
Georgefischeriales ゲオルゲフィシェリア目 1622₄₀
Georgenia 1537₈
Georissa 1583₃₂
Geosaurus 1569₂₁
Geosiphon 1605₁₇
Geosiphonaceae ゲオシフォン科 1605₁₇
Geosmithia 1617₇
geosphere 地圏 773a
Geospiza 1572₅₂
Geosporobacter 1543₃₀
Geothelphusa 1598₈
Geothermobacter 1547₅₄
Geothrix 1536₁₂
Geotoga 1551₂
Geotrichum 1606₄
geotropism 重力屈性 630e
Geotrupes 1600₆₁
Geovibrio 1541₅₁
Gephramoeba 1628₉
Gephuroceras 1582₄₈
Gephyramoeba 1628₃₀
Gephyrea 類環虫類 1480d
Gephyria 1655₂₈
Gephyrocapsa 1666₁₉
gephyrocercal tail 橋尾 168d
Gephyrocrinus 1560₁₃
Gephyrosaurus 1568₃₇

Gephyrostegi ゲフィロステグス亜目 1567₂₄
Gephyrostegus 1567₂₄
Geralinura 1591₅₉
Geraniaceae フウロソウ科 1648₃₁
Geraniales フウロソウ目 1648₃₀
geranic acid ゲラニウム酸 1024h
geraniol ゲラニオール 414a, 414b, 779b
Geranium 1648₃₁
Geranomyces 1603₃
geranylgeranyl diphosphate ゲラニルゲラニル二リン酸 414b
—— pyrophosphate ゲラニルゲラニルピロリン酸 414b
Gerarus 1600₃
Gerbera 1652₃₆
geriatrics 老年医学 1500b
GERL ガール 1010b
germ 病原微生物 1166k
germarium 卵巣, 形成細胞巣, 胚腺 1083e, 1284d, 1447c
germ band 胚帯 1083i
—— band extension 胚帯伸長 1084d
—— band retraction 胚帯短縮 1084d
—— band shortening 胚帯短縮 1084d
—— cell 生殖細胞, 胚細胞 757e
—— cell determination factor 生殖細胞決定因子 757f
—— cell tumor 胚細胞性腫瘍 1079h
germ-free animal 無菌動物 1368f
—— condition 無菌状態 1368e
germicide 殺菌剤 539i
germinal center 胚中心 1085a
—— cord 原始索 1083i
—— crescent 生殖三日月環 758h
—— dense body 生殖質 757e
—— disk 芽盤 233i
—— epithelium 生殖上皮 758a
—— gland 胚腺 1083e
—— granules 生殖粒 757f
—— layer 胚芽層 294a, 1168i
—— nuage ニュアージュ 757e
—— ridge 生殖隆起 759b
—— selection 生殖質淘汰 757g, 1054b
—— spot 胚斑 1087b
—— vesicle 卵核胞, 胚胞 1443b
—— vesicle breakdown 卵核胞崩壊 1443c
—— vesicle stage 卵核胞期 1444e
germination 発芽 1101a
—— rate 発芽率 1101a
germinative layer 胚芽層 1168i
germ layers 胚葉 1089h
—— line 胚系列, 生殖系列, 生殖細胞系列 207a, 325g, 757f, 757g
—— line chimera 生殖系列キメラ 1083a
—— nucleus 生殖核 756i
germovitellarium 胚卵黄腺 1083e, 1442b
germ plasm 極細胞質 325j
germplasm 生殖細胞質, 生殖質 757f, 757g
—— theory 生殖質説 757f
germ pore 発芽孔 1101b
—— ring 胚環 1076f
—— slit 発芽スリット 1101b
—— theory 胚種説 1468b
—— track 生殖系列 757g
—— tube 発芽管 1101b
Gerobatrachus 1567₁₆
gerontology 老年学 1500b
gerontomorphosis 成体進化 1420m
Geroptera ゲロプテラ目 1598₄₄
Geropteron 1598₄₄
Gerres 1566₄₇
Gerrhonotus 1568₄₉
Gerrhosaurus 1568₅₃
Gerris 1600₃₈
Gerronema 1626₁₅
Gerrothorax 1567₁₇
Gerwasia 1620₂₇, 1620₂₈, 1620₂₉
Gerygone 1572₅₂

Geryonia	1556₇
Gesneriaceae イワタバコ科	1652₂
GESSNER, Conrad von ゲスナー	**394**h
gestagen ゲスターゲン	**394**g
Gestalt 形態	1133a
gestalt psychology ゲシュタルト心理学	**394**f
gestation 妊娠	**1048**c
gestogen ゲストーゲン	**394**g
gesture 身ぶり	**1362**e
Geum	1648₅₉
Geweih 叉角, 枝角	**935**g
G factor G因子, 延長因子G	**1325**i
g factor g因子	**970**a
GFAP グリアフィラメント酸性蛋白質	**960**h
GFC ゲル濾過クロマトグラフィー	**415**b
GFP	**557**b
GFR 糸球体濾過量	**357**f
GH 成長ホルモン	**767**i
ghatti gum ガッティガム	**676**f
G horizon G層	**352**f
ghost ゴースト	**475**g, **737**a
ghrelin グレリン	**372**c
GHRF 成長ホルモン放出因子	**768**a
GHRH 成長ホルモン放出ホルモン	**768**a
GH-RIH ソマトスタチン	**843**b
giant axon 巨大軸索	**329**g
—— cell 巨細胞	**329**b
—— chromosome 巨大染色体	**329**h
—— cilium 巨大繊毛	**329**i
—— nerve fiber 巨大神経繊維	**329**g
—— rosette ジャイアントロゼット	**345**b
GIARD, Alfred Mathieu ジアール	**555**e
Giardia ランブル鞭毛虫	1630₃₆
—— *intestinalis* ランブル鞭毛虫	**955**b
—— *lamblia virus* ランブル鞭毛虫ウイルス	1519₄₈
giardiasis ジアルジア症	**955**b
Giardiavirus ジアルジアウイルス属	1519₄₈
Gibbera	1610₁₀
Gibberella	1617₃₄
—— *fujikuroi*	**607**f
gibberellin ジベレリン	**607**f
—— conjugate 結合型ジベレリン	**402**c
Gibbs-Donnan's effect ギブズードナン効果	**1006**i
Gibellula	1617₂₅
Gibellulopsis	1616₅₂
GID1	**607**f
Giemsa staining method ギムザ染色法	**300**d
Giesbergeria	1543₅₃
Gigaductus	1661₂₅
Gigantapseudes	1597₂₈
Gigantomonas	1630₁₂
Gigantopithecus ギガントピテクス	**281**d, 1575₃₉
Gigantopithecus theory ギガントピテクス説	**329**d
Gigantorhynchida ギガントリンクス目	1578₄₇
Gigantorhynchus	1578₄₇
Gigartacon	1663₂₈
Gigartinales スギノリ目	1633₂₁
gigas 巨大型	**1081**h
Gigasperma	1625₅₆
Gigaspermaceae ハイヅボゴケ科	1639₁₇
Gigaspermales ハイヅボゴケ目	1639₁₆
Gigaspora	1605₁₀
Gigasporaceae ギガスポラ科	1605₁₀
Gigasporales ギガスポラ目	1605₈
GILBERT, Walter ギルバート	**331**e
Gilbertella	1603₃₅
Gilchristia	1659₁₄
gill ひだ, 襞(菌類の), 鰓	**145**e, **1148**i
—— arch 鰓弓	**534**d
—— artery 鰓動脈	**517**c
Gill-associated virus エラ随伴ウイルス	1521₄
gill basket 鰓籠	**534**e
—— book 鰓書	**679**c
—— chamber 鰓室	**512**d
—— cleft 鰓裂	**534**b

Gillisia	1539₄₄
gill lamella 鰓弁, 鰓板	**145**e, **520**c
—— leaflet 鰓小葉	**520**c
gill-plan of circulatory system 鰓呼吸型循環系	**146**d
gill plate 鰓板	**520**c
gill-pore 鰓孔	**511**c
gill pouch 鰓嚢	**519**d, **534**d
—— raker 鰓耙	**519**f
—— remnant 鰓残体	**512**b
—— sac 鰓嚢	**519**d
—— slit 鰓孔, 鰓裂	**511**c, **534**d
—— teeth 鰓歯	**519**f
GILMAN, Alfred Goodman ギルマン	**331**f
Gilmour-naturalness ギルモア自然性	**586**b
Gilvibacter	1539₄₄
Gilvimarinus	1548₂₄
gingival epithelium 歯肉上皮	**1069**b
ginglymus 蝶番	**266**b
Gini's coefficient of concentration Giniの集中係数	**513**h
Ginkgo	1644₄₃
Ginkgoaceae イチョウ科	1644₄₃
Ginkgoales イチョウ目	1644₃₈
Ginkgo biloba イチョウ	**74**d
Ginkgodium	1644₃₉
Ginkgoites	1644₃₉
Ginkgopsida イチョウ綱, イチョウ類	**74**d, 1644₃₇
GIP グルコース依存インスリン分泌刺激ペプチド, 胃抑制ペプチド	**154**h, **366**b
Giraffa	1576₁₂
Giraudyopsis	1656₄₁
girdle 殻帯, 環帯, 肉帯	**269**e, **1031**c, **1132**f
—— face 帯面	**1132**f
—— lamella 周縁ラメラ	**164**g
girdling 環状剥皮	**264**d
Girella	1566₄₇
Girphanovella	1554₁₁
GIS 地理情報システム	**930**d
giving up time 諦め時間	**5**e
gizzard 砂嚢	**541**d
Gjaerumia	1622₄₃
Gjaerumiaceae グジャエルミア科	1622₄₃
G-kinase Gキナーゼ	**564**f
Gla γ-カルボキシグルタミン酸	**247**d
Glabratella	1664₉
glacial age 氷河時代	**1165**c
—— control theory 氷河制約説	**932**d
—— eustasy 氷河性海面変化	**1416**d
—— flora 氷河植物群	**1165**d
Glaciecola	1548₃₉
Glaciibacter	1537₂₃
Glaciozyma	1621₁₂
Gladiolus	1646₅₁
Glaeseria	1628₂₅
gland 腺	**799**a
Glandiceps	1562₅₃
gland of Bartholin バルトリン腺, 大前庭腺	**1047**b
—— of nictitating membrane 瞬膜腺	**653**a
glandula auris 耳腺	**610**d
—— bulbourethralis 尿道球腺	**1047**b
—— carotis 頸動脈小体	**393**c
—— ceruminosa 耳道腺	**597**i
glandulae urethrales 尿道腺	**1047**c
glandula intestinalis 腸腺	**923**g
—— Lieberkühni リーベルキューン腺	**923**g
—— oris 口腔腺	**442**d
—— palatina 口蓋腺	**431**d
—— praeputialis 包皮腺	**1303**e
—— prostatica 前立腺	**820**f
glandular cavity 腺腔	**870**a
—— cell 腺細胞	**805**a
—— epithelium 腺上皮	**187**b, **663**b
—— hair 腺毛	**819**b
—— kallikrein 腺性カリクレイン	**242**i
—— lumen 腺腔	**799**a, **818**g
—— rhabdoid 腺性棒状小体	**1301**c

―― stomach　腺胃　541d
―― trichome　腺毛　**819**b
―― ventriculus　腺胃　**799**b
glandula venenata　毒腺　**1001**f
―― vestibularis　前庭腺　815i
―― vestibularis major　大前庭腺　815i
―― vestibularis minor　小前庭腺　815i
Glandulina　1664$_7$
Glanduloderma　1577$_{45}$
glans　亀頭, 堅果, 陰茎亀頭　92j, 188d, **415**i
―― clitoris　陰核亀頭　92d
Glareola　1571$_{52}$
glassiness　ガラス化　**241**g
Glassiphonia　1585$_{42}$
glasslike cartilage　ガラス軟骨　1028a
glass sponges　ガラス海綿類　1502e
―― transition　ガラス化　**241**g
―― worms　毛顎動物　**1392**a
glassy membrane　ガラス膜　384a
Glaucidium　1647$_{59}$
Glaucocystales　グラウコシスティス目　1632$_3$
Glaucocystis　1632$_3$
Glaucocystophyceae　灰色藻綱　181h, 1631$_{44}$
Glaucocystophyta　灰色植物門　181h, 1631$_{43}$
glaucoma　あおそこひ, 緑内障　**1472**a
Glaucoma　1660$_{36}$
Glaucophyceae　灰色藻綱　1631$_{44}$
Glaucophyta　灰色植物門　1631$_{43}$
glaucophytes　灰色植物　**181**h
Glaucosaurus　1573$_8$
Glaucosphaera　1632$_{26}$
Glaucosphaerales　グラウコスファエラ目　1632$_{26}$
glaucothoe　グローコテ　**372**j
Glaucus　1584$_{13}$
Glaziella　1616$_6$
Glaziellaceae　グラジエラ科　1616$_6$
GlcN　グルコサミン　365c
GlcNAc　N-アセチルグルコサミン　14d
GlcU　グルクロン酸　364f
gleba　グレバ　**371**h
Gleditsia　1648$_{50}$
Gleichenia　1642$_{50}$
Gleicheniaceae　ウラジロ科　1642$_{50}$
Gleicheniales　ウラジロ目　1642$_{49}$
Gleichenitis　223a
Glenodinium　1662$_{32}$
gley horizon　グライ層　352f
―― soil　グライ土　**352**f
glia cell　グリア細胞, 神経膠細胞　695h
gliacyte　グリア細胞, 神経膠細胞　695h
glia filament acidic protein　グリアフィラメント酸性蛋白質　960h
gliding bacteria　滑走細菌　**229**b
―― green phototrophic bacteria　滑走性緑色光栄養細菌　379a
―― motility　滑走運動性　1471f
―― movement　滑走運動　**229**a
glioblastoma　神経膠芽腫, 膠芽腫　**433**a
Gliocephalis　1611$_{48}$
Gliocephalotrichum　1617$_{35}$
Gliocladiopsis　1617$_{34}$
Gliocladium　1617$_{26}$, 1617$_{30}$
gliocyte　グリア細胞, 神経膠細胞　695h
glioma of retina　網膜膠腫　1394b
Gliomastix　1617$_9$
Glionectria　1617$_{34}$
Glirulus　1576$_{16}$
Glischroderma　1616$_{12}$
Glissomonadida　グリッソモナディダ目　1665$_{15}$
G<small>LISSON</small>, Francis　グリソン　**362**g
GLM　一般化線形モデル　75d
Gln　グルタミン　368d
global regulon　グローバルレギュロン　1486a
―― stability　大域安定性　1452b
―― warming　地球温暖化　**903**e

Globicatella　1543$_5$
Globicephala　1576$_4$
globiferous pedicellaria　腺嚢叉棘　535g
Globigerina　1664$_{14}$
globigerina ooze　グロビゲリナ軟泥　1029a
Globigerinella　1664$_{14}$
Globigerinida　グロビゲリナ目　1664$_{14}$
Globigerinita　1664$_{14}$
globin　グロビン　**374**a
―― gene　グロビン遺伝子　**374**b
Globisporangium　1654$_{15}$
Globobulimina　1664$_5$
Globocassidulina　1664$_9$
Globogerinoides　1664$_{14}$
globoid　グロボイド　895g
―― cell　グロボイド細胞　241d
Globomyces　1602$_{46}$
Globomycetaceae　グロボミケス科　1602$_{44}$
Globonectria　1617$_9$
Globorotalia　1664$_{15}$
globorotalia ooze　グロボロタリア軟泥　1029d
globoside　グロボシド　984b
Globotextularia　1663$_{48}$
Globotruncana　1664$_{15}$
globular actin　Gアクチン　7a
―― embryo　球状胚　1207h
―― protein　球状蛋白質　**311**b
globuli cell cluster　小型球形細胞塊　297h
globulin　グロブリン　**374**c
Globuloviridae　グロブロウイルス科　1515$_{40}$
Globulovirus　グロブロウイルス属　1515$_{41}$
globus pallidus　淡蒼球　860b, 860c
Glochidion　1649$_{42}$
glochidium　グロキディウム, 有鉤子　**372**h
Gloeobacter　1541$_{26}$
Gloeobacterales　グロエオバクター目　1541$_{26}$
Gloeobotrys　1657$_3$
Gloeocantharellus　1627$_{39}$
Gloeocapsa　1541$_{22}$
Gloeochaetales　グロエオケーテ目　1632$_2$
Gloeochaete　1632$_2$
Gloeochloris　1657$_1$
Gloeocystidiellum　1625$_{18}$
gloeocystidium　粘嚢体　1064b
Gloeodontia　1625$_{18}$
Gloeoheppia　1615$_{38}$
Gloeoheppiaceae　グロエオヘッピア科　1615$_{38}$
Gloeomucro　1623$_{46}$
Gloeomyces　1625$_{18}$
Gloeophyllaceae　キカイガラタケ科　1623$_{56}$
Gloeophyllales　キカイガラタケ目　1623$_{55}$
Gloeophyllum　1623$_{56}$
Gloeoporus　1624$_{25}$
Gloeosporidina　1618$_{45}$
Gloeosporium　891c
Gloeostereum　1625$_{57}$
Gloeothece　1541$_{22}$
Gloeotila　1635$_6$, 1635$_{11}$
Gloeotilipsis　1634$_{26}$
Gloeotrichia　1541$_{33}$
Gloger's rule　グロージャーの規則　**372**k
Gloiocladia　1633$_{23}$
Gloiopeltis　1633$_{23}$
Gloiosiphonia　1633$_{23}$
Gloiothele　1625$_{12}$
Glomeraceae　グロムス科　1604$_{56}$
Glomerales　グロムス目　1604$_{55}$
Glomerella　891c, 1618$_9$
Glomerida　タマヤスデ目　1593$_{11}$
Glomeridella　1593$_{11}$
Glomeridesmida　ナメクジヤスデ目　1593$_6$
Glomeridesmus　1593$_6$
Glomeris　1593$_{11}$
Glomeromycetes　グロムス綱　1604$_{54}$
Glomeromycota　グロムス門　**377**b, 1604$_{53}$

glomerular capsule 糸球体嚢 704d
—— filtrate 糸球体濾液 426g, 1500d
—— filtration rate 糸球体濾過量 357f
glomerule 団集花序 622b
glomerulonephritis 糸球体腎炎 40g
glomerulus 糸球体 565f
Glomopsis 1620₁₂, 1620₁₃
Glomosporiaceae グロモスポリウム科 1621₅₀
Glomosporium 1621₅₀
Glomus 1604₅₆
Gloniella 1607₉
Gloniopsis 1607₉
Glonium 1607₉
glossa 中舌 217h, **915**f
Glossanodon 1566₉
Glossata 有吻亜目 1601₃₇
Glossaulax 1583₄₃
Glosselytrodea オオサヤバネムシ目, 舌翅類 1600₁₄
Glossograptina グロッソグラプツス亜目 1562₄₇
Glossograptus 1562₄₇
Glossomastix 1656₁₂
glossopharyngeal nerve 舌咽神経 507j
Glossopteridales グロッソプテリス目 1644₁₆
Glossopteridopsida グロッソプテリス綱 1644₁₅
Glossopteris 1644₁₆
Glottidia 1579₄₄
glottis 声門 761f
Glotzia 1604₄₅
GLP-1 グルカゴン誘導体 366b
Glu グルタミン酸 369a
glucagon グルカゴン **363**i
glucan グルカン **364**a
β-1,3-glucanase β-1,3-グルカナーゼ 1129f
1,4-α-glucan branching enzyme 1,4-α-グルカン分枝酵素 1246e
α-glucan phosphorylase α-グルカンホスホリラーゼ 1312c
glucan synthase グルカン合成酵素 **364**b
glucoamylase グルコアミラーゼ 31a
glucocerebrosidase グルコセレブロシダーゼ 367c
glucocerebroside グルコセレブロシド 367c
glucocorticoid グルココルチコイド **365**c
glucokinase グルコースキナーゼ 366c
Gluconacetobacter 1546₁₆
gluconeogenesis 糖新生 986h
gluconic acid グルコン酸 367d
—— acid fermentation グルコン酸発酵 367f
Gluconobacter 1546₁₆
gluconokinase グルコン酸キナーゼ **367**e
glucophore group 発甘因団 1354b
β-D-glucopyranosyl uronic acid β-D-グルコピラノシルウロン酸 364f
glucosamine グルコサミン **365**c
glucose グルコース **366**a
glucose dehydrogenase グルコース脱水素酵素 366f
glucose-dependent insulinotropic polypeptide グルコース依存インスリン分泌刺激ペプチド **366**b
glucose effect グルコース効果 **366**d
—— oxidase グルコース酸化酵素 366e
glucose-6-phosphatase グルコース-6-リン酸ホスファターゼ **367**a
glucose-6-phosphate グルコース-6-リン酸 183h[図]
glucose-6-phosphate dehydrogenase グルコース-6-リン酸デヒドロゲナーゼ, グルコース-6-リン酸脱水素酵素 **366**h, 1288b[図]
glucosephosphate isomerase グルコースリン酸異性化酵素, ホスホグルコイソメラーゼ 183h[図], 1288b[図]
glucose-regulated protein 78 グルコース調節蛋白質78 1153g
—— protein 94 グルコース調節蛋白質94 555g
glucose transporter グルコーストランスポーター **366**g
α-glucosidase α-グルコシダーゼ **365**d
β-glucosidase β-グルコシダーゼ **365**e
glucoside グルコシド **365**f
glucosinolate グルコシノレート 1085f
glucosuria 糖尿 992e

glucosylceramide グルコシルセラミド 367c
glucuronate pathway グルクロン酸経路 364f
glucuronic acid グルクロン酸 **364**f
β-glucuronidase β-グルクロニダーゼ **364**e
glucuronide formation グルクロン酸抱合 **365**a
Glugea 1602₉
gluma 苞穎 1292d
glume 苞穎 1292d
GluR グルタミン酸受容体 369d
GLUT1 グルコース単輸送体 788d
glutamate:glyoxylate aminotransferase グルタミン酸:グリオキシル酸アミノトランスフェラーゼ 360a[図]
glutamate decarboxylase グルタミン酸デカルボキシラーゼ, グルタミン酸脱カルボキシル酵素 **369**e
—— dehydrogenase グルタミン酸デヒドロゲナーゼ, グルタミン酸脱水素酵素 369a, 370a
glutamate-oxaloacetate transaminase グルタミン酸-オキサロ酢酸トランスアミナーゼ 13b
glutamate synthase グルタミン酸シンターゼ, グルタミン酸合成酵素 369a, **369**c
glutamic acid グルタミン酸 **369**a
—— acid receptor グルタミン酸受容体 **369**d
glutaminase グルタミナーゼ **368**b, 368d
glutamine グルタミン **368**d
glutamine-2-oxoglutarate aminotransferase グルタミン-2-オキソグルタル酸アミノ基転移酵素 369c
glutamine-α-ketoglutarate aminotransferase グルタミン-α-ケトグルタル酸アミノ基転移酵素 369c
glutamine synthetase グルタミン合成酵素 368d, **368**e
glutaminopine グルタミノピン 168e
γ-glutamyl cycle γ-グルタミン酸回路 **369**b
γ-glutamyltransferase γ-グルタミルトランスフェラーゼ 368c
γ-glutamyl transpeptidase γ-グルタミルペプチド転移酵素 **368**c
glutathione グルタチオン 367g
—— reductase グルタチオン還元酵素 **368**a
—— S-alkyltransferase グルタチオン S-アルキルトランスフェラーゼ 367h
—— S-transferase グルタチオン S-トランスフェラーゼ **367**h
glutelin グルテリン **370**b
gluten グルテン, 麩素 370b
glutenin グルテニン 370b
glutinant 粘着刺胞, 粘着細胞 608a, **1060**d
GluUA グルクロン酸 364f
Gly グリシン 360b
glycagon グリカゴン 363i
glycan グリカン 876i
Glycera 1584₄₉
glyceraldehyde グリセルアルデヒド 361f
D-glyceraldehyde-3-phosphate D-グリセルアルデヒド-3-リン酸 **361**g
glyceraldehyde-3-phosphate dehydrogenase グリセルアルデヒド-3-リン酸脱水素酵素 183h[図]
glycerate kinase グリセリン酸キナーゼ 360a[図]
Glyceria 1647₃₈
glyceride グリセリド 11f
glycerin グリセリン 362b
glycerinated muscle グリセリン筋 **361**c
glyceroglycolipid グリセロ糖脂質 **361**h
glycerol グリセロール **362**b
L-glycerol-3-phosphate L-グリセロール-3-リン酸 **362**d
glycerol-3-phosphate dehydrogenase グリセロール-3-リン酸脱水素酵素 **362**f
glycerol ester hydrolase グリセロールエステルヒドロラーゼ 1460d
glycerol-extracted muscle グリセリン筋 **361**c
glycerol fermentation グリセロール発酵 **362**c
glycerolipid グリセロ脂質 739c
glycerol kinase グリセロールキナーゼ 362b
—— model グリセリンモデル 361c
—— phosphate shuttle グリセロールリン酸往復輸送系 **362**e
glycerophospholipid グリセロリン脂質 **362**a

glycerophosphonolipid グリセロホスホノ脂質 1311c
Glycine 1648₅₀
glycine グリシン 360b
—— decarboxylase complex グリシンデカルボキシラーゼ複合体 360a[図]
Glycine max SIRE1 virus 1518₄₃
glycine synthase グリシンシンターゼ 360b
glycinin グリシニン 634c
glycocalyx 糖衣 521f
glycochenodeoxycholic acid グリコケノデオキシコール酸 410c
glycocholic acid グリココール酸 1295a
glycocoll グリココル 360b
glycocyamidine グリコシアミジン 359f
glycocyamine グリコシアミン 359f
glycodeoxycholic acid グリコデオキシコール酸 956i
glycogen グリコーゲン 358a
—— debranching enzyme グリコーゲンデブランチング酵素 358b
glycogenesis グリコーゲン生合成 358b
glycogen granule グリコーゲン顆粒 358a
glycogenic amino acid 糖原性アミノ酸 980b
glycogenin グリコゲニン 358b
glycogenolysis グリコーゲン分解 358c
glycogenosis 糖原病 981
glycogen phosphorylase グリコーゲンホスホリラーゼ 1312c
—— phosphorylase kinase グリコーゲンホスホリラーゼキナーゼ 1312d
—— storage disease 糖原病 981a
—— synthase グリコーゲン生成酵素 358b
—— synthase kinase グリコーゲン生成酵素キナーゼ 358b
—— synthase kinase 3β グリコーゲン合成酵素キナーゼ 3β 94e
glycolate oxidase グリコール酸オキシダーゼ 360a[図]
—— pathway グリコール酸経路 360b
glycolic acid グリコール酸 359f
glycolipid 糖脂質 984b
glycolithocholic acid グリコリトコール酸 1459f
glycolysis 解糖 183h
Glycomyces 1536₅₀
Glycomycetaceae グリコミセス科 1536₅₀
Glycomycineae グリコマイセス目, グリコミセス目 1536₄₉
glycopeptide antibiotics グリコペプチド系抗生物質 359e
glycophorin グリコホリン 788d
glycoprotein 糖蛋白質 989e
glycosaminoglycan グリコサミノグリカン 359a
glycosidase グリコシダーゼ 359c
glycoside 配糖体 1085f
—— hydrolase グリコシドヒドロラーゼ 359c
glycosidic bond 配糖体結合 1085f
glycosphingolipid スフィンゴ糖脂質 739g
glycosphingoside スフィンゴ糖脂質 739e
glycosulfatase グリコスルファターゼ 742g
glycosuria 糖尿 992e
glycosylphosphatidylinositol anchor GPIアンカー 1437a
glycosyltransferase 糖転移酵素 991h
Glycyphagus 1590₄₅
glyoxalase I グリオキサラーゼ I 367g
glyoxylate cycle グリオキシル酸回路 357i
glyoxylic acid グリオキシル酸 357h
Glyphaea 1597₅₀
Glypheidea グリフェア下目 1597₅₀
Glyphis 1614₄
Glyphiulus 1593₃₃
Glyphium 1609₄₁
Glyphocrangon 1597₄₄
Glyphodesmis 1655₅
Glypholecia 1612₅
Glyphopeltis 1612₅₄
Glyptocidaris 1562₅
Glyptocrinus 1575₄₃
Glyptodon 1574₅₀
Glyptolepis 1644₄₆
Glyptosphaerites 1559₁₈
Glypturus 1597₅₂

GM 遺伝子組換え植物 78f
G_{M1}-β-galactosidase G_{M1}-β-ガラクトシダーゼ 258a
GM-CSF 顆粒球-マクロファージコロニー刺激因子 458h
GMELIN, Johann Georg グメリン 352c
GMEM 963a
5'-GMP 5'-グアニル酸 203a
GMP グアニル酸 342c
GM plant 遺伝子改変植物, 遺伝子組換え植物 8e
Gnaphalium 1652₃₆
Gnaphosa 1592₂₁
Gnathia 1596₅₂
Gnathifera 担顎類 227f
Gnathiidea ウミクワガタ亜目 1596₅₂
gnathion 下顎中央下端 258b
gnathobase 顎基 201b, 235a
gnathochilarium 顎唇 1404e
Gnathophausia 1596₄₂
gnathopod 顎脚 227c
Gnathorhynchus 1577₃₅
Gnathostoma 1587₃₈
Gnathostomaria 1578₁₆
Gnathostomata 顎口上綱, 顎口類 201d, 1564₁₀
Gnathostomula 1578₁₇
Gnathostomulida 顎口動物, 顎口動物門 227f, 1578₁₄
gnathostomulids 顎口動物 227f
Gnetaceae グネツム科 1645₆
Gnetales グネツム目 1645₁₂
Gnetophyta グネツム植物, マオウ類 349f, 1335i
Gnetophytes グネツム植物 349f
Gnetopsida グネツム綱, マオウ類 1335i, 1645₁₁
Gnetum 1645₁₃
Gnomonia 1618₄₂
Gnomoniaceae グノモニア科 1618₄₄
Gnomoniella 1618₄₆
Gnorimosphaeroma 1596₅₀
Gnosonesima 1577₂₇
gnostic cell hypothesis 認識細胞仮説 167f
gnotobiote ノトバイオート 1068c
gnotobiotron ノトバイオトロン 1074e
GnRH 性腺刺激ホルモン放出ホルモン, 生殖腺刺激ホルモン放出ホルモン 99a, 758c
—— neuron GnRHニューロン 556i
GO 557i
goal 目標 1406b
Gobipterygiformes ゴビプテリクス目 1570₄₆
Gobipteryx 1570₄₆
goblet cell 杯状細胞, 杯細胞 1059e, 1060g
Gocevia 1628₁₆
Godronia 1614₅₁
Godzilliognomus 1594₄₄
Goebeliella 1637₄₂
Goebeliellaceae ゲーベルゴケ科 1637₄₂
GOEBEL, Karl Eberhard ゲーベル 412a
Goera 1601₃₁
GOETHE, Johann Wolfgang von ゲーテ 408d
GOETTE, Alexander Wilhelm ゲッテ 406c
Goette's larva ゲッテ幼生 406j
GOGAT グルタミン-2-オキソグルタル酸アミノ基転移酵素 369c
Gogia 1559₁₄
Goidanichiella 1606₃₆
goitrogen ゴイトロゲン 439g
Gokushovirinae ゴクショウイルス亜科 1517₅₃
golden algae 黄金色藻 159h
golden-brown algae 黄金色藻 159h
Goldman-Hodgkin-Katz equation ゴールドマンの式 495i
Goldman's equation ゴールドマンの式 495i
GOLDSCHMIDT, Richard Benedict ゴールドシュミット 495h
Golenkinia 1635₃₆
Golfingia 1586₉
Golfingiiformes フクロホシムシ目 1586₉
Golgi apparatus ゴルジ装置 494a
—— body ゴルジ体 494a
GOLGI, Camillo ゴルジ 493f
Golgi cisterna ゴルジ槽 493h, 494a

—— cisternal maturation ゴルジ槽成熟 **493**h	Gonionemus 1556₄
—— complex ゴルジ複合体 **494**a	Goniophyllum 1556₃₇
—— matrix ゴルジマトリックス **495**b	Goniopora 1557₅₆
Golgi-Mazzoni's corpuscle ゴルジ-マッツォニ小体 **495**a	Goniotrichopsis 1632₂₂
Golgin ゴルジン **495**b	Goniotrichum 1632₂₃
Golgi reassembly and stacking proteins **495**b	gonium 生殖原細胞 **757**c
—— retention signal ゴルジ体残留シグナル **494**b	Gonium 1635₃₆
—— ribbon ゴルジリボン **494**b	Goniurosaurus 1568₄₄
—— saccule ゴルジ嚢 **494**a	Gonocarpus 1648₂₆
Golgi's corpuscle ゴルジ小体 **495**a	gonocoel 生殖腔内腔 708a
Golgi stack ゴルジ層板 **494**a	—— theory 生殖腔説 848e
—— vesicles ゴルジ小胞 **494**a	Gonodactylus 1596₂₄
Golovinomyces 1614₃₇	gonoduct 生殖輸管 **758**i
Goltz' tapping experiment ゴルツの打試験 **495**f	gonoductus 生殖輸管 **758**i
Gomontia 1634₂₆	gonomery ゴノメリー **486**h
Gomori's staining method ゴモリ染色法 **490**f	gonopod 生殖肢 92i
Gompertz curve ゴンペルツ曲線 **477**h, **767**b	gonopore 生殖口 756c
Gomphaceae ラッパタケ科 1627₃₈	gonorrhea 淋疾 770c
Gomphales ラッパタケ目 1627₃₆	Gonorynchiformes ネズミギス目 1566₄
Gomphidiaceae オウギタケ科 1627₁₆	Gonorynchus 1566₄
Gomphidius 1627₁₆	gonosome 生殖体部 611c
Gomphillaceae ヒゲゴケ科 1614₁	Gonostoma 1566₁₃
Gomphillus 1614₁	Gonostomum 1658₃₂
Gomphoneis 1655₃₇	gonozooid 有性生殖個体，生殖個体，生殖増員 1158b, 1410e
Gomphonema 1655₃₈	
gomphosis 釘植 1069b	Gonyaulacales ゴニオラックス目 1662₄₃
Gomphotheriidae ゴンフォテリウム科 834c	Gonyaulax 1662₄₅
Gomphus 1598₅₁, 1627₃₉	Gonyostomum 1656₃₈
Gonactinia 1557₄₀	Gonytrichum 1618₂₉
gonad 生殖巣 **758**d	GOODALL, Jane グドール **349**d
gonadectomy 生殖腺除去 329e	Goodenia 1652₃₁
gonadial ridge 生殖隆起 **759**a	Goodeniaceae クサトベラ科 1652₃₁
gonadotrophic hormone 生殖腺刺激ホルモン **758**b	Goodfellowiella 1537₅₈
gonadotrophin 生殖腺刺激ホルモン **758**b	good gene model 遺伝子モデル **769**a
gonadotrophin-releasing hormone 生殖腺刺激ホルモン放出ホルモン **758**c	GOODRICH, Edwin Stephen グッドリッチ **349**c
	Good's buffer グッドの緩衝液 262k
gonadotropic hormone 生殖腺刺激ホルモン **758**b	Goodyera 1646₄₄
gonadotropin 生殖腺刺激ホルモン **758**b	Goormaghtigh's cells グールマーティ細胞 1295f
gonadotropin-releasing hormone 生殖腺刺激ホルモン放出ホルモン **758**i	goose skin とりはだ 1459e
	Goplana 1620₁₇
gonad-stimulating substance 生殖巣刺激物質 758b, 1446e	Gordiacea 類線形動物 **1481**e, 1586₁₇
gonangium 生殖管 **756**b	Gordida 類線形動物 **1481**e
Gonapodya 1603₇	Gordioida ハリガネムシ類 1481e
Gonapodyaceae ゴナポジア科 1603₇	Gordioidea ハリガネムシ目 1586₁₇
gonapophysis 陰具片 92i	gordioid larva ゴルディオイド幼生 1481e
Gonatobotrys 1617₄₇	Gordiospira 1663₅₃
Gonatobotryum 1606₃₆	Gordius 1586₁₉
Gonatophragmium 1607₃	Gordonia 1536₃₉
Gonatozygon 1636₉	Gordonibacter 1538₂₀
Gonatus 1583₁₄	Gorgonia 1557₂₉
Gondwana flora ゴンドワナ植物群 **505**c	gorgonin ゴルゴニン 458f
—— land ゴンドワナ大陸 **505**d	Gorgonocephalus 1561₁₀
Gondwanamyces 1617₅₂	Gorgonomyces 1602₄₅
Gondwana plants ゴンドワナ植物群 **505**c	Gorgonomycetaceae ゴルゴノミケス科 1602₄₅
Gondwanatheria ゴンドワナテリア目 1573₃₉	Gorgonops 1573₂₄
Gondwanatherium 1573₃₉	Gorgonopsia ゴルゴノプス目 1573₂₄
Gongronella 1603₃₇	Gorgosaurus 1570₁₂
Goniactinida ムカシヒトデ目 1560₂₉	Gorilla 1575₃₉
Goniada 1584₄₉	Gossleriella 1654₃₄
Goniastrea 1557₅₅	Gossypium 1650₂₀
Goniatites 1582₅₀	GOT グルタミン酸-オキサロ酢酸トランスアミナーゼ 13b
Goniatitida ゴニアタイト目 1582₅₀	Gotlandian period ゴトランド紀 686f
gonidia ゴニディア **486**c, **952**g	Gotoius 1662₄₀
gonidium ゴニディア **486**c, **952**g	GOULD, Stephen Jay グールド **370**c
Goniistrum 1566₄₇	Goura 1572₁
gonimoblast 造胞糸 237k	gout 痛風 **934**g
Goniochloris 1656₃₃	gp96 555g
Goniocidaris 1561₃₆	GPC ゲル浸透クロマトグラフィー 415b
Goniodoma 1662₄₅	GPCR G 蛋白質共役型受容体，三量体 G 蛋白質共役型受容体 413a, 589i, 1503e
Goniolithus 1666₂₃	
goniometer 下顎計 982k	GPI グリコシルホスファチジルイノシトール 1157b
Goniomonadea ゴニオモナス綱 363e	—— anchor GPI アンカー 1437h
—— ゴニオモナス綱 1666₃	—— anchoring membrane protein GPI アンカリング膜結合蛋白質 **604**h
Goniomonadida ゴニオモナス目 1666₄	
Goniomonas 1666₄	G-protein G 蛋白質 589i

G-protein-coupled receptor　G 蛋白質共役型受容体，三量体 G 蛋白質共役型受容体　413a, 589i, 1503e
GR24　735e
Graafian follicle　グラーフ卵胞　355j
GRAAF, Reinier de　グラーフ　355h
Gracilaria　1633₄₄
Gracilariales　オゴノリ目　1633₄₄
Gracilariopsis　1633₄₅
Gracilibacillus　1542₃₀
Gracilibacter　1543₃₅
Gracilibacteraceae　グラシリバクター科　1543₃₅
Gracilimonas　1540₄
Gracilipodida　グラシリポディダ目　1628₁₅
Gracilistilbella　1617₁₂
gradation　漸進大発生　861d
graded response　段階的応答　215f, **881**g
gradient　傾度，勾配　**462**e
―― analysis　環境傾度分析　**256**f
―― elution　グラジエント溶離法　454a
gradual evolution　漸進進化　811c
Graeophonus　1592₄
Graffilla　1577₃₃
graft　グラフト　65e
―― compatibility　接木親和性　935b
―― hybrid　接木雑種　121i
grafting　接木，移植　**65**e, **935**b
graft transmission　接木伝染　**935**c
―― versus host disease　移植片対宿主病　65g
―― versus host reaction　GVH 反応　556c
Grahamella　1545₂₇
grain　木理，穎果　**117**d, 822b, **1396**f
―― crops　子実作物　472i
―― filling　登熟　**985**d
Grallaria　1572₄₂
Gramella　1539₄₄
gramicidin　グラミシジン　356a
―― S　グラミシジン S　356a
―― synthetase　グラミシジンシンテターゼ　356a
Gramineae　イネ科　1647₃₄
Graminella　1604₄₅
Graminelloides　1604₄₅
Graminivora　1654₁₁
Grammatophora　1655₂₅
Grammicolepis　1656₃₈
Grammitis　1644₂
Grammothele　1624₄₂
Grammotheleaceae　グラムモテレ科　1624₁₉
Gram-negative microbes　グラム陰性菌　**356**c
Gram-positive microbes　グラム陽性菌　**356**e
Gram staining method　グラム染色法　**356**d
grana　グラナ　930b, 1427g
grana-thylakoid　グラナチラコイド　930b, 1427g
Granatocrinida　1559₂₃
Granatocrinus　1559₂₃
granddaughter cyst　孫胞　1302h
Grandidierella　1597₁₃
grandmother cell hypothesis　おばあさん細胞仮説　**167**f
Grandoria　1660₁₁
grand parent stock　421g
Grandry's corpuscle　グランドリ触小体　**357**e
Granier-type heat dissipation sap flow probes　グラニエ法　659b
Granit-Harper's law　グラニット-ハーパーの法則　1221i
GRANIT, Ragnar Arthur　グラニット　**355**e
Granjeanicus　1590₁₉
Granofilosea　グラノフィロセア綱　1665₅
GRANT, (Barbara) Rosemary　グラント　**357**d
―― Peter (Raymond)　グラント　**357**d
―― Robert Edmond　グラント　**357**c
Grantessa　1554₁₈
Grantia　1554₁₈
granular cell　顆粒細胞　**243**d
―― component　微小顆粒構造域　**204**g
―― cortex　顆粒皮質　254c
―― gland　顆粒腺　610d, 820h

―― layer　顆粒層　**243**e, 1168i
granulation tissue　肉芽組織　**1030**d
Granulibacter　1546₁₆
Granulicatella　1543₈
Granulicella　1536₆
Granulicoccus　1537₄₉
Granulobasidium　1625₅₈
granulocyte　顆粒白血球，顆粒細胞　**243**d, **243**f
granulocyte-CSF　造血因子，顆粒球コロニー刺激因子　518b
Granulomanus　1617₂₅
granulosa cell　顆粒膜細胞　**1504**e
―― cells　顆粒層細胞　1450f
Granulosicoccaceae　グラヌロシコックス科　1548₆₀
Granulosicoccus　1548₆₀
Granulosis virus　グラニュローシスウイルス，顆粒病ウイルス　1092a
granum　グラナ　930b, 1427g
granzyme　グランザイム　330f
grape sugar　ブドウ糖　366a
Grapevine fleck virus　ブドウフレックウイルス　1521₅₈
―― *leafroll-associated virus 3*　ブドウ葉巻随伴ウイルス 3　1522₂₁
―― *virus A*　1521₅₄
Graphidaceae　モジゴケ科　1614₄
Graphiola　1622₃₉
Graphiolaceae　グラフィオラ科　1622₃₉
Graphiopsis　1608₂₆
Graphis　1614₄
Graphium　1617₅₉, 1617₆₀, 1617₆₁
Graphostroma　1619₃₅
Graphostromataceae　ニマイガワキン科　1619₃₅
graptolites　筆石類　**1207**g
Graptolithina　フデイシ綱，筆石類　1562₃₆
Graptolitida　筆石類　**1207**g
Graptoloidea　フデイシ目，正フデイシ類　1562₄₄
Graptopsaltria　1600₃₄
GRASP　495b
Grassatores　アカザトウムシ下目　1591₂₆
GRASSI, Giovanni Battista　グラッシ　**355**c
grassland　草原　**823**j
Grateloupia　1633₃₆
gratuitous inducer　無償性誘導物質　1149c
gravel culture　礫耕　1420c
Graves' disease　グレーヴズ病　1098c
graviditas ectopica　子宮外妊娠　**565**a
gravitational water　重力水　1004a
gravitation effect　重力の効果　480a
gravity receptor　重力受容器　630d
gray　グレイ　1298d
GRAY, Asa　グレイ　**371**b
GRAY, Henry　グレイ　**371**c
GRAY, Louis Harold　グレイ　**371**d
grazing　グレージング　**371**g
―― food-chain　生食連鎖，捕食食物連鎖　679a, 1147e
―― intensity　放牧圧　371g
―― level　放牧圧　371g
great alveolar cell　大肺胞細胞　1072b
greater omentum　大網膜　**864**c
―― wing　大翼　668c
Great Ice Age　大氷河時代　**863**b
great wing　大翼　668c
green algae　緑色藻　**1471**h
Greenberg skeletal dysplasia　グリーンバーグ骨格異形成　209g
green blindness　緑盲，緑色盲　561i
―― chemistry　グリーンケミストリー　852e
―― filamentous bacteria　緑色糸状性細菌　**1471**f
―― fluorescent protein　557b
Greengard, P.　270e
green gland　緑腺　681c
―― gliding bacteria　緑色滑走細菌　1471f
greenhouse　温室　**173**c
―― effect　温室効果　903e
―― effect gas　温室効果ガス　903e
greening　緑化　**1471**d

green non-sulfur bacteria　緑色非硫黄細菌　1471f
── plants　緑色植物　**1471g**
── revolution　緑の革命　79d
── stem disorder　青立ち　3c
── stem syndrome　青立ち　**3c**
── sulfur bacteria　緑色硫黄細菌　55b, **1471e**
Greenwald ester　グリーンワルドエステル　361e
greeting　挨拶　**1e**
Gregarina　1661₂₂
Gregarinea　グレガリナ綱　1661₁₇
gregarious parasite　多寄生者　868f
── parasitism　多寄生　**868f**
── phase　群居相, 群生相　832e
gregaroid colony　叢状群体　382e
Gregorella　1612₁₅
GREGORY, William King　グレゴリ　371f
Greider, C.W.　1218f
Grellamoeba　1628₄₄
Grellia　1661₃₀
GREW, Nehemiah　グルー　**363g**
grey crescent　灰色三日月環　1073a
── matter　灰白質　**186b**
GRF　成長ホルモン放出因子　768a
GRH　成長ホルモン分泌促進因子, 成長ホルモン放出ホルモン　37₂c, 768a
Griffithsia　1633₅₀
Grifola　1624₂₁
Grimaldi humans　グリマルディ人　376d
Grime's triangle　グライムの三角形　**353a**
Grimmia　1639₃₁
Grimmiaceae　ギボウシゴケ科　1639₃₁
Grimmiales　ギボウシゴケ目　1639₃₀
Grimontia　1549₆₁
Griphosphaerioma　1619₂₉
Grippia　1568₂₇
GRISEBACH, August Heinrich Rudolf　グリーゼバハ　**361b**
gRNA　ガイド RNA　36f, 296b
Grolleaceae　グロレア科　1638₁
Gromia　1664₃₁
Gromiida　グロミア目　1664₃₁
Gromiidea　グロミア綱　1664₃₀
grooming　グルーミング　**370e**
groove　溝　976h
grooved fang　溝牙　1000i
Grosmannia　1618₅₉
gross assimilation rate　総同化速度　751d
Grossglockneria　1660₁₁
gross movement　粗大運動　116d
── primary production　一次総生産, 総一次生産　828d
── primary productivity　一次総生産力　828d
── production　総生産　**828d**
── production rate　粗生産速度, 総生産速度　751d, 828d
── productivity　総生産力　652a
── reproductive rate　総再生産率　827a
Grossulariaceae　スグリ科　1648₂₀
Grotthuss-Draper's law　グロットゥスドレーパーの法則　431f
ground leaf　地生葉　1501h
── meristem　基本分裂組織　**300c**
── state　基底状態　310f
── substance　基質　**286a**
── substance of bone　骨基質　480f
group　群れ, 集団　626c, **1372g**
── effect　グループ効果　370d
── membership character　群帰属形質　381e
── selection　群淘汰　**383c**
Grovesinia　1615₁₁
growing period　生育期　**744d**
── point　成長点　**767g**
── point culture　成長点培養　767h
growth　成長, 生長　**765f**
── analysis　成長解析　767a
── and differentiation factors　952d
growth-blocking peptide　発育阻害ペプチド　**1100f**

growth center　成長中心　767c
── coefficient of the first order　粗成長効率　751b
── coefficient of the second order　純成長効率　751b
── cone　成長円錐　**766d**
── curve　増殖曲線, 成長曲線　**767b, 826g**
── efficiency　成長効率　751b
── factor　成長因子　**766b**
── force　成長力　1054e
── formula　成長式　**767d**
── gradient　成長勾配　**767c**
── hormone　成長ホルモン　**767i**
── hormone-release-inhibiting hormone　成長ホルモン放出抑制ホルモン　843b
── hormone-releasing hormone　成長ホルモン放出ホルモン　768a
── in thickness　肥大成長　**1149f**
── line　成長線　**767e**
── movement　成長運動　**766c**
── phases of bacteria　細菌の発育相　509f
── rate　成長速度　751d
── ratio　成長比　1260d
── regulating substance　成長調整物質　767f
── regulator　成長調整物質　767f
── respiration　成長呼吸　450e
── ring　成長輪　1061a
── stress　生長応力　**766e**
── temperature for microorganisms　生育温度(微生物の)　**744c**
── yield　増殖収率　1469d
growth-zone　成長帯　425c
GRP　ガストリン放出ペプチド　220b
GRP78　グルコース調節蛋白質 78　1153g
GRP94　**555g**
Gruberella　1631₄
Gruberia　1658₆
Grues　ツル亜目　1571₄₇
Gruiformes　ツル目　1571₄₇
Grundform　基本型, 基本形態学　**299j**
Grus　1571₄₇
Grylloblattodea　ガロアムシ目, 欠翅類, 非翅類　1599₄
Gryllodes　1599₂₄
Gryllotalpa　1599₂₄
Gryphus　1580₃₇
GS　グルタミン合成酵素　368e
GSH　グルタチオン　367g
GSK　1266e
GSK3β　グリコゲン合成酵素キナーゼ 3β　94f
GSS　生殖巣刺激物質　758b
GST　グルタチオン *S*-トランスフェラーゼ　367h
Gst　**556c**
GST-P　胎盤型グルタチオン *S*-トランスフェラーゼ　86c
g-strophanthin　g-ストロファンチン　114b, 319a
Gt　トランスデューシン　1136c
GTH　生殖腺刺激ホルモン　758b
γ-GTP　γ-グルタミルペプチド転移酵素　368c
GTP　グアノシン三リン酸　342h
GTPase-activating protein　GTP アーゼ活性化蛋白質　304c, 507a
GTΨC　373g
guanase　グアナーゼ　342e
guanazolo　グアナゾロ　9f
guanidine　グアニジン　**342a**
guanidinoacetic acid　グアニジノ酢酸　359b
guanidinophosphate　グアニジンリン酸　1308g
guanidoacetic acid　グアニド酢酸　359b
guanine　グアニン　150e
── deaminase　グアニンデアミナーゼ, グアニン脱アミノ酵素　9f, **342e**
── nucleotide exchange factor　411f
guano　グアノ　**342f**
guanobiont　グアノ動物　978f
Guanomyces　1619₃
guanosine　グアノシン　**342g**
── diphosphate mannose　グアノシン二リン酸マンノース　992f[表]

―― monophosphate グアノシン一リン酸 342c
―― tetraphosphate グアノシン四リン酸 342i
―― triphosphate グアノシン三リン酸 342h
guanylate グアニレート 342c
guanylic acid グアニル酸 342c
guanylin グアニリン 342b
guaranine ガラニン 234i
guard cell 孔辺細胞 465f
Guarnieri body グアルニエリ小体 1315f
gubernaculum 副刺,導帯 803d
Guehomyces 1622$_{57}$
Guelichia 1610$_6$
Guepinia 1623$_{30}$
Guepiniopsis 1623$_{25}$
Guggenheimella 1543$_{21}$
guide RNA ガイドRNA 36f, 296b
guiding apparatus 副刺,導帯 803d
Guignardia 1607$_6$
guild ギルド 331c
Guildayichthyiformes ガルデイクチス目 1565$_{27}$
Guildayichthys 1565$_{27}$
Guillardia 1666$_7$
GUILLEMIN, Roger Charles Louis ギルマン 331g
GUILLERMOND, Marie-Antoine-Alexandre ギエルモン 277f
Guinardia 1654$_{45}$
gula 咽喉 93c
Gulbenkiania 1547$_9$
gullet 食道 673e
Gulo 1575$_{51}$
gulonic acid グロン酸 379d
γ-gulonolactone L-グロノ-γ-ラクトン, γ-グロノラクトン 379d
L-gulose L-グロース 379d
Gulosibacter 1537$_{23}$
L-guluronic acid L-グルロン酸 40b
gum ゴム, 歯肉 676f, 1069b
―― arabic アラビアゴム 676f
―― duct ゴム道 634i, 1059g
gumma ゴム腫 1085g
gummosis ゴム漏出 1059g
Gunflint flora ガンフリント植物群 273c
Gungnir 1635$_{36}$
Gunnera 1648$_{11}$
Gunneraceae グンネラ科 1648$_{11}$
Gunnerales グンネラ目 1648$_{10}$
GURDON, John Bertrand ガードン 232g
Gurleya 1602$_9$
Gurvich, Alexandr Gavrilovich 363h
GUS β-グルクロニダーゼ 1491b
GUS 364e
gustatory cell 味細胞 1353h
―― organ 味覚器 1352b
―― pore 味孔 1365b
―― receptor 味受容体 1354d
―― sense 味覚 1352a
―― sweating 味覚性発汗 1101g
―― threshold 味覚閾 1352a
gustometry 味覚測定 1352a
GUT 諦め時間 5e
gut-associated lymphoid tissue 腸管関連リンパ組織 1060i
Guthrie method ガスリー法 1381e
gut purge ガットパージ 231a
guttation 排水 1081e
Guttaviridae グッタウイルス科 1515$_{42}$
Guttavirus グッタウイルス属 1515$_{43}$
Guttiferae テリハボク科 1649$_{47}$
Guttulinopsis 1664$_{44}$
GV グラニュローシスウイルス, 顆粒病ウイルス 1092a
G-value G値 590c
GVBD 卵核胞崩壊 1443c
GVHD 移植片対宿主病 65g
GVH reaction GVH反応 556f
GWAS ゲノムワイド関連解析, ゲノム規模の関連解析 1470h, 1492h
Gy グレイ 1298d

Gyalecta 1614$_6$
Gyalectaceae サラゴケ科 1614$_6$
Gyalectaria 1614$_{18}$
Gyalectidium 1614$_2$
Gyalidea 1613$_{60}$
Gyalideopsis 1614$_2$
Gymnangium 1555$_{44}$
Gymnascella 1611$_{17}$
Gymnoascaceae ギムノアスクス科 1611$_{16}$
Gymnoascoideus 1611$_{17}$
Gymnoascus 1611$_{17}$
Gymnocarpium 1643$_{38}$
gymnocarpous 裸実性 884j, 885a
Gymnocella 1665$_{25}$
Gymnochlora 1665$_1$
Gymnoconia 1620$_{28}$
Gymnodamaeus 1591$_4$
Gymnoderma 1612$_{71}$
Gymnodiniales ギムノディニウム目 1662$_{21}$
Gymnodiniellum 1662$_{22}$
Gymnodinioides 1660$_{40}$
Gymnodinium 1662$_{22}$
Gymnodoris 1584$_{14}$
gymnoglossa 裸舌 585g
Gymnolaemata 裸口綱, 裸喉類 1579$_{30}$
Gymnomenia 1581$_{11}$
Gymnomitriaceae ミゾゴケ科 1638$_{33}$
Gymnopaxillus 1627$_{26}$
Gymnophiona アシナシイモリ目, 無足類 1567$_{34}$
Gymnophthalmus 1568$_{53}$
Gymnopilus 1626$_{41}$
Gymnoplea 前脚上目 1595$_5$
Gymnopus 1626$_{16}$
Gymnosomata 裸殻翼足亜目 1584$_4$
Gymnospermae 裸子植物 1435a
gymnosperms 裸子植物 1435a
Gymnosphaera 1552$_{14}$
Gymnosphaerida ギムノスファエラ目 1552$_{14}$
Gymnosporangium 1620$_{33}$
Gymnostellatospora 1607$_{30}$
Gymnothorax 1565$_{55}$
Gymnotiformes デンキウナギ目 1566$_8$
Gymnotus 1566$_8$
Gymnozoum 1659$_{27}$
Gymnura 1565$_{13}$
gynaecophoral canal 抱雌管 312g
gynandromorph ギナンドロモルフ 629k
gynandromorphism 雌雄モザイク現象 629k
Gynandropsis 1649$_{61}$
gynecandrous 627e
gynoecium 雌ずい群 581c
gynogenesis ジノゲネシス, 雌性発生 584j, 880n, 1122e
gynomerogon 雌性卵片 585c
gynomerogony 雌性卵片発生 585c
gynostegium 雄ずい筒 723d
gynostemium ずい柱, 蕊柱 723d
Gynostemma 1649$_{13}$
Gyoerffyella 1606$_{36}$
Gypsina 1664$_9$
Gypsophila 1650$_{47}$
Gypsoplaca 1612$_{30}$
Gypsoplacaceae ギプソプラカ科 1612$_{30}$
gyrA 942e
Gyracanthocephala クアドリギルス目 1579$_4$
gyratory culture 旋回培養 801a
Gyratrix 1577$_{35}$
gyrB 942e
Gyrinus 1600$_{54}$
gyri temporales 側頭回 860c
―― temporales transversi 横側頭回 860c
Gyrocotyle 1578$_9$
Gyrocystis 1559$_{11}$
Gyrodactylus 1577$_{49}$
Gyrodinium 1662$_{22}$
Gyrodon 1627$_{20}$

Gyrodontium	1627₁₁
Gyrodus	1565₃₉
Gyroidinoides	1664₉
Gyromitra	1616₄
Gyromitus	1665₃₉
Gyronympha	1630₁₂
Gyropaigne	1631₂₀
Gyroporaceae クリイロイグチ科	1627₁₇
Gyroporus	1627₁₇
Gyrosigma	1655₄₅
Gyrothrix	1606₃₇
Gyrothyraceae ネジミゴケ科	1638₃₁
Gyrovirus ジャイロウイルス属	1517₄₂
gyrus angularis 角回	860c
—— cinguli 帯状回	860c
—— circumflexus 回旋回	860c
—— frontalis inferior 下前頭回	860c
—— frontalis medius 中前頭回	860c
—— frontalis superior 上前頭回	860c
—— postcentralis 中心後回	860c
—— praecentralis 中心前回	860c
gyttja ユッチャ	474e
Gzm グランザイム	330f

H

H19/Igf2	410f
H-2 antigen H-2抗原	119g
H₂FA ジヒドロ葉酸	962d
H₄FA テトラヒドロ葉酸	962d
HA ヒドロキシルアミン, 赤血球凝集素	195f, 917k
Habenaria	1646₄₄
habenular nucleus 手綱核	271g
HABERLANDT, Gottlieb ハーベルラント	1112i
habit 習慣	620g
habitat 生息地	760j
—— fragmentation 生息地分断	761a
—— segregation すみわけ	742c
—— unit 生息地単位	478b
habit strength 習慣強度	620i
habituation 慣れ, 順化, 馴化	650d, 1027a
Habrobracon	1601₄₉
Habrotrocha	1578₃₁
HAC	701i
Hachisuka's line 蜂須賀線	776d
Hacrobia ハクロビア亜界	1113f, 1665₄₃
Haddowia	1624₁₈
hadobenthic organism 海溝底帯生物, 超深海底帯生物	688f
hadopelagic organism 超深層生物, 超深海水層生物	689b
—— zone 超深海域	189f
Hadromerida 硬海綿目	1554₃₅
Hadrosaurus	1570₃₁
HAECKEL, Ernst Heinrich ヘッケル	1269b
Haeckelia	1558₂₂
Haeckeliana	1665₃₀
haem ヘム	1276h
Haemadipsa	1585₄₆
haemal arch 血道弓	784d
Haemaphysalis	1589₄₆
haemapophysis 血道突起	784d
Haematobacter	1545₅₆
haematochrome ヘマトクロム	1276a
Haematococus	1635₃₇
haematocrit ヘマトクリット	1275i
haematology 血液学	395e
Haematomma	1612₃₁
Haematommataceae ザクロゴケ科	1612₃₁
Haematomyzus	1600₂₃
Haematonectria	1617₃₅
Haematopus	1571₅₂
Haematozoea	1661₂₇
haemerythrin ヘムエリトリン	1276i
Haemobartonella	1550₃₈

haemochrome ヘモクロム	1278a
haemochromogen ヘモクロモゲン	1278a
haemocyanin ヘモシアニン	1278b
Haemogamasus	1590₁₁
haemoglobin ヘモグロビン	1277d
—— anomaly ヘモグロビン異常	1277e
haemoglobinometer ヘモグロビン計	1277f
Haemogregarina	1661₃₃
Haemohormidium	1661₃₉
haemolymph 血リンパ	408b
haemolysin 溶血素	1421c
haemolytic disease of newborn 新生児溶血症	705a
Haemophilus ヘモフィルス	1549₄₀
haemophilus ヘモフィルス	1278c
haemoprotein ヘム蛋白質	1277b
Haemoproteus	1661₃₆
haemorrhagia 出血	641d
—— per diapedesin 漏出性出血	641d
—— per rhexin 破綻性出血	641d
Haemosporida 住血胞子虫目	1661₃₆
Hafnia	1549₇
Hafniomonas	1635₃₇
Haftdruck 付着圧	312f
Haftdrucktheorie 付着圧説	312f
Hagenomyia	1600₄₇
Hagen-Poiseuille equation ハーゲン-ポアズイユの式	1095c
Hahella	1549₂₇
Hahellaceae ハヘラ科	1549₂₇
Haikouella	1558₄₀
Haikouichthys	1563₃₇
Haimeia	1557₄₀
Hainesia	1614₃₀
hair 刺毛, 毛	384a, 614b
—— bulb 毛球	384a
hair-bundle 毛束	1392b
hair cell 有毛細胞	1414h
—— conceptacle 毛窩	756f
—— cuticle 毛小皮	384a
—— feather 毛状羽	111g
—— follicle 毛包, 毛嚢	384a
—— germ 毛芽	384a
hair-group 毛群	1392b
hairly caterpillar 毛虫	412d
hair matrix 毛母基	384a
—— papilla 毛乳頭	384a
hairpencil ヘアペンシル	1258b
hair plate 毛板	1392g
—— root 毛根	384a
—— shaft 毛幹	384a
—— stream 毛流	1395d
—— worms 類線形動物	1481e
hairy root 毛状根	8e
Halacarus	1590₂₃
Haladaptatus	1534₂₇
Halalkalibacillus	1542₃₀
Halalkalicoccus	1534₂₇
Halammohydra	1556₁₂
Halanaerobacter	1543₅₉
Halanaerobaculum	1543₆₀
Halanaerobiaceae ハナエロビア科	1543₅₇
Halanaerobiales ハナエロビア目	1543₅₆
Halanaerobium	1543₅₇
Halarachne	1590₁₁
Halarachnion	1633₂₄
Halarchaeum	1534₂₇
Halarsenatibacter	1543₅₇
Halazoon	1619₂₀
Halcampella	1557₄₇
Halcurias	1557₄₂
Halcyon	1572₂₆
Halcyones カワセミ亜目	1572₂₅
Haldane effect ホールデン効果	1327h
HALDANE, John Burdon Sanderson ホールデン	1327f
Haldane-Muller principle ホールデン-マラーの原理	82h

HALDANE, Scott　ホールデン　**1327**g
Haldane's rule　ホールデンの法則　540c
Halecania　1613₃₀
Halechiniscus　1588₈
Halecium　1555₄₄
Halenospora　1615₂₂
HALES, Stephen　ヘイルズ　**1263**c
half-bordered pit-pair　半有縁壁孔対　1263f, 1406d
half-chromatid chiasma　半染色分体のキアズマ　1324c
half-embryo　半胚　**1126**a
half leaf method　半葉法　328a
half-spindle　半紡錘体　**1127**e
Haliaeetus　1571₃₅
Haliangiaceae　ハリアンギア科　1547₆₁
Haliangium　1547₆₁
Halichondria　1554₄₅
Halichondrida　磯海綿目　1554₄₅
Haliclona　1554₄₈
Haliclystus　1556₁₈
Halicoryne　1634₄₅
Halicryptomorpha　ハリクリプトゥス目　1588₂
Halicryptus　1588₂
Haliea　1548₃₉
Halieutaea　1566₂₈
Halimeda　1634₅₀
Haliommatidium　1663₂₆
Haliotis　1583₂₆
Haliphthoros　1654₃
Haliphtorales　ハリフソロス目　1654₃
Haliscomenobacter　1540₆
Halla　1584₄₄
Hallella　1539₁₅
HALLER, Albrecht von　ハラー　**1114**c
Haller's organ　ハラー器官　194c
Hallingea　1627₄₃
Hallopora　1579₂₅
Hallopus　1569₁₉
Hallucigenia　1588₂₄
hallucination　幻覚　538h
hallucinogenic fungi　幻覚性菌類　**416**f
Haloa　1583₅₈
Haloactinobacterium　1537₃₄
Haloactinopolyspora　1537₂
Haloactinospora　1538₅
Haloaleurodiscus　1625₃₄
Haloarcula　1534₂₈
Halobacillus　1542₃₀
Halobacteria　ハロバクテリア綱　1534₂₅
Halobacteriaceae　ハロバクテリア科　1534₂₇
Halobacteriales　ハロバクテリア目　1534₂₆
Halobacterium　1534₂₈
───── *phage φH*　ハロバクテリウムファージφH　1514₁₀
Halobacteroidaceae　ハロバクテロイデス科　1543₅₉
Halobacteroides　1543₆₀
Halobaculum　1534₂₈
Halobiforma　1534₂₈
Halocafeteria　1653₁₄
Halocella　1543₅₇, 1665₂₅
Halochlorococcum　1634₂₂
Halochromatium　1548₅₁
halocline　塩分躍層　759h, 1403g
Halococcus　1534₂₈
Halocrusticida　1654₃
Halocynthia　1543₃₁
Halocyphina　1626₂₅
Halocyprida　ハロキプリス目　1596₁₁
Halodaphnea　1654₃
Halodule　1646₁₃
Haloechinothrix　1537₅₃
halo-effect　697a
Haloferax　1534₂₈
Haloferula　1551₈
Halogeometricum　1534₂₉
Haloglycomyces　1536₅₀
Halogranum　1534₂₉

Haloincola　1543₅₇
Halolactibacillus　1542₃₀
Halomebacteria　ハロメバクテリア綱　1534₂₅
Halomethanococcus　1535₆
Halomicrobium　1534₂₉
Halomicronema　1541₃₆
Halomonadaceae　ハロモナス科　1549₂₈
Halomonas　1549₂₉
Halonatronum　1543₆₀
Halonotius　1534₂₉
Halopelagius　1534₂₉
Halophila　1646₃
halophile　好塩菌　**430**e
halophilic bacteria　好塩菌　**430**e
halophilism　好塩性　**430**f
halophilous plant　塩生植物　**153**d
halophyte　塩生植物　**153**d
Halophytophthora　1654₁₁
Halopiger　1534₂₉
Haloplanus　1534₃₀
Haloplasma　1550₃₆
Haloplasmataceae　ハロプラズマ科　1550₃₆
Haloplasmatales　ハロプラズマ目　1550₃₅
Halopteris　1657₁₇
Haloquadratum　1534₃₀
Haloragaceae　アリノトウグサ科　1648₂₆
Halorhabdus　1534₃₀
halorhodopsin　ハロロドプシン　1487f
Halorhodospira　1548₅₇
Halorubrum　1534₃₀
Halosarcina　1534₃₀
Halosarpheia　1617₅₅
halosere　塩生系列　593g
Halosimplex　1534₃₀
Halosiphon　1657₄₄
Halosphaera　1634₃
Halosphaeria　1617₅₅
Halosphaeriaceae　ハロスフェリア科　1617₅₄
Halosphaeriopsis　1617₅₆
Halospina　1549₂₇
Halospirulina　1541₃₆
Halostagnicola　1534₃₁
Halostylodinium　1662₄₅
Halotalea　1549₂₆
Haloterrigena　1534₃₁
Halothece　1541₂₂
Halothece cluster　1541₂₂
Halothermothrix　1543₅₈
Halothiobacillacea　ハロチオバチルス科　1549₁
Halothiobacillus　1549₁
halotolerant　耐塩性　430f
───── microbe　耐塩菌　845f
Halovelia　1600₃₈
Halovibrio　1549₂₉
Halovivax　1534₃₁
haltere　平均棍　**1259**a
Halteria　1658₃₂
Halteromyces　1603₃₇
Halymenia　1633₃₆
Halymeniales　イソノハナ目　1633₃₅
Halysites　1557₈
Halysitida　クサリサンゴ亜目　1557₈
Hamadaea　1537₄₀
Hamamelidaceae　マンサク科　1648₁₄
Hamamelis　1648₁₅
Hamaspora　1620₂₈
hamathecium　子嚢果内菌糸系　603c
Hamatocanthoscypha　1614₅₈
Hamburger phenomenon　ハンブルガー現象　**1127**b
───── shift　ハンブルガーシフト　1127b
HAMBURGER, Viktor　ハンバーガー　**1126**b
Hamilton's rule　ハミルトンの規則　1292h
HAMILTON, William Donald　ハミルトン　**1113**i
HAMLET　1043b
Hammatoceras　1583₄

HÄMMERLING, Joachim　ヘンメルリング　**1289**c
Hammondia　1661_{33}
Hamster oral papillomavirus　ハムスター口腔乳頭腫ウイルス　1516_{39}
hamuli　1493f
hand　手　**939**a
handedness　利き腕　1286i
hand foot and mouth disease　手足口病　472e
handicap principle　ハンディキャップの原理　568c
────── theory　ハンディキャップ説　**1124**e
hand-wing　手羽　935i
hanging-drop culture　懸滴培養　**426**c
Hannaella　1623_{7}
Hannusia　1666_{7}
Hanseniaspora　1606_{19}
Hanseniella　1592_{46}
Hansenocaris　1595_{29}
Hansen's disease　ハンセン病　**1123**c
Hansfordiella　1608_{59}
HANSON, Jean　ハンソン　**1123**f
Hansschlegelia　1545_{42}
Hantaan virus　ハンタンウイルス　1520_{30}
Hantavirus　ハンタウイルス属　1520_{30}
Hantzschia　1655_{53}
HAP-1　1666_{11}
HAP-2　1666_{11}
haplo-Ⅳ　ハプロⅣ　73g
Hapalocarcinus　1598_{8}
Hapalochlaena　1583_{19}
Hapalophragmium　1620_{43}
Hapalopilus　1624_{42}
Hapalosiphon　1541_{43}
Haploceras　1583_{4}
haplocheilic type　282f
Haplochthonius　1590_{56}
Haplodinium　1662_{50}
haplo-diploid sex determination　半倍数性決定　748b
Haplognathia　1578_{15}
Haplogonaria　1558_{35}
Haplogonosoma　1594_{13}
haploid　半数体　**1122**e
────── breeding　半数体育種法　1076g
────── hypha　単相菌糸　71e
haploidization　単相化　286i
haploid number　単相数　137a, 1122d
────── parthenogenesis　半数性単為生殖　1039a
────── phase　単相　71e, **890**c
────── plant　単相植物　**890**d
haploidy　半数性　**1122**d
Haplomitrium　1636_{27}
Haplomitriaceae　コマチゴケ科　1636_{27}
Haplomitriidae　コマチゴケ亜綱　1636_{25}
Haplomitriopsida　コマチゴケ綱　1636_{21}
haplont　半数体, 単相植物　**890**d, **1122**e
Haplopharyngida　単咽頭目　1577_{21}
Haplopharynx　1577_{21}
haplophase　単相　**890**c
Haploporus　1624_{43}
Haplopteris　1643_{33}
Haplorhini　直鼻亜目　1575_{30}
Haplosclerida　単骨海綿目　1554_{47}
Haplospora　1657_{44}
Haplosporida　ハプロ胞子虫目, 略胞子虫目　1664_{33}
Haplosporidium　1664_{33}
haplostele　単純中心柱　424e
Haplotaxida　ナガミミズ目　1585_{30}
Haplotaxina　ナガミミズ亜目　1585_{31}
Haplotaxis　1585_{31}
Haplotrichum　1623_{40}
haplotype　ハプロタイプ　**1113**g
Haplozetes　1591_{9}
Haplozoon　1662_{18}
Haplozoonales　ハプロゾーン目　1662_{18}
hapten　ハプテン　437g, **1113**e
haptera　ハプテラ, ハプテロン　664c, **1113**d
hapteron　ハプテラ, ハプテロン　664c, **1113**d
haptobenthos　ハプトベントス　1287i
Haptocillium　1617_{44}
haptocyst　ハプトシスト　311c, 1300g
haptoglobulin　ハプトグロブリン　404d
Haptoglossa　1654_{4}
Haptoglossales　ハプトグロッサ目　1654_{4}
Haptolina　1666_{17}
haptonema　ハプトネマ　1113f
Haptophrya　1661_{3}
Haptophryopsis　1661_{3}
Haptophyta　ハプト植物門　1113f, 1666_{10}
haptophytes　ハプト植物　**1113**f
Haptopoda　コスリイムシ目　1591_{58}
Haptoria　毒胞亜綱　1659_{1}
Haptorida　毒胞目　1659_{3}
Haradaea　1621_{21}
Haradamyces　1615_{12}
Haraea　1609_{5}
Haramiya　1573_{48}
Haramiyida　ハラミヤ目　1573_{48}
Haramonas　1656_{38}
hard coat dormancy　硬皮休眠　633g
hardening　ハードニング　**1109**f
Harden-Young ester　ハーデン-ヤングエステル　1226b
Harderian gland　ハーダー腺　**1098**f
hard seed　硬皮種子　**463**e
hardwood　硬材　1368j
Hardy-Weinberg's law　ハーディ-ワインベルクの法則　**1108**f
harem　ハレム　**1118**c
Harknessia　1618_{38}
harmaline　ハルマリン　1117i
harmane alkaloid　ハルマンアルカロイド　**1117**i
harmine　ハルミン　1117i
Harmonia　1601_{8}
harmonic　調和的　837a
harmonious equipotential system　調和等能系　**927**g
Harmothoe　1584_{50}
Harosa　ハロサ亜界　1652_{52}
Harpacticoida　ソコミジンコ類, ハルパクチス目　1595_{13}
Harpacticus　1595_{13}
Harpagon　1631_{9}
Harpagophora　1593_{37}
Harpanthus　1638_{30}
Harpella　1604_{40}
Harpellaceae　ハルペラ科　1604_{40}
Harpellales　ハルペラ目　1604_{39}
Harpellomyces　1604_{40}
HARPER, John Lander　ハーパー　**1112**g
Harpes　1588_{44}
Harpetida　1588_{44}
Harpochytium　1603_{8}
Harpochytriaceae　ハルポキトリウム科　1603_{8}
Harpophora　1618_{10}
Harposporium　1617_{19}
Harrimania　1562_{53}
HARRISON, Ross Granville　ハリソン　**1116**a
Hartig net　ハルティヒ・ネット　333i
HARTLINE, Haldan Keffer　ハートライン　**1109**f
Hartmannella　1628_{25}
HARTMANN, Max　ハルトマン　**1117**c
Hartmannula　1659_{29}
Hartmannulopsis　1659_{30}
HARTSOEKER, Nicolaas　ハルトゼーカー　**1117**a
Hartwell, L.　1025b
harvest method　収穫法　936g
HARVEY, William　ハーヴィ　**1091**a
Harzia　1617_{48}
Hasegawaea　1605_{36}
Haslea　1655_{45}
Hassall's body　ハッサル小体　**1105**b
────── corpuscle　ハッサル小体　**1105**b
Hassallia　1541_{28}
Hastigerina　1664_{15}

hatchability 孵化率 **1193**c
hatching 孵化 **1192**b
— enzyme 孵化酵素 **1192**e
HATCH, Marshall Davidson ハッチ **1107**e
Hatena 1665₄₇
HAT medium HAT 培地 **1108**c
H⁺ ATPase プロトン ATP アーゼ **1237**f
Hatschek's pit ハチェック小窩 217j
Hatta's line 八田線 776d
Hauerina 1663₅₄
Hauptbronchus 主気管支 1076i
Hauptkern 大核 **847**d
Haushalt 家計 761i
Hausmaannia 1643₁
Hausmanniella 1660₁₂
haustellum 吻管 **1243**f
haustorium 吸器 **308**j
haustra coli 結腸膨起 406b
Hautnabel 皮臍 1266a
Haversian canal ハヴァース管 1090h
— lamella ハヴァース層板, 層板 482f, 1090h
— system ハヴァース系 **1090**h
Hawaiian subregion ハワイ亜区 864f
HAWORTH, Walter Norman ハース **1097**e
hay 乾草 1304g
— fever 枯草熱, 花粉症 **477**c
Hayflick limit ヘイフリック限界 **1262**g
haystack model 干し草山モデル 326d
Hazardia 1602₉
Hazenia 1634₂₆
Hb ヘモグロビン 1277d
HbA 成人型ヘモグロビン 787i, 1277d
HbA₁c 1277d
H band H 帯 119f
Hb Bart's 1277e
HBc antigen HBc 抗原 252a
HBe antigen HBe 抗原 252a
HbF 胎児ヘモグロビン 787i, 1277d
HbM Iwate 1277e
HbS 1277d
HBs antigen HBs 抗原 252a
HCC 肝細胞癌 261f
HCG ヒト絨毛性ゴナドトロピン, ヒト絨毛性生殖腺刺激ホルモン 217j, 629j, 732b, 758b
HCI ヘミン調節翻訳阻害因子 1276g
hck 536a
HCMV ヒトサイトメガロウイルス 1282b
HCR ヘミン調節リプレッサー 632e, 1276g
Hd3a 221i
H-disk H 盤 119f
HDL 高密度リポ蛋白質 466g, 1465c
HD-ZIP III gene family *HD-ZIP III* 遺伝子族 **119**h
head 頭, 頭状花序, 頭部 **17**c, 752e, **986**b
head cavity 頭腔 843d, **981**b
— fold 頭褶 1083j, 1427k
— form 頭型 **979**b
— gland 頭部腺 997b
Heading date 3a 221i
head kidney 頭腎 810i
head-lobe 頭葉 452e, **999**c
head mesoderm 頭部中胚葉 **994**d
— nystagmus 頭振盪 709b
— organizer 頭部形成体 **994**b
— process 頭突起 **992**c
Head's band ヘッドの帯 1020h
head somites 頭部体節 843d
healing 修復 **628**f
heart 心臓 **705**g
— beat 心臓拍動 **707**c
— failure 心不全 **713**e
heart-lung preparation 心臓肺標本 **707**b
heart muscle 心筋 **691**f
— rate 心拍数 **712**f
heart-shaped embryo 心臓型胚 1207h
heart sound 心音 687j, 707c

— urchins 不正形ウニ類 110e
— vesicle 心嚢 **712**b
— wood 心材 **703**a
heat 発情 **1105**c
— balance 熱収支 **1056**a
— balance equation 熱収支式 1056a
— balance method 蒸熱収支法 659b
— budget 熱収支 **1056**a
— damage to crops 高温障害(作物に対する) **431**a
— death 熱死 **1055**g
— girdling 264c
heath ヒース **1144**f
heat-labile enterotoxin 易熱性エンテロトキシン 858b
heat production 熱発生(筋肉の) **1058**a
heat-pulse method ヒートパルス法 659b
heat resistance 耐熱性, 高温耐性 175c
— retention 鬱熱症 1057c
— rigor 熱硬直 459f
— shock factor 1056b
— shock protein 熱ショック蛋白質 **1056**b
— shock response 熱ショック応答 736a
— storage 貯熱 1056a
— stroke 熱中症 **1057**c
— tolerance 耐熱性, 高温耐性 175c
heavy meromyosin H-メロミオシン, ヘビーメロミオシン 1383h
— wood 重硬材 507b
Hebb rule ヘッブの法則 **1269**f
Hebella 1555₄₄
Hebeloma 1626₄₁
hebephrenia 破瓜型 **1091**g
Hechtsche Fäden ヘヒトの糸 418h
Hecht's threads ヘヒトの糸 418h
hectocotylization 化茎現象 452b
hectocotylized arm 交接腕 **452**b
hectocotylus 交接腕 **452**b
Hedgehog signal Hedgehog シグナル **1269**c
Hediste 1584₅₀
hedonism 快楽説 **191**b
Hedraiophrys 1552₁₄
Hedriocystis 1665₈
Hedwigia 1640₁₉
Hedwigiaceae ヒジキゴケ科 1640₁₉
Hedwigiales ヒジキゴケ目 1640₁₈
Hedycarya 1645₄₇
Hedyotis 1651₃₉
Hegetotheria ヘゲトテリウム亜目 1576₂₀
Hegetotherium 1576₂₂
Hegewaldia 1635₇
Hegneria 1631₂₂
Heide ハイデ 1144f
HEIDENHAIN, Martin ハイデンハイン **1085**e
Heidenhain, Rudolf 1085e
height-weight index of body build 身長体重示数 1505a
Heikeopsis 1598₉
Heimiodora 1606₃₇
Heimioporus 1627₃
HEINROTH, Oscar ハインロート **1090**g
Heinz body ハインツ小体 **1090**f
HEITZ, Emil ハイツ **1085**c
HeLa cell HeLa 細胞 648d
Helcobacillus 1537₁₂
Helcococcus 1543₂₁
Helenodora 1588₂₇
Heleocoecum 1617₉
Heleopera 1628₂₈
heleoplankton 池沼プランクトン 1220e
heliangine ヘリアンジン **1278**j
Helianthaster 1560₃₂
Helianthemum 1650₂₆
Helianthus 1652₃₆
Helicia 1648₅
Helicobacter ヘリコバクター **1279**a, 1548₁₇
Helicobacteraceae ヘリコバクター科 1548₁₇

Helicobacter pylori ピロリ菌 **1176**d
Helicobasidiaceae ムラサキモンパキン科 1620₇
Helicobasidiales ムラサキモンパキン目 1620₆
Helicobasidium 1620₇
Helicobolomyces 1606₄₉
Helicocephalidaceae ヘリコケファルム科 1604₂₈
Helicocephalum 1604₂₈
Helicodendron 1615₇
Helicodictyon 1634₂₇
Helicogloea 1621₃₃
Helicogonium 1606₆
helicoid cyme カタツムリ形花序 622b
Helicoma 1610₈
Helicomyces 1610₃
Helicomyxa 1623₁₁
Heliconia 1647₁₄
Heliconiaceae オウムバナ科 1647₁₄
Helicopedinella 1656₁₀
Helicophyllaceae ホゴケモドキ科 1640₂₀
Helicoplacida 蝶板亜綱 1561₂₃
Helicoplacoidea 蝶板綱 1561₂₁
Helicoplacus 1561₂₃
Helicoprion 1564₂₆
Helicorhoidion 1606₃₇
Helicosphaera 1666₂₄
Helicosporidium 1635₇
Helicosporium 1610₃, 1610₄, 1610₈
Helicostoma 1660₂₈
Helicostomella 1658₂₄
Helicostylum 1603₄₂
Helicoön 1610₅
Heliobacillus 1543₃₆
Heliobacteriaceae ヘリオバクテリア科 1543₃₆
Heliobacterium 1543₃₆
Heliochona 1659₃₃
Heliocidaris 1562₉
Heliocrinites 1559₁₆
Heliodiscus 1663₁₆
Heliogaster 1627₄
Heliolites 1557₆
Heliolithium 1663₂₇
Heliolitina ヒイシサンゴ亜目 1557₉
Heliometra 1560₂₂
Heliomonadida ヘリオモナディダ目 1552₁₅
Heliomorpha 1552₁₅
Heliophilum 1543₃₆
Heliophrya 1659₅₃
Heliophyllum 1556₅₅
Heliopora 1557₃₂
Helioporacea アオサンゴ目 1557₃₂
Heliorestis 1543₃₇
Heliornis 1571₄₅
Heliospora 1661₂₂
Heliothrix 1540₄₀
heliotropism 向日性 1135b
Heliotropium 1651₅₀
Heliozoa ヘリオゾア門(太陽虫門) 1666₂₈
Heliscus 1617₃₇
helix 耳輪 180h
—— destabilizing protein らせん不安定化蛋白質 76b
helix-loop-helix ヘリックス=ループ=ヘリックス 942b
helix-turn-helix motif ヘリックス=ターン=ヘリックスモチーフ 942b
Helkesimastix 1665₁₃
Hellea 1545₁₆
Hellebolus 1647₅₉
HELMHOLTZ, Hermann Ludwig Ferdinand von ヘルムホルツ **1282**f
Helminthochiton 1581₂₁
Helminthocladia 1632₄₃
helminthology 蠕虫学 803e
Helminthomorpha ヤスデ亜綱, 蠕体類 1120a, 1593₁₃
Helminthosphaeria 1619₉
Helminthosphaeriaceae ヘルミントスファエリア科 1619₈
helminthosporic acid ヘルミントスポール酸 1282d

Helminthosporium 1609₃₃
Helminthosporium victoriae virus 190S 1519₅₂
helminthosporol ヘルミントスポロール **1282**d
Helminthostachys 1642₃₃
HELMONT, Jan Baptista van ヘルモント **1282**g
Helobdella 1585₄₃
Heloderma 1568₄₉
Helodiaceae ヌマシノブゴケ科 1640₅₀
Helodiomyces 1611₃₇
Helodontiformes ヘロードゥス目 1564₂₄
Helodus 1564₂₄
Helonias 1646₂₉
helophyte 沼沢植物 660i
Helotiaceae ビョウタケ科 1614₄₉
Helotiales ビョウタケ目 1614₄₁
Helotium 1614₅₁
helper ヘルパー 490e, **1281**c
—— phage 介助ファージ 401b
—— T cell ヘルパーT細胞 **1281**e
—— virus ヘルパーウイルス **1281**d
Helvella 1616₇
Helvellaceae ノボリリュウ科 1616₇
Helwingia 1652₂₅
Helwingiaceae ハナイカダ科 1652₂₅
hema cytometer 血球計数器 **401**d
Hemagglutinating virus of Japan 812l
hemagglutination 赤血球凝集反応 **788**b
hemagglutinin 赤血球凝集素 **788**a, 917k
hemal arch 血道弓 784d
—— ring 血洞環 407b
—— sinus 血細管 407b
—— system 血洞系 **407**b
hemangioblast 血管芽細胞 **400**d, 1363b
hematein ヘマテイン 1275h
hematin ヘマチン 1328c
hematochrome ヘマトクロム **1276**a
hematocoel 血洞 **406**k
hematocrit ヘマトクリット **1275**i
hematocytometer 血球計数器 **401**d
Hematodinium 1662₈
hematology 血液学 **395**e
hematopoiesis 血球新生 **401**e
hematopoietic organ 造血器官 **823**h
hematopoietics 造血剤 **823**i
hematopoietic stem cell 造血幹細胞 261d, 401e, 1476g
hematoside ヘマトシド 257g
hematoxylin staining method ヘマトキシリン染色法 **1275**h
heme-heme interaction ヘム間相互作用 **1277**a
heme protein ヘム蛋白質 **1277**b
hemera ヘメラ **1277**c
hemeralopia 1405h
Hemerobiiformia ヒメカゲロウ亜目 1600₄₈
Hemerobius 1600₄₈
Hemerocallis 1646₅₄
hemerythrin ヘムエリトリン **1276**i
hemiacetal ヘミアセタール **1276**b
hemiangiocarpous 半被実性 884j, 885a
hemiascus 半子嚢 **1120**d
Hemiaulales シマヒモケイソウ目 1654₄₈
Hemiaulus 1654₄₉
Hemiballismus ヘミバリスムス 860b
Hemibrachiocrinus 1560₁₅
hemibranch 半鰓, 片鰓 145e
hemibranchia 半鰓, 片鰓 145e
Hemicarpenteles 1611₅
hemicellulose ヘミセルロース **1276**d
Hemicentrotus 1562₃
hemicephalous larva 半頭型幼虫 1371b
Hemichordata 半索動物, 半索動物門 **1120**a, 1562₃₅
hemichordates 半索動物 **1120**a
Hemicidaris 1562₁
Hemicorynespora 1618₃₀
Hemicrinus 1560₁₅
hemicryptophyte 半地中植物 **1124**c

hemicyclic flower　半輪生花　239e
hemidesmosome　ヘミデスモソーム　**1276**e
hemididymus　部分重複奇形　925i
Hemidinium　1662₃₂
Hemidiscus　1654₃₅
hemielytron　半翅鞘　**1120**c
hemiepiphyte　半着生植物　**1124**d
Hemiflagellochloris　1635₃₇
Hemigaster　1626₂
Hemigasteraceae　ヘミガステル科　1626₂
hemiglobin　ヘミグロビン　1381a
Hemigrapsus　1598₉
hemiketal　ヘミケタール　1276b
hemiketone acetal　ヘミケトンアセタール　1276b
Hemimastigida　ヘミマスティクス目　1552₁₆
Hemimastix　1552₁₆
Hemimetabola　不完全変態類　268i, 503d
hemimetaboly　不完全変態　503d
hemimixis　ヘミミクシス　**1276**f
Hemimycena　1626₂₂
hemin　ヘミン　1328c
—— controlled protein　ヘミン調節蛋白質　**1276**g
—— controlled repressor　ヘミン調節リプレッサー　**1276**g
—— controlled translational inhibitor　ヘミン調節翻訳阻害因子　**1276**g
Hemiodoecus　1600₃₆
Hemionitis　1643₃₃
hemiparasitism　半寄生　289b, 289e
Hemiphacidiaceae　ヘミファキジウム科　1614₅₄
Hemiphacidium　1614₅₄
hemiplegia　片麻痺, 自発運動麻痺　723c
Hemiprocne　1572₁₈
Hemisarcoptes　1590₄₆
Hemiselmis　1666₈
Hemispeira　1660₃₃
Hemisphaerammina　1663₄₂
hemisphaerium cerebelli　小脳半球　662d
—— cerebri　大脳半球　**860**c
hemispherical photograph　全天写真　**816**a
hemispore　ヘミスポア　424g
Hemithiris　1580₂₉
Hemitrichia　1629₉
hemitropous　半倒生　1080b
Hemivirus　ヘミウイルス属　1518₄₀
hemixis　ヘミクシス　1276f
Hemizonida　ヘリアンタスター目, 半帯類　1560₃₂
hemizygote　ヘミ接合体　**1276**c
hemochromatosis　ヘモクロマトシス　1278c
hemochrome　ヘモクロム　**1278**a
hemochromogen　ヘモクロモゲン　1278a
hemocoel　血体腔　274g, **405**h
hemocoelic insemination　血体腔媒精　**405**i
hemocyanin　ヘモシアニン　**1278**b
hemocyte　ヘモサイト　401c
hemocytoblast　血球芽細胞　401e
hemoferrin　ヘモフェリン　1276c
hemoglobin　ヘモグロビン　**1277**d
—— anomaly　ヘモグロビン異常　**1277**e
hemoglobinometer　ヘモグロビン計　**1277**f
hemolymph　血リンパ　**408**b
—— node　血リンパ節　**408**c
hemolysin　溶血素　**1421**c
hemolysis　溶血反応　**1421**d
hemolytic anaemia　溶血性貧血　**1421**b
—— anemia　溶血性貧血　**1421**b
—— disease of newborn　新生児溶血症　**705**a
—— plaque test　プラークテスト　**1213**g
hemometer　ヘモメーター　1277f
hemophilia　血友病　**407**h
hemopoietic organ　造血器官　**823**h
hemoprotein　ヘム蛋白質　**1277**b
hemorrhage　出血　**641**d
hemorrhagic diathesis　出血性素質　**642**a
—— fever with renal syndrome virus　腎症候性出血熱ウイ

ルス　**704**c
hemosiderin　ヘモシデリン　**1278**c
hemosiderosis　ヘモシデロシス　1278c
hemostasis　止血　396c
hemovanadin　ヘモバナジン　1110c
hemovanadium　ヘモバナジウム　1110c
Hendra virus　ヘンドラウイルス　1520₈
Henipavirus　ヘニパウイルス属　1520₈
Henking, H.　1401e
HENLE, Friedrich Gustaf Jacob　ヘンレ　**1290**g
Henle's layer　ヘンレ層　384a
HENNIG, Willi　ヘニック　**1272**g
Henningsomyces　1626₁₆
Henodus　1568₃₀
Henricia　1560₄₆
Henriciella　1545₁₆
Hensen's cell　ヘンゼン細胞　495g
—— node　ヘンゼン結節　**1286**h
HENSEN, Victor Andreas Christian　ヘンゼン　**1286**g
Hepacivirus　ヘパシウイルス属　1522₂₇
Hepadnaviridae　ヘパドナウイルス科　1518₂₉
heparan sulfate　ヘパラン硫酸　**1272**i
—— sulfate eliminase　ヘパラン硫酸エリミナーゼ　1273a
—— sulfate lyase　ヘパラン硫酸リアーゼ　1273a
heparin　ヘパリン　**1273**c
heparinase　ヘパリナーゼ　**1273**b
heparin eliminase　ヘパリンエリミナーゼ　1273b
—— lyase　ヘパリンリアーゼ, ヘパリン開裂酵素　1273b, 1273c
heparitinase　ヘパリチナーゼ　**1273**a
heparitinase III　ヘパリチナーゼIII　1273b
heparitin sulfate　ヘパリチン硫酸　1272i
Hepatica　1647₅₉
Hepaticae　苔類　**865**e
hepatic bile　肝胆汁　886d
—— caecum　肝盲嚢　1076c
—— cell　肝細胞　159i, **261**b
—— cell cord　肝細胞索　268k
—— diverticulum　肝憩室　274g, 892e
—— duct　肝管　1417e
—— lobule　肝小葉　268k
—— portal system　肝門脈系　**274**g
—— vein　肝静脈　**264**f
Hepatitis A virus　A型肝炎ウイルス　1521₁₉
—— *B virus*　B型肝炎ウイルス　1518₃₁
—— *C virus*　C型肝炎ウイルス　1522₂₇
—— *delta virus*　D型肝炎ウイルス　1520₄₄
—— *E virus*　E型肝炎ウイルス　1522₃₀
hepatitis virus　肝炎ウイルス　**252**a
hepatoblastoma　肝芽腫　254f
hepatocarcinoma　肝細胞癌　**261**f
hepatocellular carcinoma　肝細胞癌　**261**f
Hepatocystis　1661₃₆
hepatocyte growth factor　肝細胞増殖因子, 肝細胞成長因子　**261**g, 518b
hepatopancreas　肝膵臓　**265**c
hepatopancreatic sphincter muscle　胆膵管括約筋　**889**d
Hepatophyta　苔植物門　865e
Hepatopsida　苔類　**865**e
Hepatovirus　ヘパトウイルス属　1140a, 1521₁₉
Hepatozoon　1661₃₃
Hepeviridae　ヘペウイルス科　1522₂₉
Hepevirus　ヘペウイルス属　1522₃₀
hephaestin　ヘフェスチン　1030a
Hepialus　1601₄₀
Heppia　1615₃₉
Heppsora　1613₄
Heptacarpus　1597₄₄
Heptacladus　1663₆
Heptathela　1592₁₁
heptose　ヘプトース　**1275**f
Heptranchias　1565₂
D-*altro*-2-heptulose　D-アルトロ-2-ヘプツロース　794b
heptulose　ヘプツロース　1275f
Heracleum　1652₅₀

herb 草本 **833**g
herbaceous hemiepiphyte 草本性半着生植物 937c
—— layer 草本層 **833**h
—— phanerophyte 草状地上植物 904h
herbal 本草書 1331d
herbalism 本草学 **1331**d
herbalist 本草家 1331d
herbarium ハーバリウム **1112**j
Herbaspirillum 1546₅₈
Herbertaceae キリシマゴケ科 1638₃
herbicide 除草剤 **680**e
Herbidospora 1538₇
herbivore-induced plant volatiles 植食者誘導性植物揮発性物質 **671**a
herborist 本草家 1331d
herbosa 草原 823j
HERBST, Curt Alfred ヘルブスト **1281**g
Herbst's corpuscle ヘルブスト小体 **1282**a
Hercynolepis 1564₂₂
herd 群れ **1372**g
herding ハーディング **1109**a
Herdmania 1662₄₀
hereditary disease 遺伝病 **84**d
—— nonpolyposis colon cancer 遺伝性非ポリポーシス大腸癌 943c
—— nonpolyposis colorectal cancer 遺伝性非ポリポーシス大腸癌 947e
heredity 遺伝 **76**f
Heribaudiella 1657₁₁
Hericiaceae サンゴハリタケ科 1625₅
Hericium 1625₅
Hering-Breuer reflex ヘーリング-ブロイエル反射 685d
Hering's after-image ヘリングの残像 551j
heriozoans 太陽虫類 864h
heritability 遺伝率 **84**h
heritable variation 遺伝的変異 **84**b
Heritiera 1650₂₀
hermaphrodite flower 両性花 **1469**j
hermaphroditic duct 両性管 **1470**d
—— gland 両性腺 554j, **1470**d
—— organ 両性腺 **1470**d
hermaphroditism 半陰陽, 雌雄同体性, 雌雄同体現象 **627**f, **1118**f
hermatypic coral 造礁サンゴ 549i
—— organism 造礁生物 550b
Hermesinum 1665₂₀
Herminiimonas 1546₅₉
Herminium 1646₄₄
Hernandia 1645₄₆
Hernandiaceae ハスノハギリ科 1645₄₆
hernia ヘルニア **1281**a
herniated intervertebral discs 椎間板ヘルニア 1281a
Herold's gland ヘロルド腺 **1283**d
Heronallenia 1664₉
herpes saimiri virus サルヘルペスウイルス 88e
—— simplex virus 単純ヘルペスウイルス **888**h
Herpestes 1575₄₆
Herpesvirales ヘルペスウイルス目 1514₄₂
Herpesviridae ヘルペスウイルス, ヘルペスウイルス科 **1282**b, 1514₄₈
herpes zoster 帯状疱疹 725d
herpetology 爬虫類学 **1100**a
Herpetomonas 1631₃₉
Herpetosiphon 1540₄₃
Herpetosiphonaceae ヘルペトシフォン科 1540₄₃
Herpetosiphonales ヘルペトシフォン目 1540₄₂
Herpobasidium 1620₁₂
herpobenthos ヘルポベントス 1287j
Herpomyces 1611₄₁
Herpomycetaceae ヘルポミケス科 1611₄₁
Herpotrichiella 1610₂₂
Herpotrichiellaceae ヘルポトリキエラ科 1610₂₂
Herrerasaurus 1570₅
HERSHEY, Alfred Day ハーシェイ **1096**a
Hershey-Chase ハーシェイ-チェイスの実験 **1096**c

Hersilia 1592₂₁
Hertelidea 1613₂
HERTWIG, Oskar ヘルトヴィヒ **1280**g
HERTWIG, Richard ヘルトヴィヒ **1280**h
Hertwig's epithelial sheath ヘルトヴィヒ上皮鞘 1069b
Hertwig's rules of cell division ヘルトヴィヒの法則 **1280**i
Herzogianthaceae ヘルゾギアンタ科 1637₅₁
Hesione 1584₅₀
Hespellia 1543₃₉
hesperidin ヘスペリジン 1152b
hesperidium ミカン状果 653j, **1352**d
hesperitin ヘスペリチン 1152b
Hesperomyces 1611₄₃
Hesperornis 1570₄₈
Hesperornithiformes ヘスペロルニス目 1570₄₈
Hesseltinella 1603₃₇
HESSE, Richard ヘッセ **1269**d
Hess's after-image ヘスの残像 551j
Hetairacyathida 1554₁₁
Heteracanthocephalus 1579₉
Heteracon 1663₂₈
Heteractinida 異針海綿綱, 異針海綿類 188f, 1554₉
Heteralepadomorpha 1595₄₅
Heteralepas 1595₄₅
Heteralocha 1572₅₃
Heteramoeba 1631₄
Heterangium 1644₁₂
Heteraulacus 1662₄₅
heterauxesis 個体発生的アロメトリー 47a
Heteroacanthella 1623₄₃
hetero-agglutination 異種膠着作用 754a
Heterobasidion 1624₆₂
heterobasidium 異担子器 884j
Heterobathmia 1601₃₆
Heterobathmiina モグリコバネガ亜目 1601₃₆
heterobathmy ヘテロバスミー **1271**c
Heterobranchia 異鰓上目 1583₅₂
Heterocapsa 1662₄₀
Heterocarpon 1610₄₂
heterocaryon ヘテロカリオン **1269**g
heterocaryosis ヘテロカリオシス 1269g
Heterocephalum 1606₃₇
Heterocephalus 1576₅₅
heterocercal tail 異尾 168d
Heterochaete 1623₃₄
heterochely 異鋏性 1095f
heterochlamydeous flower 異花被花 234b
Heterochlamydomonas 1635₃₇
Heterochlorella 1635₁₆
Heterochloris 1656₄₈
Heterochona 1659₃₃
Heterochone 1555₇
Heterochordeumatidea ヒメケヤスデ亜目 1593₄₇
heterochromatin ヘテロクロマチン **1270**a
—— protein 1 119i
heterochromosome 異形染色体 **62**c
heterochrony 異時性 **64**c
Heterocinetopsis 1659₄₁
heterococcolith ヘテロコッコリス 153g
Heterococcus 1657₅
Heterocoenia 1557₅₆
Heteroconium 1608₁₈
Heterocorallia ヘテロフィリア目, 異放サンゴ亜綱 1557₁₅, 1557₇₀
heterocrine gland 異質分泌腺 870h
heterocyst 異型細胞, 異質細胞 **61**f, **64**g
heterocyte 異質細胞 64g
Heterodea 1612₂₂
heterodemicyclic form 異種類世代型 542a
Heterodera 1587₃₁
Heterodermia 1613₂₂
heterodichogamous flower 雌雄異熟花 987c
Heterodinium 1662₄₅
Heterodoassansia 1622₂₅
Heterodonta 異歯亜綱 1582₁₄

Heterodontiformes ネコザメ目 1564₄₃
Heterodontosaurus 1570₃₂
Heterodontus 1564₄₃
heterodonty 異形歯性, 異歯式, 異歯性 925a, 1069b
heteroduplex DNA ヘテロ二本鎖 DNA **1271**b
heteroecious life cycle 異種寄生 542a
―― species 異種寄生種 542a
heteroecism 異種寄生 64i, 289b
Heteroepichloë 1617₁₆
hetero-excimer ヘテロエクサイマー 126b
heterogametangium 異形配偶子嚢 1078e
heterogamete 不等大配偶子, 異形配偶子 **62**d
heterogametic sex 異型性 **62**a
heterogamous flower 異性花 987c
Heterogastridiaceae ヘテロガストリディウム科 1621₁₅
Heterogastridiales ヘテロガストリディウム目 1621₁₄
Heterogastridium 1621₁₅
heterogeneous inductor 異種誘導剤 1413a
―― nuclear RNA 119b
heterogenesis ヘテロゲネシス **1270**b
heterogenetic induction 異質誘導 **64**h
heterogene Zeugung 異原発生 414d
heterogenic inductor 異種誘導者 **65**a
heterogenote ヘテロ部分二倍体 1210k
Heterogloea 1657₁
Heterogloeales ヘテログロエア目 1657₁
heterogony ヘテロゴニー **1270**c
heterograft 異種間移植 89h
heterokaryon ヘテロカリオン **1269**d
Heterokaryota 異核上門, 繊毛虫上門 1657₅₁
Heterokonta ヘテロコンタ下界 1652₅₃
Heterokontae 不等毛類 162b
Heterokontophyta 不等毛植物門 164g, 1654₂₅
heterokontophytes 不等毛植物 164g
heterokonts ヘテロコンタ 735c
Heterokrohnia 1577₄
Heterolepa 1664₉
Heterolimulus 1589₂₄
Heterolobosea ヘテロロボーセア綱 1631₃
heterologous interference 異種ウイルス間干渉 262g
heteromacrocyclic form 異種長世代型 542a
heteromedusoid 異クラゲ様体 602g
heteromerous flower 異数花 **66**f, 727e
heterometaboly 漸変態 503d
Heterometrus 1591₅₀
Heteromita 1665₁₆
heteromorphically multinucleate 異形多核 61d
heteromorphic bivalent chromosome 異形二価染色体 **62**c, 1209a
―― chromosome 異形染色体 **62**c
―― flower 異形花 **61**c
―― nucleus 異形核 **61**d
heteromorphosis 異質形成 **64**f
heteromorphous flower 異形花 **61**c
Heteromyces 1612₂₂
Heteromycteris 1566₆₀
Heteromys 1576₃₉
Heteronema 1631₁₈
Heteronematales ヘテロネマ目 1631₁₈
heteronomous metameres 異規の分節 856e
―― segments 異規の分節 856e
heterophagosome 他食作用胞, 異食食液胞, 異食作用胞 1179d
Heterophrys 1666₃₁
heterophyll 異形葉 **62**f
Heterophyllia 1557₂₆
heterophylly 異形葉性, 異葉性 62f
heteroplasmy ヘテロプラスミー 1360c
heteroplastic transplantation 異種間移植 89h
heteroploid 異数体 **66**g
heteroploidy 異数性 **66**g
Heteropoda 異足目 1558₄₆
Heteropoda 1592₂₁
Heteropora 1579₂₉
Heteroptera カメムシ亜目, 異翅類 1600₃₇

heteropycnosis 異常凝縮 **65**b
heteropyknosis 異常凝縮 **65**b
heteropyrene spermatozoon 異染色質精子 62b
Heteroralfsia 1657₃₇
Heterosentis 1579₁₀
Heterosigma 1656₃₈
―― *akashiwo* RNA virus 1521₁₂
―― *akashiwo virus 01* 1516₄₇
Heterosiphonia 1633₅₁
heterosis 雑種強勢 **539**g
―― breeding ヘテロシス育種 **1270**d
Heterosoma 1663₆
Heterosphaeria 1614₅₁
heterosporangium 異形胞子嚢 1296e
heterospore 異形胞子 **62**e
Heterosporis 1602₉
heterospory 異形胞子性 62e
Heterostraci 異甲目 1564₄
Heterostropha 異旋目 1583₅₃
heterostylous flower 異花柱花 61c
Heterotarbus 1591₁₃
Heterotardigrada 異クマムシ綱 1588₆
heterothalism 異体性, 異形性 1270f
heterothallism ヘテロタリズム **1270**f
heterothermism 異温性 **56**d
heterothermy 異温性 **56**d
Heterotolyposporium 1622₅
heterotopia 斜視 323c
heterotopic parasitism 異所寄生 **65**d
heterotopy ヘテロトピー, 異座性, 異所性 **1271**a
Heterotrichea 異毛綱 1658₄
Heterotrichida 異毛目 1658₆
heterotroph 従属栄養生物 625g, 751d
heterotrophy 従属栄養 **625**g
heterotropic effect ヘテロトロピック効果 45f
―― interaction 191d
heterotypic division 異型分裂, 異型核分裂 423b
heteroxenous 異種寄生 289b
Heterozercon 1590₁₆
Heterozerconina キュウバンダニ下目 1590₁₆
heterozygosis 異型 1270e
heterozygote ヘテロ接合体 **1270**e
HEV 高内皮静脈 461f, 1477c
―― cell HEV 細胞 1318g
Heveochlorella 1635₁₆
Hewitt's solution ヘウィット液 720b
Hexabranchus 1584₁₄
hexacanth larva 六鉤幼虫 **1502**a
Hexacontium 1663₁₆
Hexacorallia 六放サンゴ亜綱 1557₃₈
Hexactinella 1555₇
Hexactinellida 六放海綿綱, 六放海綿類 **1502**e, 1555₁
hexactinellid sponges 六放海綿類 **1502**e
Hexactinosida 六放目 1555₆
hexadecanoic acid ヘキサデカン酸 1117j
hexadecenoic acid *cis*-9-ヘキサデセン酸 1118a
hexagonal phase Ⅱ 六方Ⅱ相 1439h
Hexagonia 1624₄₃
Hexalaspis 1663₃₂
Hexamastix 1630₄
Hexamerocerata ネッタイエダヒゲムシ目 1592₄₉
2, 6, 10, 15, 19, 23-hexamethyltetracosa-2, 6, 10, 14, 18, 22-hexaene 729d
Hexamita 1630₃₆
Hexanchiformes カグラザメ目 1565₂
hexanoic acid ヘキサン酸 235d
Hexaphyllia 1557₁₆
Hexapoda 六脚亜門, 六脚類 504a, 812d, 1598₁₂
Hexaprotodon 1576₁₂
Hexarthra 1578₄₁
hexasaccharide 六糖 171b
Hexasterophora 六放星亜綱 1555₅
Hexatrygon 1565₁₃
hexestrol ヘキセストロール 731k, 1105e
hexokinase ヘキソキナーゼ 183h[図]

hexon ヘキソン 769d
hexosamine ヘキソサミン **1264**b
hexose ヘキソース **1264**c
hexose-1-phosphate uridylyltransferase ヘキソース-1-リン酸ウリジリル基転移酵素 240g
hexose 6-phosphatase ヘキソース-6-ホスファターゼ 1475a
hexosediphosphatase ヘキソース二リン酸ホスファターゼ **1264**d
hexyl acid ヘキシル酸 235d
Heyderia 1614[54]
Heydrichia 1633[7]
Heynigia 1635[7]
HFCS 異性化糖 288f
HFM disease 手足口病 472e
Hfr strain Hfr 菌株 119c
HFRS virus 704c
HG ホモガラクツロナン 531f
HGF 肝細胞増殖因子, 肝細胞増殖因子 261g, 515c, 518b
HGPRT ヒポキサンチン-グアニンホスホリボシルトランスフェラーゼ, ヒポキサンチン-グアニン-ホスホリボシルトランスフェラーゼ, ヒポキサンチン(グアニン)リン酸リボシル基転移酵素 9f, 127h, 934g, 1489a
HH 660i
H horizon H 層 132f
HHV ヒトヘルペスウイルス 1282b
HHV-4 ヒトヘルペスウイルス 4 88e
HHV-8 ヒトヘルペスウイルス 8 237l
Hiatella 1582[23]
Hibberdia 1656[28]
Hibberdiales ヒッバーディア目 1656[28]
hibernaculum 冬芽 308d
hibernant 冬眠期の動物 998c
hibernating egg 越年卵 **135**e
—— gland 冬眠腺 227j
hibernation 冬眠 **998**c
—— therapy 冬眠療法 702c
hibernator 冬眠動物 998c
Hibiscus 1650[20]
HIC 疎水性相互作用クロマトグラフィー 842a
Hicanonectes 1630[28]
Hidakaea 1608[58]
Hidden Markov model 隠れマルコフモデル **212**e
hiemilignosa モンスーン林 1401f
hierarchical control mechanism 階層的制御機構 **182**h
—— theory 階層論 **182**i
hierarchische Ordnung 流動平衡 **1468**d
HIF 低酸素誘導因子 952a
Higgins larva ヒギンズ幼生 981h
high density lipoprotein 高密度リポ蛋白質 466g
—— endothelial venule 高内皮静脈 461f, 1477c
—— endothelial venule cell HEV 細胞 1318g
high-energy bond 高エネルギー結合 430a
—— compound 高エネルギー化合物 429j
—— phosphate bond 高エネルギーリン酸結合 430a
—— phosphate compound 高エネルギーリン酸化合物 **430**b
higher bile acid 高級胆汁酸 436b
—— nervous activity 高次神経活動 446d
—— order sensory area 高次感覚野 254d
high frequency blood group 高頻度血液型 396a
High frequency of recombination 119c
high frequency transducing lysate HFT 溶菌液, 高頻度形質導入型溶菌液 388b
high-fructose corn syrup 異性化糖 288f
high irradiance response 連続照射反応（光調節の） **1495**d
highly unsaturated fatty acid 高度不飽和脂肪酸 461e
high mannose-type glycan 高マンノース型糖鎖 466f
high-mobility-group protein HMG 蛋白質 119f
high molecular weight kininogen 高分子キニノゲン 295b, 397a
—— moor 高層湿原 **453**a
high-performance liquid chromatography 高速液体クロマトグラフィー **454**a
high-resolution banding 高精度分染法 809e
HIGM 高 IgM 血症 117c

Hijmans-van den Bergh reaction ハイマンス-ファンデンベルグ反応 1173c
Hildenbrandia 1632[34]
Hildenbrandiales ベニマダラ目 1632[34]
Hildenbrandiophycidae ベニマダラ亜綱 1632[33]
Hildoceras 1583[4]
HILGENDORF, Franz ヒルゲンドルフ **1173**h
HILL, Archibald Vivian ヒル **1173**e
Hill coefficient ヒル係数 191d, 1174d
—— equation ヒルの式 191d
—— plot ヒルのプロット **1174**d
—— reaction ヒル反応 **1174**e
HILL, Robert ヒル **1173**f
Hill's characteristic equation ヒルの特性式 903b
hilly zone 丘陵帯, 低地帯 315b, 724f
Hilomonadea ヒロモナデア綱 1552[8]
hilum 臍 633d, **1266**a
hilus 門 **1401**d
—— ovarii 卵巣門 1401d
—— pulmonis 肺門 1401d
—— renalis 腎門 1401d
Himantolophus 1566[28]
Himantopus 1571[53]
Himatismenida ヒマティスメニダ目 1628[16]
Hincksia 1657[32]
Hin d 749b
Hindakia 1635[7]
hindbrain 後脳 1066b, 1470i
hind-gut 後腸 459b
hind-leg 後肢 445f
hind-wing 後翅 445g
H. influenza インフルエンザ菌 1549[41]
hinge 蝶番 266b, **925**a
hinged attachment 蝶番性結合 1069b
hinge-ligament 蝶番靭帯, 鉸板靭帯 707e
hinge line 鉸線 925a
—— plate 鉸板 925a
—— teeth 鉸歯 925a
hinny ヒニー 1437e
Hinoa 1606[37]
hinokitiol ヒノキチオール 1017c
Hinomyces 1615[11]
hintere Antenne 後触角 859d
Hiodon 1565[49]
Hiodontiformes ヒオドン目 1565[49]
Hiospira 1607[44]
hiotic acid 火落酸 1381c
hip バラ状果 **1115**a
Hippa 1598[1]
Hippea 1547[49]
hippocampal formation 海馬体 185e
hippocampus 海馬 **185**e
Hippocampus 1566[39]
Hippocardia 1581[38]
HIPPOCRATES ヒッポクラテス **1153**h
hippology 馬学 994g
Hipponix 1583[43]
Hippopodius 1555[49]
Hippopotamus 1576[13]
Hipposaurus 1573[17]
Hipposideros 1575[13]
Hippospongia 1554[50]
hippuric acid 馬尿酸 **1111**f
hippuricase ヒップリカーゼ 1111f
Hippuris 1652[4]
Hippurites 1582[18]
Hippuritida ヒプリテス目 1582[18]
HIPVs 671a
HIR 連続照射反応 1135c, 1495d
Hirasea 1584[26]
Hirmerella 1644[49]
Hirschia 1545[16]
Hirstionyssus 1590[11]
Hirst phenomenon ハースト現象 555f
Hirsutella 1617[44]

Hirsutia	1596[43]	
hirudine	ヒルジン	**1174**b
Hirudinea	ヒル下綱，ヒル類，蛭類	**1175**b, 1585[41]
Hirudinida	ヒル類，蛭類	**1175**b
Hirudinoidea	ヒル亜綱	1585[37]
Hirudisoma	1593[16]	
Hirudo	1585[46]	
—— medicinalis	医用ヒル	1174b
Hirundo	1572[53]	
His	ヒスチジン	1145b
HIS, Wilhelm	ヒス	**1144**d
—— (jr.)	ヒス	**1144**e
His 1 virus	ヒス1ウイルス	1517[22]
Hispidicarpomyces	1619[19]	
Hispidicarpomycetaceae	ヒスピディカルポミケス科	1619[19]
histaminase	ヒスタミナーゼ	32d
histamine	ヒスタミン	**1144**i
—— receptor	ヒスタミン受容体	**1145**a
Hister	1600[58]	
histidase	ヒスチダーゼ	1145c
histidine	ヒスチジン	**1145**b
—— ammonia-lyase	ヒスチジン脱アンモニア酵素	**1145**c
—— deaminase	ヒスチジンデアミナーゼ	1145c
—— decarboxylase	ヒスチジンデカルボキシラーゼ，ヒスチジン脱カルボキシル酵素，ヒスチジン脱炭酸酵素	1145b, **1145**d
histidinemia	ヒスチジン血症	1145c
Histiobalantidium	1660[32]	
histiocyte	組織球	840c, 1339h
Histiona	1630[44]	
Histioneis	1662[48]	
Histiopteris	1643[27]	
Histiostoma	1590[46]	
histo-blood group antigen	組織−血液型抗原	396b
histochemistry	組織化学	840a
histocompatibility antigen	組織適合抗原	840f
histo-differentiation	組織分化	841c
histogenesis	組織形成	841e
histogen theory	原組織説	**425**c
histoincompatibility	組織不適合性	841b
histology	組織学	840b
Histomonas	1630[7]	
histone	ヒストン	**1145**e
—— chaperone	ヒストンシャペロン	**1146**a
—— code hypothesis	ヒストンコード仮説	**1145**f
—— core	ヒストンコア	1050a
—— fold	ヒストンフォールド	1145e
—— locus speckle	ヒストン遺伝子座スペックル	199d
—— modifications	ヒストン修飾	**1146**b
—— octamer	ヒストン八量体	1050a
—— variant	ヒストンバリアント	**1146**c
Histophilus	1549[41]	
histopine	ヒストピン	168e
Histoplasma	1611[12]	
histoplasmosis	ヒストプラスマ症	692b
historical biogeography	歴史生物地理学	773k
—— group	歴史群	586b
Histozoa	組織動物	704g
Histriculus	1658[32]	
hit	ヒット	869h
—— theory	ヒット説	869h
HIV	ヒト免疫不全ウイルス	118c, 119a, 429i, 1049e, 1159b, 1390a
HIV-1 retropepsin	HIV-1 レトロペプシン	118f
hive	巣箱	**738**a
HIV protease	HIV プロテアーゼ	118f
—— protease inhibitor	HIV プロテアーゼ阻害剤	**119**a
Hizikia	1657[48]	
Hjorstamia	1624[33]	
HLA antigen	HLA 抗原	119e
HLA-G		**1306**g
HLB	親水性−疎水性バランス	187i
H-meromyosin	H−メロミオシン，ヘビーメロミオシン	1383h
HMG box	HMG ボックス	119d
HMG-CoA	ヒドロキシメチルグルタリル CoA	1157c
HMG domain	HMG ドメイン	119d
HMGN	957f	
HMG protein	HMG 蛋白質	**119**d
HMM	H−メロミオシン，ヘビーメロミオシン	1383h
HNPCC	遺伝性非ポリポーシス大腸癌	943c, 947e
hnRNA	**119**b	
HOAGLAND, Dennis Robert	ホーグランド	**1305**a
Hoagland's solution	ホーグランド液	720b
Hobsonia	1621[29]	
HODGKIN, Alan Lloyd	ホジキン	**1306**a
Hodgkin cycle	ホジキンサイクル	56e, 230b
HODGKIN, Dorothy Mary Crowfoot	ホジキン	**1306**b
Hodgkin-Huxley equation	ホジキン−ハクスリの式	**1306**c
Hodgkin's disease	ホジキン病	**1306**d
Hoeflea	1545[45]	
Hoeglundina	1664[18]	
Hoffmann, J.	1015c	
Hofmeister's series	ホーフマイスターの系列	1318f
HOFMEISTER, Wilhelm	ホーフマイスター	**1318**e
Hofstenia	1558[35]	
Hog cholera virus	ブタコレラウイルス	1204e
Hogness box	ホグネス配列	1238h
Hohenbuehelia	1626[31]	
Holacanthida	アカントキアズマ目，ホロアカンチダ目	1663[23]
holandric inheritance	限雄性遺伝	427f
holandry	完全雄性	**268**j
Holarctic floral kingdom	全北植物区系界	675a[表]
—— region	全北区	818h
Holarctis	全北植物区系界	675a[表]
Holasteroida	ブンブクモドキ目	1562[19]
Holaxonia	フトヤギ亜目，全軟類，角軸類	1557[28]
Holdemania	1544[15]	
holdfast	付着器	1113d
—— organ	固着器官	479d
Holectypoida	ムカシタマゴウニ目	1562[13]
Holectypus	1562[13]	
holism	全体論	813c
HOLLAENDER, Alexander	ホレンダー	**1330**e
Hollandina	1550[18]	
HOLLEY, Robert William	ホーリー	**1321**d
Holliday junction	ホリデイジャンクション	**1324**b
—— model	ホリデイモデル	**1324**c
—— structure	ホリデイ構造	1324c
hollow-horn	洞角	935g
hollow tentacle	中空触手	670b
Holmia	1589[6]	
Holmiella	1607[16]	
Holmophyllum	1556[37]	
holobasidium	単担子器	884j
holoblastic	全出芽型，外生出芽型	1248f
—— cleavage	全割	801c
holobranch	全鰓，完全鰓	145e
holocarpy	全実性	805f
holocellulose	ホロセルロース	**1330**h
Holocene	完新世	**264**j, 705c
—— transgression	完新世海進	667g
holocentric chromosome	全動原体染色体	1245c
Holocephali	全頭上目	1564[27]
Holochorda	全索類	982c
holococcolith	ホロコッコリス	153g
holocrine gland	全分泌腺	187b
holoentoblastula	内胚葉胚	**1021**c
holoenzyme	ホロ酵素	25d, 37c, 488f
hologamete	ホロガメート	**1330**f
hologamodeme	ホロガモデーム	239b
hologamy	ホロガミー，全配偶性	817g, **1330**f
hologenesis	ホロゲネシス	690e
hologynic inheritance	限雌性遺伝	421c
Holomastigida	ホロマスティギダ目	1628[17]
Holomastigotes	1630[23]	
Holomastigotoides	1630[23]	
Holometabola	完全変態亜節，完全変態類	**268**i, 503d, 1600[41]

holometaboly 完全変態 503d
holomictic lake 完全循環湖 1383i
holomorph ホロモルフ 964g
holomorphosis 完全再生 1146e
Holomycota 菌界 1601₅₁
holoparasitism 全寄生 289b, 289e
Holophaga 1536₁₂
Holophagaceae ホロファーガ科 1536₁₂
Holophagae ホロファーガ綱 1536₈
Holophagales ホロファーガ目 1536₁₁
Holophrya 1660₁₄, 1660₁₅
holophyletic group 完系統群 381e
holophyly 完系統 258c, 883d
holophytic nutrition 完全植物性栄養 268e
holoplankton 終生プランクトン 1220e
holopneustic 完気門 301f
Holopus 1560₁₅
Holospora 1546₂₈
Holosporaceae ホロスポラ科 1546₂₈
Holosternina ソイタサソリ下目 1591₄₂
Holosticha 1658₃₅
Holothuria 1562₂₈
holothurians ナマコ類 1026f
Holothuroidea ナマコ綱, ナマコ類 1026f, 1562₂₃
Holothyrida カタダニ亜目, 四気門類 1589₄₄
Holothyrus 1589₄₄
holotype ホロタイプ, 正基準, 正基準標本 287d, 863g
Holozoa ホロゾア 1552₂₆
holozoic nutrition 完全動物性栄養 268e
Holtermannia 1623₅
Holtermanniales ニカワツノタケ目 1623₄
Holtermanniella 1623₅
HOLTFRETER, Johannes Friedrich Karl ホルトフレーター 1327i
Holwaya 1615₁₉
Homacodon 1576₁₃
Homalonotus 1589₁
Homalopterigia 平鰭動物 1392a
Homalorhagida 平蓋目 1587₄₇
Homalozoa 1558₄₂
Homalozoon 1659₃
Homarus 1597₄₇
Homaxonia 有軸型 1408e
HOM-C HOM 複合体 1319a
HOM-complex HOM 複合体 1319a
homeobox ホメオボックス 1319c
homeodomain ホメオドメイン 1319c
homeostasis ホメオスタシス 1318i
homeotherm 恒温動物 431b
homeotic gene ホメオティック遺伝子 1319a
—— mutation ホメオティック突然変異 1319b
homeoviscous adaptation 恒流動性適応 468d
home range 行動圏 460c
homing ホーミング 1318g
—— ability 回帰性 178h
hominization ヒト化, ホミニゼーション 716d, 1154g
Hominoidea ヒト上科 1480h
Homo 1575₃₉
homoacetogenic bacteria ホモ酢酸生成菌 1319g
homobasidium 同担子器 884j
homocaryon ホモカリオン 1319e
homocercal tail 正尾 168d
homochlamydeous flower 同花被花 234b
homocrine gland 同質分泌腺 870h
Homocrinida 1560₅
homocysteine ホモシステイン 1320d
homocystinuria ホモシスチン尿症 1320c
homodonty 同形歯性, 同歯性 1069d
homodynamy 同能 830b
homoeologous chromosome 同祖染色体 988e
homoeology 同祖性 988e
Homoeosaurus 1568₃₇
homoeosis ホメオーシス 1318h
Homoeospira 1580₃₁
Homoeostrichus 1657₂₁

Homo erectus ホモ＝エレクトゥス 1319d
—— *erectus erectus* ジャワ原人 618m
—— *erectus heidelbergensis* ハイデルベルク人 1085d
—— *erectus pekinensis* 北京原人 1264g
—— *erectus soloensis* ソロ人 844f
homoestrone ホモエストロン 1105e
homogametangium 同形配偶子囊 1078e
homogametic sex 同型性 979d
homogamous flower 同性花, 雌雄同熟花 987c, 1469j
homogenate ホモジェネート 1320b
homogeneous dentin 均質象牙質 1069b
—— staining region 1358a
homogenizer ホモジェナイザー 1320a
homogenote ホモ部分二倍体 1320b
homogentisate 1, 2-dioxygenase ホモゲンチジン酸-1, 2-二酸素添加酵素 38h
homogentisic acid ホモゲンチジン酸 1319f
homogeny 歴史的相同 830b, 1321a
Homo habilis ホモ＝ハビリス 1320h
—— *heidelbergensis* 1085d
Homoiodoris 1584₁₄
homoiogenetic induction 同質誘導 984f
homoiosmotic animal 恒浸透性動物 449f
Homoiostelea 1559₈
homoiotherm 恒温動物 431b
homokaryon ホモカリオン 1319e
homokaryotic 同核状態 977c
Homolaphlyctis 1602₄₀
homolecithal egg 等黄卵 1440g
homologous chromosome 類似染色体 708e
—— chromosomes 相同染色体 830f
—— recombination 相同組換え, 相同遺伝子組換え 80b, 1198d
homology 相同性 830b
—— modeling ホモロジー・モデリング法 1458g
—— search 相同性検索 830c
homomerous flower 同数花 66f
homometaboly 同変態 503d
homomorphically multinucleate 同型多核 61d
homomorphosis 同質形成 64f, 1146e
homomorphous flower 同形花 61c
Homo neanderthalensis 1053a
homonomous metameres 同規的分節 856e
—— segments 同規的分節 856e
homonomy 同規 830b
homonym 同名 998d
homonymy 同義 830b
homophyly 歴史的相同 830b
homoplasy ホモプラシー, 成因的相同 830b, 1321a
homoproline ホモプロリン 1162a
Homo sapiens ホモ＝サピエンス 1319h
—— *sapiens neanderthalensis* ネアンデルタール人 1053c
—— *sapiens sapiens* 222e
Homoscleromorpha 同骨海綿綱 1554₂₅
Homosclerophorida 同骨海綿目 1554₂₆
homoserine ホモセリン 1320f
homosexual mating 同性配偶 987d
homosporangium 同形胞子囊 1296e
homospore 同形胞子 1295e
Homostelea 1559₁₆
homostrophic reflex 同方向屈曲反射 997e
homothallism ホモタリズム, 同体性, 同株性 1320g
Homothecium 1613₁₅
homothermism 定温性, 恒温性 431b
homothermy 定温性, 恒温性 431b
Homotrema 1664₁₀
homotropic effect ホモトロピック効果 45f
—— interaction 191d
homotypic division 同型分裂, 同型核分裂 423b
—— vacuole fusion and protein sorting 1438c
homotypy 同型 830b
homozygosis 同型 1320e
homozygote ホモ接合体 1320e
homunculus 小人 759b

Homungella 1587[29]
honest signal 正直なシグナル 568c
honey comb bag 蜂巣胃 1122c
―― dew 甘露 238b
―― guide ハニーガイド 1111b
Hongia 1557[46]
Hongiella 1539[20]
Honigbergiella 1630[4]
Honigbergiellida ホニックバーギエラ目 1630[4]
Hood, Leroy Edward フッド 1206h
hoof 蹄 936i
hook 鉤 660j, 750c
Hooker-Forbes' method フッカー-フォーブス法 394g
Hookeria 1640[39]
Hookeriaceae アブラゴケ科 1640[39]
Hookeriales アブラゴケ目 1640[34]
Hooker, Joseph Dalton フッカー 1205j
Hooke, Robert フック 1206b
Hooker, William Jackson 1205j
hook formation 鉤形形成 197d
Hoornsmania 1608[26]
Hopea 1650[27]
Hopetedia 1642[47]
Hopf bifurcation ホップ分岐 1467a
Hopkins-Cole reaction ホプキンス・コール反応 1013c
Hopkins, Frederick Gowland ホプキンズ 1318c
Hoplitophrya 1661[3]
Hoplocarida トゲエビ亜綱 1596[23]
Hoplonemertea 針紐虫綱 1580[47]
Hoplonympha 1630[19]
Hoplorhynchus 1661[22]
Hoppe-Seyler, Ernst Felix Immanuel ホッペ-ザイラー 1316[2]
HOPS 1438c
Hop stunt viroid ホップ矮化ウイロイド 1523[37]
Hordeivirus ホルデイウイルス属 1523[13]
Hordeum 1647[38]
horizontal axis 横軸 826a
―― cell 水平細胞 726a
―― cephalic furrow 頭縦溝 999k
―― distribution 水平分布 726d
―― evolution 水平進化 726c
―― gene transfer 水平遺伝子移動 726c
―― infection 水平感染 724d
―― migration 水平移動 85a
―― precipitation 水平降雨 116e
―― transmission 水平感染 726c
Hormiokrypsis 1608[30], 1608[31]
Hormiphora 1558[22]
Hormiscioideus 1606[37]
Hormisciomyces 1608[28]
Hormoconis 1610[47]
hormocyst ホルモシスト 1493b
hormogone 連鎖体 1493b
hormogonia 連鎖体 1493b
hormogonium 連鎖体 1493b
Hormographiella 1626[35]
Hormograptus 1562[42]
Hormomyces 1623[18]
hormone ホルモン 1329g
―― A ホルモンA 48f
Hormonema 1608[49], 1608[50]
hormone-protein ホルモン蛋白質 1330f
hormone receptor ホルモン受容体 1330a
―― response element ホルモンレスポンスエレメント 734b
Hormophysa 1657[47]
Hormotila 1635[37]
Hormotilopsis 1635[21]
horn 角 935g
―― core 角心 935g
Horneophyton 1641[42]
Hornschicht 表皮 1168[1]
horn sheath 角鞘 935g
horny layer 角化層, 角質層 1168i

―― scale 角鱗 212c
―― scute 角板 113c
―― sheath 角質鞘 348a
―― structure 角質形成物 203h
―― tooth 角質歯 204a
horotely ホロテリー 1330i
horsehair worms 類線形動物門 1481e
horseradish peroxidase ホースラディッシュペルオキシダーゼ 1313b
horses ウマ類 111a
horseshoe crab カブトガニ類 235a
―― kidney 馬蹄鉄腎 1108e
horsetails トクサ類 1001a
Hörstadius, Sven ヘールスタディウス 1280d
Hortaea 1608[43]
Hortega's cell オルテガ細胞 695h
horticultural science 園芸学 151f
horticulture 園芸学 151f
Horvitz, R. 1228d
Hosiea 1651[34]
Hosokawa's line 細川線 776d
hospital-acquired infection 院内感染 98d
hospitalism ホスピタリズム 1308e
host 仮親, 宿主, 寄主 286g, 632b, 869a
Hosta 1646[60]
host alternation 宿主変更, 宿主転換, 寄主転換 289b
―― cell reactivation 宿主細胞回復 632b
host-controlled modification 宿主支配性修飾 632f
―― restriction and modification 制限・修飾, 宿主支配性制限・修飾 749d
―― variation 宿主支配性変異 749d
host induced modification 宿主支配性修飾 632f
host-parasite interaction 寄主-寄生者相互作用 287a
―― relationship 宿主-寄生体相互関係 286g
host plant 寄主植物 286g
―― race ホストレース, 寄主品種 1178a
―― range 宿主域 632c
host-range mutation 宿主域変異 632c
host-specificity 宿主特異性 286g
Hostuviroid ホスタウイロイド属 1523[37]
host-vector system 宿主-ベクター系 632g
hot spot ホットスポット(突然変異の) 1316d
hot-spring organism 温泉生物 174a
house 包巣, 家 1140g, 1302g
―― keeping gene ハウスキーピング遺伝子 604j
housekeeping gene ハウスキーピング遺伝子 1091d
Houssay, Bernardo Alberto ウサイ 108c
Housseusia 1613[23]
Houttuynia 1645[34]
hovering 静止飛翔 755b
Howardella 1543[21]
Howell-Jolly body ハウエル-ジョリー小体 1091b
Howells, William White ハウエルズ 1091c
Howship's lacuna ハウシップ窩 1095d
Hox code Hox コード 1316a
―― gene cluster Hox 遺伝子群 1319a
―― genes Hox 遺伝子群 1319c
Hoya 1651[47]
Hoyosella 1536[32]
Hp ヘプヘスチン 1030a
HP1 119i
HPLC 高速液体クロマトグラフィー 454a
HPRT ヒポキサンチン-グアニンホスホリボシルトランスフェラーゼ 9f
H. pylori ピロリ菌 1548[17]
HR ハロロドプシン 1487f
Hrdlička, Aleš ヘリチカ 1279e
HRE ホルモンレスポンスエレメント, 低酸素応答配列 734b, 952a
HRGP ヒドロキシプロリンリッチ糖蛋白質 1157b
HRP ホースラディッシュペルオキシダーゼ 1313b
HSF 1056b
HSP 熱ショック蛋白質 1056b
HSP90β1 555g
HSR 1358a

5-HT　5-ヒドロキシトリプタミン　798h
HTH motif　ヘリックス＝ターン＝ヘリックスモチーフ　942b
HTLV　ヒト T 細胞白血病ウイルス　1155d
HTLV-associated myelopathy　HTLV 関連脊髄症　759d
HTU　仮想的分類単位　1508f
Huangshania　1606₂₈
Hubbardia　1592₂
Hubel, David Hunter　ヒューベル　**1164**c
Huber, Robert　フーバー　**1210**d
Hubrechtella　1580₄₅
Hudsonaster　1560₃₁
Hudson, William Henry　ハドソン　**1109**d
Hueidea　1611₅₅
Huf　蹄　936i
Hugh-Leifson's test　O-F 試験　983c
human　**1154**c
Human adenovirus C　ヒトアデノウイルス C　1515₁₃
Human alpha-lactoalbumin made lethal to tumor cell　1043b
human anatomy　人体解剖学　187d
—— artificial chromosome　701i
Human astrovirus　ヒトアストロウイルス　1522₄
human chorionic gonadotropin　ヒト絨毛性生殖腺刺激ホルモン　629j
Human corona virus　ヒトコロナウイルス　499d
human cytogenetic nomenclature　ヒト染色体命名法　**1155**c
Human cytomegalovirus　ヒトサイトメガロウイルス　519b
human embryo research　ヒト胚研究　**1156**b
Human enterovirus C　ヒトエンテロウイルス C　1521₁₇
human evolution　人類の進化　**716**d
—— factors　人間工学　**1047**g
—— genetics　人類遺伝学　**716**a
—— genome project　ヒトゲノムプロジェクト，ヒトゲノム計画　410g, **1155**b
Human herpesvirus 1　ヒトヘルペスウイルス 1　888h
Human herpesvirus 1　ヒトヘルペスウイルス 1　1514₅₂
Human herpesvirus 2　ヒトヘルペスウイルス 2　888h
—— *herpesvirus 3*　ヒトヘルペスウイルス 3　725d
Human herpesvirus 3　ヒトヘルペスウイルス 3　1514₅₃
Human herpesvirus 4　ヒトヘルペスウイルス 4　88e
Human herpesvirus 4　ヒトヘルペスウイルス 4　1515₂
—— *herpesvirus 5*　ヒトヘルペスウイルス 5　1514₅₁
—— *herpesvirus 6*　ヒトヘルペスウイルス 6　1514₅₈
Human herpesvirus 8　ヒトヘルペスウイルス 8 型　237l
human histocompatibility leukocyte antigen　HLA 抗原　119e
—— immunodeficiency virus　ヒト免疫不全ウイルス　118c, 429i, 1390a
Human immunodeficiency virus 1　ヒト免疫不全ウイルス 1　1518₅₂
humanized antibody　ヒト化抗体　**1154**h
—— mouse　ヒト化マウス　**1155**a
Human papillomavirus 1　ヒト乳頭腫ウイルス 1 型　1516₃₁
—— *papillomavirus 32*　ヒト乳頭腫（パピローマ）ウイルス 32 型　1516₉
—— *papillomavirus 4*　ヒト乳頭腫ウイルス 4 型　1516₁₃
—— *papillomavirus 41*　ヒト乳頭腫ウイルス 41 型　1516₃₃
—— *papillomavirus 5*　ヒト乳頭腫ウイルス 5 型　1516₁₁
—— *parechovirus*　ヒトパレコウイルス　1521₂₁
—— *parvovirus B19*　ヒトパルボウイルス B19　1518₁₁
—— *picobirnavirus*　ヒトピコビルナウイルス　1519₂₆
—— *respiratory syncytial virus*　ヒト RS ウイルス　1520₁₅
human T-lymphotropic virus　ヒト T 細胞白血病ウイルス　**1155**d
Humaria　1616₁₉
Humata　1643₆₂
Humboldt, Alexander von　フンボルト　**1253**c
humeral lobe　肩片　1493f
Humibacillus　1537₁₆
Humibacter　1537₂₃
humic acid　腐植酸　1203e
Humicoccus　1536₄₈
Humicola　1619₇
humic substance　腐植質　**1203**e
humidiherbosa　湿地草原　593j
humification　腐植化　**1203**d
Humihabitans　1537₁₇
humin　ヒューミン，フミン　1203e
Hummbrella　1633₃₃
humoral correlation　液性相関　**124**a
—— immunity　体液性免疫，液性免疫　528b, 1383j
—— pathology　体液病理学　1170a
—— theory　液性説　195d
Humulus　1649₄
humus　腐植質　**1203**e
—— podzol　腐植ポドゾル　1317b
hunger　飢餓　**278**c
—— drive　空腹動因　343i, 1406b
Hunt, Richard Timothy　ハント　**1125**c
hunter-gatherer　採集狩猟民　**512**g
Hunter, John　ハンター　**1123**h
Hunter syndrome　ハンター症候群　964e
Hunter, William　1123h
hunting behavior　狩猟行動　**649**a
hunting-gathering　狩猟採集　**649**b
hunting hypothesis　狩猟仮説　649b
—— reaction　ハンティング反応　276b
Hurler syndrome　ハーラー症候群　964e
husk　籾殻　117d
Hutchinson, George Evelyn　ハッチンソン　**1107**h
Hutchinsoniella　1594₄₆
Huxley, Andrew Fielding　ハクスリ　**1092**h
Huxley, Hugh Esmor　ハクスリ　**1092**i
Huxley, Julian Sorell　ハクスリ　**1092**j
Huxley's layer　ハクスリ層　384a
—— line　ハクスリ線　107e
Huxley, Thomas Henry　ハクスリ　**1092**k
HVJ　812l
Hwanghaeicola　1546₁
Hyacinthus　1646₆₀
Hyaena　1575₄₇
Hyaenodon　1575₄₄
Hyalangium　1547₅₈
Hyalinea　1664₁₀
hyaline cartilage　ガラス軟骨　1028a
—— layer　ガラス膜，透明層　384a, **998**f
—— membrane　透明膜　998f
Hyalodendron　1606₁, 1623₁₉
Hyalohelicomina　1606₃₈
Hyaloklossia　1661₃₃
Hyalolithus　1666₁₇
Hyalonema　1555₃
Hyaloperonospora　1654₁₁
Hyalopeziza　1614₅₈
Hyalophysa　1660₄₀
hyaloplasm　透明質　181c
Hyalopsora　1620₃₅
Hyalopycnis　1621₅₇
Hyaloraphidium　1603₆
Hyalorbilia　1615₄₆
Hyalorhinocladiella　1618₆₁
Hyaloria　1623₁₁
Hyaloriaceae　スイショウキン科　1623₁₁
Hyaloscypha　1614₅₈
Hyaloscyphaceae　ヒナノチャワンタケ科　1614₅₆
Hyaloselena　1665₃₉
Hyaloseta　1617₄₁
Hyalosphenia　1628₂₈
Hyalotheca　1579
Hyalotheles　1608₆₂
hyaluronan　ヒアルロナン　1129d
hyaluronate　ヒアルロネート　1129d
hyaluronic acid　ヒアルロン酸　**1129**d
hyaluronidase　ヒアルロニダーゼ　**1129**c
Hyatt, Alpheus　ハイアット　**1072**c
Hybalicius　1590₁₉
Hybocodon　1555₃₂

Hybocrinida ヒボクリヌス目 1560g
Hybocrinus 1560g
Hybodontiformes ヒボダス目 1564₄₀
Hybodus 1564₄₀
Hybogaster 1625₇
Hybogasteraceae ヒボガステル科 1625₇
hybrid 雑種 539f
── breakdown 雑種崩壊 211a
── cell 雑種細胞 539h
── dysgenesis 交雑発生異常 443k, 1130b
hybridization 交雑 443g
── of nucleic acid ハイブリダイゼーション（核酸の） 1088g
hybrid lethal 雑種致死 540b
hybridogenesis 雑種発生 646a
hybridoma ハイブリドーマ 1088h
hybrid sterility 雑種不稔性 540e
hybrid-type glycan 混成型糖鎖 137g
hybrid vigor 雑種強勢 539g
── weakness 雑種弱勢 539g
── zone 交雑帯 443j
Hydatella 1645₂₀
Hydatellaceae ヒダテラ科 1645₂₀
hydathodal cell 排水細胞 1081f
── hair 排水毛 1081f
hydathodal-trichome 排水毛 1081f
hydathode 排水組織, 水孔 720a, 1081f
hydatid 包虫, 水胞体 726f, 1302h
── disease 包虫症 290a
hydatidiform mole 胞状奇胎, 葡萄状奇胎 629i
hydatid mole 胞状奇胎 1301b
── of Morgani モルガーニ水胞体 726f
── sand 包虫砂 1302h
Hydatina 1583₅₈
hydatis 水胞体 726f
── Morgagnii モルガーニ水胞体 726f
Hydea 1619₂₀
Hydnaceae カノシタ科 1623₄₆
Hydnangiaceae ヒドナンギウム科 1626₃
Hydnangium 1626₃
Hydnellum 1625₂₅
Hydnobolites 1616₁₂
Hydnochaete 1624₁
Hydnocristella 1627₄₁
Hydnocystis 1616₁₉
Hydnodon 1625₃₀
Hydnodontaceae ヒドノドン科 1625₃₀
Hydnophlebia 1624₂₆
Hydnophytum montanum 34h
Hydnotrya 1616₅
Hydnum 1623₄₆
Hydra 1555₃₂
Hydractinia 1555₄₀
Hydraeomyces 1611₄₄
Hydramoeba 1628₂₅
Hydrangea 1651₃
Hydrangeaceae アジサイ科 1651₃
hydranth ヒドロ花 1158b
hydrarch succession 湿生遷移 593g
hydratase 水添加酵素 1355j
hydrature 水度 725c
hydraulic conductance 通水コンダクタンス 1356f
── conductivity coefficient 伝導係数 1356f
hydrazinolysis ヒドラジン分解 248a, 1156j
Hydrichthella 1555₃₃
Hydrilla 1646₄
hydro-anencephaly 水頭性無脳 1371a
hydrobiology 水生生物学 722c
Hydrobryum 1649₄₈
Hydrocarboniphaga 1550₂
hydrocaulus ヒドロ茎 1158b
Hydrocharis 1646₂
Hydrocharitaceae トチカガミ科 1646₃
Hydrochoerus 1576₅₅
hydrochory 水散布 553k

Hydroclathrus 1657₃₂
Hydrocleys 1646₁
hydrocoel 水腔, 水腔囊 720c, 924a
hydrocoelomic pouch 水腔囊 720c
Hydrocoleum 1541₃₆
Hydrocoryne 1555₃₃
Hydrocotyle 1652₄₆
Hydrodictyon 1635₂₆
hydroenterocoel 水腔 720c
hydrogen acceptor 水素受容体 970c
hydrogenase ヒドロゲナーゼ 1157f
hydrogen bond 水素結合 722h
── donor 水素供与体 970c
── flame ionization detector 水素炎イオン化検出器 219c
Hydrogenimonaceae ヒゴロゲニモナス科 1548₁₉
Hydrogenimonas 1548₁₉
Hydrogenivirga 1538₄₀
Hydrogenoanaerobacterium 1543₅₂
Hydrogenobacter 1538₄₁
Hydrogenobaculum 1538₄₁
Hydrogenophaga 1546₅₃
Hydrogenophilaceae ヒドロゲノフィルス科 1547₁
Hydrogenophilales ヒドロゲノフィルス目 1546₆₁
Hydrogenophilus 1547₁
hydrogenosome ハイドロゲノソーム 1086a, 1360b
Hydrogenothermaceae ヒドロゲノサーマス科, ヒドロゲノテルムス科 1538₄₄
Hydrogenothermus 1538₄₄
Hydrogenovibrio 1549₅₂
hydrogen-oxidizing bacteria 水素細菌 722i
hydroid ハイドロイド 913b
Hydroides 1585₁
hydroid polyp ヒドロポリプ 1158b
Hydrolagus 1564₃₀
hydrolase 加水分解酵素 219a
Hydrolea 1651₅₉
Hydroleaceae セイロンハコベ科 1651₅₉
Hydrolithon 1633₉
hydrolysis 加水分解, 水解 218c
hydrolytic enzyme 加水分解酵素 219a
hydromedusa ヒドロクラゲ 353h, 1158b
Hydromedusa 1568₁₈
hydromorphic fresh-water vegetation 水生淡水植生 823j
hydropathy ハイドロパシー 1086b
── plot ハイドロパシー・プロット 1086b
hydroperoxidase ヒドロペルオキシダーゼ 226b
Hydrophasianus 1571₅₃
hydrophilic atomic group 親水性原子団 1357e
── lipophilic balance 親水性-疎水性バランス 187i
Hydrophilus 1600₅₈
hydrophily 水媒 725g
Hydrophis 1569₄
hydrophobia virus 恐水病ウイルス 317c
hydrophobic amino acid 疎水性アミノ酸 841j
── atomic group 疎水性原子団 1357e
── bond 疎水結合 841i
── interaction 疎水的相互作用, 疎水相互作用 841i
── interaction chromatography 疎水性相互作用クロマトグラフィー 842a
hydrophobicity 疎水性 841j
── index 疎水性指標 1086b
Hydrophyllum 1651₅₀
hydrophyte 水生植物 722b
Hydropisphaera 1617₉
hydropolyp ヒドロポリプ 1158b
hydropore 水孔 720c
Hydropotes 1576₁₃
Hydropsyche 1601₂₉
Hydropteridaceae ヒドロプテリス科 1643₁₀
Hydropteris 1643₁₀
Hydropuntia 1633₄₅
Hydropus 1626₁₆
hydrorhiza ヒドロ根 1158a
Hydroscapha 1600₅₅

Hydrosera 1655₇
hydrosere 湿生系列, 湿生遷移系列 593g, 799c
hydrosphere 水圏 773a
hydrostatic organ 1072b
hydrothermal-vent community 熱水生物群集 **1056**c
hydrotropism 水分屈性 348h
Hydrovolzia 1590₃₁
17β-hydroxy-5α-androstan-3-one **604**l
3-hydroxyanthranilic acid 3-ヒドロキシアントラニル酸 **1156**f
D-3-hydroxybutyrate D-3-ヒドロキシ酪酸 409g
3-hydroxybutyrate dehydrogenase 3-ヒドロキシ酪酸脱水素酵素 409g
20-hydroxyecdysone 20-ヒドロキシエクジソン 126c
hydroxylamine ヒドロキシルアミン 195e
hydroxylase 水酸化酵素 **721**b
5-hydroxylysine 5-ヒドロキシリジン **1157**e
5-hydroxymethylcytosine 5-ヒドロキシメチルシトシン **1157**d
hydroxymethylglutaryl CoA ヒドロキシメチルグルタリル CoA **1157**c
hydroxymethylglutaryl-CoA lyase HMG-CoA リアーゼ, ヒドロキシメチルグルタリル CoA リアーゼ 409g
hydroxynervon ヒドロキシネルボン 241h
1-(p-hydroxyphenyl)-2-aminoethanol 164e
p-hydroxyphenylethylamine p-ヒドロキシフェニルエチルアミン 930c
7α-hydroxypregnenolone 7α-ヒドロキシプレグネノロン **1156**i
hydroxyproline ヒドロキシプロリン **1157**a
hydroxyproline-rich glycoprotein ヒドロキシプロリンリッチ糖蛋白質 **1157**b
3-hydroxypropionate cycle 3-ヒドロキシプロピオン酸回路 891b
hydroxypyruvate reductase ヒドロキシピルビン酸リダクターゼ 360a[図]
Δ⁵-3β-hydroxysteroid dehydrogenase Δ⁵-3β-ヒドロキシステロイド脱水素酵素 **1156**g
17β-hydroxysteroid dehydrogenase 17β-ヒドロキシステロイド脱水素酵素 **1156**h
5-hydroxytryptamine 5-ヒドロキシトリプタミン 798h
β-hydroxytyramine β-ヒドロキシチラミン 164e
Hydrozetes 1591₄
Hydrozoa ヒドロ虫綱, ヒドロ虫類 **1158**b, 1555₂₅
hydrula ヒドルラ **1156**e
Hydrurales ミズオ目 1656₃₁
Hydrurus 1656₃₁
Hydryphantes 1590₃₁
Hyenia 1642₂₅
Hyeniales ヒエニア目 1642₂₅
hygrine ヒグリン 1240b
Hygroaster 1626₄₈
Hygrobates 1590₃₁
hygrocoles 湿生動物 593f
Hygrocybe 1626₅
hygromycin B ハイグロマイシン B 30a
hygrophilic 好湿性 593l
Hygrophoraceae ヌメリガサ科 1626₄
Hygrophoraopsidaceae ヒロハアンズタケ科 1627₁₈
Hygrophoropsis 1627₁₈
Hygrophorus 1626₅
hygrophyte 湿生植物 **593**f
hygroreceptor 湿度受容器 593l
hygroscopic movement 乾湿運動 **262**b
—— water 吸湿水 1004b
Hyla 1567₅₆
Hylemonella 1546₅₃
Hyleoglomeris 1593₁₂
Hylobates 1575₄₀
Hylocomiaceae イワダレゴケ科 1641₂
Hylocomium 1641₂
Hylomys 1575₆
Hylonomus 1568₁₀
Hylotelephium 1648₂₃
Hymedesmia 1554₄₃

hymen 処女膜 **680**b
Hymenasplenium 1643₃₉
Hymenaster 1560₄₄
Hymenelia 1612₃₂
Hymeneliaceae ヒメネリア科 1612₃₂
Hymeniacidon 1554₄₅
hymenial cystidium 子実層囊状体 1064b
Hymeniastrum 1663₁₆
hymenium 子実層 **577**b
Hymenobacter 1539₂₄
Hymenocaris 1596₅
Hymenochaetaceae タバコウロコタケ科 1623₅₉
Hymenochaetales タバコウロコタケ目 1623₅₈
Hymenochaete 1624₂
Hymenogaster 1626₄
Hymenomonas 1666₂₄
Hymenomycetes 帽菌類 **1293**d
Hymenopellis 1626₂₈
Hymenophyllales コケシノブ目 1642₄₅
Hymenophyllum 1642₄₇
Hymenophytaceae コケシノブダマシ科 1637₂₉
Hymenoptera ハチ目, 膜翅類 1601₄₅
Hymenopterida 膜翅上目 1601₄₄
Hymenoscyphus 1614₅₁
Hymenostilbe 1617₄₄
Hymenostomatia 膜口亜綱 1660₃₅
Hymenostraca 1596₂₁
Hynobius 1567₄₂
Hyocrinus 1560₁₃
hyoid arch 舌弓, 舌骨弓 1020i, 1020k
—— cartilage 舌軟骨 1020k
—— cavity 舌骨腔 981b
—— mesoderm 舌骨中胚葉 994d
hyomandibular 舌顎軟骨 1020k
—— cleft 舌顎裂 534d
dl-hyoscyamine *dl*-ヒオスシアミン, *dl*-ヒヨスチアミン 21e
hypanthium ヒパンチウム **1159**e
hypanthodium イチジク状花序 **71**f
Hypechiniscus 1588₁₀
hyperactivation 超活性化 639e, 754d
Hyperbelgesetz 双曲線法則 571a
hypercalcified sponges 硬骨海綿類 **442**h
hyperchromic effect 増色効果, 濃色効果 **1064**e
Hyperdermium 1617₂₂
Hyperdevescovina 1630₁₂
hyperemia 充血 **621**f
hypereutrophy 過栄養 1186j
hyperfine structure 超微細構造 970a
hyperglycemia 高血糖 **437**f
hyperglycemic hormone 血糖上昇ホルモン **407**c
hypergraph 超グラフ 678j
hyperhydricity ガラス化 **241**g
Hyperia 1597₁₆
Hypericaceae オトギリソウ科 1649₄₉
Hypericum 1649₄₉
hyper IgM syndrome 高 IgM 血症 117c
Hyperiidea クラゲノミ亜目 1597₁₆
hypermastigids 超鞭毛虫類 **1194**a
hypermastism 過剰乳房 1043c
hypermetaboly 過変態 503d
hypermetamorphosis 過変態 503d
hypermetropia 遠視 349a
hypermnesia 記憶増進 278a
hypermorphosis 過形成 **212**j, 828b
Hyperodapedon 1569₁₀
Hyperolius 1567₅₇
hyperopia 遠視 349a
hyperosmotic regulator 高浸透調節型動物 711a
—— solution 高浸透液 987b
hyperparasite 高次寄生者 446a
hyperparasitic fungi 重複寄生菌類 337d
hyperparasitism 高次寄生 **446**a
Hyperphyscia 1613₂₅
hyperplasia 増生, 過形成 **212**j, **828**b

hyperplasy 増生 **828b**
hyperploidy 高数性, 高異数倍数性 66g
hyperpneustic 過気門 301f
hyperpnoea 過呼吸 458g
hyperpolarization 過分極 876a
hyperpyrene spermatozoon 過剰核精子 62b
hypersensitive reaction 過敏感反応 **234e**
hypersensitivity 過敏症 **234f**
hypertension 高血圧 395a
hyperthermophile 超好熱菌 461h
Hyperthermus 1534₁₁
hypertonic 高張性 459d
—— solution 高張液 **459d**
hypertrehalosemic hormone トレハロース上昇ホルモン 407c
hypertrophic lake 過栄養湖 1187a
hypertrophy 肥大 **1149b**
hypertypic regeneration 過剰再生 1146e
hyperuricemia 高尿酸血症 934g
hypervitaminosis A ビタミンA過剰症 1150a
hypha 菌糸 **335d**
hyphal analysis 菌糸分析 336d
—— body ハイファル・ボディ, 分節菌体 **1249g**
—— cord 菌糸束 335d
hyphalmyroplankton 汽水ブランクトン 1220e
hyphal system 菌糸組織型 336d
Hyphantria 1601₄₁
Hyphochytridiales サケツボカビ目 1653₃₈
Hyphochytridiomycetes サケツボカビ綱 1653₃₇
Hyphochytridiomycota サケツボカビ門 1653₃₂
Hyphochytrium 1653₃₈
Hyphochytriomycetes サケツボカビ類 **535c**
Hyphochytriomycota サケツボカビ類 **535c**
Hyphoderma 1624₂₆
Hyphodermella 1624₃₃
Hyphodontia 1624₆
Hyphomicrobiaceae ヒフォミクロビア科 1545₃₆
Hyphomicrobium 1545₃₈
Hyphomonadaceae ヒフォモナス科 1545₁₆
Hyphomonas 1545₁₆
Hyphomucor 1603₄₂
Hyphopichia 1606₁₂
hyphopodium 菌足 **338c**
Hyphozyma 1614₃₀
Hypnaceae ハイゴケ科 1640₆₀
Hypnales ハイゴケ目 1640₄₂
Hypnanae ハイゴケ上目 1640₂₆
Hypnea 1633₂₄
Hypnodendraceae キダチゴケ科 1640₃₁
Hypnodendrales キダチゴケ目 1640₃₇
hypnospore 休眠胞子 **314b**
hypnotic drug 睡眠薬 450f
Hypnum 1640₆₀
hypoascidium 下面杯葉 1064c
Hypoatherina 1566₃₁
hypobaropathy 高山病 **445d**
hypoblast ハイポブラスト, ヒポブラスト, 原内胚葉, 胚盤葉下層 72g, 1088b
hypobranchial 下鰓節 1020k
—— groove 鰓下溝 **507g**
—— muscles 鰓下筋群 **507f**
hypobranchials 下鰓節 1020i
hypocerebral ganglion 脳下神経節 178g, 836m
hypochile 下唇 **217h**
Hypochnicium 1624₂₆
hypochorda 下索 **214d**
hypochordal rod 脊索下体 214d
hypochromic effect 淡色効果, 減色効果 **889b**
Hypochthonius 1590₅₆
hypocingulum 下半殻帯 1132f
Hypocoma 1659₄₀, 1659₄₁
Hypocomatida ヒポコマ目 1659₄₀
Hypocomatidium 1659₄₂
Hypocomella 1659₄₂
Hypocomides 1659₄₂

hypocone 下錐 108g
hypocotyl 胚軸 **1079j**
Hypocrea 1617₂₆
Hypocreaceae ボタンタケ科 1617₂₆
Hypocrelales ボタンタケ目 1617₆
Hypocrella 1617₁₆
Hypocreomycetidae ボタンタケ亜綱 1616₅₀
Hypocreopsis 1617₂₇
hypocretin ヒポクレチン 172h
Hypoctonus 1591₅₉
Hypodematiaceae キンモウワラビ科 1643₅₂
Hypodematium 1643₅₂
Hypoderma 1615₂₈
hypodermal cord 縦走索 **625e**
hypodermic impregnation 皮下受精 **1134f**
hypodermis 下皮, 皮下組織, 真皮 **234a**, **712h**, **1134c**
Hypodontiaceae ヒポドンティア科 1639₃₈
Hypoechinorhynchus 1579₁₀
hypogammaglobulinemia 低γ-グロブリン血症 **949l**, 1367i
Hypogexenus 1593₂
hypoglossal nerve 第十二脳神経, 舌下神経 1064f
—— nerve nucleus 舌下神経核 1064f
Hypoglossum 1633₅₁
hypoglycemia 低血糖 **950c**
hypoglycin A ヒポグリシンA **1162f**
Hypogymnia 1612₄₅
hypogyny 子房下生 581c
hypohydrogamy 水中媒 725g
hypohyoid muscles 舌骨下筋群 507f
Hypolepis 1643₂₈
hypolimnion 深水層 718f
hypomere 下分節 152e
hypomorph ハイポモルフ 865b
Hypomyces 1617₂₇
hyponasty 下偏成長 664f
Hyponectria 1619₃₆
Hyponectriaceae ヒポネクトリア科 1619₃₆
hyponome 1499g
hypoosmotic regulator 低浸透調節型動物 711a
hypopharynx 下咽頭 **192c**
Hypophysengang 下垂体道 313c
hypophysis 下垂体, 原根層 **217j**, **420e**
—— caudalis 尾部下垂体 1063h
—— cerebri 脳下垂体 217j
hypoplankton 底層プランクトン 1220e
hypoplasia 形成不全 **389d**
hypoplasy 形成不全 **389d**
hypoploidy 低数性, 低異数倍数性 66g
Hypopterygiaceae クジャクゴケ科 1640₃₅
Hypopterygium 1640₃₅
Hyporhamphus 1566₃₂
hyposensitization 減感作 **416k**
hyposmotic solution 低浸透液 987b
Hypospillina 1618₃₈
hypostasis 血液沈降 604e
hypostatic 139f
hypostome 口丘, 口円錐 1158b
hypostracum 殻下層 177i
hypostroma 皮下座, 脚子座 574e
hypothalamo-hypophysial neurosecretory system 視床下部-下垂体神経分泌系 **579f**
—— system 視床下部-下垂体系 579b
hypothalamus 視床下部 **579a**
—— hormone 視床下部ホルモン 579f
hypothallus 変形膜 **1285f**
hypotheca 下半被殻 1132f
hypothecium 子実下層 603e
hypothermia 低体温 56d
hypotonic solution 低張液 459d
Hypotrachyna 1612₄₅
Hypotrichia 下毛類亜綱 1658₁₇
Hypotrichidium 1658₂₉
Hypotrichomonadea ヒポトリコモナス綱 1629₃₇
Hypotrichomonadida ヒポトリコモナス目 1629₃₈
Hypotrichomonas 1629₃₈

hypotypic regeneration　過少再生　1146e
hypovalve　下殻, 下殻　1132f
Hypoviridae　ハイポウイルス科　1522₃₁
Hypovirus　ハイポウイルス属　1522₃₂
hypovolemia　血液減量症　1177h
hypoxanthine　ヒポキサンチン　**1162**e
hypoxanthine-guanine phosphoribosyltransferase　ヒポキサンチン-グアニンホスホリボシルトランスフェラーゼ　9f, 934g, 1489a
hypoxia-inducible factor　低酸素誘導因子　952a
hypoxia-responsive element　低酸素応答配列　952a
hypoxic response　低酸素応答　**952**a
Hypoxidaceae　キンバイザサ科　1646₅₀
Hypoxis　1646₅₀
Hypoxylon　1619₄₄
Hypseloconus　1581₃₃
Hypselodoris　1584₁₅
Hypsibius　1588₁₇
Hypsilophodon　1570₃₂
Hypsipetes　1572₅₃
Hypsiprymnodon　1574₂₈
Hypsizygus　1626₁₁
hypsodont　高歯冠性　111a
Hypsogastropoda　1583₄₀
hypsophyll　高出葉　**447**d
Hypsostroma　1607₂
Hypsostromataceae　ヒプソストロマ科　1607₅₃
Hyracoidea　岩狸目　1574₃₉
Hyracotherium　1576₂₈
hystelostele　退行中心柱　424e
Hysterangiaceae　ヒステランギウム科　1627₄₄
Hysterangiales　ヒステランギウム目　1627₄₂
Hysterangium　1627₄₅
Hysteriaceae　モジカビ科　1607₉
Hysteriales　モジカビ目　1607₈
Hysterium　1607₁₀
Hysterocineta　1660₃₃
Hysterodiscula　1615₂₈
Hysterographium　1607₁₀
Hysteropatella　1607₁₀
Hystrichaspis　1663₃₂
Hystricognathi　ヤマアラシ顎下目　1576₅₃
Hystricomorpha　ヤマアラシ亜目　1576₅₀
Hystrix　1576₅₅
Hyunsoonleella　1539₄₄

I

I　イノシン, ヨウ素　88b, 1425i
"I3-like viruses"　I3様ウイルス　1514₄
IA　粘着　1314d
IAA　インドール-3-酢酸　97f
Iamia　1536₂₀
Iamiaceae　イアミア科　1536₂₀
Ianiropsis　1596₅₃
Ianthasaurus　1573₈
IAP　インスリン分泌活性化蛋白質　1163d
── element　IAP因子　1489f
── family　IAPファミリー　**1**b
iatrochemistry　医化学　**58**c
iatrophysics　医理学　58c
Ibacus　1597₅₈
I band　I帯　**2**a
Iberomesornis　1570₄₁
Iberomesornithiformes　イベロメソルニス目　1570₄₁
Ibidorhyncha　1571₅₃
Ibla　1595₄₆
Iblomorpha　1595₄₆
ibotenic acid　イボテン酸　692c
Icacinaceae　クロタキカズラ科　1651₃₄
Icacinales　クロタキカズラ目　1651₃₃
ICAM　**1**d
Icaronycteris　1575₁₄

ice age　氷河時代　**1165**c
── algae　アイスアルジー　**1**h
── microalgae　アイスアルジー　**1**h
── nucleus　氷核　**1165**b
Icerya　1600₃₁
ice structuring protein　氷構造化蛋白質　1208i
Ichneumon　1601₄₉
ichnite　476e
ichnofamily　生痕科　750d
ichnofossil　生痕化石　**750**d
ichnogenus　生痕属名　750d
ichnology　化石足痕学　476e
ichnospecies　生痕種小名　750d
Ichnovirus　イクノウイルス属　1516₅₃
Ichtadenovirus　イクトアデノウイルス属　1515₁₂
Ichthyodectiformes　イクチオデクタス目　1565₄₇
Ichthyodinium　1661₄₅
ichthyology　魚類学　994g
Ichthyophis　1567₃₄
Ichthyophonida　イクチオフォヌス目　1552₃₄
Ichthyophonus　1553₂
Ichthyophthirius　白点虫　1660₃₈
Ichthyopsida　魚形類　**329**a
ichthyopsids　魚形類　**329**a
ichthyopterygium　鰭形肢　180g
Ichthyornis　1570₄₉
Ichthyornithiformes　イクチオルニス目　1570₄₉
Ichthyosauria　魚竜下綱, 魚竜類　**330**b, 1568₂₆
Ichthyosaurus　1568₂₇
ichthyosis　魚鱗症　**330**c
── vulgaris　尋常性魚鱗癬　330c
Ichthyosporea　イクチオスポレア綱　1552₃₁
Ichthyostega　イクティオステガ　**61**a, 1567₁₄
Ichthyostegalia　イクチオステガ目　1567₁₄
ichtylepidin　イクチュルエピジン　458f
Icmadophila　1614₁₉
Icmadophilaceae　アオシモゴケ科　1614₁₉
iconic model　画像モデル　1398c
icosahedral symmetry　正二十面体様対称性　**769**d
icosapentaenoic acid　イコサペンタエン酸　117j
ICR 170　8b
ICSH　間質細胞刺激ホルモン　160f
ICSI　顕微授精　758g
Ictalurid herpesvirus 1　アメリカナマズヘルペスウイルス1　1514₄₆
Ictalurivirus　イクタルリウイルス属　1514₄₆
icterus　黄疸　1173c
Icterus　1572₅₃
Icthyobodo　1631₃₃
Icthyodectus　1565₄₇
Ictidorhinus　1573₁₇
ICTV　国際ウイルス分類委員会　103b
Id　イド　961c
Idaeovirus　イデオウイルス属　1523₂₁
Idant　イダント　961c
IDC　指状嵌入細胞　635f
ideal chain　理想鎖　1448f
── free condition　理想自由状態　1456c
── free distribution　理想自由分布　**1456**c
── plant type　原植物　**422**b
identical by descent　同祖的　399a
── by state　399a
── twins　同型双生児　828e
identification　同定　**991**c
Ideonella　1546₄₁
Idesia　1649₅₂
I_s-index　I_s指数　1252b
idioblast　異型細胞　**61**f
idiogram　イディオグラム　200h
Idiomarina　1548₄₃
Idiomarinaceae　イディオマリナ科　1548₄₃
Idionympha　1630₁₉
idiopathic acquired hemolytic anemia　後天的特発性溶血性貧血　1421b
idioplasm　イディオプラズマ　**76**e

Idioplasma イディオプラスマ **76**e
Idiosepius 1583₁₄
idiosome イディオソーム **76**c
idiotope イディオトープ 76d
Idiotubus 1562₃₉
idiotype イディオタイプ 46d, **76**d, 1386a
Idiozetes 1591₉
Idnoreovirus イドノレオウイルス属 1519₄₃
Idnoreovirus 1 イドノレオウイルス 1 1519₄₃
Idotea 1597₃
Idriella 1614₅₁
L-iduronic acid L-イズロン酸 113f, 1273c
α-L-iduronidase α-L-イズロニダーゼ 964e
IEF 等電点電気泳動法 992b
I element I 因子 1130b
IF 内因子, 抑制因子, 翻訳開始因子 579b, 1019b, 1332b
Iflaviridae イフラウイルス科 1521₁₀
Iflavirus イフラウイルス属 1521₁₀
IFN インターフェロン 96a
Ig 免疫グロブリン 1386a
IGC クロマチン間顆粒群 205g
IGF インスリン様成長因子 95c
—— binding protein 1f
IGFBP 1f
IGF signal IGF シグナル **1**f
IgG 705a
Ignarro, L. 1180a
Ignatius 1634₂₁
Ignatzschineria 1550₅
Ignavibacteria イグナヴィバクテリア綱 1540₂₇
Ignavibacteriaceae イグナヴィバクテリア科 1540₂₉
Ignavibacteriales イグナヴィバクテリア目 1540₂₈
Ignavibacterium 1540₂₉
Ignavigranum 1543₅
Ignicoccus 1534₈
Ignisphaera 1534₉
Ignotocoma 1659₄₂
Iguana 1568₄₁
Iguania イグアナ下目 1568₄₀
Iguanodon イグアノドン 323i, 1570₃₂
IH 抑制ホルモン 579b
IHD 虚血性心疾患 998b
Ihh 1269c
IJP 抑制性接合部電位 1429g
Ijuhya 1617₉
Ikeda 1586₁
IL インターロイキン, インターリューキン 518b
Ilarvirus イラルウイルス属 1522₁₂
Ile イソロイシン 69h
Ileodictyon 1627₅₂
ileum 回腸 661a
Ilex 1652₂₆
iliac vein 腸骨静脈 **921**e
ilium 腸骨 589d
Illaenina 1588₄₀
Illaenurus 1588₄₁
Illaenus 1588₄₀
illegitimate name 非合法名 959e
—— recombination 非正統的組換え, 非相同組換え 82i, 1148h
Illicium 1645₂₆
Illigera 1645₄₆
Illiosentis 1579₁₀
illness 病, 病気 **1165**f
illusion 錯覚 **538**h
Ilsiella 1660₁₂
Iltovirus イルトウイルス属 1514₅₀
Ilumatobacter 1536₁₉
Ilyobacter 1544₃₁
image analysis 画像解析(電子顕微鏡の) **224**d
—— diagnostic engineering 画像診断工学 **224**e
image-forming eye 像形成眼 **823**g
—— vision 画像形成視覚 558k
imaginal bud 成虫芽 765c
—— disc 成虫原基, 成虫盤, 胚盤 765c, **765**d, **1087**d

—— disk 成虫原基 **765**c
—— molt 羽化, 成虫脱皮 **107**f
imago 成虫 **765**a
Imaia 1616₁₀
Imantonia 1666₁₈
Imazekia 1616₃₈
imbricate 瓦状, 覆瓦状 232h, **1193**j
Imbricatea インブリカテア綱 1665₃₆
imidodipeptidase イミジペプチダーゼ 1240d
imino acid イミノ酸 28a
iminodipeptidase イミノジペプチダーゼ 1240a
imitation 模倣 **1399**f
immature teratoma 未熟型奇形腫 282d
—— wood 未成熟材 **1357**f
immediate hypersensitivity 即時型過敏反応 234f
—— type hypersensitivity 即時型過敏反応 836d
Immersaria 1613₉
immersed aquatic plant 沈水植物 **933**d
immigration 移住, 移入 86d, 678g
imminourea イミノ尿素 342a
immobilization 有機化 **1406**g
immobilized biocatalyst 固定化生体触媒 484e
—— enzyme 固定化酵素 **484**g
immortalization of cell 細胞不死化 **531**a
immovable joint 不動結合 266a
immune adherence 免疫粘着, 粘着 1314d, **1389**c
—— complex 免疫複合体 1313l, **1389**c
immune-complex disease 免疫複合体病 811f
immune-electron microscopy 免疫電顕法 **1389**a
immune hemolysis 免疫溶血反応 1421d
—— proteasome 免疫プロテアソーム **1390**b
—— response 免疫応答 **1384**a
—— serum 免疫血清 457b
—— surveillance 免疫監視 **1385**c
immunity 免疫, 免疫性(溶原菌の) **1383**j, **1388**d
—— substance 免疫性物質 1461f
immunization 免疫化 **1385**a
immunobiology 免疫生物学 1385b
immunoblotting イムノブロッティング **89**d
immunochromatographic assay イムノクロマト法 **89**c
immunocompetent cell 免疫担当細胞 **1388**e
immunocyte 免疫細胞 1388e
—— adherence 免疫細胞粘着 1389c
immunodeficiency 免疫不全 **1389**f
—— virus 免疫不全ウイルス **1390**a
immunodominant epitope 免疫優性決定基 438c
immunoelectrophoresis 免疫電気泳動 414i
immunofluorescence method 免疫蛍光法 **1388**a
immunogen 免疫原 **1388**b, 1388c
immunogenicity 免疫原性 437g, **1388**c
immunoglobulin 免疫グロブリン 457b, **1386**a
—— fold 免疫グロブリンフォールド **1191**f
—— genes 免疫グロブリン遺伝子 **1386**b
—— heavy chain-binding protein 免疫グロブリン H 鎖結合蛋白質 1153g
—— superfamily 免疫グロブリンスーパーファミリー **1387**c
immunohemolysin 免疫溶血素 1421c
immunological classification 免疫学的分類 405d
—— memory 免疫記憶 1383j, **1385**d
—— memory T cell B 細胞, 免疫記憶 T 細胞 **1385**e
—— paralysis 免疫パラリシス **1389**d
—— recognition 免疫的認識 1048a, **1388**h
—— self-tolerance 免疫学的自己寛容 1383j
—— surveillance 免疫監視 **1385**c
—— tolerance 免疫トレランス **1389**b
immunology 免疫学 **1385**c
immunophilin イムノフィリン 1274a
immunoprecipitation 免疫沈降 **1388**f
—— reaction 免疫沈降反応 1388f
immunoproteasome 免疫プロテアソーム **1390**b
immunosuppression 免疫抑制 **1390**c
immunosuppressive agent 免疫抑制剤 **1390**d
immunosympathectomy 免疫の摘出 **1388**g
5'-IMP 5'-イノシン酸 203a

IMP 5'-イノシン酸, イノシン酸 88c, 127h
imparipinnatus 奇数羽状 1200h
Impatiens 1651₇
Imperata 1647₃₉
imperfect annulus 不完全環帯 269e
—— flower 不完全花 267e, 889h
—— fungi 不完全菌類 1193f
—— stage 不完全世代 1193f
implantation 着床 908n
imported infectious disease 輸入感染症 1417d
importin インポーティン 100c
impression fossil 印象化石 222c
imprinting 刷り込み 742f
improved breed 改良品種, 育成品種 534b
—— variety 改良品種, 育成品種 534b
impulse インパルス 98f
—— response インパルス応答 232c
Imshaugia 1612₄₅
IMViC tests イムヴィック試験 89b
inactivation 不活化, 不活性化, 失活 230b, 455a, **1192g**
—— cross-section 不活性化断面積 1193a
inactive sudoriferous gland 不能汗腺 1160g
inactivity 不活動性, 不活性 228c
INAH イソニアジド, イソニコチン酸ヒドラジド 196h, 736g
inanition 飢餓 278c
inborn error of metabolism 先天性代謝異常 816b
inbred line 近交系 333g
—— mouse 近交系マウス 333e
inbreeding 同系交配, 近親交配 337b, **979**g
—— coefficient 近交係数 333d
—— depression 近交弱勢 333f
incentive 誘因 1406g
incest インセスト 95f
—— avoidance インセスト回避 95f
—— taboo インセストタブー 95f
incidence 発生率 1452h
incidental host 付随宿主, 偶棲宿主 632b
incipient drying 初発乾燥 558c
—— species 発端種 1316c
—— wilting 初発しおれ, 初発凋萎 558c
incisional biopsy 切開生検 1075b
incisor 切歯 1069h
inclusion body 封入体 351d, **1186**h
inclusive fitness 包括適応度 **1292**h
—— fitness effect 包括適応度効果 1292h
incompatibility 不和合性 **1240**i
incompatible 不親和 935b
—— blood transfusion 不適合輸血 396a
incomplete adjuvant 不完全アジュバント 1230a
—— dominance 不完全優性 1410a
—— flower 非完備花 267e
—— metamorphosis 不完全変態 503d
—— parasitism 不完全寄生 657h
—— particle 不完全粒子 263h
—— penetrance 不完全浸透度 711b
—— regeneration 不完全再生 1146e
—— virus 不完全ウイルス 1193f
increased susceptibility to infection 易感染性 59e
Incrustocalyptella 1625₅₈
incubation medium 浸漬液 841a
—— period 潜伏期 817j
incubator インキュベーター, 孵卵器, 定温器, 恒温器 92h
incubous 倒覆瓦状 1193j
incudomallear articulation 砧槌関節 911e
incumbent 倚位 835a
incurrent canal 流入溝 720e
incus 砧骨, 砧骨 97c, 911e
indefinite bud 不定芽 1207f
—— inflorescence 無限花序 216b
indehiscent fruit 閉果 1258f
independent 離生 1455i
—— effector 独立効果器 1002f
indeterminate cleavage 非決定的卵割 406g

—— growth 無限成長 765f
—— plant 中性植物 915b
index case 発端者 1316b
—— fossil 示準化石 578d
—— of population trend 個体数増減指数 827a, 1287e
—— species 指標種 605c
Indian citrus ringspot virus 1521₄₂
Indian hedgehog 1269c
Indibacter 1539₂₀
indicator 指示薬 578b
Indicator 1572₃₆
indicator bacteria 指示菌 576c
—— plant 指標植物 605c
—— solution method 指示液稀釈法 712d
—— species 指標種 605c
indifferent electrode 不関電極 985e
—— zone 不関帯 363a
indigenous 自生 584e
Indigenous Australians オーストラリア先住民 165g
indigenous species 在来種 191a
indigo インジゴ 93e
indigotin インジゴチン 93e
indirect development 間接発生 928d, 1286j
—— effect 間接効果 **266**c, 583c
—— gradient analysis 間接環境傾度分析 256f
—— interaction 間接的相互作用, 間接相互作用 266c, 772A
—— mRNA complexity 間接的mRNA複雑度 411c
—— mutualism 間接的相利共生 266c
—— photoreactivation 間接光回復 267a
—— reciprocity 間接互恵性 266d
—— template theory 間接鋳型説 686h
indispensable amino acid 不可欠アミノ酸 **1192**d
—— gene 必須遺伝子 1091d
individual 個体, 個物 477d, 586b
—— based model 個体ベースモデル **479**c, 701h
—— distance 個体距離 477e
—— endodermis 自立内皮 1022a
—— fitness 個体の適応度 1292h
individualistic concept 個別概念, 個別説, 群集構成の個別概念 381f, 672a, 676c
individuality 個体性 478f
individual recognition 個体認知 1048a
—— selection 個体淘汰 399b, **479**a
individuation 個性化 255c
indo-australisches Reich インド-オーストラリア界 1027c
indolamine 2, 3-dioxygenase インドールアミン2, 3-酸素添加酵素 1013c
indole-3-acetic acid インドール-3-酢酸 97f
indoleacetic acid oxidase インドール酢酸酸化酵素 98a
indoleacetylaspartate インドールアセチルアスパルテート 402b
indoleacetylglucose インドールアセチルグルコース 402b
indol formation インドール生成 98b
—— production インドール生成 98b
Indo-Pacific region インド-太平洋区 97c
indophenol oxidase インドフェノール酸化酵素 600a
Indo-West Pacific region インド-西太平洋区 97c
Indri 1575₂₅
Induan インドゥアン階 550f
induced defense 誘導防御 1413d
—— DNA bending DNAの曲がり 1510e
—— dormancy 誘導休眠 313e, 633g
—— fit theory 誘導適合説 455e
—— mutation 誘発突然変異 1006a, **1414**d
—— mutation rate 誘発突然変異率 1006e
—— pluripotent stem 2d
inducer 誘導物質, 誘導者 1413a, 1413c
inducible defense 誘導防御 1413d
—— enzyme 誘導性酵素 1413b
—— phage 誘発性ファージ 1414b
inducing factor 誘導因子 1413c
—— protein 誘導蛋白質 892g
—— substance 誘導物質 1413c
induction 誘導, 誘発(プロファージの) 752c, 862b, **1412**g,

1414b
―― phase of photosynthesis　光合成の誘導期現象　442b
inductive statistics　推計学　719f
inductor　誘導者　1413a
indusium　包膜, 胞膜　1303h
industrial crops　工芸作物　537f
―― melanism　工業暗化　436d
inequal coeloblastula　不等葉有腔胞胚　1407j
―― stereoblastula　不等葉無腔胞胚　1369c
inert chromosome　不活性染色体　1193b
infanticide　子殺し　474a
infarct　梗塞　453g
infauna　インファウナ, 埋在動物　1019j, 1287i
infected plant　保毒植物　1317a
infection　感染　267c
―― control　感染制御　268c
Infectious bursal disease virus　伝染性ファブリキウス嚢病ウイルス　1519₆
infectious cDNA　感染性 cDNA　268b
―― center　感染中心　268d
―― disease　感染症　267g
Infectious flacherie virus　伝染性軟化病ウイルス　1521₁₀
―― *hematopoietic necrosis virus*　伝染性造血器壊死症ウイルス　1520₂₀
infectious mononucleosis　伝染性単核症　88e
―― nucleic acid　感染性核酸　268b
Infectious pancreatic necrosis virus　伝染性膵臓壊死症ウイルス　1519₄₁
―― *salmon anemia virus*　伝染性サケ貧血ウイルス　1520₄₁
―― *spleen and kidney necrosis virus*　伝染性脾臓腎臓壊死症ウイルス　1515₅₂
infective center　感染中心　268d
―― larva　感染幼虫　1143i
inferential statistics　推測統計学　719f
inferior indusium　下位包膜　1303h
―― larynx　下喉頭　1374e
―― mesenteric vein　下腸間膜静脈　920e
―― ovary　子房下位　581c
Inferostoma　1659₂₀
infertility　不育　1209g
infiltration　浸潤　704a
inflammasome　インフラマソーム　99d
inflammation　炎症　152g
inflammatory granuloma macrophage　炎症部位肉芽腫マクロファージ　1339h
Inflatostereum　1624₃₃
inflorescence　花序　216b
―― apex　花序シュート頂　756d
influent　影響種　117h
―― species　影響種　117h
Influenza A virus　A 型インフルエンザウイルス　1520₃₈
―― *B virus*　B 型インフルエンザウイルス　1520₃₉
―― *C virus*　C 型インフルエンザウイルス　1520₄₀
influenza virus　インフルエンザウイルス　99e
Influenzavirus A　A 型インフルエンザ属　1520₃₈
―― *B*　B 型インフルエンザ属　1520₃₉
―― *C*　C 型インフルエンザ属　1520₄₀
influx　内向きのフラックス　58a, 1218e
infochemical　インフォケミカル　194f
information　情報　664h
informational macromolecule　情報高分子　665a
―― suppressor　情報的サプレッサー　543d
information geometry　情報幾何学　664i
―― theory　情報理論　664h
informed consent　インフォームドコンセント　99b
infra-　下-　177i
infraciliature　繊毛下構造　186e
infradian rhythm　インフラディアンリズム　776g
infraorder　下目　177a
infrared receptor　赤外線受容器　781h
Infundibula　1621₃₅
infundibular leaf　漏斗葉　651j, 1064c
―― organ　漏斗器官　1500a
―― plane　漏斗面　1408g

Infundibulicybe　1626₄₈
infundibulum　漏斗　1499g
infusion solution　輸液　1415d
Infusoria　滴虫類　960d
infusorians　滴虫類　960d
infusoriform larva　滴虫型幼生　960c
infusorigen　滴虫源有性体　566g
INGENHOUSZ, Jan　インゲンハウス　93b
ingestion　摂餌　791c
―― rod　桿状胞　264e
ingluvies　嗉嚢　842i
ingoing　内向性　664e
Ingoldiella　1623₄₇
Ingoldiomyces　1622₅₁
Ingolfiella　1597₂₁
Ingolfiellidea　インゴルフィエラ亜目　1597₂₁
ingression　移入　86d, 421b
ingroup　内群　179b
ingrowth　内殖　86d
inguinal canal　鼠蹊管　98e
inhalant canal　流入溝　720e
Inhella　1546₄₁
inheritance　遺伝　76f
inhibin　インヒビン　99a
inhibiting factor　抑制因子　579b
―― hormone　抑制ホルモン　579b
inhibition　制止, 抑制　752c, 1428i
―― of enzyme reaction　酵素阻害　455a
inhibitor of apoptosis protein family　IAP ファミリー　1b
inhibitory junctional potential　抑制性接合部電位　1429g
―― nerve　抑制神経　1429e
―― neurone　抑制性ニューロン　1429i
―― neurotransmitter　抑制性伝達物質　1429h
―― postsynaptic potential　抑制性シナプス後電位　1429f
―― stimulus　抑制刺激　569g
―― synapse　抑制性シナプス　1429e
―― transmitter　抑制性伝達物質　1429h
Iniopterygiformes　イニオプテリクス目　1564₂₅
Iniopteryx　1564₂₅
initial cell　始原細胞　571f
―― embryonic chamber　初室　680a
―― growth index　初成長指数　680d
―― heat　初期熱　1058a
―― plasmolysis　初発原形質分離　1130c
―― uptake　初期吸収　625d
initiating cell　始原細胞　571f
initiation　イニシエーション (発がんの)　86c
―― codon　開始コドン　181a
―― tRNA　開始 tRNA　181e
initiator　イニシエーター　196c, 1490i
injecting canal　注入管　623h
injury current　損傷電流　844h
―― potential　損傷電位　844h
ink　墨汁　1304f
inka cell　インカ細胞　875b
ink gland　墨汁腺　1304f
―― sac　墨汁嚢　1304f
Inkyuleea　1633₁₈
Inkyuleeaceae　インキューリア科　1633₁₈
inland water　陸水　1453b
innate　定着, 生得の　769b, 1409e
―― behavior　生得的行動　204b
―― capacity for increase　内的自然増加率　477h
―― dormancy　自発休眠　313e
―― immunity　自然免疫　588e
―― releasing mechanism　生得的解発機構　769c
inner bark　内樹皮　645a
―― basic lamella　内基礎層板　482f
―― bulb　内梶　99c
―― cell mass　内部細胞塊　1087e
―― cephalodium　内部頭状体　986c
―― ear　内耳　1019l
―― lateral plate　内側板　838i
―― membrane system　内膜複合体　23c
―― root sheath　内毛根鞘　384a

―― seed coat　内種皮　**633**d
―― suture　内縫線　**976**d
innervation　神経支配　**696**c
inner veil　内皮膜　**1022**c
innexin　イネキシン　**486**d
Inocaulis　1562₃₈
Inocellia　1600₄₃
inoculation　接種　**791**d
Inocybaceae　アセタケ科　1626₈
Inocybe　1626₈
Inonotus　1624₂
inorganic acidotrophic lake　無機酸性湖　**547**b
―― carbon concentrating mechanism　無機炭素濃縮機構　1034**f**
―― pyrophosphatase　無機ピロホスファターゼ　**1176**c
―― respiration　無機呼吸　**1368**b
inosine　イノシン　**88**b
inosine-5′-monophosphate　イノシン-5′―リン酸　**88**c
inosine monophosphate　イノシン酸　**88**c
―― nucleosidase　イノシンヌクレオシダーゼ　**1049**b
―― triphosphate　イノシン三リン酸　**88**d
inosinic acid　イノシン酸　**88**c
Inosit　イノシット　87**e**
inositol　イノシトール　87**e**
―― 1, 4, 5-trisphosphate　イノシトール三リン酸　87**f**
―― phospholipid　イノシトールリン脂質　**88**a
Inostrancevia　1573₂₄
inotropic action　変力動作用, 変力性作用　**564**c, **706**d
Inoviridae　イノウイルス科　1517₄₈
Inovirus　イノウイルス属　1517₄₉
inquilinism　すみ込み共生　**1290**f
Inquilinus　1546₂₀
INSD　**944**b
Insecta　昆虫類　**504**a, 1598₁₂, 1598₂₄
insect fauna　昆虫相　**996**a
―― gall　虫癭　**909**g
―― growth regulators　昆虫成長制御剤　**503**c
insecticide　殺虫剤　**540**e
―― resistance　殺虫剤抵抗性　**540**f
insectivorous leaf　捕虫葉　**1315**d
―― plant　食虫植物　**673**a
insect parasite　寄生性昆虫　**1307**e
insectron　インセクトロン　**1074**e
insects　昆虫類　**504**a
insect transmission　虫媒伝染　**916**b
―― vector　媒介昆虫　**916**b
―― virus　昆虫ウイルス　**103**b
insemination　媒精　**1082**d
―― reaction　媒精反応　**1083**c
insensible perspiration　不感蒸泄　**1193**d
insertion　付着点, 挿入(ファージの), 組込み　**479**i, **830**h
insertional mutant　挿入突然変異体　**81**d
insertion experiment　挿入実験　**592**g
―― sequence　挿入配列　**831**b
inside-out patch　インサイドアウトパッチ　**1107**f
Insidiatores　タテヅメザトウムシ下目　1591₂₄
insight　洞察　**982**e
Insignocoma　1659₄₂
in situ　**93**f
―― hybridization　in situ ハイブリダイゼーション　**93**g
Insolibasidium　1620₁₃
Insolitispirillum　1546₂₀
insolubilized enzyme　不溶化酵素　**484**g
insoluble enzyme　不溶性酵素　**484**g
1, 4, 5-InsP₃　イノシトール三リン酸　87**f**
Ins(1, 4, 5)P₃　イノシトール三リン酸　87**f**
InsP₃　イノシトール三リン酸　87**f**
inspiratory capacity　補気量　**1090**b
―― reserve volume　予備吸気量, 吸気予備量　**1090**b
instantaneous rate of increase　瞬間増加率　**477**h
instar　齢　**1484**b
instinct　本能　**1331**f
instinctive　本能的　**769**b, **1331**f
―― behavior　本能的行動　**204**b
institutional review board　機関内倫理委員会　**281**e

instructive induction　教示的誘導　**317**i
―― theory　指令説　**686**h
instrumental conditioning　道具的条件づけ　**169**c
insula　島　**860**c
―― Langerhansis　ランゲルハンス島　**1445**c
―― pancreatica　膵島　**1445**c
insulator　インシュレーター　**94**a
insulin　インスリン, インシュリン　**94**d
―― B　インスリン B　**363**i
insulin-like growth factor　インスリン様成長因子　**95**c
―― growth factor signal　インスリン様成長因子シグナル　1**f**
insulin receptor　インスリン受容体　**95**a
―― receptor substrate　94**e**
―― receptor substrates　1**f**
―― signal　インスリンシグナル　**94**e
―― unit　インスリン単位　**95**b
integral membrane protein　内在性膜蛋白質　**1337**a
integrase　IN蛋白質, インテグラーゼ　**96**b, **1343**b
integrated pest management　総合病害虫管理　**1164**g
―― whole　**572**e
integration　挿入(ファージの), 組込み, 統合, 自己完結性　**96**b, **572**e, **830**h, **981**d
integrative suppression　インテグラティブサプレッション　**96**c
integrin　インテグリン　**96**d
Integripalliata　184**d**
Integripalpia　エグリトビケラ亜目　1601₃₁
integument　外皮, 外被, 珠皮　**186**e, **1080**b
intein　インテイン　**1235**a
Intejoceras　1582₄₀
Intejocerida　1582₄₀
intellectual properties in biological research　知的所有権問題　**907**c
intelligence　知能　**907**e
intelligent sphere　知性珠　**297**h
intensity　強さ　**166**h
intensity-time curve　i-t 曲線　**937**a
intention movement　意図運動　**86**b
―― tremor　企図振顫　**705**f, **1183**c
interaction　生物間相互作用　**772**a
interactive food segregation　食いわけ　**342**j
―― habitat segregation　すみわけ　**742**c
interambulacrum　間歩帯　**327**g
interannular segment　輪間節　**721**g
Interatherium　1576₂₁
interbrachial membrane　腕間膜　**1510**d
interbrain　間脳　**271**c
interbranchial septum　鰓間隔壁　**145**e, **534**d
intercalarium　挿入骨　**105**h
intercalary growth　介在成長, 部間成長　**180**d
―― meristem　介在分裂組織　**180**f
intercalated disc　介在板, 境界板　**332**d, **522**i, **691**f
―― membrane　境界膜　**691**f
intercalating reagent　挿入剤　**95**c
intercalation　インターカレーション, 挿入(ファージの)　**95**g, **830**h
intercellular adhesion molecule　1**d**
―― communication　細胞間連絡　**522**i
―― junction　細胞間接着装置　**522**g
―― layer　中葉　**917**e
―― secretory canaliculus　細胞間分泌細管　**522**h
―― space　細胞間隙　**522**c
―― substance　細胞間質　**522**f
―― substances　細胞間物質　**917**e
interchange　相互転座　**824**e
interchromatin granule cluster　クロマチン間顆粒群　**205**a
interclavicular air-sac　鎖骨間気嚢　**296**c
interdigital process　指間突起　**561**f
interdigitating cell　指状嵌入細胞　**635**f
interdigitation　鉗合　**260**b
interdoublet link　周辺微小管間リンク　**1054**f
interfascicular cambium　維管束間形成層　**59**g
interference　干渉　**262**g, **320**d
―― color　干渉色　**854**d

―― microscope 干渉顕微鏡 **263**c
interferon インターフェロン **96**a
intergeneric hybrid 属間雑種 **835**d
inter-genic suppressor 遺伝子間サプレッサー 543d
intergrana lamella グラナ間ラメラ 930b
interkinesis 中間期 **910**b
interleukin インターロイキン，インターリューキン 518b
interlobular septa 小葉間結合組織 268k
intermediary metabolism 中間代謝 853a
intermediate cell 中継細胞 606e
―― cell mass 中間細胞塊 910g
―― coupling 中間結合 1484d
―― filament 中間径フィラメント **910**d
―― form 中間形 **910**c
―― host 中間宿主 290a, 632b
―― junction 中間結合 20f
―― lobe 中葉，中間部 217j
―― mesoderm 中間中胚葉 **910**g
―― moor 中間湿原 **910**f
―― muscle 中間筋 782b
―― muscle fiber 中間筋繊維 782b
―― olfactory tract 中間嗅索 310b
―― wood 移行材 1285g
intermedin インテルメジン 1382b
intermesenteric chamber 隔膜間腔 208g
intermittent reinforcement 間歇強化 316e
―― sterilization 間歇滅菌法 956g
internal carotid artery 内頸動脈 393b
―― cuticle 内部クチクラ 347a
―― environment 内部環境 **1022**d
―― exposure 内部被曝 **1022**h
―― fertilization 体内受精 1082d
―― gill 内鰓 180c
―― inhibition 内制止 752c
―― labial palp 内唇 713h
―― ligament 内靱帯 707e
―― marginal zone 内部帯域 **1022**g
―― medium 内部媒質 1022d
―― membrane system 筋内部膜系 874d
―― nares 内鼻孔 1109h
―― respiration 内呼吸 469h
―― sac 内嚢 831a
―― secretion 内分泌 **1022**i
International botanical congress 国際植物科学会議 1375b
―― code of botanical nomenclature 国際植物命名規約 1375b
―― code of nomenclature for algae, fungi, and plants 国際藻類・菌類・植物命名規約 1375b
―― code of nomenclature of bacteria 国際細菌命名規約 **472**c, 1375b
―― code of nomenclature of prokaryotes 国際原核生物命名規約 1375b
―― code of zoological nomenclature 国際動物命名規約 1375b
―― commission of zoological nomenclature 動物命名法国際審議会 1375b
―― Nucleotide Sequence Database 944b
international system of unit 国際単位，国際単位系 **472**d
―― unit ユニット，国際単位 **472**d
interneuron 介在ニューロン 180e
internodal cell 節間細胞 616f
―― growth 節間成長 **787**g
internode 節間 786i, 787g, 902c
internodium 節間部 1158b
internuncial neuron 介在ニューロン 180e
interoception 内受容 1020h
interoceptive sense 内受容性感覚，内感覚 252d
interoceptor 内受容器 646g, 1020h
interphase 間期 **254**h
―― nucleus 間期核 **255**a
interplantation 内植 592g
interplexiform cell 網状間細胞 **1392**h
interradial area 間輻帯 327g
interradius 間対称面 1298f
interrenal body 間腎 **264**i

―― gland 間腎腺 **264**i
―― tissue 間腎 **264**i
interrupted gene 分断遺伝子 98c
intersecondary vein 二次間脈 1427d
intersegmental membrane 体節間膜 **856**c
―― reflex 節間反射 857b
interseptal cavity 間隔板腔 480c
intersex 間性 **265**c
intersexual selection 性間淘汰，異性間淘汰 769a
intersitial cell-stimulating hormone 間質細胞刺激ホルモン 1504f
interspecific brood parasitism 種間托卵 869a
―― comparative method 種間比較 **632**a
―― competition 種間競争 **631**e
―― hybrid 種間雑種 **631**f
―― hybridization 種間交雑 631f
―― interaction 種間相互作用 202b
interspersion 相互的散在 824d
interstitial cell 間細胞，間質細胞 **261**c, 635f
―― cell-stimulating hormone 間質細胞刺激ホルモン 160f
―― fauna 間隙動物群 **258**g
―― lamella 介在層板 482f
―― tissue 間質 **262**a
interstitium 間質 593d
interstrand crosslink 相補鎖間架橋，鎖間架橋 199a, 843f
interterritorial matrix 領域間基質 1028a
intertidal community 潮間帯群集 920g
―― organism 潮間帯生物 **920**c
―― zone 潮間帯 920c
interval graph 区間グラフ 678j
―― schedule 間隔スケジュール 316e
―― zone 間隙帯 223c
intervening sequence 介在配列 98c
intervertebral disk 椎間円板，椎間板 784d
intervillous space 絨毛間腔 406k
interzonal region 中間域 1127e
intestinal bacteria 腸内細菌 **925**c
―― caecum 腸盲嚢 926f
―― crypt 腸小窩，腸陰窩 923g
―― flora 腸内フローラ，腸内細菌相 925c
―― gland 腸腺 **923**g
―― groove 腸溝 926g
―― hormone 腸管ホルモン 654d
―― juice 腸液 **918**d
―― portal 腸門 926g
―― respiration 腸呼吸 921b
―― tonsil 腸扁桃 913f
intestine 腸 **918**c
intestinum 腸 **918**c
―― caecum 盲腸 857g
―― crassum 大腸 **857**g
―― duodenum 十二指腸 661a
―― ileum 回腸 661a
―― jejunum 空腸 661a
―― rectum 直腸 857g
―― tenue 小腸 661a
intimal cell 滑膜細胞 **231**c
intine インティン，内壁，内膜 187c, **1023**f
Intoshellina 1661_3
intoxication 中毒 **915**l
―― of *Pieris japonica* アセビ中毒 **16**c
intra-capsular Müller's larva 殻内ミュラー幼生 1364i
intracapsulum 内嚢 913g
intracellular digestion 細胞内消化 **529**g
―― electrode 細胞内電極 **530**a
―― exotherm 細胞内発熱 575g
―― freezing 細胞内凍結 **530**b
―― membrane 細胞内膜 376b
―― pangenesis 細胞内パンゲン説 **530**c
―― secretory canaliculus 細胞内分泌細管 **530**d
―― transport 細胞内輸送 **530**f
intracistronic complementation unit シストロン内相補単位 833f
intracoelomic graft 体腔内移植 592g

intracranial self-stimulation　脳内自己刺激　572g
―― self stimulation　脳内自己刺激　1300c
intraembryonic blood vessel　胚体内血管　1084a
―― coelom　胚体内体腔　1084e
intrafascicular cambium　維管束内形成層　59k
intrafusal fiber　錘内繊維　725e
―― muscle fiber　錘内筋繊維　725e
intra-genic suppressor　遺伝子内サプレッサー　543d
intragenomic conflict　ゲノム内闘争　411b
Intramacronucleata　イントラマクロヌクレアータ亜門　1658₇
intramembrane particle　膜内粒子　1337f
intranuclear mitosis　核内有糸分裂　207e
intraocular pressure　眼内圧　271c
intrapetiolar bud　葉柄内芽　1426g
intrasegmental reflex　分節内反射　784a
intrasexual competition　同性間競争　1078l
―― selection　同性間淘汰，性内淘汰　1078l
intraspecific brood parasitism　種内托卵　869a
―― competition　種内競争　644e
―― mimicry　種内擬態　291j
―― predation　種内捕食　1009d
Intraspora　1605₁₆
Intrasporangiaceae　イントラスポランギウム科　1537₁₇
Intrasporangium　1537₁₇
intrinsically disordered protein　天然変性蛋白質　972g
―― photosensitive retinal ganglion cell　光感受性網膜神経節細胞，内因性光感受性網膜神経節細胞　558k, 1382e
intrinsic back muscles　固有背筋　491b
―― cell death pathway　内因性細胞死経路　1361a
―― factor　内因子　1019b
―― light　固有光，自光　1134h
―― optical signal imaging　内因性光学信号イメージング　1019c
―― rate of natural increase　内的自然増加率　477h
―― signal imaging　内因性信号イメージング　1019c
introduction　導入　191a
introgression　移入交雑　86e
introgressive hybridization　移入交雑　86e
intron　イントロン　98c
introrse　内向，内開　179f, 1403c
introvert　陥入吻　271e, 750c
intrusive growth　わりこみ成長，侵入成長　1509g
intumesentia cervicalis　頸膨大　783d
―― lumbalis　腰膨大　783d
inulase　イヌラーゼ　86g
inulin　イヌリン　1225f
inulinase　イヌリナーゼ　86g
inulin clearance　イヌリンクリアランス　357f
inumakilactone　イヌマキラクトン　1024g
invagination　陥入　271d, 952g
invalid name　無効名　1408a
invasion　侵入　712a
―― fitness　侵入適応度　17b
invasive alien species　侵略の外来種，特定外来生物　191a, 1002c
―― E.coli　細胞侵入性大腸菌　858c
inverse density-dependent factor　密度逆依存要因　1358f
―― frequency dependent selection　頻度逆依存淘汰　1178a
inversion　インバージョン，転化，逆位　302a, 681h, 952g
―― heterozygote　逆位ヘテロ接合体　302a
Inversochona　1659₃₇
invertase　インベルターゼ　730a
Invertebrata　無脊椎動物　1370i
Invertebrate iridescent virus 3　無脊椎動物イリデッセントウイルス 3　1515₄₆
―― iridescent virus 6　無脊椎動物イリデッセントウイルス 6　1515₄₈
invertebrate paleozoology　古無脊椎動物学　476e
invertebrates　無脊椎動物　1370i
inverted microscope　倒立顕微鏡　999f
―― pigment-cup ocellus　倒立色素杯単眼　999g
―― repeat region　IR 配列　1343b
―― repeat sequence　逆位反復配列　1216a

―― repetitive sequence　逆位反復配列，逆方向反復配列，逆方向繰返し配列　831b, 1126j, 1364b
invert sugar　転化糖　681h
investigational new drug　治験薬　904b
in vitro　92b
―― culture　生体外培養　92b
―― fertilization　試験管内受精，体外受精　571c, 847k
in vivo　インヴィヴォ　92b, 93f
involucral bract　総苞片　1304e
―― scale　総苞片　833a
involucre　総苞　833a, 1304a
involuntary movement　不随意運動　718c
―― muscle　不随意筋　1203f
―― nervous system　不随意神経系　685e
involute　内巻き，内巻き型，内旋　206g, 214b, 232h
Involutina　1664₁₇
Involutinida　インヴォルティナ目　1664₁₇
involution　巻込み，退縮　271d, 853c
Iocheirata　カニムシ亜目　1591₃₂
Iocrinus　1560₇
Iodictyum　1579₃₅
iodine　ヨウ素　1425i
iodoacetamide　ヨードアセトアミド　129e
iodoacetic acid　ヨード酢酸　129e
Iodobacter　1547₉
Iodophanus　1616₁₂
iodopsin　アイオドプシン　1c
o-iodosobenzoic acid　o-ヨードソ安息香酸　129e
Iodosphaeria　1619₃₈
Iodosphaeriaceae　イオドスフェリア科　1619₃₈
ion antagonism　イオン拮抗作用　55c
Ionaspis　1612₃₂
ion channel　イオンチャネル　57a
ion-exchange　イオン交換　55b
ion exchange cellulose　イオン交換セルロース　56b
ion-exchange chromatography　イオン交換クロマトグラフィー　56b
ion exchanger　イオン交換体　56b
―― exchange resin　イオン交換樹脂　56b
Ionian　イオニア階　864k
ionic channel　イオンチャネル　57a
―― regulation　イオン調節　57b
―― strength　イオン強度　56a
―― theory　イオン説　56e
$β$-ionone ring　$β$-イオノン環　1487e
ionophore　イオノフォア　55d
ionophoretic administration　電気泳動の適用法　967d
ionotropic phase separation　イオン誘起型相分離　832c
ion pump　イオンポンプ　57c
iontophoretic administration　電気泳動の適用法　967d
ion transport　イオン輸送　58a
Ioplaca　1613₄₆
Iotapapillomavirus　イオタパピローマウイルス属　1516₂₅
Iotatorquevirus　イオタトルクウイルス属　1517₃₉
Iotonchus　1586₄₄
iP　イソペンテニルアデニン　69f
IP₃　イノシトール三リン酸，イノシトール-1, 4, 5-三リン酸　87f, 1326j
IP90　カルネキシン　246e
IPA　イソペンテニルアデニン　69f
I pilus　I 線毛　759g
iPLA₂　Ca²⁺非依存性PLA₂　1311f
Ipoa　1663₄₂
ipomeamarone　イポメアマロン　1182k
Ipomoea　1651₅₄
Ipomovirus　イポモウイルス属　1522₅₀
ipRGC　光感受性網膜神経節細胞，内因性光感受性網膜神経節細胞　558k, 1382e
iPS cell　iPS 細胞　2d
ipsilateral　同側性　857b
IPSP　抑制性シナプス後電位　1429f
IPTG　2e
IR_A　逆位反復配列　1216a
IRB　機関内倫理委員会　281e
IR_B　逆位反復配列　1216a

Ircinia　1554₅₁
Irenopsis　1609₆
Iridaceae　アヤメ科　1646₅₁
irideremia　無虹彩　**1368**i
iridophore　イリドフォア，虹色素胞　563f
Iridopteridales　イリドプテリス目　1642₂₀
Iridopteris　1642₂₀
iridosome　イリドソーム　562e
Iridoviridae　イリドウイルス，イリドウイルス科　**91**a，1515₄₅
Iridovirus　イリドウイルス属　1515₄₈
irinotecan　イリノテカン　272d
Iris　1646₅₁
iris　虹彩　**442**k
IRM　生得的解発機構　769c
iron　鉄　**961**f
Ironida　イロヌス目　1586₂₆
iron-oxidizing bacteria　鉄酸化細菌　**962**a
iron podzol　鉄ポドゾル　1317b
iron-reducing microbes　鉄還元菌　**961**g
iron-respiring microbe　鉄呼吸菌　961g
Ironus　1586₂₆
Irpex　1624₂₆
irradiation　反射の広がり，感覚の放散，放散　253b，394b，**1295**c
irregular cleavage　不規則卵割　1443g
―― dominance　不規則優性　1410a
―― flower　不正花　1299a
Irregularia　不正形ウニ下綱　1562₁₂
irregular sea urchins　不正形ウニ類　110e
irritability　被刺激性　1141d
irritable structure　被刺激性形体　1141d
irruption　集団移入　86d
IRS　1f，94e
IS　挿入配列　831b
Isactinernus　1557₄₂
Isaria　1617₂₂，1617₂₃
Isaurus　1558₆
isauxesis　等成長　1260d
Isavirus　イサウイルス属　1520₄₁
ISC　間質細胞　635f
ischemic heart disease　虚血性心疾患　998b
ischial callosity　尻だこ，尻胼胝　**684**h
ischiopodite　坐節　**538**g
ischium　坐節，坐骨　538g，589d
Ischnacanthiformes　イスクナカンツス目　1565₁₇
Ischnacanthus　1565₁₇
Ischnocera　ホソツノハジラミ亜目　1600₂₂
Ischnochiton　1581₂₄
Ischnochitonina　ウシザラガイ亜目　1581₂₄
Ischnoderma　1624₁₄
Ischyrinia　1581₃₇
Ischyrinioida　1581₃₇
Ischyropsalis　1591₂₁
iscirickettsiaceae　ビシリケッチア科　1549₅₅
Ishige　1657₁₄
Ishigeales　イシゲ目　1657₁₄
Ishiwata's gland　石渡腺　**65**j
Ising model　イジングモデル　797e
Isistius　1565₅
island biogeography　島の生物地理学　**612**f
―― model　島モデル　**613**a
islet-activating protein　インスリン分泌活性化蛋白質　1163d
islets of Langerhans　ランゲルハンス島　**1445**c
Iso　1566₃₁
isoaccepting tRNA　tRNA分子種　632d
Isoachlya　1654₂₁
iso-agglutination　同種膠着作用　754a
isoallele　イソアレル　**68**b
isoamylase　イソアミラーゼ　31a
Isobaculum　1543₈
Isochona　1659₃₇
Isochonopsis　1659₃₇
isochromatid gap　同位染色分体ギャップ　304b
Isochromatium　1548₅₁

isochromosome　同腕染色体　**1000**a
Isochrysidales　イソクリシス目　1666₁₉
Isochrysis　1666₁₉
isocitrate dehydrogenase　イソクエン酸脱水素酵素　**68**i
―― lyase　イソクエン酸開裂酵素　357i[図]
isocitric acid　イソクエン酸　344b[図]
isocortex　等皮質　861a
isocratic elution　イソクラティック溶離法　454a
Isocrinida　ゴカクウミユリ目　1560₁₉
Isocrinus　1560₂₀
Isodon　1652₁₁
isoelectric focusing　等電点電気泳動法　**992**b
―― point　等電点　**992**a
isoenzyme　アイソザイム　**1**i
Isoetales　ミズニラ目，ミズニラ類　**1356**b，1642₁₄
Isoetes　1642₁₄
isoferredoxin　イソフェレドキシン　1189b
isogametangium　同形配偶子嚢　1078e
isogamete　同形配偶子　979e
isogamontic　同形接合性　789b
isogamy　同形配偶　744b，979e
isogenic line　同質遺伝子系統　**984**d
―― strain　同質遺伝子系統　**984**d
isogenome　相同ゲノム　410e
isoionic point　等イオン点　992a
Isolaimium　1586₄₂
Isolat　分離，分離片　**1253**f
isolate　分離株　332e
isolated chromosome　遊離染色体　**1415**b
―― rearing　隔離飼育　211b
―― strain　分離株　332e
isolating mechanism　隔離機構　211a
isolation　分離，隔離，隔離飼育　210g，211b，**1253**f
―― theory　隔離説　211c
isolecithal egg　等黄卵　1440g
isoleucine　イソロイシン　**69**i
isolichenan　イソリケナン　1454a
isolysine　β-リジン，イソリジン　1455e
isomerase　異性化酵素　**67**b
isomerous flower　同数花　727e
isometric contraction　等尺性収縮　**985**a
―― ventricular contraction　等尺性収縮期　623b
Isometrus　1591₅₀
isometry　等成長　1260d
isomorphous heavy-atom derivative　重原子同型置換体　**621**g
Isomucor　1603₄₂
isomyaria　等筋　1258e
Isonema　1631₃₀
Isoodon　1574₁₇
iso-osmotic solution　等浸透液　**987**b
isopentenyladenine　イソペンテニルアデニン　**69**f
isopeptide bond　イソペプチド結合　**69**e
Isopleura　双神経類　**827**c
Isopoda　等脚目　1596₄₄
isoprene　イソプレン　**69**d
―― rule　イソプレン則　69d
―― unit　イソプレン単位　69d
isoprenoid　イソプレノイド　**69**c
isopropyl-1-thio-β-D-galactopyranoside　2e
isoproterenol　イソプロテレノール　9b
Isops　1554₃₂
Isoptera　シロアリ目，等翅類　1600₉
Isoptericola　1537₃₁
Isopterygium　1641₇
Isorophida　1561₂₉
Isorophus　1561₂₉
Isosaspis　1663₃₂
isosmotic solution　等浸透液　**987**b
Isosphaera　1545₅
Isospora　1661₃₃
Isothea　1616₃₈
Isotoma　1598₂₁
isotonic　等張　990c
―― coefficient　等張係数　**990**e

―― contraction 等張力性収縮 **991**b
―― solution 等張液 **990**c
isotope 同位体 **975**e
―― labeling 同位体標識 **975**g
―― tracer technique 同位体トレーサー法 **975**f
Isotricha 1659₁₀
isotrifolin イソトリフォリン 3d
isotropic band I帯 **2**a
―― diffuse growth 等方性分散成長 527b
isotropism 等方性 2a, 88i
isotropy 等方性 88i
isotype アイソタイプ，イソタイプ 46d
―― switch アイソタイプ・スイッチ 354a
isovaleric acid イソ吉草酸 293c
―― acidemia イソ吉草酸血症 **68**g
―― aciduria イソ吉草酸尿症 68g
isovaline イソバリン **69**a
isovalthine イソバルチン **69**b
isovolumetric ventricular contraction 等容性収縮期 623b
―― ventricular relaxation 等容性心室弛緩期 623b
Isozoanthus 1558₅
isozyme アイソザイム **1**i
―― polymorphism イソ酵素多型 895f
Isthmia 1655₈
Isthmospora 1608₅₉
isthmus 地峡，峡 931a, 1066b
―― faucium 口峡部 1067g
itaconic acid イタコン酸 **70**b
itai-itai disease イタイイタイ病 **70**a
Itanigutta 1663₆
itching 痒感 934d, 1160a
i-t curve *i-t*曲線 937a
Itea 1648₁₉
Iteaceae ズイナ科 1648₁₉
Iteravirus イテラウイルス属 1518₁₇
Itersonilia 1622₅₇
Ito cell 伊東細胞 **85**d
Itoitantulus 1596₃
ITP イノシン三リン酸 88d
IU 国際単位 472d
Iulomorpha 1593₃₄
I-urobilinogen I-ウロビリノゲン 113d
ivermectin アイバメクチン，イベルメクチン 25b
IVLEV, Victor Sergeevich イヴレフ **54**a
ivory 象牙質 1069b
Ixeris 1652₃₆
Ixobrychus 1571₂₅
Ixodes 1589₄₇
Ixodida マダニ亜目，後気門類 1589₄₆
Ixorheis 1661₂₉
Ixorheorida イクソレイス目 1661₂₉
Izumo イズモ 813b

J

J 内縁脈 1019e
Jaaginema 1541₃₆
Jaapia 1627₃₁
Jaapiaceae ジャアビア科 1627₃₁
Jaapiales ジャアビア目 1627₃₀
jack ジャック 540i
Jackiellaceae タカサゴソコマメゴケ科 1638₂₅
jackknife method ジャックナイフ法 **617**e
Jacksonian epilepsy ジャクソンてんかん 967b
JACOB, François ジャコブ **616**d
Jacobia 1625₃₄
Jacob-Monod model ジャコブ-モノのモデル 170a
Jacobson's organ ヤコブソン器官 **1404**b
Jaculispora 1621₃₈
Jadwigia 1662₁₆, 1662₅₁
Jafnea 1616₁₉
Jahnella 1548₅
Jahnoporus 1624₅₇

Jahnula 1607₁₃
Jahnulales ジャフヌラ目 1607₁₂
Jakoba 1630₄₄
Jakobea ジャコバ綱，ヤコバ綱 1630₄₃
Jakobida ジャコバ目，ヤコバ目 1630₄₄
JAK-STAT pathway JAK-STAT経路 **617**d
Jamesdicksonia 1622₄₂
Jamesonia 1643₃₃
Jamesoniellaceae アキウロコゴケ科 1638₁₄
Jaminaea 1622₄₆
jamming avoidance response 混信回避反応 **502**c
Jamoytiiformes ヤモイティウス目 1563₄₅
Jamoytius ヤモイティウス **1405**g, 1563₄₅
Jania 1633₉
Janibacter 1537₁₇
Jannaschia 1546₁
Janthina 1583₄₉
Janthinobacterium 1546₅₉
Janus green granule ヤヌス緑顆粒 1168d
JANZEN, Daniel (Hunt) ジャンセン **618**n
Japalura 1568₄₂
Japanese cedar pollen スギ花粉 236f
―― Collection of Research Bioresources 530j
―― encephalitis virus 日本脳炎ウイルス **1040**c
―― name 和名 **1509**f
―― river fever 日本河熱 935d
―― vernacular name 和名 **1509**e
Japanoparvus 1593₅₂
Japanosoma 1593₄₈
Japonia 1608₅₁
Japonochytrium 1653₂₂
Japonolirion 1646₁₅
Japyx 1598₁₇
jar fermenter ジャーファーメンター 124f
Jarxia 1609₄₃
Jasminum 1651₆₁
jasmonic acid ジャスモン酸 **616**g
Jaspis 1554₃₂
Jassa 1597₁₃
Jasus 1597₅₉
Jattaea 1618₂₃
jaundice 黄疸 1173c
Java erectus ジャワ原人 **618**m
jaw 顎，顎器，顎板 **8**h, **207**h
jawed vertebrates 顎口類 **201**e
jawless fishes 無顎類 **1367**c
jaw-plate 顎板 **207**f
jaw worms 顎口動物 **227**f
JCRB 530j
Jeanrogerium 1594₃₀
Jeholornis 1570₃₇
Jeholornithiformes ジェホロルニス目 1570₃₇
Jejuia 1539₄₄
jejunum 空腸 661a
jelly 寒天 262e, 353h
―― coat ゼリー層 **795**h
―― envelope ゼリー層 **795**h
JENNER, Edward ジェンナー **557**h
JENNINGS, Herbert Spencer ジェニングズ **556**h
Jeongeupia 1547₉
Jeotgalibacillus 1542₄₀
Jeotgalicoccus 1542₄₅
JERNE, Niels Kaj ヤーネ **1404**l
jet-lag 時差ぼけ，時差症候群 **575**f
JH 幼若ホルモン 1423d
Jiangella 1537₂, 1537₄₆
Jiangellaceae ジアンゲラ科 1537₁
Jiangellineae ジアンゲラ亜目 1537₁
JNK c-Jun N末端キナーゼ **556**e, 736b
―― pathway JNK経路 **556**e
Joenia 1630₁₂
Joenina 1630₁₂
Joenoides 1630₁₂
Joenopsis 1630₁₃
Joeropsis 1596₅₃

Joerstadia　1620₂₈
Johannesbaptistia　1541₂₃
JOHANNSEN, Wilhelm Ludwig　ヨハンセン　**1431**b
Johansonia　1608₁₃
Johncouchia　1620₅₂
Johnsonella　1543₃₉
Johnston's organ　ジョンストン器官　**684**b
Johnstoniana　1590₃₂
joint　関節　**266**a, 855h
―― cavity　関節腔　266a
jointed appendage　関節肢　**266**f
joint-gill　関節鰓　**266**e
Jola　1620₁₂
Jomonlithus　1666₂₄
Jomon people　縄文人　**667**h
―― transgression　縄文海進　**667**g
Jonesia　1537₂₀
Jonesiaceae　ジョネシア科　1537₂₀
Jones-Mote reaction　ジョーンズ-モート反応　**684**c
Jonkeria　1573₁₃
Jonquetella　1550₂₄
Joostella　1539₄₄
JORDAN, David Starr　ジョルダン　**683**b
jordanon　ジョルダン種　644g
Jordan's rule　ジョルダンの規則　**683**c
josamycin　ジョサマイシン　1340a
Ju　内縁脈　1019e
Jubula　1637₄₆
Jubulaceae　ヒメウルシゴケ科　1637₄₆
jugal　内縁脈　**1019**e
―― lobe　翅垂片　1493f
―― vein　内縁脈　**1019**e
jugate wing coupling　翅垂型連結　1493f
Juglandaceae　クルミ科　1649₂₁
Juglans　1649₂₁
jugo-frenate coupling　翅垂棘型連結　1493f
Jugularkörperchen　頸小体　512b
jugular vein　頸静脈　636d
jugulum　喉　**1067**g
jugum　翅垂　1493f
juice sac　果汁嚢　1352d
Julella　1607₄₀
Julia　1584₆
Julida　ヒメヤスデ目　1593₂₄
Juliformia　ヒメヤスデ上目　1593₂₃
Juliohirschhornia　1622₁₅
Julus　1593₂₄
Jun amino-terminal kinase　736b
Juncaceae　イグサ科　1647₂₈
Juncaginaceae　シバナ科　1646₈
Juncigena　1616₅₄
junctional complex　接着装置複合体，接着複合体　20f, 522g
―― epithelium　接合上皮　1069b
―― fold　接合部襞　**790**j
―― potential　接合部電位　**790**i
Juncus　1647₂₈
June drop　780h
JUNG, Joachim　ユング　**1419**b
jun gene　*jun* 遺伝子　**650**c
Jungermannia　1638₂₉
Jungermanniaceae　ツボミゴケ科　1638₂₉
Jungermanniales　ウロコゴケ目　1637₃₉
Jungermanniidae　ウロコゴケ亜綱　1637₃₉
Jungermanniineae　ウロコゴケ亜目　1638₁₈
Jungermanniopsida　ウロコゴケ綱　1637₁₅
Junghuhnia　1624₂₇
junior homonym　新参同名　998d
―― synonym　後行異名，新参異名　89e
Juniperus　1645₇
junk DNA　がらくた DNA，ジャンク DNA　**240**b
Junonia coenia densovirus　ジュノニアケニアデンソウイルス　1518₁₆
Jurassic period　ジュラ紀　648c
JUSSIEU, Antoine Laurent de　ジュシュー　**635**c
JUSSIEU, Bernard de　ジュシュー　**635**d

Justicia　1652₁₉
just noticeable difference　識別閾　**564**h
juvenile form　幼形　**1420**l
―― growth　幼時成長　**1423**e
―― hermaphroditism　幼期雌雄同体現象　**1420**h
―― hormone　幼若ホルモン　**1423**d
―― parthenogenesis　幼生単為生殖　880n
―― wood　未成熟材　**1357**c
juxtaglomerular apparatus　傍糸球体装置　**1295**f
―― cell　糸球体傍細胞　**565**g
Jynx　アリスイ　1572₃₆

K

κ particle　κ 粒子　**231**b
K　カリウム　242b
KABAT, Elvin Abraham　カバット　**233**g
Kabatia　1608₄₉
Kabatiella　1608₄₉
Kabatina　1608₅₀
Kabwe human　カブウェ人　**234**h
Kadsura　1645₂₆
Kahliella　1658₂₉
kainic acid　カイニン酸　**185**b
kairomone　カイロモン　**192**a, 194f
Kaistella　1539₄₄
Kaistia　1545₄₈
Kalanchoe　1648₂₃
Kalapuya　1616₁₀
Kalinella　1635₁₇
Kalinga　1584₂₅
Kalksäulchen　軸柱　**567**g
Kallidecthes　1596₂₇
kallikrein　カリクレイン　**242**i
Kallima　1601₄₁
Kallymenia　1633₂₄
Kalmia　1651₂₉
Kaloula　1567₅₇
Kälteorgan　冷器官　175a
Kalyptorhynchia　隠吻類　1577₃₅
KAMEN, Martin David　ケーメン　**412**f
KAMMERER, Paul　カンメラー　**273**c
Kamptozoa　曲形動物，曲形動物門　1019h, 1579₁₇
KANADI gene family　KANADI 遺伝子族　**233**a
kanamycin　カナマイシン　30a, **233**c
Kananascus　1616₄₈
KANDEL, Eric　カンデル　**270**e
Kandelia　1649₃₅
Kanehira's line　金平線　105i
Kangiella　1549₂₆
Kannemeyeria　1573₂₂
Kantharella　1577₁₀
K antigen　K 抗原　101e
Kantvilasia　1612₂₇
Kanälchenzellen　細管細胞　854d
Kaolishania　1588₄₁
Kaplanopteridaceae　カプラノプテリス科　1642₄₃
Kaplanopteris　1642₄₃
Kaposi's sarcoma　カポジ肉腫　118c, **237**l
Kappamyces　1602₄₆
Kappamycetaceae　カッパミケス科　1602₄₆
Kappapapillomavirus　カッパパピローマウイルス属　1516₂₇
kappa particle　κ 粒子　**231**b
Karauroidea　カラウルス亜目　1567₃₈
Karaurus　1567₃₈
Karenia　1662₂₀
Karkenia　1644₄₁
Karkeniaceae　カルケニア科　1644₄₁
Karlingiomyces　1702₃₃
Karlodinium　1662₂₀
KARLSON, Peter　カールゾン　**246**a
Karoowia　1612₄₆
Karotomorpha　1653₃₀

Karotomorphida　カロトモルファ目　1653₃₀
KARRER, Paul　カラー　**240**a
Karschia　1607₄₄
Karstenella　1616₉
Karstenellaceae　カルステネラ科　1616₉
Karteroiulus　1593₂₄
karyogamy　カリオガミー，核融合　**242**f
karyoid　210d
karyokinesis　核分裂　**208**b
karyology　核学　522c
Karyolysus　1661₃₃
karyomere　染色体胞　**810**c
karyopherin　インポーティン，エキスポーティン　**100**c, **123**k
karyoplasm　核質　**203**f
karyoplasmic ratio　核–細胞質比　**201**g
karyoplast　核体　511g
Karyorelictea　原始大核綱　1657₅₄
karyosome　カリオソーム　**242**g
karyosphere　染色体集合小球　1443b
karyotype　核型　**200**h
Kaspar Hauser animal　カスパー・ハウザー動物　**221**a
kassinin　カシニン　868e
kasugamycin　カスガマイシン　30a
Katablepharida　カタブレファリス門　1665₄₅
Katablepharidea　カタブレファリス綱　1665₄₆
Katablepharidida　カタブレファリス目　1665₄₇
Katablepharis　1665₄₇
katagenesis　カタゲネシス　950f
Katagnymene　1541₃₆
katatonosis　減張　**425**h
katatony　カタトニー　109c
katatrepsis　カタトレプシス，胚反転　1073b, 1084d
Kathablepharida　カタブレファリス門　1665₄₅
Kathablepharidea　カタブレファリス綱　1665₄₆
Kathablepharidida　カタブレファリス目　1665₄₇
Kathablepharis　1665₄₇
Kathistaceae　カチステス科　1616₄₆
Kathistes　1616₄₆
Katumotoa　1609₄₆
KATZ, Bernard　カッツ　**229**f
kaurene　カウレン　**192**f
Kavinia　1627₄₁
Kazacharthra　ジェアンロゲリウム目　1594₃₀
Kazachstania　1606₁₅
Kazachstanicyathida　1554₈
kb　1159f
KDEL motif　KDEL モチーフ　**666**a
kDNA　キネトプラスト DNA　296b
Keber's organ　ケーベル器官　**412**b
keel　竜骨，竜骨弁　920h, **1467**f
Keelungia　1631₁₇
Keimbahn　生殖系列　757g
Keimplasma　生殖質　757g
Keissleriella　1609₃₃
KEITH, Arthur　キース　**288**h
Keith-Flack node　キース–フラックの節　570e
Kellermania　1608₅₂
Kemperala　1599₁
KENDALL, Edward Calvin　ケンドル　**426**e
KENDREW, John Cowdery　ケンドルー　**426**f
Kentrochona　1659₃₇
Kentrogonida　ケントロゴン目　1595₃₆
Kentrophoros　1658₁
Kenyapithecus　1231a
keratan sulfate　ケラタン硫酸　413e
Keratella　1578₃₆
keratin　ケラチン　**413**f
keratinization　角質化　**203**g
keratinocyte　角化細胞　**200**a
keratohyalin granule　ケラトヒアリン顆粒　**413**a
Keratoisis　1557₃₁
keratomalacia　角質軟化症　1150a
keratosulfate　ケラト硫酸　413e
Kerkampella　1620₄₃

Kermes　1600₃₂
Kernella　1620₃₃
Kernia　1617₅₉
Kerona　1658₂₉
Keronopsis　1658₃₀
Kerstersia　1546₄₅
α-ketoacid carboxylase　α–ケト酸カルボキシラーゼ　1174h
β-ketoadipic acid　β–ケトアジピン酸　**408**f
ketogenic amino acid　ケト原性アミノ酸　980g
α-ketoglutarate dehydrogenase　α–ケトグルタル酸脱水素酵素　344b[図]
—— dehydrogenase complex　α–ケトグルタル酸脱水素酵素系　**409**b
α-ketoglutaric acid　α–ケトグルタル酸　344b
Ketogulonicigenium　1546₁
ketohexokinase　フルクトースキナーゼ　**1226**a
ketol　ケトール　409e
ketone body　ケトン体　**409**g
Ketophyllina　ドコフィルム亜目　1556₄₈
ketose　ケトース　891e, 1085f
ketosis　ケトーシス　**409**c
17-ketosteroid　17–ケトステロイド　**409**d
Keuper　コイパー泥灰岩　550f
key　検索表　**420**g
key-factor　変動主要因　**1287**e
—— analysis　変動主要因分析　**1287**e
key innovation　鍵革新　690c
—— production　基礎生産　72c
—— stimulus　鍵刺激　**197**c
keystone predator　キーストーン捕食者，中枢捕食者　914b
—— species　中枢種　**914**b
K-fiber　動原体糸　980f
Khawkinea　1631₂₅
KHORANA, Har Gobind　コラナ　**491**h
Khuskia　1616₄₂
Kibdelosporangium　1537₅₈
Kickxella　1604₅₀
Kickxellaceae　キクセラ科　1604₅₀
Kickxellales　キクセラ目　1604₄₉
Kickxellomycotina　キクセラ亜門　1604₃₄
kidney　腎臓　**706**e
—— of accumulation　蓄積腎　**903**i
—— unit　腎単位　1058g
Kielantherium　1574₄
Kif7　1269c
Kiitricha　1658₁₈
Kiitrichida　キイトリカ目　1658₁₈
killer　キラー　**330**e
—— cell　キラー細胞　**330**f
—— inhibitory receptor　キラー抑制性受容体　330f
—— T cell　キラー T 細胞　951b
Kiloniella　1545₁₉
Kiloniellaceae　キロニエラ科　1545₁₉
Kiloniellales　キロニエラ目　1545₁₈
Kimbropeziza　1616₁₃
Kimuromyces　1620₄₇
kinase　キナーゼ　**294**g
Kineococcus　1537₄
Kineosphaera　1537₁₅
Kineosporia　1537₄
Kineosporiaceae　キネオコックス科　1537₄
Kineosporiineae　キネオコックス亜目　1537₃
kinesics　キネシクス　1068i
kinesin　キネシン　**296**a
—— superfamily　キネシンスーパーファミリー　296a
kinesis　キネシス　**295**a
kinesthesia　運動覚　115a
kinetin　カイネチン　**185**c
kinetochore　動原体　**980**c
—— fiber　動原体糸　980e, 1301f
kinetochore-microtubule interaction　動原体–微小管結合　980f
kinetocyst　キネトシスト　1300g
kinetogenesis　キネトゲネシス　488i
kinetoplast　キネトプラスト　296b

Kinetoplastea キネトプラステア綱, キネトプラスト綱 1631₃₁
kinetosome キネトソーム 293e
kingdom 界 177c
Kingella 1547₉
Kingena 1580₃₇
Kingoria 1573₂₂
kin group 血縁集団 398h, 399b
Kingstonia 1589₈
kinin キニン 295b
kininase キニナーゼ 294i
kinin-kallikrein system カリクレイン-キニン系, キニン-カリクレイン系 242i
kininogen キニノゲン 295b
kininogenin キニノゲニン 242i
Kinneretia 1546₅₃
kinocilium 運動毛 255d
kinome キノーム 1234e
Kinorhyncha 動吻動物, 動吻動物門 997d, 1587₄₃
kinorhynchs 動吻動物 997d
Kinorhynchus 1587₄₇
Kinosternon 1568₂₃
kin recognition 血縁識別 398g
── selection 血縁淘汰 399b
Kionochaeta 1606₃₈
Kipferlia 1630₂₈
Kirbynia 1630₁₃
Kirchneriella 1635₂₆
Kirengeshoma 1651₃
Kirkomyces 1603₄₂
Kirramyces 1608₄₄
Kishinouyea 1556₁₈
kisspeptin キスペプチン 288k
Kistimonas 1549₂₇
Kitasatoa 1538₁
Kitasatospora 1538₁
Kiusiozonium 1593₁₆
Kiusiunum 1594₁₆
KKXX motif ジリジンモチーフ 666a
KLAATSCH, Hermann クラーチ 355h
kladogenesis クラドジェネシス 730i
Klappenzelle 弁細胞 705g
Klasterskya 1618₆₀
Klastostachys 1604₄₀
Klauentaster 爪鬚 302d
Klebsiella 1549₇
Klebsormidiales クレブソルミディウム目 1636₃
Klebsormidiophyceae クレブソルミディウム藻綱 1636₂
Klebsormidiophyta クレブソルミディウム植物門 1636₁
Klebsormidium 1636₃
Kleinklima 大気候 847i
Kleinschmidt method クラインシュミット法 353c
Klenow enzyme DNA ポリメラーゼ I ラージフラグメント, クレノウ酵素 941a
kleptochloroplast 盗葉緑体 319d
kleptoplastidy 盗色素体化 319d
kleroprotopus 1593₂₆
Klette いが 206h
Klinefelter's syndrome クラインフェルター症候群 353d
klinokinesis クリノキネシス 363a
klinotaxis 屈曲走性 827f
Kloedenella 1596₁₆
Klossia 1661₃₄
Klossiella 1661₃₄
KLUG, Aaron クルーグ 364c
Klugiella 1537₂₃
Kluyvera 1549₇
Kluyveromyces 1606₁₅
KN1 1067e
knee clonus 膝クローヌス 373d
── reflex 膝蓋反射 591d
knephoplankton 陰光性プランクトン 1220e
KNIEP, Hans クニープ 349e
Knochenröhrchen 骨小筒 1090h
Knoellia 1537₁₇

Knolle 89f
Knop's solution クノップ液 720b
knotting 942e
KNOX gene family KNOX 遺伝子族 1067e
knuckle walking 指背歩行 604a
Kobayasia 1627₅₂
Kobresia 1647₃₀
Kobuvirus コブウイルス属 1140a, 1521₂₀
Kochiomyces 1603₁
Kochmania 1621₅₀
KOCH, Robert コッホ 483g
Koch's phenomenon コッホ現象 483h
── postulates コッホの原則 483i
── steamer コッホ蒸気釜 656e
Kockovaella 1623₉
Kocuria 1537₂₈
Kodoaceae コンドア科 1621₈
Kodonophyllum 1556₃₉
Koeberiella 1613₉
KOELREUTER, Joseph Gottlieb ケールロイター 415a
KOENIGSWALD, Gustav Heinrich Ralph von ケーニヒスワルト 410a
Kofleria 1548₁
Kofleriaceae コフレリア科 1548₁
KOFOID, Charles Atwood コフォイド 488g
Kofoidia 1630₁₃
Kofoidinium 1662₁₃
Kogia 1576₄
KÖHLER, Georges Jean Franz ケーラー 413c
KÖHLER, Wolfgang ケーラー 413d
Kohlmeyeriella 1619₂₀
Kohlrausch's kink コールラウシュの屈曲 1374a
koji 麴 445h
kojic acid 麴酸 446c
KOK, Bessel コック 480g
Kok effect コック効果 480h
Koliella 1635₇
Koliellopsis 1635₁₁
Koller's sickle コラーの鎌 491i
KÖLLIKER, Rudolf Albert von ケリカー 414d
Kolpophorae タコクラゲ亜目, 原腔類 1556₂₈
Komagataea 1606₁₁
Komagataella 1606₁₃
kombinative Einheitsleistung 多元統一作用 870b
Komma 1666₈
Kompsoscypha 1616₂₅
Komvophoron 1541₃₇
Kondoa 1621₈
Kontinuität des Keimplasmas 生殖質の連続性 757g
Koonunga 1596₃₄
Koorchaloma 1616₄₈
Kopfhöhle 頭腔 981b
Koplik spot コプリック斑 1341c
Koralionastes 1607₂₆
Koralionastetaceae コラリオナステス科 1607₂₆
Korarchaeota コルアーキオータ門 4f, 1535₂₃
Korarchaeum 1535₂₃
Kordia 1539₄₄
Kordiimonadaceae コルディモナス科 1545₂₁
Kordiimonadales コルディモナス目 1545₂₀
Kordiimonas 1545₂₁
Kordyana 1622₃₄
Korea Strait line 朝鮮海峡線 776d
Koreibacter 1537₆
Korfiella コフキクロチャワンタケ 1616₂₉
KORNBERG, Arthur コーンバーグ 505f
KORNBERG, Roger David コーンバーグ 505g
Kornmannia 1634₃₁
Korotnevella 1628₃₄
Korovinella 1554₈
KORSCHELT, Eugen コルシェルト 493g
Korthalsella 1650₃₁
Koruga 1630₁₃
Koshland-Némethy-Filmer model コーシュランド-ネメシー-フィルマーモデル 46b

Kosmotoga 1551₂
KOSSEL, Albrecht コッセル **482**e
Kostermansinda 1606₃₈
KOSTYCHEV, Sergei Pavlovich コスティチェフ **475**e
Kotlassia 1567₂₃
Kowalevskia 1563₁₂
KOWALEVSKY, Alexander Onufrievich コワレフスキー **500**c
KOWALEVSKY, Vladimir Onufrievich コワレフスキー **500**d
Kozakia 1546₁₆
Krabbe disease クラッベ病 241e
Kranz anatomy クランツ構造 683c
Krapina bone クラピナ人骨 355g
Krasilnikovia 1537₄₀
Kraurogymnocarpa 1611₁₇
Krause's corpuscles クラウゼ小体 353e
—— end-bulb クラウゼの終末棍状体 353f
Krebs cycle クレブズ回路 344b, **371**k
KREBS, Edwin Gerhard クレブス **371**i
Krebsotherium 1573₅₃
KREBS, Sir Hans Adolf クレブス **371**j
Kregervanrija 1606₁₃
Kremastochrysis 1656₂₈
Kretzschmaria 1619₄₅
Kribbella 1537₄₇
Kribbia 1537₁₇
Kriegella 1539₄₅
Kriegeria 1621₁₂
Krieglsteinera 1621₁₆
KROGH, Schack August Steenberg クローグ **372**i
Krohnitta 1577₇
Krohnittella 1577₄
Krokinobacter 1539₄₅
Kronborgia 1577₄₅
Kronismus 子食い 474a
KROPOTKIN, Peter Alexeyevich クロポトキン **375**i
Kroswia 1613₂₃
krummholz zone クルムホルツ帯 466a
Kryptastrina 1620₂
Kryptoperidinium 1662₃₆
K-selection K淘汰 **408**g
K-strategist K戦略者 408g
K-strategy K戦略 408g
Ktedonobacter 1541₈
Ktedonobacteraceae テドノバクター科 1541₂
Ktedonobacterales テドノバクター目 1541₁
Ktedonobacteria テドノバクター綱 1540₄₅
Ku70 36a
Ku80 36a
Kudoa 1555₂₀
Kuehneola 1620₂₈
Kuehneosaurus 1568₃₅
Kuehneotherium 1573₅₁
Kuehniella 1611₂₁
KÜHN, Alfred キューン **315**i
KÜHNE, Wilhelm キューネ **315**h
KÜKENTHAL, Willy キューケンタール **315**e
Kuklospora 1605₄
Kullervo 1580₂₃
Kumanasamuha 1616₂
Kumanoa 1632₃₆
Kunkelia 1620₂₈
Kuntzeomyces 1622₅
Kupffer's cell クッパー細胞 **349**c, 1339h
Kuraishia 1606₁₅
Kurthia 1542₄₁
kurtosis 尖度 513h
Kurtzmaniella 1606₂₅
Kurtzmanomyces 1621₇
kuru クール病 743a
Kusanobotrys 1607₄₄
Kushneria 1549₂₉
Kustarachne 1591₁₉
KÜSTER, Ernst キュスター **315**g
Kutorgina 1580₁₇
Kutorginata クトルギナ綱 1580₁₆

Kutorginida クトルギナ目 1580₁₇
Kutzneria 1537₅₈
Kuzuhaea 1604₃₀
Kweilingia 1620₂₄
Kwoniella 1623₇
Kyarocyathus 1554₃
Kyaroikeus 1659₃₀
Kyliniella 1632₂₂
kymograph キモグラフ, 運動記録器 115c, **301**c
kynurenic acid キヌレン酸, 犬尿酸 **295**f
kynureninase キヌレニナーゼ **295**d
kynurenine キヌレニン **295**c
kyphosis 脊柱後彎 1503a
Kyphosus 1566₄
Kystodendron 1563₃
Kytococcus 1537₁₃

L

λdv **1439**c
"λ-like viruses" λ様ウイルス 1514₃₇
λ phage λファージ **1439**d
L リンキング数 945a
L1 **149**i
L11 1464h
L12 1464h
L1 element L1因子 1489f
—— family L1ファミリー 1126j
"L5-like viruses" L5様ウイルス 1514₃₂
L7 1464h
Labedella 1537₂₄
labeled pathway hypothesis 標識進路説 **1167**d
labellum 唇弁, 感荒葉 **713**h, 1026h
labial gland 下唇腺, 前足腺, 口唇腺 348b, 837e, 866i
—— palp 下唇鬚, 唇弁 **217**i, 713h
—— palpus 唇弁 **713**h
—— proboscis 唇吻 713h
Labiatae シソ科 1652₁₀
labiate corolla 唇形花冠 713h
—— process 唇状突起 1132f
labidodontia 毛抜状咬合, 鉗子状咬合 439e
Labidosaurus 1568₁₁
Labidostomma 1590₂₅
Labidostommatina ヨロイダニ下目 1590₂₅
labile determination 不安定な決定, 可変的決定 406d
—— factor 不安定因子 128d
—— gene 易変遺伝子 **88**g
labium 下唇 **217**h
—— inferius 下唇 348b
—— majus 大陰唇 94b
—— majus pudendi 大陰唇 94b
—— minus 小陰唇 94b
—— minus pudendi 小陰唇 94b
—— oris 唇 348b
—— pudendi 陰唇 94b
—— superius 上唇 348b
Laboea 1658₃₈
Laboratoire souterrain 洞窟研究所 978e
laboratory population 実験室個体群 591k
Laboulbenia 1611₄₄
Laboulbeniaceae ラブルベニア科 1611₄₂
Laboulbeniales ラブルベニア目 1611₃₅
Laboulbeniomycetes ラブルベニア綱 1611₃₃
Laboulbeniomycetidae ラブルベニア亜綱 1611₃₄
Labracinus 1566₄₈
Labrenzia 1546₁
Labridella 1619₂₉
Labrocarpon 1606₄₇
Labromonas 1653₁₃
labrum 上唇 **659**i
Labrys 1545₅₁
labyrinth 迷路, 迷路器官 1019l, **1375**d
Labyrintha 1613₉

labyrinthform organ　迷路状器官　1375d
Labyrinthici　迷器類　1375d
Labyrinthodontia　迷歯亜綱　1567₁₃
Labyrinthomyces　1616₃₂
Labyrinthula　1653₂₀
Labyrinthulales　ラビリンチュラ目　1653₂₀
Labyrinthulea　ラビリンチュラ綱　1653₁₈
Labyrinthulomycetes　ラビリンチュラ綱, ラビリンツラ類　1437f, 1653₁₈
Labyrinthulomycota　ラビリンチュラ門, ラビリンツラ類　1437f, 1653₁₇
labyrinthus osseus　骨迷路　**484**b
LACAZE-DUTHIERS, Félix Joseph Henri de　ラカズ-デュティエ　**1433**b
Lacazia　1611₁₁
Laccaria　1626₃
laccase　ラッカーゼ　**1436**g
Laccocephalum　1624₄₃
Lacépède, B.　1164b
laceration　砕片分離　**520**g
Lacerta　1568₅₃
Laceyella　1543₁
Lachancea　1606₁₆
La Chapelle-aux-Saints human fossil　ラシャペローサン人骨　**1435**b
Lachnella　1626₂₅
Lachnellula　1615₁
Lachnobacterium　1543₃₉
Lachnocladiaceae　ラクノクラジウム科　1625₈
Lachnocladium　1625₉
Lachnospira　1543₄₀
Lachnospiraceae　ラクノスピラ科　1543₃₈
Lachnum　1615₁
Lacibacter　1540₄
lacinia　内葉, 小顎　428a, 719c
Lacinutrix　1539₄₅
LACK, David Lambert　ラック　**1436**h
lacrimal bone　涙骨　698c
―― foramen　涙孔　1481d
―― gland　涙腺　**1481**d
―― sac　涙嚢　1481d
Lacrymaria　1626₃₆
Lacrymaria　1659₁
Lacrymariida　ラクリマリア目　1659₂
lactacystin　ラクタシスチン　**1433**e
Lactarius　1625₁₃
lactase　ラクターゼ　240f
lactate dehydrogenase　乳酸脱水素酵素　1042e
lactation　哺乳, 泌乳　**1153**f, **1317**e
lacteal duct　乳糜管　**1043**g
lactic acid　乳酸　**1042**c
―― acid bacteria　乳酸菌　1042d
―― acid fermentation　乳酸発酵　1042f
Lacticigenium　1543₈
α-lactoalbumin　α-ラクトアルブミン　1043b
lactoalbumin　乳アルブミン　43a
Lactobacillaceae　ラクトバチルス科, 乳酸桿菌科　1543₁₂
Lactobacillales　ラクトバチルス目, 乳酸桿菌目　1543₂
Lactobacillus　ラクトバチルス, 乳酸桿菌　**1433**h, 1543₁₂
―― *bulgaricus* factor　LB因子　1124h
Lactococcus　1543₁₅
―― *phage c2*　ラクトコッカスファージ c2　1514₃₁
Lactocollybia　1626₁₇
lactogen　ラクトゲン　1239c
Lactonifactor　1543₃₀
lactoperoxidase　ラクトペルオキシダーゼ　1280a
Lactoria　1566₆₂
lactose　ラクトース　**1433**f
―― operon　ラクトースオペロン　**1433**g
Lactosphaera　1543₈
Lactovum　1543₁₅
lactoyl-glutathione lyase　ラクトイルグルタチオンリアーゼ, ラクトイルグルタチオン開裂酵素　367g
Lactuca　1652₃₇
lacuna　ラクナ, 骨小窩, 骨小腔　480f, **1434**a

lacunar circulatory system　間隙血管系, 隙窩循環系　187f, 399d
―― space　絨毛間腔　406k
―― system　血洞系　**407**b
Lacunastrum　1635₂₇
Lacusteria　1630₁
lacustrine sediment　湖沼堆積物　**474**e
Lacustromyces　1602₃₃
LAD　白血球接着不全症, 葉積　1314d, 1425h
ladderane　ラダラン　22c
ladder-like nervous system　梯子形神経系　**1096**f
ladder of nature　自然のはしご　587f
―― theory　はしご説　189f
Ladinian　ラディニアン階　550f
Laelaps　1590₁₁
Laetiporus　1624₁₄
Laetisaria　1623₅₁
Laetmogone　1562₃₀
Laevicaudata　タマカイエビ亜目　1594₃₄
Laevipilina　1581₃₁
Lafoea　1555₄₅
Laganum　1562₁₈
Lagena　1653₄₀, 1664₁
lagena　つぼ（内耳の）, 壺嚢　608c, **936**c
Lagenida　ラゲナ目　1664₁
Lagenidium　1654₁₅
Lagenisma　1654₅
Lagenismatales　ラゲニズマ目　1654₅
Lagenophrys　1660₄₆
Lagenostoma　1644₁₂
Lagerheimia　1635₇
Lagerstroemia　1648₃₈
Lagis　1585₉
Lagomorpha　兔形目　1576₃₁
lagoon　礁湖　550b
Lagopus　1571₆
Lagosuchus　1569₂₈
Lagothrix　1575₃₅
Lagotis　1652₅
Lagovirus　ラゴウイルス属　1522₁₅
lag phase　誘導期　826g
Lagynion　1656₃₀
Lagynocystis　1559₆
Lagynophyra　1659₄
Lagynus　1660₁₅
Lahmia　1606₂₆
Lahmiaceae　ラーミア科　1606₂₆
Lahmiales　ラーミア目　1606₂₅
Lahmiomyces　1607₁₇
LAI　葉面積指数　1427e
LAK cell　LAK細胞　**1436**i
lake　レーキ　1083f, 1275h
―― biotic community　湖沼の群集　**474**f
―― community　湖沼の群集　474f
―― ecosystem　湖沼生態系　474f
Lake Mungo　レイク=マンゴー人　376d
lake type　湖沼型　**474**d
Lake Victoria marburgvirus　マールブルクウイルス ビクトリア湖株　1520₃
Lalaria　1605₄₁
Lama　1576₁₃
Lamarckism　ラマルキズム　**1438**e
LAMARCK, Jean Baptiste Pierre Antoine de Monet, *Chevalier* de　ラマルク　**1438**f
LamB　1327a
lambda-like phage　ラムダ様ファージ　1439d
Lambdapapillomavirus　ラムダパピローマウイルス属　1516₂₉
lambdoid phage　ラムドイドファージ　1439d
Lambeophyllum　1556₄₄
Lambert-Beer's law　ランバート-ベールの法則　309k
Lambertella　1615₇
Lambert's law　ランバートの法則　309k
Lambia　1634₅₀
lamella　ひだ, ラメラ, 襞（菌類の）　930b, **1148**i, **1439**g

lamellae　ラメラ　**1439**g
lamellar collenchyma　板状厚角組織　432d
―― structure　ラメラ構造(脂質の)　**1439**h
Lamellibrachia　サツマハオリムシ　1585₇
Lamellibranchia　弁鰓類　**1285**h
lamellibranchs　弁鰓類　**1285**h
Lamellicorticata　ラメリコルティカータ下門　1658₄₁
Lamellipedia　板肢類　1588₃₁
lamellipodium　葉状仮足　**1424**b
Lamellisabella　1585₅
LA METTRIE, Julien Offroy de　ラ=メトリ　**1439**f
Lamiaceae　シソ科　1652₁₀
Lamiales　シソ目　1651₆₀
lamin　ラミン　**1439**i
lamina　葉身　**1424**e
―― epithelialis　上皮板，脈絡上皮層　653e
―― ganglionaris　神経細胞層　232f
laminal placenta　薄膜胎座　849g
lamina nasalis　鼻プラコード　1109h
―― propria mucosae　粘膜固有層　1060g
laminaran　ラミナラン，ラミナリン　228h, 876i, **1438**h
Laminaria　1657₂₅
Laminaria bed　コンブ藻場　1399d
Laminariales　コンブ目　1657₂₃
laminarin　ラミナリン　228h, 1438h
Laminariocolax　1657₃₂
Laminarionema　1657₃₃
laminin　ラミニン　**1438**i
Lamium　1652₁₁
Lammas shoot　土用芽　314a
Lamniformes　ネズミザメ目　1564₄₆
LAMP　**1449**f
lampbrush chromosome　ランプブラシ染色体　**1449**g
Lampea　1558₂₂
Lampranthus　1650₅₇
Lampridiformes　アカマンボウ目　1566₁₉
Lampris　1566₁₉
Lamprobacter　1548₅₁
Lamprocystis　1548₅₁
Lamproderma　1629₁₄
Lamprodrilus　1585₂₆
Lamprometra　1560₂₃
Lampropedia　1546₅₄
Lamprops　1597₂₃
Lamprospora　1616₂₀
Lamprothamnium　1636₇₉
lamp-shells　腕足動物　**1510**i
Lamtostyla　1658₃₀
Lana　1663₄₃
Lanarkia　1564₅
Lanatonectria　1617₃₅
lancelets　頭索動物　**982**c
Lancisporomyces　1604₄₅
land animal　陸生動物　**1453**c
―― biota　陸生生物相　773f
―― bridge　陸橋　818h
―― form　陸生形　62f
land-lock　陸封　**1453**h
landlocked fish　陸封魚　1453h
land plants　陸上植物　**1453**i
landrace local variety　在来品種　534b
landscape　景観　191f, 384b
―― ecology　景観生態学　**384**b
―― element　景観構成要素　191f
LANDSTEINER, Karl　ラントシュタイナー　**1448**d
LANG, Arnold　ラング　**1444**d
Langerhans cell　ランゲルハンス細胞　**1445**b
Langerhans, P.　1445c
Langhans cell　ラングハンス細胞　120f
Langhans' giant cell　ラングハンス巨細胞　329b
Langley, J. N.　685a
language　言語　**419**d
―― area　言語野　**420**d
―― universal　言語普遍　419d
Laniatores　アカザトウムシ亜目　1591₂₃

Lanius　1572₅₄
LANKESTER, Edwin Ray　ランケスター　**1445**a
Lankesterella　1661₃₄
Lankesteria　1661₂₂
lanolin　ラノリン，羊毛脂　235c
lanosta-8, 24-dien-3β-ol　1437d
lanosterin　ラノステリン　1437d
lanosterol　ラノステロール　**1437**d
―― synthase　ラノステロールシンターゼ　729e
Lantana　1652₂₂
lantern sinus　囲咽腔　731j
Lanthanotus　1568₅₀
lanthionine　ランチオニン　**1448**c
lanugo　うぶ毛　384a, 851g
Lanzia　1615₇
Laocoön　1608₃₃
Laomedia　1597₅₄
lapel　ラペル，立襟　147a
Lapillicoccus　1537₁₇
Laplace's law　ラプラスの法則　**1438**f
Laportea　1649₄
Lapparentophis　1569₅
Laqueus　1580₃₇
LAR　葉面積比　1427f
Larcopyle　1663₁₇
Larcospira　1663₁₇
Lardizabalaceae　アケビ科　1647₅₀
large exhalent aperture　出水孔，大孔，流出大孔　720e
―― intestine　大腸　**857**g
―― intestine juice　大腸液　918d
―― lymphocyte　大リンパ球　1476e
―― salivary gland　大唾液腺　866i
―― single copy region　1216a
―― sudoriferous gland　アポクリン腺，大汗腺　1160g
―― T　1322e
Lari　カモメ亜目　1571₅₇
lariat RNA　投縄型 RNA　740c
Laribacter　1547₁₀
Lariosaurus　1568₃₂
Larix　1644₅₀
Larkinella　1539₂₄
Larus　1571₅₇
larva　幼生，幼虫，若虫　**1425**d, **1426**a, **1507**h
Larvacea　オタマボヤ綱，尾虫類，幼形類　1140g
larval arm　腕　1159h
―― form　幼生形　1420l
―― instar　齢　**1484**b
―― organ　幼生器官　**1425**e
―― parthenogenesis　幼生単為生殖　880n
―― skeleton　幼生骨格　125c
―― tentacle　幼生触手　6b
larva migrans　幼虫移行症　290a
laryngeal cartilage　喉頭軟骨　459k, 461b
―― prominance　喉頭隆起　**461**b
―― ventricle　喉頭室　761f
―― vestibulum　喉頭前庭　459k
larynx　喉頭　**459**k
Lasaea　1582₂₀
Lasallia　1612₂
Lasanius　1563₄₄
Lasianthus　1651₄₀
Lasiobertia　1618₇
Lasiobolus　1615₅₅
Lasiobotrys　1610₁₀
Lasiodiplodia　1607₆
Lasiograptus　1562₄₉
Lasioloma　1612₂₇
Lasionectes　1594₄₄
Lasionectria　1617₁₀
Lasiorhinus　1574₂₁
Lasiosphaeria　1619₁₂
Lasiosphaeriaceae　ラシオスファエリア科　1619₁₁
Lasiosphaeriella　1618₁₈
Lasiosphaeriopsis　1616₅₆
Lasiostemma　1608₁₁

Lasmenia 1608₈
Lassa fever ラッサ熱 703g
── virus ラッサ熱ウイルス 44d
last instar 最終齢 1484b
Lastreopsis 1643₅₆
latebra ラテブラ **1436**j
late effect 晩発影響 1297e
── embryo 後期胚 1072a
── embryogenesis abundant protein LEA 蛋白質 148f
── gene 後期遺伝子 434e
latency 潜時 805b
── relaxation 潜伏弛緩 818a
latent bud 潜伏芽 314a
── heat 潜熱 1056a
Latentifistula 1663₁₁
Latentifistularia ラテンティフィスツラ目 1663₁₁
latent infection 不顕性感染，潜伏感染 267c
── learning 潜在学習 **804**c
── period 潜伏期 **817**j
── summation 潜伏加重 215f
── time 潜伏期，潜時 805b, 817j
Lateolabrax 1566₄₈
lateral axis 側軸 634a
── bad inhibition 側芽抑制 919e
── body 1315f
── body field 側褶 1083j
── body fold 側褶 1427b
── branching 側方分枝 885d, 1245e
── bud 側芽 **835**b
── caecum 側盲囊 89g
── column 側柱 783d
── conjugation 隣接細胞間接合 789b
── cord 側索 625e
── cord duct 側腺管，排泄管 625e
── diffusion 577f
── diffusion coefficient 並進拡散定数 1338c
── display 側面誇示 953b
── dominance 片側優位性 **1286**i
── element 側方要素 602c
── eye 側眼 **835**c
── field 側褶 1083j
── fin fold theory 体側褶起原説 1405g
── fold 側褶 1427b
── geniculate body 外側膝状体 **183**a
── giant neuron 外側巨大ニューロン 489i
── horn 側角 783d
── indusium 側位包膜 1303h
── inhibition 側方抑制 839a, 839b
lateralis-labyrinth system 側線迷路系 923h
laterality 側性 **837**a
lateral-line cord 側索，側線 625e, 837g
lateral-line organ 側線器官 **837**g
lateral meristem 側部分裂組織 1256g
── mesoderm 側部中胚葉 152e
── ocellus 側単眼 882b
── olfactory tract 外側嗅索 **182**j, 310b
── palatine process 側口蓋突起 **835**g
── pallium 外側外套 184a
── plate 側板 **838**i
── root 側根 **842**f
── shoot 側枝 643g
── teeth 側歯 585g
── vein 側脈，側静脈 836e, 1427d
── zooid 喰体，食体 1370f
late receptor potential 晩期受容器電位 1136a
── recombination nodule 後期組換え節 602c
later homonym 後続同名 998d
Lateribranchia 1321f
Lateriramulosa 1606₃₈
lateritic soil ラテライト性土壌 1437c
lateritization ラテライト化作用 1437c
Lateromyxa 1664₄₀
Lates 1566₄₈
late wood 晩材 824i
latex 乳液 1041b

── agglutination test ラテックス凝集試験 317k
── duct 乳管 **1041**d
── tube 乳管 **1041**d
Lathyrus 1648₅₁
Laticauda 1569₅
laticifer 乳管 **1041**d
laticiferous cell 乳細胞 1250h
── vessel 乳管 **1041**d
Latimeria 1567₄
latitudinal cleavage 緯割 1444a
── gradient of species diversity 種多様性の緯度勾配 640e
latosol ラトゾル **1437**c
Latouchia 1592₁₆
Latreillia 1598₅
Latrodectus 1592₂₂
lattice fiber 格子繊維 **446**e
── model 格子モデル **446**f, 727g
lauan ラワン **1440**c
Lauderia 1654₅₄
Laura 1595₃₁
Lauraceae クスノキ科 1645₄₈
Laurales クスノキ目 1645₄₄
laurel forest 常緑広葉樹林 **668**e
Laurencia 1633₅₁
Laurentaeglyphea 1597₅₀
Laurentiella 1658₃₃
Laurer's canal ラウレル管 1444f
lauric acid ラウリン酸 **1432**m
Laurida 1595₃₁
Lauridromia 1598₉
laurifruticeta 常緑広葉低木林，照葉低木林 668e
Laurilia 1625₃
lauriligosa 常緑広葉樹林 **668**e
laurisilva 常緑広葉高木林，照葉高木林 668e
Laurobasidium 1622₃₈
Laurus 1645₄₈
Lautospora 1607₂₇
Lautosporaceae ラウトスポラ科 1607₂₇
Lautropia 1546₄₈
Lavandula 1652₁₂
Lavanify 1573₄₀
laver 海苔 **1068**e
law of constant extinction 絶滅率一定の法則 3g
── of constant final yield 最終収量一定の法則 **512**f
── of contraction 収縮の法則 623g
── of diminishing return 報酬漸減の法則 1300d
── of dominance 優劣の法則 **1415**c
── of effect 効果の法則 **433**f
── of homology 相同の法則 488i
── of increase in size 体大化の法則 **857**c
── of independence 独立の法則 **1002**g
── of irreversibility 進化不可逆の法則 **691**a
── of $μ$ $μ$の法則 175d
── of non-specialized descent 非特殊型の法則 488i
── of photochemical equivalent 光化学当量の法則 431g
── of polar excitation 極興奮の法則 **325**e
── of segregation 分離の法則 **1254**c
── of specific energy of nerve 特殊活力の法則, 特殊神経活力の法則 1001b
── of specific energy of sense 特殊感覚勢力の法則 **1001**b
── of stimulus-quantity 刺激量の法則 **571**a
── of strata identified by fossils 地層同定の法則(化石による) 905e
── of succession 連続の法則 488i
── of superposition 地層累重の法則 **905**e
── of the minimum 最少量の法則 **513**f
Lawsonia 1547₄₇
Laxitextum 1625₆
layering 取木 **1012**g
Lb レグヘモグロビン 1486c
LBF LB因子 1124h
LC ランゲルハンス細胞，液体クロマトグラフィー 376b, 1445b

L cell　L 細胞　648d
lck　536a
LC-MS　液体クロマトグラフィー—質量分析法　454a
LCM virus　LCM ウイルス, リンパ球性脈絡髄膜炎ウイルス　44d, 1477a
LCR　遺伝子座制御領域　71c
LD　連鎖不平衡　1493c
LD$_{50}$　**149**d
LD-50　**149**d
LDL　低密度リポ蛋白質　955j, 1465c
L-dsRNA　330e
leaching　溶脱　**1425**k
Leadbetterella　1539$_{24}$
leader　リーダー　**1458**b
── peptide　リーダーペプチド　**1458**d
── region　リーダー領域, 先導領域　1458d
leadership　リーダーシップ　**1458**b
leading edge　先導端　**816**f
── electrode　導出電極　**985**e
── fossil　示準化石　**578**d
leaf　葉　**1069**a
── abscission　落葉　**1434**b
── apex　葉先, 葉頂　1420i, 1424e
── apical meristem　葉頂端分裂組織　924g
── area duration　葉積　**1425**h
── area index　葉面積指数　**1427**e
── area ratio　葉面積比　**1427**f
── arrangement　葉序　**1423**f
── axil　葉腋　**1420**b
── base　葉基, 葉脚　**1420**i
── blade　葉身　**1424**e
── bud　葉芽　**1420**f
leaf-canopy inhibition of germination　緑陰効果　**1471**c
leaf class　葉類　**1428**c
── cushion　葉枕　**1426**b
── cutting　葉挿　538d
── fall　落葉　**1434**b
── gap　葉隙　**1421**a
leaflet　小葉　**667**i
leaf margin　葉縁　1424e
── needle　葉針　**1425**a
── primordium　葉原基　**1422**b
── scar　葉痕　**1422**e
── sheath　葉鞘　**1424**a
── size class　リーフサイズクラス　**1461**d
leaf-skin theory　葉皮説　642g
leaf spine　葉針　**1425**a
── thorn　葉針　**1425**a
── trace　葉跡　**1425**g
── weight ratio　葉重量比　**1423**e
LEAFY genes　LEAFY 遺伝子　**1461**c
leafy plant　茎緑体　**393**g
leakage　漏出　1006c
LEAKEY, Louis Seymour Bazett　リーキー　**1452**i
Leakey, Mary Douglas　1452i
leaky mutant　漏出性突然異変体　1006c
Leangella　1580$_{19}$
leaping organ　跳躍器　538e
LEA protein　LEA 蛋白質　**148**f
learning　学習　**204**b
── curve　学習曲線　**204**c
── machine　学習する機械　**204**d
── method　学習法　**204**e
Leathesia　1657$_{33}$
Lebachia　1644$_{46}$
Lebedev juice　レベデフ液　**1491**a
Lebensträger　生命担荷体　1132c
Lebetimonas　1548$_{21}$
LECAM　798b
Lecane　1578$_{36}$
Lecania　1612$_{16}$
Lecanicillium　1617$_{22}$, 1617$_{25}$
Lecanidiella　1607$_{17}$
Lecanocrinus　1559$_{39}$
Lecanographa　1606$_{53}$

Lecanophrya　1659$_{46}$
Lecanopteris　1644$_2$
Lecanora　1612$_{34}$
Lecanoraceae　チャシブゴケ科　1612$_{34}$
Lecanorales　チャシブゴケ目　1612$_{12}$
Lecanorchis　1646$_{44}$
Lecanoromycetes　チャシブゴケ綱　1611$_{49}$
Lecanoromycetidae　チャシブゴケ亜綱　1612$_7$
Leccinellum　1627$_4$
Leccinum　1627$_4$
LE-cell　LE 細胞　811f
Lechevalieria　1537$_{55}$
Lechriopyla　1660$_{18}$
Lecidea　1613$_8$
Lecideaceae　レキデア科　1613$_8$
Lecideales　ヘリトリゴケ目　1613$_7$
Lecidella　1612$_{35}$
Lecidoma　1612$_{13}$
lecithase　レシターゼ　1311e
lecithin　レシチン　1309c
lecithinase　レシチナーゼ　1311e
Lecithoepitheliata　卵黄皮目　1577$_{27}$
lecithotrophic development　卵黄栄養性発生　**1441**b
── larva　卵栄養型幼生　791f
Leclercia　1549$_7$
Leclercqia　1642$_{10}$
lectin　レクチン　**1486**c
lectin-type cell adhesion molecule　798b
lectotype　レクトタイプ, 後基準標本, 選定基準　287d, 863g
Lecudina　1661$_{22}$
Lecythidaceae　サガリバナ科　1651$_9$
Lecythium　1665$_{19}$
Lecythophora　1618$_{35}$
Lecythothecium　1618$_{30}$
LEDERBERG, Joshua　レーダーバーグ　**1487**d
LE DOUARIN, Nicole Marthe　ル＝ドワラン　**1482**e
Leea　1648$_{28}$
Lee-Boot effect　リーブート効果　**1461**e
leeches　ヒル類, 蛭類　**1175**b
Leegaaradiella　1658$_{27}$
Leeia　1547$_{10}$
LEEUWENHOEK, Anton van　レーウェンフック　**1485**h
Leeuwenhoekiella　1539$_{45}$
Lefkovitch's matrix　レフコヴィッチ行列　514a
left- and right-handedness　左右性　**545**b
left handedness　左利き　**1286**i
left-right axis formation　左右軸形成　**545**a
leg　肢, 脚　9j
Legallois, J.J.C.　1227g
Legerioides　1604$_{46}$
Legeriomyces　1604$_{46}$
Legeriomycetaceae　レゲリオミケス科　1604$_{42}$
Legeriosimilis　1604$_{46}$
leghemoglobin　レグヘモグロビン　**1486**c
Legionella　1549$_{18}$
legionella　レジオネラ　**1486**e
Legionellaceae　レジオネラ科　1549$_{18}$
Legionellales　レジオネラ目　1549$_{15}$
legitimate name　合法名　959e
leg sheath　肢鞘　765c
legume　豆果　**976**d
legumelin　レグメリン　633f
Leguminosae　マメ科　1648$_{48}$
leguminous bacteria　根粒菌　**506**h
── crops　マメ類　**1345**c
LEHMANN, Fritz Erich　レーマン　**1491**f
LEHNINGER, Albert Lester　レーニンジャー　**1490**b
Lehrbuch der Anthropologie　763a
LEIDY, Joseph　ライディー　**1432**c
Leidyana　1661$_{22}$
Leifsonia　1537$_{24}$
Leiobunum　1591$_{19}$
Leiognathus　1566$_{48}$
Leionucula　1581$_{49}$
Leiopelma　1567$_{51}$

Leiosporocerotaceae　レイオスポロケロス科　1641$_{29}$
Leiosporocerotales　レイオスポロケロス目　1641$_{28}$
Leiosporocerotopsida　レイオスポロケロス綱　1641$_{27}$
Leiostegiina　1588$_{41}$
Leiostegium　1588$_{41}$
leiotonin　ライオトニン　1351a
Leiotrocha　1660$_{50}$
leiotropic　左旋的　1436c
Leishmania　1631$_{39}$
── *RNA virus 1-1*　リーシュマニア RNA ウイルス 1-1　1519$_{49}$
Leishmaniavirus　リーシュマニアウイルス属　1519$_{49}$
Leisingera　1546$_1$
Lejeunea　1637$_{47}$
Lejeuneaceae　クサリゴケ科　1637$_{47}$
lek　レック　**1488**f
LELOIR, Luis Federico　レロアール　**1491**i
Lemanea　1632$_{36}$
Lembadion　1660$_{22}$
Lembophyllaceae　トラノオゴケ科　1641$_{20}$
Lembosia　1608$_{20}$
Lembosiella　1608$_{58}$
Lembosina　1608$_{20}$
Leminorella　1549$_8$
Lemmaphyllum　1644$_2$
Lemmus　1576$_{44}$
Lemna　1645$_{55}$
Lemnicola　1655$_{41}$
Lemonniera　1614$_{43}$
Lempholemma　1615$_{39}$
Lemur　1575$_{25}$
Lemuriformes　キツネザル下目　1575$_{25}$
Lemurosaurus　1573$_{17}$
length constant　長さ定数　**1024**b
length-tension curve　長さ-張力曲線（筋肉の）　**1024**a
lens　レンズ　**1494**f
── crystallina　水晶体　1494f
── placode　水晶体板　1494f
── regeneration　レンズの再生　1494g
── vesicle　レンズ胞，水晶体胞　1494f, 1494g
Lentamyces　1603$_{38}$
Lentamycetaceae　レンタミケス科　1603$_{38}$
Lentaria　1627$_{41}$
Lentariaceae　レンタリア科　1627$_{41}$
Lentibacillus　1542$_{31}$
Lentibulariaceae　タヌキモ科　1652$_{18}$
lentic community　湖沼の群集, 静水群集　**474**f, 724a
lenticel　皮目　**1163**c
lentic environment　静水環境　474f
lenticular papilla　レンズ状乳頭　793c
── process　豆状突起　911e
Lenticulina　1664$_1$
Lentinellus　1624$_{61}$
Lentinula　1626$_{17}$
Lentinus　1624$_{43}$
Lentisphaera　1544$_{41}$
Lentisphaeraceae　レンティスフェラ科　1544$_{41}$
Lentisphaerae　レンティスフェラ門　1544$_{38}$
Lentisphaerales　レンティスフェラ目　1544$_{40}$
Lentisphaeria　レンティスフェラ綱　1544$_{39}$
Lentivirus　レンチウイルス, レンチウイルス属　**1495**i, 1518$_{52}$
Lentzea　1537$_{55}$
Lenzites　1624$_{44}$
Leohumicola　1614$_{31}$
LEONARDO DA VINCI　レオナルド=ダ=ヴィンチ　**1485**j
Leonardus　1573$_{53}$
Leontocephalus　1573$_{25}$
Leontopodium　1652$_{37}$
Leotia　1615$_{22}$
Leotiaceae　ズキンタケ科　1615$_{21}$
Leotiales　ズキンタケ目　1615$_{18}$
Leotiomycetes　ズキンタケ綱　1614$_{25}$
Leotiomycetidae　ズキンタケ亜綱　1614$_{32}$
Lepadella　1578$_{36}$

Lepadomorpha　エボシガイ亜目　1595$_{47}$
lepargylic acid　レパルギル酸　16d
Lepas　1595$_{48}$
Leperditia　1596$_7$
Leperditicopa　レペルディティコーパ亜綱　1596$_6$
Leperditicopida　レペルディティア目　1596$_7$
Lepeta　1583$_{25}$
Lepetodrilus　1583$_{28}$
Lepicoleaceae　ヤクシマスギバゴケ科　1638$_5$
Lepidocaris　1594$_{28}$
Lepidocarpon　1642$_{11}$
Lepidocystis　1559$_{14}$
Lepidodasys　1578$_{19}$
Lepidodendrales　リンボク目　1642$_{11}$
Lepidodendron　鱗木, リンボク　**1479**f, 1642$_{11}$
Lepidoderma　1629$_{17}$
Lepidodinium　1602$_{23}$
Lepidodiscus　1561$_{29}$
Lepidolaenaceae　レピドレナ科　1637$_{43}$
Lepidomenia　1581$_{11}$
Lepidomicrosrium　1644$_3$
Lepidonotus　1584$_{51}$
Lepidophysma　1613$_{15}$
Lepidopleurina　サメハダヒザラガイ亜目　1581$_{23}$
Lepidoptera　チョウ目, 鱗翅類　1601$_{33}$
Lepidopterella　1607$_{47}$
Lepidopteris　1644$_{18}$
Lepidosauria　トカゲ上目　1568$_{36}$
Lepidosauromorpha　鱗竜形下綱　1568$_{35}$
Lepidosiren　1567$_7$
Lepidosphaeria　1609$_{59}$
Lepidostoma　1601$_{32}$
Lepidostrobus　1642$_{11}$
Lepidostroma　1624$_9$
lepidotrichia　鱗状鰭条　287e
Lepidotrigla　1566$_{49}$
Lepidozia　1638$_7$
Lepidoziaceae　ムチゴケ科　1638$_7$
Lepidozona　1581$_{25}$
Lepidurus　1594$_{32}$
Lepilemur　1575$_{25}$
Lepiota　1625$_{44}$
Lepisorus　1644$_5$
Lepisosteiformes　ガー目　1565$_{38}$
Lepisosteus　1565$_{38}$
Lepista　1626$_{48}$
Leploma　1613$_2$
Lepocinclis　1631$_5$
Leporipoxvirus　レポリポックスウイルス属　1517$_1$
Lepospondyli　空椎亜綱　1567$_{26}$
Lepraria　1613$_2$
Leprieurina　1608$_{20}$
Leprocaulon　1612$_{13}$
leprosy　らい, 癩　1123c
Leptestheria　1594$_{36}$
Leptictida　レプティクティス目　1574$_{58}$
Leptictis　1574$_{58}$
leptin　レプチン　**1490**c
Leptobacterium　1539$_{45}$
Leptocardia　薄心類, 狭心類　982c
leptocephalus　レプトケファルス, 葉形幼生　**1490**d
Leptochidium　1613$_{19}$
Leptochiton　1581$_{23}$
Leptocorticium　1623$_{52}$
Leptocylindrales　ホソミドロケイソウ目　1654$_{44}$
Leptocylindrus　1654$_{44}$
Leptodactylus　1567$_7$
Leptodesmidea　ババヤスデ亜目　1594$_{11}$
Leptodontaceae　レプトドンティア科　1641$_{19}$
Leptodora　1594$_{39}$
Leptodothiorella　1607$_6$
Leptodus　1580$_{20}$
Leptogium　1613$_{15}$
Leptographium　1618$_{59}$, 1618$_{60}$, 1618$_{61}$
Leptograptus　1562$_{46}$

Leptohalysis	1663₄₄
lepto-hormone レプトホルモン	289a
leptoid レプトイド	913b
Leptolaimida レプトライムス目	1587₂₄
Leptolaimus	1587₂₄
Leptolegnia	1654₂₁
Leptolegniella	1654₇
Leptolepia	1643₂₈
Leptolepidiformes レプトレピス目	1565₄₅
Leptolepis	1565₄₅
Leptolinea	1540₃₃
Leptolyngbya	1541₃₇
leptomeninx 軟膜	1065b
Leptomitales フシミズカビ目	1654₆
Leptomitus	1654₇
Leptomonas	1631₃₉
Leptomyxa	1628₃₀
Leptomyxida レプトミクサ目	1628₃₀
Leptonchus	1587₃
leptonema レプトネマ	423b, 1490e
Leptonema	1550₁₇
leptonema stage レプトネマ期	1490e
Leptopeltidaceae レプトペルチス科	1608₅₆
Leptopeltis	1608₅₆
Leptopharynx	1660₅
leptophyll 極微小形葉	1461d
Leptoporus	1624₄₄
Leptopteris	1642₄₄
Leptorhaphis	1609₄₃
Leptoria	1557₅₆
Leptosira	1635₄
Leptosomatum	1586₂₆
Leptosomiformes オオブッポウソウ目	1572₂₃
Leptosomus	1572₂₃
Leptosphaeria	1609₂₈
Leptosphaeriaceae レプトスファエリア科	1609₂₈
Leptosphaerulina	1609₉
Leptospira	1550₁₇
Leptospiraceae レプトスピラ科	1550₁₇
Leptospirillum	1554₄₇
Leptospironympha	1630₁₉
leptospirosis レプトスピラ症	703g
leptosporangiate 薄囊性	1296e
Leptostomataceae ハリガネゴケ科	1640₁₃
Leptostraca 薄甲目	1596₂₂
Leptostrobus	1644₂₆
Leptostroma	1615₂₈
leptotene stage レプトテン期	1490e
Leptothecata ヤワクラゲ目, 有鞘類	1555₄₂
Leptothrix	1546₄₁
Leptotrema	1614₁₅
Leptotrichia	1544₃₃
Leptotrichiaceae レプトトリキア科	1544₃₃
Leptotrochila	1614₄₇
Leptotrombidium	1590₃₂
Leptotyphlops	1569₅
Leptoxyphium	1608₂₄
Lepus	1576₃₁
Lepyrodontaceae ミナミイタチゴケ科	1641₁₅
Lernaea	1595₁₁
Lernaeodiscus	1595₃₆
Lernaeopoda	1595₂₂
Lesch-Nyhan syndrome レッシューナイハン症候群	**1489**a
Leskea	1640₅₂
Leskeaceae ウスグロゴケ科	1640₅₂
Lesleigha	1633₃₉
Lespedeza	1648₅₁
Lessardia	1662₄₀
lesser omentum 小網	667d
── wing 小翼	668c
Lessonia	1657₂₆
Lestes	1598₄₇
Lestodelphys	1574₇
Lestoros	1574₉
LET 線エネルギー付与	800i

Letendraea	1609₁₀
Letendraeopsis	1610₅
Lethagrium	1613₁₆
lethal allelism 致死同座性	44f
── dose 致死量	**905**c
── dose 50%	149d
── equivalent 致死相当数	**904**d
── gene 致死遺伝子	**904**c
Lethalia	1612₄₆
lethal mutation 致死突然変異	**904**g
── threshold 致死閾	60a
Lethariella	1612₄₆
Lethenteron	1563₄₁
Lethocerus	1600₃₈
Lethrinus	1566₄₉
Letrouitia	1613₃₈
Letrouitiaceae キンカンゴケ科	1613₃₈
LETS protein レッツ蛋白質	1185d
Lettauia	1611₅₅
Lettuce big-vein associated virus レタスビッグベイン随伴ウイルス	1520₄₇
── *infectious yellows virus*	1522₂₄
── *necrotic yellows virus*	1520₁₇
Leu ロイシン	1497c
Leucandra	1554₁₈
Leucetta	1554₁₅
leucine ロイシン	**1497**c
── aminopeptidase ロイシンアミノペプチダーゼ	**1497**d
── zipper ロイシンジッパー	**1497**e
leucinopine ロイシノピン	168e
Leuckart, Karl Georg Friedrich Rudolf ロイカルト	**1497**a
Leucoagaricus	1625₄₄
Leucobacter	1537₂₄
Leucobryaceae シラガゴケ科	1639₄₈
Leucobryum	1639₄₈
Leucochloridium	1578₇
Leucocintractia	1622₅
Leucocoprinus	1625₄₅
Leucocortinarius	1626₄₉
Leucocryptos	1665₄₈
Leucocytozoon	1661₃₇
Leucodiaporthe	1618₄₂
Leucodictyida ロイコディクティオン目	1665₉
Leucodictyon	1665₉
Leucodon	1641₁₁
Leucodontaceae イタチゴケ科	1641₁₁
Leucogloea	1621₂₉
Leucogyrophana	1627₁₈
Leucomiaceae ホソハシゴケ科	1640₄₀
leucomycin ロイコマイシン	1340a
Leucon	1597₂₃
Leuconectria	1617₃₅
Leuconeurospora	1607₃₅
Leuconia	1554₂₁
leuconoid リューコン型	720e
Leuconostoc	1543₁₄
Leuconostocaceae ロイコノストック科	1543₁₄
leucon type リューコン型	720e
Leucopaxillus	1626₄₉
Leucophellinus	1624₇
Leucopholiota	1626₅₀
leucophore 白色素細胞, 白色素胞	563f
leucoplast 白色体	**1092**g
Leucosia	1598₁₀
leucosin ロイコシン	633f
Leucosolenia	1554₁₉
Leucosolenida アミカイメン目	1554₁₈
leucosome リューコソーム, ロイコソーム	562e, 563f
Leucosporidiaceae レウコスポリジウム科	1621₁₈
Leucosporidiales レウコスポリジム目	1621₁₇
Leucosporidiella	1621₁₈
Leucosporidium	1621₁₈
Leucostegia	1643₅₃

Leucostoma	1618₅₆
Leucotelium	1620₄₈
Leucothea	1558₁₉
Leucothecium	1611₁₈
Leucothrix	1549₅₇
Leucotina	1583₅₅
Leucovibrissea	1615₁₆
Leukarachnion	1656₁₇

leukemia　白血病　**1102**f
　——　inhibitory factor　1083a
　——　virus　白血病ウイルス　**1103**a
leukocyte　白血球　**1102**e
　——　adhesion deficiency　白血球接着不全症　1314d
leukodystrophy　白血球ジストロフィー症　209g
leukoplakia　白板症　801f
leukosis virus　白血病ウイルス　**1103**a
leukotriene　ロイコトリエン　**1497**i
　——　C₄ synthase　ロイコトリエンC₄合成酵素　367h
leukovirus　ロイコウイルス　1489e
levan　レバン　1225f
levator　挙筋　479i
　——　ani muscle　肛門挙筋　**467**d

Leveillula	1614₃₇
Levene, Phoebus Aaron Theodore　レヴィーン	**1485**f
Levilinea	1540₃₃
Levi-Montalcini, Rita　レヴィ-モンタルチーニ	**1485**e
Levinea	1549₆
Levin, Simon Asher　レヴィン	1485g
Levinthal's paradox　レヴィンタールのパラドックス	1191e
Leviviridae　レビウイルス科	1522₃₃
Levivirus　レビウイルス属	1522₃₅

levo rotatory　左旋性　804a
levulose　レブロース　1225h

Lewia	1609₅₄
Lewinella	1540₆
Lewis, Edward B.　ルイス	**1481**a

Lewis system　ルイス式　396a
Lewy body　レヴィ小体　602e, 1092b
Leydig cell　ライディヒ細胞　261c, **1432**d
Leydig's duct　ライディヒ管　912g
LFA-1　1d
L-form bacteria　L型菌　**148**j
LFR　低光量反応　1135c, 1183a
LFY genes　*LFY*遺伝子　1461c
LG　外側巨大ニューロン　489i
LH　黄体形成ホルモン　160f
Lhca　440b
Lhcb　440b
LHRH　黄体形成ホルモン放出ホルモン　656b, 758c
LH surge　LHサージ　**148**h

Liacarus	1591₅
Liagora	1632₄₃
Lialis	1568₄₄

liana　木本性つる植物，蔓性地上植物　904h, 937c

Libertella	1619₃₃, 1619₃₄

libriform fiber　篩部様繊維　799d

Licea	1629₆
Liceales	1629₆
Liceida　コホコリ目	1629₆
Lichakephalus	1588₄₅
Lichas	1588₄₅

lichen acid　地衣酸　899d
lichenan　リケナン　**1454**a

Lichenaria	1557₁₁
Lichenariida　リケナリア目	1557₁₁

lichen-forming fungi　地衣形成菌類　899e
lichenin　リケニン　1454a
lichenized fungi　地衣化菌類　899e
lichenometry　地衣計測法　899e

Lichenomphalia	1626₆
Lichenopeltella	1608₅₈
Lichenopora	1579₂₉
Lichenostigma	1607₅₄
Lichenothelia	1607₅₄
Lichenotheliaceae　リケノテリウム科	1607₅₄

lichens　地衣類　**899**e
lichen substance　地衣成分　**899**d
　——　tundra　地衣ツンドラ　937b

Lichida	1588₄₅
Lichina	1615₄₀
Lichinaceae　ツブノリ科	1615₃₉
Lichinales　ツブノリ目	1615₃₇
Lichinomycetes　リキナ綱	1615₃₃
Lichinomycetidae　リキナ亜綱	1615₃₄
Lichiteimia	1603₃₉
Lichiteimiaceae　リヒテイミア科	1603₃₉
Lichomolgus	1595₂₀

licking mouthpart　舐め型口器　**1026**h

Licmophora	1655₁₉
Licmophorales　オウギケイソウ目	1655₁₉
Licmosphenia	1655₁₉
Licneremaeus	1591₁₀
Licnophoria　リクノフォラ亜綱	1658₁₅
Licnophorida　リクノフォラ目	1658₁₆
Licrostroma	1623₅₂

lid　蓋　**1204**e
lid-cell　蓋細胞　828c

Lidgettonia	1644₁₆

Lieberkühn's gland　リーベルキューン腺　923g
lien　脾臓　**1148**e
LIF　1083a
life　生命　**777**g
　——　cycle　生活環　**745**g
　——　expectancy　平均余命，期待寿命　778b
　——　form　生活形　**745**h
　——　game　ライフゲーム　796e
　——　history　生活史　**746**b
　——　history evolution　生活史進化　**746**c
　——　history parameter　生活史パラメータ　746b
　——　history strategy　生活史戦略　**746**d
　——　phase　生活相　**746**e
　——　system　生活系　762c
　——　table　生命表　**778**e
lifetime reproductive success　生涯繁殖成功　1121i
life type　生活型　**745**f
　——　zone　生活帯　747a, 1075g
Li-Fraumeni syndrome　リー–フラウメニ症候群　225a
ligament　靱帯　**707**e
ligamentum　靱帯　**707**e
　——　arteriosum　動脈管索　1315c
　——　Botalli　ボタロ靱帯　1315c
　——　flavum　黄色靱帯　707e
　——　hepato-duodenale　肝十二指腸靱帯　667d
　——　nuchae　項靱帯，頸索　146g, 707e
ligand　リガンド　**1452**c
ligand-gated ion channel　リガンド作動性イオンチャネル　57a
ligand-induced endocytosis　受容体介与エンドサイトーシス　**647**e
ligase　リガーゼ，合成酵素　**450**d
ligation experiment　結紮実験　**403**c
ligative hyphae　結合菌糸　336d
ligature experiment　結紮実験　**403**c
light adaptation　明順応　1374a
　——　and dark bottle method　明暗瓶法　**1374**b
　——　band　明帯　2a, 161h
　——　break　光中断　**1137**f
　——　compensation point　光補償点　1307b
　——　environment　光環境　**1134**i
light-germinating spore　光発芽胞子　1137h
light germination　光発芽　**1137**h
　——　harvesting pigment　集光性色素　621i

Lightiella	1594₂

light-induced membrane potential　光誘導膜電位　**1138**c
light interruption　光中断　**1137**f
　——　meromyosin　L-メロミオシン，ライトメロミオシン　1383h
　——　microscope　光学顕微鏡　**432**c
　——　reaction　明反応，照射反応　50f, **659**d
　——　reflex　光反射　981i

―― region　明領域　1085a
―― requirement　受光量　845d
―― resource　光資源　1134i
―― scattering　光散乱　1135e
―― sense　光感覚　1134h
―― staining　明中心　1085a
―― wood　軽軟材　507b
―― zone　明領域　1085a
Ligia　1597₈
Ligidium　1597₈
lignan　リグナン　1453d
Ligniera　1664₂₇
lignification　木化　1396a
lignin　リグニン　1453e
lignin-decomposing fungi　リグニン分解菌類　1453f
lignite　亜炭　784b
lignoceric acid　リグノセリン酸　1453g
lignosa　樹林群系　649d
Lignosus　1624₄₄
lignotuber　塊茎状器官　905h
ligulate flower　舌状花　986b
ligule　小舌　660d
likelihood　尤度　533h
―― function　尤度関数　533h
―― ratio test　尤度比検定　1414a
Liliaceae　ユリ科　1646₃₄
Liliales　ユリ目　1646₂₈
Liliatae　単子葉類　889a
Lilium　1646₃₅
LILLIE, Frank Rattray　リリー　1472e
Lillie, Ralph Stayner　1472e
Lima　1582₁₀
Limacella　1625₄₈
Limacina　1584₂
Limaciniaseta　1608₂₄
Limacinula　1610₂₁
Limacomorpha　ナメクジヤスデ上目　1593₅
Limax　1584₂₆
limb　外肢, 肢部　180g, 237g
―― basis　脚基　302c
―― bud　肢芽　558e
―― girdle　肢帯　589d
limb-girdle muscular dystrophy　肢帯型筋ジストロフィー　583g
limbic cortex　辺縁皮質　488c, 861a
―― system　大脳辺縁系　861b
limbidium　鮠　415c
lime induced chlorosis　石灰誘導白化　244a
―― knot　石灰節　787d
―― node　石灰節　787d
―― plant　石灰植物　451g
limestone　石灰岩　451g
lime-twig　粘竿　673a
Limibacter　1539₂₈
Limida　ミノガイ目　1582₁₀
Limifossor　1581₁₇
limit cycle　リミットサイクル, 極限閉軌道　1467a
―― dextrin　限界デキストリン　416b
limited growth　有限成長　765f
―― proteolysis　限定的加水分解　895d
limiting dilution-culture method　限界稀釈培養法　415k
―― equilibrium constant　極限平衡定数　1260d
―― factor　制限因子, 限定因子　749a
―― sulcus　境界溝　1083j
limit plasmolysis　限界原形質分離　418h
Limnadia　1594₃₆
Limnesia　1590₃₂
Limnobacter　1546₄₉
Limnochares　1590₃₃
Limnocnida　1556₄
Limnodrilus　1585₃₃
Limnofila　1665₆
Limnofilida　リムノフィラ目　1665₆
Limnognathia　1578₂₅
Limnohabitans　1546₅₄

limnology　陸水学　1453b
Limnomedusae　マミズクラゲ目, 淡水クラゲ類　1556₃
Limnoperdaceae　リムノペルドン科　1624₂₀
Limnoperdon　1624₂₀
limnoplankton　湖沼プランクトン　1220e
Limnoria　1596₅₁
Limnothrix　1541₃₇
Limonium　1650₃₉
Limopsis　1582₄
Limulina　カブトガニ下目, カブトガニ亜目　1589₂₁, 1589₂₄, 1589₂₅
Limulus　1589₂₅
Linaceae　アマ科　1649₄₆
Linckia　1560₅₃
Lincoln index　リンカン法　1167b
Lindbladia　1629₆
Lindeman's efficiency　リンデマン効率　751b
―― ratio　リンデマン比　751b
Lindenmayer's system　リンデンマイヤーシステム　149b
Lindera　1645₄₈
Linderina　1604₅₀
Lindernia　1652₈
Linderniaceae　アゼナ科　1652₈
Lindgomyces　1609₂₉
Lindgomycetaceae　リンドゴミケス科　1609₂₉
Lindley, John　635c
Lindquistia　1619₄₆
Lindra　1619₂₀
Lindsaea　1643₂₅
Lindsaeaceae　ホングウシダ科　1643₂₅
Lindtneria　1625₁₅
LINE　広範囲散在反復配列　303c, 1489f
line　系統　392c
linea aspera　粗線　912d
lineage　系統, リネージ　392c, 1459j
―― allomorphosis　種類間アロモルフォシス　47b
―― zone　系列化石帯, 系統化石帯　223c
linea nuchalis supraterminalis　上項線　461a
linear energy transfer　線エネルギー付与　800i
Lineariostroma　1617₁₆
linear non-threshold model　直線閾値無しモデル　928e
line transect method　ライントランセクト法　1432j
Lineus　1580₄₅
lingua　中舌　915f
lingual aponeurosis　舌腱膜　789a
―― muscle　舌筋　789a
―― papilla　舌乳頭　793c
―― radix　舌根　589c
―― septum　舌中隔　789a
―― tonsil　舌扁桃　793e
Linguatula　1594₅₀
Linguatulida　舌形動物　787h
Lingula　1579₄₄
Lingulamoeba　1628₃₆
Lingulata　舌殻綱　1579₄₃
Lingulida　シャミセンガイ目, 舌殻類　1579₄₄
Linguliformea　舌殻亜門　1579₄₂
Lingulocystis　1559₁₄
Lingulodinium　1662₄₆
linkage　連鎖　1492g
―― analysis　連鎖解析　1492h
―― block　連鎖ブロック　1493d
―― disequilibrium　連鎖不平衡　1493c
―― drag　連鎖引きずり　1398g
―― equilibrium　連鎖平衡　1493e
―― group　連鎖群　1493a
―― map　連鎖地図　808h, 1207b
linked transduction　連関形質導入　983d
linker DNA　リンカーDNA　1050a
―― histone　リンカーヒストン　1145e
linking number　リンキング数　945a
link protein　リンク蛋白質　1473f
Linnaea　1652₄₁
Linnean species　リンネ種　644g
LINNÉ, Carl von　リンネ　1476d
linneon　リンネ種　644g

Linocarpon	1618₁₈	Lishizhenia	1539₃₇
Linochora	1616₃₉	Lissamphibia　平滑両生亜綱	1567₃₃
Linograptus	1562₅₁	Lissodinium	1662₄₀
linoleic acid　リノール酸　**1460**b		Listerella	1629₆
linolenic acid　リノレン酸　**1460**c		Listeria	1542₃₆
Linopletis	1608₄₀	Listeriaceae　リステリア科　1542₃₆	
Linum	1649₄₆	listeriosis　リステリア症　703g	
Linuparus	1597₅₉	LISTER, Joseph　リスター　**1455**h	
Liocheles	1591₅₁	Listonella	1549₆₁
Liodes	1591₅	Litarachna	1590₃₃
Liomesaspis	1589₂₃	Litchi	1650₉
Liomopterum	1599₃	Lithistida　イシカイメン目　1554₄₀	
Liomys	1576₄₀	Lithobates	1568₁
Liothrips	1600₂₉	Lithobiomorpha　イシムカデ目　1592₃₅	
lip　唇, 唇弁　**348**b, **713**h		Lithobius	1592₃₅
Liparis	1566₄₉, 1646₄₅	Lithocarpus	1649₁₈
lipase　リパーゼ　**1460**d		lithocholic acid　リトコール酸　**1459**f	
Liphistius	1592₁₁	Lithocystis	1661₂₃
lipid　脂質　**576**g		Lithodes	1598₂
── A　リピド A　**1460**f		Lithodesmiales　サンカクチョウチンケイソウ目　1654₅₇	
── bilayer　脂質二重層　**577**f		Lithodesmium	1654₅₇
── microdomain　脂質マイクロドメイン　1437h		Lithoglypha	1612₅
lipidosis　リピドーシス　**1461**a		Lithoglyptes	1595₄₁
lipid raft　脂質ラフト　1437h		Lithographa	1613₅₅
LIPMANN, Fritz Albert　リップマン　**1459**d		lithographic limestone　石版石灰岩層　**785**c	
Lipocephala　欠頭類　1041a		lithoheterotrophy　無機従属栄養　625g	
lipocortin　リポコルチン　**1463**b		Lithomelissa	1663₁₃
Lipocystis	1620₄₃, 1661₂₅	Lithonida　ペトロビオナ目　1554₂₀	
lipoic acid　リポ酸　**1463**d		Lithopera	1663₁₃
lipoid　リポイド　**1462**e		Lithophora　担石類　1577₃₀	
lipoid-filter theory　リポイドフィルター説　**1462**f		Lithophyllum	1633₉
lipoid-sieve theory　リポイドフィルター説　**1462**f		lithophyte　岩生植物, 岩石植物　**265**g	
lipoid theory　リポイド説　1462f		lithopoedion　石児　1349b	
Lipomyces	1606₉	Lithoptera	1663₃₂
Lipomycetaceae　リポミケス科　1606₉		Lithorhizostomae　リゾストミテス目　1556₂₂	
lipopeptide antibiotics　リポペプチド系抗生物質　**1466**h		lithosere　岩石系列, 岩石遷移系列　265h	
lipopolysaccharide　リポ多糖　1115d, **1465**h		Lithospermum	1651₅₁
lipoproteid　リポ蛋白質　**1465**c		Lithostrotion	1557₂
lipoprotein　リポ蛋白質　**1465**c		Lithostrotionina　リトストロチオン亜目　1557₂	
lipoprotein-associated coagulation inhibitor　リポ蛋白質結合性プロテアーゼインヒビター　839e		Lithothamnion	1633₉
		Lithothelium	1610₃₃
lipoprotein lipase　リポ蛋白質リパーゼ　1460d		lithotrophy　無機栄養　1002e	
Liposcelis	1600₁₈	Litonotus	1659₇
liposome　リポソーム　**1464**d		Litopterna　滑距目　1576₂₃	
── method　リポソーム法　523f		Litoraxius	1597₅₂
Lipostraca　レピドカリス目　1594₂₈		Litoreibacter	1546₁
lipoteichoic acid　リポテイコ酸　951a		Litoribacter	1539₂₄
Lipothrixviridae　リポスリクスウイルス科　1515₅₅		Litoricola	1549₃₁
lipotrophin　リポトロフィン　1465e		Litoricolaceae　リトリコラ科　1549₃₁	
lipotropin　リポトロピン　**1465**e		Litostomatea　リトストマ綱　1658₄₂	
lipovitellenin　リポビテレニン　1440g		Litschauerella	1625₃₁
lipovitellin　リポビテリン　**1466**f		Litsea	1645₄₉
lipoxidase　リポキシダーゼ　1462g		litter　リター, 落葉落枝　1434f, 1458c	
lipoxin　リポキシン　**1463**c		── layer　落葉落枝層　**1434**f	
lipoxygenase　リポキシゲナーゼ　**1462**g		litter-mate　同腹児　828e	
lippings　リッピングス　1503a		litter size　一腹仔数　554i	
liquefaction necrosis　融解壊死　128b		── trap　リタートラップ　**1458**c	
Liquidambar	1648₁₃	littoral cell　沿岸細胞　533f	
liquid chromatography　液体クロマトグラフィー　376b		── community　沿岸帯群集　**150**d	
── crystal　液晶　**123**j		── deserta　海岸荒原　**178**d	
── crystalline phase　液晶相　123j, 577f		── region　沿岸域　**150**b	
liquid culture medium　液体培地　**124**f		── zone　沿岸域　189f	
── dilution method　液体稀釈法　436j		Littorina	1583₄₃
── junction potential　液間電位　**123**j		Littorinimorpha　タマキビ型新生腹足下目　1583₄₁	
── scintillation counter　液体シンチレーション計数器　**124**h		Littré's gland　リトレ腺　1047c	
		Lituola	1663₄₄
liquor　卵胞液　**1450**b		Lituolida　リチュオラ目　1663₄₄	
── amnii　羊水　**1425**j		Liujiang　柳江人　376d	
── cerebrospinalis　脳脊髄液　**1064**g		liver　肝臓　**268**k, 915j	
Lirella	1665₃₃	── cell carcinoma　肝細胞癌　**261**f	
Lirellodisca	1607₁₇	── cirrhosis　肝硬変　254f	
Liriodendron	1645₄₀	liverworts　苔類　**865**e	
Liriope	1556₈, 1646₆₀	livestock　家畜　**226**d	
Liroa	1621₂₁	live vaccine　生ワクチン　1508c	
LISA	**1454**h	living being　生物　**770**d	

―― fossil 生きた化石 **60**e
―― modified organisms 遺伝子組換え植物 **78**f
Livistona 1647₃
livor mortis 死斑 **604**e
Lizonia 1608₁₂
Ljungdahl-Wood pathway アセチル CoA 経路 1319g
Llava 1643₃₄
L layer L層 1434f
Lloydia 1646₃₆
LMC 局所的配偶競争 326d
L-meromyosin L-メロミオシン，ライトメロミオシン 1383F
LMM L-メロミオシン，ライトメロミオシン 1383h
load of mutation 82h
loam ローム 214g
Lobaria 1613₁₇
Lobariaceae カブトゴケ科 1613₁₇
Lobariella 1613₁₇
Lobarina 1613₁₇
Lobata カブトクラゲ目 1558₁₉
lobate 浅裂 1424e
lobe 葉，裂片 **1420**a, 1424e
lobed 浅裂 1424e
―― gland 葉状腺 642c
Lobelia 1652₂₉
Loblulomycetales ロブロミケス目 1602₃₀
Lobocella 1665₂₅
Lobochlamys 1635₃₈
Lobochona 1659₃₄
Lobophora 1657₂₁
Lobophyllia 1557₅₆
lobopodium 葉状仮足, 葉脚 1204a, **1424**b
Lobosea ロボーセア綱 1628₂₃
Lobosphaera 1635₄
Lobosporangium 1604₁₁
Lobosternina サケイタサソリ下目 1591₄₄
Lobothallia 1614₂₁
lobule 小葉 **667**i
Lobulomyces 1602₃₁
Lobulomycetaceae ロブロミケス科 1602₃₁
lobulus 小葉 **667**i
―― auriculae 耳垂 180h
―― hepatis 肝小葉 268k
―― parietalis inferior 下頭頂小葉 860c
―― parietalis superior 上頭頂小葉 860c
lobus frontalis 前頭葉 860c
―― occipitalis 後頭葉 860c
―― parietalis 頭頂葉 860c
―― temporalis 側頭葉 860c
local anesthesia 局所麻酔 1341d
―― anesthetic 局所麻酔剤 1341e
―― breed 在来品種 **534**b
―― circuit neuron 局所回路ニューロン 180e
―― circuit theory 局所回路説 **326**a
―― climate 局地気候 283f
―― constraints 局所の制約 1107a
―― enhancement 局所強調 1399f
―― hormone 局所ホルモン 166a
―― infection 局所感染, 局部感染 267c, 374d
―― interbreeding population 地域的相互交配集団 239b
localized hemolysis in gel assay プラークテスト **1213**g
―― vital staining 局所生体染色 **326**b
local lesion 局部病斑 234e, **328**a
―― mate competition 局所的配偶競争 **326**d, 770a
―― race 在来品種 **534**b
―― resource competition 局所的資源競争 **326**c
―― response 局所反応 326g
―― structure of protein 蛋白質の局所構造 895a
locele 亜室 591b
loci 遺伝子座 **79**g
lociation ロシエーション **1501**b
locies ロシーズ 1501b
Locke's solution ロック液, ロック溶液 1473c
locomotion ロコモーション, 移動運動 85b, **1501**a
―― center 歩行中枢 1305d

locomotive organ 前進運動器官 929a
locomotor apparatus 移動装置 85b
―― organ 移動運動器官 114d
locomotory appendage 運動肢 115c
locule 室, 小室, 小房 **591**b, 603e
loculicidal capsule 胞背裂開蒴果 536b
Loculicyathus 1554₇
Loculoascomycetes 小房子嚢菌類 913c
locus 遺伝子座 **79**g
―― coeruleus nucleus 青斑核 21b
―― controlling region 遺伝子座制御領域 71c
locust 飛蝗 **1139**e
Locusta 1599₂₆
Locustella 1572₅₄
locusts ワタリバッタ類 861d
lodicule 鱗被 **1479**a
LOD score LOD 得点 **1502**c
LOEB, Jacques ロイブ **1498**a
loess 黄土 160b
LOEWI, Otto レーウィ **1485**a
Loflammia 1612₂₈
Loganiaceae マチン科 1651₄₄
logarithmic phase 対数期 826g
―― series distribution 対数級数分布 1252a
logarithm of odds 対数オッズ **1502**c
logistic curve ロジスティック曲線 **1501**d
LOH ヘテロ接合体消失 792i
Lohmanniella 1658₂₇
Lohmann's reaction ローマン反応 370h
Lojkania 1609₂₇
Loktanella 1546₂
Lolavirus ロラウイルス属 1521₄₁
Loligo 1583₁₅
Loliolus 1583₁₅
Lolium latent virus 1521₄₁
Loma 1602₉
Lomariopsidaceae ツルキジノオ科 1643₅₈
Lomariopsis 1643₅₈
loment 節果 **787**a
Lomentaria 1633₄₂
lomentum 節果 **787**a
Lonchiphora 1555₇
Lonchostaurus 1663₃₃
Lonchtidaceae ロンクティス科 1643₂₂
Lonchtis 1643₂₂
Lonepinella 1549₄₁
long arm 長腕 71d
―― bone 長骨 **921**d
―― chain base 長鎖塩基 739d
long-day plant 長日植物 **921**b
long-distance movement 長距離移行 63d
Longicollum 1579₁₀
Longilinea 1540₃₃
long interspersed element 1489f
Longipterygiformes ロンギプテリクス目 1570₄₃
Longipteryx 1570₄₃
Longirostravis 1570₄₄
Longispora 1537₄₁
longitudinal axis 縦軸 993a
―― cord 縦走索 625e
―― division 縦分裂 **628**i
―― fission 縦分裂 **628**i
―― line 縦走線 625e
―― muscle 縦走筋 263a, 293a
―― plane 縦断面 765e
―― section 縦断切片 793f
―― vein 縦脈 613b, 613c
long-lived plasma cells 長期生存形質細胞 387e
long shoot 長枝 884h
long-short-day plant 長短日植物 **924**d
long-sightedness 遠視 349a
long spinal reflex 長経路反射 784a
long-term depression 長期抑圧 920g
long terminal repeat 末端繰返し配列 **1343**b
long-term memory 長期記憶 277i

―― plasticity 長期的可塑性 225b
―― potentiation 長期増強 **920**g
Lonicera 1652₄₁
Lonsdaleiina アクソフィルム亜目 1557₃
loof plate 蓋板 694a
loop ループ 373g
looping movement 尺取虫運動 816d
loop-mediated isothermal amplification 1449f
loop structure ループ構造 **1482**g
loose connective tissue 無形結合組織，疎性結合組織 800f
Lopacidia 1613₈
Lopadium 1612₂₈
Lopharia 1624₄₅
Lophiiformes アンコウ目 1566₂₈
Lophiomus 1566₂₉
Lophionema 1609₃₁
Lophiostoma 1609₃₁
Lophiostomataceae ナガクチカビ科 1609₃₀
Lophiotrema 1609₃₁
Lophium 1609₄₁
Lophocolea 1638₈
Lophocoleaceae トサカゴケ科 1638₈
Lophocoleineae トサカゴケ亜目 1637₅₆
lophocyte 篝状細胞 188b
Lophodermium 1615₂₈
Lophodinium 1662₃₃
lophodont 横堤歯 1069b
Lophogaster 1596₄₂
Lophogastrida ロフォガスター目 1596₄₂
Lophomonas 1630₂₀
Lophophacidium 1615₅
lophophoral organ 触手冠器官 670d
Lophophorata 触手冠動物 **670**e
lophophore 触手冠 473c, **670**d
Lophophyllidium 1556₄₁
Lophopodella 1579₂₁
Lophosoria 1643₁₈
Lophotrichus 1617₅₉
Lophotrochozoa 冠輪動物 1577₈
Lophoturus 1593₂
Loramyces 1615₄
Loramycetaceae ロラミケス科 1615₄
Loranitschkia 1617₃
Loranthaceae オオバヤドリギ科 1650₃₃
Loranthus 1650₃₃
Lordalychus 1590₁₉
lordosis ロードシス **1503**a
―― quotient ロードシス商 1503a
Loreleia 1625₃₅
Lorenzini's ampulla ローレンツィニ瓶器 1505e
―― organ ローレンツィニ器官 **1505**e
LORENZ, Konrad Zacharias ローレンツ **1505**d
lorica ロリカ，被甲 **1139**d, **1505**b
Loricifera 胴甲動物，胴甲動物門 981h, 1587₄₁
loriciferans 胴甲動物 **981**h
Loris 1575₂₈
Lorisiformes ロリス下目 1575₂₈
Loropetalum 1648₁₅
loss of heterozygosity ヘテロ接合体消失 792i
―― of heterozygosity ヘテロ接合性の消失 274i
Lotharella 1665₁
lotic community 河川の群集，流水群集 224b, 724a
LOTKA, Alfred James ロトカ **1502**f
Lotka-Volterra equations ロトカ-ヴォルテラ式 **1502**g
lottery model くじ引きモデル 346d
Lottia 1583₂₅
lotus effect ロータス効果 1075f
Louis-Bar syndrome ルイス-バー症候群 225a
Loukozoa ロウコゾア門 1630₄₂
love 愛情 **1**g
―― dart 交尾矢，恋矢 1494a
Lovenia 1562₂₂
Lovén's larva ロヴェーン幼生 **1498**h
LOVÉN, Sven Ludvig ロヴェーン **1498**g
low density lipoprotein 低密度リポ蛋白質 955j

―― density lipoprotein receptor 低密度リポ蛋白質受容体 **955**k
low-energy phosphate bond 低エネルギーリン酸結合 430a
lower jaw 下顎 8h
―― lip 下唇 **217**h, 659i
―― montane zone 下部山地帯 724f
―― respiratory tract 下気道 294d
lowest density 粗密度 478b
low frequency transducing lysate LFT 溶菌液，低頻度形質導入型溶菌液 388b
―― input sustainable agriculture 1454h
lowland 丘陵帯，低地帯 724f
―― meadow 低地草原 **954**c
low molecular weight GTP-binding protein 低分子量GTP結合蛋白質 1435d
―― moor 低層湿原 **954**a
Loxocephalus 1660₂₈
Loxodes 1658₂
Loxodida ロクソデス目 1658₂
Loxodonta 1574₄₅
―― *africana* サバンナゾウ 834c
―― *cyclotis* マルミゾウ 834c
Loxogramme 1644₃
Loxomma 1567₁₇
Loxophyllum 1659₇
Loxosceles 1592₂₂
Loxosoma 1579₁₈
Loxospora 1612₅₉
Loxosporopsis 1614₂₄
Loxsoma 1643₁₇
Loxsomataceae ロクソマ科 1643₁₃
Loxsomopsis 1643₁₃
LP リンク蛋白質 1473f
LPH リポトロピン 1465e
LPS グラム陰性菌脂質多糖体，リポ多糖 1313l, 1465b
LQ ロードシス商 1503a
LRC 局所的資源競争 326c
LSC 1216a
LSD **148**h
L system Lシステム **149**b
LT ロイコトリエン，易熱性エンテロトキシン 858b, 1497b
LTD 長期抑圧 920g
LTH 黄体刺激ホルモン 1239c
LTi リンパ組織インデューサー 1478d
LTP 長期増強 920g
LTR 末端繰返し配列 1343b
―― retrotransposon LTR型レトロトランスポゾン 1489f
Lucanus 1600₆₁
Lucernaria 1556₁₉
Lucibacterium 1549₆₁
Lucidascorpa 1608₄₈
Luciella 1662₃₃
Lucifer 1597₃₇
luciferase ルシフェラーゼ **1481**i
―― assay ルシフェラーゼアッセイ 1491b
luciferin ルシフェリン **1482**a
Lucilia 1601₂₅
Lucinida ツキガイ目 1582₁₅
Luciola 1601₂
Ludio 1659₁₉
LUDWIG, Carl Friedrich Wilhelm ルードウィヒ **1482**c
Luedemannella 1537₄₁
Luehdorfia 1601₄₁
Luffa 1649₁₃
Luffisphaera 1552₁₇
Luffisphaerida ルッフィスファエラ目 1552₁₇
Lufttiere 空気呼吸動物 1453c
Luganoia 1565₃₄
Luganoiiformes ルガノイア目 1565₃₄
Luidia 1560₅₀
Luidiaster 1560₄₇
Luisia 1646₄₅
Lulwoana 1619₂₁
Lulworthia 1619₂₁

Lulworthiaceae ルルウォルチア科 1619[20]	
Lulworthiales ルルウォルチア目 1619[18]	
Lumbalwulst 尾部神経分泌系 **1160**f	
lumbar vertebrae 腰椎 784d	
Lumbricina ツリミミズ亜目 1585[35]	
Lumbriculida オヨギミミズ目 1585[26]	
Lumbriculus 1585[26]	
Lumbrineris 1584[44]	
luminescence 発光 775d	
luminescent bacteria 発光細菌 **1104**c	
luminescentprotein 発光蛋白質 **1104**e	
luminosity 明るさ **4**b	
—— type L 型 131b	
luminous animals 発光動物 **1104**f	
—— bacteria 発光細菌 **1104**c	
—— fungi 発光菌類 **1104**b	
—— organ 発光器 **1104**a	
—— plants 発光植物 **1104**d	
lumisome ルミゾーム 1104e	
Lumnitzera 1648[36]	
lump response ランプ応答 232c	
lunar periodicity 月周期性 **403**h	
Lunaspis 1564[16]	
LUNDEGÅRDH, Henrik Gunnar ルンデゴールド **1482**m	
lung 肺 **1072**b	
—— book 肺書 682d	
—— cancer 肺癌 **1077**b	
—— capacity 肺容量 **1090**b	
—— groove 肺溝 673h	
lung-pipe 肺管 **1076**i	
lung-plan of circulatory system 肺呼吸型循環系 **1079**f	
lung sac 肺嚢 682d	
Lunularia 1636[39]	
Lunulariaceae ミカズキゼニゴケ科 1636[39]	
Lunulariales ミカズキゼニゴケ目 1636[38]	
Lunulospora 1606[38]	
Luolishania 1588[21]	
lupus-erythematosus-cell LE 細胞 811f	
LURE ルアー 678b	
Luria-Latarjet experiment ルリア-ラタルジェ実験 **1482**k	
LURIA, Salvador Edward ルリア **1482**j	
Lutaonella 1539[45]	
Luteibacter 1550[5]	
Luteimicrobium 1537[6]	
Luteimonas 1550[5]	
lutein ルテイン 284l	
luteinizing hormone 黄体形成ホルモン **160**f	
—— hormone-releasing hormone 黄体形成ホルモン放出ホルモン 758c	
Luteipulveratus 1537[13]	
Luteococcus 1537[49]	
Luteolibacter 1551[8]	
luteotropic hormone 黄体刺激ホルモン 1239c	
luteotropin ルテオトロピン 1239c	
Luteoviridae ルテオウイルス科 1522[36]	
Luteovirus ルテオウイルス属 1522[38]	
Lutibacter 1539[46]	
Luticola 1665[45]	
Lutimaribacter 1546[2]	
Lutimonas 1539[46]	
Lutispora 1543[30]	
Lutjanus 1566[49]	
Lutra 1575[52]	
lutropin ルトロピン 160f	
luxuriance 繁茂 539g	
luxury consumption ぜいたく消費 **764**g	
"LUZ24-like viruses" LUZ24 様ウイルス 1514[24]	
Luzula 1647[28]	
Lvt リポビテリン 1466f	
LWOFF, André Michel ルウォフ **1481**g	
LWR 葉重量比 1423e	
LX リボキシン 1463a	
l_x-curve 生存曲線 778d	
Lyapunov function リアプノフ関数 **1452**b	
lyase 脱離酵素 **876**d	
Lybius 1572[34]	
Lycaenops 1573[25]	
Lycaon 1575[52]	
Lychnaspis 1663[33]	
Lychniscosida 1555[10]	
Lychnocystis 1555[10]	
Lychnorhiza 1556[30]	
Lychnothamnus 1636[17]	
Lycium 1651[56]	
Lycnophora 1658[16]	
Lycodes 1566[50]	
Lycogala 1629[7]	
lycopene リコピン 249c	
Lycoperdon 1625[45]	
lycophora 十鉤幼虫 **593**b	
lycophore 十鉤幼虫 **593**b	
Lycophyllina ファラクタム亜目 1556[52]	
Lycophytina ヒカゲノカズラ亜門 1642[4]	
Lycopodiales ヒカゲノカズラ目，ヒカゲノカズラ類 **1133**h, 1642[9]	
Lycopodium 1642[9]	
lycopods ヒカゲノカズラ類 **1133**h	
Lycopsida ヒカゲノカズラ綱，リコプシダ **1454**f, 1642[7]	
Lycoptera 1565[48]	
Lycopteriformes リコプテラ目 1565[48]	
Lycoris 1646[56]	
Lycosa 1592[22]	
Lycosuchus 1573[28]	
Lyctus 1601[5]	
Lydekkerina 1567[17]	
Lydekker's line ライデッカー線 107e	
LYELL, Charles ライエル **1432**a	
Lygaeus 1600[38]	
Lyginopteridales リギノプテリス目 1644[12]	
Lyginopteris 1644[12]	
Lygodiaceae カニクサ科 1643[4]	
Lygodium 1643[4]	
Lymantria 1601[42]	
Lymexylon 1601[8]	
lymph リンパ，淋巴 **1476**e	
lympha リンパ，淋巴 **1476**e	
lymphagogue 催リンパ剤 **534**c	
lymphangiogenesis リンパ管新生 **1476**f	
lymphatic channel リンパ導管 1284d	
—— gland リンパ腺 1478e	
—— nodule リンパ小節 1478c	
—— sac リンパ嚢 1476f	
—— system リンパ管系，リンパ系 **1477**c, 1478c	
—— vessel リンパ管 1477c	
lymph capillary 毛細リンパ管 1477c	
—— duct リンパ管 1477c	
—— heart リンパ心臓 **1478**b	
—— node リンパ節 **1478**c	
lymphoblast リンパ芽球 1085a, 1476g	
Lymphocryptovirus リンホクリプトウイルス属 1515[2]	
Lymphocystis disease virus 1 リンホシスチス病ウイルス 1 1515[50]	
Lymphocystivirus リンホシスチウイルス属 1515[50]	
lymphocyte リンパ球 **1476**g	
—— homing リンパ球ホーミング 1318g	
Lymphocytic choriomeningitis virus LCM ウイルス，リンパ球性脈絡髄膜炎ウイルス 1520[27]	
lymphocytic choriomeningitis virus リンパ球性脈絡髄膜炎ウイルス 1477a	
—— leukemia リンパ性白血病 1102f	
lymphogranulomatosis リンパ肉芽腫症 1306d	
—— inguinalis 性病性リンパ肉芽腫，第四性病，鼠蹊リンパ肉芽腫症 770c	
lymphoid follicle リンパ濾胞 **1478**e	
—— organ リンパ系器官 **1477**d	
—— tissue inducer リンパ組織インデューサー **1478**d	
lymphokine-activated killer cell リンフォカイン活性化キラー細胞 1436i	
lymphoma リンパ腫 **1478**a	
lymph sinus リンパ洞，リンパ腔 1477c	

―― space リンパ腔 1477c
―― system リンパ系 **1477**c
lyn 536a
Lynceus 1594₃₄
Lynchella 1659₂₇
Lynch syndrome リンチ症候群 225a, 947e
LYNEN, Feodor リネン **1460**a
Lyngbya 1541₃₇
Lynnella 1658₁₀
Lynx 1575₄₇
Lyoathelia 1626₆₂
Lyonet's gland リヨネー腺 **1472**d
Lyonia 1651₃₀
lyonization ライオニゼーション 135b, 135c
lyophilization 凍結乾燥 **979**g
Lyophyllaceae シメジ科 1626₁₀
Lyophyllum 1626₁₁
lyotropic liquid crystal リオトロピック液晶 123j
―― series 離液系列 1318f
Lyrella 1655₃₃
Lyrellales タテゴトケイソウ目 1655₃₃
Lyrocteis 1558₂₅
Lyromma 1610₂₆
Lyromonadida リロモナス目 1631₉
Lyromonas 1631₉
Lys リシン 1455e
LYSENKO, Trofim Denisovich ルイセンコ **1481**f
lysergic acid リゼルグ酸 **1456**a
―― acid diethylamide リゼルグ酸ジエチルアミド 148i
Lysichiton 1645₅₅
lysigenous air space 破生通気間隙 934e
―― intercellular space 破生細胞間隙 **1098**b
―― secretory tissue 破生分泌組織 1251c
Lysimachia 1651₁₇
lysimeter ライシメーター **1432**b
lysin ライシン 813b
lysine リシン, リジン **1455**d, **1455**e
―― decarboxylase リジンデカルボキシラーゼ, リジン脱カルボキシル酵素 **1455**f
Lysinibacillus 1542₃₁
Lysiosquilla 1596₂₅
lysis from within 内因性溶菌 1455c
―― from without リシス・フロム・ウィズアウト **1455**c
Lysithea 1632₃₀
Lysobacter 1550₅
lysogen 溶原菌 1421e
lysogenic bacterium 溶原菌 1421e
―― conversion 溶原化変換 **1422**a
―― cycle 溶原サイクル 1421e
lysogenicity 溶原性 1421e
lysogenic phage 溶原性ファージ **1422**c
lysogenization 溶原化 1421e
lysogeny 溶原性 1421e
lysolecithin リゾレシチン **1457**f
lysophosphatide リゾリン脂質 **1457**e
lysophosphatidylcholine リゾホスファチジルコリン 1457f
lysophospholipase リゾホスホリパーゼ **1457**d
lysophospholipid リゾリン脂質 **1457**f
lysopine リゾピン 168e
Lysorophia リソロフス目 1567₃₂
Lysorophus 1567₃₂
lysosomal disease リソソーム病 1456g
―― enzyme リソソーム酵素 **1456**f
―― storage disease リソソーム蓄積症 **1456**g
lysosome リソソーム **1456**e
lysozyme リゾチーム **1457**a
Lyssacinosida 散針目 1555₁₁
Lyssavirus リッサウイルス属 1437i, 1520₁₉
Lystrosaurus 1573₂₂
Lysurus 1627₅₂
lysyl-bradykinin リジルブラジキニン 295b
lysyl hydroxylase リジン水酸化酵素 1157e
Lythraceae ミソハギ科 1648₃₈
Lythrum 1648₃₈
lytic cycle 溶菌サイクル 1421e

Lyticum 1546₂₅
lytic vacuole 分解型液胞 125e
Lytocarpia 1555₄₅
Lytoceras 1583₂
Lytocerida リトセラス目 1583₂

M

"*μ*-like viruses" *μ* 様ウイルス 1514₉
μ phage *μ* ファージ **1364**b
M 中脈 613c
MA 分裂装置 1256e
mab-3 748c
MAC 701i
Macabuna 1620₂₄
Macaca 1575₄₀
Macadamia 1648₅
Macalpinomyces 1622₁₅
Macaranga 1649₃₉
MACARTHUR, Robert Helmer マッカーサー **1342**c
Macavirus マカウイルス属 1515₃
MACBRIDE, Ernest William マクブライド **1338**d
Maccabeus 1587₅₁
macchia マッキー **1342**e
macerase マセラーゼ 917e
macerating enzyme 組織解離酵素 **839**g
maceration 解離 **191**c
Machaeridia 小刀類 661g
Machairodus 1575₄₇
Mach-Breuer's theory マッハ‐ブロイアー説 **1343**d
Machilus 1645₄₉
Machlomovirus マクロモウイルス属 1523₇
mAChR ムスカリン性アセチルコリン受容体 15b
Macleaya 1647₄₈
MACLEOD, John James Rickard マクラウド **1339**b
Maclura 1649₇
Maclura mosaic virus 1522₅₁
Macluravirus マクルラウイルス属 1522₅₁
Macowinteria 1607₃₄
Macracanthorhynchus 1578₄₅
macrandrous 大形雄体性 1507c
Macrauchenia 1576₂₃
macroalgae 大形藻 834b
Macroallantina 1615₂₄
Macrobiotophthora 1604₁₆
Macrobiotus 1588₁₇
Macrobrachium 1597₄₅
Macrocarpus 1632₄₄
Macrochaeteuma 1593₅₂
Macrocheira 1598₁₀
Macrocheles 1590₁₂
macrochromosome 大染色体 856i
macroclimate 大気候 847i
Macrocnemus 1569₁₂
Macrococcus 1542₄₅
macroconidium 大形分生子 1248f
macroconjugant 大接合個体 789b
macrocyst マクロシスト **1339**g
Macrocystidia 1626₁₇
Macrocystis 1657₂₆
macrocyte 大赤血球 787i
Macrodasyida オビムシ類, 帯虫目 1578₁₉
Macrodasys 1578₁₉
macroevolution 大進化 854f
macrogametangium 大配偶子嚢 1078e
macrogamete 大配偶子 62d
macrogametocyte 大配偶子母細胞 1078i
macroglobulin マクログロブリン **1339**f
Macrohyporia 1624₄₅
Macrolepiota 1625₄₅
macrolide antibiotics マクロライド系抗生物質 **1340**a
macromere 大割球 847f
Macromitrium 1640₁₇

Macromonas 1546₅₄
Macronaria マクロナリア類 1570₂₁
Macronemina センナリスナギンチャク亜目，長膜類 1558₄
macronucleus 大核 847d
macronutrient element 多量栄養元素 121e
Macronyssus 1590₁₂
Macroperipatus 1588₂₈
macrophage マクロファージ，大食球 840c, **1339**h
Macrophomina 1607₇
macrophyll 大形葉，大葉 864e, 1461d
Macrophyllinae 大葉類 864e, **864**j
macrophyte 953c
macrophytic bed 藻場 **1399**d
Macropinna 1566₉
macroplankton マクロプランクトン，大形プランクトン 1220e
macropleuston マクロプリューストン 1044c
Macropodiformes カンガルー亜目 1574₂₇
Macropodiniida マクロポディニウム目 1659₁₆
Macropodinium 1659₁₆
macropterous form 長翅型 832e
Macropus 1574₂₉
Macrorhabdus 1605₄₆
Macroscelidea ハネジネズミ目 1574₃₆
Macroscelides 1574₃₆
Macroschisma 1583₂₉
macrosclere 主大骨片 704b
Macrosemiiformes マクロセミウス目 1565₃₆
Macrosemius 1565₃₆
macrosmatic animals 嗅覚動物 308h
macrospheric form 大球形 680a
Macrospironympha 1630₂₀
Macrospora 1609₅₄
macrosporangium 大胞子嚢 1296e
macrospore 大胞子 62e, 1295e
macrosporocarp 大胞子嚢果 1296f
Macrostomida 多食目 1577₁₉
Macrostomum 1577₁₉
macrotaxonomy 体系分類学 1255a
Macrothele 1592₁₆
macrotrichia 刺毛 614b
Macrotrichomonas 1630₁₃
Macrotyphula 1626₅₄
Macrozamia 1434₃₅
Macruropyxis 1620₄₈
Mactra 1582₂₀
macula 黄斑 **1393**h
── acustica 聴斑 **925**f
── densa 緻密斑 1295f
── germinative 胚斑 **1087**b
── lagenae 壺斑 925f, 936c
Maculavirus マクラウイルス属 1521₅₈
Madagascaria 1632₁₇
madreporic body 穿孔体 **804**b
── canal 石管 **782**a
── plate 多孔板 **870**f
madreporite 多孔板 **870**f
MADS box gene MADSボックス遺伝子 **1343**a
Maennilicrinida 1560₃
Maennilicrinus 1560₃
Maesa 1651₁₄
Maesaceae イズセンリョウ科 1651₁₄
MAG 1387e
Magelona 1585₂₃
Magelonida モトゴカイ目 1585₂₃
Magendie, François マジャンディー **1340**f
Magendie's law マジャンディーの法則 1282c
Magenmund 噴門 53e
maggot 蛆 **108**d
Magicicada 1600₃₄
Magnaporthe grisei (Hebert) Barr 90a
magnesium マグネシウム **1338**c
magnetic compass 磁気コンパス **562**a
── resonance imaging 144a
magnetosome マグネトソーム **1338**b

Magnetospirillum 1546₂₀
magnetotropism 磁気屈性 348h
Magnaoporthe 1618₁₁
Magnolia 1645₄₀
Magnoliaceae モクレン科 1645₄₀
Magnoliales モクレン目 1645₃₈
Magnoliatae 双子葉類 826e
Magnoliophyta 被子植物 **1141**f
Magnoliopsida 被子植物綱 1645₁₆
Magnusiomyces 1606₅
Mahalanobis distance マハラノビス距離 1255b
Mahella 1544₄
Maheshwari, Panchanan マヘシュワリ **1345**c
Mahunkiella 1590₂₆
Maianthemum 1646₆₁
main axis 主軸 567f, 634a, 643g, 1298f
── root 主根 **633**c
── stylet 主針 1163b
maintenance heat 維持熱 1058a
── respiration 維持呼吸 **64**d
main thermocline 主躍層 718f
── vein 主脈 1427d
Maize chlorotic mottle virus 1523₇
── *rayado fino virus* 1521₅₉
── *streak virus* 1517₄₆
Maja 1598₁₀
major メジャー 1244c
── basic protein 主要塩基性蛋白質 444e
── element 多量元素 1173a
── histocompatibility antigen 主要組織適合性抗原，主要組織適合抗原 437g, 840f
── histocompatibility complex 主要組織適合遺伝子複合体 **647**c
── spiral 大らせん **864**l
── vein 大脈 1427d
Makinoa 1637₂₁
Makinoaceae マキノゴケ科 1637₂₁
Makinoella 1635₈
Makinoesia **1336**b
Makino's line 牧野線 1336b
Makotopteris 1643₅₇
Malacaria 1610₅
Malacobdella 1581₃
Malacoherpesviridae マラコヘルペスウイルス科 1515₆
malacology 軟体動物学 **1029**c
malacophily カタツムリ媒 996d
Malacophrys 1660₁₆
Malacopoda 軟脚類 1412c
Malacosporea 軟胞子虫類 1555₂₁
Malacostraca 軟甲綱 1596₁₈
maladaptation 958b
Malagasy subregion マラガシー亜区 313a
Malajczukia 1627₄₆
malaria マラリア **1345**f
Malassezia 1619₅₃
Malasseziales マラセジア目 1619₅₃
malate dehydrogenase リンゴ酸デヒドロゲナーゼ，リンゴ酸脱水素酵素 344b[図]
── synthase リンゴ酸合成酵素 357i[図]
Malawimonadea マラウィモナス綱 1629₂₇
Malawimonadida マラウィモナス目 1629₂₈
Malawimonas 1629₃
Malaxis 1646₄₅
Malbranchea 1607₃₀
Maldane 1584₃₈
male 雄 **165**d
── egg 雄卵 **1414**l
── flower 雄花 889h
── gamete 小配偶子 62d
maleic acid マレイン酸 **1346**g
male intersex 雄間性 265e
── killing 雄殺し 107a
maleness 雄性 584d
male nucleus 雄核 **1406**f
── phase 雄相 297c

―― producer 両性生殖雌虫 1039a
―― pronucleus 雄性前核 **1411**a
―― receptacle 雄器床 756e
―― sex hormone 雄性ホルモン **1411**e
―― specific phage 雄菌特異的ファージ 142a
―― sterile cytoplasm 雄性不稔細胞質 526a
―― sterility 雄性不稔 **1411**d
malformation 奇型, 奇形 **282**b
malformin マルホルミン **1346**d
malic acid リンゴ酸 **1474**a
―― enzyme リンゴ酸酵素 **1474**b
malignant cell 悪性細胞 261e
―― fibrous histiocytoma 悪性繊維性組織球腫 1030f
―― lymphoma 悪性リンパ腫 1478a
―― melanoma 悪性黒色腫 472f
―― tumor 悪性腫瘍 646e
Malikia 1546$_{54}$
Malleodendron 1657$_1$
malleus 槌部, 槌骨 97c, 911e
Mallinella 1592$_{22}$
Mallochia 1611$_{21}$
Mallomonas 1656$_{22}$
Mallotus 1649$_{39}$
Malmidea 1612$_{36}$
Malmideaceae マルミデア科 1612$_{36}$
Malocystites 1559$_{30}$
malonic acid マロン酸 **1346**i
Malonomonas 1547$_{51}$
Malpighiaceae キントラノオ科 1649$_{45}$
Malpighiales キントラノオ目 1649$_{33}$
Malpighian corpuscle マルピーギ小体 704d
―― tubule マルピーギ管 **1346**c
MALPIGHI, Marcello マルピーギ **1346**b
MALT 粘膜関連リンパ組織 1060i
maltase マルターゼ 365d
Maltese cross マルタの十字 1349d
Malthusian growth マルサス的成長 477h
―― parameter マルサス係数 477h, 959a
maltose マルトース **1346**a
maltotriose マルトトリオース 171b
Malupa 1620$_{24}$
Malurus 1572$_{54}$
Malus 1648$_{59}$
Malva 1650$_{21}$
Malvaceae アオイ科 1650$_{18}$
Malvales アオイ目 1650$_{16}$
Mamastrovirus ママストロウイルス属 1522$_4$
Mamavirus ママウイルス 1362g
Mameliella 1546$_2$
Mamiania 1618$_{38}$
Mamianiella 1618$_{39}$
Mamiella 1634$_{12}$
Mamiellales マミエラ目 1634$_{12}$
Mamiellophyceae マミエラ藻綱 1634$_9$
Mamillisphaera 1610$_{28}$
Mammalia 哺乳綱, 哺乳類 **1317**f, 1573$_{34}$
mammalian artificial chromosome 701i
Mammalian orthoreovirus 哺乳類オルトレオウイルス 1519$_{45}$
mammalogy 哺乳類学 994g
mammals 哺乳類 **1317**f
Mammaria 1619$_{13}$
mammary gland 乳腺 **1043**c
―― papilla 乳頭 1043c
―― pouch 乳嚢 1043c
―― ridge 乳腺堤 1043c, **1043**d
―― tumor virus 乳癌ウイルス **1042**a
mammila マミラ 1043f
mammogen 乳腺発育ホルモン 1239c
mammogenic hormone 乳腺発育ホルモン **1043**e
mammotropic hormone 泌乳刺激ホルモン 1239c
mammotropin 乳腺刺激ホルモン, 泌乳刺激ホルモン 1239c
Mammuthus 1574$_{46}$
Mammutidae マムート科 834c
Man マンノース 1347g

Man-6-P マンノース-6-リン酸 1347h
―― receptor マンノース-6-リン酸受容体 1347h
Manania 1556$_{19}$
Manawa 1596$_{17}$
Manchomonas 1552$_6$
Mandarina 1584$_{27}$
Mandarivirus マンダリウイルス属 1521$_{42}$
mandible 大腮, 大顎 **162**e
mandibular 下顎骨 1020k
―― arch 顎弓, 顎骨弓 1020i, 1020k
―― cartilage 下顎軟骨 1020k
―― cavity 下顎腔 981b
―― gland 大顎腺 **162**f
―― mesoderm 顎中胚葉 994d
―― mouthpart 大腮型口器 238a
―― palp 大顎触鬚 162e
―― torus 下顎隆起 **196**g
Mandibulata 大顎類 **847**c
mane 鬣 **876**e
mangal マングローブ, マングローブ林 **1347**c
manganese マンガン **1347**d
―― cluster マンガンクラスター 552e
―― reduction マンガン還元 **1347**b
Mangifera 1650$_7$
Manginula 1608$_{15}$
Manglicola 1607$_{14}$
MANGOLD, Otto マンゴルト **1347**d
mangrove マングローブ **1347**c
―― forest マングローブ林 1347c
Mangrovibacter 1549$_5$
Manhattan distance マンハッタン距離 1480g
manic-depressive psychosis 躁うつ病 **822**a
Manihot 1649$_{39}$
Manilkara 1651$_{12}$
manipulation 操作(寄生者による) **824**h
Maniraptora マニラプトル類 1570$_{13}$
Manis 1575$_{43}$
Mankyua 1642$_{34}$
man-machine system 人間-機械系 1047g
ManNAc *N*-アセチルマンノサミン 15d
mannan マンナン **1347**e
Mannheimia 1549$_{41}$
mannitol マンニトール **1347**f
D-mannoheptulose D-マンノヘプツロース 1275f
mannopine マンノピン 168e
mannopinic acid マンノピン酸 168e
mannoprotein マンノプロテイン 1347e
mannose マンノース **1347**c
mannose-6-phosphate マンノース-6-リン酸 **1347**h
―― isomerase マンノース-6-リン酸異性化酵素 **1348**a
mannose-binding lectin マンノース結合レクチン 1314a
D-mannuronic acid D-マンヌロン酸 113f
manometry 検圧法 **415**e
Manta 1565$_{14}$
Mantamonadida マンタモナス目 1552$_5$
Mantamonas 1552$_5$
mantle 外套 **184**a
―― cavity 外套腔 **184**c
―― community マント群落 619f
―― eye 外套眼 **184**b
―― scar 外套痕, 外套筋痕 1041a
―― tentacle 外套触手 986e
Mantodea カマキリ目, 蟷螂類 1600$_6$
Mantoniella 1634$_{12}$
Mantophasma 1599$_5$
Mantophasmatodea カカトアルキ目, 踵歩類 1599$_5$
Mantoux reaction マントー反応 936a
manubrium 口柄, 基節, 把手細胞 353h, 538e, 616f, 828a
Manuelophrys 1659$_{46}$
manus 手, 掌部 679b, **939**a
many-layered epithelium 多列上皮 663b
manyplies 葉胃, 重弁胃 1122c
MAP1 1142e
MAP2 1142e
MAP4 1142e

map distance　地図距離　**905**d
MAPK　MAP キナーゼ　1343f
MAP kinase　MAP キナーゼ　**1343**f
──── kinase activated protein kinase　MAPKAP キナーゼ　1343f
──── kinase phosphatase　1343f
maple syrup urine disease　メープルシロップ尿症　**1381**e
MAPs　微小管結合蛋白質　1142e
map unit　地図単位　905d
maqui　マッキー　**1342**e
MAR　マトリックス接着領域　**1344**b
Marafivirus　マラフィウイルス属　1521₅₉
Maranta　1647₁₇
Marantaceae　クズウコン科　1647₁₇
Marasmiaceae　ホウライタケ科　1626₁₃
Marasmiellus　1626₁₈
Marasmius　1626₁₈
Marattales　リュウビンタイ目　1642₃₇
Marattia　1642₃₇
Marattidae　リュウビンタイ亜綱　1642₃₆
Maravalia　1620₁₇
Marburg fiver　マールブルグ熱　703g
Marburgvirus　マールブルクウイルス属　1520₃
Marcelleina　1616₁₃
Marchandiobasidium　1623₅₃
Marchandiomyces　1623₅₃
Marchantia　1636₄₁
Marchantiaceae　ゼニゴケ科　1636₄₁
Marchantiales　ゼニゴケ目　1636₄₀
Marchantiidae　ゼニゴケ亜綱　1636₃₂
Marchantiophyta　苔植物門　1636₂₀
Marchantiopsida　ゼニゴケ綱　1636₃₈
Mardivirus　マルディウイルス属　1514₅₁
Marek's disease virus　マレック病ウイルス　**1346**h
Marey, Etienne Jules　マレー　**1346**e
Marfan syndrome　クモ指症, マルファン症候群　83a
Margaritifera　1582₁₃
Margarophyllia　1557₅₇
marginal branching　周辺分枝　**629**d
──── cell　周辺細胞　912h
──── cirri　周縁棘毛　328c
──── growth　周縁成長　**620**b
──── initials　周縁始原細胞　1422b
──── lappet　縁弁　353h
──── lobe　縁弁　353h
──── lobe organ　縁弁器官　**157**i
──── meristem　周縁分裂組織　620b, 1121d
──── mesendoderm　周縁中内胚葉　620c
──── placenta　周辺胎座　849g
──── plates　縁板　428h
──── ridge　周縁堤　**620**c
──── sinus　周縁洞　1441f
──── teeth　縁歯　585g
──── tentacle　反口触手, 縁触手　670b, 1325c
──── value　限界値　517c
──── value theorem　限界値定理　**416**f
──── zone　帯域, 辺縁帯　**845**b, 1148e, 1477c
Marginisporum　1633₁₀
margin of overgrowth　過長縁　403a
Marginopora　1663₅₄
Mariannaea　1617₃₆
Maribacter　1539₄₆
Maribaculum　1545₁₇
Maribius　1546₂
Maricaulis　1545₁₇
Marichromatium　1548₅₁
Marielliottia　1609₅₅
marigranule　マリグラヌール　**1345**g
Marihabitans　1537₁₈
Marimermis　1587₇
Marimermithida　マリメルミス目　1587₇
Marimonadida　マリモナディダ目　1665₄₂
Marinactinospora　1538₅
Marine Alveolate Group I　1661₄₅
──── Alveolate Group II　1662₇

marine bacterium　海洋細菌　**189**e
──── biogeographic region　海洋生物地理区　**190**c
──── biogeography　海洋生物地理学　**190**b
──── biological station　臨海実験所　**1472**j
──── biology　海洋生物学　**190**a
──── community　海洋群集　724a
──── ecosystem　海洋生態系　**189**f
──── fungi　海生菌　722a
──── isotope stage　海洋酸素同位体ステージ　864k
──── microorganism　海洋微生物　**190**d
──── plankton　海洋プランクトン　1220e
──── sediment　海底堆積物　**183**d
Marine Stramenopiles 3　1653₂
marine toxin　魚介毒　**324**b
Marinibacillus　1542₄₁
Marinicella　1548₂₄
Marinichlorella　1635₈
Marinicola　1539₂₈
Marinifilum　1539₅
Mariniflexile　1539₄₆
Marinilabiaceae　マリニラビリア科　1539₁₁
Marinilabilia　1539₁₁
Marinilactibacillus　1543₈
Marinimicrobium　1548₃₉
Marinithermus　1542₇
Marinitoga　1551₃
Marinobacter　1548₄₀
Marinobacterium　1548₄₀
Marinococcus　1542₃₁
Marinomonas　1549₃₃
Marinoscillum　1539₄₆
Marinospirillum　1549₃₃
Marinospora　1617₅₆
Marinovum　1546₂
Mariotte's spot　マリオットの暗点　**1393**g
Mariprofundaceae　マリプロフンダス科　1550₁₀
Mariprofundales　マリプロフンダス目　1550₉
Mariprofundus　1550₁₀
Marisediminicola　1537₂₄
Marispirillum　1546₂₁
Maristenor　1658₆
Maritalea　1545₃₈
maritime forest　海岸林　**178**f
Maritimibacter　1546₂
Maritimimonas　1539₄₆
Marituja　1660₂₂
Marivirga　1539₂₉
Marivita　1546₃
Marixanthomonas　1539₄₆
Mark　髄質　718b
marker gene　マーカー遺伝子, 標識遺伝子　84e
──── rescue　マーカーレスキュー　443i
marking-and-recapture method　標識再捕法　**1167**b
marking behavior　マーキング行動　**1336**g
Markov chain　マルコフ連鎖　211d
──── chain Monte Carlo　マルコフ連鎖モンテカルロ法　1261h
──── process　マルコフ過程　211e
Marmoricola　1537₄₇
Marmosa　1574₇
Marmota　1576₃₆
Marnaviridae　マルナウイルス科　1521₁₁
Marnavirus　マルナウイルス属　1521₁₂
Marophrys　1666₃₁
Marphysa　1584₄₄
marriage　婚姻　**500**g
marrow　髄　718b
──── sheath　髄鞘　**721**g
Marshall, Barry James　マーシャル　**1340**e
Marsh, Othniel Charles　マーシュ　**1341**a
marsh plant　沼沢植物　**660**i
marshy meadow　湿地草原　**593**j
Marsilea　1643₈
Marsileaceae　デンジソウ科　1643₈
Marssonina　1614₄₇

Marsupella 1638₃₃
Marsupenaeus 1597₃₇
marsupial bone 袋骨 60h, **849**f
Marsupialia 有袋類 1027c
marsupials 有袋類 1027c
Marsupiomonadales マルスピオモナス目 1634₁₇
Marsupiomonas 1634₁₇
Marsupites 1560₂₅
marsupium マルスピウム, 育児嚢, 育嚢 **60**h, 61b, 1278k
Marteilia 1664₃₇
Martelella 1545₂₆
Martensella 1604₅₁
Martensia 1633₅₂
Martensiomyces 1604₅₁
Martes 1575₅₂
Marthamyces 1615₂₉
Martinia 1580₃₂
Martin, Rudolf マルティン **1345**j
Martyniaceae ツノゴマ科 1652₂₃
Marutinotti cell マルチノッティ細胞 861a
Marvania 1635₈
Marvinbryantia 1543₄₀
Maryna 1660₁₂
mask 仮面 **238**j
masking effect 隠蔽作用 99f
Massalongia 1613₁₉
Massalongiaceae マッサロンゴゴケ科 1613₁₉
Massaria 1610₂₈
Massariaceae フクロミタマカビ科 1610₂₈
Massarina 1609₃₄
Massarinaceae マッサリナ科 1609₃₃
Massartia 1604₂₅
mass effect マス効果 370d
―― emigration 集団移出 64k
―― extinction 大量絶滅 793g, **865**c
Massilia 1546₅₉
mass immigration 集団移入 86d
Massisteria 1665₉
mass movement 大蠕動 62g
Massospora 1604₁₉
Massoutiera 1576₅₂
mass selection 集団選抜 **627**c
―― spectrometry 質量分析法 **594**e
MAST-3 1653₂
Mastacembelus 1566₄₁
Mastadenovirus マストアデノウイルス, マストアデノウイルス属 18g, 1515₁₃
mastax 咀嚼嚢, 咽頭咀嚼嚢 97c
mast cell マスト細胞 **1342**a
mastication 咀嚼 841g
masticatory organ 咀嚼器 **841**g
―― stomach 咀嚼胃 **841**f
Mastigamoeba 1628₄₀
Mastigamoebida マスチゴアメーバ目 1628₄₀
Mastigella 1628₄₀
Mastigias 1556₂₉
Mastigina 1628₃₉
Mastigobasidium 1621₁₈
Mastigocladopsis 1541₂₈
Mastigocladus 1541₄₄
Mastigomycotina 鞭毛菌類 **1290**b
mastigoneme 鞭毛小毛 **1290**c
Mastigophora 鞭毛虫亜門 **1290**e
Mastigophora 1638₂
Mastigophoraceae オオサワラゴケ科 1638₂
Mastigoproctus 1591₆₀
Mastigoteuthis 1583₁₅
masting 一斉開花・結実 74l
Mastocarpus 1633₂₅
mastocyte マスト細胞 **1342**a
Mastodia 1607₂₈
Mastodiaceae マストディア科 1607₂₈
Mastodon 1574₆
Mastodonsaurus マストドンサウルス 426d, 1567₁₇
Mastogloia 1655₃₄

Mastogloiales チクビレツケイソウ目 1655₃₄
Mastomys natalensis papillomavirus マストミス乳頭腫ウイルス 1516₂₅
Mastophora 1592₂₃
Mastrevirus マストレウイルス属 557c, 1517₄₆
Mataza 1665₂₂
Matazida マタザ目 1665₂
mate choice 配偶者選択 **1078**l
―― guarding 配偶者ガード **1078**k
―― killer メイトキラー **1374**i
―― recognition system 643f
maternal effect 母性効果 **1313**d
―― factor 母性因子 1313d
―― factors 母性因子 669b
―― inheritance 母性遺伝 **1313**c
maternal-line selection 母系選抜 **1305**b
maternal messenger RNA 母性メッセンジャーRNA **1313**e
―― stockpile 母性因子 669b
Materpiscis 1564₁₇
mathematical biology 数理生物学 **728**a, 1472h
―― ecology 数理生態学 **727**g
―― model 数理モデル 626h
―― theories of morphogenesis 形態形成の数学理論 **391**a
Mather, Kenneth メーザー **1376**a
Mathilda 1583₅₅
mating 交尾, 交接, 交配 **462**d, 463c
―― association 性的連合 224g
―― behavior 配偶行動 **1077**e
―― disruption method 交信撹乱法 (性フェロモンによる) **449**c
―― swarming 交尾群飛 383d
―― system 交配様式, 配偶システム **462**j, **1077**i
―― type 交配型 **462**f
Mato cell 間藤細胞 **1339**h
Matonia 1643₂
Matoniaceae マトニア科 1643₂
matric potential マトリックポテンシャル **1344**d
matrilysin マトリライシン **1344**c
matrix 基質 **286**a
―― attachment region マトリックス接着領域 **1344**b
―― metalloprotease マトリックスメタロプロテアーゼ **1344**c
―― of cartilage 軟骨基質 1028a
matter 膿 **1062**c
Mattesia 1661₂₅
Matteuccia 1643₄₆
Mattirolella 1616₄₆
Matula 1625₁₇
maturation 成熟 **755**f
―― division 成熟分裂 423b
maturation-inducing hormone 卵成熟誘起ホルモン **1446**e
―― steroid 卵成熟誘起ステロイド **1446**e
―― substance 卵成熟誘起物質 **1446**e
maturation-promoting factor 卵成熟促進因子 **1446**d
maturation protein A2 蛋白質 37b
mature teratoma 成熟型奇形腫 282d
Maullinia 1664₂₆
Maunachytrium 1602₃₁
Maupasella 1661₃
Mauremys 1568₂₃
Mauthner cell マウスナー細胞 **1335**f
Maxam-Gilbert's sequencing method マクサム-ギルバート法 941a
maxicircle マキシサークル 296b
―― DNA マキシサークルDNA 36f
maxilla 上顎骨, 小腮, 小顎 **428**a, **655**c
maxillary bone 上顎骨 **655**c
―― gland 小顎腺, 腮腺 **428**b, 681c
―― palp 小腮鬚, 小顎鬚 **428**c
―― sinus ハイモール洞, 上顎洞 655c
maxillipalp 腮鬚 302d
maxilliped 顎脚 **227**c
Maxillopoda 顎脚綱 1594₄₇

maximal blood pressure 最高血圧 395a
—— reaction 最大反応 60a
MAXIMOV, Nikolai Alexandrovich マクシモフ **1336**g
MAXIMOWICZ, Karl Johann マクシモヴィッチ **1336**f
maximum economic yield 最大経済生産量 516e
—— likelihood estimation 最尤推定 533h
—— likelihood procedure 最尤法 **533**h
—— parsimony method 最節約法 **516**b
—— permissible dose 最大許容線量 821b
—— shortening velocity 最大短縮速度 **516**f
—— sustainable yield 最大維持収穫量 **516**e
—— tetanus 最大強縮 318e
Mayamontana 1625$_{15}$
MAYNARD-SMITH, John メイナード-スミス **1374**j
Mayorella 1628$_9$
MAYR, Ernst Walter マイア **1333**a
MAYR, Heinrich Forstmann マイア **1333**b
mazaedium マザエディウム, 粉芽状子実体 **1340**b
maze-learning 迷路学習 **1375**c
Mazosia 1606$_{54}$
Mazus 1652$_{14}$
Mazzaella 1633$_{25}$
Mazzantia 1618$_{43}$
Mazzantiella 1618$_{43}$
Mb ミオグロビン 1159f, 1349f
M band M 帯 145b
MbCO 一酸化炭素ミオグロビン 1349f
MBL マンノース結合レクチン 1314a
MbO$_2$ 酸素ミオグロビン 1349f
MBP 主要塩基性蛋白質 444e
M bridge M 橋 145b
MBT 中期胚胚変移 911a
McArdle's disease マッカードル病 981a
McCLINTOCK, Barbara マクリントック **1339**e
McCLUNG, Clarence Erwin マクラング **1339**d
McCulloch-Pitts' neuron model マッカロ-ピッツの神経モデル **1342**d
McLAREN, Ann Laura マクラーレン **1339**c
MCM 1198g
Mcm2-7 145a
MCMC マルコフ連鎖モンテカルロ法 1261h
MCM complex MCM 複合体 **145**a
MCV 平均赤血球容積 1275i
MDR1 P-糖蛋白質 1154e
M-dsRNA 330e
ME 医用工学 90d
meadow soil 湿草地土 **593**h
mealworm factor 246d
mean crowding 平均こみあい度 478b, 1252b
—— expectation of life 平均余命, 期待寿命 778b
—— field approximation 平均場近似 446f
—— generation time 世代時間 786e
—— length of a generation 世代の長さ 786e
means-end expectation 期待 1112f
—— relation 手段-目的関係 1112f
Meara 1558$_{37}$
Measles virus はしかウイルス, 麻疹ウイルス 1520$_9$
measles virus 麻疹ウイルス **1341**c
measure of community 群落測度 383f
—— of vegetation 群落測度 383f
meat extract 肉汁 **1030**g
Mebarria 1618$_{48}$
mechanical genesis 機械の発達 488i
—— isolation 機械的隔離 211a
—— tissue 機械組織 **279**b
—— transmission 機械伝染 103a
mechanism 機械論 **279**e
mechanism-based enzyme inactivator 反応機構依拠型酵素不活化剤 575f
mechanisms for evolution of cooperation 協力の進化機構 **324**a
mechanistic view 機械論 **279**c
—— view of life 機械論 **279**c
mechanochemical coupling メカノケミカルカップリング **1375**f

mechanoeffector 力学効果器, 機械効果器 431h
mechanoreception 機械刺激受容 **278**f
mechanoreceptor 機械受容器 **279**a
Mechercharimyces 1543$_1$
Mecistocephalus 1592$_{42}$
Meckelian cartilage メッケル軟骨, 下顎軟骨 1028b
MECKEL, Johann Friedrich メッケル **1380**f
MECKEL, Philipp Friedrich 1380f
Meckel's cartilage メッケル軟骨, 下顎軟骨 1020k, 1028b
Meckel's diverticulum メッケル憩室 661a
Meconopsis 1647$_{48}$
Mecopoda 1599$_{24}$
Mecoptera シリアゲムシ目, 長翅類 1601$_{16}$
Mecynostomum 1558$_{35}$
MED **144**c
MEDAWAR, Peter Brian メダワー **1378**b
Medeolaria 1614$_{28}$
Medeolariaceae メデオラリア科 1614$_{28}$
Medeolariales メデオラリア目 1614$_{27}$
media 中脈 613b, 613c
medial calcific sclerosis 筋型動脈中膜石灰化 998b
—— geniculate body 内側膝状体 183a
—— longitudinal fascicule 内側縦束 **1021**e
—— olfactory tract 内側嗅索 310b
—— pallium 内側外套 184a
—— vein 中脈 613b
median appendage 正中肢 180g
—— cell 中室 576h
—— eminence 正中隆起, 正中隆起部 217j, 1499g
—— eye 中央眼 835c
—— fin 正中鰭 **765**b
—— lobe 中葉, 中葉片 238j, 831a
—— ocellus 中央眼 835c
—— placenta 中胚胎座 849g
—— plane 正中面 **765**e
—— section 正中断 765e
—— segment 間基鰭軟骨 882c
Medicago 1648$_{51}$
medical botany 薬用植物学 674e
—— care 医療 58d
—— chemistry 医化学 **58**c
—— electronics 医用電子工学 90d
—— engineering 医用工学 **90**d
—— informatics 医療情報学 **91**b
—— informatics engineering 医療情報工学 90d
—— micro-device 医用マイクロデバイス 90e
—— micro-machine 医用マイクロマシン **90**e
—— mycology 医真菌学 692b
—— zoology 医動物学 290b
medicinal plant 薬用植物 **1403**h
medicine 医学 **58**d
medio-lateral axis 正中側面軸 826a
Mediophyceae 中間綱 1655$_{13}$
Mediterranean floral region 地中海植物区系区 675a[表]
medium 培地, 媒体, 媒質 **1080**a, **1084**e
—— tall grassland 中形イネ科草原 823j
Medlicottia 1582$_{52}$
medulla 毛髄質, 髄, 髄質 384a, 718b, **758**a, 1478c
—— oblongata 延髄 **153**b
medullary bone 骨髄骨 **482**c
—— bundle 髄内維管束, 髄走条 1148g
—— carcinoma 髄様癌 447f
—— cavity 髄腔 **720**d
—— cord 髄索 705f
—— fold 髄褶 696d
—— groove 髄溝 695g
—— plate 髄板 699d
—— ray 髄線 1299c
—— ridge 髄褶 696d
—— sheath 髄冠 718b
—— space 髄腔 **720**d
—— tube 髄管 694a
medulla spinalis 脊髄 **783**d
medullated nerve 有髄神経 721g
—— protostele 有髄原生中心柱 424e

medulla terminalis 終髄 134c
—— terminalis ganglionic X organ 終髄神経節性 X 器官 134c
Medullosa 1644₁₃
Medullosales メドゥロサ目 1644₁₃
medusa クラゲ，水母 353h
Medusetta 1665₃₃
Meesiaceae ヌマチゴケ科 1640₅
MEF マウス胎児繊維芽細胞 1182b
MEG 脳磁図法 1144c
Megabalanus 1596₁
Megacelaenopsis 1590₇
Megaceros 1641₄₁
Megachasma 1564₄₇
megacin メガシン 1093e
Megacollybia 1626₁₉
megagametangium 大配偶子嚢 1078e
megagamete 大配偶子 861c
megagametophyte 雌性配偶体 1080b, 1086d
megakaryoblast 巨核芽球 324c, 401e
megakaryocyte 巨核球 324c, 401e
—— colony-forming cell 巨核球コロニー形成細胞 148d
megalaesthete 大感器 201a
Megalaima 1572₃₄
Megalaria 1612₃₇
Megalariaceae メガラリア科 1612₃₇
megalecithal egg 多黄卵 867b, 1440g
megaloblast 巨赤芽球 781i
megaloblastoid cell 巨赤芽球様細胞 781i
Megaloceros 1576₁₄
megalocyte 巨赤血球 787i
Megalocytivirus メガロシチウイルス属 1515₅₂
Megalodicopia 1563₂₉
Megalograptus 1589₃₄
Megalohypha 1607₁₄
Megalonyx 1574₅₃
megalopa メガローパ 1375g
Megalops 1565₅₂
Megaloptera ヘビトンボ目，広翅類 1600₄₄
Megalosauroidea メガロサウルス類 1570₉
Megalosaurus 1570₉
megalospheric form 大球形 680a
Megalospora 1613₃₉
Megalosporaceae クロコボシゴケ科, コゲボシゴケ科 1613₃₉
Megamonas 1544₂₂
Meganema 1545₄₀
meganephridium 大腎管 854g
Meganeuropsis 1598₄₅
meganucleus 大核 847d
megaphanerophyte 大型地上植物 904h
megaphyll 巨大葉 1461d
megaplankton メガプランクトン，巨大プランクトン 1220e
Megapodius 1571₆
Megaptera 1576₂
megasclere 主大骨片 704b
Megasecoptera ムカシカゲロウ目，疎翅類 1598₄₀
Megaselia 1601₂₅
Megasphaera 1544₂₂
Megaspora 1614₂₂
Megasporaceae ニセボミゴケ科 1614₂₁
megasporangium 大胞子嚢 1296e
Megasporoporia 1624₄₅
Megatherium 1574₅₃
Megisthanus 1590₈
Megophrys 1567₅₂
Mehler reaction メーラー反応 1174e
Mehlis' gland メーリス腺 1444f
mehrgelenkiger Muskel 多関節性筋 479i
mehrschichtiges Epithel 上皮 663ｇ
Meibomian gland マイボーム腺 1335e
Meinertula 1590₈
meiobenthos メイオベントス 1374d
meiofauna メイオファウナ 1374d
Meiopriapulomorpha メイオプリアプルス目 1588₁

Meiopriapulus 1588₁
meiosis 減数分裂 423b
Meiothermus 1542₇
meiotic apogamy 生殖的無配生殖 1371i
—— drive マイオティックドライブ 1333g
—— mitosis 減数有糸分裂 423b
—— nuclear division 減数分裂 208b
—— silencing of unpaired DNA 343j
Meira 1622₂₀
Meissner, G. 1334c
Meissner plexus マイスナー神経叢 920b
Meissner's plexus マイスナー神経叢 697e
—— tactile corpuscle マイスナー触小体 1334c
Mejbaum method Mejbaum 法 172a
Melampsora 1620₂₁
Melampsoraceae メランプソラ科 1620₂₁
Melampsorella 1620₃₅
Melampsoridium 1620₃₅
Melampyrum 1652₁₆
Melanconidaceae メランコニス科 1618₄₈
Melanconiopsis 1618₄₈
Melanconis 1618₄₉
Melanconium 1618₄₉
Melanelia 1612₄₆
Melaniella 1622₂₇
Melaniellaceae メラニエラ科 1622₂₇
melanin メラニン 1381g
melanin-aggregating nerve メラニン凝集神経 564b
melanoblast 黒色素芽細胞 1381g
melanocyte メラノサイト 1382f
melanocyte-stimulating hormone メラニン細胞刺激ホルモン 1382b
Melanodothis 1608₃₃
Melanogaster 1627₂₀
melanogenesis メラニン形成 1381g
Melanographium 1606₃₉
Melanolecia 1612₁₃
Melanoleuca 1626₅₀
melanoma 黒色腫 472f
—— *in situ* 表皮内黒色腫 472f
Melanomma 1609₃₆
Melanommataceae メラノムマ科 1609₃₅
Melanopareia 1572₅₃
Melanophloea 1612₁₁
melanophore メラノフォア，黒色素細胞，黒色素胞 563f
—— nerve 黒色素胞神経 564b
Melanophyceae 褐藻綱 1657₁₀
Melanopsichium 1622₅₃
melanopsin メラノプシン 1382e
melanosome メラノソーム 562e, 1382d
—— complex メラノソーム複合体 1382d
Melanospora 1617₄₇
Melanosporales メラノスポラ目 1617₄₆
Melanotaeniaceae メラノタエニウム科 1622₁₁
Melanotaenium 1622₁₁
melanotropin メラニン細胞刺激ホルモン 1382b
—— release-inhibiting hormone メラニン細胞刺激ホルモン放出抑制ホルモン 1382c
Melanoxa 1621₅₃
Melanthalia 1633₄₅
Melanthiaceae シュロソウ科 1646₂₉
Melanustilospora 1621₅₃
Melaspilea 1606₄₇
Melaspileaceae メラスピレア科 1606₄₇
Melastiza 1616₂₀
Melastoma 1648₄₃
Melastomataceae ノボタン科 1648₄₃
melatonin メラトニン 1381f
Meleagris 1571₆
Meles 1575₅₂
melezitose メレジトース 171b
Melia 1650₁₂
Meliaceae センダン科 1650₁₂
Melibe 1584₁₅
melibiose メリビオース 1383a

Melica 1647₃₉
Meliniomyces 1614₃₁
Meliola 1609₆
Meliolaceae メリオラ科 1609₅
Meliolales メリオラ目 1609₄
Meliolina 1607₂₉
Meliolinaceae メリオリナ科 1607₂₉
Meliolomycetidae メリオラ亜綱 1609₃
Meliosma 1648₁
Melissococcus 1543₁₀
Melitea 1548₄₀
Melithaea 1557₂₇
Melittangium 1547₅₈
melittophily ハナバチ媒 996d
Melittosporis 1612₂₈
mellitin メリチン 1001d, 1359e
Mello, C. C. 37a
Meloe 1601₈
Melogramma 1618₅₀
Melogrammataceae メログラマ科 1618₅₀
Meloidogyne 1587₃₁
Melolontha melolontha entomopoxvirus メロロンタメロロンタエントモポックスウイルス 1517₉
Melonis 1664₁₀
Melopsittacus 1572₅
Melosira 1654₂₉
Melosirales タルケイソウ目 1654₂₉
melting temperature 融解温度(DNAの) **1406**e
Melzericium 1626₆₂
membrana analis 肛門膜 1080f
── basilaris 基底膜 **294**b
── buccopharyngica 口咽頭膜 433c
── natatoria 蹼 **1355**b
── nictitans 瞬膜 **652**i
── tectoria 蓋膜 **187**h, 495g
── testae 卵殻膜 **1443**d
── urogenitalis 泌尿生殖膜 1080f
membrane bone 膜性骨, 膜骨 479g
── capacity 膜容量 **1339**a
── current 膜電流 **1337**d
── fission 膜出芽 **1336**h
── fluidity 膜の流動性 **1338**c
── fusion 膜融合 **1338**f
membranelle 小膜 **666**d
membrane potential 膜電位 **1337**c
── protein 膜蛋白質 **1337**h
── resistance 膜抵抗 **1337**b
── skeleton 膜骨格 533a
── traffic 膜交通 666c
Membranipora 1579₃₆
Membranomyces 1623₄₄
Membranosorus 1664₂₇
membranous labyrinth 膜迷路 **1338**e
── ossification 膜性骨化 479g
meme ミーム **1362**h
memorization 記銘 277i
memorizing 記銘 1305i
memory 記憶 **277**i
── B cells 免疫記憶B細胞 **1385**d
── cell 記憶細胞 **1383**j
── disorder 記憶障害 **278**a
── T cells 免疫記憶T細胞 **1385**d
MEN-2A 多発性内分泌腫瘍2A型 447f
menadione メナジオン 1151h
menaquinone メナキノン 471e, 1151h
Menaspiformes メナスピス目 1564₃₉
Menaspis 1564₃₉
MENDEL, Gregor Johann メンデル **1391**a
Mendelian population メンデル集団 **1391**b
Mendel's laws メンデルの法則 **1391**c
── laws of heredity メンデルの遺伝法則 1391c
Menegazzia 1612₄₇
Mengenillidia シミネジレバネ亜目 1601₁₁
meninges 脳脊髄膜 **1065**b
── encephali 脳膜 1065b

── spinales 脊髄膜 1065b
meninx 脳脊髄膜 **1065**b
── primitiva 一次髄膜 1065b
Meniscium 1643₄₂
Meniscoessus 1573₄₉
Meniscotherium 1576₇
Meniscus 1539₂₄
Menispermaceae ツヅラフジ科 1647₅₁
Menispermum 1647₅₁
Menispora 1618₃₀
Menisporopascus 1618₃₀
Menisporopsis 1618₃₀
Menodus 1576₂₈
Menoidium 1631₂₀
menopause 月経閉止, 閉経期 402a
Menopon 1600₂₁
menotaxis 保留走性 827f
menstrual cycle 月経周期 402a
menstruation 月経 **402**a
mental retardation 精神遅滞 **759**c
── sweating 心因性発汗, 精神性発汗 1101g
Mentha 1652₁₂
mentum メンタム, 基板 217h, 723d
Menura 1572₄₅
Menurae コトドリ亜目 1572₄₅
Menyanthaceae ミツガシワ科 1652₃₀
Menyanthes 1652₃₀
Mephitis 1575₅₂
mepp 微小終板電位 1143b
meranti メランティ 1440c
mercapto group メルカプト基 129c
6-mercaptopurine 6-メルカプトプリン **1383**c
Meretrix 1582₂₀
Mergus 1571₂
mericarp 分果 1254b
mericlone メリクロン 392b, 1236f
Meridianimaribacter 1539₄₇
Meridion 1655₁₅
meridional canal 経線管 1408g
── cleavage 経割 1444a
Meripilaceae トンビマイタケ科 1624₂₁
Meripilus 1624₂₁
Merismella 1610₁₉
Merismodes 1626₂₅
Merismopedia 1541₂₃
Meristacraceae メリスタクルム科 1604₂₂
Meristacrum 1604₂₂
meristele 分柱 1393b
meristem 分裂組織 **1256**g
meristemoid メリステモイド **1382**g
Meristosternina ワレイタサソリ下目 1591₄₆
Meristotheca 1633₂₅
Merkel's tactile cell メルケル触覚細胞 **1383**d
Merlia 1554₄₃
Mermis 1586₄₂
Mermithida シヘンチュウ目, 糸片虫類 1586₄₂
meroblastic cleavage 部分割 **1210**g
Merocheta オビヤスデ上目 1594₂
merocrine gland 部分分泌腺 187b
Merocrinus 1559₃₅
merocyte メロサイト **1383**f
── nuclei メロサイト **1383**f
Merodinium 1662₈
merodiploid 部分二倍体 143b, 143c, 1210k
merogamete メロガメート **1383**e
merogamy メロガミー **1383**e
merogon 卵分発生体 1450a
merogony メロゴニー, 卵分発生 23c, **1450**a
Merogregarina 1661₁₉
meroistic ovariole 部分栄養卵巣管 1447c
meromelia 884i
meromictic lake 部分の循環湖 1383i
meromixes メロミキシス **1383**i
meromixis メロミキシス **1383**i
meromorphosis 部分再生 1146e

meromyosin　メロミオシン　**1383**h
Meropes　ハチクイ亜目　1572₂₈
meroplankton　一時性プランクトン，定期性プランクトン　1220e
meropodite　長節　**922**h
Merops　1572₂₈
merosity　数性　**727**e
merosporangium　分節胞子嚢　**1250**b
Merostomata　節口類　**791**b
Merotricha　1656₃₉
merozoit　メロゾイト，娘虫　**1383**g
merozoite　メロゾイト　23c, **1383**g
merozygote　部分的接合体　**1210**k
Merrill, Elmer Drew　メリル　**1383**b
Merrill's line　メリル線　107e
Meruliaceae　シワタケ科　1624₂₃
Merulicium　1626₃₈
Meruliopsis　1624₃₄
Merulius　1624₂₇
merus　長節　**922**h
Mesacanthus　1565₁₈
mesangial cells　メサンギウム細胞　1376b
── matrix　メサンギウム基質　1376b
mesangium　メサンギウム　**1376**b
mesarch　中原型　73b
mesectoderm　外中胚葉　**183**b
Meselson-Stahl experiment　メセルソン-スタールの実験　**1376**d
mesencephalon　中脳　**916**a
mesenchymal epithelial transition　間充織上皮転換，間葉上皮転換　664g
mesenchyme　間葉　**274**h
── blastula　間充織胞胚　**262**f
mesendoderm　中内胚葉，内中胚葉　**183**b, 1021g
Mesenosaurus　1573₈
mesenterial filament　隔膜糸　353h
mesenteric artery　腸間膜動脈　**920**f
── vein　腸間膜静脈　**920**a
mesenterium　腸間膜　**920**d
mesentery　腸間膜，隔膜　**208**g, **920**d
mesentoblast　内中胚葉母細胞　883f
mesethmoid bone　中篩骨　698c
Mesitornis　1571₃₉
Mesitornithiformes　クイナモドキ目　1571₃₉
Mesniera　1607₅₅
Mesnieraceae　メスニエラ科　1607₅₅
Mesobatrachia　コモリガエル亜目　1567₅₂
Mesobdella　1585₄₆
mesobenthic organism　中深海底帯生物　688f
mesobilene　メソビレン　113d
mesobilirubin　メソビリルビン　1173c
mesobilirubinogen　メソビリルビノゲン　113d
mesobiliverdin　メソビリベルジン　1171f
mesoblast　中胚葉母細胞　**917**a
mesoblastic somite　中胚葉節　**916**e
── teloblast　中胚葉端細胞　883f
mesobronchial　中気管支　1076i
Mesobuthus　1591₅₁
mesocarp　中果皮　215e
Mesochaetopterus　1585₂₁
Mesochytrium　1602₁₈
mesocoel　中体腔，中脳腔　425d, 695f, 924a
mesocolon　大腸間膜　**920**d
mesocosm　メソコスム　1352g
mesocotyl　中胚軸　1087b
Mesocricetus　1576₄₄
mesodentin　半象牙質　1069b
mesoderm　中胚葉　**916**c
mesoderma　中胚葉　**916**c
Mesodermagens　中胚葉因子　916d
mesodermal band　中胚葉帯　**916**f
── enamel　中胚葉性エナメル　1069b
mesodermalizing agent　中胚葉化因子　**916**d
mesodermal somite　中胚葉体節，中胚葉節　855h, 916e
mesoderm inducing factor　中胚葉誘導因子　916d

── induction　中胚葉誘導　**917**c
── mantle　中胚葉マント　**917**b
Mesodermochelys　1568₂₄
Mesodinium　1659₈
Mesoeucrocodylia　中正鰐類　1569₂₁
Mesofila　1665₇
Mesoflavibacter　1539₄₇
mesogamy　中点受精　924e
mesogaster　中腸，胃間膜　**915**i, 920d
mesogastrium　胃間膜　53a
mesogloea　間充ゲル　**262**e
mesogloeal muscle　中膠筋　262e
Mesognatharia　1578₁₇
meso-inositol　メソイノシトール　87b
mesokinesis　メソキネシス　295g
mesolecithal egg　中黄卵　1440g
Mesolimulus　1589₂₅
mesome　メソム　964i
mesomere　中分節，中割球　152e, **910**a
mesomorphy　中胚葉型　843c
Mesomycetozoa　メソミセトゾア門　1552₃₀
Mesomycetozoea　メソミセトゾエア綱　1552₃₁
mesonephric duct　中腎管　**912**g
── tubule　中腎細管　912f
mesonephros　中腎　**912**f
Mesonia　1539₄₇
mesonotum　中胸背板　1087b
Mesonyx　1575₅₆
Mesopedinella　1656₁₀
mesopelagic organism　中深層生物，中深海水層生物　689b
── plankton　中層プランクトン　1220e
── zone　中深層域　189f
mesophanerophyte　中型地上植物　904h
Mesophellia　1627₄₆
Mesophelliaceae　メソフェリア科　1627₄₆
mesophile　中温菌　189e, 744c
Mesophilobacter　1549₄₈
Mesophonus　1591₄₂
mesophyll　中形葉，葉肉　**1426**d, 1461d
Mesophyllum　1556₃₇
mesophyte　中生植物，適潤植物　**915**a
mesophytic era　中植代　**912**e
mesoplankton　メソプランクトン，中形プランクトン　1220e
Mesoplasma　1550₃₃
Mesoplophora　1590₅₆
mesopodium　中足　**915**g
Mesoporos　1662₅₀
mesopsammon　砂間動物　258g
Mesoptychiaceae　イモイチョウゴケ科　1638₂₈
mesor　メサー　776g
mesorchium　精巣間膜　759i
mesorectum　直腸間膜　920d
Mesorhizobium　1545₄₅
Mesosaurus　1568₇
mesosoma　中体部　818b
mesosome　メソゾーム，中体　1120a, **1376**e
Mesospora　1657₃₇
Mesostigma　1635₄₈
Mesostigmatales　メソスティグマ目　1635₄₈
Mesostigmatophyceae　メソスティグマ藻綱　1635₄₇
Mesostigmatophyta　メソスティグマ植物門　1635₄₆
Mesostoma　1577₃₄
Mesosuchus　1569₁₁
Mesotaenium　1636₆
Mesotarbus　1591₁₃
Mesotardigrada　中クマムシ綱　1588₁₂
mesoteloblast　中胚葉端細胞　883f, 917a
Mesothelae　ハラフシグモ亜目　1592₆
mesothelium　中皮，体腔上覆　708a, 847m
Mesotherium　1576₂₁
mesothorax　中胸　**911**b
mesotrochal larva　中輪形幼生　**917**i
mesotrophic moor　中栄養湿原　591i
mesovarium　卵巣間膜　1447a
Mesozoa　中生動物　**915**d

mesozoans 中生動物 915d
Mesozoic era 中生代 915c
Mespilia 1562₉
mesquite gum メスキートゴム 676f
messenger RNA メッセンジャーRNA **1380**g
MET 間充織上皮転換，間葉上皮転換 664a
Met メチオニン 1378e
metabasidium 後担子器 884j
metabolic engineering 代謝工学 852e
── intermediate 代謝中間体 **853**e
── map メタボリックマップ，代謝経路図 852d
── nucleus 代謝核 255a
── pathway 代謝経路 **852**d
── regulation 代謝調節 **853**b
── stage 代謝期 254h
── syndrome メタボリックシンドローム **1377**e
── turnover 代謝回転 **852**b
metabolism 代謝 **851**i
metabolism-temperature curve 代謝−温度曲線 **852**a
metabolizable inducer 代謝性誘導物質 1413c
metabolome メタボローム **1377**f
Metabolomonas 1665₁₂
metaboly 変形現象 1415g
Metacapnodium 1608₂₉
Metacapnodiaceae メタカプノジウム科 1608₂₉
metacentric chromosome 中部動原体染色体 806f
metacercaria メタセルカリア **1377**b
metacercoid 嚢虫 **1065**c
Metachaos 1628₂₆
Metachlamydeae 合弁花類 **465**e
metachromasia メタクロマジー **1376**g
metachromasy メタクロマジー **1376**g
metachronal wave 継時波 387c
── wave of cilia 繊毛波 **820**c
metachronism 継時性 **387**c
Metacineta 1659₄₆
metacoel 後体腔，後脳腔 425d, 695f, 924a
Metacordyceps 1617₁₇
Metacoronympha 1630₁₃
Metacrinus 1560₂₀
Metacylis 1658₂₄
Metacystis 1660₁₄
Metadevescovina 1630₁₄
metagenesis 真正世代交代 **705**b
metagenome メタゲノム 1376h
metagenomics メタゲノミクス **1376**h
metakinesis メタキネシス 295g, 815a
Metakinetoplastina メタキネトプラスチナ亜綱 1631₃₄
metal enzyme 金属酵素 **338**d
metalimnion 変水層 718f
metalloanthocyanin メタロアントシアニン 49d
metalloprotease 金属プロテアーゼ **338**e
Metallosphaera 1534₁₅
metallothionein メタロチオネイン **1378**a
metamere 体節 **855**h
metamerism 体節制 **856**e
Metamonada メタモナス門，メタモナダ門 1377h, 1629₂₉
metamonads メタモナス類 **1377**h
metamorphosis 変態 **1286**j
── hormone 変態ホルモン 802f, **1287**a
metamyelocyte 後骨髄球 401e
metanauplius メタノープリウス **1377**d
Metanema 1631₁₈
metanephric blastema 後腎芽組織 449b
── mesenchyme 後腎間充織 449b
metanephridium 後腎管 691d
Metanephrops 1597₄₈
metanephros 後腎 **449**e
Metanothosaurus nipponicus イナイリュウ 331b
metanotum 後胸背板 1087c
Metanycothereus 1659₂₀
Metapenaeus 1597₃₇
Metaphalacroma 1662₄₈
metaphase 中期 **910**h
── plate 中期板 785b
metaphase-to-anaphase transition checkpoint 中期−後期移行チェックポイント 1302a
Metaphire 1585₃₆
metaphloem 後生篩部 72b
metaplasia 化生 **221**e
metaplasm 後形質 **437**a
metaplasy 化生 **221**e
metapleura 腹襀 982c
metapleure 腹襞 **1115**h
metapleuric fold 腹襞 1115h
Metaplexis 1651₄₇
Metapneumovirus メタニューモウイルス属 1520₁₃
metapneustic 後気門 301f
metapodium 後足，末脚 **453**f, 622c
metapolar cell 後極細胞 325f
metapopulation dynamics メタ個体群動態 **1376**i
Metarhizium 1617₁₇
Metascardovia 1538₁₄
Metasepia 1583₂₁
Metasequoia 1645₇
Metasicuophora 1659₂₀
metasoma 後体部，膨腹部 818b, 1200c
metasome 後体 1120a
Metaspriggina 1563₆
metastasis 転移 **965**e
Metasteridium 1609₆
metastin メタスチン 288k
Metastrongylis 1587₃₅
Metasuchia 後鰐類 1569₂₂
metatarsus 基跗節 1203l
metathalamus 視床後部 271c
Metatheria 後獣下綱 1574₅
metathetely メタセテリー **1377**a
metathoracic gland 後胸腺 625c
metathorax 後胸 **436**c
meta tool メタ道具 978d
metatroch 口後繊毛環 1016h
Metaviridae メタウイルス科 1518₃₄
Metavirus メタウイルス属 1518₃₇
metaxenia メタキセニア **1376**f
Metaxya 1643₁₉
Metaxyaceae メタキシア科 1643₁₉
metaxylem 後生木部 73b
Metazoa 後生動物 451c, 1553₁₂
metazoans 後生動物 **451**c
METCHNIKOFF, Élie メチニコフ **1378**f
Metchnikovella 1602₇
Metchnikovellida メチニコベラ目 1602₇
metencephalon 後脳 **462**b, 725f, 1470i
Meteoriaceae ハイヒモゴケ科 1640₅₇
Meteorium 1640₅₇
metephyra メテフィラ 140c
metestrus 発情後期 1105d
methane fermentation メタン生成，メタン発酵 1378d
methanegens メタン生成菌 **1378**d
methane-oxidizing bacteria メタン酸化細菌 **1378**c
Methanimicrococcus 1535₆
Methanobacteria メタノバクテリア綱 1534₃₃
Methanobacteriaceae メタノバクテリア科 1534₃₅
Methanobacteriales メタノバクテリア目 1534₃₄
Methanobacterium 1534₃₅
── phage φM1 メタノバクテリウムファージφM1 1514₄₀
Methanobrevibacter 1534₃₅
Methanocalculus 1534₄₇
Methanocaldococcaceae メタノカルドコックス科 1534₄₀
Methanocaldococcus 1534₄₀
Methanocella 1534₄₅
Methanocellaceae メタノセラ科 1534₄₅
Methanocellales メタノセラ目 1534₄₄
Methanococcaceae メタノコックス科 1534₄₁
Methanococcales メタノコックス目 1534₃₉
Methanococci メタノコックス綱 1534₃₈
Methanococcoides 1535₇
Methanococcus 1534₄₁

Methanocorpusculaceae メタノコルプシュルム科 1534_48
Methanocorpusculum 1534_48
Methanoculleus 1534_49
Methanofollis 1534_49
methanogenic archaea メタン生成菌 **1378**d
Methanogenium 1534_49
Methanohalobium 1535_7
Methanohalophilus 1535_7
Methanolacinia 1535_1
Methanolinea 1535_2
Methanolobus 1535_2
Methanomassiliicoccus 1534_43
Methanomethylovorans 1535_8
Methanomicrobia メタノミクロビア綱 1534_42
Methanomicrobiaceae メタノミクロビア科 1534_49
Methanomicrobiales メタノミクロビア目 1534_46
Methanomicrobium 1535_1
Methanoplanus 1535_1
Methanopyraceae メタノピルス科 1535_12
Methanopyrales メタノピルス目 1535_11
Methanopyri メタノピルス綱 1535_10
Methanopyrus 1535_12
Methanoregula 1535_2
Methanoregulaceae メタノレギュラ科 1535_2
Methanosaeta 1535_5
Methanosaetaceae メタノサエタ科 1535_5
Methanosalsum 1535_8
Methanosarcina 1535_8
Methanosarcinaceae メタノサルシナ科 1535_6
Methanosarcinales メタノサルシナ目 1535_4
Methanosphaera 1534_36
Methanosphaerula 1535_1
Methanospirillaceae メタノスピリルム科 1535_3
Methanospirillum 1535_3
Methanothermaceae メタノテルムス科 1534_37
Methanothermobacter 1534_36
Methanothermococcus 1534_41
Methanothermus 1534_37
Methanothrix 1535_5
Methanotorris 1534_40
methanotroph メタノトローフ **1377**c
methemoglobin メトヘモグロビン **1381**a
Methermicoccaceae メテルミコックス科 1535_9
Methermicoccus 1535_9
Methicillin-resistant *Staphylococcus aureus* メチシリン耐性黄色ブドウ球菌 144b
methionine メチオニン **1378**e
method of ascertainment 確認法 **207**f
methodological parsimony 方法論的最節約 516a
methotrexate メトトレキセート 1152c
5-methoxy-*N*-acetyltryptamine 5−メトキシ−*N*−アセチルトリプタミン **1381**f
2-methyl-1, 3-butadiene 2−メチル−1, 3−ブタジエン 69d
methyl-1-thio-β-D-galactopyranoside 1149c
1-methyladenine 1−メチルアデニン **1378**g
N^6-methyladenine N^6−メチルアデニン **1378**h
6-methylaminopurine 6−メチルアミノプリン **1378**h
Methylarcula 1546_3
methylase メチル化酵素 **1379**a
methylated base メチル化塩基 **1378**i
methylation of DNA DNAメチル化 **948**a
methylcobalamin メチルコバラミン **1379**c
5-methylcytosine 5−メチルシトシン **1379**d
$N^{5,10}$-methylene tetrahydroforic acid $N^{5,10}$−メチレンテトラヒドロ葉酸 **1379**e
N-methylglycine *N*−メチルグリシン 546d
methylglyoxal メチルグリオキサール **1379**b
O^6-methylguanine-DNA methyltransferase O^6−メチルグアニンDNAメチル基転移酵素 943c
methylhistidine メチルヒスチジン **1379**f
Methylibium 1546_41
methyllysine メチルリジン **1380**a
methylmalonyl-CoA メチルマロニルCoA **1379**g
methylmorphine メチルモルフィン 485c
Methylobacillus 1547_4
Methylobacter 1549_21
Methylobacteriaceae メチロバクテリア科 1545_40
Methylobacterium 1545_40
Methylocaldum 1549_21
Methylocapsa 1545_28
Methylocella 1545_29
Methylococcaceae メチロコックス科 1549_21
Methylococcales メチロコックス目 1549_19
Methylococcus 1549_21
D-10-methyloctadecanoic acid D−10−メチルオクタデカン酸 936b
Methylocystaceae メチロシスタ科 1545_42
Methylocystis 1545_42
Methylohalobius 1549_22
Methylohalomonas 1548_25
Methylomicrobium 1549_22
Methylomonas 1549_22
Methylonatrum 1548_25
Methylophaga 1549_55
Methylophilaceae メチロフィルス科 1547_4
Methylophilales メチロフィルス目 1547_3
Methylophilus 1547_4
Methylopila 1545_42
Methylorhabdus 1545_38
Methylosarcina 1549_22
Methylosinus 1545_43
Methylosoma 1549_22
Methylosphaera 1549_23
Methylotenera 1547_4
Methylothermus 1549_22
methylotroph メチロトローフ **1380**d
Methyloversatilis 1547_21
Methylovirgula 1545_29
Methylovorus 1547_5
methyl red reaction メチルレッド反応 **1380**c
── red test メチルレッド試験 **1380**c
2′-*O*-methylribose 2′−*O*−メチルリボース **1380**b
N^5-methyltetrahydrofolic acid N^5−メチルテトラヒドロ葉酸 **1379**e
methyltransferase メチルトランスフェラーゼ **1379**a
5-methyluridine 5−メチルウリジン 1465d
methyl viologen メチルビオローゲン 1114h
metMb メトミオグロビン 1349f
metMbCN シアニドメトミオグロビン 1349f
Metopiida メトピオン目 1665_4
Metopina メトプス目 1659_18
Metopion 1665_4
metopism 前頭縫合 391d
Metoposaurus 1567_17
Metopus 1659_19
metric 計量 1480g
── variables 計測形質 391d
Metridium 1557_47
Metriophyllina メトリオフィルム亜目 1556_45
Metriophyllum 1556_46
Metriorhynchus 1569_21
Metromonadea メトロモナス綱 1665_2
Metromonadida メトロモナス目 1665_3
Metromonas 1665_3
Metrosideros 1648_41
Metroxylon 1647_3
Metschnikowia 1606_10
Metschnikowiaceae メチュニコビア科 1606_10
metula メトレ **1381**b
metulae メトレ **1381**b
Metulocladosporiella 1610_23
Metzgeria 1637_35
Metzgeriaceae フタマタゴケ科 1637_35
Metzgeriales フタマタゴケ目 1637_34
Metzgeriidae フタマタゴケ亜綱 1637_31
mevalonic acid メバロン酸 **1381**c
── acid pathway メバロン酸経路 **1381**d
mevalonolactone メバロノラクトン 1381c
MEY 最大経済生産量 516e
MEYERHOF, Otto マイエルホーフ **1333**d

MEYEROWITZ, Elliot Martin　マイエロヴィッツ　**1333**e
Meylia　1587₁₇
Meyrella　1635₈
M filament　M フィラメント　145b
Mg　マグネシウム　1338a
MHC　647c
MHV　マウス肝炎ウイルス　499d
MIC　最小生育阻止濃度, 最小発育阻止濃度　436j, 1139b, 1403d
Micamoeba　1628₃₂
Micarea　1612₁₈
Micavibrio　1547₂₈
micelle　ミセル　**1357**e
Michaelis constant　ミカエリス定数　1351f
MICHAELIS, Leonor　ミカエリス　**1351**e
Michaelis-Menten equation　ミカエリス–メンテンの式　**1351**f
MICHEL, Hartmut　ミヒェル　**1362**c
Michenera　1623₅₂
MICHURIN, Ivan Vladimirovich　ミチューリン　**1357**f
Micractinium　1635₈
micraesthete　小感器　201a
Micrasterias　1636₃
Microaerobacter　1542₃₁
microaerophile　微好気性菌　435a
microaerophilic　微好気性　1139f
microalgae　微細藻　834b
Microallomyces　1603₂₀
microarray　マイクロアレイ　**1333**h
Microascaceae　ミクロアスクス科　1617₅₈
Microascales　ミクロアスクス目　1617₄₉
Microascus　1617₅₉
Microbacteriaceae　ミクロバクテリア科　1537₂₁
Microbacterium　1537₂₄
microbe　微生物　**1146**f
microbeam irradiation method　ミクロビーム照射法　**1353**c
microbial consortium　微生物コンソーシアム　**1147**b
　—— ecology　微生物生態学　**1147**c
　—— food chain　微生物食物連鎖　1147e
　—— genetics　微生物遺伝学　**1146**g
　—— loop　微生物ループ　1147c, **1147**e
　—— resource center　微生物株保存機関　770e
　—— species　菌種　**336**e
　—— strain　菌株　**332**c
　—— substitution　菌交代現象　**333**g
　—— systematics　微生物分類学　**1147**d
　—— taxonomy　微生物分類学　**1147**d
microbicide　殺菌剤　**539**a
microbiology　微生物学　**1147**a
Microbiotheria　ミクロビオテリウム目　1574₁₂
Microbispora　1538₈
Microbotryaceae　ミクロボトリウム科　1621₂₁
Microbotryales　ミクロボトリウム目　1621₁₉
Microbotryomycetes　ミクロボトリウム綱　1621₁₁
Microbotryumm　1621₂₁
Microbrachis　1567₃₁
Microbrachomorpha　ミクロブラキス亜目　1567₃₁
Microbulbifer　1548₄₀
Microcaliciaceae　ミクロカリキウム科　1613₄₁
Microcalicium　1613₄₁
microcell　微小細胞　80e
Microcella　1537₂₄
microcell hybrid method　微小核雑種法　809b
microcephaly　小頭　**661**c
Microcerberidea　スナナナフシ亜目　1596₄₈
Microcerberus　1596₄₈
Microchaetaceae　ミクロカエテ科　1541₂₈
Microchaete　1541₂₈
microchromosome　小型染色体, 小染色体　856i
Microciona　1554₄₃
microcirculation　微小循環　**1143**c
microclimate　小気象, 微気候　847i, 1138b
microclone　マイクロクローン　807e
Micrococcaceae　ミクロコックス科　1537₂₈
micrococcal nuclease　ミクロコッカスヌクレアーゼ　**1352**h

Micrococcineae　ミクロコックス亜目　1537₅
micrococcus　単球菌　309e
Micrococcus　1537₂₉
Microcoleus　1541₃₇
microconidium　小形分生子　1248f
microconjugant　小接合個体　789b
microcosm　ミクロコスム　**1352**g
Microcotyle　1578₁
microcyclic form　短世代型　542a
Microcyclospora　1608₃₃
Microcycloporella　1608₃₃
Microcyema　1577₁₀
microcyst　ミクロシスト　1339g
Microcystis　1541₂₃
microcyte　小赤血球　787i
Microcytos　1664₃₃
Microdajus　1596₄
Microdecemplex　1594₆
Microdecemplicida　コムカシヤスデ目　1594₆
Microdictyon　1588₂₄
Microdictyon　1634₀
microdissection　顕微解剖　427b
Microdochium　1619₂₅
Microdysteria　1659₃₀
microelectrode　微小電極　**1143**g
Microellobosporia　1538₂
microevolution　小進化　854f
microfilament　マイクロフィラメント, 微小糸, 微小繊維, 微細糸　**1143**d
microfilaria　ミクロフィラリア　**1353**d
microfossil　微化石　**1134**b
microgametangium　小配偶子嚢　1078e
microgamete　小配偶子　62d
microgametocyte　小配偶子母細胞　1078i
Microgemma　1602₁₀
Microglaena　1607₄₀
Microglena　1635₃₈
microglia cell　小膠細胞　695h, 840c, 1339h
Microglossum　1611₃₁
micrognathia　小顎　597g
Micrognathozoa　微顎動物, 微顎動物門　**1133**f, 1578₂₄
micrografting　ミクロ接木　935b
Microgyniina　キノウロダニ下目　1589₅₀
Microgynium　1589₅₀
microhabitat　微小生息地, 微小生息場所　760j, 1283f
Microhelida　ミクロヘリダ目　1629₂₂
Microheliella　1629₂₂
Microhilum　1617₂₃
Microhyla　1568₁
Microhypsibius　1588₁₈
microincineration　顕微灰化法　**426**l
microinjection　マイクロインジェクション, 微量注入法, 顕微注入法, 顕微注射　80e, 427b
　—— method　マイクロインジェクション法　523f
Microjoenia　1630₂₃
Microlabis　1591₄₇
Microlaimus　1587₁₆
Microlepia　1643₂₈
Microlunatus　1537₄₉
micromanipulation　顕微操作　**427**c
micromanometry　微小検圧法　1142f
Micromastigotes　1630₂₄
micromelia　短肢　**884**i
micromere　小割球　**656**c
micromerism　粒子説　**1468**b
micrometastasis　微小転移　**1143**f
micrometeorology　微気象, 微気象学　**1138**d
Micrometopion　1665₃
Micromonas　1634₁₂
　—— *pusilla reovirus*　1519₃₁
　—— *pusilla virus SP1*　1516₄₅
Micromonospora　1537₄₁
Micromonosporaceae　ミクロモノスポラ科　1537₃₈
Micromonosporineae　ミクロモノスポラ亜目　1537₃₇
micromutation　小突然変異　691c

Micromys 1576₄₅
micronekton マイクロネクトン **1333**j
Micronematobotrys 1616₂₀
microneme ミクロネーム 924f
micronephridium 小腎管 1196g
micronuclear hybridization 微小核雑種法 809b
Micronuclearia 1552₁₈
Micronucleariida ミクロヌクレアリア目 1552₁₈
micronucleus 小核，微小核 80e, **655**b
── test 小核試験 **655**d
micronutrient element 微量栄養元素 121e
microorganism 微生物 **1146**f
Micropacter 1594₄₄
micropaleontology 微古生物学 **1139**g
Micropeltidaceae ミクロペルチス科 1607₅₆
Micropeltis 1607₅₆
Microperoryctes 1574₁₈
microphanerophyte 小型地上植物 904h
microphonic effect マイクロフォン効果 198f
── potential マイクロフォン電位 **1333**k
microphyll 小形葉，小葉 **667**i, **1461**d
Microphyllinae 小葉類 667i, 1454f
Microphyllophyta 667i
Microphyllophytina 小葉植物亜門 1642₄
Micropilina 1581₃₁
micropinocytosis 微飲作用 93d
microplankton ミクロプランクトン，小形プランクトン 1220e
Micropolyspora 1536₃₉
Microporella 1579₃₆
Microporus 1624₄₆
Micropruina 1537₄₉
Micropsammus 1590₂₀
Micropterus 1566₅₀
Micropteryx 1601₃₄
Micropyga 1561₄₁
Micropygoida 1561₄₁
micropyle 卵門，珠孔 1080b, **1451**a
microrespirometer ミクロレスピロメーター，微量呼吸計 **1142**f
microrespirometric method 微小呼吸測定法 **1142**f
Microrhopalodina 1629₃₃
microRNA 955c
microsatellite DNA マイクロサテライトDNA **1333**i
Microsauria ムカシヤセイモリ目，細竜類 1567₂₉
Microscilla 1539₂₄
microsclere 微小骨片 704b
microscope 顕微鏡 **427**a
── photometer 顕微光度計 529e
microscopical technique 顕微鏡技術 **427**b
microscopist 顕微鏡学者 427a
Microsetella 1595₁₄
Microsolena 1557₅₇
microsome ミクロソーム **1353**a
microspecies 微細種 644g
microspectrophotometry 顕微分光測光法 **427**d
Microsphaera 1614₃₈
Microsphaeropsis 1609₃₈
microsphere ミクロスフェア 1234c
microspheric form 小球形 680a
microspike 仮足様突起 766c
Microspora 微胞子虫門 1602₅
Microspora 1635₂₆
microsporangium 小胞子囊 1296c, 1403c
microspore 小胞子 62e, 235e, 1295e
Microsporea 微胞子虫綱 1602₆
microspore mother cell 小胞子母細胞 235e
Microsporida 微胞子虫目 1602₈
microsporidia 微胞子虫類 **1162**d
Microsporidiia 微胞子虫門 1602₅
Microsporidium 1602₁₀
microsporocarp 小胞子囊果 1296f
microsporogenesis 小胞子形成 235e
microsporophyte 小胞子母細胞 878h
Microsporum 1611₁₄

Microstella 1620₃
Microstoma 1616₂₆
Microstomatales ミクロストマ目 1622₄₅
Microstomum 1577₁₉
Microstroma 1622₄₇
Microstromataceae ミクロストマ科 1622₄₇
microsuccession 微小遷移 799c
microsurgery 顕微手術 427b
Microtabella 1655₂₅
microtaxonomy 種分類学 1255a
microtechnique 顕微鏡技術 **427**b
Microterricola 1537₂₅
Microtetraspora 1538₈
Microthamniales ミクロタムニオン目 1635₁₅
Microthamnion 1635₁₅
Microtheciellaceae ミクロテシエラ科 1641₂₄
Microtheliopsidaceae シズクゴケ科 1607₅₈
Microtheliopsis 1607₅₈
Microthoracida ミクロトラクス目 1660₅
Microthorax 1660₅
Microthyriaceae ミクロチリウム科 1608₅₇
Microthyriales ミクロチリウム目 1608₅₄
Microthyrium 1608₅₈
microtome ミクロトーム **1353**b
── sectioning ミクロトーム切片法 793f
microtrabeculae 微小柱 524c
microtriches 微小毛 660j
microtrichocyst ハプトシスト 1300g
Microtropis 1649₂₇
microtubule 微小管 **1142**c
microtubule-associated proteins 微小管結合蛋白質 **1142**e
microtubule organizing center 微小管形成中心 **1142**d
Microtus 1576₄₅
microvillus 微絨毛 **1142**a
Microvirga 1545₄₀
Microvirgula 1547₁₀
Microviridae ミクロウイルス科 1517₅₂
Microvirus ミクロウイルス属 1518₂
Microxiphium 1610₂₁
Microxysma 1659₃₀
Microzetes 1591₅
Microzonia 1657₁₆
Micrura 1580₄₆
Micrurus 1569₆
Mictacea ミクトカリス目 1596₄₃
mictic female 両性生殖雌虫 1039a
Mictocaris 1596₄₃
Mid-Atlantic barrier 中央大西洋障壁 1133i
midblastula transition 中期胞胚変移 **911**a
midbody 中央体 525g, **909**i
mid-brain 中脳 **916**a
midbrain animal 中脳動物 682c
middle ear 中耳 **911**e
── ear cavity 中耳腔 911e
── hair 中毛 384a
── lamella 中葉 **917**e
── piece 中片部 752e
── plate 間板 152e
── T 1322g
mid-gut 中腸 **915**i
── gland 中腸腺 **915**j
mid-hind brain boundary 中脳後脳境界 916a
mid-intestine 中腸 **915**i
mid-kidney 中腎 **912**f
Midlandia 1643₄₈
mid-leg 中肢 **911**d
mid-parent index 両親の中間指数 1365c
mid-piece 中片部 752e
mid-Pleistocene transition 中期更新世気候変換期 864k
midrib 中肋 **917**j, 1427d
midvein 中央脈 1427d
MIESCHER, Johann Friedrich ミーシャー **1354**c
MIF メラニン細胞刺激ホルモン抑制因子 1382c
migraine 偏頭痛，片頭痛 267d
migrant 旅鳥 **878**c

migrating hypoxial muscle precursor　移動性軸下筋細胞　85e
―― muscle precursor cell　移動性筋芽細胞　85e
migration　体内移行, 回遊, 移動　85a, 189b, 290a
Migrationstheorie　移住説　211c
migratory bird　渡り鳥　1508l
―― fish　回遊性魚類　189b
―― locust　飛蝗　1139c
―― nucleus　移動核　789b
―― swarming　移動群飛　383d
migrule　増殖体　826i
Miguashaia　1567₄
MIH　メラニン細胞刺激ホルモン放出抑制ホルモン, 卵成熟誘起ホルモン　1382c, 1446e
Mikadotrochus　1583₂₅
Mikhnocyathus　1554₇
Mikronegeria　1620₂₂
Mikronegeriaceae　ミクロネゲリア科　1620₂₂
Miladina　1616₆
Milesia　1620₂₅, 1620₃₆
Milesina　1620₃₆
Miliammellus　1663₅₀
Miliammina　1663₄₄
Miliammnia　1663₄₈
milieu extérieur　外部環境　256a, 1022d
―― intérieur　内部環境　1022d
Miliolida　ミリオリナ目　1663₅₃
Miliolinella　1663₅₄
milk　乳汁　1043a
―― area　乳区　1043c
milk-clotting enzyme　凝乳酵素　322b
milk factor　乳因子　1041e, 1042a
―― fat globule membrane protein　脂肪球皮膜蛋白質　608e
milkline　乳線　1043c
milk secretion　泌乳　1153f
―― teeth　乳歯　1069b
Millepora　1555₃₃
Millericrinida　ホソミユリ目　1560₁₂
Millericrinus　1560₁₃
Millerosaurus　1568₇
Millerozyma　1606₂
Miller's discharge experiment　ミラーの放電実験　1365f
millet　雑穀類　472i
Millettia　1664₃
millipedes　ヤスデ類, 多足類　873b, 1404e
Millisia　1536₃₉
Millotauropus　1592₄₉
MILNE-EDWARDS, Henri　ミルヌ-エドワール　1365i
Milnesium　1588₁₅
Milospium　1606₃₉
MILSTEIN, César　ミルステイン　1365h
Miltidea　1612₃₈
Miltideaeceae　ミルティデア科　1612₃₈
Milvus　1571₃₅
Mimema　1620₄₈
mimesis　擬態, 模倣, 隠蔽的擬態　100b, 291j, 1399f
mimic　擬態者　291j
mimicry　擬態, 標識的擬態　291j, 1167e
Mimiviridae　ミミウイルス科　1516₃
Mimivirus　ミミウイルス, ミミウイルス属　1362g, 1516₄
Mimoreovirus　ミモレオウイルス属　1519₃₁
Mimosa　1648₅₁
Mimotona　1576₃₀
Mimotonida　ミモトナ目　1576₃₀
Mimulus　1652₁₄
Mimus　1572₅₅
Minakatella　1629₉
Minamata disease　水俣病　1361f
Minatogawa fossil humans　港川人　1361e
Minchinia　1664₃₃
Mindeniella　1654₁₇
min. EPP　微小終板電位　1143b
mineral corticoid　ミネラルコルチコイド　1362b
―― element　無機養素　1368d

mineralization　無機化　1368a
mineral nutrient　栄養塩類, 無機養素　120c, 1368d
―― oil　石油　785d
Minerva　1632₃₀
miniature end-plate potential　微小終板電位　1143b
―― postsynaptic potential　微小シナプス後電位　1143a
Minibiotus　1588₁₈
Minicaris　1596₃₀
minicell　ミニ細胞　1362a
mini-chromosome maintenance　1198g
minicircle　ミニサークル　296b
―― DNA　ミニサークルDNA　36f
Minidiscus　1654₅₄
Miniimonas　1537₇
minimal area　最小面積　513e
―― blood pressure　最低血圧　395a
―― inhibitory concentration　最小生育阻止濃度　436j
―― medium　最少培地　513f
―― stimulus　最小刺激, 極小刺激　60a
Minimassisteria　1665₉
Minimedusa　1623₃₇
minimum area　最小面積　513e
―― cell quota　最小細胞内持ち分　764g
―― effective dose　144c
―― inhibitory concentration　最小発育阻止濃度　1139b, 1403d
―― lethal dose　最小致死量　905c
―― viable population　最小生存可能個体数　513c
minimyosin　I型ミオシン, ミニミオシン　1350a
Miniopterus　1575₁₄
Ministeria　1552₂₉
Ministeriida　ミニステリア目　1552₂₉
minor　マイナー　1244c
―― bases　微量塩基　1172c
minor-H antigen　副組織適合性抗原　437g
minor histocompatibility antigen　副組織適合性抗原, 非主要組織適合抗原　437g, 840f
Minorisa　1664₄₈
minor spiral　小らせん　864l
―― vein　小脈　1427d
MINOT, George Richards　マイノット　1335d
Minute virus of mice　マウス微小ウイルス　1518₁₂
minute volume　分容量　712d
Minutocellus　1655₁
Minyas　1557₄₃
Miocene　中新世　708c
―― epoch　中新世　913a
Miomoptera　ムカシチビ目, 矮翅類　1600₁₂
miosis　縮瞳　981i
Miozoa　ミオゾア上門　1661₅
MIPing　948b
MIQUEL, Friedrich Anton Wilhelm　ミケル　1353f
mirabile net　奇網　301b
Mirabilis　1650₆₀
miracidium　ミラシジウム　1365d
Mirandina　1610₇
MIRBEL, Charles François Brisseau de　ミルベル　1365j
miRNA　955c, 1139i
mirror image　鏡像　320e
mirroring　鏡像関係　320e
mirror neuron　ミラーニューロン　1365e
MIRSKY, Alfred Ezra　マースキー　1341f
Mirus　1584₂₇
MIS　ミュラー管抑制物質, 卵成熟誘起物質　1364g, 1446e
Miscanthus　1647₃₉
miscellaneous-porous wood　雑孔材　1402a
Mischococcales　ミスココックス目　1657₂
Mischococcus　1657₃
misfolding disease　フォールディング異常病　1191e
Misgurnus　1566₅
misincorporation model　取込み誤りモデル　195f
mismatch correction　ミスマッチ修復　1356f
―― distribution　ミスマッチ分布　772e
―― repair　ミスマッチ修復, 不適正塩基対修復　117c, 943b, 1356f

Misophria	1595₁₆
Misophrioida ミソフリア目	1595₁₆
mispairing model 対合誤りモデル	195f
misrepairing 修復誤り	628g
── model 修復誤りモデル	1298a
misreplication 複製誤り	1198a
missense mutation ミスセンス突然変異	**1355h**
── suppressor ミスセンスサプレッサー	1355h
missile-like body ハプトシスト	1300g
missile therapy ミサイル療法	**1353i**
missing area 欠損地域	899c
── link 失われた環	**108e**
Mississippian period ミシシッピー紀	476b
mist culture 噴霧耕	1420c
── propagation ミスト繁殖	538d
Misturatosphaeria	1609₃₁
MITCHELL, Peter Dennis ミッチェル	**1358e**
Mitella	1648₂₁
Mithrodia	1560₅₃
mitic system 菌糸組織型	336d
mitigation ミチゲーション，緩和措置	762g
mitochondria ミトコンドリア	**1360b**
mitochondrial cell death pathway ミトコンドリア細胞死経路	**1361a**
── chromosome ミトコンドリア染色体	1360c
── dividing ring MDリング	1256j
── Eve ミトコンドリアイヴ	1360c
── genome ミトコンドリアゲノム	1360c
── matrix ミトコンドリアマトリックス	1360b
── membrane ミトコンドリア膜	1360b
── nuclei ミトコンドリア核	1360c
── nucleoid ミトコンドリア核様体	1360c
── sheath ミトコンドリア鞘	752e[図]
mitochondrion ミトコンドリア	**1360b**
mitogen マイトジェン，分裂促進物質	**1334d**, 1477b
mitogen-activated protein kinase MAPキナーゼ	**1343f**
mitomycin C マイトマイシンC	**1335c**
mitophagy マイトファジー	**1335b**
mitosis 有糸分裂，核分裂	**208b**, **1409a**
mitosis-promoting factor 有糸分裂促進因子	144f
mitosome マイトソーム	**1335a**, 1360b
mitotic apparatus 分裂装置	**1256e**
── crossing-over 体細胞交叉	850a
── index 分裂指数	**1256b**
── kinase 分裂期キナーゼ	**1255f**
── phase 分裂期	144e
── recombination 体細胞組換え	**850c**
Mitovirus ミトウイルス属	1522₄₁
mitral cell 僧帽細胞	309a
Mitrasacme	1651₄₄
Mitrastemon	1651₂₇
Mitrastemonaceae ヤッコソウ科	1651₂₇
Mitrata ミトゥロキスチス目	1559₆
Mitrocystella	1559₆
Mitrula	1614₄₃
Mitsuaria	1546₄₂
Mitsukurina	1564₄₇
Mitsuokella	1544₂₂
Mitteniaceae ミナミヒカリゴケ科	1639₅₅
Mitteriella	1607₅₀
Miuraea	1608₃₅, 1632₃₀
MIVART, St. George Jackson マイヴァート	**1333c**
mixed bud 混芽	**500k**
mixed-function oxygenase 混合機能酸素添加酵素	163m
mixed gland 混合腺	870h
── indicator 混合指示菌	576c
── infection 混合感染	925h, 1034g
── layer 混合層	718f, 759h
── leucocyte reaction 混合白血球反応	**501e**
── lymphocyte reaction 混合リンパ球反応	**501f**
── nerve 混合神経	693c
mixed-species flock 混群	1372g
mixed strategy 混合戦略	821a
── tumor 混合腫瘍	646e
Mixia	1621₄₁

Mixiaceae ミクシア科	1621₄₁
Mixiales ミクシア目	1621₄₀
mixing layer 活動混合層	759h
Mixiomycetes ミクシア綱	1621₃₉
Mixodontia 混歯目	1576₃₃
Mixonomata イレコダニ下目	1590₅₉
mixoploid 混倍数体	505e
mixoploidy 混倍数性	**505e**
Mixopterus	1589₃₄
Mixosaurus	1568₂₇
Mixotricha	1630₁₄
mixotroph 混合栄養植物	336g
mixotrophic plant 混合栄養植物	336g
mixotrophism 混合栄養	121b
Miyabea	1640₅₂
Miyabe's line 宮部線	776d
Miyagawa body 宮川小体	356b
Miyagia	1620₃₃
Miyake's line 三宅線	776d
Miyoshiella	1618₃₁
Mizutaniaceae ヌエゴケ科	1637₃₇
MKP	1343f
MLCK ミオシンL鎖キナーゼ	1350d
MLD 最小致死量	905c
M. leprae 癩菌	1536₃₈
M line M線	**145h**
MLR 混合リンパ球反応	501f
m-m̂ method 平均こみあい度-平均密度法	1252b
MMP マトリックスメタロプロテアーゼ	**1344c**
MMR 不適正塩基対修復	117c
MMTV マウス乳癌ウイルス	1042a
Mn マンガン	1347a
Mnais	1598₄₈
Mnemiopsis	1558₁₉
Mniaceae チョウチンゴケ科	1640₁₂
Mnium	1640₁₂
Mo モリブデン	1400e
mob	790h
mobbing モビング	**1399e**
mobile genetic element 可動性遺伝因子	965f
── phase 移動相	376b
Mobilia 遊泳亜綱	1660₄₉
Mobilida 遊泳目	1660₅₀
mobilideserta 転移荒原	966a
mobilization 起動	143c
Mobiluncus	1536₂₅
mock-dominance 偽優性	312c
modality モダリティー	**1398a**
model モデル	291j, **1398a**
── organism モデル生物	**1398d**
moderate thermophile 中度好熱菌	461h
modern *Homo sapiens* 新人型ホモ＝サピエンス	1319h
Modestobacter	1536₄₇
Modicella	1604₁₂
Modicisalibacter	1549₂₉
modified amino acid 修飾アミノ酸	**624b**
── bases 修飾塩基	1172d
── polyploidy	66g
modifier 変更遺伝子	**1285c**
modifying gene 変更遺伝子	**1285c**
modularity モジュラリティ	1397d
modulation 転形	969e
module モジュール	1009c, **1397d**
Moellerella	1549₈
Moelleriella	1617₁₇
Moellerodiscus	1615₈
Moerckiaceae チヂレヤハズゴケ科	1637₂₈
Moerisia	1555₃₄
Moeritherioidea アケボノゾウ亜目	1574₄₂
Moeritherium	1574₄₂
Moestrupia	1662₂₃
Moesziomyces	1622₁₅
Moffit-Yang equation モフィット-ヤンの式	804d
Mogera	1575₉
Mogibacterium	1543₂₁

Moheitospora 1616₅₄
Mohl, Hugo von モール **1400f**
MOI 感染の多重度 268f
moi 感染の多重度 268f
Moina 1594₃₉
moiré モアレ 763a
Mojavia 1541₃₁
Mola 1567₁
molality 質量モル濃度 165j
molar 大臼歯, 後臼歯 1069b
―― absorption coefficient モル吸光係数 309k
molarity モル濃度 165j
mold かび **234d**
mole モーレ 629i
molecular biology 分子生物学 **1247e**
―― cell biology 分子細胞生物学 528a
―― chaperone 分子シャペロン **1247a**
―― clock 分子時計 **1248a**
―― diffusion 分子拡散 1451c
―― disease 分子病 **1248c**
―― drive 分子駆動 **1246c**
―― dynamics 分子動力学 **1247g**
―― ecology 分子生態学 **1247d**
―― embryology 分子発生学 **1248b**
―― evolution 分子進化 **1247b**
―― fossil 分子化石 **1246b**
―― genetics 分子遺伝学 **1246a**
―― mimicry 分子擬態 1326a
―― paleobiology 分子古生物学 **1246f**
―― paleontology 分子古生物学 **1246f**
―― phylogenetics 分子系統学 **1246d**
―― phylogeny 分子系統学, 分子系統樹 77c, **1246d**
―― sieve chromatography 分子ふるいクロマトグラフィー 415b
Moleschott, Jacob モレスホット **1401c**
Molgula 1563₃₂
Molisch, Hans モーリッシュ **1400d**
Molliardiomyces 1616₂₆, 1616₂₇, 1616₂₈
Mollicutes モリキューテス綱, モリクテス綱 1550₂₇
Mollimonas 1665₁₆
Mollisia 1614₄₇
Molluginaceae ザクロソウ科 1650₅₂
Mollugo 1650₅₂
Mollusca 軟体動物, 軟体動物門 **1029b**, 1581₉
molluscan fauna 軟体動物相 996a
Molluscipoxvirus モルスポックスウイルス属 1517₂
Molluscoidea 擬軟体動物 **294h**
molluscs 軟体動物 **1029b**
Molluscum contagiosum virus 伝染性軟属腫ウイルス 1517₂
Moloch 1568₄₂
Molpadia 1562₃₂
Molpadiida イモナマコ目, 隠足類 1562₃₂
molt 脱皮 **875a**
molt-character 眠性 **1365l**
molting 換毛, 換羽, 眠, 脱皮 251b, 274e, **875a**, **1365k**
―― fluid 脱皮液 875a
―― gel 脱皮ゲル 875a
―― hormone 脱皮ホルモン 802f
molt-inhibiting hormone 脱皮抑制ホルモン **875e**
molybdenum モリブデン **1400e**
Momonia 1590₃₃
Momotus 1572₂₆
Monachosorum 1643₂₉
Monacrosporium 1615₄₇
Monactinus 1635₂₇
monad 一分染色体 423b, 1039b
monadelphous 単体雄ずい 1409e
monarch 一原型 1299e
Monascaceae ベニコウジカビ科 1610₄₉
Monascus 1610₄₉
monaster 単星 **889g**
monaxon 単軸 483a
Monera モネラ界, モネラ 177c, **1398i**
monera モネラ 220d

monerula モネラ 220d
Mongoliicoccus 1539₂₁
Mongoliitalea 1539₂₁
mongolism モウコ症 866f
Monhystera 1587₂₁
Monhysterica モンヒステラ上目 1587₂₀
Monhysterida モンヒステラ目 1587₂₁
Monilia 1615₁₂
Moniliella 1606₇
Moniliformida 鎖状鉤頭虫目 1579₁
Moniliformis 1579₁
Moniligaster 1585₂₉
Moniligastrida ジュズイミミズ目 1585₂₈
Monilinia 1615₁₂
Moniliophthora 1626₁₉
Monilophytes シダ類 **589g**
Monilopsida シダ植物綱 1642₁₇
Monimiaceae モニミア科 1645₄₇
monitoring モニタリング, 監視 **1398h**
monkeypox virus サル痘ウイルス 988a
monoacylglycerol モノアシルグリセロール 11f
mono ADP-ribosylation モノ ADP リボシル化 136a
―― ation モノ ADP リボシル化 136a
monoaxial type 単軸型 **885c**
monobactam モノバクタム 1268a
Monobathrida クセノクリヌス目 1559₄₃
monobiontic 単型性 745g
monoblast 単芽球 1339h
Monoblastia 1610₃₀
Monoblastiaceae モノブラスティア科 1610₂₉
Monoblepharella 1603₇
Monoblepharidaceae サヤミドロモドキ科 1603₉
Monoblepharidales サヤミドロモドキ目 1603₅
Monoblepharidomycetes サヤミドロモドキ綱 **544g**, 1603₄
Monoblepharis 1603₉
Monocarpaceae アワゼニゴケ科 1637₈
monocarpellary pistil 一心皮雌ずい 581c
monocarpy 一回結実性 **74f**
monocentric chromosome 一動原体染色体 **73i**
Monocentris 1566₃₆
Monocercomonas 1630₇
Monocercomonoides 1629₃₃
monocercus 単尾虫 1066a
Monochaetia 1619₂₉
monochasium 単出集散花序 622b
monochlamydeous flower 単花被花 234b
Monochoria 1647₁₀
monochromatic system 単色系 561i
―― vision 単色視 562b
monochromosome hybrid モノクロモソーム雑種 809b
Monochyathida 1554₃
Monocillium 1617₄₁
monocistronic モノシストロニック 1323f
―― mRNA モノシストロニック mRNA 1380g
Monocleaceae ミミカキゴケ科 1637₁₃
monoclimax theory 単極相説 **883a**
monoclinous flower 両性花 **1469k**
monoclonal antibody モノクローナル抗体 **1399b**
monocondylar 単関節丘類 266b
Monocondylia 単丘亜綱, 単関節丘類 1598₂₆
Monocorophium 1597₁₄
Monocosta 1553₁₁
monocots 単子葉類 **889a**
Monocotyle 1575₀
Monocotyledoneae 単子葉類 **889a**
Monocotyledons 単子葉類 1645₅₀
monocotyledons 単子葉類 **889a**
monocular stereopsis 単眼立体視 1459a
monocyclic 単輪廻 880e
Monocystis 1661₂₃
monocyte 単球 **882f**
mono-dehydroascorbic acid モノデヒドロアスコルビン酸 12b
Monodella 1596₄₀
Monodelphis 1574₇

monodermic 425k
Monodictys 1607₄₄, 1609₃₆
Monodinium 1659₆
monodiscal strobilation 140c
MONOD, Jacques Lucien モノー **1399**a
Monodon 1576₄
Monodopsis 1656₃₃
Monodus 1657₄
Monod-Wyman-Changeux model モノーワイマン-シャンジュモデル 46b
monoecism 雌雄同株 **627**e
Monoenergidkern 単エネルギド核 138f
monoenoic fatty acid モノエン脂肪酸 608g
monogamy 一夫一妻，単婚 1077i
Monogenea 単生類，単生類 **889**l, 1577₄₈
monogenic 単性 **889**f
── hybrid 一遺伝子雑種 **70**g
Monogononta 単生殖巣亜綱，単生殖巣類 1473i, 1578₃₃
Monogramma 1643₃₄
Monographella 1619₂₅
Monograptina モノグラプツス亜目，単フデイシ類 1562₅₀
Monograptus 1562₅₁
monohybrid 一遺伝子雑種 **70**g
Monoicomyces 1611₄₄
monokaryon モノカリオン，一核体 977i
monokaryotic hypha 一核菌糸 71e
── phase 一核相 71e
monolayer 単分子膜 702g
── culture 単層培養 **890**e
Monomastigales モノマスティックス目 1634₁₀
Monomastix 1634₁₀
monomitic 一菌糸型 336d
monomolecular film 単分子膜 702g
Monomorphina 1631₂₅
monomyaria 単筋 1258e
Mononchica モノンクス上目 1586₄₀
Mononchida モノンクス目 1586₄₄
Mononchulus 1586₄₁
Mononchus 1586₄₄
Mononegavirales モノネガウイルス目 1519₅₄
Mononema 1603₃₁
mononeuronal innervation 単ニューロン神経支配 876g
mononuclear leukocyte 単形核白血球，単核白血球 1367h
── phagocyte system 単核食細胞系 **881**h
mononucleosome モノヌクレオソーム 1050a
monooxygenase 一酸素添加酵素 163m
monophenol monooxygenase モノフェノール一酸素添加酵素 1399c
── oxidase モノフェノール酸化酵素 **1399**c
monophyletic evolution 単系進化 **883**c
── group 単系統群 883d
monophyly 単系統 **883**d
monophyodonty 一生歯性 1069b
Monopisthocotylea 単後吸盤類 1577₄₉
Monoplacophora 単板綱，単板類 **896**a, 1581₃₀
Monoplacophorus 1581₃₁
monoplanetism 一回遊泳性 1406c
monoplex apex 単一茎頂型 644b
monoploid 一倍体 1122e
── number 一倍体数 1122d
monoploidy 一倍性，単相性 1122d
monopodial branching 単軸分枝 **885**d
── type 中軸型 885c
monopolar lead 単極導出 985e
Monopterus 1556₄₁
Monopylocystis 1631₉
Monoraphidium 1635₂₆
Monorhaphis 1555₃
monosaccharide 単糖 **891**c
Monosiga 1553₈
monosiphonous type 単管型 624d
Monosoleniaceae ヤワラゼニゴケ科 1637₃
monosomics 一染色体植物 73g
monosomy 一染色体性 66g, **73**g
monospermy 単精，単受精，単精子受精 872h

monosporanguim 単胞子嚢 896e
Monosporascus 1619₂₅
monospore 単胞子 **896**e
Monosporidium 1620₂₄
Monostilifera 単針亜綱 1581₁
Monostroma 1634₂₇
monosynaptic pathway 単シナプス経路 886a
── reflex 単シナプス反射 **886**a
Monotarsobius 1592₃₆
monotaxic 単走性 838h
monoterminal innervation 一点神経支配 876g
Monotremata 単孔目，単孔類 1027c, 1573₄₅
monotremes 単孔類 1027c
Monotrichomonas 1630₅
monotrochal larva 一輪形幼生 **74**c
Monotropa 1651₃₀
Monotropastrum 1651₃₀
monotropoid mycorrhiza シャクジョウソウ型菌根，モノトロピオイド型菌根 333i
monotypic evolution 単型的進化 1504j
── species 単型種 10g
monovular twins 一卵性双生児 828e
monoxenic culture 二者培養 501j
monoxenous 同種寄生，定冨寄生 289b, **985**c
monozoic 単独生活的 382e
monozygotic twins 一卵性双生児 828e
monsoon forest モンスーン林 1401f
mons pubis 恥丘 **903**d
monster 奇型，奇形 **282**b
Monstera 1645₅₅
Monstrilla 1595₁₇
Monstrilloida モンストリラ目 1595₁₇
MONTAGNIER, Luc Antoine モンタニエ **1401**h
Montagnula 1609₃₈
Montagnulaceae モンタグヌラ科 1609₃₈
montane zone 山地帯 553b, 724f
Monte Carlo method モンテカルロ法 613d
MONTESQUIEU, Charles-Louis de Secondat, *Baron* de La Brède et de モンテスキュー **1401**i
MONTGOMERY, Thomas Harrison モンゴメリー **1401**e
Montia 1650₅₃
Montiaceae ヌマハコベ科 1650₅₃
Monticulipora 1579₂₅
Montipora 1557₅₇
Monura モヌラ目 1598₂₉
mood 生理的気分 **780**e
── disorder 気分障害 **299**f
moor 湿原 **591**i
Moorella 1544₈
MOORE, Stanford ムーア **1367**a
Mopalia 1581₂₅
Moraceae クワ科 1649₆
Moradisaurus 1568₁₂
moraea モレア 220d
Moran effect モラン効果 **1400**b
MORAN, Nancy Ann モラン **1400**a
Moran's theorem モラン理論 1400b
Moravurus 1589₂₅
Moraxella 1549₄₆
Moraxellaceae モラキセラ科 1549₄₅
Morbakka 1556₁₆
morbidity 罹患率 **1452**h
── rate 罹患率 **1452**h
Morbillivirus モルビリウイルス属 1520₉
morbus 病気 **1165**l
── basedowii バセドウ病 **1098**c
Morchella 1616₁₀
Morchellaceae アミガサタケ科 1616₁₀
mordant 媒染剤 **1083**f
Moreaua 1622₅
Morella 1649₂₀
Morenoina 1608₂₁
mores 745f
Morgagni, G. 761f
MORGAN, Conway Lloyd モーガン **1395**e

Morganella 1549₈
Morgan-Elson reaction　モルガン-エルソン反応　149h
Morgan's canon　モーガンの公準　**1395**g
MORGAN, Thomas Hunt　モーガン　**1395**f
Morganucodon 1573₃₅
Morganucodonta　モルガヌコドン目　1573₃₅
Morgan unit　モルガン単位　443f
Moringa 1649₅₇
Moringaceae　ワサビノキ科　1649₅₇
Moriola 1608₁
Moriolaceae　モリオラ科　1608₁
Morispora 1620₂₈
Moritella 1548₄₄
Moritellaceae　モリテラ科　1548₄₄
Mormonilla 1595₁₈
Mormonilloida　モルモニラ目　1595₁₈
Mormyrus 1565₅₀
Morococcus 1547₁₀
Morosphaeria 1609₄₀
Morosphaeriaceae　モロスファエリア科　1609₄₀
Moroteuthis 1583₁₅
morphactin　モルファクチン　**1400**i
morphallaxis　再編再生　**520**f
morphine　モルフィン　**1400**j
—— receptor　モルヒネ受容体　**1400**g
morphinomimetic peptide　モルヒネ様ペプチド　**1400**h
morphocline　形態的傾斜　**391**f
morphogen　モルフォゲン　**1401**a
morphogenesis　形態形成　**390**h
—— of endolarva　内幼生型変態　**1023**g
—— of exolarva　外幼生型変態　**1498**h
morphogenetic movement　形態形成運動　**390**i
—— potential　形態形成のポテンシャル　**391**b
Morpholino　モルフォリーノ　**1401**b
morphological color change　形的体色変化　**854**d
—— mutant　形態的突然変異体　**1006**c
—— species concept　形態的種概念　**619**a
—— sterility　形態的不稔性　**1209**g
morphology　形態学　**390**g
morphometrics　形態測定学　**391**e
Morphoplasma　モルフォプラズマ　**961**c
morphospecies　形態種　**644**e
MORSE, Edward Sylvester　モース　**1397**e
mortality　死亡率　**611**e
—— rate　死亡率　**611**e
—— table　生命表　**778**b
Mortierella 1604₁₂
Mortierellaceae　クサレケカビ科　1604₁₁
Mortierellales　クサレケカビ目　1604₉
Mortierellomycotina　クサレケカビ亜門　1604₉
morula　モルラ, 桑実胚, 桑実胚胞　220d, **825**g, **825**i
—— stage　桑実期　825g
Moruloidea　桑実類　915d
Morus 1649₇
Moryella 1543₄₀
mosaic　モザイク　**1396**g
—— egg　モザイク卵　**1397**b
—— evolution　モザイク進化　**1396**i
—— stage　モザイク期　**1396**h
—— theory　モザイク説　**1397**a
—— theory of Weismann-Roux　ワイスマン-ルーのモザイク説　757g
Mosasauridae　モササウルス類　**1397**c
Mosasaurus 1568₅₀
Moschops 1573₁₄
Moschorinus 1573₂₈
Moschus 1576₁₄
Moserella 1615₁₂
mOsm　ミリオスモル　165j
mosses　蘚類　**821**d
moss layer　蘚苔層　**813**a
—— tundra　コケツンドラ　937d
mossy fibers　苔状繊維　662d
Motacilla 1572₅₅
mother cell　母細胞　**1305**h

mother-love　母親への愛着　1g
mother of pearl layer　真珠層　177i
motif　モチーフ　502h, 1009c
motile organ　運動器官　114d
motilin　モチリン　**1398**b
motility　運動性　114d
motion　運動　**114**d
—— parallax　運動視差　**115**f
—— vision　運動視　**115**e
motivation　動機づけ　**978**c
Motomura's geometric series　元村の等比級数則, 等比級数則　636f
motoneuron　運動ニューロン　**116**c
motor area　運動野　**116**d
—— cell　運動細胞　1292a
—— end organ　運動終末器官　629e
—— end-plate　運動終板　628c
—— endplate　運動終板　628c
—— fiber　運動神経繊維, 運動繊維　116a
—— learning　運動学習　**115**b
—— nerve　運動神経　116a
—— neuron　運動ニューロン　116c
—— proteins　モーター蛋白質, 運動蛋白質　**1397**f
—— speech center　運動性言語中枢　420c
—— unit　運動単位　**116**b
mottled plaque　まだら溶菌斑　1213c
mottling　斑紋　352f
Mougeotia 1636₆
mountain mass effect　山塊効果　715a, 724f
—— sickness　高山病　**445**d
mounting　マウンティング, 背乗り　1e, 1503a
—— agent　封入剤　**1186**c
Mouse cytomegalovirus　マウスサイトメガロウイルス　519b
mouse embryonic fibroblast　マウス胎児繊維芽細胞　1182c
Mouse hepatitis virus　マウス肝炎ウイルス　499d
Mouse mammary tumor virus　マウス乳癌ウイルス　1518₄₇
mouse mammary tumor virus　マウス乳癌ウイルス　1042a
mouth　口　**346**e
mouth-appendage　口肢　**445**e
mouth breeding　マウスブリーディング　**461**g
mouthbrooder　口内保育魚　**461**g
mouthbrooding　口内保育　**461**g
mouthpart　口器　**434**c
movement　運動　**114**d
—— corridor　移動路　191f
—— protein　移行蛋白質　63d
moving boundary electrophoresis　移動界面電気泳動法　967c
6-MP　6-メルカプトプリン　942d, 1383c
MP　マイクロフォン電位　1333k
MPF　M期促進因子, 卵成熟促進因子　144f, 1446d
M phase　M期　**144**e
M-phase promoting factor　M期促進因子　**144**f
M-protein　M蛋白質　**145**c
MPS　ムコ多糖代謝異常症, 単核食細胞系　881h, 964e
MPT　中期更新世気候変換期　864k
Mrakia 1623₁
Mrakiella 1622₅₆
MRF　MSH放出因子　1382c
MRI　**144**a
mRNA　メッセンジャーRNA　1380g
—— synthesis　mRNA合成　169d
MRS　643f
MRSA　**144**b
MS　594e
—— I　342i
—— II　342i
MS222　**144**d
MSF　増殖刺激活性体　95c
MSH　メラニン細胞刺激ホルモン　1382b
MSH-inhibiting factor　メラニン細胞刺激ホルモン抑制因子　1382c
MSH-release-inhibiting hormone　メラニン細胞刺激ホルモン放出抑制ホルモン　1382c
MSH-releasing factor　MSH放出因子　1382c
MSUD　メープルシロップ尿症　343j, 1381e

MSY 持続可能最大収量，最大持続生産量 516e
M-T curve M-T カーブ，M-T 曲線 852a
mtDNA ミトコンドリアゲノム 1360c
MTG 1149c
MTGX 終髄神経節性 X 器官 134c
M. tuberculosis 結核菌 1536₃₈
MTX メトトレキセート 1152c
Mucidosphaerium 1635₈
Mucidula 1626₂₈
muciferous body 粘液小体 1300g
mucigen ムチン前駆体 1059e
mucigenic body 粘液小体 1300g
mucilage 粘液 1059c
—— canal 粘液道 1059g
—— cavity 粘液嚢 1059g, 1059h, 1251f
—— cell 粘液細胞 1059e
—— duct 粘液道 1059f
—— hair 粘毛 819b
—— sac 粘液嚢 1059h
—— tube 粘液管 1059g
Mucilaginibacter 1540₇
mucin ムチン 1370l
mucinase ムチナーゼ 1129c
mucin-type glycoprotein ムチン型糖蛋白質 227b
Mucispirillum 1541₅₁
mucocyst 粘液胞 1300g
mucoid ムコイド 1368h
—— connective tissue 膠様組織 467m
mucopolysaccharide ムコ多糖 1235c
mucopolysaccharidosis ムコ多糖代謝異常症 964e
mucopolysaccharid-protein ムコ多糖蛋白質 1235c
mucoprotein ムコ蛋白質 1235c
Mucor 1603₄₂
Mucoraceae ケカビ科 1603₄₀
Mucorales ケカビ目 1603₃₃
Mucoromycotina ケカビ亜門 1603₃₂
mucosa 粘膜 1060h
mucosa-associated lymphoid tissue 粘膜関連リンパ組織 1060i
mucosal epithelium 粘膜上皮 1060g
—— immunity 粘膜免疫系 1060i
mucous connective tissue 膠様組織 467m
—— gland 粘液腺 1059f
—— layer 粘液層 1059f
—— membrane 粘膜 1060g
—— thread 粘液糸 1059h
—— tissue 膠様組織 467m
—— trichocyst 粘液胞 1300g
mucron 端節 538e, 812e
mucronate hyphopodia 微突形菌足 338c
Mucronella 1625₅₄
Mucuna 1648₅₂
mucus 粘液 1059c
Muggiaea ヒトツクラゲ 1555₄₉
Mugil 1566₃₀
Mugiliformes ボラ目 1566₃₀
mugineic acid ムギネ酸 1368c
MULDER, Gerardus Johannes ムルダー 1372f
mule ラバ 1437e
Müller cell ミュラー細胞 1364h
MÜLLER, Fritz ミュラー 1364c
MÜLLER, Hermann Joseph マラー 1345e
Müllerian duct ミュラー管 1364f
—— duct inhibiting factor ミュラー管抑制因子 1364d
—— duct inhibiting substance ミュラー管抑制物質 1364g
MÜLLER, Johannes Peter ミュラー 1364b
MÜLLER, Paul Hermann ミュラー 1364l
Müller's larva ミュラー幼生 1364i
—— law ミュラーの法則 481a, 1001b
MULLIS, Kary Banks マリス 1345c
Multiarcusella 1663₆
multiaxial type 多軸型 885c
multicaryon 多核共存体 1269g
multicellular gland 多細胞腺 870h

multicellularity 多細胞体制 870g
Multicilia 1628₁₇
Multiclavula 1623₄₄
multicomponent virus 多粒子性ウイルス 880a
multifunctional enzyme 多機能酵素 1407c
Multifurca 1625₁₃
multigene family 多重遺伝子族 871e
multijugate system 複系 618l
multilacunar 多隙型 1421a
multilamellar liposome マルチラメラリポソーム，多重層リポソーム 1464d
multilevel selection 複数レベル淘汰，複数レベル選択 383c
multilocular 多室性 680a
Multimonas 1552₆
multinuclear cell 多核細胞 867e
multinucleated amoeboid plasmodium 無性虫 928b
multiparasitism 共寄生 317b
multi-photon laser scanning microscopy 多光子レーザー顕微鏡 870e
multiple alignment 多重整列 872b
—— alleles 複対立遺伝子 1199f
—— allelomorphs 複対立遺伝子 1199f
—— copulation 多回交尾 867c
—— crossing-over 多交叉，多重乗換え 1031f
—— diploid 多重二倍体 872c
—— division 多分裂 878g
—— drug resistance factor 多剤耐性因子 35e
—— endocrine neoplasia 多発性内分泌腺腫症候群 225a
—— endocrine neoplasia type 2A 多発性内分泌腫瘍 2A 型 447f
—— fission 多分裂 878g
—— fruit 複合果 1194e
—— genes 同義遺伝子 978b
—— infection 重複感染 925h
—— innervation 多重神経支配 1036i
multiple-layered forest 多段林，多階林，複層林 1473g
multiple myeloma 多発性骨髄腫 482c
—— niche polymorphism 多重ニッチ多型 879h
—— parasitism 共寄生 317b
—— placenta 散在性胎盤 861e
—— resistance 複合抵抗性 540f
—— sulfatase deficiency disease 多種スルファターゼ欠損症 742g
multiplets 多生児 872k
multiplication 増殖 755j
—— rate 増殖速度 826h
multiplication-stimulating factor 増殖刺激活性体 95c
multiplicative growth 乗法的成長 765f
—— reproduction 増員生殖 972i
multiplicity of infection 感染の多重度 268f
—— reactivation 多重感染再活性化 872a
multipolar ingression 多極移入 86d
—— nerve cell 多極神経細胞 696b
—— spindle 多極紡錘体 868b
multiseriate epidermis 多層表皮 873a
multi-stage sampling 多段抽出 345e
multiterminal innervation 多点神経支配 876g
Multituberculata 多丘歯目 1573₄₉
multi-unit muscle 多元筋 870a
multivalent chromosome 多価染色体 868a
Multivalvulida 多殻目 1555₂₀
multivariate analysis 多変量解析 728b, 1133d
—— character analysis 多変量形質解析 307c, 1127d
multivesicular body 多胞体 879a
multivincular 多筒型 707e
multivoltine 多化性 221f
mummification ミイラ変性 1349b
mummy ミイラ 1349a
mumps 流行性耳下腺炎 166b
Mumps virus おたふくかぜウイルス，ムンプスウイルス 1520₁₁
mumps virus おたふくかぜウイルス 166b
Mundkurella 1621₅₃
Mundochthonius 1591₃₀
Munida 1598₂

Munidopsis 1598₂
Munkiella 1608₈
Munkovalsaria 1609₁₉
Muntiacus 1576₁₄
Muntingia 1650₁₇
Muntingiaceae ナンヨウザクラ科 1650₁₇
Mupapillomavirus ミューパピローマウイルス属 1516₃₁
Mu phage μファージ 1364b
Murad, F. 1180a
Muraenesox 1565₅₅
muramic acid ムラミン酸 1372c
muramidase ムラミダーゼ 1457a
Murangium 1607₁₇
MURCHISON, Roderick Impey マーチソン 1342b
Murdannia 1647₇
Murdochiella 1543₂₂
murein ムレイン 1274d
Murex 1583₅₁
Muribasidiospora 1622₃₈
Muricauda 1539₄₇
Muricoccus 1546₁₆
Murid herpesvirus 1 マウスヘルペスウイルス1 1514₅₆
Muriella 1635₉
Muriicola 1539₄₇
Murina 1575₁₄
Murine coronavirus マウスコロナウイルス 1520₅₆
── leukemia virus マウス白血病ウイルス 1518₄₈
murine polyomavirus マウスポリオーマウイルス 1322g
── sarcoma virus マウス肉腫ウイルス 1030h
Murinocardiopsis 1538₅
Murispora 1609₁₃
Muroia 1609₃₂
Muromegalovirus ムロメガロウイルス属 1514₅₆
MURRAY, Joseph Edward マレー 1346f
Murrayona 1554₁₆
Murrayonida ムレイオナ目 1554₁₆
Mus 1576₄₅
Musa 1647₁₅
Musaceae バショウ科 1647₁₅
Musaespora 1610₃₀
Musca 1601₂₅
muscardine 硬化病 553j
muscarine ムスカリン 1369k
── action ムスカリン様作用 1369l
muscarinic action ムスカリン様作用 1369l
Muschelkalk ムッシェルカルク石灰岩 550f
Musci 蘚類 821b
Muscicapa 1572₅₅
Muscinupta 1626₇
muscle 筋肉 339g
── arm 筋腕 803d
── cell 筋細胞 335b
── fiber 筋繊維 335c
── fibril 筋原繊維 333b
── group 筋群 293a
── model 筋肉モデル 339j
── protein 筋肉蛋白質 339i
── pump 骨格筋ポンプ 480a
── sense 筋肉覚 339f
── spindle 筋紡錘 340b
── tail 筋尾 337e
Muscodor 1619₄₅
muscone ムスコン 625c
muscular contraction 筋収縮 336f
── dystrophy 筋ジストロフィー 336b
muscularis mucosae 粘膜筋板 1060g
muscular movement 筋運動 331g
── portion of ventricular septum 心室中隔筋性部 909k
── sense 筋肉覚 339f
── type artery 筋型動脈 399d
── vessel 筋性血管 1342g
musculus antitragicus 対珠筋 566x
── arrector pili 立毛筋 1459d
── auriculae nuchalis 項耳筋 566b
── dilatator pupillae 瞳孔散大筋 981f

── epicranius temporoparietalis 側頭頭項筋 566b
── helicis major 大耳輪筋 566b
── helicis minor 小耳輪筋 566b
── levator ani 肛門挙筋 467d
── levator palpebrae superioris 上眼瞼挙筋 258h
── obliquus auriculae 耳斜筋 566b
── orbicularis oculi 眼輪筋 258h
── sphincter hepatopancreaticae 胆膵管括約筋 889d
── sphincter Oddi オッディ括約筋 889d
── sphincter pupillae 瞳孔括約筋 981e
── tragicus 耳珠筋 566b
── transversus auriculae 耳横筋 566b
── transversus nuchae 項横筋 566b
Musellifer 1578₂₂
museum of natural history 自然史博物館 586d
mushroom きのこ 577c
Mushroom bacilliform virus 1522₆
mushroom body きのこ体 297h
Musicillium 1616₅₂
musk 625c
── gland 麝香腺 625c
Musophaga 1572₈
Musophagiformes エボシドリ目 1572₈
Muspicea 1587₈
Muspiceida ムスピケア目 1587₈
Mussaenda 1651₄₀
mustard gas マスタードガス 1341g
Mustela 1575₅₃
Mustelus 1564₄₈
MuSV マウス肉腫ウイルス 1030h
mutable collagenous tissue 可変性膠原組織 303f
── gene 易変遺伝子 88g
mutagen 突然変異原 1005h
mutagenesis 変異生成, 突然変異生成 1005g, 1006a
mutagen inactivator 変異原不活性化因子 461d
mutan ムタン 960a
mutant 突然変異体 1006c
mutase ムターゼ 1370k
mutation 変異, 突然変異 1005e, 1283e
mutational load 突然変異荷重 82h
mutation breeding 突然変異育種 1005f
── fixation 突然変異確立 1005g
── frequency 突然変異頻度 1006d
── rate 突然変異率 1006e
── suppressor 突然変異抑制因子 461d
── theorie 突然変異説 1006b
── theory 突然変異説 1101h
mutator gene ミューテーター遺伝子 1364a
Mutimo 1657₄₄
Mutinus 1627₅₃
muton ミュートン 1454g
mutual aid 相互扶助 824f
── exclusion 相互排除 1179h
── information 相互情報量 824c
mutualism 協同の行動, 相互扶助行動, 相利共生 833k, 1458a
mutual stimulation 相互刺激 490a
Muyocopron 1608₅₈
MVP 最小生存可能個体数 513c
MWP1 233a
Mya 1582₂₄
Myadora 1582₂₆
Myagropsis 1657₄₆
myasthenia 筋無力症 340c
── gravis 重症筋無力症 340c
MYB gene family MYB遺伝子族 1362b
Mycale 1554₄₃
Mycaureola 1626₂₉
mycelial mat 菌蓋 332a
── strand 菌糸束 335d
Myceligenerans 1537₃₂
Myceliophthora 1611₁₄
Mycelithe 1624₄₇
mycelium 菌糸体 335b
Mycena 1626₂₂

Mycenaceae クヌギタケ科 1626₂₂	mydecamycin 1340a
Mycerema 1608₄₀	mydriasis 散瞳 981i
Mycetocola 1537₂₅	myelencephalon 髄脳 725f
mycetocole animals 菌類動物 **341**c	myelin ミエリン **1349**c
mycetocyte 菌細胞 **335**a	—— associated glycoprotein 1387a
mycetome マイセトーム, 菌細胞塊 335a	myelination 髄鞘形成 721j
myc gene *myc*遺伝子 **1358**a	myelin figure ミエリン像 **1349**d
Mycoacia 1624₂₇	—— form ミエリン像 **1349**d
Mycoarachis 1617₁₀	myelinogenesis 髄鞘形成 **721**j
Mycobacteriaceae マイコバクテリア科 1536₃₇	myelin sheath ミエリン鞘, 髄鞘 721g, 1349c
Mycobacterium マイコバクテリウム 1536₃₇	myeloblast 骨髄芽球 401e, **481**d
mycobacterium マイコバクテリウム **1334**a	myeloblastosis virus 骨髄芽球症ウイルス 1103a
Mycobacterium phage I3 マイコバクテリウムファージ I3 1514₄	*Myelochroa* 1612₄₇
—— *phage L5* マイコバクテリウムファージ L5 1514₃₂	myelocoel 髄脳腔 695f
Mycobilimbia 1612₁₃	Myeloconidiaceae ミエロコニス科 1614₈
mycobiont 486c	*Myeloconis* 1614₈
mycobiota 菌類相 1239b	myelocyte 骨髄球 401e
Mycoblastaceae クロアカゴケ科 1612₃₉	myelocytomatosis virus 骨髄球症ウイルス 1103a
Mycoblastus 1612₃₉	*Myelodactyla* 1560₇
Mycocaliciaceae クギゴケ科 1611₂₅	*Myelodactylus* 1560₇
Mycocaliciales クギゴケ目 1611₂₄	myelogenous leukemia 骨髄性白血病 1102f
Mycocaliciomycetidae クギゴケ亜綱 1611₂₃	myeloma 骨髄腫 **482**c
Mycocalicium 1611₂₆	—— protein 骨髄腫蛋白質 **482**d
mycocecidium 菌癭 **331**l	myeloperoxidase ミエロペルオキシダーゼ **1349**e
Mycocitrus 1617₁₀	*Myelophycus* 1657₃₃
Mycocladaceae ミコクラドゥス科 1603₄₄	myelopoietic organ 造血器官 **823**h
Mycocladus 1603₄₄	*Myelorrhiza* 1612₂₂
Mycoenterolobium 1606₃₉	*Myelosperma* 1619₃₉
Mycoflexivirus マイコフレキシウイルス属 1521₅₆	Myelospermataceae ミエロスペルマ科 1619₃₉
Mycogelidiaceae ミコゲリディウム科 1621₃₂	myenteric plexus 筋層管神経叢, 筋層間神経叢 697e, 920b
Mycogelidium 1621₃₂	Mygalomorphae トタテグモ下目 1592₁₄
Mycogloea 1621₅	Myida オオノガイ目 1582₂₃
Mycogone 1617₂₈	mykorrhiza 菌根 **333**i
mycoheterotroph 菌従属栄養植物 **336**g	*Mylestoma* 1660₁₉
mycoheterotrophic plant 菌従属栄養植物 **336**g	Myliaceae カタウロコゴケ科 1638₁₉
Mycoleptodiscus 1618₁₁	Myliobatiformes トビエイ目 1565₁₃
Mycoleptodonoides 1624₂₈	*Myllokunmingia* 1563₃₇
mycolic acid ミコール酸 **1353**g	Myllokunmingiida ミロクンミンギア綱 1563₃₇
mycology 菌学 **332**c, 674e	*Mylodon* 1574₅₄
Mycomedusispora 1619₁₃	*Mylonchulus* 1586₄₅
Myconastes 1635₂₆	*Myobatrachus* 1568₁
Myconymphaea 1604₅₁	*Myobia* 1590₄₀
Mycopappus 1615₁₄	myoblast 筋芽細胞 **332**d
mycoparasitic plant 菌寄生植物 336g	myocardial infarction 心筋梗塞 **692**a
Mycopepon 1609₃₆	myocardium 心筋, 心筋層 66e, 691f, 705g
Mycoplana 1545₃₄	*Myocastor* 1576₅₆
Mycoplasma マイコプラズマ 1550₃₈	*Myocoptes* 1590₄₉
mycoplasma マイコプラズマ **1334**b	*MyoD* gene *MyoD*遺伝子 **1333**f
Mycoplasmataceae マイコプラズマ科 1550₃₈	Myodocopa ウミホタル類, ミオドコーパ亜綱 1596₈
Mycoplasmatales マイコプラズマ目 1550₃₇	Myodocopida ウミホタル類, ミオドコピダ目 1596₉
Mycoporaceae ミコボルム科 1608₂	myoepithelial cell 筋上皮細胞 213d, 336i
Mycoporum 1608₂	myoepithelium 筋上皮 **336**i
Mycoreovirus マイコレオウイルス属 1519₄₄	myofibril 筋原繊維 **333**b
—— *1* 1519₄₄	myogenesis 筋形成 **332**g
Mycorrhaphium 1624₂₈	myogenicity 筋原性 **333**a
mycorrhiza 菌根 **333**i	myogenic theory 筋原説 333a
mycorrhizae 菌根 **333**i	myoglobin ミオグロビン **1349**f
mycose ミコース 1016e	myograph 筋運動記録器 **331**k
mycosis 真菌症 **692**b	myohaematin ミオヘマチン 597k
Mycosoma 1622₃	myoid 筋様体, 類筋 566a, 1394a
Mycosphaerellaceae コタマカビ科 1608₃₂	*myo*-inositol ミオイノシトール 87e
Mycosphaerella 1608₃₃	—— hexaphosphate ミオイノシトール六リン酸 1182c
mycosterol 菌類ステロール 735a	*myo*-inositol-1-phosphate synthase イノシトール-1-リン酸生成酵素 87e
Mycosylva 1606₃₉	D-*myo*-inositol 1,4,5-trisphosphate イノシトール三リン酸 **87**f
Mycosyringaceae ミコシリンクス科 1621₅₂	myokinase ミオキナーゼ 18c
Mycosyrinx 1621₅₂	*Myolaimus* 1587₂₇
mycotoxicosis カビ毒症 1333l	myomere 筋節 **337**e, 982c
mycotoxin マイコトキシン **1333**l	myomesin I ミオメシン I 145b
Mycotypha 1604₄₅	—— II ミオメシン II 145c
Mycotyphaceae ガマノホカビ科 1603₄₅	myometrium 子宮筋層 **565**c
mycovirus 菌類ウイルス **341**b	Myomorpha ネズミ形亜目 1576₄₂
Mycoëmilia 1604₅₁	myoneme 糸筋 **566**a
Mycteria 1571₂₂	myoneural junction 神経筋接合部, 筋神経接合部 **694**c
Myctophiformes ハダカイワシ目 1566₁₈	

myophily　ハエ媒　996d
myopia　近視　349a
myoplasm　マイオプラスム，筋形成質　160c, 961c
Myoporum　1652₆
myosatellite cell　筋衛星細胞　118d
myoseptum　筋節中隔　337e
myosin　ミオシン　**1349g**
　―― Ⅰ　ミオシンⅠ　**1350a**
　―― Ⅱ　ミオシンⅡ　1350a
　―― A　Ⅱ型ミオシン，ミオシンA，ミオシンⅡ　1349g
　―― ATPase　ミオシンATPアーゼ　**1350b**
　―― B　ミオシンB　**1351c**
　―― filament　ミオシンフィラメント　**1351d**
　―― L chain kinase　ミオシンL鎖キナーゼ　**1350d**
　―― L chain phosphatase　ミオシンL鎖ホスファターゼ　**1350e**
　―― light chain　ミオシンL鎖　**1350c**
　―― light chain kinase　ミオシン軽鎖リン酸化酵素　1350d
　―― light chain phosphatase　ミオシン軽鎖ホスファターゼ　1350e
myosin-linked regulation　ミオシン側調節　**1351a**
myosin S1　ミオシンS1　1351b
　―― S2　ミオシンサブフラグメント2　1351b
　―― subfragment-1　ミオシンサブフラグメント1　**1351b**
　―― subfragment-2　ミオシンサブフラグメント2　1351b
myosis　縮瞳　981i
Myosomata　ウミタル亜綱，筋体類　1563₁₇
Myosotis　1651₅₁
myotatic reflex　伸張反射　573c
Myotis　1575₁₄
myotome　筋節　337e, 982c
myotropic action　蛋白質同化作用　22b
myotube　筋管細胞　332d, 332g
Myoviridae　マイオウイルス科　1514₃
Myriangiaceae　ミリアンギウム科　1609₂
Myriangiales　ミリアンギウム目　1608₆₀
Myriangiella　1608₄₀
Myriangium　1609₂
Myriapoda　多足亜門，多足類　812d, **873**b, 1592₂₉
Myrica　1649₂₀
Myricaceae　ヤマモモ科　1649₂₀
Myrillium　1611₁₈
Myriniaceae　ミリニア科　1640₅₈
Myrioconium　1615₁₂, 1615₁₄
Myriogenospora　1617₁₈
Myriokaryon　1659₄
Myrionecta　1659₈
Myrionema　1657₃₃
Myriophyllum　1648₂₆
Myriosclerotium　1615₁₂
Myriospora　1661₃₀
Myriostoma　1627₃₄
Myriotrema　1614₁₅
Myripristis　1566₃₇
Myristica　1645₃₉
Myristicaceae　ニクズク科　1645₃₉
myristic acid　ミリスチン酸　**1365g**
Myrmarachne　1592₂₃
Myrmecia　1635₁₄
Myrmecobius　1574₁₅
myrmecochory　アリ分散　635a
myrmecology　アリ学　503b
Myrmecophaga　1574₅₅
myrmecophile animal　蟻動物　**35**b
myrmecophily　アリ媒　996d
myrmecophyte　蟻植物　**34**b
Myrmekochorie　34h
Myrmeleontiformia　ウスバカゲロウ亜目　1600₄₇
Myroides　1539₄₇
Myrsinaceae　ヤブコウジ科　1651₁₇
Myrsine　1651₁₈
Myrtaceae　フトモモ科　1648₄₁
Myrtales　フトモモ目　1648₃₅
Mysida　アミ目　1596₄₁
Mysis　1596₄₁

mysis　ミシス　**1354a**
Mystacocarida　ヒゲエビ亜綱　1595₂₆
Mystacoccaridia　ヒゲエビ目　1595₂₇
Mysticeti　ヒゲクジラ亜目　1576₁
Mystriosuchus　1569₁₅
Mytilida　イガイ目　1582₆
Mytilina　1578₃₇
Mytilinidiaceae　ミティリニディオン科　1609₄₁
Mytilinidion　1609₄₂
Mytilus　1582₆
Myuriaceae　ナワゴケ科　1641₂₁
myxamoeba　粘菌アメーバ　**1060a**
Myxarium　1623₁₁
Myxicola　1585₂
Myxidium　1555₁₈
Myxilla　1554₄₃
Myxine　1563₄₀
Myxiniformes　ヌタウナギ目　1563₄₀
myxobacteria　粘液細菌　**1059d**
Myxobolus　1555₁₈
Myxochloris　1656₅₀
Myxochytridiales　古生ツボカビ目　476a
Myxococcaceae　粘液細菌科　1547₅₂
Myxococcales　ミクソコックス目，粘液細菌目　1059d, 1547₅₅
Myxococcus　1547₅₉
myxocoel　708a
Myxocyclus　1609₅₁
myxoedema　甲状腺機能低下症　69b
Myxogastrea　変形菌綱，真正粘菌　1629₅
Myxoma virus　粘液腫ウイルス　1517₁
Myxomycetes　変形菌綱，真正粘菌，粘菌類　**1060b**, 1629₅
Myxomycota　粘菌類　**1060b**
Myxophaga　ツブミズムシ亜目，粘食類　1600₅₅
myxopodium　吻合仮足　1392f
Myxosarcina　1541₄₁
myxospore　粘液胞子　1059d, 1059i
Myxosporea　粘液胞子虫類　1555₁₇
myxosporeans　粘液胞子虫類　**1059i**
Myxotheca　1663₄₀
Myxotrichaceae　ミクソトリクム科　1607₃₀
Myxotrichum　1607₃₀
Myxozoa　ミクソゾア類　1059i, 1555₁₆
Myxozyma　1606₇
Myzocytiopsidales　ミゾキチオプシス目　1654₈
Myzocytiopsis　1654₇
Myzomela　1572₅₅
Myzomonadea　ミゾモナデア綱　1661₁₀
Myzostoma　1585₄₉
Myzostomida　スイクチムシ綱，吸口虫類　1585₄₉
Myzozoa　ミゾゾア門　1661₅

N

N　窒素　906d
n　137a
"N15-like viruses"　N15様ウイルス　1514₃₃
"N4-like viruses"　N4様ウイルス　1514₂₆
Na　ナトリウム　1026a
NAA　ナフタレン酢酸　1026c
Naccaria　1633₂₀
NAC gene family　NAC遺伝子族　**1025f**
Nachhirn　末脳　725f
nAChR　ニコチン性アセチルコリン受容体　15b
nacreous layer　真珠層　177l
NAD　ニコチン(酸)アミドアデニンジヌクレオチド　1032e
NADase　NADアーゼ　137f
NADH　1032e
NADH-cytochrome c reductase system　NADH-シトクロムc還元酵素系　**137e**
NAD⁺ nucleosidase　NAD⁺ヌクレオシダーゼ　**137f**
NADP　ニコチン(酸)アミドアデニンジヌクレオチドリン酸　1033a

NADP⁺　1033a
NADPH　還元型 NADP　1033a
Naegeliella　1656₂₉
Naegleria　1631₅
Naemacyclus　1614₃₁
Naetrocymbaceae　ネトロキンベ科　1609₄₃
Naetrocymbe　1609₄₃
nagative low of effect　負の効果の法則　433b
Nageia　1645₃
Nagel　平爪，扁爪　936i
Nagelbett　爪床　936i
NÄGELI, Carl Wilhelm von　ネーゲリ　**1055**b
nagilactone　ナギラクトン　**1024**g
Nahecaris　1596₂₀
Nährhumus　栄養腐植　1004g
naiad　ナイアッド　503d
Naiadella　1621₃₈
nail　平爪，扁爪，爪　**936**i
  ── bed　爪床　936i
  ── matrix　爪母基　**833**c, 936i
Naineris　1584₃₅
Nairovirus　ナイロウイルス属　1520₃₁
Nais　1585₃₃
Naïs　1617₅₆
naive B cell　ナイーブ細胞　**1022**f
  ── T cell　ナイーブ細胞　**1022**f
Naja　1569₆
Najas　1646₄
Nakamurella　1536₄₈
Nakamurellaceae　ナカムレラ科　1536₄₈
Nakaseomyces　1606₁₆
Nakataea　1618₁₂
Na⁺-K⁺-ATPase　ナトリウム-カリウム ATP アーゼ　1026b
Nakazawaea　1606₁₃
naked microfilaria　無鞘ミクロフィラリア　1353d
nalidixic acid　ナリジクス酸　**1026**i
naloxone　ナロキソン　1400g, 1400j
NAM　1025f
name-bearing type　担名タイプ　**896**g
NANA　N-アセチルノイラミン酸　15c
Nanaloricida　コウラムシ目　1587₄₂
Nanaloricus　1587₄₂
nanandrium　矮雄体　**1507**c
nanandrous　矮雄体性　1507c
Nandina　1647₅₄
Nanhermannia　1590₆₁
Nannfeldtiomyces　1622₂₅
Nannizziopsis　1611₂₁
Nannochloris　1635₉
Nannochloropsis　1656₃₄
Nannocystaceae　ナノシスタ科　1548₂
Nannocystineae　ナノシスティス亜目　1547₆₀
Nannocystis　1548₂
nanno ooze　ナノ軟泥　1029d
Nanoarchaeota　ナノアーキオータ門　4f, 1535₂₄
Nanoarchaeum　1535₂₄
nanobacteria　微小細菌　**1142**g
Nanofila　1665₇
nanophanerophyte　矮形地上植物　904h
nanophyll　微小形葉　1461d
nanoplankton　ナノプランクトン，微小プランクトン　1057e, 1220e
Nanorchestes　1590₂₀
Nanos　ナノス　566f, 832b
Nanos　1653₁₅
Nanoscypha　1616₂₆
nanosomia pituitaria　下垂体侏儒　1506f
  ── vera　真性侏儒　1506d
Nanoviridae　ナノウイルス科　1518₃
Nanovirus　ナノウイルス属　1518₅
NAO　324g
Naohidea　1621₁
Naohideales　ナオヒデア目　1621₁
Naohidemyces　1620₃₆
naphthaleneacetic acid　ナフタレン酢酸　**1026**c

naphthalenedione　ナフタレンジオン　1026e
naphthoquinone　ナフトキノン　471e, **1026**e, 1151h
naphthylphthalamic acid　ナフチルフタラミン酸　**1026**d
NAR　652f
Narasimhania　1622₂₅
Narcine　1565₉
Narcissus　1646₅₇
Narcomedusae　ツヅミクラゲ目，剛クラゲ類　1556₉
narcon　1400g
narcosis　麻酔　**1341**d
narcotic　麻酔薬　1341d, **1341**e
nares　鼻孔　1109h
naris　鼻孔　1109h
Narnaviridae　ナルナウイルス科　1522₄₀
Narnavirus　ナルナウイルス属　1522₄₂
Nartheciaceae　キンコウカ科　1646₁₇
Narthecium　1646₁₇
nasal bone　鼻骨　698c
  ── capsule　鼻嚢　313c
  ── concha　鼻甲介　1109h
  ── field　嗅野　313b
  ── form　鼻型　**1138**g
  ── form classification　鼻型分類　1138g
  ── gland　鼻腺　**1148**g
  ── index　鼻示数　1138g
nasalis capsule　鼻嚢，鼻殻　1028b
nasal pit　鼻窩　308c
  ── placode　鼻プラコード　1109h
  ── polyp　鼻茸　1325d
  ── sac　嗅嚢　**308**c
  ── septum　鼻中隔　1109h
NaSCN　ロダン酸ナトリウム　1036f
Nash equilibrium　Nash 均衡解　412e
nasion　鼻前頭縫合中点　258b
nasolacrimal duct　涙鼻管，鼻涙管　1481d
nasopalatine canal　鼻口蓋管　1404d
nasopharyngeal carcinoma　上咽頭癌　88e
Nassanoff's gland　ナサノフ腺　**1024**h
nasse　シルトス，梁器　521a
Nassellaria　ナッセラリア目　1663₁₂
Nassellarida　ナッセラリア目　1663₁₂
Nassophorea　梁口綱　1660₃
Nassula　1660₄
Nassulida　ナスラ目　1660₄
Nassulopsis　1660₂
nasty　傾性　**388**h
nasus　鼻　**1109**h
natality　出生率　**642**f
NATHANS, Daniel　ネイサンズ　**1053**e
national environmental policy act　国家環境政策法　256b
National Institute of General Medical Sciences　530j
  ── Research Act　国家研究法　281e
  ── Science Foundation　137c
native　自生，野生　**584**c
natively unstructured protein　天然変性蛋白質　**972**g
native species　在来種　191a, 712a
  ── state　天然状態　1191e
  ── state of protein　蛋白質の天然状態　894e
  ── structure　天然構造　1191e
  ── structure of protein　蛋白質の天然構造　894e
  ── variety　在来品種　**534**b
Natori's preparation　名取の標本　874d
Natranaerobiaceae　ナトラナエロビア科　1544₂
Natranaerobiales　ナトラナエロビア目　1544₁
Natranaerobius　1544₂
Natrialba　1534₃₁
Natrinema　1534₃₁
Natrix　1569₆
Natroniella　1543₆₀
Natronincola　1543₆₀
Natronoarchaeum　1534₃₁
Natronobacillus　1542₃₁
Natronobacterium　1534₃₂
Natronocella　1548₅₈
Natronococcus　1534₃₂

Natronolimnobius 1534₃₂
Natronomonas 1534₃₂
Natronorubrum 1534₃₂
Natronovirga 1544₂
natural actomyosin　天然アクトミオシン　1351c
―― antibody　自然抗体　457b
―― auxin　天然オーキシン　164a
―― classification　自然分類　1254f
―― control　自然制御　**586**f
―― enemy　天敵　**971**b
―― forest　自然林　972f
―― group　自然群　**586**b
―― history　博物学, 自然史学　**1094**e, 1255a
―― host　自然宿主　632b
―― hybrid　自然雑種　**586**c
naturalization　帰化　191a
naturalized animal　帰化動物　191a
―― plant　帰化植物　191a
natural killer(cell)　ナチュラルキラー細胞　**1025**e
―― killer T cells　NKT 細胞　**138**a
―― language　自然言語　702b
naturally regenerated forest　天然生林　972f
natural medium　天然培地　1084g
―― monument　天然記念物　972d
―― parthenogenesis　自然単為生殖　880n
―― philosophy　1094e
―― pollination　自然受粉　701f, 814a
―― population　自然個体群　477f
―― regeneration　天然更新　972e
―― resource conservation　自然保全　**588**c
―― selection　自然淘汰　**587**b
―― selection theory　自然淘汰説, 自然選択説　379e, **587**c
―― system　自然体系, 自然分類　586b, 1254f
―― thinning　自然間引き　**588**d
―― vegetation　自然植生　**586**e
nature　素質　**841**e
―― conservation　自然保全, 自然保護　**588**a, **588**c
―― philosophy　自然哲学　**587**a
―― protection　自然保護　**588**a
―― reserve　自然保護区　**588**b
―― restoration　自然再生　762g
naturnahe Vegetation　自然に近い植生　586e
Naukat　1580₁₅
Naukatida　ナウカト目　1580₁₅
Naumachocrinus　1560₁₇
Naumann's elephant　ナウマンゾウ　**1023**i
Naumovozyma　1606₁₆
nauplius eye　ノープリウス眼　**1068**c
nauplius　ノープリウス　**1068**b
Naushonia　1597₅₄
Nausithoe　1556₂₃
Nautella　1546₃
Nautilia　1548₂₁
Nautiliaceae　ナウティリア科　1548₂₁
Nautiliales　ナウティリア目　1548₂₀
Nautiloidea　オウムガイ亜綱, オウムガイ目, オウムガイ類　**161**f, 1582₄₁, 1582₄₅
nautiloids　オウムガイ類　**161**f
Nautilus　1582₄₅
navel　臍　**1266**a
Navicula　1655₄₆
Naviculales　フナガタケイソウ目　1655₄₃
navigation　航路決定　85a, 1508k
NAWASCHIN, Sergei Gavrilowitsch　ナワシン　**1023**h
Naxibacter　1546₅₉
N-banding　NOR バンド法, N バンド法　809e
NCA　階層クレード分析　182g
NCAM　**137**h
NCBI　944b
NCPA　階層クレード分析　182g
N-C ratio　N/C 比　201a
ncRNA　1139i
n-cyclic stele　*n* 環中心柱　264b
ND10　1131b

NDV　ニューカッスル病ウイルス　1044a
N$_e$　79c
Neandertals　ネアンデルタール人　**1053**c
Neanderthal dispute　ネアンデルタール人論争　**1053**d
Nearctic subregion　新北亜区　818h
nearest-neighbor base-frequency analysis　隣接塩基頻度分析　1476a
―― method　隣接個体法　330a
―― sequence analysis　隣接ヌクレオチド頻度分析　**1476**a
near field optical microscopy　近接場光学顕微鏡　337f
near-isogenic line　準同質遺伝子系統　652e
near point　近点　151c, **339**d
―― reflex　近距離反射　981i
near-sightedness　近視　349a
near ultraviolet-blue light reaction　近紫外-青色光反応　**335**e
Nebalia　1596₂₂
Nebaliopsis　1596₂₂
Nebela　1628₂
Nebenbronchus　副気管支　1076i
Nebovirus　ネボウイルス属　1522₁₆
nebulin　ネブリン　**1058**e
neck　頚, 頚部　349g, 393d, 535h, 660j, 752e, 1120a
Neckera　1641₁₆
Neckeraceae　ヒラゴケ科　1641₁₆
neck of latebra　ラテブラの首　1436j
neck-plate　頚板　349g
necridium　隔板　1493b
necrohormone　ネクロホルモン　289a
Necromanis　1575₄₃
necropsy　屍検　1075b
necrosis　壊死　**128**b
Necrovirus　ネクロウイルス属　1523₈
Necrtriaceae　ベニアワツブタケ科　1617₃₁
nectar　花蜜　**238**b
―― drop　蜜滴　753b
―― gland　蜜腺　**1358**d
―― guide　蜜標　996d
nectarine　蜜腺　**1358**d
Nectarinia　1572₅₆
nectary　蜜腺　**1358**d
Nectiopoda　ムカデエビ目　1594₄₄
Nectocaris　1558₃₂
nectochaeta　ネクトケータ, 遊泳剛毛　**1054**g
Nectonema　1586₁₈
Nectonematoida　オヨギハリガネムシ類　1481e
Nectonematoidea　游線虫目　1586₁₈
Nectonemertes　1581₈
Nectoridia　ディプロカウルス目　1567₂₈
Nectria　1617₃₆
Nectricladiella　1617₃₈
Nectriella　1617₁₀
Nectriopsis　1617₁₀
Nedyopus　1594₁₄
need　要求　1430g
NEEDHAM, John Turberville　ニーダム　**1037**f
NEEDHAM, Joseph　ニーダム　**1037**g
Needham's sac　ニーダム嚢　777d, 777e
needle biopsy　針生検　1075b
―― leaved tree　針葉樹　**714**g
Neelides　1598₂₂
Neelipleona　ミジントビムシ亜目　1598₂₂
NEES VON ESENBECK, Christian Gottfried　ネース=フォン=エーゼンベック　**1055**e
Neeyambaspis　1564₉
negative after-image　負の残像, 陰性の残像　551j
―― allometry　劣成長　1260d
―― binomial distribution　負の二項分布, 負の二項分布則　636f, **1210**b
―― conditioned reflex　陰性条件反射　1241d
―― control　負の制御　**1210**a
―― correlation　負相関　822e
―― feedback　負のフィードバック　1183c
―― feedback control　ネガティブフィードバック制御, 負のフィードバック制御　**1210**c

—— regulation　負の制御　**1210**a
—— reinforcement　負の強化　315n
—— selection　負の淘汰，負の選択　319f, 988f
—— staining　逆染色法　**303**a
Negativicoccus　1544₂₂
Negativicutes　ネガティヴィキューテス綱　1544₁₆
Negelein ester　ネーゲレインエステル　361d
Negri body　ネグリ小体　317c
Negritos　ネグリト　512g
NEHER, Erwin　ネーアー　**1053**b
Nehypochthonius　1590₅₉
Neidium　1655₄₆
neighborhood　近傍　**340**a
neighbor-joining method　近隣結合法　**340**d
Neis　1558₂₇
Neisseria　1547₁₀
Neisseriaceae　ナイセリア科　1547₇
Neisseriales　ナイセリア目　1547₆
nektobenthos　遊泳性底生動物　953c［表］
nekton　ネクトン　**1055**a
Nelima　1591₁₉
Nelumbo　1648₃
Nelumbonaceae　ハス科　1648₃
NEM　*N*-エチルマレイミド　129e, 137c
nema　線形動物　**803**d
Nemacystus　1657₃₄
Nemaliales　ウミゾウメン目　1632₄₂
Nemalion　1632₄₄
Nemalionales　ウミゾウメン目　1632₄₂
Nemalionopsis　1632₃₉
Nemaliophycidae　ウミゾウメン亜綱　1632₃₅
Nemania　1619₄₅
Nemanthus　1557₄₈
nemas　線形動物　**803**d
Nemastoma　1633₃₁
Nemastomatales　ヒメウスギヌ目　1633₃₁
Nemata　線形動物　**803**d, 1586₂₁
Nemates　線形動物　**803**d
nemathecium　ネマテシウム　**1058**h
Nemathelminthes　円形動物，線形動物　**803**d
nematic　ネマチック　123j
Nematocera　カ亜目，糸角類，長角類　1601₂₀
Nematochrysopsis　1656₄₁
Nematoctonus　1626₃₁
nematocyst　刺胞　**608**a, 1300g
nematocyte　刺細胞　608a
Nematoda　線形動物，線形動物門　**803**d, 1586₂₁
nematode　線形動物　**803**d
—— disease　線虫病　**815**f
nematodes　線形動物　**803**d
nematodesma　ネマトデスマ　521a
Nematodinium　1662₂₃
nematogen　ネマトジェン，通常無性虫　815d
Nematoidea　線形動物　**803**d
Nematomenia　1581₁₂
Nematomorpha　類線形動物，類線形動物門　**1481**e, 1586₁₇
Nematophora　ツムギヤスデ上目　1593₃₈
nematophore　刺体　1158f
Nematophthora　1654₇
Nematoplana　1577₃₁
Nematopsis　1661₂₃
Nematostelium　1628₄₅
nematotheca　刺莢　1158b
Nematozoa　線形動物　**803**d
Nematozonium　1593₁₈
nembutal　ネンブタール　1232f
Nemertea　紐形動物，紐形動物門　**1163**b, 1580₄₀
nemerteans　紐形動物　**1163**b
Nemertina　紐形動物　**1163**b
Nemertinea　紐形動物　**1163**b
nemertine worms　紐形動物　**1163**b
Nemertini　紐形動物　**1163**b
Nemertoderma　1558₃₇
Nemertodermatida　皮中神経目　1558₃₇
Nemichthys　1565₅₅

Nemipterus　1566₅₀
Nemoderma　1657₄₆
Nemodermatales　ネモデルマ目　1657₄₆
Nemophila　1651₅₁
Nemopilema　1556₃₁
Nemopsis　1555₄₁
nemoral zone　冷温帯，落葉広葉樹林帯　174b, 1434c
NEM sensitive fusion protein　137c
Neoachmandra　1649₁₃
Neoaleurodiscus　1625₁₉
Neoasaia　1546₁₆
Neoasteroidea　新ヒトデ下綱　1560₃₇
Neoastrosphaeriella　1609₁₂
Neoaves　新鳥上目　1571₁₄
Neobarya　1617₁₈
Neobatrachia　カエル亜目　1567₅₅
neobehaviorism　新行動主義　460d
Neobisium　1591₃₄
neoblast　新成細胞　515b
Neobodo　1631₃₅
Neobodonida　ネオボド目　1631₃₅
Neobrachylepas　1595₅₂
Neobroomella　1619₂₉
Neobulgaria　1614₅₂
Neobursaridium　1660₂₂
Neocalamites　ネオカラミテス　1001a
Neocallichirus　1597₅₂
Neocallimastigaceae　ネオカリマスチクス科　1603₁₄
Neocallimastigales　ネオカリマスチクス目　1603₁₃
Neocallimastigomycetes　ネオカリマスチクス綱，ネオカリマスチクス門　**1053**h, 1603₁₂
Neocallimastigomycota　ネオカリマスチクス門　**1053**h, 1603₁₁
Neocallimastix　1603₁₅
Neocarpenteles　1611₅
neocarzinostatin　ネオカルチノスタチン　**1054**a
neo cell theory　新細胞説　171g
neocephalopoda　新頭足類　51g
Neoceratodus　1567₇
Neoceratodus forsteri　1027c
neo-chiasmatype theory　新キアズマ型説　277b
Neochlamydia　1540₁₉
Neochloris　1635₂₇
Neochlorosarcina　1635₃₈
neochrome　ネオクロム　1428a
Neocoelomata　新腔動物　420b
Neocoleroa　1608₁₂
Neocopepoda　新カイアシ下綱　1595₄
Neocordyceps　1617₂₃
neocortex　新皮質　184a, 860c, 861a
Neocosmospora　1617₃₈
neocranium　新頭蓋　698c
Neocudoniella　1614₅₂
Neocystis　1635₄
neo-Darwinism　ネオダーウィニズム　**1054**b
Neodasys　1578₂₃
Neodelphineis　1655₂₀
Neodermata　新皮目，新皮類　1284d, 1577₄₇
Neodilsea　1633₂₆
Neodiprion lecontei nucleopolyhedrovirus　ネオディプリオンレコンテイ核多角体病ウイルス　1515₂₇
Neoechinorhynchida　新鉤頭虫目　1579₅
Neoechinorhynchus　1579₅
Neoerysiphe　1614₃₈
Neofabraea　1614₄₈
Neofelis　1575₄₇
Neofinetia　1646₄₅
Neofracchiaea　1617₅
Neogaean realm　新界　**688**c
Neogastropoda　新腹足下目　1583₅₀
Neo gene　Neo 遺伝子　**1053**g
Neogene period　新第三紀　**708**c
neogenesis　ネオゲネシス　42b
Neogloboquadrina　1664₁₅
Neoglyphea　1597₅₀

Neognathae 新口蓋下綱 1571₂
Neogoniolithon 1633₁₀
Neogossea 1578₂₃
Neogregarinorida カウレリエラ目，新グレガリナ目 1661₂₅
Neogymnomyces 1611₂₁
Neoheppia 1615₄₂
Neohetromita 1665₁₆
Neohodgsoniaceae ネオホッジソニア科 1636₃₇
Neohodgsoniales ネオホッジソニア目 1636₃₆
Neoizziella 1632₄₄
Neokarlingia 1602₃₃
neo-Lamarckians ネオラマルク派 1054e
neo-Lamarckism ネオラマルキズム **1054e**
Neolampas 1562₁₅
Neolecta 1605₃₀
Neolectaceae ヒメカンムリタケ科 1605₃₀
Neolectales ヒメカンムリタケ目 1605₂₉
Neolectomycetes ヒメカンムリタケ綱 1605₂₈
Neolentinus 1624₄₆
Neolepisorus 1644₄
Neolimulus 1589₁₉
neolithic revolution 新石器革命 226e
Neolomentaria 1633₄₂
Neoloricata 新多板目 1581₂₂
Neomassariosphaeria 1609₁₃
Neomenia 1581₁₃
Neomeniomorpha 1581₁₃
Neomeris 1634₄₆
neometaboly 新変態 503d
neomorph ネオモルフ 865b
neomorphosis 新形成 64f
neomycin ネオマイシン 1214g
Neomysis 1596₄₁
Neonectria 1617₃₈
neonicotinoide ネオニコチノイド，新規ニコチン物質 **1054**d
neontology 現生生物学 476e
Neonyctotherus 1659₂₁
Neoparamoeba 1628₃₄
Neopaxillus 1627₂₆
Neopetromyces 1611₅
Neophocaena 1576₅
Neophyllis 1612₆₀
Neopilina 1581₃₂
neoplasm 新生物 704i, **705**e
neoplastic cell 悪性細胞，新生細胞 261e, **704**i
―― transformation トランスフォーメーション **1011**c
Neoptera 新翅節 1598₅₃
Neopterygii 新鰭下綱 1565₃₅
neoptile 新羽 111g
Neopycnodonte 1582₅
Neoralfsia 1657₃₇
Neorhodella 1632₂₅
Neorhodomela 1633₅₂
Neoricinulei クツコムシ亜目 1589₄₁
Neorickettsia 1546₂₇
Neornithes 新鳥亜綱 1570₅₀
Neorollandina 1611₁₈
Neosartorya 1611₆
Neosauropoda 新竜脚類 1570₂₀
Neoschwagerina 1663₄₁
Neoscopelus 1566₁₈
Neoscorpionina サソリ亜目 1591₄₈
Neoscytalidium 1607₇
Neoselachii 新板鰓区 1564₄₁
Neoshirakia 1649₄₀
Neosiphonia 1633₅₂
Neospora 1661₃₄
neostriatum 新線条体 860c
Neostygarctus 1588₈
Neosuchia 新鰐類 1569₂₃
Neotanaidomorpha ネオタナイス亜目 1597₂₇
Neotanais 1597₂₇
neoteny ネオテニー **1054**c
Neotestudina 1609₅₉

Neothyrus 1589₄₅
Neotremlla 1623₁₇
Neotrichocolea 1637₅₈
Neotrichocoleaceae サワラゴケ科 1637₅₀
Neotrigonia 1582₂₇
Neotropical floral kingdom 新熱帯植物区系界 675a[表]
―― kingdom 新熱帯界 1057a
―― region 新熱帯区 688c
―― subregion 新熱帯亜区 688c
Neotropics 新熱帯植物区系界 675a[表]
Neottia 1646₆
Neottiella 1616₂₀
neotype ネオタイプ，新基準，新基準標本 287d, 896g
Neotyphodium 1617₁₆
Neournula 1616₃
Neovahlkampfia 1631₅
neo-vitalism 新生気論 748a
Neovossia 1622₅₁
neo-Wallace's line 新ウォレス線 107e
Neozygitaceae ネオジギテス科 1604₂₁
Neozygites 1604₂₁
NEPA 国家環境政策法 256b
Nepenthaceae ウツボカズラ科 1650₄₅
Nepenthes 1650₄₅
Nephila 1592₂₃
Nephopteris 1643₃₄
Nephotettix 1600₃₅
nephric tubule 腎管 **691**d
nephridial tubule 腎細管 **691**d
Nephridiophaga 1603₃₀
Nephridiophagidae ネフリディオファーガ科 1603₃₀
nephridium 腎管 **691**d
nephridoduct 腎細管 **691**d
nephridopore 腎管排出孔 **691**d
nephroblastoma 腎芽細胞腫，腎芽腫 104c
Nephrochloris 1656₄₉
Nephrochytrium 1602₂₅
nephrocoel 排出器内腔 708a
―― theory 腎体腔説 848e
nephrogenic cell cord 造腎細胞索 706a
―― cord 腎形成索 910g
Nephrolepidaceae タマシダ科 1643₅₉
Nephrolepis 1643₅₉
Nephroma 1613₂₁
Nephromataceae ウラミゴケ科 1613₂₁
Nephromopsis 1612₄₇
Nephromyces 1661₃₉
nephron ネフロン **1058**g
Nephrophyceae ネフロ藻綱 1634₁₃
Nephroselmidales ネフロセルミス目 1634₁₄
Nephroselmidophyceae ネフロセルミス藻綱 1634₁₃
Nephroselmis 1634₁₄
nephrostoma 腎口 **700**g
nephrostome 腎口 **700**g, 810i
nephrotic syndrome ネフローゼ症候群 **1058**f
nephrotome 腎節 152e, 910g
nephrotomic plate 腎節板 152e
Nephthea 1557₂₄
Nephtys 1584₅₁
Nepovirus 線虫伝搬性球状ウイルス 815f
Nepovirus ネポウイルス属 1521₃₀
Neptuniibacter 1549₃₃
Neptunomonas 1549₃₃
Nerada 1653₁₅
Nereia 1657₃₉
Nereida 1546₃
Neriene 1592₂₄
Nerilla 1584₄₆
Nerillida ホラアナゴカイ目 1584₄₆
Nerinea ネリネア **1058**i
Nerita 1583₃₂
neritic community 沿岸性群集 **150**c
―― plankton 沿岸性プランクトン 1220e
―― sediment 浅海性堆積物，近海性堆積物 183d
Neritimorpha アマオブネガイ目 1583₃₂

neu 2049

Neritopsis 1583₃₃
Nerium 1651₄₇
Nernst's equation ネルンストの式 **1059**b
nerol ネロール 414a
nervation 脈系 **1363**c
nerve 神経, 葉脈 693c, **1427**d
　—— basket 神経籠 673d
　—— cell 神経細胞 **696**b
　—— ending 神経終末 **696**e
　—— fiber 神経繊維 **697**d
　—— ganglion 神経節 **697**b
　—— growth factor 神経成長因子 **697**a
　—— growth factor-induced large external glycoprotein 149i
　—— impulse 神経インパルス 98f
nerve-leg preparation 神経脚標本 **694**d
nerve-muscle preparation 神経筋標本 **694**d
nerve net 神経網 **700**d
nerve-network 神経回路網, 神経網 693e, **700**d
nerve plexus 神経網 **700**d
　—— ring 神経環 696f
　—— terminal 神経末端 **696**e
　—— trunk 神経幹 693c, 697d
nervism ネルヴィズム **1059**a
nervi spinales 脊髄神経 **783**e
nervon ネルボン 241d
Nervostroma 1615₁₃
nervous correlation 神経相関 **697**f
　—— layer 神経層 **1393**h
　—— plexus 神経叢, 神経集網 696f, **697**f
　—— system 神経系 **694**e
　—— tissue 神経組織 **697**g
nervus 神経 **693**c
　—— acusticus 聴神経 **922**d
　—— allatus アラタ体神経 33f, 1063b
　—— ambiguus 疑核 **507**j
　—— apicis 先端神経 **624**c
　—— cardiacus 側心体神経 1063b
　—— cochleae 蝸牛神経 495g, 922d
　—— facialis 顔面神経 **507**j
　—— glossopharyngicus 舌咽神経 **507**j
　—— mandibularis 下顎神経 **507**j
　—— maxillaris 上顎神経 **507**j
　—— motorius 運動神経 **116**a
　—— olfactorius 嗅神経 **311**d
　—— ophthalmicus 眼神経 **507**j
　—— opticus 視神経 **580**e
　—— pallialis internus 内外套神経 **755**h
　—— paracardiacus 側心体神経 836m
　—— parasympathicus 副交感神経 **1194**g
　—— praeolfactorius 嗅前神経 **624**c
　—— profundus 深眼神経 **507**j
　—— recurrens 回帰神経 **178**g
　—— sympathicus 交感神経 **434**a
　—— terminalis 終神経 **624**c
　—— trigeminus 三叉神経 **507**j
　—— vagosympathicus 迷走交感神経 **706**d
　—— vagus 迷走神経 **507**j
　—— vestibularis 前庭神経 925f, **1375**e
　—— vestibuli 前庭神経 **922**d
　—— vestibulocochlearis 内耳神経 **922**d
NES 核外輸送シグナル **200**f
Nesiotobacter 1546₃
nest 巣 **718**a
　—— box 巣箱 **738**a
　—— building 営巣 **718**a
nested clade analysis 階層クレード分析 **182**g
　—— clade phylogeographic analysis 階層クレード分析 **182**g
　—— gene 重なり遺伝子 **214**g
　—— zoosporangium 重生遊走子嚢 **625**a
Nesterenkonia 1537₂₉
Nestflüchter 離巣鳥 **828**f
Nestgründerin 創設雌 342k
Nesthocker 留巣鳥 **828**f

nestling down 新羽 111g
nest tube 棲管 **747**b
Neta 1606₃₉
net assimilation 純同化作用 **652**c
　—— assimilation efficiency 純同化効率 **751**b
　—— assimilation rate 純同化率, 純同化速度 **652**d, 751g
　—— flux 正味のフラックス 58a, 1218e
net-like relation 網状関係 **991**f
net plankton ネットプランクトン **1057**e, 1220e
　—— primary production 純一次生産 **652**b
　—— primary productivity 一次純生産力 **652**b
　—— production 純生産 **652**b
　—— production rate 純生産速度 652b, 751b
　—— radiation 正味放射, 純放射 **652**h, 1056a
　—— replacement rate 純再生産率, 純増殖率, 純繁殖率 827a
　—— reproductive rate 純再生産率, 純増殖率, 純繁殖率 827a
Netrium 1636₆
Netrostoma 1556₂₉
netted venation 網状脈系 **1363**c
nettlehead 刺胞頭 121g
nettling thread 刺糸 **608**a
Netuvirus 線虫伝搬性棒状ウイルス **815**f
network ネットワーク **1057**f
　—— motif ネットワークモチーフ **1057**h
　—— theory ネットワーク説 **1057**g
　—— thermodynamics 回路網熱力学 **761**h
NeuAc N-アセチルノイラミン酸 15c
NeuNAc N-アセチル体 257g
NeuNGc N-グリコリル体 257g
neural arch 神経弓 **784**d
　—— cell adhesion molecule **137**h
　—— complex 神経複合体 **697**c
　—— correlates of consciousness 意識の神経相関 **697**f
　—— crest 神経冠, 神経堤 **698**a
　—— fold 神経褶 **696**d
　—— gland 神経腺 **697**c
　—— gland duct **697**c
　—— groove 神経溝 **695**g
neural-inducing factor 神経誘導因子 **693**f
neural induction 神経誘導 **700**e
neuralization 神経化 **693**d
neuralizing agent 神経化因子 **693**f
　—— factor 神経化因子 **693**f
neural layer of retina 網膜神経層 1373b, **1393**h
　—— lobe 神経葉, 神経部 **217**j
　—— lobe hormone 神経葉ホルモン **217**j
　—— network ニューラルネットワーク **1044**e
　—— plate 椎板, 神経板 428h, **699**d
　—— tube 神経管 **694**f
neuraminic acid ノイラミン酸 **555**f
neuraminidase ノイラミニダーゼ **1062**a
neurapophysis 神経突起 **784**d
neurenteric canal 神経腸管 **697**h
neurilemma 神経鞘 **696**h
neurobiotaxis 神経走性 **695**i
neuroblast 神経芽細胞 **693**g
neurocan ニューロカン **1235**c
neurocoel 神経腔 **695**f
neurocomputing ニューロコンピューティング **1044**g
neurocranium 神経頭蓋 **698**c
neurodegenerative disease 神経変性疾患 **1191**e
neuroembryology 神経発生学 **699**c
neuroendocrine system 神経内分泌系 **699**a
neuroendocrinology 神経内分泌学 **699**a
neuroepithelioma of retina 網膜神経上皮腫 **1394**b
neuroethics ニューロエシックス **417**f
neuro-ethology 神経行動学 **696**a
neurofibril 神経原繊維 **695**a
neurofibroma 神経繊維腫症 **225**a
neurofilament ニューロフィラメント **1045**a
neurogenesis ニューロン発生 **1045**d
neurogenicity 神経原性 **695**b
neurogenic theory 神経原説 **695**d

―― tonus 神経原性緊張 339b
neuroglia 神経膠 **695**h
neuroglian ニューログリアン 149i, 1387a
neurohaemal organ 神経血液器官 33f, **695**c
neurohemal organ 神経血液器官 **695**c
neurohormone 神経ホルモン **700**c
neurohumor 神経液 700c
neurohypophysial hormone 神経下垂体ホルモン **693**h
neurohypophysis 神経下垂体, 神経性脳下垂体 217j
―― spinalis 神経性脊髄下垂体 1160f
neurokinin A ニューロキニン A **1044**f
―― B ニューロキニン B 868e
neuroleptanalgesia 1341d
neuroleptics 神経弛緩剤 1341d
neuromast 感丘 **255**d
neuromedin ニューロメジン **1045**b
neuromere 神経分節 **699**f
neurommatidium 神経個眼 232f
neuromodulator 神経修飾物質 195c
neuromuscular junction 神経筋接合部 **694**c
neuron ニューロン **1045**c
neuronal photosensitivity 神経光感覚 **699**e
neurone ニューロン **1045**c
Neuronectin 963c
neuroneme ニューロネーム 566a
neuron network 神経回路網 **693**e
neuropeptide ニューロペプチド **700**a
―― Y 神経ペプチド Y **700**b
neurophysin ニューロフィジン 164a, 579b, 1098f
neuropil ニューロピル, 神経網, 節内神経回路 580g
neuropile ニューロパイル, 神経叢 913c, **1044**j
neuroplasm 神経形成質, 神経質 160c, **695**d
neuroplasma 神経漿 695a
neuroplegica 神経遮断剤 450f
neuropodium 腹側肢, 腹脚, 腹足枝 88h, 836b, **1194**b
neuropore 神経孔 **695**e
Neuroptera アミメカゲロウ目, 脈翅類 1600₄₅
Neuropterida 脈翅上目 1600₄₂
Neuropteris 1644₁₃
neurosecrete 神経分泌物質 699g
neurosecretion 神経分泌, 神経分泌物質 **699**g
neurosecretory cell 神経分泌細胞 699g
―― material 神経分泌物質 699g
neurosis 神経症 **696**g
Neurospora 1619₁₅
―― *crassa* アカパンカビ **4**a
neurosteroid ニューロステロイド **1044**h
neurotensin ニューロテンシン **1044**i
neurotoxic shellfish poison 神経性貝毒 184e
neurotransmitter 神経伝達物質 **698**h
neurotropism 向神経性, 神経向性, 神経親和性 102j, **695**i
neurula 神経胚 **699**b
neurulation 神経管形成 631a, **694**b
neuston ニューストン **1044**c
neuter flower 中性花 **914**g
neutral evolution 中立進化 **917**g
―― fat 中性脂肪 **914**i
neutrality 中立 **917**f
neutralization test 中和試験 917k
neutralizing antibody 中和抗体 **917**k
neutral model of community 群集の中立モデル **382**c
―― mutation 中立突然変異 **917**h
―― plant 中性植物 **915**d
―― spore 中性胞子 **915**e
―― theory 中立論 917f
neutrophil 好中性, 好中球 401e, **458**h
neutrophile 好中球 **458**h
neutrophil leukocyte 好中性白血球 458h
Nevrorthiformia シロカゲロウ亜目 1600₄₆
Nevrorthus 1600₄₆
Nevskia 1550₂
nevus 母斑 **1318**b
Newbury-1 virus ニューバリー 1 ウイルス 1522₁₆
Newbya 1654₂₁
Newcastle disease virus ニューカッスル病ウイルス **1044**a

Newcastle disease virus ニューカッスル病ウイルス 1520₇
new combination 新組合せ **692**f
Newinia 1620₂₄
new production 新生産 **704**j
―― replacement name 新置換名 998d
New Zealand subregion ニュージーランド亜区 864f
nexin ネキシン **1054**f
nexus ネクサス 522i
Nezumia 1566₂₅
NF-AT 245e
NG N-メチル-N'-ニトロ-N-ニトロソグアニジン 195f
NgCAM 149i, 1387a
N gene N 因子, N 遺伝子 102k
NGF 697a
N-glycan N 型糖鎖 **137**g
N. gonorrhoeae 淋菌 1547₁₀
NHP 非ヒストン蛋白質 1159g
Ni ニッケル 1038a
Nia 1626₂₅
Niabella 1540₄
Niaceae ニア科 1626₂₅
Niacin ナイアシン **1019**a
Niastella 1540₄
Nibea 1566₅₀
NICD Notch 細胞内ドメイン 1067f
niche 生態的地位 **763**g
―― segregation ニッチ分化 **1038**e
―― separation ニッチ分化 **1038**e
Nicholson, Alexander John ニコルソン 1033e
Nicholson-Bailey model ニコルソン-ベイリーモデル **1033**f
Nicholsonella 1579₂₅
nickel ニッケル **1038**a
Nicoletella 1549₁₀
Nicolle, Charles Jules Henri ニコル **1033**d
Nicotiana 1651₅₆
nicotianamine ニコチアナミン **1032**b
nicotinamid ニコチンアミド 1032d
nicotinamide adenine dinucleotide ニコチン(酸)アミドアデニンジヌクレオチド **1032**a
―― adenine dinucleotide phosphate ニコチン(酸)アミドアデニンジヌクレオチドリン酸 **1033**a
nicotine ニコチン **1032**c
―― action ニコチン様作用 **1033**f
nicotinic acid ニコチン酸 **1032**d
―― acid amid ニコチン酸アミド 1032d
―― action ニコチン様作用 **1033**f
nictitating membrane 瞬膜 **652**j
―― reflex またたき反射, まばたき反射 1121b
nidamental gland 卵包腺 **1450**d
nidation 着床 **908**n
nidi 小塊 **704**i
nidicolae 留巣鳥 828f
nidicolocity 留巣性 828f
nidicolous 留巣性 828f
nidification 営巣 **718**a
nidifugae 離巣鳥 828f
nidifugity 離巣性 828f
nidifugous 離巣性 828f
nidogen ニドゲン 663c
Nidovirales ニドウイルス目 1520₅₀
Nidularia 1625₄₆
Niemann-Pick disease ニーマン-ピック病 740a
Niesslia 1617₄₁
Niessliaceae ニエスリア科 1617₄₁
Nieuwkoop, Pieter Dirk ニューコープ **1044**b
nif 906f
night-blindness 夜盲 **1405**b
NIGMS 530j
Nigrocornus 1617₁₈
Nigrofomes 1624₄₆
Nigrolentilocus 1609₃₆
Nigrospora 1616₄₂
Nihonotrypaea 1597₅₂
NILE 149i
Nileus 1588₃₅

nom 2051

Nilssonia 1644₃₂
Nimaviridae ニマウイルス科 1516₆
Nimbya 1609₅₄
ninhydrin ニンヒドリン **1048**g
── reaction ニンヒドリン反応 1048g
Ninox 1572₁₀
Nipaniophyllum 1644₂₄
Niphon 1566₅₁
Niponia 1594₁₆
Niponiella 1599₁₃
Niponiosoma 1593₅₂
nipple 乳頭 1043c
Nippobodes 1591₅
Nippochelura 1597₁₄
Nipponacarus 1590₃₄
Nipponacmea 1583₂₆
Nipponentomon 1598₁₈
Nipponia 1571₂₄
Nipponites 1583₅
Nipponithyris 1580₃₈
Nipponnemertes 1581₃
Nipponochloritis 1584₂₇
Nipponocrassatella 1582₁₇
Nipponolejeunea 1637₄₇
Nippononeta 1592₂₄
Nippononychus 1591₂₄
Nipponoparmelia 1612₄₈
Nipponopsalis 1591₂₁
Nipponosaurus ニッポノサウルス 323i, 1570₃₂
Nipponotantulus 1596₄
Nipponothrix 1593₄₈
NiR 亜硝酸還元酵素 10j
Nirenberg, Marshall Warren ニーレンバーグ **1047**e
NIRS 近赤外光機能画像法 1144c
Nisaea 1546₂₁
Nissl bodies ニッスル小体 **1038**d
Nitella 1636₁₈
Nitellopsis 1636₁₈
nitrate plant 硝酸植物 **659**a
── reductase 硝酸還元酵素 658e
── reduction 硝酸塩還元 658d
── respiration 硝酸塩呼吸 658d
Nitratifractor 1548₂₁
Nitratireductor 1545₄₅
Nitratiruptor 1548₂₂
nitric oxide 一酸化窒素 **74**j
── oxide synthase 一酸化窒素合成酵素 74j
nitrification 硝化作用 **655**f
nitrifying microbes 硝化菌 **655**a
Nitriliruptor 1538₂₅
Nitriliruptoraceae ニトリリルプトル科 1538₂₅
Nitriliruptorales ニトリリルプトル目 1538₂₄
Nitriliruptoridae ニトリリルプトル亜綱 1538₂₁
Nitrincola 1549₃₃
Nitritalea 1539₂₁
nitrite-oxidizing bacteria 亜硝酸酸化菌 **11**a
nitrite reductase 亜硝酸還元酵素 10j
Nitrobacter 1545₃₁
Nitrococcus 1548₅₈
nitrogen 窒素 **906**d
nitrogenase ニトロゲナーゼ **1038**g
nitrogen assimilation 窒素同化 907a
── cycle 窒素循環 **906**g
── fixation 窒素固定 **906**f
── metabolism 窒素代謝 **907**a
── monooxide 一酸化窒素 74j
── mustard ナイトロジェンマスタード 1102b, 1341g
── source 窒素源 906e
── use efficiency 窒素利用効率 557a
o-nitrophenyl-β-D-galactopyranoside ｏ-ニトロフェニル
 -β-D-ガラクトピラノシド **1038**h
N-4-nitrophenyl-*N*′-phenyl urea 605e
4-nitroquinoline-1-oxide ニトロキノリンオキシド 1019i
Nitrosococcus 1548₅₂
N-nitrosodimethylamine **614**a

Nitrosolobus 1547₁₅
Nitrosomonadaceae ニトロソモナス科 1547₁₅
Nitrosomonadales ニトロソモナス目 1547₁₃
Nitrosomonas 1547₁₅
Nitrosospira 1547₁₅
Nitrospina 1547₄₀
Nitrospinaceae ニトロスピナ科 1547₄₀
Nitrospira ニトロスピラ綱, ニトロスピラ門 1544₄₄, 1544₄₅
Nitrospira 1544₄₇
Nitrospiraceae ニトロスピラ科 1544₄₇
Nitrospirae ニトロスピラ門 1544₄₄
Nitrospirales ニトロスピラ目 1544₄₆
Nitschkia 1617₄
Nitschkiaceae ニチュキア科 1617₃
Nitzschia 1655₅₄
nival line 雪線 452a
── zone 恒雪帯, 氷雪帯 **452**a, 724f
Niveotectura 1583₂₆
NK cell NK 細胞 1025e
NKT cells NKT 細胞 **138**a
NLA 1341d
N line N 線 2a
N-linked glycan *N*-結合型糖鎖 137g
NLS 核移行シグナル 200d
NMR 核磁気共鳴 203c
NO 一酸化窒素 74j
no-bond structure 非結合構造 966g
Nocardia ノカルディア **1066**f, 1536₃₉
Nocardiaceae ノカルディア科 1536₃₉
Nocardioidaceae ノカルディオイデス科 1537₄₆
Nocardioides 1537₄₇
Nocardiopsaceae ノカルディオプシス科 1538₅
Nocardiopsis 1538₆
nociceptin ノシセプチン **1067**c
nociceptin/orphanin FQ peptide receptor ノシセプチン受容体 1067c
nociceptor 侵害受容器 688e
Noctiluca 1662₁₃
Noctilucales ヤコウチュウ目 1662₁₃
Noctilucea ヤコウチュウ綱 1662₁₂
Noctiluciphyceae ヤコウチュウ綱 1662₁₂
nocturnal 夜行性 181d
NOD 非肥満性糖尿病 71a
nodal cell 節部細胞 616f
── diaphragm 横隔膜, 隔膜 **208**g
── point 結節点 558j
Nodamura virus ノダムラウイルス 1522₄₄
Nodaviridae ノダウイルス科 1522₄₃
node 節, 結節 **786**i, 902g, 1057h, 1286h
Nodogenerina 1664₁₀
Nodosaria 1664₁
Nodosaurus 1570₂₆
Nodularia 1541₃₁
Nodulisporium 1619₄₀, 1619₄₂, 1619₄₃, 1619₄₄, 1619₄₉
Nodulosphaeria 1609₄₇
Nodulospora 1620₃
nodus haemolymphaticus 血リンパ節 **408**c
nœud vital 呼吸中枢 1227g
N/OFQ 1067c
noggin 693f
nogitecan ノギテカン 272d
Nohea 1617₅₉
nojirimycin ノジリマイシン 982d[表]
Nolandella 1628₃₁
Nolandida ノランデラ目 1628₃₁
nomad 牧畜民 1412f
nomadism 遊動 **1412**f
nomen 学名 **210**g
nomenclatural type 命名法上のタイプ 896g
nomen conservandum 保存名 805i
── novum 新名 998d
nomogenesis ノモゲネシス 690e
nomogram of visual pigments 視物質の計算図表 **606**a
Nomuraea 1617₁₈

non A, non B hepatitis virus 非A非B型肝炎ウイルス 252a
nonanoic acid ノナン酸 1278i
nonaqueous phase 非水相 **1144**h
nonarticulated laticifer 無節乳管 1041d
non-associative learning 非連合学習 204b
non-available water 無効水 **1369**a
non bright particle N粒子 330e
non-canonical G-protein signaling pathway 非典型的な三量体G蛋白質経路 589i
noncanonical Wnt signaling pathway Wntシグナル(非カノニカル経路) **104**j
noncellular organisms 非細胞生物 883h
non-cellular plant 非細胞植物 **1140**f
non channel-linked neurotransmitter チャネル非直結型伝達物質 698b
non-cleidoic egg 非閉鎖卵 1261f
non-cocooning larva of silkworm 不結繭蚕 **1201**d
non-coding region 非コード領域 **1139**j
──── RNA 非コードRNA **1139**j
noncompetitive inhibition 非競争的阻害 320f, 455a
non-contact animals 非接触性動物 477e
noncooperative equilibrium 非協力平衡解 412e
non-correlation 無相関 822e
non-cyclic photophosphorylation 非循環的光リン酸化 468g
non-Darwinian evolution 非ダーウィン進化 **1149**g
nondisjunction 不分離 **1211**b
non-equilibrium theory of species coexistence 非平衡説(多種共存の) **1161**c
non-essential amino acid 可欠アミノ酸 **213**a
non-feeding larva 非摂食型幼生 791f
non-heme iron 非ヘム鉄 **1162**b
non-heritable variation 非遺伝的変異 **1130**a
non-histone protein 非ヒストン蛋白質 **1159**g
non-homologous recombination 非相同的組換え 82i
Nonidet P-40 ノニデットP-40 533b
non-image-forming photic response 非画像形成光応答 558i
──── vision 非画像形成視覚 558k
non-inducible phage 非誘発性ファージ 1414b
noninfectious disease 非伝染病 781a
non-invasive imaging 非侵襲性イメージング **1144**c
Nonlabens 1539₄₈
nonlinear dynamical system 非線形力学系 727g
nonlocalized centromere 非局在型動原体 1245c
──── kinetochore 非局在型動原体 1245c
non-LTR retrotransposon 非LTR型レトロトランスポゾン 1130b, 1489f
non-medullated nerve 無髄神経 721g
non-Mendelian inheritance 非メンデル遺伝 **1163**a
non-metabolizable inducer 非代謝性誘導物質 **1149**c, 1413c
nonmetric 非計量 1480g
non-native species 外来種, 移入種 **191**a
non-Newtonian fluid 非ニュートン性流体 418f
non-nucleoside reverse transcriptase inhibitor 非ヌクレオシド系逆転写酵素阻害剤 **1159**b
non-obese diabetic 非肥満性糖尿病 71a
Nonomuraea 1538₈
nonpairable damage 非対合性損傷 943e
non-parental ditype 非両親型 606g
non-persistent transmission 非永続型伝搬 118e
nonpolarizable electrode 不分極電極 **1210**i
non-pored wood 無孔材 **1368**j
non-pyramidal cell 非錐体細胞 861a
non-receptor tyrosine kinases 非レセプターチロシンキナーゼ **1175**d
non REM sleep ノンレム睡眠 1491g
non-secretor 非分泌型 1250f
nonsense codon ナンセンスコドン 622d
──── mutation ナンセンス突然変異 **1029**a
──── suppressor ナンセンスサプレッサー **1028**d
non-shivering thermogenesis 非ふるえ産熱 **1161**c
nonsolvent volume 非水相 **1144**h
non-striated muscle 無紋筋 1258f
non-symbiotic germination 非共生発芽 319e
nonsynonymous substitution 非同義置換 903c

nontaster 無味者 1363a
nonthreshold substance 非閾物質 507i, 1045e
non-verbal communication ノンバーバルコミュニケーション **1068**i
nootkatin ノートカチン 1017c
nopaline ノパリン 168e
nopalinic acid ノパリン酸 168e
noradrenaline ノルアドレナリン **1068**f
NOR-banding NORバンド法, Nバンド法 809e
norepinephrine ノルエピネフリン **1068**f
nori 海苔 **1068**e
Norian ノーリアン階 550f
norleucine ノルロイシン **1068**h
normal distribution 正規分布 **747**c
normalize 正規化 1252a
normalizing selection 正常化淘汰 988f
normal-phase chromatography 順相クロマトグラフィー 303c
normal plate 発生段階表, 発生規準表 **1106**i
──── spectrum of life-form 生活形標準スペクトル **746**a
Normandina 1610₄₂
normoblast 正赤芽球 401e, 781i
normocyte 正常赤血球 787i
normothermia 正常体温 56d
Norovirus ノロウイルス属 1522₁₇
Norrisiella 1665₁
Norrlinia 1611e
norsynephrine ノルシネフリン 164e
North African-Indian floral region 北アフリカーインド植物区系区 675a[表]
Northern Makinoesia 北マキネシア 1336b
──── method ノーザン法 **1067**b
NORTHROP, John Howard ノースロップ **1067**d
norvaline ノルバリン **1068**g
Norwalk virus ノーウォークウイルス 1522₁₇
NOS 一酸化窒素合成酵素 74j
nose 鼻 **1109**h
Nosema 1602₁₀
Nosemoides 1602₁₀
nosocomial infection 院内感染 **98**d
Nosocomiicoccus 1542₄₆
Nostoc 1541₃₁
Nostocaceae ノストック科 1541₃₀
Nostocales ネンジュモ目, ノストック目 1541₂₇
Nostochopsis 1541₄₄
nostril 鼻孔 313c, 1109h
notatin ノタチン 366e
Notch intracellular domain Notch細胞内ドメイン **1067**f
──── signal Notchシグナル **1067**f
Notentera 1577₄₆
Nothadelphia 1603₃₁
Notharchus 1572₃₃
Notharctus 1575₂₄
Nothoclavulina 1626₄₄
Nothofagaceae ナンキョクブナ科 1649₁₇
Nothofagus 1649₁₇
Nothoravenelia 1620₂₅
Nothosauria 偽竜類 **331**b
Nothosauroidea ノトサウルス目, 偽竜目 1568₃₂
Nothosaurus 1568₃₂
Nothostrasseria 1608₄₃
Notila 1629₃₃
Notioprogonia 南祖亜目 1576₁₉
Notobatrachus 1567₅₁
Notocaris 1596₃₃
notochord 脊索 **782**c
notochordal sheath 脊索鞘 782c
Notodelphys 1595₁₁
Notodromas 1596₁₅
Notoedres 1590₅₀
Notogaean realm 南界 **1027**c
Notogynus 1589₅₀
Notohippus 1576₂₀
Notomastus 1584₃₉
Notommata 1578₃₇

Notomyotida　イバラヒトデ目　1560₄₇
Notonecta　1600₃₉
notophyll　亜中形葉　668e, 1461d
notophyllous broad-leaved evergreen forest　亜中形葉常緑広葉樹林　671e
Notoplana　1577₂₃
notopodium　背側肢，背足枝　88h, 836b
Notopterus　1565₅₀
Notoryctemorpha　フクロモグラ目　1574₁₃
Notoryctes　1574₁₃
Notosaria　1580₂₉
Notosolenus　1631₁₅
Notostigmophora　ゲジ亜綱，背気門類　1592₃₂
Notostraca　カブトエビ類，背甲目　1594₃₂
Notostylops　1576₁₉
Notosuchus　1569₂₃
Notothyladaceae　ツノゴケモドキ科　1641₃₆
Notothyladales　ツノゴケモドキ目　1641₃₅
Notothylas　1641₃₆
Notothylatidae　ツノゴケモドキ亜綱　1641₃₄
Notoungulata　南蹄目　1576₁₈
Notoxoma　1660₁₂
not-self　非自己　1388h
notum　肉帯　1031c
novel PKC　1138h
Novirhabdovirus　ノビラブドウイルス属　1520₂₀
Novispirillum　1546₂₁
novobiocin　ノボビオシン　942e, **1068d**
Novodinia　1560₄₀
Novosphingobium　1546₃₆
Novotelnova　1654₁₁
Nowakowskiella　1602₂₈
Nowakowskiellaceae　クモノスツボカビ科　1602₂₈
NO_x　ノックス　847h
noxious stimulus　侵害刺激　688e
NPA　ナフチルフタラミン酸　1026d
NPD　非両親型　606g
nPKC　1138h
$n-\pi^*$ transition　$n-\pi^*$遷移　**138b**
NPV　核多角体病ウイルス　867f, 1092a
NPY　700b
NR　658e
NrCAM　1387a
NRTI　ヌクレオシド系逆転写酵素阻害剤　1049e
NSF　**137c**
NSP　神経性貝毒　184e
N-S quotient　*N/S*比　**137c**
NST　非ふるえ産熱　1161c
N-terminal analysis　N末端分析　30d
nuage　ニュアージュ　757f
Nubeculina　1663₅₄
Nubsella　1540₇
nucellar embryony　不定胚形成　**1208a**
nucellus　珠心　**636e**, 1080b
nucellus-embryo　珠心性胚　1208a
Nucha　1554₁₀
nuchal cartilage　頸部軟骨　755h
──── groove　頸溝　385a
──── organ　頸器官　**385a**
nuclear acceptor　核アクセプター　**200b**
──── associated organelle　324g
──── atypia　核異型　**200c**
──── bag fiber　核袋繊維　725e
──── basket　核質繊維　209c
──── body　核内小体，核顆粒　199d, 325f
──── chain fiber　核鎖繊維　725e
──── constancy　核定数性　529f
nuclear-cytoplasmic ratio　核—細胞質比　**201a**
nuclear dimorphism　核の二形性　1031d
──── division　核分裂　**208b**
──── dualism　二核性，異核性　820b
──── envelopathy　核膜病　**209g**
──── envelope　核膜　**208f**
──── export signal　核外輸送シグナル　**200f**
──── factor of activated T-cells　245e

Nuclearia　1602₁
Nucleariida　ヌクレアリア目　1602₁
nuclear inclusion body　核内封入体，核封入体　**207d**, 1186h
──── lamina　核ラミナ　1439a
──── laminopathy　核膜病　**209g**
──── localization signal　核移行シグナル　**200d**
──── magnetic resonance　核磁気共鳴　203c
──── magnetic resonance imaging　核磁気共鳴画像法　144a
──── matrix　核マトリックス　**210a**
──── membrane　核膜　**208f**
Nuclear polyhedrosis virus　核多角体病ウイルス　867f, 1092a
nuclear pore　核膜孔　**209b**
──── pore complex　核膜孔複合体　**209c**
──── protein　核蛋白質　200d
──── receptor　核内受容体　**207b**
──── reprogramming　核リプログラミング　**212a**
──── ring　核質リング　209c
──── speckle　核スペックル　**205g**
──── transplantation　核移植　**200e**
──── transport　核輸送　**210c**
──── transport signal　核移行シグナル　**200d**
nuclease　ヌクレアーゼ　**1049a**
nuclei　核　**199d**
nucleic acid　核酸　**201i**
──── acid fermentation　核酸発酵　**203a**
nuclei habenulae　手綱核　1020g
nuclein　ヌクレイン　201i
nucleocapsid　ヌクレオキャプシド　306f
Nucleocercomonas　1665₁₂
Nucleocorbula　1660₃₃
Nucleocrinida　1559₂₂
Nucleocrinus　1559₂₂
nucleo-cytoplasm hybrid　核細胞質雑種　**201e**
nucleocytoplasmic interaction　核—細胞質相互作用　**201f**
──── transport　核輸送　**210c**
Nucleohelea　1653₆
nucleohistone　ヌクレオヒストン　**1051b**
nucleoid　ヌクレオイド，核様体　**210d**, 1315f
nucleolar chromosome　核小体染色体　**205d**
──── constriction　核小体形成狭窄　317g
──── dominance　核小体優勢　**205f**
──── organizer　核小体形成体　**205a**, 205c
nucleolus　核小体　**204g**
nucleomorph　ヌクレオモルフ　**1051e**
nucleoplasm　核質　**203f**, 912i
nucleoplasmin　ヌクレオプラスミン　1247a
nucleoporin　ヌクレオポリン　**1051d**
nucleoprotamine　ヌクレオプロタミン　**1051c**
nucleoprotein　核蛋白質　**206f**
Nucleorhabdovirus　ヌクレオラブドウイルス属　1520₂₂
nucleosidase　ヌクレオシダーゼ　**1049b**
nucleoside　ヌクレオシド　**1049c**
──── analogue reverse transcriptase inhibitor　ヌクレオシド系逆転写酵素阻害剤　**1049e**
──── kinase　ヌクレオシドキナーゼ　**1049d**
──── phosphorylase　ヌクレオシドホスホリラーゼ　**1049g**
──── $5'$-triphosphate　ヌクレオシド-$5'$-三リン酸　**1049f**
nucleosome　ヌクレオソーム　**1050b**
──── core particle　ヌクレオソームコア粒子　1050a
──── positioning　ヌクレオソーム配置　**1050b**
Nucleospora　1602₁₀
nucleotidase　ヌクレオチダーゼ　**1050c**
nucleotide　ヌクレオチド　**1050d**
──── diversity　塩基多様度　**150h**
──── excision repair　ヌクレオチド除去修復　943b
──── fermentation　核酸発酵　203a
──── pyrophosphatase　ヌクレオチドピロホスファターゼ　**1051a**
──── sequence database　塩基配列データベース　944b
nucleotidyl sugar　糖ヌクレオチド　**992f**
nucleus　核　**186b**, **199d**
──── caudatus　尾状核　860b, 860c
──── dentatus　歯状核　662d
──── emboliformis　栓状核　662d

―― fastigii 室頂核 662d
―― globosus 球状核 662d
―― lentiformis レンズ核 860c
―― olivae オリーブ核 153b
―― paraventricularis 室傍核 594d
―― pontis 橋核 315k
―― preopticus 視索前核 575c
―― pulposus 髄核 784d
―― ruber 赤核 916a
―― substitution 核置換 206f
―― subthalamicus 視床下核 860b
―― supraopticus 視索上核 575c
Nuculana 1582₁
Nuculanida ロウバイ目 1582₁
nucule 小堅果 415i
Nuculida クルミガイ目 1581₄₉
Nuda 無触手綱 1558₂₆
Nudaurelia capensis β virus β型ヌドレリアカペンシスウイルス 1522₅₆
―― capensis ω virus ω型ヌドレリアカペンシスウイルス 1522₅₈
nude mouse ヌードマウス 1051f
nudeus 体核 1140g
Nudibranchia 裸鰓亜目 1584₁₂
Nudifila 1665₃₇
null hypothesis 帰無仮説 772c
nullisome 零染色体 1485b
nullisomics 零染色体植物 1485b
nullisomy 零染色体性 66g, 1485b
nullosomy 零染色体性 1485b
number of eggs per egg-mass 卵塊サイズ 554i
numerical aperture 開口数 432c
―― phenetics 数量表形学, 数量表形学派 586b, 1480g
―― taxonomy 数量分類学 728b
Numida 1571₇
Nummulites 1664₁₀
nummulites ヌムリテス 1052b
Nummulitidae ヌムリテス 1052b
Nupapillomavirus ニューパピローマウイルス属 1516₃₃
Nuphar 1645₂₂
nuptial coloration 婚姻色 500h
―― flight 婚姻飛行 500i
―― gift 婚姻贈呈 307e
―― organ 婚姻器 159b
―― pad 指揮隆起 1308c
―― plumage 婚羽, 婚衣, 生殖羽 111g
nurse 無性生殖個体 1370f
nurse cell ナース細胞, 哺育細胞 679d, 1025c, 1291e
―― culture 保護培養 1305g
NURSE, Paul ナース 1025b
NÜSSLEIN-VOLHARD, Christiane ニュスライン=フォルハルト 1044d
nut 堅果 415i
nutlet 小堅果 415i
nutriculture 養液栽培 1420c
nutrient 栄養素 121k
―― budget 栄養塩類収支 120d
―― cycling 栄養塩類の循環 120d
―― element 栄養元素 121e
―― film technique NFT法 1420c
nutrition 栄養 120b
nutritional mutant 栄養要求性突然変異体 122g
―― type 栄養形式 121b
nutritive auxiliary cell 栄養助細胞 679d
―― cell 栄養細胞 121h
―― polyp 栄養ポリプ 121g
―― salt 栄養塩類 120c
―― stimulus 栄養的刺激 122c
Nuttalides 1664₁₀
Nuttalliella 1589₄₇
Nybelinia 1578₁₂
Nyctaginaceae オシロイバナ科 1650₆₀
nyctalopia 夜盲, 夜盲症 1150a, 1405h
―― idiopathica 特発性夜盲 1405h
Nyctea 1572₁₁

Nyctereutes 1575₅₃
Nyctibius 1572₁₃
Nycticebus 1575₂₈
Nycticorax 1571₂₆
nyctinasty 就眠運動 629g
Nyctotheroides 1659₂₁
Nyctotherus 1659₂₁
nymph 若虫 1507f
Nymphaea 1645₂₂
Nymphaeaceae スイレン科 1645₂₂
Nymphaeales スイレン目 1645₁₉
Nymphoides 1652₃₀
Nymphon 1589₁₃
Nynantheae イマイソギンチャク亜目 1557₄₃
Nypa 1647₃
Nyssa 1651₅
Nyssaceae ヌマミズキ科 1651₅
Nyssopsora 1620₄₃
nystagmus 振盪 709b

O

ω-oxidation ω酸化 170c
ω-protein ω蛋白質 944c
O-antigen O抗原 165a
Oat chlorotic stunt virus 1523₄
obcollateral vascular bundle 倒並立維管束, 倒立維管束 1263b
Obelia 1555₄₅
Obelidium 1602₂₂
obere Rippe 上肋 1502b
Oberonia 1646₄₆
Oberwinkleria 1622₅₂
obesity 肥満 1162h
Obesumbacterium 1549₈
object imprinting 742f
objective 対物レンズ 432c
―― environment 客体的環境 256a
―― synonym 客観異名 89e
object recognition 物体認識 1206g
Oblea 1662₄₀
obligate aerobe 偏性好気性菌 435a
―― aerobic 絶対的好気性 552g
―― anaerobe 絶対嫌気性菌 417b
―― anaerobic 絶対的嫌気性 552g
―― biennial 真性二年草 1038j
―― CAM plant 偏性CAM植物 238d
―― heterotrophy 絶対従属栄養 625g
―― parasite 絶対寄生菌 542a, 792e
―― pollination mutualism 絶対送粉共生 996d
obligatorischer Antagonismus 必須性拮抗 293a
obligatory epiphyte 絶対性植物着生生物 677d
―― parasitism 絶対寄生 792e
oblique muscle 斜紋筋 618h
oblongata animal 延髄動物 682c
Oblongichytrium 1653₂₂
Obolella 1580₁₄
Obolellata オボレラ綱 1580₁₃
Obolellida オボレラ目 1580₁₄
Obryzum 1618₁₃
obstruct method 障害物法 654b
obtect pupa 被蛹 1164e
occipital bone 後頭骨 698c
―― condyle 後頭突起 349g
―― foramen 大後頭孔 848h
―― protuberance 後頭隆起 461a
―― somites 後頭体節 459j
occiput 後頭 459j
occludin オクルーディン 859b
occluding junction 閉鎖結合 859b
occlusal surface 咬合面 1069b
occlusion 咬合, 減却 439e, 838b
Occultifur 1620₅₆

occupational cancer　職業がん　**669**e
Oceanian region　大洋区　**864**f
　——　subregion　オセアニア亜区, 大洋亜区　864f
Oceanibaculum　1546$_{21}$
Oceanibulbus　1546$_3$
Oceanicaulis　1545$_{17}$
oceanic migration　海洋回遊　189b
Oceanicola　1546$_3$
oceanic plankton　外洋性プランクトン　1220e
　——　region　外洋域　**189**d
　——　zone　外洋域　189f
Oceanimonas　1548$_{32}$
Oceaniserpentilla　1549$_{34}$
Oceanisphaera　1548$_{32}$
Oceanithermus　1542$_7$
Oceanitis　1617$_{56}$
Oceanobacillus　1542$_{32}$
Oceanobacter　1549$_{34}$
Oceanodroma　1571$_{18}$
oceanography　海洋学　190a
Oceanospirillaceae　オーシャノスピリルム科　1549$_{32}$
Oceanospirillales　オーシャノスピリルム目　1549$_{24}$
Oceanospirillum　1549$_{34}$
ocellar lobe　単眼葉　882b
Ocellularia　1614$_{16}$
ocellus　単眼　**882**b
Ochetopteron　1599$_3$
Ochna　1649$_{43}$
Ochnaceae　オクナ科　1649$_{43}$
Ochoa, Severo　オチョア　**166**f
Ochotorenaia　1659$_{14}$
Ochotona　1576$_{31}$
ochratoxin A　オクラトキシン A　1333l
ochrea　托葉鞘　1424a
ochre codon　オーカーコドン　622d
　——　mutation　オーカー突然変異　1029a
　——　suppressor　オーカーサプレッサー　1028d
Ochrobactrum　1545$_{34}$
Ochrochaete　1634$_{31}$
Ochroconis　1606$_{39}$
Ochrolechia　1614$_{23}$
Ochrolechiaceae　ニクイボゴケ科　1614$_{23}$
Ochromonadales　オクロモナス目　1656$_{24}$
Ochromonas　1656$_{25}$
Ochronectria　1617$_{11}$
ochronosis　組織褐変症　38h
Ochrophyta　オクロ植物門　164g, 1654$_{25}$
ochrophytes　オクロ植物　**164**g
Ochropsora　1620$_{48}$
Ochrosphaera　1666$_{24}$
Ockenfuss　164h
Ockham's razor　オッカムの剃刀　516a
Ocnerodrilus　1585$_{36}$
Octactinellida　八放海綿目　1554$_{10}$
Octadecabacter　1546$_4$
octadecadienoic acid　*cis*-9,12-オクタデカジエン酸　1460b
octadecanoic acid　オクタデカン酸　731m
octadecatrienoic acid　*cis*-9,12,15-オクタデカトリエン酸　1460c
11-octadecenoic acid　11-オクタデセン酸　1093a
octadecenoic acid　*cis*-9-オクタデセン酸　172g
octanoic acid　オクタン酸　235b
Octaviania　1627$_5$
Octocorallia　八放サンゴ亜綱　1557$_{17}$
Octomitus　1630$_{36}$
Octomyxa　1664$_{27}$
octopamine　オクトパミン　**164**e
octopine　オクトピン　168e
octopinic acid　オクトピン酸　168e
Octopodida　八腕形目　1583$_{19}$
Octopoteuthis　1583$_{16}$
Octopus　1583$_{19}$
Octospora　1616$_{21}$
octyl acid　オクチル酸　235b
ocular　接眼レンズ　432c
　——　cup　眼杯, 眼盃　**271**h
　——　dominance column　優位眼球カラム　580f
　——　muscle nerves　外眼神経群　**178**e
　——　plate　終板　922a
　——　segment　眼体節　273b
　——　tension　眼圧　271c
　——　tubercle　眼丘　111b
　——　vesicle　眼胞　**273**d
oculi cancri　オクリカンクリ　67c
Oculina　1557$_{57}$
oculocardiac reflex　眼球心臓反射　707d
oculomotor nerve　動眼神経, 第三脳神経　178e
oculus　目, 眼　**1373**b
Ocyropsis　1558$_{20}$
Ocythoe　1583$_{20}$
ocytocin　オキシトシン　**164**a
OD　光学密度　309k
Oddi's sphincter muscle　オッディ括約筋　889d
odd-pinnately　奇数羽状　1200h
Odobenus　1575$_{53}$
Oculina　1557$_{57}$
Odonata　トンボ目, 蜻蛉類　1598$_{46}$
Odonatoptera　蜻蛉節　1598$_{43}$
Odontella　1655$_5$
Odontobdella　1585$_{47}$
odontoblasts　象牙芽細胞　1069b
Odontoceti　ハクジラ亜目　1576$_3$
Odontodactylus　1596$_{26}$
odontoid process　歯突起　784d
Odontolaimus　1586$_{37}$
odontophore　歯舌突起　585g
Odontopleura　1588$_{46}$
Odontopleurida　1588$_{46}$
Odontopterygia　オドントプテリクス亜目　1571$_{31}$
Odontopteryx　1571$_{31}$
Odontopyge　1593$_{37}$
Odontoschisma　1638$_{15}$
Odontostomatida　櫛口目　1660$_{19}$
Odontotrema　1614$_9$
Odontotremataceae　オドントトレマ科　1614$_9$
odor　匂い　308e, 822e
Odoribacter　1539$_{13}$
odoriferous scale　発香鱗　**1105**a
Odum, Eugene Pleasants　オダム　**166**e
Oecanthus　1599$_{25}$
Oecobius　1592$_{24}$
Oedaleops　1573$_6$
Oedemium　1617$_1$
Oedipodiaceae　イシズチゴケ科　1638$_{51}$
Oedipodiales　イシズチゴケ目　1638$_{50}$
Oedipodiopsida　イシズチゴケ綱　1638$_{49}$
Oedipodium　1638$_{51}$
Oedocephalum　1616$_{12}$
Oedocladium　1635$_{20}$
Oedogoniales　サヤミドロ目　1635$_{20}$
Oedogoniomyces　1603$_{10}$
Oedogoniomycetaceae　オエドゴニオミケス科　1603$_{10}$
Oedogonium　1635$_{20}$
Oedohysterium　1607$_{10}$
Oegophiurida　ムカシクモヒトデ目　1561$_7$
Oegophiuridea　ムカシクモヒトデ亜綱, 開蛇尾類　1561$_6$
Oehserchestes　1590$_{20}$
oekospecies　生態種　644g
Oenococcus　1543$_{14}$
oenocyte　エノサイト　**138**h
oenocytoid　エノシトイド　**139**a
Oenophorachona　1659$_{34}$
Oenothera　1648$_{40}$
Oenotrichia　1643$_{29}$
Oerskovia　1537$_{10}$
Oerstedia　1581$_4$
oesophageal bulb　食道球　1437b
　——　pouch　食道嚢　673e
　——　sac　咽頭嚢　678f
oesophagus　食道　**673**e
oestradiol-17β　エストラジオール-17β　**131**c

oestriol　エストリオール　**131**d
oestrone　エストロン　**132**a
oestrous cycle　発情周期　**1105**d
oestrus　発情　**1105**c
OFAGE　**1116**h
off-response　オフ反応　**169**a
off year　不成り年　**207**g
O-F test　O-F試験　**983**c
O-fucosyl glycan　O-フコース型糖鎖　**163**c
Ogataea　**1606**[13]
O-glycan　O型糖鎖　**163**c
Ohleria　**1609**[36]
ohne Hauchbildung　**165**a
O horizon　O層　**132**f
Ohrspitz　耳先　**180**h
Ohrtrompete　耳ラッパ管　**911**e
Oidiodendron　**1607**[31]
oidiophore　分裂子柄　**1256**a
Oidiopsis　**1614**[37]
oidiospore　分裂子　**1256**a
oidium　分裂子　**1256**a
Oidium　**1614**[36], **1614**[37], **1614**[38], **1614**[39]
oikesis　定着　**954**d
oikia　オイキア　**635**b
Oikomonas　**1656**[27]
oikoplastic epithelium　造巣上皮　**1302**g
Oikopleura　**1563**[13]
oil　石油　**785**d
── body　オイルボディ, 油体　**159**e, **1417**a
── droplet　油小滴, 油球　**723**a
oil-gap technique　油間隙技術　**755**a
oil sac　油囊　**1251**f
Oithona　**1595**[11]
Ojibwaya　**1606**[40]
okadaic acid　オカダ酸　**163**b
Okamuraea　**1640**[56]
Okapia　**1576**[14]
Okavirus　オカウイルス属　**1521**[4]
Okazaki fragment　岡崎フラグメント　**162**k
── piece　岡崎フラグメント　**162**k
Okeanobates　**1593**[24]
Okeanomyces　**1617**[56]
Okellya　**1634**[41]
OKEN, Lorenz　オーケン　**164**h
okenone　オケノン　**249**c
Okibacterium　**1537**[25]
old concepts on evolution　進化に関する古い概念　**690**e
── tuberculin　旧ツベルクリン　**936**a
Olea　**1651**[61]
Oleaceae　モクセイ科　**1651**[61]
Oleandra　**1643**[61]
Oleandraceae　ツルシダ科　**1643**[61]
Oleavirus　オレアウイルス属　**1522**[13]
oleic acid　オレイン酸　**172**g
Oleiphilaceae　オレイフィルス科　**1549**[36]
Oleiphilus　**1549**[36]
Oleispira　**1549**[34]
Olenekian　オレネキアン階　**550**f
Olenellina　**1589**[6]
Olenellus　**1589**[6]
Olenida　**1588**[47]
Olenus　**1588**[47]
oleocystidium　油性囊状体　**1064**b
oleoresin　含油樹脂　**633**e
olfactometer　オルファクトメーター　**172**f
olfactory bud　嗅蕾　**311**a
── bulb　嗅球　**309**a
── cell　嗅細胞　**311**a, **1109**h
── epithelium　嗅上皮　**311**a, **1109**h
── field　嗅野　**313**b
── hair　嗅毛　**314**d
── mucous membrane　嗅粘膜　**1148**b
── nerve　嗅神経　**311**d
── organ　嗅覚器官　**308**f
── pit　嗅窩　**308**c

── placode　鼻プラコード　**1109**h
── receptor　嗅受容器　**311**a
── region　嗅部　**1109**h
── sac　嗅囊　**313**c
── sense　嗅覚　**308**e
── seta　嗅毛　**314**d
── tract　嗅索　**310**b
── tubercle　嗅結節　**313**b
Oligacanthorhynchida　大鉤頭虫目　**1578**[45]
Oligacanthorhynchus　**1578**[46]
oligase　オリガーゼ　**655**e
Oligella　**1546**[45]
2′-5′-oligoadenylate synthetase　2–5A合成酵素　**1032**a
Oligobdella　**1585**[43]
Oligobrachia　**1585**[5]
Oligocene　漸新世　**478**c
── epoch　漸新世　**811**e
Oligochaeta　貧毛亜綱, 貧毛類　**1178**f, **1585**[25]
oligochaetes　貧毛類　**1178**f
oligodendrocytes　オリゴデンドロサイト　**1349**c
oligodendroglia cell　稀突起膠細胞　**695**h
oligodynamic action　微量毒作用　**1173**b
Oligohymenophorea　少膜綱, 貧膜口綱　**1660**[20]
oligomer　オリゴマー　**895**c
oligomerous flower　減数花　**727**e
oligomery　減数性　**727**e
oligomycin　オリゴマイシン　**171**d
Oligonema　**1629**[9]
oligonucleotide　オリゴヌクレオチド　**171**c
oligopeptide　オリゴペプチド　**1274**c
oligopod larva　少肢型幼虫　**1282**h
── phase　寡肢期, 少肢期　**1282**h
oligopyrene spermatozoon　貧核精子　**62**b
oligosaccharide　オリゴ糖　**171**b
Oligotoma　**1599**[16]
Oligotrema　**1563**[33]
Oligotrichia　少毛亜綱　**1658**[37]
oligotroph　低栄養細菌　**189**e
Oligotropha　**1554**[31]
oligotrophic lake　貧栄養湖　**1177**b
── moor　貧栄養湿原　**591**i
── vegetation　貧栄養植生　**55**a
Olindias　**1556**[4]
O-linked glycan　O-結合型糖鎖　**163**c
Olisthodiscales　スベリコガネモ目　**1656**[2]
Olisthodiscus　**1654**[26]
Oliva　**1583**[51]
oliva　オリーブ　**153**b
Olivea　**1620**[17]
Olive latent virus 2　**1522**[13]
Oliveonia　**1623**[30]
Oliveorhiza　**1623**[30]
Olivibacter　**1540**[7]
olivo-cochlear bundle　オリーブ蝸牛束　**171**e
Olleya　**1539**[48]
Ologamasus　**1590**[12]
Olpidiaceae　フクロカビ科　**1602**[16]
Olpidiomorpha　**1654**[19]
Olpidiopsidales　フクロカビモドキ目　**1654**[9]
Olpidiopsis　**1654**[9]
Olpidium　**1602**[16]
Olpitrichum　**1606**[40]
Olsenella　**1538**[20]
Oltmannsiellopsidales　ウミイカダモ目　**1634**[22]
Oltmannsiellopsis　**1634**[23]
Olynthus　オリンツス　**171**f
olynthus　オリンツス　**171**f
O-mannosyl glycan　O-マンノース型糖鎖　**163**c
omasum　葉胃, 重弁胃　**1122**c
ombrophil　好雨植物　**429**h
Ombrophila　**1614**[53]
ombrophilous plant　好雨植物　**429**h
ombrophobe　嫌雨植物　**415**f, **429**h
ombrophobous plant　嫌雨植物　**415**f
ombrophyte　雨植物　**429**h

Omegatetravirus オメガテトラウイルス属 1522₅₈
omentum majus 大網膜 864c
—— minus 小網 667d
omics analysis オミクス解析 170b
Omikronpapillomavirus オミクロンパピローマウイルス属 1516₃₇
Ommastrephes 1583₁₆
Ommatartus 1663₁₇
ommatidium 個眼,感桿型個眼 170d, 1193l, 1393h
ommatine オマチン 170d
—— D オマチン D 170d
ommine オミン 170d
ommochrome オモクロム 170d
omnipotent suppressor オムニポテントサプレッサー 45e, 543f
OmpC 1327a
OmpF 1327a
Omphalodes 1651₅₁
Omphalospora 1608₄₈
Omphalotus 1626₁₉
Omunidemptus 1618₁₁
on/off-response オン-オフ反応 169a
O-N-acetylglucosamine-linked glycan O–GlcNAc 糖鎖 163c
Onagraceae アカバナ科 1648₄₀
Oncaea 1595₂₀
Onchidium 1584₂₂
onchocerciasis オンコセルカ症 25b
Oncholaimia オンコライムス亜綱 1586₃₁
Oncholaimica オンコライムス上目 1586₃₂
Oncholaimida オンコライムス目 1586₃₃
Oncholaimus 1586₃₃
onchosphaera 六鉤幼虫 1502a
onchosphere 六鉤幼虫 1502a
Onchulus 1586₃₇
Oncoceras 1582₄₃
Oncocerida 1582₄₃
Oncocladium 1611₁₇
oncofetal antigen 癌胎児抗原 260c, 646e
oncogene がん遺伝子 249g
oncogenesis 発がん 1101h
oncolytic virus 腫瘍溶解性ウイルス 648c
Oncomelania 1583₄₄
oncopodium 爪脚 1204a
Oncopodium 1606₄₀
oncoprotein がん遺伝子産物 251g
Oncorhynchus 1566₁₁
oncornavirus オンコルナウイルス 1489e
Ondatra 1576₄₅
one gene-one enzyme hypothesis 一遺伝子一酵素仮説 70e
—— gene-one polypeptide chain hypothesis 一遺伝子一ポリペプチド鎖仮説 70f
one-side communication 一方的伝達 1243b
one step-growth experiment 一段増殖実験 73h
ongle 平爪,扁爪 936i
Onichiopsis 223a
onion body タマネギ体 134c
Oniscidea ワラジムシ亜目 1597₇
Oniscomorpha タマヤスデ上目 1593₇
Oniscus 1597₈
Onithochiton 1581₂₅
Onnia 1624₂
Onoclea 1643₄₆
Onocleaeae コウヤワラビ科 1643₄₆
ONPG *o*-ニトロフェニル-β-D-ガラクトピラノシド 1038h
on-response オン反応 169a
Onslowia 1657₁₉
Onslowiales オンスロウィア目 1657₁₉
On the Origin of Species 種の起原 587c
ontogenesis 個体発生 479b
ontogenetic allometry 個体発生的アロメトリー 47a
ontogeny 個体発生 479b
ontological parsimony 存在論的最節約 516a
Onuphis 1584₄₅
Onychium 1643₃₄

Onychocola 1610₅₁
Onychodactylus 1567₄₂
Onychodictyon 1588₂₆
Onychodontiformes オニコダス目 1567₅
Onychodus 1567₅
Onychophora 有爪動物,有爪動物門 1412c, 1588₁₉
Onychophora 1606₄₀
onychophorans 有爪動物 1412c
Onychophorida カギムシ綱 1588₂₅
Onychoteuthis 1583₁₆
on year 当たり年,成り年 207g
Onygena 1611₂₂
Onygenaceae ホネタケ科 1611₁₉
Onygenales ホネタケ目 1340b, 1611₁₀
ooblast 連絡糸 679d, 1496c
oocyan オーシアン 888a
oocyst オーシスト 165c
Oocystis 1635₉
oocyte 卵母細胞 1444e
—— maturation 卵成熟 1446c
Oodinium 1662₃₃
ooecium 卵室 912b
Oogamochlamys 1635₃₈
oogamy オーガミー 163i
oogenesis 卵形成 1444e
oogonium 卵原細胞,卵祖細胞,生卵器 757c, 779d, 1444e
ookinete オーキネート 164d
Oolithotus 1666₂₄
Oomyces 1607₃
Oomycetes 卵菌綱,卵菌類 1444c, 1653₃₉
Oomycota 卵菌門,卵菌類 1444c, 1653₃₂
Ooperipatellus 1588₂₈
Ooperipatus 1588₂₈
ooplasm 卵質 629c, 1445h
ooplasmic segregation 卵細胞質分離 1445d
öosome 極細胞質 325g
oospore 卵胞子,大配偶子 616f, 1450c
Oosporidium 1605₄₄
oostegite 覆卵葉 1201b
ootheca 卵嚢 1448g
ootid オオチッド 1444e
ootype 卵形成腔 1284d, 1444f
ooze 軟泥 1029d
oozooid 有性個体 1370d
Opadorhiza 1625₂₃
opal codon オパールコドン 622d
—— glass method オパールガラス法 167i
Opalina 1653₃₁
Opalinatea オパリナ綱 1653₂₉
Opalinida オパリナ目 1653₃₁
Opalinopsis 1660₄₂
opal mutation オパール突然変異 1029a
Opalozoa オパロゾア門 1653₂₄
opal suppressor オパールサプレッサー 1028d
opaque area 暗域 47c
OPARIN, Aleksandr Ivanovich オパーリン 167h
Opegrapha 1606₅₄
open blood-vascular system 開放血管系 187f
—— circular DNA 開環状 DNA 264c
—— circulatory system 開放循環系 187f
—— community 疎生群系 842c
—— forest 疎林 842c
—— pollination 放任受粉 701f
—— reading frame オープンリーディングフレーム 169b
—— stele 開放型中心柱 714c
—— system 開放系 187e
—— vascular bundle 開放維管束 1261c
—— vegetation 疎生群系 842c
operant オペラント 169c, 460d
—— conditioning オペラント条件づけ 169c
operational sex ratio 実効性比 593a, 770a
—— taxonomic unit 操作的分類単位 825b
operator オペレーター 169d
opercular gill 鰓蓋鰓 507e
Opercularia 1660₄₆

Operculina 1664₁₁
Operculomyces 1602₄₀
operculum 殻蓋, 蓋, 蓋板, 蘚蓋, 鰓蓋 61b, 74k, **186**d, **507**d, 535h, **1204**c
operon オペロン **169**e
── theory オペロン説 **170**a
Ophelia 1584₃₆
Opheliida オフェリアゴカイ目 1584₃₆
Ophiacantha 1561₁₅
Ophiacodon 1573₉
Ophiactis 1561₁₆
Ophiarachnella 1561₁₆
Ophichthus 1565₅₅
Ophiderpeton 1567₂₇
Ophidia 1568₅₆
Ophidiaster 1560₅₃
Ophidiiformes アシロ目 1566₂₆
Ophiobolus 1609₂₈
Ophiocanops 1561₁₃
Ophiocapnocoma 1608₃₀
ophiocephalus pedicellaria 蛇頭叉棘 535g
Ophioceras 1618₁₂
Ophiochiton 1561₁₇
Ophiocistia 蛇函類 **868**d
Ophiocistioidea 蛇函綱 1561₃₂
Ophiocoma 1561₁₇
Ophiocordyceps 1617₄₄
Ophiocordycipitaceae オフィオコルジケプス科 1617₄₃
Ophiocreas 1561₁₁
Ophiocytium 1657₄
Ophiodothella 1616₃₈
Ophioglossales ハナヤスリ目 1642₃₃
Ophioglossidae ハナヤスリ亜綱 1642₃₂
Ophioglossum 1642₃₄
Ophioleuce 1561₁₇
Ophiomoeris 1561₁₈
Ophiomyxa 1561₁₄
Ophiomyxina キヌハダクモヒトデ亜目 1561₁₃
Ophionectria 1617₃₈
Ophionereis 1561₁₈
Ophioparma 1611₅₆
Ophioparmaceae イワザクロゴケ科 1611₅₆
Ophiophagus 1569₆
Ophioplocus 1561₁₈
ophiopluteus オフィオブルテウス 125c, 1227a
Ophiopogon 1646₆₁
Ophiosmilax 1561₁₄
Ophiosphaerella 1609₄₇
Ophiostoma 1618₆₀
Ophiostomataceae オフィオストマ科 1618₅₉
Ophiostomataels オフィオストマ目 1618₅₈
Ophiothrix 1561₁₉
ophiotoxin オフィオトキシン 1273d
Ophioviridae オフィオウイルス科 1520₃₅
Ophiovirus オフィオウイルス属 1520₃₆
Ophiura 1561₁₉
Ophiurida クモヒトデ目 1561₁₂
Ophiuridea クモヒトデ亜綱, 閉蛇尾類 1561₈
Ophiurina クモヒトデ亜目 1561₁₅
Ophiuroidea クモヒトデ綱, クモヒトデ類, 蛇尾類 352d, 1561₄
Ophleriella 1609₂₀
Ophrydium 1660₄₆
Ophryocystis 1661₂₆
Ophryoglena 1660₃₈
Ophryoglenida オフリオグレナ目 1660₃₈
Ophryoscolex 1659₁₄
ophthalmic artery 眼動脈 668c
Ophthalmosaurus 1568₂₇
Ophyryodendron 1659₄₆
opiate オピエート 168a
Opilio 1591₁₉
Opilioacarida アシナガダニ亜目, 背気門類 1589₄₃
Opilioacarus 1589₄₃
Opiliones ザトウムシ目 1591₁₅

Opiliotarbus 1591₁₄
opine オピン **168**e
opioid オピオイド **168**a
── receptor-like 1 receptor オピオイド受容体様受容体 1067c
opisthaptor 固着盤 **479**e
Opisthoaulax 1662₁₆
Opisthobranchia 後鰓目 1583₅₇
opisthocoelous 後凹 **784**d
Opisthocomiformes ツメバケイ目 1572₇
Opisthocomus 1572₇
Opisthogoneata ムカデ上綱, 後性類 812d, 1592₃₀
Opisthokonta オピストコンタ上界 1552₂₅
opisthokonts オピストコンタ **168**c
Opisthonecta 1660₄₇
opisthonephros 後方腎 **465**h
Opisthoteuthis 1583₂₀
Opisthothelae クモ亜目 1592₁₃
opisthotic bone 後耳骨 698c
opistodontia 反対咬合, 後退咬合 439e
Opistognathus 1566₅₁
Opituaceae オピトゥトゥス科 1551₁₂
Opitutae オピトゥトゥス綱 1551₁₀
Opitutales オピトゥトゥス目 1551₁₁
Opitutus 1551₁₂
opium オピウム, アヘン 1400j
── alkaloid アヘンアルカロイド **25**c
Oplegnathus 1566₅₁
Oplitis 1590₁
OPPEL, Albert オッペル **166**g
Oppia 1591₆
opponent-color theory 反対色説 549h
opportunistic infection 日和見感染 267c
opposite leaf method 対葉法 328a
── phyllotaxis 対生 **854**i
opsin オプシン **168**g
opsonin オプソニン **168**b
optical activity 光学活性 **432**b
── density 光学密度 309k
── illusion 錯視 538h
── rotation 旋光性 **804**a
── rotatory dispersion 旋光分散 **804**d
── rotatory power 旋光能 804a
optic ataxia 視覚性運動失調 7
── cartridge カートリッジ(視覚の) **232**f
── chiasma 視神経交叉 **580**f
── cup 眼杯, 眼盃 **271**c
── disc 視神経乳頭, 視神経円板 580e, 580g
── foramen 視神経管 668c
── ganglion 視神経節 **580**g
── ganglion cell 視神経節細胞 **581**a
── groove 眼溝 1393h
── lobe 視葉 580g
── nerve 視神経 **580**e
── stalk 眼柄 **273**b
── tectum 視蓋 **558**f
── tract 視索 580f
── vesicle **273**d, 1393h
optimal allocation problem 最適配分問題 1088i
── choice 最適選択 517d
── control theory 最適制御理論 727g
── diet model 最適餌選択モデル 517c
── foraging theory 最適採餌戦略, 最適採餌理論 204b, **517**c
── patch use problem 最適パッチ使用問題 517c
── stimulus 最適刺激, 至適刺激 570d
── strategy 最適戦略 **517**a
── temperature 至適温度 176a
optimization 最適化 517d
optimum curve 最適曲線 **517**b
── density 最適密度 **517**c
── yield 最適生産量 516e
── zone 至適帯 363a
optische Ataxie 559c
optokinesis 視運動性眼振, 視運動性眼球運動 255e

optokinetic movement　視機性運動　323c
―― reaction　視運動反応　**556**d
optomotor reaction　視運動反応　**556**d
Opuntia　1650₅₆
oral appendage　口肢　**445**e
―― arm　口腕　353h
―― cavity　口腔　63c, **439**d, 523e
―― cone　口丘, 口円錐　1158b
―― contraceptive drug　経口避妊薬　**386**e
―― gland　口腔腺　**442**d
―― groove　口溝　63e
―― lip　口唇　353h
―― membrane　口膜　433c
―― pillar　口柱　353h
―― plate　口板　433c
―― pole　口極　**436**f
―― region　口域　63e
―― setae　肩毛　1424a
―― stylet　歯針　273e
―― sucker　口吸盤　313d
―― tentacle　口触手, 口触角　353h, 670b, 986e, 1325c
ora serrata　鋸状縁　1393h
Oratosquilla　1596₂₅
Orbicula　1616₂₁
orbicularis oris muscle　口輪筋　348b
Orbignygyra　1557₅₈
Orbilia　1615₄₆
Orbiliaceae　オルビリア科　1615₄₆
Orbiliales　オルビリア目　1615₄₅
Orbiliomycetes　オルビリア綱　1615₄₃
Orbiliomycetidae　オルビリア亜綱　1615₄₄
Orbiniida　ホコサキゴカイ目　1584₃₅
Orbispora　1605₁₁
orbitale　オルビターレ, 眼窩下縁最低点　561h
orbital gland　眼窩腺　274b
orbitosphenoid bone　眼窩蝶形骨　668c, 698c
Orbivirus　オルビウイルス属　1485i, 1519₃₂
Orboperculariella　1660₄₇
Orbulina　1664₁₅
Orbus　1548₂₅
ORC　複製開始点認識複合体　946a, 1198g
Orchesellaria　1604₃₆
Orchidaceae　ラン科　1646₃₉
orchid mycorrhiza　ラン型菌根　333i
orchinol　オルキノール　1182k
orcinol reaction　オルシノール反応　**172**a
Orcinus　1576₅
order　オーダー, 目, 群目, 遷移順序　383a, 391f, **1395**h, 1548₁₁
―― parameter　オーダーパラメータ　1338c
Ordgarius　1592₂₄
ordinary nematogen　通常無性虫　566g
ordination　序列法, 座標づけ　**683**d
ordo　目　**1395**h
Ordonia　1620₅₁
Ordovician period　オルドビス紀　**172**b
Ordus　1606₄₀
Orectolobiformes　テンジクザメ目　1564₄₄
Orectolobus　1564₄₄
Oreella　1588₁₀
Orenia　1543₆₀
Oreodon　1576₁₅
Oreopithecus　オレオピテクス　1231a, 1575₄₀
ores　**346**e
orexin　オレキシン　**172**h
ORF　オープンリーディングフレーム　169b
Orf virus　オルフウイルス　1517₅
organ　器官, 臓器　**280**a, 822h
organa urinaria　泌尿器　1158d
organ culture　器官培養　**281**f
organe frontal médian　中央前頭器官　816c
―― frontal pair　有対前頭器官　816e
organelle　オルガネラ, 細胞小器官　**526**e
organ field　器官の場　1071a
organic acidotrophic lake　有機酸性湖　547b

―― agriculture　有機農業　**1406**j
―― debris　デブリ　962f
―― evolution　生物進化　**773**d
―― farming　有機農業　**1406**j
organicism　有機体論, 生体論　**1406**i
organic sense　器官感覚　**280**e
Organisationspotenz　形成能　1107b
organisin　オルガニジン　391b
organism　有機体, 生物　**770**d, **1406**h
organismal theory　オルガニズマル説　**171**g
organism diploid　複相生活環　745g
―― haploid　単相生活環　745g
organismic concept　統一体の概念　381f
organization　オルガニゼーション, 体制, 器質化, 有機構成　**286**b, 478f, **854**h
―― center　形成中心　**389**c
organizer　形成体　**389**b
organ muscle　器官筋　**280**f
―― of Giraldés　側精巣　837b
organogenesis　器官形成　**280**h
organography　器官学　**280**d
organoheterotrophy　有機従属栄養　625g
organology　器官学　**280**d
organotrophy　有機栄養　625g
organotropy　臓器親和性　**823**b
organ sense　器官感覚　**280**e
―― specificity　器官特異性, 臓器特異性　840g, 1168h
―― system　器官系　280a
―― transplantation　臓器移植　**822**i
organum Bidderi　ビダー器官　**1149**i
―― vasculosum laminae terminalis　終板器官　1063h
ori　1490i
Oribacterium　1543₄₀
Oribaculum　1539₁₃
Oribatella　1591₁₀
Oribatida　ササラダニ亜目, 隠気門類　1590₅₂
Oribatula　1591₁₀
oriC　946a
Oridorsalis　1664₁₁
Oriental subregion　東洋亜区　313a
orientation　定位　**939**b
―― by electric fields　電場定位　**972**j
―― flight　定位飛行　**940**b
―― movement　指向性運動　**572**c
―― selectivity　方位選択性　888f, 1294c
Orientia　1546₂₉
―― *tsutsugamushi*　ツツガムシ病病原体　**935**d
orienting response　定位反応　**940**a
origin　起始点　479i
original antigenic sin　抗原原罪説　99e
―― breed　421f
―― seed　原種　**421**g
―― stock　421g
―― vegetation　原植生　**422**a
origin licensing　複製開始点ライセンス化　1198h
―― of life　生命の起原　**778**a
―― recognition complex　複製開始点認識複合体　946a, 1198g
Oriolus　1572₅₆
Oripoda　1591₁₀
Orisiboe　1593₁₇
oriT　790h
orixate phyllotaxis　コクサギ型葉序　624f
ORL1 receptor　オピオイド受容体様受容体　1067c
ORLA-JENSEN, Sigurd　オーラ-エンゼン　**170**h
ornamental plants　観賞植物　151f
ornithine　オルニチン　**172**d
Ornithinibacillus　1542₃₂
Ornithinicoccus　1537₁₈
Ornithinimicrobium　1537₁₈
Ornithischia　鳥盤目　1570₂₃
Ornithobacterium　1539₄₈
Ornithocercus　1662₄₉
Ornithodira　鳥頸下区　1569₂₈
Ornitholestes　1570₁₂

ornithology　鳥類学　**927**f
Ornithomimus　1570_{12}
ornithophily　鳥媒　996d
Ornithopoda　鳥脚下目　1570_{31}
Ornithorhynchus　1573_{45}
Ornithosuchus　1569_{17}
ornithuric acid　オルニツール酸　172e
Orobanchaceae　ハマウツボ科　1652_{16}
Orobanche　1652_{17}
Orobdella　1585_{47}
Orodontiformes　オロドゥス目　1564_{22}
Orodus　1564_{22}
Orohippus　1576_{28}
oronasal membrane　口鼻膜　308c
Operipatus　1588_{28}
oropharyngeal membrane　口咽頭膜　346e
Oropogon　1612_{48}
orotate phosphoribosyltransferase　オロト酸ホスホリボシルトランスフェラーゼ　1171h
orotidine-5-monophosphate decarboxylase　オロチジル酸デカルボキシラーゼ　1171h
orphan drug　オーファンドラッグ，希少疾病用医薬品　435c
orphanin FQ　1067c
Orphanomyces　1622_6
orphan receptor　オーファン受容体　168f
Orphella　1604_{46}
Orpinomyces　1603_{15}
Orromyces　1611_{18}
Orthetrum　1598_{51}
Orthida　オルチス目　1580_{26}
Orthiopteris　1643_{23}
Orthis　1580_{26}
Orthobunyavirus　オルトブニヤウイルス属　1520_{32}
Orthoceras　1582_{34}
Orthoceratoidea　1582_{29}
Orthocerida　1582_{34}
orthochromatophilic erythroblast　正染性赤芽球　781i
orthodentin　真性象牙質　1069b
Orthodonella　1660_2
Orthodontiaceae　オルトドンティア科　1640_{25}
orthodox taxonomy　正統分類学　592h
orthodromic conduction　順方向性伝導　971i
Orthogenese　定向発達　950f
orthogenesis　定向進化　**950**f
Orthogeomys　1576_{40}
orthogonal field alteration gel electrophoresis　1116a
orthogravitropism　正常重力屈性　630e
Orthohepadnavirus　オルトヘパドナウイルス属　1518_{31}
ortholog　オルソログ　651i
orthologous gene　系列相同遺伝子　**651**i
Orthomorpha　1594_{14}
Orthomyces　1604_{19}
Orthomyxoviridae　オルトミクソウイルス，オルトミクソウイルス科　**172**c, 1520_3
Orthonectida　直泳動物，直泳動物門　**928**b, 1577_{12}
orthonectids　直泳動物　**928**c
orthoplasy　定向成形　1438e
Orthopoxvirus　オルトポックスウイルス属　1517_4
Orthopsis　1562_1
Orthoptera　バッタ目，直翅類，跳躍類　1599_{22}
Orthopterida　直翅上目　1599_{18}
Orthoreovirus　オルトレオウイルス属，オルトレオウイルス属　$1485i, 1519_{45}$
Orthoretrovirinae　オルトレトロウイルス亜科，オルトレトロウイルス亜科　$1489e, 1518_{31}$
Orthorrhynchiaceae　オルトリンキア科　1641_{14}
Orthoseira　1654_{37}
Orthoselektion　定向淘汰　950f
Orthoserales　ウスガサネケイソウ目　1654_{37}
orthostichy　直列線　**929**b
Orthosuchus　1569_{20}
Orthotetella　1580_{22}
Orthotetida　オルトテテラ目　1580_{22}
Orthotrichaceae　タチヒダゴケ科　1640_{17}
Orthotrichales　タチヒダゴケ目　1640_{16}

Orthotrichum　1640_{17}
Orthotrochilia　1659_{30}
orthotropism　正常屈性　348h
orthotropous　直生　1080b
ortical microtubule　細胞表層微小管　1142c
Orya　1592_{42}
Orychophragmus　1650_3
Orycteropus　1574_{38}
Oryctolagus　1576_{31}
Oryx　1576_{15}
Oryza　1647_{39}
oryzanin　オリザニン　898c, 1149j
Oryza sativa　イネ, 稲　**86**i
Oryzavirus　オリザウイルス属　1519_{46}
oryzenin　オリゼニン　370b
Oryzias　1566_{32}
Oryzihumus　1537_{18}
os　口, 骨　**346**e, **1317**g
Osangularia　1664_{11}
os basioccipitale　底後頭骨　698c, 848h
Osbeckia　1652_{16}
OSBORN, Henry Fairfield　オズボーン　**165**i
os breve　短骨　1317g
Oscarbrefeldia　1605_{44}
Oscarella　1554_{22}
oscillation　発現振動　855h
Oscillatoria　1541_{37}
Oscillatoriales　オシラトリア目, ユレモ目　1541_{35}
oscillator strength　振動子強度　**710**b
oscillatory flight muscle　律動飛行筋　800c
Oscillibacter　1543_{43}
Oscillochloridaceae　オシロクロリス科　1540_{41}
Oscillochloris　1540_{41}
oscilloreception　振動受容　173e
Oscillospira　1543_{43}
Oscillospiraceae　オシリバクター科　1543_{43}
OSCP　135g
osculum　出水孔, 大孔, 流出大孔　720e
os ethmoides　篩骨　698c
—— exoccipitale　外後頭骨　698c, 848h
—— frontale　前頭骨　698c
—— incae　インカ骨　**92**e
—— lacrimale　涙骨　698c
—— longum　長骨　921d
OSM　ヒツジ顎下腺ムチン　227b
Osm　オスモル　165j
Osmanthus　1651_{61}
os marsupiale　袋骨　**849**f
Osmeriformes　キュウリウオ目　1566_{10}
Osmerus　1566_{10}
osmium tetroxide　四酸化オスミウム　484e
osmobiosis　オズモビオシス　363f
osmoconformer　浸透順応型動物　**710**c
osmolality　オスモル濃度, 質量オスモル濃度　**165**j
osmolarity　オスモル濃度, 容量オスモル濃度　**165**j
osmole　オスモル　165j
osmometer　浸透計　**710**a
osmophily　好濃性, 好稠性, 好高張性　**462**c
osmoreceptor　浸透圧受容器　**709**d
osmoregulation　浸透調節　**710**d
osmoregulator　浸透調節型動物　**711**a
osmotic adaptation　浸透適応　710d
—— concentration　浸透濃度　**711**c
—— permeability　浸透過性　1356a
—— permeability coefficient　浸透過性係数　1356a
—— potential　浸透ポテンシャル　1130c, 1228b
—— pressure　浸透圧　**709**c
—— regulation　浸透調節　710d
—— value　浸透価　**709**e
—— water permeability coefficient　浸透的水透過係数　1356f
Osmunda　1642_{44}
Osmundales　ゼンマイ目　1642_{44}
Osmundastrum　1642_{44}
os nasale　鼻骨　698c

—— occipitale 後頭骨 698c
—— parietale 頭頂骨 698c
osphradium 嗅検器 **309**i
os planum 扁平骨 1317c
—— priapi 陰茎骨 **93**a
OSR 593c
ossa cranii 頭骨 **982**a
osseous conduction 骨伝導 **483**a
—— semicircular canals 骨半規管 484b
—— tissue 骨組織 **482**f
ossicle 骨片 **483**e
ossicular conduction 耳小骨伝導 343d
ossiculum 836a
ossification 骨化 **479**g
—— center 骨化中心 480e
Ossifikationspunkt 骨化点 480e
os sphenoides 蝶形骨 698c
—— supraoccipitale 上後頭骨 698c, 848h
Osteichthyes 硬骨魚綱, 硬骨魚類 **442**i, 1565$_{19}$
Osteina 1624$_{14}$
os temporale 側頭骨 698c
osteoblast 骨芽細胞 **480**d
osteoclast 破骨細胞 **1095**d
osteocyte 骨細胞 **480**i
osteocytic osteolysis 骨細胞性骨溶解 480j
osteodentin 骨様象牙質 1069b
osteogenic layer 骨形成層 484a
Osteoglossiformes アロワナ目 1565$_{50}$
osteoid 類骨 480f, 480j
osteoimmunology 骨免疫学 **484**c
Osteolepidiformes オステオレピス目 1567$_{10}$
Osteolepis 1567$_{10}$
osteology 骨学 1317g
osteometry 骨格計測 **480**b
Osteomorpha 1623$_{47}$
osteon 骨単位 482f, 1090h
osteoporosis 骨粗鬆症 **482**g
osteoprogenitor cell 骨原芽細胞 484a
Osteostraci 骨甲目 1564$_{8}$
ostial valve 心門弁 714e
ostiole オスチオール, 孔口 **165**e, 603b
ostium 入水孔, 小孔, 心門, 流入小孔 **714**e, 720e
—— bursae 生殖口 463d
—— urogenitale 泌尿生殖口 1159a
Ostracoda 貝形虫綱, 貝形虫類, 貝虫綱 **179**d, 1596$_5$
Ostracoderma 1616$_{14}$
Ostracodermi 甲皮類 229e
ostracoderms 甲皮類 229e
Ostracodinium 1659$_{14}$
ostracum 殻質層 177i
Ostrea 1582$_5$
Ostreavirus オストレアウイルス属 1515$_7$
Ostreida カキ目 1582$_5$
Ostreid herpesvirus 1 カキ(牡蠣)ヘルペスウイルス1 1515$_7$
Ostreobium カイガラミドリイシ 1634$_{50}$
Ostreococcus 1634$_{12}$
Ostreopsis 1662$_{46}$
OSTROM, John Harold オストローム **165**h
Ostropa 1614$_{14}$
Ostropales オストロパ目 1613$_{58}$
Ostropella 1609$_{37}$
Ostropomycetidae オストロパ亜綱 1613$_{48}$
Ostrya 1649$_{24}$
OT オキシトシン, 旧ツベルクリン 164a, 936a
otic capsule 耳嚢, 耳殻 1028b
—— placode 耳プラコード, 耳板 608c
Otidea 1616$_{21}$
Otidiformes ノガン目 1571$_{38}$
Otis 1571$_{38}$
otocephaly 耳頭 **597**g
Otocepheus 1591$_6$
Otoceras 1582$_{53}$
Otocyon 1575$_{53}$
otocyst 耳胞 **608**c
Otohydra 1556$_{13}$

otolith 平衡石, 耳石 **1259**h
Otoplana 1577$_{30}$
otoporpa 聴飾 670f
Otospora 1605$_5$
Otostigmus 1592$_{39}$
Ototyphlonemertes 1581$_4$
Otozamites 1644$_{29}$
Otsheria 1573$_{19}$
O. tsutsugamushi ツツガムシ病原体 1546$_{29}$
Ottelia 1646$_4$
Ottoia 1587$_{49}$
Ottoiomorpha オットイア目 1587$_{49}$
Ottowia 1546$_{54}$
Ottowphrya 1660$_7$
OTU 操作的分類単位 825b
Otus 1572$_{11}$
ouabain ウアバイン **114**b
ouch-ouch disease イタイイタイ病 **70**a
Ouchterlony's test オクテロニーのテスト 414i
Oudemansiella 1626$_{29}$
Oudenodon 1573$_{23}$
Ourmia melon virus 1523$_{22}$
Ourmiavirus オルミアウイルス属 1523$_{22}$
outbreak 大発生 **861**c
outbreeding 異系交配 **61**e
outer bark 外樹皮 645a
—— basic lamella 外基礎層板 482f
—— lateral plate 外側板 838i
—— membrane 外膜 **187**g
—— seed coat 外種皮 633d
outer-segment disc membrane 膜性円板 **1336**j
outer slope 外側斜面 550b
—— suture 外縫線 976d
—— veil 外皮膜 **186**i
outflow tract 流出路 1035c
outgroup 外群 179b
—— comparison 外群比較 **179**b
outgrowth 発芽後成長 1101a
outside-out patch アウトサイドアウトパッチ 1107f
ovalbumin オバルブミン **167**k
oval gland 卵胆腺 **1440**e
Ovalopodium 1628$_{16}$
ovarial transmission 経卵伝染, 経卵感染 724d
ovarian ascorbic acid depletion method OAAD法, 卵巣アスコルビン酸減少法 12c
—— bursa 卵巣嚢 **1447**f
—— cavity 卵巣腔 **1447**d
—— cord 卵巣索 **1447**e
—— egg 卵巣卵 **1440**d
—— follicle 卵巣濾胞, 卵胞 1504d
—— tube 卵巣管 **1447**c
ovariectomy 卵巣除去 329e
ovariole 卵巣管 **1447**c
ovarium 卵巣 **1447**a
ovary 卵巣, 子房 581c, 1284d, **1447**a
Ovatisporangium 1654$_{16}$
overall similarity 全体的類似度 586b, 1480g
overcrowding 過密 517e
—— effect 過密効果 490a
overdominance 超優性 **927**c
—— load 超優性荷重 82h
over grazing 過放牧 371g
over-hair 上毛 384a
overlapping gene 重なり遺伝子 **214**e
overpopulation 過密 517e
overripeness 過熟(卵の) **215**g
overshoot オーバーシュート 230b
overspecialization 過大特殊化 950f
overstepping ふみ越え 1420m
overtopping 主軸形成 **634**c
overwintering 越冬 998c
ovicell 卵室 912b
oviducal gland 粘液腺 **1059**e
oviduct 輸卵管 **1418**f
oviductus 輸卵管 **1418**f

oviger　負卵脚　**1220**d
ovigerous leg　負卵脚　1220d
ovijector　射卵管　617b, 1447c
Ovine adenovirus D　ヒツジアデノウイルス D　1515₁₀
ovine submaxillary gland mucin　ヒツジ顎下腺ムチン　227b
oviparity　卵生　**1446**b
oviposition　産卵　**554**g
── pheromone　産卵フェロモン　1189c
ovipositor　産卵管　**554**h
Oviraptor　1570₁₃
Ovis　1576₁₅
ovist　卵子論者　**1446**a
ovoid gland　卵円腺　108b
ovomucin　オボムチン　1449c
ovomucoid　オボムコイド　1449c
ovotestis　卵精巣　**1446**f, 1470d
ovotransferrin　オボトランスフェリン　1449c
ovoviviparity　卵胎生　**1447**g
Ovularia　1608₃₅
Ovulariopsis　1614₃₈
ovulatio bifollicularis　828e
ovulation　排卵　**1090**c
ovulatio unifollicularis　828e
ovule　胚珠　**1080**b
ovuliferous scale　種鱗　**649**c
Ovulinata　1665₄₁
Ovulinia　1615₁₃
Ovulitis　1615₁₃
ovum　卵　**1440**d
── transfer　卵子移植　1072d
Owenia　1584₅₇
Oweniida　チマキゴカイ目　1584₅₇
OWEN, Richard　オーエン　**162**d
Owenweeksia　1539₃₇
oxacephem　オキサセフェム　1268a
oxalic acid　シュウ酸　**622**a
Oxalicibacterium　1546₅₉
Oxalidaceae　カタバミ科　1649₃₀
Oxalidales　カタバミ目　1649₂₈
Oxalis　1649₃₀
oxaloacetic acid　オキサロ酢酸　344b
Oxalobacter　1546₆₀
Oxalobacteraceae　オキサロバクター科　1546₅₈
Oxalophagus　1542₃₈
oxalosuccinic acid　オキサロコハク酸　68i
oxetane　オキセタン　1095a
oxidase　酸化酵素　**548**d
oxidation-reduction potential　酸化還元電位　**548**b
oxidative assimilation　酸化的同化　**549**a
── burst　オキシダティブバースト　38n
── deamination　酸化的脱アミノ反応　28b
── decarboxylation　酸化的脱カルボキシル反応，酸化的脱炭酸反応　874b
── fermentation　酸化発酵　**549**c
── phosphorylation　酸化的リン酸化　**549**b
── stress response　酸化ストレス応答　736a
oxidoreductase　酸化還元酵素　**548**a
2,3-oxidosqualene-lanosterol cyclase　2,3-オキシドスクアレン=ラノステロール環化酵素　729e
Oxidus　1594₁₄
Oxnerella　1666₃₁
Oxobacter　1543₃₁
3-oxobutyric acid　3-オキソ酪酸　409g
oxolinic acid　オキソリン酸　942e
17-oxosteroid　17-オキソステロイド　409d
OXT　オキシトシン　164a
Oxya　1600₁
Oxyaena　1575₄₄
oxybiotin　オキシビオチン　1131g
Oxycephalus　1597₁₆
Oxychonina　1659₃₇
Oxycomanthus　1560₂₃
Oxydothis　1619₂₅
oxygenase　オキシゲナーゼ　**163**m
oxygenation　酸素添加　552b, 1277d

oxygen capacity　酸素容量　552b
── content　酸素含量（血液の）　552b
── debt　酸素負債　552f
── dissociation curve　酸素解離曲線（ヘモグロビンの）　552a
── effect　酸素効果　552c
── evolution system　酸素発生系　552e
── factor　酸素要因　552g
oxygenic photosynthesis　酸素発生型光合成　509c
oxygen saturation　酸素飽和度　552a
Oxygyne　1646₁₉
oxyhemoglobin　酸素ヘモグロビン　1277d
oxylophyte　酸性土植物　551h
Oxymitraceae　ハタゴケモドキ科　1637₉
Oxymonadida　オキシモナス目　1629₃₃
Oxymonas　1629₃₃
Oxyneis　1655₁₇
Oxynoe　1584₆
Oxyopes　1592₂₅
oxyphilic cell　好酸性細胞　1195d
Oxyphysis　1662₄₉
Oxyptila　1592₂₅
Oxyrrhea　オキシリス綱　1662₁₀
Oxyrrhida　オキシリス目　1662₁₁
Oxyrrhis　1662₁₁
Oxystomina　1586₂₆
Oxytate　1592₂₅
oxytocic activity　子宮収縮作用，子宮筋収縮作用　164a
── hormone　子宮収縮ホルモン，子宮筋収縮ホルモン　164a
oxytocin　オキシトシン　**164**a
Oxytoxum　1662₄₁
Oxytricha　1658₃₃
Oxyuranus　1569₇
OY　最適生産量　516e
Ozarkodina　1563₄₂
Ozobranchus　1585₄₃
ozone hole　オゾンホール　**165**l
── layer　オゾン層　165l
Ozonium　1626₃₅
ozonosphere　オゾン層　165l

P

π-π^* transition　π-π^* 遷移　**1086**f
"ϕ29-like viruses"　ϕ29 様ウイルス　1514₂₁
"ϕ31-like viruses"　ϕ31 様ウイルス　1514₃₈
"ϕeco32-like viruses"　ϕeco32 様ウイルス　1514₂₉
"ϕH-like viruses"　ϕH 様ウイルス　1514₁₀
"ϕKMV-like viruses"　ϕKMV 様ウイルス　1514₁₆
"ϕKZ-like viruses"　ϕKZ 様ウイルス　1514₁₁
ϕX174　944c
ϕX174 Phage　ϕX174 ファージ　**1179**b
Ψ　プソイドウリジン，水ポテンシャル　45e, 1203m, 1356d
"ψM1-like viruses"　ψM1 様ウイルス　1514₄₀
P_0　1387a
P1 artificial chromosome　701i
"P1-like viruses"　P1 様ウイルス　1514₅
"P22-like viruses"　P22 様ウイルス　1514₂₇
"P2-like viruses"　P2 様ウイルス　1514₆
p38 MAPK　736b
── MAPK pathway　p38 MAPK 経路　**1146**d
P450　600e
P450_scc　497e
P5C dehydrogenase　P5C 脱水素酵素　1240b
── reductase　P5C 還元酵素　1240b
p70S6K　94e
p70 S6 kinase　94e
p88　カルネキシン　246e
p90　カルネキシン　246e
PA　プラスミノゲンアクチベーター，プラスミノゲン活性化因子，ホスファチジン酸　1217h, 1310b
PABA　パラアミノ安息香酸　1114d

pal 2063

Pabia 1635₁₁
PAC 701i
Pacellula 1622₃₂
pacemaker ペースメーカー **1265**d
—— potential ペースメーカー電位 **1265**e
Pachastrella 1554₃₃
Pachnocybales パクノキベ目 1620₉
Pachnocybe 1620₁₀
Pachyascaceae パキアスクス科 1612₁₀
Pachyascus 1612₁₀
Pachycephalosauria 堅頭竜下目 1570₂₈
Pachycephalosaurus 1570₂₈
Pachycormiformes パキコルムス目 1565₄₂
Pachycormus 1565₄₂
Pachydrilus 1585₃₄
Pachyella 1616₁₃
Pachyjoenia 1630₁₄
Pachykytospora 1624₄₇
Pachyma 1624₄₄, 1624₄₅, 1624₄₈, 1624₅₂
Pachymenia 1633₃₆
pachymeninx 硬膜 1065b
Pachymetra 1654₂₂
pachynema パキネマ 1091j
Pachynocybaceae パクノキベ科 1620₁₀
Pachyospora 1612₃₃
Pachyphiale 1614₆
Pachyphloeus 1616₁₄
Pachyphysis 1613₁₀
Pachypleurosauria パキプレウロサウルス目 1568₃₁
Pachypleurosaurus 1568₃₁
Pachypteris 1644₂₀
Pachysandra 1648₉
Pachysphaera 1634₄
pachytene stage パキテン期 **1091**j
Pachytesta 1644₁₃
Pacifastacus 1597₄₈
Pacific North American floral region 北アメリカ太平洋岸植物区系区 675a[表]
Pacinian corpuscle パチーニ小体 **1099**c
Pacispora 1605₆
Pacisporaceae パキスポラ科 1605₆
PACKARD, Alpheus Spring パッカード **1101**f
paclitaxel パクリタキセル **1095**a
paddy soil 水田土壌 **725**b
Padina 1657₂₁
Padunoceras 1582₄₀
Paecilomyces 1611₆
Paederia 1651₄₀
paedogamy ペドガミー **1271**d
paedomorphosis 幼形進化 **1420**m
Paenalcaligenes 1546₄₅
Paenibacillaceae パエニバチルス科 1542₃₇
Paenibacillus 1542₃₈
Paenisporosarcina 1542₄₁
Paenochrobactrum 1545₃₄
Paeonia 1648₁₈
Paeoniaceae ボタン科 1648₁₈
Paepalopsis 1621₅₄
Paeromopus 1593₂₅
P. aeruginosa 緑膿菌 1549₄₉
Paesia 1643₂₉
PAF 血小板活性化因子 404f
PAF-AH 血小板活性化因子アセチルヒドロラーゼ 1311f
PAGE ポリアクリルアミドゲル電気泳動法 1321e
Pagiophyllum 1644₄₈
Pagrus 1566₅₁
Paguma 1575₄₈
Pagurixus 1598₃
Pagurus 1598₃
PAH パラアミノ馬尿酸 1114e
pain 痛み **70**d
painful stimulus 疼痛刺激 688e
pain spot 痛点 **934**f
PAINTER, Theophilus Shickel ペインター **1263**d
pairable damage 対合性損傷 943e

pair approximation ペア近似 446f
pair-bond 性的連合 224g
paired appendage 有対肢 180g
—— fins 対鰭 **934**a
—— helical filament 二重らせん繊維 1142e
pairing 対合 **934**b
pair rule gene ペアルール遺伝子 1249e
PAL フェニルアラニンアンモニアリアーゼ 653k
Palacantholithus 1663₁₀
PALADE, George Emil パラーデ **1115**c
Palaeacanthocephala 古鉤頭虫綱, 古鉤頭虫類, 鉤頭虫類 460f, 1579₇
Palaeacarus 1590₅₄
Palaeanodon 1575₄₃
Palaearctic subregion 旧北亜区 818h
Palaemon 1597₄₅
Palaeoamblypygi コダイウデムシ亜目 1592₄
palaeoanthropology 古人類学 476e
Palaeobranchiostoma 1563₉
Palaeobuthus 1591₄₇
Palaeocaridacea 1596₃₀
Palaeocaris 1596₃₀
Palaeocene epoch 暁新世 318f
Palaeocharinus 1591₅₄
Palaeococcus 1535₁₅
Palaeocopida パレオコピダ目, ムカシカイムシ類 1596₁₆
Palaeocucumaria 1562₂₄
Palaeocyclus 1556₃₇
Palaeodictyoptera ムカシアミバネ目, 古網翅目, 古網翅類 1111h, 1598₃₉
Palaeodictyopterida ムカシアミバネ節 1598₃₈
palaeo-equator distribution of plants 古赤道植物分布 477a
Palaeognathae 古口蓋下綱 1570₅₁
Palaeoheterodonta 古異歯亜綱 1582₁₁
Palaeoisopus 1589₁₄
Palaeolithocyclia 1663₆
Palaeoloxodon naumanni ナウマンゾウ **1023**i
Palaeomantis 1600₁₂
palaeometaboly 古変態 503d
Palaeonemertea 古紐虫綱 1580₄₁
Palaeonisciformes パレオニスカス目 1565₂₅
Palaeopantopus 1589₁₄
Palaeophiura 1561₇
Palaeophonus 1591₄₄
palaeophytic era 古植代 475a
Palaeoptera 旧翅節 1598₃₄
Palaeoricinulei コダイクツコムシ亜目 1589₃₉
Palaeosmilia 1557₁
Palaeosomata ムカシササラダニ下目 1590₅₃
Palaeospiculum 1663₃
Palaeostomatopoda 古口脚目 1596₂₆
palaeostriatum 旧線条体 860c
Palaeothele 1592₁₁
Palaeotropical floral kingdom 旧熱帯植物区系界 675a[表]
—— region 旧熱帯区 313a
palaeozoology 古動物学 994g
palate 口蓋 **431**c
palatine 側口蓋突起, 口蓋骨 **835**g, 1020k
—— gland 口蓋腺 **431**d
palatin tonsil 口蓋扁桃 1287d
Palatinus 1662₃₃
palatoquadratum 口蓋方形軟骨 1020k
palatum 口蓋 **431**c
—— durum 硬口蓋 431c
—— molle 軟口蓋 431c
Palavascia 1553₃
paleobiochemistry 古生化学 1246f
paleobiology 純古生物学 476e, 689h
paleobios 古生物 476e
paleobotany 古植物学 476e
Paleocene 暁新世 478c
Paleochara 1636₁₈
paleocortex 古皮質 **488**c
paleocranium 旧頭蓋 698c
paleoecology 古生態学 **476**c

Paleogene 古第三紀 **478**c
Paleokoenenia 1591₆₁
Paleolimulus 1589₂₆
Paleoloricata 古多板目 1581₁₉
paleontology 古生物学 **476**e
Paleorhinus 1569₁₅
Paleotropical kingdom 旧熱帯界 1057a
Paleozoic era 古生代 **476**b
paleozoology 古動物学 476e
Paleuthygramma 1600₂
Paliguana 1568₃₅
palindrome パリンドローム **1116**c
palingenesis 原形発生，反復発生 419c
palisade induction 円柱細胞誘導 **154**d
—— parenchyma 柵状組織 **537**d
—— tissue 柵状組織 **537**d
Pallas, Peter Simon パラス **1115**b
Pallavicinia 1637₃₀
Pallaviciniaceae クモノスゴケ科 1637₃₀
Pallaviciniales クモノスゴケ目 1637₂₅
Pallenopsis 1589₁₄
Palleronia 1546₄
pallesthesia 振動覚 **709**f
pallet 尾栓 **1147**h
Pallia groove 外套溝 878b
pallial cavity 外套腔 **184**c
—— eye 外套眼 **184**b
—— gill 外套鰓 1034e
—— scar 外套痕，外套筋痕 1041a
—— sinus 外套腔入，外套洞 **184**d, 1510i
—— tentacle 外套触手 670b
pallium 外套 **184**a
palludal sediment 沼沢堆積物 474e
pallus 杭 480c
palm 掌，掌部 585f, 939a
Palmae ヤシ科 1647₂
palmar dermatoglyph 掌紋 **667**e
Palmarella 1659₁₉
Palmaria 1633₃
Palmariales ダルス目 1633₃
palmar print pattern 掌紋 **667**e
palmate 掌状 1424e
—— compound leaf 掌状複葉 1200h
palmately compound leaf 掌状複葉 1200h
palmate venation 掌状脈系 1363c
palmelloid パルメラ状 **1118**b
—— colony パルメラ状群体 1118b
—— stage パルメラ期 1118b
Palmeria 1654₃₅
Palmicola 1619₂₅
palmitic acid パルミチン酸 **1117**j
palmitoleic acid パルミトオレイン酸 **1118**a
Palmoclathrus 1634₇
Palmophyllales パルモフィルム目 1634₇
Palmophyllum 1634₇
palp 副感触手，触鬚，鬚 302d, 670b, **1138**f, 1220d
palpebra 眼瞼 **258**h
—— inferior 下眼瞼 258h
palpifer 担鬚節，担鬚部 217i, 428a
Palpigradi コヨリムシ目 1591₆₁
Palpitea パルピトモナス綱 1629₂₃
Palpitida パルピトモナス目 1629₂₄
Palpitomonas 1629₂₄
palpon 感触体 1158b
PALS 動脈周囲リンパ球鞘 1148e
Paludibacter 1539₁₃
Paludibacterium 1547₁₁
palynology 花粉学 235e
Palythoa 1558₇
PAMP 病原体関連分子パターン 207a, 1383j, 1388k
pampas パンパス **1126**c
Pampus 1566₅₂
Pan 1575₄₀
Panaelolina 1625₄₀
Panaeolus 1625₄₀

Panagrolaimida パナグロライムス目 1587₃₀
Panax 1652₄₆
panbiogeography 汎生物地理学 372g, 773k
pancreal glands 十二指腸腺 1227h
pancreas 膵臓 **722**g
pancreatic cancer 膵臓癌 **722**f
—— deoxyribonuclease 膵デオキシリボヌクレアーゼ 957c
—— island 膵島 1445c
—— juice 膵液 **718**e
—— lipase 膵リパーゼ 1460d
—— lysophospholipase 膵リソホスホリパーゼ **497**c
—— ribonuclease 膵リボヌクレアーゼ **727**c
pancreozymin パンクレオチミン 496f
Pandalus 1597₄₅
Pandanaceae タコノキ科 1646₂₇
Pandanales タコノキ目 1646₂₃
Pandanus 1646₂₇
pandemia パンデミア 1124i
pandemic パンデミック **1124**i
Pander, Christian Heinrich パンダー **1124**a
Panderichthys 1567₁₁
Pander's nucleus パンデル核 1436j
Pandinus 1591₅₁
Pandion 1571₃₅
Pandora 1604₁₉
Pandoraea 1546₄₉
Pandorella 1582₂₆
Pandorina 1635₃₈
Panellus 1626₂₉
Paneth's cell パネート細胞 **1112**e
Pangaea パンゲア，パンゲア大陸，超大陸 865a, 1315e
Pangen パンゲン 530c
pangenesis パンゲネシス **1119**d
panglossian paradigm 適応万能論者のパラダイム 958d
panicle 円錐花序 **153**c
panicoid type パニコイド型 **1111**c
Panicovirus パニコウイルス属 1523₉
Panicum 1647₃₉
—— *mosaic virus* 1523₉
Panizza's foramen パニッツァ孔 **1111**d
panmictic population 汎生殖集団 **1123**b
panmixia パンミクシー **1128**a
Pannaria 1613₂₃
Pannariaceae ハナビラゴケ科 1613₂₂
pannexin パネキシン 486d
panniculus adiposus 皮下脂肪 1134c
—— carnosus 皮幹筋 1138e
Pannonibacter 1546₄
Pannota マダラカゲロウ亜目 1598₃₇
panoistic ovariole 無栄養卵巣管 1447c
Panorpa 1601₁₇
Panorpida 長節上目 1601₁₄
Pansomonadida パンソモナディダ目 1665₁₃
pantetheine パンテテイン **1124**h
pantethine パンテチン 1124h
panthenol パンテノール **1125**d
Panthera 1575₄₈
Pantholops 1576₁₅
panting あえぎ呼吸 **2**i
pantoate-β-alanine ligase パントイン酸-β-アラニンリガーゼ 1125d
Pantodonta 汎歯目 1575₃
Pantoea 1549₉
Pantolambdodon 1575₃
Pantolestes パントレステス目 1574₅₇
Pantolestes 1574₅₇
Pantopoda 皆脚類 111b
pantotheine パンテテイン **1124**h
pantothenic acid パントテン酸 **1125**d
pantropical species 汎熱帯種 1123g
Panulirus 1597₅₉
Panus 1624₄₇
Paoliidae パオリダ目 1599₁
papain パパイン 582j, **1112**h

Papaver 1647₄₈
Papaveraceae ケシ科 1647₄₇
papaverine パパベリン 25c
paper chromatography 濾紙クロマトグラフィー 376b, **1501c**
── disk method 円形濾紙法 436j
── electrophoresis 濾紙電気泳動，濾紙電気泳動法 967c
── raft nurse technique 1305g
Paphiopedilum 1646₄₆
Papilio 1601₄₂
Papiliocellulus 1655₂
papilionaceous corolla 蝶形花冠 **920**h
Papiliotrema 1623₁₈
papilla 乳頭突起，真皮乳頭，絨毛 **629**h, **712**h, **1043**f
── basalis 基底乳頭 1019l
papillae basilaris 基底乳頭 198e
papilla lingualis 舌乳頭 **793**c
papillary carcinoma 乳頭癌 447f
── layer 乳頭層 712h
papilla segmentalis 体節感覚器 **856**b
Papillibacter 1543₅₂
papilliform process 乳頭突起 989b
Papillomaviridae パピローマウイルス，パピローマウイルス科 **1113**b, 1516₈
Papio 1577₄₀
Papposphaera 1666₂₄
pappus 冠毛 **274**d
PAPS 3′-ホスホ-5′-アデニリル硫酸 1310c
Papuan subregion パプア亜区 165f
papula 皮鰓 1156a
Papulaspora 1616₄₉
Papulosa 1618₁₄
PAR 偽常染色体部位，光合成有効放射 442c, 1506g
para-aminobenzoic acid パラアミノ安息香酸 **1114**d
── sulfonamide パラアミノベンゼンスルホンアミド 546g
para-aminohippuric acid パラアミノ馬尿酸 **1114**e
Parabacteroides 1539₁₃
parabasal body 副基体 1194a
Parabasalia パラバサリア上綱，副基体上綱 1629₃₆
Parabasalids 副基体類 **1194**a
Parabathynella 1596₃₇
parabiosis パラビオーシス **1115**g
Parablastoidea 1559₂₅
Parablennius 1566₅₂
Parabodo 1631₃₆
Parabodonida パラボド目 1631₃₆
parabronchus 側気管支 1076i
paracasein パラカゼイン 222a
Paracaudina 1562₃₂
PARACELSUS, Philippus Aureolus パラケルスス **1114**f
paracentric inversion 偏動原体逆位 302a
Paracercomonas 1665₁₂
Paracercospora 1608₃₅
Parachaos 1628₂₆
Paracharon 1592₄
Paracheirodon 1566₆
Parachela ヨリヅメ類，近爪目 1588₁₆
Parachlamydia 1540₁₉
Parachlamydiaceae パラクラミディア科 1540₁₉
Parachlorella 1635₉
parachordal cartilage 傍索軟骨 1028b
Parachordodes 1586₂₀
Paracineta 1659₄₆
Paraclathrostoma 1660₂₃
paracoagulation パラコアグレーション **1114**g
Paracoccidioides 1611₁₂
Paracoccus 1546₄
Paracondylostoma 1660₉
Paraconiothyrium 1609₂₉
paraconodonts パラコノドント 486g
paracortical area 傍皮質 320a
Paracraurococcus 1546₁₇
paracrine 傍分泌 166a
Paracrinoidea 1559₂₇

paracrystal 偽結晶 1115j
Paracyclestheria 1594₃₇
paradermal section 並皮切片 793f
Paradermamoeba 1628₁₃
paradidymis 側精巣 **837**b
Paradinida パラディニウム目 1664₃₆
Paradinium 1664₃₆
Paradisaea 1572₅₆
Paradoxa 1616₃₂
Paradoxia 1635₁₈
paradoxical cold sense 矛盾冷感 **1369**h
── sleep 逆説睡眠 **1491**g
Paradoxides 1589₇
Paradoxornis 1572₅₇
Paradoxostoma 1596₁₅
Paraeggerthella 1538₂₀
Parafavella 1658₂₄
Paraferrimonas 1548₄₂
Paraflabellula 1628₃₀
parafollicular cell 傍濾胞細胞 443b
Parafontaria 1594₁₁
paraganglion 傍神経節 **1301**e
paragastric cavity 胃腔 **63**a
Paragloborotalia 1664₁₆
Paraglomeraceae パラグロムス科 1605₂₀
Paraglomerales パラグロムス目 1605₁₉
Paraglomeromycetes パラグロムス綱 1605₁₈
Paraglomus 1605₂₀
paraglossa 副舌 217h
paragnath 顎片 **208**e
Paragocevia 1628₁₆
Paragordius 1586₂₀
Paragymnodinium 1662₂₃
Parahaplotrichum 1625₂₇
Parahistomonas 1630₂
Parahypocoma 1659₄₀
Parainfluenzavirus パラインフルエンザウイルス 1115k
Parainsecta 側昆虫類 1598₁₄
Paraisaria 1617₄₅
Paraisobuthus 1591₄₅
Paraisotricha 1659₁₀
Parajulus 1593₂₅
Paralactobacillus 1543₁₃
paralectotype パラレクトタイプ，副後基準標本 863g
Paralembus 1660₂₈
Paralia 1654₂₈
Paraliales タルモドキケイソウ目 1654₂₈
Paralichthys 1566₆₁
Paraliobacillus 1542₃₂
Paralithodes 1598₃
parallax 視差 **574**d
parallel beta structure 平行β構造 1266g
── elastic component 並列弾性要素 889k
── evolution 平行進化 **1259**g
parallelism 並行進化，平行進化 **1259**g
parallel orthogenesis 平行定向進化 1259g
── venation 平行脈系 1363c
paralog パラログ 651i
paralogous パラロガス，傍系相同 44f, 651i
paralysis 麻痺 **1344**e
paralytic peptide 麻痺ペプチド **1345**d
── shellfish poison 麻痺性貝毒 184e
Paramarteilia 1664₃₇
Paramastix 1552₁₆
paramecia ゾウリムシ **834**a
Paramecium ゾウリムシ **834**a, 1660₂₃
── bursaria Chlorella virus 1 1516₄₂
paramere 副節 826a
paramesonephric duct 中腎傍管 1364f
Parametabola 副変態類 503d
parametaboly 副変態 503d
parameter 母数 719f, 1252a
Paramoeba 1628₃₄
Paramoebidium 1553₃
paramo heath パラモヒース 1144f

Paramonas 1653₁₆
Paramoritella 1548₄₄
Paramurrayona 1554₁₆
paramutation　パラミューテーション　**1115**l
paramylon　パラミロン　**1115**m
paramylum　パラミロン　**1115**m
paramyosin　パラミオシン　**1115**j
Paramyxa 1664₃₇
Paramyxida　パラミクサ目　1664₃₇
Paramyxoviridae　パラミクソウイルス，パラミクソウイルス科　**1115**k, 1520₆
Paramyxovirinae　パラミクソウイルス亜科　1520₆
Paranais 1585₃₄
paranasal sinus　副鼻腔　1109h
Paranaspides 1596₃₄
Paranassula 1660₄
Paranebalia 1596₂₂
Paranectria 1617₁₁
Paranectriella 1610₆
Paraneoptera　準新翅亜節　1600₁₄
paraneuron　パラニューロン　**1115**f
Paranophrys 1660₂₈
Paranosema 1602₁₀
Paranotila 1629₃₄
Paranthura 1596₄₆
Paraoerskovia 1537₁₁
paraohysoid　側糸状体　603c
Paraonis 1585₁₃
parapatric speciation　側所的種分化　**836**g
parapatry　側所性　**836**f
Parapediastrum 1635₂₈
Parapedobacter 1540₈
Parapercis 1566₅₂
Paraperipatus 1588₂₈
Paraperonospora 1654₁₁
Paraphaeosphaeria 1609₃₈
paraphototropism　平行光屈性　1135b
paraphyly　側系統　**835**f
paraphysis　側糸, 側生体　603c, 1063h
Paraphysoderma 1603₂₃
Paraphysomonadales　パラフィソモナス目　1656₂₃
Paraphysomonas 1656₂₃
parapineal　副上生体, 副松果体　656b
Paraplecoptera　ムカシカワゲラ目(古積翅類)　1599₁₀
parapode　側足　**838**a
parapodium　側足, 疣足　**88**h, **838**a
parapolar cell　側極細胞　325f
Paraporpidia 1613₁₀
Parapoxvirus　パラポックスウイルス属　1517₅
Paraprevotella 1539₁₅
Parapristipoma 1566₅₂
paraproct　肛側板　280b, 465b, 1164f
Paraptychostomum 1660₃₄
Parapusillimonas 1546₄₆
Parapyrenis 1610₃₅
paraquat　パラコート　**1114**h
Parareptilia　側爬虫亜綱　1568₆
Pararete 1555₇
Pararotatoria　側輪虫綱　1578₂₇
Pararthropoda　側節足動物　**837**d
parasagittal plane　矢状面　765e
Parascardovia 1538₁₄
Parascedosporium 1617₆₀
Paraschneideria 1661₂₃
parasecretory substance　傍分泌物質　1023d
Parasegetibacter 1540₅
parasegment　擬体節　345c
parasexual cycle　擬似有性的生活環　**286**i
Parashorea 1650₂₇
Parasicuophora 1659₂₁
Parasiphula 1614₁₈
Parasitaxus 1645₃
parasite　寄生体, 寄生虫　**290**a, 925i
——　food-chain　寄生連鎖　446a
Parasitella 1603₄₂

Parasitengona　ナミケダニ下目　1590₂₉
parasitic castration　寄生去勢　**289**c
——　food-chain　寄生連鎖　679a
——　male　寄生雄　**290**e
——　plant　寄生植物　**289**e
——　root　寄生根　**289**d
——　worms　寄生蠕虫類　803e
Parasitina　ヤドリダニ下目　1590₉
parasitism　寄生　**289**b
parasitoid　捕食寄生者　287a, 289b, **1307**e
parasitology　寄生虫学　**290**b
Parasitus 1590₉
parasocial　側社会性　615e
Parasola 1626₃₇
Paraspadella 1577₄
paraspeckle　パラスペックル　199d
paraspermatic cell　異形精子　**62**b
paraspermatozoon　異形精子　**62**b
parasphenoid bone　副蝶形骨　698c
parasporangium　パラ胞子嚢　1115i
paraspore　パラ胞子　**1115**i
Parasporobacterium 1543₄₀
parastichy　斜列線　**618**l
——　method　斜列法　618l
Parastygocaris 1596₃₄
Parastylonychia 1658₃₃
Parasuchus 1569₁₅
Parasutterella 1546₄₆
parasymbiosis　パラシンビオシス　319b
parasympathetic nerve　副交感神経　**1194**g
——　nervous system　副交感神系　**1195**a
parasympatholytic drug　副交感神経遮断剤　685c
parasympathomimetic drug　副交感神経様作用剤　685c
Paratalaromyces 1611₆
paratenic host　待機宿主　632b
Paratetilla 1554₃₀
Paratetramitus 1631₅
Parathelohania 1602₁₁
parathormone　パラトルモン　**1195**e
parathyroid gland　副甲状腺　**1195**d
——　hormone　副甲状腺ホルモン　**1195**e
paratomy　異分割　**88**f
paratonic movement　刺激運動　570c
paratose　パラトース　**1115**d
Paratrichaptum 1624₇
paratropical rain forest　準熱帯多雨林　671e
Paratya 1597₄₅
paratype　パラタイプ, 副基準標本　863g
Parauliopus 1566₁₇
Parauncinula 1614₃₈
Parauronema 1660₂₈
Paravahlkampfia 1631₅
paraventricular nucleus　室傍核　**594**d
——　organ　傍脳室器官　1063h
paraxial mesoderm　沿軸中胚葉　**152**e
——　rod　パラキシアルロッド　1415i
Parazen 1566₃₈
Parazoa　側生動物　**837**c
Parazoanthus 1558₅
Pardalotus 1572₅₇
Pardee-Jacob-Monod experiment　パーディージャコブーモノの実験　1461f
Pareas 1569₇
Parechovirus　パレコウイルス属　1140a, 1521₂₁
Pareiasaurus 1568₇
parenchyma　実質, 柔組織　286j, **593**d, **626**b, 646e
——　cell　柔細胞　626b
——　sheath　柔組織鞘　1022a
——　sinus　柔細胞洞　621k
parenchymatous sinus　柔細胞洞　**621**k
parenchymella　中実幼生　**912**c
parenchymula　中実幼生　**912**c
parentage diagnosis　親子鑑定　170e
parental care　子の世話　**486**f
——　ditype　両親型　606g

—— manipulation 親による操作 **170**g	parthenocarpy 単為結果 **880**k
parenteral digestion 体表消化, 消化管外消化 653i	*Parthenocissus* 1648₂₉
Parentodinium 1659₁₄	parthenogenesis 単為生殖 **880**n
parent-offspring conflict 親子の対立 **170**f	parthenogenetic development 単為発生 880n
Parepichloë 1617₁₉	—— merogony 単為卵片発生 881c
Parhedyle 1584₅	partial biotic potential 相対繁栄能力 776a
Parholaspis 1590₁₃	—— color blindness 部分色覚異常 561i
Parhypochthonius 1590₅₈	—— differential equation 偏微分方程式 727g
Parhyposomata ヒゲダツダニ下目 1590₅₇	—— exclusion 部分排除 1179h
parichnos パリクノス 658f	—— fertilization 部分受精 **1210**j
parietal bone 頭頂骨 698c	partially homologous chromosomes 部分相同染色体 830f
—— cell 傍細胞, 旁細胞 **1295**b	partial movement 局部的運動 114d
—— endoderm 壁側内胚葉 1084b	—— parthenogenesis 部分単為生殖 880n
—— foramen 顱頂孔 990d	—— regeneration 部分再生 1146e
—— layer 体壁板 838i	—— reinforcement 部分強化 316e
—— mesoderm 体壁中胚葉 838i	partial-shoot theory 部分シュート説 642g
—— placenta 側膜胎座 849g	partial veil 内皮膜 **1022**c
Parietichytrium 1653₂₂	particle gun パーティクルガン, 粒子銃 80e
Parietochloris 1635₄	particulate theory 粒子説 **1468**b
paripinnately 偶数羽状 1200h	partite 深裂 1424e
Paris 1646₃₀	partition coefficient 分配係数 468e
Parisis 1557₂₇	Partitiviridae パルティティウイルス科 1519₁₇
Parisocrinus 1559₃₆	*Partitivirus* パルティティウイルス属 1519₂₄
Parker band パーカー帯 1091h	parturient canal 産道 758i, 906a
—— effect パーカー効果 **1091**h	parturition 分娩 **1253**a
Parkin 1335b	partus praematurus 早産 1467g
Parkinson's disease パーキンソン病 860b, **1092**b	*Parus* 1572₅₇
Parmales パルマ目 1655₅₉	parvalbumin パルブアルブミン **1117**f
Parmastomyces 1624₁₅	*Parvamoeba* 1628₁₆
Parmelia 1612₄₈	*Parvibaculum* 1545₄₉
Parmeliaceae ウメノキゴケ科 1612₄₀	*Parvilucifera* 1662₃
Parmeliella 1613₂₄	*Parvimonas* 1543₂₂
Parmelina 1612₄₉	parvincular 曲筒型 707e
Parmelinella 1612₄₉	*Parvocaulis* 1634₄₆
Parmelinopsis 1612₄₉	Parvoviridae パルボウイルス, パルボウイルス科 **1117**h, 1518₆
Parmeliopsis 1612₅₀	*Parvovirinae* パルボウイルス亜科 1518₇
Parmidium 1631₂₀	*Parvovirus* パルボウイルス属 1518₁₂
Parmophyceae パルマ藻綱 1655₅₈	*Parvulago* 1622₁₅
Parmotrema 1612₅₀	*Parvularcula* 1545₂₃
Parmularia 1608₃	Parvularculaceae パルヴァルクラ科 1545₂₃
Parmulariaceae パルムラリア科 1608₃	Parvularculales パルヴァルクラ目 1545₂₂
Parmulina 1608₄	PAS パス, パラアミノサリチル酸 196h, 736g
Parnassia 1649₂₆	Paschen corpuscle パッシェン小体 988a
Parnassiaceae ウメバチソウ科 1649₂₆	PAS reaction パス反応 **1098**a
Parodiella 1609₄₅	passage cell 通過細胞 1022a
Parodiellaceae パロディエラ科 1609₄₅	*Passalora* 1608₃₇
Parodiellina 1608₆	passenger protein パッセンジャー蛋白質 404c
Parodiopsidaceae パロジオプシス科 1608₅	*Passer* 1572₅₈
Parodiopsis 1608₆	Passeres スズメ亜目 1572₄₆
Paromomys 1575₂₂	Passeriformes スズメ目 1572₃₈
Paronychophora 1588₂₆	*Passerina* 1572₅₇
paroophoron 側卵巣, 卵巣傍体 1201a	*Passiflora* 1649₅₄
paroral membrane 口縁膜 **430**g	Passifloraceae トケイソウ科 1649₅₄
parotid gland 耳下腺, 耳傍腺 **610**d, 866i	passive adaptation 受身適応 815j
parotin パロチン 867e	—— cutaneous anaphylaxis reaction 受動皮膚アナフィラキシー反応 **643**b
Parotosaurus 1567₁₈	—— diffusion 受動的拡散 771a
Parotosuchus 1567₁₈	—— dispersal 受動的分散 1245b
parovarium 副卵巣 **1201**a	—— Entwicklungspotenz 受動的発生能 1107c
Parrellina 1664₁₁	—— hemagglutination 受身凝集反応, 間接凝集反応 788b
pars alveolaris 歯槽部 188a	—— immunity 受動免疫 **643**c
—— basilaris 基礎部 198e	—— immunization 受動免疫化, 受身免疫化 1385a
—— distalis 主葉, 主部 217j	—— movement 受動運動 85b
—— incisiva 切歯部 162e	—— transport 受動輸送 **643**d
—— intercerebralis 脳間部 1063h	Pasteur effect パストゥール効果 **1097**h
—— intercerebralis-cardiacum-allatum system 脳間部-側心体-アラタ体系 **1063**b	*Pasteurella* 1549₄₂
—— intermedia 中葉, 中間部 217j	Pasteurellaceae パスツレラ科 1549₃₉
—— molaris 臼歯部 162e	Pasteurellales パスツレラ目 1549₃₈
—— nervosa 神経葉, 神経部 217j	*Pasteuria* 1542₃₉
Parsnip yellow fleck virus 1521₃₅	Pasteuriaceae パステウリア科 1542₃₉
pars orbitalis 眼窩 1028b	pasteurization 低温殺菌 **949**f
—— tuberalis 隆起葉, 隆起部 217j	PASTEUR, Louis パストゥール **1097**g
—— tuberalis hypophysis 下垂体隆起部 218a	pastoralism 牧畜 **1304**h
parted 深裂 1424e	
Partenskyella 1665₁	

pasture plants 牧草 **1304**g
patagium 飛膜 **1162**g
Patau syndrome パトー症候群 807b
patch 塊, 葉 304a, **1420**a
—— clamp method パッチクランプ法 **1107**f
Patched 1269c
Patellaria 1607₁₇
Patellariaceae パテラリア科 1607₁₆
Patellariales パテラリア目 1607₁₅
patellar reflex 膝蓋反射 **591**d
—— tendon reflex 膝蓋腱反射 591d
Patelliferea プリムネシウム藻綱 1666₁₄
Patellina 1663₅₁
Patellogastropoda カサガイ目 1583₂₅
Patelloida 1583₂₆
Pateramyces 1602₄₇
Pateramycetaceae パテラミケス科 1602₄₇
Paterina 1580₃
Paterinida パテリナ目 1580₃
paternal behavior 父性行動 **1203**j
—— inheritance 父性遺伝 **1203**i
paternalistic behavior 父性の行動 1203j
Patescospora 1607₁₄
path analysis パス解析 **1097**f
pathogen 病原体 **1166**k
pathogen-associated molecular pattern 病原体関連分子パターン 207a, 1383j, 1388h
pathogenesis-related protein PR 蛋白質 1129b
pathogenicity 病原性 **1166**i
pathogenic microbe 病原微生物 1166k
pathological 病理学的, 病理的 779f
—— anatomy 病理解剖学 1170a
—— histology 病理組織学 1170a
—— regeneration 病理的な再生 514b
pathology 病理学 **1170**a
patient outcome 患者アウトカム 1475c
Patinopecten 1582₈
Patiria 1560₅₄
Patrinia 1652₄₂
Patrioferis 1575₄₄
pattern cladistics パターン分岐学 **1099**b
—— formation パターン形成(発生の) **1098**i
—— of spatial distribution 分布様式 **1252**d
—— recognition パターン認識 **1099**a
—— recognition receptor パターン認識受容体 635f, 1383j
PATTERSON, Colin パターソン **1098**h
Patulibacter 1538₃₂
Patulibacteraceae パツリバクター科 1538₃₂
patulin パツリン 1333l
Paucibacter 1546₄₂
Paucimonas 1546₄₉
Paucisalibacillus 1542₃₂
Paucituberculata 少丘歯目 1574₉
Paulia 1615₄₀
Paulinella 1665₄₁
PAULING, Linus Carl ポーリング **1327**b
Paulownia 1652₁₅
Paulowniaceae キリ科 1652₁₅
Paulsenella 1662₃₃
Pauly, A. 714k
pauperization 雑種弱勢 539g
paurometaboly 寡変態, 小変態 503d
Pauropoda エダヒゲムシ綱, エダヒゲムシ類 **133**j, 1592₄₈
pauropods エダヒゲムシ類 **133**j
Pauropus 1592₅₀
pavement cell 1169b
Pavlova 1666₁₃
Pavlovales パブロバ目 1666₁₃
Pavlovea パブロバ藻綱 1666₁₂
PAVLOV, Ivan Petrovich パブロフ **1091**f
Pavlovophyceae パブロバ藻綱 1666₁₂
Pavo 1571₇
Paxillaceae ヒダハタケ科 1627₂₀
paxillin パキシリン 529b

Paxillosida モミジガイ目 1560₄₉
Paxillus 1627₂₁
payoff function 利得関数 412e
P-B ratio P/B 比 183f
PC 濾紙クロマトグラフィー, ホスファチジルコリン 376b, 1309c
PCA 主成分分析 639g
—— reaction PCA 反応 643b
PCC 未成熟染色体凝縮 1357c
PCDD ポリ塩化ジベンゾパラダイオキシン 845h
PCDF ポリ塩化ジベンゾフラン 845h
P-cellulose P–セルロース **1147**g
PCH 色素凝集ホルモン 564a
PCMB p-クロロメルクリ安息香酸 129c
PCNA 増殖細胞核抗原 946b
PCP 平面内細胞極性 1263a
PCR **1141**b
—— cycle 光合成的炭素還元回路 259d
PD 両散型 606g
P_d 拡散透過性係数 1356c
PDE3B ホスホジエステラーゼ3B 94e
PDGF 血小板由来増殖因子, 血小板由来成長因子 404g, 931f
PDH 色素拡散ホルモン 562b
PDI 蛋白質ジスルフィドイソメラーゼ 893b
PDK1 94e
PDL 細胞集団倍加数 526d
P-D organ P–D器官 **1153**i
PE ホスファチジルエタノールアミン 1309a
Peachia 1557₄₈
Peach latent mosaic viroid モモ潜在モザイクウイロイド 1523₃₂
pea comb エンドウ冠, 豆冠 919f
Pea enation mosaic virus-1 1522₃₇
Peanut clump virus 1523₁₄
peanut worms 星口動物 **750**c
pearl 真珠 **703**e
pearl organ 追星 **159**b
PEARL, Raymond パール **1116**e
peat bog 泥炭地 954a
Pebrilla 1658₆
pebrine 微粒子病 553j
pecking order つつきの順位 650b
Pecluvirus ペクルウイルス属 1523₁₄
pectase ペクターゼ 1265b
pecten 櫛状突起 **593**e
Pecten 1582₉
Pectenophilus 1595₂₀
pectenoxanthin ペクテノキサンチン 284l
pectic acid ペクチン酸 1265b
—— enzyme ペクチン酵素 1323a
—— polysaccharide ペクチン性多糖 1265b
—— substance ペクチン質 **1265**b
pectin ペクチン 1265b
pectinase ペクチナーゼ 1323a
Pectinatella 1579₂₂
Pectinator 1576₅₂
Pectinatus 1544₂₂
pectin depolymerase ペクチン分解酵素 1323a
pectinesterase ペクチンエステラーゼ **1265**a
pectinic acid ペクチニン酸 1265b
Pectinida イタヤガイ目 1582₈
pectin methoxylase ペクチンメトキシラーゼ 1265a
—— methylesterase ペクチンメチルエステラーゼ 1265a
Pectinotrichum 1611₂₂
pectin pectylhydrase ペクチンペクチルヒドラーゼ 1265a
—— polygalacturonase ペクチンポリガラクツロナーゼ 1323a
—— vesicle ペクチン小胞 664g
Pectobacterium 1549₇
pectoral fin 胸鰭 934a
—— girdle 前肢帯, 肩帯 589d
pedal commissure 足神経節横連合 162c
—— ganglion 足神経節 **836**j
—— gland 足腺 **837**e

Pedaliaceae　ゴマ科　1652₉
pedalium　葉状体　353h
pedal nerve-cord　足神経幹　827c
── pore　足孔　836a
── wave　足波　**838**h
pedate compound leaf　鳥足状複葉　1200h
pedately compound leaf　鳥足状複葉　1200h
pedate venation　鳥足状脈系　1363c
Pedetes　1576₄₈
Pedetontus　1598₂₈
Pediastrum　1635₂₇
pedicel　台細胞, 小足, 柄, 柄部, 梗節　660g, 680g, 828c, 1025h, 1447c
pedicellaria　叉棘　**535**g
pedicellate attachment　歯足骨性結合　1069b
Pedicellina　1579₁₈
Pedicularis　1652₁₇
Pediculus　1600₂₄
pedigree　家系図, 血統　212i, 406m
pedigree breeding　系統育種　**392**d
── registration　血統登録　406m
Pedinella　1656₉
Pedinellales　ペディネラ目　1656₉
Pedinoida　オトメガゼ目　1561₄₄
Pedinomonadales　ペディノモナス目　1634₁₆
Pedinomonas　1634₁₆
Pedinophyceae　ペディノ藻綱　1634₁₅
Pediococcus　1543₁₃
Pedionomus　1571₅₄
pedipalp　脚鬚, 触脚　235a, **302**d
Pedobacter　1540₈
Pedobesia　1634₅₁
pedogenesis　幼生生殖　1054c
Pedomicrobium　1545₃₈
peduncle　口柄支持柄, 擬口柄, 花柄　237e, 353h
Pedunculata　有柄目　1595₄₄
pedunculate pedicellaria　有柄叉棘　535g
pedunculus cerebellaris inferior　下小脳脚　153b, 662d
── cerebellaris medius　中小脳脚　315k, 662d
── cerebellaris superior　上小脳脚　662d
Peethambara　1617₁₁
Pefudensovirus　ペフデンソウイルス属　1518₁₈
Pegantha　1556₁₀
Pegasus　1566₄₀
Pegea　1563₁₉
Peiragraptus　1562₄₉
Peking erectus　北京原人　**1264**g
pelage　毛衣　384a
Pelagia　1556₂₆
Pelagibaca　1546₄
Pelagibacillus　1542₃₂
Pelagibius　1546₂₁
Pelagica　遊泳目　1581₈
pelagic ecosystem　漂泳生態系　189f, 1220e
Pelagicoccus　1551₁₄
Pelagicola　1546₄
pelagic organism　ペラゴス　**1278**f
── sediment　遠洋性堆積物　183d
Pelagococcus　1656₄
Pelagodinium　1662₂₉
Pelagomonadales　ペラゴモナス目　1656₃
Pelagomonas　1656₄
Pelagonemertes　1581₈
Pelagophyceae　ペラゴ藻綱　1656₁
pelagos　ペラゴス　**1278**f
pelagosphera　ペラゴスフェラ　**1278**g
Pelagothuria　1562₃₁
Pelamoviroid　ペラモウイロイド属　1523₃₂
pelargonic acid　ペラルゴン酸　**1278**i
Pelargonium zonate spot virus　1522₉
Pelatractus　1660₁₄
Pelecani　ペリカン亜目　1571₂₇
Pelecaniformes　ペリカン目　1571₂₃
Pelecanoides　1571₁₈
Pelecanus　1571₂₇

Pelecypoda　斧足類　1041a
P element　P因子　**1130**b
Pelger-Huët anomaly　ペルジャー・ヒュット奇形　209g
Pelistega　1546₄₆
Pellaea　1643₃₄
pellagra　ペラグラ　1032d
pellagra-preventive factor　抗ペラグラ因子　1032d
pellet　菌糸塊　425e
Pellia　1637₁₈
Pelliaceae　ミズゼニゴケ科　1637₁₈
Pelliales　ミズゼニゴケ目　1637₁₇
pellicle　ペリクラ, ペリクル, 包皮, 外皮, 外被, 菌膜　186e, 347a, 1075a, **1303**d, 1415h
pellicular strip　ペリクル板　1415g, 1415h
Pellidiscus　1626₇
Pelliidae　ミズゼニゴケ亜綱　1637₁₆
Pellionia　1649₈
Pellita　1628₁₈
Pellitida　ペリタ目　1628₁₈
pellucid area　明域　**1374**c
Pelmatohydra　1555₃₄
Pelmatosphaera　1577₁₃
Pelmatozoa　有柄類　**1414**f
Pelobacter　1547₅₂
Pelobates　1567₅₂
Pelobiontea　ペロビオンテア綱　1628₃₈
Pelobiontida　ペロミクサ目　1628₃₉
Pelodictyon　1540₂₆
Pelomedusa　1568₁₉
Pelomonas　1546₅₄
Pelomyxa　1628₃₉
Pelophylax　1568₂
peloria　正化　**744**h
pelorization　ペロリア化　744h
Pelosinus　1544₂₂
Pelospora　1543₅₃
Pelotomaculum　1543₄₆
Peltaspermales　ペルタスペルマ目　1644₁₈
Peltaspermopsida　ペルタスペルマ綱　1644₁₇
Peltaspermum　1644₁₈
Peltasterella　1608₂₁
peltate leaf　楯状葉, 盾状葉　**651**j
Peltigera　1613₂₆
Peltigeraceae　ツメゴケ科　1613₂₆
Peltigerales　ツメゴケ目　1613₁₂
Peltogaster　1595₃₆
Peltula　1615₄₂
Peltulaceae　ゲパンゴケ科　1615₄₂
Pelvetia　1657₄₈
pelvic cavity　骨盤腔　483d
── fin　腹鰭　934a
── girdle　後肢帯, 腰帯　589d
── patch　ペルビック・パッチ　**1281**f
── seat patch　ペルビック・シート・パッチ　1281f
pelvis　骨盤　**483**d
── renalis　腎盂, 腎盤　449b
Pelycosauria　ペリコサウルス亜綱, 盤竜類　1573₅
Pempheris　1566₅₃
pemphigoid　類天疱瘡　1276e
pemphigus　天疱瘡　960j
Penaeidea　クルマエビ下目　1597₃₆
Penaeus　1597₃₇
Penardia　1664₄₀
Penares　1554₃₃
pendular movement　振子運動　**703**c
Pendulispora　1610₈
Peneroplis　1663₅₄
penetrance　浸透度　**711**b
penetrant　貫通刺胞　608a
penetration　侵入　**712**c
Penicilaria　アラクサナンサス亜目　1558₁₄
penicillamine　ペニシラミン　**1272**c
Penicillata　フサヤスデ亜綱　1593₁
Penicillifer　1617₃₉
penicillin　ペニシリン　**1272**d

penicillin/cephalosporin amido-β-lactam hydrolase　ペニシリン/セファロスポリンアミド-β-ラクタムヒドロラーゼ　1267e
penicillinase　ペニシリナーゼ　1267e
penicillin-binding protein　ペニシリン結合蛋白質　**1272**e
penicillin selection method　ペニシリン選択法　**1272**f
Penicilliopsis　1611₇
Penicillium　アオカビ類　**3**b, 1611₃, 1611₆, 1611₈
── *chrysogenum virus*　1519₁₂
penicillus　ペニシルス, 分生子頭　**3**b
Penicillus　1634₅₁
Peniculia　ゾウリムシ亜綱　1660₂₁
Peniculida　ゾウリムシ目　1660₂₂
Peniculistoma　1660₃₂
peniculus　ペニキュラス　666d
Penilia　1594₄₀
Peniophora　1625₁₂
Peniphoraceae　カワタケ科　1625₁₁
penis　陰茎　**92**j, 831a
── bone　陰茎骨　**93**a
Penium　1636₉
Pennales　羽状目　390d
Pennaria　1555₃₄
Pennatula　1557₃₆
Pennatulacea　ウミエラ目　1557₃₃
Pennella　1595₂₃, 1604₄₆
Penniretepora　1579₂₇
Pennsylvanian period　ペンシルヴァニア紀　476b
Pentacheles　1597₅₆
pentacrinoid　ペンタクリノイド　**1287**c
pentactula　ペンタクツラ　**1287**b
pentadactylity　五指性　622c
Pentalagus　1576₃₂
Pentalamina　1655₅₉
Pentamerida　ペンタメルス目　1580₂₇
Pentamerus　1580₂₇
Pentapharsodinium　1662₄₁
Pentaphylacaceae　ペンタフィラクス科　1651₂₃
Pentarhizidium　1643₄₆
pentasaccharide　五糖　171b
Pentastomida　舌形亜綱, 舌形動物　**787**h, 1594₄₈
Pentatoma　1600₃₉
Pentatrichomonas　1630₁
Pentatrichomonoides　1630₁
Pentazonia　タマヤスデ亜綱　1593₄
Penthaleus　1590₂₃
Penthoraceae　タコノアシ科　1648₂₅
Penthorum　1648₂₅
penton　ペントン　769d
pentosan　ペントサン　**1287**h
pentose　ペントース　**1288**a
── phosphate cycle　ペントースリン酸回路　**1288**b
Pentoxylales　ペントズィロン目　1644₂₄
Pentoxylon　1644₂₄
Pentoxylopsida　ペントズィロン綱　1644₂₃
Pentremites　111c, 1559₂₄
Pentremitida　1559₂₄
People on Japanese Archipelago　日本列島人　**1040**e
PEPC　ホスホエノールピルビン酸カルボキシラーゼ　**1310**d
PEP carboxylase　PEPカルボキシラーゼ　**1310**d
PEPCK　ホスホエノールピルビン酸カルボキシキナーゼ　94e, 683e
Peperomia　1645₃₅
peplomer　ペプロマー　157e
pepo　ウリ状果　653j
pepsin　ペプシン　**1273**e
pepsinogen　ペプシノゲン　1273g
peptidase　ペプチダーゼ　**1274**b
peptide　ペプチド　**1274**c
── antibiotics　ペプチド系抗生物質　**1274**e
── bond　ペプチド結合　**1275**a
── glycan　ペプチドグリカン　**1274**d
── hormone　ペプチドホルモン　**1275**c
── hydrolase　ペプチドヒドロラーゼ　1232h
── map　ペプチドマップ　**1275**d

── YY　ペプチドYY　**1275**e
peptidyl-glutamate 4-carboxylase　ペプチジル-グルタミン酸4-カルボキシラーゼ　1152a
peptidylprolyl *cis-trans* isomerase　ペプチジルプロリルイソメラーゼ　**1274**f
peptidyl transferase　ペプチジル転移酵素　1463c
Peptococcaceae　ペプトコックス科　1543₄₄
Peptococcus　1543₄₄
peptone　ペプトン　**1275**g
Peptoniphilus　1543₂₇
Peptostreptococcaceae　ペプトストレプトコックス科　1543₄₈
Peptostreptococcus　1543₄₉
Peracarida　フクロエビ上目　1596₃₈
Peramelemorpha　バンディクート目　1574₁₇
Perameles　1574₁₈
Peramura　ペラムス目　1574₁
Peramus　1574₁
Peranema　1631₁₉, 1643₅₇
Percavirus　ペルカウイルス属　1515₄
percentage method　百分率法　1432a
percepting image　知覚像　884c
perception　知覚　**902**e
perceptron　パーセプトロン　**1098**d
perceptual learning　知覚学習　**902**f
Perciformes　スズキ目　1566₄₂
Percolomonadida　ペルコロモナス目　1631₁₀
Percolomonas　1631₁₀
Percolozoa　ペルコロゾア門　1630₄₅
Percopsiformes　サケスズキ目　1566₂₃
Percopsis　1566₂₃
Percursaria　1634₃₂
Peredibacter　1547₂₉
Peredibacteraceae　プレディバクター科　1547₂₉
Peregrinia　1665₃₉
perennial　多年生　**877**g
── plant　多年生植物　**877**g
Perenniporia　1624₄₇
Perexilibacter　1539₂₉
perfect annulus　完全環帯　269e
── flower　完全花　**267**c
── stage　完全世代　**1193**f
perfoliated leaf　つき抜き葉, 貫生葉　1426f
perfoliate leaf　つき抜き葉, 貫生葉　1426f
perforated fang　管牙　1000i
perforation　穿孔　**803**f
perforatorium　穿孔体　**804**b
perforin　パーフォリン　330f
perfusate　灌流液　276a
perfusion　灌流　**276**a
Pergamasus　1590₉
Periacineta　1659₅₃
perianth　花被　**234**b
── part　花被片　234b
── segment　花被片　234b
periarterial lymphatic sheath　動脈周囲リンパ球鞘　1148e
periblast　周縁質　**620**a
periblastula　周縁胞胚　**620**e
periblem　原皮層　425c
peribranchial cavity　囲鰓腔　**63**g
Pericambala　1593₃₃
pericambium　周囲形成層　1020c
pericardial cavity　囲心腔　**66**a
── cell　囲心細胞　**66**b
── gland　囲心腺　**66**c
── membrane　囲心嚢　**66**e
── organ　囲心器官　**65**k
pericardium　囲心嚢, 囲心腔, 心膜腔　**66**e, 712b
pericarp　果皮　215e, 237k
pericaulom theory　周茎説　642g
pericentral axis　周心管　624d
── cell　周心細胞　**624**d
pericentric inversion　挟動原体逆位　302a
pericentriolar materials　中心子周辺物質　912j
Perichaena　1629₉
perichaetial leaf　雌花葉　239e

perichaetium 花葉 **239**e
perichondrium 軟骨膜 1027f
perichromatin fibril クロマチン周辺繊維 205g
Pericladium 1622₁₆
periclinal division 並層分裂 **1262**a
Periconia 1609₁₀
Periconiella 1608₃₇
Pericrocotus 1572₅₈
pericycle 内鞘 **1020**c
pericyte 周皮細胞, 周細胞, 血管周囲細胞 1363b, 1376b, 1481h
pericytes 周皮 **628**e
periderm 包皮, 周皮 **628**e, **1303**d
Peridermium 1620₂₀
peridermium 銹子嚢 542c
Peridinea 渦鞭毛藻綱 1662₁₄
Peridiniales ペリディニウム目 1662₃₈
Peridiniella 1662₄₁
peridinin ペリジニン, ペリディニン 108g, **1279**b
Peridiniopsis 1662₃₇
Peridinium 1662₄₁
peridiole 小皮子 **664**c
peridiolum 小皮子 **664**c
Peridiopsora 1620₃₆
Peridiospora 1604₇
peridium 外皮, 外被, 殻壁, 殻皮, 皮殻, 護膜 **208**c, 371h, 542c
perienzyme ペリエンザイム 1279f
Perigenesis 波動的生成 1216b
perigone 花蓋 234b
perigonial leaf 雄花葉 239e
perigynium ペリギニウム **1278**k
perigyny 子房周位性 581c
perihemal coelom 囲血細管腔 407b
perikaryon 周核体, 核周部 695a, 696b
Perilla 1652₁₂
perilympha 外リンパ 1338e
Perimecturus 1596₂₆
perimedullary zone 髄冠 718b
perinatal period 周生期 **624**h
perine 周皮 **628**e
Perinereis 1584₅₁
perineum 会陰 **122**j
perineural sinus 囲神経腔, 腹腔 405h
perineurium 神経周膜 693c
period 周期 776g
periodate 過ヨウ素酸塩 **239**g
periodic acid Schiff 1098a
—— activity 周期活動 621b
periodicity 周期性 **621**b
periodic succession 周期的遷移 621b
periodism 周期性 **621**b
period of distention 減張期 623b
—— of influx 充実期 623b
—— of reversal 反転期 **1124**j
periodogram ピリオドグラム 573f
periodontal ligament 歯根膜 1069b
periosteum 骨膜 **484**a
Peripatoides 1588₂₈
Peripatopsis 1588₂₉
Peripatus 1588₂₉
peripharyngeal band 囲咽帯 53f
—— groove 囲咽溝 **53**f
—— sinus 囲咽腔 731j
peripheral cell 体皮細胞 **862**c
—— circadian clock 末梢概日時計 1342h
—— clock 末梢時計 **1342**h
—— cyanosis 末梢性チアノーゼ 898a
—— lymphoid organ 末梢リンパ器官 1477d
—— lymphoid tissue 末梢性リンパ組織 1037c
—— membrane protein 表在性膜蛋白質 1337a
—— meristem 周辺分裂組織 644b
—— nerve 末梢神経 1342f
—— nervous system 末梢神経系 **1342**f
—— protein 周辺蛋白質 245h

—— resistance 末梢抵抗 **1342**g
—— visual field 周辺視野 614e
Periphragella 1555₇
Periphylla 1556₂₄
periphysis 孔口周糸 **439**f
periphysoid 周糸状体 603c
periphyton ペリフィトン 1205d
Periplaneta 1600₇
—— *fuliginosa densovirus* クロゴキブリデンソウイルス 1518₁₈
periplasm ペリプラズム, 周辺細胞質, 周辺質 **629**c, 1083i, **1279**f, 1440d
periplasmic space ペリプラズム 1050c
periplasmodium 変形体 1284c
periplast ペリプラスト 363e
periplastidal compartment 色素体周辺区画, 葉緑体周辺区画 1051e
peripneustic 側気門, 周縁気門 301f
Peripodia ウミヒナギク類 **111**d
Peripodida ウミヒナギク目 1561₂
periproct 囲肛部 327g
perisarc 包皮 **1303**d
perisinusoidal space 血管周囲腔 954g
perisperm 周乳, 外乳, 外胚乳 1086c
Perisphinctes 1583₄
perispore 周皮 **628**e
Perisporiopsis 1608₆
Perissodactyla 奇蹄目 1576₂₇
peristalsis 蠕動運動 **816**d
peristaltic movement 蠕動運動 **816**d
peristigmatic gland 周気門腺 **621**c
peristomal mesoderm 周口中胚葉 **621**j
peristome 周口部, 囲口部, 殻口部, 蒴歯 63e, 147a, 327g, **537**c
peristomial groove 口溝 63e
—— ring 環節 63c
peristomium 囲口節, 蒴歯 **63**c, **537**c
peritenonium externum 外腱周膜 415c
—— internum 内腱周膜 415c
peritheca 上莢, 周莢, 外莢 480c
perithecium 子嚢殻 603b
perithelium 周皮 **628**e
peritoneal cavity 腹膜腔 **1200**d
—— macrophage 腹腔マクロファージ 1339h
peritracheal gland 周気管腺 621a
Peritrichia 周毛亜綱 1660₄₄
Peritrichida 周毛目 1660₄₅
Peritromus 1658₆
Perittocrinus 1559₃₃
peritubular dentin 管周象牙質 1069b
perivisceral cavity 囲臓腔 708a
—— sinus 囲臓腔 405h
perivitelline fluid 囲卵液, 囲卵腔液 90f
—— space 囲卵腔 **90**f
perizonium ペリゾニウム 829d
Perkinsea パーキンサス綱 1662₁
Perkinsida パーキンサス目 1662₂
Perkinsiella 1631₃₃
Perkinsozoa パーキンソゾア門 1662₁
Perkinsus 1662₂
Perleidiformes ペルレイダス目 1565₃₃
Perleidus 1565₃₃
Perlodes 1599₁₃
Perlohmannia 1590₆₀
Perlucidibaca 1549₄₆
permafrost 永久凍土 937d
permanent blastula 永久胞胚 **117**g
—— corpus luteum 永久黄体 160a
—— expression 永続的発現 1110a
—— flower 永久花 **117**e
—— kidney 永久腎 **117**f, 449b
—— preparation 永久プレパラート 1228f
—— teeth 永久歯 1069b
—— thermocline 永久躍層 718f, 759h
—— tissue 永久組織, 永存組織 1256g

—— wilting 永久しおれ, 永久凋萎 558c
—— wilting point 永久しおれ点 558d
permeability 透過性 977f
—— barrier 透過性バリア 209c
—— coefficient 透過係数 58a, 977f
permease パーミアーゼ, ペルミアーゼ, 透過酵素 977d
Permian period ペルム紀 1282e
permissive induction 許容的誘導 317i
Permoberotha 1600₁₃
permutation test 無作為化検定 1206f
pernicious anemia 悪性貧血 1177h
Pernina 1631₅
Perofascia 1654₁₂
Perognathus 1576₄₁
Peronia 1584₂₂, 1655₃₁
Peroniella 1657₄
Peronosclerospora 1654₁₂
Peronospora 1654₁₂
Peronosporales ツユカビ目 1041c, 1654₁₀
Peronosporomycetes 卵菌綱 1653₃₉
Perophora 1563₂₉
Peroryctes 1574₁₉
peroxidase ペルオキシダーゼ 1280a
peroxide lipid 過酸化脂質 214f
peroxisome ペルオキシソーム 1279i
peroxylipid 過酸化脂質 214f
perradial canal 正輻管 1408g
perradius 主対称面 1298f
Persea 1645₄₉
Persephonella 1538₄₅
Persicaria 1650₄₁
Persiciospora 1617₄₈
Persicirhabdus 1551₉
Persicitalea 1539₂₅
Persicivirga 1539₄₈
Persicobacter 1539₂₉
persistence of types 型の永続性 730i
persistent estrus 連続発情 1495g
—— transmission 永続型伝搬 118e
personal distance 個人距離 477e
—— genome 個人ゲノム 475b
personate 仮面状 713h
perspiratio insensibilis 不感蒸泄 553f
Perssoniellaceae ペルソンゴケ科 1637₅₄
Perssoniellineae ペルソンゴケ亜目 1637₅₃
Pertusaria 1614₂₄
Pertusariaceae トリハダゴケ科 1614₂₄
Pertusariales トリハダゴケ目 1614₁₇
pertussis toxin 百日咳毒素 1163d
PERUTZ, Max Ferdinand ペルーツ 1280f
Perviata 1585₅
pes hippocampi 海馬支脚, 海馬足 185e
Pesotum 1618₆₁
Pessonella 1628₃₄
pest 病害虫 1066d
Pestalosphaeria 1619₃₀
Pestalotia 1619₂₈
Pestalotiopsis 1619₂₉, 1619₃₀
pest control 病害虫防除, 被害管理 1164g, 1404g
pesticide 農薬 1066d
pestilence ペスト症 149c
Pestivirus ペスチウイルス属 1522₂₈
pestle ペッスル 1320a
PET ポジトロンCT, ポジトロン断層撮影法 1144c, 1306f
pet 440b
petal 花弁 237g
Petalichthyiformes ペタリクチス目 1564₁₆
petalody 弁化 1403a
Petalomonas 1631₁₅
Petalonema 1541₂₉
Petalonia 1657₃₄
Petalophyllaceae ペタロフィラ科 1637₂₂
Petalotricha 1658₂₅
Petarodontiformes ペタロドントゥス目 1564₂₃
Petasites 1652₃₇

Petersen method ピーターセン法 1167b
Petersonia 1620₂₂
petiole 葉柄 1426f
Petaurista 1576₃₆
Petauroides 1574₂₄
Petaurus 1574₂₄
Peterinata パテリナ綱 1580₂
petiolule 小葉柄 1200h
petiolus 腹柄 1200c
petite mutant プチ変異体 470e
—— mutation 呼吸欠損変異 524f
Petraktis 1613₅₉
Petrarca 1595₃₁
Petrasma 1581₅₀
Petraster 1560₃₁
petrideserta 岩質荒原 262c
Petri dish ペトリ皿 1272a
Petriella 1617₆₀
Petrimonas 1539₁₃
Petrobacter 1547₁
Petrobiona 1554₂₀
Petroderma 1657₁₅
Petrodermatales ペトロデルマ目 1657₁₅
Petrogale 1574₂₉
Petrolacosaurus 1568₁₃
petroleum 石油 785d
—— plants 石油植物 138c
Petrolisthes 1598₄
Petromyces 1611₇
Petromyzontiformes ヤツメウナギ目 1563₄₁
Petroneis 1655₃₃
Petrosavia 1646₁₅
Petrosaviaceae サクライソウ科 1646₁₅
Petrosaviales サクライソウ目 1646₁₄
Petrosia 1554₄₈
Petrosporangium 1657₃₄
petrosum 岩骨 698c
Petrotoga 1551₃
Petunia 1651₅₇
—— *vein clearing virus* ペチュニア葉脈透化ウイルス 1518₂₆
Petuvirus ペチュウイルス属 1518₂₆
pexicyst ペキシシスト 1300g
pexophagosome ペキソファゴソーム 1264e
pexophagy ペキソファジー 1264e
Peyer's patch パイエル板 1073c
Peyritschiella 1611₄₄
Peyronelia 1609₄₂
Peyronelina 1626₂₅
Peyssonnelia 1633₂₈
Peyssonneliales イワノカワ目 1633₂₈
Pezicula 1614₄₈
Peziotrichum 1610₆
Peziza 1616₁₄
Pezizaceae チャワンタケ科 1616₁₂
Pezizales チャワンタケ目 1615₅₁
Pezizomycetes チャワンタケ綱 1615₄₉
Pezizomycetidae チャワンタケ亜綱 1615₅₀
Pezizomycotina チャワンタケ亜門 1606₂₃
Pezoloma 1615₂₂
Pezophaps 1572₂
pF 1131a
Pfeffer coefficient ペッファー係数 1469d
PFEFFER, Wilhelm ペッファー 1269e
Pfeilachse 背腹軸 1088d
Pfennigia 1548₅₂
Pfiesteria 1662₃₃
PFK ホスホフルクトキナーゼ 1226c
PFLÜGER, Eduard Friedrich Wilhelm プリューガー 1222h
Pflüger's ovarian tube プリューガー卵管 1222i
pfp パーフォリン 330f
PFU プラーク形成単位 1213d
pfu プラーク形成単位 1213d
Pförtner 幽門 53a

PGA　プテロイルグルタミン酸　1422f
PGI$_2$　プロスタグランジンI$_2$　1232a
P-glycoprotein　P-糖蛋白質　**1154e**
P·gp　P-糖蛋白質　1154e
PHA　フィトヘマグルチニン　1184d, 1477b, 1486b
Phacelocarpus　1633$_{26}$
Phacidiaceae　ファキジウム科　1615$_5$
Phacidiopycnis　1615$_{19}$
Phacidium　1615$_5$
Phacochoerus　1576$_{15}$
Phacodiniida　ファコディニウム目　1658$_{14}$
Phacodiniidia　ファコディニウム亜綱　1658$_{13}$
Phacodinium　1658$_{14}$
Phacopida　1588$_{48}$
Phacopina　1589$_3$
Phacops　1589$_3$
Phacopsis　1612$_{50}$
Phacotus　1635$_{39}$
Phacus　1631$_{25}$
phaenogenetics　779e
Phaenoschisma　1559$_{20}$
Phaeoacremoium　1618$_{55}$
Phaeobacter　1546$_5$
Phaeobotrys　1656$_{47}$
Phaeocalicium　1611$_{26}$
Phaeocalpida　ファエオカルピダ目　1665$_{30}$
Phaeochora　1637$_{37}$
Phaeochoraceae　ファエオコラ科　1616$_{37}$
Phaeochoropsis　1616$_{37}$
Phaeococcomyces　1610$_{24}$
Phaeocollybia　1625$_{56}$
Phaeoconchida　ファエオコンキダ目　1665$_{34}$
Phaeocrella　1618$_{23}$
Phaeocystales　フェオシスティス目　1666$_{16}$
Phaeocystida　ファエオシスチダ目　1665$_{27}$
Phaeocystis　1666$_{16}$
Phaeodactylis　1625$_{25}$
Phaeodactylum　1655$_{46}$
Phaeodarea　ファエオダレア綱, 濃彩綱　1665$_{23}$
Phaeodendrida　ファエオデンドリダ目　1665$_{35}$
Phaeodinium　1665$_{26}$
Phaeogloea　1656$_{43}$
Phaeographis　1614$_7$
Phaeogromida　ファエオグロミダ目　1665$_{32}$
Phaeogymnocellida　ファエオギムノセリダ目　1665$_{25}$
Phaeoisaria　1606$_{40}$
Phaeoisariopsis　1608$_{35}$
Phaeolepiota　1625$_{46}$
Phaeolus　1624$_{15}$
phaeomelanin　フェオメラニン　1382d
Phaeomonas　1656$_{12}$
Phaeomoniella　1610$_{24}$
Phaeophila　1634$_{32}$
Phaeophyceae　褐藻綱　228h, 1657$_{10}$
Phaeophyscia　1613$_{43}$
Phaeoplaca　1656$_{21}$
Phaeopolykrikos　1662$_{23}$
Phaeopyla　1665$_{26}$
Phaeosaccardinula　1610$_{20}$
Phaeoschizochlamys　1656$_{43}$
Phaeoseptoria　1609$_{47}$
Phaeosolenia　1626$_9$
Phaeosphaera　1665$_{26}$
Phaeosphaeria　1609$_{47}$
Phaeosphaeriaceae　ファエオスファエリア科　1609$_{46}$
Phaeosphaerida　ファエオスファエリダ目　1665$_{28}$
Phaeosphaeriopsis　1609$_{48}$
Phaeospirillum　1546$_{21}$
Phaeostagonospora　1609$_{48}$
Phaeostalagmus　1618$_{30}$
Phaeostrophion　1657$_{11}$
Phaeothamniales　ファエオタムニオン目　1656$_{43}$
Phaeothamnion　1656$_{43}$
Phaeothamniophyceae　ファエオタムニオン藻綱　1656$_{42}$
Phaeotrichaceae　ファエオトリクム科　1609$_{49}$

Phaeotrichum　1609$_{49}$
Phaeovirus　ファエオウイルス属　1516$_{44}$
Phaeoxyphiella　1608$_{23}$
Phaethon　1571$_{21}$
Phaethontiformes　ネッタイチョウ目　1571$_{21}$
Phaffia　1623$_1$
Phaffomyces　1606$_{11}$
Phaffomycetaceae　ファフォミケス科　1606$_{11}$
phage　ファージ　1093f
──── conversion　ファージ変換　1422a
──── display　ファージディスプレイ　**1179g**
──── exclusion　ファージの排除　**1179h**
phagocyte　食細胞　669g
phagocytosis　食作用　**669g**
──── of dead cell　死細胞食食　**575b**
phagocytotic digestion　食細胞性消化　529g
Phagodinida　ファコディニウム目　1662$_4$
Phagodinium　1662$_4$
phagolysosome　ファゴリソソーム, 消化胞　669g, 1339f
Phagomyxa　1664$_{26}$
Phagomyxida　ファゴミクサ目　1664$_{26}$
phagosome　ファゴソーム, 貪食液胞, 食作用胞　**1179d**
Phakopsora　1620$_{23}$
Phakopsoraceae　ファコブソラ科　1620$_{23}$
Phalacrocleptes　1659$_{46}$
Phalacrocorax　1571$_{30}$
Phalacroma　1662$_{46}$
phalaenophily　ガ媒　996d
Phalaenopsis　1646$_{49}$
Phalanger　1574$_{25}$
Phalangeriformes　クスクス亜目　1574$_{23}$
Phalangiotarbi　ムカシザトウムシ目　1591$_{12}$
Phalangium　1591$_{20}$
Phalangodes　1591$_{27}$
Phalansterium　1628$_{19}$
Phalansteriida　ファランステリウム目　1628$_{19}$
phalanx　指節骨, 指骨　622c, 1417g
Phalaropus　1571$_{54}$
Phallaceae　スッポンタケ科　1627$_{51}$
Phallales　スッポンタケ目　1627$_{49}$
Phallobata　1627$_{48}$
Phallogaster　1627$_{47}$
Phallogastraceae　ファロガステル科　1627$_{47}$
phalloidin　ファロイジン　**1180j**
Phallomycetidae　スッポンタケ亜綱　1627$_{32}$
Phalloneoptera　新性類　1600$_{10}$
phallus　生殖結節　**757b**, 831a
Phallus　1627$_{53}$
PHA-M　1184d
Phanerochaetaceae　マクカワタケ科　1624$_{31}$
Phanerochaete　1624$_{34}$
Phanerogamae　顕花植物　416i
phanerogams　顕花植物　416i
Phaneromyces　1607$_{32}$
Phaneromycetaceae　ファネロミケス科　1607$_{32}$
phanerophyte　地上植物　**904h**
phaneroplasmodium　ファネロプラスモディウム, 可視変形体　**1180b**
Phanerorhynchiformes　ファネロリンカス目　1565$_{28}$
Phanerorhynchus　1565$_{28}$
Phanerosorus　1643$_2$
Phanerozoic eon　顕生累代　**424i**
Phanoderma　1586$_{25}$
phantastica　幻覚剤　450f
phaoplankton　陽光性プランクトン　1220e
phaosome　細胞内腔所　1161a
PHA-P　1184d
pharate adult　ファレート成虫　**1180i**
──── condition　ファレート状態　**1180i**
pharbitin　ファルビチン　293c
Pharciceras　1582$_{49}$
pharmacodynamics　薬力学　1139b
pharmacogenetics　薬理遺伝学　1403i
pharmacokinetics　薬物動態学　1139b
──── / pharmacodynamics　1139b

pharmacology 薬理学 1403i
pharyngeal apparatus 咽嚼器, 咽頭咀嚼器 97c, 841g
—— arch 咽頭弓 534d
—— bone 咽頭骨 97a
—— cleft 咽頭裂 534d
—— derivatives 咽頭派生体 534d
—— gland 咽頭腺 866i
—— groove 咽頭溝 534d
—— membrane 咽頭膜 433c
—— nerves 鰓弓神経 507j
—— plane 咽頭面, 矢状面 1408g
—— pouch 咽頭嚢 534d
—— sheath 咽頭鞘 108h
—— tooth 咽頭歯 97a
pharyngeo-cutaneous duct 咽皮管 98g
pharyngobranchial 咽頭鰓節 1020k
Pharyngomonadea ファリンゴモナス綱 1631₁
Pharyngomonadida ファリンゴモナス目 1631₁
Pharyngomonas 1631₂
Pharyngonema 1587₂₉
pharyngula 咽頭胚期 97d
—— stage 咽頭胚期 97d
pharynx 咽頭 96e
Phascolarctobacterium 1544₁₈
Phascolarctos 1574₂₂
Phascolion 1586₁₀
Phascolodon 1659₂₈
Phascolomyces 1604₃
Phascolosoma 1586₁₃
Phascolosomatidea サメハダホシムシ亜綱 1586₁₁
Phascolosomatiformes サメハダホシムシ目 1586₁₂
phase advance 位相前進 68f
—— contrast microscope 位相差顕微鏡 68e
—— delay 位相後退 68f
—— gregaria 群居相, 群生相 832e
Phaselicystidaceae ファセリシスタ科 1548₄
Phaselicystis 1548₄
phaseolin 7Sグロブリン, ファセオリン 633f, 634c, 1182k
Phaseolus インゲンマメ 1648₅₂
phase polymorphism 相変異 832g
—— response curve 位相反応曲線, 位相応答曲線 68d, 68f
—— separation 相分離 (脂質二重層膜の) 832c
—— shift 位相変位 68f
—— shift mutation フレームシフト突然変異 1229d
—— solitaria 孤独相 832e
—— specificity 発生期特異性 1106e
—— theory 相説 832e
—— transformation 相の転換 832e
—— transiens 移行相, 転移相 832e
—— transition 相転移 (脂質二重膜の) 829h
—— variation 相変異 832g
Phasianus 1571₇
phasic contraction 相動性収縮 830e
—— motoneuron 相動性運動ニューロン 116c
—— muscle 位相性筋, 相動性筋 835e, 1258f
—— receptor 相動性受容器, 相性受容器 339c
Phasmatodea ナナフシ目, 竹節虫類 1599₁₉
Phatnacantha 1663₃₃
Phaulactis 1556₅₂
Phe フェニルアラニン 1187e
phellem コルク組織 493d
Phellinus 1624₃
Phellodendron 1650₁₄
phelloderm コルク皮層 493d
Phellodon 1625₂₆
phellogen コルク形成層 493d
Phellorinia 1626₂₆
Phelloriniaceae フェロリニア科 1626₂₆
Phenacodus 1576₇
o-phenanthroline o-フェナントロリン 247e
phenegram 有根樹状図 1480g
phenethyl alcohol フェネチルアルコール 1188c
phenetic classification 表型的分類 1166a
phenocopy 表型模写 1166b

phenogram フェノグラム, 表型的樹状図 636a
phenolase フェノラーゼ 1188d, 1399c
phenol coefficient フェノール係数, フェノール指数, 石炭酸係数 661h
phenology フェノロジー, 生物季節, 生物季節学, 花暦, 花暦学 1188
phenoloxidase フェノール酸化酵素 1188d
phenol sulfuric acid フェノール硫酸 408h
phenon フェノン 728b
—— line フェノンライン 728b
phenotype 表現型 1166d
phenotypic expression 形質発現 388e
—— lag 表現遅れ 1166c
—— mixing 表現型混合 1166f
—— plasticity 表現型可塑性 1166e
—— reversion 表現型復帰 1166g
—— variance 表現型分散 1166h
L-phenylalanin ammonia-lyase L-フェニルアラニン脱アンモニア酵素 1187g
phenylalanine フェニルアラニン 1187e
phenylalanine hydroxylase フェニルアラニン水酸化酵素, フェニルアラニン-4-水酸化酵素, フェニルアラニン-4-ヒドロキシラーゼ 931d, 1187e, 1187f
phenylalanine-4-monooxygenase フェニルアラニン-4-酸素添加酵素 1187f
2-phenyl-1, 4-benzopyrone 2-フェニル-1,4-ベンゾピロン 1219g
2-phenylchroman-4-one フェニルクロマン 1219g
2-phenylethanol 2-フェニルエタノール 1188c
phenylisothyocyanate method フェニルイソチオシアネート法 136c
phenylketonuria フェニルケトン尿症 1188a
Phenylobacterium 1545₁₅
phenylpropanoid フェニルプロパノイド 1188b
phenyl thiocarbamide フェニルチオカルバミド 1363a
phenylthiohydantoin method フェニルチオヒダントイン法 136c
pheomelanin フェオメラニン 562e, 1381g
pheophorbide フェオフォルビド 1187b
pheophytin フェオフィチン 1187b
pheoporphyrin フェオポルフィリン 1328c
pheromone フェロモン 1189c
Pheronema 1555₃
Pherusa 1585₁₆
PHF 二重らせん繊維 1142e
Phialemonium 1619₅
Phialina 1659₂
Phialoascus 1606₇
Phialocephala 1615₁₇
phialoconidium フィアロ型分生子 1248f
phialocyst ハプトシスト 1300g
Phialomyces 1606₄₀
Phialophora 1610₂₄
phialopore フィアロポア 952g
Philadelphiachromosome フィラデルフィア染色体 1185e
Philander 1574₈
Philaster 1660₂₉
Philasterida フィラスター目 1660₂₇
Philine 1583₅₉
Philippine mahogany ラワン 1440c
Phillipsastrea 1556₅₃
Phillipsia 1616₂₆
Phillipsiella 1608₇
Phillipsiellaceae フィリップシエラ科 1608₇
Philodana 1590₈
Philodendron 1645₅₆
Philodina 1578₃₂
Philodinavus 1578₃₂
Philonotis 1640₁₅
Philorus 1601₂₂
philosophy of nature 自然哲学 587a
Philydraceae タヌキアヤメ科 1647₉
Philydrum 1647₉
phisogastry 膨腹現象 687a
Phlebia 1624₂₈

Phlebiopsis 1624₃₅
Phlebobranchia マメボヤ亜目, 管鰓類 1563₂₇
Phlebogaster 1627₅₀
Phlebolepis 1564₅
Phlebopus 1627₉
Phlebotomus 1601₂₂
Phlebovirus フレボウイルス属 1520₃₃
Phleogena 1621₃₄
Phleogenaceae トメバリキン科 1621₃₃
phlobaphene フロバフェン 892c
phloem 師部, 篩部 605d
—— fiber 篩部繊維, 篩部繊維組織 605d, 713c
—— loading 積込み 606e
—— ray 篩部放射組織 1299c
—— transport 篩部輸送 606e
Phloeospora 1608₃₆
Phlogicylindrium 1619₃₀
phloretin フロレチン 1239i
phlorizin フロリジン 1239i
Phlyctidaceae フリクティス科 1614₁₄
Phlyctis 1614₁₁
Phlyctochytrium 1602₂₁
phobic response 驚動反応 322a
phoborhodopsin フォボロドプシン 1487f
phobotaxis 驚動走性 322a, 363a
Phoca 1575₅₄
Phocaeicola 1539₈
Phocoena 1576₅
—— *spinipinnis papillomavirus* コハリイルカ乳頭腫ウイルス 1516₃₈
Phocoenobacter 1549₄₂
phocomelia アザラシ状奇形, アザラシ肢症 884i
PhoE 1327a
Phoenicopteriformes フラミンゴ目 1571₂₀
Phoenicopterus 1571₂₀
Phoeniculus 1572₃₀
Phoenix 1647₄
Pholadomya 1582₂₆
Pholcus 1592₂₅
Pholidophoriformes フォリドフォルス目 1565₄₄
Pholidopleuriformes フォリドプリュウラス目 1565₃₂
Pholidopleurus 1565₃₂
Pholidosaurus 1569₂₃
Pholidoskepia 1581₁₁
Pholidota 鱗甲目 1575₄₃
Pholiota 1626₄₂
Pholis 1566₅₃
Phoma 1609₁₀, 1609₁₈, 1609₂₂, 1609₂₈, 1609₅₇
Phomatospora 1619₂₆
Phomatosporella 1619₂₆
Phomopsis 1618₄₂
phonation 発声, 発音 1100g, 1106a
phonocardiogram 心音曲線 687j
phonoreception 音受容 173e
phonoreceptor 音受容器 173f
phorbol ester ホルボールエステル 1329b
phoresy 便乗, 運搬共生 1178b, 1290f
phoretic behavior 便乗行動 1178b
Phoretophrya 1660₄₀
Phormidium 1541₃₈
Phormosoma 1561₃₈
phorocyte 担細胞 212f
Phoronida 箒虫動物, 箒虫動物門 1293a, 1579₃₉
Phoronis 1579₄₀
Phoronopsis 1579₄₀
phorozooid 育体 1370f, 1410e
Phorticium 1663₁₇
phosphagen ホスファゲン 1308g
phosphatase ホスファターゼ 1308h
phosphate リン酸塩 1474d
—— donor リン酸供与体 1474j
—— group transfer リン酸基転移反応 1474j
phosphatidate phosphatase ホスファチジン酸ホスファターゼ 1310b
phosphatide ホスファチド 1475b

phosphatidic acid ホスファチジン酸 1310b
phosphatidyl choline ホスファチジルコリン 1309c
—— ethanolamine ホスファチジルエタノールアミン 1309a
—— glycerol ホスファチジルグリセロール 1309b
—— inositol ホスファチジルイノシトール 1308i
phosphatidylinositol 3-kinase 1f
phosphatidyl serine ホスファチジルセリン 1310a
Phosphatocopina 1594₂₀
phosphene 眼閃 267d
3'-phosphoadenosine 5'-phosphosulfate 3'-ホスホアデノシン-5'-ホスホ硫酸 1310c
3'-phospho-5'-adenylyl sulfate 3'-ホスホ-5'-アデニリル硫酸 1310c
phosphoarginine ホスホアルギニン 40a
phosphocholine ホスホコリン 493c
phosphocreatine ホスホクレアチン 371a
phosphodiesterase ホスホジエステラーゼ, リン酸ジエステラーゼ 1311b
—— 3B ホスホジエステラーゼ 3B 94e
phosphodiester bond リン酸ジエステル結合 1474i
phosphoenolpyruvate ホスホエノールピルビン酸 183h[図]
—— carboxykinase ホスホエノールピルビン酸カルボキシキナーゼ 94e, 238d, 683e
—— carboxykinase (GTP) ホスホエノールピルビン酸カルボキシル化酵素(GTP リン酸化) 1311a
—— carboxylase ホスホエノールピルビン酸カルボキシラーゼ 1310d
phosphoethanolamine ホスホエタノールアミン 133i
6-phosphofructo-1-kinase 6-ホスホフルクト-1-キナーゼ, フルクトース-6-リン酸-1-キナーゼ 183h[図]
6-phosphofructo-2-kinase 6-ホスホフルクト-2-キナーゼ 1226f
phosphofructokinase 2 ホスホフルクトキナーゼ 2 1226d
phosphoglucomutase グルコースリン酸ムターゼ 367b
6-phosphogluconate dehydrogenase 6-ホスホグルコン酸デヒドロゲナーゼ, グルコン酸-6-リン酸脱水素酵素 1288b[図]
6-phosphogluconolactonase 6-ホスホグルコノラクトナーゼ 1288b[図]
6-phosphoglucono-δ-lactone 6-ホスホグルコノ-δ-ラクトン 367d
2-phosphoglycerate グリセリン酸-2-リン酸 183h[図]
phosphoglycerate kinase グリセリン酸リン酸キナーゼ, ホスホグリセリン酸キナーゼ 183h[図]
phosphoglyceromutase グリセリン酸リン酸ムターゼ, ホスホグリセロムターゼ 183h[図]
phosphoglycolate phosphatase ホスホグリコール酸ホスファターゼ 360a[図]
phosphoglycolipid リン糖脂質 1476c
phosphoinositide ホスホイノシチド 88a, 1308i
3-phosphoinositide dependent kinase 1 94e
phosphoinositide 3 kinase 1129a
—— 3-kinase signaling pathway PI3K 経路 1129a
phospholamban ホスホランバン 1311d
phospholipase ホスホリパーゼ 1311e
—— A ホスホリパーゼ A 1311f
—— C ホスホリパーゼ C 1311g
—— D ホスホリパーゼ D 1312a
phospholipid リン脂質 1475b
phosphomannoisomerase ホスホマンノイソメラーゼ 1348a
phosphomonoesterase PM アーゼ, ホスホモノエステラーゼ, リン酸モノエステラーゼ 1475a
phosphonoglycolipid ホスホノ糖脂質 1311c
phosphonolipid ホスホノ脂質 1311c
4'-phosphopantetheine パンテテイン-4'-リン酸 1124h
phosphopento isomerase ホスホペントイソメラーゼ 1464b
phosphopentose isomerase ホスホペントースイソメラーゼ 1464b
phosphoprotein リン蛋白質 1476b
—— phosphatase ホスホプロテインホスファターゼ, リン蛋白質ホスファターゼ 1235b, 1475a
5-phosphoribosyl pyrophosphate 5-ホスホリボシルピロリン酸 1312b
phosphoric acid リン酸 1474d

pho

―― acid ester　リン酸エステル　**1474**f
―― ester　リン酸エステル　**1474**f
phosphorolysis　加リン酸分解　**243**g
phosphorylase　ホスホリラーゼ　**1312**c
―― b kinase　ホスホリラーゼbキナーゼ　**1312**d
―― kinase　ホスホリラーゼキナーゼ　**1312**d
―― phosphatase　ホスホリラーゼホスファターゼ　**1313**a
phosphorylation　リン酸化　**1474**g
―― potential　リン酸化ポテンシャル　**1474**h
phosphoryl choline　ホスホリルコリン　**493**c
―― ethanolamine　ホスホリルエタノールアミン　**133**i
phosphoserine　セリンリン酸，ホスホセリン　**795**i
phosphosphingolipid　スフィンゴリン脂質　**740**f
phosphothreonine　トレオニンリン酸，ホスホトレオニン　**1015**h
phosphotransacetylase　リン酸アセチル基転移酵素　**1474**e
phosphotransferase　ホスホトランスフェラーゼ，リン酸転移酵素　**294**, **1474**j
phosphotyrosine　チロシンリン酸，ホスホチロシン　**931**d
phosvitin　ホスビチン　**1308**f
photic sense　光感覚　**1134**h
―― zone　有光層　**189**f
photoaffinity labeling　光アフィニティーラベリング，光親和性標識　**23**i
Photobacterium　**1549**₆₁
photobiology　光生物学　**1136**d
photoblastic seed　光発芽種子　**1137**h
photobleaching process　光退色過程（ロドプシンの）　**1137**e
photodinesis　光原形質流動　**419**a
photodynamic action　光動力作用　**1137**g
photoeffector　光効果器　**431**h
photoelectric effect　光電効果　**459**i
photogenic animals　発光動物　**1104**f
―― organ　発光器　**1104**a
―― plants　発光植物　**1104**c
photoheterotrophy　光従属栄養　**440**h
photoinhibition of photosynthesis　光阻害（光合成の）　**1137**d
photokinesis　光活動性，光走速性　**488**h, **1137**c
photolithotroph　光無機栄養生物　**440**h
photolyase　光回復酵素　**1134**g
photomixotrophy　光混合栄養　**440**h
photomorphogenesis　光形態形成　**1135**c
photomovement　光運動　**1134**d
photonasty　光傾性　**388**h
photo-orientation　光定位反応　**1137**b
photoperiod　光周期　**446**g
photoperiodic induction　光周性誘導　**446**g
―― response curve　光周反応曲線　**447**a
photoperiodism　光周性　**446**g
photophile phase　親明相　**714**c
photophobic reaction　光驚動性　**1135**a
photophosphorylation　光リン酸化　**468**g
photopic vision　明所視，昼間視　**558**k, **910**f
photoprotection　光防護　**1138**b
photoprotein　発光蛋白質　**1104**e
photopsin　フォトプシン　**168**g
photoreactivating enzyme　光回復酵素　**1134**g
photoreactivation　光回復　**1134**f
photoreceptive organ　光受容器　**1135**f
photoreceptor　フォトレセプター，光受容体　**1136**b
―― cell　光受容細胞　**1136**b
―― potential　光受容器電位　**1136**c
photorespiration　光呼吸　**1135**d
Photorhabdus　**1549**₉
photosensitivity　光感覚　**1134**h
photosensitization　光増感　**1137**a
photostationary state　光平衡状態　**1183**a
photosynthesis　光合成　**440**a
―― curve　光合成曲線　**440**c
photosynthetically active radiation　光合成有効放射　**442**c
―― effective radiation　光合成有効放射　**442**c
photosynthetic bacteria　光合成細菌　**440**d
―― carbon reduction cycle　光合成の炭素還元回路　**259**d
―― electron transport system　光合成の電子伝達系　**441**c

―― organism　光合成生物　**440**h
―― phosphorylation　光合成的リン酸化　**468**g
―― pigment　光合成色素　**440**f
―― products　光合成産物　**440**e
―― quotient　光合成商　**440**g
―― rate　光合成速度　**441**a
―― reaction center　光合成の反応中心　**442**a
―― unit　光合成単位　**441**b
photosystem　光化学系　**431**e
phototaxis　光走性　**1137**b
phototransformation (of phytochrome)　光変換（フィトクロムの）　**1138**f
phototroph　光栄養生物，光無機栄養生物　**440**h
phototrophic bacteria　光栄養細菌　**1134**e
phototropin　フォトトロピン　**1191**v
phototropism　光屈性　**1135**b
Phragmidiaceae　フラグミジウム科　**1620**₂₇
Phragmidiella　**1620**₂₅
Phragmidium　**1620**₂₉
Phragmites　**1647**₄₀
phragmobasidium　多室担子器　**884**j
Phragmocalosphaeria　**1618**₂₄
Phragmocapnias　**1608**₂₄
Phragmophora　イソヤムシ類，単膜筋目　**1577**₃
phragmoplast　隔膜形成体　**209**a
Phragmopyxis　**1620**₄₈
phragmosome　フラグモソーム　**1214**a
phragmospore　多室胞子　**871**c
Phragmotaenium　**1622**₄₄
Phragmoteuthida　**1583**₁₁
Phragmoteuthis　**1583**₁₁
Phragmoxenidiaceae　フラグモクセニジウム科　**1623**₁₂
Phragmoxenidium　**1623**₁₂
Phreatamoeba　**1628**₄₁
phreatobiontic animal　地下水動物　**978**f
Phreatoicidea　フレアトイクス亜目　**1596**₄₅
Phreatoicus　**1596**₄₅
phrenosin　フレノシン　**241**d
Phreodrilus　**1585**₃₄
Phronima　**1597**₁₇
Phryma　**1652**₁₄
Phrymaceae　ハエドクソウ科　**1652**₁₄
Phrynarachne　**1592**₂₆
Phrynocrinus　**1560**₁₇
Phrynosoma　**1568**₄₂
Phrynus　**1592**₇
pH stat　pHスタット　**1130**f
phthiocol　フチオコール　**1204**g
phthioic acid　フチオン酸　**1204**h
Phthiracarus　**1590**₆₀
Phthiraptera　シラミ目，吸蝨類，正脱翅類，虱類，裸尾類　**1600**₂₀
Phtorophrya　**1660**₄₁
Phurmomyces　**1611**₃₇
Phy　フィトクロム　**1183**a
Phycicoccus　**1537**₁₈
Phycicola　**1537**₂₅
Phycisphaera　**1545**₉
Phycisphaeraceae　フィシスフェラ科　**1545**₉
Phycisphaerae　フィシスフェラ綱　**1545**₇
Phycisphaerales　フィシスフェラ目　**1545**₈
phycobilin　フィコビリン　**1181**h
phycobilisome　フィコビリソーム　**1181**g
phycobiont　フィコビオント　**319**d, **486**c
phycocyanin　フィコシアニン　**888**a, **1181**h
Phycodnaviridae　フィコドナウイルス科　**1516**₄₁
phycoerythrin　フィコエリトリン　**888**a, **1181**h
Phycolepidoziaceae　モクズミゾケ科　**1638**₆
phycology　藻学，藻類学　**674**e, **834**b
Phycomyces　**1603**₄₆
Phycomycetaceae　ヒゲカビ科　**1603**₄₆
Phycomycetes　藻菌類　**823**f
Phycopeltis　**1634**₃₅
Phyla　**1652**₂₂
Phylactolaemata　掩喉類，被口綱，被喉類　**1579**₂₀

Phylembryogenie 系統胚子発生 781c
phyletic gradualism 系統漸進説 811c
―― lineage 系統 **392**c
Phyllachora 1616₃₉
Phyllachoraceae クロカワカビ科 1616₃₈
Phyllachorales クロカワカビ目 1616₃₆
Phyllactinia 1614₃₈
Phyllanthaceae ミカンソウ科 1649₄₁
Phyllanthus 1649₄₂
Phyllaria 1657₄₅
Phyllidia 1584₁₆
Phylliscum 1615₄₀
Phyllobacteriaceae フィロバクテリア科 1545₄₄
Phyllobacterium 1545₄₅
Phyllobaeis 1613₅₇
Phyllobatheliaceae フィロバテリア科 1607₃₃
Phyllobathelium 1607₃₃
Phylloblastia 1608₁₄
phyllocaline フィロカリン 1456d
Phyllocarida コノハエビ亜綱 1596₁₉
Phylloceras 1583₁
Phyllocerida フィロセラス目 1583₁
Phyllochona 1659₃₄
Phyllocladus 1645₃
Phyllocratera 1607₃₃
phyllode 偽葉 **315**l
Phyllodictyon 1634₄₁
phyllodium 偽葉 **315**l
Phyllodoce 1584₅₂, 1651₃₁
Phyllodocida サシバゴカイ目 1584₄₇
Phyllodrepaniaceae カタフチゴケ科 1640₁₀
Phyllogloea 1623₁₂
Phyllogoniaceae フナバゴケ科 1641₁₃
phylloid 仮葉 **239**d
phyllokinin フィロキニン 295b
phyllome フィロム 964i
Phyllomenia 1581₁₄
phyllomophore 担葉体 1301a
Phyllopeltula 1615₄₂
Phyllopharyngea 層状咽頭綱 1659₂₄
Phyllopoda 葉脚亜綱 1594₂₉
Phylloporia 1624₃
Phylloporus 1627₅
phylloquinone フィロキノン 1151h, **1186**c
Phylloscopus 1572₅₈
Phyllosiphon 1635₁₇
phyllosoma フィロソーマ **1186**d
Phyllospadix 1646₉
Phyllostachys 1647₄₀
Phyllostaurus 1663₃₃
Phyllosticta 1607₆
phyllotaxis 葉序 **1423**f
Phyllothalliaceae ウロコゴケダマシ科 1637₂₆
phylogenesis 系統発生 **392**i
phylogenetic cladistics 系統分岐学 1099b
―― classification 系統分類, 系統発生的分類 1166a, 1254f
―― constraint 系統的制約 **392**h
―― inertia 系統的慣性 392h
―― morphology 系統形態学 **392**f
phylogenetics 系統学 **392**e
phylogenetic species concept 系統学的種概念 619a
―― systematics 系統分類学 **393**a
―― tree 系統樹 **392**g
phylogeny 系統学, 系統発生 **392**e, **392**i
phylogeography 生物系統地理学 772e
phylotypic stage ファイロティピック段階 97d
phylum 門 **1401**d
Phymatoceraceae フィマトケロス科 1641₄₀
Phymatocerales フィマトケロス目 1641₃₈
Phymatotrichopsis 1616₂₄
Phymosoma 1562₂
Phymosomatoida ホンウニモドキ目 1562₂
Physa 1584₂₀
Physalacria 1626₂₉

Physalacriaceae タマバリタケ科 1626₂₇
physalaemin フィザラミン 868e
Physalia 1556₁
Physalis 1651₅₇
Physalospora 1619₃₆
Physarales 1629₁₆
Physarida モジホコリ目 1629₁₆
Physarina 1629₁₈
Physarum 1629₁₈
Physcia 1613₄₃
Physciaceae ムカデゴケ科 1613₄₂
Physcidia 1612₅₈
Physconia 1613₄₃
Physeter 1576₅
physical anthropology 自然人類学 716b
―― color 物理色 854d
―― containment 物理的封じ込め **1207**d
―― control 物理的防除 1164g
―― dependence 身体依存 339a
―― digestion 物理的消化 653i
―― environment 物理的環境 **1207**c
―― genetic map 物理的遺伝子地図 **1207**b
―― gill 物理鰓 **1207**a
―― map 物理的地図 808h
―― map distance 物理的地図距離 905d
Physiculus 1566₂₅
physiognomy 相観 **822**f
physiological 生理学的, 生理的 779f
―― balanced solution 生理的平衡溶液 780c
―― chemistry 生理化学 744i
―― clock 生理時計 775a
―― color change 生理的体色変化 854d
―― disease 生理病(植物の) **781**a
―― dominance 生理的優位 **780**g
―― dryness 生理的乾燥 **780**d
―― fruit drop 生理的落果 **780**h
―― genetics 生理遺伝学 **779**e
―― gradient 生理勾配 **780**a
―― homeostasis 生理的ホメオスタシス 1318i
―― integration 生理的統合 373e
―― isolation 生理的分離 780g
―― mutant 生理学的突然変異体 657a
―― optimum 生理的最適 **780**f
―― race 生理品種 **781**b
―― regeneration 生理的再生 514b
―― saline 生理的塩類溶液 **780**c
―― salt solution 生理食塩水 **780**b
―― species 生理種 781b
―― tremor 生理的振顫 705f
―― trigger 生理学的引き金 1141d
physiologic time 生理学的時間 771c
physiology 生理学 **779**f
Physiostreptus 1593₃₅
physiotherapy 物理療法 196h
Physisporinus 1624₂₁
Physma 1613₂₄
Physocladia 1602₂₃
physoclisti 閉鰾類 108b
Physoderma 1603₂₃
Physodermataceae フィソデルマ科 1603₂₃
Physokermincola 1605₄₄
Physolinum 1634₃₅
Physonema 1620₂₉
Physopella 1620₂₃, 1620₂₅
Physophora 1555₅₂
Physophorae ヨウラククラゲ亜目, 胞泳類 1555₅₁
Physostigma venenosum 132e
physostigmine フィゾスチグミン 132e
physostomi 喉鰾類, 開鰾類 108b
phytal animal 葉上動物 677d, 1287i
phytase フィターゼ **1182**a, 1182c
phytic acid フィチン酸 **1182**c
phytin フィチン 1182a, 1182c
phytoalexin フィトアレキシン **1182**k

phytobenthos フィトベントス, 底生植物, 植物ベントス **953**c
phytochrome フィトクロム **1183**a
phytochromobilin フィトクロモビリン **1183**a
phytoecdysone 植物エクジソン 126c
phytoestrogen 植物性女性ホルモン様物質, 植物性発情ホルモン様物質 1023b, 1105e
phytogeography 植物地理学 773k
phytoglycolipid フィトグリコリピド 1476c
Phytohabitans 1537[41]
phytohemagglutinin フィトヘマグルチニン **1184**d, 1486b
phytohormone 植物ホルモン **678**a
phytol フィトール **1184**f
Phytolacca 1650[59]
Phytolaccaceae ヤマゴボウ科 1650[59]
Phytomastigophora 植物性鞭毛虫綱 1290e
phytomer ファイトマー **1179**c
phytometer フィトメーター **1184**e
phytomimesis 隠蔽的植物擬態 100b
Phytomonas 1631[39]
Phytomyxea ファイトミクサ綱 1664[25]
phytonic theory フィトン説 642g
phytonism フィトン説 642g
phytontid フィトンチッド 868c
phytopathology 植物病理学 **678**a
Phytophthora 125d
Phytophthora blight 疫病(植物の) **125**d
── rot 疫病(植物の) **125**d
Phytophtora 1654[12]
phytoplankton 植物プランクトン 1220e
phytoplasma ファイトプラズマ 828a, 1334b
Phytopythium 1654[16]
phytoremediation ファイトレメディエーション 1076b
Phytoreovirus フィトレオウイルス属 1519[33]
Phytoseius 1590[13]
phytosphingosine フィトスフィンゴシン 739d
phytosterol 植物ステロール 735a
phytosulfokine フィトスルフォカイン **1183**b
phytotomy 植物解剖学 676d
phytotoxin 植物毒素 1001g
phytotron ファイトトロン 1074e
Phytoza 植虫類 **673**c
PI ホスファチジルイノシトール 1129a, 1308i
pI 992a
PI3K 94e
PI 3-kinase 1f
PI3K signaling pathway PI3K経路 **1129**a
pia mater 柔膜 1065b
── mater primitiva 一次柔膜 1065b
── mater secundaria 二次柔膜 1065b
Pibocella 1539[48]
Picea 1644[50]
Pichia 1606[13]
Pichiaceae ピキア科 1606[12]
Pici キツツキ亜目 1572[36]
Piciformes キツツキ目 1572[32]
picnocline 密度躍層 1403g
Picobiliphytes ピコビリ藻類 1666[37]
Picobirnaviridae ピコビルナウイルス科 1519[25]
Picobirnavirus ピコビルナウイルス属 1519[26]
Picochlorum 1635[9]
picodnavirus ピコドナウイルス 1117h
Picophagales ピコファグス目 1656[15]
Picophagea ピコファグス綱 1656[14]
Picophagophyceae ピコファグス綱 1656[14]
Picophagus 1656[15]
picoplankton ピコプランクトン 1220e
Picornavirales ピコルナウイルス目 1521[5]
Picornaviridae ピコルナウイルス, ピコルナウイルス科 1140a, 1521[13]
Picovirinae ピコウイルス亜科 1514[18]
Picrasma 1650[11]
Picrophilaceae ピクロフィルス科 1535[21]
Picrophilus 1535[21]
Pictodentalium 1581[42]

Pictothyris 1580[38]
Picus 1572[37]
PIDDosome 25f
Piedraia 砂毛菌 1608[39]
Piedraiaceae ピエドライア科 1608[39]
Pieris 1601[42], 1651[35]
PIF プロラクチン放出抑制因子 1239e
pIF 1332b
pigment 色素 **562**c
pigment-aggregating nerve 色素凝集神経 564b
pigmentary color 色素色 854d
pigment cell 色素細胞 **563**b
── cell nevus 色素細胞母斑 1318b
── concentrating hormone 色素凝集ホルモン 564a
── cup 色素杯 999g, 1077b
pigment-dispersing factor 色素拡散因子 562d
── hormone 色素拡散ホルモン **562**d
pigment nerve 色素拡散神経 564b
pigmented enamel 着色エナメル質 1069b
pigment epithelium 色素上皮 663b
── epithelium of retina 網膜色素上皮層 1373b, 1393h
── granule 色素顆粒 **562**e
── layer 色素上皮層 1393h
pigmentocyst ピグメントシスト 1300g
pigment shield 色素楯板 270g
── tissue 色素組織 563b
PIH プロラクチン放出抑制ホルモン 1239e
Pihiella 1633[14]
Pihiellales ピヒエラ目 1633[14]
Pikaia 1563[5]
Pilaira 1603[42]
Pilasporangium 1654[16]
pilastering of femur 柱状大腿骨 **912**d
Pilea 1649[9]
pileocystidium かさ嚢状体 1064b
Pileolaria 1620[30]
Pileolariaceae ピレオラリア科 1620[30]
pileus 傘 **214**e
pili 線毛 **819**c
Pilidiella 1618[53]
Pilidiophora 担帽綱 1580[44]
pilidium ピリディウム **1170**f
Pilidium 1614[43]
Pilimelia 1537[41]
pilin ピリン 819c
Pilina 1581[32]
piling pattern 674b
Pilisuctorida ピリスクトリダ目 1660[43]
pillar canal 口柱管, 柱管 353h
── cell 柱細胞 495g
Pilobolaceae ミズタマカビ科 1603[47]
Pilobolus 1603[47]
Pilocintractia 1622[6]
Piloderma 1626[62]
Pilophorus 1612[22]
Pilosa 有毛目 1574[51]
Pilotrichaceae カサイボゴケ科 1640[41]
Pilphorosperma 1644[20]
Piltdown man ピルトダウン人 **1174**c
Pilularia 1643[8]
pilus 線毛 **819**c
pimelic acid ピメリン酸 **1162**i
Pimelobacter 1537[47]
Pinaceae マツ科 1644[50]
pinacocyte 扁平細胞 188f
pinacoderm 扁平細胞層 188f
pinching 心止め, 摘心 959d
Pinctada 1582[7]
pineal body 松果体 **656**b
── eye 頭頂眼 **990**d
── gland 松果腺 656b
── organ 松果体, 頭頂眼 **656**b, **990**d
Pinellia 1645[56]
pine wilt disease 材線虫病 **516**c
── wood nematode 516c

Pinguicula 1652₁₈
Pinguiochrysidales ピングイオクリシス目 1656₁₂
Pinguiochrysis 1656₁₂
Pinguiococcus 1656₁₂
Pinguiophyceae ピングイオ藻綱 1656₁₁
pin-hole eye 窩眼 823g
pinitol ピニトール 569c
Pink1 1335b
Pinna 1582₇
pinna 羽片, 鰭 110f, 1175c
pinna caudalis 尾鰭 168d
—— dorsalis 背鰭 794h
pinnaglobin ピンナグロビン 403d
pinnate 羽状 1424e
—— compound leaf 羽状複葉 1200h
pinnately compound leaf 羽状複葉 1200h
pinnate venation 羽状脈系 1363c
Pinnaticoemansia 1604₅₂
pinna trace 629d
Pinnocaris 1581₃₆
Pinnoputamen 1636₁₆
Pinnularia 1655₄₇
pinnule 小羽片 110f
pinocytosis ピノサイトーシス, 飲作用 93d
Pinopsida 球果植物綱 1644₄₄
pinopsin ピノプシン 168g, 605g, 1503e
pinosome ピノソーム, 飲作用胞 93d
Pinus 1644₅₀
Piona 1590₃₄
pioneer 先駆植物 802i
pioneering fiber 開拓繊維 1074f
—— nerve 開拓神経 1074f
—— phase 開拓期 1074f
pioneer neurone パイオニアニューロン 1074f
—— plant 先駆植物 802i
PI4P PI4-リン酸, ホスファチジルイノシトール-4-リン酸 1129a, 1326b
PIP ホスファチジルイノシトール-4-リン酸 1326b
PI(4,5)P₂ PI4,5-二リン酸 1129a
PI4,5P₂ ホスファチジルイノシトール-4,5-二リン酸 1326b
PIP₂ ホスファチジルイノシトール-4,5-二リン酸 1326b
PI(3,4,5)P₃ PI3,4,5-三リン酸 1129a
Pipa 1567₅₃
Pipapillomavirus パイパピローマウイルス属 1516₃₉
pipecolic acid ピペコリン酸 1162a
pipe model パイプモデル 1088f
Piper 1645₃₅
Piperaceae コショウ科 1645₃₅
Piperales コショウ目 1645₃₃
Piper's law パイパーの法則 1454d
Pipistrellus 1575₁₅
Pipra 1572₄₃
Piptarthron 1608₅₂
Piptocephalidaceae エダカビ科 1604₃₀
Piptocephalis 1604₃₀
Piptoporus 1624₁₅
PIR 955b
Pirella 1603₄₃
Piricauda 1606₄₁
Piriformospora 1625₂₁
piRNA 955c
Piromyces 1603₁₅
Piroplasma 1661₃₉
Piroplasmorida パペシア目, ピロプラズマ目 1661₃₈
Pirozynskia 1608₂₀
PIRQUET, Clemens von ピルケ 1173g
Pirsonia 1653₃₄
Pirsoniales ピルソニア目 1653₃₄
Pirula 1634₃₂
pisatin ピサチン 1182k
Pisces 魚類 330d
Piscicola 1585₄₃
pisciculture 水産養殖 721e
Pisciformes 魚形類 329c
Pisione 1584₅₂

Pisolithus 1627₂₄
Pisonia 1650₆₁
Pistacia 1650₇
pistil 雌ずい, 雌蕊 581c
Pistillaria 1626₅₄
pistillate flower 雌花 889h
Pistosauria ピストサウルス類 349h
Pisum 1648₅₂
pit 壁孔 1263f
pitcher 嚢状葉 1064c
pit connection ピットコネクション, 壁孔連絡 1153e, 1264f
pith 髄 718c
—— cavity 髄腔 208g
Pithites 1659₃₀
Pithoascina 1607₅₂
Pithoascus 1617₆₀
Pithomyces 1609₉
Pithophora 1634₄₁
pith ray 髄線 1299c
Pithya 1616₂₇
pit membrane 壁孔膜 1263f
—— organ ピット器官, 孔器 781h
pit-pair 壁孔対 1263f
pit plug ピットプラグ 1153e
Pitta 1572₄₀
pitted tracheid 孔紋仮道管 232b
—— vessel 孔紋道管 467f
Pittosporaceae トベラ科 1652₄₇
Pittosporum 1652₄₇
pituitary body 下垂体 217j
—— gland 下垂体 217j
Pituriaspidiformes ピトゥリアスピス目 1564₉
Pituriaspis 1564₇
Pigmentiphaga 1546₄₆
Pilibacter 1543₁₁
Pillotina 1550₁₉
Pinaciophora 1552₂₀
Pirellula 1545₅
Pirum 1553₃
Piscibacillus 1542₃₃
Piscinibacter 1546₄₂
Piscirickettsia 1549₅₆
Pityrogramma 1643₃₄
Pityrosporum 1619₅₃
pivalic acid ピバリン酸 293c
Piwi 37a, 955c
Piwi-interacting RNA 955c
pK_a 191e
PKB プロテインキナーゼB 127e
PKC Cキナーゼ 1329b
—— signal PKCシグナル 1138h
PK-G プロテインキナーゼG 564f
PK/PD 1139b
PKU フェニルケトン尿症 1188a
PL ピリドキサール, ホスホリパーゼ 1171a, 1311e
PLA ホスホリパーゼA 1311f
PLA₁ ホスホリパーゼA₁ 1311f
PLA₂ ホスホリパーゼA₂ 1311f
placebo プラシーボ 1215d
place cell 場所細胞 1097d
—— neuron 場所ニューロン 1097d
placenta 胎座, 胎盤 581c, 849g, 861e
—— discoidalis 円盤状胎盤, 盤状胎盤 861e
—— disseminate 散在性胎盤 861e
placental cell 融合細胞 1407d
—— growth factor 胎盤増殖因子 401a
—— hormone 胎盤ホルモン 862a
Placentalia 有胎盤類 1027c
placental lactogen 胎盤性ラクトーゲン 862a
—— mammals 有胎盤類 1027c
placenta multiplex 多胎盤胎盤 861e
placentation 胎座 849g
placenta zonaria 帯状胎盤 168b
Placidea プラシディア綱 1653₄

Placidia 1653₅
Placidiales プラシディア目 1653₅
Placidium 1610₄₃
Placiphorella 1581₂₆
Placoasterella 1608₂₁
Placoasterina 1608₂₁
Placocarpus 1610₄₃
Placochelys 1568₃₀
placode プラコード **1214**d
Placodermi 板皮綱, 板皮類 **1126**d, 1564₁₁
placoderms 板皮類 **1126**d
Placodontia 板歯目 1568₃₀
Placodus 1568₃₀
placoid sensillum 楯状感覚子 **876**f
Placojoenia 1630₁₄
Placolecis 1613₃₀
Placomelan 1608₃
Placoneis 1655₃₈
Placopsilina 1663₄₈
Placopsis 1613₅₅
Placosoma 1608₂₁
Placozoa 平板動物, 板形動物, 板形動物門 **1119**a, 1558₂₈
placula プラクラ **1214**b
Placus 1660₁₆
Placynthiaceae クロサビゴケ科 1613₂₇
Placynthiella 1613₅₅
Placynthiopsis 1613₂₇
Placynthium 1613₂₇
Plaesiobystra 1631₆
Plagiochila 1638₁₁
Plagiochilaceae ハネゴケ科 1638₁₁
plagioclimax 偏向極相 799c
Plagiogramma 1655₂
Plagiogrammopsis 1655₂
plagiogravitropism 傾斜重力屈性 630e
Plagiogyria 1643₁₅
Plagiogyriaceae キジノオシダ科 1643₁₅
Plagiopogon 1660₁₆
Plagiopyla 1660₁₈
Plagiopylea プラギオピラ綱 1660₁₇
Plagiopylida プラギオピラ目 1660₁₈
Plagiosaurus 1567₁₈
Plagioselmis 1666₈
plagiosere 偏向遷移系列 799c
Plagiospira 1660₃₄
Plagiostigme 1618₃₉
Plagiostoma 1618₄₆
Plagiostomum 1577₄₀
Plagiotheciaceae サナダゴケ科 1641₅
Plagiothecium 1641₅
Plagiotoma 1658₃₀
plagiotropism 傾斜屈性 348h
Plagiotropis 1655₄₇
plague bacillus ペスト菌 149c
plakalbumin プラクアルブミン 167k
plakea プラケア 952g
Plakina 1554₂₆
plakoglobin プラコグロビン 960j
Plakortis 1554₂₇
plakula プラクラ **1214**b
planar cell polarity 平面内細胞極性 **1263**a
Planaria 1577₄₃
Planchonella 1651₁₂
Planctobacteria プランクトバクテリア門 1545₁
Planctomycea プランクトミセス綱 1545₂
Planctomyces 1545₅
Planctomycetaceae プランクトマイセス科, プランクトミセス科 1545₄
Planctomycetacia プランクトマイセス綱 1545₂
Planctomycetales プランクトマイセス目, プランクトミセス目 1545₃
Planctomycetes プランクトマイセス門 22c, 1545₁
Planctonema 1635₉
Planctosphaera 1562₅₅
Planctosphaeroidea プランクトスファエラ類 1562₅₅

Planetella 1622₆
planetism 遊泳性 **1406**c
Planifilum 1543₁
Planipapillus 1588₂₉
Planispirillina 1664₁₇
Planistroma 1608₅₂
Planistromella 1608₅₂
Planistromellaceae プラニストメラ科 1608₅₂
plankter プランクター 1220e
planktobenthos 浮遊性底生動物 953c[表]
Planktolyngbya 1541₃₈
plankton プランクトン **1220**e
Planktonetta 1665₂₆
planktonic ecosystem 浮遊生態系 189f
Planktoniella 1654₅₅
plankton net プランクトンネット 1220e
Planktosphaeria 1635₂
Planktothricoides 1541₃₈
Planktothrix 1541₃₈
planktotrophic larva プランクトン栄養型幼生 791f
Planobacterium 1539₄₈
Planobispora 1538₈
Planocera 1577₂₃
Planococcaceae プラノコックス科 1542₄₀
Planococcus 1542₄₁
Planodasys 1578₂₀
planogamete 運動性配偶子 1077f
Planomicrobium 1542₄₁
Planomonadida 1552₉
Planomonas 1552₉
Planomonospora 1538₈
Planophila 1634₂₇
Planopolyspora 1537₄₂
Planoprotostelium 1628₄₆
Planorbulina 1664₁₁
Planosporangium 1537₄₂
Planotetraspora 1538₉
Planothidium 1655₄₁
plant 株, 植物 **234**g, 674b
Plantactinospora 1537₄₂
Plantae 植物界 177c, 994e, 1631₄₁
plant agglutinin 1184d
Plantaginaceae オオバコ科 1652₄
Plantago 1652₅
plant anatomy 植物解剖学 187d, 676d
plant-animal interaction 植物-動物間相互作用 **677**e
plant association 植物群集 **676**b
── autoecology 植物個生態学 677a
── community 植物群落, 植物群集 **676**b, **676**c
── community ecology 群落生態学 382a
── ecology 植物生態学 **677**a
planteose プランテオース 171b
plant formation 植物群系 **676**a
── geography 植物地理学 773k
── growth-control agent 植物成長調節物質 412c
── growth retardant 植物成長抑制剤 **677**b
── gum 植物ゴム **676**f
── histology 植物組織学 676d
── hormone 植物ホルモン **678**c
Plantibacter 1537₂₅
plant indicator 指標植物 605c
── morphology 植物形態学 **676**d
── organography 植物器官学 676d
── pathology 植物病理学 **678**a
── peptide hormone 植物ペプチドホルモン **678**b
── physiology 植物生理学 **677**c
── quarantine 植物検疫 **676**e
── science 植物科学 674e
── sociology 植物社会学 **676**g
── synecology 植物群生態学 382a
── tumor 植物腫瘍 122j
── virus 植物ウイルス 103b, **674**c
── worm 冬虫夏草 **989**e
── zone 植物帯 671e
planula プラヌラ **1218**i

―― theory　プラヌラ起原説　**1218**j
Planulinoides　1664₁₁
planuloid　プラヌラ様動物　1218j
Planuloidea　プラヌラ様動物　915d
plaque　プラーク，溶菌斑　**1213**c
plaque-forming cell　プラーク形成細胞　1213g
―― transducing phage　活性型形質導入ファージ　388b
―― unit　プラーク形成単位　1213d
plaque hybridization method　プラークハイブリッド法　**1213**h
plasmablast　形質芽細胞　387e
plasma cell　形質細胞　**387**e
―― clearance　血漿クリアランス　357f
plasmacytoid DC　形質細胞様樹状細胞　635f
plasma gel　原形質ゲル　**418**d
plasmagene　プラズマジーン　**1217**b
plasma glycoprotein　血漿糖蛋白質　**404**d
―― kallikrein　血漿カリクレイン　242i
plasmalemma　細胞膜　**532**e
plasmalemmal undercoat　細胞膜裏打ち構造　**533**a
plasmalogen　プラズマローゲン　**1217**d
plasma membrane　細胞膜　**532**e
―― membrane ATPase　P型ATPアーゼ　135g
Plasma-Molekül　プラズマ分子　1468b
plasmapheresis　プラズマフェレシス　**1217**c
plasma protein　血漿蛋白質　**404**c
―― sol　原形質ゾル　**418**f
―― thromboplastin　血漿トロンボプラスチン　1018b
―― thromboplastin antecedent　血漿トロンボプラスチン前駆因子　1018b
―― thromboplastin component　血漿トロンボプラスチン成分　1018b
plasmatocyte　プラズマ細胞　**1217**a
plasmatrypsinogen　プラズマトリプシノゲン　1217h
Plasmaviridae　プラズマウイルス科　1516₄₈
Plasmavirus　プラズマウイルス属　1516₄₉
plasmid　プラスミド　**1217**e
―― incompatibility　プラスミド不和合性　**1217**f
―― vector　プラスミドベクター　1264h
plasmin　プラスミン　**1217**h
―― inhibitor　プラスミンインヒビター　463k
plasminogen　プラスミノゲン，プラスミノーゲン　1217h
―― activator　プラスミノゲンアクチベーター，プラスミノゲン活性化因子　1217h
plasmodesm　原形質連絡　**419**b
plasmodesma　原形質連絡　**419**b
plasmodesmata　プラスモデスマータ，原形質連絡　419b
plasmodial stage　無性虫　928b
Plasmodiida　プラスモディウム目　1661₃₆
plasmodiocarp　屈曲子囊体，蟠曲子囊体　348f
Plasmodiogenea　変形体虫類　928b
Plasmodiophora　1664₂₈
Plasmodiophorales　1664₂₇
Plasmodiophorida　ネコブカビ目　1664₂₇
Plasmodiophorina　ネコブカビ類　**1055**c
Plasmodiophoromycetes　ネコブカビ綱，ネコブカビ類　**1055**c, 1661₂₇
Plasmodium　マラリア原虫，プラスモディウム属　23c, 1345f, 1661₃₇
plasmodium　変形体　**1284**c
Plasmodroma　形走類　**390**c
plasmogamy　プラスモガミー　**1218**a
Plasmogonie　プラスモゴニー　587h
plasmolysis　原形質分離　**418**h
―― permeability　原形質分離透過性　418h
―― time　原形質分離時　418h
plasmolyticum　原形質分離剤　418h
plasmometry　原形質測定法　**418**e
plasmon　プラズモン　**1218**c
Plasmopara　1654₁₃
plasmoptysis　原形質吐出　418h
plasmotomy　断裂　**896**l
Plasmoverna　1654₁₃
plasome　プラソーム　**1218**d
plasticity　可塑性　**225**b

plastic tonus　可塑性緊張　**225**c
plastid　プラスチド　**1215**e
―― dividing ring　PDリング　1256j
―― DNA　プラスチドDNA, 色素体DNA　1216a
―― envelope　色素体包膜　1428b
―― genome　プラスチドゲノム，色素体ゲノム　**1216**a
―― mutation　色素体突然変異　563d
Plastidule　プラスティデューレ　**1216**b
plastin　仁質，核小体質　242g
plastochron　プラストクロン，葉間期　**1420**g
plastochrone　プラストクロン，葉間期　**1420**g
plastochronic change　葉間期変化　1420g
plastocyanin　プラストシアニン　**1216**e
plastogene　プラストジーン，色素体遺伝子　**1217**b
plastoglobule　プラストグロビュル　1215e
plastoquinone　プラストキノン　**1216**d
plastron　プラストロン，腹甲　428h, 1207a
―― respiration　プラストロン呼吸　**1216**g
Platalea　1571₂₄
Platanaceae　スズカケノキ科　1648₄
Platanista　1576₆
Platanthera　1646₄₇
Platanus　1648₄
plate collenchyma　板状厚角組織　432d
―― culture　平板培養　**1262**f
platelet　血小板　**404**e
―― activating factor　血小板活性化因子　**404**f
―― actomyosin　血小板アクトミオシン　1018a
platelet-derived growth factor　血小板由来成長因子　**404**g
Plate, Ludwig　プラーテ　**1218**h
plate meristem　板状分裂組織　**1121**d
―― organ　板状器官　876f
Plateosaurus　1570₁₇
Plateremaeus　1591₆
plate tectonics　プレートテクトニクス　865a
Plathelminthes　扁形動物　**1284**d, 1577₁₄
Platidia　1580₃₈
plating　平板培養　**1262**f
―― effect　プレート効果　1262e
―― efficiency　コロニー形成率　**499**g
platinum loop　白金耳　**1102**c
―― needle　白金針　1102c
Platoma　1633₃₁
Platorchestia　1597₁₄
Plattnagel　平爪，扁爪　936i
Platt's vesicle　プラットの小胞　843d
Platyamoeba　1628₃₆
Platycarya　1649₂₁
Platycephalus　1566₅₃
Platycerium　1644₇
Platychilomonas　1665₄₈
Platychora　1610₁₁
Platychrysis　1666₁₈
platycnemism　扁平脛骨　**1289**a
platycnemy　扁平脛骨　**1289**a
Platycodon　1652₂₉
Platycopia　1595₃
Platycopida　プラティコピダ目　1596₁₃
Platycopioida　プラティコピア目　1595₃
Platycrinites　1559₄₃
Platyctenida　クシヒラムシ目，扁櫛類　1558₂₄
Platycystites　1559₃₀
Platycystitida　1559₃₀
Platydesmida　ヒラタヤスデ目　1593₂₀
Platydesmus　1593₂₁
Platydoris　1584₁₆
Platygloea　1620₁₂
Platygloeaceae　プラチグロエア科　1620₁₃
Platygloeales　プラチグロエア目　1620₁₁
Platygramme　1614₅
Platygyra　1557₅₈
Platyhelminthes　扁形動物，扁形動物門　**1284**d, 1577₁₄
Platymonas　1634₁₉
Platyophrya　1660₈
Platyophryida　プラチフリア目　1660₇

Platyproteum	1661[20]	*Plethodon*	1567[45]
Platyreta	1664[40]	plethysmothallus 無性葉状体 **1370**h	
Platyrhina	1565[14]	pleura 胸膜 **322**i	
Platyrrhini 広鼻小目	1575[33]	pleural cavity 胸膜腔 **322**i	
Platysternon	1568[24]	—— ganglion 側神経節 **836**k	
play 遊び	**16**g	—— rib 胸肋 1502b	
player プレイヤー	412e	—— ridge 側甲 838i	
PLB	1236f	—— sclerite 側片板 838i	
PLC ホスホリパーゼ C	1311g	—— wing process 翅突起 838i	
PLD ホスホリパーゼ D	1312a	pleura parietalis 壁側胸膜, 壁葉, 胸膜体壁葉	322h
pleasure center 快楽中枢	1300c	pleurapophysis 横突起 784d	
Plecoglossus	1566[10]	pleura pulmonalis 肺胸膜 322h	
Plecoptera カワゲラ目(襀翅類)	1599[11]	*Pleuraspis*	1663[33]
Plecopterida 襀翅上目	1599[9]	*Pleurastrum*	1635[39]
Plecopteromyces	1604[46]	pleura visceralis 胸膜内臓葉, 臓側胸膜, 臓葉	322h
Plectania	1616[30]	pleurite 838i	
plectenchyma 菌糸組織	**336**c	*Pleuroascus*	1607[35]
Plectia プレクトゥス亜綱	1587[19]	*Pleurobrachia*	1558[23]
Plectica プレクトゥス上目	1587[22]	pleurobranch 側鰓 **835**h	
Plectida プレクトゥス目	1587[25]	*Pleurobranchaea*	1584[10]
Plectomyces	1611[37]	Pleurobranchomorpha 側鰓亜目	1584[10]
Plectonema	1541[38]	*Pleurobranchus*	1584[10]
plectonephridium 複腎管	**1196**g	*Pleurocapsa*	1541[42]
Plectosphaerella	1616[53]	Pleurocapsales プレウロカプサ目	1541[41]
Plectosphaerellaceae プレクトスファエレラ科	1616[52]	*Pleurocatena*	1611[47]
Plectospira	1654[22]	*Pleuroceras*	1618[47]
Plectosporium	1616[53]	*Pleurochloridella*	1656[47]
plectostele 板状中心柱	**1121**c, 1299e	Pleurochloridellales プレウロクロリデラ目	1665[47]
Plectronoceras	1582[30]	*Pleurochloris*	1657[4]
Plectronocerida	1582[30]	*Pleurochrysis*	1666[25]
Plectrovirus プレクトロウイルス属	1517[50]	*Pleurocybella*	1626[19]
Plectus	1587[25]	pleurocystidium 側嚢状体 1064b	
Pleioblastus	1647[40]	Pleurodira 曲頸亜目	1568[18]
pleiochasium 多出集散花序	622b	*Pleuroflammula*	1626[9]
pleiomerous flower 増数花	727e	*Pleurogala*	1625[14]
pleiomery 増数性	727c	Pleurogona マボヤ目, 壁性類	1563[30]
pleiotropic gene 多面発現遺伝子	879f	*Pleuromeia*	1642[13]
pleiotropism 多面発現	**879**f	Pleuromeiales プレウロメイア目	1642[13]
pleiotropy 多面発現	**879**f	pleuron 側板 17g, **838**i	
Pleistocene 更新世	705c	*Pleuronectes*	1566[61]
—— epoch 更新世	**449**e	Pleuronectiformes カレイ目	1566[60]
Pleistophora	1602[11]	*Pleuronema*	1660[32]
plenary power 強権	1375b	Pleuronematida プレウロネマ目	1660[31]
Plenotrichaius	1608[40]	pleuro-pedal connective 側足縦連合	630g
pleoanamorphism 多型不完全世代性	869d	pleuroperitoneal canal 腹膜管 159g	
Pleochaete	1614[39]	Pleurophascaceae ツヤサワゴケ科	1639[53]
Pleochona	1659[37]	*Pleuropholis*	1565[44]
Pleocyemata 抱卵亜目	1597[39]	*Pleurophragmium*	1606[41]
Pleodicyema	1577[11]	Pleurophyllida プレウロフィルム亜目	1556[41]
Pleodorina	1635[39]	*Pleuroplites*	1659[4]
Pleomassaria	1609[50]	pleuropodite 17g	
Pleomassariaceae プレオマッサリア科	1609[50]	pleuropodium 側脚 842e	
pleomorphism 多型性(菌類生活環の), 多態性	**869**d, **873**c	*Pleurosigma*	1655[47]
Pleomorphomonas	1545[43]	*Pleurosoriopsis*	1644[4]
Pleonosporium	1633[52]	*Pleurosternon*	1568[24]
pleopod 腹脚, 腹部遊泳肢 266f, 1034i, **1194**f		Pleurostigmophora ムカデ亜綱, 側気門類	1592[34]
Pleospora	1609[55]	*Pleurostoma*	1618[25]
Pleosporaceae プレオスポラ科	1609[53]	Pleurostomataceae プレウロストマ科	1618[25]
Pleosporales プレオスポラ目	1609[8]	Pleurostomatida 側口部	1659[7]
Pleosporomycetidae プレオスポラ亜綱	1609[7]	*Pleurostomella*	1664[12]
plerocercoid プレロケルコイド, プレロセルコイド, 擬充尾虫, 擬尾虫 **286**l		*Pleurostomophora*	1618[25]
plerome 原中心柱	425c	*Pleurostomum*	1631[6]
Plerophyllum	1556[42]	*Pleurostromella*	1609[17]
Plerotus	1626[31]	Pleurotaceae ヒラタケ科	1626[31]
Plesiadapiformes プレシアダピス亜目	1575[22]	*Pleurotaenium*	1636[10]
Plesiadapis	1575[22]	*Pleurothecium*	1619[2]
Plesiocystis	1548[2]	*Pleurotricha*	1658[33]
Plesiomonas	1549[9]	pleuro-ventral line 側腹線 838i	
Plesiosauria 長頸竜目, 首長竜目, 首長竜類	349h, 1568[33]	*Pleurozia*	1637[33]
plesiosaurs 首長竜類	349h	Pleuroziaceae ミズゴケモドキ科	1637[33]
Plesiosaurus	1568[34]	Pleuroziales ミズゴケモドキ目	1637[32]
Plesiosiro	1591[58]	*Pleuroziopsis*	1640[46]
Plesiotrichopus	1659[31]	pleuston プリューストン, プロイストン, 浮表生物 1044c	
Plestiodon	1568[54]	plexus cardiacus superficialis et profundus 浅・深心臓神経叢 697e	

―― coeliacus 腹腔神経叢 697e
―― nervorum 神経叢, 神経網, 神経集網 **696**f, **697**e, **700**d
―― solaris 太陽神経叢 697e
PlGF 胎盤増殖因子 401a
plica amnii 羊膜褶 **1427**b
―― encephali ventralis 脳底褶, 腹側脳褶 1063d, 1066b
―― fimbriata 采状皺襞 589c
―― genitalis 生殖褶 757b
Plicaria 1616₁₅
plica semilunaris conjunctivae 結膜半月襞 652i
plicate 扇畳み 232h
―― pharynx 褶咽頭 108h
Plicatula 1582₉
Plicaturopsis 1625₄₀
plica vestibularis 仮声帯, 室襞 761f
Pliciloricus 1587₄₂
PLINIUS プリニウス **1222**f
Pliocene 鮮新世 708c
―― epoch 鮮新世 **811**d
Pliomera 1589₂
Pliosaurus 1568₃₄
Plocamiales ユカリ目 1633₃₃
Plocamium 1633₃₃
Plocamopherus 1584₁₆
Ploceus 1572₅₉
Ploeotia 1631₁₇
Ploeotiales プロエオティア目 1631₁₇
ploid 倍数体 1081h
ploidy 倍数性 **1081**h
Ploima ワムシ類, 遊泳目 1578₃₄
Ploioderma 1615₂₉
P-loop fold P―ループフォールド 1191f
ploughshare bone 尾坐骨, 尾端骨 784d
PLP ピリドキサール 5′-リン酸 1171c
PLSCR1 1222c
Plt 血小板 404e
plug core プラグコア 1153e
plumage 羽衣 111g
Plumarella 1557₃₁
Plumatella 1579₂₂
Plumbaginaceae イソマツ科 1650₃₉
Plumbago 1650₃₉
Plumularia 1555₄₅
plumule 幼芽 **1420**e
plurilocular 多室性 680a
plurilocular reproductive organ 複室生殖器官, 複室胞子嚢 1196c
―― sporangium 複子嚢 **1196**c
―― zoidangium 複子嚢 **1196**c
pluripotency 多分化能, 多能性(発生の) **877**h, 1083a
pluripotent 分化多能 1243d
―― stem cell 多能幹細胞 1476g
Pluteaceae ウラベニガサ科 1626₃₃
pluteus プルテウス **1227**a
Pluteus 1626₃₃
Pluvianellus 1571₅₄
Pluvianus 1571₅₅
pluviilignosa 熱帯多雨林 **1057**b
PM ピリドキサミン 1170g
PMA ホルボールミリステートアセテート 1329b
PMase PM アーゼ, リン酸モノエステラーゼ 1475a
PMF ペプチドマスフィンガープリント法 594e
PML body PML ボディ **1131**b
―― oncogenic domains 1131b
PMP ピリドキサミン 5′-リン酸 1170g
PMSG 妊馬血清性性腺刺激ホルモン, 妊馬血清性生殖腺刺激ホルモン 217f, 565j, 629j, 758b
PMZ 後方辺縁帯 421h
PN ピリドキシン 1171d
PNB 核小体前駆体 205c
pneogaster 呼吸腸 517e
Pneophyllum 1633₁₀
pneumathode 排気組織 **1077**c
pneumatic bone 含気骨 **255**b

―― cavity 気腫気窩 255b
―― duct 鰾気管 108b, 294d
―― system 通気組織 **934**e
pneumococcus 肺炎球菌, 肺炎連鎖球菌 1073d
Pneumocystidaceae ニューモキスチス科 1605₃₃
Pneumocystidales ニューモキスチス目 1605₃₂
Pneumocystidomycetes ニューモキスチス綱 1605₃₁
Pneumocystis 1605₃₃
pneumograph 呼吸運動描記器 **470**b
pneumonia ストレプトコッカス肺炎 1073d
pneumonocyte type Ⅰ 肺胞上皮細胞 1072b
―― type Ⅱ 大肺胞細胞 1072b
Pneumovirinae ニューモウイルス亜科 1520₁₂
Pneumovirus ニューモウイルス属 1520₁₅
P。 浸透透過性係数 1356a
Poa 1647₄₀
Poaceae イネ科 1647₃₄
Poales イネ目 1647₂₁
Pochonia 1617₁₉
Pocillopora 1557₅₈
Pocillum 1614₅₃
pock ポック 1315f, 1508b
Podargus 1572₁
Podaxis 1625₄₆
Podiceps 1571₁₉
Podicipediformes カイツブリ目 1571₁₉
podite 肢節 **585**e
podobranch 肢鰓 **574**f
Podocarpaceae マキ科 1645₃
Podocarpus 1645₃
Podochytrium 1602₂₃
Podocopa カイミジンコ類, ポドコパ亜綱 1596₁₂
Podocopida カイミジンコ類, ポドコピダ目 1596₁₄
Podocrella 1617₁₉
podocyte タコ足細胞, 足細胞 660g, **835**i
podolactone ポドラクトン 1024g
Podolampas 1662₄₁
podomere 肢節 **585**e
Podomonas 1552₇
Podon 1594₄₀
Podonectria 1610₆
Podophrya 1659₄₇
Podophthalma 柄眼類 1414e
podophyllotoxin ポドフィロトキシン **1317**c
Podoplaconema 1608₄₈
Podoplea 後脚上目 1595₉
Podoscypha 1624₂₉
Podosira 1654₂₉
podosolenocyte 籠足細胞 **213**b
Podosordaria 1619₄₆
Podosphaera 1614₃₉
Podospora 1619₁₃
Podostemaceae カワゴケソウ科 1649₄₈
Podostroma 1617₂₆
Podoviridae ポドウイルス科 1514₁₂
Podozamites 1644₄₈
PODs 1131b
podsol ポドゾル **1317**b
podzol ポドゾル **1317**b
podzolic soil ポドゾル性土 1317b
podzolization ポドゾル化作用 1317b
Poecilia 1566₃₄
Poecillastra 1554₃₃
Poeciloscerida 多骨海綿目 1554₄₁
Poecilostomatoida ツブムシ類, ポエキロストマ目 1595₁₉
Poeltiaria 1613₁₀
Poeltidea 1613₁₀
Poeltinula 1613₃₂
Poeobiida ウキナガムシ目 1585₁₇
Poeobius 1585₁₇
Pogona 1568₄₂
Pogonatum 1639₁
Pogonophora 有鬚動物 **1409**b, 1585₄
pogonophorans 有鬚動物 **1409**b
Pohlia 1640₁₂

poikilosmotic animal 変浸透性動物 **1286**c
Poikilosporium 1621₅₀
poikilothermal animal 変温動物 **1283**f
poikilothermism 変温性 1283f
poikilothermy 変温性 1283f
Poinsettia latent virus 1523₂₃
pointed end P端, 矢じり端 7a
point mutation 点突然変異 **972**b
poison 毒物 **1002**d
—— claw 毒爪 **1001**f
—— fang 毒牙 **1000**i
—— gland 毒腺 **1001**f
poison-injecting tooth 毒牙 **1000**i
poisonous fungi 有毒菌類 **1413**e
—— pedicellaria 毒叉棘 1001f
—— plant 有毒植物 **1413**f
poison seta 毒刺 614b
Poisson distribution ポアソン分布 **1291**c
Poitrasia 1603₃₅
pokeweed mitogen 1486b
poky mutation ポーキー突然変異 524f
polar auxin transport オーキシン極性移動 **164**c
—— body 方向体, 極体, 極細胞 1444e
—— cap 極帽 325f, **328**b
—— cap stage 極帽期 328b
—— capsule 極嚢 1059i
—— cell 極細胞 325f
—— coordinate model 極座標モデル **325**h
Polarella 1662₂₉
polar field 極区 **325**b
—— filament 極糸 1059i
—— granule 極顆粒 325f, 325g
Polaribacter 1539₄₉
polarity 極性 **326**f
polarization 分極 **1244**d
—— microscope 偏光顕微鏡 **1285**d
polarized cell division 不等分裂 1149e
—— light perception 偏光受容 **1285**e
polarizer 偏光子 1285d
polarizing microscope 偏光顕微鏡 **1285**d
polar lobe 極葉 **328**d
—— mutation 極性突然変異 **327**b
—— nodule 極節 64g
—— nucleus 極核 **324**e
Polaromonas 1546₅₅
polaron ポラロン **1321**c
—— effect ポラロン効果 1321c
polarotaxis 偏光走性 1285e
polar plant 極地植物 **327**f
—— plasm 極原形質, 極細胞質 325d, **325**g
—— plate 極板 325b
—— ring 極環, 極輪 **324**g, 924f
polartropism 偏光屈性 1285e
polar tube 極管 **324**f
—— zone 極帯 269d
pole cap 極帽 **328**b
—— cell 極細胞 325f
Polemoniaceae ハナシノブ科 1651₈
Polemonium 1651₈
Polemovirus ポレモウイルス属 1523₂₃
pole nucleus 極核 **324**e
—— plasm 極原形質 **325**d
Polerovirus ポレロウイルス属 1522₃₉
polian vesicle ポーリ嚢 263g
Poliochera 1589₄₀
Polioma 1620₃₃
poliomyelitis ポリオ, 小児麻痺, 灰白髄炎 1322f
Poliopogon 1555₄
Polioptila 1572₅₉
Poliovirus ポリオウイルス **1322**f
Polistes 1601₄₉
pollen 花粉 **235**e
—— analysis 花粉分析 235e, **237**d
—— basket 花粉籠 **236**a
—— brush 花粉ブラシ **236**a
—— chamber 花粉室 **236**e
—— coat ポレンコート, 膠質層 187c, 235e
—— comb 花粉櫛 **236**a
—— competition 花粉競争 753c
—— culture 花粉培養 **237**b
—— grain 花粉粒 235e
pollenkitt ポレンキット 187c
pollen mother cell 花粉母細胞 235e
—— press 花粉プレス 236a
—— sac 花粉嚢 1403c
—— tetrad 花粉四分子 235e
—— transmission 花粉伝染 103a
—— tube 花粉管 **236**b
—— tube guidance 花粉管ガイダンス 236b
pollen-tube nucleus 花粉管核 **236**c
Pollia 1647₇
pollination 受粉 **645**c
—— mutualism 送粉共生 996d
—— syndrome 送粉シンドローム 996d
—— system 送粉様式 645c
pollinator 送粉者 645c, 996d
pollinium 花粉塊 235e
pollinosis 花粉症 **236**f
Polster 中褶 820e
Polyacanthocephala 多鉤頭虫類 460f
Polyacanthorhynchus 1579₁₁
polyacrylamide gel electrophoresis ポリアクリルアミドゲル電気泳動法 **1321**e
polyadenylation ポリA付加反応, ポリアデニル化 1322d
poly ADP-ribose ポリADPリボース **1322**b
—— ADP-ribosylation ポリADPリボシル化 136a
Pólya-Eggenberger distribution ポリアーエッゲンベルガー分布 1210b
Polyalthia 1645₄₃
polyamine ポリアミン **1321**g
polyandry 一妻多夫, 多精核融合 **872**i, 1077i
Polyangiaceae ポリアンギア科 1548₅
Polyangium 1548₅
poly-A polymerase ポリAポリメラーゼ 1322d
polyarch 多原型 1299e
polyase ポリアーゼ 655e
poly-A sequence ポリA配列 **1322**d
—— tail ポリA配列 1322d
poly ation ポリADPリボシル化 136a
polyaxon 多軸 483e
poly-β-hydroxybutyric acid ポリ-β-ヒドロキシ酪酸 **1325**b
Polyblastospora 1606₄₁
Polybranchiaspis 1564₆
polycarpellary pistil 多心皮雌ずい 581c
Polycelis 1577₄₃
polycentric chromosome 多動原体染色体 877a
polycentromeric chromosome 多動原体染色体 **877**a
Polycephalomyces 1617₁₄
Polychaeta 多毛類 **879**g
Polychaetella 1608₂₄
polychaetes 多毛類 **879**g
Polychaos 1628₂₆
Polycheira 1562₃₃
Polycheles 1597₅₆
Polychelidea センジュエビ下目 1597₅₆
Polychidium 1613₂₀
polychlorinated dibenzo-*p*-dioxins ポリ塩化ジベンゾパラダイオキシン 845h
polychromatic chromatophore 多色色素胞 563f
—— erythroblast 多染性赤芽球 401e
polychromatophilic erythroblast 多染性赤芽球 781i
Polychytriales ポリキトリウム目 1602₃₂
Polychytrium 1602₃₂
Polycirrus 1585₁₀
polycistronic ポリシストロニック **1323**f
—— mRNA ポリシストロニックメッセンジャーRNA 1380g
Polycitor 1563₂₅

Polycladida 多岐腸目 1577₂₂
polyclimax theory 多極相説 868g
polyclonal antibody ポリクローナル抗体 1323c
polyclone ポリクローン 345c
Polyclypeolina 1608₅₅
Polycoccum 1609₁₉
polycomb gene ポリコーム遺伝子 1323d
Polycosta 1659₁₆
Polycotylus 1568₃₄
polycross 多交雑 870d
Polycycla 1660₅₀
polycyclic 多輪廻 880e
Polycystinea ポリシスチネア綱, 多泡綱 1663₂
Polycystis 1577₃₅
Polydactylus 1566₅₃
Polydesmida オビヤスデ目 1594₁₀
Polydesmidea オビヤスデ亜目 1594₁₅
Polydesmus 1594₁₇
Polydiniella 1659₁₄
polydiscal strobilation 140c
Polydnaviridae ポリドナウイルス科 1516₅₀
polydnavirus ポリドナウイルス 1324d
polyeder ポリエドラ 1322c
polyedra ポリエドラ 1322c
Polyedriopsis 1635₂₉
polyembryony 多胚形成 877i
polyene antifungal agent ポリエン系抗真菌剤 1322e
Polyenergidkern 多エネルギド核 138f
polyenoic fatty acid ポリエン脂肪酸 461e, 608g
polyethism 齢差分業 1244c
Polygala 1648₅₅
Polygalaceae ヒメハギ科 1648₅₅
polygalacturonase ポリガラクツロナーゼ 1323a
polygalacturonic acid ポリガラクツロン酸 240d
polygalacturonide glycanohydrase ポリ-α-1,4-ガラクツロニド=グリカノヒドラーゼ 1323a
polygamy 多婚, 複婚 1077i
polygene ポリジーン 1323g
polygenic system ポリジーン系 1323g
polyglutamic acid ポリグルタミン酸 1323b
Polygonaceae タデ科 1650₄₀
polygonal graph 多角図法 867d
Polygonatum 1646₆₁
Polygonum 1650₄₁
Polygordiida イイジマムカシゴカイ目 1585₅₂
Polygordius 1585₅₂
polygyny 一夫多妻, 多卵核融合 879i, 1077i
polyhaploid 倍数単相体, 倍数性半数体, 多倍数単相体, 多性半数体 1122e
polyhead ポリヘッド 1323c
polyhedra 多角体 867f
polyhedrosis 多角体病 553j
—— virus 多角体病ウイルス 867f
polyhybrid 多性雑種 539f
poly-Ig receptor 多量体免疫グロブリン受容体 1386a
polyingression 多点移入 1088b
polyisoprenol ポリイソプレノール 1325f
Polykrikos 1662₂₄
polylecithal egg 多黄卵 867b, 1440g
polylysogeny 多重溶原性 1421e
Polymastia 1554₃₆
polymastia 多乳房 1043c
Polymastigoides 1630₁₄
Polymastix 1629₃₄
polymerase chain reaction 1141b
polymeric genes 同義遺伝子 978b
polymer trapping ポリマートラッピング 606e
Polymerurus 1578₂₃
polymetaboly 多変態 503d
polymetaphosphate ポリメタリン酸 1326d
polymethylgalacturonase ポリメチルガラクツロナーゼ 1323a
Polymetme 1566₁₃
Polymixia 1566₂₁
Polymixiiformes ギンメダイ目 1566₂₁

polymixin ポリミキシン 1326c
Polymorphella 1659₁₅
polymorphic colony 多型集群体 869e
Polymorphida ポリモルフス目 1579₁₃
Polymorphina 1664₁
polymorphism 多型性, 多形性 437g, 869c
polymorphonuclear leukocyte 多形核白血球, 多核白血球 243f
polymorphonucleus 多形核 401e
Polymorphospora 1537₄₂
Polymorphum 1615₂₄
Polymorphus 1579₁₃
Polymyxa 1664₂₈
Polynema 1617₁₉
Polyneoptera 多新翅亜節, 直翅系昆虫類 1599₂
polyneuronal innervation 複ニューロン神経支配 876g
Polynucleobacter 1540₄₉
polynucleotidase ポリヌクレオチダーゼ 1049a
polynucleotide ポリヌクレオチド 1324e
—— kinase ポリヌクレオチドキナーゼ 1324f
—— phosphorylase ポリヌクレオチドホスホリラーゼ 1325a
Polyodon 1565₃₀
Polyoeca 1553₁₁
Polyomaviridae ポリオーマウイルス, ポリオーマウイルス科 1322g, 1516₅₅
Polyomavirus ポリオーマウイルス属 1516₅₆
Polyomopsis 1620₄₉
Polyopes 1633₃₆
Polyophthalmus 1584₃₆
Polyopisthocotylea 多後吸盤類, 多後吸盤類 1284d, 1578₁
Polyorchis 1555₃₅
polyorgan theory 多数器官説 872g
polyoxybiotic 多酸素性 552g
Polyozellus 1625₂₇
polyp ポリプ, ポリープ 1325c, 1325d
Polypaecilum 1611₁
polypeptide ポリペプチド 1325h
—— chain elongation factor ポリペプチド鎖延長因子 1325f
—— chain initiation factor ポリペプチド鎖開始因子 1332b
—— chain termination factor ポリペプチド鎖終結因子 1326a
—— release factor ポリペプチド鎖解離因子 1326a
polyperson theory 多数個虫説 872g
Polyphaga カブトムシ亜目, 多食類 1600₅₇
Polyphemus 1594₄₀
polyphenol oxidase ポリフェノール酸化酵素 1325e
Polyphlyctis 1602₂₀
polyphosphatase ポリリン酸ホスファターゼ 1308h
polyphosphoinositide ポリホスホイノシタイド 1326b
polyphosphoric acid ポリリン酸 1326d
polyphyletic evolution 多系進化 883c
polyphyly 多系統 869g
polyphyodonty 多換歯性, 多生歯性 1069b
polypide 虫体 473c, 479f, 912b
Polyplacida 1571₂₂
Polyplacocystis 1666₃₁
Polyplacophora 多板綱, 多板類 878b, 1581₁₈
polyplacophorans 多板類 878b
Polyplacus 1561₂₂
polyplanetism 多回遊泳性 1406c
polyploid 倍数体 1081b
—— breeding 倍数体育種 1082a
—— complex 倍数体複合 1082b
—— series 倍数系列 1081g
—— species 倍数種 1081g
polyploidy 倍数性, 多倍数性 66g, 1081h
polyplont 倍数体 1081h
Polyplosphaeria 1610₁
Polypoda 有爪動物 1412c
Polypodiaceae ウラボシ科 1644₁
Polypodiales ウラボシ目 1643₂₁
Polypodiidae ウラボシ亜綱 1642₃₉

Polypodiozoa	1555_{23}
Polypodiozoae	1555_{24}
Polypodium	1555_{24}, 1644_5
polypod larva　多肢型幼虫	1282h
Polypodochrysis	1656_{13}
polypod phase　多肢期, 多脚期	1282h
polypolar cell　多極細胞	581a
Polyporaceae　タマチョレイタケ科	1624_{37}
Polyporales　タマチョレイタケ目	1624_8
Polyporus	1624_{47}
polyprenol　ポリプレノール	**1325**f
polyprenyl alcohol　ポリプレニルアルコール	1325f
polyprotein　ポリプロテイン	**1325**g
Polypteriformes　ポリプテルス目	1565_{22}
Polypterus	1565_{22}
Polypyramis	1665_{30}
Polyrhizodus	1564_{23}
polyribonucleotide nucleotidyltransferase　ポリリボヌクレオチドヌクレオチジルトランスフェラーゼ	1325a
polyribosome　ポリリボソーム	1324a
polysaccharide　多糖	**876**i
polysheath　ポリシース	**1323**e
Polysiphonia	1633_{53}
polysiphonous type　多管型	624d
polysome　ポリソーム	**1324**a
polysomics　多染色体個体	66g
polysomy　多染色体性	66g, **872**l
polyspermy　多精	**872**h
── block　多精拒否	**872**j
Polysphenodon	1568_{37}
Polysphondylium	1629_4
polyspindle　多極紡錘体	**868**h
polyspore　多分胞子	607b
Polysporina	1612_6
polystele　多条中心柱	**872**d
Polystichum	1643_{57}
Polystigma	1616_{39}
Polystigmina	1616_{39}
Polystilifera　多針亜綱	1581_6
Polystoma	1578_2
Polystomella	1608_9
Polystomellaceae　クロカサキン科	1608_8
Polystyliphora	1577_{31}
polysymmetry　多相称	1408e
polysynaptic pathway　多シナプス経路	871d
── reflex　多シナプス反射	**871**d
polytene　多糸	871b
── chromosome　多糸染色体	**871**b
polyteny　多糸性	871b
polythelia　多乳頭	1043c
Polytoma	1635_{39}
Polytomella	1635_{39}
Polytrichaceae　スギゴケ科	1638_{54}
Polytrichales　スギゴケ目	1638_{53}
Polytrichopsida　スギゴケ綱	1638_{52}
Polytrichum	1639_1
polytrochal larva　多輪形幼生	**880**c
polytrophic ovariole　多栄養卵巣管	1447c
polytypic evolution　多型の進化	1504j
── species　多型種	10g
poly (U)　ポリ (U)	1321h
polyuridylic acid　ポリウリジル酸	**1321**h
polyuronide　ポリウロニド	**1322**a
── hemicellulose　ポリウロニドヘミセルロース	1276d
polyvalent chromosome　多価染色体	**868**a
Polyxenida　フサヤスデ目	1593_2
Polyxenus	1593_3
Polyzoa　多虫類	473c, **873**e
polyzoans　多虫類	**873**e
Polyzoniida　ジヤスデ目	1593_{16}
Polyzonium	1593_{17}
Pomacea	1583_{37}
Pomatoleios	1585_2
Pomatostomus	1572_{59}
POMC　プロオピオメラノコルチン	1230c, 1238f, 1465e

pome　ナシ状果	**1025**a
Pomovirus　ポモウイルス属	1523_{15}
Pompe's disease　ポンペ病	981a, 1456g
Pompholyxophrys	1552_{19}
Pomphorhynchus	1579_{11}
pomum Adami　アダムのリンゴ	461b
ponalactone　ポナラクトン	1024g
Ponerorchis	1646_{47}
Pongidae　オランウータン科	1480h
Pongo	1575_1
pons　橋	**315**k
pontal flexure　橋屈曲	1063d
Pontarachna	1590_{34}
Pontederiaceae　ミズアオイ科	1647_{10}
Pontibaca	1546_5
Pontibacillus	1542_{33}
Pontibacter	1539_{25}
Ponticaulis	1545_{17}
Ponticoccus	1546_5
Pontisma	1653_{40}
Pontobdella	1585_{44}
Pontosphaera	1666_{25}
Popillia	1600_{61}
Poposaurus	1569_{17}
population　個体群, 母集団, 集団	**477**f, **626**c, 719f
── biology　集団生物学	**626**h
── demography　人口統計学	827a
── density　個体群密度	**478**b
── dynamics　個体群動態論	**477**i
── ecology　個体群生態学	**477**c
── efficiency　個体群効率	751b
── estimation　個体数推定	**478**d
── extinction　個体群の絶滅	**478**a
── genetics　集団遺伝学	**626**d
── genomics　集団ゲノム学	626e
── growth　個体群成長	**477**h
── pressure　個体群圧力	771a
── structure　集団構造	**626**f
── thinking　集団的思考	1480e
── viability analysis　集団生存力分析	**626**g
Populus	1649_{52}
POR　プロトクロロフィリド還元酵素	1236e, 1239h
Porambonites	1580_{27}
P/O ratio　P/O 比	549b
Porcellio	1597_8
Porcellionides	1597_9
Porcine circovirus-1　ブタシルコウイルス1	1517_{41}
── *sapelovirus*　ブタサペロウイルス	1521_{22}
── *teschovirus*　ブタテシオウイルス	1521_{24}
pore　小孔, 窓, 細孔	209b, 1412d
── canal　孔管	**433**d
── cell　小孔細胞	**657**h
pored wood　有孔材	1368j
pore-forming protein　パーフォリン	330f
Porellaceae　クラマゴケモドキ科	1637_{41}
Porellales　クラマゴケモドキ目	1637_{40}
Poria	1624_{48}
poricidal capsule　孔開蒴果	536b
Porifera　海綿動物, 海綿動物門	**188**f, 1554_1
poriferans　海綿動物	**188**f
porin　ポリン	**1327**a
Porina	1614_{12}
Porinaceae　ホルトノキゴケ科・マルゴケ科	1614_{12}
porion　ポリオン, 外耳孔上縁最高点	561h
Porites	1557_{58}
Porocephalida　ボロセファラ目	1594_{50}
Porochephalus	1594_{50}
poroconidium　ボロ型分生子	1248f
porocyte　小孔細胞	**657**h
Porodisculus	1626_1
Porolepiformes　ボロレピス目	1567_6
porometer　ポロメーター	**1331**a
Poromitra	1566_{35}
Poromya	1582_{27}
Poronia	1619_{46}

Poronidulus　1624₄₈
Poronota　コバネダニ下目　1591₈
Porosira　1654₅₅
Porospathis　1665₃₁
Porosphaerella　1618₃₄
Porosphaerellopsis　1616₅₄
Porostereum　1624₃₅
Porotheleum　1624₂₂
Porothelium　1610₂₆
Poroxylon　1644₄₅
porphin　ポルフィン　1328c
porphobilinogen　ポルホビリノゲン　1329a
Porphyra　1632₃₀
Porphyrellus　1627₅
porphyria　ポルフィリン症　1328d
Porphyridiales　チノリモ目　1632₁₁
Porphyridiophyceae　チノリモ綱　1632₁₀
Porphyridium　1632₁₁
porphyrin　ポルフィリン　**1328**c
—— biosynthesis　ポルフィリン生合成　1329a
porphyrinuria　ポルフィリン尿症　1328d
Porphyrobacter　1546₃₅
Porphyrocrinus　1560₁₈
Porphyromonadaceae　ポルフィロモナス科　1539₁₂
Porphyromonas　1539₁₃
porphyropsin　ポルフィロプシン, 視紫紅　605g
Porphyropsis　1632₁₇
Porphyrostromium　1632₁₇
Porpidia　1613₁₀
Porpidiaceae　ヘリトリゴケ科　1613₉
Porpidinia　1613₁₀
Porpita　1555₃₅
Porpoloma　1626₅₀
Porpolomopsis　1626₇
Porrorchis　1579₁₄
Portalia　1622₆
portal vein　門脈　274g, **1401**j
Porterinema　1657₁₂
PORTER, Keith Roberts　ポーター　**1313**j
PORTER, Rodney Robert　ポーター　**1313**k
porthole　壁孔　**1263**f
Porticoccus　1548₂₅
Portieria　1633₂₆
Portlandia　1582₁
PORTMANN, Adolf　ポルトマン　**1328**a
Portulaca　1650₅₀
Portulacaceae　スベリヒユ科　1650₅₅
portulal　ポルチュラール　**1327**c
Portunus　1598₁₁
porus femoralis　大腿孔　**857**d
Poseidonida　ポセイドニダ目　1628₃₁
positional cloning　位置クローニング　**71**b
—— information　位置情報　**73**e
—— value　位置価　**70**i
position effect　位置効果　**71**c
—— effect variegation　斑入り位置効果　71c
positive after-image　正の残像, 陽性の残像　551j
—— allometry　優成長　1260d
—— binomial distribution　正の二項分布　1252a
—— conditioned reflex　陽性条件反射　1241d
—— control　正の制御　**769**g
—— correlation　正相関　822e
—— feedback　正のフィードバック　1183c
—— regulation　正の制御　**769**g
—— reinforcement　正の強化　315n
—— reinforcer　正の強化子　315n
—— reinforcing stimulus　正の強化刺激　315n
—— selection　ポジティブ選択, 正の淘汰, 正の選択　80e, 319f, 988f, 1011a
positron emission tomography　ポジトロンCT　**1306**f
Pospiviroid　ポスピウイロイド属　1523₃₈
Pospiviroidae　ポスピウイロイド科　1523₃₃
post-abdomen　後腹部　**463**j
postanal gut　肛後腸　**442**f
postantennal organ　触角後器官　**681**b

postcapillary venule　後毛細管静脈　320a
postcava　後大静脈　854c
Postciliodesmatophora　ポストシリオデスモフォラ亜門　1657₅₃
postclimax　後極相　**436**g
postcloacal gut　肛後腸　**442**f
postclypeus　後額片　208d
postcolumn derivatization　ポストカラム誘導体化　454a
post-commissure organ　交連後器官　469a
postdiapause quiescence　休眠終了後の休止　313e
postembryonic development　後胚子発生, 後胚発生　**462**h
posterior cardinal vein　後主静脈　636d
—— chamber　後眼房　1373b
—— column　後柱　783b
—— cone　後錐　862c
—— horn　後角　783d
—— intestinal portal　後腸門　926g
—— lobe　後葉　217j
—— marginal zone　後方辺縁帯　421h
—— mucous gland　後足腺　837e
—— pituitary hormone　下垂体後葉ホルモン　693h
—— pole　後極　**436**f
—— root　後根　783d, 783e
—— salivary gland　後唾腺　**458**e, 866i
—— sucker　後吸盤　313d
—— thoracic air-sac　後胸気嚢　296d
post-extra systolic potentiation　期外収縮後機能亢進　278g
postfloration　花後現象　**213**c
post-flowering development　花後増大　**213**e
Postgaardea　ポストガアルディ綱　1631₂₇
Postgaardi　1631₂₈
Postgaardida　ポストガアルディ目　1631₂₈
postganglionic fiber　節後繊維　792c
postgena　後頬　266b, 459j
post-glacial age　後氷期　**463**h
Postia　1624₁₅
post-inhibitory rebound　抑制後の跳ね返り　**1429**b
postlarva　ポストラーバ　**1308**d
postlarval development　後幼生発生　462h
postmentum　後基板　217h
post-nuptial flight　婚後飛行　500i
post-proline cleaving enzyme　ポストプロリン分解酵素　156c
post-reduction　後減数, 後還元　**433**f
post-replication repair　複製後修復　**1198**d
postsynaptic inhibition　シナプス後抑制　**601**g
—— membrane　シナプス後膜　601e
—— potential　シナプス後電位　**601**f
post-tetanic hyperpolarization　反復刺激後過分極　**1126**g
—— potentiation　反復刺激後増強　**1126**h
postthoracal air-sac　後胸気嚢　296d
post-transcriptional gene silencing　転写後抑制, 転写後遺伝子サイレンシング　323h, **971**a
post-translational modification　翻訳後修飾　**1332**c
postural reflex　姿勢反射　**584**k
Potamogale　1574₃₃
Potamogeton　1646₁₀
Potamogetonaceae　ヒルムシロ科　1646₁₀
potamoplankton　河川プランクトン　1220e
potassium　カリウム　**242**b
potassium-argon dating　カリウム-アルゴン法　223c
potassium channel　カリウムチャネル　**242**d
—— plant　カリウム植物　**242**c
Potato leafroll virus　ジャガイモ葉巻ウイルス　1522₃₉
—— *mop-top virus*　ジャガイモモップトップウイルス　1523₁₅
—— *spindle tuber viroid*　ジャガイモやせいもウイロイド　1523₁₈
potato virus X　ジャガイモXウイルス　**616**b
Potato virus X　ジャガイモXウイルス　1521₄₃
—— *virus Y*　ジャガイモYウイルス　1522₅₂
—— *yellow dwarf virus*　1520₂₂
Potatrochammina　1663₄₅
Potebniamyces　1615₁₉
potency　発生能　**1107**b
potential acidity　潜酸性　551g

—— natural vegetation 潜在自然植生 804g
—— pest 潜在害虫 1164g
Potentilla 1648₅₉
Poterioochromoans 1656₂₅
potetometer 吸水計 312a
Potexvirus ポテックスウイルス属 1521₄₃
Pothos latent virus 1523₃
potometer 吸水計 312a
Potorous 1574₂₉
Potter-Elvehjem homogenizer ポッター-エルヴェージェムホモジナイザー 1320a
Pottia 1639₁
Pottiaceae センボンゴケ科 1639₅₁
Pottiales センボンゴケ目 1639₅₀
Potyviridae ポティウイルス科 1522₄₇
Potyvirus ポティウイルス属 1522₅₂
pouch marsupial 育児嚢 60h
Pourtalesia 1562₁₉
powdery mildew うどんこ病 110c
Powellomyces 1603₃
Powellomycetaceae パウエロミケス科 1603₃
power grip 握力把握 1306e
—— law べき法則, 冪法則 1264f
Poxviridae ポックスウイルス, ポックスウイルス科 1315f, 1516₅₇
PP2B プロテインホスファターゼ2B 245e
pp60^{v-src} 536a
PPD 936a
ppGpp グアノシン-5'-二リン酸-3'-二リン酸 342i
PPi ピロリン酸 1176f
PPIase PPIアーゼ 1274a
pppGpp 342i
PQQ ピロロキノリンキノン 1176g
PR フォボロドプシン 1487f
Prader-Willi syndrome プラダー・ウィリー症候群 410f
Praenaspides 1596₃₀
praeputium 包皮 92d, 757b, 1303d
Praethecacineta 1659₄₇
praethoracal air-sac 前胸気嚢 296d
Pragia 1549₉
prairie イネ科草原, プレーリー 87b, 1229a
—— soil プレーリー土壌 1229e
Praobdella 1585₄₇
Prasinocladus 1634₁₉
Prasinococcales プラシノコックス目 1634₆
Prasinococcus 1634₆
Prasinoderma 1634₆
Prasinophyceae プラシノ藻綱 1215b
prasinophyceans プラシノ藻 1215b
prasinophytes プラシノ藻 1215b
Prasinovirus プラシノウイルス属 1516₄₅
Prasiococcus 1635₁₂
Prasiola 1635₁₂
Prasiolales カワノリ目 1635₁₁
Prasiolopsis 1635₁₂
prata 草原 823j
pratensol プラテンゾール 3d
pratol プラトール 3d
Pratylenchus 1587₃₂
Prauserella 1537₅₈
Praya 1555₄₉
preabdomen 前腹部 818b
preadaptation 前適応 612d, 815j
pre-anal band 端部繊毛環 896c
preantenna 前触角 845c
pre-B cell プレB細胞 1228g
—— cell receptor プレB細胞レセプター 1228g
pre-BCR プレB細胞レセプター 1228g
prebiotic synthesis 前生物的合成 812c
Preboreal プレボレアル期 864k
Precambrian age 先カンブリア時代 801a
precancer 前がん症状 801f
precancerous change 前がん病変 801f
—— condition 前がん状態 801f
precava 前大静脈 854e

prechordal plate 脊索前板 782f
precipitation potential 沈殿電位 188e
—— reaction 沈降反応 933b
precipitin 沈降素 932c
precision grip 精密把握 1306e
preclimax 前極相 802g
precocity 早成性, 早熟 825i, 828f
precolumn derivatization プレカラム誘導体化 454a
precoxa 亜底節 17g
precursor 先駆物質, 前駆体, 前駆物質 803a
—— B cell 前駆B細胞 1228g
—— myogenic cell 筋形成細胞 332g
Predaea 1633₃₂
predation 捕食 1307d
—— food-chain 捕食連鎖 679a
—— rate 被食速度 751d
predentin 象牙前質 1069b
prediction of higher-order structure of protein 高次構造予測（蛋白質の）1458f
prednisolone プレドニゾロン 1390d
pre-ecdysis behavior 脱皮前行動 875b
preen gland 尾腺 1147i
preening 羽づくろい 1112b
preference or non-preference 選好性 857f
prefloration 花前現象 224a
preformation theory 前成説 139d, 812b
prefunctional stage 前機能期 297g
preganglionic fiber 節前繊維 792c
pregnancy 妊娠 1048c
5β-pregnanediol 5β-プレグナンジオール 1230i
pregnant mare serum gonadotropin 妊馬血清性生殖腺刺激ホルモン, 妊馬血清性性腺刺激ホルモン 565i, 629j
pregnenolone プレグネノロン 1227l
prehepatic portion 肝前部 815g
prehistoric anthropology 先史人類学 716b
prehistoric-naturalized plant 史前帰化植物 191a
prekallikrein プレカリクレイン 397a
prelysosome プレリソソーム 1179d
premandibular cavity 顎前腔 981b
—— mesoderm 顎前中胚葉 994d
premature beat 期外収縮 278g
—— chromosome condensation 未成熟染色体凝縮 1357c
—— contraction 期外収縮 278g
—— lysis 未成熟溶菌 1357d
prematurity 早熟 825i
premaxillary 切歯骨, 前上顎骨 655c
prementum 前基板 217h
premolar 前臼歯, 小臼歯 1069b
premotor area 運動前野 116d
pre-motor potential 運動前電位 115b
premyelocyte 骨髄芽球 481d
prenatal diagnosis 出生前診断 642e
—— hair うぶ毛 384a
Prenucleolar body 核小体前駆体 205c
prenyltransferase プレニルトランスフェラーゼ 1228e
PR enzyme PR酵素 1134g
preoral gut 口前腸 442f
preparation プレパラート, 標品, 標本, 試料 1169e, 1228f
preparatory stroke 準備打 819e
prepotential 前電位 1265e
preprohormone プレプロホルモン 1238f
preprophase band of microtubules 前期前微小管束 802b
prepubic bone 前恥骨 849f
prepuce 包皮 92d, 757b, 1303d
prepupa 前蛹 820d, 1484b
prepupae 前蛹 820d
preputial gland 包皮腺 1303e
preputium clitoridis 陰核包皮 94b
pre-RC 複製前複合体 1198g
pre-reduction 前減数, 前還元 801e
pre-replication complex 複製前複合体 1198g
pre-replicative complex 複製前複合体 1198g
pre-rRNA 前駆体rRNA 205c
presacral vertebrae 仙前椎 784c

presbyacusis 老人性難聴 927d
presbyopia 老視 **1499**c
presbyopic eye 老眼, 老視眼 1499c
presbytia 遠視 349a
prescutum 前盾板 1087c
presence 常在度 **658**b
presence-absence hypothesis 存不存仮説 1262d
presenilin プレセネリン **1228**a
presentation time 刺激閾時 **570**a
presomitic mesoderm 未分節中胚葉 855h
presphenoid bone 前蝶形骨 698c
pressor reflex 増圧反射 400c
pressure chamber method プレッシャーチェンバー法 318b, **1228**b
—— flow theory 圧流説 606e
—— phosphene 圧迫眼閃 267d
—— probe method プレッシャープローブ法 318b
pressure-sensitive spot 圧点 673d
pre-steady state kinetics 前定常状態の速度論 457a
Preston's log-normal series プレストンの対数正規則, 対数正規則 636f
prestriate cortex 視覚前野 **559**e
presumptive area 予定域 **1430**i
—— fate 予定運命 **1430**k
—— myoblast 予定筋芽細胞 332g
—— notochord 予定脊索 1430k
presynaptic inhibition シナプス前抑制 601c
—— membrane シナプス前膜 601e
pretarsal apparatus 先跗節付属器 818c
pretarsus 先跗節 **818**c
pre-T cell プレT細胞 **1228**c
pretectum 視蓋前域 699f
prethalamus 視床前域 699f
Preussia 1609₅₇
prevacuolar compartment 液胞前区画 1489g
prevention of polyspermy 多精拒否 872j
Prevotella 1539₁₅
Prevotellaceae プレヴォテラ科 1539₁₅
prey-predator interaction 被食者-捕食者相互作用 **1144**a
PRF プロラクチン放出因子 1239d
PRH プロラクチン放出ホルモン 1239d
Priacanthus 1566₅₄
Priapula 鰓曳動物 **146**h
priapulans 鰓曳動物 **146**h
Priapulida 鰓曳動物, 鰓曳動物門 **146**h, 1587₄₈
priapulids 鰓曳動物 **146**h
Priapulomorpha エラヒキムシ類, プリアプルス目 1588₃
Priapulus 1588₃
Pribnow box プリブノーボックス 1238h
Priceomyces 1606₃
prickle cell 有棘細胞 1406k
PRIESTLEY, Joseph プリーストリ **1221**f
Prillieuxina 1608₂₁
primaries 一次風切羽, 初列風切羽 935i
primary after-image 一次残像 277e
—— body cavity 一次体腔 425d
—— carcinoma 原発癌 426j
—— cell wall 一次細胞壁 **71**g
—— constriction 一次狭窄 **71**d
—— consumer 一次消費者 664d
—— cranial wall 一次神経頭蓋壁, 一次頭蓋壁 **72**f, 668c
—— culture 初代培養 **680**f
—— dormancy 一次休眠 313e, 633g
—— egg membrane 一次卵膜 1450g
—— embryo 一次胚 1036c
—— forebrain 一次前脳 817b
—— forest 原始林, 原生林 **422**c, 972f
—— germ layer 一次胚葉 **72**g
—— growth 一次成長 1256g
—— hindbrain 一次後脳 1470i
—— homonym 一次同名 998d
—— hypha 一次菌糸 **71**e
—— immune response 一次免疫応答 1034f
—— induction 一次誘導 **73**d
—— infection 一次感染, 初感染 1034g

—— iris cell 一次虹彩細胞 1193l
—— lesion 原発巣 426c
—— lymphoid organ 一次リンパ系器官 1477d
—— lymphoid tissue 一次リンパ組織 **73**f
—— lysosome 一次リソソーム 1456e
—— meristem 一次分裂組織 **73**a
—— metabolism 一次代謝 1035h
—— motor area 一次運動野 116c
—— mycelium 一次菌糸体 71e
—— neoplasia 一次新生物 1230h
—— obesity 一次性肥満 1162h
—— ocellus 一次単眼 882b
—— oocyte 一次卵母細胞 1444e
—— parasite 一次寄生者 317b, 446a
—— phloem 一次篩部 **72**b
—— pit-field 一次壁孔域 1263f
—— pit plug 一次ピットプラグ 1153e
—— pollution 一次汚染 721f
—— producer 一次生産者 **72**c, 751c
—— production 一次生産 **72**c
—— prostaglandin プライマリープロスタグランジン 1231d
—— response 一次応答 1034f
—— sensation 原感覚 299i
—— sensory area 一次感覚野 254d
—— sex cord 一次性索 750f
—— sex ratio 一次性比 770a
—— sexual character 一次性徴 766a
—— spermatocyte 一次精母細胞 753d
—— structure of protein 蛋白質の一次構造 **894**c
—— succession 一次遷移 **72**d
—— thickening growth 一次肥大成長 1149f
—— thickening meristem 一次肥大分裂組織 1149f
—— tissue 一次組織 **72**e
—— tumor 原発腫瘍 **426**j
—— urine 一次尿 426g
—— vein 一次脈 1427d
—— visual cortex 一次視覚野 **72**a
—— xylem 一次木部 **73**b
—— zone of intergradation 一次的相互移行帯 1035j
—— zoospore 一次遊走子 **73**c
primase プライマーゼ **1212**d
Primates 霊長目 1575₂₁
primatology 霊長類学 716b, **1485**c
primer プライマー(DNA, RNAの) **1212**b
—— extension プライマー伸長法 **1212**c
—— pheromone プライマーフェロモン, 起動フェロモン 1189c
primeval forest 原始林, 原生林 **422**c, 972f
primitive groove 原溝 421h
—— gut 原腸 **425**g
—— hematopoiesis 一次造血 401e
—— knot 原結節 1286h
—— node 原結節 1286h
—— pit 原窩 421h
—— ridge 原褶 421h
—— right ventricle 原始右心室 691e
—— streak 原条 **421**h
—— ureter 原輸尿管 1417e
—— urine 原尿 **426**g
primordial cranium 原頭蓋 1028b
—— germ cell 原始生殖細胞, 始原性細胞, 始原生殖細胞 **571**e
—— kidney 原腎 810i
—— protein 原始蛋白質 **421**f
primordium 原基 **417**a
primosome プライモソーム 946a
Primula 1651₁₆
Primulaceae サクラソウ科 1651₁₆
principal axis 主軸 567f
—— cell 主軸胞 1195c
—— component analysis 主成分分析, 主成因分析 **639**g
—— cone 主錐体 723e
—— dorsal muscles 固有背筋 **491**b
—— fiber 主繊維 1069b

―― host　主宿主　632b
principle of continuity　連続性の原理　**1495**e
　―― of divergence　分岐原理　388d
　―― of parsimony　最節約原理　**516**a
　―― of photochemical activation　光化学活性の原理　431f
Pringsheim, Nathanael　プリングスハイム　**1223**c
Printzina　1634₃₅
prion　プリオン　**1221**d
Prionailurus　1575₄₈
prion disease　プリオン病　1191e
Prioniodina　1563₄₂
Prionitis　1633₃₇
Priondontaceae　タイワントラノオゴケ科　1641₁₀
Prionospio　1585₁₉
Prionurus　1566₅₄
priority　先取権　**805**i
prisere　一次系列，一次遷移系列　72d
prismatic enamel　小柱エナメル質　1069b
　―― layer　稜柱層　177i
Prismatospora　1661₂₃
prism larva　プリズム幼生　**1221**h
prisoner's dilemma game　囚人のジレンマゲーム　**624**e
Pristacantha　1663₃₃
Pristerodon　1573₂₃
Pristiformes　ノコギリエイ目　1565₁₀
Pristiophoriformes　ノコギリザメ目　1565₇
Pristiophorus　1565₇
Pristis　1565₁₀
PRL　プロラクチン　1239c
Pro　プロリン　**1240**b
proabdomen　前伸腹節　**1200**c
proaccelerin　プロアクセレリン　128d
proacrosome　前先体　76c
proacrosomic granules　前先体顆粒群　76c
Proales　1578₃₇
Proanura　トリアドバトラクス目，原無尾類　1567₄₈
Probainognathia　プロバイノグナトゥス下目　1573₃₁
Probainognathus　1573₃₁
proband　発端者　**1316**b
probasidium　前担子器　884j
probe pool　プローブプール　808b
probiae　原始生物　1055b
problematicum　擬石　222c
problem box　問題箱　1401f
　―― cage　問題籠　1401g
　―― method　問題法　**1401**g
pro-bombyxin　プロボンビキシン　1331g
Proboscia　1654₄₆
Proboscidactyla　1556₄
Proboscidea　長鼻目　1574₄₁
Proboscidea　1652₂₃
proboscidial opening　吻孔　346e
proboscis　吻，吻管　1120a, **1241**a, **1243**f, 1418c
　―― cavity　吻腔　**1244**c
　―― gland　吻腺　565f
　―― pore　吻孔　346e
　―― roundworms　鉤頭動物　**460**f
　―― skeleton　吻骨格　1241a
　―― worms　紐形動物　**1163**c
Proboscivirus　プロボシウイルス属　1514₅₇
Procabacter　1547₁₈
Procabacteriaceae　プロカバクター科　1547₁₈
Procabacteriales　プロカバクター目　1547₁₇
procaine　プロカイン　**1230**e
Procambarus　1597₄₈
procambium　前形成層　**803**c
procarboxypeptidase　プロカルボキシペプチダーゼ　247e
Procarididea　プロカリス下目　1597₄₂
Procaris　1597₄₂
procarp　プロカルプ　822d
procaryotic cell　原核細胞　**416**e
Procavia　1574₃₉
procedural memory　手続き記憶　277i
Procellariiformes　ミズナギドリ目　1571₁₇
procentric kinetochore　プロセントリック動原体　512a

procercoid　プロケルコイド，プロセルコイド，前擬充尾虫　**802**a
Proceropycnis　1621₃₄
processed pseudogene　プロセス型偽遺伝子　277d
processing　プロセッシング　**1232**b
　―― protease　プロセッシングプロテアーゼ　1232b
processivity factor　946b
processus falciformis　鎌状突起　**1494**d
　―― mastoideus　乳様突起　461a
　―― palatinus　側口蓋突起　**835**g
Prochaetoderma　1581₁₇
Prochlorococcus　1541₂₃
Prochloron　1541₂₃
Prochlorophyta　原核緑色植物，原核緑色植物門　**416**h, 1445j
Prochlorophyte　原核緑色植物　**416**h
Prochlorothrix　1541₃₉
Prochordata　原索動物　**420**f
prochromosome　前染色体　810f
prochymosin　プロキモシン　301d
Procnias　1572₄₃
procoelous　前凹　784d
procollagen　プロコラーゲン　480d
Procolophon　1568₈
Proconsul　**1231**a
procoracoid　前烏口骨　589d
Procryptobia　1631₃₆
proctodaeum　肛門道，肛門陥　**467**c, 1250d
procumbent　平伏　1318g
　―― cell　平伏細胞，柔細胞　1299c
procuticle　原クチクラ　347a
Procynosuchus　1573₂₉
Procyon　1575₅₄
prodigiosin　プロジギオシン　**1231**c, 1484e
Prodiscophrya　1659₅₃
prodissoconch　胎殻　**847**c
producer　生産者　**751**c
Productida　プロドゥクトス目　1580₂₀
product inhibition　生成物阻害　455a
production　生物生産，生産　**751**b
production-biomass ratio　生産−生物体量比　183f
production ecology　生産生態学　773e
　―― efficiency　生産効率，純同化効率　**751**b
　―― process　生産過程　773e
　―― rate　生産速度　**751**d
　―― structure　生産構造　**751**a
productiveness　多産性　**871**e
productive structure　生産構造　**751**a
productivity　生産力　**752**a
Productus　1580₂₀
Produktgesetz　積法則　571a
pro-elastase　プロエラスターゼ　146f
proembryo　前胚，原芽体　**416**j, **817**e
proenzyme　酵素前駆体　**454**d
proerythroblast　前赤芽球　781i
proestrus　発情前期　**1105**d
Proetida　1589₄
Proetus　1589₄
profibrinolysin　プロフィブリノリジン　1217h
profilaggrin　プロフィラグリン　413g
profilin　プロフィリン　7c
proflavin　プロフラビン　8b
Profusulinella　1663₄₁
progametangium　前配偶子嚢　817f
Proganochelyidia　プロガノケリス亜目　1568₁₇
Proganochelys　1568₁₇
progenesis　プロジェネシス　1420m
progenitor cell　幹細胞　**261**b
progeria　早老症　**834**e
progesterone　プロゲステロン　**1230**i
progestron receptor　プロゲステロン受容体　1041e
proglottid　片節　660j
proglucagon　プログルカゴン　363i
progonad　前生殖腺　611b
Progoneata　ヤスデ上綱，前性類　**812**d, 1592₄₄

program evolution　プログラム進化　1259g
programmed cell death　プログラム細胞死　25e, 524d
―― DNA elimination　プログラム細胞死 DNA 除去　**1230**g
progression　プログレッション（がんの）　**1230**h
―― rule　前進則　282e, 1099b
progressive development　前進的発達　**811**g
―― differentiation　漸進的分化　1241d
―― efficiency　累進効率　751b
―― reduction of variability　変化性逓減の法則　690e
―― staining　進行性染色　**701**g
―― succession　進行的遷移，進行遷移　848g
―― translocation　順次転座　969f
Progymnoplea　原始前脚下綱　1595₂
Progymnospermae　原裸子植物　**427**f
Progymnospermopsida　原裸子植物綱　1644₆
progymnosperms　原裸子植物　**427**h
prohormone　プロホルモン　**1238**f
Proichthydium　1578₂₃
proinflammatory cytokine　炎症性サイトカイン　1384a
proinsulin　プロインスリン　94d
Proisocrinus　1560₂₀
projectin　プロジェクチン　486e
projection　投射　**984**h
Projoenia　1630₁₄
Prokaryota　原核生物　**416**g
prokaryotes　原核生物　**416**g
prokaryotic cell　原核細胞　**416**e
prokinesis　プロキネシス　295g
Prokinetoplastida　プロキネトプラスチダ目　1631₃₃
Prokinetoplastina　プロキネトプラスチナ亜綱　1631₃₂
Prokoenenia　1591₆₁
Prolacerta　1569₁₂
Prolacertiformes　プロラケルタ目　1569₁₂
prolactin　プロラクチン　**1239**c
prolactin-inhibiting factor　プロラクチン放出抑制因子　**1239**e
―― hormone　プロラクチン放出抑制ホルモン　1239e
prolactin release-inhibiting hormone　プロラクチン放出抑制ホルモン　1239e
prolactin-releasing factor　プロラクチン放出因子　**1239**d
―― hormone　プロラクチン放出ホルモン　1239d
prolactoliberin　プロラクトリベリン　1239d
prolactostatin　プロラクトスタチン　1239e
prolamellar body　プロラメラボディ　**1239**h
prolamin　γ-グリアジン，プロラミン　634f, **1239**g
Prolecanites　1582₅₂
Prolecanitida　プロレカニテス目　1582₅₂
Prolecithophora　原卵黄類　1577₄₀
proleg　腹脚　**1194**b
proleptic branch　先発枝　984a
Proleptomonas　1665₁₆
prolidase　プロリダーゼ　1240d
proliferating cell nuclear antigen　増殖細胞核抗原　946b
proliferation　増殖，貫生　**265**d, 755j
―― rate　増殖速度　**826**h
Proliferobasidium　1622₃₄
prolificacy　多産性　**871**a
prolification　貫生　**265**d
prolinase　プロリナーゼ　1240a
proline　プロリン　**1240**c
―― dehydrogenase　プロリンデヒドロゲナーゼ，プロリン脱水素酵素　1240b, 1240c
―― dipeptidase　プロリンジペプチダーゼ　**1240**d
―― oxidase　プロリン酸化酵素　**1240**c
proline-rich protein　プロリンリッチ蛋白質　1157c
Prolinoborus　1547₁₁
Prolixibacter　1539₅
proloculum　初室　**680**a
Prolophomonas　1630₁₅
prolyl dipeptidase　プロリルジペプチダーゼ　**1240**a
―― endopeptidase　プロリルエンドペプチダーゼ　156c
―― 3-hydroxylase　プロリン-3-水酸化酵素　1157a
―― 4-hydroxylase　プロリン-4-水酸化酵素　1157a
Promachus　1601₂₅
promeristem　前分裂組織　**818**d

prometaboly　前変態　503d
prometaphase　前中期　**815**e
Promicromonospora　1537₃₂
Promicromonosporaceae　プロミクロモノスポラ科　1537₃₁
prominentia laryngea　喉頭隆起　**461**b
promiscuity　乱婚　1077i
promiscuous gene expression　無差別遺伝子発現　319f
promonocyte　前単球　1339h
promoter　プロモーター　196c, **1238**h
promoting nerve　促進神経　**836**l
promotion　プロモーション　196c
promycelium　前菌糸体　**802**h
promyelocyte　前骨髄球　401e
Promyxele　1564₂₅
pronator　回内筋　293a
pronephric duct　前腎管　810i
pronephros　前腎　**810**i
Pronoctiluca　1661₄₄
pronotum　前胸背板　1087c
pronucleus　前核　756a
Pronyctotherus　1659₂₁
proofreading　校正機能　947d
proopiomelanocortin　プロオピオメラノコルチン　**1230**c, 1238f
pro-otic bone　前耳骨　698c
prop aerial root　支柱気根　283g
propagation　増殖，伝播　755j, **972**h
propagative reproduction　伝播生殖　972i
propagule　むかご　**1367**e
prophage　プロファージ　**1238**c
prophase　前期　**801**h
prophyll　前出葉　**806**a
Propionibacter　1547₂₁
Propionibacteriaceae　プロピオニバクテリア科　1537₄₈
Propionibacterineae　プロピオニバクテリア亜目　1537₄₅
Propionibacterium　1537₅₀
propionic acid fermentation　プロピオン酸発酵　**1238**a
Propionicicella　1537₅₀
Propionicimonas　1537₅₀
Propioniferax　1537₅₀
Propionigenium　1544₃₂
Propionimicrobium　1537₅₀
Propionispira　1544₂₃
Propionispora　1544₂₃
Propionivibrio　1547₂₂
Propithecus　1575₂₆
proplastid　プロプラスチド　**1238**d
propneustic　前気門　301f
propodeum　前伸腹節　1200c
propodite　前節　812f, 1153i
propodite-dactylus organ　P-D 器官　1153i
propodium　前足　**812**i
propodus　前節　812f
propolar cell　前極細胞　325f
Propolis　1615₂₉
Proporus　1558₃₆
propositus　発端者　**1316**b
propranolol　プロプラノロール　48h
propressophysin　プロプレソフィジン　1238f
proprioceptive reflex　自己受容反射　**573**c
―― sensation　自己受容性感覚　573b
―― sense　自己受容性感覚　252d, **573**b
proprioceptor　自己受容器　**573**a
prop root　支持根　283g
(2S)-2-propylpiperidine　(2S)-2-プロピルピペリジン　486a
Propyxidium　1660₄₇
Prorhynchus　1577₂₇
Prorocentrales　プロロケントルム目　1662₅₀
Prorocentrum　1662₅₀
Prorodon　1660₁₆
Prorodontida　シオミズケムシ目　1660₁₅
Proscorpius　1591₄₃
prosencephalon　前脳　**817**b
prosenchyma　紡錘組織　**1301**g
prosenchymatous cell　紡錘細胞　1301g

prosenteron　前腸　**815**g
Proseriata　原順列目　1577₂₉
Prosicuophora　1659₂₂
Prosiren　1567₃₉
Prosirenoidea　プロシレン亜目　1567₃₉
Prosnyderella　1630₁₅
prosogaster　前腸　**815**g
prosoma　前体部，頭胸部　818b, 1371e
prosome　前体　1120a
prosopagnosia　相貌失認　193a
prosoplectenchyma　繊維菌糸組織　336c
Prosopocephala　1321f
Prosopygia　前肛動物　**804**c
Prosopygii　前肛動物　**804**c
prosorus　前胞子嚢堆，前胞子嚢群　**818**e
prospective notochord　予定脊索　1430k
―― potency　予定能，発生能　**1431**a
―― region　予定域　**1430**i
―― significance　予定意義　**1430**j
―― value　予定意義　**1430**j
prospect theory　プロスペクト理論　292c
Prospodium　1620₄₉
prostacyclin　プロスタサイクリン　1231d, **1232**a
prostaglandin　プロスタグランジン　**1231**d
―― endoperoxide synthase　プロスタグランジンエンドペルオキシドシンターゼ　1231d
―― synthase　プロスタグランジン生成酵素　1231d
prostanoic acid　プロスタン酸　1231d
prostata　前立腺　**820**f
prostate gland　前立腺　820f, 1231d
―― specific antigen　前立腺特異抗原　820g
prostatic cancer　前立腺癌　**820**g
―― sinus　摂護洞　1410c
Prosthecobacter　1551₈
Prosthecochloris　1540₂₆
Prosthecomicrobium　1545₃₈
Prosthemium　1609₅₀
prosthetic engineering　補綴工学　90d
―― group　補欠分子団，補欠分子族　488f
prostigmine　プロスチグミン　493a
Prostomatea　前口綱　1660₁₃
Prostomatida　前口目　1660₁₄
prostomial antenna　感触手　670b
prostomium　口前葉　**452**e
prosuspensor　前懸垂糸　817e
Protacanthamoeba　1628₁₂
Protactinoceras　1582₃₃
Protactinocerida　1582₃₃
protamine　プロタミン　**1232**d
protandrous flower　雄ずい先熟花　1469j
protandry　雄性先熟　768e, **1411**b
protanopia　第一盲　561i
Protanoplophrya　1660₃₄
Protanthea　1557₄₀
Protantheae　ムカシイソギンチャク亜目　1557₄₀
Protaspis　1665₁₉
Protaster　1561₇
Protaxocrinus　1559₃₈
Protea　1648₅
Proteaceae　ヤマモガシ科　1648₅
Proteales　ヤマモガシ目　1648₂
protease　プロテアーゼ　**1232**h
―― inhibitors　プロテアーゼ阻害剤　**1233**a
proteasome　プロテアソーム　**1234**a
protecting color　保護色　**1305**f
protective coloration　保護色　**1305**f
―― sheath　保護鞘　1022a, **1305**g
protein　蛋白質　**892**g
―― A　プロテインA　**1234**d
proteinaceous infectious particle　蛋白質性感染性粒子　1221d
proteinase　プロテイナーゼ　**1234**b
protein biosynthesis　蛋白質生合成　**893**c
―― body　蛋白粒　**895**g
―― C　プロテインC　397a, 436e, 1018c

―― complex　蛋白質複合体　895c
―― denaturation　蛋白質の変性　**895**b
―― disulfide isomerase　蛋白質ジスルフィドイソメラーゼ　**893**d
―― folding　フォールディング　**1191**e
―― G　プロテインG　**1234**d
protein-grain　蛋白粒　**895**g
Proteiniborus　1543₂₂
Proteiniclasticum　1543₃₁
Protein Information Resource　955h
Proteiniphilum　1539₁₄
protein kinase　プロテインキナーゼ　**1234**e
―― kinase A　プロテインキナーゼA　125a, 510b
―― kinase B　プロテインキナーゼB　127e
―― kinase C signal　プロテインキナーゼCシグナル　1138h
―― kinase G　プロテインキナーゼG　564f
―― metabolism　蛋白質代謝　**894**a
―― module　モジュール　**1397**d
proteinoid　プロテイノイド　**1234**c
―― microsphere　プロテイノイドミクロスフェア　**1234**c
proteinoplast　プロテイノプラスト　1215e
protein phosphatase　プロテインホスファターゼ　**1235**b
―― phosphatase 2B　プロテインホスファターゼ2B　245e
―― polymorphism　蛋白多型，蛋白質多型　**895**f
―― quantitation　蛋白質定量法　**894**b
―― S　397a, 436e, 1018c
―― splicing　プロテインスプライシング　**1235**a
―― storage vacuole　蛋白質蓄積型液胞　125e, 895g
―― structure prediction　立体構造予測(蛋白質の)　**1458**b
―― synthesis inhibitor　蛋白質合成阻害剤　**893**a
―― toxin　毒素蛋白質　**1002**a
―― tyrosine kinase 2　529b
―― tyrosine phosphatase　チロシンホスファターゼ　**931**g
Protelytron　1600₄
Protelytroptera　ムカシサヤバネムシ目，原甲翅類，原甲虫類　1600₄
Protenus　1620₄₉
Proteobacteria　プロテオバクテリア門　**1236**a, 1545₁₀
Proteocatela　1543₂₂
proteoglycan　プロテオグリカン　**1235**c
proteoheparin　プロテオヘパリン　1273c
proteolipid　プロテオリピド　**1236**c
proteolysis　蛋白質分解　**895**d
proteolytic enzyme　蛋白質分解酵素　1232h
proteome　プロテオーム　**1236**b
Proteomonas　1666₈
Proteomyxidea　プロテオミクサ綱　1664₃₈
Proteophiala　1617₄₈
proteoplast　プロテオプラスト　1215e
proteose　プロテオース　1174b
Proterochampsa　1569₁₅
proterogenesis　プロテロゲネシス　708d
Proteromonadea　プロテロモナス綱　1653₂₇
Proteromonadida　プロテロモナス目　1653₂₈
Proteromonas　1653₂₈
Proterospongia　1553₉
Proterosuchus　1569₁₅
Proterotherium　1576₂₃
Proterozoic eon　原生代　**424**d
Proteus　1549₉, 1567₄₆
prothalial cell　前葉体細胞　235e
prothallium　前葉体　**820**e
prothetely　プロセテリー　**1232**c
prothoracic gland　前胸腺　**802**d
―― gland hormone　前胸腺ホルモン　**802**f
prothoracicotropic hormone　前胸腺刺激ホルモン　**802**e
prothorax　前胸　**802**c
prothrombin　プロトロンビン　**1237**e
prothrombinase complex　プロトロンビナーゼ複合体　396c
Protista　原生生物界　177c, 424b
protistology　原生生物学　424b
protists　原生生物　**424**b

Protoachlya 1654₂₂
Protoalcyonaria 原始八放サンゴ亜目 1557₂₀
Protoblastenia 1612₅₄
Protobranchia 原鰓亜綱,原鰓類 1285h, 1581₄₈
Protobremia 1654₁₃
Protocaviella 1659₁₁
Protoceratium 1662₄₆
Protoceratops 1570₂₉
protocerebrum 前大脳 859g
protochlorophyll プロトクロロフィル 1236d
protochlorophyllide プロトクロロフィリド **1236**d
── reductase プロトクロロフィリド還元酵素 **1236**e, 1239h
Protochordata 原索動物 420f
protochordates 原索動物 420f
Protococcidiorida エリューテロシゾン目 1661₃₀
protocoel 原体腔,前体腔 **425**d, 924a
Protocoelia 原体腔動物 1370j
Protocoelier 原体腔動物 848i, 1370j
protoconch 胎殻 **847**c
protoconidium 原生分生子 **424**g
protoconodonts プロトコノドント 486g
protocooperation 原始協同 517e
protocorm プロトコーム **1236**f
protocorm-like body 1236f
Protocrea 1617₂₉
Protocreopsis 1617₁₁
Protocruzia 1658₁₂
Protocruziida プロトクルジア目 1658₁₂
Protocruziidia プロトクルジア亜綱 1658₁₁
Protoctista プロトクティスタ 424b
Protocystis 1665₃₃
protoderm 前表皮 **817**i
Protodermaptera コケイハサミムシ亜目 1599₇
Protodinium 1662₂₉
Protodonata オオトンボ目,原蜻蛉類 1598₄₅
Protodrilida ムカシゴカイ目 1585₅₃
Protodrilus 1585₂₂
Protogaster 1627₂₂
Protogastraceae プロトガステル科 1627₂₂
protogynous flower 雌ずい先熟花 1469j
protogyny 雌性先熟 **584**h, 768e
Protohallida 1659₁₁
protohem プロトヘム 1276h
protohematin プロトヘマチン 1328c
protohemin プロトヘミン 1328c
Protohermes 1600₄₄
Protoheterotrichida 原始異毛目 1658₃
Protohydra 1555₃₅
Protolepidodendrales 古生リンボク目 1642₁₀
Protolepidodendron 1642₁₀
Protolycosa 1592₄₂
protomer プロトマー 46b, 895c
protomeristem 前分裂組織 **818**d
protomerite 前節 812e, **812**f
Protomicarea 1612₅₅
Protomima 1597₂₀
Protomonas 1545₄₁
Protomonostroma 1634₂₇
Protomyces 1605₄₀
Protomycetaceae プロトミケス科 1605₄₀
Protomycocladus 1604₄
Protomycopsis 1605₄₀
Protomyzostomum 1585₅₀
protonema 原糸体 **421**e
protonemata 原糸体 **421**e
protonephridium 原腎管 **422**e
protoneuron プロトニューロン 694e
proton pump プロトンポンプ **1237**f
── Q cycle model プロトンQサイクルモデル 599e
Protonychophora 1588₂₃
protonymphon プロトニンフォン **1237**b
proto-oncogene プロトオンコジーン 249g
Protoopalina 1653₃₁
Protopannaria 1613₂₄

Protoparmelia 1612₅₁
Protoperidinium 1662₄₂
protoperizonium プロトペリゾニウム 829d
Protoperlaria アケボノカワゲラ目(原襀翅類) 1599₁₅
protophloem 原生篩部 72b
Protophrya 1660₃₄
protophyll 原葉 **427**g
Protophysarum 1629₁₈
Protopityales プロトピティス目 1644₉
Protopitys 1644₉
protoplasm 原形質 **418**b
protoplasmic movement 原形質運動 **418**c
── streaming 原形質流動 **419**a
protoplasmodium プロトプラスモジウム 1284c
protoplast プロトプラスト **1237**c
protopodite 原節 201b, **425**a
protopod larva 原肢型幼虫 1282h
── phase 原肢期,原脚期 1282h
protoporphyrin プロトポルフィリン 1328c
── Ⅸ プロトポルフィリンⅨ **1237**d
Protoptera 原翅亜節 1598₅₄
Protopterus 1567₈
Protopterygiformes プロトプテリクス目 1570₄₂
Protopteryx 1570₄₂
Protoraphidales ハジメノミゾモドキケイソウ目 1655₂₉
Protoraphis 1655₂₉
Protorosaurus 1569₁₂
Protorthida プロトオルチス目 1580₂₅
Protorthis 1580₂₅
Protorthoptera ムカシギス目,原直翅類 1599₃
Protoscypha 1608₁₀
Protoscyphaceae プロトスキファ科 1608₁₀
Protosiphon 1635₃₉
Protosporangiida プロトスポランギウム目 1628₄₇
Protosporangium 1628₄₇
protospore 原生胞子 **424**h
protostele 原生中心柱 **424**e
Protostelea プロトステリウム綱,原生粘菌 1628₄₂
Protosteliales プロトステリウム目 1628₄₆
Protosteliida プロトステリウム目 1628₄₆
Protosteliomycetes プロトステリウム綱,原生粘菌 1628₄₂
Protosteliopsis 1628₃₆
Protostelium 1628₄₆
Protostomatida 原口目 1658₁
protostomes 旧口動物 310a
Protostomia 前口動物,旧口動物 310a, 1576₅₇
Protosuchus 1569₂₀
Prototheca 1635₁₀
Protothelenella 1607₃₄
Protothelenellaceae プロトテレネラ科 1607₃₄
Prototrichia 1629₁₀
prototrichogyne 受精突起 640b
prototroch 口前繊毛環 1016h
prototroph プロトトローフ,原栄養体 **415**g
protovertebra 原脊椎 **424**j
protovertebral plate 原脊椎板 424j
protoxylem 原生木部 73b
Protozelleriella 1653₃₁
Protozoa 原生動物門 424f
protozoans 原生動物 424f
protozoea プロトゾエア **1237**a
Protracheata 原気管類 1412c
protractor muscle 顎骨伸筋 34j
protrichocyst 粘液胞 1300g
Protrichomonas 1630₈
protrochula 原輪子 **427**j
protrombinase complex プロトロンビナーゼ複合体 128d
Protrudomyces 1602₄₈
Protrudomycetaceae プロトルドミケス科 1602₄₈
Protubera 1627₄₇
protuberantia mentalis 頤隆起 166j
Protuberella 1627₅₃
Protula 1585₂
Protura カマアシムシ目,原尾類 1598₁₈
Provanna 1583₃₈

provascular tissue　前維管束組織　803c
Proventocitum　1663₇
proventriculus　前胃　541d, **800**a
Providencia　1549₉
province　地方, 植物区系　**675**a, 776b, 996b
provirus　プロウイルス　**1230**b
provisional byssus　836a
provisory organ　一時的器官　1425e
provitamin A　プロビタミンA　**1238**b
―― D₂　プロビタミンD₂　148k
proxemics　プロクセミクス　1068i
proximal　近位的　**331**i
―― pigment cell　近位色素細胞　1193l
―― pterygiophore　近位担鰭骨, 近担鰭骨　882d
―― regeneration　基部再生　**299**a
―― tentacle　反口触手　1325c
proximate factor　至近要因, 近接要因　309d
PRP　プロリンリッチ蛋白質　1157b
PRPP　5-ホスホリボシルピロリン酸　1312b
PR protein　PR 蛋白質　**1129**c
PrpS　560d
PRR　パターン認識受容体　635f, 1383j
PrsS　560d
Prttotia　1615₁
Prunella　1572₆₀
Prunus　1648₅₉
Prusiner, Stanley Ben　プルシナー　**1226**e
Prymnesiales　プリムネシウム目　1666₁₇
Prymnesiophyceae　プリムネシウム藻綱　1666₁₄
Prymnesiovirus　プリムネシオウイルス属　1516₄₆
Prymnesium　1666₁₈
Przibram, Hans　プシブラム　**1203**a
PS　ホスファチジルセリン　1310a
PSA　前立腺特異抗原　820g
psa　440b
psalidodontia　鋏状咬合　439e
Psalteriomonas　1631₉
psalterium　葉胃, 重弁胃　1122c
Psammaspides　1596₃₅
Psammetta　1664₁₉
Psammina　1664₁₉
Psamminida　プサミナ目　1664₁₉
Psammodiscus　1655₂₁
Psammodrilida　ギボシゴカイ目　1585₅₄
Psammodrilus　1585₅₄
Psammophaga　1663₄₀
psammophyte　砂生植物　535e
Psammosa　1661₄₄
psammosere　砂地系列, 砂地遷移系列　265h
Psammosphaera　1663₄₃
Psammothidium　1655₄₂
Psaronius　1642₃₈
Psathyrella　1626₃₇
Psathyrellaceae　イタチタケ科　1626₃₅
Psathyrophlyctis　1614₁₁
psb　440b
Psenopsis　1566₆₄
Pseudacidovorax　1546₅₅
Pseudallescheria　1617₆₁
Pseudaminobacter　1545₄₆
Pseudanabaena　1541₃₉
pseudanthium　偽花　**278**d
―― theory　偽花説　278d, **279**e
Pseudarcicella　1539₂₅
Pseudechiniscus　1588₁₀
pseudencephaly　偽脳奇形, 擬脳奇形　296f
Pseudocloniopsis　1634₂₈
Pseudephebe　1612₅₁
Pseudeurotiaceae　プセウドエウロチウム科　1607₃₅
Pseudeurotium　1607₃₆
Pseudicyema　1577₁₁
Pseudidiomarina　1548₄₃
Pseudis　1568₂
pseudoalleles　偽対立遺伝子　**292**d
Pseudoalteromonadaceae　シュードアルテロモナス科　1548₄₅

Pseudoalteromonas　1548₄₅
―― phage PM2　シュードアルテロモナスファージ PM2　1515₃₅
Pseudoamycolata　1537₅₉
pseudoangiocarpous　偽被実性　885a
pseudoautosomal region　偽常染色体部位　1506g
Pseudobagrus　1566₇
Pseudobangia　1632₃₀
Pseudobiantes　1571₂₇
Pseudobodo　1653₁₃
Pseudoboletus　1627₆
Pseudobornia　1642₂₆
Pseudoborniales　プセウドボルニア目　1642₂₆
Pseudobotrytis　1618₃₄
pseudobranchia　偽鰓　**284**b
Pseudobryopsis　1634₅₁
pseudobulb　偽鱗茎　1473k
Pseudobutyrivibrio　1543₄₁
Pseudocaedibacter　1546₇
pseudocapillitium　偽細毛体　**284**d
pseudocarp　偽果　**278**e
pseudocartilage　偽軟骨　1028c
pseudocellus　偽単眼　681b
Pseudocellus　1589₄₁
Pseudocentrotus　1562₁₀
Pseudoceratina　1554₅₃
Pseudocercophora　1619₁₃
Pseudocercospora　1608₃₆
Pseudocercosporella　1608₃₆
pseudo cereals　偽穀類　472i
Pseudoceros　1577₂₅
Pseudocharaciopsis　1656₃₄
Pseudocharacium　1634₂₁
Pseudochattonella　1656₆
Pseudocheirus　1574₂₅
Pseudochlorella　1635₁₂
Pseudochlorodesmis　1634₅₂
pseudocholinesterase　偽コリンエステラーゼ　493a
Pseudochorda　1657₂₆
Pseudochrobactrum　1545₃₄
Pseudociliatida　偽繊毛虫目　1631₁₀
pseudocilium　偽繊毛　**291**e
Pseudocladophora　1634₅₁
Pseudoclavibacter　1537₂₅
Pseudoclitocybe　1626₅₁
Pseudocodium　1634₅₂
pseudocoel　擬体腔　**292**a
Pseudocoela　擬体腔動物　**292**b
Pseudocoelomata　擬体腔動物　**292**b
pseudocoelomates　擬体腔動物　**292**b
Pseudocohnilembus　1660₂₉
pseudocolony　偽群体　382e
pseudocolumella　偽柱軸, 偽軸柱, 擬軸柱　**292**h
Pseudocolus　1627₅₃
pseudocone eye　偽円錐眼　**277**g, 1193l
pseudoconoid　偽コノイド　924f
pseudo-copulation　擬似交接　**285**e
Pseudocordyceps　1611₆
Pseudocrangonyx　1597₁₅
Pseudocubus　1663₁₄
pseudoculus　偽眼　681b
pseudocyesis　想像妊娠　295c
Pseudocyphellaria　1613₁₇
Pseudocyrtolophosis　1660₁₀
Pseudodendromonadales　シュードデンドロモナス目　1653₁₆
Pseudodendromonas　1653₁₆
Pseudodermatosorus　1622₂₆
Pseudodevescovina　1630₁₅
Pseudodichotomosiphon　1657₇
Pseudodictyosphaerium　1635₂₆
Pseudodictyosporium　1609₃₄
Pseudodifflugia　1665₁₈
Pseudoditrichaceae　ニセキンシゴケ科　1640₁₁

Pseudodoassansia 1622₂₆
pseudodominance 偽優性 **312**c
Pseudoecteinomyces 1611₄₀
Pseudoentodinium 1659₁₅
pseudoepimerite 偽先節 812e
pseudo-ergate 偽働き蟻 1507e
Pseudoerythrocladia 1632₁₈
pseudoextinction 偽絶滅 **291**c
Pseudofavolus 1624₄₉
pseudofeces 擬糞 **299**e
pseudofilament 偽糸状体 579f
pseudoflagellum 偽鞭毛 291e
Pseudoflavonifractor 1543₂₃
pseudofossil 偽化石 222c
Pseudofulvimonas 1550₆
Pseudofungi 偽菌門 1653₃₂
pseudofungi 偽菌類 341a
Pseudogemma 1659₅₀
pseudogene 偽遺伝子, 擬遺伝子 **277**d
Pseudogibellula 1617₂₃
Pseudogliomastix 1618₃₄
pseudoglobulin 偽性グロブリン 374c
Pseudographis 1606₂₈
Pseudogulbenkiania 1547₁₁
Pseudogymnoascus 1607₃₁
Pseudohalonectria 1618₁₂
pseudo-haltere 偽平均棍 1259a
Pseudohaptolina 1666₁₈
Pseudoharpella 1604₄₇
Pseudohauerina 1663₅₅
Pseudohelenia 1664₁₂
pseudohermaphroditism 偽雌雄同体現象, 擬雌雄同体現象 **286**k
Pseudohimantidium 1655₃₀
Pseudoholophrya 1659₄
Pseudohydnum 1623₃₁
Pseudohymen 1598₄₀
Pseudohypocrea 1617₂₉
pseudo-H zone 偽H域 119f
pseudoindusium 偽包膜 1303h
Pseudoinonotus 1624₃
Pseudolabrys 1545₅₁
Pseudolagarobasidium 1624₃₆
Pseudolepicoleaceae マツバウロコゴケ科 1637₅₇
Pseudolithium 1663₂₇
Pseudolithoderma 1657₃₈
Pseudomarvania 1635₁₂
Pseudomassaria 1619₃₇
Pseudomeliola 1609₄₅
Pseudomeria 1617₁₉
Pseudomerulius 1627₂₈
pseudometamerism 擬体節制 855h
pseudomixis 偽受精生殖 **287**c
Pseudomonadaceae シュードモナス科 1549₄₇
Pseudomonadales シュードモナス目 1549₄₃
Pseudomonas シュードモナス **644**c, 1549₄₉
―― *aeruginosa* 緑膿菌 **1472**b
―― *phage LUZ24* シュードモナスファージLUZ24 1514₂₄
―― *phage φ6* シュードモナスファージφ6 1519₁₄
―― *phage φKMV* シュードモナスファージφKMV 1514₁₆
―― *phage φKZ* シュードモナスファージφKZ 1514₁₁
Pseudomuriella 1635₂₉
pseudomycelium 偽菌糸 **281**h
Pseudomycoderma 1605₄₇
Pseudonannolene 1593₃₅
pseudonasse ラブドス 521a
Pseudonectria 1617₃₉
Pseudonectriella 1618₂₁
Pseudonemasoma 1593₂₅
pseudo-nipple 偽乳頭 1043c
Pseudoniscus 1589₂₀
Pseudonitzschia 1655₅₄
Pseudonocardia 1537₅₉

Pseudonocardiaceae シュードノカルディア科 1537₅₆
Pseudonocardineae シュードノカルディア亜目 1537₅₂
Pseudopannaria 1613₈
Pseudoparamoeba 1628₃₅
pseudoparaphysis 偽側糸 **291**g
pseudoparenchyma 偽柔組織 **286**j, 336c
Pseudoparmelia 1612₅₁
Pseudoparodiella 1610₁₁
pseudo-parthenocarpy 偽単為結果 880k
Pseudopavona 1557₃
Pseudopediastrum 1635₂₈
Pseudopedinella 1656₁₀
Pseudopeltula 1615₃₈
pseudoperianth 偽花被 **279**f
Pseudoperisporiaceae ブセウドペリスポリウム科 1608₁₁
Pseudoperisporium 1608₁₂
Pseudoperonospora 1654₁₃
Pseudopetalichthys 1564₁₂
Pseudopfiesteria 1662₃₄
Pseudophacidium 1615₂₅
Pseudophalacroma 1662₄₉
Pseudophormidium 1541₃₉
Pseudopiptoporus 1624₄₉
Pseudopirsonia 1665₄₂
Pseudopithyella 1616₂₈
Pseudoplagiostoma 1618₅₁
Pseudoplagiostomataceae ブセウドプラギオストマ科 1618₅₁
pseudoplasmodium 偽変形体 85f, **299**h
pseudoplasmolysis 偽原形質分離 418h
Pseudoplectania 1616₃₀
pseudopod 仮足 **224**f
pseudopodia 偽柄 **299**c
pseudopodial movement 仮足運動 32f
pseudopodium 仮足, 偽柄 **224**f, **299**g
Pseudopolydora 1585₁₉
pseudopregnancy 偽妊娠 **295**c
Pseudopyrenula 1607₂₀
Pseudoramibacter 1543₃₄
Pseudoramichloridium 1608₄₄
Pseudorbilia 1615₄₈
pseudoreduction 偽減数 1091j
pseudoreflex 偽反射 567d
Pseudorhizina 1616₅
Pseudorhodobacter 1546₅
Pseudorhodoferax 1546₅₅
Pseudoruegeria 1546₅
Pseudoryx 1576₁₆
Pseudoschroederia 1635₂₉
Pseudoscorpiones カニムシ目 1591₂₈
Pseudoscourfieldia 1634₅
Pseudoscourfieldiales シュードスコウルフィールディア目 1634₅
pseudoseptum 偽隔膜 208g
Pseudosolidum 1607₄₈
pseudospawning 擬似産卵 **285**f
Pseudosphingobacterium 1540₇
Pseudospirillum 1549₃₄
Pseudospora 1664₄₂
Pseudosporangium 1537₄₃
Pseudosporida シュードスポラ目 1664₄₂
Pseudosporochnales ブセウドスポロクヌス目 1642₂₁
Pseudosporpchnus 1642₂₁
Pseudostaurastrum 1656₃₄
Pseudostigmidium 1608₃₇
pseudo stratified epithelium 偽重層上皮 663b
Pseudostypella 1623₄
Pseudotaxus 1645₁₀
Pseudotetraedriella 1656₃₄
Pseudotetraploa 1610₁
Pseudothecadinium 1662₄₂
Pseudothecamoeba 1628₉
pseudothecium 偽子嚢殻 **286**e
Pseudothrix 1634₂₈
pseudo trachea 偽気管 1093b

Pseudotrachelocera 1659₄
Pseudotracya 1622₂₆
pseudo-transverse division 偽横分裂，擬横分裂 **277**h
Pseudotrichomonas 1630₅
Pseudotrichonympha 1630₂₀
Pseudotrypanosoma 1630₂
Pseudotsuga 1645₁
Pseudotulasnella 1623₄₈
Pseudotulostoma 1610₅₉
Pseudoulvella 1635₂₁
pseudounipolar nerve cell 偽単極神経細胞 696b
pseudouridine プソイドウリジン **1203**m
Pseudourostyla 1658₃₅
pseudovacuole 偽空胞 221d
Pseudovalsa 1618₅₂
Pseudovalsaceae ブセウドバルサ科 1618₅₂
Pseudovalsella 1618₅₂
Pseudovibrio 1546₅
Pseudoviridae シュードウイルス科 1518₃₉
pseudovirion ウイルス様粒子 1193e
Pseudovirus シュードウイルス属 1518₄₂
pseudovivipary 122f
Pseudoxanthobacter 1564₅₂
Pseudoxanthomonas 1550₆
Pseudozobellia 1539₄₉
pseudozoea プソイドゾエア 834f
Pseudozyma 1622₁₆
psi プソイドウリジン 45e, 1203m
Psiloceras 1583₄
Psilocybe 1626₄₂
Psilopezia 1615₅₂
psilophytes 古生マツバラン類 476f
Psilophytopsida 古生マツバラン類 **476**f
Psilopsida 古生マツバラン類 **476**f
Psilosiphon 1632₃₆
Psilotales マツバラン目 1642₃₅
Psilothallia 1633₅₃
Psilotopsida マツバラン類 **1343**e
Psilotricha 1658₃₀
Psilotum 1642₃₅
P site Pサイト，P部位 1325i, 1464c
Psittaciformes オウム目 1572₄
Psittacosaurus 1570₂₉
psittacosis germ オウム病病原体 **161**g
Psittacotherium 1575₂
Psittacus 1572₅
── *erithacus timneh papillomavirus* シタクスエリサクス ティムネー乳頭腫ウイルス 1516₂₃
PSK ファイトスルフォカイン 1183b
PSM 未分節中胚葉 855h
Psococerastis 1600₁₉
Psocodea 咀顎上目 1600₁₅
Psocomorpha チャタテ亜目 1600₁₉
Psocoptera チャタテムシ目，噛虫類 1600₁₆
Psolus 1562₂₅
Psophia 1571₄₇
Psora 1612₅₃
Psoraceae カイガラゴケ科，タゴゲ科 1612₅₄
psoralen ソラレン **843**f
Psoroma 1613₂₅
Psoroptes 1590₅₀
Psoroptidia チリダニ下目 1590₄₈
Psorospermium 1553₃
Psorotichia 1615₄₀
Psorula 1612₅₅
PSP セリン・トレオニンホスファターゼ，麻痺性貝毒 184e, 601f, 1235b
PSTI 膵臓分泌型トリプシンインヒビター 1233a
Psychocidaris 1561₃₆
Psychodiella 1661₂₃
psychogenesis 心霊進化 829a
psycho-Lamarckism 心理ラマルキズム **714**k
psychological avoidance 心理的回避 95f
psychophily チョウ媒 996d
psychophysics 心理物理学 **714**j

psychotonica 精神昂揚剤 450f
psychotropic drugs 向精神薬 **450**f
psychovitalism 心的生気論 748a
Psychrilyobacter 1544₃₂
Psychrobacter 1549₄₆
Psychroflexus 1539₄₉
psychrophile 低温菌，好冷菌 189e, **468**h
psychrophilic organisms 好冷生物 **468**i
psychrophyte 寒地植物 **270**c
Psychroserpens 1539₄₉
psychrotolerant 低温耐性 468h
PTA 血漿トロンボプラスチン前駆因子 1018b
PTC 血漿トロンボプラスチン成分，フェニルチオカルバミド 1018b, 1363a
Ptc 1269c
PTC method フェニルイソチオシアネート法 136c
PtdIns(4,5)P₂ ホスファチジルイノシトール-4,5-二リン酸 1311g
Ptenoglossa 翼舌下目 1583₄₈
Ptenophyllina スポンジフィルム亜目 1556₅₀
Pteranodon 1430a, 1570₁
Pteraspidomorphi 翼甲形綱 1564₁
Pteraspis 1564₄
Pteraster 1560₄₄
Pteria 1582₇
Pteridaceae イノモトソウ科 1643₃₀
pteridin プテリジン 1208c
Pteridium 1643₂₉
pteridology シダ学 674e
Pteridomonas 1656₁₀
Pteridophyllum 1647₄₈
Pteridophyta シダ植物 **589**c
pteridophyte coefficient シダ係数 **589**c
pteridophytes シダ植物 **589**c
Pteridospermatopsida シダ種子植物綱 1644₁₀
Pterigynandraceae ネジレイトゴケ科 1641₁
Pteriida ウグイスガイ目 1582₇
pterin プテリン **1208**d
pterinosome プテリノソーム 562e
Pteriomorphia 翼形亜綱 1582₃
Pteris 1643₃₅
Pterobranchia フサカツギ綱，翼鰓類 1563₁
pterobranchs フサカツギ綱，羽鰓類，翼鰓類 148a, 1120a
Pterobryaceae ヒムロゴケ科 1641₁₂
Pterobryellaceae プテロブリエラ科 1640₃₀
Pterobryum 1641₁₂
Pterocanium 1663₁₄
Pterocarya 1649₂₁
Pterocladiella 1633₃₀
Pterocles 1571₆₁
Pteroclidiformes サケイ目 1571₆₁
Pteroconium 1618₆
Pterocorys 1663₁₄
Pterocystis 1666₃₁
Pterodactyloidea プテラノドン亜目 1570₁
Pterodactylus 1570₂
Pteroeides 1557₃₇
pteroglossa 翼舌 585g
Pterognathia 1578₁₅
Pterokrohnia 1577₇
Pterolichus 1590₅₀
Pteromaktron 1604₄₇
Pteromedusae ハネクラゲ類 1556₃₂
Pteromonas 1635₄₀
Pteromys 1576₃₆
Pteropoda 翼足類 1199e
pteropod ooze 翼足類軟泥 1029d
Pteropsaron 1566₅₄
Pteropsida プテロプシダ 864e
Pteropus 1575₁₅
Pterosagitta 1577₇
Pterosauria 翼竜目，翼竜類 **1430**a, 1569₂₉
pterosaurs 翼竜類 **1430**a
Pterosperma 1634₃
Pterospora 1661₂₄

Pterostyrax 1651₂₂
pterothorax 有翅胸節 1371e
Pterothrissus 1565₅₃
pterotic bone 翼耳骨 698c
Pterotrachea 1583₄₆
pteroverdin プテロベルジン 888a
pteroylglutamic acid プテロイルグルタミン酸 1422f
Pterozonium 1643₃₅
Pterula 1626₃₈
Pterulaceae カンザシタケ科 1626₃₈
pterygial muscle 翼状筋 63g
pterygiophore 担鰭骨 882d
pterygium 鰭 1175c
pterygoid 翼状骨 1020k
pterygopodium 鰭脚 281g
Pterygosoma 1590₂₈
Pterygota 有翅下綱, 有翅昆虫類 1598₃₃
Pterygotus 1589₃₅
pteryla 羽区, 羽域 111z
PTGS 転写後遺伝子サイレンシング, 転写後抑制 323h, 971a
PTH フェニルチオヒダントイン, 副甲状腺ホルモン 136c, 1195e
—— method フェニルチオヒダントイン法 136c
Ptilidiaceae テガタゴケ科 1637₄₉
Ptilidiales テガタゴケ目 1637₄₈
Ptilidium 1637₄₉
ptilinum 前頭囊 816g
Ptilocercus 1575₁₈
Ptilocrinus 1560₁₃
Ptilodictya 1579₂₆
Ptilograptus 1562₃₈
Ptilonia 1633₂₀
Ptilophora 1633₃₀
Ptilota 1633₅₃
Ptisana 1642₃₈
PTK2 529b
PTP チロシンホスファターゼ, 反復刺激後増強 931g, 1126h, 1235b
PTPase チロシンホスファターゼ 931g
PTTH 前胸腺刺激ホルモン 802e
Ptychagnostus 1594₂₃
Ptychodactae ヒダギンチャク亜目 1557₅₁
Ptychodactis 1557₅₁
Ptychodera 1562₅₄
Ptychodiscales プティコディスクス目 1662₂₇
Ptychodiscus 1662₂₇
Ptychogaster 1624₄₉
Ptycholepiformes プチコレピス目 1565₃₁
Ptycholepis 1565₃₁
Ptychomitriaceae チヂレゴケ科 1639₆₆
Ptychomniaceae スジイタチゴケ科 1640₃₃
Ptychomniales スジイタチゴケ目 1640₃₂
Ptychoparia 1589₈
Ptychoparid プチコパリア類 1589₈
Ptychostomum 1660₃₄
Ptyctodontiformes プティクトドゥス目 1564₁₇
Ptyctodus 1564₁₇
ptyxis 幼葉重畳法, 折り畳み, 芽中姿勢, 芽瞥, 葉畳み 232h
puberty 春機発動期 651e
pubis 恥骨 589d
Puccinia 1620₃₃
Pucciniaceae プクキニア科 1620₃₁
Pucciniales サビキン類, プクキニア目 542a, 1620₁₅
Pucciniastraceae プクキニアストルム科 1620₃₅
Pucciniastrum 1620₃₆
Pucciniomycetes プクキニア綱 1620₄
Pucciniomycetidae プクキニア亜綱 1620₅
Pucciniosira 1620₃₉
Pucciniosiraceae プクキニオシラ科 1620₃₈
Pucciniostele 1620₂₆
Pueraria 1648₅₂
puerperal fever 産褥熱 551a
—— involution 産後退縮 853c

puerulus プエルルス 1189a
Puerulus 1597₅₉
puff パフ 1113c
Puffinus 1571₁₈
Pulchrinoaceae プルクリノア科 1640₈
Pulchromyces 1606₄₁
Pulex 1601₁₈
Pulleniatina 1664₁₆
pull in 引込み 989h
pullulanase プルラナーゼ 31a
Pullulanibacillus 1542₄₃
pulmo 肺 1072b
pulmonary artery 肺動脈 1079f
—— carcinoma 肺癌 1077b
—— circulation 肺循環 1079f
—— epithelial cell 肺胞上皮細胞 1072b
—— plague 肺ペスト 149c
—— respiration 肺呼吸 470c, 1079f
—— sac 肺囊 682d
—— vein 肺静脈 1079f
—— ventilation 肺換気量 254g
Pulmonata クモ亜網, 書肺類, 有肺目 1584₁₉, 1591₃₇
pulp cavity 歯髄腔 1069b
—— cell 歯髄細胞 1069b
pulpy growth 425e
pulsation 脈動 623h
pulse 脈拍 1363d
pulse-chase analysis パルスチェイス分析法 1116g
pulsed-field gel electrophoresis パルスフィールドゲル電気泳動法 1116h
pulse pressure 脈圧 395a
—— wave 脈波 1363d
pulsilogium 脈拍計数装置 553f
pulmonary respiration 肺呼吸 470a
Pulveroboletus 1627₆
pulvillus 褥盤 818c
Pulvinodecton 1606₅₄
Pulvinula 1615₅₂
pulvinus 葉枕 1426b
Pulvinus 1632₁₄
Puma 1575₄₈
Puncia 1596₁₇
Punctaria 1657₃₄
Punctelia 1612₅₂
punctuated equilibrium theory 断続平衡説 890h
Punctularia 1623₅₃
punctum lacrimale 涙点 1481d
Punica 1648₃₈
Puniceicoccaceae プニセイコックス科 1551₁₄
Puniceicoccales プニセイコックス目 1551₁₃
Puniceicoccus 1551₁₅
punishment 罰 315n
PUNNETT, Reginald Crundall パネット 1112d
pupa 蛹 541c
—— adectica 軟顎蛹 1027d
—— contigua 帯蛹 864d
—— dectica 硬顎蛹 432e
—— exarata 裸蛹 1440b
—— libera 自由蛹 1440c
—— nuda 裸出蛹 1435c
puparium 囲蛹殻 90c
pupa suspensa 垂蛹 727b
pupation 蛹化 1420c
—— hormone 蛹化ホルモン 802f
pupil ひとみ, 瞳孔 442k, 1373b
pupillary reflex 瞳孔反射 981i
—— unrest 瞳孔不静 981i
pure breed 純粋種 651f
—— culture 純粋培養 652a
—— gland 純粋腺 870h
—— line 純系 651f
pure-line laboratory animal 純系実験動物 651g
—— theory 純系説 651h
pure strategy 純粋戦略 821a
purification of enzyme 酵素の精製 456a

purified protein derivative of tuberculin　936a
purine base　プリン塩基　**1223**a
—— biosynthesis pathway　プリン生合成経路　**1223**d
—— catabolism pathway　プリン分解経路　**1224**b
—— degradation pathway　プリン分解経路　**1224**b
—— nucleoside　プリンヌクレオシド　**1224**a
—— nucleotide　プリンヌクレオチド　1050d
purinergic receptor　プリン受容体　19e
N-(purine-6-ylcarbamoyl) threonine　605e
Purkinje, Johannes Evangelista　プルキニエ　**1225**b
Purkinje's after-image　プルキニエの残像　551j
Purkinje-Sanson's images　プルキニエ-サンソン像　**1225**d
Purkinje's effect　プルキニエ効果　1225c
Purkinje's fibre　プルキニエ繊維　1225c
—— figure　プルキニエの血管像　**1225**e
—— phenomenon　プルキニエ現象　**1225**c
—— shift　プルキニエ効果　1225c
PURKYNĚ, Jan Evangelista　プルキニエ　**1225**b
puromycin　ピューロマイシン　**1164**d
purple gland　紫腺　**586**a
—— membrane　紫膜　**1372**b
—— photosynthetic bacteria　紅色光合成細菌　**448**f
—— sulfur bacteria　紅色硫黄細菌　55b
Purpureofilum　1632$_{22}$
purpurogallin　プルプロガリン　1017c
purse　袋状部　664c
pus　膿　**1062**c
—— cell　膿球　1062c
Pusillimonas　1546$_{46}$
Pustula　1653$_{41}$
pustulan　プスツラン　1454a
Pustulosida　ペトラスター目，小泡類　1560$_{31}$
pusule　プシュール　**1203**b
—— vesicle　1203b
putamen　被殻　860b, 860c
Putapacyathus　1554$_5$
putative hybrid　推定雑種　586c
Putranjiva　1649$_{50}$
Putranjivaceae　ツゲモドキ科　1649$_{50}$
putrefaction　腐敗　**1210**e
putrescine　プトレッシン　1321g
Puttemansia　1610$_6$
Pütter's hypothesis　ピュッター説　**1163**e
PVA　626g
PVC　液胞前区画　1489g
P-V technique　*P-V* 曲線法　**1130**c
PVX　ジャガイモＸウイルス　616b
PWM　1486b
PWS　プラダー・ウィリー症候群　410f
pycnidiospore　柄胞子　1249a
pycnidium　分生子殻　1249a
pycniospore　柄子　753b
pycnium　柄子器　753b
pycnocline　密度躍層　759h
Pycnococcus　1634$_5$
Pycnoderma　1608$_{61}$
Pycnodontiformes　ピクノダス目　1565$_{39}$
Pycnodus　1565$_{39}$
Pycnogonida　ウミグモ上綱，ウミグモ目，ウミグモ類，海蜘蛛類　111b, 1589$_{10}$, 1589$_{11}$, 1589$_{12}$
pycnogonids　ウミグモ類，海蜘蛛類　111b
Pycnogonum　1589$_{15}$
Pycnophyes　1587$_{47}$
Pycnoporellus　1624$_{16}$
Pycnoporus　1624$_{49}$
pycnosclerotium　分生子殻状菌核　1249a
pycnosis　核凝縮　**201**c
pycnospore　柄子　753b
Pycnothelia　1612$_{22}$
Pycnothrix　1659$_{11}$
Pycnothyrium　1606$_{41}$
Pycocystis　1634$_2$
Pyemotes　1590$_{40}$
pygidial cirrus　肛触糸　879g
pygidium　肛節　258d

Pygmephorus　1590$_{40}$
Pygmies　ピグミー　512g
Pygocephalomorpha　1596$_{33}$
Pygocephalus　1596$_{33}$
Pygophora　有肛目　1595$_{41}$
Pygopus　1568$_{44}$
Pygoscelis　1571$_{16}$
pygostyle　尾坐骨, 尾端骨　784d
Pygostylia　真鳥亜綱　1570$_{38}$
pyknosis　核凝縮　**201**c
Pylaiella　1657$_{35}$
Pylaisiadelphaceae　コモチイトゴケ科　1641$_7$
Pylocheles　1598$_4$
Pyloctostylus　1663$_7$
pyloric appendage　幽門垂　**1414**j
—— caecum　幽門垂, 幽門盲嚢　1156a, **1414**j
—— gland　幽門腺　53a
—— portion　幽門部　53a
—— stomach　幽門胃, 幽門部　53a, 1156a
pylorus　幽門　53a
pyocin　ピオシン　1093e
pyocyanin　ピオシアニン　**1131**f
pyocyanine　ピオシアニン　**1131**f
pyramid　顎骨　34j
pyramidal cell　錐体細胞　861a
—— tract　錐体路　**723**c
Pyramidella　1583$_{55}$
Pyramidobacter　1550$_{24}$
pyramid of numbers　個体数ピラミッド　478e
—— of production rate　生産速度ピラミッド　478e
Pyramimonadales　ピラミモナス目　1634$_3$
Pyramimonas　1634$_3$
pyranose　ピラノース　891e
Pyrenobotrys　1610$_{11}$
Pyrenochaeta　1609$_{18}$, 1609$_{35}$
Pyrenocollema　1610$_{37}$
pyrenoid　ピレノイド　**1175**e
Pyrenomonadales　ピレノモナス目　1666$_6$
Pyrenomonas　1666$_8$
Pyrenomycetidae　核菌類　913c
Pyrenopeziza　1614$_{43}$
Pyrenophora　1609$_{55}$
Pyrenopsis　1615$_{41}$
Pyrenothricaceae　ピレノスリックス科　1607$_{37}$
Pyrenothrix　1607$_{37}$
Pyrenotrichum　1612$_{28}$
Pyrenula　1610$_{33}$
Pyrenulaceae　サネゴケ科　1610$_{32}$
Pyrenulales　サネゴケ目　1610$_{25}$
pyrexia　発熱　553g
Pyrgidium　1611$_{28}$
Pyrgillus　1610$_{33}$
Pyricularia　90a, 1618$_{11}$
pyridine hemochrome　1276h
—— nucleotide　ピリジンヌクレオチド　**1170**e
pyridone carboxylic acid antibacterials　ピリドンカルボン酸系抗菌薬　298a
pyridoxal　ピリドキサール　**1171**a
—— kinase　ピリドキサールキナーゼ　**1171**b
—— phosphate　ピリドキサール 5'-リン酸　**1171**c
pyridoxamine　ピリドキサミン　**1170**g
pyridoxaminephosphate oxidase　ピリドキサミンリン酸オキシダーゼ　**1170**h
pyridoxic acid　ピリドキシン酸　**1171**e
pyridoxine　ピリドキシン　**1171**d
pyridoxinephosphate oxidase　ピリドキシンリン酸オキシダーゼ　**1170**h
pyridoxol　ピリドキソール　1171d
pyriform　梨状葉　313b
—— gland　洋ナシ状腺　642c
pyrimidine base　ピリミジン塩基　**1171**g
—— biosynthesis pathway　ピリミジン生合成経路　**1171**h
—— dimer　ピリミジン二量体　**1172**a
—— nucleoside　ピリミジンヌクレオシド　**1172**b
—— nucleotide　ピリミジンヌクレオチド　1050d

Pyriomyces　1612₁₈
pyrithiamin　ピリチアミン　1152c
Pyrobaculum　1534₁₉
—— *spherical virus*　ピロバキュラム球状ウイルス　1515₄₁
Pyrobotrys　1635₄₀
pyrocatechase　ピロカテカーゼ　163m
Pyrococcus　1535₁₅
Pyrocystis　1662₄₆
Pyrodictiaceae　ピロディクチウム科　1534₁₁
Pyrodictium　1534₁₁
Pyrodinium　1662₄₆
Pyrofomes　1624₅₀
pyrogen　発熱原　**1108**d
pyrogeneous substance　発熱物質　1108d
Pyroglyphus　1590₅₁
Pyrola　1651₃₁
Pyrolobus　1534₁₁
Pyronema　1616₂₁
Pyronemataceae　ピロネマ科　1616₁₆
Pyrophacus　1662₄₆
pyrophosphatase　ピロホスファターゼ　**1176**c
pyrophosphoric acid　ピロリン酸　**1176**f
Pyrophyllon　1632₁₈
Pyropia　1632₃₁
Pyrosoma　1563₁₆
Pyrosomata　ヒカリボヤ亜綱，火体類　1563₁₅
Pyrostremma　1563₁₆
Pyrotheria　火獣目　1576₂₅
Pyrotherium　1576₂₅
Pyrrhobryum　1640₂₃
Pyrrhocoris　1600₃₉
Pyrrhoderma　1624₃
Pyrrhoglossum　1625₅₆
Pyrrhophyta　焔色植物門　**152**h
pyrrolo-quinoline quinone　ピロロキノリンキノン　**1176**g
pyrrolysine　ピロリジン　**1176**e
Pyrrosia　1644₅
Pyrsonympha　1629₃₄
Pyrus　1648₆₀
pyruvate carboxylase　ピルビン酸カルボキシル化酵素　**1174**g
—— decarboxylase　ピルビン酸脱カルボキシル酵素　**1174**h
—— dehydrogenase complex　ピルビン酸水素酵素系　**1175**a
—— kinase　ピルビン酸キナーゼ　183j[図]
pyruvate, orthophosphate dikinase　ピルビン酸オルトリン酸ジキナーゼ　683e
pyruvic acid　ピルビン酸　**1174**f
pyruvic-malic carboxylase　ピルビン酸-リンゴ酸カルボキシラーゼ　1474a
Pythiales　フハイカビ目　1654₁₅
Pythiogeton　1654₁₆
Pythiopsis　1654₂₂
Pythium　1654₁₆
Python　1569₇
Pyura　1563₃₂
PyV　ポリオーマウイルス　1322g
Pyxicola　1660₄₇
Pyxidicoccus　1547₅₉
Pyxidicula　1628₂₉
Pyxidiophora　1611₄₇
Pyxidiophoraceae　ピクシジオフォラ科　1611₄₇
Pyxidiophorales　ピクシジオフォラ目　1611₄₆
pyxidium　蓋果　**177**h
Pyxilla　1654₄₆
Pyxine　1613₃₇
Pyxinia　1661₂₄
pyxis　胞周裂開蒴果，蓋果　**177**h, 536b
PYY　ペプチドYY　1275e
PZ　パンクレオチミン　496f

Q

Q_{10}　**315**f
Q-banding　Qバンド法　809e
Q-enzyme　Q酵素　1246e
QHB　106e
Qinghaosu　41d
Q_{O_2}　**315**d
qPCR　1452c
Q-R relation　Q-R関係　**307**c
QS　クオラム・センシング　345b
Q-technique　Q技法　307c
QTL　量的形質遺伝子座，量的遺伝子座　1470f, 1470h
quadrat　正方形枠　345e
quadrate　方形骨　911e, 1020k
quadrat method　区画法　345e
Quadricrura　1610₂
quadrigeminal bodies　四丘体　916a
Quadrigyrus　1579₄
Quadrimorphina　1664₁₂
Quadrisphaera　1537₄
quadrivalent chromosome　四価染色体　868a
Quadrulella　1628₂₉
quadrulus　クワドルルス　666d
quadrupeds　四肢類　**580**d
quadruple *Bar*　クオドループルバー　1071b
quadruplets　四つ子，四胎，要胎　872k
qualitative character　質的形質　**593**k
quality　質（感覚の）　**591**c
—— factor　線質係数　**805**e
—— of odor　臭質　**622**e
—— of taste　味質　**1354**b
Quambalaria　1622₄₈
Quambalariaceae　クアムバラリア科　1622₄₈
quantal release　素量的放出　843g
quantitative character　量的形質　1470f
—— genetics　量的遺伝学　1470f
—— inheritance　量的遺伝　1470f
—— theory　量的学説　265e
—— trait loci　量的形質遺伝子座　**1470**h
quantum　素量　843g
—— biology　量子生物学　**1469**h
—— evolution　非連続的進化　**1176**a
—— yield　量子収量　**1469**g
—— yield of photosynthesis　量子収量（光合成の）　**1469**g
Quasiconcha　1609₄₂
quasi-social　準社会性　615e
quasi-species　擬種　**286**h
Quaternary period　第四紀　**864**k
quaternary structure of protein　蛋白質の四次構造　**895**c
Quatrionicoccus　1547₂₂
Quatunica　1605₉
queen　クイーン　**342**k
—— substance　女王物質　**668**h
Queletia　1625₄₆
quelling　クエリング　**343**j
quercetin　クェルセチン，ケルセチン　3d, 1152b
quercitol　クエルチトール　569c
Quercus　1649₁₉
Questieriella　1607₅₁
QUÉTELET, Lambert Adolphe Jacques　ケトレ　**409**f
Quetzalcoatlus　ケツァルコアトルス　1430a
quiescence　休止　313e
quiescent centre　静止中心　**754**f
—— state　静止期　585i
quill　翮，羽柄　111g
quillwort　ミズニラ類　**1356**b
quinacrine　キナクリン　8b, 1506c
—— mustard　キナクリンマスタード　1506c
quinaldic acid　キナルジン酸　295f
Quinella　1544₂₃
Quing Hau Sau　41d

quinic acid　キナ酸　**294**f
quinine　キニン　**295**b
quinolones　キノロン系抗菌剤　**298**a
quinone coenzyme　キノン補酵素　**298**d
　——　cycle　キノン回路　**298**b
　——　profiling method　キノンプロファイル法　471e
quinone-tanning　キノン硬化　**298**c
quinoprotein　キノプロテイン　**297**i
Quinquecapsularia　1663₇
Quinqueloculina　1663₅₅
Quintaria　1609₃₂
quintuplets　五つ子，五胎，周胎　872k
Quisqualis　1648₃₆
quorum sensing　クオラム・センシング　**345**b

R

R　径脈　613c
rII locus　*rII*遺伝子座　**40**f
Raabella　1659₄₂
Raabena　1659₁₅
Rabbit hemorrhagic disease virus　ウサギ出血病ウイルス　1522₁₅
Rabdiaster　1552₂₀
Rabdiophrys　1552₂₀
Rab GTPase　Rab GTP アーゼ　666c
Rabies virus　狂犬病ウイルス　**317**c
Rabies virus　狂犬病ウイルス　1520₁₉
Rabl configuration　ラブル配向　**1438**b
　——　orientation　ラブル配向　**1438**b
Rab/Ypt GTPase　**1438**c
Rac1　1504c
race　人種，品種　**703**f，**1178**a
racemase　ラセマーゼ　**1435**e
raceme　総状花序　**826**c
racemic body　ラセミ体　**1435**f
racemization　ラセミ化　1435f
racemose gland　ブドウ状腺，胞状腺　870h，**1208**a
Rachen　咽喉　1067g
Rachendachhypophyse　口蓋葉　218a
rachis　穂軸，花軸，葉軸　**215**a，1200h
RACKER, Efraim　ラッカー　**1436**f
Racocetra　1605₁₂
Racocetraceae　ラコケトラ科　1605₁₂
Racodium　1608₂₈
Racomitrium　1639₃₁
Racopilaceae　ホゴケ科　1640₂₉
Racopilum　1640₂₉
Racospermyces　1620₄₄
rad　ラド　1298d
Rad51　**1488**g
radial area　輻部　327g
　——　axis　放射軸　826a
　——　canal　放射状水管，放射管　353h，623h
　——　chamber　放射嚢，放射腔　611c
　——　cleavage　放射卵割　**1300**a
　——　division　放射分裂　1262a
　——　glia cell　放射状グリア細胞　695h
　——　hemal sinus　放射血洞　407b
radialia　輻射軟骨　882d
radial longitudinal division　放射分裂　1262a
radially symmetric flower　放射相称花　**1299**a
radial plane　放射面　765e
　——　pocket　放射嚢，放射腔　611c
radial-porous wood　放射孔材　**1297**a
radial sinus　放射血洞　407b
　——　spine　骨針　**481**a
　——　symmetry　放射相称　**1298**f
　——　vascular bundle　放射維管束　1299c
　——　water canal　放射水管　**1297**b
Radiata　放射相称動物　**1299**c
radiation　放射，放射線，放散　**1295**c，**1296**i，**1297**c
　——　balance　放射収支　1056a
　——　balance equation　放射収支式　1056a
　——　biology　放射線生物学　**1297**f
　——　carcinogenesis　放射線発がん　**1298**a
　——　detriment　放射線障害　1297c
　——　dose　放射線量　**1298**d
　——　effects　放射線効果　**1297**e
　——　genetics　放射線遺伝学　1297f
　——　mutagenesis　放射線突然変異生成　**1298**a
　——　sensitivity　放射線感受性　**1297**d
radiatio optica　視放線　183a
radiative cooling　放射冷却　**1300**b
　——　dryness index　放射乾燥度　662g
radical bud　根出芽　1207e
　——　leaf　根出葉　1501h
radices aortae　大動脈根　858f
radicle　幼根　**1422**d
radiocarbon dating　放射性炭素(¹⁴C)法　223d
Radiocyathus　1554₁₁
Radiocystis　1541₂₃
radioimmunoassay　ラジオイムノアッセイ　**1434**g
radioisotope　放射性同位体　1016b
Radiolaria　放散虫類　**1295**c
radiolarian ooze　放散虫軟泥　1029d
radiomimetic chemical　放射線類似作用化学物質　**1298**e
Radiomyces　1603₄₈
Radiomycetaceae　ラジオミケス科　1603₄₈
Radiophrya　1661₄
Radiophryoides　1661₄
radioprotective substance　放射線防護物質　**1298**c
Radiozoa　放散虫門　1663₁
radius　小羽枝，径脈　111g，613b，613c
Radix　1584₂₀
radix dentalis　歯根　1069b
　——　unguis　爪床　936i
Radula　1637₄₄
radula　歯舌　**585**g
Radulaceae　ケビラゴケ科　1637₄₄
radular sac　歯舌嚢　585g
　——　tooth　顎片　**208**e
Radulodon　1624₂₉
Radulodontia　1620₃
Radulomyces　1626₃₉
Raffaelea　1618₆₀
raffinose　ラフィノース　171b
Rafflesia　1649₃₄
Rafflesiaceae　ラフレシア科　1649₃₄
raft　ラフト　**1437**h
　——　effect　筏効果　1024e
RAG　**36**a
RAG1　**1386**b
RAG2　1386b
Ragweed　ブタクサ　236f
Rahnella　1549₁₀
Raillietiella　1594₄₉
rain green　雨緑　**1434**d
　——　green forest　雨緑樹林　1401f
rain-hating plant　嫌雨植物　**415**c
Raja　1565₁₁
Rajiformes　エイ目　1565₁₁
Ralfsia　1657₃₈
Ralfsiales　イソガワラ目　1657₃₇
Ralli　クイナ亜目　1571₄₅
Rallus　1571₄₅
Ralstonia　1546₄₉
RAM　503a
Ramakrishnania　1620₃₃
Ramalina　1612₅₈
Ramalinaceae　カラタチゴケ科　1612₅₇
Ramalinopsis　1612₅₈
Ramalodium　1613₁₆
Ramann's brown earth　ラマンの褐色土　228a
Ramapithecus　**1438**f
Ramapithecus dispute　ラマピテクス論争　**1438**d
Ramaria　1627₃₉
Ramaricium　1627₄₀

Ramarinopsis　1625₅₄
ramentum　鱗片　**1479**d
ramet　ラミート　122f, **1438**g
Ramicandelaber　1604₅₂
rami cardicus　心臓枝　507j
──── cardicus superior　上心臓枝　507j
Ramichloridium　1608₃₈
ramification　分枝　**1245**e
Raminervia　1644₁₈
Ramlibacter　1546₅₅
ram mutation　ラム変異　543d
Ramonia　1614₇
Ramphastides　オオハシ亜目　1572₃₄
Ramphastos　1572₃₅
RAMR　休止能動代謝量　1167g
Ramschzüchtung　集団育種　**626**d
Ramularia　1608₃₆
Ramulispora　1608₃₈
ramus auricularis　耳介枝　507j
──── branchialis　鰓枝　507j
──── dorsalis　背側枝, 背枝　783e
──── hyomandibularis　舌顎枝　507j
──── intestinalis　腸枝　507j
──── palatinus　口蓋枝　507j
──── ventralis　腹側枝, 腹枝　783e
ram ventilation　ラム換水　**1439**h
RAMÓN Y CAJAL, Santiago　ラモン=イ=カハル　**1440**a
Rana　1568₂
Ranatra　1600₄₀
Ranavirus　ラナウイルス属　1515₅₄
random coil　ランダムコイル　**1448**b
──── community model　ランダム群集モデル　**1448**a
──── dispersal　ランダム分散　1245b
──── distribution　ランダム分布, 機会分布　1252a, 1252d
──── genetic drift　遺伝的浮動　**83**f
──── mating　任意交配　**1047**f
──── mating population　自由交配集団　54c
──── pairs method　ランダムペア法　330a
──── sample　任意標本, 無作為標本　719f
──── sampling　ランダムサンプリング, 任意抽出, 無作為抽出　345e, 719f
──── walk model　ランダムウォークモデル　**1447**h
range　分布圏, 分布域　1251g
──── fractionation　レンジ分割　**1494**b
──── zone　生存帯, 生存期間帯　223f
Rangifer　1576₁₆
Ranid herpesvirus 1　アカガエルヘルペスウイルス 1　1514₄₄
ranid herpesvirus 1　アカガエルヘルペスウイルス 1　1282b
Ranina　1598₁₁
rank　階級　**179**a
RANKL　484c
Ranunculaceae　キンポウゲ科　1647₅₆
Ranunculales　キンポウゲ目　1647₄₅
Ranunculus　1647₆₀
Ranvier's constriction　ランヴィエ絞輪　721g
──── node　ランヴィエ節　721g
Ranzania　1647₅₄
Raoultella　1549₁₀
rapamycin　ラパマイシン　1274a
rapamycin-binding protein　ラパマイシン結合蛋白質　1274a
Rapaza　1631₁₄
Raphanus　1650₃
raphe　口蓋縫線, 縦溝　390d, 835g
──── perinei　会陰縫線　122j
Raphidiophrys　1666₃₂
Raphidiopsis　1541₂₆
Raphidioptera　ラクダムシ目, 駱駝虫類　1600₄₃
Raphidocelis　1635₂₉
Raphidocystis　1666₃₂
Raphidomonadales　ラフィドモナス目　1656₃₇
Raphidonema　1635₁₃
Raphidophyceae　ラフィド藻綱　1656₃₆
Raphidovirus　ラフィドウイルス属　1516₄₇
Raphiophorus　1588₃₆
Raphus　1572₂

rapid　瀬　224c
──── amplification of cDNA ends　**1487**a
──── cold hardening　急速低温耐性強化　**312**d
──── eye movement　急速眼球運動　**1491**g
Rapidithrix　1539₂₉
rapid lysis　早期溶菌　40f
Rappemonads　ラッペモナス類　1666₃₈
RAR　**1488**b
rare species　稀少種　**287**g
Rarobacter　1537₃₃
Rarobacteraceae　ラロバクター科　1537₃₃
Raspberry bushy dwarf virus　ラズベリー萎化ウイルス　1523₂₁
Rassenkreis　連繋群　**1492**b
RAS superfamily　RAS スーパーファミリー　**1435**d
Rastrimonadida　ラストリモナス目　1662₃
Rastrimonas　1662₃
Rastrognathia　1578₁₇
Rasutoria　1608₂₈
rataria　ラタリア　1218i
rat-bite fever　鼠咬症　703g
ratchet mechanism　止め金機構　303e
rate limiting factor　律速因子　**1458**z
──── of death　死亡速度　751d
──── of evolution　進化速度　**690**b
──── of fallout product　脱落速度　751d
──── of flow　38g
──── of litter fall　落葉枝速度　751d
──── of man's yield　人為除去速度　751d
──── of rejection　排出速度　751d
Rathayibacter　1537₂₆
Rathbunaster　1560₄₂
RATHKE, Martin Heinrich　ラートケ　**1437**a
Rathke's pouch　ラートケ嚢　**1437**b
ratio of oxygen utilization　酸素利用率　**552**h
──── of segregation　分離比　**1253**f
──── schedule　比率スケジュール　316e
rat ovarian augmentation method　ラット卵巣増大法　732b
Rattus　1576₄₆
Rauber's sickle　491i
Rauisuchus　1569₁₈
RAUNKIAER, Christen　ラウンケル　**1433**a
Rauscher virus　ラウシャーウイルス　1103a
rauwolfia　ラウオルフィア　**1432**k
Rauwolfia serpentina　インド蛇木　1432k
Ravenala　1647₁₂
Ravenelia　1620₄₄
Raveneliaceae　ラベネリア科　1620₄₁
ray　放射組織　**1299**c
──── floret　周辺小花　986b
──── initial　放射組織始原細胞　389a, 1299c
──── initials　放射組織始原細胞　1036e
──── tracheid　放射仮道管　**1296**j, 1299c
RAY (Wray), John　レー　**1484**a
RB　網膜芽細胞腫　274i
R-banding　R バンド法　809e
rbcL　440b
RBE　生物学的効果比　771b
RBF　腎血流量　1114e
RBP　レチノール結合蛋白質　1488d
RCAN　245c
RCB　理化学研究所細胞銀行　530j
RC gene　*RC* 遺伝子　336h
RCH　急速低温耐性強化　312d
RC relaxed　336h
RC stringent　336h
RdDM　RNA 依存性 DNA メチル化　36d
RDE　レセプター破壊酵素　1062a
r-determinant　r デターミナント　35e
rDNA　リボソーム RNA 遺伝子　1464f
RdRp　36c
RDV　イネ萎縮ウイルス　87a
reabsorption　再吸収　**507**i
reaction　反作用, 反応, 応答, 環境形成作用　545g, **1120**b, **1125**f

—— center 反応中心 1085a, **1125**h
—— center chlorophyll 反応中心クロロフィル 378c
—— center complex 反応中心複合体 1125h
—— diffusion model 反応拡散方程式 728a
reaction-diffusion system 反応拡散系 **1125**f
reaction norm 反応規準 1166e
—— time 反応時間 **1125**g
—— wood あて材 **18**a
readiness potential 運動準備電位 **115**h
reading frame 読み枠 **1431**d
read through 読み通し 157d
read-through transcription 読み過ごし転写 **1431**c
reagin レアギン 1386a
realizator gene 実働遺伝子 813d
realized niche 実現ニッチ 763f, 763g
realm 界 776d, 996b
real time PCR リアルタイム PCR **1452**c
Réaumur, René Antoine Ferchault de レオミュール **1485**k
Réaumur's law レオミュールの法則 1407f
Rebecca 1666₁₃
Reboulia 1637₁
rebound phenomenon 跳ね返り現象 **1112**a
—— point 再反転点 979i
REC 研究倫理委員会 281e
RecA family recombinase RecA ファミリーリコンビナーゼ **1488**g
recall 再生 277i
RecA protein RecA 蛋白質 **1488**g
Recent 現世 264j
receptacle 生殖床, 花床 **217**a, **756**e
receptaculum seminis 受精嚢 639e
receptive field 受容域, 受容野 **647**g
—— hypha 受精毛, 受精菌糸 753b
—— unit 受容単位 254a
receptor リセプター, レセプター, 受容体, 受容器 **646**g, **647**d
—— activator of nuclear factor-κB ligand 484c
—— cell 受容器細胞 253c
—— destroying enzyme レセプター破壊酵素 1062a
—— kinase レセプターキナーゼ **1487**b
—— potential 受容器電位 **647**a
recessive 劣性 **1489**b
—— lethal 劣性致死 904g
—— resistance 劣性抵抗性 102a
Rechingeriella 1610₁₃
recipient レシピエント, 受容者, 受容菌 65e, **647**b, 841b
—— bacterium 受容菌 **647**b
reciprocal altruism 互恵的利他主義 **473**a
—— cross 正逆交雑 **747**d
—— factor 逆数式 **302**e
—— innervation 相反神経支配 **832**a
—— synapse 相反シナプス 1369f
—— translocation 相互転座 **824**e
reciprocity 互恵性 266d
Reckertia 1665₄₀
Reclinomonas 1630₄₄
recognition 再認, 認識 277i, **1048**a
—— coloration 認識色 **1048**b
recombinant DNA experiment 組換え DNA 実験 351e
—— protein 組換え体蛋白質 **351**d
—— virus 組換えウイルス **351**a
recombination-activating gene 36a
recombinational repair 組換え修復 **351**c
recombination gene 組換え遺伝子 **350**e
—— signal sequence 組換えシグナル配列 36a
—— value 組換え値 **351**b
recon リコン **1454**g
reconciliation 和解行動 **1507**f
reconstituted actomyosin 再生アクトミオシン 7d
—— cells 再構成細胞 **511**g
—— nucleus 再構成核 **511**f
reconstitution 再構成 **511**e
recording electrode 導出電極 **985**e
recovery 再分離 **520**e
—— heat 回復熱 1058a

—— stroke 回復打 819e
recruiting response 漸増反応 812g
recruitment 加入, 漸増 **233**d, **812**g
—— behavior リクルート行動 **1453**i
rectal caecum 直腸嚢, 直腸盲嚢 928h, 1156a
—— cancer 直腸癌 858a
—— gill 直腸気管鰓 **928**g
—— gland 直腸腺 **928**h
—— pad 直腸襞 **928**i
—— papilla 直腸盤, 直腸襞 459b, **928**i
—— tracheal gill 直腸気管鰓 **928**g
Rectipilus 1626₂₀
Rectobolivina 1664₃
rectrix 尾羽 **167**g
rectum 直腸 857g
—— pad 直腸襞 **928**i
recurrence 再発 **520**a
—— risk 再現危険率 84g
recurrent migration 回帰移動 85a
—— nerve 回帰神経 **178**g
—— parent 反復親 1398g
—— selection 循環選抜 **651**c
—— sensory fiber 回帰感性覚繊維 1282c
recycling リサイクリング 666c
red algae 紅藻 449a
—— blindness 赤盲, 赤色盲 561i
—— blood cell 赤血球 **787**i
—— blood corpuscle 赤血球 **787**i
—— body 赤体, 赤斑 108b, 160e
—— book レッドブック **794**a
red-brown organ 赤褐器 412e
red cell membrane 赤血球膜 **788**d
—— clover poisoning アカクローバー中毒 **3**d
—— coloring of leaves 紅葉 **467**i
—— drop 143i
—— earth 赤色アース **783**c
Redeckera 1605₅
red-far-red reversibility 赤色光-遠赤色光可逆性, 赤-遠赤色光可逆性 **1183**a
red gland 赤腺 **788**d
red-green blindness 赤緑色盲 561i
Redheadia 1615₁₄
redia レジア **1486**d
redifferentiation 再分化 875f
Redi, Francesco レディ **1489**d
redirected behavior 転嫁行動 **967**a
Redlichiida 1589₅
Redlichiina 1589₁
Redlichina 1589₇
red list レッドリスト **794**a
—— loam 赤色ローム **783**c
—— lymph node 赤色リンパ節 408c
—— marrow 赤色骨髄 481b
—— muscle 赤筋 **782**b
—— muscle fiber 赤筋繊維 782b
redox potential 酸化還元電位 **548**b
red pigment concentrating hormone 赤色色素凝集ホルモン 273c, 564a
—— pulp 赤脾髄, 赤色脾髄 1148e
—— pulp cord 赤髄索 1148e
Red Queen hypothesis 赤の女王仮説 **3**g
red soil 赤色土 **783**c
—— spot 赤斑 108b
—— tide 赤潮 **3**f
reduced hematin 還元ヘマチン 1276h
—— reflex time 省略反射時間 1121b
reducer 分解者 1242a
reductase レダクターゼ **1487**c
reduction 減退, 還元 1106f, 1420m
reductional division 還元的分裂 **259**c
reduction body 還元体 1106f
—— division 還元分裂 423b
reductionism 還元主義, 還元論 **259**a
reductive acetyl CoA pathway 還元的アセチル CoA 経路 891f

―― carboxylic acid cycle　還元的カルボン酸回路　**259**b
―― citric acid cycle　還元的クエン酸回路　259b
―― dehalogenase　還元的脱ハロゲン酵素　874i
―― pentose phosphate cycle　還元的ペントースリン酸回路　**259**d
―― TCA cycle　還元的 TCA 回路　259b
redundant distribution　重複分布　899c
reduplication　重複　**925**i
red water　赤潮　**3**f
reed　皺胃　1122c
Reed-Sternberg cell　多核巨細胞　1306f
reef-building coral　造礁サンゴ　549i
reef corals　造礁サンゴ　97e
―― crest　礁嶺　550b
―― flat　礁原　550b
―― front　礁縁　550b
re-emerging infectious disease　再興感染症　**511**d
referred pain　連関痛　1020h
refertilization　再受精　**512**h
reflecting cell　反射細胞　1104a
―― platelet　反射小板　562e, 563f
reflection coefficient　反射係数　1125c
reflector　反射器　1104a
reflex　反射　958a, **1120**e
―― arc　反射弓　**1120**f
―― center　反射中枢　1120f
reflex-inhibitory nerve　反射抑制神経　1429c
reflex nerve　反射神経　253h
―― of autonomic nervous system　自律神経反射　**685**d
―― time　反射時間　**1121**b
―― tonus　反射緊張　**1121**a
refractile body　R 体　330e
refraction error　屈折異常　**349**a
refractive error　屈折異常　**349**a
refractory period　不応期　**1190**c
refugia　レフュジア　**1490**f
refugium　レフュジア　**1490**f
Regadrella　1555₁₂
Regalecus　1566₁₉
regenerate　再生体　514b
regenerated production　再生生産　704j
regenerating liver　再生肝　**515**c
regeneration　再生　**514**b
―― blastema　再生芽　**515**b
regeneration-cone　再生円錐　515b
regeneration cutting　主伐　272a
―― nest　小塊　704i
regenerative cell　新生細胞　**704**i
―― conduction　不減衰伝導　971i
―― medicine　再生医療　**515**a
regime shift　レジームシフト　**1486**f
regio ethmoidalis　篩骨部　698c
―― labyrinthica　迷路部　698c
region　区　776d, 996b
regional biogeography　区系地理学　773k
―― differentiation　部域分化　1181d
―― distribution　地理的分布　**930**a
―― heterothermy　部位的異温性　56d
regionality　部域性　1181d
regionalization　部域化, 領域化　1181d
regional mapping　局在マッピング　810e
regio occipitalis　後頭部　698c
―― olfactoria　嗅部　1109h
―― orbito-temporalis　眼窩側頭部　698c
―― respiratoria　呼吸部　1109h
registered seed farm　原種圃, 採種圃　421f
Regmatodontaceae　ニセウスグロゴケ科　1640₅₄
Regnellidum　1643₈
Regnellites　1643₈
regnum　界　**177**c
regolith　レゴリス　1003b
regression　後退, 退縮, 退行　421h, **848**a, **853**c
regression-dyad　退行二分子　1039f
regression line　回帰直線　822e
regressive evolution　退行的進化　846b

―― staining　退行性染色　701g
regular distribution　一様分布, 規則分布　1252a, 1252d
―― flower　整正花　1299a
―― sea urchins　正形ウニ類　110e
regulated secretion　調節性分泌　**923**a
regulating process　調節過程　586f
regulation　調節　**922**i
―― egg　調節卵　**923**e
―― for recombinant DNA experiment　遺伝子組換え実験規制　**78**e
―― of population density　密度調節　**1359**c
regulative egg　調節卵　**923**e
regulator　調節動物　**923**d
―― gene　調節遺伝子　**923**a
―― of calcineurin　245c
―― of G protein signaling　304c
regulatory gene　調節遺伝子　**923**a
―― protein　調節蛋白質　**923**c
―― region　調節領域　**923**f
―― subunit　調節サブユニット R　125a
―― T cells　制御性 T 細胞　**747**f
regulon　レギュロン　**1486**a
Regulus　1572₆₀
rehabilitation engineering　リハビリテーション工学　**1460**e
Reichenbachiella　1539₂₉
REICHERT, Karl Bogislaus　ライヒェルト　**1432**h
Reichert's theory　ライヘルト説　911e
REICHSTEIN, Tadeus　ライヒシュタイン　**1432**i
Reimeria　1655₃₉
Reineckea　1646₆₂
Reinekea　1549₃₄
reine Morphologie　純形態学　390g
reinforcement　強化　**315**n
―― hypothesis　強化説(生殖的隔離の)　**316**g
―― schedule　強化スケジュール　**316**e
―― theory　強化説(学習の)　**316**f
reinforcing stimulus　強化刺激　169c
reinnervation　再神経支配　680e
reinvasion　再侵入　793g
Reissner's cord　ライスナー索　468j
―― fiber　ライスナー糸　468j
―― membrane　ライスナー膜　198e
reiterated sequence　反復配列　**1126**j
Reizdauer　571a
Reizhaar　刺激毛　673d
rejoining repair　再結合修復　**511**b
rejuvenation　若返り　**1507**g
rejuvenescence　若返り　**1507**g
rel⁺　336h
rel⁻　336h
relational coiling　相関らせん　822g
relationship　類縁関係　**1480**c
relative biological effectiveness　生物学的効果比　**771**b
―― density　相対密度　478b
―― growth coefficient　相対成長係数　1260d
―― growth rate　相対成長率　**829**b
―― importance value　相対優占度　1411g
―― light minimum　最少受光量　845d
―― metabolic rate　エネルギー代謝率　230a
―― refractory period　相対不応期　1190c
―― sexuality　相対的雌雄性　**829**c
relaxation　弛緩　944c
―― heat　弛緩熱　1058a
―― phase　弛緩期　623e
Relaxationsindex　休止指数　310c
relaxation time　休止時, 休止時間, 緩和時間　**310**c
relaxed circular DNA　弛緩型閉環状 DNA　942e
relaxin　レラキシン　**1491**h
relaxing factor　弛緩因子　**560**f
―― nerve　弛緩神経　768f
releaser　リリーサー　**1472**f
―― pheromone　リリーサーフェロモン, 解発フェロモン　**1189**c
releasing factor　放出因子　579b

—— hormone ホルモン放出ホルモン，放出ホルモン 579b, **1330**c
relic レリック，遺存 **69**i
Relicina 1612₅₂
relict 遺存種 60e
Rellimia 1644₇
rem レム 1298d
Remak fiber レマーク繊維 697d
REMAK, Robert レマーク **1491**c
Remak's ganglion レマークの神経節 **1491**d
REMANE, Adolf レマーネ **1491**e
Remaneica 1663₄₈
Remanella 1658₂
remetaboly 再変態 503d
remiges 風切羽 935i
remigium 主域 445g
Remipedia ムカデエビ綱 1594₄₂
remnase レムナーゼ 301d
Remopleurides 1588₄₇
remote sensing リモートセンシング **1467**b
removal method 除去法 669d
REM sleep レム睡眠 **1491**g
ren 腎臓 **706**a
renal blood flow 腎血流量 1114e
—— corpuscle 腎小体 **704**d
Renalia 1641₄₅
renal infundibulum 腎漏斗 1499g
—— pelvis 腎盂，腎盤 449b
—— plasma flow 腎血漿流量 1114e
—— portal system 腎門脈系 **714**f
—— sac 腎嚢 **712**c
—— tubule 腎細管 1058g
—— vesicle 腎小胞，腎胞 449b
renaturation of protein 蛋白質の再生 **894**d
Renaudarctus 1588₈
renette cell 排出細胞 803d
Renibacterium 1537₂₉
Reniforma 1621₂₀
Renilla 1557₃₅
renin レニン **1490**a
renin-angiotensin system レニン-アンギオテンシン系 1490a
Renner complex レンナー複合体 807c
rennet レンネット 301d
rennin レンニン 301d, 322b
Renouxia 1633₆
RENSCH, Bernhard レンシュ **1494**c
Renshaw cell レンショー細胞 **1494**e
ren unguliformis 馬蹄鉄腎 1108e
Reophax 1663₄₄, 1663₄₈
Reoviridae レオウイルス，レオウイルス科 **1485**i, 1519₂₇
repair 修復 **628**f
—— enzyme 修復酵素 943c
repairing error 修復エラー **628**g
—— polymerase DNA依存性DNAポリメラーゼ，修復ポリメラーゼ 943c
repair replication 修復合成 **628**h
—— synthesis 修復合成 **628**h
reparative dentin 修復象牙質 1069b
repeated cultivation 連作 1492j
—— regeneration 反復再生 514b
—— sequence 反復配列 **1126**j
repeat-induced point mutation 1459c
repellent 忌避剤 540e
repetitive excitation 反復興奮 **1126**e
—— palindromic sequence REP配列 1126j
—— sequence 反復配列 **1126**j
—— stimulation 反復刺激 **1126**f
Repetobasidium 1625₃₅
replacement of hair 換毛 **274**e
—— of teeth 換歯 1069b
replacing bone 置換骨 479b
replica plating method レプリカ平板法 **1490**g
—— technique レプリカ法 **1490**h
replication 複製 **1198**a

—— bubble 複製の泡 945e
—— error 複製エラー 1198b
—— eye 複製の目 945e
—— factor A RFA蛋白質 76b
—— factor C 複製因子C 946b
—— fork 複製フォーク 945e
—— licensing 複製ライセンス化 **1198**h
—— protein A RPA蛋白質 76b
replicative form 複製型分子（ファージの）**1198**c
—— intermediate 複製中間体（RNAファージの）**1198**f
—— lifespan 分裂寿命 **1256**c
—— senescence 分裂寿命 118b, 1498i
—— transposition 複製型転移 1364b
replicator 複製子，レプリケーター 946a, **1198**e, 1490i
—— dynamics レプリケータダイナミックス，複製子ダイナミックス 689g
replicon レプリコン 1198e, 1490i
—— hypothesis レプリコン説 **1490**i
replisome レプリソーム 945e
replum 胎座枠 536b
repolarization 再分極 876a, 1244d
Repomucenus 1566₅₅
reporter gene レポーター遺伝子 **1491**b
repressible enzyme 抑制性酵素 **1429**c
repression リプレッション **1462**a
repressor リプレッサー **1461**f
reproduction 再生産，生殖，繁殖 **755**j, **1121**f, 1206c
—— curve 再生産曲線 **515**d
—— rate 増殖率 **827**a
reproductive assurance model 繁殖保証モデル 580b
—— autotomy 生殖自切 585h
—— cell 生殖細胞 235e, **757**e
—— character displacement 生殖的形質置換 316g
—— cycle 生殖周期 755e
—— cyst 分裂シスト 583f
—— effort 繁殖努力 **1121**j
—— isolation 生殖的隔離 **758**e
—— nucleus 生殖核 **756**a
—— organ 生殖器官 **756**c
—— phase 生殖成長 197a
—— potential 生殖能力 776a
—— rate 増殖率 **827**a
reproductives 生殖カスト 220a
reproductive shoot apex 生殖期シュート頂 **756**d
—— success 繁殖成功 **1121**i
—— swarming 生殖群泳 **757**a
—— value 繁殖価 **1121**g
Reptantia 爬行目 1581₇
reptiles 爬虫類 **1099**e
Reptilia 爬虫綱，爬虫類 **1099**e, 1568₅
Reptilomorpha 爬型類 **1095**b
Requienella 1610₃₅
Requienellaceae レクイエネラ科 1610₃₅
requisite 資源 320d
research ethics 研究倫理 **417**f
—— ethics committee 研究倫理委員会 281e
—— model 研究推進モデル 1398c
Reseda 1649₅₉
Resedaceae モクセイソウ科 1649₅₉
resemblance 類似性 **1480**g
reserpine レセルピン 1432k
reserve fang 副牙 1000i
—— starch 貯蔵澱粉 **929**g
—— substance 貯蔵物質 **929**h
reservoir 貯胞 1415i
residence time of nutrients 栄養塩類滞在時間 120d
resident bird 留鳥 1508l
residual body 残体 **552**i
—— chromosome 残余染色体 1415b
—— volume 残気量 1090b
residuum 残体 **552**i
resilience 復元力 382b
resilium 弾帯 707e
resin 樹脂 **633**e
—— canal 樹脂道 **634**i

―― duct 樹脂道 634i
Resinicium 1625₃₅
Resinomycena 1626₂₃
resin plants 樹脂植物 138d
resistance 抵抗性 857f
―― adaptation 抵抗性適応 175b
―― analogue model of diffusion processes 抵抗モデル(拡散過程の) 950h
―― transfer factor 耐性伝達因子 35e, 855g
―― vessel 抵抗血管 1342g
resisting egg 耐久卵 847l
resolvase レゾルバーゼ 1324b
resolving power 分解能, 分解能(X線解析の) 432c, 1242b
resonance theory 共鳴説 322j
Resorptionszelle 吸収細胞 265c
resorptive epithelium 吸収上皮 310e
resource 資源 320d
―― allocation 資源配分 571b, 1088i
―― analysis 資源解析 571b
―― management 資源管理 571b
resources 資源 477h, 571b
respiration 呼吸 469h
―― enzyme 呼吸酵素 471b
―― rate 呼吸速度 751d
respiratory center 呼吸中枢 472b
―― chain 呼吸鎖 471d
―― coefficient 呼吸商, 呼吸率 471h
―― control 呼吸調御, 呼吸調節 472a
―― deficient mutant 呼吸欠損変異体 470e
―― enzyme 呼吸酵素 471b
―― frequency 呼吸数 254g
―― metabolism 呼吸代謝 435e
―― minute volume 毎分呼吸量 1090b
―― movement 呼吸運動 470a
―― muscle 呼吸筋 470a
―― organ 呼吸器官 470c
―― pigment 呼吸色素 471f
―― quinones 呼吸鎖キノン 471e
―― quotient 呼吸商, 呼吸率 471h
―― reflex 呼吸反射 685d
―― region 呼吸部 1109h
―― root 呼吸根 471c
―― tract 気道 294d
―― tree 呼吸樹 471b
―― tube 呼吸管 519d
respirometer 呼吸計 470b
Respirovirus レスピロウイルス属 1520₁₀
respondent conditioning レスポンデント条件づけ 485d
response 反応, 応答 161a
response-specific 1027a
response time 反応時間 805b
Restilago 1620₃
resting active metabolic rate 休止能動代謝率 1167g
―― bud 休眠芽 314a
―― cell 静止細胞 754b
―― cyst 休眠シスト 583f
―― egg 耐久卵 847l
―― heat 静止熱 1058a
―― length 静止長 1024a
―― metabolic rate 休止代謝量 1167g
―― metabolism 休止代謝, 安静代謝 230a
―― nucleus 休止核 255c
―― osteoblast 休止期骨芽細胞 480d
―― period 休止期 585i
―― potential 静止膜電位, 静止電位 755a
―― sporangium 休眠胞子嚢 464h
―― spore 休眠胞子 314b
―― state 休止状態, 静止状態 229k, 464k
―― tension 静止張力 889k, 1024a
Restionaceae サンアソウ科 1647₃₂
Restiosporium 1622₁₇
restitution 再構成 1106f
―― nucleus 復旧核 1206b
restorative regeneration 復限的再生 514b
restriction endonuclease 制限エンドヌクレアーゼ 749b

―― endonuclease cleavage map 制限酵素切断地図 749c
―― enzyme 制限酵素 749b
―― fragment length polymorphism 制限断片長多型, 遺伝子多型解析 749f, 1207b
―― point 制限点, 限定点, 限界点 526b, 585i, 596d, 687c
Resultomonas 1634₁₇
Resultor 1634₁₇
resupination 倒立 999e
Resupinatus 1626₅₁
resurgence リサージェンス 1164g
retained testis 停留睾丸 760f
retardation 抑止, 遅滞 1420m, 1428i
rete mirabile 奇網 301b
―― mirabile duplex 複合奇網 301b
―― mirabile simplex 単性奇網 301b
retension signal 残留シグナル 666a
retention 保持 277i, 1305i
―― cyst 貯留嚢胞 1066c
retentio testis 停留睾丸 760f
Retiboletus 1627₆
Reticulammina 1664₁₉
Reticulamoeba 1665₇
reticular body 網様構造体 356b
―― cartilage 網状軟骨 1028a
―― cell 細網細胞 533e
―― connective tissue 細網性結合組織 533d
―― fiber 細網繊維 446e
―― formation 網様体 658a
Reticularia 1629₇
reticular layer 網状層 712h
―― tissue 細網組織, 網状組織 533d
Reticulascus 1618₁₅
reticulate evolution 網状進化 1393a
―― venation 網状脈系 1363c
―― vessel 網紋道管 1395b
Reticulitermes 1600₉
Reticulocarpos 1559₇
Reticulocaulis 1633₂₀
Reticulocephalis 1604₃₁
reticulocyte 網状赤血球 781i
reticuloendothelial system 細網内皮系 533f
Reticulofenestra 1666₂₀
Reticulomyxa 1663₃₉
reticulopodium 網状仮足 1392f
Reticulosida レティキュロシダ目 1664₃₉
reticulum 網目構造, 網胃 533f, 1122c
―― cell 細網細胞 533d
retina 網膜 1393h
retinaculum 保帯, 抱鉤 538e, 1493f
retinal レチナール 1487e
―― binding protein レチナール結合蛋白質 1487f
―― G protein-coupled receptor レチナールG蛋白質共役受容体 1487e
―― mosaic 網膜モザイク 1395a
―― protein レチナール結合蛋白質 1487f
―― unit 網膜単位 254a
retinene レチネン 1487e
retinitis pigmentosa 網膜色素変性症 1405h, 1503d
retinoblastoma 網膜芽細胞腫, 網膜芽腫 225a, 274i, 1394b
retinochrome レチノクロム 1488c, 1503e
retinohypothalamic tract 網膜視床下部路 572b, 1381f
retinoic acid receptor 1488b
―― acid signal レチノイン酸シグナル 1488b
retinoid レチノイド 1488a
―― X receptor 1488b
retinol レチノール 1150a
retinol-binding protein レチノール結合蛋白質 1488d
retinomotor phenomenon 網膜運動現象 1394a
retinotopic organization 網膜再現構造 617c
retinula 小網 667d
retinylester レチニルエステル 1150a
retinyl-palmitate レチニルパルミテート 1150a
Retiolites 1562₄₉
Retortamonadea レトルタモナス綱 1630₃₃

Retortamonadida　レトルタモナス目　1630_{35}
Retortamonas　1630_{35}
retractor　牽引筋　479i
── muscle　吻収縮筋, 吻牽引筋, 顎骨後引筋　34j, 271e
retrieval　取り出し, 検索　277i, 1305i
── signal　逆送シグナル　666a
retrocerebral endocrine glands　脳後方内分泌腺群　1063b
retrogradation　老化　31c
retrograde degeneration　逆行性変性　106h
── transport　逆行輸送　666c
── type　逆行型　838h
retrogressive development　発生逆行　1106f
── succession　退行的遷移　848g
retromer　レトロマー　1489g
retroposon　レトロポゾン　1489f
retrorse hair　逆毛　1315d
Retrostium　1619_{22}
retrotransposition　レトロトランスポジション　965f
retrotransposon　レトロトランスポゾン　965f
Retroviridae　レトロウイルス, レトロウイルス科　1489e, 1518_{44}
retting　水漬け　1355i
Reussella　1664_{4}
reverberating circuit　反響回路　1118j
reverberation　リヴァーベレーション　1452d
reversal of polarity　極性反転　327c
reverse citric acid cycle　逆行クエン酸回路　259b
reversed-phase chromatography　逆相クロマトグラフィー　303b
reverse genetics　逆遺伝学　302b
── mutation　復帰突然変異　1205k
reverse-phase chromatography　逆相クロマトグラフィー　303b
reverse signal　逆行性シグナル　143e
── transcriptase　逆転写酵素　303c
── transcriptase protein　RT 蛋白質　1343b
── transcription　逆転写　970f
── transcription polymerase chain reaction　41b
reversible determination　可変的決定　406d
reversion　先祖返り　812j
revertant　復帰変異株　850b
revolute　外巻き　232h
reward　報酬, 賞　315n
── system　報酬系　1300c
Rexia　1541_{29}
rexigenous intercellular space　崩壊細胞間隙　1098b
Reynolds syndrome　レイノルズ症候群　209g
RF　ポリペプチド鎖解離因子, 放出因子, 複製型分子　579b, 1198c, 1326a
R factor　R 因子　35e
RF amide　RF アミド　38f
RF-C　複製因子 C　946b
RF-DNA　増殖型 DNA　1179b
RFLP　遺伝子多型解析　749f, 1207b, 1333e
R_f value　R_f 値　38g
RG I　ラムノガラクツロナン I　531f
── II　ラムノガラクツロナン II　531f
RGD sequence　RGD 配列　40e
RGR　レチナール G 蛋白質共役受容体, 相対成長率　829b, 1487e
RGS　304c
RH　ホルモン放出ホルモン, 放出ホルモン　579b, 1330c
Rhabdamoeba　1665_{42}
Rhabdastrella　1554_{33}
rhabdite　棒状体　1301c
Rhabditica　ラブディティス上目　1587_{26}
Rhabditida　カンセンチュウ目　1587_{34}
Rhabditis　1587_{35}
Rhabditis-type　ラブディティス型　1437g
Rhabditophora　有棒状体綱　1577_{18}
Rhabdochromatium　1548_{52}
Rhabdocline　1614_{55}
Rhabdocoela　棒腸目　1577_{32}
rhabdocyst　桿状体　1300g
Rhabdoderma　1541_{24}

rhabdoid　棒状小体　1301c
Rhabdolynthus　1554_{6}
rhabdom　感桿, 感桿構造　1193l, 1393h
rhabdomere　感桿分体　1193l, 1393h, 1488c
Rhabdomeson　1579_{26}
Rhabdomonadales　ラブドモナス目　1631_{20}
Rhabdomonas　1631_{21}
Rhabdonema　1655_{24}
Rhabdonematales　ドウナガケイソウ目　1655_{24}
Rhabdophis　1569_{7}
Rhabdopleura　1563_{3}
Rhabdopleurites　1563_{3}
rhabdos　ラブドス　521a
Rhabdosphaera　1666_{25}
Rhabdospora　1608_{38}
Rhabdotubus　1563_{3}
Rhabdoviridae　ラブドウイルス, ラブドウイルス科　1437i, 1520_{16}
Rhabdoweisiaceae　ヤスジゴケ科　1639_{46}
Rhabdura　ナガコムシ亜目　1598_{16}
rhachidian tooth　中心歯, 中歯　585g
Rhachidosoraceae　ヌリワラビ科　1643_{45}
Rhachidosorus　1643_{45}
rhachis　羽軸　111g
Rhachitheciaceae　キブネゴケ科　1639_{42}
Rhachomyces　1611_{44}
Rhacocarpaceae　ラコカルパ科　1640_{21}
Rhacophorus　1568_{3}
Rhacophyllus　1626_{37}
Rhadinorhynchus　1579_{11}
Rhadinovirus　ラディノウイルス属　1515_{5}
Rhaetian　レチアン階　550f
Rhagidostoma　1617_{4}
Rhagidia　1590_{23}
Rhagodes　1591_{36}
rhagon　ラゴン　911c
rhammite　長棒状体　1301c
Rhamnaceae　クロウメモドキ科　1649_{1}
Rhamnella　1649_{1}
rhamnogalacturonan I　ラムノガラクツロナン I　1265b
rhamnose　ラムノース　1439e
Rhamnus　1649_{1}
Rhamphoria　1618_{5}
Rhamphorhynchus　1569_{29}
Rhamphospora　1622_{28}
Rhamphosporaceae　ランフォスポラ科　1622_{28}
Rhaphidicyrtis　1610_{26}
Rhaphidozoum　1663_{20}
Rhaphoneidales　オカメケイソウ目　1655_{20}
Rhaphoneis　1655_{21}
Rhaptothyreida　ラプトシレウス目　1586_{30}
Rhaptothyreus　1586_{30}
Rhea　1570_{54}
Rheiformes　レア目　1570_{54}
Rheinheimera　1548_{52}
Rheneniformes　レナニス目　1564_{15}
rheobase　基電流　294c
rheology　レオロジー　777a
rheophyte　渓流植物, 渓流沿い植物　393h
rheotropism　水流屈性　348h
Rheum　1650_{42}
rheumatoid arthritis　関節リウマチ　267b
Rhexothecium　1607_{52}
Rhina　1567_{11}
rhinal fissure　嗅裂　313b
Rhinatrema　1567_{35}
Rhincodon　1564_{44}
Rhinella　1568_{3}
rhinencephalon　嗅脳　313b
Rhinesuchus　1567_{18}
Rhineura　1568_{47}
Rhinobatos　1565_{12}
Rhinoceros　1576_{29}
Rhinochimaera　1564_{31}
Rhinocladiella　1610_{23}

Rhinocrypta	1572₄₄		Rhizophoraceae ヒルギ科	1649₃₅
Rhinoderma	1568₃		rhizophore 担根体	**883**e
Rhinodinium	1662₄₂		Rhizophydiaceae フタナシツボカビ科	1602₄₉
Rhinolophus	1575₁₆		Rhizophydiales フタナシツボカビ目	1602₃₉
Rhinomonas	1666₈		*Rhizophydium*	1602₄₉
Rhinonyssus	1590₁₃		*Rhizophysa*	1556₂
rhinophore 嗅覚突起	**308**i		Rhizophysaliae ボウズニラ亜目, 囊泳類	1556₁
Rhinophrynus	1567₅₃		*Rhizoplaca*	1612₃₅
Rhinopithecus	1575₄₁		Rhizoplacopsidaceae リゾプラコプシス科	1612₁
Rhinosporidium	1552₃₃		*Rhizoplacopsis*	1612₁
Rhinotus	1593₁₇		rhizoplast リゾプラスト	**1457**c
Rhinozeta	1659₁₅		rhizoplastic granule リゾプラスト粒	1457c
Rhipidiales オオギミズカビ目	1654₁₇		Rhizopodaceae クモノスカビ科	1603₄₉
Rhipidium	1654₁₇		Rhizopodea 根足虫上綱	1030e
rhipidium 扇形花序	622b		rhizopodium 根状仮足	1392f
rhipidoglossa 扇舌	585g		*Rhizopodopsis*	1603₄₃
Rhipidosiphon	1634₅₂		*Rhizopogon*	1627₂₃
Rhipilia	1635₁		Rhizopogonaceae ショウロ科	1627₂₃
Rhipocephalus	1635₁		*Rhizopsammia*	1558₁
Rhiscosoma	1593₄₉		*Rhizopus*	1603₄₉
Rhitidhysteron	1607₁₈		*Rhizosolenia*	1654₄₇
Rhizammina	1663₄₃		Rhizosoleniales ツツガタケイソウ目	1654₄₅
Rhizamoeba	1628₃₀		rhizosphere 根圏	501c
Rhizaria リザリア下界	1662₅₂		*Rhizostilbella*	1615₅₃
rhizarians リザリア	**1455**a		Rhizostomae ビゼンクラゲ目, 根口クラゲ類	1556₂₇
Rhizaspis	1665₁₉		*Rhizostomites*	1556₂₂
Rhizidiomyces	1653₃₈		RhoA	1504c
—— virus サカゲカビウイルス	1517₂₁		*Rhodacarus*	1590₁₃
Rhizidiovirus リジディオウイルス属	1517₂₁		*Rhodachlya*	1632₃₈
Rhizidium	1602₂₀		Rhodachlyales ロダクリア目	1632₃₈
Rhizina	1616₂₄		*Rhodanobacter*	1550₆
Rhizinaceae ツチクラゲ科	1616₂₄		*Rhodaphanes*	1632₂₂
Rhizine 仮根体	213g		*Rhodella*	1632₂₄
rhizine 仮根糸, 仮根菌糸	213g		Rhodellales ロデラ目	1632₂₇
Rhizobacter	1549₄₉		Rhodellophyceae ロデラ藻綱	1632₂₄
rhizobenthos	953c		rhodeose ロデオース	1202e
Rhizobiaceae リゾビア科	1545₄₇		*Rhodiola*	1648₂₄
Rhizobiales リゾビア目	1545₂₄		*Rhodnius*	1600₄₀
Rhizobium リゾビウム	**1457**b, 1545₄₇, 1545₄₈		*Rhodobaca*	1546₆
—— radiobacter 根頭癌腫病菌	8e		*Rhodobacter*	**1503**c, 1546₆
rhizocaline リゾカリン	**1456**d		Rhodobacteraceae ロドバクター科	1545₅₄
Rhizocarpaceae チズゴケ科	1613₃₂		Rhodobacterales ロドバクター目	1545₅₃
Rhizocarpales チズゴケ目	1613₂₉		Rhodobiaceae ロドビア科	1545₄₉
Rhizocarpon	1613₃₂		*Rhodobium*	1545₄₉
rhizocaul ヒドロ根	**1158**a		*Rhodoblastus*	1545₃₁
rhizocaulome 根茎	1158a		*Rhodobryum*	1640₉
Rhizocephala 根頭上目	1595₃₅		Rhodochaetales ロドケーテ目	1632₁₅
Rhizochaete	1624₃₆		*Rhodochaete*	1632₁₅
Rhizochloridales リゾクロリス目	1656₅₀		*Rhodochorton*	1633₂
Rhizochloris	1656₅₀		*Rhodocista*	1546₂₂
Rhizochona	1659₃₈		*Rhodococcus*	1536₄₀
Rhizochromulina	1656₈		*Rhodocollybia*	1626₂₀
Rhizochromulinales リゾクロムリナ目	1656₈		*Rhodocrinites*	1559₄₂
Rhizoclonium	1634₄₂		*Rhodocybe*	1625₆₀
Rhizoclosmatium	1602₂₃		Rhodocyclaceae ロドシクルス科	1547₂₀
Rhizoctonia	1623₄₃		Rhodocyclales ロドシクルス目	1547₁₉
Rhizodontiformes リゾーダス目	1567₉		*Rhodocyclus*	1547₂₂
Rhizodus	1567₉		*Rhodocytophaga*	1539₂₅
rhizogen リゾゲン	1456d		*Rhododendron*	1651₃₁
Rhizoglyphus	1590₄₆		*Rhododraparnaldia*	1632₄₁
Rhizogoniaceae ヒノキゴケ科	1640₂₃		*Rhododtorula*	1621₂₅
Rhizogoniales ヒノキゴケ目	1640₂₂		*Rhodoferax*	1546₅₅
rhizoid 仮根	**213**g		*Rhodoglobus*	1537₂₆
Rhizoidhyphe 仮根菌糸	213g		*Rhodogorgon*	1633₆
Rhizolekane	1656₅₀		Rhodogorgonales ロドゴルゴン目	1633₆
rhizome 地下茎	**902**g		*Rhodomicrobium*	1545₃₉
Rhizomicrobium	1545₁₂		rhodommatine ロドマチン	170d
rhizomorph 根状菌糸束	501l		*Rhodomonas*	1666₈
Rhizomucor	1603₃₉		*Rhodomyces*	1621₂₇
rhizomycelium 仮根状菌糸体	**214**a		*Rhodomyrtus*	1648₄₁
Rhizonympha			*Rhodonellum*	1539₂₅
Rhizophlyctidaceae リゾフリクティス科	1602₃₇		*Rhodonematella*	1633₃
Rhizophlyctidales リゾフリクティス目	1602₃₄		*Rhodope*	1584₁₈
Rhizophlyctis	1602₃₇		Rhodopemorpha ロドープ亜目	1584₁₈
Rhizophora	1649₃₅		*Rhodophyllis*	1633₂₆

Rhodophysema 1633₃	*Rhynchomonas* 1631₃₅
Rhodophyta 紅色植物門 1632₅	*Rhynchonella* 1580₂₉
rhodophytes 紅色植物 449a	Rhynchonellata 嘴殻綱 1580₂₄
Rhodophytina 紅藻亜門 1632₉	Rhynchonellida クチバシチョウチン目, 嘴殻類 1580₂₈
Rhodopila 1546₁₇	Rhynchonelliformea 嘴殻亜門 1580₉
Rhodopirellula 1545₅	*Rhynchonkos* 1567₃₀
Rhodoplanes 1545₃₉	*Rhynchonympha* 1630₂₀
Rhodoplantae 紅色植物亜界 1632₄	*Rhynchopelates* 1566₅₅
Rhodopseudomonas 1545₃₁	*Rhynchophoromyces* 1611₃₇
rhodopsin ロドプシン 1503d	Rhynchophthirina ゾウハジラミ亜目 1600₂₃
—— family ロドプシンファミリー 1503e	*Rhynchopus* 1631₃₀
Rhodosorus 1632₂₃	*Rhynchosaurus* 1569₁₁
Rhodospira 1546₂₂	*Rhynchoscolex* 1577₁₆
Rhodospirillaceae ロドスピリルム科 1546₁₉	*Rhynchostoma* 1610₁₆
Rhodospirillales ロドスピリルム目 1546₁₃	Rhynchostomatia リンコストマティア亜綱 1658₄₃
Rhodospirillum 1546₂₂	*Rhynia* リニア 1432g, 1642₁
Rhodospora 1632₂₃	Rhyniales リニア目 1642₁
Rhodosporidium 1621₂₅	Rhynie flora ライニー植物群 1432g
Rhodosticta 1616₃₉	—— plants ライニー植物群 1432g
Rhodothalassium 1546₂	Rhyniophyta リニア植物亜門 1641₄₆
Rhodothermaceae ロドサーマス科, ロドテルムス科 1539₃₁	Rhyniopsida リニア綱 1641₄₇
Rhodothermus 1539₃₁	Rhynoceti カグー亜目 1571₄₂
Rhodotus 1626₂₉	*Rhynochetos* 1571₄₂
Rhodovarius 1546₁₇	*Rhyssoplax* 1581₂₆
Rhodoveronaea 1618₅	rhythmic activity 周期活動 621b
Rhodovibrio 1546₂₂	Rhytidiaceae フトゴケ科 1641₃
Rhodovulum 1546₆	*Rhytidium* 1641₃
Rhodozyma 1623₁	*Rhytidocystis* 1661₂₈
Rhodymenia 1633₄₂	rhytidome リチドーム 645a
Rhodymeniales マサゴシバリ目 1633₄₀	*Rhytidosteus* 1567₁₈
Rhodymeniophycidae マサゴシバリ亜綱 1633₁₅	*Rhytisma* 1615₂₉
rho factor ρ因子 1498d	Rhytismataceae リチスマ科 1615₂₇
Rho family GTPase Rho ファミリーGTP アーゼ 1504c	Rhytismatales リチスマ目 1615₂₃
—— family of GTPase Rho ファミリーGTP アーゼ 1504c	RI 複製中間体 1198f
Rhogostoma 1665₁₉	RIA ラジオイムノアッセイ 1434g
Rho GTPase Rho ファミリーGTP アーゼ 1504c	rib 櫛板帯, 肋, 肋骨 346a, 1502b
Rhoicosphenia 1655₃₉	ribbon synapse リボンシナプス 574g
rhombencephalon 菱脳 1470i	—— worms 紐形動物 1163b
rhombic lip 菱脳唇 315k, 1470i	*Ribeiria* 1581₃₆
Rhombiella 1621₅₁	*Ribeirina* 1581₃₆
Rhombifera 1559₁₅	Ribeirioida 1581₃₆
rhombogen 菱形無性虫 566g	*Ribes* 1648₂₀
rhombomere 菱脳分節 699f, 1470i	ribitol リビトール 1461b
Rhombozoa 菱形動物, 菱形動物門 1039d, 1577₁	rib meristem 髄状分裂組織 644b
Rho of plant 527b	riboflavin リボフラビン 1466g
Rhopalocladium 1617₁₀	ribonuclease リボヌクレアーゼ 1465f
Rhopalocystis 1559₁₄	—— Ⅲ リボヌクレアーゼⅢ 1466a
Rhopalodia 1655₅₅	—— H リボヌクレアーゼH 1465g
Rhopalodiales クシガタケイソウ目 1655₅₅	—— L リボヌクレアーゼL 1465f
Rhopalogaster 1627₂₃	—— P リボヌクレアーゼP 1466a
Rhopalomyces 1604₂₈	—— T₁ リボヌクレアーゼT₁ 1466b
Rhopalonema 1556₈	ribonucleic acid 36b
Rhopalura 1577₁₃	ribonucleoprotein RNA-蛋白質 206e
Rhopilema 1556₃₁	ribonucleoside リボヌクレオシド 1049c
Rhopographus 1609₂₄	ribonucleotide リボヌクレオチド 1466e
rhoptry ロプトリー 924f	ribose リボース 1463e
Rh system of blood group Rh式血液型 396a	—— 5-phosphate リボース-5-リン酸 1464a
RHT 網膜視床下部路 1381f	ribosephosphate isomerase リボースリン酸異性化酵素 1288b[図], 1464b
Rhus 1650₈	ribosomal protein リボソーム蛋白質 1464h
Rhyacophila 1601₃₀	—— RNA リボソームRNA 1464e
Rhyacotriton 1567₄₆	—— RNA gene リボソームRNA遺伝子 1464f
Rhyncheta 1659₅₀	ribosome リボソーム 1464c
Rhynchobatus 1555₁₂	—— cycle リボソームサイクル 1464g
Rhynchobdellae ウオビル目, 吻蛭類 1585₄₂	riboswitch リボスイッチ 1463f
Rhynchobodo 1631₃₅	5-ribosyluracil 5-リボシルウラシル 1203m
rhynchocoel 吻腔 1163b, 1244f	ribothymidine リボチミジン 1465c
Rhynchocoela 紐形動物 1163b, 1580₄₀	ribotyping リボタイピング法 1465a
Rhynchodia 有吻亜綱 1659₃₉	ribozyme リボザイム 1463c
Rhynchodida 有吻目 1659₄₁	ribulose リブロース 1462b
Rhynchogastrema 1577₁₃	ribulose-1, 5-bisphosphate リブロース1,5-ビスリン酸, リブロース1,5-二リン酸 259d
Rhynchogastremataceae リンコガストレマ科 1623₁₃	—— carboxylase/oxygenase リブロース-1,5-ビスリン酸カルボキシラーゼ/オキシゲナーゼ 1462d
rhynchokinesis リンコキネシス 295g	
Rhyncholestes 1574₂₁	ribulose-5-phosphate リブロース-5-リン酸 1288b[図]
Rhynchomeliola 1610₁₆	

ribulosephosphate 3-epimerase リブロースリン酸-3-エピ化酵素 1288b[図]
Ricania 1600₃₅
Riccardia 1637₃₆
Riccia 1637₁₀
Ricciaceae ウキゴケ科 1637₁₀
Ricciocarpos 1637₁₀
Ricco's law リコーの法則 1454d
rice イネ,稲 86i
── dwarf virus イネ萎縮ウイルス 87a
Rice ragged stunt virus イネラギッドスタントウイルス 1519₄₆
── *stripe virus* イネ縞葉枯ウイルス 1520₄₆
── *tungro bacilliform virus* 1518₂₈
── *tungro spherical virus* イネ矮化ウイルス 1521₃₆
Richelia 1541₃₂
RICHET, Charles Robert リシェ **1455b**
Richonia 1610₁₃
Richthofenia 1580₂₁
ricin リシン **1455d**
Ricinoides 1589₄₁
Ricinulei クツコム目 1589₃₈
Ricinus 1649₄₀
Rickenella 1624₅
Rickenellaceae ヒナノヒガサ科 1624₅
Ricker-Moran curve リッカー-モラン曲線 515d
Rickettsia リケッチア 1546₂₉
rickettsia リケッチア **1453j**
Rickettsiaceae リケッチア科 1546₂₉
Rickettsiales リケッチア目 1546₂₄
Rickettsiella 1549₁₆
Rickia 1611₄₄
Rictus 1653₁₀
Riebeekosaurus 1573₁₄
RIEDL, Rupert リードル **1459g**
Riella 1636₃₅
Riellaceae リエラゴケ科 1636₃₅
Riemerella 1539₄₉
Rieske type iron-sulfur protein リスケ型鉄硫黄蛋白質 599e, 599f
Riftia 1585₈
Rift Valley fever virus リフトバレー熱ウイルス 1520₃₃
right handedness 右利き 1286i
righting reflex 立直り反応 873d
Rigidoporus 1624₂₂
Rigifila 1552₁₈
Rigifilida リジフィラ目 1552₁₈
RIG-I-like receptor RIG-I様受容体 **35d**
Rigodiaceae リゴディア科 1640₅₁
rigor 硬直 **459f**, 1349g
── mortis 死体硬直, 死硬直 572d
Riken Cell Bank 理化学研究所細胞銀行 530j
Rikenella 1539₁₆
Rikenellaceae リケネラ科 1539₁₆
rima glottidis 声門裂 459k
Rimaleptus 1658₄₅
rima oris 口裂 439d
Rimora 1609₁₂
ring canal 環水管, 環状水管, 環状管 **263g**, 353h
── chromosome 環状染色体 264a
Ringer-Locke's solution リンガー-ロック溶液 1473c
Ringer's solution リンガー液 **1473c**
Ringer-Tyrode solution リンガー-タイロード液 1473c
ring furrow 冠溝 1099d
── gland 環状腺 **263i**, 802d
Ringiculina 1583₅₉
ring-porous wood 環孔材 **260d**
ring sinus 血洞環 407b
── species 輪状種 644g
Rinodina 1613₄₄
RIP **1459c**
Ripartiella 1625₄₇
Ripartites 1626₅₁
Ripella 1628₃₆
ripeness-to-flower 花熟期 **215h**

ripening 後熟,成熟,登熟 352g, **755f**, **985d**
── hormone 成熟ホルモン 134a
ripe rot おそぐされ病,晩腐病 891c
RIPing 948b
Ri plasmid Riプラスミド 8e
RISC 37a
rishitin リシチン 1182k
risk averse リスク回避 **1455g**
── prone リスク嗜好,リスク愛好 1455g
── sensitive foraging リスク依存採餌 517c
── sensitivity リスク感受性 **1455g**
rite 儀式 285c
ritual 儀式 285c
ritualization 儀式化 **285c**
Riukiaria 1594₁₁
Rivalta reaction リバルタ反応 1501f
rivanol リバノール 8b
river blindness 河川盲目症 25b
riverpool 淵 224c
Rivibacter 1546₄₂
Rivilata 1608₁₃
Rivularia 1541₃₃
Rivulariaceae リヴラリア科 1541₃₃
R loop Rループ **43g**
RMR エネルギー代謝率,休止代謝量 230a, 1167g
RNA **36b**
RNA-dependent DNA methylation RNA依存性DNAメチル化 **36d**
── DNA polymerase RNA依存性DNAポリメラーゼ 303c
── RNA polymerase RNA依存性RNAポリメラーゼ **36c**
RNA editing RNAエディティング **36f**
RNAi RNA干渉 37a
RNA-induced silencing complex 37a
RNA interference RNA干渉 **37a**
── ligase RNAリガーゼ **38f**
── maturase 1360c
── phage RNAファージ,RNA型ファージ **37b**
── polymerase RNAポリメラーゼ **37c**
── polymerase I RNAポリメラーゼI **37d**
── polymerase II RNAポリメラーゼII **38a**
── polymerase III RNAポリメラーゼIII **38b**
── polymerase IV/V RNAポリメラーゼIV/V **38c**
── replicase RNAレプリカーゼ,RNA複製酵素 36c
RNase RNアーゼ 1465f
── III RNアーゼIII 1466a
── H RNアーゼH 1465g
── L リボヌクレアーゼL 1465f
── P RNアーゼP 1466c
── T₁ RNアーゼT₁ 1466b
RNA-seq 954i
RNA synthetase RNAシンテターゼ,RNA合成酵素 36c
── virus RNAウイルス **36e**, 102h
── world RNAワールド **38e**
RNP RNA-蛋白質 206e
Robergea 1614₁₄
Robertdollfusa 1587₈
Robertia 1573₂₃
Robertinida ロバーティナ目 1664₁₈
Robertsonian translocation ロバートソン型転座,ロバートソン転座 969f
ROBERTS, Richard John ロバーツ **1504a**
Roberttina 1664₁₈
Robiginitalea 1539₄₉
Robiginitomaculum 1545₁₇
Robillarda 1606₄₂
Robinia 1648₅₂
Robinsoniella 1543₄₁
Roccella 1606₅₅
Roccellaceae リトマスゴケ科 1606₅₂
Roccellina 1606₅₅
Rocella 1654₃₅
Rochalimaea 1545₂₇
rockwool culture ロックウール耕 1420c

rod 桿体, 桿菌　257f, **269**c
RODBELL, Martin　ロッドベル　**1502**d
rod cell　棒細胞　269c
Rodentia　齧歯目　1576₃₄
rod layer　桿体層　1373b
―― organ　桿状胞　**264**e
―― retina　桿体網膜　269c
Roesleria　1607₃₈
Roesleriaceae　ロエスレリア科　1607₃₈
Roeslerina　1607₃₈
roestelia　銹子毛　542c
Roestelia　1620₃₃
Rogersiomyces　1621₂₆
Rogersonia　1617₂₉
Rohdea　1646₆₂
Rohon-Beard cell　ローハンビーアード細胞　**1504**b
Röhrenschnecken　管殻類　1321f
Rohrer's index　ローラー示数　**1505**a
Rokopella　1581₃₂
Rolfeia　1589₂₆
rolling circle model　ローリングサークルモデル　**1505**c
ROMANES, George John　ロマーニズ　**1504**j
ROMER, Alfred Sherwood　ローマー　**1504**i
RONDELET, Guillaume　ロンドレ　**1505**f
Roniviridae　ロニウイルス科　1521₃
Roombia　1665₄₈
root　根　**1053**a
―― and tuber crops　イモ類　**90**b
―― apex　根端　502l
―― apical meristem　根端分裂組織　**503**a
rootcap　根冠　**501**a
root cutting　根挿　538d
Root effect　ルート効果　**1482**d
root hair　根毛　**506**f
rootlet　繊維束　293e
root-like leaf　根状葉　**502**a
root nodule　根瘤, 根粒　**506**g
root-nodule bacteria　根粒菌　**506**h
root of the tongue　舌根　589c
―― of tooth　歯根　1069b
―― pressure　根圧　**500**f
―― rot　根部腐朽　1396b
―― sheath　毛根鞘　384c
―― spine　根針　**502**b
rootstock　台木　935b
root system　根系　**501**c
―― thorn　根針　**502**b
―― tip　根端　502l
―― trace　根跡　**502**e
―― tuber　塊根　**180**a
―― tubercle　根瘤, 根粒　**506**g
ROP　527b, 1504c
Ropalospora　1613₄₅
Ropalosporaceae　ロパロスポラ科　1613₄₅
Roridomyces　1626₂₃
Rosa　1648₆₀
Rosaceae　バラ科　1648₅₇
Rosales　バラ目　1648₅₆
Rosalina　1664₁₂
Rosaria　1608₃₁
Rosculus　1631₆
Roseateles　1546₅₆
Roseburia　1543₄₁
rose comb　バラ冠　919f
Rose de Jericho　ジェリコのバラ　541e
Roseibaca　1546₇
Roseibacillus　1551₉
Roseibacterium　1546₇
Roseibium　1546₇
Roseicyclus　1546₇
Roseiflexus　1540₄₀
Roseinatronobacter　1546₇
Roseisalinus　1546₇
Roseivirga　1539₂₉
Roseivivax　1546₇

Rosellinia　1619₄₇
Rosenscheidiella　1610₁₁
Rosenvingiella　1635₁₃
Roseobacter　1546₈
Roseococcus　1546₁₇
Roseolovirus　ロゼオロウイルス属　1514₅₈
Roseomonas　1546₁₇
Roseospira　1546₂₂
Roseospirillum　1545₅₀
Roseovarius　1546₈
rosette　ロゼット　**1501**h
―― cell　ロゼット細胞　817e
―― formation　ロゼット形成　1389c
―― leaf　ロゼット葉　1501h
―― plants　ロゼット植物　1501h
rosetting　叢生　828a
Rossbeevera　1627₇
Rossella　1555₁₃
Rossmann fold　ロスマンフォールド　1191f
ROSS, Ronald　ロス　**1501**g
rostella sac　額嘴嚢　660j
rostellum　小嘴体, 額嘴　660j, 723d
rostral pole　吻極　436f
Rostratula　1571₅₅
Rostroconchia　吻殻綱　1581₃₅
Rostronympha　1630₂₄
rostrum　額角　**227**a
Rotaliela　1664₁₂
Rotaliida　ロタリア目　1664₅
rotamase　ロタマーゼ　1274a
Rot analysis　ロット解析　940e
Rotaria　1578₃₂
rotation after-nystagmus　回転後振盪　709b
rotational cleavage　回転卵割　183c
rotationally symmetric holoblastic cleavage　回転対称全割　**183**e
rotation nystagmus　回転振盪　709b
―― reaction　回転反応　709b
rotator　回旋筋, 回転筋　293a, 479i
Rotatoria　輪形動物　1473i, 1578₂₆
Rotavirus　ロタウイルス　**1501**i
Rotavirus　ロタウイルス属　1485i, 1519₃₄
―― A　ロタウイルスA　1519₃₄
roter Lippensaum　口唇紅部, 紅唇, 赤色唇縁　348b
Rothia　1537₂₉
Rotifera　輪形動物, 輪形動物門　1473i, 1578₂₆
Rotiferophthora　1617₂₄
rotifers　輪形動物　**1473**i
rotular muscle　中間骨筋　34j
rotule　中間骨　34j
Rouget cell　ルジェー細胞　**1481**h
Rouget's cell　ルジェー細胞　**1481**h
rough endoplasmic reticulum　粗面小胞体　665b
Roumegueriella　1617₁₁
round spermatid　円形精子細胞　753a
―― worms　円形動物, 線形動物　803d
Rousettus　1575₁₆
ROUS, Francis Peyton　ラウス　**1432**l
Rous sarcoma virus　ラウス肉腫ウイルス　536a, 1030h
Roussoëlla　1609₂₄
route of infection　感染経路　**267**f
Roux flask　ル―瓶　**1482**f
ROUX, Pierre Paul Emil　ルー　**1480**a
ROUX, Wilhelm　ルー　**1480**b
Roveacrinida　1560₂₆
Rovinjella　1660₄₇
row of teeth　歯並び, 歯列　1069b
Roya　1636₆
royal couple　ロイヤルカップル　**1498**b
―― jelly　ロイヤルゼリー　**1498**c
Rozella　1602₄
Rozellopsidales　ロゼロプシス目　1654₁₉
Rozellopsis　1654₁₉
RPC　逆相クロマトグラフィー　303b
RPCH　赤色色素凝集ホルモン　273c, 564b

RPF 腎血漿流量 1114e	rumination 反芻 **1122**b
RQ 呼吸商，呼吸率 471h	*Ruminobacter* 1548₃₄
R. rhizogenes 毛根病菌 8c	Ruminococcaceae ルミノコックス科 1543₅₀
rRNA リボソーム RNA 1464e	*Ruminococcus* 1543₅₂
r-selection *r* 淘汰 408g	*Ruminomyces* 1603₁₅
RSS 組換えシグナル配列 36a	*Rummeliibacillus* 1542₂₄
r-strategist *r* 戦略者 408g	rumplessness 無尾 **1371**j
r-strategy *r* 戦略 408g	runaway theory ランナウェイ説 **1448**f
RSV ラウス肉腫ウイルス 536a, 1030h	Runeberg reaction ルネバーグ反応 1501f
rT リボチミジン 1465d	*Runella* 1539₂₆
R-technique R 技法 307c	runner 匍匐枝 **1318**d
RTF 耐性伝達因子 35e	RUNNSTRÖM, John ルンストレーム **1482**l
RT-PCR **41**b	runt disease ラント病 **1448**e
Ruania 1537₃₄	runting syndrome ラント症候群 1448e
Ruaniaceae ルアニア科 1537₃₄	*Ruppia* 1646₁₂
RÜBEL, Edward リューベル **1468**f	Ruppiaceae カワツルモ科 1646₁₂
rubella 風疹 1186e	rupture of aortic aneurysm 大動脈瘤破裂 859a
—— virus 風疹ウイルス **1186**e	*Russula* 1625₁₄
Rubella virus 風疹ウイルス 1523₁	Russulaceae ベニタケ科 1625₁₃
Rubellimicrobium 1546₈	Russulales ベニタケ目 1624₅₅
Rubia 1651₄₁	rust fungi サビキン類 **542**l
Rubiaceae アカネ科 1651₃₉	rusts サビキン類 542a
Rubidibacter 1541₂₄	rut 発情 **1105**c
Rubinoboletus 1627₇	*Ruta* 1650₁₄
RuBisCo 1462d	Rutaceae ミカン科 1650₁₃
Rubisco 1462d	rutaecarpine ルタエカルピン 1117i
Rubisco activase Rubisco アクチバーゼ, Rubisco 活性化酵素 1462d	Rute 交接突起 92j
	Rutenbergiaceae アフリカトラノオゴケ科 1640₄₃
Rubivirus ルビウイルス属 1523₁	*Ruthnielsenia* 1634₃₂
RUBNER, Max ルブナー **1482**l	*Rutilaraa* 1655₂
Rubner's law ルブナーの法則 863c	rutin ルチン 1152b, 1439e
RuBP リブロース 1,5-ビスリン酸，リブロース 1,5-ニリン酸 259d	*Rutiodon* 1569₁₆
	Rutstroemia 1615₆
Rubratella 1664₁₂	Rutstroemiaceae トウヒキンカクキン科 1615₆
Rubribacterium 1546₈	RuvABC 156b
Rubricoccus 1539₃₁	RX:glutathione *R*-transferase RX:グルタチオン *R*-トランスフェラーゼ 367h
Rubrimonas 1546₆	
Rubritalea 1551₇	RXR **1488**b
Rubritaleaceae ルブリタレア科 1551₇	ryanodine receptor リアノジン受容体 **1452**a
Rubritepida 1546₇₁	*Ryegrass mosaic virus* ライグラスモザイクウイルス 1522₅₃
Rubrivivax 1546₄₂	*Rymovirus* ライモウイルス属 1522₅₃
Rubrobacter 1538₂₉	*Rynchops* 1571₅₇
Rubrobacteraceae ルブロバクター科 1538₂₉	RyR リアノジン受容体 1452a
Rubrobacterales ルブロバクター目 1538₂₇	
Rubrobacteridae ルブロバクター亜綱 1538₂₆	
Rubrobacterineae ルブロバクター亜目 1538₂₈	
Rubrointrusa 1633₄	# S
Rubulavirus ルブラウイルス属 1520₁₁	
Rubus 1648₆₀	σ factor σ 因子 **569**b
Rudaea 1550₆	S 硫黄 55a
Rudanella 1539₂₅	S1 1464h
ruderal 攪乱耐性型 210f	S12 1464h
rudiment 原基 **417**a	S1 mapping S1 マッピング **132**d
rudimentary hermaphroditism 痕跡的雌雄同体現象 **502**g	—— nuclease S1 ヌクレアーゼ 156b
—— organ 痕跡器官 **502**f	—— protection assay S1 プロテクションアッセイ 132d
Ruditapes 1582₂₀	S4 1464h
Rudiviridae ルディウイルス科 1517₁₅	S5 1464h
Rudivirus ルディウイルス属 1517₁₆	SA シアル酸 555f
Ruegeria 1546₈	*Sabacon* 1591₂₂
Ruffini's body ルッフィーニ小体 175a	sabadine サバジン 1278h
ruffled border 波状縁 1095d	*Sabella* 1585₃
—— membrane 波うち膜 **1026**g	*Sabellaria* 1585₁₀
Ruflorinia 1644₂₂	*Sabellastarte* 1585₃
Rufusia 1632₆₀	Sabellida ケヤリ目 1585₁
Rufsiales ルフシア目 1632₂₀	*Sabia* 1648₁
Rugamonas 1549₄₉	Sabiaceae アワブキ科 1648₁
Rugogaster 1578₄	Sabiales アワブキ目 1647₆₁
Rugosa 四放サンゴ類，皺皮サンゴ亜綱 610a, 1556₃₄	sabot 蹄 936i
rugose corals 四放サンゴ類 **610**a	*Sabulodinium* 1662₄₂
Rugosimonospora 1537₄₃	SAC 紡錘体チェックポイント 1302a
Rugulopteryx 1657₂₁	saccade サッケード，断続性運動，衝動性眼球運動 255e, **890**g
rules of nomenclature 命名規約 **1375**b	
rumen ルーメン **1482**i	saccadic eye movement 衝動性眼球運動 890g
Rumex 1650₄₂	—— movement 断続性運動，衝動性運動 323c, **890**g
ruminant stomach 反芻胃 **1122**c	—— suppression 断続性運動抑制 890g

Saccammina 1663₄₃
Saccamoeba 1628₂₆
Saccardia 1608₁₃
Saccardiaceae　サッカルジア科　1608₁₃
Saccardinula 1608₆₂
saccharase　サッカラーゼ　730a
Saccharibacillus 1542₃₈
Saccharibacter 1546₁₈
Saccharina 1657₂₆
Saccharobacter 1549₁₀
Saccharococcus 1542₃₃
Saccharofermentans 1543₃₁
Saccharomonospora 1537₅₉
Saccharomyces　サッカロミセス属　538j, 1606₁₆
　── *20S RNA narnavirus* 1522₄₂
　── *cerevisiae* 1360c
　── *cerevisiae Ty1 virus* 1518₄₂
　── *cerevisiae Ty3 virus* 1518₃₇
　── *cerevisiae virus L-A* 1519₅₁
Saccharomycetaceae　サッカロミセス科　1606₁₅
Saccharomycetales　サッカロミセス目　1605₄₅
Saccharomycetes　サッカロミセス綱　1605₄₃
Saccharomycodaceae　サッカロミコデス科　1606₁₉
Saccharomycodes 1606₁₉
Saccharomycopsidaceae　サッカロミコプシス科　1606₂₀
Saccharomycopsis 1606₂₀
Saccharomycotina　サッカロミセス亜門　1605₄₂
Saccharophagus 1548₄₀
saccharophyll　糖葉　973c
saccharopine　サッカロピン　538i
Saccharopolyspora 1537₅₉
saccharose　ショ糖, 蔗糖　681h
Saccharospirillaceae　サッカロスピリルム科　1549₃₇
Saccharospirillum 1549₃₇
Saccharothrix 1537₅₅
Saccharum 1647₄₁
Saccinobaclus 1629₃₄
Saccoblastia 1621₃₅
Saccoblastiaceae　サッコブラスティア科　1621₃₅
Saccobolus 1615₅₄
Saccocirrus 1585₅₃
Saccocoma 1560₂₆
Saccoglossus 1562₅₄
Saccoloma 1643₂₃
Saccolomataceae　サッコロマ科　1643₂₃
Saccorhiza 1657₄₅
Saccothecium 1608₅₀
saccular gland　胞状腺　870h
saccule　球形囊　309g
Sacculina 1595₃₆
sacculinization　サックリナ去勢　289c
Sacculospora 1605₇
Sacculosporaceae　サックロスポラ科　1605₇
sacculus　小囊　309g
saccus vasculosus　血管囊　1063h
　── *vitellinus*　卵黄囊　1442e
sac fungi　子囊菌類　603d
SACHS, Julius von　ザックス　539b
Sachs organ　サックス器官　539c
Sachs' solution　ザックス液　720b
Sacoglossa　囊舌亜目　1584₆
sacral vertebrae　仙椎　784d
sacrum　仙骨　784d
Sacura 1566₅
S-adenosylmethionine　S-アデノシルメチオニン　19a
Sadleria 1643₄₈
Sadwavirus　サドゥワウイルス属　1521₃₄
SAF　スピンドルアセンブリー因子　100c
safe site　定着適地　954e
Sagaminopteron 1583₅₉
Sagartia 1557
Sagediopsis 1610₄₀
Sagenoarium 1665₂₉
Sagenocrinida　サゲノクリニテス目　1559₃₉
Sagenocrinites 1559₃₉

Sagenoma 1611₈
Sagenomella 1611₈
Sagenopteris 1644₂₂
Sagenoscena 1665₂₉
Sagina 1650₄₇
Sagiolechia 1614₂
Sagitella 1584₂
sagitta　矢　309g
Sagitta 1577₇
sagittal axis　矢状軸　1088d
　── crest　矢状稜　580a
　── plane　正中面　765e
Sagittaria 1646₁, 1660₇
Sagittarius 1571₃₅
sagittocyst　矢状体　1301c
Sagittoidea　ヤムシ綱　1577₂
Sagittula 1564₉
Sagoscena 1665₂₉
Saguinus 1575₃₅
Sahlingia 1632₁₈
Saimiri 1575₃₆
Saimiriine herpesvirus 2　サイミリヘルペスウイルス2　1515₅
Sainouron 1665₁₄
Saintpaulia 1652₂
Saitoella 1605₄₀
Sakaguchia 1620₅₄
SAKMANN, Bert　ザクマン　537e
Saksenaea 1604₂
Saksenaeaceae　サクセナエア科　1604₂
Salamandra 1567₄₄
Salamandrella 1567₄₃
Salamandroidea　イモリ亜目　1567₄₄
Salana 1537₇
Salegentibacter 1539₅₀
Salenia 1562₃
Salenioida　オトヒメウニ目　1562₃
Salenocidaris 1562₃
Salibacillus 1542₃₃
Salicaceae　ヤナギ科　1649₅₂
Salicola 1549₂₅
salicology　楊柳学　674e
Salicornia 1650₅₀
salicylic acid　サリチル酸　546a
Salilagenidiales　サリラゲニジウム目　1654₂₄
Salilagenidium 1654₂₄
Salimicrobium 1542₃₃
Salinarimonas 1545₃₂
Salinator 1584₂₁
Salinibacillus 1542₃₃
Salinibacter 1539₃₁
Salinibacterium 1537₂₆
Salinicoccus 1542₄₆
Salinicola 1549₂₉
Salinihabitans 1546₉
Salinimicrobium 1539₅₀
Salinimonas 1545₅
Salinisphaera 1549₅₁
Salinisphaeraceae　サリニスフェラ科　1549₅₁
Salinisphaerales　サリニスフェラ目　1549₅₀
Salinispora 1537₄₃
salinity　塩分　157e, 157g
Salinivibrio 1549₆₁
Salipiger 1546₇
Salirhabdus 1542₃₄
Salisaeta 1539₃₂
Salisapilia 1654₂₁
saliva　唾液　866h
salivary chromosome　唾腺染色体　872m
　── gland　唾液腺　866i
　── gland chromosome　唾腺染色体　872m
　── gland hormone　唾液腺ホルモン　867a
　── gland virus　顎下腺ウイルス　519b
Salix 1649₅₂
Salkowski reaction　サルコフスキー反応　546e

salmine サルミン	1232d
salmonella サルモネラ	**547**a
Salmonella	1549₁₀
—— *enterica* serovar Typhimurium ネズミチフス菌	**1055**f
—— *phage ε15* サルモネラファージε15	1514₂₈
Salmonid herpesvirus 1 サケヘルペスウイルス1	1514₄₇
Salmoniformes サケ目	1566₁₁
Salmonivirus サモニウイルス属	1514₄₇
Salomonia	1648₅₅
Salpa	1563₁₉
Salpida サルパ目	1563₁₉
Salpingoeca	1553₉
salpinx ラッパ管	1418f
salps サルパ類	1140g
Salsola	1650₅₀
Salsuginibacillus	1542₃₄
saltation 跳躍進化	**927**a
—— theory 跳躍説	1100e
saltatory conduction 跳躍伝導	**927**b
salt-desert 塩生荒原	153e
Salteraster	1560₃₃
Salterprovirus ソルタープロウイルス属	1517₂₂
salt excretion 塩分泌	**157**f
—— factor 塩分要因	**157**g
—— gland 塩類腺	**158**c
saltiness 塩味,鹹味	1354b
salting-out 塩析	**153**f
salt marsh 塩湿地植生	**152**e
—— steppe 塩生草原	153e
—— tolerance 塩耐性	**154**b
salt-tolerant microbe 耐塩菌	**845**f
salt transport 塩類輸送	**158**d
salvage pathway サルヴェージ経路	**546**b
Salvelinus	1566₁₁
Salvia	1652₁₂
Salvinia	1643₉
Salviniaceae サンショウモ科	1643₉
Salviniales サンショウモ目	1643₇
SAM S-アデノシルメチオニン	19a, 644b
samara 翼果	**1428**f
Sambucus	1652₄₀
Sambungmacan erectus サンブンマチャン人	844f
Samolus ハイハマボッス	1651₁₅
sample 標本	719f, **1169**e
sampling 標本抽出	**1169**f
Samsonia	1549₁₂
SAMUELSSON, Bengt Ingemar サムエルソン	**544**b
San サン	512g
Sanchucycas	1644₃₂
Sandaracinobacter	1546₃₇
Sandarakinorhabdus	1546₃₇
Sandarakinotalea	1539₅₀
sand canal 石管	**782**a
—— culture 砂耕	1420c
—— dollars 不正形ウニ類	110f
sand-dune plant 砂丘植物	**535**e
Sandeothallaceae サンデオタルス科	1637₂₇
Sanderia	1556₂₆
Sandersiella	1594₄₆
Sandona	1665₁₆
Sanfilippo A syndrome サンフィリポA症候群	1272i
SANGER, Frederick サンガー	**547**L
Sanger's sequencing method サンガー法	941a
Sanguibacter	1537₃₅
Sanguibacteraceae サングイバクター科	1537₃₅
Sanio's bar サニオ線	232f
S-A node 洞房結節	570e
Santalaceae ビャクダン科	1650₃₁
Santalales ビャクダン目	1650₂₉
Santalum	1650₃₁
Santessonia	1613₃₇
Santessoniella	1613₂₅
Santorini's duct サントリーニ管,副膵管	722e
SANTORIO, Santorio サントリオ	**553**f

Sapelovirus サペロウイルス属	1521₂₂
Sapheopipo	1572₃₇
Sapindaceae ムクロジ科	1650₉
Sapindales ムクロジ目	1650₇
Sapindus	1650₉
SAPK ストレスキナーゼ	736b
sapogenin サポゲニン	**543**i
saponin サポニン	**544**a
sapophore group 発味原子団,発味団	1354b
Sapotaceae アカテツ科	1651₁₂
Sapovirus サポウイルス属	1522₁₈
Sapphirina	1595₂₀
Sappinia	1628₂₁
Sapporo virus サッポロウイルス	1522₁₈
Saprochaete	1606₄
Saprodinium	1660₁₉
Saprolegnia	1654₂₂
Saprolegniales ミズカビ目	1041c, 1654₂₀
Sapromyces	1654₁₈
saprophagy 腐生	**1203**h
saprophyte 腐植物	336g
saprophytic fungi 腐生菌	1203h
Saprospira	1540₆
Saprospiraceae サプロスピラ科	1540₆
sap transmission 汁液伝染	103a
sapwood 辺材	**1285**g
Saracrinus	1560₂₀
Sararanga	1646₂₇
Sar/Arf GTPase Sar/Arf GTP アーゼ	**507**a
Sarawakus	1617₃₀
Sarcandra	1645₃₀
Sarcina	1543₃₁
Sarcinella	1607₅₁
Sarcinochrysidales サルシノクリシス目	1656₂
Sarcinochrysis	1656₃
Sarcinula	1557₁₃
Sarcinulida サルキヌラ目	1557₁₃
SAR clade	1652₅₂
Sarcobium	1549₁₈
Sarcocystis	1661₃₄
Sarcodia	1633₃₃
Sarcodictyon	1557₂₂
Sarcodina 肉質虫亜門	1030e
sarcodinians 肉質虫類	**1030**e
Sarcodon	1625₂₆
sarcoglycan サルコグリカン	583g
Sarcographa	1614₅
sarcoidosis サルコイドーシス	**546**c
sarcolemma 筋繊維鞘	338a
Sarcoleotia	1611₃₂
sarcoma 肉腫	**1030**f
Sarcomastigophora 肉質鞭毛虫門	1030e
sarcoma virus 肉腫ウイルス	**1030**h
sarcomere サルコメア	**546**f
Sarcomonadea サルコモナデア綱	1665₁₀
Sarcomyxa	1626₂₀
Sarcophilus	1574₁₅
Sarcophyton	1557₂₅
sarcoplasm 筋形質,筋漿	335b, 691f
sarcoplasmic reticulum 筋小胞体	**337**a
Sarcopterygii 肉鰭亜綱	1567₃
Sarcoptes	1590₅₁
Sarcoramphi コンドル亜目	1571₃₃
Sarcoscypha	1616₂₈
Sarcoscyphaceae ベニチャワンタケ科	1616₂₅
sarcoseptum 肉隔壁	**1030**c
sarcosine サルコシン	**546**d
Sarcosoma	1616₃₁
Sarcosomataceae オオゴムタケ科	1616₂₉
sarcosome 共肉体,共肉塊,共肉部	611c
sarcospan サルコスパン	583g
sarcostyle 囊胞体	1158b
sarcotesta 肉質種皮	633d
Sardinops	1566₇
Sarea	1614₃₁

Sargasso Sea　サルガッソ海　1024e
Sargassum　1657₄₈
Sargassum bed　ガラモ場　1399d
Sarophorum　1611₇
Sarothrura　1571₄₆
Sarracenia　1651₂₁
Sarraceniaceae　サラセニア科　1651₂₃
Sarrameanaceae　サラメアナ科　1612₅₉
SARS　重症急性呼吸器症候群　499d
Sarsia　1555₃₅
Sarsostraca　サルソストラカ亜綱　1594₂₅
Sartilmania　1641₄₅
Sasa　1647₄₁
Sasakia　1601₄₂
Satakentia　1647₄
SAT-chromosome　SAT染色体　540g
satellite　サテライト，付随体　540i, 1203g
—— cell　衛星細胞　118d, 332g
—— DNA　サテライトDNA　541b
—— RNA　サテライトRNA　315o
—— virus　サテライトウイルス　541a
Satsuma　1584₂₈
—— *dwarf virus*　温州萎縮ウイルス　1521₃₄
saturation density　飽和密度　477h
Saturnalis　1663₁₇
Saturnispora　1606₁₃
Saulomataceae　サウロマタ科　1640₃₆
Saurauia　1651₂₄
S. aureus　黄色ブドウ球菌　1542₄₆
Saurichthyiformes　サウリクチス目　1565₂₉
Saurichthys　1565₂₉
Saurida　1566₁₇
Sauripterus　1567₇
Saurischia　竜盤目　1570₄
Sauromonas　1629₃₄
Sauromorpha　竜型類　1467e
Sauropleura　1567₂₈
Sauropoda　竜脚下目　1570₁₉
Sauropodomorpha　竜脚形亜目　1570₁₇
Sauropsida　竜弓網，蜥弓類　782c, 1568₅
sauropsids　蜥形類　782c
Sauropterygia　鰭竜下綱　1568₂₉
Saurornitholestes　1570₁₅
Saururaceae　ドクダミ科　1645₂₄
Saururus　1645₃₄
SAUSSURE, Nicolas Théodore de　ソシュール　841h
savanna　サバンナ　541g
savannah　サバンナ　541g
Savillea　1553₁₁
Savi's vesicles　サヴィ器官　535a
Savoryella　1618₁
Savoryellales　サボリエラ目　1617₆₂
Savulescuella　1622₂₄
Sawadaea　1614₃₉
Sawdonia　1642₆
Sawyeria　1631₈
Saxeibacter　1536₄₈
Saxicola　1572₆₀
Saxifraga　1648₂₁
Saxifragaceae　ユキノシタ科　1648₂₁
Saxifragale　ユキノシタ目　1648₁₂
Saxipendium　1562₅₄
SBE　952d
SBP　血清阻止力　405e
Sc　亜前縁脈　613o
SC1　1387a
SC35 domain　SC35ドメイン　205g
SCA　精子被覆抗原　639e
scab　痂皮　234c
Scabiosa　1652₄₂
Scabropeziza　1616₁₅
Scaevola　1652₃₁
scaffold protein　足場蛋白質　10f
scala media　中央階　198e
—— naturae　自然の階段　587f

scalariform conjugation　梯子状接合　789b
—— tracheid　階紋仮道管　232b
—— vessel　階紋道管　189a
Scalarispora　1620₂₆
scala tympani　鼓室階　198c
—— vestibuli　前庭階　198c
scald　火傷　216c
scale　鱗，鱗片，鱗粉，鱗被　113c, 214b, **1479d**, **1479i**
—— cell　生鱗細胞　1479c
—— leaf　鱗片葉　1479e
Scalibregma　1584₃₇
Scalidophora　有棘動物　146h
scaling　スケーリング　730d
Scaloposaurus　1573₂₈
Scalpellomorpha　ミョウガガイ亜目　1595₄₉
Scalpellum　1595₄₉
scaly hair　鱗毛　384a
—— leaf　鱗片葉　1479e
Scandentia　登攀目，登木目　1575₁₈
scanning electron microscope　走査型電子顕微鏡　824j
—— eye　走査眼　825i
—— movement　走査運動　825a
—— probe microscopy　走査プローブ顕微鏡　825c
Scapania　1638₁₇
Scapaniaceae　ヒシャクゴケ科　1638₁₇
scape　柄節　680g
Scaphidiodon　1660₂
Scaphidiomyces　1611₄₅
Scaphiopus　1567₅₃
Scaphites　1583₆
scaphium　舟状骨　105h
scaphognathite　顎舟葉　204f
Scaphonyx　1569₁₁
Scaphopoda　掘足綱，掘足類　1321f, 1581₃₉
scapula　肩甲骨　589d
scapular　肩羽　935i
scar　瘢痕　1119f
Scarabaeiformia　コガネムシ下目　1600₆₀
Scarabaeus　1600₆₁
Scardovia　1538₁₄
Scaridium　1578₃₈
Scatchard plot　スキャッチャードプロット　729c
scatter factor　肝細胞増殖因子　261g
scattering layer　音響散乱層　173a
SCE　612c
Scedosporium　1617₆₁
Scelidosaurus　1570₂₄
Scenedesmus　1635₂₉
Scenella　1581₃₂
scent brush　ヘアペンシル　1258b
—— scale　発香鱗　1105a
Schaereria　1613₅₄
Schaereriaceae　スカエレリア科　1613₅₄
Schale　シャーレ　1272a
Schalenspindel　殻軸，軸柱　203d
SCHALLY, Andrew Victor　シャリー　618j
SCHARRER, Ernst　シャラー　618i
SCHAUDINN, Fritz Richard　シャウディン　614f
Schaufelschnecken　管殻綱　1321f
Scheffersomyces　1606₃
Scheidewand　隔壁　591b
Scheinantagonismus　見かけの拮抗　293a
Schenella　1627₃₄
Schenkeldrüse　大腿腺　857e
Scherentaster　鋏鱈　302d
Scherffelia　1634₁₉
Schetba　1572₆₀
Scheuchzeria　1646₆
Scheuchzeriaceae　ホロムイソウ科　1646₆
Schick's test　シックのテスト　591h
Schiff base　シッフ塩基　1171c
Schiffnerula　1607₅₀
Schiff's reagent　シッフの試薬　594c
Schima　1651₁₉
Schimmelmannia　1633₄₆

Schimper-Braun's law　シンパー-ブラウンの法則　**712**f	Schlundbogen　内臓弓　1020i
Schimperobryaceae　シンペロブリア科　1640₃₈	Schmalhausen, Ivan Ivanovich　シュマルハウゼン　**646**c
Schindewolf, Otto Heinrich　シンデヴォルフ　**708**d	Schmidt's line　シュミット線　776d
Schisandra　1645₂₆	Schmiedeberg, O.　1403i
Schisandraceae　マツブサ科　1645₂₆	*Schmitzia*　1633₁₇
Schismatoglottis　1645₅₇	Schnurrhaar　ひげ, 震毛　407d
Schismatomma　1606₅₅	schnäbeln　嘴のふれあい　1e
Schistochilaceae　オヤコゴケ科　1637₅₅	*Schoenoplectus*　1647₃₁
Schistonota　ヒラタカゲロウ亜目　1598₃₆	*Schoepfia*　1650₃₄
Schistosoma　1578₇	Schoepfiaceae　ボロボロノキ科　1650₃₄
Schistostega　1639₄₄	school　群れ　**1372**g
Schistostegaceae　ヒカリゴケ科　1639₄₄	*Schroederia*　1635₃₀
Schizaea　1643₅	Schultz-Dale reaction　シュルツ-デール反応　649f
Schizaeaceae　フサシダ科　1643₅	Schultze, Max Johann Sigismund　シュルツェ　**649**e
Schizaeales　フサシダ目　1643₃	Schultze's double formation　シュルツェの重複形成　925i
Schizammina　1663₄₃	*Schumannella*　1537₂₆
Schizangiella　1603₂₈	Schutzautotomie　防護自切　585h
Schizaster　1562₂₂	*Schwagerina*　1663₄₁
Schizoblastosporion　1605₄₇	Schwalbe, Gustav　シュワルベ　**650**a
schizocarp　分離果　**1254**b	Schwann cells　シュワン細胞　1349c
Schizocaryum　1660₂₉	schwannoma　シュワノーマ, 神経鞘腫　**649**g
Schizochlamys　1635₃₀	Schwann's cell　シュワン細胞　696h
Schizochytrium　1653₂₂	―――― sheath　シュワン鞘　696h
Schizocladia　1657₉	Schwann, Theodor　シュヴァン　**619**b
Schizocladiales　シゾクラディア目　1657₉	*Schwartzia*　1544₂₃
Schizocladiophyceae　シゾクラディア藻綱　1657₈	Schweigger-Seidel sheath　シュワイゲル-ザイデル鞘　544f
Schizocodon　1651₂₁	Schwendener, Simon　シュヴェンデナー　**620**d
schizocoel　裂体腔　**1489**c	Schwungfeder　飛羽　935i
―――― theory　裂体腔説　848e	Schädelbalken　トラベキュラ　**1009**i
Schizocystis　1661₂₆	Schädelbalken　梁軟骨　1028b
schizodonty　分歯式　925a	Sciadopityaceae　コウヤマキ科　1645₅
schizogenous air space　離生通気間隙　934e	*Sciadopitys*　1645₅
―――― intercellular space　離生細胞間隙　**1455**j	*Sciaphila*　1646₄
―――― secretory tissue　離生分泌組織　1251c	SCID　重症複合免疫不全症　481c, 728d, 1389f
Schizoglyphus　1590₄₇	SCID-hu mouse　SCID-hu マウス　728d
schizogony　シゾゴニー　23c, 972i	SCID mouse　SCID マウス　**728**d
Schizomeris　1635₂₃	scientific name　学名　**210**b
Schizomida　ヤイトムシ目　1592₂	―――― specimen　学術標本　1169e
Schizomus　1592₂	*Scinaia*　1632₄₄
Schizomycetes　分裂菌類　1256d	*Scincella*　1568₅₄
Schizonella　1622₆	Scincomorpha　トカゲ下目　1568₅₂
schizont　シゾント, 分裂前体　972i	scion　接穂, 穂木　935b
Schizoparma　1618₅₃	*Scirpus*　1647₃₁
Schizoparmaceae　シゾパルメ科　1618₅₃	scirrhous cancer　硬癌　262d
Schizopathes　1558₁₁	*Scirtes*　1601₂
Schizopetalidea　フトマキヤスデ亜目　1593₄₂	*Sciscionella*　1537₅₉
Schizopetalum　1593₄₃	scissiparation　520g
schizophrenia　統合失調症　**981**g	*Scissurella*　1583₂₉
Schizophyceae　分裂藻類　1256d, **1256**f	Sciuromorpha　リス亜目　1576₃₅
Schizophyllaceae　スエヒロタケ科　1626₄₀	*Sciurus*　1576₃₇
Schizophyllum　1626₄₀	sclera　強膜　1373b
Schizophyta　分裂植物　**1256**d	Scleractinia　イシサンゴ目　1557₅₂
Schizophytes　分裂植物　**1256**d	Scleraxonia　サンゴ亜目, 石軸類, 骨軸類　1557₂₆
Schizoplasmodiida　シゾプラズモディウム目　1628₄₅	sclerenchyma　厚壁組織　**464**c
Schizoplasmodiopsis　1628₄₃	―――― cell　厚壁細胞　464g
Schizoplasmodium　1628₄₅	sclerenchymatous fiber　厚壁繊維　464g
Schizopora　1624₇	sclerenchyme　硬組織　480c
Schizoporaceae　アナタケ科　1624₆	*Scleria*　1647₃₁
Schizoporella　1579₃₆	sclerin　スクレリン　**730**c
Schizopyrenida　ネグレリア目　1631₄	sclerite　硬皮, 骨片　463b, **483**t
Schizorhynchus　1577₃₆	scleroblast　骨片形成細胞　**483**f
Schizosaccharomyces　シゾサッカロミケス属　**589**a, 1605₃₆	*Sclerodarnavirus*　スクレロダルナウイルス属　1521₄₄
Schizosaccharomycetaceae　ブンレツコウボキン科　1605₃₆	scleroderm　硬皮　480c
Schizosaccharomycetales　ブンレツコウボキン目　1605₃₅	*Scleroderma*　1627₂₄
Schizosaccharomycetes　ブンレツコウボキン綱　1605₃₄	Sclerodermataceae　ニセショウロ科　1627₂₄
Schizothrix　1541₃₉	*Sclerogaster*　1627₂₅
Schizothyriaceae　シゾチリウム科　1608₄₀	Sclerogasteraceae　スクレロガステル科　1627₂₅
Schizothyrium　1608₄₁	*Sclerogone*　1604₇
Schizoxylon　1614₁₄	*Scleromitrula*　1615₈
Schizymenia　1633₃₂	*Scleromochlus*　1569₂₇
Schlegelella　1546₅₆	Scleronychophora　1588₂₄
Schleiden, Matthias Jakob　シュライデン　**648**b	*Scleropages*　1565₅₁
Schleiferia　1540₉	*Sclerophoma*　1608₅₁
Schleiferiaceae　シュライフェリア科　1540₉	sclerophyll　硬葉　**467**j
Schlesneria　1545₅	sclerophyllous forest　硬葉樹林　**467**l

scleroprotein 硬蛋白質 **458**f	
scleroseptum 骨隔壁 **480**c	
Sclerospongiae 硬骨海綿綱 442h	
Sclerospora 1654₁₄	
Sclerotinia 1615₁₄	
Sclerotiniaceae キンカクキン科 1615₁₀	
Sclerotinia sclerotiorum debilitation-associated RNA virus 1521₄₄	
sclerotium 菌核 **332**b	
Sclerotium 1626₅₅, 1626₆₁	
sclerotization 硬化, 硬皮化 298c, 838i	
sclerotome 硬節 855h	
SCN 572b	
Scolecida 蠕形動物, 頭節綱 803e, 1584₃₃	
Scolecobasidium 1606₄₂	
scolecospore 糸状胞子 871c	
Scolecosporiella 1609₄₇	
Scolecoxyphium 1608₂₃, 1608₂₅	
scolex 頭節 660j	
Scolicosporium 1609₅₀	
Scoliolegnia 1654₂₂	
Scolioneis 1655₄₈	
Scoliotropis 1655₄₈	
scolopale cell 有桿細胞 415h	
Scolopax 1571₅₅	
Scolopendra 1592₄₀	
Scolopendrella 1592₄₆	
Scolopendrellida コムカデ目 1592₄₆	
Scolopendromorpha オオムカデ目 1592₃₉	
scolophorous organ 弦音器官 415h	
scolopidium 尖軸感覚器 591e	
Scoloplos 1584₃₅	
Scolopocryptops 1592₄₀	
Scomber 1566₅₆	
scombrine スコンブリン 1232d	
scopolamine スコポラミン 21e, 685c	
Scopulariopsis 1617₅₉, 1617₆₁	
Scopuloides 1624₃₀	
Scopura 1599₁₃	
Scopus 1571₂₇	
Scorias 1608₂₅	
Scorpaena 1566₅₆	
Scorpio 1591₅₂	
scorpioid cyme サソリ形花序 622b	
Scorpiones サソリ目 1591₃₈	
Scortechinia 1617₅	
Scortechiniaceae スコルテキニア科 1617₅	
Scotiaecystis 1559₅	
scotophile phase 親暗相 714d	
scotopic vision 薄明視 558k, **1094**g	
scotopsin スコトプシン 168g	
scototaxis 走暗性 1137b	
Scouleriaceae スコウレリア科 1639₂₆	
Scouleriales スコウレリア目 1639₂₅	
Scourfieldia 1634₈	
Scourfieldiales スコウルフィールディア目 1634₈	
SCR 560d	
scramblase スクランブラーゼ 1222c	
scramble type 共倒れ型 644e	
scraper 摩擦片 **1340**f	
Scrapie スクレイピー 743a	
scratch reflex 引っ掻き反射 **1153**c	
screen filter スクリーンフィルター 510a	
screening スクリーニング **730**b	
—— pigment 遮蔽色素 170d	
Scrippsiella 1662₃₄	
Scrophularia 1652₇	
Scrophulariaceae ゴマノハグサ科 1652₆	
scrotum 陰嚢 **98**e	
scrub 低木林 466a, **955**g	
S-crystallin Sークリスタリン 367h	
SC system SC系 632g	
Sculptolumina 1613₃₇	
scurvy 壊血病 12b	
Scutacarus 1590₄₁	
Scutellastra 1583₂₆	
Scutelliformis 1620₂₉	
Scutellinia 1616₂₁	
Scutellospora 1605₁₁	
Scutellosporaceae スクテロスポラ科 1605₁₁	
scutellum 小楯板, 小盾板, 胚盤 659e, **1087**d	
Scuticociliatia 有スクチカ亜綱 1660₂₅	
Scutiger 1624₅₈	
Scutigera 1592₃₃	
Scutigerella 1592₄₇	
Scutigeromorpha ゲジ目 1592₃₃	
Scutisorex 1575₉	
scutoscutellar suture 盾板小盾板線 659e	
scutum 盾板 1087c	
Scyliorhinus 1564₄₉	
Scylla 1598₁₁	
Scyllaea 1584₁₇	
Scyllarides 1597₆₀	
scyllo-inositol シロイノシトール 87e	
scymnol シムノール 886e	
Scyphidia 1660₄₇	
scyphistoma スキフィストマ 729b	
scyphomedusa 鉢クラゲ 353h, 1099d	
Scyphomedusae 鉢クラゲ類 1099d	
scyphopolyp 鉢ポリプ 1099d	
Scyphosphaera 1666₂₅	
Scyphospora 1618₆	
Scyphozoa 鉢虫綱, 鉢虫類 **1099**d, 1556₂₀	
scyphozoans 鉢虫類 **1099**d	
scyphula スキフラ **729**b	
Scytalium 1557₃₇	
Scytinostroma 1625₉	
Scytinostromella 1624₅₆	
Scytodes 1592₂₅	
Scytonema 1541₃₄	
Scytonemataceae シトネマ科 1541₃₄	
Scytonematopsis 1541₃₄	
Scytosiphon 1657₂₅	
Scytosiphonales カヤモノリ目 1657₂₈	
Scytothamnales スキトタムヌス目 1657₄₀	
Scytothamnus 1657₄₀	
SDR 積算優占度 1411g	
SDS ドデシル硫酸ナトリウム 130f, 187i	
SDSA model DNA合成依存の単鎖アニーリングモデル **942**c	
SD-sequence シャイン-ダルガーノ配列 1380g	
SDS-PAGE SDS-ポリアクリルアミドゲル電気泳動法 130f	
SDS-polyacrylamide gel electrophoresis SDS-ポリアクリルアミドゲル電気泳動法 **130**f	
SDV ケイ酸沈着胞 1132f	
S. dysenteria 志賀赤痢菌 1549₁₂	
Se 798e	
sea animal 海洋動物 722c	
—— cucumbers ナマコ類 **1026**f	
—— daisies ウミヒナギク類 **111**d	
Seadornavirus シドルナウイルス属 1519₃₅	
seagrass 海草 **182**f	
—— bed 海草藻場 1399d	
sea ice algae 海氷藻 1h	
Sea of Japan region 日本海地区 1040d	
searching image 探索像 **884**c	
seasonal aspect 季相 **291**f	
—— dimorphism 季節二形性 1031d	
—— forest 季節風林 1401f	
—— form 季節型 291b	
—— isolation 季節的隔離 211a	
—— migration 季節移動 **291**a	
—— parthenogenesis 季節的単為生殖 880n	
—— succession 季節遷移 291f	
—— thermocline 季節躍層 718f, 759h	
—— torpor 季節的トーパー 56d	
—— variation 季節変異 **291**b	
sea squirts ホヤ綱, 海鞘類 1140g	
seastars ヒトデ類 **1156**a	
sea urchins ウニ類 **110**e	

seaweeds 海藻 834b
sebaceous gland 皮脂腺 1160g
Sebacina 1625₂₃
Sebacinaceae ロウタケ科 1625₂₂
Sebacinales ロウタケ目 1625₂₀
Sebaldella 1544₃₃
Sebastes 1566₅₆
Sebdenia 1556₃₉
Sebdeniales ヌラクサ目 1633₃₉
Sebecus 1569₂₂
sebum palpebrale 眼脂 1335e
Secale 1647₄₁
Secchi disk セッキー円板 999b
―― disk reading 透明度 999b
Secernentea 双腺綱, 幻器綱 803d
SECHENOV, Ivan Mikhailovich セーチェノフ 786h
Sechium 1649₁₃
SecIS セレノシステイン挿入配列 798c
second antenna 第二触角 859d
secondaries 二次風切羽, 次列風切羽 935i
secondary after-image 二次残像 277e
―― axis 副軸 567f
―― cartilage 二次軟骨 1036b
―― cell wall 二次壁, 二次細胞壁 71g
―― consumer 二次消費者 664d
―― contact 二次的接触 1035j
―― contraction 二次性収縮 1035e
―― dentin 第二象牙質 1069b
―― dormancy 二次休眠 313e, 633g
―― egg membrane 二次卵膜 1450g
―― embryo 二次胚 1036b
―― flora of microorganisms 二次的微生物相 1036a
―― forebrain 二次前脳 817b
―― germ layer 二次胚葉 72g
―― gill 二次鰓 1034e
―― growth 二次成長 1256g
―― heart field 二次心臓領域 1035c
―― hermaphroditism 二次的雌雄同体現象 627f
―― homonym 二次同名 998d
―― hypha 二次菌糸 1034h
―― immune response 二次免疫応答 1034f
―― induction 二次誘導 1037a
―― infection 二次感染 1034c
―― iris cell 二次虹彩細胞 1193l
―― kinetochore 二次動原体 953h
―― lamellae 二次鰓弁 146c
―― lymphoid organ 二次リンパ系器官 1477d
―― lymphoid tissue 二次リンパ組織 1037c
―― lysosome 二次リソソーム 1456e
―― meristem 二次分裂組織 1036d
―― metabolism 二次代謝 1035d
―― motor area 二次運動野 116d
―― mycelium 二次菌糸体 1034h
―― nucleus 中央核 909h
―― obesity 二次性肥満 1162h
―― oocyte 二次卵母細胞 1444e
―― optic vesicle 二次眼胞 271h
―― palate 二次口蓋 1035h
―― parasite 二次寄生者 446a
―― phloem 二次篩部 1035e
―― pit plug 二次ピットプラグ 1153c
―― pollution 二次汚染 721f
―― production 二次生産 1035d
―― response 二次応答 1034f
―― sensory area 二次感覚野 254d
―― sex cord 二次性索 750f
―― sexual character 二次性徴 766a
―― spermatocyte 二次精母細胞 753b
―― structure of protein 蛋白質の二次構造 895a
―― succession 二次遷移 1035f
―― thermocline 二次水温躍層 718f
―― thickening growth 二次肥大成長 1149f
―― thickening meristem 二次肥大分裂組織 1149g
―― tissue 二次組織 1035g, 1256g
―― vascular tissue 二次維管束組織 1034l

―― vegetation 代償植生 853f
―― vein 二次脈 1427d
―― xylem 二次木部 1036e
―― zoospore 二次遊走子 73c
second axillary sclerite 第二腋節片 838i
second-grade induction 二次誘導 1037a
second law of photochemistry 光化学第二法則 431g
―― law of thermodynamics 熱力学第二法則 1058c
―― maxilla 第二小顎 428a
―― messenger セカンドメッセンジャー 781f
―― messenger theory セカンドメッセンジャー学説 781f
―― stomach 第二胃 89g
―― trochanter 第二転節 538g
Secotium 1625₄₇
Secoviridae セコウイルス科 1521₂₆
secretin セクレチン 786c
―― containing cell S細胞 786c
secretion 分泌, 分泌物 1250g
―― granule 分泌顆粒 805a
―― theory 分泌説 1251b
secretor 分泌型(血液型物質の) 1250f
secretory canal 分泌道 1251e
―― cell 分泌細胞 1250h
―― duct 分泌道 1251e
―― epithelium 分泌上皮 663b
―― granule 分泌顆粒 1250g
―― nerve 分泌神経 1251a
―― portion 分泌部 870h
―― protein 分泌蛋白質 1251d
―― sac 分泌嚢 1251f
―― tissue 分泌組織 1251c
―― vesicle 分泌小胞 1250i
section 切片, 節 786i, 793f
sectioning 切断 484d
section method 切片法 793f
sectored colony 扇形集落 803b
sector experiment 扇形実験 1015b
Secuicollacta 1663₄
Seculamonas 1630₄₄
sedative 鎮静剤 450f
Sedentaria 定在類 879g
sedimentation coefficient 沈降係数 932c
―― equilibrium method 沈降平衡法 933c
―― flux 沈降フラックス 932f
―― velocity method 沈降速度法 933a
Sedimentibacter 1543₂₃
Sedimenticola 1548₂₅
sediment trap セディメントトラップ, 沈降物トラップ 932f
Sediminibacillus 1542₃₄
Sediminibacter 1539₅₀
Sediminibacterium 1540₅
Sediminicola 1539₅₀
Sediminimonas 1546₉
Sediminitomix 1539₃₀, 1539₃₇
Sedirea 1646₄₇
sedoheptulose セドヘプツロース 794b
sedoheptulose-1,7-diphosphate セドヘプツロース-1,7-二リン酸 794c
sedoheptulose-7-phosphate セドヘプツロース-7-リン酸 794d, 1288b[図]
Sedoreovirinae セドレオウイルス亜科 1519₂₈
Sedum 1648₂₄
seed 種子 633d
―― abortion 種子流産 633d, 634e
seed-albumin 種子アルブミン 633f
seed coat 種皮 633d
―― dispersal 種子分散 635a, 677b
―― dormancy 種子休眠 633g
seed-globulin 種子グロブリン 634c
seeding とう立ち, 抽だい, 抽薹, 薹立ち 915h
seedling 実生, 芽生え 1354e
―― bank 実生バンク, 実生集団 305c, 715e, 1334e, 1354f
―― infection 子苗感染 374d

―― population　実生集団　**1354**f
seed output　種子生産　**634**e
　―― plants　種子植物　**634**d
　―― predator　種子捕食者　**287**a
　―― production　種子生産　**634**e
seed-protein　種子蛋白質　**634**f
seed storage substances　種子貯蔵物質　**634**g
　―― transmission　種子伝染　**103**a
Segetibacter　**1540**₅
segment　体節　**855**h
segmental allopolyploidy　部分異質倍数性　**1081**h
　―― canal　体節器　**856**d
　―― clock　体節時計　**856**g
　―― organ　体節器　**856**d
　―― papilla　体節感覚器　**856**b
　―― plate　体節板　**152**e, **855**h, **856**h
segmentation　体節制, 分節, 分節運動, 卵割　**856**e, **1249**d, **1249**f, **1443**e
　―― cavity　割腔　**227**e
　―― clock　体節時計, 分節時計　**855**h, **856**g
　―― gene　分節遺伝子　**1249**e
　―― movement　分節運動　**1249**f
segmented genome　分節状ゲノム（ウイルスの）　**1250**a
segment polarity gene　セグメントポラリティー遺伝子　**1249**e
Segniliparaceae　セグニリパルス科　**1536**₄₁
Segniliparus　**1536**₄₁
segregation　分離　**1253**f
segregational load　分離の荷重　**82**h
segregation distorter　SD因子　**1254**e
　―― distortion　分離の歪み　**1254**e
　―― lag　分離遅れ　**1254**a
segregative cell division　分割細胞分裂　**1243**a
Seguenzia　**1583**₃₀
SEIDEL, Friedrich　ザイデル　**517**f
SEIFRIZ, William　サイフリツ　**520**d
Seimatosporium　**1619**₂₈
Seinonella　**1543**₁
Seiodes　**1590**₅
Seiridium　**1619**₂₇
seirospore　枝胞子　**1115**i
seismonasty　振動傾性　**388**h
Seison　**1578**₂₈
Seisonacea　ウミヒルガタワムシ目, ウミヒルガタワムシ類　**1473**i, **1578**₂₈
Sejina　イタダニ下目　**1589**₄₉
Sejongia　**1539**₅₁
Sejus　**1589**₄₉
Selachinema　**1587**₁₈
Selachinematida　セラキネーマ目　**1587**₁₈
Selaginella　**1642**₁₅
Selaginellales　イワヒバ目, イワヒバ類　**91**g, **1642**₁₅
Selasphorus　**1572**₁₉
selectin　セレクチン　**798**b
selection　淘汰, 選抜　**817**h, **988**f
　―― coefficient　淘汰係数　**959**a
　―― differential　淘汰差, 選抜差　**77**b
　―― gradient　淘汰勾配　**988**b
　―― pressure　淘汰圧　**988**g
selective absorption　選択吸収
　―― adhesion　選択的接着　**529**d
　―― attention　選択的注意　**909**f
　―― fertilization　選択受精　**814**a
　―― gene expression　選択的遺伝子発現　**814**c
　―― insecticide　選択性殺虫剤　**540**e
　―― marker　選択標識　**813**d
　―― medium　選択培地　**814**g
　―― permeability　選択透過性　**814**e
　―― staining　選択染色　**814**b
　―― toxicity　選択毒性　**814**f
　―― value　淘汰値　**959**a
selectivity index　選択係数　**791**c
selector gene　選択遺伝子　**813**e
selegilin　セレギリン　**575**f
Selenaion　**1631**₆

Selenastrum　**1635**₃₀
Selenidioides　**1661**₂₀
Selenidium　**1661**₂₄
Selenihalanaerobacter　**1543**₆₁
selenium　セレン　**798**e
Selenococcidium　**1661**₃₄
selenocysteine　セレノシステイン　**798**c, **798**g
　―― insertion sequence　セレノシステイン挿入配列　**798**c
selenodont　半月歯　**1069**b
Selenomonadales　セレノモナス目　**1544**₁₇
Selenomonas　**1544**₂₃
selenoprotein　セレン蛋白質　**798**g
Selenosporella　**1616**₄₉
Selenotila　**1605**₄₄
Selenozyma　**1605**₄₄
self　自己　**1388**h
self-antagonism　自拮抗　**564**d
self antigen　自己抗原　**437**g
self-assembly　自己集合　**572**h
self-differentiation　自己分化, 自律分化, 自立分化　**686**b
self-excited oscillation　自励振動　**686**g
self-fertilization　自家受精, 自殖　**560**b, **580**b
　―― grooming　セルフグルーミング　**370**e
self-incompatibility　自家不和合性　**560**f
selfing　自殖　**580**b
　―― syndrome　自殖シンドローム　**580**b
selfish behavior　利己行動　**1458**a
　―― DNA　利己的DNA　**1454**c
　―― gene　利己的遺伝子　**1454**b
self-locking apodemes　側甲　**578**f
self-organization　自己組織化, 自律形成, 自立形成　**572**e, **573**h, **684**j
　―― system　自己組織系　**573**i
self-pollination　自家受粉　**560**c
self-purification　自浄作用　**579**e
self-regulation　自己調節　**421**b
self-reproducing automaton　自己増殖機械　**573**g
self-splicing　自己スプライシング　**573**d
self-sterility　自家不稔性　**1209**g
self-stimulation　自己刺激　**572**g
self-stimulatory behavior　自己刺激的行動　**572**g
self-sustainability　自律性　**181**d
self-thinning　自己間引き　**588**d, **612**e
self tolerance　自己トレランス, 自己寛容性　**1389**b
Seliberia　**1545**₃₉
Seligeriaceae　キヌシッポゴケ科　**1639**₃₃
Selkirkia　**1587**₅₀
Selkirkiomorpha　セルキルキア目　**1587**₅₀
Sellaphora　**1655**₄₈
SELYE, Hans　セリエ　**795**f
Semaeostomae　ミズクラゲ目, 旗口クラゲ類　**1556**₂₅
Sematophyllaceae　ナガハシゴケ科　**1641**₈
semen　精液　**744**g
semiacetal　セミアセタール　**1276**b
semicell　セミセル, 半細胞　**931**a
semicircular canal　半規管　**1118**h
semiconservative replication　半保存的複製　**1127**f
semidecussation　半交叉　**580**f
semi-dwarf　半矮性　**1128**c
semiessential amino acid　条件付き不可欠アミノ酸, 準不可欠アミノ酸　**1192**c
semi-gigas　半巨大型　**553**h
semilethal gene　半致死遺伝子　**904**c
semilunar periodicity　半月周期性　**1119**b
　―― rhythm　半月周リズム　**1119**c
seminal fluid　精液　**744**g
　―― plasma　精漿　**744**g
　―― receptacle　受精嚢　**639**d, **1284**d
　―― sugar　精液糖　**752**e
　―― vesicle　精嚢, 貯精嚢　**617**b, **769**e, **929**b
semination　精子進入　**754**c
seminatural forest　半自然林　**972**f
seminiferous scale　種鱗　**649**c
　―― tubule　精細管　**750**e
seminolipid　セミノリピド　**1468**a

seminoma セミノーマ，精上皮腫 **794**l
seminose セミノース 1347g
Semionotiformes セミオノタス目 1565₃₇
Semionotus 1565₃₇
semipermeability 半透性 **1125**c
semipermeable membrane 半透膜 1125c
Semiscolex 1585₄₇
semisocial 半社会性 615e
semispecies 半種 644g
Semisulcospira 1583₃₉
semi-thin section 準超薄切片 925e
semivoltine 二年化 221f
Semmelweis, Ignaz Philipp ゼンメルワイス **819**a
Semnoderes 1587₄₆
Semnornis 1572₃₅
Semon, Richard ゼーモン **795**b
Semotivirus セモチウイルス属 1518₃₈
Semper, Carl Gottfried センペル **817**d
Semper's larva ゼンペル幼生 1218i
Sendai virus センダイウイルス **812**l
Sendai virus センダイウイルス 1520₁₀
Senebier, Jean セネビエ **794**e
Seneca Valley virus セネカバリーウイルス 1521₂₃
Senecavirus セネカウイルス属 1521₂₃
Senecio 1652₃₇
senescence 老化，老化過程 352g, **1498**i
senile atrophy 老衰的萎縮 853c
―― dementia of the Alzheimer type アルツハイマー型老年認知症 41a
―― form 老形 **1499**b
―― involution 老衰的退縮 853c
―― plaque 老人斑 41a
senior homonym 古参同名 998d
―― synonym 先行異名，古参異名 89e
sensation 感覚 **252**d
―― circle 感覚圏 **253**b
sense 感覚 **252**d
―― cell 感覚細胞 **253**c
―― hillock 感丘 **255**d
―― of cold 冷覚 174c
―― of equilibrium 平衡覚 1259f
―― of force 力覚 **1452**j
―― of gravity 重力覚 **630**d
―― of humidity 湿度覚 593l
―― of movement 運動覚 **115**a
―― of pain 痛覚 **934**d
―― of position 位置覚 **70**j
―― of pressure 圧覚 681a
―― of resistance 抵抗覚 1452j
―― of smell 嗅覚 **308**e
―― of taste 味覚 **1352**a
―― of vibration 振動覚 709f
―― of warmth 温覚 174c
―― organ 感覚器，感覚器官 **253**a, 646g
―― spot 感覚点 **254**b
―― strand センス鎖 59b, 1149d
sensible heat 顕熱 1056a
sensilla 感覚子 **253**d
sensillum 感覚子 **253**d
―― ampullaceum 壺状感覚子 217b
―― basiconicum 錐状感覚子 **721**i
―― campaniforme 鐘状感覚子 **659**h
―― chaeticum 剛毛感覚子 **467**a
―― coeloconicum 窩状感覚子 217g
―― placodeum 楯状感覚子 **876**b
―― scolophore 弦状感覚子 415h
―― trichodeum 毛状感覚子 **1392**g
sensitive センシティブ 330e
―― period 感受期 1166b, 1472i
―― pit 感覚膜孔 1336c
sensitivity analysis 感度分析 **271**b, 626g
sensitization 感作 **261**d
sensitizer 増感体 1137q
sensory adaptation 感覚順応 **253**f
―― area 感覚野 **254**d

―― cell 感覚細胞 **253**c
―― cortex 感覚皮質 254d
―― deprivation 感覚遮断 **253**e
―― end organ 感覚終末器 629e
―― epithelium 感覚上皮 **253**g
―― groove 感覚溝 681b
―― hair 感覚毛 **254**c
―― memory 感覚記憶 277i
―― nerve 感覚神経 **253**h
―― nerve cell 感覚神経細胞 253c
―― organ 感覚器官 **253**a
―― pole 感覚極 1408g
―― pore 感覚孔 134c
―― pore X organ 感覚孔X器官 134c
―― rhodopsin センソリーロドプシン 1487f
―― root 感覚性根 783c
―― speech center 感覚性言語中枢 420c
―― spot 感光点 270g
―― unit 感覚単位 116b, **254**a
S. enterica serovar Enteritidis 腸炎菌 1549₁₀
―― *enterica* serovar Typhi チフス菌 1549₁₁
―― *enterica* serovar Typhimurium ネズミチフス菌 1549₁₂
Seohaeicola 1546₉
sepal 萼片 200a, 234b
separase セパラーゼ **794**g
separate 離生 **1455**i
separated eustele 分裂真正中心柱 705d
separation 分離 **1253**f
―― disc 隔板 1493b
Separationstheorie 隔離説 211c
Sepedonium 1617₂₈
Sephacryl 415c
Sephadex セファデックス 415b, 960a
Sepharose 415b
Sepia 1583₂₁
sepia 墨汁 1304f
sepiapterin セピアプテリン 563f
S. epidermidis 表皮ブドウ球菌 1542₄₆
Sepiella 1583₂₁
Sepiida コウイカ目 1583₂₁
Sepiola 1583₂₂
sepiomelanin セピオメラニン 1304f
Sepioteuthis 1583₁₇
sepsis セプシス，敗血症 128e, **1079**c
septa セプタ 522i
septal cartilage 鼻中隔軟骨 1109h
―― cell 大肺胞細胞 1072b
―― funnel 漏斗管 1499g
―― pore 隔膜孔 208g
septate desmosome 中隔接着斑 **794**k
―― fiber 隔壁繊維 799d
―― junction セプテートジャンクション **794**k
Septemchiton 1581₂₁
Septemchitonina セプテムキトン亜目 1581₂₁
Septibranchia 隔鰓類 1285h
septicemia 敗血症 **1079**c
septicidal capsule 胞間裂開蒴果 536b
septifragal capsule 胞軸裂開蒴果 536b
―― dehiscence 胞軸裂開 **1296**a
Septobasidiaceae モンパキン科 1620₅₁
Septobasidiales モンパキン目 1620₅₀
Septobasidium 1620₅₂
Septochytriaceae セプトキトリウム科 1602₂₉
Septochytrium 1602₂₉
Septofusidium 1617₃₉
Septoglomus 1604₅₆
Septoidium 1608₅
Septonema 1607₄₄
Septoria 1607₁₅
septula 小中隔 759i
septum 中隔，体節間膜，隔壁，隔膜 **208**g, 581c, 591b, 856c, **909**k
―― linguae 舌中隔 789a
―― secundum of atrium 第二次心房中隔 909k

―― transversum　横中隔　**160**h
sequence complexity　塩基配列の複雑さ，配列の複雑度　411c, 944a
sequence-directed DNA curvature　1510e
sequencer　シークエンサー　**566**c
sequential hermaphrodism　隣接的雌雄同体　768a
―― hermaphroditism　隣接的雌雄同体現象　627f
―― replication　逐次的複製　**903**h
―― transition model　逐次転移モデル　46b
Sequivirus　セクイウイルス属　1521₃₅
Sequoia　1645₇
Ser　795i
seraya　セラヤ　1440c
SERCA　筋小胞体Ca^{2+}-ATPアーゼ　337a
sere　遷移系列　799c
Serenomyces　1616₃₇
Sergeia　1631₃₉
Sergia　1597₃₈
serial dilution　段階稀釈　436j
―― symbiosis theory　連続共生進化説　1022e
Seriatopora　1558₁
sericin　セリシン　**795**g
Sericolophus　1555₄
series　列　786i
―― elastic component　直列弾性要素　**889**k
―― elastic elenent　直列弾性要素　**889**k
serine　セリン　**795**i
―― carboxypeptidase A　セリンカルボキシペプチダーゼA　231i
―― dehydratase　セリン脱水酵素　795i
serine-glyoxylate transaminase　セリン-グリオキシル酸トランスアミナーゼ　360a[図]
serine hydroxymethyltransferase　セリンヒドロキシメチルトランスフェラーゼ，セリンヒドロキシメチル基転移酵素　360a[図], 795i
―― hydroxymetyltransferase　セリンヒドロキシメチル基転移酵素　360b
―― protease　セリンプロテアーゼ　301e, **796**a
serine-threonine kinase　セリン・トレオニンキナーゼ　1234e
serine/threonine phosphatase　セリン・トレオニンホスファターゼ　1235f
serine-threonine-tyrosine kinase　セリン・トレオニン-チロシンキナーゼ　931f
serine-type carboxypeptidase　セリンタイプカルボキシペプチダーゼ　796a
Serinibacter　1537₇
Serinicoccus　1537₁₉
Seriola　1566₅₆
sero-amniotic cavity　漿羊膜腔　666e
―― connection　漿羊膜連結　1427b
serodiagnosis　血清学的分類　**405**d
serological classification　血清学的分類　**405**d
serology　血清学　457b
serosa　漿膜　**666**e
serotonergic neuron　セロトニン作動性ニューロン　798h
serotonin　セロトニン　**798**h
―― receptor　セロトニン受容体　798i
serotype　血清型　405d
serous cell　漿液細胞　653e
―― fat cell　漿液性脂肪細胞　608f
―― gland　漿液腺　**653**g
―― membrane　漿膜　**666**e
serovar　血清型　547a, 1055f
Serpens　1549₄₉
Serpentes　ヘビ下目　1568₅₆
Serpentichona　1659₃₄
serpentine plants　蛇紋岩植物　**618**g
Serpin　セルピン　1233a
Serpotortellaceae　セルポトルテラ科　1639₅₄
Serpula　1585₃, 1627₂₆
Serpulaceae　ナミダタケ科　1627₂₆
Serpulina　1550₁₅
Serrasalmus　ピラニア　1566₆
Serratia　霊菌　1549₁₂
―― *marcescens*　霊菌　**1484**e

serration　鋸歯　**329**c
SERRES, Étienne　セル　**796**b
Ser/Thr-linked glycan　セリン・トレオニン結合型糖鎖　163c
Sertoli's cell　セルトリ細胞　**797**c
Sertularella　1555₄₆
Sertularia　1555₄₆
serum　血清　**405**b
―― albumin　血清アルブミン　**405**c
serum-blocking power　血清阻止力　**405**e
serum free medium　無血清培地　**1368**g
―― protein　血清蛋白質　404c
―― sickness　血清病　**405**f
SERVETUS, Michael　セルヴェトゥス　**796**d
servomechanism　サーボ機構　**543**h
sesamoid cartilage　種子軟骨　1028c
Sesamum　1652₉
sessile algae　付着藻類　953c
―― eye　坐着眼　1414e
―― leaf　無柄葉　1426f
―― organism　固着生物　1205d
―― pedicellaria　無柄叉棘　535g
Sessilia　無柄目　1595₅₀
Sessiliflorae　ウミサボテン亜目, 定座類, 無柄類　1557₃₄
seston　セストン　**786**d
Sesuvium　1650₅₇
seta　刺毛, 剛毛, 子嚢柄, 萠柄　384a, 535h, 602g, **614**e
Setaria　1647₄₁
Setchelliogaster　1625₅₁
Sethophormis　1663₁₄
Seticoronaria　セチコロナリア目　1587₅₁
setigerous segment　剛毛節　452e
Setosphaeria　1609₅₆
settlement　定着　**954**d
settling velocity　沈降速度　**932**f
Seuratia　1607₃₉
Seuratiaceae　セウラチア科　1607₃₉
Seuratiopsis　1607₃₉
severe acute respiratory syndrome　重症急性呼吸器症候群　499d
―― combined immunodeficiency　重症複合免疫不全症　**624**a, 728d, 1389f
Severonis　1659₄₇
SEWARD, Albert Charles　シーワード　**687**b
SEWERTZOFF, Aleksei Nikolaevich　セヴェルツォフ　**781**c
sex　性　**744**b
―― allocation　性配分　**769**h, 1088i
―― attractant　性誘引物質　**779**c
―― cell　性細胞　757e
―― change　性転換　**768**e
―― check　性別判定　620j
―― chromatin　性染色質　**759**e
―― chromosome　性染色体　**759**f
sex-conditioned inheritance　従性遺伝　**624**g
sex control　性の支配　**769**f
―― cord　性索　**750**f
―― determination　性決定　748e
―― determining gene　性決定遺伝子　**748**c
―― determining substance　性決定物質　748c
―― differentiation　性分化　**777**b
sex-duction　伴性導入　143b
sex factor　性因子　**744**f
―― hormone　性ホルモン　**777**f
sexing　雌雄鑑別　**620**j
sex-limited chromosome　限性染色体　**424**c
―― inheritance　限性遺伝　**424**a
sex linkage　伴性　1122g
sex-linked inheritance　伴性遺伝　**1122**g
―― lethal gene　伴性致死遺伝子　904c
sex-mosaic　性モザイク　629k
sex pheromone　性フェロモン　**1189**c
―― pilus　性線毛　**759**g
―― ratio　性比　**770**a
―― reversal　性転換　768e
―― role　性的役割　**768**i
―― role reversal　性的役割の逆転　768c

―― skin 性皮 **770**b
sexual assemblage 性集団 398h
―― bipotentiality 性的両能性 **768**d
―― character 性徴 **766**a
―― conflict 性の対立 319c
―― cycle 性周期 **755**e
―― dimorphism 性的二形 **768**b
―― generation 有性世代 **1410**g
―― gland 生殖腺 758d
―― imprinting 性的刷り込み 742f
―― intercourse 性交 463c
―― isolation 性的隔離 211a
sexuality 雌雄性 744b
sexually transmitted disease 性行為感染症 770c
sexual organ 生殖器官 **756**c
―― reproduction 有性生殖 **1410**d
―― selection 性淘汰 769a
―― system 二十四綱分類法 **1036**h
―― system of plant classification 二十四綱分類法 1036h
sexy son hypothesis セクシーサン説 **786**b
Seymouria シームリア 613f, 1567₂₃
Seymouriomorpha シームリア亜目 1567₂₃
Seynesia 1619₂₆
Seynesiella 1608₅₈
SFB 560d
SFC 超臨界流体クロマトグラフィー 376b
SFMC 可溶性フィブリンモノマー複合体 239f
S. griseus ストレプトマイシン生産菌 1538₂
-SH 129c
SH2 536a
shade leaf 陰葉 **100**d
―― plant 陰生植物 **95**d
―― tolerance 耐陰性 **845**d
―― tree 陰樹 **93**i
shadowing シャドウイング 617f
―― technique シャドウイング法 **617**f
shadow reaction 陰影反応 **92**c
shaft 羽軸 111g
shake culture 振盪培養 **425**f
shaking culture 振盪培養 425e
Shallot virus X シャロットXウイルス 1521₃₉
shallow-water animal 浅海動物 688g
sham rage 見かけの怒り 488c, 579a
Shanorella 1611₂₂
Sharpea 1543₁₃
Sharpey's fiber シャーピー繊維 484a, 1069b
SHARP, Phillip Allen シャープ **618**a
Shastasaurus 1568₂₈
shave biopsy 薄片生検 1075b
Shearia 1609₅₁
shear stress ずり応力 **742**e
sheath 鞘 **544**e
sheathed artery 英動脈 **544**f
―― bacteria 有鞘細菌 **1409**c
Sheeppox virus ヒツジ痘ウイルス 1516₆₀
SHELFORD, Victor Ernest シェルフォード **557**g
shell 殻, 甲, 貝殻 **177**i, **239**h, **428**j
―― epidermis 殻皮層 177i
shell-eye 殻眼 **201**a, **579**d
shellfish poison 貝毒 **184**e
―― poisoning plankton 貝毒プランクトン 3f
shell gland 卵殻腺, 殻腺, 貝殻腺 178a, **206**b, **1443**i
―― membrane 卵殻膜 **1443**f
―― sac 貝殻嚢 178a
―― zone 貝殻帯 **178**b
shelter かくれが **212**c
SH-enzyme SH酵素 129c
SHERRINGTON, Charles Scott シェリントン **557**e
Shewanella 1548₄₆
Shewanellaceae シュワネラ科 1548₄₆
SH-group SH基, 水硫基 129c
Shh 1269c
shield cell 楯細胞, 盾細胞 616f, 828c
shift down シフトダウン 606d

shifting 転位 592g
―― balance theory 平衡転位説 **1260**f
shift up シフトアップ **606**d
Shigella 赤痢菌 1549₁₂
shikimic acid シキミ酸 **564**j
Shimagare 縞枯れ **612**e
Shimazuella 1543₁
Shimia 1546₉
Shimizuomyces 1617₂₀
Shimwellia 1549₁₃
Shine-Dalgarno sequence シャイン-ダルガーノ配列 181a, 1380g
Shinella 1547₂₂
Shinisaurus 1568₅₀
Shinkaiya 1664₂₀
Shiraia 1609₁₀
shivering thermogenesis ふるえ産熱 **1224**d
shock ショック **681**e
―― reaction 衝撃反応 1245a
Shokawa 1568₁₅
Shonisaurus 330b
shoot シュート, 苗条 **642**g, **643**g
―― apex シュート頂, シュート頂分裂組織, 茎端, 茎頂 **644**a, **644**h
―― apex culture 茎頂培養 **392**b
―― apical meristem シュート頂分裂組織 **644**h
―― root ratio 地上部・地下部比率 **905**a
―― system シュート系 **643**g
―― tip culture 茎頂培養 **392**b
Shorea 1650₂₇
shore region 海浜域 **186**i
short arm 短腕 71d
―― bone 短骨 1317g
short-circuit current 短絡電流 57c
short-day plant 短日植物 **885**e
shortening heat 短縮熱 1058a
shortest distance method 最短距離法 330a
―― intercalation rule 最短間挿則 325h
short grassland 短草原 823j
―― grass meadow 短草型草原 823j
Shortia 1651₂₁
short interspersed element 1489f
short-long-day plant 短長日植物 **891**d
short shoot 短枝 **884**h
short-sightedness 近視 349a
short tandem repeat STR 多型 **1333**i
short-term memory 短期記憶 277i
―― plasticity 短期的可塑性 225b
shotgun experiment ショットガン実験 **681**f
―― sequencing ショットガン配列決定法 **681**g
shoulder girdle 前肢帯, 肩帯 589d
shovel-shaped incisor シャベル状切歯 **618**b
SH-protein SH蛋白質 **130**a
SH-reagent SH試薬 129c
shrub 低木 **955**e
―― layer 低木層 **955**f
―― tundra 低木ツンドラ 937b
shugoshin シュゴシン **633**b
Shuotheridia シュオテリウム目 1573₃₇
Shuotherium 1573₃₇
shuttle vector シャトルベクター 1041b, 1264h
Shuttleworthia 1543₄₁
Shwartzman phenomenon シュワルツマン現象 **649**h
S-(hydroxyalkyl)-glutathionelyase *S*-ヒドロキシアルキルグルタチオンリアーゼ 367h
SI 国際単位系 472d
Si ケイ素 390b
Siadenovirus シアデノウイルス属 1515₁₄
sialic acid シアル酸 **555**f
sialidase シアリダーゼ 1062a
Sialis 1600₄₄
sialyllactose シアリルラクトース 171b
Siamese twins シャム双生児 **618**e
Sibirina 1617₂₈
siblicide きょうだい殺し **321**b

sib 2121

欧文

siblings 姉妹細胞 612d
sibling species 同胞種 997f
Siboglinum 1585₆
sib selection 姉妹選択法 612d
── test 兄妹検定 393e
siccideserta 乾荒原 541e
Sicista 1576₄₆
sickle cell anemia 鎌状赤血球貧血 237n
sickness 病気 1165f
Sicuophora 1659₂₂
Sicyoidochytrium 1653₂₂
Sida 1594₄₁, 1650₂₁
side-chain theory 側鎖説 835j
side-polar 側極性 1258f
Sidera 1624₅
sideroblast 鉄赤芽球 781i
Sidonops 1554₃₃
Siebbein 篩骨 698c
Siebold, Karl Theodor Ernst von ジーボルト 611f
Siebold, Philipp Franz von ジーボルト 611g
sieve area 師域, 篩域 556b
── cell 篩細胞 575a
── element 篩要素 264h, 560e
── parenchyma 篩部柔組織 605d
── plate 師板, 篩板 556b, 604f
── pore 篩孔 571h
sievert シーベルト 1298d
sieve tube 師管, 篩管 560e
── tube cell 篩管要素 560e
── tube element 篩管要素 560e
── tube member 篩管要素 560e
SIF cell SIF 細胞 605f
Siganus 1566₅₆
Sigillaria 1642₁₁
sigma シグマ体 483e
sigma-association 総和群集 383e
Sigmadocia 1554₄₈
Sigmogloea 1623₇
sigmoid curve S 字状曲線 477h, 767b
Sigmoidea 1617₅₅
Sigmoideomyces 1604₃₁
Sigmoideomycetaceae シグモイデオミケス科 1604₃₁
sign サイン, 記号 567i, 1112f
signal シグナル 567i
── coloration 標識色 1167c
── detection theory 信号検出理論 701e
── hypothesis シグナル仮説 569a
signaling シグナリング 568a
── chemical シグナル化学物質 567i
signal peptidase シグナルペプチダーゼ 569a, 1337e
── peptide シグナルペプチド 569f
── recognition particle シグナル認識粒子 568b
── sequence シグナル配列 569a
── stimulus サイン刺激, 信号刺激, 合図刺激 197e
── transduction シグナル伝達, シグナル伝達系 567i, 568b
signet ring cell carcinoma 印環細胞癌 59d
sign-gestalt サイン-ゲシュタルト 1112f
── theory サイン-ゲシュタルト理論 1112f
significate 意味体 1112f
sign post サインポスト 1027b
── stimulus サイン刺激, 信号刺激, 合図刺激 197e
silage サイレージ 1304g
Silanimonas 1550₆
silencer サイレンサー 157c, 1210a
Silene 1650₄₇
silent DNA サイレント DNA 590a
silica deposition vesicle ケイ酸沈着胞 1132f
siliceous ooze 珪質軟泥 1029d
Silicibacter 1546₉
silicicolous plant ケイ酸植物 387a
silicle 短角果 536b
Silicoflagellida 珪質鞭毛虫目 1656₇
Silicoloculina 1663₅₀
Silicoloculinida シリコロキュリナ目 1663₅₀

silicon ケイ素 390b
silicula 短角果 536b
siliqua 長角果 536b
silique 長角果 536b
silk gland 絹糸腺 421d
── glue 絹膠 795g
Sillago 1566₅₇
Silpha 1600₅₉
silt シルト, 微砂, 沈泥 1005b
Siluania 1653₁₆
Silurian period シルル紀 686f
Siluriformes ナマズ目 1566₇
Silurus 1566₇
silver impregnation 銀染色 338b
silvering 銀化 332h
Silvetia 1657₄₉
Silvimonas 1547₁₁
Simaroubaceae ニガキ科 1650₁₁
Simian cytomegalovirus サルサイトメガロウイルス 519b
Simian foamy virus サルフォーミーウイルス 1518₅₄
simian immunodeficiency virus サル免疫不全ウイルス 1390a
── sarcoma virus サル肉腫ウイルス 1030h
Simian virus 40 129b
Simian virus 40 シミアンウイルス 40 1516₅₆
Simiduia 1548₂₅
Simiglomus 1604₅₆
Simiiformes 真猿下目 1575₃₂
similarity 類似度, 類似性 1480g
── coefficient 類似係数 1480g
── matrix 類似度行列 322c
similar twins 同型双生児 828e
Simkania 1540₂₀
Simkaniaceae シムカニア科 1540₂₀
Simocybe 1626₉
Simons, Elwyn LaVerne サイモンズ 533g
Simonsiella 1547₁₁
Simosaurus 1568₃₂
simple apposition 522g
── cell 単純型細胞 888f
── comb 単冠 919f
── egg 単一卵 881b, 1284d
── epithelium 単層上皮 663b
── eye 単眼 882b
── gland 単一腺 870h
── leaf 単葉 896i
── lipid 単純脂質 888g
── matching coefficient 単純一致係数 1480f
── ovary 単子房 581c
── pharynx 単咽頭 108h
── pit 単壁孔 1263f
── pit-pair 単壁孔対 1263f
simple-pore septum 単純孔隔壁 335d
simple tissue 単一組織 839d
simplex apex 単純茎頂型 644b
Simplexvirus シンプレックスウイルス属 1514₅₂
Simplicillium 1617₂₄
Simplicimonas 1630₈
Simplicispira 1546₅₆
Simpson, George Gaylord シンプソン 713f
simulated annealing シミュレーテッドアニーリング 613e
simulation シミュレーション, 模擬実験 613d
simulator シミュレータ 1398c
Simuliomyces 1604₄₇
Simulium 1601₂₂
simultaneous contrast 同時性対比 862b
── hermaphroditism 同時的雌雄同体現象, 常時雌雄同体現象 297c, 627f
── threshold 同時閾 342l
Sinanthropus pekinensis 中国原人 1264g
Sinapis 1650₃
Sinclairocystis 1559₂₉
Sindbis virus シンドビスウイルス 711d
Sindbis virus シンドビスウイルス 1522₆₁
SINE 1489f

SINGER, Charles　シンガー　**688**b
single-burst experiment　シングルバースト実験　**693**a
single cell culture　単細胞培養　**884**b
―― compartment liposome　一枚膜リポソーム　1464d
―― cone　独立型錐体　723a
―― diffusion test　単純拡散法　414i
―― grained structure　単粒構造　**896**j
―― headed myosin　単頭ミオシン　**892**a
―― hit curve　1ヒット曲線　821c
single-layered forest　一斉林, 一段林, 単層林　1473g
single-molecule fluorescence imaging　1分子蛍光イメージング　**74**b
single nucleotide polymorphism　一塩基多型　**70**h
―― selection　単独確認　207f
single-stranded DNA　一本鎖DNA　**76**a
―― DNA binding protein　一本鎖DNA結合蛋白質　**76**b
single-unit muscle　単元筋　870a
―― recording　シングルユニット記録　**693**b
single vision　単一視　**881**a
Singularimonas　1550$_2$
Singulisphaera　1545$_5$
sinigrin　シニグリン　1085f
sinistral　左巻き　**1153**a
sink　シンク　606e, 973e
sinking flux　沈降フラックス　932f
―― rate　沈降速度　**932**f
sink limited　シンクリミット　842b
sink-source relationship　シンク-ソース関係　842b
sino-atrial node　洞房結節　570e
sino-auricular node　洞房結節　570e
Sinobaca　1542$_{43}$
Sinobacter　1550$_3$
Sinobacteraceae　シノバクター科　1550$_2$
Sinocallipodidea　ヒガシスジツムギヤスデ亜目　1593$_{44}$
Sinocallipus　1593$_{44}$
Sinoennea　1584$_{28}$
Sinofavus　1620$_3$
Sino-Japanese floral region　シナ-日本植物区系区, 日華植物区系区　**1037**h
Sinomenium　1647$_{52}$
Sinomonas　1537$_{29}$
Sinopa　1575$_{44}$
Sinophysis　1662$_{49}$
Sinorhizobium　1545$_{48}$
Sinotrichium　1604$_{47}$
sinovaginal bulb　洞膣球　906a
Sinuolinea　1555$_{18}$
Sinupalliata　184d
sinus　洞様血管　**999**d
―― endolymphaticus　内リンパ洞　1338e
―― endothelial cell　洞内皮細胞　533f
―― frontalis　前頭洞　254e
―― gland　サイナス腺　**519**c
―― gland hormone　サイナス腺ホルモン　273c
―― hair　血洞毛　**407**d
―― node　洞結節　570e
―― of Morgagni　モルガーニ洞　761f
sinusoid　洞様毛細血管, 洞様血管　274g, 349c, **999**d
sinus prostaticus　摂護洞　1410c
―― system　洞溝系　1175b
―― urogenitalis　泌尿生殖洞　**1159**a
―― venosus　静脈洞, 静脈竇　**667**b
―― venosus sclerae　強膜静脈洞　442g
siomycin A　シオマイシンA　902a
siphon　水管, 管体, 送水管　110e, 121g, **719**d
siphonal muscle　水管筋　184d
―― scar　水管痕　184d
Siphonaptera　ノミ目, 微翅類, 隠翅類　1601$_{18}$
Siphonaria　1584$_{21}$, 1602$_{23}$
Siphonina　1664$_{13}$
Siphoniulida　クダヤスデ目　1593$_{56}$
Siphoniulus　1593$_{56}$
Siphonobacter　1539$_{26}$
Siphonochalina　1554$_{49}$
Siphonocladales　クダネシグサ目　1634$_{37}$

Siphonocladus　1634$_{42}$
Siphonocryptida　セスジヤスデ目　1593$_{15}$
Siphonocryptus　1593$_{15}$
Siphonodentalium　1581$_{46}$
siphonoglyph　管溝　1110h
Siphonophora　1593$_{18}$
Siphonophorae　クダクラゲ目　1555$_{47}$
Siphonophorida　ギボウシヤスデ目　1593$_{18}$
Siphonopoda　頭足類　**988**d
Siphonops　1567$_{35}$
Siphonorhinus　1593$_{19}$
Siphonosoma　1586$_7$
Siphonosphaera　1663$_{20}$
siphonostele　管状中心柱　**264**c
Siphonostomatoida　ウオジラミ類, シフォノストマ目　1595$_{22}$
Siphonotreta　1580$_1$
Siphonotretida　シフォノトレタ目　1580$_1$
Siphonotus　1593$_{17}$
siphonous thallus　多核嚢状体　**867**c
siphonozooid　管状個員, 管状個虫　1110h
Siphoviridae　サイフォウイルス科　1514$_{30}$
Siphula　1614$_{19}$
siphuncle　連室細管　**1493**g
Sipuncula　ホシムシ綱, 星口動物　750c, 1586$_5$
sipunculans　星口動物　**750**c
Sipunculida　スジホシムシ亜綱　1586$_6$
sipunculids　星口動物　**750**c
Sipunculiformes　スジホシムシ目　1586$_7$
Sipunculus　1586$_8$
SiR　亜硫酸還元酵素　35c
Siren　1567$_{40}$
Sirenia　海牛目　1574$_{40}$
Sirenoidea　シレン亜目　1567$_{40}$
Sirevirus　サイアウイルス属　1518$_{43}$
Sirex　1601$_{46}$
siRNA　37a, 38c, 955c, 1139i
Siro　1591$_{16}$
Sirobasidiaceae　ジュズタンシキン科　1623$_{14}$
Sirobasidium　1623$_{14}$
Sirodotia　1632$_{37}$
siroheme　シロヘム　35c
sirohydrochlorin　シロヒドロクロリン　35c
Sirolpidium　1653$_{40}$
Sirophrya　1660$_{41}$
Sirosporium　1608$_{38}$
Sirothyriella　1607$_{56}$
Sirotrema　1623$_{14}$
SIRS　**128**e
sisomycin　シソマイシン　30a
sister chromatid exchange　姉妹染色分体交換　**612**c
―― chromatids　姉妹染色分体　**612**b
―― species　姉妹種　**612**a
Sistotrema　1623$_{47}$
Sistotremastrum　1625$_{31}$
Sistotremella　1625$_{31}$
SiSV　サル肉腫ウイルス　1030h
site　立地　760j
site-directed mutagenesis　指定部位突然変異誘発　**597**e
site specific recombination　部位特異的組換え　82i
sitosterin　シトステリン　600g
sitosterol　シトステロール　**600**g
Sitta　1573$_1$
Sitticus　1592$_{26}$
situs inversus　逆位　**302**a, 320e
―― inversus viscerum　内臓逆位　1020g
―― viscerum　内臓位　**1020**g
SIV　サル免疫不全ウイルス　1390a
Sivapithecus　シバピテクス　1231a, 1438d
size-advantage model　体長有利性モデル　768e
size constancy　大きさの恒常性　574d
―― construction　サイズ組成　513h
―― distribution　サイズ分布　**513**h
―― exclusion chromatography　サイズ排除クロマトグラフィー　415b

―― frequency distribution　サイズ頻度分布　513h
―― principle　サイズの原理　**513**g
Sjögren's syndrome　シェーグレン症候群　556f
skelemin　スケルミン　145b
skeletal age　骨年齢　**483**c
―― hyphae　骨格菌糸　336d
―― muscle　骨格筋　**479**i
Skeletocutis　1624₅₀
skeletogenesis　骨格形成　549i
skeleton　骨格　**479**h
Skeletonema　1654₅₅
skeleton food-chain　骨格的食物連鎖　679a
skeltin　スケルチン　960h
Skermanella　1546₂₃
Skermania　1536₄₀
skewness　歪度　513h
Skierka　1620₃₀
skill learning　技能学習　115b
Skimmia　1650₁₄
skin　皮膚　**1159**i
―― cancer　皮膚がん　1318b
―― color　皮膚色　**1160**e
skinned fiber　脱鞘筋繊維　874d
―― muscle fiber　脱鞘筋繊維　**874**d
Skinner box　スキナー箱　729a
skin potential　皮膚電位　664e
―― receptor　皮膚受容器　670g
Skiomonadea　スキオモナデア綱　1664₄₅
skiophyte　スキオファイト　95d
skioptic reaction　陰影反応　**92**c
Skoog, Folke　スクーグ　**729**f
skull　頭蓋　**976**h
Skvortzovia　1625₃₅
Skyttea　1614₉
SL1　37d
SLA　比葉面積　1169h
Slackia　1538₂₀
slant culture　斜面培養　**618**f
slavery　奴隷使用　**1015**e
SLE　全身性エリテマトーデス　811f
sleep　睡眠　**726**g
―― deprivation　断眠　727a
sleep-inducing substance　睡眠誘発物質　727a
sleep-promoting material　睡眠促進物質　727a
sleep substance　睡眠物質　**727**a
SLF　560d
slide　スライドグラス　**742**d
―― cell culture　懸滴培養　**426**c
―― glass　スライドグラス　**742**d
sliding　滑り　7a
―― caliper　滑動計　982b
―― filament theory　滑り説　**740**f
―― theory　滑り説　**740**f
slime　粘液　**1059**c
―― gland　粘液腺　**1059**e
―― layer　粘質層　509e
―― molds　粘菌類　**1060**b
―― spore　粘性胞子　1249c
sling movement　はじきだし運動　**1096**e
SLL1　233a
SLO　ストレプトリシンO　1421c
slow muscle　遅筋　**903**f
―― muscle fiber　I型繊維，遅筋繊維　903f
―― reacting substance of anaphylaxis　アナフィラキシーの遅延反応物質　1497b
slow-twitch muscle fiber　II a型繊維，遅い速筋繊維　835e
slow virus infection　スローウイルス感染症　**743**a
―― wave sleep　徐波睡眠　1491g
SLR1　964b
slug　移動体　**85**f
SLW　比葉重　1169h
SMAD4　952d
SMAD binding element　952d
―― ubiquitination regulatory factor 1　1131c
―― ubiquitin regulatory factors　952d

small alveolar cell　扁平肺胞細胞　1072b
―― G protein　低分子量GTPアーゼ　**955**d
―― grain crops　雑穀類　472i
―― GTPase　低分子量GTPアーゼ　**955**d
―― GTP-binding protein　低分子量GTPアーゼ　**955**d
―― intensely fluorescent cell　SIF細胞　605f
―― interfering RNA　37a, 955c
―― intestine　小腸　**661**a
―― intestine juice　小腸液　918d
―― lymphocyte　小リンパ球　1476g
―― multigene family　少数多重遺伝子族　871e
―― nuclear RNA　130b
―― nucleolar RNA　核小体低分子RNA　205e
smallpox virus　痘瘡ウイルス　**988**a
small RNA　低分子RNA　**955**c
―― salivary gland　小唾液腺　866i
―― single copy region　1216a
―― sperm duct　精巣輸出管　**760**h
―― sudoriferous gland　エクリン腺, 小汗腺　1160g
―― T　1322g
―― ubiquitin-like modifier　ユビキチン様蛋白質　1131b, 1146b
―― wing　小翼　**668**c
Smaragdicoccus　1536₄₀
S. marcescens　霊菌　1549₁₂
smear examination　塗抹検査　**1008**k
―― method　塗抹法　**1008**l
smectic　スメクチック　123j
smell　匂い　308e, 622e
―― cell　嗅細胞　311a
―― receptor　嗅受容器　**311**a
Smilacaceae　サルトリイバラ科　1646₃₃
Smilax　1646₃₃
Smilodon　1575₄₉
Sminthurus　1598₂₃
Smith degradation　スミス分解　**742**b
Smithella　1548₈
Smith, Hamilton Othanel　スミス　**741**i
Smithies, Oliver　スミシーズ　**741**h
Smith, Michael　スミス　**742**a
Smithora　1632₁₈
Smittina　1579₃₇
Smittipora　1579₃₇
Smittium　1604₄₇
Smo　1269c
smolt　スモルト　332h
smoltification　スモルト化　332h
Smoothed　1269c
smooth endoplasmic reticulum　滑面小胞体　665b
―― muscle　平滑筋　**1258**f
―― pursuit　滑動性眼球運動　255e
―― pursuit movement　滑動性運動　323c
SMR　標準代謝量　1167g
SMRS　643f
SMURF　952d
Smurf1　1131c
smut fungi　クロボキン類　**374**d
smuts　クロボキン類　**374**d
smut spore　クロボ胞子　**375**b
snails　腹足類　**1199**e
snake　1089c
snake venom　ヘビ毒　**1273**d
―― venom phosphodiesterase　ヘビ毒ホスホジエステラーゼ　**1273**e
SNAP　可溶性NSF付着蛋白質　137c
―― receptor　SNAP受容体　737d
SNARE complex　SNARE複合体　737d
―― hypothesis　SNARE仮説　**737**d
―― motif　SNAREモチーフ　737d
sneaker　スニーカー　540i
sneaking　スニーキング　540i
Sneathia　1544₃₃
Sneathiella　1546₃₂
Sneathiellaceae　スニーシエラ科　1546₃₂
Sneathiellales　スニーシエラ目　1546₃₁

SNELL, George Davis　スネル　**737**e
SNF1-related protein kinase　23j
snoRNA　核小体低分子 RNA　205e, 1139i
snoRNA　核小体低分子リボ核蛋白質複合体　205e
snow algae　雪氷藻　**793**d
snowball earth　スノーボールアース　**737**f
snow bloom　雪の華　793d
Snowella　1541₂₄
snow line　雪線　452a
SNP　一塩基多型　70h
SnRK　23j
snRNA　核内低分子 RNA　**130**b, 955c, 1139i
snRNP　130b, 740c, 740d
Snyderella　1630₁₅
Sobemovirus　ソベモウイルス属　1523₂₄
Soboliphyme　1587₆
sociability　群度　**383**b
social amoeba　社会性アメーバ　527d
—— anthropology　社会人類学　716b
—— avoidance　社会的回避　95f
—— behavior　社会行動　**615**b
—— Darwinism　社会ダーウィニズム　**615**g
—— deprivation　社会的剥奪　385b
—— distance　社会距離　**615**a
—— evolutionism　社会進化論　**615**d
—— facilitation　社会的促進　**616**a
—— grooming　グルーミング　370e
—— group　社会集団　**615**c
—— insect　社会性昆虫　**615**e
socialization　社会化　**614**g
social structure　社会構造　615c
sociation　基群集　**282**a
sociobiology　社会生物学　**615**f
socion　602f
sociotomy　ソシオトミー　**839**c
socket cell　ソケット細胞　779a
Sodalis　1549₁₃
sodium　ナトリウム　1026a
—— citrate　クエン酸ナトリウム　344a
—— deoxycholate　デオキシコール酸ナトリウム　1457d
—— dodecyl sulfate　ドデシル硫酸ナトリウム　130f
—— laury lsulfate　ラウリル硫酸ナトリウム　1457d
—— pump　ナトリウムポンプ　**1026**b
—— theory　ナトリウム説　56j
Soehngenia　1543₂₃
soft agar culture　軟寒天培養　**1027**e
—— ray　軟条　287c
—— rot　軟腐病　**1029**e
softwood　軟材　1368j
Sohayaki elements　ソハヤキ要素，襲速紀要素　1040d
soil　土壌　**1003**b
—— animals　土壌動物　**1004**e
soil-borne infection　土壌感染　**1003**d
Soil-borne wheat mosaic virus　コムギ萎縮ウイルス　1523₁₂
soil climate　土壌気候　**1003**f
—— community　土壌群集　1004b
—— disease　土壌病，土壌病害　1003d
—— erosion　土壌侵食　**1003**h
—— fauna　土壌ファウナ，地中動物相　1004b
—— flora　土壌フロラ，地中植物相　1004b
—— formation factor　土壌生成要因　**1003**b
—— horizon　土壌層位　1004c
—— humus　土壌腐植　**1004**g
soiling grass　生草　1304g
soilless culture　無土栽培　1420c
soil map　土壌図　**1003**i
—— microbes　土壌微生物　**1004**f
—— microorganisms　土壌微生物　1004f
—— moisture　土壌水分　**1004**a
soil-plant-atmosphere continuum　土壌－植物体－大気の連続体　950h
soil pollution　土壌汚染　**1003**c
—— profile　土壌断面　**1004**d
—— respiration　土壌呼吸　**1003**f
—— respiration rate　土壌呼吸速度　1003f

—— seed bank　土壌シードバンク，埋土種子集団　1334e
—— structure　土壌構造　**1003**e
—— texture　土性　**1005**b
—— transmission　土壌伝染　1003d
—— type　土壌型　1003b
—— water　土壌水　1004a
Solanaceae　ナス科　1651₅₆
Solanales　ナス目　1651₅₃
Solanderia　1555₃₆
solanine　ソラニン　**843**e
Solanum　1651₅₇
solar compass　太陽コンパス　**864**g
Solaster　1560₄₄
solatunine　ソラツニン　843e
SOLBRIG, Otto (Thomas)　ソルブリーグ　**844**c
soldier　ソルジャー　**844**a
Solemyida　キヌタレガイ目　1581₅₀
Solen　1582₂₁
Solenia　共肉溝系，溝道，腔腸溝系　1110h
Solenicola　1653₂
Solenocera　1597₃₈
Solenoconcha　管殻類　1321f
solenocyte　有管細胞　213b
Solenodinium　1662ᵦ
Solenodon　1575₁₀
Solenodonsaurus　1567₂₄
Solenofilomorpha　1558₃₆
Solenogastres　溝腹綱　1581₁₀
Solenophrya　1659₅₀
Solenopleura　1588₃₇
solenostele　管状中心柱　**264**b
Solentia　1541₄₂
sole plate　足板　694c
solfatara　硫気孔植物荒原　**1467**c
sol-gel transformation　ゾルーゲル変換　**843**h
Solibacillus　1542₂₄
solid blastula　無腔胞胚　**1369**c
—— bulb　球茎　**309**f
—— medium　固形培地　**473**b
—— tentacle　中実触手　670b
Solieria　1633₂₇
Soliformovum　1628₄₄
Solifugae　ヒヨケムシ目　1591₃₅
Solimonas　1548₂₆
Solirubrobacter　1538₃₃
Solirubrobacteraceae　ソリルブロバクター科　1538₃₃
Solirubrobacterales　ソリルブロバクター目　1538₃₀
Solitalea　1540₈
solitarious phase　孤独相　832e
solitary animal　単独行動者　**892**e
—— parasite　単寄生者　882e
—— parasitism　単寄生　**882**e
Sollasina　1561₃₂
Solmaris　1556₁₀
Solmissus　1556₁₀
Solmundella　1556₁₀
Solnhofener Schiefer　ゾルンホーフェン層　785c
Solobacterium　1544₁₅
Solo erectus　ソロ人　**844**c
solonchak　ソロンチャック，白色アルカリ土　39a
solonetz　ソロネッツ，黒色アルカリ土　39a, 472g
Solorina　1613₂₆
Solpuga　1591₃₆
soluble fibrin monomer complex　可溶性フィブリンモノマー複合体　**239**f
—— NSF attachment protein　可溶性 NSF 付着蛋白質　137f
Soluta　デンドロキスチテス目　1559₉
solution culture　養液栽培　**1420**c
soma　体，細胞体　696b, 757g
Somasteroidea　ムカシヒトデ綱，体海星類　1560₂₈
somatic　体性　1020f
—— antigen　菌体抗原　165a
—— apogamy　栄養的無配生殖　1371i
—— cell　体皮細胞，体細胞　**850**a, **862**c

―― cell genetics　体細胞遺伝学　**850**b
―― chromosome pairing　体細胞染色体対合　**850**i
―― copulation　体細胞接合　**850**h
―― crossing-over　体細胞交叉　**850**e
―― hybridization　体細胞交雑　**850**f
―― hypermutation　体細胞高頻度突然変異　**850**g, 1385d, 1386b
―― layer　体壁板　838i
―― meiosis　体細胞減数分裂　**850**d
―― mitosis　体細胞有糸分裂　1409a
―― muscle　体性筋　**855**d
―― mutation　体細胞突然変異　**851**b
―― nervous system　体性神経系　**855**f
―― nuclear division　体細胞分裂　208b
―― pairing　体細胞対合, 体細胞接合　**850**h, 850i
―― recombination　体細胞組換え　**850**c
―― reflex　体性反射　784a
―― region　対域　63e
―― segregation　体細胞分離　**851**c
―― selection　体細胞淘汰　**851**a
―― sense　体性感覚　**855**b
―― stalk　体壁柄　**863**j
―― stem cell　体性幹細胞　**855**c
―― syndesis　体細胞染色体対合　**850**i
somatische Apogamie　無配生殖　**1371**i
somatocoel　体腔, 後部体腔嚢　720c, 924a
somatoderm　体皮　862c
somatodermal cell　体皮細胞　**862**c
somatogamy　体細胞接合　**850**h
somatoliberin　ソマトリベリン　768a
somatomedin　ソマトメジン　95c
―― C　ソマトメジンC　1f
somatometry　生体計測　**763**a
somatoplasm　体質　757g, **851**a
somatopleura　体壁葉　838i
somatostatin　ソマトスタチン　**843**b
somatotopic representation　体部位再現　**863**d
somatotropic hormone　成長ホルモン　**767**i
somatotropin　成長ホルモン　**767**i
―― release-inhibiting factor　成長ホルモン放出抑制ホルモン　843b
somatotyping　ソマトタイピング　**843**c
somite　体節　**855**h, 856g
somitic muscle　体節筋　479i, 855d
somitocoel　内腔　**855**h
somitomere　ソミトメア　**843**d
Sonderia　**1660**18
Sonderopelta　**1633**28
song　さえずり　**535**b
―― control system　歌制御システム　109b
―― pathway　ソングパスウェイ　109b
―― system　ソングシステム　109b
Sonic hedgehog　**1269**c
SONNEBORN, Tracy Morton　ソンネボーン　**844**j
Sonneratia　**1648**39
Sonoraphlyctidaceae　ソノラフリクティス科　**1602**38
Sonoraphlyctis　**1602**38
Sooglossus　**1568**4
Soonwooa　**1539**51
Sophora　**1648**53
soral receptacle　胞子嚢托　**1296**g
Sorangiineae　ソランギア亜目　**1548**3
Sorangium　**1548**6
Sorapillaceae　ソラピラ科　**1641**25
Sorataea　**1620**48
Sorbeoconcha　吸腔目　**1583**38
sorbinose　ソルビノース　844c
Sorbit　ソルビット　**844**b
sorbitol　ソルビトール　**844**b
sorbose　ソルボース　**844**b
Sorbus　**1648**60
Sordaria　**1619**16
Sordariaceae　フンタマカビ科　**1619**15
Sordariales　フンタマカビ目　**1619**1
Sordariomycetes　フンタマカビ綱　**1616**34

Sordariomycetidae　フンタマカビ亜綱　**1618**2
Sordes　**1569**29
soredium　粉芽　**1241**c
SØRENSEN, Søren Peter Lauritz　セーレンセン　**798**f
Soret band　ソーレー帯　**844**e
Sorex　**1575**10
Sorghum　**1647**42
sori　胞子嚢群　**1296**g
Soricomorpha　トガリネズミ形目　**1575**7
sorocarp　累積子実体　**1481**b
Sorochytriaceae　ソロキトリウム科　**1603**24
Sorochytrium　**1603**24
Sorodiplophrys　**1653**19
Sorodiscus　**1664**28
Sorogena　**1660**7
sorose　クワ状果　**1194**e
sorosis　クワ状果　**1194**e
Sorosphaera　**1664**28
Sorosphaerula　**1664**28
Sorosporium　**1621**51
sorting　ソーティング　**842**g
―― out of cells　細胞選別　**529**d
sorus　胞子嚢群　**1296**g, 1481b
SOS box　SOSボックス　**130**c
―― function　SOS機能　**130**c
―― repair　SOS修復　**130**c
―― response　SOS応答　**130**c, 736a
sounding organ　発音器官　**1100**g
sound localization　音源定位　**173**b
sound-producing organ　発音器官　**1100**g
sound production　発音　**1100**g
source　ソース　606e, 973e
―― limited　ソースリミット　**842**b
source-sink relationship　ソース-シンク関係　**842**b
souring　酸敗　**1210**e
sourness　酸味　**1354**a
Southern bean mosaic virus　インゲンマメ南部モザイクウイルス　**1523**24
Southern method　サザン法　**538**a
SO$_x$　ソックス　847h
Soybean chlorotic mottle virus　ダイズ退緑斑紋ウイルス　**1518**27
Soymovirus　ソイモウイルス属　**1518**27
SP　サブスタンスP　**543**b
SP11　**560**d
Sp1 protein　Sp1蛋白質　**132**c
"SP6-like viruses"　SP6様ウイルス　**1514**14
SPAC　土壌-植物体-大気の連続体　**950**h
space constant　空間定数　**1024**b
―― of Disse　ディッセ腔　**954**g
spacing method　間隔法　**330**a
Spadella　**1577**4
Spadicoides　**1619**9
spadix　肉穂花序　**1031**b
Spalacotherium　**1573**51
Spalax　**1576**46
SPALLANZANI, Lazzaro　スパランツァーニ　**738**e
Sparassia　**1624**53
Sparassidaceae　ハナビラタケ科　**1624**53
Sparassodonta　砕歯目　**1574**11
Sparganiaceae　ミクリ科　**1647**25
Sparganium　**1647**25
sparganum　孤虫　**286**l
Sparlingia　**1633**43
Spartiella　**1604**47
spasm　痙攣　**394**b
spasmin　スパスミン　**738**d
spasmoneme　スパスモネム　738d
spat　付着稚貝　**1205**f
Spatangoida　ブンブク目　**1562**21
Spatangus　**1562**22
spathe　仏炎苞　**1031**b, 1304a
Spathidium　**1659**5
Spathularia　**1615**26
Spathulospora　**1619**22

Spathulosporaceae スパツロスポラ科 1619₂₂
Spathulosporomycetidae スパツロスポラ亜綱 1619₁₇
spatial colinearity 空間的共線性 320b
—— distribution pattern 分布様式 1252d
—— ecology 空間生態学 343b, 384b
—— facilitation 空間的促通 838d
—— induction 空間的感応 862b
—— sense 空間覚 343a
—— summation 空間的加重 215f, 1454d
—— threshold 空間閾 342l
Spatoglossum 1657₂₂
Spatulodinium 1662₁₃
spawning 放卵 305e
spaying 卵巣除去 329e
SPB スピンドルポールボディ，スピンドル極体 596d, 739a
"SP*β*-like viruses" SP*β* 様ウイルス 1514₃₄
specia スペシア，種社会 635b
special creation theory 特殊創造説 1001c
—— homology 特殊相同 830b
Specializationskreuzung ヘテロパスミー 1271c
specialized transduction 特殊形質導入 388a
special visceral muscles 特殊内臓筋 1020j
speciation 種分化 646a
species 種 336e, 619a
species-abundance relationship 種数-個体数関係 636f
species-area curve 種数-面積曲線 637b
species assemblage rule 種の集合法則 644f
—— category 種カテゴリー 231f
—— cladogram 種分岐図 899c
—— cross 種間交雑 631f
—— diversity 種数多様度 637a
—— ecology 種生態学 476d
—— group 種群，種階級群 193c, 644g
—— hybrid 種間雑種 631f
—— name 種名 646d
—— non-specificity 種非特異性 643e
—— selection 種淘汰 643a
—— specificity 種特異性 643e
—— taxon 種タクソン 231f
specific adhesion 特異的接着 529d
specification 指定 406d
specific birth rate 特定出生率 642f
—— combining ability 特定組合せ能力 350c
—— death rate 特定死亡率 611e
—— epithet 種形容語 646d
—— gene amplification 特異的遺伝子増幅 1000h
specificity 特異性 1000g
—— constant スペシフィシティー定数 457a
—— of enzymes 酵素特異性 455d
specific leaf area 比葉面積 1169h
—— leaf weight 比葉重 1169h
—— mate recognition system 種特異的配偶者認知システム 643f
—— name 種小名 646d
—— porin 特異的ポリン 1327a
—— rotation 比旋光度 804a
specimen 標本 1169d
spectinomycin スペクチノマイシン 30a
spectrin スペクトリン 788d
speech 会話 192b
speech area 言語野 420d
speech sound 言語音 420c
Spegazzinia 1606₄₂
Speiropsis 1606₄₂
Speirseopteris 1643₄₂
Spelaeogriphacea スペレオグリフス目 1596₃₉
Spelaeogriphus 1596₃₉
Spelaeophrya 1659₄₇
Spelaeorhynchus 1590₁₄
speleobiology 洞窟生物学 978e
Speleonectes 1594₄₄
Spemann, Hans シュペーマン 646b
Spencer, Herbert スペンサー 741c
Spencermartinsiella 1606₂₁
Speophilosoma 1593₅₄

sperm 精子，精液，精虫 744g, 752e
—— activation 精子の活性化 638a
—— agglutinin 精子膠着素 754a
spermagonium 精子器 753b
sperm-aster 精子星状体 1411a
spermatangium 不動精子嚢 1208h
spermatheca 貯精嚢 929d
spermatic artery-pampiniform plexus system 精巣動脈-蔓状静脈叢系 760g
—— cord 精索 750g
spermatid 精細胞 753d
spermatium 不動精子，精子 542a, 753b, 1208h
spermatogenesis 精子形成 753c
spermatogenous cell 精原細胞 235e
spermatogonium 精原細胞，精子器 753b, 753d, 757c
spermatophoral sac 精包嚢 777e
spermatophore 精包 777d
—— sac 精包嚢 777e
Spermatophyta 種子植物 634d
spermatophytes 種子植物 634d
spermatozeugmata 精子束 754e
spermatozoon 精子，精虫 752e, 759b
sperm attraction 精子の誘引 638c
—— ball 精球 929d
—— cell 精細胞 235e
—— coating antigen 精子被覆抗原 639e
—— competition 精子競争 753c
spermidine スペルミジン 1321g
spermiducal gland 820f
spermiduct 639f
spermin スペルミン 1321g
spermiogenesis 精子完成 753a
spermist 精子論者 759b
sperm lysin 精子ライシン 1450h
—— maturation 精子成熟 754d
—— nucleus 精核 1406f, 1411a
spermocarp スペルモカルプ 741b
spermogonium 精子器 753b
Spermophilus 1576₃₇
Spermophthora 1606₈
sperm packet 精子束 754e
—— penetration 精子侵入 754c
—— receptor 精子受容体 998c
—— reservoir 貯精嚢 929d
—— sac 精嚢 929d
Sperry, Roger Wolcott スペリ 740e
SPF animals SPF 動物 132b
Sphacelaria 1657₁₈
Sphacelariales クロガシラ目 1657₁₇
Sphacelia 1617₁₄
Sphaceloderma 1657₁₈
Sphaceloma 1608₆₂
Sphacelotheca 1621₂₂
Sphaeractinia 1555₂₇
Sphaeractinida 1555₂₇
Sphaerastrum 1666₃₂
sphaeridium 球棘 110e
Sphaeripara 1662₂
Sphaerisporangium 1538₉
Sphaerium 1582₂₁
Sphaerobacter 1541₁₃
Sphaerobacteraceae スフェロバクター科 1541₁₃
Sphaerobacterales スフェロバクター目 1541₁₁
Sphaerobacteridae スフェロバクター亜綱 1541₁₀
Sphaerobacterineae スフェロバクター亜目 1541₁₂
Sphaerobasidium 1625₃₁
Sphaerobolus 1627₃₅
Sphaerocarpaceae ダンゴゴケ科 1636₃₄
Sphaerocarpales ダンゴゴケ目 1636₃₃
Sphaerocarpos 1636₃₄
Sphaerocavum 1541₂₄
Sphaerocoelia 1554₂₂
Sphaerocoeliida 1554₂₂
Sphaerocordyceps 1617₂₀
Sphaerodactylus 1568₄₅

Sphaerodes 1617₄₈
Sphaerodinium 1662₂₉
Sphaerodothis 1616₄₀
Sphaeroeca 1553₉
Sphaeroforma 1553₃
sphaeroid coenobium 球状連結生活体 382e
—— colony 球状群体 382e
Sphaerolichus 1590₂₀
Sphaeroma 1596₅₁
Sphaeromyxa 1555₁₉
Sphaeronaemella 1617₅₀
Sphaerophoraceae サンゴゴケ科 1612₆₀
Sphaerophorus 1613₁
Sphaerophragmium 1620₄₄
Sphaerophrya 1659₄₇
Sphaeroplea 1635₃₀
Sphaeropleales ヨコワミドロ目 1635₂₄
Sphaeropsis 1607₇
Sphaerospora 1555₁₉
Sphaerostilbella 1617₃₀
Sphaerothecum 1552₃₃
Sphaerotheriida ネッタイタマヤスデ目 1593₉
Sphaerotherium 1593₉
Sphaerotilus 1546₄₂
Sphaerozoum 1663₂₁
Sphagnaceae ミズゴケ科 1638₄₀
Sphagnales ミズゴケ目 1638₃₉
sphagniherbosa ミズゴケ湿原 453a
Sphagnopsida ミズゴケ綱 1638₃₈
Sphagnum 1638₄₀
—— bog ミズゴケ湿原 453a
S phase S期 **130**d
Sphenacodon 1573₉
Sphenisciformes ペンギン目 1571₁₆
Sphenobaiera 1644₄₁
Sphenocephaliformes スフェノケパルス目 1566₂₄
Sphenocephalus 1566₂₄
Sphenoclea 1651₅₈
Sphenocleaceae ナガボノウルシ科 1651₅₈
Sphenodon 1568₃₈
Sphenodontida ムカシトカゲ目 1568₃₇
sphenoid bone 蝶形骨 698c
Sphenolithus 1666₂₅
Sphenomeris 1643₂₅
Sphenomonadales スフェノモナス目 1631₁₅
Sphenomonas 1631₁₆
Sphenophyllales スフェノフィルム目, 楔葉類 1001a, 1642₂₇
Sphenophyllum 1642₂₇
Sphenophyrya 1659₄₃
Sphenopsida スフェノプシダ 1001a
Sphenopus 1558₇
Sphenospora 1620₄₄
Sphenosuchus 1569₁₉
sphenotic bone 蝶耳骨 698c
Sphenurus 1572₂
spherical growth 球状成長 1101a
spherocyte 1421b
spheroid colony 球状群体 382e
spheroidenone スフェロイデノン 249c
spheroplast スフェロプラスト 1237c
spherule cell 小球細胞 **656**f
spherulocyte 小球細胞 **656**f
sphincter 括約筋 293a
—— muscle 括約筋 63f
—— of pupil 瞳孔括約筋 **981**e
Sphinctrina 1611₂₈
Sphinctrinaceae イチジクゴケ科 1611₂₈
4-sphingenine 4-スフィンゲニン 739d
Sphingobacteria スフィンゴバクテリア綱 1539₅₄
Sphingobacteriaceae スフィンゴバクテリア科 1540₇
Sphingobacteriales スフィンゴバクテリア目 1540₁
Sphingobacterium 1540₈
Sphingobium 1546₂₇
sphingoethanolamine スフィンゴエタノールアミン 740b

sphingoglycolipid スフィンゴ糖脂質 **739**e
sphingoid スフィンゴイド 739d
sphingolipid スフィンゴ脂質 **739**c
sphingolipidosis スフィンゴリピドーシス 1461a
Sphingomonadaceae スフィンゴモナス科 1546₃₆
Sphingomonadales スフィンゴモナス目 1546₃₃
Sphingomonas 1546₃₇
sphingomyelin スフィンゴミエリン **740**a
sphingomyelinase スフィンゴミエリナーゼ 740a
sphingophospholipid スフィンゴリン脂質 **740**b
sphingophosphonolipid スフィンゴホスホノ脂質 1311c
Sphingopyxis 1546₃₇
sphingosine スフィンゴシン **739**d
Sphingosinicella 1546₃₈
sphygmogram 脈波記録図 1363d
sphygmograph 脈波計 1363d
Sphyraena 1566₅₇
Sphyrna 1564₄₉
Spicipalpia ナガレトビケラ亜目 1601₃₀
spicule 交接刺, 棘針, 陰茎, 骨片 481a, **483**e, 803d
Spiculogloea 1621₁₀
Spiculogloeales スピクログロエア目 1621₉
spiculum 交尾針 92j
Spihonaspis 1663₃₄
spike スパイク, 穂状花序 157h, **721**h
spikelet 小穂 **660**a
Spilodochium 1610₁₁
Spilonema 1613₁₃
Spilonemella 1613₁₄
spina 棘甲 1200a
spinacene スピナセン 729d
Spinacia 1650₅₁
spinal anesthesia 脊椎麻酔 1341d
—— animal 脊髄動物 682c
—— cord 脊髄 **783**d
—— nerves 脊髄神経 **783**e
—— parasympathetic nerve 脊髄副交感神経 400a
—— reflex 脊髄反射 **784**a
—— vasomotor center 脊髄血管運動中枢 400b
Spinareovirinae スピナレオウイルス亜科 1519₃₆
spindle 紡錘体 **1301**h
—— assembly checkpoint 紡錘体チェックポイント **1302**a
—— assembly factor スピンドルアセンブリー因子 100c
—— body 紡錘体 **1301**h
—— cell 紡錘細胞 861a
—— checkpoint 紡錘体チェックポイント **1302**a
—— fiber 紡錘糸 **1301**f
—— pole body スピンドルポールボディ, スピンドル極体 596d, **739**a
—— potential 紡錘電位 340b
—— trichocyst 紡錘状毛胞 1300g
spine スパイン, 刺状個虫, 棘, 棘毛 287e, 384a, **737**g, **1002**h, 1158b
Spinellus 1603₄₆
Spinicaudata カイエビ亜目 1594₃₅
Spinichona 1659₃₈
Spiniferodinium 1662₂₄
Spiniger 1625₁, 1625₄, 1625₉
spin labelling スピンラベル法 **739**b
spinneret 出糸突起 **642**d
spinning apparatus 紡績器 **1302**c
—— field 紡績区 642d
—— gland 出糸腺 **642**c
—— mammilla 出糸突起 **642**d
—— organ 紡績器 **1302**c
—— tube 紡績管 642d
Spinochordodes 1586₂₀
Spinosaurus スピノサウルス 956c, 1570₉
spinous process 棘突起 784d
Spinther 1584₅₅
Spintherida ヒレアシゴカイ目 1584₅₅
Spinturnix 1590₁₄
Spinulosida ヒメヒトデ目 1560₄₆
Spinulosphaeria 1617₂

spiny-headed worms　鉤頭動物　**460**f
spiny sharks　棘魚類　**325**a
Spio　1585$_{19}$
Spionida　スピオ目　1585$_{19}$
spiracle　呼吸口，呼吸孔，噴水孔，気門，鰓孔　301f, 471a, **511**c, 1027h
spiracular gill　呼吸孔鰓　284b
Spiraea　1648$_{60}$
spiral　らせん糸　806c
―― canal　うずまき細管　198e
―― cleavage　らせん卵割　**1436**c
―― duct　うずまき管　198c
Spiralia　1436c
spirality　らせん性　**1435**g
spiral organ　らせん器官　495g
―― phyllotaxis　らせん葉序　**1436**b
―― stage　らせん期　1409a
―― tracheid　らせん紋仮道管　232b
―― valve　らせん弁　918c
―― vessel　らせん紋道管　**1436**a
―― zooid　らせん状個虫　1158c
Spiranthes　1646$_{48}$
Spirastrella　1554$_{36}$
spireme　核糸　**203**b
Spirifer　1580$_{32}$
Spiriferida　スピリファー，スピリファー目　**738**f, 1580$_{32}$
Spiriferina　1580$_{32}$
Spiriferinida　スピリフェリナ目　1580$_{33}$
Spirillaceae　スピリルム科　1547$_{16}$
Spirillina　1663$_{51}$
Spirillinida　スピリリナ目　1663$_{51}$
Spirilliplanes　1537$_{43}$
Spirillospora　1538$_{11}$
spirilloxanthin　スピリロキサンチン　249c
Spirillum　1547$_{16}$
spirillum　スピリルム　**738**g
Spirirestis　1541$_{29}$
spiritus　精気　1330d
―― animalis　霊魂精気　958a
―― vitalis　生気　997g
Spirobolellus　1593$_{28}$
Spirobolida　フトヤスデ類・フトヤスデ類，マルヤスデ目　1593$_{27}$
Spirobolidea　マルヤスデ亜目　1593$_{28}$
Spirobolus　1593$_{28}$
Spirochaeta　1550$_{19}$
spirochaeta　スピロヘータ　**738**h
Spirochaetaceae　スピロヘータ科　1550$_{18}$
Spirochaetae　スピロヘータ門　1550$_{11}$
Spirochaetales　スピロヘータ目　1550$_{13}$
spirochaete　スピロヘータ　**738**h
Spirochaetes　スピロヘータ綱，スピロヘータ門　1550$_{11}$, 1550$_{12}$
spirochete　スピロヘータ　**738**h
Spirocodon　1555$_{36}$
spirocyst　螺刺胞　608a
Spirodactylon　1604$_{52}$
Spirodela　1645$_{57}$
spirodistichous phyllotaxis　二列らせん階段型葉序，二列斜生葉序　475h
spirodromy　斜生，螺生　624f
Spirogonium　1636$_{7}$
Spirogyra　1636$_{7}$
Spirogyromyces　1603$_{31}$
Spiroloculina　1663$_{55}$
Spiromastigotes　1630$_{24}$
Spiromastix　1611$_{13}$
Spiromicrovirus　スピロミクロウイルス属　1517$_{58}$
Spiromyces　1604$_{52}$
Spironema　1552$_{16}$
Spironucleus　1630$_{37}$
Spironympha　1630$_{24}$
Spirophorida　螺旋海綿目　1554$_{29}$
Spiroplasma　1550$_{34}$
―― phage 4　スピロプラズマファージ4　1517$_{58}$
Spiroplasmataceae　スピロプラズマ科　1550$_{34}$
Spiroplectammina　1663$_{49}$
Spirorbis　1585$_{4}$
spiroscalate phyllotaxis　らせん階段型葉序　854i
Spirosoma　1539$_{26}$
Spirostomum　1658$_{6}$
Spirostreptida　ヒキツリヤスデ目　1593$_{31}$
Spirostreptidea　ヒキツリヤスデ亜目　1593$_{36}$
Spirostreptus　1593$_{37}$
Spirotaenia　1635$_{51}$
Spirotrichea　旋毛綱　1658$_{9}$
Spirotrichia　旋毛下門　1658$_{8}$
Spirotrichonympha　1630$_{22}$
Spirotrichonymphea　スピロトリコニンファ綱　1630$_{22}$
Spirotrichonymphella　1630$_{25}$
Spirotrichonymphida　スピロトリコニンファ目　1630$_{23}$
Spirotrichosoma　1630$_{21}$
Spirozona　1660$_{36}$
spirozooid　らせん状個虫　1158b
Spirula　1583$_{22}$
Spirularia　ハナギンチャク亜目　1558$_{13}$
Spirulina　1541$_{39}$
Spirura　1587$_{38}$
Spirurida　センビセンチュウ目　1587$_{37}$
Spizaetus　1571$_{36}$
Spizellomyces　1603$_{1}$
Spizellomycetaceae　スピゼロミケス科　1603$_{1}$
Spizellomycetales　スピゼロミケス目　1602$_{51}$
sPLA$_2$　分泌性PLA$_2$　1311f
Splachnaceae　オオツボゴケ科　1640$_{4}$
Splachnales　オオツボゴケ目　1640$_{3}$
Splachnidium　1657$_{41}$
splanchnic layer　内臓板　838i
―― stalk　内臓柄　1442f
splanchnocoel　内臓腔　838i
splanchnocranium　内臓頭蓋　1020k
Splanchnonema　1609$_{51}$
splanchnopleure　内臓上覆，内臓葉　159i, 838i
Splanchospora　1610$_{26}$
splash zone　飛沫帯　922b
spleen　脾臓　**1148**e
―― colony formation method　脾コロニー法　**1140**b
―― colony forming unit　脾臓コロニー形成単位　1140b
―― exonuclease　脾リン酸ジエステラーゼ　**1173**d
―― phosphodiesterase　脾リン酸ジエステラーゼ　124c, **1173**d
splenic cord　脾索　1148b
―― sinus　脾洞　1148e
―― vein　脾静脈　920e
splenomegaly　巨脾症　1448e
splice junction　スプライス部位　740c
spliceosome　スプライセオソーム　**740**d
splice site　スプライス部位　740c
splicing　スプライシング　**740**c
―― factor compartment　スプライシング因子領域　205g
split brain　分離脳　**1254**c
―― gene　分断遺伝子　98c
S. pneumoniae　肺炎連鎖球菌　1543$_{16}$
"SPO1-like viruses"　SPO1様ウイルス　1514$_{7}$
spodogram　灰像　426l
spodography　顕微灰化法　**426**l
Spodoptera frugiperda ascovirus 1a　ヨウトガアスコウイルス 1a　1515$_{19}$
spoilage　変敗，変質　1210e
spoke　スポーク　819d
Spondylosium　1636$_{10}$
Spongaster　1663$_{17}$
sponges　海綿動物　**188**f
Spongia　1554$_{51}$
Spongicola　1597$_{40}$
Spongiibacter　1548$_{26}$
Spongiispira　1549$_{25}$
Spongilla　1554$_{49}$
spongin　海綿質　188b
―― fiber　海綿質繊維　**188**b

spongioblast 膠芽細胞 695h
Spongiochrysis 1634₄₂
Spongiomorpha 1555₂₆
Spongiomorphida 1555₂₆
spongiotrophoblast 海綿栄養芽層 120f
Spongipellis 1624₅₀
spongocoel 海綿腔 720e
spongocyte 海綿繊維形成細胞 188b
Spongodiscus 1663₁₇
Spongomonadida スポンゴモナス目 1665₃₈
Spongomonas 1665₃₈
Spongomorpha 1634₂₈
Spongophloea 1633₃₇
Spongophyllum 1556₅₀
Spongopyle 1663₁₈
Spongosaturnaloides 1663₇
Spongospora 1664₂₉
spongy body スポンジ体 263g
—— bone 海綿骨質 188a
—— parenchyma 海綿状組織 188c
—— tissue 海綿状組織 188c
spontaneous 自生, 野生 584e
—— behavior 自発行動 604d
—— generation 偶然発生, 自然発生 587h
—— mutation 自然突然変異 1006a
spoonworms ユムシ動物 1418c
Sporacetigenium 1543₄₉
Sporadotrichida スポラドトリカ目 1658₃₂
Sporanaerobacter 1543₂₃
sporangiophore 胞子嚢柄 1296h
sporangiospore 胞子嚢胞子 1296e
sporangium 胞子嚢 1296e
spore 胞子 1295h
—— ball 胞子団 375b
—— coat 胞子殻 604i, 1100b
—— horn 胞子角 1249a
sporeling 1354e
spore print 胞子紋 886c
—— sac 胞子室 285g
Sporhaplus 1606₅₄
sporic reduction 胞子還元 1296b
Sporidesmiella 1609₃₇
Sporidesmium 1608₃₇, 1608₄₄, 1609₁₁
Sporidiobolaceae スポリディオボルス科 1621₂₆
Sporidiobolales スポリディオボルス目 1621₂₄
Sporidiobolus 1621₂₆
sporidium 小生子 886c
Sporisorium 1622₁₆
Sporobacter 1543₅₂
Sporobacterium 1543₄₁
sporoblast スポロブラスト 165c
Sporoboromyces 1621₂₇
sporocarp 胞子嚢果 1296f
Sporochnales ケヤリ目 1657₃₉
Sporochnus 1657₃₉
sporocladium スポロクラディア 741d
sporocyst スポロシスト 165c, 583f, 741f
Sporocytophaga 1539₂₆
Sporodiniella 1603₄₉
sporodochium スポロドキア, 分生子座 1249a, 1249b
sporogenic bacteria 有胞子細菌 1414c
sporogenous cell 胞子形成細胞 878h
sporogon スポロゴン 741e
sporogony スポロゴニー 23c, 165c, 972i
Sporohalobacter 1543₆₁
Sporolactobacillaceae スポロラクトバチルス科 1542₄₃
Sporolactobacillus 1542₄₃
Sporolithales エンジイシモ目 1633₇
Sporolithon 1633₇
Sporolituus 1544₂₃
Sporomusa 1544₂₄
sporont スポロント 1078i
sporophore 担胞子体 896f
sporophyll 胞子葉 1301a
sporophyte 胞子体 1296c

sporophytic generation 胞子体世代 1296c
sporoplasm 胞子原形質 324f
Sporopodium 1612₂₉
sporopollenin スポロポレニン 187c
Sporormia 1609₅₇
Sporormiaceae スポロルミア科 1609₅₇
Sporormiella 1609₅₇
sporosac 子嚢 602g
Sporosalibacterium 1543₃₁
Sporosarcina 1542₄₂
Sporoschisma 1618₃₁
Sporoschismopsis 1616₅₄
Sporotalea 1544₂₄
Sporothrix 1618₆₁
Sporotomaculum 1543₄₆
Sporotrichopsis 1624₂₃
Sporotrichum 1624₁₄, 1624₁₆, 1624₂₃
Sporozoa 胞子虫綱 1296d
sporozoans 胞子虫類 1296d
sporozoit スポロゾイト, 小芽体, 種虫 640h
sporozoite スポロゾイト, 種虫 23c, 640h
sporulation 胞子形成 1296b
S-potential S電位 131b
SPR 表面プラズモン共鳴 1169j
spread 伝播 972h
spreading caliper 触角計 982b
—— factor 拡散因子 1129c
SPRENGEL, Christian Konrad シュプレンゲル 645b
Spriggina 1558₃₂
spring habit まき習, 播き性 1335j
—— wood 春材 824i
SPS ショ糖リン酸合成酵素 681h
Spumaretrovirinae スプーマレトロウイルス亜科, スプーマレトロウイルス亜科 1489e, 1518₅₃
Spumavirus スプーマウイルス属 1518₅₄
Spumella 1656₂₅
Spumellaria スプメラリア目 1663₁₅
Spumellarida スブメラリア目 1663₁₅
Spumochlamys 1628₂₉
Spumula 1620₄₄
spur 距 315j, 407g
spurious nut 偽堅果 415i
Sputnik スプートニク 1362g
SPX 感覚孔X器官 134c
Spyridia 1633₅₃
Squalea 1565₁
squalene スクアレン 729d
—— hydroxylase スクアレン水酸化酵素 729e
—— monooxygenase スクアレンエポキシ化酵素, スクアレン一酸素添加酵素 729e
—— oxidocyclase スクアレン酸化環化酵素 729e
Squaliformes ツノザメ目 1565₄
Squalomorphi ツノザメ上目 1565₁
Squalus 1565₅
squama 触角鱗 1479d
Squamamoeba 1628₃₅
squama occipitalis 後頭鱗 461a
Squamata トカゲ目, 有鱗目 1568₃₉
squamosum 鱗骨 698c
squamous cell carcinoma 扁平上皮癌 262d
—— epithelium 扁平上皮 663b
squash method おしつぶし法 1008l
Squatina 1565₆
Squatiniformes カスザメ目 1565₆
squint 斜視 323c
squirt movement 噴出運動 1248c
SR センソリーロドプシン 1487f
SR I センソリーロドプシン 1487f
SR II フォボロドプシン 1487f
src gene *src* 遺伝子 536a
Src homology2 536a
Sreptelasmacae スレプテラスマ亜目 1556₃₉
SRIF ソマトスタチン 843b
SRK 560d
SRP 568b

SRS-A　アナフィラキシーの遅延反応物質　1497b
S-R theory　S-R 理論　**129**a
SRY　748c
SS　懸濁物量　579e
S-S bond　S-S 結合　584c
SSC　1216a
SSc　強皮症　322c
SSH　543c
SSPE　亜急性硬化性全脳炎　1341c
stab culture　穿刺培養　**805**g
stabilization of numbers　個体数の安定化　586f, 1359f
stabilized retinal image　静止網膜像　**755**c
stabilizing selection　安定化淘汰　988f
stable age distribution　安定齢構成　1484f
──── equilibrium　安定平衡　1259c
──── RNA　336h
──── T　1325i
Stachyamoeba　1631$_6$
stachydrine　スタキドリン　1240b
Stachylidium　1606$_{42}$
Stachylina　1604$_{40}$
Stachylinoides　1604$_{41}$
stachyose　スタキオース　171b
Stachyuraceae　キブシ科　1648$_{34}$
Stachyurus　1648$_{34}$
Stackebrandtia　1536$_{50}$
stacking　スタッキング（核酸塩基の）　**730**k
stage of exhaustion　疲労期，疲憊期　1124g
──── of resistance　抵抗期　1124g
Stagonolepis　1569$_{18}$
Stagonospora　1609$_{48}$
STAHL, Georg Ernst　シュタール　**640**f
Stainforthia　1664$_4$
staining　染色　**806**b
Stakelama　1546$_{38}$
Staleya　1546$_{10}$
staling　減衰成長　**423**a
stalk　托柄，柄，柄部　756e, 885a, 1147h
──── cell　柄細胞　235e, **1261**b
stalked body　有柄体　297h
──── eye　有柄眼　**1414**e
stamen　雄ずい，雄蕊　**1409**e
staminate flower　雄花　889h
staminode　仮雄しべ，仮雄ずい　1409e
Stammart　幹種　1285i
stand　林分，植分　678e, **1479**b
standard　旗弁　920h
──── genetic code table　標準遺伝暗号表　76j
──── metabolic rate　標準代謝量　**1167**g
──── normal distribution　標準正規分布　747c
standing crop　現存量　773h
stand-level dieback　集団枯死　612e
stand structure　林型　**1473**g
Stangeria　1644$_{34}$
Stangeriaceae　スタンゲリア科　1644$_{34}$
Stanhughesia　1610$_{19}$
Stanierella　1539$_{51}$
Stanieria　1541$_{42}$
Stanjehughesia　1618$_{31}$
STANLEY, Wendell Meredith　スタンリー　**731**g
Stannius corpuscle　シュタニウス小体　1445c
Stannius, H. F.　640f
Stannius' ligature　シュタニウスの結紮　**640**d
Stannoma　1664$_{21}$
Stannomida　スタノマ目　1664$_{21}$
Stannophyllum　1664$_{21}$
stapes　鐙骨　911e
Staphylea　1648$_{33}$
Staphyleaceae　ミツバウツギ科　1648$_{33}$
Staphyliniformia　ハネカクシ下目　1600$_{58}$
Staphylinus　1600$_{59}$
Staphylococcaceae　スタフィロコックス科，ブドウ球菌科　1542$_{45}$
Staphylococcal enterotoxin　ブドウ球菌外毒素　738b
Staphylococcus　1542$_{46}$

staphylococcus　ブドウ球菌　**1208**d
Staphylococcus phage 44AHJD　ブドウ球菌ファージ44AHJD　1514$_{19}$
Staphylothermus　1534$_9$
Stappia　1546$_{10}$
starch　澱粉　**973**a
──── granule　澱粉粒　929g
starch-hydrolyzing enzyme　澱粉加水分解酵素　31a
starch leaf　澱粉葉　**973**c
──── seed　澱粉種子　633d
──── sheath　澱粉鞘　1022a
starch-statolith theory　澱粉平衡石説　1260a
starch synthase　澱粉合成酵素　**973**b
starfishes　ヒトデ類　**1156**a
Starkeya　1545$_{52}$
STARLING, Ernest Henry　スターリング　**731**c
Starling's hypothesis　スターリングの仮説　**731**d
──── law of the heart　スターリングの法則　**731**e
Starmera　1606$_{11}$
Starmerella　1605$_{47}$
StAR-related lipid transfer domain　STARTドメイン　23j
Starria　1541$_{39}$
start　スタート　526b, 585i, 687c
starvation　飢餓　**278**c
──── status　飢餓状態　**279**d
stasigenesis　スタシゲネシス　**730**i
stasipatric speciation　停所的種分化　952f
stasis　停滞　690f
state space　状態空間　517d
──── transition　ステート遷移　**732**d
static club　平衡棍　670f
──── culture　静置培養　124f
──── ecotrophic coefficient　静的捕食係数　751b
──── γ motoneuron　スタティックγ運動ニューロン　273f
──── sense　平衡覚　1259f
──── visual field　静視野　614e
statins　スタチン系薬剤　**730**j
stationary age distribution　定常的齢構成　1484f
──── model　定常モデル　3g
──── nucleus　静止核　789b
──── parasitism　定留寄生　1414f
──── phase　固定相，定常期　376b, 826g
──── state　定常状態　1259c
statistical decision theory　統計的決定理論　727g
statoblast　308d, 473c
statocone　平衡砂，耳砂　1259h
statoconium　平衡砂，耳砂　1259h
statocyst　平衡胞　198d, **1261**b
statocyte　卵黄細胞，平衡細胞　198d, **1259**e, **1441**e
statolith　平衡石　**1259**h
statolith-cell　平衡石細胞　1259h
statolith theory　平衡石説　**1260**a
statoreception　平衡受容　**1259**f
statoreflex　平衡反射　**1261**a
statospore　スタト胞子　**731**b
Stauntonia　1647$_{50}$
Stauracantha　1663$_{34}$
Stauracon　1663$_{29}$
Stauraspis　1663$_{34}$
Staurastrum　1636$_{10}$
Stauria　1556$_{43}$
Stauriacea　スタウリア目　1556$_{38}$
Stauridium　1635$_{28}$
Staurina　スタウリア亜目　1556$_{43}$
Staurojoenina　1630$_{21}$
Stauromedusae　ジュウモンジクラゲ目　1556$_{18}$
Stauroneis　1665$_{49}$
Stauropteridales　スタウロプテリス目　1642$_{22}$
Stauropteris　1642$_2$
Staurosira　1655$_{15}$
Staurostoma　1555$_{46}$
Staurothele　1610$_{39}$
Staurotypus　1568$_{24}$
Staurozoa　十文字クラゲ綱　1556$_{17}$
STD　性行為感染症　770c

steady state 定常状態 644e	Stenolaemata 狭口綱，狭喉類 1579₂₃
—— state kinetics 定常状態の速度論 457a	Stenomyelon 1644₁₁
steam sterilizer 蒸気滅菌釜 **656**e	STENO, Nicolaus ステノ **732**e
steapsin ステアプシン 1460d	Stenophora 1661₂₅
stearic acid ステアリン酸 **731**m	Stenopodidea オトヒメエビ下目 1597₄₀
Steatornis 1572₁₃	Stenopterygius 1568₂₈
Steatornithes アブラヨタカ亜目 1572₁₃	Stenopus 1597₄₀
Steccherichum 1625₁	Stenoscyphus 1556₁₉
Steccherinum 1624₃₀	Steno's duct ステノ管 866i
Steelman-Pohley's method スティールマン−ポーレイ法 **732**b	Steno-Smith's law ステノ−スミスの法則 905f
Steenstrupiella 1658₂₅	Stenosternum 1590₈
STEENSTRUP, Johann (Johannes) Japetus Smith ステーンストルプ **735**b	Stenostomum 1577₁₆
Stegasphaeria 1607₅₅	stenothermal 狭温性 175c
Steginoporella 1579₃₇	Stenothermobacter 1539₅₁
Stegnogramma 1643₄₂	Stenotrophomonas 1550₇
Stegocephalia 堅頭類 **426**d	Stenoxybacter 1547₁₂
stegocephalians 堅頭類 **426**d	stenoxybiotic 狭酸素性 552g
Stegocintractia 1622₆	Stensioella 1564₁₂
Stegodon 1574₄₆	Stenson gland ステンソン腺 1109h
stegodontia 屋根状咬合 439e	Stenson's duct ステンソン管，切歯管 655c, 1404b
Stegodontidae ステゴドン科 834c	Stentor 1658₆
Stegomastodon 1574₄₆	Stenurida ニセクモヒトデ目，狭蛇尾類 1561₅
Stegonsporium 1609₅₂	step-down phobic response 下降刺激驚動反応 322a
Stegosauria 剣竜下目，剣竜類 427i, 1570₂₅	Stephania 1647₅₂
Stegosaurus ステゴサウルス 323i, 427i, 1570₂₅	Stephanoberyciformes カンムリキンメダイ目 1566₃₅
stegosaurs 剣竜類 **427**i	Stephanodiscus 1654₅₆
Stegostoma 1564₄₅	Stephanodrilus 1585₃₉
Stehreflex 姿勢反射 **584**k	Stephanoeca 1553₁₁
Steinella 1661₄	Stephanolepis 1567₁
Steinia 1612₁₄	Stephanolithus 1666₂₆
Steinkind 石児 1349b	Stephanoma 1617₂₈
Steinin, R. M. 635f	Stephanonympha 1630₁₆
STEIN, William Howard スタイン **730**h	Stephanophyes 1555₅₀
stelar theory 中心柱説 913d	Stephanopogon 1631₁₀
stele 中心柱 **913**d	Stephanopyxis 1654₃₀
Stelechopoda 疣足動物 837d	Stephanoscyphus 1556₂₄
Stella 1546₁₈	Stephanosphaera 1635₄₀
Stellaria 1650₄₈	Stephanospora 1625₁₆
stellate cell 星状細胞 861a	Stephanosporaceae ステファノスポラ科 1625₁₅
—— ganglion 星状神経節 **755**h	Stephensia 1616₂₂
—— hair 星状毛 384a	Stepheoceras 1583₄
—— macrophage クッパー細胞 **349**c	steppe ステップ **732**c
—— structure 星状構造 1289e	step response ステップ応答 232c
Stelletta 1554₃₄	—— series 段階系列 842d
Stellispongia 1554₂₄	step-up phobic response 上昇刺激驚動反応 322a
Stellispongiida 1554₂₄	stepwise elution ステップワイズ溶離法 454a
stem ステム，幹部，柄，茎 **345**f, 373g, 885a, 1158b	stercobilin ステルコビリン **732**f
—— analysis 樹幹解析 **631**d	stercobilinogen ステルコビリノゲン 732f
—— cell 幹細胞 **261**d	Stercorarius 1571₅₇
—— cell niche 幹細胞ニッチ 261d	Sterculia 1650₂₁
—— cutting 枝挿 538d	Stereaceae キウロコタケ科 1625₁₇
stemma 側単眼 882b	stereoblastula 無腔胞胚 **1369**c
Stemmiulida ネッタイツムギヤスデ目 1593₃₉	Stereocaulaceae キゴケ科 1613₂
Stemmiulus 1593₃₉	Stereocaulon 1613₂
stem nematogen 幹無性虫 566g	stereochemical specificity 立体化学的特異性 455d
Stemona 1646₂₅	Stereocidaris 1561₃₆
Stemonaceae ビャクブ科 1646₂₅	stereocilium 不動毛，有毛細胞，静止繊毛 255d, 1142a, **1209**c
Stemonitales 1629₁₃	Stereocladon 1657₄₁
Stemonitida ムラサキホコリ目 1629₁₃	Stereofomes 1625₉
Stemonitis 1629₁₅	Stereolasmatina アンブレクシザフレンチス亜目 1556₅₆
Stemphylium 1609₅₅	Stereomastis 1597₅₇
stem species 幹種 883d	Stereomyxa 1628₁₀
—— spine 茎針 **388**c	Stereonema 1552₁₆
—— succulent 多肉茎植物，多肉茎地上植物 877e, 904h	Stereophaedusa 1584₂₈
—— thorn 茎針 **388**c	Stereophyllaceae ステレオフィラ科 1640₅₅
Stenamoeba 1628₂₁	Stereopsis 1624₃₀
Stenaster 1561₅	stereoscopic microscope 実体顕微鏡 **593**i
Stenella 1608₃₇	—— vision 立体視 **1459**a
Steneosaurus 1569₂₄	Stereostratum 1620₃₄
Stenocybe 1611₂₆	stereotaxic apparatus 脳定位固定装置 **1065**d
Stenodictya 1598₃₉	stereotyped behavior 定型行動 **950**a
stenoglossa 狭舌 585g	Stereum 1625₁₉
stenohaline 狭塩性 710d	sterigma 小柄 884j
	sterigmata 小柄 884j

sterigmatocystin　ステリグマトシスチン　1333l
Sterigmatomyces　1621₆
Sterigmatosporidium　1623₉
sterile auxiliary cell　偽助細胞　679d
—— floral leaf　裸花葉　239e
—— frond　裸葉　1301a
—— leaf　裸葉　1301a
steril flower　中性花　**914**g
sterility　不稔性　**1209**c
Sterilitätsdimorphismus　不稔二形性　1031d
sterilization　滅菌, 高温殺菌　949f, **1380**e
—— steamer　蒸気滅菌釜　**656**e
sterin　ステリン　735a
Sterna　1571₅₇
Sternaspida　ダルマゴカイ目　1585₁₈
Sternaspis　1585₁₈
Stern, Curt　スターン　731f
sternite　腹板　**1200**a
sternopleurite　腹側板　838i
Sternoptyx　1566₁₃
Sternorrhyncha　腹吻亜目　1600₃₁
sternum　胸骨, 腹板　317f, **1200**a
steroid　ステロイド　**732**g
—— 11β-hydroxylase　ステロイド11β水酸化酵素　**733**c
—— 11β-monooxygenase　ステロイド11β-モノオキシゲナーゼ　733c
—— 16α-hydroxylase　ステロイド16α水酸化酵素　**733**d
—— 16α-monooxygenase　ステロイド16α-モノオキシゲナーゼ　733d
—— 17α-hydroxylase　ステロイド17α水酸化酵素　**733**e
—— 17α-monooxygenase　ステロイド17α-モノオキシゲナーゼ　733e
—— 18-hydroxylase　ステロイド18水酸化酵素　**733**f
—— 21-hydroxylase　ステロイド21水酸化酵素　**733**g
—— 21-monooxygenase　ステロイド21-モノオキシゲナーゼ　733g
—— C17-C20 lyase　ステロイドC17-C20開裂酵素　**733**a
—— Δ-isomerase　ステロイドΔ異性化酵素　**732**h
—— hormone　ステロイドホルモン　**734**a
—— hormone binding protein　ステロイド結合蛋白質　**733**b
—— hormone receptor　ステロイドホルモン受容体　**734**b
Steroidobacter　1550₃
steroid sulfatase　ステロイドスルファターゼ　742g
sterol　ステロール　**735**a
Sterolibacterium　1547₂₂
Steropodon　1573₄₄
sterroblastula　無腔胞胚　**1369**c
Sterrofustia　1581₁₄
Stethacanthus　1564₃₅
stethograph　呼吸運動描記器　**470**b
Stetteria　1534₉
Steward, Frederick Campion　スチュワード　731i
Stewartia　1651₁₉
Stewart's organ　スチュワート器官　**731**j
STH　成長ホルモン　767i
Stichaeus　1566₅₇
stichidium　スティキジウム　1058h
Stichococcus　1635₁₃
Stichogloea　1656₄₃
Sticholonche　1663₃₆
Stichopus　1562₂₉
Stichotricha　1658₃₀
Stichotrichia　棘毛亜綱　1658₂₈
Stichotrichida　棘毛目　1658₂₉
Stickland reaction　スティックランド反応　**732**a
Sticta　1613₁₈
Stictidaceae　スチクチス科　1614₁₃
Stictis　1614₁₄
Stictocycales　ニセツトツメケイソウ目　1654₃₉
Stictocyclus　1654₃₉
Stictodiscales　ハスノミケイソウ目　1654₄₂
Stictodiscus　1654₄₂
Stigeoclonium　1635₂₃
stigma　柱頭, 気門, 眼点, 鰓孔　**270**g, **301**f, **511**c, **581**c,

1140g
Stigmaeus　1590₄₁
Stigmaria　スティグマリア　883e, 1642₁₂
stigmasta-5, 22-dien-3β-ol　731h
stigmast-5-en-3β-ol　600g
stigmasterin　スチグマステリン　731h
stigmasterol　スチグマステロール　**731**h
stigmata　眼点　**270**g
Stigmatella　1547₅₈
Stigmatomyces　1611₄₅
Stigmidium　1608₃₈
Stigmina　1608₃₇
Stigonema　1541₄₄
Stigonematales　スティゴネマ目　1541₄₃
stilbestrol　スチルベストロール　**731**k
Stilbocrea　1617₁₂
Stilbodendron　1611₈
Stilbotulasnella　1623₃₇
Stiles-Crawford effect　スタイルス-クロフォード効果　**730**g
stilettförmiger Zahn　牙　207h
stimulation　刺戟, 刺激　**569**g
stimulative parthenocarpy　他動的単為結果　880k
stimulatory organ　鼓舞器官　**488**i
stimuli　刺戟, 刺激　**569**g
stimulon　スティミュロン　1486a
stimulus　刺戟, 刺激　**569**g
stimulus-context dependent response modulation　刺激文脈依存的反応修飾　1253d
stimulus-driven attention　刺激駆動型注意　909f
stimulus enhancement　刺激強調　1399f
—— generalization　刺激般化　**570**f
—— movement　刺激運動　**570**a
—— selectivity　刺激選択性　**570**d
stimulus-specific　1027a
sting　毒針　**1001**d
stinging filament　刺糸　608a
—— hair　刺毛　**614**b
—— mouthpart　刺し型口器　**538**b, 719c
stink gland　臭腺　**625**c
Stipa　1647₄₂
stipe　柄　885a
stipel　小托葉　868j
Stipella　1604₄₈
stipellum　小托葉　868j
stipes　蝶咬節　428a
stipitatic acid　6-ヒドロキシトロポロン-4-カルボン酸, スチピタチン酸　1017c
Stipitococcus　1656₅₂
stipular spine　托葉針　868j
stipule　托葉　**868**j
stipulode　托葉冠　616f
Stirtonia　1606₅₀
STM　644b
stochastic differential equation　確率微分方程式　**211**f
—— effect　確率の影響　1297c
—— model　確率的モデル, 確率論的モデル　**211**e
—— population　確率母集団　1252a
—— process　確率過程　**211**d, 727g
stochastics　推計学　**719**f
stock seed　原種　**421**g
Stoeba　1554₃₄
Stoecharthrum　1577₁₃
Stoeckeria　1662₃₄
Stoichactis　1557₄₉
Stokesia　1660₃₂
Stokes' law　ストークスの法則　932f
Stolidobranchia　マボヤ亜目, 褶鰓類　1563₃₁
stolon　匍匐枝, 芽茎, 走出枝, 走根　**212**g, **824**g, 902g, **1318**e
Stolonifera　ウミヅタ亜目, 根生類　1557₂₁
stoloniferous rhizome　匍匐根茎　1318d
stolonization　根状出芽　640j
Stolonodendrum　1562₄₃
Stolonoidea　ストロノデンドゥルム目, 枝型類　1562₄₃
stoma　気孔　**282**f

stomach　胃　**53**a
stomachal plate　胃板　63i
stomach gland　腺胃　**799**b
stomachless animals　無胃動物　**1367**b
stomach poison　消化中毒剤　540e
stomadaeum　口陥　308c
stomatal apparatus　気孔装置　282f
―― chamber　呼吸腔　282f
―― conductance　気孔コンダクタンス　**283**b
―― mother cell　気孔母細胞　282f
―― movement　気孔の開閉　**283**e
―― opening and closing　気孔の開閉　**283**e
―― resistance　気孔抵抗　283b
―― transpiration　気孔蒸散　658c
Stomatochroon　1634$_{35}$
Stomatococcus　1537$_{29}$
stomatocyst　スタト胞子　**731**b
stomatogastric system　口胃神経系　434c
Stomatonectria　1617$_{12}$
Stomatopoda　口脚目　1596$_{24}$
Stomatothelium　1610$_{26}$
Stomechinus　1562$_5$
Stomias　1566$_{14}$
Stomiiformes　ワニトカゲギス目　1566$_{13}$
Stomiopeltis　1607$_{56}$
stomium　口辺細胞　269e
stomochord　口盲管　712b
stomodaeum　口道, 口陥　**433**c, 1110h, 1325c
stomodeum　口窩　346e
Stomopneustes　1562$_6$
Stomopneustoida　クロウニ目　1562$_5$
Stomphia　1557$_{49}$
stone canal　石管　719e
―― cell　石細胞　**782**d
―― fruit　石果　**781**g
stoneworts　シャジクモ類　616f
stopped-flow method　ストップドフロー法　457a
stop transfer sequence　膜透過停止配列　**1337**d
storage and release organ　貯蔵放出器官　695c
―― polysaccharide　貯蔵多糖　**929**f
―― root　貯蔵根　180a
―― starch　貯蔵澱粉　**929**g
―― tissue　貯蔵組織　**929**e
S-to-R variation　S-R 変異　**128**f
strabism　斜視　323c
straight alley　直線走路　**928**f
strain　株, 菌株, 系統　**234**g, **332**e, **392**c
strain cell　株細胞　648d
Stramenopiles　ストラメノパイル　1652$_{53}$
stramenopiles　ストラメノパイル　**735**c
strand damage　DNA 鎖損傷　943e
strangler　しめ殺し植物　937c
Strangulonema　1654$_{31}$
Strasburger cell　蛋白細胞　**892**f
STRASBURGER, Eduard　シュトラースブルガー　**644**d
Strasseriopsis　1606$_{42}$
strategy　戦略　412e, **821**c
stratification　ストラティフィケーション, 成層, 階層構造　507c, **759**h, 854a
stratified clipping method　層別刈取法　**832**f
―― diffusion　階層的拡散　771a
―― epithelium　多層上皮, 重層上皮　663b
―― sampling　層別抽出　345e
stratigraphy　層位学, 層序学　476c
Stratiomyia　1601$_{26}$
Strattonia　1619$_{14}$
stratum basale　基底層　**294**a
―― cerebrale　脳層　1393h
―― germinativum　胚芽層　294a, 1168i
―― granulosum　顆粒層　**243**e, 1168i
―― lucidum　淡明層, 透明層　**998**f, 1168i
―― mucosum　粘液層　**1059**f
―― papillare　乳頭層　712h
―― pigmenti　色素上皮層　1393h
―― reticulare　網状層　712c

―― spinosum　有棘層　1168i, **1406**k
streak　筋目　558b
―― culture　画線培養　**206**c
streaking　ストリーキング　540i
streak plate　画線平板　206c
stream community　河川の群集　**224**b
streaming birefringence　流動複屈折　**1468**e
―― potential　流動電位　188e
Streatula　1666$_9$
Streblacantha　1663$_{18}$
Streblomastix　1629$_{34}$
Streblonema　1657$_{35}$
street virus　街上毒　485b
Strelitzia　1647$_{12}$
Strelitziaceae　ゴクラクチョウカ科　1647$_{12}$
strength-duration curve　強さ−期間曲線　**937**a
Strepsiptera　ネジレバネ目, 撚翅類　1601$_{10}$
Strepsirrhini　曲鼻亜目　1575$_{23}$
Streptacidiphilus　1538$_2$
Streptelasma　1556$_{39}$
Streptoalloteichus　1537$_{60}$
Streptobacillus　1544$_{33}$
Streptococcaceae　ストレプトコックス科, 連鎖球菌科　1543$_{15}$
streptococci　連鎖球菌　**1492**i
Streptococcus　連鎖球菌　1543$_{15}$
―― *pneumoniae*　肺炎連鎖球菌　**1073**d
streptokinase　ストレプトキナーゼ　**736**f, 1217h
Streptolirion　1647$_8$
streptolysin O　ストレプトリシン O　1421c
Streptomonospora　1538$_6$
Streptomyces　ストレプトマイセス　**736**h, 1538$_2$
―― *phage* ϕC31　ストレプトマイセスファージ ϕC31　1514$_{38}$
Streptomycetaceae　ストレプトマイセス科, ストレプトミセス科　1537$_{62}$
streptomycin　ストレプトマイシン　**736**g
Streptomycineae　ストレプトマイセス亜目, ストレプトミセス亜目　1537$_{61}$
streptoneura　捩神経系　1055d
Streptopelia　1572$_3$
Streptophyta　ストレプト植物　1635$_{43}$
streptophytes　ストレプト植物　1471h
Streptopodium　1614$_{39}$
Streptopus　1646$_{36}$
Streptosporangiaceae　ストレプトスポランギウム科　1538$_7$
Streptosporangineae　ストレプトスポランギウム亜目　1538$_4$
Streptosporangium　1538$_9$
Streptotheca　1654$_{50}$
Streptoverticillium　1538$_3$
streptozoticin　45d
stress　ストレス　**735**f
stress-activated protein kinase　ストレスキナーゼ　**736**b
stress fiber　ストレスファイバー　**736**d
stressor　ストレッサー　735f
stress protein　ストレス蛋白質　**736**c
―― response　ストレス応答(細胞の)　**736**a
stretch receptor　張受容器　**921**j
―― reflex　伸張反射　573c
stria　条線　1132f
Striaria　1593$_{49}$
Striariidea　クビブトツムギヤデ亜目　1593$_{49}$
striate cortex　有線野　**72**a
striated border　条紋縁　**667**f
―― muscle　有紋筋, 横紋筋　**161**h, **339**g
Striatella　1655$_{25}$
Striatellales　ハラスジケイソウ目　1655$_{25}$
Striatosphaeria　1618$_{31}$
strict aerobe　偏性好気性菌　435a
―― anaerobe　偏性嫌気性菌　417c
stridulating organ　摩擦器　**1340**c
stridulatory organ　摩擦器　**1340**c
Strigamia　1592$_{43}$
Strigiformes　フクロウ目　1572$_{10}$
strigolactone　ストリゴラクトン　**735**e

Strigomonas　1631₄₀
Strigopodia　1608₂₈
Strigops　1572₅
Strigula　1608₁₄
Strigulaceae　アオバゴケ科　1608₁₄
stringent control　緊縮調節　**336**h
── factor　緊縮因子　336h, 342i
Stringocephalus　1580₃₈
Stringophyllum　1556₅₁
Striped jack nervous necrosis virus　シマアジ神経壊死症ウイルス　1522₄₅
Strix　1572₁₁
strobila　横分体　**161**d
strobilation　横分体形成　140c, 161d
Strobilidium　1658₂₇
Strobilomyces　1627₇
Strobiloscypha　1615₅₂
Strobilurus　1626₃₀
strobilus　球花　308b
stroke volume　一回拍出量　712d
stroma　ストロマ，子座，支質，間質　574e, 576f, 646e, 737a, 1427g
stromal cell　ストローマ細胞　**737**b
stroma-thylakoid　ストロマチラコイド　930b, 1427g
Stromatinia　1615₁₄
Stromatocrea　1617₂₇
Stromatocystites　1561₂₈
Stromatocystitida　ストロマトキスチテス目　1561₂₈
stromatolite　ストロマトライト　**737**c
Stromatoneurospora　1619₄₈
Stromatopora　1554₁₂
Stromatoporoidea　ストロマトポラ目，層孔虫類　**824**b, 1554₁₂
Stromatopteris　1642₅₀
Strombidiida　ストロンビディウム目　1658₃₈
Strombidinopsis　1658₂₇
Strombidium　1658₃₈
Strombomonas　1631₂₆
Strombus　1583₄₄
strong coupling　強結合　1484d
Strongwellsea　1604₁₉
Strongylis　1587₃₅
Strongylocentrotus　1562₁₀
Strongyloides　1587₃₂
Strongylosomatidea　ヤケヤスデ亜目　1594₁₃
Strongylura　1566₂₃
Stropharia　1626₄₃
Strophariaceae　モエギタケ科　1626₄₁
Strophomena　1580₁₉
Strophomenata　ストロフォメナ綱　1580₁₈
Strophomenida　ストロフォメナ目　1580₁₉
structural alignment　立体構造比較　**1458**f
── atypia　構造異型　62a
── biology　構造生物学　**453**b
── color　構造色　854d
── gene　構造遺伝子　77d, **452**h
── genomics　構造ゲノミクス　453b
── heterozygosity　構造的異型接合性　452i
── hybrid　構造雑種　**452**i
── plan　体制　**854**h
── stability　構造安定性　**452**g
struggle for existence　生存闘争　**761**d
── for life　生存闘争　**761**d
Strumella　1616₃₁
Struthio　1570₅₃
Struthiocephalus　1573₁₄
Struthioniformes　ダチョウ目　1570₅₃
strutted process　有基突起　1132f
Struvea　1634₄₂
strychnine　ストリキニン　**735**d
Strychnos　1571₄₄
── *nux-vomica*　マチン　735d
Stschapovia　1657₄₅
studying　記銘　1305i
study of molecular evolution　分子進化学　**1247**c

Stupendemys　1568₁₉
Sturgeon adenovirus A　チョウザメアデノウイルス A　1515₁₂
sturine　スツリン　1232d
Sturnus　1573₁
STURTEVANT, Alfred Henry　スタートヴァント　**731**a
Styela　1563₃₂
Stygamoeba　1628₂₀
Stygamoebida　スティグアメーバ目　1628₂₀
Stygarctus　1588₈
Stygina　1588₄₀
Stygiolobus　1534₁₅
Stygocaris　1596₃₅
Stygotantulus　1596₄
Stygothrombium　1590₃₄
stylar canal　花柱溝　581c
Stylaster　1555₄₁
style　花柱　581c, 1194b
stylet　主体，吻針，針状体　1001d, 1163b, 1243f
── apparatus　針装置　1163b
styletocyte　針細胞　1163b
Stylina　1558₁, 1622₃₉
Stylinodon　1575₂
Stylocephalus　1661₂₄
Stylochona　1659₃₈
Stylochus　1577₂₄
Stylodictya　1663₁₈
styloid　棒状体　602g
Stylommatophora　柄眼亜目　1584₂₃
Stylonema　1632₂₃
Stylonematales　ベニミドロ目　1632₂₁
Stylonematophyceae　ベニミドロ綱　1632₁₉
Stylonurina　アシナガウミサソリ亜目　1589₃₀
Stylonurus　1589₃₁
Stylonychia　1658₃₃
Stylopage　1604₃₂
Stylopauropus　1592₅₁
Stylophora　1559₃
Stylophyllopsis　1558₁
Stylopidia　ネジレバネ亜目　1601₁₂
stylopization　スチロプス去勢　289c
stylopodium　柱下体，柱脚　581c, 622c
Stylops　1601₁₂
Styloscolex　1585₂₇
Stypella　1623₃₁
Stypopodium　1657₂₂
Styptosphaera　1663₁₈
Styracaceae　エゴノキ科　1651₂₂
Styrax　1651₂₂
Suaeda　1650₅₁
sub-　亜-　**1**a
subacicular hook　足刺状剛毛　836b
subacute sclerosing panencephalitis　亜急性硬化性全脳炎　1341c
subalpine zone　亜高山帯　**9**a, 724f
subarctic forest zone　亜寒帯林　715d
── zone　亜寒帯　174b, 269d
subassociation　亜群集　**8**f
Subbaromyces　1609₁₁
subcaste　サブカスト　220a
subchordal coelom　脊索下腔　982c
subclavian vein　鎖骨下静脈　**537**h
subclimax　亜極相　**5**d
subcommissural organ　交連下器官　**468**j
subconsciousness　潜在意識　861b
subcorneal tissue　角膜下組織　1077a
subcosta　亜前縁脈　613c
subcoxa　亜底節　**17**g
subcultivation　継代　391h
subculture　継代培養　**391**h
subcutaneous adipose tissue　皮下脂肪組織　1134b
── tissue　皮下組織　**1134**c
subcuticle　下クチクラ，角皮下層　347a, 625e
subcuticular cord　角皮下索　625e
subcutis　皮下組織　**1134**b

Subdoligranulum 1543₅₂
subdominant species　亜優占種　**33**b
suberin　スベリン　**741**a
Suberites　1554₃₆
subesophageal gland　食道下腺　**673**g
subfornical organ　脳弓下器官　1063h
subfossil　半化石　222c
subgenital pit　性巣下腔, 生殖巣下腔, 胃下腔　353h, 1099d
──── porticus　性巣下腔, 生殖巣下腔, 胃下腔　1099d
subgenomic RNA　サブゲノム RNA　**543**a
subgenual organ　膝下器官　**591**e
subgerminal cavity　胚下腔　**1076**d
──── periblast　胚下周縁質　620a
Subhysteropycnis　1606₄₉
subiculum　子実体形成菌糸層　**577**d
subimago　亜成虫　**14**a
subitaneous egg　急発卵　242a
subjective contour　主観的輪郭　538h
──── environment　主体的環境　256a
──── synonym　主観異名　89e
sublingual gland　舌下腺　866i
sublittoral organism　潮下帯生物　**919**d
submandibular gland　顎下腺　866i
submarginal initials　次周縁始原細胞　1422b
submaxillary gland mucin　顎下腺ムチン　**227**b
submentum　亜基板　217h
submerged culture　液中培養, 液内培養　124f
──── grassland　沈水草原　**933**e
──── leaf　沈水葉　1211l
──── meadow　沈水草原　823j
──── plant　沈水植物　**933**d
submetacentric chromosome　次中部動原体染色体　806f
subminimal stimulus　最小以下の刺激　60a
submissive behavior　服従行動　**1196**g
submolecular biology　分子下生物学　1469h
submucosa　粘膜下組織　1060g
submucosal plexus　粘膜下神経叢　697e
submucous plexus　粘膜下神経叢　920b
sub-natural vegetation　亜自然植生　586e
subneural gland　脳下腺　697c
subnival zone　亜恒雪帯　452a
subnormal phase　次常期　217c
suboesophageal body　食道下体　673g
──── ganglion　食道下神経節　**673**f
suborbital gland　眼下腺　274b
suborder　亜目　1a, 177a
subordinance　劣位　650b
subordinate　劣位者　650b
──── species　従属種　**626**a
subordination　従属　321c
subparaventricular zone　室傍核下部領域　572b
subprovince　亜地方　996b
subradius　副対称面, 副幅, 小幅　1298f
subregion　亜区　996b
subretinal space　網膜下腔　1393h
Subsaxibacter　1539₅₁
Subsaximicrobium　1539₅₁
Subselliflorae　ウミエラ亜目, 下位類, 半座類　1557₃₆
subsere　二次系列, 二次遷移系列　1035b
subsidence theory　沈降説　**932**d
subsidiary cell　助細胞　**679**d
subsistence quota　最小細胞内持ち分　764g
subsocial　亜社会性　615e
subspecies　亜種　**10**g
subsporangial swelling　胞子嚢柄膨大部　122e
──── vesicle　胞子嚢柄膨大部　122f
substance P　サブスタンス P　**543**c
substantia alba　白質　**1092**f
──── compacta　緻密骨　482f
──── corticalis　皮質　186b
──── grisea　灰白質　**186**b
──── grisea centralis　中心灰白質　783d
──── nigra　黒質　860b, 916a
substantive model　実体的モデル　1398c
substitute fiber　代用繊維　799d

substitution　置換　**903**c
substitutional community　代償植生　853f
──── load　遺伝子置換に伴う荷重　82h
substitutive community　代償植生　853f
substratal stroma　基質性子座　574e
substrate　基質　**286**a
──── cycle　基質サイクル　343h
──── hypha　基底菌糸, 基生菌糸　335d
──── inhibition　基質阻害　455a
──── level phosphorylation　基質レベルのリン酸化　**286**d
substrate-saturation curve　基質飽和曲線　1351f
substrate specificity　基質特異性　455e
substratum　基層　588f
subsurface biosphere　地下生命圏　**903**a
subsynaptic fold　シナプス下襞　790j
──── membrane　シナプス下膜　**601**e
subtelocentric chromosome　次端部動原体染色体　806f
Subtercola　1537₂₆
Subterranean clover stunt virus　1518₅
subterranean-water community　地下水群集　724a
subthreshold response　閾下応答　**60**c
──── stimulus　閾下刺激　60a
subtidal community　潮下帯群集　**919**d
──── organism　潮下帯生物　**919**d
──── zone　潮下帯　919d
subtractive hybridization　サブトラクション法　**543**c
subtropical rain forest　亜熱帯多雨林　**22**g
subtype　亜型　99e
Subulatomonas　1552₂₂
Subulicystidium　1625₃₁
Subulispora　1606₄₃
subumbrellar pit　内傘窩　1099d
subunguis　爪蹠　936i
succession　遷移　**799**c
successional teeth　代生歯　1069b
successive contrast　継時性対比　862b
──── division　連続分裂　878g
──── threshold　接次閾, 継時閾　342l
succinamopine　スクシナモピン　168e
succinate dehydrogenase　コハク酸脱水素酵素　**487**d
──── oxidase　コハク酸酸化酵素　**487**c
Succinatimonas　1548₃₄
Succinea　1584₂₈
succinic acid　コハク酸　344b[図]
Succiniclasticum　1544₁₉
Succinimonas　1548₃₅
Succinipatopsis　1588₂₉
Succinispira　1544₁₉
succinite　琥珀　**487**a
Succinivibrio　1548₃₅
Succinivibrionaceae　スクシニヴィブリオ科　1548₃₄
succinyl CoA　スクシニル CoA　**729**g
──── coenzyme A　スクシニル補酵素 A　729g
succubous　覆瓦状　**1193**g
succulent plant　多肉植物　**877**g
succus nervosus　1330d
sucker　台芽, 吸盤, 粘着器　313d, 660j, **864**b, 1060c
sucking disc　吸盤, 吸着円盤　**313**d, 955b
──── mouthpart　吸い型口器　**719**c
──── stomach　吸胃　**307**f
──── tentacle　吸触手　**311**c
sucrase　スクラーゼ　**730**a
sucrose　ショ糖, 蔗糖　**681**h
──── density-gradient centrifugation method　ショ糖密度勾配遠心法　1359b
sucrose-gap technique　糖液間隙技術　**976**a
sucrose α-D-glucohydrolase　スクロース α-D-グルコヒドロラーゼ　730a
──── α-glucosidase　スクロース α-グルコシダーゼ　730a
sucrose-phosphate synthase　ショ糖リン酸合成酵素　681h
sucrose phosphorylase　ショ糖ホスホリラーゼ　**682**a
──── synthase　ショ糖合成酵素　681h
suction force　吸水力　**312**b
Suctobelba　1591₇
Suctoria　吸管虫亜綱　1659₄₄

suctorial mouth 吸口口, 吸口 1099d
—— mouthpart 吸い型口器 719c
—— tentacle 吸触手 311c
Sudamerica 1573₄₀
sudation 発汗 1101g
sudden outbreak 突発大発生 861d
sudoriferous pore 汗口 1160g
Suessiales スエッシア目 1662₂₈
suffrutex 亜低木 955e
sugar acceptor 糖受容体 991h
—— assimilation 糖資化性 983c
—— donor 糖供与体 991h
—— gland 砂糖腺 866i
—— leaf 糖葉 973c
—— nucleotide 糖ヌクレオチド 992f
—— puncture 糖穿刺 987g
Sugiyamaella 1606₂₁
suicide 自殺 575e
—— gene 自殺遺伝子 25e
—— substrate 自殺基質 575f
Suillaceae ヌメリイグチ科 1627₂₇
Suillosporium 1623₄₀
Suillus 1627₂₇
Suipoxvirus スイポックスウイルス属 1517₆
Sula 1571₃₀
Sulae カツオドリ亜目 1571₃₀
Sulcochrysis 1656₆
Sulcomonas 1552₂₄
Sulcopyrenula 1610₃₄
sulcus 縦溝 108g
—— calcarinus 鳥距溝 860c
—— centralis 中心溝 860c
—— cerebri 大脳溝 860c
—— hippocampi 海馬溝 860c
—— limitans 境界溝 694a
sulfa drug サルファ剤 546g
sulfamidase スルファミダーゼ 742g
sulfanilamide スルファニルアミド 546g, 1152c
sulfatase スルファターゼ 742g
sulfate-reducing microbes 硫酸塩還元菌 1467h
sulfatide スルファチド 1468a
sulfhydryl group スルフヒドリル基 129c
—— reagent スルフヒドリル試薬 129e
sulfite reductase 亜硫酸レダクターゼ, 亜硫酸還元酵素 35c
Sulfitobacter 1546₁₀
Sulfobacillus 1543₂₃
sulfoglycolipid 硫糖脂質 1468a
sulfolipid 硫脂質 1468a
Sulfolobaceae スルフォロブス科 1534₁₅
Sulfolobales スルフォロブス目 1534₁₄
Sulfolobus 1534₁₆
—— islandicus filamentous virus スルフォロブス・アイランディカス繊維状ウイルス 1 1515₅₈
—— islandicus rod-shaped virus 2 スルフォロブス・アイランディカス ロッド型ウイルス 2 1517₁₆
—— newzealandicus droplet-shaped virus スルフォロブス・ニュージーランディカス液滴状ウイルス 1515₄₃
—— spindle-shaped virus 1 スルフォロブス スピンドル型ウイルス 1 1515₃₈
sulfonamide スルホンアミド 546g
sulfonolipid スルホノリピド 1468a
Sulfophobococcus 1534₉
sulfoquinovosyldiacylglycerol スルホキノボシルジアシルグリセロール 1468a
sulfotransferase 硫酸基転移酵素 1310c
sulfur 硫黄 55g
—— bacteria 硫黄細菌 55b
—— cycle 硫黄の循環 55c
Sulfuricella 1547₁
Sulfuricurvum 1548₁₈
Sulfurihydrogenibium 1538₄₅
Sulfurimonas 1548₁₈
Sulfurisphaera 1534₁₆
Sulfurivirga 1549₅₆

sulfur mustard サルファマスタード 1341g
Sulfurococcus 1534₁₆
Sulfurospirillum 1548₁₆
Sulfurovum 1548₁₈
Suliformes カツオドリ目 1571₂₈
Sulston, J. E. 1228d
Suminia 1573₁₉
summation 加重 215f
—— method 積上げ法 936g
summer egg 夏卵 242a
—— green 夏緑, 夏緑性 1434d, 1434e
summer-green deciduous forest 夏緑樹林 1434c
summer plumage 夏羽 111g
—— resident 夏鳥 1025g
—— spore 夏胞子 1025h
SUMNER, James Batcheller サムナー 544d
SUMO ユビキチン様蛋白質 1131b, 1146b
Suncus 1575₁₀
sun fleck サンフレック 554a
—— leaf 陽葉 100d
—— plant 陽生植物 1425f
—— spot 陽斑 554a
—— stroke 日射病 1057c
—— tree 陽樹 93i, 1425i
super- 上- 653d
super antigen スーパー抗原 738b
supercoiled DNA スーパーコイル DNA, 超らせん DNA 264c, 945a
supercooling 過冷却 248g
—— point 過冷却点 979i
supercritical fruid chromatography 超臨界流体クロマトグラフィー 376b
superfemale 超雌 921f
superficial blastula 周縁胞胚 620e
—— cleavage 表割 1165f
—— sense 表面感覚 1169f
superhelical DNA 超らせん DNA 264c
superinfection 菌交代現象, 重複感染 465g, 925h
—— exclusion 重感染排除 925h
superior colliculus 上丘 558f
—— indusium 上位包膜 1303h
—— mesenteric vein 上腸間膜静脈 920e
—— ovary 子房上位 581c
supermale 超雄 921f
supernormal phase 過常期 217c
supernumerary chromosome 過剰染色体 217d
—— teeth 過剰歯 1069b
superorganism 超個体 921c
superovulation 過剰排卵 217f
superoxide スーパーオキシド, 超酸化物 737h
—— dismutase スーパーオキシドジスムターゼ 737h
superparasitism 過寄生 198a
superposition 縦生 624f
—— eye 重複像眼 926c
—— image 重複像 926c
superprecipitation 超沈殿 924h
superspecies 上種 644g
supersuppressor スーパーサプレッサー 738c
supinator 回外筋 293a
supplementary host 補助宿主 632b
—— male 1308b
—— motor area 補足運動野 116d
supporting cell 支持細胞 576d, 822d
—— lamella 支持層, 支持膜 611c
—— tissue 支持組織 279b, 576e
suppression サプレッション 543g
—— subtractive hybridization 543c
suppressiveness サプレッシブネス 1498d
suppressor サプレッサー 543g
—— cell サプレッサー細胞 543f
—— gene サプレッサー遺伝子, 抑圧遺伝子 543d, 543g
—— mutation サプレッサー突然変異 543g
—— sensitive mutant サプレッサー感受性突然変異体 543g
suppuration 化膿 1062c

supra- and infrapharyngobranchials　咽頭鰓節　1020i
suprabranchial chamber　鰓上腔　513a
　── organ　上鰓器官　1375d
　── space　鰓上腔　513a
suprachiasmatic nuclei　視交叉上核　572b
supralittoral community　潮上帯群集　922b
　── organism　潮上帯生物　922b
　── zone　潮上帯　922b
supraoesophageal ganglion　食道上神経節　673i
supraoptic nucleus　視索上核　575c
supraorbital foramina　眼窩上孔　391d
　── gland　眼上腺　274b
　── ridge　眼窩上隆起　254e
suprapedal gland　上足腺　837e
suprarenal　上腎，腎上体　704e, 1196f
　── gland　腎上体　704e
supratidal organism　潮上帯生物　922b
supravital staining　超生体染色　763e
Surculiseries　1619₄₈
surface active agent　界面活性剤　187i
　── culture　表面培養　1169i
　── epithelium　表層上皮　758a
　── exclusion　表面排除　1217f
　── gland　表面腺　870h
　── law　体表面積の法則　863c
　── pad of fungus　菌蓋　332a
　── plasmon resonance method　表面プラズモン共鳴法　1169j
　── soil　表層土　1168b
surface-spreading method　界面展開法　353c
surface yeast　上面酵母　667c
surfactant　界面活性剤　187i
surgical robot　手術ロボット　635e
Surirella　1655₅₇
Surirellales　コバンケイソウ目　1655₅₆
survival curve　生存曲線　778b
　── of the fittest　適者生存　959e
　── potential　個体維持能力　776a
　── signal　生存シグナル　761c
　── value　生存価　958c
survivorship curve　生存曲線　778b
Sus　1576₁₆
suspended particle　粒子状物質　786d
　── solid　懸濁物質　579e
suspension culture　懸濁培養，浮遊培養　425e, 1211g
　── feeding　懸濁物食　953c
suspensor　胚柄　1089a
suspensory ligament　提靱帯　1395c
sustainability　持続可能性　588h
sustainable development　持続可能な開発　588i
　── yield　維持収穫量　516e
sustained yield　維持収穫量　516e
Sutherland, Earl Wilbur　サザランド　537i
Sutterella　1546₂₅
Suttonella　1548₄₈
Sutton, Walter Stanborough　サットン　540h
sutura　縫合　1293c
　── occipitalis transversa　横後頭縫合　92e
　── plana　平滑縫合　1293c
　── serrata　鋸状縫合　1293e
　── squamosa　鱗状縫合　1293c
suture　溝，縫合，縫合線　976h, 1293e, 1294b
Suzukielus　スズキダニザトウムシ　1591₁₆
SV　肉腫ウイルス　1030h
Sv　シーベルト　1298d
SV40　シミアンウイルス40　129b, 1516₅₆
Svedberg, Theodor　スヴェードベリ　727d
Svedberg unit　1スヴェードベリ単位　932c
swainsonine　スワインソニン　982d[表]
swallowing　嚥下運動　151g
　── center　嚥下中枢　151g
Swaminathania　1546₁₈
Swammerdam, Jan　スワンメルダム　743b
swamp fever　沼熱　110g
swarmer　遊走細胞　1411g

swarming　分封，群飛　383d, 1253b
swarm spore　遊走子　1412c
sweating　発汗　1101g
　── reflex　発汗反射　685d
sweat pore　汗口　1160g
sweeper tentacle　スイーパー触手　670b
sweetness　甘味　1354b
Sweet potato mild mottle virus　1522₅₀
swelling　膨潤　1101a
Swertia　1651₄₂
Swietenia　1650₁₂
swim bladder　鰾　108b
Swinepox virus　ブタ痘ウイルス　1517₆
switching　スイッチング(餌の)　725a
swivelase　スウィベラーゼ　944c
swoon　卒倒病　553j
Sxl　748c
Sycetta　1554₂₃
Sycettida　1554₂₃
Sychnocotyle　1578₅
Sycidia　1636₁₆
Sycidiales　シキジア目　1636₁₆
sycon　イチジク状果　1194e
Sycon　1554₁₉
syconium　イチジク状果　1194e
syconoid　サイコン型，シコン型　720e
sycon type　サイコン型，シコン型　720e
syconus　イチジク状果　1194e
Sydowia　1608₅₀
Sydowiella　1618₅₄
Sydowiellaceae　シドウイエラ科　1618₅₄
sylleptic branch　同時枝　984a
Syllis　1584₅₂
sylvae　高木林　466c
Sylvian aqueduct　シルヴィウス水道　916a
Sylvius, Franciscus　シルヴィウス　686d
Sylvius, Jacobus　シルヴィウス　686e
Symbiobacterium　1543₂₄
Symbiodinium　1662₂₉
Symbiomoans　1653₁₄
Symbion　1579₁₆
symbiont　共生者　319b
Symbiontida　1631₂₇
symbiosis　共生，相利共生　319b, 833k
Symbiotaphrina　1606₄₃
symbiote　共生者　319b
Symbiotes　1546₂₅
symbiotic algae　共生藻　319d
　── germination　共生発芽　319e, 333i
　── luminescence　共生発光，寄生発光　775d
　── theory　共生説　778a
symbol　象徴　567i
symbolic function　象徴機能　661b
Symmetrodonta　相称歯上目　1573₅₁
symmetry　相称　826a
Symmius　1597₄
Symmoriiformes　シンモリウム目　1564₃₅
sympagic algae　アイスアルジー　1h
sympathetic induction　共感的誘発　616a
　── nerve　交感神経　434f
　── nervous system　交感神経系　434b
　── saliva　交感神経唾液　1251a
sympathico-adrenal system　交感神経-副腎系　685a
sympathomimetic drug　交感神経様作用剤　685c
sympathy　交感作用　434a
sympatric speciation　同所的種分化　986f
sympatry　同所性　986d
Sympetalae　合弁花類　465e
sympetalous plants　合弁花類　465e
sympetaly　合弁　465d
Sympetrum　1598₅₂
Symphyacanthida　アンフィリチウム目，シンフィアカンチダ目　1663₂₅
Symphyla　コムカデ綱，コムカデ類　490c, 1592₄₅
symphylans　コムカデ類　490c

Symphyocladia	1633₅₄
Symphyodontaceae	ウニゴケ科 1641₄
Symphyonema	1541₄₄
Symphyonemopsis	1541₄₅
Symphyopeleurium	1593₂₁
Symphypleona	マルトビムシ亜目 1598₂₃
Symphyta	ハバチ亜目, 広腰亜目, 広腰類, 無針類 1164f, 1601₄₆
Symphytum	1651₅₂
symplast	シンプラスト **713**g
symplastic pathway	311g
symplesiomorphy	共有原始形質 **323**d
Symploca	1541₄₀
Symplocaceae	ハイノキ科 1651₂₀
Symplocarpus	1645₅₇
Symplocos	1651₂₀
sympodial	仮軸型 1248f
—— branching	仮軸分枝 **215**b
sympodioconidium	シンポジオ型分生子 1248f
Sympodiomycopsis	1622₄₇
sympodite	脚基 **302**c
sympodium	シンポディウム **714**c
symport	共輸送 849b
symptom	病徴, 症状 **659**f, **1168**f
Synaema	1592₂₇
Synalissa	1615₄₁
synanamorph	シンアナモルフ 869d
synandrium	集葯雄ずい 1409e
Synandwakia	1557₅₀
synangium	単体胞子囊群, 聚囊, 集葯雄ずい 1296e, 1409e
Synanthedon	1601₄₃
synapomorphy	共有派生形質 **323**f
synapse	シナプス **601**d
Synapsida	単弓綱 1573₄
synapsis	シナプシス, 対合, 接合 **789**b, **934**b
—— stage	対合期 512a
Synapta	1562₃₃
synaptic cleft	シナプス間隙 601d
—— delay	シナプス遅延 **602**b
—— depression	シナプス抑圧, 抑圧 225b
—— fold	シナプス襞 790j
—— potential	シナプス電位 601f
—— potentiation	シナプス増強, 増強 225b
synaptictransmitter	シナプス伝達物質 196b
synaptic vesicle	シナプス小胞 **602**a
—— vesicular hypothesis	シナプス小胞仮説 602a
Synaptomyces	1611₃₇
synaptonemal structure	シナプトネマ構造 **602**c
Synarthrophyton	1633₁₁
synarthrosis	不動結合 266a
synassociation	総和群集 383e
Synbranchiformes	タウナギ目 1566₄₁
Syncarida	厚エビ上目 1596₂₉
Syncarpella	1609₁₈
syncarpous	合生心皮 1455i
Syncephalastraceae	ハリサシカビモドキ科 1604₃
Syncephalastrum	1604₄
Syncephalis	1604₃₀
Synchaeta	1578₃₈
synchondrosis	軟骨結合 266a
Synchroma	1656₁₈
Synchromales	シンクロマ目 1656₁₈
Synchromophyceae	シンクロマ藻綱 1656₁₆
synchronism	斉時性 387c
synchronization	同調, 同調行動 **989**h, **990**f
synchronized cell culture	同調培養法 990h
synchronous culture method	同調培養法 990h
—— division	同調分裂 **991**a
Synchytrium	1602₁₈
Syncystis	1661₂₆
syncytial theory	多核体起原説 820a
syncytiotrophoblast	栄養膜合胞体細胞 120f
syncytium	シンシチウム **703**d
syndecan	シンデカン 1235c
Syndermata	共皮類 227f
syndesis	対合 **934**b
syndesmo-chorial placenta	結合組織絨毛胎盤 565i
syndesmosis	靱帯結合 266a
syndetocheilic type	282f
Syndiazona	1563₂₉
Syndinea	シンディニウム綱 1662₇
Syndiniales	シンディニウム目 1662₈
Syndinida	シンディニウム目 1662₈
Syndiniophyceae	シンディニウム綱 1662₇
Syndinium	1662₈
syndrome	症候群 **657**g
Synechococcus	1541₂₄
Synechocystis	1541₂₄
synecology	群生態学, 群集生態学 **382**a, **476**d, **677**a
synergetical principle	共同作用の原理, 協力の原理 870b
synergid	助細胞 **679**c
synergism	相乗作用, 相助作用 **826**a
synergist	相乗因 826d
Synergistaceae	シナーギステス科 1550₂₃
Synergistales	シナーギステス目 1550₂₂
Synergistes	1550₂₅
Synergistetes	シナーギステス門 1550₂₀
Synergistia	シナーギステス綱 1550₂₁
synergists	共力筋 **293**a
syngen	シンゲン **700**f
syngenesious stamen	集葯雄ずい 1409e
syngenophagy	近親者食い 474a
Synglocladium	1617₄₅
Syngramma	1643₃₅
Synhymenia	1660₂
Synhymeniida	単膜目 1660₂
Synhymeniidia	単膜亜綱 1660₁
synizesis	収縮期 **512**a, **623**b
synkaryon	合核 **432**c
synnema	分生子柄束 1249b
synomone	シノモン 194f
synonym	異名 **89**e
synonymous codon	同義語コドン **485**g, **632**d
—— substitution	同義置換 903c
synonymy	異名リスト, 異名一覧 89e
synophthalmia	接眼 882c
synostosis	骨結合 266a
synotia	合耳 597c
synovia	滑液 266a
synovial cell	滑膜細胞 **231**c
—— membrane	滑膜 266a
syntaxon	群落分類群 **383**g
syntenic gene	シンテニック遺伝子 708e
synteny	シンテニー **708**e
synthase	シンターゼ 450d
synthesis-dependent single-strand annealing model	DNA合成依存的単鎖アニーリングモデル **942**c
synthetase	シンテターゼ, 合成酵素 **450**d
synthetic auxin	合成オーキシン 164b
—— biology	合成生物学 **450**j
—— lethal	合成致死 904g
—— medium	合成培地 **451**d
—— phase	合成期 130d
—— polynucleotide	合成ポリヌクレオチド 1321h
—— seawater medium	人工海水培地 **701**b
—— theory of evolution	総合説(進化理論の) **824**a
—— variety	合成品種 **451**e
Synthliboramphus	1571₆₀
Syntholus	1609₁₈
syntopic	同地的 986d
Syntrophaceae	シントロファス科 1548₈
syntrophin	シントロフィン **583**g, **711**e
syntrophism	栄養共生 **121**a
Syntrophobacter	1548₁₀
Syntrophobacteraceae	シントロフォバクター科 1548₉
Syntrophobacterales	シントロフォバクター目 1548₇
Syntrophobotulus	1543₄₇
Syntrophococcus	1543₄₂
Syntrophomonadaceae	シントロフォモナス科 1543₅₃
Syntrophomonas	1543₅₄

Syntrophorhabdaceae　シントロフォラブダス科　1548₁₂
Syntrophorhabdus　1548₁₂
Syntrophospora　1543₅₄
Syntrophothermus　1543₅₄
Syntrophus　1548₈
syntype　シンタイプ, 総基準標本　863g
synuclein　シヌクレイン　**602**e
Synura　1656₂₂
Synurales　シヌラ目　1656₂₂
Synurophyceae　シヌラ藻綱, シヌラ藻綱　159h, 1656₂₂
synusia　シヌシア, 同位社会, 種社会　602f, **635**b
Synxenus　1593₃
Synziphosurina　ハラフシカブトガニ亜目　1589₁₉
synzoea　シンゾエア　834f
synzoochory　553k
synzoospore　集合遊走子　162b
syphilis　梅毒　**1085**g
Syracosphaera　1666₂₆
Syringa　1651₆₂
Syringammina　1664₂₀
Syringoderma　1657₁₆
Syringodermatales　ウスバオウギ目　1657₁₆
Syringopora　1557₁₄
syrinx　鳴管　**1374**e
Syrmaticus　1571₇
Syrrhaptes　1571₆₁
Syrrhopdon　1639₄₉
Syspastospora　1617₄₈
Systelommatophora　収眼亜目　1584₂₂
system　システム　**583**a
systema nervorum　神経系　**694**e
—— nervorum centrale　中枢神経系　**914**c
systematics　系統分類学　**393**a
systematic sampling　系統抽出　345e
systemic acquired resistance　全身獲得抵抗性　**811**a
—— autoimmune disease　全身性自己免疫疾患　439c
—— circulation　体循環　**853**d
—— infection　全身感染　267c, **811**b
—— inflammatory response syndrome　全身性炎症反応症候群　128e
—— insecticide　浸透殺虫剤　540e
—— lupus erythematosus　全身性エリテマトーデス　**811**f
—— mutation　全体突然変異　854f
—— scleroderma　強皮症　**322**c
—— sense　全身感覚　280e
—— veins　体静脈　**854**b
systemin　システミン　**583**a
systems analysis　システム分析　**583**c
—— biology　システム生物学　**583**d
—— ecology　システム生態学　**583**c
—— model　システム全体のモデル　583c
systole　収縮期　**623**b
systolic blood pressure　収縮期血圧　395a
Sysyrinchium　1646₅₂
sytylopization　スチロブス去勢　731l
Syzygites　1603₄₉
Syzygium　1648₄₂
Syzygospora　1623₈
syzygy　連接　**1495**a
Szczawinskia　1612₁₉
Szent-Györgyi, Albert von　セント–ジェルジ　**816**h
Szilard, Leo　ジラード　**684**f
Szostak, J. W.　1218f

T

θ wave　θ波　1065f
T　チミジン, テトラ型, リボチミジン　606g, 908h, 1465d
T　ツイスト数　945a
"T1-like viruses"　T1 様ウイルス　1514₃₅
"T4-like viruses"　T4 様ウイルス　1514₁₅
T4 topoisomerase II　T4 トポイソメラーゼII　944c
"T5-like viruses"　T5 様ウイルス　1514₃₆

"T7-like viruses"　T7 様ウイルス　1514₁₅
TAA　がん関連抗原　260c
Tabanus　1601₂₆
Tabellaria　1655₁₇
Tabellariales　ヌサガタケイソウ目　1655₁₇
table of normal stages　発生段階表, 発生規準表　**1106**i
tabula　平板, 床板　480c
Tabulacyathida　1554₅
Tabularia　1655₁₆
Tabulata　床板サンゴ亜綱, 床板サンゴ類　663a, 1557₅
tabulate corals　床板サンゴ類　**663**a
Tacaribe virus　タカリベウイルス　44d
Tacca　1646₁₈
Taccaceae　タシロイモ科　1646₁₈
tachyauxesis　優成長　1260d
Tachyblaston　1659₄₈
tachycardia　頻脈　712e
Tachyelasma　1556₄₂
tachygenesis　急速発生　17e, 273g
Tachyglossus　1573₄₅
tachykinin　タキキニン, タヒキニン　543b, **868**e, 1045b
Tachymorphie　64e
Tachypleus　1589₂₆
Tachysoma　1658₃₃
tachytely　急進化　1330i
tacrolimus　タクロリムス　**869**b
tactics　戦術　821a
tactile cell　触細胞　670g
—— corpuscle　触小体, 触覚棍, 触覚芽　670g
—— hair　触毛　407d, **678**h
—— organ　触覚器, 触覚器官　670g
—— receptor　触受容器　**670**g
—— sense　触覚　**681**a
Tadarida　1575₇
Tadorna　1571₁₃
tadpole larva　オタマジャクシ, オタマジャクシ形幼生　166c, **166**d
Taenia　1578₁₂
taenia coli　結腸紐　**406**b
taenidium　279g, 296d
Taeniella　1553₂
taeniobolocyst　射出体　1300g
Taeniodonta　紐歯目　1575₂
taenioglossa　紐舌　585c
Taeniolella　1609₂₉, 1609₄₁
Taeniophyllum　1646₄₈
Taeniospora　1626₆₁
Taenitis　1643₃₅
TAFE　1116h
Tag1　137h, 1387a
tagma　合体節　**458**b
Taiaroa　1557₂₀
taiga　**846**e
Taihungshania　1588₃₅
tail　尾, 尾部　159a, 752e
—— bud　尾芽　**1132**e
tailbud stage　尾芽期　1132e
tail-covert　尾筒　167g
tail fold　尾褶　1083j, 1427b
—— gut　尾腸　442f
—— photoreceptor　尾端光受容器　255f
tail-quill　尾羽　**167**f
tail sheath　尾鞘　752e
Taiwania　1645₇
Taiwanoporia　1625₁
Takakia　1638₃₇
Takakiaceae　ナンジャモンジャゴケ科　1638₃₇
Takakiales　ナンジャモンジャゴケ目　1638₃₆
Takakiopsida　ナンジャモンジャゴケ綱　1638₃₅
Takayama　1662₂₀
Takifugu　1567₁
Takydromus　1568₅₄
Talaromyces　1611₈
Talassocalycida　タラッソカリケ目　1558₂₁
Talbotiomyces　1627₅₇

tca 2141

Talbot-Plateau's law トールボット-プラトーの法則 1015b
Talbot's law トールボットの法則 **1015**b
talin タリン, テーリン 1177e
Talinum 1650₅₅
talking 会話 **192**b
tall graminoid vegetation 長草イネ科植生 823j
—— grass meadow 長草型草原 823j
—— grass vegetation イネ科草原 **87**b
—— herb stand 高茎草原 **437**b
Tamanovalva 1584₇
Tamaricaceae ギョリュウ科 1650₃₈
Tamarindus 1648₅₃
Tamarix 1650₃₈
Tamias 1576₃₇
Tamlana 1539₅₂
Tanaidacea タナイス目 1597₂₄
Tanaidomorpha タナイス亜目 1597₂₆
Tanais 1597₂₆
Tanakaea 1648₂₂
Tanaka's line 田中線 **877**b
Tanatophytum 1620₇
tandem duplication 縦列重複 80c
—— running 1453i
Tangasaurus 1568₁₄
tangential division 接線分裂 1262a
—— longitudinal division 接線分裂 1262a
—— plane 切線面 765e
tangoreceptor 触受容器 **670**g
tank culture タンク培養 **883**b
Tannerella 1539₁₄
tannin タンニン **892**c
—— cell タンニン細胞 **892**d
tanning タンニング, 硬化 298c, 1096g
tannin-red フロバフェン 892c
TANSLEY, Arthur George タンズリー **889**e
Tanticharoenia 1546₁₈
T-antigen T抗原 **950**e
Tantulocarida ヒメヤドリエビ亜綱 1596₂
Tantulocaridida ヒメヤドリエビ目 1596₃
Tanystropheus 1569₁₃
Tapeinidium 1643₂₅
Tapellaria 1612₂₉
tapetal cell タペータム細胞 **878**h
tapetum タペータム, 細胞性輝板 563f, **878**h
—— cellulosum 細胞性タペータム 878h
—— fibrosum 繊維性タペータム 878h
—— lucidum タペータム **878**h
tapeworm 条虫類 **660**j
tapeworms 条虫類 **660**j
taphonomy タフォノミー **878**e
Taphridium 1605₄₀
Taphrina 1605₄₁
Taphrinaceae タフリナ科 1605₄₁
Taphrinales タフリナ目 1605₃₉
Taphrinomycetes タフリナ綱 1605₃₈
Taphrinomycotina タフリナ亜門 1605₂₅
Taphrophila 1610₇
Tapinella 1627₂₉
Tapinellaceae イチョウタケ科 1627₂₈
Tapinocaninus 1573₁₄
Tapinocephalus 1573₁₄
Tapirus 1576₂₉
tapping sound 打撃音 1100g
Tarantian タラント階 864k
Taraxacum 1652₃₈
Tarbosaurus 956c
tar cancer タールがん **880**f
Tardigrada 緩歩動物, 緩歩動物門 273e, 1588₅
Tarenaya 1649₆₁
target duplication 標的重複 1130b
Target of rapamycin pathway TOR 経路 **1014**e
target organ 標的器官 **1168**h
—— SNAP receptor t-SNARE, 標的 SNAP 受容体 737h
—— theory ターゲット説 **869**h

Targionia 1637₁₂
Targioniaceae ハマグリゼニゴケ科 1637₁₂
Taricium 1604₁₉
Tarphyceras 1582₄₂
Tarphycerida 1582₄₂
Tarrasiiformes タラシウス目 1565₂₆
Tarrasius 1565₂₆
tarsal gland 瞼板腺 **1335**e
—— organ 779c
—— plate 瞼板 258h
Tarsiiformes メガネザル下目 1575₃₁
Tarsipes 1574₂₅
Tarsius 1575₃₁
Tarsonemus 1590₄₁
tarsungulum 1001f
tarsus 跗節, 瞼板 1203l, 1335e
tartaric acid 酒石酸 **640**c
Tarui disease タルイ病 981a
Tarzetta 1616₂₂
Tasmanites 1634₄
Tasmannia 1645₃₂
Tasmanoperla 1599₁₂
Tasmidella 1612₃₇
taste blindness 味盲 **1363**a
—— bud 味蕾 **1365**b
—— bulb 味蕾 **1365**b
—— cell 味細胞 **1353**h
taster 有味者 1363a
taste receptor 味受容器 **1354**d
—— substance 味物質 1352a, 1354b
Tastmenisus 触覚盤 1383d
TATA box TATA ボックス 1238h
Tateyamaria 1546₁₀
Tatlockia 1549₁₈
TATUM, Edward Lawrie テータム **961**d
Tatumella 1549₁₃
tau タウ 1142e
Taumastocheles 1597₄₉
Tauraco 1572₈
taurine タウリン **866**e
taurochenodeoxycholic acid タウロケノデオキシコール酸 410c
taurocholic acid タウロコール酸 1295a
taurodeoxycholic acid タウロデオキシコール酸 956i
taurolithocholic acid タウロリトコール酸 1459f
Tausonia 1623₁
tautonym 反復名 **1127**a
tautonymous name 反復名 **1127**a
Tawara's node 田原の結節 570e
taxa タクサ 868i
Taxaceae イチイ科 1645₁₀
taxane タキサン 1095a
Taxillus 1650₃₃
taxis 走性 **827**f
Taxocrinida タクソクリヌス目 1559₃₈
Taxocrinus 1559₃₈
Taxodium 1645₇
taxodonty 多歯式 925a
taxoid タキソイド 1095a
taxol タキソール 1095a
taxon タクソン **868**i
taxonomical group 分類群 868i
taxonomic character 指標形質 387d
—— distance 分類学的距離 **1255**b
—— unit 分類群 868i
taxonomy 分類学 **1255**a
Taxopodea タクソポデア綱 1663₃₅
Taxopodida タクソポディダ目 1663₃₆
taxotere タキソテール 1095a
Taxus 1645₁₀
Tayassu 1576₁₆
Taylorella 1546₄₇
Tay-Sachs disease タイ-ザックス病 739e
—— ganglioside 257g
TCA cycle TCA 回路, トリカルボン酸回路 344b

TCD 熱伝導度検出器 219c
2,3,7,8-TCDD 2,3,7,8-テトラクロロジベンゾパラダイオキシン 845h
T cell T 細胞 951b
—— cell receptor T 細胞受容体, T 細胞抗原受容体 951c, 1383j
T-chromosome T 染色体 953h
$TCID_{50}$ 952b
TCR T 細胞受容体, T 細胞抗原受容体 438c, 951c, 1383j
TD 旅行者下痢症 1472c
—— antigen TD 抗原 437g
TDF 精巣決定因子 760b
TDIF 372a
TDIF 371e
T-DNA 8e, 353g
—— tagging T-DNA タギング 81d
TDP チミジン-5-二リン酸 908e
TdT 末端デオキシヌクレオチド転移酵素 36a, 1386b
Tealia 1557₅₀
Tealliocaris 1596₃₃
tear 涙 1481d
teat 乳頭 1043c
Teberdinia 1607₃₆
technical model 技術的モデル 1398c
techniques in experimental embryology 実験発生学的手法 592g
Tectaria 1643₆₀
Tectariaceae ナナバケシダ科 1643₆₀
Tectella 1626₂₄
Tectibacter 1546₂₅
Tecticeps 1596₅₁
Tectimyces 1604₄₈
Tectiviridae テクチウイルス科 1517₁₈
Tectivirus テクチウイルス属 1517₁₉
Tectocepheus 1591₇
Tectofilosida テクトフィロシダ目 1665₁₈
Tectona 1652₁₃
tectorial membrane 蓋膜 187h
tectrices 翼覆 935i
tectum opticum 視蓋 558f
Tedania 1554₄₄
Tedelea 1642₄₄
Tedeleaceae テデレア科 1642₄₂
teeth 歯, 鋸歯 329c, 1069b
tegmen 内種皮 633d
tegment 表皮 660j
tegmentum mesencephali 中脳被蓋 916a
—— pontis 橋被蓋 315k
Tegulorhynchia 1580₂₉
tegumen テグメン 905d, 831a
Teichococcus 1546₁₈
teichode 127b
teichoic acid テイコ酸 951a
tela 組織 839d
—— connectiva 結合組織 402e
Telamodinium 1659₁₅
tela subcutanea 皮下組織 1134c
Teleaulax 1666₉
telemeter テレメーター 1074d
telemetry テレメトリー 1074o
telencephalin テレンセファリン 1387a
telencephalon 終脳 628a
teleoconch 後生殻, 成殻 847c
Teleogryllus 1599₂₅
teleomorph テレオモルフ 964g
teleoptile 完羽 111g
Teleosaurus 1569₂₄
Teleostei 真骨区 1565₄₃
Telephina 1588₃₇
teleutospore クロボ胞子, 冬胞子 375b, 1211j
Telimena 1616₄₀
teliospore 冬胞子 542a, 1211j
telium 冬胞子器, 冬胞子堆 1211j
Tellamia 1634₃₂
Tellinella 1582₂₁

Telluria 1546₆₀
Telmatospirillum 1546₂₃
teloblast 端細胞 883f
—— series 端細胞幹 883g
telocentric chromosome 端部動原体染色体 806f
telocoel 端脳腔 695f
telodendron 終樹 696e
telolecithal egg 端黄卵 1440g
telome テロム 964i
telomerase テロメラーゼ 965c
telomere テロメア 965a
telomere-binding protein テロメア結合蛋白質 965b
telome theory テロム説 964i
Telonema 1666₃₆
Telonemea テロネマ綱 1666₃₅
Telonemia テロネマ門 1666₃₄
Telonemida テロネマ目 1666₃₆
telophase 終期 620k
telopodite 脚端部 302c
Teloschistaceae ダイダイキノリ科 1613₄₆
Teloschistales ダイダイキノリ目 1613₃₄
Teloschistes 1613₄₆
telotaxis 目標走性 827f
telotroch 端部繊毛環 1016h
telotrophic ovariole 端栄養卵巣管 1447c
telson 尾節 1147f
Temin, Howard Martin テミン 963f
Temnocephala 1577₃₇
Temnocephalida 截頭類 1577₃₇
Temnopleurus 1562₁₀
Temnospondyli エリオプス目, 分椎類, 切椎類 1567₁₅
temperate deciduous forest 落葉広葉樹林 1434c
—— phage テンペレートファージ, 溶原性ファージ 1422c
—— zone 温帯 174b
temperature acclimation 温度順化, 温度順応 175b
—— coefficient 温度係数 174e
—— compensation 温度補償性 181d, 621d
—— dependence 温度依存性 175d
—— factor 温度要因 176a
temperature-humidity graph クライモグラフ, 温湿図 173d
—— relation 温-湿度関係 173d
temperature-reaction rate relation 温度-反応速度関係 175d
temperature resistance 温度耐性 175c
—— sense 温度覚 174c
temperature-sensitive mutant 温度感受性突然変異体 174d
—— period 感温期間 1472i
temperature tolerance 温度耐性 175c
template 鋳型 59b
—— switch テンプレートスイッチ 1198d
—— theory 鋳型説 686h
temporal bone 側頭骨 698c
—— colinearity 時間的共線性 320b
—— facilitation 時間的促通 838d
—— gland こめかみ腺 274b
—— induction 時間的感応 862b
—— isolation 時間的隔離 211a
—— summation 時間的加重 215f
temporary parasitism 一時的寄生 289b
—— stomach 仮性胃 53a
Tempskya 1643₂₀
Tempskyaceae テンプスキア科 1643₂₀
Tenacibaculum 1539₅₂
tenacula テナキュラ 1113d
tenaculum テナキュラ 1113d
tenascin テネイシン 963a
T-end T 端 953h
tendinous tissue 腱組織 415c
tendo 腱 415c
tendon 腱 415c
—— bundle 腱束 415c
—— fiber 腱繊維 415c
—— organ 腱器官
—— organ of Golgi 腱紡錘 427e

—— reflex　腱反射　**426**k
—— spindle　腱紡錘　**427**e
tendril　巻きひげ　**1336**d
Tenebrio　1601₉
Tenebroides　1601₉
Tenericutes　テネリキューテス門　1550₂₆
Teneriffia　1590₂
Tengiomyces　1619₉
Tenodera　1600₆
Tenrec　1574₃₃
Tenrecomorpha　テンレック形亜目　1574₃₃
tensin　テンシン　529b
tension-length curve　張力–長さ曲線　1024a
tension wood　引張りあて材　18a
tentacle　触手, 触腕, 触角　**670**b, **679**b, **680**g, 1241a
tentacle-bearing ridge　触手冠　**670**d
tentacular ampulla　51f
　—— cirrus　感触糸, 感触鬚, 触糸, 触鬚　63c, 670b
　—— lobe　触手葉　983b
　—— plane　触手面　1408g
　—— sheath　触手鞘　1408g
Tentaculata　有触手綱, 触手動物　670e, 1558₁₆
tentaculated arm　触手腕　1120a
tentaculocyst　触手胞　**670**f
Tenthredo　1601₄₆
tentilla　側枝　121g
tentorium　幕状骨　**1336**i
　—— cerebelli　小脳テント　1065b
Tenuibacillus　1542₃₄
Tenuisentis　1579₆
Tenuivirus　テヌイウイルス属　1520₄₆
tepal　花蓋片　234b
Tephrocybe　1626₁₁
Tephromela　1613₄
Tephromelataceae　クロイボゴケ科　1613₄
Tepidamorphus　1545₅₀
Tepidanaerobacter　1544₈
Tepidibacter　1543₄₉
Tepidicella　1546₅₆
Tepidimicrobium　1543₃₂
Tepidimonas　1546₄₃
Tepidiphilus　1547₂
Terana　1624₃₆
Teranympha　1630₂₁
Terasakiella　1545₄₃
terata　奇型, 奇形　**282**b
teratocarcinoma　奇形癌腫, 悪性奇形腫　282b
　—— cell　奇形腫細胞　1083b
　—— stem cell　奇形癌幹細胞　1083b
Teratocephalica　テラトケファルス上目　1587₃₉
Teratocephalida　テラトケファルス目　1587₄₀
Teratocephalus　1587₄₀
teratogen　催奇因子　282b
teratogenesis　奇形生成　282b
teratology　奇形学　**282**c
teratoma　奇形腫　**282**d
Teratosphaeria　1608₄₄
Teratosphaeriaceae　テラトスフェリア科　1608₄₂
Terebella　1585₁₀
Terebellida　フサゴカイ目　1585₉
Terebellides　1585₁₁
Terebrantia　アザミウマ亜目, 有錐類, 穿孔類　1600₂₇
Terebratalia　1580₃₉
Terebratulida　ホウズキガイ目, 穿殻類　1580₃₅
Terebratulina　1580₃₉
Teredinibacter　1548₂₇
Teredo　53a
Teretomonas　1665₁₆
Terfezia　1616₁₅
tergite　背板　**1087**c
tergum　背板　**1087**d
terminal addition　終端付加　**627**c
　—— bud　頂芽　**919**b
　—— button　終末ボタン　1045c
　—— cisternae　終末槽　337a

—— deoxynucleotidyl transferase　末端デオキシヌクレオチド転移酵素　36a, 1386b
—— filament　端糸　1447c
—— host　末端宿主　290a
terminalia　463d
Terminalia　1648₃₆
terminal leaflet　小葉, 頂小葉　1200h
　—— nerve　終神経　**624**c
　—— organ　末端器, 末端器官, 終末器官　422e, **629**e
　—— phenotype　最終表現型　596d
　—— plate　終板　922a
　—— protein　末端蛋白質　18g
　—— redundancy　末端重複　**1343**c
　—— repeat　末端重複　**1343**c
　—— repetition　末端重複　**1343**c
　—— residue　終末残留　**629**f
　—— tentacle　末端触手　269b
termination codon　終止コドン　**622**d
terminator　ターミネーター　**879**c
Termitaria　1616₆
Termitariopsis　1616₄₆
Termitomyces　1626₁₂
termitophiles　白蟻生物　**687**a
termitophilous animal　白蟻動物　687a
　—— plant　白蟻植物　687a
Termitophrya　1660₄₈
Termitosphaera　1626₁₂
ternately compound leaf　三出複葉　1200h
Ternstroemia　1651₁₁
Ternstroemiaceae　モッコク科　1651₁₀
terpene　テルペン　69c
terpenoid　テルペノイド　69c
Terpnacarus　1590₂₁
Terpsicroton　1588₄₀
Terpsiphone　1573₁
Terrabacter　1537₁₉
Terracoccus　1537₁₉
Terramyces　1602₅₀
Terramycetaceae　テラミケス科　1602₅₀
terra rossa　テラロッサ　1437c
terrestrial animal　陸生動物　**1453**c
　—— community　陸上群集　**1452**k
　—— fungi　陸生菌　722a
　—— plants　陸生植物　1453a
Terribacillus　1542₃₄
terrigenous sediment　陸源堆積物　183d
Terriglobus　1536₇
Terrimonas　1540₅
territorial behavior　なわばり行動　1027b
territoriality　なわばり制　1027b
territorial matrix　細胞領域基質　1028a
territory　なわばり　**1027**b
　—— song　なわばり宣言歌　1027b
tertial palpebra　第三眼瞼　652i
Tertiapatus　1588₂₉
tertiaries　三次風切羽　935i
Tertiary　第三紀　705c
tertiary egg membrane　三次卵膜　1450g
　—— lymphoid tissue　三次リンパ組織　1477d
　—— parasite　三次寄生者　446a
Tertiary period　第三紀　**851**l
tertiary sexual character　三次性徴　766a
　—— structure of protein　蛋白質の三次構造　**894**e
Teschovirus　テシオウイルス属　1140a, 1521₂₄
TESE　精巣精子採取　758g
Tesnospira　1659₁₉
Tesnusocaris　1594₄₃
Tessaracoccus　1537₅₁
Tesselaria　1656₂₂
test　殻, 被嚢　110e, **239**h, **1159**c
testa　卵殻, 外種皮　633d, **1442**j
test cell　テスト細胞　**960**f
　—— cross　検定交雑　426a
testicular descent　精巣下降　**760**a

tes

―― feminization syndrome 精巣性女性化症，精巣性女性化症症候群 777b, 949b
Testicularia 1622₇
testiculus 精巣 **759**i
testis 精巣 **759**i
testis-determining factor 精巣決定因子 **760**b
testis ovum 精巣卵 **760**i
―― specific protein 精巣特異蛋白質 1232d
testosterone テストステロン **960**g
test plant 検定植物 **426**b
test-tube baby 試験管ベビー **571**c
Testudina 1609₅₉
Testudinaceae テスツディナ科 1609₅₉
Testudinata カメ目 1568₁₆
Testudinella 1578₄₁
Testudines 1568₁₆
Testudo 1568₂₅
Testudodinium 1662₂₄
Testudomyces 1611₁₈
tetanic contraction 強縮 318c
―― convulsion 強縮性痙攣 394b
―― stimulation 強縮性刺激 318c, 1126f
tetanolysin テタノリジン 1097b
tetanospasmin テタノスパスミン 1097b
Tetanurae テタヌラ類 1570₈
tetanus 強縮 318c
―― bacillus 破傷風菌 **1097**b
―― toxin 破傷風毒素 **1097**c
tether complex 繋留複合体 394a
―― protein 繋留蛋白質 394a
Tethya 1554₃₇
Tethys sea テチス海 **961**e
Tetilla 1554₃₀
Tetrabaena 1635₄₀
Tetracapsuloides 1555₂₂
Tetracentron 1648₇
Tetrachlorella 1635₁₀
Tetraclita 1596₁
Tetracorallia 四射珊瑚類，四放サンゴ亜綱，四放サンゴ類 610₄, 1556₃₄
tetracosanoic acid テトラコサン酸 1453g
Tetracrium 1610₇
tetracycline antibiotics テトラサイクリン系抗生物質 **962**c
Tetracyclus 1655₁₈
Tetracystis 1635₄₀
tetrad 四分子，四分染色体 **606**f, **607**a
―― analysis 四分子分析 606g
tetradecanoic acid テトラデカン酸 1365g
12-O-tetradecanoylphorbol-13-acetate 12-O-テトラデカノイルホルボール-13-アセテート 650c
Tetradiida テトラデウム目 1557₁₂
Tetradimorpha 1552₁₅
Tetradium 1557₁₂
Tetradonema 1586₄₃
tetradynamous stamen 四強雄ずい 1409e
Tetraedron 1635₃₀
tetraethyl pyrophosphate テトラエチルピロリン酸 685c
Tetraflagellochloris 1635₄₁
Tetragenococcus 1543₁₁
Tetragnatha 1592₂₇
Tetragonia 1650₅₈
Tetragoniomyces 1623₁₅
Tetragoniomycetaceae テトラゴニオミケス科 1623₁₅
Tetragonocrinida 1560₄
Tetragonocrinus 1560₄
tetrahaploid 四ゲノム性半数体 1122e
tetrahydrobilene テトラヒドロビレン 732f
tetrahydrofolic acid テトラヒドロ葉酸 **962**d
tetrahydropteroylglutamic acid テトラヒドロプテロイルグルタミン酸 962d
Tetrahymena 1660₃₇
Tetrahymenida テトラヒメナ目 1660₃₆
Tetralonche 1663₃₄
Tetramerocerata エダヒゲムシ目 1592₅₀
Tetramicra 1602₁₁

Tetramitus 1631₆
Tetramyxa 1664₂₉
Tetranchyroderma 1578₂₀
Tetranychus 1590₄₂
Tetraodontiformes フグ目 1566₆₂
Tetraonchoides 1577₅₀
Tetraparma 1655₅₉
Tetraphidaceae ヨツバゴケ科 1639₄
Tetraphidales ヨツバゴケ目 1639₃
Tetraphidopsida ヨツバゴケ綱 1639₂
Tetraphis 1639₄
Tetrapisispora 1606₁₇
Tetraplatia 1556₃₂
Tetraploa 1610₂
Tetraplodon 1640₄
tetraploid 四倍体 **1431**e
Tetraplosphaeria 1610₂
Tetraplosphaeriaceae テトラプロスファエリア科 1610₁
Tetrapoda 四肢類 **580**d
tetrapods 四肢類 **580**d
tetrapolarity 四極性 1270f
tetrapolar sexuality 四極性 1270f
Tetrapturus 1566₅₇
Tetrapyle 1663₁₈
tetrapyrane テトラピラン 888a
Tetrapyrgos 1626₂₁
tetrapyrrole テトラピロール **962**e
tetrasaccharide 四糖 171b
Tetraselmis 1634₁₉
Tetrasphaera 1537₁₉
Tetraspora 1635₄₁
Tetrasporales ヨツメ目 1635₃₂
tetrasporangium 四分胞子嚢 607b
tetraspore 四分胞子 **607**c
tetrasporic 四核性 1086e
tetrasporophyte 四分胞子体 **607**c
Tetrastemma 1581₄
Tetrastes 1571₈
Tetrathiobacter 1546₄₇
tetrathionic acid テトラチオン酸 129e
Tetratrichomastix 1630₂
Tetratrichomonas 1630₂
tetratype テトラ型 606g
tetravalent chromosome 四価染色体 868a
Tetraviridae テトラウイルス科 1522₅₅
tetraxon 四軸 483e
Tetrix 1600₁
tetrodotoxin テトロドトキシン 1199g
Tettigomyces 1611₃₈
Teuthida ツツイカ目 1583₁₃
teutology 頭足類学 1029c
T even phage T 偶数ファージ 950b
Textularia 1663₄₉
Textulariida テクスツラリア目 1663₄₇
TF II 38a
―― II D 38a
―― II H 510d
―― III 38b
T factor T 因子，延長因子 T 1325i
―― fission T 分裂 1331e
Tfm gene *Tfm* 遺伝子 **949**b
TFPI 組織因子経路インヒビター 839e
TGF 形質転換成長因子，腫瘍増殖因子 387h, 518b
TGF-β 952d
―― pathway TGF-β 経路 952d
TGN トランスゴルジネットワーク，トランスゴルジ網 1010b, 1489g
T^H 1213b
Th ヘルパー T 細胞 1281e
Thalamoporella 1579₃₈
thalamus 視床 **578**g, 699f
Thalassema 1586₃
thalassemia サラセミア **545**i
Thalassicolla 1663₂₁
Thalassina 1597₅₅

Thalassionema	1655₂₂	*Thecidea*	1580₃₄
Thalassionematales	ウミイトケイソウ目 1655₂₂	Thecideida	テキデア目 1580₃₄
Thalassiophysa	1655₅₁	*Thecidellina*	1580₃₄
Thalassiophysales	ハンカケケイソウ目 1655₅₀	*Thecochaos*	1628₁₀
Thalassiosira	1654₅₆	thecodont 槽生 827b	
Thalassiosirales	ニセコアミケイソウ目 1654₅₃	—— attachment 槽生 1069b	
Thalassiothrix	1655₂₂	Thecodontia 槽歯類 **827**b	
Thalassobacillus	1542₃₅	*Thecodontosaurus*	1570₁₈
Thalassobacter	1546₁₀	Thecofilosea テコフィローセア綱 1665₁₇	
Thalassobaculum	1546₂₃	Thecomonadea テコモナデア綱 1552₄	
Thalassobius	1546₁₀	Thecosomata 有殻翼足亜目 1584₁	
Thalassocalyce	1558₂₁	*Thecostegites*	1557₁₄
Thalassochytrium	1602₁₄	Thecostraca フジツボ亜綱, 鞘甲亜綱 1595₂₈	
Thalassococcus	1546₁₁	*Thecoteus*	1615₅₄
Thalassocrinus	1560₁₃	*Theileria*	1661₃₉
Thalassolituus	1549₃₅	theine テイン 234i	
Thalassoma	1566₅₈	*Thekopsora*	1620₃₆
Thalassomonas	1548₄₁	Thelebolaceae テレボルス科 1615₃₂	
Thalassomyces	1662₆	Thelebolales テレボルス目 1615₃₁	
Thalassomycetales タラッソミセス目 1662₆		*Thelebolus*	1615₃₂
Thalassophysa	1663₂₁	*Thelenella*	1607₄₀
Thalassospira	1546₂₃	Thelenellaceae オオアミゴケ科 1607₄₀	
Thalassothamnus	1663₈	*Thelenota*	1562₂₉
Thalia	1563₂₀	*Thelephora*	1625₂₇
Thaliacea タリア綱 1140g, 1563₁₄		Thelephoraceae イボタケ科 1625₂₇	
Thalictrum	1647₆₀	Thelephorales イボタケ目 1625₂₄	
thallic 葉状体型 1248f		*Theleporus*	1624₁₉
Thallophyta 葉状植物 **1424**c		*Thelepus*	1585₁₁
thallophytes 葉状植物 **1424**c		Theliaceae ヒゲゴケ科 1641₂₃	
thallus 葉状体 **1424**d		*Thelidium*	1610₄₃
Thamnidium	1603₄₃	*Theligonum*	1651₄₁
Thamnobryum	1641₁₆	Thelocarpaceae テロカルポン科 1612₁₁	
Thamnocephalis	1604₃₁	*Thelocarpella*	1612₆
Thamnoclonium	1633₃₇	*Thelocarpon*	1612₁₁
Thamnolia	1614₂₀	Thelodontiformes テロードゥス綱 1564₅	
Thamnomyces	1619₄₈	*Thelodus*	1564₅
Thamnostylum	1604₄	*Thelotrema*	1614₁₆
Thanatephorus	1623₄₃	Thelotremataceae チブサゴケ科 1614₁₅	
thanatocoenosis 遺骸群集 **58**b		*Thelyphonus*	1591₆₀
thanatosis 擬死 **285**c		*Thelyphrynus*	1592₅
T-Harwell 1213b		Thelypteridaceae ヒメシダ科 1643₄₂	
Thauera	1547₂₂	*Thelypteris*	1643₄₃
Thaumarchaeota タウマーキオータ門 4f, 1535₂₅		thelytoky 雌性産生単為生殖 107a, 880n	
Thaumasiomyces	1611₃₈	*Themiste*	1586₁₀
Thaumastoderma	1578₂₀	*Themisto*	1597₁₇
Thaumatomastix	1665₄₀	*Thenea*	1554₃₄
Thaumatomonadida タウマトモナス目 1665₃₉		*Theobroma*	1650₂₁
Thaumatomonas	1665₄₀	theobromin 3, 7-ジメチルキサンチン, テオブロミン 234i	
Thaumatopsylloida タウマトプシルス目 1595₂₄		*Theocorythium*	1663₁₄
Thaumatopsyllus	1595₂₅	*Theonella*	1554₄₀
Thaxterina	1610₇	Theophrastaceae テオフラスタ科 1651₁₅	
Thaxteriola	1611₄₇	Theophrastos テオフラストス **957**l	
Thaxterogaster	1625₅₆	theophylline テオフィリン **957**k	
Thaxterosporium	1604₂₁	Theorell, Axel Hugo テオレル **957**m	
Theaceae ツバキ科 1651₁₉		theoretical biology 理論生物学 728a, **1472**h	
L-theanine L-テアニン **939**b		theory of catastrophe 天変地異説 **973**d	
thebaine テバイン 25c		—— of continental drift 大陸移動説 **865**a	
theca 半葯, 半被殻, 子嚢, 朔, 甲, 莢壁, 莢膜, 萼, 萼部, 朔 111e, **208**a, **322**z, **428**h, 480c, 535h, **602**z, 957n, 1132f, 1403c, 1450f		—— of Dalcq-Pasteels ダルクーパステールス説 391b	
		—— of decrementless conduction 不滅衰伝導説 **1202**b	
		—— of encasement いれこ説 **91**c	
Thecacineta	1659₄₈	—— of encrustment 包囲説 642g	
Thecadinium	1662₄₇	—— of giant ancestors 巨人説 **329**d	
thecae テカ **957**n		—— of mind 心の理論 **474**b	
theca externa 外卵胞膜, 外莢膜 1450f		—— of molecular evolution 分子進化学 728a	
—— folliculi 卵胞膜 **1450**f		—— of neopanspermia ネオパンスペルミア説 **1122**f	
—— interna 内卵胞膜, 内莢膜 1450f		—— of panspermia パンスペルミア説 **1122**f	
thecal cell 莢膜細胞 322g		—— of recapitulation 反復説 775e	
—— membrane 莢膜 **322**g, 1450f		—— of vertebrate skull 頭蓋椎骨説 **976**i	
—— plate 鎧板 108z		—— on immunity 免疫理論 **1390**e	
Thecamoeba	1628₂₁	Therapsida リストロサウルス亜綱, 獣弓類 1573₁₀	
Thecamoebida テカアメーバ目 1628₂₁		*Theratromyxa*	1664₄₁
Thecamonas	1552₇	*Thereuonema*	1592₃₃
Thecaphora	1621₅₁	*Theridion*	1592₂₇
Thecaphorella	1621₅₁	Theriodontia テリオドン目, 獣歯類 1573₂₆	
Thecia	1557₁₃	*Therizinosaurus*	1570₁₃

Thermaceae サーマス科, テルムス科 1542_7	thermogenesis 熱生産, 産熱 **553**g
Thermacetogenium 1544_8	thermogenin 熱生産蛋白質, 産熱蛋白質 1361b
Thermaerobacter 1543_{24}	Thermogymnomonas 1535_{19}
thermal acclimation 温度順化, 温度順応 **175**b	Thermohalobacter 1543_{32}
── conductivity detector 熱伝導度検出器 219c	Thermohydrogenium 1543_{54}
── equilibrium 熱平衡 1259c	Thermoleophilaceae サーモレオフィルム科, テルモレオフィルム科 1538_{35}
Thermales サーマス目, テルムス目 1542_6	Thermoleophilales サーモレオフィルム目, テルモレオフィルム目 1538_{34}
thermal factor 温度要因 **176**a	
── hysteresis 熱ヒステリシス **1058**b	Thermoleophilum 1538_{35}
── protenoid 熱プロテノイド 421f	Thermolithobacter 1544_{27}
── receptor 温度受容器 **175**a	Thermolithobacteraceae サーモリソバクテリア科, テルモリソバクテリア科 1544_{27}
── sweating 温熱性発汗 1101g	Thermolithobacterales サーモリソバクテリア目, テルモリソバクテリア目 1544_{26}
thermaltropism 温度屈性 348h	
Thermanaeromonas 1544_9	Thermolithobacteria テルモリソバクテリア綱 1544_{25}
Thermanaerovibrio 1550_{25}	thermoluminescence 熱発光 **1057**j
Thermasporomyces 1537_{47}	Thermomicrobia サーモミクロビア綱, テルモミクロビア綱 1541_7
Thermicanus 1542_{25}	Thermomicrobiaceae サーモミクロビア科, テルモミクロビア科 1541_7
Thermincola 1543_{47}	Thermomicrobiales サーモミクロビア目, テルモミクロビア目 1541_9
Thermithiobacillaceae テルミチオバチルス科 1548_{30}	
Thermithiobacillus 1548_{30}	Thermomicrobium 1541_9
Thermoactinomyces 1543_1	Thermomonas 1550_7
Thermoactinomycetaceae サーモアクチノマイセス科, テルモアクチノミセス科 1542_{48}	Thermomonospora 1538_{11}
Thermoanaerobacter 1544_7	Thermomonosporaceae サーモモノスポラ科, テルモモノスポラ科 1538_{10}
Thermoanaerobacteraceae サーモアナエロバクター科, テルモアナエロバクター科 1544_6	Thermomucor 1603_{39}
Thermoanaerobacterales サーモアナエロバクター目, テルモアナエロバクター目 1544_3	Thermomyces 1610_{58}
Thermoanaerobacterium 1544_4	thermonasty 温度傾性 388h
Thermoanaerobium 1544_9	Thermonema 1539_{30}
Thermoascaceae テルモアスクス科 1611_1	thermoneutral zone 熱的中性域 852a
Thermoascus 1611_1	thermophiles 好熱菌 **461**h
Thermobacillus 1542_{38}	thermophilic microbes 好熱菌 **461**h
Thermobacteroides 1544_9	── protein 好熱蛋白質 **462**a
Thermobathynella 1596_{37}	Thermophymatospora 1624_{18}
Thermobifida 1538_6	Thermoplasma 1535_{22}
thermobiosis サーモビオシス 363f	Thermoplasmata サーモプラズマ綱, テルモプラズマ綱 1535_{22}
Thermobispora 1537_{60}	Thermoplasmataceae サーモプラズマ科, テルモプラズマ科 1535_{22}
Thermobrachium 1543_{32}	
Thermochromatium 1548_{52}	Thermoplasmatales サーモプラズマ目, テルモプラズマ目 1535_{18}
Thermocladium 1534_9	
thermocline 水温躍層 **718**f	Thermopolyspora 1538_9
Thermococcaceae サーモコッカス科, テルモコックス科 1535_{15}	Thermoproteaceae サーモプロテウス科, テルモプロテウス科 1534_{19}
Thermococcales サーモコッカス目, テルモコックス目 1535_{14}	Thermoproteales サーモプロテウス目, テルモプロテウス目 1534_{17}
Thermococci サーモコッカス綱, テルモコックス綱 1535_{13}	Thermoprotei サーモプロテウス綱, テルモプロテウス綱 1534_3
Thermococcoides 1551_3	Thermoproteus 1534_{20}
Thermococcus 1535_{16}	── tenax virus 1 サーモプロテウス・テナクスウイルス 1 1515_{56}
Thermocrinis 1538_{41}	
Thermocrispum 1537_{60}	thermoreceptor 温度受容器 **175**a
Thermodesulfatator 1550_{44}	thermoregulation 体温調節 845i
Thermodesulfobacteria テルモデスルフォバクテリア綱, サーモデスルフォバクテリア門, テルモデスルフォバクテリア綱, テルモデスルフォバクテリア門 $1550_{40}, 1550_{41}$	Thermosbaena 1596_{40}
	Thermosbaenacea テルモスバエナ目 1596_{40}
Thermodesulfobacteriaceae サーモデスルフォバクテリア科, テルモデスルフォバクテリア科 1550_{43}	Thermosediminibacter 1544_4
	Thermosinus 1544_{24}
Thermodesulfobacteriales サーモデスルフォバクテリア目, テルモデスルフォバクテリア目 1550_{42}	Thermosipho 1551_3
	Thermosphaera 1534_{10}
Thermodesulfobacterium 1550_{44}	Thermosporothrix 1541_4
Thermodesulfobiaceae サーモデスルフォビア科, テルモデスルフォビア科 1544_{10}	Thermosporotrichaceae サーモスポロスリックス科, テルモスポロトリックス科 1541_3
Thermodesulfobium 1544_{11}	Thermosulfidibacter 1538_{39}
Thermodesulforhabdus 1548_{30}	Thermosynechococcus 1541_{25}
Thermodesulfovibrio 1544_{47}	Thermosyntropha 1543_{55}
Thermodiscus 1534_9	Thermotalea 1543_{32}
thermodormancy 温度休眠 313e	Thermoterrabacterium 1543_{47}
thermoelastic effect 熱弾性効果 1058a	Thermothrix 1546_{29}
Thermofilaceae テルモフィルム科 1534_{18}	Thermotoga 1551_3
Thermofilum 1534_{18}	Thermotogaceae サーモトガ科, テルモトガ科 1551_2
Thermoflavimicrobium 1543_2	Thermotogae サーモトガ綱, サーモトガ門, テルモトガ綱, テルモトガ門 $1550_{45}, 1550_{46}$
Thermogemmatispora 1541_6	
Thermogemmatisporaceae テルモゲムマティスポラ科 1541_6	
Thermogemmatisporales テルモゲムマティスポラ目 1541_5	

Thermotogales サーモトガ目，テルモトガ目 1551[1]	*Thiohalorhabdus* 1548[27]
thermotolerant microbes 高温耐性菌 461h	*Thiohalospira* 1548[58]
thermotropic liquid crystal サーモトロピック液晶 123j	*Thiolamprovum* 1548[54]
—— phase separation 熱誘起型相分離 832c	thiolase チオラーゼ 409g
Thermovenabulum 1544[5]	thiol group チオール基 129c
Thermovibrio 1538[43]	thiol:protein exchange enzyme 蛋白質ジスルフィド交換酵素 893b
Thermovirga 1550[25]	*Thiomargarita* 1549[58]
Thermozodia オンセンクマムシ目 1588[13]	*Thiomicrospira* 1549[56]
Thermozodium 1588[13]	*Thiomonas* 1546[43]
Thermus テルムス 964f, 1542[7]	thionein チオネイン 1378a
Therocephalia テロケファルス亜目 1573[27]	*Thiopedia* 1548[54]
Theromorpha 獣型類 621e	thiopeptin チオペプチン 902a
therophyte 夏生一年生植物 221h	*Thiophaeococcus* 1548[54]
Theropoda 獣脚亜目 1570[5]	*Thioploca* 1548[58]
Therrya 1615[30]	*Thioprofundum* 1548[27]
Thescelosaurus 1570[32]	thioredoxin チオレドキシン 902c
Thesium 1650[32]	—— reductase チオレドキシン還元酵素 902d
Thetapapillomavirus シータパピローマウイルス属 1516[23]	*Thioreductor* 1548[22]
theta replication θ型複製，シータ複製 423c	*Thiorhodococcus* 1548[55]
Thetatorquevirus シータトルクウイルス属 1517[38]	*Thiorhodospira* 1548[55]
Thetys 1563[20]	*Thiorhodovibrio* 1548[55]
THF テトラヒドロ葉酸 320c, 962d	thioserine チオセリン 582e
thiaminase チアミナーゼ 898b	*Thiosphaera* 1546[11]
thiamine チアミン 898c	*Thiospira* 1549[58]
—— allyl disulfide チアミンアリルジスルフィド 35a	*Thiospirillum* 1548[55]
—— diphosphate チアミン二リン酸 899a	thiostrepton チオストレプトン 902a
—— monophosphate チアミン一リン酸 898d	*Thiothrix* 1549[58]
—— pyrophosphate チアミンピロリン酸 899a	Thiotrichaceae チオトリックス科 1549[57]
thiamin kinase チアミンキナーゼ 898f	Thiotrichales チオトリックス目 1549[52]
thiamin-monophosphate kinase チアミン一リン酸キナーゼ 898e	4-thiouracil 4-チオウラシル 901i
thiaminpyrophosphokinase チアミンピロホスホキナーゼ 899b	*Thiovirga* 1549[1]
thiamphenicol チアンフェニコール 377d	*Thiovulum* 1548[18]
thickening growth 肥大成長 1149f	*Thiriotia* 1661[24]
—— on flagellum 鞭毛肥厚部 270g	*Thismia* 1646[19]
thick-walled parenchyma 厚壁柔組織 626b	Thismiaceae タヌキノショクダイ科 1646[19]
—— parenchyma cell 厚壁柔細胞 59i, 464g	thixotropy シキソトロピー 843h
Thielavia 1619[7]	*Thogotovirus* トゴトウイルス属 1520[42]
THIENEMANN, August Friedrich ティーネマン 954h	*Thogoto virus* トゴトウイルス 1520[42]
Thigmocoma 1660[32]	*Tholospira* 1663[18]
Thigmokeronopsis 1658[35]	THOMAS, Edward Donnall トーマス 1008j
thigmomorphogenesis 接触形態形成 791g	thombomodulin トロンボモジュリン 1018c
thigmonasty 接触傾性 388h	*Thomisus* 1592[27]
Thigmophrya 1660[29]	*Thomomys* 1576[41]
Thigmotrichida 触毛目 1660[33]	THOMPSON, D'Arcy Wentworth トムソン 1009b
thigmotropism 接触屈性 348h	*Thompsonia* 1595[38]
THIMANN, Kenneth Vivian ティマン 955i	THOM, René Frédéric 1009a
thin-layer chromatography 薄層クロマトグラフィー 376b	Thoracica 完胸上目 1595[43]
thinning 間伐 272a	thoracic appendage 胸肢 317h
Thinocorus 1571[55]	—— cavity 胸腔 317d
Thioalkalibacter 1549[1]	—— duct 胸管 317a
Thioalkalicoccus 1548[53]	—— gland 胸部腺 322f
Thioalkalimicrobium 1549[56]	—— leg 胸肢 317h
Thioalkalispira 1548[58]	—— squama 胸部鱗弁 668c
Thioalkalivibrio 1548[58]	—— vertebrae 胸椎 784d
Thiobaca 1548[53]	thoraco-abdominal cavity 胸腹腔 708a
Thiobacillus チオバチルス 902b, 1547[5]	thoracopod 胸肢 317h
Thiobacter 1546[43]	*Thoracosphaera* 1662[34]
Thiobacterium 1549[58]	Thoracosphaerales トラコスファエラ目 1662[31]
Thiocapsa 1548[53]	*Thoracostomopsis* 1586[25]
thiochrome チオクローム 901j	thorax 胸，胸郭 316b, 1371e
Thioclava 1546[11]	*Thorea* 1632[39]
Thiococcus 1548[53]	Thoreales チスジノリ目 1632[39]
6,8-thioctic acid チオクト酸 1463d	THORNDIKE, Edward Lee ソーンダイク 844i
thiocysteine チオシステイン 901k	thorn forest 有刺樹林，有刺高木林 1408f
Thiocystis 1548[53]	—— scrub 有刺低木林 1408f
Thiodictyon 1548[53]	thorny-headed worms 鉤頭動物 460h
Thiofaba 1549[1]	*Thorsellia* 1549[13]
Thioflavicoccus 1548[54]	*Thozetella* 1618[32]
6-thioguanine 6-チオグアニン 9f	Thr トレオニン 1015h
Thiohalobacter 1548[26]	*Thracia* 1582[27]
Thiohalocapsa 1548[54]	thraustochtrids ヤブレツボカビ類 1437f
Thiohalomonas 1548[26]	Thraustochytriales ヤブレツボカビ目 1653[21]
Thiohalophilus 1548[26]	*Thraustochytrium* 1653[23]
	Thraustotheca 1654[23]

thread cell 刺細胞, 糸細胞 608a, 1059h
threat behavior 威嚇行動 58e
threatened species 絶滅危惧種 794a
threatening coloration 威嚇色 58f
three by two power law of natural thinning 二分の三乗則 1039h
—— color theory 三原色説 549h
—— dimensional structure of protein 蛋白質の立体構造 894e
three-point test 三点試験 553e
three-term contingency 三項目随伴性 169c
three-way cross 三系交雑 549f
threonine トレオニン 1015h
—— aldolase トレオニンアルドラーゼ 1015h
—— deaminase トレオニンデアミナーゼ 1016a
—— dehydratase トレオニンデヒドラターゼ, トレオニン脱水酵素 1015h, 1016a
—— dehydrogenase トレオニン脱水素酵素 1015h
threshold 閾 60a
—— element 閾素子 60d
—— of difference 識別閾 564h
—— of distinction 識別閾 564h
—— stimulus 閾刺激 60a
—— substance 閾物質 507i, 1045e
—— value 閾値, 限界値 60a
Threskiorni トキ亜目 1571$_{24}$
Thripomyces 1611$_{38}$
Thrips 1600$_{27}$
throat 咽喉, 喉 1067g
Thrombiaceae スロムビウム科 1607$_{41}$
thrombin トロンビン 1017e
Thrombium 1607$_{41}$
thrombocyte 血小板 404e
thromboplastin トロンボプラスチン 1018b
thrombosis 血栓症 405g
thrombostenin トロンボステニン 1018a
thrombus 血栓 405g
Thryonomys 1576$_{56}$
Thuidiaceae シノブゴケ科 1640$_{53}$
Thuidium 1640$_{53}$
Thuja 1645$_8$
thujapricin ツヤプリシン 1017c
Thujopsis 1645$_8$
thumb opposability 母指対向性 1306e
—— pad 拇指隆起 1308c
THUNBERG, Carl Peter トゥーンベリ 1000b
Thunbergia 1652$_{20}$
Thunberg tube ツンベルク管 938a
Thy-1 1387a
Thylacinus 1574$_{15}$
thylakoid チラコイド 930b
Thymelaeaceae ジンチョウゲ科 1650$_{24}$
thymic hormone 胸腺ホルモン 320c
—— humoral factor 320c
thymidine チミジン 908g
—— kinase チミジンキナーゼ 908h
—— monophosphate チミジン一リン酸 908e
thymidylate synthase チミジル酸生成酵素 908f
thymidylic acid チミジル酸 908e
thymin チミン, サイミン 320c
thymine チミン 150e
—— dimer チミン二量体 908k
thymineless death チミン飢餓死 908j
thymocyte 胸腺細胞 1476g
thymoleptica 感情調整剤 450f
thymonucleic acid 胸腺核酸 940d
thymopentin チモペンチン, サイモペンチン 320c
thymopoietin チモポエチン, サイモポエチン 320c
thymoproteasome 胸腺プロテアソーム 319f, 1390b
thymosin チモシン, サイモシン 7c, 320c
thymulin チムリン, サイミュリン 320c
Thymus 1652$_{13}$
thymus 胸腺 319f
thymus-dependent antigen 胸腺依存性抗原 437g
—— area 胸腺依存域 320a

thymus-independent antigen 胸腺非依存性抗原 437g
thymus nucleic acid 胸腺核酸 940d
Thyrea 1615$_{41}$
thyreoid cartilage 甲状軟骨 459k, 461b
Thyreophora 装盾亜目 1570$_{24}$
Thyridium 1618$_{16}$
thyrocalcitonin チロカルシトニン 245d
thyroglobulin チログロブリン 448b
thyroid cancer 甲状腺癌 447f
—— gland 甲状腺 447e
—— hormone 甲状腺ホルモン 448b
—— stimulating hormone 甲状腺刺激ホルモン 447g
thyroliberin チロリベリン 448a
Thyronectria 1616$_{49}$
Thyrophylax 1660$_{29}$
thyrostimulin サイロスティムリン 534f
Thyrostroma 1609$_{26}$
thyrotrophic hormone 甲状腺刺激ホルモン 447g
thyrotrophin 甲状腺刺激ホルモン 447g
thyrotropic hormone 甲状腺刺激ホルモン 447g
thyrotropin 甲状腺刺激ホルモン 447g
thyrotropin-releasing hormone 甲状腺刺激ホルモン放出ホルモン 448a
thyroxine サイロキシン, チロキシン 448b
thyrse 密錐花序 622b
Thyrsopteridaceae チルソプテリス科 1643$_{12}$
Thyrsopteris 1643$_{12}$
Thysanocardia 1586$_{10}$
Thysanoessa 1597$_{32}$
Thysanophora 1611$_4$
Thysanopoda 1597$_{32}$
Thysanoptera アザミウマ目, 総翅類, 胞脚類 1600$_{26}$
Thysanorea 1610$_{24}$
Thysanosoria 1643$_{58}$
Thysanoteuthis 1583$_{17}$
Thysanothecium 1612$_{23}$
Thysanozoon 1577$_{26}$
Thysanura シミ目, 総尾類 1598$_{32}$
thysanuriform larva シミ型幼虫 1282h
TI antigen TI抗原 437g
Tiarina 1660$_{16}$
Tiarospora 1609$_{48}$
TIBA 2,3,5-トリヨード安息香酸 1014c
tibia 脛節 390a
tibial organ 脛節器官 173f
Tibicen 1600$_{35}$
TIC 1428b
Tichocarpus 1633$_{27}$
tickling 擽感 1160a
tidal periodicity 潮汐周期性 922g
—— volume 一回呼吸気量 1090b
tide pool 潮溜り 558a
Tiedemann's body ティーデマン小体 263g
TIEGHEM, Philippe Édouard Léon van ティガン 949k
Tieghemiomyces 1604$_{38}$
Tiffaniella 1633$_{54}$
tight junction タイトジャンクション 859b
Tigriopus 1595$_{14}$
tigroid body 虎斑物質 1038d
Tilachlidiopsis 1626$_{47}$
Tilakidium 1617$_{30}$
Tilia 1650$_{22}$
Tiliqua 1568$_{55}$
Tillaea 1648$_{24}$
Tillandsia 1647$_{22}$
tiller 分蘖枝 1244e
tillering 分蘖 1244e
Tilletia 1622$_{52}$
Tilletiaceae ナマグサクロボキン科 1622$_{51}$
Tilletiales ナマグサクロボキン目 1622$_{50}$
Tilletiaria 1622$_{44}$
Tilletiariaceae ティレティアリア科 1622$_{44}$
Tilletiopsis 1622$_{30}$
Tillina 1660$_{12}$
Tillodontia 裂歯目 1575$_1$

Tillotherium 1575₁
Tilman's model ティルマンモデル **956**e
Tilopteridales チロプテリス目 1657₄₄
Tilopteris 1657₄₅
Timalia 1573₁
TIM-barrel fold TIM バレルフォールド 1191f
timberline ティンバーライン，森林限界 **715**a
TIM complex 内膜蛋白質輸送複合体 1360b
time budget 時間配分 **561**g
—— constant 時定数 **597**n
—— delay 時間遅れ **561**a
Timema 1599₁₉
Timematodea チビナナフシ亜目 1599₂₀
timer-type biological clock タイマー型生物時計，砂時計型生物時計 775a
time-sense 時間感覚 **561**b
time-specific life table 時間別生命表 778b
TIMIRYAZEV, Kliment Arkadievich ティミリャーゼフ **956**a
Timmia 1639₁₄
Timmiaceae クサスギゴケ科 1639₁₄
Timmiales クサスギゴケ目 1639₁₃
Timmiidae クサスギゴケ亜綱 1639₁₂
Timofeeff-Ressovsky, Nikolai Vladimirovich **956**b
Timorphyllum 1556₄₂
TIMP 1344c
Timspurckia 1632₁₁
Tinamiformes シギダチョウ目 1570₅₂
TINBERGEN, Niko (Nikolaas) ティンバーゲン **956**h
Tinctoporellus 1624₅₁
Tindallia 1543₃₂
Tinocladia 1657₃₆
Tintinnida ティンティヌス目 1658₂₂
Tintinnidium 1658₂₅
Tintinnophagus 1662₃₄
Tintinnopsis 1658₂₅
Tintinnus 1658₂₅
tip growth 先端成長，頂端成長 527b, **815**c
Ti plasmid Ti プラスミド 8e
Tipula 1601₂₂
TIR1 164b
Tisbe 1595₁₄
TISELIUS, Arne Wilhelm Kaurin ティセリウス **953**f
Tiselius' electrophoresis apparatus ティセリウスの電気泳動装置 967c
Tissierella 1543₂₄
tissue 組織 **839**d
—— affinity 組織親和性 **840**e
—— culture 組織培養 **840**h
—— culture infectious dose 952b
—— differentiation 組織分化 **841**c
—— engineering ティッシュエンジニアリング **954**f
—— factor 組織因子 1018b
—— factor pathway inhibitor 組織因子経路インヒビター **839**e
—— fluid 組織液 **839**f
—— hemoglobin 組織ヘモグロビン 1349f
—— inhibitor of metalloprotease 1344c
—— kallikrein 組織カリクレイン 242i
—— macrophage 組織マクロファージ **840**c
—— plasminogen activator 組織プラスミノゲンアクチベーター 1217h
—— reaction 組織反応 1297e
—— reconstruction 組織再構築 511e, 529d
—— respiration 組織呼吸 469h
—— slice 組織薄片 **841**a
—— specificity 組織特異性 **840**g
—— stem cell 組織幹細胞 855c
—— system 組織系 **840**d
—— thromboplastin 組織トロンボプラスチン 1018b
Tistlia 1546₂₃
Tistrella 1546₂₃
Titaea 1610₆
Titanoderma 1633₁₁
Titanophoneus 1573₁₂
Titanophora 1633₃₂

Titanoptera オオバッタ目，大翅類 1600₃
Titanosauriformes ティタノサウルス形類 1570₂₂
Titanosuchia チタノスクス亜目 1573₁₃
Titanosuchus 1573₁₅
tit for tat しっぺ返し 624e
titin タイチン，チチン 486e
Tityra 1572₄₄
Tityus 1591₅₂
Tjalfiella 1558₂₅
TLC 薄層クロマトグラフィー 376b
T-locus *T* 遺伝子座 **939**j
TLR Toll 様受容体 1015c
TLR 1015c
TLS 損傷乗越え複製 1198d
T lymphocyte T リンパ球 951b
Tlypocladium 1617₄₃
TM トロポミオシン，トロンボモジュリン 1017b, 1018c
*T*ₘ 1406e
Tmesipteris 1642₃₅
TMP チミジル酸 908e
TMV タバコモザイクウイルス 878a
TN トロポニン 1017a
TN-C トロポニン C 1017a
TNF 腫瘍壊死因子 1504h
TNF-α 腫瘍壊死因子 α 5g, 947a
TNF family TNF ファミリー **947**l
TNF-related activation-induced cytokine 484c
TN-I トロポニン I 1017a
TN-T トロポニン T 1017a
TNZ 熱的中性域 852a
toad poison ガマ毒 237o
Tobacco mosaic virus タバコモザイクウイルス 1523₁₆
tobacco mosaic virus タバコモザイクウイルス **878**a
Tobacco necrosis virus A 1523₈
—— *rattle virus* タバコ茎えそウイルス 1523₁₇
tobacco rattle virus タバコ茎えそウイルス 880a
Tobacco ringspot virus タバコ輪点ウイルス 1521₃₀
—— *streak virus* タバコ条斑ウイルス 1522₁₂
Tobamovirus トバモウイルス属 1523₁₆
tobramycin トブラマイシン 30a
Tobravirus トブラウイルス属 1523₁₇
TOC 1428b
tocol 1151g
tocopherol トコフェロール 1151g
tocotrienol トコトリエノール 1151g
Todarodes 1583₁₇
TODD, Alexander Robertus トッド **1006**f
T odd phage T 奇数ファージ 950b
Todea 1642₄₄
Todus 1572₂₆
toe 指，足端突起，趾 10i, **1417**g, 1473i
Tofieldia 1645₅₉
Tofieldiaceae チシマゼキショウ科 1645₅₉
Togaviridae トガウイルス科 1522₆₀
togavirus トガウイルス **1000**c
Togula 1662₂₄
Tokophrya 1659₅₀
Tokudaia 1576₄₆
tolerance 耐性 857f
—— to insect 耐虫性 **857**f
tolerogen トレランス原 1388b
Toll-like receptor Toll 様受容体 **1015**c
—— receptor gene 1015c
Tolumonas 1548₃₂
Tolypella 1636₁₈
Tolyposporella 1622₄₄
Tolyposporium 1622₇
Tolypothrix 1541₂₉
TOM 心の理論 474b
Tomasellia 1609₄₄
Tomato bushy stunt virus トマトブッシーシスタントウイルス 1523₁₀

―― *pseudo-curly top virus* 1517₄₇
―― *spotted wilt virus* トマト黄化えそウイルス 1520₃₄
―― *torrado virus* 1521₃₃
Tombusviridae トンブスウイルス科 1523₂
Tombusvirus トンブスウイルス属 1523₁₀
TOM complex 外膜蛋白質輸送複合体 1360b
Tomentella 1625₂₈
Tomeoa 1607₄₄
Tomes' fiber トームス繊維 1069b
Tomistoma 1569₂₆
Tomopteris 1584₅₃
tone 緊張(筋肉の) **339**b
tongue 中舌, 舌 **589**c, **915**f
―― worm 舌形動物 **787**h
tonic contraction 緊張性収縮 339b, 578f
―― convulsion 持続性痙攣 394b
Tonicella 1581₂₆
tonic innervation 持続性支配 685a
tonicity 張性 **922**e
tonic motoneuron 緊張性運動ニューロン 116c
―― muscle 緊張性筋, 緊張筋 903f, 1258f
―― receptor 緊張性受容器 339c
Toninia 1613₃₁
Tonna 1583₄₄
tonogram 内圧記録図 623b
tonoplast トノプラスト, 液胞膜 **125**f
―― plasmolysis 液胞分離 418h
tonsil 扁桃 **1287**d
tonsilla 扁桃 **1287**d
―― lingualis 舌扁桃 **793**e, 1287d
―― palatina 口蓋扁桃 1287d
―― pharyngea 咽頭扁桃 1287d
―― tubaria 耳管扁桃 1287d
Tontonia 1658₃₈
tonus 緊張(筋肉の) **339**b
toolkit genes ツールキット遺伝子 **937**b
tool use 道具使用 **978**d
Toona 1650₁₂
tooth 歯 34j, **1069**b
―― bud 歯蕾 1069b
―― germ 歯胚 1069b
tooth-shells 掘足類 **1321**f
topa 2,4,5-トリヒドロキシフェニルアラニン, トパ 1007c
―― quinone トパキノン **1007**c
top cross トップ交雑 **1006**g
―― fermenting yeast 表面発酵酵母 667c
topocline トポクライン 353b
Topocuvirus トポクウイルス属 557c, 1517₄₇
topogenesis 位相形成 390i
topographic climax 地形的極相 868g
topological knot 結び目 944c
topology トポロジー 1191f
topotaxis トポタキシス, 指向走性 363a, 827f
topotecan トポテカン 272c
topotecin トポテシン 272d
topotype トポタイプ, 同地基準標本 863h
topping 心止め, 摘心 959d
top yeast 上面酵母 **667**c
Torenia 1652₈
tormogen cell 窩生細胞 779a
tornaria トルナリア **1014**h
Tornoceras 1582₅₀
Torovirinae トロウイルス亜科 1520₅₈
Torovirus トロウイルス属 1521₂
TOR pathway TOR 経路 **1014**c
Torpediniformes シビレエイ目 1565₉
Torpedo 1565₉
torpedo-shaped embryo 魚雷型胚 1207h
Torpedospora 1616₅₄
torpor トーパー, 鈍麻状態 56d
Torquarator 1562₅₄
Torque teno canis virus イヌトルクテノウイルス 1517₃₈
―― *teno douroucouli virus* ヨザルトルクテノウイルス 1517₃₅
―― *teno felis virus* ネコトルクテノウイルス 1517₃₇

―― *teno midi virus 1* トルクテノミディウイルス 1 1517₂₉
―― *teno mini virus 1* トルクテノミニウイルス 1 1517₂₈
―― *teno sus virus 1* ブタトルクテノウイルス 1 1517₃₉
―― *teno tamarin virus* タマリントルクテノウイルス 1517₃₃
―― *teno tupaia virus* ツパイトルクテノウイルス 1517₃₁
―― *teno virus 1* TT ウイルス 1, トルクテノウイルス 1 1517₂₆
Torradovirus トラドウイルス属 1521₃₃
Torrendia 1625₄₉
Torreya 1645₉
Torrubiella 1617₂₄
torsion 捩れ(体軸の) **1055**d
Tortilicaulis 1641₄₂
Tortoplectella 1664₁₃
Torulaspora 1606₁₇
Torulomyces 1611₉
torus トールス 1406d
―― genitalis 生殖隆起 **759**a
―― mandibularis 下顎隆起 **196**g
―― occipitalis 後頭隆起 **461**c
―― supraorbitalis 眼窩上隆起 **254**e
Tosaia 1664₁₃
Tospovirus トスポウイルス属 1520₃₄
N-*p*-tosyl-L-phenylalanyl chloromethyl ketone トシルフェニルアラニルクロロメチルケトン 23i
total blood volume 全血量 398f
―― color blindness 全色覚異常 561i
―― conjugation 全接合 789b
―― effective temperature 有効積算温度 **1407**f
―― estimate 全推定値 1411g
―― lung capacity 全肺容量 1090b
―― lung volume 全肺容量 1090b
―― parthenogenesis 全単為生殖 880n
Tothiella 1621₅₁
Totiglobus 1561₃₁
totipotency 全形成能, 全能性 **817**c
totipotent 分化全能 1243d
Totiviridae トティウイルス科 1519₄₇
Totivirus トティウイルス属 1519₅₁
touch-sensitive spot 触点 673d
touch spot 触点 **673**d
TOURNEFORT, Joseph Pitton de トゥールヌフォール 999j
Tovellia 1662₁₇
Tovelliaceae トベリア科 1662₁₆
towing phase 曳網期 1074f
Toxariales アミカケケイソウ目 1655₉
Toxarium 1655₉
toxicity to fish 魚毒性 **329**j
Toxicodendron 1650₈
toxicognath 顎肢 1367g
toxicology 毒物学 1403i
toxic plankton 有毒プランクトン 3f
―― protein 毒素蛋白質 **1002**a
toxicyst 毒胞 1300g
toxin 毒素 **1001**g
Toxochona 1659₃₄
Toxodon 1576₂₀
Toxodontia トクソドン亜目 1576₂₀
toxognath 毒腿 1001f
toxoid トキソイド **1000**e
Toxoplasma 1661₃₅
Toxopneustes 1562₁₁
Toxothrix 1539₅
TP 末端蛋白質, 精巣特異蛋白質 18g, 1232d
TP-5 サイモペンチン, チモペンチン 320c
TPA 12-O-テトラデカノイルホルボール-13-アセテート 196c, 650c, 1329b
tPA 組織アクチベーター, 組織プラスミノゲンアクチベーター 1217b
T. pallidum 梅毒トレポネーマ 1550₁₉
TPCK トシルフェニルアラニルクロロメチルケトン 23i
T-phage T 系ファージ **950**b
TPN トリホスホピリジンヌクレオチド 1033a

TPP　チアミン二リン酸　899a
TPQ　トパキノン　1007c
Tr　制御性T細胞　747f
tra　790h
trabant　付随体　**1203**g
trabecula　トラベキュラ，梁軟骨　911f, **1009**i, 1028b
—— cranii　梁軟骨　1028b
trabecular bone　海綿骨質　**188**a
—— network　柱梁組織網　1502e
Trabulsiella　1549₁₃
trace element　微量元素，微量栄養元素　121e, **1173**a
—— fossil　生痕化石　**750**d
tracer　トレーサー　**1016**b
trachea　導管，気管，道管　**279**g, **977**k
tracheal air-sac　気管嚢　296d
—— cartilage　気管軟骨　279g
—— end-cell　気管終端細胞　279g
—— gill　気管鰓　**280**b
—— intima　気管内膜　279g
—— lung　気管肺　682d
—— membrane　気管膜　489f
—— syrinx　気管型鳴管　1374e
—— system　気管系　**280**c
tracheary element　管状要素　**264**h
—— element differentiation inhibitory factor　372a
tracheid　仮導管，仮道管　**232**b
tracheid-from sieve tube　仮道管状篩管　560e
Tracheliida　トラケリウス目　1658₄₄
Trachelius　1658₄₄
Trachelocera　1658₁
Trachelomonas　1631₂₆
Trachelophyllum　1659₅
Tracheloraphis　1658₁
Trachelosaurus　1569₁₃
Trachelospermum　1651₄₈
Trachelostyla　1658₃₄
tracheoblast　気管芽細胞　281b
tracheole　気管小枝　**281**b
Tracheophyta　維管束植物，維管束植物門　59j, 1641₄₄
Trachipterus　1566₁₉
trachoma　トラコーマ，顆粒性結膜炎　1009g
—— germ　トラコーマ病原体　**1009**h
Trachurus　1566₅₈
Trachycarpus　1647₄
Trachyderma　1624₁₈
Trachydiscus　1656₃₅
Trachylomataceae　トラキロマ科　1640₄₄
Trachymedusae　ツリガネクラゲ目，硬クラゲ類　1556₆
Trachypithecus　1575₄₁
Trachypsammia　1557₁₈
Trachypsammiacea　1557₁₈
Trachypus　1640₅₇
Trachyspora　1620₂₉
Trachystegos　1567₃₀
tracking movement　追跡運動　825a
traction fiber　牽引糸　980e
tractus corticobulbaris　皮質延髄路　723c
—— corticospinalis lateralis　外側皮質脊髄路　723c
—— corticospinalis ventralis　腹側皮質脊髄路　723c
—— intestinalis　腸管　654c
—— opticus　視索　580e
—— reticulospinalis　網様体脊髄路　723b
—— rubrospinalis　赤核脊髄路　723b
—— tectospinalis　被蓋脊髄路　723b
—— vestibulospinalis　前庭脊髄路　723b
Tracya　1622₂₅
trade off　トレードオフ　**1016**c
Tradescantia　1647₈
tradition　伝承　**971**c
tragacanth gum　トラガカントゴム　676f
Tragulus　1576₁₇
tragus　耳珠　180h
trail marking pheromone　道しるべフェロモン　1189c
—— pheromone　道しるべフェロモン　1189c
trait group　トレイトグループ　**1015**f

trama　トラマ，実質　1148i
tramal cystidium　実質嚢状体　1064b
—— plate　基層板　371h
Trametes　1624₅₁
TRANCE　484c
Tranquillimonas　1546₁₁
transacetylase　アセチル基転移酵素，トランスアセチラーゼ　14c
transacetylation　アセチル基転移　**14**c
trans-acting factor　トランス作用因子　970g
trans-activation-responsive region　TAR 配列　1343b
transaldolase　アルドール開裂転移酵素，トランスアルドラーゼ　1288b[図]
transamidination　アミジン基転移　**26**f
transaminase　アミノ基転移酵素，トランスアミナーゼ　**27**e
transamination　アミノ基転移　**27**d
transcapsidation　トランスキャプシデーション　**1009**k
transcarbamoylation　カルバモイル基転移　247c
transcellular pathway　311g
transcendental morphology　観念形態学　271f
transcriptase　転写酵素　37c
transcription　転写(遺伝情報の)　**970**f
transcriptional activator　転写活性化因子　157c
—— control　転写調節　**971**b
—— regulator　転写制御因子　970g
transcription factor　転写因子　**970**g
—— unit　転写単位　923f
transcriptome　トランスクリプトーム　**1009**l
transcriptomics　トランスクリプトーム解析　1010a
transcytosis　トランスサイトーシス　**1010**c
transdetermination　決定転換　406b
transdifferentiation　分化転換　**1243**c
transducer　トランスデューサー　771e
transducin　トランスデューシン　1136c, 1503d
transducing phage　形質導入ファージ　**388**b
transductant　形質導入体　388a
transduction　形質導入　**388**a
transfection　トランスフェクション　**1011**a
transfer　移籍，継代　**67**d, 391h
transferase　転移酵素　**966**b
transfer cell　輸送細胞　**1416**c
—— function　伝達関数　**971**g
transferrin　トランスフェリン　**1011**b
transfer RNA　トランスファーRNA　**1010**h
transfilter induction　膜濾過過過誘導　1412g
transformation　トランスフォーメーション，変成，形質転換　387f, 687k, **1011**c, **1286**d
—— series　形態形質の変換系列　391f
transformed cladistics　変形分岐学　1099b
transformer　転換者　664d, 1242a
transforming growth factor　形質転換成長因子　**387**h
Transforming growth factor β　952d
transforming substance　形質転換物質　387g
transfusion tissue　移入組織　**86**f
transgenesis　遺伝子導入　**80**c
transgenic organism　トランスジェニック生物　**1010**d
—— plant　形質転換植物　8e
transglycosidation　グリコシド転移　**359**d
transglycosylation　グリコシル基転移　**359**d
trans Golgi network　トランスゴルジネットワーク，トランスゴルジ網　**1010**b, 1489g
transgression breeding　超越育種　443h
transgressive segregation　超越分離　**918**e
transient amplifying cell　TA 細胞　**261**d
—— expression　一時的発現，一時的発現　850b, 1011a
—— phase　移行相，転移相　832e
—— polymorphism　過渡的多型　436d
—— response　過渡応答　**232**c
—— wilting　一時的しおれ，一時的凋萎　558c
transilience modes　飛越え様式　646a
transit amplifying cell　TA 細胞　261d
transition　トランジション　**1009**j
transitional element　移行領域　63b
—— endoplasmic reticulum　移行型小胞体　**63**b
—— epithelium　移行上皮　663h

―― ER 移行型小胞体 **63**b
―― helix らせん構造 1289e
―― plate 移行板 1289e
―― region 鞭毛移行帯 1289e
―― zone 鞭毛移行帯 1289e
transition matrix 推移行列 514a
―― protein 変遷蛋白質 1232d
―― region 鞭毛移行帯 1289e
―― region between shoot and root 茎根遷移部 **386**g
―― zone エコトーン，鞭毛移行帯 **127**j, 1289e
transitory starch 移動澱粉 86a
transit sequence トランジット配列 909e
transketolase ケトール転移酵素 409e, 1288b[図]
translation 翻訳(遺伝情報の) **1332**a
translational control 翻訳調節 **1332**d
―― diffusion coefficient 並進拡散定数 1338c
translation initiation factor 翻訳開始因子 **1332**b
translesion synthesis 損傷乗越え合成, 損傷乗越え複製 947d, 1198d
translocation 転座, 転流 **969**f, **973**e
translocator of the inner chloroplast envelope membrane 1428b
―― of the outer chloroplast envelope membrane 1428b
transmethylase トランスメチラーゼ, メチル基転移酵素 1379a
transmethylation メチル基転移反応 **1379**a
transmission 伝播, 伝達 **971**f, **972**h
transmittance 透過度 309k, **977**i
transmitter 伝達物質 698b
transmitting tissue 伝達組織 581c
transmutation 687k
transovarial infection 経卵伝染, 経卵感染 724d
transparency 透明度 **999**b
transpeptidation ペプチド転移反応 **1275**b
transphosphorylation リン酸転移反応 **1474**j
transpiration 蒸散 **658**c, **662**g
―― coefficient 蒸散係数 1357a
―― pore 蒸散孔 **658**f
―― stream 蒸散流 **659**b
transplacental infection 経胎盤感染 724d
transplant 移植体, 移植片 65e
transplantation 移植 **65**e
―― immunity 移植免疫 **65**g
transporter トランスポーター, 輸送体 307a
transport inhibitor response 1 164b
―― protein 輸送蛋白質 1065e
―― signal 移行シグナル, 輸送シグナル **1416**h
―― system 輸送系 **1416**f
―― vesicle 輸送小胞 **1416**i
transposable elements 転移因子 443k, **965**f
transposase トランスポザーゼ 350e, 1130b
transposition トランスポジション, 転位 965f, 969f
transposon トランスポゾン **1011**d
―― tagging トランスポゾンタギング 81d
trans-splicing トランススプライシング **1010**e
transthyretin トランスチレチン 1488d
transudate 濾出液 **1501**f
transudation 濾出 1500d
Transvena 1579₁₂
transverse-alternating field electrophoresis 1116h
―― axis 横軸 826a
―― cirri 肛棘毛 328c
―― division 横分裂 161e, 1262a
―― fission 横分裂 **161**e
―― gravity reaction 横地反応 1261a
―― plane 横径面, 横断面, 横面 765e, 1408a
―― section 横断切片 793f
―― septum 横中隔 **160**h
―― tubule T管 **949**j
transversion トランスバージョン **1010**g
Tranzschelia 1620₄₉
Tranzscheliella 1622₁₆
Trapa 1648₃₉
Trapelia 1613₅₅
Trapeliaceae デイジゴケ科 1613₅₅

Trapeliopsis 1613₅₂
Trapella 1652₅
Trapellariopsis 1612₁₉
Trappea 1627₄₈
Trappeaceae トラッペア科 1627₄₈
Traskorchestia 1597₁₅
traumatic insemination 血体腔媒精 **405**i
―― regeneration 外傷的再生 514b
traumatin トラウマチン **1009**f
traumatotropism 傷屈性, 屈屈性 288j
traveler's diarrhea 旅行者下痢症 **1472**c
traveling wave 進行波 771a
Traversodon 1573₃₀
Travisia 1584₃₇
Travunia 1591₂₅
Trawetsia 1643₄₈
Trebouxia 1635₁₄
Trebouxiales トレボウクシア目 1635₁₄
Trebouxiophyceae トレボウクシア藻綱 1635₃
Trechispora 1625₃₂
Trechisporales トゲミノコウヤクタケ目 1625₂₉
Trechnotheria 枝獣亜綱 1573₅₀
tree 樹状図, 高木 **465**i, **636**a
―― layer 高木層 **466**b
―― limit 高木限界 **466**a
―― line 高木限界 **466**a
―― steppe 森林ステップ **715**c
trefoil stage 三葉明期 328d
Trefusia 1586₂₉
Trefusiida トレフジア目 1586₂₉
Treg 制御性T細胞 747f, 1281e
trehalase トレハラーゼ **1016**d
trehalose トレハロース **1016**e
Trema 1649₅
Trematis 1579₄₅
Trematocarpus 1633₃₃
Trematoda 吸虫類, 吸虫類 312g, 1578₃
trematods 吸虫類 **312**g
Trematosaurus 1567₉
Trematosoma 1659₅₁
Trematosphaeria 1609₅₂
TREMBLEY, Abraham トランブレー **1011**e
Tremella 1623₁₈
Tremellaceae シロキクラゲ科 1623₁₆
Tremellales シロキクラゲ目 1623₆
Tremellina 1623₇
Tremellochaete 1623₃₄
Tremellodendropsis 1623₃₁
Tremellogaster 1627₁₃
Tremellomycetes シロキクラゲ綱 1622₅₄
Tremoctopus 1583₂₀
tremor 振顫 **705**f
Tremovirus トレモウイルス属 1521₂₅
Tremula 1664₄₆
Tremulida トレムラ目 1664₄₆
trenching experiment トレンチング試験 **1016**f
Trentepohlia 1634₃₆
Trentepohliales スミレモ目 1634₃₅
Trepomonadea トレポモナス綱 955b
Trepomonas 1630₃₇
Treponema 梅毒トレポネーマ 1550₁₉
Trepostomata 変口目 1579₂₅
Tretopileus 1623₅₃
Tretospora 1608₅
Treubaria 1635₄₁
Treubia 1636₂₄
Treubiaceae トロイブゴケ科 1636₂₄
Treubiales トロイブゴケ目 1636₂₃
Treubiidae トロイブゴケ亜綱 1636₂₂
Treubiomyces 1610₂₀
TREVIRANUS, Gottfried Reinhold トレヴィラヌス **1015**g
TRH 甲状腺刺激ホルモン放出ホルモン 447g, 448a
Trhichosphaeriales トリコスファエリア目 1616₄₁
Trhypochthonius 1590₆₂
Triacanthodes 1567₁

Triacanthus 1567₂	*Trichoglossum* 1611₃₂
triacsin トリアクシン **1011**f	*Trichoglossus* 1572₆
triacylglycerol トリアシルグリセロール 11f	*Trichogramma* 1601₅₀
── lipase トリアシルグリセロールリパーゼ 1460d	trichogyne 受精毛 **640**b
triadelphous 三体雄ずい 1409e	trichoid sensillum 毛状感覚子 **1392**g
Triadenum 1649₄₉	*Tricholoma* 1626₅₂
Triadica 1649₄₀	Tricholomataceae キシメジ科 1626₄₄
Triadobatrachus 1567₄₈	*Tricholomopsis* 1626₅₂
trial and error 試行錯誤 **572**a	*Tricholosporum* 1626₅₂
Triamara 1559₁₈	*Trichomanes* 1642₄₇
Triangularia 1619₁₄	*Trichomaris* 1617₅₇
Triantha 1645₅₉	trichome トリコーム，毛状突起，細胞糸 579f, 677e, **1393**c
triarch 三原型 1299e	*Trichometasphaeria* 1609₃₂
Triassic period 三畳紀 **550**f	*Trichomitopsis* 1630₂
Triassochelys 1568₁₆	*Trichomitus* 1629₃₈
Triastrum 1663₁₉	Trichomonadea トリコモナス綱 1629₃₉
Triatoma 1600₄₀	Trichomonadida トリコモナス目 1630₁
triaxon 三軸 483e	*Trichomonas* 1630₂
tribe 族，連 **834**g, **1492**a	Trichomonascaceae トリコモナスクス科 1606₂₁
Triblidiaceae トリブリディウム科 1606₂₈	*Trichomonascus* 1606₂₁
Triblidiales トリブリディウム目 1606₂₇	*Trichomonoides* 1630₃
Triblidium 1606₂₈	trichomoniasis トリコモナス症 1194a
Tribonema 1657₅	*Trichonectria* 1617₁₂
Tribonematales トリボネマ目 1657₈	*Trichoniscus* 1597₉
Tribophyceae トリボネマ藻綱 1656₄₆	*Trichonosema* 1602₁₁
Tribulus 1648₄₆	*Trichonympha* 1630₂₁
tribus 族，連 **834**g, **1492**a	Trichonymphea トリコニンファ綱 1630₁₇
tricarboxylic acid cycle TCA 回路，トリカルボン酸回路 344b	Trichonymphida トリコニンファ目 1630₁₈
	Trichopeziza 1615₂
tricarpellary pistil 三心皮雌ずい 581c	*Trichopezizella* 1615₂
tricaryon 三核共存体 1269c	*Trichophilus* 1634₂₄
tricellular pollen 三細胞性花粉 235e	trichophore 受精毛柄 640b
Triceratiales ミカドケイソウ目 1655₄	*Trichophrya* 1659₅₁
Triceratium 1655₆	trichophytia 白癬 692b
Triceratops トリケラトプス 323i, **1012**f, 1570₃₀	*Trichophyton* 1611₁₅
Tricercomitus 1630₅	Trichopityaceae トリコピティス科 1644₄₀
Trichamoeba 1628₂₆	*Trichopitys* 1644₄₀
Trichaptum 1624₅₁	*Trichoplax* 板形動物 915d, 1558₂₉
Tricharia 1614₃	*Trichopodiella* 1659₃₁
Tricharina 1616₂₂	*Trichopsora* 1620₄₀
Trichaster 1587₁₁	Trichoptera トビケラ目，毛翅類 1601₂₈
Trichasteropsiida トリカステロプシス目 1560₃₈	*Trichormus* 1541₃₂
Trichasteropsis 1560₂₈	*Trichosanthes* 1649₁₄
Trichechus 1574₄₀	*Trichosarcina* 1634₂₉
Trichia 1629₁₀	Trichosida トリコシダ目 1628₂₂
Trichiales 1629₈	*Trichosolen* 1635₁
Trichiida ケホコリ目 1629₈	*Trichosphaerella* 1617₄₂
Trichinella 1587₁₀	*Trichosphaeria* 1616₄₄
trichion 前頭部生際 258b	Trichosphaeriaceae トリコスファエリア科 1616₄₃
Trichiurus 1566₅₈	*Trichosphaerium* 1628₂₂
Trichlorobacter 1547₅₄	*Trichosporon* 1623₂₀
trichoblast 根毛形成細胞 506f	Trichosporonaceae トリコスポロン科 1623₁₉
Trichobotrys 1606₄₃	Trichostomatia 毛口亜綱 1659₉
Trichocephalia トリコケファルス亜綱 1587₈	*Trichostomum* 1639₅₁
Trichocephalica トリコケファルス上目 1587₅	*Trichostrongylus* 1587₃₆
Trichocephalida ベンチュウ目，鞭虫類 1587₉	*Trichosurus* 1574₂₆
Trichocerca 1578₂₆	Trichotemnomataceae ケバゴケ科 1638₂₀
Trichocintractia 1622₇	trichothallic growth 頂毛成長 228h
Trichocladium 1617₅₆	*Trichothelium* 1614₁₂
Trichococcus 1543₉	*Trichothyas* 1590₃₅
Trichocolea 1637₅₈	*Trichothyrium* 1608₅₉
Trichocoleaceae ムクムクゴケ科 1637₅₈	*Trichotria* 1578₃₈
Trichocoleus 1541₄₀	*Trichovirus* トリコウイルス属 1521₅₂
Trichocoma 1611₉	Trichozoa トリコゾア，トリコゾア亜門 1377h, 1629₃₅
Trichocomaceae マユハキタケ科 1611₂	*Trichozygospora* 1604₄₈
trichocyst トリコシスト，毛胞 1300g	trichromatic vision 三色視 562b
Trichodectes 1600₂₂	*Trichuris* 1587₁₀
Trichodelitschia 1609₄₉	*Trichurus* 1617₆₁
Trichoderma 1617₂₇, 1617₂₉	*Tricispora* 1605₅
Trichodesmium 1541₄₀	Tricladida 三岐腸類 1577₄₂
Trichodina 1659₄₉	*Tricleocarpa* 1632₄₄
Trichodinopsis 1660₅₀	*Triconodon* 1573₃₈
Trichodorus 1586₃₆	tricyclic 三輪廻 880e
Trichodrilus 1585₂₇	*Tricyrtis* 1646₃₆
trichogen cell 生毛細胞 **779**a	tridentate pedicellaria 爪状叉棘 535c

tri 2153

Trifoliellum 1604₄₈
trifoliin トリフォリイン 3d
Trifolium 1648₅₃
trigeminal ganglion 三叉神経節 507j
—— nerve 三叉神経 507j
trigemino-facial chamber 三叉顔面腔 72f
trigger hair 刺細胞突起, 刺針 608a
Triglochin 1646₈
Trigonia 1582₁₂
Trigoniida サンカクガイ目 1582₁₂
Trigoniids サンカクガイ 548c
Trigonioides 1582₁₃
Trigoniulidea ミナミヤスデ亜目 1593₃₀
Trigoniulus 1593₃₀
Trigoniumnium 1655₈
Trigonocarpus 1644₁₃
Trigonopyxis 1628₂₉
Trigonosis 1605₄₇
Trigonostylops 1576₂₄
Trigonotarbi ワレイタムシ目 1591₅₄
Trigonotarbus 1591₅₅
Trigonotis 1651₅₂
trihaploid 三ゲノム性半数体 1122e
2,3,5-triiodobenzoic acid 2,3,5-トリヨード安息香酸 1014c
triiodothyronine 3,5,3′-トリヨードチロニン, トリヨードサイロニン 448b
trilacunar 三隙型 1421a
Trillium 1646₃₀
trilobatin トリロバチン 1239i
Trilobita 三葉虫綱, 三葉虫類 554f, 1588₃₂
trilobite larva 三葉虫型幼生 554e
trilobites 三葉虫類 554f
Trilobitomorpha 三葉虫亜綱 554f
Triloboxylon 1644₇
Trilophosaurus 1569₁₁
Trilospora 1555₂₀
Trimastigida トリマスティックス目 1629₃₂
Trimastix 1629₃₂
Trimerella 1580₈
Trimerellida トリメレラ目 1580₈
Trimeresurus 1569₂
Trimerophtopsida トリメロフィトン綱 1642₂
Trimerophytales トリメロフィトン目 1642₃
Trimerophyton 1642₃
Trimerorhachis 1567₁₉
trimethylamine oxide トリメチルアミンオキシド 1014b
4,4,14α-trimethylcholesta-8,24-dien-3β-ol 1437d
trimethylglycine トリメチルグリシン 1266d
trimethyloxamine トリメチルオキサミン 1014b
trimitic 三菌糸型 336d
Trimitus 1630₃₇
Trimmatostroma 1614₄₄
Trimosina 1664₂
Trimyema 1660₁₈
Trinacrium 1615₄₈
Trinema 1665₄₁
Tringa 1571₅₆
trinomen 三語名 210b, 646d, 1033c
trinominal name 三語名 210b, 646d
trinominal nomenclature 三語名 1033c
Trinucleoidea 亜目 1588₃₆
Trinucleus 1558₃₆
Trionyx 1568₂₅
Triops 1594₃₂
triose トリオース 1012b
triosephosphate isomerase トリオースリン酸イソメラーゼ, トリオースリン酸異性化酵素 1012c, 183h[図]
Triosteum 1652₄₂
tripalmitin トリパルミチン 1117j
Triparma 1655₆₀
Triparticalcar 1603₂
Tripedalia 1556₁₆
triphosphopyridine nucleotide トリホスホピリジンヌクレオチド 1033a

Triphragmiopsis 1620₄₄
Triphragmium 1620₄₅
triphyllous pedicellaria 葉状叉棘 535g
tripinnate leaf 三回羽状複葉 1200h
triple cross 三系交雑 549f
Triplesia 1580₂₂
triplet トリプレット 485g
—— code トリプレット暗号 76g
—— repeat disease トリプレットリピート病 1014a
triplets 三つ子, 三胎, 品胎 872k
triple-X female XXX女性 807b
triplo-IV トリプロIV 551i
Triploblastica 三胚葉動物 553i
Triplogynium 1590₈
triploid 三倍体 553h
Triplonchia トリプロンキウム亜綱 1586₃₄
Triplonchica トリプロンキウム上目 1586₃₅
Triplonchida トリプロンキウム目 1586₃₆
Triplosphaeria 1610₂
Triplumaria 1659₁₅
Tripospermum 1608₂₅
Tripospora 1610₅₆
Trisporina 1606₄₃
Trisporium 1608₁₇
Tripterospermum 1651₄₃
tripton 非生物セストン, 非生物体セストン 786d
tripus 三脚骨 105h
Tripyla 1586₃₇
Tripylida トリピラ目 1586₃₇
Tripyloides 1586₂₇
Tripyloidida トリピロイデス目 1586₂₇
trisaccharide 三糖 171b
Trischistoma 1586₂₇
Trishoplita 1584₂₉
triskelion structure トリスケリオン構造 354c
trisomics 三染色体植物 551i
trisomy 三染色体性 66g, 551i
Tristellateia 1649₄₅
Tritaxis 1663₄₅
Trithigmostoma 1659₁₅
Trithuria 1645₂₀
Triticum 1647₄₂
Tritimovirus トリティモウイルス属 1522₅₄
Tritirachiaceae トリチラキウム科 1628₄
Tritirachiales トリチラキウム目 1628₃
Tritirachiomycetes トリチラキウム綱 1628₂
Tritirachium 1628₄
tritium トリチウム 975e
tritocerebrum 後大脳 859g
Triton model トリトンモデル 533b
—— X-100 トライトンX-100, トリトンX-100 533b, 1457d
Tritrichomonadea トリトリコモナス綱 1630₆
Tritrichomonadida トリトリコモナス目 1630₇
Tritrichomonas 1630₈
Triturus 1567₄₇
Tritylodon 1573₃₁
Triumfetta 1650₂₂
triungulin larva 三爪幼虫 1282h
Triuridaceae ホンゴウソウ科 1646₂₄
trivalent chromosome 三価染色体 548e
trivium 三歩帯区, 三輻面 327g
Trixspermum 1646₄₈
tRNA トランスファーアールエヌエー 1010h
tRNA-like structure tRNA様構造 939f
Trochammina 1663₄₅
Trochamminella 1663₄₆
Trochamminida トロカムミナ目 1663₄₅
trochanter 転節 971e
trochantin 小転節 838i, 971e
Trochelminthes 輪形動物 1473g
Trochila 1614₄₄
Trochili ハチドリ亜目 1572₁₉
Trochilia 1659₃₁
Trochilioides 1659₃₁

Trochiliscus 1636₁₆
trochlear nerve 滑車神経, 第四脳神経 178e
Trochochilodon 1659₃₁
Trochocystites 1559₁₁
Trochodendraceae ヤマグルマ科 1648₇
Trochodendrales ヤマグルマ目 1648₆
Trochodendron 1648₇
Trochophora 1608₃₈
trochophora トロコフォラ, 担輪子幼生 1016h
trochophore トロコフォア, 担輪子幼生 **1016**h
Trochus 1583₃₀
Troctomorpha コナチャタテ亜目 1600₁₈
Trogiomorpha コチャタテ亜目 1600₁₇
Trogium 1600₁₇
troglobiont 真洞窟性動物 978f
Troglocaridicola 1577₃₈
Troglodytes 1573₂
Troglomyces 1611₄₅
troglophile 好洞窟性動物 978f
trogloxene 周期性洞窟動物 978f
Trogon 1572₂₂
Trogoniformes キヌバネドリ目 1572₂₂
Trogonophis 1568₄₇
TROLL, Wilhelm トロール **1017**d
Trombicula 1590₃₅
Trombidium 1590₃₅
Troosticrinida 1559₂₁
Troosticrinus 1559₂₁
Tropaeolaceae ノウゼンハレン科 1649₅₆
Tropaeolum 1649₅₆
tropane alkaloid トロパンアルカロイド 21e
trophallaxis 栄養交換 **121**f
trophectoderm 栄養外胚葉 120f
Tropheryma 1537₁₁
trophi 口器, 咽頭咀嚼器 **97**c, **434**c
trophic dynamics 栄養動態 **122**d
── egg 栄養卵 1507e
── level 栄養段階 **122**b
── level assimilation efficiency 栄養段階同化効率 751b
── level production efficiency 栄養段階生産効率 751b
── nerve 栄養神経 **121**j
trophoblast トロフォブラスト, 栄養膜, 栄養芽層 **120**f, 629i
trophoblastic tumor 絨毛性腫瘍 **629**i
trophocyst 栄養囊 **122**e
trophocyte 栄養細胞 198d
Trophogemma 1659₄₈
trophogenic 220a
trophont 栄養体 812e
trophonucleus 栄養核 **120**e
trophophyll 栄養葉 1301a
trophosome 栄養体部 611c
trophosporophyll 栄養胞子葉 1301a
trophozoite 栄養体, 栄養型, トロフォゾイト 290d, 972i, 1159d, 1371g, 1383g
trophozooid 嘴体, 食体 1370f
tropical forest zone 熱帯林 715d
── rain forest 熱帯多雨林 1057b
── zone 熱帯 1057a
Tropicibacter 1546₁₁
Tropicimonas 1546₁₁
Tropidendron 1558₂
Tropidocoryphe 1589₄
Tropidophis 1569₈
Tropiometra 1560₂₃
tropism 向性, 屈性 348h, **450**a
── of virus ウイルス親和性 **102**j
tropocollagen トロポコラーゲン 491e
tropolone トロポロン **1017**c
tropomyosin トロポミオシン **1017**b
troponin トロポニン **1017**a
tropotaxis 転向走性 827f
Trp トリプトファン 1013c
true branching 真正分枝 1245e
── capillary 真毛細血管 1392c

── cholinesterase 真正コリンエステラーゼ 493a
── fruit 真果 **688**a
── imitation 真の模倣 1399f
── nail 真爪 936i
Truepera 1542₅
Trueperaceae トゥルペラ科 1542₅
true rib 真肋骨 1502b
trumpet hyphae ラッパ細胞 228h
truncate selection 切端確認 207f
Truncocolumella 1627₂₇
truncus 胴 **975**c
── arteriosus 動脈幹 691e, **830**g, 997g
── septum 総動脈幹中隔 909k
trunk 幹, 体幹, 胴 345f, **975**c, 1120a
── cell 胴細胞 325f
── organizer 胴部形成体 **994**c
── pressure 幹圧 500f, 640i
trunk-tail organizer 胴尾部形成体 **994**a
Tryblidaria 1607₁₈
Tryblidia 1581₃₀
Tryblidiida 1581₃₀
Tryblidioidea 1581₃₁
Tryblidiopsis 1615₃₀
Tryblidiopycnis 1615₃₀
Tryblidium 1581₃₂
Tryblis 1614₁₀
trypaflavin トリパフラビン 8b
Trypanedenta 1584₅₃
Trypanoplasma 1631₃₆
Trypanosoma 1631₄₀
Trypanosomatida トリパノソーマ目 1631₃₈
Trypetesa 1595₄₂
Trypetheliaceae チクビゴケ科 1607₂₀
Trypetheliales チクビゴケ目 1607₁₉
Trypetheliopsis 1610₃₀
Trypethelium 1607₂₁
tryphine トリフィン 187c, 235e
Tryplasma 1556₃₇
trypsin トリプシン **1013**a
trypsinogen トリプシノゲン 1013a
tryptamine トリプタミン **1013**b
tryptophan トリプトファン **1013**c
tryptophanase トリプトファナーゼ, トリプトファン開裂酵素 **1013**d
tryptophan 2,3-dioxygenase トリプトファン-2,3-二酸素添加酵素 1013e
tryptophan 5-monooxygenase トリプトファン 5-モノオキシゲナーゼ 798h
tryptophan oxidase トリプトファンオキシダーゼ 1013e
tryptophanoxygenase トリプトファンオキシゲナーゼ, トリプトファン酸素添加酵素 **1013**e
tryptophan peroxidase トリプトファンペルオキシダーゼ 1013e
── pyrolase トリプトファンピロラーゼ 1013e
── synthase トリプトファンシンターゼ, トリプトファン生成酵素 **1013**f
── tryptophylquinone トリプトファントリプトフィルキノン **1013**g
TSCHERMAK, Erich von Seysenegg チェルマク **900**g
Tselfatia 1565₄₆
Tselfatiiformes チェルファチウス目 1565₄₆
Tsengia 1633₃₇
TSH 甲状腺刺激ホルモン 447g
T-shaped hair 磁針毛 384a
Tsien, R. Y. 614c
Tsinania 1588₄₀
t-SNARE t-SNARE, 標的 SNAP 受容体 737d
TSTA がん特異移植抗原 260c
Tsuchiyaea 1623₁₈
Tsuga 1645₁
Tsukamurella 1536₄₂
Tsukamurellaceae ツカムレラ科 1536₄₂
Tsukubamonadida ツクバモナス目 1630₄₁
Tsukubamonas 1630₄₁
Tsukubea ツクバモナス綱 1630₄₀

Tsushima Strait line　対馬線　776d
T system　T系　949j
TTP　チミジン-5-三リン酸　908e
TTQ　トリプトファントリプトフィルキノン　1013g
T tubule　T管　949j
TTX　テトロドトキシン　1199g
tuba auditiva　聴管　911e
―― Fallopii　ファロピウス管，ファロピオ管　1418f
Tubakia　1618₄₈
Tubakiella　1617₅₇
tubal pregnancy　卵管妊娠　565a
―― rupture　卵管破裂　565a
tuba pharyngotympanica　耳管　911e
Tubaria　1626₉
Tubastrea　1558₂
tube　棲管，管孔　260a, 747b
―― cell　管細胞　616f
tube-foot　管足　269b
Tuber　1616₃₂
tuber　塊茎　89f, 179c
Tuberaceae　セイヨウショウロ科　1616₃₂
tuber cinereum　灰白隆起　1499g
Tubercularia　1617₃₇
Tuberculina　1620₈
tuberculin reaction　ツベルクリン反応　936a
―― skin test　ツベルクリン皮膚テスト　936a
tuberculosis　結核　399c
tuberculostearic acid　ツベルクロステアリン酸　936b
tuberculum auriculae　耳介結節　180h
―― genitale　生殖結節　757b
Tuberibacillus　1542₄₄
tuberous organ　こぶ状器　968d, 972j
―― root　塊根　180a
Tubeufiaceae　ツベウフィア科　1610₃
Tubeuphia　1610₇
Tubidendrum　1562₄₀
Tubifera　1629₇
Tubifex　1585₃₄
Tubificina　イトミミズ亜目　1585₃₂
Tubiluchus　1588₄
Tubipora　1557₂₂
Tubisorus　1622₁₆
d-tubocurarine　*d*-ツボクラリン　357a
Tuboidea　チュビデンドゥルム目，管型類　1562₃₉
Tubulanus　1580₄₃
tubular bone　管状骨　921b
―― enamel　有管エナメル質　1069b
―― fang　管牙　1000i
―― flower　管状花　986b
tubular gland　管状腺　870h
Tubularia　1555₃₆
tubular mastigoneme　管状小毛　1290c
―― tissue　管状組織　1041d
tubule　1203b
Tubulicium　1625₃₂
Tubulicrinis　1624₄
Tubulidentata　管歯目　1574₃₈
Tubulifera　クダアザミウマ亜目，有管類　1600₂₉
tubuliform gland　管状腺　642c
tubulin　チューブリン　918a
Tubulinea　ツブリネア綱　1628₃
Tubulinida　ツブリニダ目　1628₂₄
Tubulipora　1579₂₉
Tubuliporata　管口目　1579₂₈
tubulus renalis　腎細管　1058g
―― seminiferus　精細管　750e
Tuditanomorpha　トラキステゴス目　1567₃₀
tuf mutation　タフ変異　543d
tufted cell　房飾細胞　1301d
tularemia　ツラレミア，野兎病　703g
Tulasnella　1623₄₈
Tulasnellaceae　ツラスネラ科　1623₄₈
Tulipa　1646₃₆
Tulipispora　1618₂₄
Tulostoma　1625₄₇

Tumebacillus　1542₃₅
tumor　腫瘍　646e, 705e
―― antigen　がん抗原　260c
―― associated antigen　がん関連抗原　260c
―― cell　腫瘍細胞　261e
―― marker　腫瘍マーカー　647f
―― necrosis factor　腫瘍壊死因子　1504h
―― necrosis factor α　腫瘍壊死因子α　5g, 947a
―― promoter　発がんプロモーター　196c
―― specific antigen　がん特異抗原，悪性腫瘍特異物質　260c, 647f
tumor specific transplantation antigen　がん特異移植抗原　260c
―― suppressor gene　がん抑制遺伝子　274i
Tumuliolynthus　1554₂
tundra　ツンドラ　937d
Tungrovirus　ツングロウイルス属　1518₂₈
tunic　被嚢　1159c
tunica　外衣　177e
―― adventitia　外膜　187g
―― albuginea　白膜　759i, 1094f
―― conjunctiva　結膜　407f
―― conjunctiva bulbi　眼球結膜　407f
―― conjunctiva palpebrarum　眼瞼結膜　407f
tunica-corpus theory　外衣–内体説　177e
tunica fibrosa bulbi　眼球繊維膜　1373b
―― muscularis mucosae　粘膜筋板　1060h
tunicamycin　ツニカマイシン　982e[表]
tunica nervosa bulbi　眼球神経膜　1373b
―― serosa　漿膜　666e
Tunicata　被嚢動物，被嚢動物亜門　1140g, 1563₁₀
tunicates　被嚢動物，被嚢類　1140g, 1159c
Tunicatispora　1617₅₇
tunica vasculosa bulbi　眼球血管膜　1373b
tunic cells　被嚢細胞　960f, 1159c
tunicin　ツニシン　1159c
Tupaia　1575₁₉
Tupilakosaurus　1567₁₉
Tupinambis　1568₅₅
Turbanella　1578₂₀
Turbellaria　渦虫綱　108h
turbellarians　渦虫類　108h
turbellarian theory　渦虫類起原説　820a
turbidostat　タービドスタット　413b
turbid plaque　濁ったプラーク　1213c
Turbinaria　1558₂, 1657₄₉
Turbinoptes　1590₅₁
Turbo　1583₃₀
Turbonilla　1583₅₅
Turborotalit　1664₁₆
turbulent　乱流　1451e
―― diffusion　乱流拡散　1451c
Turdus　1573₂
turgescence　緊張　418h
turgor movement　膨圧運動　1292a
―― pressure　膨圧　1291j
Turicella　1536₃₅
Turicibacter　1544₁₅
Turing model　チューリングモデル　918b
Turkey astrovirus　シチメンチョウアストロウイルス　1522₃
Turneriella　1550₁₇
Turner's syndrome　ターナー症候群　877d
Turnices　ミフウズラ亜目　1571₅₀
Turnierkampf　試合闘争　285d
Turnip yellow mosaic virus　カブ黄化モザイクウイルス　1521₆₀
Turnix　1571₅₀
turnover　ターンオーバー　852b
―― number　ターンオーバー数　456b
―― rate　回転率　183f
―― time　回転時間，回転速度　120d, 183f
turn-talking　発話交代　192b
turnus　定期出現性　290a
Turqidosculum　1607₂₈
Turrilites　1583₆

Turritis	1650₃
Tursiops	1576₆
Tuscaretta	1665₃₁
Tuscarilla	1665₃₁
Tuscarora	1665₃₁
tusk 牙	1069b
TÜXEN, Reinhold テュクセン	**963**j
Tuzetia	1602₁₁
twilight vision 薄明視	**1094**g
twin cone 双子型錐体	723a
twins 双生, 双生児	**827**e, **828**e
twin spots 双子スポット	**1204**d
twist number ツイスト数	945a
twitch 単収縮	**888**b
── fiber 単収縮繊維	**888**c
twitchin トゥイッチン	486e
two-component model 二要素モデル	229h
── systems 二成分制御系	**1037**d
two-dimensional DNA agarose gel electrophoresis 二次元 DNA アガロースゲル電気泳動法	**1034**j
── gel electrophoresis 二次元ゲル電気泳動法, 二次元電気泳動	946a, **1034**j
two-hit theory ツーヒット説	274i
two-lipped 二唇	713h
two-point threshold 二点閾	253b, 342l
TWORT, Frederick William トウォート	**976**c
two-way migration 回帰移動	85a
Tychonema	1541₄₀
tychoplankton 臨時性プランクトン	1220e
Tychosporium	1628₄₃
Tydemania	1635₁
Tydeus	1590₂₃
Ty element Ty因子	1489f
Tylenchus	1587₃₃
Tyloidea ハマダンゴムシ亜目	1597₁₀
Tylopharynx	1587₂₈
Tylophoron	1612₁₃
Tylopilus	1627₈
Tylorrhynchus	1584₅₃
Tylos	1597₁₀
tylose チロース	**932**a
tylosis チロース	**932**a
Tylospora	1626₆₂
Tylototriton	1567₄₇
Tylotus	1633₂₇
Tymovirales ティモウイルス目	1521₃₇
Tymoviridae ティモウイルス科	1521₅₇
Tymovirus ティモウイルス属	1521₆₀
tympanal organ 鼓膜器官	**489**f
tympanic organ 鼓膜器官	**489**f
tympanicum 鼓骨	180h
Tympanis	1614₅₃
tympanum 鼓膜	489f
TYNDALL, John ティンダル	**956**g
type 型	**225**e
── 1 diabetes mellitus I型糖尿病	**71**a
── I topoisomerase I型トポイソメラーゼ	944c
── II topoisomerase II型トポイソメラーゼ	944c
── III glycogen storage disease グリコゲン蓄積症III型	358c
── IV glycogen storage disease IV型グリコゲン蓄積症	1246e
type-IV P-type ATPase P4-ATPアーゼ	1222c
type culture strain 基準培養菌株	**287**d
── designation タイプ指定	863i
── fixation タイプ固定	863i
── genus タイプ属, 基準属	896g
── locality タイプ産地	**863**f
── method タイプ法	**863**i
── of nervous system 神経系の型	**695**b
── series タイプシリーズ	**863**g
── species タイプ種, 基準種	896g
── specimen タイプ標本	**863**h
── strain 基準株	287d
Typha	1647₂₄

Typhaceae ガマ科	1647₂₄
Typhlonectes	1567₃₅
Typhloplana	1577₃₄
Typhloplanoida 無吻類	1577₃₄
Typhlops	1569₈
typhlosole 腸背壁溝	**925**d
typhlosolis 腸背壁溝	**925**d
Typhula	1626₅₅
Typhulaceae ガマノホタケ科	1626₅₄
Typhuloceta	1614₄₀
typical sperm 正形精子	62b
typification タイプ化	863i
typological thinking 類型学的思考	**1480**e
typology 類型学	225e
Typopeltis	1591₆₀
typostrophism 型循環説	1094d
Typosyllis	1584₅₄
Typotheria ティポテリウム亜目	1576₂₁
Typus 型	418a
Tyr チロシン	**931**d
tyramine チラミン	**930**c
Tyranni タイランチョウ亜目	1572₄₁
Tyrannodinium	1662₃₅
Tyrannosaurus ティラノサウルス	323i, **956**c, 1570₁₂
Tyrannus	1572₄₄
Tyrian purple	586a
Tyrode solution タイロード液, タイロード溶液	1473c
Tyromyces	1624₅₂
Tyrophagus	1590₄₇
tyrosinase チロシナーゼ	42c, 931d, 1399c
tyrosine チロシン	**931**d
── aminotransferase チロシンアミノトランスフェラーゼ	931e
── hydroxylase チロシン水酸化酵素	931d
── kinase チロシンキナーゼ	**931**f
── phosphatase チロシンホスファターゼ	**931**g, 1235b
── transaminase チロシンアミノ基転移酵素	**931**e
tyrosol チロソール	931d
Tyto	1572₁₁

U

UAS	668d
Ub ユビキチン	1417h
Uberispora	1606₄₃
UBF	37d
ubiquinone ユビキノン	**1418**a
ubiquitin ユビキチン	**1417**h
ubiquitous species 汎存種	**1123**g
Uca	1598₁₁
udder 乳房	1043c
Udeniomyces	1623₁
Udotea	1635₁
UDP-Gal ウリジン二リン酸ガラクトース	992f[図]
UDP-Glc ウリジン二リン酸グルコース	992f[図]
UDP-GlcNAc ウリジン二リン酸-N-アセチルグルコサミン	992f[図]
UDP-GlcU ウリジン二リン酸グルクロン酸	992f[図]
UEXKÜLL, Jakob Johann von ユクスキュル	**1415**f
Ugola	1626₁₀
Uintacrinida	1560₂₅
Uintacrinus	1560₂₅
Uintatherium	1575₄
ulcer 潰瘍	**189**c
ulcus molle 軟性下疳	770c
Uleiella	1622₁₂
Uleiellaceae ウレイエラ科	1622₁₂
Ulemica	1573₂₀
Ulemosaurus	1573₁₅
Uleodothis	1610₁₂
Uleomyces	1608₆₁
Uliginosibacterium	1547₂₃
Ulkenia	1653₂₃

Ullmannia 1644₄₆
Ulmaceae ニレ科 1649₃
Ulmus 1649₃
Ulnaria 1655₁₆
Ulocladium 1609₅₆
Ulospora 1609₅₉
Ulothrix 1634₂₉
Ulotrichales ヒビミドロ目 1634₂₄
ultimate factor 究極要因 309d
ultimobranchial body 後鰓体 443b
———— gland 鰓後腺 245d
ultracentrifuge 超遠心機 919a
ultradian rhythm ウルトラディアンリズム 776g
ultrafiltration 限外濾過 416d
ultra-high voltage electron microscope 超高圧電子顕微鏡 921a
ultramafic ウルトラマフィク 618c
ultramicrobacteria 微小細菌 1142g
ultramicroscope 限外顕微鏡 48d
ultramicrotome ウルトラミクロトーム 112f
ultraplankton 極微プランクトン 1220e
ultra-thin section 超薄切片 925e
ultraviolet microscope 紫外線顕微鏡 558h
———— radiation 紫外線 558g
Ulva 1634₃₃
Ulvales アオサ目 1634₃₀
Ulvaria 1634₃₂
Ulvella 1634₃₄
Ulvibacter 1539₅₂
Ulvophyceae アオサ藻綱 1634₂₀
umami うま味 110h
umbel 散形花序 549e
Umbelliferae セリ科 1652₄₈
Umbellosphaera 1666₂₆
Umbellula 1557₃₅
Umbelopsidaceae ウンベロプシス科 1604₅
Umbelopsis 1604₅
Umbildung 転成 390g
umbilical cord 臍帯 516d
———— fistula 臍瘻 661a
———— pad 臍盤 1199e
———— stalk 臍柄 1200c
———— vein 臍静脈 666f
———— vesicle 臍嚢, 臍小胞 1442e
Umbilicaria 1612₄
Umbilicariaceae イワタケ科 1612₂
Umbilicariales イワタケ目 1611₅₃
Umbilicosphaera 1666₂₆
umbilicus 臍孔 1199e
umbo 殻頂 206g
Umboniibacter 1548₂₇
Umbra 1566₁₂
Umbraculida ヒトエガイ亜目 1584₈
Umbraculum 1584₉
Umbraulva 1634₃₄
Umbravirus ウンブラウイルス属 1523₂₆
umbrella 傘 214b
———— margin 傘縁 214b
Umezakia 1541₄₅
Umezawaea 1537₅₅
Umgebung 生物的環境 761i
Umkomasia 1644₂₀
UMP ウリジル酸 112b
Umwelt 環世界, 環境世界 1415f
unarmed chitinous plate 牙 207h
unarmored dinoflagellates 無殻渦鞭毛藻 108g
unavailable name 不適格名 959e
unbalanced growth 不均衡の成長 1193h
unbranched gland 不分枝腺 870a
Uncaria 1651₄₁
Uncina 1597₄₁
Uncinidea 1597₄₁
Uncinocarpus 1611₂₂
uncoating 脱殻(ウイルスの) 873h
Uncol 1620₄₆

Uncolaceae ウンコル科 1620₄₆
uncompetitive inhibition 不競争的阻害 320f, 455a
unconditioned reflex 無条件反射 657f
———— response 無条件反応 485d
———— stimulus 無条件刺激 657f
unconscious selection 無意識的淘汰 687g
uncoupler 脱共役剤 874c
uncoupling agent 脱共役剤 874c
———— protein ミトコンドリア脱共役蛋白質 1361b
Undaria 1657₂₆
undecaprenol ウンデカプレノール 1094b
undefined 個体群モニタリング 1398h
Undella 1658₂₆
undercrowding 過疎 517e
———— effect 過疎効果 490a
underdominance 低優性 927c
underleaf 腹葉 1200g
underpopulation 過疎 517e
Underwoodia 1615₅₂
undescended testis 潜伏睾丸, 潜伏精巣 760f
Undibacterium 1546₆₀
undifferentiated carcinoma 未分化癌 262d, 447f
undirected graph 無向グラフ 678j
undulating membrane 波うち膜, 波動膜 430g, **1026**g, 1109c
uneconomic species 有害種 814f
unequal bivalent chromosome 不等二価染色体 **1209**a
———— cell division 不等分裂 1149e
———— cleavage 不等割 801c
———— coeloblastula 不等葉有腔胞胚 1407j
———— conjoined twins 不等結合双生児 925i
———— crossing-over 不等乗換え, 不等交叉 442j, **1208**e
unfaunated animal 無寄生虫動物 290c
unfertilized egg 未受精卵 638a
UNGER, Franz ウンガー 114c
ungestielte Hydatide 無柄水胞体 726f
Unguiculariopsis 1614₅₃
Unguiphora 担爪類 1577₃₁
unguis 平爪, 扁爪, 爪 **936**i
unguitractor 動爪盤 818c
ungula 蹄 936i
Ungulata 有蹄類 1412e
ungulates 有蹄類 1412e
UNI 1461c
unicellular gland 単細胞腺 884a
unicellularity 単細胞体制 870g
unicellular organism 単細胞生物 883c
unidentified reading frame 169b
unifaciality 単面性 896h
unifacial leaf 単面葉 896h
———— petiole 単面葉柄 1426f
UNIFOLIATA 1461c
unifoliolate compound leaf 単身複葉 1200h
uniform distribution 一様分布 1252a, 1252d
uniformitarianism 斉一説 744e
unijugate system 単系 618l
unilacular 単隙性 1421e
unilamellar liposome ユニラメラリポソーム 1464d
unilateral special neglect 半側空間無視 **1123**c
unilinear inheritance 線型遺伝 1209h
unilocular 1室, 単室性 591b, 680a
———— reproductive organ 単室生殖器官 886b
———— sporangium 単子嚢 886b
———— zoidangium 単子嚢 886b
uninomen 一語名, 単名, 単名式名 210b, 1033c
uninominal name 一語名, 単名, 単名式名 210b, 1033c
Unio 1582₁₃
Unionicola 1590₃₅
Unionida イシガイ目 1582₁₃
uniparental organism 単親発生生物 644g
unipolar ingression 単極移入 86d
———— mirabile net 単極奇網 301b
———— nerve cell 単極神経細胞 696b
unipotent 分化単能 1243d
UniProt 955h

unique sequence　ユニーク配列　1126j
Uniramia　単肢動物, 単肢類　885f, 889c
uniramous　単枝型　88h
Uniseta　1618₄₇
unisexual flower　単性花　889h
―― reproduction　単性生殖　1470c
unispore　生殖細胞　886b
unit cell　単位格子　880l
―― character　単位形質　880j
―― group　単位集団　615c, 880m
―― leaf ratio　純同化率　652d
―― membrane　単位膜　532e
―― of enzyme　酵素の単位　456b
―― of selection　淘汰の単位　989a
―― process　単位過程　583d
unitunicate　一重壁　603e
unity of type　型の一致　225h
univalent chromosome　一価染色体　74g
universal constraints　普遍的制約　1107a
―― symmetry　普遍相称　1408e
―― veil　外皮膜　186h
univoltine　一化性　221f
unizoid　生殖細胞　886b
unknotting　942e
unlimited growth　無限成長　765f
unpaired appendage　無対肢　180g
―― fin　不対鰭　765b
―― ventral nerve　無対性腹側神経　434b
unsaturated iron binding capacity　不飽和鉄結合能　1011b
unscheduled DNA synthesis　不定期 DNA 合成　628h
unselected marker　非選択遺伝子　813d, 1148b
unstable equilibrium　不安定平衡　1259c
―― T　1325i
untere Rippe　下肋　1502c
Untergrund　基層　588f
Unterordnung　劣位　650b
unweighted pair-group method with arithmetic mean　1418b
uORF　上流オープンリーディングフレーム　1415e
uPA　ウロキナーゼ, 尿アクチベーター　1217h
Upeneus　1566₅₈
UPGMA　1418b
upland meadow　山地草原　553a
Upogebia　1597₅₅
Upper cave humans　山頂洞人　553c
upper jaw　上顎　8h
―― lip　上唇　659i
―― montane zone　上部山地帯　9a, 724f
―― palaeolithic people　後期旧石器時代人　376d
―― respiratory tract　上気道　294d
up regulation　アップレギュレーション　866g
upright cell　直立細胞　1299c
upstream activating sequence　上流転写活性化配列　668d
―― open reading frame　上流オープンリーディングフレーム　1415e
―― repressible sequence　上流転写抑制配列　668d
Upupa　1572₃₀
Upupae　ヤツガシラ亜目　1572₃₀
UQ　ユビキノン　1418a
uracil　ウラシル　150e
uracil-uracil dimer　ウラシル-ウラシル二量体　1172a
Uractinida　ウラステレラ目　1560₃₃
uraecium　夏胞子堆型さび胞子堆　542c
uraemia　尿素血　1046g
Uraeotyphlus　1567₃₆
Uranoscopus　1566₅₉
Uraraneida　クモガタムシ亜目　1592₉
Urasterella　1560₃₄
urate oxidase　尿酸酸化酵素　1046c
urban ecology　都市生態学　1003a
Urblatt　原葉　427g
Urceolaria　1615₅₂, 1660₅₀
Urceolella　1615₃
Urceolus　1631₁₉
Urceomyces　1602₄₄

Urdarmtasche　腸体腔嚢　924a
urea　尿素　1046d
―― cycle　尿素回路　1046e
Ureaplasma　1550₃₉
urease　ウレアーゼ　112g
Urechinus　1562₂₀
Urechis　1586₄
Uredendo　1620₂₅
Uredinella　1620₅₂
urediniospore　夏胞子　542a, 1025h
uredinium　夏胞子器, 夏胞子堆　1025h
Uredinophila　1610₈
Uredinopsis　1620₃₇
Uredopeltis　1620₂₆
uredospore　夏胞子　1025h
Uredostilbe　1620₂₆
Ureibacillus　1542₄₂
ureide plant　ウレイド植物　112h
ureogenesis　尿素形成　1046f
ureosmotic animal　尿素浸透性動物　1046h
ureotelic animal　尿素排出動物　1046f
ureotelism　尿素排出　1046f
ureter　輸尿管　1417e
ureteric bud　尿管芽　449b, 1417e
urethane　ウレタン　1102b
urethra　尿道　1047a
urethral glands　尿道腺　1047c
Urey-Miller's experiment　ユーリー-ミラーの実験　1365f
URF　169b
Urgorri　1666₉
Uria　1571₆₀
uric acid　尿酸　1046a
uricase　ウリカーゼ　1046c
uricogenesis　尿酸形成　1046b
uricotelic animal　尿酸排出動物　1046b
uricotelism　尿酸排出　1046b
uridine　ウリジン　112c
―― diphosphate *N*-acetylglucosamine　ウリジン二リン酸-*N*-アセチルグルコサミン　992f[表]
―― diphosphate galactose　ウリジン二リン酸ガラクトース　992f[表]
―― diphosphate glucose　ウリジン二リン酸グルコース　992f[表]
―― diphosphate glucose 4-epimerase　ウリジン二リン酸グルコース-4-エピ化酵素　112e
―― diphosphate glucuronic acid　ウリジン二リン酸グルクロン酸　992f[表]
―― monophosphate　ウリジン一リン酸　112b
―― nucleosidase　ウリジンヌクレオシダーゼ　1049b
―― triphosphate　ウリジン三リン酸　112d
uridylate　ウリジレート　112b
uridylic acid　ウリジル酸　112b
urinary bladder　膀胱　1293f
―― organ　泌尿器　1158d
urine　尿　1045e
uriniferous tubule　尿細管, 細尿管　1058g
urinogenital duct　輸尿精管　1417f
urinoseminal duct　輸尿精管　1417f
Urinympha　1630₂₁
Urmesodermzelle　原中層細胞　917a
Urnaloricus　1587₄₂
Urnatella　1579₁₈
Urnula　1616₃₁
L-urobilin　L-ウロビリン　732f
urobilin　ウロビリン　113d
L-urobilinogen　L-ウロビリノゲン　732f
urobilinogen　ウロビリノゲン　113d
urocanic acid　ウロカニン酸　113a
Urocentrida　ウロセントルム目　1660₂₄
Urocentrum　1660₂₄
Urochorda　尾索動物, 尾索動物亜門　1140g, 1563₁₀
urochordates　尾索動物　1140g
Urochordeuma　1593₅₀
urochrome　ウロクロム　113b
urochromogen　ウロクロモゲン　113b

urocoel　腎腔　712c, 1321b
Urocordylus　1567₂₈
Uroctea　1592₂₈
Urocystidaceae　ウロキスティス科　1621₅₃
Urocystidales　ウロキスティス目　1621₄₇
Urocystis　1621₅₄
urocystis　膀胱　**1293**f
urodaeum　尿生殖道　1250d
urogenital canal　輸尿精管　**1417**f
　—— duct　泌尿生殖輸管　1047a
　—— fold　泌尿生殖褶　**1158**f
　—— membrane　泌尿生殖膜　1080f
　—— orifice　泌尿生殖口　1159a
　—— plate　泌尿生殖板　1080f
　—— ridge　尿生殖隆起　1158f
　—— sinus　泌尿生殖洞　**1159**a
　—— system　泌尿生殖系　**1158**e
Uroglena　1656₂₅
Uroglenopsis　1656₂₆
urokinase　ウロキナーゼ, 尿アクチベーター　1217h
Uroleptoides　1658₃₀
Uroleptopsis　1658₃₆
Uroleptus　1658₃₆
Uromyces　1620₃₄
Uromycladium　1620₃₀
Uronema　1635₂₃, 1660₂₉
uronic acid　ウロン酸　**113**f
　—— acid-containing glycolipid　ウロン酸含有糖脂質　114₁
uronide　ウロニド　113f
Uronychia　1658₂₀
Uroobovella　1590₁
Uropeltis　1569₈
urophysis　尾部下垂体　1063h
Uropoda　1590₂
Uropodella　1589₄₉
Uropodina　イトダニ下目　1590₁
uropolar cell　尾екが細胞　325f
uroporphyrin　ウロポルフィリン　**113**e
uroporphyrinogen III synthase　ウロポルフィリノゲンIII生成酵素　1328d
Uropsilus　1575₁₁
Uropygi　サソリモドキ目　1591₅₉
uropygial gland　尾腺　**1147**i
Uropyxidaceae　ウロピクシス科　1620₄₇
Uropyxis　1620₄₉
urorectal septum　尿直腸中隔, 尿直腸隔壁　122j, 1159a
Uroseius　1590₂
Urosolenia　1654₄₇
Urosoma　1658₃₄
Urospora　1634₂₉, 1661₂₄
Urosporidium　1664₃₄
Urostrongylum　1658₃₁
Urostyla　1658₃₆
Urostylida　ウロスティラ目　1658₃₅
urotensin　ウロテンシン　1160f
Urotricha　1660₁₆
Urotrichus　1575₁₁
Urozona　1660₃₀
URS　上流転写抑制配列　668d
Ursicollum　1618₄₁
Ursus　1575₅₄
Urtica　1649₉
Urticaceae　イラクサ科　1649₈
urticating bristle　毒刺　614b
　—— hair　毒刺　614b
Uruburuella　1547₁₂
Usconophrya　1660₄₈
use and disuse　用不用　**1426**e
Uskiella　1641₄₅
Usnea　1612₅₂
usnic acid　ウスニン酸　**108**f
Ustacystis　1621₅₄
Ustanciosporium　1622₇
Ustilaginaceae　クロボキン科　1622₁₃

Ustilaginales　クロボキン目　1622₂
Ustilaginomycetes　クロボキン綱　1621₄₅
Ustilaginomycetidae　クロボキン亜綱　1622₁
Ustilago　1622₁₆
Ustilentyloma　1621₂₃
Ustilentylomataceae　ウスティレンティロマ科　1621₂₃
ustilospore　クロボ胞子　**375**b
Utatsusaurus　歌津魚竜, ウタツサウルス　330b, 1568₂₈
Ute　1554₁₉
uterine cancer　子宮癌　**565**b
　—— cervical cancer　子宮頸癌　565b
　—— corpus cancer　子宮体癌　565b
　—— endometrium　子宮内膜　**565**h
Uteronympha　1630₂₅
uterus　子宮　**564**k
　—— bicornis　双角子宮　564k
　—— bipartitus　中隔子宮　564k
　—— duplex　重複子宮　564k
　—— masculinus　雄性子宮　**1410**c
　—— simplex　単一子宮　564k
Utharomyces　1603₄₇
utilization time　利用時　590b
UTP　ウリジン三リン酸　112d
utricle　卵形嚢, 嚢状花被, 小嚢, 果嚢, 果壺, 果胞, 胞嚢　309g, 806a, 867g
Utricularia　1652₁₈
utriculus　通嚢　309g
　—— prostaticus　前立腺小室　1410c
UV　558g
UVA　紫外線A　558g
Uvarov, Boris Petrovich　ウヴァロフ　**105**a
UVB　紫外線B　558g
UVC　紫外線C　558g
Uvigerina　1664₄
UV reactivation　紫外線回復　1506b
uzi disease　蛆病　553j

V

V　バナジウム　1110a
V1　一次視覚野　72a
Vaalogonopus　1594₁₈
vaccenic acid　バクセン酸　**1093**a
vaccina generalisata　全身性痘疱　1508b
vaccine　ワクチン　**1508**c
Vaccinia virus　ワクチニアウイルス, 種痘ウイルス　1517₄
vaccinia virus　ワクチニアウイルス　**1508**b
Vaccinium　1651₃₂
Vaceletia　1554₅₁
Vachonisia　1594₃₁
Vachonium　1591₃₄
Vachonus　1591₅₂
Vacuolaria　1656₃₉
vacuolating agent　129b
vacuolation　液胞化　125e
vacuole　液胞　**125**f
vacuolization　液胞化　125e
vacuum activity　真空活動, 真空行動　769c
Vaejovis　1591₅₂
vagina　膣, 腟　**906**a
vaginal smear test　腟スミアテスト　**906**b
　—— vestibule　腟前庭　**906**c
vagina masculina　雄性腟　1410c
Vaginicola　1660₄₈
vaginula　鞘　**544**e
vaginulae　鞘　**544**e
Vaginulina　1664₂
Vagococcus　1543₁₁
vagrant　迷鳥　**1374**e
vagus nerve　迷走神経　507j
vagus-substance　迷走神経物質　**1374**g
Vahlkampfia　1631₇
Vairimorpha　1602₁₁

Val バリン **1116**b	varietas 変種 **1285**k
Valdensia 1615₁₅	variety 品種, 変種 **1178**a, **1285**k
Valdensinia 1615₁₅	── accession 系統 **392**c
Valeriana 1652₄₂	Variola virus 痘瘡ウイルス **988**a
valerianic acid 吉草酸 **293**c	*Variovorax* 1546₅₆
valeric acid 吉草酸 **293**c	VARMUS, Harold Eliot ヴァーマス **101**c
Valetoniella 1617₄₂	*Varroa* 1590₁₄
valid name 有効名 **1408**a	Vasa 571e
valine バリン **1116**b	vasa aberrantia 迷走管 837b
Vallisneria 1646₅	── sanguinis 血管 **399**d
VALLOIS, Henri Victor ヴァロア **101**d	vascular bundle 維管束 **59**f
Vallonia 1584₂₉	── bundle sheath 維管束鞘 **59**i
Valonia 1634₄₃	── cambium 維管束形成層 389a
Valoniopsis 1634₄₃	── endothelial cell 血管内皮細胞 **400**h
Valsa 1618₅₆	── endothelial growth factor 血管内皮細胞増殖因子 **401**f
Valsaceae バルサ科 1618₅₆	── nerve 血管神経 **400**a
Valsella 1618₅₆	── permeability factor 血管透過性因子 401a
valvae 把握弁 831a	── plants 維管束植物 **59**j
Valvata 1583₅₆	── system 維管束系, 脈管系 **59**h, 651b
Valvatida アカヒトデ目 1560₅₁	── transition 維管束遷移 386g
valve 蓋殻 1132f	vasculogenesis 脈管新生 **1363**b
── face 殻面 1132f	vas deferens 輸精管 **1416**e
── of vein 静脈弁 666f	*Vasichona* 1659₃₄
valvifer 基板 92i	*Vasicola* 1660₁₄
Valvifera ヘラムシ亜目 1597₃	*Vasilyevaea* 1545₂₅
valvula 92i	vasoactive intestinal peptide 血管作用性小腸ペプチド **400**f
Valvulina 1663₄₉	── intestinal polypeptide 698b
Valvurineria 1664₁₃	vasoconstriction 血管収縮 **400**a
Vampirovibrio 1547₂₈	vasoconstrictor center 血管収縮中枢 **400**b
Vampyrella 1664₄₁	── nerve 血管収縮神経 **400**a
Vampyromorpha コウモリダコ目 1583₂₃	vasodentin 脈管象牙質 1069b
Vampyroteuthis 1583₂₃	vasodilation 血管拡張 **400**a
VA mycorrhiza VA 菌根, アーバスキュラー菌根 333i	vasodilator center 血管拡張中枢 **400**b
vanadium バナジウム **1110**a	── nerve 血管拡張神経 **400**a
── chromogen バナジウム色素原 **1110**c	vasomotor 血管運動神経 **400**a
vanadochrome バナドクロム 1110c	── area 血管運動領野 400a
vanadocyte バナジウム細胞 **1110**b	── center 血管運動中枢 **400**b
Vanda 1646₄₈	── nerve 血管運動神経 **400**a
Vandenbochia 1642₄₇	── reflex 血管運動反射 **400**a
van der Waals force ファンデルワールス力 **1181**c	vasopressin バソプレシン **1098**f
── der Waals radius ファンデルワールス半径 1181c	vasopressor activity 血圧上昇作用 **395**b
Vanderwaltozyma 1606₁₇	*Vasticardium* 1582₂₁
Vandiemeniaceae スジゴケモドキ科 1637₃₈	Vater-Pacini corpuscle ファーター-パチーニ小体 1099c
vane 翈, 羽弁, 羽板 111g	*Vaucheria* 1657₇
VANE, John Robert ヴェイン **105**b	Vaucheriales フシナシミドロ目 1657₇
Vanellus 1571₅₆	Vaucheriophyta ボーケリア植物門 162b
Vanessa 1601₄₃	*Vauchomia* 1660₅₀
Vanilla 1646₄₉	VAVILOV, Nikolai Ivanovich ヴァヴィロフ **101**b
Vankya 1621₅₄	*Vavraia* 1602₁₂
Vannella 1627₃₆	VCAM-1 1387a
Vannellida ヴァンネラ目 1628₃₆	*V. cholerae* コレラ菌 1549₆₂
VAN STEENIS, Cornelis Gijsbert Gerrit Jan ファン=ステーニ **1181**d	VD 性病 770c
van't Hoff's coefficient ファントホッフの係数 990e	VDAC 1327a
── Hoff equation ファントホッフの式 457a	vector ベクター, 媒介動物 267f, **1264**h
vapor pressure difference 飽差 283b	vegetable ball 植物球 **674**f
Varanodon 1573₉	vegetables 野菜 151f
Varanosaurus 1573₉	vegetalization 植物極化 **674**h
Varanus 1568₅₁	vegetal organ 植物性器官 676h
Vararia 1625₁₀	── pole 植物極 **674**g
Vargula 1596₁₀	vegetation 植生 **671**c
variable number of tandem repeat 1207b	vegetational continuum 植生連続説 **672**a
variance 分散 1245d	vegetation cover 植被率 1154d
variant-specific glycoprotein 可変性特異的糖蛋白質 1311g	── ecology 群落生態学 382a
variate 変量 1252a	── geography 植生地理学 773k
variation 変異 **1283**e	── map 植生図 **671**d
Varibaculum 1536₂₅	── science 植物群落学, 植生学 382a, 676g
Varicellaria 1614₂₃	── zone 植生帯 **671**e
varicella virus 水痘ウイルス 725d	vegetative cell 栄養細胞 **121**h
varicella-zoster virus 水痘-帯状疱疹ウイルス **725**d	── cone 成長円錐 **766**d, 767g
Varicellovirus ワリセロウイルス属 1514₅₃	── function 植物性機能 **676**h
Varicosavirus バリコサウイルス属 1520₄₇	── growth 栄養成長 197a
Varicosporina 1617₅₅	── hemisphere 植物半球 674g
variegation 斑入り **1185**f	── hybrid 栄養雑種 **121**i
	── nervous system 植物性神経系 685a

―― nucleus 栄養核 **120**e
―― organ 栄養器官,植物性器官 **122**a, 280a
―― period 生育期 **744**d
―― phage 増殖型ファージ **826**f
―― pole 植物極 **674**g
―― propagation 栄養繁殖 **122**f
―― reproduction 栄養繁殖 **122**f
―― shoot apex 栄養期シュート頂 **120**g
―― shoot tip 栄養期シュート頂 **120**g
―― spore 栄養胞子 1295e
―― tissue 栄養組織 **122**a
―― wasp 冬虫夏草 **989**e
VEGF 血管内皮細胞増殖因子 401a
Vegitabile 植物界 177c
Veigaia 1590₁₄
veiled cell ベール細胞 635f
Veillonella 1544₂₄
Veillonellaceae ヴェイロネラ科 1544₂₀
vein 翅脈,葉脈,静脈 613b, **666**f, 1427d
―― ending 脈端 1427d
veinlet 細脈 1427d
velamen 根被 **506**b
Velamen 1558₁₇
velarium 擬縁膜 1095e
velar organ 縁弁器官 **157**i
―― statocyst 縁膜胞 **1205**b
―― tentacle 内鬚 346e
Velatida ニチリンヒトデ目 1560₄₃
Velella 1555₃₇
Veleropilina 1581₃₂
veliconch 847c
veliger ヴェリジャー,被面子幼生 **106**b
Velociraptor 1570₁₅
velum ヴェーラム,縁膜,面盤 106b, 346e
―― palatinum 口蓋帆 431c
Veluticeps 1623₅₇
Velutina 1583₄₄
velvet worms 有爪動物 **1412**c
Vema 1581₃₂
vena 静脈 **666**f
―― anonyma 無名静脈 537h
―― axillaris 腋窩静脈 537h
―― azygos 奇静脈 **287**h
―― brachialis 上腕静脈 537h
―― brachiocephalica 腕頭静脈 537h
―― cardinalis 主静脈 **636**d
―― caudalis 尾静脈 **1143**h
―― cava 大静脈 **854**c
―― cava anterior 前大静脈 854c
―― cava posterior 後大静脈 854c
―― communis 総頸静脈 636d
―― coronaria 冠静脈 **264**g
venae fibulares 腓骨静脈 921e
―― popliteae 膝窩静脈 921e
―― tibiales anteriores 前脛骨静脈 921e
―― tibiales posteriores 後脛骨静脈 921e
vena externa 外頸静脈 636d
―― femoralis 大腿静脈 921e
―― hemiazygos 半奇静脈 287h
―― hepatica 肝静脈 **264**f
―― iliaca 腸骨静脈 **921**e
―― juglaris interna 内頸静脈 636d
―― jugularis 頸静脈 636d
―― lateralis 側静脈 836e
―― portae 門脈 **1401**j
―― pulmonalis 肺静脈 1079f
―― subclavia 鎖骨下静脈 537h
venation 翅脈相,脈系 **613**c, 1363c
vena vitellina 卵黄静脈 1441f
Venenivibrio 1538₄₅
venereal disease 性病 **770**c
Venerida マルスダレガイ目 1582₁₉
venous duct 静脈管 **667**a
―― sinus 静脈洞 **667**b
venter 腹 1088e, **1114**a

ventilation frequency 呼吸数 254g
ventilatory function 換気機能 470a
ventral aorta 腹側大動脈 858f
―― cephalic fold 脳底褶 1066b
―― cirri 腹棘毛 328c
―― cord 腹索 625e
―― gland 腹腺,腹面腺 803d, 997b
―― head gland 頭部腹面腺 **997**b
―― horn 腹角 783d
ventral-horn cell 脊髄前角細胞 116c
ventralization 腹側化 781e
ventral light reaction 光腹反応 462i
―― lobe of hypophysis 下垂体腹葉 **218**a
―― nerve chain 腹神経節連鎖 1196h
―― nerve cord 腹神経索 **1196**b
―― pallium 腹側外套 184a
―― pedal gland 腹足腺 837c
―― posterior gland 837b
―― process 腹突起 1410e
―― rib 腹肋 1502b
―― root 腹根 783e
―― side 腹 **1114**b
―― sinus 腹血洞 682d
―― sucker 腹吸盤 313d
―― suture 腹縫線 976d
―― thalamus 視床前域 699f
―― tube 腹管 **1193**k
Ventrata ヴェントラータ下門 1659₂₃
Ventricaria 1634₄₃
ventricle 心室 705g
Ventricleftida ヴェントリクレフティダ目 1665₂₁
ventricle of Morgagni モルガーニ洞 761f
ventricular ejection 心室駆出期 623b
―― fibrillation 心室細動 706c
―― filling 心室充満期 623b
ventriculi laterales 側脳室 860c
ventriculus 胃 **53**a
―― cerebri 脳室 **1063**g
―― cordis 705g
Ventrifissura 1665₂₁
ventrobronchus 腹気管支 1076i
Venturia 1610₁₂
Venturiaceae ベンツリア科 1610₉
Venus 1582₂₂
Venyukovia 1573₂₀
Venyukoviamorpha ヴェニュコヴィア亜目 1573₁₉
Veramycina 1617₁
veratridine ベラトリジン 1278h
veratrine ベラトリン **1278**h
Veratrum 1646₃₀
Verbeekiella 1556₄₂
Verbena 1652₂₂
Verbenaceae クマツヅラ科 1652₂₂
Verdigellas 1634₇
verdoperoxidase ベルドペルオキシダーゼ 1349e
vergence 輻輳運動,離反運動 323c
―― eye movement 輻輳開散運動 255e
Verhaltensweise 行動様式 460g
Verhoeffia 1593₅₃
Verhulst-Pearl coefficient フェルフルストーパール係数 1501d
Verleiten はぐらかし行動 287f
Vermamoeba 1628₃₂
Vermes 蠕形動物 803e
Vermetus 1583₄₅
Vermiculariopsiella 1619₁₀
vermicule オーキネート 1546b
vermiform appendix 虫垂 **913**f
―― larva 蠕虫型幼生 **815**d
Vermilingua アリクイ亜目 1574₅₅
Verminephrobacter 1546₅₆
vermis 虫部 662d
Vermistella 1628₁₀
vermix 虫垂 **913**f
vernacular name 俗称,通俗名 210b

vernalization 春化処理 **650**e
vernation 芽内形態 **232**h
vernix caseosa 胎脂 **851**e
Veronaeopsis 1610₁₂
Verongida ベロンギア目 1554₅₃
Veronica 1652₅
Verosphacela 1657₁₉
verotoxin ベロトキシン 858b
Verpa 1616₁₁
Verruca 1595₅₁
verruca peruana ペルーいぼ，ペルー疣状疹 1117b
Verrucaria 1610₄₃
Verrucariaceae アナイボゴケ科 1610₄₁
Verrucariales アナイボゴケ目 1610₃₈
Verrucomicrobia ヴェルコミクロビア門 1551₄
Verrucomicrobiaceae ヴェルコミクロビア科 1551₈
Verrucomicrobiae ヴェルコミクロビア綱 1551₅
Verrucomicrobiales ヴェルコミクロビア目 1551₆
Verrucomicrobium 1551₉
Verrucomonas 1665₂₁
Verrucomorpha ハナカゴ亜目 1595₅₁
Verrucosispora 1537₄₃
Verruculina 1609₆₀
versatile 丁字着 1409e
versican バーシカン 1235c
version 共役運動 **323**c
Verson's cell ヴェルソン細胞 121h
vertebrae 椎骨, 脊椎 **784**d
vertebral arch 椎弓 **784**d
—— body 椎体, 椎心 **784**d
—— canal 脊椎管 **784**d
—— column 脊柱 **784**d
Vertebraria 1644₁₆
Vertebrata 脊椎動物, 脊椎動物亜門 **785**a, 1563₃₄
vertebrate paleozoology 古脊椎動物学 476e
vertebrates 脊椎動物 **785**a
vertex 頭頂 **989**f
vertical distribution 垂直分布 **724**f
—— infection 垂直感染 **724**d
—— migration 垂直移動, 鉛直移動 85a
—— stratification 垂直的成層構造 **724**e
Verticicladium 1616₃
verticillaster 輪散花序 622b
verticillate phyllotaxis 輪生 **1475**e
Verticillium 1616₅₃
Verticordia 1582₂₇
Vertigo 1584₂₉
Vervollkommnungsprinzip 完成化の原理 950f
VERWORN, Max フェルヴォルン **1188**j
very early gene 前前期遺伝子 669a
—— high density lipoprotein 超高密度リポ蛋白質 1465c
—— low density lipoprotein 超低密度リポ蛋白質 1465c
VESALIUS, Andreas ヴェサリウス **105**c
vesica fellea 胆嚢 **892**e
—— urinaria 膀胱 **1293**f
Vesicladiella 1617₁₂
vesicle 小胞, 球嚢 **664**g, 1444c
—— SNARE receptor v-SNARE, 小胞SNAP受容体 737b
vesicotubular structure 小胞管状構造 665b
vesicula germinativa 卵核胞, 胚胞 **1443**b
vesicular-arbuscule mycorrhiza VA菌根, アーバスキュラー菌根 333i
vesicular ATPase V型ATPアーゼ **135**f
Vesicular exanthema of swine virus ブタ水疱疹ウイルス 1522₁₉
vesicular follicle 胞状卵胞, 胞状濾胞 355j
—— mole 胞状奇胎 **1301**b
—— stomatitis virus 水疱性口内炎ウイルス 648a, **726**e
Vesicular stomatitis Indiana virus 水疱性口内炎ウイルスインディアナ株 1520₂₃
vesicular supporting tissue 胞状支持組織 1028c
—— transport 小胞輸送 **666**c
vesicula seminalis 精嚢, 貯精嚢 769e, **929**a
vesiculation 小胞化 1336c

vesicula umbilicalis 臍嚢, 臍小胞 1442e
vesicule 嚢状体 333i
Vesiculovirus ベシクロウイルス属 1437i, 1520₂₃
Vesivirus ベシウイルス属 1522₁₉
Vespa 1601₅₀
Vespertilio 1575₁₇
vessel 導管, 道管 **977**k
—— element 道管要素 **977**k
vesselform sieve tube 道管状篩管 560e
—— tracheid 道管状仮道管 232b
vesselless plant 無道管植物 1141f
vessel member 道管要素 **977**k
Vestergrenia 1608₄₈
Vestergrenopsis 1613₂₇
vestibular gland 前庭腺 **815**i
—— membrane 前庭膜 198e
—— movement 前庭性運動 323c
—— organ 前庭器, 前庭器官 1375e
vestibule 前庭 346e, **815**h
Vestibuliferida 有口庭目 1659₁₀
vestibulo-ocular reflex 前庭動眼反射 255e
vestibulum 前庭 63e, 346e, **815**h
—— labyrinthi 迷路前庭 **1375**e
—— oris 口腔前庭 348b
—— vaginae 膣前庭 **906**c
vestigial organ 痕跡器官 **502**f
Vestimentifera ハオリムシ動物門 1585₇
Vestrogothia 1594₂₀
Vetaformataceae ムカシウロコゴケ科 1638₄
Vetericaris 1597₄₂
Vetigastropoda 古腹足目 1583₂₈
Vetulicola 1558₄₀
Vexillifera 1628₃₅
vexillum 旗弁 920h
Vezdaea 1613₆
Vezdaeaceae ベズダエア科 1613₆
VHDL 超高密度リポ蛋白質 1465c
viability 生存率 959a
Vialaea 1618₁₇
Vi antigen Vi抗原 **101**e
Vibilia 1597₁₇
vibraculum 振鞭体 473c
vibratile movement 顫動運動 **816**c
vibrational sound 振動音 1100g
Vibrio ヴィブリオ **102**b, 1549₆₁
—— *cholerae* コレラ菌 **497**g
Vibrionaceae ヴィブリオ科 1549₆₀
Vibrionales ヴィブリオ目 1549₅₉
Vibrio parahaemolyticus 腸炎ヴィブリオ **918**f
vibrios ヴィブリオ **102**b
vibrissa ひげ, 震毛 407d
vibrissae 血洞毛, 頬ヒゲ 1118d
Vibrissea 1615₁₆
Vibrisseaceae ピンタケ科 1615₁₆
Viburnum 1652₄₀
vicariance biogeography 分断生物地理学 491a, 773k
—— event 分断現象 372g, 899c, 1245b
vicariants 地理的代置群 **930**g
vicars 地理的代置群 **930**g
Vicia 1648₅₄
—— *faba endornavirus* 1519₁₆
vicilin ビシリン 634c
vicious circle 悪循環 1183c
Victivallaceae ヴィクティヴァリス科 1544₄₃
Victivallales ヴィクティヴァリス目 1544₄₂
Victivallis 1544₄₃
Victoria 1645₂₃
Victorivirus ビクトリウイルス属 1519₅₂
Vidua 1573₂
Viennotia 1654₁₄
vigilance 909f
Vigna 1648₅₄
vigor 活力 231d
VIGS **101**K
Viliyams, Vasilii Robertovich **102**e

Villebrunaster 1560₂₉
villin　ビリン　**7**c
villus　絨毛　**629**h
vimentin　ビメンチン　**1162**j
vinblastine　ビンブラスチン　1177c, 1177g
vinca alkaloid　ビンカアルカロイド　**1177**c
Vinca rosea　ツルニチニチソウ　1177g
Vincent curve　ヴィンセント曲線　204c
vincristine　ビンクリスチン　**1177**g
Vinctifer 1565₄₁
vinculin　ビンキュリン　**1177**e
vine　草本性つる植物　937c
Viola 1649₅₁
Violaceae　スミレ科　1649₅₁
VIP　血管作用性小腸ペプチド　400f, 698b
Vipera 1569₈
viral interference　ウイルス干渉　262g
——— membrane　ウイルス膜　157h
——— particle　ウイルス粒子　**103**d
——— protein genome-linked　102a
——— receptor　ウイルス受容体　**102**i
——— tropism　ウイルス親和性　**102**j
——— vector　ウイルスベクター　**103**c
Virchow, Rudolf　フィルヒョー　**1186**a
Virgaria 1619₄₁
Virgaviridae　ビルガウイルス科　1523₁₁
Virgibacillus 1542₃₅
virgin forest　原始林, 原生林　422c, 972f
Virgisporangium 1537₄₄
Virgularia 1557₃₇
Virgulinella 1664₁₃
Viridibacillus 1542₃₅
Viridiella 1635₁₇
Viridilobus 1656₃₉
Viridiplantae　緑色植物亜界　1633₅₅
Viridispora 1617₃₉
Viridivelleraceae　エツキカゲロウゴケ科　1639₄₅
virion　ウイルス粒子　**103**d
viroid　ウイロイド　**104**e
virology　ウイルス学　102h
virophage　ヴィロファージ　1362g
Virtanen, Artturi Ilmari　ヴィルタネン　**104**b
virulence　ビルレンス　**1166**i
virulent mutant　ヴィルレント突然変異株　104d
——— phage　ヴィルレントファージ, 毒性ファージ　**104**d
virus　ウイルス　**102**h
virus-induced gene silencing　101K
virus resistance gene　ウイルス抵抗性遺伝子　**102**k
——— transmission　ウイルス伝播　**103**a
——— vector　ウイルスベクター　1264h
viscera　内臓　**1020**f
visceral　臓性　1020f
——— arches　内臓弓　**1020**i
——— cleft　内臓裂　534d
——— commissure　内臓神経節横連合　162c
——— cranium　内臓頭蓋　1020k
——— endoderm　臓側内胚葉　1084b, 1088b
——— ganglion　内臓神経節　**1021**a
——— hump　内臓隆起　1021b
——— inversion　内臓逆位　**1020**g
——— layer　内臓板　838i
——— mass　内臓嚢, 内臓塊　**1021**a
——— mesoderm　内臓中胚葉　838i
——— muscle　内臓筋　**1020**j
——— muscles　臓性筋　855d
——— nerve-cord　内臓神経幹　827c
——— organ　臓器　**822**h
——— pain sense　内臓痛覚　1020h
——— pouch　内臓嚢　534d, **1021**b
——— reflex　内臓反射　**1021**c
——— sac　内臓嚢　**1021**b
——— sense　内臓感覚　1020h
——— skeleton　内臓骨格　1020k
Vischeria 1656₃₅
viscid disc　粘着体　**1060**e

viscidium　粘着体　**1060**e
Visconti-Delbrück theory　ヴィスコンティ-デルブリュックの理論　**101**i
Viscospora 1605₂
viscous tonus　粘性様緊張　225c
Viscum 1650₃₂
viscus　内臓　**1020**f
visibility　視感度　561e
——— curve　視感度曲線　**561**e
visible range　可視域　91d
vision　視覚　**558**k
visual agnosia　視覚性失認　**559**d
——— angle　視角　**558**j
——— cell　視細胞　**574**g
——— cortex　視覚領　**560**a
——— field　視野　**614**e
——— field for color　色視野　**562**b
——— field of fixation　注視視野　614e
——— pathway　視覚経路　**559**b
——— pigment　視物質　**605**g
——— purple　視紅　1503d
——— sense　視覚　**558**k
——— threshold　視覚閾　60a
——— transduction process　光情報伝達(視覚の)　**1136**c
visuotopic map　視野地図　**617**c
——— organization　視野再現構造　617c
vitacamphor　ビタカンファー　662e
Vitaceae　ブドウ科　1648₂₈
vital capacity　肺活量　1090b
Vitales　ブドウ目　1648₂₇
vital force　生命力　748a
vitalism　活力論, 生気論　**748**a
vitality　活力度　**231**d
vital reaction　生体反応　**764**c
——— staining　生体染色　**763**e
vitamin　ビタミン　**1149**j
——— A　ビタミンA　**1150**a
——— A₂　ビタミンA₂　**1150**b
——— antagonist　ビタミン拮抗体　**1152**c
——— B₁　ビタミンB₁　898c
——— B₁₂　ビタミンB₁₂　487e
——— B₂　ビタミンB₂　**1151**b
——— B₆　ビタミンB₆　1170g, 1171a, 1171d
——— BC　ビタミンBC　**1422**f
——— C　ビタミンC　12b
——— D　ビタミンD　**1151**f
——— E　ビタミンE　**1151**g
——— F　ビタミンF　**1153**e
——— H　ビタミンH　1131g
——— H'　ビタミンH'　1114d
——— K　ビタミンK　**1151**h
——— K-dependent carboxylase　ビタミンK依存性カルボキシラーゼ　**1152**b
vitamin-like active substance　ビタミン様作用物質　**1152**d
vitamin M　ビタミンM　1422f
——— P　ビタミンP　**1152**b
vitellaria　ビテラリア, ヴィテラリア　352d, 1012d
vitellarium　卵黄巣, 卵黄腺　1284d, **1442**b, 1447c
Vitellibacter 1539₅₂
vitellin　ビテリン　**1154**a
vitelline area　卵黄域　**1441**a
——— artery　卵黄動脈　1441f
——— circulation　卵黄循環　**1441**f
——— duct　卵黄管　1284d, 1444f
——— fistula　臍瘻　661a
——— gland　卵黄腺　**1442**b
——— membrane　卵黄膜　**1442**g
——— membrane outer layer protein　ビテリン膜外層蛋白質　1449c
——— vein　卵黄静脈　1441f
——— veins　卵黄嚢静脈　274g
vitellogenin　ビテロジェニン　**1154**b
vitellointestinal duct　卵黄腸管　1442f
vitellophage　卵黄核　**1441**c
Vitex 1652₁₃

Vitis	1648$_{29}$
Vitivirus	ビティウイルス属　1521$_{54}$
Vitrella	1661$_{41}$
Vitreochlamys	1635$_{41}$
Vitreoscilla	1547$_{12}$
vitreous body	ガラス体，硝子体　1193l, 1373b
—— cell	ガラス体細胞　1193l
—— humor	ガラス様液　1373b
vitrification	ガラス化　**241**g
vitronectin	ビトロネクチン　**1158**c
Vittaria	1643$_{36}$
Viverricula	1575$_{49}$
viviparity	胎生　**855**a
viviparous seed	胎生種子　855a
vivipary	胎生　**855**a
Vizella	1608$_{15}$
Vizellaceae	ビゼラ科　1608$_{15}$
VLDL	超低密度リポ蛋白質　1465c
VLFR	超低光量反応　1135c, 1183a
V_{max}	516f
VMO	ビテリン膜外層蛋白質　1449c
VNTR	1207b
vocal band	声帯　**761**f
—— cord	声帯　**761**f
vocalization	発声　**1106**a
vocal motor pathway	発声運動経路　109b
—— sac	喉嚢，鳴嚢　761f, **1375**a
Vogesella	1547$_{12}$
Voges-Proskauer reaction	VP 反応，フォゲス-プロスカウエル反応　**1190**h
V[OGT]{.smallcaps}, Karl	フォークト　**1190**f
V[OGT]{.smallcaps}, Walther	フォークト　**1190**g
voice	声，音声　1106a
volcanic ash soil	火山灰土　214g
—— sand soil	火山砂土　214g
—— soil	火山性土　**214**g
Volcaniella	1549$_{30}$
Volchovia	1561$_{32}$
Volkmann's canal	フォルクマン管　1090h
voltage clamp	電位固定　**966**c
voltage-dependent anion channel	1327a
—— channel	電圧依存性チャネル　**965**d
voltage-gated channel	電圧作動性チャネル　965d
voltage sensor protein	電位センサー蛋白質　966e
V[OLTERRA]{.smallcaps}, Vito	ヴォルテラ　**106**j
voltinism	化性　**221**d
Voltzia	1644$_{46}$
Voltziales	ヴォルツィア目　1644$_{46}$
volubile plant	巻きつき植物　**1336**a
—— stem	巻きつき茎　1430e
Volucribacter	1549$_{42}$
voluntary movement	随意運動　**718**c
—— muscle	随意筋　**718**d
—— nervous system	随意神経系　1065a
Volutella	1617$_{33}$, 1617$_{39}$
volutin	ボルチン　492i, 1326d
—— granule	アシドカルシソーム　**10**c
volva	つぼ　885a
Volvariella	1626$_{33}$
volvent	捲着刺胞　608a
Volvocisporiaceae	ボルボキスポリウム科　1622$_{49}$
Volvocisporium	1622$_{49}$
Volvopluues	1626$_{23}$
Volvox	1635$_{41}$
Volvulina	1635$_{42}$
Vombatiformes	ウォンバット亜目　1574$_{21}$
Vombatus	1574$_{22}$
vomer	鋤骨　698c
vomeronasal nerve	鋤鼻神経　1404b
—— organ	鋤鼻器官　1404b
vomiting	嘔吐　**160**i
von Bertalanffy curve	フォン=ベルタランフィー曲線　767b
—— Gierke's disease	フォン=ギールケ病　367a, 981a, **1192**a
—— Magnus particle	フォン=マグナス粒子　263h
—— Magnus phenomenon	フォン=マグナス現象　262g
Vorhof	前房，気門室　301f
Voromonadida	ヴォロモナス目　1661$_{11}$
Voromonas	1661$_{11}$
Vorticella	1660$_{48}$
Vorticeros	1577$_{40}$
Vosmaeropsis	1554$_{19}$
VP	1322g
V. parahaemolyticus	腸炎ビブリオ　1549$_{62}$
VPF	血管透過性因子　401a
VPg	**102**a
VSG	可変性特異的糖蛋白質　1311g
v-SNARE	v-SNARE, 小胞 SNAP 受容体　737d
VT	ベロトキシン　858b
VU	危急種　794a
Vuilleminia	1623$_{54}$
Vulcanibacillus	1542$_{35}$
Vulcanisaeta	1534$_{20}$
Vulcanithermus	1542$_{8}$
Vulcanodinium	1662$_{42}$
vulnerable species	危急種　794a
Vulpes	1575$_{54}$
Vulpicida	1612$_{52}$
Vultur	1571$_{33}$
vulva	陰門　803d, 906c
VZV	水痘-帯状疱疹ウイルス　725d

W

W	ライジング数　945a
Waagenophyllum	1557$_{4}$
W[AAGEN]{.smallcaps}, Wilhelm Heinrich	ワーゲン　**1508**g
W[ADDINGTON]{.smallcaps}, Conrad Hal	ウォディントン　**106**f
Waddlia	1540$_{21}$
Waddliaceae	ワドリア科　1540$_{21}$
Wadeana	1613$_{31}$
Wadjak	ワジャク人　376d
Wagner method	ワーグナー法　**1508**f
W[AGNER]{.smallcaps}, Moritz Friedrich	ワーグナー　**1508**d
W[AGNER]{.smallcaps}, Rudolf	ワーグナー　**1508**e
Wahlund's principle	ワーランドの原理　**1509**f
Waikavirus	ワイカウイルス属　1521$_{36}$
Waitea	1623$_{54}$
waiting meristem theory	待機分裂組織説　**847**j
W[AKSMAN]{.smallcaps}, Selman Abraham	ワクスマン　**1508**l
W[ALCOTT]{.smallcaps}, Charles Doolittle	ウォルコット　**106**i
W[ALD]{.smallcaps}, George	ウォールド　**106**k
Waldemaria	1583$_{33}$
Waldeyer's ovarian vesicle	ワルダイヤー卵胞　1222i
Waldstreu	落葉落枝　1434f
walking leg	歩脚　**1304**e
Wallabia	1574$_{30}$
Wallacea	ウォレシア　107e
W[ALLACE]{.smallcaps}, Alfred Russel	ウォレス　**107**d
Wallaceina	1631$_{40}$
Wallace's line	ウォレス線　**107**e
Wallemia	1628$_{1}$
Wallemiaceae	ワレミア科　1628$_{1}$
Wallemiales	ワレミア目　1627$_{59}$
Wallemiomycetes	ワレミア綱　1627$_{58}$
Wallerian degeneration	ウォーラーの変性　**106**h
Walleye dermal sarcoma virus	ウォールアイ皮膚肉腫ウイルス　1518$_{50}$
wall-gill	側鰓　**835**c
wall protuberances	細胞壁-膜複合体　1416g
Wallrothiella	1618$_{34}$
walnut comb	クルミ冠　919f
Walteria	1555$_{13}$
wandering bird	漂鳥　**1168**e
—— cell	遊走細胞　**1411**h
Wandonia	1539$_{37}$
waning	消え行き　**277**e
—— time	漸消時間　277e

Warburg effect　ワールブルク効果　**1510**b
WARBURG, Otto Heinrich　ワールブルク　**1509**i
Warburg's manometer　ワールブルク検圧計　415e, 1142f
―― respirometer　ワールブルク検圧計　415e, 1142f
Warcupiella　1611₉
Wardomyces　1617₆₀
warfarin　ワルファリン　**1509**h
Waring blender　ワーリングブレンダー　1320a
warm-blooded animal　温血動物　431b
Wärmeorgan　温器官　175a
WARMING, Johannes Eugenius Bülow　ワルミング　**1510**c
warm spot　温点　174c
warm-temperate forest zone　暖温帯林　715d
―― rain forest　暖温帯多雨林　668e
―― zone　暖温帯　174b
warmth index　暖かさの指数，温量指数　16i
―― receptor　温受容器　175a
warning coloration　警告色　**386**f
Warnowia　1662₂₄
war of attrition game　持久戦ゲーム　**565**e
Warren, J. R.　1176a
Washingtonia　1647₅
Wassermann reaction　ワッセルマン反応　**1509**a
waste product　老廃物　**1500**c
wasting disease　消耗病　1448e
Watanabea　1635₁₇
Watanabea-clade　ワタナベア群　1635₁₆
Watasenia　1583₁₇
Watase's line　渡瀬線　776d
water　水　**1355**a
―― absorption　吸水　**311**g
―― absorptive hair　吸水毛　310g
―― balance　水分平衡　**726**a
―― bears　緩歩動物　**273**e
water-bloom　水の華　**1356**c
water breathing　水呼吸　**1355**e
―― budget　水分経済　**726**a
water-calyx　水萼　**719**b
water capacity　容水量　**1425**c
water-capsule　水胞　719b
water channel　水チャネル　5f
water-clear cell　水様明細胞　1195d
water conducting system　水溝系　**720**e
―― culture　水耕　**720**b
―― current channel　水溝系　**720**e
―― current system　水溝系　**720**e
―― environment　水分環境　**725**i
―― free space　水自由相　625d
―― holding capacity　容水量　**1425**c
water-in-oil emulsion　油中水滴型乳剤　1230a
water leaf　水中葉，水葉　62f
―― lung　水肺　471c
―― mass　水塊　1133i
―― microorganisms　水中微生物　**724**c
―― molds　水生菌類　**722**a
―― permeability　水透過性　418e
―― permeability coefficient　水透過性係数　**1356**a
―― plant　水生植物　**722**b
―― pollination　水媒　**725**g
―― pollution　水質汚染　**721**f
―― pore　水孔　**720**a
―― potential　水ポテンシャル　**1356**d
―― pusule　プシュール　**1203**b
―― relations　水関係　**1355**c
―― requirement　要水量　1357a
―― rigor　水硬直　459f
―― ring　水管環，環状水管　**263**g
Watersipora　1579₃₈
water-soluble vitamin　水溶性ビタミン　1149j
Waterstonella　**1596**₃₂
Waterstonellidea　**1596**₃₂
water storage tissue　貯水組織　**929**c
―― stress　水ストレス　**1355**f
―― tissue　貯水組織　**929**c
―― transport　水輸送　**1356**e

water-use efficiency　水利用効率　**1357**a
water-vascular system　水管系　**719**e
water ventilation　換水　**265**b
Watson-Crick model　ワトソン-クリックのモデル　**1509**d
Watsonella　1581₃₆
WATSON, James Dewey　ワトソン　**1509**b
WATSON, John Broadus　ワトソン　**1509**c
wattle　肉垂　**1031**a
Waucobella　1561₂₃
Wautersia　1546₅₀
Wautersiella　1539₅₂
wave of negativity　陰性波　**95**e
―― regeneration　縞枯れ　**612**e
Wawea　1612₁₅
wax　蠟　**1498**f
―― and cement layer　蠟-セメント層　347d
―― canal　蠟管　**1499**a
―― gland　蠟腺　**1499**f
waxing　増し行き　**1341**b
weak coupling　弱結合　1484d
weaning　離乳　**1459**h
web　翅，傘膜，捕虫網，羽弁，羽板，蹼　111g, 718a, 1355b, 1510d
Webbinella　1664₂
Weber-Edsall solution　ウェーバー-エドサル溶液　1351c
Weber-Fechner's law　ウェーバー-フェヒナーの法則　**105**k
WEBER, Hans Hermann　**105**g
Weberian apparatus　ウェーバー器官　**105**h
Weber's compass circle　ウェーバーの圏域　253b
―― law　ウェーバーの法則　**105**j
―― line　ウェーバー線　**105**i
Websdanea　1622₁₇
Websdaneaceae　ウエブスダネア科　1622₁₇
wechselbarer Antagonismus　可変性拮抗　293a
Wedensky's inhibition　ヴェデンスキーの抑制　**105**f
weed　雑草　**540**d
Weeksella　1539₅₂
weel　931f
WEIDENREICH, Franz　ワイデンライヒ　**1507**a
Weigela　1652₄₃
Weigle reactivation　ワイグル効果　**1506**b
Weil-Felix reaction　ワイル-フェリックス反応　1453j
Weil's disease　ワイル病　703c
Weinbergina　1589₂₀
WEISMANN, August　ヴァイスマン　**101**a
Weismann's ring　ワイスマンの環　263i
Weissella　1543₁₄
WEISS, Paul Alfred　ワイス　**1506**e
Welch bacillus　ウェルシュ菌　**106**c
welfare engineering　福祉工学　**1196**b
Welwitschia　541e, 1645₁₄
Welwitschiaceae　ウェルウィチア科　1645₁₄
WENT, Frits Warmolt　ウェント　**106**d
Wenxinia　1546₁₂
Weraroa　1626₄₃
Wernera　1607₄₁
Wernicke disease　ウェルニッケ脳症　898c
Wernicke's area　ウェルニッケ野　420f
Wespenbein　蝶形骨　698c
Westerdykella　1609₅₈
Western blotting　ウエスタンブロッティング　89d
―― Makinoesia　西マキネシア　1336b
Westiellopsis　1541₄₅
West Nile virus　ウエストナイルウイルス　**105**d
WETTSTEIN, Richard von　ウェットシュタイン　**105**e
wet wood　水食材　**1355**d
Wever-Bray's effect　ウィーヴァー-ブレイの効果　198f
Wewokella　1554₁₀
WGTA　ウィスコンシン一般検査装置　101h
whalebone　鯨鬚　**388**f
Whalleya　クスノアザコブタケ　1619₄₈
Wharton's duct　ウォートン管　866c
―― jelly　ウォートン軟肉　**106**g
wheat germ agglutin　1486b
Wheat streak mosaic virus　1522₅₄

wheel animalcules　輪形動物　**1473**i
W<small>HEELER</small>, William Morton　ホイーラー　**1291**i
whey protein　乳漿蛋白質　**1043**b
whisker　ひげ，震毛　407d
whisper　ささやき　420c
Whispovirus　ウィスポウイルス属　**1516**₇
white adipose tissue　白色脂肪組織　227j
—— blood cell　白血球　**1102**e
—— body　白体　**1093**b
White bream virus　ホワイトブリームウイルス　**1521**₁
—— *clover cryptic virus 1*　シロクローバー潜在ウイルス1　**1519**₁₈
—— *clover cryptic virus 2*　シロクローバー潜在ウイルス2　**1519**₂₀
W<small>HITE</small>, Gilbert　ホワイト　**1331**b
white matter　白質　**1092**f
—— muscle　白筋，白色筋　782b
—— muscle fiber　白筋繊維　782b
W<small>HITE</small>, Philip Rodney　ホワイト　**1331**c
white pulp　白脾髄，白色脾髄　**1148**e
White spot syndrome virus　ホワイトスポット病ウイルス　**1516**₇
W<small>HITMAN</small>, Charles Otis　ホイットマン　**1291**g
Whitmania　**1585**₄₇
Whitten effect　ホイットン効果　**1291**h
W<small>HITTINGTON</small>, Harry Blackmore　ウィッティントン　**101**l
whole　輪生枝　616f
whole-cell fatty acids　菌体脂肪酸　**338**f
—— recording　ホールセルレコーディング　1107f
whole-mount electron microscopy　全載電子顕微鏡法　804h
whorled phyllotaxis　輪生　**1475**h
WI　暖かさの指数　16i
WI38 cell　WI38細胞　**1262**g
Wickerhamiella　**1606**₂₂
wide adaptability　広域適応性　**429**d
widespread species　広域分布種　899c
width of absorption band　310f
Wiederholungstheorie　反復説，生物発生原則　775f
W<small>IELAND</small>, Heinrich Otto　ヴィーラント　**102**c
W<small>IESCHAUS</small>, Eric　ヴィーシャウス　**101**i
W<small>IESEL</small>, Torsten Nils　ヴィーゼル　**101**j
Wiesnerella　**1663**₂₅
Wiesnerellaceae　アズマゼニゴケ科　**1637**₁₁
Wiesneriomyces　**1606**₄₃
Wigglesworthia　**1549**₁₄
W<small>IGGLESWORTH</small>, Sir Vincent Brian　ウィグルズワース　**101**f
Wilcoxina　**1616**₂₃
Wildemania　**1632**₃₁
wildlife conservation　生息地管理　**1404**g
—— management　野生生物管理　**1404**h
wild relatives　野生種　421g
—— type　野生型　**1404**f
W<small>ILKINS</small>, Maurice Hugh Frederick　ウィルキンズ　**102**f
Willaertia　**1631**₇
W<small>ILLIAMS</small>, Carroll Milton　ウィリアムズ　**102**d
Williamsia　**1535**₄₀
Williamsonia　**1644**₂₉
Williopsis　**1606**₁₇
W<small>ILLSTÄTTER</small>, Richard　ヴィルシュテッター　**102**g
Wilms tumor　ウィルムス腫瘍　**104**c, 225a
Wilson disease　ウィルソン病　975d
W<small>ILSON</small>, Edmund Beecher　ウィルソン　**103**e
W<small>ILSON</small>, Edward Osborne　ウィルソン　**104**a
Wilsoniana　**1653**₄₁
wilting　しおれ　**558**c
—— coefficient　しおれ係数　**558**d
Wimanicrusta　**1562**₄₂
W<small>INDAUS</small>, Adolf　ヴィンダウス　**104**h
winding　回旋　**182**d
—— plant　巻きつき植物　**1336**g
—— stem　巻きつき茎　**1430**e
wind pollination　風媒　**1186**g
wine cell　エノサイト　**138**l
wing　翅，翼，翼弁　920h, **935**i, 1111h, 1428f
wing-coupling apparatus　連翅装置　**1493**f

wing coverts　翼覆　**935**i
wingless　ウィングレス　**104**g
wing muscle　翼筋　**1428**g
wing-quill　風切羽　**935**i
wing sheath　翅鞘　**765**c
W<small>INKLER</small>, Hans　ヴィンクラー　**104**f
Winogradskyella　**1539**₅₃
W<small>INOGRADSKY</small>, Sergei Nikolaevich　ヴィノグラドスキー　**101**m
Winslow, J. B.　434a
Winteraceae　シキミモドキ科　**1645**₃₂
winter annual　冬季一年生植物，越年草　73j, 1038j
—— green　冬緑性　**1434**e
—— habit　まき性，播き性　**1335**j
wintering　越冬　998c
winter plumage　冬羽　111g
—— resident　冬鳥　**1211**i
—— spore　冬胞子　**1211**j
—— visitor　冬鳥　**1211**i
Wirsung's duct　ウィルスング管，主膵管　722e
wirtsseitenrichtig　体側相応　837a
wirtsseitenumkehrt　体側不相応　837a
Wisconsin general test apparatus　ウィスコンシン一般検査装置　**101**h
Wiskott-Aldrich syndrome　ウィスコット-アルドリッチ症候群　**1389**f
Wisteria　**1648**₅₄
witch's milk　奇乳　**295**a
witches' broom　叢生，天狗巣　**828**a
withdrawal　退却　1292e
—— symptom　離脱現象　339a
Wittrockiella　**1634**₄₃
wobble　ゆらぎ　1418e
—— hypothesis　ゆらぎ仮説　**1418**e
Wobblia　**1653**₅
W<small>ÖHLER</small>, Friedrich　ヴェーラー　**106**a
Wohlfahrtiimonas　**1550**₇
Wolbachia　ウォルバキア　**107**a, 1546₂₇
W<small>OLFF</small>, Caspar Friedrich　ウォルフ　**107**b
W<small>OLFF</small>, Étienne　ウォルフ　**107**c
Wolffia　**1645**₅₇
Wolffian body　ウォルフ体　912f
—— duct　ウォルフ管　912g
—— regeneration　ウォルフの再生　**1494**g
Wolfina　**1616**₃
Wolfiporia　**1624**₅₂
Wolinella　**1548**₁₈
Wollemia　**1645**₂
Woloszynskia　**1662**₃₀
wood　材，高木林　466c, **507**b
wooddestroying fungi　木材腐朽菌類　**1396**b
W<small>OODGER</small>, Joseph Henry　ウッジャー　**109**g
woodland　疎林　842c
wood limit　樹木限界　715a
wood-rotting fungi　木材腐朽菌類　**1396**b
Woodruffides　**1660**₇
woods　高木林　**466**c
Woodsholea　**1545**₁₇
Woods Hole Marine Biological Laboratory　ウッズホール海洋生物学研究所　**1472**j
Woodsia　**1643**₄₄
Woodsiaceae　イワデンダ科　**1643**₄₄
Woodwardia　**1643**₄₉
Woodwardopterus　**1589**₃₁
Wood-Werkman reaction　ウッド-ワークマン反応　**109**h
woody hemiepiphyte　木本性半着生植物　937c
—— plant　木本　**1396**e
wooly caterpillar　毛虫　**412**d
worker　ワーカー　**1507**e
—— cell　働き蜂房　831g
work hypertrophy　仕事肥大　1149b
working memory　作業記憶　277i
world heritage　世界遺産　**781**d
worms　蠕形動物　**803**e
Woronichinia　**1541**₂₅

Woroninales 1041c
wound 創傷 **826**b
── epidermis 傷上皮 **288**i
── healing 創傷治癒 **826**b
── hormone 傷ホルモン **289**a
wounding 傷害 **653**k
wound substance 傷物質 **288**j
Wound tumor virus 1519₃₃
wound vessel element 傷害道管要素 **654**a
── vessel member 傷害道管要素 **654**a
WOX5 106e
WOX gene family *WOX* 遺伝子族 **106**e
Wrangelia 1633₅₄
W-reactivation ワイグル効果 **1506**b
Wright effect ライト効果 83f
Wrightoporia 1625₁
Wright, Sewall ライト **1432**e
wrist 手頸 939a
writhing number ライジング数 945a
wulst ヴルスト 184a
Wurdemannia 1633₃₀
WUS 355f
WUS 106e
WUSCHEL 355f
WUS-CLV 644b
W-value *W* 値 **878**f
Wynnea 1616₂₈
Wynnella 1616₈

X

x 300a
Xanodochus 1620₂₉
Xanthidium 1636₁₀
xanthine キサンチン **284**h
── oxidase キサンチン酸化酵素 **284**i
Xanthium 1652₃₈
Xanthobacter 1545₅₂
Xanthobacteraceae キサントバクター科 1545₅₁
xanthoma キサントーマ，黄色腫 224h
xanthommatine キサントマチン 170d
Xanthomonadaceae キサントモナス科 1550₄
Xanthomonadales キサントモナス目 1550₁
Xanthomonas 1550₇
Xanthonema 1657₅
Xanthoparmelia 1612₅₃
xanthophore 黄色素細胞，黄色素胞 563f
Xanthophyceae 黄緑色藻綱 162b
── 黄緑色藻綱 1656₄₆
xanthophyll キサントフィル **284**l
── cycle キサントフィルサイクル **285**a
Xanthophyllomyces 1623₁
xanthophytes 黄緑色藻 **162**b
xanthopsin キサントプシン 605g
Xanthopsorella 1613₃₁
Xanthopyrenia 1610₃₆
Xanthopyreniaceae シズミゴケ科 1610₃₆
Xanthoria 1613₄₆
Xanthorrhoea 1646₅₄
Xanthorrhoeaceae ススキノキ科 1646₅₃
xanthosine キサントシン 284g
── monophosphate キサントシン一リン酸 284g
xanthoxin キサントキシン **284**k
xanthurenic acid キサンツレン酸 **284**j
xanthylic acid キサンチル酸 284g
Xantoconium 1627₆
Xantusia 1568₅₅
X-chromatin Xクロマチン **134**e
X-chromosome X 染色体 **135**b
Xenacanthiformes キセナカントゥス目 1564₃₆
Xenacanthus 1564₃₆
Xenacoelomorpha 珍無腸動物門 932b, 1558₃₃
Xenasma 1624₅₄

Xenasmataceae クセナスマ科 1624₅₄
Xenaster 1560₃₁
Xenia 1557₂₅
xenia キセニア **291**d
xenic culture 混種培養 **501**j
Xenicus 1572₃₉
xenoantigen 異種抗原 437g
Xenocalonectria 1617₄₀
Xenococcus 1541₄₂
Xenocrinus 1559₄₄
Xenocylindrocladium 1617₄₀
Xenodasys 1578₂₁
Xenodiella 1609₁
Xenodium 1609₁
Xenogliocladiopsis 1608₅₇
Xenogloea 1621₁₃
xenograft 異種間移植 **89**h
Xenogryllus 1599₂₅
Xenolachne 1623₇
Xenolecia 1613₁₁
Xenolophium 1609₃₇
Xenopeltis 1569₉
Xenophilus 1546₅₇
Xenophora 1583₄₅
xenoplastic induction 異目間誘導 **89**h
── transplantation 異目間移植 **89**h
Xenopneusta ユムシ目 1586₄
Xenopus 1567₅₄
── *laevis* アフリカツメガエル 794f
── test ゼノパステスト **794**f
Xenorhabdus 1549₁₄
Xenos スズメバチネジレバネ 1601₁₂
Xenosaurus メキシコトカゲ 1568₅₁
Xenosporium 1610₄, 1610₅
Xenostele 1620₃₄
Xenostigme 1609₆
Xenotrichula 1578₂₃
Xenoturbella 1558₃₄
Xenoturbellida 珍渦形動物，珍渦虫目 **932**b, 1558₃₄
Xenungulata 異蹄目 1576₂₆
Xenus 1610₂₆
Xenusia 1588₂₂
Xenusion 1588₂₃
xerarch succession 乾生遷移 **265**h
Xerobdella 1585₄₈
xerocoles 乾生動物 265f
xeroderma pigmentosum 色素性乾皮症 **563**c, 669c
xeromorphism 乾生形態 265f
xeromorphy 乾生形態 265f
Xeromphalina 1626₂₄
xerophilic 好乾性 593l
xerophthalmia 角膜乾燥症 1150a
xerophyte 乾生植物 **265**f
xerosere 乾生系列，乾生遷移系列 265h, 799c
Xerotus 1624₅₂
Xerula 1626₃₀
Xestospongia 1554₄₉
X-gal 240f
XGPRT キサンチン-グアニン-ホスホリボシルトランスフェラーゼ 127h
Xiaotingia 1570₃₅
X inactivation X 染色体不活性化 **135**c
Xipapillomavirus クシーパピローマウイルス属 1516₃₅
Xiphacantha 1663₃₄
Xiphopteris 1644₅
Xiphosura カブトガニ目，カブトガニ綱，カブトガニ類 **235**a, 1589₁₇, 1589₁₈
Xiphosurida カブトガニ上綱 1589₁₆
Xist/*Tsix* 135c
x-linked ichthyosis 伴性遺伝性魚鱗癬 330c
XMP キサンチル酸 284g
X organ X 器官 **134**c
── organ-sinus gland system X 器官-サイナス腺系 **134**d
X-ray microscope X 線顕微鏡 **134**f

―― structure analysis　X線構造解析　**135**a
XRCC4　36a
X-SCID　X連鎖性重症複合免疫不全症　103c
XTC-MIF　916g
XTH　エンド型キシログルカン転移酵素/加水分解酵素　154h
Xyala　1587$_{21}$
Xyl　キシロース　288e
xylan　キシラン　**288**b
xylanase　キシラナーゼ　**288**a
Xylanibacter　1539$_{15}$
Xylanibacterium　1537$_{32}$
Xylanimicrobium　1537$_{32}$
Xylanimonas　1537$_{32}$
Xylaria　1619$_{49}$
Xylariaceae　クロサイワイタケ科　1619$_{40}$
Xylariales　クロサイワイタケ目　1619$_{24}$
Xylariomycetidae　クロサイワイタケ亜綱　1619$_{23}$
Xyleborus　1613$_{3}$
Xylella　1550$_{7}$
xylem　木部　**1396**c
―― embolism　エンボリズム　318b, 1355f
―― fiber tissue　木部繊維組織　1396c
―― parenchyma　木部柔組織　1396c
―― ray　木部放射組織　1299c
―― transport　木部輸送　**1396**d
Xylobolus　1625$_{19}$
Xylocladium　1619$_{42}$
Xylocopa　1601$_{50}$
Xylocoremium　1619$_{50}$
xyloglucan　キシログルカン　**288**d
―― endotransglucosylase/hydrolase　エンド型キシログルカン転移酵素/加水分解酵素　**154**f
Xylographa　1613$_{52}$
Xylomyces　1607$_{14}$
Xylophilus　1546$_{43}$
Xyloplax　1561$_{2}$
xylose　キシロース　288e
―― isomerase　キシロース異性化酵素　288f
Xylosma　1649$_{53}$
xylulose　キシルロース　**288**c
xylulose-5-phosphate　キシルロース-5-リン酸　1288b[図]
Xyridaceae　トウエンソウ科　1647$_{26}$
Xyris　1647$_{26}$
Xysticus　1592$_{28}$
Xystodesmus　1594$_{12}$
Xystonella　1658$_{26}$
X zone　X層　**135**d

Y

Yaba monkey tumor virus　ヤバサル腫瘍ウイルス　1517$_{7}$
YABBY gene family　YABBY遺伝子族　**1404**m
YAC　酵母人工染色体　**1404**i
Y$_{ALOW}$, Rosalyn Sussman　ヤロウ　**1405**i
Yamadazyma　1606$_{14}$
Yamagishiella　1635$_{42}$
Yamamotoa　1608$_{21}$
Yamasinaium　1593$_{21}$
Yangia　1546$_{12}$
Yanheceras　1582$_{31}$
Yanhecerida　1582$_{31}$
Yaniella　1537$_{36}$
Yaniellaceae　ヤニエラ科　1537$_{36}$
Yatapoxvirus　ヤタポックスウイルス属　1517$_{7}$
Y body　Y小体　**1506**c
Y-chromatin　Yクロマチン　**1506**c
Y-chromosome　Y染色体　**1506**g
yeast　酵母　**465**g
―― artificial chromosome　酵母人工染色体　1404i
―― episomal plasmid vector　YEp型ベクター　1041b
―― integrative plasmid vector　YIp型ベクター　1041b
―― two-hybrid system　イーストツーハイブリッドシステ

ム　**67**a
yellow-blue blindness　黄青色盲　561i
yellow brown forest soil　黄褐色森林土　160b
―― coloring of leaves　黄葉　467i
―― crescent　黄色三日月環　**160**c
Yellow fever virus　黄熱ウイルス　1522$_{26}$
yellow fever virus　黄熱ウイルス　**161**c
yellow-green algae　黄緑色藻　**162**b
yellow marrow　黄色骨髄　481b
―― soil　黄色土　**160**b
Yelsemia　1622$_{11}$
Yeosuana　1539$_{53}$
Y$_{ERKES}$, Robert Mearns　ヤーキーズ　**1403**b
Yersinia　エルシニア　**149**c, 1549$_{14}$
yes　536a
Y gland　Y腺　1506a
yield　収量　**630**c
Yimaia　1644$_{42}$
Yimaiaceae　ユィマイア科　1644$_{42}$
Yimella　1537$_{36}$
Y-larvae　Y幼生　**1507**d
yohimbine　ヨヒンビン　1117i
Yokenella　1549$_{14}$
Yokkaichi asthma　四日市喘息　**1430**f
Yoldia　1582$_{1}$
yolk　卵黄　**1440**g
―― cell　卵黄細胞　**1441**e
―― duct　卵黄腸管　1442f
―― gland　卵黄腺　1284d
―― globule　卵黄球　1441d
―― granule　卵黄顆粒　**1441**d
―― nucleus　卵黄核　**1441**c
―― platelet　卵黄小板　1440g, 1441,6
―― plug　卵黄栓　1442e
―― protein　卵黄蛋白質　**1442**d
―― pyramid　卵黄角錐　1441c
―― sac　卵黄嚢　1442e
―― sac circulation　卵黄循環　**1441**f
yolk-sac umbilicus　卵黄嚢臍　1266a
yolk sphere　卵黄球　1441d
―― stalk　卵黄柄　661a, **1442**f
yolk-stalk umbilicus　卵黄柄臍　1266a
yolk syncytial layer　卵黄多核層　**1442**c
Yonagunia　1633$_{37}$
Yonghaparkia　1537$_{26}$
Yongolepis　1567$_{6}$
Y organ　Y器官　**1506**f
Yoshida sarcoma　吉田肉腫　**1430**d
Yoshinagaia　1608$_{51}$
Young-Helmholtz' theory of color　ヤング-ヘルムホルツの色感説　549h
Youngina　1568$_{14}$
Younginiformes　ヤンギナ目　1568$_{14}$
Youngiomyces　1604$_{8}$
Y$_{OUNG}$, John Zachary　ヤング　**1405**j
Y$_{OUNG}$, Thomas　ヤング　**1405**k
yperite　イペリット　1341g
Y. pestis　ペスト菌　1549$_{14}$
Ypsilospora　1620$_{45}$
Ypsilothuria　1562$_{26}$
yrk　536a
Yuania　1644$_{32}$
Yucca　1646$_{62}$
Yukonia　1588$_{43}$
Yunia　1641$_{45}$
Yunnanolepis　1564$_{13}$
Yunnanozoon　1558$_{40}$
YY male　YY男性　807b
―― syndrome　YY症候群　807b

Z

Zabelia　1652$_{43}$

Zacanthoides 1588₃₉
Zaghouania 1620₃₄
Zaglossus 1573₄₆
Zaire ebolavirus エボラウイルス ザイール株 1520₂
Zakatoshia 1606₄₄
Zalerion 1619₂₁
Zalophus 1575₅₅
zamene ザメン 888g
Zamia 1644₃₅
Zamiaceae ザミア科 1644₃₅
Zanardinia 1657₄₅
Zanclospora 1606₄₄
Zannichellia 1646₁₀
Zanthoxylum 1650₁₄
Zaphrenthis 1556₄₀
Zapus 1576₄₇
Zatheria 最獣上目 1573₅₅
Zavarzinella 1545₆
Zavarzinia 1546₁₈
Z band Z帯 793b
—— disc Z盤 793b
Z-DNA Z型DNA 940d
Zea 1647₄₂
zeatin ゼアチン 744a
zeaxanthin ゼアキサンチン 249c, 284l
Zeaxanthinibacter 1539₅₃
Zeiformes マトウダイ目 1566₃₈
zeitgeber ツァイトゲーバー, 同調因子 990b
Zeitgedächtnis 時間記憶 561b
Zelinkaderes 1587₄₆
Zelkova 1649₃
Zelleriella 1653₃₁
Zelleromyces 1625₁₄
Zellularpathologie 病理学 1170a
Zeloasperisporium 1610₁₂
Zendera 1606₅
Zenkerella 1576₄₉
Zephronia 1593₁₀
Zercon 1589₅₁
Zetapapillomavirus ゼータパピローマウイルス属 1516₁₉
Zetaproteobacteria ゼータプロテオバクテリア綱 1550₈
Zetatorquevirus ゼータトルクウイルス属 1517₃₅
Zetorchestes 1591₇
Zeuctocrinus 1560₁₈
Zeugandromyces 1611₄₅
Zeugloptera コバネガ亜目 1601₃₄
zeugopodium 軛脚 622c
Zeus 1566₃₈, 1615₃₀
Zeuxo ノルマンタナイス 1597₂₆
Z-form DNA Z型DNA 940d
Zhangella 1545₃₉
Zhihengliuella 1537₃₀
Zhongjianichthys 1563₃₈
Zhouia 1539₅₃
zidovudine ジドブジン 10e
Ziehl-Gabbet method 445a
Ziehl-Neelsen method チール・ニールセン法 445a
Zigocircus 1663₁₄
Zimmermannella 1537₂₇
zinc 亜鉛 3a
—— finger ジンクフィンガー 692e
Zingiber 1647₂₀
Zingiberaceae ショウガ科 1647₁₉
Zingiberales ショウガ目 1647₁₁
Zinjanthropus 1320h
Zinkernagel, R. 1007e
Ziphius 1576₆
ZITTEL, Karl Alfred von ツィッテル 934c
Zizania 1647₄₂
Ziziphys 1649₂
Z line Z線 793b
—— membrane Z膜 793b
Zn 3a
—— finger Znフィンガー 692e
ZO-1 42e

zoanthella ゾアンテラ 1218i
zoanthina ゾアンチナ 1218i
Zoanthinaria スナギンチャク目 1558₃
Zoanthus 1558₇
ZOBELL, Claude Ephraim ゾベル 843a
Zobellella 1548₃₃
Zobellia 1539₅₃
Zodiomyces 1611₄₅
zoea ゾエア 834f
zona fasciculata 束状帯 1197c
—— glomerulosa 球状層, 球状帯 41e, 1197c
zonal centrifugation method ゾーン遠心法 1359b
—— rotor ゾーナルロータ 1359b
zona lysin 溶解酵素 998g
—— pellucida 透明帯 998g
—— radiata 放射帯 1299d
—— reaction 透明帯反応 999a
—— reticularis 網状帯 1197c
Zonaria 1657₂₂
zonation 分帯, 帯状分布, 帯状分布構造 223c, 854a, 920c
zone electrophoresis ゾーン電気泳動法 967c
—— of floating-leaved plants 浮葉植物帯 1211n
—— of junction 結合帯 403a
—— of polarizing activity 極性化活性帯 327a
zoning 分帯 223c
Zonitoides 1584₃₀
zonopodium 帯脚 847k
zonula adherens 接着帯 20f
—— ciliaris 毛様体小帯 1395c
zonulae occludentes 閉鎖帯 1364h
zonula occludens 閉鎖帯 859b
—— zinnii チン小帯 1395c
zoo 動物園 994f
Zoobotryon 1579₃₂
zoochlorella ズークロレラ 319d
zoogamete 運動性配偶子 1077f
zoogeographic region 動物地理区 996b
zoogeography 動物地理学 773k
Zoogloea 228e, 1547₂₃
zooid 個虫 479f
zoological garden 動物園 994f
—— park 動物園 994f
zoology 動物学 994g
zoomaric acid ゾーマリン酸 1118a
Zoomastigophora 動物性鞭毛虫綱 1290e
zoomimesis 隠蔽的動物擬態 100b
zoonosis 人獣共通感染症 703g
Zoopagaceae トリモチカビ科 1604₃₂
Zoopagales トリモチカビ目 1604₂₄
Zoopage 1604₃₂
Zoopagomycotina トリモチカビ亜門 1604₂₃
zooparasite 寄生動物 290d
Zoophagus 1604₃₃
zoophily 動物媒 996d
Zoophthora 1604₂₀
Zoophyta 植虫類 673c
zoophytes 植虫類 673c
zooplankton 動物プランクトン 1220e
Zooshikella 1549₂₇
zoosporangium 遊走子嚢 1412e
zoospore 遊走子 1412a
zoosterol 動物ステロール 735c
zootechnical science 畜産学 903g
Zoothamnium 1660₄₈
zootomy 動物解剖学 187d
zootoxin 動物毒素 1001g
zooxanthella 褐虫藻 319d
Zopfia 1610₁₃
Zopfiaceae ゾフィア科 1610₁₃
Zopfiella 1619₁₄
Zopfiofoveola 1610₁₃
Zoraptera ジュズヒゲムシ目, 絶翅類 1599₁₇
Zoroaster 1560₄₂
Zorotypus 1599₁₇
Zostera 1646₉

―― bed　アマモ場　1399d
Zosteraceae　アマモ科　1646₉
Zosterophyllales　ゾステロフィルム目　1642₆
Zosterophyllopsida　ゾステロフィルム綱　1642₅
Zosterops　1573₂
Zotsrophyllum　1642₆
Zoysia　1647₄₃
ZPA　極性化活性帯　327a
Zundeliomyces　1621₂₂
Zunongwangia　1539₅₃
Zur Hausen, H.　1401h
Zwackhiomyces　1610₃₇
zweigelenkiger Muskel　二関節性筋　479i
Zwischenferment　366h
zwitterion　両性イオン　**1469i**
Zychaea　1604₄
Zygaenobia　1604₁₅
Zygentoma　結虫下綱　1598₃₁
Zygnema　1636₇
Zygnematales　ホシミドロ目　1636₆
Zygnematophyceae　ホシミドロ綱, 接合藻綱　1636₅
Zygnematophyta　ホシミドロ植物門　790f, 1636₄
Zygnematophytes　接合藻　**790f**
Zygnemomyces　1604₂₂
Zygnemopsis　1636₇
Zygoascus　1606₂₂
Zygodiscus　1666₂₆
Zygogloea　1620₃
zygomorphic flower　左右相称花　**545**c
Zygomycetes　接合菌類　**790**b
Zygomycota　接合菌類, 接合菌門　**790**b, 1603₂₅
zygonema　ザイゴネマ, チゴネマ　512a
―― stage　ザイゴテン期　**512**a

Zygophiala　1608₄₁
zygophore　接合枝　**790**d
Zygophyllaceae　ハマビシ科　1648₄₆
Zygophyllales　ハマビシ目　1648₄₅
Zygopleurage　1619₁₄
Zygopolaris　1604₄₈
Zygoptera　イトトンボ亜目　1598₄₇
Zygopteridales　ジゴプテリス目　1642₂₃
Zygopteris　1642₂₃
Zygorhizidium　1602₂₀
Zygorhynchus　1603₄₃
Zygosaccharomyces　1606₁₇
zygospore　接合胞子　**790**c, **790**k
Zygosporium　1606₄₄
Zygostaurus　1663₃₄
zygote　接合子　**790**c
zygotene stage　ザイゴテン期　**512**a
zygotic gene　接合体遺伝子　1313d
―― induction　接合誘発　**791**a
―― lethal　接合体致死　904c
―― reduction　接合子還元　**790**e
―― sterility　接合体不稔性　**790**g
Zygotorulaspora　1606₁₈
zymase　チマーゼ　**908**d
Zymobacter　1549₃₀
zymogen　酵素前駆体　**454**d
―― granule　チモーゲン顆粒　1250g
Zymomonas　1546₃₈
Zymophilus　1544₂₄
zymosan　酵母細胞壁成分　1313l
Zythiostroma　1617₃₇
Zytogamie　1218a

岩波 生物学辞典 第5版

1960 年 3 月 10 日	第 1 版第 1 刷発行
1977 年 7 月 5 日	第 2 版第 1 刷発行
1983 年 3 月 10 日	第 3 版第 1 刷発行
1996 年 3 月 21 日	第 4 版第 1 刷発行
2013 年 2 月 26 日	第 5 版第 1 刷発行 ©

編集者　巌佐 庸　倉谷 滋
　　　　斎藤成也　塚谷裕一

発行者　山口昭男

発行所　株式会社 岩波書店
〒101-8002 東京都千代田区一ツ橋 2-5-5
電話案内 03-5210-4000
http://www.iwanami.co.jp/

ISBN978-4-00-080314-4　　Printed in japan

本文組版	株式会社DNPメディア・アート
本文印刷	大日本印刷株式会社
本文用紙抄造	王子エフテックス株式会社
表紙用クロス	ダイニック株式会社
製本	牧製本印刷株式会社
製函	有限会社司巧社